Britannica CONCISE ENCYCLOPEDIA

大英簡明百科

大英簡明百科

主編／大英百科全書公司（Encyclopædia Britannica, Inc.）
資深副總裁暨總編輯／Dale Hoiberg
編譯／大英百科全書公司台灣分公司編輯部
遠流大英專案經理／杜麗琴
遠流大英專案主編／黃訓慶
遠流助理編輯／吳峥鴻

發行人／王榮文
出版發行／遠流出版事業股份有限公司
台北市南昌路2段81號6樓
郵撥／0189456-1
電話／(02) 2392-6899　傳眞／(02) 2392-6658
香港發行／遠流(香港)出版公司
香港北角英皇道310號雲華大廈4樓505室
電話／2508-9048　傳眞／2503-3258
香港定價／港幣1500元
法律顧問／王秀哲律師・董安丹律師
著作權顧問／蕭雄淋律師

□2004年3月1日　初版一刷
行政院新聞局局版台業字第1295號
定價新台幣4500元 (缺頁或破損的書，請寄回更換)

ISBN 957-32-5150-7

YLib 遠流博識網
http://www.ylib.com　e-mail: ylib@ylib.com

Encyclopædia Britannica Online 大英線上
http://wordpedia.britannica.com　e-mail: service@wordpedia.com

Britannica CONCISE ENCYCLOPEDIA

大英簡明百科

遠流出版公司

Britannica
CONCISE
ENCYCLOPEDIA

大英簡明百科

目錄

前言

要獲得歷史知識和各類一般知識，很難想像還有比百科全書更受歡迎的參考資源了。兩千多年來，幾乎在每一個地方，以數不清的語言和各種不同的形式——從古老的紙草書卷和羊皮紙抄本，到多卷本的印刷套書、雷射燒錄的光碟以及可透過網際網路存取的線上資料庫——百科全書早已是全世界所有想對古往今來的生活及其衆多奇蹟有個全面性概觀的讀者共通的出發點。

《大英百科全書》（*Encyclopædia Britannica*）自1768年發行初版以來，一直是這個出版領域的領導者。這套4,400萬字的百科全書被視為世界上最權威的參考書而經常受到引用，三十二鉅冊的印刷套書——相當於藏書數百冊的圖書館——是英語世界中一直持續在出版和修訂的參考工具書裡最古老的一部。

因此，今天我們非常榮幸能提供讀者另一個獲取大英百科全書豐富資訊的新路徑。《大英簡明百科》是唯一一本由大英百科全書公司獨自出版的單冊型綜合參考書。這個便於攜帶、專為快速查詢而設計的版本，在2000年與大英百科全書公司合作出版的《梅里厄姆－韋氏大學百科》（*Merriam-Webster's Collegiate Encyclopedia*）的基礎上，做了資料更新和內容擴充之後，以濃縮摘錄的方式與彩色印刷的新版式呈現；內容從體育運動到世界歷史、從電影到嚴肅艱深的科學，涵蓋了學術研究的主要論題和一般大衆感興趣的話題。一如大英百科全書公司最核心的三十二鉅冊百科全書，《大英簡明百科》擁有全球性的遼闊視野，從而能反映出我們所居住的這一不斷縮小距離的世界以及我們極想掌握卻快速擴充的知識領域。無論使用者是想瞭解羅琳（J. K. Rowling）的年輕讀者，或是需要俄羅斯帝國歷代統治者名單的大學生，或只是想確定埃佛勒斯峰（Mt. Everest）的高度、塔利班（Taliban）的起源、風寒（wind chill）溫度的計算方法，以消除餐桌上的爭論的家庭，《大英簡明百科》都會是一個方便可靠的地方，讓您找到令人信服的答案與各類一般知識。

本書詞條內容主要來自於《大英百科全書》裡篇幅較長的相應詞條，因此也同樣具有大英百科著名的高水準品質。理想上，《大英簡明百科》將會滿足讀者當下的需求，但同時也激引讀者想去多瞭解所查詢的人物、地點和觀念，這些更進一步的資訊則可在大英百科全書公司的其他許多產品中找到。

《大英簡明百科》所收詞條超過28,000個，長度從50到1,000字不等，最短的是一些有用的參閱詞條。本書有260萬字（中文版編按：中文字數600萬字），1,800張照片，190幅地圖，150張繪圖，以及30份表格。新增的十六頁彩色圖版為讀者提供了關於世界的有用資訊，包括世界地圖、人口密度圖、世界宗教分布圖以及國際時區圖，包括兩頁世界遺產保護區的照片。

讀者也可在《大英簡明百科》的許多表格中獲取豐富的資訊，從地質時間表、穆斯林曆月份表，到國際單位制的各種度量單位表；有一個表格列出了歷屆諾貝爾獎得主名單，還有簡述希臘與羅馬神話衆神的表格。我們確信，無論是什麼主題或議題，《大英簡明百科》不但是個快速又權威的指南，引領讀者認識人類奮鬥與生命的諸多表現，同時也將豐富讀者對這些事物的理解。

最後，僅代表大英百科全書公司編輯同仁——正是這群人的辛勤工作和熱情奉獻才使大英的產品得以問世——我們歡迎您來使用大英百科家族中最新的一員。

（吳崢鴻、黃訓慶／譯）

執行編輯
Theodore Pappas

編輯體例

詞條順序規則

所有詞條都依照標題字詞來排序，再依字詞中的字母決定順序。所謂一個「字詞」指的是：以空格、破折號、連字號或其他符號而跟其他字詞隔開的一組字母（一個或一個以上字母）。包含一個字詞以上的詞條標題，則繼續以下一個字詞作為排序準則。標題完全相同的則以（1）人（2）地（3）事物的順序排列。下面舉例說明這個字詞排序原則：

Horn, Cape 合恩角
Horn of Africa 非洲之角
hornbill 犀鳥
Horne, Lena (Calhoun) 雷娜賀恩
horned toad 角蜥
Hornsby, Rogers 霍恩斯比

更進一步的排序規則如下：（1）發音區別符號、上標點「'」、連字號「-」、破折號「－」、句號、「&」符號等，不列入排序考慮。（2）名字相同、只有名字後面的羅馬數字不一樣的君主和教宗，依數字來排序。（3）以Mac-和Mc-開頭的名字，依字面排序，因此所有Mac-開頭的名字（有好幾頁）都排在Mc-開頭的名字之前。

詞條標題

詞條標題的不同拼法或版本，列於詞條正文之前。我們無意把所有變體全部列舉出來，罕見的變體則不予理會。

本書使用幾個語詞來區分各種變體。「亦稱（作）」、「或稱（作）」表示另一個常用的名稱或拼法。「原名」表示一個人出生時的名字。「以……知名」、「別名」表示一種非正式但普遍流行的稱呼方式。「受封為」表示某人在一生中被授予的稱號。「舊稱」表示一項事物較早的、基本上已不再使用的名字，通常是地理名詞。「正式名稱」表示一個正式的或法律上的名稱。「全名」表示一般以縮略形式呈現之名稱的完整拼寫。「某某語作」表示名稱或用語的原文版本或拼法。

人物的詞條標題特別以幾種方式使用括號。括號裡可能是人名中較罕用的部分，可能是教名，可能是後來加上的稱號，也有可能是稱號或綽號的翻譯。以上原則示例如下：

drum 石首魚 亦稱croaker
Odin 奧丁 亦作Wotan
Bacall, Lauren 洛琳白考兒 原名Betty Joan Perske
O'Connell, Daniel 奧康內爾 別名解放者（The Liberator）
Heath, Edward (Richard George) 奚斯 受封為艾德華爵士（Sir Edward）
Iqaluit 伊卡魯伊特 舊稱佛洛比西爾貝（Frobisher Bay）
Latvia 拉脫維亞 正式名稱拉脫維亞共和國（Republic of Latvia）
OCR OCR 全名光學字元辨識（optical character recognition）
Fax 傳真 全名facsimile
Magellan, Strait of 麥哲倫海峽 西班牙語作Estrecho de Magellanes
Odysseus 奧德修斯 羅馬語作尤里西斯（Ulysses）
Connelly, Marc (us Cook) 康內利
Doctorow, E(dgar) L(aurence) 達特羅
Hughes, (James Mercer) Langston 休斯
Basil II 巴西爾二世 別名Basil Bulgaroctonus（"Slayer of the Bulgars"）

發音

本書的使用者可能會遲疑該如何發音的一些用語或名稱，我們在這些詞條原文之後標記「*」表示附有音標，請讀者查閱書後附錄的「英文詞條A～Z索引」。如果這些外文名稱或用語的英語發音跟原文發音有顯著差異，本書會列出兩種發音，其中一種發音前面會標明是哪一種語言的唸法（如英語、法語、西班牙語）。例如，我們在「Hassan II 哈桑二世」這個詞條提供的發音是\hȧ-sȧn, 英語ha-'sän\。用來標示發音的符號及其發音請見書後附錄第1頁的說明。

外國語文的羅馬字母拼法

不使用西方（羅馬）字母的語言，我們基本上採用英語世界最常見的拼法來表示。

中文名字絕大部分是按照漢語拼音規則來拼寫。如果該中文名稱或用語是出現在詞條標題，則以「亦拼作」帶出舊式的威妥瑪（Wade-Giles）拼法。不過，台灣的地名和人名大致上是使用威妥瑪拼法，後面才附上漢語拼音。有少數幾個英文中常用的中文字（如「Taoism 道家；道教」），本書維持其傳統拼法。

日文名字和用語大致上是依照赫本（Hepburn）系統的規則來拼寫，但是並沒有加上長音符號。

俄文名字和用語大致上是按照傳統的西方拼法，並依循美國國家地名委員會（U.S. Board on Geographic Names）所使用的無標音系統來拼寫。

阿拉伯文的名字和用語基本上是以西方世界最普遍的用法來拼寫。本書大致上略去ayn和hamza（皆指「'」）。除了幾個在西方世界已經很通行的拼寫名稱之外，所有在冠詞al-或el-（相當於英文的the）裡的l，在拼寫時並不會跟後面的子音同化（例如，我們並不會把 *Harun al-Rashid* 拼成 *Harun ar-Rashid*），即使阿拉伯文的發音有此同化現象而且有時也會在英文資料中看到這種子音同化的拼法，我們還是不予處理。

參閱

只有在我們認為讀者會想被提醒可參考某些詞條的時候，我們才會把詞條裡的某些詞語處理成參閱的樣式，以楷體表示，如：

Indiana 印第安納 美國中西部一州（2000年人口約6,080,485），首府印第安納波里。沃巴什河和俄亥俄河分別形成該州東南方和西方的界河。

因此，許多有相應詞條的詞語，並沒有被標示為參閱樣式。舉例來說，在「Tim Berners-Lee 伯納斯－李」這個詞條裡，我們把「全球資訊網」（這項發明是他的主要成就）處理成參閱，而沒有對「網際網路」一詞做相同處理，因為在「全球資訊網」詞條裡，「網際網路」自然會被作為參閱來處理。這類參閱是經編者取捨過的，所以讀者不應該因為詞條裡的某個詞語沒有被標示為參閱樣式，就認為該詞語沒有自己獨立的詞條。

另外在某些詞條內文中，也會列舉跟內文敘述或語詞相關的參閱詞條，以原文呈現，如：

calcium 鈣 元素週期表IIa主族鹼土金屬元素，化學符號Ca，原子序數20。爲人體內含量最多的金屬元素，存在於骨骼和牙齒之中，具有許多功能（參閱calcium deficiency）。在地殼中的豐度占第五位，但在自然界不能以游離狀態存在。

若跟整個詞條相關，則列於詞條最後，也以原文呈現，如：

high-speed steel 高速鋼 1900年推出的鋼合金。高速鋼是以碳鋼（切割動作的摩擦產生溫度大於攝氏210度會磨損刀刃）的兩倍或三倍的速度來運轉機械工具，因而使機械工廠的生產力增加二或三倍之多。常見的高速鋼類型含有18%的鎢，4%的鉻和1%的釩，僅含0.5～0.8%的碳。亦請參閱heat treating、stainless steel。

關於各國國名、美國各州州名、加拿大各省省名，無論它們在詞條裡有多大的重要性，幾乎完全不做參閱處理，因為我們假定讀者都正確地認為這些名稱在本書裡一定有相應的詞條。

大約有3,000個參閱被獨立出來成為一個參閱詞條，與其他有完整內文的一般詞條一起按字母順序編排，用來引導那些以不同拼法或稱呼來查詢的讀者或以名稱裡的其他單字作為排序依據來查詢的讀者。關於這種指向其他詞條的獨立參閱詞條，我們的格式是：

Hejira ➠ Hegira

表示關於Hejira這一詞，請讀者參閱Hegira

另外，如果該參閱詞條有不同於參閱目標詞條的中譯，則列於該參閱詞條之後，如：

Heisenberg uncertainty principle 海森堡測不準原理 ➠ uncertainty principle

索引

中文版在最後面提供了三種索引方式：

1.英文詞條A～Z索引
依本書詞條順序規則，列舉從A到Z所有詞條（含參閱詞條），部分詞條附有音標

2.中文詞條筆劃索引
依詞條的中文筆劃編排（含部分有不同中譯名稱的參閱詞條）

3.中文詞條注音索引
依詞條的中文注音編排（不含參閱詞條）

（吳嶧鴻、黃訓慶／編譯）

地圖圖例

城市與鄉鎮

- São Paulo ● 城市
- Mexico City ⊛ 首都
- Albuquerque ◉ 次級行政首府

界線

- 國界
- 有爭議國界
- 控制線
- 次級行政界線
- 三級行政界線

地形特徵

- SERENGETI NATIONAL PARK ■ 國家公園
- Mount Everest 29,035 ft. ▲ 山峰
- 河流
- 間歇河
- 運河
- 水道
- 水壩
- 瀑布
- 湍流

A

A&P ➠ Great Atlantic & Pacific Tea Company, Inc. (A&P)

a posteriori ➠ a priori

a priori＊　先驗知識　在知識論中，指與一切具體經驗無關的知識，與後驗的（或說從經驗得來的）知識相對立。兩者均源自中世紀經院哲學家對亞里斯多德理念的辯論（參閱scholasticism）。它們現行的用法，由康德首創，他提出分析－綜合區別來搭配先驗－後驗區別，藉以定義其知識理論。

Aachen＊　亞琛　法語作艾克斯拉沙佩勒（Aix-la-Chapelle）。德國西部城市（1995年人口約247,000），位於科隆西北方。西元1世紀時羅馬人在此定居，爲宗教文化中心，後成爲查理曼帝國第二大城，皇宮亦在此地。亞琛大教堂約建於8世紀，10～16世紀，日耳曼國王多在此登位。查理曼的禮拜堂及陵墓仍保存在這座哥德式大教堂中。亞琛在1801～1815年間曾歸法國統治。該城還以礦泉療養地著稱。

Aaiun, El ➠ El Aaiún

Aalto, (Hugo) Alvar (Henrik)＊　阿爾托（西元1898～1976年）　芬蘭建築師和設計師。畢業於赫爾辛基技術學院，1925年與其事業伙伴艾諾・馬爾西奧（卒於1949年）結婚。他的名聲來自於其混合了現代主義、當地特有的材料（特別是木材）和個人的表現方式的獨特風格。最能表現他的自然風格的作品是芬蘭賽于奈察洛市議會建築群（1950～1952），全部以芬蘭紅磚、木材和銅材建成。阿爾托至今仍是現代運動中著名的建築師之一。他設計的曲木家具的仿製品在世界各地均可見到。

aardvark　土豚　亦稱非洲大食蟻獸（African ant bear）。學名Orycteropus afer，aardvark爲非洲語，意爲「地球之豚」。體型笨重的哺乳動物，產於撒哈拉沙漠以南的森林或平原。體長達180公分（包括60公分尾長），長嘴如豚，耳長如兔，腿短，趾長，並有大而扁平的利爪。穴居，白天在穴中休息，夜間方敢外出，掘開螞蟻或白蟻巢穴，用其帶黏性的長30公分的舌頭，迅速舐食昆蟲。土豚雖無攻擊性，但能用利爪抵擋攻擊者。土豚與其他哺乳動物目的親緣關係仍待研究。

Aare River＊　阿勒河　亦作Aar River。流經瑞士中部和北部的河流。是整條河流都在瑞士境內的最長河流。從伯恩茲阿爾卑斯山脈往西北流，經阿勒峽谷和伯恩市後向東北流，在科布倫茨注入萊茵河，全長183哩（295公里）。

Aarhus ➠ Århus

Aaron　亞倫（活動時期約西元前14世紀）　摩西的兄長，傳說中猶太教第一位祭司。他同摩西一道領導受苦難的以色列人離開埃及，是摩西的發言人。上帝指示亞倫和摩西設立逾越節，作爲每年一度紀念出埃及的宗教節日，亞倫與其子均被摩西授予教會職權。亞倫在〈出埃及記〉裡雖是重要人物，但此後的篇章裡卻未再提到他。僅記載當摩西停留在西奈山上接受上帝的律法時，亞倫負責鑄造金犢供百姓參拜。在〈民數記〉中記載他享年一百二十三歲。

Aaron, Hank　漢克阿倫（西元1934年～）　原名Henry Louis Aaron。美國職業棒球選手。生於阿拉巴馬州莫比爾，他先後在黑人美國聯盟和小聯盟打球。1954年加入密爾瓦基勇士隊，大都擔任外野手。1965年底在勇士隊遷至亞特蘭大前，漢克阿倫業已擊出398支全壘打。1974年4月8日在亞特蘭大的比賽中，漢克阿倫擊出第715號全壘打，打破貝比魯斯自1935年起一直保持的記錄。1975～1976年在密爾瓦基釀酒人隊打完二季後退休。漢克阿倫的打擊記錄包括總數755支全壘打、1,477支二壘以上安打和2,297分打點。其他生涯統計數字包括得分2,174（僅次於柯布）、出賽3,298場（僅次於皮特羅斯）、打數12,364次、安打3,771支（僅次於柯布和羅斯）。被譽爲是最偉大的打擊手之一。

漢克阿倫
Pictorial Parade

AARP　美國退休人員協會　正式名稱American Association of Retired Persons。非營利性的非政黨組織，處理五十歲以上美國人的需求及利益。1958年由一位退休教師安德魯斯所創立，1982年與同樣由安德魯斯創立的全國退休教師協會（1947年創立）合併。這個組織所出版的《現代老年》雙月刊是美國發行量最大的期刊。由於擁有超過三千萬名在選舉時投票率甚高的會員，這個組織是美國最有影響力的遊說團體之一。

abacus　算盤；珠算盤　一種計算工具，利用在一個框架內沿著成列的金屬絲或細桿來滑動的那些珠子，表現十進位制的位置。算盤大抵源起於巴比倫，是近代電子計算機的始祖。中世紀時商人把它傳遍整個歐洲和阿拉伯世界，但逐漸被以印度－阿拉伯數字爲基礎的算術取代。18世紀後在歐洲幾乎絕跡，現在只剩中東、中國和日本仍在使用。

Abahai　皇太極 ➠ Hongtaiji

Abakanowicz, Magdalena＊　阿巴坎諾維契（西元1930年～）　波蘭雕塑家。貴族後裔，1955年自華沙美術學院畢業。她成爲以編織物雕塑的先驅者與理論領導者，將她的三維編織式樣稱爲「阿巴坎斯」（取自她的姓）。她創作了名爲《頭》（1975）、《背》（1976～1980）、《胚胎學》（1980）以及《發洩》（1986）等系列的織品形式作品。她也曾在國際間展出油畫、素描、以及使用其他媒材的雕塑，在歐洲與美國一直廣受模仿。1965年起在波茲南任教。

abalone　鮑　鮑科鮑屬蝸牛種的暖海域海產貝類。殼盤狀，外緣有一列孔。爲單殼的軟體動物，其外緣列孔的第五到第九個孔通常是開的，爲排泄口。其大小從10～25公分不等，深約8公分，以紅鮑最大，長30公分。殼具光澤，內面呈紅色，可加工作裝飾品。足肥大，味美。商業漁場分布在加州、墨西哥、日本及南非。

Abbado, Claudio＊　阿巴多（西元1933年～）　義大利指揮家，出生於米蘭音樂世家，十六歲入維也納音樂學院主修鋼琴，之後到維也納擔任指揮。曾任米蘭史卡拉歌劇院音樂總監和首席指揮（1968～1986），後兼任維也納愛樂管弦樂團的同樣職務。1989年成爲繼卡拉揚之後的柏林愛樂管弦樂團首席指揮和音樂總監。以作風大膽的曲目（包括許多現代音樂）而聞名。

Abbas, Ferhat　阿拔斯（西元1899～1985年）　阿爾及利亞政治領袖，爲阿爾及利亞共和國臨時政府第一任總統（1958）。原爲親法分子，後來醒悟，在第二次世界大戰期間譴責法國的統治，要求制定憲法，給予所有阿爾及利亞人平等權。1956年加入民族解放陣線，以革命爭取獨立。1958年阿爾及利亞共和國臨時政府成立，阿拔斯擔任總統，1961年辭職。1962年阿爾及利亞正式獨立，他擔任阿爾及利亞制憲會議主席。1963年因反對民族解放陣線不經制憲會議提出憲法草案而辭職。亦請參閱Young Algerians。

Abbas I　阿拔斯一世（西元1571～1629年）　別名阿拔斯大帝。波斯薩非王朝的沙（伊朗國王舊稱）。1587年繼承其父蘇丹穆罕默德沙之位，開始重振王朝聲威，把鄂圖曼和烏茲別克軍隊趕出波斯領土，並建立了一支常備軍。他將首都遷到伊斯法罕，把它建造成世界上最美的城市。在位期間，波斯的藝術發展達到顛峰，此時各種精美抄本、製陶品和繪畫等蓬勃發展。葡萄牙人、荷蘭人和英國人都爭相來此搶奪貿易市場。阿拔斯在宗教上採寬容政策（准許基督教團體享有一些特權），關心人民福祉，但他過分擔心自身安危問題，手段無情使他盲目處決許多近親。

阿拔斯一世，賈汗季時代之蒙兀兒繪畫，約繪於1620年；現藏華盛頓特區弗里爾藝術畫廊
By courtesy of the Smithsonian Institution, Freer Gallery of Art, Washington, D.C.

Abbas Hilmy I＊　阿拔斯一世（西元1813～1854年）　鄂圖曼帝國統治下的埃及總督（1848～1854）。繼承叔父易卜拉欣之位，反對祖父穆罕默德．阿里所實行的西化改革。他不信任那些曾是他祖父親信的法國人。雖反對鄂圖曼強制性改革，但還是在克里米亞戰爭（1853）中派軍支援鄂圖曼人。1851年批准英國人建造亞歷山大里亞到開羅的鐵路，但不准法國人策劃興建蘇伊士運河。後來在本哈宮中被兩名僕人勒死。

Abbasid dynasty＊　阿拔斯王朝　穆斯林哈里發帝國的第二王朝，從西元750年推翻伍麥葉王朝開始，止於1258年爲蒙古人所滅。阿拔斯王朝是以先知穆罕默德的叔父阿拔斯爲名，繼位者均爲其後裔。在阿拔斯王朝統治下，勢力向東阿拉伯區擴展，首府遷至巴格達，接受許多波斯政府的傳統管理方法。阿拉伯文化和帝國在其統治下達於鼎盛，非阿拉伯人也紛紛改信伊斯蘭教。這段期間穆斯林最大的貢獻在科學和哲學上，有時也被視爲伊斯蘭教的黃金時代。當軍隊開始雇用非穆斯林的外籍傭兵和來自東方的入侵者要求所占領土自治時，阿拔斯王朝的氣勢日漸沒落。哈里發逐漸變成只是精神上的領袖。1258年蒙古人圍攻巴格達，阿拔斯王朝徹底垮台。

Abbate, Niccolo dell'＊　阿巴特（西元1509/1512～1571年）　亦作Niccolo dell'Abate。義大利畫家。曾在摩德納習畫，1544～1552年前往波隆那，受當代畫家柯勒喬和帕米賈尼諾的影響，發展了自己的成熟風格。他在波隆那以風景壁畫繪製肖像及宮廷裝飾，當中富含了矯飾主義風格。1552年受法國亨利二世之邀到楓丹白露宮作畫（在普利馬蒂喬主持下工作），完成大量壁畫（現多失佚）。晚年仍留在法國。其虛構式風景畫成爲法國古典風景畫派的一個主要傳統，是克勞德．洛蘭和普桑的先驅。

Abbe, Cleveland＊　阿貝（西元1838～1916年）　美國氣象學家。生於紐約市，起先學習天文，1868年任辛辛那提天文台台長。後來興趣轉向氣象學，曾創辦一個公共天氣服務處，成爲全國天氣服務處的標竿。不久，全國天氣服務處改屬陸軍通訊部管理，1871年阿貝出任此分支機構的主任氣象員，1891年此機構又改組爲美國氣象局（即後來的國家氣象局），隸屬內政部，阿貝在此任職超過四十五年。

Abbey　大修道院　由修道院或教堂組成，修道院院長所管理的建築群，以供教會組織自給自足的需要。最早的大修道院位於義大利的卡西諾山，西元529年由努西亞的聖本篤創建。大修道院以迴廊把最主要的建築連接在一起。住宿區與靠近迴廊東面的聖壇相連。迴廊西面爲賓客接待廳及庭

英國北約克郡里彭附近的一處西多會修道院廢墟，該修道院建於12世紀
Andy Williams

院，並有門房看守。南面是作坊、廚房和釀酒的地方。見習修士的住房和醫務室另外安排在一棟建築裡，有專用的小教堂、浴室、飯廳、廚房和花園等。12～13世紀歐洲各地建造了許多大修道院，特別是在法國。

Abbey, Edward　艾比（西元1927～1989年）　美國作家與環保人士。生於賓夕法尼亞州霍姆，新墨西哥大學畢業，然後在國家公園部門擔任公園管理員與火警瞭望員。在作品《沙漠隱士》（1968）中寫出消費文化入侵猶他州東南部荒野地區。1975年長篇小說《猴子歪幫》描寫一群環保人士游擊隊的事蹟，靈感來自許多眞實的行動主義人士。其他著作包括死後出版的續篇《海杜克健在！》（1990）。

Abbey Theatre　阿比劇院　都柏林劇院。前身是愛爾蘭文學劇院，該劇院由葉慈和格列哥里夫人於1899年創建，旨在推廣愛爾蘭戲劇。1904年劇團遷至阿比大街的一所新改建的劇院，他們和辛格一起合導，上演他們的劇作，並徵求歐凱西和其他劇作家的作品。初期公演的重要劇目有辛格的《西方世界的花花公子》（1907）、歐凱西的《犁與星》（1926）。1924年阿比劇院成爲英語系國家中第一個由國家補助的劇院。1951年劇場被大火燒毀，新的阿比劇院於1966年在原址重建。

Abbott, Berenice　艾博特（西元1898～1991年）　美國女攝影師。生於俄亥俄州春田市，1918年離家到紐約、巴黎和柏林讀書。在巴黎時成爲攝影家曼雷和阿特熱的助手。1925年創辦自己的工作室，拍攝了巴黎的外國人、藝術家、作家和收藏家等人物照片。阿特熱去世後，艾博特保存了他的照片和底片並加以分類。1930年代她接受公共事業振興署聯邦藝術計畫的委託拍攝一系列紐約市風光照片，記錄不斷變化的建築特色，其中許多照片發表在《變化的紐約》（1939）一書中。

Abbott, George (Francis)　艾博特（西元1887～1995年）　美國戲劇導演、電影製片（導演）和劇作家。生於紐約州的森林村，1913年開始在百老匯擔任演員。不久，就開始寫劇本和從事導演。他的作品《代罪羔羊》（1925）一炮而紅。之後長時期從事寫作、製作及導演一些非常成功的音樂劇，如《雪城來的男孩們》（1938）、《帕兒・喬依》（1940）、《查理在何方》（1948）、《奇異的城鎮》（1953）和《失魂記》（1955）。一直到1980年代他在紐約戲劇界仍甚爲活躍，當時還以九十五高齡重新導演《腳尖上的節拍》。

Abbott, Grace　艾博特（西元1878～1939年）　美國社會工作者、政府官員、教育家和社會改革家。生於內布拉斯州大島市，畢業於芝加哥大學，1908年開始替亞當斯的赫爾大廈工作，同年於芝加哥與人共創移民保護聯盟。1921～1934年她出任兒童局局長，任職期間透過立法和聯邦法令政策努力終結童工，並提出一份憲法修正案禁用童工。最出名的著作是《兒童與國家》（兩卷，1938）。

Abbott, John (Joseph Caldwell)　艾博特（西元1821～1893年）　受封爲約翰爵士。加拿大總理（1891～1892）。生於魁北克省聖安德魯，麥吉爾大學畢業，1847年取得律師資格，1855～1880年任麥吉爾大學法學院院長。1857～1874年和1880～1887年選入聯合省立法議會。1887年任參議員，在參議院中爲執政黨領袖。麥克唐納去世後出任總理，但1892年即因病辭職。

Abbott, Lyman　艾博特（西元1835～1922年）　美國基督教公理會牧師。生於麻州羅斯伯瑞，爲作家雅各・艾博特（1803～1879）之子。研習法律與神學，1881年在畢奇爾的《基督教工會》週刊擔任主編。1888年繼畢奇爾任布魯克林市公理會牧師。他鼓吹社會福音運動，用基督教精神解決社會問題和勞資糾紛。所著《基督教與社會問題》（1897）等多反對社會主義和自由放任經濟。在宗教問題上，對於演化論對宗教的影響，他設法進行解釋，而不主張予以譴責。

艾博特，攝於1901年
By courtesy of the Library of Congress, Washington, D. C.

Abbott and Costello　艾博特和科斯蒂洛　美國歌舞雜耍表演（1931年起）和無線電廣播（1938年起）中極受歡迎的喜劇搭檔。艾博特（原名William Alexander Abbott, 1895～1974）生於新澤西州亞斯伯瑞公園市，出身戲劇家庭，開辦過滑稽劇院。科斯蒂洛（原名Louis Francis Costello, 1906～1959）當過演員、拳擊手和電影特技替身演員，爾後成爲滑稽劇和雜耍劇的喜劇演員。1938年兩人首次在廣播劇中搭檔演出，1941年合拍第一部電影《列兵們》，從此走紅，又連續拍了三十多部鬧劇電影，高瘦的艾博特總是扮演配角，矮胖的科斯蒂洛則是丑角。他們最有名氣的雜耍劇目是〈誰在一壘？〉，首見於1945年的電影《沒規矩的1890年代》。1957年拆夥。

abbreviation　縮寫詞　在人類相互交往、特別是書面交往的活動中，以簡短的單字或片語形式代表整體的方法。19～20世紀縮寫詞劇增，用來節省書寫或交談的時間，特別是那些新的組織機構、官僚機構和典型工業社會的科技產品。現在縮寫詞很容易就變成一個單字——或是首字母縮略詞，讀法是按字母個別發音（如TV或FBI），或是首音縮略詞，其字母可組合成音節發音（如scuba、laser或NAFTA）。

ABC　美國廣播公司　全名American Broadcasting Co.。美國主要電視網。1926年，國家廣播公司把第一、第二廣播網分別稱爲紅色廣播網和藍色廣播網，以避免傳播壟斷，1941年，國家廣播公司被迫出售藍色廣播網，由救生圈糖果公司負責人諾布爾（1882～1958）收購，並將其改名爲美國廣播公司，並將藍色廣播網併入該公司。1953年合併派拉蒙劇院公司，美國廣播公司便成爲全國數百家電影院的業主（其中許多家已於1974年售出）。之後美國廣播公司併購其他電視公司，迅速成爲全國三大電視網之一。該公司以播送體育新聞見長，1961年首創即時重播制。1985年美國廣播公司爲大都會通訊公司收購。1995年又被迪士尼公司購併。

Abd al-Krim＊　阿布杜勒・克里姆（西元1882～1963年）　全名Muhammad ibn Abd al-Karim al Khattabi。反西班牙和法國在北摩洛哥殖民統治的柏柏爾人反抗運動領袖。1915年任摩洛哥梅利亞區穆斯林首席法官，由於對西班牙政策徹底失望，遂與他的兄弟帶領了反抗運動。1921年建立里夫共和國，並出任總統。1926年法國和西班牙集結二十五萬大軍逼使他投降，被放逐到印度洋留尼旺島。1947年獲准定居法國，中途在埃及獲政治庇護。1956年摩洛哥獨立後，穆罕默德五世曾邀他返國，他卻以法軍仍留在北非而婉拒。

Abd al-Malik ibn Marwan＊　阿布杜勒・馬利克（西元646/647～705年）　阿拉伯伍麥葉王朝的第五代哈里發。在麥地那長大，西元683年他和父親被叛亂者趕出麥地那。685年父親去世，他繼承哈里發位。開始長達七年的戰爭，打敗所有叛亂分子，統一穆斯林世界。後來再度征服北非，爭取到當地柏柏爾人的支持，697年攻克迦太基城。由於和麥地那的僧侶有良好關係，使許多人放棄反對伍麥葉王朝的立場。他以阿拉伯語爲官方用語，使之遍及所統疆域；並打造新的伊斯蘭金幣，以取代拜占庭舊幣；另建造了耶路撒冷的岩頂圓頂寺。

Abd al-Mumin ibn Ali＊　阿布杜勒・慕敏（卒於1163年）　阿爾摩哈德王朝的柏柏爾人哈里發（1130～1163）。1117年左右受到宗教改革先驅伊本・圖邁爾特的影響，與之聯手反抗阿爾摩拉維德王朝的統治。1130年圖邁爾特去世後，他繼任爲哈里發，在往後十七年裡繼續爲反對阿爾摩拉維德人而奮戰。1147年攻克馬拉喀什，屠殺居民，然後以此市爲基地，征服了埃及以西的全部北非地區。

Abd al-Rahman III＊　阿布杜勒・拉赫曼三世（西元891～961年）　西班牙伍麥葉阿拉伯穆斯林王朝第一代哈里發，也是最偉大的統治者。912年繼祖父阿布杜拉爲哥多華的艾米爾後，立即開始鎮壓各地山寨的穆斯林反叛分子。此項工作延續了數十年，直至933年消滅反叛中心托萊多。在解決北方的基督教勢力威脅後，於920年及924年分別痛殲穆茲王國和那瓦爾王國的聯軍。928年自立爲哈里發。到了958年，一些基督教國王向他稱臣。在位期間，哥多華在社會、政治和文化上的發展達於鼎盛，基督教與猶太教教團也蓬勃發展，享有與君士坦丁堡同樣的盛名。

Abd Allah (ibn Muhammad at-Taiishi)＊　阿布杜拉（西元1846～1899年）　亦稱Abdullahi。蘇丹政治和宗教領袖，1885年繼承馬赫迪之位，成爲馬赫迪派運動的領袖。他對衣索比亞發動攻擊，並入侵埃及，至1891年地位始終穩固。1896年英、埃部隊重新整隊征服蘇丹，他抵抗到1898年，最後被迫逃離首都恩圖曼。一年後戰死。

A
B

Abdelqadir al-Jazairi＊ 阿布杜卡迪爾（西元1808～1883年） 阿爾及利亞的創建者，領導人民反抗法國統治。1830年法軍進攻時，其父馬迪丁率領人民奮勇抵抗法軍，1832年阿布杜卡迪爾接替他的職位成爲艾米爾。到了1837年，經過多次戰役和談判，他已掌握了大部分地區的統治權。之後阿布杜卡迪爾組織了眞正的國家，公平徵稅，剝奪好戰部族的特權。他在內陸城市設防，開辦軍火工廠，並提倡教育。1846年被法軍制服。其風範和理想在死後仍贏得法國和阿爾及利亞人的尊敬，也一直是阿爾及利亞人心目中最偉大的民族英雄。

Abdera＊ 阿布迪拉 愛琴海沿岸古色雷斯城，約在薩索斯對面。西元前7世紀第一次有人來此定居，至西元前540年左右方有第二批移民。西元前5世紀時是提洛同盟中十分繁榮的一員；到西元前4世紀，由於色雷斯人侵襲而一蹶不振。

abdominal cavity 腹腔 身體最大的空腔。以橫膈膜作爲上界，下界是骨盤腔的上平面。係由脊椎骨和腹肌等包圍而成，其內含有大部分消化道、肝、胰、脾、腎及一對腎上腺。腹腔內襯著腹膜，而腹膜有兩種，覆在腹腔壁內側者，稱壁腹膜；直接包在腹腔內器官外層者，稱內臟腹膜。常見疾病是腹水（腹部積水）和腹膜炎。

abdominal muscle 腹肌 腹腔前壁及側壁的肌肉，由三塊扁平的肌肉構成。從外向內順序爲腹外斜肌、腹內斜肌及腹橫肌。其起點在脊柱與下部肋骨及恥骨之間。腹肌向腹正中線走行，參加腹直肌鞘的組成，在中線處與對側來的肌纖維相遇。腹肌可支撐和保護內臟，呼氣、咳嗽、排尿、排便、分娩等動作以及軀體、鼠蹊部和下肢動作時都會牽動腹肌。

Abduh, Muhammad＊ 穆罕默德・阿布杜（西元1849～1905年） 埃及宗教學者、法律學家和開明的改革家。在開羅讀大學時深受阿富汗尼的影響，1882～1888年因政治立場偏激被驅逐出境。重返埃及後，他擔任司法官。1899年升任埃及伊斯蘭法典詮釋長穆夫提。其著作《論眞主的獨一性》，提出伊斯蘭教優於基督教，因爲它更能接納科學和文明。他放寬伊斯蘭教法律和行政的限制，促進尊重平衡法、福利和常識，有時甚至違反《可蘭經》的教義。

Abdul-Jabbar, Kareem＊ 賈霸（西元1947年～） 原名（Ferdinand）Lew（is）Alcindor。美國職業籃球選手。生於紐約市，身高7呎1 3/8吋（217公分）。在加州大學洛杉磯分校的學院生涯中，該校只輸過兩場比賽，1966～1968年替該校三度獲得全國冠軍。之後他加入密耳爾基公鹿隊，1975年被賣到洛杉磯湖人隊。在他的籃球生涯的黃金時期中，1984年超越張伯倫的生涯總得分31,419，至1989年退休，他的總得分記錄爲38,387，其餘所保持的記錄包括：投籃命中次數最高（15,837）、蓋火鍋第二（3,189）和搶籃板第三（17,440），並曾六度當選最有價值球員。

Abdul Rahman Putra Alhaj, Tunku (Prince)＊ 拉曼（東姑）（西元1903～1990年） 馬來亞獨立後第一任總理（1957～1963）及馬來西亞第一任總理（1963～1970）。早年在英格蘭留學，從政之前任職於馬來亞聯邦司法部（1945～1951）。後來在擔任聯合馬來亞國家組織主席時，拉曼結合華人和印度人黨團組爲聯盟黨。1955年聯盟黨在大選中獲得壓倒性勝利。之後他率代表團商談馬來亞脫離英國獨立事宜（1957年馬來亞取得獨立），1963年馬來西亞聯邦成立。

Abdülhamid II＊ 阿布杜勒哈米德二世（西元1842～1918年） 鄂圖曼蘇丹（1876～1909），在位期間坦志麥特改革運動達到最高潮。在推動第一部鄂圖曼憲法（目的在阻止外國干涉內政）十四個月後，他又將它終止了，之後開始他的暴君政治。他利用泛伊斯蘭主義結合帝國外部的穆斯林力量，漢志鐵路就是由世界各地穆斯林出資修築。人民由於對他的專橫統治不滿，又憤於歐洲人干涉巴爾幹半島諸國的事務，1908年爆發青年土耳其黨的革命，推翻其統治。亦請參閱Atatürk, Mustafa Kemal、Enver Pasa、Midhat Pasa。

Abdullahi ➠ Abd Allah (ibn Muhammad at-Taiishi)

Abel ➠ Cain and Abel

Abelard, Peter 阿伯拉德（西元1079～1142年） 法國神學家、哲學家。父爲騎士，但他放棄繼承權，專研哲學。1114年左右，擔任艾羅伊茲（一位巴黎教士的姪女）的私人教師。結果兩人相戀，並祕密結婚。艾羅伊茲的叔父在盛怒之下派人閹割了阿伯拉德，此後，阿伯拉德成爲修士，艾羅伊茲則當了修女。阿伯拉德的著作《神學》於1121年被判爲異端。1125年他被選爲布列塔尼的一間修道院院長，但他與教會的關係惡化，不得不逃亡。約從1135年起，他在蒙聖熱內維耶沃教書和寫作，著有《倫理學》，於其中分析了罪惡的概念。1140年又被判爲異端，使他避居克呂尼的修道院。其他著作還有《是與非》，收錄的是教會神父所著與教義相抵觸之作品。

Abenaki＊ 阿布納基人 亦作Abnaki。操阿爾岡昆語的印第安部落聯盟，居住在北美洲東北部。建立聯盟是爲了抵抗易洛魁聯盟，特別是摩和克人。主要由馬萊西特人、帕薩馬科迪人和佩諾布斯科特人等部落組成。17世紀時支持法國抵抗英國人，在戰敗後撤至加拿大，最後定居於魁北克的聖弗朗索瓦湖附近。現在總人口約12,000人。

Abeokuta＊ 阿貝奧庫塔 奈及利亞西南部城市（1996年人口約424,000）。南距拉哥斯約600哩（96公里）。約1830年建城，當時是奴隸躲藏獵捕的避難所。爲埃格巴人的主要城鎮，他們與英國有長期的工作關係。1914年併入英屬奈及利亞。現在是農業和出口中心。

Aberdeen 亞伯丁 蘇格蘭北海沿岸城市（2001年人口約212,125）和商港。跨迪河和唐河，是蘇格蘭北部主要港口。該市單獨構成一個議會區，範圍包括亞伯丁市和周圍農村地區。12世紀起，爲皇家自治市，12～14世紀爲蘇格蘭皇室駐地。曾支持羅伯特一世爭取蘇格蘭獨立的戰爭，有一段時期還是愛德華一世的總部所在。1970年代起，亞伯丁迅速發展爲英國北海石油工業和相關服務業、供應業的主要中心，現爲格蘭屏行政中心。

Aberdeen, Earl of 亞伯丁伯爵（西元1784～1860年） 原名George Gordon Aberdeen或George Hamilton-Gordon Aberdeen。英國外相、首相（1852～1855）。1813年出任奧地利特使時，協助成立歐洲聯盟打敗拿破崙，1828～1830年和1841～1846年出任外相期間，締結「韋伯斯特－阿什伯頓條約」和「奧瑞岡條約」（參閱Oregon Question），解決了加拿大和美國之間的邊界爭端。擔任首相時，組成聯合內閣，但因優柔寡斷阻礙了和談效力，導致英國捲入克里米亞戰爭。1855年引咎辭職。

Aberhart, William＊ 阿伯哈特（西元1878～1943年） 加拿大政治人物，第一位社會信用黨人省長（亞伯達省，1935～1943）。1915～1935年在卡加立任高中校長，1918年創辦卡加立舊約聖經學院，1932年鼓吹社會信用黨的貨幣改革理論以解決亞伯達省大蕭條時期的經濟問題，並主張按照省的實際財務狀況向每個公民分配股利（即社會信用）。1935年社會信用黨贏得省內大選，他出任省長兼教育部長，但社會信用的主張未獲聯邦政府批准。

Abernathy, Ralph David＊ 艾伯納西（西元1926～1990年） 美國黑人牧師和民權領袖。生於阿拉巴馬州林登市，1948年被任命為浸信會牧師，後來至該州蒙哥馬利浸信教會任職，幾年後結識了金恩。1955～1956年間兩人組織蒙哥馬利的黑人抵制當地的公車種族歧視規定。這次非暴力的抵制運動象徵了民權運動的開始。1957年他們創建了南方基督教領袖會議，1968年金恩遇害，他繼任主席，1977年辭職，至亞特蘭大浸信會擔任牧師。

aberration 像差 光線通過透鏡使生成的物像變得模糊產生偏差。在球面像差中，由於透鏡表面的彎曲，使光線通過透鏡不會全都聚在同一像點上。從透鏡中心近處通過的光線聚焦得遠，從透鏡外緣通過的光線聚焦得近，所以物體的影像接近模糊。當光只以單一波長出現時，有五種像差：球面像差、彗形像差、像散、像場彎曲及畸變。當光不是單色時，在透鏡中還可以觀察到第六種像差：色像差，它是因透鏡不能把所有的顏色（波長）聚焦在同一平面上所致，所以物體影像模糊，並在邊緣附近出現彩虹紋路。亦請參閱astigmatism。

aberration of starlight 光行差 由於地球圍繞太陽運動引起恆星或其他天體的表觀位移。最大位移約20.49"（弧度）。它取決於地球軌道速率與光速之比以及地球的運動方向。這一現象證實了地球繞著太陽轉動而不是太陽繞地球轉動。

Aberystwyth 阿伯里斯特威斯 為自治區，威爾斯西部城鎮（1991年人口約11,154），濱卡迪根灣。為中世紀有圍牆的古城，沿著一座13世紀的堡壘興建而成。曾是繁榮一時的鉛礦外運口岸。為威爾斯文化重鎮。近年來發展為海濱度假地。

Abhayagiri＊ 無畏山寺 伐多伽摩尼·阿巴耶王（西元前29～西元前17年）建於當時錫蘭（今斯里蘭卡）首都阿努拉德普勒北部的上座部佛教重要精舍。無畏山寺原屬於設在附近的傳統的宗教與世俗權力中心大寺，它很快就因為僧侶與俗世社群之間關係以及用梵文弘揚巴利語經文的爭議而脫離，並在伽賈跋胡王一世（113～135）護持下，威望日盛，財富大增，直到阿努拉德普勒城在13世紀被遺棄荒廢為止。它所屬的兩所主要學院仍運行至16世紀。

Abhidhamma Pitaka＊ 論藏 上座部佛教大藏經（參閱Tripitaka），為其中最晚出的一部分。另外兩部分是經藏和律藏均被視為佛陀的作品，但論藏則是他的弟子和一些學者的話，內容涉及到倫理學、心理學和知識論。

Abhidharmakosa＊ 阿毗達磨俱舍論 佛教學術著作，在有部藏中為論藏的七篇著作作引介，並摘錄了當中部分內文。作者世親為佛教僧侶，是西元4或5世紀時人，居住印度西北部。本書把有部教義系統化，並顯示大乘的影響，而世親在日後更改信後者。本書也提供了古佛教派別之間不同教義的許多資料。

abhijna＊ 神通 在佛教哲學裡指神奇的力量，特別是透過禪定和智慧所獲得的神祕靈力。神通通常有五種：一、神足通，即身能飛天入地、出入三界、變化自在；二、天眼通，即能見一切事物；三、天耳通，即能聞一切聲音；四、他心通，即能知他人思想；五、宿命通，即能憶及前世事跡。此外，還有第六種神通，名漏盡通，即能斷一切煩惱惑業，永遠擺脫生死輪迴，是佛和阿羅漢所專有。以上六種神通與回憶往生以及能見一切物從而能知一切眾生的未來命運的能力，合併稱為三明。

Abidjan＊ 阿必尚 象牙海岸最大港市（1999年人口約3,199,000）。1904年起為鐵路終點站，1950年建運河使潟湖通海，不久即成為法屬西非金融中心。曾是象牙海岸首都，政府所在地仍留此，但正式首都已在1983年遷往亞穆蘇克羅。設有象牙藝術博物館、國家圖書館和一些研究機構。

Abilene 阿比林 美國堪薩斯州城市（2000年人口約6,543）。濱塞林納東邊的斯莫基希爾河，1858年始有人拓居。其後因成為德州畜牧業鐵路運輸終點站而凸顯地位，但以法紀鬆弛著稱。1871年傳奇人物希科克曾任這裡的執法官。美國前總統艾森豪在此度過童年，並葬在當地的艾森豪中心（內有他的故居和圖書館）。

Abilene 阿比林 美國德州西北部城市（2000年人口約115,930）。建於1881年，為德州畜牧業鐵路運輸終點站，取代了先前的堪薩斯州阿比林。有多所教育研究機構、西德克薩斯商品交易會、老阿比林市重建會等。

Abnaki ➠ Abenaki

abnormal psychology 變態心理學 亦稱精神病理學（psychopathology）。心理學分支，研究情緒及心理障礙（例如精神官能症、精神病、心理缺陷）和某些未完全了解的正常現象（如夢和催眠）。用於分類精神障礙的主要工具書為美國心理師學會所出版的《心理疾病診斷統計手冊》（第四版）。

ABO blood-group system ABO血型系統 根據紅血球是否具有抗原A（又分A1和A2）或抗原B而對人類血液進行分類的方法。該系統將人類血液分為A型（只有抗原A）、B型（只有抗原B）、O型（兩者均無）或AB型（兩者均有）。ABO抗原使某些血型在輸血時不能相容。出生前ABO抗原已發育完好且會終其一生。不同族群和不同地理區之間的常見血型各不相同。特殊血型的族群中罹患某些疾病的情況則較為罕見。

abolitionism 廢奴主義（約西元1783～1888年） 在西歐和美洲發起的結束奴隸買賣和解放奴隸的運動。18世紀反對奴隸制度輿論在英格蘭漸獲支持，但在那些奴隸制度中心（西印度群島、南美洲及美國南部各州）起初並未獲得回響。1807年英國和美國的廢奴主義者成功禁止非洲奴隸的輸入，並把注意力轉向解放那些已被捕的奴隸。不過，美國南部十一州仍抱守奴隸是一種社會和經濟制度的觀念。美國反奴隸制協會在北方發起廢奴運動，著名人物包括加里森、道格拉斯、史托。林肯在競選總統時，也反對把奴隸制擴展到西部，遂讓整個運動出現了轉折點，結果導致南方各州脫離聯邦引起美國南北戰爭。後來在1863年發布「解放宣言」，1865年又通過第十三號憲法修正案，解放美國的所有奴隸。1888年拉丁美洲的奴隸制最後也被廢除。

Abominable Snowman 雪人 西藏語作Yeti。傳說是生活在喜馬拉雅山雪線一帶的怪物，體型壯碩，全身覆滿毛皮。關於目睹這種動物的報導很少，但人們認為雪中某些神祕、巨大的痕跡是他們所留下的，其實這可能是熊的足跡，因爲熊行走有時後掌踏在前掌的掌印上，所形成的痕跡近似向相反方向行走的巨人足跡。

Aborigine ➠ Australian Aborigine

abortion　流產；墮胎　胎兒發育到能獨立生存階段之前被分娩出子宮外的過程。流產可自然發生，稱自然流產。人工流產是刻意藥物干擾胎兒生長，目的大致有下列幾種：爲挽救母親的生命或維護其健康；中止因強姦或亂倫造成的妊娠；預防生出有嚴重畸形、精神缺陷或遺傳異常的胎兒。擴張及抽取術則被認爲是部分生產墮胎，這項極受爭議的醫療方式通常於懷孕第三期時使用。懷孕滿十九週後，則可注射鹽水或激素（荷爾蒙）來引發子宮收縮，排出胚胎。滿六個月（第二期）或晚期可使用子宮切開術。在歷史上，社會是否接納流產爲控制人口的一種手段因時、地而異。在古希臘羅馬時代，流產似乎是一種很常見且爲社會所接受的節育方法，即使基督教神學家早就激烈譴責流產。中世紀時，歐洲普遍接受人工流產的觀念。到了19世紀以後才普遍以重罰來阻止人工流產，但在20世紀時這些處罰在許多國家中又作了修正。1973年美國最高法院在「羅伊訴韋德案」中裁定孕期三個月做人工流產手術是合法的，但1995年這個案件中的「珍．羅伊」諾瑪．麥考薇則一反先前的立場，宣稱不再支持墮胎權。

Abraham　亞伯拉罕（活動時期西元前2000年初）　希伯來牧首，爲猶太教、基督教和伊斯蘭教所崇敬。據《舊約．創世記》所載，亞伯拉罕七十五歲時受主召喚，離開烏爾，攜帶不孕的妻子撒拉和其他人至迦南建立新國家。神與他定約，其後裔將來會繼承這塊土地，並成爲大國。後來亞伯拉罕果與其妻之婢女夏甲生下一子以實馬利，之後撒拉生下嫡子以撒。當主要求亞伯拉罕犧牲以撒以考驗其忠誠時，他也準備遵命，但主後來態度軟化了。在猶太教裡，亞伯拉罕是美德的典範；在基督教裡，他是所有信徒之父；在伊斯蘭教裡，他是穆罕默德的祖先和（蘇菲主義中）寬大的楷模。

Abraham, Karl　亞伯拉罕（西元1877～1925年）　德國精神分析學家。1910年協助創辦了國際精神分析研究所的第一個分支機構，並在治療喜怒無常的精神病方面有開創性的發展。他提出慾力（即性慾本能）的發育可分爲六個階段，如果一個嬰兒的發育停止在任一較早的階段，因慾力固著於這個層面就會引發心理疾病。他最重要著作是根據對精神病的觀察的《對慾力發展的簡短研究》（1924）。

Abraham, Plains of　亞伯拉罕平原　加拿大魁北克省舊圍城西南高原。是法國印第安人戰爭中一次決定性戰役的戰場（1759年9月13日），在該役中，渥爾夫所率的英軍打敗蒙卡爾姆的法軍。美國獨立革命期間美軍在包圍魁北克時占領了這塊高原（1775～1776）。現爲魁北克市內公園一區。

abrasion platform　磨蝕台 ➠ wave-cut platform

abrasives　磨料　銳利、堅硬的材料，用以磨削較軟的材料表面。磨料是製造精密產品和特別平滑表面物質（如汽車、飛航引擎、機械和電子設備、機具等）必不可缺的材料。磨料有天然磨料（如金剛石、剛玉和金剛砂），或人造磨料（如碳化矽、人造金剛石和氧化鋁——人造金剛砂）兩大類。磨料的範圍很廣，從較軟的家用去垢劑到最硬的拋光鑽石材料都有。

Abruzzi＊　阿布魯齊　義大利中部自治區（2001年人口約1,244,226）。首府在拉奎拉。境內多山，包括亞平寧山脈。古時，義大利部落曾長期抵抗羅馬人的征服。12世紀諾曼人在這裡建立家園，此區後來靠向霍恩斯陶芬王朝這邊，反對教廷國。1861年阿布魯齊－莫利塞區歸屬義大利王國。1965年劃分爲阿布魯齊與莫利塞區。經濟以農業爲主。

Absalom　押沙龍（活動時期約西元前1020年）　古時以色列國王大衛的第三子，爲大衛所寵愛。其事跡載於〈撒母耳記下〉13～19章。他容貌俊美、不遵守法度、剛愎自用。他因爲胞妹譚瑪被大衛長子（他的異母哥哥）暗嫩姦污而殺死暗嫩，爲此被放逐。後來，他發動反抗父親的叛亂，占領耶路撒冷，但在以法蓮（今約旦西部）樹林中全軍覆沒。他的堂哥約押趁押沙龍的頭髮被橡樹枝纏住時將他殺死。僅管押沙龍有叛亂之舉，大衛對他的死仍十分傷痛。

Absaroka Range＊　阿布薩羅卡嶺　落磯山山脈一部分，從美國蒙大拿州南部經過黃石國家公園，延伸至懷俄明州西北部的加拉廷、肖肖尼和卡斯特國家森林一部分。長約175哩（280公里）。最高峰弗蘭克斯峰海拔13,140呎（4,005公尺）。

abscess＊　膿瘡　皮膚表面或體內的空腔內的膿汁，由被白血球破壞的組織所形成，白血球是因細菌引起的炎症而產生的。膿瘡帶有一道圍牆，圍堵著厚而微黃的膿汁（由壞掉的組織、死掉的細菌和白血球形成）使之無法流出細胞外，損及附近的健康組織。當膿瘡破裂時，膿汁即會流出，腫脹及疼痛亦隨告消失。治療方式包括割破膿胞將膿汁吸出，以及服用抗生素或抗組織胺藥。如果傳染性的細菌進入血管，便有可能感染附近的組織，產生新的膿瘡。

absentee ownership　產權遙領制　指擁有土地所有權的業主，不在土地上居住，卻享有土地收益。幾個世紀以來，產權遙領制一直是法國大革命以前和英國統治愛爾蘭的一種經濟不公平現象。迄今爲止，它仍是許多未開發國家土地改革方案的主要目標。

absolute value　絕對值　實數、複數或向量的量值大小。在幾何上，任何實數的絕對值即爲其與零的距離。因此，如果a是正數或零，其絕對值是本身；如果a是負數，其絕對值是－a。複數a＋bi的絕對值（亦稱模數）是實數a^2+b^2的平方根，就以數列（a,b）代表的複數來說，這也是它與起點的距離。向量的絕對值是其長度，這在歐幾里德空間中是其成分平方總和的平方根。在這三種情況下，絕對值由直槓表示，例如｜x｜、｜z｜或｜v｜。這樣的表示方法絕不會是負數，並符合｜a．b｜＝｜a｜．｜b｜和｜a＋b｜≦｜a｜＋｜b｜的性質。

absolute zero　絕對零度　熱力學系統（參閱thermodynamics）能量最低時的溫度，相當於-273.15℃或-459.67°F。當溫度下降時，氣體在恆定壓力下會跟著收縮。理想氣體在絕對零度時，體積會達到零。不過，眞實氣體在未到絕對零度時已凝聚成液體或固體。在絕對零度下分子能量最小或近乎消失，不再具有可以轉移給其他系統的能量。克爾文溫標以絕對零度爲其零點，它的基本單位是克爾文。

absolution　赦免　基督教名詞，指向悔罪之人宣布赦免其罪。這種儀式是基於耶穌終其一生寬恕罪人。在早期教會，神義在那些罪人告解和公開表現他們的悔意後，赦免他們的罪。中世紀期間，告解變成一種習俗，神父要在私下傾聽別人告解和赦免其罪。天主教認爲懺悔是一種聖事，神父有權赦免那些眞心悔罪並願意向上帝自贖的人的罪過。在新教的教會裡，告解通常在一個正式的全體祈禱會上進行，會後牧師宣布赦免其罪。

absolutism　專制主義　一種政治教條和實踐，意指沒有限度的中央集權和絕對的統治權，特別是君主政體。其本質是統治權不受任何其他機構（無論是司法、立法、宗教、經濟或選舉機構）的常規監督或制約。雖然在歷史上實施已久，但其形式發展以現代歐洲早期（16～18世紀）爲原型。法國的路易十四即爲歐洲專制主義的典型。君主也奪取宗教權力，不僅是國家元首，也是教會之主，這種論據來自「君權神授」說（參閱divine kingship）。亦請參閱authoritarianism、dictatorship、totalitarianism。

absorption　吸收　當波穿過物質時，把它的能量傳遞給物質。波的能量可能被反射、傳導或吸收。如果媒質只吸收一部分能量，則稱此媒質對該能量是透明的。當所有的能量都被吸收，便稱該媒質爲不透明。已知的一切透明物質都有一定程度的吸收作用，如海洋的表面對於陽光是透明的，但隨著深度的增加而變成不透明的。有些物質吸收某些特定波長的輻射。橡膠對紅外輻射和X光是透明的，但對可見光則不透明。玻璃對綠光是透明的，但對藍光和紅光則不透明。聲的吸收是聲學的基礎，在聲波擊中柔軟的物質時，它吸收了聲音能量。

abstract art　抽象藝術　亦稱非具象藝術（nonobjective art）或非描寫藝術（nonrepresentational art）。藝術形式的一種，在繪畫、雕刻或平面藝術中，不做可辨識物體的描繪。19世紀末，歐洲傳統的崇尚模仿自然的藝術理念被揚棄，轉而主張想像和無意識爲基本的創作力。20世紀初，抽象藝術派開始發展，包括野獸主義、表現主義、立體主義以及未來主義等主要運動。康丁斯基通常被認爲是在1910年左右第一位繪製純抽象畫之現代藝術家。約1915～1920年荷蘭風格派、蒙德里安的出現和蘇黎世的達達主義，更進一步擴展了抽象藝術的領域。在兩次世界大戰之間，抽象藝術繼續蓬勃發展, 1930年代後成爲20世紀藝術最有特色的現象。第二次世界大戰後，美國出現抽象表現主義畫派，對歐、美的繪畫和雕刻影響深遠。

Abstract Expressionism　抽象表現主義　1940年代末在美國畫壇掀起的運動。兩位著名的先驅者是高爾基和霍夫曼。時因1930年代末至1940年代初有一大批歐洲的前衛派藝術家來到美國，對紐約畫家影響極大，其中最傑出的是波洛克、德庫寧、克蘭和羅思科。抽象表現主義風格雖然五花八門，但主要有幾個特徵。它們基本上是抽象的，也就是說，他們描繪的各種形狀不是取自自然界。它們強調自由的情緒表達，運用技巧和手法自由揮灑，以一種統一、沒有明顯差別的底色、網絡或在非結構空間存在的其他意象來顯示。這些油畫都畫在巨大的畫布上，既加強了視覺效果，也凸顯其宏偉的氣魄。1950年代期間此運動對美國和歐洲的藝術界產生巨大的衝擊，也象徵了現代繪畫的創作中心從巴黎移轉到紐約。亦請參閱abstract art、action painting。

absurd, theater of the　荒謬劇　1950～1960年代戲劇作品的一種體裁，表達人生無意義和荒誕的存在主義哲學。這些劇作家包括阿達莫夫、愛爾比、貝克特、惹內、尤涅斯科和品特，他們創作了荒謬劇，沒有傳統戲劇安排的情節，演員在表演時，反覆而無目的地對談。貝克特的《等待果陀》（1953）是這種體裁的經典之作，只見兩個流浪漢在舞台上晃來晃去，等待一位從未出現的神秘人物。

Abu al-Hasan al-Ashari ➠ Abu al-Hassan al-Ashari

Abu Bakr＊　阿布・伯克爾（西元573?～634年）　穆罕默德的岳父、顧問和摯友。據部分穆斯林傳說，他是第一個追隨穆罕默德信奉伊斯蘭教的男子。632年穆罕默德去世時，他成爲第一任哈里發。在職期間（632～634）曾鎮壓反抗穆斯林政權的叛亂分子，將阿拉伯半島中部置於穆斯林控制之下。他也了解到如果要維持阿拉伯部落之間的和平，就必須迅速向外擴大穆斯林的統治。

Abu Dhabi　阿布達比　阿拉伯聯合大公國裡最大的酋長國（2001年人口約1,186,000）。有藏量豐富的油田，僅次於杜拜（全國最繁榮的酋長國）。北臨波斯灣，海岸線長約2800哩（450公里）。西鄰卡達、南接沙烏地阿拉伯、東連阿曼。自18世紀起巴尼亞斯的布法拉部族就統治該地區，1761年他們在沿海的阿布達比城所在地發現適合飲用的水井，1795年在此設總部。19世紀時，阿布達比與馬斯喀特、阿曼之間的領土糾紛不斷，現今沙烏地阿拉伯統治階層的先祖們還曾引發邊界爭議，至今多數仍未決。1892年阿布達比與英國簽定條約，外交受英國控制。當1968年英國撤出波斯灣時，阿布達比遂會同其他休戰國組成阿拉伯聯合大公國。

Abu Dhabi　阿布達比　阿拉伯聯合大公國阿布達比酋長國城市（1995年人口約398,695）與首府，也是阿拉伯聯合大公國首都。市區占阿布達比小島的大部分，有橋樑與大陸相連。1761年始有人定居，一直到1958年發現豐富的油田，地位才漸顯重要。石油開採權利金徹底改變了該市的政治、經濟地位，該市自身也積極現代化。

Abu Hanifah (al-Numan ibn Thabit)　阿布・哈尼法（西元699～767年）　穆斯林法學家和神學家。伊拉克庫法一位商人的兒子，年輕時從事絲綢貿易而致富，後來師從當時最著名的法學家罕馬德學法律。738年罕馬德死後，成爲他的繼承人。他是第一個從大量傳統伊斯蘭法裡系統整理法律教義的人。最初，他僅守學者本分，拒絕接受法官職位且不參與宮廷政治，但後來支持統治伍麥葉和阿拔斯王朝的阿里繼承人。他整理的伊斯蘭教法教義系統被公認是伊斯蘭四個教會法學派之一，現仍在印度、巴基斯坦、土耳其、中亞和阿拉伯國家廣爲使用。

Abu Muslim＊　阿布・穆斯里姆（卒於755年）　呼羅珊革命運動的領袖，造成伍麥葉王朝滅亡。波斯奴隸出身，741年在牢裡認識一位阿拔斯官員，在被安排出獄後，745～746年被派到呼羅珊組織起義。他在各派不滿群衆的支援下，成功推翻伍麥葉王朝的末代哈里發邁爾萬二世，750年邁爾萬二世戰敗被殺。阿布・穆斯里姆被酬以呼羅珊總督官職。由於受人民愛戴，使阿拔斯第二代哈里發曼蘇爾感到地位受威脅，755年把他處死。亦請參閱Abbasid dynasty。

Abu Qir Bay＊　阿布吉爾灣　位於下埃及尼羅河出口羅西塔附近的地中海的小海灣。是尼羅河戰役（1798）的戰場，在該役中，納爾遜率領的英國艦隊在此擊敗拿破崙艦隊。亦請參閱Nile, Battle of the。

阿布辛貝主廟前的拉美西斯二世石雕像
By courtesy of Air France

Abu Simbel　阿布辛貝　埃及法老拉美西斯二世在西元前13世紀所建造的兩座神廟遺址。座落於古埃及南部，靠近現今蘇丹邊境。直至1813年才被發現而爲世人熟知。較大的神廟前有四座67呎（20公尺）高的拉美西斯坐姿雕像，較小的那座則是獻給妮菲塔莉皇后。1960年代初期建立亞斯文高壩時，由於會淹沒此遺址，所以組成一支國際團隊合作拆解這兩座神廟，把它們重建於高於河床200呎（60公尺）的高地上。

Abuja＊　阿布賈　奈及利亞首都（1995年人口約423,000）。在舊首都拉哥斯東北約300哩（480公里）處，因地處全國中央、氣候宜人而被選爲新都。1976年在日本建築師丹下健三的主持下開始建造。1991年正式取代拉哥斯爲首都。

Abydos＊　阿拜多斯　古埃及聖城，重要的考古遺址。是埃及最初兩個王朝的王室陵墓地，後來成爲崇拜俄賽里斯（王室喪葬之神）的聖地。法老們（包括圖特摩斯三世和拉美西斯三世）爲俄賽里斯建造了神廟，有些法老在此僅有紀念碑。其中最美的一座是塞提一世神廟，對解讀埃及史很有幫助，這裡有一條浮雕長廊，上面有所謂的「阿拜多斯國王名錄」，顯示了塞提和其子拉美西斯留給後面七十六位繼承人的印記。

Abydos　阿拜多斯　古安納托利亞城鎮，在今達達尼爾海峽東岸土耳其的恰納卡萊市東北。約西元前670年成爲米利都人的殖民地（參閱Miletus）。西元前480年薛西斯一世在此搭舟爲橋，橫渡海峽入侵希臘。本鎮以西元前200年時力抗馬其頓的腓力五世進攻以及希臘傳說希羅與李安德而聞名。

abyssal plain＊　深海平原　深度在10,000～20,000呎（3,000～6,000公尺）的海底區域，一般與大陸毗鄰。較大的深海平原可長達幾千哩，寬幾百哩。這種深海平原在大西洋裡最大，在印度洋不常見，而在太平洋則爲罕見，主要在緣海附近出現小而平坦海底，或是狹長海溝的溝底。它們被認爲是堆積在深海窪地陸地沈積物的上層。

Abyssinia　阿比西尼亞 ➠ Ethiopia

Abyssinian cat＊　阿比西尼亞貓　一種家貓，被認爲是血統最接近古埃及聖貓的現存品種。體柔軟，腿細長，尾長，從尾根向尾尖漸細。毛短、美觀、棕紅色，背部、體側、胸部及尾部夾雜少數有明顯黑或棕色條帶的毛。鼻紅，尾尖及後腿背面呈黑色。阿比西尼亞貓以對主人親切、性情安詳著稱，但一般怕見生人。

Abzug, Bella＊　阿布朱格（西元1920～1998年）　原名Bella Savitzky。美國律師與政治家。生於紐約市，在哥倫比亞大學研讀法律，後來承接了許多有關工會、公民自由以及公民權的案子，也替數名遭麥卡錫參議員指控的人擔任辯護律師。她創設了反戰的婦女促進和平組織，並擔任主席（1961～1970），其後亦創設了全國婦女政治會議。擔任聯邦眾議員期間（1971～1977），由於她大膽鮮明的風格，加上對「平等權修正案」、墮胎權與幼兒照護立法等議題的坦率支持，以及反越戰的立場，使她廣爲人知。

AC ➠ alternating current

acacia＊　金合歡　含羞草科金合歡屬約八百種喬木或灌木的通稱。主要原產於熱帶和亞熱帶地區，特別是澳大利亞和非洲。甘金合歡原產於美國西南部，常爲二回羽狀複葉，有些種具枝刺。花小，通常芳香，聚生成圓形或長形的簇。莢果扁平或圓柱形，種子間常縊縮。在非洲東部和南部平原，金合歡樹是眾所周知的地標。有些種的經濟價值很重要，如生產阿拉伯膠、單寧或有價值的木材。

academic degree ➠ degree, academic

Académie Française＊　法蘭西學院　法國文學院。1634年由法國第一任樞機主教黎塞留建立。其初衷是維護文學鑑賞標準並確立文學語言。院士以四十人爲限。雖然常以保守的面目出現，但院士中卻包括了法國文學中的多數名人，如高乃依、拉辛、伏爾泰和雨果。

academy　學院；學會　由精通某門學問的人組成的團體，爲促進藝術、科學、文學、音樂或其他文化和知識領域而努力。此詞源於古代雅典城郊的一處橄欖園，也是西元前4世紀柏拉圖教哲學的地方。15世紀在義大利開始出現一些學院，17～18世紀其影響力達到最大。現在多數歐洲國家都至少有一所由國家或相關單位贊助的學院。亦請參閱Académie Française。

Academy Awards　奧斯卡獎　美國影藝學院每年所頒發的功績獎。1927年梅耶等人創立美國影藝學院，爲電影製作樹立標竿。第一批獎項在1929年頒出，這些獎項（別名奧斯卡獎，據說是因爲一位學院的圖書館員開玩笑地說，鍍金的小塑像看似她的叔叔奧斯卡）用以對演出、執導、編劇和其他與電影製作相關活動的優秀表現表示肯定。

Acadia　阿卡迪亞　17～18世紀法國在北美洲大西洋沿岸的領地，位置大致以現在的新斯科舍爲中心，可能還包括加拿大濱海諸省以及緬因州和魁北克的部分地區。1604年法國殖民官員德蒙在此建立第一個歐洲人屯墾區。英國有時也會提出歸還此領土的要求，18世紀時還常爆發殖民戰爭。1713年新斯科舍歸英國治理，1755年許多講法語的阿卡迪亞居民被英國人強迫遷走，因爲與法國的戰爭即將開打。有好幾千人遷移到法國人統治的路易斯安那，其後裔稱卡津人。朗費羅在他的長篇敘事詩《伊凡潔琳》曾提到此事件。

Acadia National Park　阿卡迪亞國家公園　美國緬因州沿岸，面積65平方哩（168平方公里）的保護區。1916年初建時名爲西厄爾德蒙國家保護區。1919年設爲拉法葉國家公園，是美國東部第一座國家公園。1929年改爲現名。主要部分是芒特迪瑟特島的森林地區，以凱迪拉克山爲主體。

Acadia University　阿卡迪亞大學　位於加拿大新斯科舍省沃夫維爾鎮的一所私立大學。成立於1838年，1891年改爲現名，並改制爲大學。設有人文藝術、專業進修、科學、神學及教育等學院以及研究所。學生數約3,400人。

Acadian orogeny＊　阿卡迪亞造山運動　泥盆紀時期影響阿帕拉契地槽北段（從紐約到紐芬蘭一帶）的造山事件。這次運動在美國新英格蘭北部表現得最強烈。該運動起因於北美板塊的東北部與歐洲西部板塊碰撞。證據包括前泥盆紀和泥盆紀的變形岩石。

平展葉金合歡（Acacia genistifolia）
© Ralph and Daphne Keller/Australasian Nature Transparencies

acanthus＊　爵床科　玄參目的一科。主要分布熱帶和亞熱帶地區。多爲草本或灌木，有些是藤本或喬木。多生長於潮濕熱帶森林。本科植物的特徵是：單葉對生，著生於小枝上；營養器官內有細胞較大的鐘乳體，形成條斑或突起；花爲雙性，兩側對稱，聚生成花簇，但每朵花被葉狀苞片裏覆，苞片大而色彩鮮豔。本科主要的價值是在園藝方面，亦可用作裝飾。

Acapulco (de Juárez)　阿卡普爾科　墨西哥西南部港口（2000年人口約619,253），濱臨半圓形深海灣，為墨西哥太平洋岸最優良的海港。1531年為科爾特斯發現。1550年始有人定居。1815年之前一直是西班牙殖民艦隊前往東亞的主要補給站，尤其是到馬尼拉。由於風景優美、氣候宜人和擁有出色的海灘，現已成為國際聞名的主要旅遊地點。

Acarnania＊　阿卡納尼亞　古希臘地區名，四周以愛奧尼亞海、安布拉基亞灣和阿克羅斯河為界。西元前7世紀～西元前6世紀首建殖民地，到西元前5世紀末發展為城邦，首都為斯特拉托斯城。後來受雅典、底比斯和馬其頓的統治。西元前231年，一部分領土重新獨立，與馬其頓的腓力五世結為同盟。西元前167年羅馬人推翻馬其頓王朝的統治。後來，奧古斯都把大批阿卡納尼亞人遷入他的新城亞克興勝利城。

acceleration　加速度　速度的變化率。加速度像速度一樣，也是一種向量，既有量值又有方向。物體的速度在直線路徑上只能改變量值，所以它的加速度是其速度的變化率。在曲線路徑上量值可以變也可以不變，但它的方向總是在變化，這意味著在曲線路徑上運動的物體加速度永不為零。如果速度以公尺／秒表示，加速度就以公尺／秒^2（m/s或m/s^2）表示。亦請參閱centripetal acceleration。

accelerator, particle ➠ particle accelerator

accelerometer＊　加速度計　一種測量物體速度變化率（即加速度）的儀器。由於難以直接測量加速度，這種儀器通常測量的是物體相對於某一固定參照系的加速度，而其所測出值不是電壓變動量，就是固定範圍內的指針異動值。經特殊設計的加速度計被運用的範圍很廣，如工業用震動測試器的控制、地震感應（地震儀）及航太與慣性導航等等。

accent　重音　韻律學術語，於詩詞朗頌時用重讀、音調或音長以顯示其突出程度的音節通常都有固定的區隔。雖然常以交替強調型式來表現，但學者們也常以日常對話中不使用加強語氣來強調所言之義。

acceptance　承兌匯票　一種短期信貸票據，它要求買方在規定的日期向賣方支付一定金額，並經買方簽字確認其付款責任的書面匯票。承兌匯票常用於進出口業務及國內某些大宗商品的交易。例如，出口商可將此項支付匯票寄交進口商，由進口商簽署，表明承擔責任後，退還出口商，出口商可拿匯票到銀行貼現，取得現款，進口商爭取了時間，在匯票到期前將貨物售出，以所得貨款償還債務（予銀行）。亦請參閱bill of exchange、promissory note。

acclimatization　適應　生物對環境改變的一種漸進、持久的生理反應過程。其反應也許會愈具慣性或愈具逆性，但初期皆會有逆性發生。這些特點使它不同於自我恆定性、成長和發育（不能反轉回來）、演化適應（發生在一個族群中的好幾代）。適應可在預見變化的情況下發生，使生物在超出其天生經驗之外的環境中存活下來。適應之例有適應季節變化和高度的改變。

accordion　手風琴　一種可攜式樂器，用手拉風箱和兩個鍵盤使活簧片發出聲音，活簧片是一種小金屬舌片，當空氣吹過它時，便會振動發聲。風箱的兩邊有鍵盤，類似簧風琴。右手鍵盤可彈奏高音或合音。左手（低音）鍵盤的大部分鍵可發出三個合音，「自由低音」手風琴可彈奏單一音調。最原始的手風琴使用的是按鈕而不是琴鍵，為1822年柏林的布許曼所創，他也是口琴的發明者。這種樂器廣受舞蹈樂隊的喜愛，也被視為一種民俗樂器。亦請參閱concertina。

account payable　應付帳款　根據信用購買貨物或提供服務而產生的欠款。買方無需發出明文給付證明，而將其作為一項流動負債記入帳目。多數公司都會採取這種短期負債的方式以利資金籌措，尤其是庫存流動率快速時。亦請參閱account receivable。

account receivable　應收帳款　根據信用購買貨物或提供服務所欠的款項。賣方不收買方明文給付證明，而僅將其作為一項流動資產記入帳目。應收帳款占許多公司資產的主要部分，可出售給或在借貸時抵押為擔保品。亦請參閱account payable。

accounting　會計　有關一個企業的經濟活動的系統性進展和資訊分析。簿記則是對商業交易情況真實的記錄和加總。為了提供予公司外部的而將這種資料總結成報告（通常是一季或一年一次）時，這種過程稱財務會計，也因此產生三種典型的財務報表：資產負債表，說明公司的資產和債務；損益表，報告公司的總收入情況、開銷、獲利或虧損；現金流動表，分析現金流進和流出公司的情形。為了內部經營管理的需要而作的報告（通常一個月一次）稱作管理會計，目的是提供經營者有關營運成本和這些成本相較之下的標準的可靠資訊，協助他們編製預算。

Accra＊　阿克拉　迦納首都和最大城市（2001年人口約1,551,200）。臨幾內亞灣。葡萄牙人最早於1482年在迦納海岸拓居，當時那裡有加部落居住的幾個村莊。1650～1680年歐洲人在此地沿岸建立了三個要塞式貿易據點，分別由英國、丹麥和荷蘭人贊助。丹麥人和荷蘭人分別於1850和1872年離開這一區，1877年阿克拉成為英屬黃金海岸殖民地的首府。20世紀末，阿克拉已成為迦納的行政、經濟和教育中心。位於阿克拉東部17哩（27公里）處的特馬已取代阿克拉先前的港口功能。

acculturation　涵化 ➠ culture contact

accused, rights of the　被告人權利　法律上指為了保障被控犯罪者而賦予他的權利和特權。在現今多數司法系統中，這些權利包括：在被陪審團判決有罪前都應被視為無辜，有辯護律師為其辯護的權利，舉出可以證明自己無罪的證人和證據的權利，與原告對質的權利，不受無理搜查和扣押的權利，不受快速審理的權利、不受同一罪名兩次審理的權利，以及保留上訴的權利。在美國，被告人被捕時，必須告知他有權由律師為他辯護和有權不回答任何可能導致對他不利的證據的問題（參閱Miranda v. Arizona）。

Aceraceae　楓樹科　亦稱槭樹科，顯花植物無患子目的一科。約兩百種喬木或灌木。分為兩屬：金錢楓屬有兩種，產於中國中部及南部。楓屬（即槭屬）廣佈北半球，僅於馬來西亞境內分布於赤道以南。單葉或複葉，對生，通常具齒或分裂。花序小，多為單性花，有時無花瓣；果為翅果，多分為兩部分（罕為三部分），各具一翅，並含種子一粒。楓樹類多栽作觀賞、遮陰或材用。紅楓是源自東北美洲

19世紀的義大利手風琴
Richard Saunders－Scope Associates, Inc.

的一種最常見的楓樹，可耐壓實而潮濕的土壤和城市污染。梣葉楓成長快速，高達9～15公尺，耐旱，所以早期移居大草原的拓居者種植它來遮陰，取其木材作條板箱、家具、紙漿和木炭。糖楓的甜美汁液可製糖漿或糖，某些種的糖楓可製家具。

acetaminophen＊　乙醯氨基酚　有機化合物，用於緩解輕度頭痛及關節、肌肉疼痛和退燒的藥物。乙醯氨基酚提高身體痛閾從而緩解疼痛，並使腦內體溫調節中樞產生作用而消退發熱症狀，不過其作用細節至今仍不明。乙醯氨基酚比起阿斯匹靈而言不具有抗發炎作用，但阿斯匹靈不易引起骨部疼痛和潰瘍甚或雷氏症候群，因而服用抗凝血藥者或對阿斯匹靈過敏者皆可服用，但過量卻可引起致死性肝損傷。在美國最常見的牌子是得寧樂。亦請參閱ibuprofen。

acetate　醋酸鹽；醋酸酯　從醋酸中提取的一種鹽、酯或醯基。醋酸鹽在從動植物碳水化合物中提煉脂肪類生化合成物方面很重要。在工業方面，金屬醋酸鹽應用在印刷，乙烯醋酸鹽用於塑膠生產，醋酸纖維素用於照片底片、紡織品（首批合成纖維之一，常被稱爲簡易醋酸鹽）和在揮發性有機酯類裡當溶劑。

acetic acid＊　醋酸　分子式爲CH_3COOH，爲最重要的羧酸。純醋酸（又稱冰醋酸）是一種無色腐蝕性液體，能與水完全混合。由天然產品發酵和氧化而製得的乙酸稀溶液稱爲醋。它的鹽和酯是醋酸鹽。醋酸是一種存在於動植物體液中的新陳代謝中間體。醋酸的工業生產或是從乙炔合成而來，或是由乙醇氧化製取。由它製取的工業化學品可應用於印刷、塑膠、照片底片、紡織品和溶劑上。

acetone＊　丙酮　亦稱二甲基酮（dimethyl ketone）。分子式爲CH_3COCH_3，最簡單和最重要的酮。爲無色、可燃、流動性好的液體，沸點133°F（56.2℃）。許多脂肪、樹脂和有機物質容易在丙酮內分解，所以廣泛用於製造人造纖維、炸藥、樹脂、顏料、墨水、化妝品（包括指甲油去光水）、塗料和黏著劑。在製藥和許多其他化合物方面，丙酮被用作一種化學介質。

acetylcholine＊　乙醯膽鹼　膽鹼和醋酸的酯，是許多神經突觸和脊椎動物肌肉運動神經終板的神經介質（在重症肌無力裡，這種活動停止）。它會影響一些身體系統，包括心血管系統（減少心跳率和收縮力道、擴張血管）、消化系統（增加胃的蠕動和消化收縮的幅度）、膀胱泌尿系統（減少膀胱容量、增加自動排泄的壓力），也會影響呼吸系統，並讓所有接收到副交感神經的神經衝動的腺體刺激分泌（參閱autonomic nervous system）。乙醯膽鹼對記憶和學習很重要，阿滋海默症與腦部缺乏乙醯膽鹼亦有關。

acetylene＊　乙炔　亦稱ethyne。最簡單的炔（C_2H_2），無色可燃氣體，廣泛用作金屬焰焊接和切割的燃料，也是合成許多有機化學品和塑膠的原料。乙炔的製法有三種：水與碳化鈣反應、烴經電弧的作用和甲烷的不完全燃燒。分解乙炔會釋放出熱量，純度如果高就容易爆炸。乙炔氧焰最高可達到火焰溫度6,000°F（3,300℃），比所有已知可燃混合氣體都高。亦請參閱hydrocarbon。

Achaean League＊　亞該亞同盟　西元前3世紀時古希臘伯羅奔尼撒北部亞該亞人的城鎮聯盟。這十二個亞該亞城市在西元前4世紀就已組成同盟，共同對抗海盜侵襲，但在亞歷山大大帝死後瓦解。西元前280年十個城市重新結盟，後來也接受非亞該亞人的城市加入，先後抵抗馬其頓、斯巴達和羅馬人的入侵。羅馬人在西元前146年擊敗聯盟，聯盟於是解散。然而不久又成立了一個規模較小的同盟，並延續到羅馬帝國時期。

Achaeans　亞該亞人　希臘古代民族的統稱。在荷馬史詩中，此民族與達奈人、阿爾戈斯人一道圍攻特洛伊。有人認爲他們與西元前14世紀～西元前13世紀邁錫尼人有關，有些則認爲亞該亞人在西元前12世紀多里安人入侵時才進入希臘，他們可能在被多里安人取代之前掌權了幾個世代。希羅多德認爲伯羅奔尼撒北部的亞該亞人（參閱Achaean League）就是以前那些亞該亞人的後裔。

Achaemenian dynasty＊　阿契美尼斯王朝（西元前7世紀～西元前330年）　波斯王朝。始祖阿契美尼斯據傳活動於西元前7世紀初期，從其子泰斯帕斯之後分爲兩支系。長系包括居魯士一世、岡比西斯一世、居魯士二世（即居魯士大帝，西元前559～約西元前529年在位）和岡比西斯二世；幼系以大流士一世（西元前521～西元前486年在位）開頭，直到大流士三世去世爲止（西元前330年被亞歷山大大帝打敗之後）。最偉大的君主分別是：居魯士二世，他眞正建立了波斯帝國，而且從他即位起開始有歷史記載；大流士一世，他確保了疆域不受外人侵略；薛西斯一世（西元前486～西元前465年在位），完成許多大流士留下的公共工程建設。帝國版圖在顛峰時期，西起馬其頓，東到北印度，北達高加索山脈，南到波斯灣。黃金時代的故都波斯波利斯遺址仍存留著。

Achebe, (Albert) Chinua(iumogu)＊　阿契貝（西元1930年～）　奈及利亞伊博族小說家。他關心正處於轉折點的新興非洲，因描寫西方的風俗和社會準則強加於傳統的非洲社會而產生的社會上和心理上的迷惘而享有盛譽。小說題材多樣。《瓦解》（1958）和《神箭》（1964）描寫伊博人傳統生活與殖民主義之間的衝突。《動盪》（1960）、《人民公僕》（1966）和《塞芬拿蟻丘》（1988），描述後殖民地時期的非洲人生活敗壞和其他面貌。

Achelous River＊　阿克羅斯河　希臘最長的河流。源出品都斯山脈，往南流，最後注入愛奧尼亞海，全長約140哩（220公里）。在卡斯特拉基和克雷馬斯塔建有水壩攔截河水以爲發電。在古代神話裡，阿克羅斯是千變萬化的河神，後來被赫丘利斯打敗。

Acheson, Dean (Gooderham)＊　艾奇遜（西元1893～1971年）　美國國務卿（1949～1953）。生於康乃狄克州中城，1941年進入國務院之前於華盛頓特區習法。1945～1947年任國務次卿。1947年協助制訂了杜魯門主義和馬歇爾計畫。在杜魯門手下擔任國務卿期間，促進北大西洋公約組織的形成，冷戰期間是美國外交政策的主導者。在參議員麥卡錫就顚覆活動問題舉行的國會聽證會（1949～1950）上，艾奇遜拒絕解雇他在國務院的任何下屬，包括希斯。艾奇遜也制定了不承認中國大陸和援助蔣介石在台灣的政權政策。他還支持美國援助法屬印度支那的法國殖民政權。離職之後繼續擔任幾屆總統的外交政策顧問。他的回憶錄《參與創造世界》獲1970年普立茲獎。

Acheson, Edward Goodrich　艾奇遜（西元1856～1931年）　美國發明家，生於賓州華盛頓。協助愛迪生研製出白熾燈。1881年代表愛迪生在義大利、比利時和法國安裝了第一批電燈。1884年開始嘗試生產人造金剛石的實驗，結果創造了金剛砂，取代高效的磨料。後來在研究金剛砂時發現矽約在7,500°F（4,150℃）時昇華，剩下石墨碳，1896年取得製造石墨的專利。

Acheulian industry＊ 阿舍爾文化期工藝 舊石器時代晚期的石器工藝，特徵是兩面圓形的切割邊緣石具，最典型的是一種核仁形狀燧石手斧，長約8～10吋（20～25公分），整個表面削成薄片。其他器具包括切割器、穿口器、刀子和斧頭。名稱取自靠近法國北部聖阿舍爾的一處遺址，這裡是第一次發現此種器具的地方。阿舍爾文化期工藝存續的時間很長（一百五十萬～十一萬年前），與直立人和早期的智人有關。

Achilles＊ 阿基利斯 希臘神話裡，特洛伊戰爭中的希臘軍隊最勇敢、最強的戰士。傳說在他年幼時，母親曾把他浸在冥河水中，使他除了沒沾到河水的腳跟以外，周身刀槍不入。在特洛伊戰爭期間，他拿下了特洛伊附近地區十二個城市，但在和阿格曼儂發生爭吵後，便不再替他效命。後來他讓心愛的侄兒帕特洛克羅斯穿上自己的盔甲出陣，結果海克特殺死了帕特洛克羅斯。後來他和阿格曼儂和解，重返戰場殺死了海克特，並拖著他的屍體繞行特洛伊城牆一周。荷馬史詩中有提到阿基利斯的葬禮，但沒提到死亡細節。後來的詩人阿克提努斯則敘及他被帕里斯用阿波羅引導的箭射死。

Achilles Painter 阿基利斯畫家（活動時期西元前5世紀） 希臘陶瓶畫家，名字來自於一個提獻給他的雙耳陶瓶，瓶上繪有阿基利斯和布里塞伊斯。他在伯里克利統治時期活躍於雅典，與菲迪亞斯是同一時代的人。他的阿基利斯瓶為黑底紅繪，為西元前450年左右產品，是古典時期殘存的最好瓶畫之一。所作的白地彩繪人物伴葬瓶也受到人們的讚揚，一般認為白底彩繪瓶是研究古典時期希臘不朽繪畫的最可靠資料。現存約有三百個陶瓶繪畫是他做的。

Achinese＊ 亞齊人 印尼蘇門答臘島上的主要種族群之一。13世紀成為群島上第一個信奉伊斯蘭教的民族。17世紀亞齊蘇丹國把葡萄牙人趕走以後，一直統治北蘇門答臘，到1904年才被荷蘭征服（參閱Achinese War）。現為印尼共和國的一部分，但民族性強，被畫為一個特別行政區。亞齊人的世系既沿父系又沿母系，婦女地位高。人數約有2,100,000。

Achinese War 亞齊戰爭（西元1873～1904年） 蘇門答臘北部的穆斯林國家亞齊與荷蘭之間的武裝衝突。荷蘭想把亞齊蘇丹國納入它在蘇門答臘北部的勢力範圍，於是派軍遠征亞齊。亞齊蘇丹雖有條件地投降，但亞齊人民卻和荷蘭軍隊陷入一場費時耗錢的游擊戰。荷蘭人只能靠地毯式搜索來打贏戰爭，並想出一種新的「城堡戰略」，靠碉堡防禦工事來打戰。

acid 酸 在水溶液中有酸味，使某些酸鹼指示劑變色（如石蕊），與某些金屬（如鐵）反應放出氫，與鹼反應生成鹽，而且能加速某些化學反應（如酸催化）。酸包括硫酸、硝酸、鹽酸和磷酸等無機酸或礦物酸，以及羧酸、磺酸和酚類等有機酸。這類物質含有一個或多個氫原子，並能在溶液中以帶正電荷的氫離子的形式釋放出來。較廣義的酸還包括化合物本身或溶於非水溶劑時有典型酸性的物質。亦請參閱acid-base theory。

acid and basic rocks 酸性岩和基性岩 根據矽酸鹽礦物含量對火成岩的劃分，這些礦物在這類岩石中最豐富。一般依二氧化矽含量遞減的順序，把岩石描述為酸性的、中性的、基性的和超基性的，因為早期有人認為，二氧化矽以矽酸鹽形式存在於岩石的岩漿裡。在現代用法中，不應當把這些術語解釋成是化學中的酸度。一般說來，從酸性到基性的等級變化，跟顏色指數的增高是一致的（即從淺到深）。

acid-base theory 酸鹼理論 引起酸和鹼定義問題的一些理論。原始理論是根據阿倫尼烏斯的電解質電離理論，定義是酸和鹼是在水溶液中能分解出氫離子和氫氧根離子的物質。為了解釋這種化學變化（特別是假定水不存在的時候），發展出兩種其他的理論。最廣為人接受和最有用的是布忍斯提－羅瑞理論（1923）：酸是趨向於失去一個質子（H^+）的化學物質，而鹼是趨向於得到一個質子的化學物質。另一種理論是路易斯理論（也是在1923年發表）：酸（參閱electrophile）就是能由鹼（參閱nucleophile）接受一個電子對形成一個共價鍵的化學物質。這三種理論表面看起來很相似。

acid rain 酸雨 含有高濃度硫酸和硝酸的降水，包括雪。這種降水在北美和歐洲已成為日益嚴重的環境問題。酸雨的形成一般是從二氧化物和氮氧化物進入大氣開始，這些氣體是燃燒化石燃料的汽車、某些工業生產和發電廠釋放的，它們和雲裡的水蒸氣結合形成硫酸和硝酸。高濃度的酸水從雲中降落下來，會污染湖泊和河流，毒害魚類和其他水生生物；對植被造成傷害，包括農作物和樹木；還會腐蝕建築物和其他設施的外觀。雖然通常在大都市和工業區附近造成的情況最嚴重，但有時也可能發生在離污染源有一大段距離的地方。

Ackermann, Konrad Ernst 阿克曼（西元約1710～1771年） 德國演員兼經理，1740年加入一劇團，表演以德語發音，改編自法國的戲劇。1750年代他帶領一個劇團在歐洲巡迴演出。阿克曼發展了德國本土戲劇，並融合喜劇和感性的表演技巧。1765年他在漢堡開設一家劇院，被公認是德國第一座國家劇院。後來劇院轉給繼子施羅德經營，他把莎士比亞劇帶到德國舞台。亦請參閱actor-manager system。

ACLU ➠ American Civil Liberties Union (ACLU)

acne＊ 痤瘡；粉刺 皮脂腺的炎症性疾病，有近五十種類型。青春痘可說是最常見的慢性皮膚病，由遺傳因素、內分泌因素和細菌相互影響而造成，發病於青少年期，病因是皮脂腺因高濃度雄激素的刺激而過分活躍。其原發傷口為粉刺，分為開放性（黑頭）粉刺和閉鎖性粉刺，由充塞毛囊的皮脂和細胞碎屑及微生物組成。痤瘡的嚴重程度可分為四等，依擴散、發炎、生膿和疱炎性結瘢的增加情況而區分。輕度患者的治療方法包括局部藥物治療、日光照射、抗生素及激素治療等。不少病例可自癒。

Acoma＊ 阿科馬 美國新墨西哥州中西部印第安村莊。位於阿布奎基西方的保留區，以坯石住房呈階梯狀建在357呎（109公尺）高陡峭的孤山頂部，故有「空中城市」之稱。10世紀始有人定居，為美國最古老的連續性居民點。1540年西班牙探險家科羅納多說它是世界上最易守難攻的地方。

Aconcagua, Mount＊ 阿空加瓜山 在阿根廷西部山峰，靠近智利邊界，海拔22,834呎（6,959公尺），是安地斯山脈的最高點，也是西半球最高峰。山體起源自火山，但本身不是火山。1897年首次有人攻上峰頂。

aconite＊ 烏頭類 毛茛科多年生草本植物的通稱：烏頭屬是夏季開花的有毒植物（如烏頭毒草和牛扁）；菟葵屬為春季開花的觀賞植物（如冬烏頭。普通烏頭（*A. napellus*）的乾燥塊根以前用作鎮靜劑、止痛藥劑。

acorn 橡果 橡樹的果實。通常為一個木質殼斗所包圍，一～二個季節方成熟，外形因橡樹的種類而各有不同。橡果可用來餵食小獵物，或用來飼養豬和家禽。

Acosta, Uriel＊ 阿科斯塔（西元1585?～1640年） 原名Gabriel da Costa。葡萄牙籍猶太自由思想家。出生於各義教家庭，但阿科斯塔認為無法從天主教會獲得救贖，於是改信猶太教。結果他的母親和兄弟也跟著他改信猶太教，全家逃往阿姆斯特丹。1616年抨擊拉比猶太教不符合《聖經》，因此被逐出教會。1623～1624年他更擴大批評範圍，否認靈魂不死，結果被捕和處以罰款。後來表示放棄自己的信仰，但一度被教會逐出。1640年再次公開放棄自己的信仰，之後撰寫簡短的自傳《人生一例》，不久自殺。

acoustics＊ 聲學 探討聲音之產生、控制、傳達、接收及其效果的科學。聲學主要分成建築聲學、環境聲學、音樂聲學、工程聲學和超音波。環境聲學主要是研究噪音控制的問題，如噴射機引擎、工廠、重型建築機械與汽車發出的聲音，音樂聲學研究的是樂器運作與設計的原理原則，以及樂聲影響聽眾的方式；工程聲學主要研究的是錄音的發展以及原音重現系統；超音波聲學研究包括超音波之振動（頻率高於可聽得見的範圍）以及工業和醫學方面的應用。

acoustics, architectural 建築聲學 研究空間內所產生的聲音與聽者間的關係，最熟知的應用是音樂廳和禮堂的設計。好的聲學設計取決於殘響時間、吸音建材、回音、回音影、聲音親密性、質地及融合度、室外辯音等等這些均能由建築修飾來改善音質，諸如從音樂廳的外形、方便內部增加鋪設及從天花板或牆上製造起伏形狀等著手。

acquired immunodeficiency syndrome 後天性免疫不全症候群 ➠ AIDS

Acre＊ 阿卡 亦作Akko。以色列西北部海港城市（2000年人口約45,737），瀕地中海。最早記載見於西元前19世紀的埃及文件。曾被埃及人、羅馬人、波斯人和阿拉伯人統治，在腓尼基人統治下改名托勒密。在1104年十字軍占領此地時，是塞爾柱土耳其轄下的敘利亞城鎮，十字軍改易其名為聖尚阿卡，成為其最後的首都（參閱Crusades）。1516～1918年間短暫地為鄂圖曼土耳其人統治。1918年被英軍奪取，曾為英屬託管地巴勒斯坦所有。1948年為以色列領土。名勝有大清眞寺、聖約翰墓窟。

acrobatics 雜技 一種包含了跳、身體技巧和平衡動作的藝術。源於古代，雜技演員表演跳躍、走繩索和翻觔斗等項目，在古埃及和希臘時期即有。在即興喜劇和京戲這些劇種中，都有雜技的成分。雜技在晚近又使用長竿、綳繩、鞦韆等器械而成為馬戲團的主要表演項目，20世紀因「飛人瓦倫達」的表演而更受歡迎（參閱Wallenda, Karl）。

acromegaly＊ 肢端肥大症 一種生長及代謝障礙的疾病，特徵為骨端增大，病因為成年後腦下垂體患腫瘤使得生長激素分泌過多。常伴發腦下垂體巨人症。病徵為漸進性，手、足厚大，臉部增大，皮膚粗厚，大部分內臟增大，又見頭痛、多汗、血壓增高等。肢端肥大症患者常會有充血性心臟衰弱、肌肉無力、關節疼痛、骨質疏鬆，常伴發糖尿病及眼盲等視力的問題。若手術和／或放射線治療都失敗，可採用激素療法。治療期間會造成激素不足，所以需要補充激素的替代品，但某些自然因素也可能會造成激素分泌不足的現象。

acropolis 衛城 希臘文意為「頂端城市」，古希臘城邦兼有防衛性質的中心地區。多建於高山之巔，內有市政與宗教建築。著名的雅典衛城（建於西元前5世紀）位於陡峭的山崗上，有四座重要建築物：衛城山門（參閱propylaeum）、巴特農神廟、厄瑞克底翁廟（以女像柱聞名的愛奧尼亞神廟）和雅典娜勝利神廟，都是以該地區生產的白色大理石築成。

西元前5世紀中葉建立的雅典衛城，中央為巴特農神廟，其左則為厄瑞克底翁廟
Toni Schneiders

acrostic 離合詩 一種短詩，由一或多組字母（如每行行首、行中或行尾的字母）依次排列而組成詞，其中依字首、字母排序的稱為字母離合詩。古希臘和拉丁作家、中世紀的僧侶、文藝復興時期的詩人創作了離合詩。現今的字謎其實就是以離合詩為原則所作，雙離合詩是較流行的形式，不僅每行的首字母能組成詞，有時中間字母或尾字母也能組成詞。

acrylic compound 丙烯酸系化合物 一類合成塑膠、樹脂和油的總稱，由其可生產多種製品。透過改變起始反應物（如丙烯酸〔$C_3H_4O_2$〕或丙烯腈〔C_3H_3N〕）及其形成過程，可製成硬質透明材料、軟質彈性材料或黏性液體。丙烯酸系化合物用於生產模塑結構物件和光學部分物件，珠寶飾物、黏著劑、塗料和紡織纖維。盧西特和普列克斯玻璃是玻璃狀丙烯酸材料的商標名。

acrylic painting＊ 壓克力畫 以合成的丙烯酸樹脂為顏色介質的繪畫。丙烯酸樹脂易乾，可作任何顏料的載色劑，既能表現水彩的透明光澤，又有油畫顏料的厚度；與油畫顏料相比，受熱和其他破壞性因素的影響較小。於1940年代首度被藝術家們使用，在1960年代被量產，且又有大衛・霍克尼等藝術家採用後便廣受歡迎。

Act of Union ➠ Union, Act of (1707)、Union, Act of (1800)

Acta 通報 （拉丁文意為「活動」）古代羅馬公共事務的日常記錄以及政治和社會事件的公報。西元前59年凱撒下令將元老院的日常活動（「每日新聞通報」和「元老院通報」）公諸於世；後來奧古斯都禁止公布，不過元老院的活動仍繼續作記錄，並且只要得到特准，還是可以看到。此外還有公共記事錄（「城市每日新聞通報」），刊布公共集會和宮廷的活動以及出生、死亡、結婚和離婚等消息。這些通報在當時已成為一種日報，相當於現今報紙的原型。

ACTH 促腎上腺皮質激素 全名adrenocorticotropic hormone。腦下垂體生成的調節腎上腺皮質活性的一種多肽激素。腎上腺是產生影響電解質和水平衡以及脂肪、碳水化合物、蛋白質代謝的重要物質類固醇激素的地方。促腎上腺皮質激素在脊椎動物（無顎魚除外）均有發現，在哺乳動物中它包含了三十九種氨基酸。這種激素生產過多時會造成庫興氏症候群。

actin　肌動蛋白　負責肌肉細胞的收縮和其他細胞的運動的兩種蛋白質中的一種。以單體、球型肌動蛋白的形式出現，為一種球狀蛋白質；在活體細胞內以聚合物、絲肌動蛋白的形式出現，像兩串彼此纏繞擰成一條細絲的珠子。這些細絲以規則的結構出現，與包含肌球蛋白（另一種主要的肌肉蛋白）的粗絲交錯對插。在鈣離子的控制下，粗細兩種絲相互滑動，造成肌肉細胞的收縮（縮短）和放鬆（伸長）。

acting　表演　在舞台上或攝影機前，藉由動作、姿勢和聲調來扮演某一角色的藝術。西方傳統戲劇源於西元前6世紀的希臘；悲劇作家泰斯庇斯被認為是在戲劇中首創演員角色的先驅。亞里斯多德認為表演是：以正確的語調來詮釋不同情感；並認為這種才能是天生的，且懷疑表演是可傳授的。表演這門藝術在中世紀時已逐漸式微，當時由職業工會和業餘者演出的基督教禮拜式戲劇盛行。現代的職業表演隨著16世紀時義大利的即興喜劇劇團的演出而浮現；至莎士比亞時代達於鼎盛。直到18世紀，經由英國的演員兼經理加立克、演員席登斯、基恩、歐文等人的努力，表演才被正視為一項專業。現代表演風格受俄國導演史坦尼斯拉夫斯基影響，他強調演員對角色的認知。而德國戲劇家布萊希特則堅持演員的客觀性和訓練的重要性。在美國，史坦尼斯拉夫斯基表演法被史特拉斯伯格和阿德勒（1901～1992）採用，這是目前最基本的表演訓練，著重在情緒的培養、記憶的感覺、臉部和聲音的訓練、即興表演等。

actinide＊　錒系　週期表中從錒到鐒（原子序數89～103）的十五個依次排列的一組化學元素。這些元素都是具有放射性的重金屬；僅前四個（錒、釷、鏷、鈾）元素是在自然界中存在的，其餘十一個（超鈾元素）都不穩定且均為人造的。錒系元素屬都是過渡元素，它們所有的原子都有類似的構造、類似的物理和化學性質；原子價多為3和4。

actinolite＊　陽起石　一種無色到綠色的角閃石礦物，隨著鐵含量的增大，顏色由綠加深到黑。具有棱柱形和易碎裂的結構，在區域性變質岩（參閱metamorphism）中非常豐富，如片岩。陽起石有單斜晶體結構，可以轉變成綠泥石。亦請參閱asbestos。

actinomycete＊　放線菌　一群通常厭氧的細菌，特徵為菌絲狀，有分枝。菌絲可斷裂為桿菌狀或球菌狀的細胞。有些放線菌會形成孢子。許多品種生活於土壤中，對動物和高等植物無害，其他則為重要的病原體。現存的硫磺顆粒為診斷人類傳染病之用。

Action Française＊　法蘭西行動　（法語意為「法蘭西行動」）20世紀初法國一個有影響力的右翼反共和團體，由同名報紙《法蘭西行動》推展其觀點。在摩拉斯的帶領下，他們展開運動，反議會制、反閃米族並在德雷福斯事件的啓發下強烈擁護民族主義。第一次世界大戰期間，由於民族主義情緒高漲，法蘭西行動臻於鼎盛。但到1926年，它受到教宗的公開譴責，遭到嚴重的挫折。後因與通敵的維琪政府（參閱Vichy France）有聯繫而名譽掃地，第二次世界大戰後就不復存在。

action painting　行動繪畫　一種直接的、本能的和充滿活力的繪畫藝術，追求衝動性的狂放筆觸和在畫布上任意潑灑顏色所造成的偶然效果。代表人物有波洛克、德庫寧和克蘭。1920年代和1930年代歐洲超現實主義畫家的無意識技巧對美國的畫家影響很大，他們不僅視繪畫為一件完成品，也是創作過程的一種記錄。在1950年代，行動繪畫派在抽象表現主義中占有很重要的地位。亦請參閱automatism、Tachism。

action potential　動作電位　神經或肌肉細胞的電極性因感應某一刺激而出現短暫的（約1‰秒）逆轉時膜內外的電位差。細胞由某種化學品或感官接收細胞所刺激時，神經纖維的一個短片段的內側變為帶正電（靜止狀態的神經細胞內側帶負電）。動作電位發生期間，這一小段細胞膜兩側電位差的改變刺激了相鄰部分的細胞膜，並引起重複效應，因此衝動便可沿著神經纖維傳遞。

action theory　行動理論　心靈哲學的次領域，在倫理學中尤其重要，涉及事情發生在人身上和人的作為或促成事情的發生之間的區別。行動理論家會考慮動機、欲望、目標、思慮、決定、意向、嘗試、自由意志（參閱free will problem）等議題。主要問題是意志問題，或者把意向與身體行動連結起來的東西——維根斯坦的公式化陳述：「如果我從我把手臂舉起這件事減去我的手臂舉起這件事，還會剩下什麼？」

Actium, Battle of＊　亞克興戰役（西元前31年）
發生於希臘阿卡納尼亞的一次海戰。此役中凱撒的嗣子屋大維（即後來的奧古斯都）擊敗安東尼，自此成為羅馬世界的統治者。安東尼率領五百艘船、七萬步兵駐紮在亞克興（介於愛奧尼亞海和安布拉基亞灣之間）。屋大維率四百艘船和八萬步兵從北部切斷安東尼的通訊。安東尼因為陸上敗於對手，遂擬決勝於海上，他聽從埃及女王克麗奧佩脫拉的勸告，調集海軍船隊出海西行，由女王艦隊隨後，但在戰況正酣時，女王艦隊逃遁，安東尼也自率數艘船隨之，剩餘的船隻乃全部向屋大維投降，陸軍也在一個星期後投降。屋大維的這場勝利使得他確立了在羅馬世界無庸置疑的統治地位。

activation energy　活化能　化學術語。使原子或分子活化到能夠發生化學或物理變化的狀態所需要的最低能量（熱、電磁輻射或電能）稱之。根據過渡態理論，活化能是處於活化態或過渡態構型的原子或分子與相應的處於初始態構型的原子和分子所含能量之差。在反應速率常數 k=Aexp（-E/RT）和擴散係數D=Doexp（-E/RT）的數學表達式中，符號 E通常表示活化能。活化能是由不同溫度下實驗測得的速率常數或擴散係數值計算得到的。

active galactic nucleus　活動星系核　星系中心的小區域，以無線電、光學、X光、γ輻射或高速粒子噴射等形式放出能量。已知許多種類的活動星系，它們在很多方面近似類星體。天文學家懷疑，這些能量在物質依附到一個超大黑洞時產生出來，這個黑洞的質量是太陽的百萬甚至十億倍。依附的物質比星系其餘部分更亮，因為其熱量來自黑洞視界以外極高速的碰撞。人們相信，許多星系存在著這些中心黑洞，所以早期可能是類星體，但如今似乎休眠，除非繞行物質依附到黑洞。

activity coefficient　活度係數　化學術語，活度係數指物質的化學活度對其濃度之比（參閱mole）。實測的物質濃度不能準確指示其化學有效性。因此在特定化學反應的方程式中人為地引入活度係數，用有效濃度代替實測濃度進行計算。對於溶液，活度係數是眞實溶液與理想溶液差別程度的量度。

Acton (of Aldenham), Baron　艾克頓男爵（西元1834～1902年）　原名John Emerich Edward Dalberg

A B

Acton。英國歷史學家。1859～1865年擔任下院議議員。曾任職天主教月刊《徘徊者》編輯（1859～1864），後因教會批評他的科學論證歷史方法而辭職。1865年起爲自由黨領袖和首相格萊斯頓的顧問，1869年格萊斯頓保舉他爲貴族。1895年艾克頓任劍橋大學近代史欽定講座教授，後來主編《劍橋近代史》這一客觀而詳盡的鉅著。他是國家主義的批判者，其論點「權力會產生腐敗；絕對的權力絕對地會產生腐敗」已成爲當今名言。

actor-manager system　演員兼演出經理制　19世紀英國和美國一種位居主導地位的戲劇演出方法。是由演員組織的固定劇團。由他選擇想要上演的劇目並在其中擔任主角，還兼理演出事務。17世紀時首次出現這批專業人士，18世紀的傑出演員兼演出經理者有西勃和加立克。此制度產生極高的演出水準，19世紀的代表人物有麥克里迪、歐文和特里等。後來這種制度被舞台經理制所取代，爾後又被更有創造性的導演制所取代。

Actors Studio　演員工作室　紐約的專業演員工作室。1947年由克勞佛、伊力卡山和路易斯等導演在紐約創建，成爲運用史坦尼斯拉夫斯基表演法的主要訓練中心之一，1948～1982年史特拉斯伯格任總監。1962年發展爲一家公司，1966年在洛杉磯另開創了一個工作室。演員在此專心表演，免受商業性演出的壓力。會員是屬受邀性質；每年從一千個面試者中選出六或七個新會員。這些會員包括馬龍白蘭度、瑪麗蓮夢露、保羅紐曼和勞勃狄尼洛。

actuary　精算師　估算保險風險和保險費的人。精算師要計算諸如出生、結婚、生病、意外和死亡等的發生機率，也要估算財產損失和在法律上負擔他人安全、福利的風險。多數精算師由保險公司雇用，他們根據統計研究資料，制定保險業務規章和手續，確定爲支付保險賠償金所需的資金數額，分析公司收益，會同公司會計人員編製帳冊和報表等事宜。

Acuff, Roy (Claxton)＊　艾克夫（西元1903～1992年）　美國聲樂家、作曲家和小提琴手，生於田納西州梅納斯村。他是在放棄棒球生涯後轉往音樂界發展，並立即以「斑點大鳥」與「笨炮」兩主題曲而聲名大噪。1930年代中期，艾克夫再度主張振興東南部白人傳統的鄉村哀傷音樂。並成爲全國廣播電台音樂節目大奧普里的明星。1942年夥同作曲家羅斯合組艾克夫－羅斯出版公司，這是第一個獨家出版鄉村音樂的機構。1962年艾克夫被選爲鄉村音樂名人堂的第一個當代會員。

acupressure　指壓療法　一種另類醫學的醫療措施，沿著人體十二經脈（經路）上的經穴施加壓力；通常在施行一段時間後，即可改善生命能量（氣）之運行。雖然指壓療法通常以其日文名稱Shiatsu（指壓）通稱於世，但它起源於數千年前的中國。施壓於單一的經穴上，可舒緩特定的症狀或病情；若施壓於一連串的經穴，將可增進整體的健康。部分研究指出，指壓療法對特定的健康問題具有療效，包括反胃、疼痛以及中風的虛弱。只要謹慎運用，醫療風險極低。亦請參閱acupuncture。

acupuncture　針灸　以針刺入皮膚或皮下組織的一種中國古老醫療技術。起源於西元前2500年。針刺是用一根或多根細金屬針，在確定的道穴位刺進。原理是根據中國哲學中的宇宙二元論，即所謂陰陽論，陰陽失衡足以導致體內生命活力或氣的阻滯。針灸被用於減輕疼痛和手術麻醉，解釋其功效的理論包括刺激天然鴉片的釋放，阻斷痛覺信號傳輸暨具安慰劑的效用等。

Ada＊　Ada語言　一種高階電腦程式語言，1975年爲美國國防部所開發，1983年標準化。名稱取自拉夫累斯女伯爵的名字。原先構想是爲該部門產自不同製造公司的眾多電腦設計一種共通的程式語言。類似Pascal語言，但增添許多特性方便大規模、多平台程式的發展。1995年版Ada支援物件導向設計的方法（參閱object-oriented programming (OOP)）。

Adad＊　阿達德　巴比倫和亞述掌管天氣的大神，安努之子，有時稱他是貝勒的兒子。號稱富饒之主，阿達德降雨使大地欣欣向榮，但也會驟下狂風暴雨，向敵人發洩憤怒，帶來黑暗、匱乏和死亡。他也是人們祈求神諭和問卜的神。雖廣受人崇拜，但算是小神，沒有專屬祂自己的祭拜中心。

Adal＊　阿達爾　東非的一個古伊斯蘭國家，位於亞丁灣西南部，首都爲哈勒爾（在今衣索比亞境內）。14世紀開始與信奉基督教的衣索比亞發生衝突。16世紀，在格蘭率領下發動一系列攻擊，迄1533年，阿達爾已控制衣索比亞中部的大部分地區。1543年格蘭在一次戰鬥中被殺。16世紀下半葉奧羅莫人入侵，結束阿達爾的強權。

Adalbert, St.＊　聖阿達爾伯特（西元956～997年）　原名Vojtech。捷克主教。出身波希米亞王公貴族，曾在德國馬德堡受神學教育。982年被選任爲布拉格的第一位本土主教，把教會的勢力擴充到捷克王國境外，有利於波希米亞王公的政治目的。988年因推行人民改奉基督教不力而引退至羅馬附近的一間修道院。992年他奉教宗命令返回企圖尋求小幅度改革，但卻大失所望，遂於994年再次離開祖國，沿著波羅的海沿海傳教，997年在那裡殉教。他的朋友兼信徒奎爾富特的聖布魯諾曾爲他寫下傳記。

Adam, Robert　亞當（西元1728～1792年）　蘇格蘭建築師和設計家爲建築師威廉·亞當之子，他在父親的事務所當助手。1754～1758年到歐洲遊歷，研究建築理論和羅馬廢墟。回到倫敦後，與弟弟詹姆斯（1732～1794）發展出一種基本的裝飾風格，把古典的建築形式融會貫通、自由大膽地運用，有摹擬也有創新，達到更加完善的境地。其風格以室內裝潢的部分最令人印象深刻，每個房間形式明顯不同，並有精美而典雅的裝飾。亞當建造的建築物以幾座重建的宅邸爲主，包括英格蘭東南部米德爾塞克斯的奧斯特里公園（1761～1780）及英格蘭中部達比郡的凱德萊頓廳（1765?～1770），其他作品包括倫敦的艾德爾菲發展計畫和愛丁堡大學（1789）。他還是一流的家具設計家。

Adam and Eve　亞當和夏娃　猶太教－基督教和伊斯蘭教傳統中最早的人類夫婦。關於創造亞當和夏娃的經過，〈創世記〉上有兩種敘述。第一種說法是上帝在創世的第六天「照著自己的形象造男造女」。第二種說法是上帝把伊甸園交給亞當掌管，並取下他的一根肋骨，創造了他的伴侶夏娃。後來夏娃受引誘吃了善惡禁果，上帝隨即懲罰了他們：自此他們及後世皆須被迫辛勤工作以維生。他們的孩子是該隱和亞伯。基督教神學家以亞當和夏娃的故事爲基礎，發展了原罪理論。而《可蘭經》則教導人們亞當的罪僅僅是他一人之罪，並不使所有人都成罪人。

Adamawa＊　阿達馬瓦　位於現今奈及利亞東部阿達馬瓦州的世襲酋長國。19世紀初由阿達馬創立，曾數遷其都，最後於1841年定都約拉。英國曾在其境內建立商站，1901年埃米爾試圖迫使英國人離開約拉時，英國軍隊占領此市。是年，阿達馬瓦被瓜分，分屬英屬北奈及利亞和德屬喀麥隆。1919年德屬喀麥隆爲法、英瓜分。酋長國的領土最終成爲幾乎整個北喀麥隆地區和東奈及利亞的一部分。

Adamawa-Ubangi languages＊　阿達馬瓦－烏班吉諸語言　舊稱阿達馬瓦－東部諸語言。爲龐大的非洲語言尼日－剛果諸語言的一支。阿達馬瓦－烏班吉諸語言再細分爲阿達馬瓦語（西部）和烏班吉語（東部）兩語支。阿達馬瓦語支大概包括七十多種語言，大部分鮮爲人知，可能總共不到十萬人使用這種語言，通行於奈及利亞東部、喀麥隆北部、查德西南部和中非共和國西部。烏班吉語支的數量與阿達馬瓦語支差不多，但通行的範圍較廣，從喀麥隆北部穿越中非共和國到蘇丹南部和剛果（舊稱薩伊）北部附近。約有五十多萬人操烏班吉語，包括班達人、格巴亞人、恩巴卡人和贊德人（參閱Azande）。桑戈語是烏班吉語支的恩格班迪語一種或多種變體，已成爲中非共和國的一種混合方言。

Adamov, Arthur＊　阿達莫夫（西元1908～1970年）俄羅斯裔法國劇作家。1924年定居巴黎。第一部作品《自白》（1938～1943）是在他精神崩潰後寫的，是一部自傳性作品。阿達莫夫受史特林堡和卡夫卡的影響很深，1947年開始寫劇本。《塔拉納教授》（1953）和《乒乓》（1955）表達了人生無意義的觀點，顯示了荒謬劇的特色。後來受布萊希特的影響，在《帕奧羅帕奧利》（1957）和晚期一些劇作中放棄了荒謬主義，轉向偏激的政治劇。最後死於用藥過量，顯然是自殺。

Adams, Abigail　艾碧該・亞當斯（西元1744～1818年）　原名艾碧該・史密斯（Abigail Smith）。美國第一夫人，生於麻州威第斯。所受教育不多，但後來成爲史書熱愛者。1764年嫁給約翰・亞當斯，生了四個孩子包括約翰・昆西・亞當斯，並於麻州昆西撫育他們成人。1774年開始與遠在費城開大陸會議的丈夫大量通信，描述日常生活情況和討論時事，當時正逢美國獨立革命期間，顯示了其智慧和對政治的敏銳度。在其丈夫出使歐洲當外交官（1784～1788）和擔任總統期間，她仍和親友以書信保持聯繫。

Adams, Ansel　亞當斯（西元1902～1984年）　美國攝影家，生於舊金山。1927年出版了第一部作品選輯《崇山峻嶺》，模仿印象派繪畫，經常隱匿細節而著重輕柔、朦朧的效果。亞當斯以戲劇化的山嶽景觀照聞名，後來成爲攝影史上最傑出的技巧派攝影家之一。1935年出版的《照片製作法》是他第一部有關攝影技巧的書。亞當斯窮其一生致力於使攝影被接納爲一種藝術。1940年他協助紐約現代美術館創立世界第一所攝影收藏館，1946年在卡拉爾茨成立第一個攝影專科學系。

Adams, Charles Francis　亞當斯（西元1807～1886年）　美國外交家，生於波士頓。約翰・昆西・亞當斯總統之子，約翰・亞當斯之孫。曾任職麻州立法機構和輝格黨刊物的編輯。後來協助他人組成自由土壤黨，1848年被該黨提名爲副總統候選人。1861～1868年被派駐英國擔任大使，主要使命是確立英國於南北戰爭時保持中立立場，並促使阿拉巴馬號索賠案交付國際仲裁。

亞當斯
By courtesy of the Library of Congress, Washington, D. C.

Adams, Gerry　亞當斯（西元1948年～）　原名Gerard Adams。愛爾蘭民族主義者及新芬黨領袖，號稱是愛爾蘭共和軍的成員和該組織在貝爾法斯特的指揮官，1972和1973～1977年他在未受審判的情況下以涉嫌的恐怖分子身分遭到拘禁。1978年成爲新芬黨主席，並說服該黨參與1981年的選舉。1983年選入英國議會，但他拒絕宣誓效忠而不曾就任。1991年他開始把新芬黨的戰略轉向談判，其努力促成了該黨與英國政府的間接會談，且與英國、愛爾蘭首相協商關於北愛爾蘭前途的1993年協定（「唐寧街宣言」）。亞當斯被認爲對1994年愛爾蘭共和軍首度宣布停火有重大貢獻。

Adams, Henry (Brooks)　亞當斯（西元1838～1918年）美國歷史學家、作家。出身於波士頓望族及兩任總統後裔。對其所處的美國政治極度不滿。年輕時擔任記者及編輯期間，投身政治和社會改革活動，但後來醒悟到這個社會缺乏原則。1880年出版的小說《民主》，反映了他對社會喪失信心。1889～1891年間寫了九卷的《美國史》，獲得好評。1913年出版的《聖米歇爾山與沙特爾》描寫了建築所反映出的中古時期世界觀。1918年出版一部自傳《亨利・亞當斯的教育》其最爲人所熟知的作品，成爲傑出的西方自傳體文學作品，探究了他面對20世紀的不確定感。

Adams, John　亞當斯（西元1735～1826年）　美國政治家，亦爲第一任副總統（1789～1797）及第二任總統（1797～1801）。生於麻州布蘭曲市，於波士頓習法。1764年和艾碧該・史密斯（婚後名艾碧該・亞當斯）結婚。積極參與美國獨立運動，被選入麻州的立法機構，後來成爲麻州代表，前往參加大陸會議（1774～1778）。1776年被選派入一個委員會，與傑佛遜等人起草「獨立宣言」。1776～1778年間亞當斯參與議會中的各種委員會活動，包括建立海軍的委員會和外交事務委員會。1778～1788年擔任外交官，出使法國、荷蘭和英國。在美國第一屆總統大選中，他獲得的票數是第二多，成爲華盛頓的副手。在其總統任期內，最受爭議的是他簽署的「客籍法和鎮壓叛亂法」（1798），以及他和保守的聯邦黨結盟。1800年競選連任，但被傑佛遜打敗，退休至麻州，過著規律的生活。1812年與傑佛遜言歸於好，1826年兩人死於同一天，即7月4日（美國獨立五十週年紀念日）。

亞當斯，油畫，斯圖爾特（Gilbert Stuart）繪於1826年；現藏華盛頓特區國立美術收藏館
By courtesy of the National Collection of Fine Arts, Smithsonian Institution, Washington, D. C.

Adams, John (Coolidge)　亞當斯（西元1947年～）美國作曲家。他在哈佛大學就讀時，已經是一位職業單簧管演奏家，後任教於舊金山藝術學院，並四處擔任指揮。他的作品風格儘管受到極限主義很大的影響，卻與時俱進而日益豐富。他的《尼克森在中國》（1987）與《克林霍佛之死》（1991）都是近數十年來最著名的歌劇之一。其他著名作品包括《簧風琴》（1980）、《大自動鋼琴音樂》（1982）以及《管風琴教本》（1985）。

Adams, John Quincy　亞當斯（西元1767～1848年）美國第六任總統（1825～1829），生於麻州布蘭曲市。約翰・亞當斯總統及艾碧該・亞當斯之長子。1778～1780年隨其父出使歐洲，1794年華盛頓派他爲美國駐荷蘭大使，1797

年派駐普魯士。1801年返回麻州，1803年獲選為參議員。1809～1811年擔任駐俄沙皇宮廷大使。1815～1817年轉任駐英大使。1817～1824年返國任國務卿，任內促成西班牙割讓佛羅里達，也參與起草門羅主義。1824年總統大選時，亞當斯是三位總統候選人之一，另外兩位是克雷及傑克森將軍。選舉結果無人能獲得總統選舉人票半數，雖然傑克森獲得的票數最多，依法應由眾議院投票決定。因得克雷之助，亞當斯得以順利當選。後來亞當斯指派克雷擔任國務卿，因此更惹火傑克森。亞當斯在總統任內做得並不成功，1828年傑克森當選總統，打敗想連任的他。1830年亞當斯當選為眾議員，一直任職到去世為止。他是奴隸制度的強力反對者，1839年曾提出一項憲法修正案，禁止各聯邦新州實行奴隸制。1844年他要求廢止當時的眾議院規則第二十一條，最後獲得通過。1841年他在愛米斯塔特號叛變案中，替脫逃的奴隸辯護成功。

Adams, Samuel　亞當斯（西元1722～1803年）　美國革命家。生於波士頓，為約翰·亞當斯的堂兄。成為一個強力反對英國徵稅方式的領導人，組織人們抵抗「印花稅法」。1765～1774年任州立法機構的一員。1772年協助創立波士頓通訊委員會。後來影響人們反對1773年的「茶葉條例」，組織波士頓茶黨，並帶頭反對「不可容忍法令」。亞當斯代表參加大陸會議（1774～1781），堅決主張與英國分離，並簽署「獨立宣言」。1780年協助起草麻州憲法，1794～1797年任州長。

Adams, Walter S(ydney)　亞當斯（西元1876～1956年）　美國天文學家。出生於敘利亞，八歲時隨傳教的父母回美國。曾在達特茅斯學院、芝加哥大學和慕尼黑大學學天文。他用攝譜儀研究過太陽黑子和太陽自轉，對數千顆恆星的速度和距離以及行星大氣也做過研究。1904年是籌建威爾遜山天文台的一員，1923～1946年任該天文台台長。他積極參與籌建帕洛馬天文台的200吋（5公尺）望遠鏡。

Adam's Peak　亞當峰　斯里蘭卡中南部山峰。海拔7,360呎（2,243公尺）。由於峰頂有一類似人類足跡的凹坑，長1.5公尺，該山被佛教徒、穆斯林和印度教徒尊為聖地，他們分別認為那是佛陀、亞當或濕婆的足跡。每年均有諸多眾家信徒前來朝聖。

Adamson, Joy　亞當森（西元1910～1980年）　原名Joy-Friederike Victoria Gessner。捷克裔英國博物學家。在維也納受教育，1939年搬到肯亞。因為描寫她與夫婿撫養幼獅艾莎並送回自然棲息地的系列書籍而世界知名：《生而自由》（1960）、《活著自由》（1961）與《永遠自由》（1962）。之後在印度豹和美洲豹的幼獸上重複其復育成就。創立國際保育基金會「艾莎野生動物上訴委員會」（1961）。最後遭到忿恨的員工殺害身亡。

Adamson, Robert ➠ Hill, David Octavius; and Robert Adamson

Adana＊　阿達納　土耳其中南部城市（1997年人口約1,041,509），瀕臨謝伊漢河。為工農業的重要中心，也是土耳其最大的城市之一。該城之下很可能是一個約西元前1400年時的西台人居住區的廢墟。西元前335～西元前334年被亞歷山大大帝征服，後來成為羅馬的軍事站。西元7世紀末受阿拉伯阿拔斯王朝統治。其後六百年間反覆易手，直到1378年建立土庫曼王朝。四周土地肥沃，又是安納托利亞－阿拉伯商路的要鎮，因而一直富庶繁榮。

Adanson, Michel＊　阿當松（西元1727～1806年）　法國植物學家。原在巴黎研究神學、古籍和哲學，1749年前往塞內加爾，數年後帶著大批植物標本回國，大部分現屬國家自然歷史博物。在《植物科誌》（1763）中，他闡述了自己的植物分類體系。這種體系受到林奈的激烈反對，最終被林奈系統取代。阿當松是第一個把軟體動物分類的人，還研究了電鰩的電力和青蛙的腿及頭部再生時的電流效應。他現在最為人熟知的是把統計方法運用到植物學研究上。

Adapa＊　阿達帕　蘇美城埃利都（今伊拉克南部）的傳奇智者。據傳具智慧之神埃阿所賜之非常才智，但仍有致命弱點，是蘇美人人類墮落神話中的英雄因打斷南風的雙翼，而遭天神安努懲罰，後經天國的兩位門神坦木茲代為求情，安努扣尼吉茲達乃應允賜其永生之食物，然卻為其所拒，自此人類終不免一死。

adaptation　適應　生物學上，動物或植物適合其環境的過程。這是自然選擇作用於可遺傳的變異的結果。甚至簡單的生物也必須採取各種方式來適應環境，包括結構、生理、遺傳方式、運動或散佈方式、攻擊和防衛的手段、生殖和發育等等方面的改變。適應過程常須在身體幾個不同的部位同時進行才能生效。

ADD ➠ attention deficit (hyperactivity) disorder (ADD or ADHD)

Adda River＊　阿達河　在義大利倫巴底區。向南流入科莫湖，此段長194哩（313公里）。出科莫湖後，經倫巴底平原，匯入波河。上游谷地水力資源豐富，倫巴底平原河段有灌溉之利。自羅馬時期起，該河就是多次戰爭的戰略防線。

Addams, Charles (Samuel)　亞當斯（西元1912～1988年）　美國卡通畫家，生於新澤西西田市。在1933年首次賣稿給《紐約客》週刊之前，曾短暫地擔任商業藝術家。他以繪製妖怪家庭聞名，其活動影射人世家庭的活動，例如，老妖怪讚賞小妖怪用玩具斷頭台斬玩偶的頭。1960年代中期一部受人歡迎的電視影集，並之後被拍成兩部好萊塢電影的《阿達一族》，即取材於這些作品。

Addams, Jane　亞當斯（西元1860～1935年）　美國社會改革家生於伊利諾州西達村。對社會改革很有興趣，曾遊歷歐洲，參觀了位於倫敦的湯恩比大廈（1884年建）。1889年和別人在芝加哥創建了赫爾大廈，成為北美第一個社會福利文教單位，為貧民提供了習藝場所和教育機會。她成功推動的社會改革包括青少年法庭法、黑人和移民的公平待遇、工人的權利和補助金，以及婦女的選舉權運動。1910年擔任全國社會工作會議的第一任女主席。1915年任國際婦女大會主席，隨即協助成立國際婦女和平自由聯盟。1931年與巴特勒共同獲得諾貝爾和平獎。

adder　寬蛇　蝰蛇科的幾種毒蛇和死亡蝰蛇——一種像蝰蛇的眼鏡蛇——的總稱。屬於毒蛇科的有尤紋蝰、噝蝰和夜蝰。寬蛇遍布歐、亞、非洲和澳大利亞。體長約18吋至15呎（45公分至1.5公尺），非洲的噝蝰以及澳大利亞和其附近島嶼的死亡蝰蛇毒性強烈，被咬後常會致人於死。此名稱亦用於其他品種的蛇（如豬鼻蛇）。

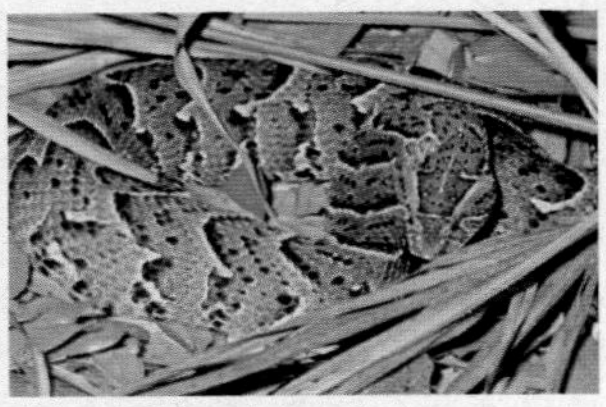

噝蝰（Bitis arietans）
Copyright © 1971 Z. Leszczynski －Animals Animals

Adderley, Cannonball　加農砲艾德利（西元1928～1975年）　原名Julian Edwin。美國薩克斯風演奏家，1950年代和1960年代最受歡迎的爵士音樂家之一。生於佛羅里達州坦帕市，1955年移居紐約以前是一位音樂老師。到達紐約時，查理帕克剛剛過世，他被擁戴為查理帕克樂風的接班人。1957～1959年他與邁爾斯戴維斯一同演出，之後帶領弟弟小喇叭手奈特．艾德利（1931～2000）組成一支室內樂團。由於也受到班尼卡特的影響，加農砲艾德利的演奏展現出強烈的藍調精神，他在1960年代的反映出將福音音樂的合聲引入他的音樂中。四十六歲中風，旋即過世。

Addis Ababa＊　阿迪斯阿貝巴　衣索比亞首都和最大城市（1994年人口2,112,737）。位於該國地理中央位置的高原，海拔8,000公呎（2,450公尺）。1896年衣索比亞首都才遷移至此，原因是前首都恩托托地處很高的台地，氣候嚴寒，柴薪嚴重缺乏。1935～1941年曾是義屬東非首都。現已成為高等教育、金融保險業和商業的全國中心。有幾個國際組織的總部設在該城，包括非洲統一組織的總部。近幾十年來，該市因為國家政治情況不穩而遭逢嚴重的破壞。

Addison, Joseph　艾迪生（西元1672～1719年）　英國散文家、詩人和劇作家。以歌頌布蘭亨戰役的詩歌《戰役》（1705）聞名，因而受到輝格黨的注目，並為他在政壇上鋪路和博得文壇美名。他和斯蒂爾是期刊《閒談者》（1709～1711）、《旁觀者》（1711～1712和1714）的主要撰稿人和精神指標。他把散文的藝術發展到完美的境地，成為英語散文最有影響的大師之一。《卡托》（1713）是其評價最高的政治性劇作，為18世紀傑出的悲劇之一。

艾迪生，油畫，達爾（M. Dahl）繪於1719年；現藏倫敦國立肖像畫陳列館
By courtesy of the National Portrait Gallery, London

Addison's disease　艾迪生氏病　一種罕見的疾病，起因為腎上腺皮質萎縮，而無法製造足夠的醇以引發腦下垂體製造腦下荷爾蒙。多數皮質受損會引發各種不同的症狀，包括身體虛弱、皮膚和黏膜顏色異常、體重減輕、低血壓等。通常在這些症狀變得明顯以前，90%的皮質已被摧毀。激素取代療法可控制病情但多數會引發自身免疫反應（見自體免疫疾病），其餘的則會因腎上腺被破壞而引起肉芽腫（如結核性腦膜炎）。

additive　添加劑　任何添加到食品中產生特殊效應的化合物。包括人造或天然色素、調味料、穩定劑、乳化劑、定形劑、增稠劑、防腐劑、增味劑、營養增補劑等。雖然大多數添加劑是有益的，至少沒有害處，但有的會掩飾劣質原料與工藝，有的會降低營養價值。

Adelaide　阿得雷德　南澳大利亞首府（2001年人口約1,072,585）。位於洛夫蒂嶺山麓，濱托倫茲河，近河得雷德港。建於1837年，1840年設建制，是澳大利亞第一個市政單位。早期為農貿中心，附近地區豐富的天然礦藏帶動經濟的發展。現為工業中心，有一些煉油廠，並有輸油管接至天然氣田。名勝古蹟有阿得雷德大學、兩座大教堂、議會和政府大廈。

Aden＊　亞丁　葉門南部海港城市（1995年人口約562,000），瀕臨亞丁灣。西元3世紀以前為西部阿拉伯的香料之路的終點站，這種地位維持了約有1,000年之久。之後為貿易中心，為葉門人、衣索比亞人和阿拉伯人所統治。1538年土耳其人奪取這座城市。1839～1937年英國占領亞丁，把它畫為印度的一部分。蘇伊士運河開通後，成為加煤站和轉運點而重要性日增。1937年脫離印度，成為英國皇家殖民地。1963～1967年加入南阿拉伯聯邦，1968年南葉門定都亞丁直至1990年北、南葉門合併。

Aden, Gulf of　亞丁灣　位於印度洋，介於阿拉伯半島與索馬利亞之間，西部漸狹，形成塔朱拉灣，東面以瓜達富伊角的子午線為界。東西長約920哩（1,480公里），向東一直延伸到庫里亞穆里亞島和索科特拉島的大陸棚。海灣中的生物種類繁多，浮游生物豐富。海岸線欠缺大規模的漁業設備，但有許多漁業城鎮，如亞丁和吉布地兩大港。

Adena culture＊　阿登納文化　古代北美印第安人許多社區的文化。時約西元前500～西元100年間，以俄亥俄河谷為中心。阿登納人通常居住在由用樹幹、柳枝和樹皮搭成，以及屋頂呈圓錐形的圓形小屋組成的村落中。他們以狩獵、捕魚及採集野生植物為生。使用各種石製器具及簡單的陶器。銅、雲母及海貝等裝飾品證明阿登納人曾與遠地各民族進行貿易。亦請參閱Woodland cultures。

Adenauer, Konrad＊　艾德諾（西元1876～1967年）　德國政治家，德意志聯邦共和國（西德）第一任總理。1906年選入科隆市議會，1917～1933年任科隆市長，1920年起是普魯士省議會的成員，1928～1933年擔任議長。納粹執政後，他被免除一切職務，1944年關入集中營。第二次世界大戰結束時，他在籌組基督教民主聯盟方面扮演重要角色。1949年就任總理，在執法上強調個人主義。由於害怕蘇維埃勢力擴張，他竭力支持北大西洋公約組織，並盡最大努力使西德和過去的敵人和解，尤其是法國和蘇俄。1963年引退。

艾德諾
© Karsh－Woodfin Camp and Associates

adenine＊　腺嘌呤　一種嘌呤科的有機化合物，通常有乙環，每個都有氮和碳原子，以游離態存在於茶葉中，或以結合態存在於許多重要生物物質，如核酸、三磷酸腺苷維他命B_{12}及數種輔酵素中。去氧核糖核酸的根基即為胸腺核苷，與它一致的核苷酸可經由水解作用的選擇性技術自核酸中取出。

adenoids＊　類腺體　亦稱咽扁桃腺（pharyngeal tonsils）。是一群淋巴組織，類似（上腭的）扁桃腺，附著於鼻咽的後壁。如果兒童時期受到感染，類腺體會腫大和發炎，也可能造成永久性的肥大。類腺體肥大會妨礙鼻子呼吸，並影響鼻竇的排泄，而易患鼻竇炎，也會使連接中耳的歐氏管阻塞（導致耳炎）。類腺體肥大或類腺體受到感染的兒童，通常可用手術連同扁桃腺割除。

adenosine triphosphate ➠ ATP

adenovirus＊　腺病毒　橢圓狀的病毒，裏有一層保護性蛋白質外衣的去氧核糖核酸。可致人類喉嚨痛、發燒，引發狗的肝炎及雞、鼠、牛、豬、猴的多種疾病。腺病毒在受

A B

染細胞的核內發育，形似結晶體。腺病毒在人體會引發上呼吸道和眼睛的急性黏膜感染，局部淋巴結亦常累及，病狀頗似普通感冒。腺病毒和感冒病毒一樣，臨床上常可從健康者身上發現潛伏性感染。因爲只有少數幾型可致人類疾病，所以可針對這些病毒製備疫苗。

Adès, Thomas ＊　湯瑪斯・艾德斯（西元1971年～） 英國作曲家。在基爾德霍學院受訓成爲鋼琴演奏家，後來進入劍橋國王學院。早期憑藉著巨匠般的鋼琴演奏而受到注意，但他卻從1990年開始創作音樂（《五個艾略特風景》），其創造力與充滿自信的技法，讓他立刻被視爲一位重要的作曲家。他引起爭議的歌劇《在她臉上搽粉》（1992）——關於一樁20世紀的離婚醜聞——和大型交響樂作品《阿夕拉》（1997），都引起了國際關注。

ADHD ➠ attention deficit (hyperactivity) disorder (ADD or ADHD)

Adi Granth ＊　本初經　（旁遮普語意爲「第一書」）印度錫克教聖典。收錄錫克教古魯（即祖師）以及印度教、伊斯蘭教聖人所作將近六千首詩歌，是所有寺廟的宗旨。每天儀式性的打開和闔上，在特殊場合上則持續誦唸。此經初版於1604年，由錫克教第五代古魯阿爾瓊編成，所收內容包括他本人著作、前四代古魯的祈禱詩和聖人們的聖詩。1704年第十代（末代）古魯哥賓德・辛格增加更多的讚歌，並囑信徒在他死後即以《本初經》爲祖師，從中求得指引。讚歌按照樂曲類別編排，所用語言多爲旁遮普語或印地語，內容包括Mul Mantra（基本祈禱文）、Japji（最重要的經文，由納拿克所著），以及根據拉格曲調編寫、可供唱頌的詩歌。

Adige River ＊　阿迪傑河　義大利第二大河，僅次於波河，全長255哩（410公里）。源出北部阿爾卑斯山的兩個湖泊，向東南流經韋諾斯塔谷地，在波札諾接納伊薩爾科河，向南流，在進入波河低地後，在叩甲南方，流入亞得里亞海。上游建有水力發電站，灌溉了威尼托。1951和1966年的洪災給當地造成很大損失，河岸需要經常加固。曾是幾場戰役的發生地，特別是1916年的奧義戰爭。

adipose tissue　脂肪組織　亦稱肥胖組織（fatty tissue）。主要由脂肪細胞組成的結締組織，利用纖維的結構網路，專司合成並容納大型脂肪球。主要見於皮膚下方，但也儲存於肌肉之間、腸內和膜皺內、心臟周圍及其他地方。這種組織內的脂肪來自飲食的油脂，或由身體產生。作爲饑餓或大量消耗時的燃料存量，也形成器官之間的襯墊。

Adirondack Mountains ＊　阿第倫達克山脈　美國紐約州東北部山脈。由聖羅倫斯河谷及山普倫湖向南延伸至摩和克河河谷。面積600萬英畝（240萬公頃），其中四十多座山峰高於4,000呎（1,200公尺）。最高峰馬西山（海拔5,344呎〔1,629公尺〕）是紐約州最高的山峰。第一個發現阿第倫達克山的歐洲人是1609年法國探險家山普倫。1892年大部分地區成爲阿第倫達克公園。後來範圍日增，成爲美國阿拉斯加以外最大的州立或國家公園。

Adler, Alfred　阿德勒（西元1870～1937年）　奧地利精神病學家。於維也納獲得醫學學位。早年業醫時即強調應關注周遭環境中的個人關係。1902～1911年爲弗洛伊德的學生和助理，但兩人後來在兒童早期的性衝突在精神病理學方面的重要性產生分歧。他和一群追隨者建立了個體心理學學派。他進而以自卑感來解釋罹患精神病的原因，以人道觀點研究驅動力、感覺、情緒、記憶等與個體生命相關的內容，設計了一種靈活的支持性心理治療方法，以指導有自卑感的情緒障礙患者達到成熟，成爲對社會有用的人。他強調應聯繫整個環境來考慮患者的問題，並開始設計一種人道主義的、整體主義的、器質論的解決人類問題的方法。1921年在維也納建立第一個兒童指導所。1927年起，先後任哥倫比亞大學和長島醫學院的客座教授。著作包括《理解人性》（1927）、《生活對你應意味著什麼》（1931）。

Adler, Guido　阿德勒（西元1855～1941年）　奧地利音樂學家。從維也納音樂學院畢業後，到維也納大學跟隨漢斯里克（1825～1904）研究音樂史，繼之成爲教授。1884年與斯皮塔（1841～1894）、克里賛德爾一起建立音樂學爲一專門學科。其得意門生包括蓋林格（1899～1989）、傑普森（1892～1974）、魏本和威勒斯（1885～1974）。

Adler, Larry　阿德勒（西元1914～2001年）　原名Lawrence Cecil Adler。美國口琴演奏家，生於巴爾的摩，是第一個開口琴音樂會的人（雖然他在二十幾歲時才開始學會讀譜）。但他的優美旋律感動了許多作曲家特別爲他作曲，包括佛漢威廉士、米堯等也爲他寫了口琴協奏曲。1950年代初因政治活動被列入黑名單，他到英格蘭居住了若干年。

Adler, Mortimer J(erome)　阿德勒（西元1902～2001年）　美國哲學家、教育家、編輯，生於紐約市。在哥倫比亞大學獲哲學博士學位後，1930年至芝加哥大學任法律哲學教授，與哈欽斯一起提倡人文教育，以閱讀偉大著作爲基礎。他們合作編輯了五十四卷《西方世界的偉大著作》（1952），阿德勒後來還編輯了其他系列的書。1969年主持設計第十五版《大英百科全書》。1974～1995年任大英百科全書編輯委員會主席。著作包括《如何閱讀一本書》（1940）、《教育宣言》（1982）等。

administrative law　行政法　行政法是管理公共行政權力、程序和職能的法律。應用於所有的公共官員和公共機構。與立法和司法當局不同，行政當局的權力是根據法令法規來頒布一些規章制度、授予許可、允許實施政府的事業行爲、對於不滿和問題發動調查並去除弊病、發布命令來指導各方遵守政府的法規或制度。行政法的法官是具有准法官權力的政府官員，其權力包括舉行聽證會、尋找事實根據、對有關公共機構作用的爭端建議解決方案等。

admiral butterfly　海軍上將蛺蝶　蛺蝶科的某些種蝶類。顏色鮮豔，飛得快，多爲採集者所珍視。包括：遷飛的紅紋麗蛺蝶，以小蕁麻爲食，廣泛分布於歐洲、斯堪的那維亞、北美洲和北非；印度赤蛺蝶見於加那利群島和印度；白蛺蝶，以忍冬植物爲食，爲歐亞和北美種。

Admiralty, High Court of ➠ High Court of Admiralty

Admiralty Islands　阿德默勒爾蒂群島　在巴布亞紐幾內亞，爲俾斯麥群島的延伸部分，包括約四十座島嶼（2000年人口約41,748），位於南太平洋中，離巴布亞紐幾內亞北岸約190哩（300公里）。馬努斯島占群島陸地面積的大部分，也是群島主要聚落洛倫高的所在地。1616年荷蘭航海家斯考滕進行過觀測，1767年英國船長加特利給群島命名。後來爲德國、澳大利亞、日本人先後占據，1946年成爲聯合國紐幾內亞託管地的一部分，在1975年巴布亞紐幾內亞獲得獨立時，群島成爲該國的組成部分。

admiralty law ➠ maritime law

adobe ＊　土坯　用於製造日曬磚的一種重黏土。這種黏土基本上是鈣質含砂，爲黏土、砂和粉砂的混合物，塑性良好，能乾成堅硬而均勻的塊。在世界的幾個地區，特別是氣候乾燥或半乾燥的地區，使用這種黏土或者性質相似的黏土已有幾千年的歷史。製磚的模子大概是從非洲引入西班牙，而在西班牙征服時期傳到新大陸。世界各地技術雖有種種變化，但是全都利用阿多貝黏土的隔絕特性，冬暖夏涼，是住家和爐灶的理想建材。美國西南部新墨西哥州的普韋布洛住房即是典型的土胚房。

adolescence 青少年期 青春期與成人期之間的過渡時期（約十二～二十歲）。特徵是生理方面的改變、性情緒的發展、努力尋求認同、思考模式從具體進展到抽象。有時視青少年期為一種過渡時期狀態，在這期間他們開始脫離父母獨立，但仍欠缺一種明確的社會角色定位。一般被視為是一段情緒高漲和充滿壓力的時期。

Adonis＊ 阿多尼斯 希臘神話中的美少年，深受愛芙羅黛蒂女神的寵愛。愛芙羅黛蒂受到阿多尼斯這個嬰兒容貌的誘惑，把他放到一隻箱子裡交給冥后普賽弗妮看護，後來冥后卻拒絕把他交出。她們向眾神之王宙斯上訴，宙斯裁定阿多尼斯一年分別與普賽弗妮和愛芙羅黛蒂各待四個月，其餘時間則由阿多尼斯自己支配。阿多尼斯成為一個獵人，後來被野豬咬死。宙斯應愛芙羅黛蒂的要求，特准他半年陪伴愛芙羅黛蒂，半年待在冥府。現代學者一般把他看成是植物的精靈，他的死亡和再生表示自然的循環。他也被視同巴比倫神坦木茲。

adoption 領養 像父母那樣撫養孩子的行為，這些孩子在事實上或在法律上原不屬於撫養者。古時候即有領養制，而且每個文化都有這種現象。男子繼承是古代領養制的主要目的，被領養者大多是男性，有時是成年人。現代有關領養的法律和風俗的目的，在於促進兒童福利和家族的繁衍。20世紀末，兒童人數的減少有助於合法領養的推動，在成人或小孩的年齡差異、收入水準、母親在外工作、跨宗教和種族的限制等方面都已放鬆條件。單親和同性戀人領養也已漸漸被接受。

Adorno, Theodor (Wiesengrund)＊ 阿多諾（西元1903～1969年） 德國哲學家，曾就讀哥德大學，並曾短暫地在法蘭克福大學任教，兩年後為逃避納粹對猶太人的迫害而移居英國，1938～1948年移居美國。之後返回法蘭克福任教，領導法蘭克福社會研究所（參閱Frankfurt school）。其著作和評論以哲學、文學、心理、社會學和音樂（與貝爾格一起研究）最有名。對阿多諾來說，現代音樂、文學和藝術的偉大工作就是使社會生活在資本主義下保持活力，因為在資本主義下哲學和政治理論已僵化。主要著作有：《啓蒙的辯證法》（1947，與霍克海默合著）、《最低道德》（1951）、《文學註解》（四卷，1958～1974）。

Adour River＊ 阿杜爾河 法國西南部河流。發源於庇里牛斯山脈中部，流向北轉西，最後在巴約訥附近注入比斯開灣。全長208哩（335公里），沿途流經風景優美的康龐山谷和塔布平原。

Adowa, Battle of＊ 阿多瓦戰役 亦稱Battle of Adwa。發生在衣索比亞中北部阿多瓦的軍事衝突（1896年3月1日），由曼涅里克二世率領的衣索比亞軍與義大利軍作戰。衣索比亞取得決定性勝利而得以獨立，並阻止了義大利想在非洲建立一個像英、法一樣的帝國。根據後來制定的和約，厄利垂亞殖民地被分割出來。

adrenal gland＊ 腎上腺 亦稱suprarenal gland。位於腎臟上方的三角形內分泌腺，左右各一。人類的腎上腺重約0.15盎司（4.5公克），由兩個部分組成：其中位於內層的稱為髓質，負責製造腎上腺素與正腎上腺素；外層則為皮質，負責分泌類固醇激素、皮質醇和雄激素（後兩者是對腦下垂體所分泌的促腎上腺皮質激素的反應）。腎上腺疾病包括嗜鉻細胞瘤（一種髓質性疾病）、皮質性疾病艾迪生氏病、腎上腺皮質機能亢進症、庫興氏症候群或腎上腺性性徵症候群和主要的類脂醇過多症。

adrenaline ➠ epinephrine

Adrian, Edgar Douglas 亞得連（西元1889～1977年） 受封為劍橋的亞得連男爵（Baron Adrian of Cambridge）。英國電生理學家，1968～1975年任劍橋大學校長。他起先研究從感覺器官傳出的神經衝動，將電位的變化加以放大，記錄下以前難以測出的微小電位變化。後記錄了單個感覺神經末稍及單個運動神經纖維發出的神經衝動，進一步闡明了感覺的物理基礎及肌肉收縮的機制。後他研究了腦的電活動的變異及異常，為癲癇研究及腦疾患的定位開闢了新的領域。1932年他與查爾斯·薛靈頓同獲諾貝爾獎。

Adrian IV＊ 亞得連四世（西元1110?～1159年） 原名Nicholas Breakspear。歷史上唯一的英格蘭籍教宗（1154～1159年在位）由於在斯堪的那維亞成功地傳教而獲選為教宗，之前曾在法、義等國服務。1155年主持神聖羅馬帝國皇帝紅鬍子腓特烈的加冕禮，但亞得連傾向義大利南部諾曼人的政策激起腓特烈的反感。亞得連備受爭議的一份文書「Laudabiliter」被認為是，將愛爾蘭贈與英格蘭國王亨利二世，後來這項文書被認為無效。亞得連因拒絕承認西西里國王威廉一世而發生了坎培尼亞的反叛。

Adrianople, Battle of 阿德里安堡戰役（西元378年） 亦作Battle of Hadrianopolis。戰場在現土耳其的埃迪爾內。羅馬皇帝瓦林斯率領的軍隊在這裡被弗里蒂根率領的日耳曼西哥德人打敗。這是蠻族騎兵對羅馬步兵的重大勝利，標誌著日耳曼人大舉侵犯羅馬領土的開端。哥德人全殲羅馬軍隊，瓦林斯陣亡。他的繼任者狄奧多西一世和哥德人在382年談和，哥德人答應幫助皇帝防衛羅馬疆界以交換食物。這項條約成為後來野蠻人入侵的模式。

Adrianople, Treaty of 阿德里安堡條約 ➠ Treaty of Edirne

Adriatic Sea 亞得里亞海 地中海中北部朝西北方向伸展的一個大海灣。位於義大利東海岸與巴爾幹半島西海岸之間。長500哩（800公里），平均寬110哩（175公里），最深處4,035呎（1,324公尺），面積50,590平方哩（131,050平方公里）。義大利東岸平直，無島嶼；巴爾幹半島西岸沿海則有許多大小島嶼，島嶼之間有曲曲折折的海峽，形成無數水灣，使整個海岸線非常錯綜複雜。奧特朗托海峽在東南部連接愛奧尼亞海。

adsorption 吸附 一切固態物質把與之接觸的氣體或溶液的分子吸在表面上的能力。物理吸附取決於固體吸附劑和被吸附物的分子間的范德瓦耳斯力。在化學吸附（參閱catalysis）中，氣體在化學力的作用下附著於固體表面，發生化學吸附的溫度通常比物理吸附高。吸附過程進行得較慢，而且常要涉及活化能。

Adullam＊ 阿杜拉姆 以色列中部一古城。在耶路撒冷西南15哩（24公里）處。附近有個洞穴是古時的避難所在，《聖經》曾多次提到此地，如這裡是大衛躲避掃羅的地方。現代開發區在耶路撒冷之西，範圍包括古城遺址。

adult education 成人教育 ➠ continuing education

adultery 通姦 已婚者與配偶以外的人發生性關係。不管是成文法還是習慣法，各社會的婚姻法規都禁止通姦。猶太教、伊斯蘭教和基督教傳統明確譴責通姦行為，不同文化對通姦所採取的態度迥異，古代羅馬的法律，對女通姦犯處死，對男犯處置較輕。實際上，通姦現象似乎到處都有。在西歐和北美，通姦可作為離婚的理由。非洲和東南亞地區的傳統社會因受西方婚姻平等思想散播的影響，也開始為婦女爭取平等的婚姻權利。

adulthood 成人期 生理和智力都充分發育成熟後的人生階段，一般認為二十或二十一歲為成人早期的起點，四十歲以後為中年（期），六十歲以後為老年（期）。在成人早期和中期（約三十歲時），某些生理功能即開始緩慢但持續地退化，如肌肉組織、骨骼、膽固醇在動脈內膜沈積、心肌功能減弱、男女性激素水平逐漸減少。中樞神經系統的處理速度也在中年趨緩，但因經驗和知識的累積會彌補這方面能力的不足。到了老年，大部分人在生理功能上會有明顯的退化，許多人最後在心理功能方面也受損害。

Advaita＊ 不二論 （梵語意為「非二元論」）吠檀多各派中最有影響的一派。起源於西元7世紀的思想家喬荼波陀對《蛙氏奧義書》注釋的一部書。他在大乘佛教的空觀哲學上建立一套理論，認為並不存在二元性。人們的心靈無論是醒著還是在做夢，都在「幻覺」中活動，只有非二元性（不二論）才是終極眞理。個人的自我或靈魂並不存在，存在的只是「我」（世界靈魂）。8世紀的印度哲學家商羯羅進一步發揮不二論的論點，認為奧義書教給人們的是梵的本質，梵是眞實的，而世界是虛妄的。任何變化、二元性或多元性都是一種幻覺。不二論的著作十分浩繁，現代印度思想仍然受其影響。

Advent 基督降臨節 基督教節期。為教會年的第一季，進行慶祝耶穌聖誕的準備活動，並準備迎接基督的重臨世界。基督降臨節始自最靠近11月30日的星期日，這也被視為懺悔季，亦被認為是為基督復臨作準備。基督降臨節的起源不明，但一般認為最早始於6世紀。許多國家都有廣為流行的民俗來慶祝，如點燃基督降臨蠟燭等。

Adventist 基督復臨派 19世紀興起於美國的基督教（新教）派別，其特點為在教義上相信，基督親身在榮耀中重返世界而為人所見（即基督復臨）已為期不遠。基督復臨論源於希伯來和基督教的先知論、救世主論，以及前美國陸軍軍官米勒（1782～1849）所著之千禧年。米勒認為，基督復臨時將把聖徒從惡人中分離出來，開始他的千年王國。基督必將於1844年3月21日之前再次臨世。然而，在他所預言的時間內基督並未重返世界，於是出現了所謂「大失望」，1845年召開基督復臨派共同會議進行檢討。他們認為是米勒對徵兆的解釋有誤，而上帝已開始「清理天上的聖所」，等祂完成這份偉大的工作後才會現身。米勒派於1863年正式成立會派，即基督復臨安息日會。其他支派還有：基督復臨福音會和基督復臨會等。基督復臨安息日會認為第七日即星期六為安息日，禁止食用肉類和麻醉藥等類似刺激物。

adversary procedure 對抗式程序 在英美法中，於法庭上提出證據的主要方式。對立兩方需提出適切的資訊，並在法官或陪審團面前提出證人和盤問。在對抗式制度下，每一方負責自行調查。在刑事訴訟中，起訴方代表整個人民，有警察機關及其偵查員和化檢室為其服務，而被告方則必須自行籌措調查經費。在民法訴訟中，對抗式制度起著類似的作用，不同的是原告人和被告人都必須各自準備證據和理由，他們通常都是通過自己聘請的律師來進行（窮人在法律上有補助）。技巧性盤問會產生各種不同解釋的口供。在盤問中，律師們會設法改變陪審團原先所認為的供詞。

adverse possession 非法占有 在英美財產法中，指明知某人對不動產享有更高所有權而違反其意願，占有該不動產（參閱real and personal property）。美國多數州的時效法規都規定了時效，在時效期間以內，所有人可以提起要求占有的訴訟；而過了時效期間之後，非法占有人就取得了對該土地的合法權利。

advertising 廣告 用於推銷產品、服務或宣傳某種觀點以引起公衆注意，並誘導公衆對廣告刊登者作出某種反應的技巧和實踐。17世紀倫敦的週報開始刊登廣告，到18世紀，這種廣告已相當繁榮。19世紀美國率先出現廣告代理商，代理的是報紙廣告。到20世紀初，代理商開始自己製作廣告包括版樣和藝術設計。多數廣告是用於促銷商品，但這種方式也常用於提醒人們公共安全，贊助各種慈善事業，或投票支持政黨候選人等。在許多國家，廣告是傳播媒體最重要的收入來源。除了報紙、雜誌和傳播媒體之外，其他的廣告方式包括郵購（參閱direct-mail marketing）、戶外廣告牌和宣傳海報、運輸交通工具、網際網路，以及促銷手冊如紙板火柴和日曆等。廣告商在選擇刊登媒介時會依廣告目標受衆的喜好而定。亦請參閱marketing、merchandising。

adze 手斧 亦作adz。修削木器的手用工具。舊石器和新石器時代中常見，為一種可用手握而一端呈刃狀的石頭。演進至古埃及文化時期，手斧變成有木柄和柄端橫裝銅或青銅刃的模樣。這種呈T字狀的手斧，一直是修削木頭的最佳工具。使用時應將木材置於地上，木匠跨立在木材上，掄斧向內作挖掘狀砍下即可。

Æ＊ 艾（西元1867～1935年） 原名George William Russell。愛爾蘭詩人和神祕主義者，愛爾蘭文學文藝復興的主要人物。曾出版許多詩作，包括《回家》（1894）。雖然剛開始大家把他與葉慈拿來相提並論，但他終究未成為大詩人，許多批評者認為他的詩淺薄、含混不清和單調乏味。他的筆名源自於一位校對者對其早期筆名「艾翁」的質疑。

Aegean civilizations＊ 愛琴海諸文明 青銅時代的文明，約西元前3000年至約西元前1000年之際在愛琴海地區臻於盛期。範圍包括克里特島、基克拉澤斯群島以及色薩利以南的希臘本土，還包括伯羅奔尼撒半島、馬其頓、色雷斯以及安納托利亞西部地區。其中最重要的是米諾斯文明和邁錫尼文明。愛琴海諸文明一詞有時也指西元前7000年至約西元前3000年在此區的新石器時代文明。

Aegean Islands＊ 愛琴群島 愛琴海上的希臘群島，特別是基克拉澤斯群島、斯波拉德群島、多德卡尼斯群島。基克拉澤斯群島包含約二百二十個島嶼。多德卡尼斯亦稱南斯波拉德，包括卡林諾斯、卡爾帕索斯、科斯、萊羅斯、帕特莫斯、羅得島、西米，有些地理學家還涵蓋了薩摩斯、伊卡里亞、希俄斯、萊斯沃斯。斯波拉德亦稱北斯波拉德，包括斯基羅斯、斯科佩洛斯、斯基亞索斯。千百年來，所有島嶼在某種程度上共享了希臘的歷史。

Aegean Sea 愛琴海 地中海的一個大海灣，位於希臘半島和土耳其之間。長約380哩（611公里），寬約186哩（299公里），總面積約83,000平方哩（214,000平方公里），最深處達11,627呎（3,543公尺）。東北通過達達尼爾海峽、馬爾馬拉海和博斯普魯斯海峽與黑海相連。為克里特和希臘早期文明的搖籃。著名的島嶼之一錫拉島曾經與傳說的亞特蘭提斯相連。

Aegina＊　埃伊納島　希臘薩羅尼克群島中的島嶼。位於比雷埃夫斯西南16哩（26公里）處，面積32平方哩（83平方公里）。西海岸主要城市和港口埃伊納建在古代同名城市遺址上。約自西元前3000年起就有居民，西元前7世紀後成爲海上強國。西元前5世紀爲其輝煌時期，這點從品達爾的詩中可看出。因經濟上與雅典競爭厲害而導致多次戰爭，西元前431年雅典人驅逐島上所有的居民。西元前133年落入羅馬人之手。希臘獨立後一度爲其臨時首都（1826～1828）。

阿帕伊亞神廟
Susan McCartney – Photo Researchers

aegirine＊　霓石　一種輝石類礦物，爲鈉和鐵的矽酸鹽（$NaFe^{+3}Si_2O_6$）。常見於鹼性火成岩中，尤其是正長岩和正長偉晶岩中，也出現在結晶片岩中。霓石大部分是暗綠色至綠黑色。

aegis＊　神盾　在古希臘時代，與宙斯有關的一種皮斗篷或護胸。宙斯的女兒雅典娜把神盾用作常服（具有蛇頭女妖梅杜莎的頭），其他的神偶爾也使用它，如《伊里亞德》中的阿波羅。

Aegospotami, Battle of＊　伊哥斯波塔米戰役（西元前405年）　伯羅奔尼撒戰爭中的最後一役，斯巴達大勝雅典的海戰。斯巴達海軍在來山得率領下，偷襲雅典海軍在色雷斯的伊哥斯波塔米停泊地。那裡共有雅典艦船一百八十艘，僅二十艘脫逃。雅典海軍約有四千名被俘，後被處死。這次勝利使斯巴達人長驅直入，進逼雅典，迫使雅典在西元前404年投降。

Aehrenthal, Aloys, Graf (Count) Lexa von＊　埃倫塔爾（西元1854～1912年）　奧匈帝國外交大臣（1906～1912），積極恢復帝國的外交主導權。1908年宣布兼併波士尼亞赫塞哥維納，結果使俄國感到戰爭威脅，掀起塞爾維亞民族的恐奧症情緒，並引起國際同聲譴責，最後導致波士尼亞危機。

Aeneas＊　埃涅阿斯　特洛伊和羅馬的神話英雄人物。是女神愛芙羅黛蒂和特洛伊王安喀塞斯所生之子。根據荷馬所述，他在特洛伊的戰爭中功績卓著，能力僅次於堂兄弟海克特。羅馬詩人維吉爾的《伊尼亞德》中敘述了埃涅阿斯在特洛伊城淪陷之後，背著他年邁的父親逃出來，前往義大利，其後裔後來成爲羅馬的統治者。亦請參閱Dido。

Aeolian harp＊　風鳴琴　由風力鳴響的弦樂器，名稱源自希臘風神埃俄羅斯。由一長窄的木質音箱構成，上面張以十或十二根羊腸弦，弦線長度相同，但粗細不一，所有弦線調成同度音。風力使其振動，連續發出和音。可懸掛起來或水平置於窗框下。第一架已知的風鳴琴係由基歇爾（1601～1680）在1650年左右製造。

Aeolus＊　埃俄羅斯　希臘神話中的風神。荷馬在《奧德賽》裡，描述埃俄羅斯是埃俄利亞漂浮之島上的一個國王。他幫奧德修斯順風助航，另外給了他一個裝了逆風的袋子，但奧德修斯的夥伴不小心打開此袋，結果他們的船被吹回到海邊。後來有些作家把他描寫成一個小神，而不是人類。風鳴琴的名稱就是取自此。

aeon　分神體　亦作eon。諾斯底派與摩尼教中神靈之一種，或指一生靈領域中之存在者，係自上帝本身分出，爲上帝絕對至大神性之表徵。最初之分神體應爲直接從不可知之神聖發出，故帶有神力。隨從繼續發出者增加而神力漸減。至某一特定距離時，分神體行爲即可能遭錯誤侵襲，導致物質世界之形成。某些學說確認分神體爲神性之體現；某些則指其不過爲一廣闊之時、空、經驗領域，但人類靈魂需經歷此等折磨始能達於神性本源。

aepyornis＊　隆鳥屬　亦稱象鳥（elephant bird）。不飛的巨型鳥類的絕滅屬。其化石發現於馬達加斯加更新世和後更新世的沈積物中，含量豐富。大部分形體巨大，站立時有10呎（3公尺）多高，頭骨小，頸部細長。蛋的化石較普遍（大小約莫3呎〔1公尺〕長），呈碎片狀或完整，有時有胚胎鳥的雛骨。其祖先不詳。

aerarium (Saturni)　總庫　古羅馬的中央金庫，位於農神廟內。共和時期（西元前509～西元前27年）由兩名財務官管理，但受元老院監督。它負責歲入歲出。元首統治時期（西元前27～西元305年），總庫漸漸失去財力和重要性，當時的皇帝和行政首長爲了避開元老院的控制，直接從各省的金庫取錢。奧古斯都從西元6年開始用稅收建立軍事財庫，爲公共的金庫，用以酬庸退休老兵，而原來的總庫變成羅馬市的金庫。

aerial ➠ antenna

aerial perspective　空氣透視法　指在繪畫或製圖技術中以調色手法摸擬物體在遠處受大氣作用所呈現的顏色變化，以引起景深層次錯覺的方法。空氣透視法這一術語的使用始於達文西，但在古希臘、羅馬的壁畫中以及8世紀的中國畫中（如龐貝城）均發現運用空氣透視法的例子。後來發現，光線通過大氣中的水分及塵埃之類的微粒物質會造成散射，其散射程度取決於光的顏色，即光的波長。波長短（藍）散射的最厲害，波長長（紅）散射的最少。達文西同時代的義大利畫家有使用這種技巧，15世紀時北歐藝術家才開始採用，後來透納把它發展到極致。

aerobatics　特技飛行　操縱飛機做一系列特殊動作的體育項目，如翻筋斗、側滾、自旋和倒飛的技巧。特技飛行是一種有一定程序的運動，而不是空中特技表演秀，1964年開始有國際性的競賽。當中規模最大的爲美國實驗飛機學會所辦。

aerobics　有氧運動　指爲了增強身體攝取氧的功能而進行的訓練身體的整套方法。典型的有氧運動有跑、游泳和舞蹈等，都可刺激心臟和肺。爲求確實有效起見，有氧訓練每週必須至少三次。每次活動時，運動者的心跳率必須提升到他的訓練水準，並保持該水準至少二十分鐘。有氧運動的觀念最先是由庫柏醫生提倡的，而在他的兩部著作《有氧運動》（1968）和《有氧運動的方法》（1977）出版以後才開始流行。

aerodynamics 空氣動力學 物理學的一個分支，研究空氣和其他氣態流體的運動，以及物體穿過這些流體時所受的作用力。空氣動力學的主要任務是解釋飛機、火箭和導彈等在地球大氣中飛行時所遵從的原理。同時也與汽車、高速火車和輪船的設計，以及在建造橋樑和高大建築物時確定它們對強風的抵抗能力等有關。近代空氣動力學大約是在萊特兄弟作他們的第一次有動力飛行（1903）的時候形成的，後來在這領域的發展導致了湍流理論和超音速飛行的巨大進展。

Aeroflot＊ 蘇聯民用航空總局 前蘇聯的國營航空公司。1928年創立，名爲志願航空局，1932年改組，採用今名。在蘇維埃時代，它是全世界最大的航空公司，約占全世界民航運輸量的15%。1991年蘇聯解體後，民航總局讓出在前蘇聯國家的商業旅行航空方面壟斷權，當時它還是俄羅斯的國家航空公司。

aerosol 氣溶膠 液體或固體微粒以極細分散的狀態均勻分布於整個氣體（通常爲空氣）中形成的體系。氣溶膠微粒參與各種化學反應過程，並影響大氣的電學性質。眞正的氣溶膠微粒直徑由數毫微米到1微米，此詞特別常用於雲或霧中的水滴和塵埃微粒，它們的直徑都大於100微米。亦請參閱colloid、emulsion。

aerospace engineering 航空工程航太工程 應用物理學和數學原理研究、設計、製造、試驗和使用在飛機和太空船的工程技術。根源自氣球飛行、滑翔機和飛行船。1960年代後，這個詞已擴大到包括大氣和太空在內的地球上空的各種飛行器。它主要包括空氣動力、推進、結構、穩定性和操縱性等技術門類。航太工程需結合學術界、工業界和政府研究機構的努力，才能研發出新產品。然後，在原型機試飛成功後就可以量產和使用。航太工程上的重要發展包括金屬硬式機身、懸臂式單翼機機翼、噴射發動機、超音速飛行和太空飛行。

aerospace medicine 航太醫學 醫學的一個分支，最先由貝爾提出，所涉及的範圍是大氣飛行（航空醫學）和太空飛行（太空醫學）。密集的飛行前模擬器訓練，以及注重設備、太空船的設計，可使曝露在飛行重力下的人類較爲安全和工作有效率，避免了一些問題產生。1948年美國建立了世界第一個太空研究的單位。受過航太醫學訓練的醫生稱「飛行外科醫生」。

Aeschines＊ 埃斯基涅斯（西元前390～西元前314?年） 雅典演說家，鼓動馬其頓國王腓力二世擴張勢力到希臘。他和狄摩西尼（後來成爲他的勁敵）在西元前346年共同參與雅典與馬其頓之間締和的談判。後來狄摩西尼指控他叛國，因爲在談和期間，他挑起馬其頓人入侵的動機。西元前343年雖受審，但被判無罪。西元前339年他煽動戰爭，導致喀羅尼亞之役，讓馬其頓控制了希臘中部。西元前336年埃斯基涅斯指控表彰狄摩西尼的功勳是非法的。西元前330年開庭審判，埃斯基涅斯敗訴。

Aeschylus＊ 艾斯克勒斯（西元前525/524～西元前456/455年） 希臘悲劇作家。西元前490年曾參與雅典人第一次擊退波斯人的馬拉松戰役。西元前484年第一次贏得雅典戲劇比賽的冠軍。所寫劇作約有八十部以上，但僅有七部存留下來，其中最早的一部是《波斯人》，在西元前472年上演。其餘爲《奧瑞斯提亞》三部曲（《阿格曼儂》、《奠酒人》和《降福女神》）、《七將攻底比斯》、《乞援人》、《被縛的普羅米修斯》。他被公認是希臘「悲劇之父」，他在表演中加進第二個演員，這種創新手法使後來的舞台對話開始發展，創造眞正的戲劇動作。艾斯克勒斯是希臘三大悲劇作家的第一個，另兩位作家是索福克里斯和尤利比提斯。

Aesculapius ➡ Asclepius

Aesir＊ 埃西爾 在日耳曼宗教中兩個主要神族之一，另一個是瓦尼爾。一般日耳曼民族崇奉的四個埃西爾是：主神奧丁、奧丁之妻弗麗嘉、戰神提爾和雷神托爾。巴爾德爾和洛基被其他民族奉爲埃西爾。埃西爾是好戰的種族，原本統治瓦尼爾，但在許多次戰敗後，給予瓦尼爾同等地位。詩神克瓦西爾即是從兩族媾和儀式上吐唾液入同一盂內而誕生出來。

Aesop＊ 伊索 相傳是一部希臘寓言集的作者，可能只是個傳說人物。雖然在西元前5世紀時希羅多德說伊索是確有其人，但「伊索」可能只是爲這部動物寓言捏造出的一個作者名字罷了。伊索寓言著重於人類的社會互動關係，所含的寓意多是勸人在競爭激烈的眞實人生中如何自處。西方寓言的傳統實際始於這些故事，現代版本的伊索寓言約有兩百種。

加爾巴大理石雕像，現藏佛羅倫斯烏菲茲美術館
Alinari – Art Resource

Aestheticism＊ 唯美主義 19世紀晚期在歐洲興起的藝術運動，其理念是藝術只爲本身之美而存在。這個運動是爲了反對當時功利主義的社會哲學，以及工業時代的醜惡和市儈作風而開始的。其哲學基礎是康德奠定的，他主張審美的標準應不受道德、功利和快樂觀念的影響。惠斯勒、王爾德、馬拉美等將這一運動培養優美的感受性的理想發展到最高點。唯美主義與法國象徵主義關係密切，並倡導了新藝術。

aesthetics＊ 美學 對自然和藝術評價的哲學研究，涵蓋了美和感覺。什麼才算是美的東西或經驗是美學的中心課題。雖然美學在範圍上比藝術哲學來得廣，但藝術常被視爲自然的一個主要典型和美學主張中最重要的一部分。黑格爾認爲美學的主要工作是對各種形式的藝術和精神內容所作的研究。早期的美學作品有柏克的《關於崇高美和秀麗美概念起源的哲學探討》（1757）、康德的《判斷力批判》（1790）和維根斯坦的《哲學探究》（1953）。

Aethelberht I ➡ Ethelbert I

Aethelred Unraed ➡ Ethelred II

Aetolia＊ 埃托利亞 古希臘地區，在科林斯灣正北。古埃托利亞在早期傳說中極負盛名。西元前367年由各個部落組成一個聯邦國家，即埃托利亞同盟。在羅馬統治下，西元前27年奧古斯都把埃托利亞納入亞該亞省（參閱Achaean League）。後來先後被阿爾巴尼亞、威尼斯統治。1450年爲土耳其人統治，希臘獨立戰爭時期（1821～1829），這裡是鏖戰的沙場。現與阿卡納尼亞合併爲希臘一州。

Aetolian League＊ 埃托利亞同盟 古希臘中部埃托利亞的聯邦國家，原本可能只是個鬆散的部落集團，但到西元前340年左右成爲軍事強國。西元前322年和西元前314～西元前311年曾擊退馬其頓的入侵，並把版圖擴展到德爾斐，西元前300年左右與波奧蒂亞結盟。西元前279年擊退高盧人的進犯，在約西元前270～西元前240年與馬其頓結盟。西元前245年打敗波奧蒂亞人，確立了同盟在希臘中部的霸權。西元前3世紀末開始衰落，領土被馬其頓奪取。西元前220年馬其頓的腓力五世將同盟首府塞爾莫姆掠奪一空。後來埃托利亞人與羅馬人結盟反抗馬其頓。西元前197年埃托利亞在庫諾斯克法萊大敗腓力。但羅馬人後來強迫埃托利亞成爲其永久同盟（西元前189年），最終它喪失了領土、權力和獨立。

Afars and Issas, French Territory of the　法屬阿法爾和伊薩領地 ➠ Djibouti

affections, doctrine of the　情感論　德語作Affektenlehre。巴洛克時的一種音樂美學理論，認爲音樂能引起聽者各種特定的情感。在古典修辭學影響下，其抱守的論點是音樂的主要目的是打動人的情感。到17世紀末，一些個別獨立的旋律習慣性地被編成繞著一種情感（情感一致）轉，導致巴洛克的音樂缺乏強烈的節奏對比，以重複的節奏爲特色。有些人嘗試有系統地羅列在不同音階和音型下所引起的情感反應，但未獲一般人認同。

affective disorder　情感障礙　以心境發生戲劇性變化或極端表現爲特徵的精神障礙。可能包括躁狂或抑鬱兩種症狀，但情況較躁鬱症輕。症狀包括情緒高漲，易怒，過動且動作誇大，強迫言語，妄自尊大，情緒低落，生趣索然，睡眠失調，焦慮不安，感到自己毫無價值或自罪自責。

affenpinscher＊　猴㹴　17世紀即已育成的玩賞犬品種。體高不足10吋（26公分），體重3～3.5公斤，體健壯，形似㹴類，耳小直立，眼圓而黑，尾短；被毛粗硬，多黑色，在腿和面部較長，其餘部位較短，面部表情似猴，故名（由德文Affe〔意爲人猿〕而來）。

affidavit＊　附誓書面陳述　指自願作出的、經過宣誓或者確認的方式予以肯定並在主持這種宣誓的官員面前簽過字的有關事實方面的書面陳述。它指明宣誓地點，證明宣誓人陳述了某些事實並在某日當著官員的面對該項陳述加以「宣誓和署名」。

affirmative action　反歧視行動　在美國以努力改善婦女、少數族群的就業或教育機會爲宗旨的一種積極行動。在1964年通過劃時代的「民權法」以後，由聯邦政府層級著手計畫。一反以前種族差別待遇，其政策和計畫的設計在工作聘雇、學院入學許可、政府合同的裁定和其他社會福利的分配方面，都給予婦女和少數民族優先的待遇。主要的標準是種族、性別、宗教、失能和年齡。對此計畫的最大一次挑戰發生在1978年，美國最高法院對「加州大學董事訴巴基案」的裁決。近年來最高法院也對這些計畫作出更多限制的裁決，如「阿達蘭營造商訴彭達案」（1995）、「德州訴霍普伍德案」（1996）。

Affleck, Thomas　阿弗萊克（西元1745～1795年）　美國家具工匠。出生於蘇格蘭，在英格蘭學藝。1763年移居費城，爲州長佩恩及當地士紳製造齊本德耳式家具，風格獨特。他的家具以馬博羅式的腿爲特點，直且帶有槽飾，腳下安有墊塊，並施以精細的雕刻。

afforestation ➠ deforestation

Afghan hound　阿富汗獵犬　在阿富汗丘陵地區培育成的一個獵犬品種。19世紀晚期，由參與印度－阿富汗邊境戰爭的英國士兵返國時將該品種帶到歐洲。阿富汗獵犬靠視力行獵，被用以捕獵豹及瞪羚。臀骨高而寬，在崎嶇的山地適應力強。體高24～28吋（61～71公分），體重23～27公斤。耳鬆軟，頂毛長，被毛長而有光澤，可爲各種顏色，但通常爲單色。

阿富汗獵犬
Sally Anne Thompson

Afghan Wars　阿富汗戰爭　19、20世紀發生在阿富汗的一些戰爭。19世紀期間，英、俄兩次爲了爭奪在中亞的勢力而開戰（1838～1842、1878～1881）。但雙方皆無法完全鎮壓這裡的人民。20世紀時，第三次阿富汗戰爭導致阿富汗取得完全的獨立（「拉瓦平第條約」，1919）。從1978年開始，阿富汗就陷入內戰，結果引起蘇聯的軍事干預。在顛峰時期，蘇聯曾派出十萬大軍參與戰事（1979～1989）。蘇聯撤軍後，各種反叛集團開始爲奪權而互相爭戰（參閱mujahidin）。1994年一個民兵組織塔利班崛起，並迅速控制了全國大部分地區，1996年攻陷首都喀布爾。

Afghani, Jamal al-Din al- ➠ Jamal al-Din al-Afghani

Afghanistan　阿富汗　亞洲中南部內陸國。面積約652,225平方公里。2002年人口約27,756,000。首都：喀布爾。約2/5居民爲普什圖人，其他種族包括塔吉克人、烏茲

別克人和哈薩克人。語言：普什圖語和波斯語（達利語，官方語）。宗教：伊斯蘭教（國教）。貨幣：阿富汗尼。地形主要分成三個地理區：北部平原是主要的農業區；西南高原由高原、沙漠和半沙漠組成；中部的中央高地是喜馬拉雅山的延續，它包括了興都庫什山及其支脈。爲開發中經濟國家，以維持基本生活的農業生產爲主，礦產資源雖豐，但因1980年代以來的連年戰爭而多未開發。傳統工藝品仍很重要，羊毛地毯是主要出口物。西元前6世紀時，該地區是波斯帝國的一部分。西元前4世紀被亞歷山大大帝征服。印度的影響隨著嚈噠和薩珊王朝一起進入；西元870年前後薩法爾王朝統治期間伊斯蘭教確立了牢固地位。阿富汗分屬印度的蒙兀兒王朝和波斯的薩非王朝直至18世紀，之後，納迪爾·沙領導下的其他波斯人取得了控制權。19世紀時，英國與俄國在該地區發生了數次戰爭。1930

年代起，這個國家有了一個穩定的君主政權；1970年代被推翻。造反者企圖實行馬克思主義的改革，但改革激起暴動，導致蘇聯軍隊侵入。阿富汗游擊隊占了優勢，1988年蘇聯撤軍。1992年造反勢力推翻了政府，建立起一個伊斯蘭共和國，但各派之間的鬥爭仍在繼續。1996年塔利班民兵組織取得了政權，推行嚴苛的伊斯蘭秩序。2001年9月11日，恐怖分子襲擊美國的世界貿易中心和五角大廈，之後塔利班武裝又不願引渡極端分子頭領賓拉登，從而引發了與美國及其盟國之間的武裝衝突。

AFL-CIO　美國勞聯－產聯　全名美國勞工聯合會－產業工會聯合會（American Federation of Labor-Congress of Industrial Organizations）。1955年由勞聯和產聯合併成的美國獨立勞工工會聯合會。勞聯，建立於1886年，是以把工人組織成行業工會的原則建立的，而產聯，建立於1935年，則是按工業部門組織工人的。勞聯是1886年在龔帕斯的領導下，組織起來的一個鬆散的聯合會。其所屬工會對自身事務保留充分的自主權。而每個工會都從勞聯得到對工人和對聲稱屬自己管轄的產業領域的保護。產聯成立於1935年，由自勞聯分裂出來的一個工會團體成立產業工會委員會。1938年召開了第一次大會，採用了新名稱「產業工會聯合會」，通過了章程，並選舉路易斯爲主席。二十年來，產聯和勞聯爲爭奪美國勞工運動的領導權進行了激烈的抗爭。但在戰後日趨保守和反勞工的氣氛下，促使產聯和勞聯結盟共同反對新法。1955年勞聯與產聯合併，勞聯前主席米尼擔任了新工會的主席。會員人數在1970年代晚期高達1,700萬人，此後到1980和1990年代中期因美國製造業的就業情況衰退，會員人數稍微下降。勞聯－產聯的任務是爲勞工運動組織力量，開展教育活動，在所屬工會間調解管轄權限的糾紛，在政治上支持有利於勞工的立法。亦請參閱Kirkland, Lane、Knights of Labor、Reuther, Walter (Philip)。

Aflaq, Michel＊　阿弗拉克（西元1910～1989年）　敘利亞的社會和政治領袖。1929～1934年在巴黎大學求學時，他認爲民族主義運動既要反對本國貴族，也要反對外國統治者。他希望透過非暴力方式，聯合所有的阿拉伯國家成立單一的社會主義國家，1946年正式成立復興黨，成爲該黨的導師、理論家和組織者。他的政治思想以統一、自由和社會主義爲中心。1958年勸說敘利亞政府與埃及合併爲阿拉伯聯合共和國，但敘利亞在1961年退出。1966年阿弗拉克結束在敘利亞的政治生涯，遷居黎巴嫩。亦請參閱Pan-Arabism。

aflatoxin＊　黃麴毒素　麴黴屬黴菌所形成的複合毒素，經常玷污那些儲存不妥的堅果（特別是花生）、穀物、餐點及其他特定食物。在1960年英國爆發「火雞X病」後被發現，黃麴毒素會導致肝病及肝癌，也可能引發雷氏症候群。

Afonso I　阿方索一世（西元1109/1110～1185年）　別名征服者阿方索（Afonso the Conqueror）。葡萄牙第一代國王（1139～1185年在位）。1128年打敗其母，取得王位，剛開始是其堂兄弟萊昂的阿方索七世的家臣，但後來葡萄牙取得獨立，他也取得國王的頭銜（1139）。阿方索一世擊敗附近的穆斯林，使他們不得不向他納貢。1147年在十字軍幫助下，奪取里斯本。最後把國土擴張到太加斯河。後來與兒子桑喬一世分享權力，留給他一個穩定而獨立的君主國家。

Afonso III　阿方索三世（西元1210～1279年）　葡萄牙國王（1248～1279年在位）。早年移居法國，並因聯姻成爲布洛涅伯爵。羅馬教宗廢黜其兄桑喬二世，指定他爲國王。1249年他收復法魯地區，並平分原由穆斯林侵占的阿爾加維地區。其在位期間葡萄牙議會舉行了首次會議，有各市議員出席。儘管即位時得到教宗的幫助，他對教會攫取的土地也像諸前任國王般進行調查，因而亦如他們一樣被開除教籍。

Afonso the Great ➠ Albuquerque, Afonso de

Africa　非洲　世界第二大洲。以地中海、大西洋、紅海和印度洋爲界；大陸幾乎被赤道一切爲二。陸地總面積近11,724,300平方哩（30,365,700平方公里），2001年人口約816,524,000。非洲大多以堅硬的古老岩石台地爲基底，形成內陸大片高原區。非洲大陸平均海拔約2,200呎（670公尺），最高點爲坦尙尼亞的吉力馬札羅山，高5,895公尺，最低點是吉布地的阿薩勒湖，低於海平面515呎（157公尺）。世界最大的撒哈拉沙漠占有非洲大陸1/4以上的面積。非洲水系以北部尼羅河和中部剛果河兩河系爲主。可耕地面積僅占6%左右，近1/4的土地是森林或林地。非洲民族所講的語言堪稱是世界最多樣的，從埃及到茅利塔尼亞和蘇丹主要通行的是阿拉伯語，撒哈拉沙漠以南的居民大致講班圖語，而有一小部分民族操來自西南非的科伊桑語語系的語言。歐洲人後裔集中於非洲南部，荷蘭移民（布爾人）始自17世紀，19世紀英國人最先定居在現今的尙比亞和辛巴威。整個非洲屬開發中地區，在多數國家，農業是最重要的經濟部門。鑽石和黃金的開採在南部特別重要，其他地區則生產石油和天然氣。大部分的非洲政府是由單一黨派控制，許多立法制度植基於殖民時期歐洲強權所引進的法律，雖然北非國家的法律多衍生於伊斯蘭教。非洲領袖已透過非洲統一組織發展一個泛非體系來協調非洲大陸的政治、軍事事務。一般認爲人類起源於非洲，已知最原始的人類是南猿屬的成員，其年代可追溯至八百萬年前。巧人和直立人在更新世（距今約一百六十萬～一萬年前）之前和期間已定居非洲。智人在距今五十萬～三十萬年前出現。到了更新世末期，屬現代人類的不同非洲種族已然出現。非洲第一大文明古國埃及約在西元前3000年崛起於尼羅河，之後繁榮了將近3,000年。腓尼基人在迦太基建立了殖民地，並控制地中海西部將近六百年。在北部非洲由羅馬人統治幾個世紀的同時，西非第一個已知帝國是迦納帝國（5～11世紀）。穆斯林帝國包括馬利帝國（1250?～1400）和桑海帝國（1400?～1591）。東部、中部非洲當時則與阿拉伯人發展了貿易關係，形成一些有勢力的城邦，如摩加迪休和蒙巴薩。15世紀時，葡萄牙人探勘了海岸地區。一直到19世紀末之前，歐洲人對殖民非洲沒什麼興趣。直至1884年，歐洲國家才爭先恐後搶著瓜分這塊大陸，到1920年大部分非洲土地落入殖民者手中。反殖民的情緒發展緩慢，在1950年後才變得較廣泛，殖民地一個接著一個獨立。

Africa, Horn of ➠ Horn of Africa

Africa, Roman　阿非利加　羅馬的第一個非洲領地。西元前146年羅馬消滅迦太基之後取得。後來疆界陸續擴至努米底亞和現今利比亞北部。西元前30～西元180年非洲北部其他部分，包括昔蘭尼加、馬爾馬里卡和茅利塔尼亞變成羅馬帝國的一部分。430年汪達爾人奪取了這個行省，641年穆斯林征服此區。

African ant bear　非洲大食蟻獸 ➠ aardvark

African architecture　非洲建築　非洲的建築風格。非洲五千個民族大致以禾草、木材、黏土建屋。在南非洲、西非和蘇丹等地，普遍而帶有地方變異的形式是帶有茅草尖

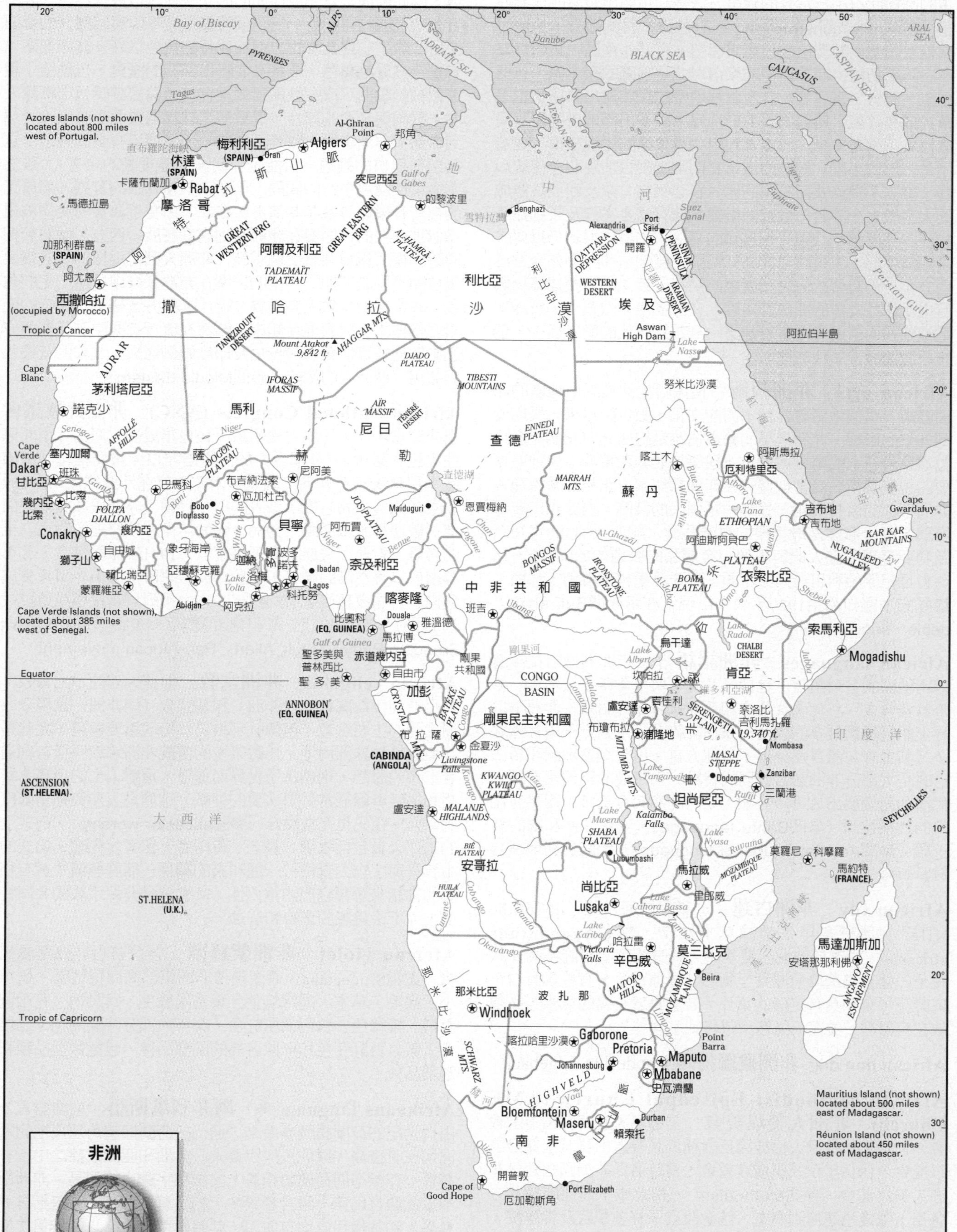

非洲
Bay of Biscay
PYRENEES
ALPS
Tagus
ADRIATIC SEA
Danube
BLACK SEA
CAUCASUS
CASPIAN SEA
ARAL SEA
AEGEAN SEA
Tigris
Euphrates
Persian Gulf
Azores Islands (not shown) located about 800 miles west of Portugal.
直布羅陀海峽
梅利利亞
(SPAIN)
休達
(SPAIN)
Oran
Algiers
Al-Ghīran Point
邦角
卡薩布蘭加
Rabat
摩洛哥
馬德拉島
亞
特
拉
斯
山
脈
突尼西亞
Gulf of Gabes
的黎波里
地
中
海
雪特拉灣
Benghazi
Alexandria
Port Said
Suez Canal
開羅
SINAI PENINSULA
ARABIAN DESERT
尼羅河
加那利群島
(SPAIN)
阿尤恩
西撒哈拉
(occupied by Morocco)
GREAT WESTERN ERG
阿爾及利亞
GREAT EASTERN ERG
ALHAMRĀ PLATEAU
TADEMAÏT PLATEAU
利比亞
利比亞沙漠
QATTARA DEPRESSION
WESTERN DESERT
埃及
撒
哈
拉
沙
漠
Tropic of Cancer
TANEZROUFT DESERT
AHAGGAR MTS.
Mount Atakor 9,842 ft.
Aswan High Dam
Lake Nasser
阿拉伯半島
ADRAR
Cape Blanc
茅利塔尼亞
諾克少
DJADO PLATEAU
TIBESTI MOUNTAINS
IFORAS MASSIF
AÏR MASSIF
TÉNÉRÉ DESERT
努米比沙漠
馬利
尼日
Senegal
AFFOLLÉ HILLS
Niger
ENNEDI PLATEAU
查德
紅海
Atbarah
阿斯馬拉
Cape Verde
塞內加爾
Dakar
甘比亞
班珠
Gambia
薩
赫
勒
DOGON PLATEAU
巴馬科
布吉納法索
尼阿美
喀土木
厄利特里亞
查德湖
瓦加杜古
Bani
Bobo Dioulasso
MARRAH MTS.
蘇丹
Blue Nile
White Nile
Atbara
Lake Tana
吉布地
吉布地
亞丁灣
Cape Gwardafuy
幾內亞比索
比索
FOUTA DJALLON
Black Volta
White Volta
JOS PLATEAU
Maiduguri
恩賈梅納
Conakry
幾內亞
貝寧
阿布賈
Benue
Chari
Logone
ETHIOPIAN PLATEAU
KAR KAR MOUNTAINS
阿迪斯阿貝巴
Awash
NUGAALEED VALLEY
自由城
獅子山
象牙海岸
迦納
多哥
波多諾夫
Ibadan
Niger
奈及利亞
BONGOS MASSIF
Al-Ghazāl
IRONSTONE PLATEAU
BOMA PLATEAU
衣索比亞
Eyl
蒙羅維亞
賴比瑞亞
亞穆蘇克羅
Lake Volta
洛梅
Lagos
科托努
喀麥隆
中非共和國
Al-Jabal
Omo
Shebele
Cape Verde Islands (not shown) located about 385 miles west of Senegal.
Abidjan
阿克拉
比奧科
(EQ. GUINEA)
Douala
雅溫德
班吉
Ubangi
Lake Rudolf
CHALBI DESERT
索馬利亞
Mogadishu
Gulf of Guinea
馬拉博
剛果河
Lake Albert
烏干達
聖多美與普林西比
赤道幾內亞
剛果共和國
坎帕拉
肯亞
Equator
聖多美
自由市
CONGO BASIN
Lualaba
Lomami
吉佳利
維多利亞湖
奈洛比
加彭
ANNOBON
(EQ. GUINEA)
CRYSTAL MTS.
BATÉKÉ PLATEAU
剛果民主共和國
盧安達
布瓊布拉
浦隆地
SERENGETI PLAIN
吉利馬扎羅 19,340 ft.
Mombasa
印度洋
布拉薩
金夏沙
CABINDA
(ANGOLA)
Livingstone Falls
Kwango
KWANGO-KWILU PLATEAU
Kasai
MITUMBA MTS.
MASAI STEPPE
Lake Tanganyika
Dodoma
Zanzibar
Rufiji
三蘭港
ASCENSION
(ST. HELENA)
SEYCHELLES
大西洋
盧安達
MALANJE HIGHLANDS
坦尚尼亞
Lake Mweru
Kalambo Falls
SHABA PLATEAU
Lake Nyasa
Ruvuma
莫羅尼
科摩羅
BIÉ PLATEAU
Lubumbashi
MOZAMBIQUE PLATEAU
安哥拉
馬拉威
馬約特
(FRANCE)
HUILA PLATEAU
尚比亞
里郎威
ST. HELENA
(U.K.)
Cunene
Cubango
Kuando
Lusaka
Lake Cahora Bassa
莫三比克海峽
Zambezi
Lake Kariba
哈拉雷
Okavango
Victoria Falls
辛巴威
莫三比克
馬達加斯加
安塔那那利佛
那米比亞
那
米
比
沙
漠
波扎那
MATOPO HILLS
MOZAMBIQUE PLAIN
Beira
ANGAVO ESCARPMENT
Windhoek
Tropic of Capricorn
喀拉哈里沙漠
Gaborone
Limpopo
Point Barra
Pretoria
SCHWARZ MTS.
Maputo
Johannesburg
Mbabane
史瓦濟蘭
HIGHVELD
Vaal
橘河
Mauritius Island (not shown) located about 500 miles east of Madagascar.
Bloemfontein
Maseru
賴索托
Durban
南非
Réunion Island (not shown) located about 450 miles east of Madagascar.
Olifants
開普敦
Cape of Good Hope
Port Elizabeth
厄加勒斯角
0 250 500 mi
0 400 800 km

A B

頂的圓筒狀房子。常見的建築方法是利用泥巴裝填的一圈柱子（參閱pole construction）；在缺乏木材的地方，房屋可藉盤管陶瓷內裝泥巴的技術來建造。在某些地區，柵欄村莊具有防衛功能。西非典型的聚落形式是牆圍的聚合體，包括住宅、穀倉、畜篷等。許多雨林地帶的民族使用斜屋頂由茅草（或波紋鐵）覆蓋的長方形房屋，許多田園地帶的游牧民族建立了帳篷結構。馬賽人利用牛糞塗抹的木棍架構，建造了長方形的小屋。較早的城市文明常受阿拉伯及北非傳統影響，豎立了垂直式而平頂的泥、石建築物。奈及利亞貝寧城的大宮殿大小等於一個歐洲城鎮，擁有許多宮廷及長廊建築物、木瓦屋頂、凸顯青銅鳥類的高塔。約魯巴城鎮仍以傳統宮殿爲中心，大馬路自此向外輻射；雖然這種建築如今常已西方化，仍有傳統庭院和圍繞的高牆，巨大的宮殿建築物擁有由女像柱支撐的開放性走廊。在許多西非城鎮中，布滿木造補強物的清真寺是重要建築。雖然劃時代的廟宇極少，精神象徵卻瀰漫於住宅裡。

African arts　非洲藝術　指撒哈拉沙漠以南地區的非洲藝術。這個地區有各種不同的文化，數世紀以來，長期受到外來的影響。非洲最早的藝術遺跡是約西元前3000年撒哈拉沙漠岩石上的雕刻與繪畫。建築是北非和東非沿岸地區重要的視覺藝術，受當地盛行伊斯蘭教與東方正教影響深遠。非洲東部的游牧文化，強調的是個人的裝飾。西非和南非都屬農業區，雕塑是最重要的視覺藝術。約西元前500年在奈及利亞發現陶瓷人頭與人像。金屬品的製造始於9世紀。16～17世紀開始利用石頭、木頭、象牙等素材來雕刻，然而，最好的木雕作品至1920年代才出現。亦請參閱Buli style、deble、segoni-kun。

African languages　非洲諸語言　指非洲撒哈拉沙漠以南地區的各種語言，包括了尼日－剛果諸語言、尼羅－撒哈拉諸語言、科伊桑諸語言和亞非諸語言等語系。非洲是世界上語言種類最多的大陸，據估計約有一千到一千兩百種之多，其中許多語言還分出了各種方言。用聲調區別詞和語法形式是大部分非洲語言共同的特點。爲了便於不同語言的人們溝通而發展出通用語，如：東非的斯瓦希里語、剛果河盆地的林加拉語（參閱Bantu languages）；中非共和國的桑戈語（參閱Adamawa-Ubangi languages）和薩赫勒地區的阿拉伯語。

African lily　非洲白蓮　亦稱尼羅河白蓮（lily of the Nile）。蓮科多年生常綠草本植物，學名Agapanthus africanus，原產於非洲。夏季時，長長的莖上有許多漏斗狀花朵，迷人的深綠色厚葉呈劍形。變種很多，有些具有白花或紫花，有些具有定形的葉片。若生長於有霧的氣候，必須放在容器裡，並在天氣寒冷時移到室內。

African lion dog　非洲獵獅狗 ➠ Rhodesian ridgeback

African Methodist Episcopal Church (AME Church)　非洲人美以美會　美國黑人基督教循道宗教會。1787年一批黑人信徒因反對種族歧視退出費城聖喬治美以美會，1816年正式組成該教會，當時名爲非英國國教之非洲人美以美會（參閱Methodism）。南北戰爭前僅限於北方各州，戰後迅速傳到南方。該會設立了許多學院及神學院，如俄亥俄州著名的韋爾伯佛思大學（1856）。今日全球約有3,600處教會，逾百萬信徒。

African music　非洲音樂　撒哈拉沙漠以南非洲的音樂。雖然非洲是文化各異的巨大地理區，其音樂卻有若干統一的特徵。包括「藝術音樂」在內的非洲傳統音樂靠口耳相傳，因此樂曲不以完成作品的形式存在，但被視爲每次演出皆有所不同的再創造。另一個特點是「呼叫與回應」的普遍使用。除了心靈及慶祝方面和伴舞的角色以外，非洲音樂也有獨特的政治角色。音樂史官唱出部族的歷史，也創造了讚美領袖的歌曲，或在社區對領袖存有負面觀感時做出嘲諷歌曲。歌詞與音樂的結合，導致演出純粹器樂曲子時令人聯想到歌詞。非洲音樂大致是即興的，僅僅運用有限的對位（包括類似模仿的輪迴，可能是呼叫與回應重疊的結果）。雖然旋律常伴隨著平行的間隔，創造出一種和弦的質感，而真正的複音音樂由姆勃拉琴演奏，在此，由雙手演奏的旋律被視爲個別存在的，節奏在非洲受到高度發展。西方人傾向於把同時的模式視爲共有一個步調，非洲人則把這樣的模式視爲出發點不同的週期。外來的影響在非洲音樂中扮演一定的角色，其中伊斯蘭教尤其重要。近代，西方音樂可以相容的元素已經與本土元素混合起來，雖然在流行音樂中，這些西方的影響比較可能藉著阿拉伯及印度範例而來。北非的音樂代表著另一個分立的傳統（參閱Middle Eastern）。

African National Congress (ANC)　非洲民族議會　南非政黨和黑人民族主義組織。1912年成立，原名「南非原住民民族議會」。長期致力於消除南非白人當局推行的種族歧視和種族隔離政策。因抗議南非政府在沙佩維爾（1960）和索韋托（1976）對示威者的屠殺行動，非洲民族議會轉而進行破壞和游擊活動。1960～1990年南非政府迫於國內安全的考量，對非洲民族議會下達禁令。1991年撤銷禁令，曼德拉繼任坦博主席的職務，並於1994年擊敗宿敵南非國民黨成爲南非首屆多種族政府的總統。1999年姆貝基接替曼德拉成爲非洲民族議會的主席和南非總統。亦請參閱Inkatha Freedom Party、Lutuli, Allert、Pan-African movement。

African religions　非洲宗教　非洲大陸的本土宗教。被引進的伊斯蘭教（北非洲）和基督教（南非洲）是現今非洲大陸的主要宗教，但傳統宗教仍然扮演重要角色，尤其是在亞撒哈拉非洲內地。爲數眾多的傳統非洲宗教同樣有創造者上帝的思想，祂創造了世界而退隱，遠離人生的事務。祈禱和犧牲奉獻經常針對次要的神祇，祂們是人類與神聖國度的媒介。祖先也充當媒介（參閱ancestor worship）。儀式上的工作人員包括牧師、長老、祈雨者、聖者、先知。儀式的主旨是與宇宙力量維持一種和諧的關係，而許多儀式擁有相關的神話來解釋它們的重要性。泛靈論是非洲宗教的共同特徵，而不幸常起於巫術和法道。

African violet　非洲紫羅蘭　苦苣苔科非洲堇屬植物，尤指S. ionantha。原產熱帶非洲東部高海拔地區。植株小，被毛，草本，通常無莖。葉密集簇生，具長柄。花兩側對稱，紫絳色、白色或粉紅色。全年大部分時間開花。已培育了數以百計花色和形狀各異的園藝品種，包括微型品種和觀葉品種。

Afrikaans language＊　阿非利堪斯語　南非語言，由17世紀的荷蘭語發展而來，通行於荷蘭好望角殖民地的歐洲殖民者後裔、原住民科伊桑人、非洲和亞洲奴隸之中。在發音上和標準的荷蘭語相異，文法和字彙也較簡易。非洲南部以此語言爲第一語言者眾多，約莫有六百萬人，包括阿非利堪人和其他民族均有使用，其餘數百萬人將之當作第二或第三語言使用，而那米比亞亦有十五萬人使用。標準阿非利堪斯語正式從荷蘭語分離出來，並於1925年成爲南非的官方語言；今日已是南部非洲十一種官方語言之一。

Afrikaner＊　阿非利堪人　舊稱布爾人（Boer）。操阿非利堪斯語，且具荷蘭或法國新教徒血統之南非人。阿非利堪人原稱布爾人（意爲農夫），特別是從開普殖民地移居特蘭斯瓦及橘自由邦的早期居民。他們是虔誠的喀爾文教徒，自視爲上帝的選民，天命他們來統治這片土地，建立了自給自足的教區。他們發展出自己的語言和特殊文化，還實行種族隔離政策。爲了與英國爭奪邊界地區的統治權，而發動了慘烈的南非戰爭（1899～1902）。後雖戰敗，他們仍保有自己的語言和文化，並且最後也以政治方式取得其以前未能以軍事手段取得的國家政權。在支配南部非洲大部分國家政權近一世紀後，於1994年首次進行多種族選舉後不得不放棄國家統治，但大部分國家的經濟財富仍掌握在阿非利堪人手中。至今人口約六百四十萬。亦請參閱Cape Town、Great Trek、National Party of South Africa。

Afro-Caribbean, Afro-Brazilian, and Afro-American religions 非裔加勒比人、非裔巴西人和非裔美人諸宗教 加勒比海、巴西和美國地區帶有非洲血統的人的宗教信仰。這些信仰包括海地的巫毒教、牙買加的塔法里教運動以及巴西的桑特利亞、康東布萊派和其他的馬庫姆巴教宗派。美國奴隸時代也出現過類似的混合式宗教。伊斯蘭民族組織便是以非正統的伊斯蘭教結合了黑人民族主義。黑人的基督教會（尤其是浸信會和五旬節派）已經從非洲引進了一些熱力十足的崇拜儀式。

Afroasiatic languages 亞非諸語言 亦稱含米特－閃米特諸語言（Hamito-Semitic languages）。約含兩百五十種語言的超語系，目前由北美洲和亞撒哈拉非洲、南亞部分地區估計2.5億～3億種族和體質相異的人使用。主要分支有閃米特諸語言、柏柏爾諸語言、埃及語、庫施特諸語言、奧莫諸語言、查德諸語言等。柏柏爾諸語言是一組關係密切的語言，由整個北非洲從摩洛哥到埃及西北部的飛地和西撒哈拉部分地區約1,500萬人使用。庫施特諸語言是包含約三十種語言的語系，由蘇丹東北部、024694、衣索比亞、索馬利亞、吉布地、肯亞和坦尙尼亞東北部少數地區超過3,000萬人使用。奧莫諸語言原先被歸爲庫施特諸語言的一部分，如今成爲可能超過三十種語言的語群，使用人數200萬～300萬，其中大部分住在衣索比亞西南部奧莫河附近。查德諸語言包含約一百四十種語言，大部分尙未被語言學家了解，使用於奈及利亞北部、尼日南部、查德南部和喀麥隆北部，除豪薩人外，幾乎沒有一種查德語擁有超過五十萬的使用者。

Afrocentrism 非洲中心論 一種文化性、政治性、意識形態性的運動，成員多數爲非裔美國人，他們將所有黑人視爲非洲人的融合體，他們也相信自己的世界觀必須積極反映非洲的傳統價值。非洲中心論主張，過去由於歐洲人的奴役以及殖民，黑人和其他非白種族裔受到宰制已有幾世紀之久，同時，歐洲文化也藉由忽視或貶低非歐洲人的成就來獲致自決。根植於歷史上各種黑人民族獨立運動，像是衣索比亞主義、泛非運動、黑人自覺運動等，非洲中心論力陳古埃及在文化上的首要性，被視爲一種喚起政治行動的激發力量。除了強調合作與靈性之外，非洲中心論也擁護當代非裔美國人的表達文化（語言、烹調、音樂、舞蹈、衣著等）。阿桑特於1980年代創出此一詞彙，「非洲中心主義」這個字眼因爲幾部著作而廣爲流傳，像是伯諾所著的《黑色雅典娜：古典文明中的非亞根源》（兩卷本，1987～1991）。然而，這種觀點遭到主流學者的反對，他們指其缺乏歷史精確性、學術上不合格、充滿種族偏見——這使得非洲中心論的某些擁護者反控他們具有種族偏見。

afterburner 加力燃燒室 渦輪噴射發動機中緊挨在引擎噴射口前面的次級燃燒室。在這燃燒室注入並燃燒的額外燃料是在超音速飛機起飛或高速飛行時供給附加推力的。大多數情況下，加力燃燒能使渦輪噴射發動機的推力增加近一倍。由於使用加力燃燒室時，噴管必須更大些，所以一個自動化的、可調噴管是加力燃燒室系統的基本部件。使用加力燃燒室急劇地增大了燃料的消耗，因而通常只在超音速軍用飛機中使用。

afterpiece 餘興節目 18世紀英國劇院在演出大型劇目時所表演的補充性娛樂節目。通常是一齣短喜劇、滑稽戲或啞劇。這種餘興節目使五幕的新古典悲劇輕鬆一些，而使整個演出更加吸引觀衆。晚到的觀衆可買減價票進場，通常是第三幕以後，此舉較不會被認爲欺騙看戲者，而勞動人口也可以看到戲劇的結尾及一幕餘興節目。

aftosa ➠ foot-and-mouth disease (FMD)

Aga Khan＊ 阿迦・汗 伊斯蘭教什葉派中的尼查爾派的伊斯瑪儀派伊瑪目。這個頭銜是伊朗沙在1818年首次授予哈桑・阿里・沙（1800～1881）。阿迦・汗一世後來發動暴動反對伊朗國王（1838），失敗逃至印度。他的長子阿里・沙（卒於1885年），短暫繼承他成爲阿迦・汗二世；阿里・沙的兒子蘇丹・綏爾・穆罕默德・沙（1877～1957）成爲阿迦・汗三世。他是印度穆斯林的領袖，擔任全印穆斯林聯盟的主席，在關於印度憲法改革（1930～1932）的圓桌會議上居於重要地位；1937年他被指派擔任國際聯盟主席。他選擇孫子卡里姆・侯賽因・沙（生於1937年）繼承他，成爲阿迦・汗四世。他是強有力的領導者，成立阿迦・汗基金會並與其他機構，在南亞和東非提供教育和其他服務。

Agadir＊ 阿加迪爾 摩洛哥西南部港口（1994年人口約155,240）。16世紀曾被葡萄牙人占領，後成一獨立的摩洛哥港口。1911年因德國炮艇靠近海岸以保護德國的利益而引發摩洛哥危機後，又被法國軍隊占領（1913）。1914年因興建港口而逐漸現代化，並發展漁業。1960年的地震、海嘯和大火使城市幾乎全部被毀。後在老城以南重建新市區，恢復了海港的功能，這裡也是附近農業區的集市。

Agamemnon＊ 阿格曼儂 希臘傳說中阿特柔斯的兒子，米納雷亞士的兄弟，邁錫尼國王以及攻擊特洛伊的希臘統帥。他的妻子克呂泰涅斯特拉爲他生了一個兒子俄瑞斯特斯和三個女兒。當帕里斯把米納雷亞士的妻子海倫拐走之後，阿格曼儂便號召國內的王公們團結起來對特洛伊人展開一場復仇之戰。但由於女神阿提米絲送來的是逆風使得艦隊無法啓程，因爲阿格曼儂過去曾以某種方式觸犯了她。爲了平息阿提米絲的怒氣，阿格曼儂不得不將自己的女兒艾菲姬妮亞作爲犧牲以祭神。特洛伊戰爭結束阿格曼儂回家後，其妻和情夫愛吉沙斯勾結將其殺害。俄瑞斯特斯爲這一謀殺復了仇。希臘詩人艾斯克勒斯著名的悲劇三部曲《奧瑞斯提亞》便是根據這個故事寫成的。

Agana＊ 阿加納 美國無建制海外領地關島的首府（2000年人口約1,100）。臨該島西岸的阿加納灣。1940年居民曾多達一萬人，第二次世界大戰中被毀壞殆盡，戰後人口成長緩慢。古蹟有拉條石公園（有史前拉條石文化建築的石柱）。

agape＊ 阿加比 意爲「愛」。在《新約》中指上帝對世人的愛，又指人對上帝的愛以及人彼此之間的愛。教父用這個希臘字彙表示以麵包、酒和餐點以饗同伴及窮苦人民的儀式。至於阿加比與耶穌同門徒的最後晚餐和聖餐禮之間在歷史發展上的相互關係，仍有待考證。

A B

agaric＊ 傘菌 傘菌科的眞菌，包括了有商業價值的各種蘑菇。其擔子（形成孢子的細胞）著生於薄片狀的菌褶上。最著名的傘菌是傘菌屬的種類，約六十多種。其中最重要的是可食的草間蘑菇（田野蘑菇）── 田野傘菌及普通栽培蘑菇 ── 雙孢傘菌。

Agartala＊ 阿加爾塔拉 印度特里普拉邦首府（2001年人口約189,387）。位於集約耕作的平原上，傍哈羅亞河，靠近孟加拉共和國邊境。爲當地商業中心。市內有一座大王的宮殿、廟宇和加爾各答大學的四所分校。

Agassi, Andre (Kirk)＊ 阿格西（西元1970年～） 美國職業網球選手。生於拉斯維加斯。他是1992年的溫布頓、1194年的美國公開賽以及1995年的澳洲公開賽的男子單打冠軍。1997年，他的世界排名掉到122名，但是到2000年又重回世界頂尖球員排名的行列。不論在球場內或球場外，他都以侵略性的風格和舉止聞名。

Agassiz, Alexander (Emmanuel Rodolphe)＊ 阿加西（西元1835～1910年） 美籍瑞士海洋動物學家、海洋學家、採礦工程師。瑞士博物學家路易．阿加西之子，於1849年就其父於美國，入哈佛大學攻工程學和動物學。早期研究棘皮動物（例如海星）。密西根州的卡柳梅特銅礦在他的監督和開發下，成爲世界第一流的銅礦。他還研究海洋和珊瑚礁。根據在1875年沿南美洲西海岸旅行途中發現的珊瑚礁來觀察，提出與達爾文的珊瑚礁形成理論相抵觸的看法。

Agassiz, Elizabeth Cabot 阿加西（西元1822～1907年） 原名Elizabeth Cabot Cary。美國自然學家、教育家，生於波士頓，在家接受教育。1850年嫁給路易．阿加西。夫婦共同進行科學考察旅行，一起撰寫論文，並在麻州巴澤茲灣建立海洋實驗室。路易去世後，她參與開辦哈佛大學婦女分校，1882年該分校改組成爲婦女大學教育協會，她任會長。1894年該會改爲賴德克利夫學院，她出任院長直到1899年。

Agassiz, (Jean) Louis (Rodolphe)＊ 阿加西（西元1807～1873年） 瑞士裔美國自然學家、地質學家及教師。在瑞士和德國就學後，於1848年移居美國。因研究冰川活動和絕種魚類而聞名於世。阿加西又因創新教學方法而聲名大噪，主張直接觀察大自然。他在哈佛大學任動物學教授期間引起美國博物學史研究的一場大革命。19世紀晚期幾乎美國著名的博物學史教師均受教於他或他的學生。此外他還是傑出的科學行政官員，創辦者及基金籌集者，畢生致力於反對達爾文演化論。他的第二任妻子阿加西（1822～1907）和兒子亞歷山大．阿加西（1835～1910）都是著名的自然學家。

agate＊ 瑪瑙 常見的次寶石級矽氧礦物。是玉髓的變種，呈顏色不一和透明度不同的條帶。世界各地都有瑪瑙，大多產於火成岩或古熔岩的洞穴中。巴西和烏拉圭是主要瑪瑙產國，其次在美國的奧瑞岡、華盛頓、愛達荷、蒙大拿和其他西部各州亦都有發現。瑪瑙基本上是石英。大量商業上的瑪瑙是人工染色的，這樣使由於色調灰暗而不引人注目的天然石料色彩更豔了。

條紋瑪瑙
B. M. Shaub

Agate Fossil Beds National Monument 瑪瑙化石地層國家保護區 在美國內布拉斯加州西北部，奈厄布拉勒河河畔，是已滅絕的古生物的天然「貯存庫」。在2,000萬年前（中新世）的沈積岩中保存著豐富的哺乳動物化石。約於1878年被發現，以其富含瑪瑙的近似岩石成分爲名，1965年闢爲國家保護區。占地2,269英畝（918公頃）。

Agatha, St. 聖阿加塔（活動時期西元3世紀） 傳說中的基督教殉教者。出生地一說爲義大利的巴勒摩，另說爲卡塔尼亞。因拒絕羅馬派任的西西里行政長官的求愛，而遭到殘酷折磨，最後受火刑而死。當柴火點燃時，突然發生地震，致使人們堅決要求將她釋放，後死於獄中。雖然阿加塔的名字出現在6世紀初的殉教士名單中，但這個說法仍是毫無根據的。

Agathocles＊ 阿加索克利斯（西元前361～西元前289年） 西西里島敘拉古的暴君（西元前317～西元前304?年），後自立爲西西里王（西元前304?～西元前289年）。生於西西里島瑟米，年少時從家鄉遷到敘拉古，服役軍中。歷經兩次失敗，終於推翻寡頭統治（西元前317年），取得政權。後來發動一系列戰爭。他襲擊西西里島的其他希臘人（西元前316～西元前313?年）。西元前311年又對迦太基人啓戰端，在被擊敗前幾乎要將迦太基收服。306年訂立和約削弱了迦太基在西西里島的擴張。約西元前304年，自稱爲西西里王。此後，太平無事，還恢復了敘拉古人民的自由，但他死後迦太基的勢力重新進入西西里。

agave family＊ 龍舌蘭科 百合目的龍舌蘭科。廣佈熱帶、亞熱帶和溫帶地區。植株基短，常木質化。葉通常成簇基生，窄披針形，常肉質，邊緣有鋸齒。多數種花簇大，花多數。果爲蒴果或漿果。龍舌蘭屬的葉片含纖維，是重要的纖維作物。瓊麻取自劍麻，爲質量最優的硬纖維（葉纖維）。有幾種龍舌蘭屬植物含汁液，經發酵可製成帶乳酪味的致醉飲料。絲蘭屬多數種具木質莖和帶刺的葉，常栽作觀賞花卉。該科還包括了朱蕉屬、諾蘭花屬、假絲蘭屬、龍血樹屬和虎尾蘭屬等屬。

age set 年齡群 由年齡相仿的男子（或女子）正規地組成的社會團體。在那些以劃分年齡群爲主要特徵的社會（如蘇丹南部的努埃爾族和肯亞的南迪人）中，一個人從出生時起或從某一特定年齡起就隸屬於某一年齡群，然後逐步進入一系列年齡等級。每個年齡等級的成員具有特定的社會地位，或負有特定的社會和政治使命。這些年齡等級被稱作年齡級。亦請參閱passage rite、social status。

Agee, James＊ 艾傑（西元1909～1955年） 美國詩人、小說家，生於田納西州科諾克斯村，曾就讀哈佛大學。1930年代～1940年代陸續於《時代》和《國家》雜誌發表影評，使他成爲最有影響的美國電影評論家之一。詩集《讓我們來歌頌名人們》（1941），搭配埃文斯的攝影作品，記錄了阿拉巴馬佃農貧困的日常生活。自1948年直到去世，他主要從事電影劇本創作，較著名的有《非洲皇后》（1951）、《暗夜尋寶》（1955）。他較著名的是自傳式長篇小說《家庭中的一次死亡事件》（1957，獲普立茲獎），敘述一個人的突然死亡對其六歲兒子及家中其他成員的影響。

Agenais＊ 阿熱奈 亦作Agenois。法國西南部舊省。古高盧時是尼提奧布里吉斯人的家園，後爲高盧－羅馬一城邦，疆界與阿讓教區相同。1036年成爲亞奎丹公爵的領地。1152年亞奎丹的埃莉諾嫁給來英格蘭的亨利二世，阿熱奈遂爲英格蘭王室所有。在1615年被法國統一以前，這裡一直輪流受英法統治。

Agence France-Presse (AFP)＊ 法新社 法國合作通訊社。1945年以現名成立於巴黎。它的前身是1832年創建的哈瓦斯編譯事務所，1835年事務所改為哈瓦斯通訊社，成為世界上第一家眞正的通訊社。在1940年德國占領法國前，原本很活躍的哈瓦斯通訊社，大批工作人員轉入地下。1944年巴黎解放後，地下新聞工作者出來組建法新社。戰後法國政府把哈瓦斯通訊社財產，包括作為總部的巴黎大廈轉交給法新社，使得法新社很快就成為世界主要通訊社之一。

agency 代理 規定代理人代理委託人跟第三者打交道的法律關係。源於古代主－僕間的關係。當代理人傷害到第三者時代理就成為法律問題。在英美法中代理的主要類型有：股票經紀人、商業代理人、承包商、不動產經紀人、辯護律師、工會代表、合伙人、私家偵探。亦請參閱regulatory agency。

agenesis＊ 發育不全 整個器官或器官的一部分在胚胎時期未能正常發育的先天性疾病，患兒多不能存活，如無腦症。但成對器官中僅一個發育不全，則可能幾乎不影響正常功能。發育不全見於腎、膀胱、睪丸、卵巢、甲狀腺、肺等。四肢長骨的發育不全有部分缺肢畸形（手足發育不全）、海豹肢畸形（手腳正常但無臂部及腿部）及無肢體畸形等。胚胎發育時若形成器官的組織有缺失，或妊娠期接觸化學制劑都可能會造成胎兒先天性疾病。

Agent Orange 藥劑橙 除草劑混合物。它的成分包含了大致等量的兩種酯：2,4－二氯苯氧基乙酸（2,4-D）的丁酯；和2,4,5－三氯苯氧基乙酸（2,4,5-T）的丁酯；以及少量的戴奧辛。越戰期間，美軍在越南共噴灑約5,000萬公升藥劑橙，目的在使越共游擊隊和北越部隊藏身的森林脫葉和破壞敵軍糧食供給。暴露在藥劑橙之下，被認為是造成越南人對流產、皮膚病、癌症、遺傳缺陷和先天畸形（常很顯著且患兒奇形怪狀）等疾病發病率異常升高的主因。許多美國、澳大利亞和紐西蘭服役人員及其家屬，也因長期接觸藥劑橙而出現一些癌症以及其他疾病。

ageratum＊ 勝紅薊 菊科勝紅薊屬植物的通稱，原產南美洲熱帶地區。葉廣橢圓形，齒裂，對生。花藍色、粉紅色、淡紫色或白色，密集簇生；瘦果，小。普通庭園勝紅薊（即熊耳草）的矮化變種栽為沿邊植物。本屬有些種俗名緒絲花、貓腳花。

Agesilaus II＊ 阿格西勞斯二世（西元前444?～西元前360年） 斯巴達國王（西元前399～西元前360年在位）。在斯巴達君臨整個希臘的時期（西元前404～西元前371年），他幾乎一直統率著軍隊。他是歐里龐提德家族的一員，在斯巴達與波斯作戰時，因來山得的幫助而取得王位。他在科林斯戰爭（西元前395～西元前387年）中擊敗了底比斯、雅典、阿戈斯和科林斯的聯盟，卻在西元前394年與波斯的戰役中失掉了希臘中部的一些領地。他強迫底比斯解散波奧蒂亞聯盟，但在後來又對波奧蒂亞（西元前371年）和底比斯（西元前370、西元前361年）發動戰爭。這二次戰役的失敗造成斯巴達霸權的結束。阿格西勞斯二世後去埃及，擔任埃及王的傭兵，在歸國途中去世。

agglomerate＊ 集塊岩 由火山爆發作用產生的粗大碎塊岩石。雖然在外觀上和各種沈積作用形成的礫岩相似，但集塊岩幾乎全部由帶稜角的至略微圓形的火成岩碎塊構成。集塊岩與火成岩流緊密共生，有些人把集塊岩這一名稱限於表示由火山彈組成的岩石，火山彈是在流體狀態或塑性狀態中噴出的；而角礫岩這個術語，則只用來表示在固體條件下噴發的碎塊堆積體。

aggressive behavior 攻擊行為 動物傷害對手或促使對手退卻的行為。這種行為可能是受到不同的刺激引起的。同種動物中必須擺出攻擊姿勢來維持階級地位（如雞的社群等級）。豎起羽毛，張牙露齒的哮叫這種自發的威脅，常能有效的維持已建立起的社群秩序。在交配期前，為引起異性的注意或維護領域，雄性動物常會有攻擊行為發生。

Aghlabid dynasty＊ 艾格萊卜王朝（西元800～909年） 統治伊弗里基葉（突尼西亞和阿爾及利亞東部）的阿拉伯穆斯林王朝。名義上臣屬阿拔斯王朝，實際上是獨立的。首府為凱魯萬。9世紀期間興修蓄水和配水工程，對國家的繁榮昌盛也做出一定貢獻。他們的艦隊曾稱霸於地中海中部地區。

Agiads＊ 亞基斯 亞基斯一世（約西元前11世紀）以後的斯巴達國王族系。傳說他是創立斯巴達的雙生兄弟之一的兒子。亞基斯二世（卒於西元前400/398年）在伯羅奔尼撒戰爭（西元前431～西元前404年）的大部分戰役中，都是他指揮斯巴達正規軍對雅典作戰。亞基斯三世（卒於西元前331年）曾帶領希臘城邦對亞歷山大大帝發動不成功的反抗行動。亞基斯四世（西元前263?～西元前241?年）致力於斯巴達經濟和政治制度的改革失敗，促使他失去王位，並被萊奧尼達斯二世處死。

Agincourt, Battle of＊ 阿讓庫爾戰役（1415年10月25日） 百年戰爭中期，英國戰勝法國的關鍵性戰役。1415年8月英王亨利五世率領一萬一千大軍進攻諾曼第，9月占領哈夫勒爾，後因戰力被堵截及生病而欲撤軍回英，但在阿根科特遭到兩萬～三萬法軍圍攻。法國騎兵首先發起攻擊，但被英國弓箭手擊退。當身穿甲冑的法國士兵越過田野發動主攻時，亨利以有限的裝備技巧性應戰，最後法軍慘敗，陣亡六千餘人，英軍則死傷低於四百五十人。

aging 老化 生物個體在生命後期導致最終死亡的進行性變化。它發生在所有生物體成年期的細胞、器官或整個組織中，造成生物學的功能及新陳代謝壓力的適應力逐漸降低；器官組織的改變，如心血管細胞被纖維組織取代。老化帶來的影響大致有：免疫力減低，肌肉無力，記憶力和知覺感受力減退，毛髮失去顏色，和皮膚失去彈性。婦女在停經期時老化的過程會更快。亦請參閱gerontology and geriatrics。

agitprop＊ 煽動宣傳 將煽動與宣傳兩種策略混合併用以達到影響公共輿論的政治策略。最早是由馬克思主義理論家普列漢諾夫提出，而後列寧再加以闡述。此策略引起情緒和理性的爭論。煽動宣傳是前蘇聯共產黨組織煽動與宣傳處的英語簡稱，通常帶有負面意義，指的是以黨的政綱教導大衆來達成政治目標的任何作品——特別是戲劇及其他藝術形式的作品。

Agnes, St. 聖阿格尼斯（活動時期4世紀初） 傳說的基督教殉教士、青年女子的主保聖人。據傳統的說法，阿格尼斯是羅馬最美麗的處子，拒絕了所有的求婚者，宣稱除耶穌外別無所愛。求婚者不得逞而揭發她信基督教，當局把她投入娼門作為懲罰。嫖客懾於她的正氣，不敢侵犯她；有一人企圖侵犯她立即雙目失明，但她卻以祈禱使其治療。羅馬皇帝戴克里先迫害基督教徒時，阿格尼斯以身殉教。

Agnew, Spiro T(heodore) 安格紐（西元1918～1996年） 美國政治家，是唯一被迫辭職的副總統。生於巴爾的摩，主修法律，1962年任巴爾的摩郡長。1967年出任馬里蘭州州長。1968和1972年和共和黨的尼克森搭檔競選，而當選副總統。他因抨擊反越戰分子和電視新聞媒體的言論而聲名大噪。由於涉嫌在馬里蘭州長任內犯有勒索、受賄、逃稅等罪行，於1973年辭去副總統職務，並對所得稅短報一事不作任何申辯。最後被判處罰款10,000美元，緩刑三年。1974年馬里蘭州政府取消他的律師資格。隨即轉入私人事業，從事顧問。

Agni　阿耆尼　印度教信奉的火神，是僅次於吠陀教的因陀羅。據印度教經典載，阿耆尼通身血紅，有兩張臉：一張慈愛可親，一張猙獰可憎，有三條或七條舌頭，頭髮像火舌，豎立頭頂，三腿七臂；帶領一隻公羊。《梨俱吠陀》有時把他與濕婆的前身樓陀羅當作同一位神。他是東南方的保護神。

Agnon, S. Y.＊　艾格農（西元1888～1970年）　原名Shmuel Yosef Halevi Czaczkes。以色列裔烏克蘭籍小說家。出身於波蘭猶太商人家庭。1907年移居巴勒斯坦，並開始用希伯來文寫作。《前天》（1945）可能是他最傑出的小說，闡述西方化的猶太人移居以色列後所面臨的問題。其他作品還有：《新娘的華蓋》（1919）、《宿夜的客人》（1938）。他被譽為最傑出的現代希伯來文小說家和短篇故事作家。1966年與薩克斯同獲諾貝爾文學獎。

agnosticism＊　不可知論　指在經驗現象以外的任何不可認識的事物的理論，一般視爲同於宗教懷疑論，特別在現代科學思想的衝擊下否決傳統基督教信仰。赫胥黎於1869年首先使用。他被視爲是反對傳統猶太教－基督教有神論，但並不是無神論理論家（參閱atheism）。將人類知識的限度性改變爲接受某種完全無根據的信仰的觀點，或是反對基督教教義。

agora＊　廣場　古希臘城市中作爲市民從事商業、市政、社交、宗教活動聚會的露天場所，廣場的用途常因時代而異。位於城市中央或臨近港口。四周常被公共建築和神廟包圍，列柱廊包括了店鋪和柱廊。在廣場上建墓是給予公民的最高榮譽。

雅典的廣場石膏模型，可能出現在西元2世紀
American School of Classical Studies at Athens

Agoracritus　阿戈拉克里圖斯（活動時期西元前5世紀）　亦作Agorakritos。希臘雕塑家。為菲迪亞斯的學生，最著名的作品是拉姆諾斯的奈米西斯巨型大理石雕像。該雕像的頭部殘骸現藏於大英博物館，而底座浮雕的殘骸現存於雅典。

agouti＊　刺豚鼠　刺豚鼠屬約六種兔子大小的齧齒動物的統稱，生長於墨西哥南部至南美洲北部間的美洲熱帶地區。長6～24吋（40～60公分），體長，耳小，尾退化，腳細長，有鉤狀長爪。毛硬，淺紅褐到淡黑色。通常生活在森林裡，以樹根、樹葉和果實為食。

刺豚鼠，刺豚鼠屬（Dasyprocta）的一種
Warren Garst－Tom Stack & Associates

Agra＊　阿格拉　印度北方邦中西部城市（20011年人口約1,259,979），位於新德里東南，濱亞穆納河（亦名朱木拿河）。16世紀初由塞干達爾·洛提所建，曾幾度爲蒙兀兒帝國首都。18世紀後期，相繼受賈特人、馬拉塔人統治，最後於1803年被英國併吞。阿克巴皇帝在這裡建造了著名的泰姬·瑪哈陵和皇宮。

Agramonte (y Simoni), Aristides＊　阿格拉蒙特－西莫尼（西元1868～1931年）　美籍古巴內科醫師、病理學家、細菌學家。在紐約市長大，1892年獲哥倫比亞大學醫學博士學位。曾爲美軍里德黃熱病委員會成員之一，該委員會於1901年發現黃熱病由蚊傳播。1900～1930年任古巴哈瓦那大學教授，成爲哈瓦那醫務界有影響的領袖人物。

agribusiness　農業企業　從事農產品如食品、纖維製品及其副產品的生產、加工與銷售的企業。商業農業大部分已取代生產經濟作物的家族式農場，一些食品加工公司亦直接經營農場，以生產、行銷自有品牌的新鮮食品。近年來，一些非農業的跨行公司也收購、經營大農場；有些兼營農場的食品加工企業也用自己的牌號開始銷售新鮮的農產品。

Agricola, Georgius＊　阿格里科拉（西元1494～1555年）　原名Georg Bauer。德國學者和科學家，被稱爲礦物學之父。原爲薩克森小鎮的醫師（1527～1533），最早主張實地觀察，反對臆測推斷。他在所著《金屬學》（1556）中主要內容是開礦和冶煉；《礦物學》（1546）被認爲是第一部礦物學教科書，書裡首先提出以外觀進行礦物分類的方法並描述了許多新礦物及其產地和相互間的關聯。

Agricola, Gnaeus Julius＊　阿格里科拉（西元40～93年）　羅馬將軍。在不列顛和亞細亞行省任護民官和財務官後，被韋斯巴薌任命爲不列顛總督（77/78～84）。他首先征服今威爾斯及英格蘭北方全境，然後進入蘇格蘭，在克萊德河和佛斯河間建立起一道臨時邊界線。83年向佛斯河以北出擊，在蒙斯葛皮爾斯打敗喀里多尼亞人，占領了全部蘇格蘭高地。在這次大捷後，阿格里科拉回到羅馬，解甲退隱。他的生平透過女婿塔西圖斯的作品而廣爲人知。

Agricultural Adjustment Administration (AAA) 農業調整署
在大蕭條時期，新政計畫擬在恢復農業繁榮。1933年國會通過法案，設農業調整署，實施一項「國內分配」計畫，對削減產量的主要農產品的生產者發放補助金。其目的是恢復付給農民的產品價格。另外還設立農業貸款公司，以發放維持價格的貸款和收購特種農產品。到1936年被宣布違憲以前，該計畫的成就不大。

Agricultural Revolution　農業革命　傳統農業系統的逐漸改變，始於18世紀的英國，到19世紀才完成。這種複雜變化的面貌包括土地所有權的易位，讓農地更密集，並增加技術改進方面的投資，例如新的機械、較佳的排水、育種的科學方法、新作物和輪種系統的實驗。對工業革命來說，農業革命是必要的前奏曲。

agriculture 農業 耕耘土地、種植和收穫莊稼、飼養牲畜的科學和技術。最早可能發源於亞洲南部和埃及，後傳至歐洲、非洲和亞洲其他地區、南太平洋南中部島嶼，最後傳至北美洲和南美洲。中東地區在西元前9000～7000年就已有農業活動。最初種植的作物有野生大麥（中東）、馴化的豆類和菱（泰國）以及南瓜（美洲）。動物的馴化大約也發生在同一時期。和輪作是最早的農業技術。數百年來逐漸改進的工具和方法增加了農業產量，例如：機械化、選擇性育種和雜交及20世紀中期除草劑和殺蟲劑的使用，都使得農業產量增加。農業占用的人力仍比所有其他行業合起來還多。

Agriculture, U.S. Department of (USDA) 美國農業部 美國聯邦執行機構，主管農業與國有森林與綠地利用相關的計畫與政策。設立於1862年，美國農業部的作用在穩定或改善國內的農場收入、開發國外市場、抑制貧窮與饑荒、保護水土資源、提供農村發展信用貸款，並確保糧食供應品質。

agrimony＊ 龍牙草 薔薇科龍牙草屬植物的通稱，尤指歐洲龍牙草。該種爲耐寒多年生草本，原產於歐洲，其他溫暖地區也有栽培。羽狀複葉互生，葉緣齒裂，可製取黃色染料。穗狀花序長。果爲刺果，直徑約0.6公分。近緣種A. gryposepala廣泛生長於美國。

Agrippa, Marcus Vipsanius＊ 阿格里帕（西元前63?～西元前12年） 羅馬帝國第一代皇帝奧古斯都的密友和副手。在凱撒被刺（西元前44年）後，他協助屋大維（後來的奧古斯都）於西元前36年擊敗龐培，又在西元前31年亞克興戰役中擊敗安東尼。他平定叛亂、開拓殖民地、治理帝國部分地區，還提供羅馬興建公共設施和建築物的經費。西元前23年與屋大維之女尤莉亞結婚。西元前15年認識猶太國王希律並與之結盟，他在行政和軍事方面的技巧直接影響到帝國的東方事務。他的作品（今已佚失）曾對斯特拉博和老普林尼產生影響。他的女兒大阿格麗品娜（西元前14?～西元33年）是格馬尼庫斯·凱撒的妻子，卡利古拉和小阿格麗品娜的母親，也是尼祿的外祖母。

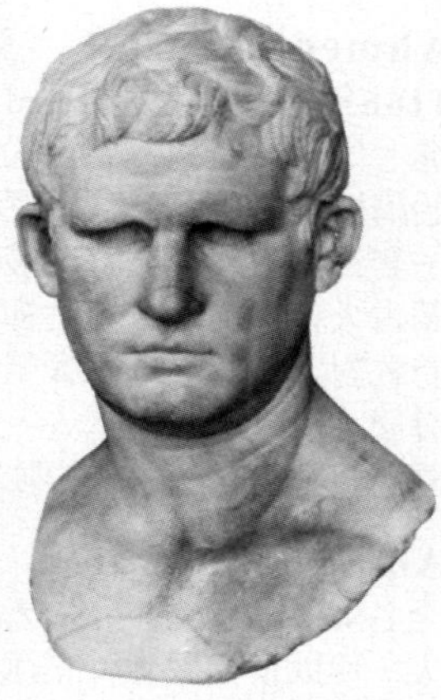

西元前1世紀初的阿格里帕大理石胸像，現藏巴黎羅浮宮
Cliche Musees Nationaux, Paris

Agrippina the Younger 小阿格麗品娜（西元15～59年） 羅馬皇帝尼祿的母親，在尼祿當政早年具有極大影響力。她是大阿格麗品娜的女兒、卡利古拉的妹妹，但因共謀反卡利古拉而在西元39～41年被放逐，與第一任丈夫阿赫諾巴布斯生下尼祿。西元49年她又與叔叔克勞狄皇帝結婚。婚後，她唆使克勞狄廢了自己親生兒子，改立尼祿爲皇位繼承人。她毒死了兒子的敵手，西元54年克勞狄死時被疑爲毒殺兇手。尼祿即皇位，時年僅十六歲，由阿格麗品娜攝政。尼祿親政以後，母后的權勢逐漸削弱；尼祿曾試圖在她反對其中一項政事時將之謀殺，最後終於在一間農舍將母后處死。

agrochemical 農用化學品 用於農業的任何化學品，包括化學肥料、除草劑、殺蟲劑。大部分是兩種或更多化學品的混合，活性成分提供了想要的效果，墮性成分使活性成分穩定或保存下來，或者有助於應用。加上牽引機、機械式收割機、灌溉泵等其他技術上的進步，自1930年代以來，農用化學品已經使美國大平原等地的產量每公頃增加200～300%，但它們對環境及農業系統穩定性的長期影響引起劇烈的爭議。

agronomy 農藝學 農業的分支，涉及區域作物產量和土壤經營。農藝學家通常涉獵那些大規模種植的作物（例如小穀物），還有那些比較不需經營的作物。農藝實驗著重於與作物有關的各種因素，包括生產、疾病、栽培，以及對氣候、土壤等因素的敏感性。

Aguán River＊ 阿關河 宏都拉斯北部河流。從約羅省西部的中央高地發源後向東北流，在沿海低地形成縱橫交錯的河道，在聖羅莎－德阿關附近注入加勒比海。全長150哩（240公里）。沿河地區用於農業生產，但常受到洪水和颶風的影響。

Aguascalientes＊ 阿瓜斯卡連特斯 墨西哥中部州（2000年人口約943,506）。位於中央高原，是該國最小的州之一（2,112平方哩或5,471平方公里）。16世紀時由西班牙人發現，開發成一煤礦中心。1919～1920內戰期間這裡曾發生慘烈的戰役。該州農業發達，也以產礦著名。首府爲阿瓜斯卡連特斯。

Aguascalientes 阿瓜斯卡連特斯 墨西哥阿瓜斯卡連特斯州首府（2000年人口約594,056）。在中央高原，臨阿瓜斯卡連特斯河。1575年初建時爲礦工居住區，1850年代成爲州首府。有時亦被稱爲La Ciudad Perforada，即「被打孔的城市」，因其城下留有不知名的前哥倫比亞人所建的曲析小徑。爲一農業中心，還有數種工業。市內許多著名的教堂藏有殖民時期宗教藝術品。

Aguinaldo, Emilio＊ 阿奎納多（西元1869～1964年） 菲律賓獨立革命領袖。爲華人和他加祿人後裔。早年在馬尼拉的聖陶托瑪斯大學受教育，後來成爲打擊西班牙人的革命團體「卡的普南」的地方領袖。1898年菲律賓宣布脫離西班牙而獨立，他被推選爲總統。但個數月後，西班牙與美國簽訂條約，將菲律賓割讓給美國，阿奎納多繼續與美國作戰，直到1901年被捕爲止。在立誓效忠美國，並從美國政府獲得一筆津貼後退隱。第二次世界大戰期間與日本勾結，戰後被短暫監禁，後因總統特赦獲釋。1950年被任命爲議會議員。晚年致力於發揚菲律賓民族精神和民主，以及改善菲美關係。

阿奎納多
Brown Brothers

Agulhas, Cape＊ 厄加勒斯角 非洲大陸最南端，其名在葡萄牙語意爲「針」，指的是岸外岩礁曾使許多船隻失事。當地子午線（東經20°）爲印度洋與大西洋的正式分界。

Agusan River＊ 阿古桑河 菲律賓民答那峨島上的河流。源自東南方，向北流240哩（390公里）後入保和海的武端灣。在中民答那峨高地與太平洋山脈之間形成寬達40～50哩（64～80公里）的肥沃河谷。其中160哩（260公里）有航運之利。除了少數地方早在17世紀時便與西班牙人有接觸，大部分河谷地仍是原住民的個別居住地。

A
B

Ahab＊　亞哈（活動時期約西元前9世紀）　以色列北方王國的第七代國王（約西元前874～約西元前853年在位），暗利王之子。在位期間戰事不多。通過與猶大王國聯姻結盟抵拒亞述。其妻耶洗別崇奉迦南人之神巴力，而引起一些人特別是先知以利亞的強烈反對。

Ahaggar Mountains＊　阿哈加爾　亦作Hoggar Mountans。阿爾及利亞南方撒哈拉沙漠中北部大高原。最高點為塔哈特山，高約9,573呎（2,918公尺）。南北長約970哩（1,550公里），東西長1,300哩（2,100公里）。通往奈及利亞北部卡諾的主要商隊路線沿西部邊緣而過。

Ahidjo, Ahmadou＊　阿希喬（西元1924～1989年）　喀麥隆聯合共和國第一任總統（1960～1982）。是非洲實行超越地區統一的少數成功事例之一的領導者：將前英屬喀麥隆的南部地區與較大的法語區喀麥隆合併。1982年，在建立了一個繁榮、穩定的國家後，因受反對其繼任者比亞陰謀的牽連，而開始流放的生活。

ahimsa＊　不害　印度耆那教的基本倫理崇尚，也是許多世紀以來印度教和佛教的崇尚。耆那教以不害為判斷一切行為的準則。對受持小戒的在家信徒來說，不害就是不殺害任何動物，對受持大戒的苦行者來說，不害就是防止有意或無意傷害任何生命。阻礙其他生命的靈性發展，就會加重自己的業而推遲自己解脫生死輪迴的時間。印度聖雄甘地就是根據不害原則提出不合作主義來實現政治改革的。

Ahmad, Mirza Ghulam ➠ Ghulam Ahmad, Mirza

Ahmad ibn Hanbal＊　阿赫默德・伊本・罕百里（西元780～855年）　伊斯蘭教義學家、教法學家。生於巴格達，十五歲開始學習「聖訓」。他旅行各地追隨大師學習，曾五次到麥加朝聖。西元833～835年間，伊本・罕百里因拒不承認穆爾太齊賴派關於《可蘭經》是被造之物的主張而被監禁。他的教義構成伊斯蘭教兩大教派中較大的遜尼派的四個正統教法學派別之一罕百里學派的基礎。一般認為，罕百里派是四派中研究「聖訓」最為嚴謹的。他認為，法學家應有較大的自由來從《可蘭經》和遜奈找出合法的解釋。他被尊為伊斯蘭教父。

Ahmad Khan, Sayyid＊　艾哈邁德・汗（西元1817～1898年）　受封為Sir Sayyid。印度教育者和法學家。出身於蒙兀兒王朝的行政官員的家庭，最初在英屬東印度公司當職員，後從事多種與法律有關的職務。他在1857年的印度叛變中支持英國，但又在他所寫的〈印度革命的原因〉一文中大膽揭露英國當局的缺點和錯誤。他的著作還有《穆罕默德的生平》（1870）以及有關《聖經》和《可蘭經》的評論。他在穆拉達巴德和加濟布爾開辦學校，創立「科學會」，希望透過出版《社會革命》雜誌來強化穆斯林社會。他積極創辦的穆斯林學院盎格魯－穆斯林東方學院，1877年於阿里格爾成立。

Ahmad Shah Durrani＊　阿哈馬德・沙（西元1722?～1772年）　阿富汗創建者。原為阿富汗酋長之子，1747年納迪爾・沙死後，繼任為國王。在接下來的二十二年間九次侵入印度，企圖控制北印度與中、西亞間的貿易路線，建立從阿姆河到印度洋，從呼羅珊至今印度北部的帝國。他取得了旁遮普，交由其子帖木兒・沙統治，此舉削弱了他對西部的注意，最後被錫克人奪去該地的統治權。他的帝國在他死後逐漸消失。

Ahmedabad＊　艾哈邁達巴德　亦作Ahmadabad。印度中西部古吉拉特邦城市（2001年都會區人口約4,519,278）。位於孟買南方290哩（467公里），傍薩巴馬提河。由蘇丹・阿赫默德・沙初建於1411年，至該世紀末發展達於頂峰，此後逐漸沒落。17世紀在蒙兀兒統治下逐漸恢復繁榮，1818年起受英國統治。1859年第一座棉紡織廠設立，這裡成為印度最大的內陸工業中心。該市和印度人的民族主義有關，1930年甘地在這裡開始他的政治運動。

Ahmadiya＊　阿赫默德教派　伊斯蘭教現代教派。1889年由古拉姆・阿赫默德創立，主張耶穌假裝死亡、復活和逃至印度，而聖戰是對教外人士發動的和平戰爭。阿赫默德的繼任者死後（1914），阿赫默德教派分化。主要分布在巴基斯坦老派卡迪安派尊古拉姆・阿赫默德為先知，將古拉姆・阿赫默德的信仰視為真正的伊斯蘭教。新派拉合爾派則僅承認古拉姆・阿赫默德是改革者。阿赫默德教派又指蘇菲派教團（參閱Sufism）的若干支派，特別是巴達維創立的巴達維派。阿赫默德教派是埃及最流行的教派之一。號稱此教派支派的小教團散見於穆斯林世界。

Ahmadu Seku＊　阿馬杜・塞庫　西非圖庫洛爾帝國的第二任也是末代統治者，以抵抗法國占領而為人歌頌。1864年繼承父親哈季・歐麥爾的王位，當時阿馬杜統治了一個大帝國，以古班巴拉人的塞古王國（今馬利境內）為核心。1887年被迫放棄塞古，並接受法國的保護。到1891年，大部分的要塞防地已被奪占。

Ahmed Yesevi＊　艾哈邁德・耶賽維（卒於西元1166年）　亦作Ahmad Yasawi。土耳其詩人，蘇菲派信徒。出生於賽里木（今位於哈薩克），後來遷居雅西，並開始講授神祕主義。《智慧詩集》是他僅存的詩作。他建立了一套神祕主義程序，其儀式保存在伊斯蘭教和古代土耳其－蒙古人習俗中，並促使神祕主義散播到土耳其語世界。他的詩歌對土耳其文學影響至深，也帶動了神祕主義民間文學的發展。後來被尊為聖人，1397或1398年時，帖木兒在他的墳墓上修建了一座華麗的陵寢。

Ahsai, Ahmad al-＊　阿赫薩爾（西元1753～1826年）　全名Shaykh Ahmad ibn Zayn al-Din Ibrahim al-Ahsai。阿拉伯人，伊朗伊斯蘭教什葉派的非正統支派謝赫教派創立者。生於阿拉作，早年致力於伊斯蘭教研究並周遊了波斯和中東。1808年定居於波斯的亞茲德，在該地宣講教旨。他對什葉派教義的解釋，很快吸引了大批信徒，但卻在當時的正統派宗教領袖內部引起爭論。他主張知識來自穆罕默德和伊瑪目的看法，並力主伊瑪目原是蒙真主光照的人，其參與了創世過程。1824年什葉派正統派教義學家把他逐出教派，宣告他是異教徒。兩年後死於前往麥加朝聖途中，有人接替他繼續領導謝赫教派。

Ahura Mazda＊　阿胡拉・瑪茲達　古代伊朗宗教，特別是瑣羅亞斯德教所奉的至高之神。波斯國王大流士一世及其後各代國王都崇拜阿胡拉・瑪茲達，認為他是最偉大的神，而且是合法國王的保護神。瑣羅亞斯德教教徒認為阿胡拉・瑪茲達創造了宇宙並維持著宇宙秩序，他還創造了行善的神靈斯彭塔・曼紐（即聖靈）和破壞的神靈安格拉・曼紐（即阿里曼），世界的歷史就是由這兩個神靈之間的爭鬥組成的。波斯古經認為阿胡拉・瑪茲達本身就是行善之神，把祂當作善良、智慧和所有好事創造者的化身。在後來的資料（從3世紀起）中，佐爾文（「時間」）是阿胡拉・瑪茲達和安格拉・曼紐這對孿生兄弟的父親，在正統的瑪茲達教（瑣羅亞斯德教和印度祆教）中，這對孿生子交替統治著世界，直到阿胡拉·瑪茲達取得最後勝利。

Ai＊ 艾城 古巴勒斯坦迦南東部城鎮。《聖經》(〈約書亞記〉七～八章) 中記載，它被約書亞率領的以色列人摧毀。《聖經》注釋者一致認爲艾城在伯特利 (即今以色列拜廷) 正東，也就是在泰勒的青銅時代早期遺址上。1933～1935年發掘出一座西元前第三千紀的神廟。《聖經》中記載艾城的一些事件發生在約西元前1400～1200年，當時的證據表明事實上那裡尚無人居住；從泰勒附近的遺址來看，早期的傳說可能指的是伯特利下面的迦南城鎮。

Aidan, St.＊ 聖艾丹 (卒於651年) 諾森伯里亞使徒及林迪斯芳創建者。原是蘇格蘭愛奧那島上的修士，應諾森伯里亞國王奧斯瓦爾德的要求，於635年被任命爲諾森伯里亞主教。艾丹在林迪斯芳內設立教會、修道院和教區。後來從這裡開始向英格蘭北部傳教，設立多處教會和修道院，並設立一所學校。比得曾記載艾丹博學、善良而樸素。

aide-de-camp＊ 副官 陸海空軍將官或其他高級指揮官的私人助理軍官，是處理日常事務的機要祕書。在現代，他們的軍銜一般比較低，任務多半是社交性的。任國王或總統等國家元首的助手的陸海空軍官，也叫副官，他們的軍銜往往很高。

AIDS 愛滋病 全名後天性免疫不全症候群 (acquired immunodeficiency syndrome)。是一種由人類免疫不全病毒引起的致命傳染性疾病。HIV病毒感染的最後階段即愛滋病，其定義就是出現有潛在致命可能的感染。1981年首次確認愛滋病，1983年分離出HIV，1985年發展出血液檢驗的方法。2000年全世界已有3,500萬人攜帶HIV病毒，1,500多萬人死於愛滋病。在美國，已有兩百多萬人感染了HIV，八十萬人被確診爲愛滋病患者，四十五萬人已經死亡。撒哈拉沙漠以南的非洲是感染的集中地點，而在南亞、東南亞以及其他地區的感染人數也在以警戒的速度增長。開始時的急性病症通常在幾星期內會消退。然後，受感染的人一般在十年左右的時間內都幾乎沒有什麼症狀。隨著免疫系統的惡化，會發展出諸如卡氏肺囊蟲性肺炎、巨細胞病毒、淋巴瘤或卡波西氏肉瘤等疾病。

Aiken, Conrad (Potter)＊ 艾坎 (西元1889～1973年) 美國作家，生於喬治亞洲賽芬拿。童年時因目睹父親在殺害母親後自殺而受過心靈的創傷。曾就讀哈佛大學，他的小說絕大部分寫於1920年代～1930年代。他的作品受到早期精神分析理論的影響。一般來說，他的短篇小說比長篇小說來得成功，較著名的有出自《拿過來！拿過來！》(1925) 的〈奇異的月光〉，以及出自《遺忘的人們之間》(1934) 的〈幽靜的雪，神祕的雪〉、〈阿庫拉里斯先生〉。他的最佳詩篇收在《詩集》(1953) 中，其中包括一部長的組詩〈定義的序曲〉。

Aiken, Howard H(athaway) 艾坎 (西元1900～1973年) 美國數學家暨發明家，生於新澤西霍博肯，獲哈佛大學博士學位。1939年他和其他三位工程師開始研究能執行任意選擇的五種算術運算程序 (加、減、乘、除和參照以前的運算結果) 而不需要人干預的自動計算機。第一台哈佛馬克一型機由艾坎和他的同事在1944年完成，長51呎 (15公尺)，高8呎 (2.4公尺)，重35噸 (31,500公斤)。

aikido＊ 合氣道 一種日本的防身術，採用扭摔技巧，借對方的力量和進攻勢頭轉而打擊對方，也使用對神經中樞要害施加壓力的方法。合氣道的目的在於制服對方而非打傷或殺人 (如柔術和空手道一樣)。合氣道特別注重精神的完全鎮靜以及軀體的自我控制，其基本技術可能起源於14世紀的日本。20世紀初期，主要由日本戰術家植芝盛平整理成現代的形式。亦請參閱martial art。

ailanthus＊ 樗 苦木科樗屬顯花植物的統稱。原產於東亞、南亞和澳大利亞北部，並適應其他亞熱帶及溫帶地區。樗葉在莖上輪替生長，多數小葉排列於軸上。最常見的品種是臭椿。

Ailey, Alvin, Jr.＊ 艾利 (西元1931～1989年) 美國舞者、編舞家。生於德州·羅傑斯市，1942年隨家遷至洛杉磯，1949～1954年在當地學習舞蹈和編舞。後來移居紐約市，舉辦了幾次演出。1958年創立艾文艾利美國舞團，成員以黑人爲主。該舞團的招牌作品《啓示》(1960)，很有氣勢，是以黑人靈歌爲配樂的舞作。從1960年代到1980年代，艾利美國舞團在世界各大洲巡迴演出，獲得極大成功，使他成爲國外最知名的美國編舞家。最後死於愛滋病。其後由詹米森出任團長。

艾利，攝於1960年
By courtesy of Zachary Freyman

Ailly, Pierre d'＊ 德埃利 (西元1350～1420年) 法國神學家和樞機主教。致力於結束西方教會大分裂，鼓吹大公會議主義 (參閱Conciliar Movement)。1409年在比薩會議扮演重要角色，該次會議廢黜僞教宗和羅馬當局的新教宗，另推由會議選出的教宗亞歷山大五世。1414～1418年召開的康士坦茨會議中，要求若望二十三世退位，選出新教宗馬丁五世。其地理著作《世界形象》爲哥倫布所採用。

Aintab ➠ Gaziantep

Ainu＊ 蝦夷人 日本民族。日本的四個大島上原來都有蝦夷人居住，幾個世紀以來受日本人逼迫，才往北遷移，主要分布於北海道、庫頁島和千島群島。蝦夷人肢體特性與文化和日本人有明顯差異，他們的起源與語言以及在日本歷史和史前時代的角色向來是學界爭論的主題。以前蝦夷人多以打獵、捕魚維生，宗教以心靈上的崇拜動物和自然界表徵爲對象。

日本北海道著禮服的蝦夷人夫婦
By courtesy of the Consulate General of Japan, New York City

air 空氣 組成地球大氣的各種氣體的混合物。空氣中有一些近於濃度不變的氣體和一些濃度隨空間和時間變化的氣體。濃度不變的氣體中最重要的是占78%的氮 (N_2) 和占21%的氧 (O_2)。其他占少量的有氬 (Ar)、氖 (Ne)、氦、甲烷 (CH_4)、氪 (Kr)、氫 (H_2)、一氧化二氮 (N_2O)、氙 (Xe)，其濃度比例幾乎維持不變。其他氣體發生在有濃度變化的空氣中，以水汽 (H_2O)、臭氧 (O_3)、二氧化碳 (CO_2)、二氧化硫 (SO_2) 和二氧化氮 (NO_2) 最重要。這些濃度易變的空氣成分，雖然量較少，但對地球上生命的維持卻非常重要。水汽是各種降水的來源，也是紅外輻射的重要吸收體和放射體。二氧化碳除了參與光合作用外，也是紅外輻射的重要吸收體和放射體。臭氧主要存在於同溫層 (參閱ozone layer)，是太陽紫

A B

外輻射的有效吸收體，但在地表卻會是具侵蝕性的污染物及主要的煙霧構成物。

air brake 空氣制動裝置 空氣制動裝置分爲兩類。一類用於火車、卡車和公共汽車上。它由儲氣瓶內的壓縮空氣推動活塞來制動（參閱piston and cylinder）。儲氣瓶與制動缸連接，當制動管內的空氣壓力減小時，空氣自動進入制動缸內。首度將空氣制動裝置運用於鐵路是由西屋所爲。另一類用於飛機和賽車上，又叫減速板，它是一塊阻力板，用機械方法使之伸入氣流中，增加空氣阻力，減低飛機或賽車的速度。

air-conditioning 空氣調節 控制室內的溫度、濕度、潔淨度和空氣流動，不受室外條件的影響。在一個完備的空氣調節機裡，空氣經鍋爐加熱或經過充滿致冷劑的線圈而冷卻，然後送到一個受控的室內空間。大型建築的中央空調通常是由一個坐落在屋頂或機械樓層的主機和一些分隔開的操控空氣的設備或扇葉組成，藉由輸送管把空氣送至大樓內各區。空氣透過壓力通風系統再回到中央空調機，再冷卻（或再加熱），然後再度循環。冷卻的交替系統使用冷水，水由位在中央位置的致冷劑冷卻，再泵送至各風扇裝置，區域性地調節空氣。

air-cushion vehicle 氣墊運載器 亦稱氣墊船（hovercraft）。利用運載器和地面之間產生的空氣壓力支撐其重量的陸上或水上行駛的運載工具。1870年代時，桑尼克羅夫特被認爲是第一個想到氣墊運載工具的人，但一直到1955年庫克雷爾才想出控制氣墊的方法，有了實際的模型，並自組氣墊船公司生產原型的氣墊船。但「圍裙」的設計和引擎的持久性一直有問題存在，限制了它在商業上的應用。現今的氣墊船多用來當渡輪。

air force 空軍 國家武裝部隊之一，主要負責空中作戰。主要任務爲：取得制空權，切斷敵人運輸與補給線；支援地面部隊（如轟擊與炸射）；達成戰略目標轟炸。基本的武器是戰鬥機、轟炸機、攻擊機（比轟炸機飛得低）和偵察機。20世紀中葉起，一些大國的空軍也負責地面洲際彈道飛彈的發射，也有攜帶核武的長程轟炸機。國家武裝部隊的陸、海軍部門也可能會駕駛飛機。

air mass 氣團 在任何特定的高度上，溫度和濕度都近乎均勻分布的大範圍空氣團。這種氣團的邊界明顯，其水平範圍可延伸數百或數千公里，而高度有時可達到平流層。每當空氣長時間與大範圍比較均勻的陸地或海面接觸，並獲得地表的溫度和濕度性質後，就能形成氣團。地球上的主要氣團全都源自極地或副熱帶地區。中緯度地區就自然地成了極地和熱帶氣團混合、相互作用和變性的地帶。

air pollution 空氣污染 空氣污染係指向大氣中釋放氣體、粉碎固體或細分散液態氣溶膠的速率，超過了大氣對它們的消散率或清除率，透過它們進入生物圈的固體層或液體層的現象。空氣污染產生的原因有許多，不是所有的原因都可以人爲控制。沙漠地區的塵暴和森林、荒草火災所產生的煙霧，造成了大氣的化學和微粒污染。空氣污染最重要的自然發生源，就是火山活動了，它們不時地向大氣中噴放大量灰塵和有毒煙霧。空氣污染可直接影響人類，引起眼睛刺痛和咳嗽。比較間接一些，在離污染源相當遠的地方都能受到空氣污染的影響。例如，城市中汽車排出四乙鉛的回降微粒，曾在海洋中和格陵蘭的冰蓋上被發現過。可能受到的更間接的影響是空氣污染對地球上氣候的影響。亦請參閱smog。

air warfare 空中作戰 由飛機、直升機或其他有人駕駛的動力飛行器進行的軍事行動。進行空中作戰可以用來攻擊其他飛機、地面目標，以及水面或水下目標。19世紀時，用熱氣球觀察敵軍行動，但到20世紀空中作戰的重要性才開始受人重視。到第一次世界大戰時，英國、法國、德國、俄國和義大利的軍隊都組建了飛行部隊，使用的飛機大部分是雙翼機，用木質機體和布質蒙皮作的，裝備機槍以擊落敵方戰鬥機。齊柏林飛船和協約國製造的大型飛機也用來轟炸。1920年代～1930年代飛機出現重大的技術進步，包括單翼機的發明、耐用的全金屬機身和航空母艦。第二次世界大戰中空中作戰的規模比以往的或此後的任何一場戰爭都要大。第一次完全在空中進行的重大戰役是不列顛戰役（1940）。空中作戰的另一個里程碑是珊瑚海之戰（1942），這是第一場航空母艦之間的海戰。1945年美國在日本廣島和長崎投下原子彈，進而結束了第二次世界大戰。

airbrush 噴筆 形成一層細緻小圈的油漆泡沫、保護膜或液態顏色的充氣式裝置（參閱aerosol）。噴筆可以是筆形霧化器，用於各種細膩的活動，例如暗部繪畫和修版攝影。相對之下，噴槍通常用來以油漆覆蓋大幅表面。

Airbus Industrie 空中巴士工業公司 歐洲飛機製造企業集團，是世界第二大商用飛機製造商（僅次於波音公司）。集團成員包括德國－法國－西班牙共同擁有的歐洲航空國防暨太空公司，占80%股份，還有英國的英國航太系統公司，占20%。比利時的比利時空中巴士和義大利的愛樂尼亞公司都是在某些選擇專案上分擔風險的合作成員。1970年由法國和德國的航太企業（後來西班牙與英國也加入）組成空中巴士公司，目的是填補短程和中程大容量噴射客機這個市場空隙，並與久已知名的美國製造商競爭。1974年它的第一個產品A300開始服務，這是第一種只有兩台引擎的廣體噴射客機，運行成本很經濟。雙引擎的A320（1988年開始服務）又加進了許多技術發明，著名的有「線傳飛控」（用電力而非機械鏈結），用電腦控制飛行。四引擎的A340（1993）和較小的雙引擎A330（1994）都是長程飛行的機型。2000年空中巴士開始研製A380，意圖成爲具有五百五十五個旅客座位的世界最大型客運飛機。

aircraft carrier 航空母艦 可供飛機起飛和降落的海軍艦船。爲了便於短距起飛和降落，將船轉向逆風方向，可增大甲板上方的空速。艦上裝有與飛行甲板齊平的彈射器，幫助飛機彈射起飛，飛機上裝有可收放的鉤子，降落時鉤住橫繫在甲板上的繩索，使飛機很快停住。英國海軍在第一次世界大戰快結束時，發展出了第一艘眞正的航空母艦。第二次世界大戰初期，航空母艦第一次用於戰鬥，主要在地中海。日本襲擊珍珠港，就是使用以航空母艦爲基地的飛機，後來在太平洋戰區幾次重大的海戰中，如中途島、珊瑚海之戰，航空母艦都起了主要作用。

Airedale terrier 愛爾德㹴 最大型的㹴，可能系出獵水獺狗和已絕種的舊英格蘭㹴。體高約12吋（58公分），體重40～50磅（18～23公斤）。體呈方形，嘴長而方，從側面觀，前額線一直延伸到鼻端。被毛緻密堅韌，背脊黑色，腿、口、鼻及體下側棕色。聰明勇敢，強而有力且和善（但會怕生），戰時可用於運輸急件和警衛，也可用以獵取大獵物。

愛爾德㹴
Walter Chandoha

airfoil 翼型 在空氣中運動時能產生升力和阻力的型面，如機翼、尾翼或螺旋槳槳葉。翼型產生升力的方向與氣流成直角，阻力方向與氣流方向相同。高速飛機通常採用低阻力、低升力的流線型薄翼型，載重量大的低速飛機使用高阻力、高升力的厚翼型。

airplane 飛機 用螺旋槳或高速噴射發動機推進和藉空氣升力支持的各種重於空氣的定翼航空器。飛機之主要組件爲支持飛行之機翼，平衡機翼之機尾，控制飛行高度之機翼活動部分（副翼、升降舵和舵），推進飛機之動力機，承載機員、乘客和貨物之機身，駕駛員、領航員使用之控制及導

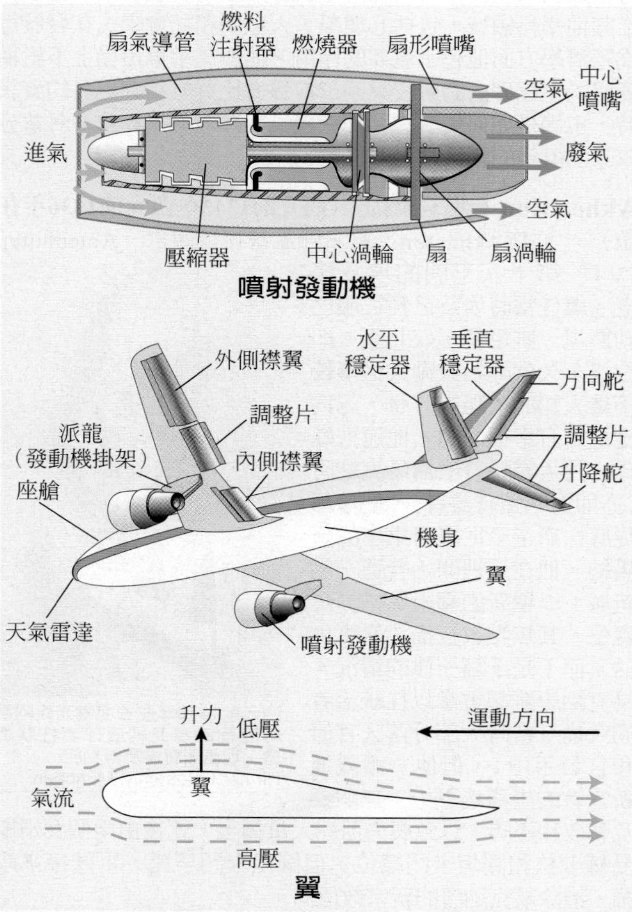

飛機飛行時有四種作用力：重力（重量）、推力、升力和阻力。噴射發動機如圖示的渦輪扇葉發動機，藉由後方排出的噴射氣流提供推力。空氣從發動機前方吸入，壓縮並在燃燒室內燃燒燃料。高溫的廢氣和空氣從後方以高速噴流形式排出，提供向前的推力。升力是由機翼的形狀與其面對空氣的攻角產生。因為機翼的形狀，空氣流過機翼上方的速度比流過機翼下方要快，因此上方的空氣作用在機翼上的壓力比下方的空氣低，在機翼上產生向上的力。

航儀器，與支撐飛機之起落架。1840年代一些英國、法國的發明家開始設計了以發動機爲動力的飛機，但第一個用動力作持續而可控制的飛行是由萊特兄弟在1903年達成的。後來飛機設計受噴射發動機的發展影響，大部分現代的飛機有一個長鼻機身，向後斜的機翼帶有噴射發動機安置在飛機中段部分，尾部是安定器。大部分飛機是設計從陸地起飛，水上飛機適合在水面上稍作停留，運輸機則可作高速而短暫的起降動作。亦請參閱airfoil、aviation、glider、helicopter。

airport 飛機場 飛機起飛和著陸的場地和地面設施。早期的飛機場是一塊開闊的平地，加上附屬機庫和候機室。那時，飛機很輕，在普通地面上就能滑行，而且受風的影響很大，必須能向任何方向起飛或著陸。到了1930年代，飛機越來越重，需要在鋪設過的跑道滑行，同時受側風的影響較小。較大的飛機需要更長的跑道，現代跑道可達15,000呎（4,500公尺）以供最大型的噴射飛機起降。空中交通由控制塔台和地區中心調度。客運和貨運站包括行李運轉機械裝置和旅客運輸作業。

airship 飛艇飛船 亦稱dirigible。由動力推進的輕於空氣的航空器。可爲軟式、半硬式或硬式，包括一個大雪茄煙型的氣囊或氣球（裡面灌滿氫或氦），下面懸吊一個吊籃可載人，發動機驅動推進器，操縱的方向舵。第一艘成功的飛船是法國的吉法爾於1852年製造的，後來經過不斷的改進，導致1900年齊柏林飛船的建構。軟式充填氦氣的飛船主要是由桑托斯－杜蒙特發展改進。1936年德國用飛船創辦橫越大西洋的定期客運業務。由於發生幾次爆炸（特別是1937年發生的興登堡號飛船災難）和飛機技術的進展使飛船的商業用途告終。亦請參閱balloon。

Aisha (bint Abi Bakr)＊ 阿以莎（西元614～678年） 伊斯蘭教創始人穆罕默德的第三位夫人，穆罕默德的支持者阿布．巴克的女兒，也是最得寵的夫人。西元632年穆罕默德死後，她以十八歲之年開始過著無子女的孀居生活，至第三位哈里發奧斯曼在位期間積極參與起事反對奧斯曼。奧斯曼於656年被害。她率軍攻擊奧斯曼的繼位者阿里，失敗被捕，但得以默默無聞地在麥地那度過餘年，但被認爲在這期間廣爲傳達先知「聖訓」。

Aitken, William Maxwell ➠ Beaverbrook (of Beaverbrook and of Cherkley), Baron

Aix-en-Provence＊ 普羅旺斯地區艾克斯 法國東南部城市（1999年人口約134,222）。西元前123年左右，羅馬人在此建立一個軍事殖民地，西元前102年馬略在此打敗條頓人。後來相繼爲西哥德人、法蘭克人、倫巴底人和來自西班牙的穆斯林所奪占。中世紀時爲普羅旺斯首府，發展爲一文化中心。1486年成爲法國的一部分，現爲馬賽市郊住宅區。工業有旅遊、食品加工和電機製造業。

Aix-la-Chapelle 艾克斯拉沙佩勒 ➠ Aachen

Aix-la-Chapelle, Congress of＊ 艾克斯拉沙佩勒會議（西元1818年） 由英國、奧地利、普魯士、俄國和法國舉行的四次會議中的第一次，商討拿破崙戰爭之後的歐洲問題。在艾克斯拉沙佩勒（現今德國亞琛）會議上，法國答應盡速清償所欠各盟國的戰爭賠款餘額，其交換條件是盟國占領軍應限期撤出，這一提議得到盟國同意。法國並以平等地位參加了新的五國同盟。

Aix-la-Chapelle, Treaty of 艾克斯拉沙佩勒條約（西元1748年） 主要由英國和法國議訂的條約，它結束了奧地利王位繼承戰爭，特別針對雙方歸還領地，包括歸還路易斯堡（位於新斯科舍）要塞於法國及歸還馬德拉斯（印度之一邦）於英國。承認瑪麗亞．特蕾西亞公主擁有奧地利領土主權，但也承認普魯士征服西里西亞，因此，哈布斯堡王室勢力大爲削弱。條約對英法在西印度群島、非洲和印度的商業競爭問題未能解決，因此條約沒有持久和平的基礎。

Aizawl＊ 艾藻爾 印度中北部米佐拉姆邦的首府（2001年人口約229,714）。周圍地區是阿薩姆－緬甸地理區的一部分，有陡峭的丘陵，居民中多數來自緬甸。1970年代爆發米佐民族陣線黨人武裝攻擊政府金庫事件。農業經濟以家禽飼養爲主。

Ajax 埃阿斯 特洛伊戰爭中的希臘英雄。荷馬在《伊里亞德》中把他描繪成一個大人物，氣力和驍勇僅次於希臘英雄阿基利斯。他在一對一的決鬥中打敗海克特（特洛伊的主將），並從特洛伊人手中奪回阿基利斯的遺體。他與希臘英雄奧德修斯爭奪阿基利斯的甲冑，失敗後因惱怒而發瘋。根據某些希臘、羅馬的詩描述，他誤把一群綿羊當作敵人射殺，待他清醒之後，因羞愧而自殺身死。

Ajodhya＊ 阿約提亞 亦作Ayodhya。印度北部古城。位於法札巴德東邊的卡克拉河岸。現在是法札巴德的一部分。古為印度最大的城市之一，也是印度教七大聖地之一。據印度史詩《羅摩衍那》中記載，阿約提亞是科薩拉的首府。佛教早期（西元前6～4世紀），該城是重要的佛教中心，據說佛陀曾在此住過。阿約提亞也是耆那教的聖地。16世紀蒙兀兒皇帝巴伯爾在一座羅摩神出生地的古印度教寺廟遺址上修建了一座清眞寺。1990年宗教紛爭中，印度教徒襲擊清眞寺，隨後又發起暴動，後來的危機導致了政府的垮台。1992年清眞寺被印度教的基要主義分子毀壞，在後來橫掃印度的暴亂中，約有1,000多人死亡。

AK-47＊ AK-47步槍 蘇聯的突擊步槍。首字母AK係俄語Avtomat Kalashnikov，即「卡拉什尼科夫自動步槍」，以紀念設計人卡拉什尼科夫。它能進行半自動或全自動射擊，發射中等威力的7.62公釐槍彈。前蘇聯、中國、北韓等國家有生產此槍。1980年代，改進的AKM型取代了AK-47型，有較好的瞄準裝置，但基本性能相同。不過，這兩種步槍仍然是共產黨國家軍隊，以及世界上許多游擊隊和民族主義運動的基本肩掛武器。亦請參閱M16 rifle。

Akal Takht＊ 阿卡爾寺 印度錫克教徒的教權中心，也是錫克教主要政黨阿卡爾黨總部。設在旁遮普邦阿姆利則城內錫克教重要朝聖中心金寺對面。自1708年古魯的傳承結束後，錫克教團已多次在阿卡爾寺前集會解決宗教和政治紛爭。在20世紀，阿卡爾寺受理各地教徒團體關於教義解釋或行為準則的非政治性問題，其裁決以命令形式公布，全體錫克教徒必須遵守。1984年6月印度軍隊敉平錫克教徒動亂，在攻擊金寺時，阿卡爾寺亦受到波及而嚴重損毀，1984年方被重建。亦請參閱Sikhism。

Akali Party＊ 阿卡爾黨 印度錫克教政黨。又指印度錫克教軍隊中的敢死隊員。興起於1690年前後蒙兀兒人處死兩名錫克教徒時，引發錫克教敢死隊起事反抗。1920年代興起謁師所改革運動，當時為反抗英國政府而成立的半軍事性義勇隊也稱阿卡爾。錫克教徒重新成為謁師所的主人以後，阿卡爾隊員繼續在旁遮普作為錫克教徒的代表，鼓吹另行成立由錫克教徒占多數而以旁遮普語為正式語言的一個邦。1966年旁遮普邦成立，該邦的主要政黨是阿卡爾黨。

Akan＊ 阿坎人 住在迦納南部、象牙海岸東部和多哥部分地區的民族。講阿坎諸語言，屬尼日－剛果語系克瓦語支。14～18世紀在此區形成一些阿坎人城邦，特別是芳蒂人聯盟和阿善提帝國，他們生產黃金並交易。現代阿坎人多數在市區工作，人數約有五百萬。

Akbar 阿克巴（西元1542～1605年） 全名Abu-ul-Fath Jalal-ud-Din Muhammad Akbar。印度蒙兀兒王朝最偉大的皇帝（1556～1605年在位）。為帖木兒及成吉思汗的後代。當時他的統治只限於旁遮普和德里周圍地區。1562年安伯王公與阿克巴聯姻，承認阿克巴的宗主權，拉傑普特人的其他首領也跟進。無論從行政管理的哪一方面來說，阿克巴在爭取印度人合作上比所有前任穆斯林統治者都要成功。1573年阿克巴征服了古吉拉特，1576年吞併孟加拉。在其統治末期先後征服了喀什米爾（1586），並往南進入德干地區。在行政上，阿克巴採取中央集權政策，所有的文武官員都由他指派。他提倡學術研究、詩歌、繪畫、音樂，使宮廷成為一個文化中心。他還把梵語經典著作翻譯成波斯文，對耶穌會教士呈給他的歐洲繪畫作品也極感興趣。在位時間堪稱是印度一段黃金時代。亦請參閱Babur。

Akerlof, George A. 艾克羅夫（西元1940年～） 美國經濟學家。就讀於耶魯大學（文學士，1962）和麻省理工學院（哲學博士，1966）。1966年他開始在加州大學柏克萊分校任教，1980年成為經濟學的金人教授。他的研究往往取自其他學科領域，包括心理學、人類學和社會學，在發展行為經濟學方面他起了重要的作用。他對二手車市場上不對稱資訊的里程碑式的研究說明了當賣方比買方掌握更多的資訊時，市場是如何失靈的。艾克羅夫與斯彭斯、史蒂格利茲分享了2001年的諾貝爾經濟學獎。

Akhenaton 易克納唐（西元前1353～西元前1336年在位） 亦作Akhnaton。原名阿孟霍特普四世（Amenhotep IV）。第十八王朝的埃及法老。繼任當時埃及已經征服巴勒斯坦、腓尼基、努比亞。即位沒多久就開始鼓勵人信奉較不為人知的太陽神阿頓，認為祂是所有幸福之源。他還把姓氏由阿孟霍特普改為易克納唐（亦即對阿頓有益者），把首都從底比斯遷至尼羅河東岸的阿馬納。他在這裡開始營造一座新城。一種新的藝術風格於焉誕生，其焦點放在描述眞實生活，而不是千篇一律的情況。易克納唐雖想重掌以往統治者的大權（當時大部分落入官僚和官員手中），但他一頭栽進新宗教的崇拜迷思中，無暇顧及朝政和邊防，以致喪失亞洲大量領土。死後由兩個女婿斯曼赫卡拉和圖坦卡門繼位，但圖坦卡門早死，軍隊接掌政權，廢除易克納唐的新宗教信仰。

西元前1370年左右凱爾奈克阿吞神廟裡的易克納唐砂岩柱狀雕像，現藏開羅埃及博物館
Hirmer Fotoarchiv, Munchen

Akhmatova, Anna＊ 阿赫馬托娃（西元1889～1966年） 原名Anna Andreyevna Gorenko。俄國詩人。以第一本詩集（1912、1914）而聲名大噪。1917年俄國革命後不久，蘇維埃當局批評她的作品專寫狹隘的愛情和上帝題材。1923年她的前夫被處決，就此在文壇沈寂了一段時間。第二次世界大戰後，又被公然抨擊，並被蘇聯作家協會開除。1953年在史達林死後的文化解凍時期，阿赫馬托娃的聲譽漸漸得到恢復。晚年，是俄羅斯年輕詩人圈裡頗具影響力的人物。最長的詩《沒有主角的詩》被公認是20世紀最偉大的詩作之一。此外，她還是一個傑出翻譯家，亦有自傳作品。

阿赫馬托娃
Novosti Press Agency

Akiba ben Joseph ＊ **阿吉巴・本・約瑟（西元約40～約135年）** 巴勒斯坦猶太哲人，猶太教重要領袖。出生於巴勒斯坦的該撒利亞，相傳原是不識字的牧人，四十歲以後才開始學習。他認爲經文裡面除了明顯的意義外，還含有許多暗示，成文法（托拉）和口傳法規（哈拉卡）終歸是一樣的。他搜集編纂口傳法規，其中包括人物生平、社會活動和宗教事件，成爲《聖經》以後的第一部密西拿（即口傳律法）集。可能參與巴爾・科赫巴領導的反叛羅馬人事件，後來被羅馬人囚禁，135年左右因公開傳教的罪名而被處死。亦請參閱Ishmael ben Elisha。

Akihito ＊ **明仁（西元1933年～）** 亦稱平成天皇（Heisei emperor）。1989年即位的日本天皇。其父爲天皇裕仁，由於其父放棄以前日本天皇所享有的神權地位，明仁的角色大部分是禮儀性的。明仁也是首位與平民結婚的天皇，而且這段婚姻是基於愛情，不是經過刻意安排。所生的孩子分別是浩宮德仁親王、秋篠宮文仁親王和紀宮清子內親王。

Akita ＊ **秋田犬** 於日本北部山區育成的役用狗品種。1931年被日本政府定爲國寶。體型強健有力，肌肉發達，頭寬，耳尖而聳立，與頭相比顯得較小。尾大，常捲曲於背部或兩脅。毛色和斑紋各異，如純白色、有斑紋或雜色等。但口周圍均呈黑色如面罩狀。雄犬鬐甲高須達26～28吋（66～71公分），雌犬24～26吋（60～66公分）。

Akkad ＊ **阿卡德** 古代地區，在今伊拉克中北部。是古代巴比倫尼亞的北部地區，蘇美則是南部地區。名稱取自征服者薩爾貢在約西元前2300年建的阿蓋德城。薩爾貢和納蘭辛組成城邦國家，向外擴張到美索不達米亞大部分地區，包括蘇美、埃蘭和底格里斯河上游。此王國在西元前第22世紀時開始衰落。在阿卡德國王的統治下，阿卡德語成爲一種文學語言，藝術蓬勃發展。

Akkadian language **阿卡德語** 亦稱亞述－巴比倫語（Assyro-Babylonian language）。已消亡的閃米語，西元前3000～西元前1000年間通行於美索不達米亞，從大量的碑文、印璽和黏土板上所書寫的楔形文字中可窺見其貌。至約西元前2000年時，阿卡德語已取代蘇美語而成爲通行於美索不達米亞南部的語言。約在此同時，它分化爲通行於美索不達米亞北部的亞述方言和通行於美索不達米亞南部的巴比倫方言。後來逐漸淪爲地方方言，被阿拉米語取代，到西元1世紀便完全消亡。

Akko ➠ Acre

Akmola 阿克摩拉 ➠ Astana

Akron **亞克朗** 美國俄亥俄州東北部城市（2000年人口約217,074）。濱臨凱霍加河。1,200呎（海拔370公尺），其名來自希臘文，意爲「高處」，地處密西西比河和五大湖之間的分水嶺上。1825年設鎮，隨後因兩條運河的建成（1827、1840）而發展起來。因供水豐富和鐵路的通達，促使古得利奇在1871年把橡膠廠遷來此地。由於汽車的出現和對橡膠輪胎的需求日增，亞克朗以「世界橡膠之都」聞名遐邇。

Aksum ＊ **阿克蘇姆** 亦作Axum。衣索比亞北部的古王國。西元3～6世紀爲其鼎盛時期，阿克蘇姆商賈的貿易遠至亞歷山大里亞和尼羅河之上。現代的阿克蘇姆鎮人口約27,148（1994），曾是此王國的首都，現爲宗教中心，以古文物聞名。長久以來一直是衣索比亞正教會的聖城。根據傳統，國王曼涅里克一世（所羅門和希巴女王的兒子）從耶路撒冷帶法櫃到這裡。現爲古蹟觀光勝地。

Akwamu ＊ **阿克瓦穆** 位於西非黃金海岸的阿坎人國家。約1600年建立，以出售黃金而致富。18世紀初達到鼎盛時期，其疆域東起維達（現今貝寧的維達），西至溫尼巴（迦納境內），連綿250哩（400公里）。到了1710年其他族群（包括阿善提人）的勢力開始興起，威脅其生存。1731年阿克瓦穆王國滅亡。

al-Azhar University ➠ Azhar University, al-

al-Jazari ＊ **阿爾賈札里** 活動時期西元13世紀。阿拉伯發明家。因自動機設計而知名，包括由水運轉的自動機，以及許多孔雀外形的活動噴泉。大多數是裝飾用的奇想物品，不過有些也具有實用性。據說達文西有受到阿爾賈札里古代自動機的影響。

Al-Jazirah ➠ Gezira

Al Kharj ＊ **海爾季** 沙烏地阿拉伯中東部綠洲。位於利雅德西南，行政上歸利雅德管理。四周有一系列深水池，1938年選擇在該地設立政府的實驗農場。1981年建立肉類和乳品加工聯合企業，使傳統乳品工業得到很大的發展。

al-Khwarizmi ＊ **花拉子密（西元約780～約850年）** 阿拉伯語全名Muhammad Ibn Musa al-Khwarizmi。穆斯林數學家和天文學家。他生活於巴格達，當時是伊斯蘭科學的第一個黃金時代，他像歐幾里德那樣，收集整理了更早期數學家的發現而編寫成數學書籍。他的《關於集成和方程式的書》是對解線性方程式和二次方程式以及幾何和成比例等問題的各種法則的彙編，12世紀時被翻譯成拉丁文，爲印度和阿拉伯的偉大數學家們與歐洲學者之間建立了聯繫。書名中的al-jabr因訛誤而產生了algebra（代數學）一詞；作者名字的另一音譯Algoritmi，則演變成algorithm（演算法）。

Al-Manamah ➠ Manama

Al-Uqab, Battle of 小丘戰役 ➠ Las Navas de Tolosa, Battle of

Alabama **阿拉巴馬** 美國中南部一州（2000年人口約4,447,000），面積51,705平方哩（133,916平方公里），首府爲蒙哥馬利。原始居民爲切羅基人、奇克索人、喬克托人和克里克人等印第安人，在塔斯卡盧薩可發現他們活動的蹤跡。1702年法國在路易堡（今莫比爾市以北）建立了第一個永久性的歐洲人殖民地。1763年據「巴黎條約」英國取得該區統治權，1783年歸美國所有，1819年12月14日被接納爲聯邦第二十二州。1861年脫離聯邦，加入美利堅邦聯。1868年再次被接納加入聯邦。在20世紀初之前，經濟一直依賴棉花，後來才開始將農產多元化，並發展工業，特別是在伯明罕。莫比爾已成爲大海港。

Alabama, University of **阿拉巴馬大學** 美國的州立大學，有塔斯卡盧薩（主校區）、伯明罕與亨茨維爾等校區。三個校區都提供廣泛的大學部、碩士班和博士班的課程與學程。法學院位於塔斯卡盧薩，醫學院在伯明罕。1831年奉准成立，是阿拉巴馬州最老的公立大學。1963年法院明令停止該校的種族隔離措施，此舉遭到州長華萊士的抗議。學生總數約38,000人。

Alabama claims **阿拉巴馬號索賠案** 美國南北戰爭期間，英國雖正式聲明中立，卻爲美利堅邦聯南軍製造了一艘巡洋艦「阿拉巴馬號」，南軍用它攻擊聯邦的商船，連續摧毀北方船隻六十八艘。早在1863年10月，美國駐英大使亞當斯即提出抗議，要求英國賠償一切損失，但表示美國願將此案交付仲裁。1871年5月簽訂「華盛頓條約」，英國正式向美國道歉，並確立戰時中立國的某些義務。也裁決英國要賠償美國1,550萬美元。

Alabama River　阿拉巴馬河　美國阿拉巴馬州南部河流。由庫薩河和塔拉普薩河於蒙哥馬利東北部匯流而成。蜿蜒向西流，至塞爾馬轉向南流，全長318哩（512公里）。阿拉巴馬河在莫比爾上方與湯比格比河匯合形成莫比爾河和田索河，這兩支水道向南注入墨西哥灣。幾乎全年通航。莫比爾和蒙哥馬利大部分是因處於這條大動脈上而成為大城市。

alabaster　雪花石膏　細粒的塊狀石膏。幾個世紀以來用於雕塑、雕刻及其他裝飾品。一般是雪白色，半透明，並能人工染色；通過熱處理它可變成不透明，外貌類似大理石。義大利的佛羅倫斯、利佛諾、米蘭以及柏林是雪花石膏貿易的重要中心。古時的雪花石膏為棕色或黃色大理石狀。

Alacahöyük＊　阿拉賈許于克　古安納托利亞遺址，位於今土耳其中北部。在西台人古都哈圖薩東北方。1907年貝伊開始發掘，地面有大建築物遺跡，地下有包括十三個墓的皇陵，最早的墓可追溯至西元前2500年左右。墓內有珠寶、碗、罐等青銅時代金屬器皿。原始居民究竟是何種族尚未確定，但似乎是比西台人來得更早的非印歐人。

Aladdin　阿拉丁　是《一千零一夜》（又名《天方夜譚》）故事中之一的一位主角。阿拉丁由寡母撫養長大，是一位懶惰遊蕩的少年，有一天，他遇到了一位非洲魔術師，自稱是他的叔叔。這位魔術師帶阿拉丁來到一座山洞入口，要他入內取出一盞神燈。阿拉丁進洞後果然找到那盞燈，但他要求魔術師須等他安全出洞後才將燈交出。魔術師一怒把他封在洞內後即行離去。阿拉丁發現那盞神燈一經摩擦會出現精靈。精靈能實現他的每一個願望。最後，阿拉丁成為富翁，娶了蘇丹公主為妻，並承繼了蘇丹王位，作了許多年的國王。

Alamein, Battles of El ➠ El Alamein, Battles of

Alamgir II＊　阿拉姆吉爾二世（西元1699～1759年）　全名Aziz-ud-Din Alamgir II。印度蒙兀兒皇帝（1754～1759年在位）。由宰相伊馬德・烏爾－穆爾格・伽濟－烏德－丁擁上皇位。1757年阿富汗統治者阿哈馬德・沙派兵占領德里。從此，阿拉姆吉爾二世便成為杜蘭尼的傀儡。在另一次阿富汗人入侵的威脅下，他被伽濟－烏德－丁殺死。

Alamo　阿拉莫　美國德州聖安東尼奧市的18世紀天主教禮拜堂，1836年墨西哥戰爭期間一小群德克薩斯人被墨西哥軍隊包圍在這裡而進行了一場歷史性的抵抗。這個被廢棄的教堂偶然被西班牙軍隊占領，他們根據周圍的樹林把它取名為阿拉莫（「三角葉楊」）。1835年12月德克薩斯獨立戰爭開始，一支志願軍占領了阿拉莫，並誓死要為保衛它而戰鬥到底。1836年2月一支幾千人的墨西哥軍隊開始圍攻阿拉莫，持續十三日之久。德克薩斯守軍只有約一百八十人，由鮑伊領導，包括克羅克特，還有一些婦女和墨西哥人，最後終究寡不敵眾，全數被殲滅。「記取阿拉莫！」成為德克薩斯人為獨立而戰的口號。

Alanbrooke, Viscount　阿蘭布魯克子爵 ➠ Brooke, Alan Francis

Åland Islands＊　奧蘭群島　芬蘭西南部群島，位於波的尼亞灣入口處。行政上屬阿赫韋南馬自治區。由三十五個有居民的島（2002年人口約26,000）、逾六千個無人居住的島和許多岩礁組成，陸地總面積為590平方哩（1,527平方公里）。最大島奧蘭島上的瑪麗港為行政首府和主要海港。12世紀時，瑞典傳教團把基督教帶到此。1917年芬蘭宣告獨立時，島民要求有自決權並謀求併入瑞典。1920年芬蘭同意群島自治。

alanine＊　丙氨酸　一種氨基酸，鳥類及哺乳動物的非必需氨基酸（動物能利用糖的分解產物丙酮酸合成丙氨酸，而無需從食物中取得）。有兩種異構體，α－丙氨酸是蛋白質的組分，在絲纖蛋白中含量極為豐富，1879年丙氨酸即首先由此分離成功。β－丙氨酸不存在於蛋白質中，但天然存在於哺乳動物肌肉中的肌肽及鵝肌肽內，也是泛酸的重要成分。

Alaric I＊　阿拉里克一世（西元約370～410年）　西哥德人領袖（395～410）。曾在羅馬人軍隊中指揮哥德人部隊。後當選為西哥德人首領。他藉口進軍希臘，洗劫許多城市，直至397年東羅馬皇帝提出條件和解。後來兩度入侵義大利，雖然第二次入侵以失敗告終，但羅馬元老院終於付給西哥德人一筆巨額津貼。當羅馬人屠殺在羅馬軍隊裡服務的西哥德人妻小時，阿拉里克一世率兵圍攻羅馬（408、409），支持阿塔羅斯為西羅馬皇帝。410年夏阿拉里克一世第三次圍攻羅馬，羅馬終於陷落，是羅馬八百年來第一次落在外國人手中。亦請參閱Goths。

Alaska　阿拉斯加　美國五十州中面積最大的一州（2000年人口約626,932），位在北美洲西北角，面積591,004平方哩（1,530,700平方公里）。三面臨海，西臨白令海峽、白令海，與西伯利亞對望。馬金利山是北美大陸最高峰，首府為朱諾。原始居民為印第安人和愛斯基摩人，據說他們是從北極經白令陸橋遷移到此。18世紀末由俄國的皮草商在科的阿克島建立第一個歐洲人殖民地。哈得遜灣公司的貿易商也對此區很有興趣，俄國和加拿大的貿易競爭持續至19世紀。1867年蘇華德負責和俄國交涉把阿拉斯加賣給美國的事宜，後來發現金礦，才促使美國人移民於此。1912年建立阿拉斯加準州。正式加入聯邦是在1959年，成為美國第四十九州。經濟主要仰賴石油和天然氣，自1977年泛阿拉斯加輸油管運作後，阿拉斯加成為僅次於德州的美國原油產地。

Alaska, Gulf of　阿拉斯加灣　美國阿拉斯加州南部海灣，位於阿拉斯加半島和亞歷山大群島之間。容納蘇西特納和科珀兩河。灣內有安克拉治、蘇華德和瓦爾迪茲等海港，瓦爾迪茲是北美洲最北部的不凍港，也是泛阿拉斯加輸油管的終點站。科克為首度發現此處的歐洲人，在1778年進入此灣，並往北深探至威廉王子灣。

Alaska, University of　阿拉斯加大學　美國州立大學，有費爾班克斯、安克拉治與朱諾（阿拉斯加東南大學）等校區。1917年於費爾班克斯創立；1922年開始正式上課。三個校區都提供商學和教育方面的碩士課程；費爾班克斯和安克拉治校區也有工程、人文藝術與科學等學院。費爾班克斯校區還有自然科學領域的博士班。設有地球物理研究所和海洋科學研究所等研究組織。學生總數約有25,000人。

Alaska Highway　阿拉斯加公路　舊稱阿爾康公路（Alcan Highway）。經育空連接加拿大道生克里克、英屬哥倫比亞與阿拉斯加費爾班克斯的公路，長1,523哩（2,451公里）。由美國工程兵部隊在1942年3～11月建造，是一項緊急戰時措施，為阿拉斯加提供一條陸上軍事供應線。現在已成為全年開放的風景遊覽路線。

Alaska Peninsula 阿拉斯加半島 美國阿拉斯加州向西南伸出的半島。介於太平洋和白令海的布里斯托灣之間，長500哩（800公里）。阿留申山脈縱貫全境。設有卡特邁國家公園和保護區、阿尼亞查克國家保護區，以及比徹洛夫、阿拉斯加半島和伊澤姆貝克國家野生動物保護區。

Alaska Pipeline ➠ Trans-Alaska Pipeline

Alaska Purchase 阿拉斯加購買 指1867年美國從俄國購得北美大陸西北端面積586,412平方哩（1萬平方公里）的土地。俄國自1741年以來控有這塊土地，後來變成其經濟負擔，於是在1866年提出賣地的建議。當時美國總統強生的國務卿蘇華德負責向俄國交涉，購買價格爲七百二十萬美元，合兩美分一畝，結果輿論批評他是「蘇華德傻子」。國會持反對立場，將此案延宕至1868年，當時俄羅斯人動用關係遊說並賄賂許多人，才得以投票通過。

Alaska Range 阿拉斯加山脈 美國阿拉斯加州南部山脈，爲海岸山脈延伸部分。從阿拉斯加半島呈半弧形綿亙至育空邊界。位於戴納利國家公園的馬金利山，爲北美最高峰，周圍多13,000呎（3,960公尺）以上的高峰，包括銀王座山、獵人山、海斯山及佛瑞克山。橫貫阿拉斯加的油管在伊莎貝爾山口穿過該山脈，通至南端終點站瓦爾迪茲。

Alaskan king crab 阿拉斯加王蟹 ➠ king crab

Alaskan malamute 阿拉斯加雪橇犬 愛斯基摩馬萊繆特部落培育的雪橇犬。體壯，頭寬，耳豎，尾羽狀，捲在背上，被毛厚，多爲灰白或黑白相間。體高23～25吋（58～64公分），體重75～85磅（34～39公斤）。對人忠實友善，用於拖曳雪橇，在極地探險。

Alaungpaya dynasty＊ 雍笈牙王朝 亦稱貢版王朝（Konbaung dynasty）。緬甸最後一個王朝（1752～1885）。面臨東吁王朝的分崩離析情況，鄰近曼德勒的一個村莊酋長雍笈牙（1714～1760）組織一支軍隊，對緬甸南部的孟族分離主義者發動攻擊，並征服東北部的撣邦。後來又繼續東進，攻打暹羅人的阿瑜陀耶（在今泰國境內）王國，但被迫撤退。其子孟駁（1763～1776年在位）重整旗鼓再次征討阿瑜陀耶，還曾四次挫敗中國人的入侵。第六代國王孟雲（1782～1819年在位）企圖重新征服阿瑜陀耶，但多次與暹羅人交戰皆不幸失敗。他將國都遷到附近的阿馬拉布拉，還征服了阿拉干王國。後來進犯阿薩姆，惹火了英國人，孟既（1819～1837年在位）統治期間，緬甸在第一次英緬戰爭（1824～1826）中敗於英國人之手，之後領土逐漸被蠶食，權力逐漸被削弱，1885年英國終於併吞了此王朝。

Alawi＊ 阿拉維派 亦作Alawite。亦稱努賽里派（Nusayri）。什葉派的一個小宗派，其成員主要居住於敘利亞。阿拉維主義源於穆罕默德·伊本·努賽爾·納米里（活動時期850年）的學說，阿拉維派主要是由侯賽因·伊本·哈姆丹·卡西比（卒於957或968年）在哈姆丹王朝建立的。阿拉維派信仰的基本教義是將阿里奉爲神，把伊斯蘭教的五功解釋爲象徵。他們的節日慶典呈折衷色彩，有些是伊斯蘭教的，也有些是基督教的，阿拉維派的許多宗教儀式是祕密舉行的。

Alba, Fernando Álvarez de Toledo (y Pimentel), duque (Duke) de 阿爾瓦公爵（西元1507～1582年） 西班牙軍人。以征服葡萄牙馳名。1547年指揮查理五世的皇軍打敗施馬爾卡爾登同盟，1556～1559年任那不勒斯總督。後來成爲腓力二世的主要大臣，1567～1573年任荷蘭總督，以暴虐聞名。他建立新的法庭「戡亂委員會」，無視當地法律，判決12,000名起義者有罪。1573年腓力將他召回。1580年腓力派他進攻葡萄牙，但也不再受腓力恩寵。

阿爾瓦公爵，油畫，莫爾（Sir Antony More）繪於1549年；現藏布魯塞爾皇家美術館
By courtesy of the Musees Royaux des Beaux-Arts, Brussels

albacore 長鰭金槍魚 學名爲Thunnus alalunga。大型遠洋性魚類，以其肉質精美而聞名。這些貪食的掠奪者身體呈流線型，以便能迅速而持續的游動。分布於大西洋和太平洋，能作長距離的遷徙。藍鰭金槍魚有時也叫albacore。

Albani, Francesco 阿爾巴尼（西元1578～1660年） 亦作Francesco Albano。義大利波隆那派繪畫大師。與洛多維科·卡拉齊一起在波隆那習畫，1601年前往羅馬，與安尼巴萊·卡拉齊、多梅尼基諾裝飾法爾內塞府邸。同時成立自己的工作室，爲許多教堂和宮殿作過壁畫。1617年返回波隆那，繪製祭壇畫、寓言式的繪畫和田園風景畫。最有名的是以神話和詩爲題材的繪畫。

Albania 阿爾巴尼亞 正式名稱阿爾巴尼亞共和國（Republic of Albania）。巴爾幹半島西部濱亞得里亞海的國家。面積28,748平方公里。人口約3,108,000（2002）。首都：地拉那。居民多爲蓋格人和圖斯克人。語言：阿爾巴尼

亞語（官方語）。宗教：伊斯蘭教；少數爲基督教（希臘東正教和羅馬天主教）。貨幣：列克（lek）。地形可劃分爲兩大區：多山高地區和西部沿海低地區（全國耕地和大部分人口多集中於此）。1991年以前實施國有的社會主義制度，形成開發中經濟國家。1992年政府開始經濟改革，鼓勵自由市場經濟。阿爾巴尼亞人是古代印歐民族伊利里亞人的後裔，他們居於歐洲中部，鐵器時期開始他們向南遷移（參閱Illyria）。有兩組主要的伊利里亞遷移群，其中蓋格人定居在北部，圖斯克人與希臘殖民者一起定居在南部。西元前1世紀該地區受羅馬人統治；西元395年以後，行政上它與君士坦丁堡連在一起。14世紀時土耳其人開

始入侵，並持續到15世紀；雖然民族英雄斯坎德培抵抗了他們一段時間，但在他死後（1468），土耳其人就鞏固了他們的統治。1912年該國獲得獨立，1920年被國際聯盟承認。經過短暫的共和國（1925～1928）後成爲索古一世統治下的君主國。他最初與墨索里尼結盟卻引來了1939年義大利入侵阿爾巴尼亞。戰後，在霍查領導下建立了社會主義的政府，阿爾巴尼亞逐漸地與非社會主義的國際社會脫離了關係，最終它與所有國家都斷絕了關係，包括它最後一個政治盟友中國。到了1990年，經濟困難導致了多次反政府示威，1992年建立了非共產主義的政府，結束了阿爾巴尼亞在國際上的孤立地位。1997年因金字塔式的投資計畫崩潰，使它陷入了混亂。1999年掀起一股阿爾巴尼亞人逃出南斯拉夫尋求庇護的熱潮（參閱Kosovo conflict）。

Albanian language　阿爾巴尼亞語　一種印歐語系語言，操該種語言的大約有五百～六百萬人，主要居住在阿爾巴尼亞、塞爾維亞與蒙特內哥羅的科索沃、馬其頓西部等地區，另有人散居在義大利南部、西西里島以及希臘南部的一些村莊。阿爾巴尼亞語有兩種主要方言：通行於北部的蓋格方言（包括科索沃和馬其頓）和通行於南部的托斯克方言。阿爾巴尼亞語言爲唯一現存的印歐語系分支，其根據古羅馬巴爾幹語已不可考。最早文獻可溯至西元15世紀。確定阿爾巴尼亞語爲印歐諸語言的獨立語族。其語法範疇跟其他歐洲語言很相似。阿爾巴尼亞語於1909年採用拉丁字母。其核心字彙是本土性的，但在歷史演進過程中有許多借詞來自希臘語、拉丁語、巴爾幹羅曼語、斯拉夫語和土耳其語。

Albany＊　奧爾班尼　美國紐約州首府（2000年人口約95,658）。臨哈得遜河，位於紐約市以北145哩（230公里）處。1624年由荷蘭人建爲第一個永久居民點，當時名爲貝弗韋克。1664年爲英國人占領，爲了紀念約克公爵及奧爾班尼而改名爲此。1686年設市。1754年在此召開的奧爾班尼會議，通過了富蘭克林的「聯盟計畫」。19世紀發展爲一個運輸中心。市中心爲帝國廣場，周圍是政府機關、文化部門和各種會議廳，有紐約州立博物館等建築群。

Albany Congress　奧爾班尼會議　1754年美洲殖民史上英國商務部在紐約州奧爾班尼召集的會議。會議的目的是促進英國北美殖民地的團結，號召共同抵禦法國在法國印第安人戰爭開戰前的擴張。會上通過了富蘭克林所提的七個殖民地聯盟計畫，但此計畫從未被採行。此計畫後來成爲美國革命時期提案的模式。

〈不聯合就要滅亡〉，第一個美國知名漫畫，富蘭克林於1754年在其《賓夕法尼亞報》上發表；藉以支持在奧爾班尼會議中所提出的殖民地團結計畫
The Granger Collection

albatross　信天翁　鸌形目信天翁科十幾種大型海鳥的統稱。是最善滑翔的鳥類之一。在有風的氣候條件下，能在空中停留幾小時而無需拍動翅膀。能喝海水，通常吃烏賊。僅在繁殖時才成群地登上偏僻的海島。成鳥一般展翅約有7～11呎（200～350公分）長。信天翁壽命很長，是僅有的能活到老死的鳥類之一。舊時航海人迷信殺死信天翁會帶來壞運氣。

albedo＊　反照率　指物體反射太陽輻射的量同投射到物體上面的總輻射量之比，通常用百分比表示。一般用於天文學上，用來描述行星、天然衛星和小行星的反射率。「正常」反照率（直接從上方照射和觀測時，物體表面的相對亮度）通常可用來測定衛星和小行星的表面成分。這種物體的反照率、直徑和距離是決定其亮度的因素。

Albee, Edward (Franklin)　＊　愛爾比（西元1928年～）　美國劇作家。生於維吉尼亞州，爲一知名的同姓雜耍劇經理收養爲孫子。早期的獨幕劇《動物園的故事》（1959）和其他初期劇作《沙箱》（1960）、《美國夢》（1961）具有荒謬劇的特色。第一個三幕劇《誰怕維吉尼亞．吳爾芙？》（1962；1966年改編成電影）廣獲好評。《優美的平衡》（1966）、《海景》（1975）和《三個高女人》（1991）等三劇獲得普立茲獎。他還把其他作家的作品改寫成舞台劇，包括納博可夫的《洛麗塔》（1981）。

Albemarle Sound＊　阿爾伯馬爾灣　美國北卡羅來納州東北部沿海小灣。灣外有沙洲與大西洋隔開。東西延伸約80公里，寬8～22公里。透過迪斯默爾沼澤和阿爾伯馬爾－乞沙比克運河連接乞沙比克灣。大西洋沿岸水道經過海灣，伊莉莎白城爲主要港口。1585年雷恩發現此地，後來以阿爾伯馬爾公爵的名字命名。

Albéniz, Isaac (Manuel Francisco)＊　阿爾貝尼斯（西元1860～1909年）　西班牙作曲家。四歲即以演奏鋼琴聞名，後來到萊比錫和布魯塞學音樂。1883年返回西班牙，在巴塞隆納和馬德里教書。1893年遷往法國巴黎。以鋼琴作品出名，受到佩德雷爾的影響，多採用西班牙民間音樂的旋律風格、節奏與和聲。以《伊比利亞》組曲（1906～1909）最著名，共包括十二首技巧難度極大的鋼琴曲；其他鋼琴作品還有《西班牙組曲》、《西班牙旋律》以及五首奏鳴曲。他還寫有一些歌劇。

Albers, Josef　艾伯斯（西元1888～1976年）　德裔美國畫家、詩人、教師和理論家。1920年入包浩斯設計學校讀書，1933年成爲首批赴美的教師之一，在黑山學院任教，之後任教於耶魯大學。他發展了一種特殊的畫風，以抽象的直線模式和黑白原色構圖。最著名的系列繪畫作品是《正方形的禮讚》，始作於1950年。他撰寫的《色彩的相互作用》（1963）是關於色彩理論的研究，影響頗鉅。

艾伯斯，紐曼（Arnold Newman）攝於1948年
Arnold Newman

Albert　艾伯特（西元1819～1861年）　原名Franz Albrecht August Karl Emanuel, Prinz (Prince) von Sachsen-Coburg-Gotha。被稱爲艾伯特親王（Prince Albert）。英國維多利亞女王的丈夫、英王愛德華七世之父。維多利亞和艾伯特原爲親表兄妹，1840年兩人結爲夫婦。艾伯特實際成爲女王的私人祕書和首席顧問。他們幸福的婚姻有助於延續君主政權的穩定。雖然德裔的艾伯特不大得人緣，但在他四十二歲罹患傷寒病逝後，英國人民才體認到他的重要性。接下來的幾年，哀傷的女王常以她認爲艾伯特會怎麼做來決策。

Albert, Lake　艾伯特湖　中非洲東部湖泊，海拔2,021呎（614公尺），長100哩（160公里），平均寬度20哩（32公里）。西南部有塞姆利基河帶來愛德華湖的湖水注入，東北端莫契生瀑布下有來自維多利亞湖維多利亞尼羅河注入。1864年歐洲人貝克首先抵達此湖，以維多利亞女王之夫之名命名。原屬烏干達，現爲烏干達和剛果的界湖。

Albert I　阿爾貝特一世（西元1875～1934年）　比利時國王（1909～1934）。1909年繼承叔父利奧波德二世的王位。他加強軍隊戰力，1914年8月2日重申比利時的中立立場，拒絕德皇威廉二世要求允許德軍自由通過比境。同年8月5日德國入侵比利時，他隨即領導陸軍在這一次世界大戰期間進行抗戰，之後為期十五年，領導國家的重建工作。

Albert National Park　艾伯特國家公園 ➠ Virunga National Park

Alberta　亞伯達　加拿大南部草原三省中最西的省份（2001年人口約2,974,807）。東與薩斯喀徹溫省為鄰，西接英屬哥倫比亞省，北接西北地區，南與美國為界。首府艾德蒙吞。長久以來就有印第安人居住。1750年代歐洲毛皮商抵達該地區，開始開發此區。最後由哈得遜灣公司統治這一地區，1870年轉給加拿大自治領地。1882年成為西北地區的一部分，後來因鐵路的開通和小麥種植面積的擴大，人口逐漸增加。1905年成為加拿大一個省。經濟一度仰賴農業，1947年發現石油後，經濟開始起飛，接著又陸續發現其他的大石油和天然氣礦藏。

Alberta, University of　亞伯達大學　位於加拿大亞伯達省艾德蒙吞的一所公立大學。成立於1908年，是加拿大最大的五所研究取向大學之一。提供人文藝術、農業與林業、科學與工程、商業、法律、教育以及醫療事業等大學部和研究所課程。還設有一些特別的課程，包括法語教學以及一所本土研究學院。學生總數約30,000人。

Alberti, Leon Battista　阿爾貝蒂（西元1404～1472年）　義大利文藝復興時期人文主義者、建築師和理論家。在接任羅馬教廷祕書後，1438年受人鼓勵將他的天分轉向建築領域。其所設計的佛羅倫斯盧徹來府邸（1445～1451?）和新聖瑪利亞教堂（1456～1470）的正立面以比例和諧著稱於世。曼圖亞聖安德烈亞教堂（1472年動工）的凱旋拱門樣式是文藝復興初期的經典作品。阿爾貝蒂不注重建築物的實用方面，是走在文藝復興建築和藝術前端的理論家，以整理直線透視原理而聞名（《論繪畫》〔1435〕）。他是文藝復興時期的全才型人物，也致力於道德哲學、製圖學和密碼學方面的研究。

Albertus Magnus, St.　大阿爾伯圖斯（西元約1200～1280年）　德國天主教道明會的主教和哲學家。是一位富有的德國貴族之子，1223年在帕多瓦加入天主教道明會。之後他被派往巴黎大學，在那裡開始接觸由希臘文和阿拉伯文翻譯的亞里斯多德著作新譯本以及阿威羅伊的注釋。他花費大約二十年時間完成《物理學》這部鉅著，內容包含自然科學、邏輯學、修辭學、數學、天文學、倫理學、經濟學、政治學和玄學等。他認為基督教有些教義是信仰和理性都可以承認的。1248年，阿爾伯圖斯被派往科隆建立德國第一個道明會研究院，並擔任院長直至1254年，當時其主要門徒是托馬斯・阿奎那。阿爾伯圖斯的著作代表著他那個時代的全部歐洲知識，也對自然科學貢獻卓著。

大阿爾伯圖斯壁畫，莫德納（Tommaso da Modena）繪於1352年左右；現藏特雷維索的聖尼科洛教堂
Alinari – Art Resource

Albigensian Crusade＊　阿爾比派十字軍　教宗英諾森三世徵召的十字軍，用來討伐法國南部的清潔派異端。此戰爭使法國南、北方的貴族互相爭鬥，最後根除了阿爾比派異端，但也付出慘痛和不公的代價，英諾森三世為此十分悔恨。1229年簽訂「巴黎條約」，南方諸侯喪失獨立，也大致毀了普羅旺斯的文化。但異端並未完全被消滅，拖至13和14世紀，成為異端裁判所的打擊目標。

Albigensians　阿爾比派 ➠ Cathari

albinism＊　白化病　指雙眼、皮膚、毛髮、鱗片、羽毛等缺乏黑色素的情況。白化病是因為一種遺傳缺陷，身體不能合成製造黑素所需的酪氨酸酶。患白化病動物難以在野外生存，因為它們缺乏色素提供的保護色和對陽光紫外輻射的屏障功能。人類和脊椎動物中的白化病為遺傳性。全身性白化病患者的皮膚和頭髮呈乳白色，不過皮膚因深層的血管可略顯粉紅色。眼虹膜粉色而瞳孔呈紅色，這是因為灰色素的脈絡膜中的血液反光所致。眼部異常如散光、眼震顫（眼球的快速不自主的擺動）和畏光都很常見。全身性白化病是因為缺少黑色素，即人類皮膚、毛髮和雙眼中的暗褐色色素，當兩個等位基因都缺乏時就會出現白化病。人類白化病呈常染色體隱性遺傳模式。白化病見於一切種族，兩萬人中約出現一個。

Albinoni, Tomaso (Giovanni)＊　阿爾比諾尼（西元1671～1751年）　義大利作曲家，為威尼斯富商之子，終生不愁生計，是一位多產的作曲家。1694～1741年間有五十餘部歌劇在威尼斯演出，但作品很少留存下來。所作的六十多首協奏曲非常受人歡迎。還寫過八十多種各式樂器的奏鳴組曲，以及四十多部獨幕清唱劇。著名的G小調慢板實際上是由吉亞索托所譜。

Albinus, Bernard Siegfried＊　阿爾比努斯（西元1697～1770年）　德裔荷蘭解剖學家。萊登大學教授，以其著作《人體骨骼與肌肉目錄》（1747）中出色的繪圖知名。最早表明母親與胎兒血管系統相連。與布爾哈夫一起編輯維薩里與哈維的著作。

albite　鈉長石　一種常見的長石礦物，為鈉的鋁矽酸鹽（$NaAlSi_3O_8$）。在偉晶岩和酸性火成岩如花崗岩中最常見，亦見於低級變質岩中，以及一些沈積岩中。鈉長石通常形成各種顏色的脆性玻璃狀晶體。可用來製造玻璃和陶瓷，但其主要意義在於是一種造岩礦物。

Albright, Ivan (Le Lorraine)　奧爾布賴特（西元1897～1983年）　美國畫家，生於伊利諾州北哈維。父為畫家，家境富裕。曾在多處學院習畫，發展出一種細膩風格，並常花費幾年的心力完成一幅作品。以其逼眞而引人注目地描繪衰敗和腐化的場景著名，常帶有強烈的情感。重要作品有《我本應該做而未做的事》（1931～1941）和《葛雷的肖像》（1943），後者是描繪一部根據王爾德的小說改編的電影，這使他大出風頭。

albumin＊　白蛋白　一類可溶於水及半飽和鹽溶液（如硫酸銨溶液）的蛋白質。易因加熱而凝固。如血清白蛋白是血漿中的主要成分；牛乳中有α－乳白蛋白。蛋白的蛋白質中約50%為卵白蛋白，此外尚有伴白蛋白。卵白蛋白在商業上常應用於食品、酒類、黏著劑、紙套、製藥和其他工業方面，並還在研究中。

Albuquerque＊　阿布奎基　美國新墨西哥州最大的城市（2000年人口約448,607）。臨格蘭德河，位於聖大非西南部。為新墨西哥州長所發掘，是以新西班牙總督阿布爾奎基（Duguede Alburguerque）之名命名的（Alburguerque中第一個 r 後來遺漏）。1706年為西班牙人所建。1800年後成為聖大非小道的貿易中心，帶來一股移民熱潮。1846年被美國占領，設為軍事站。1880年通鐵路後，人口開始增加。現保存有西班牙式的舊城和教堂（1706）。1930年代起，有許多和國防有關的聯邦機構在此設立。

Albuquerque, Afonso de＊　阿爾布克爾克（西元1453～1515年）　亦稱Afonso the Great。葡萄牙的印度殖民地總督，臥亞和麻六甲的征服者。早年曾在北非服軍役十年，軍事經驗因而豐富，但他的名聲主要是在南亞和東南亞打響的。他努力控制所有通往東方的主要海上貿易路線，建立永久性的要塞並殖民，為葡萄牙人主宰東南亞鋪路。他受到葡萄牙國王約翰二世和其他人的十字軍精神鼓舞，即使考慮到商業利益有限，也無法改變他的計畫。

Alcaeus＊　阿爾凱奧斯（西元前約620～西元前約580年）　亦作Alkaios。希臘抒情詩人。他的作品僅存片斷和引句，題材包括頌揚神和英雄的頌歌、情歌、飲酒歌和政治詩。詩人的許多片斷表現了他如何積極參與了其故鄉米蒂利尼的生活，尤其是它的政治生活。他是羅馬抒情詩人賀拉斯所喜愛的典型，後者學他寫了阿爾凱奧斯體詩節。

Alcalá Zamora, Niceto　薩莫拉（西元1877～1949年）　西班牙政治人物，1917年任工程部長，1922年任陸軍部長。他反對普里莫·德里維拉將軍獨裁，因而投入共和運動。身為革命委員會領袖，他成功迫使阿方索十三世退位。1931年擔任總理，同年12月11日被選為第二共和國的首任總統。他竭力消除各政黨之間的鬥爭，壓制極左派分子。1936年人民陣線當選以後，議會將他罷免。後來流亡到法國，然後去阿根廷。

Alcamenes　阿爾卡姆內斯（活動時期西元前5世紀末）　亦作Alkamenes。古希臘雕刻家，稍晚於菲迪亞斯。其作品以優美著稱，一些作品是從複製品得知的；衛城博物館的一尊不完整的大理石雕像《普洛克涅與伊提斯》被認為是他的原作。

Alcan Highway　阿爾康公路 ➠ Alaska Highway

Alcatraz Island　阿爾卡特拉斯島　美國加州舊金山灣內的一座岩石島，距離海岸邊1.5哩（2公里），面積22英畝（9公頃）。該島以加州沿海第一座燈塔（1854）的所在地而享有盛名。1859年成為一支軍隊駐紮地。1868年為軍事監獄。1934～1963年間為監禁最危險的平民重犯的聯邦監獄。在其所監禁的眾多犯人中著名的有卡彭、「機關槍」凱利和「阿爾卡特拉斯的鳥類學家」斯特勞德。現開放給大眾參觀。

alcázar＊　要塞　一種城堡，專指西班牙人建造的軍事建築物。外觀通常呈長方形，有便於防守的城牆與雄偉的角樓。內有空曠的庭院，庭院四周建有小教堂、客廳、醫院、花園等。保存最完整的要塞是從摩爾人時期就有的塞維爾要塞宮殿，始建於1181年阿爾摩哈德人統治時期，延續到基督教時代，展現摩爾和哥德式風貌，包括一座十角形磚塔黃金塔。

Alcestis＊　阿爾克提斯　希臘傳說中伊奧爾科斯國王珀利阿斯的美麗女兒。弗里國王之子阿德墨托斯為了追求她，必須要把一頭獅子和一頭野豬套到戰車上。他獲得阿波羅神的幫助，如願娶得美嬌娘。但阿波羅發現他將不久於人世，於是勸說命運女神，找個替死鬼來延長他的壽命。忠貞的阿爾克提斯答應為他犧牲，但是赫拉克勒斯在她的墓地同死神搏鬥，救回了她。希臘悲劇作家尤利比提斯寫有《阿爾克提斯》一劇，就是描述她的故事。

alchemy　煉金術　企圖將一般金屬變為黃金的一種偽科學。古時候的煉金術士相信在正確的占星術情況下，鉛會「完美地」轉變為黃金。他們嘗試用各種化學方法加熱、冶煉金屬來加速這種轉化，但大部分方法是祕密進行的。煉金術在古時候世界各國都曾出現過，從中國、印度到希臘都有。希臘化時代傳至埃及，後來在12世紀一度復興。歐洲人透過拉丁文翻譯的阿拉伯著作而接觸到煉金術。中世紀的歐洲煉金術士有了一些新發現，包括無機酸和乙醇。這次復興導致在帕拉塞爾蘇斯的影響下發展了製藥學，也導致現代化學的興起。一直到19世紀煉金術士的製金方法才為人們所懷疑。

Alcibiades＊　亞西比德（西元前450?～西元前404年）　雅典才氣橫溢卻不夠廉潔的政治人物暨指揮官。其父在作戰時陣亡，他的監護人是伯里克利，未能對他進行適當的教養。他非常欽佩哲學家蘇格拉底，而蘇格拉底也為其俊秀的外表和機敏所吸引。兩人曾在伯羅奔尼撒戰爭中並肩作戰，互相救過對方，但他不像蘇格拉底正直廉潔。西元前420年當上將軍。西元前415年在遠征西西里途中，被控褻瀆赫耳墨斯神像，於是逃到了斯巴達。他向斯巴達人獻策，打擊雅典軍隊，但最後斯巴達人也開始反對他，於是他又向波斯總督搖尾乞憐。後來雅典艦隊召喚他回來。西元前411～西元前408年他幫助雅典取得多次勝利。雖然贏得英雄地位，但他的政敵藉機煽惑群眾將他罷免。亞西比德前去色雷斯隱居，曾預見雅典在伊哥斯波塔米戰役的危險性。後來從色雷斯逃到弗里吉亞去投靠當地的波斯總督。西元前404年由於斯巴達的煽動，波斯總督將他殺害。他的政治地位動搖是伯羅奔尼撒戰爭中雅典失敗的最大決定性因素。他的惡名也牽連到蘇格拉底，加強了政敵對蘇格拉底的指控（西元前399年）。

Alcmaeon　阿爾克邁翁　亦作Alcmeon。希臘傳說中先知安菲阿拉俄斯的兒子。安菲阿拉俄斯接受其妻的勸說，加入七將出征底比斯。他知道此去凶多吉少，吩咐阿爾克邁翁和他的兒子們為他報仇。阿爾克邁翁率領其他七個兄弟摧毀底比斯後，遵照父囑殺死了自己的母親，但也因此發瘋並被復仇女神四處追逐。普索菲斯國王菲蓋厄斯幫他洗滌罪惡，

16世紀重修的14世紀托萊多要塞，曾在西班牙內戰中嚴重損壞，之後受到修復
Alfonso Gutierrez-Escera

阿爾克邁翁還娶了他的女兒，但後來被殺。阿爾克邁翁遵照神諭的勸告，定居到阿克羅斯河口的一座島上，他在那裡再婚，但最後被菲蓋厄斯和其兒子們殺害。

Alcmaeonid family 阿爾克邁翁家族 西元前6世紀～西元前5世紀在雅典的一個有權勢家族。這個家族的成員邁加克利斯（西元前632?年）任執政官時，因謀殺罪整個家族被流放。庇西特拉圖當了僭主以後，阿爾克邁翁家族聯合保守派貴族，兩次把他趕出城邦。庇西特拉圖東山再起後，又把該家族放逐出去。後來邁加克利斯的兒子克利斯提尼在西元前525（或524）年當上執政官，但在西元前514年庇西特拉圖的兒子希庇亞斯又以謀殺其兄弟的罪名放逐阿爾克邁翁家族。西元前510年斯巴達人趕走庇西特拉圖後，阿爾克邁翁家族才又重振名聲。其下一個世代可能曾在馬拉松戰役中暗助波斯人。亞西比德和伯里克利是這個家族母系的後裔。

Alcoa 美國鋁業公司 世界最大的製鋁公司。1888年建於匹茲堡，1907年採用美國鋁業公司之名。1910年開發出鋁箔新產品，並將鋁應用到新興的航空和汽車工業。1913年在田納西州東部建立阿爾考鎮，把它規畫爲工業區。1945年因違反聯邦反托拉斯法，不得不賣掉加拿大子公司（現爲加拿大鋁業公司，是其最大的競爭對手）。1998年併購阿魯瑪克斯公司，合併的公司擁有十萬名員工，每年生產近四百萬噸的鋁。

alcohol 醇 在烴鏈的一個或多個碳原子上附著一個或多個羥基（OH）的一類有機化合物。在那個碳原子上別的置換集團（R）的數目決定了這種醇類是一級醇（RCH_2OH）、二級醇（R_2CHOH），還是三級醇（R_3COH）。自然界裡有許多醇，在其他化合物的合成過程中是有價值的中間物，這主要是因爲羥基的化學反應特性。一級醇可被氧化（參閱oxidation-reduction）成醛和（如果進一步氧化）羧酸；二級醇可被氧化成酮。三級醇經氧化則分解。醇通常與羧酸反應形成酯。醇又能轉化爲醚和烯烴。這多種化學反應的產物包括脂肪和蠟類、洗滌劑、增塑劑、乳化劑、潤滑劑、軟化劑以及起泡劑。乙醇（酒精）和甲醇（木醇）是最有名的醇類，含有一個羥基。甘醇（如乙烯甘醇或防凍劑）有兩個羥基，丙三醇有三個羥基，多元醇則有三個或三個以上羥基。亦請參閱alcoholic beverage、alcoholism。

Alcohol, Tobacco and Firearms, Bureau of (ATF) 煙酒槍械管理局 美國財政部所屬機構。設立於1972年，負責執行有關酒精與煙草類製品之生產、徵稅和流通的法律，以及有關槍械和爆裂物之使用的法律。該局事務包括審查酒精煙草相關作物、核發執照、監督酒精和煙草稅收、監看廣告及商標的使用情形、調查違法情事等。該局同時也調查槍炮及爆裂物的違法使用，以及槍炮、蒸餾酒與走私香煙的非法交易。

alcoholic beverage 酒精飲料 任何含醇或乙醇的發酵酒如葡萄酒、啤酒或蒸餾酒，可用作陶醉劑。酒精飲料一旦入肚後，所含的酒精可不經消化即被胃腸道吸收，故血中的酒精在飲酒後不久即可達到一相當高的濃度，接著酒精會透過血液分布到體內各組織，其中尤以腦受到的影響最大。當飲酒量漸增後，飲酒者會有注意力減退、視線模糊、肌肉不協調和昏昏欲睡等症狀。

Alcoholics Anonymous (AA) 嗜酒者互戒協會 酒精中毒患者自願建立的地區性獨立組織，透過聚會分享共同的經驗來達到自助下的互助戒酒。成員們在此匿名、彼此信任和認識到酒精中毒是一種疾病，人人可暢所欲言。許多人認爲AA是對付酒精中毒最成功的方法，參加者提高了其他治療方法的成功機會。它有十二個恢復階段，包括認識問題的嚴重性、讓每個人相信有一種「更大的力量」、自我檢查、希望變得更好並幫助他人復原等。1935年由兩位嗜酒者發起組織，現在全世界約有兩百萬名會員。其他濫用某種藥物者或習慣性賭徒的類似組織也都建立在同樣的原則基礎上。

alcoholism 酒精中毒 過分飲用酒精飲料以至對飲者的身體、心理、社交或經濟造成損害的現象，如肝硬化，酒醉駕駛和造成意外，家庭衝突，以及喪失工作。通常酒精中毒被看作是一種疾病，一種毒癮。原因不明確，但可能是一種遺傳缺陷。在美國約有4.2%的成年人患有酒精中毒，以男人較常見，但女人很可能會掩飾。治療酒精中毒的方法有採用住院綜合治療或全面心理恢復療法；嗜酒者互戒協會之類的組織著重於互相討論、幫助的集體治療法；突然停止酗酒會導致退化症狀，如譫妄症。

Alcott, (Amos) Bronson 奧爾科特（西元1799～1888年） 美國哲學家和教師，生於康乃狄克州渥爾科特。係貧苦農民之子，自學成材。曾以行商身分在美國南方作旅行推銷，後爲兒童辦學，建立一系列革新措施，但並未獲認同，最後被迫關閉。1842年受愛默生的資助訪問英國，後偕同一位同道、神祕主義者雷恩回國，在波士頓外圍建立一個短暫的烏托邦公社佛路特蘭（意爲「水果園」）。後來返回麻州康科特，以建立首屆家長－教師協會聞名。他還是先驗論者的著名會員，著有一些書，但一直很窮，直到他的二女兒路易莎・梅・奧爾科特在文學上取得成就，經濟才獲紓解。

Alcott, Louisa May 奧爾科特（西元1832～1888年） 美國女作家，生於賓州德國城，以寫兒童讀物聞名。爲布洛斯南・奧爾科特之女。成長於波士頓和康科特的先驗論者圈中。後來從事寫作以幫助家計。她是個積極的廢奴主義者，美國內戰期間志願去當護士，結果染上傷寒，此後一直沒有完全康復。她的書信集《醫院速寫》（1863）的出版使她初露頭角。自傳體小說《小婦人》（1868～1869）使她大獲成功，還清債務。隨後，一批以她早年經歷爲題材的作品相繼問世，其中包括《墨守陳規的姑娘》（1870）、《小男人》（1871）、《喬的男孩們》（1886）。

奧爾科特，肖像畫，希利（George Healy）繪；現藏麻薩諸塞州康科特的路易莎・梅・奧爾科特紀念協會
By courtesy of Louisa May Alcott Memorial Association

Alcuin * 阿爾昆（西元732?～804年） 盎格魯－拉丁語詩人、教育家和教士。查理曼在亞琛創建的巴拉丁學校的校長。他把盎格魯－撒克遜的人文主義傳統介紹到西歐，是所謂「加洛林王朝文藝復興」最傑出的學者，對天主教的禮拜儀式進行了重要改革，留下的三百多封拉丁文書信是研究他那個時代的寶貴史料。

aldehyde 醛 一類有羰基（參閱functional group）存在的有機化合物。在醛中，碳原子的兩個剩餘的鍵至少有一個與氫原子相連。許多醛有特殊的、悅人的氣味。它們很容易氧化成酸或還原成醇。醛類也可以發生化學反應或聚合反應，簡單的醛可以很容易地連接在一起成為含有數萬個分子的鏈。醛（如甲醛）與其他類型的分子化合可產生數種常用的塑膠。許多醛可大量用作工業原料，它們可以用作溶劑、高分子化合物、芳香劑，以及生產塑膠、染料、藥物的中間體。許多糖是醛類，數種天然的和合成的激素，以及一些合成物如視網膜（維生素A，在人的視覺中很重要）和磷酸吡哆胺（維生素B_6的一種形式）也是醛。

Alden, John 奧爾登（西元1599?～1687年） 1620年乘「五月花號」到達美洲的清教徒之一，原是一名桶匠，被發起此次航程的英國商雇用。他簽署了「五月花號公約」，曾擔任總督助理（1623～1641，1650～1686），並兩次代理總督。據說他是第一個踏上普里茅斯土地的清教徒。根據朗費羅的詩，他曾代表友人史坦迪許向馬倫斯求婚未成，而後來自己向她求婚卻如願以償。1623年他與馬倫斯結婚。

alder 榿木 樺木科榿木屬約三十種觀賞和材用灌木及喬木，遍布北半球和南美西部寒冷和潮濕地區。與樺木不同之處為：榿木的冬芽有柄，具翅的小堅果散佈以後，球果狀的果苞仍留在樹枝上。樹皮鱗片狀，葉卵形，脫落時不變色。單性，柔荑花序，雌雄花序同株。北美種有：紅榿木、白榿木（菱葉榿木）和斑點榿木。榿木材質佳，耐用，水浸不壞，可用於製家具、車削產品、門窗及燒炭。榿木根系發達，耐潮濕土壤，常種植於河邊用以防洪和防水土流失。

歐洲榿木（Alnus glutinosa）
Earl L. Kubis－Root Resources

Aldrich, Nelson W(ilmarth) 奧德利奇（西元1841～1915年） 美國參議員和金融家，生於羅德島州佛斯特市。曾任眾議員（1879～1881）和參議員（1881～1911）。在擔任全國貨幣委員會主席（1908～1912）時，為1913年的「聯邦儲備法」鋪平道路。他投資銀行、電力、煤氣、橡膠和蔗糖各業，積聚一筆財富。他在國會中主張實行保護關稅和金本位制，反對控制商業。

Aldrich, Robert＊ 亞德瑞克（西元1918～1983年） 美國電影導演與製片。生於羅德島州的克蘭斯頓，1941年起便在雷電華影片公司擔任各種職務，跟隨雷諾瓦與卓別林等導演。導演第一部劇情片《大聯盟》（1953）之後，成立了自己的製片公司，以《阿帕契》（1954）、《大刀》（1955）、《蘭閨驚變》（1962）、《最毒婦人心》（1964）以及《十二金剛》（1967）等風格強悍、通常帶有暴力色彩的影片，建立了公司的聲譽。

Aldrich, Thomas Bailey＊ 奧德利奇（西元1836～1907年） 美國詩人、短篇小說作家、編輯，生於新罕布夏州朴次茅斯。十三歲輟學，後不久為各種報刊撰稿。1881～1890年任《大西洋月刊》編輯。他頗受歡迎的傑作《一個壞孩子的故事》（1870），記述了他童年時代的經歷。他在作品中使用意外結局的手法，對美國短篇小說的發展具有影響。他的詩歌反映了新英格蘭的文化和他多次遊歷歐洲的見聞。

Aldrin, Edwin Eugene, Jr.＊ 小奧爾德林（西元1930年～） 別名Buzz Aldrin。美國太空人。生於新澤西蒙克萊爾，畢業於西點軍校，韓戰中六十六次擔任戰鬥機駕駛的任務。1963年獲得麻省理工學院博士學位。後來被選為太空人。1966年他與小洛弗爾參加四天的「雙子星十二號」（參閱Gemini）飛行，出艙進行了五個半小時的太空漫步，證明人體在宇宙真空中能夠有效地活動。1969年7月在「阿波羅十一號」的任務中，他成為第二個登上月球的美國太空人。

ale 褐麥啤酒 經發酵的麥芽飲料。酒味濃郁，略苦，有強烈酒花味，流行於英國。17世紀以前，褐麥啤酒不加酒花（加酒花的叫啤酒），用酵母、水及麥芽釀成。現代的褐麥啤酒往往用富含硫酸鈣的水、上面發酵的酵母和較高的溫度釀成。淺色褐麥啤酒含酒精達5%，深色褐麥啤酒含酒精可達6.5%。

Alea, Tomás Gutiérrez＊ 阿里（西元1928～1996年） 古巴電影導演。在古巴取得法律學位之後，前往羅馬攻讀電影製作（1951～1953）。他是卡斯楚的支持者，在1959年以後協助發展古巴的電影工業，並且完成了共黨政權下第一部官方劇情片《革命的故事》（1960）。後來，他在體制的限制下拍成國際知名的電影，諷刺並且揭發革命後時期古巴人民的各種生活面向，如《官僚之死》（1966）、《未開發的記憶》（1968）、《生還者》（1978）以及《草莓與巧克力》（1993）等片。他被視為古巴出身的最佳導演。

aleatory music＊ 偶然音樂 alea由拉丁文而來，意為「擲骰子遊戲」。特別指1950年代和1960年代的音樂，它的機遇與不明確因素由演奏者自行處理。這種不明確部分通常出現在兩個領域。一是演奏者自己去安排樂曲的結構——如重新安排樂曲各部分的順序或者按照演奏者的願望同時演奏幾個部分。二是樂譜上會有出現一些說明，如演奏者該在何處進行即興演奏或者甚至要做一些類似戲劇性的姿勢。這類要求也許會促使創造性記譜法的產生，如把需要音樂中斷的地方加括號，提出音高範圍和即興演奏的時間等記號。艾伍茲和柯維爾都曾用過這種技巧，但凱基是這種音樂的重要人物，其他偶然音樂作曲家還有布朗（1926～）、費爾德曼（1926～1987）和布萊。

Aleichem, Sholem ➠ Sholem Aleichem

Aleixandre, Vicente＊ 阿萊克桑德雷（西元1898～1984年） 西班牙詩人、「一九二七年一代」的成員。深受超現實主義技巧的影響。他的第一部重要作品《毀滅或愛情》（1935）為他贏得國家文學獎。其他作品還有《心的歷史》、《在一個遼闊的領域裡》（1962）和《知識對話》（1974）。1977年獲諾貝爾文學獎。

Aleksandrovsk 亞歷山德羅夫斯克 ➠ Zaporizhzhya

Alemán, Mateo＊ 阿萊曼（西元1547～1614?年） 西班牙小說家。出身於被迫改信羅馬天主教的猶太家庭。作品表現出16世紀西班牙新教教徒的多方面經歷和情感。最主要的文學作品《古斯曼·德阿爾法拉切的生平》（1599, 1604）是最早的流浪漢小說之一，使他聞名全歐，但是經濟上收益甚微。

Alembert, Jean Le Rond d'＊ 達朗伯（西元1717～1783年） 法國數學家、科學家、哲學家和作家。1743年發表的有關動力學的著作中提到的「達朗伯原理」，和牛頓的第三運動定律有關。接著他發展了偏微分方程式，還發表研究積分學的成果。1746年左右擔任狄德羅創辦的《百科全書》的編輯，負責數學和科學方面的條目。他還編寫音樂條目，發表聲學方面的文章。1754年獲選為法蘭西學院院士。

Alentejo＊ 阿連特茄 舊稱Alemtejo。葡萄牙古省。分別與西班牙和大西洋為界。該省出產的軟木占世界總量

2/3。直至1974年葡萄牙革命之前，阿連特茹一直保有大量的莊園，但多數均爲不居住於此的地主所有，之後便被政府當局劃分所有權。

alenu＊　阿勒努　（希伯來語意爲「這是我們的責任」）極爲古老的一篇猶太教禱文的發端語。自中世紀以來，猶太教徒每天三次祈禱結束時都要誦這段禱文。第一部分是爲以色列人蒙選事奉上帝而謝恩，第二部分是期望彌賽亞時代的到來。古代傳說阿勒努是約書亞所撰，一般學者則認爲它是西元3世紀巴比倫的猶太教學者阿巴・阿里卡所作。

Aleppo＊　阿勒頗　阿拉伯語作哈拉普（Halab）。敘利亞最大城市（1994年人口約1,582,930），位於該國西北距土耳其南部邊界約30哩（48公里）處，是數條重要商路的交匯點，很早以前便有人居住，西元前3000年末首見記載。長期以來，受許多王國統治，如西台人（西元前17世紀～西元前14世紀），西元前6世紀～西元前4世紀受波斯人控制。後來落入塞琉西王朝之手，得到重建，並更名爲貝羅伊。西元前1世紀時併入羅馬帝國敘利亞行省，繁榮了數百年之久。637年，被阿拉伯人征服，在其統治下恢復了舊名哈拉普。1124年成功的阻擋了十字軍的圍攻，1260年被蒙古人占領。最後於1516年併入土耳其鄂圖曼帝國。現代阿勒頗是一座與大馬士革不相上下的工業和知識中心。

Alessandri Palma, Arturo＊　亞歷山德里・帕爾馬（西元1868～1950年）　智利總統（1920～1925，1932～1938）。義大利移民之子。1920年代表都會層級，首次成功挑戰智利寡頭政治。他支持工人階級並企圖進行自由主義改革，但受到國會的阻撓。後被伊瓦涅斯領導的軍人執政委員會流放。後以修改憲法、擴大總統權力爲條件應召回國。1932年大蕭條期間再次出任總統。身爲嚴格的憲政主義者，他主要靠右翼政治力量支持。由於他對迅速蔓延的罷工活動的強硬態度，因而失去大部分勞動者和中產階級的支持。

Aleut＊　阿留申人　阿留申群島與阿拉斯加半島西部地區之原住民，講兩種可以互相通曉的方言，在語言、種族、文化等方面都與愛斯基摩人相近。傳統的阿留申村落散佈在淡水水源附近的海岸，靠捕獵海洋哺乳動物、魚、鳥、北美馴鹿和熊。阿留申婦女編織草籃。18世紀俄羅斯人來此，阿留申人人口猛降。2000年美國人口普查結果顯示，純阿留申血統的人口約6,600人。

Aleutian Islands＊　阿留申群島　阿拉斯加的弧形鍊島群（1990年人口約12,000），自阿拉斯加半島尖端向西南延伸至阿圖島，長達1,100哩（1,800公里），分隔白令海（北）和太平洋（南）。主要島群由東至西爲福克斯（包括烏尼馬克島及安那拉斯島）、四山、安德烈亞諾夫（包括埃達克島）、尼爾島群（包括阿圖島）。安那拉斯加和埃達克島上建有大居民點。阿留申人是這裡的原始居民，1741年俄國派遣船隻作探險航行。西伯利亞毛皮獵人越過該群島東遷，爲俄國在北美找到了立足點。由於俄國人的征服和屠殺，幾乎使原住民阿留申人滅絕。1867年俄國將阿拉斯加連同該群島賣給美國。

alewife　灰西鯡　鯡科北美食用魚，學名爲Pomolobus pseudoharengus或Alosa pseudoharengus。可長至1呎（30公分）。多數均在北美大西洋沿岸生活數年後，方於春季上溯淡水溪流，在池塘或緩流河中產卵。

Alexander, Harold (Rupert Leofric George)　亞歷山大（西元1891～1969年）　受封爲（突尼斯的）亞歷山大伯爵（Earl Alexander (of Tunis)）。第二次世界大戰中傑出的英國陸軍元帥。第二次世界大戰中他協助指揮敦克爾克大撤退，並且最後一個上船。1942年駐緬甸時，他在日軍逼近之前解救了英國和印度的部隊。在地中海戰區，他指揮盟軍自埃及和阿爾及利亞發起地面攻勢，迫使德軍投降。他還指揮對西西里和義大利的進攻，後來成爲在義大利的全部盟軍總司令。戰後任加拿大總督（1946～1952）、國防大臣（1952～1954）。

Alexander, Severus ➟ Severus Alexander

Alexander, William　亞歷山大（西元1576?～1640年）　受封爲斯特淩伯爵（Earl of Stirling）、加拿大子爵（Viscount of Canada）。蘇格蘭詩人，加拿大殖民地的開拓者。曾任詹姆斯一世宮廷官員，寫了十四行組詩《黎明》（1604）。1621年獲得北美洲大片土地，並將整片土地命之爲新蘇格蘭（新斯科舍），無視法國人想擁有部分土地的要求。他授予那些願意支助移民的蘇格蘭人從男爵身分，但這一地區直到他兒子建立皇家港口（皇家安那波利斯）居民區後才殖民化。但後來亞歷山大被迫按「蘇薩條約」（1629）交出領土所有權，以結束英法之間的衝突。1631年蘇格蘭移民被迫從該地區撤出。

Alexander I　亞歷山大一世（西元1777～1825年）　俄語全名作Aleksandr Pavlovich。俄國沙皇（1801～1825年在位）。1801年其父保羅一世被暗殺後繼位。他組織了一個樞密委員會，改革了許多前朝不合理的事物，但卻無法廢除農奴制度。拿破崙戰爭時，他一方面對拿破崙作戰，一方面又與之交好，最後更組成同盟將其打敗。他還參與維也納會議（1814～1815），組成神聖同盟（1815）。1825年猝逝，但他退隱西伯利亞的傳言一直甚囂塵上。

Alexander I　亞歷山大一世（西元1888～1934年）　南斯拉夫國王（1921～1934）。第一次世界大戰期間任塞爾維亞武裝部隊總司令，1921年接替其父彼得一世成爲塞爾維亞－克羅埃西亞－斯洛維尼亞王國國王。1929年廢除憲法建立王室獨裁政權。他改國名爲南斯拉夫，致力於各項改革，將根基於種族、宗教、區域差異之上的政黨列爲不法，重整國家組織，且將法律體系、學校課程、國定假日標準化。1934年被克羅埃西亞分離主義者刺殺身亡。

Alexander II　亞歷山大二世（西元1818～1881年）　俄語全名作Aleksandr Nikolayevich。俄國沙皇（1855～1881年在位）。克里米亞戰爭方酣時繼承王位。俄國在這場戰爭中暴露了許多弱點，他順應民意進行改革，其中最重要的就是廢除農奴制度（1861）。他還改善了運輸系統和行政組織。在改革中，特權階級減少了，人權獲得改善，經濟得以發展。雖然有人認爲亞歷山大二世是自由主義者，實際上，他是獨裁政治原則的堅定維護者。1866年一次不成功的刺殺行動，更加強了他的保守主義傾向。此後，革命的恐怖主義活動再次興起，至1881年亞歷山大二世終於在民意黨的一次陰謀中被炸而死。

Alexander II　亞歷山大二世（西元1198～1249年）　蘇格蘭國王（1214～1249年在位）。其父獅王威廉一世去世後即位。1215年他支持英格蘭諸侯發動的反對國王約翰（1199～1216年在位）的叛亂，希望重新得到他所要求的英格蘭北部的領土。1217年叛亂失敗後，他向英王亨利三世（1216～1272年在位）表示效忠，並於1221年娶亨利之妹瓊爲妻。1237年亨利與他締結「約克和約」，他放棄對英格蘭領土的要求，而接受幾處英格蘭產業作爲交換條件。

Alexander III　亞歷山大三世（西元約1105～1181年）　原名羅蘭多·班迪內利（Rolando Bandinelli）。教宗（1159～1181年在位）。早年研究神學和法學。因擔心神聖羅馬帝國的勢力日益壯大，因而推動與諾曼人結盟（1156）。他惹惱了紅鬍子腓特烈，起因於指稱帝國爲「聖俸」，暗喻爲教宗的禮物。1159年樞機主教推選他爲教宗，但是在腓特烈一世支持下也選出第一位僞教宗，使得他流亡法國（1162）。身爲教宗威權的捍衛者，他支持貝克特反對英格蘭國王亨利二世。1165年返回羅馬。1166年腓特烈一世又迫使他再度流亡。在他的支持下倫巴底聯盟成立，於1176年在萊納諾擊敗腓特烈一世，爲威尼斯和平鋪平了道路。他參與宗教傳統的改革，並主持1179年召開的拉特蘭會議。

Alexander III　亞歷山大三世（西元1845～1894年）　俄語全名作Aleksandr Aleksandrovich。俄國沙皇（1881～1894年在位）。在其父亞歷山大二世遇刺後接替王位。他所進行的一切國內改革，其目的都是糾正先帝時期過分「自由化」的傾向。他反對議會制度，堅決支持俄國國家主義。亞歷山大的政治理想是建立一個只有一個民族、一種語言、一種宗教和一種政治制度的國家。他竭盡全力去實現自己的目標：在帝國境內實行俄羅斯化，並迫害其他非東正教的宗教團體。

Alexander III　亞歷山大三世（西元1241～1286年）　蘇格蘭國王（1249～1286年在位）。他是亞歷山大二世之子，即位時年僅七歲。1251年與英王亨利三世的女兒瑪格麗特結婚，因亨利三世極欲染指蘇格蘭。1255年蘇格蘭的親英派掌握了他，但兩年後反英派占了上風並控制政府，直到他成年（1262）。1263年他擊敗統治蘇格蘭西部沿海各島嶼的挪威人。1266年自挪威取得赫布里底群島和曼島。其掌政後期被蘇格蘭人視爲黃金時代，但與英格蘭陷入長期衝突。

Alexander VI　亞歷山大六世（西元1431～1503年）　原名羅德里戈·博爾吉亞（Rodrigo de Borja y Doms）。教宗（1492～1503年在位）。生於博爾吉亞家族的西班牙支系。他聚積了大量財富，生活腐化墮落，在被選上教宗之前有四個私生子，這主要是受到西班牙風氣的影響。他對鄂圖曼帝國發動戰爭，並迫使法國放棄對那不勒斯統治權的爭奪。1497年其子胡安被暗殺，悲痛之餘宣布對教廷的腐敗進行整頓。1494年亞歷山大主持對西班牙的談判，締結「托德西利亞斯條約」。他贊助藝術事業，囑咐米開朗基羅設計重修聖彼得大教堂。

亞歷山大六世，壁畫，平圖里喬（Pinturicchio）繪於1492～1494年間；現藏梵諦岡
Alinari – Art Resource

Alexander Archipelago　亞歷山大群島　美國阿拉斯加州東南部島群（1991年人口約39,000），約有1,100個島嶼，從冰川灣向南延伸。其中最大島嶼有奇恰戈夫、阿得米拉提和巴拉諾夫、庫普雷諾夫、威爾斯王子、雷維拉吉傑杜等九個。主要城市爲夕卡（位於巴拉諾夫）和克奇坎。群島與大陸之間狹而深的海峽爲內海航道的一段。群島的名稱是1867年以俄皇亞歷山大二世的名字命名的。

Alexander Island　亞歷山大島　貝林斯豪森海上的島，與南極洲大陸相隔喬治六世海峽。地形起伏極大，山峰海拔9,800呎（3,000公尺）以上。島長270哩（435公里），寬125哩（200公里）以上。面積約16,700平方哩（43,250平方公里）。1821年爲俄國探險家貝林斯豪森發現，並冠以沙皇亞歷山大之名。原先認爲是大陸一部分，直到1940年一支美國探險隊才證明是一個島嶼，與大陸之間有冰棚相連。宣稱該島爲本國領土的有英國（1908）、智利（1940）和阿根廷（1942）。

Alexander Nevsky, St.＊　聖亞歷山大·涅夫斯基（西元約1220～1263年）　俄國諾夫哥羅德王公（1236～1252）、基輔王公（1246～1252）和弗拉基米爾大公（1252～1263）。1240年在尼瓦河擊退來犯的瑞典人（因此被稱爲「涅夫斯基」，意即尼瓦河的英雄）。1242年亞歷山大擊敗入侵的條頓騎士團，同時，他在對立陶宛人和芬蘭人的作戰中也屢屢告捷。他和金帳汗國聯合，更堅定了蒙古人對俄羅斯的統治，爲此，大汗立他爲弗拉基米爾大公。透過其子，亞歷山大得以繼續統治諾夫哥羅德。因害怕在諾夫哥羅德人造反時遭到報復，他協助蒙古人征斂賦稅。他被尊爲民族英雄，還被俄羅斯東正教會封爲聖人。

Alexander the Great　亞歷山大大帝（西元前356～西元前323年）　亦稱亞歷山大三世（Alexander III）。古代最偉大的軍事領袖。馬其頓國王腓力二世之子。受教於亞里斯多德。十八歲時在喀羅尼亞戰役中指揮馬其頓軍隊，展現了過人的軍事才華。西元前336年腓力二世遇刺身亡，亞歷山大繼承王位，不久便控制色薩利和色雷斯；他殘酷地鎮壓底比斯，將全城夷爲平地，僅留下神廟和品達爾的故居；這種嚴厲手段是他一貫的手法，目的在使其他希臘城邦變得溫馴服從。西元前334年到達波斯，在格拉尼卡斯河擊敗了一支波斯軍隊。傳說他在弗里吉亞切開了戈爾迪烏姆結（西元前333年），而這個繩結只有能夠統治亞洲的人才能解開。西元前333年，在伊蘇斯戰役中擊敗波斯國王大流士三世領導的軍隊，大流士三世倉皇逃竄。後來又拿下敘利亞和腓尼基，切斷了波斯艦隊與港口的聯繫。西元前332年結束了對提爾的進攻，他順利的抵達並統治埃及，這是他最大的軍事成就。他被戴上傳統的雙重法老王冠，建立了亞歷山大里亞，還拜訪了阿蒙神殿。爲控制地中海東部海岸，西元前331年亞歷山大在高加梅拉擊敗大流士三世，大流士三世再度逃亡。接著他攻下了巴比倫省。西元前330年他在波斯波利斯焚毀了薛西斯宮殿，這時他已開始設想由馬其頓人和波斯人聯合組成統治階層。他繼續東進。控制了奧克蘇斯河和賈克撒特斯河，並一一建立城市（多數均命名爲亞歷山大里亞）以宣示其勢力範圍。在今塔吉克，他與羅克桑娜公主結婚，還接受了波斯專制主義，他穿上波斯皇帝服裝，厲行波斯的宮廷禮儀。西元前326年亞歷山大來到了印度的希法西斯，他的軍隊叛變。在班師回國途中發生了多次戰鬥及重大的無情屠殺；抵達蘇薩時亞歷山大身負重傷，使他身體變弱。他繼續進行他的不受歡迎的種族融合政策，企圖將馬其頓人和波斯人融爲一個優秀種族。西元前324年赫費斯提翁去世，亞歷山大爲他最親密的朋友舉行帝王葬禮，並要求將赫費斯提翁尊爲英雄，這同亞歷山大要求他本人被授予神的榮譽的意圖也許相關。在一次延長的宴會和狂飲後他在巴比倫突然病倒了，數天後逝世，得年三十三歲。遺體葬於埃及亞歷山大里亞。他的帝國，從色雷斯到埃及，從希臘到印度河谷地，在當時是最大的帝國。

Alexanderson, Ernst F(rederik) W(erner)　亞歷山德森（西元1878～1975年）　瑞典裔美國電氣工程師和電視的先驅。1901年移民美國，在接下來五十年裡大部分都在奇異電氣公司任職，1952年起任職美國無線電公司。亞歷山德森完成了他的高頻振盪器（1906），大大改善了越洋通信，並確立了無線電在航運和戰爭中作爲重要工具的地位。

1916年發明了微場電機放大器，這是一種非常複雜的自動控制系統，最先用於使工廠複雜的生產過程自動化，後來還用於高射炮上。1955年獲得他的第三百二十一項專利，就是爲美國無線電公司研製的彩色電視接收機。

Alexandra 亞歷山德拉（西元1872～1918年） 俄語全名爲Aleksandra Fyodorovna。原名爲Alix, Prinzessin (Princess) von Hesse-Darmstadt。沙皇尼古拉二世的皇后。維多利亞女王的孫女。1894年與尼古拉結婚，在宮廷中不得人心。其子亞歷亞斯患血友病，她求助於拉斯普廷，自此拉斯普廷成爲其精神顧問。1915年一次大戰期間尼古拉離開莫斯科親臨前線以後，她恣意解除一些大臣的職務，代之以拉斯普廷所喜歡的雞鳴狗盜之徒。結果朝政陷於癱瘓。1917年俄國革命後布爾什維克掌政後皇室成員盡數被囚禁隨後處決。

Alexandria 亞歷山大里亞 埃及北部主要海港（1996年都會區人口約3,700,000）。在地中海和馬里烏特鹽湖之間的地帶和一個T形海岬上。岬角東端的法羅斯島燈塔是世界七大奇觀之一，現爲連接大陸的半島。亞歷山大里亞的現代港口位於半島西部，西元前332年爲亞歷山大大帝所發掘，爲著名的希臘化時代文化中心，有古代最著名的圖書館。曾在西元640、1517年先後被阿拉伯人、土耳其人占領，後來由於開羅的掘起，亞歷山大里亞的商業地位逐漸下降，後因穆罕默德・阿里於尼羅河興建運河而繁華再現。現代的亞歷山大里亞是一商業繁榮的城市。棉花是主要的輸出品，附近有重要的油田。亦請參閱Museum of Alexandria。

Alexandria 亞歷山德里亞 美國維吉尼亞州北部城市（2000年人口約128,283）。位於哥倫比亞特區以南波多馬克河畔。1695年始有人定居，以最初的受贈人約翰・亞歷山德里亞爲名。1791～1847年間曾是華盛頓特區的一部分，之後又歸予維吉尼亞州。舊亞歷山德里亞許多殖民時代的老建築物至今猶在，如市南的芒特佛南有華盛頓的宅院。

Alexandria, Library of 亞歷山大里亞圖書館 最著名的古典文物圖書館。是埃及亞歷山大里亞市一個研究機構亞歷山大里亞博物館的一部分。博物館和圖書館是自西元前3世紀初起由埃及的托勒密王朝歷代繼承人建立與管理的。它想要成爲一個國際性的圖書館——收藏所有的希臘文學作品以及譯成希臘文的文學作品，但並不能確定距離該理想究竟有多近。由卡利馬科斯編纂的圖書館目錄長期以來都是標準的參考之作，但在拜占庭時期丟失。西元3世紀晚期，博物館和圖書館均被毀，圖書館的「分館」則於391年被毀。

Alexandrina, Lake＊ 亞歷山德里娜湖 澳大利亞南澳大利亞州東南部河口灣潟湖。長23哩（37公里），寬13哩（21公里），水面總面積220平方哩（570平方公里）。與艾伯特湖和狹長的庫龍潟湖構成墨瑞河河口。1830年，探險家查爾斯・史都特以亞歷山德里娜公主爲名（即後來的維多利亞女王）。湖口建有五座大壩，防止海水入侵，發展沿岸農田灌溉。

alexandrine＊ 亞歷山大詩體 法國詩歌中的主要詩體。每行有十二個音節，主重音在第六音節（其後是中頓）和最後音節；每半句詩行各有一個次重音。亞歷山大詩體是一個靈活的詩體，可以適應於範圍廣泛的主題。它的韻律結構的原則是重音隨意而變。因此，這一詩體可以表現簡單或複雜的感情。17世紀時成爲用於詩劇和敘事詩的主要詩體，並在高乃依和拉辛的悲劇裡得到充分發展。

Alexandrists 亞歷山大派 文藝復興時期的義大利哲學家們，以蓬波納齊（1462～1525）爲首，他們信奉阿弗羅狄西亞的亞歷山大（西元2～3世紀）對亞里斯多德《靈魂論》的解釋。亞歷山大主張《靈魂論》是否定個人永生的，認爲靈魂是一種物質，因此是一種會死的實體，根本上是與肉體聯繫在一起的。亞歷山大派不贊同托馬斯・阿奎那和其追隨者們的意見，他們解釋亞里斯多德認爲個體的靈魂是永恆不朽的，也不同意拉丁阿威羅伊主義者（參閱Averroës）認爲個體死後其智慧將再被吸收進永恆的智慧中的觀點。

Alexeyev, Vasiliy＊ 艾利克斯雅夫（西元1942年～） 蘇聯舉重選手。作爲一名超重量級舉重選手，他在1970～1977年間打破了八十項世界記錄，並於1972、1976年兩度贏得奧運金牌。他是在挺舉項目中舉起227公斤的第一人。1980年未能三度奪得奧運金牌之後退休。

Alexis 阿列克塞（西元1629～1676年） 俄語作Aleksey Mikhaylovich。俄國沙皇（1645～1676）。他是俄國羅曼諾夫王朝第一代沙皇米哈伊爾的兒子，十六歲繼承王位。他鼓勵與西方貿易，帶來了外國影響的高潮時期。執政期間，農民最後成爲農奴，大片土地逐漸荒廢，職業的官僚主義和正規軍隊增長很快，並批准了尼康對俄國東正教會的改革。雖然據說他心地善良，頗得民心，但阿列克塞是個軟弱的統治者，常把國家大事託付給一些無能的親信。

Alexius I Comnenus 亞歷克賽一世・康尼努斯（西元1048～1118年） 拜占庭皇帝（1081～1118），經驗豐富的軍事領袖，1081年取得拜占庭王位。後擊敗入侵的諾曼人和土耳其人，建立科穆寧王朝。亞歷克賽加強拜占庭在安納托利亞及地中海東岸水域的實力地位。他迫害異教，保護東正教會。爲了解決財政困難，他毫不遲疑地掠奪教會的財產。亞歷克賽力挽狂瀾，維護帝國的完整，使拜占庭帝國一直延續到1204年。1095年向西方請求援助，這就是教宗烏爾班二世所稱的第一次十字軍東征（參閱Crusades）。但是他和十字軍的關係無法長久，1097年以後十字軍漸漸挫敗他的對外政策。

亞歷克賽一世・康尼努斯，裝飾畫，據一個希臘手稿繪製；現藏梵諦岡圖書館
By courtesy of the Biblioteca Apostolica Vaticana

Alexius V Ducas Murtzuphlus＊ 亞歷克賽五世・杜卡斯・穆澤弗盧斯（卒於西元1204年） 拜占庭皇帝。1204年他領導了一場希臘全境的大暴動，推翻了拉丁十字軍扶植上台的兩位皇帝伊薩克二世・安基盧斯和亞歷克賽四世。成爲拜占庭被十字軍瓜分前最後一位希臘皇帝。他囚禁了亞歷克賽四世，並向十字軍許下的種種諾言，並要求十字軍撤離君士坦丁堡。十字軍以圍攻君士坦丁堡作爲回答。1204年4月12日，亞歷克賽五世逃離該城去和流亡在外的亞歷克賽三世（其繼父）會合，但被後者刺瞎雙眼。最後被十字軍俘獲處死。

alfalfa 苜蓿 學名爲Medicago sativa（栽培苜蓿）。豆科多年生植物，似三葉草，耐乾旱，耐冷熱，產量高而質優，又能改良土壤，因而為人所知。廣泛栽培，主要用製乾草、青貯飼料或用作牧草。植株高1～3呎（30～90公分），分枝多，從部分埋於土壤表層的根頸處生出。植株生長時許多莖從根頸芽生出，莖上有多數具三小葉的複葉。苜蓿的初生根能深入地下，主根可深達50呎（15公尺）以上，因此苜蓿對乾旱的耐受能力極強。苜蓿莖枝收割後能迅速再生出大量新莖，因此每個生長季節內可收割乾草一次至十三次之多。綠葉的苜蓿乾草營養豐富，為牲畜所愛食，蛋白質、礦物質及維生素含量均高。

Alfasi, Isaac ben Jacob * 阿爾法西（西元1013～1103年） 摩洛哥籍猶太學者。阿爾法西一生大部分時間居於摩洛哥境內非斯。1088年被人向政府告發，罪名不詳。於是他逃往西班牙。成立塔木德學院，所撰《律法之書》與邁蒙尼德和卡洛分別所編的律法彙編齊名。使其中心從東方移到西方。

Alferov, Zhores (Ivanovich) 艾菲洛夫（西元1930年～） 蘇聯物理學家，生於白俄羅斯懷特別斯克，1970年獲約飛物理科技研究所博士學位，1987年成為該研究所主任。他和一個研究小組一起，在1966年發展出最早的實用性異質結構電子裝置，進而首創由異質結構製成的電子組件，包括最早的異質結構雷射。他的工作促成通訊技術的巨大進步。與克羅默、基爾比共獲2000年諾貝爾物理學獎。

Alfieri, Vittorio, conte (Count) * 阿爾菲耶里（西元1749～1803年） 義大利悲劇詩人和戲劇作家。經由抒情詩及戲劇促進義大利民族精神的復興。曾周遊歐洲。在英國，他體驗到政治自由；還研究孟德斯鳩和其他法國作家的作品。他悲劇創作內容多半描寫自由戰士與暴君之間的鬥爭。1787～1789年間，在巴黎又出版了十九部作品，其中最傑出的是《腓力》、《安提岡妮》、《俄瑞斯特》、《彌拉》與《掃羅》等被認為相當具震撼力的義大利戲劇。1804年出版的自傳為其重要散文作品。

Alfonsín (Foulkes), Raúl (Ricardo) * 阿方辛（西元1926/1927年～） 阿根廷民選總統（1983～1989）。獲有法學學位，曾創立一家報社，後於1953年開始其政治生涯。阿根廷在福克蘭群島戰爭失敗之後，聲名狼籍的軍事政權承諾開放自由選舉，阿方辛擊敗親庇隆主義者的候選人當選總統。上台之後，他的政府以侵犯人權等罪名起訴許多軍方人士，但因軍方壓力（其中包括數起武裝叛變）迫使其赦免大部分已定罪的軍官。由於高通貨膨脹、龐大的政府負債、勞資糾紛以及軍隊體系的不滿，使得阿方辛政權十分困窘。阿根廷憲法規定總統不得連任，由梅南繼任為總統。

Alfonso I (Portugal) ➠ Afonso I

Alfonso III (Portugal) ➠ Afonso III

Alfonso V 阿方索五世（西元1396～1458年） 別名Alfonso the Magnanimous。亞拉岡國王（1416～1458年在位）及那不勒斯國王（阿方索一世，1442～1458年在位）。他繼續推行亞拉岡的地中海擴張政策，率艦隊掃蕩薩丁尼亞和西西里，並進攻科西嘉（1420）。1435年在準備攻打那不勒斯時，被熱那亞人所俘。他又與米蘭統治者結為盟友，繼續攻打那不勒斯。1442年他攻占那不勒斯，並將他的宮廷遷到此地。阿方索五世在非洲、巴爾幹半島和東地中海採取積極的外交和軍事行動，以保護東方貿易和抵禦土耳其人。在突擊熱那亞期間猝死。

Alfonso VI 阿方索六世（西元1040～1109年） 別名Alfonso the Brave。統治萊昂（1065～1070年在位）和卡斯提爾（1072～1109年在位）的西班牙基督教國王。他從費迪南德一世繼承萊昂王國。在與其兄桑喬二世交戰中失利。桑喬二世死後他繼承卡斯提爾（1072）。他還占領加利西亞，將合法的統治者其兄嘉西亞下獄。1077年阿方索六世獲「全西班牙皇帝」的稱號。然後他開始征服托萊多，經過長期圍困，於1085年5月將其占領。1086年以後，阿方索不斷遭到北非阿爾摩拉維德人的沈重打擊並在查拉卡被打敗。熙德與他結盟，並保護西班牙東部，但阿方索六世在與柏柏爾人作戰時仍不斷失去領土。

Alfonso X 阿方索十世（西元1221～1284年） 別名智者阿方索（Alfonso the Wise）。卡斯提爾和萊昂國王（1252～1284）。他摧毀了穆斯林（1252）和貴族（1254）的反叛，在擊退了摩洛哥、格拉納達和莫夕亞的入侵（1264）後，他兼併了莫夕亞。他自稱是神聖羅馬帝國皇帝（1256），但格列高利十世說服他放棄這一稱號。他第二個兒子成為他的繼承人，為桑喬四世。阿方索的宮廷是一個文化中心，曾產生出一部具有影響力的法典《七法全書》，並確立了現代卡斯提爾西班牙文的形式。

Alfonso XII 阿方索十二世（西元1857～1885年） 西班牙國王（1874～1885），執政期間致力於建立君主立憲政體。女王伊莎貝拉二世的長子。1868年伊莎貝拉二世被推翻以後，他隨母親流亡國外，1874年宣布他為西班牙國王。在他統治時期，西班牙國泰民安。1876年結束了卡洛斯分子發動的內戰（參閱Carlism），並制訂憲法。阿方索十二世廣為人民所愛戴，但因結核病早死，令渴望君主立憲政體的人們頗為失望。

Alfonso XIII 阿方索十三世（西元1886～1941年） 西班牙國王（1886～1931）。他是阿方索十二世的遺腹子，生後立即即位，由母后攝政，十六歲時，才擁有全部王權。在第一次世界大戰以後，他極力推行極權制度，設法使自己不受議會的約束。1923～1930年間與普里莫·德里維拉的獨裁政府合作，但後者垮台後，共和黨在選舉中取得勝利的時候要求國王退位，1931年阿方索十三世被迫離開西班牙。

Alfred 阿佛列（西元849～899年） 別名阿佛列大帝（Alfred the Great）。英格蘭西南部撒克遜人的韋塞克斯國王（871～899年在位）。868年隨其兄艾特爾雷德一世前去協助麥西亞對抗丹麥軍隊。阿佛列繼承王位後，於871和878年兩度與丹麥人作戰，當時他是唯一拒絕承認其權威的西薩克領袖，阿佛列在埃丁頓戰役中打敗丹麥人。885年丹麥軍隊又入侵肯特，阿佛列將其擊退。886年阿佛列進占倫敦，所有不接受丹麥統治的英格蘭人都擁戴他為國王。他的後繼者征服了他未能拿下的丹麥區。阿佛列曾經制訂一部重要的法典（參閱Anglo-Saxon law），且推廣文學及學問，他還將拉丁語著作譯成英語。盎格魯－薩克遜編年史即由他任內始編纂。

algae * 藻類 一群主要是水生的、能行光合作用而無法精確定義的有機體。大小不一，從顯微鏡下的單細胞鞭毛蟲，到長達60公尺的大型褐藻。藻類提供了地球上大部分的氧氣，是幾乎所有的水生生物的食物基地，並提供食品和工業產品，包括石油產品。它們的光合作用色素比植物的更為多樣，它們的細胞中具有植物和動物所沒有的特點。隨著新的分類法資訊的發現，藻類的分類也在迅速改變。以前，藻類按它們葉綠體裡的色素分子分成紅藻、褐藻與綠藻三類。現在辨認出的種類遠遠多於這三類，每一種都有共同的色素類型。從演化的意義上看，藻類彼此間的關係並不密切。某些種群與原生動物和眞菌的區別只在於它們有葉綠體以及能行光合作用的能力，因此從演化上來看，它們與原生動物或眞菌的關係比與其他藻類的關係更爲接近。利用藻類的歷史或許與人類的歷史一樣悠久，沿海的居民食用海藻，許多餐館裡都提供藻類食品。它們常見於溪流中「黏滑的」岩石上（參閱diatom），是池塘上綠色光輝之源。

Algardi, Alessandro 阿爾加迪（西元1595～1654年） 義大利雕刻家。在波隆那受教於卡拉齊，1625年移居羅馬，在那裡設計了聖西爾維斯特羅教堂的灰泥裝飾。後來成爲繼貝尼尼之後羅馬最重要巴洛克風格雕刻家。聖彼得教堂的巨型大理石浮雕《阿提拉和教宗利奧相會》（1646～1653）影響到幻覺式浮雕的發展和普及。他因替古代雕像作修補工作，而招致不好的聲名。

阿爾加迪的《阿提拉和教皇利奧相會》（1646～1653），大理石浮雕；現藏羅馬聖彼得教堂
Alinari – Anderson from Art Resource

algebra, fundamental theorem of 代數基本定理 高斯（1777～1855）在1799年證明的方程式定理，每個n次（$\geqq 1$）複係數多項式方程式至少有一個根，它是實數或虛數。

algebra, linear ➠ linear algebra

algebra and algebraic structures 代數與代數結構 算術的一般描述，使用變數來代表非特定的數。其目的是解決代數方程式或方程式組。二次方公式（解決二次方程式）和高斯－喬登消去法（解決矩陣形式的方程式組）是這些解法的例子。在高等數學中，代數是包含一類物體和將之結合起來的一套定律（類似加法和乘法）。基礎及高等的代數結構有兩個相同的基本特點：一、計算涉及了有限的步驟；二、計算涉及了抽象的符號（通常是字母），代表一般物體（通常是數字）。高等代數（亦稱現代代數或抽象代數）包括所有的初級代數，還有群論、環、場論、流形、向量空間。

algebraic equation 代數方程式 兩個代數運算式相等的數學陳述。運算式指將有限數位、變數以及代數運算（加、減、乘、除、乘方和開根）結合在一起的代數式。兩類重要的代數方程式是線性方程式和二次方程式，前者的數學形式爲$y=ax+b$，後者的形式爲$y=ax^2+bx+c$。方程式的解是指一個或一組數值，以此數值代入式中的變數，恰可保持等式兩端相等。在某些情況下，可以用公式求解，另一些情況則可把方程式重新寫成較簡單的形式。代數方程式對眞實生活中的現象用模型表示時尤其有用。

algebraic geometry 代數幾何 用代數的方法研究幾何對象的一門學科，以座標系來表示。它和歐幾里德幾何不同，代數幾何是用代數方程式來表示幾何對象（如，一個圓的半徑r可定義爲：$x^2+y^2=r^2$）。爲此幾何對象的定義可被分析成對稱、截距和其他不需以座標來表示的特性。

algebraic topology 代數拓撲 運用代數的結構研究幾何物件變換的數學領域。代數拓撲使用函數（在這個領域常被稱爲映射）來表示連續變換（參閱topology）。一組映射和物件一起組成一個代數群，可以用群論的方法來分析。代數拓撲中廣爲人知的一個題目就是四色地圖問題。

Algeciras Conference 阿爾赫西拉斯會議（西元1906年） 歐洲列強與美國在西班牙阿爾赫西拉斯舉行的一次國際會議，解除了第一次摩洛哥危機。1905年威廉二世反對法國加強對摩洛哥的影響，而於1906年邀歐洲各國和美國召開阿爾赫西拉斯會議，「阿爾赫西拉斯條約」（1906）似乎限制了法國的侵入，但會議的眞實意義在於英美兩國都支持法國，而摩洛哥危機不過是第一次世界大戰的先導。

Alger, Horatio, Jr.＊ 阿爾傑（西元1832～1899年） 美國作家。生於麻州切爾西，父親是「一位論」教派牧師。哈佛大學畢業後，又取得神學學位。1866年因被指控與當地男孩有不當行爲而被迫離職，該年他開始從事寫作。在《衣衫襤褸的狄克》（1868）之後，還寫了逾百本的書，大多是描述窮孩子由窮困成爲受人尊敬的中產階級的故事（然而看來都像是因好運而成功）。他的作品在情節與對話上稍嫌薄弱，但銷售量還是超過兩千萬冊。阿爾傑可說是19世紀晚期最受歡迎和最有社會影響力的作家之一。

Algeria 阿爾及利亞 正式名稱阿爾及利亞人民民主共和國（Democratic and Popular Republic of Algeria）。非洲北部國家。面積2,378,907平方公里。人口約31,261,000（2002）。首都：阿爾及爾。多數人民爲阿拉伯人，柏柏爾人是主要的少數族群。語言：阿拉伯語（官方語）、法語和柏柏爾語。宗教：伊斯蘭教。貨幣：阿爾及利亞第納爾（DA）。阿爾及利亞是非洲大陸上第二大的陸地區域（次於蘇丹）。海岸線上有數個小海灣和小河流。北方有阿特拉斯山和撒哈拉阿特拉斯山橫貫，最高峰爲謝利亞山，海拔2,331公尺。阿爾及利亞中央和南部構成了撒哈拉沙漠的北部多數地區。阿爾及利亞集中計畫發展的經濟以石油和天然氣的生產和出口貿易爲主。自取得獨立後，將大部分經濟活動歸爲國有。政府形式爲共和國，兩院制。總統是國家元首，總理爲政府首腦。。腓尼基商人在西元前第一個千年期

即在這一帶活動。數世紀後羅馬人侵略此地，在西元40年時控制地中海沿岸。5世紀羅馬帝國勢衰，導致汪達爾人及拜占庭人先後入侵。7世紀阿拉伯人也開始侵略此地，到了711年全部的北非處於伍麥葉王朝哈里

發的控制之下。後來建立幾個伊斯蘭教柏柏爾帝國，最著名的爲阿爾摩拉維德王朝（1054?～1130），將其領土延伸至西班牙，和阿爾摩哈德王朝（1130?～1269）。在海上活動的巴巴里海岸海盜已控制地中海的貿易達數世紀，1830年法國人藉口平定海盜而占領阿爾及利亞。到了1847法國已在該地建立起控制，到了19世紀末期已有公民統治。民衆運動導致了1954～1961年間的血腥阿爾及利亞戰爭；1962年舉行公投，獲得獨立。1990年代政府軍隊試圖鎮壓伊斯蘭教異議分子，導致全國實際已陷入內戰。

Algerian Reformist Ulama, Association of＊ 阿爾及利亞革新派學者協會 穆斯林宗教學者團體。1931年創立，提倡恢復根植於伊斯蘭和阿拉伯傳統的阿爾及利亞國家。協會開辦學校，提倡學習阿拉伯文。該協會受到法國化的阿爾及利亞穆斯林和傳統的穆斯林的反對。在獨立戰爭期間（1954～1962），協會與民族解放陣線聯合，後來在阿爾及利亞的省政府中占有一個席位。亦請參閱Young Algerians。

Algerian War 阿爾及利亞戰爭（西元1954～1962年） 阿爾及利亞脫離法國統治的獨立戰爭。獨立運動自第一次世界大戰始，第二次世界大戰後擴大自治的承諾未能實現，於是開始激烈的獨立戰爭。1954年阿爾及利亞民族解放陣線向法國發動游擊戰，並向聯合國尋求外交承認，宣稱恢復有主權的阿爾及利亞國。1959年戴高樂宣布阿爾及利亞人有權決定他們自己的命運。儘管有歐洲籍的阿爾及利亞人反對獨立的恐怖活動，1962年簽署停戰協定，阿爾及利亞從此獨立。

Algiers 阿爾及爾＊ 法語作Alger。阿爾及利亞首都和主要海港（1998年人口約1,519,570），位於阿爾及爾灣。是腓尼基人作爲其衆多的北非殖民地之一建立起的。後被羅馬人統治。5世紀時被汪達爾人摧毀，10世紀時被柏柏爾人王朝恢復。16世紀初受到西班牙的威脅，當地的酋長請求兩位土耳其海盜把西班牙人趕走，其中一位巴爾巴羅薩趕走了西班牙人，並把阿爾及爾置於鄂圖曼蘇丹統轄之下。他的努力使阿爾及爾在此後的三百年間變成了巴貝里海岸海盜的主要基地。他們的活動一直到1818年才被第開特領導的美國勢力削弱。1830年法國占領該城，把它變成了其在北非和西非的殖民帝國的軍事和政治指揮部。第二次世界大戰期間，阿爾及爾成了盟軍在北非的指揮部，一度還是法國臨時首都。在1950年代，阿爾及利亞獨立戰爭時，這座首都城市就成了鬥爭的焦點。獨立後，阿爾及爾成爲全國的政治、經濟和文化中心。

ALGOL＊ ALGOL語言 1950年代晚期發展出來的高階代數電腦程式語言，作爲人類之間和人類與機器之間的算法（原文來自ALGOL語言）國際表達用語。特別用於數學和科學方面，在歐洲比在美國盛行。它是Pascal語言的重要先驅，也影響了C語言的發展。

Algonquian languages＊ 阿爾岡昆諸語言 亦作Algonkian languages。北美印第安語系，約二十五～三十種，通行或以前通行於北美東部和中部地區，傳統上分成三個地理群體。一、東阿爾岡昆語，通行於聖勞倫斯海灣往南到北卡羅來納州沿海，包括米克馬克語，東、西阿貝納基語，德拉瓦語，麻薩諸塞語和波瓦坦語（或維吉尼亞阿爾岡昆語），後兩種早已絕跡。二、中央阿爾岡昆語包括肖尼語、邁阿密－伊利諾語、索克語、基卡普語、波塔瓦托米語、梅諾米尼語（均圍繞五大湖）、奧吉布瓦語（圍繞五大湖上游以及北部從魁北克省東部通過馬尼托巴省）以及克里語－蒙塔格奈－納斯卡皮（通行於從拉布拉多以西到哈得遜灣和亞伯達）。三、平原阿爾岡昆語包括夏延語、阿拉帕霍語、阿齊納語（格羅斯文特語）和黑腳語（通行於中部和北部大平原）。

algorithm＊ 算法 某個問題產生答案或解法的程序。算法能產生是或否的答案時，便稱爲判定程序；當算法能引導出問題的解法時，成爲計算程序。一個數學公式和電腦程式指令都可說是算法。歐幾里德的《幾何原本》（約西元前300年）中有提到找出最大公因數的算法。用算法能有效地處理連串請單（如尋求、插入或移動項目）

algorithms, analysis of 算法分析 基本的電腦學科目，有助於實際程式的發展。算法分析爲算法的正確性提供證明，能夠準確預測程式進行，還可作爲計算複雜性的方法。亦請參閱Knuth, Donald E(rvin)。

Algren, Nelson＊ 阿爾格倫（西元1909～1981年） 原名Nelson Ahlgren Abraham。美國作家。生於底特律，機械師之子，在芝加哥長大，大蕭條的時期，阿爾格倫靠做工讀完伊利諾大學。由於對窮人的自尊心、秉性以及他們對生活執著的渴望的敏銳觀察，使他反映窮人的小說擺脫了自然主義的描寫。他還以富有詩意的寫作技巧，掌握了城市下層社會的基調。他受歡迎的作品有《金臂人》（1949；1956年拍成電影）和《漫步荒野》（1956；1962年拍成電影）。他還出版短篇小說集《霓虹荒野》（1947）。

Alhambra＊ 艾勒漢布拉宮 西班牙格拉納達的摩爾人王國的宮殿，1238～1358年建於該市高地上。其名稱（阿拉伯文意指紅色）可能指的是其外牆所用的太陽烤乾的磚塊顏色。艾勒漢布拉宮只有三個部分保持完好，它圍著三個主要的院子有一系列的房間和花園，大量使用了噴泉和水池。它的外表有令人驚嘆的裝飾和迥異風貌，有鐘乳石狀裝飾的傑出作品。

Ali (ibn Abi Talib) 阿里（西元約600～661年） 伊斯蘭教先知穆罕默德的女婿，第四代哈里發（656～661年在位）。阿里被穆罕默德收養，並成爲伊斯蘭教最初的教徒，一生追隨穆罕默德。他曾協助穆罕默德躲開敵人的行刺。穆罕默德死後，有說法是穆罕默德未被指定任何人繼承他的位置，另一種說法是他指定阿里繼承其位。阿里要求繼任哈里發的爭論，結果造成穆斯林第一次菲特納（656～661）。他於短期在位期間努力對抗腐敗與因他改革而起的叛亂。亦請參閱Husayn ibn Ali、Karbala, Battle of、Muawiyah I。

Ali, Muhammad 阿里（西元1942年～） 原名Cassius (Marcellus) Clay。美國職業拳擊手。生於肯塔基州路易斯爾。1960年贏得奧運的重量級冠軍而廣受注目。轉入職業界後，在1964年擊倒利斯頓而獲得第一個重量級世界冠軍。1965～1967年間九次衛冕成功。他在參加伊斯蘭民族教派後拒絕入伍服役，因而取消冠軍頭銜。1974年阿里擊敗弗雷澤和福爾曼，重獲世界重量級冠軍。1978年他敗給史賓克斯，但同年又自史賓克斯手中奪回冠軍，成爲第一個三次獲得世界重量級冠軍的拳擊手。1979年阿里宣布退休，在五十九場比賽中只敗三場。1980年

1967年阿里（右）與特雷爾的對抗賽
UPI Compix

與1981年的對擂都敗北。阿里常以拙劣的言辭來吹噓自己的勝利，並自我誇耀為「最偉大的拳擊手」。1984年阿里被診斷出罹患帕金森氏症，但他仍是受到喜愛的公眾人物。

Aliákmon River＊　阿利阿克蒙河　希臘北部河流。源出格拉莫斯山，向東南和西北方向流了185哩（297公里）後，注入塞隆尼卡灣。阿利阿克蒙河是希臘馬其頓地區最長的河流；從整個歷史角度看，它是條防禦來自北面侵略的天然防線。

Alicante＊　阿利坎特　西班牙東南方城市（2001年人口約284,580）。瀕臨地中海的阿利坎特灣。西元前325年由希臘人創建。西元前201年被羅馬人攻占，並稱之為路坎敦。西元718～1249年由摩爾人統治。後歸屬亞拉岡王國。1709年為法國人圍攻，1873年則由卡塔吉納的聯邦分子所占領。經濟以旅遊業和葡萄酒的生產及外銷為主。

Alice Springs　艾麗斯斯普林斯　澳大利亞北部地方城鎮（2001年人口約26,990）。位於達爾文和阿得雷德之間，是被稱作中心地區的主要聚集地。1870年代始為橫貫大陸電報線路之一站。因地利而成為重要運輸點。因氣候溫和，所以旅遊業發達。

alien　外僑　在法律上指在外國出生、因雙親身分或歸化入籍而非駐在國公民、且迄今仍是它國公民或臣民的居民。大部分國家已存在著某些文明的對待外僑的最低標準，不過，這些標準並不包括外僑獲得不動產或從事有利可圖的職業的權利。1940年起美國法律規定所有外僑必須登記。合法進入美國的外僑需申請取得「綠卡」後才有就業的權利。外僑也受美國憲法的保護，包括「人身保護令」和「人權法案」，但他們仍受到地方法律的限制。外僑居留美國期間受到美國憲法的保護，但是決定他們是否可以留居美國的是國會而非憲法。

Alien and Sedition Acts　客籍法和鎮壓叛亂法　1798年在XYZ事件後美國聯邦黨為了在可能爆發的對法戰爭中確保國內安全、杜絕顛覆、作為戰備措施而在國會通過的四項內部安全法，對外僑及新聞報導施加限制。三項客籍法（針對法國和愛爾蘭的移民）將申請入籍的等候期延長，准許拘留敵國的臣民，並授予主管行政長官驅逐他認為危險的外僑的權利。傑佛遜和其他共和黨人強烈反對客籍法和鎮壓叛亂法。1802年戰爭威脅消失以及共和黨人入主聯邦政府後，客籍法和鎮壓叛亂法相繼失效或被廢除。

alienation　疏離　社會科學中指一個人感到與自己的環境、工作、產品或自我本身處於分離或疏遠的一種心態。這個觀念可見於涂爾幹、特尼斯、韋伯、齊默爾等人的著作中，而最著名的應屬馬克思。他認為，資本主義制度下勞動者被他們的工作疏離了。失範是一個與疏離有關的概念，這是出現於社會中或個人身上的一種不穩定狀態，其原因是由於缺乏目的或理想而造成的社會準則或價值觀的崩潰。

alimentary canal　消化道　亦稱digestive tract。食物進入動物的通道，殘渣也由此排出。包括口、咽、食道、胃、小腸、大腸和肛門。亦請參閱digestion。

alimony ➠ marriage law

aliyah　進前　希伯來語意為上升，指猶太人遷回以色列國土的浪潮。前兩次熱潮發生在1882～1914年，後來三次發生在1919～1939年，第六次進前（1945～1948）帶來許多歷經大屠殺的劫後餘生者，移民潮持續至今（如衣索比亞的法拉沙人和來自前蘇聯的移民）。以宗教觀點來看，進前是猶太教禮儀中對信徒的一種光榮待遇，在安息日上午禮拜召喚到會眾之前宣讀指定的一段托拉（《聖經》首五卷）。亦請參閱Zionism。

Alkaios ➠ Alcaeus

Alkalai, Judah ben Solomon Hai＊　阿勒卡萊（西元1798～1878年）　出生於波士尼亞的猶太教拉比。在耶路撒冷長大，受宗教教育。二十五歲赴克羅埃西亞境內塞姆林任拉比。阿勒卡萊提出如果希望獲得救贖，先決條件是實際重返聖地而不是象徵性地重返故國，即悔改而返回上帝之道，這種觀點使他和猶太教正統人士不和。他視1840年發生的大馬士革反猶事件為上帝的計畫一部分，藉以喚醒猶太人面對流亡的現實問題。由於移民計畫未獲支持，1874年他本人赴巴勒斯坦定居。阿勒卡萊的著作為後來的猶太復國主義鋪路。

alkali＊　鹼　無機化合物，任何鹼金屬，即鋰、鈉、鉀、銣、銫的可溶氫氧化物。更廣義的範圍包括鹼土金屬。鹼是強鹼性的，會使紅石蕊試紙變藍色；它們與酸作用成為中性鹽；它們是苛性的，其濃縮物可腐蝕有機組織。蘇打灰（碳酸鈉）與苛性蘇打（氫氧化鈉）是非常重要的工業化學品，可用來製造玻璃、肥皂和其他用品。世界上有少數地方有礦物天然鹼，這種礦石為二碳酸三鈉，即碳酸鈉石，通常蘊藏在乾湖底。

alkali feldspar　鹼性長石　一種常見的矽酸鹽礦物。常以各種顏色的玻璃狀晶體出現。鹼性長石是鈉鋁矽酸鹽（$NaAlSi_3O_8$）和鉀鋁矽酸鹽（$KAlSi_3O_8$）的混合物。鈉鋁矽酸鹽和鉀鋁矽酸鹽都有幾種不同的形態，每一形態都具有不同的結構。一般用來製造玻璃和陶瓷；透明、多色或者出現星彩的變種有時可作為寶石。不過，鹼性長石最主要的是岩石的重要組分（參閱plagioclase）。

alkali metal　鹼金屬　鹼金屬是元素週期表中的Ia族元素，按原子序數增加的順序排列為：鋰、鈉、鉀、銣、銫和鍅。它們與其他元素結合時，形成鹼。由於在原子最外層軌道上僅有一個電子，所以化學反應性很強（能與水劇烈反應），能與其他元素形成簡單或複雜化合物，在自然界裡從未發現它們以游離態存在。

alkaline earth metal　鹼土金屬　鹼土金屬是元素週期表中的IIa族元素，即鈹、鎂、鈣、鍶、鋇、鐳。名稱的來源可追溯至中世紀的煉金術。在原子最外層軌道上有一對電子，化學反應迅速，可形成多種化合物，在自然界裡從未發現它們以游離態存在。

alkaloid　生物鹼　植物及少數動物體內的具有生理活性的鹼性有機化合物，其分子主要由碳、氫及氮原子構成。屬於胺類化合物，所以字尾都帶有ine，如咖啡因、尼古丁、嗎啡、奎寧等。大多數具有多環系統的複雜化學結構，對人類和其他動物有不同但重要的生理作用，但在植物生長過程中的作用至今仍不明。某些植物可產生許多不同的生物鹼（如鴉片罌粟和麥角病真菌），但大部分只產生一種或一些。某些植物科類（包括罌粟科和茄科）的生物鹼含量特別豐富。在稀釋的酸液中溶解植物可萃取生物鹼。

Alkamenes ➠ Alcamenes

alkane　烷烴　亦稱石蠟（paraffin）。烴的一類總稱，其分子僅由單個共價鍵結合碳原子和氫原子組成（化學式為C_nH_{2n+2}），最簡單的是甲烷（CH_4）。含三個以上碳原子的烷烴可能有直鏈式的和支鏈式的同分異構體。環烷烴是每個分

A
B

子含有比相同的烷烴少兩個氫原子的環狀結構（但不是芳香族化合物）；許多含有一個以上的環。商業上的來源包括石油和天然氣。通常以混合物的形式用作燃料、溶劑和原料。亦請參閱paraffin wax。

alkene ➠ olefin

All Saints' Day　萬聖節　基督教節日。紀念有名的和無名的一切聖徒。在天主教爲11月1日，在東正教爲聖靈降臨節後的第一個星期日。837年第一次由教宗格列高利四世下令立爲節日。中世紀時，在英格蘭稱此節日爲All Hallows，現在仍稱其前夕爲萬聖節前夕。

All Souls' Day　萬靈節　天主教節日。紀念已逝世的信徒即生前受過洗禮但有輕微罪過而被認爲是在煉獄中進行滌罪的亡魂。一般爲11月2日，如該日是星期日即改爲11月3日，11世紀由克呂尼主教奧狄洛（卒於1048年）建立，13世紀才普遍慶祝。此節日緊跟在萬聖節後面，當初的構想是在紀念天上所有的聖徒之後，應該謹記還有那些等待救贖的靈魂。根據天主教義，在世信徒的祈禱有助於這些亡魂的滌罪，使他們得以有資格覲見上帝。

Allah　阿拉　（阿拉伯語意爲「神」）穆斯林和信奉基督教的阿拉伯人均以「阿拉」稱上帝。根據《可蘭經》的說法，阿拉是造物主、審判者、報應者，祂是獨一無二的、無所不能的，至仁至慈。阿拉是至高無上的，「無物可與祂匹配」。一切事物皆出自阿拉的指令，伊斯蘭教的基礎就是完全順從神。在《可蘭經》和「聖訓」中，虔誠的穆斯林找出了神的九十九個「最美的名號」，包括：獨一無二的主、永存的主、永生的和不滅的主、實有的主、偉大的主、至睿的主、萬能的主、寬恕的主等。

Allahabad　安拉阿巴德　印度北部城市（2001年都會區人口約1,049,579）。位於恆河和亞穆納河匯合處。原爲古代印度教聖城，是阿育王柱所在地（豎立於西元前240年）。1194～1801年爲穆斯林統治，後來割讓給英國人。16世紀末，蒙兀兒皇帝阿克巴在此建立一座堡壘。1857年此城爆發嚴重的印度叛變事件。爲尼赫魯家族的故鄉，後來成爲印度獨立運動的中心。市內有大清眞寺和安拉阿巴德大學。

Allbutt, Thomas Clifford　奧爾巴特（西元1836～1925年）　受封爲湯瑪斯爵士（Sir Thomas）。英國醫師，他發明了現代短管體溫計，取代以往長達三十公分，要用二十分鐘才能測得體溫的溫度計，並論述如何使用檢眼鏡來檢查眼睛內部。他曾提出心絞痛起源於主動脈。他的一些研究改善了動脈疾病的治療，據此撰寫了《動脈疾病》（1915）等書。主要作品是《醫學體系》（八卷，1896～1899）。

Alleghenian orogeny　阿利根尼造山幕　舊稱阿帕拉契造山運動（Appalachian Revolution）。二疊紀晚期（約兩億九千萬到兩億四千八百萬年前）影響阿帕拉契地槽造山事件。在阿帕拉契山脈中段和南段表現最爲明顯，產生了嶺谷地區的擠壓褶皺和斷層，藍嶺岩層向西逆衝到嶺谷地區，還有皮得蒙地區的褶皺，輕微變質和火成岩侵入。據考察，該幕可能是由於二疊紀時期阿帕拉契大陸邊緣的中部和南部與北非碰撞所引起的。

Allegheny Mountains＊　阿利根尼山脈　綿亙於美國賓夕法尼亞、馬里蘭、維吉尼亞和西維吉尼亞州的阿帕拉契山系支脈，大致與藍嶺山脈平行。呈南－西南走向，綿延500哩（800多公里），高度超過4,800呎（1,460公尺）。東坡有時叫做阿利根尼前嶺，而阿利根尼高原從坎伯蘭高原跨到紐約摩和克河河谷的整個高地地區。

Allegheny River　阿利根尼河　源出美國賓夕法尼亞州波特縣。北流進入紐約州，流回賓州與莫農加希拉河匯成俄亥俄河。全長325哩（523公里），主要支流有基斯基米內塔斯河、克拉里恩河和弗倫奇河等。由匹茲堡至東布蘭迪間河系多水壩。

allegory　諷喻　一種書面的、口頭的或視覺上的表現手法，利用象徵性的人物、主題和情節來表達人的行爲或體驗的實況或概括。其包括寓言和比喻的這類形式。人物通常是抽象概念或形式的化身，故事情節經常以不明白的陳述來表示某種事物。在象徵式的諷喻裡，除了表達他們所傳達的訊息外，也可能具有眞實身分，通常被利用來象徵其政治和歷史地位，而長久以來用諷刺的手法最受人歡迎。史賓塞的長詩《仙后》是最有名的例子。

allele＊　等位基因　可能出現在染色體某特定位置上的兩個或多個基因中的一個。若一個位置上的基因以兩個以上的狀態存在，便稱爲複等位基因。若一組等位基因中，兩個成員完全相同，則該個體稱爲純合子，不同則稱爲雜合子。在雜合子中，顯性等位基因的性狀表現出來而隱性等位基因則不表現（參閱dominance、recessiveness）。某些成對基因的兩個成員爲共顯性的，即彼此間沒有顯性和隱性的關係，例如人類的MN血型系統。決定多數性狀的基因不只兩個，但一個染色體對中只有兩個位置，因此等位基因便有多種組合形式。

allemande＊　阿勒曼德　列隊行進的男女對舞。舞步端莊流暢，流行於16世紀貴族社會，特別是法國。舞蹈時男女成對排成一列，互相執手前伸，沿舞廳縱向來回行進。18世紀時再度流行，變爲四對男女表演，舞者手臂交叉，並作錯綜複雜的回旋式舞步，這種姿勢後來在美國方塊舞的「阿勒曼德」中仍可窺見一二。17世紀末，這種舞蹈的4/4拍音樂形式開始成爲作曲家寫組曲中的第一樂章。

Allen, Ethan　艾倫（西元1738～1789年）　美國軍人和拓荒者，生於康乃狄克州里屈菲德市。參加法國印第安人戰爭（1754～1763）之後，定居於今之佛蒙特州。1770年他募集一支「格林山兄弟會」軍隊，在美國革命戰爭中協助打贏泰孔德羅加戰役（1775）。後來他志願參加斯凱勒將軍軍隊，執行攻占蒙特婁的祕密任務，後不幸被捕並被監禁到1778年。獲釋後重返佛蒙特，致力於佛蒙特州的地方事務。

Allen, Mel　艾倫（西元1913～1996年）　原名Melvin Allen Israel。美國運動播報員。生於阿拉斯加州的伯明罕。擔任紐約洋基棒球隊的首席播報員（1940～1964），他能投觀衆之所好，並且以一句口頭禪「這下不賴吧！」而廣爲人知。1977～1995年主持電視節目《棒球一週》。1978年入選棒球名人堂。

Allen, Richard　艾倫（西元1760～1831年）　美國宗教領袖。父母都是奴隸，出生後不久隨全家被賣給德拉瓦一家農戶。十七歲時，信奉美以美會，五年後升爲牧師。1786年贖身後定居費城，參加美以美會聖喬治美以美會。1787年因種族差別待遇問題而退出，把一個鐵匠鋪改作美國黑人的第一所教堂。後來艾倫和他的信徒成立非英國國教之非洲人美以美會，1799年被指派爲牧師。1816年召開一次黑人領袖會議，成立非洲人美以美會，並當選爲第一任主教。

Allen, Steve　艾倫（西元1921～2000年）　原名Stephen Valentine Patrick William Allen。美國電視娛樂節目

表演者和流行歌曲作家。出身於紐約市一演員家庭，1940年代艾倫就已在廣播界當喜劇演員。後來轉往深夜電視節目發展，他創辦並主持《今夜》（1953～1957）和《史蒂夫·艾倫秀》（1957～1960）的深夜談話節目。另外還擔任一連串其他節目的主持人，包括《心靈交會》（1977～1981）。曾作有三千多首歌曲，包括〈野餐〉、〈這是大事情的開始〉以及〈不可能〉，也演過幾部電影，如《班尼固德曼傳》（1956）及《陽光少年》（1975）。

Allen, Woody　伍迪艾倫（西元1935年～）　原名Allen Stewart Konigeberg。美國電影導演、編劇和演員。伍迪艾倫喜劇中的笑料，大多來源於他布魯克林的猶太中產階級家庭背景和習慣性的神經質。在厭倦於替夜總會撰寫喜劇和表演劇本之後，開始替百老匯寫劇本，其第一部劇作《不要喝水》於1966年在百老匯上演。《風流紳士》（1965）是他拍的第一部電影，後來陸續拍攝《傻瓜入獄記》（1969）、《香蕉》（1971）和《傻瓜大鬧科學城》（1973），把賣弄知識和低俗鬧劇結合爲一種風格，主要受馬克斯兄弟的影響。後來的浪漫喜劇如《安妮·霍爾》（1977），爲他贏得三座奧斯卡獎，《曼哈頓》（1979）則是紐約生活的甘苦談。其他影片包括《變色龍》（1983）、《漢娜姐妹》（獲奧斯卡獎）、《罪與愆》（1989）、《百老匯上空子彈》（1994）、《甜蜜與卑微》（1999）。

Allenby, Edmund Henry Hynman　艾倫比（西元1861～1936年）　受封爲（美吉多與費利克斯托的）艾倫比子爵（Viscount Allenby (of Megiddo and of Felixstowe)）。英國陸軍元帥。投入南非戰爭，並於1910～1914年任騎兵隊中將。第一次世界大戰期間榮膺中東指揮官，1917年在加薩取得對土耳其人的決定性勝利，繼而攻克耶路撒冷，後來又在美吉多取得勝利，占領大馬士革和阿勒頗，結束鄂圖曼帝國對敘利亞的控制。他的成功部分是因他首創使用騎兵部隊及其他機動部隊，是英國最後一位偉大的騎兵將軍。他在任駐埃及高級專員時（1919～1925），使埃及克服政治動亂，於1922年成爲主權國家。

Allende (Gossens), Salvador＊　阿連德（西元1908～1973年）　智利社會主義總統（1970～1973）。出身於中上階級家庭。在智利大學獲醫學士學位。1933年參加創建智利社會黨。曾參與三次總統大選，在1970年才以些微差距當選總統。他企圖以社會主義路線改造智利社會，限制了民主、公民自由和法律的正當程序，還致力於財富重新分配，結果導致生產停滯、食物短缺、通貨膨脹，引起全國性的罷工浪潮。由於無法控制他的激進左翼支持者，更招致中產階級的敵視。其政策使外債高築，導致美國中央情報局準備暗中策反來穩定政府。1973年9月他在一次暴力軍事政變中被推翻，遭到射殺，亦有一說是自盡。其位置由皮諾契特將軍取代。亦請參閱Frei (Montalva), Eduardo。

Allentown　亞林敦　美國賓州東部城市（2000年人口約106,632）。臨利哈伊河，初建於1762年。1811年設自治鎮，由之後成爲賓州法官的威廉·艾倫命名爲北安普敦，1838年改現名以紀念艾倫。美國革命其間，自由鐘被移至此處安放。爲主要的鐵礦中心。

allergy　過敏　謂身體對外來物質（過敏原或抗原）之過敏性反應，如花粉、藥物、灰塵和食物，這些物質對大部分人並不造成傷害。速發型過敏反應是因遺傳或先前曝露於過敏原環境下所造成，會使血管擴張、氣管收縮。嚴重的過敏反應會讓人休克，甚至死亡。遲發型過敏反應（如接觸性皮膚炎）爲暴露於過敏原下十二小時或更長時間後始發病者。避免接觸過敏原和服用抗組織胺藥物能治療過敏，當這些治療都沒辦法緩解症狀時，還可嘗試用脫敏來治療。

alliance　同盟　在國際關係中，不同的諸國爲共同行動結成的聯合，如：第二次世界大戰期間，歐洲列強與美國爲共同抗擊德國及其盟邦而結成的同盟，再如：反對蘇聯及其盟邦的北大西洋公約組織。許多同盟著重於集體安全原則，如果其中有一國被攻擊，將視同對全會員國的攻擊。20世紀的主要同盟包括美澳紐安全條約、阿拉伯國家聯盟、東南亞國家協會、美洲國家組織、東南亞公約組織和華沙公約。

Alliance for Progress　進步聯盟　由美國和二十二個拉丁美洲國家於1961年簽訂的國際性經濟發展計畫，主要目的是加強民主政府的力量和促進拉丁美洲的社會和經濟發展。在此計畫中，由美國和國際金融機構提供貸款和援助，建立了一批學校和醫院，但多數人認爲計畫失敗了。土地改革未能實現，人口成長速度較社會保健福利事業的興建速度爲快。美國寧可支持軍事獨裁者以免共產主義者紮根，撒下了不信任的種子，也破壞了聯盟想要促成的改革。

Alliance Israélite Universelle＊　普世以色列人同盟　西元1860年成立於法國的政治組織，目的是提供協助予猶太人。創立者是一群法籍猶太人，他們擁有許多資源可以幫助其他貧窮的猶太人：提供政治上的支持，協助移民，後來更在東歐、中東、北非等地設置猶太教育計畫。1945年該組織表示支持政治猶太復國主義，1946年後其外交活動由紐約的猶太組織諮詢會接手。

Allied Powers　協約國（第一次世界大戰）；同盟國（第二次世界大戰）　亦稱Allies。第一次世界大戰時對抗同盟國或第二次世界大戰時對抗軸心國的諸聯盟國家。第一次世界大戰時的主要協約國成員是英國、法國和俄國，後來加入葡萄牙、日本和義大利。其餘反對同盟國的國家，包括1917年4月才參戰的美國在內，則稱爲「聯繫國」，美國總統威爾遜曾強調這一區別以保持美國自由的權利。第二次世界大戰時，同盟國主要成員是英國、法國、蘇聯、美國和中國。更廣義地說，同盟國成員包括聯合國全部戰時成員，即1942年簽署「聯合國宣言」的國家。

alligator　鈍吻鱷　鱷目鈍吻鱷科鈍吻鱷屬兩種長吻爬蟲類。與鱷不同之處爲吻較寬大，閉口時下顎兩邊的第四齒伸出吻外。棲於較開闊的水域如湖泊、沼澤和江河的岸邊。尾粗壯有力，用於自衛和游泳。頭長，眼、耳、鼻孔均位於頭頂，游泳時頭稍露出水面。能挖洞，在洞內躲避危險和冬眠。一度瀕危的美國鈍吻鱷（或稱密西西比鱷），最大體長19呎（5.7公尺），一般體長6～12呎（2～3.5公尺）。中國長江揚子鱷體型較小，最大體長僅約5呎（1.5公尺），已被列爲瀕危種。

密西西比鱷（Alligator mississippiensis）
P. Morris – Woodfin Camp and Associates

A
B

Allingham, Margery (Louise)＊ 阿林罕（西元1904～1966年） 英國偵探小說家。八歲就出版個人第一本故事書，十九歲出版第一部小說，二十歲出頭出版其第一部偵探故事。她在故事中所創造的偵探人物坎皮恩，立刻變得家喻戶曉，這類小說包括《煙中虎》（1952）、《中國保姆》（1962）等，作品中展現主人翁的機智風格和精闢的心理剖析，是偵探小說邁向正式文學體裁的重要里程碑。

alliteration 頭韻 亦稱head rhyme。韻律學中連續的或緊緊並列的幾個詞中開頭的輔音重複。有時開頭的元音重複也可以叫頭韻。通常是作詩的一種手法，常與母韻（指具有不同子音語尾的語詞中重讀母音的重複）和子韻（指詞尾或詞中間子音的重複）結合在一起。

allium 蔥 百合科蔥屬任何有洋蔥味或大蒜味球莖草本植物的統稱，包括洋蔥、大蒜、細香蔥、韭菜、青蔥。蔥屬植物見於世界大部分地區，僅熱帶地區、紐西蘭、澳大利亞除外。有些被栽種為裝飾性邊界植物。

allocation of resources 資源分配 指生產資料在不同用途間的分配。資源（資本、勞力、土地）有限，且資源有各種用途，而人們對它們的需求又往往無限。社會為了達到這些關係的平衡而提出了資源分配問題。資源分配的機制有自由市場經濟中的價格系統；國有經濟，或混合經濟中公有部分中的政府計畫。資源分配的目的總是要使一定的資源組合得到最大可能的產出。

Allosaurus＊ 異特龍 近似暴龍的大型食肉恐龍。化石見於北美的上侏羅紀的岩石裡。體重2噸（1,800公斤），身長35呎（10.5公尺），極其發育的尾巴占體長一半，可能有平衡身體的作用。行走時，靠強壯的兩個後肢和粗大的骨盆，前肢比後肢小得多，可能用於攫取食物。有三個末端為尖爪的趾。很可能以中型恐龍為食，也可能是一種腐食動物。它們也許是成群獵食的。有些同屬的異特龍（如南方巨獸龍、*Carcharoxonotosaurus*）可能比霸王龍來得大。

allosteric control＊ 變構調控 酶在變構位點而非活性中心（發生催化活動的地方）上受小分子（調節分子）作用而被抑制或啓動的現象。這種相互作用改變了酶的形狀，於是影響了通常酶與它的基底（酶在這種物質上面起作用）之間複合物的活動位置。結果，使酶催化反應的能力或是抑制，或是增強。如果調節分子在它自己合成的途中抑制了酶，這種控制稱為反饋抑制。變構調控使細胞能迅速地調節所需物質的合成。

allotrope＊ 同素異形現象 一種化學元素以兩種或多種形式存在的現象，可能是由於原子在固態晶體中的排列形式不同，如石墨、金剛石的碳；也可能是由於組成分子的原子數目不同，如氧（O_2）和臭氧（O_3）。其他具有同素異形現象的元素有錫、硫、砷、硒、銻和磷。

alloy 合金 由兩種或多種元素組成的金屬材料，以化合物或固溶體形式存在。主要元素組分一般是金屬，但非金屬碳是鋼的重要組分。通常採用熔煉其組分的混合物來製取合金。在古代就發現合金的價值，以黃銅（銅鋅合金）和青銅（銅錫合金）為尤。現在最重要的是合金鋼，合金鋼具有範圍廣闊的特殊性能，如硬度、韌性、耐蝕性、磁化能力和延展性。

Allport, Gordon W(illard) 奧爾波特（西元1897～1967年） 美國心理學家，生於印第安納州蒙特蘇馬。1930～1967年任教於哈佛大學，以研究人格理論聞名，論點著重於成人本身而非孩童或嬰兒時期的情緒和體驗，這些觀點表現在《人格的心理學解釋》（1937）等書中。1954年發表《偏見的本質》，在偏見的分析方面有重要貢獻。

allspice 多香果 桃金孃科熱帶常青樹，學名Pimenta diocia。原產於西印度群島和中美洲。漿果可提取高級香料。因其乾燥的漿果具有類似丁香、桂皮和肉豆蔻的綜合香味，故名。廣泛用作烘烤、醃製食品和肉餡的香料。另有幾種其他芳香灌木也稱多香果，如卡羅來納多香果、日本多香果、野多香果或香灌木。

多香果
J. E. Cruise

Allston, Washington 奧斯頓（西元1779～1843年） 美國畫家兼作家，在南卡羅來納州的自家林園出生。畢業於哈佛大學，後到英國皇家學院習畫，師從威斯特。1830年定居於麻州，成為美國最重要的第一代浪漫派畫家。他的大幅風景畫描繪了大自然神祕和千變萬化的面貌。後來依著心情和幻想改畫較小的、更夢幻的畫作。所寫的作品包括詩、一部小說和藝術理論，死後集結成書《藝術講義》（1850）。

alluvial deposit 沖積層 指河流沈積的物質。由粉砂、砂、黏土、礫石組成，並常含大量有機物。通常在河流下游廣泛堆積，形成沖積平原和三角洲，但凡是河流漫出河岸的地方或是河水流速突然降低之處（如流入湖泊之處）都可能沈積。沖積層是非常肥沃的土壤，如密西西比河三角洲、尼羅河三角洲、恆河－布拉馬普得拉河三角洲、黃河三角洲等。在有些地區，河流沖積物中含有金、白金，或各種寶石。

Alma-Tadema, Lawrence＊ 阿爾瑪－塔德瑪（西元1836～1912年） 受封為勞倫斯爵士（Sir Lawrence）。荷蘭裔英國畫家。1852～1858年就讀於安特衛普學院。1863年遊歷義大利時，開始對希臘和羅馬古蹟以及埃及考古學發生興趣，此後的作品幾乎都取自這些題材。1870年定居倫敦。他善於精準地再造古景，描繪異國風情，以及以大理石、青銅和絲綢為背景的動人美女圖。作品充滿豐富的想像力，並結合多愁善感和一些奇聞軼事。他因此而大受歡迎，顯示華麗的個人風格。1879年成為皇家藝術學會會員，1899年封爵。他的功成名就帶動一股跟風，但其作品在他死後就不再受人青睞，只有在20世紀晚期才再度掀起一陣熱潮。

Almagest＊ 天文學大成 希臘天文學家托勒密在西元140年左右編纂的天文學和數學百科全書。在17世紀初以前一直是阿拉伯和歐洲天文學家的基本指南。該書阿拉伯文原名意為「至大」。此書共十三卷，內容涵蓋的主題包括：地球中心說（或托勒密體系）、太陽系平面圖、日月蝕、某些恆星的座標和形狀大小，以及到太陽和月球的距離。

Almagro, Diego de＊ 阿爾馬格羅（西元1475～1538年） 西班牙軍人，在西班牙征服祕魯過程中扮演重要作用。曾在西班牙海軍服役，1524年去南美，同密友皮薩羅率軍征服了印加帝國（今祕魯）。並與後者同為被征服地區新卡斯提爾的總督。不久兩人發生仇隙，在一場印第安人叛變中，他囚禁了皮薩羅的兩個兄弟，後被皮薩羅擊敗、俘虜並處死。

almanac 曆書；年鑑 記載包含一年之中日期、星期、月份的一覽表；基督教會節日和聖徒紀念日的記錄；各種天象的記錄；以及常附有的供鄉民參考的天氣預報和季節性啓示等內容的書或表格。第一本付印的曆書出現在15世紀中期。1732年富蘭克林開始編寫《窮漢理查的曆書》。18世紀的曆書是一種民俗文學形式，提供了許多有益也很有趣的知識，但眞正有閱讀性的東西很少，現在還存在的例子有《老農民曆》。現代曆書通常每年出版一次，內容包括統計資料、表格和一般資訊。

Almaty＊　阿拉木圖　舊稱Alma-Ata。哈薩克東南部城市（1999年人口約1,129,400）。昔爲哈薩克首都，1995年政府決定把首都遷往阿克摩拉（即今阿斯塔納）。現代城市建於1854年，當時俄羅斯人在阿拉木圖古城址（13世紀爲蒙古人所毀）上建立一個軍事要塞。1930年通鐵路，人口迅速成長。第二次世界大戰期間，由於歐俄的工廠大批遷移至此，於是廣泛發展起重工業。現仍爲大工業中心。

Almendros, Nestor＊　阿爾門都斯（西元1930～1992年）　西班牙電影攝影師。1948年從西班牙移居古巴，拍了幾部紀錄片。1961年遷居法國，與侯麥合拍《慕德之夜》（1969）和《克萊兒之膝》（1970），與楚浮合拍《野孩子》（1970）。他在美國拍攝許多影片，如《天堂歲月》（獲奧斯卡最佳攝影獎）、《最後地下鐵》（1980）、《蘇菲亞的選擇》（1982）和《強者爲王》（1991）。

Almohad dynasty＊　阿爾摩哈德王朝　由柏柏爾人聯盟創建的王朝（1130～1269），主要是出於宗教的立場反抗阿爾摩拉維德人的伊斯蘭教。阿爾摩哈德人領袖伊本·圖邁爾特約於1120年代開始反叛。1147年他的繼承者阿布杜勒·慕敏攻占馬拉喀什。到了1170年代整個馬格里布地區統一由此王朝控制，這在歷史上是絕無僅有的。此外，其統治範圍還擴展到當時的穆斯林西班牙。在他們統治下，一方面發展科學和哲學，另一方面致力於宗教統一，強迫猶太人和基督教徒改信伊斯蘭教或離開。1212年他們在西班牙敗給基督教徒，喪失統治，後來北非各省也分別淪喪給突尼斯的哈夫西德王朝（1236）和馬拉喀什的馬里尼德王朝（1269）。

almond　扁桃　即杏仁。原產於南亞的一種薔薇科喬木，學名爲Prunus dulcis。扁桃植株較桃樹大，壽命也較長，開花時，十分壯麗。堅果有甜仁型和苦仁型；甜仁型通常作爲乾果，也可烹食，或用製扁桃油或扁桃粉。苦仁型扁桃可榨油用作食品和甜露酒的香料。扁桃含少量蛋白質、鐵、鈣、磷、B族維生素，脂肪含量高，通常用製糕點或是傳統歐洲糖果杏仁糖漿。

Almoravid dynasty＊　阿爾摩拉維德王朝　繼法蒂瑪王朝統治馬格里布的柏柏爾人王朝，興盛於11世紀和12世紀初。建國者是阿布達拉·伊本·亞辛，他原是宗教學者，利用宗教改革爲手段，在11世紀中葉吸引了一些跟隨者。在阿拉伯人入侵之後，法蒂瑪王朝喪失對此地的政治控制，阿爾摩拉維德人占領摩洛哥、馬格里布的其他地區，最後遠至穆斯林西班牙。1082年其統治範圍達至阿爾及爾。到1110年，也控制了穆斯林西班牙地區，但在1118年又開始被基督教徒奪回土地。1120年代阿爾摩哈德人開始叛亂，最後取代其地位。

aloe　蘆薈屬　百合科的一屬灌木狀肉質植物。約兩百種，原產於非洲。植株多無莖；葉簇生於基部呈蓮座狀。有幾個種的葉銳尖，帶刺；花黃或紅色，總狀花序，花、葉均美觀，可供觀賞。有些種，特別是習見盆栽植物蘆薈的汁液可供製作化妝品、瀉藥和燙傷藥。

aloe, American ➠ century plant

Alonso, Alicia　阿隆索（西元1921年～）　原名Alicia Martínez Hoyoaloe, American古巴芭蕾舞蹈家、編舞家與導演。她在哈瓦那與紐約求學，並且在紐約參與芭蕾劇院（即後來的美國芭蕾舞劇團）演出（1940～1941、1943～1948、1950～1955、1958～1959）。1948年她建立了自己的舞團「阿莉琪亞·阿隆索芭蕾舞團」（1959年更名爲古巴國家芭蕾舞團），在拉丁美洲頻繁地巡迴演出。儘管視力惡化，她持續多年在美國芭蕾舞劇團及其他舞團以客席舞者的身分演出主要角色。

Alp-Arslan＊　艾勒卜－艾爾斯蘭（西元約1030～1072/1073年）　塞爾柱帝國第二個蘇丹，在位期間除呼羅珊和伊朗西部本土外，還擴張到喬治亞、亞美尼亞和小亞細亞大部分地區。他喜歡征服更勝於統治，帝國行政交由他的大臣尼札姆·穆爾克。1071年戰贏拜占庭軍隊，拜占庭的皇帝破天荒第一次成爲穆斯林君主的俘虜。艾勒卜－艾爾斯蘭遠征拜占庭是爲了征服小亞細亞的土耳其做準備。一年後這位蘇丹在一次爭吵中突然被一名囚徒刺傷致死。

alpaca＊　羊駝　偶蹄目駱駝科動物，學名爲Lama pacos，產於南美，與美洲駝、栗色羊駝和駱馬近緣。這幾個種統稱爲羊駝類，與駱駝不同之處爲無駝峰。在幾千年前安地斯山脈的印第安人已將之馴化。體型細長，腿和頸長，尾短，頭小，耳大而尖。肩高約35吋（90公分），體重120～145磅（54～65公斤）。主產於祕魯南部和中部、玻利維亞西部的高緯度沼地。最重要的價值是毛製品。

Alpha Centauri　半射手座α　一顆三合星，其中最暗的子星（比鄰星）是距太陽最近的恆星，距離爲4.3光年。兩顆比它約遠0.1光年的子星以約80年的週期相互繞轉，而比鄰星則以可能是幾百萬年的週期環繞這兩顆子星轉動。在地球上觀測，半射手座α（系統）是全天第三顆最亮的星（僅次於天狼星和老人星）；但肉眼看不見那顆紅矮星——比鄰星。只有在北緯40°以南的地區才能看到半射手座α。

alpha decay　α衰變　放射性蛻變的一類（參閱radioactivity），某些不穩定原子核自發射出一個α粒子以耗散過剩能量。因爲α粒子有兩個正電荷，質量爲4，射出後產生的子核的正核電荷和原子序數都比母核小兩單位，質量小四單位。α粒子的穿透力不大，其出射速度大約爲光速的1/10，在空氣中的行程僅爲1～4吋（2.5～10公分）。發射α粒子的主要是重於鉍（原子序數83）和從釹（原子序數60）到鑥（原子序數71）的稀土元素，α衰變的半衰期，從1微秒（10^{-6}秒）到約10^{17}秒。

alphabet　字母　代表語言聲音的一組書寫符號或字元。每個字元通常代表一個簡單元音（母音），或雙重母音，或一、兩個輔音（子音）。一個字元代表一整個音節的書寫系統稱爲音節文字。據說北閃米特字母爲現存最早的字母，其源自西元前1700～西元前1500年的東地中海地區。接下來的五百年內興起的字母包括迦南字母和阿拉米字母（後來發展爲現代希伯來字母、阿拉伯字母），以及希臘字母（拉丁字母的祖先），因包括母音和子音而被認爲是眞正的字母。學者們已嘗試在新字母裡每個音和符號間建立一個正確的對應關係，如國際音標。

Alpheus River＊　阿爾菲奧斯河　希臘南部河流，是伯羅奔尼撒地區最長河流，長約110公里。源出阿卡迪亞中部，後折向西北穿過埃利亞斯南部，最後注入愛奧尼亞海。奧林匹亞位於此河北岸。此河名與古河神同名，在希臘神話中曾被提到過，也在赫丘利斯清洗伊利斯國王的畜欄的故事中出現，柯立芝的詩Kubla Khan也有提及。

Alpine orogeny＊ 阿爾卑斯造山幕 第三紀中期影響歐洲南部廣大地段和地中海區的造山事件。使先期存在的岩層發生強烈變質作用，岩層破碎、隆起並伴有正斷層和逆斷層，是造成現在阿爾卑斯山脈上升的原因，該幕即由此得名，同時也是造成巴爾幹半島、科西嘉島和薩丁尼亞島等處高原隆起的原因。該幕活動期間在英、法、冰島及義大利等地都發生過火山活動。

Alpine skiing 阿爾卑斯式滑雪 滑雪競賽，分曲道和滑降兩類。滑降賽包含了競速項目，每人出賽一次，其下滑路線跟技術性的曲道賽相比，較長、較陡、較快，彎道也較少。1936年高山滑雪被列入奧運會項目。亦請參閱cross-country skiing、Nordic skiing。

Alps 阿爾卑斯山脈 歐洲中南部山系，起自西南地中海，呈弧形向東北綿亙約750哩（1,200公里），由法國、義大利至維也納，面積逾80,000平方哩（207,000平方公里）。許多山峰高達10,000呎（3,000公尺），白朗峰爲最高峰，海拔4,807公尺。阿爾卑斯山是大西洋、地中海和黑海的分水嶺，也是隆河、萊茵河、多瑙河和波河等歐洲大河的發源地。在海拔10,000呎（3,000公尺）以上處有總面積約爲1,500平方哩（3,900平方公里）的冰川覆蓋地區。瑞士南部聖哥達山口爲世界最長的公路隧道。山區主要城市有格勒諾布爾、奧地利的因斯布魯克和義大利的波札諾。

Alsace-Lorraine＊ 亞爾薩斯－洛林 法國東部地區，包括今法國上萊茵、下萊茵和摩澤爾省，即普法戰爭後法國於1871年割讓給德國的領土。1919年第一次世界大戰後，這塊土地退還法國。1940年第二次世界大戰期間，再度割讓給德國，1945年又歸還法國。法國修改了許多戰前與當地自主獨立主義相抵觸的政府政策，因此，自治運動大部分銷聲匿跡。稱爲亞爾薩斯語的日耳曼方言仍爲當地的通用語。學校裡既教法語，也教德語。

Alsatian 亞爾薩斯犬 ➠ German shepherd

Altai Mountains 阿爾泰山 俄語作Altay。中文作Altay Shan。蒙古語作Altayn Nuruu。中亞的山脈。阿爾泰山綿延長達約1,200哩（2,000公里），呈東南到西北的走向，自戈壁沙漠延伸向西方的西伯利亞平原，穿越中國、蒙古、俄羅斯和哈薩克的領土。最高點爲俄羅斯境內的貝魯克峰頂，高約15,000呎（4,600公尺）。阿爾泰山也是額爾齊斯河和鄂畢河的發源地，並以其富於礦藏和水力發電的潛力而聞名。

Altaic languages＊ 阿爾泰諸語言 包含突厥語、蒙古語和滿－通古斯語三個分支語系，使用者超過一億四千萬人（其中操突厥語的人占最大多數）。在詞彙、語形結構和句法結構、語音特點方面相似，在系統性語音一致的基礎上通常被視爲具有親緣關係。分布範圍幾乎橫跨整個亞洲從北冰洋到北京的緯度。有些人認爲朝鮮語、日語與阿爾泰諸語言有親緣關係，但至今尚未有定論。而有人則認爲阿爾泰語言爲廣大的諾斯特拉提克語系的一支。

Altamira＊ 阿爾塔米拉洞窟 西班牙北部桑坦德市西部洞穴，因有優美的史前繪畫和雕刻而聞名，年代可溯至西元前14,000～西元前12,000。1880年第一次公布於世。洞窟長890呎（270公尺），洞頂布滿壁畫，畫面主要是野牛，栩栩如生，著以鮮豔的紅、黑、紫三色。還有野豬、幾匹野馬、一頭雌鹿，以及其他一些簡單形象；此外還有鐫刻的八個人形象、各種手印以及人手的輪廓圖形。這些刻像和其他物品遺存顯示這裡曾是季節性集會場所。亦請參閱Magdalenian culture、rock art。

Altan＊ 阿勒坦（卒於西元1583年） 別名俺答（Anda）。蒙古可汗。16世紀威脅了中國的地位，按照中國模式建立官僚機構。1571年與明朝和平互市。他使蒙古人改信格魯派（黃帽派，西藏佛教的一支改革派），1578年第一次授予該派領袖達賴喇嘛稱號。由於蒙古軍的幫助，後來達賴喇嘛粉碎了在西藏較具勢力的噶瑪派（紅帽或黑帽派），達賴喇嘛因而成爲西藏的精神領袖和俗世的統治者。亦請參閱Gtsang dynasty。

altar 祭台 宗教中用於祭獻、崇拜、祈禱的高起結構或高處地方。祭台的起源可能是當樹木、泉水等特定物或地方被視爲神聖或有神靈居住時，崇拜者即會請求神靈仲裁，他們把取悅神祇的禮物放在附近的祭台。隨著廟宇祭獻制度的發展，出現了用石或磚壘成的較複雜的祭台，在其上屠宰犧牲，讓血從其上流下，或在其上燒肉。古代以色列所用的祭台包含一塊長方形石頭，頂端挖空成盆形。古希臘人在住屋入口和庭院、市場和公共建築，以及鄉間聖林中建立祭台（參閱baetylus）。羅馬祭台在普及程度、外形、浮雕方面與希臘祭台非常類似。基督徒原本不用祭台，然而，到了3世紀，以聖餐聞名的桌子被視爲祭台。後來在基督教教堂裡，祭台變成彌撒的焦點，西方教堂多在祭台飾有華蓋和祭壇畫。

altarpiece 祭壇畫 基督教教堂中用來裝飾祭壇上方或後方空間的藝術作品。通常以描繪聖人、聖徒和聖經爲題材。通常有兩種形式：「祭壇背壁」，指裝飾屏或隔板，不直接附於祭桌，但連至後方的牆壁。「祭壇後部裝飾屏」，指祭壇後面任何裝飾畫板。雙聯畫是包含兩個畫板的祭壇畫，三聯畫有三個畫板，多聯畫有四個畫板或更多。祭壇畫大小不一，有的很小，可攜帶；有的很巨大，固定在那裡；有的有活動翼，可開闔。直立式雕刻祭壇畫的作法可追溯到11世紀。14世紀時祭壇繪畫變得很普遍。

Altdorfer, Albrecht＊ 阿爾特多費爾（西元約1480～1538年） 德國畫家和版畫家，多瑙畫派的領導人。大部分作品以宗教題材爲主，但他是第一個畫風景畫的畫家之一，特別擅長於描繪在薄暮中的日落和廢墟景致。他的畫表現了在暗色紙上運用黑白亮光的純熟技巧。在小型雕刻和木刻畫方面，明顯受杜勒的影響。從1526年到他去世，他一直是雷根斯堡鎮的設計師，目前所知，沒有一件建築作品留下來。

Alte Pinakothek＊ 舊繪畫陳列館 德國慕尼黑巴伐利亞國立畫廊內若干套收藏之一的美術館，也是世界上最偉大的美術館之一。它專門陳列從中世紀到18世紀後期的歐洲繪畫，其核心藏品曾經屬於早期幾座選帝侯的宮殿。原來的19世紀畫廊在第二次世界大戰中遭到破壞，現在的建築是在1957年重建的。其他的國立博物館還包括新繪畫陳列館，其基礎是18～20世紀巴伐利亞諸王私人收藏的歐洲繪畫和雕塑；沙克美術館收藏的是浪漫主義後期的德國繪畫；還有國立現代藝術美術館。

alternating current (AC) 交流電 週期性換向的電流，和直流電不一樣。從零開始，增強到最大極限，再降爲零，然後轉向反方向，達到極限，再度歸零，如此一直反復循環。完成一次循環的時間稱爲週期（參閱periodic motion），每秒循環的次數稱爲頻率任一方向的最大值稱爲交流電的振幅。50和60赫的低頻交流電用於家庭和商業，100兆赫左右的交流電用於電視，幾千兆赫的交流電用於雷達和微波通信。交流電最大的優點是可用變壓器來增減電壓，以利長距離更有效的輸送。直流電就不能用變壓器來改變電壓。亦請參閱electric current。

alternation of generations　世代交替　生物體繁殖中有性期（配子體）和無性期（孢子體）交替出現的現象。在形態上，有時在染色體上，兩期（或兩代）是不同的。藻類、眞菌、苔蘚、蕨類、種子植物的世代交替是常見的。在植物和藻類的不同族群之中，兩期的特性和範圍也有很大的差別。在演進的過程中，配子體階段已逐漸退化，於是在高等（如維管）植物中，以孢子體爲主；而在較原始、無維管植物中，以配子體爲主。許多無脊椎動物有有性和無性世代的交替（如原生動物、水母、扁蟲），但沒有單倍體與雙倍體世代的交替。

alternative education　非正統教育　在某方面與傳統學校教育分歧的教育。公立學校、私立學校、家教課程都可能是非正統的。重點可能是非正統結構（例如開放性教室）、非正統題材（例如宗教性教誨）或非正統關係（例如比較不正式的師生關係或不同年齡學生之間的關係）。非正統教育主要是爲了提供人們眼中傳統教育所欠缺的東西，不管是倫理道德原則，或者兒童自我學習風格及天生創造力的認同。

alternative energy　非正統能源　各種可再生能源的統稱，可用來取代化石燃料和鈾。有些人相信，熔合裝置（參閱nuclear fusion）是最佳的長期選擇，因爲它們的初始能量是一般水中富含的氘。其他技術包括太陽能、風力、潮力、波力、水力發電、地熱能。相較於世界的能源需求，這種可再生和幾乎無污染資源的能量是巨大的，但目前僅一小部分能在合理費用下被轉化爲電力。

alternative medicine　另類醫學　亦稱互補醫學（complementary medicine）。任何未用於傳統西方醫學的衆多醫療方法。其中許多是整體的（參閱holistic medicine），許多強調預防和教育。另類療法包括針灸、芳香療法、印度草藥療法、中國醫學、手治法、草藥醫學、順勢療法、按摩、冥想、自然療法、治療觸診、瑜伽。這種醫學雖然在西方被視爲另類，卻是未開發國家高達80%人民健康照顧的主要來源。有些另類醫學在實務上是無用甚至有害的，有些則是有效的，許多在傳統方法無法見效的時候（例如慢性病）提供治療。

alternator　交流發電機　現代車輛的直流電源，用於點火、照明、風扇等處。電力由機械上與引擎並立的交流發電機產生，帶有一個經由滑圈供電的旋轉電場線圈，還有一個具有三維線圈的定子，整流器把電力從交流變爲直流形式，調節器在引擎轉速不同時確保輸出電壓與電池電壓配合妥當。感應式交流發電機是一種特殊的同步發電機，其電場及輸出線圈皆在整流器上。

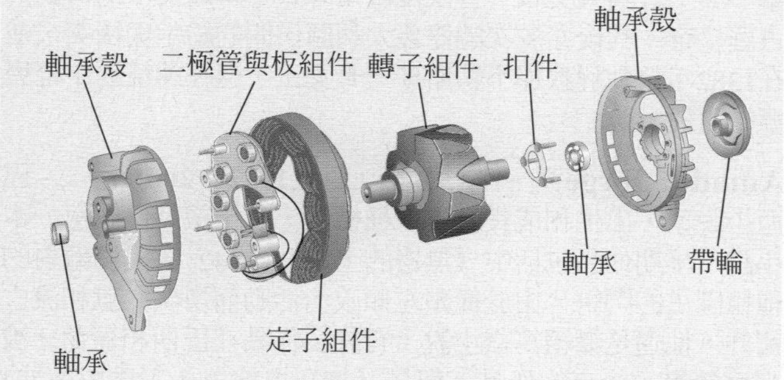

機動交流發電機的分解圖。發動機轉動機軸，以皮帶連接交流發電機的皮帶盤，轉動靜子組件內的磁性轉子，產生交流電。二極體負責整流，將交流電變成直流電，滿足載具的電子系統需求，並將蓄電池充電。
© 2002 MERRIAM-WEBSTER INC.

Altgeld, John Peter　阿爾特吉爾德（西元1847～1902年）　德裔美國政治人物，曾任伊利諾州州長（1893～1897）。幼年時即由德國移居至美國，1870年代移居芝加哥，他在此以從事不動產業致富，活躍於民主黨政治舞台。1892年以改革作訴求，當選州長。1893年發生秣市騷亂，在遭受丹諾和勞工領袖們的抗議後，他赦免了幾名德裔無政府主義分子，結果引發保守派的強烈反對聲浪，並導致他在1896年尋求連任失敗，不過，阿爾特吉爾德的作法後來在司法圈內普獲肯定。

altimeter＊　高度表　測量地面或某一物體（如飛機）高度的儀表。主要分氣壓式高度表和無線電高度表兩類。氣壓式高度表測量氣壓是參照海平面的，透過一連串的眞空膜盒、齒輪和彈簧來移動刻度盤上的指針。無線電高度表測量的是飛機離地面而不是離海平面的距離。用陰極射線管指示飛機上發出的無線電脈衝到地面來回所經歷的時間。用於自動導航及儀表著陸系統上。

Altiplano＊　阿爾蒂普拉諾　祕魯東南部和玻利維亞西部高原。自的的喀喀湖西北延伸至玻利維亞西南隅。主要植被爲灌木叢，野生動物有原產該地的羊駝和美洲駝，現已馴養來製取羊毛。的的喀喀盆地自古爲人口較集中的地區，現有祕魯的普諾、胡拉卡和玻利維亞的拉巴斯等大城市。

altitude and azimuth＊　地平緯度和地平經度　天文學、射擊學、航海學和其他一些學科用來指示物體在地面上空位置的兩個座標。地平緯度用高出地面的仰角表示（最高爲90°）。在天體測量中，地平經度（通常）是指從正南點起沿順時針方向到物體所在垂直圈（即通過物體和天頂的大圓）的角度。在天文學以外，地平經度多從正北點起算。

altitude sickness　高原病　亦稱高山病（mountain sickness）。從海平面或海拔較低的地區進入海拔8,000呎（2,438公尺）以上的地區時發生的急性反應。雖然多數人能逐漸適應低壓環境而得以康復，但有些人反應甚爲嚴重，若不返回低地則可能致死。正常情況下，機體對高原低氧會產生生理性的適應性反應，反應過強（如氣喘和心跳加快等）即爲高原病。高原病的其他表現爲暈眩、頭痛、下肢浮腫、胃腸功能紊亂、軟弱無力等。肺水腫是一種較嚴重的高原反應，給氧或返回低地後，症狀即迅速消退。

Altman, Robert (B.)＊　阿特曼（西元1925年～）　美國電影導演，生於堪薩斯市他從導演工業影片學習電影製作，在製作了第一部劇情片《太空登月記》（1967）以前導演了數部電視影集。著名的反戰喜劇片《外科醫生》（1970）奠定了他獨立導演的聲名，他的作品著重人物性格和環境的描寫，而不是情節。其他作品還有《空中怪客》（1970）、《花村》（1971）、《納許維爾》（1976）、《大力水手》（1980）、飽受爭議的《超級大玩家》（1992）、《銀色・性・男女》（1993）、《迷色布局》（1998）和《藏錯屍體殺錯人》（1999）。

Altman, Sidney　阿特曼（西元1939年～）　加拿大裔美國分子生物學家，生於蒙特婁。先後在麻省理工學院和科羅拉多大學求學。1971年起在耶魯大學任教。阿特曼和切赫分別獨立地發現核糖核酸的一個新作用。過去認爲酶活性——觸發和加速體內生物化學反應的能力——只限於蛋白質分子才有。阿特曼和切赫卻發現，這個過去只認爲是在細胞內不同部位間被動傳遞遺傳密碼的核糖核酸，還能發揮酶的作用。這個新的知識開闢了科學研究和生物工程方面的新領域。因這項研究，二人共獲1989年諾貝爾化學獎。

alto　女低音　亦作contralto。約介於中央C以下的F與向上第二個D之間的嗓音音域；四聲部樂曲中的第二最高聲部。正常情況下是由女性所演唱，本術語原指用假聲（參閱countertenor）唱的最高男高音。它也用來指某些低音樂器的音域（如如低音薩克斯風低音長笛等）。

Altona　阿爾托納　德國舊城市名。原是漁村，1640年被丹麥人占領。由於獲得貿易和關稅特權，很快成爲漢堡難以應付的一個競爭對手。儘管經歷了拿破崙戰爭，仍是相當繁盛的城市，直到1853年失去優勢爲止。1864年設市，1866年歸屬普魯士，1937年併入漢堡。

altruism　利他主義　一種將他人之善作爲道德行爲目標的倫理學的行爲理論。這個詞是由拉丁文而來，意指「他人」，爲實證主義創始人孔德在19世紀創造的，一般被方便地用作利己主義的對立面。作爲一種行爲理論，它的根據充分與否要視對於「善」的解釋而定。假如「善」被認爲是快樂和沒有痛苦，或者幸福被作爲生活的目標，那麼多數倫理學家都認爲有道德的行爲者有責任促進他人的快樂和減少他人的痛苦。

alum＊　明礬　一種無機化合物。一組通常由硫酸鋁、水合水和其他元素的硫酸鹽組成的水合複鹽的總稱。最重要的明礬爲硫酸鉀，又稱「鉀明礬」，分子式爲$K_2SO_4 \cdot Al_2(SO_4)_3 \cdot 24H_2O$；硫酸銨、硫酸鈉。明礬天然存在於各種礦物中，大致有酸澀味，無色無臭，以白色結晶粉末形式存在。明礬可製造氫氧化鋁，它可吸附水中的懸浮粒子，因而在淨水廠中是有用的絮凝劑。用作媒染劑（黏結劑）時，它使染料附著於棉和其他纖維，進而使染料變得不可溶。明礬也用於醃漬物、發酵粉、滅火器；在醫學上則用作收斂藥。

aluminum　鋁　化學元素，銀白色輕金屬，化學符號Al，原子序數爲13。鋁的化學性質活潑，多存在於化合物中。爲地殼中豐度最高的金屬元素，多存在於鋁土礦（主要成分爲礦石）、長石、雲母、黏土礦物和磚紅壤中，也存在於寶石之內，如黃玉、石榴石及金綠寶石；而金剛砂、剛玉、紅寶石及藍寶石則爲晶透的氧化鋁。1825年首次分離出來，19世紀末期開始商業用途，今日是除了鐵以外最廣泛使用的金屬。雖然它的化學性質活潑，但其表面在空氣中會形成一層薄膜，所以有很強的耐腐蝕性。鋁及其合金被用作飛機構件、建築材料、耐用消費品導電體等。重要的化合物包括了：明礬；氧化鋁，可用作各種化學反應催化劑的載體；氯化鋁，廣泛用來製備各種各樣的有機化合物；氫氧化鋁，用於製造防水織物。

Alvarado, Pedro de＊　阿爾瓦拉多（西元1485?～1541年）　西班牙軍人和殖民地行政官員。1519年2月隨科爾特斯的軍隊征服了墨西哥。1522年成爲特諾奇蒂特蘭（今墨西哥城）第一任市長。1523年征服了瓜地馬拉的原住民，建立城市（今安地瓜），該城後來成爲瓜地馬拉地區的首府，當時此區囊括了多數中美洲區。1527～1531年擔任瓜地馬拉總督。1539年在墨西哥中部探險，後來死於平定印第安人的暴動。

Alvarez, Luis W(alter)＊　阿耳瓦雷茨（西元1911～1988年）　美國實驗物理學家。1936～1978年任加州大學柏克萊分校教師。1938年發現某些放射性元素的原子核因俘獲軌道電子而衰變，結果產生原子序數比原來小1的元素，這是一種β衰變。1939年與布拉克（1905～1983）一起首先測量了中子的磁矩。第二次世界大戰期間，他研製出一種飛機降落用的雷達導航系統，並參加了曼哈頓計畫研製原子彈。後來參與建造了第一座質子直線加速器，建設液氫氣泡室。他與兒子地質學家華爾特·阿耳瓦雷茨（1940～）一起，他協助發展出將恐龍的滅絕與一顆巨大的行星或彗星的撞擊有關聯的理論。他還發現了許多亞原子粒子，因而在1968年獲得諾貝爾獎。

阿耳瓦雷茨
By courtesy of the Lawrence Radiation Laboratory, the University of California, Berkeley

alveolus ➠ pulmonary alveolus

Alzheimer's disease＊　阿滋海默症　大腦退化的疾病，發展於成年人中、晚期，導致漸進而無法挽回的記憶衰退和其他不同的認知功能退化。該症主要病變是大腦皮質中的神經細胞和中性接合壞死。阿滋海默症是最常見的失智形式。此症的症狀有：健忘而逐漸記憶力喪失；語言、感覺、運動技巧變差；情緒不穩定；最後病人會變得沒有反應、失去身體功能的活動和控制能力；終至死亡。但典型的時間是五～十年。本病最早由德國神經病理學家阿滋海默在1906年所提出。他在一個五十五歲死於嚴重失智的屍檢病例中發現。阿滋海默症被認爲是造成「老人失智症」的病因，還曾被認爲是老化引起的。家族性阿滋海默症約占總數的10%，發病年齡在六十歲以下。多發性灶狀神經炎和神經原纖維纏結是屍檢病理診斷根據。對於這個病，目前尚未有效治療方法，主要是對症治療，如抗抑鬱、糾正行爲障礙、安眠等。

AM　調幅　全名爲amplitude modulation。一個載波（通常是無線電波）的幅度隨著發送的聲頻或視頻信號的漲落而變化。調幅是廣播無線電節目最古老的方法。商業調幅電台的運作頻率範圍爲535千赫（kHz）到1605千赫。由於電離層會把這些頻率的無線電波反射回地球表面，所以數百上千公里以外的接收器可以檢測到它們。除了商用無線電廣播外，調幅還用於短波無線電廣播，發送電視節目的視頻部分信號。亦請參閱FM。

AMA ➠ American Medical Association (AMA)

Amadeus VI＊　阿瑪迪斯六世（西元1334～1383年）　別名Amadeus the Green Count。義大利薩伏依伯爵（1343～1383）。九歲繼位。任內將王國領土及權劫大力擴展。1350年代在阿爾卑斯山脈地區購買許多土地。1366年參加十字軍，與土耳其人交戰，曾恢復約翰五世·帕里奧洛加斯爲拜占庭皇帝。其後亦多次調停義大利諸侯間的紛爭與衝突，並在1382年發動解救那不勒斯瓊一世女王，但在遠征途中罹患瘟疫而逝。

Amado, Jorge＊　亞馬多（西元1912～2001年）　巴西小說家，出生和成長於可可種植園，二十歲時出版第一本小說。早期作品包括中《無邊的土地》（1942），描寫敵對的種植園主的鬥爭。由於從事左傾政治活動而多次入獄和流亡國外，他還是繼續寫作小說，有許多作品在巴西和葡萄牙被列爲禁書。後來的作品，像是《加布里埃拉、丁香與肉桂》（1958）、《唐娜·弗洛爾和她的兩個丈夫》（1966）和《聖者的戰爭》（1993），都在諷刺中包含著他的政治態度。

Amalfi＊ 阿馬爾菲 義大利南部城鎮（2000年人口約5,527），鄰薩萊諾灣。6世紀中葉起被拜占庭掌控後稍顯重要性，9世紀時為首批義大利沿海共和國之一。與東方進行海上貿易的實力可與威尼斯、熱那亞相匹敵。1131年被西西里的羅傑二世吞併，1135和1137年被比薩人洗掠，地位迅速下降，但它的航海法「阿馬爾菲塔諾法典」，在1570年以前一直是地中海區域所認可的法典。現為全國最重要的旅遊勝地之一。

amalgam＊ 汞齊 汞和一種或多種其他金屬組成的合金。汞齊一般為晶體結構，但汞含量高的為液體。已知自然界中有銀、金和鈀的汞齊存在。牙醫用含少量銅和鋅的銀和錫汞齊補牙。在以汞流為負極的電解槽中電解鹽水製取氯氣和氫氧化鈉時生成鈉汞齊。汞齊與水反應能形成氫氧化鈉溶液並再生出汞以供重複使用。細顆粒的銀或金等貴重金屬則作為殘留物而分出，這些顆狀伴隨著汞而生，而汞齊則持續被分離及加熱，直至汞被蒸餾出來（參閱distillation）。汞齊亦被用於鏡子及其他金屬表層。

Amalric I＊ 阿馬里克一世（卒於西元1174年） 耶路撒冷國王（1163～1174）。阿馬里克是位強勢統治者，他協助打破了環繞聖地附近的穆斯林團結勢力。他通過了一項法律，給予奴僕們向高等法院控告他們主人不公正地對待他們的權利。阿馬里克在1163年侵略埃及，導致與敘利亞統治者努爾丁的戰爭，儘管有曼努埃爾一世的幫助，阿馬里克還是失敗了。阿馬里克一世遠征埃及的努力雖然失敗，但仍維持了拜占庭與巴勒斯坦的聯盟關係。

Amalric II 阿馬里克二世（西元約1155～1205年） 塞浦路斯國王（1194～1205），耶路撒冷國王（1198～1205）。兄琉西尼安的蓋伊死後，由他繼承塞浦路斯王位。1197年與巴勒斯坦統治者組成緊密聯盟，並向神聖羅馬帝國國王亨利六世稱臣，當巴勒斯坦統治者篤崩，阿馬里克二世遂與其遺孀成婚。他將耶路撒冷與其他領地分開管理，並在薩拉丁死後極力與穆斯林鄰國敦睦邦交。

amanita＊ 鵝膏屬 亦稱毒傘屬。傘菌目鵝膏科（即毒傘科）的一屬菌類植物。約一百種。某些種對人有毒。本屬孢子白色，柄基部有菌托，近菌蓋處有菌環。春生鵝膏、鱗柄白鵝膏均有劇毒。夏秋天氣潮濕時產於森林，子實體大而白色。毒鵝膏在夏季或初秋出現於林地，傘蓋綠或褐色，有毒。褐鵝膏、赭鵝膏、毒蠅鵝膏（曾用以殺蠅，故名）均有毒，夏季見於田野和牧場。常見可食種類包括橙蓋鵝膏、赭蓋鵝膏及灰鵝膏。

毒蠅鵝膏（*Amanita muscaria*）
Larry C. Moon – Tom Stack & Associates

Amar Das＊ 阿馬爾・達斯（西元1479～1574年） 印度錫克教第三代古魯，因其智慧和虔誠，於七十三歲時出任古魯。他將旁遮普分成二十二個教區，並派人四處傳教。鑑於定期召開全錫克教大會有利於錫克教的鞏固，他遂規定每年三次大節，並訂定高茵得烏爾為錫克教學習中心。阿馬爾・達斯在極端禁欲與放縱內欲之間採取中間生活態度，嘉許正常家庭生活，認為人可以享有財產而仍能蒙神喜悅。他推廣不分種姓的免費食堂制，並規定，信徒要見他必須先在免費食堂進餐。他掃除印度習俗，鼓勵跨種姓通婚，允許寡婦再嫁，並要信徒禁絕殉夫制。

amaranth family＊ 莧科 石竹目的一科，約六十屬八百餘種。大多是草本，少數為灌木、喬木或藤木。原產熱帶美洲和非洲。葉緣通常無齒；花單性或兩性，每花有數枚葉狀苞片；果為蒴果、胞果、小堅果、核果或漿果。千日紅屬和青葙屬栽培供觀賞。莧屬的觀賞植物有老槍谷（即紅纓花、尾穗莧）、雁來紅，還有許多都稱豬草的野生植物，尤指反枝莧。有的莧屬植物稱為風滾草，某些莧屬植物是有潛力的高蛋白質穀類作物。

Amaravati sculpture＊ 阿默拉沃蒂雕刻 約西元前2世紀到西元3世紀末，在東南印度的安得拉地區風行的雕刻。這些淡綠色石灰石上的浮雕，主要描繪佛傳和佛本生故事。雕刻栩栩如生，充滿對因果報應的悟覺以及對大千世界的眷戀。而且形象重疊，層次分明，很有立體感。這種雕刻除在阿默拉沃蒂等地大塔遺跡可以見到外，還向西流傳於馬哈施特拉邦、斯里蘭卡（錫蘭），以及南亞地區。阿默拉沃蒂大塔是印度佛教地區最大的一個塔，19世紀時受到大規模的破壞。

Amarillo 阿馬里洛 美國德州北部城市（2000年人口約173,627）。位於德州狹長地段，建於1887年，原為鐵路工人營地。1900年後逐漸發展為重要的農業區。1920年代發現石油和天然氣後，成為工業中心。

Amarna, Tell el- ➠ Tell el-Amârna

amaryllis family＊ 石蒜科 百合目的一科，約六十五屬，至少八百三十五種，多年生草本。主要產於熱帶和亞熱帶地區。具鱗莖或地下莖；葉少數，舌形或披針形，基生或互生；花通常具花瓣三枚，萼片三枚；果為蒴果或漿果狀。許多種可供觀賞。許多熱帶的百合狀植物也屬於本科，如網球花屬（俗名血百合或血蓮）、六出花屬（俗名祕魯百合）和朱蓮屬。有些品種則屬室內植物。

Amaterasu (Omikami)＊ 天照大神 日本神道教所奉之神，即太陽女神，日本皇室的祖神。她司理高天原即諸神所居之處，其弟之一風神素戔嗚被派掌管海原，行前向她告別。他們一起製造嬰兒，其後，素戔嗚舉動粗暴，天照大神怒而隱入天石窟，天地陰暗。她被其他神祇引出洞窟，諸神向窟口投出注連繩（稻草繩），使天照大神不再能退隱其中。天照大神的主要奉祀地是伊勢神宮，為神道教最重要的廟宇。

Amati, Nicola 阿馬蒂（西元1596～1684年） 義大利小提琴製造者。他的祖父安德烈亞・阿馬蒂（1520?～1578?）是現代小提琴的創始人，其父吉羅拉莫・阿馬蒂（1551～1635）為這個產品贏得國際聲譽。尼科洛繼續留在克雷莫納從事小提琴的製造，被認為是本家族中最為有名的工匠，所製樂器以工藝精巧、音色優美著稱。史特拉底瓦里與瓜奈里等人都曾師從他學習手藝。

Amazon 亞馬遜 指希臘神話中由婦女戰士組成的一個種族的成員。希臘英雄赫拉克勒斯所服的勞役之一就是率領一支遠征隊伍去奪取亞馬遜女王希波呂忒的腰帶，遠征期間據說他打敗了亞馬遜人並把她們驅逐出原來的地區。另一種說法是，特修斯曾和赫拉克勒斯一道或單獨地進攻過亞馬遜人。亞馬遜人也進攻過阿提卡，但是最後被打敗了，並且特修斯娶了她們當中一個名叫安提俄珀的女人。古希臘的藝術作品中，亞馬遜人的形象神似雅典娜女神（帶著武器和頭盔）和阿提米絲女神（身著薄衣，腰帶繫得高以便於疾

A B

行）。

Amazon River　亞馬遜河　葡萄牙語作Rio Amazonas。南美洲北部河流。是世界上流量最大、流域面積最廣的河流，其長度僅次於尼羅河。發源於祕魯安地斯山脈，距太平洋100哩（160公里）之內，穿過巴西北部到大西洋入海口，全長約4,000哩（6,400公里）。在祕魯的河段通稱爲馬拉尼翁河，在巴西至內格羅河的河段則稱爲索利蒙伊斯河。亞馬遜河已知的支流有一千多條，發源於圭亞那高原、巴西高原和（主要是）安地斯山脈。有七條支流長度超過1,000哩（1,600公里），其中馬德拉河超過2,000哩（3,200公里）。亞馬遜河可全年通航，大貨船入內陸可上行1,000哩（1,600公里）遠至馬瑙斯。1541年奧雷利亞納是沿河而下的第一個歐洲人；據說他在與婦女部落（他比作亞馬遜人）打了幾仗後，就把這條河流取名爲亞馬遜河。1637～1639年泰謝拉實現了第一次溯河而上的探險，但在19世紀中葉以前，這條河一直很少被開發利用。最初由許多原住民沿河而居，但隨著各路人馬想把他們當奴隸使用後，他們就往內地遷移。1860年代，該河開放給全世界的船隻通行；隨著橡膠貿易的來臨，河上交通呈指數型增長，1910年前後達到顛峰，但不久就衰退下來。亞馬遜河流域有世界上最大的熱帶雨林，以及品種繁多的珍禽異獸。1960年代以來，由於經濟的開發對該區生態環境的影響已受到全世界的關注。

Amazonia National Park　亞馬遜國家公園　巴西中北部公園，位於塔帕若斯河沿岸，約在馬瑙斯與貝倫的中途。1974年成立，範圍逐漸擴大到2,500,000英畝（1,000,000公頃），有各式各樣動、植物。

amban　按班；諳版；昂邦　（滿語意爲「大臣」）中國清朝皇帝派駐附庸國或屬國的代表。1793年清朝乾隆皇帝改變了選擇達賴喇嘛的程序，西藏人必須說服按班相信他們已遵照規定來做。1904年英國試圖迫使西藏簽訂一份貿易協定時，按班說他沒有權力代表西藏來談判，讓人質疑究竟中國對西藏的控制程度。按班的作用和權威問題在中國政府和擁護西藏獨立者之間繼續有爭論，他們試圖支持自己對西藏地位的互相衝突的要求。

ambassador　大使　一國政府派往另一國政府的最高級外交代表。據1815年的維也納會議，大使是正式界定和認可的外交代表之一。大使被認爲代表君主（或國家元首）本人及其尊嚴，有資格親自去見駐在國元首。最初，僅在主要的君主國之間交換大使。美國則在1893年任命第一批大使。從1945年起，按照所有國家禮節上、法律上平等的理論，多數國家政府把大使級代表派到所有給予外交承認的國家。在現代通訊尚未發達之前，大使往往享有廣泛的、甚至全權。後來越來越減弱成爲其外交部的發言人。

amber　琥珀　呈不規則結核狀、棒狀或水滴狀，一般爲橘黃色或棕色（紅色極少見）的樹脂化石。乳白色不透明的變種稱骨琥珀。琥珀的包體包括數百種昆蟲和植物的化石。深色半透明到透明的琥珀被視爲寶石。琥珀可做成念珠、串珠等雕刻裝飾品。琥珀遍布世界，但最大的礦床位於波羅的海沿岸。

ambergris＊　龍涎香　在抹香鯨腸道內形成的固體物質（約80%屬膽固醇）。在東方主要用作調味香料，在西方主要用作高級香精的定香劑。龍涎香是抹香鯨所吞食的槍烏賊或其他動物的不能被消化部分周圍積聚的分泌物。新鮮的龍涎香是軟的，呈黑色，有難聞的氣味。遇到陽光、空氣和海水，就硬化、褪色並產生宜人的香氣。捕鯨者也從被捕的鯨魚體內或從海面上的漂浮物獲得它。它的碎塊一般都較小，但曾發現重約1,000磅（450公斤）的大塊。

amberjack　鰤　鰺科鰤屬幾種受歡迎的遊釣魚之通稱，遍布全世界。大西洋的大鰤是體形最大的鰺科魚，體長常達6呎（1.8公尺）以上。

Ambler, Eric　安布勒（西元1909～1998年）　英國間諜和犯罪小說家。早期的作品有《黑暗的邊界》（1936）、《一個間諜的墓誌銘》（1938）、《迪米特里奧斯的假面具》（1939）和《航向死亡》（1940；1942年拍成電影）等作品聞名。第二次世界大戰時以電影導演的身分在英國陸軍服役。所寫的電影劇本和小說有《德爾切夫的審判》（1951）、《光天化日》（1962）及其續集《骯髒的故事》（1967）。

Ambon＊　安汶　印尼摩鹿加島嶼。位於馬來群島，長31哩（50公里），寬10哩（16公里），面積294平方哩（761平方公里）。主要港口亦稱安汶（1995年人口約249,312）。島上多地震和火山活動；薩哈都山海拔3,405呎（1,038公尺），是最高山。葡萄牙人首先被安汶的丁香貿易吸引，於1521年建殖民點。1605年荷蘭人趕走葡萄牙人接收了香料貿易，1623年安汶島大屠殺中摧毀英國人定居點。英國人於1796及1810年再度統治，1814年復歸荷蘭人統治。它在1927年與特爾納特組成摩鹿加政府前一直爲分離的居住區。1950年發生獨立運動但迅速被鎮壓下來。

Ambrose, St.＊　聖安布羅斯（西元339?～397年）　米蘭主教。出生於高盧，在羅馬長大，後來出任羅馬的省長。西元374年，被當作一個妥協條件下的候選人，意外地從一個未受洗禮的俗家人被遴選爲米蘭的主教。他建立了中世紀對皇帝的概念，即基督教皇帝必須接受主教的建言及批評，他反對容忍阿里烏主義的支持者。他所編寫的神學專論受到希臘哲學的影響，包括《論聖靈》及《論大臣的職責》，還作有一系列讚美詩。聖奧古斯丁就是聽了安布羅斯的傳教而皈依基督教的。

聖安布羅斯，濕壁畫，平圖里喬繪於1480年代；現藏羅馬聖瑪利亞·波波洛教堂

Alinari – Art Resource

AMC ➡ American Motors Corporation (AMC)

AME Church ➡ African Methodist Episcopal Church (AME Church)

Amelung glass＊　阿梅龍玻璃　原籍德國不來梅的阿梅龍於1784～1795年間在美國生產的玻璃製品。他在德國和美國友人的資助下，在馬里蘭州弗雷德里克建立了一座新不來梅玻璃廠，並準備發展成爲一個工匠社區，並自德國引進工人及其他工匠。該計畫在1790年由於政府對窗玻璃和其他玻璃製品徵稅，次年國會又拒絕給予貸款，工廠倒閉。經鑑定現僅有少量產品傳世，它們多數均爲非華麗的雕塑裝飾之用。

amen　阿門　猶太教徒、基督教徒和穆斯林用語，在禮拜時表示同意或肯定。源自閃米特語的詞根，意爲「堅定」或「確實」。希臘文《舊約》通常將「阿門」譯作「誠心所願」；在英文《聖經》中往往譯爲「實在的」或「眞誠的」。到西元前4世紀時，「阿門」成為猶太寺廟禮拜儀式上對榮耀頌或其他祈禱的結束語。到西元2世紀，基督徒在聖餐儀式上採用此語，現在基督教禮拜儀式往往用「阿門」作為祈禱或讚美詩的總結和肯定。伊斯蘭教雖不常用此語，但每次誦畢《可蘭經》第一章後必念「阿門」。

Amen ➠ Amon

Amenemhet I＊　阿門內姆哈特一世　埃及法老（西元前1938～西元前1908年在位），第十二王朝開祖。前朝省長，前任國王孟圖赫特普四世去世後國內發生內戰，戰後他偕同幾個省長使埃及再度統一。他把都城由底比斯遷至孟斐斯以南的今利喜特村附近。他把埃及的範圍擴展到尼羅河並在三角洲建立要塞。為了重申埃及霸權，他將阿蒙神廟擴大。阿門內姆哈特於西元前1918年任命塞索斯特里斯一世為共同攝政王。

西元前15世紀的阿孟霍特普二世供奉祭品塑像：現藏開羅埃及博物館
By courtesy of the Egyptian Museum; photograph Hirmer Fotoarchiv, Munchen

Amenhotep II＊　阿孟霍特普二世　埃及法老（西元前1514～西元前1493年在位），圖特摩斯三世之子。在父王的精心培育下成長，受過戰鬥和體育訓練。他曾出兵鎮壓北敘利亞的暴動，迫使亞洲一些君主效忠。第二次出征進軍到加利利海，從米坦尼、巴比倫和西台人繳獲很多戰利品。阿孟霍特普二世的木乃伊已在底比斯谷地的陵墓中發現。

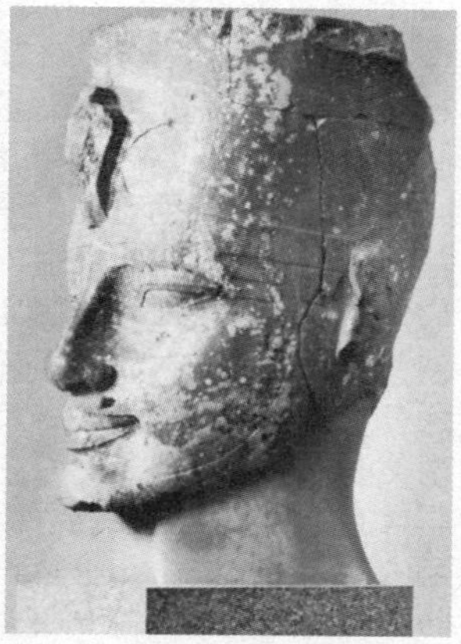

西元前1390年左右，在西底比斯出土的阿孟霍特普三世的頭部塑像
Reproduced by courtesy of the trustees of the British Museum

Amenhotep III　阿孟霍特普三世　埃及法老（西元前1390～西元前1353年在位），在位初期在埃及南部發動戰爭，其餘時間則是太平無事。他極力發展與敘利亞、塞浦路斯、巴比倫和亞述的外交關係，並在底比斯、孟斐斯和努比亞興建許多公共建築，包括盧克索和凱爾奈克的廟宇。他打破傳統與平民泰伊結婚。後由其子易克納唐繼任。

Amenhotep IV　阿孟霍特普四世 ➠ Akhenaton

amenorrhea＊　閉經　無月經來潮的一種婦科情況。原發性閉經（十六歲仍無月經來潮）患者症狀有：生殖器保持幼稚型，乳房不發育，無陰毛，身材矮小，肌肉發育不全。繼發性閉經（有過月經週期而後異常停止）則可見生殖器萎縮、陰毛減少。閉經本身並非一種疾病，它反映了下視丘、腦下垂體、卵巢及子宮之間相互平衡的失調。腫瘤、受傷亦有可能造成閉經。其他引起閉經的原因還有：系統性疾病；精神上的創傷、焦慮、恐懼；激素分泌過量或不足；全身性肥胖；陰道閉鎖及妊娠、哺乳、絕經等。非器質性病變引起的閉經及稀發月經對身體並無損害。

America ➠ Central America、North America、South America

America Online, Inc. (AOL)　美國線上公司　提供上網服務及網際網路通路的公司。1985年成立時名為量子電腦服務公司，提供電子郵件、電子告示板、新聞及資訊服務。1991年改名為美國線上公司，當時它首度為麥金塔及蘋果電腦用戶提供服務。1990年代中期已是世界最大的上網服務公司，擁有強勢的敵手電腦服務公司和Prodigy公司，至2000年擁有超過兩千萬會員。它進而購入電腦服務公司（1997）、網景公司（1998）、Mirabilis公司（ICQ製造商；1998）、MovieFone公司（1999）、數位行銷服務公司（1999）。2001年與時代－華納公司合併，成為一個完全整合的媒體及通訊公司美國線上－時代－華納公司，合計歲入超過三百億美元。

American Airlines　美國航空公司　美國主要的航空公司，美國航空公司是經由購併數家小型美國航空公司後，1934年更名並註冊為美國航空公司。持續收購其他航空公司的航線，於1970年代發展成為一個國際運輸公司，總共併購了約八十五家公司，迄今業務已擴充到南美洲、加勒比海地區、歐洲和西太平洋。母公司AMR公司也投資經營食品供應、旅館、機場地面運輸與行李搬運、機場維修以及其他有關業務。

American aloe ➠ century plant

American Anti-Slavery Society　美國反奴隸制協會　美國以廢除奴隸制為宗旨的團體，各地均有分會。1833年在加里森領導下成立，為廢奴運動的一支主要力量。迄1840年有兩千個分會，十五萬會員，包括韋爾德、塔潘及菲利普斯。先前為奴隸的人證詞最能讓公開會議產生效用，當中包括道格拉斯及布郎。1839年協會全國組織發生分裂；加里森領導的激進派，猛烈抨擊美國憲法支持奴隸制；塔潘領導的溫和派則為自由黨催生。

American Association of Retired Persons ➠ AARP

American Ballet Theatre　美國芭蕾舞劇團　紐約市主要芭蕾舞團體。1939年由蔡斯和普利桑特創辦，最初叫芭蕾舞劇團（1939～1957）。1945年史密斯接替普利桑特成為副總監。巴瑞辛尼可夫在1970年代和劇團合作過後，於1980～1989年間擔任劇團的藝術總監。圖德、德米爾、羅賓斯、撒普、福金等知名的編舞家都為該團編排過舞劇。該團首席舞者包括了阿朗索、布魯恩、多林、馬卡洛娃。

American Bar Association (ABA)　美國律師協會　成立於1878年的美國律師、法官及其他法律團體組成的志願組織，這個全美最大的律師協會，所尋求的目標是：推動對律師行業的改善、確保對全體公民提供法律服務及改善司法行政。該協會經常實施教育性及研究性的計畫、贊助專業會議及出版月刊。目前會員約有375,000人。

American Broadcasting Co. ➠ ABC

American Civil Liberties Union (ACLU)　美國公民自由聯盟　1920年由鮑德溫等人在紐約市成立的組織，以維護美國憲法中的自由權利為宗旨。聯盟在三個基本領域進行工作：言論、信仰及結社的自由；法律的正當程序；法律之前人人平等。聯盟自成立以來，除干預法庭中已有的案件外，還提出試驗案件，這樣它可以為案件直接提供法律諮詢，或提供名為「法庭之友」的訴訟要點，對案件中的公民權利問題發表意見。1925年的斯科普斯審判案是最著

A
B

名的試驗案件：在1921年的「薩柯－萬澤蒂案」中提供辯護。在1950年代和1960年代，聯盟經辦了一些對忠誠宣誓和將想象的左翼顛覆分子列入黑名單是否合乎憲法提出質疑的案件。由志工和全職工作人員從事聯盟的工作，其中還包括許多提供免費的法律辯護的律師在內。亦請參閱civil liberty。

American Civil War　美國南北戰爭（西元1861～1865年）　亦稱Civil War或War Between the States。美國聯邦政府和宣布脫離聯邦的南方十一個州之間的戰爭。這場戰爭的起因在於雙方在蓄奴、貿易、關稅和州權等問題上的爭議。1840年代和1850年代，北部各州反對在西部地區蓄奴，造成南方各州害怕威脅到他們持有奴隸的權益，而蓄奴是維持其龐大的棉花種植園的經濟基礎。到1850年代，廢奴主義在北方逐漸成長，當1860年反對蓄奴的共和黨候選人林肯當選總統後，南方各州便脫離聯邦以保護他們蓄奴的權利。他們組成以戴維斯爲首的美利堅邦聯，北部各州則由林肯領導。1861年4月12日美利堅邦聯軍隊在薩姆特堡開火，戰爭於是在南卡羅來納州的查理斯敦展開。雙方迅速招募軍隊。1861年7月約三萬名聯邦軍向美利堅邦聯的首都維吉尼亞州的里奇蒙挺進，但在布爾淵戰役受到美利堅邦聯軍隊的阻截，被迫撤退到華盛頓特區。這場敗戰震驚了北方，再次招募了五十萬大軍。1862年2月首場重要戰役開打，格蘭特率領的聯邦軍占領了田納西州西部美利堅邦聯的要塞。聯邦軍接連在塞羅和紐奧良傳捷報。在東線的戰區，李將軍也爲美利堅邦聯贏得數場戰役：七天戰役以及在安提坦戰役取勝後的弗雷德里克斯堡戰役（1862年12月）。美利堅邦聯軍隊在錢瑟勒斯維爾戰役勝利後，李將軍揮軍北上，與米德率領的聯邦軍在蓋茨堡戰役遭遇。戰爭的轉捩點發生在1863年7月的西部戰區，格蘭特在維克斯堡戰役的成功使得整個密西西比河流域都落入聯邦軍之手。在奇克莫加戰役戰勝後，格蘭特的權力又上一層樓，1864年3月格蘭特被林肯任命爲聯邦軍最高統帥。格蘭特開始實行消耗戰略，他無視聯邦軍在莽原戰役和斯波特瑟爾韋尼亞縣府戰役中的慘重傷亡，開始包圍李將軍在維吉尼亞州彼得斯堡的軍隊（參閱Petersburg Campaign）。同時，雪曼於9月占領亞特蘭大（參閱Atlanta Campaign）後，開始了通過喬治亞州的破壞性行軍，不久又奪占了塞芬拿。1865年4月3日格蘭特占領里奇蒙，4月9日在阿波麥托克斯縣府接受李將軍的投降。4月26日雪曼接受約翰斯頓的投降，從而結束了這場戰爭。死傷人數頗爲慘重，總共兩百四十萬士兵中約有六十二萬人死亡。南方受到嚴重破壞。但北方維持原狀，奴隸制被廢除。

American Express Co.　美國運通公司　美國的金融服務公司。創立於1850年，原爲快速運輸的公司。原在紐約州和中西部各地間提供快速運輸業務。1891年開始應用美國運通旅行支票，1895年在巴黎開設第一家歐洲辦事處。目前該公司提供信用卡和旅遊業務（包括旅遊包辦、預租汽車等），還擁有銀行和投資服務公司。

American Federation of Labor-Congress of Industrial Organizations ➠ AFL-CIO

American Federation of Teachers (AFT)　美國教師聯盟　美國的教師工會組織。成立於1916年，原爲「美國勞工聯盟」（參閱AFL-CIO）中的一個分會。該組織透過集體談判以及教師的罷工行動，爲教師爭取到較好的工資、退休金、病假、學術自由以及其他的權益。在珊克爾（1928～1997年、1974～1997年任主席）的帶領之下，該組織籌設了全國性的檢定考試以及其他的革新措施。目前會員大約有94萬人。亦請參閱National Education Association。

American Fur Co.　美國皮毛公司　1808年阿斯特在紐約州創立的企業。在19世紀初，它被認爲是美國第一家壟斷企業，控制美國中部和西部的皮毛貿易。當它在收購皮毛的時候，競爭的對手不是被它吸收就是被它擠垮。1834年阿斯特賣掉該公司時，它已是美國最大的商業組織。

American Indian　美洲印第安人　亦稱美洲原住民（Native American）或Amerindian。西半球的原住民族之一，不包括愛斯基摩人和阿留申人。現今美洲原住民一詞比美洲印第安人一詞還常用，尤其是在北美洲，但許多美洲原住民族仍舊偏好使用美洲印第安人（或印第安人）一詞。美洲印第安人的祖先，據考證是上次冰河期（約20,000～35,000年前）自東北亞越過白令海峽陸橋移居北美洲的游牧民族。約西元前10,000年左右，占據了北、中、南美洲大部分地區。亦請參閱Anasazi culture、Andean civilization、Clovis complex、Eastern Woodlands Indian、Folsom complex、Hohokam culture、Hopewell culture、Mesoamerican civilization、Mississippian culture、Mogollon culture、Mimbres、Northwest Coast Indian、Plains Indian、Pueblo Indians、American Indians, Southeast、Southwest Indian、Woodland cultures。

American Indian languages　美洲印第安諸語言　美洲、西印度群島原住民與其現代後裔所操的語言。美洲印第安諸語言並不是相關聯的單一語文（與印歐諸語言不同），亦無結構上的共同特色（如發音、文法或字彙），因此各地所操的美洲印第安語，顯然不是一個整體。在前哥倫布時代，在墨西哥以北的美洲，約有三百種方言，使用人口約兩百～七百萬。目前不到一百七十種留存下來，且能流利的使用這些語言的大多數是老人家。少數能廣爲流傳的語族（如阿爾岡昆諸語言、易洛魁諸語言、蘇語諸語言、穆斯科格諸語言、阿薩巴斯卡諸語言、猶他－阿茲特克諸語言、薩利什諸語言）在北美洲東部和內陸有許多語支，而西部是一個完全不同的支系（參閱Hokan languages、Penutian languages）。墨西哥與中美洲北部（中美洲）印第安人口估計爲兩千萬人，在前哥倫布時期所操語言約三百種；以兩個最大的語系馬雅諸語言和奧托－曼格諸語言以及單一的語言納瓦特爾語爲主；其他還有許多小語族和孤立的語言。至今還有十種以上的語言使用人口超過十萬以上。前哥倫布時代南美洲和西印度群島的原住民人口在一千萬至兩千萬之間，語言的分歧最大，在五百種以上。重要的語系包括哥倫比亞和中美洲南部的奇布查諸語言；安地斯山脈地區的克丘亞諸語言和艾馬拉諸語言；南美洲北部和中部低地區的阿拉瓦克諸語言、加勒比諸語言和圖皮諸語言。克丘茲及艾馬拉諸語言約有一千萬名使用者，而主要分布於北美印第安族群的圖皮語言的使用者現已鮮見，且在被記錄前即消失了。

American Indian Movement (AIM)　美國印第安人運動　1968年成立的爭取民權的組織，成立的宗旨原是救濟在政府規畫的影響下被迫離開保留地，而移居於城市區的印第安人。後來，它的目標終於反映了印第安人的全部要求：經濟獨立，傳統文化的復興，保護合法權利，而最注重的是印第安人部落的地區自治和恢復他們認爲被非法剝奪的土地。美國印第安人運動曾經參加許多轟轟烈烈的抗議活動（參閱Wounded Knee）。由於運動的許多領導人入獄以及發生內訌，儘管地方支部繼續活動，全國的指揮部已於1978年解散。

American Indian religions, North 北美印第安宗教 北美洲原住民的宗教信仰和社會風俗他們的信仰特徵是，確信這世界上所有的東西（包括有生命和無生命的）都是受神靈所驅動，而他們的生活則與鬼魂密切聯繫在一起。他們不但在動物、植物和樹木這些自然生物中發現靈魂，就連高山、湖泊和雲朵這些自然景物中也是如此。由於北美洲宗教已經高度本土化，而他們的信仰也有了大幅度的改變，因此要界定這些宗教存在的數量是不可能的。在易洛魁族長老的心目中，造物主是一位良善又有智慧的宇宙設計者，而科字剛族則把造物主想像成一位強盜、騙子，而且只是眾多能力非凡的神明之一。至於納瓦霍人的宗教儀式，所代表的幾乎都是個人特殊的需求，而普韋布洛人的儀式則是根據自然的週期，以整個群體通過特定的程序來舉行。不過，所有的北美洲的本土宗教都有一些共同的特點：祖先的土地和當地的聖地，都具有非凡的重要性；想獲得某些特定的知識，必須先經過入會的儀式；對親屬的義務是信仰的中心；他們的口述傳統中，都有一些記錄人類與非人類力量之間互動的故事；慷慨是一種虔誠的表現。在他們與歐洲人接觸之後，又發展出一些新的宗教活動，包括「鬼舞道門」傳統和「鄉土美洲教會」。亦請參閱Mesoamerican religions。

American Indian religions, South 南美印第安宗教 南美洲原住民的宗教信仰和社會風俗。屬於奇穆人和印加人的古老安地斯文明，具有高度發展的宗教。印加人的宗教結合了各式各樣的儀式、精靈的信仰、具有超能力的事物、自然崇拜以及太陽崇拜。印加人建造了巨大的神殿，由祭司和某些特定挑選的女人從事服侍的工作。祭司會以占卜傳遞天意，並且在每一場重大的慶典上獻上牲祭。在某些危急存亡之秋，他們還會獻上人牲。現今南美洲的原住民文化有1,500個之多，而他們的宗教信仰也產生了很大的變化。創世神話是他們主要的核心，描述了第一個世界的起源和終結，以及隨後其他世界的生成和滅亡。不論是男性或女性，他們大都會舉行成年禮，並且在儀式中重現創世時發生的事件。成年禮還代表個人提升到具有宗教權力的地位，在儀式當中，祭司、先知和靈媒皆扮演著特殊的角色。薩滿則主要在於誘導人進入宗教上狂喜的狀態，掌控靈魂進出身體的通道。在儀式中，他們會以火焰、樂器（尤其是能發出吵雜聲音的樂器）、密語以及宗教歌曲演示出一些誇張的動作，以傳達薩滿教中那不可見的力量的命令。在許多原住民族當中，基督教成了民間信仰的一個重要因素。它不斷在當地傳統的亮光下得到解讀，使得這些傳統信仰的元素得以繼續留存。亦請參閱Mesoamerican religions。

American Labor Party 美國勞工黨 美國小政黨，以紐約州為大本營。1936年由勞工領袖希爾曼和杜賓斯基及民主黨之自由派所組成。對羅斯福總統的新政極表支持，並對認同自由的社會立法的候選人亦予以支持。該黨在紐約市的選舉有其影響力，雖然自1940年以來，該黨常在贊成或反對共產黨的議題上爭論不休，最後在1956年解散。

American League 美國聯盟 與國家聯盟同為美國和加拿大兩大職業棒球聯盟之一。成立於1900年。目前分為三個區：東區包括巴爾的摩金鶯隊、波士頓紅襪隊、紐約洋基隊、坦帕灣魔鬼魚隊及多倫多藍鳥隊；中區包括芝加哥白襪隊、克利夫蘭印第安人隊、底特律老虎隊、堪薩斯皇家隊及明尼蘇達雙城隊；西區包括安那漢天使隊、奧克蘭運動家隊、西雅圖水手隊及德州遊騎兵隊。

American Legion 美國退伍軍人協會 美國退伍軍人組織，1919年成立。主要是在照顧失能及患病的退伍軍人。對於作戰傷殘人員及戰士之孤兒寡婦的撫卹金及補償費等，亦無不盡力為之爭取。該協會無政治及黨派色彩，會員入會資格只要是光榮的服役及光榮的退役即可。該會曾設立退伍軍人醫院及於1930年創立了美國退伍軍人管理會。1944年在「美國退伍軍人權利法」的制定上扮演重要角色。該會最盛時期會員總數約有三百萬人，分別隸屬於各地的一萬六千個小組之中。

American Medical Association (AMA) 美國醫療藥協會 美國醫師的組織。其目的在於改善公共衛生並促進對醫藥之研究。該協會成立於1847年，會員總數已達二十五萬人左右，約達美國全部執業醫師人員之半數。它傳達訊息予會員及社會大眾，以遊說團體的身分運作，協助建立醫療教育標準。該協會的出版品計有：《美國醫療協會期刊》、《美國醫療新聞週刊》及數種介紹醫療上的專門問題的月刊。

American Motors Corp. (AMC) 美國汽車公司 美國汽車和汽車零件製造的企業。1954年兩家汽車製造業先驅——哈得遜公司（成立於1909年）與納西－凱爾文納特公司（前身是1916年成立的納西汽車公司）合併，組成美國汽車公司。產品有AMC牌小型汽車、吉普車、卡車、公共汽車、園地用牽引機和刈草機、各種塑膠壓製的汽車零件、用具等等。自1936年起至1968年該部門被售出為止，凱爾文納特用具是主要的生產線。1970年購入凱瑟－吉普公司（1903年創立）。1987年美國汽車公司成為克萊斯勒汽車公司的一個分支機構，而克萊斯勒汽車公司又於1998年與戴姆勒－賓士有限公司合併。

American Museum of Natural History 美國自然歷史博物館 1869年在紐約市設立，是自然科學研究和教學的主要中心。為設置野外探險、創造可以展示動植物生命及其自然習性的實景模型的先鋒。該館收藏標本逾千萬件，收藏的化石和昆蟲是世界上最多的。該館進行人類學、天文學、昆蟲學、爬蟲類與兩生類動物學、魚類學、無脊椎動物、哺乳動物學、礦物學、鳥類學、脊椎動物古生物學的研究。在巴哈馬、紐約、佛羅里達和亞利桑那設有永久研究站。它還包括世界最大的天文館之一。

American Party 美國黨 ➠ Know-Nothing Party

American Protective Association 美國保護協會 一個反天主教、反移民的祕密組織，1887年在愛荷華州創立。1890年代會員人數一度達兩百多萬。主要成員為農民，因對愈來愈普遍的移民城市之快速成長及政治力量有所戒慎所致。至1896年的選舉之後及中西部農業轉為興盛後，會員人數遽減。

American Renaissance 美國文藝復興 亦稱新英格蘭文藝復興（New England Renaissance）。指1830年代到南北戰爭結束的一段時期，這一時期美國文學日趨成熟，成為一種反映民族精神的文學。這時美國文壇由一批新英格蘭作家所統治，其中著名的有朗費羅、霍姆茲以及羅厄爾。這一時期最有影響力的是超驗主義作家（參閱Transcendentalism），包括愛默生、梭羅。此外，還出現了一些偉大的富有想像力的作家如霍桑、梅爾維爾、惠特曼和愛倫坡。

American Revolution 美國革命（西元1775～1783年） 亦稱美國獨立戰爭（United States War of Independence）。北美十三個英國殖民地的起義而引起的，起義贏得了政治上的獨立，從而建立了美利堅合眾國。1763年結束了法國和印第安人戰爭後，英國強加給殖民地新稅（參閱Stamp Act、Sugar Act）的措施。北美殖民地居民對英國謀取本身利益的貿易法規以及英國議會中沒有北美殖民地的代表感到不滿。於是殖民地組成民兵和大陸軍向訓練有素的英國正規軍挑戰，以爭取獨立。1775年4月19日，英國派兵到康科特（麻薩諸塞州）去摧毀美洲反抗者的軍需庫，戰事遂在勒星頓和康科特爆發。此後反抗者的軍隊開始圍攻波士頓，當美方諾克斯將軍迫使英軍司令的何奧將軍於1776年3月17日撤出波士頓，這場圍城戰始告結束。英方保證如肯讓步也可得到寬恕。已於1776年7月4日宣布獨立的美國人拒絕這項建議。英軍把華盛頓的部隊自紐約趕往新澤西作爲報復。聖誕節夜裡華盛頓渡過德拉瓦河，贏了特稜頓和普林斯頓戰役。伯戈因將軍率領的一支英國軍隊從加拿大南下，兩次被蓋茨將軍率領的另一支美軍擊敗，1777年10月17日他被迫在薩拉托加投降。是年華盛頓安排他的11,000人軍隊在福吉谷過冬，在當地施托伊本男爵給了美國軍隊重要訓練。施托伊本的幫助使華盛頓在蒙茅斯戰役（1778年6月28日）獲勝。那次戰役後，英國在北部的軍隊主要殘留在紐約市及其外圍。法國從1776年以來就已祕密向美國人提供財政和物資援助，1778年6月終向英國宣戰。法國人的貢獻主要是在南部。華盛頓的軍隊和法軍隊對約克鎮進行圍攻，1781年10月19日康華里投降，此後美國的陸上戰鬥平息。但戰爭仍在公海上繼續進行。海戰大部分在英國和美國的歐洲盟國間進行。1783年3月在瓊斯率領下贏得在佛羅里達海峽的最後一次戰役。西班牙和荷蘭控制了環繞不列顛諸島的大部分海域，因而使英國海軍的主力被牽制在歐洲。隨著「巴黎條約」（1783年9月3日）的簽訂，英國承認美國獨立（西以密西西比河爲界），並把佛羅里達割讓給西班牙。

American saddlebred　美國騎乘馬　亦稱American saddle horse。一種起源於美國的輕型馬，譜系中包含純種馬、摩根馬、標準種等血統，母系爲步態輕盈的本地母馬。平均站高15～16手（5～5.3呎或1.5～1.6公尺），毛色有紅棕、褐色、黑色、灰色、栗色等。有兩種不同的類型，分別爲三步法和五步法。三種自然的步法爲走、小跑和慢跑；五步法的馬還有兩種經過訓練的步法，輕跑和慢步，或者是跑步行。與五步法的騎乘馬相比，三步法的騎乘馬的式樣和潤飾動作往往要稍少一些。美國騎乘馬也常被當作表演展示時的一種優良挽馬。

American Samoa　美屬薩摩亞群島　太平洋中部的美國無建制領地，包括土土伊拉（最大島，占全區2/3的面積和95%人口）、奧努烏和羅斯島和馬奴亞島群。面積199平方公里。人口約58,000（2001）。首府：巴約巴約（位於土土伊拉島）。語言：薩摩亞語和英語（官方語）。貨幣：美元。多數島嶼多岩石，由死火山形成，四周環繞著珊瑚礁。中央山脈聳立於土土伊拉和馬奴亞島群上。漁業和旅遊業是其主要產業，但美國政府卻是主要雇主。主要人口爲薩摩亞人後裔。美屬薩摩亞在2,500年前就有玻里尼西亞人居住。1722年荷蘭探險者爲第一批到訪此地的歐洲人。爲逃跑水手和罪犯的避風港，該島約在1860年前由各原住民酋長統治。1872年美國取得在巴夠巴夠建立海軍基地的權利，1889～1899年歸美、英、德三國共管。1904年以酋長們將東部島嶼歸屬美國（斯溫斯島於1925年由英國轉贈與美國）。這些島嶼原由美國海軍管轄，直到1951年才轉交給美國內政部。1960年通過第一部憲法。1978年第一位選舉產生的總督就任。

American Stock Exchange (AMEX)　美國證券交易所　美國第二大證券交易所。最初以其交易大多是在戶外進行，人稱「場外證券市場」。一般認爲該戶外市場於1850年左右開辦。1921年交易市場開始移至屋內，即紐約市華爾街地區該交易所的現址。多年來，它是那些聲譽不配在紐約證券交易所掛牌買賣的證券的交易市場，而現在無論是就證券掛牌的要求或公司成爲市場成員的資格，該交易所同紐約證券交易所都具有同樣聲望。1999年它與那斯達克合併，形成那斯達克－美國證券交易所行銷集團。

American System of manufacture　美國製造系統　生產衆多相同的零件並將其組合成最終產品。雖然這項發展多歸功於惠特尼，其實概念更早出現於歐洲，而在美國的兵工廠付諸實施（參閱armory practice）。布律內爾還在英國海軍部任職之時（1802～1808），想出一種製作方法來生產木頭滑車，利用連續的機械作業，只要10個工人（而不是先前的110人）一年就能製作出十六萬個滑車。到了倫敦水晶宮博覽會（1851），英國工程師看見美國展出生產可替換零件的機器，才開始運用這個系統，不到二十五年的時間就廣泛運用美國系統大量製造工業產品。亦請參閱assembly line、factory。

American Telephone and Telegraph Co. ➠ AT&T Corp.

American University　美利堅大學　位於華盛頓特區的一所私立大學。1891年國會通過法案奉准成立研究所和研究中心，不過直到1914年才開始上課。大學部成立於1925年。設有法學院、商學院以及國際關係學院和公共事務學院。該校具有強烈的政府及公職導向。學生總數約11,000人。

America's Cup　美洲盃　國際帆船競賽中歷史最高榮譽的獎杯。1851年首次在英國舉辦時另有他名，一艘來自紐約的「美洲號」輕易得到冠軍，從此以「美洲盃」聞名。這項比賽每四年舉行一次，在一艘衛冕船和一艘挑戰船之間進行。每艘船都是必須是在它所代表的國家中設計、建造並盡可能裝備完全。全長22.6哩（36.4公里）的行程分8段來進行。美國原本包辦了全部的獎杯，直到近幾年分別被澳大利亞（1983）和紐西蘭（1995）擊敗。從1936到1983年比賽在羅德島的新港舉行，近年則改在美國的聖地牙哥舉行。

americium＊　鋂　週期表IIIb族錒系人工合成化學元素，原子序數95。1944年末，在核反應器中由鈽－239合成出鋂－241同位素。它是第四個被發現的超鈾元素。從鋂－241同位素已製備出以公斤計的鋂，並在一些儀表中已利用了鋂的γ射線。最常見的是家庭使用的測煙裝置。

Amerindian ➠ American Indian

Ames, Fisher　艾姆斯（西元1758～1808年）　美國隨筆作家及政治人物，生於麻薩諸塞州戴罕市。曾任教師和律師職務。他支持建立強有力的聯邦政府，極力爲私有權和貿易保護辯護。1788年擊敗亞當斯贏得第一屆衆議院席位（1789～1797年在職），他是一位活躍的聯邦黨人，反對傑佛遜的民主政治主張。當英國侵犯美國主權時，他發表演說反對進行報復，擁護維持對英和平的協商（1794）。

Ames, Winthrop　艾姆斯（西元1870～1937年）　美國戲劇製作人、劇團經理。出身於麻州北伊斯頓富裕的新英格蘭家庭。1904年到歐洲旅行並研究了六十個歌劇和戲劇公司的經營方法在與人聯合經營波士頓一家劇院後，出任紐約新劇院總經理（1908～1911）。後來他經營紐約的小劇院和雅座劇院，其間由他製作或導演的劇目有：《調情者》

（1913）、《馬背上的乞丐》（1924）、吉伯特和蘇利文的一系列非常成功的戲劇（1926～1929），以及專爲兒童設計的第一個劇本《白雪公主》（1913）。

amesha spenta＊ 阿梅沙·斯彭塔 在瑣羅亞斯德教中，阿胡拉·瑪茲達爲了更有效地統治宇宙而創造出來的六位天神（三男三女）中的任何一位。祂們分別受到崇拜，各有一個特定的月份，各享一個節日，各掌一種花卉。最重要的是Asha Vahishta（「眞理」），祂主持聖火，掌管正義和精神知識之路；還有Vohu Manah（「智慧」），歡迎有福之人進入天堂。Khshathra Vairya（「權威」）主管金屬，Spenta Armaiti（「慈善」）主管土地，Haurvatat（「完美」）和Ameretat（「永生」）主管水和植物。較晚近的瑣羅亞斯德教義認爲，六位阿梅沙·斯彭塔各有一個惡魔與之相對。

amethyst 紫晶 石英的透明、粗粒的變種。由於它的紫色而成爲次珍貴寶石。它比其他石英變種含更多的氧化鐵（Fe_2O_3）。它的紫色可能是由於含鐵造成的，也有人認爲是由於含錳或含碳氫化合物引起的。加熱可以使紫晶顏色褪掉或變成黃色的黃晶；大多數工業上的黃晶就是用這種方法製造的。主要產地在巴西、烏拉圭、安大略和北卡羅來納州。紫晶爲二月的誕生石，從古代起就被用來凹雕。

採自墨西哥格雷羅的頂端為白色的紫晶
Lee Boltin

AMEX ➠ American Stock Exchange (AMEX)

Amhara＊ 阿姆哈拉人 住在衣索比亞中部高原地區的民族，約一千七百萬人，占全國人口的三分之一。操阿姆哈拉語，信奉衣索比亞正教。阿姆哈拉人一直主宰其國家的歷史，他們的語言也是衣索比亞的國語。阿姆哈拉人是古代南侵的閃米特人與當地庫施特人的混血後裔，以農業爲生。

Amharic language＊ 阿姆哈拉語 衣索比亞的閃米特語，目前有一千七百多萬人把它當作第一語言，在衣索比亞中部高地的大部分地區是一種通用語。它之所以能取得事實上的國語地位主要是因阿姆哈拉人君主長期統治衣索比亞的結果。阿姆哈拉語的書寫形式是用吉茲語的修改形式，部分是音節，部分是字母，吉茲語是基督教的衣索比亞文明的古典語言（參閱Ethiopic languages）。雖然已知阿姆哈拉語的文獻手稿可溯源至14世紀，但直到最近才把這種語言當作一般媒介用於文學、新聞和教育。

Amherst, Jeffrey 阿默斯特（西元1717～1797年） 受封爲阿默斯特男爵（Baron Amherst）。英國陸軍指揮官。在法國印第安人戰爭中，率軍攻克路易斯堡（在布雷頓角島上），後晉升美洲英軍總司令（1758）。1760年他率軍攻下了魁北克及蒙特婁。加拿大落入英國之手後，阿默斯特留在加拿大擔任總督至1763年，返英後的1772～1795年幾乎一直擔任英國陸軍總司令。1776年封男爵。1796年晉升陸軍元帥。有數個美國城鎮及阿默斯特學院均以他爲名。

Amherst College＊ 阿默斯特學院 設於美國麻州阿默斯特的一所私立文學院。創建於1825年，韋伯斯特係創辦人之一。該校課程規畫很靈活，學生在學期間需完成人文學科、社會科學及自然科學等方面的課程。該校原爲男子學院，1975年開始收轉學女生，它和鄰近的罕布夏學院、曼荷蓮學院、史密斯學院及麻州大學有交換課程，目前約有1,600名學生。

amicus curiae＊ 法庭之友 源自拉丁語，指向法庭提供情況或就有關事實或法律問題提供建議的人。他不是訴訟的一方當事人（或其他團體，諸如州政府），因而也就不同於因爲與訴訟結局有直接利害關係而被允許作爲當事人參與訴訟的人。除經法庭許可，法庭之友通常並不參與訴訟，大多數法庭都很少允許他們參與訴訟。但是，根據自己的特殊觀點，他們可以提出「法庭之友案情摘要」，這種摘要常與涉及公共利益的案件有關（如消費者保護、民權等）。

Amida ➠ Amitabha

amide＊ 醯胺 兩類含氮有機化合物的統稱，與氨、胺有關，並包含一個羰基（$-C=O$；參閱functional group）。第一類，共價醯胺是由氨基（$-NR_2$，其中R可以代表一個氫原子，或代表一個有機的聯合基團，如甲基）取代酸中的羥基（$-OH$）而生成。由羧酸製得的醯胺稱羧醯胺，除了最簡單的甲醯胺爲液體外，均爲固體。它們不導電，具高沸點，液態的共價醯胺是優良的溶劑。簡單的有機共價醯胺沒有實際的天然來源，然而生命系統中的肽和蛋白質都是些帶肽鍵（參閱covalent bond）的長鏈（聚合物），這些都是醯胺鏈結。尿素是一種帶兩個氨基的醯胺。具有重要商業價值的共價醯胺中有若干種用作溶劑；其他的有磺胺藥以及尼龍。第二類，離子（類似鹽類）醯胺是將共價醯胺、胺或氨用能起反應的金屬（如鈉）處理後得到的，具有很強的鹼性。

Amiens＊ 亞眠 古稱Samarobriva。後稱Ambianum。法國北部城市（1999年人口約135,801），位於巴黎北方的索姆河畔，爲羅馬的要塞。中世紀的重要城市，1435年歸勃艮地所有，1597被西班牙人占領，後被亨利四世收復，1790年以前一直是皮喀第的首府。1870年普魯士人占領該城，自此日耳曼人統治到1914年，它的名稱是來自於1918年同盟國成功地反擊德國。第二次世界大戰中被德國人占領。自16世紀迄今是紡織業中心，也是法國最大的哥德式聖母大教堂的所在地。

Amiens, Treaty of＊ 亞眠條約（西元1802年） 英、法、西、荷在法國亞眠簽訂的一項協議。根據此一條約，儘管法軍及其盟邦在海外失利，他們仍重新取回其大部分殖民地。這項條約忽略了英法間持續的貿易差異，但在拿破崙戰爭期間爲歐洲帶來十四個月的和平。

Amin (Dada Oumee), Idi＊ 阿敏（西元1924/1925年～） 烏干達的軍官和總統（1971～1979）。卡克瓦族人，回教徒。他與烏干達第一任總理和總統奧博特關係密切。1971年對奧博特發動了一次成功的軍事政變，1972年把所有的亞洲人從烏干達驅逐出去，改變了烏干達與以色列的友好關係。他個人還涉入巴勒斯坦人挾持法國客機至恩德比的事件（參閱Entebbe incident）。據說他共迫害和殺害了十萬到三十萬烏干達人。1979年烏干達民族主義者和坦尚尼亞軍隊進攻至首都坎帕拉，他逃到利比亞，最後隱居在沙烏地阿拉伯。

阿敏
Janet Griffith/Black Star

amine＊ 胺 原則上或實際上是從氨（NH_3）衍生的含氮有機化合物的總稱。根據氨中的氫原子是被一個、兩個或三個有機基團取代，把胺分成一級胺、二級胺或三級胺。二胺、三胺或多胺含有兩個、三個或多個上述含氮基團。胺類化合物是鹼性的，但其鹼性強度變化相當大。天然存在的胺類化合物包括某些植物中存在的生物鹼；有些神經介質則包括了多巴胺、腎上腺素；及組織胺。有幾種胺，包括苯胺、乙醇胺等是重要的工業產品，用於橡膠、染料、製藥、合成樹脂、合成纖維及其他許多方面。

amino acid＊ 氨基酸 一類有機化合物，其中一個碳原子與一個氨基（$-NH_2$）、一個羧基（$-COOH$）、一個氫原子和一個有機基團R（或側鏈）鍵合。因此，它們既是羧酸又是胺。它們各自特有的物理和化學性質是由R基的性質決定的，尤其是它們與水和它們的電荷（如果有的話）相互作用的傾向。氨基酸由肽基（參閱covalent bond）以特定的次序線性地連接起來組成肽和蛋白質。在一百多種天然的氨基酸中，每個都有不同的R基團，其中只有二十種組成所有生命組織中的蛋白質。透過它們之間的相互轉換，或者從代謝中間過程的其他分子轉變而來，人類能夠合成十種氨基酸（透過相互轉換），但其餘的十種（必需氨基酸：精氨酸、組氨酸、異白氨酸、白氨酸、離氨酸、甲硫氨酸、苯丙氨酸、蘇氨酸、色氨酸和纈氨酸）必須從日常飲食中獲得。

Amis, Kingsley (William) 艾米斯（西元1922～1995年） 受封為金斯利爵士（Sir Kingsley）。英國小說家、評論家、詩人和教師，第一部小說《幸運的吉姆》（1954，1957年拍成電影）是極成功的喜劇傑作。一般來說，他屬「憤怒的青年」作家之列但他向來拒絕接受這個標籤。艾米斯著名的四十餘部作品（包括四本詩集）中，多為尖酸幽默小說：《模糊的感情》（1955，1962年改編成電影，名為*Only Two Can Play*）、《綠人》（1969）、《傑克的東西》（1978）和《老惡魔》（1986，獲布克獎）。其子馬丁·艾米斯也是一位知名的小說家。

Amis, Martin＊ 艾米斯（西元1949年～） 英國作家和評論家。金斯利·艾米斯之子，1971年畢業於牛津大學。在《時報文學增刊》和《新政治家》任職，後來成為全職的作家。作品有小說《瑞秋報告》（1973）、《金錢》（1984）、《倫敦田野》（1989）、《光陰似箭》（1991）、《資訊》（1995）、《夜間火車》（1998），和短篇小說集《重水》（1999），特色是自創的文字遊戲，及諷刺現代城市生活恐懼常見的粗俗幽默。

Amish＊ 阿曼門諾派 存在於北美洲的基督教保守派別。其主要成員為老派阿曼門諾會的信徒。創始人是17世紀歐洲門諾會長老阿曼。阿曼在1693～1697年提出新的學說，在瑞士、亞爾薩斯及德國南部的門諾會內部引起爭論，造成分裂。阿曼主張門諾會信徒一經絕罰，其他門諾宗信徒一律不得與之接近。該派信徒於19、20世紀遷居北美洲，另有許多人為門諾會其他各派所吸收，因此該派逐漸在歐洲絕跡。仍保持阿曼派獨特生活作風的人，主要是老派阿曼門諾會的信徒。20世紀後期美國和加拿大約有五十個老阿曼派定居點，以在俄亥俄、賓夕法尼亞、印第安納、愛荷華、伊利諾及堪薩斯等州者較大。該派衣著樸素，生活不從時俗，男子戴闊緣黑帽，顎下留鬍鬚但上唇不留小鬍子，他們的衣著樸素且拒絕現代技術，包括汽車和電話。

Amistad Mutiny 愛米斯塔特號叛變 1839年，在古巴附近的縱型帆船愛米斯塔特號上，由五十三位非洲奴隸所發動的叛亂。這群從非洲被誘拐來的奴隸奪取了船上的控制權，殺死船長和廚師，命令航海長駛向非洲。航海長假裝服從，卻轉而向北航行，這艘船於是在紐約外海被攔截。儘管范布倫總統企圖將這群非洲人送往古巴，但廢奴主義者要求審判，堅決主張這群人在國際法的規範下擁有自由。一位聯邦法官同意這項主張，政府部門則上訴至美國最高法院。在最高法院的審判中，辯護律師亞當斯辯護成功，這群人應予釋放。1842年，三十五位倖存者抵達獅子山。

Amitabha＊ 阿彌陀佛 日語作Amida。又稱無量光佛，大乘佛教所崇奉的佛。據《無量壽經》載，法藏比丘發大誓願，第十八條誓願說，他成佛後，凡信仰他並稱念他的名號者，便能往生極樂世界，享受樂境，終於證得涅槃。對此佛的崇拜約在650年盛行於中國，後自中國傳入日本，引起日本淨土宗和淨土眞宗成立。阿彌陀佛又稱無量壽佛。但是在中國西藏地區，這兩稱號從不混用。在喇嘛教義中，無量壽佛是另一尊佛。阿彌陀佛之像為身佩飾物，頭戴王冠，手持甘露淨瓶，瓶中灑出長壽寶珠。

日本鎌倉的大尊銅製阿彌陀佛
Asuka-en

Amman＊ 安曼 約旦首都（1994年人口約969,598）。位於死海東北方40公里處。約旦最大城市，也是具備現代化城市基礎設施的唯一城市。築有防禦工事的居民區早在遠古時代便已存在；最早的遺跡可追溯到西元前4000～西元前3000年的銅器時代。後來成為《聖經》中經常提及的閃米特族亞捫人之京城。埃及國王托勒密二世征服此地後，用他自己的名字為之易名菲拉得爾菲亞，此名沿用至拜占庭和羅馬時代。635年被阿拉伯人攻占，此後該城逐漸沒落，甚至完全消失。1878年該地被鄂圖曼帝國重新建為定居點。當1921年英國建立了一個受保護的外約旦酋長國，安曼便成為這個新國家的首都，1946年約旦獨立後更加速了該城的現代化進程，城市迅速擴展。自從巴勒斯坦和以色列間不停的衝突以來，該城的難民問題已越來越嚴重。安曼是約旦的主要商業、金融及國際貿易中心。

Ammannati, Bartolommeo＊ 阿曼納蒂（西元1511～1592年） 亦作Bartolommeo Ammanati。義大利雕刻家及建築師，活躍於佛羅倫斯。受教於佛羅倫斯的班迪內利和威尼斯的桑索維諾。1550年來到羅馬，與瓦薩里和維尼奧拉合作建造朱利亞別墅。1555年回到佛羅倫斯，此後他的工作幾乎全部為麥迪奇家族服務。他的第一項任務是完成由米開朗基羅開始建造的勞倫琴圖書館，但最著名的傑作是擴大了原本由布魯內萊斯基設計的碧提宮和有橢圓形拱架的聖三位一體大橋。他設計的海神噴泉坐落在塞諾利亞廣場，主要有一座巨大的大理石海神像。

ammonia＊ 氨 由氮和氫組成的無色而有刺激性氣味的氣體，化學式為（NH_3）。容易液化，所以常被用作冷凍和空氣調節設備中的冷卻劑。工業製氨主要是用哈伯－博施法（參閱Haber, Fritz）由其組成元素直接合成的。主要用於肥料，有的往土壤中直接施用貯罐中的液氨。硝酸銨、磷酸銨等鹽類，它們也主要用作商品肥料。在其他許多工業上氨被用作原料，如催化劑和鹼。由於氨易被分解而釋放出氫，它是焊接用的原子氫的一種便攜來源。此外，在某些家用清潔劑中也使用到少量氨。

ammonia-soda process 氨鹼法 ➠ Solvay process

ammonoid＊ 菊石類 已絕滅的頭足動物。化石見於海相泥盆系到白堊系。為有殼類型，很多菊石食肉成性。殼有直、有捲，既起著保護和支撐作用，還有使其適應於水深變化的作用。由於在淺海海域的廣泛地理分布、迅速的演化和易於辨認的特徵，故是重要的標準化石。亦請參閱belemnoid。

amnesia＊　失憶症　因腦損傷、腦組織退變、休克、疲勞、衰老、用藥、酗酒、麻醉、疾病或精神神經性反應等原因造成的記憶力喪失。可分爲順行性（對損傷或疾病後的事失去記憶）、逆行性（對發病前的事失去記憶）。發病前常有在情緒上受到嚴重打擊的病史。在這種情況下，受影響的主要是與個人有關的記憶（如身分），而不是與個人關係較少的素材（如語言技能）。這種失憶症似乎表示，患者不願意或拒絕記憶那些能引起焦慮的事情，這可稱爲壓制性或動機性遺忘。實際上，這些記憶並沒有眞正喪失，在經過心理治療或病癒之後，這些記憶還可以恢復。偶而失憶症可持續數週、數月甚至數年。在此期間，患者過著一種全新的生活方式。這種長期反應稱爲神遊狀態。亦請參閱hypnosis。

amnesty　大赦　刑法中撤銷或不追究罪犯過去行爲的最高法令（來自希臘文amnestia，即爲寬恕之意）。由政府向罪犯頒布，通常的條件是罪犯必須在一定的時期內服從命令，並盡義務。通常是對反對國家的政治犯罪，如叛國、謀反或叛變者實行大赦。大赦與一般的赦免不同，後者單純指免予處分，而前者是宣布無罪或取消罪行。

Amnesty International (AI)　國際特赦組織　國際性人權組織，總部設於倫敦。1961年在貝能森的努力下創立，原是律師的貝能森曾發起以釋放「良心犯」爲目的的寫信運動。國際特赦組織成立宗旨係向世人告知有關違反人權（尤其是侵犯言論與宗教自由）和監禁與虐待政治不滿分子之情形，並積極尋求釋放政治犯，必要時救濟他們的家屬。據說它的會員和支持者約有一百萬人，分散在世界一百六十二個國家。該會首位主席麥克布賴德是1974年諾貝爾和平獎得主，而該會也在1977年獲頒諾貝爾和平獎。

amniocentesis＊　羊膜穿刺術　用空心針經腹壁插入孕婦子宮內，吸出羊膜囊中的液體以供研究的外科手術。檢查羊水及其中的胎兒細胞，可揭示諸如胎兒的性別（性連鎖遺傳疾病的重要因素）、染色體的異常以及其他一些潛在的嚴重疾病。最早在1930年代應用。這種手術通常在妊娠第十五～十七週在局部麻醉的情況下進行。

amoeba＊　阿米巴　亦譯變形蟲。根足超綱阿米巴目原生動物。典型種變形阿米巴見於小溪和池底的腐爛植物體上。阿米巴多爲寄生性，可見於人體消化道中，能引起阿米巴痢疾。阿米巴含有膠狀胞質，分化爲一層薄的外質膜，黏稠澄明的外質及位於中心的顆粒狀的內質。食物的攝取和廢物的排泄從細胞表面的任何一處進行。阿米巴被廣泛用於細胞研究來確定胞核和胞質的功能以及其間的相互關係。

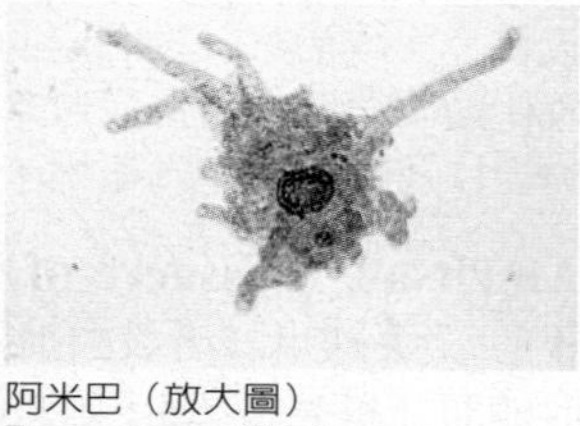

阿米巴（放大圖）
Russ Kinne－Photo Researchers

Amon＊　阿蒙　亦作Amen。被崇奉爲諸神之王的埃及的神。阿蒙原來是中埃及赫蒙的一個地方神。對他的崇拜傳到了底比斯，在門圖荷太普一世統治時期（西元前2008～西元前1957年）成爲底比斯法老的保護神。大約在那時，他又被認爲和太陽神瑞融爲一體，稱阿蒙－瑞。阿蒙－瑞被表現爲人形，有時有一個公羊的頭，但也被表現爲一隻公羊，阿蒙－瑞是作爲底比斯三神（還有他的妻子穆特和兒童神柯恩蘇）之一而受到崇拜的。法老易克納唐曾進行反對對阿蒙崇拜的宗教改革，但成效有限。西元前14～13世紀時阿蒙逐漸又被恢復了帝國之神和法老的保護神的地位。在新王國時期，阿蒙被認爲是三神（卜塔、瑞和阿蒙）的一部分，又是一位單一的神。西元前11～10世紀時阿蒙演變成爲全世界的神，他的權力越過了埃及的邊界。

amortization＊　分期償付；攤銷　在財務中，有計畫地償還債款叫分期償付；在會計中，對某項帳目有計畫地在幾年內沖銷，叫攤銷。前者如房屋貸款，借款人按月連同利息分期歸還，使負債金額逐漸減少。這種計畫償還的方式對貸方更安全，而對借方來說，償付一系列的小額款比一次性償還一筆鉅款要容易些。後者如建築物、機器或礦山之類資產在有效使用期限內的攤銷，是指企業逐漸減少其資產負債表上的估值。美國政府不時地允許加速資產的攤銷，可減輕資產購置後最初幾年的所得稅負擔，從而鼓勵工業的發展。

Amos　阿摩司（活動時期西元前8世紀）　最早的希伯來先知（十二小先知之一），《聖經》中有一卷書以他的名字命名。生於猶大的泰科亞，原爲一名牧羊人。根據〈阿摩司書〉中記載，他旅行到更富有、更強大的以色列王國，去宣講他神將毀滅該地的幻象和以下的訊息：上帝是人類的絕對主宰，要求不分貧富公正對待，即使上帝的選民也不能例外地都要遵守道德秩序。他預言以色列的北部王國即將滅亡，預期了後來《舊約》的先知們的斷言。

Amos 'n' Andy ➠ Gosden, Freeman F(isher) and Charles J. Correll

amosite　石綿狀鐵閃石　矽酸鹽礦物鎂鐵閃石的變種，是石綿的岩源。鎂鐵閃石是一種角閃石礦物，是鐵、鎂矽酸鹽，產於變質岩中，形成針狀、纖維狀的結晶體。

Ampère, André-Marie＊　安培（西元1775～1836年）　法國物理學家。他建立了電磁學。十二歲時就熟悉了當時已有的全部數學知識，後來成爲物理學、化學、數學教授。他提出了一條電磁學定律（通稱安培定律）的公式，來描述兩電流之間的磁力。他用自由轉動的磁針製成測量電流的儀器，經改進後稱爲電流計。他的主要著作是《由實驗導出的電動力學現象的數學理論文集》（1827）。電流單位安培（A）就是以他的名字命名的。

Ampère's law　安培定律　用數學描述兩個電流之間磁力作用的電磁定律。這一定律是以發現存在此種力的安培而命名的。如果兩個電流的方向相同，則兩根導線之間的力是吸引力；如果它們流動的方向相反，則力是相互排斥。但在每一種情況下，力的大小都與電流成正比。

amphetamine＊　苯異丙胺；安非他命　一系列對中樞神經系統具有顯著興奮作用的合成藥物（如苯齊巨林、右旋苯丙胺和去氧黃麻鹼）的原型，1887年首次合成。所有苯異丙胺類都可引起深度精神作用，包括清醒感、警覺性、主動性和信心提高、欣快感、疲勞感減低、集中注意力。在飯前服用可降低食欲，所以常被用做減肥藥。通常被稱爲「速度」，飛行員、卡車駕駛員和士兵在執行要求長時保持清醒狀態的任務時常使用本藥（有時是非法的）。用在過動兒身上，它有鎮靜的效果，協助他們集中注意力。它還用於治療發作性睡眠症。苯異丙胺引起的不良作用有：過度興奮，不安、失眠、震顫、緊張和煩躁等症狀；當藥力消失時會表現出深度精神抑鬱。該藥服用過量的後果就是會產生毒癮，其症狀類似偏執型精神分裂症。

amphibian　兩棲動物　兩生綱所有冷血脊椎動物的通稱，包括蛙和蟾蜍（無尾目）、蠑螈類（有尾目）、蚓螈（裸蛇目）三大類，逾4,400種。可能與早泥盆世（距今4.17億～3.91億年）某種魚類有關，脊椎動物從水生轉向陸生的第一個類群。多數種類具水生幼體階段，經變態成爲陸生的成體。個別特殊種類終生營水生生活。兩生動物散佈世界各處，但以熱帶地區最多。

amphibious warfare　兩棲戰　從海上以海軍和登陸部隊向敵方海岸進攻的軍事行動。兩棲戰的主要形式是兩棲突擊，其目的在於：準備進一步在岸上進行作戰，奪取必要的場地作爲海軍或空軍基地，或是防止敵人利用這種場地或地區。兩棲戰古已有之，進攻特洛伊（西元前1200年）的希臘軍必須在岸上取得立足點，入侵希臘（西元前490年）的波斯軍也必須在馬拉松戰役採取這種行動。英國領導的利波利登陸（1915），是第一次世界大戰重要的兩棲戰。在第二次世界大戰中，盟軍以兩棲作戰對收復許多被日本占領的太平洋島嶼；諾曼第登陸（1944）是歷史上最著名的一次兩棲作戰。兩棲戰的最大優勢在於機動靈活，其最大的不足之處在於進攻的一方必須從零開始在岸上集結實力。

amphibole＊　角閃石　一族常見的矽酸鹽類造岩礦物。出現在大多數火成岩中，作爲主要組分或次要組分，並且是片麻岩和片岩的主要組分。數種纖維狀角閃石統稱石綿。

amphibole asbestos　角閃石石綿　矽酸鹽礦物陽起石的變種。其纖維很細，呈絲絹光澤，抗張強度高；其纖維交織成氈狀薄層的稱紙狀石綿，纖維交織成較厚氈狀層的稱山軟木，類似乾燥木頭的塊體稱不灰木。

amphibolite＊　角閃岩　大部分或主要由角閃石族礦物組成的一種岩石。這一名稱既用來表示火成岩，也用來表示變質岩。普通角閃石是最普通的角閃岩。變質的角閃岩則比火成岩來得多，是通過變質作用形成而分布相當廣泛和變化很大的一組岩石。典型的角閃岩是中粒到粗粒，由普通角閃石和斜長石組成。基性火成岩（例如玄武岩和輝長岩）可能是角閃岩的原岩。

amphibolite facies＊　角閃岩相　變質岩礦物相分類的主要類型之一。此相岩石是在中溫到高溫（最高爲950°F，即500°C）和中壓到高壓條件下形成的。溫度和壓力不太高時，形成綠簾石－角閃岩相岩石，溫度和壓力更高時，形成麻粒岩相岩石。角閃石、透輝石、綠簾石、斜長石、鐵鋁榴石和鈣鋁榴石及矽灰石是角閃岩相岩石中出現的典型礦物。角閃岩相岩石廣泛分布在前寒武紀的片麻岩中。

Amphion and Zethus＊　安菲翁和西蘇斯　希臘神話中宙斯和安提俄珀的雙生子，孩提時曾被丟棄在基塞龍山上任其死亡，但是被牧人發現並撫養成人。安菲翁成爲一個偉大的歌手和音樂家，西蘇斯則成爲獵人和牧人。回到母親身邊後，他們建立了底比斯城，並爲之設防，巨石聽到安菲翁的豎琴聲便自動築成城牆。安菲翁後來娶尼俄柏爲妻，並在失掉妻子兒女後自殺。

amphioxus＊　文昌魚　亦稱海矛（lancelet）。脊索動物門頭索動物亞門的無脊椎動物。爲小型海生動物，廣泛分布於熱帶及亞熱帶海岸水域，溫帶水域略少見。魚體長很少超過3吋（8公分），外形似無眼無明確頭部的體細長的小魚。分爲文昌魚屬以及偏文昌魚屬。文昌魚雖能游泳，但大部分時間將身體埋在洋底的砂礫或泥中。覓食時，將身體前部伸出砂礫表面以濾食流過鰓裂的水中的食物顆粒。文昌魚無腦，亦無明顯的心臟。

Amphipolis＊　安菲波利斯　馬其頓東部斯特魯馬河河口附近的古希臘城市。戰略運輸中心，控制著河上的橋及希臘北部和達達尼爾海峽間的通路。曾先後被雅典（西元前437年）和斯巴達（西元前424年）控制。但不久便獲得獨立。西元前357年該城被馬其頓的腓力二世占領，此後一直由馬其頓控制。在羅馬統治下，這裡成爲馬其頓省總督府。

amphitheater　圓形劇場；圓形競技場　平面爲圓形或橢圓形，中央有表演場地，座位沿四周排列的建築。起源於古代義大利伊楚利亞或坎培尼亞，它反映了這些民族所喜愛的娛樂方式，即鬥劍或鬥獸。現存最早的永久性競技場（西元前80?年）見於龐貝城，羅馬城的大競技場，是今日最著名的羅馬帝國時期的競技場。

amplifier　放大器　將小的輸入信號（電壓、電流或功率）變成大的輸出信號並保持其波形不變的電子設備。各類放大器廣泛用於收音機、電視機、高傳真性音響設備和電腦等電子設備。放大作用可由機電設備，如變壓器和發電機及真空管提供，但現在多數電子系統都用固態微型電路作放大器。單個放大器通常不足以把輸出提高到所需要的水平，這時可將第一級放大器的輸出饋入第二級，再將第二級的輸出饋入第三級，這樣持續下去，以達到滿意的輸出水平。

amplitude modulation ➠ AM

amputation　切斷術　去除身體的任一部分的手術，通常是指切除上肢或下肢的一部分或全部的手術，即截肢術。天生肢體殘缺稱爲先天性截肢（參閱agenesis）。對失血或感染的傷員，對糖尿病或動脈硬化性壞疽的患者（截肢在這種情況下可能是防止壞疽擴散的唯一辦法）及對軟組織或骨組織惡性腫瘤的患者來說，截肢或能挽救生命。現代的外科重建手術，又使許多嚴重病損的肢體毋需截肢就有可能康復。現代的假體（尤其是下肢義肢）能恢復肢體的部分功能。

Amr ibn al-As＊　阿慕爾・伊本・阿斯（卒於西元663年）　征服埃及的阿拉伯將領。約西元630年間成爲伊斯蘭教徒。曾被派往阿拉伯半島東南之阿曼，勸使阿曼國王皈依伊斯蘭教。630年代還攻占了巴勒斯坦西南部，之後決定自行出兵埃及，兩年後取得了勝利（642）。他是優秀的行政首長與政治家，後因協助敘利亞統治者穆阿威葉一世，反抗伊斯蘭第四代哈里發阿里，而於伍麥葉王朝啓始時（661）獲得埃及統治權作爲報酬。

Amritsar, Massacre of＊　阿姆利則血案（西元1919年）　英國軍隊屠殺大批印度群衆的案件。1919年英印政府頒布「羅拉特法」，延長行使第一次世界大戰時期所擁有的鎮壓所謂顛覆活動的緊急權力。群衆在英國殖民軍面前舉行抗議示威。英軍悍然開槍射擊。據官方報導，死者三百七十九人，傷者一千兩百人。此後又宣布戒嚴，殘酷鎮壓印度無辜群衆。這次的殘殺被視爲1920～1922年甘地所領導的不合作運動的前奏。

Amsterdam　阿姆斯特丹　荷蘭西部城市和港口（2001年城市群人口約1,002,868），位於艾瑟爾湖頂端。爲荷蘭名義上的首都（政府設在海牙）。原是個漁村，1300年獲特許狀設鎮，1369年加入漢撒同盟，14～15世紀穩步發展。16世紀晚期安特衛普沒落後，阿姆斯特丹成爲荷蘭商業和海軍中心。這裡是荷屬東印度公司和荷屬西印度公司的中心，並且是歐洲貿易中心。後來成為荷蘭王國的一部分，而荷蘭王國又於1815年併入尼德蘭王國。18世紀逐漸衰落，但在1865至1876年疏濬北海運河後，經濟才開始恢復。第二次世界大戰時曾被德軍占領，戰後因其包容及自由主義而廣為人所知。該城今日是歐洲重要港口和荷蘭主要的批發及工業中心。

Amtrak　全國鐵路客運公司　舊稱National Railroad Passenger Corp.。受聯邦政府資助，經營美國幾乎全部城市間客運業務的鐵路公司。因面臨私營鐵路的重大經濟虧損而在1970年國會批准成立該公司。許多路線已停運，現在只在人口密集地區以及大城市之間還有營運。全國鐵路客運公司支付鐵路經營客運業務，為使用他們的路軌和車站提供補償。全國鐵路客運公司承擔所有的管理費用，並負責時刻表、路線規畫以及售票。儘管有車票和郵政服務的收入，全國鐵路客運公司還需要聯邦政府大量的補貼來彌補營運的虧損，不過近年來其年收入開始逐漸增加，抵補了成本的花費。亦請參閱Consolidated Rail Corporation、REA Express, Inc.。

Amu Darya＊　阿姆河　古稱烏滸河或奧克蘇斯河（Oxus River）。中亞最長的河流之一，從東河源噴赤河起算，全長1,578哩（2,540公里）。瓦赫什河是另一源頭，由西向東北流，注入鹹海。為阿富汗和塔吉克、烏茲別克、土庫曼等國和烏茲別克和土庫曼兩國間的界河。

Amundsen, Roald (Engelbregt Gravning)＊　阿蒙森（西元1872～1928?年）　挪威的探險家，第一個到達南極的人。1897年任比利時探險船的大副，該船是第一艘在南極過冬的船。1903～1905第一個乘船橫渡西北航道。1909年計畫一次橫穿北極的漂流時，得知美國人皮列已經在當年4月到達那裡，便改為繼續準備於1910年6月從挪威去南極的航行。他建立的基地比英國探險家司各脫的基地早了一個月。1911年10月出發，在同年12月到達南極。之後他返回挪威成立了一家有聲有色的船運公司。1926年同艾爾斯渥茲及一名義大利航太工程師諾畢爾乘飛船飛越北極。1928年諾畢爾所乘飛船失事，阿蒙森飛往營救，不幸罹難。

阿蒙森，攝於1923年
UPI/Bettmann

Amundsen Gulf＊　阿蒙森灣　北冰洋中波弗特海的東南延伸部分。長250哩（400公里），位於維多利亞島東界上，將加拿大大陸與北部的班克斯島分隔開。1850年，英國探險家麥克盧爾率領一個試圖首次穿行西北航路的考察隊進入阿蒙森灣。該海灣以挪威探險家阿蒙森之名命名。

Amur River＊　黑龍江　亦拼作Heilong River、Heilung River。東北亞的河流。黑龍江起源於石勒喀河和額爾古納河的匯流處，全長1,755哩（2,824公里）。它沿中俄邊境向東南東方流至西伯利亞的哈巴羅夫斯克，而後向東北穿過俄羅斯領土，於韃靼海峽入海。其支流包括有結雅河，布列亞河和烏蘇里江。自18世紀起，俄羅斯人和中國人分別定居於黑龍江的北岸、南岸，導致邊界衝突不時發生。

amygdule＊　杏仁孔　火成岩中部分或全部被次生礦物所充塡的圓的、細長的或杏仁狀的孔洞，這就造成了杏仁狀結構。杏仁孔出現在熔岩中，因熔岩中有膨脹的氣體形成氣泡，後來被次生礦物充塡起來。因為氣泡往往能穿過熔岩上升，所以杏仁孔在靠近熔岩流頂部最常見。已經發現了種類極多的呈杏仁孔形式的礦物，其中包括一些在博物館展覽的沸石標本。

amyotrophic lateral sclerosis (ALS)　肌萎縮性側索硬化　亦稱魯格里克式症（Lou Gehrig's disease）。神經系統退化性疾病，導致肌肉萎縮和癱瘓。多於四十歲以後發病，男性多於女性；預後不佳，多於病後兩～五年死亡。肌萎縮性側索硬化的基本病變是運動神經元變性；因此，由這些變性神經元支配的肌肉變弱，終致（去神經性）萎縮。本病發病緩慢，症狀隱襲。最早僅表現為手無力，很久以後才出現肌萎縮等症狀，這些症狀會逐漸往上蔓延至肩。下肢多表現為肌無力和肌痙攣。從肌無力和肌痙攣逐漸發展成器質性肌萎縮症。本病有5～10%來自遺傳。1993年證實，遺傳性肌萎縮性側索硬化症的原因是編碼過氧化物歧化酶的基因缺陷，這種酶能清除人體細胞中的自由基。

An Lushan Rebellion＊　安史之亂　西元755年發生在中國，由非中國族裔的將領安祿山（703～757）所領導的叛亂。安祿山於西元740年間自唐朝軍隊的軍職中逐步晉升，成為軍事統帥後，為皇帝唐玄宗所寵信。西元755年，他掉轉軍隊向東都洛陽前進，並在奪下洛陽後自立為皇帝。六個月後，他的部隊攻陷西京長安。安祿山於西元757年被謀殺，這場叛亂則於西元763年被弭平，然而唐朝政府已元氣大傷。唐朝的後半期與後續的五代，都因此無法擺脫藩鎮勢力長期割據的困擾。

An Yu＊　安裕（西元1243～1306年）　亦稱安珦（An Hyang）。朝鮮新儒家學者及教育家。1287年他隨高麗忠烈王到上都（今北京）蒙古朝廷，在那裡初次見到朱熹的作品。回到高麗之後，安裕以新儒學思想作為提振教育的基礎。他協助重整國子監，並建立了國家資助的贍學錢；制度，最後亦負責執掌文廟。他是當時高麗最知名的儒家學者，以攘斥禪佛之學聞名。亦請參閱Neo-Confucianism。

Anabaena＊　魚腥藻屬　固定氮藍綠藻（即藍菌）的一屬，細胞念珠狀或腰鼓狀，偶見大型的異形細胞。似浮游生物般生長於淺水和潮濕土壤。單生或群體，群體似近緣的念珠藻屬。北緯夏季，魚腥藻可形成水花，懸浮水中而非形成水表面的浮渣。魚腥藻可產生毒素，如果水中毒素濃度過高，動物飲用後有致命的危險。

Anabaptist　再洗禮派　16世紀歐洲宗教改革運動中的激進派。該派最突出的特點在於主張唯成年受洗方為有效。他們遵循瑞士宗教改革家茨溫利的說法，認為嬰兒不應受到罪的懲罰，只有到了人能夠區別善惡之後才可以，那時他們才能行使自由意志、告解悔改而接受洗禮。再洗禮派運動起源於蘇黎世一批青年知識分子，其中一位閔采爾宣稱，再洗禮派所生存的時代，已經是接近末世。1525年他領導圖林根農民起義，不久被處死。許多再洗禮派信徒在統治摩拉維亞安家落戶。他們自稱胡特爾派。現今仍然存在，主要分布在加拿大和美國西部。荷蘭和德國北部宗奉和平主義的再洗禮派在西門的領導下形成門諾會。

anabolic steroids＊　促蛋白合成類固醇　一種可以增進組織生長的類固醇激素。常用來給手術後病人和年老病人吃，可促進肌肉生長和組織再生。近年來，服用這些藥物以促進肌肉發展和增進體力的業餘愛好者和職業運動員不斷增加。醫學研究已確定促蛋白合成類固醇對仍在發育的年輕人尤其有害，如長期服用會導致包括免疫不全、肝損傷、性器官畸形以及其他反常現象。

Anacletus II＊　阿納克萊圖斯二世（卒於西元1138年）　原名皮埃萊奧尼（Pietro Pierleoni）。羅馬出生的猶太裔僞教宗（1130～1138年在位）。1116年被任命爲羅馬樞機主教，1130年樞機主教中的多數派推選皮埃萊奧尼繼位，同時，少數派推選英諾森二世。但英諾森有神聖羅馬帝國和拜占庭帝國皇帝的支持，處在優勢。1130年在埃唐普召集宗教會議，宣布英諾森爲合法教宗。1136年洛泰爾再次出兵義大利，阿納克萊圖斯衆叛親離，不久去世。

anaconda　蚺蛇　蟒科蚺屬兩種會纏縮緊而嗜水的蛇，見於南美洲熱帶地區。巨蚺蛇亦稱綠蚺蛇或水蚺，是一種橄欖色的蛇，夾有交錯排列的橢圓形黑斑點，大部分的個體通常不超過，16呎（5公尺），但最長可至24呎（7.5公尺），足以和巨蛇匹敵。黃蚺蛇或南方蚺蛇小得多，具有重疊的成對斑點。巨蚺蛇分布於安地斯山脈以東的熱帶水域和千里達島，是世界最大的蛇。巨蚺蛇住在水中，通常在夜晚捕食，伏擊凱門鱷和水豚、鹿、貘、西貓等前來喝水的哺乳動物。偶亦上樹搜捕鳥類。胎生，可同時產七十五胎。

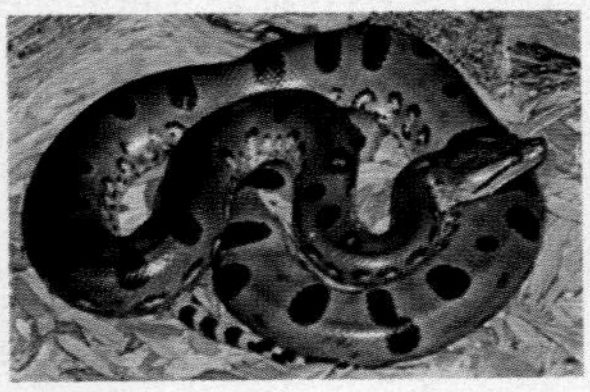

巨蚺蛇
Copyright © 1971 Z. Leszczynski – Animals Animals

Anacreon　阿那克里翁（西元前582?～西元前485?年）　亦作Anakreon。希臘亞洲部分最後一個偉大的抒情詩人。他的詩作現僅存片斷。雖然他很可能寫過嚴肅的詩篇，後來的作家主要還是引用他歌頌愛情和美酒的詩句。他的觀點和風格相當廣泛，詩體中的阿那克里翁步即以其名命名。

Anaheim　安那漢　美國加州西南部城市。臨聖安娜河，位於洛杉磯東南方25哩（40公里）處。1857年由德國移民創建，爲一合作農業社區。早期的柑橘園和葡萄園隨1950年後洛杉機－奧倫治縣城市工業區的擴展而消失殆盡。第一座迪士尼樂園於1955年開幕，今日爲一會議中心。

anal canal　肛管　消化道的終末段，與直腸的區別在於從內層的黏膜層向一層類似皮膚的組織的過渡，還有它的直徑比較窄。廢物從直腸移向肛管。人類的肛管長2.5～4公分，分成三部分：1.上段，有若干縱行皺襞（直腸柱）；2.下段，有不自覺和自覺的收縮肌（括約肌）來控制糞便的排放；3.肛口。直腸末端和肛門靜脈的擴張稱爲痔。

Analects ➠ Lunyu

analgesic＊　鎮痛藥　可減輕疼痛而又不阻滯神經衝動的傳導、不顯著改變感覺器官功能（參閱nerves and nervous systems）的藥物。大致可分爲鴉片類（減輕激烈疼痛，主要作用於中樞神經系統；參閱opium）及非鴉片類（可減輕輕微疼痛如頭痛等，可能主要通過外周機制起作用；也具解熱和消炎作用）兩大類。前者通過直接作用於腦內神經受體抑制痛覺，後者則是通過抑制前列腺素的體內合成。前者適用於解除各種短期、長期疼痛，但長期用藥可出現耐藥和成癮。後者適用於緩解各種短期的、輕度或中度的疼痛。非類固醇抗發炎藥包括了：阿斯匹靈、伊布普洛芬、對乙醯氨基酚及鎮熱解痛劑等，這些均會抑制前列腺素，其分子可減輕次要疼痛。

analog computer　類比電腦　一種可用連續變化的物理量（如電勢、流體壓力、機械運動）來模擬地表示待解問題中相應量的裝置。類比系統是根據初始條件建立的，然後讓它自由變化。問題的答案是通過測量類比模型中的變量而求得的。當前的大多數類比電腦都是通過操縱電位差（電壓）來進行運算的。它們的基本元件是一個運算放大器，放大器的輸出電流與它的輸入電位差成比例。再使這個輸出電流流過適當元件，就可獲得進一步的電位差，且各種數字運算（包括求逆、求和、微分、積分等）可在其上進行。類比電腦特別適用於模擬的動力系統。這種模擬可以實時進行，也可大大加速進行，因此可以用改動的變量重複進行實驗。類比電腦已廣泛用於模擬飛行器、核電廠和工業化學過程。亦請參閱digital computer。

analysis　分析　化學用語，指決定某一物質樣品之物理性質或化學組成的步驟。定性分析建立在含有什麼，而定量分析是測量有多少含量。自從這門學問開始之後，現在已有一套龐大的系統化方法（分析化學）發展出與物理學其他分支有密切的關係。單一化合物的樣品，可藉由化學分析以明瞭其元素組成（參閱element, chemical、molecular weight）或分子結構；許多測量法運用到光譜學和分光光度學。混合物的分析，首先要分離並鑑別其中所含的各項成分。分離時所用的方法，大都藉各物質之不同物理性質，如揮發性、在電場或重力場中的移動能力，或在兩不互溶溶劑之間的分布情形等，而將各種物質的成分分開。多種色層分析法逐漸有用，特別是對與生物、生物化學有關的樣品。

analysis　分析　數學名詞，即數學分析。結合代數和微積分即按極限、連續和無窮級數的種類的方法來分析具有一般屬性（如可微性）的函數和方程式種類。分析是由牛頓與萊布尼茲探究導數和積分的應用而建立起來的，因而發展出一些不同但相關的分支領域，包括變分法、微分方程式、傅立葉分析（參閱Fourier transform）、複分析、向量和張量分析、實數分析和函數分析。亦請參閱numerical analysis。

analytic geometry　解析幾何　是借助座標系來研究幾何對象的一種幾何學。因爲笛卡兒是把代數運用到幾何上的第一人，故亦稱笛卡兒幾何。其跳脫了這種概念——二度空間的任何一點可用兩個數來表達，而三度空間的任何一點可用三個數來表達。因爲像線、圓、橢圓和球等對象可被視爲空間裡點所成的集合，其滿足某些方程式的條件，可以透過方程式和公式（而不是圖形）來探究它們。大部分的解析幾何牽涉到圓錐截線，因爲圓錐截線是用來理解固定距離，出自距離公式的一個普通方程式可表達每個截線。

analytic philosophy　分析哲學　英美的哲學運動，其特點在於使用方法偏重語言及對其所表達觀念的分析。分析哲學一般反對歐陸哲學，但其反對的意義在於公開強烈的質疑。分析哲學家們原本研究的課題是邏輯、語言、知識論和心靈哲學，但也把其觀念應用到其他領域，如後設倫理學（參閱ethics）、形上學和宗教哲學。分析哲學傳統源自英國的經驗主義，開始於20世紀初，由羅素、摩爾和懷德海等人鼓吹。與維也納學圈、邏輯實證論、弗雷格和維根斯坦早期的研究也有密切的關係。後來主要的貢獻者包括艾爾、賴爾、奎因和奧斯汀。

analytic psychology　分析心理學　瑞士精神病醫師容格創造的術語，用以將他的方法跟弗洛伊德的方法相區別。他不像弗洛伊德那樣重視孩童期性慾衝突在精神官能症中的作用，而認爲無意識包括個人自己的無意識和從祖先那裡繼承下來的部份以原型的方式的無意識（集體無意識）兩種。他把人分爲內傾與外傾兩型，並視四種主要的精神功能（思維、情感、感覺和直覺）中哪一種占優勢而進一步加以分類。

analytic-synthetic distinction　分析－綜合區別　邏輯和知識論用語，指主題包含謂語的陳述（分析陳述）與主題不含謂語的陳述（綜合陳述）之間的區別。有些哲學家偏愛把否定會自我矛盾的所有陳述界定爲分析陳述，而把綜合一語界定爲「非分析」之意。這種區別由康德在《純粹理性批判》中引進，在20世紀中期引起廣泛的爭議，特別是由奎因發出的反對觀點。

anamorphosis＊　錯覺表現法　視覺藝術中一項獨創性的透視法。從通常的視角觀看，畫中物像呈現畸形；若從特定角度觀看，或用凹凸鏡觀察，畫中物像重歸正常。目的在娛樂或神秘化，是14～15世紀新發現的透視法的奇妙副產品，被視爲是技巧精湛的一種呈現。在達文西的畫稿簿中可以見到最早的畫例。

Ananda＊　阿難陀（活動時期西元前6世紀）　佛陀的堂弟和弟子。從佛陀開始說法之次年出家爲僧，任佛陀隨從侍者。據載，他勸佛陀允許女子出家爲尼。他在佛陀去世之前沒有悟道，一直到佛教第一次結集大會（西元前544?/480?年）召開前不久才頓悟，在大會上誦讀「經藏」。據說佛教一些論述中是他所作。

anaphylaxis＊　過敏反應　機體再次接觸對之過敏的抗原時迅速發生的一種嚴重、迅速、常爲致命的反應。人類過敏反應少見，可發生於抗血清或抗生素注射後及蚊蟲叮咬後。症狀包括全身皮膚發紅、支氣管痙攣或水腫而致呼吸困難、血壓突然下降及神志喪失等，可能接著會休克。輕者全身散發蕁麻疹，常劇烈頭痛。發作數分鐘內必須開始治療：注射腎上腺素，隨後給予抗組織胺藥、可的松等。過敏反應可在接觸極少量抗原後發生。

anarchism＊　無政府主義　政治理論的一種，堅持不需要也不歡迎所有的政權統治形式，鼓吹一種基於志願合作和個人、群體自由聯繫的社會。法國作家蒲魯東在所著《什麼是財產？》（1840）中第一次使用這個詞，一般學者公認他就是無政府主義運動的締造者。無政府主義者巴枯寧在「第一國際」會上與馬克思發生衝突，1872年第一國際解散，巴枯寧的追隨者繼續控制諸如西班牙、義大利等拉丁國家的工人組織。無政府主義者甚至認爲要過渡到無政府的社會需要暴力革命，而不贊同政權自然轉移。無政府工團主義形成於1880年代末期，主張把工會當作工人階級直接行動的基礎，以癱瘓經濟和國家的大罷工爲最高形式。19～20世紀無政府主義也鼓舞了英國新拉納克和美國布魯克農場等實驗性團體的興起。1930年代法西斯主義壓制了無政府主義。第二次世界大戰後，革命式無政府主義喪失其舞台，被那些自由意志主義者和共產主義其他支派所取代。

Anasazi culture＊　阿納薩齊文化　北美文明，約始於西元100年，以迄於今，主要集中於亞利桑那、新墨西哥、科羅拉多及猶他等州的交界地區。「阿納薩齊」（納瓦霍語意爲「古人」）一詞的使用，與現代普韋布洛印第安人的祖先有關係。通常分爲六個時期：編筐時期（100～500）；編筐後期（500～700）；發展的普韋布洛時期（700～1050）；古典普韋布洛時期（1050～1300）；退化的普韋布洛時期（1300～1700）；現代普韋布洛時期（1700年至今）。現代的普韋布洛民族的宗教已高度發展，宗教儀式部分在稱爲地下禮堂的地下圓形小室舉行。最有名的阿納薩齊廢墟是弗德台地（科羅拉多州）和廈谷峽谷（新墨西哥州）的懸崖住所。

Anastasia　安娜塔西亞（西元1901～1918年）　俄語名Anastasiya Nikolayevna。俄國公主。俄國末代沙皇尼古拉二世之么女。1917年俄國革命後，與幾個親近的家人一起被布爾什維克派分子殺害。其後在國外有數位女士公然自稱是安娜塔西亞本人，使得她不時成爲流行與猜測的題材。有人還要求繼承羅曼諾夫王朝在瑞士銀行中的巨大遺產。其中最著名的是一個自稱安娜．安德森的女人（卒於1984年），一般認爲她是波蘭人，後來嫁給一位美國歷史教授。她的請求在1970年終被否決，後來經過基因試驗，證明她與羅曼諾夫家族一點關係都沒有。

Anastasius I＊　阿納斯塔修斯一世（西元430?～518年）　拜占庭皇帝（491～518年在位）。原爲皇帝芝諾的護衛，後來繼任爲皇帝，並與芝諾的遺孀結婚。即位後改革貨幣和稅收制度，把叛變部族逐出君士坦丁堡，並建築了一道長城保護首都以免被襲。497年他承認狄奧多里克在義大利的政權，但後來又派艦隊襲擊了義大利海岸。與波斯發生的戰爭（502～505），在他同意向波斯國王支付軍費後才落幕。他接受基督一性論派教義，此立場導致拜占庭內部的不安，但有助於與埃及、敘利亞保持和平。

Anath＊　安娜特　西閃米特人所崇奉的主要女神，司掌愛情和戰爭，是巴力的姊妹和助手，她曾從死亡之地把巴力救出來。是最有名的迦南神祇之一，以精力旺盛，勇猛善戰出名。在埃及，安娜特像爲裸體，多立於獅子身上，手執花束。希臘化時代期間，安娜特與阿斯塔特合爲阿塔迦蒂斯女神。

Anatolia　安納托利亞 ➠ Asia Minor

Anatolian languages　安納托利亞諸語言　亦稱小亞細亞諸語言。印歐語系的一支，西元前2000～西元前1000年在安納托利亞廣泛使用。安納托利亞諸語言包括希提語（西台語）、巴萊語、盧維語、象形文字盧維語、里底亞語、呂西亞語。西台語是目前證實的這些語族中最豐富的一種，主要是從1905年在哈圖沙（今博阿茲柯伊，土耳其中北部）出土的楔形文字泥板文獻中發現的，這裡曾是西台帝國的首都，西台文字可溯源至西元前16世紀～西元前13世紀。到了羅馬帝國末年、拜占庭時期初年，安納托利亞諸語言全部都消失。古安納托利亞的一些非印歐語系語言（全從楔形文字泥板文獻中得知）有時也被認作安納托利亞諸語言，如哈梯語，在西台人還未到時流行於安納托利亞中部，從西台語文獻中所保存的文字中可得知；胡里語，流行於西元前第二千紀的北部美索不達米亞和安納托利亞東南部；烏拉爾圖語，從西元前9世紀～西元前7世紀的西北部安納托利亞文獻中得知。

anatomy　解剖學　生物科學的一支，藉由解剖來顯現身體結構。希羅菲盧斯是進行實地大體解剖的第一人，大體解剖是用解剖刀剖切和肉眼觀察（不用顯微鏡）的方法來研究有機體的各種結構。加倫的一些思想後來成了歐洲解剖學和醫學的權威，一直到維薩里的方法出現才取代其地位，建立了一個觀察實物的堅固基礎。顯微鏡可發現肉眼觀察不到的細微結構（如毛細血管和細胞），是顯微解剖學的主要工具。在這領域的重要進展包括顯微鏡用切片機，可把標本切成極細的薄片，以及染色技術（參閱gram stain），導致細胞學和組織學等新領域的發展。電子顯微學打開了亞細胞的研究，X射線衍射導致分子解剖學的新分支學科的出現。比較解剖學是比較研究不同種屬動物的相似器官或結構，以了解它們在演化過程中如何適應、改變。

Anaxagoras＊　安那克薩哥拉（西元前約500～西元前428?年）　希臘哲學家。雖著作僅有少許斷片留存，但因創立宇宙論並發現日、月蝕的眞正原因而聞名。他的宇宙論源自早期前蘇格拉底思想家的努力，他們曾試圖通過一個單一的基本元素的假設來解釋物質宇宙。學說中最有特色的是他的「奴斯」（「精神」）學說，根據他的說法，生物的成長有賴於有機體內的精神力量，這種力量能使有機體從周圍的物質中吸收養分。

Anaximander＊　阿那克西曼德（西元前610～西元前546/545年）　希臘哲學家，常被稱爲天文學奠基人。有證據證明他寫過多篇有關地理學、天文學和宇宙論的論文，這些論文曾存在幾個世紀；他還曾就當時所知的世界畫過一幅地圖。他也是發展宇宙論的第一位思想家。身爲一個理性主義者，他重視對稱性，並在繪製天圖中引進了幾何學和數學的比例。因此，他的理論能擺脫早先那種比較神祕的宇宙觀念，並爲後繼的天文學家預示成功之路。他拋棄了那種認爲地球是以某種方式懸掛在或支撐在天上某處的陳舊觀念，主張地球是無支撐地處於宇宙的中心，因爲它沒有理由往任何方向運動。

阿那克西曼德，鑲嵌畫，製於西元3世紀；現藏德國特里爾市立博物館
By courtesy of the Landesmuseum, Trier, Ger.

Anaximenes＊　阿那克西米尼（活動時期約西元前545年）　希臘自然哲學家，米利都三位思想家之一（傳統認爲他們是西方世界最早的哲學家）。其他兩人是米利都人泰利斯和阿那克西曼德。阿那克西米尼用「埃爾」（「空氣」）來定義物質的本質，解釋在不同的濕氣凝結情況下所產生的不同類型物質密度。其著作現已無存，只在後來的作家著作中若干章節裡可見一二。

ANC ➠ African National Congress (ANC)

ancestor worship　祖先崇拜　指人們對自己祖先的宗教式的信仰和膜拜，存在於古希臘、其他地中海民族和古歐洲人社會中，在非洲宗教中亦扮演重要角色。死者往往與這個家族、氏族、部族或村落有親緣關係，神話的祖先也包括在內。祖先可能是友善的，也可能不高興，需要安撫。有時祭祀典禮就在墳墓或墓碑上舉行，包括祭拜者、祭品、牲禮和熱鬧的歡宴。各自的祖先崇拜很普遍，可能結合崇拜的部落形式，如羅馬皇帝的禮拜儀式。有英勇事跡的祖先可能會被當作神來看待。中國和日本的祖先崇拜已因親族日少、親屬關係的疏遠而沒落。

Anchorage　安克拉治　美國阿拉斯加州海港、最大城市（2000年人口約260,283）以及主要商業中心。位於科克灣頂端，靠近基奈半島底部。1914年爲修築鐵路到費爾班克斯的一個營地。1920年設建制。第二次世界大戰期間爲重要航空港和防空基地。戰後爲歐美至遠東航空線中途站。現爲該州最大城市和商業中心。20世紀末，人口成長迅速。1964年遭逢一次嚴重的地震災害，導致多人死亡，財物受損嚴重。

anchovy　鯷　鯡形目鯷科的一百多種集群性鹹水魚類的統稱。與鯡近緣，但口大，幾乎伸過眼後，且吻尖。多生活於熱帶或暖溫帶淺海，常進入河口附近的半鹹水地帶。春夏產卵，卵數多，長形，透明，浮於水面。約兩日孵化，仔魚沈於水底。幼魚與成魚均以浮游生物爲食，生長迅速。成魚長達4～10吋（10～25公分）。溫帶種類如北方鯷和歐洲鯷爲重要食用魚；熱帶種類如鯨鯷是重要的釣餌魚。亦請參閱schooling behavior。

北方鯷（Engraulis mordax）
Tom McHugh－Photo Researchers

ancien régime　舊秩序　（法語意爲「舊秩序」）法國大革命之前法國的政治及社會體系。在舊秩序下，人人都是法國國王的部屬，也是地產及省份的一部分。所有的權利和地位來自社會制度，社會制度分爲教士、貴族和其他（第三等級）。法國並非眞正的政府單位，也沒有國家公民。

Ancona　安科納　義大利中部馬爾凱區首府（2001年人口約100,402））。由敘拉古移民建於西元前390年左右，西元前2世紀被羅馬人占領後成爲繁榮港口，特別是在圖雷眞時期，把港口擴大。12世紀時附屬神聖羅馬帝國。16世紀歸教宗保護，1860年歸屬義大利。第二次世界大戰中受嚴重破壞，不過，有許多著名古蹟殘留下來。

Anda ➠ Altan

Andalusia＊　安達魯西亞　西班牙南部自治地區和歷史區（2001年人口約7,357,558），首府是塞維爾。面積約有33,694平方哩（87,267平方公里）。莫雷納山、內華達山脈等山脈橫貫其境，主要河流是瓜達幾維河。很久以前即有人居住，分別有腓尼基人（在現在的加的斯，約西元前1100年左右）、迦太基人（西元前480年）和羅馬人來此定居。摩爾人於8世紀占領西班牙以後，用阿拉伯語稱整個伊比利半島爲安達魯斯（即安達魯西亞）。當時伍麥葉王朝在哥多華建立其宮廷，此地變成半島的學術和政治中心。1492年重回西班牙人統治，建爲省份，直至1833年才劃分成現在的八個省。爲採礦和農業地區，太陽海岸的沙灘吸引了許多遊客前往觀光。

Andaman and Nicobar Islands＊　安達曼－尼科巴群島　印度的中央直轄區（2001年人口約356,265）。位於孟加拉灣，群島分爲兩組，主要三島，即北、中、南安達曼島幾乎相連，總稱大安達曼島，以及小安達曼島。南部爲尼科巴群島，包括卡爾尼科巴島、格莫爾達－楠考里島與大尼科巴島。此大部分人口集中在安達曼群島，南安達曼島上的布萊爾港是歐洲人第一次定居的地方，現爲直轄區行政中心。在尼科巴群島上有一些古居民點遺存，年代可追溯至1050年。

Andaman Sea　安達曼海　印度洋東北部孟加拉灣的一部分，四周分別與安達曼－尼科巴群島、緬甸、馬來半島，以及麻六甲海峽、蘇門答臘爲界面積約218,000平方哩（565,000平方公里）。自古即是海上貿易主要航道。印度和中國之間的早期沿海貿易路線的一部分。後來形成印度（和斯里蘭卡）和緬甸之間的一條路線。安達曼海域最大的現代化海港是東南部的檳城（馬來西亞）和北部的仰光（緬甸）。

Andania mysteries　安達尼亞祕儀　希臘化時期在麥西尼亞的安達尼亞爲崇拜「大地女神」蒂美特和她的女兒科

勒（即普賽弗妮）而舉行的儀式，撰於西元前92年的一篇銘文詳細介紹了這種儀式。儀式中包括遊行，儀仗中的位次森嚴。主要儀式之前要給神明獻祭。

Andean bear 安地斯熊 ➡ spectacled bear

Andean civilization 安地斯文明 西元16世紀西班牙人到南美洲探險並征服此地前，在西部安地斯山脈地帶發展起來的美洲印第安人原住民文化。不同於北部的中美洲文明的民族，這些安地斯山的原住民民族沒有發展出一套書寫系統，雖然印加人曾發明一套複雜的記數系統。然而此文明文化發展的水準和在藝術、工藝上的專業技巧，使它構成新大陸相當於古埃及、中國和美索不達米亞諸文明的一個範疇。亦請參閱Chibcha、Chimu、Moche、Tiahuanaco。

Andean Geosyncline 安地斯地槽 南美地殼中的長條狀凹槽，槽中堆積了中生代（約2.48億年至6,500萬年前）和新生代（6,500萬年前至今）的地層。斷斷續續發生的隆起、塊狀斷裂和侵蝕等，造成了一系列廣泛隆起的侵蝕面，最後造成了安地斯山脈現在的面貌。

Andersen, Hans Christian 安徒生（西元1805～1875年） 丹麥的童話大師，其作品聞名全世界。出生在貧民區，經過一番艱苦奮鬥，唸到大學畢業。1835～1872年出版一系列的故事集，打破傳統文學形式，運用俚語和通俗語言來架構故事內容。他擷取民間傳說的通俗成分，再加上想像力，創造了諸如〈醜小鴨〉、〈國王的新衣〉等膾炙人口的作品。有些故事表現了對善和美必勝的樂觀信念（如〈雪后〉），有些則非常悲觀，結局極為不幸。這些悲苦故事往往帶有濃厚的自傳色彩。他還寫過戲劇、小說、詩歌、遊記和幾本自傳。

安徒生
The Bettmann Archive

Anderson, Elizabeth Garrett 安德生（西元1836～1917年） 英國醫師。申請到醫學院讀書，遭到拒絕，便決心自學，向合格的醫生請教，並到倫敦的醫院學習。1865年取得行醫執照。1866年被委任為聖瑪麗診療所的醫務助理，後來這個診療所改為婦女新醫院。1918年該醫院以她的姓名命名。畢生致力於使婦女有權受專業教育，特別是醫學教育。

Anderson, Judith 安德生（西元1898～1992年） 原名Frances Margaret Anderson。後名為Dame Judith Anderson。澳大利亞出生的美國女演員。1915年她首次在雪梨登台，1918年首度在紐約演出。所扮演的角色中最出名的有：《哀悼》（1932）中的萊維尼婭、《哈姆雷特》（1936）的葛楚、《馬克白》（1937、1941）的馬克白夫人，以及《美狄亞》（1947）的同名女主角。安德生還拍過約三十部電影，擅長於扮演帶點邪惡的女性領導人或威嚴的婦人，如《蝴蝶夢》（1940）中的丹弗斯夫人、《蘿拉》（1944）中的特雷德韋爾。

Anderson, Laurie 安德生（西元1947年～） 美國表演藝術家。生於芝加哥，曾就讀哥倫比亞大學，1973年在紐約展開表演生涯，同時還教授藝術史課程。結合了音樂、劇場（舞蹈、默劇）、電影、科技以及演講等元素，她使用媒體與大眾文化所提供的工具，諷刺了媒體與大眾文化。她的〈O超人〉（1980）在流行樂壇的成功，讓她繼續灌錄兩張專輯：《大科學》（1982）以及《傷心先生》（1984）。1980年代主要作品是多媒體的狂想曲《美國》。其他作品包括《神經聖經故事選》（1993）以及一部以《白鯨記》（1999）為本的多媒體作品。

Anderson, Leroy 安德生（西元1908～1975年） 美國大眾交響樂作曲家。生於麻薩諸塞州的劍橋，在哈佛求學，能夠流暢地使用九種語言，曾在兩次世界大戰中擔任陸軍翻譯員。1936年起，他與費德勒以及波士頓大眾交響樂團開始長期合作關係，當時演出的曲目如〈敲出切分音的時鐘〉、〈雪橇遊〉、〈號兵的假期〉以及《愛爾蘭組曲》等，後來都成為標準曲目。1953年的一項調查發現，安德生是美國作曲家當中作品最常被演出的一位。

Anderson, Lindsay 安德生（西元1923～1994年） 英國評論家和電影導演。他是電影雜誌《段落》的創辦人之一並擔任編輯，1948年開始攝製一系列紀錄片，例如《星期四的孩子們》（1955，獲奧斯卡獎）。1956年首創「自由電影」一詞，用以指由奧斯本的戲劇《憤怒的回顧》在英國電影界激起的運動。其第一部情節片是《這種運動生活》（1963），是英國社會寫實主義電影的經典之作。在導演了幾齣戲之後，安德生拍攝了他下一部影片《如果……》（1968）。後來導演了斯托里戲劇的首演，之後執導的影片有《幸運兒》（1973）和《八月之鯨》（1987）。

Anderson, Marian 安德生（西元1897～1993年） 美國名黑人女歌唱家，生於費城。1924年在紐約首演時，以聲音優美、技巧熟練而立刻聲名大噪，但因她是黑人，在美國不可能開演唱會或往歌劇界發展。1930年到倫敦首演，然後到北歐各國巡迴演唱，逐漸在歐洲打開知名度，一直到1935年都是一個人單打獨鬥。胡魯克說服她重返美國開創事業，1939年美國革命女兒組織拒絕讓她在憲政廳演唱，後來羅斯福夫人安排她在林肯紀念堂演唱，此演唱會獲得極大的回響。1955年在大都會歌劇院舉辦首演，成為第一位在那裡演唱的黑人歌唱家，時年已過半百。

安德生
By courtesy of RCA Records

Anderson, (James) Maxwell 安德生（西元1888～1959年） 美國劇作家，生於賓州亞特蘭大。原為記者，後來和別人合寫了第一部轟動一時的作品《榮譽值幾個錢？》（1924），接著出版《週末小孩》（1927）。他的兩部詩體歷史劇《伊莉莎白女王》（1930）、《蘇格蘭女王瑪麗》（1933）後來都改拍成電影。接著回到散文寫了《你們這參眾兩院》（1933，獲普立茲獎）和《冬景》（1935），再轉以詩體創作《高岩》（1936）。他還和韋爾合寫了音樂劇《紐約人的節日》（1938）與《在星球中消失》（1949）。最後一部劇作是《壞種》（1954），拍成的影片大受歡迎。

Anderson, Sherwood 安德生（西元1876～1941年） 美國作家，生於俄亥俄州坎丹。出身貧苦，自學成才。曾經結過婚，後來突然離家，拋棄事業，到芝加哥專心寫作。《俄亥俄州瓦恩斯堡鎮》（1919）是他的第一部成熟作品，並使他獲得聲望。短篇小說收集在《雞蛋的勝利》（1921）、

《馬和人》（1923）和《森林中的死亡》（1933）。他的散文體奠基於每天的演講，並受斯坦因的實驗性寫作方式影響，後來他轉而影響了海明威和福克納等作家。

Andersonville　安德森維爾　美國喬治亞州中西南部村鎮，是美國內戰期間1864年2月至1865年5月設在當地的南部邦聯軍事監獄所在地。以情況悲慘出名，僅提供簡陋帳篷給犯人住，結果造成1/4以上的犯人死亡。安德森維爾國家公墓有著12,912座死於該地的聯邦人犯，1865年此監獄的指揮官維爾茲上尉被一個軍事委員會審判，後來被處以吊刑。

Andes　安地斯山脈　南美大陸西部的山系，為世界偉大自然景觀之一。南北延伸約8,850公里。在委內瑞拉境內大致與加勒比海岸平行，然後轉向西南進入哥倫比亞。在那裡形成三大不同地塊：東、中、西科迪勒拉山。到了厄瓜多爾境內形成兩條平行的科迪勒拉山脈，一條面向太平洋，另一條往亞馬遜盆地沈降。這些山脈繼續往南走，進入祕魯；其境內最高峰是在布蘭卡山的瓦斯卡蘭山（海拔6,768公尺）。在玻利維亞境內，安地斯山脈又形成兩個不同地區，介於其間的是阿爾蒂普拉諾高原。沿著智利－阿根廷邊界，它們形成複雜的山鏈，包括最高峰阿空加瓜山。在智利南部山脈陡降入海，形成無數的島嶼。安地斯山地區有多個火山帶，形成火環的一部分。這裡也是多條大河的發源地，其中包括奧利諾科河、亞馬遜河和皮科馬約河。

andesite＊　安山岩　產於世界大多數火山區的一大類岩石，主要以地表堆積物形式出現，其次是岩牆和小岩頸。其名稱即由安地斯山脈而來，北美和中美的大多數平行山系都是主要由安山岩組成的。幾乎整個環太平洋盆地邊緣的火山中都有大量這類岩石。安山岩最常指的是細粒的、常為斑狀的岩石。

Andhra Pradesh＊　安得拉邦　印度東南部一邦（2001年人口約75,727,541），面積106,272平方哩（275,244平方公里）。位於孟加拉灣上。1953年脫離馬德拉邦獨立，首府是海得拉巴。名稱取自長期居住在本地區的安得拉人，他們有自己的語言泰盧固語。本地區受過許多王朝的統治，其歷史可追溯到西元前3世紀，17世紀佛教也在此繁榮昌盛過。在19世紀印度民族主義興起中扮演過重要角色。經濟以農業為主。

Andizhan＊　安集延　亦作Andijon。烏茲別克東部城市（1998年人口約288,000）。建於9世紀以前。因地處絲路上，在15世紀是重要的貿易中心。18世紀是浩罕汗國（參閱Quqon）的領土。1876年被俄羅斯人占領。周圍地區是烏茲別克人口最稠密的地區，也是該國主產石油的地區。

Andocides＊　安多喀德斯（西元前約440～西元前391年以後）　雅典演說家和政治人物。西元前415～西元前403年被派去討伐西西里。軍隊出發以前，有人破壞赫耳墨斯神像，他有參與的嫌疑，被投入獄，後被流放。在西元前392年科林斯戰爭時，他同另外三名代表與斯巴達議和，但雅典不接受和談條件，並把他及所有代表流放出去。

Andorra　安道爾　正式名稱為安道爾公國（Principality of Andorra）。歐洲東南部獨立共治小公國。位於庇里牛斯山脈南坡，由一群高山峽谷組成，山間溪流匯成瓦利拉河；與西班牙、法國接壤。面積約480平方公里。人口約66,400（2002）。首都：安道爾。居民多為西班牙人，少數為安道爾本地人。語言：加泰隆語（官方語）。宗教：天主教。貨幣：法郎（F）；比塞塔（Pta）。傳統上將安道爾的獨立自主歸功於查理曼，西元803年他從穆斯林手中復原政權。

1278年，安道爾被置於法國富瓦伯爵和西班牙烏赫爾主教的聯合主權之下，之後由西班牙烏赫爾主教和法國元首各派代表共同治理。這個歐洲最後的封建體制政府一直未受觸動，直到1993年通過憲法，把共治君主的大部分權力轉到安道爾最高議會，議員由人民普選產生。安道爾在傳統上和加泰隆尼亞地區關係極為密切，其制度是根據加泰隆尼亞法律制定的，公國領地即是烏赫爾主教轄區的一部分。傳統經濟以牧羊為主。但從1950年代以來，旅遊業變得很重要。

Andorra la Vella＊　安道爾　安道爾公國首都（2001年人口約20,800）。位於瓦利拉河和北瓦利拉河匯流處附近。該地長久以來與外界頗為隔絕。第二次世界大戰後因附近有運動場，觀光客開始紛至沓來，人口也開始增加。因實行免稅，現為從歐洲其他地區進口物品的銷售中心。

Andrada e Silva, José Bonifácio de＊　安德拉達－席爾瓦（西元1763?～1838年）　習稱José Bonifácio。巴西脫離葡萄牙獨立的主要推手。生於巴西，但在葡萄牙受教育，成為知名學者。1819年回巴西，擔任葡萄牙裔攝政王（後成為皇帝佩德羅一世）的內閣首腦，這位攝政王是為了脫離拿破崙的掌控而偕同其他皇室成員逃離葡萄牙的。他是主張巴西獨立的主要知識份子。1822年佩德羅一世宣布獨立，他成為新帝國的首相，並擔任年輕太子佩德羅二世——後來是一位開明君主——的老師。

Andrássy, Gyula, Gróf (Count)＊　安德拉希伯爵（西元1823～1890年）　匈牙利政治家。是科蘇特的追隨者。1848～1849年協助領導了反奧地利暴動，但失敗，逃亡國外，一直到1857年得到赦免才回國。他擁護奧匈帝國的二元制度，在「1867年協約」中，扮演重要的溝通角色。1867～1871年擔任匈牙利的第一任首相，後轉任外交部長（1871～1879）加強了奧匈帝國的國際地位。他簽訂具有重大意義的奧德聯盟條約，使這兩大強權維持關係到第一次世界大戰。不久辭職。

Andre, Carl　安德烈（西元1935年～）　美國雕塑家。在麻薩諸塞州的昆西長大，一家造船公司的繪圖員之子，曾進入菲利浦斯·安多佛學院以及東北大學就讀。1957

年移居紐約，隨即以鋼碟、花崗石板、聚苯乙烯板、磚塊以及水泥塊，使用依據簡單數學原理而構成的格子系統，創作大規模的水平地形。1960年代晚期，他是極限主義的先驅者之一。1988年，他因爲謀殺妻子——雕塑家安娜·門迪亞塔，從他們的公寓窗戶墜樓而死——而受審，不過被判無罪。

André, John＊ 安德雷（西元1750～1780年） 英國陸軍軍官和間諜。安德雷於1774年被派往美國，在紐約市任英軍總司令柯林頓將軍的情報官。自1779年5月始與阿諾德將軍祕密通訊，此時阿諾德對美國獨立的希望已經破滅。1780年阿諾德同意出賣紐約州西點要塞。安德雷在返回紐約市後被捕，在其靴內搜出犯罪文件，其後以間諜罪名被美方處以絞刑。

André, Maurice 安德烈（西元1933年～） 法國小喇叭演奏家。在1951年前往巴黎音樂學院之前，他像父親一樣在一座礦坑工作了四年。由於窮得付不出學費，他首先加入軍樂隊以便能合格申請一份獎學金。他對於巴洛克曲目的專長令人印象深刻，演奏一支爲了演奏假聲高音部而特製的小喇叭（有四個栓塞）。他已經發行了超過三百種錄音，是古典小喇叭演奏家當中最多產的一位。

Andrea del Sarto＊ 安德利亞·德爾·薩爾托（西元1486～1530年） 原名Andrea d'Agnolo。活躍於佛羅倫斯。名字取自父親的職業裁縫（義大利語裁縫作sarto）。隨科西莫的彼埃羅學畫，後來成爲該市最出色的畫家，以濕壁畫和祭壇畫的作品最有名。他對色彩和氣氛的營造是佛羅倫斯畫家中的翹楚。最突出的作品是在赤腳修道院中描繪施洗者聖約翰生平的單灰色系列濕壁畫（1511～1526）。16世紀上半葉佛羅倫斯的重要畫家大多是他的學生和追隨者，如蓬托莫和瓦薩里。

安德利亞的《聖卡特琳娜的訂婚》（1512～1513），油畫；現藏德國德勒斯登古畫陳列館
Sachsische Landesbibliothek/Abteilung Deutsche Fotothek/A. Rous

Andreanof Islands＊ 安德烈亞諾夫群島 美國阿拉斯加州西南部阿留申群島一島群。位於太平洋和白令海之間海域，介於福克斯和拉特群島之間，東西延伸約270哩（430公里）。第二次世界大戰期間爲戰略重地。尤其是在埃達克島。其他島嶼包括阿特卡、塔納加和卡納加。

Andreini family＊ 安德烈尼家族 義大利演員世家。弗朗契斯科·安德烈尼（1548～1624）與卡納利（1562～1604）結婚後創建了傑洛西劇團，它是最早和最知名的即興喜劇劇團之一。他們的兒子喬萬巴提斯塔（1579?～1654）原本在雙親所創的劇團表演，到1601年左右自組劇團，名爲忠實劇團。後來劇團受邀至巴黎的法國宮廷演出，他就是在那裡寫了《亞當》（1613）一劇，此劇多半是受了密爾頓的《失樂園》的啓發。

Andretti, Mario (Gabriel) 安德烈蒂（西元1940年～） 義籍美國汽車賽車手。出生於義大利蒙大拿，從小就對賽車很有興趣，1955年隨家人遷居美國。其所締造的輝煌成績包括：1965～1966和1969年贏得美國汽車俱樂部錦標賽冠軍，1967年稱霸佛羅里達州德通海灘市房車賽，1967和1970年稱霸佛羅里達州錫布靈舉行的跑車大獎賽，1969年贏得印第安納波里五百哩賽冠軍，1978年贏得一級方程式賽車冠軍。1994年退休。

Andrew, St. 聖安德烈（卒於西元60/70年） 十二使徒之一，與使徒聖彼得爲兄弟，蘇格蘭的主保聖人，又是俄羅斯的主保聖人。據〈福音書〉記載，他原是漁夫，曾爲施洗者聖約翰的門徒。彼得和安德烈在捕魚時受到耶穌召喚。教會早期傳說他在黑海附近傳教。4世紀的傳說描述他被釘於十字架上，而13世紀的傳說則曰那個架子是呈X型的。死後遺骸曾被搬動過數次，他的頭骨從15世紀起就一直擺放在羅馬聖彼得教堂，直到1964年，教宗爲了對希臘示好而奉還它。

Andrew II 安德魯二世（西元1175～1235年） 匈牙利語作Endre。匈牙利國王（1205～1235年在位）。在位時期和土地貴族發生衝突，因爲他們掏空皇室財產，使國家陷入幾近無政府的混亂狀態。1213年貴族造反殺死他的第一任王后梅倫的格特魯德。1217年安德魯率領一支十字軍前往聖地。失敗歸來後，貴族們迫使他頒發「1222年金璽詔書」，其中限制了皇權，保障司法，應允改善鑄幣，並給予貴族權力可對抗國王法令。他的女兒是匈牙利的聖伊莉莎白。

Andrews, Julie 茱莉安德魯斯（西元1935年～） 後稱茱莉夫人（Dame Julie）。原名Julia Elizabeth Wells。英國－美國演員及歌手。十二歲那年在倫敦初次登台，演出一齣歌舞喜劇，紐約的初次登台則是在《男朋友》（1954）一劇中。身爲百老匯的重要明星，她演活了《窈窕淑女》（1956）中的艾莉莎·杜立德以及《鳳宮劫美錄》（1960）中的芝內薇兒。她也擔綱演出過諸如《歡樂滿人間》（1964，獲奧斯卡金像獎）、《眞善美》（1965）、《明星！》（1968）以及《雌雄莫辨》（1982）等電影。1995年重回舞台，協助她丈夫，布雷克·愛德華茲所導演的《雌雄莫辨》改編劇本。

Andrews, Roy Chapman 安德魯斯（西元1884～1960年） 美國博物學家、探險家及作家，生於威斯康辛州貝洛伊特。1906年從比萊特學院畢業後，即在紐約美國自然歷史博物館任職，一待就是大半生。經過他的努力，該博物館的鯨類動物收藏在世界上數一數二。後來轉移注意力到亞洲地區，曾率領考察隊赴中國西南地區、西藏和緬甸（1916～1917），1919年到中國北部和外蒙古及中亞考察。最重要的發現包括首次發現恐龍蛋、已知最大的陸生哺乳動物俾路支獸的頭骨，以及史前人類的遺跡。他寫了許多供一般大眾看的書，例如《横渡蒙古平原》（1921）、《令人驚異的行星》（1940）。

Andrić, Ivo＊ 安德里奇（西元1892～1975年） 波士尼亞作家。1918年出版的《信》是他的成名之作，是他在第一次世界大戰期間因從事民族主義政治活動被當局拘留時寫的。後來曾擔任南斯拉夫外交官。他的短篇小說集從1920年起陸續出版。第二次世界大戰期間寫的三部長篇小說，其中有兩部《德里納河之橋》（1945）和《波士尼亞紀事》（1945）是有關波士尼亞歷史的小說。1961年獲諾貝爾文學獎。

androgen＊ 雄激素 一組主要影響雄性生殖系統生長發育的激素（荷爾蒙）。其中分泌量最多，活性最強的是睪丸產生的睪丸固酮，其餘的雄激素主要由腎上腺皮質產生，量少，起輔助睪丸固酮的作用。雄激素會導致男孩在青春期正常發育，然後促使精子的形成，讓男人對性愛有興趣，也會造成禿頭。雌性動物血漿中亦含微量的雄激素，可能由卵巢及腎上腺分泌。

Andromeda＊ 安德洛墨達 希臘神話中伯修斯的妻子。她是巴勒斯坦約帕（現今衣索比亞）的賽菲斯國王及卡西俄普皇后的女兒。母親卡西俄普誇口說安德洛墨達比海中仙女涅莉得美麗，因此海神波塞頓派海怪摧毀約帕作爲懲罰。爲平息神怒，安德洛墨達被鎖到岩石上，任憑海怪擺佈。飛過珀白索斯的伯修斯愛上了她，殺死海怪，救出安德洛墨達。後來他們結了婚，育有六子一女。死後變成一個星座。

Andromeda Galaxy＊ 仙女星系 或稱M31。是位於仙女座中的大漩渦星系，也是地球所在的銀河系的伴星系中最近的星系。仙女星系是肉眼可見的幾個星系之一，外表像模糊的光斑。它距地球約200萬光年；直徑約20萬光年，是本星系群中最大的一個星系。好幾個世紀以來，天文學家認爲它是銀河的一部分，一直到1920年代哈伯才認定它是一個獨立的星系。

Andronicus I Comnenus＊ 安德羅尼卡一世（西元1118～1185年） 拜占庭皇帝（1183～1185年在位），康尼努斯王朝末代君主。他是曼努埃爾一世的表兄。他在1182年率兵奪權，在君士坦丁堡展開一場屠殺西方人的血腥行動。1183年安德羅尼卡加冕爲同朝皇帝，與亞歷克賽二世共治，兩個月後將亞歷克賽絞死，並娶了他十三歲的遺孀。他革新了拜占庭政府，強調東方教會的獨立地位，引起西西里島的諾曼人侵入希臘，當諾曼人入侵的消息傳來時，首都爆發了叛亂，安德羅尼卡被暴民殺死，繼任者是伊薩克二世·安基盧斯。

Andronicus II Palaeologus＊ 安德羅尼卡二世（西元1260～1332年） 拜占庭皇帝（1282～1328年在位）。邁克爾八世·帕里奧洛加斯之子。他是一個知識分子和神學家，而不是一個政治家或軍人。在位期間，使拜占庭衰退爲一個小國家。1300年鄂圖曼土耳其人控制了安納托利亞，塞爾維亞人主宰了巴爾幹半島。在熱那亞和威尼斯戰爭時，他支持熱那亞，結果引發威尼斯海軍來攻擊。雖然政治失序，他促進拜占庭藝術的發展與東正教會的獨立。1328年被孫子安德羅尼卡三世廢黜，關入修道院。

Andronicus III Palaeologus 安德羅尼卡三世（西元1296～1341年） 拜占庭皇帝（1328～1341年在位）。1325年迫使祖父安德羅尼卡二世承認他爲同朝皇帝，1328年迫使老皇退位。他任用約翰六世·坎塔庫澤努斯改革司法制度，重建海軍。1334年承認塞爾維亞對馬其頓的宗主權，並將安納托利亞割讓給鄂圖曼土耳其人，還從熱那亞人手中收復了幾個愛琴海島嶼，並恢復了對希臘城邦伊庇魯斯和色薩利的控制。

Andropov, Yury (Vladimirovich)＊ 安德洛波夫（西元1914～1984年） 蘇聯領袖。1939年加入共產黨，在黨內迅速竄起。1967～1982年任格別烏首腦，實行深入的政治控制和高壓政策。1982年11月10日布里茲涅夫逝世，黨中央委員會推舉他爲總書記，但健康情況迅速惡化，在位僅十五個月即去世，建樹不多。

Andros＊ 安德羅斯島 巴哈馬聯邦最大的島嶼（2000年人口約7,686）和地區。南北長約160公里，東西最寬處約72公里，面積6,000平方公里。沿岸有許多有人居住的小港和沙洲，西海岸外有一個世界第三大堡礁。主要城鎮有尼科爾鎮、安德羅斯鎮和肯普斯貝，均在東海岸。

Andros, Edmund＊ 安德羅斯（西元1637～1714年） 受封爲艾德蒙爵士（Sir Edmund）。英國駐新英格蘭的行政官員。1674年他被任命爲紐約和新澤西殖民地總督，1681年因殖民地有人抱怨而奉召回國。1686年重返美洲任總督，兼管新英格蘭所有的殖民地。他再度阻撓逐漸增長的殖民地獨立運動，並干預地方政府事務，再次引起移民者的不滿。1688年殖民地人民暴動，把他囚禁起來。安德羅斯被召回英國受審，但後又出任維吉尼亞（1692）、馬里蘭（1693～1694）的總督。

anemia 貧血 血液中紅血球的數目、容積或所含血紅素（攜氧色素）不足的情況。患者通常看起來皮膚很蒼白。現有近一百種不同類型的貧血（包括再生障礙性貧血、惡性貧血和鐮狀細胞性貧血），其原因受累細胞的大小、形狀和血紅素的含量以及症狀各有不同。貧血可能會造成失血，逐漸的破壞紅血球，減少或抑制紅血球的生成，或激素缺乏。治療方法包括提供所缺營養素，排除致病的毒素，投以藥物，手術，或輸血。亦請參閱folic-acid-deficiency anemia、iron-deficiency anemia。

anemia of bone-marrow failure ➟ aplastic anemia

anemometer＊ 風速計 一種測量空氣流動速率的裝置。最常用來測風速的是旋杯式電風速計，由風力驅動旋杯帶動的發電機，輸出電流使刻有風的速率數的電表運轉，適用範圍是每小時約5～100海哩的風速。測量低風速可用一種旋轉葉片帶動的計數器。測量強勁而穩定的氣流（如風洞和在飛行中的飛機上）通常要用皮托管風速計，利用這種管子的內部和周圍空氣之間的壓力來測出風速，並可把這種壓力換算成空氣速率。

anemone＊ 銀蓮花 俗稱風花、復活節花。毛茛科銀蓮花屬約一百二十種多年生植物的通稱。因色澤鮮豔而廣爲栽培。廣佈於世界各地，最常見於北溫帶的林地和草甸。罌粟狀銀蓮花具塊莖，有許多鮮豔的品種是庭園花卉，亦用於花卉貿易。春季開花的有亞平寧銀蓮花、希臘銀蓮花和孔雀狀銀蓮花。其他種類有日本銀蓮花，是受歡迎的秋季開花的沿邊花壇花卉；歐洲的木質銀蓮花指森林銀蓮花能引起皮膚起疱，從前曾藥用，開白花。銀蓮花也被稱爲白頭翁花或秋牡丹。

anesthesiology＊ 麻醉學 研究麻醉及其相關內容，如心肺復甦術和疼痛的醫學。原本在開刀房只用全身麻醉手術，現在麻醉學還包括硬脊膜外麻醉（把局部麻醉藥注射入脊髓液，注射點以下會逐漸癱瘓）；人工呼吸器，麻醉開刀時，常需加入肌肉鬆弛劑以使患者肌肉完全放鬆，但鬆弛劑會使患者無法自行呼吸，故以人工呼吸器輔助其呼吸；負責照顧術後患者的診室（如恢復室、加護病房）；處理有關減輕疼痛、心肺復甦術的問題；以及處理各種體液、電解質和新陳代謝的障礙。由於麻醉學的進步，許多過去認爲不適合開刀的疾病和患者，如今都已能安然手術而無恙。麻醉醫師的角色也日益重要和複雜。

anesthetic＊ 麻醉藥 會讓身體局部或全身失去知覺（包括疼痛）的藥劑，在外科手術和牙科方面十分有用。全身麻醉藥會讓人喪失意識，最常用的是烴（如環丙烷、乙烯）；鹵化氫（如氯仿、氯乙烷、三氯乙烯）；醚（如乙醚、乙烯醚）；或其他化合物，如亞硝酸、巴比妥酸鹽。局部麻醉藥是阻斷神經傳導作用，讓身體某一部分喪失知覺，常施以生物鹼類藥劑，如古柯鹼、鹽酸普魯卡因，或合成藥劑（如利多卡因）。亦請參閱anesthesiology。

aneuploidy 非整倍性 ➡ ploidy

aneurysm＊ 動脈瘤 血管壁（一般為動脈，特別是主動脈）或心壁薄弱處向外凸的一種疾病。生病或受傷會使血管壁變得薄弱，以致正常血壓會使管壁向外鼓起。典型情況是內部兩層破裂，外層鼓起。假性動脈瘤是所有三層破裂，血液流出積聚於周圍組織而成。症狀依其大小、所在部位而異。動脈瘤形成後有增大的趨勢，而且年紀越大血管壁越薄弱，最後會爆裂，造成嚴重甚至大量的內出血。主動脈瘤破裂會導致劇烈疼痛和立即虛脫。腦部動脈瘤破裂是造成中風的主要原因。病情簡單的治療方式是結紮小血管，較嚴重的就要手術切除病變部位，代之以人造血管。

Angara River＊ 安加拉河 俄羅斯中部偏東南河流。源出貝加爾湖，為葉尼塞河主要支流，在葉尼塞斯克注入該河。長1,150哩（1,850公里），沿河有許多湍流，水力資源豐富。在伊爾庫次克工業區建有一些水壩和水電站。

angel 天使 西方宗教中，居於神聖與世俗境界間的一切善神、善力及眞理。天使的職務是為神傳信、聽神差遣，以及擔任個人或國家之守護神。在瑣羅亞斯德教中，阿梅沙・斯彭塔共分為七個階層。猶太教和基督教根據《舊約》提及的神的僕人和天神群而有天使的概念。在《舊約》中曾提及兩個天使長（米迦勒和加百列），在外典提到其他兩個（拉斐爾與烏列）。伊斯蘭教的天使階級為：阿拉的四種寶座天使、頌讚眞主的嗟嘞啪、四位天使長，以及較次要的天使，如守護天使等。亦請參閱cherub、seraph。

安赫爾瀑布
G. De Steinheil-Shostal Assoc.

Angel Falls 安赫爾瀑布 委內瑞拉東南部的瀑布。位於波利瓦爾城東南的卡羅尼河支流丘倫河上。落差979公尺，底寬150公尺，為世界最高的瀑布。瀑布以美國人詹姆斯・安赫爾的名字命名，1937年他的飛機墜落在附近。

angelfish 神仙魚 一些並非近緣的鱸形目魚類的統稱。家庭水族箱中最普遍的神仙魚是麗魚（天使魚屬），體高而薄，背、臀、腹鰭均長。原產於南美洲淡水水域；通常銀白色，具垂直的暗色花紋，但也有純黑或部分黑色的，體長可達6吋（15公分）。色彩鮮豔的海洋神仙魚產於大西洋及印度洋－太平洋的熱帶珊瑚礁中，屬刺蓋魚科。以海藻及各種海產無脊椎動物為食，最大的可長達180吋（46公分）。

皇帝神仙魚（Pomacanthus imperator）
Jane Burton－Bruce Coleman Ltd.

Angelico, Fra＊ 安吉利科（西元約1395～1455年） 原名Guido di Piero。義大利畫家，活躍於佛羅倫斯的道明會修士。1417～1425年間的某個時候，他在菲耶索萊成為聖多米尼克修道院的修士，在那裡開始他的藝術生涯，畫手抄本裝飾畫和祭壇畫。他受馬薩其奧運用建築透視法的影響很大。最早期的傑作是一巨幅三聯畫《亞麻布商人祭壇》（1433～1436），是為亞麻布商人行會繪製的，鑲在雕刻家吉貝爾蒂設計的大理石聖壇中。最有名的作品是在佛羅倫斯聖馬可修道院的濕壁畫（1440?～1445?），以及梵諦岡教宗尼古拉五世禮拜堂裡的濕壁畫（1448?～1449?）。他是15世紀最偉大的濕壁畫畫家之一，影響了一批大師級畫家如利比，學生包括戈佐利等。

Angelou, Maya＊ 安傑羅（西元1928年～） 原名Marguerite Johnson。美國詩人。生於聖路易，八歲那年遭強暴，度過了一段不願說話的時期。在成為作家之前，經歷過包括女服務生、妓女、廚師、舞者以及演員等多種工作。她自傳式的作品，探索的主題涵蓋經濟、種族以及性壓迫等，包括《我知道籠中鳥為何唱歌》（1970）、《女人心》（1981）以及《所有神的孩子都需要旅鞋》（1986）。她的詩集包括《在我死前給我一杯冷水就好》（1971）、《而我仍會升起》（1978）以及《我將不為所動》（1990）。她在柯林頓第一次就職典禮（1993）上朗誦自己所寫的詩，為她帶來廣泛的名聲。

Ångermanland＊ 翁厄曼蘭 瑞典東北部一區，瀕波士尼亞灣。為瑞典舊省，範圍相當於現在的西諾爾蘭省和西博滕省。有大片森林及翁厄曼河和法希等大河。考古學的發現表明，早在石器時代此地已有人居住。

Angevin dynasty＊ 安茹王朝 10世紀安茹（形容詞Angevin之源）伯爵的後代。安茹王朝與金雀花王室重疊，但通常說它包含了英格蘭國王亨利二世、理查一世和約翰。亨利控制了諾曼第、安茹、曼恩和亞奎丹後建立安茹帝國，於是在12世紀晚期將安茹的幅員從蘇格蘭擴展到庇里牛斯山。英國對法國領土提出主權要求，導致了百年戰爭，到了1558年英國已失去以前所擁有的所有法國土地。

Angilbert, St.＊ 昂吉爾貝爾（西元約740～814年） 法蘭克詩人和查理曼宮廷的高級教士。因其出身貴族，自幼在亞琛的宮廷學校受教育，拜阿爾昆為師。西元794年他被推舉為皮喀第的聖里基耶修道院院長。800年他陪同查理曼前往羅馬。他所寫的拉丁文詩歌優美而世故，為當時的宮廷生活提供了鮮活的資料。

angina pectoris＊ 心絞痛 胸部絞痛，因血液供氧速度不及，不能向心肌提供足夠的富氧血而引起，常見於罹患冠狀動脈心臟病的病人。是一種深而似被鉗夾的疼痛，發生於胸骨後、心及胃區，甚至可傳達至左臂。休息或使用硝酸甘油及其他擴張血管的藥都可緩解心絞痛發作。避免情緒緊張以及從事較不激烈的活動都可以減少發作的頻率。如果心臟病惡化，即使少勞累也會一再發作。

angiocardiography＊ 心血管攝影 影像診斷的一種方法，可清楚顯示血液流經心臟和大血管的情形，用以評估病人要手術時的心血管系統狀況。將一根細料導管插入動脈（通常是臂部的動脈），穿過肩部的血管，經胸部進入主動脈，再進入心腔，然後將對比劑注入導管。接著用X射線照攝身體，可顯現血流窄的部分就是動脈硬化引起的血管阻塞處。

angiography＊ 血管攝影術 亦稱arteriography。一種檢查動脈及靜脈的X射線診斷方法。注入一種對比劑到血管，使血管能與周圍組織相區別。對比劑是透過一根導管注入，然後顯示血管和接受其供血的器官組織情況。罹患下肢、腦或心臟動脈疾病患者，在進行矯正手術之前必須進行放射學檢查以估計其病變程度。亦請參閱angiocardiography。

A B

Angiolini, Gasparo＊ 安吉奧利尼（西元1731～1803年） 亦稱Angelo Gasparini。義大利編舞家，將舞蹈、音樂和情節融合於戲劇芭蕾中的創始者之一。1757年爲維也納宮廷歌劇院芭蕾教師。1761年和作曲家葛路克合作創作了《唐璜》，後來根據葛路克的音樂編了其他的舞劇。1765年任聖彼得堡帝國劇院芭蕾教師。安吉奧利尼一向視諾維爾爲競爭對手，不贊同他對情節舞劇的新詮釋。

angioplasty＊ 血管成形術 使阻塞的血管暢通的方法。通常把血小板壓在動脈壁上（參閱arteriosclerosis），做法是在導管尾端附近把氣球充起（參閱catheterization）。血管成形術在冠狀動脈上進行，在治療冠狀動脈心臟病時，對冠狀動脈分流術來說是較不具侵略性的替代方法。包括栓塞、流淚在內的併發症極少，而效果很好，但手術後血小板容易再度集結。血管成形術也用來擴展嚴重阻塞的心瓣膜。

angiosperm 被子植物 ➠ flowering plant

Angkor 吳哥 柬埔寨西北部的考古遺址，位於現代城鎮暹粒以北4哩（6公里）處。是9～15世紀高棉（柬埔寨）王國的都城，最聞名於世的古蹟是吳哥窟，這是國王蘇耶跋摩二世在12世紀建造的一組廟宇群；以及吳哥通王城，這是由闍耶跋摩七世在1200年左右建造的一組廟宇群。在歷時三百餘年的吳哥大規模建設時期，可以看出因宗教信仰的改變（從印度教轉爲佛教）所呈現的許多建築藝術風貌的變化。15世紀高棉被暹羅征服後，此城市變爲廢墟，廟宇建築群被淹沒在叢林裡。1863年法國殖民地政權建立後，整個吳哥遺址成爲學者們關注的焦點。20世紀後半期，柬埔寨出現了政治和軍事動亂，吳哥廟宇群也遭到一些戰爭破壞和盜竊，但主要問題在於被人們忽略。

Angkor Wat＊ 吳哥窟 柬埔寨西北部吳哥城的寺廟建築群，是高棉建築中最偉大的作品。長約1,700碼（1,550公尺），寬1,500碼（1,400公尺），是世界上最大的宗教建築物。12世紀由國王蘇耶跋摩二世建造，用來奉祀毗濕奴神。吳哥窟主體有如一座人造山，四周有一大片圍牆和壕溝圍繞，主殿建在一個187x215公尺的三層台基上，第一層是正方型長廊結構的石雕壁畫長廊，每層台基四角都有石砌回廊。現存五座塔廟，此寺廟群是由石板層層堆疊而成，爲典型的亞洲建築。

angle 角 幾何學中指共有一個端點（頂點）的一對射線（參閱line）。角可被視爲單一射線從起點到終端的旋轉，順時鐘旋轉被視爲負向旋轉，而逆時鐘旋轉被視爲正向的旋轉。二者皆可量出度數（完全旋轉爲360°）或弧度（完全旋轉的弧度爲2π）。90°角稱爲直角，少於90°的角爲銳角，多於90°但少於180°的角是鈍角。

anglerfish 垂釣魚 鮟鱇目約兩百一十種海產魚類的統稱，以其誘捕獵物的方法而得名。背鰭最前的鰭棘位於頭上，形似釣竿，尖端有一肉質的「釣餌」，垂釣魚形狀奇特，鰓孔小，胸鰭與腹鰭（存在時）呈臂狀，多棲於海底。體長可達1.2公尺，但大部分很小。僅雌魚具「釣竿」，但長短不一；「釣餌」結構簡單或複雜，通常均發光。有些種類的雄魚吸附於雌魚體上，口與雌魚的皮膚癒合，血流亦與之完全通連，藉此完全賴雌體供給營養。

Angles 盎格魯人 日耳曼部族的一支，5世紀時與朱特人和撒克遜人一起入侵英格蘭。根據比得的說法，他們在歐洲大陸的故鄉是什列斯威的安格爾恩地區。當他們入侵大不列顛時，就放棄此區，他們定居在麥西亞、諾森伯里亞、東英吉利亞和中英吉利亞等王國裡。所用語言是一種古英語，英格蘭的名稱就是據此而來。

Anglesey＊ 安格爾西島 古稱Mona。威爾斯島嶼（2001年人口約66,828）。英格蘭和威爾斯地區最大的島嶼，面積276平方哩（715平方公里）。安格爾西島以史前和塞爾特遺跡著稱。西元前100年左右，島民已採用塞爾特語言和文化，後來成爲著名的德魯伊特中心和對抗羅馬人的一大據點。西元78年阿格里科拉征服之。7～13世紀爲威爾斯君王統治。最後被英格蘭國王愛德華一世征服。現在經濟以旅遊業爲主。

Anglia ➠ England

Anglican Communion 安立甘宗 ➠ England, Church of

Anglo-Afghan Wars 英阿戰爭 ➠ Afghan Wars

Anglo-Burmese Wars 英緬戰爭（西元1824～1826、1852、1885年） 英國與緬甸在今緬甸地區發生的數次衝突。緬甸國王孟雲征服了與英國控制的印度領土接壤的阿拉干王國，導致阿拉干自由鬥士與緬軍之間的邊界衝突。緬軍跨過邊界進入孟加拉後，英軍以武力還擊，攻克仰光。這場歷時兩年的衝突以簽訂條約結束，條約將阿拉干和阿薩姆割讓給英國，並要求緬甸賠償。二十五年後爆發了另一場戰爭，由一個英國海軍軍官奪取了屬於緬甸國王的一艘船隻引起，這次戰爭的結果是英軍占領了下緬甸全境。第三次戰爭起因於英國在下緬甸的柚木壟斷受到威脅，以及緬甸人向法國示好；這次戰爭的結果是英國併吞了上緬甸（1886年正式化），從而結束了緬甸的獨立。

Anglo-Dutch Wars 英荷戰爭 亦稱荷蘭戰爭（Dutch Wars）。17和18世紀英國和荷蘭共和國的四次海軍衝突。第一次（1652～1654）、第二次（1665～1667）和第三次（1672～1674）的戰爭是由商業競爭引起，最後是英國戰勝，建立了其海軍的聲威。英荷兩國再次兵戎相見時（1780～1784年第四次英荷戰爭）兩國的同盟關係已維持一個世紀，這次戰爭是因荷蘭干涉美國革命而起。到戰爭結束時，荷蘭的國力和威信已下降到最低點。

Anglo-French Entente ➠ Entente Cordiale

Anglo-French War 英法聯軍之役 ➠ Opium Wars

Anglo-German Naval Agreement 英德海軍協定（西元1935年） 英國與德國的雙邊協定，支持德國海軍，但把它限於英國海軍大小的35%。這個協定是第二次世界大戰前綏靖政策的一部分，允許德國違反凡爾賽條約所施加的限制，引發國際批評，導致英國與法國分裂。

Anglo-Japanese Alliance 英日同盟（西元1902～1923年） 英國和日本爲維護其各自在中國與朝鮮的利益而結成的互助同盟，旨在反對俄國在遠東擴張。日俄戰爭（1904～1905）期間，英日同盟使俄國的盟邦法國不敢參戰助俄。在第一次世界大戰中日本根據英日同盟，加入協約國一方。英國則同意戰後同盟即廢除，時值英國已對俄國入侵中國舉動不再畏懼。

Anglo-Russian Entente＊ 英俄條約（西元1907年） 英國與俄國藉以解決普魯士、阿富汗、西藏等殖民地爭端的條約。條約鉤畫出波斯的勢力範圍，規定任一國家不得介入西藏的內部事務，並承認英國在阿富汗的影響力。這個協定導致三國協約的形成。

Anglo-Saxon 盎格魯－撒克遜語 ➠ Old English

Anglo-Saxon art　盎格魯－撒克遜藝術　西元5世紀晚期至諾曼征服期間，產生於英國的手抄本裝飾畫與建築。9世紀以前，手抄本裝飾畫爲英國的主要藝術。有兩個裝飾畫派：坎特伯里畫派，影響較小，作品承襲羅馬傳教士古典傳統作風；諾森伯里亞畫派，影響較廣，受愛爾蘭修道院學術復興運動的鼓舞。愛爾蘭修士帶來了古代塞爾特曲線形（渦捲形、螺旋形以及雙曲線或盾形圖式）裝飾傳統，這一傳統跟當地的盎格魯－撒克遜異教金屬製品的抽象裝飾（其特徵主要爲明快的設色和動物形的交織紋樣）結合起來。在9世紀丹麥人入侵、破壞後，修道院被修復，對建築的興趣重又濃厚起來。這股建築風潮（包括小教堂）受歐陸建築的影響很深，特別是諾曼－法蘭西建築（如約建於1045～1050年的原始西敏寺，1245年重建）。修道院的復興促成書籍的大量生產以及10世紀後半期所謂溫徹斯特手抄本裝飾學派的繁榮。亦請參閱Hiberno-Saxon style。

Anglo-Saxon law　盎格魯－撒克遜法律　指從6世紀直到諾曼征服（1066）後在英國流行的一批法律。由於8、9世紀北歐海盜的入侵，盎格魯－撒克遜法律直接受斯堪的那維亞早期法律的影響，並間接受羅馬法的影響（主要透過教會）。盎格魯－撒克遜法律是由三部分構成的：國王所頒布的法律和法令彙編；對習慣所作的權威性的說明；以及對法律規則和法令的私人編纂。主要的重點是放在刑法上，但有些材料是處理公共行政、公共秩序和宗教事務問題。

Anglo-Saxon literature　盎格魯－薩克遜文學　約西元650～1100年以古英語寫成的文學。盎格魯－薩克遜詩歌幾乎靠四種文稿留存下來。《貝奧武甫》是現存最古老的日耳曼史詩，也是最長的古英語詩歌，其他偉大的作品尚有《流浪者》、《航海者》、《莫爾登戰役》、《十字架之夢》。詩爲押頭韻，特徵之一是隱喻，即以玄學用語取代普遍名詞（例如以「天鵝路」〔swan road〕代表「海洋」〔sea〕）。值得注意的散文爲《盎格魯－薩克遜編年史》，這是一部歷史記錄，約始於阿佛列王統治時期（871～899），並持續三個世紀以上。亦請參閱Caedmon、Cynewulf。

Angola　安哥拉　正式名稱爲安哥拉共和國（Republic of Angola）。舊稱葡屬西非（Portuguese West Africa）。非洲南部國家。最北部領土是卡賓達飛地，與安哥拉本土隔著剛果的一道狹窄走廊。面積1,246,700平方公里。人口約10,593,000（2002）。首都：盧安達。人民大部分屬操班圖語諸語言的民族，最大的種族語言集團是奧文本杜人和姆本杜人，還有棲居於東南部的操科伊桑語的桑人。語言：葡萄牙語（官方語）。宗教：基督教（天主教和新教）、傳統信仰。貨幣：寬札（Kz）。該國包括一系列高原，將境內分成三大水系，東北部河流多注入剛果河，東南部屬尚比西河，其餘的河流都向西流入大西洋，提供全國大部分的水電。40%左右的土地是森林，不到10%爲耕地。雖然蘊藏豐富的石油，但安哥拉因長期內戰的破壞，沒能好好利用這種資源。名目上爲共和國，一院制。國家元首暨政府首腦總統，並有總理協助。西元第一千紀期間，操班圖語的民族已進入安哥拉地區，約15世紀時統治該區。最重要的王國爲剛果人的班圖王國；南方則是姆本杜人的恩東加王國。1483年葡萄牙航海探險家到達此地，並經過長期且規律地擴充對其的統治。19世紀時歐洲其他國家決定了安哥拉大部分的疆界，遭到當地人激烈的反抗。1951年其地位從葡萄牙殖民地轉變爲海外省。因反抗殖民統治而在1961年爆發戰爭，最終導致1975年獲得獨立。獨立後內部敵對派系之爭仍持續，雖在1994年達成和平協議，但薩文比仍繼續反抗政府統治。

Angora　安哥拉 ➡ Ankara

Angora cat ➡ Turkish Angora cat

Angora goat　安哥拉山羊　家山羊品種，古時在（小亞細亞）安哥拉地區育成。毛柔軟如絲，生產商品馬海毛。安哥拉山羊比其他家山羊和綿羊體格略小，耳長而下垂。公、母都有角。19世紀中葉在南非建立了安哥拉山羊的飼養基地，發展起西方的馬海毛工業。不久進口到美國；集中在西南部飼養。其毛彈性甚強，在平滑度和光澤性方面都勝於羊毛。

安哥拉山羊
Grant Heilman Photography, Inc.

Angoulême＊　昂古萊姆　法國西南部城市（1999年人口約43,171）。濱夏朗德河。西元507年克洛維一世從西哥德人手中奪取此鎮。9世紀起爲伯爵住地，英法百年戰爭時，此地遭受破壞，1360年割讓給英格蘭，1378年法國又奪回。1394年轉給奧爾良家族。16世紀末遭宗教戰爭破壞。本市以造紙聞名，也是12世紀建的聖皮埃爾教堂所在地。

angry young men　憤怒的青年　20世紀中期出現的一批年輕英國作家團體，其作品表達了下層階級對既定社會政治制度所感受的痛苦，以及中上階級的平庸和僞善。名稱是源自一家新聞媒體經理對奧斯本的描述，奧斯本的《憤怒的回顧》（1956）成爲這一運動的代表作。其他的代表人物有約翰．韋恩（1925～1994）、艾米斯、西利托和科普斯（生於1926年）。在1950年代蔚爲主要文學風潮，1960年代初已衰退。

Ångström, Anders Jonas＊　埃斯特朗（西元1814～1874年）　瑞典物理學家，從1839年開始就任教於烏普薩拉大學。他證明熱導率與電導率成正比，從而創造一種測量熱導率的方法。他指出，電火花產生兩種重疊的光譜，一種來自電極的金屬，另一種來自電流通過的氣體。他從歐拉的

共振理論，推導出光譜分析的原理，即白熾氣體放出的光線與該氣體所能吸收的光線具有相同的折射率。他是光譜學的奠基者，對太陽光譜的研究發現太陽的大氣中有氫。並發表了巨幅的太陽正常光譜圖，有長期的權威性。且最先研究了北極光的光譜，探查並測量了它的黃綠帶的標識亮線。長度單位埃（Å=10^{-10}公尺）就是以他的姓氏命名。

Anguilla ＊　安圭拉　西印度群島中背風群島的島嶼（2001年人口約11,300）。英屬獨立領地，位於背風群島最北端，陸地面積約35平方哩（91平方公里）。領域包括附近的錫爾島、多格島、斯克拉布島、松布雷洛島和仙人果礁。人口大多是非洲黑奴後裔。官方語是英語。主要宗教派別是英國聖公會。1650年才由聖基斯與尼維斯的英國移民第一次殖民。自1825年起與聖基斯與尼維斯島聯合，遭到安圭拉抗議。1882年聖基斯與尼維斯和安圭拉聯合而成單一殖民地。當1967年成立聖克里斯多福－尼維斯－安圭拉聯邦後，安圭拉宣布獨立。英國出兵干預，1980年安圭拉脫離聯邦；在英國王室統治下享有部分自治權。

angular momentum　角動量　描述物體或物系繞軸運動的物理量。角動量是一種矢量，具有量值和方向。作軌道運動的物體的角動量等於線動量乘以由轉動中心到通過物體重心沿瞬時運動方向所作的直線的垂直距離r，即mvr。自轉物體的角動量應認爲是組成該物體的所有質點的mvr的總和。對於不受外力作用的給定物體或物系，總角動量爲恆量，這就是角動量守恆定律。角動量的方向和量值都守恆，因此飛機裡轉動著的迴轉羅盤就不受飛機運動的影響而保持固定的取向。

Angus　安格斯牛　黑色、無角的肉用牛。多年來稱爲亞伯丁安格斯牛，起源於蘇格蘭東北部，但眞正祖先不明。外貌特徵是體軀矮而結實，肉質好，出肉率高。1873年引進到美國，受其影響很大，後來也普及到其他國家。

Anhalt ＊　安哈爾特　德國舊州，位於現在的德國中部。構成安哈爾特的易北河上游平原迄11世紀爲薩克森公國一部分，1212年被畫爲單獨的領地。後來幾經分割和統一，最後在1863年由利奧波德四世統一，建立了安哈爾特公國。1871年成爲德意志帝國一個邦。二次大戰後併入薩克森－安哈爾特。後來成爲東德的一部分，1990年成爲統一的德國一部分。

Anheuser-Busch Co., Inc. ＊　安霍伊塞－布希公司　世界上最大的啤酒和第二大的飲料生產商。總部在美國密蘇里聖路易。1852年成立時原本是一家小啤酒廠，1860年肥皂製造商安霍伊塞收購了這家瀕於倒閉的酒廠，次年他的女兒嫁給啤酒銷售商布希。布希首創使用冷藏鐵路車廂和巴氏殺菌法。1876年該公司推出了一種稱爲百威的淡啤酒，在小奧古斯特・安霍伊塞・布希（1946～1975年任總裁）、布希三世（1975年任總裁迄今）的經營之下，這個品牌成爲美國最暢銷的啤酒。另外還生產麥格啤酒。該公司其他的資產還有罐裝飲料工廠和回收廠，媒體和廣告集團，以及多處娛樂公園（包括海洋世界主題樂園和位於佛羅里達州坦帕市的布希公園）。

anhinga　蛇鵜　亦稱snakebird。鵜形目蛇鵜科以魚爲食的鳥類的統稱，有時認爲只有一種，但有地理變型。體細長，長約90公分，頸長。體羽多爲黑色，具銀白色翅斑，雄鳥具綠色金屬光澤，繁殖期具淺色頭羽及黑色的「鬃」。除歐洲外，見於熱帶至溫暖地區成小群生活於湖泊和河流邊。游泳時，除頭部和頸露在水面外，幾乎全身潛入水中，像蛇一樣左右擺動身體。

Anhui　安徽　亦作Anhwei。中國中東部省份（2000年人口約59,860,000）。中國最小的省份之一。省會合肥市。地跨長江和淮河兩流域，淮河沿岸及其以北地區爲皖北平原，是黃河大平原的一部分。江、淮之間的皖中山地丘陵是淮陽山地的組成部分，爲長江、淮河兩水系的分水嶺。大別山聳峙於皖西邊境，以東屬丘陵崗地。巢湖水面積約800平方公里，爲中國五大淡水湖之一，周圍形成巢湖平原。長江兩岸爲皖中平原，是長江中下游平原的一部分；以南爲皖南山地，主要由黃山、九華山、天目山等組成；山間谷地沖積形成宣城蕪湖盆地和屯溪盆地。黃山主峰蓮花峰海拔1,873公尺，爲全省最高點。南北氣候有明顯差異，植被也相應遞變，大別山區和皖南山地是本省重點林區。煤礦、磁鐵礦、黃銅礦儲量豐富，爲中國煤炭、冶金生產的重要省區之一。手工藝品以徽墨、徽筆、歙硯、宣紙最負盛名，譽爲「文房四寶」。茶、桑、麻的種植和手工紡織業具有悠久歷史，水稻和小麥是兩大重要作物。亦是中國重點烤煙產地之一，祁門紅茶、屯溪綠茶、黃山毛峰、六安瓜片等都是上品。家畜飼養普遍，寒羊是皖北名產，皖南和大別山區桑蠶飼養業較盛。巢湖和長江富漁產，揚子鱷爲國家保護的稀有動物。本省是中國東部鐵路交通和長江航運的重要環節，蕪湖、銅陵、馬鞍山、安慶爲長江航運重要港口。有中國科學技術大學等高等學校及兩百多個科學研究機構。黃山、九華山、滁州市瑯琊山爲馳名中外的風景旅遊區。面積139,900平方公里。

anhydride　酐　實際上或在理論上由另一化合物脫水而得到的任何化合物。如無機酐有從硫酸衍生而來的三氧化硫（SO_3）和從氫氧化鈣得來的氧化鈣（CaO）。由酸脫水而成的三氧化硫和其他氧化物常稱爲酸酐；而由鹼失水產生的氧化物如氧化鈣，則稱爲鹼酐。最重要的有機酐是醋酐（CH_3CO）$_2O$，是一種用來生產磁帶、織物纖維和阿斯匹靈的重要原料。有機酐用來在有機合成中引入醯基（RCO）。它們與水反應生成羧酸，與醇或酚反應生成酯，與氨和胺反應生成醯胺。

anhydrite　硬石膏　一種重要的造岩礦物，爲無水的硫酸鈣（$CaSO_4$）。與石膏在化學上的區別是它不含結晶水；在潮濕條件下它可以轉變成石膏。常與鹽礦共生，如在德克薩斯－路易斯安那鹽丘頂部的岩石。硬石膏在蒸發岩礦床中是最重要的礦物之一；它也產於白雲岩和石灰岩中；還作爲脈石礦物產於礦脈中。硬石膏用於生產熟石膏和水泥。

Aniakchak National Monument　阿尼亞查克國家保護區　美國阿拉斯加半島南岸的公園。位於火山活動頻仍的阿留申嶺中，主要是一個巨大的破火山口，直徑6哩（10公里），1931年最後噴發。1978年建爲國家保護區，面積942平方哩（2,440平方公里）。

Aniene River ＊　阿涅內河　義大利中部河流，台伯河主要支流。源出羅馬東南部辛布魯伊尼山脈上的兩眼泉水。全長67哩（108公里），在羅馬北部注入台伯河。上游有羅馬皇帝尼祿所建的人工湖群和一所別墅遺跡。

aniline ＊　苯胺　一種重要的有機鹼，是製造染料、藥物的主要物質。純苯胺有劇毒，爲油狀無色物質，具有令人愉快的氣味。苯胺是在1826年從靛藍分解蒸餾首次製得，現在是用合成法配製。苯胺是伯芳胺，呈弱鹼性，與其他化合物會產生多種反應。可製得化學品，用來生產橡膠、染料和中間產物、照相膠片、橡膠助劑、藥物、炸藥、除草劑、殺菌劑，以及用於煉油。

animal 動物 動物界的多細胞生物，與其他兩個多細胞生物界的種類（植物和真菌）在許多方面完全不同。動物有發達的肌肉，因此能夠自然的運動（參閱locomotion）；有精巧的感覺和神經系統；以及在整體上大爲複雜的結構。動物不能像植物那樣製造自己的食物，於是得主動攝取和消化食物。動物無細胞壁，或細胞壁由含氮物質組成，而植物的細胞壁則由纖維素組成。約有3/4的動物是活的物種。有些單細胞生物兼具動植物的特徵。亦請參閱algae、arthropod、bacterium、chordate、invertebrate、protozoan、vertebrate。

animal communication 動物通訊 用聲音、可見的訊號或行爲方式、嚐味或氣味、電脈衝、觸覺等等來傳遞訊息的一種動物行爲。大部分的動物是用聲音（如鳥鳴、蟋蟀叫聲）來傳遞訊息。視覺通訊經常表示一種動物的身分（如種類、性別、年齡等）或透過特化的形態特徵（如色澤鮮明的斑紋、角和冠）、行爲（如蜜蜂飛舞著表示食物的來源）來表達其他的訊息。化學通訊包括動物內分泌系統分泌的費洛蒙（化學訊號）。鰻和一些其他魚類則使用電脈衝通訊聯絡。

animal husbandry 動物育種 人類控制家養禽畜的繁殖以使其遺傳性狀適合人類需要的一種方法。人類飼養動物以供日常所需（如食物、皮毛）、運動、娛樂和研究等。亦請參閱beekeeping。

animal rights 動物權利 主要是反對殺生、殘酷對待的權利，這種權利原本被視爲屬於非人的高等動物（例如黑猩猩）和許多靠知覺而擁有的低等動物。尊重動物的福利是某些古代東方宗教的誡律，包括不傷害所有生物的耆那教，還有禁止無端殺死動物（在印度特別是牛）的佛教。在西方，傳統猶太教和基督教教導人們：動物是上帝爲人類所用而創造的，包括作爲食物；而許多基督教思想家論述：人類對動物沒有任何道德責任，甚至包括不殘酷對待的責任，因爲它們缺乏理智，也不像人類一樣以上帝的形象被創造出來。這個觀點盛行於18世紀晚期，當時邊沁等倫理哲學家應用功利主義的原則，推斷出不得無端虐待動物的道德責任。20世紀下半葉，倫理哲學家辛格等人試著利用「造成不需要的苦難是錯的」等簡單而廣被接受的道德原則，直接揭示不該傷害動物的責任。他們也論述：動物與人類之間沒有「道德上的差異」，可讓人們在「工廠」飼養動物以作爲食物或者用於科學實驗或產品測試（例如化妝品測試）成爲正當。持反對觀點的人主張：人類對動物沒有道德責任，因爲動物無法達成假設的「道德契約」，進而尊重其他理性生物的權益。現代的動物權利運動部分受到辛格工作的啓發。20世紀末，該運動促使眾多團體致力於各種相關的條款，包括：保護瀕臨滅絕的物種，抗議以痛苦或殘忍方法捕捉和殺死動物（例如爲了毛皮），防止把動物用於實驗研究中，提倡素食主義的健康益處。

animals, cruelty to 虐待動物 指故意地或任性地對動物施加痛苦、折磨或使其致死，或者有意地或惡意地將動物棄置不顧。世界上第一項關於家養動物的反虐待法律或許已包括在1641年麻薩諸塞灣殖民地的法典中；1822年英國通過了類似的立法。世界上第一個動物福利協會，即保護動物協會，於1824年在英格蘭成立，1866年成立美國預防虐待動物協會。在世界上大多數國家裡，不同程度的虐待動物都是非法的，20世紀末葉，人們對瀕臨滅絕物種的關心進一步推動了反虐待運動。通過了許多法律反映了這種關心，儘管很少執行，除非有公眾的壓力。運動爭取通過的法令從虐待飼養的動物到鬥牛和活體動物解剖。工廠化飼養則牽扯到各種明顯殘酷的例子，但多數現仍未受法律的監督。亦請參閱animal rights。

animals, master of the 獸主 超自然的形象，被視作早期狩獵民族傳說中獵物的保護者。根據某些傳說，祂是森林的統治者和所有動物的護衛者；其他傳說則說祂只是一種動物（通常是對部落具有經濟或社會意義的大動物）的統治者，可能兼具人和動物的特徵。獵人要殺動物來款待祂，以示尊敬，否則祂會扣留獵物直到透過儀式或薩滿來安撫祂。

animation 動畫 動畫片製作是使圖畫、模型或無生命物體產生栩栩如生的動態錯覺。1850年代起，像旋轉畫筒這種視覺裝置會產生動態的錯覺。停格攝影產生卡通影片。迪士尼的創新和組合技巧馬上把他推到動畫工業的前鋒，他製作了一系列的經典動畫片，如《白雪公主》（1937）等。一群藝術家排拒迪士尼卡通的自然風格，他們組成美國聯合製片公司，創造了「脫線先生」、「胡迪・都迪」等卡通人物。第一部完全靠電腦製作的動畫影片是《玩具總動員》（1995），把動畫藝術又推到一個新的境界。

animé 動畫 在日本電影中流行的動畫風格。動畫電影一詞原本用在日本市場，就此而言，它運用了許多日本所獨有的文化指涉。例如，動畫人物的大眼睛在日本十分常見，代表多才多藝的「靈魂之窗」。這種造型多數是針對兒童市場，但動畫電影有時候也會以成人所關心的議題或主題爲主。現代動畫開始於1956年，直到1961年，現代「日本漫畫」的領導人物手塚治虫設立了虫動畫製片廠，動畫才取得成功。像《光明戰士阿基拉》（1988）、《魔法公主》（1997；電影名爲*Princess Mononoke*）以及《口袋怪物》系列電影的這類動畫，已經在國際間受到歡迎。

animism 泛靈論；萬物有靈論 對於獨立於自然物體的神靈的信仰。雖然世界主要的宗教也會有這些信仰，但這些信仰傳統上與小規模社會（原始社會）有關。泰勒在《原始文化》（1871）中第一個對泛靈論的信仰作了認眞考察。古典泛靈論（根據泰勒的說法）包含有自覺的生命起於自然物體或自然現象，這種信仰最後產生了靈魂的概念。亦請參閱shaman。

anion 陰離子 帶負電荷的原子或原子團，在化學符號後面用上標的負號表示。陰離子在溶液中會受電場的影響移向陽極。例子包括負離子羥基團（OH^-，參閱hydroxide）、碳酸鹽（CO^{2-}_3）和磷酸鹽和磷酸酯（PO_4^{3-}）。亦請參閱ion。

anise 茴芹 學名爲Pimpinella anisum。繖形科茴芹屬一年生草本植物，栽培收獲其有甘草香味的果實（茴芹籽）。原產於埃及和地中海東部地區，現遍及全世界。茴芹籽多用於調味，或製作一種鎮靜精神的草茶。八角茴香是常綠喬木八角的乾果，原產於中國東南部和越南。其香味和用途與茴芹相似。

Anjou＊ 安茹 法國西北部羅亞爾河下游谷地歷史區。在高盧－羅馬時代爲安德加文西斯邦，後爲安茹伯國，1360年起爲安茹公國，首府是昂熱。在加洛林王朝時代，安茹名義上由代表法國國王的伯爵統治。1151年英國國王亨利二世成爲安茹和曼恩伯爵，兼諾曼第公爵銜。1152年亨利娶亞奎丹的埃莉諾爲妻，金雀花王朝的盎格魯－安茹帝國從此建立。1259年安茹重歸法國。後來屢易其主，1487年才又與法國聯合。1790年建立省制後，安茹行省取消。

Anjou, House of 安茹王室 ➠ Plantagenet, House of

Ankara＊　安卡拉　舊稱安哥拉（Angora）。土耳其首都（1997年人口約2,984,099）。位於伊斯坦堡東南方約220哩（355公里）處，濱安卡拉河。自石器時代起即有人居住。西元前334年被亞歷山大大帝征服，之後由奧古斯都收歸於羅馬帝國。後來是拜占庭帝國的城市，1073年被土耳其人占領。1101年雷蒙四世率十字軍驅逐了土耳其人。1406年成為鄂圖曼帝國之一部分。第一次世界大戰後，凱末爾使其成為反對鄂圖曼統治和希臘入侵的抵抗運動中心。1923年成為獨立國家的首都。現為該國第二大工業中心，僅次於伊斯坦堡。其滄桑史可從羅馬、拜占庭和鄂圖曼帝國等各式建築物和多處遺跡窺見一二，也有多所重要的歷史博物館。

安卡拉的阿塔圖克博物館
Robert Harding Picture Library, London

ankh＊　安可　古埃及象形文字，象徵生命，係一「十」字，上覆環狀結構，即所謂「柄狀十字」。這種符號常見於古墓碑、神和法老手捧這一符號的雕刻中。在象形文字中，這個符號代表健康和幸福。科普特正教會也用這種十字符號。

Ankobra River　安科布拉河　西非迦納南部河流，發源於維奧索東北，向南流經130哩（209公里）注入幾內亞灣。主要支流為曼西河和邦薩河。上游河段多瀑布急流，與塔諾河匯流向西。

Ann, Cape　安角　美國麻州波士頓港東北部岬角。為易普威治灣的屏障，北有安尼斯夸姆港，南有格洛斯特港。風景優美，有古樸的漁村和藝術家聚居地，以安妮皇后（詹姆斯一世之妻）之名命名。格洛斯特和羅克波特是主要城鎮。

Ann Arbor　安亞伯　美國密西根州東南部城市（2000年人口約114,024）。臨休倫河。1824年創建。1839年通鐵路後成為農業貿易中心。1837年密西根大學從底特律遷來此地，促進了城市發展。現為醫療中心和美國中西部航空、太空、核能、化學及冶金研究中心。

Anna　安娜（西元1693～1740年）　全名Anna Ivanovna。俄國女皇（1730～1740年在位）。伊凡五世的女兒。1730年彼得二世去世後，俄國實際上的統治機構最高樞密院擁立安娜為女皇，但條件是安娜得接受樞密院的條件，把國家的實權交給樞密院。安娜原本同意，但後來又反悔，撕破協議，廢除樞密院，重新建立獨裁政治，實施高壓統治。安娜對政務漠不關心，一味尋歡作樂，主要靠她的情夫比隆（1690～1772）和一群德國顧問來管理國家。安娜臨死前不久，指定由她的侄孫伊凡為皇位繼承人（即後來的伊凡六世）。

Anna Comnena＊　安娜・康內娜（西元1083～1148?年）　拜占庭歷史學家，皇帝亞歷克賽一世・康尼努斯的女兒。其弟約翰二世・康尼努斯即王位，她聯合母親企圖將約翰二世廢黜，但因密謀敗露，財產被全部充公，被迫入修道院。她在修道院寫成《亞歷克賽記》，是其父的傳記，也描述了拜占庭帝國和早期十字軍事跡。

Annaba＊　安納巴　舊稱Bône。阿爾及利亞東北部城鎮（1998年人口約348,554）。古代港口希波在其南部，在約西元300年以前一直是羅馬轄下的阿非利加行省的繁華城市。396～430年是聖奧古斯丁活動的地方。431年遭汪達爾人嚴重破壞，7世紀才由阿拉伯人重建，名為波納。1832年為法國人占領。現為阿爾及利亞主要的礦物出口港，也是商港、漁港和班輪停靠港。

Annales school＊　年鑑學派　由費弗爾（1878～1956）和布勞岱爾建立的歷史學派。其根源是期刊《年鑑：經濟、社會、文明》，這是費弗爾早先與布洛克共同創立之期刊的改版。在布勞岱爾指導下，年鑑學派提倡一種新形式的歷史學，以平民生活取代了對於領袖的研究，以氣候、人口統計學、農業、商業、技術、運輸、通訊、社會團體和心態的調查取代政治、外交、戰爭的檢驗。在追求「完整歷史」的同時，它也對村落及地區作出入微的研究。它在國際上對歷史編纂的影響甚巨。

Annam＊　安南　越南東部歷史王國。西元前200年左右被中國征服，取名安南（但當地居民從未使用此名）。西元15世紀時獨立，逐漸打開了越南人移往湄公河三角洲的通路。1802年越南統一，順化成為該區首府，由安南皇帝統治。19世紀時，越南中部漸為法國人掌控，1883～1885年安南成為其保護地，皇帝只是名義上的。1954年此區也跟著南、北越分開，1955年安南末代皇帝被廢黜。

Annan, Kofi (Atta)＊　安南（西元1938年～）　聯合國第七任祕書長（1997年迄今），2001年與聯合國共獲諾貝爾和平獎。出生於迦納，其父為芳蒂族的世襲酋長，曾任省督。安南曾就讀於日內瓦的國際進修研究所和麻省理工學院。1962年擔任日內瓦世界衛生組織的預算官員，開始了他在聯合國的職業生涯。1993年擢升至維持和平任務的副祕書長，在副祕書長任內，於波士尼亞內戰期間表現優異，尤其是在將維持和平任務從聯合國部隊手中移交至北大西洋公約組織部隊手中一事上，處理得從容不迫。1996年12月當選為第一個來自非洲撒哈拉沙漠以南的祕書長，受命改革聯合國的官僚作風。他曾批評聯合國對於避免或消滅盧安達的種族屠殺（1994）表現不盡職，以及未能解決許多政府違反人權的問題。上任後的首要任務包括推行改革計畫、努力恢復組織的信譽，以及加強與美國的關係。2001年連任為秘書長。

Annapolis＊　亞那波里斯　美國馬里蘭州首府（2000年人口約35,838），瀕臨乞沙比克灣塞文河口。初建於1649年。1694年地區首府從聖瑪麗市遷此，並以後來成為皇后的安妮公主之名命名。現為一入口港和農漁產貿易轉運中心，也是美國海軍學院所在地。

Annapolis Convention　亞那波里斯會議　1786年在美國馬里蘭州亞那波里斯舉行的會議，導致美國制憲會議的召開。來自五個州的代表聚會討論海上商業問題，結果發現只有修改「邦聯條例」才能有效解決問題。於是，他們向所有各州發出號召，1787年在費城集會來解決這些難題。

Annapurna　安納布爾納峰　尼泊爾山地。山脊長30哩（48公里），包括四個主要山峰。法國登山隊在1950年首度登上安納布爾納第一峰（海拔26,545呎，或8,091公尺），也成為第一個被登到頂峰的海拔26,000（8,000公尺）以上的山峰。1970年一個婦女組成的日本登山隊登上了安納布爾納第三峰（海拔24,786，或7,555公尺）。

Anne　安妮（西元1665～1714年）　英國女王（1702～1714年在位）。斯圖亞特王室末代君王。係英王詹姆斯二世之次女，1688年詹姆斯二世被威廉三世推翻，1702年威廉三世去世，安妮繼任爲女王。她雖想獨立統治，但因才智有限和健康不佳而不得不依賴大臣們來治理國家，其中包括馬博羅公爵。在位期間最主要的政績是1707年與蘇格蘭訂定聯合條約，她當政時也是托利黨和輝格黨政爭最嚴重的時期。

Anne of Austria　奧地利的安娜（西元1601～1666年）　法國國王路易十三世的王后（1615～1643），其子路易十四世在位初年的攝政（1643～1651）。係西班牙國王腓力三世及瑪格麗特之女，1615年嫁給十四歲大的路易十三世。路易十三世對她十分冷淡，而首相黎塞留又極力阻止她對丈夫施加任何影響。路易十三世死後，安娜成爲唯一的攝政，她決心使自己的兒子繼承黎塞留爲路易十三世所爭得的絕對權力，並任用黎塞留最能幹的助手馬薩林爲首相，後來和他協力平復投石黨運動。1651年路易十四世親政，她才結束攝政。

奧地利的安娜，肖像畫，魯本斯（Peter Paul Rubens）繪；現藏阿姆斯特丹國家博物館
By courtesy of the Rijksmuseum, Amsterdam

Anne of Brittany　布列塔尼的安娜（西元1477～1514年）　法國布列塔尼女公爵，兩次成爲法國王后。1488年繼承父親的公爵領地。她先與奧地利的馬克西米連一世聯姻，法國國王查理八世害怕布列塔尼落入外國人手中，就向這一領地發動進攻，她被迫解除與馬克西米連的婚姻而嫁給查理（1491）。1498年查理去世，她又嫁給繼承王位的路易十二世。安娜一生致力於維護布列塔尼在王國的自治地位。

Anne of Cleves　克利夫斯的安妮（西元1515～1557年）　英格蘭國王亨利八世的第四任妻子。亨利與安妮結婚的目的是要與她的哥哥克利夫斯公爵威廉（西德意志新教徒領袖）結成政治同盟。這項結盟是透過克倫威爾安排的，當時看起來似乎是必須的，因爲有跡象顯示天主教龐大的勢力（法國和神聖羅馬帝國）意圖攻擊信奉新教的英格蘭。結果等1540年安妮到達英格蘭準備成婚時，亨利發覺她長得不漂亮，加上天主教的勢力威脅也消失了，這次政治婚姻變得很尷尬。後來亨利透過聖公會會議解除這項婚姻。

annealing　退火　將金屬、合金或其他材料加熱到預定溫度，保持一段時間，然後冷卻到室溫，以提高韌性並降低脆性。過程退火是在金屬工件加工過程中間斷進行的，用以恢復由於反覆錘打或其他方式加工而喪失的韌性，如果需要多次冷加工作業，而在第一次作業後金屬變得如此之硬，進一步的冷加工會造成開裂（參閱hardening），這就需要做過程退火。完全退火是爲了使機床工業用的鍛坯這類部件易於加工。退火也用來消除金屬和玻璃內部的應力。退火溫度和時間隨不同的材料和所要求的性能而異，鋼材通常需要在680℃下保持幾個小時，然後在幾個小時內冷卻下來。亦請參閱heat treating、solid solution。

annelid＊　環節動物　無脊椎動物所有環節動物之通稱。它們有一個體腔和可運動的剛毛，身體被交叉的環分成若干節。環節動物又稱爲分節蠕蟲，可分爲三類：海洋蠕蟲（多毛綱；參閱polychaete）、蚯蚓（寡毛綱）和蛭（蛭綱）。

Anne's War, Queen ➠ Queen Anne's War

annihilation　湮沒　物理學中粒子與反粒子（參閱antimatter）碰撞時放出能量而消失的反應。地球上最常見的湮沒是電子和正電子碰撞時發生的。由湮沒產生的能量E等於消失的質量m乘以眞空中的光速c的平方，即$E=mc^2$，因此，湮沒是質能相當的實例，是預言愛因斯坦這個相當性的狹義相對論的驗證。湮沒時會有γ射線從碰撞處輻射出來或還原爲粒子與反粒子（參閱pair production）。

annual　一年生植物　在一個生長期內完成其生命週期的任何植物。休眠的種子是一年生植物從一個生長期存活到下一個生長期的唯一部分。一年生植物包括許多雜株、野花、觀賞花和蔬菜。亦請參閱biennial、perennial。

annual ring　年輪 ➠ growth ring

annuity　年金　固定時間給付的金額。最普遍的例子是根據規定退休金的契約按年支付的金額。年金主要分爲兩種：固定年金和應急年金。固定年金要連續支付已確定的次數，計算方法是以設想每逢到期即予支付作爲基礎。應急年金是指在某種狀態的存續期間，每次支付都屬於應急性質，如終身養老金，只要受款人還在世，就一直繼續下去。用作人壽保險和養老金計畫的應急年金是以風險分擔的原則來計算的。每個人在年金開始支付之前已繳了一筆固定的金額，但是有些人可能比別的人活得長一些，他得到的年金將多於他交納的基金；有些人卻活得短一些，沒等到把他交納的錢全部收回就死了。

annulment　宣告婚姻無效　指法律上認爲一項婚姻無效。宣告婚姻無效就是宣布一項從締結時起即屬無效的婚姻是不合法的。它與解除婚姻或離婚不同。爲了使宣告婚姻無效持有正當理由，必須在婚約上有某些缺點，例如一方由於年齡、精神失常或先前存在的婚姻而不能結婚。一方經常不在也可以成爲宣告婚姻無效的理由。一般來說，如果婚姻並不美滿，宣告婚姻無效就比較容易。世俗法律和基督教會的

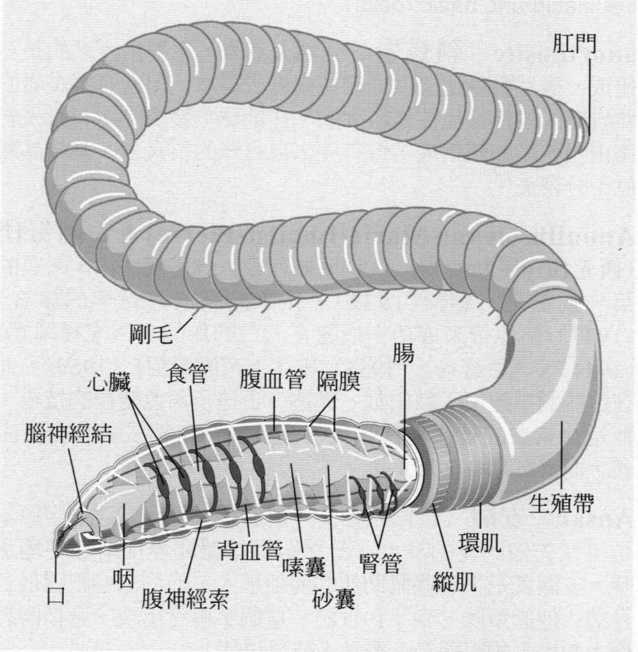

蚯蚓的剖面圖。隔膜將體腔分隔成一百個以上的部分。環肌與縱肌配合剛毛作用讓蠕蟲向前移動。咽部吸食的動作將泥土拉進口中，嗉囊將食物慢慢地送進砂囊，食物在此磨碎，放出有機物並分解。腦神經節相當於腦，藉由腹神經索控制所有身體的功能與運動。心臟（主動脈弓）和腹血管收縮迫使血液流過身體，而從背血管回流。含氮的排泄物從腎管小管排出。環帶分泌黏液交配，在繭中產卵。
© 2002 MERRIAM-WEBSTER INC.

教會法典都有宣布婚姻無效的程序。

anode　陽極　電子流出的電極。在電池或其他直流電源中陽極是負端；但在無源負載中陽極是正端。例如電子管中電子從陰極穿過管子流向陽極；在電鍍槽中，負離子澱積在陽極上。

anodizing　陽極電鍍　一種鍍覆金屬的方法，其目的爲抑止腐蝕、電氣絕緣、導熱控制、耐磨損、密封、改進塗料黏附力和裝飾修整。陽極電鍍是在充當電解槽中陽極的某種金屬（通常是鋁）的表面上從水溶液中電沈積上一層氧化物膜。最典型的陽極電鍍使用含15%硫酸的電解液，染料可於該氧化過程中加入，以獲得彩色的表面。這種將鋁陽極電鍍和染色的方法，廣泛應用於禮品、家用器具和建築裝潢。

anomie＊　失範　在社會科學中，由於行爲標準和價值崩潰或缺乏目標、理想而產生的一種社會不穩定或人心不安的現象。這個術語是法國社會學家涂爾幹在1897年提出的，他認爲一種類型的自殺（失範型）是由於人們必須依據的行爲標準遭破壞而造成的。默頓在美國研究了失範（或無規範）的起因，發現在無法用公認的手段實現其教化目標的人中，這種現象最嚴重。瀆職、犯罪和自殺常常是對失範的反應。亦請參閱alienation。

anorexia nervosa＊　神經性厭食　因情緒或心理上的原因對食物厭惡並引起身體極度消瘦，主要見於年輕女性。情緒性厭食可表現爲對減肥飲食出現過度的神經過敏反應，或完全表現爲精神分裂症幻想性厭食。他們一點兒也不感到飢餓，患者體重可驟降一半。伴隨症狀通常有各種消化紊亂，自發性或被動性嘔吐及停經。在本症患者中並未發現有器質性病變。治療方式很少是直接性的，常需要病人、醫生及精神病醫生充分合作。

anorthite　鈣長石　長石礦物，含鈣的鋁矽酸鹽（$C_aAl_2Si_2O_8$），呈白色或淺灰色，性脆，爲玻璃狀晶體。是主要的造岩礦物，可製造玻璃和陶瓷。產於基性火成岩中（參閱acid and basic rocks）。

anorthosite　斜長岩　一種火成岩，主要由富鈣的長石組成。雖然數量比玄武岩和花崗岩少得多，但含有斜長岩的雜岩體的規模卻往往是巨大的。在地球上發現的所有斜長岩都由粗粒結晶體組成，但有些來自月球的斜長岩，其結晶體就十分精美。

Anouilh, Jean(-Marie-Lucien-Pierre)＊　阿努伊（西元1910～1987年）　法國劇作家。曾研讀法律，所寫的第一齣戲是《貂》（1932），後來的《沒有行李的旅客》（1937）給他帶來成功。最膾炙人口的作品有《安提岡妮》（1944）、《百靈鳥》（1953）和《上帝的榮耀》（1959），他在這些劇中運用了戲中戲、倒述、正述及角色變換的技巧。他是佳構劇的技巧型代表人物，不贊同自然主義和寫實主義，而喜歡風格化演出法。

Ansar　安薩　（阿拉伯文「幫助者」之意）這個字原本是用在先知門徒的身上。當穆罕默德離開麥加前往麥地那時，安薩就是指那些幫助他的麥地那人，他們忠心跟隨他並且加入他的軍隊。到了19世紀，這個字再度出現，意指回教偉大救世主的跟隨者、繼承人或是後代。

Anschluss＊　德奧合併　（德語意爲「聯合」）希特勒吞併奧地利後實行的德奧政治聯合。1938年希特勒威逼奧地利總理舒施尼格取消就德奧合併問題舉行的公民投票。舒施尼格無奈辭職，命令奧軍不准抵抗德國人。3月12日德軍長驅入侵奧地利，翌日，希特勒乾脆宣布吞併奧地利。雖然英、法等國抗議希特勒的作法，但也只能接受既成的事實。

Anselm of Canterbury, St.　坎特伯里的聖安瑟倫（西元1033/1034～1109年）　經院哲學學派的創始人，生於倫巴底。少年時代受過良好的古典教育，1057年離開故鄉去法國貝克（諾曼第境內），進本篤會修道院。1078年成爲貝克大修道院院長。1077年安瑟倫寫出神學論文《獨白》，試圖以訴諸理性的方法來證實上帝的存在和屬性。後來在一篇《關於上帝存在的談話》裡創立了上帝存在的本體論論證。1093年升任坎特伯里大主教。在主教敘任權之爭中，他聲明只有教會當局（而不是世俗當局）有權授職給他。1099年完成《爲什麼上帝與人同形？》書稿，成爲贖罪的經典理論。1720年安瑟倫被列爲基督教初期長老之一。

Ansgar, St.＊　聖安斯加爾（西元801?～865年）　中世紀歐洲基督教傳教士，第一任漢堡大主教，斯堪的那維亞的主保聖人。出身貴族，入本篤會修道院。奉加洛林王朝皇帝路易一世派遣，陪同丹麥國王哈拉爾返國並協助他對該國進行基督化。他組織了一支傳教團對斯堪的那維亞各族和斯拉夫人傳教。832年任漢堡大主教。但在845年以後，瑞典和丹麥排斥基督教，恢復異教信仰。安斯加爾的工作只好重來。他曾在瑞典平息異教徒叛亂，恢復全境的和平安定。死後不久被追奉爲聖徒。

Anshan＊　安申　古代埃蘭國城市和地區，位於今伊朗設拉子北部。安申在西元前約2350年開始興起，西元前13世紀～西元前12世紀是最輝煌的時期，埃蘭的統治者不時侵入巴比倫尼亞諸城。約西元前675年安申爲波斯人控制。在城市遺址上發現早期埃蘭人書寫的文件。

Anshan＊　鞍山　亦拼作An-shan。中國東北的城市（1999年人口約1,285,849），位於遼寧省境內。明朝於1387年在鞍山設置驛站，並於1587年強化鞍山的防務，納入抵禦崛起的滿族勢力的防線中。鞍山於義和團事件中毀於大火，並在日俄戰爭（1904～1905年）間嚴重受創。1930年代，日本占領鞍山，並建設爲煉鋼重鎮。隨後的第二次世界大戰，鞍山先於1944年遭美國空軍轟炸，後被蘇聯大肆掠奪。戰後中國重新將它發展爲生產鋼鐵、水泥和化學製品的工業中心。

ant　螞蟻　膜翅目蟻科昆蟲，約八千種。全球分布，但在熱帶更常見。社會性昆蟲。體長0.1～1吋（2～25公釐），黃、褐、紅或黑色。典型的蟻頭大，觸角膝狀，腹部細卵圓形，藉細腰與胸相連。動、植物都吃，有的僅食自己在巢中養殖的眞菌或蚜蟲。一般有蟻后、雄蟻和工蟻三級，它的社群性行爲同蜜蜂一樣在昆蟲中是最複雜的。常見的蟻類如下：北美的大型黑色木工蟻、熱帶美洲的軍蟻，以及會叮人的火蟻。

Camponotus屬的大型黑色木工蟻，可能為家庭害蟲的一種
Grace Thompson from The National Aubudon Society Collection – Photo Researchers

Antakya　安塔基亞 ➠ Antioch

Antananarivo＊　安塔那那利佛　舊稱Tananarive。馬達加斯加城市（1993年人口約3,601,128）和首都。位居馬達加斯加島中部，海拔4,100呎（1,250公尺），建於17世紀，曾爲霍瓦人酋長的都城。1794年伊默里納國王奪占此城，一直統治到19世紀末。有鐵路通本島主要港口圖阿馬西納。

Antarctic Circle 南極圈 地球南半部66°30'緯線或緯圈。由於地軸傾斜，該緯圈以南地區每年有一天或幾天太陽不落，並有一天或幾天太陽不升。「晝」或「夜」的長短向南逐漸加長，即從南極圈的一天增加到南極的六個月。

Antarctic Rigions 南極區 南極洲以及太平洋、大西洋和印度洋的南部水域（有時用南極海〔Antarctic Ocean〕這個名詞會不太合適）。該區大部分都具有亞極區特徵：冰棚和海冰的擴展遠遠超過了該大陸的邊界。最大的記錄深度爲6,414公尺。被南極大陸沿岸的巨大冰塊冷卻了的水往下沈，沿海底向北流動，來自印度洋、太平洋和大西洋向南流動的較溫暖的水取代了該處表面的水。這些水流的會合點爲南極輻合區，那裡有豐富的浮游植物和磷蝦，對各種魚類、企鵝和其他海鳥很重要。

Antarctica 南極洲 地球上面積居第五的大陸。以南極爲中心，陸塊幾乎全部被大片冰蓋所覆蓋，平均約有6,500呎（2,000公尺）厚。主要分成兩部分：東部南極洲主要由一片爲厚冰覆蓋的高原構成，西部南極洲則由一片爲冰覆蓋並由冰連在一起的多山群島構成。陸地面積約550萬平方哩（1,420萬平方公里）。太平洋、大西洋和印度洋的南部構成其附近的南極海（參閱Antarctic Ocean）。除了向外突

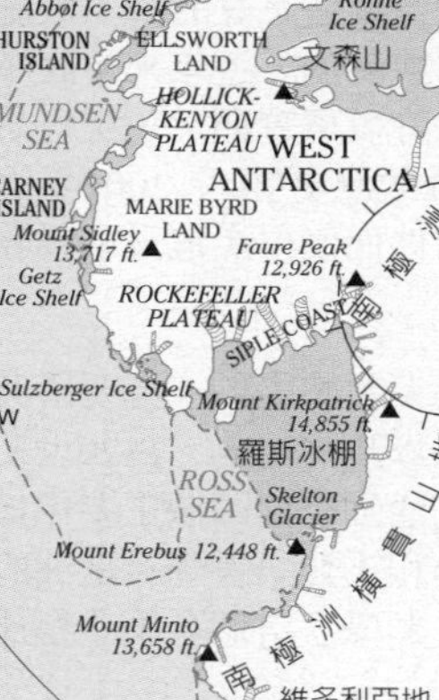

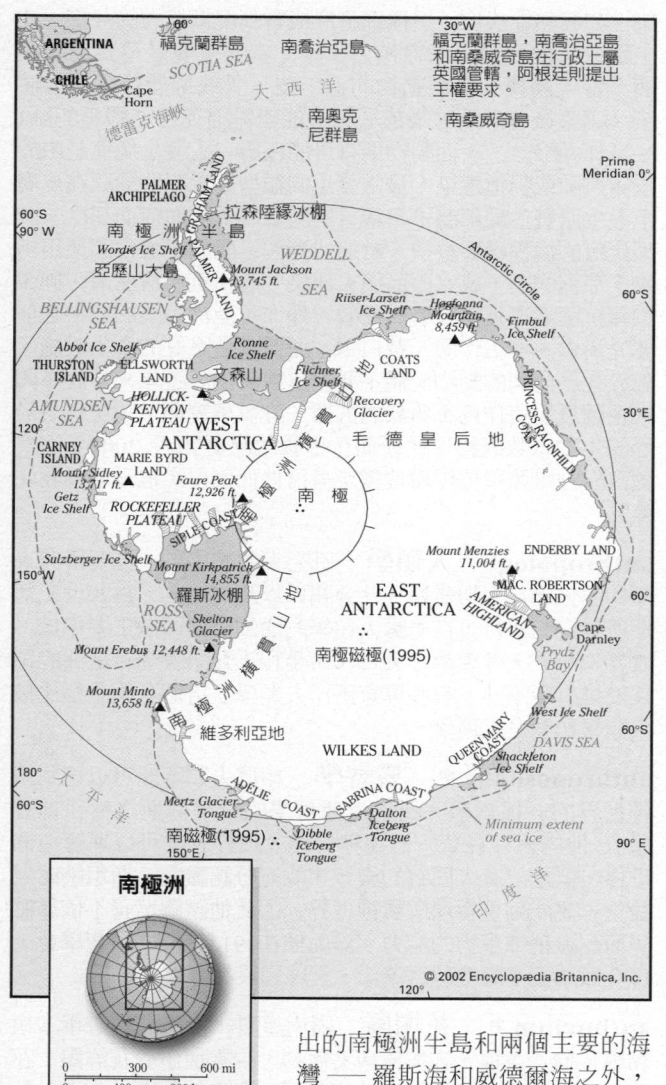

出的南極洲半島和兩個主要的海灣——羅斯海和威德爾海之外，南極洲基本上是圓盤形狀。東、西兩部南極洲被1,900哩（或3,000公里）長的南極洲橫貫山地分隔開。覆蓋在這個大陸的冰蓋面積約占了世界上90%的冰川面積。到目前爲止是地球上最冷的大陸，1983年測得世界最低溫-89.2℃（-128.6℉）。冷荒漠氣候只能維持稀少的耐寒陸生植物群落，但海岸邊食物供應豐富，成爲無數海鳥棲息的天堂。俄國探險隊隊長別林斯高津（1778～1852）、英國人布朗斯費爾德（1795?～1852）和美國人帕麥爾（1799～1877）全都聲稱在1820年看到南極洲大陸。一直到1900年左右這段期間，是勘探南極區和亞南極區海域的主要時期。20世紀初是南極探險的「英雄時代」，英國人司各脫和沙克爾頓帶領探險隊深入內陸探險。1911年12月阿蒙森抵達南極，1912年1月司各脫也抵此。20世紀前半葉也是南極洲的殖民時期，七個國家提出了在南極大陸各部分的領土要求，同時許多其他國家仍正在探險中。1957～1958年度的國際地球物理學年裡，有十二個國家同意在南極大陸設立五十多個研究站共同研究。1961年「南極條約」生效，目的在保持南極洲的自由和無政治的科學研究。1991年強制實施禁止開採礦物五十年。

anteater 食蟻獸 食蟻獸科四種無齒、吃昆蟲的獸類的統稱。棲息於從墨西哥到阿根廷北部和烏拉圭的熱帶稀樹草原和森林。毛厚，尾長，顱骨狹長，吻呈管形。口小，舌長且蠕蟲狀。唾腺大，分泌黏性的唾液。單獨或成對生活，主要以蟻類和白蟻爲食。用長而銳利彎曲的前爪扒開蟻穴，把長而黏的舌伸進蟻穴舐食蟻類。身長從15吋（37公分）到6呎（1.8公尺）不等。食蟻獸現被認爲與針鼴和穿山甲爲不同族群。

Antelami, Benedetto＊ 安泰拉米（活動時期西元1178～約1230年） 義大利雕刻家和建築師。可能隸屬於科莫湖地區的一所民間建築師行會。早期的大理石浮雕（1178）在帕爾馬大教堂；帕爾馬洗禮堂宏偉的雕塑群開始作於1196年。他爲菲登札大教堂、韋爾切利的聖安德烈教堂以及費拉拉大教堂都做了雕刻裝飾。

antelope 羚 偶蹄目牛科多種草食獸類的統稱，包括綿羊、山羊和牛。羚爲偶蹄，體細長優美，行動敏捷，棲於平原。北美叉角羚有時亦稱antelope。多分布於非洲，其餘（除北美叉角羚外）分布於歐亞大陸。肩高約10～70吋（25～175公分）不等。雄獸具獨特的往後彎曲的角，雌獸有時亦有角。角的形狀不一，有的短而尖利，有的螺旋狀盤扭，有的長而呈豎琴狀。亦請參閱bongo、dik-dik、gazelle、eland、duike、gnu、hartebeest、impala、kudu、nyala、oryx、waterbuck。

antenna 天線 亦作aerial。無線電、電視、雷達系統中的一個部件，用以導入和送出無線電波。天線通常是金屬的，具有各種大小不同的形式。無線電和電視廣播用的天線像桅桿，用來接收衛星信號和由遠距離的天體發出的無線電波則用碟型天線，直徑可達數千呎。最早的天線是德國物理學家赫茲於1880年代設計的，其後義大利物理學家馬可尼在天線及其他無線電器材上做了重大改良。

antenna 觸角 動物學用語，指昆蟲、多足類（如蜈蚣和馬陸）、甲殼動物頭部成對、細細分段的感覺器官。昆蟲的觸角可自由運動，充當觸覺和嗅覺的接收器。在某些物種身上，觸角長出繁複的羽毛和刷狀尾端，暗示著它們也能夠聽聲。有人認爲：觸角連著特化的結構，由觸角骨幹的振動牽引；但僅在蚊子身上有證據支持這種想法。在社會昆蟲中（如螞蟻），觸角的運動可能用於通訊。

Antenor＊ 安特諾爾（活動時期西元前約540～西元前510年） 活躍於雅典的希臘雕塑家。他在古代爲雅典人民廣場雕塑了一組《誅戮暴君者》（約西元前510年）青銅群

雕；但未留下複製品。1886年從衛城發現的一座巨大的大理石少女立像（約西元前520年）也是他的作品。

anthem　讚美歌　基督教教會用英語演唱的宗教禮拜合唱曲。於16世紀中葉在聖公會中發展起來。從音樂形式來看，同天主教的拉丁文經文歌相似。它的演唱方式並不一致。最初以無伴奏的作品（稱正式讚美歌）為標準。16世紀詩體讚美詩（其中用一個獨唱聲部，最後發展為獨唱組和一合唱團）興起，並鼓勵用樂器伴奏——或用管風琴，或用樂器組如管樂器或古提琴。重要的讚美歌作曲家有：伯德、塔里斯、普賽爾和韓德爾。國歌是一種讚美歌形式的愛國歌曲，由全體國民以合唱的方式來唱。

Anthesteria＊　安塞斯特里昂節　雅典人紀念酒神戴奧尼索斯的節日，在安塞斯特里昂月（2～3月）舉行，以慶祝春天的開始和前一年葡萄收穫期釀造的葡萄酒的成熟。該節日持續三天，包括人們用剛開甕的新酒向戴奧尼索斯神行奠酒禮；狂歡的結婚儀式；國王的妻子同戴奧尼索斯舉行秘密結婚儀式；以及驅除死者亡靈的儀式。

Anthony, Susan B(rownell)　安東尼（西元1820～1906年）　美國女權運動先驅，生於麻州亞當斯曾在寄宿學校就讀，後來在紐約州北部的學校任教職（1846～1849）。1852年加入斯坦頓與布盧默的女權運動行列，協助成立紐約女工聯合會。1854年後積極從事反對奴隸制運動。1872年為要求婦女也取得投票權，兩度率領一群婦女去投票，因而被捕、受審被定罪為違反選舉法，但拒付罰金。1892～1900年任全國婦女選舉權協會主席，為爭取通過一項有關婦女選舉權的聯邦憲法修正案而至全國演講。

安東尼
By courtesy of the Library of Congress, Washington, D. C.

Anthony of Egypt, St.　埃及的聖安東尼（西元251?～356年）　埃及隱士，據傳是他創立了基督教修行制度。安東尼二十歲開始禁欲修行，西元286～305年隱居於皮斯皮爾山中。其後重返社會，組織附近地區眾隱士的修行生活。西元313年頒布「米蘭敕令」，基督教徒不再受迫害，安東尼遷居尼羅河與紅海之間的沙漠地區。亞大納西根據他寫的文章和發表的談話，把他的修行規定編纂在《聖安東尼的一生》和《沙漠神父箴言》兩本書中，至20世紀仍被科普特教會和亞美尼亞教會的修士沿用。他隱居時抗拒魔鬼誘惑的傳說，是藝術家們常用的題材。

Anthony of Padua, St.　帕多瓦的聖安東尼（西元1195～1231年）　葡萄牙天主教方濟會修士、教義師和貧民的主保聖人，生於里斯本。1220年加入方濟會，先後在波隆那、蒙彼利埃、土魯斯等地講授神學。因患水腫死於前往義大利境內帕多瓦途中。聖安東尼是阿西西的聖方濟的追隨者中最著名的一個，據說能行神蹟。死後葬於帕多瓦，是該城的主保聖人。若要財產失而復得，也會向他祈求。

anthophyllite＊　直閃石　一種角閃石礦物，是鎂和鐵的矽酸鹽。產於蝕變岩石中，例如挪威的康斯堡、格陵蘭的南部和賓夕法尼亞的結晶片岩中。直閃石常由超基性岩石受到區域變質作用而形成（參閱acid and basic rocks）。

anthracite　無煙煤　亦稱硬煤（hard coal）。變質程度最高的煤。含固定碳比任何煤都高，揮發性物質含量最低，熱值最高，因此是最有價值的煤，但儲量最小。在北美洲發現的煤炭中無煙煤不到2%，絕大部分已知礦床在美國東部。無煙煤黑而亮，有近於金屬的光澤，甚至可以磨光用作飾物，它硬而脆，碎裂時形成有貝殼狀斷口的稜角狀碎片，接觸無污痕。燃燒時帶有淺藍色火焰，只需稍加照料即可維持燃燒。特別適於家用，裝卸時煤塵少，而且燃燒緩慢，煙也比較少。有時與煙煤混合用於工廠和其他建築的取暖以減少煙塵，但因價格較高，單獨為此目的使用較少。

anthracnose＊　炭疽病　一種植物疾病，發生於溫暖潮濕地區，侵染多種草本和木本植物，由某些具分生孢子盤的真菌（通常是刺盤孢屬或盤長孢屬）所致。症狀是葉、莖、果或花中出現各種顏色的凹陷斑。斑點常擴展而導致萎蔫、萎凋或組織死亡。山茱萸炭疽病是被毀滅性座盤孢感染所致，在涼爽的氣候條件下十分多見，曾造成美國山區自然生長的山茱萸成片死亡。防治炭疽病的方法是除去病部。採用無病種子及抗病品種、應用殺真菌劑及防制將致病真菌在植株間傳播的昆蟲和蟎蟲。

anthrax＊　炭疽　是炭疽桿菌引起的急性、特異性、傳染性和發熱性疾病。這種細菌形成有高度抵抗力的芽孢，在土壤或其他物體上保存毒力多年。本病主要是草食動物的病，當人觸摸到患病動物的毛、皮、骨或屍體後，也會感染。感染後會導致呼吸或心臟機能紊亂而死亡（嚴重的話1～2日內便死亡），而動物則有可能痊癒。人發生炭疽是由於皮膚、肺或腸道感染，最常發生的類型是以癰的形式在皮膚上發生原發性局部感染，嚴重的話會導致敗血症而死亡。肺型炭疽的病程發展很快，常造成死亡。腸型炭疽常因使用污染了芽孢的刷子或衣服而使人傳染。應用抗炭疽血清、砷製劑和抗菌素可獲得顯著的療效。操作可能被污染的原料之前要先消毒，穿工作服，戴口罩，並需創造良好的衛生設施。對於死於此病的動物屍體不要剝皮或解剖。近年來，許多國家企圖以炭疽作為生物戰的武器，許多事實顯示，炭疽是最好的生物戰致病物（比任何化學戰效應更強）。2001年因美國政府暨媒體單位相繼接獲炭疽信件而使得炭疽又成為關注焦點。

anthropology　人類學　研究人類的學科，主要研究人類的演化史、生物變異、社會關係以及文化史。為20世紀初期所設立的學科，在美國人類學的活動包括四個主要領域：體質人類學、考古學、文化人類學和人類語言學。歐洲的領域安排有所不同。有些專家用「人類學」這個名詞是指比較人類學和歷史人類學。

anthroposophy＊　靈智學　相信人類智能可以達到精神世界的一種哲學。提出這種哲學的斯坦納稱之為「神智學」。他認為存在著一個精神世界，純粹思維可以理解這個世界，但是只有人固有的靈智才能充分認識它。斯坦納認為強化思想能夠重新理解精神世界，因此他試圖培養不依靠感覺而認識精神事物的能力。為此他在1912年成立靈智學會，現今以瑞士多爾納赫為總部，全球均設有分部。

anthurium＊　花燭屬　疆南星科一個美洲熱帶草本植物屬，約六百種。許多為觀葉植物，少數種由於花鮮豔，花期長而為花農廣泛種植。佛焰花序，上生無數兩性小花，外有一豔麗革質的佛焰苞。花燭佛焰苞橙紅色，心形。其雜交種佛焰苞有白色、粉紅色、橙紅色、紅色至深紅色。色花燭植株較矮，佛焰苞粉紅色，花序橙紅色。

Anti-Comintern Pact　反共產國際協定　最初爲德日協定，後爲德義日三國協定（1937），由希特勒首倡，表面反對共產國際，實際矛頭指向控制共產國際的蘇聯。這項協定導致後來軸心國的形成。1939年日本宣布廢除此協定，但這一協定不久又成爲後來的「三國反共協定」（1940）的一部分。

Anti-Corn Law League　反穀物法同盟　英國一組織，1839年以柯布敦爲首致力於反對英國的管理糧食進出口的規章——穀物法。柯布敦見識到穀物法造成經濟危機，於是發動工業中產階級反對地主，對皮爾首相施加影響。1864年穀物法廢除。

Anti-Federalists　反聯邦黨　反對根據1787年美國憲法成立強大的中央集權政府的美國領導人物，在他們的提倡下，增加了「人權法案」。他們承認需要改變「邦聯條例」，但害怕強大的聯邦政府會觸犯各州的權力。該集團的擁護者中包括梅遜、亨利、佩因、亞當斯和柯林頓，總人數與聯邦黨人一樣多，但在都市區的影響力較弱，只有羅德島州和北卡羅來納州投票否決批准。後來在傑佛遜擔任總統期間反聯邦黨強大起來，形成日後變成民主黨的核心。

Anti-Lebanon Mountains　前黎巴嫩山脈　中東地區山脈。沿敘利亞－黎巴嫩邊界延伸，與黎巴嫩山脈平行，兩山脈之間隔有貝卡谷地。平均海拔6,500呎（2,000公尺）。因坡陡和有石灰岩洞穴，加之土層薄瘠，人煙稀少，經濟上僅適於牧業。

Anti-Masonic Movement　反共濟運動　1830年代美國反對共濟會的流行運動。1826年在紐約發生前共濟會員失蹤和推測被謀殺的事件，懷疑該會員曾揭露該組織規程的祕密，這件事在美國東北部掀起了對共濟會的反感。1831年反共濟黨成爲美國最早的第三政黨，也是召開全國大會的第一個政黨。它譴責共濟會的祕密性和不民主性。1832年大選中，該黨的候選人在佛蒙特州獲勝。到1830年代末，已被納入輝格黨。

anti-Semitism　排猶主義　基於宗教或種族群體的觀念而敵視或歧視猶太人。雖然anti-Semitism這個詞已廣爲使用，但它是個使用不當的詞，暗示著對所有閃米特人的歧視。阿拉伯人和其他民族也是閃米特人，但通常大家都知道他們不是排猶主義的目標。納粹排猶主義在大屠殺中達到高潮，他們具有種族差別的偏見，認定猶太人有某些生物學上的特性。這種反猶太種族主義的變型可追溯到19世紀所謂的「科學種族主義」，與更早的反猶太人偏見有本質上的不同。在4世紀時，基督教徒常視猶太人爲異邦人，由於他們不承認基督而被懲罰要永久遷徙。中世紀時，在歐洲許多地方，猶太人沒有公民身分和權利（雖然有些社會對其較寬容些），在那個時期曾多次遭到驅逐。18世紀啓蒙運動和法國大革命爲歐洲帶來新的宗教自由，但19世紀時暴力歧視又加強了（參閱pogrom），排猶主義的主要原因已是種族問題而非宗教問題。20世紀時，因第一次世界大戰造成的政治、經濟的混亂更強化了排猶主義。第二次世界大戰期間，估計有近六百萬名猶太人遭到納粹的殺害。

Anti-Slavery Society, American ➠ American Anti-Slavery Society

antiaircraft gun　高射炮　從地面或甲板上射擊的抵禦空襲的火炮。第一次世界大戰中首次使用，將野戰炮改裝成用於防空的炮，但是瞄準手段不夠好。1920年代和1930年代，測距儀、探照燈、定時引信和瞄準機構都有了巨大的發展。第二次世界大戰中，出現了速射自動高射炮，雷達用於跟蹤目標，小型無線電近炸引信在彈頭接近目標時使之起爆。英、美軍隊廣泛使用瑞典博福斯公司最先生產的40公釐高射炮來對付俯衝轟炸機和低空攻擊機，它能將炮彈以120發／分的射速射至2哩（3.2公里）高。對付高空飛行的轟炸機的重型高炮的口徑達到120公釐。高射炮中效果最好的是德國88公釐的高射炮，它的縮略語flak成爲防空火力的通用語。隨著1950年代和1960年代間裝備地對空導彈，諸如此類的重型高炮便退役了，不過口徑爲20～40公釐的雷達制導的自動高炮仍然能有效地防禦低空飛行的飛機和直升機。

antiballistic missile (ABM)　反彈道飛彈　設計來攔截並摧毀彈道飛彈的武器。彈道飛彈在高拱軌道上升期受到導引，但下降時自由落下。1960年代晚期，美國與蘇聯都發展出兩節式核武反彈道飛彈系統，結合了高空攔截飛彈（美國斯巴達攔截飛彈和蘇聯卡洛修反彈道飛彈）與終端階段攔截飛彈（美國飛毛腿飛彈與蘇聯瞪羚式攔截飛彈）。這樣的系統後來由1972年「反彈道飛彈系統條約」加以限制，在條約之下，雙邊可擁有配備一百枚攔截飛彈的一個反彈道飛彈系統基地。1999年美國對條約的重新諮商表示興趣，認爲有必要設置新的反飛彈防禦系統（參閱Strategic Defense Initiative）。

Antibes*　昂蒂布　古稱Antipolis。法國西南部海港（1999年人口約72,412）。位於尼斯西南方的地中海沿岸。約西元前340年，這裡是一處腓尼基人建立的希臘貿易據點。後來成爲羅馬城鎮。1384～1608年爲統治沿海的格里馬爾迪家族的領地。以冬季旅遊勝地和羅馬遺址著名。

antibiotic　抗生素　生物體（通常是微生物）產生的對其他微生物有傷害作用的化學物質或代謝產物。抗生素大大降低了許多傳染病的發病率和病死率。早期的抗生素是由細菌自然生成的產物，化學家改變許多結構產生出半合成或完全合成的抗生素。自從發現青黴素（1928），抗生素大大的改變了許多由眞菌、細菌引起的疾病的治療方法。這些抗生素是從放線菌（如鏈黴素、四環素）、眞菌（如青黴素）和細菌產生。抗生素可按抗菌譜分爲廣譜抗生素（如四環素等）和窄譜抗生素（如青黴素）。使用抗生素的缺點有：它連益菌也一起殺死，常有腹瀉和過敏反應等副作用，對某種細菌會產生抗藥性。

antibody　抗體　亦稱免疫球蛋白。指生物體免疫系統中，因應外來抗原或微生物入侵而產生的一種保護性分子。抗體爲一種球蛋白，由淋巴組織內的B淋巴球或B細胞所製造，B細胞表面具有接受體可與抗原上面的抗原決定部位結合，此種結合能刺激B細胞分裂增殖並以每秒鐘數千分子的速度製造抗體，其後這些抗體再將入侵抗原摧毀或中和。因爲人體有許多B細胞，所以可以同時免疫許多種病源微生物和毒素。1975年米爾斯坦和同事發現產生單株抗體的技術。這種單株抗體可與放射性物質或細胞毒性藥物結合，以做爲偵測癌細胞所在和毒殺癌細胞的利器。亦請參閱antitoxin和reticuloendothelial system。

Antichrist　敵基督　基督教名詞，指基督的主要敵人，在《新約．約翰書》裡首次提到。猶太教的末世論受到伊朗和巴比倫關於上帝與魔鬼爭鬥的神話的影響，該教這種觀點見於成書於馬加比時代（西元前168?年）的《舊約．但以理書》。《新約》指出，敵基督誘惑世人，行異能奇跡，意在使世人尊他爲神；這個「不法的人」將獲得信任，特別是猶太人的信任，因爲猶太人尚未領受眞理。在中世紀，當教宗和皇帝爭權時，便互指對手爲敵基督。在宗教改革時期，路德等改革家並沒有指某個教宗爲敵基督，但指教宗制本身爲敵基督。

anticoagulant 抗凝血藥 加至血液中可以防止其凝結的藥物。抗凝血藥抑制正常存在於血液中的各種凝血因子的合成及其發揮功能，這些藥物常用於防止動、靜脈中血栓形成。抗凝血藥一般有肝素和維生素K拮抗劑（如殺鼠靈）兩類，後者有較長的作用時間。維生素K拮抗劑干擾維生素K在肝中的代謝。抗凝血藥治療的一個主要副作用是出血。

Anticosti Island 安蒂科斯蒂島 加拿大魁北克省東南部的島嶼（1991年人口約250）。位於聖羅倫斯河河口，聖羅倫斯灣內。島長140哩（225公里），最寬處35哩（56公里）。該島爲法國航海家卡蒂埃於1534年所發現，1774年成爲魁北克省的一部分。梅尼埃港是現在島上唯一居民點。

antidepressant 抗抑鬱藥 在精神病科用於緩解抑鬱症的藥物。這類藥通常屬於下面三種類型：三環化合物，單胺氧化酶抑制劑和血清素再攝取抑制劑。所有抗抑鬱藥之取得療效都是經由抑制機體對這些神經介質的再攝取或鈍化作用，這就使這些介質能以積存在局部並使它們和神經細胞上的受體接觸時間更久。三環類抗抑鬱藥抑制腦中去甲腎上腺素和血清素的鈍化，對大部分抑鬱症病人（超過70%）可緩解其症狀。單胺氧化酶抑制劑的藥效是透過干擾單胺氧化酶發揮作用，而後者在神經細胞中負責分解去甲腎上腺素、血清素和多巴胺。氟苯氧丙胺似乎只干擾腦中血清素的再攝取過程，使這個神經介質得以在局部積存。它的副作用既少也不那麼嚴重，是目前使用最廣泛的抗抑鬱藥。

antidote 解毒劑 抵消毒藥或毒物效果的藥品。用於口服、靜脈注射或皮膚外敷，能夠直接中和毒物而發生作用，在體內產生一種相反的效果以約束毒物，防止它被吸收，使之失去作用，或在反應點使之不容於接收器，或約束接收器而防止毒物附著並阻斷其行動。有些毒物在體內被轉化爲相異形式後才會變得活躍，其解毒劑會打斷那樣的轉化。

Antietam, Battle of＊ 安提坦戰役（西元1862年9月17日） 美國南北戰爭中，阻止美利堅邦聯南軍前進馬里蘭州取得軍事補給的一次決定性血戰。李將軍在第二次布爾淵戰役中取勝後，揮師挺進馬里蘭州，企圖攻占華盛頓特區。在馬里蘭州的安提坦小河邊，他們遭到了麥克萊倫將軍率領的聯邦軍的堵截。在這場鏖戰中，南軍死亡13,000人。由於讓李將軍的兵力撤退到維吉尼亞，麥克萊倫遭到了批評，但這場勝利激勵了林肯總統頒布初步的「解放宣言」。

antifreeze 防凍劑 降低水之凝固點的物質，能夠保護系統免受冰凍之害。在汽車的冷卻系統中，把水與乙二醇或丙二醇混合，能夠把凝固點降至0°F（－17.8℃）而不損壞散熱器。防止汽油中水分冰凍的添加物（例如貧氣）通常包含甲醇或異丙醇。必須在冰凍溫度下存活的生物使用各種不同的化學品：昆蟲利用丙三醇或二甲亞碸，其他無脊椎動物（線蟲、輪蟲等）利用丙三醇或海藻糖，南極魚類利用蛋白質。

antigen＊ 抗原 一種外來物質，當其進入體內時，能附著於淋巴球表面而引發特定免疫反應（參閱immunity）。淋巴球被活化後，能製造抗體或直接攻擊抗原；此種能夠引發免疫反應的抗原，我們稱之爲免疫原。幾乎所有的外來大分子皆可做爲抗原，如細菌、病毒、原蟲、蠕蟲、食物、蛇毒、蛋白、血清、紅血球，以及包括人類在內的各種生物細胞的各個組成即是。抗原上面存在一或數個可與淋巴球表面接受體結合的部位，稱之爲抗原決定部位，當抗原決定部位與淋巴球表面接受體結合後，可以活化淋巴球，使其開始分裂繁殖或引發一系列免疫反應如製造抗體和活化殺手細胞等以對抗抗原之侵入。

Antigone＊ 安提岡妮 希臘傳說中伊底帕斯和他的母親約卡斯塔由於不知情而亂倫所生的女兒。她的父親爲懲罰自己而弄瞎了自己的眼睛。她和她的姐妹伊斯墨涅爲伊底帕斯帶路，陪他從底比斯開始流放，直到他在雅典附近死去。回到底比斯後，她們想使她們的兄弟們 —— 正在保衛這座城市和王位的厄忒俄克勒斯同正在攻打底比斯的波呂尼刻斯和解。但兄弟二人都負傷身死，結果他們的舅父克瑞翁成爲國王。他聲稱波呂尼刻斯是個叛徒，所以下令不許移動他的屍體，讓它暴露在光天化日之下。安提岡妮出於對兄弟的愛，並認爲這一命令是不公道的，偷偷地掩埋了波呂尼刻斯。爲此克瑞翁下令把她處死，她被囚在一個墓穴裡，在那裡自縊身死。她的故事被索福克里斯和尤利比提斯分別寫入他們的劇作裡（在尤利比提斯的劇作中，安提岡妮逃跑了，和她所愛的人海蒙過著幸福的生活）。

Antigonid dynasty 安提哥那王朝 古馬其頓統治家族（西元前306～西元前168年）。安提哥那一世之子德米特里一世占領塞浦路斯島，使其父得以統治愛琴海、地中海東岸及中東地區（除巴比倫尼亞外），建立安提哥那王朝。德米特里二世（西元前239～西元前229年在位）統治期間，馬其頓因與希臘亞該亞同盟和埃托利亞同盟作戰而國力大損。安提哥那三世即位後，重建希臘同盟，自任盟主，使馬其頓獲得空前未有的堅強地位。腓力五世臨朝以後，先與羅馬發生衝突，於西元前215年戰敗，腓力的失敗造成希臘同盟分裂，羅馬成爲東地中海強國。腓力死後，繼位的佩爾修斯（西元前179～西元前168年在位）在彼得那戰役（西元前168年）中慘遭敗北。安提哥那王朝就此滅亡。

Antigonus I Monophthalmus ("One-Eyed")＊ 安提哥那一世（西元前382～西元前301年） 亦稱Antigonus I Cyclops。馬其頓大將、國王。統治馬其頓的安提哥那王朝的締造者。亞歷山大大帝任命他爲弗里吉亞總督。經過亞歷山大繼任者間的陰謀、結盟和戰爭，他合併且控制了小亞細亞和敘利亞。西元前307年他的兒子德米特里一世成爲雅典總督，征服了塞浦路斯島，使得安提哥那控制了愛琴海、東地中海和除巴比倫尼亞之外的全部近東地區。西元前306年集會的軍隊宣布他爲國王，西元前302年安提哥那重新建立大希臘聯盟。希臘各城邦的使節雲集科林斯，推選安提哥那爲新同盟的盟主。這個同盟的宗旨是實現希臘的全面和平。他占領馬其頓和前亞歷山大大帝整個帝國的夢想，隨著他死於伊普蘇斯之役（西元前301年）而煙消雲散。

Antigonus II Gonatas＊ 安提哥那二世（西元前319?～西元前239年） 馬其頓國王（西元前276～西元前239年在位）。圍城者德米特里一世之子。在希臘和小亞細亞擊敗了來犯的高盧人（西元前279年），占領重要城市及成立同盟（西元前277年）。西元前272年皮洛士在阿戈斯陣亡，安提哥那才鞏固了他對馬其頓的統治，西元前267～西元前261年他繼續他最後的勝利，對雅典、斯巴達和埃及用兵。他和埃托利亞同盟結盟，後來因在安德羅斯被埃及艦隊擊敗（西元前244?年），喪失了馬其頓在愛琴海地區的霸權。

Antigua and Barbuda＊ 安地瓜與巴布達 小安地列斯群島中的獨立島國，包括三個島嶼：安地瓜、巴布達和雷東達島。面積443平方公里。人口約76,400（2002）。首都：聖約翰斯（安地瓜島上）。居民多爲殖民時期帶來此地

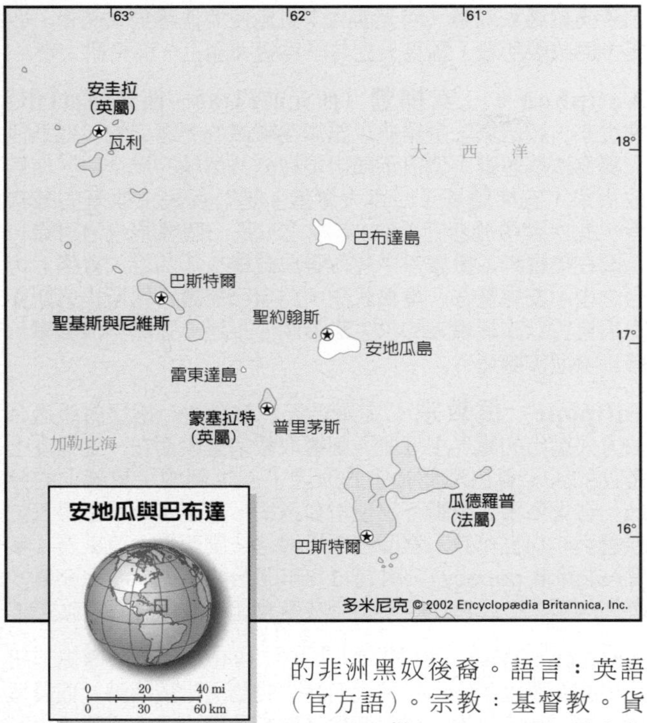

的非洲黑奴後裔。語言：英語（官方語）。宗教：基督教。貨幣：東加勒比元（EC$）。最大島爲安地瓜島（280平方公里），缺乏山岳、森林和河流，易導致乾旱。主要錨地爲聖約翰斯的一深水港。巴布達位於安地瓜以北40公里處，爲面積161平方公里的保留區，有各式各樣野生動物居於其中，包括野鹿；唯一的居住地爲西岸的科德林頓。雷東達位於安地瓜西南，爲無人居住的岩石區（1.3平方公里）。旅遊業是經濟最大支柱；近海漁業正發展中。1493年哥倫布曾到過安地瓜，其名取自西班牙塞維爾的教堂。1632年英國殖民者在此開拓移民；引進非洲奴隸種植煙草和蔗糖。巴布達於1678年被英國拓居移民，1834年解放奴隸。1871年起安地瓜與巴布達成爲英國背風群島殖民地的一部分，1956年該殖民地解散。1981年終獲獨立。

antihistamine＊　抗組織胺藥　緩解或消除周圍組織內組織胺效應的藥物，有多種。抗組織胺藥不能阻止組織胺的釋放，但能干擾或阻滯組織中兩種組織胺受體。常用的抗組織胺藥可阻滯其中一類受體，用於防止過敏和炎症。逾百種本類藥物用來治療暈動病和眩暈，嗜睡是成人常見的副作用。阻斷第二類組織胺受體可抑制胃酸的分泌，1970年代出現的甲氰咪胺即這類受體的阻斷劑，現已廣泛用於消化性潰瘍的治療。

Antilles, Greater and Lesser＊　大安地列斯群島與小安地列斯群島　除巴哈馬群島以外的西印度群島中的全部島群。分爲大安地列斯群島，包括古巴島、西班牙島、牙買加島和波多黎各島，以及包括所有其餘島嶼的小安地列斯群島。「安地列斯」一詞可追溯到歐洲人發現新大陸以前，指歐洲以西大西洋對岸的半神話式的土地。哥倫布發現西印度群島後，西班牙語中「安地列斯」一詞通常指新大陸。在某些歐洲語言中，常用「安地列斯海」替代加勒比海。

antimatter　反物質　原子是由帶電荷具一定質量的電子、質子與中子的基本粒子所構成；與此相對，而所帶電荷相反的粒子，稱爲正電子、反質子及反中子，總稱爲反物質。反物質的觀念在分析正負電荷間之對偶性中，首先被提出。狄拉克作電子能量狀態的研究得此預示，後終於在實驗室中製造出帶正電荷、且質量與電子相等的粒子，稱爲正電子（e^+）。正電子與電子碰撞後，兩者同時消失，此過程稱爲湮沒，而質量已轉換爲巨大的能量。

antimetabolite＊　抗代謝物　對於活細胞利用或合成其所需物質過程中的基本化學變化具有特異拮抗作用的物質。這類變化過程包括多個由酶催化的反應。其中任何一個反應均可被某個結構上與底物相似的抗代謝物所阻斷；抗代謝物與酶結合，從而阻止酶與其底物互相作用。由活機體（如眞菌）所產生的抗代謝物稱爲抗生素。爲了發現對癌等疾病可能有效的新的抗代謝物，已經合成了許多化合物。

antimony＊　銻　週期表中金屬化學元素（參閱metal），化學符號Sb，原子序數爲51。可形成多種同素異形體，其共同特點都是有光澤、呈藍色、易破碎的固體。在自然界中，銻主要存在於灰色硫化物輝銻礦（Sb_2S_3）中。純銻雖無重要用途，但其合金物和化合物用途相當廣泛。部分銻合金物質在結合後可表現出良好的品質，並被用於鑄造業和鉛字合金工業。鉛銻合金用於汽車蓄電池極板、子彈頭和通訊電纜的外皮。銻與錫、鉛和銅構成耐磨的巴比合金，用於機器軸承部件。銻的化合物也在油漆、塑膠、橡膠和紡織品中被用於阻燃劑，部分還可被用做油漆顏料。

antinovel　反小說　前衛派小說，標誌著徹底背離傳統小說的常規，諸如情緒、對話及人的興趣等。反小說家努力克服一些文學描寫習慣，並向讀者的期望提出挑戰。爲此，他們有意識地破壞傳統文學所期望的東西，完全避免表達作者的個性、愛好或準則。這一名詞雖然是沙特在1948年提出，但早在18世紀，英國作家史坦恩的作品就已接近這種風格。著名的作家還包括了薩羅特、約翰松、賽門及赫本史達爾、霍格里耶等。

Antioch＊　安條克　土耳其語作安塔基亞（Antakya）。土耳其南方城市（1997年人口約139,046）。西元前300年由塞琉西王朝建立。西元前64年以前一直是塞琉西王國的中心，之後成爲羅馬帝國敘利亞省首府。安條克是最早的基督教中心之一，約西元47～55年間這裡是使徒聖保羅活動的據點。雖然6世紀時曾遭波斯人短期占領，但直到7世紀時遭阿拉伯人侵略爲止，仍是拜占庭帝國的一部分。回歸拜占庭統治（969）之後，曾遭土耳其塞爾柱王朝掠奪（1084），1098年爲十字軍所攻下（參閱Crusades）。1268年起由馬木路克王朝統治，1517年起爲鄂圖曼帝國所併吞，第一次世界大戰（1914～1918）時轉移到敘利亞手中。今日安條克現代城鎮的經濟，以農業與輕工業爲主。

Antioch University　安蒂奧克大學　美國俄亥俄州耶洛斯普林斯的一所私立大學，建於1852年，當時爲安蒂奧克學院，以其實驗課程和工讀制著稱。曼是該校第一任院長，他從1852～1859年去世前一直任該職。從建校時起該校即實行男女同校，不分宗教派別，並給黑人以同等的教育機會。學生在時間安排上，將學習傳統課程同全日制工作交替進行，從而取得「實際社會中的實際生活」經驗。1978年安蒂奧克學院強化了自己所有教學項目，且採用安蒂奧克大學之名。學生人數約爲3,200人。

Antiochus I Soter＊　安條克一世（西元前324～西元前262/261年）　敘利亞塞琉西王國國王，在位期間分別爲約莫西元前292～281年及281～261年。塞琉古一世之子。他強化了塞琉西王國，建立許多城市，並擴大貿易路線。西元前281年他努力平定敘利亞境內和安納托利亞北部的暴動以及對馬其頓王安提哥那二世作戰。西元前279年高盧人入侵希臘之後，安提哥那曾與他簽訂互不侵犯條約。西元前275

年，安條克打敗高盧人，使愛奧尼亞各城邦免遭高盧人的蹂躪。因此，這些城邦稱他為「救星」。當高盧人入侵希臘時，他鼓勵希臘人遷入他的王國，並在小亞細亞興建許多新的城市，還復興巴比倫文化。雖然他從埃及人手中取得腓尼基和小亞細亞沿海地區，但很快又失去它們，西元前261年因敗於帕加馬王國，失去小亞細亞北部大部分地區。

Antiochus III 安條克三世（西元前242～西元前187年） 別名安條克大帝（Antiochus the Great）。塞琉西王國國王。在平定小亞細亞總督阿凱夫斯的叛亂（西元前213年）後，他發動東進戰役（西元前212～西元前205年），一直打到印度。與亞美尼亞逐步建立和平的同盟關係，並繼續對拒不投降的安息和大夏用武。托勒密四世死後，安條克與馬其頓的君主腓力五世訂立密約，瓜分托勒密帝國除埃及以外的領地，安條克獲得南部和東部的土地，其中包括巴勒斯坦（西元前202?年）。後來他出兵埃及，最後於西元前195年締結和約，取得了敘利亞南部和小亞細亞的領土。他允許迦太基的漢尼拔到他的宮廷，此舉引起羅馬方面的不滿，他為了保護埃托利亞同盟而與羅馬動武，在馬格內西亞戰役中被羅馬軍隊徹底打敗（西元前189年），被迫放棄了歐洲、小亞細亞西部，但仍保有敘利亞、美索不達米亞及伊朗西部地區。安條克最後在蘇薩附近強索貢品時被人刺殺。

西元前3世紀末～西元前2世紀初之硬幣上的安條克三世像，現藏大英博物館
By courtesy of the trustees of the British Museum; photograph, J. R. Freeman & Co., Ltd.

Antiochus IV Epiphanes ("God Manifest")＊ 安條克四世（西元前約215～西元前164年） 塞琉西王國國王（西元前175～西元前164年在位）。安條克三世之子。他作為人質被軟禁於羅馬（西元前189～西元前175年）。被釋放回國後，他將篡位者逐出敘利亞。西元前169年，他奪取了除首都亞歷山大里亞以外的全部埃及領土，由他擔任其姪托勒密六世保護人來治理埃及。西元前168年羅馬大敗了他的盟友馬其頓並取走了塞浦路斯和埃及一切勝利的果實，他被迫離開這兩個地區，但仍保有敘利亞南部。西元前167年他從埃及回來的時候，強行占領了耶路撒冷，迫使該城希臘化。猶太儀式被廢止，違者以死論處。他下令在猶太教聖殿中建起宙斯的祭壇。猶太人不堪忍受這種褻瀆，就在猶大·馬加比的領導下展開游擊戰爭，多次打敗安條克任命的鎮壓起義的將領。猶大·馬加比於西元前164年底搗毀宙斯的祭壇，重建猶太教的聖殿。之後安條克四世為防衛帝業，在東方抵禦安息，重獲亞美尼亞，並在垂死前直抵阿拉伯海岸。

antioxidant 抗氧化劑 加入某些食品、天然和合成橡膠、汽油和其他物質中能抑制室溫下自動氧化（在室溫情況下與空氣中的氧氣進行合成）過程及反應的各種化合物的總稱。芳香族化合物，如芳胺、苯酚和氨基苯酚等有機化合物，通常用於保持橡膠的彈性和汽油中的黏性沈澱物。如生育酚（維生素E）、棓酸丙酯、丁基化羥基甲苯（BHT）或丁基化羥基苯甲醚（BHA）等防腐劑可以減緩脂肪、油類和脂肪性食物的氧化問題。在人體內，維生素C、E和硒等抗氧化劑可能因自由基產生而減少氧化。

Antipater＊ 安提帕特（卒於西元前43年） 巴勒斯坦希羅德（希律）王朝創始人，生於猶太南區的Ldumaea。由於向羅馬人效勞，西元前47年凱撒任命他為猶太總督。四年後為政敵所殺，羅馬人立其子為猶太國王，稱希律大帝。

Antiphon＊ 安梯豐（西元前約480～西元前411年） 演說家、政治家，是雅典以雄辯為職業的先驅人物，他為他人纂寫法庭說辭，但很不願出現在公共辯論的場合中。作為政治家，安梯豐是「四百人會議」進行反民主改革的鼓吹者，此次會議於西元前411年成立，是一個寡頭政治組織，企圖在伯羅奔尼撒戰爭中奪取雅典政權。「四百人會議」垮台之後，安梯豐在一篇演說詞中為自己辯護，修斯提底斯譽之為自古以來最偉大的求生辯護詞。不過，強辯無濟於事，終以叛逆被處死。

antipope 偽教宗 在羅馬天主教會內，指反對透過合法方式選出的羅馬主教並力圖攫取教宗寶座而在一定程度上得逞的人。會出現偽教宗的原因不一，例如：教義上的分歧；在世俗權力裁斷下出現重複選舉，甚至導致產生第三位候選人。14世紀教宗官邸由羅馬遷往法蘭西境內亞威農（參閱Avignon papacy），引起1378年開始的西方教會大分裂，羅馬教廷（被認為正統）和亞威農教廷（被認為偽）並立。

Antirent War 反租地鬥爭 1840年代美國歷史上紐約州的佃農因不滿承租制度而發生的國內抗議活動。佃農反對這種過時的以半封建制度為基礎的承租法律，這種承租制度是由早期的荷蘭土地擁有者訂定的。1839年奧爾班尼縣佃農起義反對該制度並拒絕納租，紐約州州長召集民兵進行了鎮壓。之後，小規模的各種抗租抗稅活動在整個州蔓延開來，到1845年，州長被迫宣布實施戒嚴法。1846年新的州憲法宣布廢除此項承租制度。

antiseptic 人體消毒劑 用於消滅傳染微生物或抑制其在生命組織中發育的藥劑。消毒劑通常用於消滅表面存在的微生物；抗生素及其他抗菌劑則通常透過注射或口服，用於消滅感染物質，這些藥劑也可局部外用。一種人體消毒劑的功效取決於其濃度、時間及溫度。大多數人體消毒劑只能消滅特定類型的微生物（如有些可消滅細菌但不能消滅孢子）。主要的人體消毒劑有酒精、酚、氯、碘化合物、以水銀為基礎的酊劑、特定的吖啶混合物和某些精油等。

antitank weapon 反坦克武器 攻擊坦克用的槍炮、火箭、導彈和炸雷等。第一次世界大戰中，針對坦克出現的第一個反應是設計許多種可以擊穿坦克較薄裝甲的彈丸。地雷和普通火炮也曾有效地用於反坦克。第二次世界大戰期間，反坦克武器的口徑不斷加大，並研製出了使用高硬度合金彈尖、經改進可提高初速的發射藥和大威力炸藥的各種炮彈。空心裝藥破甲彈成效尤為顯著，它在命中目標瞬間立即爆炸，並將爆炸能量聚向前方，從而提高了侵透力。還有各種反坦克火箭及發射裝置也相繼出現，如巴祖卡火箭筒也運用於戰事上。

antitoxin 抗毒素 在細菌毒素刺激下，體內產生的一種可中和毒素的抗體。患過細菌性疾患的人，體內常產生特異性抗毒素，使人具有對疾病復發的免疫力。動物接受多次注射，直至血內出現高濃度的抗毒素。由此製成的含高濃度抗毒素的制劑稱為抗血清。最早的抗毒素是1890年所發現的白喉抗毒素。今天，抗毒素用於治療肉毒中毒、痢疾、壞疽及破傷風。

antitrust law 反托拉斯法 限制被認為是不公平或壟斷性的商業活動的法案。美國有利用各種法律以維護企業間競爭的長期不變的政策，最著名的是1890年的「雪曼反托拉斯法」。該法宣布：「凡限制貿易或商業的合同、合併……

或暗中策劃」都是非法的。1914年「克萊頓反托拉斯法」(1936年由「羅賓遜－帕特曼法」作了修正)，禁止在消費者之間利用價格或其他手法進行歧視；也禁止公司合併或一公司吞併另一公司，以免嚴重削弱彼此間的競爭。工會亦爲反托拉斯法的一種方式。

antlion　蟻獅　脈翅目蟻蛉科昆蟲的幼體。頭部大，方形，有鐮刀狀大顎；前胸形成一可動的頸；腹部卵形，沙灰色，有鬃毛。居沙地，築漏斗形凹坑，用腹部爲犁，用頭部承受掘鬆的顆粒，並將其拋出坑外。然後自己埋在坑底，僅露上顎在外，捕食滑入坑底的昆蟲。吸食獵物軀體的內容物後把空殼扔到坑外。成蟲不取食。已知六十五種，多發現於北美洲和歐洲。

蟻獅
William E. Ferguson

Antofagasta＊　安托法加斯塔　智利北部海港(1999年人口約243,038)，安托法加斯塔區首府。瀕臨莫雷諾灣。曾爲波利維亞的一個城市，1879年割讓予智利。隨1866年開發硝石和1870年發現銀礦而發展起來，爲智利北部最大城。現經濟活動以爲礦區服務和出口銅、硫磺爲主。地處泛美公路線上。

Antonello da Messina　安托內洛(西元約1430～1479年)＊　義大利畫家，生於西西里島墨西拿。曾在那不勒斯學畫，研究過法蘭德斯畫家的作品，特別是受到艾克作品的影響。他較著名的作品多是祭壇畫和肖像畫。在威尼斯時，完成了聖卡夏諾教堂的祭壇畫。他的肖像畫綜合了法蘭德斯繪畫的細膩和義大利繪畫的華麗，在當時蔚爲風氣。亦請參閱Venetian school。

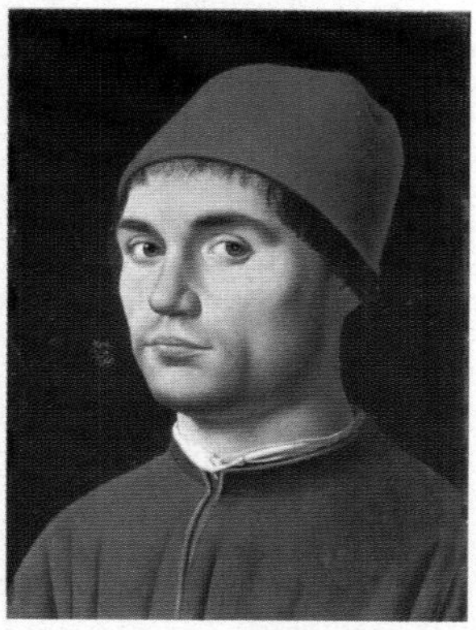
安托內洛的《一個男人的畫像》(1472?)，畫板畫；現藏倫敦英國國立美術館
By courtesy of the trustees of the National Gallery, London

Antonescu, Ion＊　安東內斯庫(西元1882～1946年)
羅馬尼亞將軍。軍派出身，1934年任總參謀長，1937～1938年任國防大臣。1940年9月出任首相，實行法西斯專政，公開投入軸心國懷抱，1941年對蘇聯宣戰。1944年政權被推翻，後作爲戰犯處決。

Antonine Wall　安東尼牆　羅馬人在英國修築的邊境城牆。該城牆橫跨蘇格蘭，位於克萊德河與佛斯灣之間，長59公里。由羅馬皇帝安東尼・庇護下令修建，西元142年由駐英國總督監造。牆寬5公尺，高3公尺；城牆前面建有一條12公尺寬、4公尺深的壕溝，牆後建有一條道路。城牆上有十九座碉堡，相隔3公里。城牆將英國羅馬人北部邊界移至蘇格蘭，以防禦北部的部落，另還有哈德良長城坐落於南部。安東尼牆於196年被廢置，殘跡仍存。

Antoninus Pius＊　安東尼・庇護(西元86～161年)
全名Caesar Titus Aelius Hadrianus Antoninus Augustus Pius。羅馬皇帝(138～161年在位)。原籍高盧，父親和祖父都擔任過執政官。他本人曾任120年的執政官，後來受委派協助處理義大利的司法行政事務。約134年出任亞細亞行省總督，後來成爲皇帝哈德良的樞密顧問。138年被指定爲皇位繼承人。他即位後將先王神化，因這一恭敬行爲而被名爲「庇護」。此外他平定了不列顛及其他地區的叛亂，並建造了安東尼牆。

安東尼・庇護，大理石胸像；現藏大英博物館
Reproduced by courtesy of the trustees of the British Museum

Antonioni, Michelangelo＊　安東尼奧尼(西元1912年～)　義大利電影導演及製作人。在正式拍攝短紀錄片《波河的人們》(1947)前，即纂寫影評及研習電影製作。第一部重要電影作品是《女朋友》(1955)，《情事》(1960)、《慾海含著羞花》(1962)及《春光乍現》(1966)使他蜚聲國際。其他作品包括《紅色沙漠》(1964)、《沙丘》(1970)及《過客》(1974)。其作品的情節安排及對白均次於影像，成爲人類存在的一種隱喻方式，而不僅止於記錄。

Antony, Mark　安東尼(西元前82/81～西元前30年)
拉丁語作Marcus Antonius。古代羅馬將軍。在結束了一段軍旅生涯(西元前57～西元前54年)後，安東尼成爲凱撒的幕僚。西元前49年協助凱撒將龐培逐出義大利，西元前44年出任護民官。凱撒遇刺後，屋大維(後來的奧古斯都)開始反對安東尼，但後來他和安東尼組成第二個後三頭政治。在他的協助下擊敗了共和國的勢力，並主管東方各行省。他在赴埃及探究埃及女王克麗奧佩脫拉對羅馬的忠誠時，成爲她的情夫(西元前41～西元前40年)。他於西元前40年回到義大利，與屋大維重歸於好，而且獲得東方行省的指揮權。爲了強化自己權力而與屋大維的妹妹屋大維亞結婚。在與屋大維亞的關係破裂後，安東尼前往敘利亞，並尋求克麗奧佩脫拉的援助，屋大維將屋大維亞送至他手上，但安東尼命令她背叛羅馬，裂痕於焉產生。西元前32年，後三頭政治結束，安東尼在羅馬得到的支持很少。他與屋大維亞正式離婚，屋大維向克麗奧佩脫拉宣戰。安東尼在亞克興戰役戰敗後，和克麗奧佩脫拉逃回埃及。由於看出抵抗無望，雙雙自盡。

安東尼，大理石胸像；現藏梵諦岡博物館
Alinari – Art Resource

Antrim　安特里姆　北愛爾蘭城鎮(2001年人口約48,366)，鄰內伊湖。1798年由麥克拉肯領導數千名民族主義者在這裡發動叛亂，但被英軍敉平。由於是繁忙的集市中心，安特里姆鎮曾是亞麻工業重鎮。安特里姆同時也是北愛爾蘭的舊郡的名稱，約西元前6000年已有人來此定居。12世紀時部分地區被盎格魯－諾曼人滲入，成爲阿爾斯特伯爵領地的一部分。1315年愛德華・布魯斯自蘇格蘭的入侵造成英格蘭勢力的衰退。1973年北愛爾蘭行政區重組時，將安特里姆郡劃分爲若干區。

Antwerp　安特衛普　法語作Anvers。法蘭德斯語作Antwerpen。比利時安特衛普省省會(2000年人口約446,500)。爲世界主要大海港之一。西北距北海55哩(88公里)，常被視爲法蘭德斯人(比利時講荷蘭語〔法蘭德斯語〕

的部分人口）的非正式首都。1291年享有市權，1315年成為漢撒同盟一員。由於是西班牙和葡萄牙間貿易的銷售中心，而於16世紀成為歐洲重要的商業和金融中心。後因受到侵略而逐漸沒落，但是，1803年左右拿破崙將海港整頓後，逐漸恢復了舊日的繁榮。該城原屬荷蘭王國（1815～1830），後讓與比利時民族主義者。目前經濟活動仍是以船運、與海港有關的活動為主，也是重要的製造中心。

antyesti＊　喪禮　特指印度教的喪禮。一般是將屍體火化，把骨灰投入聖河。屍體儘快運到火化場（通常是河邊），最後火化儀式由死者長子和祭官執行。其後十天內居喪的直系親屬必須遵守一定的禁忌，他們舉行禮儀，使亡魂在轉生來世的途中有所依附。禮儀的內容包括陳設奶、水和飯糰。然後選定日期，把遺骨埋葬或投入河水。

Anu＊　安努　美索不達米亞地區所祀奉的天神，與貝勒、埃阿合稱三神。儘管理論上位於最高天神之列；實際在美索不達米亞神話、頌神詞乃至祭祀儀式中並非重要角色。安努是眾神之父，亦為群魔之祖，此外，還是萬王之神和曆律之主，其畫像戴有角之頭飾，象徵力量。安努之形像，原來似乎被擬想為一頭碩大公牛。安努於焉被視為牲口之神。

Anu, Chao＊　昭阿努（西元1767～1835年）　寮國永珍王國國王（1804～1829）。早年與暹羅人並肩攻打緬甸人，他的軍事才能和英勇果敢博得暹羅人的尊敬和信任，為永珍國王。即位後他成功的說服了暹羅任命他的兒子出任占巴塞總督，後發動反暹羅的叛亂以爭取寮國的獨立。他率兵進軍曼谷，但暹羅人在反擊時占領了永珍。最後，叛亂被鎮壓下去。他逃入森林，但被暹羅的第二次遠征軍捉獲，折磨致死。

Anubis＊　安努畢斯　古埃及死神，以豺或豺頭人身為象徵。在早期的王朝和古王國時期，安努畢斯是死亡之神，卓越不凡，後其光芒被俄賽里斯冥神所遮蓋。安努畢斯專司照管死者，相傳他發明了屍體保存法，並首次使用這種藝術手法處理俄賽里斯的屍體。後來擔任指導靈魂進入冥界的工作，在希臘羅馬世界中，該神有時被認為是赫耳墨斯。

Anuradhapura＊　阿努拉德普勒　約西元前3世紀到西元10世紀，以斯里蘭卡（錫蘭）阿努拉德普勒市為中心的僧伽羅王國。儘管屢遭印度南部部族的入侵（數次實際控制這個王國）和幾個好戰部落間的內部衝突的影響，阿努拉德普勒王國仍發展了極高的文化。其複雜的灌溉系統常被視為是最偉大的成就。阿努拉德普勒城包括大量的佛教遺址及一株古老的菩提樹，據說該樹是佛陀頓悟的菩提樹之一分枝。

anvil　鐵砧　用手錘鍛打金屬成形時，放置金屬的鐵塊。鐵匠用鐵砧通常用熟鐵製成，有時也用鑄鐵。鐵砧具有光滑並經淬火的工作表面。一端突出呈鳥嘴或羊角狀錐體，用於錘鍛曲線形金屬件。有時另一突出端為矩形斷面。使用的工具（如切刀、鏨子）可刃口向上放入砧座表面方形孔中。使用機動錘時，鐵砧支承在放置於牢固的磚木或混凝土基礎上的重型台座上。亦請參閱smithing。

anxiety　焦慮　心理學中指一種恐懼、害怕或憂慮狀態，往往沒有明確的理由。焦慮與真正的害怕不同，焦慮是主觀的、內心情緒的衝突而引起的擔心，而不是對明確和實際的危險作出的反應。由於懷疑所感受的威脅的真實性和性質，以及懷疑自身的應付能力，而在生理上引起的反應症狀有發汗、緊張、心跳加快等。日常生活中難免會產生一些焦慮現象，這是正常的反應，但如果不是由真實生活壓力而產生的持久、強烈及不斷的焦慮現象，常被視作一種情緒障礙的徵兆。亦請參閱stress。

Anzio＊　安齊奧　義大利羅馬東南方的海港和旅遊城鎮（2001年人口約36,468）。根據傳說是由奧德修斯及喀耳刻之子安泰亞斯所創建。西元前5世紀時曾為沃爾西人要塞。西元前338年被古羅馬征服後成為四季遊覽地，建有許多豪華的古羅馬別墅。羅馬皇帝尼祿和卡利古拉在這裡出生。9～10世紀被薩拉森人所摧毀，直到1698年致皇英諾森十二世在其附近建立港口前始終為一廢棄之地。1944年盟軍在此成功但血腥地登陸。

ANZUS Pact　美澳紐安全條約　正式名稱為「太平洋安全條約」（Pacific Security Treaty）。由澳大利亞、紐西蘭和美國於1951年簽訂。美國首先向澳大利亞提出簽訂該條約，作為對日本有可能重新武裝的補救。根據該條約的條款，三國保持協商關係，並努力確保三國的集體安全。1980年代中期，紐西蘭制定了一項反對核子武器的政策，其中禁止有核子武器裝備的船隻，包括美國海軍的核子軍艦，進入紐西蘭港口。美國便在1986年正式中止對紐西蘭的條約義務，並減少兩國的軍事聯繫。

AOL ➠ America Online

aorta　主動脈　指體內由心臟向一切器官及體內其他結構輸送血液的動脈。左心室向主動脈開口的部分有個具有三個瓣的瓣膜，它可阻止血從主動脈中倒流入心。主動脈由心臟出來的部分為升主動脈，然後轉向左，由心臟上方跨越主動脈弓。動脈順勢延伸，直至與股骨頭平齊的位置。

aorta, coarctation of the　主動脈縮窄　先天性症徵，主動脈的局部縮窄。主動脈是由心臟輸血到體循環的主要血管，主動脈管的部分阻塞引起一種特徵性的雜音，並造成上肢異常高的高血壓。左心室會因工作量增加而（心臟左下部的腔室）通常會增大，腹部、盆腔及下肢的血流減少。手術重整或替換縮窄段（依各人年齡而異）是對年輕人治療最有效的方法。

Aosta＊　奧斯塔　義大利西北部城市（2001年人口約33,926），瓦萊達奧斯塔區首府。位於穿越阿爾卑斯山脈大、小聖伯納山口的公路的交會處，原為薩拉西人要塞。西元前25年塞爾特部落為羅馬降服，而西元前24年由奧古斯都在此建立古羅馬城鎮；現有許多古羅馬建築遺跡，包括城

奧斯塔的羅馬劇院廢墟
Marzari – SCALA from Art Resource

牆、兩個城門和一座紀念奧古斯都的勝利拱門。奧斯塔爲坎特伯里的聖安瑟倫的出生地。

AP ➠ Associated Press

Apache 阿帕契人 北美西南部印第安人。在文化上可分爲：東阿帕契人，包括梅斯卡萊羅人、吉卡里拉人、奇里卡瓦人、利潘人；西阿帕契人，包括西貝奎人。東阿帕契人生活以狩獵和採集野生植物爲主，西阿帕契人似乎較東阿帕契人更爲安於種植。阿帕契人的祖先明顯地來自北方，但在引進馬匹之後，曾被科曼奇人和猶他人逼迫遷往南方和西方。他們曾試著對西班牙、墨西哥及後來的美國修好，但自1861年起爆發了美國軍隊、阿帕契人和納瓦霍人間的戰爭，阿帕契戰爭於邊界激烈地展開。阿帕契戰爭在1886年結束，吉拉尼謨及其殘部投降，奇里卡瓦人被逐出西部地區，持續囚禁在佛羅里達、阿拉巴馬和奧克拉荷馬。至今，全部居民約爲1.1萬人，大部分居住在亞利桑納和新墨西哥等地的保留區內或附近。亦請參閱Cochise

Apamea Cibotus＊ 西博士斯的阿帕梅亞 希臘化時期弗里吉亞南部的城市。西元前3世紀由安條克一世創建，臨門德雷斯河。它代替了古代的切蘭納，而在塞琉西帝國東西方貿易的大道上占有主要地位。西元前2世紀時阿帕梅亞歸羅馬統治，成爲義大利和猶太客商的中心，3世紀時逐漸衰落。1070年被突厥人侵占，最後毀於大地震。部分遺跡存留於土耳其第納爾。

apartheid＊ 種族隔離政策 非洲語，意爲分開或分離。南非實行的一種隔離政策，及對非白人在政治上和經濟上實行歧視。得到法律認可的種族隔離，1948年前在南非已廣泛實行，不過在這一年取得政權的國民黨將此一政策又加以擴充，並定名爲種族隔離政策。1950年的「種族區域法」爲每一種族在市區建立了居住和商業的區段，其他種族的人不准在這些區段內居住、經營商業或擁有土地。爲了推行種族隔離，防止黑人侵犯白人的地區，政府加強了現行的「通行法」(非白人進入禁制區時須攜帶許可證)。其他一些法律禁止種族之間的大部分社交接觸，准許公共設施分隔開來，建立個別的教育標準，每個種族只限於從事一定種類的職業，限制了非白人成立工會，並不准非白人(通過白人代表)參加國家政府。創設了數個非洲人家園。它們具有不同程度的自治權；但所有這些，在政治上和經濟上仍均從屬於南非。然而，南非經濟對非白人勞動力的依賴，使政府難以實現這一分別發展的政策。雖然政府有力量壓制幾乎所有對其政策的批評，但在南非內部卻總有一些人反對種族隔離政策。得到一些白人支持的非洲黑人團體，舉行遊行示威和罷工，發生過多起暴力抗議和破壞的事件。種族隔離政策也遭到國際社會的譴責。1990至1991年間廢止了爲種族隔離政策提供法律依據的大多數社會立法。然而一貫的種族隔離在南非社會仍屬根深柢固，並且事實上還在繼續。亦請參閱African National Congress (ANC)、racism。

apatite 磷灰石 磷酸鹽礦物系列中的礦物，是世界上磷的主要來源。呈各種顏色的玻璃狀晶體、塊體或結核產出。多數有$Ca_5(PO_4)_3(F,CI,OH)$化學成分由於磷灰石過軟，不然的話，它會成爲一種大衆化的寶石。多數磷灰石都很明淨，只是性脆，而難以琢磨拋光。

Apatosaurus＊ 迷惑龍屬 巨大的草食恐龍的一屬。是地球上出現過的最大的陸上動物之一。見於北美及歐洲晚侏羅紀地層（1.63億年前～1.44億年前）。重約30噸，身長70呎（21公尺），有著長長的脖子和尾巴。舊稱雷龍屬。由於化石資料不完全，1978年以前，迷惑龍模型的頭部粗鈍，鼻端微向上翹，牙齒匙狀。但這以後，科學家認爲其頭部是細長的，牙齒長而尖銳。迷惑龍屬及與之相近種類的四肢能否支持如此巨大的身軀在陸上活動，它們是否被迫接受水生生境，這些都是討論很多的問題。現在認爲迷惑龍屬主要爲陸生動物。

ape 類人猿 無尾、類人靈長類的動物，分有兩大科：長臂猿科（較小的類人猿：長臂猿和合趾猿）和猩猩科（較大的類人猿：黑猩猩、小黑猩猩、猩猩和大猩猩）。猿常棲息於非洲西部、中部，以及南亞的熱帶森林中。與猴類不同，猿無尾，有闌尾，腦更複雜。類人猿一般藉搖蕩的方式移動，偶爾兩腳直立而行。類人猿智力甚高，較其他現存的靈長類動物更接近人類。由於棲息地被破壞和人類的捕獵，許多類人猿已瀕臨絕種。

APEC 亞太經濟合作會議 全名Asia-Pacific Economic Cooperation。爲促進會員國經濟發展而在1989年建立的貿易團體。最初的成員爲澳大利亞、汶萊、加拿大、中國大陸、印尼、日本、馬來西亞、紐西蘭、菲律賓、新加坡、南韓、泰國、美國，還有台灣和香港（會員資格是基於「經濟體」，而非國家）。這十五個會員國及地區，代表了近二十億人民和全世界主要的出口國家及地區。1993年在西雅圖舉行亞太經合會的第一次高峰會。墨西哥、智利、巴布亞紐幾內亞在1994年加入，如今，亞太經合會集團代表了世界人口的40%左右、全球貿易的40%、世界國民生產毛額的50%。亦請參閱North American Free Trade Agreement、trade agreement、World Trade Organization。

apella＊ 公民議會 古代斯巴達的國民大會，相當於其他希臘國家公民大會。每月的會議可能只限三十歲以上的公民參加。公民議會無權提出議案，只審議執政官或元老會議交來的問題。表決是用叫喊的方式。公民議會的業務範圍包括制定條約、戰事及繼任人選，公民議會還可任命軍事指揮官、遴選元老和執政官，並可以表決的方式修改法律。

Apelles＊ 阿佩萊斯（活動時期西元前4世紀晚期～西元前3世紀早期） 希臘畫家，從畫家潘菲洛斯習畫。曾給馬其頓的腓力二世及其子亞歷山大大帝充當宮廷畫師。著名的作品包括亞歷山大肖像、卡盧尼諷喻畫像及愛芙羅黛蒂於海上升起的畫像。據說他非常重視素描，善於運用優美的線條。曾改進了瓶繪技法，使用一種黑色釉料來保護畫面並使顏色柔和。作品雖無眞跡存世，但一直被認爲是古代繪畫大師。

Apennines＊ 亞平寧山脈 義大利半島中部的主幹山脈。由西北的薩優那附近延伸至南方的卡拉布里亞雷進，全長約840哩（1,350公里），寬25～80哩（40～130公里）。科爾諾山海拔9,560呎（2,912公尺），爲最高點。義大利半島許多河流都發源於亞平寧山脈，如阿諾河、台伯河和沃爾圖諾河及加里葛里亞諾河。著名的城市有佛羅倫斯、阿雷佐、拉奎拉和貝內文托。

Apgar Score System 阿普加評分系統 鑑定那些需要維生藥物救助之新生兒的分級方法。由阿普加（1909～1974）在1952年發展出來，依外貌（膚色）、脈搏、怪相（反射過敏）、活動（肌肉緊張度）、呼吸測出新生兒離開子宮後的適應性變化，這五個關鍵信號的英文首字母恰好拼成「阿普加」。最高分10分，如果出生後一和五分鐘的總分少於7分，嬰兒在二十分鐘內每五分鐘要重新評分一次，或者直到連續兩次獲得7或更多分爲止。

aphasia＊　失語　亦稱言語困難（dysphasia）。因大腦損害引起的言語功能障礙。症狀與受損腦組織的部位及程度有關。例如某失語患者雖能活動嘴的各部，也能發出聲音，並能聽懂別人的話，但可能完全沒有自發性言語。「失語」一詞的應用範圍又可擴大到一組與之有關的障礙：失寫（書寫困難）患者的說話、閱讀及畫圖能力完全正常，但文字書寫功能可完全或部分地喪失。感知性失語稱爲失認，患者的視力可能很好，卻不能辨識所見的物體，雖然可以通過觸、聽或嗅來加以辨認。閱讀困難（失讀、誦讀困難）是視覺性失認的一種特殊類型。各種失語在心理學及精神病學上都有重要意義，因爲它們說明了腦內功能上獨立的各部分間存在著相互作用，「精神活動」的統一性即以此爲基礎。

aphid＊　蚜蟲　同翅目昆蟲，體小而軟，大小如針頭。腹部有管狀突起（腹管），吸食植物汁液，爲植物的大害蟲。不僅阻礙植物生長，形成蟲癭，傳布病毒，而且造成花、葉、芽畸形。螞蟻保護蚜蟲免受氣候和天敵的危害，把蚜蟲從枯萎植物轉移到健康植物上，並輕拍蚜蟲以得到蜜露（蚜蟲分泌的甜味液體）。

aphorism　警句　以簡練、難忘的詞句精闢地表述學說、原理或任何被普遍接受的眞理的一種方式。希波克拉提斯的《警句》一書首先使用了這個名詞，書中對疾病的症候與診斷以及治療術與藥物均作了詳細的陳述。警句特別應用於那些新近發展了它們自己的原理或方法論的學科，例如藝術、農業、醫學、法學和政治。近代著名的警語學者有尼采和王爾德。

aphrodisiac＊　催欲　各種能挑起性欲衝動意識的刺激的形式。催欲形式可分成二類：生理心理性催欲和藥物性催欲。前者指的是因各種視、聽、觸、嗅覺刺激引起的性心理感受；而後者則是指因酒足飯飽、服用春藥、其他藥物或制劑引起的性欲躁動。大部分傳統食品都沒有催欲的化學成分，但「色情食品」說法的起源，大概是原始信念中的所謂外形顯似外生殖器一類的概念，像人參、犀牛角粉等就都成了春藥。除酒精和大麻一類藥物可通過解除精神抑制來刺激性欲衝動外，有催欲作用的藥品並不多。部分學者認爲，少數被認爲有催欲作用的東西實際上對健康危害很大。

Aphrodite＊　愛芙羅黛蒂　古希臘性愛與美貌之女神。她廣泛地被崇祀爲海與航海女神，根據傳說，她是由優拉諾斯外生殖器周圍形成的海水泡沫生成的；她也被奉祀爲戰爭女神，特別在斯巴達、底比斯、塞浦路斯等地。多數學者相信她是閃米人膜拜的對象，比源起的希臘更甚。據荷馬的說法，她是宙斯和狄俄涅的女兒。她同赫菲斯托斯成婚，但她卻同英俊的戰神阿瑞斯廝混在一起。她還有許多凡人情人。崇祀的主要中心是塞浦路斯、基西拉和科林斯等島嶼。身爲多產的神氏，地和厄洛斯、美惠女神及霍雷均有關聯。她相當於羅馬的維納斯。

Apia＊　阿皮亞　薩摩亞首都和港市（2001年人口約38,836）。位於烏波盧島北岸。經濟主要是出口貨物到美屬薩摩亞群島。英國著名作家史蒂文生的故居，現爲國家元首府。南郊的瓦埃阿山爲史蒂文生墓所在地。

apiculture ➠ beekeeping

Apis＊　阿匹斯　古埃及宗教中在孟斐斯被崇拜的神聖公牛神。祭祀禮儀最早起源於第一王朝（西元前2925?～西元前2775?年）之前。阿匹斯起初大概是豐產神，後來變成與孟斐斯的主神卜塔有關，又與死神俄賽里斯和索卡里斯有關聯。一頭阿匹斯神牛死亡時，將獲得盛大的葬禮，而小牛將成爲其繼承者被供奉於孟斐斯。阿匹斯的祭司從神牛的舉止可觀察出預兆，其神諭具有公信力。西元前3世紀，塞拉皮斯神（俄賽里斯和阿匹斯的化身）在孟斐斯受到崇拜；後在羅馬帝國時期成爲最廣泛的東方儀禮之一。

西元前700年左右，繪於木棺底部的阿匹斯公牛神；現藏德國希爾德斯海姆勒梅爾－佩利察奧伊斯博物館
Bavaria Verlag

aplastic anemia＊　再生障礙性貧血　亦稱骨髓衰竭性貧血（anemia of bone-marrow failure）。因骨髓不能產生足夠數量的血球而引起的一種疾病。全血球減少症，即缺少各種類型的血球（紅血球、白血球和血小板），但任何組合也可能流失。毒品、化學品或是曝露於放射性物質中通常會導致此類疾病產生，但半數病例原因不詳。本病可發生於任何年齡。急性再生障礙性貧血症起病突然，迅速惡化，甚至死亡。慢性再生障礙性貧血症狀爲虛弱、呼吸短促、頭痛、發燒和心悸，通常臉色蒼白如蠟，黏膜、皮膚及其他器官出血。由於欠缺白血球，降低了對疾病的抵抗力，這也是導致死亡的主因。若血小板明顯減少，則常見嚴重出血。治療方法是骨髓移植，另外的治療方法包括避免使用已知的有毒針劑，補充體液、葡萄糖和蛋白質（通常進行靜脈注射），以及輸血和使用抗生素。

aplite　細晶岩　亦作haplite。指成分簡單的一種侵入岩，如僅由鹼性長石、白雲母和石英組成的花崗岩之類；從更嚴格的意義上說，指均勻細粒的（粒徑小於0.08吋，或2公釐）、淺色的、具有特殊砂糖狀結構的侵入岩。與成分類似而晶粒較粗的偉晶岩不同，細晶岩呈小型岩體產出，很少含有由不同礦物組成的帶。偉晶岩和細晶岩常常一同產出，互相切割或在彼此範圍內形成透鏡體，並且被認爲是在同一時間內由相似的岩漿形成的，但細晶岩岩漿含礦化劑和揮發物較少。

Apo, Mount＊　阿波山　菲律賓民答那峨島中南部的活火山。在達沃市以西，海拔9,960呎（2,954公尺），爲菲律賓最高點。1939年開闢的阿波山國家公園，有馬拉西塔瀑布、錫布勞湖等名勝。

apocalypse＊　啓示論　在許多西方的宗教傳統中，預測世界毀滅之前災難性的巨變時期，這時神將對人類進行審判。在現存的猶太教、基督教和瑣羅亞斯德教中，他們相信世界將在暴力和巨變中毀滅。《舊約》的數部預言作品中，特別是〈但以理書〉一書，包括關於天啓的幻象。〈啓示錄〉（或〈天啓〉）還爲世界毀滅時刻描繪出一幅黑暗、戲劇性的情景，壞人將受到懲罰而善人將在神的仲裁下獲得勝利。最後審判日的降臨預言世界毀滅將伴隨著饑荒、戰爭、地震、瘟疫和其他自然災難的發生。如今天啓的題材被各種宗教組織（如信奉基要主義的基督教）所強調，科幻小說作家也常引用這類題材。

Apocrypha＊　外典　在聖經文學中，沒有被列入正典《聖經》的經籍。在現代用法中，外典指的是古猶太書籍，不屬於希伯來聖經的一部分，但在天主教中和東正教中則被視爲正統經籍。這類經籍包括《多比傳》、《猶滴傳》、《巴錄書》、《馬加比傳》、《德訓篇》和《所羅門智訓》。新教教會根據猶太教的傳統來判斷這些作品是否屬於外典或是非正統經籍。「次正典」或「次經」通常指的是在某一教派而非所有教派中被接受的著作。僞經則是指那些聲稱出自《聖經》作者之手的僞造著作。

Apollinaire, Guillaume＊ 阿波里耐（西元1880～1918年） 原名Guillelmus (or Wilhelm) Apollinaris de Kostrowitzky。義大利（?）－法國詩人，二十歲抵達巴黎，但總是對早年生活有所隱瞞。在其短促的一生中，參與了20世紀初法國文藝領域中風靡一時的所有前衛運動，並把詩歌引向未曾探索過的途徑。大膽、暴力是其詩作的特點，由於他運用語言的特殊組合，創造出令人驚訝的效果，因此，可被稱爲是超現實主義的先驅。他的詩歌傑作是《醇酒集》（1913）。第一次世界大戰時腦部受的傷，是導致他日後死亡的原因。

阿波里耐，畢卡索於1918年繪於新詩集《美好的文字》中的卷頭插畫
H. Roger-Viollet

Apollo 阿波羅 在希臘神話當中被崇奉得最廣泛的神。他傳達父親宙斯的意旨，使人們認識到自己的罪惡，並爲他們洗刷罪惡；他主管宗教法和城邦法；還能預言未來。其具有象徵性的弓，概括了距離、死亡、恐怖和敬畏的涵義；而他的里拉琴則象徵了音樂、詩歌和舞蹈。身爲藝術的保護神，他常與繆斯女神被聯想在一起。他還是穀物與畜群之神，人們通常認爲他同太陽有聯繫。甚至認爲他就是太陽神赫利俄斯。他被與治療聯想在一起，因爲他是阿斯克勒庇俄斯的父親。傳說他和他的孿生兄弟阿提米絲誕生在提洛島上。阿波羅的神示所建於德爾斐。皮蛇運動會爲紀念他殺了邪惡的巨蛇以奪取聖壇。雖然他有許多愛情事件，但大多是不幸的：黛芬妮想盡力擺脫他，但被他變成月桂樹——他的聖樹；科羅尼絲在證明自己不貞時，被他的孿生姊姊阿提米絲射死；卡桑德拉因拒絕他的求愛，被罰講出眞實但無人相信的預言。

《觀景殿的阿波羅》，羅馬時期摹製品，據西元前4世紀希臘萊奧卡雷斯（Leochares）所作；現藏羅馬梵諦岡博物館
Alinari – Art Resource

Apollo 阿波羅計畫 美國國家航空暨太空總署在1960～1970年代完成的登月計畫。阿波羅太空船本身裝有較小的火箭引擎，當它接近月球時，能使太空船減速進入繞月軌道。而且，太空船裝有火箭引擎的登月小艇能脫離太空船，載著太空人登上月球，並返回繞月軌道與阿波羅太空船結合。1969年「阿波羅十一號」在月球著陸（參閱Aldrin, Edwin Eugene, Jr.、Armstrong, Neil (Alden)），成爲人類第一次踏上月球的太空人。1970年「阿波羅十三號」因氧氣瓶爆炸發生事故，但仍然安全地回到了地球。其餘的阿波羅飛行對月面進行了廣泛的考察，搜集了大量的月球岩石標本，並把許多儀器安裝在月球上進行科學研究，如太陽風實驗和月震測量等。「阿波羅十七號」是在1972年進行的，這是阿波羅計畫的最後一次飛行。

Apollo asteroid ➠ earth-crossing asteroid

Apollo Theatre 阿波羅劇院 非洲淵源的美國流行文化中心，位於紐約哈林區第125街。建於1914年，1930年代和1940年代招待過羅賓遜、比莉哈樂黛、貝西史密斯、沃特斯、艾靈頓公爵等音樂表演者，而費茲傑羅、莎拉沃恩、詹姆斯布朗等明星是從週三業餘之夜被挖掘出來的。1960年代阿波羅劇院推出至上合唱團及史提夫汪德、馬文蓋等靈魂樂手。1975年改爲電影院，1983年以表演場地的形式重新開幕。

Apollonius Dyscolus＊ 亞浦隆尼（活動時期西元2世紀） 希臘語法家，被譽爲系統語法研究的奠基人。拉丁語法學家普里西安稱他爲「語法家之王」，並以其著作爲自己著作的依據。現存亞浦隆尼四種著作是：《論句法》一書和《論代詞》、《論連詞》及《論副詞》三篇短論。

Apollonius of Perga 阿波羅尼奧斯（西元前約260～西元前約190年） 古希臘數學家，當時以「大幾何學家」聞名，其專著《圓錐曲線》是古代科學巨著之一。該書是以歐幾里德的理論爲基礎寫成的，介紹了拋物線、橢圓和雙曲線，他還證明了阿基米德圓周率π的近似值。其他著作大都失傳，僅標題和內容提示經由後人，得以流傳下來。

Apollonius of Rhodes 羅得島的阿波羅尼奧斯（生於西元前約295年） 古希臘詩人、語法學家，著名的亞歷山大里亞圖書館館長。《阿爾戈船英雄記》的作者，主要敘述有關阿爾戈英雄航海的事跡，共四卷，阿波羅尼奧斯改寫了荷馬的語彙，使之適合傳奇史詩的需要，取得巨大成功。他對舊情節所作的新處理、啓發性的明喻，以及對大自然的出色描寫，常能緊緊抓住讀者。

apologetics 辨惑學 基督教神學的一支，致力於從理性方面爲基督教教義辯護。在新教中，辨惑學有別於爲某一特定宗派的信仰辯護的論辯神學。在天主教中，辯惑學指的是辯護整個天主教的教義。傳統上，辨惑學鞏固信徒信仰以防疑惑動搖，並爲不信者信教掃除理性上的障礙。辨惑學試圖爲基督教教義提出無可辯駁的證據，不讓懷疑論有生存的空間。聖經辯惑學在猶太教最盛行時將耶穌比作彌賽亞而爲基督教進行辯護。喀爾文的「自然神學」試圖透過理性的論點建立起宗教的眞理。18世紀後期有關一個宇宙一定有一個設計者的爭論現在仍繼續爭論；護教士也必須面對達爾文主義、馬克思主義和精神分析等理論的挑戰。

Apologist 護教士 指主要活躍於2世紀的任何一個基督教作家，他們試圖維護基督教教義以抵制希臘羅馬文化。他們大多數的著作是寫給羅馬帝國皇帝的，爲了辯護基督教的信仰和活動而把意見呈獻給政府文書官員。護教士盡力證明基督教古代應驗《舊約》預言的結果，他們爭辯那些對神話中神靈的崇拜者是眞正的無神論者。他們也堅持其信仰的哲學特性和高度的道德標準。希臘護教者包括殉教士聖查斯丁和亞歷山大里亞的聖克雷芒。2世紀拉丁護教士包括德爾圖良。亦請參閱apologetics。

apology 論辯文 自傳體形式，以辯護爲主結構來論述作者個人的信仰和觀點。早期典範有柏拉圖的《論辯篇》（西元前4世紀），這是一部富於哲學理性的對話，其中論及對蘇格拉底的審問，蘇格拉底以簡述其經歷和他的道德態度，來回答起訴人的控告。這種論辯通常是自我辯白。紐曼所寫《爲自己的一生辯護》（1864）一書，則是歷述自己改信天主教的經過。

apomixis＊ 無融合生殖 由特殊生殖組織發生的無受精生殖，包括動物的孤雌生殖（新個體由未受精的卵發育而成）及某些植物的無配子生殖。生殖組織爲孢子體或配子體。無融合生殖可使有利於個體生存的性狀長久保持，但不具有雙親遺傳的長期演化優勢。

apoptosis＊ 脫噬 亦稱計畫性細胞死亡（programmed cell death）。允許細胞在受適當觸發因素刺激時能自行毀滅的機制。脫噬有各種不同的起因，像身體不再需要該細胞或該細胞已變爲對生物體健康有害等情況。脫噬的異常觸發或抑制可導致許多病變，包括惡性腫瘤。雖然胚胎學家已熟悉編程性細胞死亡，他們觀察到：胚胎發育時，許多細胞犧牲來使生物體發育成最終形態。直到1972年才認識到此種機制有更廣泛的意義。該詞是從希臘文poptosis（意爲「脫落」）一詞創造出來的，以描述細胞這種自然而適時的死亡。

Apostle 使徒 指耶穌基督挑選的十二個使徒，有時也指其他人。他們是使徒聖彼得、雅各、西庇太的兒子使徒聖約翰和安德烈、腓力、巴多羅買、聖馬太、聖多馬、亞勒腓的兒子雅各、達太或猶大（雅各之子）、奮銳黨西門和加略人猶大。其中三人──彼得、雅各和約翰構成核心，只有他們目睹耶穌復活，彰顯聖容，在客西馬尼園祈禱的事件。猶大叛賣耶穌而死，他的缺位立即由新選出的馬提亞充任。保羅經常自稱使徒，他所根據的理由顯然是曾面見基督並親領命令。

Apostolic succession＊ 使徒統緒 基督教教義，謂主教（會督、監督）的職權是從耶穌基督的使徒一脈相傳而來。根據這種教義，主教秉承使徒的特別權力，包括接納教會成員、任命司鐸、按立其他主教以及統轄本教區神職人員和教會成員。早在西元95年，羅馬主教克雷芒便陳述這一教義，且爲天主教、東正教、老公會、瑞典路德宗和其他一些教會承認。有些新教教會將統緒維持爲神式及教條式的，而不足儀式性或歷史性的方式。

apotheosis＊ 神化 大概暗指一種與凡人形成對照的明確的多神論概念，同時承認某些人可以逾越神與人之間的界線。因此古希臘宗教特別傾向於信奉英雄和半神，有的歷史人物也被奉爲神。羅馬人一直到共和國完結，只接受一種官方的神化，把基林努斯神與羅慕路斯等同視之。但是，奧古斯都皇帝卻尊凱撒爲神，開始了崇拜皇帝爲神的傳統。

apotropaic eye＊ 避邪眼圖案 在陶瓷製品上繪畫的一隻或多隻眼睛，作爲驅趕災禍的象徵。從西元前6世紀開始在希臘的酒杯上最爲常見，被認爲可以避免邪惡的鬼怪隨酒一同進入口中。也被運用於土耳其和埃及的藝品上。

Appalachian Geosyncline 阿帕拉契地槽 現今阿帕契山脈的長條形地殼凹槽。造山運動的地槽理論是由霍爾首先應用於該地區。（參閱geosyncline）

Appalachian Mountains 阿帕拉契山脈 北美洲東部巨大山系，世界上最古老的山系之一。從加拿大紐芬蘭起，經魁北克、新伯倫瑞克，走向東南，到美國阿拉巴馬州中部爲止，全長2,000哩（3,200公里）。包括新罕布夏的懷特山、佛蒙特的格林山、紐約的卡茲奇山脈、賓夕法尼亞的阿利根尼山脈、維吉尼亞和北卡羅來納的藍嶺、北卡羅來納和田納西的大煙山脈，以及田納西的坎伯蘭高原。最高點在密契耳山。亦請參閱Appalachian Geosyncline、Appalachian National Scenic Trail。

Appalachian National Scenic Trail 阿帕拉契國家風景小徑 是一條由北向西南延伸的山區步行小路，全長2,000哩（3,200公里）。從美國緬因州的卡塔丁山，沿著阿帕拉契山脈的山脊一直到喬治亞州的斯普林吉爾山。這條路線共經過十四個州、八個國有森林和兩個國家公園。由徒步旅行者及志願者維護當中的遮雨蓬及營地。最高點在大煙山脈的克林曼山（海拔6,643呎或2,025公尺）。這一風景小徑是於1930年代之間，由熱心徒步旅行者所創建的，成爲美國國會在1968年設置的國家風景小徑系統之一。

Appalachian orogenic belt＊ 阿帕拉契造山帶 順北美洲東部邊緣，從美國南部的阿拉巴馬州向北方的加拿大紐芬蘭的山地範圍綿延1,860哩（3,000公里）以上。由逐漸向東添加到北美洲大陸邊緣上的物質形成的，最早的阿帕拉契沈積物是在寒武紀開始的前後不久形成的。

Appalachian Revolution 阿帕拉契造山運動 ➡ Alleghenian orogeny

Appaloosa 阿帕盧薩馬 美國常見的馬品種，據說具有北美洲內茲佩爾塞印第安人保留區內野馬的血統，系出西班牙探險家的馬匹。本品種呈習見的數種毛色：可爲純色，僅於臀部有一白斑，上有與體毛同色的多數小圓點；或全身散佈小白點；亦可爲白色、上綴色點。身高14～16手長（約57～64吋，或144～163公分），體重1,000～1,100磅（450～500公斤）。體輕而強健，可供多種用途。

阿帕盧薩馬
Sally Anne Thompson

appanage＊ 封地 主要指大革命以前法國王室分封王族子女的土地。13～16世紀期間，王室封地相當普遍，用以保障國王的年幼手足，亦有助於發展皇室在土地方面的行政權。1566年Ordinamce of Moulins將土地制定爲不可分割，因此所有封地最終會回歸國王。法國大革命期間被完全取消。但在1810～1832年間又短暫地被重新實施。

appeal 上訴 指訴請上級法院複審下級法院的判決，或者請求法院複審行政機關的命令。各種法系至少在形式上都規定了某種上訴程序。在美國，高等法院會檢視原審判中所記錄事物，新的物證不能呈堂供證。美國最高法院可審理對「公共利益」有重大影響的案件，其餘案件只能上訴到美國聯邦上訴法院。亦請參閱certiorari。

appeasement＊ 綏靖政策 爲了防止戰爭、安撫受侵害國家的外交政策，主要的範例是1930年代英國對法西斯義大利和納粹德國的政策。1935年張伯倫容忍義大利入侵衣索比亞，而在1938年德國併吞奧地利時，也沒有採取任何行動。當希特勒準備兼併種族上屬於德國人的捷克斯洛伐克時，張伯倫與之訂定了惡名昭彰的「慕尼黑協定」。

Appel, Karel＊ 阿佩爾（西元1921年～） 荷蘭畫家，雕刻家，平面藝術家。曾在阿姆斯特丹皇家美術學院學習（1940～1943），爲北歐表現主義眼鏡蛇畫派創始人之一。1950年移居巴黎，1960年代在紐約定居。其風格具表現性抽象概念，色彩厚重，筆觸奔放，喜畫一種刺目的、收縮式的圖形。以木料和金屬製作的象徵性雕塑與粗放的繪畫。他曾爲幾位爵士樂歌手繪了畫像，還有一些公共場所作品，如巴黎聯合國教科文組織大廈的壁畫。

appendix 闌尾 全名蚓狀闌尾（vermiform appendix）。解剖學上附於大腸的盲腸的一條退化性中空管。人類的闌尾長約3～4吋（8～10公分），寬不及0.5吋

（1.3公分），沒有消化功能。闌尾的肌質壁可將管壁分泌的黏液或誤入管腔的消化物擠回盲腸，因此如果闌尾開口受堵或排出功能受阻，皆可能導致闌尾炎。當闌尾無法排空時，消化液和黏液會逐漸累積而使闌尾水腫、脹大和變形，接著血液回流會受阻而產生壞死，同時原先寄生在此處的細菌會趁機繁殖而使炎症反應加劇，如果這些現象繼續惡化下去，闌尾可能會脹破而將其內容物灑入腹腔，進而引發腹膜炎。闌尾炎最初的症狀爲局限於上腹部或肚臍周圍的模糊性疼痛，接著變成局限於右下腹部的持續性疼痛。體溫上升亦很常見，但在早期很少太高；白血球通常會上升至12,000～20,000。闌尾炎的疼痛部位會隨闌尾的解剖位置而異，常會與其他腹部急症所引起的腹痛混淆，因此需仔細檢查方能確定是否眞的罹患了急性闌尾炎。闌尾炎的基本治療法爲開刀切除（闌尾切除術）。

Appian Way＊ 阿庇亞大道 拉丁語作Via Appia。最早和最有名的古羅馬大道，從羅馬通往坎培尼亞和南義大利。阿庇亞大道在西元前312年由監察官克勞狄開始督造。最初這條路只連接古代的卡普阿，全長230哩（212公里）。到西元前244年，它又延長了230哩（370公里），到達義大利「踵部」的布倫迪西厄姆（今布林迪西）港。這條路路面稍微凸起，使它易於排水。路基以石灰泥黏合重石塊來建造，形成了這條路良好的表面，是運送貨物到海港（再輸出至希臘和東地中海各地）的主要大道。這條道路在靠近羅馬城外仍可看見。

apple 蘋果 薔薇科蘋果屬植物的果實，蘋果樹是栽培最廣泛的果樹。原產於兩半球溫帶。蘋果樹需要一定時期的休眠期，及排水良好的土壤；在果樹生長的前幾年小心的除草除蟲、修剪整枝，對成年果樹須嚴格按規定噴灑農藥以防治害蟲。蘋果是梨果的一種，雖然成熟蘋果的大小、形狀、顏色和酸度因品種和環境條件的不同而差異很大，但通常圓形，帶紅色或黃色。蘋果品種數以千計，分爲酒用品種、烹調品種、尾食品種三大類。晚夏成熟的品種一般不宜貯藏。晚秋成熟的品種精心保管可貯藏達一年之久。世界上主要的蘋果生產國是美國、中國、法國、義大利和土耳其。可直接食用或以多種方式烹煮，富含維生素A、維生素C、碳水化合物以及纖維。

Apple Computer, Inc. 蘋果電腦公司 微電腦的設計和製造公司，爲第一家成功的個人電腦公司。由賈伯斯和沃茲尼亞克創立於1976年，第一批電腦在賈伯斯家的車庫製成。有塑膠外殼和彩色圖片的第二代蘋果電腦（1977）讓公司獲得成功，到1980年爲止賺進一億美元以上，同年該公司股票首度上市。1981年引進國際商業機器公司個人電腦，執行一種微軟公司的操作系統，標示著蘋果電腦在個人電腦市場長期競爭的開始。1984年引進的麥金塔電腦是第一批使用圖形使用者界面和滑鼠的個人電腦。Mac電腦起初賣得不好，賈伯斯也在1985年離開公司，但最後在桌面出版市場找到一片天地。來自微軟Windows界面及作業系統的強勁競爭，導致蘋果電腦的市場占有率持續下降。歷經一連串沒有效率的經營者後，1997年公司召回賈伯斯。他與微軟公司結盟，使生產線現代化，而在1998年幫助引進iMac電腦，並很快成爲Mac系列最暢銷的電腦。

apple scab 黑星病 蘋果樹的疾病。由眞菌Venturia inaequalis引起，葉片、果實（有時在幼枝上）會產生暗斑。受到感染的植株果實可能在成熟前掉落，造成潛在的農產嚴重損失。黑星病見於蘋果生長的任何地方，但在春季和夏季濕涼之處最爲嚴重，蘋果屬所有品種皆受影響。例行噴灑殺眞菌劑是控制此病最有效的方法。

Appleseed, Johnny 蘋果佬（西元1774～1845年） 原名查普曼（John Chapman）。美國拓荒者和民族英雄。原爲苗圃園丁，1800年左右開始在賓夕法尼亞從榨蘋果汁中收集蘋果種子，然後往西旅遊到俄亥俄河谷地，沿路撒下蘋果種子。他照顧自己約486公頃的果園，也幫人看管數百平方公里的果園，把無數的蘋果樹苗賣給或轉讓給拓荒者。其仁慈、慷慨的個性和謙虛爲懷的精神感化了印第安人和那些野蠻人，而其怪異的打扮（包括赤腳、穿著一件咖啡色寬鬆的襯衫和把平底鍋當帽子戴）更讓他成爲一個傳奇英雄。

applied psychology 應用心理學 心理學分支，研究如何將科學心理學的發現和方法應用於解決人類行爲的實際問題。智力測驗、法律問題、工業生產效率、動機、少年犯罪等，都是20世紀初期應用心理學的一些課題。兩次世界大戰促進了職業測驗、教學方法、對態度和信念的評價、在精神壓力下的工作能力、宣傳和心理戰以及康復等方面的工作。航空工業和各種太空機構和組織，對工程心理學（研究人和機械的關係）的迅速發展起了重要的作用。其他方面還包括了：消費者心理學、學校心理學、社區心理學。亦請參閱industrial-organizational psychology、psychometrics。

appliqué ➠ quilting

Appomattox Court House＊ 阿波麥托克斯縣府 維吉尼亞中南部舊鎮，在美國南北戰爭中，1865年4月9日李將軍率領的美利堅邦聯南軍向格蘭特將軍率領的北軍投降的地點。自1892年建立新城後，此地已成廢墟。1940年闢爲國家歷史紀念地，1954年成爲國家歷史公園。

apprenticeship 學徒訓練 根據一種規定有師徒關係、訓練年限和條件的合法契約進行的藝術、貿易或手藝訓練。學徒訓練在古代就有了，中世紀時歐洲興起的手工業行會（參閱guild）也使學徒訓練變得重要，標準的學徒訓練時期是七年。工業革命時期，一種新的學徒訓練發展起來了，雇主是工廠的老闆，在他施以訓練之後，學徒就成爲工廠工人。大規模機器生產的發展增加了對半熟練工人的需要，技工學校便在歐洲和美國發展起來，特別是第二次世界大戰以後。在美國，有些行業（如建築行業）仍有學徒訓練計畫，學徒們通過資格考試後再進行另一階段的訓練，工資是正常薪資的60～90%不等。

approximation, linear ➠ linear approximation

APRA＊ 美洲人民革命聯盟 全名Alianza Popular Revolucionaria Americana（西班牙語意爲American Popular Revolutionary Alliance）。1924年由陶瑞創立的政黨，曾支配祕魯政治幾十年之久。大致與所謂阿普里斯塔運動同義，該黨致力於拉丁美洲的統一、外資企業的國有化、停止剝削印第安人。受到工人及中產階級自由派支持，該黨擁有巨大權力，但保守力量採取不尋常的手段來防止陶瑞登上總統之位。最後，美洲人民革命聯盟候選人裴瑞茲在1985年成爲總統。亦請參閱indigenismo。

apraxia＊ 失用 由大腦皮質損害引起的功能障礙：喪失了進行實用或複雜動作的能力，而運動功能和智力仍保持完整。運動性失用使得患者不能進行精細動作，觀念性失用是不能把動作完整地組織起來，即使是一個很簡單的動作。觀念－運動性失用是指觀念作用和運動功能之間不能協調。患者不能在命令下完成某些動作（如吹口哨或握拳），但能無意識地那樣做。結構性失用表現爲不能將各個單個成分準確地組合成一個有意義的整體。

apricot　杏　學名Prunus armeniaca。薔薇科喬木。普遍栽培於世界溫帶地區。鮮果可加入麵團食用，也可製成果醬、罐頭、杏乾等。樹大，樹冠開展，葉闊心形，深綠色。花白色，果平滑，形狀似桃，但少毛或無毛。杏富含維生素A和天然糖分；杏乾是鐵的良好來源。

April Fools' Day　愚人節　亦稱All Fools' Day。4月的第一天，是因爲根據習俗在這一天可以對別人玩弄惡作劇。這種風俗在某些國家已經持續數百年包括法國及英國，其起源不詳。它與其他節日，如古羅馬的嬉樂節（3月25日）和印度的歡悅節（3月25日止）有相似之處。在美國，於愚人節當日捉弄人的習俗是由英國人帶來的。

April Theses　四月提綱　列寧1917年提出的號召蘇維埃奪取政權的綱領，這一綱領對十月革命起了指導作用。在這個綱領中，他要求停止支持臨時政府，號召立即退出第一次世界大戰和將土地分給農民。由於「四月提綱」導致了後來的七月危機，同年10月布爾什維克黨奪取了政權。

apse　後堂　指唱詩班席和聖壇尾部的半圓形或多角形凹室（參閱cathedral）或是公共建築的側堂。最早見於基督教時期以前的古羅馬建築中，原是大壁龕，常作爲放置神像的地方。後堂還見於古代澡堂和巴西利卡建築中。帶有圓頂的後堂成爲教堂不可缺少的部分。

拉韋納聖維塔爾教堂的後堂（526～547）
Alinari – Art Resource

Apuleius, Lucius＊　阿普列烏斯（西元124?～西元170?年以後）　柏拉圖派哲學家、修辭學家及作家。因著《金驢記》一書而知名。這部記述一個被魔法變成驢的青年之經歷的散文敘事作品對後世影響深遠。從此書可以看到古代風習，對古代宗教祕密儀式的描述特別有價值。阿普列烏斯還寫過有關柏拉圖的三卷書，只有兩卷殘留。

Apulia　阿普利亞 ➠ Puglia

Apure River＊　阿普雷河　委內瑞拉西部河流，奧利諾科河主要可通航支流。發源於梅里達山，東北流，穿委內瑞拉最重要牧牛區拉諾斯平原的中部。長510哩（820公里）。

Apurímac River＊　阿普里馬克河　祕魯南部河流，源出祕魯的安地斯山脈，向西北流，與烏魯班巴河匯合稱烏卡亞利河。流程430哩（700公里），穿越狹峽谷，水勢湍急，多瀑布急流。下流稱爲佩雷內河及坦博河。

Aqaba, Gulf of＊　亞喀巴灣　紅海東北部海灣。在沙烏地阿拉伯與埃及西奈半島之間。寬12～17哩（19～27公里），長100哩（160公里）。頂端與埃及、以色列、約旦及沙烏地阿拉伯接壤，唯一的避風港爲埃及的達哈布，約旦和以色列在此建有亞喀巴港和埃拉特港，各自爲紅海及印度洋的出口。

Aqhat Epic＊　阿迦特敘事詩　古代西閃米特人的傳說。意在解釋每夏乾旱的原因，記載於發掘自敘利亞北部，約西元前14世紀的三塊石板上。這部敘事詩記載祈求上天而得的阿迦特王子的誕生。年輕的阿迦特獲得原是爲女神安娜特所製的神弓。安娜特因欲重獲神弓被拒，而她設計殺害他。他的死亡使得世上發生饑荒，阿迦特的父親和妹妹方知親人被害，決心報仇。以下情節因文體湮沒而不詳。

Aqmola　阿克摩拉 ➠ Astana

aquaculture　水產養殖　亦稱魚類養殖（fish farming）或海水養殖（mariculture）。養殖魚類、貝類和栽培某些水生植物以補充自然供應的不足的產業。世界各地都在受控條件下飼養魚類。絕大多數的水產養殖部門，其經營目的爲向市場提供水產品，而若干政府機構則從事河湖養魚以供遊釣之用。另外，金魚及其他家庭水箱觀賞魚類也是魚類養殖業的對象。水產養殖的從業人員也爲商業性捕魚和遊釣捕魚供應餌料魚。世界上大部分地區都養殖鯉、鱒、鯰魚、吳郭魚屬、扇貝、蚌、蝦及牡蠣。

aquamarine　海藍寶石　淡藍綠色的綠柱石變種，像寶石一樣珍貴。是綠柱石寶石中最常見的變種，產於偉晶岩中，形成比祖母綠更大、更透明得多的晶體。產於巴西（主要來源）、俄羅斯的烏拉山、馬達加斯加、斯里蘭卡、印度以及美國緬因州、新罕布夏州、康乃狄克州、北卡羅來納州和科羅拉多州。熱處理有時可改善綠柱石寶石的顏色。

aquarium　水族館　貯養淡水或海水水生生物的處所，爲收集水生生物供展覽或作科學研究的設施。世界上第一個供展覽用的水族館於1853年在英國攝政公園對公衆開放。現在世界上許多重要城市都設有公立的以及營業性的水族館。另一類水族館則是主要以科學研究爲目的。水箱不分大小，小到裝不了一加侖水的小罐，大到能盛一百萬加侖水的巨型水箱，都必須精心製作；許多物質，尤其是塑膠和膠黏劑，雖對人無毒，但對在水中呼吸的動物卻有毒。水的品質是維護水族箱生物最基本的要求。

Aquarius　水瓶座　（拉丁文意爲「盛水器皿」）在天文學中，位於摩羯座和雙魚座之間；在占星術中，爲黃道帶的第十一宮，掌管1月20日到2月18日的命宮。水瓶座的形象是一個人從水瓶裡倒出一條水流，這可能是因爲在古代時，水瓶座從東方升起，同中東地區洪水氾濫的季節和雨季巧合之故。從占星術「大年」的概念來看，地球在25,000年期間通過整個黃道十二宮並受其影響，19世紀初是水瓶座時期的開始。

aquatint　銅版畫飛塵腐蝕法　蝕刻法的一種，爲製版者所廣泛應用，以達到色調範圍廣闊的效果。完成的版畫常類似水彩畫或水墨畫。此法係使酸液透過一層顆粒狀的樹脂或砂糖侵蝕銅版表面而成，其色調的質地及深度是由控制酸性液體及曝晒時間長度而定。18世紀後期，飛塵腐蝕法已成爲印製版畫最流行的方法。使用此法的著名畫家有18世紀的西班牙畫家哥雅；19世紀的印象派畫家竇加和畢沙羅，以及使用砂糖銅版畫飛塵腐蝕法的20世紀畫家畢卡索、魯奧和馬松。

aquavit＊　露酒　源自拉丁文aqua vitae，爲「生命之水」之意。產於斯堪的那維亞國家的香料型蒸餾酒。用馬鈴薯或穀物醪發酵蒸餾，再添加葛縷子等香料一同蒸餾，經木炭過濾，一般不經陳釀即裝瓶。露酒的酒精含量42～45%（容量）。大部分露酒味甜而辣，通常是小瓶裝，冷飲。

aqueduct 輸水道 用於輸送水的人工結構，尤其指通過河谷的高架水道。羅馬人修建了古代最宏偉的輸水道，從57哩（92公里）遠的地方向城市供水；其中部分是利用石拱結構，大部分是以石頭和赤陶造的地下溝渠。現代輸水管道多用鋼、鐵製成。亦請參閱water-supply system。

aquifer＊ 含水層 含水的岩層，並能釋放出可觀的水量。岩層內有充滿水的孔隙，當它們相連時，水就在岩石中流動。封閉含水層是被不定水量輸送或不透水岩層封閉或覆蓋的，但是眞正的封閉含水層很少。非封閉含水層上面沒有不透水岩層，通過滲透與大氣層相通。含水層也會被稱爲載水岩層、載水體或載水區。

Aquinas, St. Thomas ➠ Thomas Aquinas, St.

Aquino, (Maria) Corazon 柯拉蓉・艾奎諾（西元1933年～） 原名Maria Corazon Cojuangco。菲律賓總統（1986～1992）。出生於政治望族，嫁予艾奎諾（1932～1983）。其後她丈夫成爲馬可仕總統最著名的反對派。1983年她丈夫從流亡中返回菲律賓時遭暗殺，1986年柯拉蓉成爲反對派的總統候選人。雖然官方宣稱馬可仕在選舉中獲勝，但社會上廣泛流傳選舉有詐；軍隊裡的高級軍官都支援艾奎諾，馬可仕便逃離菲律賓。作爲總統，艾奎諾頒布了一部廣受歡迎的憲法。但在對腐敗和經濟不公平的一片指責聲中，民衆對她的支持率逐步下降。

Aquitaine 亞奎丹 法國歷史區。大致是高盧西南部的羅馬行政區亞奎丹尼亞，原是從庇里牛斯山脈延伸至加倫河的大片區域。西元507年被克洛維征服，8世紀時成爲查理曼治下的一個王國。加洛林王朝沒落後，亞奎丹在10世紀時成爲一強盛的公爵領地，控制了法國南部的羅亞爾河流域。當亞奎丹的埃莉諾與路易七世結婚（1137）後，亞奎丹歸屬卡佩王朝。在她的第二次婚姻，嫁給英國的亨利二世（1152）後，亞奎丹就歸金雀花王室所有。10世紀時這裡稱爲吉耶訥，後來併入加斯科涅和吉耶訥。

AR-15 ➠ M16 rifle

Ara Pacis (Augustae) 和平祭壇 （拉丁語意爲「奧古斯都和平祭壇」）羅馬皇帝奧古斯都在羅馬戰神廣場修建的紀念碑（西元前13～西元前9年），以紀念他在西班牙和高盧的輝煌戰績。它是被牆圍著的雲石祭壇構成的神龕。牆垣及祭壇上的浮雕是羅馬藝術中的優秀典範。其上的浮雕訴說著祭壇前的儀式行列景況，清晰可視的像記載著當時的狀態爲西方藝術中首次出現的記錄形成。

Arab 阿拉伯人 指在中東和北非以阿拉伯語爲民族語言的民族。在西元630年間伊斯蘭教和阿拉伯語廣爲傳播以前，「阿拉伯人」係指阿拉伯半島上以游牧爲生的閃米特居民。近代則包括從非洲大西洋海岸的茅利塔尼亞及摩洛哥到伊朗西南的沼澤地帶操阿拉伯語的諸民族，以及之後廣爲接納，推廣，伊斯蘭教的蘇丹。傳統上有的阿拉伯人，主要是在荒漠上放牧的游牧民族（參閱Bedouin）；其他則是定居在綠洲和狹小而孤立的農村中。大部分阿拉伯人的信仰是伊斯蘭教，少數信奉基督教。此詞亦用以表示民族（阿拉伯國家）或社會語言。

Arab-Israeli Wars 以阿戰爭 發生於1948～1949、1956、1967、1969～1970、1973及1982年間以色列和阿拉伯各國的主要軍事衝突。第一次戰爭（1948～1949）起因於以色列根據聯合國分割巴勒斯坦後宣布成立獨立國家。阿拉伯五國（埃及、伊拉克、約旦、黎巴嫩和敘利亞）爲了抗議這項行動，向以色列發動了進攻。在以色列獲得許多領土後，衝突宣布結束。1956年埃及宣布蘇伊士運河國有化後，爆發了蘇伊士危機。一支由法國、英國和以色列組成的盟軍向埃及和蘇伊士運河區域發動攻擊，但不久就在國際壓力下撤軍。1967年六日戰爭爆發，以色列向埃及、約旦和敘利亞發起進攻，戰爭在以色列占據大量阿拉伯國家土地後結束。1969～1970年由於埃及與以色列之間的摩擦，一次未宣而戰的戰爭再度爆發，戰鬥發生在蘇伊士運河沿岸，後在國際外交調解下結束。1973年埃及和敘利亞對以色列開戰（齋月戰爭），儘管戰爭初期阿拉伯國家取得勝利，但最後仍勝負未分地結束。1979年埃及與以色列達成和平協定。1982年以色列爲了驅逐巴勒斯坦游擊隊而入侵黎巴嫩。1985年以色列軍隊從黎巴嫩大部分領土上撤除，但直到2000年始終保留一塊狹窄的緩衝區。亦請參閱Camp David Accords、Dayan, Moshe、Arafat, Yasir、Assad, Hafiz al-、Begin, Menachem、Ben-Gurion, David、Nasser, Gamal Abdel、Rabin, Yitzhak、Sadat, Anwar el-、Hizbullah、Sabra and Shatila massacres。

Arab League 阿拉伯國家聯盟 亦稱League of Arab States。1945年在開羅成立的區域組織。成立時的成員國爲埃及、敘利亞、黎巴嫩、伊拉克、外約旦（今約旦）、沙烏地阿拉伯和葉門。其他成員國還有利比亞、蘇丹、突尼西亞、摩洛哥、科威特、阿爾及利亞、巴林、阿曼、卡達和阿拉伯聯合大公國、茅利塔尼亞、索馬利亞、巴勒斯坦解放組織、吉布地。聯盟成立時的目的是爲了加強與協調成員國的政治、文化、經濟和社會規畫及調解成員國之間或成員國與第三方之間的糾紛，及後來增加的協調軍事防禦措施的義務。成員國常因政治議題而分裂；埃及因與以色列簽定和平協定而被中止成員國資格十年（1979～1989），而波斯灣戰爭亦造成了阿盟嚴重分裂。亦請參閱Pan-Arabism。

arabesque 阿拉伯裝飾風格 以各種植物和抽象曲線互相盤繞構成基本圖案。西元1000年左右成爲典型的伊斯蘭教裝飾。arabesque一詞首見於15或16世紀，當時歐洲人對伊斯蘭藝術很有興趣，但阿拉伯風格是從在小亞細亞工作的希臘化時期手工藝人的作品演變出來的。從文藝復興直到19世紀初，阿拉伯風格還被用於裝飾手稿、牆壁、家具、金屬製品和陶器。

阿拉伯裝飾風格的圓頂
Ray Manley – Shostal Assoc.

Arabian Desert 阿拉伯沙漠 阿拉伯半島的沙漠區。面積900,000平方哩（2,330,000平方公里）。幾乎占有整個阿拉伯半島。地跨沙烏地阿拉伯、約旦、葉門、阿曼、阿拉伯聯合大公國、卡達、科威特和伊拉克。雖然全區有三分之一被沙漠覆蓋，東北部的底格里斯－幼發拉底河和葉門的哈季爾河兩大水系卻是終年不竭。這裡曾發現更新世人類文化的遺跡。

Arabian horse 阿拉伯馬 最早的改良馬品種。快速、力強、體形美、聰明、溫馴而受人珍愛。其歷史並無明確記載，然西元7世紀時在阿拉伯一帶已有繁殖。許多現代輕型馬的優良品質均可溯源到阿拉伯馬。阿拉伯馬身材較小而堅實。頭小，眼突出，鼻孔寬大，肩隆明顯，背短。身高約15手（60吋或152公分），體重800～1,000磅（360～450公斤）。毛色多樣，以灰色爲主。

Arabian Nights' Entertainment 天方夜譚 ➟ Thousand and One Nights, The

Arabian Peninsula 阿拉伯半島 或作Arabia。亞洲南角半島地區。包含沿岸的島嶼，面積約一百萬平方哩（兩百六十萬平方公里）。政治上分成沙烏地阿拉伯、葉門、阿曼、阿拉伯聯合大公國、科威特、卡達和巴林等國，人口約32,138,000（1990）。現代經濟以石油生產爲主。古代地理上，該半島被分成西北部的「阿拉伯岩石區」，北、中部的「阿拉伯沙漠區」，南、西南部的「阿拉伯菲利克斯」。該區政治上的孤立始於穆罕默德且持續到他死後。直到661年這裡一直是正統哈里發帝國的中心，後來被大馬士革的伍麥葉帝國取代。1517年以後這裡大部分地區被鄂圖曼土耳其人統治，直至20世紀，這裡還是常常發生暴動。亦請參閱Arabian Desert。

Arabian religions, ancient 古代阿拉伯宗教 伊斯蘭教興起之前阿拉伯的多神宗教。阿拉伯部族的神祇大部分是與日、月等天體有關的天神，祂們擁有確保生殖、保護或報復的力量。阿拉伯南部衆神之首是雷神暨雨神阿斯塔爾。每個王國也都有一個護國之神，該國即自稱爲其後裔。聖所鑿於高處的岩石，在透空的圈圍處供奉著凸石或神像，僅儀式上潔淨的人可以抵達。在阿拉伯北部，聖所包括一個牆圍的地方，有覆蓋或圈圍的神壇，類似伊斯蘭教的克爾白。奠酒、動物犧牲等奉獻給神，祭司詮釋神諭並進行占卜。崇拜者每年到重要神龕朝聖，參與淨身、著禮服、禁欲、禁絕流血、繞行聖物等儀式。

Arabian Sea 阿拉伯海 印度洋西北部水域。介於印度和阿拉伯兩半島之間，面積1,491,000平方哩（3,862,000平方公里），平均深度8,970呎（2,734公尺）。向北由阿曼灣經過荷姆茲海峽連接波斯灣，向西由亞丁灣通過曼德海峽進入紅海。印度河是流入該海的最大河流。海中有索科特拉島、拉克沙群島。主要港口有孟買、喀拉蚩和亞丁。數世紀以來，阿拉伯海一直是歐洲與印度間主要的貿易航線。

Arabic alphabet 阿拉伯字母系統 書寫阿拉伯語和其他多種語言的書寫體，爲伊斯蘭教信徒廣爲使用。阿拉伯字母系統有二十八個字母，由納巴泰阿拉米語衍生而來。由於阿拉伯字母較阿拉米字母協調，有的字母會加上區別性的點以避免閱讀時的混淆，也保持了其書寫體的特點。書寫時自右向左。儘管字母w、y和喉塞音（從歷史的觀點來說）的標記還用來代表長母音u、a和i。另外代表短母音和雙重輔音讀音符號通常僅僅被用於書寫《可蘭經》的經文。阿拉伯書寫體基本上是草書體，阿拉伯字母的書寫形式，各依其在單詞中的所處位置（詞首、詞中或詞尾）而有所不同。使用阿拉伯字母系統的非閃米特語系包括：波斯語、庫爾德語、普什圖語、烏爾都語、土耳其語、馬來語、斯瓦希里語和豪薩語。

Arabic language 阿拉伯語 通行於南亞、北非（從埃及、蘇丹起，西至摩洛哥和茅利塔尼亞）一帶的閃米特語。儘管阿拉伯字和特有的姓名早在古代巴爾米拉和納巴泰王國（以佩特拉附近爲中心）的阿拉米語手稿中出現，但一直到伊斯蘭教崛起後才開始有大量的阿拉伯語文件。8世紀起文法學者把阿拉伯語編撰成古典阿拉伯語形式。19～20世紀古典阿拉伯語格式範圍和辭彙的擴展形成了現代標準的阿拉伯語，成爲現代阿拉伯人使用的通用語。口語阿拉伯語與古典阿拉伯語的差別很大，目前有超過兩億人使用許多各種不同的阿拉伯語方言，且相互難以理解。亦請參閱Arabic alphabet。

Arabic literary renaissance 阿拉伯文學復興 指由於同西方接觸和對偉大的古典文學重新產生興趣而立意創造現代阿拉伯文學的19世紀運動。該運動始於埃及，因許多敘利亞和黎巴嫩作家都挑選這一較爲自由的環境作爲復興的中心。在第一次世界大戰後鄂圖曼帝國解體和第二次世界大戰後獨立運動不斷興起的影響下，復興運動遍及其他阿拉伯國家。它成功地改變了阿拉伯文學取向和它的傳布、教育的現代化以及對阿拉伯文出版社需求的急迫性有關。

Arabic philosophy 阿拉伯哲學 亦稱伊斯蘭哲學（Islamic philosophy）。9～12世紀阿拉伯哲學家的教誨，影響了中世紀歐洲的經院哲學。阿拉伯傳統把亞里斯多德主義、新柏拉圖主義與經由伊斯蘭教引進的其他思想結合起來。影響深遠的思想家有：波斯人金迪、法拉比、阿維森納和西班牙人阿威羅伊，他們對亞里斯多德的詮釋被猶太思想家及基督教思想家採用。伊斯蘭教徒、基督教徒、猶太教徒加入了阿拉伯傳統，靠著哲學而非宗教的教條來區分彼此。當阿拉伯人支配西班牙時，阿拉伯哲學文獻被譯爲希伯來文和拉丁文，這有助於近代歐洲哲學的發展。約同一時候在埃及，阿拉伯傳統由邁蒙尼德和伊本·赫勒敦加以發展。

Arachne＊ 阿拉喀涅 希臘神話中里底亞的科洛豐人伊德蒙的女兒，善織繡，敢與雅典娜女神挑戰。雅典娜織了一幅掛毯，上面繡有莊嚴的諸神群像，而阿拉喀涅卻織出了他們的愛情事件。雅典娜對阿拉喀涅的完美技藝大爲惱怒，把織物撕成碎片，阿拉喀涅在絕望中自縊身死。雅典娜出於憐憫鬆開繩子，繩子變成了蜘蛛網，而阿拉喀涅本人則變成了蜘蛛。

arachnid＊ 蛛形動物 蛛形綱動物的通稱，多爲節肢動物，有著發育完善的頭部、堅硬的外骨骼和四對用來行走的腳。多數的種類有分節的身體（但請參閱daddy longlegs），體長由0.003吋或0.08公釐的蟎至約8吋（21公分）的非洲黑蠍。蛛形動物在成熟前要蛻多次皮（參閱molting）。大多數無法在體內消化食物，食物進入消化道前多被液化。蛛形動物散佈世界各地，大多數自由生活，但有些蟎和蜱屬寄生性，它們會導致嚴重的動物和人類疾病。有些毒蜘蛛和毒蠍對人有危險；但多數蛛形動物對人無害，並因捕食害蟲而有益。

Arachosia＊ 阿拉霍西亞 古代波斯帝國東部省份，位於今阿富汗南部。在波斯統治者大流士三世死後，西元前330年由亞歷山大大帝的馬其頓統治。

Arafat, Yasir＊ 阿拉法特（西元1929年～） 原名Muhammad Abd al-Rauf al-Qudwah al-Husayni。巴勒斯坦領袖，生於耶路撒冷。曾就讀於開羅大學，畢業爲一名土木工程師。1956年加入埃及陸軍中服役，同年參加對以色列的戰役。戰後阿拉法特到科威科，以工程師身分爲政府工作。在科威特時成爲法塔赫（後來巴勒斯坦解放組織主要的軍事組成部分）的創立者之一。1969年出任巴解組織主席。1974年阿拉法特成爲第一位在聯合國大會發表演說的非政府組織（巴解組織）代表。1993年阿拉法特進一步邁向和平，他正式承認以色列的生存權，並展開以巴和約的談判。1994年阿拉法特與拉賓和裴瑞斯共獲諾貝爾和平獎，1996年獲選爲巴勒斯坦政府當局的總統。

Aragon＊ 亞拉岡 西班牙東北部自治區（2001年人口約1,204,215），面積約18,398平方哩（47,651平方公里），首府爲薩拉戈薩。範圍大致相當於歷史上亞拉岡王國。境內有中庇里牛斯和伊比利山區，厄波羅河流經大部分地區。1035年拉米羅一世建立亞拉岡王國，後來這塊土地落入摩爾人手裡。1118年當時的阿爾摩拉維德王國的首都薩拉戈薩爲亞拉岡的阿方索一世所占，現在亞拉岡的版圖大致在12世紀末底定。13～14世紀時，其統治了西西里、薩丁尼亞、那不勒斯和那瓦爾。15世紀費迪南德五世與卡斯提爾的伊莎貝拉一世結婚，亞拉岡和卡斯提爾王國合併，爲近代的西班牙奠定了初步基礎。1833年亞拉岡被畫爲幾個省。經濟以農業、採礦和工業爲主，工業集中在薩拉戈薩。

Aragon, Louis＊　亞拉岡（西元1897～1982年）　原名Louis Andrieux。法國詩人、小說家和散文家。透過超現實主義詩人布列東的介紹，進入前衛派的圈子，1919年和布列東一起創辦超現實主義刊物《文學》。從1927年開始漸漸成爲政治上的活躍分子和共產主義的發言人，1933年因政治理念不同而與超現實主義者決裂。作品包括長篇小說《現實世界》（四卷；1933～1944），描寫無產階級走向社會主義革命的階級鬥爭；《共產黨員們》（六卷，1949～1951）；部分隱含自傳性的小說；以及幾冊詩集，表現其愛國主義和對妻子的愛。1953～1972年擔任共產黨文藝週刊《法蘭西文藝報》的主編。

aragonite＊　文石　碳酸鹽礦物，是碳酸鈣（$CaCO_3$）在高壓下的穩定形態。其與方解石區別之處是，硬度較高，比重較大。文石通常出現在地表附近於低溫下形成的堆積物中，如在洞穴中作爲鐘乳石，在金屬礦物的氧化帶中（鉛取代鈣），在蛇紋岩和其他基性岩石中（參閱acid and basic rocks），在沈積物中和鐵礦床中。文石是珍珠中常見的礦物，也見於一些動物貝殼中。它同方解石和球霰石是同質多像體（化學式相同而晶體結構不同），而且隨著地質年代的進展，甚至在正常條件下也很可能轉化成方解石。

Araguaia River＊　阿拉瓜亞河　巴西中部河流，源出巴西里亞高地，流向偏北方向，在阿拉瓜亞河畔聖若昂匯入托坎廷斯河，全長1,600哩（2,627公里）。中游分成兩條水道，通向巴納納爾島兩側，島長200哩（320公里）左右，島上有阿拉瓜亞國家公園。雖然阿拉瓜亞河吸收了巴西內地大部分地區的水，但是很少能通航，因瀑布急流太多。

arahant ➠ arhat

Arai Hakuseki＊　新井白石（西元1657～1725年）　日本儒家學說學者和江戶時代中期政府官員。曾擔任教師，後來成爲第六代德川幕府的德川家慶的謀士。他曾就日本地理、哲學、法制制度等課題編寫著作，被認爲是日本最偉大的史學家之一。最著名的著作包括《讀史餘論》和《古史通》。亦請參閱Genroku period、Tokugawa shogunate。

Arakcheyev, Aleksey (Andreyevich), Count＊　阿拉克切耶夫（西元1769～1834年）　俄國軍官和政治家。1803年任砲兵總監，1808～1810年任陸軍大臣。在1808～1809年俄國對瑞典的戰爭中，他親自率兵跨過冰凍的芬蘭灣進攻奧蘭群島，迫使瑞典把芬蘭割給俄國。他曾在拿破崙戰爭中擔任沙皇亞歷山大一世的軍事顧問，戰後以殘暴的手段操縱俄國的內政，1815～1825年這段期間被稱爲阿拉克切耶夫時期，並參與解放波羅的海各省的農奴，並創造一種軍事－農業殖民系統。

Araks River＊　阿拉斯河　亦作Aras River
流經土耳其、亞美尼亞和亞塞拜然的河流。源自土耳其亞美尼亞南端的埃爾蘇魯姆山，往東流，最後匯入亞塞拜然的庫拉河，此段約莫60哩（951公里）。自1897年河水氾濫後，多出一條支流注入裏海，全長570哩（915公里），形成亞美尼亞、亞塞拜然（北）和土耳其、伊朗（南）之間的疆界。阿塔克薩塔在河中的一個島上，爲西元前180年到西元50年的亞美尼亞首府。

Aral Sea　鹹海　位於哈薩克和烏茲別克之間的大鹹水湖。面積曾有25,659平方哩（6,457平方公里），曾爲世界第四大內陸湖，但由於錫爾河和阿姆河因灌溉而減少了流入量，自1960年以來已縮小了一半表面面積。體積驟減75%，海水含鹽量10.7‰。只有南岸地區有人居住。

Aram＊　阿拉姆　南亞古國，範圍從黎巴嫩山脈延伸過幼發拉底河。國名來自阿拉米人，他們從敘利亞沙漠崛起，進而侵略敘利亞及上美索不達米亞（約西元前14世紀），建立爲數眾多的城邦，包括大馬士革。阿拉米語即因它而得名。

Aramaeans＊　阿拉米人　該部落約在西元前1500～西元前1200年從阿拉伯半島遷入肥沃月彎地區。其中包括聖經人物利亞和拉結（雅各的妻子）。當時阿拉米語和文化藉著國際貿易傳播開來。在西元前9世紀～西元前8世紀文化達到高峰。到了西元前500年，阿拉米語已成爲整個肥沃月彎商業、文化和政府的普遍用語，一直延續到基督耶穌時代，且在一些地區持續到西元7世紀。

Aramaic language＊　阿拉米語　閃米特中北部語支或西北語支語言，原來是古代阿拉米人所使用。最早的阿拉米文字是用腓尼基字母拼寫的，在黎凡特北部發現，年代可追溯至西元前850～西元前600年，西元前600～西元前200年阿拉米語大爲擴張，發展成一種標準形式，稱帝國阿拉米語。後來幾個世紀變成一種語言典型，稱「標準文學阿拉米語」。後（古典）阿拉米語（約西元200～1200年）有豐富的文獻資料，包含古敘利亞語和曼達語（參閱Mandaenism）在內。隨伊斯蘭教的興起，阿拉伯語迅速在西南亞一帶取代阿拉米語的地位。現代（新）阿拉米語包含西新阿拉米語和東新阿拉米語，前者通行於大馬士革東北部的三個村落，後者通行於土耳其東南部、伊拉克北部和伊朗西北部散居的猶太人和基督徒聚落，居住在阿拉伯河的現代曼達派人也使用東新阿拉米語。約自1900年以來遭到迫害後，大部分操東新阿拉米語的人（約有數十萬人）分散到全世界各個角落。

Aramco＊　阿－美石油公司　全名Arabian American Oil Co.。沙烏地阿拉伯政府授與加利福尼亞標準石油公司（今名雪佛龍公司）石油探勘權後，由該公司於1933年所創設的一家石油公司。1938年在達蘭附近發現石油之後，其他的美國石油公司也陸續加入。該公司的一條輸油管於1950年完工啓用，從沙烏地阿拉伯一直連接到黎巴嫩位於地中海濱的西頓港。這條油管於1983年關閉，只供應給一處位於約旦的煉油廠。另一條更爲成功的輸油管在1981年完工，油管終點是波斯灣。阿－美石油公司於1951年發現中東第一個內陸油田。在1970年代和1980年代，該公司的控制權逐漸轉移到沙烏地阿拉伯政府，最後終於接管這家公司，並將之更名爲沙烏地阿－美石油公司。

Aran Islands＊　阿倫群島　愛爾蘭西海岸戈爾韋灣口的島群——包括因希莫爾、因希曼和因希埃爾。總面積18平方哩（47平方公里）。這些島嶼一般很荒涼，懸崖峭壁面對大西洋。主要城鎮是因希莫爾島上的基爾羅南港。島上有令人印象深刻的史前和早期基督教徒的山寨，以及其他遺跡。作家歐福拉赫蒂出生在因希莫爾島。

Arany, János＊ 奧洛尼（西元1817～1882年） 匈牙利敘事詩人。其主要敘事詩是三部曲《多爾第》（1847）、《多爾第的愛情》（1848～1879）和《多爾第的晚年》（1854）這些作品描述14世紀身強力壯的青年的冒險故事，當時被視做民族文學，人人均唾手可得，一時蔚爲風潮。其餘著作包括敘事詩片斷《傻子史蒂芬》（1850）。他曾著手寫另一部關於匈奴人的三部曲，但只完成第一部《布達王之死》（1864）。辭世前的佳作《秋圃紅花》，反映了他壯志未酬和惆悵孤獨的心情。他被視爲匈牙利最偉大的敘事詩人。

arap Moi, Daniel ➠ Moi, Daniel arap

Arapaho＊ 阿拉帕霍人 操阿爾岡昆語系的大平原印第安人，19世紀時住在普拉特河及阿肯色河沿岸。與其他大平原部落一樣，阿拉帕霍人過著遊牧生活，住圓錐帳篷，靠野牛爲生。他們信奉宗教，舉辦太陽舞活動。社會結構包括按年齡組成的軍事社會和由男人組成的薩滿會社。他們同曼丹人、阿里卡拉人通商貿易，並經常與肖肖尼人、猶他人和波尼人作戰。其南部的分支長期與夏延人結盟，於1876年打敗了駐紮在小大角河的卡斯特上校。現今約有2,000名阿拉帕霍人生活在懷俄明州，另有阿拉帕霍－夏延人生活在奧克拉荷馬州。

Ararat, Mount＊ 亞拉臘山 土耳其東端的山地，位於阿格利省，近土耳其、伊朗和亞美尼亞交界處。亞拉臘山有兩個山峰。大亞拉臘山海拔17,000呎（5,300公尺），是土耳其最高峰。小亞拉臘山光禿陡峭，山體呈錐形，海拔13,000呎（3,899公尺）。亞拉臘山是傳說中諾亞方舟在洪水漸退時停過的那座山。據當地傳說，亞拉臘山坡的一處村莊是諾亞建造祭壇的地方，毀於1840年地震和雪崩。

Aras River ➠ Araks River

Aratus of Sicyon＊ 西錫安的亞拉圖（西元前271～西元前213年） 希臘政治人物、外交家、軍人。西元前251年在西錫安建立民主政治，使其加入亞該亞同盟。西元前245年起，他每隔一年擔任亞該亞同盟的領袖。他在同盟內城市建立民主制度，並幫助雅典擺脫馬其頓的統治（西元前229年）。亞該亞同盟在他的領導下對抗斯巴達；由於馬其頓的幫助，在西元前217年打敗埃托利亞人。雖然如此，亞拉圖抵制馬其頓國王腓力五世的反羅馬政策。一般認爲亞拉圖是被腓力殺害的，但他大概死於肺結核。

Araucanians＊ 阿勞坎人 南美印第安人，住在智利中南部介於比奧比奧河和托爾坦河之間的谷地和盆地。西班牙征服者到達時，遭遇到三支阿勞坎人：皮昆切人，已習慣被印加人統治；維利切人，人數太少和分散，無力抵抗征服者；馬普切人，善於耕作和工藝。前兩支很快被同化，只有馬普切人一直抵抗西班牙和智利的統治達三百五十年之久，到19世紀末終於被征服，他們被安置在保留地。但現在已散居各地。

araucaria＊ 南洋杉屬 南洋杉屬的一個松狀針葉植物屬（參閱conifer）。植株壯麗、常綠，具明顯輪枝，葉硬、平而尖。產於南美洲、費尼克斯群島及澳大利亞。常見品種爲猴謎樹及諾福克島松，多作室內植物栽培。亦請參閱pine。

Arawak＊ 阿拉瓦克人 大安地列斯群島和南美的美洲印第安人，操阿拉瓦克語群諸語言。泰諾人是其中一支。阿拉瓦克人顯然是哥倫布在1492年第一次遭遇到的民族。南美阿拉瓦克人居住在亞馬遜盆地的北部和西部，他們在那裡耕種，兼營漁、獵。他們的社會沒有等級組織。安地斯山麓住有坎帕·阿拉瓦克人，至今未受安地斯文化的影響。

Arawakan languages＊ 阿拉瓦克諸語言 亦作Maipuran languages。南美印第安諸語組中通行最廣的語言，已知約有六十五種，其中至少有三十種現在已不存在。通行於中美洲加勒比海沿岸地區往南到大廈谷和巴西南部，以及祕魯西部到圭亞那和巴西中部。現已消亡的泰諾語曾是安地列斯群島主要語言，也是歐洲人最初聽到的印第安語。現存的阿拉瓦克語包括哥倫比亞和委內瑞拉的瓜希羅語，祕魯的坎帕語、阿穆夏語和馬奇根加語，以及巴西的泰倫納語。

Arbenz (Guzmán), Jacobo＊ 阿本斯（西元1913～1971年） 瓜地馬拉軍人，1951～1954年任總統。父爲瑞士移民，阿本斯曾在瓜地馬拉軍事學院學習。1944年他和一批左派軍官推翻了瓜地馬拉獨裁者烏必科（1878～1946）。1951年當選總統。阿本斯把土地改革當作政策中心，這使他和國內最大的土地占有者美國聯合果品公司發生衝突。美國中央情報局後來協助一批流亡在外的反革命軍隊入侵。當瓜地馬拉軍隊也拒絕爲阿本斯作戰時，阿本斯本人不得不辭去總統職務，並出亡國外。美國中央情報局於是擁戴反革命軍領袖阿馬斯出任總統。

Arber, Werner 阿爾伯（西元1929年～） 瑞士微生物學家。主要在巴塞爾大學任教。因發現並使用限制性內切酶打破DNA巨大分子，使之分裂成小片單個物質足供個別研究，但還大到足夠保存原有物質別具含意的大量基因資訊，1978年與內森斯和史密斯共獲諾貝爾獎。此外，阿爾伯還發現噬菌體在它們的細菌宿主中引起突變，且自身也進行遺傳性突變。

Arbiter, Gaius Petronius ➠ Petronius Arbiter, Gaius

arbitrage＊ 套利 在一市場買進外匯、黃金、證券或商品，幾乎同時又在另一市場將之售出，以獲取市場間差價利潤之商業交易。隨著1980年代公司的兼併和收購現象日多，出現了一種稱爲風險套利的股權投機交易。它是基於一公司想兼併或收購另一公司，通常須以高於現時市場價格以收購該公司的股權。風險套利者設法提前確定公司收購方瞄準的目標公司，然後搶在收購股權開價公布之前大量買進目標公司的股權，並在兼併或收購完成之後將之售出，從而獲取高額利潤。亦請參閱insider trading。

arbitration 仲裁 仲裁是將一項爭議付託第三者作出有約束力的決定，即「裁決」，以作爲解決爭議的一種法律手段。仲裁者可以是一個人，也可以是一個通常由三人組成的仲裁庭。雙方通常必須同意所挑選的仲裁者，並接受仲裁者所做的決定。商事仲裁在中世紀歐洲的交易會和市場上以及地中海的海上貿易中，已經使用仲裁解決商業爭議。仲裁與法院訴訟相比的優點是：解決爭議較爲迅速；由於仲裁員對特定行業的習俗慣例具有專業知識，可以省去一些查證的麻煩和費用；又由於仲裁的程序和結果可以不公開，有助於保全當事人的商譽。但缺點爲很難被監督，因此其仲裁結果常較法庭判決更無法預期。亦請參閱mediation。

arbor 涼棚 園林中供人們避雨和遮蔭之處。有些涼棚是用卵石或磚石建造的，有些則是木材或金屬輕便構架上覆以交錯的樹枝和藤蔓構成的。若要說涼棚和樹蔭有何差異性，則可說樹蔭爲全天然的休憩室，涼棚則爲半天然式的。

arboretum＊ 樹園 爲了科學及教育目的而栽培喬木、灌木或草本植物的地方。可能自成一個收藏，或僅是植物園的一部分。美國重要的樹園有哈佛大學（麻州牙買加平原）的阿諾德樹園和華盛頓特區的美國國家樹園。

arboriculture *　樹木栽培　以遮蔭和美化爲目的而種植喬木、灌木和其他木本植物。包括繁殖、移植、整枝、施肥、噴藥、牽索和撐柱、整治梗窪、鑑定植物、診斷和治療植株的傷病、規畫植株格局等。樹木栽培與農業、造林業不同，前者關心的是單株植株生長良好，而農、林業主要關心的是植物群體的生長。

arborvitae *　崖柏　源自拉丁語，意爲生命之樹。柏科崖柏屬六種常綠針葉樹的統稱，原產北美和東亞，可供觀賞及生產用材和樹脂。崖柏爲喬木或灌木，常成金字塔狀，具薄的鱗片狀外樹皮和纖維狀內樹皮，水平或上升分枝，形成特有的扁平、浪花狀小枝系，每小枝有四行細小的鱗片狀葉。雌雄同株異枝，毬花著生於枝端，雄毬花圓形，淡紅或淡黃色；雌毬花很小，綠色或帶紫色。側柏（即東方崖柏或中國崖柏）原產亞洲，具優美對稱的樹冠，爲受歡迎的觀賞樹種。崖柏木材淡黃色或淡紅棕色，質地輕軟而耐用，芳香且易加工。巨柏（即巨崖柏、大側柏）是最重要的用材樹種。金鐘柏（即美洲崖柏）的木材亦常用。與羅漢柏近緣。

arbovirus *　節肢介體病毒　一組在節肢動物（主要是蚊及蜱）體內發育的病毒，對節肢動物並不造成危害（名稱源自arthropod-borne virus）。病毒顆粒球狀，外覆一層脂膜，內含核糖核酸。節肢介體病毒透過叮咬傳遞給脊椎動物後，即可引起黃熱病、腦炎等。亦請參閱togavirus。

Arbus, Diane　阿爾巴斯（西元1923～1971年）　原名Diane Nemerov。美國攝影家，生於紐約市。是詩人暨評論家霍華德・內梅羅夫之妹。她和丈夫艾倫・阿爾巴斯在1950年代以時尚攝影師的身分工作。1960年爲《君子》雜誌拍攝個人最早的攝影報導。她以拍攝不尋常、怪異、奇特人物的儷人照片而聞名，包括裸體主義者、插科打諢的畸形人、異性裝扮者——有明顯的親近關係，所造成的影像使觀者產生同情與共鳴，且每每激發強烈的回響。後因長期憂鬱而自殺身亡。

Arbuthnot, John *　阿巴思諾特（西元1667～1735年）　蘇格蘭數學家、醫生和諷刺作家。作品包括《約翰・布爾傳》（1712），建立了約翰・布爾爲英國象徵。他是著名的「塗鴉社」的創始會員，該社宗旨在於譏諷劣等文藝和冒牌學問。他也以主要撰稿人暨精神導師的身分，與「塗鴉社」成員合著《馬蒂努斯・斯克里布勒魯斯回憶錄》（寫於1713～1714年），諷刺迂腐之士賣弄學問。

阿巴斯諾特，油畫，羅賓遜（W. Robinson）繪；現藏愛丁堡蘇格蘭國立肖像畫陳列館
By courtesy of the Scottish National Portrait Gallery, Edinburgh

arbutus *　漿果鵑屬　杜鵑花科的一屬。約十四種，闊葉常綠灌木或喬木。原產歐洲南部和北美西部。花白色或粉紅色，花穗疏散，著生枝頂。果爲漿果，紅色或橙色，肉質，種子數多。葉互生，有柄。其中漿果鵑及莓實漿果鵑兩種在溫暖地區栽培供觀賞。匍匐漿果鵑屬Epigaea。

Arc de Triomphe *　凱旋門　世界上最大的凱旋門，爲羅馬古典主義建築傑作，也是法國巴黎最著名的紀念碑之一。位於戴高樂廣場的中心，此廣場在香榭麗舍大道的西端。由拿破崙授意，查爾格林設計，以紀念拿破崙的軍事勝利。始建於1806年，到1836年才完成。凱旋門高164呎（50公尺），寬148呎（45公尺）。凱旋門上刻滿了裝飾性浮雕。

arc furnace　電弧爐　電爐的一種，其熱量由被加熱材料（通常爲金屬）上面的炭質電極間的電弧產生。西門子首先於1879年在巴黎博覽會展出在坩堝中熔化生鐵的電弧爐。在電弧爐內，水平放置的炭質電極在金屬容器上方發生電弧。1906年在美國裝設了第一個工業用電弧爐；其裝料量爲4噸（3.6公噸），並裝備了兩個電極。現代電爐的裝料量從數噸到400噸（360公噸）不等，而且電弧從鉛直放置的石墨電極直接射入金屬熔池。

arcade　連拱廊　在建築中指由柱或墩支承的一系列連續的拱，或指連續的拱與後牆之間的過道，也指通往一排商店的帶頂走道。連拱支承上部的牆、屋頂或檐部時，由於每個拱與相鄰拱之間的相對的橫向推力，因而能承受很大的荷載並可延伸很長。亦請參閱colonnade。

Arcadia　阿卡迪亞　古希臘伯羅奔尼撒半島中部山區。由於它與希臘大陸的其他部分隔絕，多里安人入侵希臘時（西元前1100～西元前1000年）沒被占領。因爲與世隔絕而過著牧歌式生活，所以古希臘和古羅馬的田園詩將其描繪成世外桃源。1821～1829年希臘獨立戰爭期間，阿卡迪亞成爲戰場。現今希臘的阿卡迪亞州範圍與古代的阿卡迪亞地區幾乎相同。

Arcadian League　阿卡迪亞聯盟　古希臘阿卡迪亞地區的城邦聯盟。西元前550年阿卡迪亞城鎮被迫與斯巴達結盟，但多數阿卡迪亞人在伯羅奔尼撒戰爭（西元前431～西元前404年）期間仍然忠於斯巴達。西元前371～西元前368年底比斯的伊巴密濃達建立阿卡迪亞聯盟，首府設在邁加洛波利斯。聯盟把阿卡迪亞人團結在一起長達幾十年，後來內訌才使阿卡迪亞聯盟陷於癱瘓。

Arcaro, Eddie　阿卡羅（西元1916～1997年）　原名George Edward Arcaro。生於辛辛那提。美國騎手，是在1980年代初先後騎過五匹肯塔基大賽冠軍馬（1938、1941、1945、1948、1952）和兩匹美國三冠王賽冠軍馬（1941年的Whirlaway，1948年的褒獎〔Citation〕）的唯一騎手。騎英國良種馬三十一年（1931～1961），參加比賽4,779次，贏得549次有獎比賽，獲三千多萬美元。

arch　拱　曲線形結構建築，跨越兩個石墩或圓柱之間的通道，可支撐來自上方的負載。石拱爲從柱樑結構到拱頂結構的發展提供了分級的石塊，石拱最先被羅馬人廣泛使用，其建築依靠一系列楔形木塊（拱石）在半圓彎曲或是沿著兩個交叉拱形結構（在尖角形拱形結構中）中層層壘起。建築中心的拱石通常被稱爲拱頂石，拱靠兩個端點（即起拱點）來支撐。一個拱比一個同樣規格材料建造的水平樑柱更能承受較大載重，因爲向下的壓力被整個拱所承受，而不只受於一點，從而結果就是向外的衝力必須遭到拱形結構的支撐。現代使用鋼鐵、混凝土或是薄木建成的輕型單面拱形結構是非常堅實的，從而把水平力推降到了最小的程度。

archaebacteria *　古細菌　一組細菌的通稱，與真細菌在某些形態、生理及遺傳特徵上有所不同（如細胞壁的組成物）。古細菌水生或陸生，形態多歧，包括球狀、桿狀和螺旋狀等。古細菌可在一些極端情況下存活，包括極熱和高鹽環境。古細菌可爲好氧、厭氧。其他如甲烷菌，則以甲烷爲最終產物，另外還有一些則需要硫作爲代謝原料。

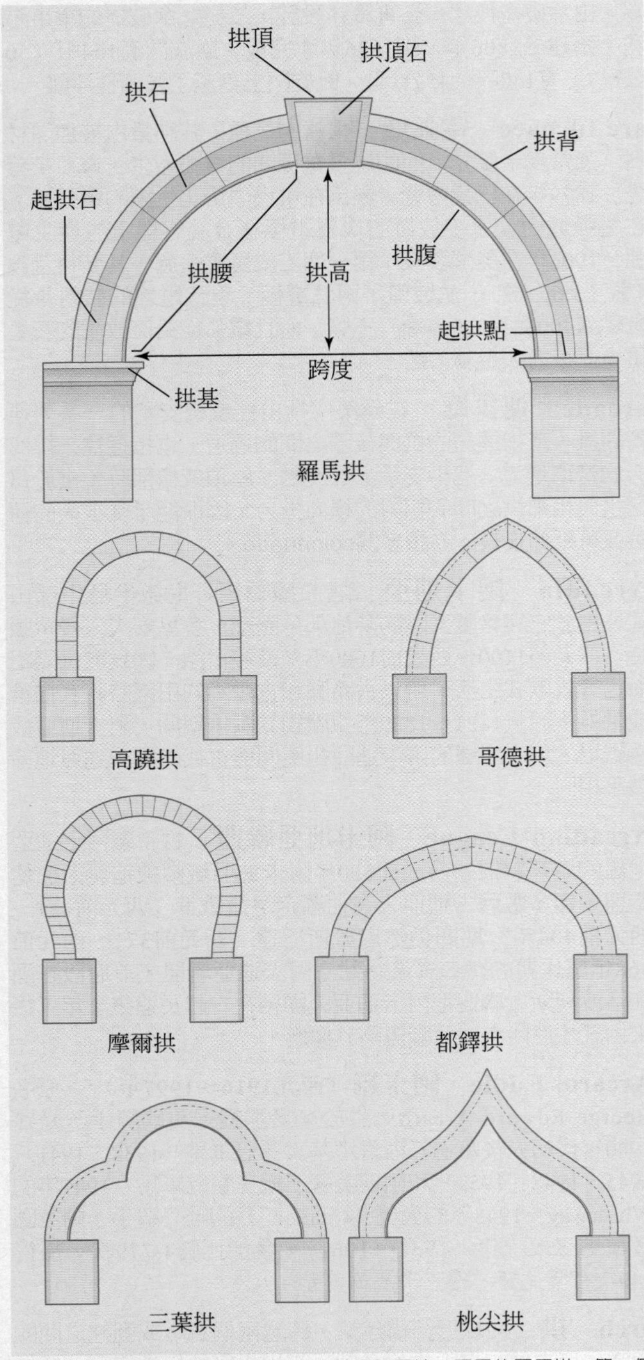

拱支撐垂直重量主要是靠楔形的拱石軸向的壓縮。圖示的羅馬拱，第一個拱石稱為起拱石，由橋墩或柱頂的拱基支撐著。拱腰從拱基上升到拱頂（最高點），形狀是由拱內部曲線的拱腹與外部曲線的拱背來界定。羅馬拱的拱腹是半圓形，上升的高度是跨度的一半。往下的範例，左側是圓拱，右側是尖拱。高蹺拱兩側豎直，摩爾拱在起拱處上方變寬，三葉拱的拱腹有三個凹口，或稱為葉。哥德拱是尖拱，通常有兩個曲率半徑相同的拱腹。都鐸拱在起拱石的曲率比尖頂處要大。桃尖拱的拱腹是雙彎曲線。

archaeology　考古學　研究過去人類實物遺存（包括化石遺物、古器物和古碑）的一門科學。考古研究是了解史前歷史、古代和已滅亡的文化的主要來源。到了19世紀末，隨著幾世紀以來對古物研究的收集，考古進而成爲一個學術領域。考古學家的主要方法包括對考古遺址的發現、記載、繪製地圖、挖掘、分類、年代測定，然後將遺存實物放進歷史背景中進行研究。主要分支領域有：古典考古學，研究古代地中海、中東文明；史前考古學或一般考古學；歷史考古學，研究有史時期的文物，以補充文字記錄的不足。亦請參閱anthropology、stone-tool industry。

archaeopteryx＊　始祖鳥屬　已知最早的鳥類化石屬。在晚侏儸紀（距今1.59億～1.44億年）興旺。化石標本顯示始祖鳥的體格小如冠藍鴉，最大也不過像雞那麼大。從解剖上的特徵來看，既像鳥（具發育良好的翅膀和像鳥的骨骼），又像獸腳類恐龍（發育良好的骨骼和長尾巴）。

Archangel ➠ Arkhangelsk

archbishop　大主教　基督教會職稱，即除擔任本教區主教外，通常兼管教省內其他主教區，但不享有更高的地位。4世紀時東方教會開始有這種榮譽頭銜，西方教會一直到9世紀才變得開始普及。現在已普遍用於羅馬天主教和東正教會。新教很少有大主教一職，但英國聖公會教務分由坎特伯里大主教和約克大主教管理，瑞典和芬蘭的路德宗也有一個大主教。

Archean eon＊　太古代　亦作Archaean eon。亦稱始生代（Archeozoic eon）。是先寒武紀兩個分段中較早的一個分段。太古代起始於約40億年前地殼形成時，一直延伸到25億年前原生代開始時。直至元古宙之初，前寒武紀第二個分界點。最早最原始的生命──細菌和藍綠藻，起源於35億年前的太古代中期（太古代的另一名稱始生代有「古老的生命」的含義）。

archer fish　射水魚　印度洋－太平洋地區鱸形目射水魚科五種魚的統稱，以其能從口中射出水滴，射獵水面懸垂植物上的昆蟲爲食而聞名。體長而高，背鰭以前通常扁平，頭尖、口大，背鰭與臀鰭均後位。體有黑色斑點或有黑色垂直帶，視種類而異。既能生活於鹹水，也能生活於淡水，通常游息於近表層。最有名的一種是普通射水魚，長達7吋（18公分）。

archery　射箭　用弓和箭射擊的運動。16世紀起槍炮取代弓箭成爲戰爭和狩獵的主要利器，弓箭逐漸變成一種運動裝置。到了19世紀中葉，英美湧現許多射箭俱樂部。20世紀初奧運會把標靶射擊列入競賽項目，此後中斷了一個時期，直到1972年的奧運會才又恢復。其他射箭運動包括地面靶射箭、依次射靶和射遠比賽。

Arches National Park　阿契斯國家公園　美國猶他州東部保護區，濱臨科羅拉多河，位於摩亞之北。1929年成立爲國家保護區，1971年設爲國家公園。面積115平方哩（298平方公里）。其紅色石灰岩已受到侵蝕，形成各種奇特形狀，有石塔、石窗、石拱門、石爐，以及「魔域花園」，爲拱形景觀風景區，長89公尺，是世界上最長的自然石橋。

archetype＊　原型　在文學評論中，一個原始的形象、性格或者模式在文學與思想中一再浮現，從而成爲一個普遍的概念或境界。這個名詞引自心理學家容格的「集體無意識」的理論。原型產生於前邏輯思維，在讀者和作者心中喚起驚人而相似的感覺。幾個原型象徵形象包括蛇、鯨、鷹和禿鷲。一個原型主題是從天眞無知到有經驗的階段；原型的幾種角色包括拜把兄弟、反叛者、賢明的祖父（母）和擁有善良心腸的妓女。

Archimedean screw＊　阿基米德螺旋泵　亦作Archimedes' screw。一種提升水的機器，據說是古希臘科學家阿基米德爲了將水從大船的船艙中排出而發明的。其中一種形式是一根圓管，內有螺旋。圓管與水平傾斜約45°，下端浸入水中，旋轉時使水在管內升高。其他形式則是在固定的泵缸內裝旋轉的螺桿或在軸上繞螺旋形管。現代螺桿泵裝有幾根螺桿，是廢水處理廠抽運污水的有效設備。

Archimedes＊ 阿基米德（西元前290～西元前212年） 古希臘傳奇性數學家和發明家。最主要的發明是阿基米德螺旋泵（提水的巧妙裝置）和阿基米德原理（流體靜力學原理）。他主要的興趣是在光學、機械、純粹數學和天文學方面。阿基米德的數學驗證顯示了其大膽假設和精確程度達到了現代幾何學的最高水準。他的π近似值一直到中世紀以後才有更進一步的發展，他的翻譯作品對9世紀的阿拉伯數學家和16～17世紀歐洲的數學家產生重大影響。阿基米德在家鄉敘拉古是出了名的機械天才，發明了守城和圍城的武器，但最後在敘拉古被人攻陷後，爲羅馬士兵所殺。

Archimedes' principle 阿基米德原理 關於浮力的物理定律。由阿基米德所發現。定律指出：任何完全或部分浸入靜止流體（氣體或液體）中的物體，受到一個向上的作用力或浮力，大小等於被物體所排開流體的重量。排開的流體的體積等於完全浸沒在流體中的物體的體積；而對於部分浸沒在液體中的物體，則等於液面下那一部分的物體體積。排開流體的重量等於浮力的大小。

Archipenko, Alexander＊ 阿爾西品科（西元1887～1964年） 烏克蘭裔美籍雕刻家及畫家。1908年入巴黎美術學院學習，積極參加立體派運動。其抽象雕塑把人體變成空洞、凹陷的幾何形式，創造了以「空虛」和「實體」的形式組合表現人體的新風格，這種方法改革了現代雕塑。1923年他遷往紐約市，教書、工作了一生。

architecture 建築學 關於建築的藝術和技術，用以滿足人類實用和表現的需要，建築物與其他構築物的區別在於技術方面。應用建築強調空間的關聯、朝向、環境設計是否合乎需要、構造成分的安排和視覺上的協調，以及相對的構造體系本身的設計（參閱civil engineering）。建築講求適合性、獨特性和感受、創新，再配合功能上的需求，以及與周遭自然、社會環境區分開來的一種代表文化建築的環境感覺。亦請參閱building construction。

archives 檔案館 由政府機關、半官方機構、社會事業及商業部門保存其所收發文件的處所。現代化檔案館的建立和檔案管理制度可追溯到18世紀末，當時法國建立了國家檔案館及行省檔案館。1934年美國建立了國家檔案館，以保存國家政府過去的檔案。1950年聯邦記錄法案授權給地區的記錄博物館。每一州有自己的檔案機構。20世紀檔案管理人員逐漸以新的技術管理這些檔案，如用電腦保存檔案，以及商業檔案、公共機構檔案和一般人個人文件。

archon 執政官 古代希臘許多城邦的主要地方行政官。在雅典，九個執政官分掌國家事務：正職執政官主要領導五百人會議和公民大會；督軍，擔任軍隊統帥，並在涉及外國人的訴訟案件中擔任法官；司祭官，主掌國家宗教和貴族會議。其他六位則負責處理瑣細的司法事務。原先只能由貴族擔任執政官，而且是終身職，後來任期減爲一年。執政官是由選舉和抽籤選出。到了西元前5世紀，執政官權力已大減，將軍掌握了大部分的權力。

Archon＊ 阿爾康 諾斯底派教義中統治世界的諸力之一，與物質世界同爲巨匠造物主所創造。諾斯底派是以物質爲惡而精神爲善的二元宗教，阿爾康被視爲邪惡勢力，是謬誤的產物。其數爲7或12，分別對應於七大行星和黃道十二宮。據說在物質世界創始時他們禁錮代表人類靈魂的神火。神光世界派來的「諾斯」（神傳知識）透過基督能使諾斯底派初學者通過阿爾康的領域進入光明世界。

archosaur＊ 初龍 初龍亞綱的高等爬蟲類，種類多，包括所有槽齒類、翼龍、恐龍、鳥類的祖先和至今僅存的一個目——鱷目動物。早期的初龍於三疊紀（2.48億～2.06億年前）將開始時出現。所有種類均以踝部特化著稱，這有助於採用直立的姿勢。大部分初龍後肢長，前肢短。早期的爬蟲類牙齒排列於一個淺槽內，而初龍類與此不同，其牙齒排列於牙槽中。

Archytas＊ 阿契塔（活動時期西元前400～西元前350年） 希臘科學家、哲學家，以及畢達哥拉斯學派中的主要數學家。有時被稱爲數學力學的奠基人。柏拉圖是他的摯友，並引用他的數學著作。有證據表明，歐幾里德在其《幾何原本》第八篇中，借用了他的成果。他也是頗具影響力的公眾人物，曾任格蘭圖姆（現今義大利塔蘭托）當地軍隊總司令七年之久。

Arcimboldo, Giuseppe＊ 阿奇姆博多（西元1527?～1593年） 義大利畫家。起初從事米蘭大教堂彩色玻璃窗的繪畫和設計工作。1562年搬遷至布拉格，擔任皇帝斐迪南一世和魯道夫二世的宮廷畫家。同時也爲宮廷劇院繪製布景，其作品寓意深遠，有雙關立意，富有機趣。以象徵意義的怪誕構圖著稱，用水果、蔬菜、動物、景觀及其他物品來拼成人形。這種繪畫風格一直被認爲是低級趣味，直到1920年代超現實主義才復興了這種視覺雙關藝術。

阿奇姆博多的《夏》（1563），現藏維也納藝術史博物館
By courtesy of the Kunsthistorisches Museum, Vienna; photograph, Erwin Meyer

Arctic Archipelago 北極群島 北冰洋中加拿大的島嶼群，位於加拿大大陸北部，陸地總面積約130萬平方公里。北極群島地質上分爲兩大部分：南部的中央穩定區和北部的造山區。前者包括加拿大地盾和大片沈積岩地區；後者是起伏的褶皺岩地帶。北極群島深入北極圈內，全年大部分時間冰凍，居民主要住在南部一些島上。幾千年來這裡是愛斯基摩人生活的地方，16世紀起大批歐洲探險隊長時間在這裡尋覓一條穿過群島通向東方的西北航道，發現許多可以居住的地點，人口才稍有增加。主要島嶼包括巴芬島、埃爾斯米爾島、維多利亞島、班克斯島、威爾斯王子島。

Arctic Circle 北極圈 大致在北緯66°30'處環繞地球的緯圈，在北極圈上每年有一天太陽不落或太陽不出。由此往北，極晝或極夜逐漸遞增，至北極增大到六個月。

Arctic fox 北極狐 學名Alopex lagopus。分布遍及北極，常棲於近海苔原和山地的犬科動物。耳短而圓，吻短，蹠有毛，以適應氣候。體長20～24吋（50～60公分），尾長12吋（30公分），體重約7～17磅（3～8公斤）。毛色分爲「白色」型或「藍色」型。白色型個體夏季爲淺灰褐色，冬季爲白色；藍色型夏季爲淺灰色，冬季爲藍灰色。穴居，全天活動。雜食性。

Arctic National Park, Gates of the ➠ Gates of the Arctic National Park

Arctic Ocean 北冰洋 大致以北極爲中心的海洋。世界上最小的海洋，幾乎全部由北美和歐亞大陸的陸地所環繞，特徵爲有冰雪覆蓋。本區土地和鄰近的土地包括阿拉斯

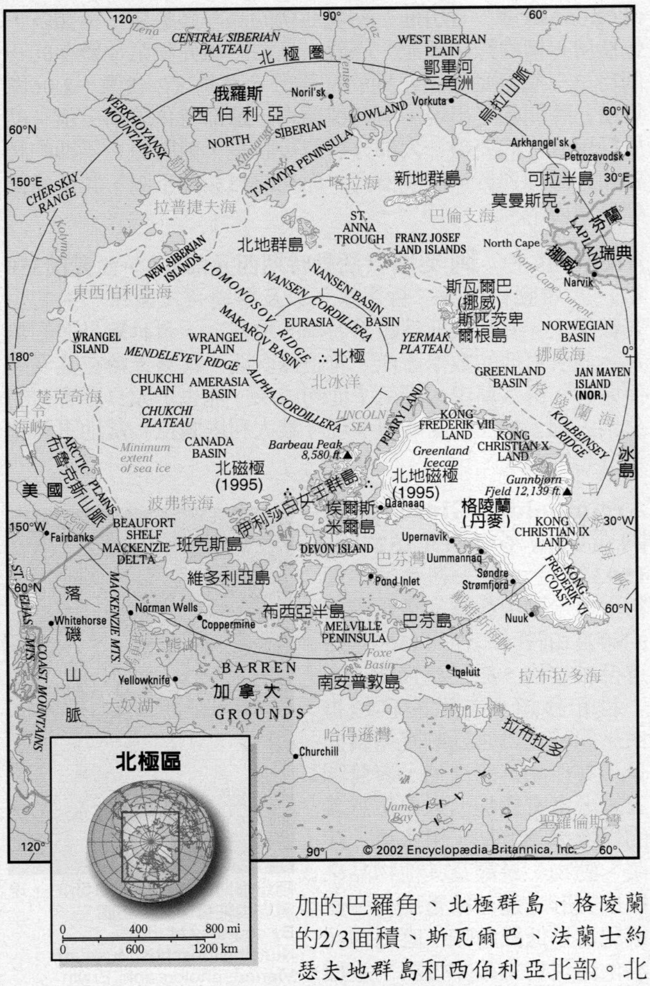

加的巴羅角、北極群島、格陵蘭的2/3面積、斯瓦爾巴、法蘭士約瑟夫地群島和西伯利亞北部。北冰洋面積14,056,000平方公里，水深最深處達5,500公尺。許多地區各有其特定名稱，包括巴倫支海、波弗特海、楚克奇海、格陵蘭海和喀拉海。9～12世紀北歐人首度來到北極圈探險。16～17世紀探險家們爲了尋求西北航道而來到此區。1576～1578年佛洛比西爾發現巴芬島南部，1610～1611年哈得遜航行到哈得遜灣的東部海岸。後來的探險家包括阿蒙森、南森、皮列和伯德。1960年代在阿拉斯加發現石油後，帶動了此區自然資源的發展。現在所有的北極區已繪製成圖。

Arctic tern　北極燕鷗　每年遷徙距離最長的燕鷗，學名Sterna paradisaea。在北極的南緣孵育，在南極過冬，遷徙一趟的距離超過22,000哩（35,000公里）。體白色，頭部黑色，翅膀灰色，與經常伴隨的普通燕鷗類似。

Ardea＊　阿爾代亞　義大利古鎮，位於羅馬城南，盧都利人曾統治此鎮，是古代崇祀朱諾女神的重要中心。西元前444年此鎮與羅馬人簽下合約，以此地爲對抗沃爾西人的一道屏障。西元前1世紀羅馬內亂後衰落。

Arden, Elizabeth　雅頓（西元1878～1966年）　原名Florence Nightingale Graham。加拿大裔的美國女商人。生於加拿大安大略省，約在1908年搬到紐約，她在當地開了一家名爲伊利莎白．雅頓的美容院。她讓當時那些端莊婦女開始接受化妝用品。1915年開始將她的化妝用品銷售至世界各地。在她過世的時候，全世界已經有超過一百家伊利莎白．雅頓沙龍。

Arden, John　阿登（西元1930年～）　英國劇作家。曾在劍橋大學和愛丁堡藝術學院學習建築。劇本中詩句和歌曲兼而有之，劇情衝突激烈，但故意懸而不決。作品包括《全部塌落》（1955）、《陸軍中士馬斯格雷夫的舞蹈》（1959）、《作坊驢子》（1963）、《萬達呂爾的荒唐事》（1978）和《王國是誰的？》（1988）。

Ardennes＊　亞耳丁　或稱亞耳丁森林（Forest of Ardennes）。面積逾3,860平方哩（10,000平方公里）歐洲西北部森林台地，範圍包括比利時和盧森堡的一部分，以及法國的默茲河河谷地。東北－西南走向，平均高度約1,600呎（488公尺）。1/2以上地面爲森林所覆蓋，土地貧瘠，只生長石南屬植物。位於人口稠密的巴黎－布魯塞爾－科隆三角地帶中間。第一次和第二次世界大戰期間，此區是1914、1918和1944年戰況最激烈的戰場（參閱Bulge, Battle of the）。

Ardhanarisvara　半女自在天　印度教所崇奉的男女合一神，由濕婆和他的配偶雪山神女合成。印度和東南亞許多優美的半女自在天像的右側是男性，左側是女性。象徵男女不可分離的原則。

Ards　阿茲　北愛爾蘭的一個區（2001年人口約73,244）。1973年設。原在唐郡境內。有大面積的農田和牧場。紐敦納茲1608年由蘇格蘭設立，爲區行政中心和製造業中心。半島東北端的多納哈迪是著名遊覽城鎮。

area ➠ length, area, and volume

Arecibo Observatory　阿雷西沃天文台　擁有世界最大的無線電望遠鏡（相對於多重電望遠鏡干涉儀，如超大天陣線），爲位於波多黎各的阿雷西沃市附近的天文台。望遠鏡用一直徑爲1,000呎（300公尺）、由鑽孔的鋁板構成的球面反射鏡，把無線電輻射聚集於裝在反射鏡面頂端500呎（150公尺）處的可移動傳感天線上，在跟蹤所研究的天體時，便能觀測整個天空。該台用於研究地球大氣和衛星以及太陽系中的小行星和行星等。對宇宙，特別是對其他星系和類星體的無線電研究則是該台的主要研究活動。

arena stage　圓形舞台 ➠ theatre-in-the-round

Arendt, Hannah＊　鄂蘭（西元1906～1975年）　德裔美籍政治理論家。在海德堡大學獲博士學位。1933年被納粹逼迫，流亡巴黎，從事社會工作，1941年再次逃離納粹統治到紐約。後來擔任一些與猶太文化有關的職務。其重要著作《極權主義的起源》（1951），將極權主義的發展與19世紀的排猶主義和帝國主義相聯繫，視作傳統的民族－國家解體的結果。1963～1967年在芝加哥大學講學，後來又在紐約市社會研究新學院執教。鄂蘭根據她關於1961年艾希曼審判的報導寫成《艾希曼在耶路撒冷》（1963）。在這本引起爭議的書中，她將該納粹戰犯描繪成只不過是一個野心勃勃的官僚，其消滅猶太人之舉得逞，集中體現了當時全歐洲的道德大崩潰。

areopagus＊　阿雷奧帕古斯　古代雅典的最高法院。名稱取自召開會議的阿雷斯山。原是國王的諮詢會議，後來根據德拉古的法典（西元前621?年），由幾個卸任的執政官組成議會，但梭倫（西元前594年）開放給任何市民參選。其擁有廣大的司法權。西元前6世紀中葉到西元前4世紀中葉期間，其威信已起了變化，後來又恢復權力，延續到羅馬時代，並擁有廣泛的行政權力。

Arequipa＊　阿雷基帕　祕魯南部城市（1998年人口約710,103）。位於米斯蒂火山（高達19,031呎或5,821公尺）山麓，海拔約7,557呎（2,300公尺）。通常因火山活動而發生地震，1868年發生的地震毀壞了城市的一大部分。印加帝國時爲庫斯科通往海岸道路上的重鎮。現爲祕魯的商業中心。

阿瑞斯，雕刻；現藏羅馬國立羅馬博物館
Anderson – Alinari from Art Resource

Ares＊ 阿瑞斯 希臘神話中的戰神。他同羅馬神話中與之相當的馬爾斯不同，在希臘對他的崇拜不廣泛。從荷馬的時代起，他已是奧林帕斯山諸神之一，他是宙斯及赫拉的兒子，但其他的神都不喜歡他。崇拜阿瑞斯主要在希臘北部。早期人們把他同愛芙羅黛蒂聯繫在一起，她有時被當作是阿瑞斯的正式妻子，有時是他的情人。在戰鬥中陪伴他的有他的姊妹厄里斯（不和女神）和他同愛芙羅黛蒂生的兩個兒子福玻斯和得依摩斯。

Aretino, Pietro＊ 阿雷蒂諾（西元1492～1556年） 義大利詩人、散文家和劇作家。因敢於用傲慢的文字攻擊權貴而受到全歐洲人的讚揚。他寫的猛烈批評的書信和對話具有很大的傳記性和時事性價值。他的劇作擺脫了惡意的中傷風格，共寫了五部喜劇和一部悲劇《奧拉齊亞》（1546），後者可能是16世紀義大利最好的悲劇作品。

Arévalo (Bermejo), Juan José＊ 阿雷瓦洛（西元1904～1990年） 瓜地馬拉總統（1945～1951）。他在獲得博士學位後不久前往阿根廷，在學術界擔任各種職務，在推翻烏必科軍事獨裁的政變後，他當選爲總統，獲得了85%的選票。他建立了言論和新聞自由，以及社會保險制度，制訂了勞工法，開始實行一系列重要的教育、衛生和築路計畫。其政策對城市與農業工人以及該國的印第安人有利。他在任期快結束時自動引退。1963年的一場軍事政變使他無法再度競選總統。

Argentina 阿根廷 正式名稱阿根廷共和國（Argentine Republic）。南美洲的聯邦共和國。面積2,780,092平方公里。人口約36,446,000（2002）。首都：布宜諾斯艾利斯。人口多數爲西班牙人，且受其他歐洲人的影響。語言：西班牙語（官方語）。宗教：天主教（國教）。貨幣：披索（Ps）。地形常被分爲四大區：東北平原、彭巴草原、巴塔哥尼亞高原和安地斯山脈。東北部的亞熱帶平原被巴拉那河分割爲西部的大廈谷區和東部美索不達米亞區。彭巴草原位於巴拉那河西部和南部，是世界上農產最富饒的地區之一，也是全國人口最密集的地區。巴塔哥尼亞高原位於科羅拉多河以南。阿根廷的安地斯山脈包括了南美大陸最高峰阿空加瓜山。境內主要河流有巴拉那河、烏拉圭河和皮科馬約河，最後都注入拉布拉他河。阿根廷是開發中經濟國家，以製造業和農業爲主，是拉丁美洲最大的牛肉和牛肉產品出口國。政府形式爲共和國，兩院制。總統是國家元首暨政府首腦。歐洲人來到之前人們對當地人的情況知之甚少。1526～1530年間卡伯特爲西班牙到該地區探險考察；到1580年，亞松森、聖大非以及布宜諾斯艾利斯等地都已有人定居。它最初依附於祕魯總督轄區（1620），後連拉布拉他總督轄區（或稱布宜諾斯艾利斯總督管轄區）中現今的烏拉圭、巴拉圭和玻利維亞等地區一起都包括進去（1776）。隨著1816年成立了拉布拉他河地區聯合省，阿根廷脫離西班牙而實現獨立，但它的邊界直到20世紀初才確定下來。1943年軍方推翻了政府；1946年胡

安·庇隆上校掌握了控制權。1955年庇隆又被推翻。經過近二十年的混亂，1973年他重執政權。1974年庇隆死後，他的第二任妻子伊莎貝爾成爲總統，1976年在一場軍事政變中她失去了權力。1982年軍事政府試圖取得福克蘭群島，但被英國軍隊打敗，結果在1983年政府回到文職人員手中。阿方辛政府努力結束前任統治者對人權的肆意踐踏。極度的通貨膨脹導致了公衆的騷亂，1989年阿方辛敗選；他的繼承人梅南是個庇隆主義者，實行放任主義的經濟政策。1999年德拉魯亞當選總統，他的政府所需面對的是日益升高的失業率、外債和政府腐敗等問題。2001年年底再度發生暴亂，德拉魯亞被迫下台，政治局勢紊亂。

Argerich, Martha＊ 阿格麗希（西元1941年～） 阿根廷鋼琴家。她是一位天才兒童，十歲不到就開始舉辦音樂會。1955年負笈歐洲，師事米開蘭傑里（1920～1995）等大師。十六歲贏得布索尼與日內瓦等大賽，1965年更在蕭邦大賽奪魁。在詮釋她所擅長的浪漫派曲目時，格外燦爛的技巧、感性的深度以及生氣蓬勃的呈現，或許爲她贏得了國際間所有鋼琴家望塵莫及的狂熱崇拜。

arginine＊ 精氨酸 一種氨基酸，可通過水解許多普通的蛋白質而製得。成年哺乳動物的非必需氨基酸之一，在與核酸結合的蛋白質（魚精蛋白和組蛋白）中特別豐富。1895年首次從動物角中分離到。在哺乳動物的尿素（哺乳動物排泄氮化合物的主要形式）合成中起重要作用。精氨酸應用在醫學和生化研究方面，以及製藥方面，也可作爲飲食補充。

argon 氬 化學元素，化學符號Ar，原子序數18，一種稀有氣體。地球上豐度最大、工業上最常用的一種惰性氣體。無色、無臭、無味。按重量計，氬占空氣的1%。氬是以液態空氣分餾法大規模分離製備的，已用於爲電燈泡、電子管和蓋格計數器充氣。因爲它是稀有天然放射性同位素鉀衰變而產生的，所以可以用來測定十萬年以上的岩石年齡和採樣。

argon-argon dating ➟ potassium-argon dating

Argonauts 阿爾戈英雄 希臘傳說中同伊阿宋一道乘快船「阿爾戈號」去科爾基斯的阿瑞斯聖林取金羊毛的五十位英雄。他們包括像赫拉克勒斯、奧菲斯和特修斯這樣的人物。在抵達科爾基斯之前，他們經歷了許多冒險故事，最後被美狄亞的父親埃厄忒斯所逼而逃走。「阿爾戈號」後來終於回到伊阿宋的國家伊奧爾科斯，被放置在一處聖林裡獻祭給波塞頓；伊阿宋最後死於船首下，當時他躺在那裡陰涼處休息，不料船首突然傾倒。

阿爾戈英雄，科斯塔（Lorenzo Costa）繪；現藏義大利帕多瓦公民博物館
SCALA – Art Resource

Árgos 阿戈斯 希臘伯羅奔尼撒東北部城市，古爲城邦。西元前7世紀時，在國王菲敦的統治下，成爲伯羅奔尼撒半島上第一大城邦，一直到斯巴達興起才衰落。在經歷多次侵擾，尤其是馬其頓人的侵略之後，阿戈斯於西元前229年加入亞該亞同盟。後來受羅馬人統治。拜占庭時期城市一度繁榮，但在16世紀最後還是落入鄂圖曼帝國手中。1821～1829年希臘獨立戰爭期間，第一次的自由希臘國會在此召開。該城現爲繁榮的農業和商業中心（1991年人口約22,429）。

argument from design 意匠論 亦稱目的論論證（teleological argument）。關於上帝存在的論證。以任何複雜事物（似乎經過設計）必有創造者而宇宙非常錯綜複雜爲前提，結論是上帝存在。意匠論的歷史可以追溯到亞里斯多德，他把上帝界定爲不動的（或首要的）行動者。托馬斯·阿奎那以自己的方式使用意匠論。休姆最後以批判態度來討論。包括康德在內的一些思想家暗示：這種推理是謬誤的，因爲它預設了結論。

Argun River 額爾古納河 中文拼音爲Ergun。亦作O-erh-ku-na。黑龍江在中國境內的源流，長1,620公里（其中海拉爾河622公里）。在蒙古高原東北部邊境，源出大興安嶺西坡。上源在當地稱海拉爾河，西流到滿洲里附近折向東北，稱額爾古納河。大部流經寬闊谷地，含沙量少，洪水時期部分洪水倒灌入呼倫池。在漠河以西的恩和哈達附近與石勒喀河匯合爲黑龍江。

arhat＊ 阿羅漢 巴利語作arahant。佛教用語，指已悟得萬物眞實性質而證得涅槃的完善人物。上座部認爲，阿羅漢已解脫欲的束縛，不再轉世。阿羅漢境界是佛教徒謀求的正當目標。大乘佛教反對以阿羅漢爲理想，認爲菩薩才是更高的完美目標，因爲菩薩雖已能成佛，但爲了他人的好處留在生死輪迴之中。這種意見分歧是上座部和大乘佛教之間的基本差異之一。

Århus 阿爾胡斯 亦作Aarhus。丹麥日德蘭半島東部海港（2001年人口約286,688）。位於阿爾胡斯灣畔，有廣闊的港灣。其起源不詳，但在948年成爲一主教管區，在歐洲中世紀時曾一度繁榮，當時設有多所宗教機構，但在宗教改革運動後衰敗。近代由於工業化及海港的擴建，已成爲丹麥的第二大城市。

aria 詠歎調 在歌劇、清唱劇或神劇中由樂器伴奏的獨唱歌曲。在詩節詠歎調中，每一新節起初可能代表一個不同的旋律。詩節詠歎調最早出現在蒙特威爾第的歌劇《奧菲歐》（1607），隨後數十年來被廣泛使用。標準的詠歎調形式出現於1650～1775年，爲返始詠歎調，開始的音調和唱詞在一段音調－唱詞小節（通常在一個不同的音調、節拍和韻律中）後被不斷地重覆；第一小節的重現通常是被歌手使用藝術的手段加以修飾。喜歌劇從未對反始形式加以限制。即使在嚴肅歌劇中，從約1750年開始採用了多種詠歎調形式；羅西尼和其他劇作家通常在表現兩種或是更多的感情衝突時，也將詠歎調融入其中以達到更好的音樂效果。儘管華格納的歌劇大多廢棄了詠歎調而採用一種連續的音樂結構，但還是有人繼續寫作詠歎調。

Ariadne＊ 阿里阿德涅 希臘神話中，帕西淮和克里特國王米諾斯的女兒。她愛上了雅典的英雄特修斯，並用一條線或晶瑩奪目的寶石幫助他殺死了米諾斯放在迷宮裡的妖怪彌諾陶洛斯，逃出了迷宮。最後的結局有不同的版本：一說她被特修斯遺棄後自縊身死；一說特修斯把她帶往納克索斯島，她死在那裡，或說是同酒神戴奧尼索斯結婚。亦請參閱Phaedra。

Arianism 阿里烏主義 基督教的一種異端。最初由4世紀亞歷山大里亞教會長老阿里烏提出，謂基督是受造者，並沒有眞正的神性。325年的尼西亞會議譴責阿里烏和阿里烏主義，宣稱聖子與聖父同體。此後五十年，有許多阿里烏主義的捍衛者前仆後繼，但最後還是瓦解了。381年君士坦丁堡會議宣布取締阿里烏主義，承認尼西亞信經。但阿里烏主義在一些日耳曼部族中卻持續到7世紀末。現代的耶和華見證人和一些信奉一位論的人士實際上是阿里烏主義的一種。

Arias Sánchez, Oscar＊ 阿里亞斯·桑切斯（西元1941年～） 哥斯大黎加總統（1986～1990），出身富有家庭，爲溫和的社會主義者，1960年代開始爲民族解放黨工作。他擔任總統期間正逢大部分中美洲國家處於內戰紛亂時期。1987年他倡議中美洲國家地區和平計畫，該計畫規定停火日期，確保大赦政治犯，舉行自由和民主選舉，與瓜地馬拉、薩爾瓦多、宏都拉斯和尼加拉瓜的領導人簽訂了這一計畫。1987年，阿里亞斯獲頒諾貝爾和平獎。

Aries 白羊座；牡羊座 （拉丁文意爲「牡羊」）在雙魚座和金牛座之間的一個黃道星座。在占星術中，白羊宮是黃道十二宮中的第一宮，被看作是主宰3月21日到4月19日前後的命宮。白羊宮的形象是一隻公羊，有時被視爲埃及的阿蒙神，在希臘神話中，弗里克修斯王子伏在它的背上，平安地從色薩利逃到科爾基斯，他把這隻羊獻給宙斯，宙斯便把它放在天上成爲一個星座。它的金羊毛後被伊阿宋取回。

aril＊ 假種皮 某些種子外覆蓋的一層特殊結構。常由珠柄發育而成，多爲肉質，色彩鮮豔，能吸引動物取食，以便於傳播。見於紅豆杉類、肉豆蔻及竹芋科、酢漿草屬植物及蓖麻。肉豆蔻的假種皮稱肉豆蔻乾皮，可用於調味。

Arion＊　阿里昂　希臘半傳奇性的詩人和樂師。生長於萊斯沃斯島的美圖姆那，據說他創作了酒神讚歌。他在完成一趟巡迴表演之後，乘船返航。他的財富引起水手們的覬覦，決心謀財害命。阿里昂臨死前要求水手們讓他唱一首輓歌，然後再跳海，但他並未淹死，而被一隻讓音樂陶醉了的海豚救起。結果他先於他的船回到了科林斯，他的友人即科林斯的僭主佩里安德用計使水手招認罪行，並懲罰了他們。阿里昂的豎琴和海豚則變成了星座。

Ariosto, Ludovico＊　阿里奧斯托（西元1474～1533年）　義大利詩人。代表作《瘋狂的羅蘭》（1516）被公認是義大利文藝復興時期的不朽巨著，並風靡了整個歐洲，影響遠大。他還寫了五部喜劇，這些是根據拉丁古典文學但受當代生活的靈感所寫的，雖然不是頂重要，但卻是第一個用地方方言模仿拉丁喜劇，後來歐洲的喜劇就是以各地方言寫作為特色。他還模仿羅馬詩人賀拉斯的筆法寫了七篇諷刺詩。

阿里奧斯托，木版畫；據提香之素描複製
By courtesy of the trustees of the British Museum; photograph, J. R. Freeman & Co., Ltd.

Aristagoras＊　亞里斯塔哥拉斯（卒於西元前497年）　米利都的暴君。他從岳父希斯提艾奧斯（西元前494年亡）那裡獲得攝政權，後者已經失去波斯皇帝大流士一世的信任。可能受到希斯提艾奧斯煽動，並得到雅典和埃雷特里亞的支持，亞里斯塔哥拉斯對波斯發起愛奧尼亞叛變。被擊敗後，他離開米利都，在色雷斯找到一片殖民地，後死於當地的戰鬥中。

Aristarchus of Samos＊　薩摩斯的阿利斯塔克斯（西元前約310～西元前230年）　希臘天文學家。認為地球有自轉和繞日公轉的第一人。阿利斯塔克斯有地動這種先進思想，後人是從阿基米德和普魯塔克得知的。他現存的唯一著作是一篇題為論太陽和月亮的大小和距離的短文，雖然所求得的值不準確，但顯示了太陽和星球間的距離十分大。月球上有一座環形山以他的名字命名，該環形山的中央峰是月面上的最亮區。

Aristide, Jean-Bertrand＊　阿里斯蒂德（西元1953年～）　以自由民主選舉方式產生的海地第一任總統（1991, 1994～1996, 2001～）。原為天主教撒肋爵會牧師，與窮人站在同一陣線，反對弗朗索瓦．杜華利之子尚－克洛德．杜華利的苛政，常與教會的階級制度和軍方發生衝突，1988年被撒助爵會驅逐，1994年方復其神職。1990年進步中間力量團結起來，把他推向權力頂峰。他推動戲劇性改革，但僅在位七個月即被軍事政變推翻。1994年雖在美國占領軍幫助下復位，卻在對付國內地方疫病方面獲得很少援助。由於海地憲法規定不得連任，他在1996年下台，但仍是海地最有力的政治人物。2000年雖被控選舉舞弊，仍再度當選為總統。

Aristides＊　阿里斯提得斯（活動時期西元2世紀）　雅典哲學家，基督教最早的護教士之一，所著《為基督教教義辯護》是現存此類文獻中最古老者。他論述了宇宙萬物的和諧與神性，認為野蠻人、希臘人和猶太人在神的概念和宗教實踐上都不適當。原本以為《為基督教教義辯護》已失佚許久，卻在19世紀末重建。

Aristides the Just　阿里斯提得斯（活動時期西元前5世紀）　雅典政治家和將軍。西元前482年可能因反對地米斯托克利而被放逐。西元前480年被召回指揮對抗波斯人的戰爭，在薩拉米斯戰役和普拉蒂亞戰役中表現傑出。西元前478年他幫助希臘的東方盟國建立提洛同盟。他聯合了雅典，並依恃雅典的海軍力量和人民對他的信任，成功打造了同盟成為強大的雅典帝國。

aristocracy＊　貴族政治　由特權階級或自以為最具有管理資格的少數人所組成的政府。柏拉圖與亞里斯多德認為貴族政治是指由在道德與智慧上皆高人一等的人治理，這種人才適合管理人民的財產。亦即貴族即指高居上位的階層。大部分的貴族是世襲的，許多歐洲社會因家族成員正式封侯受爵而形成貴族階層。亦請參閱oligarchy。

Aristophanes＊　亞里斯多芬（西元前約450～西元前388?年）　希臘劇作家，為雅典人。西元前427年以喜劇劇作家開始其戲劇寫作生涯，一生大約寫了四十部劇本，只有十一部殘留下來，其中包括《雲》（西元前423年）、《黃蜂》（西元前422年）、《鳥》（西元前414年）、《莉西翠妲》（西元前411年）和《蛙》（西元前405年）。大部分是「舊喜劇」的典型代表，「舊喜劇」是指喜劇演出法的一個階段，在此階段裡，合唱隊、摹擬表演、滑稽模仿在演出中占有重要份量。他的諷刺、機智和無情的主題呈現方式使他成為古希臘最偉大的喜劇作家。

Aristotle　亞里斯多德（西元前384～西元前322年）　希臘哲學家和科學家。其父曾是馬其頓國王亞歷山大大帝的祖父的御醫，他是柏拉圖的學生，後來在柏拉圖學園任教二十年。約西元前342年返回馬其頓擔任亞歷山大的老師，西元前335年到雅典開辦自己的萊西昂學園。他與柏拉圖哲學最大的不同點是：不需要假設一個超然而單獨存在的理念領域，能知覺事物的世界就是眞實的世界。著作豐富，現存的作品包括：《工具篇》、《論靈魂》、《物理學》、《形上學》、《尼科馬科斯倫理學》、《歐德摩斯倫理學》、《動物誌》、《政治學》、《修辭學》和《詩學》等，其他在自然歷史和科學方面的作品也很多（大部分在西元前1世紀時首度刊印）。他把哲學論題劃分為倫理、物理和邏輯三方面。對他而言，邏輯是研究每一論題所必需的。亞里斯多德還提出四因：形式因、質料因、動力因、目的因，並主張一個永恆不動的原動力（神）是物理的必要元素。在倫理學方面，他主張對人類（或任何東西）有益的是達成他們的目的或功用，也就是所謂的目的論。亞里斯多德和柏拉圖被公認是西方哲學的創建者，而他對後來的西方科學和哲學的影響是十分巨大的。

arithmetic　算術　數學的一個分支，研究數的性質及透過加、減、乘、除來運算。原本只是用來計算數字，現在範圍已擴大，不僅包括有理數，還包含無理數和複數。其可除性和質數定理部分與數論重疊。算術最重要的是建立演算的順序（即先乘除，後加減）和演算的性質。例如：在加法和乘法中，先後順序無關緊要：a＋b=b＋a和ab=ba（參閱commutative law）；還可任意組合：a＋（b＋c）＝（a＋b）＋c和a（bc）＝（ab）c（參閱commutative law）。減法和除法就沒有這種特性。

arithmetic, fundamental theorem of　算術基本定理　這個數論斷言每一個正整數能被唯一地表示成質數的乘積（其中不計因子的次序），質數是只能被1和本身整除的大於1的整數。這個數論的這種形式歸於德國數學家高斯，而另一形式則歸於西元前4世紀希臘幾何學家歐幾里德，因爲事實上它直接來自歐幾里德定理：「如果一個質數整除一個乘積，則它必定整除這乘積的某個因子。」

Arius＊ 阿里烏（西元約250～336年） 埃及亞歷山大里亞基督教司鐸和異端分子，在神學問題上倡導阿里烏主義。原在亞歷山大里亞一帶提倡苦行修身，一方面宣講新柏拉圖主義，強調上帝絕對獨一至善，另一方面對《新約》進行詞義上的純理性考證，提出他的論斷，吸引大批追隨者。他的觀點經由主要著作《宴會》（約西元323年）而公開於世。325年尼西亞會議宣布他爲異端分子，處以絕罰。阿里烏正當同教會商談和解期間，猝死於君士坦丁堡街頭。阿里烏派異端威脅到基督教正統，持續了好幾個世紀。

Arizona 亞利桑那 美國西南部一州（2000年人口約5,130,632），面積114,000平方哩（295,259平方公里），首府爲鳳凰城。漢弗萊斯峰高12,633呎（3,851公尺），是全州最高點。州內有大峽谷和石化林國家公園，並擁有近40%的美國印第安部落土地。人類很可能在兩萬五千年前就在此居住過。在霍霍坎文化、阿納薩齊文化崩解後，游牧的阿帕契和納瓦霍印第安人在16世紀來到這個地區。16世紀中葉來自墨西哥的西班牙尋寶者，包括科羅納多在內，建立墨西哥對此區的主權。1776年墨西哥軍隊在圖森建立第一個要塞。美墨戰爭後，亞利桑那割讓給美國，在1848年成爲新墨西哥州的一部分。1853年加茲登購地增加了一些領土。1863年成爲準州，1912年成爲美國的第四十八州。雖然人口稍嫌稀疏，但近幾十年來人口迅速成長，大部分是因氣候宜人。居民約有1/6的人講西班牙語，5%是印第安人，包括納瓦霍人、阿帕契人、霍皮人、帕帕戈人和皮馬人。經濟多元化，包括農業、採礦、航太、電子和旅遊業等。

Arizona, University of 亞歷桑那大學 位於圖森的一所公立大學。成立於1885年，原是一個土地贈與學院，後來增設了教育與法律（1920年代）、商務與公共行政（1934）、藥學（1949）、醫學（1961）、護理（1964）等學院。目前該校頒授衆多研究領域的學士、碩士與博士學位，且因天文學和美國西南部考古學的學程而著名。學生總數約爲35,000人。

Arjan＊ 阿爾瓊（西元1563～1606年） 印度錫克教第五代古魯（祖師，1581～1606），他編成該教經典《本初經》，又建成阿姆利則的金寺。他在阿姆利則發展商業，祖師兼管聖俗兩界，自他開始。他繼續執行前幾代祖師所倡導的社會改革。蒙兀兒帝國皇帝阿克巴迫害錫克教，要求他刪除《本初經》中觸犯吠檀多或伊斯蘭教的部分。阿爾瓊拒絕這種要求，竟受酷刑而死。

Arjuna＊ 阿周那 印度敘事詩《摩訶婆羅多》中的主角，般度族五兄弟之一。阿周那臨陣猶豫不決，他的友人和馭手大神黑天曉之以責任即作人之道的大義。這段詩歌類似黑天和阿周那的對話，稱爲《薄伽梵歌》。阿周那是一個技術高超、有責任感和同情心的典範，也是追求眞知的人，在印度神話和神學中是個中心人物。

Ark of the Covenant 法櫃 在猶太教和基督教中，帶有華麗裝飾的鍍金木櫃，在聖經時代存放刻有上帝與摩西所立之約的兩塊石板。在希伯來人四處漂流期間，法櫃由利未人載運。在占領迦南後，法櫃安放在示羅，但有時也被以色列人運至戰場。大衛王把它遷到耶路撒冷，所羅門王把它安置在耶路撒冷聖殿中的至聖所，在贖罪日時僅由最高祭司開櫃觀看。法櫃最後下落不明。

Arkansas 阿肯色 美國中南部一州（2000年人口約2,673,400）。全州的最高點是馬加津山，海拔839公尺。最早來此定居的居民是大約西元500年住在密西西比河沿岸懸崖峭壁上的印第安人，築墩文化也在沿河地區留下墳墩。西班牙和法國的拓荒者在16～17世紀橫跨了這整個地區；1686年第一批歐洲人在阿肯色波斯特永久居住。作爲美國取得的路易斯安那購地的一部分，阿肯色準州於1819年成立；1828年該州的現有邊界畫定完成。1836年成爲美國第二十五個州。美國南北戰爭期間，阿肯色州於1861年脫離聯邦，加入美利堅邦聯，後於1868年獲准重新加入聯邦。重建時期之後，實施嚴格的種族隔離政策，一直延續至1957年法院下令廢除學校的種族歧視政策。該州過去以農業爲主，現在經濟還包括採礦業和製造業等工業，旅遊業也因溫泉國家公園的礦泉和奧沙克山脈的景點而興盛。首府小岩城。面積53,187平方哩（137,754平方公里）。

Arkansas, University of 阿肯色大學 美國州立大學，校區在費耶特維爾（主校區）、小岩城、派恩布拉夫和蒙提薩羅。阿肯色醫學大學也是設在小岩城。費耶特維爾校區創設於1871年，是一所土地贈與學院，學生數超過14,000人，是所有校區中最大的，也是阿肯色州唯一頒授博士學位的機構。

Arkansas River 阿肯色河 源出科羅拉多州中部，全長1,450哩（2,333公里），大致向東南偏東流，經堪薩斯、奧克拉荷馬州和阿肯色州，在阿肯色市東北匯入密西西比河。約有650哩（1,046公里）可通航，最大的支流有加拿大河、錫馬龍河等。據云，1541年有西班牙探險家科羅納多曾渡過阿肯色河，來到道奇城近郊，1806年美國探險家派克穿過此河上游。

Arkhangelsk＊ 阿爾漢格爾斯克 英語作Archangel。俄羅斯西北部城市（1999年人口約366,200）。位於杜味拿灣的灣頭，是大型海港，冬天以破冰船保持開放。10世紀時有北歐人定居於此，1553年英國人爲探勘東北航道而來到這裡。1584年創立米迦勒大天使修道院，成爲莫斯科公司的一個貿易站。沙皇戈東諾夫對歐洲開放貿易，該市因爲是俄國唯一的海港而繁榮起來，直到1703年聖彼得堡建立爲止。1918～1919年阿爾漢格爾斯克也是英、法、美支持俄國北部政府對抗布爾什維克的地點。第二次世界大戰期間，接納從英美護航來的租借貨物（1941～1945）。現爲俄羅斯主要的木材出口港，同時還建有大量的造船設施。

Arkona 阿爾科納神殿 西斯拉夫人供奉戰神斯萬特維特的城堡式神殿，建於9～10世紀。1168（或1169）年信奉基督教的丹麥人襲擊波羅的海西南部的呂根島，將此神殿摧毀。據丹麥史學家薩克索·格拉瑪提庫斯敘述，阿爾科納神殿爲精美的紅頂木結構建築，建於木柵圍繞的庭院中，木柵雕飾華麗，繪有各種宗教標誌徽號。內殿供奉戰神斯萬特維特像，大於眞人，四頭四頸分別朝向四方，令人生畏。1921年的發掘證實該神殿的存在。

arkose＊ 長石砂岩 據推測是沒有明顯分解作用的花崗岩崩解形成的粗粒砂岩。主要由石英、長石組成。由於缺乏層理，長石砂岩從表面看類似花崗岩，有時被描述爲復原的花崗岩。外表呈粉紅色或灰色。

Arkwright, Richard 阿克萊特（西元1732～1792年） 受封爲理查爵士（Sir Richard）。英國紡織工業家和發明家。1769年第一次獲得紡織機的專利權（參閱Paul, Lewis）。他用水力紡紗機（因為用水力運轉而稱之）生產出適合作經紗的棉紗線（參閱weaving），比只適合作緯紗的珍妮紡紗機所生產的棉紗耐用。1773年他發明全棉印花平布。他開設了幾家機器紡紗工廠，實現了從梳棉到紡織的製造作業一貫化（參閱drawing）。

Arledge, Roone 阿爾列吉（西元1931年～） 美國電視台經營者。生於紐約州福雷斯特希爾，1960年開始在ABC電視台擔任運動節目製作人。後來成為ABC體育台與星期一美式足球之夜（1965～1985）的總裁，以及ABC新聞台與體育台的集團總裁（1985～1990）。他打造了《世界體壇》、《夜線》、《20/20》以及《現場直擊》等知名節目，製作第十屆奧運會的電視播報，並且為運動播報作了許多技術性與編輯上的革新。

Arlen, Harold 阿爾倫（西元1905～1986年） 原名Hyman Arluck Arlen。美國歌曲作家，生於紐約水牛城。先前為唱詩班領唱者及鋼琴家，後來輟學自組樂隊，以此謀生至二十四歲，後成為專業表演者和經理人。1929年開始與抒情詩人寇希勒（1894～1973）合作寫歌曲〈得到快樂〉，一炮而紅，後來創作的歌曲包括〈我在弦樂上擁有了世界〉，在哈林的棉花俱樂部表現出色。阿爾倫為百老匯寫的音樂劇有《你說對了》（1931）、《生活從八點四十分開始》（1934）、《萬歲為了什麼》（1937）、《布魯默女孩》（1944），與默塞爾合寫的《聖路易斯女人》（1946）和《薩拉托加》（1959），以及與卡波特合寫的《花房》（1954）。為好萊塢寫的電影歌曲包括〈這僅僅是一個紙月亮〉、〈讓我們相戀〉以及〈老布萊克魔法〉。其最著名的歌曲可能是《綠野仙蹤》（1939）的主題曲〈飛越彩虹〉（哈伯格填詞）。

Arles＊ 阿爾勒 法國東南部城市（1999年人口約50,453）。西元前1世紀由羅馬人建立，透過商業貿易，阿爾勒成為羅馬帝國的主要大城市。10世紀成為勃艮地都城，後成為阿爾勒王國。現存有西元前1世紀建的羅馬競技場（現仍用於鬥牛和演戲）和環繞舊城的圍牆。梵谷在他創作力最旺盛的時期曾居住於此。現仍為河港，但經濟主要靠旅遊和農業。

Arlington 阿靈頓 美國維吉尼亞州北部一縣（2000年人口約189,453）。隔波多馬克河與華盛頓特區相望，有五座橋樑相通。1789～1846年從原來若干小村發展成為華盛頓特區的一部分，之後又重歸於維吉尼亞州。境內有阿靈頓國家公墓（位於李的故居）、隆納．雷根國家機場、五角大廈（國防部）以及其他聯邦大樓。

arm 臂 直立的脊椎動物（尤其是人和其他靈長類）的前肢或上肢，有時也指肩到肘之間的部分。靈長類的上臂有一根長骨（肱骨），前臂有兩根細骨（尺骨和橈骨）。從肱骨到尺骨的三頭肌是要使前臂從肘關節處伸直，屈肌則是使手肘彎曲。前臂和手中的小肌肉是用以使手、指頭活動。arm一詞亦指無脊椎動物的附肢或運動器官，如海星的腕、章魚的觸手和腕足綱動物的腕足。

Armada, Spanish 西班牙無敵艦隊 1588年西班牙國王腓力二世為會同西班牙陸軍從法蘭德斯入侵英國而派遣的龐大艦隊。腓力二世長期以來一直試圖在英國恢復羅馬天主教，英國針對西班牙的貿易和殖民地採取的海盜行動也激怒了西班牙。無敵艦隊的指揮官為梅迪納－西多尼亞公爵，率有一百三十艘艦船。在為時一週的戰爭中，英國艦隊在上風方向放出幾艘縱火船，衝入西班牙艦隊，打亂其隊形，使其曝露在英國艦隊的重型火炮攻擊下，因而慘敗。無敵艦隊在返航期間還遭到一連串災難，死亡人數可能有一萬五千人。是役中，英國的德雷克功不可沒，無敵艦隊的失敗使英國和荷蘭免遭西班牙的吞併。

armadillo 犰狳 犰狳科20種哺乳動物的統稱，與樹懶和食蟻獸有親緣關係。多棲息於開闊地區，有些棲息於森林。犰狳身軀粗壯、腿短、爪彎曲而有力，身披粉紅色到褐色保護性覆蓋物——甲冑。甲冑由堅固的圓盾形甲板組成，甲板由能活動的橫向帶狀物分隔。分布於熱帶和亞熱帶地區，主要在南美洲。體型大小不一，從約6吋（16公分）到5呎（1.5公尺）不等。獨棲，或成對、成群棲息。夜間活動，棲於地穴，以白蟻和其他昆蟲、植物、小動物和某些腐肉為食。

九帶犰狳（Dasypus novemcinctus）
Appel Color Photography

Armageddon＊ 大決戰 《新約》中提到的由魔鬼率領的地上諸王將在世界歷史結束之時與上帝的眾軍作戰之處。大決戰在《聖經》中只出現一次，即在〈啓示錄〉。此名稱也許意指美吉多之山，即巴勒斯坦城市美吉多可能是被用來象徵這樣一場戰鬥之處，因為它在巴勒斯坦歷史上一向是戰略要地。《聖經》其他段落則暗示，這場戰鬥將在耶路撒冷進行。

Armagh＊ 阿馬 北愛爾蘭地區（2001年人口約54,263）。前阿馬郡首府，設於1973年。位於內伊湖之南，北部是愛爾蘭島上盛產水果地區，南部沿愛爾蘭共和國邊界地帶在20世紀後期是醞釀宗派械鬥的溫床。本區首府是阿馬鎮。5世紀中期，聖派翠克在此建築他在愛爾蘭最重要的教堂。5～9世紀，該區成為西方世界占領導地位的學術中心之一。16世紀被英國新教軍隊占領，成為新教教士和鄉紳活動的繁華城市，其奢華作風反映在城內許多喬治王朝時代風格的大型紀念性建築物和其他建築物中。

Armagnac＊ 阿馬尼亞克 法國西南部歷史上加斯科涅的小領地，曾是羅馬省份亞奎丹的一部分，約自960年為獨立的伯爵領地，為法國國王控制地區（土魯斯）和英國國王控制地區（吉耶訥）之間的緩衝地帶。後來此地成為法國抵抗英王亨利五世入侵之地，但在阿讓庫爾戰役中敗下陣來。1497年第一次被法國兼併，最後在1607年因世襲而回到那瓦爾家族手中。1645年再度成為一個伯爵領地，1789年解散。該區也以生產阿馬尼亞克白蘭地而聞名。

Armani, Giorgio＊ 亞曼尼（西元1934年～） 義大利時裝設計師。1957～1964年他放棄了醫學院的學業，從事百貨公司採購員，後來受訓為時裝設計師。1974～1975年引進自己的男女套裝商標，1980～1981年創立Giorgio Armani USA、Emporio Armani、Armani Jeans，1989年在倫敦開店。他是男裝修邊無系統剪影方面的領導人，也有功於管理階級女性的寬肩服裝。他的設計特點常是適於城市生活的低調魅力和豪華質地。

Armenia 亞美尼亞 正式名稱為亞美尼亞共和國（Republic of Armenia）。位於南亞的國家。面積29,800平方公里。人口約3,008,000（2002）。首都：埃里溫。全國人口約有9/10是亞美尼亞人，少數是亞塞拜然人、庫爾德人、俄羅斯人以及烏克蘭人。語言：亞美尼亞語（官方語）和俄語。宗教：基督教（亞美尼亞使徒教會與亞美尼亞公教會）。貨幣：德拉姆（dram）。亞美尼亞是一個山地國家，平

均海拔1,800公尺。北部有小高加索山脈橫越，東部中心則有塞凡湖。屬乾燥的大陸性氣候，氣溫隨高度變化極大。雖然已高度工業化（在蘇聯統治時期大力發展水電的結果）和日漸都市化，農業仍占重要地位。亞美尼亞是個南亞的歷史古國，歷史上的疆界變化極大，但古亞美尼亞的範圍曾達至現在的土耳其東北部和亞美尼亞共和國。古代此區曾是凡城所在地，約從西元前1270～西元前850年治理該地。後來被米底亞人（參閱Media）和馬其頓人所征服，之後與羅馬帝國結盟。基督教在300年左右被奉為國教。接下來的幾個世紀有拜占庭人、土耳其人、阿拉伯人和蒙古人爭奪此地，1514年處於鄂圖曼帝國的統治之下。接下來的數個世紀，部分領土曾轉讓給其他統治者，散佈各地的亞美尼亞人民族主義情緒開始高漲，19世紀末期引起廣泛的爭論。1878年部分領土割讓給俄國後，土耳其與俄國間的爭鬥逐漸擴大，整個第一次世界大戰期間仍斷斷續續發生，導致一連串的大屠殺事件（參閱Armenian massacres）。土耳其戰敗後，1921年屬俄國部分的亞美尼亞成為蘇維埃共和國的一部分。1936年亞美尼亞成為蘇聯中的立憲共和國。隨著1980年代末期蘇聯解體，1990年亞美尼亞宣布獨立。接下來為了納戈爾諾－加拉巴赫的歸屬問題與亞塞拜然發生衝突，直至1994年才停火。自1993年發生能源危機以來，約有1/5人口離開國家。政治上的緊張情緒升高，1999年發生了恐怖分子攻擊立法院事件，殺死了總理和一些立法委員。

Armenia, Little ➠ Little Armenia

Armenian language　亞美尼亞語　亞美尼亞人使用的印歐語言，全球的使用者約有五百～六百萬人。亞美尼亞人已改變其語音和文法，使其有別於其他的印歐語分支；該語言可能與希臘語最為密切相關，儘管這種假設有所爭議。長久以來亞美尼亞語與伊朗諸語言的接觸，因而採用了許多波斯外來語。根據傳統，唯一的一個亞美尼亞語字母表是由教士馬什托茨於406年或407年創建。5世紀到9世紀的亞美尼亞語（即格拉巴爾語或古典亞美尼亞語）一直被當作文學語言且沿用至今。19世紀文化復興形成兩種新的文學語言：西亞美尼亞語，以伊斯坦堡亞美尼亞人所說的語言為基礎；東亞美尼亞語，以外高加索亞美尼亞人所說的語言為基礎。由於長期以來遷移的傳統和鄂圖曼統治的最後數十年間的屠殺和驅逐，使得操西亞美尼亞語者多居住在安納托利亞以外的地區，而東亞美尼亞語則是今日亞美尼亞共和國的主要語言。

Armenian massacres　亞美尼亞人慘案　鄂圖曼帝國蘇丹阿布杜勒哈米德二世於1894～1896年和青年土耳其黨政府於1915～1916年對帝國內亞美尼亞族所進行的滅絕種族的迫害。1894年亞美尼亞人開始實行地方自治並拒繳高額的稅賦，土耳其軍隊和庫爾德人屠殺數以千計的亞美尼亞人。1896年亞美尼亞革命者舉行示威，占領了伊斯坦堡的鄂圖曼銀行。這一行動又遭到血腥的鎮壓，穆斯林土耳其人暴徒和政府軍隊共同殺死五萬多名亞美尼亞人。1915年初，由於境內亞美尼亞人加入志願軍以協助俄國對土耳其作戰，土耳其政府把境內的大約一百七十五萬名亞美尼亞人驅入美索不達米亞和敘利亞。在遷徙過程中，約六十萬名亞美尼亞族人餓死或被軍隊和警察打死，數十萬人也被迫逃亡。

Armenians　亞美尼亞人　第一個被認定為印歐民族的民族，西元前7世紀初遷到巴比倫和米底亞人征服的地區，後來又在西元前331年被亞歷山大大帝征服。亞美尼亞文化在西元14世紀達到顛峰，在雕刻、建築和藝術方面表現了極高的水準。在歷史上，亞美尼亞時常為了抵抗外國人統治而奮戰，先是拜占庭帝國，再來是塞爾柱王朝、鄂圖曼帝國、波斯和俄羅斯。最近的外族統治時期（1922～1990）是在蘇聯解體後結束。亞美尼亞人主要是務農的，現已高度都市化。傳統上信奉正教或天主教，亞美尼亞被認為是第一個基督教國家。現在約有三百五十萬人住在亞美尼亞共和國，還有少許人分散在西方。亦請參閱Armenian massacres。

Armistice　停戰協定（西元1918年）　第一次世界大戰終了時德國與同盟國之間的協定。同盟國代表與德國代理人在法國雷通德的鐵路車廂會面討論條約，11月11日簽下協定，當天11時戰爭結束。主要條款為：德國從比利時、法國、亞爾薩斯－洛林撤軍。停戰協定的正式談判在巴黎和會進行。後來德國內部的「背刺」傳說張揚開來，說德軍處境並未絕望，而變節的政治人物在同盟國授意下簽署了停戰協定。

armor　盔甲　亦稱body armour。在戰鬥中用來使武器發生偏轉或承受住其襲擊的防護性裝具，它也可以用來保護

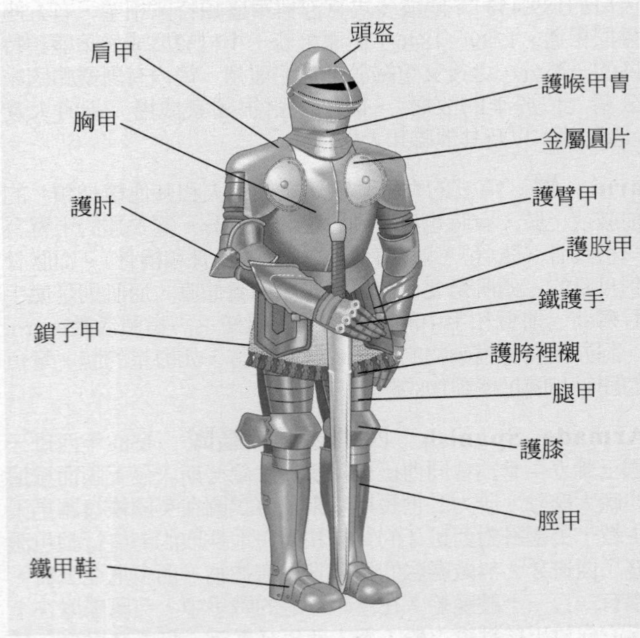

15世紀的歐洲全套盔甲
© 2002 MERRIAM-WEBSTER INC.

動物和交通工具等。古代的戰士用獸皮和頭盔保護自己。西元前11世紀，中國武士穿戴用犀牛皮製成的盔甲；西元前5世紀，希臘重裝步兵穿著厚厚的多層亞麻胸甲。14世紀以前，整個羅馬帝國和西歐國家都將鎖子甲作為主要的盔甲，它是一種形似一件簡單襯衣的盔甲。硬片式盔甲在古代希臘人和古羅馬人就使用過，約在13世紀在歐洲又重新出現。它一直居支配地位，17世紀火器的出現使得盔甲顯得都過時了。18世紀硬片式盔甲就完全消失，但頭盔在第一次世界大戰中重新出現在戰場上，後來還成為大多數士兵的一種標準裝備。保護身軀的現代盔甲稱為防彈背心，它是將小合金鋼片縫進或釘進衣服裡，至少保護住胸部和腹部。有時用玻璃纖維，碳化硼或多層尼龍纖維取代金屬片，不僅可以提高保護能力，而且也改善了穿著的舒適性。克耩纖維已廣泛地運用於此類盔甲。

armored vehicle　裝甲車輛　部分或全部裝有可抵禦子彈、炮彈或其他射彈的裝甲機動車輛。軍用裝甲車有輪式和履帶式（兩條循環式金屬鏈帶）兩種。坦克是主要的戰鬥裝甲車，其他的軍用裝甲車有人員裝甲輸送車、裝甲汽車、自行火炮、自行反坦克炮，以及機動式防空系統。這種分類中還包括用於輸送貴重物品的民用裝甲汽車。第二次世界大戰中，裝甲汽車首次大量出現。與履帶車相比，裝甲汽車在泥濘或不平坦地形性能不佳，但在道路或平坦開闊地域運動速度快。裝甲汽車是輕裝甲，主要依靠速度來防護，因而是較好的偵察車輛。民用裝甲汽車配有裝甲門和射擊孔的防彈室，其內部空間可容納貴重物品和武裝押運人員。

armory practice　武器製造　組裝軍事產品的生產體系。自從採用1842年滑膛槍模型後，美國軍方以制式而可以更換的零件大規模組裝武器。到1850年代中期，全世界武器製造商開始模仿美國這個製造體系，促成了現代小型軍事武器的出現，特別是在引進撞擊式點火和膛線槍管之後。

Armory Show　軍械庫展覽會　正式名稱國際現代藝術展覽會（International Exhibition of Modern Art）。即繪畫和雕塑展覽會，1913年在紐約市第六十九兵團軍械庫舉行。展覽會的舉辦由美國畫家與雕塑家協會構思，原本僅選擇美國藝術家的藝術品參展，後來加進了歐洲現代藝術派別的作品。在展出的1,300件作品中，有1/3來自歐洲，從哥雅到杜象和康丁斯基，展出了印象主義、象徵主義、後印象主義、野獸主義和立體主義的代表作品。美國參展作品多來自垃圾箱畫派和八人畫派的年輕激進的藝術家。展覽會還到芝加哥和波士頓展出，對大眾介紹了先進的歐洲藝術，展覽會本身成為美國藝術發展和藝術收藏具有決定意義的一大事件。

Armour, Philip Danforth　阿穆爾（西元1832～1901年）　美國企業家和革新家。生於紐約史塔克橋，最初在加州開礦累積了一些資本，1875年大規模擴充其家族式經營的中西部穀物交易與肉類加工業，並開創了副產品的利用和肉類罐頭的銷售。1880年代發明了有軌冷凍車後，使其在東部各州建起了分銷工廠，並開始對歐洲出口阿穆爾牌肉類產品。他的阿穆爾公司企業使芝加哥成為世界肉類加工業的中心。

arms, coat of　盾形紋章　亦稱shield of arms。12世紀歐洲的紋章，主要用來規定戰鬥中的身分。由一個盾和一個底組成，共分成九個部分，叫做點，以適當定位。還分為首部和基部，常飾以頭盔、斗篷、花環、頂飾、徽章、格言、托飾、花冠或冠飾。整個紋章原本標示個人家族宗系、財產所有或職業，但後來也成為學校、教堂、行會和企業的象徵，以反映出它們的歷史。亦請參閱heraldry。

arms control　軍備控制　國際上對於武器的發展、試驗、部署和使用的限制。限制武器是通過一般國際協議裁減或限制各國的軍備，1899年第一次海牙公約國際大會上才呈現限制武器的可能性。華盛頓會議（1921～1922）和凱洛格－白里安公約（1928）雖訂有裁軍、限制武器和軍備控制協定，但對於破壞公約條款的行為並未規定制裁措施，結果人們對公約的有效性不抱任何希望。美國和蘇聯間的限制核子武器條約較為人們重視。亦請參閱Nuclear Test-Ban Treaty、SALT、START。

Armstrong, Edwin H(oward)　阿姆斯壯（西元1890～1954年）　美國發明家，生於紐約市。在哥倫比亞大學學習時，設計出反饋電路（1912），可把信號放大上千倍，這種線路至今仍是無線電－電視播放設備的心臟。由於這項發明，他獲得美國科學最高榮譽獎——富蘭克林獎章。1933年發明寬頻帶調頻制即後來的FM無線電收發機，不用改變電波的振幅來傳播聲音，而是在寬頻帶內改變或調制電波的頻率，產生的調頻波很少受天電干擾，寬頻帶調頻制為高傳眞度的廣播提供了暢通又切實可行的方法。

Armstrong, Gillian　姬蓮阿姆斯壯（西元1950年～）　澳洲電影導演。1976年，她以一部短片在雪梨影展中獲獎，之後在《我的璀璨生涯》（1979）片中擔任導演，獲得國際間的讚賞與無數的獎項。後續的作品包括澳洲電影如《到我們家的最後一天》（1993）、《奧斯卡與露辛達》（1997），以及美國電影如《亡命之戀》（1984）、《新小婦人》（1994）。

Armstrong, Lance　阿姆斯壯（西元1971年～）　美國自由車選手，環法自由車賽三次冠軍得主（1999～2001）。1992年加入摩托羅拉隊，開始自由車職業生涯。1993和1995年贏得環法自由車賽分站比賽，但在1993～1996年四次比賽中抽身。1996年比賽之後，阿姆斯壯罹患睪丸癌，當時已經擴散到肺和腦。隨後是幾個月的治療，直到他能夠復出為止。1998年贏得盧森堡自由車賽，這是他病後第一個重要的競賽。1999年7月25日，他成為有史以來第二位贏得環法自由車賽的美國人，也是第一位為美國隊贏得比賽的選手（三度冠軍得主勒蒙德隨歐洲隊伍出賽）。2000年7月23日阿姆斯壯再度獲勝，使他在1999年的勝利得到信服，也為評論家懷疑他服用增強藥物提供解答。2001年在環法自由車賽獲勝，顯示阿姆斯壯正值顛峰，特別是在山區分站賽。

Armstrong, Louis　路易斯阿姆斯壯（西元1901～1971年）　爵士樂史上首位重要的小號演奏家及歌手，也是最受歡迎的公衆人物。曾在遊行樂隊、密西西比內河船上和夜總會的樂隊吹奏小號（兒時小名為Satchelmouth，後來縮短為Satchmo，沿用一生）。1922年移居芝加哥，加入奧利弗的「克里奧爾爵士樂隊」（參閱Dixieland），次年首次灌錄了一些唱片。1924年加入紐約亨德森管弦樂團，並和貝西史密斯、雷尼共同錄製唱片。1925年他由短號演奏轉為小號演奏，並開始用他自己的名字與他的「熱樂五重奏」、「熱樂七重奏」（類似奧利弗和奧賴的紐奧良樂隊）錄製唱片，在這些唱片中，先前強調的集體即興式演奏已被他發展的獨奏和獨唱效果所取代。隨著1928年〈西端藍調〉的推出，路易斯阿姆斯壯建立了在爵士樂中音樂獨奏名家的突出地位。其振動的旋律、和聲即席創作及搖擺節奏的概念樹立了爵士樂的本土性特點。其強有力的音

路易斯阿姆斯壯
AP/Wide World Photos

調和飛快的演奏速率成爲新的演奏技術標準。同時他也是第一位擬聲歌手，用號角來改進無意義的音節。他不僅是爵士音樂家，還具有獨奏魅力，還是樂隊領隊、電影演員和國際明星。後來錄製的唱片及他身爲世界音樂大使的角色使其一生聲名不輟。

Armstrong, Neil (Alden)　阿姆斯壯（西元1930年～） 美國太空人，生於俄亥俄州。十六歲時成爲有執照的飛行員，韓戰中三次獲得空軍獎章。1955年成爲美國國家航空暨太空總署前身的民用飛機研究飛行員。1962年加入太空計畫。1966年阿姆斯壯作爲「雙子星八號」的指揮艙駕駛員與司各脫一起同「愛琴娜」無人駕駛火箭會合，第一次完成了手控太空對接機動飛行。1969年7月20日「阿波羅十一號」的任務之一，他成爲第一個踏上月球的人，並說：「人的一小步，人類的一大步。」

阿姆斯壯，攝於1969年
AP/Wide World

army　陸軍　爲戰爭而武裝和編練的大型有組織的部隊，以陸戰爲主。該名詞亦指一支爲遂行獨立作戰而編組的大型單位，亦可指稱一國或統治者爲遂行陸戰的整個軍事組織。在各個歷史時期，陸軍的特點和編制也有所不同。許多年以來，陸軍以步兵部隊和騎馬部隊（如騎兵），或機械部隊構成，由職業或業餘人士、爲了錢或掠奪品的外籍傭兵，或爲了志業的愛國主義者組成。亦請參閱air force、conscription、guerrilla、military unit、militia、United States Army, The。

Arndt, Ernst Moritz　阿恩特（西元1769～1860年） 德國散文作家、詩人和愛國者，於瑞典出生。二十八歲時，放棄教士前程，後成爲歷史教授，在格賴夫斯瓦爾德和波昂任教。在重要巨著《時代精神》中，大膽要求政治改革，表現出拿破崙時代德國民族的覺醒（共四卷，1806～1818）。他的抒情詩並非全部有感於政事而作；《詩集》（1804～1818）中有許多優美的宗教詩。

Arne, Thomas (Augustine)　阿恩（西元1710～1778年）　英國作曲家，倫敦座墊商之子，主要創作戲劇音樂與歌曲。靠自學成才。其音樂鑑別力在歌劇院培養形成。第一部歌劇《羅莎蒙德》（1733）爲他贏得聲譽，後受聘爲特魯里街劇院作曲，成爲英國主要的抒情作曲家，僅次於韓德爾。在他近九十部的戲劇作品中，著名的有：《寇慕斯》（1738）、《帕里斯的審判》（1740）和《阿塔塞克西斯》（1762）。他的歌曲〈統治吧！英國〉成爲非正式的國歌。其妹蘇珊娜（1714～1766）是一著名的歌手及演員，藝名爲西柏夫人。

Arnhem Land＊　安恆地區　澳大利亞北部地方東北部地區。從范迪門灣向南延伸至卡奔塔利亞灣和格魯特島，未經完全開發，面積約37,000平方哩（95,900平方公里），擁有重要的鋁礬土和鈾礦資源。自更新世晚期以來，該地區一直爲澳大利亞原住民所占領，1623年荷蘭探險家卡爾斯滕茲發現該地區，並以他的探險船代號爲該地命名。安恆地區現在主要是指其大片的原住民保留地。

Arnim, Bettina von　阿爾尼姆（西元1785～1859年） 原名Elisabeth Katharina Ludovica Magdalena von Brentano。德國作家，她最著名的作品是改寫自她與歌德、京德羅德和兄長布倫坦諾的通信。原信已被整理和改寫，但文筆生動活潑，無拘無束。

阿爾尼姆，版畫；據阿爾姆加斯·馮·阿爾尼姆的作品複製
By courtesy of the trustees of the British Museum; photograph, J. R. Freeman & Co., Ltd.

Arno River　阿爾諾河 義大利中部河流。全長150哩（240公里），從亞平寧山西流至佛羅倫斯，最後在比薩附近注入利古里亞海。在阿雷佐附近連接台伯河。常水患成災，1966年的水患造成佛羅倫斯損失慘重。

Arnold, Benedict　阿諾德（西元1741～1801年） 美國軍官，叛國者，生於康乃狄克州諾唯曲。1775年加入美國革命軍，同年5月參加殖民地人民對英國人固守的紐約泰孔德羅加堡成功的進攻。後又在斯坦尼克斯堡和薩拉托加二次戰役取得勝利，但亦身負重傷。後被調轉到費城，他在那裡過著奢侈的生活。1779年與忠於英國的年輕女子結婚。他偷偷向英軍總部提建議。據他後來坦白，他是希望以所獲得的紐約西點的指揮權，來向英國人索取兩萬英鎊。當他的英國聯絡人約翰·安德雷被美國人捉獲的時候，他逃到一艘英國船上，最後在英國鬱鬱度過餘生。

阿諾德，版畫；霍爾（H. D. Hall）繪於1865年
By courtesy of the Library of Congress, Washington, D. C.

Arnold, Eddy　阿諾德（西元1918年～）　原名Richard Edward。美國鄉村音樂歌手。生於田納西州的韓德森，阿諾德從小在農場長大，1936年第一次在廣播電台演出，1940年開始在「大奧普里」節目中與皮偉金的金色西部牛仔同台演出。他平緩流暢的低吟淺唱具有極大的魅力，1948年他的第一張混合風格的專輯問世，其中收錄了〈玫瑰花束〉。此後十年間又陸續發行多張專輯，同時還包括一部電視影集，1960年代，他錄下了以龐大管弦樂爲背景的暢銷曲〈他在我的世界裡幹什麼〉和〈讓世界走開〉等曲。

Arnold, Hap　阿諾德（西元1886～1950年）　原名Henry Harley Arnold。美國空軍官員。畢業於西點軍校，最初在步兵服役。後來志願擔任飛行員，受教於萊特。第一次世界大戰後，與米契爾積極主張擴展空軍部隊實力。1938年升任爲陸軍航空隊指揮。第二次世界大戰中任美國陸軍航空隊司令，監督大規模的建軍，並影響空中炮擊戰略甚鉅。1944年升任陸軍上將，在1947年「國家防禦法」通過後，成立獨立的空軍部隊，他擔任空軍上將。

Arnold, Matthew　阿諾德（西元1822～1888年）　英國維多利亞時代優秀詩人、評論家。教育家湯瑪斯·阿諾德的兒子，受教於牛津大學，後終生擔任督學。他的詩作包括了：高度哲理性的〈多佛灘〉；史詩般的〈邵萊布和羅斯托〉；完美而壯麗的〈吉普賽學者〉和〈色希斯〉。《文化與無政府狀態》（1869）是他重要的評論作品，它集中攻擊了維多利亞時代英國人的自滿、庸俗和拜金主義，社會缺乏準則和方向感，陷於無政府狀態。在他後來的短文〈詩的研究〉中提到，詩可能取代宗教，所以讀者要懂得如何去分辨詩的好壞。

Arnold, Thomas　阿諾德（西元1795～1842年）　亦稱阿諾德博士（Dr. Arnold）。英國教育家，典型學者。1828年擔任拉格比公學校長。他改革學校的課程、運動計畫和社會結構（讓年齡較大的學生在校內負責監督年齡較小學生的紀律），將該校辦成地位很高的公學。他的這套辦法通過拉格比公學的師生推廣到其他學校。1841年他被尊爲牛津大學現代歷史學的拉格比教授。除了數篇佈道詞外，他尚著有三卷《羅馬史》（1838～1843）。他是馬修·阿諾德的父親，也是小說家華德夫人（1851～1920）的祖父。

阿諾德，版畫：卡曾斯（H. Cousins）據菲利普斯（Thomas Philips）之油畫於1840年複製
By courtesy of the Trustees of the British Museum; photograph, J. R. Freeman & Co., Ltd.

Arnolfo di Cambio　阿諾爾福（西元約1245～1302?年）　義大利雕刻家和建築師，活躍於佛羅倫斯，其作品體現了後期哥德式建築向文藝復興時期建築風格的轉變。師從皮薩諾學習雕刻，並在皮薩諾負責錫耶納大教堂佈道壇的製作時任他的助手（1265～1268）。1277年赴羅馬，成爲西西里國王安茹的查理的門客。曾經爲查理製作肖像以及數座紀念碑，其中包括了奧爾維耶托聖多米里科教堂的樞機主教布拉耶（卒於1282年）紀念碑。1296年回佛羅倫斯完成他最爲重要的任務——設計主教座堂（即佛羅倫斯大教堂），並爲其正面塑造若干雕像（今存主教座堂博物館）。他設計的其他建築有韋基奧宮和聖十字教堂。

Arnulf　阿努爾夫（卒於西元899年）　德國國王，原爲克恩滕公爵。887年被東法蘭克人選爲國王，罷黜了其叔父胖子查理，但是西法蘭克人、勃艮地和義大利拒絕承認阿努爾夫，加洛林帝國自此瓦解。他擊敗了北歐海盜（891），結束了海盜們對萊茵河沿岸的突襲。還冊封其子爲洛塔林基亞（今洛林）的國王，繼續控制該地。阿努爾夫受教宗福爾摩蘇斯的鼓動出兵義大利，並於895年攻占羅馬，896年加冕爲神聖羅馬帝國皇帝。後因病被迫返回德意志，而前任皇帝仍保持皇帝稱號。阿努爾夫在他生命的最後數年裡，目睹摩拉維亞和匈牙利人相繼侵犯德意志，以及他的權力的瓦解。

aromatherapy　芳香療法　使用從植物提煉出來的精油和水性膠體的療法，可以促進身體、情緒、精神上的健康及平衡。單一或混合的提純物會散入吸進的空氣中，可用於按摩油或加入洗澡水中。吸進這些提純物的分子會刺激嗅覺神經，放出大腦邊緣系統（負責記憶、學習、感情）的訊息，據說能夠啓動生理反應（例如桉樹油使充血舒解，熏衣草有助於放鬆）。主流醫學執業者質疑獨立生理效果的說法，他們認爲許多益處可能來自香氣能夠加強或幫助創造的制約反應。所用的精油和溶液顯然有特定效果，但尚未標準化。少數具有過敏反應等危險。

aromatic compound　芳香族化合物　分子結構中含有一個或多個原子平面環的一大類有機化合物的總稱。許多芳香族化合物是含有六個碳原子組成環的有機化合物。其他則是苯環的一個或多個碳原子被其他元素原子，特別是氮原子所取代。環中每一原子與相鄰兩原子分別共用一對電子。芳香族一詞最初約在1860年用於從煤焦油分離出來的一種烴，這種烴具有比其他烴類強烈得多的特異氣味。化學中，「芳香性」一詞被用來表示由這類化合物分子的電子結構所決定的那些特別低的反應性的化學性能。其原初化合物爲苯（C_6H_6）。亦請參閱hydrogenation。

Aron, Raymond(-Claude-Ferdinand)＊　阿宏（西元1905～1983年）　法國社會學家、歷史學家。在高等師範學校獲文學博士學位後（1930），任教於土魯斯大學直到1939年。第二次世界大戰期間加入自由法國，並擔任其機關報的編輯（1940～1944）。戰後在國家行政管理學校、索邦學院和法蘭西學院任教。他也是《費加洛報》和《快訊》的專欄作家（寫作期間分別是1947～1977年與1977～1983年）。因反對馬克思主義，而與法國左翼知識分子（其中包括他的同學沙特）不和。他的書常從理性主義的人道主義者觀點來討論暴力和戰爭。

Aroostook War＊　阿魯斯圖克戰爭（西元1838～1839年）　美、英兩國就緬因州與英屬加拿大新伯倫瑞克省之間的邊界發生的糾紛。來自新英格蘭的移民和來自加拿大的伐木工人陸續湧入這塊有爭議的阿魯斯圖克地區，由於雙方官員和緝捕隊都在不斷逮捕和關押「非法侵入者」，從而使衝突白熱化。1839年美國和加拿大軍隊均部署在該區，後雙方達成休戰協議，並決定聯合占領這一有爭議的地區，直至1842年簽訂條約確定了邊界線爲止。

Arp, Jean　阿爾普（西元1887～1966年）　亦稱Hans Arp。法國雕刻家、畫家和詩人，在德國威瑪及巴黎朱利昂學院學習後，陸續參與了20世紀初期最重要的藝術運動：慕尼黑的藍騎士（1912），巴黎的立體主義（1914），第一次世界大戰期間蘇黎世的達達主義，超現實主義（1925）和抽象－創作社（1931）。他在木頭上雕刻彩色浮雕，用碎紙作畫，1930年代他最著名的雕塑作品是以抽象形式來表現動物和植物。

Arrabal, Fernando＊　阿拉巴爾（西元1932年～）　出生於西班牙的法國荒謬派劇作家、小說家、電影製片人。1950年代開始寫作，1955年在巴黎學習戲劇，後定居該地。他早期的劇作《戰場的野餐》，受到法國前衛派的注意。1960年代中期，他的劇作逐漸注重形式，屬於他所謂的「驚怖劇」，《他們給鮮花戴上手銬》（1969）是這個時期的著名作品。他的作品內容多宣揚暴力、殘酷和色情。

arrastra＊　粗磨機　庭院法中用來粉碎含金、銀或其化合物的礦石的粗糙石碾。此法在前哥倫布時期的美洲就已盛行。用騾馬驅動粗磨機在鋪砌石塊的淺圓槽中將銀礦石破碎磨細。大石碾通過橫樑與可轉中心立柱連接，用騾馬拖曳轉動，將礦石碾成細泥。再經過進一步的步驟分離出銀。

arrest　逮捕　在合法權力下，由某人（如警官）執法拘留或羈押一個人的行動。警官在一個人正在犯罪或企圖犯罪時的現場，可以進行逮捕。如果警官合理地確信犯罪已經發生，而且被捕人就是犯罪人，也准予逮捕。只有存在確實訴因，法庭或司法官員才能發放逮捕證。大部分國家都限制和禁止民事訴訟中的逮捕，除非如債務人企圖潛逃，即可予以逮捕拘留。在美國，嫌疑犯被逮捕時，必須告知其自身的權利。非法逮捕通常被認爲是錯誤關押，通常會使與逮捕相關聯的證據失效。亦請參閱accused, rights of the、grand jury、indictment。

Arrhenius, Svante (August)＊　阿倫尼烏斯（西元1859～1927年）　瑞典物理化學家。他最著名的貢獻是電解質的電離學說。1884年發表有關電離理論的博士論文在國內受到質疑，但在國外逐漸獲得支持。他還研究反應速率，表示個別溫度反應速率的方程式常稱爲阿倫尼烏斯定律，他還是第一位意識到溫室效應的人。1902年榮獲英國皇家學會戴維獎章。1903年獲諾貝爾化學獎。被認爲是物理化學的創始人之一。

阿倫尼烏斯，攝於1918年
By courtesy of the Kungl. Biblioteket, Stockholm

arrhythmia ➠ cardiac arrhythmia

arrow 箭 ➠ bow and arrow

Arrow, Kenneth J(oseph) 阿羅（西元1921年～） 美國經濟學家，生於紐約市。在哥倫比亞大學獲得博士學位，先後在史丹福大學和哈佛大學任教。著作包括了《社會選擇和個人價值》（1951）。他最令人耳目一新的論題（利用初等數學）是「不可能論」，他認爲：在某些有理性和平等的條件下，要保證社會偏好的排列順序與個人偏好（當涉及兩個以上個人和可取捨的選擇時）的排列順序互相吻合是不可能的。1972年和希克斯共獲諾貝爾獎。

Arrow War ➠ Opium Wars

arrowroot 竹芋 竹芋科竹芋屬幾種植物的通稱。其根莖生產的可食澱粉稱竹芋粉。爲多年生草本植物，廣泛種植於西印度群島。匍匐的根莖上著生肉質塊莖，枝上葉多，花少、白色。在休眠季節前，塊莖澱粉含量最高時收穫。竹芋粉幾乎全是澱粉，常作爲烹飪上的增稠劑。竹芋易消化，特別適合做不能煮過頭的牛奶蛋糊等蛋品，也適宜製作淡味、低鹽和低蛋白的食物。用其他植物所生產的澱粉有時也用作竹芋粉的代用品。如巴西竹芋粉用木薯製做，是木薯澱粉的來源。

Ars Antiqua＊ 舊藝術 （拉丁語意爲「舊的藝術」）13世紀的一種懷舊的音樂風格，與14世紀的音樂風格（新藝術）迥異，開始於聖母院樂派。舊藝術的一部分特色是使用六個節拍模式，在每一段音樂中將重覆一種節拍模式，如長短（第一個模式）或是短長（第二個模式）。類似於詩歌的「韻腳」（參閱prosody），相關的長短音長取決於調式。該系統在作曲家開始使用短音部分後瓦解。舊藝術的音樂題材包括奧加農和早期的經文歌。

Ars Nova＊ 新藝術 （拉丁語意爲「新的藝術」）14世紀盛行的音樂風格。作曲家開始在音樂中使用較短的音符，舊式的節拍模式被停用（參閱Ars Antiqua）。1323年在維特里（1291～1361）編寫的論文《新藝術》中，爲相關的較長較短音符提出了測量計畫，每一個音符能夠被分成另外兩個或是三個下一個短音符。儘管看起來很抽象，但是這種改革已經對音樂聲發揮了重要的影響，因爲作曲家能夠更好地控制相關幾種聲音的動作。因此，14世紀音樂聽起來不像「中世紀」的音樂，而更像現代的音樂。該派最重要的作曲家包括馬舒和蘭狄尼。亦請參閱formes fixes。

Arsacid dynasty＊ 阿薩息斯王朝（西元前247～西元224年） 由帕勒人部落阿薩息斯（約西元前250～西元前211年在位）創建的波斯王朝，該部落居住在裏海東部地區，在亞歷山大大帝死後（西元前323年）進入安息，並逐步往南擴展。到米特拉達梯一世時代（西元前171～西元前138年在位），阿薩息斯王朝達到鼎盛時期。但其政府受到塞琉西王朝的影響，並默認是塞琉西王國的屬國。該王朝自稱是阿契美尼德王朝的國王阿爾塔薛西斯二世的後裔，所以應合法統有阿契美尼德舊有的領土。該王朝控制了在亞洲和希臘－羅馬世界之間的商貿路線，因此得到大量財富，建造了許多建築。西元224年該王朝被薩珊王朝推翻。

arsenic 砷 半金屬化學元素的非金屬物質，化學符號As，原子序數33。它存在兩種穩定（和數種非穩定）同素異性體，即灰砷和黃砷，但大多發現於自然界的硫化物和氧化物中。砷通常被用於製造金屬合金（特別是鉛）和半導體（從鎵砷化物的結晶體製得）。砷氧化物（As_2O_3）常被用做殺蟲劑、色素，以及皮革和木製品的防腐劑，在許多偵探小說中曾提及這種有毒物質砷，即砒霜（參閱arsenic poisoning）。五氧化二砷（AS_2O_5）是殺蟲劑、除草劑以及金屬黏合劑的主要成分。

砷（灰色）、雞冠石（紅）和雄黃（黃）
By courtesy of the Joseph and Helen Guetterman collection; photograph, John H. Gerard

arsenic poisoning 砷中毒 各種砷化合物對人體組織和功能的有害作用。許多種產品要用砷製劑，如殺蟲劑、滅鼠劑、除草劑、某些化學治療藥及某些油漆牆紙、陶瓷等。人類砷中毒常因食入或吸入含有砷化合物的殺蟲劑所致。砷中毒的發生是因砷與某些酶結合，干擾了細胞的新陳代謝。口服攝入砷化物的急性症狀有噁心、嘔吐、口腔和喉部燒灼感及腹部劇痛；可出現循環性虛脫並於數小時內死亡。人在接觸砷以後，紅血球的破壞和腎臟的損傷最爲明顯。慢性中毒較常見的反應是逐漸無力、皮膚色素沈著、精神錯亂、貧血。確診砷中毒以從尿、頭髮、指甲中檢出砷化物爲依據。急性砷中毒的治療包括洗胃和及時服用二巰基丙醇。

Arsinoe II＊ 阿爾西諾伊二世（西元前316?～西元前270年） 救星托勒密一世的女兒。先是色雷斯王后（西元前300～西元前281年）及埃及王后（西元前277～西元前270年），企圖以其子取代前皇后所生太子阿加索克利斯繼承王位。太子向塞琉西王朝尋求援助，因而爆發戰爭，至使其夫戰死。她的同父異母兄弟握有色雷斯及馬其頓的掌控權，在誘騙她成婚後，便將她的兩個小兒子處決。她逃至亞歷山大里亞城，趕走其兄托勒密二世的妻子並與之結婚（西元前277年），這在埃及習以爲常，因此，托勒密和阿爾西諾伊的大名都被加上了「兄妹戀」雅號。阿爾西諾伊分享了托勒密的所有稱號，包括在她生前可能就已被奉祀爲神了。

西元前270～西元前250年的阿爾西諾伊二世硬幣像，現藏大英博物館
By courtesy of the trustees of the British Museum

arson 縱火 指未得他人同意而惡意和自動燒毀他人財產的犯罪行爲。除英國以外的幾乎所有國家裡，如果縱火引起死亡，即使縱火者沒有殺人的意圖，也是犯了謀殺罪。在德國及一些美國司法制度下，近來把縱火規定爲兩個以上的等級，對危及他人生命的縱火者施以較重的刑罰。如果由於事故或不慎引起火災，不構成縱火罪，因爲不是出自惡意。

art　藝術　利用技巧與想像力，創造可與他人共享的物品、環境或經驗，以表達美的觀念者，即稱藝術。藝術一詞亦可專指多種表達方式中的一種，如繪畫、素描、雕刻、音樂、電影、舞蹈、詩作、戲劇、建築、製陶術和裝飾藝術等，而其總名仍為藝術。

art brut＊　澀藝術　語自法文。指非藝術領域的人們創造出來的藝術作品，特別是指精神病患或未受訓練的人所畫的粗糙、不熟練，甚至粗鄙的作品。該詞是法國畫家迪比費所創。他的繪畫作品表現出他稱之為眞正澀藝術的那種眞摯和質樸。亦請參閱naive art。

art collection　藝術收藏　私人或公共機關積累藝術品。早期文明有一種藝術收藏方式，就是把大批的珍貴物品和工藝品貯存在廟宇、陵墓、聖所以及國王的宮殿和金庫裡。希臘人在希臘化時代（西元前4世紀～西元前1世紀）首先興起對藝術收藏本身的趣味。藝術收藏有悠久的歷史，全世界的藝術博物館大多是由皇室、貴族或富豪的大量私人藏品發展而來。18世紀起，許多私人收藏的藝術品移交給博物館收藏（如羅浮宮博物館、烏菲茲美術館）。20世紀美國富有的實業家扮演重要角色，許多藝術傑作從歐洲流向美國，充實了美國的博物館。

art conservation and restoration　藝術品保存和修復　對藝術品的修復及保存，以避免因疏忽、蓄意破壞或更通常因年代久遠及長期使用使製成這些物品的材料受到不可避免的損壞。藝術史的研究大大依賴20世紀藝術品修復的技術和科學方法的進步。

art criticism　藝術批評　針對視覺藝術作品的美的價值與品質作描述、註釋及評估的工作。藝評每見於新聞性的書刊及雜誌中，在特定的藝術家聚會所、收藏品中心及藝術典藏地也時有類似的活動；至於內容則廣涵不同的層次，目的皆試圖以評述藝術品見解的方式與讀者作情感啓示性的溝通。19世紀時期，中產階級興起，商業性畫廊介入藝術市場，批評性報導可經由報章等大衆傳播方式公諸社會。20世紀視覺藝術所建立的觀念意義已逐漸分門別類，且藝術風格也有急速的轉變，使藝評家成為藝術運動的主導力量。

Art Deco＊　裝飾藝術　亦稱「現代風格」（Style Moderne）。1920年代和1930年代，歐洲和美國興起的裝飾藝術和建築藝術運動。得名於1925年在巴黎舉行的裝飾藝術和現代工業國際博覽會。對裝飾藝術最早發生影響的是新藝術派、包浩斯派、立體主義，還受美洲印第安人、埃及人和早期古典淵源的影響。這種藝術的特點是輪廓簡單明朗，外表呈流線型；圖案呈幾何形或由具象形式演化而成；所用材料多樣，多為高價材料（如玉、銀、象牙、黑曜石、鉻和水晶石）。其典型主題有裸體女人、動物、簇葉和太陽光，都是以最常見的形式出現。

Art Ensemble of Chicago　芝加哥藝術樂團　美國爵士樂團，自由爵士的革新者。這個團體是從一個實驗性的組合「創意音樂家促進會」發展出來的。薩克斯風手米契爾與賈爾曼、喇叭手雷鮑伊、貝斯手菲佛斯以及鼓手莫耶在1969年組成了這個團體，常以喜劇式的戲劇性表現，結合了自由變換速度、動力以及旋律。他們的標語「偉大的黑人音樂——遠古到現代」，正表現出他們創作靈感的多樣性。

art history　藝術史　即視覺藝術的歷史研究，目的在認同、分類、描述、評估、詮釋，並了解其藝術本質及傳統的學問。藝術史的研究包括了：了解藝術創作者是何人；確認藝術品是否發自藝術家本人心性而作；決定藝術品在文化發展中或藝術家生涯中屬何期作品；分析藝術家受歷史影響的程度；收集有關藝術家和從事該項藝術的地點及歸屬性的文獻資料。象徵及主題物件的分析為此領域主要關注的項目。

Art Institute of Chicago　芝加哥美術館　芝加哥市的美術館。1866年建立時名為芝加哥設計學院，1882年改今名，1893年所有收藏品移至密西根大道的現址。收藏有歐美和東方的雕刻、繪畫、版畫、素描、裝飾藝術品，還有攝影以及非洲藝術品和前哥倫布時期的美洲藝術品；以收藏19世紀法國繪畫（特別是印象派作品）和20世紀繪畫著稱。還設有美術學院、賴爾森圖書館（專為藝術而設）和伯納姆圖書館（專為藝術而設）及古德曼劇院。

Art Nouveau＊　新藝術　約1890～1910年間流行西歐和美國的裝飾藝術風格，其名源自於巴黎的新藝術美術館。裝飾上的突出特點是經常採用曲線和非對稱性線條，由花梗、花蕾、葡萄藤、昆蟲翅膀以及自然界其他優美的波狀形體構成。大多表現在建築、室內裝飾、首飾、玻璃圖案、海報和插圖藝術上。新藝術起於英國，很快遍及整個大陸。著名的藝術家有：英國的比爾茲利、法國的穆哈、美國的蒂法尼、西班牙的高第、比利時的奧太。第一次世界大戰爆發後，這個藝術風格就逐漸沒落。亦請參閱Arts and Crafts Movement、Jugendstil。

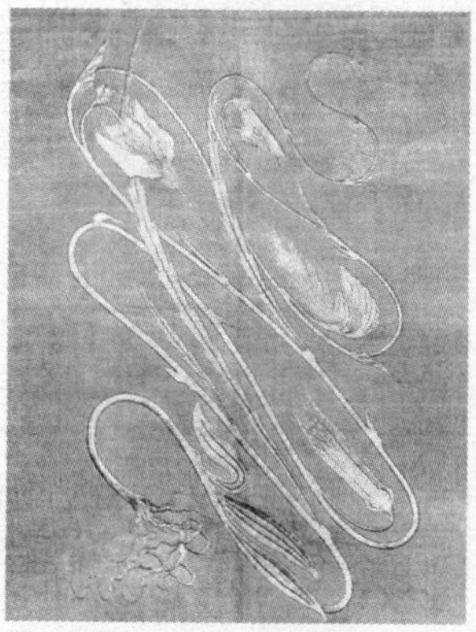

《鞭索》（1895），新藝術織錦，歐伯里斯特（Hermann Obrist）以絲刺繡在羊毛上製成；現藏慕尼黑市立博物館
By courtesy of the Munchner Stadtmuseum, Munich

Arta, Gulf of　阿爾塔灣　希臘西海岸愛奧尼亞海的深水海灣。長25哩（40公里），寬4～10哩（6～16公里）。沿岸有幾個古希臘時重要城市的廢墟。普雷韋札港在半島的頂端，建於西元前290年；亞克興角戰役發生在阿爾塔灣入口附近。

Artaud, Antonin＊　亞陶（西元1896～1948年）　法國詩人、演員和戲劇理論家。1925年開始寫作超現實主義的詩，後在巴黎初次登台表演，演出他的超現實主義劇作。他在《殘酷劇場宣言》（1932；參閱Cruelty, Theatre of）和《戲劇及其具有相似作用之物》（1938）闡述他的戲劇理論。他寫的劇本（包括《欽契一家》〔1935〕），多為失敗之作，但其理論對荒謬劇的劇作家影響很大。從1936年開始患有精神疾病，不得不定期到精神病院接受治療。

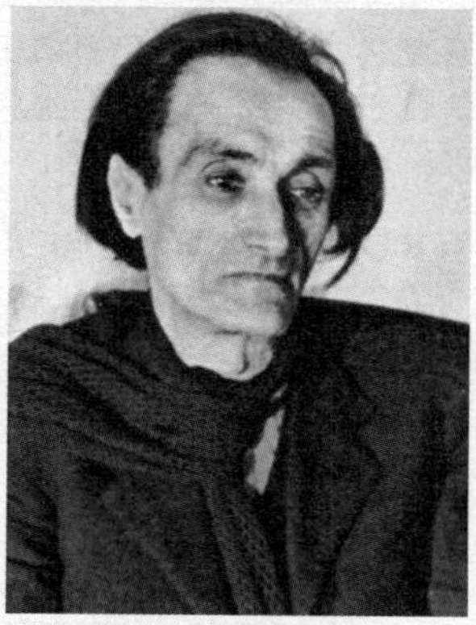

亞陶，攝於1948年
Denise Colomb – J. P. Ziolo

Artemis＊　阿提米絲　希臘宗教中掌管野生動物、狩獵和植物生長的女神，也是貞操和分娩的女神。宙斯和勒托的女兒，阿波羅的孿生姐姐。她通常在仙女的陪伴下，在山林水澤地帶翩翩起舞。阿提米絲既殺死獵物又保護它們，所以有「獸主」之稱。故事中常講陪伴阿提米絲的仙女們的風流韻事，有些人推測，這些故事的主角原是女神本身。然

A
B

而，荷馬以後的詩人們卻強調阿提米絲的貞潔。當被激怒時，阿提米絲的憤怒是衆所周知的。東方的伊什塔爾女神可能是從阿提米絲發展而來的，羅馬人則把她與黛安娜混爲一體。

女獵神裝扮的阿提米絲，古典塑像；現藏巴黎羅浮宮
Alinari－Art Resource

artemisia＊　蒿　菊科蒿屬帶香味之草本植物及灌木的統稱。包括灌木蒿、龍蒿等。許多蒿因迷人的銀灰葉片而成爲有價值的裝飾品，常用於園藝種植，在深重顏色之間創造出對比或平順的過渡。許多洋艾的葉片被用於醫藥和苦艾酒、味美思酒等酒類。歐亞種A. annua的提純物用來治療抗奎寧的瘧疾。

Artemisia I＊　阿爾特米西亞一世（卒於西元前約450年）　哈利卡納蘇斯及其附近科斯島的女王（西元前480?年），臣服於波斯國王薛西斯，參加薛西斯對希臘的侵略（西元前480～西元前479年）。薩拉米斯戰役時，她指揮五艘兵船拚殺。據希羅多德記載：薛西斯所以不再孤注一擲，決定立即從希臘撤退，就是聽從了她的建議。

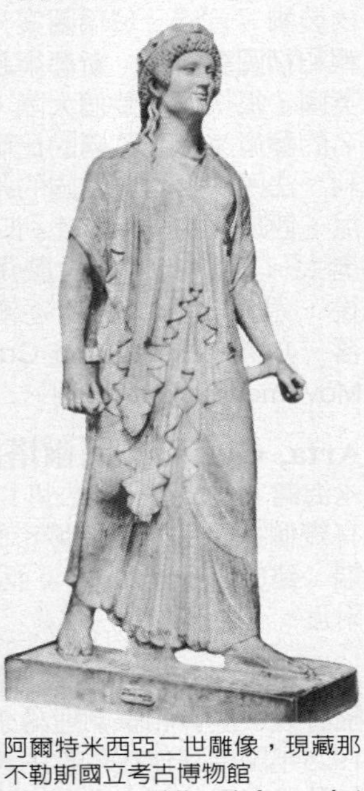

阿爾特米西亞二世雕像，現藏那不勒斯國立考古博物館
Anderson－Alinari from Art Resource

Artemisia II　阿爾特米西亞二世（卒於西元前約350年）　卡里亞（在安納托利亞西南部）國王摩索拉斯（西元前377?～西元前353?年）的姐妹及王后。國王死後，她單獨主持朝政三年。她在首都哈利卡納蘇斯爲丈夫修建宏偉的摩索拉斯陵墓，爲世界七大奇觀之一。她以研究植物和醫學馳名，植物中的「蒿屬」一詞就是以她的名字命名的。

arteriography ➡ angiography

arteriosclerosis＊　動脈硬化　亦稱hardening of the arteries。動脈的退行性、增生性疾病。分三型：1.動脈內膜硬化。脂肪沈積在血管內膜上形成斑塊（動脈粥樣化）；2.中膜硬化。病變累及中膜，有鈣質沈著；3.小動脈硬化。動脈的內膜硬化，脂肪沈積，繼之可有瘢痕組織形成及鈣化，沈積的脂肪突入血管腔，影響血液流動；血管壁鈣化後彈性消失、血壓增高。若動脈硬化累及冠狀動脈，即可減少心肌的有效供氧，引起心肌梗塞，可以冠狀動脈分流術來治療。視網膜小動脈硬化可致視力模糊，若血壓不降還可發生視網膜和視神經萎縮。若動脈硬化累及腦血管，即可影響腦血流而導致腦中風。可給予降壓藥以預防腦中風的發生。若動脈硬化累及周圍動脈，則可減少下肢的血流，產生間歇性跛行和潰瘍，下肢也容易發生感染。

arteritis＊　動脈炎　動脈的炎症，可見於多種疾病，如梅毒、結核病和紅斑狼瘡等。非全身性疾病或非心血管系統疾病引起的動脈炎可分五類：血栓閉塞性脈管炎、顳（或顱）動脈炎、老年性動脈炎或風濕性多肌痛、主動脈弓動脈炎及結節性多動脈炎。

artery　動脈　將血液從心臟帶到身體其他部位的血管（參閱cardiovascular system）。動脈的血攜帶氧及營養物質到組織，唯一的例外是肺動脈，它將乏氧血帶到肺臟進行氧化，並排出過多的二氧化碳。可分爲大、中、小三型。動脈壁均有三層：1.內膜，由內皮、纖細的結締組織網及一層緊密交織呈膜狀、多孔隙的彈性纖維所組成；2.中膜，主要成分爲平滑肌，其纖維略呈螺旋層狀排列；運動神經末梢亦在本層，其衝動可使肌纖維收縮；3.外膜，主要由堅韌的膠原纖維構成。自本動脈、其分支，或其鄰近動脈發出微小的血管——血管滋養管，向中膜供應氧化血。動脈壁上的乏氧血則由小靜脈以同樣方式帶至附近較大靜脈。大動脈的中膜遠較中動脈爲厚，外膜亦稍厚。微動脈纖細如線，將血液送到毛細血管網，最細者其壁僅有散在的肌纖維及結締組織成分。亦請參閱vein。

arthritis＊　關節炎　關節的炎症。急性關節炎的症狀明顯，患部紅、腫、痛、熱。主要有骨關節炎、類風濕性關節炎、敗血性關節炎。這些關節炎常常就是自體免疫疾病的症狀。

arthropod　節肢動物　動物界中最大的節肢動物門的動物統稱。包括一百多萬種無脊椎動物，分成四個亞門：單肢亞門（下分五綱，包括昆蟲在內），有螯亞門（下分三綱，包括了蛛形動物和海鱟），甲殼亞門（參閱crustacean）和三葉蟲亞門（參閱trilobite）。爲兩側對稱的無脊椎動物，體外覆蓋著部分由幾丁質組成的表皮，能定期脫落，表皮是保護裝置，起外骨骼的作用，爲肌肉提供附著面。肌序複雜，有的特化以操縱飛行和發聲。附肢的外骨骼具關節，因而稱節肢動物。節肢動物門的動物種類繁多，不論是食肉動物、食草動物、雜食動物、行寄生性的（參閱parasitism），海裡或陸地的，幾乎所有環境的動物均包含在內。

Arthur, Chester A(lan)　阿瑟（西元1829～1886年）　美國第二十一任總統（1881～1885），生於佛蒙特州北費爾菲爾德。1854年進入紐約律師界，積極參加共和黨地方政治活動，與紐約共和黨首領參議員康克林關係密切。1871～1878年被任命爲紐約港的稅收官員。紐約海關長期以來即以公然濫用政黨分贓制而著稱。雖然阿瑟秉公處理海關業務，但他仍然使忠於康克林的人充斥海關。1880年以共和黨候選人資格當選爲副總統，伽菲爾德總統被暗殺後，他接任總統職務。但他終究和政治獻金脫離不了關係。他也簽署了彭德爾頓法案，依據其所列之優點而建立了市民服務系統。他和他的海軍部長提出了一項撥款，著手重建美國的海軍，使它的力量達到了後來和西班牙作戰時的水平。後來爭取連任的黨內提名失敗。

Arthurian legend　亞瑟王傳奇　以描述傳奇中的亞瑟王爲中心的英國中世紀傳奇故事的總稱。中世紀作家，特別是法國作家，對亞瑟王的出生、他的騎士們的奇遇，以及他的騎士蘭斯洛特和亞瑟的王后圭尼維爾的姦情，都有不同的描述。亞瑟和他的宮廷的故事在11世紀前曾流行於威爾斯，通過蒙茅斯的傑弗里的文學作品而流行於歐洲。克雷蒂安·德·特羅亞、瓦斯、雷亞孟、馬羅萊等人都曾寫過有關聖杯的故事。維多利亞時期這個題材再度流行，重要的作家有但尼生的《亞瑟王之牧歌》和懷特的《過往和未來的國

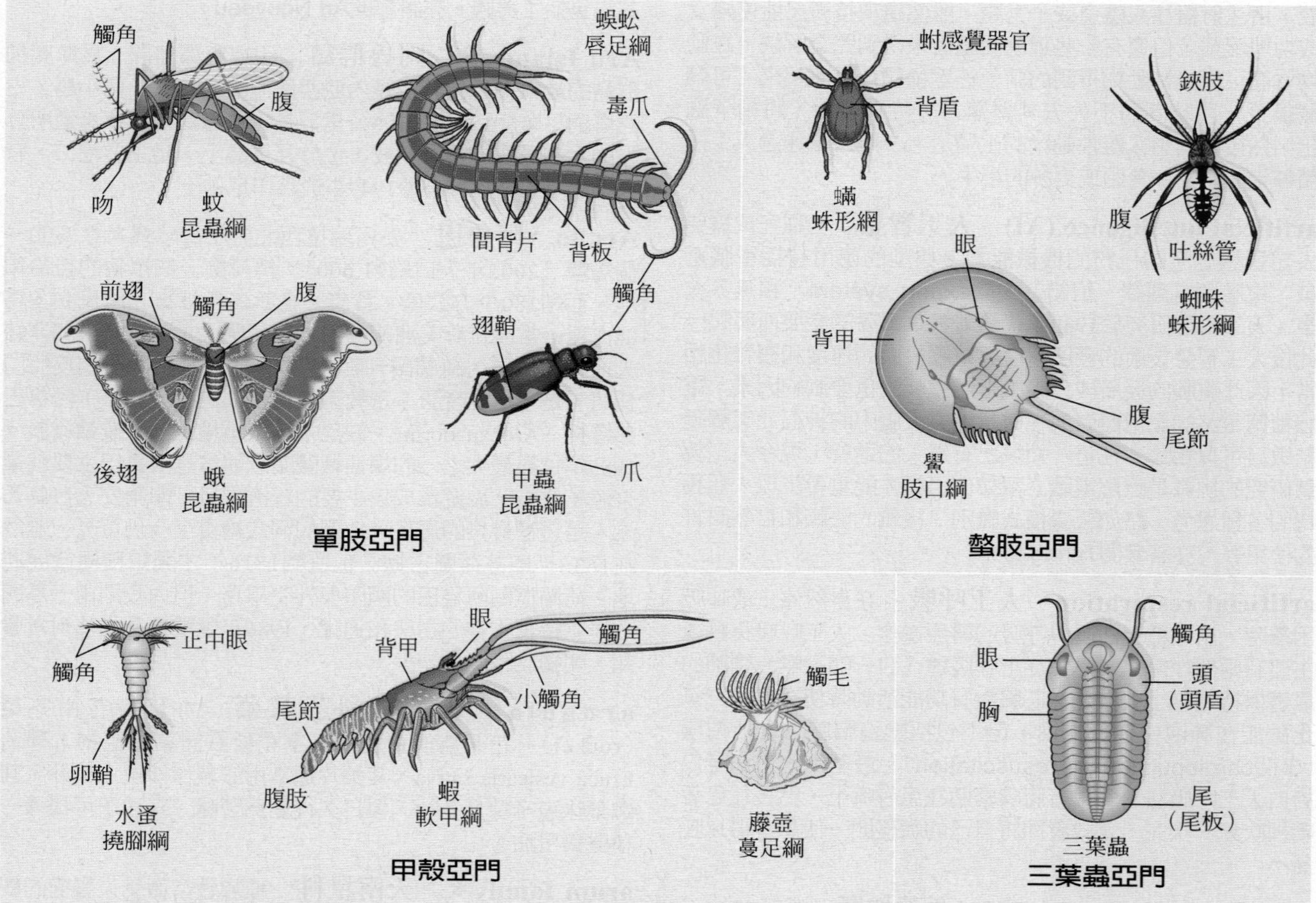

代表性的節肢動物。單肢亞門是節肢動物最大的亞門，包含大多數的陸生昆蟲與多足類（包括蜈蚣與馬陸）。昆蟲是節肢動物最大的一綱，與其他節肢動物不同的是大多具有有翅膀且足僅有三對。甲殼亞門的成員大多是居住在海中包括蝦、龍蝦、蟹與藤壺。為小的水蚤主要出現再淡水，與這個亞門的其他迷你成員構成組成浮游動物的一部分。有螯亞門的成員大多數屬蛛形綱，包括蜘蛛、蠍子、蟎與壁蝨。三葉蟲絕種的海生節肢動物，繁盛於寒武紀。化石顯示其軀體有三條縱裂分為頭、胸與尾三區。

王》。亞瑟是否爲一歷史人物仍無法確定。中世紀傳說他是6世紀的戰士，擁護基督教，率不列顛部落擊敗撒克遜入侵者，539年左右死於卡曼蘭戰役，後葬於格拉斯頓伯里。亦請參閱Merlin、Galahad、Tristan and Iseult。

Arthur's Pass　亞瑟隘口　紐西蘭南阿爾卑斯山脈隘口。位於南阿爾卑斯山北端，海拔3,031呎（924公尺），僅供鐵路與高速公路通過，鐵路線穿過歐蒂拉隧道（5.3哩／8.6公里）。目前是國家公園的一部分。

Artibonite River＊　阿蒂博尼特河　伊斯帕尼奧拉島上最長的河流，發源於多明尼加共和國境內中科迪勒拉山脈，流入海地共和國境內，注入戈納夫灣。全長240公里，上游約有160公里可通行小船。

artichoke　洋薊　學名爲Cynara scolymus。菊科萊薊屬的一種大型薊狀多年生草本植物。未成熟頭狀花序的肉質部分是一種美味菜餚。洋薊原產地中海地區，現在已廣泛種植於其他土壤肥沃、氣候溫和潮濕的地區。菊芋爲與洋薊不同的塊莖。

Articles of Confederation　邦聯條例　美國第一部憲法（1781～1789），在由獨立戰爭時期大陸會議建立的最初政府轉變爲1787年「美國憲法」建立的聯邦政府這一過渡時期，起了重要作用。條例中規定：大陸會議有權管理外交和郵政，決定戰爭，任命高級軍官，管理印第安人的事務，進行貸款，釐定幣值，發行紙幣；但實際上並未授權國會向各州徵集金錢和軍隊。到1786年底，邦聯政府的作用已經徹底瓦解，透過條例的實施，新生的國家也取得了一些確實的成就：某些州對西部領土的要求解決了，「西北法令」在俄亥俄州以北的各領地上建立了發展中的政府的基本類型。

articulation　發音　語音學中指通過聲道上下部位（喉、咽、口腔和鼻腔）的可移動器官如舌與相關的固定部位如上顎的接近或接觸改變氣流發出的語音。發音部位包括舌、唇、牙齒和上齒、硬顎和軟顎、小舌、咽和聲門。主發音指發音部位如何通過收縮封閉達到一致，或是通過舌、唇形及喉的高度決定母音的發音。其他的發音可能用於產生次發音，如顎化音（舌前部接近硬顎）、閉塞音（全部或是部分封閉母音發音）和鼻化音（同時通過鼻腔和口腔排出空氣）。

artificial heart　人工心臟　能在長短不等的時間內維持人體血液循環（以及氧合過程）的幫浦或機械泵。心肺機是一種機械泵，包括人工肺（氧合器）及一個替代心臟的泵兩部分。在心臟手術過程中可將血液自心臟引出，將氧氣充入血中，再將血液送回體內，從而維持人體的血液循環。現有技術尙不足以製成功能與天然心臟一樣好的永久性人工心臟，這樣的人工心臟只能於需要移植天然心臟的病人在獲得適合的心臟之前起暫時的替代作用。亦請參閱pacemaker。

artificial insemination　人工授精　不經性交而將精子引進雌性動物陰道或子宮頸內的方法。20世紀初，動物人工授精的實際應用方法在俄國研究成功。現已廣泛用於使婦女受孕（因丈夫不能生育）。將丈夫（或其他獻精者）的精液，用注射器注入陰道或子宮頸。雖然這項技術已能使婦女成功地懷孕，但還有一些道德問題尚未得到完全解決。在動物方面，從雄性動物得到的精子經過稀釋被冷凍起來，可儲藏很長一段時間而不失去其繁殖力。待到用時，將精子融化，然後將其引入雌性動物的生殖道。一頭公牛通過人工授精每年能產生一萬頭或更多的小牛。

artificial intelligence (AI)　人工智慧　一種完成需要人類智慧思考的任務的機械能力。典型的應用包括電腦遊戲、電腦語言翻譯、偵錯（參閱expert system）和機器人學。人工智慧研究於1940年代隨著數位電腦的發展而興起。此後人工智慧技術的發展速度與電腦發展的速度和複雜化相當，因此電腦的發展成為人工智慧發展的重要制約因素。電腦積體電路的記憶體發展在數量上與人腦中的神經元突觸聯結數目可以相比，在這一領域已有驚人的進展。現今人工智慧研究的挑戰是瞭解電腦必須如何組織才能重新生成人類獨特的各種思考，諸如視覺模式識別、複雜的決議和自然語言的使用等。亦請參閱Turing test。

artificial respiration　人工呼吸　在自然停止或呼吸困難時，用某種手法誘導呼吸的醫療操作。人工呼吸復甦術主要有兩個作用：一是使從上呼吸道（口、咽、喉）到肺的氣道保持通暢；其次是在心臟尚有功能活動時使空氣和二氧化碳能在肺泡中進行交換。但不包括壓迫胸腔以維持循環（參閱cardiopulmonary resuscitation）。最基本的方法是口對口人工呼吸法：急救者將嘴緊貼在患者嘴上，然後往患者嘴裡吹氣，吹完，急救者即將自己的嘴移開，使患者得以呼氣。

Artigas, José Gervasio＊　亞蒂加斯（西元1764～1850年）　烏拉圭軍人和革命領導人，人稱烏拉圭獨立之父。年少時為高楚人，該地後來即為現今烏拉圭，之後成為領導反西獨立運動的布宜諾斯艾利斯執政委員會委員。在拉斯彼德拉斯取得輝煌勝利。他鼓吹聯邦主義，反對布宜諾斯艾利斯對整個地區實行中央集權統治而引發內戰。他占有今烏拉圭和阿根廷中部的地域。後來，他被入侵的葡萄牙人擊敗，並於1820年被流放。烏拉圭則於1828年獨立。

artillery　火炮　在現代軍事科學中，由多人操縱的、口徑大於15公釐的火炮、榴彈炮和迫擊炮。早期的火炮是指14世紀投入使用的火炮和迫擊炮，這些炮用鑄銅或黃銅、鑄鐵或熟鐵製成，置於兩輪馬車上。現代火炮起源於19世紀下半葉，此時炮管用鍛鋼製成，炮膛刻有膛線槽，它能使炮彈產生穩定性旋轉，這就要求把炮彈做成長形，由威力更大的，以硝化纖維素為基礎的無煙火藥推動，射程超過了視界。火藥與炮彈定裝在金屬彈殼裡，可以迅速裝入炮尾。第二次世界大戰以來，習慣上將火炮區分為輕型（口徑為105公釐以下，支援地面部隊作戰）、中型（介於105～155公釐，用於轟炸目標）和重型火炮（155公釐以上，用於突擊後方目標）。亦請參閱antiaircraft gun。

Arts and Crafts Movement　藝術和手工藝運動　19世紀後半期英國的美學運動，致力於重建手工藝在機械化和大量生產時代的重要性。名稱來自1888年的藝術和手工藝展示協會，由羅斯金及其他作家對工業化效果的責難所激發。英國詩人、設計家莫里斯成立了一家室內裝飾工匠和製造人公司，致力於維護中世紀工藝準則；生產手工製作的金屬製品、珠寶飾物、壁紙、紡織品、家具和書籍裝幀，許多設計至今仍為設計者和家具製作者所模仿。這一運動引起的主要爭論是，在工業社會此種生產方式雖然很好但不切實際，不過1890年代它越來越受到肯定，並傳播到其他國家，其中包括了美國。亦請參閱Art Nouveau。

Aru Islands＊　阿魯群島　印尼東部島群。為摩鹿加群島的最東點，位於新幾內亞西南方，約有九十個小島，主島塔納貝薩約120哩（195公里）長，實際上是狹窄水道所分隔的六個島嶼。首府多波，位於瓦馬島上，是主要港口，有一小機場。阿魯群島於1949年成為印尼領土。

Aruba　阿魯巴　委內瑞拉西北方小安地列斯群島的一個島嶼（2002年人口約91,600）。為荷蘭一個單獨的自治領地。面積180平方公里。首府：奧拉涅斯塔德。居民大多為混血種，常混雜有美洲印第安人、荷蘭人、西班牙人和非洲人血統。語言：荷蘭語（官方語），而日常用語為帕皮亞門托語，是一種混合語。宗教：多信奉天主教。貨幣：阿魯巴弗羅林（Aruban florin）。缺乏水源嚴重地限制了農業發展。1985年世界最大之一的煉油廠關閉以前曾是阿魯巴主要就業來源。此後，旅遊業成為主要的經濟項目。印第安人阿拉瓦克人是這裡最早的居民，他們的洞穴繪畫至今仍可見。雖然在1636年即被荷蘭占據，但直到1816年才開始積極發展此地。荷蘭控制阿魯巴的國防與外交事務，但內政則由一島國政府主持其本身的司法和通貨。1986年脫離荷屬安地列斯聯邦，朝獨立跨出了一步。

arugula＊　義大利芝麻菜　亦稱黃花南芥菜（rocket）。花朵為淡黃色的十字花科歐洲草本植物，學名Eruca vesicaria sativa，其葉片通常用於製作沙拉。此外，其嫩葉味道辛辣且多汁，但日久後變為苦味。其種子可提煉一種醫藥用油。

arum family＊　天南星科　種類豐富而受人喜愛的觀賞和觀葉植物，約有兩千種，主要原產於熱帶和亞熱帶地區，少數成長於溫帶地區。喜林芋屬和龜背竹屬藤狀，有綠色的大葉。其他的天南星科植物栽種來觀賞，包括花商的水芋和沼澤水芋。三葉天南星是有名的林地植物。臭菘草是一種著名的具惡臭的沼澤植物。疆南星屬為多年生植物，約十五種，以漏斗型花苞和光滑、箭形的葉片著名。疆南星屬植物的汁液具有毒性。

Arunachal Pradesh＊　阿魯納恰爾邦　印度東北部的邦（2001年人口約1,091,117），鄰不丹、西藏（中國）和緬甸。面積32,269平方哩（83,577平方公里），首府是伊達那加。16世紀時本區的部分土地被阿薩姆所吞併。1826年英國將阿薩姆劃歸英屬印度，1954年這裡成為東北邊區，屬於阿薩姆邦的一部分。1987年成為一個獨立的邦。該邦有許多喜馬拉雅山脈足丘陵的主要山脈和崎嶇的岩區。居民包括許多部族，講藏緬語族的方言。

arupa-loka＊　無色界　佛教中指「非物質形式的世界」，是生死輪迴的三個生存境界之中的最高者。其他兩個生存境界則是色界和欲界。在無色界中，生存依據前生所得禪定階段而定次第，共分為四級：空無邊處、識無邊處、無所有處、非想非非想處。人在無色界中不會擁有實質之身。

Arusha National Park　阿魯沙國家公園　坦尚尼亞北部自然保護區。1960年設立，公園內有豐富多樣的動物相和植物相。區內有梅魯山（14,954呎／4558公尺）與恩古爾杜托火山口，是座死火山。附近有吉力馬札羅山、奧杜威峽谷和恩格龍格魯火山口，四周地區滿布野生生物。

Arya Samaj＊　雅利安社　又譯聖社。現代印度教改革派組織，1875年由達耶難陀・娑羅室伐底創建，其宗旨是把印度最古的經典吠陀重新確立為神啟真理。該社歷來在印度西部和北部勢力最爲雄厚。雅利安社反對偶像崇拜、牲祭、祖先崇拜、種姓制度、種姓隔離、童婚、朝聖、祭司巫術和向寺廟奉獻。該會致力於發展女子教育和種姓間通婚，建立服務機構、孤兒院和寡婦院，賑濟飢民，提供醫療服務，並廣設各級學校。雅利安社一向是促進印度民族主義發展的重要因素。

Aryan＊　雅利安人　史前時期居住在伊朗和印度北部的一個民族。在19世紀中，由於戈賓諾伯爵及其門徒張伯倫的積極鼓吹，出現過一種「雅利安人種」的說法，認爲凡是講印歐諸語言（特別是日耳曼諸語言）和居住在歐洲北部的人，都是「雅利安人種」；這些雅利安人比其他種族優越。這種說法已被鮑亞士等人類學家所拋棄，卻被希特勒和納粹分子所利用，並以之作爲德國政府政策的依據，對猶太人、吉普賽人以及其他一切「非雅利安人」採取滅絕措施。亦請參閱racism。

Asad, Hafiz al- ➟ Assad, Hafiz al-

ASALA　亞美尼亞祕密解放軍　全名Armenian Secret Army to Liberate Armenia。馬列主義恐怖份子團體，1975年成立，目的在迫使土耳其政府承認1915年的亞美尼亞人慘案，並且對亞美尼亞人民做出補償。該組織的活動主要針對土耳其政府官員與機構。其創立者哈格比安在1988年被殺。近幾年來該組織已不似過去那麼活躍。

Asam, Cosmas Damiand and Egid Quirin＊　阿薩姆兄弟（科斯馬斯・達米安與埃吉德・基林）（西元1686～1739年；西元1692～1750年）　巴伐利亞建築師、裝飾師。在羅馬學習後（1711～1713），科斯馬斯・達米安成爲濕壁畫畫家，埃吉德・基林則爲雕刻家和泥塑家。作品深受貝尼尼及波佐的影響。兩人經常合作，他們在宗教及建築中以戲劇性的光影和色彩創造出壯麗的裝飾。慕尼黑聖約翰・納波姆克教堂（1729～1746）爲兩人的傑作，被稱爲阿薩姆教堂，爲兩人共有，緊鄰埃吉德・基林的家。是巴伐利亞洛可可風格傑作。

asbestos　石綿　可分離出柔軟長纖維的礦物的統稱。纖蛇紋石約占所有商用石綿的95%。石綿是一種水化鎂矽酸鹽，化學成分爲$Mg_3Si_2O_5(OH)_4$。其他類型均屬角閃石族礦石，包括纖維狀的直閃石、石綿狀鐵閃石、纖鐵鈉閃石、透閃石和陽起石。石綿纖維以前廣泛用於剎車帶、墊圈和隔熱材料，還用於屋瓦、地板、天花板、水泥管和其他建築材料。石綿纖維還用於安全服和劇場布幕以及公共建築中的防火簾。1970年代開始，發現長期吸入短石綿纖維會引起肺部的石綿沈著病或間皮瘤，並迅速惡化成肺癌。1970年代這些對健康的危害得到肯定的證實之後，美國和其他已開發國家的管理機構開始對工人在工廠中接觸石綿加以嚴格的限制。1989年美國政府對大多數石綿製品的生產、使用和出口逐步加以禁止。

asbestos, amphibole ➟ amphibole asbestos

＊asbestosis　石綿沈著病　因長期吸入石綿纖維而引起的一種肺病。是一種肺塵埃沈著病，這種病不僅僅局限於接觸石綿的工人，亦可發生在居住在工廠附近的居民當中。石綿纖維吸入後在肺部存留數年，最後會引起過度的疤痕化和纖維化，引起呼吸短促和血液充氧不足。該病的晚期患者有乾咳的症狀，而且因擴張肺部而需要增加心臟負荷常常會繼發心臟病。目前，對石綿沈著病尚無有效的治療方法。現在已知吸煙將會嚴重地加重石綿沈著病的症狀。肺癌和惡性間皮瘤亦和石綿吸入及石綿沈著病有關。

＊Ascanius　阿斯卡尼俄斯　古羅馬傳說人物，英雄埃涅阿斯之子和羅馬附近亞爾巴隆加（約在現今的羅馬夏宮岡道夫堡）的創立者。但據羅馬史學家李維所記，阿斯卡尼俄斯生於拉維尼烏姆建城之後，其母是拉維尼亞。阿斯卡尼俄斯又名尤盧斯，包括凱撒家族在內都自稱是他的後裔。

Ascension　耶穌升天　根據基督教教義名詞，耶穌復活四十天後升上天堂。〈使徒行傳〉第一章載，耶穌在四十天之內多次向使徒顯現，此後，使徒見祂上升進入雲端。基督教徒認爲，耶穌升天有重大意義，這是因爲他們相信，耶穌死而復活之後，要享榮耀並被高舉，而且祂已回到天父身邊。這一事情是爲了指出耶穌和天父以及耶穌和信徒間的新關係。慶祝耶穌升天的儀式爲全世界的信徒所遵循，這個慶祝儀式強調了基督的君王身分。從西元4世紀開始，將復活節後第四十天，及聖靈降臨節的前十天訂爲耶穌升天日。

＊asceticism　苦行主義　宗教上爲了實現精神上的理想或目的而克制自己肉體或心理上的欲望的一種實踐。幾乎沒有任何宗教不具有苦行主義的痕跡和某些特徵。由於認爲人必須用純潔宗教儀式才能與超自然的上帝接近；以苦行實踐來求取憐憫、同情和拯救；求贖罪因而發展出苦行主義。基督教的修會、印度教禁欲主義者和佛教的僧侶，都拒絕世俗的物質，以獨身、禁欲與齋戒來實踐苦行。伊斯蘭教在《可蘭經》中並不接受修行，但有的教派卻曾受苦行主義的影響。瑣羅亞斯德教亦禁止齋戒和苦行。

Asch, Sholem＊　阿許（西元1880～1957年）　波蘭裔美籍小說家和劇作家，大部分作品是描寫東歐猶太移民在美國生活的故事（他本人於1914年移民美國）。其中包括了劇本《復仇之神》（1907）和小說《竊賊莫特克》（1916）、《摩西叔叔》（1918）、《不要指責》（1926）和《哈依姆・萊德勒的歸來》（1927）。由於他試圖通過強調猶太教與基督教的共通性，所以後來的作品較受到爭議，是現代意第緒語文壇上最有爭議和頗負盛名的寫作家。

Ascham, Roger＊　阿謝姆（西元1515～1568年）　英國人文主義者、學者、作家。十四歲入劍橋大學學習希臘文。曾任英國女王伊莉莎白一世的希臘語和拉丁語教師（1548～1550），她成爲女王後仍留在她的朝中服務。《校長》（1570）是他最著名的作品，內容談的是學習心理學、完整教育及教育必需養成的理想道德及智慧人格。他亦因清晰的散文風格及推廣方言而聞名。

ASCII＊　美國標準資訊交換碼　全名American Standard Code for Information Interchange。這是一種用於較小和功能較弱的電腦表示文字資料（字母、數字及標點符號）和非輸入裝置命令（控制字元）的標準資料傳輸代碼。它將訊息轉換成標準的數位形式，讓電腦能相互交換資料並有效地處理和儲存資料。標準的美國標準資訊交換碼使用七位數的二進制數（由0與1的不同組合表示的數字）。它可以表示128個不同的符號，因爲七個0和1共有128種組合。美國標準資訊交換碼通常被置入8位元的欄位，其可代表的符號增加到256個，稱爲擴充的美國標準資訊交換碼。這種系統很快就成了工業界生產個人電腦的標準。亦請參閱Unicode。

Asclepius＊　阿斯克勒庇俄斯　拉丁語作Aesculapius。希臘－羅馬的醫藥神。他是阿波羅和仙女科羅尼絲的兒子。半人半馬怪喀戎教給他醫治的技藝，但是宙斯擔心他會使所有的人長生不死，就以雷霆把他擊死。對他的崇拜始於色薩利，後來傳到希臘許多地方。由於人們認爲他能在夢中治病並給病人開藥方，所以通常都睡在他的神殿裡。他的表徵是一個有蛇纏繞的手杖。

ascorbic acid　抗壞血酸
➠ vitamin C

ASEAN ➠ Association of Southeast Asian Nations

Asgard＊　阿斯加爾德
在古斯堪的那維亞神話中，指諸神的住所。傳說阿斯加爾德分成十二個或更多的領域，其中瓦爾哈拉是奧丁的家，和在塵世陣亡的英雄的住所；特魯德海姆是托爾的領域；布萊達布利克是巴爾德爾的家。每一重要的神都有自己的殿堂；諸神宅邸只有通過虹橋才能從人間到達阿斯加爾德。

阿斯克勒庇俄斯，取自一個西元5世紀的象牙材質記事板；現藏英國利物浦市立博物館
The Bridgeman Art Library/Art Resouce, NY

ash　梣　木犀科梣屬植物。約七十種。喬木，許多種樹型優美，可材用，多產於北半球。美國最引以為傲的十八種梣中，有五種可做材用，其中最重要的是白色梣（美國白臘樹）和綠色梣，木質堅硬、強壯、有彈性且輕。白色梣常用來製造棒球球棒、曲棍球的曲棍、農具的把手等。黑色梣、藍色梣和橙色的用途較廣，可用來製造家具、室內鑲板和桶子。

Ash Can School　垃圾箱畫派　約1908～1918年以紐約市為活動基地的一群美國寫實派畫家，特別是以日常城市生活為題材。該畫派由亨萊發起，核心成員包括格拉肯斯、盧克斯（1867～1933）、辛恩（1876～1953）和斯隆。他們在移居紐約以前，原是費城報社的藝文記者，他們培養了一種敏銳的觀察力，捕捉到城市生活中的細節。儘管他們經常描寫城市中貧民窟和無家可歸者的生活，但他們對這些主題描繪的各個方面更感興趣，而對揭示出的社會問題並不在意。貝羅茲和霍珀也與該畫派有來往。亦請參閱Eight, The。

ash cone　火山灰錐 ➠ cinder cone

Ash Wednesday　聖灰星期三 ➠ Lent

Ashanti　阿善提人　住在迦納南部以及同多哥和象牙海岸毗鄰地區的居民，阿坎人的一支，操特維語（屬克瓦語族），人口約五百萬。現雖有少數阿善提人在城市居住和工作，但多數仍住在農村以農業生產為主。阿善提人聯盟的象徵是金凳，以前是最高首領的王座。阿善提人以奴隸向英國和荷蘭商人換取火器，從而在18～19世紀建立龐大的帝國。他們先後與英國進行了數次戰爭（1824、1836、1869、1874），但最終在1896年其首都庫馬西被攻破。隨後，該帝國開始走向衰敗。阿善提人的黃金工藝和肯特布在商貿活動占重要作用。亦請參閱Fante。

Ashari, Abu al-Hasan al-＊　艾什爾里（西元873/874～935/936年）　阿拉伯伊斯蘭教教義學家。生於巴斯拉，大多數人認為他是艾布・穆薩・艾什爾里（Abu Musa al-Ashari）的後裔，是撒哈比的一員。原屬穆爾太齊賴派，他蒐集了各派教義學家對伊斯蘭教諸神學問題的各種觀點編寫成《伊斯蘭教學派言論集》。在四十歲時，他轉而支持更傳統或更正統觀點的伊斯蘭教教義。他逐漸清楚地看出，在他以前的論辯中，真主的實在和人類的實在變得毫無作用和極其枯竭，以致變爲與理性操縱的物質幾乎沒有區別。他修改了《伊斯蘭教學派言論集》，並撰寫《燦爛經書》。通過對神祕主義者穆哈西比及其他神學家的見解，創立了自己的學派，名爲呼羅珊學派或艾什爾里學派。亦請參閱Ashariya。

Ashariya　艾什爾里派　西元10世紀艾什爾里所創立的伊斯蘭教神學。該派支持利用理智和思辯教義（凱拉姆）來捍衛信仰，但在理性主義方面不像穆爾太齊賴派那麼極端。追隨者試圖藉由理性辯論來證實上帝的存在和本質，同時堅信《可蘭經》永恆而非創造的本質。穆爾太齊賴派指控他們相信得救預定論，因爲他們宣稱人類的行動能力僅在行動瞬間獲得。

Ashbery, John (Lawrence)　阿什伯雷（西元1927年～）　美國詩人，生於紐約羅契斯特。分別於哈佛大學和哥倫比亞大學取得學位，最後成爲一位著名的藝術評論家。其詩以優雅、獨創性及晦澀難解而聞名，他的作品具有這樣一些特點：形象引人入勝，節奏美妙，形式錯綜複雜，以及語調和題材的倏忽轉換。作品有：《吐朗多及其他詩篇》（1953）、《樹叢》（1956）、《河流與山巒》（1966）、《春天的雙重夢》（1970）。《凸透鏡中的自畫像》（1975，獲全國圖書獎、普立茲獎）、《以船爲家的日子》（1977）、《一個浪頭》（1984）、《四月的古帆船》（1988）、《流程圖》（1991）和《失眠》（1998）。

Ashcroft, Peggy　佩姬艾許克洛夫特（西元1907～1991年）　原名Edith Margaret Emily Ashcroft。後稱Dame Peggy。英國舞台劇女演員，1927年初次登台，1932年加入老維克劇團，逐漸建立起聲譽，特別是在《羅密歐與茱麗葉》（1935）中飾演的茱麗葉一角爲她贏得聲譽。她在一百多個劇目中扮演各種主角，無論飾演喜劇或悲劇角色都很有才能。她還是皇家莎士比亞劇團（1961）創始人之一。曾演出《國防大祕密》（1935）和《印度之旅》（1984，獲得奧斯卡最佳女配角獎）等電影及電視劇《皇冠上的珠寶》（1984）。

Ashe, Arthur (Robert), Jr.　艾許（西元1943～1993年）　美國網球運動員，生於維吉尼亞州里奇蒙，艾許早年被認爲是個網球神童，但因種族歧視而受到排斥。在加州大學洛杉磯分校就讀時的各項傲人的成績和數次業餘比賽的勝利，包括了美國公開賽（1968）後，轉爲職業球員。他是台維斯盃美國隊第一位黑人球員，並在1963、1968、1969、1970、1978年幫助美國隊在台維斯盃對抗賽（決賽）中取勝。1975年艾許奪得溫布敦單打冠軍和世界錦標賽單打冠軍，名列世界網壇榜首。1980年退出網球比賽，1981～1985年擔任參加台維斯盃賽美國隊隊長。1985年成爲首位被選入國際網球名人堂的黑人球員。在球場之外他是種族不平等的批判者，包括南非的種族隔離政策。1992年艾許接受了冠狀動脈分流手術。可能因輸了受污染的血液，從而感染了愛滋病，自此致力向大衆推廣對此病的警覺。目前舉行美國公開賽的艾許球場，就是以他的名字命名，於1997年啓用，屬紐約弗拉興的國家網球中心。

Ashford, Evelyn　亞絲福（西元1957年～）　美國短跑選手。生於路易斯安那州士里波特。在加州大學洛杉磯分校就讀期間，她贏得四項冠軍，並獲選參加1976的蒙特婁奧運。1979與1981年，她都是女子100公尺及200公尺的世界冠軍，同時也獲選爲這兩年的年度女運動員。她在1984年贏得兩面奧運金牌，1988年贏得一面。1992年她第五度參賽奧運，以女子400接力成爲奧運田徑史上最年長的女子金牌得主。

Ashgabat＊　阿什哈巴德　亦作Ashkhabad。土庫曼首都（1999年人口約605,000）。位於科佩特山脈北麓的綠洲上，鄰近伊朗邊界。1881年原爲俄國軍事要塞。1924～1990年是土庫曼共和國的首府，1948年10月毀於地震，後按原樣重建。現爲行政、工業、運輸和文化中心。

Ashikaga family＊　足利家族　日本武將家族，1338年建立足利幕府。創建者足利尊氏（1305～1358）原本支持後醍醐天皇從北條家族手中奪回國家的控制權的企圖，但後來兩人反目，並從皇族支系另立天皇，他被授予幕府的稱號。尊氏的孫子義滿（1358～1408），第三代足利幕府，結束了因其祖父的行動造成的朝廷分治的局面。他完成了內政改組的工作，努力恢復同中國的貿易關係，興修許多宏偉的寺廟和宮殿，其中最著名的是在京都的金閣寺。足利義政（1436～1490）是第八代足利幕府，也是一位藝術愛好者，他獎勵文學藝術的發展，曾在京都建造著名的銀閣寺，專門研究茶道。政治上，在他擔任幕府時期已逐漸喪失國家的控制權，使得日本爆發了持續近百年的內戰（參閱Onin War）。

Ashikaga shogunate　足利幕府　日本歷史上的軍事政府，1338年由武士足利尊氏建立，足利幕府時代一直延續到1573年最後一任將軍被免職，但實際上在應仁之亂（1467～1477）期間，它就已失去對日本的控制。室町時代儘管發生過一些動亂，但文化相當繁榮。佛教禪宗、能樂和其他一些文學形式，以及中國水墨畫都得到很大發展。亦請參閱Ashikaga family、daimyo、Kano school、samurai。

Ashkenazi＊　德系猶太人　歷史上居住在歐洲中部和北部操意第緒語的歐洲猶太人或其後裔。原先居住於萊茵河流域，Ashkenazi一詞起源於希伯來字「Ashkenaz」（德國）。11世紀末期十字軍剛興起後，他們向東遷往波蘭、立陶宛、俄羅斯以逃避迫害。後來幾個世紀凡採用德系猶太教堂禮拜儀式的猶太人通稱德系猶太人，以區別於西班牙系猶太人。他們在講希伯來語的口音、文化傳統、禮拜禱詞，以及意第緒語的使用（在20世紀以前）方面，兩系各有特色。現在全世界猶太人有80%以上是德系猶太人。

Ashley, William Henry　阿什利（西元1778?～1838年）　美國皮貨商人。生於維吉尼亞州波哈坦，1802年左右遷居密蘇里州，以採礦、買賣土地發財。1820年任密蘇里州副州長。1822年與亨利（1771～1833）於黃石河河口合辦落磯山皮毛公司開始郵寄貿易，但在印第安人的壓力下終止郵寄事務，1825年他開始每年舉辦貿易集市，或在荒野地區設臨時貿易市場。他在收購皮貨時向獵戶供應捕獸需用的物資。1827年退出商界，參加政治活動。1831～1837年擔任美國國會議員，他一直維護美國西部的利益。

Ashoka＊　阿育王（卒於西元前238?年）　亦作Asoka。印度孔雀帝國的最後一位皇帝及佛教的贊助人。他於即位後的第八年血腥征服了羯陵伽國之後，宣布從此不再率軍征伐，根據「達摩」指示，解決民生問題。他對佛教徒宣揚佛法，並尊重其他的宗教。他經常向人們說法，並把講義鐫刻在岩石和石柱上。常告誡官員要不斷了解平民疾苦，任命一批「達摩監察官」去解危濟困，照顧婦女、邊地居民、鄰國人民和各宗教區居民的特殊需要。他建造過許多印度塔和寺院，制止佛教內部的分裂活動，規定佛教徒所應學習的經典，並曾派使前往錫蘭宣講佛經。阿育王被視爲理想的佛教徒統治者。

Ashqelon＊　阿什凱隆　舊名Ascalon。以色列考古遺址。阿什凱隆的沿海城市向來爲征服巴勒斯坦西南方的要地，城名首見於約西元前19世紀的埃及文獻。西元前332年爲亞歷山大大帝征服，西元636年被阿拉伯人奪取。1153年被十字軍攻陷，成爲主要港口和要塞之一。1187年復爲薩拉丁攻克，1270年被拜巴爾斯一世摧毀。今日的阿什凱隆（2000年人口約98,937）原爲阿拉伯居民點，1949年以後以色列人遷入定居，現爲工業和旅遊中心。

ashram＊　阿室羅摩　亦作ashrama。印度教指再生族印度教教徒一生按照理想經歷的四個行期（參閱upanayana），分別是梵行期（即學生期），即服從其教師；家住期，即支持他的家庭和祭司，履行對神和先祖的職責；林棲期，即退出社會進行苦行和瑜伽修行；遁世期，斷絕一切塵緣，以乞討爲生。在英語中，該詞變爲追求精神或宗教修練（通常在古魯的指導下）的修道地。

Ashtart ➠ Astarte

Ashton, Frederick (William Mallandaine)　阿什頓（西元1904～1988年）　受封爲弗雷德里克爵士（Sir Frederick）。英國皇家芭蕾舞團總編導和藝術總監。1925年起爲芭蕾舞俱樂部（即後來的蘭伯特芭蕾舞團）創作舞劇，1933年參加維克－威爾斯芭蕾舞團（後爲皇家芭蕾舞團），成爲總編導（1963～1970）和助理藝術指導（1953～1963）。該團的保留劇目中約有三十部舞劇係他所編，包括了：《正門》（1931）、《交響變奏》（1946）、《生日獻禮》（1956）。他還爲丹麥皇家芭蕾舞團（《羅密歐與茱麗葉》〔1955〕）和紐約市芭蕾舞團（《光明》〔1950〕）編舞。

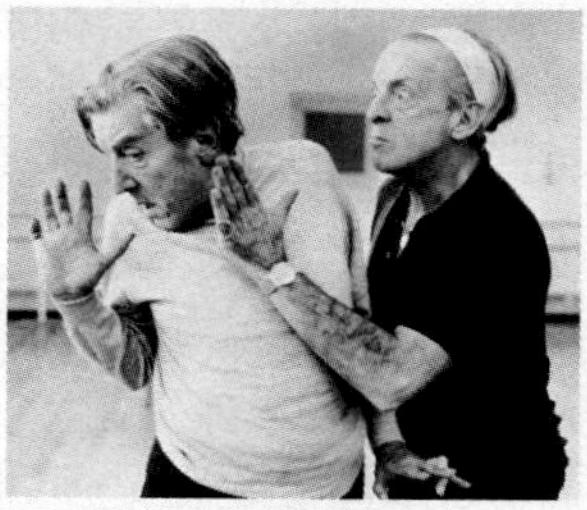

阿什頓（左）和赫爾普曼（Robert Helpmann）在《灰姑娘》（1965）一劇的排練中飾演醜姊妹
Central Press-Pictorial Parade

Ashur　亞述　古代亞述的宗教中心。在今伊拉克底格里斯河西岸，摩蘇爾南方60哩（97公里）處。亞述這個名字被用於此城、國家和其主要貢奉的神祇。約西元前2500年開始有人定居，後來成爲阿卡德的一部分。西元前12世紀晚期爲亞述所掌控。其宗教聖地直到西元前614年，被巴比倫人摧毀。有碉堡、寺廟及宮殿等考古遺址。遺址還有三座宮殿的殘跡。

Ashurbanipal＊　亞述巴尼拔　亞述最後一位偉大的國王（西元前668～西元前627年在位）。西元前672年被立爲皇太子，同父異母兄弟被立爲巴比倫尼亞王儲。其父死後，亞述巴尼拔順利接掌政權。他平定了埃及的叛亂，成功的征服了提爾。統治巴比倫尼亞的異母兄弟在與他維持十六年和平後，與亞述帝國的偏遠民族聯合，陰謀推翻亞述王國，他

亞述巴尼拔攜籃圖，西元前650年重建之巴比倫埃薩吉拉寺上的石製淺浮雕；現藏大英博物館
Reproduced by courtesy of the trustees of the British Museum

採取軍事行動，進行三年戰爭。至西元前619年，幾乎所有已開發處都為其所掌控。他是熱忱的宗教徒，曾重建巴比倫尼亞和亞述的許多聖廟。亞述巴尼拔的傑出貢獻歸功於他對學術的興趣，他在尼尼微創建古代近東地區第一座系統化收集、歸類圖書的圖書館。美索不達米亞的傳統敘事詩皆因該館的收藏而得以流傳至今，此外，還收藏了科學書籍、民間故事書等。

Asia　亞洲　世界上最大的一洲。被北冰洋、太平洋、印度洋包圍。西於歐洲接壤，由北至南分別是烏拉山、裏海、黑海、愛琴海、地中海地區、蘇伊士運河和紅海。包含斯里蘭卡、台灣、印尼群島、菲律賓和日本的島嶼則構成亞洲的一部分。面積44,614,000平方公里。人口約3,772,103,000（2001，不包含俄羅斯亞洲部分和前蘇聯中亞各國）。山脈和高原占優勢，最高的山脈位於中亞地區。地球上陸地最高點（埃佛勒斯峰）和最低點（死海）都在亞洲。戈壁和塔爾沙漠是本洲兩個最大的沙漠區。其水文學主要以世界上數條最長的河流為主，包括幼發拉底河、底格里斯河、印度河、恆河、揚子江（長江）、黃河、鄂畢河、葉尼塞河、勒那河。裏海、鹹海和死海是主要的鹹水湖。可耕地占全洲陸地面積15%以上。亞洲主要語群和語言有漢藏諸語言、印度－雅利安諸語言、日語、南島諸語言、南亞諸語言、閃米特諸語言和朝鮮語。東亞有三個主要民族：中國人、日本人和朝鮮人。印度次大陸包含許多不同的種族，所使用的語言大部分屬印歐諸語言印度－雅利安諸語言。由於受到中國和前蘇聯的影響，中國北方官話和俄羅斯語被廣泛使用。所有世界主要宗教和數百個小宗教都發源於亞洲。發源於南亞的印度教是世界最古老的宗教，耆那教和佛教分別於西元前6世紀和西元前5世紀出現。南亞是猶太教及其支系、基督教和伊斯蘭教的搖籃。道家和儒家學說均起源於西元前6世紀或5世紀，兩者對中國人和源出於中國的文化有深刻的影響。亞洲各國貧富差異懸殊。日本、新加坡和阿拉伯石油產國，這些國家日常生活水準高；其他如孟加拉、緬甸等國則非常貧窮；介於二者之間的是俄羅斯、中國和印度。亞洲文化可說是中國、伊斯蘭教、印度、歐洲（包括俄羅斯）和中亞五種勢力互相影響的結果。中國對東亞影響深遠，因它是儒家學說、中國文字和文化的發源地。印度的影響是經由印度教和佛教傳播的，影響了西藏、印尼、柬埔寨和中亞等地區。伊斯蘭教的傳布從其發源地阿拉伯，在中東、西南亞及其他地區顯得重要，阿拉伯字母的使用亦隨之傳至這些地區。直立人約在一百萬年前從非洲遷徙至亞洲東部。約西元前3500～3000年底格里斯河和幼發拉底河流域就已經使用文字（參閱Mesopotamia）。印度河文明及敘利亞北部的發展始於西元前2500年左右。中國城市文明始於商朝（傳統上為西元前1766～西元前1122年）和周朝（約西元前1122～西元前221年）。操印歐語系的民族（如雅利安人）在西元前1700年左右入侵印度西部後發展出吠陀文化。一連串的帝國和包括亞歷山大大帝在內的非凡領導者，將他們的政治影響力傳播到軍事力量所及之處。13世紀，成吉思汗（元太祖）和他的蒙古人繼承者把亞洲都納入其統治之下。14世紀時，帖木兒征服中亞大部分地區。15世紀穆斯林突厥人摧毀了東羅馬帝國，19世紀歐洲帝國主義開始取代了亞洲的帝國主義。俄國沙皇勢力推展到太平洋沿岸，英國取得印度的控制權，法國進入中南半島，荷蘭占領東印度，西班牙和後來的美國統治菲律賓。第二次世界大戰後，歐洲帝國主義由於他們在亞洲殖民地的獨立而相繼消失。接著亞洲分成親西方、親共產黨和不結盟幾個集團。

Asia Minor　小亞細亞　亦稱安納托利亞（Anatolia）。土耳其語作Anadolu。地處亞洲最西端之半島，介於黑海和地中海之間，還濱臨愛琴海。因地處歐亞兩洲交接地帶，自有文明始，即為兩大陸多數民族遷徙或爭占之十字路口。原為西台王國（約西元前1950～1200）所在地，後來印歐語系民族（可能是希臘人）建立了弗里吉亞王國。西元前6世紀，居魯士大帝統治該區。西元前334年亞歷山大大帝侵占了安納托利亞。西元前1世紀時，羅馬人開始擴張到這裡，西元395年羅馬帝國分裂，這裡屬拜占庭帝國。此區後來仍不斷遭到阿拉伯人、土耳其人、蒙古人和帖木兒的突厥軍隊入侵直至15世紀鄂圖曼帝國建立霸權為止。後來的歷史（到1920年）即是鄂圖曼帝國的歷史。

Asimov, Isaac＊　艾西莫夫（西元1920～1992年）　美國生物化學家、作家。出生於俄羅斯，三歲時被帶到美國。在哥倫比亞大學取得博士學位。後在波士頓大學執教。1939年開始為科幻小說雜誌撰寫小說，《夜幕低垂》（1941）被許多人認為是迄今最好的科幻短篇小說。《我是機器人》（1950）對後來撰寫人工智慧機器題材的作家影響很大。1951～1953年陸續出版的小說三部曲：《基地》、《基地與帝國》、《第二基地》，奠定其大師級地位。艾西莫夫以清晰和幽默的筆鋒來撰寫各種科學普及讀物，是一位極有成就的多產作家，著書約五百冊。

Askja＊　阿斯恰火山口　冰島中東部丁久火山群中的最大火山口。位於冰島最大冰原瓦特納之北，海拔4,954呎（1,510公尺），為丁久山的最高峰。其火山口面積4.25平方哩（11平方公里），蓄水成湖。1875年爆發後，1961年再次爆發。

Asmara＊　阿斯馬拉　厄利垂亞首都及城市（1995年人口約400,000）。位於衣索比亞高原北部，海拔7,765呎（2,367公尺）。東北有瀕臨紅海的港口米齊瓦。原為提格雷人村莊。1900年成為義大利殖民地厄利垂亞的首府。1941～1952年由英國管轄，後併入衣索比亞。1993年為獨立的厄利垂亞首都。是繁忙的農業市場。

Aso＊　阿蘇山　亦作Asosan。日本九州中部的火山，五個頂峰平均高約5,223呎（1,592公尺）。是世界最大的活火山口之一，周長71哩（114公里）。其破山口為一巨碗形火山凹地，標誌著原火山口的所在，內有活火山中岳和許多溫泉。阿蘇山有居民，山上牧場用於養牛和生產乳品。

Asoka ➡ Ashoka

asp　阿斯普　aspis的英文化形式。西方古典文學中所指的毒蛇，可能是埃及眼鏡蛇（參閱cobra）。在埃及是王位的象徵，希臘、羅馬時代用眼鏡蛇來執行死刑。據說克麗奧佩脫拉即是讓阿斯普咬齧而自殺。

asparagine＊　天門冬醯胺　一種非必需氨基酸，廣泛存在於各種植物蛋白質中，與天門冬氨酸密切相關。1806年首次由文竹（天門冬）分離得到，用於醫學和生化方面的研究。

Asparagus　天門冬屬　百合科的一屬，約三百種，原產於西伯利亞至非洲南部。該屬植物直立或攀緣，稍呈木質。根呈根莖狀（有時塊莖狀），小枝呈葉狀，真正的葉退化為鱗片。最有名的和最具經濟價值的是石刁柏（如蘆筍、龍鬚菜），栽培作蔬菜，食其春季發出的肉質莖。幾個非洲種栽培供觀賞。幾種有毒天門冬屬植物因其枝葉美觀而為人喜愛，如文竹（其小枝羽毛狀展開）、天冬草（即羊齒竹）

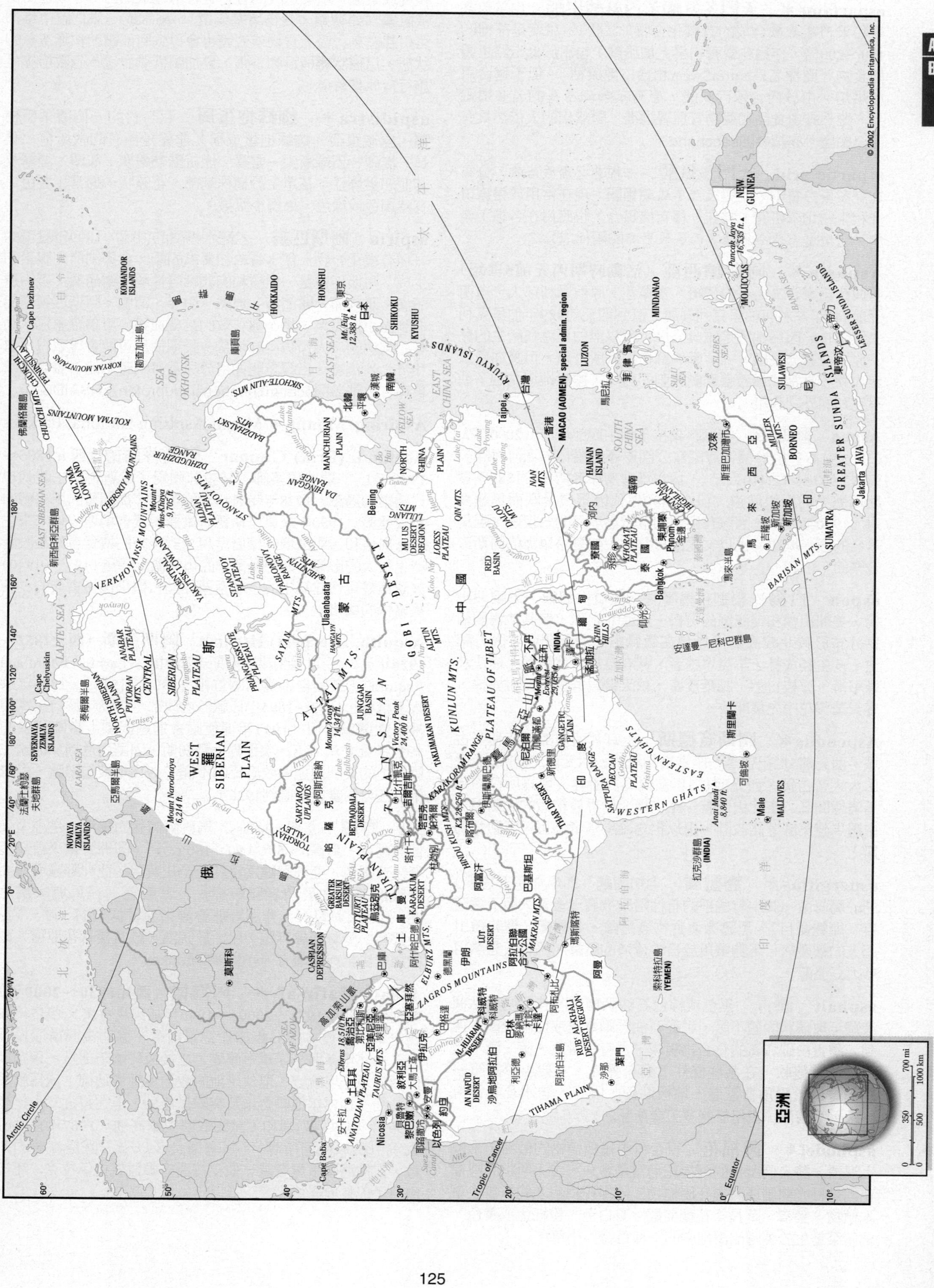
亞洲
© 2002 Encyclopædia Britannica, Inc.
0 350 700 mi
0 500 1000 km
Arctic Circle
Tropic of Cancer
Equator
CHUKCHI PENINSULA
Cape Dezhnev
KOMANDOR ISLANDS
KORYAK MOUNTAINS
SEA OF OKHOTSK
KOLYMA MOUNTAINS
CHUKCHI MTS.
CHERSKIY MOUNTAINS
KOLYMA LOWLAND
EAST SIBERIAN SEA
新西伯利亞群島
VERKHOYANSK MOUNTAINS
Mount Mus-Khaya 9,705 ft.
DZHUGDZHUR RANGE
ALDAN PLATEAU
STANOVOY MTS.
CENTRAL YAKUTSK LOWLAND
LAPTEV SEA
Cape Chelyuskin
ANABAR PLATEAU
泰梅爾半島
NORTH SIBERIAN LOWLAND
PUTORAN MTS.
CENTRAL SIBERIAN PLATEAU
SEVERNAYA ZEMLYA ISLANDS
KARA SEA
法蘭士約瑟夫地群島
亞馬爾半島
NOVAYA ZEMLYA ISLANDS
WEST SIBERIAN PLAIN
Mount Narodnaya 6,214 ft.
俄羅斯
莫斯科
STANOVOY PLATEAU
YABLONOVY RANGE
PRIANGARSKOYE PLATEAU
SAYAN MTS.
HENTIYN MTS.
Ulaanbaatar
HANGAYN MTS.
蒙古
GOBI DESERT
DA HINGGAN RANGE
MANCHURIAN PLAIN
BADZHALSKY MTS.
SIKHOTE-ALIN MTS.
HOKKAIDO
HONSHU
東京
日本
Mt. Fuji 12,388 ft.
SHIKOKU
KYUSHU
北韓
平壤
南韓
漢城
YELLOW SEA
EAST CHINA SEA
RYUKYU ISLANDS
Beijing
NORTH CHINA PLAIN
LULIANG MTS.
MU US DESERT REGION
LOESS PLATEAU
QIN MTS.
RED BASIN
中國
DALOU MTS.
NAN MTS.
台灣
Taipei
香港
MACAO (AOMEN)- special admin. region
LUZON
菲律賓
馬尼拉
MINDANAO
SOUTH CHINA SEA
SULU SEA
CELEBES SEA
HAINAN ISLAND
越南
河內
寮國
永珍
KHORAT PLATEAU
泰國
Bangkok
柬埔寨
Phnom 金邊
CENTRAL HIGHLANDS
馬來半島
馬來西亞
吉隆坡
新加坡
汶萊
斯里巴加灣市
BORNEO
MULLER MTS.
SUMATRA
BARISAN MTS.
印尼
GREATER SUNDA ISLANDS
Jakarta
JAVA
SULAWESI
MOLUCCAS
BANDA SEA
LESSER SUNDA ISLANDS
東帝汶
帝力
NEW GUINEA
Puncak Jaya 16,535 ft.
ALTAI MTS.
Mount Youyi 14,347 ft.
JUNGGAR BASIN
TIAN SHAN
Victory Peak 24,400 ft.
TAKLIMAKAN DESERT
ALTUN MTS.
KUNLUN MTS.
PLATEAU OF TIBET
喜馬拉雅山脈
Mount Everest 29,035 ft.
尼泊爾
加德滿都
不丹
廷布
孟加拉
達卡
CHIN HILLS
緬甸
仰光
INDIA
印度
新德里
GANGETIC PLAIN
THAR DESERT
SATPURA RANGE
DECCAN
GODAVARI PLATEAU
EASTERN GHATS
WESTERN GHATS
Anai Mudi 8,840 ft.
斯里蘭卡
可倫坡
MALDIVES
Male
拉克沙群島 (INDIA)
安達曼－尼科巴群島
KARAKORAM RANGE
K2 28,250 ft.
伊斯蘭馬巴德
HINDU KUSH MTS.
喀布爾
阿富汗
巴基斯坦
哈薩克
阿斯塔納
SARYARQA UPLANDS
BETPAQDALA DESERT
TORGHAY VALLEY
比什凱克
吉爾吉斯
塔吉克
杜尚別
塔什干
烏茲別克
TURAN PLAIN
土庫曼
阿什哈巴德
KARA-KUM DESERT
USTYURT PLATEAU
GREATER BARSUKI DESERT
CASPIAN DEPRESSION
巴庫
亞塞拜然
ELBURZ MTS.
德黑蘭
伊朗
LUT DESERT
ZAGROS MOUNTAINS
MAKRAN MTS.
阿拉伯聯合大公國
阿布達比
馬斯喀特
阿曼
高加索山脈
Elbrus 18,510 ft.
喬治亞
第比利斯
亞美尼亞
葉里溫
土耳其
安卡拉
ANATOLIAN PLATEAU
TAURUS MTS.
Nicosia
貝魯特
黎巴嫩
敘利亞
大馬士革
以色列
耶路撒冷
約旦
安曼
伊拉克
巴格達
科威特
巴林
麥納瑪
卡達
杜哈
沙烏地阿拉伯
利雅德
AN NAFUD DESERT
AL-HIJARAH DESERT
阿拉伯半島
RUB' AL-KHALI DESERT REGION
TIHAMA PLAIN
葉門
沙那
索科特拉島 (YEMEN)
Cape Baba
SEA OF AZOV
Suez Canal
Nile
北冰洋
太平洋
印度洋
阿拉伯海
日本海 (EAST SEA)

A B

和卵葉天門冬。

aspartame＊ 天門冬氨醯苯丙氨酸甲酯 由苯丙氨酸和天門冬氨酸合成的有機化合物（二肽）。甜度是蔗糖的150～200倍，作爲非營養的桌上加甜劑，也用於低卡路里製備食物（商標名爲NutraSweet和怡口健康糖），但不適合用於烘焙。由於內含苯丙氨酸，患有苯丙酮尿症的人必須避免。雖然經由食品和藥物管理署批准，對無病的人依然具有安全顧慮。亦請參閱saccharin。

aspartic acid 天門冬氨酸 一種非必需氨基酸，分布在許多蛋白質中，並與天門冬醯胺相關。現在常用於醫療研究和生物化學研究，當作一種有機媒介，也應用在各種工業中。它也是天門冬氨醯苯丙氨酸甲酯的兩種成分之一。

Aspasia＊ 阿斯帕西亞（活動時期西元前5世紀） 雅典政治家伯里克利的情婦、交際花。原爲米利都人，自西元前445年左右與伯里克利同居，直到西元前429年伯里克利去世爲止。因爲她不是雅典公民，所以與伯里克利所生的兒子原本沒有公民權。其智慧爲蘇格拉底所賞識，但長期受公衆攻擊，常常成爲希臘喜劇諷刺的對象，據說她還左右了伯里克利的外交政策。

Aspen 阿斯彭 美國科羅拉多州中西部城市（2000年人口約5,914）。位於懷特河國家公園邊緣的羅林福克河河畔，海拔7,907呎（2,410公尺）。1878年由勘探者初建，1887年發展爲繁榮的採銀城鎮，但在1890年代因銀價暴跌而迅速衰退。1930年代末，因擁有出色的滑雪場地而開始復甦，現爲著名的觀光城鎮。也以文化節日聞名，如夏季舉辦的阿斯彭音樂節。

aspen 白楊 楊柳科楊屬的三種植物通稱，即歐洲山楊、美洲山楊和美洲鋸齒白楊。原產北半球，較其他楊屬植物分布於較北較高處，以葉在微風中搖擺而聞名。因分蘗快，多生長成林，罕見單株者，甚有益於自然景觀。樹皮灰綠平滑，分枝自然；綠葉茂密，秋天轉爲鮮黃；雌雄異株，春天葇荑花序先葉開放。

Aspendus＊ 阿斯賓德斯 土耳其西南部潘菲利亞古城。西元前5世紀曾是一座富裕的城市。西元前333年被亞歷山大大帝占領，西元前133年被羅馬人所奪。現以所存的羅馬廢墟聞名，東北山側有一座堪稱全世界最精緻的大劇場，由羅馬建築師芝諾設計，用以紀念羅馬皇帝馬可・奧勒利烏斯。

aspergillus＊ 麴黴屬 半知菌綱（即半知菌形態綱）的一屬眞菌。其中有些種的有性階段被發現後畫入散子囊菌目（即麴黴目）。黑麴黴使食物發黑黴，黃麴黴、煙麴黴引起人的麴黴病。米麴黴用於日本清酒的發酵，溫特氏麴黴用於大豆發酵。

asphalt 瀝青 黑色或棕色石油狀物質，其稠度爲黏稠液體至玻璃狀固體不等。可從石油蒸餾殘渣或從瀝青礦中得到。瀝青由碳和氫的化合物組成，含有少量氮、硫、氧。瀝青受熱時變軟，在某些條件下具有彈性。主要用於舖築路面，還用於屋頂覆蓋層、地板貼磚、隔音、防水及其他房屋、建築構件，也用於許多工業產品。

asphodel＊ 阿福花 百合科中幾種植物的俗名，常被人混淆。詩人們所指的阿福花通常是水仙。古人所指的阿福花則是日光蘭屬或阿福花屬植物。阿福花爲耐寒的多年生草本植物，葉窄、莖長、花穗美觀；有白色、粉紅色或黃色。納茜菜是生於英國沼澤地中的一種百合科小草。

asphyxia＊ 窒息 大腦缺氧或氧氣不充分引起的呼吸衰竭或紊亂，窒息造成的昏迷有時可導致死亡。呼吸道受傷或阻塞（如勒頸、食物堵塞氣道）、溺水或一氧化碳中毒都可引起窒息。吸入食物或液體也會導致肺部皺縮和無空氣的狀態，這種狀態稱爲肺不張，會加劇低氧血症。急救措施是施行心肺復甦術。

aspidistra＊ 蜘蛛抱蛋屬 百合科的一個觀葉植物屬，原產東亞。蜘蛛抱蛋或稱九龍盤是僅有的栽培種，葉長，挺硬，頂端漸尖，常綠，能抗酷熱嚴寒、灰塵、煙霧及其他惡劣條件；花單生於植株基部，花鐘狀，通常丁香色，有時褐色或綠色，果爲小漿果。

aspirin 阿斯匹靈 乙醯水楊酸的俗稱，1899年發現的一種有機化合物。係水楊酸和醋酸的酯，會抑制前列腺素的生成。阿斯匹靈是一種緩和的非麻醉性解熱鎮痛藥，可治療頭痛、肌肉痛、關節痛、退熱、消炎、消腫。阿斯匹靈還能抑制血小板凝聚，是一種有效的抗凝血藥，可讓罹患冠狀動脈心臟病的病人預防心肌梗塞。長期使用可能會導致胃出血和消化性潰瘍，已經證明如用於兒童發燒時可能引發雷氏症候群。亦請參閱acetaminophen和ibuprofen及NSAIDS。

Aspiring, Mount ➠ Mount Aspiring National Park

Asplund, (Erik) Gunnar 阿斯普倫德（西元1885～1940年） 瑞典建築師，其設計體現了從新古典主義到現代建築的過渡。1928年受科比意的影響，從懷舊的風格轉向新式建築。1930年規畫了斯德哥爾摩博覽會場地，以未來主義派風格和透明玻璃的樓層呈現，對後來的博覽會建築設計產生很大的影響。斯德哥爾摩的伍德蘭火葬場（1935～1940）被認爲是現代建築中的一項重要作品，但仍保持古典的、莊重肅穆的風格。

Asquith, H(erbert) H(enry) 阿斯奎斯（西元1852～1928年） 受封爲牛津與阿斯奎斯伯爵（Earl of Oxford and Asquith）。英國自由黨內閣首相（1908～1916）。1886年選入下議會，1892～1895年任職於內政部，1908年爲自由黨領袖，當選爲首相。1911年促使國會通過限制上議院權限的1911年議會法。第一次世界大戰初期，因國內危機和英國在戰場上的失利連連導致廣泛的不滿。1916年被迫辭職，但繼續擔任自由黨領袖直到1926年。

ass 野驢 亦稱wild ass。馬科兩個種的統稱，是小型強健的動物，肩高3～5呎（90～150公分）。非洲野驢淡藍灰色至淺黃褐色，亞洲野驢爲淺紅色至灰黃色。亞洲野驢與非洲野驢的差別在於前者腿較細長，耳較短（在馬與家驢之間），蹄相對較大。非洲野驢會發出交替低調的「唏－呵」般聲音。野驢善於奔跑，生活於荒漠，經常棲息在他種大型獸類無法生存的地方。亦請參閱donkey。

Assad, Hafiz al-＊ 阿塞德（西元1930～2000年） 敘利亞總統（1971～2000）。1946年加入復興黨，1955年成爲空軍飛行員。1963年擔任空軍司令，協助復興黨取得權勢。1966年參與一場軍事政變，之後擔任國防部長。1970年他領導了一場政變，取代了他的政治導師傑迪德，成爲敘利亞領袖。1973年他聯合埃及突擊以色列，但在將近二十年後（1991）與以色列媾和，試圖取回戈蘭高地（1967年在六日戰爭中爲以色列所奪）。阿塞德長久以來一直是海珊的死敵，波斯灣戰爭爆發時，他支持西方聯盟對抗伊拉克。死後由兒子巴夏爾繼位。

Assal, Lake＊ 阿薩勒湖 吉布地中部的鹹水湖。位於海平面以下515呎（157公尺），是非洲最低點。用於露天開採食鹽。

Assam＊ 阿薩姆 印度東北部邦（2001年人口約26,638,407）。面積30,318平方哩（78,524平方公里）。鄰不丹王國及孟加拉。首府爲迪斯普爾。13世紀時由來自緬甸和中國的入侵者建立一個強大的獨立王國，18世紀初國力達到顛峰。19世紀初爲英國人控制。1947年印度獨立，阿薩姆一部分土地劃歸巴基斯坦。1960年代又從阿薩姆劃分出四個新邦：那加蘭、梅加拉亞、阿魯納恰爾和米佐拉姆。基本上由平原谷地構成。布拉馬普得拉河河谷爲其主要自然特色。居民主要屬於印度－伊朗及蒙古人種，廣泛使用的語言爲阿薩姆語。

Assassin 阿薩辛派 11～13世紀以暗殺敵人爲宗教義務的伊斯蘭教派。此派首領哈桑・薩巴哈攻占伊朗的阿剌模忒城堡，他以此爲大本營，指揮一群狂熱的恐怖分子專門暗殺阿拔斯王朝的許多文武官員。1256年蒙古人攻陷阿剌模忒，把阿薩辛派的巢穴搗毀。現代的伊斯瑪儀派是承自阿薩辛派。

assassin bug 獵蝽 獵蝽科昆蟲，約四千種。頭窄，頭後有細窄頸狀構造，是爲本科特徵。常見於南、北美洲。體長0.5～1吋（13～25公釐）。喙短，三節，弓形，納入前胸腹面的縱溝內，用以吮吸其他動物的體液。體黑色或深褐色，有的色澤鮮明。多數捕食其他昆蟲，但有的吸哺乳類包括人的血液，並傳播疾病。有一種大獵蝽能吐出唾液準確射中目標以自衛，可使人失明。

assassin fly ➠ robber fly

assault and battery 威脅罪和傷害罪 兩項相互關聯而又互有區別的罪行。傷害是對他人非法使用武力，而威脅則是企圖進行傷害，或者採取某種行動使他人有理由擔心立即受到傷害。這些概念在大部分法律制度中都可以找到，而且和殺人罪與謀殺罪一起（參閱homicide），是用以保護個人免遭粗暴的或不情願的身體接觸或暴力，也免受因此而引起的恐懼和威脅。構成傷害罪並不一定要有最小程度的暴力，而且並不一定要直接施加暴力。施用毒藥或傳染一種疾病均構成傷害罪。造成傷害的意外事故或一般的過失不能作爲傷害罪而加以懲罰。亦請參閱rape。

assault rifle 突擊步槍 膛內裝小尺寸的子彈或發射火藥，能轉換爲半自動或全自動射擊的軍用火器。由於重量輕、便於攜帶，而在現代戰鬥範圍1,000～6,000呎（300～500公尺）的射程內這種槍發射的火力強大，並具相當的準確度，所以成爲現代陸軍的標準步兵武器。輕機槍易於使用，是擁擠在人員輸送車或直升機內的機動作戰突擊部隊和在叢林或城市作戰的游擊戰士的理想武器。流行的輕機槍有美國的M16型步槍、蘇聯的卡拉什尼科夫步槍（即AK-47步槍及其改良型）、比利時的FAL和FNC，以及德國的G3。

assaying＊ 試金法 測定礦石和冶金產品中的金屬含量，特別是貴金屬含量的方法。古代煉金術士和首飾匠企圖通過將賤金屬或礦物加熱以尋求或創造貴金屬，試金法這項非常重要的技術就是從他們的經驗中發展起來的，並一直沿用到今天。貴金屬因分散顆粒無規則地分布，分析時需要取用大量礦石樣品。這類含有金、銀和鉛的大量樣品用火焰法作試金分析最爲經濟，該法包括加熱和冷卻的許多步驟。近代較複雜的方法（如光譜化學分析）不適合分析貴金屬礦，因爲那些必需使用的雜質礦樣品比工具大得多，不能操作。亦請參閱parting。

assemblage＊ 集合作品 指以日常生活用品合成的三度空間作品，如一段繩子或一張報紙之類，或其他找得到的素材。此詞爲迪比費於1950年代所創，可用在拼貼、合成照片和雕刻的集合作品。達達主義與超現實主義的藝術家們製作出「現成物品」，並用簡單的展示把它們提高到藝術地位。奈維爾遜與勞申伯格是近代致力於集合創作的藝術家。

Assemblies of God 神召會 美國最大的五旬節派教會。1914年由幾個小五旬節派教會在阿肯色州溫泉城聯合組成。該會強調《聖經》在基督教信仰和崇拜的中心地位。神召會取消基督教聖餐禮，而設有兩個聖餐禮，舉行完全沈浸的洗禮和聖餐。教徒相信聖化是逐步形成的，而不是突然形成的，堅信救世主第二次到來的千禧年教義和建立神的國度是十分重要的。神召會在美國和海外的傳教活動非常活躍。亦請參閱millennium、Pentecostalism。

assembly language 組合語言 一類低階電腦程式語言，大致包含特殊電腦機器語言的同義符號。由不同製造商所生產的電腦擁有相異的機器語言，需要相異的組合器及組合語言。有些組合語言可用來把編程者寫作的密碼（來源密碼）轉化爲機器語言（電腦可讀），也具有幫助編程的功能（例如把幾種指令的序列合爲一體）。組合語言的編程需要具備對電腦架構的廣博知識。

assembly line 裝配線 便於機器、設備和工人在大量生產作業中實現工件連續流動的裝置。裝配線是靠確定製造每個產品零件和最後產品的作業順序而設計的。設計時，要使材料的每次移動，盡可能簡單而距離短，不要有交叉流動或倒流。對工作任務、機器數量和生產率都編好順序，使沿生產線進行的一切作業協調一致。自動裝配線是完全由機器控制，應用在煉油、化學製造和許多現代汽車發動機工廠。亦請參閱Ford, Henry、interchangeable parts、Taylorism。

assessment 財產估價 通常是爲了徵稅而對動產或不動產的價值進行評估的程序。由中央政府機構或地方官員辦理。在英國，是以財產的年出租價值作爲評估的基礎；而在美國，課稅的基準卻是財產的資本價值，其作法包括分析市場資料以估量財產的當前市價、估價重建財產的成本費而減去自然增長的折舊費、計算財產收益的現在價值。

assessor 陪審推事 指經法院約請提供法律建議和幫助的人，在許多場合下，他們是作爲法官在法庭上處理實際案件的。在美國也使用這術語，指的是爲徵稅而對財產進行估價的官員。19世紀末歐洲大陸許多地方任命了陪審推事，其目的是想限制隨著法國大革命實行的陪審團制度的影響。於是陪審推事代表回歸到歐洲的民法傳統。在英國和美國，海商法院和海事法院以及一些其他的民事法庭中有用到陪審推事。

assimilation 同化 ➠ culture contact

Assiniboia＊ 阿西尼博亞 加拿大西部的早期地區。以阿西尼博因印第安的名字命名，當時此區的界限並不確定，約1811～1870年哈得遜灣公司控制此區。範圍包括現在的馬尼托巴省南部，到了1818年還包括現今的北達科他州和明尼蘇達州。1870年此區併入新建的馬尼托巴省。1882年加拿大政府建立另一個阿西尼博亞區，爲前西北地區的一部分。1905年阿西尼博亞分屬亞伯達和薩斯喀徹溫兩省。

Assiniboin＊ 阿西尼博因人 美洲平原印第安民族，操蘇族諸語言，居住於密蘇里河上游和薩斯喀徹溫河中游。

分成若干群組，各有首領和議會，通常和白人和睦相處。各群組經常移動，以追蹤流動的水牛群。戰爭中的驍勇表現爲取敵頭皮，奪取馬匹，與敵人短兵相接。最有重要意義的宗教禮儀是太陽舞。1820年代和1830年代因感染天花而人口銳減，之後大部分人被安置在保留區內。現今在加拿大有一千餘人，美國約有四千人。

阿西尼博因人，柯蒂斯（Edward S. Curtis）攝於1908年；選自《北美洲印第安人》
By courtesy of the Newberry Library, Chicago, Ayer Collection

Assiniboine River　阿西尼博因河　加拿大南部河流。源出薩斯喀徹溫省東部，往東南流入馬尼托巴省，後折向東在溫尼伯匯入紅河，全長590哩（1,070公里）。有兩條支流：卡佩勒河和蘇里斯河。1736年被拉韋朗德里發現，後來成爲從紅河移民區通往平原的重要路綫。

Assis, Joaquim Maria Machado de ➠ Machado de Assis, Joaquim Maria

Assistance, Writs of　援助令狀　在美洲的英國殖民地普遍使用的搜查證，授權海關官員查禁走私貨物，他們可以搜查任何住宅，無需指明搜查的房址或貨名。1760年間引起爭議，殖民地人民認爲其不合法，但英國確認其合法，仍繼續使用。援助令狀是美國獨立前殖民地民怨沸騰的主要原因之一。亦請參閱Otis, James。

assize＊　巡迴審判　在法律上，指法院的一種開庭審判。開始時是指用陪審團的審判方法，用以取代野蠻的司法格鬥。後來也適用於英國和法國高等法院所舉行的特別庭。20世紀初，大部分國家已廢除巡迴審判，但在法國巡迴審判法院仍是刑事的第一審法院，審理最嚴重的犯罪。

Associated Press (AP)　美聯社　美國歷史最悠久和最大的合作通訊社，也是長期以來世界最大的通訊社。它的創建可追溯至1848年，當時紐約市的六家日報開始聯營，以負擔用電報播發進入波士頓的船隻帶來的國外消息所需的經費。1892年按照伊利諾州的法律建成現在的美聯社，幾年後遷往紐約。1940年代，礙於聯邦反托拉斯法的規定，結束美聯社限制新會員的做法。現在美聯社在世界各地約有一萬五千多個新聞分社。

association　聯想　一個心理學基本原理，與追憶、記憶問題密切相關。雖然古希臘人已提出三個聯想形式（類似聯想、對比聯想和相鄰聯想），但聯想主義通常被認爲是英國的學說，洛克首次採用了「觀念的聯想」概念，後來陸續有休姆、彌爾、史賓塞和詹姆斯等人研究。1903年巴甫洛夫用純客觀的方法研究聯想問題，指出可用非條件和條件反射解釋一切行爲（參閱conditioning）。在精神分析內，臨床醫學家鼓吹「自由聯想」，以幫忙認清潛在性的衝突。完形心理學派學者和其他人批評聯想主義者範圍太廣泛，而一些認知心理學派學者則把記憶作爲他們的理論重心。

association football ➠ football

Association of Caribbean States (ACS)　加勒比海國家協會　由加勒比海地區二十五個國家所組成的貿易組織。爲了響應美國總統柯林頓所提出的「美洲自由貿易區」，加勒比海地區各個貿易集團在1995年聯合起來，希望能強化該地區的經貿地位，同時替將來與美洲自由貿易區整合鋪路。在這個協會中占主要地位者爲加勒比海國家（包括十三個英語系國家以及蘇利南），這些國家久經努力，希望能像歐盟一樣成爲單一市場及經濟體。加勒比海國家協會曾致力於多項議題，包括對自然災害的協同處理、終止美國對古巴的禁運、終止巴拿馬運河中的核能物質船運等。

Association of Southeast Asian Nations (ASEAN)　東南亞國家協會　1967年由印尼、馬來西亞、菲律賓、新加坡及泰國政府成立的國際組織，旨在加速該地區的經濟成長、社會進步和文化發展，促進東南亞地區的和平與安全。1984年汶萊成爲成員國，1995年越南獲准加入，1997年爲寮國和緬甸，1999年則是柬埔寨。1990年代該協會在地區貿易和安全問題上有主要發言權。1992年其成員國家創立了東南亞國家協會自由貿易區。

associative law　結合律　數學中，關於數的加法和乘法運算的兩條規律。用符號表示爲：a＋(b＋c)＝(a＋b)＋c與a(bc)＝(ab)c，就是說項或因子可以按任一種所要求的方式結合。儘管結合律對於正數或負數、整數或分數、有理數或無理數、實數或虛數都成立，然而有一定的例外——例如在非結合代數裡，以及發散無窮級數的不可加性中。亦請參閱commutative law、distributive law。

Assos　阿蘇斯　希臘語作Assus。古希臘特洛阿斯南部城市（今土耳其西北部）。約西元前900年在阿德拉米蒂灣（今艾德雷米特）海岸建立，與萊斯沃斯相望，長期以來是重要的港市。亞里斯多德曾來此城（西元前348～西元前345年），哲學家克萊安西斯也生於此城。其遺跡位於現貝拉姆利伊村。

assumpsit＊　追償訴訟　在普通法中，指因對方違約而追索損害賠償金的一種訴訟。在英國法律中，這一概念起初用於被告人損壞原告人託付的貨物這一類的案件（即被告人的行爲失當或出於疏忽未完成自己許諾的事），以後擴大到被告人不遵守自己的諾言。在一些美國司法中仍用爲合約補救方式。

Assyria　亞述　亞洲西部的古帝國。原爲亞述城（伊拉克北部）附近的一個小地區，後來崛起爲強國，統治範圍從巴勒斯坦延伸到土耳其。亞述可能是在西元前第三千紀時出現，後來勢力才慢慢茁壯。西元前9世紀是其顛峰時期，當時在亞述納西拔二世的統領下，遠征到地中海地區。西元前745～626年左右，亞述帝國征服了以色列、大馬士革、巴比倫和撒馬利亞等地。後來的偉大君主包括提革拉－帕拉薩三世、薩爾貢二世、辛那赫里布和亞述巴尼拔。亞述人不僅以殘忍和勇敢著稱，在尼尼微、亞述城和卡拉等地的考古發掘證明，他們還是巨大工程的建築者。相傳亞述巴尼拔在尼尼微的宮廷十分富裕。在藝術上，亞述人最有名的是石淺浮雕。西元前626～612年間亞述帝國被征服，當時的米底亞和巴比倫尼亞（加爾底亞）的國王摧毀了尼尼微城。

Assyro-Babylonian language　亞述－巴比倫語 ➠ Akkadian language

Astaire, Fred　亞斯坦（西元1899～1987年）　原名Frederick Austerlitz。美國著名舞台和電影舞蹈家，生於俄馬哈。四歲開始學舞蹈，1906年和姐姐阿德爾開始表演輕鬆歌舞劇，結果大受歡迎。1917年首度登上百老匯演出，他們繼續在熱門舞台劇中表演，直到1932年阿德爾退休。在《飛向里約》（1933）中與羅傑茲第一次合作拍電影，十分轟動，隨後他們合演了一批影片，直到1939年爲止。1940年代和1950年代他在銀幕上分別與鮑威爾、沙里塞和迦倫共舞。他的歌聲雖未受過訓練，但十分受到當時最好的作曲家讚揚。1971年退休，但仍偶爾出現在電視和影片中。他老練而親切的風格、優雅和卓越的技巧，以及情節與音樂的融合一體，革新了音樂喜劇體裁。

亞斯坦在《大禮帽》（1935）中的演出
Corbis-Bettmann

Astana　阿斯塔納　舊稱阿克摩拉（Aqmola或Akmola, 1992～1999）、切利諾格勒（Tselinograd, 1961～1992）。哈薩克城市（1999年人口約313,000）與首都。位於哈薩克中北部，瀕臨伊希姆河。1824年始建時爲俄國軍事前哨，因地處橫貫哈薩克鐵路和南西伯利亞鐵路的交叉點，所以地位重要。位居礦產豐富的乾草原地區中心。1994年哈薩克政府開始將國家首都從阿拉木圖遷移至此，1999年改爲今名。

Astarte＊　阿斯塔特　亦作Ashtart。古代近東地區所崇拜的女神，地中海主要海港提爾、西頓和埃拉特等地以之爲主神。阿斯塔特和她的姊妹安娜特有許多共同之處，並被認爲可能同起一源。爲愛情和戰爭女神，在埃及、迦南和西台人中被崇奉。她在阿卡德地區相對應的女神是伊什塔爾。在《聖經》上提及的名字是阿什脫雷思，後來，阿斯塔特的神壇被約西亞所毀。在埃及，她被伊希斯和哈托爾所同化，而在希臘羅馬人的世界中，她化身爲愛芙羅黛蒂、阿提米絲和朱諾。

aster　紫菀　菊科各種主要在秋季開花的葉莖型草本植物的統稱（紫菀屬和近緣的屬），常有耀眼的花朵。紫菀植物包括許多多年生野花和數以百計的園藝變種。

asteroid　小行星　亦稱minor planet。爲數眾多的岩狀小天體，主要位於火星和木星的軌道之間。小行星比太陽系九大行星中的任何一個都小，約有三十顆直徑超過200公里，已知最大的一個是穀神星。估計在太陽系中有數百萬個巨礫規模的小行星。這些小型的小行星或許是大型小行星相互碰撞時形成的。其中少數一些以隕石形式撞擊到地球表面。最大的小行星的質量才能大到足以使它們在形成之際在具體引力作用下塑造成球形。小行星是由碳、石質物質和金屬物質（主要是鐵）組成。亦請參閱earth-crossing asteroid、Trojan asteroids。

asthenosphere＊　軟流圈　地球地涵岩石圈下方的地帶，一般相信比岩石圈熱得多而較呈流體。人們認爲，軟流圈約從地表以下60哩（100公里）延伸到450哩（700公里）左右。

asthma＊　哮喘　常見的慢性呼吸系統疾病，症狀特點是陣發性呼吸急促、喘鳴和咳嗽。若從病因論，哮喘可分爲過敏反應性、炎症性和神經性。哮喘有家族傾向，無種族和性別差異。哮喘發作時，支氣管壁平滑肌痙攣收縮、黏膜水腫、黏膜腺體分泌物增多並堵塞支氣管管腔，造成管腔狹窄，哮喘病人的呼吸急促、喘鳴和咳嗽等症狀都是因此而來。哮喘發作的持續時間從一到幾個小時不等。治療方法是吸入或肌肉注射腎上腺素，用以擴張支氣管和抑制腺體分泌。預防措施則是查清過敏原，避免接觸之。

astigmatism＊　散光　一種屈光不正，因角膜的曲度不對稱（偶因水晶體的曲度不對稱），造成視網膜上的物像模糊不清。水晶體的中心與角膜的主經線不在一直線上也可以引起散光。散光需配戴鏡片來矯正，這種鏡片可彌補曲度的缺陷。

Astor, John Jacob　阿斯特（西元1763～1848年）　德裔美國皮毛業大亨及財金專家。十七歲從德國移民美國，約1786年在紐約開一家皮貨店，迄1800年是皮毛業的領導者，創設了美國皮毛公司。在1834年前賣掉他的權益之前，其壟斷了與中國（1800～1817）和密西西比河、密蘇里河河谷地區（1820年代）的皮草生意。同時，他對紐約市不動產業進行投資，打下家業的基礎。至去世時已成美國首富，遺贈四十萬美元興建現在的紐約公共圖書館。其子威廉·阿斯特（1792～1875）漸次擴展了家族不動產，在紐約擁有逾七百間店家及寓所。

阿斯特，油畫，斯圖爾特繪於1794年；現藏紐約布魯克俱樂部
By Courtesy of the Frick Art Reference Library

Astrakhan＊　阿斯特拉罕　俄羅斯西南部城市（2001年人口約479,700）。位於伏爾加河三角洲的幾個小島上。13世紀時是韃靼汗國（後來獨立爲金帳汗國）的首都。由於地處旅行商隊和水路線上而成爲貿易中心。恐怖伊凡在1556年征服阿斯特拉罕，俄國控制了伏爾加河。1569年土耳其人焚毀了此城。曾是彼得大帝（彼得一世）抵抗波斯人的戰場，凱薩琳二世曾賜予其貿易特權。現爲大型漁業基地，重要的魚罐頭及魚子醬加工中心。

astrolabe　星盤　一種用來推算時間和天文觀測的古代科學儀器。該儀器的出現時間可以上溯到西元6世紀，但到中世紀初期才在歐洲和伊斯蘭教世界廣泛流行，15世紀中葉爲航海者採用。一種常用的平面星盤可算是最原始的類比計算機，它能讓天文學家計算出太陽和附近其他亮星相對於地平線和子午圈的方位。

1582年後製造的鐵製星盤
By courtesy of the Peabody Museum of Salem; photograph, M. W. Sexton

astrology　占星術　通過觀測和解釋日、月、星辰的位置及其變化來預卜人世間事物的一種占卜。在古代，它和天文學是密不可分的。占星術起源於美索不達米亞（約西元前第三千紀），並散播至印度，但在希臘化時代的希臘文明裡發展爲西方形式的占星術。後來占星術以希臘傳統的一部分打入伊斯蘭文化，中世紀時期透過學習阿拉伯語而再度傳回歐洲。根據希臘傳統，天體根據黃道十二宮來劃分，這些亮星輪流升起，對人類事物產生一種精神上的影響。占星術在古中國也占重要地位，在皇帝時期，每個新生兒要去算一下天宮圖和一生當中會出現的大關卡。雖然哥白尼體系粉碎了以地球爲中心的世界觀（占星術所需的），但一直到現代人們對占星術的興趣仍然不減，大家都相信占星上的種種跡象會影響人的性格。

A
B

astronaut　太空人　經過訓練能駕駛太空船或在太空飛行中從事科學研究的人。這個名詞通常指的是那些參加美國太空任務的人，cosmonaut則是俄羅斯太空人的同義詞。太空人要接受內容廣泛的訓練，除了課堂教學外，多數訓練在電腦控制的模擬器和全尺寸太空船模型中進行。讓他們習慣於在失重環境中生活和工作，熟悉操縱、通訊和生命保障系統等。亦請參閱Aldrin, Edwin Eugene, Jr.、Armstrong, Neil (Alden)、Gagarin, Yury (Alekseyevich)、Shepard, Alan B(artlett), Jr.、Tereshkova, Valentina (Vladimirovna)。

astronomical unit (AU)　天文單位　地球繞太陽旋轉的橢圓軌道半長軸的長度：92,955,808哩（149,597,870公里），通常則指地球到太陽的平均距離。透過視差直接測量的方法不能測得準確數值，因為太陽的光輝會把太陽周圍的背景恆星全都淹沒。從1958年起，利用雷達反射測時技術（用於金星最有成效）和對月球作「雷射測距」，已獲得十分精密的數值。這種間接方法以克卜勒有關行星軌道的相對尺度的定律為根據，於是，既然可測量地球到某一行星的距離，那麼到太陽的距離也可計算出來了。

astronomy　天文學　研究宇宙內所有天體和散佈其中的一切物質的起源、演化、組成、距離和運動的科學。天文學是一門最古老的科學，自有記載的文明之初就已出現。許多最早關於天體的知識往往被認為源出巴比倫人。古希臘人提出了多種對後世有影響的宇宙學概念，包含地球與宇宙其他地方的相關理論。西元2世紀，托勒密致力傳播宇宙地心說，這一天文思想影響了一千三百多年。16世紀，哥白尼提出日心說（參閱Copernican system），象徵了現代天文學時代的來臨。17世紀出現了幾項重大進展：克卜勒發現行星運動原理，伽利略應用望遠鏡於天文觀測，牛頓建立運動定律和引力定律。19世紀，分光方法和照相術都用於天文研究，使天文學家能夠研究所有天體的物理性質，從而導致天體物理學的發展。1927年哈伯發表宇宙膨脹論。1937年完成第一座無線電望遠鏡。1957年蘇聯發射第一顆人造衛星「史波尼克」號。1960年代展開第一次深入太空探測（參閱Pioneer）。亦請參閱cosmology、infrared astronomy、radio and radar astronomy、ultraviolet astronomy。

astrophysics　天體物理學　天文學的一支，主要研究包括作為整體的宇宙在內的各種天體的性質和結構。19世紀才開始把光譜學和攝影術應用在天文研究上，使研究宇宙物體的亮度、溫度和化學成分成為可能。不久，了解到只有在它們的大氣和內陸的物理環境下，才能明瞭這些物體的性質。X射線天文學、γ射線天文學、紅外天文學、紫外天文學和無線電和雷達天文學在基本上都牽涉到擴大的電磁範圍以限制天文物體的物理特性。

Astruc of Lunel＊　阿斯特魯（西元1250?～1306年以後）　原名Abba Mari ben Moses ben Joseph。法國猶太教學者。阿斯特魯尊重邁蒙尼德，但反對其門生肆意行事，以諷喻法解經，損害猶太教義。經過阿斯特魯屢次寫信慫恿，巴塞隆納地區拉比・阿德雷特（1235～1310）於1305年宣布禁止二十五歲以下的猶太人學習或傳授科學和哲學，違者將處以絕罰。結果差點導致法蘭西和西班牙境內的猶太人分裂。1306年法蘭西國王腓力四世將猶太人逐出法國，阿斯特魯遷至馬霍卡。

Asturias＊　阿斯圖里亞斯　西班牙西北部自治區（2001年人口約1,062,998）和省份，濱比斯開灣。面積4,079平方哩（10,565平方公里），首府是奧維耶多。與歷史上的阿斯圖里亞斯公國範圍一致，大部分是山區，與西班牙其他省份隔絕。現在人口和工業集中在納隆河谷地，這裡有大片煤田，使該省成為全國的採煤中心。西元前25年奧古斯都率羅馬人征服此區，後來受西哥德人統治。西元866年在阿方索三世的擴張領土下，成為萊昂王國的一部分。1388年為公國，1838年設省，1981年成為一個自治區。

Asturias, Miguel Ángel＊　阿斯圖里亞斯（西元1899～1974年）　瓜地馬拉詩人、小說家和外交官。1923年阿斯圖里亞斯移居巴黎，受布列東的影響，成為超現實主義者。第一部重要作品於1930年問世。1946年開始外交官生涯，1966～1970年擔任瓜地馬拉駐法大使。他的作品混合了馬雅人的神祕主義和一股社會抗議的巨大衝動（特別是針對美國和寡頭政治勢力）。《玉米人》（1949）被認為是他的傑作，描寫印第安農民似乎難以改變的慘狀。其他的重要小說作品有：《總統先生》（1946），強烈譴責瓜地馬拉獨裁者；《強風》（1950）；《綠色教宗》（1954）；《被埋葬者的眼睛》（1960）。1967年獲諾貝爾獎。

阿斯圖里亞斯
Camera Press

Asunción＊　亞松森　全名Nuestra Señora de la Asunción。巴拉圭首都（2002年人口513,339）。位於皮科馬約河與巴拉圭河匯合處附近。1537年由西班牙征服者建立。在布宜諾斯艾利斯人口銳減的那段時期（1541～1580），取代它而成為南美東部西班牙殖民活動的中心。1731年此地是初次反叛西班牙統治的起義地點之一。1811年巴拉圭宣告脫離西班牙和阿根廷而獨立。現為全國人口最稠密地區的集散和出口中心，加工內地富庶農牧區的產品。主宰全國社會、文化和經濟趨勢。

Asvaghosa＊　馬鳴（西元80?～150?年）　印度哲學家和詩人，也是梵文戲劇的創始人。出生於婆羅門家庭，在與一位著名佛教學者辯論之後，他接受了佛教教義並成為辯論對手的弟子。馬鳴還是一位卓越的雄辯家，在他協力召集的第四次佛教徒集會上，充分闡明了大乘佛教的教義。他被公認為是迦梨陀娑之前最偉大的詩人。作品包括《佛陀生平》、《榮耀之書》。

asvamedha＊　馬祭　古代印度吠陀時代最隆重的宗教典禮，由國王舉辦，藉以彰顯其至高無上的權力。先選駿馬，由王室扈從一名護衛漫遊一年。據說此馬象徵在世界上空運行的太陽，從而象徵其國國王將主宰整個大地。如果此馬在一年內未被人擄獲，便由所到之國的君主送回該國國都，然後在盛大的儀式上當作犧牲殺掉，同時大擺喜宴。這種典禮不僅使其國國王增光，還可以確保該國繁榮富饒。佛陀曾譴責這種儀式，但馬祭在西元前2世紀時復甦，可能還一直延續到西元11世紀晚期。

Aswan　亞斯文　埃及東南部城市（1996年人口約219,017）。濱尼羅河，位於納瑟水庫北部。古代為埃及法老國南部邊境，後來名為Syene，是對付羅馬人、土耳其人和英國人的邊界哨站。附近有舊的亞斯文水壩（1902年完成）和亞斯文高壩。

Aswan High Dam　亞斯文高壩　橫跨尼羅河的填石壩，位於埃及亞斯文市附近。建在舊有的亞斯文水壩上游4

哩（6公里）處。壩高364呎（111公尺），頂長12,562呎（3,830公尺）。由於與納瑟總統與英美兩國不和，1956年他們因而撤銷對建壩計畫的財經援助，於是納瑟轉向蘇聯求援。水壩於1970年竣工。納瑟水庫水壩攔蓄洪水，需要時把水放出來灌溉土地，同時並可用來發電。為建設水庫，曾不惜巨資遷移了阿布辛貝神廟。

asylum 庇護 在國際法上，指一個國家對一個反對其本國的外國公民給予的保護。受庇護者並無要求這種庇護的法律權利，而給予庇護的國家雖然有給予庇護的法律權利，但無承擔給予庇護的義務。因此，庇護權屬於國家，而不屬於個人。它主要用於保護被指控犯有叛國、叛逃、煽動叛亂、間諜活動等政治罪的人。20世紀末，只要能夠提出受祖國政治迫害的合理懼怕理由，也可獲得庇護。

asymmetric synthesis 不對稱合成法 在化合物中形成兩種不等數量的同分異構體的化學反應。通常不能透過合成原料而形成，而這種原料不具有光學活性（如不是對稱性），一種非對稱性立體異構體不能與其他物質進行合成，但是可以使用非對稱輔助物，如酶或其他的催化劑，一種溶劑或是媒介可以強迫發生這樣的化學反應，從而產生占優勢的或是單一的同分異構體。不對稱合成法也稱立體選擇性合成；如果反應只生成一種產物，則把這種反應稱為立體專一性反應。

asymptote＊ 漸近線 數學中指一條直線或弧線，其作用是作為另一直線或曲線的極限。舉例來說，漸近但不抵水平軸的下降曲線被視為越來越接近水平軸，水平軸即曲線的漸近線。

AT&T Corp. 美國電話電報公司 舊稱American Telephone and Telegraph Co.。美國遠距通信公司。原為貝爾電話公司（1877年由貝爾創建）的附屬機構，建立了長途電話線路，後來成為貝爾系統的母公司。20世紀初該公司實際壟斷了美國遠距通信工業，到了1970年已是全球最大的公司。它發展了跨洋無線電電話聯繫和電話纜線系統，並開創了通訊衛星系統。聯邦政府控告它違反反托拉斯法，纏訟多年，最後在1984年同意放手讓二十二家地區性「營業公司」獨立出來，合組為七個「小貝爾公司」（Nynex、Bell Atlantic、Ameritech、Bellsouth、Southwestern Bell Corp、US West及Pacific Telesis Group）。1996年再度自行分為三家獨立公司：美國電話電報公司、朗訊科技公司（由以前的西方電氣公司和貝爾實驗室組成）和國民收款機公司。

Atacama Desert＊ 阿塔卡馬沙漠 智利北部乾旱地區。自北邊的科皮亞波起，絕大部分在安托法加斯塔省和阿塔卡馬省境內。在19世紀大部分時間裡，此沙漠是智利、玻利維亞和祕魯的衝突焦點。1883年的太平洋戰爭結束，智利獲勝，遂永久占有這塊地區。開採硝石多年，在人工合成氮未發明以前壟斷世界市場。為世界上最乾燥的地區之一。

Atahuallpa＊ 阿塔瓦爾帕（西元1502?～1533年） 祕魯印加帝國最後的自由統治皇帝。曾在可能是印加帝國史上最偉大的軍事戰役中打敗他的同父異母哥哥而成為統治者。在凱旋進入庫斯科之前，阿塔瓦爾帕認識了征服者皮薩羅，皮薩羅邀請他赴宴以示慶祝。當阿塔瓦爾帕及其未武裝的隨從到達時，卻遭皮薩羅埋伏的騎兵槍炮的襲擊，幾千人遭屠殺，阿塔瓦爾帕也被囚禁。阿塔瓦爾帕答應交出滿滿一房間的金銀珠寶作為贖金，但是皮薩羅收到二十四噸金銀後，下令將阿塔瓦爾帕焚死。後來因為阿塔瓦爾帕同意皈依基督教，而改判絞刑。

Atalanta＊ 阿塔蘭特 希臘神話中一位善疾走的女獵手，生於波奧蒂亞或阿卡迪亞。她生下來即被棄待死，但受到一隻母熊哺育，她參與了著名的凱利多尼安獵豬賽，在當中首度掛彩；長大後，她提出願嫁給任何比她走得快的人，但是如對手比賽失敗，就要被刺死。在一次比賽中，希波墨涅斯從愛芙羅黛蒂女神那裡獲得三個金蘋果，比賽時，他把金蘋果丟到地上，阿塔蘭特就彎身拾取，結果她競賽失敗。阿塔蘭特和她的丈夫後來褻瀆庫柏勒女神或雷斯的神殿，為此被變成獅子。

阿塔蘭特，大理石雕像；現藏羅浮宮
Giraudon－Art Resource

Atanasoff, John V(incent)＊ 阿塔納索夫（西元1903～1995年） 美國物理學家，生於紐約州漢彌頓。在威斯康辛大學獲得博士學位。1937～1942年與貝里發展出阿塔納索夫－貝里計算機，這種機器能夠解決那些使用二進位數字的微分方程式，其設計組件已經成為電腦的基本構造。1941年加入海軍軍械實驗室，參與比基尼環礁的原子彈測試（1946）。1952年成立軍械工程公司，後來賣給航空噴射工程公司。1973年在一項判決取消斯派里－蘭德公司擁有的電子數值積分電腦專利後，阿塔納索夫－貝里計算機被視為第一種電子數位電腦。

Atargatis＊ 阿塔迦蒂斯 敘利亞北部女神，在阿勒頗東北部的希拉波利斯與其配偶哈達德一起受到崇拜。主要是豐產女神，也是該市和市民們的主神。經常被描述為頭戴王冠，手持一束稻穀，寶座由獅子支撐，象徵其對自然界的權力。阿塔迦蒂斯也被視為是安娜特和阿斯塔特的結合，同安納托利亞的眾神之母賽比利也有血緣關係。奉祀此女神的習俗隨商人和外籍傭兵傳遍整個希臘世界，這裡的人們認為她是愛芙羅黛蒂的化身。

Atatürk, Mustafa Kemal＊ 凱末爾（西元1881～1938年） 現代土耳其共和國的創建者。出生於當時鄂圖曼帝國統治的希臘城市。其父把他送到軍事學校受訓，畢業時成績優異。後來對政治漸生不滿，加入了一個土耳其民族主義組織──統一與進步委員會。第一次世界大戰期間，他為政府作戰，在加利波利打敗協約國軍隊。最後，協約國勝利，英國、法國和義大利軍隊進駐安納托利亞；凱末爾被指派去維持秩序，他趁機煽動人民反抗這些入侵者。拜鄂圖曼帝國失敗之賜而獲有土地的希臘和亞美尼亞是反對土耳其民族主義的，但凱末爾擊敗所有的反對勢力，於1932年建立土耳其共和國。1934年被尊為「阿塔圖爾克」（意為土耳其之父）。凱末爾實施西化政策、不再強調宗教、解放婦女、強制使用姓氏、拋棄伊斯蘭教的法律制度、以拉丁字母代替阿拉伯字母。亦請參閱Enver Pasa、Young Turks。

ataxia＊ 運動失調 表現為步態不穩的神經系統症狀，大多數神經源性運動失調起因於脊髓和小腦的變性。最常見者為弗里德賴希氏運動失調，開始於三～五歲，病程緩慢，到二十歲時幾乎完全病廢。無特效療法，常因其他併發症或心力衰竭而死亡。新陳代謝失調、腦部受傷和毒素可能會得到這種病。

Atbara River＊ 阿特巴拉河 非洲北部河流，源出衣索比亞高原，向西北流過蘇丹東部，在蘇丹的阿特巴拉與尼羅河匯合，河長500哩（805公里）。是尼羅河最北的支流。

Atchafalaya Bay＊　阿查法拉亞灣　美國路易斯安那州墨西哥灣的海灣。長21哩（34公里）。阿查法拉亞河下游段在海灣沿岸航道連接該灣和摩根市，灣區多石油和天然氣田。

Atchafalaya River　阿查法拉亞河　美國路易斯安那州南部河流，源出路易斯安那州中部。向南流注入阿查法拉亞灣。全長225哩（362公里）。高水位期是紅河和密西西比河的支流。其名來自喬克托人，意爲「長河」。

Atchison, Topeka and Santa Fe Railroad Co.　艾奇遜－托皮卡－聖大非鐵路公司　昔日鐵路系統。1860年於堪薩斯州特許成立。創建人霍利德係托皮卡律師，熱衷於振興商業，並致力於沿聖大非小道修建鐵路，故亦稱聖大非鐵路。主線於1872年完成，延伸至科羅拉多州邊境，1880年代和1890年代早期再度延伸路線至9,000哩（14,500公里）。到1941年，總里程達13,000哩（21,000公里），但自此以後一直在減縮。1971年時由全國鐵路客運公司承接著名的豪華客運業務。1990年代伯靈頓－北方公司購得聖大非太平洋公司後，改名伯靈頓－北方－聖大非公司。

atelectasis＊　肺不張　亦作lung collapse。一類呼吸系統疾病，表現爲新生兒的肺臟未完全張開，或一側肺臟由於某些呼吸道病變而部分或全部失去膨脹能力。先天性肺不張，是因新生兒肺泡內的表面張力增高，使空氣不斷從肺泡壁逸出，致肺泡經常處於萎陷狀態。壓迫性肺不張，是由外力造成的。阻塞性肺不張，是因氣道阻塞或腹部手術時呼吸變得太淺以致支氣管出現黏液塞，從而引起肺不張。治療在於去除阻塞、控制感染、排除積液和重建失去的壓力。

Aten ➠ Aton

Atget, (Jean-)Eugène(-Auguste)＊　阿特熱（西元1857～1927年）　法國攝影家。曾爲巡迴劇團演員，約三十歲時定居巴黎，成爲攝影家。以一種怪異、未定影像的眼光來記錄櫥窗、雕像、樹木、噴泉、建物、紀念碑和窮苦的零售商。第一次世界大戰後阿特熱接受一項委託，即巴黎妓院的紀實工作。1926年身居巴黎的美國藝術家和攝影家曼雷在《超現實主義革命》上刊出阿特熱的四幅照片。這是阿特熱一生中作品所受的僅有認同。在他死後，美國攝影家艾博特和紐約藝術經紀人利維買下他所剩的收藏，今存於紐約市現代藝術博物館。

Athabasca, Lake　阿薩巴斯卡湖　加拿大中西部湖泊，跨亞伯達和薩斯喀徹溫兩省邊界，長208哩（335公里）。西南有阿薩巴斯卡河注入。湖水經奴河從西北導出。湖上有商業性漁業。

Athabasca River　阿薩巴斯卡河　加拿大中西部河流，亞伯達省馬更些河的支流。源出加拿大落磯山區的哥倫比亞冰原，流經賈斯珀國家公園，繼而向東北穿亞伯達省，注入阿薩巴斯卡湖，長765哩（1,231公里）。主要支流有彭比納河、小奴河及勒畢許河等。70哩（113公里）長沿河含油砂帶，石油藏量豐富。

Athabaskan languages　阿薩巴斯卡諸語言　亦稱Athapaskan languages。北美洲印第安語言的語系，現今約有二十萬人使用。北阿薩巴斯卡語包括分布於北美洲亞北極廣大地區超過二十種語言，範圍從阿拉斯加西部到哈得遜灣，南至亞伯達南部和英屬哥倫比亞。太平洋岸的阿薩巴斯卡語包含四到八種語言，如今皆已滅絕或瀕臨滅絕。阿帕契語包含美國西南部及墨西哥北部四種近緣的語言，包括納瓦霍語和阿帕契語的分支。1990年操納瓦霍語者近十五萬人，遠超過美國或加拿大其他所有的原住民語言。1915年薩丕爾將阿薩巴斯卡語系與特林吉特語、海達語（分別通行於阿拉斯加和不列顛哥倫比亞）並列，形成更大的語群，這種假設關係一直有所爭議。

Athanasius, St.＊　聖亞大納西（西元293?～373年）　埃及基督教神學家和正統基督教的捍衛者，反對阿里烏主義。在亞歷山大里亞學習哲學和神學，325年參加尼西亞會議（譴責阿里烏派爲異端）。328年被指派爲亞歷山大里亞的牧首，但因神學上的爭議導致他在336年第一次遭到懲罰。流放回來後仍回到原來職位，但阿里烏派的反對勢力猶在。356年君士坦提烏斯二世再度懲治他，亞大納西逃往上埃及，寫了多部神學論著，其中包括《四駁阿里烏派》。361年君士坦提烏斯二世死後，讓他在儒略皇帝的所謂寬容政策下稍事喘息，但因異教徒議題與皇帝意見相左而再度被迫逃至上埃及。死時已恢復在亞歷山大里亞的職位。

atheism＊　無神論　以否定上帝爲第一原則的一種哲學，不似不可知論對於神是否存在的問題保持開放態度，無神論者的否定是極其肯定的。古希臘哲學家如德謨克利特、伊比鳩魯，在唯物主義論點中曾提出無神論。現代國家的無神論概念是由義大利政治家馬基維利創立的。18世紀時，休姆和康德雖非無神論者，但主張反對傳統的證明神的存在。無神論者如費爾巴哈認爲神是人類理想的投射，認清這種虛構就可自我實現。馬克思主義是現代唯物主義的典範。從尼采開始，存在主義者宣布上帝已死，人類可自由決定人生的價值和意義。邏輯實證論則認爲主張上帝存在或不存在是荒謬或無意義的。

Athena＊　雅典娜　亦作Athene。在古希臘宗教裡，她是雅典的守護神，以及戰爭、工藝和明智的女神。羅馬人把她視爲密涅瓦。赫西奧德說她是從宙斯的前額中跳出來的。在《伊里亞德》裡，雅典娜激勵希臘英雄，並同他們一起戰鬥；在戰爭中，她代表了正義和技巧純熟，與嗜殺成性的戰神阿瑞斯相反。她同鳥類（特別是貓頭鷹）和蛇都有關係，經常代表處女形象。在巴特農神廟的牆上有描繪她的出生，以及她和波塞頓爭奪雅典宗主權的故事。泛雅典娜節爲其誕辰的慶典。

瓦洛奇恩（The Varakion），仿菲迪亞斯製雅典娜黃金象牙雕像（西元前438年）之羅馬大理石複製品（約西元130年）；現藏雅典國立考古博物館
Alinari – Art Resource

Athens＊　雅典　現代希臘語作Athínai。希臘城市（2001年人口745,514）和首都。地處希臘東部的薩羅尼克灣，雅典港口比雷埃夫斯位於灣內。爲西方智慧和文化概念來源，亦爲民主資源地。原爲古代城邦國家，西元前6世紀時開始發揮其影響力。西元前480年被薛西斯一世所毀，後又立即重建。西元前450年在伯里克利的領導下，成爲商業繁榮、占盡文化和政治優勢的城市。接下來的四十年間，完成了許多重要建築，如：衛城和巴特農神廟。雅典的黃金時代出現許多著名大師：哲學家有蘇格拉底、柏拉圖、亞理斯

多德；劇作家有：索福克里斯、亞里斯多芬、尤利比提斯；歷史學家有：希羅多德、修斯提底斯和色諾芬；雕刻家有：普拉克西特利斯和菲迪亞斯。西元前404年，伯羅奔尼撒戰爭結束，雅典敗於斯巴達；但又迅速恢復其獨立和繁榮。西元前338年以後，臣服於馬其頓，在西元前197年與羅馬的庫諾斯克法萊戰役中曾出兵協助馬其頓。西元前146年受羅馬統治。13世紀時，雅典被十字軍占領，1465年被鄂圖曼土耳其人占領至1833年成爲獨立的希臘的首都爲止。雅典目前是希臘重要的商業和對外貿易中心。因有許多遺址和博物館，使得旅遊業很發達。

athlete's foot　足癬　腳部罹患的一種癬。有乾型及炎症型兩種：炎症型可能長期處於潛伏狀態，偶爾在起水泡時變爲急性，好發於腳趾之間；乾型多爲慢性，特點是皮膚稍發紅和可能與腳邊及趾甲疼痛有關的乾燥鱗屑，好發於蹠及其側緣，趾甲會變厚而易碎。

athletics ➠ track and field

Athos, Mount＊　聖山　希臘北部的山，高6,670呎（2,033公尺），位於哈爾基季基半島上的阿克提。正教修士居住在這一地區的二十所修道院內。有組織的修道院生活，始於西元963年聖亞大納西在此創建了第一座修道院後。到1400年此處有四十座修道院。長期以來被認爲是希臘正教會的聖山，1927年宣布這裡是神權治下的地區。教堂和圖書館中藏有拜占庭時期極爲珍貴的藝術品、古代及中世紀手稿。

Athyr　阿錫爾 ➠ Hathor

Atitlán, Lake＊　阿蒂特蘭湖　瓜地馬拉西南部湖泊。位於海拔4,700呎（1,430公尺）的中央高地上。深1,000呎（300公尺），長12哩（19公里），寬6哩（10公里），湖岸有三座錐形火山：阿蒂特蘭、托利曼和聖佩卓。沿岸多印第安人村落，包括阿蒂特蘭及聖盧卡斯。主要城鎮爲旅遊業服務。

Atkins, Chet　艾特金斯（西元1924～2001年）　原名Chester Burton。美國吉他演奏家與錄音製作人。生於田納西州的盧特瑞爾，1940年代早期以小提琴手的身分開始其音樂生涯，不過眞正讓他受到舉世矚目的，還是他那風格獨特的吉他演奏方式（以拇指彈奏低音節奏，以另外三指彈奏旋律）。1950年代早期，他開始演奏電吉他，是鄉村音樂界最早使用電吉他的人。他爲RCA唱片公司錄下超過一百張專輯。身爲RCA的錄音製作人，他錄製過艾維斯普里斯萊、瑞福斯以及詹寧斯的專輯。

Atlanta　亞特蘭大　美國城市（1996年市區人口約402,000；都會區人口約3,100,000）。位於藍嶺山腳下，爲喬治亞州首府暨最大的城市。1837年被選爲鐵路終點站，爲美國東南方提供輸送服務，起初名爲終站，後名爲瑪莎村。1845年始名爲亞特蘭大。南北戰爭時，原是重要的補給站，但被雪曼率領的聯邦軍燒燬。1868設爲州首府。在從戰後重建中恢復後，致力於「新南方」精神的體現，以尋求與北方的協調。亞特蘭大是金恩（遭暗殺的南方基督教領袖會議的負責人）的故鄉，也是南部大城市中第一位黑人當選市長的城市（1970）。該城還是美國東南部商業、運輸的中心。

Atlanta Campaign　亞特蘭大戰役　美國南北戰爭中，1864年5～9月在喬治亞州進行的一系列重要戰役。儘管大多數戰役以僵持結束，但這些戰役最終切斷美利堅邦聯軍隊的補給中心亞特蘭大。雪曼將軍率領的聯邦軍隊迫使美利堅邦聯軍隊撤退（8月31～9月1日），隨後燒毀城市。這次勝利確保了當年林肯總統能再次連任。

Atlanta Compromise　亞特蘭大種族和解聲明　華盛頓於1895年9月18日在亞特蘭大展覽會上發表演說時提出的關於種族關係的經典性聲明。聲明說：職業教育使黑人得到經濟保障，這比向黑人提供社會福利或政治職位更加寶貴。聲明受到南北方白人領袖的熱烈歡迎，但黑人知識分子擔心這種哲學必然使黑人永遠淪爲白人的奴隸，因而興起尼加拉運動，建立了全國有色人種促進協會。

Atlanta Constitution　亞特蘭大憲政報　美國亞特蘭大市發行的日報。該報是美國最大的報紙之一，通常被視爲「新南方之音」。該報創辦於1868年，隨後很快就躍居南方各報之首。一些卓越主編的接連上任也使該報聲望顯赫，這些主編是：1870年代後期到1880年代的格雷迪（1850～1889）；1897～1938年的豪厄爾；1942～1960年擔任編輯、1960～1969年擔任發行人的麥吉爾。1950年已擁有晚報版《亞特蘭大日報》（1883年創辦）的考克斯買下該報。合併後的報紙稱《亞特蘭大憲政日報》，週末出版。

Atlantic, Battle of the　大西洋戰役　第二次世界大戰時，英德之間爲控制海上通路而進行的一場爭奪戰。英法聯合艦隊將德國商船逐出大西洋面，保持了一條長而有效的封鎖線。但隨著1940年法國全境淪陷，英國失去了法國海軍的支援。美國後來以租借計畫協助英國。1942年初，軸心國家對其水域的船舶進行大規模的潛艇襲擊。德國的U－艇在通向印度和中東地區的南大西洋航道上也頻頻出擊。盟軍幾乎全部依靠海上補給，而海上補給則須通過潛艇騷擾的海域。盟軍對軸心國家的歐洲部分加強封鎖，而且海戰能力也日見增長。1943年同盟國家再度取得大西洋航線的主控權。

Atlantic Charter　大西洋憲章　第二次世界大戰期間，英國首相邱吉爾同美國總統羅斯福，於1941年8月14日發表的聯合聲明，當時美國尙未參戰。憲章聲稱：兩國均不奉行擴張政策；兩國尊重每個民族選擇自己政府形式的權利，並要求：被剝奪主權和自治權的民族應恢復其權利。大西洋憲章的要點後載入聯合國宣言（1942）。

Atlantic City　大西洋城　美國新澤西州東南部遊覽勝地（1996年人口約38,000）。位於狹長的阿布西肯島上。愉悅長堤和海濱小道於1870年修築完成。19世紀中期發展成旅遊城市。1921年開始在這裡舉行美國小姐選美會。第二次世界大戰後開始沒落，1978年該州批准賭博合法化，促進了大西洋城的發展，但是附近地區仍很貧窮。

Atlantic Intracoastal Waterway　大西洋沿岸水道　美國東部海岸航道。1919年經國會批准，由工兵團修建，爲商船和遊船提供保護的通道。起初計畫連接紐約市和德州的布朗斯維爾，但是由於通過佛羅里達的連接部分未能完成，該水道仍爲分開的兩段（參閱Gulf Intracoastal Waterway）。亞特蘭大部分由河流、海灣以及科德角到佛羅里達灣的運河組成，包括科德角運河和乞沙比克－德拉瓦運河。

Atlantic languages　大西洋諸語言　舊稱西大西洋諸語言（West Atlantic languages）。尼日－剛果語系的語支，包含了通行於非洲西部的四十多種語言。其中使用最廣的是富拉尼語，估計整個西非有一千八百萬人使用此語。

Atlantic Monthly, The　大西洋月刊　1857年由波士頓的菲利普斯創辦的文學月刊。以刊登高質量的小說和文章著稱，是最老最好的評論刊物之一。它擁有傑出的編輯與作家陣容，其中有詩人羅厄爾、愛默生、朗費羅和霍姆茲。1920年代初，《大西洋月刊》將其選材範圍擴展到政治課題。它發表過羅斯福、威爾遜、華盛頓等政治人物撰寫的特稿。1970年代，不斷增加的成本支出使得月刊幾乎要停刊，1980年它由祖克爾曼買下，從此即以刊登最卓越作家的作品爲主。

Atlantic Ocean　大西洋　將南、北美洲同歐洲和非洲分隔開來的海洋。爲世界第二大洋，面積82,440,000平方公里。其屬海包括東部的波羅的海、北海、黑海和地中海，西部的巴芬灣、哈得遜灣、聖羅倫斯灣、墨西哥灣以及加勒比海，總面積105,000,000平方公里；包括其屬海在內，大西洋的平均深度爲3,330公尺。最強大的洋流爲灣流。

Atlantic salmon　大西洋鮭魚　學名爲Salmo salar的鮭魚科珍貴海釣魚。重約12磅（5.5公斤），體被圓點或十字形點。棲大西洋兩岸，秋季溯溪產卵，產卵後的成魚可續活至再次產卵。幼魚兩歲入海，四歲成熟。成熟後會回到海中，一至兩年後再度產卵。加拿大河生鮭魚與湖生鮭魚爲其陸封型，體較小，亦屬釣魚珍品，現已成功引入美國大湖區。

Atlantis　亞特蘭提斯　大西洋中傳說的一個島，位於直布羅陀海峽以西。傳說的主要來源是柏拉圖《提麥奧斯篇》和《克利梯阿斯篇》兩篇對話。根據柏拉圖的說法：亞特蘭提斯是一個物產豐富的海島，島上有權勢的王公曾經征服地中海的許多地區，後來該島被地震摧毀，又被海水吞沒。柏拉圖也提供了亞特蘭提斯人理想國的歷史，亞特蘭提斯可能只是一個傳說。亞特蘭提斯的故事實際上可能是反應了古埃及人對於西元前約1500年錫拉島上火山噴發的記載。這次噴發是有史以來最驚人的一次大噴發，伴有一連串的地震和海嘯。

Atlas　阿特拉斯　希臘神話中的強壯男子，以雙肩支撐著天的重量。泰坦巨人伊阿珀托斯和克呂墨涅（或亞細亞）之子，普羅米修斯的兄弟。據希臘詩人赫西奧德的說法，阿特拉斯是泰坦巨人之一，曾參加過反宙斯的戰爭，爲此他受到懲罰，被判將天空高高舉起。

atlas　地圖集　地圖或航圖的集成，通常都裝訂成冊。此詞源自16世紀時麥卡托首創的習慣做法——用肩負地球的阿特拉斯的圖案作爲地圖集的卷首插圖。人們通常認爲奧特利烏斯所著的《世界概觀》（1570）是第一本現代的地圖集。地圖集通常還附有圖片、表格式資料、各地實況及注有經緯度的地名索引。

atlas　男像柱　在建築中用作柱子以支承檐部、陽台或其他突出部分的男子雕像，表現出承擔巨大重量的姿態，源於古代建築，古羅馬建築中也有實例。與男柱像相對的是女柱像，它同樣也是建築的支撐物，但所擺出的姿勢與男柱像不同。

Atlas, Charles　阿特拉斯（西元1893～1972年）　原名Angelo Siciliano。美國健美先生。出生於義大利阿克里，十歲時移民至美國。1929年阿特拉斯及其顧問羅門發起了一門涉及等壓訓練和營養維持的課程。他們的函授課程經一連三代廉價漫畫書的廣告而成爲傳奇，其標準的廣告圖景是：一身體強壯的救生員搶走一身材瘦小男孩身邊的女友，還把沙子踢到男孩的臉上，男孩學了阿特拉斯的課程後，女友又重回他的懷抱。

Atlas Mountains　阿特拉斯山脈　非洲北部和西北部山系。從摩洛哥的德拉角一直延伸到突尼西亞的邦角，長2,000公里。由幾座山脈組成，包括摩洛哥的上阿特拉斯山脈、從摩洛哥到突尼西亞的泰勒阿特拉斯山脈（濱海阿特拉斯山脈），以及阿爾及利亞的撒哈拉阿特拉斯山脈。最高峰是摩洛哥的圖卜卡勒山，海拔4,165公尺。

Atlas rocket　擎天神火箭　太空船的助推器，特別是用於美國「水星號」太空船系列，最初爲洲際彈道飛彈而設計。它的兩台引擎是助推器，運轉約212分鐘後才被投棄；第三台是主發動機，達到軌道速度後開始運轉。擎天神火箭與上節火箭「愛琴娜」接合在一起，用於發射月球探測器、行星探測器和地球軌道衛星。

atman＊　我　印度哲學中最基本的概念之一，指人本身的永恆核心。它在人死後繼續存在，並且轉移到一個新生命裡去，或者從生存的羈絆中獲得解脫。這個詞後來成爲「奧義書」的哲學中心思想，認爲：「我」是人的一切活動的基礎，正如梵（絕對）是宇宙活動的基礎一樣。在印度哲學的不同流派中，數論派、瑜伽派和吠檀多都特別重視「我」的概念，不過對於這一概念的解釋則按照每派的一般世界觀而有所不同。亦請參閱soul。

atmosphere　大氣　圍繞地球的氣圈，通稱爲大氣，接近表面的地方有明確的化學成分（參閱air）。除了多種氣體外，還有一些水汽以及固體和液體的微粒。科學家將之分成五個部分（由下往上）：對流層（地表6～8哩或10～13公里）、平流層（4～11哩或6～17公里）、中間層（31～50哩或50～80公里）、熱層（50～300哩或80～480公里）和外大氣層（300哩開始但漸次消散）。大氣絕大部分由中性原子和分子組成；但在海拔很高的地方由於光致電離而產生顯著電子份額，這個區域成爲電離層，它開始於平流層頂部附近。亦請參閱ozone layer。

atmospheric pressure　大氣壓力　亦稱氣壓（barometric pressure）。空氣施加於地球表面每單位面積上的力。標準海平面氣壓等於1大氣壓，或29.92吋（760公釐）公釐汞柱，每平方吋14.70磅，101.35千帕斯卡，但是也隨著高度和溫度變化而不同。大氣壓力通常用水銀氣壓計量度（因此稱氣壓），在水銀氣壓計中水銀柱高度所表示的重量同大氣柱的重量正好相平衡。也可用無液氣壓計（空盒氣壓計）量度，在無液氣壓計中，金屬表面在大氣壓力的作用下彎曲，因而移動指針。

atoll＊　環礁　圍繞著潟湖的珊瑚礁。也有帶狀礁群，並非總是環狀的，但其邊界輪廓是封閉的，直徑可達數公里，它所環繞的潟湖深度大約可達160呎（50公尺）。環礁一般低於水面，沿著礁體頂部的邊緣周圍，通常有低平的群島或較連續的連串低矮平地。

atom　原子　元素的特徵性質保持不變的最小物質單元，也是在不釋放帶電粒子的情況下物質能夠分割的最小單元。該字是從希臘語atomos來的，意爲「不可分割的」，20世紀初以前都認爲原子是不可分割的，直到發現了電子和原子核。原子的中心是原子核，帶正電，其質量約爲整個原子的99.9%，但其體積只占原子體積的10^{-14}。原子中核的正電與質子的負電正好相等，原子呈電中性，質量爲電子的2,000倍。原子核被瀰散的電子雲環繞，電子是帶負電的幾乎沒有質量的粒子。由於正負電荷間的吸引而使帶負電的電子受帶正電的原子核約束。在中性原子中，電子數和原子核的正電荷數相等，但有些原子可以擁有比原子核的正電荷更多或更少的電子，從而原子就帶上負的或正的電荷，這類帶電的原子稱爲離子。

atomic bomb　原子彈　由某些重元素，如鈽或鈾的原子核分裂突然釋放能量而產生巨大爆炸威力的武器（參閱nuclear fission）。一個原子彈包含了2磅（1公斤）鈾－235能釋放出相當於17,000噸的黃色炸藥；原子彈爆炸時釋放出巨大的熱能形成一個巨大的火球，同時立即產生強大的衝擊波，和被稱爲落塵的放射性的塵埃。第二次世界大戰期間，美國通過實施「曼哈頓計畫」製造出第一批原子彈。1945年7月16日在新墨西哥的沙漠試爆成功。在實戰中使用的第一枚原子彈是鈾彈，1945年8月6日，美國將該彈投於日本廣島；第二枚，3天後投於日本長崎。戰後，美國在太平洋和內華達州進行了數十次原子彈爆炸試驗。1949年蘇聯首次試爆原子彈成功，隨後，英國（1952）、法國（1960）、中國（1964）和最近的印度（1974）、巴基斯坦（1998）相繼試驗了各自的核子武器。以色列和南非被懷疑曾試爆核子武器。亦請參閱hydrogen bomb、Non-proliferation of Nuclear Weapons, Treaty on the。

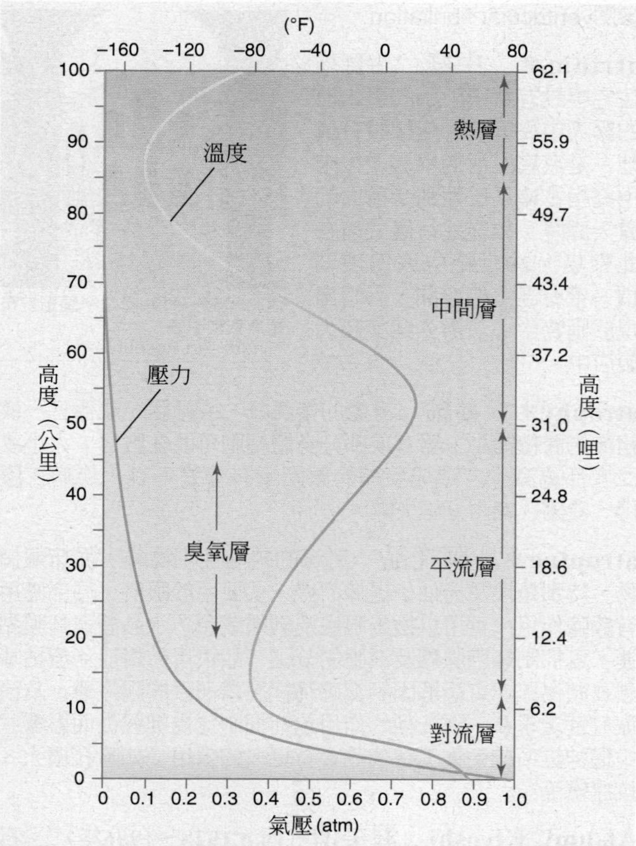

在地球大氣中，大氣分層的界限近似，隨著高度變化。天氣現象大多發生在對流層。照射進來的紫外線輻射大多由臭氧層吸收，屬於平流層的一部分。熱層從地表延伸數百公里，與外太空交界。大氣壓力隨著高度增高持續下降，但是溫度升降不定，以複雜的方式通過各個氣層。
© 2002 MERRIAM-WEBSTER INC.

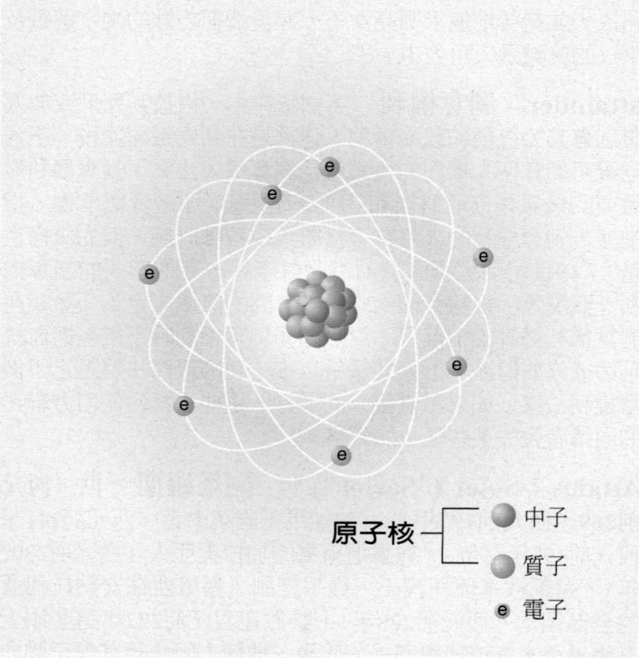

原子的古典「行星」模型。質子和中子在原子核內，「軌道」上的電子繞著原子核運行。質子的數目決定其所代表的元素，電子的數目決定其電荷，中子的數目決定代表該元素的哪種同位素。
© 2002 MERRIAM-WEBSTER INC.

atomic number　原子序數　化學元素在週期表內的序號，在週期表內元素按其原子核內的質子數增加的次序而排列。因此，在中性原子內，質子數與電子數相等，質子數也就是原子序數。

atomic physics　原子物理學　研究原子結構、原子能態及原子與其他粒子和場相互作用的學科。現代對原子的了解就是它包含了一個由輕負電子組成的電子雲圍繞的帶正電的重原子核。原子的物理性質大部分由量子力學和量子電動力學來決定。研究這些物理性質最原始的工具是光譜學、粒子碰撞（參閱particle accelerator）等。在研究冷凝物質、氣體、化學反應機構、大氣科學、雷射、核子物理學，及週期表中元素的排列等方面時，亦廣泛應用到原子物理學的知識。

atomic weapon　原子武器 ➠ nuclear weapon

atomic weight　原子量　原子的相對質量，即某一元素原子的平均質量與某一「標準」的比值。從1961年開始，將一個同位素碳－12的原子質量的1/12定爲原子質量的標準單位。最初的原子量標準（氫的原子量定爲1）是在19世紀建立的。大約從1900～1961年，氧曾作爲原子量的參考標準，那時指定氧的原子量爲16，因而原子質量單位定義爲氧原子質量的1/16。後來發現天然氧中含有少量的比豐度最大的同位素稍重的另外兩種同位素，於是16便代表自然界存在的氧的三種同位素原子質量的平均值。後來又建立了以碳－12作標準的新的標度。依據這個新標度，原先的化學原子量數值只需作很小的變動。

atomism　原子論　廣義地說，「原子論」這個詞是指一種用固定不變的粒子（或單元）組成的集合體的觀點來解釋複雜現象的學說，因而實質上是一種分析的學說。它的三個特性是：原子不可再分割；原子之間僅在大小、形狀和運動方面有定量的不同；只有在並列時才會結合。原子論常與實在論和機械唯物主義有關，日常所見的物質性質的變化只是原子組態的改變，原子本身則永遠不變。原子論與整體論的不同在於它藉助整體的各組成部分的差異和它們的位形來解釋整體的可觀測的性質。

Aton＊　阿頓　亦作Aten。古代埃及宗教所信奉的一位太陽神。其像爲一輪日盤，光芒四射，末梢呈人手狀。法老易克納唐（西元前1353～西元前1336年在位）宣布阿頓是唯一的神，易克納唐反對底比斯的阿蒙－瑞神祭司集團建埃赫塔吞城作爲阿頓崇拜的中心。但是這個宗教過於新奇而複雜，不易爲一般人所接受。因此易克納唐死後，往日所奉諸神再興，新城廢棄。

atonality　無調性　字面意思爲缺乏調性。起初可能爲貶義，指極端半音階音樂。後被廣泛用作20世紀的音樂術

祭壇浮雕，約西元前14世紀中期之作品圖中法老易克納唐（左）與王后娜芙兒提蒂（Nefertiti）帶領三個女兒接受太陽神阿頓的光芒照射；現藏柏林國立博物館
Foto Marburg – Art Resource

語，與調性並無很大關聯。荀白克及其學生貝爾格和魏本都是著名的初期無調性作曲家，他們晚期作品的序列主義通常與早期的「自由無調性」大爲不同。

atonement　贖罪　宗教概念，指排除障礙，與上帝和好，通常是透過獻祭。大多數宗教都有淨化和贖罪儀式，以加強個人和神靈的關係。在基督教中，贖罪是透過耶穌的死亡和復活取得的。天主教、東正教和一些新教教派中，懺悔也是一種贖罪方式（參閱confession）。在猶太教中，每年的贖罪日是爲期十天的以告解悔改爲中心的活動。

Atonement, Day of ➡ Yom Kippur

ATP　三磷酸腺苷　全名adenosine triphosphate。動物、植物及微生物的細胞中許多酶催化反應（參閱catalysis）的基質。三磷酸腺苷的化學鍵中儲存了大量的化學能。因此三磷酸腺苷的功能是一種化學能量的載體，把化學能從產能的食物氧化過程（參閱oxidation-reduction）運送到細胞內的需能過程中去。三種代謝過程是ATP和儲存的能量的來源：發酵、三羧酸循環和細胞呼吸（亦稱氧化磷酸化）。三磷酸腺苷都是由腺苷一磷酸（AMP）或腺苷二磷酸（ADP）和無機磷酸形成。當化學反應向另一個方向進行時，三磷酸腺苷就分解爲腺苷二磷酸或腺苷一磷酸和磷酸，能量則用於完成細胞的化學功、電功或滲透功。

atresia and stenosis＊　閉鎖及狹窄　中空臟器管腔關如或通道變窄的病理現象。常係先天性畸形，多需生後即行處理。幾乎所有中空臟器均可受累，較多見者有：肛門閉鎖；食道閉鎖；膽管閉鎖；小腸閉鎖；主動脈弓及心臟瓣膜閉鎖；輸尿管及尿道的閉鎖及狹窄；幽門狹窄；和主動脈、肺動脈及心臟瓣膜狹窄。大部分在出生後，以手術矯治。亦請參閱aortic stenosis、mitral stenosis。

Atreus＊　阿特柔斯　希臘傳說中邁錫尼的珀羅普斯的兒子和邁錫尼王，還將弟弟堤厄斯忒斯逐出。珀羅普斯受到咒詛後，阿特柔斯殺害了自己的兒子普勒斯忒涅斯，後來被他當作兒子來撫養的侄子所殺。他的另二個兒子是參與特洛伊戰爭的阿格曼儂和米納雷亞士。

atrial fibrillation＊　心房纖顫　最常見的主要的心律失常。爲心房肌肉無規則不協調的顫搐。可陣發於胸外科手術時，肺血管被血塊或其他栓子栓塞後，或嚴重感染及高熱時均可發生。但多見於心臟有器質性病變的患者，如二尖瓣病變嚴重到足以引起心力衰竭時。持續性心房纖顫時心房內可形成血塊，脫落後進入循環，阻塞血管，引起重要臟器的組織壞死。心房纖顫伴隨心室突發性心博過速時，常用洋地黃治療，以減慢心室率。有時心房纖顫可用電擊終止。亦請參閱ventricular fibrillation。

atrium＊　中庭　古羅馬住宅中設有蓄積雨水的蓄水池的露天中央庭院。起初設有爐灶，是家庭生活的中心。後來中庭指古羅馬巴西利卡前面的露天庭院，教徒進行儀式前在此聚集。20世紀中庭爲玻璃頂、帶有溫室的空間，有時出現於購物中心、辦公建築和大飯店中。

建於1088～1128年之米蘭聖安布羅焦教堂中庭
Alinari – Art Resource

atrophy＊　萎縮　身體的某部分、或細胞、或器官、或組織的體積縮小。器官或部分身體細胞可能在數目、大小或二者都會減少。造成萎縮的原因還有營養不良、疾病、廢用、受傷、或內分泌失調。

atropine＊　阿托品　有毒的結晶性生物鹼，從茄類植物，特別是埃及天仙子提煉而得。主要用於眼科，局部應用有散瞳作用，可用以檢查眼底及剝離或預防水晶體與虹膜黏連。可抑制鼻腔腺體及淚腺的分泌，故可用於對症治療枯草熱及頭傷風。可緩解因副交感神經興奮而致的腸痙攣，及治療兒童遺尿症。阿托品的作用包括抑制迷走神經從而影響了中樞神經系統。人工替代品會有更多的效用（如瞳孔擴大、抗痙攣等）。

Atsumi, Kiyoshi　渥美清（西元1928～1996年）　日本喜劇演員。在東京的貧民窟長大，曾到劇院打雜，1968年首次在電視影片中演出寅次郎的角色。接著，他在四十八集系列電影《男人眞命苦》中扮演這個角色到1996年爲止，該片成爲播出最久的同一演員扮演主角的系列電影。劇中寅次郎爲中年小販，是個迷人而不負責任的無賴，賣廉價飾物給路人，並徒勞地追求漂亮女子。渥美清把巧妙的文字遊戲及庶民的眞誠融入角色中。

attainder　剝奪權利　英國法律中，指被判死刑或放逐後剝奪其公民權和政治權利，通常是在判處叛國罪後。不通過審訊剝奪個人權利的法案就是剝奪權力法案。剝奪權利最重要的後果是沒收財產和「血統玷污」（即褫奪繼承權，指被宣告剝奪權利的人沒有資格繼承或轉讓財產，他的後裔也是）。19世紀除因叛國罪而沒收財產外，其他形式的剝奪權利一概廢除。根據英國的經驗，美國的憲法規定：「除非在剝奪權利終身的情況下，對叛國罪剝奪權利時不得包括血統玷污或沒收財產。」南北戰爭以後，美國最高法院阻止了剝奪權利法案（如忠誠宣誓）的通過，這些法案會使南方聯邦的同情者喪失某些職位的資格。

Attalus I Soter ("Savior")＊　阿塔羅斯一世（西元前269～西元前197年）　帕加馬王國統治者（西元前241～西元前197年在位）。曾擊退來犯的加拉提亞人（西元前230?年），還擊敗塞琉西國王，幾乎控制了塞琉西在安納托利亞的全部領地（西元前228年），雖然在西元前222年這些領土又幾乎全被塞琉西贏回去。此後，他極力阻止馬其頓王腓力五世的擴張野心。在羅馬協助下，發動兩次馬其頓戰爭，但在即將戰勝腓力五世前去世。他還被尊爲藝術的守護神。

Attenborough, David (Frederick)　阿騰勃羅（西元1926年～）　受封為大衛爵士（Sir David）。英國電視編劇。在加入英國廣播公司後（1952），製作了受歡迎的電視節目《探查動物園》（1954～1964）。後擔任英國廣播公司新開的第二電視頻道的管理人（1965～1968）和電視節目的董事（1968～1972），他協助製作了《福賽特故事》、《人類的發展》和《文明》等文化教育系列作品。身為獨立製作人，他還製作了《地球上的生命》（1979）和《行星的故事》（1984）等創新的教育性節目。他是電影製作人兼演員理查・阿騰勃羅爵士的兄弟。

attention　注意　心理學名詞。指對現時現場的有意識的知覺和覺察。心理學家馮特可能是最早的研究者，他將大範圍的和有限制的注意作了區分。詹姆斯和巴甫洛夫延續他的觀點，前者強調刺激的積極選擇，後者則提出條件反射的概念。華生試圖把「注意」定義為，是對某種刺激的行為反應而不是一種「內在」程序。現代注意理論在「前注意過程」的背景下研究注意。所謂前注意過程就是雖然現時處於意識指向之外，但在需要時可以處於意識之中的過程。注意的可檢測生理指標通常只能從大腦上獲取。任何感官刺激都會在大腦皮質的不同區域引發神經脈衝發放。由這些感覺信號所誘發的皮質電反應，可經由腦電圖進行檢測。亦請參閱attention deficit (hyperactivity) disorder (ADD or ADHD)。

attention deficit (hyperactivity) disorder (ADD or ADHD)　注意力障礙（及過動）異常　舊稱過動症（hyperactivity）。一種兒童行為症候群，特徵是注意力不集中而容易分心，過動而無法靜坐，任何時候都難以專注於某事。也就是所謂的「過動兒」。學齡兒童的發生率為15%，其中男童的發生率是女童的三倍。該症會直接影響到學習，雖然許多患童在學校可以有效的學習控制自己的行為。注意力障礙及過動異常的病因未知，可能結合了遺傳與環境因素。某些症狀會持續到成年。治療方式通常是心理諮詢及雙親密切的監督，還可能進行藥物治療。

atthakatha＊　釋論　來自古印度及錫蘭，指解釋巴利文佛經的論著，最早的巴利文釋論可能在西元前3世紀至西元1世紀時即已隨同經典一起傳入錫蘭。西元5世紀注釋家覺音（亦稱佛音），整理大部分早期資料以及達羅毗荼文論著和僧伽羅文傳說，用巴利文重寫。早期釋論已失傳，覺音及其後繼者的作品大大有助於今日了解上座部佛教徒的生活情況與觀念，同時也提供大量世俗資料和傳說資料。

attic　閣樓　建築中緊接坡屋頂的樓層，全部或部分處於屋頂結構之中。此詞原指主檐口以上的一部分牆身，古羅馬人主要用以作裝飾或銘刻題詞，例如在凱旋門上。在文藝復興式建築中是立面上的重要部分，常在內設一附加層，其窗戶也成了裝飾的一部分。

羅馬提圖斯拱門（西元81年）的閣樓
A. F. Kersting

Attica＊　阿提卡　希臘語作Attiki。希臘中東部古代地區。東、南瀕愛琴海，包括薩拉米斯島；主要城市有雅典、比雷埃夫斯和埃勒夫西斯。其沿海地區因海上貿易而繁榮。最早的居民是佩拉斯吉人，西元前2000年是邁錫尼文明的中心。約西元前1300年愛奧尼亞希臘人入侵。西元前700年在特修斯國王的努力下，該地區併入雅典。

Attila＊　阿提拉（卒於西元453年）　匈奴王（西元434～453年在位，與其兄共治至445年左右），進攻羅馬帝國的最偉大的蠻族統治者之一。匈奴是來自中亞北部的一支游牧民族，阿提拉與其兄布萊達所繼承的帝國似乎已經從西方的阿爾卑斯山和波羅的海延伸至東方的裏海沿岸。當東羅馬帝國的軍隊忙於邊界戰事而無暇他顧的時候，阿提拉於441和443年對東羅馬帝國的多瑙河一線發起大規模的進攻。445年左右阿提拉害死兄長，成為匈奴帝國的獨裁君主。兩年後入侵巴爾幹各省和希臘，東羅馬帝國在嚴重受創後與之簽定停戰條約。451年阿提拉入侵高盧，但因羅馬大將埃提烏斯與西哥德國王提奧多里克一世聯合抗擊匈奴而失敗，這是阿提拉唯一的一次失敗。452年匈奴人入侵義大利，四處劫掠，後因義大利大鬧饑荒和瘟疫，這場侵略才告結束。阿提拉在新婚之夜突然死去，大抵為其妻子所弒。後由其子繼位。他的帝國由諸子分割繼承。

Attis　阿提斯　眾神之母。對此神的崇拜源出於古代小亞細亞的弗里吉亞地區，後來傳到羅馬帝國各地。2世紀成為太陽神，每年慶祝春回大地的活動，就是崇拜此神及眾神之母的儀式之一。

attitude　態度　心理學名詞，指人們分辨事物及事件並以或多或少可以鑑別出的一致性作出反應的一種傾向。別人所抱的各種態度，並不能直接觀察出來；他們的態度必須從其行為上推論而得知。一個人也許可以參考其內心的諸種經驗作為形成他個人態度的根據，但只有他的公開行為才能夠得到客觀上的評價與檢查。這樣一來，調查者們便要大大倚靠有關態度的行為指標了，例如：要看人們所說的內容，要看他們對一組問題是怎樣回答的，或是要看諸如心率變化之類的生理徵象。態度研究被社會心理學家、廣告專業人員及政治科學家等應用。

Attlee, Clement (Richard)　艾德禮（西元1883～1967年）　受封為艾德禮伯爵（Earl Attlee (of Walthamstow)）。英國工黨領袖（1935～1955）、首相（1945～1951）。致力於社會改革，1907～1922年間大部分時間住在倫敦貧民區。1922年當選為下院議員。在數屆工黨政府中任職，第二次世界大戰期間與邱吉爾組聯合政府，他亦有擔任職務，並於1945年接任首相。艾德禮促使英國成為一福利國家，將英國主要工業實行國有化。在他的任期內，印度得到在大英國協內獨立的地位。1951年保守黨以些微的差距贏得選舉後，艾德禮便辭去首相職務。

艾德禮，卡什（Yousuf Karsh）攝
© Karsh from Rapho/Photo Researchers

attorney ➠ lawyer

attorney, power of　代理權　為他人作法律代理人或訴訟代理人的許可權。許多在民法法系國家中很重要的一般代理權，在普通法法系的國家中歸入信託權（參閱civil law、common law）。持久代理權在原所有人不能處理其業務後有效；一般的代理權授權代理人經營原所有人的業務；特殊代理權授權代理人處理某項特定的事務。

attorney general　總檢察長　通常指州或國家的首席法律官員和首席行政官員的法律顧問。總檢察長這一職位起始於中世紀，但在16世紀以前不是採取現在這種形式。美國總檢察長的職務是根據1789年的聯邦法院組織法設立的。總檢察長是內閣成員，也是司法部長。他也擔任總統和其他內閣首長有關政府事務的法律顧問。美國每個州都有一名總檢察長。

Attucks, Crispus＊　阿塔克斯（西元1723?～1770年）　美國愛國人士及波士頓慘案烈士。早年生平不詳，但很可能是一名逃亡的黑奴，具非洲和印第安人血統。在捕鯨船工作。他是慘案中的五位受害者裡最爲人所熟知的一位。

Atwood, Margaret (Eleanor)　阿特伍德（西元1939年～）　加拿大詩人、小說家、評論家。曾在多倫多大學和哈佛大學學習。在詩集《循環遊戲》（獲總督文學獎）中，她歌頌自然世界，譴責人的實利主義。寫過數本暢銷小說，如：《浮現》（1972）、《女祭司》（1976）、《成爲男人之前》（1979）、《肉體傷害》（1981）、《女僕的故事》（1985，獲總督文學獎）、《貓眼》（1988）和《強盜新娘》（1993）及《又名葛莉絲》（1996）。她還是加拿大著名的民族主義者和女權主義者。

Auburn University　奧本大學　美國公立大學，1856年於阿拉巴馬州奧本市設立。該校設有商學、教育、工程、農業、林業、建築、人文藝術與科學等領域之大學部及研究所，此外亦有護理、藥學與獸醫等科系。太空權力研究中心設於奧本，是一所太空科技的研究發展中心。第二校區則設在蒙哥馬利。學生總數約22,000人。

Aubusson carpet＊　歐比松地毯　法國中部的歐比松村生產的鋪地用品。歐比松自16世紀起就是生產地毯和家具毛毯的生產中心，1665年被授予「皇家工廠」的美名。1743年建立地毯工廠，爲貴族生產大量地毯，不久又引進平織壁毯技術生產花飾和東方圖案的地毯。19～20世紀歐比松成爲平織法國地毯的代名詞。

Auckland　奧克蘭　紐西蘭奧克蘭行政區城市（1996年市區人口約354,000；都會區人口約954,000）。是該國最大城市和最大海港。位於北島懷特馬塔港和馬納考港之間狹窄的地峽上。1840年建爲殖民政府首府，以奧克蘭伯爵喬治·伊登的封爵地命名。此後一直是首府，直到1865年爲威靈頓市所取代。奧克蘭是重要的製造業和航運中心。奧克蘭海港橋使城區和北岸迅速建起的住宅區與紐西蘭的主要海軍基地和碼頭德文波特連成一片。

auction　拍賣　用公開出價的方式買賣動產和不動產。傳統拍賣程序是由潛在的買主連續提高出價，以拍賣者（通常是賣主的代理人）接受其最高價格而成交。在所謂「荷蘭式拍賣」中，由賣主喊價，逐步降低，直至某一買主接受時爲止；有時賣主因價格過低而被迫撤回所售物品，中止拍賣。通常允許未來的買主在拍賣前查看待售的物品。在拍賣之前，賣主可定出「保留價」，即最低價；低於此價，物品可不出售。在許多國家農業市場中，拍賣是銷售業務活動的重要部分，因爲拍賣是處理貨物的一種迅速而有效的傳統方式。在拍賣中經常出售的其他項目有：藝術品與古董、二手貨、被金融機構或政府收回的農場和樓房之類的不動產；拍賣還用於股票和大宗商品的交易。

Auden, W(ystan) H(ugh)　奧登（西元1907～1973年）　英裔美籍詩人和文人。曾在牛津大學就讀，對戴伊－路易斯、麥克尼斯和斯賓德等有強烈的影響。在一生的各種作品中，大多涉及公眾所關心的學術和道德問題，以及幻想和夢的內心世界。1930年代他指出資本主義的罪惡，同時也反對集權主義者，成爲左派英雄。他和伊塞伍德合寫了三部詩劇。奧登後來的作品反映了他的生活（成爲美國公民）、宗教和學術觀點的變化（皈依基督教並對左派的覺醒），偶爾也反映出他的同性戀傾向。他的詩歌包括長詩《憂慮的時代》（1947，獲普立茲獎）、詩集《另一個時代》（1940）和《對克萊歐的敬意》（1960）。奧登一生與卡爾曼合作，撰寫歌劇腳本，尤其以爲史特拉汶斯基創作的《浪子的歷程》（1951）著稱。其他的作品包括紀錄片的解說詞、散文和評論。在艾略特死後，奧登被認爲是最傑出的英語詩人。

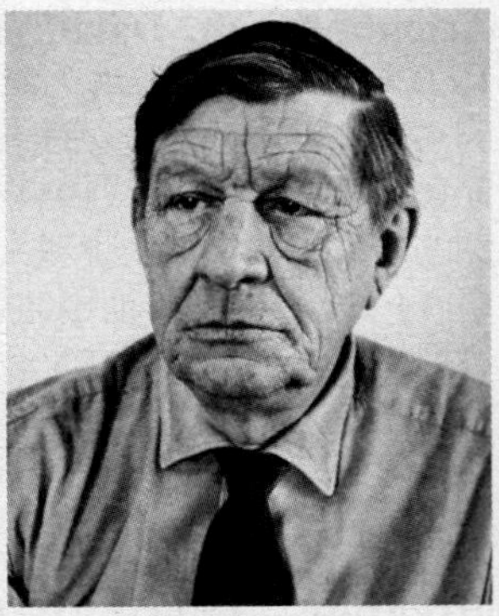

奧登，攝於1965年
Horst Tappe

audio card ➠ sound card

audion　三極檢波管　由美國的德福雷斯特於1906年所發明（1907年獲專利權）的一種基本的電子管，是由一個控制柵極、一個陰極和一個陽極組合起來的眞空管。由於它作爲無線電檢波器、無線電和電話的放大器以及振盪器十分有用，第一次世界大戰期間就大量生產。在今天它也仍以三極管這一名稱著稱。在電晶體發明以前，三極檢波管所有收音機、電話、電視機和電腦系統的基本組件。

audit　審計　會計專家而不是負責編製帳冊者對企業帳冊和報表的審查。由獨立會計師承擔的公共審計常見於大公司。會計師透過審核確定企業報表是否符合審計法則、是否如實反映財務狀況和經營成果。個人稅收審計是爲了確定個人在納稅時是否如實報告其財政狀況。如果沒經審計就可能被罰，如果是蓄意的大型欺騙還有可能受到刑事起訴。亦請參閱Internal Revenue Service。

auditorium　觀眾廳　劇院或禮堂中設有觀眾座位的廳堂，以別於進行表演的舞台部分。觀眾廳起源於古希臘的劇院，爲嵌入山坡的半圓形座位區。大型觀眾廳的幾層樓座包括池座、包廂、花樓、陽台或上層和走廊。傾斜的地面和集中的牆使得觀眾能看清楚舞台，並提高音響效果。當代觀眾廳的牆壁和天花板常設燈光、音響以及空調設備。

Audubon, John James　奧都邦（西元1785～1851年）　原名Fougère Rabin或Jean Rabin。受洗名Jean-Jacques Fougère Audubon。美國鳥類學家、畫家和博物學家。以繪製北美洲鳥類圖而聞名。爲法國商人在海地所生下的私生子，後隨父親回到法國，在十八歲移居美國以前曾隨大衛學畫。移居美國後經由父親賓州不動產的資助首度展開針對鳥群的實驗。在幾次經商失敗後，他集中精力在繪畫和鳥類研究，並從佛羅里達遷往加拿大拉布拉多。1827～1838年在倫敦出版了四卷本的《美洲鳥類圖譜》。1831～1839年又出版五卷本的《鳥類生態史》，而《北美胎生四足動物》（三卷；1842～1854）則是由其子完成的。評論家們多認爲奧都邦所畫的鳥姿有些想像成分（甚至是不可能的），細節也不準確，但是很少有人對那些畫是藝術精品持有異議，而他的研究也是新大陸生態之研究基礎。

Audubon Society, National　國立奧都邦學會　致力於保存並恢復自然生態系的組織，因奧都邦而得名。該學會創立於1905年，擁有五十五萬名會員，並維護著全美國一百處野生動物保護區及自然中心。該會的主要活動包括保護濕地及瀕危森林、保護候鳥的通道、保護海洋野生動物。由三百名會員組成的工作團隊包括科學家、教育家、保護區經營者及國是專家。

Auerstedt, Battle of　奧爾施泰特戰役 ➡ Jena and Auerstedt, Battles of

auger　木螺鑽　裝於木工手搖鑽上的刀具，用於木材鑽孔，通常是木質。看起來像螺絲錘，不管刀片多大都能產生極細的洞。活動螺絲鑽刀有著鋒利的可調整的刀片和釘，可以延伸鑽更大的洞。大型的螺絲鑽用於給防護桿和電線桿挖洞，或用於冰下捕魚鑿冰。長約2.5公尺的水平鑽用於採礦。

augite＊　普通輝石　深色輝石礦物，一種含鈣、鎂、鐵、鈦和鋁的矽酸鹽。在火成岩中，特別是在輝長岩、粒玄岩和玄武岩中，常呈深色短粗柱狀晶體產出。因爲在透輝石－鈣鐵輝石系列和普通輝石間存在連續的化學變化，這些礦物彼此之間甚至用光學方法也難以區分。因此，普通輝石這一名稱有時用來表示具單斜對稱的任何輝石。

Augsburg＊　奧格斯堡　德國南部巴伐利亞州城市（2002年人口約257,800）。西元前14年奧古斯都建其爲羅馬殖民地，直到西元739年一直是主教轄區。1276年成爲帝國自由城市，1331年加入士瓦本聯盟。15～16世紀富格爾家族和韋爾瑟家族使該城成爲歐洲主要的金融和商業中心。1530年在帝國議會宣讀「奧格斯堡信綱」，1555年簽署「奧格斯堡和約」，1686年組成奧格斯堡聯盟，1806年該市成爲巴伐利亞的一部分。第二次世界大戰中奧格斯堡遭嚴重轟炸。名勝有世界上最古老的窮人聚居區富格瑞（1519）。

Augsburg, League of＊　奧格斯堡聯盟　1686年由神聖羅馬帝國皇帝利奧波德一世、瑞典國王、西班牙國王和巴伐利亞、薩克森、巴拉丁選侯所組成的聯盟。聯盟的組成是爲了對抗法國路易十四世的擴張計畫，時間上早於大同盟戰爭。後來證實聯盟無效，因爲有些親王不願對抗法國，加上各省在軍事結盟行動中缺席。

Augsburg, Peace of　奧格斯堡和約　1555年由神聖羅馬帝國議會頒布的和約，是允許路德宗和天主教共存於德意志的第一項永久性法律根據。議會決定：神聖羅馬帝國境內各諸侯邦之間不得因宗教原因互相爭戰。議會僅承認天主教和路德宗兩派，並規定在帝國每塊領土上只允許一派存在。但是人們可以移居到信奉其信仰的國土上。儘管有很多缺點，該合約讓帝國結束了長達五十年的內亂紛爭。亦請參閱Reformation。

Augsburg Confession＊　奧格斯堡信綱　路德宗的基本信仰綱要。主要作者是梅蘭希頓，1530年6月25日在奧格斯堡帝國議會上提交給神聖羅馬帝國皇帝查理五世。目的在爲路德派辯護而駁斥種種曲解，提供天主教徒可能接受的神學陳述。由概括路德教義的二十八條教義組成，並且列出了幾個世紀以來西方基督教會的弊端。這份未修改的文件對路德派而言一直具有權威性。1536年譯成英語，對聖公會的三十九條論綱和衛理公會的二十五條宗教論綱產生了深遠影響。

Augusta　奧古斯塔　美國緬因州首府（2000年人口約18,560）。1628年由來自普里茅斯殖民地的商人建立，當作肯納貝克河航線上端的貿易站。1754年該地又建立了西部城堡（1919年重建），吸引了大批定居者。1797年設建制，次年根據美國革命戰爭的一名將軍之女命名。1832年成爲該州首府。這裡也是緬因州主要的度假勝地之一。

Augustan Age　奧古斯都時代　拉丁文學史上最卓越的時代之一，約於西元前43年至西元18年；它和以前的西塞羅時期一起構成拉丁文學的黃金時代。這一時代以國內和平與繁榮爲標誌，在詩歌方面取得了最高成就，這種精美講究的詩歌通常是獻給一位保護人或皇帝奧古斯都的，所寫題材多爲愛國、愛情與自然。重要作家有：維吉爾、賀拉斯、李維和奧維德。這一時期在某些國家亦稱爲「古典時期」，特別是17世紀晚期到18世紀的英國。

Augustine (of Hippo), St.　聖奧古斯丁（西元354～430年）　天主教神學家。出生於羅馬治下的北非。他信奉摩尼教，在迦太基教授修辭學，育有一子。移居米蘭以後，受聖安布羅斯的影響改信天主教，並於387年由聖安布羅斯施洗禮。後來回到非洲開始過著苦院生涯，396年擔任希波（今阿爾及利亞安納巴）主教直至430年辭世，當時該城處於汪達爾人軍隊包圍之下。最著名的著作包括探討上帝恩典的自傳《懺悔錄》和探討基督教在歷史上地位的《上帝之城》。他的神學著作《基督教義》和《論三位一體》也廣泛流傳。他的佈道和書信顯示了受新柏拉圖主義的影響，並同摩尼教、多納圖斯派和貝拉基主義的支持者論戰。他的宿命觀影響了後來的神學家，尤其是喀爾文。中世紀早期被尊爲教會導師。

Augustine of Canterbury, St.＊　坎特伯里的聖奧古斯丁（卒於西元604?年）　英格蘭坎特伯里首任基督教大主教。曾任羅馬本篤會修道院院長。597年奉教宗聖格列高利一世之命率領四十名修士組成的傳教團到英格蘭傳教，受到肯特國王艾特爾伯赫特一世款待，應王后的要求，他們被安置在坎特伯里的一座教堂。他們的傳教工作進展順利，包括國王在內的許多人改信基督教。後來他升任英格蘭主教。在教宗的指示下，他清除異教徒寺廟，並任命十二個其他的主教。他首建坎特伯里基督堂作爲主教座堂，自此坎特伯里遂成爲全英格蘭大主教駐地。奧古斯丁曾想和威爾斯北部的塞爾特教會統一，但未能成功。

Augustinian　奧古斯丁會　天主教內一修會名稱。廣義指遵循聖奧古斯丁所制訂的修道規章的各男女修會，但通常專指奧古斯丁修道會和奧古斯丁會吏會。奧古斯丁修道會則是中世紀四大托鉢修會之一，該會修士（包括馬丁·路德）活躍於歐洲各大學和教會事務上。奧古斯丁會吏會於11世紀首先提倡神職人員過完全的共同生活，這在天主教各修會中是創舉。奧古斯丁會在宗教改革運動之後開始衰落，但繼續傳教、教育和醫療工作。其他較著名的修會是奧古斯丁住院會（創建於16世紀）和修女組成的奧古斯丁第二修會（1264），兩者至今仍很活躍。

Augustus, Caesar　奧古斯都（西元前63～西元14年）　亦稱屋大維（Octavian）。原名Gaius Octavius。後名Gaius Julius Caesar Octavianus。羅馬帝國第一個皇帝。出身富裕家庭，十八歲時，過繼給舅公凱撒。西元前44年凱撒被刺殺，經過一番權力角逐後，屋大維和其他兩個勁敵（雷比達和安東尼）形成後三頭同盟（參閱triumvirate）。他們之間的戰爭仍持續進行，最後屋大維在西元前32年解決了雷比達，翌年在亞克興戰役打敗安東尼（與埃及克麗奧佩脫拉聯盟），成爲唯一的統治者。他被奉爲元首，羅馬帝國據說就是從他即位開始。最初他是以執政官身分來統治，維持共和國的體制，但在西元前27年他接受了「奧古斯都」封號，西元前23年接受帝國政權。在位期間（西元前31～西元14年）改變了羅馬人生活各方面，希臘羅馬世界進入一段長時期的和平與繁榮時期。他保護帝國外部省份的安全，修築道路和興建公共工程，建立了羅馬和平時期，並培育藝術。奧古斯都還矯正羅馬人的道德風俗，甚至放逐她的女兒尤莉亞，原因是她通姦。在他死時，羅馬帝國的範圍西起伊比利半島，東到卡帕多西亞，北從高盧，南達埃及。死後被奉爲神明。

Augustus II　奧古斯特二世（西元1670～1733年）　波蘭語作August Fryderyk。波蘭國王和薩克森選侯。在改信天主教以增加機會之後，1697年登上波蘭國王王位。亦稱強者奧古斯特（Augustus the Strong），他在1700年入侵利沃尼亞，引起第二次北方戰爭。最後他被瑞典國王查理十二世打敗，奧古斯特在1706年被逼退位，但在1710年復位。在他統治末期，波蘭已由一個歐洲大國淪爲俄國的保護國。

Augustus III　奧古斯特三世（西元1696～1763年）　波蘭語作August Fryderyk。波蘭國王和薩克森選侯。在位時期（1733～1763）是波蘭局勢最混亂的一段時期。他貪圖安逸，不理朝政，把大權授給首席顧問布呂爾（1700～1763）。後來，大權又落入恰爾托雷斯基家族之手。在奧地利王位繼承戰爭和七年戰爭中，他支持奧地利。

auk　海雀　鴴形目海雀科二十二種潛鳥，尤指短翅小海雀和刀嘴海雀。體長16吋（15～40公分），短翅、矮腿、腳有蹼。分布限於北極、亞北極及溫帶北部地區，少數種向南至下加利福尼亞半島。成群於近海陡崖突出處及岩石裂縫中築巢或靠海打洞，許多遠離陸地度過暴風雪嚴寒的冬天。以魚、甲殼類、軟體動物和浮游生物爲食。眞正的海雀都是黑白色，能直立於地上。亦請參閱great auk。

aulos＊　奧洛斯管　古希臘一種單簧片或雙簧片的管樂器。在古典時期，兩管的長度相等，每管有三或四個指孔。古爲中東民族使用的一種主要吹奏樂器，中世紀初仍存在於歐洲，通常是單管，指孔也有增加。柏拉圖曾形容其吹奏聲音如顫音，傳統上與祭祀戴奧尼索斯有關。

吹奏奧洛斯管，義大利瓦爾奇出土的基里克斯陶杯（西元前520?～西元前510年）繪畫細部；現藏倫敦大英博物館
By courtesy of the trustees of the British Museum, London

Aum Shinrikyo＊　奧姆眞理教　1987年麻原彰晃（本名松本智津夫〔生於1955年〕）所創立的日本新宗教運動。此教包含印度教與佛教的要素，建立基礎是千禧年將有一連串災難帶來世界末日而啓動新的宇宙循環。1995年其成員在東京地鐵系統施放毒氣，造成十二人死亡、五千人受傷，並涉及其他神經毒氣事件和暴力犯罪。事件爆發時，該教宣稱約有五萬名成員，大部分在俄羅斯境內。之後成員一度解體，但至21世紀早期又成長至約兩千名會員。2000年改名爲阿列夫。

Aung San＊　翁山（西元1914?～1947年）　緬甸民族主義領袖。1936年領導學生罷課。1939年擔任一個民族主義團體的總書記。日本人協助他建立緬甸獨立軍。1942年幫助日軍入侵，但他懷疑日本眞的會兌現讓緬甸獨立的承諾，也不滿他們對待緬軍的態度，於是在1945年轉而幫助協約國。戰後任緬甸行政委員會副主席，實際等於總理，並協調緬甸獨立事宜，1947年終獲英國同意，預定次年獨立。是年，他遭人刺殺。

Aung San Suu Kyi＊　翁山蘇姬（西元1945年～）　緬甸反對派領袖。爲翁山的女兒，先後在緬甸、印度和牛津大學就讀。在1988年回緬甸之前，過著相當平靜的生活。由於軍事獨裁者尼溫殘暴、無情地大規模屠殺抗議者，促使她發起一場爭取民主和人權的非暴力抗爭。1990年的國會大選中，她所屬的國家民主聯盟大獲全勝，但選舉結果被軍政府否決，並把她軟禁起來，禁止與外界接觸。1995年方被釋放。1991年的諾貝爾和平獎曾頒給她。

奧朗則布，蒙兀兒細密畫，17世紀繪；現藏紐約市大都會藝術博物館
By courtesy of the Metropolitan Museum of Art, New York, Bequest of George D. Pratt, 1945

Aurangzeb＊　奧朗則布（西元1618～1707年）　原名Muhi-ud-Din Muhammad。印度蒙兀兒帝國的末代皇帝（1658～1707年在位）。是皇帝沙・賈汗和蒙泰姬・瑪哈（泰姬・瑪哈陵就是爲她修建的）所生的第三子。早年奧朗則布即顯示出軍事和行政才能。他與長兄爭奪皇位，不惜殺死其他競爭的親人（包括一個兒子）。在位的前半期，證明了他是混雜印度教徒和穆斯林的大帝國的能幹的穆斯林君主，儘管因殘暴兇狠而爲人民憎惡，但仍受尊敬。約1680年以後，他轉向宗教控制方面：不准印度教徒擔任公職，破壞其寺廟和學校，後來捲入與馬拉塔人在南印度的曠日持久戰爭，處死錫克人的宗教領袖得格・巴哈都爾（1664～1675），開始了錫克教教徒和穆斯林之間持續至今的世仇。

Aurelian＊　奧勒利安（西元約215～275年）　拉丁語作Lucius Domitius Aurelianus。羅馬皇帝（西元270～275年在位）。原籍大概是巴爾幹半島，在克勞狄二世去世和其兄弟短暫統治後繼承帝位。他使四分五裂的帝國重新獲得統一，著手恢復羅馬在歐洲的霸權，把入侵者逐出，平息叛亂，保障東方省份的安全，並打敗北方的日耳曼人，因而贏得「世界光復者」的稱號。他在羅馬四周修建了一道新城牆，對貧窮者增加食物配給，但其貨幣政策和宗教改革卻失敗。在出征波斯途中被一批誤以爲將被處決的軍官殺害。

Aurelius, Marcus ➠ Marcus Aurelius

Aurgelmir＊　奧爾蓋爾米爾　亦稱Ymir。古斯堪的那維亞神話中的第一個生物，一個從水滴創造出來的巨人，而水滴則是尼夫勒海姆的冰遇到穆斯佩爾海姆的熱而形成的。奧爾蓋爾米爾是所有巨人之父，自他的臂下生出一男一女，他的雙腿生出一個長有六個頭的兒子，母牛奧杜姆拉用自己的奶哺育他；而奧杜姆拉自己則靠舔覆蓋著白霜的鹹石頭活命。她把石頭舔成一個男子的形狀，就是布里，也就是大神奧丁和他的兄弟的祖父。這些神後來殺死奧爾蓋爾米爾，把奧爾蓋爾米爾的身體放到虛空之中，用他的肉造地，血造海，骨頭造山，牙造石頭，頭蓋骨造天，腦造雲。四個矮子支撐著他的頭蓋骨。他的睫毛（或眉毛）變成籬笆，圍著米德加爾德，即人類居住的地方。

Aurignacian culture＊　奧瑞納文化　歐洲舊石器時代晚期的一種石器工藝傳統與藝術傳統，名稱取自第一次發現此傳統之處，法國南部的奧瑞納村。奧瑞納文化時期約從西元前35,000～西元前15,000年。工具包括刮削器、雕刻器

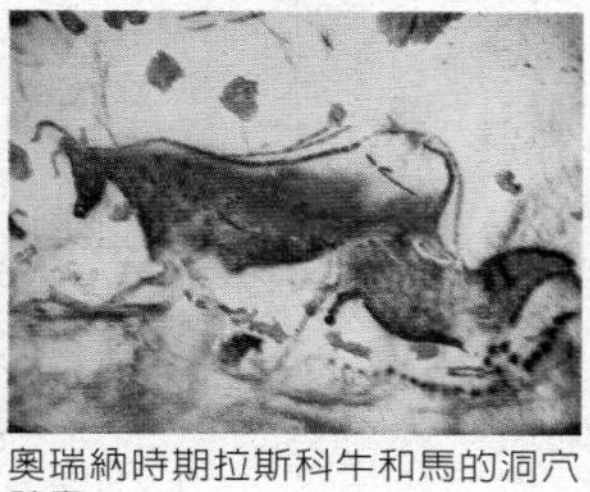
奧瑞納時期拉斯科牛和馬的洞穴壁畫
Hans Hinz, Basel

和石葉，還有以獸骨和鹿角磨成尖端器具和錐子。奧瑞納文化期的藝術代表了藝術史上第一個完美、成熟的藝術傳統，從刻有簡單動物形象的小石頭發展到在骨片和象牙上雕刻動物的形象，並興起了一種刻畫鮮明的眞正雕塑藝術，創造出一些造型簡單但栩栩如生的小型泥塑動物，以及造型非常一致的孕婦小塑像，即所謂維納斯塑像（可能是豐產之神）。在奧瑞納文化期的末期，在西歐的石灰岩洞穴的壁上、頂上及地上，產生數以百計的繪畫、雕刻和浮雕，最有名的是法國西南部拉斯科洞穴。

aurochs＊ 原牛 亦作auroch。學名Bos primigenius。滅絕的歐洲偶蹄目牛科動物，可能是現代牛的祖先。直到1627年在波蘭中部還有倖存者。爲大型黑色動物，肩高6呎（1.8公尺），角展開向前彎曲。有些德國育種工作者宣稱，他們自1945年以來用西班牙鬥牛與長角牛及其他品種的牛雜交，重新創造出這個品種，但他們育出的動物外貌雖像野牛，體型卻較小，可能不具備與原牛類似的遺傳成分。英語「aurochs」一詞有時會被錯指爲歐洲野牛（參閱bison）。

Aurora 奧羅拉 羅馬女神，黎明的化身。即希臘神話中的厄俄斯。赫西奧德說她是泰坦巨人希佩里恩和女泰坦忒伊亞所生的女兒，太陽神赫利俄斯和月亮女神塞勒涅的姊妹。她同亞述的提托諾斯生下衣索比亞人的國王門農。在希臘神話中，她也是獵人刻法洛斯和奧利安的情人。

Aurora 奧羅拉 美國科羅拉多州中北部城市（1996年人口約252,000）。1891年因開採銀礦而建於丹佛附近，名爲弗萊徹。1907年設建制，改爲今名。現主要爲住宅區，巴克利空軍國家警衛隊基地也設於此地。

aurora 極光 常出現於地球高緯度地區上空大氣中的瑰麗發光現象。在北半球出現的稱爲北極光，在南半球出現的稱爲南極光。極光是快速運動的粒子（電子或質子）撞擊稀薄高層大氣中的原子產生的。這種相互作用常發生在地球磁極周圍區域，在太陽活動盛期，極光有時會延伸到中緯度地帶。

Auschwitz＊ 奧許維茲 亦作奧許維茲－比克瑙（Auschwitz-Birkenau）。納粹德國最大的集中營和滅絕營，位於波蘭奧斯威辛附近。包括三個營地，分別建於1940、1941（在比克瑙）和1942年。納粹把有勞動能力的男女青年送入苦役集中營，而將老弱婦孺殺害。有些犯人則被門格勒當作醫學實驗。估計在奧許維茲集中營內慘死的有一百萬～兩百五十萬人。亦請參閱Holocaust。

auscultation＊ 聽診 透過聽取體內發生的聲音（心音、呼吸聲、腸子蠕動聲、胎音等）以發現某種病變或狀態的一種診斷手段。1819年發明聽診器後，改善並擴大了這種診斷方法，現在即使其他的診斷技術日新月異，聽診還是一種非常有用的診斷方式。

Ausgleich ➡ Compromise of 1867

Austen, Jane 珍・奧斯汀（西元1775～1817年） 英國女作家。出身牧師家庭，其小說中的背景、人物和題材來自她所生活的小地主鄉紳及鄉村神職人員組成的世界。她最親密的伴侶是她的姊姊卡桑德拉。早期作品多是模仿時下文體之作，尤其是感傷小說。她針對當時英國中產階級習俗創作的六部喜劇式長篇小說有《理性與感性》（1811）、《傲慢與偏見》（1813）、《曼斯菲爾德花園》（1814）、《艾瑪》（1815）、《勸導》（1817）和《諾桑覺寺》（1817年出版，但寫成的時間比其他書都早）。她創造了自己生存年代英國中產階級生活的社會風情喜劇，作品以慧黠、眞實、展現同情及簡潔風格著稱。透過描繪日常生活中的普通人，使小說具有鮮明的現代性質，她是第一人。她的小說都是以匿名的方式出版，其中兩部是在她四十一歲死後才出版，她可能死於艾迪生氏病。

珍・奧斯汀，鉛筆水彩畫，卡桑德拉・奧斯汀繪於1810年左右；現藏倫敦國立肖像畫陳列館
By courtesy of the National Portrait Gallery, London

Austerlitz, Battle of 奧斯特利茨戰役（西元1805年12月2日） 第三次反法聯盟的首次交戰，爲拿破崙最輝煌的勝利之一。此次戰役就是在摩拉維亞的奧斯特利茨（今捷克布爾諾附近的斯拉夫科夫）附近進行的。拿破崙率領的軍隊約六萬八千人，奧地利和俄國這一方則是近九萬人，由亞歷山大一世和庫圖佐夫統率。此戰役亦稱三皇戰役（Battle of the Three Emperors），拿破崙轟動一時的勝利迫使奧皇法蘭西斯一世簽訂普雷斯堡和約，割讓威尼斯給法國在義大利建立的王國，並暫時結束了反法聯盟。亦請參閱Napoleonic Wars。

Austin 奧斯汀 美國德州城市（2000年人口656,600）與首府。位於科羅拉多河畔，1835年建村，名爲滑鐵盧。1839年被選爲德克薩斯共和國首府，改爲今名以紀念史蒂芬・奧斯汀。1845年德克薩斯成爲美國一州，續爲州首府。現已成爲國防和消費品工業的研究和發展中心，市內有德州大學。詹森實驗室位於德州大學校園內。

Austin, J(ohn) L(angshaw) 奧斯汀（西元1911～1960年） 英國哲學家。從1945年開始就一直在牛津教書。以對日常語言進行詳細研究，從而對人類思維作出獨特分析而出名。確信語言分析能解答哲學上的疑難，他不贊成形式邏輯的語言，認爲它矯揉造作，常常不如日常語言複雜微妙。遺著有理論論文和演講集《哲學論文集》（1961）、《感覺與所感覺的事物》（1962）以及《如何用言語辦事》（1962）等。亦請參閱analytic philosophy。

Austin, John 奧斯汀（西元1790～1859年） 英國法學家。1818～1825年在大法官法庭實習，雖不甚如意，但其剖析心理和知識分子的耿直作風令同僚們印象深刻。1826年他第一次到倫敦大學學院擔任法理學教授，吸引了不少優秀人士來聽講，但學生卻興致缺缺，1832年他辭掉教職。他的作品有《法理學範圍》（1832），致力於法律和道德的區分。他亦幫助定義了法學爲分析法律的基本概念，與法律制度的批評主義有所區別，稱之爲法律科學。他所做的工作多不見容於當代，但對後來的法學家影響很大，如小霍姆茲。

Austin, Stephen (Fuller) 奧斯汀（西元1793～1836年） 美國操英語居民的殖民點的創建者，當時德克薩斯地區還屬於墨西哥。生於維吉尼亞州奧斯汀村，他在密蘇里邊境地區長大，1814～1819年在當地立法機關任職。1819年發生經濟恐慌，其父打算到墨西哥政府釋出的德克薩斯土地

A
B

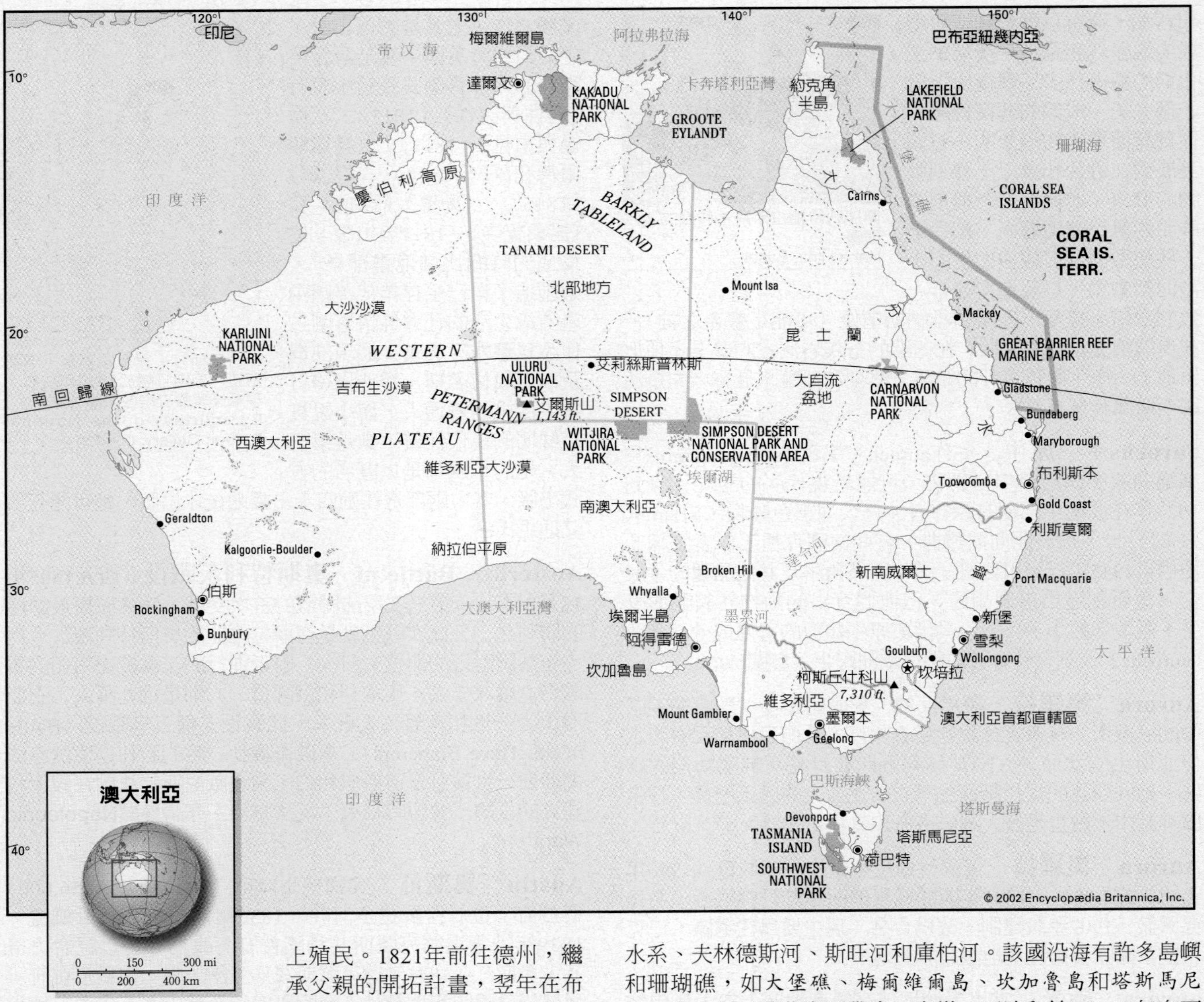

上殖民。1821年前往德州，繼承父親的開拓計畫，翌年在布拉索斯河畔建立有數百戶居民的殖民地。他與墨西哥政府維持良好關係，後來致力於爭取德克薩斯獨立，參與德克薩斯革命運動，被認爲是該州創建者之一。奧斯汀市即以他爲名。

Austral Islands　南方群島　法屬玻里尼西亞南部群島（1996年人口6,563）。爲法屬玻里尼西亞最南端的部分（Austral在拉丁語中意爲「南方」），群島形成一條約1,370公里的長鏈。1769年和1777年兩度爲科克船長發現。19世紀末爲法國人所占領。有人居住的島嶼是里馬塔拉、魯魯圖、土布艾、賴瓦瓦埃和拉帕。

Australia　澳大利亞　正式名稱澳大利亞聯邦（Commonwealth of Australia）。地球上最小的一塊大陸和世界第六大國。位於南半球印度洋和太平洋之間。面積7,682,300平方公里。人口約19,358,000（2001）。首都：坎培拉。大部分澳大利亞人是歐洲人後裔，非白人的最大一群少數民族是澳大利亞原住民。亞洲人口也因移民政策放寬而逐漸成長。語言：英語（官方語）。宗教：天主教和安立甘宗教會。貨幣：澳大利亞元（$A）。主分四個地理區：（1）西澳大利亞地盾，占土地面積一半以上，包括西北部的安恆地區和慶伯利的岩石露頭，以及東部的麥克唐奈爾山脈。（2）大自流盆地，位於地盾區的東部。（3）東部高地，包括大分水嶺，是一系列高山、高原和盆地的地形。（4）夫林德斯嶺－高山嶺。澳大利亞最高點是澳大利亞阿爾卑斯山的科修斯古山；最低點是埃爾湖。主要河流包括墨累－達令水系、夫林德斯河、斯旺河和庫柏河。該國沿海有許多島嶼和珊瑚礁，如大堡礁、梅爾維爾島、坎加魯島和塔斯馬尼亞。澳大利亞礦藏資源豐富，產煤、石油和鈾。1979年在西澳大利亞發現大量的鑽石礦。經濟基本上是自由企業，最大部門是金融、製造和貿易。形式上澳大利亞是君主立憲政體，國家元首是代表英國君主的總督。事實上澳大利亞是個兩院制議會國家；政府首腦是總理。長期以來，原住民一直居住在澳大利亞（參閱Australian Aborigine），四萬～六萬年前他們就來到這裡。1788年歐洲人來此定居時，這裡的人口估計約有三十萬～一百多萬。隨著17世紀的多次探險活動，澳大利亞開始廣泛傳播歐洲的知識。1616年丹麥人和1688年英國人相繼來此，但第一個大規模的探險考察隊是1770年科克率領的，這次探險確立了英國對澳大利亞的所有權。第一個英國居民點建立在傑克森港（1788），居民主要是囚犯和海員；在不斷進來的移民中，囚犯占了大部分。到了1859年，形成了澳大利亞所有各州的殖民核心，但對原住民來說卻有著破壞性的作用，隨著歐洲疾病和武器的引入，原住民人口急劇下降。19世紀中葉，英國給予其殖民地有限的自治權，1900年通過法令將這些殖民地組成聯邦。第一次世界大戰中，澳大利亞與英國並肩作戰，如著名的加利波利半島登陸，後來又在第二次世界大戰中，阻止了日本人對它的占領。在韓戰和越戰中，它參與美國一邊。自1960年代起，政府尋求更公平地對待原住民，放鬆了對移民的限制，導致人口更加複雜化。1968年正式廢除憲法有關英國可干涉澳洲政府事務的部分，澳大利亞在亞洲和太平洋地區的事務中承擔了重要的作用。1990年代，澳大利亞經歷了幾次爭論，討論是否放棄與英國的聯繫而成爲一個共和國。

Australian Aboriginal languages　澳大利亞原住民語言　澳大利亞原住民語言大約有兩百五十種，在1788年歐洲人開始征服之前約有一到兩百萬原住民講這種語言。現在約有一半以上的語言已經消亡，其餘的（只剩二十多種）大部分保存在北部地方和西澳大利亞北部，那裡的大人、小孩都會講。大部分的澳大利亞原住民語言屬於帕馬－恩永甘這個超語系，其餘的是一群非常不同的語言，主要分布在西澳大利亞的金伯利地區和北部地方部分地區，可能和帕馬－恩永甘語系有點關係。

Australian Aborigine＊　澳大利亞原住民　澳大利亞和塔斯馬尼亞島上的澳大利亞地理人種之總稱，他們在四萬～六萬年前就已抵達那裡定居。分屬於約五百個部落，各有其疆土，各有其語言或方言。他們以採集和狩獵爲生，活動受到淡水水源遠近的限制。宗族成員依男性繼承，以水源爲中心而居住，水源則爲宗族遠祖最初定居之所。男人被畫入若干住所之中，在夢想期儀式中召喚神話中的守護者。在18世紀末歐洲人殖民期間，其人數據認爲有三十～一百萬以上，但因疾病和19世紀血腥的「武力綏靖」而人數大減。1920年代和1930年代政府雖建立保留地，但現今人數已不到二十六萬人。原住民的傳統文化大部分產生了深刻變化，他們全都接觸到現代的澳大利亞社會，所有的人也是澳大利亞公民。

Australian Alps　澳大利亞阿爾卑斯山脈　澳大利亞東南角山脈，爲大分水嶺的尾端部分。構成馬蘭比吉河水系，向南流入太平洋。該山脈最高點在科修斯古山。谷地、盆地和低高地用於放牧和種植穀物、水果。高地有分散的小規模礦井。

Australian Capital Territory　澳大利亞首都直轄區　澳大利亞東南部行政區（2001年人口約321,680）。由1901年澳大利亞憲法授權建立，1908年從其競爭者雪梨和墨爾本中勝出獲選。位於新南威爾士州境內，由首都坎培拉和查維斯灣周圍地區組成。1927年國會從墨爾本移到此地。1989年該直轄區獲得同澳大利亞其他州一樣的自治權。

Australian National University　國立澳大利亞大學　設在澳大利亞坎培拉的一所國立大學，建於1946年。該校原來僅限於招收研究生。1960年第一次招收大學生，如今研究所和大學所招收的科系範圍更廣。該校附設的研究所包括醫學、物理和生物科學、社會科學及太平洋問題等。註冊學生人數約有一萬人。

Australian religion　澳大利亞宗教　澳大利亞原住民宗教。以夢想期爲基礎，包含了與夢中注定生活方式一致的生活，藉著儀式的進行和法律的遵守而達成。經由夢和其他變異的意識形態，生者能夠接觸靈界並從中獲得力量。神話、舞蹈和其他儀式使人類世界、靈界、眞實世界合爲單一的宇宙秩序。他們相信：來自夢的兒童靈魂使胎兒動起來，而成人的靈魂繼承比實際上雙親與子女的關聯更重要。宗教藝術包括丘林加、沙畫和洞穴繪畫，還有樹皮上的繪畫。

Australian Rules football　澳大利亞式橄欖球　類似英式橄欖球的運動，兩隊各有十八名球員，場地爲橢圓形，長約148～202碼（135～165公尺），每端有四根門柱。橢圓形的球踢進兩內柱之間時得6分，球穿過內柱和外柱之間的後防線時得1分。該運動最壯觀的場面是高標，即由三或四名競賽的運動員跳起來，有時騎在對手的後背或肩上，以直接接住另一名隊員踢過來的球。如此接球的隊員被授予無阻擊門球獎（標記）。澳大利亞式橄欖球是澳大利亞主要的運動。

Australopithecus＊　南猿屬　已滅絕的一屬人類，從上新世（約始於530萬年前）早期到更新世（約180萬年前）之初居住於非洲地區。大部分古人類學家相信南猿屬是現代人類的祖先。南猿與早期類人猿的區別在於體態直立和靠雙腳行走。他們的腦容量相當小，與現存類人猿差距不大，但他們的牙齒比較接近人類。人類學家依體型把南猿區分爲二：體型較小、較輕或所謂「纖細」型的阿法南猿（375萬年前）和非洲南猿（200～300萬年前）；演化後較重、較「粗壯」型的粗壯南猿（100～200萬年前）和鮑氏南猿（175萬年前）。一般認爲，粗壯南猿和鮑氏南猿從纖細型人種演化而來，最後因無演化的後繼者而滅絕。我們不清楚哪種纖細型南猿使人屬興起，雖然證據顯示是阿法南猿。亦請參閱Hadar remains、human evolution、Laetoli footprints、Lucy、Olduvai Gorge、Sterkfontein。

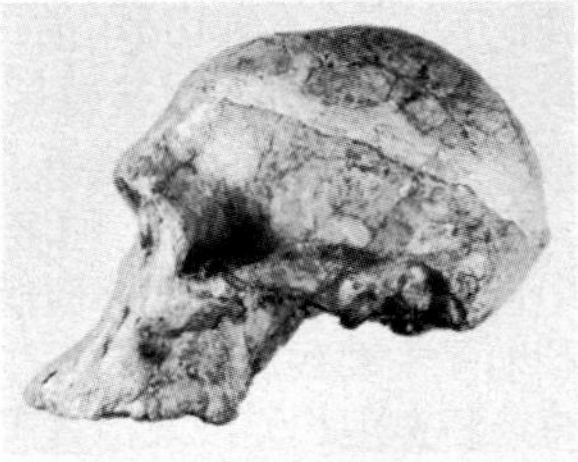

發現於南非斯泰克方丹的南猿屬頭蓋骨側面圖
By courtesy of the Transvaal Museum, Pretoria, S. Af.

Austrasia＊　奧斯特拉西亞　或稱Ostrasia。中世紀初期歐洲王國。在梅羅文加王朝（6～8世紀）時，這裡是東法蘭克王國，而紐斯特里亞是西法蘭克王國。範圍相當於今法國的東北部和德國中部，首都在梅斯。751年矮子丕平三世推翻梅羅文加王朝的末代國王，建立加洛林王朝。後來奧斯特拉西亞併入查理曼的神聖羅馬帝國。

Austria　奧地利　正式名稱奧地利共和國（Republic of Austria）。歐洲中南部的內陸國。面積83,856平方公里。人口約8,069,000（2001）。首都：維也納。語言：德語（官方語）。宗教：天主教（75%）。貨幣：歐元。奧地利被分成三個地區：西部的阿爾卑斯山區，占全國2/3的領土，包括全國最高點大格洛克納山。波希米亞森林爲一高地地區，往北延伸進捷克境內。低地區，包括東部的維也納盆地，主要是農業地帶。多瑙河及其支流幾乎流貫整個奧地利。該國已發展出一種混合自由市場和國營的經濟

模式，以製造業和商業爲主，旅遊業也很重要。政府形式是共和國，兩院制。總統是國家元首，總理是政府首腦。最大的文化資產一直是在音樂方面（參閱Haydn, Joseph、Mozart, Wolfgang Amadeus、Schubert, Franz (Peter)、Berg, Alban、Webern, Anton (Friedrich Ernst) von）。在其他領域上的大人物包括考考斯卡、弗洛伊德、維根斯坦。大約三千年前奧地利就有人定居，伊利里亞人可能是當時的主要居民。西元前400年前後塞爾特人入侵，建立了諾里庫姆。西元前200年以後羅馬人到此，並建立雷蒂亞、諾里庫姆和潘諾尼亞諸省；隨後，該地區就繁榮起來，人口以羅馬人爲主。西元5世紀，隨著羅馬的衰落，許多部落入侵，其中包括斯拉夫人；最終他們都屈服於查理曼，日耳曼人成爲該地區主要民族。976年巴奔堡王室的利奧波德一世任總督時，將奧地利變成政治實體。1278年哈布斯堡王朝的魯道夫四世（後來神聖羅馬帝國的魯道夫一世）征服了這一地區；哈布斯堡的統治一直延續到1918年。哈布斯堡王室掌權時，創立了以奧地利、波希米亞和匈牙利爲中心的王國。拿破崙戰爭結束了神聖羅馬帝國（1806），創立了奧地利帝國。梅特涅伯爵試圖保證奧地利在德意志各國中享有霸權，但與普魯士的戰爭使奧地利帝國分成奧匈帝國。民族主義的情緒折磨著這個王國，1914年一個塞爾維亞民族主義者刺殺了斐迪南，從而觸發了第一次世界大戰，戰爭破壞了奧地利帝國。戰後奧匈帝國解體，奧地利成爲獨立的共和國。1938年被納粹兼併（參閱Anschluss），第二次世界大戰中加入了軸心國。同盟軍占領十年後，1955年恢復奧地利共和國。1995年奧地利成爲歐洲聯盟的正式成員。

Austria-Hungary　奧匈帝國　亦作Austro-Hungarian Empire。昔日歐洲中部帝國，統治範圍包括奧地利、匈牙利、波希米亞、摩拉維亞、布科維納、特蘭西瓦尼亞、卡尼奧拉、科斯坦蘭、達爾馬提亞、克羅埃西亞、阜姆和加利西亞。這個雙元帝國是根據1867年協約成立的，除原來的奧地利皇帝之外，再加上一位匈牙利皇帝，不過，通常是同一人，匈牙利獲准擁有自己的國會和相當大的自治權。法蘭西斯・約瑟夫從奧匈帝國一開始就持有這兩個頭銜，直至1916年去世時爲止。一直到1914年，奧匈帝國裡的許多少數民族之間仍維持不穩定的平衡關係，這種平衡關係在那年斐迪南大公被塞爾維亞民族主義分子刺殺後瓦解，並導致了第一次世界大戰的爆發。1918年因戰爭失敗和各地的革命（捷克、南斯拉夫和匈牙利）造成奧匈帝國崩潰。

Austrian Netherlands　奧屬尼德蘭（西元1713～1795年）　指低地國家南部省份，大致相當於今比利時和盧森堡。在西班牙王位繼承戰爭結束以後，根據1713年的烏得勒支條約，西屬尼德蘭歸神聖羅馬帝國皇帝查理六世所有。哈布斯堡的統治者瑪麗亞・特蕾西亞和後來的約瑟夫二世繼續治理此區行政，一直到1795年奧屬尼德蘭被併入法國爲止。

Austrian school of economics　奧國經濟學派　由一批奧地利經濟學家於19世紀末期所提出的經濟理論。奧地利經濟學家門格爾（1840～1912）於1871年發表了這一新價值理論。這個價值觀念是主觀的：產品的價值來源於它能滿足人類欲望的能力。產品的實際價值，決定於消費者能從它的最不重要的用途中所得到的效用（邊際效用）。邊際效用理論不僅用於消費，也用於生產。此派的其他創建者包括維塞爾（1851～1926）、博姆－巴維克（1815～1914）。亦請參閱opportunity cost、productivity。

Austrian Succession, War of the　奧地利王位繼承戰爭（西元1740～1748年）　若干次相關戰爭的總稱。其中兩次是因神聖羅馬皇帝查理六世去世直接引起的。爭論點是他的女兒瑪麗亞・特蕾西亞是否有權繼承哈布斯堡的土地。1740年戰爭伊始，普魯士的腓特烈二世入侵西里西亞。他的勝利象徵哈布斯堡領主不能防衛自己，促使其他國家也開始蠢蠢欲動。最後在1748年10月簽訂艾克斯拉沙佩勒條約，結束衝突。

Austro-German Alliance　奧德聯盟（西元1879年）　亦稱Dual Alliance。奧匈帝國與德意志帝國之間的條約。兩個強國互相承諾在遭受俄羅斯攻擊時給予支援，並在遭受其他強國侵略的情況下保持中立。德意志帝國的俾斯麥把聯盟視爲防止德國受到孤立與保持和平的方法，因爲俄羅斯不會對兩國開啓戰端。1882年義大利加入，成爲三國同盟。到1918年爲止，該協定仍是德國與奧匈帝國外交政策的重要元素。

Austro-Prussian War　普奧戰爭 ➠ Seven Weeks' War

Austroasiatic languages　南亞諸語言　約含一百五十種語言的超語系，通行於南亞和東南亞地區（人數近九千萬），他們在形貌和文化背景上迥異。現今大部分學者認爲主要分爲兩個語族：蒙達諸語言和孟－高棉諸語言。南亞諸語言現在之所以零星分散，泰半是因爲近來講印度－雅利安語、漢藏語、傣語和南島諸語的人侵入此區的結果。在史前時代，南亞諸語言曾擴散到更大和完整一大片的區域，包括現在的中國東南部大部分。就使用人數而言，高棉語和越南語是兩種最重要的語言，沒有國家以南亞諸語言作爲官方語。

Austronesian languages　南島諸語言　舊稱馬來－玻里尼西亞諸語言（Malayo-Polynesian languages）。約含一千兩百種語言，通行於印尼、菲律賓、馬達加斯加、太平洋群島中南部（不包括新幾內亞的大部分地區；參閱Papuan languages）、東南亞大陸的部分地區和台灣，使用人口超過兩億人。歐洲殖民擴張以前，它是通行範圍最廣的語系。此語系以起源來劃分，把台灣的南島語和其他語言分開，主要分爲西馬來－玻里尼西亞語和中東馬來－玻里尼西亞語。西馬來－玻里尼西亞語包括爪哇語，使用者約七千六百萬人，占所有南島語使用者的1/3。東馬來－玻里尼西亞語包含大洋洲語（是南島諸語言最明確的語支），並涵蓋幾乎所有的玻里尼西亞、密克羅尼西亞和美拉尼西亞的語言。對南島諸語進行分類概括很困難，因爲此語言的數量多且差異大，儘管實詞都趨向雙音節，母音和輔音都很有限，尤其是玻里尼西亞語。源自東南亞的手稿文字記錄保存了古爪哇語和占語（占婆王國的語言）等幾種語言。

auteur theory*　作者論　電影製作的一種理論，其中導演被視爲影片的主要創造力量。源自1940年代晚期的法國，主要由楚浮和高達，以及期刊《電影筆記》推動。主張全面監視電影中所有視聽要素的導演應被視爲影片的「作者」，而不只是編劇。作者論的擁護者進一步辯稱，最成功的影片勢必留下導演個人確鑿的印記。

authoritarianism　威權主義　對權力絕對服從的原則，同個人思想和行動自由相對。威權主義是反民主的一種政治制度，政治權力集中在一個領導人或一小撮精英分子手中，實質上不對被統治者負責。與極權主義的區別在於，威權主義政府通常缺乏指導的意識形態，容忍社會組織的多元化，缺乏動員全體人民追求國家目標的力量，並只在相當墨守成規的範圍內行使權力。亦請參閱absolutism、dictatorship。

autism　自閉症　一種影響軀體、社交及語言技能的神經生物學性障礙。該詞於1940年代爲坎納和亞斯柏格首先使用，用以描述一類表現極端孤獨、自我沈緬的兒童。本症候群通常於兩歲半前出現，但早期徵象不易覺察。語言能力發展很慢或不正常（不成調或無節奏），可能對某些物件極爲依戀，對聲響反應不強，對疼痛無反應，或對明白無誤的危險不能認識，但自閉症患兒極爲敏感，通常本症候群伴有不願環境有任何改變的強迫性欲望，常伴有節律性的身體動作，如搖擺或拍手等。本症候群在男性中的發病率較女性高三～四倍。從前認爲是後天因素，如父母與兒童間的行爲交感的結果，可導致本症候群。現在的研究發現自閉症患者的腦結構異於常人。約15～20%的患者以後在社會生活或職業方面能夠獨立。某些自閉症患者視覺思考能力非比尋常，可能具有特殊天分。亦請參閱idiot savant。

auto sacramental＊　聖禮劇　一種西班牙短小戲劇，以宗教或聖經爲題材，類似奇蹟劇和道德劇。聖禮劇作爲基督聖體節節日慶祝的一部分在戶外演出，是宣傳聖體密義的短小詩體寓言劇；聖體是基督聖體節節日莊嚴慶祝的對象。這種形式第一次出現在16世紀，17世紀劇作家卡爾德隆．德拉巴爾卡寫的聖禮劇使該類劇達到高峰。1765年受到王室法令的指控不虔誠而禁演。

autobiography　自傳　作者自己敘述的傳記。古代和中世紀少有自傳文學存在（雖然有少數例外），直到15世紀，這種形式才開始出現。自傳作品採用多種形式，從生前不必然要出版的私密寫作（包括信件、日記、札記、回憶錄、憶往），到正式的自傳。這種體裁的傑作範例有聖奧古斯丁的《懺悔錄》（400?）、納博可夫的《回憶錄》（1951）等。

autoclave　高壓釜　耐高溫高壓的反應容器，通常爲鋼製的。化學工業在製造染料和在其他要求高壓的化學反應中根據工藝要求，需要使用各類高壓釜。在細菌學和醫學中，要求將器械放入高壓釜內水中，將水加熱到壓力下的沸點以上進行消毒。1679年帕潘發明的蒸煮鍋是高壓釜的原型，目前仍用於烹調，稱爲高壓鍋。

autograph　手稿　由作者手寫的作品。手稿除具古物研究及其他相關價值意義外，可說是個人原始或正確無誤的草稿，也是完成階段的樂章或一項重要述作的原件。1096年西班牙軍事統帥熙德所留的簽名可能是歐洲名流中最早的眞跡。文藝復興時期大半傑出人物諸如達文西、米開朗基羅、阿里奧斯托等眞跡皆存於國立圖書館內。18世紀以降，幾乎所有藝術、科學及社會大衆的知名人士皆有眞跡示人。

autoimmune disease　自體免疫疾病　任何針對自己體內組織抗原而由免疫反應引起的疾病（參閱immunity）。已知免疫系統有兩種方法來防止這樣的反應：在胸腺淋巴球轉而攻擊自身組織之前將之摧毀；藉離開胸腺的任何此類細胞而使之失去對目標抗原產生反應的能力。自體免疫疾病發生於這些機制失效而淋巴球摧毀宿主組織時，例子包括仰賴胰島素的糖尿病、系統性紅斑性狼瘡、惡性貧血、類風濕性關節炎。治療可以取代受影響組織的功能（例如針對糖尿病的胰島素離療法），或者壓制免疫系統（參閱immunosuppression）。過敏是另一類自體免疫反應。

automata theory＊　自動機理論　構成任何機電裝置（按確定程序將一種形式的訊息轉換爲另一種形式訊息的自動機）運作基礎的物理原理和邏輯原理的主體。維納和圖靈是這方面領域的先鋒。在電腦科學方面，自動機理論和機器人的建造（從建造基本的自動機裝置開始）有關。最好的例子是電子數位電腦，其有龐大但固定的儲存容量。自動電路網可設計用來模擬人類的行爲。亦請參閱artificial intelligence、Turing machine。

automation　自動化　約1946年由福特汽車公司一位工程師創造的詞語，指用機械、電力或電腦化系統代替人力和智慧的各種廣泛體系。一般來說，自動化可被定義爲透過程式指令結合自動反饋控制（參閱control system）來確保指令的正確執行以進行運轉的技術。這種結果產生的體系可以在無人操作的情況下運轉。

automatism＊　自動主義　油畫或素描的一種方法，是在沒有潛意識抑制手的運動的情形下記錄心理聯想。對於一些抽象表現主義畫家（如波洛克）來說，自動過程包含創作的整個過程。超現實主義畫家已透過自動或機遇法取得有趣的形象或形態，他們是有意識的發展這種技術。亦請參閱Abstract Expressionism、action painting、Surrealism。

automaton＊　自動機　開動後能自動運轉的機械裝置，以實用性（如時鐘）或裝飾性（如會唱歌的小鳥）爲主。西元1世紀時，就已發明用水、垂落的重力或蒸氣來驅動機械。中世紀和文藝復興時期，已出現許多供教會使用和桌上飾品的裝飾性機械裝置。16世紀，義大利羅馬附近建造了驚人的噴泉和供水系統。18～19世紀則出現了精巧的自動機，如機動畫、鼻煙盒等。到了20世紀，除了法貝熱的某些作品外，無人再生產昂貴的自動機了。

automobile　汽車　一種主要爲客貨運輸設計的自動推進車輛，一般爲四輪，通常由使用揮發性燃料的內燃機驅動。現代汽車是由約一萬四千多個零件組成，可區分爲幾個結構和機械系統，其中包括：鋼製車身，含容納乘客和儲物的空間，安置在底盤或鋼架上；汽油內燃機，藉由傳動器（變速器）發動汽車；轉向駕駛和制動系統，控制車子的動作；電子系統，包括蓄電池、交流發電機和其他裝置。其他一些重要的系統包括：燃料、排氣、潤滑、冷卻、懸吊和輪胎系統等。雖然在18和19世紀中葉已建造實驗性的交通工具，但商業性生產一直要到1880年代戴姆勒（1863～1928）和賓士兩人於德國分別製造汽車才開始。在美國，詹姆斯．帕卡德、威廉．帕卡德（1861～1923）和奧斯（1864～1950）算是第一批汽車製造業者，到了1898年美國就有五十家汽車製造廠。早期一些汽車是以蒸氣機發動的，如1902年左右史坦利兄弟所做的。福特採用內燃機，1908年推出T型汽車，不久，更以裝配線生產而進行了一次工業革命。1930年代歐洲製造商開始製造小型而人人買得起的汽車，如福斯汽車。1950年代和1960年代，美國則傾向生產大型和豪華的汽車，加上更自動化的配備。到了1970年代、1980年代，日本汽車製造商出口小型、經濟又實用的汽車到世界各地，其日漸風靡的程度迫使美國製造商生產同一類型的車款。亦請參閱axle、brake、bus、carburetor、electric automobile、fuel injection、motorcycle、truck。

automobile racing　汽車賽　普及全世界的一種職業或業餘的汽車運動，比賽有多種形式，可在公路、場地車道或封閉的環形公路上進行。它包括大獎賽、跑道賽（包含印第安納波里五百哩賽）、房車賽、輕型汽車賽、減重短程高速汽車賽、袖珍汽車賽、小型賽車運動等。另外還有登山賽和長途賽車。在美國，汽車賽的相關單位並不似其他國家一般多。

autonomic nervous system　自主神經系統　神經系統的一部分，能在無意識情況下來調節控制內臟器官的活動。包括交感和副交感神經系統。首先，交感神經系統通過脊神經將內部器官與腦相連，受刺激時，心率增加、肌肉的

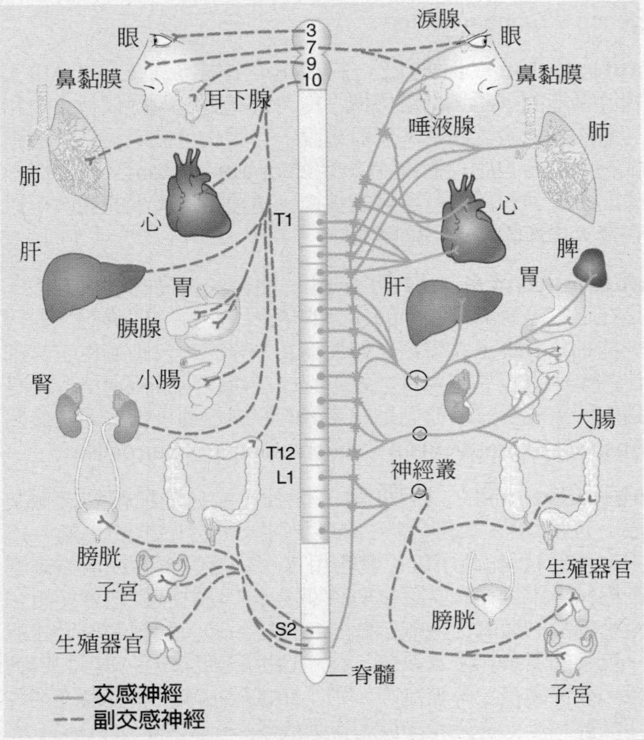

自主神經系統的神經衝動從大腦或脊髓的運動神經元開始。每個運動神經元都和中樞神經系統外第二運動神經元連結，攜帶衝動至腺體和平滑肌。這些第二運動神經元出現在神經節（神經元聚集處），與神經互連形成脊髓兩側的鏈。其他的神經節在身體其他部位構成大型的神經叢。交感神經節前纖維浮現於脊髓的胸廓和前三個腰椎部分。副交感神經元纖維源自於腦幹，從第三、七、九、十對腦神經。其他的副交感纖維從脊髓的第二、三、四薦骨浮現。

血流量增加、皮膚的血流量減少。第二部分是副交感神經系統由腦神經和腰脊神經組成，受刺激時增加消化液的分泌並使心跳減慢。交感神經和副交感神經都有神經纖維，將內臟的情況反映到中樞神經系統，以保持自我恆定性。第三部分爲腸神經系統，位於胃和腸的內壁，控制消化運動和消化液。

autopsy＊　屍體剖檢　亦稱屍體檢驗（necropsy）或屍後檢驗（postmortem）。對屍體及其各種內臟和有關結構進行剖檢，旨在確定死因，以及了解各種病變的發生過程，這種方法不可能應用在活人身上。至少從中世紀開始，屍體剖檢對醫學的發展貢獻很大。除了斷定個人的死因外，屍體剖檢對疾病和死亡統計數字、醫學院學生的教育、新型和正在轉變的疾病的了解，以及醫學的進展等十分重要。

Autry, (Orvon) Gene　奧區（西元1907～1998年）
美國演員與歌手。生於德克薩斯州提歐加的牧場，曾在奧克拉荷馬州擔任無線電報收發員，1928年在當地的廣播電台節目中首次演出，1931年開始主持自己的廣播節目。他在他的第一部電影《就在聖塔非》（1934）中，以牛仔的角色展開其演員生涯。他以「歌唱牛仔」之名走紅影壇，演出了十八部電影，最後一部電影是《假名傑西．詹姆斯》（1959）。他的錄音，包括「紅鼻子馴鹿魯道夫」（1949），賣出了數百萬張。電視播出的《金．奧區秀》從1950年播到1954年。

autumn crocus　秋水仙　百合科秋水仙屬植物。約三十種，原產於歐亞。草本，無莖。花如藏紅花，秋季開放。果爲蒴果，裂爲三果瓣，春季新葉生出時成熟。部分種在秋季自地下發出葉和花。秋水仙、博恩米勒氏秋水仙和美麗秋水仙等栽培供觀賞，其花冠管狀，粉紅色、白色或藍紫色。

Auvergne＊　奧弗涅　法國中南部一區（1990年人口1,321,000）。高盧的阿維爾尼人曾在此定居，首領韋辛格托里克斯，後來被凱撒打敗。西元475年割讓給西哥德人，507年法蘭克王國的克洛維一世征服之。後來成爲亞奎丹的一部分，8世紀時，爲一伯爵領地。1416年歸屬波旁王室，1530年左右屬於法國所有。

auxiliary　助動詞　語法上一個句子中從屬於主動詞的動詞。助動詞可以表現時態、語體、語氣、人稱和數量。在日耳曼諸語言（如英語）和羅曼諸語言（如法語）中，助動詞多與不定詞或分詞形式的主動詞連用。

auxin　植物生長素　調節植物生長，尤其能刺激莖內細胞縱向生長並抑制根內細胞縱向生長的一類激素。它可影響莖的向光性和背地性生長。在細胞分裂和分化、果實發育、插條時根的形成和落葉過程中也發揮了作用。最重要的天然存在的植物生長素爲β－吲哚乙酸。

Ava＊　阿瓦　緬甸古都。位於曼德勒西南方，濱伊洛瓦底江。14世紀時撣族建其爲首都。1527年被破壞，1634年又成爲東吁王朝的首都。18世紀雍笈牙建立貢版王朝，一度設其爲首都，即使建立阿瑪拉普拉及曼德勒後亦然，所在地常被稱爲「阿瓦庭院」。

avalanche　崩落　大量岩石碎片或雪順山坡向下急遽運動，所過之處將一切掃蕩和碾碎淨盡。當一堆物質超過了坡面的摩擦阻力時，崩落就開始了，常在其基底爲春雨所鬆動之後，或爲焚風迅速化凍之後。由炮火、雷霆、人工爆炸之類巨大聲響引起的震動能使這堆物質開始運動。有些雪崩是在特大雪暴中產生的，當雪還在下時就滑動了，但常見的是發生在雪已經聚積起來之後。目前對雪崩的控制，大部分在於將炸藥高拋到雪崩帶的上段裡，故意在雪的堆積量還不是太大之前，就使雪滑動。

Avalokitesvara＊　觀世音
漢語作觀音（Guanyin）　日語作Kannon。大慈大悲的菩薩，最受大乘佛教信徒愛戴的神。是阿彌陀佛的世俗體現，在佛陀離世和未來佛祖彌勒出現前守護世界。他是現世即第四世界的創造者。在中國和日本，觀世音的性別不太明確，有時候被認爲是女神。觀世音和阿彌陀佛、摩訶婆羅多菩薩一起統治極樂世界的佛教徒。觀世音也是西藏最流行的神，歷代達賴喇嘛據說都是觀世音轉世。

9世紀比哈爾的青銅製觀世音像，現藏比哈爾巴特那博物館
By courtesy of Patna Museum, Patna[Bihar]; photograph, Royal Academy of Arts, London

Avalon　阿瓦隆　一座傳說中的島嶼，相傳不列顛的亞瑟王在最後一次戰鬥中負傷後被送到該島治療。蒙茅斯的傑弗里在其著作中首次提及該島，據說該島由仙女摩根及其八姐

妹統治，這些仙女在為亞瑟治療時全部被殺。傳說亞瑟治癒後就回去統治不列顛。這些傳說可能源自塞爾特人有關落難英雄的極樂世界的神話。有時阿瓦隆也被認為是索美塞得郡的格拉斯頓伯里。

Avanti 阿槃提 古印度王國。位於現在的中央邦境內，地處連接南北印度的商道上。首都在鄔闍衍那（今烏賈因）。西元前6～4世紀為繁榮時期，是北印度的強國之一。西元前4世紀，摩揭陀孔雀王朝的旃陀羅笈多滅阿槃提，把它併入自己的版圖。鄔闍衍那原為印度教七個聖城之一，曾以優美和富裕聞名，自此也成為早期佛教和耆那教的中心。

Avars＊ 阿瓦爾人 來源未能確定的一個民族。6～9世紀曾在亞得里亞海和波羅的海、易北河與聶伯河之間的東歐地區建立一個帝國。可能是來自中亞的遊牧民族，以匈牙利平原為中心建立帝國，後來介入日耳曼人的部落戰爭，幫助倫巴底人推翻拜占庭聯盟，626年幾乎成功占領君士坦丁堡。他們也與梅羅文加王朝作戰，並幫助向南驅逐塞爾維亞人和克羅埃西亞人。後來國力為叛亂和內部紛爭所削弱，805年臣服於查理曼。

Avatamsaka-sutra＊ 華嚴經 亦稱Garland Sutra。是卷帙浩繁的大乘佛教經典。此經最明顯地表現原始佛教發展成為大乘佛教的教義演變過程。據此經記載，佛陀講論眾生皆具佛性，一切現象互生互依，最後成佛。《華嚴經》漢文譯本於西元400年前後出現於中國。特別信奉《華嚴經》的華嚴宗於6世紀在中國興起，後來在日本成一派。

avatar＊ 化身 印度教中，指神為了抵制世上某一種邪惡，而化作人形或獸形。通常指毗濕奴的十次下凡救世的化身，包括一次化身為佛陀。這一說法出現在《薄伽梵歌》中黑天神對阿周那所說的話中：「每當邪惡出現、正義受到威脅時，我就會出現。」

Avebury＊ 愛扶倍利 英格蘭威爾特郡村落，其部分地區處在歐洲最大最著名的史前遺址區內，占地28.5英畝（11.5公頃）。當地新石器時代遺跡有環形白堊石砌坑壁、帶天然孔的環石和有成對石塊排列的「肯尼特街道」等，連接至愛扶倍利村1哩（1.6公里）之外的一間寺廟。

Avedon, Richard＊ 艾夫登（西元1923年～） 美國攝影家，生於紐約市。艾夫登在美國商船隊學習攝影。1945年成為時尚雜誌《哈潑時尚》經常的撰稿人（1946～1965），後成為《時尚》（1966～1990）的攝影師。艾夫登以人像和時尚攝影聞名，時尚照以強烈的黑白對比為特點，創造出一種嚴謹的精巧效果。他在名人肖像中以空洞、全白之類的背景和正面、對衡的姿態等效果使被拍者的人格呈現戲劇化。他的許多作品包括《觀察》（1959；卡波特撰文）、《非關個人》（1974；鮑德溫撰文）、《人像》（1976）、《證據》（1994）和《六〇年代》（1999）。

avens＊ 水楊梅 薔薇科水楊梅屬各種多年生植物。約五十種，多分布於南、北溫帶或北極。有些開白色、紅色、橙黃色或黃色花的種被栽培觀賞。通常不高於2呎（60公分）；葉多基生，複葉、深裂或具缺刻。

average ➠ mean, median, and mode

Averno, Lake of＊ 阿韋爾諾湖 古稱Lacus Avernus。義大利南部湖泊，位於那不勒斯之西，為死火山的火山口湖。因有硫磺蒸氣，古代羅馬人（包括維吉爾在內）認為它是通往冥府的入口。傳說赫卡特的樹林和庫邁的西比爾的洞穴就在該湖附近。西元前1世紀時，阿格里帕將該湖變為軍港，稱伊烏利烏斯港，並與海相連。其主要羅馬遺跡包括浴池、寺廟和別墅。

Averroës＊ 阿威羅伊（西元1126～1198年） 阿拉伯語作Ibn Rushd。全名Abu al-Walid Muhammad ibn Ahmad ibn Muhammad ibn Rushd。西班牙的阿拉伯哲學家。曾在哥多華、塞維爾和摩洛哥擔任法官和醫生。他對亞里斯多德的詮釋（通常用來反駁阿維森納的論點）由三部評注組成：（1）「小評注」，分析論文的簡短摘要；（2）「中評注」，解釋原文的字面意思；（3）「大評注」，更為高級和深刻的注解。阿威羅伊主要忠於亞里斯多德的思想，也結合柏羅丁的思想、伊斯蘭教超自然的神、宇宙造物主等特點，以及部分擷取希臘、阿拉伯人的哲學思想，而賦予亞里斯多德主義「原動力」。亦請參閱Arabic philosophy。

Avery, Oswald (Theodore) 艾弗里（西元1877～1955年） 加拿大裔美國細菌學家。生於新斯科舍的哈利費克斯，原就讀於科爾蓋特大學，後來進入紐約洛克斐勒研究所醫院工作。他發現了轉化現象，即細菌發生變化並將變化傳給轉化細胞後代的過程。1944年艾弗里及其合作者提出報告指出，引起轉化現象的是細胞的遺傳物質DNA。這個發現因此開啓了研究遺傳密碼之門。

Avesta＊ 波斯古經 亦稱Zend-Avesta。瑣羅亞斯德教的聖典。其內容有宇宙起源傳說、法律和禮拜儀式以及先知瑣羅亞斯德的教誨。原作手稿據說毀於亞歷山大征服波斯之時，現有的《波斯古經》是在薩珊王朝（西元3～7世紀）期間搜集輯訂而成的。共分五部分：耶斯那，是獻祭時所唱的讚歌，其中「迦泰」（神歌）是整個經文最古老的部分，據說是瑣羅亞斯德本人的教誨；維斯柏拉特，包含對一些精神領袖的禮讚；文提達德，瑣羅亞斯德教主要律法的出處；耶斯特，對天使和古代英雄的二十一首頌歌；庫爾達－阿維斯陀，短的讚歌。

Avestan language 阿維斯陀語 《波斯古經》所用的古代伊朗語言。《波斯古經》中最古老的一部分「迦泰」，其年代約可溯至西元前第二千紀末期，與同時代的吠陀梵語相近。直到薩珊王朝中期（西元5～6世紀），阿維斯陀語才成為書面語言，其文字以中波斯文字體為基礎。最古老的手稿年代只可溯至13世紀。

aviary 鳥舍 飼養捕來的鳥類的一種結構，其大小足夠養禽者進入。小至小圍籠，大至長100呎（30公尺）以上，高達50呎（15公尺）的大型飛籠。只餵養那些很少飛行或飛行力較弱的鳥類（如秧雞、雉類）的圍籠，通常只有3呎（1公尺）高。天冷時，鳥舍常加以遮圍或加溫。大多數養禽家更喜歡把鳥放在栽有植物的自然環境裡。多數鳥舍為私人所有，用以自娛。其他一些，尤其是大型者，見於動物園（主要用於展覽）或研究機構。

aviation 航空 重於空氣的航空器的研製與操作。1783年氣球成為第一個載人飛行器。1891年滑翔機的研製成功以及內燃機的改進使得1903年萊特兄弟成功地進行了第一架以發動機為動力的飛機試飛。第一次世界大戰加速航空的發展。1920年代出現了第一批運送郵件和乘客的小型飛機。第二次世界大戰中，飛機的大小、速度、航程都有創新。1940年代晚期，噴射發動機使後來全世界商業航線的發展成為可能。亦請參閱airship、helicopter、seaplane。

Avicenna＊ 阿維森納（西元980～1037年） 阿拉伯語作伊本·西拿（Ibn Sina）。全名Abu Ali al-Husayn ibn Abd Allah ibn Sina。伊斯蘭教哲學和科學家，生於布哈拉（位於

烏茲別克境內）。曾為幾位蘇丹的御醫，並兩度出任大臣。其著作《醫典》長期以來是醫學方面的權威之作。《治療論》則是一部哲學和科學百科全書。其他作品包括《救世書》、《指導書》和《評論集》。他的思想（特別是對亞里斯多德哲學的詮釋）對中世紀歐洲的經院哲學派影響很大，其中心思想在於上帝必須存在的觀念。

Avignon＊ 亞威農 古稱阿維尼奧（Avennio）。法國東南部城市（1990年人口89,000）。原為腓尼基人殖民地，先後為羅馬人、哥德人、勃艮地人、東哥德人和法蘭克人所征服。曾是阿爾勒王國的一部分，後來曾短暫成立共和國（1135～1146）。1348年那不勒斯的瓊一世將該城賣給教宗克雷芒六世之前，該城屬於弗內森。西方教會大分裂時期，亞威農是教廷國都城（1309～1377）和教宗駐地。1791年法國兼併此城。著名建築包括羅馬式大教堂、教宗宮殿，以及因歌曲〈亞威農橋上〉而出名的聖貝尼茲拱橋。

Avignon papacy 亞威農教廷 在天主教歷史上，自1309～1377年，各代教宗主要迫於政治形勢，不駐在羅馬而駐在亞威農，史稱亞威農教廷。克雷芒五世是透過法國國王腓力四世的策劃才當選教宗的，四年後為了政治考量，把教廷遷往亞威農。這段時期的七代教宗全部都是法蘭西人，所封的樞機主教也大部分是法蘭西人，這引起英國和德國人的憎恨。在這段期間，樞機主教開始在教廷政府中扮演了較強勢的角色，改革了教會和神職人員，傳道的成效擴大了，教宗並努力安撫那些效忠的死對頭，以建立和平。法蘭西勢力的嚴重介入損害了教廷的威望，1377年格列高利十一世乃決定重返羅馬。那些樞機主教另外選了一位新教宗來塡補亞威農教廷的空缺，是為第一個偽教宗，西方教會大分裂於焉開始。

Avignon school 亞威農畫派 後期哥德式畫派，形成於法國東南部亞威農城及其附近地區。在亞威農教廷時期，許多義大利藝術家齊聚於該地。在馬提尼的主持下，教宗宮殿以及附近城鎮的一些世俗建築物都用壁畫作裝飾，當時的亞威農市是14世紀義大利藝術傳往法國的管道之一。到了15世紀初，法蘭德斯的影響也抵此，把義大利和北部風格結合在一起。畫派的代表作是未署名的《亞威農的哀悼基督圖》（約1460年前作於亞威農），有人認為是夏龍通所作。亞威農的藝術成果對15世紀後期至16世紀的法國繪畫主流產生了影響。亦請參閱Gothic art。

Avilés, Pedro Menéndez de ➠ Menéndez de Avilés, Pedro

avocado 鱷梨 學名為Persea americana。樟科的一種喬木，原產西半球大陸，從墨西哥向南至安地斯地區。植株高大或樹冠開展；葉橢圓形或卵形，長10～30公分。果的大小、形狀、顏色各異（綠色至暗紫色）。外果皮有的不比蘋果厚，有的粗糙並木質化。果肉淡綠色或淡黃色，似奶油一樣黏稠，具濃烈堅果味。有些品種的果肉含不飽和油達25%。鱷梨泥是一種獨特的墨西哥食品鱷梨沙拉的主要配料。鱷梨含維生素B_1、B_2和維生素A。

鱷梨
S. A. Scibor – Shostal

avocet＊ 反嘴鷸 反嘴鷸科反嘴鷸屬幾種大型海濱鳥類。具有鮮明的羽衣，淡藍色長腿，黑色長嘴，嘴尖向上翹。棲息於有開闊淺灘和泥灘的淡水或鹹水沼澤地。走在淺灘上，用部分張開的嘴來回橫掃取食。常排成行，一起涉水圍捕小魚和甲殼動物。有四種分別生存於全世界溫帶和熱帶地區。美洲反嘴鷸連嘴鼻在內，身長18吋（45公分）。

美洲反嘴鷸
Mildred Glueck from Root Resources

Avogadro's law＊ 亞佛加厥定律 在相同的溫度和壓力下，等體積的各種氣體含有相同的分子數（參閱Avogadro's number）。最初由義大利科學家亞佛加厥（1776～1856）於1811年提出，約到1860年才被接受。根據該定律，1莫耳分子氣體（標準狀態為0℃，1大氣壓）占有的體積對於一切氣體都是相同的（22.4公升）。

Avogadro's number 亞佛加厥數 任何物質1莫耳的單位數（以公克為它的分子量來定義），相當於6.0221367×10^{23}。這些單位可能是電子、原子、離子或分子，端視物質的性質和反應的特徵（如果有的話）而定。亦請參閱Avogadro's law、mass action, law of、stoichiometry。

avoidance, zone of 隱帶 銀河系的銀道面附近觀察不到的星系區域。形成隱帶的原因是星際塵埃的遮光效應。它完全是銀河系的局域效應，在隱帶之後還有數以百萬計的河外星系。只有電磁波譜的遠紅外波段的觀測才能穿透隱帶。

avoidance behavior 迴避行為 各種動物遇到有害刺激時產生的反應行為，往往表現為遁逃或防衛性動作，而很少主動攻擊。視覺是導致動物迴避行為最常見的原因，如小鳥一看到貓頭鷹就飛得無影無蹤。但鳴叫示警也是導致動物迴避行為的方式之一。

Avon 阿文 英格蘭西南部地區和舊郡。瀕臨布里斯托海峽和塞文河河口灣。1974年政府重組時建立，首府是布里斯托。羅馬統治時期修建了主要公路，巴茲也以有療效的泉水著名。從7世紀開始，阿文併入韋塞克斯王國。18世紀時布里斯托是重要的海港，巴茲也再度成為療養勝地。該地區經濟多樣，包括農業、製造業，旅遊業也很重要。

Avon River, Lower 下阿文河 英格蘭西南部河流。發源於格洛斯特郡，全長75哩（121公里），流向西南，經布里斯托，在布里斯托港口阿文茅斯注入布里斯托海峽。在布里斯托以下，該河切割了石灰岩山嶺，形成克利夫頓峽谷，這裡以懸索橋出名。

Avon River, Upper 上阿文河 英格蘭中部河流。源出英格蘭中部諾坦普頓郡，往西南流，在蒂克斯伯里注入塞文河，全長96哩（154公里）。風景優美廣為人知，著名勝地為Vale of Evesham。沿河重鎮有斯特拉福。莎士比亞在該河河畔的斯特拉福鎮出生。

AWACS 空中預警管制系統 全名Airborne Warning and Control System。防空用的機動遠程雷達和控制中心。美國空軍研製，1977年開始服役，裝在經特殊改裝的波音707飛機上。主雷達天線裝在直徑為9公尺的圓形旋轉雷達天線罩內。其雷達系統可探測、跟蹤和識別距離200海哩（370公里）的低空飛機和更遠的高空飛機，還可跟蹤海上船隻，並在任何地形上空和各種氣象條件下工作。機載電腦可估量敵機的行動，並保持跟蹤我機、敵機或未識別的飛機的位置。其安全系統的操作者能導引友機對抗敵機。

Awakening, Great ➠ Great Awakening

Awolowo, Obafemi＊　阿沃洛沃（西元1909～1987年）　奈及利亞民族主義政治人物，約魯巴人領袖。曾在倫敦學習法律，著有《奈及利亞自由之路》（1947）。1947年建立第一個約魯巴人的政黨行動派，任主席。1954～1959年任西部地區總理，致力於改革教育、社會服務和發展農業。雖從未贏得選舉，但一直是該國政治界數一數二的人物。

ax　斧　砍、劈、削和穿刺的手執工具。石器時代的手斧至西元前3萬年前後已有安裝木柄的。約西元前4000年在埃及已有紅銅斧，隨後出現了青銅斧，最後出現鐵斧。在中世紀時期，由於砍伐樹木的鐵斧的發展，人們才有可能把西北歐廣闊的森林開闢出來。後來在開發東歐、斯堪的那維亞半島、北美洲和南美洲，以及世界其他地區的土地的過程中，斧頭都發揮過同樣的作用。現代由於有了利用動力操作的鋸和其他機器，斧頭已經大大失去了它的歷史作用，但仍不失爲一種用途廣泛的常用工具。

axiology　價值學　價值的哲學理論。價值學研究最爲廣義的善或價值。杜威在《人性與行爲》（1922）和《評價論》（1939）中區分了工具價值和內在價值，亦即作爲方法的善和作爲目的的善。在標準道德中，尤其是在結果論中，內在價值和外在價值的區分非常重要。本身就有價值的事物具有內在價值（如享樂主義者的快樂），如果只有爲其他具有內在價值的事物服務才有價值的事物則具有外在價值（如紙幣）。亦請參閱eudaemonism、fact-value distinction。

axiom　公理　在數學或邏輯上，公理是不可論證的第一原理或規則，是普遍爲人接受的眞理，因爲它天生的優點或是因爲它的不證自明。一個例子是：「任何事物都不可能在同一時候和同一方面既存在又不存在」。在現代，數學家往往把公設和公理這兩個詞作爲同義詞使用。有人建議將公理這個術語用於邏輯的公理，而將公設用於據以定義特定數學學科的邏輯原理以外的那些假設或第一原理。亦請參閱theorem。

axiomatic method　公理方法　邏輯學中的一種程序，通過這種程序，一個完整體系（例如：一門科學）按照特定規則形成。這些特定規則是從某些基本命題（公理）出發，以邏輯演繹法制定的。這些基本命題由幾個基本詞構成。對於這些詞和公理可以任意地下定義和構詞；或者，也可以按照一種模式來產生，這種模式中存在著對於它們眞實性的直觀證明。公理化體系最早的例子是亞里斯多德的三段論和歐幾里德幾何。20世紀初，羅素和懷德海試圖使所有的數學以公理的方式成爲正式定形。學者們甚至用這種方法來處理經驗科學，如伍傑的《生物學中的公理方法》（1937）與赫爾的《行爲的原理》（1943）。

Axis Powers　軸心國　第二次世界大戰期間，德、義、日領導的軍事聯盟，與同盟國抗衡。該聯盟起源於德意志之間的一系列協定，隨後1936年組成了羅馬－柏林軸心，德、日也締結「反共產國際協定」。德、義之間的正式「鋼鐵條約」（1939）和1940年「三國同盟條約」的簽訂鞏固了這一聯盟。其他幾個國家，包括匈牙利、羅馬尼亞、保加利亞、克羅埃西亞和斯洛伐克，後來也加入了原先的軸心國。

axle　軸　在輪子固定的情況下，讓輪子藉以旋轉的栓或桿。是一種把力放大的基本的簡單機械。在與輪結合的情況下，最早的形式可能用來舉起重物或從井中提起水桶。其操作原理爲大、小齒輪連上同一個桿，施於大齒輪半徑以轉動桿的力足以克服小齒輪半徑上較大的力。其機械利益等於二力的比率，也等於兩個齒輪半徑的比率。

Axminster carpet　阿克斯明斯特地毯　1755年由織布工惠蒂在英格蘭阿克斯明斯特興建的一家工廠織製的鋪地用品。其特色是拴土耳其扣，毛經麻緯，圖案爲文藝復興時代的建築花飾或彩花。1835年隨著機織地毯的出現而工廠倒閉，但阿克斯明斯特這個名字作爲機織地毯的一般名稱而保存下來，其毯面工藝類似絲絨或繩絨。

Axum ➠ Aksum

ayatollah＊　阿亞圖拉　伊斯蘭教什葉派中高級的宗教權威，被追隨者視爲同一年齡層中最博學的人。阿亞圖拉的權威在於不會犯錯的伊瑪目，他的法律判決被他個人的追隨者及現今廣大社會視爲是必須遵守的。

Ayckbourn, Alan＊　艾克伯恩（西元1939年～）　受封爲艾蘭爵士（Sir Alan）。英國劇作家。他從約克郡斯卡伯勒的史蒂芬·約瑟夫公司開始演藝生涯，也在此地以羅蘭·艾倫（1959～1961）爲筆名寫下他早期的劇本。他的劇本在倫敦和紐約贏得好評以前，大都是在史蒂芬·約瑟夫公司的劇場首演，他從1970年起就擔任該劇場藝術總監。他寫了超過五十個劇本，大部分是探討婚姻衝突與階級衝突的鬧劇與喜劇，包括《相對論》（1967）、《荒謬人稱·單數》（1972）、《諾曼人的征服》（1973）三部曲、《親密交易》（1982）以及《溝通的大門》（1995）。

Aydid, Muhammad Farah＊　艾迪（西元1930～1996年）　索馬利亞派系領袖。索馬利亞內戰（1991～1995）中最主要的氏族領袖。他在義大利和蘇聯受過軍事訓練，1978～1989年間於西亞德巴雷總統手下擔任許多職務，後來在1991年將他推翻。艾迪的臨時總統職位被另一名派系領袖奪走，隨後又繼續與其他氏族交戰。聯合國與美國的部隊到達索馬利亞時（1992），艾迪因伏擊一個聯合國兵團而被通緝。爲了逮捕他導致了許多傷亡，外國部隊也撤離當地。他隨之加強對敵手的攻勢，然據傳在戰役中受傷後死於心臟病發作。

Ayer, A(lfred) J(ules)＊　艾爾（西元1910～1989年）　受封爲阿佛列爵士（Sir Alfred）。英國哲學家，邏輯實證論的倡導者。曾在倫敦大學學院（1946～1959）和牛津大學（1959～1978）任教。1936年因著《語言、眞理、邏輯》一書而蜚聲國際，他推崇維也納學圈的觀點並確立經驗主義的哲學理論。其研究的方向可由他出版的書名中了解，如《經驗知識的基礎》（1940）、《知識問題》（1956）、《實用主義的起源》（1968）、《羅素和摩爾》（1971）、《哲學的中心問題》（1973）和《維根斯坦》（1985）。

Ayers Rock＊　艾爾斯岩　澳大利亞北部地方西南部巨大的獨體岩，澳洲原住民稱其爲烏盧魯（Uluru），可能是目前世界上最大的獨體岩。由礫岩構成。能隨太陽照射角度不同而變色。呈橢圓形，高出周圍荒漠平原1,100呎（335公尺）。位於烏盧魯國家公園內。底部有一些淺洞穴，被某些原住民部族視爲聖地，洞內有雕刻和繪畫，1985年艾爾斯岩的正式所有權授予當地原住民。

Aying　阿英（西元1900～1977年）　亦拼作A-ying。本名錢杏邨。現代中國文學批評家，現代中國文學史家。阿英是位共產黨員，也是中國左翼作家聯盟常務委員會的成員。他約於1930年開始搜集並研究現代中國，以及明清時期的文學材料。他出版的作品，如1933年出版的《現代中國女作家》和西元1958年出版的《小說二談》，對於記錄中國的現代文化，貢獻卓著。

Aylesbury *　艾爾斯伯里　英格蘭東南部城鎮（1995年人口約61,000）。白金漢郡首府，位於倫敦西北泰晤士河一處名爲艾爾斯伯里谷的河谷，以富含肥沃黏土聞名。曾爲貿易的重要集鎮。現爲工業中心。鎮內歷史建築包括一座18世紀的郡府和15世紀的旅館。

Aymara *　艾馬拉人　南美印第安龐大的居民集團。居住在今祕魯和玻利維亞安地斯山脈中部的的的喀喀高原。以往曾遭印加人和西班牙人征服，但都反叛他們。現代艾馬拉人大約有一百五十～兩百萬。居住在這個土地貧瘠、氣候惡劣的地區的基本上是農民和牧民。他們在低質的牧場上放牧美洲駝和羊駝。使用巨大的香蒲－蘆葦筏捕魚。

Aymé, Marcel *　埃梅（西元1902～1967年）　法國小說家、小品文作家和劇作家。其小說包括《空地》（1929）、《寓言於人》（1943）和《瞬間》（1946）。他以講述牲畜的詼諧故事（反映了他自己在農場的成長經歷）而受到公衆的廣泛喜愛。一些故事也用英文出版，如《奇妙的農場》（1951）。儘管因作品荒誕不經曾長期被視爲二流作家，埃梅後來也被認爲是輕鬆諷刺文章和說故事的大師。

Ayodhya ➡ Ajodhya

Ayrshire *　亞爾夏牛　適應性強的乳牛品種。18世紀後葉起源於蘇格蘭的亞爾夏。據認爲是唯一起源於英倫諸島的乳牛品種。毛色由幾乎純白到近於全部櫻桃紅或褐色。肉用價值較爲次要。分布廣泛，已輸出到許多國家，其中以英國、加拿大和美國最多。

Ayub Khan, Mohammad *　阿尤布・汗（西元1907～1974年）　巴基斯坦總統（1958～1969）。曾就學於阿里格爾穆斯林大學和英國皇家軍事學院。1928年任印度陸軍軍官。第二次世界大戰時在緬甸當營長。在巴基斯坦陸軍中迅速晉升。1958年米爾札總統在陸軍支持下，廢除憲法，任命他爲軍法首席執行官。不久，他自任總統，流放米爾札。阿尤布・汗改組了政府，並透過農業改革與刺激工業以恢復經濟。另外，在外交上同中國大陸建立友好關係，1965年與印度爲爭奪查謨與喀什米爾而爆發戰爭。由於未能獲得喀什米爾及敉平學生反對選舉限制而掀起的騷動，他在1969年辭職。

Ayurveda *　印度草藥療法　亦稱印度草藥醫學（Ayurvedic medicine）。印度醫學的傳統體系。源於印度教神話中爲諸神治病的神醫馱那婆多利，他從大神梵天處習得。最早的概念起於吠陀的阿闥婆吠陀（約西元前2千紀）。最重要的印度草藥療法文獻是西元1～4世紀的《闍囉迦集》和《妙聞集》，以土、水、火、氣、醚和三種體液（氣息、膽汁、痰）來分析人體。爲了防止疾病，印度草藥療法強調衛生、運動、草藥備份、瑜伽，治療病痛須仰賴草藥、生理療法、食療。印度草藥療法至今仍是印度保健盛行的方式，約在一百所學院中傳授，在西方已經成爲流行的另類醫學形式。

Ayutthaya *　阿瑜陀耶　全名帕那空・希・阿瑜陀耶（Phra Nakhon Si Ayutthaya）。泰國故都，位於泰國中部，曼谷東北。據說泰國（暹羅）這個國家始於這座城市的創建（1347～1351）。阿瑜陀耶（大城）王國後來成爲東南亞最強大的國家之一，此城繁榮了四百多年。大量建築、藝術品和文學作品毀於1767年緬甸侵犯阿瑜陀耶的浩劫中。現今的阿瑜陀耶城寧靜地躺在她的一片壯麗的廢墟中。

Ayyubid dynasty　阿尤布王朝（西元1173～1250年）　薩拉丁建立的遜尼派穆斯林王朝，統治整個埃及、現伊拉克北部、敘利亞大部分和葉門。薩拉丁在推翻什葉派的法蒂瑪王朝後，號召穆斯林建立反十字軍的聯合陣線，同時把埃及建成當時世界上最強大的穆斯林國家。薩拉丁死後，阿尤布王朝政權分散到地方。阿尤布王朝成立一種叫「馬德拉沙」的宗教研究機構。1250年馬木路克王朝篡奪了阿尤布帝國。

azalea　映山紅　即杜鵑花。杜鵑花科杜鵑花屬的某些種的統稱，曾畫爲獨立的屬映山紅屬。這兩個類群有一些不同的特徵：映山紅是典型落葉樹，花筒狀，略呈雙唇形，通常芳香，雄蕊五個，突出。杜鵑類常綠，花鐘狀，無香味，雄蕊十個或更多，但兩者間存在中間類型。兩者間的差異不恆定，還不足以將它列爲兩個屬。原產北美和亞洲山區的映山紅經人工雜交而育出栽培變種。著名的北美映山紅種類有喬木狀映山紅、火焰映山紅和粉紅映山紅。

Azali *　阿札爾派　1863年伊斯蘭教巴布教派發生分裂後，忠於巴布學說，並擁護其選定的繼承人米爾札・雅赫亞的教派，尊其爲蘇貝赫・阿札爾。但後來其異母哥哥巴哈・烏拉自稱是巴布生前所預言的先知，阿札爾派駁斥之，但大多數巴布派教徒跟隨了他，在1867年建立巴哈教派。阿札爾派現在主要分布在伊朗，在人數上遠遜於巴哈教派。

Azaña (y Díaz), Manuel *　阿薩尼亞（西元1880～1940年）　西班牙總理和第二共和國總統。早年在馬德里習法律，回國後擔任過文官、新聞記者，並從事寫作。1931～1933年擔任總理，試圖採取溫和自由路線。1936年5月當選總統，7月卻爆發了西班牙內戰，所以成就有限。他失去對政策的控制權，成爲有名無實的總統。1939年民族主義者取得勝利後，流亡海外。

阿薩尼亞，油畫；梅茲奎塔（J. M. Lopez Mezquita）繪於1937年
By courtesy of the Hispanic Society of America, New York

Azande *　阿贊德人　亦作Zande。中非民族，操尼日－剛果語系的阿達馬瓦－烏班吉語支語言。分布在蘇丹、剛果（金夏沙）和中非共和國。大都適於農耕和打獵。精於製作鐵、泥、木製手工藝品。長期以來分散居住，實行一夫多妻制。父系氏族多而分散。崇尚祭祖，神的概念模糊，但巫術魔法比祭祖更重要。現在人數約有三百七十萬人。

Azerbaijan *　亞塞拜然　正式名稱亞塞拜然共和國（Republic of Azerbaijan）。南亞國家。面積86,600平方公里。人口約8,105,000（2001）。首都：巴庫。亞塞拜然人爲土耳其人的一支，年代可追溯至11世紀時的塞爾柱人移民，帶來更進一步的種族混合。語言：亞塞拜然語（官方語）和俄羅斯語。宗教：伊斯蘭教，另有少數的東正教信徒。貨幣：馬納特（manat）。多種多樣的地貌是該國地形的特徵，40%以

上的土地爲低地，而全國約有10%的土地海拔1,500公尺以上。中央部分是庫拉河及其支流（包括阿拉斯河）流貫的平原，其上游形成與伊朗的部分疆界。裏海是巴庫貿易的出口。經濟以農業、煉油業和輕工業爲主。政府形式爲多黨制聯邦共和國，一院制。國家元首是總統，政府首腦爲總理。亞塞拜然毗鄰伊朗的同名地區，兩地居民的起源也一樣。9世紀時處於土耳其的影響下，在以後的幾個世紀中先後與阿拉伯人、蒙古人、土耳其人和伊朗人奮戰。19世紀初，俄國占領了現在獨立的亞塞拜然地區。1917年俄國革命後，亞塞拜然宣布獨立；1920年被紅軍降服，成爲蘇維埃社會主義共和國之一。1991年蘇聯解體，亞塞拜然宣布獨立。其在地理上有兩個獨特之處：在亞美尼亞領土內的飛地納希切萬與亞塞拜然完全分隔開來，而在亞塞拜然境內並在行政上由它管理的納戈爾諾－加拉巴赫卻以信奉基督教的亞美尼亞人占多數。1990年代亞塞拜然與亞美尼亞爲了雙方的領土而開戰，造成巨大的經濟損失。1994年雖宣布停火，但政治問題仍未解決。

Azhar University, al-＊ 阿札爾大學 世界伊斯蘭學和阿拉伯學主要研究中心，位於開羅中世紀區阿札爾清眞寺內，西元970年由法蒂瑪王朝創辦，988年正式建成。基礎課程有伊斯蘭律法、神學、阿拉伯語，迄今仍爲研習主要內容。19世紀時恢復了哲學課。20世紀這所大學推行現代化，在納賽爾城新建的分校內增開了社會科學方面的課程。阿札爾大學附設科研機構十一所，學生來自中國、印尼、摩洛哥、索馬利亞等國。自1962年起開始招收女生。學生總人數爲90,000。

Azikiwe, Nnamdi＊ 阿齊克韋（西元1904～1996年） 奈及利亞總統（1963～1966），奈及利亞南部民族主義者（特別是伊格博人）的領導者。1959年他的國民議會黨贏得了聯邦選舉的重要勝利，推動了奈及利亞獨立。在比夫拉內戰（1967～1970）中，他首先支持他的伊格博族人，但後來又轉而支持聯邦政府。此後，他成爲反對執政黨的領導人之一。

azimuth 地平經度 ➠ altitude and azimuth

azo dye＊ 偶氮染料 一大類合成有機染料的總稱，其分子結構的一部分爲偶氮基－N＝N－。大部分工業染料屬於此類。偶氮染料用於棉花的最早的方法是：兩種化學組分的溶液依次處理棉纖維而相互反應，在纖維內部或表面形成染料。採用這種方法的染料稱爲顯色染料。使用最方便的是定名爲直接染料的偶氮染料，含有一種能使染料溶於水的化學取代基，所以能被棉花從溶液中吸附。還有一些偶氮染料含有能與金屬離子結合的官能團。和這類染料一起使用的大量的金屬鹽中最常用的是鉻和銅。金屬離子也常與纖維結合，改善染料的耐洗性，但有時會使色調發生明顯變化。

Azores＊ 亞速群島 葡萄牙語作Açores。北大西洋中的群島，爲葡萄牙領土。面積共2,247平方公里。群島由九個主要島嶼組成：包括聖米格爾、聖瑪麗亞、法亞爾、皮庫、聖若熱、特塞拉、格拉西奧薩、弗洛里斯和科爾武。首府爲蓬塔德爾加達（位於聖米格爾島上）。各島具有大致相同的特點：海岸陡峭，多岩石和卵石岩屑（岩屑堆或山麓碎石堆）。頻繁的地震和玄武岩熔漿噴發顯示其不穩定的地質特性。群島西距歐洲大陸約1600公里。一般認爲亞速群島在1427年由葡萄牙國王的領航員塞尼爾發現，所有島上沒有發現人類到此或居住的痕跡。約1432年開始建立居民點，到15世紀末，所有島嶼均有人居住，並與葡萄牙建立了良好的貿易關係。1580～1640年，亞速群島曾隸屬西班牙，1591年曾是英國與西班牙和葡萄牙兩個半島強國之間海戰的戰場。1766年葡萄牙任命一名管轄整個群島的總督兼提督；1895年被給予有限的行政自治權。第二次世界大戰時重要的空軍和海軍基地在此建立，1951年美國在拉日什設立北大西洋公約組織的空軍基地。

Azov, Sea of＊ 亞速海 烏克蘭和俄羅斯南部海岸外的內陸海。向南通過刻赤海峽與黑海相連。亞速海長約210哩（340公里）、寬85哩（135公里），面積約145,000平方哩（37,600平方公里）。流入亞速海的河流有頓河、庫班河和許多較小的河流。西部有阿拉巴特岬角，是一片70哩（113公里）長的沙洲，將亞速海與錫瓦什隔開。錫瓦什是將克里米亞半島和烏克蘭大陸隔開的沼澤水灣。亞速海最深處只約14公尺，是世界上最淺的海。

AZT 疊氮胸腺嘧啶核甙 全名azidothymidine。成功延緩帶有人類免疫不全病毒患者愛滋病進展的藥物。自1980年代中期引進以來，已經延長了數以百萬計病患的生命，它在防止人類免疫不全病毒從受感染孕婦傳到胎兒的情況特別有效。由於它對病毒複製比人體細胞複製有效，它的副作用比其他大部分愛滋病藥物少，雖然許多病人並不能忍受它。隨著治療進行，其有益效果傾向於減少，所以目前通常與其他藥物一起使用。

Aztec Ruins National Monument 阿茲特克遺址國家保護地 美國新墨西哥州西北部一考古遺址。位於阿尼馬斯河畔，阿茲特克鎮以北。1923年設立，面積1.3平方公里。早期定居者錯將此處稱爲阿茲特克，該處有12世紀普韋布洛印第安人村鎮的廢墟。1987年該處成爲世界文化遺址。

Aztecs 阿茲特克人 操納瓦特爾語的民族，15世紀和16世紀初，曾在今墨西哥中南部統治一帝國。他們可能發源於今墨西哥北部高原，後來又遷徙至別處。他們的遷徙可能與托爾特克人文明的沒落有關。阿茲特克帝國鼎盛時期，人口最高約達五百萬～六百萬，幅員80,000平方哩（200,000平方公里），主要歸功於成功的農業方法，包括密集耕種、灌溉和濕地的開墾等。阿茲特克國家實行專制體制，奉行軍國主義，根據階級和社會地位明確地劃分社會階層。阿茲特克的宗教是混合了各種不同的信仰，尤其是馬雅人的信仰。阿茲特克人實行人祭，曾有一可怕的傳說，兩萬～八萬名囚犯在四天之內全被殺死。科爾特斯俘虜阿茲特克皇帝蒙提祖馬二世並征服大城市特諾奇蒂特蘭（今墨西哥城）後，該帝國滅亡。亦請參閱Nahua。

azulejo＊　紋飾錦磚　自14世紀以來在西班牙、葡萄牙生產的光滑彩色瓷磚。摩爾人占領時期由阿拉伯人引進西班牙，用於伊斯蘭建築的牆面和地面。早期圖案呈幾何形，面積13～15平方公分。15～16世紀葡萄牙從西班牙進口這種磚，用於宗教建築和私人建築。17世紀葡萄牙人將瓷磚出口到亞速群島、馬德拉群島和巴西，西班牙人又把瓷磚引進其在美洲的殖民地。18世紀墨西哥的普韋布拉建築內外都貼有色彩明亮的紋飾錦磚，使用之廣泛無處能比。

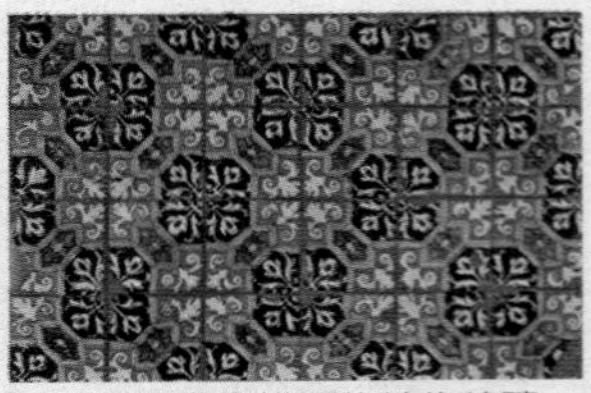

16世紀晚期塞維爾的紋飾錦磚，現藏鹿特丹博伊曼斯－范伯寧根博物館
By courtesy of Museum Boymans-van Beuningen, Rotterdam

B-17 B-17轟炸機 亦稱飛行堡壘（Flying Fortress）。美國在第二次世界大戰中使用的重型轟炸機。1934年由波音飛機公司設計，它能以最高速度287哩／小時（462公里／小時）在35,000英呎（10,700公尺）高度上巡航。之所以稱作飛行堡壘，是因為飛機每個角落都裝有0.5吋機槍，總數達十三挺。炸彈艙內可攜帶3噸（2.7公噸）炸彈，翼下彈架上掛的炸彈比艙內更多。第二次世界大戰期間，美國生產超過一萬兩千架B-17，大部分用來在歐洲進行高空轟炸。

B-52 B-52轟炸機 亦稱同溫層堡壘（Stratofortress）。美國遠程重型轟炸機，1948年設計，1952年首次試飛。原設計為一種能到達蘇聯的原子彈載機，但確實可適於執行多種任務，因此在20世紀末仍繼續服役。B-52翼展為285呎（56公尺），機長超過160呎（49公尺）。動力裝置為八部噴射發動機，高度55,000呎（17,000公尺）上最高速度為595哩／小時（960公里／小時）。機組乘員為六人，唯一的防禦武器是機尾的炮塔。

B cell B細胞 兩種淋巴球之一（另一為T細胞）。所有的淋巴球從骨髓開始發育。B細胞涉及所謂的體液免疫力；一旦遭遇外來物質（抗原），B淋巴球即分化為漿細胞，由漿細胞分泌出免疫球蛋白（參閱antibody）。

Baader-Meinhof Gang＊ 巴德爾－邁恩霍夫幫 亦稱紅色軍團（Red Army Faction）。1968年建立的西德左翼恐怖組織，以其早期兩位領導人巴德爾（1943～1977）和邁恩霍夫（1934～1976）的名字命名。最初靠搶劫銀行維生，並從事恐怖炸彈及縱火行動，尤其針對西德本地和美國在西德的設施。巴德爾、邁恩霍夫和其他十八名成員在1972年被捕；邁恩霍夫最終上吊自殺，而巴德爾顯然也是自殺身亡。到了1970年代中期，該組織成為國際恐怖組織；其兩名成員參加了1976年恩德比事件中的巴勒斯坦劫機案。共產主義在東德瓦解後（1989～1990），世人發現東德的祕密警察曾提供該組織訓練機會與軍需品。1992年該組織宣布結束其恐怖活動。

Baal＊ 巴力 古代中東許多民族－－特別是迦南人－－所崇奉的司生生化育之神。在迦南神話中，巴力與司死亡和不育之神莫特為死敵；巴力戰勝將連續七年豐收，莫特戰勝則將連續七年乾旱饑饉。巴力也是眾神之王，此王位是從海神雅木那裡奪取的。巴力崇拜，流行於新王國後期到衰亡之時（西元前1400～1075年）的埃及。阿拉米人依巴比倫發音稱之為貝勒；希臘人則稱之為貝洛斯，將他與宙斯融合為一。《舊約》提到巴力之處，往往是用某一特定地方的巴力，或者複數形「Baalim」。

baal shem＊ 美名大師 猶太教中，知曉上帝的祕名而行神蹟治病的人。這一習俗可追溯到11世紀，很久以前此詞用來指某些拉比和喀巴拉派人士。17～18世紀的東歐有許多美名大師，他們從事驅鬼、製作護身符、用草藥、民間藥方和四字母聖名進行治療。由於在治療中結合了信仰與喀巴拉法術的行使，他們曾與醫師、拉比和哈斯卡拉運動的追隨者發生衝突。亦請參閱Baal Shem Tov。

Baal Shem Tov＊ 美名大師托夫（西元約1700～1760年） 原名Israel ben Eliezer。波蘭哈西德主義（1750?）的創始人。父母雙亡，曾在猶太教的會堂和授業座（教育機關）工作。在他退隱於喀爾巴阡山中從事神祕主義探索後，獲「美名大師」之名。約自1736年定居於麥德熱波村，專心靈修。他以Besht（美名大師托夫的英文首字母縮寫語）廣為人知。後來不再主張老拉比所奉行的苦行主義，而專注於與上帝交流，以日常工作為上帝效勞，解救那些在喀巴拉看來是陷入物質世界陷阱的神性火花。他在安息日餐時所作的演說被保存下來，但沒有著作流傳於世。他強調要親近從事簡單勞動的人民。哈西德主義在猶太教中引起了社會激變和宗教激變，建立了一種以新的儀式和宗教超脫為特色的崇拜模式。

Baalbek＊ 巴勒貝克 黎巴嫩東部村莊。在古代是個大城市，建築在前黎巴嫩山脈較低的西坡上。由於被視為崇拜閃米特太陽神巴力，因而得希臘名赫利奧波利斯。凱撒把它設為羅馬殖民地。西元637年受阿拉伯人控制，直至20世紀該地區都由敘利亞的穆斯林統治者治理。第一次世界大戰之後成為黎巴嫩的一部分。現存大片廢墟，其中包括朱比特神殿、巴克斯神殿、維納斯神殿、城牆、羅馬人的馬賽克、清眞寺和阿拉伯人要塞。

Baath Party 復興黨 亦作Bath Party。阿拉伯政黨，主張建立單一的阿拉伯社會主義國家。1943年由阿弗拉克和比塔爾創建於大馬士革，1953年與敘利亞社會黨合併為阿拉伯社會復興黨。該黨奉行不結盟主義，反對帝國主義和殖民主義。在與埃及的短暫聯盟失敗後，復興黨於1963年取得敘利亞政權，並在一連串的政變之後於1968年取得伊拉克政權。該黨在許多中東國家也設有支部。亦請參閱Pan-Arabism。

Bab, the＊ 巴布（西元1819/1820～1850年） 原名Mirza Ali Muhammad of Shiraz。伊朗宗教領袖，創立巴布教派，是巴哈教派中心人物之一。商人之子，受伊斯蘭教什葉派謝赫教派影響。1844年寫成《可蘭經》中〈優素福〉章的詮注，宣布自己是通往隱藏伊瑪目的巴布（阿拉伯語，意為通路）。後來宣稱自己就是伊瑪目，最後自稱神蹟。同年，他湊集了門徒十八人，他們在不同波斯省份內傳布新信仰。一般人民擁護他，但他受到宗教階層的反對，於1847年在德黑蘭附近被捕，遭到囚禁。1848年他的信徒阿札爾派在巴達什特開會，宣布脫離伊斯蘭教。1850年他在大不里士被處以火刑。

Bab el-Mandeb＊ 曼德海峽 亦作Strait of Mandeb。阿拉伯半島西南部和非洲海岸之間的海峽，連接紅海與亞丁灣、印度洋。寬20哩（32公里），由丕林島分成兩部分。曼德海峽之名意為「眼淚之門」，指以前在此處航行的危險性。

Babbage, Charles＊ 巴貝奇（西元1792～1871年） 英國數學家和發明家。曾在劍橋大學就讀。約自1812年開始致力於研究能夠計算數學表格的機械裝置。他製造的第一台小型計算器能進行八位數的某些運算。1823年獲得政府的贊助，設計了一台容量為二十位數的計算機。1830年代計畫研發一種所謂的分析機，這種分析機能根據穿孔卡上的指令（一種儲存數字的記憶單元）、連續控制以及現代電腦所具有

巴貝奇，油畫，勞倫斯（Samuel Lawrence）繪於1845年；現藏倫敦國立肖像畫陳列館
By courtesy of the National Portrait Gallery, London

的大多數基本特性來進行任何數學運算。這台分析機是現代數位電腦的前身，但從未完成過。1991年英國科學家根據巴貝奇的設計說明書製造了「Difference Engine No. 2」（能進行三十一位數的精確運算）。他的另一項貢獻是建立英格蘭的現代郵政系統、編寫了第一種可信賴的保險精算表，以及發明火車頭的排障器。

Babbitt, Milton (Byron)　巴璧德（西元1916年～）　美國作曲家。出生於費城，但在密西西比長大。曾學習數學和音樂。在普林斯頓求學期間師從賽興士，後在該所大學任教，一生都在此工作。他是美國最早的十二音體系作曲家之一，1947年（以其《鋼琴三重奏》）成爲第一位創作全部序列化音樂的作曲家。這種音樂不僅將半音階按一定次序進行排列，而且還將節奏和力度進行排列。他是第一位以RCA的Mark II合成器工作的作曲家，也是最早創作電子合成音樂的美國人之一。巴璧德結合現場演出和灌製錄音帶而創作各類作品，最著名的作品有《電子合成器曲》（1961）和《夜鶯》（1964）。他還創作了流行歌曲、電影音樂和音樂劇。

Babel, Isaak (Emmanuilovich)＊　巴別爾（西元1894～1941年）　蘇聯短篇小說家。生於烏克蘭的猶太人家庭，在受迫害的環境中長大，這些情境都反映在他的小說中。高爾基鼓勵他出國旅遊以擴展視野。參加對波蘭之戰的經驗，使他創作出《騎兵隊》（1926）中一系列的短篇小說。《敖得薩的故事》（1931）以寫實和幽默手法描寫敖得薩市郊的猶太人居住區。起初在蘇聯聲望很高，但1930年代晚期他的作品被認爲不符官方的文學教條。1939年被捕，死於西伯利亞獄中。他常被譽爲是繼契訶夫之後俄國最偉大的短篇小說家。

Babel, Tower of＊　巴別塔　《舊約》中，在巴比倫尼亞的示拿建造的高塔。根據〈創世記〉第十一章1～9節所載，巴比倫人想建造一座「塔頂通天」的高塔。上帝對他們的放肆感到不快，便藉由變亂工人的語言，使他們互不相通，破壞了此一工事。塔未能建成，而人們分散到世界各地。這一神話或許啓發自馬爾杜克神廟之北的一座塔形廟宇，該廟名爲巴比盧（意爲「神門」）。

《巴別塔》，油畫，老勃魯蓋爾繪於1563年；現藏維也納藝術史博物館
By courtesy of the Kunsthistorisches Museum, Vienna

Babenberg, House of＊　巴奔堡王室　西元10～13世紀奧地利的統治家族。西元976年巴奔堡的利奧波德一世成爲奧地利侯爵。最初權勢不大，直到12世紀，開始在奧地利貴族階級中占優勢以後，情況才有所改變。1246年腓特烈二世公爵死後，男系絕嗣，家族的勢力迅速沒落。

Babeuf, François-Noël＊　巴貝夫（西元1760～1797年）　法國政治記者和鼓動家。在法國大革命期間，提倡實行平等的土地和收入分配。由於參與試圖推翻督政府的陰謀和恢復1793年的憲法，而被送上斷頭台。他所運用的策略後來成爲19世紀左翼運動的典範。

巴貝夫，版畫；18世紀製
By courtesy of the Bibliothè que Nationale, Paris

Babington, Anthony　巴賓頓（西元1561～1586年）　英格蘭陰謀家。自幼被祕密扶養爲天主教徒，與巴拉德神父共謀「巴賓頓陰謀案」，但未成功；此案企圖暗殺女王伊莉莎白一世，把被她囚禁的蘇格蘭女王瑪麗扶上英格蘭王位。這次密謀有許多天主教徒支持，而西班牙國王腓力二世也許諾在暗殺成功後立即提供協助。在寫給瑪麗說明此次計畫的信件被截獲之後，巴賓頓被捕入獄並遭到處決。這些信件也被用作審判瑪麗時不利於她的證據。

Babism＊　巴布教　在伊朗發展的宗教，主要與米爾札·阿里·穆罕默德在1844年宣稱他是巴布有關。其信仰在巴布所寫的聖書《巴揚》中闡明，宣稱用一種通用的法律取代所有的宗教法規。巴布教原本是伊斯蘭教什葉派裡的一種救世主運動。1867年該運動分裂，阿札爾及其後繼者蘇貝赫·阿札爾仍然保持對巴布原先教義的忠誠。大部分巴布教徒接受蘇貝赫·阿札爾同父異母哥哥巴哈·烏拉的領導，在其領導下又發展了巴哈教派信仰。

baboon　狒狒　猴科狒狒屬五種健壯動物的統稱，分布於阿拉伯半島和非洲撒哈拉沙漠以南地區。狒狒頭部碩大，有頰囊，鼻口部狹長似狗。以四肢行走，行走時尾巴呈特有弓形。體重30～90磅（14～40公斤），不含尾巴（長18～28吋〔45～70公分〕）時，體長約20～45吋（50～115公分）。主要生存在乾燥的熱帶大草原和岩石地區，以多種植物和動物爲食。具有高社群性和高智力，遷徙時大群喧囂，以叫聲溝通。狒狒可能會破壞農作物，其巨大的犬齒和有力的四肢，使它們在遭遇衝突時成爲危險的對手。

Papio anubis，狒狒屬的一種
Norman Myers-Photo Researchers

Babur＊　巴伯爾（西元1483～1530年）　原名Zahir-ud-Din Muhammad。印度皇帝（1526～1530），蒙兀兒王朝的創建人。他是成吉思汗（元太祖）和帖木兒的後裔，雖來自蒙古部落，卻是說土耳其語，在土耳其的環境下成長。年輕時曾花了十年（1494～1504）時間取得帖木兒的古都撒馬爾罕的控制權。這些行動使得他在費爾干納的公國拱手於人，但隨後攻占喀布爾聊以藉慰（1504）。經過四次失敗，終於占領德里（1525）。此處敵國環伺，巴伯爾（阿拉伯文，原意「老虎」）勸服他思鄉嚴重的部隊就地安定，在接下來的四年裡終於擊敗敵人。他的孫子阿克巴使這個新帝國更爲強盛。巴伯爾也是一位有天賦的詩人，並且熱愛大自然，每至一處都要建造花園。他的散文體回憶錄《巴伯爾書》是世界經典自傳。

Babuyan Islands＊ 巴布延群島 菲律賓群島北部島群（1980年人口約9,000）。位於呂宋以北，由約二十四座島嶼組成，總面積爲583平方公里。主要島嶼爲巴布延、甘米銀、加拉鄢、富加和達盧皮里。加拉鄢爲最大城鎮及唯一港口。

baby boom 嬰兒潮 美國1946～1964年間出生的世代。大蕭條和第二次世界大戰期間生活的艱苦和不確定，令許多未婚男女延遲婚姻，許多已婚男女延遲生子。戰爭結束之後適逢經濟持續繁榮時期（1950年代到1960年代早期），導致人口大增。嬰兒潮世代的規模（7,600萬）對社會造成巨大衝擊：當這些「嬰兒潮世代一族」年輕時，他們界定的青年文化占據主要舞台；成年時，他們的消費模式支配著市場；開始退休時，可預期的是，他們的需要將對公共資源造成壓力。

Baby Yar＊ 巴比溝 烏克蘭基輔北郊的萬人坑，1941～1943年間超過十萬人在此遭德國納粹近衛隊殺害。其中大多是猶太人，但有一些是共產黨官員與俄國戰俘。這是猶太人受到大屠殺之苦難的一個象徵，此地因1961年葉夫圖申科詩作《巴比溝》的發表而開始受到世界矚目。

Babylon 巴比倫 伊拉克幼發拉底河岸著名的古城市。在巴格達以南約89公里，現今伊拉克希拉城附近。巴比倫是上古時代最著名的城市之一，可能在西元前3000年就有人定居，西元前2000年左右受阿莫里特人統治。後成爲巴比倫尼亞的都城和底格里斯河－幼發拉底河流域的重要商業城市。西元前689年被辛那赫里布摧毀，後又重建。在尼布甲尼撒二世統治下成爲強大帝國的首都。西元前331年，巴比倫降服於亞歷山大大帝，亞歷山大最後也死於這裡。巴比倫古城的地形由發掘、楔形文字及西元前5世紀希臘歷史學家希羅多德和其他經典作家的記述而得到證實。該城大部分是由尼布甲尼撒興建。當時這座世界最大城市有許多神廟，如：馬爾杜克大神廟和與它相關的塔廟，後者就是著名的巴別塔。著名的空中花園是建築在拱形地基上的花木覆蓋的一層層平台，類似一座小山，是世界七大奇觀之一。

Babylonia 巴比倫尼亞 亞洲西南部幼發拉底河谷的古代文化地區。這一地區原來分成兩個部分，一是東南部的蘇美，一是西北部的阿卡德，西元前2000年以後首次被阿莫里特人征服，由於漢摩拉比，巴比倫尼亞成爲一個強盛的帝國。但他死後，帝國也隨之衰落。來自東部山區的喀西特人掌握政權，建立一個延續四百年的王朝。埃蘭征服巴比倫尼亞（約西元前1157年）後，隨著一連串戰爭後建立了新的王朝，其中最傑出的國王是尼布甲尼撒一世（約西元前1124～西元前1103年在位）。在他之後發生了亞述、阿拉米（參閱Aramaeans）和加爾底亞爲爭奪巴比倫尼亞而展開的一場三角鬥爭。從西元前9世紀起到西元前7世紀下半葉亞述帝國滅亡止，統治巴比倫尼亞的多半爲亞述國王。西元前7世紀至西元前6世紀時，加爾底亞人尼布甲尼撒二世創造了巴比倫尼亞最輝煌也是最後一個鼎盛的時期，他征服了敘利亞和巴勒斯坦，還重建首都巴比倫。西元前539年波斯居魯士大帝和西元前331年亞歷山大大帝先後占領巴比倫尼亞。這個地區後來逐漸被放棄。

Babylonian Exile 巴比倫流亡 亦作巴比倫囚禁（Babylonian Captivity）。猶大王國先後在西元前598年（或西元前597）和西元前587年（或西元前586年）被征服後，猶太人被大批擄往巴比倫之事。第一次放逐可能發生在西元前597年約雅斤國王被廢黜以後，或者是在西元前586年尼布甲尼撒二世摧毀耶路撒冷之後。西元前538年波斯居魯士大帝征服巴比倫，並准許猶太人返回巴勒斯坦。一些猶太人選擇留在巴比倫，是爲海外猶太人之始。被俘期間，儘管在外國領土上有異族文化的壓力，但猶太人仍保持其民族精神和宗教信仰，同以西結和其他先知們一起保持希望。

baby's breath 滿天星 石竹科絲石竹屬兩種開有很多小花的草本植物，原產於歐亞大陸。一年生的縷絲花和多年生的滿天星都以其美麗朦朧的效果而廣泛栽培於岩石庭園、花壇，並用於插花。

Bacall, Lauren 洛琳白考兒（西元1924年～） 原名Betty Joan Perske。美國女演員。生於紐約市，她擔任服裝模特兒時，同時尋求百老匯演出機會；在雜誌封面上的照片使她得以與亨佛萊鮑嘉合演《逃亡》（1944），後來兩人很快就結婚。《逃亡》大受歡迎，洛琳白考兒一舉成名，和亨佛萊鮑嘉再合作了《大眠》（1946）、《黑道》（1947）和《主要樂章》（1948）三部電影。亨佛萊鮑嘉去世後，她在《豎琴手》（1966）、《東方快車謀殺案》（1974）和《戰慄遊戲》（1990）中演出，也參與百老匯舞台劇《再見查理》（1959）、《仙人掌》（1965）、《喝采》（獲東尼獎）以及《風雲女性》（1981，獲東尼獎）。

Baccarat 百家樂牌 類似鐵道牌的一種紙牌遊戲，三家的每人手上會分到兩三張牌，賭客可下注賭莊家之外的任一家或兩家贏。只有兩人玩牌時，賭客可下注賭莊家贏或玩家贏。百家樂牌盛行於法國和英國，19世紀起也流行於其他國家。玩家的目標總分是9，人面牌（K、Q、J）和10都計爲0。各家把手中的牌點相加，但僅論最後一位數。因此，如果一家有6和7，總數就爲13，但只算3。儘管百家樂牌很有誘惑力，吸引了大賭家，但大部分仍靠運氣。

Baccarat glass 巴卡拉玻璃 1765年在法國巴卡拉建立的一個大型玻璃工廠生產的玻璃製品。該廠最初生產窗用鈉鈣玻璃、餐具和工業用玻璃製品，1817年從比利時製造商獲得鉛晶質玻璃的製造法，從此專門生產這種玻璃。1925年在巴黎的裝飾藝術展覽會上展出它的產品，逐步形成獨特的藝術風格，生產出許多有藝術價值的作品。現在巴卡拉製造的餐具，兼具古色古香和現代感的設計。

Bacchanalia＊ 酒神節 亦稱戴奧尼索斯節（Dionysia）。希臘羅馬宗教中，爲酒神巴克斯（戴奧尼索斯）舉行的任何一種節日，最初可能是爲豐產之神舉行的祭儀。最著名的希臘節日包括有表演戲劇的大酒神節、安塞斯特里昂節，以及儀式簡單的小酒神節。酒神節從義大利南部傳入羅馬後，起初祕密舉行，只有婦女參加，而且一年舉行三次。後來允許男子參加，舉行的次數多達一個月五次。這種變相成狂歡酒宴的節日使羅馬元老院於西元前186年發布命令在全義大利禁止酒神節，只有特殊場合除外。

bacchantes ➠ maenads and bacchantes

Bacchus 巴克斯 ➠ Dionysus

Bach, Alexander, Freiherr (Baron) von 巴哈（西元1813～1893年） 奧地利政治人物，以制訂一套集中控制體系而聞名。他曾擔任內務大臣（1849～1859）；1852年施瓦岑貝格去世後，他掌握了大部分的朝政。巴哈將行政權集中於帝國，但也取消新聞自由、廢除陪審制度，廢止公開審判，恢復警察體罰人民之權，加強內部監視。

Bach, Carl Philipp Emanuel 巴哈（西元1714～1788年） 德國作曲家。約翰·塞巴斯蒂安·巴哈的次子。從父親那裡接受了極好的音樂教育。1740年在腓特烈二世的宮廷中成爲大鍵琴樂手，並在宮廷中生活了二十八年。後來遷居漢堡，成爲這座城市的音樂先驅。他是表現主義風格的傑出代表，這一風格強調狂想曲般的自由和情感。他是古典主義風格的創建者，是第一個在作品中體現出明顯奏鳴曲形式的作曲家。他爲大鍵琴、擊弦鍵琴和鋼琴創作了約兩百首樂曲（其中包括幾十首奏鳴曲），還創作了五十多首鍵盤協奏曲，二十多首交響曲，以及一些神劇和受難曲。所著的《論鍵盤樂器演奏藝術的眞諦》（1753），是一篇非常重要的音樂實踐性論著。

巴哈，版畫；斯多特魯普（A. Stottrup）製
By courtesy of Haags Gementemuseum, The Hague

Bach, Johann Christian　巴哈（西元1735～1782年）　德裔英國作曲家。約翰・塞巴斯蒂安・巴哈之幼子。在柏林時隨兄長卡爾・腓力・埃馬努埃爾・巴哈學習音樂，後移居義大利。1762年成爲倫敦國王劇院作曲家，並在倫敦度過餘生。他還成爲女王的音樂老師，後來還主辦了一系列重要的音樂會（與阿貝爾一起）。共創作了五十多首交響曲，約三十五首鍵盤協奏曲和許多室內樂。他的音樂悅耳動人，形式優美，但不夠深刻，似乎絲毫沒有受到其父的影響。他是古典主義風格的重要代表，對莫札特產生了影響。

Bach, Johann Sebastian　巴哈（西元1685～1750年）　德國作曲家。生於愛森納赫村的音樂世家，後來成爲非常全面的音樂家；從1700年起，他曾經擔任歌手、小提琴師、風琴師。1708年首次接受重要的任命，成爲威瑪公爵宮廷的風琴師。隨後的1717～1723這六年期間，他待在科坦親王宮廷，擔任樂長，然後奉派爲萊比錫聖托瑪斯大教堂的合唱長，並在那裡終老。自幼浸淫在德國北部的對位風格裡，1710年左右他遇見生動的義大利風格，尤其是韋瓦第的作品，自此，他的許多音樂體現了這二種風格的動人融合。在聖湯瑪斯大教堂，他寫下兩百首以上的教堂清唱劇。他的管弦樂作品包括六首布蘭登堡協奏曲、四首管弦樂組曲、許多大鍵琴協奏曲，而後者是他發明的體裁。他的鍵盤獨奏作品包括偉大的教學套曲《平均律鋼琴曲集》、浩大而未完成的《賦格的藝術》、超凡的《郭德堡變奏曲》、爲數衆多的組曲、許多風琴前奏曲和賦格。除了教堂清唱劇以外，他現存的合唱作品包括三十首以上的世俗清唱劇、二首劃時代的受難曲、二首b小調彌撒曲。巴哈的作品在生時未廣爲人知，死後幾乎完全埋沒，直到19世紀早期才又大受讚賞。他可說是當代最偉大的風琴師和大鍵琴師。如今，巴哈被視爲巴洛克時期最偉大的作曲家，還被很多人視爲史上最偉大的作曲家。

Bach, Wilhelm Friedemann　巴哈（西元1710～1784年）　德國作曲家和管風琴演奏家。約翰・塞巴斯蒂安・巴哈的長子。主要隨父親學音樂。是當時代最優秀的管風琴演奏家之一。曾是德勒斯登（1723～1746）和哈雷（1746～1764）重要的管風琴演奏家，但也因此而過著不安定的生活，開始酗酒，並陷入貧困。儘管是一位極有天賦的作曲家，但他的作品卻搖擺於老舊的對位式風格和新前古典主義風格之間，讓人捉摸不透。他創作了三十多首教堂清唱曲，幾首鍵盤協奏曲和許多鍵盤獨奏曲。

Bacharach, Burt＊　巴卡拉克（西元1929年～）　美國流行歌曲創作者和鋼琴家。生於堪薩斯市，其父是一位報業聯盟的時尚專欄作家。他曾師事米堯、馬替努以及柯維爾等人。1950年代，他爲勞倫斯和達蒙編曲。後來又與瑪琳黛德麗一同巡迴演出。1950年代後期開始與作詞家大衛（1921～）展開了長期合作關係，兩人創作了許多的歌曲，特別是爲瓦立克（1940～）所寫的曲子，包括〈走過〉、〈我做了個小小的祈禱〉和〈你知道往聖約瑟的路嗎？〉。他和大衛還共同創作了一部成功的音樂劇作品《諾言，諾言》（1968）。

Bachchan, Amitabh　巴禪（西元1942年～）　印度電影演員。其第一部成功的電影是《禪吉兒》（1973）；到了1970年代末，他在印度已經成爲某種文化現象，同時被認爲是印度電影史上最受歡迎的明星。雖然他在歌唱、舞蹈以及喜劇方面也很有天分，卻常被人們拿來和克林伊斯威特等美國動作片明星相提並論。1980年代中期受到政治因素的短暫限制之後，巴禪在1990年代以電視遊戲節目*Kaun bandga crorepati*（美國與英國熱門節目《誰要當百萬富翁？》的印度版）贏得了許多新世代影迷的歡迎。

bachelor's button　矢車菊　亦稱cornflower。耐寒的草本一年生菊科植物，學名爲Centaurea cyanus，有帶藍色、粉紅或白色傘狀花序的花頭。原產地中海地區，已在北美洲廣泛種植。是一種常見的園林植物，也常常以野花狀態出現。

Bacillariophyta ➠ diatom

bacillus＊　芽孢桿菌　芽孢桿菌屬的桿狀、革蘭氏陽性細菌（參閱gram stain），廣泛存在於土壤及水中。這一術語也被用來指所有的桿狀細菌。芽孢桿菌常連成鏈狀，在不利的環境條件下形成孢子。由於對炎熱、化學物品以及陽光有抵抗力，這些孢子能在較長時間內保持生長發育。有一種芽孢桿菌可使罐頭食品腐敗。另外一種分布很廣的芽孢桿菌能對實驗室培養物造成污染，也常見於人類皮膚上。多數芽孢桿菌不會使人類致病，只有在當作土壤微生物時偶而感染人體；炭疽芽孢桿菌是個明顯例外的例子，可導致炭疽。有的芽孢桿菌被用來生產在醫學上很有用的抗生素。

backbone ➠ vertebral column

backgammon　西洋雙陸棋　用兩粒骰子和棋子玩的棋盤遊戲，雙方試圖搶先把自己的棋子聚集到內區（亦稱本區），然後有系統的將其從棋盤移開。棋盤分爲四部分（或稱四大區），每部分用兩種顏色交替標出六個楔形狹長區（或小據點）。用十五枚黑色棋子和十五枚白色棋子各代表雙方。靠擲兩枚骰子決定走棋的步數，一點一點地移到對面位置。這種棋主要流行於地中海東部，是最古老的遊戲之一，可追溯到西元前3000年。

backpacking　背包徒步越野　背著衣服、食品和野營裝備作徒步旅行的一項運動。始於20世紀初，那時人們在杳無人煙的荒野背包徒步行走，以進入那些汽車難以到達或者白天徒步走不到的地方。到20世紀晚期，這項活動成爲一種在野外或城市中徒步旅行的活動。背包有各種各樣的，有用兩條帶子掛起來的無構架的帆布背包，也有帶構架的帆布背包，還有一種是利用輪廓構架，這種裝置是利用腰帶把背包的大部分重量轉移到臀部。

Backus, John W(arner)　巴科斯（西元1924年～）　美國數學家。出生於美國賓夕法尼亞州，哥倫比亞大學學士與碩士。1957年領導研究小組發展電腦FORTRAN語言，以供數值分析之用。對ALGOL語言的發展貢獻卓著，並設計出巴科斯－諾爾格式，定義程式語言的語法（1959）。1977年獲得圖靈獎。

Bacolod* 巴科洛德 菲律賓群島城市（2000年人口約429,076）。位於黑人島北部的吉馬拉斯海峽，對面是吉馬拉斯島。素有「菲律賓糖都」之稱。南部海港因漁業而重要。

Bacon, Francis 培根（西元1561～1626年） 受封爲聖艾爾班斯子爵（Viscount St. Albans）。英國政治家和哲學家，也是現代科學方法之父。他是塞西爾的外甥，在劍橋和格雷寄宿學校求學。身爲艾塞克斯伯爵第二的支持者，他在艾塞克斯因背叛受審時轉而反對他。在詹姆斯一世在朝時，他穩步升遷，先後成爲初級總律師（1607）、總律師（1613）、大法官（1618）。法律判決他接受了自己法庭中那些受審者的賄賂，他被短期監禁，並永遠失去公職，最後在債務纏身中死去。身爲科學家，他試著把自然科學置於穩固的經驗基礎之上，而不是讓它倚賴古老的權威文句。他的方法始於《新工具論》（1620）。哲學上，他是早期的經驗主義者（參閱empiricism），把經驗視爲知識的唯一來源。他對科學的繁複分類啓發了18世紀的法蘭西百科全書學者，而他的經驗主義啓發了19世紀英國的科學哲學家。其他著作包括《學術的進展》（1605）、《亨利七世的歷史》（1622）和幾種重要的法律及憲法作品。

Bacon, Francis 培根（西元1909～1992年） 愛爾蘭裔英國畫家。曾在柏林和巴黎居住，後定居倫敦（1928），從事室內裝潢工作。未受過藝術訓練，但他也開始繪畫，不過一直沒沒無聞。1945年在《以耶穌釘十字架圖爲基底的三幅人物習作》（1944）等作品中所展示出來的獨創且有力的風格幾乎使他一夜成名。培根的大部分畫描繪孤立的人物形象，往往採取幾何結構，施以大塊濃重顏色。人們稱讚他運用油色的技巧，他利用油色的流動性和神祕性表達忿怒、恐怖和墮落的形象。他的後期肖像畫和人物畫用色較輕，人的面部和身體歪歪扭扭達到極端的程度。由於他毀掉許多早期作品，只有少數可以見到，主要藏在歐美一些博物館裡。

Bacon, Nathaniel 培根（西元1647～1676年） 英裔美洲維吉尼亞種植園主，培根反叛事件的首領。他移居北美後在維吉尼亞詹姆斯河沿岸置地兩處，不久在威廉·柏克萊的總督府任職。他主張無限制擴張領土，與柏克萊的對印第安人政策發生分歧。1676年培根開始對印第安人進行征伐。柏克萊害怕戰爭擴大，斥責其爲反叛行動。培根轉而率軍反對柏克萊，占領詹姆斯城，一度曾控制全維吉尼亞。後他在勝利中去世，反叛遂告失敗。

培根，版畫
By courtesy of the Library of Congress, Washington, D. C.

Bacon, Roger 培根（西元約1220～1292年） 英國方濟會修士、哲學家和科學家。曾在牛津大學和巴黎大學學習。1247年加入方濟會。他的研究包括：輕於空氣的飛行器、陸地和海洋間的運輸、顯微鏡和望遠鏡；透過他的著作，使得「實驗科學」廣爲人知。在哲學上他是亞里斯多德信徒。後來他的治學方法受到神學家大阿爾伯圖斯和托馬斯·阿奎那的批判，他們辯稱，對篤信基督信仰而言，更精準的自然實驗知識是非常有價值的。他還寫作關於數學和邏輯的文章。1277年左右遭監禁，主要因他有「標新立異之嫌」。

bacteremia* 菌血症 血液循環中出現細菌的現象。短期菌血症發生在拔牙後或外科手術後，特別是在局部遭感染或具有高風險的手術中，會從隔離處釋放出細菌。在有些情況下，抗生素的預防性治療可以阻止這種情況的發生。菌血症對有良好免疫功能的人來說危害不大，但是對於那些在體內裝置假體（可形成感染灶）或易受細菌感染的人會很嚴重。擴大範圍的菌血症會釋放毒素入血液（敗血症），導致休克和循環衰竭。對抗生素產生抗性的細菌已使嚴重的菌血症發生率大爲提高。

bacteria 細菌 顯微鏡下才可見到的原核生物，爲單細胞生物。可爲圓形、桿狀或彎曲形。幾乎可在所有的環境下生存，包括土壤、水、有機物質，以及多細胞動物體內。可透過細胞壁結構（由革蘭氏染色判定）來辨認出不同的細菌類型。許多細菌藉鞭毛游動。許多細菌的去氧核糖核酸（DNA）可見於單個圓形染色體，並且分布在整個細胞質中，而不是封閉的膜核內。雖然一些細菌會引起食物中毒或傳染疾病給人類，但大多數細菌對人類無害，而其中有許多反而有益。細菌還用於各種工業加工中，特別是食品工業（如酸奶製品、乳酪和泡菜）。細菌分爲眞細菌和古細菌兩類。亦請參閱budding bacterium、coliform bacteria、blue-green algae、denitrifying bacteria、nitrifying bacterium、sheathed bacteria、sulfur bacterium。

bacterial diseases 細菌性疾病 由細菌引起的疾病。爲最常見的感染性疾病，範圍從輕微的皮膚感染到腺鼠疫和結核病。到20世紀中期爲止，細菌性肺炎可能是老年人的主要死因。改善衛生、疫苗、抗生素都減少了細菌性感染的死亡率，雖然耐抗生素的菌種引起某些疾病的反撲。細菌致病的方式爲：分泌或放出毒素（例如肉毒中毒），從內部製造毒素而在細菌分裂時放出（例如傷寒），或減低抗體性質的敏感度（例如結核病）。其他嚴重的細菌性疾病包括霍亂、白喉、細菌性腦膜炎、梅毒。

bacteriology 細菌學 微生物學的一個分支，專門研究細菌的學科。細菌形態的現代概念始於科恩，其他的研究者如：巴斯德，發現細菌和發酵與疾病之間有密切關係。現代細菌學研究的方法學始於19世紀晚期，包括建立細菌染色方法和在培養基中進行微生物分離的技術，當時的培養基是用明膠和瓊脂固化的營養物質。這個時期最重大發現是巴斯德成功地在動物身上免疫了二種細菌性疾病，這項成果打開了通往現代免疫學研究的大門－－即用疫苗和免疫血清治療和預防疾病。亦請參閱microbiology。

bacteriophage* 噬菌體 亦稱噬體（phage）。一類傳染細菌的複合病毒。發現於20世紀初，發現後不久即開始用來治療人類的腺鼠疫、霍亂等細菌疾病，但並不成功。1940年代隨著抗生素的出現被放棄。1990年代隨著抗藥細菌的興起，噬菌體的治療潛力再度獲得重視。噬菌體有成千上萬種，每一種可能只能侵染一類或幾類細菌。噬菌體的核心基因物質可能是核糖核酸（RNA）或去氧核糖核酸（DNA）。在噬菌體侵染宿主細胞時，這種裂解型噬體或毒性噬體會藉由裂解（迸裂）宿主細胞而釋放出複製的濾過性病毒粒子。其他種類（稱潛溶性噬體或溫和性噬體）會將核酸植入宿主的染色體內，以在細胞分裂中複製。在此期間，噬菌體是無毒性的。這種濾過性染色體組以後會變得活躍，開始產生濾過性病毒粒子，破壞宿主細胞。赫爾希和蔡斯在

1952年把噬菌體用於一項著名的實驗中，這個實驗支持了DNA是基因物質的理論。由於噬菌體染色體組很小，而且很多都能在實驗室製備，因此它們是分子生物學家最喜歡用的研究工具。對噬體的研究可幫助闡明基因的重組、核酸複製以及蛋白質合成。

Bactria 大夏 南亞古國名。在興都庫什山脈與阿姆河之間，即今阿富汗、烏茲別克和塔吉克一帶。首都爲巴克特拉。西元前6世紀起大夏爲阿契美尼德王朝所控制；後爲亞歷山大大帝所征服，他死後（西元前323年），大夏歸塞琉古一世管轄。大約在西元前250年成爲一個獨立的王國。大夏是東西方貿易、宗教和藝術交流的重要地區。7世紀中葉此區最終被穆斯林征服。

Baden＊ 巴登 德國南部的舊州。Baden（意爲「洗澡」）是指溫泉，尤其是巴登－巴登鎮（2002年人口約53,300）的溫泉，自羅馬時代起就爲人們所珍視。直到維羅納侯爵之子腓特烈在1112年繼承巴登侯爵之頭銜後，巴登才首次成爲行政區。此後這塊領地多次分裂，直到1771年才由邊疆伯爵查理‧腓特烈重新統一。19世紀時成爲自由主義的中心，1848～1850年間這裡發生多次革命。1871年巴登加入德意志帝國，1919年成爲威瑪共和的一部分。1949年其南部成爲西德的一州，而北部則合併成西德的符騰堡－巴登州。後來經過投票，兩州於1952年合併爲巴登－符騰堡州。

Baden and Rastatt, Treaties of ➠ Rastatt and Baden, Treaties of

Baden-Powell, Robert (Stephenson Smyth)＊ 貝登堡（西元1857～1941年） 受封爲貝登堡男爵（Baron Baden-Powell (of Gilwell)）。英國陸軍軍官，童子軍和女童子軍的創建者（參閱scouting）。因在非洲戰爭中（1884～1885）中使用觀測氣球而聞名。在南非戰爭中因守住被圍困的馬菲京而成爲全國英雄。貝登堡在得知他所寫的軍事教科書《偵察輔助手冊》（1899）被拿來當作訓練男孩學習木工後，貝登堡又寫了《發掘男童》（1908）一書，同年還成立童子軍運動。1910年與妹妹阿格尼斯及妻子奧拉芙共同創立女童子軍。

badger 獾 鼬科身軀短胖的食肉動物。有六個屬八個種，體型大小、棲息地和毛色都不同，但都具肛門臭腺。顎強有力，前腳上具大而有力的爪。分布於東南亞的草原及森林的雪貂獾，毛色淺棕至淺黑灰色，面、喉部，有時背部有白色斑點。獾善於挖洞，挖洞目的是覓食，營築地下住穴和逃遁地道。美洲獾是唯一的新大陸種，常棲息在北美洲西部開闊的乾燥地區。肩高23～30公分，體長33～81公分，尾長5～23公分，體重約1～21公斤。夜間活動，以小動物（特別是齧齒類）爲食，有些種吃植物。妊娠期持續約183～240天，每窩一～七仔。獾有時是凶殘的好鬥動物。

Badlands 巴德蘭 美國南達科他州西南部一片崎嶇的不滲水黏土層侵蝕地區，面積將近5,200平方公里。地表被沖刷成孤山、溪谷和鋸齒狀分水嶺。多化石層，出土有三趾馬、駱駝、劍齒虎和犀牛等的殘骸。巴德蘭國家公園位於夏延河和白河之間，拉皮德城東南65公里處。面積982平方公里。1939年開闢保護區，1978年更名爲國家公園。

badminton 羽球 亦稱羽毛球。在室內場地或戶外草地上使用輕型球拍和羽毛球進行的運動。大約在1873年於英國波福公爵的住所命名的。因爲風的因素，羽球比賽多在室內舉行。比賽雙方互相擊球，避免使球觸地或落在地上。全英錦標賽是最著名的比賽。1992年成爲奧運會的正式比賽項目。國際羽球聯合會（IBF）是世界性的管理組織，總部設於英國格洛斯特郡的切爾滕納姆。

Badoglio, Pietro＊ 巴多格里奧（西元1871～1956年） 義大利將軍和政治人物。身爲一名陸軍官員，分別在1919～1921和1925～1928年間出任總參謀長，1926年晉升爲陸軍元帥。1928～1934年統治利比亞，1935～1936年指揮義大利在衣索比亞的戰爭。1940年，因與墨索里尼意見分歧而辭去總參謀長職務，1943年接管了墨索里尼倒台後的政府。擔任首相時（1943～1944），與盟軍協商停戰，讓義大利從第二次世界大戰中解脫出來。

BAE Systems 英國航太系統公司 製造飛機、飛彈、航空電子設備、船艦及其他航太與國防產品的英國製造公司。英國航太系統公司是由英國航太（British Aerospace; BAe）與馬可尼電子系統（Marconi Electronic Systems）合併而成（1999）。英國航太則是在1977年由英國飛機公司（British Aircraft Corporation; BAC）和霍克航空（Hawker Siddeley Aviation）合併，兩家公司都是因財務不佳且無利可圖的情況下，在一年之前國有化。雖然前身是英國航太，英國航太系統公司擁有約二十家英國飛機公司的遺產（如Bristol、Avro、Gloster、De Havilland、Supermarine），有些公司的年代久遠，追溯至飛行年代的最初十年。在1960年代和1970年代早期，英國飛機公司和霍克航空各自生產具有代表性的飛機：英國飛機公司打造出韋克士－阿姆斯壯VC10和BAC 1-11噴射客機，並與法國航太合作協和號超音速客機。霍克航空研發HS 121三叉戟噴射客機、火神轟炸機、獵犬垂直／短程起降戰鬥機。1979年英國航太加入空中巴士工業公司噴射客機製造集團，並在1980年代早期民營化。1990年代成爲德國、義大利和西班牙在歐洲戰鬥機颶風計畫的一員，另外還加入由洛克希德－馬丁公司大膽投資研發的聯合打擊戰鬥機。

Baeck, Leo＊ 貝克（西元1873～1956年） 德裔波蘭拉比。納粹統治時期德國猶太人的精神領袖。在柏林大學獲哲學博士學位之後，先後在西里西亞、杜塞爾多夫和柏林任拉比，成爲當時首屈一指的自由派猶太宗教思想家。1905年發表《猶太教精義》一書，闡明開明神學觀點。他在《作爲猶太教歷史文獻的福音書》（1938）一書中指出，〈福音書〉也是屬於當時拉比文獻之類。貝克與納粹政權協商，希望爭取更多時間以挽救德裔猶太人；後遭逮捕，被送到特雷津集中營。在那裡寫下關於柏拉圖和康德的文章。1945年在他將被處死的前一天，集中營被解放。他最後在英國定居。

Baedeker, Karl＊ 貝德克爾（西元1801～1859年） 德國出版商。其父是印刷工和書商。1827年在科布倫茨創建一家出版社，後來以出版旅遊手冊而聞名。其目的是提供旅遊者必要的實用資訊，免得花錢雇用導遊。其書籍的一大特色是用星號標示重要景點，並載明可靠的投宿旅店。到他去世時，他的旅遊手冊已涉及歐洲絕大部分地區。他去世後，在其子的經營下，出版社日益擴展，還出版了英、法文版。

貝德克爾，油畫
Popperfoto

Baekeland, Leo (Hendrik) 貝克蘭（西元1863～1944年）＊ 比利時裔美國工業化學家。1889年移民美國之前，在比利時教授化學。後來在美國創辦自己的公司，生產他所發明的人工光源下使用的印相紙Velox，這是工業史上第一個成功的印相紙。1899年，貝克蘭把他的公司和印相紙的生產權以一百萬美元出售給美國發明家伊士曼。貝克蘭於1905年開始尋求蟲膠的合成代用品，導致發明酚醛塑膠（1909），即甲醛和苯酚在高溫高壓下生成的一種縮合物，也就是第一個熱固性塑膠，從而促進了現代塑膠工業的建立。

Baer, Karl Ernst, Ritter (Knight) von＊　貝爾（西元1792～1876年）　普魯士裔愛沙尼亞胚胎學家。與友人潘德爾（1794～1865）用雞胚研究得出的體層形成概念擴展到所有脊椎動物，爲比較胚胎學奠定了基礎。他強調一個物種的胚胎只能與其他物種的胚胎相比較，而且胚胎越是年幼，相似程度越高。表明了其漸成說觀點：發育過程從簡單到複雜，從同質到異質。他也發現了哺乳動物的卵子。他的著作《論動物的發育》（兩卷，1827～1828），概述及豐富了有關脊椎動物發育的知識，明確建立了胚胎學成爲一研究學科。

baetylus　拜圖洛斯　亦作baetulus。希臘宗教中的聖石或聖柱。在古代有許多作爲崇拜對象的聖石，人們把它們同對某一特殊的神的崇拜聯繫起來。最著名的聖石是德爾斐的歐姆法洛斯（omphalos，臍）聖石，聖石放在阿波羅神殿，被認爲是世界的正中心。有時石塊被賦予比較規則的形狀，如石柱或三個一組的石柱群。

Baeyer, (Johann Friedrich Wilhelm) Adolph von＊　拜耳（西元1835～1917年）
德國研究型化學家。他合成了靛藍，並確定其結構式；還發明了酞染料，對聚乙炔、鎓鹽和尿酸衍生物（發現了巴比妥酸，即巴比妥酸鹽的母體化合物）等化學組族進行過研究。對理論化學也有所貢獻，於1905年獲諾貝爾獎。

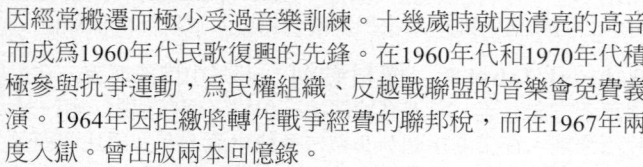

拜耳，攝於1905年
Historia－Photo

Baez, Joan (Chandos)＊　瓊拜雅（西元1941年～）
美國民歌手和政治活動家。出生於紐約市斯塔頓島，幼年時因經常搬遷而極少受過音樂訓練。十幾歲時就因清亮的高音而成爲1960年代民歌復興的先鋒。在1960年代和1970年代積極參與抗爭運動，爲民權組織、反越戰聯盟的音樂會免費義演。1964年因拒繳將轉作戰爭經費的聯邦稅，而在1967年兩度入獄。曾出版兩本回憶錄。

Baffin Bay　巴芬灣　北大西洋一大海灣，位於格陵蘭島與巴芬島之間。從北極區往南延伸到大西洋的戴維斯海峽，面積689,000平方公里。1615年爲英國船長拜洛特發現，以他的副官威廉·巴芬命名。氣候嚴寒，即使在8月仍可看到密布的冰山。

Baffin Island　巴芬島　加拿大最大島和世界第五大島，面積476,068平方公里。位於格陵蘭島和加拿大大陸之間。東部是巴芬灣和戴維斯海峽，現屬紐納武特省。11世紀時，北歐探險家可能已經到此。佛洛比西爾在尋找西北航道（1576～1578）時發現它。海岸線曲折，多峽灣。除沿岸少數小聚落外，島上無人居住。1972年在東岸建立了奧尤伊圖克國家公園。

Baganda　巴干達人 ➠ Ganda

bagasse＊　蔗渣　甘蔗榨糖後剩下的纖維。此詞曾泛指榨製以後遺留的橄欖皮、棕櫚果殼和葡萄渣，兼指劍麻、甘蔗和甜菜的渣滓。它可用作燃料或動物飼料纖維素的原料。一些拉丁美洲國家、中東和所有缺乏森林資源而產蔗糖的國家都用蔗渣造紙。蔗渣也是壓製建築用纖維板、吸音磚和其他建築材料的主要原料。

Bagehot, Walter＊　白哲特（西元1826～1877年）
英國經濟學家、政論家和新聞工作者。在其舅父的銀行工作期間，曾寫了一系列文學論文和經濟方面的文章，從而進入《經濟學人》。1860年起擔任《經濟學人》的編輯，並使其成爲世界第一流的商業和政治期刊。經典之作《英國憲法》（1867）描述了英國政治體系在幕後如何眞正地運作。其他著作包括《物理學與政治》（1872），是最早提出社會變革這一概念的作品之一；以及《隆巴特大街》（1873），該書研究了銀行的運作方法。其文學論文現今仍不斷地再版。

白哲特，鐫刻凹版法：赫斯特（Norman Hirst）據一張照片複製
By courtesy of the trustees of the British Museum; photograph, J. R. Freeman & Co. Ltd.

Baggara＊　巴加拉人
亦作Baqqarah。游牧的阿拉伯人，人數約有六十萬，可能是中世紀時從埃及往西遷移的阿拉伯人後裔。現在居住於西起查德湖、東至尼羅河的蘇丹地區，在旱季時與他們的牛群南移至河邊地，雨季北移到草原地帶。也種植高粱及小米。他們與富拉尼人和其他民族有來往，操有一種獨特的阿拉伯方言。

Baghdad　巴格達　亦作Bagdad。伊拉克首都（1999年都會區人口約4,689,000）。瀕臨底格里斯河，自古已有人定居。762年哈里發曼蘇爾（754～775年在位）將其定爲阿拔斯王朝（754～775）的首都時，地位開始變得重要。在哈倫·賴世德的領導下，巴格達繁榮到極點，反映在《一千零一夜》中，是當時世界最大最富有的城市之一。巴格達當時爲一個伊斯蘭教中心，其貿易和文化地位僅次於君士坦丁堡。809年首都遷到薩邁拉之後，巴格達開始衰落。1258年旭烈兀所率的蒙古人劫掠了巴格達，1401年被帖木兒占領，1524年波斯蘇萊曼一世奪取該城。1638年被鄂圖曼帝國占領時曾出現過短暫的復興。1921年巴格達成爲伊拉克王國的首都。1958年在巴格達發生的一場政變結束了君主政體。波斯灣戰爭中遭到猛烈轟炸，現仍處於國際經濟制裁中。

bagpipes　風笛　由兩個或兩個以上的單簧或雙簧管組成的管樂器；簧片由手臂加壓於獸皮（或膠皮）口袋供風而振動。管子裝在幾個與袋相連的木座上。口袋用嘴（透過一根帶有皮製單向閥門的吹氣管）或用風箱（用帶繫在身上）充氣，旋律由手指按旋律管（或指管）的指孔奏出，其餘的管（稱爲單音管）則發出與指管相配的單音。大約在西元9世紀即已有關於風笛的記載。早期的口袋用的是動物的囊或幾乎整片的綿羊或山羊皮。另一種重要的相關樂器是愛爾蘭聯合風笛。

Baguirmi　巴吉爾米王國　亦作Bagirmi。歷史上的王國，位於現在的查德西南部。可能在16世紀建於查德湖東南岸，以馬塞尼亞爲首都。17世紀由於奴隸買賣而發大財。但巴吉爾米王國夾在東西兩個宿敵國家之間，在19世紀期間一再受到劫掠。19世紀末終歸法國統治。

bagworm moth 蓑蛾 鱗翅目蓑蛾科昆蟲。分布於全世界。幼蟲（參閱larva）用絲、枝葉碎屑和其他殘屑構成長6～150公釐的袋狀外殼負之而行，因而得名。雄蛾體粗大，翅寬，翅展平均25公釐，翅緣有纓毛。雌蛾蛆形，無翅，留在袋內交配和產卵。幼蟲破壞樹木，尤其是常綠樹。

Bagyidaw＊ 孟既（卒於西元1846年） 緬甸國王（1819～1837），雍笈牙王朝第七代君主。孟既生性懦弱，但在大將班都拉慫恿下，奉行祖父孟雲向印度東北部侵略擴張的政策。他征服了阿薩姆和曼尼普爾，使其向緬甸納貢。但此舉觸犯到英國的勢力範圍，因而爆發第一次英緬戰爭。1826年孟既被迫簽署條件嚴苛的「楊端波條約」。

Baha Ullah＊ 巴哈・烏拉（西元1817～1892年） 原名Mirza Hoseyn Ali Nuri。伊朗宗教領袖，創立巴哈教派。原是伊斯蘭教什葉派信徒，後與巴布結盟，1850年在巴布被處決後，與異母弟米爾札・雅赫亞（後被尊稱為蘇貝赫・阿札爾）共同指揮巴布教派。1867年他公開宣稱自己是巴布所預言、阿拉所派遣的「伊瑪目－馬赫迪」，結果造成巴布教分裂為兩派：較小的阿札爾派固守原來的信仰，較大的一派則跟隨他成為巴哈教派。鄂圖曼政府後來將他流放到阿卡。他在該地自稱巴哈・烏拉（或作巴哈・阿拉，意為真主的光輝），把巴哈教派教義發展成為內容廣泛的學說，主張萬教歸一，天下皆兄弟。

Baha'i＊ 巴哈教派 19世紀中葉巴哈・烏拉在伊朗創立的宗教。1863年從巴布教分裂而來，當時巴哈・烏拉宣稱自己是巴布所預言的阿拉派來的使者。巴哈・烏拉死於1892年，他在死前已指定長子阿布杜・巴哈領導教團。巴哈教派的聖典文獻包括巴布、巴哈・烏拉和阿布杜・巴哈三人的著作和言論。禮拜方式是誦讀各教經籍。主要教義是萬教歸一，天下皆兄弟。講求社會倫理，不設聖事和專職神職人員。由於原先有十九個使徒，就認為十九為神聖數字，他們的曆法把一年分為十九個月，每月十九天，閏日四天。教徒需每天祈禱，每年齋戒十九天，嚴守道德戒律。巴哈教派在1960年代曾大幅成長，但在1979年基本教義派在伊朗取得政權後，該教受到迫害。

Bahamas, The 巴哈馬 正式名稱巴哈馬聯邦（Commonwealth of the Bahamas）。為約七百座島嶼和許多岩礁組成的群島國家，位於西印度群島西北部，即美國佛羅里達州東南方，古巴的北面。面積13,939平方公里。人口約309,000（2002）。首都：拿騷（位於新普羅維頓斯島）。人民多為非洲人和歐洲人混血後裔，為以前奴隸買賣的遺產。語言：英語（官方語）。宗教：基督教。貨幣：巴哈馬元（B$）。主要島嶼分別是（從北到南）：大巴哈馬、阿巴科、伊柳塞拉、新普洛維頓斯、安德羅斯、卡特和伊納瓜等，人口多集中在新普洛維頓斯島。地質結構是由珊瑚礁石灰岩組成，地勢一般僅高出海平面數公尺，最高點在卡特島的阿爾維納山（海拔63公尺）。各島均無河流。市場經濟以旅遊業（賭博是吸引人的主因）和國際金融業為主。大多數的食物從美國進口，該國出口大宗是魚和蘭姆酒。巴哈馬是君主立憲國家，採兩院制。國家元首是總督（代表英國君主），政府首腦為總理。原始居民為路克揚印第安人，1492年10月12日哥倫布探索該群島時曾見他們。據說哥倫布曾登陸聖薩爾瓦多島（即今華特林島）。西班牙人對移民該島無興趣，但到此搜刮奴隸，使人口銳減。1648年一批百慕達的英國人移民來到巴哈馬，但還是沒打算定居下來，這裡很快又淪為海盜的避難所及西班牙人侵擾地，後來的居民點少見繁榮。美國獨立革命之後，帶動了該島一些繁榮景象，當時

有一些效忠派人士逃出美國到此，建立了棉花種植園。美國南北戰爭期間成為封鎖走私船的中心。一直到第二次世界大戰後，旅遊業才開始發展，促進當地永久性的繁榮。1964年獲得內部自治權。1973年成為獨立國家。

Bahia＊ 巴伊亞 巴西東部一州，首府薩爾瓦多。東瀕大西洋。最大的河流聖弗朗西斯科河。1501年葡萄牙人最早經過薩爾瓦多所在的海灣進入此區，沿海地區開始殖民化，18世紀在迪亞曼蒂納高地發現黃金和寶石後，吸引更多人移民於此。1822年巴西帝國獨立後設省，1889年推翻帝制，成為巴西聯邦一州。州內礦物資源豐富，有石油、天然氣、鋁、銅、鎳、錫、錳等礦藏。重工業包括煉油和鐵工廠。農產品也很豐富。

Bahia 巴伊亞 ➡ Salvador

Bahr al-Ghazal＊ 加札勒河 蘇丹西南部河流。由阿拉伯河和朱爾河在蘇丹南部的一塊濕地匯聚而成。全長716公里。河水往東流入諾湖，與傑貝勒河匯流為白尼羅河。1772年法國地理學家昂維爾曾繪製了這條河的流域圖。

Bahr al-Jabal＊ 傑貝勒河 蘇丹中南部河流。在尼穆萊下方向北流，經過富拉湍流、朱巴（河航起點）和一大片沼澤地。在諾湖接納加札勒河後往東流，在衣索比亞西部與索巴特河匯合，形成白尼羅河。全長956公里。

Bahrain＊ 巴林 正式名稱巴林國（State of Bahrain）。君主立憲制國家。由巴林島和約三十多座小島組成，位於波斯灣內阿拉伯半島沿海。面積661平方公里。人口約672,000（2002）。首都：麥納瑪。人民多為阿拉伯人。語言：阿拉伯語（官方語）。宗教：伊斯蘭教（什葉派和遜尼派）。貨幣：巴林第納爾（BD）。巴林島占全國總面積7/8，與其東北部海岸以外的穆哈拉格島和錫特拉島，同為該國人口和經濟中心。巴林島長約43公里，寬約16公里，1986年建有一條長達25公里的堤道連接沙烏地阿拉伯。最高點在杜漢山（海拔132公尺）。經濟屬於混合國營和民營的開發中經濟型態，以天然氣和提煉石油為主。國家元首是埃米爾，政府首腦為首相。該地區長期以來都是重要的商業中心，有關其文字記載見於波斯、希臘及羅馬之史料。7世紀起由阿拉伯人統治，

1521～1602年間被葡萄牙人占領。1783年起由哈里發家族統治。後來與英國簽訂一系列條約，讓英國負責其國防（1820～1971）。1968年英國從波斯灣撤軍之後，巴林於1971年宣布獨立。在波斯灣戰爭期間，是聯軍的一個指揮中心。1994年以後歷經多次政治動亂事件，主要是由什葉派主導，他們企圖要求政府恢復議會（1975年廢）。

Bai Juyi ➠ Bo Juyi

Bai River　白河　亦拼作Pai River。中國東北部河流。發源於河北省的長城之外，向東南流經北京市，再繼續流至天津市。在天津連接大運河後，改以海河爲名，最後注入渤海。全長約300哩（483公里），可航行的河段近100哩（160公里）。

Baibars I ➠ Baybars I

Baikal, Lake　貝加爾湖　亦作Lake Baykal。俄羅斯在亞洲境內西伯利亞南部湖泊。長636公里，面積30,510平方公里，爲歐亞大陸上最大的淡水湖，也是世界最深的湖泊（1,742公尺）。湖水容量約占地球表面淡水總容量的1/5。有三百多條河流注入，東部接納了巴爾古津河和色楞格河等河。湖水大部分由北端的安加拉河排出。湖心有一座島嶼，即奧爾洪島。湖裡動植物數量和品種豐富繁盛，約有一千兩百多種是這裡所特有的。由於湖岸地區日漸工業化，湖水污染問題日益嚴重。

bail　保釋　指法官或治安法官在取得足以保證被釋放人出庭應訟的擔保以後，釋放被逮捕人或被監禁人的程序。保釋通常要先繳納保證金。在現代法律制度中，保釋的主要作用是保證被捕和被控犯有刑事罪行的人在審前的自由。由於廢除對債務人的監禁，保釋在民事案件中已失去重要作用，其程度視各國法律不同而有差別。保證金的數額通常與被控罪行的嚴重程度相關，不過還會考慮其他的因素，如證據的分量、被告人的品行和交納保證金的財務能力。亦請參閱bond、recognizance。

Bailey, Pearl (Mae)　貝利（西元1918～1990年）　美國歌手及藝人。生於維吉尼亞州的新港紐斯，十五歲開始演藝生涯，在夜總會和劇場同一些爵士樂隊（如貝西伯爵的樂隊）一起登台。1946年演出她的第一齣百老匯音樂劇《聖路易的女子》；1947演出第一部電影《綜藝女郎》。她以活潑而帶點土氣的風格走紅。1952年嫁給樂隊鼓手兼團長貝爾森，兩人後來經常同台演出。她在百老匯扮演過包括1954年的卡門·瓊斯等許多角色，其中以在1967～1969年完全由黑人演出的《我愛紅娘》中所扮演的桃莉·李薇最令人懷念。

bailiff　執行官　在美國的一些法庭上維持秩序或在審議中護衛囚犯、陪審人員的官員。在中世紀的歐洲，它只是一個較爲尊嚴和權力較大的頭銜，代表莊園主或皇室處理一些事務，如收繳罰款或租金、遞送令狀、召集陪審團、逮捕犯人，以及執行君主的命令。後來因任用具備法律知識和受過特別訓練的行政人員，而使執行官的職權逐漸消失。

Bailly, Jean-Sylvain＊　巴伊（西元1736～1793年）法國天文學家和政治人物，因計算哈雷彗星軌道（1759）而聞名。在法國大革命爆發時轉而從政，1789年5月被選爲第三等級代表的主席。7月任巴黎首任市長，但日漸喪失威信，尤其是在1791年他下令讓國家衛隊驅散暴民導致馬斯場屠殺事件以後。同年11月退休下來。他退休後隨即被捕，押送巴黎革命法庭受審，隨後被處決。

Baily's beads　倍利珠　日全蝕時所見的弧狀亮斑。是英國天文學家倍利（1774～1844）最早觀測到的，故名。在月面正好完全遮蔽太陽之前，月面邊緣的山和谷會使狹窄的新月形太陽光在數處斷開，由此產生的亮斑有如一串亮珠。被觀察到的最後幾縷陽光看上去就如日冕上的鑽石，從而產生「鑽石鏈效應」。

Baird, Bil and Cora　貝爾德夫婦（比爾與科拉）（西元1904～1987年；西元1912～1967年）　美國表演木偶劇者。比爾原名William Britton，曾從木偶劇大師薩格工作過五年。於1930年代中期開始演出自己獨創的木偶劇。1937年和科拉結婚。他們爲自己的表演節目創造原型的木偶、布景和音樂，並在1950年代製作了一系列電視表演節目。1966年在紐約市開設了自己的提線木偶劇院。比爾於1965年出版《木偶藝術》一書，還訓練了亨森等表演木偶劇者。

Baird, John L(ogie)　貝爾德（西元1888～1946年）蘇格蘭工程師。1922年由於身體狀況不佳，放棄電力公司的工作而專心投入電視的研究。1924年他用電視播送了物體的輪廓。1925年播送了可辨認的臉部圖像。1926年成爲用電視播送運動物體的第一人。1928年貝爾德演示了彩色電視。1929年德國郵局給他發展電視的設施。當英國廣播公司（BBC）的電視節目在1936年開播時，他的系統和馬可尼電器和音樂工業公司推銷系統競標，1937年英國廣播公司全部採用馬可尼公司的系統。據說他在1946年研製出立體電視。

Bairiki＊　拜里基　吉里巴斯小島（2000年人口約36,717）與行政中心。位於塔拉瓦環礁，吉柏特群島北部。擁有港灣及南太平洋大學分校。

Baja California＊　下加利福尼亞　亦作Lower California。墨西哥西北部半島。北接美國，東臨加利福尼亞灣，西部和南部瀕太平洋。長約1,220公里，面積143,396平方公里。行政上畫爲下加利福尼亞和南下加利福尼亞兩州。海岸線長超過3,200公里，沿岸多島嶼，有深水避風港。在1533年西班牙人抵達時，此地已有人定居了九千年。17世紀末耶穌會建立了永久居民點，但原住民印第安人卻因西班牙人所帶來的文明病而遭到浩劫。1848年墨西哥戰爭後，簽定和約，加利福尼亞被分成兩半，一半歸墨西哥，一半劃歸美國。

Baja California 下加利福尼亞 墨西哥北部一州（2000年人口約2,487,367），位於下加利福尼亞半島北部。舊稱北下加利福尼亞。雖然長期都有人居住，但人口稀疏，一直到1950年代人口才開始大幅成長。部分原因是因靠近美國邊界，一些外國公司來此設廠。首府是墨西卡利。面積70,114平方公里。

Baja California Sur 南下加利福尼亞 墨西哥北部一州（2000年人口約423,516）。位於下加利福尼亞半島南部。東臨加利福尼亞灣，西、南接太平洋。面積73,678平方公里。1974年設州。人口稀少，發展較落後。州首府拉巴斯附近開墾了一大片棉花田，但一般仍以自給性農業爲主。旅遊業和交通的改善正使該州逐步擺脫與世隔絕的狀態。

Baker, Chet 查特貝克（西元1929～1988年） 原名切斯尼（Chesney Baker）。美國小號手及歌手，清脆的音色與溫柔的樂句，使他成爲1950年代酷派爵士（參閱bebop）的縮影。出生於奧克拉荷馬，早期的音樂經驗來自於軍樂隊，1952年與1953年與查理帕克（Charlie Parker）以及馬利根（Gerry Mulligan）合作之後，確立了他的聲望。他的錄音〈我可笑的情人節〉（My Funny Valentine）建立了他疏離而隱晦的歌手路線，同時也反映了其小號演奏風格。他的生涯晚期，大部分在歐洲度過，其間曾多次因爲沈溺藥物所引發的法律問題而中斷。

Baker, Josephine 貝克（西元1906～1975年） 原名Freda Josephine McDonald。法籍美國演藝人員。出生於密蘇里州聖路易，十六歲加入一舞蹈團，不久來到紐約，在哈林夜總會表演，並在百老匯演出《巧克力紈袴子》一劇（1924）。1925年來到巴黎，在《黑人活報劇》中表演舞蹈。對法國觀衆而言，她象徵非洲－美國文化的異國情調與活力，成爲巴黎最受歡迎的雜耍劇場演藝人員，以及女神遊樂廳的明星。在第二次世界大戰期間參與紅十字會工作，並爲自由法國的軍隊慰勞演出。1950年開始收養世界各國的嬰孩，稱之「博愛的實驗」。後來曾定期返回美國，促進民權事業。

貝克
H. Roger-Viollet

Baker, Newton D(iehl) 貝克（西元1871～1937年） 美國陸軍部長。1897年起開始當律師。移居克利夫蘭後，當選爲市長（1912～1916），1912年曾幫助威爾遜獲得總統候選人的提名。他雖是一名反戰論者，卻提出過一份軍事草案，並在大戰期間負責動員四百多萬人參軍。1928年任海牙國際仲裁法庭法官。

Baker, Philip John Noel- ➡ Noel-Baker, Philip John

Baker, Russell (Wayne) 貝克（西元1925年～） 美國報紙專欄作家。生於維吉尼亞州，1947年進入《巴爾的摩太陽報》。1954年轉入《紐約時報》的華盛頓辦公室，並且在1960年代早期開展了聯合發表的「觀察家」專欄。初期專注於政治諷刺，後來他又發現其他同樣值得針貶的主題。1979年他的評論贏得了普立茲獎。他所寫的書包括自傳《長大》（1982年普立茲獎）和《好時光》（1989）。1993年成爲電視節目《名作劇場》的主持人。

Baker, Sara Josephine 貝克（西元1873～1945年） 美國醫生。獲得公共衛生學博士學位的第一位美國婦女。任紐約市兒童衛生處（第一個致力於兒童健康的公共機構）首任處長期間，使該市的嬰兒死亡率降低，成爲美國各大城市中死亡率最低者。曾協助創建美國兒童衛生協會，以及後來稱爲紐約兒童福利協會的組織。出版過五部有關兒童衛生的著作。

Baker v. Carr 貝克訴卡爾案 美國最高法院判例（1962）。它判決田納西州議會應按人口比例重新分配其議員名額，從而結束傳統上農村地區在議會中的代表比例過多的情況，並樹立了最高法院可干預議員名額分配的案例。法院判定公民投的每一張票所代表的意義應該是相等的，而不論投票者居住在什麼地區。後來援引貝克案爲例的「雷諾茲訴西姆斯案」（1964）判決各州議會實際上都必須重新分配議員名額，最後使大多數州議會中的政治權力從農村地區轉入城市地區。

Bakersfield 貝克斯菲爾德 美國加州南部城市（2000年人口市區約247,057；都會區約661,645）。濱臨克恩河，地處聖華金河谷地。1869年由湯瑪斯．貝克創建。原爲農業地區，1899年在這裡發現克恩河油田後，石油工業蓬勃發展。1952年大地震後迅速重建。附近葡萄園所產的葡萄酒約占該州總產量的1/4。

Bakewell, Robert 貝克韋爾（西元1725～1795年） 英國農業家，採用合理選擇、近親繁殖、去劣等方法，使英國的牛羊培育發生根本變化。他是肉用牛羊最早的培育家之一。他最先大規模培養種畜，使他的農場成爲著名的科學管理的典型。

貝克韋爾，版畫
The Mansell Collection

Bakhtin, Mikhail (Mikhailovich)＊ 巴克丁（西元1895～1975年） 俄羅斯文學理論家和語言哲學家。他的作品經常攻擊俄國當局，而在1929年從維傑布斯克被放逐到哈薩克。最著名的作品是《杜斯妥也夫斯基詩學的問題》（1929），其中提出的理論在《對話想像》（1975）中進一步加以發展。他各式各樣的思想對文化史、語言學、文學理論、美學方面的西方思想影響深遠。

Bakhtiyari 巴赫蒂亞里人 亦作Bakhtyari。伊朗西部的游牧、住帳篷的民族。人數約有八十八萬。操波斯語的盧里方言，都是伊斯蘭教的什葉派。兩個主要部落爲查哈爾朗格和哈夫特朗格。首領由兩部落世襲酋長輪流擔任，任期兩年。許多酋長在民族公共事務中具有很大的影響力，並擔任公職。該族婦女通常受有較好的教育，比伊朗其他的穆斯林婦女自由。

baking 焙烤 用乾熱方法，特別是指在某種爐子中，焙製食品的過程。焙烤製品包括各種各樣的食品，如麵包、餅乾、派和小點心。焙烤食品的原料包括麵粉、水、發酵劑（酵母、發酵粉、蘇打）、起酥劑（油脂、黃油、植物油）、雞蛋、牛奶和糖。起酥劑可使麵糰更易於加工，做出的食品更柔軟，同時在許多情況下還可增加香味。蛋白常用來使焙烤食品質地鬆軟，充滿氣泡。蛋黃可改變顏色、風味和質地。牛奶用於提味。糖用於提高甜度和幫助發酵。

baking soda ➠ bicarbonate of soda

Bakke case ➠ Regents of the University of California v. Bakke

Bakongo 巴剛果人 ➠ Kongo

Bakst, Leon＊　巴克斯特（西元1866～1924年）　原名Lev Samuilovich Rosenberg。俄國畫家和舞台設計家。聖彼得堡皇家藝術學院畢業，後來到巴黎學習。1899年與佳吉列夫共同創辦《世界藝術》雜誌。1900年開始爲一些皇家劇院設計舞台布景。在巴黎期間開始爲佳吉列夫新組建的俄羅斯芭蕾舞團設計舞台布景和服裝。在這些設計中，他將富有想像力的設計與華麗的色彩和精雕細琢的細部相結合，表達一種美麗的東方異國情調，這些設計使他揚名國際。他在俄羅斯芭蕾舞團扮演極重要的角色，推翻了歐洲的舞台設計形式，帶領了歐洲高級時尚風格。

Baku＊　巴庫　亞塞拜然城市（1997年人口約1,727,200）與首都。位於裏海西岸、阿普歇倫半島南緣，圍繞著巴庫灣，是裏海的最佳港口。很早即有人居住。西元11世紀時爲希爾凡國王所據，12世紀成爲其國都。1723年彼得大帝（彼得一世）奪取巴庫，但在1735年又歸還給波斯。俄羅斯最後還是在1806年奪取這座城市。1917年成爲布爾什維克政府的首都，1920年新的亞塞拜然蘇維埃共和國立其爲首都。石油是巴庫的經濟命脈。

bakufu＊　幕府　與帝國宮廷和天皇的統治相對立的一種通過世襲幕府首領之位來對國家實行的軍事統治。日本歷史上曾經有過三段幕府政府時期：源賴朝在12世紀末建立了鎌倉幕府（鎌倉時代）；14世紀早期足利尊氏建立了足利幕府；17世紀初德川家康建立了江戶幕府（德川幕府）。江戶幕府是最成功的，是一個和平繁榮的時期，延續了兩百五十多年。亦請參閱daimyo、Hojo family、jito。

Bakunin, Mikhail (Aleksandrovich)＊　巴枯寧（西元1814～1876年）　俄國無政府主義者和政論家。曾在西歐遊歷，並積極參與1848年革命。出席於布拉格召開的斯拉夫人代表大會後，寫出宣言書《向斯拉夫人呼籲》（1848）。1849年因參與革命運動而在德國被捕，後被引渡回俄國，流放到西伯利亞。1861年逃離俄國，回到西歐，他繼續宣傳好戰的無政府主義理論。1872年參加了第一國際，與馬克思發生激烈的爭辯，這一著名的爭論造成了歐洲革命運動的分裂。

Balaguer (y Ricardo), Joaquín (Vidella)＊　巴拉格爾（西元1907～2002年）　多明尼加共和國總統（1960～1962、1966～1978、1986～1996）。在拉斐爾·特魯希略將軍實行獨裁政權的三十年間擔任過多種政府職務。後來在其兄弟赫克特爾·特魯希略總統手下擔任副總統。赫克特爾·特魯希略辭職後，他宣誓就任總統。但實權仍掌握在拉斐爾·特魯希略將軍手中，直至1961年特魯希略將軍被害後。巴拉格爾力圖實施自由化措施，結果導致他被軍人推翻。1965年美國以軍事干涉後，巴拉格爾當選爲總統（1966）。他實現了經濟的穩定成長，並推行溫和的社會改革。後來一再連任，但在最後一次任期中因政治暴力、賄選和貪污舞弊事件層出不窮而在位兩年後就匆匆下台。

Balakirev, Mily (Alekseyevich)＊　巴拉基列夫（西元1837～1910年）　俄國作曲家。早年受教於葛令卡，後來自己也教導了居伊（1835～1918）和穆索斯基。1861～1862年他們的集團擴大爲強力五人團。1862年開辦自由音樂學校，1871年精神崩潰後，開始採用正統派熱烈而偏執的形式，之後很少再涉入音樂界。其作品包括兩首交響曲、鋼琴幻想曲《伊思拉美》（1869）、《李爾王》配樂（1861、1905），以及一首鋼琴協奏曲。由於他的音樂極其絢麗，而且運用了民歌素材，可能是俄羅斯民族樂派的有力領導。

Balaklava, Battle of＊　巴拉克拉瓦戰役（西元1854年10月）　克里米亞戰爭中的一次非決定性戰役。起因於俄國想控制黑海補給港巴拉克拉瓦，當時它被英國、法國和土耳其占有。開始時，俄國人占據了一處河谷邊的高地。英軍總司令拉格倫下令卡迪根率領他的輕騎兵旅對俄軍進行騷擾。但最後的命令含混不清，卡迪根錯誤地衝進谷地，而未攻擊高地上孤立的俄軍。結果輕騎兵旅損失達40%，戰役乃告結束。

balalaika＊　巴拉萊卡琴　俄羅斯一種弦樂器。琴背扁平，琴腹呈三角形，琴腹逐漸變細，形成有品的頸。品可移動。有三根弦。有大、小六種型號，演奏高低不同的音域。18世紀從冬不拉琴演變而來。這種樂器用於民間音樂，但也用於大型巴拉萊卡樂隊。

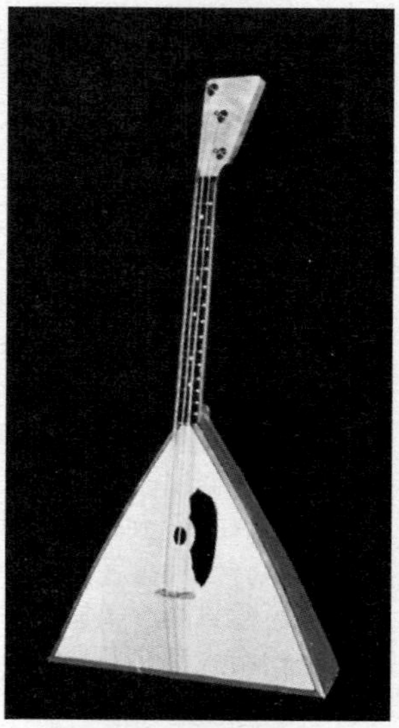

20世紀俄羅斯次中音巴拉萊卡琴，現藏紐約市大都會藝術博物館
By courtesy of the Metropolitan Museum of Art, New York City, the Crosby Brown Collection of Musical Instruments, 1889

balance　天平　比較兩個物體的重量以測定其質量差異的儀器，通常是用於科學目的。等臂天平據推斷當是西元前5000年古埃及人所發明。到20世紀初，天平已發展成爲最精密的度量器。如今的電子天平，是依據電補償的作用而不是機械的偏轉。超微天平可以秤量比微量天平能量更小試樣重量，即總量小至一個或數個微克。

balance of payments　國際收支　在一定期間，一國的居民（包括政府）與其他國家居民（包括政府）之間所有經濟交易之系統記錄。這些交易都以複式簿記表示。例如，美國的國際收支記錄了通過美國的進口、美國旅遊者在國外的消費、向國外貸款等等諸多方式使別的國家的人掌握了美元。這些支出表示在收支表的借方欄內。貸方欄表示的是外國人使用美元的各種用途，包括支付美國的出口、向美國償還債務等。別的國家有可能獲得比他們花費在美國的貨物和服務上所需要的更多美元，他們可以持有盈餘或購買黃金或股票；他們手中的美元也可能少於他們購買美國貨物和服務所需的款項，那他們可以變賣黃金、出售在美國的股票以及採取其他的方法。作爲解決國外債務的方法，變換資金的某些形式（如大量流出黃金）不如其他一些形式（如通過國際貿易來變換貨幣）。國際貨幣基金會協助處理與國際收支相關的各種問題。亦請參閱balance of trade。

balance of powe　均勢　在國際關係中，一個國家或黨派爲對抗另一個國家或黨派以防止對方將其意願強加給自己或使自己利益受到損害而採取的一種勢力均等的政策。此術語在拿破崙戰爭結束後開始使用，當時表示歐洲國家體系中的權力關係。到第一次世界大戰時，英國在許多國家聯盟中充當「均勢維持者」的角色。第二次世界大戰後，北半球的均勢將美國及其盟國（參閱NATO）與蘇聯及其盟國（參閱

Warsaw Pact）相對立，形成了在核戰威脅下的兩極均勢。中國爲了不結盟因蘇聯脫離，但明顯的反蘇姿態產生了一個第三極勢力。蘇聯在1991年解體後，美國及其北約國家聯盟被認爲是世界上最重要的軍事力量。

balance of trade　貿易差額　指一定期間內一國商品與勞務進出口値之差額。貿易差額是更大的經濟項目國際收支的一部分，國際收支是指一國居民與其他國居民之間所有經濟交易的總額。如果國家的出口值超過進口値，這個國家便擁有貿易順差或貿易剩餘，反之則擁有貿易逆差或貿易赤字。根據重商主義經濟理論，貿易順差是絕對必要的。根據古典經濟學理論，充分利用經濟資源對於一個國家而言比實現貿易順差更重要。對貿易赤字的抵觸思想一直持續到20世紀，但是，這一思想常被保護主義的提倡者所發展。

balance sheet　資產負債表　一種金融表述，描述特定時候公司控制下的資產，也指出資產的來源。資產負債表包含三大部分：資產（公司所擁有的有價權利）、負債（外在借主和其他債權人所提供的資金）、擁有者的權益。在資產負債表上，總資產必須總是等於總負債與擁有者全部資產淨值的總和。

Balanchine, George＊　巴蘭欽（西元1904～1983年）
原名Georgy (Melitonovich) Balanchivadze。俄裔美籍舞蹈編導，也是紐約市芭蕾舞團的創辦者和藝術總監（1948～1982）。原在皇家芭蕾舞學校學習，1925年離開蘇聯加入俄羅斯芭蕾舞團。1928年創作的《阿波羅》，具有獨特的新古典主義風格，此後成爲他的註冊商標。他的突出表現引起美國人柯爾斯坦的極大興趣，他邀請巴蘭欽籌建美國芭蕾舞學校和美國芭蕾舞團。美國芭蕾舞團是紐約市大都會歌劇院的常駐芭蕾舞團體（1935～1938），但於1941年解散。1946年他與柯爾斯坦成立芭蕾舞協會，1948年發展成爲紐約市芭蕾舞團。巴蘭欽爲該團創作了一百五十多個舞碼，其中有全本的《胡桃鉗》（1954）、《唐吉訶德》（1965）、《寶石》（1967），還編導過音樂劇和歌劇。巴蘭欽與作曲家史特拉汶斯基合作無間，其舞蹈作品中有三十多部是用史特拉汶斯基的音樂。全世界幾乎所有的主要芭蕾舞團都至少演出過巴蘭欽的一個芭蕾舞曲目，他堪稱是20世紀最偉大的舞蹈編導。

巴蘭欽
© 1983 Martha Swope

Balaton, Lake＊　巴拉頓湖　匈牙利湖泊，位於布達佩斯西南方。爲中歐最大的湖泊，面積601平方公里，最深處11公尺。這裡包括兩處野生動物保護地。周圍地區以農業爲主，但旅遊業也開始發達。南岸的希歐福克和北岸的巴拉頓菲賴德現已成爲著名旅遊勝地。

Balbo, Italo　巴爾博（西元1896～1940年）　義大利飛行員和政治家。1922年曾領導法西斯派的黑衫黨向羅馬進軍，還曾在墨索里尼手下任民兵將領（1923）和空軍元帥（1929～1933）。他努力發展軍事和民用航空事業，他用大量的國際航班來證明義大利的航空實力，因此而名聲大噪。1933年出任利比亞總督，後來因座機在圖卜魯格上空被義大利高射炮誤擊而喪命。

Balboa, Vasco Núñez de　巴爾沃亞（西元1475～1519年）　西班牙征服者和探險家。1500年到現代的哥倫比亞海岸勘探，後來定居於西班牙島（即海地）。後來被債務所逼逃離，加入一支探險隊，協助在哥倫比亞的殖民。他說服移民跨越烏拉瓦灣到巴拿馬地峽的達連，1511年他們建立了新大陸第一個永久性殖民地。1513年他成爲第一個看見太平洋的歐洲人，替西班牙占領了南海（今南太平洋）和鄰近地區。後來擔任南海地區和巴拿馬、科伊瓦省總督，但仍受死敵阿里亞斯．達維拉（1440?～1531）的管轄。達維拉怕他的影響力越來越大，因此藉口逮捕他，以叛亂、賣國和虐待印第安人的罪名把他斬首。

Balch, Emily Greene＊　巴爾奇（西元1867～1961年）
美國女社會學家及和平主義者。畢業於布林瑪爾學院，1896年起在衛斯理學院任教。她在波士頓辦過一所社會福利之家，同時還在麻薩諸塞州工業協調委員會（1908～1909）、麻薩諸塞州移民委員會（1913～1914）任職。1918年因反對美國加入第一次世界大戰而失去教職工作。1919年與亞當斯協助成立了國際婦女爭取和平與自由聯盟。1946年與馬特（1865～1955）共獲諾貝爾和平獎。

bald cypress　禿柏　美國南部杉科的兩種大型沼澤區樹木，即落羽杉和上升落羽杉（或稱池杉），與紅杉近緣。硬的紅木柏通常用於蓋屋頂。落葉杉科包含十屬十五種的觀賞和材用的常綠樹，原產於東亞、塔斯馬尼亞和北美洲。樹葉可能是鱗狀、針形，或兩者混合的類型。同一棵樹上有雌雄兩種毬花。塔斯馬尼亞雪松（密葉杉屬）、日本柳杉、杉、日本金松、巨杉、紅杉、水杉，以及禿柏都是杉科重要的經濟木材。

bald eagle　白頭海鵰　一種海鵰，學名Haliaeetus leucocephalus。分布於內陸的江河和大湖附近。體形非常優美，是原產於北美洲的唯一的鵰，自1782年起成爲美國的國鳥。成鳥體長約1公尺，體羽暗褐，尾和頭白色，喙、眼和腳黃色，羽翼寬2公尺。白頭海鵰常掠過水面捕魚，並搶奪鶚抓到的魚，也吃腐肉。常於江河島上的孤樹上築巢。雖自1940年被美國列爲保育動物，但因河川污染、殺蟲劑的應用及營巢地的喪失，白頭海鵰的數量已大爲減少。

白頭海鵰
Alexander Sprunt IV

baldachin＊　華蓋　祭壇或墓碑上方的頂蓋，用石頭、木材或金屬製成。義大利baldacchino原指從巴格達傳入西班牙的一種用精緻錦緞製作的天篷，懸掛在祭壇上。常用的形式爲四根支柱承托檐部，其上有小型列柱廊，頂上有攢尖或兩坡屋頂。貝尼尼著名的巨大青銅華蓋（1624～1633）矗立在羅馬聖彼得大教堂的祭壇。

梵諦岡聖彼得教堂內的祭壇華蓋，由貝尼尼設計（1624～1633）
SCALA－Art Resource

Balder＊　巴爾德爾　古斯堪的那維亞神話中，主神奧丁和他的妻子弗麗嘉所生的正直和英俊的兒子。除了槲寄生外，沒有東西能傷害得了他。

諸神知道他不會受傷，所以常向他丟東西以尋開心。盲神赫德受到邪惡的洛基的欺騙，把槲寄生投向巴爾德爾，因而殺了他。女巨人托克（可能是洛基假扮的）不肯哭出眼淚，因為她的淚水會使巴爾德爾死而復生。

baldness　脫髮　亦稱alopecia。毛髮的缺少或脫落。基本類型有二：因毛囊破壞引起的永久性脫髮，和毛囊暫時受損引起的暫時性脫髮。男性典型的脫髮與遺傳有關，多達40%的男人會脫髮。治療方式是頭髮移植，將仍在生髮區域內的毛囊移植到不復生髮的區域，並在頭皮上抹上藥物（如米諾地爾）預防頭髮進一步脫落。引起永久性脫髮的原因還有：許多發生瘢痕的皮膚病、先天性毛髮發育不良，以及因物理、化學因素造成的毛囊嚴重損傷。高燒後、照射X光、藥物、營養不良、內分泌失調等都可能會造成暫時性脫髮。斑禿是一種相當常見但原因不明的病，不過通常只是暫時性的。

Baldovinetti, Alesso＊　巴多維內蒂（西元約1425～1499年）　義大利畫家，活躍於佛羅倫斯。早年受教情況不詳，但風格顯然受了安吉利科和多米尼科的影響。佛羅倫斯聖母領報教堂的壁畫《耶穌誕生》（1460～1462）和羅浮宮的《聖母子》（1460年代）是其成熟期的傑作，兩者皆以阿爾諾河谷為背景，是歐洲最早描繪真實風景的繪畫。他在佛羅倫斯洗禮堂吉貝爾蒂所製作的門上設計了馬賽克裝飾（1453～1455），還為彩色玻璃窗和鑲嵌細工做了設計。

巴多維內蒂的《聖母與聖嬰》（1465?），油畫；現藏巴黎羅浮宮
Giraudon – Art Resource

Baldung, Hans＊　巴爾東（西元1484～1545年）亦稱Hans Baldung Grien。德意志畫家和圖形藝術家。曾在紐倫堡擔任杜勒的助手，並以代表主教的官方畫家資格活躍於史特拉斯堡。最有名的作品是弗賴堡（1512～1517年他住在那裡）大教堂的高祭壇畫。他的作品題材廣泛而多樣，有宗教畫、寓言畫、神話畫、肖像畫，以及為掛毯、彩色玻璃窗以及書籍插圖作設計。他的素描、雕刻和木刻畫也具有同樣重要的地位，經常描繪死亡之舞以及死亡與少女這類主題。從他偏好陰森可怕的題材來看，巴爾東在風格和精神上與格呂內瓦爾德很相似。

Baldwin I　鮑德溫一世（西元1172～1205年）　君士坦丁堡第一位拉丁皇帝（1204～1205）。原為法蘭德斯和埃諾伯爵，也是反對拜占庭基督徒的第四次十字軍領袖。他協助攻下君士坦丁堡，並安置了一個親拉丁的皇帝（1203）。當十字軍與他們的威尼斯盟軍奪取了權力後，1204年他當上了皇帝，並獲得教宗的承認。即位後按照西歐的封建模式創建政府，將希臘的土地分封給他的騎士，但後來被入侵的保加爾人打敗，並遭殺害。

Baldwin I　鮑德溫一世（西元1058?～1118年）　別名布洛涅的鮑德溫（Baldwin of Boulogne）。耶路撒冷國王（1100～1118）。法蘭克伯爵之子，曾參加第一次十字軍東征。1098年占據伊德撒（今希臘境內）。1100年他的兄弟戈弗瑞死於耶路撒冷，鮑德溫被貴族們擁為這個十字軍國家的國王，並成為聖墓的保護人。他開始擴張領土，奪取沿海城市（如艾爾蘇夫和該撒利亞），並建立一套行政體制，奠定以後兩百年法蘭克人統治敘利亞和巴勒斯坦的基礎。

Baldwin II　鮑德溫二世（卒於西元1131年）　別名布爾的鮑德溫（Baldwin of Bourg）。耶路撒冷國王（1118～1131）。法蘭克貴族，曾參加第一次十字軍，1100年被堂兄鮑德溫一世封為伊德撒伯爵。1104年塞爾柱土耳其人俘獲了他，四年後才被贖回，他用武力從攝政者手裡奪回伊德撒。1118年鮑德溫一世死後，他繼任為王。1123～1124年又被土耳其人俘獲當作人質。獲釋後，他極力擴張自己的領土，並在馬爾他騎士團和聖殿騎士團的協助下，進攻大馬士革。後來安排女兒梅利森德和安茹的富爾克五世結婚，並由他們繼承王位。

Baldwin II Porphyrogenitus＊　鮑德溫二世（西元1217～1273年）　君士坦丁堡第五代（也是最後一代）拉丁皇帝（1228～1261），第三代拉丁皇帝的兒子（他的名字Porphyrogenitus的意思是「出生於王室」）。1228年其兄死後繼位。當時希臘人和保加爾人不斷入侵，帝國領土縮小到只剩君士坦丁堡四周地區。國庫空虛迫使鮑德溫兩次到西歐請求援助。他把許多神聖的遺物賣給法國的路易九世，甚至把一部分宮殿拆下來當柴燒。1261年邁克爾八世・帕里奧洛加斯攻陷君士坦丁堡，恢復希臘人統治，鮑德溫二世逃往歐洲，最後死於西西里。

Baldwin IV　鮑德溫四世（西元1161～1185年）　別名痲瘋鮑德溫（Baldwin the Leper）。耶路撒冷國王（1174～1185）。十三歲父親死後即位，但一直由攝政代為治理。在其短暫的一生中始終為痲瘋所苦，在位期間貴族們派系傾軋，爭權奪利。1177年他敗給薩拉丁，導致兩年的停戰。但在1183年時薩拉丁攻占了阿勒頗，包圍耶路撒冷。鮑德溫於該年立外甥為國王。

Baldwin, James (Arthur)　鮑德溫（西元1924～1987年）　美國小說家、隨筆作家和劇作家。自幼於紐約市哈林黑人貧民區長大。十四～十六歲時利用課餘時間在奮興派小教堂佈道。1948年起輪流往返於法國和美國。半自傳性的第一部小說《向蒼天呼籲》（1953），公認是他最好的一部小說，接著出版散文集《土生子的札記》（1955）、《沒沒無聞》（1961），小說《喬凡尼的房間》（1956），探討同性戀問題；以及《另一個國家》（1962）。長篇論著《下一次將是烈火》（1963），則是論述有關黑人穆斯林分離主義運動及其他爭取黑人民權等方面問題。另外還寫有一部諷刺種族壓迫的戲劇《查理先生的憂鬱》（1964）。他善於辯論，並熱中種族問題，使他成為當時美國最傑出的黑人作家。

鮑德溫，攝於1932年
Bassano and Vandyk

Baldwin, Robert　鮑德溫（西元1804～1858年）　加拿大政治人物。原為律師，後來在省政府擔任一些職務。1842～1843年與拉封丹共組第一屆自由黨政府。1848年自由黨重新執政，他與拉封丹成立責任制政府，或稱內閣政府。1851年辭職。

Baldwin, Roger (Nash)　鮑德溫（西元1884～1981年）美國民權運動領袖。出生於麻薩諸塞州威士利。1906～1909

年在聖路易的華盛頓大學教社會學，同時兼任該市少年法庭首席監護官，以及聖路易改革運動公民同盟祕書。當美國加入第一次世界大戰時，鮑德溫成爲追求和平主義的反軍國主義美國聯盟（美國公民自由聯盟的前身）領導人。1920～1950年任聯盟主席，後出任全國主席（1950～1955）。最終他使民權成爲全民參與的事業，不再被視爲左派運動。

Baldwin, Stanley 鮑德溫（西元1867～1947年） 受封爲鮑德溫伯爵（Earl Baldwin (of Bewdley)）。英國政治人物。曾多年經營其家族的各種重工業事業，1908～1937年擔任下議院的保守黨議員。1917～1921年任財政部財務次官，1921～1922年任商業部大臣。後來曾三次出任首相（1923～1924、1924～1929、1935～1937）。1926年發生大罷工事件，鮑德溫宣布國家進入緊急狀態，後來他確保通過反工會的「勞資爭議條例」。1935年再次出任首相，鑑於義大利、德國的軍事擴張，開始不動聲色地加強英國軍事力量。他因未對義大利占領衣索比亞提出抗議而受到批評。1936年鮑德溫設法促使國王愛德華八世退位，因爲國王一心想與辛普森夫人結婚，鮑德溫認爲這威脅到君主制的尊嚴。

鮑德溫，攝於1932年
UPI

Balearic Islands＊ 巴利阿里群島 西班牙語作Islas Baleares。地中海西部群島（2001年人口約841,669），西班牙的一個自治區和省份。主要島嶼是馬霍卡、梅諾卡、伊維薩、福門特拉和卡夫雷拉等。早有人定居，西元前5世紀時受迦太基統治，西元前120年左右淪入羅馬人手中，西元534年又被拜占庭帝國奪取。後來被阿拉伯人侵擾，10世紀時終於落入哥多華的伍麥葉王朝手中。後爲西班牙人征服，1344年併入亞拉岡王國。18世紀時，西班牙、英國和法國爲爭奪此地而交戰，1802年歸屬西班牙。現在經濟主要以旅遊業爲主。首府爲帕爾馬。面積5,014平方公里。

baleen whale＊ 鬚鯨 鬚鯨亞目約十三種鯨類的統稱，與其他種的區別在於有特化的進食構造，即鯨鬚，或稱鯨骨，用來濾取海水中的浮游生物和小甲殼類動物。鯨鬚固定在嘴的上顎，由兩塊角質板組成，每塊角質板（露脊鯨的角質板長達3.6公尺）是一組平行的帶有緣纓的板條，緣纓纏結在一起形成一個密篩。其他的鬚鯨有藍鯨、鰭鯨、灰鯨、駝背鯨、鱈鯨和鰛鯨。鯨骨曾一度廣泛用作婦女緊身胸衣的支撐物，現在仍用來製造一些工業用刷。

Balenciaga, Cristóbal＊ 巴蘭西阿加（西元1895～1972年） 西班牙－法國時裝設計師。自小就學作女裝，在一次造訪巴黎後受到激勵而成爲女裝設計師。二十歲時在西班牙聖塞瓦斯蒂安開設自己的成衣店。1937年西班牙內戰使他回到巴黎，其後三十年他的事業蓬勃發展起來。作品多爲華貴高雅的連衣裙和套裝，在1950年代推動了披肩和無腰身連身衣服的流行，1960年代則帶動塑膠雨衣的流行。

Balfour, Arthur James 巴爾福（西元1848～1930年） 受封爲巴爾福伯爵（Earl Balfour (of Whittingehame)）。英國政治家。其舅父是索爾斯伯利侯爵。1874～1911年間巴爾福在國會任職，1887～1991在其舅父的政府擔任愛爾蘭事務大臣。1891年起擔任國會中保守黨領袖，後繼任其舅父的首相職務（1902～1905）。1904年締結「英法協約」。他最著名的行動是在1917年，在外交大臣任內（1916～1919）寫了所謂的「巴爾福宣言」的文件，表達了英國政府支持猶太復國主義的立場。戰後兩次參加內閣，任樞密大臣（1919～1922、1925～1929）。起草「巴爾福報告」（1926），以確定「威斯敏斯特條例」中所描述的英國與各自治領間的關係。

巴爾福，攝於1900年左右
Bassano and Vandyk

Balfour Declaration 巴爾福宣言（西元1917年11月2日） 在俄國猶太復國主義領袖魏茨曼和索科洛夫（1861～1936）的驅策下，英國外交大臣巴爾福在寫給英國猶太人領袖羅思柴爾德（1868～1937）的一封信中所提出的陳述。在宣言中他答允爲猶太人在巴勒斯坦建立家園而不干擾已定居在那裡的非猶太民族。第一次世界大戰後，英國搶先獲得了巴勒斯坦的託管權，並希望贏得猶太人輿論的支持站在同盟國這一邊。他們也希望親英國的定居者們能幫忙保護通向蘇伊士運河的通道。

Bali＊ 巴里 印尼小巽他群島的島嶼（2000年人口約3,151,162）。位於爪哇島以東，是印尼的一省。島上兩個主要城市是新加拉惹和省會登巴薩。大部分是山地，最高峰阿貢山高3,142公尺。早期曾受印度統治，16世紀許多人自爪哇移民來此，巴里至今仍是以信奉印度教爲主。16世紀晚期荷蘭人來到這裡，僅19世紀末受其統治。第二次世界大戰時被日本占領。1950年成爲印尼的領土。旅遊業在現代經濟中的地位日益重要。

Balinese 巴里人 印尼巴里島上的民族。雖然文化上深受爪哇人影響，但信奉印度教，這點與其他印尼人不同。巴里人聚爲村落，各家自有庭院，圍以土牆或石牆。各村有寺廟和會所。生活以宗教爲中心，它是印度濕婆教與佛教的混合體；崇拜祖宗、信仰精靈與巫術等。婚姻擇偶在同一宗族中進行，家族關係以父系爲主。

Balkan League＊ 巴爾幹同盟（西元1912～1913年） 保加利亞、塞爾維亞、希臘和蒙特內哥羅組成的同盟，在第一次巴爾幹戰爭（1912～1913）中共同對抗鄂圖曼帝國。表面上，成立同盟的目的是要限制奧地利在巴爾幹日益增長的勢力，但是在俄羅斯的教唆下，實際上同盟的組成是爲了要把土耳其人趕出巴爾幹。第一次巴爾幹戰爭勝利後，同盟成員因瓜分領土而發生爭吵，於是同盟解體。

Balkan Mountains 巴爾幹山脈 保加利亞語作Stara Planina。歐洲東部山脈。巴爾幹半島和保加利亞的主要山脈，由塞爾維亞與蒙特內哥羅邊界向東延伸，止於黑海濱，最高峰爲博泰夫峰（高2,375公尺）。爲北方的多瑙河和南方的馬里乍河主要分水嶺，有二十處山口（最著名的是希普卡山口），數條鐵路線和伊斯克爾河。

Balkan Peninsula 巴爾幹半島 歐洲東南部半島，位於亞得里亞海和地中海之間，以及愛琴海和黑海之間，其中包含了許多國家，即斯洛維尼亞、克羅埃西亞、波士尼亞赫塞哥維納、馬其頓、塞爾維亞與蒙特內哥羅、羅馬尼亞、保加利亞、阿爾巴尼亞、希臘和土耳其的歐洲部分。西元前168年至西元107年部分地區併入羅馬的行省，包括了伊庇魯斯、莫西亞、潘諾尼亞、色雷斯和達契亞。接下來是斯拉夫入侵者、塞爾維亞人、克羅埃西亞人、斯洛維尼亞人以及斯洛維尼亞化的保加爾人來此定居，最後的保加爾人是在6世紀時進入巴爾幹地區的。後來逐漸組成各個王國，14、15世紀時許多王國都曾受到鄂圖曼土耳其帝國的蹂躪。20世紀初各派系間的鬥爭，使得半島上的各國不斷地分分合合，英文字詞「balkanize」就是據此而來。

Balkan Wars　巴爾幹戰爭（西元1912～1913年）　兩次軍事衝突，使鄂圖曼帝國幾乎失去了它在歐洲所有剩餘的領土。第一次巴爾幹戰爭中，巴爾幹同盟擊敗鄂圖曼帝國，根據和約（1913）的條款，鄂圖曼帝國失去了馬其頓和阿爾巴尼亞。第二次巴爾幹戰爭則源起於塞爾維亞、希臘和羅馬尼亞同保加利亞在瓜分其所共同征服的馬其頓領土時發生的爭吵。結果保加利亞戰敗，希臘和塞爾維亞瓜分了馬其頓的大部分領土。這兩場戰爭加劇了巴爾幹半島的緊張局勢，並引發了第一次世界大戰。

Balkhash, Lake＊　巴爾喀什湖　亦作Lake Balqash。哈薩克東部湖泊。東西長600公里，最深處達26公尺。水量主要來自伊犁河，該河從南面注入湖泊。嚴苛的氣候對湖泊的面積大小影響甚巨，湖的面積從15,500至19,000平方公里不等，視雨量的多寡而定。每年11月至翌年3月湖面結冰。近數十年來，因工業污染使得巴爾喀什湖的生態環境遭到嚴重破壞。

Ball, Lucille (Désirée)　鮑兒（西元1911～1989年）　美國女演員和電視喜劇明星。鮑兒曾在戲劇學校學習，從事過模特兒行業，1933年起開始在電影中擔任小角色。1947年她在廣播連續劇中扮演一角。後來與丈夫阿納慈（1917～1986）合作創製非常成功的電視喜劇連續劇《我愛露西》（1951～1957），和後來的《露西－戴西喜劇時間》（1957～1960）。二人於1960年離異，鮑兒參加《露西劇場》（1962～1968）和《露西在這兒》（1968～1974）的演出。她特有的紅頭髮、刺耳的嗓音和滑稽的表情再加上俗麗和女性的溫柔，使得她成爲早期電視界最著名的女星之一。

鮑兒和阿納慈
Photofest

ball bearing　球軸承　滾動（或減摩）軸承的一種（另一種爲滾柱軸承）。球軸承的作用是連接兩個作相對運動的機件，並使摩擦力降低到最小。在多數情況下，一個部件是轉軸，而另一部件爲固定的軸承套圈。球軸承有三個主要零件，即兩個帶有溝槽的套圈和許多球。球裝在兩套圈之間，且在滾道內滾動，摩擦力很小。用保持架鬆動地把各球分隔開並固定其位置。

ballad　謠曲；敘事歌；敘事曲　一種簡短的敘事民間歌謠，其獨特風格中世紀後期形成於歐洲。作爲一種音樂與文學的形式，謠曲一直被保存到現代。口述的謠曲保存在民間歌謠中，文學形式的謠曲則包含在口述的傳統歌謠中。典型的謠曲敘述緊湊的小故事，反覆層層加深，短語或詩節重複若干次以加強效果。現代文學謠曲（例如奧登、布萊希特和畢曉普等人的作品）中已不見傳統民間謠曲的韻律和故事性的成分。

ballad opera　敘事歌劇　英國18世紀的喜歌劇，其中穿插著歌曲和音樂，通常以現成的流行曲調或歌劇的旋律配上新詞，插入對白中。最早也是最著名的敘事歌劇是蓋伊和佩普什（1667～1752）合寫的乞丐歌劇（1728），這是一部尖銳的諷刺作品，廣受大眾的喜愛，因而產生了許多類似的作品。敘事歌劇直接影響到歌唱劇，也可被視爲現代音樂劇的源頭。

ballade＊　敘事曲；敘事詩　14和15世紀法國抒情詩和抒情歌曲中幾種固定樂思之一。這種詩體是由三個詩節與一個縮短的結尾奉獻詩節組成；全詩都用同一韻腳和相同的最後一行，這最後一行形成疊句。三個主要詩節中的各節都由三個段組成，其中第一、二段都用同一韻腳。敘事曲是固定體裁中內容最廣泛的一種，最純正的形式僅在法國和英國可見到。最早的敘事曲可見於吟遊詩人和行吟詩人的歌曲中。

Ballard, J(ames) G(raham)＊　巴拉爾（西元1930年～）　英國（出生於中國）作家。童年時期在日本集中營裡度過了四年的時間，這些經驗被描寫在《太陽帝國》（1984；1987年拍成電影）一書中，其科幻小說背景常設定在因爲過剩的夕陽工業技術而造成的生態失衡景觀。他的啓示性小說經常帶有令人震撼的暴力色彩，包括《衝擊》（1973；1996年拍成電影）、《具體島嶼》（1974）和《高升》（1975）。後來的作品則包括短篇故事集《戰爭熱》（1990），以及小說《婦人之仁》（1991）與《古柯鹼之夜》（1998）。

Ballard, Robert D(uane)＊　巴拉德（西元1942年～）　美國海洋學家和海洋地質學家，生於堪薩斯州的威契塔，在加州聖地牙哥附近長大。身爲麻薩諸塞州伍茲霍爾海洋研究所的海洋科學家，他率先使用深海潛水器，參與第一次大西洋中脊的載人探險，還在加拉帕戈斯裂谷發現深海溫泉和其中不尋常的動物群落。他因1985年戲劇性地發現鐵達尼號殘骸而聲名大噪。自當時起，他進一步找尋第二次世界大戰期間失蹤的船隻。

Ballesteros, Seve(riano)＊　巴列斯提洛斯（西元1957年～）　西班牙高爾夫球手。一家有四個兄弟是職業高球手。他是三度（1979、1984、1988）英國公開賽與兩度（1980、1983）大師賽的冠軍，並且是1997年歐洲隊贏得萊德杯時的隊長。以華麗和富創意的球風聞名。至1990年代晚期，他在國際巡迴賽中已累積超過70勝的成績。

ballet　芭蕾　一種把正規的學院派舞蹈技巧結合音樂、服裝和舞台布景等其他藝術要素的戲劇性舞蹈。從文藝復興時期宮廷的表演發展而來，芭蕾在路易十四世時期重新復興，1661年他成立皇家舞蹈研究院，任命博尙爲院長，博尙發展出五個芭蕾舞位置。早期的芭蕾常伴隨著歌唱，往往合併入諸如盧利這樣的作曲家們的歌劇芭蕾中。18世紀時，諾維爾和安吉奧利尼分別創作了情節舞劇，透過舞步和默劇來敘述一個故事，這一種改革也反映在葛路克所作的音樂中。19世紀初期芭蕾舞有了重大發展，包括腳尖點地的舞姿（以腳趾尖端保持平衡），以及首席芭蕾伶娜的出現，如塔利奧尼和埃爾絲勒。19世紀末、20世紀初，透過佳吉列夫、帕芙洛娃、尼金斯基、佩季帕和福金等人的革新，使俄國成爲芭蕾劇的製作和表演中心；大型芭蕾舞劇多由柴可夫斯基和史特拉汶斯基作曲。此後，英國和美國的芭蕾舞學校努力將本國的芭蕾舞地位提昇到俄國芭蕾的層次，同時欣賞芭蕾舞的觀眾也增加了許多。亦請參閱American Ballet Theatre、Ballet Russe de Monte Carlo、Ballets Russes、Bolshoi Ballet、New York City Ballet、Royal Ballet。

ballet position　芭蕾舞位置　對所有的古典芭蕾而言，腳的基本五種位置。約在1680年由博尙（1636～1705）首先加以編纂整理，這些位置構成了舞者達成穩定或直立的基礎，是芭蕾的基本規則。所有位置中最基本的是腿從胯部外開或旋轉，這些動作爲朝任何方向的動作提供一個穩固的基礎。各種手、臂的姿勢（波德勃拉）使舞姿更爲完備。

大劇院芭蕾舞團的貝斯梅諾娃（Natalya Bessmertnova）和費德耶契夫（Nikolay Fadeychev）在《天鵝湖》中所展現的阿拉伯式舞姿
Novosti－Sovfoto

Ballet Russe de Monte Carlo＊　蒙地卡羅俄羅斯芭蕾舞團　1932年在蒙地卡羅成立的芭蕾舞團。團名取自佳吉列夫的俄羅斯芭蕾舞團，1929年他去世後，這個劇團就解散了。蒙地卡羅俄羅斯芭蕾舞團在布魯姆和巴西爾的主持下，上演了馬辛和巴蘭欽的一些新作，由丹尼洛娃、埃格列夫斯基和里欽主演。1938年該團分裂爲兩個團：一個名爲「原始俄羅斯芭蕾舞團」，由巴西爾領導，在國際上巡迴演出，於1947年解散；另一個維持原名，由馬辛領導，主要在美國巡迴演出，舞者有丹尼洛娃、瑪爾科娃和塔爾奇夫，該團於1963年停止活動。

Ballets Russes＊　俄羅斯芭蕾舞團　1909年由佳吉列夫在巴黎創立的芭蕾舞團。該團被認爲是現代芭蕾之源，聘雇了當時最傑出的創作天才。其編舞家有福金、馬辛、尼金斯卡和巴蘭欽，舞者則有格爾采爾、卡爾薩溫娜和尼金斯基。該團聘請史特拉汶斯基、拉威爾、米堯、普羅高菲夫和德布西等名家作曲，還請貝努瓦、畢卡索、魯奧、馬諦斯和德安擔任舞台美術設計。所製作的舞劇中，有許多具有深遠的影響，其中包括《仙女們》（1909）、《火鳥》（1910）、《春之祭》（1913）、《遊行》（1917）、《婚禮》（1923）和《浪子》（1929）等。這個前衛的舞團改變了20世紀的芭蕾舞，即使該團於1929年佳吉列夫逝世後解散，它的影響力仍持續久遠。

Ballinger, Richard A(chilles)＊　巴林傑（西元1858～1922年）　美國內政部部長（1909～1911）。出生於愛荷華州，後來遷往華盛頓州，擔任西雅圖市市長（1904～1906），銳意改革，後來擔任聯邦公有土地專員。任內政部部長期間，他極力促使私人企業更加有效地開發公共資源，因而捲入一樁阿拉斯加土地購買計畫的詐欺醜聞。雖然國會經調查後宣布巴林傑無罪，但巴林傑已於1911年辭職。這一事件促使共和黨內以總統塔虎脫爲首的保守派與忠於羅斯福的進步派之間的分裂。

Balliol, John de ➠ John

ballista＊　投石機　古代投擲物體之發射器，用作發射長箭或重型球狀物。希臘投石機基本上爲一綁在基座之巨大的弩；羅馬投石機使用絞扭力發射，以兩束粗大絞索將強力彈臂之兩端絞至併攏，然後彈射投擲物。最大之投石機可相當準確地發射27公斤重物到約450公尺處的目標。

ballistics　彈道學　研究射彈的動力、飛行和彈著作用的科學。內彈道學研究射彈的動力，如：火炮及火箭彈藥的發射。火炮與火箭發動機屬於一種熱機，它將發射藥的化學能部分地轉換成射彈的動能。外彈道學是研究射彈的飛行，彈道是射彈在重力（參閱gravitation）、拖曳力和升力作用下的飛行路線。終點彈道學研究的是射彈的彈著作用。創傷彈道學主要研究彈丸和爆炸碎片引起的外傷的機理和醫學影響。

balloon　氣球　一種大型氣密球囊，內充熱空氣或輕於空氣的氣體（如氦或氫），以產生浮力，可在大氣中上升和飄浮。1709年人類開始作實驗性的嘗試，但一直至1783年法國蒙戈爾費埃兄弟才發展出一種纖維織物袋氣球，其在充滿熱空氣後即可浮升。19世紀時曾利用氣球做軍事空中觀測站。20世紀時，科學家奧古斯特·皮卡德用氣球收集高空資料。1999年伯特蘭·皮卡德和瓊斯首次完成以氣球飛行環繞世界一周的壯舉。亦請參閱airship。

ballooning　熱氣球運動　駕駛氣球飛行以進行比賽或娛樂。熱氣球運動始於20世紀初，至1960年代開始流行。氣球用輕質合成材料（如覆蓋著鋁化密拉的聚酯）製成，內充以熱空氣或比空氣輕的氣體。熱氣球比賽內容包括改變高度或降落在一個目標或目標附近。比賽規則由國際航空聯合會（FAI）制定。乘熱氣球飛行分別在1978年達成首次飛越大西洋，1980年首次跨越大陸，1981年首次橫跨太平洋。1997～1998年間開始有國際團隊比賽誰先駕駛氣球環繞世界，1999年終於由瑞士精神科醫師皮卡德和他的英國副駕駛瓊斯花了十九天時間達成這次壯舉。

Ballot Act　選票法（西元1872年）　關於英國國會和地方選舉的祕密投票的一項英國法律。祕密投票在澳大利亞最先使用（1856），所以又稱爲澳大利亞式投票。爲避免投票者受到賄賂和強迫，英國通過這項法律，這也是格萊斯頓政府最重要的成就。

ballot initiative ➠ referendum and initiative

ballroom dance　社交舞　歐洲和美國男女成對跳的交際舞，包括各種標準舞，如狐步舞、華爾滋、波卡、探戈、倫巴、查理斯敦、吉特巴舞以及默朗格舞等。卡斯爾夫婦、亞斯坦以及後來的摩雷（1895～1991）等人在美國各地建立社交舞廳而使社交舞推廣開來。社交舞比賽（在歐洲尤爲流行）由職業和業餘的舞者參賽。

Ballycastle　巴利卡斯爾　北愛爾蘭莫伊爾區城鎮（1991年人口約4,005）和區首府。地處巴利卡斯爾灣，對面有一座島嶼，據傳蘇格蘭王羅伯特一世曾藏匿於該島一處洞穴以躲避敵人。現爲交易中心、漁港和遊覽地。

Ballymena＊　巴利米納　北愛爾蘭一區（2001年人口約58,610），設於1973年，是一個農耕地區。安特里姆山脈（海拔435公尺）橫穿該區東部，坡面斜向美因河谷地。區首府巴利米納是周圍地區的貿易中心；長久以來以亞麻布和羊毛製品聞名。

Ballymoney＊ 巴利馬尼 北愛爾蘭一區（2001年人口約26,894），設於1973年，是一個農業區。區首府巴利馬尼鎮是美國總統威廉·馬京利的父親詹姆斯·馬京利的出生地。

balm 香脂草 唇形科幾種芳香草本植物，尤指蜜蜂花（即香蜂花），在溫帶氣候區栽培，葉芳香，可製成香水和調味劑。balm一詞又可指下列植物：bastard balm（假香脂草），即假蜜蜂花（Melittis melissophyllum）；bee balm（香檸檬或香蜂草），即大紅香蜂草（Monarda didyma）；horse balm（馬香脂草），即加拿大柯林森氏草（Collinsonia canadensis）；field balm（田野香脂草），即歐洲活血丹（Glecoma hederacea）和假荊芥風輪菜（Satureja (Calamintha) nepeta）；以及Molucca balm（摩鹿加香脂草，或稱愛爾蘭鐘花），即貝殼花（Molucella laevis）等。沒藥屬（香樹科的喬木和灌木）一些種類的芳香溢泌物也稱香脂。

Balmain, Pierre (-Alexandre-Claudius)＊ 巴勒曼（西元1914～1982年） 法國時裝設計師。他放棄學習建築，而於1934年成爲時裝設計師。曾與克麗斯汀·迪奧共事一段時間，第二次世界大戰後二人在時裝界成爲彼此最強勁之對手。巴勒曼的公司爲客戶設計高雅的晚禮服，顧客包括電影明星和皇室貴族。他還在紐約市與加拉卡斯市開設分店，並開始出售香水及飾物配件。

Balochis ➠ Baluchis

Balochistan ➠ Baluchistan

Balqash, Lake ➠ Balkhash, Lake

balsa 輕木 木棉科喬木，學名Ochroma pyramidale或Ochroma lagopus。原產南美洲熱帶地區，材質特輕。木材外表與白松或北美椴木相似。浮力約爲軟木的兩倍，適於製造救生圈和救生衣。由於具有很好的彈性，所以是優良吸震的包裝材料。它還具有良好的隔熱性，可用作保溫箱、冰箱和冷藏室的襯裡材料。由於兼有質輕和高絕熱的能力，所以是製造裝運固體二氧化碳容器的良好材料。還可用於製造飛機的座艙隔間和製作飛機與船艦模型。

balsam 香脂 由植物自然溢出或由切口流出的芳香樹脂狀物質，主要用於配製藥劑。某些芳香性強的香脂被摻入燃香中。祕魯香脂是一種芳香、深棕色或黑色的黏稠液體，用於化妝品，是生長在薩爾瓦多局部地區的一種高大的豆科植物祕魯膠樹所產的一種眞正香脂，後傳入斯里蘭卡。哥倫比亞托盧香脂呈棕色，較祕魯香脂更爲黏稠，用於化妝品和作爲鎮咳糖漿及錠劑的成分。香脂在存放中會變成固體，會隨著時間變硬。加拿大香脂和麥加香脂並非眞正香脂。

balsam poplar 脂楊 北美楊樹，學名Populus balsamifera，原產於從拉不拉多至阿拉斯加，以及橫跨美國極北處地區。常栽種爲遮蔭樹，其芽覆有一層厚的芳香樹脂，可製成鎮咳糖漿。在加拿大西北部長得最好。

Balthus＊ 巴爾塔斯（西元1908～2001年） 原名Balthazar Klossowski。法國畫家。出生於巴黎的一個波蘭裔家庭。幼時即被視爲天才兒童，且常受家族的朋友勃納爾和德安的鼓勵。在未受過正式訓練情形下，以替人製作舞台布景和繪製肖像畫維生。1934年舉辦了首次個人畫展，其作品特色是內景大而神祕，在嚴肅而荒寂的風景中配以孤獨沈思的妙齡少女。1961～1977年任羅馬法蘭西學院的院長。其令人心動、帶有情欲的人像（包括受人中傷的《吉他課》），以及那些精心繪製的人物，使他在國際上享有盛譽。

Baltic languages 波羅的諸語言 印歐語系的一個語族，經考證有三種語言：立陶宛語、拉脫維亞語，以及古普魯士語，曾經或現在通行於波羅的海東岸和東南沿岸，以及內陸。中世紀文獻記載，該地區還有其他四種操波羅的語種族，但至16世紀時已完全被同化。波羅的語與斯拉夫諸語言有某些驚人的相似之處，包括音節響音的發展，名詞重讀體系的相似之處，形容詞範圍清楚分類的起源，以及某些相同的詞彙，不過在波羅的語內部本身也存有很大的分歧，在其他一些因素下，使得波羅的－斯拉夫語原始母語相同的假說難以成立。

Baltic religion 波羅的宗教 古代東歐的波羅的人的宗教信仰和習俗。據信波羅的宗教與吠陀教、伊朗宗教有相同的起源。最重要的波羅的神是天上諸神：天神迪夫斯、雷神柏勒庫納斯、太陽女神少勒和男月神美尼斯。所有波羅的人都信仰森林之神（即森林之母），並將此神區分成代表自然各個方面的女神。命運或幸運之神爲女神萊馬，她在每個人出生之時決定其命運。死者會成爲善靈或惡靈重返人間，惡魔韋爾恩、類似狼人的維爾卡西斯或維爾卡塔斯都會做惡。世界的構造（世界樹位於中央）以及少勒和美尼斯之間的憎恨是此宗教重要的主題。夏至、收穫、結婚和葬禮都有節慶。崇拜儀式在聖林和小山丘上進行。考古發掘有圓形的木造廟宇。

Baltic Sea 波羅的海 歐洲北部海洋，屬大西洋海灣，與北海相連。長1,699公里，面積422,300萬平方公里，最深處達469公尺。波羅的海從四周河流注入大量淡水，最長的河流爲維斯杜拉河和奧得河。四周有挪威、瑞典、芬蘭、立陶宛、拉脫維亞、愛沙尼亞、波蘭、德國和丹麥等國圍繞。有波的尼亞灣和芬蘭灣兩個大海灣。北大西洋水流的改變效力，在波羅的海幾乎感覺不到。由於這裡的海水所含的鹽分只有其他海洋的1/4，因而較易冰凍。

Baltic States 波羅的海國家 指現今的立陶宛、拉脫維亞和愛沙尼亞三國，位於波羅的海最東端沿岸地區，有時包括芬蘭和波蘭。這三個建於1917年、俄羅斯聯邦以外的獨立共和國，統治著考納斯和維爾紐斯（後屬立陶宛）。1919年在德國及協約國的協助下擊退入侵的布爾什維克；1940年被併入蘇聯，1941年德國軍隊將之擊退，1944年蘇聯軍隊再次占領這裡，1991年蘇聯瓦解後重新獲得獨立。

Baltimore 巴爾的摩 美國馬里蘭州北部城市（2000年人口約651,154）。在帕塔普斯科河河口灣頂部，距乞沙比克灣24公里。本州最大城市和經濟中心。建於1729年，以愛爾蘭巴爾的摩男爵領地名稱命名。1789年成爲美國第一個天主教主教教區。1827年美國最早的鐵路從這裡發車。第一次世界大戰初開始發展工業，從那時起成爲一重要海港。

Baltimore, David 巴爾的摩（西元1938年～） 美國病毒學家。生於紐約市。在洛克斐勒研究所取得博士學位。他和特明（1934～1994）個自獨立研究，分別發現某些主要由核糖核酸（RNA）組成的動物癌症病毒可將其遺傳訊息傳給去氧核糖核酸（DNA）。這樣形成的DNA可改變受染細胞的遺傳格局，將其轉化爲癌細胞。由於這項成果，巴爾的摩與其師杜爾貝科及特明共獲1975年諾貝爾獎。1990年巴爾的摩出任洛克斐勒大學校長，1997年成爲加州理工學院院長。

Baltimore and Ohio Railroad (B&O) 巴爾的摩和俄亥俄鐵路 美國第一條獲得特許（1827）行駛蒸汽火

A B

車的客貨兩用鐵路。該鐵路是巴爾的摩商人爲了到西部進行貿易而建設的。到1852年延伸至維吉尼亞州惠靈（今西維吉尼亞州境內），在接下來的二十年間，鐵路再延伸至芝加哥和聖路易。1971年在全國鐵路客運公司成立後，該公司的長途客運才停止。不過，該公司（現爲CSX公司的子公司）還是有經營有限的長期票搭乘服務與運貨業務。

Baltimore Sun　巴爾的摩太陽報　在巴爾的摩發行的日報。最早在1837年由來自羅德島的印刷商艾貝爾發行，爲四頁的一便士小報。該報以全國和國際消息的長期報導而聞名，到1910年爲止一直由艾貝爾家族經營，後控制權移轉到一群巴爾的摩商人手中，包括布拉克，布拉克家族的成員擔任董事長至1984年。1986年太陽報被時代鏡報公司合併。孟肯長期以來與該報有重要關聯。

Baluba　巴盧巴人 ➠ Luba

Baluchis＊　俾路支人　亦作Balochis。操俾路支語的部落集團，分別居住在巴基斯坦的俾路支省以及與之毗鄰的伊朗、阿富汗、巴林、印度旁遮普省等地區。約70%的俾路支人居住在巴基斯坦，在這裡他們分成兩個群體：蘇萊曼人與莫克蘭人。發祥地大概在伊朗高原。西元10世紀的阿拉伯編年史中曾提到俾路支人。傳統上俾路支人是游牧部落，但定居務農的生活方式也日益普遍。飼養駱駝、牛隻及其他家畜，還從事地毯編織及手工刺繡等行業。

Baluchistan＊　俾路支　亦作Balochistan。巴基斯坦西南部一省（1998年人口6,511,000）。首府奎達（1998年人口560,307）。地貌可分四部分：山脈，如蘇萊曼山脈和吉爾特爾山；低平原；荒漠和沼澤地。在古代，這裡是格德羅西亞的一部分；西元前325年亞歷山大大帝曾橫越此區。原屬大夏範圍，7～10世紀受阿拉伯人統治，此後的數百年間受波斯人統治，只有在1595～1638年間受蒙兀兒帝國控制。1887年併入英屬印度的一省，1947～1948年間歸屬巴基斯坦，至1970年成爲單獨的一省。主要農作物有小麥、稻米、高粱；工業則有棉紡織和毛紡織業。

Balzac, Honoré de＊　巴爾札克（西元1799～1850年）　原名Honoré Balssa。法國作家。十六歲左右開始在巴黎擔任辦事員。最初曾嘗試經商，結果負債累累，使他花了數十年時間改善惡化的經濟狀況。1829年開始，他的小說和故事集開始取得一些成就，接下來出現了幾部早期的傑出作品。在總稱《人間喜劇》的這一個大系列中，約有九十部長篇小說和中篇小說，巴爾札克想要以各種不同人性本質的呈現來描繪當時所有的社會現象。其著名作品有：《歐也妮·葛朗台》（1833）、《高老頭》（1835）、《幻滅》（1837～1843）、《不分貴賤的妓女》（1843～1847）以及《貝姨》（1846）等。其小說值得稱道之處在於文筆優美的敘述，大量生動而不同的出場人物，以及對生活各方面所表現出的極大關注和審視。最著名的故事集爲《滑稽故事》（三卷，1832～1837）。由於債台高築和幾乎不間斷的操勞使他過著不安寧的生活，他經常一口氣寫作十五個小時不輟（他的死因就是因過度勞累和過度飲用咖啡導致的）。巴爾札克被公認是對早期小說中的寫實主義和自然主義產生主要影響的人物之一，並且是迄今最偉大的小說家之一。

巴爾札克，達蓋爾式照相法；攝於1848年
J. E. Bulloz

Bamako＊　巴馬科　馬利城市（1996年都會區人口約809,552）與首都。位於馬利西南部，濱臨尼日河。1880年被法國人占領時，這裡只是一個擁有幾百名居民的定居點。1908年成爲以前的殖民地法屬蘇丹的首都。該市地跨尼日河兩岸，設有幾所學院，馬利大多數工業企業集中於此。1960年代由於農村旱災，人口大量湧至都市，其市區規模因而擴大三倍。

Bambara＊　班巴拉人　馬利尼日河上游地區的民族，所使用的語言是尼日－剛果語系的曼德語。人口約三百一十萬，有自己的書寫系統，並以其木雕和金屬雕刻著名。17～18世紀發展爲兩個單獨的帝國，一個在塞古（並含廷巴克圖），另一個在卡爾塔。

Bambocciati＊　市井畫　17世紀中期在羅馬出現的一種描繪日常生活的繪畫，畫幅較小，內容多爲趣聞軼事。范拉埃（1599～1642）是此題材的創始人及最重要的代表。Bambocciati這一名稱來自他的諢號“Il Bamboccio”（笨拙的小傢伙），反映出他生理上的缺陷。1625年左右范拉埃在從哈勒姆來到羅馬，影響了眾多活躍於羅馬的北歐畫家。他用幽默而怪誕的手法來描繪下層人民的形象受到主流畫評家和畫家的指責。市井畫畫家對荷蘭風俗畫畫家布勞爾和奧斯塔德影響頗大。

bamboo　竹　早熟禾科竹亞科高大喬木狀禾草類植物的通稱。分布於熱帶、亞熱帶至暖溫帶地區。竹爲高大、生長迅速的禾草類植物，莖爲木質。青籬竹屬的少數幾個種原產於美國南部，在該處沿河岸生長或生長於沼澤地區，形成濃密的竹叢。竹的地上莖木質而中空（竹竿），從密生的根莖生出，並分支成簇狀，常長成濃密的下層林叢妨礙其他植物生長。竹的用途甚多，包括：食物、牲畜的飼料、優質紙張、建築材料、藥材及園林觀賞植物。

banana　香蕉　芭蕉科芭蕉屬植物，又指其果實。植株爲大型草本，從根莖長出，是重要的糧食作物之一，熱帶地區廣泛栽培食用。香蕉味香、富於營養，終年可收穫，在溫帶地區也很受重視。栽培品種數百個，最重要的品種可能是*M. sapientum*。成熟果實碳水化合物含量高達22%，主要是糖分；含豐富的鉀及維生素A、C，蛋白質和脂肪含量低。香蕉可鮮食，也可做成熟食。美國是最大的輸入國。亦請參閱plantain。

Banbridge　班布里奇　北愛爾蘭一區（2001年人口約41,392），設於1973年。該區包括萊加南尼丘陵，它在班布里奇區東部海拔有532公尺，其山坡地勢向西南緩降至被巴恩河一分爲二的低地。位於巴恩河河畔的區首府班布里奇鎮建於1712年。班布里奇區是該地區主要的農業和人口聚居中心。

Banco, Nanni di ➠ Nanni di Banco

Bancroft, George　班克勞夫（西元1800～1891年）　美國歷史學家，生於烏斯特。曾在哈佛大學和幾所德國大學受良好教育。曾任駐英國公使（1846～1849）、駐普魯士公使（1867～1871）和駐德意志帝

班克勞夫，布雷迪（Mathew Brady）攝
By courtesy of the Library of Congress, Washington, D. C.

國公使（1871～1874）。班克勞夫是從美國殖民地的建立直到爭取獨立戰爭結束，全面研究美國過去的第一個學者。十巨冊的《美國史》（1834～1840, 1852～1874）反映出他深信美國是最能展現人性的完美國度，也為他贏得「美國歷史之父」的稱號。

band 宗族 人類社會組織類型，爲了生存或安全的目的，由一小群核心家庭（參閱family）或相關小組織鬆散地組成。宗族可以整合成更大的社團或部落。宗族一般出現在人口稀少的地區，他們具備相當簡單的技術；他們居住的範圍從沙漠（澳大利亞原住民）、非洲雨林（姆布蒂人和阿卡人）到北方的苔原凍土帶（卡斯卡印第安人）都有。宗族也可由於較大的部落性慶典、狩獵活動或戰爭而偶爾結合起來。亦請參閱hunting and gathering society、sociocultural evolution。

band 管樂隊 音樂合奏團體，一般不包括弦樂器。把木管樂器、銅管樂器與敲擊樂器合奏組稱爲管樂隊，始於15世紀的德國，是軍隊生活的常備部分；後傳至法國、英國和新大陸。15～18世紀歐洲許多城鎮有自己的樂師或歌唱隊，在特別的節日表演時，木管樂隊常加入簫姆管和長號兩項樂器。18、19世紀時英國業餘的銅管樂隊包含許多新的銅管樂器。各種組織均各有其代表性組合。19世紀中期的美國，以吉爾摩的樂隊最爲著名，他的繼承人蘇沙爲美國海軍陸戰隊樂隊指揮和作曲家，創作了許多受歡迎的進行曲。以艾靈頓公爵和貝西伯爵領導的大樂隊是1930和1940年代美國最受歡迎的音樂類型。與其他樂隊不同的是，弦樂器（如電吉他等）在搖滾樂隊中占極重要的地位。

band theory 能帶論 化學和物理學中的一種理論模型，描述固體材料中的電子狀態，即固體內的電子只能有某些特定範圍的能量值，稱作能帶。處於兩個容許能帶之間的能區稱爲禁帶。正如單個原子中的電子可以從一個能級躍遷到另一個能級上一樣，固體中的電子也可以從某一能帶中的一個能級躍遷到同一能帶或其他能帶中的其他能級上。能帶論可以說明固體的許多電子和熱學特性，並構成如半導體、加熱元件和電容器（參閱capacitance）等器件的技術基礎。

Banda, Hastings (Kamuzu) 班達（西元1902?～1997年） 馬拉威第一任總統（1963～1994）。1949年當該地區的白人居民要求羅得西亞與尼亞薩蘭（即後來的馬拉威）組成聯邦時，班達首次捲入他本國的政治。1950年代，他周遊全國，到處發表演說反對聯邦制度，後被英國殖民當局逮捕入獄。1963年聯邦解散後，他出任總理。班達集中一切力量建設國家的基礎設施和增加農業生產。1971年他宣布爲終身總統。他的統治愈來愈獨裁及嚴厲，1994年因選舉失利而下台。

Bandama River＊ 邦達馬河 象牙海岸中部河流，是該國最長和最具經濟重要性的河流。邦達馬河及其支流是該國一半地表水的排出渠道。發源於北部高地，向南流了800公里注入幾內亞灣和塔加潟湖。在科蘇建有大型水力發電站。

Bandar Seri Begawan＊ 斯里巴加灣市 舊稱汶萊（Brunei）。汶萊首都（1991年市區人口約22,000；1999年都會區人口約85,000）。瀕臨汶萊河，鄰近其在汶萊灣的河口。爲貿易中心和河港。第二次世界大戰中受嚴重破壞，後大部分得以重建。較新的建築物包括東亞最大的清眞寺。

Bandaranaike, S(olomon) W(est) R(idgeway) D(ias)＊ 班達拉奈克（西元1899～1959年） 錫蘭（今斯里蘭卡）的政治人物和總理（1956～1959）。畢業於牛津大學。後成爲親西方的統一國民黨的傑出成員。1952年創立民族主義的斯里蘭卡自由黨，成爲立法機構中反對黨的領袖。後來與四個民族主義和社會主義黨派結成聯盟，在1956年選舉中大獲全勝，使他當選總理。在班達拉奈克的統治下，僧伽羅語取代英語成爲該國官方語言；佛教（大多數人信仰）在國家事務中被賦予重要地位；也與共產主義國家建立起外交關係。1959年被暗殺。其遺孀班達拉奈克夫人（1916～2000）在1960年當選爲世界上第一位女總理，她擔任該職一直到1965年，此後還兩次當選爲總理（1970～1977、1994～2000）。在她的任內通過一部新憲法，宣布成立共和國（1972），並改國號爲斯里蘭卡。她的女兒昌德利卡·班達拉奈克·庫馬拉通加（1945～）於1994年當選爲斯里蘭卡總統，任命其母擔任總理（第三任）。

班達拉奈克
Camera Press

bandeira＊ 旗隊 指17世紀時的幾支巴西探險隊，他們深入內地搜刮珍貴金屬和捕捉印第安人爲奴。人數由五十人到幾千人（稱bandeirantes）不等，其隊員通常來自聖保羅，由富有的企業家組織和控制。他們深入人跡罕至之地開闢道路，建立居民點，奠定在內陸地區放牧和農耕的基礎，並協助巴西界定和拓展疆界。旗隊獲得暴利，卻使印第安部落遭受極大的損害。亦請參閱paulistas。

Bandelier National Monument＊ 班德利爾國家保護地 美國新墨西哥州中北部一處考古地區。位於聖大非西北方32公里的格蘭德河沿岸，1916年設立。面積132平方公里，以瑞士裔美籍考古學家阿道夫·班德利爾命名。保護地包括許多峭壁，以及在弗里霍萊斯谷的前哥倫布時期印第安人露天普韋布洛遺址（13世紀左右）。已發掘的有石雕和人工洞穴。

bandicoot 袋狸 袋狸科大約二十二種動物的統稱（參閱marsupials），產於澳大利亞、塔斯馬尼亞、新幾內亞及其附近島嶼。體長30～80公分，包括長10～30公分覆毛稀疏的尾。軀體肥胖，被毛皮粗糙，吻錐形。後肢比前肢長，兩個後趾癒合。與其他有袋動物不同之處是袋狸有胎盤。爲地棲動物，多夜間活動，營單獨生活。挖掘漏斗形的地洞以尋找昆蟲和植物爲食。農民認爲它們是害獸而加以捕殺。種的數量已減少，有些種有滅絕的危險。

長鼻袋狸（*Perameles nasuta*）
Warren Garst－Tom Stack and Associates

Bandinelli, Baccio 班迪內利（西元1493～1560年） 義大利佛羅倫斯雕刻家和畫家。最初曾隨其父學做金飾，但很快成爲麥迪奇宮廷的主要雕刻家之一。他經常不能完成受委託的作品，切利尼和瓦薩里曾控告他心懷妒忌，而且不稱職。人們對他的印象是他那不受歡迎的性格，而非其作品的品質。最著名的雕塑是塞諾利亞廣場上的《海格立斯和凱克斯》(1534)。

Bandung＊　萬隆　印尼西爪哇省省會(1996年人口約2,429,000)。位於爪哇島腹地海拔近730公尺的高原北緣。1810年爲荷蘭人所建。四周風景優美,爲異他人文化生活的中心,西爪哇省人口大部分集中於此,其習俗和語言同鄰近的爪哇人迥異。爲異他人文化保存中心和教育中心。

bandwidth　頻寬　通訊傳輸訊號容量的測量法。用在數位通訊中,頻寬指的是資料傳輸的速度(率),以每秒位元(bps)表示。而在類比通訊中,它是指傳遞的最高頻率和最低頻率之間的差,以赫(Hz,每秒周數)來表示。例如,一個56Kbps頻寬的數據機最高能在一秒中傳輸約56,000位元的數位資料,人類的聲音所產生的類比聲波具有典型的3,000Hz頻寬,這個數值就是以最高音頻減最低音頻求得。

Banerjea, Surendranath＊　巴內傑亞(西元1848～1925年)　受封爲Sir Surendranath。印度政治人物,現代印度的奠基人之一。年輕時想入印度政府部門工作,卻不順遂,當時英國把印度本土人士排拒於公職之外。此後開始教書生涯,曾在加爾各答創立一所後來以他名字命名的學院。他試圖結合印度人和穆斯林的力量進行政治活動,後來他購進《孟加拉人報》,任主編四十年,藉以推展他的民族主義思想。他曾兩次當選爲印度國民大會黨大會主席,並鼓吹建立一部加拿大模式的印度憲法。1913年巴內傑亞同時選入孟加拉立法會議和帝國立法會議。1921年封爵士。1924年競選失敗,退休寫作自傳《一個在形成中的國家》(1925)。

Banff National Park　班夫國家公園　加拿大亞伯達省西南部公園。1885年建立,是加拿大第一座國家公園。地處加拿大落磯山脈東坡,內有數處大冰原和冰川湖,面積6,641平方公里。以景色壯麗聞名,因遊客過多,現已難以作爲自然保護區而變成遊樂區。

Bangalore＊　班加羅爾　印度南部城市(2001年市區人口約4,292,223;都會區人口約5,686,844),卡納塔克省首府。爲坎納達、泰盧固與坦米爾語族文化的交會處。建於17世紀,後來被馬拉塔人占據。1758年成爲印度統治者海德爾・阿里的封邑,但在1791年爲英國所奪。1831～1881年成爲英國行政首府,當時它已恢復爲邁索爾(今卡納塔克)的王侯所轄。如今是印度大城市之一,爲重要的工業與教育中心。

Banghazi ➠ Benghazi

Bangka　邦加　亦作Banka。印尼島嶼(1980年人口約399,855),和蘇門答臘島東海岸隔著邦加海峽,島的東岸隔加斯帕海峽與勿里洞島相望。面積11,330平方公里,主要城市是檳港。1812年蘇門答臘島巨港蘇丹把邦加島割讓給英國人,1814年英國人用邦加島向荷蘭人換取印度的科欽。二次世界大戰時日本侵占邦加。1949年邦加成爲獨立的印尼共和國的一部分。邦加也是世界主要產錫中心之一。

Bangkok＊　曼谷　泰語作Krung Thep。泰國首都(2000年都會區人口約6,355,144)。位於昭披耶河(即湄南河)三角洲,離泰國灣約40公里。爲該國主要港口,也是文化、金融及教育中心。建於1767年以前,當時只是個防禦緬甸人入侵的要塞。1782年成爲首都。第二次世界大戰期間爲日本人占領,後來遭聯軍炮火猛烈轟炸。1971～1972年合併幾個周圍地區形成一個城市省,自此快速成長。縱觀全市,各式各樣有圍牆的佛教寺廟到處林立,顯示這座城市以宗教爲生活重心。

Bangladesh　孟加拉　正式名稱孟加拉人民共和國(People's Republic of Bangladesh)。亞洲中南部國家。面積143,998平方公里。人口約133,377,000(2002)。首都:達卡。人民大多數是孟加拉人。語言:孟加拉語(官方語)。宗教:伊斯蘭教(國教,主要是遜尼派)、印度教(10%以上)。貨幣:塔卡(TK)。地形一般十分平坦,最高處也不過200公尺。特色是由無數條匯聚的河流沖積爲廣大的平原。南部是由恆河－布拉馬普得拉河三角洲的東部組成。主要河流就是恆河和布拉馬普得拉河(當地稱賈木納河),兩河匯流爲博多河。經濟雖以農業爲主,但不能自給自足。5～10月的季風季節常使河流氾濫成災,造成農作物嚴重損失和人民傷亡。1991年一次熱帶氣旋席捲了孟加拉,造成十三萬人死亡,1997年還發生多次,損失極爲慘重。政府形式爲共和國,一院制。國家元首是總統,政府首腦爲總理。孟加拉國原稱孟加拉。1947年英國撤出這片次大陸以後,東孟加拉成爲巴基斯坦的一部分,稱東巴基斯坦。巴基斯坦獨立以後,孟加拉民族主義情緒高漲。1971年發生暴力事件;約有

一百萬孟加拉人被殺,另有上百萬人逃到印度,印度後來支持孟加拉作戰,結果西巴基斯坦戰敗。東巴基斯坦成爲獨立的孟加拉國。戰爭造成的毀壞幾乎沒被修復,政治動盪一直持續著,包括有兩名總統遭暗殺。

Bangor　班戈　北愛爾蘭北唐區城鎮(1991年人口52,437)和首府。位於貝爾法斯特灣南岸,西南距貝爾法斯特市19公里。西元555年左右聖坎戈爾在此建造一座修道院,成爲著名的學術中心。9世紀時丹麥人蹂躪了該鎮,12世紀才由聖馬拉奇重建了部分地區。現爲濱海勝地。

Bangui＊　班吉　中非共和國城市(1995年人口約553,000)與首都。烏班吉河西岸的主要港口,以一條長達1,800公里的河流和鐵路運輸系統連接剛果城市黑角和布拉薩。爲商業和行政中心。設有大學和數所研究機構。

Bangweulu, Lake＊　班韋烏盧湖　尚比亞北部湖泊。位於姆韋魯湖東南部和坦干伊喀湖西南邊,海拔1,140公尺,長約72公里,面積約有9,840平方公里(包括周圍的沼澤)。湖水的出口是盧阿普拉河,係剛果河的一個源頭。湖中有三座島嶼有人居住。第一個考察湖區的是李文斯頓,1873年在班韋烏盧湖南岸逝世。

Banja Luka＊ 巴尼亞盧卡 波士尼亞赫塞哥維納東北部城市（1997年人口約160,000）。在土耳其統治時期，曾爲重要的軍事中心。1583～1639年是波士尼亞地區（由一個帕夏統治的）首府。16～18世紀是奧地利和土耳其爭奪的戰場。19世紀在波士尼亞人反抗土耳其的起義和塞爾維亞人叛亂中扮演重要的角色。第二次世界大戰中爲克羅埃西亞的軸心國。1992年成爲自治的波士尼亞赫塞哥維納斯拉夫人共和國的首府。在波士尼亞衝突期間，是個戰鬥中心。

banjo 班卓琴 源自非洲的一種弦樂器。有鈴鼓式的琴身，四或五根弦，琴頸細長。第五根弦（如果有的話）栓緊在第五個品上，主要是由拇指撥奏出低音。最早的班卓琴只有四根腸衣弦，沒有品。原由奴隸引入美國，19世紀在黑臉歌舞秀中特別盛行，後傳入歐洲。現在已是美國一種重要的民謠樂器（特別是藍草音樂），早期的爵士樂也運用到它。

Banjul＊ 班珠爾 舊稱巴瑟斯特（Bathurst, 1816～1973）。甘比亞首都（1993年城市群人口約270,540），爲該國最大城市。位於甘比亞河河口的聖瑪麗島上。1816年爲英國人所建，以抑制奴隸買賣，後來成爲英國甘比亞殖民地的首府。1965年甘比亞獨立後成爲國家首都。是甘比亞商業、交通中心。當該市成爲連接內陸地區和塞內加爾的轉運中心時，旅遊業也日漸重要。

bank 銀行 經營貨幣和貨幣代用品及提供其他金融服務的機構。銀行接受存款、發放貸款，透過存貸的利率差獲取利潤，也會對服務收費而獲利。銀行主要分成三類：商業銀行、投資銀行和中央銀行。銀行業務的基礎是公眾對制度穩定性的信心，因爲公眾一旦同時要求提取現款（例如在經濟恐慌時期），是沒有一家銀行能予以全部兌現的。亦請參閱credit union、Federal Reserve System、savings and loan association、savings bank。

Bank of the United States 美國銀行 1791年美國國會特許的中央銀行。是漢彌爾頓構想的。它爲償還獨立戰爭時期遺留的公債提供資金，便於發行穩定的國家貨幣。該行的成立受到傑佛遜的反對，對發展成美國的第一政黨，即聯邦黨和民主共和黨有顯著的作用。銀行限制各州私人銀行信貸過度擴大，人們把這種限制看作對各州權利的冒犯。並代表貴族和富人反對農業平民。受到總統傑克森內閣的抨擊，遂引發了銀行之戰。1836年特許狀期滿，重組成爲賓夕法尼亞美國銀行。並結束了美國管理私人銀行的辦法達八十年，直至1913年創立聯邦儲備系統爲止。

bank rate 銀行利率 ➠ discount rate

Bank War 銀行之戰 美國在1830年代就美國銀行存在的問題所引發的一場爭端，當時它是全國唯一的銀行機構。總統傑克森反對經濟大權集中於一小撮銀行金融家手中。美國銀行總裁比德爾則獲得克雷和韋伯斯特的支持，努力爭取更新聯邦特許狀。1832年總統大選時成爲競選熱門話題。傑克森連任成功之後，他下令不再將政府資金存入該行，結果比德爾以收回債款予以還擊，觸發了信貸危機。在聯邦特許狀遭拒不再續約時，1836年該行從賓夕法尼亞州得到一張州特許狀使銀行繼續營業，但1841年因投資失誤而被迫停業。

Bankhead, Tallulah (Brockman) 班克黑得（西元1902～1968年） 美國電影及舞台劇女演員。生於阿拉巴馬州亨茨維爾的一個社會地位顯赫的家庭（其父後來成爲一位傑出的國會議員）。1918年在百老匯初次登台，1923年在倫敦登台演出《舞者》而成名。她鮮活的演技與嘶啞的嗓音促成她在《小狐狸》（1939）、《間不容髮》（1942）以及《私生活》（1946）等劇中演出獨角戲。她在《一個女人的法律》（1928）和希區考克的《怒海孤舟》（1944）等片中的演出，將自己還原成一個舞台劇演員。她最後的演出是在1964年的《牛奶列車不再停靠》（1964）。

bankruptcy 破產 透過司法程序宣布債務人已無力償還其債務的狀況。也指相關的法律程序：透過法庭爲債務人的債權人管理無償付能力的債務人的財產。債務人自願提出破產申請稱爲自願破產，非自願破產則由法庭在債權人的請求下宣布。美國聯邦破產法制定四種破產個人或公司的救濟類型：清算（第七章）、重組（第十一章）、家庭農人的債務調整（第十二章）、有正常收入的個人債務調整（第十三章）。全體市民可依循第九章規定提出申請。一般來講，在破產時並不是會償還所有的債務。法庭決定哪些債務需要償還，債務人可得到許可免除其餘債務。亦請參閱insolvency。

Banks, Ernie 班克斯（西元1931年～） 原名Ernest Banks。美國職業棒球選手。生於達拉斯。1953～1971年，他先後擔任芝加哥小熊隊的游擊手及一壘手。右打者的他，逐漸成爲棒球史上最佳的強打者之一。生涯共擊出512支全壘打及1,636個打點，而且有五年全壘打都在40支以上。在有資格成爲候選人的第一年，他就被選入棒球名人堂了。

Banks, Joseph 班克斯（西元1743～1820年） 受封爲約瑟夫爵士（Sir Joseph）。英國探險家和博物學家。在牛津大學求學之後，繼承了一筆可觀的財產，使其有能力到處旅行，搜集植物和博物學標本，1768～1771年隨同科克船長作環球旅行。班克斯對經濟植物及其引進各國的過程很有興趣，並且是提出小麥銹菌和小檗眞菌是同一菌種（1805），和有袋類哺乳動物比有胎盤哺乳動物更爲原始的第一人。擔任皇家學會會長（1778～1820）時，努力改善科學在英國的地位。他的標本室（是現存最重要的一個）和圖書館（自然博物史學論著的最主要收藏所）現位於大英博物館內。

Banks, Russell 班克斯（西元1940年～） 美國小說家。1960年代他與里拉布勒洛出版社合作，並在若干所學院和大學任教。他以《大陸漂移》（1985）一書吸引了廣泛的注意，該書是在牙買加的一種濱鷸鳥的啓發下寫的；他後來的小說像他的早期作品一樣，往往描寫陷於他們自已並不理解的經濟和社會力量中的人物，包括《苦惱》（1989；1998改編成電影）、《意外的春天》（1991；1997改編成電影）以及《拆雲者》（1998），後者是關於廢奴主義者布朗的一部歷史小說。

Banks Island 班克斯島 加拿大西北地區島嶼。爲加拿大北極群島中最西端的島嶼。位於維多利亞島西北方。隔著阿蒙森灣與大陸遙遙相望。長約400公里，面積70,028平方公里。1820年爲帕里所率的遠征軍發現，以博物學家班克斯的姓來命名。

Banks Peninsula 班克斯半島 紐西蘭南島東部半島。伸向太平洋，長55公里。半島原爲兩個毗鄰火山形成的一個島嶼。1770年爲科克船長發現，以博物學家班克斯的姓命名。基督城位於半島基部。

Bann River 巴恩河 北愛爾蘭河流。上巴恩河往西北流經40公里，注入內伊湖，而下巴恩河從內伊湖北面流出，流經53公里注入大西洋。

A B

Banna, Hasan al-＊ 巴納（西元1906～1949年） 埃及政治及宗教領袖。1927年開始在伊斯梅利亞的小學教授阿拉伯文。1928年建立穆斯林弟兄會，目標是讓伊斯蘭教和埃及社會重獲新生，並把英國人趕出埃及。到1940年，該會吸引了學生、公僕、城市勞工加入。他試圖與埃及政府維持聯盟關係，但許多成員把政府視為變節的埃及民族主義，戰後該會成員涉及幾件政治暗殺，包括1948年暗殺總理努克拉什。翌年，政府涉嫌暗殺了巴納。

Banneker, Benjamin 班納克（西元1731～1806年） 美國天文學家、曆書編撰者和發明家。他是一個自由黑人，生於馬里蘭州艾利科特磨坊，在巴爾的摩附近置有田產。他自學天文學和數學，1773年開始進行天文計算。曾準確預報1789年的日蝕。1790年擔任一委員會委員，負責替華盛頓特區勘查位址。1791～1802年每年出版曆書；曾送了一個早期的副本給傑佛遜，力駁黑人在智力上是劣等的說法。也曾撰文反對奴隸制和戰爭。

Banner System 八旗制度 17世紀滿洲（現在中國的東北）的滿族用以征服和控制中國的軍事組織。由滿族首領努爾哈赤制定，1601年努爾哈赤把他的戰士編為四旗，各旗以不同顏色的旗幟為標誌。以後又建立了更多的旗。隨著滿族開始征服中國和其他蒙古鄰邦，滿人也以相似的旗制來編組俘虜。滿人靠著這些軍隊征服了中國，並於1644年建立清朝。但後來旗兵的戰鬥力逐漸下降，到19世紀末，這種體制已大致失去其效用。

Bannister, Roger (Gilbert) 班尼斯特（西元1929年～） 受封為羅傑爵士（Sir Roger）。英國賽跑健將。在獲得醫學學位以前曾就讀於牛津大學。於1954年成為第一個在四分鐘以內（3分59.4秒）跑完一哩的運動員。許多業內人士曾認為四分鐘一哩的這個「門檻」是無法跨越的。他是個神經學家，曾就運動的生理學方面寫過論文，據說他是透過科學的訓練方法才達到這樣的速度。

Bannockburn, Battle of 班諾克本戰役（西元1314年6月23～24日） 蘇格蘭歷史上的一次大決戰，由蘇格蘭羅伯特一世統率的軍隊，打敗了愛德華二世統率的英格蘭軍。蘇格蘭軍隊的人數還不到英格蘭軍步兵和騎兵的1/3，但由於利用地形得法，英格蘭軍被困在一片四周都是沼澤的地帶內動彈不得。結果英軍落荒而逃，許多士兵被蘇格蘭軍追殺。此次勝利清除了最後一批在蘇格蘭地區的英格蘭軍，保障了蘇格蘭獲得獨立，羅伯特也穩坐國王寶座。

Banpo 半坡 亦拼作Pan-p'o。新石器時代的村落遺址，位於中國的渭河岸邊，可追溯至西元前5000年至西元前4000年間的早期仰韶文化。有大量的人工製品在此出土，包括八千件石器、骨器、陶器碎片和陶製塑像。主要農種作物為粟、黍；另以漁獵和採集方式補充食物來源；並已馴養豬、狗為家畜。栽種大麻和養蠶也證實了紡織製造已發達。此地已經挖掘出兩百五十處的墓葬。亦請參閱Neolithic period。

Bantam 萬丹 爪哇島蘇丹王國舊城。地處爪哇島西端，位於爪哇海和印度洋之間。16世紀初成為一強大的穆斯林蘇丹領地，勢力範圍擴展到蘇門答臘和婆羅洲部分地區。曾遭到荷蘭人、葡萄牙人和英國人入侵，最後在1684年承認荷蘭宗主權。該城曾是爪哇和歐洲進行香料貿易的最重要港口，直到18世紀末其港口淤塞才停止。1883年因喀拉喀托火山大噴發而遭嚴重破壞。

Banting, Frederick Grant 班廷（西元1891～1941年） 受封為弗雷德里克爵士（Sir Frederick）。加拿大醫師，生於安大略省艾來斯頓。1923年在多倫多大學任教。他曾在1921年與貝斯特一同發現胰島素，後在多倫多大學與麥克勞德合作，獲得治療糖尿病效果穩定的荷爾蒙。他和麥克勞德兩人因而共獲1923年諾貝爾獎，他將部分獎金分給貝斯特。

Bantu languages 班圖諸語言 通行於西非凸出部分地區到非洲最南端的約五百種語言，使用者約有兩億多人。約三十五種班圖語有超過百萬或更多的使用者，包括剛果語（或基孔戈語）、隆迪語（基隆迪語）、盧安達語（或基尼亞盧安達語）、肯亞語（或基尤庫語）、切瓦語（或奇切瓦語）、南北索托語、祖魯語和科薩語。班圖語族屬於尼日－剛果語系貝努埃－剛果語的語支。最著名的語法特徵是將名詞歸類（參閱gender），部分以語義為基礎，部分則是任意的，以名詞有前綴為特色，而且這些名詞要與句子部分（如名詞支配下的形容詞和動詞）的前綴一致。

Bantu peoples 班圖人 約有兩億多人，操近五百種不同的班圖語，大都分布在非洲大陸南端全境。由於班圖語各族的文化類型極為不同，民族依據語言區分。主要的民族是本巴人、貝納人、查加人、切瓦人、恩布人、芳人、干達人、古西人、赫赫人、赫雷羅人、胡圖人、卡格威人、基庫尤人、盧巴人、盧赫雅人、隆達人、馬孔德人、梅魯人、納揚維西人、恩德貝勒人、恩科勒人、尼亞庫薩人、尼奧羅人、佩迪人、紹納人、索托人、史瓦濟人、聰加人、茨瓦納人、圖西人、文達人、科薩人、堯人、札拉莫人和祖魯人。

banyan 榕樹 即孟加拉榕樹或印度榕樹。桑科無花果屬喬木。樹形奇特，原產於熱帶亞洲。枝條上有氣生根，向下生長伸入土壤，變成新的樹幹。榕樹可高達30公尺，可向四面無限伸展。有時一株樹的氣生根和新樹幹交織在一起，好像稠密的叢林。

Bánzer Suárez, Hugo＊ 班塞爾・蘇亞雷斯（西元1926～2002年） 玻利維亞軍人和總統（1971～1978、1997～）。曾在玻利維亞和美國陸軍訓練學校求學，之後曾擔任各種公職。1970和1971年參與兩次推翻政府的行動後出任總統。為保守派人士，鼓勵外國投資，並嚴厲鎮壓所有的反對勢力。他限制結社活動和憲政自由，結果導致勞工、教士、農民和學生的反抗。1978年一場軍事政變推翻了他，但在1997年的民主總統大選中，竟然成功當選。

Bao Dai＊ 保大（西元1913～1997年） 原名阮永瑞（Nguyen Vinh Thuy）。越南末代皇帝（1926～1945、1949～1955）。在法國受教育。1926年繼承王位，受法國人支配。第二次世界大戰期間成為日本人控制之下的傀儡皇帝。在越盟趕走日本人後逃離越南。1949年法國人在承認越南獨立的原則之後，邀他回國擔任君主。他上任後作為甚少，1955年退位到法國，因為當時舉辦的一場全民公投要求成立共和國。

baobab＊ 猴麵包 學名*Adansonia digitata*。錦葵目木棉科喬木，原產於非洲。樹幹呈桶狀，高18公尺，直徑可達9公尺。果大，葫蘆狀，木質；果肉可口，有黏性。樹皮纖維堅韌，當地用來搓繩和織布。樹幹常被鑿空用來貯水或做臨時蔽身所。這種形狀奇特的樹，目前在佛羅里達等溫暖地區作為珍奇植物栽培。近緣種格雷戈里猴麵包產於澳大利亞，當地稱為猴麵包或桶樹。

baojia 保甲 亦拼作pao-chia。王安石於西元1069～1076年間的改革中，為中國村落所創建的軍事體系。保甲以十個家庭為單位，實施定期訓練，並提供武器，藉此減輕政府對募兵的依賴。保甲的成員間彼此負有連帶責任。這套體系於19世紀復興，被採用來協助平定太平天國之亂；20世紀時，也被中國國民黨和中國共產黨所仿效。

baptism　洗禮　基督教的入教禮，透過把水倒在或撒向受洗者頭上或浸在水中來表示。這一儀式中通常還要說「我奉聖父、聖子和聖靈的名爲你施洗」。在使徒聖保羅制定的教條中，洗禮代表洗去過去的罪過，個人重獲新生。猶太教透過浸身實行淨化儀式。據〈福音書〉載，施洗者聖約翰曾爲耶穌施洗。到西元1世紀時洗禮是早期教會的一種重要儀式，3世紀時出現了嬰兒洗禮。天主教、東正教和大部分的新教都實施嬰兒洗禮。再洗禮派改革者則堅持在信仰的表白後才實施成人洗禮。現在的浸信會和基督會也實行成人洗禮。

Baptist　浸信會　基督教新教內的一派，認爲只有信道之成年人才可受洗，而洗禮必須是全身浸在水中（浸禮）。在英格蘭，兩支浸信會信徒興起於17世紀的清教主義運動中。一派認爲救恩普及一切人，稱爲浸信會普救派；另一派人提出，救恩只給特選的人們，稱爲浸信會特選派。美國浸信會的起源可追溯到威廉斯，1639年在普羅維登斯創立浸信會。18世紀中葉的大覺醒運動促進了浸信會的壯大。到1814年，美國的浸信會才聯合起來，建立全國性機構。不久由於在蓄奴問題上意見不一，1845年南方浸信會聯會成立，於是正式分裂，而1907年北方浸信會聯會也繼而成立，使分裂進一步證實。金恩所領導的黑人浸信會教會和教牧人員在1960年代的美國民權運動中發揮重大作用。浸信會認爲，在信仰和習俗問題上，權威是在於處在基督之下的各地方教會受過浸禮的全體信徒的手中。浸信會的禮拜以講經佈道爲中心內容，即席祈禱和唱詩也是該宗的特色。

baptistery　洗禮堂　亦作baptistry。帶圓屋頂的廳堂或禮拜堂，與教堂相連，或是教堂的一部分，用來舉行洗禮。到了4世紀時，洗禮堂已採取八面形的形式（八在基督教命理學中象徵新生），堂內還有洗禮盆。洗禮盆放在一圓頂形的華蓋下面，四周環繞著柱子和後堂迴廊，這是由拜占庭人首先使用的建築特色。

佛羅倫斯的聖喬凡尼洗禮堂，於7世紀時啓用
Alinari – Art Resource

Baqqarah ➠ Baggara

bar association　律師協會　指地方性的、全國性的或國際性的律師團體，主要處理這一法律行業的有關問題。一般說來，律師協會關心的是增進律師的利益，這可能意味著鼓吹改革法律制度，提出研究項目，或制定這個行業所應遵循的準則。律師協會有時舉行爲批准律師開業所需的考試，監督必要的見習計畫。美國最大的律師協會是美國律師協會。

bar code　條碼　列印出來的一連串不等寬的平行條或線，用來把資料輸進電腦，主要是用來確認帶有代碼的物品。條形的寬度和間距代表二進位資訊，可透過電腦系統一部分的光學（鐳射）掃描器來讀取。條碼廣泛應用於製造業和市場銷售業的許多不同領域，包括庫存控制和追蹤系統。超市和其他零售商店所印製的條碼是一種商品條碼。

bar graph ➠ histogram

Bar Kokhba＊　巴爾・科赫巴（卒於西元135年）
原名Simeon bar Kosba。領導巴勒斯坦的猶太人反抗羅馬律法，但未成功。西元131年羅馬皇帝哈德良巡視帝國東部，決定對猶太民族實行希臘化。他在耶路撒冷聖殿的基址上興建朱比特廟，激怒了猶太人，次年暴亂，由西蒙・巴爾・科斯巴領導。據稱他被阿吉巴・本・約瑟推崇爲彌賽亞，並尊爲巴爾・科赫巴（意爲「星辰之子」，隱喻救世主）。巴爾・科赫巴攻陷艾利亞，予敵人重創，但哈德良本人親臨戰場督導，並召集部隊增援，奪回耶路撒冷。135年巴爾・科赫巴戰死於比塔爾，猶太軍殘部旋遭殲滅，傷亡據載達五十八萬人。剩餘猶太民族或遭消滅，或被放逐，並禁止猶太人爾後進入耶路撒冷。

Bar Mitzvah＊　受誡禮　猶太教慶祝男子滿十三周歲和進入猶太教團體的典禮。通常在安息日舉行，男孩誦讀「托拉」，還要解釋一段經文。儀式後的當天或次日通常舉辦喜慶式的聖日前夕祝禱和家庭晚宴。1810年後猶太教改革派以堅振禮（爲男女少年舉辦）取代受誡禮，但在20世紀許多會堂又恢復受誡禮。保守派和改革派猶太教都有一種單獨爲及齡女子舉行的女受誡禮。

Bara, Theda＊　巴拉（西元1890～1955年）　原名Theodosia Goodman。美國電影女演員。短期從事舞台職業後前往好萊塢發展。她的第一部影片《有一個傻瓜》（1915）被廣爲宣傳，在片中扮演一位東方君主之女，這部影片使她一夕成名。她建立了一種性感而具有異國情調的個人形象，成爲銀幕「蕩婦」的典型代表。在幾年之內拍攝了四十多部影片，但聲望很快下降，1920年代退出影壇。

Barabbas＊　巴拉巴　《新約》中的囚犯或罪人，在耶穌釘死於十字架之前被釋放以取悅暴民。巴拉巴在四部〈福音書〉中皆有提及，被描述爲小偷或造反者。依照逾越節之前視人民需要選出一名囚犯加以釋放的習俗，彼拉多建議寬恕耶穌，但群眾抗議，要求釋放巴拉巴。結果彼拉多讓步，而把耶穌處死。

Barada River＊　拜拉達河　古稱Chrysorrhoas。敘利亞西部河流。源出前黎巴嫩山脈，向南流經大馬士革，全長72公里。自古以來（納巴太人、阿拉姆人、尤其是起頭的羅馬人）沿河挖鑿溝渠以分流，水渠在大馬士革外緣呈扇狀散開，灌溉面積廣大，使大馬士革成爲非常肥沃的人造綠洲。

Barak River　巴拉克河 ➠ Surma River

Baraka, (Imamu) Amiri＊　巴拉卡（西元1934年～）
原名(Everett) LeRoi Jones。美國劇作家和黑人民族主義者。畢業於霍華德大學。第一部劇本《荷蘭人》（1964）在外百老匯演出，該劇描寫了美國黑人對占統治地位的白種人文化的那種受壓抑的敵對情緒。他的《奴隸和盥洗室》（1964）引起了爭議。他在哈林成立黑人藝術戲目劇院，並於1968年成立了黑人社區發展與保護組織，這是一個黑人穆斯林團體，用來肯定黑人文化，並推動黑人政治勢力。他還創作過一些詩歌和散文。

barangay＊　巴朗加　早期菲律賓居民點的一種形式。一種被稱做balangay的帆船將馬來人殖民者從婆羅州帶到菲律賓。每艘船上都載有一個家族，組成一個村落。這些村落有時發展成三十～一百個家庭，但仍然彼此獨立。由於沒有較大的政治團體的出現（除了在民答那峨），使得西班牙人能在16世紀輕易入侵。西班牙人將巴朗加保留爲一個當地行政單位。

Barataria Bay＊　巴拉塔里亞灣　墨西哥灣的內灣，位於美國路易斯安那州東南部。長約24公里，寬約19公里，入口爲狹窄水道，透過相連的水道可通航至*海灣沿岸航道*。此區以捕蝦業、天然氣和油井聞名。1810～1814年*拉菲特*和他的兄弟沿這裡的海岸組建了一個海盜殖民地，有時被稱作拉菲特國。

Barbados＊　巴貝多　西印度群島的島國，位於加勒比海群島的最東端，委內瑞拉東北部430公里處。面積430平方公里。人口約270,000（2002）。首都：*橋鎮*。90%以上的人口是黑人。語言：英語（官方語）。宗教：基督教。貨幣：巴貝多元（BDS$）。巴貝多爲珊瑚堆積而成，除了中北部之外，地勢低平；最高點爲希拉比山，海拔336公尺。地表水很少。由於幾乎爲珊瑚礁所包圍，缺乏天然良港。經濟以旅遊和蔗糖業爲主，沿海地區的金融活動也開始發展。爲君主立憲制國家，兩院制。國家元首是總督（代表英國君主），政府首腦爲總理。來自南美洲的阿拉瓦克人很可能曾在此居住。西班牙人可能在1518年登陸，1536年顯然搜刮了印第安人。1620年代英國人來此定居。奴隸被帶入此地甘蔗種植園，17、18世紀是種植園最繁榮的時期。1834年英國廢除奴隸制，1838年所有當奴隸的巴貝多人獲得解放。1958年加入西印度聯邦，1962年聯邦解散後，巴貝多人試圖脫離英國獨立。1966年取得國協會員國的地位。

Barbara, St.　聖巴爾巴拉（卒於西元約200年）　早期基督教殉教者和炮兵的主保聖人。異教徒狄奧斯科魯斯之女，她的美貌和貞潔受到其父的呵護。後因信奉基督教而激怒了其父，他將她送交給羅馬地方官，後者下令拷打聖巴爾巴拉，並將其斬首。狄奧斯科魯斯親自執行這一死刑，他在回家途中被雷擊斃，化爲灰燼。中世紀時，巴爾巴拉成爲很受歡迎的聖徒，在雷雨中人們常向她乞求幫助。1969年教會曆上未再列其節日。

Barbarossa＊　巴爾巴羅薩（卒於西元1546年）　原名Khidr。後稱Khayr al-Din。希臘－鄂圖曼海盜和艦隊司令。來自萊斯沃斯的土耳其人之子。他與兄長阿魯傑（或稱霍魯克）因憎恨西班牙人和葡萄牙人襲擊北非而在*巴貝里海岸*進行海盜活動，希望爲自己奪占非洲領土。1518年阿魯傑被殺害，巴爾巴羅薩獲得Khayr al-Din的稱號。他向鄂圖曼蘇丹稱臣納貢，以回報蘇丹提供其軍事援助，使他能夠在1529年占領阿爾及爾。1533年任鄂圖曼帝國海軍司令，並征服了整個突尼西亞。1535年*查理五世*攻占突尼斯，但巴爾巴羅薩在普雷韋札戰役（1538）中打敗查理五世的艦隊，並在之後的三十三年中確保了土耳其人在東地中海的安全。他的紅鬍子使他獲得了Barbarossa的稱號，歐洲人慣用此稱號。

Barbary ape　叟猴　學名*Macaca sylvana*。或稱無尾猴、無尾獼猴、巴貝里猴。一種地棲*獼猴*，無尾，群棲於阿爾及利亞和摩洛哥以及直布羅陀。體長約60公分，毛淡黃褐色，臉裸露呈淡桃紅色。是歐洲唯一的野生猴類，可能於中世紀時由阿拉伯人帶到西方。據說一旦叟猴離開直布羅陀，英國對這地區的統治便將終結。

叟猴
Tom McHugh－Photo Researchers

Barbary Coast　巴貝里海岸　北非沿海地區的舊稱，範圍從埃及延伸至大西洋。5世紀時爲汪達爾人蹂躪，533年左右拜占庭征服此地，7世紀時被阿拉伯人奪占，最後該區分裂爲幾個獨立的穆斯林邦國，稱巴貝里國家（摩洛哥、阿爾及利亞、突尼西亞和利比亞）。好幾個世紀以來，該海岸以海盜劫掠船隻並向歐洲大國強索貢賦而惡名昭彰。美國與的黎波里開戰後（參閱Tripolitan War），美國遠征軍開拔到阿爾及爾（1815），1816年英國人轟炸阿爾及爾，海盜們因而放棄強取貢賦。

Barber, Red　巴伯（西元1908～1992年）　原名Walter Lanier。美國運動播報員。生於密西西比州的哥倫布，1934～1939年期間成爲辛辛那提紅人隊棒球比賽的電台與電視播音員，1939～1953年在布魯克林道奇隊，1954～1966年在紐約洋基隊。他將技術性的專業術語結合了生活化的評論；最具代表性的歡呼就是"Oh-ho, Doctor!"。從1981年起每週爲國家公共無線電台提供評論，並寫了兩本有關棒球的書和一本自傳。

Barber, Samuel　巴伯（西元1910～1981年）　美國作曲家。曾在寇蒂斯音樂學校學習鋼琴、聲樂、指揮和作曲。他與*梅諾悌*持續一生的友誼也是從這時開始的。其抒情和新浪漫主義的風格十分受大眾喜愛。作品包括《多佛的港灣》（1931）、《弦樂的柔板》（1936）、兩首管弦樂曲（1937、1942）、《諾西克唯：1915之夏》（1947）、鋼琴奏鳴曲（1949）、《隱居者之歌》（1953）、《鋼琴協奏曲》（1962，獲普立茲獎）、歌劇《萬涅薩》（1957，獲普立茲獎）、《橋之手》（1958），以及《安東尼和克麗奧佩脫拉》（1966）。

barberry　小檗　小檗科小檗屬約五百種帶刺的常綠或落葉灌木的通稱，檗屬是小檗科最大最重要的一種。多原產於北溫帶，尤其是在亞洲。爲木質黃色，花爲黃色。有些種的果實用來製果凍。該科的其他植物還包括室內盆栽植物南天竺、林地野生花卉鬼臼、淫羊藿屬植物，以及奧瑞岡葡萄（十大功勞屬），一種寬葉常綠植物。

美國小檗（Berberis canadensis）
Walter Chandoha

barbershop quartet　理髮店四重唱　一種通俗合唱音樂，由無伴奏男聲歌唱組成，四個歌唱聲部分別是男高音、領唱、男中音和男低音，通常由領唱聲部唱旋律，男高音在上方配和聲。它特別強調精心編排的密集和聲、唱詞發聲的同步性，以及諸如速度變化、音量大小、吐字、色彩，以及分句等手法的運用。顯然在19世紀末源起於美國，當時美國理髮店成為鄰近地區男士的社交和音樂中心。也有人認為可能源於英國的「理髮店音樂」，這一說法指的是顧客等候剃鬍子時的即興演唱和理髮師慣常所起的樂師作用。

barbet＊ 鬚鴷 鴷形目鬚鴷科熱帶鳥類，約七十五種。因堅固而銳利的喙基部有鬚而得名。頭大，尾短，體長9～30公分，淡綠或淡褐色，帶有淡色或白色斑點。鬚鴷科鳥類分布自中美到南美北部、非洲撒哈拉以南及東南亞。它們不大能飛，以昆蟲、蜥蜴、鳥蛋、果實為食。不取食時，就呆呆地棲息於樹頂。鳴聲宏亮，鳴時頭尾抽動，有些種類鳴聲使人惱火或厭煩，所以稱之為腦熱鳥。

Capito bourcieri，鬚鴷的一種
C. Laubscher－Bruce Coleman Inc.

Barbie 芭比娃娃 全名芭芭拉・米莉森・羅伯茲（Barbara Millicent Roberts）。一個29公分高的塑膠娃娃，為一成年女子的形象，1959年由加州南部的一家玩具公司——馬特爾公司（Mattel）推出。漢德勒與她的丈夫埃利奧特共同創辦了馬特爾公司，率先推出了這個娃娃。自1970年代以來，芭比娃娃崇尚物質享受的趨向（令人驚歎的汽車、住宅和服飾）以及不現實的體形比例一直受到批評。然而也有許多年幼時玩過芭比娃娃的女性認為，芭比為1950年代受拘束的性角色提供了另一種選擇。如今，芭比娃娃已成為消費資本主義的象徵，也成為一個世界品牌，其主要市場在歐洲、拉丁美洲和日本。不過，芭比娃娃在穆斯林世界卻從未受到過歡迎。1995年沙烏地阿拉伯停售芭比娃娃，因為她違反了伊斯蘭的著裝法典。後來向穆斯林女孩出售的是蒙了頭巾的類似娃娃。

Barbie, Klaus 巴比（西元1913～1991年） 納粹黨領袖。1942～1944年為法國里昂蓋世太保首領，他搜捕法國地下反抗運動的成員，並加以刑求、處死幾千名囚犯。第二次世界大戰後，在德國被美國當局逮捕，1947～1951年美國政府網羅他擔任反情報工作，之後又令他攜家離開德國前往玻利維亞。從1951年起，他以商人身分在玻利維亞生活，後來在1983年被引渡回法國接受審判。在審判這個「里昂的屠夫」時，他一直頑固不化並以服務於納粹為榮。後來法庭以他必須對四千人的死亡和造成七千五百人的被驅逐出境的罪名負責，被判處終生監禁。

barbiturate＊ 巴比妥酸鹽 任何一種以母體結構和尿酸為基礎的雜環化合物，用於醫藥方面。可抑制中樞神經系統，尤其能對大腦的某些部位產生影響，不過它們也會傾向抑制全身所有組織的功能。長效巴比妥酸鹽（如巴比妥和苯巴比妥）被用來治療癲癇；中效類（如異戊巴比妥），用於緩解失眠；短效類（如戊巴比妥），用於克服入睡困難（失眠的一種）；超短效類（如硫戊巴比妥鈉），在使用其他麻醉藥之前，用來讓將要進行手術的病人昏迷。長期使用巴比妥酸鹽會產生依賴性。突然停止用藥會有致命的危險；習慣性用藥者必須在醫生的監督下戒掉該藥物。使用過量會導致昏睡，甚至死亡；如果與含酒精的飲料一同食用，即使用量正常也會非常危險。

Barbizon school＊ 巴比松畫派 19世紀中期的法國風景畫畫派。是歐洲藝術朝自然主義發展的大規模運動的一部分，為法國風景畫確立寫實主義作出重大貢獻。畫派得名於巴比松村，該村地處巴黎附近的楓丹白露森林邊緣，畫派領袖盧梭和米勒吸引了大批畫家來此定居；其中後來頗為出名的有杜比尼、迪亞茲・德・拉・佩納（1806～1876）、杜佩雷（1811～1889）、雅克（1813～1889）和特羅容（1810～1865）。他們各自有獨特的風格，但都著重於直接描繪自然的戶外風景，很少調色，在畫中營造出氣氛和感情。

Barbosa, Ruy＊ 巴爾博扎（西元1849～1923年） 巴西演說家、政治家、法官，生於巴波薩省的巴伊亞。是雄辯的自由派，為1890年巴西新成立的共和國寫下憲法，並擔任各種職位，包括共和國最初臨時政府的財政部長。1895年成為參議員，1907年率領代表團出席第二次海牙公約，在會中因其辯才和捍衛貧國與富國的法律平等而聞名。1910年以反軍政立場競爭總統，1919年再度出馬，但兩次皆落敗。

Barbuda 巴布達 ➠ Antigua and Barbuda

Barca, Pedro Calderón de la ➠ Calderón de la Barca, Pedro

Barcelona＊ 巴塞隆納 西班牙東北部海港城市（2001年市區人口約1,503,884；都會區人口約3,765,994），加泰隆尼亞自治區首府。為西班牙最大港和第二大城市，也是西班牙的主要工業和商業中心。據傳該市是西元前3世紀由迦太基人哈米爾卡爾・巴爾卡（270?～229/228）建立，該城名稱即取其名。後來羅馬人和西哥德人統治這裡。西元715年摩爾人占領之，801年為查理曼率領的法蘭克人奪取，成為西班牙邊界區首都（加泰隆尼亞）。1137年加泰隆尼亞與亞拉岡統一後，巴塞隆納成為繁榮的商業中心，並同義大利港口競爭。19世紀這裡是激進社會主義運動和加泰隆尼亞分離運動的中心。1937～1939年為保王派的首都（參閱Spanish Civil War），後來佛朗哥占領這裡，導致加泰隆尼亞反抗勢力的崩潰以及加泰隆尼亞重新併入西班牙。現在的巴塞隆納以其美麗的建築著稱，包括高第的建築。該市也是加泰隆語的教育和文化中心。

Barclay de Tolly, Mikhail (Bogdanovich)＊ 巴克萊・德托利（西元1761～1818年） 後稱Prince Barclay de Tolly。拿破崙戰爭時，俄國傑出的陸軍元帥。來自一個定居在利沃尼亞的蘇格蘭家庭，1786年加入俄國軍隊。1812年指揮兩支俄軍的一支與拿破崙作戰。他所採取的敵進我退的戰略，不為人們所接受，後被迫放棄指揮權。1814年參與對法國的侵略。1815年在拿破崙從厄爾巴島返回後，擔任入侵法國的俄軍總司令。

Barcoo River 巴庫河 ➠ Cooper Creek

bard 吟遊詩人 塞爾特部族中擅長寫作頌詞和諷刺作品，或吟詠英雄及其功績詩歌的詩人歌手。這種習俗在高盧逐漸消失，但在愛爾蘭和威爾斯卻保存了下來。愛爾蘭的吟遊詩人透過詠唱保存了頌詩的傳統，而在10世紀時威爾斯的吟遊詩人曾分為不同的等級。雖然在中世紀末這一類詩人沒落了，但威爾斯保存了每年舉辦全國艾斯特福德（詩人和音樂家的賽會）來慶祝的傳統。

Bard College 巴德學院 美國一所私立文理學院，1860年於紐約州哈得遜河畔安嫩代爾成立。初成立時為一聖公會男子學院，由一個名為巴德的教師家族所創建。在1928～1944年間，該校為哥倫比亞大學之大學部。1944年改制為男女合校。大學部課程包括社會科學、語言文學、藝術、自然科學以及數學等。學生總數約1,200人。

Bardeen, John　巴丁（西元1908～1991年）　美國物理學家。在普林斯頓大學獲數學物理博士學位，第二次世界大戰期間，任職於美國海軍軍械實驗室。戰後他加入貝爾電話實驗室工作。在那裡的研究工作使他與肖克萊和布喇頓因共同發明電晶體而獲1956年諾貝爾獎。1972年和庫柏、施里弗一起因發展超導電性理論（現稱BCS理論，源於Bardeen-Cooper-Schrieffer）而再獲諾貝爾獎。巴丁也是解釋半導體某些性質的理論的著作家。

巴丁
By courtesy of University of Illinois at Urbana－Champaign

Bardesanes＊　巴爾德撒納斯（西元154～約222年）　亦稱Bardaisan。敘利亞的基督教傳教士。出生於敘利亞伊德撒（今土耳其境內），179年改奉基督教，並擔任傳教士。他受到諾斯底派的影響，攻擊希臘哲學家的宿命論，提出世界、魔鬼和罪惡都是由各級神祇共同創造，而不是由一位至高上帝所創造。主要的文字作品是《關於命運的對話》，為已知最古老的敘利亞文學作品。他的敘利亞讚美詩也為人們所稱頌。

Bardot, Brigitte＊　碧姬芭鐸（西元1934年～）　法國電影女演員。她在十五歲那年登上雜誌封面而被羅傑華汀所發掘，1952年讓她首度登上大銀幕。羅傑華汀在電影《上帝創造女人》（1956）和《天堂墮落之夜》（1958）中為她精心打造了「性感小貓」的形象，不僅創下票房紀錄，也讓她成為國際巨星。她在《真話》（1960），《藐視》（1963）以及《江湖女間諜》（1965）等片中展現了演技。碧姬芭鐸也是一位動物權運動人士，於1987年創立了一個動物福利機構。

Barenboim, Daniel＊　巴倫波因（西元1942年～）　以色列（阿根廷出生）鋼琴家及指揮家。為天才兒童，八歲時首次登台演出。1952年全家移居以色列。1957年在美國首演，與斯托科夫斯基同台演出。1964～1975年擔任英國室內樂團指揮，1975～1989年轉任巴黎管弦樂團指揮，同時他也是個傑出的鋼琴獨奏家和室內樂音樂家，在這方面取得輝煌的成就。1967年與大提琴家杜普蕾（1945～1987）結婚。1991年擔任芝加哥交響樂團首席指揮。他還致力於促進中東和平的事業。

Barents Sea　巴倫支海　北冰洋靠近歐洲大陸的一個海域，鄰挪威和俄羅斯西北部陸地及格陵蘭海。長1,300公里，寬1,050公里，面積1,405,000平方公里，平均深度229公尺，最深處600公尺（在熊島海溝）。

bargello＊　巴爾傑洛　亦稱佛羅倫斯網形粗布刺繡品（Florentine canvas work）。一種17世紀的刺繡類型，以陳列在佛羅倫斯巴爾傑洛博物館的義大利椅罩而得名。巴爾傑洛採用平行於網形粗布織紋的平伸垂直針法，而不像大多數網形粗布刺繡針法那樣成十字形對角交叉，還以單色或深淺對比的色調作漸層處理。這種具有特色的刺法被稱作佛羅倫斯、椅墊、匈牙利以及火焰刺法（以形容火焰般漸層的顏色）。

Bari＊　巴里　古稱Barium。義大利東南部港口城市（2001年人口約332,143），普利亞區首府。有證據顯示自西元前1500年就可能有人在此居住。在羅馬人統治下成為重要港口。9世紀為摩爾人的堡壘。885年拜占庭人占領之。1096年隱修士彼得在這裡鼓吹第一次十字軍東征。1156年為西西里人所摧毀，13世紀在腓特烈二世的統治下恢復昔日榮景。14世紀時成為獨立公國，1558年納入那不勒斯王國版圖內，1861年歸義大利王國。

barite＊　重晶石　亦稱barytes或heavy spar。最常見的鋇礦物，成分為硫酸鋇（$BaSO_4$）。一般以片狀水晶形式（俗稱冠毛重晶石）存在。西班牙、德國和美國等地盛產重晶石。在商業上，經過磨碎的重晶石用在鑽油、氣井的泥漿中；用於製取鋇化合物；在造紙、織布和唱片中用作填充劑；還可當作白色顏料，以及彩色顏料中的惰性基質。

重晶石
Joseph and Helen Guetterman collection; photograph, John H. Gerard

baritone　男中音　在聲樂中，音域介於男低音和男高音之間的聲種，為最常見的男聲聲種。通常男中音的音域是從比中音C低十個音階的大字組A到高於中音C的F。男中音這一術語是在15世紀時五聲部和六聲部的樂段中首次使用。在四聲部結構成為標準結構之後，男中音聲部便不再流行。原先的男中音被迫發展為男高音或男低音。主要在男中音部使用的樂器為男中音薩克管和男中音喇叭。

barium＊　鋇　鹼土金屬中的一個化學元素，化學符號Ba，原子序數56。活性很強，在化合物中始終呈二價。在自然界裡主要存在於重晶石（硫酸鋇）和碳鋇礦中。鋇元素用於冶金工業，其化合物則用於製造煙火、石油開採和放射學中，也被用作顏料和試劑。所有可溶性的鋇化合物都是有毒的。硫酸鋇（$BaSO_4$）是已知最不易溶解的鹽之一，在「鋇餐」中用作腸胃消化道X射線檢查時的對比媒質。

bark　樹皮　木本植物維管形成層外部的組織。該詞更常用來指木材外面的所有組織。內層較軟的樹皮是由形成層產生的；該層包括第二層韌皮部（輸送食物）組織，其最裡層將養料從樹葉輸送到植物的其他部位。外層主要為軟木和老的、死掉的韌皮部。樹皮通常較莖部或根部的木質部薄。

bark beetle　小蠹　小蠹科昆蟲，許多小蠹能嚴重危害樹木。圓柱形，褐或黑色，一般不到6公釐。雄、雌蟲（六十個雌蟲與一個雄蟲作配偶）鑽入樹內築造卵室，每隻雌蟲都在這裡產卵。幼蟲孵出後從卵室往外鑽孔，形成一系列具有特色的隧道。不同的小蠹危害不同的樹種，可損害樹根、枝莖及種子或果實。有些種類能傳播疾病（如榆皮蠹能傳播真菌的荷蘭榆樹病之孢子）。

Dendroctonus valens，松小蠹屬的一種
William E. Ferguson

bark painting　樹皮畫　在樹皮（亦稱塔帕）做的非織物布料上塗抹或描繪象徵性或抽象性圖案的設計。最流行的材料是紙桑的內層書皮。作法是剝取樹皮後，經浸漬和捶打使它變薄。如今在澳大利亞北部、新幾內亞以及美拉尼西亞部分地方有手工繪製的樹皮布料。樣式和意象因地而異，從人類和動物形體的自然和風格化描繪到神祕生物、螺旋形、圓形以及抽象的圖案都有。

Barker, Harley Granville- ➡ Granville-Barker, Harley

barking deer 吠鹿 ➡ muntjac

Barkley, Alben W(illiam) 巴克萊（西元1877～1956年）
美國政治人物。1898年起執律師業。為民主黨人，1913～1927年擔任眾議員，1927～1949年任參議員。1937～1947年任參議院多數黨領袖，是羅斯福總統國內和國際政策的主要發言人。1949～1953年在杜魯門總統手下擔任副總統。1954～1956年又重返參議院。

（上）印尼伊里安查亞境內之象徵動物親族圖案的樹皮畫；（下）一條淡水魚圖樣的樹皮畫
Holle Bildarohiv, Baden-Baden, Ger.

Barkley, Charles (Wade) 巴克利（西元1963年～）
美國職業籃球選手，生於阿拉巴馬州里茲。大學時為奧本大學的前鋒。他在NBA打過費城七六人隊（1984～1991）、鳳凰城太陽隊（1992～1995）和休士頓火箭隊（1996～2000）。他以在球場上的全方位能力和死不認錯的大嘴巴聞名。

Barlach, Ernst＊　巴爾拉赫（西元1870～1938年）
德國雕塑家、圖形藝術家和作家。曾先後在漢堡、德勒斯登及巴黎學習。1920年代和1930年代為威瑪共和創作了若干戰爭紀念碑，從而出名。他成為德國表現主義的傑出擁護者，儘管他的版畫和雕塑也受到中世紀德國木刻的強烈影響。巴爾拉赫也寫了一些表現主義的劇本，其中插上他的木刻畫和版畫。他在居斯特羅的工作室在他死後已改成博物館，對外開放。

barley　大麥　早熟禾科（即禾本科）大麥屬穀類植物，以及其可食的穀粒。三種栽培的大麥包括普通大麥、二行大麥、不規則型大麥。大麥適應的氣候範圍比其他類穀物為大。全球約有一半的產量用作飼料，其餘供人類食用或製作麥芽。大多數啤酒就是由大麥芽製成，大麥芽也用於製造蒸餾飲料（參閱malt）。大麥具堅果香味，碳水化合物含量較高，蛋白質、鈣、磷含量中等。大麥麵粉可用於作不發酵的麵包和麥片粥。珍珠麥是世界上多數地方最常見的形式，可加入湯內煮食。

Barlow, Joel　巴羅（西元1754～1812年）　美國作家和詩人。他是一群年輕作家「哈特福特（或康乃狄克州）才子」的成員，他們的愛國主義導致他們試圖創立一種民族文學。巴羅以《哥倫布的遠見》（1787）一書成名，這是一部對美國的讚美歌。但最讓人印象深刻的是他的《玉米粥》（1796），這是一篇因思念家鄉新英格蘭而寫出的嘲弄英雄的敘事詩。

Barmakids＊　巴爾馬克家族　亦作Barmecides。具有波斯血統的教士家族，8世紀時為阿拔斯王朝哈里發的法律學家和維齊而顯赫一時。該家族贊助藝術和科學，對不同宗教和哲學持寬容的探索態度，還促進建設公共工程。哈立德・伊本・巴爾馬克（卒於781/782年）是這一家族的第一個顯赫人物，他幫助確立阿拔斯王朝的哈里發帝國，歷任塔百里斯坦和法爾斯總督。他的兒子葉海亞（卒於805年）、孫子法德爾（卒於808年）及加法爾（卒於803年）後來也都擔任維齊，執掌大權，但下場都是被沒收財產，死於獄中或被處死，主要是因為他們的權大、財多和過度自由主義使哈里發倍受威脅。

Barmen, Synod of　巴門會議　德國基督教新教領袖為了組織教會抗拒納粹主義而於1934年5月在巴門召開的會議。參加會議的有路德派、歸正宗和聯合教會的代表。一些教會領袖已選擇把努力限制在消極抵抗上，其他一些人則已被納粹政權收買。由尼默勒領導的牧師應變聯盟是積極抵抗的骨幹。巴門會議對巴特及其他人成立宣信會產生重要的影響。

barn　倉舍　用來存放牲畜、飼料、農產品和農機的農場建築物。倉舍按其用途命名，如豬舍、乳牛舍、煙草室和曳引機庫等。在美國，主要是通用倉舍，用來安置家畜以及存放乾草和穀物等。在北美和歐洲的農莊大多數建有一間或數間這種倉舍，其中很多已改作其他用途。倉舍通常有兩層，而在20世紀後期，單層倉舍卻更為流行。

barn owl　倉鴞　草鴞科草鴞屬猛禽的通稱。面盤心形，無耳羽，故又稱猴面鴞。體長約30～40公分。體羽白到灰色或淡黃到淡橙褐色。眼較其他鴞小，顏色深。獵食耕地裡的小型齧齒類。營巢於樹洞中，或在建築物和塔上，以及舊的鷹巢中。除北極和密克羅尼西亞外，普通倉鴞遍布全世界。其他種類僅見於東半球。

倉鴞（Tyto alba）
Karl Maslowski-Photo Researchers

Barnabas, St.＊　聖巴拿巴（活動時期西元1世紀）
原名Joseph the Levite。基督教使徒時代教父和早期傳教士。他是個希臘化猶太人，耶路撒冷教會成立不久他就加入了教會。根據使徒法，他參與建立安提阿教會，請求使徒聖保羅幫助他。兩人最後嚴重對立而分離，巴拿巴回到他出生的島上。有一種傳說是他後來在塞浦路斯殉教而死。其墳墓十分有名，位於薩拉米斯聖巴拿巴修道院附近，這裡的基督教團是由保羅和巴拿巴建立的。

barnacle　藤壺　蔓足亞綱海生甲殼動物（約一千種）中大部分種類的俗稱。成體一般都有石灰質殼板，頭端朝下固著在岩石、樁基、船體、浮木和海草，或從蛤到鯨等較大動物體上。由蔓足（胸肢變化而成，頂端彎曲，形如瓜蔓，可伸出殼外）捕食微小的食物顆粒。藤壺多雌雄同體。

藤壺
Anthony Mercieca, from Root Resources

barnacle goose　白額黑雁　雁形目鴨科水禽。學名*Branta leucopsis*。類似小型黑額黑雁。背色暗，臉白色，頸和喙周圍黑色。越冬於英國北部島嶼及丹麥、德國和荷蘭海濱。在中世紀，人們以為本種可來自藤壺，因此視之為「魚」，並可在星期五吃。

Barnard, Christiaan (Neethling)＊　巴納德（西元1922～2001年）　南非外科醫師。他指出腸閉鎖症是因妊

娠期胎兒血液供給不足引起的，從而發展出一種糾正先前重大缺陷的外科手術。他將開心手術引進南非，設計了一種新型人工心臟瓣膜，並做了動物心臟移植實驗。1967年巴納德的醫療小組用一個在意外事故中喪生者的心臟爲沃什坎斯基進行了第一例人體心臟移植手術。移植手術是成功的，但爲了預防排斥作用而讓沃什坎斯基服用了抑制免疫功能的藥物，十八天後患者死於肺炎。

Barnard, Henry 巴納（西元1811～1900年） 美國教育家。他學習法律後進入州議會，參與創建州教育委員會以及第一所師範學院（1839）。他和*參恩*一起從事改革國家的普通學校；他是制定學校視察制度、教科書審查以及家長－教師組織的創始人。巴納是羅德島第一位教育局局長（1845年起），他努力提高教師的薪水，修繕建築，並爭取到用於高等教育的經費。1855年協助創辦了《美國教育雜誌》。1858～1861年擔任威斯康辛大學校長。1867年他成爲美國第一位教育局局長，在任期內設立了一個聯邦機構來蒐集全國的教育資料。

巴納，肖像畫；現藏威斯康辛大學
By courtesy of the University of Wisconsin, Madison

Barnard's star＊ 巴納星 距離太陽約六光年，是距太陽第二近的恆星，僅次於*半射手座α星系*，位於蛇夫星座中。1916年巴納（1857～1923）發現了它，故而命名。在所有已知的星體中它的*自行*是最大的。它正在逐漸接近太陽系。天文學家們對巴納星特別感興趣是因它的自行表現出週期性的偏移，此因兩顆行星的引力造成的。

Barnburners 燒倉派 ➠ Hunkers and Barnburners

Barnes, Albert C(oombs) 巴恩斯（西元1872～1951年） 藥物製造商和藝術品收藏家。出生於費城，他在獲醫學學位後，到德國留學。1902年因發明人體消毒劑Argyrol而發了一筆財。1905年在賓夕法尼亞州梅里翁建造一所大廈，開始認眞收藏繪畫，積累了雷諾瓦（一百八十餘幅）、塞尙（六十六幅）、畢卡索（三十五幅），以及六十五幅特別的馬諦斯作品。1922年在他的梅里翁宅旁大樓建立巴氏基金會。他自己也寫作並演講有關藝術方面的主題。經過曠日持久的爭訟以後，他的美術館於1961年開始對外開放。1991年一次引起更大爭議的裁決推翻了他遺囑中的條款，將他基金會裡的藏畫在全世界巡迴展出，並首次製成彩色複製品出版。

Barnes, Djuna 巴恩斯（西元1892～1982年） 美國作家。生於紐約州哈德遜河畔康瓦爾，年輕時曾擔任藝術家與記者等工作。1920年前往巴黎，在那裡成爲一位文壇知名的人物。她寫作戲劇、短篇故事和詩，代表作小說《夜木》（1936），描述五個不凡人物之間同性戀與異性戀的愛情故事。1940年回到紐約之後就很少再提筆，過著隱居生活。

Barnet, Charles (Daly)＊ 巴尼特（西元1913～1991年） 美國薩克斯風演奏家，以及*搖擺樂*時代最受歡迎的大樂隊隊長。出身紐約一個富裕家庭，從孩提時代便開始演奏薩克風，最後則表演男高音、男中音和女高音。他的大樂隊是最早結合不同人種的樂隊之一，而他毫不掩飾對於*艾靈頓公爵*及*貝西伯爵*的崇拜，產生一種受到兩人風格影響的綜合體。〈切羅基〉是他最著名的錄音曲目。

Barnett, Ida B. Wells- ➠ Wells, Ida B(ell)

Barnsley 巴恩斯利 英格蘭北部城鎮（2001年人口218,062），濱臨迪恩河，位於曼徹斯特東北方。*南約克郡*行政中心。19世紀迅速成長，成爲約克郡的採煤城鎮。20世紀初煤產量達到頂峰後，逐漸衰落；有一些輕工業。

Barnum, P(hineas) T(aylor) 巴納姆（西元1810～1891年） 美國節目演出的主持人。1841年他買下紐約市作常規展示的一個美國展覽館，把它改造成遊藝場，搞畸形人展覽以及一些聳人聽聞的節目，引起轟動。他展示侏儒「大拇指湯姆」，取得國際性的成功。1850年聘請林德（被吹捧爲「瑞典夜鶯」）到美國巡迴演唱，獲利豐厚。他的博物館在數次失火後於1868年關門前，共吸引了八千兩百萬觀衆來此參觀。1871年開始組織馬戲團，1881年與他的對手貝利（1847～1906）一起組成三個馬戲場的巴納姆和貝利馬戲團，其中大象姜伯是「人間第一奇秀」節目中賣點的一部分。

Barocci, Federico＊ 巴羅奇（西元1526?～1612年） 義大利畫家。除了兩次造訪羅馬（1550年代中期和1560～1563年），爲梵諦岡花園裡教宗庇護四世的遊樂場作壁畫外，他的一生似乎都在烏爾比諾附近小鎮中度過。他畫祭壇畫和禮拜畫，風格是色彩淺淡和諧，感覺溫馨。他的庇護人中包括烏爾比諾公爵和皇帝魯道夫二世（1552～1612），他也承接熱那亞和佩魯賈大教堂的工作。著名的作品包括《耶穌下十字架》（1567～1569）和《波波羅的聖母》（1579）。他也是個多產的手工藝人，還是使用彩色粉筆的第一位藝術家。他的職業生涯漫長而多產，是義大利中部的主要畫家之一。

Baroda 巴羅達 ➠ Vadodara

Baroja (y Nessi), Pio＊ 巴羅哈（西元1872～1956年） 西班牙巴斯克作家。曾寫了十一套反映當代社會問題的三部曲，其中最著名的是《爲生活而奮鬥》（1904）。他最具雄心的計畫是撰寫一部有關19世紀時一個叛徒和他那個時代的長篇著作。他寫了近百部小說，包括《冒險家薩拉憲》（1909）。由於他的反基督教觀點和頑固堅持不遵奉國教，加上有些悲觀主義論調，所以始終未能大紅大紫，但他被公認是當時最優秀的西班牙小說家。

barometer 氣壓表 測量大氣壓力的儀器。由於大氣壓力隨著與海平面的距離而變化，所以氣壓表也可用來測量高度。在水銀氣壓表中，大氣壓力與水銀柱相平衡，可準確測出水銀柱的高度。標準大氣壓力約爲每平方吋14.7磅，相當於760公釐高的水銀柱。雖然也可用其他液體製作氣壓表，但最常用的是水銀，因爲水銀的密度大。無液氣壓表用圓盤上的指針指示氣壓，指針以機械方式與一個部分眞空腔室相連，該腔室隨壓力變化而改變。

barometric pressure 氣壓 ➠ atmospheric pressure

baron 男爵 一種貴族稱號，在近代是位於*子爵*之下，在沒有子爵的國家則位於*伯爵*之下。男爵的妻子稱爲男爵夫人。中世紀時，此詞指所有擁有重要封地的領主，後來則指直接從國王獲得封地的人。慢慢的，該詞便指地位顯赫之人。其權力和地位可能來自軍事或特別服務的贈與。

baronet 從男爵 英國的世襲爵位，1611年*詹姆斯一世*爲了籌資而設立，表面上是爲了資助阿爾斯特的軍隊。從男爵爵位既不是貴族爵位，也不是騎士的一個等級，其地位低於男爵，但高於除嘉德騎士（參閱Garter, (The Most Noble) Order of the）之外的所有騎士。由男嗣繼承。

Baroque, Late ➠ Rococo style

baroque architecture＊ 巴洛克建築 源於16世紀晚期義大利的建築風格，在某些地區延續至18世紀，特別是德國和殖民時期的南美洲。源於反宗教改革時期，當時天主教會開始在感情及感官上公然訴諸信仰。偏愛複雜的計畫形狀（常以橢圓形爲基礎）以及空間的動態對立和貫穿，以提升情緒及官能的感覺。其他特質是宏偉、戲劇性、對比（尤其在照明方面）、豐滿勻稱，也常把豐富的表面處理、扭曲的元素、鍍金的雕像做出令人目眩的排列。建築師毫不掩飾地應用亮色和夢幻而繪製生動的天花板。義大利傑出的建築師包括貝尼尼、馬代爾諾（1556～1629）、普羅密尼、瓜里尼（1624～1683）。在法國，古典元素抑制了巴洛克建築；而在中歐，巴洛克風格較晚抵達，但在奧地利人費歐爾·馮·埃爾拉赫（1656～1723）等建築師的作品中欣欣向榮。它對英國的衝擊可見於列恩的作品。巴洛克晚期風格常被稱爲洛可可風格，在西班牙和美洲的西班牙殖民地則稱爲丘里格拉風格。

baroque period 巴洛克時期 藝術史上的一個時代，源於17世紀義大利，18世紀在其他各地繁盛。其範圍包括繪畫、雕刻、建築、應用藝術和音樂。該詞源於葡萄牙語，意爲「形狀不規則的珍珠」，起初爲貶義，長期以來用於描述形形色色的特徵，從引人側目、奇異到過分裝飾都有。這一風格被反宗教改革的國家所接受；而天主教會所委製的藝術作品中都公然訴諸情感和感官知覺。這一時期最著名的藝術家有卡拉齊家族、卡拉瓦喬和貝尼尼。巴洛克藝術最宏偉的典範是凡爾賽宮。音樂上的巴洛克時期是從1600年左右到約1750年，其間出現了具有重大意義的新聲樂和器樂，如歌劇、神劇、清唱劇、奏鳴曲和協奏曲，傑出的作曲家有蒙特威爾第、巴哈和韓德爾。

Barotse 巴羅策人 ➠ Lozi

Barquisimeto＊ 巴基西梅托 委內瑞拉西北部拉臘州首府（2000年人口875,790）。位於梅里達山脈北端，海拔566公尺。建於1552年，爲委內瑞拉最古老城市之一。1812年地震時該城幾乎全毀，19世紀內戰時期又再次受到破壞。是周圍廣大農業地區的中心。亦是委內瑞拉的運輸和商業中心。

Barr, Roseanne 巴爾（西元1952年～） 後名Roseanne Arnold。美國喜劇作家。1981年起在丹佛及洛杉磯的喜劇俱樂部表演。她在大獲成功的喜劇系列《羅仙》（1988～1997）扮演機智的工人階級角色而成名。

barracuda 魣 鱸形目魣科約二十種掠食性魚類的統稱。遍布於熱帶區，有些也分布到較溫暖的地區。體細長，強健，游動快速；鱗小，兩背鰭分隔遠，下顎突出，口大且具許多大的尖牙。體型大小不一，有些較小，而大的可長達1.2～1.8公尺，甚至更大。主要獵食較小的魚類。屬遊釣魚，但也有食用價值，特別是體型較小的種類。然而在某些海域的魣卻富含一種有毒物質，能導致魚肉含毒。魣通常被看作是大膽好奇的魚，大型個體被認爲是可怕的魚類，可能危害人類。

Barranquilla＊ 巴蘭基亞 哥倫比亞北部城市（1999年人口約1,226,292）。建於1629年，距馬格達萊納河河口16公里。原本地位不是很重要，一直到1930年代清理了沙洲後，才發展爲加勒比海沿岸的海港。後來遭到來自太平洋岸港口布埃納文圖拉的競爭，但它仍操縱著來自內地的貨物運輸，也是來自哥倫比亞北部的天然氣管道的終點。

Barraqué, Jean＊ 巴拉凱（西元1928～1973年） 法國作曲家。朗格雷斯（1907～1991）與梅湘的學生，他的主要作品（使用一種全然玩世不恭的風格）是一部回應布羅赫的《維吉爾之死》的戲劇，原來的計畫是一齣五幕劇，但他只完成了其中的三幕〈危險之外〉（1959）、〈絃歌不輟〉（1966）以及〈歸還時間〉（1968），便英年早逝。他還寫了一部大型鋼琴奏鳴曲（1952）與一部單簧管協奏曲（1968）。

Barras, Paul-François-Jean-Nicolas, vicomte (Viscount) de＊ 巴拉斯（西元1755～1829年） 法國革命人士。爲普羅旺斯貴族，後來對王室政權不抱幻想，歡迎法國大革命。1792年當選國民公會議員，在推翻羅伯斯比爾政權中扮演關鍵角色，並升任軍警總司令。1795年他與拿破崙一起捍衛其政權，對付保王黨的造反，並成立督政府，巴拉斯爲五個督政官之首。果月十八日政變使他獲得更大的權力，但被懷疑陰謀恢復君主制而於1799年被解職，並逐出巴黎。

Barrault, Jean-Louis＊ 巴勞爾（西元1910～1994年） 法國演員、導演。1931年首次在巴黎登台，後來加入法蘭西喜劇院，成爲演員和導演。與妻子馬德萊娜·列諾在馬里尼劇院成立自己的劇團（1946～1958）。演出劇目既有法國的和外國的經典劇作，又有現代劇作，對第二次世界大戰後復興法國戲劇貢獻良多。1959～1968擔任法蘭西劇院導演，後來又在巴黎的其他劇院執導了幾部戲劇（1972～1981）。巴勞爾還拍過二十幾部電影，最著名的是《天國的子女們》（1945）。

Barre, Mohamed Siad ➠ Siad Barre, Mohamed

Barrès, (Auguste-) Maurice＊ 巴雷斯（西元1862～1923年） 法國作家、政治人物。任職於下議院。1889～1893年擔任衆議員，並成爲強硬的民族主義者。他和摩拉斯在兩份報紙上宣傳法國國家主義。他的小說也表現出個人主義，包括對家鄉強烈的依戀及對民族主義的狂熱。第一次世界大戰時，巴雷斯在以《東面的支柱》爲題的一系列小說中，成功的爲法

巴雷斯，攝於1906年
H. Roger-Viollet

魣
C. Leroy French-Tom Stack & Associates

國做了宣傳。

Barrie, James (Matthew) 巴利（西元1860～1937年） 受封為詹姆斯爵士（Sir James）。英國劇作家和小說家。定居倫敦後成為自由作家，寫了有關蘇格蘭故鄉的作品集《古老輕鬆的田園詩》（1888），他最暢銷的小說《小牧師》（1891）於1897年改編為劇本，此後的他主要為戲劇寫作，《夸利蒂街》（1901）、《可欽佩的克賴頓》（1902）在倫敦都非常受歡迎。在為朋友的兒子創造了彼得．潘這個人物後，1904年發表了劇本《彼得．潘，不肯長大的男孩》，這部經典之作為他贏得極大的聲譽。他的其他劇作還有《婦人皆知》（1908）、《值十二英鎊的相貌》（1910）和《親愛的布魯特斯》（1917）。

barrier penetration 勢壘穿透 ➠ tunneling

barrister＊ 高級律師 英格蘭兩種開業律師之一，另一種是初級律師。高級律師從事法庭辯護工作，只有高級律師可以出席高等法院充當辯護律師。要充任高級律師，必須是四個律師學院之一的會員。在加拿大，不論高級律師或初級律師都可以稱為律師，儘管不同的律師會以某種或另一種自稱。在蘇格蘭，辯護律師稱為advocate。

Barrow, Clyde and Bonnie Parker 巴羅和派克（巴羅：西元1909～1934年；派克：西元1911～1934年） 以邦尼與克萊德（Bonnie and Clyde）知名。美國強盜。巴羅在1930年遇見派克以前早已為盜。巴羅在獄中待過一段時間（1930～1932）後，與派克開始連續作案了二十一個月，在德克薩斯、奧克拉荷馬、新墨西哥和密蘇里等州搶劫加油站、餐館以及小鎮的銀行，並殺害了不少人。他們的事跡在報紙上廣為報導。1934年他們被一個朋友出賣，被伏擊在路邊的警察擊斃。

Barry, countess du ➠ du Barry, comtesse (Countess)

Barry, John 巴里（西元1745～1803年） 美國（愛爾蘭裔）海軍軍官。1760年移民美洲，二十一歲時就成為費城的商船船長。1776年他裝備了第一個大陸艦隊，俘獲幾艘英國船艦。1783年他在佛羅里達海峽打戰爭最後的一仗，擊退三艘英國船艦。戰後，他重新加入新的美國海軍，擔任資深艦長。他常被人譽為「海軍之父」，培養出許多後來名垂史冊的海軍軍官。

Barrymore family 巴瑞摩家族 美國戲劇家族。莫里斯．巴瑞摩（1847～1905，原名赫伯特．布萊思）在倫敦首演舞台劇後，於1875年遷居紐約，取巴瑞摩為藝名。後來加入戴利的公司，1876年娶喬治亞娜．德魯（出身德魯家族）為妻。他們的大兒子萊昂內爾（1878～1954）後來成為百老匯著名演員，上演過《彼得．依貝特森》（1917）、《銅頭蛇》（1918）之類的戲劇，1926年往好萊塢發展，演出電影《自由的靈魂》（1931，獲奧斯卡獎）和《大飯店》（1932）。他以性格演員著稱，一共拍過兩百多部電影，包括十五部《基爾德爾博士》系列片。他的妹妹埃塞爾（1879～1959）曾在倫敦演出《鐘聲》和《彼得大帝》（1898），1901年在百老匯演出《外行的金克斯上尉》一劇。1928年在紐約開設埃塞爾．巴瑞摩劇院，演出《上帝王國》，後來在《玉米青青》（1942）領銜主演。曾拍過三十幾部電影，包括《寂寞芳心》（1944，獲奧斯卡獎）和《螺旋梯》（1946）。他們的弟弟約翰（1882～1942）在《公正》（1916）、《理查三世》（1920）和《哈姆雷特》（1922）等劇中取得名聲。所演的電影包括《化身博士》（1920）和《晚宴》（1933）。他是個酗酒者，以浮誇的舉止聞名。約翰的孫女茱兒巴瑞摩（1975～）七歲時就在《E. T.外星人》（1982）飾演一角，引人注目。

barter 物物交換 不使用貨幣或其他交換仲介而直接進行的貨物或勞務交換。物物交換可透過已定的交換比率或討價還價進行，普遍存在於無文字社會中。亦請參閱currency、gift exchange。

Barth, John 巴思（西元1930年～） 原名John Simmons, Jr.。美國作家，生於馬里蘭州的劍橋。在馬里蘭州東海岸長大成人，大部分作品亦描寫此地。1953年開始在約翰．霍普金斯大學任教。他的《迷失在遊樂園中》（1968）由試驗性的短文組成。他的著名小說有《流動的歌劇》（1956）、《路的盡頭》（1958）、《煙草代理商》（1960）、《山羊孩子賈爾斯》（1966）和《潮水的故事》（1987）。他的小說將辛辣的諷刺，犀利、粗俗的幽默與深奧、複雜的哲理融為一體。

Barth, Karl＊ 巴特（西元1886～1968年） 瑞士基督教神學家，生於巴賽爾。從十八歲起先後在伯恩和德國柏林、圖賓根和馬爾堡等地學習，1911～1921年在瑞士沙芬威爾任牧師。第一次世界大戰的悲劇，使他質疑源於啟蒙運動前的觀念的自由派神學；巴特發表《「羅馬書」注釋》（1919），強調上帝不同於人間任何事物，批判自由派神學中的理性主義、歷史主義和心理主義。先後在格丁根（1921）、明斯特（1925）和波昂（1930）教授神學。他創立宣信會，反對納粹統治。巴特拒絕無條件地宣誓對希特勒忠誠，因此不得不離開波昂，回到巴塞爾。1948年他在世界宗教會議的開幕典禮上發表演說，翌年在第二次梵諦岡會議後訪問羅馬。

Barthelme, Donald＊ 巴塞爾姆（西元1931～1989年） 美國作家。生於費城，在他出版科幻小說之前曾經擔任過記者、報紙編輯，以及博物館館長。以現代主義派的「拼貼」而聞名，其特色在於技術上的實驗和歡樂中帶有憂鬱。他的故事集包括《歸來吧！卡利格瑞博士》（1964）、《城市生活》（1970）、《悲傷》（1972）、《六十個故事》（1981）、《在許多遙遠的城市過夜》（1983）；他的小說包括《白雪公主》（1967）、《死去的父親》（1975）、《天堂》（1986）以及《國王》（1990）。其弟弗雷德里克（1943～）也是一位小說家（《第二次婚姻》〔1984〕）及短篇故事作家（《豪華之月》〔1983〕）。

Barthes, Roland (Gérard)＊ 巴特（西元1915～1980年） 法國社會評論家及文學評論家，早期的著作在闡述語言結構的隨意性及對大眾文化的一些現象提供類似的分析。在《神話學》（1957）書中分析大眾文化。《論拉辛》（1963）在法國文學界造成轟動，使他成為敢與學院派權威相抗衡的人物。他後來有關符號學的作品包括較激進的《S/Z》（1970）、研究日本而寫成的《符號帝國》（1970），以及其他一些重要的作品使他的理論在1970年代受到廣大的注目，並在20世紀有助於把結構主義建立為一種具領導性的文化學術運動。1976年在法蘭西學院擔任文學符號學講座教授，成為這個講座的第一位學者。

Bartholdi, Frédéric-Auguste＊ 巴托爾迪（西元1834～1904年） 法國雕刻家。巴托爾迪曾在巴黎接受建築訓練。1865年時，他與幾位友人提出為1778年的法美聯盟製作紀念像的構想，就是後來由他完成的自由女神像（1875～1886）。他的傑作是「貝爾福之獅」（1875～1880），是在俯瞰該城小山的紅色砂岩上開鑿雕刻而成的。

Bartholomaeus (Anglicus) * 巴塞洛繆（活動時期西元約1220～1240年） 亦作Bartholomew the Englishman。方濟會百科全書編撰人。其主要興趣雖在聖經和神學上，但他的十九卷百科全書《萬物本質》卻涵蓋了當時所有的常識，也是第一位引介希臘、猶太和阿拉伯學者之醫藥和科學觀點的作家。約1495年此套百科全書才有英譯本問世。

Bartholomew, St. 聖巴多羅買（活動時期西元1世紀） 耶穌的十二使徒之一。他的事跡僅在《新約》中有簡短的記載，而他的希伯來文名字可能是Nathanael bar Tolmai。據傳巴多羅買曾到衣索比亞、美索不達米亞、安息（今伊朗）、利考尼亞（今土耳其）和亞美尼亞傳教。據說他被亞美尼亞國王阿斯提亞格斯下令剝皮砍頭而死。

Barthou, (Jean-) Louis * 巴爾都（西元1862～1934年） 法國政治人物。1889年當選為眾議員，在保守政府各部中擔任過不同的職務。1913年任總理，力保通過一項需服三年義務兵役的法案。後來代表法國出席熱那亞會議，選入參議院，還擔任賠償委員會主席。1934年被任命為外交部長，在南斯拉夫國王亞歷山大一世訪法期間，同遭暗殺。

Bartlett, Frederic C(harles) 巴特利特（西元1886～1969年） 受封為弗雷德里克爵士（Sir Frederic）。英國心理學家，以其對於記憶之研究而著稱。是劍橋大學第一位實驗心理學教授（1931～1952），同時也主持這所大學的心理學實驗室。其主要作品《回憶》（1932）不再將記憶視為直接的回想，而是一種受到文化態度和個人習慣所渲染的心理重建。

Bartlett, John 巴特利特（西元1820～1905年） 美國書商和編輯。原本受雇於哈佛大學書店，後來成為該書店主人。1855年出版其最出名的作品《常用妙語辭典》（1855），大致根據他為顧客保留的筆記來寫。後來的版本在篇幅上大為擴充，1992年出版了第十六版。他也編寫一本《莎士比亞戲劇詩歌語詞索引大全》（1894），以引用的資料數目和內容充實著稱。

巴特利特
By courtesy of Little, Brown and Co.

Bartók, Béla * 巴爾托克（西元1881～1945年） 匈牙利作曲家和民族音樂學家。自幼即習得出色的鋼琴技巧。1904年開始研究匈牙利民間音樂，才發現一般認為是匈牙利作品的民間音樂實際上大部分出自住在城裡的吉普賽人。他與高大宜一同從事的田野工作為後來所有的田野研究工作奠定了基礎，他還出版了匈牙利、羅馬尼亞和斯洛伐克等民間音樂的主要研究。巴爾托克還徹底地把民族樂題材和節奏融入自己的音樂作品，賦予其作品最有特色的一面。他也是個卓越的鋼琴家，四處巡迴表演。1940年遷居美國，但在這裡並不十分獲人肯定。作品包括歌劇《藍鬍子公爵的城堡》（1911），芭蕾舞劇《木頭王子》（1923），六首有名的弦樂四重奏（1908～1939），一套鋼琴教本《小宇宙鋼琴集》（1926～1939），《為弦樂器、打擊樂器和鋼片琴而作的音樂》（1936），《管弦樂團協奏曲》（1943）、《為雙鋼琴和打擊樂器而作的奏鳴曲》（1937），兩首小提琴協奏曲（1908、1938），三首鋼琴協奏曲（1926, 1931, 1945），以及一首中提琴協奏曲。他是匈牙利最偉大的作曲家，也是20世紀音樂巨匠之一。

Bartolomé de Cárdenas ➠ Bermejo, Bartolomé

Bartolomeo, Fra * 巴托洛米奧（西元1472～1517年） 原名Baccio della Porta。義大利佛羅倫斯畫家。早期作品如沃爾泰拉大教堂的《天使報喜》（1497），深受佩魯吉諾和達文西的影響。1500年加入道明會。1508年訪問威尼斯，1513年到羅馬。他創作宗教題材的繪畫，主要是在各種布景中出現聖母和聖嬰，加上一些不朽的人物群聚在構圖勻稱的畫上。後來成為佛羅倫斯頂尖的畫家，只有安德利亞·德爾·薩爾托能與之匹敵。他也是個出色的工匠，其素描包括對人物、風景和大自然的研究。

Barton, Clara 巴頓（西元1821～1912年） 原名Clarissa Harlowe。美國人道主義者，美國紅十字會創始人。生於麻州牛津。原為教師，南北戰爭爆發後她組織了一個機構，為傷兵籌募並分發救濟物資，後來成立一個檔案局，協尋下落不明的士兵，被人稱為「戰場天使」。普法戰爭爆發時，她又再次為傷兵分發救濟物資，開始和國際紅十字會有聯繫。1881年創立美國紅十字會。1882年她成功地促使美國國會在「日內瓦公約」上簽字。她也是美國提出的對紅十字會章程的修正案的起草人，這個修正案規定不僅在戰時，而且也要在發生自然災難時分發救濟物資。她擔任美國紅十字會總裁至1904年。

Barton, Derek H(arold) R(ichard) 巴頓（西元1918～1998年） 受封為德瑞克爵士（Sir Derek）。英國化學家。因不滿足於從事父親的木工生意，而進入倫敦帝國理工學院就讀，1942年獲得博士學位。他的研究表明從有機分子的化學特性可以推斷這些有機分子偏向三維結構。這項研究讓他在1969年與挪威的哈塞爾共獲諾貝爾化學獎。

Bartram, John * 巴川姆（西元1699～1777年） 美國博物學家和探險家，曾被譽為「美國植物學之父」。自學成才，他是富蘭克林的朋友，喬治三世時期北美殖民地的植物學家。第一個在北美進行顯花植物的雜交實驗，他在費城附近建立一座世界聞名的植物園。他考察了阿利根尼、卡羅來納和北美的其他地區。1743年受英國國王的委託訪問印第安人部落，並考察加拿大安大略湖北部的荒地。1765～1766年和他的兒子博物學家威廉·巴川姆一起在佛羅里達進行廣泛的考察。

Bartram, William 巴川姆（西元1739～1823年） 美國博物學家與植物學家。約翰·巴川姆之子。在著作《南北卡羅來納、喬治亞、東西佛羅里達之旅》中大量描寫美國東南部河流沼澤的原始環境。巴川姆是奧都邦的重要前輩，他的著作在英國與法國浪漫主義作家之間深具影響力。

Baruch, Bernard (Mannes) * 巴魯克（西元1870～1965年） 美國金融家和總統顧問。曾在華爾街證券交易所工作，由於多年從事證券投機，積累一筆財富。第一次世界大戰中威爾遜總統指派他擔任軍事工業委員會主席。1919年在凡爾賽和會上，任經濟委員會委員和威爾遜總統在簽訂條約方面的私人顧問。第二次世界大戰期間擔任羅斯福總統在經濟動員方面的非官方顧問。戰後在制定聯合國國際管制原子能政策方面起了推動作用。

Barye, Antoine-Louis * 巴里（西元1796～1875年） 法國雕刻家。金匠之子，十三歲學雕刻。1818～1823年就讀於美術學校，約1819年開始雕刻動物形象。他受傑利柯的影響，對於動態張力的表現和精確細部刻畫方面具有獨特的天

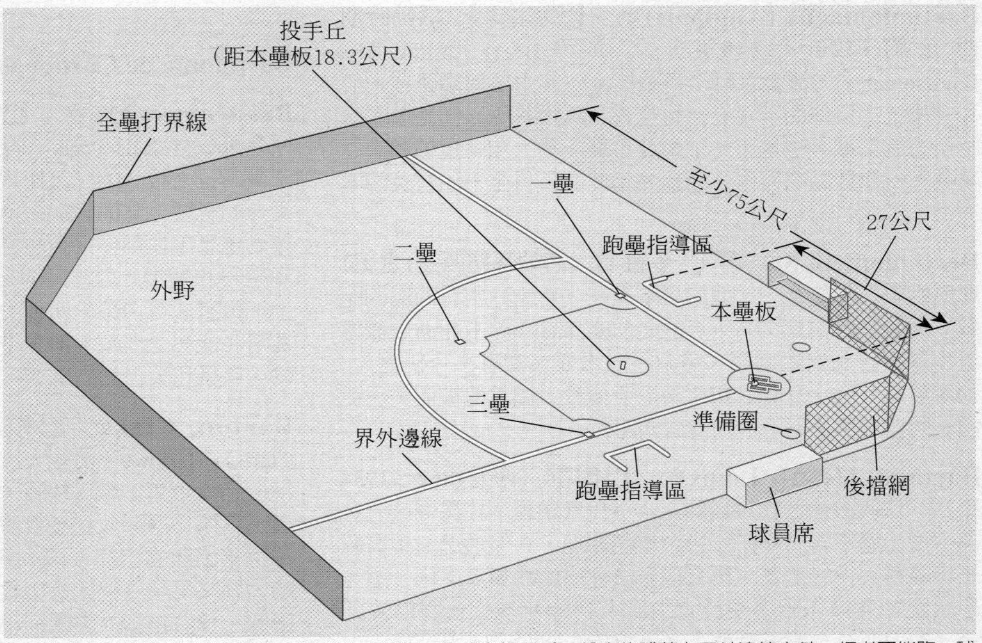

典型的大學或職業棒球的球場。打者站在本壘板，投手在投手丘。擊出的球落在界外邊線之外，打者不能跑。球打出牆外，表示打者擊出全壘打。一壘和三壘的指導員負責提示跑者跑壘的時機。等候打擊的球員在該隊休息室。全壘打牆的距離和結構每個球場不同。壘球的場地和棒球場類似，但是壘包的距離較近（通常是60呎／18公尺），投手丘更靠近本壘板（女壘40呎／12公尺，男壘46呎／14公尺），全壘打牆可能只有200呎／60公尺遠。

分。最著名的作品是描繪野生動物吞食獵物的情景，他還雕製家畜群像。最著名的青銅雕像是《吞食恆河鱷的獅子》（1831）和拿破崙在阿雅克肖的騎馬像（1860～1865）。

baryon＊　重子　兩類強子中的一類。是最重的一種亞原子粒子，由三個夸克組成。特點是重子數B爲+1和具有半整數自旋值。它們的反粒子（參閱antimatter）稱作反重子，重子數爲-1。質子和中子都屬重子。

Baryshnikov, Mikhail (Nikolayevich)＊　巴瑞辛尼可夫（西元1948年～）　俄裔美籍芭蕾舞者，是1970年代和1980年代古典舞蹈中最出色的男舞者。1963年進入列寧格勒基洛夫芭蕾舞團的訓練學校，1966年進入基洛夫芭蕾舞團後，直接表演獨舞。不久，就十分受蘇聯觀眾喜愛，於1968、1969年分別主演專爲他編寫的芭蕾舞《戈里安卡》和《維斯特里斯夫人》。1974年他在加拿大多倫多巡迴演出時逃跑，後來加入美國芭蕾舞劇團，一直演出到1978年，贏得熱烈的喝采。1980～1989年任美國芭蕾舞劇團藝術總監。除表演芭蕾舞外，他還在多部電影和電視影片表演。1990年與人共同創辦白橡樹舞團。

barytes ➠ barite

Barzakh, al-＊　中間階段　伊斯蘭教中死者下葬後與最後審判之間的時期。根據14世紀《靈魂書》的說法，死亡天使在人死後出現，把靈魂帶領至「上帝之怒」或上帝的慈悲。這樣的清算之後，靈魂回到墳墓裡的肉體，死者受到伊斯蘭教教義方面的質問。最後審判時，所有人復活而得到肉身，以承受或享受他們所儲存的一切。

bas-relief＊　淺浮雕　亦作low relief。一種在平面上刻畫圖像的雕刻形式，其圖像僅微凸於表層，圖像輪廓只有一點或全無側面切口。浮雕按凸起的程度，另有高浮雕和中浮雕。

basalt＊　玄武岩　二氧化矽含量低、鐵和鎂含量比較高的深色火成岩。有些玄武岩完全是玻璃質的（玄武玻璃），許多都是極細粒和緻密的：橄欖石和普通輝石是玄武岩中最常見的斑晶礦物，不過斜長石斑晶也很常見。玄武岩大致可分爲兩大類：鈣鹼性玄武岩類在一些造山帶的熔岩中占有優勢，如夏威夷的冒納羅亞和基勞亞的活火山噴發出拉斑玄武岩質熔岩；鹼性玄武岩類在大洋盆地的溶岩中占優勢，在造山帶的前陸和腹地的基性熔岩當中也常見。

base　鹼　化學術語，其水溶液手感光滑、味澀，使指示劑變色（使紅色石蕊試紙變藍），與酸反應生成鹽，並能加速某些化學反應（鹼催化）的一類物質的總稱。鹼的實例有鹼金屬和鹼土金屬（鈉、鈣等）的氫氧化物、氨及其有機衍生物（胺）的水溶液。這些物質在水溶液中能產生氫氧根離子（OH^-）。更廣的定義，鹼還應包括化合物本身或溶於非水溶劑時具有典型鹼性的物質。亦請參閱acid-base theory、alkali、nucleophile。

baseball　棒球　由兩個隊，每隊九或十人（如果有指定打擊的話）用球棒、球和手套在設有分布成方形（或鑽石形）的四個壘的場地上進行比賽的球類運動。兩隊輪流攻守，攻方三人出局即轉爲守方。打擊者設法把球打到防守人員不易捕獲的地方，以便依次跑完四壘得分。在九局中得分多的一方即是勝者。如賽完九局平分，則再加賽一局，直至分出勝負爲止。棒球一向被視爲美國傳統的國家運動。人們曾一度以爲是紐約州庫柏斯敦的道布爾戴在1839年發明的，但更有可能的是由18世紀英國的一種稱爲圓場棒球的遊戲演變而來的，之後由喀特萊特修改而成。第一個職業聯盟成立於1871年，是由八支城市隊伍組成；1876年發展爲國家聯盟。1900年美國聯盟成立，與之相抗衡；1903年以來，這兩個聯盟的優勝隊伍之間進行賽季後錦標賽，名爲世界大賽。加拿大的球隊於1968和1976年被上述兩個聯盟接納。在20世紀早期還有一個獨立的黑人聯盟。賽季從4月初到10月初，接著是分區決賽與世界大賽。棒球名人堂設於庫柏斯敦。

Basel＊　巴塞爾　亦作Basle。法語作Bâle。瑞士西北部城市（2000年人口166,558；都會區人口402,387）。位於萊茵河畔，地處法國、德國和瑞士的交會點上。原是塞爾特人勞里西部族的一個居民點。巴塞爾大學是瑞士的第一所大學，建於1460年，即教宗庇護二世參加巴塞爾會議期間（1431～1449）所蓋。1501年巴塞爾加入瑞士聯邦。1521～1529年伊拉斯謨斯在巴塞爾大學執教，該市乃成爲瑞士人文主義和宗教改革運動的一個主要中心。現爲重要的貿易和工業中心，也是重要河港。居民主要講德語和信仰基督教。

Basel, Council of　巴塞爾會議（西元1431～1449年）　天主教會在瑞士巴塞爾舉行的一次會議。在西方教會大分裂時期召開，討論教宗威權問題和胡斯派異端問題。與會人士更新康士坦茨會議所決定的信綱，宣布會議的權力大於教宗，並投票接納胡斯派重回教會。1437年教宗尤金四世命令會議遷往費拉拉進行，但另有幾位主教滯留不遷，形成殘留會議，之後他們被尤金解除職務。他們於是推選一位新教宗，稱菲利克斯五世。1447年尤金死，經過繼任教宗尼古拉五世的努力，菲利克斯退位，殘留會議結束。

basenji＊ 巴森吉狗 古老的獵犬品種，產於非洲中部。當地用來指示、尋回和驅趕獵物入網。以習性不吠聞名，但能發出許多不同於吠的聲音。體型優雅，警覺時前額微皺、耳朵豎起、尾巴盤緊。毛短似絲，呈紅棕、黑或黑底褐斑；腳、胸和尾尖爲白色。站立時高41～43公分，體重10～11公斤，是既乾淨又溫順的狗。

巴森吉狗
Sally Anne Thompson

BASF AG 巴斯夫公司 德國化學和塑膠製造業公司。1865年成立（德文全名意爲「巴登苯胺蘇打公司」），1925～1945年成爲化學聯合企業法本化學工業公司的一部分，1945年盟軍解散法本化學工業公司。1952年重建巴斯夫公司，現在業務機構遍及約三十國。產品包括石油、天然氣、化肥、合成纖維、染料和顏料、油墨及印刷機附件、電子零件及醫藥等。總公司設在萊茵河畔路德維希港。

Bashan＊ 巴珊 巴勒斯坦東部古國。《舊約》中常常提到這個國家，後來在羅馬帝國時地位重要，位於現在的敘利亞境內。在《新約》時代，巴珊是羅馬帝國最大的糧倉之一。其中一座城市波斯拉（Bozrah，羅馬語作波斯特拉〔Bostra〕）對納巴泰和羅馬很重要。羅馬皇帝奧古斯都曾任命希律爲巴珊統治者，西元106年圖雷眞把整個納巴泰王國納入帝國，新建阿拉伯行省，首府設在波斯特拉（參閱Busra）。7世紀以後，巴珊日趨衰弱。

Basho＊ 芭蕉（西元1644～1694年） 亦稱松尾芭蕉（Matsuo Basho）。原名松尾宗房（Matsuo Munefusa）。日本俳句詩人，是這種形式最偉大的開創者。研究禪宗哲學，試圖根據這種哲學，用自己俳句的簡單模式來概括世界的意義，揭示出隱藏在小小事物中的奧祕，使人知道一切事物都是獨立的。詩般的旅遊見聞散文《奧州小路》（1694），是日本文學中的珠玉之作。

BASIC BASIC語言 全名Beginner's All-purpose Symbolic Instruction Code。1960年代中期的電腦程式語言，由科美尼和庫爾茨（1928～）在達特茅斯學院發展出來。這是簡單的高階語言之一，指令類似英文，學童和程式新手也相當容易學習。約自1980年以來，BASIC一直普遍用於個人電腦。

basic action 基本行動 在行動理論中指採取其他行動而未做出的行動。例如某人轉動開關而打開電燈，轉動開關是比打開電燈更基本的（因爲打開電燈無法轉動開關），但動手指不算是基本行動，因爲沒有用這個動作做任何事。當代哲學家已經辯論過如何區別行動－－倒底轉動開關和打開電燈代表一個行動，還是兩個關係密切的行動（參閱individuation）。

basic Bessemer process 基本柏塞麥煉鋼法 修正柏塞麥煉鋼法將生鐵煉成鋼的一種方法。原本的柏塞麥轉爐不能有效去除鐵礦裡的磷（英國和歐洲的鐵礦一般含磷量極高）。基本法是由英格蘭人湯瑪斯（1850～1885）和吉爾克里斯特發明的，他們克服了這個問題。湯瑪斯－吉爾克里斯特轉爐採用鹼性原料作爐襯（如已燃的石灰岩）而不用矽酸原料。1879年基本柏塞麥煉鋼法開始應用在生產上，第一次使高磷鐵礦用於煉鋼成爲可能。

Basic Input/Output System ➠ BIOS

basic oxygen process 鹼性氧氣煉鋼法 用一支可活動的長噴槍把純氧吹送到熔煉鐵和廢鐵的高爐槽中的煉鋼方法，以耐火材料爲內襯的鋼爐稱作轉爐。氧氣會引起一連串強烈的釋熱反應，將碳、矽、磷和錳等雜質氧化；結果二氧化碳氣體被釋出，其他雜質的氧化物熔化成礦渣，浮在熔化的鋼上面。使用純氧取代空氣煉鐵成鋼的優點早在1850年代就爲人所知（參閱Bessemer process），但直到1940年代末能夠取得廉價、高純度的氧氣時，這種方法才開始商業化。不到四十年間，它已取代平爐煉鋼法，全世界一半以上的鋼都是用BOP生產。商業生產的優點是生產率高、減少勞力，而煉出的鋼含氮量低。

basic rocks 基性岩 ➠ acid and basic rocks

basidiomycete＊ 擔子菌綱 眞菌門眞菌的一個大類，包括膠質菌、檐狀菌和層孔菌；蘑菇、馬勃和鬼筆菌；銹菌和黑粉菌等。棒狀含有孢子的器官（擔子）附於子實體（擔子果）上，子實體多大而顯著。擔子菌綱包括鳥巢菌，擔子果中空，形似中空的巢，內含卵。外擔子菌目計十五種，寄生在高等植物上，尤其是映山紅及杜鵑花。膠質菌因含有類似膠質的東西而得名，子實體通常色彩鮮艷。亦請參閱fungus。

Basie, Count＊ 貝西伯爵（西元1904～1984年） 原名William Basie。美國爵士樂鋼琴家和樂隊領隊，他的樂隊是搖擺樂最傑出的代表。受哈林區鋼琴家約翰遜和沃勒的影響，並接受後者非正規的訓練，學習管風琴。1936年在堪薩斯城自組樂隊，隊員包括吉他手格林、低音管手佩基和鼓手瓊斯，其伴奏部分很快以輕快、精準和令人放鬆而馳名。在這種基礎上，銅管和簧樂器部分發展爲一種反覆樂節和樂旨的詞彙，如唱片《一點鐘的跳躍》和《在林邊跳躍》。貝西伯爵的鋼琴風格也變得更加簡樸，爲「漫步」式音樂傳統的精華及簡練風格的典型。其樂隊獨奏者包括歌手羅辛、小號手克萊頓和愛迪生，以及薩克管手楊。貝西伯爵在1950年代改組其樂隊，以更強調合奏作品取代先前的風格，如編曲家赫夫提和威爾金茲把較早時期樂隊的反復樂節和輕快節奏改編成一種更強力的風格。此樂隊因出唱片（以歌手威廉斯爲號召）而再度走紅，並被公認是爵士樂的典型代表。

貝西伯爵，攝於1969年
Ron Joy－Globe Photos

basil 羅勒 唇形科一年生草本植物羅勒乾葉所製香料，原產於印度和伊朗。大葉變種具略似茴香的芳香，味辛甜而微辣。一般羅勒的乾葉不那麼芳香，而且氣味較嗆。羅勒被當作蔬菜廣泛栽培。羅勒葉製的茶是一種興奮劑。葉心形，在義大利爲愛情的象徵。

Basil I＊ 巴西爾一世（西元約830～886年） 別名Basil the Macedonian。拜占庭帝國皇帝（867～886年在位），馬其頓王朝的創建者。農民出身，世居馬其頓。他躋身君士坦丁堡官場，後來得到皇帝邁克爾三世賞識，遂平步青雲。866年他與邁克爾三世共治，次年謀殺邁克爾三世，獨攬朝政。巴西爾在小亞細亞東部邊界成功對抗了穆斯林勢力，並控制了巴爾幹的斯拉夫人。拜占庭帝國加強它在義大利南部的地位，不過喪失了西西里的重要城鎮敘拉古（878）等。他還制定希臘法典，稱巴西爾法典。晚年精神錯亂。

Basil II　巴西爾二世（西元957?～1025年）　別名Basil Bulgaroctonus（"Slayer of the Bulgars"）。拜占庭帝國皇帝（976～1025年在位）。960年與其弟加冕共治，但因年幼，不能踐祚。爲了爭得統治權，他在985年放逐把持朝政的大臣（985），並打敗反對他的叛將（989）。巴西爾成爲最強的拜占庭皇帝之一，帝國領土擴張到巴爾幹半島、美索不達米亞、亞美尼亞和喬治亞。最出名的一次勝利是對保加利亞的戰爭，他對所有的保加利亞俘虜施以剜目刑。他打擊權勢過重的朝臣，沒收軍事貴族和教會的地產，以加強中央集權。由於身後無繼承人，巴西爾的統治成果很快就瓦解。

Basil the Great, St.　聖大巴西勒（西元約329～379年）　早期教會神父。出生於卡帕多西亞的基督教家庭。曾在該撒利亞、君士坦丁堡和雅典就讀，後來和友人共同在阿內西其家族的莊園創辦修道團。他反對羅馬皇帝瓦林斯和其主教迪亞尼烏斯所支持的阿里烏主義，並在365年以後開始組織反抗的勢力。370年繼優西比烏斯之後任該撒利亞主教。巴西勒在瓦林斯死後不久也過世，瓦林斯戰死沙場，爲巴西勒的宗教事業除去障礙而使之順利成功。現存約三百多封書信，他的一些祈禱書信已成爲東正教中教會法典的一部分。

聖大巴西勒，12世紀的鑲嵌畫；現藏巴勒摩巴拉丁禮拜堂
Alinari – Art Resource

basilica　巴西利卡　原爲古羅馬一種世俗的公共建築物，通常是一座大型長方形建築，裡面有一開放式大廳，在一端或兩端設有高台。一種形式是中間爲大廳，兩側爲列柱廊，平台的那端是一個後堂。早期基督教徒採用這種形式當作教堂。早期基督教的巴西利卡形式爲柱子和較低的側廊（帶有拱頂或檐部）之間以中堂隔開，其上有高側窗的牆面以支撐屋頂。長型中堂經由一個短型耳堂而與後堂相交，構成十字形的平面，這種形式成爲標準的教堂形式，一直維持到現在。「巴西利卡」也是一種榮譽頭銜，專門頒給一種天主教或希臘正教的教堂，這種教堂以年代久遠或是國際崇拜的中心而與衆不同。亦請參閱cathedral。

Basilicata＊　巴西利卡塔　義大利南部自治區（2001年人口約595,727）。西部爲山區，東部爲低矮丘陵和寬闊谷地，首府波坦察。古名盧卡尼亞，中世紀初由倫巴底人統治。霍亨斯陶芬王朝衰微（1254）後，在義大利南部的事務中起過重要作用，後來的命運與那不勒斯王國相繫，1860年歸屬義大利。在1980年災難性地震中遭受嚴重破壞。經濟以農業爲主。

Basilides＊　巴西里德斯（活動時期西元2世紀）　諾斯底派巴西里德斯派的創始人。根據亞歷山大里亞的聖克雷芒的說法，巴西里德斯聲稱他的教法得自使徒聖彼得的祕傳。他寫有頌詩和讚歌，並評注福音書，自己還另撰福音書。這些著作現僅存殘篇，而聖克雷芒和聖伊里奈烏斯所提供的材料互相抵觸，有人說他的信仰體系含有新柏拉圖主義和《新約》的成分。此派在埃及殘存至4世紀。

Baskerville, John　巴斯克維爾（西元1706～1775年）　英國活字印刷商。1757年自建印刷廠，印行了第一部印刷品維吉爾的詩集，後來陸續出版了拉丁古典文集、密爾頓的詩集（1758）和對開本的《聖經》（1763），這些印刷作品字體清晰細緻，不是要當作裝飾品。1758～1768年爲劍橋大學的印刷商，所創的巴斯克維爾字體廣爲流傳。

巴斯克維爾，肖像畫，繪於1774年；現藏倫敦國立肖像畫陳列館
By courtesy of the National Portrait Gallery, London

basketball　籃球　由兩個隊伍（每隊五人）用一顆充氣球在一座長方形球場進行的一種球類運動。每一方都力求把球投入對方籃板上的球籃。投籃成功記兩分，若從一定距離以外投籃成功則得三分。接觸、妨礙對方球員即爲犯規，應由被侵犯的對方隊員罰球一次，罰球進籃記一分。在對手投籃時犯規，則罰球兩次。職業賽分四節，每節十二分鐘，大學聯賽則分上下半場，每半場各二十分鐘。籃球是麻薩諸塞州春田市的奈史密斯在1891年發明的，不久馬上風行於各大學。全國大學生體育協會錦標賽是在正規大學賽季後挑出六十四支隊伍參加一系列的淘汰賽，最後產生全國冠軍，由於比賽進行得十分狂熱，鹿死誰手難料，所以贏得「瘋狂三月」的暱稱。女子大學聯盟賽也是類似的比賽。男子職業聯盟在1898年成立，但一直都沒有造成風潮，直到1949年重組爲全國籃球協會。美國籃球協會於1967年成立，但在1976年與NBA合併。女子籃球協會

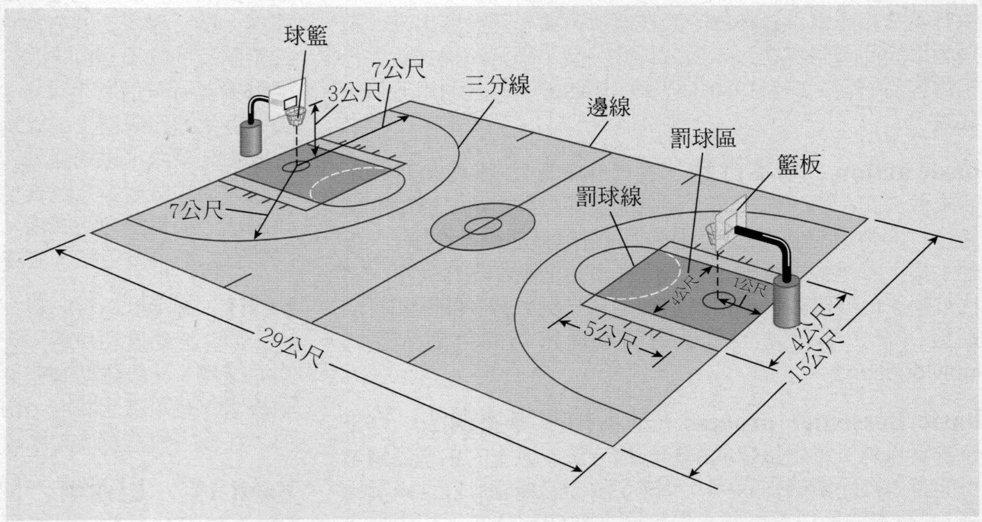

美國職業籃球場。美國的大學籃球場大小差不多，但是三分線的距離較短（19呎9吋／6公尺）。國際籃球場面積略小，三分線距離20呎6吋／6.26公尺，而且罰球區呈梯形，在邊線的部分比罰球線要寬一些。所有球場的籃框（球籃）高度都是10呎／3公尺。
© 2002 MERRIAM-WEBSTER INC.

（WNBA）在1997年成立。職業籃球球季是從10月到翌年的4月，最後決賽和冠軍賽延續到6月。籃球名人堂位於春田市。

basketry 編織工藝 指利用韌性較好的植物纖維（如細枝、柳條、竹、燈心草）以手工方法編織成的一種工藝品（籃子或其他物品）。編織工藝主要是實用性而非裝飾性藝術。編織材料因地區的差異而有很大的區別。亞洲、非洲、大洋洲和美洲的原住民等許多文化，在編織工藝上皆有出色的表現。

Baskin, Leonard 巴士金（西元1922～2000年） 美國著名雕刻家和版畫家。生於新澤西新伯倫瑞克。在美國和歐洲學藝後，1939年在紐約舉辦首次展覽。後來在史密斯學院任教。以悽楚而感人的人像作品著名。他設計青銅、石灰石和木質紀念碑人像及浮雕，作品涉及死亡、受傷和心靈腐朽等主題。他的木刻作品發展出一種線條分明的風格，所刻圖像猶如解剖圖般的細緻。

basking shark 姥鯊 姥鯊科呆鈍的巨型鯊魚。因常在水面漂浮或游動緩慢而得名。可能不只一種，棲於大西洋、太平洋和印度洋的北部溫帶區。體型巨大，長達14公尺，除鯨鯊外超過所有魚類。儘管體型龐大，卻以浮游生物為食。體灰褐或淡黑色。牙細長，鰓裂很長。一般不傷害人類，零星的被獵捕製魚粉和魚肝油。

Basle ➠ Basel

Basque＊ 巴斯克人 西班牙語作Vasco。住在西班牙與法蘭西的比斯開灣邊界地區和庇里牛斯山脈西麓巴斯克地區的一個民族，起源不詳。現在約有八十五萬純粹的巴斯克人住在西班牙，另有十三萬人住在法國。巴斯克人體格與其他西歐人並無顯著差別；巴斯克語則不屬印歐語系。自19世紀起，巴斯克人已開始尋求脫離西班牙自治。西班牙內戰時宣布成立國民政府，當時格爾尼卡市遭到猛烈轟炸（1937）。戰後很多巴斯克人出亡。佛朗哥政府取消巴斯克人的全部特權。佛朗哥死後，特別是1975年西班牙開明君主政體建立後，巴斯克人多次大規模示威，要求地方自治。1978年西班牙政府給予部分地方自治權，但好戰的分裂主義者對此並未滿足，尤其是巴斯克民族和自由組織（ETA）的恐怖主義分子，他們繼續尋求脫離西班牙完全獨立。

Basque Country＊ 巴斯克地區 法語作Pays Basque。法國西南端一文化區。與西班牙巴斯克省交界。範圍從庇里牛斯山脈的阿尼峰延伸到比斯開灣畔比亞里茨四周的沿海地區。此區歷史多與西班牙巴斯克地區的分離運動有關。經濟以漁業和旅遊業為主。

Basque Country＊ 巴斯克地區 西班牙語作País Vasco。西班牙北部的一個自治區（2001年人口約2,082,587）和歷史地區。周圍是比斯開灣，由現代的比斯開、阿拉瓦和吉普斯夸三省組成，面積7,260平方公里，首府是維多利亞。居民為巴斯克人，19世紀以前該區一直保持實際上的自治地位，之後才受到阿方索十二世的壓迫。後來在短暫的共和政府統治下，1936年一場分離主義運動成功地重獲巴斯克自治權，但在1939年佛朗哥撤銷了其自治權。1980年雖獲得有限的自治權，但是反西班牙政府的恐怖主義活動仍持續至今。阿拉瓦是農業區，而冶金工業集中在畢爾包附近。

Basque language 巴斯克語 巴斯克人使用的語言，人數約有六十六萬，通用於西班牙中北部和法國西南部的巴斯克地區。巴斯克語是西歐拉丁化以前若干語言中唯一留存下來的語言，是一種無語言譜系關係的語言。文法顯然與其他所有的西歐語言不同。在類型上，它是有名無實的主動格和口傳的語形（參閱ergativity）。在16世紀之前，巴斯克語的相關證據少得可憐，直到出現第一本用巴斯克語寫的書，巴斯克語的文字傳統總算持續至今。

A B

Basra 巴斯拉 伊拉克東南部城市（1987年人口約407,000）。地處阿拉伯河的源頭，距波斯灣約120公里。建於西元638年，在阿拔斯王朝時期很有名；在《天方夜譚》中是辛巴達出發的城市。17～18世紀成為貿易中心。第一次世界大戰中英國人占領該市，對城市和港口做了許多改進，提高了其重要性。第二次世界大戰後，伊拉克石油工業的成長使巴斯拉成為主要的煉油中心。在兩伊戰爭和波斯灣戰爭裡，巴斯拉受創嚴重。

bass＊ 巴司魚 許多食用和遊釣魚類的統稱。多屬鱸形目的三個科：鮨科（包括海鱸、石斑魚等約四百種）、石鮨科（約十二種，如歐洲石鮨和條紋石鮨）、日鱸科（包括太陽魚、黑鱸）。許多其他魚類也稱bass，如海峽巴司魚（參閱drum）和黑莓鱸（參閱crappie）。

bass＊ 低音 音樂聲部或音域中的最低部分。在聲樂中，其音域大致為中央C下面第二個E至中央C。莊嚴男低音強調一種較低沈的音域，而抒情男低音的聲音高一點。在俄羅斯以外的低音獨奏通常帶有某些標準的歌劇特點。大多數樂器家族的最低音樂器通常稱作低音樂器（如低音單簧管或低音大提琴等）。在西方的調性音樂中，低音部分的重要性通常僅次於旋律，是決定和諧樂章的主要因素，這一趨勢於1600年左右出現數字低音後更加顯著。

Bass Strait＊ 巴斯海峽 分隔澳大利亞和塔斯馬尼亞的海峽。最大寬度為240公里，長298公里。西端連金島和印度洋，東端接孚諾群島，東南經班克斯海峽通塔斯曼海。1798年為英國外科醫生和探險家喬治・巴斯所發現。1960年代開始開發當地的近海石油。

Bassano, Jacopo＊ 巴薩諾（西元約1517～1592年） 原名Jacopo da Ponte。義大利畫家。他是威尼斯附近小鎮巴薩諾的藝術家家族中最著名的成員，一生大部分時間在威尼斯工作。他在威尼斯師從皮塔提，並受到其他威尼斯畫家的影響。以畫聖經題材、蒼翠的風景以及田園景色聞名。其四個兒子繼承了巴薩諾畫室的傳統：弗朗切斯科（1549～1592）、萊安德羅（1557～1622）（他們兩人都在巴薩諾畫室的威尼斯分部工作）、喬凡尼・巴蒂斯塔（1553～1613）和傑羅拉莫（1566～1621）。該畫室出產的許多作品都是集體創作的。

Basse-Terre＊ 巴斯特爾 西印度群島瓜德羅普島嶼（1999年人口172,693）和港口（1999年人口12,410），屬法國瓜德羅普海外省西部（東部是格朗德特爾）地區。位於多米尼克北部，島嶼長約56公里。地處蘇弗里耶爾山（海拔1,467公尺）的崎嶇火山峰頂上。巴斯特爾城鎮（發現於1643年，1999年都會區人口54,076）位於西南海岸邊，是瓜德羅普的首府。

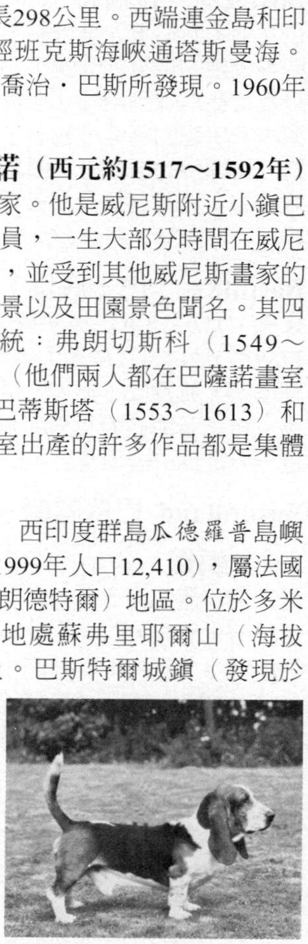

短腳獵犬
Sally Anne Thompson

basset hound 短腳獵犬 數世紀前在法國育成的狗品種。多見於法國和比利時，貴族飼為獵犬。本是用來追蹤野兔和鹿，也用來獵鳥、狐狸和其他比賽。動作慢，聲音低沈。嗅覺靈敏度僅次於尋血獵犬。腿短、骨骼健壯，耳懸垂而長。毛短，黑、棕和白色。體高30～38公分，體重18～27公斤。

Basseterre＊　巴斯特爾　聖基斯島主要城鎮和聖基斯與尼維斯聯邦首都。位於該島西南沿海，在安地瓜的聖約翰之西。建於1627年，向鄰近各島分發的商品在此集散。

Bassi, Agostino＊　巴希（西元1773～1856年）　義大利細菌學家，爲開路先鋒。曾就讀於帕維亞大學。1807年開始研究使義大利和法國遭受嚴重經濟損失的家蠶白僵病。在歷時二十五年的研究後，他證實這種蠶病是會傳染的，是由微小的寄生眞菌所引起，透過接觸和污染食物而在蠶間傳播。1835年宣布這項發現，並推論許多植物、動物和人類的疾病是由動物性或植物性的寄生物所引起的，從而促使巴斯德和科赫建立疾病的生源說。

basso continuo ➠ continuo

bassoon　低音管　大型雙簧片木管樂器，在背後鑽有兩個指孔（使其長度便於操作）。是管弦樂木管樂器家族中的主要高低音樂器，17世紀從古老的科塔爾管發展而來。其音域含括3½個八度，從低音譜表下的$B^{\flat}$向上兩個八度，在中央C以下。低音管是一種音調柔和的輕快樂器。倍低音管爲大型金屬樂器，管體四次折回，比低音管發音低八度。

basswood　北美椴木　北美洲常見的幾種椴樹的統稱，尤指廣佈於北美東部，集中於大湖區的美洲椴，此外，卡羅來納椴、喬治亞椴則分布於美國東南部。

bast ➠ phloem

Bastet＊　貝斯特　亦稱Bast或Ubasti。埃及宗教中的一位女神，其形象先是母獅，後爲母貓。約西元前1500年貓被馴養後她的性質就改變了。她在尼羅河三角洲的布巴斯提斯以及孟斐斯受到崇拜。在後期和托勒密時期，兩地修建了大型木乃伊貓的墓地，放置了數以千計的青銅女神像爲還願獻物。貝斯特的形象是一頭獅子，或是一個貓頭女子，通常手持一袋、一片護胸甲以及一個鐵搖子（嘎嘎作響的鐵絲）。羅馬人把對貝斯特的崇拜帶到義大利。

Bastille＊　巴士底獄　巴黎的中世紀要塞，成爲專制的象徵。17～18世紀爲法國國家監獄，是關押要犯的地方。1789年7月14日（法國大革命之初），巴黎暴動群衆攻占了這座堡壘，並釋放了犯人，這場戲劇性行動象徵了舊政權的結束。後來革命政府拆毀了巴士底獄。1880年以後將7月14日這一天定爲法國國慶日，即「巴士底日」。

Basutoland　巴蘇圖蘭 ➠ Lesotho

bat　蝙蝠　約九百多種，屬翼手目。是唯一一類演化出眞正飛翔能力的哺乳動物的統稱。蝙蝠的翼是演化過程中由前肢演化而來。除拇指外，前肢各指極度伸長，有一片飛膜從前臂、上臂向下與體側相連直至下肢的踝部。蝙蝠多藉回聲定位捕食，體型大小差異極大，翼展從15公分～1.5公尺都有。幾乎所有的蝙蝠均於白天憩息（如山洞、罅隙、地洞或建築物內），夜出覓食。大多數以昆蟲爲食，因爲蝙蝠捕食大量昆蟲，故在昆蟲平衡中起重要作用。某些蝙蝠亦食果實、花粉、花蜜；吸血蝠則以哺乳動物及大型鳥類的血液爲食。已知有些蝙蝠已活了二十多年。蝙蝠的糞便在農業上長久以來就用作肥料。

bat-eared fox　大耳狐　學名*Otocyon megalotis*。棲於非洲東部和南部開闊、乾旱地區的犬科動物。齒四十八顆，比其他犬科動物多六顆。外形似紅狐，但耳特大。全長可達80公分（含30公分的尾巴），體重3～4.5公斤。獨居或成小群活動，主要以昆蟲（尤其是白蟻）爲食。

大耳狐
Mark Boulton from The National Audubon Society Collection/ Photo Researchers

BAT Industries PLC　英美煙草工業公司　1976年煙草證券信託公司與英美煙草公司合併組成的英國跨行業聯合企業。是現今世界上最大的煙草製造商。其他業務包括零售、紙張和金融業。公司國際總部設於倫敦。美國子公司美國英美煙草公司的總部設在肯塔基州的路易斯維爾，擁有布朗和威廉姆森煙草公司，所生產的香煙品牌包括Kool、Raleigh、Pall Mall和Lucky Strike。

Bat Mitzvah ➠ Bar Mitzvah

Bataan Death March＊　巴丹死亡行軍（1942年4月）　第二次世界大戰初期，在菲律賓被日軍俘獲的七萬名美國和菲律賓戰俘所進行的強行軍。他們從巴丹半島南端出發，強行軍近101公里，抵達一處囚犯集中營。途中由於飢餓和虐待，約有一萬人死於途中，僅有五萬四千人行抵營地，其餘在半途逃入叢林。1946年，強迫進行這次行軍的日本指揮官被美國軍事委員會判處死刑。

Bataille, Georges＊　巴塔耶（西元1897～1962年）　法國圖書管理學家和作家。他受過管理古文獻檔案的訓練，後在巴黎國立圖書館和奧爾良圖書館工作。在以眞名出版《罪人》（1944）前，已匿名寫有多部小說。他的小說、散文和詩歌顯示帶有色情、神祕、暴力和一種過多而顯得多餘的空想的吸引力。1946年創辦了頗有影響力的文學評論刊物《批評》，自任主編直至逝世。

Batak＊　巴塔克人　印尼蘇門答臘中部幾個關係密切的種族集團。巴塔克人是強大的原始馬來民族的後裔。1825年以前，該族生活在相當孤立的蘇門答臘托巴湖四周的高地上。有自己的書寫語言。傳統宗教認爲祖先、植物、動物和無生命的東西都具有靈魂或聖靈。人口三百一十萬人，其中約三分之一信奉傳統宗教，其餘則信奉基督教或伊斯蘭教。

Batavian Republic　巴達維亞共和國　1795年法國占領荷蘭後的荷蘭國名。1798年所建立的政府與法國結盟。1805年拿破崙將它改名爲巴達維亞共同體，並將行政權移交給一位委員長。但到1806年又爲荷蘭王國所代替，由波拿巴統治；王國延續至1810年時，併入法蘭西帝國。

Bateman, Hester　貝特曼（西元1709～1794年）　原名Hester Needham。英國銀匠。1760年她的丈夫去世後，她接管這份銀器家業。由兩個兒子當助手，她負責設計其他銀匠委託的業務。後來工作坊做出名聲，尤以製作湯匙、糖碗、鹽罐和茶壺一類餐具聞名。她的設計風格是優美文雅，經常採用串珠邊飾。除了家用銀器之外，她還做過一些大型禮品。

貝特曼於1773～1774年間製作的銀質咖啡壺，現藏倫敦維多利亞和艾伯特博物館
By courtesy of the Victoria and Albert Museum, London

Bateson, Gregory　貝特森（西元1904～1980年） 英裔美籍人類學家。威廉・貝特森之子，於劍橋大學攻讀人類學，隨後遷往美國。他的第一本重要著作《新幾內亞田野調查》（1936），是對文化象徵體系和儀式的一項開創性研究，該書乃是根據其在新幾內亞的田野工作而寫成。他與瑪格麗特・米德的婚姻關係從1936年持續至1950年，兩人一起研究文化與人格之間的關聯，並於1942年出版《巴里島民的性格》。他的興趣廣泛，研究範圍包括學習問題以及精神分裂症患者間的溝通。《心靈與自然》（1978）是他的最後一本書，總結了他的許多想法。

Bateson, William　貝特森（西元1861～1926年） 英國生物學家。1900年他發現早在三十四年前孟德爾寫的〈植物雜交實驗〉一文，正好可以爲自己育種的結果作出完備的解釋。他是將孟德爾的重要著作譯成英文的第一人。他與龐尼特合作，發表一系列育種實驗的結果，不僅把孟德爾原理推廣到家禽，而且發現某些性狀總是共同遺傳的，這顯然不符合孟德爾的發現，他把這一現象稱爲連鎖（參閱linkage group）。1908年他成爲劍橋大學第一位英國遺傳學教授，1909年開始講授遺傳學。他反對摩根的染色體理論。葛雷葛利・貝特森是其子。亦請參閱Correns, Carl Erich、Vries, Hugo de、Tschermak von Seysenegg, Erich。

貝特森，羅森斯坦爵士（Sir William Rothenstein）繪於1917年；現藏倫敦國立肖像畫陳列館 By courtesy of the National Portrait Gallery, London

Bath　巴茲 英格蘭西南部城市（1995年人口約84,000）。瀕臨阿文河。當地的溫泉曾吸引羅馬人到此建立城鎮，取名Aquae Sulis。西元6世紀時盎格魯－撒克遜人到達此地，接著是1100年左右的諾曼人。中世紀時巴茲是繁榮的布匹貿易中心。1755年重新發現羅馬浴場時，巴茲已成爲礦泉療養地而興盛起來；奧斯汀、謝里敦和斯摩里特等作家的作品中反映了它當時受歡迎的程度。18世紀期間以帕拉弟奧式風格進行了重建和擴建。現仍存有許多18世紀的建築。

Bath Party ➠ Baath Party

batholith　岩基 由於岩漿侵入和凝固而在地球表面下面形成的大塊火成岩。岩基通常由粗粒的岩石（如花崗岩或石英閃長岩）組成，形狀往往不規則，側壁陡峭地傾斜。岩基可能在地表暴露100平方公里或更多，厚度可能有10～15公里。著名的一塊岩基位於加州的內華達山脈。

Báthory, Stephen ➠ Stephen Báthory

Bathurst　巴瑟斯特 ➠ Banjul

Bathurst Island　巴瑟斯特島 加拿大紐納武特省島嶼。位於北冰洋中康華里島與梅爾維爾島之間，長260公里，寬80～160公里。海岸線附近有許多小島，從它的西端伸展出去若干島嶼。1819年佩爾利爵士發現這座島，以巴瑟斯特伯爵的名字命名。地球的北磁極就位於該島北岸外。

bathypelagic zone＊　深層帶 全世界的深海區，水深約1,000～4,000公尺。深層帶中有多種海洋生物棲息在這裡，包括鰻類、魚類、軟體動物以及其他海底動物。

bathyscaphe＊　探海艇 瑞士科學家皮卡德研製（其子傑克斯協助）的能到達海洋深處並在水下潛航的船。第一艘探海艇FNRS2是1946～1948年在比利時建造的，第二艘改進型探海艇「第里雅斯特號」爲美國海軍所有。1960年創記錄到達深10,916公尺的太平洋馬里亞納海溝。探海艇有兩個主要部分：一是比水重並能抗海水壓力的鋼製船艙，觀察員在艙內工作；另一是稱爲浮體的較輕容器，內裝汽油，使之具有所需的浮力（取代先前用來支持船艙下潛、但在太深處並不可靠的鋼纜）。

batik＊　巴蒂克印花法 將紡織品染色的方法，主要是棉織物，將圖案部分塗蠟以防著色。將織物浸於沸水，除去前一個圖案的蠟，然後在另一種圖案上塗蠟，重複這一過程可達到多色的效果。在印尼以竹片塗蠟，此技術即源於印尼。18世紀中葉，爪哇人開始用有狹小出蠟口的銅製帶耳小坩堝，19世紀爪哇人改採一種木板塗蠟器。荷蘭商人將布料和技術引進歐洲。現在用機器在傳統爪哇圖案上塗蠟，可以重現手工染色法的一樣效果。

Batiniya＊　巴頹尼葉派 伊斯蘭教學派，根據隱晦的含義而不是字面意義來解釋經文。這種注釋方法在8世紀流行於什葉派某些神祕主義支派，特別是伊斯瑪儀派。該派相信在字面意義下隱藏有眞正的含義，而伊瑪目有權解釋。巴頹尼葉派曾受思辨哲學和神學的影響，但仍擁護奧祕知識。遜尼派穆斯林指責巴頹尼葉派是伊斯蘭教的敵人，駁斥其所謂的不折不扣的眞理，以及因多種讀本而產生混亂和爭議。

Batista (y Zaldívar), Fulgencio＊　巴蒂斯塔（西元1901～1973年） 古巴軍人、總統和獨裁者，曾兩度統治古巴（1933～1944、1952～1959）。原是一個貧苦的混血兒，後來在軍隊裡一路晉升，掌握了權力而爲軍事強人，原本透過副手統治，1940年當選總統。在第一屆任期中，他努力爭取美國、軍隊、有組織的勞工，以及民政服務部門的支持，在教育體系、公共工程和經濟的整體方面大有進步，同時他自己和幕僚們也大發橫財。1944年敗選下台，但在1952年發動軍隊暴亂，趁機奪權。他的第二任期是腐敗和野蠻的獨裁統治，爲1959年1月1日卡斯楚推翻其政權作好準備。

Batlle y Ordóñez, José＊　巴特列－奧多涅斯（西元1856～1929年） 烏拉圭總統（1903～1907、1911～1915）。前烏拉圭總統之子，1880年代即進入政治界。1903年以些微差距當選總統，結果引發短暫的內戰。1905年重新舉行大選，他再度獲勝。1907年總統任期屆滿，他主動放棄職務。1911年再度當選總統。他進行了勞工改革，限制外國企業的收益，鼓勵移民，發展公共工程並將之國有化，廢除死刑，保護非婚生兒童。他把烏拉圭的形象扭轉成一個穩定、民主的福利國家。

Baton Rouge＊　巴頓魯治 美國路易斯安那州首府（2000年人口約227,818）。位於密西西比河河畔，是該州第二大城市。1719年法國人在此定居，用紅色的柏木柱當作與印第安部落分界的標誌，這就是它的名稱由來。1763年該區割讓給英國，在美國革命期間被西班牙人占領。1800年西班牙將路易斯安那割讓給法國，但在路易斯安那購地（1803）中試圖保留巴頓魯治。1810年該市併入美國，1849年成爲州首府。南北戰爭期間巴頓魯治被聯邦軍占領，首府轉移到其他城鎮；1882年重新獲得首府地位。現有深水港設施，也是重要的煉油中心。

battalion　營 軍隊的一個戰術單位，基本上轄一個營部和兩個或兩個以上的步兵連、炮兵連或類似的單位，通常由一名校級軍官指揮。許多世紀以來，幾乎各個西方國家的軍隊都一直使用營這個名詞，它有各種含義。16～17世紀，營是步兵的一個作戰單位，也可以代表任何一大群男人的團體。在拿破崙戰爭中，法國人制定了一種軍隊編制，以團作爲野戰部隊營的行政管理單位。在大英國協的陸軍中，步兵營是團下面的作戰單位。典型美國陸軍的一個營則通常有八百～九百名官兵，一般轄一個營部連和三個步兵連。兩～五個營組成一個戰鬥機動部隊，歸戰術旅指揮。亦請參閱military unit。

Battenberg family　巴頓貝格家族　亦稱蒙巴頓家族（Mountbatten family）。19～20世紀的著名家族。原爲德國伯爵世家，1314年左右絕嗣；但在1851年恢復頭銜。1917年這個家族定居英國，宣布放棄巴頓貝格親王稱號，改姓蒙巴頓（Mount是Berg的英譯）。其中比較傑出的家庭成員有菲利普親王和路易．蒙巴頓。

battered woman syndrome　受虐婦女症候群　家庭暴力女性受害者所呈現的心理及行爲模式。1970年代晚期以來，其說明從習得的無力感演化爲「暴力循環」理論，接著是創傷後壓力症候群的一種形式。受虐婦女症候群一詞是一種法律概念，而非精神病診斷，也缺乏明顯界定的標準。當婦女被控謀殺或攻擊施暴者、在其壓力下犯罪或激起施暴者受審之行爲時，可用來支援自衛、減輕責任、精神錯亂方面的法律訴訟。評論家說，這個用語創造出一種不足以描述個人經驗的刻板形象。

battering ram　攻城錘　一種中世紀武器，主體爲一重圓木，圓形或錐形的頭部係金屬製成，用以撞擊圍攻的城鎮或城堡的城牆或城門。使用時，常懸在活動支架的大樑上，靠人力推其前後擺動。支架頂部覆以獸皮，以保護使用者不受鏃石和燃燒物的襲擊。

Battersea enamelware　巴特西琺瑯器　1753～1756年由倫敦巴特西區約克商號的詹森製作的畫琺瑯製品。陶器由白色琺瑯罩住的銅胎製成，圖案可用手繪或用摹印：使用刷上琺瑯色彩的雕好的金屬板刻印，印在紙上，然後再把圖案轉移到所要裝飾的物體上。大多數物品（如鼻煙盒和表殼）都飾以銘詞、肖像、風景或花卉。這種轉移繪畫技術初次使用在巴特西大規模的生產。

battery　電池　將化學能轉換成電能的一類器件，由一組電子元件組成。濕電池（如汽車電池）中有自由流動的液態電解質；乾電池（如手電筒電池）內的電解質被控制在吸收性材料中。配置好的化學物質，電池的負電極就能釋放電子，流過（參閱electric current）電池的外電路（在以電池爲電源的裝置中）而到達正電極。電壓取決於所用的化學物質以及串聯的電池數；電流取決於總電路的電阻（包括電池的電阻，取決於電極的大小）。多個電池可以串聯（一個電池的正極連到下一個電池的負極），以增加總電壓；或者也可以並聯（正極連正極，負極連負極），以增加總電流。手電筒用的標準乾電池以及在海上、礦井、公路和軍事上用的某些濕電池是不能再充電的；汽車電池和無線裝置中用的乾電池，以及某些軍用和飛行器用的電池是可以反覆充電的。

battery　傷害罪　➠ assault and battery

battlement　雉堞牆　築城工事外牆的胸牆（頂部以上的部分），由低牆（垛口）和高牆（城垛）交替組成。牆頂上的防衛者在受到包圍時可從垛口後面射擊敵人。中世紀的雉堞牆常凸出於牆面形成一個地面有孔洞的堞口（懸挑部分），以便丟下物體打擊底下的入侵者。

battleship　戰艦　約自1860年至第二次世界大戰期間世界海軍的主要軍艦。1860年後戰艦開始取代木質船體的戰列艦，到第二次世界大戰時才被航空母艦超越。戰艦既有噸位大、火力強、裝甲厚的優點，同時速度又相當快，巡航半徑也大。最強大的戰艦能擊中三十多公里內的目標，又能承受嚴重破壞而不沈沒，並可以繼續作戰。起源於早期的裝甲艦，混合使用風帆和汽輪機驅動，如1859年建成的法國遠洋裝甲艦「光榮號」。1906年英國軍艦「無畏艦」採用汽輪渦輪機推進以及十門305公釐大口徑火炮陣列，使戰艦的設計發生了革命性的變化。第二次世界大戰中，戰艦主要用於一些特殊任務，如在兩棲戰中轟擊敵人的沿海防禦設施。波斯灣戰爭以後，美國封存了最後兩艘戰艦。

Batu＊　拔都（卒於西元1255?年）　成吉思汗（元太祖）之孫，金帳汗國的創建者。1235年被推舉爲掌管蒙古帝國西部的領袖，負責入侵歐洲。1240年他的部隊燒掠基輔，到1241年底他已征服俄羅斯、波蘭、波西米亞、匈牙利和多瑙河谷地。大汗窩闊台駕崩才使得他未能入侵西歐。拔都後來在俄羅斯南部建立金帳汗國，其繼承者在那裡統治達兩百年之久。

Baudelaire, Charles(-Pierre)＊　波特萊爾（西元1821～1867年）　法國詩人。在還是法律系學生時就對鴉片和大麻上了癮，並染上梅毒。早期他在衣著和家具方面十分考究，揮金如土，最後只能舉債度日。1844年他與一名黑人女子珍．杜瓦交往，激發靈感寫了一些優秀的詩作。1847年出版唯一的一本小說《芳法洛》。1852年發現愛倫坡的著

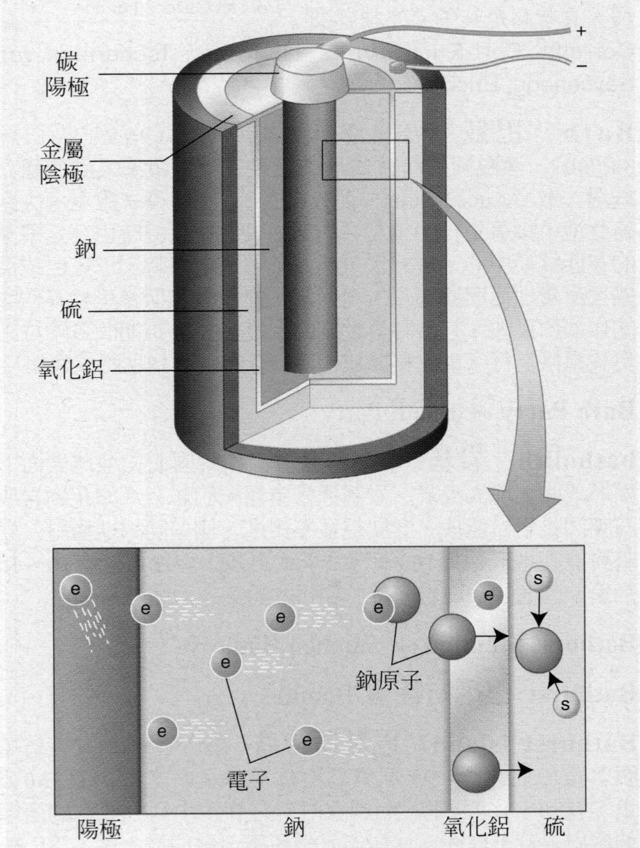

研究發展中的鈉硫電池，已經用在一些電動車上。放電時，鈉與陶瓷態氧化鋁電解質反應，放出電子，從陽極流出進入電池驅動的電路。離子態的鈉接著和硫結合，需要從陰極獲得電子。反應是可逆的，因此電池可以充電。這種電池相較於其他充電電池（鉛酸電池、鎳鎘電池或鎳氫電池），優點在於可以用較小較輕的電池供應同樣的電能。不過，因為必須將化合物加熱到熔融態，而且純鈉非常容易起反應，電池外殼的破損或是陶瓷態電解質都存在危險性。

作，之後幾年他潛心研究其作品，因而寫出許多技巧高超的翻譯和評論性文章。他的名聲主要建立在1857年出版的不同凡響的詩集《惡之華》上，書中涉及色情、美學和社會題材，使許多中產階級讀者大爲驚駭，因而被控犯有誨淫和褻瀆罪。雖然該書名成爲墮落的謔稱，然而這本書可能是19世紀歐洲出版的最具影響力的抒情詩集。他的《散文集》（1868）對散文詩作了重要和革新的實驗。波特萊爾還寫了一些引起爭議的藝術評論文章。晚年因幻想破滅、絕望和債台高築而變得十分鬱悶，四十六歲死於梅毒。他被視爲法國最早和最優秀的現代主義詩人。

波特萊爾，卡雅特（Étienne Carjat）攝於1863年
By courtesy of the Bibliothèque Nationale, Paris

Baudot, Jean Maurice Émile＊ 博多（西元1845～1903年） 法國工程師，1874年獲得一種電報電碼的專利，該代碼在20世紀取代摩斯電碼成爲最通用的電報字母。在博多的電碼中，每個字母由五個電流通斷的單元信號組成，這樣就有三十二種排列，足夠讓羅馬字母、標點符號和機器的機械功能控制之用。他還發明分配器系統（1894），用於在同一電報線路或信道上同時傳送（多路傳輸）幾種訊息。鮑這種資料傳輸的單位，就是以他爲名。

Baudouin I＊ 博杜安一世（西元1930～1993年） 比利時國王（1951～1993）。國王利奧波德三世之子。第二次世界大戰時德國占領比利時期間與家人一起被軟禁，戰後流亡瑞士。利奧波德三世退位（1951）後，他繼任爲王。在經歷過其父粗暴的統治後，他努力使人們對君主制恢復信心，並團結了法蘭德斯語和法語系民族，使國家免於分裂。由於他和妻子法比奧拉沒有子嗣，所以傳位給其弟阿爾貝特二世。

Baudrillard, Jean＊ 布希亞（西元1929年～） 法國哲學家。巴黎大學的社會學者，他在著作中，以諷刺的筆調細查這個世界及其既定的命運。在《美國》（1986）一書中，他讚揚美國的平庸果眞是不同凡響；他還在其他著作中宣稱，電子媒體正形塑這個世界的眞實。他被認爲是後現代主義的主要代表。

Baugh, Sammy＊ 鮑（西元1914年～） 原名Samuel Adrian Baugh。職業美式足球史上第一位傑出的四分衛。生於德州田普。在效命於華盛頓紅人隊的十六個球季（1937～1952）中，有六個球季他是美式足球聯盟NFL的傳球王。他也是優秀的踢球員與防守中衛。

Bauhaus＊ 包浩斯 1919～1933年在德國設立的建築和應用藝術設計學校，影響深遠，思想前瞻，由集藝術、手工藝和技術理念於一身的格羅皮厄斯創建。其名稱由德語Hausbau（房屋建造）一詞顚倒而成。該校成員意識到在機械時代大規模生產需要有成功的設計爲前提，反對藝術和手工藝運動所強調的把重點放在個別的奢侈品上。包浩斯往往把嚴肅而高雅的幾何風格與大規模的經濟方法生產結合起來，儘管事實上其成員所生產出來的作品還是十分豐富多彩的。該校的教職人員包括艾伯斯、莫霍伊－納吉、法寧格、克利、康丁斯基和布羅伊爾。1925年以前的校址在威瑪，後遷往德紹到1932年，最後幾個月又移往柏林，當時該校的最後一任主任密斯・范・德・羅厄預見納粹會下令停辦，所以提前關閉了學校。亦請參閱International Style。

Baum, L(yman) Frank＊ 巴姆（西元1856～1919年） 美國兒童圖書作家。他的第一本書《鵝爸爸》（1899）就獲得商業上的成功，次年出版《綠野仙蹤》更受歡迎。他還寫了十三部有關奧茲國的書，吸引了龐大的讀者群。他去世後，湯普生繼續寫這一系列的故事。

bauxite 鋁土礦 最重要的鋁礦石，主要由不同組分的氫氧化鋁或氧化鋁組成（在法國南部稱作Les Baux, 1821年在那裡確認了這種礦石）。礦石的其他成分主要有氧化鐵、矽和二氧化鈦。除了南極洲外，所有的大陸都有發現鋁土礦。按目前的生產水準估計，已知的礦藏量可供全世界用鋁數百年。

Bavaria 巴伐利亞 德語作拜恩（Bayern）。德國南部一州（2002年人口約12,330,000）。西元前1世紀羅馬人征服該地（參閱Noricum和Raetia），西元788年爲查理曼所奪，把巴伐利亞併入其帝國版圖，成爲神聖羅馬帝國的大公國之一。三十年戰爭中，在馬克西米連一世的統治下，巴伐利亞領導了天主教聯盟。18世紀在規模更大的戰爭中，巴伐利亞屢遭侵略破壞。1871年加入德意志帝國，但保有王國地位。1918年國王被推翻，經過短暫的不安定時期，巴伐利亞於1919年加入威瑪共和。1920年代希特勒在這裡擁有第一個權勢基地。1946年採用一部新憲法，1949年成爲德意志聯邦共和國的一州。長期以來是德國天主教的大本營。州內大城市包括首府慕尼黑、奧格斯堡、紐倫堡。風景名勝有巴伐利亞阿爾卑斯山、黑森林和波希米亞森林。巴伐利亞以其優美的山巒起伏景色和迷人的村莊著稱。

Bavarian Succession, War of the 巴伐利亞王位繼承戰爭（西元1778～1779年） 普魯士腓特烈二世阻止奧地利約瑟夫二世奪取巴伐利亞的企圖而引起的衝突。在巴伐利亞選侯馬克西米連・約瑟夫（1727～1777）逝世之後，其繼承人狄奧多爾（1724～1799）與奧地利簽約，將下巴伐利亞割讓給奧地利。腓特烈二世於是在1778年對奧宣戰。由於雙方都想切斷對方的交通運輸和補給線，因此只有零星的戰鬥發生，因之人們戲稱這次戰爭爲「馬鈴薯戰爭」。1779年普、奧雙方簽署和約，奧地利獲得原來占有的一小片地區。

Bax, Arnold (Edward Trevor) 巴克士（西元1883～1953年） 受封爲阿諾德爵士（Sir Arnold）。英國作曲家。生於富裕家庭，一生得以自由創作，因而十分多產。早期作品受葉慈的詩歌影響，經常喚起人們對塞爾特傳奇的聯想。他的作品包括七部交響樂，管弦樂作品《春火》（1913）、《十一月森林》（1917）和《廷塔格爾》（1919），四首鋼琴奏鳴曲，三首絃樂四重奏以及許多聲樂作品。

bay 開間 在建築上，指一棟建築物中垂直的線或平面之間所分隔的空間，特別是指兩個相連垂直支承物的中線之間的整個空間。如兩根相連的柱子或壁柱之間的空間，或是教堂中墩柱到墩柱之間的空間，包括其中的拱頂（參閱vault）或天花板，都稱作一個開間。

bay 月桂 幾種具有芳香葉的小喬木，尤指甜月桂，是調味料月桂葉的來源。加利福尼亞桂樹是觀賞樹，亦稱月桂。月桂香水樹（香葉多香果）的葉和枝條可蒸餾出月桂油用於製造香料和調製月桂香水，是一種芳香的藥妝液體。

bay 海灣 半圓形或接近圓形的海岸凹陷處，類似「gulf」（海灣），但較小。海灣的大小並無一定，小者僅有數百公尺寬，大者兩岸相距數百公里。海灣多位於易侵蝕之岩石地區，如黏土與砂岩，但其外層則爲較硬和較能夠耐侵蝕的花崗岩之類的火成岩，或是大片硬質石灰岩。有些海灣形成了優良港口。

Bay, Laguna de＊　內湖　菲律賓群島的呂宋島中部湖泊。位於馬尼拉東南處，湖長約52公里，是菲律賓最大的湖泊。湖水經巴石河排入馬尼拉灣。湖中多島嶼，其中面積最大、人口最多的是塔利姆島。

Bay of Pigs Invasion　豬玀灣入侵（西元1961年4月17日）　由美國中央情報局和古巴流亡分子對古巴發動的一次失敗入侵。目的是要引發一場叛亂以推翻卡斯楚，因爲美國認爲他已威脅到美方在此區的利益。但叛亂從未發生。入侵一開始時美國先轟炸古巴的軍事基地，兩天後一支約一千五百人的部隊陸續在沿海各點登陸，包括豬玀灣。但入侵部隊很快就被打敗，一千一百多人被俘。結果反而造成卡斯楚大大宣揚他的勝利，並使甘迺迪政府十分尷尬。

Bayamón＊　巴亞蒙　波多黎各東北部城鎮（2000年人口約224,044），聖胡安都會區的一部分。1508年西班牙探險家龐塞・德萊昂在此附近建立波多黎各最早的居民點卡帕拉。1772年設鎮。現爲生產服裝、家具、汽車零件和金屬產品的製造業中心。教育機構有巴亞蒙中央大學。

Bayard, Thomas Francis＊　貝阿德（西元1828～1898年）　美國政治人物、外交官和律師。出身德拉瓦顯赫的政治世家。繼其父之後當選爲美國參議員（1869～1885）。1885～1889年任國務卿，1893～1897年任駐英第一任大使。他是仲裁方面的高手，在委內瑞拉的邊界問題上與英國發生的爭端（1895）中，因他反對克利夫蘭總統的立場而受到批評。

Baybars I　拜巴爾斯一世（西元1223～1277年）　亦作Baibars I。最著名的馬木路克王朝蘇丹（參閱Mamluk regime）。他是欽察土耳其人，1240年代蒙古人入侵後被賣爲奴。最後替埃及阿尤布王朝的蘇丹服務，蘇丹把他送去接受軍事訓練。1250年他的軍隊捕獲了率領十字軍的法國國王路易九世，同年，他與其他一些馬木路克軍官謀殺了阿尤布王朝的末代蘇丹。1260年他謀殺了第三代馬木路克蘇丹後自立爲王。即位後著手重建所有被蒙古人摧毀的敘利亞城堡要塞，並整建蘇丹王國的軍備。他奪取了十字軍所占領的地區，以後十字軍再也沒有收復過失地。他騷擾掠奪波斯境內的蒙古人，攻擊他們的盟友基督教亞美尼亞人，還僞裝與金帳汗國的蒙古人聯盟來反對他們。他將軍事遠征延伸到努比亞和利比亞。他與亞拉岡的詹姆斯一世、萊昂和卡斯提爾的阿方索十世、安茹的查理以及拜占庭帝國皇帝維持良好的外交關係。在國內，他開鑿運河，並在開羅修建一座以其名字命名的大清眞寺，在開羅與大馬士革之間建立一套有效的郵遞服務。最後因誤飲一杯準備毒死別人的酒而過世。

bayberry　楊梅　楊梅科楊梅屬的幾種芳香灌木和小喬木的統稱，尤指賓夕法尼亞楊梅，因其灰色蠟質漿果煮沸後所得的蠟可製成楊梅蠟燭，故又稱蠟燭果。加利福尼亞楊梅（亦稱加利福尼亞蠟香桃木）在溫暖的氣候區種作沙壤觀賞植物。

Bayer AG　拜耳公司　德國化學醫藥公司。1863年由拜耳（1825～1880）創立，現在在三十多個國家設有工廠。大量藥品、化學產品和合成材料都是拜耳首先研製的。最著名的是它首先研製和推銷的阿斯匹靈（1899）、第一個磺胺藥百浪多息（1935），以及聚氨酯（1937）。1925～1945年拜耳公司是化學聯合企業法本化學工業公司的一部分，後者最後被盟軍解散。1951年重建爲獨立的公司。1990年代最有名的藥品是抗生素賽普洛。公司總部設在萊沃庫森。

Bayeux Tapestry＊　拜約掛毯　中世紀刺繡的壁毯，描繪諾曼征服。用八個顏色的絨線在亞麻布上繡出，長68.4公尺，寬50公分，由七十九個連續的圖景組成，有拉丁字母說明和鑲邊。在風格上類似英國的手抄本裝飾畫。可能織於1066年左右，是威廉一世之弟拜約主教奧多委託人製作的。是最著名的針線作品，幾個世紀以來一直懸掛於拜約大教堂（諾曼第），現藏當地的壁毯博物館。

哈斯丁斯戰役中英格蘭斧頭兵與諾曼騎兵交戰，拜約掛毯細部；現藏法國拜約原為主教宮的萊因－馬蒂爾達掛毯博物館
Giraudon – Art Resource

Bayezid I＊　巴耶塞特一世（西元約1360～1403?年）　鄂圖曼帝國蘇丹（1389～1402年在位）。其父穆拉德二世死後（1389年死於科索沃戰爭中）即位，隨後將鄂圖曼帝國的統治擴張到衰落的拜占庭帝國，控制巴爾幹半島大片地區，並鞏固了在多瑙河以南地區的統治。1391～1398年封鎖了君士坦丁堡，1396年在尼科波利斯摧毀了匈牙利十字軍。後來試圖將統治範圍擴展到安納托利亞。1402年在安卡拉附近被帖木兒擊敗，成爲階下囚，怏怏去世。其子蘇萊曼一世繼位。

Bayezid II＊　巴耶塞特二世（西元1448?～1512年）　鄂圖曼帝國蘇丹，穆罕默德二世之子。1481年即位後，一反父王的政策，把穆斯林獻給宗教和慈善事業的財產一概歸還原主，並反對以前的親歐傾向，但繼續進行父王所開始的開疆保土事業。在他的主政下，鄂圖曼帝國直接控制了赫塞哥維那，並加強對克里米亞和安納托利亞的控制。他東征薩非王朝，南討馬木路克政權，並往西征服威尼斯。在國內，他建設清眞寺、經學院、醫院和橋樑，並贊助法學家、學者和詩人。去世前一個月，他讓位給最鍾愛的兒子謝里姆。

Baykal, Lake ➡ Baikal, Lake

Bayle, Pierre＊　培爾（西元1647～1706年）　法國哲學家。在耶穌會學校受教育時信奉過天主教後又回到他原本的喀爾文信仰。他的宗教觀點使他第一次在色當失去教職，後來在鹿特丹又發生一次。培爾深信哲學的推理會導致全面的懷疑論，但人的本性卻迫使人們接受盲目的信仰。所著的《歷史與批判辭典》（1697）主要部分是引語、軼事、注釋，而條目中不論什麼正統的東西，都被淵博的注解巧妙地駁得體無完膚。因此引起宗教學家的譴責。培爾這種間接的批評方式，後來爲狄德羅主編的《百科全書》所仿效。

Baylis, Lilian (Mary) 貝利斯（西元1874～1937年） 英國劇場女經理和老維克劇團的創辦人。她協助其姑母康斯經營皇家維多利亞咖啡雜耍場，1912年姑母死後把雜耍場改為老維克劇團，以上演莎士比亞的劇作而聞名。1914～1923年間上演了所有莎士比亞寫的戲劇，這在其他劇團是從沒有過的。1931年接管沒人要的薩德勒的韋爾斯劇院，把它經營為歌劇和芭蕾舞的演出中心。

Bayliss, William Maddock 貝利斯（西元1860～1924年） 受封為威廉爵士（Sir William）。英國生理學家。他與斯塔林研究神經控制血管收縮和擴張，並發現了蠕動波。1902年他們證明稀鹽酸與未完全消化的食物混合，可啓動十二指腸上皮細胞中的一種叫做分泌素的化學物質，因為這一過程刺激了胰液分泌。這一現象象徵發現了激素（荷爾蒙）（他們取的名稱）。貝利斯也證明了酶胰島素是怎樣從靜止的胰蛋白酶原中形成的，並且精確的測量了其消化蛋白質的次數。第一次世界大戰時期貝利斯建議為受傷休克的官兵注射膠質鹽水注射液，挽救許多人的生命。

Baylor, Elgin 貝勒（西元1934年～） 美國籃球運動員。生於華盛頓特區，身高196公分，1958～1971年為明尼亞波利市湖人隊（後來的洛杉磯湖人隊）效命。生涯平均單場得分（27.4分）僅輸給喬丹和張伯倫，排名第三，被公認是籃球史上最好的前鋒之一。

Baylor University 貝勒大學 美國一所私立大學，設於德克薩斯州維口市。該校為全世界最大的基督教浸信會大學，也是德州最古老的一所學院（成立於1845年）。校名是為了紀念成立該校的傳教士之一貝勒法官。該校包括一間人文藝術暨科學學院以及商學、教育、音樂、醫學、護理、法律等學院以及研究所。學生總數約為12,000人。

bayonet 刺刀 裝在槍口的鋒利短刀，有時為尖刀。傳統認為刺刀是17世紀早期在法國的巴約訥發展出來的，不久即傳播到整個歐洲。最早的設計樣式是插塞式刺刀，一旦插入槍口，就不能射擊，直到取下刺刀。後來的設計包括沃邦所發明的套管式刺刀（1688），將刺刀固定在槍口外側。但是在反覆射擊後會極大地減小其戰鬥力。到第一次世界大戰時，刺刀已成為一種功能齊全的刀。

bayou＊ 沼澤化河口汊河 沼澤地靜止或慢慢流動的水。通常是河灣、次要水道或小河，為另一河川或水道的支流，可能以牛軛湖的形式出現。這類汊河是路易斯安那州密西西比河三角洲的特色。

Bayreuth＊ 拜羅伊特 德國中東部城市（2001年人口約74,500），位於紐倫堡東北方。建於1194年，為班貝格主教奧托二世管轄。1248～1398年處於紐倫堡貴族統治之下，1603～1796年受布蘭登堡－庫爾姆巴赫邊疆伯爵統治。這些伯爵贊助藝術，並託人建造的巴洛克式建築現仍存在。1791年割讓給普魯士，1806年為拿破崙奪占，1810年轉歸巴伐利亞。作曲家華格納於1872年定居於此，並設計了節日廳，從1876年開幕以來華格納音樂節一直在此舉行。製造業包括機器、紡織、化工、鋼琴、瓷器和玻璃器皿。

Bazin, Henri-Émile＊ 巴贊（西元1829～1917年） 法國工程師。他是著名的水利工程師達西（1803～1858）的助手，達西死後，他完成了達西試驗渠道內水流阻力的計畫，其研究成果成為這方面領域的經典之作。隨後轉向研究波的傳播（參閱wave）和液體經流孔時的收縮問題。1854年領導擴建勃艮地運河，以利商業航行。1867年提出利用泵來挖掘淤塞河道的泥沙，從而建造了第一艘吸泥船。

bazooka 巴祖卡火箭筒 第二次世界大戰中美國陸軍使用的肩射火箭發射器。這種武器包括一個滑膛鋼筒，最初有1.5公尺長，兩端開口，裝有握把、肩托、擊發機構和瞄準具。正式名稱為M9A1火箭發射器，因為形狀就像當時一位著名廣播喜劇演員用的一種叫做巴祖卡的原始樂器，故稱巴祖卡。主要用於在近距離上突擊坦克和堅固碉堡。越戰初期，美國陸軍淘汰了巴祖卡火箭筒，開始使用輕型反坦克武器。

BBC 英國廣播公司 全名British Broadcasting Corp.。英國公立廣播組織。1922年成立時為私人企業。1927年憑皇家特許狀由一公立公司取而代之。1932年英國廣播公司世界服務部開始運作，到1990年代，它以三十八種語言對世界各地一億兩千萬人播送節目。BBC電視服務台一直握有英國電視廣播專利權，直至1954年才開闢一個商業頻道，1967年在歐洲引進正規的彩色播放系統。對無線電廣播的專利經營直到1972年才停止。如今BBC提供五個無線電廣播網，兩個全國電視頻道。

BBS ➠ bulletin-board system

BCS theory BCS理論 1957年，美國巴丁、庫柏、施里弗（1931～）三人為解釋超導材料的性狀，而創立的一種綜合性理論（以他們的姓氏第一個字母命名）。庫柏發現，超導體中的電子都集結成對（庫柏對）。超導體中的全部庫柏對的運動都是相關的，它們形成一個電子系統，像一個整體般的起作用。給超導體加上電壓，就會使庫柏對全部動起來，形成電流。電壓去掉後，電流會無限期地流下去，因為庫柏對沒有遇到任何阻礙。亦請參閱superconductivity。

beach 海灘 沿海岸或湖岸積聚的沈積物。一種是在沿岩石或陡峭的海濱形成的狹長沈積帶；另一種是海濱或河邊沖積平原的外緣地帶；第三種具有相當特殊性質的海灘，則由狹窄的綿延數十甚至數百公里長的、與海濱方向平行的許多沙埂組成。這些沙埂使瀉湖與外海分開，而通常又被一些有潮的海灣切斷。某些沈積物所形成的海岸地，如沙嘴、岬角和沙頸岬（把海島和大陸連接在一起的沙洲），有時也稱作海灘。

Beach, Amy 比奇（西元1867～1944年） 原名Amy Marcy Cheney。以比奇女士（Mrs. H. H. A. Beach）知名。美國作曲家和鋼琴家。出身名門，早熟聰慧，主要靠自學成才，後來在美國和歐洲同一些大管弦樂團搭配表演獨奏。在作曲方面，她專注於德國浪漫主義而不是美國的主題或素材。其最受人喜愛的作品是她的歌曲。她的《蓋爾交響曲》（1894）是第一部由美國女作曲家寫的交響曲。其他作品包括一首鋼琴協奏曲（1899），合唱作品《鸚鵡螺》（1907）和《太陽頌》（1928），歌劇《市政廳》（1932），以及一部鋼琴五重奏。

Beach Boys 海灘男孩 美國搖滾團體，1961年由威爾遜兄弟在加州成立，其中布萊恩（1942～）擔任主唱兼貝斯手，丹尼斯（1944～1983）為鼓手，卡爾（1946～1998）是吉他手，他們的表兄弟洛夫（1941～）也是鼓手，賈丁（1942～）則是吉他手。他們在一年內推出一連串的衝浪歌曲，以親切和諧的嗓音風靡一時，歌曲包括〈衝浪〉、〈衝浪薩法里〉、〈衝浪女孩〉等。到1966年，他們已推出十幾張專輯，包括《寵物聲》這首公認的傑作。丹尼斯溺死後，重整的「海灘男孩」在1990年代持續巡迴演唱和錄音。

beach flea ➠ sand flea

bead　珠飾　由木料、貝殼、骨頭、種子、果核、金屬、石頭、玻璃或塑膠材料做成的小飾物。最古的埃及珠飾年代約為西元前4000年，一般為石製（綠長石、雜青金石、光玉髓、綠松石、赤鐵礦和紫晶），形狀有球形、圓柱形、貝殼形或動物頭形。到西元前3000～2000年，已經使用到管形的黃金珠飾。中世紀到18世紀珠飾貿易的規模很大。現今珠飾品工藝隨著時尚潮流而千變萬化。

Beadle, George Wells　比德爾（西元1903～1989年）　美國遺傳學家，生於內布拉斯加州瓦胡。在康乃爾大學獲遺傳學博士學位後，開始研究果蠅，認識到基因會在化學上影響遺傳性。後來設計一套複雜的技術來測定果蠅體內這種化學效應的性質。實驗結果顯示一個簡單的事實，蠅眼的顏色是受到基因影響的一長串化學反應之下的產物。與塔特姆的共同研究讓他發現，可以改變鏈孢黴的整個環境，使研究者比較容易地查明和鑑定遺傳的變化。他們得出結論，每個基因決定著專一酶的結構，這個酶又促成一個化學反應（「一個基因一個酶概念」）。他們因此與萊德伯格共獲1958年諾貝爾獎。1960～1968年他擔任芝加哥大學校長。

beadwork　珠飾品　用小珠子製作的裝飾物。中世紀時，珠子用於裝飾刺繡品。在文藝復興時期以及伊莉莎白時期的英格蘭，衣服、錢包、精緻的箱盒和小型繪畫上都用珠子裝飾。19～20世紀珠飾品大量用於衣服裝飾上。在許多文化中，包括美洲、非洲和大洋洲的原住民，珠子都被當作裝飾各種物品的珠飾品（如衣服、面具、武器或玩偶）。

beagle　米格魯犬　一種小型獵犬，能做寵物也可供狩獵。外貌似小型的獵狐狗。眼大，棕色，耳懸垂，被毛短，黑、棕和白色相間。體壯，相對於體高而言體重頗重，有兩種米格魯犬，一種體高低於33公分，體重8公斤左右；另一種體高約38公分，體重約13.5公斤。米格魯犬通常是很棒的獵兔犬，而且警覺又溫馴。

米格魯犬
Sally Anne Thompson

Beagle Channel　比格爾海峽　南美洲南端海峽，分隔了火地島和一群智利島群。東西向，長約240公里，寬約5～13公里。東部為智利、阿根廷邊界的一部分，西部在智利境內。此海峽乃紀念達爾文於1833～1834年考察該地時所乘的船。

beak　喙　亦稱bill。鳥及烏龜（兩者都沒有牙齒）以及某些動物（如頭足類和一些昆蟲、魚與哺乳動物）的硬而突出的口部結構。bill一詞通常指的是鳥喙，由上、下嘴組成，外包一角質皮鞘。背面有鼻孔，常在喙基。喙的用途為取食、整理羽毛、築巢及其他，喙有各式各樣，從細長、能吸蜜的蜂鳥喙，到堅而彎、能破堅果的鸚鵡喙都是。

Beaker culture　寬口陶器文化　新石器時代晚期至青銅時代早期歐洲北部與西部的文化，以其飾有橫向精美牙印紋的鈴形寬口陶器而得名。他們為一好戰民族，主要使用弓箭，也用短劍，或銅矛，以及護腕。他們到處尋找銅（和黃金），大大促進了青銅冶煉技術在歐洲的傳播。他們在中歐與戰斧文化發生接觸，戰斧文化也以寬口陶器為其特點（雖然細部有所差別），同時騎馬，使用戰斧。兩種文化逐漸融合，後來從中歐擴展到英國東部。

beam　樑　在房屋建造中，跨越一個空間並承受上方荷載的水平構件。這種樑可能是開放空間的一道牆（參閱post-and-beam system），也可能是一片樓層或屋頂。樑可以用木材、鋼或其他金屬、鋼筋混凝土或預力鋼筋混凝土、塑膠、甚至在磚砌體的夾縫間加入鋼筋製成。為了減輕重量，在壓力較大的地方，金屬樑製成工字形或其他截面，使其垂直的樑腹較薄而水平翼緣較厚。托樑是一系列的小列柱樑，用以支撐樓層或屋頂。亦請參閱girder、spandrel。

bean　豆　某些豆科植物的種子或莢果。除大豆外，主要食用豆類的成熟種子，儘管食用的品質方面個別差異很大，成分卻都很相似，富含蛋白質及相當數量的鐵和維生素B_1、B_2。全世界廣泛食用鮮豆、乾豆及豆製品。各個品種幼嫩豆莢的大小、形狀、色澤、纖維素多少和嫩軟程度差別很大。原產於中美和南美的菜豆，在美國的重要性僅次於大豆。蠶豆的重要性占第三位，是歐洲的主要豆種。利馬豆主要在美洲國家進行商業性生產。紅花菜豆原產熱帶美洲，花鮮紅色而豔麗，現栽培於歐洲，可供觀賞，豆莢可食。印度菜豆原產印度，在東方廣泛種植食用。

Bean, Roy　賓恩（西元1825?～1903年）　美國保安官及酒店老闆。生於肯塔基州美遜郡，1847年離開肯塔基，在定居德州之前，浪跡各地，並曾在決鬥中殺死了至少兩個人。南北戰爭時成為專門闖越封鎖線的人，並因此致富。1882年遷至貝可斯河下游一處地方，以紀念女演員蘭特里為名，開設一家酒店，並自封保安官，制定各種嚴峻的、按常理判斷的並帶有惡作劇意味的規則，自比為「貝可斯河以西的法律」。

bear　熊　熊科大型食肉動物。是食肉目動物中演化最晚的。分布於歐洲、亞洲、美洲和北非洲。與狗和浣熊近緣，大多數都能爬樹並擅長游泳。熊通常為雜食性，但偏愛的食物很不相同（從完全肉食性、以海豹為食的北極熊，到大部分以草為食的眼鏡熊都有）。熊斷斷續續睡過大部分冬天，但這只是長期蟄伏，並非眞正的冬眠。野生時能活十五～三十年，圈養時則壽命長得多。

bear cat ➠ panda, lesser

Bear Flag Revolt　熊旗暴動　1846年美國加利福尼亞的移民為反對墨西哥當局而發起的短暫暴動。當年6月，一小群美國人奪取了舊金山北部的移民區索諾馬，並升起一面繪有一隻灰熊的旗幟，宣告獨立。弗里蒙特上尉不久趕到索諾馬支援熊旗暴動，還被推選為「共和國」領袖。美國軍隊於7月占領舊金山和索諾馬，宣布加利福尼亞屬於美國。後來熊旗成為該州州旗。

bear grass　旱葉草　百合科旱葉草屬植物，兩種，產於北美。西部種旱葉草又稱虆草、印第安女人草或火百合。山地多年生草本；莖粗壯，光滑，淺綠色，不分枝；基生葉密集，禾草狀，葉緣粗糙；五～七年始開花，花序生於莖頂，花小，數多，乳白色。北美南部生長有松樹的乾旱貧瘠土地上的阿福花狀旱葉草外形似旱葉草。在美國南部和西南部，bear grass一詞泛指絲蘭屬植物，以及大西洋卡馬夏和蘆薈狀的厚蓮。

bear market　空頭市場　指證券和商品交易中價格不斷下跌的市場。空頭是期望價格下跌的投資者。他基於這種設想，賣出借來的證券或商品，企圖日後以較低價格買回，這一行動稱為賣空。亦請參閱bull market。

bearberry 熊果 杜鵑花科匍匐生長的常綠灌木，學名*Arctostaphylos uvaursi*。廣佈於北美多岩石砂地的樹林及開闊地。莖木質，通常高1.5～1.8公尺，根從莖節上長出。植株擴展，形成寬大的地被。葉叢到冬季變紫銅色。花呈小口的鐘狀，白色、粉紅色或花瓣尖端粉紅色，漿果紅色。

Beard, Charles A(ustin) 比爾德（西元1874～1948年） 美國歷史學家。生於印第安納，曾任教於哥倫比亞大學（1904～1917），是紐約市社會研究新學院創辦人之一（1919）。他以不依循以往對美國政治制度發展的研究而享盛名，強調社會經濟衝突和變化的動態發展，以及分析制度建立的動機因素。著作包括《從經濟角度解釋美國憲法》（1913），聲稱憲法明確表示了合制定者的經濟利益；《傑佛遜民主制度的經濟根源》（1915）；並與他的妻子瑪麗·比爾德（1876～1958）一起合著了《美國文明的興起》（1927）。

Beard, James 比爾德（西元1903～1985年） 美國廚師與食譜作家。因爲找不到當演員的正式工作，乃開始承辦酒席業務。1945年成爲第一位在電視網示範烹飪的主廚。他藉由其格林威治村烹飪學校，影響後進主廚柴爾德和克萊波恩（1920～2000）。積極支持簡單的美英菜餚，並寫下最早的戶外烹飪工具書。著有食譜二十本以上，像是《比爾德美國烹飪藝術》（1972）與《比爾德麵包食譜》（1973）。

Bearden, Romare (Howard) 比爾敦（西元1914～1988年） 美國畫家。曾和格羅茨一起在紐約藝術學生聯合會和哥倫比亞大學就讀。第二次世界大戰期間在軍隊服役，戰後曾到巴黎大學讀書，並遊歷歐洲。此時其照片與畫紙拼貼在畫布上的半抽象複合畫已獲得大家的認可。他的作品敘事性結構簡練，具有非洲－美洲文化的各種面貌，包括儀式、音樂和家庭生活的題材。到了1960年代，比爾敦已經是美國公認的卓越貼畫家。他被視爲20世紀最重要的非裔美籍藝術家。

Beardsley, Aubrey (Vincent) 比爾茲利（西元1872～1898年） 英國插圖畫家。他受過的唯一正規訓練是在威斯敏斯特藝術學校上過幾個月夜校。其畫風深受柏恩－瓊斯和日本木刻的影響，很快成爲被新藝術運動推廣的曲線黑白裝飾插畫的大師。1893年爲馬羅萊的《亞瑟王之死》新版本畫插圖。1894年爲王爾德的劇本《莎樂美》英文版作插畫，使其聞名遐邇。同年，他成爲新季刊《黃書》的藝術編輯和插畫家。二十五歲死於結核病。

bearing 軸承 在機器結構中，允許連接的構件彼此相對轉動或作直線運動的連接器（通常爲支撐物）。往往其中一個構件固定，軸承的作用是支承運動構件。大多數軸承都支承徑向或軸向負荷的轉軸。爲了減小摩擦力，軸承內的兩個接觸面可以用一層油膜或氣膜隔開，這類軸承稱作滑動軸承（參閱oil seal）。在球軸承和滾柱軸承中，接觸面之間有球或滾柱隔開。

bearing wall 受力牆 亦稱load-bearing wall。承受地板、上方屋頂及本身重量的牆。傳統磚石工藝的受力牆，是根據本身承受力量、地板及屋頂固定重量、人身不定重量、拱與拱頂和彎曲之側力的比例而加厚。這樣的牆可能在最大載重量累積的基部厚得多。受力牆也可以加框、覆蓋或以強化水泥建造。

Béarn＊ 貝阿恩 法國西南部歷史文化區和舊省，與加斯科涅和庇里牛斯山脈爲鄰。首府爲波城。在羅馬人統治時期，爲亞奎丹的一部分。後來遭到汪達爾人和西哥德人蹂躪。後來成爲亨利三世的貝阿恩伯爵封地，1589年亨利三世成爲法國國王亨利四世，貝阿恩於是成爲法國王室領地。16世紀時在昂古萊姆的瑪格麗特統治下，波城是一個重要的文化中心。

Beas River＊ 貝阿斯河 古稱Hyphasis。印度西北部河流。爲旁遮普「五條河」（旁遮普因此而得名）之一。發源於喜馬偕爾邦特爾姆薩拉以東的喜瑪拉雅山脈，向西－西南流，在卡布爾撒拉的西南匯入蘇特萊傑河，全長467公里。是亞歷山大大帝在西元前326年入侵印度的大概界限。

beat 拍 物理學中頻率略有不同的兩列波合成時所造成的脈動。拍頻是兩列波的頻率之差。當相干的頻率處於聽覺範圍內時，可以聽到一強一弱的交替聲響，即爲拍。人耳可以聽到10赫頻率的拍，或者說每秒鐘10拍。鋼琴調音師在比較音叉與振動的絃音高時，會傾聽發出的拍音，當聽不出拍音時，即表示音叉與絃的振動頻率相同。超音振動或聽不到的頻率可透過疊加而產生出可聽的拍頻，從而可以探測蝙蝠或海豚發出的聲音。

Beat movement 敲打運動 1950年代和1960年代美國的社會和文學運動，盛行於舊金山、洛杉磯和紐約的一些放蕩不羈的藝術家團體中。他們表達了與傳統的社會決裂，提倡個人解放，用提高感官覺醒和改變意識狀態來闡釋。敲打詩人如弗林格蒂、金斯堡、柯爾索（1930～2001）和斯奈德等，試圖把詩從學院派追求詞藻華麗中解放出來。他們創作的詩句往往混亂不堪，隨意摻雜一些淫穢的詞句，但有些卻極富生命力和感染力。其他主要作家如克洛厄和柏洛兹提倡一種無確定格式的、自發的、有時是幻覺般的詩文體，把作者當時的感受記載下來。大約到1970年代這一派已經衰退，但此運動爲接納那些非正統和先前被忽略的作家鋪平了道路。

Beatles, the 披頭合唱團 英國樂團，在搖滾樂高潮期進入音樂界。樂團四名成員皆生於利物浦，分別是保羅麥卡尼、約翰藍儂、哈里遜（1943～2001）、斯塔爾（1940～）。樂團始於1956年保羅麥卡尼與約翰藍儂的搭檔，1957年哈里遜加入，這三人外加薩克利夫（1940～1962）和後來的貝斯特（1941～）於1960年取名披頭合唱團。1962年該團簽訂一份唱片合約，並由斯塔爾取代貝斯特。1962～1963年發行的唱片包括〈請取悅我〉和〈我想握你的手〉，使他們成爲英國最受歡迎的搖滾樂團，1964年「披頭熱」席捲美國。披頭合唱團的音樂原受美國歌手查克貝里、艾維斯普里斯萊和哈利等人啓發，他們的直接和充滿活力的歌曲使他們盤據流行排行榜之首達數年之久。他們的長髮和服裝品味的影響遍及全世界，而吸食迷幻藥和信奉印度神祕主義的行徑也一樣影響巨大。在保證暢銷下，他們感到可以自由地實驗新的音樂形式和編曲。結果產生各種不同的歌曲，從民謠〈昨日〉到繁複節奏的曲調如〈平裝書作者〉，從兒歌如〈黃色潛水艇〉到社會批判歌曲〈艾琳娜·里格比〉等。1966年他們告別公開演出。披頭合唱團製作的《橡膠靈魂》（1965）、《左輪手槍》（1966）和《披頭合唱團》（又稱「白色專輯」；1968）等爲搖滾樂確立了新的潮流。1967年他們製作了《比柏軍曹寂寞芳心俱樂部》，這個專輯在整體概念上是一部戲劇，在使用電子音樂和顯然是舞台上無法重現的錄音室作品方面也是新鮮的。他們還在兩部影片《一夜狂歡》（1964）和《救命》（1965）中演出。樂團在1971年解散。

Beaton, Cecil (Walter Hardy) 比頓（西元1904～1980年） 受封爲塞西爾爵士（Sir Cecil）。英國攝影家和設計家。十一歲獲得第一架相機時，比頓就幫姐妹們拍照。

1920年代成爲《浮華世界》和《時尚》的專職攝影師。在他的異國風味、奇特的人像攝影中，他的姐妹們只是豔麗的背景爲主的全面裝飾性圖案中的一個要素。第二次世界大戰期間曾拍攝了英國受圍困的照片，印行於《飛天中隊》（1942）。戰後比頓曾爲《溫夫人的扇子》（1958）和《窈窕淑女》（1964）設計服裝和布置舞台。

Beatrix (Wilhelmina Armgard)＊　貝亞特麗克絲（西元1938年～）　荷蘭女王。第二次世界大戰期間德軍入侵荷蘭時舉家流亡到英國和加拿大。1965年與一德國外交官訂婚，舉國譁然，因爲他過去曾加入希特勒青年團及德軍。1966年他們結婚，生下第一個男孩子後，舉國的敵意才漸消，因自1890年起奧蘭治王室一直無男嗣。1980年她母親朱麗安娜退位後，她繼承王位。

貝亞特麗克絲
By courtesy of the Royal Netherlands Embassy; photograph, Max Koot

Beatty, (Henry) Warren＊　華倫比提（西元1937年～）　原名Henry Warren Beaty。美國電影演員、製片、導演及編劇。出生在維吉尼亞州的里奇蒙，與他的姊姊莎莉麥克琳跟隨擔任戲劇指導的母親學習戲劇。1960年在威廉英吉的《玫瑰的失落》劇中登上百老匯舞台之後，1961年在《天涯何處無芳草》片中首次登上大銀幕，而後演出及製作了兩部相當成功的電影：《我倆沒有明天》（1967）和《洗髮精》（1975）。他經常在他主演的電影中擔任共同編劇、導演或製作，後來演出的電影還包括《上錯天堂投錯胎》（1978）、《烽火赤焰萬里情》（1981，獲奧斯卡金像獎最佳導演）、《狄克崔西》（1990）、《豪情四海》（1991）以及《選舉追組令1998》（1998）等片。

Beaubourg Center　博堡中心 ➡ Pompidou Center

Beaufort Sea＊　波弗特海　加拿大西北部和阿拉斯加東北部的北冰洋部分，在北冰洋群島的班克斯島以西。面積約476,000平方公里，平均水深1,004公尺，最深4,682公尺。幾乎終年爲冰覆蓋，只有在8、9月間冰才會破裂。馬更些河注入本海；主要的居民點在阿拉斯加的普拉多灣。

Beauharnais, Alexandre, vicomte (Viscount) de＊　博阿爾內子爵（西元1760～1794年）　法國政治人物和將軍，約瑟芬的前夫。是個開明貴族，法國大革命期間成爲知名人物。他曾主持1791年的制憲議會，在軍隊中作戰勇敢，1793年任萊茵軍隊軍長。在恐怖統治時期被送上斷頭台，主要因爲他是貴族。他是尤金·博阿爾內和奧爾唐斯（參閱Eugène de Beauharnais和Hortense de Beauharnais）的父親，也是拿破崙三世的外祖父。

Beauharnais, Eugène de　博阿爾內（西元1781～1824年）　法國行政官和將軍。他是約瑟芬和博阿爾內子爵的兒子。後成爲其繼父拿破崙得力的軍事助手。1804年獲親王的頭銜，出任國務大臣。1805年被派任爲拿破崙的駐義大利總督，他整頓公共財政、修築公路，並引進法國的司法制度。他身爲義大利軍的司令，在多次戰鬥中都贏得重大的勝利。1814年他在義大利抵抗奧地利和那不勒斯的軍隊，但最後被迫締結停戰協定。最後退引至其妻家巴伐利亞的宮廷。

Beauharnais, (Eugènie-)Hortense de　奧爾唐斯（西元1783～1837年）　法國出生的荷蘭女王。約瑟芬和博阿爾內子爵的女兒，拿破崙的繼女。嫁給拿破崙的弟弟路易·波拿巴，波拿巴成爲荷蘭國王後，奧爾唐斯就是王后。這樁婚姻並不美滿，但生了三個孩子，包括後來的拿破崙三世。1814年拿破崙被放逐後，奧爾唐斯成爲波拿巴主義者密謀的核心。由於拿破崙回來期間她支援他，使她在1815年被逐出法國，此後在瑞士定居。

Beaujolai＊　薄酒萊　法國中東部大區，位於隆省北部和羅亞爾省東北部。地處中央高原東邊，索恩河以西。境內多林木，爲當地林業之本；最高點聖里戈峰，海拔1,009公尺。山峰的東面是薄酒萊高地的石灰岩斷崖，薄酒萊高地以世界聞名的紅葡萄酒釀造業爲經濟支柱。

Beaujoyeulx, Balthazar de＊　博若耶（卒於西元1587年）　原名Baltazarini di Belgioioso。出生於義大利的法國作曲家和編舞家。1555年離開義大利來到巴黎，加入卡特琳·德·麥迪奇的宮廷，成爲小提琴手。後成爲這個王室家族的「御前侍從」，非正式地爲宮廷安排節日活動。1581年耗費巨資上演《王后的喜劇芭蕾》，該劇被視爲第一個宮廷芭蕾，掀起歐洲其他宮廷的仿效熱潮，爲下一世紀的芭蕾舞發展的先驅。

Beaumarchais, Pierre-Augustin Caron de＊　博馬舍（西元1732～1799年）　法國劇作家。鐘錶匠之子，發明一種擒縱機，但因專利權問題而官司纏身。爲了在訴訟中進行辯護，他寫了一系列才氣橫溢的辯駁性文章，因而樹立作家的名聲。他寫的喜劇《塞維爾的理髮師》（1772）因公開抨擊當時的貴族政治，所以被禁演三年。《費加洛婚禮》（1784）剛開始也因批評貴族而遭禁演。這兩齣喜劇後來分別由羅西尼和莫札特改編成著名的歌劇。1777年他組建著作人協會讓劇作家能得到王室的酬勞。因過於富有，在法國大革命期間曾被短暫監禁，據說這次事件時常激發他寫劇本的靈感。

博馬舍，油畫：納蒂埃（Jean-Marc Nattier）繪
Giraudon – Art Resource

Beaumont＊　波蒙特　美國德州東南部城市（2000年人口約113,866）。位於可航行的內奇斯河埠，該河經薩賓－內奇斯運河連接到墨西哥灣，是重要的入口港。建於1835年。1901年發現了德州第一個斯平德爾托普大油田後，該市成長迅速。與阿瑟港、奧蘭治組成「金三角」石化工業區。

Beaumont, Francis＊　包蒙（西元1584?～1616年）　英國劇作家。他最受歡迎的十部劇作主要是在1606～1613年左右和福萊柴爾（1579～1625）合寫的，其中包括了悲喜劇《少女的悲劇》、《菲拉斯特》以及《國王與非國王》。原本認爲是他們寫的四十部其他作品後來證實是別人的作品。包蒙獨立完成的作品有詩作和模仿作品《燃杵騎士》（1607）。1613年包蒙退休後，福萊柴爾又找了其他劇作家來共同創作，其中可能包括了莎士比亞，兩人可能創作了《亨利八世》和《兩個貴族親戚》。

Beaumont, William　包蒙（西元1785～1853年）　美國外科醫生。生於康乃狄克州黎巴嫩，他在陸軍當外科醫生多年。在治療一位受槍傷腹部穿孔的捕獸人時，包蒙收集他的胃液作分析，證實胃液內有鹽酸，支持了他的「消化過程是化學過程」的想法。他還報告了不同食物對胃的不同作用，並確定酒精是胃炎的病因之一。

Beauregard, P(ierre) G(ustave) T(outant)＊　波爾格（西元1818～1893年）　美國軍事領袖。西點軍校畢業（1838）。曾在墨西哥戰爭中服役。1861年路易斯安那州脫離聯邦後，他辭職而在美利堅邦聯軍隊中擔任將軍。曾指揮部隊炮轟南卡羅來納州的薩姆特堡，在布爾溯戰役和塞羅戰役中任指揮。他還指揮了南卡羅來納州查理斯敦以及維吉尼亞州里奇蒙的保衛戰。他是一個頗具爭議性的指揮官，常常質疑上司的命令，戰後他還與其他將領就他在戰爭中的角色而爭吵。

Beauvoir, Simone (Lucie-Ernestine-Marie-Bertrand) de＊　波娃（西元1908～1986年）　法國作家及女權主義者。在巴黎大學就讀時，認識了沙特，同他形成終生的知識和浪漫的夥伴關係。她主要以專著《第二性》（1949）聞名，在書中她以學者身分熱情地呼籲取消她所謂的「永恆的女性」的神話，成為女權主義文學中的經典之作。她還寫了四卷廣受好評的自傳（1958～1972），幾本探討存在主義的哲學著作，著名的小說《一代名流》（1954，獲龔固爾獎）。她有感於社會對老年人的漠不關心而發表《老年》（1970），對這一現象作了尖銳的諷刺。

Beaux-Arts, École (Nationale Supérieure) des＊　美術學校　巴黎的美術學校。1793年創建，當初是由勒布倫所創建的皇家繪畫雕塑學院（1648）和柯爾貝爾所創建的皇家建築學會（1671）合併而成。傳統上開設素描、油畫、雕塑、版畫和建築（迄1968年）等課程。建築學上的美術風格具有特別的影響。

Beaux-Arts style＊　美術風格　亦稱第二帝國風格（Second Empire style）或第二帝國巴洛克風格（Second Empire Baroque style）。在巴黎的美術學校發展起來的建築風格。這一風格於19世紀末在國際上占有主導地位（參閱Second Empire），並很快成為擴張中的城市和各國政府新建公共建築的正式風格。該風格的特徵是，建築宏偉，按軸向排列的房間分布對稱，有大量古典主義的裝飾細部，建築末端或中心處常有前凸的亭閣。巴黎歌劇院是美術風格最傑出的代表。

beaver　河狸　河狸科河狸屬水棲哺乳動物的通稱。以其築壩行為著稱。體壯實，腿短，後足長而有蹼。體長可達1.3公尺（包括尾長30公分），體重可達30公斤。河狸在小河、溪流和湖泊中用樹枝、石塊及軟泥築壩，往往能形成相當大的水池。它們的上下顎有力，牙大，能夠啃倒中等大小的樹，將其枝條用來築壩，而食用其嫩的樹皮和枝芽。河狸聚居生活，一個或多個家族同居一個用樹枝和軟泥在水中修築的圓頂形洞穴，水面下有隧道入口。美洲河狸產於墨西哥北部至北極。它們珍貴的毛皮刺激了北美西部的大規模捕獵，到1900年時已瀕臨滅絕。歐亞河狸現在只能在少數幾個地方找到，包括歐洲的易北河和隆河流域。太平洋西北部的山狸與河狸無親緣關係。

加拿大河狸（Castor canadensis）
Karl Maslowski

Beaverbrook (of Beaverbrook and of Cherkley), Baron　畢佛布魯克男爵（西元1879～1964年）　原名William Maxwell Aitken。以畢佛布魯克勳爵（Lord Beaverbrook）知名。加拿大－英國政治人物和報紙業主。原為蒙特婁證券經紀人，經商致富後移居英國，成為活躍的保守黨人。1916年開始經營報業，他接手或創建的報社包括倫敦《每日快報》、《星期日快報》和《標準晚報》。由於獨特的作風和事業非常成功使他成為「新聞界巨頭」，並成為個人企業與英國皇室利益的擁護者。曾擔任各種政府要職，包括兩次世界大戰期間均在英國內閣任職，但從未完全實現他所追求的政治權力。

Bebel, August＊　倍倍爾（西元1840～1913年）　德國社會主義者和作家。曾學習車工手藝，加入了萊比錫工人教育聯盟（1861），並在1865年當上了該聯盟的主席。其觀念受到李卜克內西的影響，1869年協助成立德國社會民主工黨（即後來的德國社會民主黨），為該黨最具影響及最得人心的領袖達四十餘年之久。1867年進入帝國議會，1871～1881和1883～1913年一直擔任議員。曾因被控「誹謗俾斯麥」的罪名而度過了五年的鐵窗生涯。寫過多部著作，包括《婦女與社會主義》（1883），是宣傳社會民主最有力的作品。

Bebey, Francis　貝比（西元1929～2001年）　喀麥隆出生的法國作家和歌手－歌曲作家。他曾到巴黎和紐約學習，1960年在巴黎定居。他為聯合國教科文組織工作，研究和記錄傳統的非洲音樂，同時創作和錄製他自己的高度實驗性的音樂，將典型的音樂元素與其他文化元素結合在一起。因此，他有時被人稱為「世界音樂之父」。他還寫了兩本關於非洲音樂的書，還有幾篇小說，已被翻譯成英文。

bebop　咆哮樂　亦稱bop。一種爵士樂，特徵是複雜的和聲，纏繞的旋律以及經常變換節奏重音。1940年代中期，一群音樂家如迪吉葛雷斯比、瑟隆尼斯孟克和查理帕克，他們拒絕搖擺樂的常規，而要當自我覺醒的即興爵士樂藝術擴展的先鋒，樹立速度與巧妙和聲的新技術標準。1950年代從咆哮樂發展出兩派：一種是精緻、冷淡、敘述式的酷派爵士樂，另一種則是氣勢洶洶、帶有藍調樸實意味的硬式咆哮樂。

Beccafumi, Domenico＊　貝卡富米（西元1486?～1551年）　原名Domenico di Giacomo di Pace。亦稱Mecherino。義大利畫家和雕塑家，活躍於席耶納。他採用其保護人洛倫佐．貝卡富米的姓。1510年到羅馬研究拉斐爾與米開朗基羅的作品。1512年回到席耶納，在那裡可以找到大部分他最好的作品。他以想像力和令人驚歎的用光效果著稱，如《瑪利亞的誕生》（1543?）。1529～1535年為席耶納市政廳繪製裝飾畫，並為席耶納大教堂設計大理石地面。他是席耶納矯飾主義傑出的畫家。

貝卡富米的《瑪利亞的誕生》（1544），畫板畫；現藏義大利錫耶納國立繪畫陳列館
SCALA－Art Resource

Beccaria, Cesare＊　貝卡里亞（西元1738～1794年）　義大利犯罪學家和經濟學家。1764年發表《論罪與罰》，成為國際知名人士。該書是有關規範犯罪刑罰原則的第一部系

統性著作，他認爲刑事審判的效力主要取決於刑罰的確定性，而不是其殘酷性。該書對西歐各國的刑法改革影響很大。其後數年他在米蘭的巴拉丁學院講課，並任公務員，處理有關貨幣改革、勞工關係和公共教育等問題。

Bechet, Sidney＊ 比切特（西元1897～1959年） 美國薩克管大師，第一批最優秀的爵士樂獨奏家之一。六歲開始吹單簧管，後來轉向更有力的高音薩克管。他從紐奧良集體即興演奏的傳統中脫穎而出（參閱Dixieland），成爲一名獨奏家，在1920年代中期建立名聲，但缺乏與著名樂團一起曝光的機會，使他對別人只有間接性的影響，而這影響特別是透過霍奇斯的演奏來產生的。1951年移居法國。

Bechtel, Stephen D(avison)＊ 比奇特爾（西元1900～1989年） 美國建築工程師、1936～1960年任W. A.比奇特爾公司及其後繼的比奇特爾公司的總裁。1925年成爲設於舊金山以家族爲基礎的W. A.比奇特爾公司的副總裁。1937年他與麥科恩合作，組成比奇特爾－麥科恩公司，建造煉油廠和化工廠。其所管轄的各公司在第二次世界大戰中建造艦隻和飛機零件。戰後，新成立的比奇特爾公司成爲世界上最大的建築和工程公司之一，在加拿大、中東及其他各地建造輸油管，以及在全世界建發電廠。該公司及其附屬機構還參與建設了胡佛水壩、阿拉斯加輸油管以及沙烏地阿拉伯的朱拜勒市。1960年他從總裁的職位上退休下來，但仍任比奇特爾集團的資深董事。

Bechuanaland 貝專納蘭 ➠ Botswana

Beck, Ludwig 貝克（西元1880～1944年） 德國將軍。第一次世界大戰時期在陸軍總參謀部任職，後來升任參謀總長（1935～1938）。他反對希特勒占領萊茵蘭，並以辭職來抗議征服捷克斯洛伐克的決定。他參與計畫暗殺希特勒的七月密謀，行動失敗後自殺。

Becker, Boris (Franz) 貝克（西元1967年～） 德國職業網球選手。他讀到十年級就離開學校，專注於網球。1985年，他成爲有史以來溫布頓男子單打冠軍以及奪得男子大滿貫巡迴賽冠軍之一的最年輕的選手（十七歲），更是唯一和第一位獲得此項殊榮的德國非種子球員。他接著又拿下幾座男子單打冠軍獎杯：1986及1989年的溫布頓，1989年的美國公開賽，以及1991和1996年的澳洲公開賽。1997年他宣布從大滿貫比賽中退休，但他又參加了1999年的溫布頓。

Becker, Gary S(tanley) 貝克爾（西元1930年～） 美國經濟學家。生於賓夕法尼亞州波次維，曾就讀於普林斯頓大學和芝加哥大學。後來擔任哥倫比亞大學和芝加哥大學教授，他將經濟學方法運用到研究人類行爲諸方面，以前認爲這是社會學和人口統計學的研究領域。在《人力資本》（1964）和《論家庭》（1981）等著作中，他將理性經濟選擇的理論向前推進了一步，認爲該理論是以個人利益爲基礎，控制大多數人類的活動，甚至包括明顯的非經濟活動，如家庭的組成。1992年獲諾貝爾獎。

Becket, St. Thomas 貝克特（西元1118?～1170年） 亦稱Thomas à Becket。坎特伯里大主教（1162～1170）。諾曼商人之子。英格蘭國王亨利二世的樞密大臣（1155～1162），深受其信任。他是位出色的行政、外交及軍事戰略專家，協助國王提高王權。亨利反對主張教會自治的格列高利改革運動，希望加強對教會的控制，所以於1162年指派貝克特爲坎特伯里大主教。但貝克特接受這項新職務後，卻在教會裡反對王室的權力，特別宣布教士有罪應由教會法庭審判。亨利乃引述克拉倫登憲法（1164），羅列出王權高於教會，並傳喚貝克特接受審訊。貝克特逃往法國，流亡至1170年，當他回到坎特伯里後在教堂內被四名亨利的騎士殺害。他的墓地後來成爲朝聖地，1173年被追諡爲聖徒。

貝克特遭謀殺，選自1200年左右英國的詩篇歌集插畫；現藏英國圖書館
By courtesy of the trustees of the British Library

Beckett, Samuel (Barclay) 貝克特（西元1906～1989年） 愛爾蘭劇作家。在愛爾蘭學習和遊歷後，於1937年定居巴黎。第二次世界大戰時在農場工作並參加地下反抗組織。戰後數年間，他用法文寫了敘事性三部曲《馬洛伊》（1951）、《馬洛納之死》（1951）和《無名的人》（1953）。他的劇本《等待果陀》（1952）在巴黎一夕成名，譯成英語後立即獲得國際聲譽。他的戲劇特點是儘量簡單的情節和動作，是典型的荒謬劇。後來的劇本包括《最後一局》（1957）、《克拉普的最後一卷錄音帶》（1958）和《快樂的日子》（1961）等抽象作品，以喜劇的精神探討人類存在的神祕和絕望。1969年獲諾貝爾獎。

貝克特，攝於1965年
Gisele Freund

Beckford, William 貝克福德（西元1760～1844年） 英國藝術愛好者、小說家和怪人。以哥德式小說《瓦提克》（1786）出名，寫的是一個不敬神的酒色之徒，他修建了一座高塔，向天堂裡的穆罕默德挑戰，但跌入了黑暗王子的王國；儘管情節寫得很不平均，但故事極具創造性和稀奇古怪的細節。由於與一個青年發生醜聞，貝克福德和他全家被迫離開英格蘭十年。回來後他建造了豐希爾修道院，是英國哥德復興式最轟動的建築，有一座高82公尺的塔樓，後來曾兩度倒塌。

Beckmann, Max＊ 貝克曼（西元1884～1950年） 德國表現派畫家和圖形藝術家。曾在保守的威瑪學院就讀。1903年移居柏林，加入柏林分離派。第一次世界大戰時擔任護理人員的經歷改變了他的觀點，他的作品變得充滿令人恐怖的形象，故意使用讓人討厭的色彩和飄忽不定的形式。他認爲自己的作品是結合了殘酷的現實與社會批判。1933年納粹黨宣稱貝克曼的藝術「頹廢」，迫使他辭去法蘭克福的施塔德爾美術學校教授職務。1937年他逃至阿姆斯特丹，1947年移居美國，在聖路易和紐約任教。

Becknell, William＊ 貝克內爾（西元1796?～1865年） 美國商人。在密蘇里州定居以後，就從事對西南部的貿易。1821年西班牙取消了對新墨西哥的貿易禁令，他沿著傳統的路線，穿過科羅拉多落磯山脈，往南到聖大非，在那裡賣掉貨物，取得豐厚的利潤。次年他開闢了一條新路線，穿過新墨西哥州東北部的山區，這條路線以「聖大非小道」聞名。約1834年移居德克薩斯，爲德克薩斯的獨立奮戰。

Beckwourth, Jim 貝克沃思（西元1798～1867?年） 原名James Pierson Beckwith。美國山民。生而爲奴，父爲白人，母爲女奴。後來父親把他帶到聖路易，獲得自由。1823

～1824年受雇於落磯山脈的商隊。與一些印第安女子結婚，在克勞人部落間定居了六年左右。加利福尼亞淘金熱期間（1848），他開闢了一條穿過內華達山脈的路線。在加利福尼亞遇見邦納，1856年邦納把貝克沃思的許多故事編輯出版。

Becquerel, (Antoine-) Henri＊　貝克勒耳（西元1852～1908年）　法國物理學家。他的祖父安東尼－凱撒·貝克勒耳（1788～1878）是電化學領域的奠基者之一，其父亞歷山大－愛德蒙·貝克勒耳（1820～1891）則在光現象方面做了重要的研究。亨利主要研究磷光物質和鈾化合物，並在實驗中運用了照相術。他以發現放射性而聞名，這是在他發現元素鈾（瀝青鈾礦樣品）發射出能使照相底板變黑的不可見的射線時發生的。1901年他報導了他背心口袋裡裝著居里夫人的鐳樣品時遭到灼傷的消息，激起物理學家們對該課題的研究，最後讓放射性物質應用在醫學方面。1903年貝克勒耳和居里夫婦共獲諾貝爾獎。放射性單位becquerel（Bq）就是以他的名字命名的。

貝克勒耳
Archives Photographiques

bed　床　供人在上面躺臥的家具。中世紀手稿中就已出現過結構簡單的床，還有帶雕刻和鑲嵌、繡花的床罩以及精美的帳帷等更多裝飾的床。15世紀時引入了天蓋。1820年代隨著彈簧床墊的使用，床的結構發生了革命性變化。在中東，人們在地板上鋪上層層毯子當作床。中國約在兩千年前就已使用有浮雕和天蓬裝飾的床。日本傳統的寢具由縫合的被褥和床單組成，叫做「蒲團」，直接鋪在地板上。

16世紀晚期英國式的床，現藏倫敦維多利亞和艾伯特博物館
By courtesy of the Victoria and Albert Museum, London, Crown copyright reserved

bedbug　臭蟲　臭蟲科夜行性昆蟲，約七十五種，吸食人和溫血動物的血液。成蟲紅褐色，體扁寬，長4～5公釐。是最具世界性的人類寄生蟲之一，在每一類居所中都能找到。它們消化很慢，成蟲能耐飢一年以上。臭蟲雖吸食人血並致癢，但是否會傳染疾病還不可知。

溫帶臭蟲（Cimex lectularius）
William E. Ferguson

bedding plant　花壇植物　通常大量種於花盆或溫室平台或類似構造的植物，用意是將來移植到花園、掛籃、窗台或其他室外種植地。大部分為一年生植物，在霜害危險完全過去後移植到室外。較重要的有鳳仙花、萬壽菊、矮牽牛。

Bede, St.　比得（西元672/673～735年）　別稱可敬的比得（the Venerable Bede）。盎格魯－撒克遜神學家、歷史學家和年代學家。在修道院裡長大，三十歲時受神職為教士。以所著《英格蘭人教會史》（732?）聞名，是研究西元前55年至西元597年間不列顛盎格魯－撒克遜各部族信仰基督教歷史的重要資料。他以基督的生年作為紀元，透過《教會史》和另外兩本有關年代的著作的傳播，這一記年方式已成世界通用。

Bedford　貝都福　英格蘭中部偏東南的城市（1995年人口約81,000）。為貝都福郡行政中心，位於倫敦西北烏斯河河畔。曾為羅馬渡口站和撒克遜人城鎮。914年盎格魯－撒克遜人從丹麥人手中奪回。據說班揚的著作《天路歷程》是他在這裡坐牢時寫的。

Bedfordshire＊　貝都福郡　英格蘭中部偏東南的郡（2001年人口約381,571），大部分處於烏斯河流域。約西元前1800年寬口陶器文化民族就已定居於此，西元1～5世紀羅馬人重新在此定居。1010年首見記載，當時是個政治單位，現今的郡界原封不動地延續下來。郡內著名古建築有沃本修道院、貝都福公爵的居所等。首府是貝都福。

Bedlington terrier　貝林登㹴　19世紀初在英格蘭的諾森伯蘭培育起來的狗品種，以該處一個礦區貝林登而得名。最初用作鬥狗和捕捉獾及害獸的獵犬，後普遍作為寵物。貌似羊羔，背弓形，有頂毛，被毛厚而捲曲，藍灰色、深紅棕色或淡沙色，常帶棕色斑點。體高38～40公分，體重10～11公斤。

貝林登㹴
Sally Anne Thompson

Bedouin＊　貝都因人　中東沙漠地區講阿拉伯語的游牧民族。從種族上來講，貝都因人與其他阿拉伯人是一樣的。貝都因人的社會地位由他們飼養的動物決定：最有聲望的是駱駝游牧人，其次是綿羊和山羊游牧人，最後是牧牛的游牧人。傳統上，貝都因人在多雨季節遷徙到沙漠地區，乾旱季節返回已開墾的地區，但從第二次世界大戰後，有些國家的政府把他們的牧場土地國有化了，並且在對土地的使用權方面不斷地發生衝突，因而許多族群已經定居。不過大多數人仍以保留游牧傳統為傲。

卡達中部的貝都因人和一隻小山羊
M. Ericson－Ostman Agency

bedstraw　豬殃殃　茜草科豬殃殃多年生低矮草本植物的統稱，分布於全世界潮濕林地、沼澤、河岸和海濱。葉細齒裂，經常成針狀，4～8枚輪生。花小，簇生，綠色、黃色或白色。果中有兩顆圓形、聯生在一起的堅果。北方豬殃殃（即砧草）、沼澤豬殃殃和鵝草逼及歐洲，並已移植北美部分地區。香豬殃殃具新割乾草般的氣味，芽莖部分乾燥後可用來製作香精、香囊及飲料調味品。幾個品種的根可製取紅色染料。

bee　蜜蜂類　膜翅目蜜蜂總科昆蟲，約有兩萬種，包括我們熟悉的熊蜂。成蜂體長約2公釐～4公分。蜜蜂與某些種的黃蜂有親緣關係，但與黃蜂捕食其他昆蟲不同，大多數的蜜蜂完全以花為食。雄蜂通常

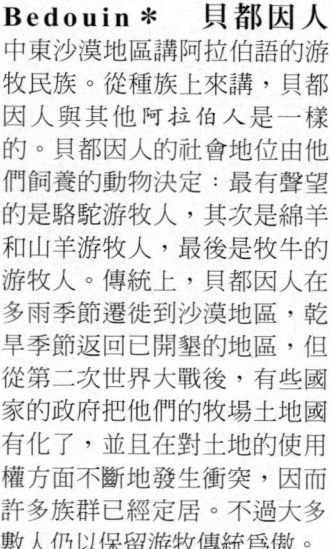

Anthidium屬的切葉蜂
M. W. F. Tweedie from the Natural History Photographic Agency

壽命不長，從不採花粉；雌蜂負責所有築巢及貯存食物的工作，而且通常有特殊的結構組織以便於攜帶花粉。大部分蜜蜂品種是獨棲或非社會性的。所謂殺人蜂原是義大利蜂（參閱honeybee）的一個非洲蜜蜂亞種，約1900年從墨西哥飛至美國；殺人蜂反應快，成群攻擊。亦請參閱Frisch, Karl von。

bee balm　香蜂草　唇形科香蜂草屬十二種北美洲一年生或多年生植物通稱，有香檸檬、馬薄荷和香蜂草等名稱。花絢麗，野生香檸檬有薄荷香味。香味更濃烈的奧斯威戈茶（香檸檬的變種）原產北美洲東部，現已廣泛栽種於其他地方。

bee-eater　蜂虎　蜂虎科色澤鮮明的約二十五種鳥類，以蜜蜂、黃蜂及其他昆蟲為食。見於歐亞兩洲熱帶和亞熱帶地區，以及非洲和澳大利亞（有一個品種偶而會到不列顛群島）。體長15～35公分，喙中等長，稍下曲，尖端銳利。羽毛耀眼，多為綠色，但許多品種的部分羽色有紅、黃、藍或紫色。

黃喉蜂虎（Merops apiaster）
S. C. Porter－Bruce Coleman Ltd.

beech　山毛櫸　幾個不同類型樹種的通稱，尤指山毛櫸科山毛櫸屬約十種落葉觀賞植物和材用樹，產於北半球溫帶和亞熱帶地區。約四十種外形相似的樹種稱為假山毛櫸（*Nothofagus*屬），產於南半球氣候較涼爽的地區。山毛櫸科的山毛櫸樹形高大，枝條開展，樹冠圓頭狀，樹皮平滑，鋼灰色。葉亮綠色，具鋸齒。美洲山毛櫸（即大葉山毛櫸）原產於北美東部；歐洲山毛櫸（即林山毛櫸）分布於整個英國和歐亞，是最廣為人知的品種。兩者均為具有重要經濟價值的材用樹種，常栽為觀賞植物。山毛櫸木材在水下經久不腐，可製室內用品、工具柄和貨櫃。堅果為狩獵動物的食料，亦可用來育肥家禽或生產食用油。山毛櫸生長緩慢，但能活到四百年以上。

Beecham, Thomas　比徹姆（西元1879～1961年）　受封為湯瑪斯爵士（Sir Thomas）。英國指揮家。出身貴族，在牛津大學受教育，靠自學而成為指揮。決心要拓寬英國人對音樂的品味，1909年建立比徹姆管弦樂團，不僅安排了許多在英國首次演出的音樂會演奏節目，還有歌劇。1932年創立倫敦愛樂管弦樂團，1947年創立皇家愛樂管弦樂團；還創辦了若干歌劇團。儘管他在技術上有一些重大缺陷，但對他所熱愛的音樂（尤其是莫札特的音樂），是位無以倫比的詮釋者。在他那個時代的音樂家中，他最推崇史特勞斯和戴流士。

Beecher, Catharine (Esther)　畢奇爾（西元1800～1878年）　美國教育家，曾發動一場保守意識形態運動以提升及確立婦女在家庭中的地位。她是長老會牧師及克己主義實踐者萊曼・畢奇爾的女兒，史托和亨利・華德・畢奇爾的姐姐。她協助創辦哈特福特女子學院（1823）及其他促進女子教育的組織。主要作品《家政論》（1841）出到十五版，有助於使家庭事務標準化，並加強女性最適當的角色應是在家中的觀念。

Beecher, Henry Ward　畢奇爾（西元1813～1887年）　美國公理會牧師。是牧師的兒子，是史托和凱薩琳・畢奇爾的弟弟。從阿默斯特學院畢業後又在雷恩神學院研究班就讀，之後當了印第安納州的公理會牧師。1847年任紐約市布魯克林的普里茅斯教會牧師。他是著名的演說家，也是當時最有影響力的傳教士，他反對蓄奴，支持婦女參政、達爾文的演化論以及用科學考證的《聖經》。1874年被控通姦罪而受審，名聲大損，但法庭宣判畢奇爾無罪，後來又重返教會。

畢奇爾，薩羅尼（Napoleon Sarony）拍攝
The Granger Collection

beef　牛肉　成牛之肉，與小牛肉不同。最好的牛肉來自食用牛（閹過的牛）和小母牛（沒有生過小牛的母牛）。牛肉經過熟化變得更為柔嫩和味美；一種常用的熟化方法，是將屠宰後的牛肉在氣溫2℃上下的環境中懸掛約兩週。世界上牛肉的消費國主要有美國、歐洲聯盟、巴西、中國、阿根廷和澳大利亞。各國對牛肉的分級方法大同小異，在美國，按質分為優等、上等到劣等和罐頭肉等。牛肉提供蛋白質和維生素B；也包含飽和脂肪，食用過多會造成心臟方面的疾病和其他健康問題。印度教奉牛為神聖，禁止教徒食用牛肉。

beehive tomb　圓形建築　亦作tholos。巨大陵墓，有時築在山坡，狀如蜂房。邁錫尼文明中現存的一個圓形建築阿特柔斯陵墓建有突出的圓頂，同時配有工匠削磨的供行走的木塊和拋光的拱頂。墓內一邊較小的房間供放埋葬者，另一邊主要的房間可能是用來進行宗教儀式之用。

beekeeping　養蜂　亦作apiculture。指對蜜蜂的培育和管理，使它們生產和儲存多於需要的花蜜以供人採集。養蜂是最古老的動物飼養行業之一。早期收集蜂蜜的方法需要破壞蜂巢，現代養蜂人則使用分蜜機將蜂蜜從蜂房中取出而不損壞蜂房。採集蜂蜜時，養蜂人要戴上帶紗面罩的頭盔來保護，還要有切割蜂房的工具以及讓蜜蜂鎮靜下來的煙霧發生器。維護蜂箱包括保護蜂群抵抗疾病、寄生蟲和掠奪者。

beer　啤酒　從發芽的大麥中加入啤酒花調味，經過緩慢發酵釀製而成的含酒精飲料。在遠古時期，尤其在不宜種植葡萄以釀製葡萄酒的北方地區，啤酒已是普通飲料。啤酒的生產方法有底部發酵法和頂層發酵法兩種。前者使用底層酵母，這種酵母完成了發酵過程後沈到容器底部。後者使用的酵母在發酵過程完成後上升到表層。原產德國的貯陳啤酒是底部發酵的，在低溫下貯藏數月；大多色淡，二氧化碳含量高，酒花味適中，含酒精的容量濃度為3～5%。英國流行頂層發酵啤酒，包括褐麥啤酒、黑啤酒和波特酒，特點是上面有一層明顯的釋放出來的二氧化碳泡沫，比起貯陳啤酒來，啤酒花味更為濃烈；按容量計酒精度4～6.5%。亦請參閱malt。

Beer Hall Putsch　啤酒店暴動（西元1923年）　亦稱慕尼黑暴動（Munich Putsch）。希特勒企圖在德國暴動以推翻威瑪共和的未遂事件。1923年11月8日，希特勒及其同夥強行闖入慕尼黑一家啤酒店，舉行右翼政治集會，會議決定在場領袖們均應參加向柏林進軍的「革命」行動。翌日三千名納粹黨徒的隊伍行進到瑪麗亞廣場時，遭到警察的射擊。隨後，希特勒以叛國罪處以五年監禁；他實際上僅服刑八個月，在此期間寫下了自傳《我的奮鬥》。

Beerbohm, (Henry) Max(imilian)　畢爾邦（西元1872～1956年）　受封爲麥克斯爵士（Sir Max）。英國漫畫家、作家和花花公子。他精美的素描和臨摹的獨特風格引起人們的注意，刻畫那些著名和時髦的當代人的趾高氣揚、裝模作樣和愚蠢可笑的神態，入木三分，但卻從來不帶惡意。1896年出版第一部文集《畢爾邦作品集》和第一部畫集《二十五個紳士的漫畫》，接著又出版迷人的寓言《快樂的僞君子》（1897）和他唯一的小說《朱萊卡·多卜生》（1911），後者是對牛津生活的諷刺故事。短篇小說集《七個人》（1919）是他的一部傑作。

Beersheba　貝爾謝巴　以色列南部城市（1999年人口約163,700）。歷史上它是巴勒斯坦南端的界限，所以《聖經》上有「從但到貝爾謝巴」的說法（「但」是以色列的最北端）。7世紀時被阿拉伯人攻陷，16世紀爲土耳其人奪取。它是內蓋夫沙漠地區貝都因人游牧部落的水源。1917年由英軍攻占，1948年由以色列占領。從此它就發展爲內蓋夫地區的行政、文化及工業中心。

Beery, Wallace (Fitzgerald)　比利（西元1885～1949年）　美國電影及舞台劇演員。最初在馬戲團工作，後來參加紐約戲劇製作的合唱團。在《北方佬觀光客》中飾演主角後，他在巡迴和固定劇團中當了數年的戲劇演員。1913年開始其電影生涯，首先在賽納特的基斯東喜劇中飾演喜劇角色。在《冠軍》（1931，獲奧斯卡獎）、《拯女記》（1931）和《安妮號拖輪》（1933）中的表演最爲出色。

beeswax　蜂蠟　工蜂在營造蜂巢壁時所分泌的有商業價值的蠟。蜜蜂產生0.45公斤蠟需消耗約3～4.5公斤的蜂蜜，蜂蠟由蜜蜂腹下很小的薄片腺體分泌。在提取蜂蜜後，融化蜂巢而得蜂蠟，其顏色從黃色到近於黑色不等。蜂蠟用於製做蠟燭（往往在教堂裡使用）、人造水果和假花、模具蠟，也是家具和地板蠟、皮件上光蠟、蠟紙、印刷油墨、化妝品、軟膏等的成分。

beet　甜菜　藜科植物*Beta vulgaris*的栽培品系，最重要的蔬菜之一。有四種類型：一、作蔬菜的菜園甜菜；二、製糖的糖用甜菜，是商業上最重要的類型；三、作爲牲畜多汁飼料的飼料甜菜；四、其葉可食用的葉用甜菜（瑞士莙薘菜）。甜菜葉是核黃素、鐵以及維生素A和C的來源。廣泛種植於溫帶和寒溫帶地區，或在涼爽季節種植。

甜菜，Beta屬的一種
Grant Heilman

Beethoven, Ludwig van＊　貝多芬（西元1770～1827年）　德國出生的奧地利作曲家。生於波昂的音樂世家，自幼就是天賦絕佳的鋼琴師和小提琴師。在波昂擔任九年的宮廷樂師後，遷居維也納，受教於海頓門下，並在那裡終老。他很快成爲人盡皆知的演奏大師和作曲家，並成爲第一位拋棄教堂或宮廷職位而成功維生的重要作曲家（雖然有三位識其才氣的貴族無條件地付給他年金）。他以獨特方式跨越古典時期和浪漫時期。他驚人的《英雄交響曲》（1803）就是宣布浪漫世紀來臨的那聲霹靂，此曲體現了龐大但嚴格控制的能量，此即貝多芬風格的標記。體形上，他矮小而不具吸引力，而且隨著年齡的增長性情變得越發古怪。約1795年起耳朵漸聾，導致了幾乎自殺的憂鬱症，而約從1819年起就完全失聰。儘管有過幾次無望的愛情，他一直保持單身。在世的最後十五年裡，他是無與倫比的世界首席作曲家。作品包括著名的九部交響曲（1800～1824），十六首弦樂四重奏（1798～1826），三十二首鋼琴奏鳴曲（1796～1822），歌劇《費德里奧》（1805年；1814年修訂），兩首彌撒曲（包括《莊嚴彌撒曲》〔1823〕在內），五首鋼琴協奏曲，一首小提琴協奏曲（1806），六首鋼琴三重奏，十首小提琴奏鳴曲，五首大提琴奏鳴曲，以及幾首音樂會序曲。

beetle　甲蟲　鞘翅目（動物王國裡最大的目）昆蟲，至少有二十五萬種。特徵爲前翅成爲硬的鞘翅，覆蓋在第二對能飛的後翅上。除了南極和最高的山峰外，分布於所有的環境中。比起熱帶地區來，溫帶地區的甲蟲品種較少，但數量更大。最小的品種身長不足1公釐，最大的則超過20公分。多數甲蟲吃其他的動植物，但也有些吃腐敗物質。有的品種會毀壞作物、木材和紡織品，並傳播寄生蟲和疾病。有的品種則是有價值的害蟲捕食者。有些甲蟲有另外的常用名稱（如鑽蛀蟲、鰓角金龜、象鼻蟲、螢、象甲）。甲蟲爲其他昆蟲以及蝙蝠、雨燕、青蛙等的捕食對象。

Begin, Menachem (Wolfovitch)＊　比金（西元1913～1992年）　以色列總理（1977～1983）。出生於俄羅斯，在華沙大學取得法學學位。第二次世界大戰期間，比金遭蘇聯當局逮捕並於1940年放逐到西伯利亞。1941年獲釋，參加流亡的波蘭軍隊。他逃往巴勒斯坦，1943年成爲武裝組織「伊爾貢·茲瓦伊·盧米」的領袖。除了三年（1967～1970）加入民族聯合政府之外，1948～1977年在以色列議會中領導反對派。身爲聯合黨領袖，於1977年成爲總理。由於與埃及總統沙達特進行談判，兩人在1978年共獲諾貝爾和平獎。最後雙方在1979年簽署了「以埃和平條約」。1982年以色列入侵黎巴嫩，世界輿論轉向反對以色列，比金遂於1983年辭職。亦請參閱Arab-Israeli wars、Jabotinsky, Vladimir、Sabra and Shatila massacres。

比金，攝於1987年
Ralph Crane/Camera Press from Globe Photos

begonia＊　秋海棠　秋海棠屬植物的通稱，約一千種，大多數爲肉質植物、熱帶或亞熱帶植物，有許多種的花或葉色彩鮮豔，用作室內盆栽植物或花園植物。秋海棠有數目衆多而讓人眼花繚亂的栽培系列變種。蠟秋海棠是夏天最常見的花壇植物；天使翅秋海棠的特徵是莖高；多毛秋海棠具有氈狀葉。多數種類都較柔嫩，不耐乾旱；不宜受強烈光照。

Behan, Brendan (Francis)＊　貝安（西元1923～1964年）　愛爾蘭作家。八歲開始酗酒，是一位反英志士，曾多次被捕入獄。《管教所的少年》（1958）寫他身居囹圄的情況，將樸實的諷刺與有力的政治評論結合在一起。第一部劇本《怪人》（1954）暴露地陳述死刑懲罰和監獄生活。第二部劇本《人質》（1958年上演）是他的傑作。他還寫了詩作、短篇故事、廣播劇、軼事、回憶錄和一部小說。

behavior genetics　行爲遺傳學　研究生物體的基因組成對其行爲的影響，以及在行爲形成過程中遺傳和環境（「自然的」和「培養的」）之間的相互作用。高爾頓是研究這一領域的第一位科學家，他試圖證明家庭中的精神力量。繼他之後有大量的研究工作試圖建立智商與遺傳之間的關係，但誰都沒有得出結論。可能具有遺傳性質的其他人類特徵或行爲包括精神分裂症、酒精中毒、抑鬱症、內傾與外傾行爲，以及一般活動水平（包括睡眠障礙）。許多這樣的研究是根據長時間地觀察生長在不同環境裡的一樣的（單卵的）雙胞胎的表現而得出的，觀察他們的學習能力、性行爲以及攻擊性行爲，還使用選擇育種來產生個體遺傳相似的群體，以與其他的非相似個體或群體進行比較。亦請參閱genetics、human nature。

behavior therapy 行爲療法 亦稱行爲矯治法（behavior modification）。用根據實驗得出的學習原理來治療心理障礙和控制行爲。這一概念源於桑戴克的工作，透過包括斯金納在內的行爲主義理論家而在美國推廣開來。行爲療法的基礎是自發條件反應，行爲符合要求時就給予獎勵。與有意識的經驗或無意識的過程幾乎沒有關係。對於遺尿症、抽搐、恐怖症、口吃、強迫觀念－強迫行爲症以及各種神經障礙症，這樣的治療技術取得了一些成功。行爲矯治法更普遍地指一些強化技術，用於按照所要求的目標來塑造個體的行爲，或者用於控制教室或公共機構場所的行爲。亦請參閱psychotherapy。

behaviourism 行爲主義 兩次世界大戰期間在美國曾居統治地位，而且至今仍有深遠影響的一個心理學學派。經典的行爲主義只關心行爲的客觀證明（所測得的對刺激的反應），排斥思想、情緒和各種內心的精神體驗（參閱conditioning）。行爲主義來源於1920年代華生（借自巴甫洛夫）的工作，在接下來的幾十年中，霍爾和斯金納又加以發展。透過托爾曼的工作，古板的行爲主義學說開始被加以補充和取代，承認報告中提到的精神狀態的影響以及知覺方面的差異。行爲主義者理論的自然發展成果就是行爲療法。

Behn, Aphra＊ 貝恩（西元1640～1689年） 英國戲劇家、小說家和詩人，第一位以寫作爲生的英國婦女。出身不明（也不知其娘家姓），不過知道她早年在南美洲度過。1658年嫁給英國商人貝恩。她的小說《歐奴諾克》（1688）寫的是她在南美結識的一個淪爲奴隸的非洲王子，此書影響了英國小說的發展。第一部劇本《逼婚》上演於1671年。後來她寫了一些詼諧的喜劇，如兩部《流浪者》（1677、1681），十分成功。終其一生寫過許多受歡迎的小說。

Behrens, Peter＊ 貝倫斯（西元1868～1940年） 德國建築師。1903年任杜塞爾多夫工藝學校校長。1907年成爲大型企業通用電氣公司的產品藝術顧問。1909～1912年設計的帶連綿的玻璃帷幕牆的透平車間（在柏林）成爲當時德國最壯觀的建築物。他是現代主義最具影響的先驅，當時格羅皮厄斯、科比意和密斯·范·德·羅厄都曾在他的設計室工作。

貝倫斯，李卜曼（Max Liebermann）繪
Archiv fur Kunst und Geschichte, Berlin

Behrman, S(amuel) N(athaniel)＊ 貝爾曼（西元1893～1973年） 美國劇作家。生於麻薩諸塞州烏斯特，曾爲紐約報紙和雜誌寫稿，並在哈佛大學研究戲劇。第一部劇作是輕喜劇《第二個人》（1927）出版後，即獲成功。以後的成功之作包括《流星》（1929）、《瞬間》（1931）和《傳記》（1932）。主題較嚴肅的戲劇如《雨自天堂來》（1934）和《不是喜劇的時代》（1939）。以探討複雜的社會和道德問題著稱。他在四十年創作生涯中共寫了超過二十五部喜劇，幾乎每部劇都受到歡迎。

Beiderbecke, Bix＊ 畢斯拜德貝克（西元1903～1931年） 原名Leon Bismarck Beiderbecke。美國爵士樂短號演奏家和作曲家，以溫柔、清澈的音調和內省式的表演方法著稱。他不受路易斯阿姆斯壯的影響，獨立發展出自己的風格，成爲1920年代芝加哥爵士樂風格的主要演奏家。他對印象派作曲家如德布西的興趣反映在他的演奏和作曲中。他與薩克管手特朗博爾一起在戈德凱特和懷特曼的樂隊工作。他因酗酒而早逝，使他成爲早期爵士樂的傳奇人物。

畢斯拜德貝克
Brown Brothers

Beijing＊ 北京 亦拼作Pei-ching、Peking。舊稱北平（1928～1949）。中國的直轄市和首都（1999年市區人口約6,633,929，含所屬各縣計12,570,000）。位於鄰近東北的寬闊平原上，自古即有人在此定居。北京曾屢易其名，其中之一爲1264年忽必烈的皇廷所駐蹕、馬可波羅曾經探訪的大都城。1421年，明朝政府遷都北京。在滿族的統治下，它仍保有原來的地位。1860年和1900年間兩度爲歐洲軍隊所占領（參閱Boxer Rebellion），受到重大破壞。1928年，政府將首都遷至南京，將舊都改稱北平。1937年，離北京不遠處發生盧溝橋事件。1949年，共產黨內戰勝利後，重新恢復北京原名及其首都的地位。北京乃是中國的文化與教育中心，其古老的紫禁城包括過去的帝王宮殿；緊鄰在外的天安門廣場，是世界上最大的公共廣場。興建於15世紀的北京城牆，有部分在文化大革命中被炸毀。2001年，北京獲選主辦2008年夏季奧運會。

Beijing Opera 京劇 （中文「京戲」意爲「首都的戲劇」）傳統中國戲劇，起源自西元1790年，原本屬於慶賀乾隆皇帝生日的節目之一。京劇乃是相當形式化與富於象徵意味的戲劇，它結合中國的管絃樂、對白、歌唱、舞蹈與雜技。表演者所演出的劇本取材自歷史題材、傳說與神話。劇中人的角色和社會地位則透過精緻的服飾和形式化的裝扮來呈現。京劇的傳統是全以男性爲班底，由他們來扮演女性角色。但晚近京劇的發展已開拓其視野，接納女伶。名伶梅蘭芳曾於1930年代前往美國與俄羅斯巡迴表演，從而將京劇的影響推擴到西方。

Beijing University 北京大學 中國最古老、最重要的大學之一。前身是創建於1898年的京師大學堂，至1911年方改制爲大學。1920年代，北京大學乃是進步思想的中心。日本侵略中國期間（1937～1945），曾暫時遷往雲南省復校。文化大革命最初的騷動，就是在1966年於北大校園萌發的；1966～1970年間該校教育因此中斷。北京大學近來已恢復其地位，在不以技術爲主的大學中居於領先地位。北京大學設有二十五個科系和幾所研究機構，並擁有中國最大的大學圖書館。註冊人數約13,000人。

Beilstein, Friedrich Konrad＊ 貝爾斯坦（西元1838～1906年） 俄國化學家。從1866年到他退休，一直在聖彼得堡皇家工學院執教。他的《有機化學手冊》（1880～1883第一版）對一萬五千種有機化合物作了充分的描述。

1937年第四版（二十七卷）定期以補編形式補充最新資料，至今仍是有機化學工作者們必備的參考書。

Beira＊ 貝拉 莫三比克東南部港口城市（1997年人口412,588），位於尚比西河河口附近。爲莫三比克中部、辛巴威和馬拉威的主要港口。1891年建爲一家貿易公司總部。1942年歸葡萄牙政府管理。1975年莫三比克獨立後，歸屬之。它是來自南非、辛巴威、剛果、尙比亞和馬拉威各條鐵路的終點站。

Beirut＊ 貝魯特 黎巴嫩城市（1998年都會區人口約1,500,000）和首都。黎巴嫩主要港口與最大城市地處黎巴嫩山脈山麓。最早是腓尼基人的居民點，西元前1世紀在羅馬統治下崛起。西元635年爲阿拉伯人占領。1110～1291年間基督教十字軍控制了貝魯特，後來相繼受薩拉森人、德魯士和鄂圖曼土耳其人的統治。1920年成爲新國家黎巴嫩（受法國託管）的首都，1941年成爲獨立的黎巴嫩首都。貝魯特繼續繁榮發展，爲中東地區的主要銀行和文化中心。1975年爆發黎巴嫩內戰後，貝魯特失去了這個重要地位，成爲主要的攻擊目標，多年來遭受重創。1990年停戰後，城市開始緩慢地重建。

Béjart, Maurice＊ 貝雅爾（西元1927年～） 原名Maurice Jean Berger。法國－比利時舞者、編舞家和歌劇導演。生於馬賽，學藝於巴黎，曾隨幾個芭蕾舞團四處巡迴演出。1954年在巴黎創立明星芭蕾舞團（後爲貝雅爾芭蕾劇院）。1959年遷往布魯塞爾，改名爲20世紀芭蕾舞團，該團成爲世界一流的舞團。他以與衆不同的、往往有爭議的方式重排傳統劇目，因而得名。1961年起他也導演歌劇，上演了《霍夫曼的故事》以及白遼士的《浮士德罰入地獄》和其他作品。1987年舞團遷往瑞士，更名爲洛桑貝雅爾芭蕾舞團。

Béjart family＊ 貝雅爾家族 17世紀法國戲劇世家。約瑟夫（1617?～1659）、路易（1630～1678）及其姐妹馬德萊娜（1618～1672）和熱納維埃夫（1622?～1675）是馬德萊娜領導的巡迴劇團的成員。1643年他們加入莫里哀的第一個劇團「盛名劇團」，在莫里哀戲劇中創造過許多角色。馬德萊娜的妹妹（可能是她的女兒）阿曼德（1642～1700）在1653年加入該劇團，1662年她嫁給了莫里哀，並在他的許多劇中擔任女主角。莫里哀去世後，她繼續帶領劇團表演，直至1680年與另一個劇團合併而成法蘭西喜劇院。

Bekáa Valley＊ 貝卡谷 亦作Al Biqa。古稱Coele-Syria。黎巴嫩谷地。位於黎巴嫩山脈和前黎巴嫩山脈之間，長約130公里，寬約15公里。上奧龍特斯河和利塔尼河橫貫谷地，是一個農業區。古時候的一座大城巴勒貝克就在那裡。近幾十年來，貝卡爲敘利亞人與黎巴嫩人之間以及巴勒斯坦解放組織軍隊不斷發生小規模戰鬥的地方。

Békésy, Georg von＊ 貝凱西（西元1899～1972年） 美籍匈牙利物理學家和生理學家。1947年移民美國，1947～1966年在哈佛大學教書。他發現聲音振動以波的形式沿耳蝸中的耳膜傳播，在膜的不同部位達到最大振幅，那裡的神經感受器確定出音調和響度。他的研究結果大大地擴展了人們對聽覺過程的瞭解，部分地借助於他幫助設計的儀器，他還區分出不同類型的失聰，從而可選擇合適的治療方法。1961年獲諾貝爾獎。

Bekhterev, Vladimir (Mikhaylovich)＊ 別赫捷列夫（西元1857～1927年） 俄羅斯神經生理學家和精神病學家。他是巴甫洛夫的競爭對手，獨立提出了條件反射理論。其最持久的工作是對腦部構造的研究，以及對神經症狀和精神病的描述。他發現了腦中的上前庭核（今稱別赫捷列夫氏核）和其他的腦部組織，描述了脊椎痲木症（脊椎炎畸變，又稱別赫捷列夫氏病）和其他疾病。他創辦了俄國第一份關於精神病的期刊。他對行爲研究的方法影響了美國正在成長的傾向行爲主義的運動。

Bel 貝勒 古阿卡德人所崇奉的大氣之神，與安努和埃阿共稱聯立三神。蘇美人稱他恩利爾。據說他的呼吸帶來了颶風和春天的和風。他是農業之神，比衆神之首的安努來得重要。作爲貝勒，他是秩序和命運之神。作爲恩利爾，在一個解釋四季輪迴的神話裡，他因強暴其配偶甯利爾（貝利特）而被放逐到地下世界。

Bel 貝勒 ➠ Marduk

Belafonte, Harry＊ 貝拉方提（西元1927年～） 原名Harold George Belafonte, Jr.。美國歌手、演員和製作人。生於紐約市，爲來自馬提尼克與牙買加的移民。1935～1940年與母親一同住在牙買加。1950年代早期，他以〈嗲－哦〉（香蕉船之歌）以及〈再會牙買加〉等西印度群島風格的樂曲創作了即興諷刺的歌曲卡利普索，蔚爲時尚。他在電影《卡門．瓊斯》（1954）以及《陽光島嶼》（1957）擔綱演出，後來成爲第一位黑人電視製作人。1960年代、1970年代他是一位傑出的民權運動人士。

Belarus 白俄羅斯 亦作Byelarus。舊稱Belorussia。歐洲中北部共和國。面積207,600平方公里。人口約9,933,000（2002）。首都：明斯克。人民以白俄羅斯人占多數，俄羅斯和烏克蘭人爲少數民族。語言：白俄羅斯語和俄羅斯語（均爲官方語）。宗教：以東正教爲主。貨幣：盧布。西杜味拿河流經該國北部，聶伯河則流經東部，南部沿著普里皮亞季河是大片的沼澤地區。涅曼河上游流經西部。布格河穿過西南部，形成一段與波蘭的疆界。主要城市除明斯克外，還有戈梅利、馬休瑤和維捷布斯克。經濟以農業爲主。政府形式：

多黨制中央集權共和國，一院制。國家元首暨政府首腦爲總統。現在的白俄羅斯人享有一種不同的身分和語言，但在這以前他們從未享有政治主權。現在的白俄羅斯這塊領土以前常遭分割並經常易手，其歷史與鄰國歷史是糾結在一起的。中世紀時，曾爲立陶宛和波蘭人

統治。波蘭遭第三次分割後，俄羅斯統治該區。第一次世界大戰後，西部劃歸波蘭，東部成爲蘇聯的領土。第二次世界大戰後，蘇聯兼併了更多的波蘭領土，擴增了白俄羅斯蘇維埃社會主義共和國的疆土。1986年大部分地區受到車諾比事件的污染，迫使許多人撤離家園。1991年白俄羅斯宣布獨立，後來加入獨立國協。1990年代面臨日益嚴重的政治混亂中，1997年提出與俄國聯盟，21世紀之初這項提議還在爭論中。

Belarusian language＊　白俄羅斯語　亦作Belarusan language或Byelorussian language或Belorussian language。屬於東斯拉夫語支，全世界有1,020萬人講此種語言。從14世紀起，教會的斯拉夫文手稿中開始出現白俄羅斯語的特徵（參閱Old Church Slavonic language）。15～16世紀時，立陶宛大公國所用的官方語言就包含了相當多白俄羅斯語的要素，與教會的斯拉夫語、烏克蘭語和波蘭語混雜在一起。以前的白俄羅斯語是不夠精緻的，到了20世紀初才把它當作一種現代的文學語言，當時才建立起用西里爾字母書寫的拼音規則。長期以來它一直在爲對抗俄羅斯語、保存自己而奮鬥，尤其是在白俄羅斯的城市中心地區，那裡已經高度俄羅斯化和白俄羅斯語－俄語雙語化。

Belasco, David＊　比拉斯可（西元1853～1931年）　美國戲劇製作人和劇作家。曾當過演員四處巡迴演出，後來先在舊金山，後在紐約（自1880年起）擔任劇院經理。1890年開始當獨立製作人，1906年建立自己的劇院。在他的劇院中引入了一些變革：如舞台照明、使用眞實的布景，並要求高水準的製作。他成功地爲反對壟斷性的劇院辛迪加而奮鬥。他自己撰寫或改編了許多劇本，包括《蝴蝶夫人》（1900）和《西部的姑娘》（1905）等，後者被普契尼改編成歌劇。

Belau ➠ Palau

Belém＊　貝倫　巴西北部城市（2000年都會區人口約1,271,615），帕拉州首府和港口。貝倫港濱臨亞馬遜河大三角洲中的帕拉河，離大西洋145公里。1616年始建爲要塞居民點，隨著逐漸發展，它幫助葡萄牙人鞏固了在巴西北部的霸權。1772年設爲州首府。19世紀末，因是亞馬遜地區橡膠業的主要出口中心而一度繁榮。1912年橡膠業沒落以後，貝倫仍是巴西北部的商業中心和亞馬遜河的主要港口。

belemnoid＊　箭石　亦稱belemnite。絕滅的頭足類成員，具有一個很大的內殼。最初出現於早石炭紀（約3.45億年前），始新世（3,660萬年前結束）期間絕滅。大多數品種的內殼是直的，但有些品種的內殼是鬆捲的。殼用以支撐身體，並附著肌肉，使該動物能補償水深的壓力和它自己的體重。亦請參閱ammonoid。

白堊系的箭石複製圖
By courtesy of the American Museum of Natural History, New York

Belfast　貝爾法斯特　北愛爾蘭的區、海港和首府（1999年人口約297,200）。位於拉甘河畔，在石器和青銅器時期該地區已有人居住，鐵器時期堡壘的遺址還可見到。貝爾法斯特的現代史始於17世紀早期，當時奇切斯特提出計畫，讓英格蘭和蘇格蘭的定居者到此殖民。1641年經歷了愛爾蘭起義，後來在經濟上取得重要地位，特別是在1685年取消南特敕令以後，法國胡格諾派難民大量遷居此地，發展成亞麻貿易中心。19～20世紀成爲愛爾蘭新教主義中心，開始了宗教派別的衝突。最近的幾次衝突發生在1960年代，並持續到1990年代。1998年達成一項臨時和平協議。該市是北愛爾蘭的教育和商業中心。

belfry　鐘樓　獨立的或附在另一建築上的鐘樓。更具體地是指塔樓上掛鐘以及鐘的木支架的房間。鐘樓是比利時哥德式建築的一個顯著特徵，特別是在法蘭德斯地區。布魯日行會廳的鐘樓（13世紀晚期）是典型的例子。「Belfry」一詞來自中世紀的圍塔，是一種很高的木結構，可以捲起而成堡壘的牆，藏在裡面的武士們可以發起強攻。

Belgae＊　比利其人　指塞夸納河（今塞納河）和馬特隆納河（今馬恩河）以北的高盧居民。此詞顯然由凱撒首先使用，他勝利取得高盧（西元前54～西元前51年）後，將許多比利其人送往不列顛建立一些王國，其中最重要的是在科爾切斯特郡的聖阿本斯和錫爾切斯特。

Belgian Congo　比屬剛果 ➠ Congo

Belgica＊　貝爾吉卡　古代高盧東北部的行省，奧古斯都將高盧分成的幾個行政區之一，疆域從塞納河至萊茵河，包括低地國家。首府是杜羅科托倫雷摩倫（今法國理姆斯）。在圖密善統治下，部分地區成爲上、下日耳曼兩省；後來在戴克里先統治時期，餘下的部分又分成主貝爾吉卡和次貝爾吉卡。5世紀時貝爾吉卡被法蘭克人的王國吞併。亦請參閱Belgium。

Belgium＊　比利時　法語作Belgique。法蘭德斯語作België。歐洲西北部王國。面積30,528平方公里。人口約10,280,000（2002）。首都：布魯塞爾。居民大部分是法蘭德斯人和瓦隆人。北半部操法蘭德斯語（通行於比利時的荷蘭語）的法蘭德斯人占人口一半以上，住在南半部操法語的瓦隆人略超過1/3。語言：荷蘭語、法語和德語（官方語）。宗教：天主教（90%）、伊斯蘭教和新教。貨幣：歐元。比利時可劃分爲幾個地理區，東南部是森林密布的亞耳丁高地，

延伸到默茲河以南，包括比利時最高點波特倫奇山（海拔694公尺）。中比利時是個肥沃地區，須耳德河的支流穿越其間。下比利時包括西北部低平的法蘭德斯平原以及多條運河。濱海法蘭德斯濱臨北海，農業欣欣向榮。主要的北海港口是奧斯坦德，但是靠近須耳德河

河口的安特衛普貿易量更大。天然資源稀少，所以從進口的原料製造商品在經濟上扮演重要的角色，該國也高度工業化。政府形式是聯邦君主立憲制，兩院制。國家元首是國王，政府首腦爲總理。古時比利其人（塞爾特人一支）已在該地定居。西元前57年凱撒征服該區，在奧古斯都時代設爲羅馬帝國的貝爾吉卡行省。後來被法蘭克人征服，分裂爲幾個半獨立的公國，包括布拉班特和盧森堡。15世紀末，尼德蘭領土（未來的比利時是其一部分）逐漸統一並落入哈布斯堡王室手中。16世紀成爲歐洲商業中心。現代比利時的基礎是建立在1579年的烏得勒支聯盟之後南部信奉天主教的各省與北部諸省分裂。1801年政府被法國人推翻和吞併。1815年再被併入荷蘭王國，1815年成爲獨立的尼德蘭王國。1830年公民暴動過後，成立獨立的比利時王國。在利奧波德二世統治下在非洲取得大片土地。第一次和第二次世界大戰時都曾被德軍占領，曾是突圍之役的發生地。內部不和導致在1970年代和1980年代制定許多法令，根據語言分布情況創立三個幾乎自治的區域：法蘭德斯（法蘭德斯語）、瓦隆（法語）和布魯塞爾（雙語）。1993年這三個自治區組成聯邦。現爲歐洲聯盟的一員。

Belgrade＊　貝爾格勒　塞爾維亞語作Beograd。塞爾維亞與蒙特內哥羅首都（1999年人口1,168,454）。位於多瑙河與薩瓦河匯合處。是巴爾幹半島上最重要的商業和交通運輸中心之一。西元前4世紀塞爾特人在此定居，後被羅馬人占領，稱之爲辛吉杜努姆。6世紀時被阿瓦爾人摧毀。11世紀成爲拜占庭的邊境城市。13世紀由塞爾維亞人統治。15世紀鄂圖曼土耳其人包圍這座城市，1521年蘇萊曼一世的軍隊終於控制該城，土耳其人的統治幾乎一直持續到19世紀。1882年成爲塞爾維亞王國的首都。第一次世界大戰後爲新的塞爾維亞、克羅埃西亞和斯洛維尼亞王國（1929年更名爲南斯拉夫）首都。1941～1944年在納粹占領下遭到嚴重破壞。1999年在科索沃衝突中遭北大西洋公約組織轟炸，破壞十分嚴重。

Belgrade, Peace of　貝爾格勒和約（西元1739年）　指鄂圖曼帝國結束與俄國四年戰爭的和平條約，也指鄂圖曼帝國結束與奧地利兩年戰爭的和平條約。1735年俄國企圖在黑海北岸建立它自己的勢力。1737年奧地利加入俄方參戰，由於軍事失利，奧地利於1739年9月單獨與鄂圖曼帝國締結和約，將塞爾維亞的北部（包括貝爾格勒）和小瓦拉幾亞割讓給鄂圖曼帝國。由於奧地利的背叛，俄國也不得不於同月接受屈辱性的和平條款。條約規定，俄國戰艦不得駛入黑海，俄國在黑海上的貿易要完全由鄂圖曼的貨船裝運。

Belhadj, Ali＊　貝勒哈吉（西元1956年～）　阿爾及利亞的主要反對團體「伊斯蘭解放陣線」的副領導人。生於突尼西亞，父母爲阿爾及利亞人，原爲中學教師和伊瑪目。1989年，他與立場較爲溫和的曼達尼登記成立了伊斯蘭解放陣線這個政黨。1990年該黨在地方選舉中獲得多數選票；1991年阿爾及利亞政府宣布戒嚴並將貝勒哈吉與曼達尼監禁入獄。1994年起貝勒哈吉改爲軟禁。

Belidor, Bernard Forest de＊　貝利多爾（西元1698～1761年）　法國軍事工程師和土木工程師。在法國陸軍服役後，他研究測量地球弧度的方法。任法國軍事學校炮兵教授時，他寫了許多關於工程學、炮術、彈道學和防禦工程學等著作，但成名之作主要是一部四卷本的《水利建築》（1737～1753），內容包括工程力學、水磨與水輪、水泵、港口和海上工程等。

Belinsky, Vissarion (Grigoryevich)＊　別林斯基（西元1811～1848年）　俄國文學批評家。1832年被莫斯科大學開除後，擔任新聞記者，以剖析民族主義教條的評論性文章聞名。他主張文學應表達出對政治和社會的看法，對當代蘇維埃文學評論影響很大，常被稱爲俄國激進知識分子之父。

Belisarius　貝利薩留（西元約505～565年）　拜占庭帝國將軍。原爲皇帝查士丁尼一世的貼身侍衛，西元525年左右被任命爲東部軍隊指揮，530年在達拉戰役打敗波斯人。533年率遠征軍搗毀了北非的汪達爾王國。535～537年從東哥德人手中收復義大利南部和西西里。537～538年防衛了羅馬。哥德人向他提供王位，引起查士丁尼不滿，把他從義大利召回。544～548年再度受命前往羅馬，但軍隊裝備不全，548年被納爾塞斯替換下來。貝利薩留對查士丁尼仍忠心耿耿，559年再次被起用，驅逐入侵的匈奴人。

Belit＊　貝利特　古阿卡德人崇奉的命運女神。是貝勒的配偶，月神辛的母親。蘇美人稱她爲寧利爾。阿卡德人有時把她認作伊什塔爾。寧利爾爲穀物之神，有故事說她被風神恩利爾強暴，該故事反映了授粉、成熟和毀滅的四季迴圈。

Belitung＊　勿里洞　亦作Billiton。印尼島嶼（1980年人口約164,000）。位於中國海與爪哇海之間，婆羅洲的西南。長88公里，寬69公里，面積4,833平方公里。主要的城鎮和港口是丹戎潘丹。1812年蘇門答臘巨港的蘇丹把它割讓給英國，1824年英國承認了荷蘭對該島的所有權。第二次世界大戰後歸屬印尼。1851年發現錫礦，因而有現在的重要地位。

Beliveau, Jean (Marc A.)＊　貝利沃（西元1931年～）　加拿大職業冰上曲棍球中鋒，生於魁北克的特羅雷維爾斯。1953～1971年爲蒙特婁加拿大人隊效命。在幾次延長賽中，他創造了射門成功七十九次，得176分的記錄，其中包括十七次史坦利盃錦標賽的冠軍，該記錄一直保持到1987年。

Belize＊　貝里斯　西班牙語作Belice。舊稱英屬宏都拉斯（British Honduras, 1840～1973）。中美洲國家。與墨西哥、瓜地馬拉爲鄰，濱臨加勒比海。面積22,965平方公里。人口約251,000（2002）。首都：貝爾莫潘。居民大多是各種族的混血種：克里奧爾人（歐洲和非洲人的混血種）、馬雅印第安人、梅斯蒂索人（馬雅和歐洲人的混血種）和加勒比黑人。語言：英語（官方語）、克里奧爾語和西班牙語。宗教：天主教、循道宗和安立甘宗。貨幣：貝里斯元（BZ$）。境內多山、沼澤和熱帶叢林。北半部包括由貝里斯河和洪多河等河流形成的沼澤低地，洪多河在北部形成與墨西哥的邊界線。南半部多山，包括了全國最高點維多利亞峰，海拔1,122公尺。該國近海處有世界上第二大堡礁。貝里斯相當繁榮，屬於開發中自由市場經濟（政府部分參與）。爲君主立憲國家，兩院制。國家元首是總督（代表英國君主），政府首腦爲總理。馬雅人在西元前300～西元900年就已定居於此，其舉行宗教儀式中心的廢墟至今猶存，其中包括卡拉科爾和蘇南圖尼奇。西班牙人從16世紀起就對貝里斯提出領土要求，但從未嘗試移民於此，不過他們視英國人爲妨礙者。英國洋蘇木砍伐者約在17世紀中葉抵達此地。1798年英國人終於擊敗西班牙的反對勢力。當移民開始滲透入內陸時，他們遭到印第安人的反抗。1862年英屬宏都拉斯成爲王室殖民地，但英國與瓜地馬拉在1859年簽定的條約中有一項未實現的條款讓瓜地馬拉聲稱擁有宏都拉斯的主權。此情況一直持續到1981年貝里斯獲准獨立。英國原本留有駐

軍保護該國安全，但在1991年瓜地馬拉正式承認其領土獨立後撤出。

Belize City　貝里斯市　貝里斯的城市（2000年人口49,050）。爲貝里斯前首都和主要海港，位於貝里斯河河口，10世紀以前貝里斯河一直是馬雅帝國一條人口稠密的貿易幹線。17世紀英國人在此定居。城市的地勢低平，僅略高於海平面，經常遭到颶風的嚴重破壞，所以在1970年遷都貝爾莫潘。

bell　鐘　一般用金屬製成的中空器，從內部以鐘舌或從外部以鐘槌撞擊時，可發出響亮的聲音。在西方，敞口鐘具有標準的「鬱金香」形。雖然這種敞口鐘振動模式基本上是不和諧的，但可以調音使較低的泛音產生出可以辨認的和弦。鍛造的鐘已有數千年的歷史。青銅時期首度鑄造鐘，中國人是第一批鑄造大師。鐘帶有廣泛的文化涵義，在東亞和南亞的宗教儀式中尤爲重要。在基督教（尤其是俄國東正教）中，鐘也應用在儀式中。修道院和教堂尖塔上的鐘聲用來鳴告時間，最初用以管理修道院的日常作息，後來也爲世俗世界報時。

Bell, Alexander Graham　貝爾（西元1847～1922年）　蘇格蘭裔美籍聽覺學家和發明家。生於愛丁堡，1871年移居美國，傳授其父親亞歷山大．馬爾維爾．貝爾（1819～1905）所發明的可見讀音系統。1872年在波士頓開辦自己的聾人教師培訓學校，並推廣這種教導聾人說話的方法。1875年成爲第一個用電線傳輸語音的人（他跟助手華生通話說：「華生，過來，我需要你」）。次年取得電話的專利權，1877年與人合資建立貝爾電話公司。1880年法國授予貝爾伏打獎金，資助他在華盛頓特區建立伏打實驗室。他的實驗導致許多發明：光電話機（用光線傳聲）、測聽計（測量聽覺的敏銳性）、格拉弗風電唱機（一種早期的錄音機），以及作爲格拉弗風電唱機的錄音介質、蠟筒及蠟盤。他還負責創建《科學》期刊、美國聾人教學語言促進協會（1890），並繼續對失聰進行重要的研究。

貝爾
Culver Pictures

Bell, (Arthur) Clive (Heward)　貝爾（西元1881～1964年）　英國藝術評論家。畢業於劍橋大學，爾後赴巴黎研習藝術。1907年與凡尼莎．史蒂芬成婚，她的妹妹是吳爾芙（後來嫁給李歐納德．吳爾芙）。貝爾與李歐納德．吳爾芙、弗賴組成布倫斯伯里團體的核心。貝爾最重要的美學思想發表在《藝術》（1914）及《塞尚以來》（1922）等著述中，宣傳他的「有意義的形式」理論（藝術作品有別於其他任何物件的品質）。他主張人們對藝術的欣賞包含對純形式品質的情緒反應，而與主題無關，這一論點引起廣大回響，影響長達數十年。

Bell, Cool Papa　貝爾（西元1903～1991年）　原名James Thomas Bell。美國棒球選手，生於密西西比州的斯塔克維。在他大部分的職業生涯裡，他是個左右手都能擊球的外野手。主要在黑人聯盟中打球，據說在兩百場比賽的球季中盜壘175次，被譽爲史上最快的跑壘者。他也是個打擊好手，五年的平均打擊率達.391。1972年選入棒球名人堂。

Bell, Gertrude　貝爾（西元1868～1926年）　英國女旅行家、作家和殖民地行政官員。牛津大學畢業後，遍遊了中東地區。第一次世界大戰以後，她寫了一篇廣被接受的報告，有關從戰爭結束到伊拉克叛亂之間美索不達米亞的行政管理，後來又幫助確定戰後的邊界。1921年她幫助麥加謝里夫的兒子費瑟一世登上伊拉克的王座。在幫忙創立伊拉克國家博物館的過程中，主張發掘的古物應留在原來的國家。

Bell, John　貝爾（西元1797～1869年）　美國政治領袖。曾任美國眾議員（1827～1841）和參議員（1847～1859）。他雖然是個大奴隸主，但反對擴大奴隸制度到美國各州，並投票反對承認堪薩斯州爲奴隸州。由於他維護聯邦體制，1860年被提名爲立憲聯邦黨的總統候選人，但只在三個州獲勝。後來在南北戰爭時支持南方。

Bell Burnell, (Susan) Jocelyn　貝爾．伯奈爾（西元1943年～）　原名Susan Jocelyn Bell。英國天文學家。她在劍橋大學擔任研究助理時，協助建構大型電波望遠鏡並發現怪異的脈衝電波訊號，命名爲脈衝星。接著確定這些星體是快速自轉的中子星，提出了第一個中子星存在的證明。1974年諾貝爾獎以脈衝星發現頒給休伊什（她的指導教授）和賴爾，卻漏列了貝爾．伯奈爾而引發爭議。後來她擔任空中大學教授及皇家天文學會的副主席。

bell curve　鐘形曲線 ➠ normal distribution

Bell Laboratories　貝爾實驗室　美國的研究和開發公司（1925年創建），開發了遠距通訊設備，並從事有關國防的研究。原爲美國電話電報公司的一部分，現屬1966年從該公司脫離出來的朗訊科技公司。貝爾實驗室已發明成千上萬種產品，包括第一個同步配音的電影系統、用繼電器的數位電腦、雷射、太陽電池、UNIX作業系統、C語言和C++語言等。貝爾的一些研究員還獲得了諾貝爾獎，如證明物質波動性的戴維遜、巴丁、布喇頓和發明電晶體的肖克萊以及發現了宇宙微波背景輻射的彭齊亞斯和威爾遜。如今貝爾實驗室在二十多個國家營運。

bell ringing ➠ change ringing

Bella, Ahmed Ben ➠ Ben Bella, Ahmed

A
B

belladonna　顛茄　茄科高大、灌木狀、致命的草本植物，亦指其乾葉和根製成的生藥，學名*Atropa belladonna*。原產歐亞大陸中部和南部，生長於林地或荒地。葉暗綠色，花淡紫色或淡綠色。漿果黑亮，櫻桃大小。根粗大，錐狀。顛茄有劇毒，栽培它是爲了提取藥材（生物鹼），用於鎮靜、興奮和鎮痙攣。但由於具有毒性和副作用，這些藥物漸爲合成藥物取代。

Bellamy, Edward*　貝拉米（西元1850～1898年）美國作家，麻薩諸塞州契卡比的原住民。十八歲時在德國求學，開始認識到城市貧民的困苦境遇。他一生從事進步事業，寫了好幾本反映他的關注和憂慮的書，但使他出名的主要還是烏托邦式小說《回顧》（1888），把2000年的美國描寫成一個以合作、兄弟情誼以及與人類的需要緊密相關的工業爲特徵的理想社會主義國家。這部小說銷售量超過一百萬冊，但續集《平等》（1897）就不再那麼暢銷。

貝拉米
By courtesy of the Library of Congress, Washington, D. C.

Bellarmine, St. Robert*　聖貝拉明（西元1542～1621年）　義大利語全名Roberto Francesco Romolo Bellarmino。義大利樞機主教和神學家。1560年加入耶穌會。1570年在西屬尼德蘭受神職並開始教授神學。1599年任樞機主教。1602年任大主教。他是初審伽利略著作的主要人員之一。貝拉明雖有點同情伽利略，但認爲最好僅宣布哥白尼體系爲「謬誤」。1616年天主教會照此宣布。他對基督教新教著作持公正態度，被視爲一個啓蒙的神學家。貝拉明捐獻全部私產賙濟貧寒，去世時一貧如洗。1931年追諡他爲教義師。

Belle Isle, Strait of　貝爾島海峽　加拿大東部海峽。大西洋通往聖羅倫斯灣的北部入口。長145公里，寬16～32公里。它在紐芬蘭北端與拉布拉多東南部之間流動，爲從聖羅倫斯航道和五大湖港口去歐洲的最短路線。寒冷的拉布拉多洋流流經海峽，延長了冰封時期，限制了通航期只有6～11月下旬。

Bellerophon*　柏勒洛豐　傳說中的希臘英雄。他是格勞科斯的兒子，薛西弗斯的孫子。年輕時在科林斯曾馴服並騎上一匹飛馬珀伽索斯。阿戈斯國王普洛托斯的妻子愛上了他，向他求愛不成便向丈夫誣陷他企圖強暴。普洛托斯於是派他去呂西亞國王之處，並帶信要求國王把他殺掉。國王令他殺死怪獸客邁拉，他靠飛馬的幫助殺死怪獸，呂西亞國王就把自己的女兒許配給他。後來他失去諸神恩寵，憂鬱地到處遊蕩。另外一種說法是他想乘飛馬上天，被珀伽索斯甩下而致殘。

bellflower　風鈴草　桔梗科風鈴草屬植物，約三百種，一年生、二年生或多年生草本。花鐘狀，通常藍色。主要原產於南北半球的溫帶北部、地中海地區和熱帶山區。分布地區和棲地可能很不相同。原產於歐亞北部和北美東部，但也在花園中生長的品種有圓葉風鈴草和美洲風鈴草。匍匐風鈴草是遭人討厭的花園雜草。桔梗科共有四十屬，七百種，其中極少數可食用的品種包括牧根草風鈴草，在歐洲部分地區當作蔬菜食用。還有一些粗壯的種類，尤其是Canarina屬、Clermontia屬和Centropogon屬的種類，其漿果可食。

風鈴草屬的一種
W. H. Hodge

Bellini, Vincenzo　貝利尼（西元1801～1835年）　義大利作曲家。出身西西里音樂世家，在那不勒斯音樂學校受教育。二十四歲時寫了第一部歌劇，三十三歲去世前還完成了九部。最著名的是《海盜》（1827）、《卡普列蒂家族和蒙太基家族》（1830）、《夢遊女》（1831）、《諾爾馬》（1831）和《清教徒》（1835）。他的作品主要依靠優美的聲樂旋律（「美聲唱法」），在受歡迎的程度上，可與同時代的羅西尼和董尼才第相媲美。

Bellini family*　貝利尼家族　義大利畫家家族。雅各布・貝利尼（1400?～1470/1471）曾師從法布里亞諾的秦梯利，1440年左右他在威尼斯擁有一間生意興隆的畫室。比他的繪畫作品更爲重要的是保留下來的兩部素描集，裡面有近三百幅素描畫。他是曼特尼亞的岳父。其兒秦梯利（1429?～1507）繼承了他的素描集和畫室。現存重要的秦梯利作品是兩幅巨大的油畫：《眞十字架聖物遊行》（1496）和《聖洛倫索橋上的奇蹟》（1500），描繪了當時威尼斯的生活場景。秦梯利的弟弟喬凡尼（Giovanni，亦作Giambellino，1430?～1516）是這個家族最偉大和最多產的畫家。他把威尼斯轉變爲與佛羅倫斯和羅馬並駕齊驅的文藝復興中心之一。喬凡尼是早期的油畫大師，主要畫宗教畫，也擅長人物肖像畫，其中以《洛雷丹總督》（1501?）最爲有名。提香和喬爾喬涅可能在他的工作室受過訓練。亦請參閱Venetian school。

Belloc, (Joseph-Pierre) Hilaire*　貝羅克（西元1870～1953年）　法國－英國詩人、史學家、天主教辯護士和散文作家。是多才多藝的作家，以輕鬆詩，特別是爲兒童寫的輕鬆詩，以及淺顯而優美的散文聞名。作品包括《韻文和十四行詩》（1895）、《壞孩子的動物故事書》（1896）、《現代旅行家》（1898）、《伯登先生》（1904）和《警世故事》（1907）等。還曾寫過幾部歷史作品，包括四卷《英國史》（1925～1931）。

Bellotto, Bernardo　貝洛托（西元1720～1780年）以卡納萊托（Canaletto）知名。義大利風景畫家，稱作vedute（「視覺繪畫」）。爲卡納萊托的外甥，曾跟從他習畫，並取其姓，透過這個姓氏讓人知道他。1747年離開義大利到歐洲各國擔任宮廷畫師，最著名的是1747～1766年住在德勒斯登爲腓特烈・奧古斯特二世（1747～1766）當畫師，以及1767～1780年在華沙爲斯坦尼斯瓦夫二世任宮廷畫師。其精確詳細的波蘭首都風景畫，在第二次世界大戰後成爲該城史跡復建工程的參考。其風格與他舅父的不同，帶有荷蘭的特點（如投射陰影、大片雲彩、色調陰沈）。

Bellow, Saul　貝婁（西元1915年～）　美國（加拿大出生）小說家。出生於加拿大蒙特婁附近俄裔猶太人家庭，自幼能講流利的意第緒語。九歲時，全家移居芝加哥。他在那裡長大並上學院就讀。在紐約生活幾年後，回到芝加哥任教。其著作使他成爲第二次世界大戰以後活躍於美國文壇的美籍猶太作家的代表，作品刻畫那些儘管爲社會所鄙棄但精神不屈的現代城市居民；他結合高深的文化修養與市井平民的智慧構成了作品的獨創性。小說作品包括《奧吉・瑪琪歷險記》（1953；獲國家圖書獎）、《爭此朝夕》（1956）、《雨王亨德森》（1959）、《何索》（1964；獲國家圖書獎）、《賽姆勒先生的行星》（1970；獲國家圖書獎）、《韓伯特的禮物》

（1975；獲普立茲獎）和《副主教的十二月》（1982）。1976年獲諾貝爾文學獎。

bellows 風箱 產生空氣射流的機械裝置，通常是一個帶撓性側壁的鉸接箱體，脹開時通過向內開啓的閥吸入空氣，壓縮時通過排氣嘴排出空氣。中世紀在歐洲發明，鐵匠或鍛工在鍛造時常用它來加速燃燒，或用於操作簧管樂器或管風琴。

Bellows, George Wesley 貝羅茲（西元1882～1925年） 美國油畫家和版畫家。曾在紐約美術學院師從亨萊學畫，與垃圾箱畫派畫家們來往密切。最著名的是他畫的拳擊場景，油畫《在夏基那聚會的男人們》（1909）描繪一場不合法的拳擊賽，引起轟動。他是軍械庫展覽會的組織者之一。從1916年到他去世，共創作了兩百多幅系列版畫，包括人們熟知的《登普西和費爾波》（1924）。

貝羅茲的《在夏基那聚會的男人們》（1909），油畫；現藏俄亥俄州克利夫蘭藝術博物館
By courtesy of the Cleveland Museum of Art, Ohio, Hinman B. Hurlbut Collection

Bell's palsy 貝爾氏麻痺 ➠ paralysis

Belmondo, Jean-Paul * 楊波貝蒙（西元1933年～） 法國電影演員。在巴黎學習並在省級劇團演出後，在電影裡演了些小角色，後來在高達執導的《斷了氣》（1960）中出演，獲得了國際讚譽。雖然長相不是很英俊，但在新浪潮影片中，是搶眼的反英雄角色。到1963年，他已拍了二十五部電影，後來拍的國際性影片有《巴黎大盜》（1967）、《波薩利諾》（1970）、《斯塔維斯基》（1974）和《悲慘世界》（1995）等。

Belmont family 貝爾蒙特家族 美國銀行、金融、政治和藝術收藏方面的名門望族。該家族在美國的創始人奧古斯特·貝爾蒙特（1816～1890），爲出生於普魯士猶太家庭的銀行家和外交家。十四歲時進入羅思柴爾德家族的法蘭克福銀行工作。1837年遷居紐約，擔任羅思柴爾德銀行在美國的代理，並爲日後自設銀行奠定基礎，後來他的銀行成爲美國的最大銀行之一。他還積極參與政治活動，強烈反對奴隸制度，在南北戰爭爆發後，他對英法等國的商界和金融界發揮很大的影響力，使他們支持聯邦政府。他還將純種馬賽馬引進美國（參閱Belmont Stakes）。他與美國海軍准將馬修·伯理之女成婚。兒子伯理（1850～1947）曾擔任美國國會議員，並著有美國歷史和政治書籍數冊。另一個兒子小奧古斯特（1853～1924）接管銀行的全部業務，並對紐約市地下鐵的建設投資，其妻埃莉諾則贊助大都會歌劇院公司。

Belmont Stakes 貝爾蒙特有獎賽 創始於1867年，爲美國三冠王馬賽中歷史最悠久的一項，名稱取自奧古斯特·貝爾蒙特（參閱Belmont family）。比賽固定在長島花園城附近的貝爾蒙特公園舉行，跑道長度定爲約2,400公尺，每年6月初舉行。

Belmopan * 貝爾莫潘 貝里斯城市（2000年人口約8,130）和首都。地處貝里斯河河谷，距離舊都貝里斯市約80公里。在原首都貝里斯市屢遭颶風破壞後，定貝爾莫潘爲新都，此址深入內地，以免再受洪水之害。1966年開始興建，1970年正式成爲首都。

Belo Horizonte * 貝洛奧里藏特 巴西東部城市（1991年市區人口1,530,000；都會區人口3,899,000）。米納斯吉拉斯州首府，位於埃斯皮尼亞蘇山的西坡，海拔857公尺。19世紀末被選爲首府，以解決舊首府無法再擴張的問題。是巴西第一個規畫好的城市，該市呈輻射狀，格局仿美國華盛頓特區和阿根廷的拉布拉他市。貝洛奧里藏特是大農業地區的中心，也是該地區的工商業中心。

Belorussia ➠ Belarus

Belorussian language ➠ Belarusian language

Belsen 貝爾森 ➠ Bergen-Belsen

Belshazzar * 伯沙撒（卒於約西元前539年） 巴比倫王國攝政。伯沙撒一名起初僅見於〈但以理書〉中，記載他是尼布甲尼撒的兒子，而巴比倫銘文則說他是國王拿波尼度的長子。西元前550年拿波尼度在外流亡時，曾把王位及其軍隊主力交給了伯沙撒。但據〈但以理書〉所載，伯沙撒在最後一次擺設盛筵時，忽然看見有一隻手在牆上寫下："mene, mene, tekel, upharsin"等語，先知但以理對此解釋爲一種來自上帝的審判，預言巴比倫即將淪亡。西元前539年巴比倫落入波斯人之手後，伯沙撒去世。

belt drive 帶傳動 在機器中，一對滑輪裝於通常是平行的兩軸上，並用一環形撓性帶連接，能傳遞和變換從一軸到另一軸的旋轉運動。多數帶傳動，或是在圓柱形滑輪上用平的皮帶、橡膠或纖維帶傳動，或是在帶槽的滑輪上用三角帶傳動。另一類用在內燃機上連接曲軸與凸輪軸的帶，是有齒的（或定時的）帶，這是一種具有與滑輪圓周上的槽相配合的均勻間隔橫齒的帶。

Beltane * 夏節 亦作Beltine或Cétsamain。塞爾特宗教的節日，每年5月1日舉行，慶祝夏季和野外放牧的開始。夏節是一年中兩個轉捩點之一，另一個是11月1日（夏末節或冬節），即冬季的開始。在這兩個節日，人間與超自然世界之間的界限已被抹除掉了。夏節前夕，巫師與仙人自由漫步，人們必須採取相應措施，以防受其蠱惑。晚至19世紀的愛爾蘭，在夏節還要驅趕牛群從兩堆篝火之間穿過，人們認爲這是保護牛隻免於疫病的一種巫術。亦請參閱Halloween。

Belter, John Henry 貝爾特（西元1804～1863年） 原名Johann Heinrich Belter。德裔美籍家具工匠和設計師。在德國學藝，1833年移居美國紐約市。他開設一家時尚商店，專門製作花梨木、胡桃木和桃花心木的家具。他發明將多層花梨木薄片拼成薄板，放在模子內用蒸汽加熱成形，然後施以雕刻的技法，1854年取得專利權。1858年開設一家大型製造廠，但因受到法國進口家具的競爭和美國內戰時期經濟衰退的影響，該工廠於1867年關閉。

beluga＊　歐鰉　亦稱hausen。一種大型鱘，棲息於裏海、黑海及亞速海。身長可達7.5公尺，重約1,300公斤，但其肉及魚子醬的價值比較小型的品種為低。

beluga　白鯨　亦作white whale。分布於北冰洋以及鄰近海域的一種鯨，學名*Delphinapterus leucas*，棲息在沿海以及深水區，也會游進北極地區的河流中。是一種前額圓形，無背鰭的齒鯨，通常體長4公尺。初生時體色深藍灰或黑灰色，4～5歲時褪成白色或乳白色。白鯨以魚、頭足類和甲殼類動物為食，通常5～10隻為一群。常被獵獲以取其油、皮和肉，在北極還用作人類和狗的食物。

白鯨
E. R. Degginger

belvedere　觀景樓　帶屋頂的建築結構，單獨矗立或附於建築物上，一面或幾面開敞，建於高處以觀景，並攝取陽光和新鮮空氣。從文藝復興時期起就已在義大利使用，往往採取敞廊的形式。觀景樓也常指建築頂部的眺台，尤指維多利亞式住屋加玻璃窗的房間。

Belvedere Torso　貝維德雷的軀幹　坐在岩石上的一尊古希臘裸體男子雕像，高1.6公尺。其名源自梵諦岡城中的貝維德雷宮，該雕像曾放置在那裡，現藏於梵諦岡博物館。上面有希臘雕塑家阿波羅尼奧斯的署名，其歷史可能追溯到西元前1世紀。到1500年時廣為人知，它對米開朗基羅以及文藝復興時期的其他藝術家們有深遠的影響。

bema＊　講壇　希臘語意為「階梯」。用石頭砌築而成的隆起平台，源於雅典，用作審判官席，演說者在這裡向市民和法庭作陳述。現代的講壇通常是矩形的木質平台。在東正教的教堂裡，講壇成為標準的設置，作為祭台和神職人員的講台。在猶太教的會堂裡也設有講壇，在其上誦讀「托拉」和先知的經文。

Bembo, Pietro＊　本博（西元1470～1547年）　義大利高級教士和語言學家。生於威尼斯的貴族家庭，曾為聖馬克大教堂的圖書管理員，1539年被封授為樞機主教。用拉丁文寫了抒情詩後，又回到本地語，仿照佩脫拉克的風格寫義大利文的詩，以及義大利文的威尼斯歷史。他的《義大利語言探討》（1525）是整理義大利文的拼寫和語法的最早一批書籍中的一本，幫助確立了義大利的文學語言。本博成功地主張採用14世紀的托斯卡尼語為文學的義大利語模範。

Ben Ali, Zine al-Abidine＊　本・阿里（西元1936年～）　突尼西亞總統（自1987年起）。受過軍事訓練，曾任國防部軍事情報單位主管十年（1964～1974），後進入外交領域擔任駐波蘭大使。回國之後歷任多種政府職位，終至同時擔任總理及內政部長。1987年布爾吉巴因健康狀況不適合續任總統職，由本・阿里接任。他於1989年及1994年的選舉中獲勝連任。

Ben Bella, Ahmed　本・貝拉（西元1918年～）　阿爾及利亞第一位民選的總統。在法國學校完成教育後，加入軍隊服役，在第二次世界大戰中，法國人授予其勳章。戰後他拿起武器反抗法國的統治。1954年協助成立民族解放陣線（FLN），並成為它的政治領袖。正當FLN在為驅逐法國人而戰鬥時，1956～1962年本・貝拉被捕入獄。出來後，他控制了民族解放陣線的政治局，於1963年當選為總統。1965年在一次政變中被廢黜，被監禁至1980年。接著在海外流亡十年，至1990年才返國。亦請參閱Boudiaf, Muhammad、Boumedienne, Houari。

Ben-Gurion, David＊　本－古里安（西元1886～1973年）　原名David Gruen。以色列首任總理。生於波蘭，父親是「愛猶太人」運動領導人。1906年移民至奧圖曼帝國統治的巴勒斯坦，為重建猶太人之國而奮鬥。第一次世界大戰爆發，被鄂圖曼政府逐出巴勒斯坦之後，他前往紐約並在這裡結婚。在《巴爾福宣言》發表後，本－古里安加入英軍的猶太軍團回中東。在1920年代和1930年代，他領導了幾個政治組織，包括世界猶太復國主義最高指導機構——猶太局。後來英國改變親猶太的立場，限制猶太人向巴勒斯坦移民，本－古里安於是號召猶太人反英。以色列國成立後，本－古里安當選第一任總理兼國防部長。他成功的解散了抗擊英軍的地下部隊，把他們改組為國防軍，以抵禦阿拉伯的攻擊。雖不受英、美的歡迎，但他在阿爾及利亞戰爭和蘇伊士危機時得到法國的支持。本－古里安於1963年辭職。亦請參閱Arab-Israeli Wars。

Ben Nevis　朋尼維山　不列顛群島中最高的山。位於蘇格蘭高地上，峰高1,343公尺，為占地約40公頃的高原。部分山巒終年積雪。此山的上層結構是火山岩，覆蓋在高地古老片岩之上。

Benares　貝拿勒斯 ➠ Varanasi

Benavente y Martínez, Jacinto＊　貝納文特－馬丁內斯（西元1866～1954年）　西班牙劇作家。《利害關係》（1907）是他最成功的作品，以義大利的即興喜劇為基礎寫成。1913年的悲劇《熱情之花》亦同樣受到歡迎。西班牙內戰時期曾遭當局拘留，但以《不可信的》（1941）一劇重新獲得官方的好感。是20世紀西班牙傑出的劇作家之一，一生寫作不輟直到去世，寫有一百五十多部劇本。1922年獲諾貝爾文學獎。

Bench, Johnny (Lee)　本奇（西元1947年～）　美國職業棒球選手，生於奧克拉荷馬城。1967年加入辛辛那提紅人隊。十七個賽季中擔任該隊當家捕手（1967～1983），率領該隊（與羅斯和摩根一起）贏得了四次（1970、1972、1975和1976）國家聯盟打點王，以及兩次世界大賽的勝利（1975、1976）。他右手擊球，在國家聯盟比賽中三次（1970、1972、1974）擊球得分最高，兩次（1970、1972）全壘打數最多。他被視為美國職棒史上最佳的捕手之一。

Benchley, Robert (Charles)　班齊里（西元1889～1945年）　美國戲劇評論家、演員和幽默作家。畢業於哈佛大學，1920年進《生活》雜誌工作。是阿爾岡昆圓桌會議的常任成員，曾為《紐約客》文學週刊撰寫劇評（1929～1940），還曾以筆名蓋伊・福克斯為該週刊撰寫「恣意妄為的報界」專欄。曾經演出四十六部短片，包括《怎樣睡覺》（1934，獲奧斯卡獎）。其作品溫馨幽默，儘管諷刺尖銳，卻不刻薄傷人。

bends 潛水夫病 ➟ decompression sickness

Bene-Israel＊ 本尼以色列人 （希伯來語意爲「以色列之子」）印度猶太人。他們許多世紀以來居住在孟買一帶，與其他猶太人完全隔絕。一說他們是在大約兩千年前因船隻失事而到印度；另傳他們是以色列散失的十個支派的殘部。這兩說都不完全可靠。本尼以色列人不講希伯來語，而操印度馬拉塔語，外表與印度人並無區別，但自稱純猶太血統。1948年本尼以色列人大多移居以色列國，1964年正式獲猶太人的身分獲得承認。

Benedetto da Maiano＊ 貝內德托・達・米札諾（西元1442～1497年） 義大利佛羅倫斯雕刻家。受羅塞利諾的影響，其大理石墓的設計是羅塞利諾型式的變異。他的傑作是佛羅倫斯聖克羅齊教堂佈道壇（1485年完成），上有五幅敘事性浮雕。常與他的兄弟喬凡尼和朱利亞諾一起設計和製作諸如壁柱、柱頭、檐壁和壁龕等建築特色。他也是自然主義的半身像大師。

Benedict, Ruth 潘乃德（西元1887～1948年） 原名Ruth Fulton。美國人類學家。1923年在鮑亞士的指導下獲得了哥倫比亞大學博士學位，1930年起在哥倫比亞大學任教直至去世。《文化模式》（1934）是她最著名的作品，強調在任一社會中，人類可能產生的行爲範疇，只能有一小部分得到發揮或受到重視，她還描述了這些行爲方式是怎樣結合成各種模式的，從而表示贊成文化相對論，或根據文化發生的來龍去脈來評價文化現象。在《菊花與劍》（1946）一書中，她用她的方法來研究日本文化。她的理論對文化人類學有深遠的影響。

潘乃德
By courtesy of Columbia University, New York

Benedict XII 本篤十二世（卒於西元1342年） 原名Jacques Fournier。教宗（1334～1342）。法國樞機主教和神學家，是繼若望二十二世之後的駐亞威農第三代教宗（參閱Avignon papacy）。他未能阻止英法之間的衝突，這種衝突日後演變爲百年戰爭（1337～1453）。一生奉獻於教會及其宗教法規的改革。他發布通諭《本篤通諭》（1336），指出眞福直觀是天主賜給剛死後的人的靈魂的視覺，此說日後即成爲教義。

本篤十二世，胸像，錫耶納（Paolo da Siena）製於1342年；現藏羅馬梵諦岡
Alinari – Anderson/Art Resource

Benedict XIII 本篤十三世（西元1328?～1423年） 原名Pedro de Luna。僞教宗（1394～1423）。原是法國的教會法規教授，1375年被任命爲樞機主教。1378年西方教會大分裂開始，他支持僞教宗克雷芒七世。被選爲亞威農教宗（參閱Avignon papacy）後，他拒絕法蘭西諸侯施壓要求他退位，1398年被圍困在教宗宮殿中。1403年本篤逃往普羅旺斯，重新獲得法蘭西的擁護。1409年比薩會議和1417年康士坦茨會議宣布廢黜本篤，但本篤拒絕屈服。

Benedict XIV 本篤十四世（西元1675～1758年） 原名Prospero Lambertini。教宗（1740～1758）。出身貴族，獲神學和法律博士學位。在教宗任期內的典型政績是贊助科學研究，並勸告在編訂禁書目錄時放寬尺度。在教宗領地範圍內減輕賦稅，鼓勵農業，提倡自由貿易。他與鄰近王國保持協調的關係。他是位一生都活躍的學者，建立了若干個學會，並爲現今的梵諦岡博物館打好基礎。法國教士加尼埃亦稱本篤十四世，1425～1433年馬丁五世爲教宗而克雷芒八世爲僞教宗時，他是個反僞教宗者。

Benedict XV 本篤十五世（西元1854～1922年） 原名Giacomo Della Chiesa。教宗（1914～1922）。1878年受神職爲教士，任教廷國的外交工作。1907年任波隆那大主教，1914年任樞機主教。第一次世界大戰爆發後一個月他當選爲教宗，他力圖採取中立政策，把教會的工作集中在救濟上。後來他對重建和平作了許多正面的努力，儘管他最主要的調解活動（1917）並沒有取得成功。

本篤十五世，攝於1921年
UPI

Benedict of Nursia, St. 努西亞的聖本篤（西元約480～547?年） 義大利蒙特卡西諾本篤會修道院的創辦人，也是西方基督教修行制度的創始人。出身義大利中部努西亞的顯赫家庭，因厭惡富人荒淫無度的生活，而隱居羅馬城外，並吸引追隨者前來。在蒙特卡西諾修道院中，他訂下本篤會的規章條例，後來成爲歐洲各修道院的標準。該規章規定修士在入修道院以後，必須經過一年觀察期，然後發願終身住在某個修道院；不得擁有私人財物；選舉產生終身院長，由院長指定所有其他的幹事；日常生活要遵守嚴格的作息制度，包括祈禱禮拜五～六小時，勞動五小時，讀經書、心靈上誦唸四小時。

Benedictine 本篤會 全名Order of St. Benedict (O. S. B)。指天主教一批修士的聯合組織。他們遵循由努西亞的聖本篤在6世紀時所制訂的規章。該規章逐漸地在義大利和高盧等地傳播開來。到了9世紀時本篤規章已爲西歐和北歐普遍採用，本篤會修道院成爲知識、文學和財富的寶庫。12～15世紀期間本篤會開始沒落，後來實施改革，院長的任期改爲固定的期限，修士要對會眾而不是在特別的房子裡宣誓等，因而使本篤會獲得新生。宗教改革運動實際上使本篤會在北歐幾乎絕跡，在其他地方也衰退下來。19世紀另一次復興行動加強了歐洲的規章，尤其是在法國和德國，導致在世界各地建立新的教會。

benefice＊ 惠佃田 8世紀期間最先由法蘭克人所實行的土地租佃制。法蘭克地主將地產租給自由民而收取地租（beneficium，拉丁語意爲「租地人的收益」），一般延續到地主或佃戶死亡，而佃戶往往還把惠佃田傳給繼承人。12世紀時惠佃田作爲土地占有方式逐漸消失，而改指有權取得租金的教會。地主或主教選擇司鐸，把教堂和教產出租給他，由他履行宗教職責。

beneficiary＊ 信託受益人 指從某些方面（如信託、人壽保險或契約）取得利益的人或實體（如慈善機構或社會集團)。第一受益人先於任何其他人接受信託或保險。意外事件的受益人是在某一特定事故的發生時(如第一受益人的死亡)接受收益。直接受益人是簽訂受益契約的第三方;當發生事故時,無須有簽約方的授意即可受益。

beneficiation＊ 精選 對原材料(如粉碎的礦石)作處理以改善它們的物理和化學性質以便進一步加工。精選技術包括水洗、粒子大小分類,以及濃縮(從研磨後的原料中分離出有價值的礦物)。在大規模的操作中,還要區分出礦物的各種不同特性(如磁性、可濕性、密度)以選出所要的成分。在水泥和黏土工業中也要用到精選。亦請參閱flotation、mining、ore dressing。

Benelux Economic Union＊ 比荷盧經濟聯盟 比利時、荷蘭和盧森堡的經濟聯盟。1948年三國組成關稅同盟,1958年簽訂「比荷盧經濟聯盟條約」,1960年開始生效。該聯盟成為第一個完全自由的國際勞工市場,對歐洲經濟共同體的建立有所貢獻。

Beneš, Edvard＊ 貝奈斯(西元1884～1948年) 捷克斯洛伐克政治家。在馬薩里克的思想影響下,建立了現代的捷克斯洛伐克。擔任首任外交部長(1918～1935)和總統(1935～1938)。後來被迫投降屈服於希特勒的要求,使捷克斯洛伐克喪失蘇台德地區,因而辭去總統職務。1940～1945年在英國成立捷克斯洛伐克流亡政府,1945年在本國領土上重建新政府。他體認到有必要與蘇聯合作,不過拒絕了簽署新的共產主義憲法,1948年逝世前不久辭職。

Benét, Stephen Vincent＊ 貝內(西元1898～1943年) 美國詩人、小說家和短篇故事作家。以《約翰・布朗的遺體》(1928,獲普立茲獎)聞名於世,這是一部講述美國內戰的敘事長詩。曾與他的妻子(原名羅斯瑪麗・卡爾)合寫的詩集《一本美國人的書》(1933)為美國的學童們帶來了許多活生生的歷史人物。短篇小說《魔鬼和丹尼爾・韋伯斯特》(1937)被改編成戲劇、歌劇(由摩爾改編)和電影。

benevolent despotism ➠ enlightened despotism

Bengal＊ 孟加拉 以前的英屬印度東北部的省份。一般指說孟加拉語居民的地區,現分屬印度西孟加拉邦和孟加拉國。古代統治印度北部的許多帝國疆域都包括孟加拉這一部分。8～12世紀,孟加拉由信奉佛教的王朝統治。1576年起歸蒙兀兒帝國管轄。18世紀在孟加拉出現了單獨的王朝,其統治者不久就和英國發生衝突,當時英國已於1690年在加爾各答站穩了腳跟。1764年英國占領了孟加拉統治者的所有地區,從此孟加拉便成了英國在印度進行擴張的基地。1947年英國統治結束後,該地區被分治。西孟加拉、比哈爾和奧里薩劃歸印度。東孟加拉歸巴基斯坦,但在1971年成為獨立的孟加拉國。

Bengal, Bay of 孟加拉灣 印度洋的一部分。面積約2,172,000平方公里。被印度、斯里蘭卡、孟加拉國、緬甸和馬來半島北部包圍。寬約1,600公里,平均深度超過2,600公尺。注入灣內的河流有哥達瓦里河、克里希納河、高韋里河、恆河和布拉馬普得拉河等許多條大河。灣內有安達曼－尼科巴群島,是灣內唯一的群島,將孟加拉灣與安達曼海隔開。自古以來便是印度和馬來西亞之間貿易往來的要道。中國的海上貿易開始於12世紀,1498年達伽馬率領第一支歐洲探險隊進入此灣。

Bengal, Partition of 孟加拉分省(西元1905年) 英國駐印度總督寇松劃分孟加拉的政策。英國的孟加拉省還包括比哈爾和奧里薩,到20世紀初,這個省的範圍已經過大,無法在一個行政單位下管理。寇松將東孟加拉與阿薩姆合併在一起,而西孟加拉與比哈爾、奧里薩合在一起。儘管廣受抗議、騷亂和聯合抵制,最後還是作了分割,但到了1911年,東、西孟加拉又重新統一。阿薩姆恢復原來邦的地位,比哈爾和奧里薩則另組新邦。

Bengali language＊ 孟加拉語 屬於印度－雅利安諸語言,通行於孟加拉國和印度的西孟加拉邦。世界上除了少數幾種其他語言之外,使用孟加拉語的人數是最多的,約有1.9億。像其他的現代印度－雅利安語一樣,孟加拉語也大大地減少了古印度－雅利安語(參閱Sanskrit language)複雜的變化系統。事實上它已經去掉了語法上的詞性,以及固定在一個詞或短句起始音節上的重音。孟加拉語是印度諸語言中第一個採用西方世俗文體如小說和劇本的語言。

Benghazi＊ 班加西 亦作Banghazi。利比亞東北部沿海城市(1995年人口約650,000),臨雪特拉灣。曾為利比亞首都,現為利比亞第二大城市。原為希臘人所建,當時稱Hesperides,為托勒密三世為了紀念其愛妻貝勒奈西而取的另一個名字。西元3世紀以後取代昔蘭尼和巴斯為該區主要城市。後來重要性日減,縮為一小鎮,直到義大利占領利比亞期間(1912～1942)才又開始擴展。第二次世界大戰期間遭受嚴重破壞,1942年被英國占領。現為行政和商業中心,設有世界上最大的海水淡化廠之一。

Beni River＊ 貝尼河 玻利維亞河流。源出安地斯山脈的東部,向北流,在貝拉鎮與馬莫雷河匯合形成馬德拉河。在靠近它的河口處納入馬德雷德迪奧斯河。全長1,599公里。

Benin＊ 貝寧 正式名稱貝寧人民共和國(Republic of Benin)。舊稱達荷美(Dahomey,迄1975)。西非國家。面積約112,600平方公里。人口約6,788,000(2002)。首都:波多諾伏(正式首都)、科托努(事實上的首都)。豐人和其相

關種族構成全國人口的3/4,其他少數民族包括約魯巴人、富拉尼人和操伏塔語的種族。語言:法語(官方語)和豐語。宗教:傳統宗教(占2/3)、伊斯蘭教和基督教(1/3)。貨幣:非洲金融共同體法郎(CFAF)。

該國從內陸延伸到幾內亞灣，長約675公里，西北部爲丘陵區，最高海拔650公尺。東部和北部是平原，南部是沼澤區，海岸線長達120公里。境內最長的河流韋梅河流入波多諾伏瀉湖，全長450公里，可通航200公里。屬開發中、中央計畫型經濟，主要以農業爲主，並開發其近海油田。政府形式爲共和國，一院制。國家元首暨政府首腦是總統，由總理輔佐。1625年達荷美人或豐人在貝寧南部建立了阿波美王國。18世紀此王國勢力擴張到包括阿拉達和維達王國，17世紀時法國人已在那裡建立了要塞。1857年法國人重新在此區建立勢力，最後引起一連串的戰爭。1894年達荷美成爲法國的保護地，1904年併入法屬西非的一部分。1960年取得獨立。1975年達荷美改名爲貝寧。20世紀末，長期的經濟衰弱使勞工和政府之間的關係緊繃。

Benin, Bight of 貝寧灣 幾內亞灣北部的海灣。沿西非海岸延伸640公里，從迦納的聖保羅角經過多哥和貝寧至奈及利亞的尼日河河口。沿灣主要港口有洛梅、科托努和拉哥斯。16～19世紀時爲廣大的奴隸貿易場所，尼日河三角洲以西的沿海瀉湖地區有「奴隸海岸」之稱。到了1830年代棕櫚油貿易成爲主要的經濟活動。1950年代在尼日河三角洲地區發現了石油。

Benin, kingdom of 貝寧王國 西非森林區歷史上主要的王國（13～19世紀）之一，以現今的奈及利亞南部的貝寧市爲中心。15世紀中葉，隨著埃瓦雷大王的即位，該王國變得高度組織化，與葡萄牙、荷蘭的商人展開象牙、棕櫚油、胡椒和奴隸貿易。18世紀和19世紀初，由於繼承權的鬥爭而使王國勢衰。1897年英國人焚燒了貝寧市後，該王國併入英屬奈及利亞。

Benjamin, Judah P(hilip) 班傑明（西元1811～1884年） 英裔美籍律師和美利堅邦聯政府內閣成員。生於聖克洛伊島，後來隨父母移居南卡羅來納州。1832年在紐奧良開始經營成功的律師業務。他是被選入美國參議院的第一個猶太人（1853～1861），以發表主張蓄奴的演說著稱。在南方脫離聯邦後，他的友人戴維斯先後任命他爲美利堅邦聯政府司法部長（1861）、陸軍部長（1861～1862）和國務卿（1862～1865）。由於他竭力主張召募黑人加入美利堅邦聯軍隊而觸怒許多人，迫使他於1865年逃至英國。

班傑明
By courtesy of the Library of Congress, Washington, D. C.

Benjamin, Walter * 班雅明（西元1892～1940年） 德國文學評論家。出身猶太望族。1920～1933年在柏林攻讀哲學，從事文學評論及翻譯工作，後來逃至法國躲避納粹的迫害。1940年納粹奪占法國後，他再度逃亡，但在西班牙邊境上聽說欲將其解送給蓋世太保，遂自殺身亡。死後所遺諸多作品問世，使他贏得20世紀前半世紀裡德國主要的文學評論家的聲譽，也是第一批認眞探討電影和攝影方面的作家之一。在他的文集《啓發》（1961）和《反應》（1979）中可以看到他的獨立性和原創性。他關於藝術的作品反映了他曾閱讀馬克思的理論，也反映了他與布萊希特和阿多諾的友誼。

Benn, Gottfried 貝恩（西元1886～1956年） 德國詩人和雜文作家。在接受軍醫訓練後，第一次世界大戰期間在布魯塞爾占領區擔任監獄和妓院的醫務監督。早期的詩作——如《肉體》（1917）中的那些詩作——包含了對退化的隱喻和醫學關於腐敗的描述。由於他的表現主義，儘管持有右翼觀點，在納粹時期還是受到了處罰。貝恩以《靜態詩》（1948）和同時再版的舊詩重新引起文學界的注目。1961年出版英譯本《初始幻覺》，選了許多他的詩歌和散文。

Bennett, Alan 貝內特（西元1934年～） 英國劇作家、編劇和演員。他與摩爾、科克和米勒共同編劇與演出諷刺時事的滑稽劇《邊緣之外》（1960），並因爲這齣光芒四射的戲劇而初嚐成功滋味。後來爲電視所寫的作品包括《客居他鄉的英國人》（1982）、《大頭開講》（1988），充滿了他的獨特風格，融合了扭曲的喜劇與悲傷。第一部舞台劇作品是《四十年來》（1968），後來陸續寫了《邁向成功》（1971）、《人身保護令》（1973）、《故國》（1977）、《享受》（1980）以及相當成功的《瘋狂喬治王》（1991；1994年改編成電影）。他的劇本則有《豎起你的耳朵》（1987）。

Bennett, (Enoch) Arnold 班奈特（西元1867～1931年） 英國小說家、劇作家、評論家和隨筆作家。在福樓拜和巴爾札克的影響啓發下，他的主要作品在英國小說和歐洲的現實主義主流之間形成一條重要的紐帶。以細緻入微的「五鎮」（他的故鄉斯塔福郡的陶器）爲背景的小說聞名，包括《五鎮的安娜》（1902）、《老婦人的故事》（1908）和組成《克萊漢格家族》（1925）的三部小說。他還是著名的評論家。

Bennett, James Gordon 班奈特（西元1795～1872年） 蘇格蘭裔美國籍編輯。1819年移民美國，曾受雇於多家報社，1835年開始出版《紐約前鋒報》。該報獲得很大成功，並引進了現代新聞報導的方法。除了其他的革新外，班奈特首先登載了華爾街金融消息（1835）；在歐洲設立第一批通訊記者（1838）；在南北內戰時期保持六十三名戰地記者；首先使用插畫；設立社會新聞部；並報導了一件愛巢謀殺案（1836），開創美國新聞界公布此類情殺案的先河。

Bennett, Michael 班奈特（西元1943～1987年） 原名Michael Bennett Difiglia。美國舞者、編舞家和舞台音樂總監。三歲就開始學舞，後來從高中輟學，參加《西城故事》的巡迴演出。他對舞蹈的主要貢獻在於擔任百老匯許多音樂劇的編導，如《諾言，諾言》（1968）、《夥伴們》（1970）、《痴人大秀》（1971）和《夢幻女郎》（1981）等。他最著名的音樂劇是《歌舞線上》（1975，獲普立茲獎），此劇由他策劃、導演和編舞。班奈特個人得過八次東尼獎。他因愛滋病而早逝。

Bennett, Richard B(edford) 班奈特（西元1870～1947年） 受封爲班奈特子爵（Viscount Bennett (of Mickleham and of Calgary and Hopewell)）。加拿大總理（1930～1935），生於新伯倫瑞克省的荷普威爾。曾擔任西北地區和亞伯達省的立法會議議員，1911年爲加拿大衆議院議員。1916年任全國兵役局局長，1921年升任司法部長。1927年班奈特當選爲保守黨領袖，1930年當選總理，競選時承諾要消除大蕭條的影響。但是班奈特低估了大蕭條的嚴酷性，他所採取的一些措施也都是表面化的。後來敗在自由黨領袖金恩的手下。1939年退休，前往英國，1941年受封爲子爵。

Bennett, Robert Russell 貝內特（西元1894～1981年） 美國作曲家、指揮家和百老匯管絃樂編曲。生於堪薩斯市，曾在柏林、倫敦及巴黎學習音樂。1920年代起，他以四十多年的歲月將三百多部百老匯音樂劇編寫成曲，其中包括了克恩、波特、羅傑斯、伯林、蓋希文以及洛伊等人的作品，還包括《畫舫璇宮》、《萬事成空》、《馴悍記》、《南太平洋》、《窈窕淑女》和《眞善美》等名劇。

Bennett, Tony　貝內特（西元1926年～）　原名Anthony (Dominick) Benedetto。美國流行歌手。紐約皇后區一位雜貨商之子，他的第一個工作是唱歌的服務生，後來便以巴瑞的名義演唱。1949年貝利邀請他加入她在夜總會的諷刺滑稽劇，1950年鮑伯霍伯建議他取個新的名字。他在1950年代發行了多張專輯，但代表作卻是1962年的〈我把心遺落在舊金山〉。隨著年歲的增長，他的風格越來越趨向於爵士樂，1990年代中期，他在MTV上特別的現身，宣告了他的復出。

Bennington College　班寧頓學院　美國一所私立文理學院，位於佛蒙特州本寧頓。1932年成立時爲一女子學院，1960年代晚期開始開放男性就讀。該校有語言和文學、社會科學、視覺藝術、音樂、舞蹈、戲劇、自然科學以及數學等部門。此外亦有美術方面的碩士班。學生數約400人。

Benny, Jack　班尼（西元1894～1974年）　原名Benjamin Kubelsky。美國喜劇演員。爲伊利諾州窩基根一個小店主的兒子，從1912年起在歌舞雜耍表演中演奏小提琴。在海軍服役時發現有喜劇才能，他就回到歌舞雜耍表演節目中當喜劇演員。1927年他首次在電影中扮演角色。1930～1945年演過十八部電影。他在廣播電台（1932～1955）和電視（1950～1965）上每周播出「傑克．班尼節目」，贏得許多忠實的聽衆。班尼以獨特的幽默風格出名，其特點是微妙的語言轉折，意味深長的停頓，既莊嚴又詼諧的小提琴演奏以及愚蠢、吝嗇的舞台人物形象。

Benois, Alexandre (Nikolayevich)*　貝努瓦（西元1870～1960年）　俄國戲劇藝術總監、畫家和具有影響的芭蕾劇設計者。1899年他與佳吉列夫創前衛的藝術雜誌《藝術世界》。1901年開始從事布景設計，1909～1929年爲革新的俄羅斯芭蕾舞團作過許多舞台設計。1940年代和1950年代他也爲許多其他的芭蕾舞團做設計。

Bénoué River ➠ Benue River

bent grass　剪股穎　早熟禾科（或禾本科）剪股穎屬植物，一年生或多年生，分布於世界溫暖和寒冷地區以及熱帶和亞熱帶的高海拔地區。在美國至少有四十種，有些是雜草，有些是食料或草皮植物。該屬植物莖細，葉扁平。許多有匍匐枝鋪散開來。大剪股穎是乾草和牧場禾草。匍莖剪股穎和集群剪股穎是普遍種植的草坪禾草；這兩種的許多品系在世界各地栽種高爾夫球場和保齡球場的草坪，把它們修剪得接近地面，形成精細、輕軟而富彈性，以及結實的草皮。

匍莖剪股穎
R. G. Doord from the Natural History Photographic Agency

Bentham, Jeremy*　邊沁（西元1748～1832年）　英國社會和政治理論家。自幼聰慧，十五歲就從牛津大學畢業。他是個無神論者，是亞當斯密和李嘉圖新自由經濟學的擁護者。是功利主義最早和最偉大的闡釋者，他寫道：政府應該促進人類「最大的幸福」。他鼓勵改革立法，特別是監獄的改革，是鼓吹民主的代言人，雖然他攻擊社會契約和自然法的概念是不必要的。他相信透過計算快樂和痛苦，社會就可以前進，他試圖比較健康、財富、權勢、友誼和善行所帶來的滿意度，還對「暴躁的欲望」和「厭惡反感」的心理感受作比較。他認爲懲罰純粹是一種威懾，對罪行的量刑應該只根據它對快樂所造成的傷害程度。他幫忙創辦了激進的《威斯敏斯特評論》。他的遺願是將他穿上衣服的骨骸永久地存放在倫敦的大學學院內。

邊沁，油畫，彼克斯基爾（H. W. Pickersgill）繪於1829年；現藏倫敦國立肖像畫陳列館
By courtesy of the National Portrait Gallery, London

Bentham, Samuel　邊沁（西元1757～1831年）　受封爲薩繆爾爵士（Sir Samuel）。英國工程師、海軍建築師和海軍軍官。他是傑諾米．邊沁的弟弟，植物學家喬治．邊沁（1800～1884）的父親。最早提倡在軍艦上使用爆破彈。1788年他率領俄國軍艦用炮彈戰勝了一支較大的土耳其艦隊。在英國，他研製出用於對法戰爭的「箭」級炮艦。1807～1812年擔任海軍專員。

Bentinck, William (Henry Cavendish), Lord　本廷克（西元1774～1839年）　英國殖民地行政官員。出生於權貴家庭，1803年任馬德拉斯地方長官。1807年印度軍隊在韋洛爾發生叛變，本廷克被召回國，在接下來的二十年裡他一直在尋找機會爲自己的名聲辯護。1828年任孟加拉總督（實際上是整個印度），他在這個崗位上一直工作到1835年。他改革該殖民地的財政，開放行政和司法的職位給印度人，鎭壓「黑鏢客」暗殺集團，廢除薩蒂（suttee，即寡婦自焚）的風俗。他的這些政策爲印度在百年後的獨立鋪平了道路。

Bentley, Eric (Russell)　班特利（西元1916年～）　英裔美籍劇評家和翻譯家。他在幾個歐洲城市裡任舞台導演（1948～1951）；在慕尼黑與布萊希特合作上演了《大膽媽媽》一劇後，就把布萊希特的劇作翻譯成英文。他爲幾家雜誌報導了歐洲戲劇情況，並把歐洲許多劇作家的作品介紹到美國。他還寫了許多評論，包括《戲劇的生命》（1964），後來在哥倫比亞大學（1953～1969）及其他地方任教。

Bentley, Richard　班特利（西元1662～1742年）　英國教士和古典學者。1692年在牛津大學擔任波義耳講師職位，1694年成爲皇家圖書館的管理人，1700年被任命爲劍橋大學三一學院院長。1691年發表的短論《致約翰．彌爾書》表現了他訂正原文的本領和他對古代韻律的知識。在《論法拉里斯的使徒書》（1699）中，他證明了使徒書是僞造的；他與查理．波義耳之間就它們的眞實性所作的爭辯被斯威夫特在《書戰》（1699）中作了諷刺。班特利還發表了有關古典作家的評論文章，包括對賀拉斯，對研究古希臘語言學有所貢獻。

Benton, Thomas Hart　班頓（西元1782～1858年）　美國政治人物。1815年移居聖路易，並主編《聖路易探詢者》。爲農民和商業的利益呼籲，1820年當選美國參議員，爲把公共土地分配給居民而奮

班頓，攝於1845～1850年左右
By courtesy of the Library of Congress, Washington, D. C.

鬥，很快在參議院裡被視爲民主黨的主要發言人。他反對將奴隸制擴展到西部，使他在1851年失去參議員席位，不過後來他又當選爲衆議員議員（1853～1855）。他的侄孫是藝術家，與他同名（參閱Benton, Thomas Hart）。

Benton, Thomas Hart 班頓（西元1889～1975年） 美國畫家和壁畫家。曾在芝加哥美術學院和巴黎朱利昂學院學習，在巴黎他接觸了色彩複合主義（並置主義）和立體主義。1912年他回到紐約，但嘗試現代主義失敗，他出發旅遊到鄉村地帶，素描人物和景色。1930年代，他畫了幾幅著名的壁畫，包括在社會研究新校畫的《今日美國》（1930～1931）。他常常把聖經和古典的故事轉換成美國式的鄉村壁畫，如《蘇珊娜與長者》（1938）。他的風格很快就具有影響力，特點是波浪起伏的形式，漫畫式的人物以及鮮豔明亮的色彩。曾在紐約藝術學生同盟任教，波洛克是他在那裡最著名的學生。

Benton, William (Burnett) 班頓（西元1900～1973年） 美國出版商、廣告商和政務官。爲教士和教育家的後代。1929年與鮑爾斯合夥成立班頓－鮑爾斯紐約廣告公司，取得成功。後來成爲芝加哥大學副校長。由於他的努力，該校取得《大英百科全書》的管理和經營權。1945年他擔任美國助理國務卿，後來短期擔任美國參議員（1949～1952）。此後他持續地致力於《大英百科全書》事業，在第十五版《大英百科全書》出版前不久辭世。

bentwood furniture 曲木家具 用蒸汽將木條按要求的形狀烘彎後製成的家具。雖然在18世紀溫莎椅的製造者們就已採用這種方法，但主要的代表人士是1840年代的索涅特，他開放擴展了這類家具的使用可能性。他的曲木椅是早期成批生產的家具中最成功的例子。曲木家具輕便、舒適、價格便宜且結實美觀。

曲木家具的扶手椅，奧地利的索涅特兄弟製於1870年左右；現藏紐約市現代藝術博物館
By courtesy of the Museum of Modern Art, New York, gift of Thonet Industries

Benue-Congo languages ＊ 貝努埃－剛果諸語言 爲尼日－剛果語系的最大語族，無論是語言的種數還是使用的人數都是最多的。主要的分支有代弗伊語，包括約魯巴語和伊策基里語，有兩千三百多萬人使用；埃多伊德語，包括埃多語（參閱Benin, kingdom of）、埃特薩科語、伊索科語和烏爾霍博語；努波伊德語，包括努佩語、埃比拉語和格巴里語；伊多莫伊德語，包括伊多馬語；伊格博伊德語，包括約一千九百萬伊格博人的許多方言；卡因吉語和波拉托伊德語，是五十多種語言的語群；克羅斯河語有五十五種以上語言的語群；以及班托伊德語。班托伊德語是最大的分支，包括六百多種語言，分成南北兩支。南班托伊德語中最大的子群是班圖諸語言。

Benue River ＊ 貝努埃河 亦作Bénoué River。非洲西部河流。發源於喀麥隆北部（稱Benoue河），流向西，穿過奈及利亞的中部偏東地區（稱貝努埃河）。全長約1,400公里，是尼日河的主要支流，經此河運送著大量物資。

Benz, Karl (Friedrich) ＊ 賓士（西元1844～1929年） 德國機械工程師，設計並製造了世界上第一輛實用的內燃機汽車。最早的汽車是三輪的摩托車，1885年首次試車成功。1893年賓士的公司製造出第一輛四輪汽車，1899年生產出第一輛賽車。1906年賓士離開公司，與兒子們另組一個集團公司。1926年賓士公司併入戴姆勒創建的公司。

benzene 苯 最簡單的芳香烴（參閱aromatic compound），是一大類化合物的母體。1825年由法拉第發現。化學式是C_6H_6。1865年凱庫勒首先提出苯的正確結構，是由六個碳原子組成的環，每個碳原子結合著一個氫原子（參閱bonding）。雖然往往把苯描繪成碳原子之間按單、雙鍵交替排列，但事實上鍵中的電子是共用的，或者說是非定域的，其結果是使所有的碳原子都是等同的。苯是無色、有特殊氣味的可流動液體。是一種非常好的溶劑，也是廣泛用於許多塑膠、染料、洗滌劑、殺蟲劑和其他工業化學品的原料。苯有很大的毒性，長期曝露於苯中可能引起白血病。

Benzer, Seymour 本澤（西元1921年～） 美國分子生物學家。獲普渡大學博士學位。他研究出一種測定病毒基因精細構造的方法，並創造順反子一詞以表示基因的功能亞單位。他根據DNA中核苷酸的排列順序來解釋稱爲無意義突變的遺傳怪現象，並在某些細菌中發現這些突變的回復或抑制。

Beowulf ＊ 貝奧武甫 英雄史詩，被認爲是古英語文學的最高成就和最早用歐洲地方語言寫成的史詩。講述西元6世紀初期發生的事件，據信約於西元700～750年間寫成。敘述一位斯堪的那維亞英雄貝奧武甫，年輕時因殺死了一個叫格倫德爾巨妖及其母親而成名。後來成爲老國王，又殺死了一條龍，但不久自己也去世，受人尊敬和哀悼。從韻律上、風格上和主題上看，貝奧武甫都屬於日耳曼英雄傳統，但還是顯示了受到基督教的影響。

Berain, Jean, the Elder ＊ 貝雷因（西元1637～1711年） 法國裝飾家和設計師。曾受業於勒布倫，1674年擔任路易十四世宮廷首席設計師。他擅長設計壁毯、飾品、家具、服裝，以及爲歌劇和豪華的戲劇作品設計舞台布景，其中充滿了夢幻的圖像。他滿足國王追求壯觀的品味，也啓發了像布爾等其他一批細木工。

Berar ＊ 貝拉爾 印度中部歷史地區。位於海得拉巴以北，13世紀穆斯林軍隊入侵後，貝拉爾以一個政治實體出現。後來爲幾個穆斯林王國的一部分，直到蒙兀兒帝國瓦解後，貝拉爾落入海得拉巴統治者的手中。1853年起受英國統治，陸續歸屬於幾個省；1960年起成爲馬哈拉施特拉邦的一部分。該地區包括布爾納河流域的富饒產棉區。

Berbers 柏柏爾人 馬格里布操各種柏柏爾語（包括塔馬齊格特、塔薩希特和塔里菲特等語）的人。操柏柏爾語的人是北非的最早居民，不過從7世紀開始，許多地區先屈服於羅馬，變成殖民地，後又被阿拉伯人占領。柏柏爾人逐漸接受伊斯蘭教，許多人轉向阿拉伯語或雙語並用，不過在摩洛哥和阿爾及利亞的某些鄉村和山區，以及突尼西亞和利比亞的某些居民還在講柏柏爾語。1990年代以來，柏柏爾的知識分子已致力於復興該語言。11～13世紀阿爾摩哈德王朝和阿爾摩拉維德王朝在非洲北部和西班牙建立帝國。亦請參閱Abd al-Krim、Kabyle、Er Rif。

Berbice River ＊ 伯比斯河 蓋亞那東部河流。源出蓋亞那高地，向北流經密林，最後注入大西洋。全長595公里。伯比斯河流域被其鄰近較大的埃塞奎博河和科蘭太因河所限制。其名取自一塊荷蘭的殖民地，1831年那裡成爲英屬圭亞那（現在的蓋亞那）的一部分。

Berchtesgaden＊ 貝希特斯加登 德國南部城鎮（1992年人口約8,000）。位於薩爾斯堡以南的阿爾卑斯山脈，三面都被奧地利的領土包圍。曾經是奧地利的一部分，19世紀初歸屬巴伐利亞。第二次世界大戰以前和戰爭期間，這裡是希特勒隱密的別墅所在地。1938年希特勒在這裡會見張伯倫。1945年毀於空襲，1952年那棟別墅被夷平。該山區是登山和滑雪的知名場所。

Berchtold, Leopold, Graf (Count) von＊ 貝希托爾德伯爵（西元1863～1942年） 奧匈帝國政治人物。是奧匈帝國中最富有的人之一。1893年進入外交界，1912年任外交大臣。1914年法蘭西斯・斐迪南大公被刺殺後，他向塞爾維亞政府提出最後通牒，導致第一次世界大戰的爆發。1915年被迫辭職。

Berengar of Tours＊ 圖爾的貝朗瑞（西元999?～1088年） 法蘭西神學家。任圖爾大教堂司鐸，1040年左右在昂熱任大助祭。他反對蘭弗朗克擁護的占壓倒優勢的變體論，他贊成餅和酒的轉化是象徵意義，1050年被教宗聖利奧九世逐出教會。韋爾切利會議（1050）和巴黎宗教會議（1051）宣判他有罪。經過一次妥協後，他於1076、1078、1079和1080年又數度受到譴責，在孤寂苦行中度過餘生。

Berenson, Bernard＊ 貝倫森（西元1865～1959年） 美國（立陶宛出生）藝術史家、評論家和鑒賞家。在波士頓長大，畢業於哈佛大學。大半生住在義大利，是專門研究義大利文藝復興時期繪畫的權威。曾任藝術品交易商杜維恩（1869～1939）和波士頓伽德納博物館的創始人伽德納（1840～1924）的顧問。後來把位於佛羅倫斯附近的埃塔提別墅及其中的藝術收藏品和傑出的圖書館都遺贈給哈佛大學，成立研究義大利文藝復興的哈佛中心。主要著作有《佛羅倫斯畫派的繪畫》（1903、1938、1961）和《文藝復興時期的義大利畫家》（1952）。

Berezina River＊ 別列津納河 白俄羅斯共和國河流。全長587公里，流向東南，注入聶伯河。1812年拿破崙從莫斯科撤退時，在巴雷斯勞附近河流的交叉處曾發生激戰，俄軍使拿破崙軍隊死傷慘重。1941年德軍挺進斯摩棱斯克時，也在此發生激戰。

Berg＊ 貝格 神聖羅馬帝國的公國。濱臨萊茵河，現在位於德國杜塞爾多夫和科隆兩行政區內。11世紀貝格諸伯爵占有科隆以東的西伐利亞地區，1380年這些地區被併爲一個公國。17～18世紀成爲主要的製鐵業和紡織業中心。1806年拿破崙使該地成爲萊茵邦聯中的大公國。1814～1815年維也納會議後，把貝格畫爲普魯士的一部分。

Berg, Alban (Maria Johannes)＊ 貝爾格（西元1885～1935年） 奧地利作曲家。在音樂上主要靠自修，直至十九歲時才師承荀白克。這是他一生中的轉捩點，荀白克當了他八年的老師。在他的影響下，貝爾格從早期的浪漫主義晚期風格轉變爲無調主義，最後（1925）創作了十二音作品。他的表現主義歌劇《伍采克》（1922）是最受普遍讚揚的後浪漫主義歌劇。第二部歌劇《露露》的創作時間達六年之久，直到他五十歲因膿腫轉成敗血病而去世時仍未完成。其他的作品包括《抒情組曲》（1926）在內的兩部弦樂四重奏，《三首管弦樂小品》（1915）和一首小提琴協奏曲（1935）。

Berg, Paul 伯格（西元1926年～） 美國生物化學家，生於紐約市。1952年獲西部保留地大學博士學位。他在研究分離基因的過程中，設計了多種方法，以在選定的點分裂DNA分子並使該分子的片段連接到病毒DNA或質體上，然後使該DNA或質體進入細菌或動物細胞。外來DNA被結合到宿主細胞中，並使宿主合成正常情況下不能合成的蛋白質。最早的重組技術實例之一，便是育成含有編碼哺乳動物荷爾蒙的基因的菌株。1980年與桑格、吉柏特（1932～）共獲諾貝爾獎。

bergamot＊ 香檸檬 唇形科薄荷屬植物。原產北美，亦稱香蜂草、大紅香蜂草、印第安羽毛，其葉可用作調味茶、賓治酒（punch）、檸檬水和其他冷飲的藥草。美國產的大紅香蜂草，美洲印第安人奧斯威戈族用來泡茶，稱爲奧斯威戈茶。美洲移民在抵制英國茶葉時，也開始飲用這種茶。香檸檬橘主要產於義大利南部的卡拉布里亞省，果實呈梨狀，以其香與味受到重視，從果皮上提取的精油用於香料工業。香檸檬梨是一種在不列顛普遍種植的冬梨，果實碩大呈圓形，皮色黃綠雜有赤褐色斑點。

Bergen 卑爾根 挪威西南部港市（2000年都會區人口約229,496）。挪威最大城市與最重要的港口。1070年由奧拉夫三世建市，12～13世紀時曾是挪威首都。14世紀德國漢撒同盟商人控制了該城的貿易，其勢力在衰弱的挪威一直持續到16世紀。儘管多次遭到大火（尤其是1702和1916年）的破壞，卑爾根每次都能重建。卑爾根的經濟以漁業、造船業爲主。卑爾根是作曲家葛利格和小提琴家布爾的誕生地。

Bergen, Edgar 伯根（西元1903～1978年） 原名Edgar John Bergren。美國喜劇演員和腹語術表演者。孩提時代在故鄉芝加哥時已練就一套腹語術技能，後來爲他掙得上西北大學的學費。在歌舞雜耍團和夜總會裡工作一段時間後，他到廣播電台表演，二十年（1937～1957）內《埃德加・伯根－查理・麥卡錫劇場》（與他的諷刺挖苦的、壓抑不住的傀儡查理・麥卡錫一起）成了最受歡迎的節目之一。他的女兒康黛絲（1946年生）是一個成功的銀幕演員，在電視連續劇《風雲女郎》（1988～1998）中的表演使她名聲大噪。

Bergen-Belsen 貝爾根－貝爾森 亦稱貝爾森（Belsen）。貝爾根和貝爾森附近的納粹德國集中營，位於當時德國普魯士的漢諾威村落附近。1943年建立，部分當作戰俘營，部分爲猶太人轉運營。設計容量爲一萬人，但最後關押了四萬一千人。這個集中營雖然沒有毒氣室，但仍有三萬七千人死於其中，包括弗蘭克。由於是西方聯軍第一個解放的集中營（1945年4月15日），所以立刻惡名遠播。

Berger, Victor (Louis) 伯格（西元1860～1929年） 德裔美國社會黨創建人。1878年自奧匈帝國移居美國。1892年創辦一份德語報紙。1898～1929年擔任《社會民主前鋒報》（後來的《密爾瓦基領袖報》）主編。1901年與德布茲共同創建社會民主黨。1911～1913年他當選爲美國眾議員，成爲美國第一位共產黨眾議員，1918年連任。在第一次世界大戰期間，他因竭力反對美國參戰，而被判處徒刑，之後獲得平反。1923～1929年再次當選爲美國眾議員。1927～1929年繼德布茲任社會黨主席。

Bergerac, Savinien Cyrano de ➠ Cyrano de Bergerac, Savinien

Bergey, David Hendricks＊ 伯傑（西元1860～1937年） 美國細菌學家。原爲教員，後來到賓夕法尼亞大學進修，獲公共衛生博士學位。後擔任費城全國醫藥公司的生物學研究負責人。以《伯傑氏細菌學鑑定手冊》的初始作者而聞名，該書是一本十分有價值的分類學參考書。他的研究涉及不同的主題，如結核、食物保存、呑噬作用（細胞呑入顆粒的現象），以及過敏反應等。

Bergman, (Ernest) Ingmar　柏格曼（西元1918年～） 瑞典電影劇作家、導演。爲路德派牧師之子，叛逆成性。在1945年獲得機會自編自導拍攝了第一部電影《危機》之前，他在電影院裡工作。之後藉由《夏夜的微笑》（1955）、《第七封印》（1956）、《野草莓》（1957）等片贏得國際聲譽。他建立了一群演員班底，包括麥斯·馮·席鐸、麗芙烏曼，並雇用攝影師尼奎斯特。影片通常以悽涼的描述呈現人類的孤寂感，極具震撼力，如《穿過黑暗的玻璃》（1961）、《假面》（1966）、《哭泣與耳語》（1972）、《婚姻情景》（1973）和《秋光奏鳴曲》（1978）、《芬妮與亞歷山大》（1982）。後來還寫了兩部劇本《善意的背叛》（1992）、《私密告解》（1996）。柏格曼仍繼續導演舞台作品，通常在斯德哥爾摩的皇家劇院上演。

Bergman, Ingrid　英格麗褒曼（西元1915～1982年） 瑞典電影和舞台劇女演員。曾在斯德哥爾摩皇家劇院學習。在瑞典影片《婦女面部》（1938）中參與演出之後，1939年前往美國主演英語片《寒夜情挑》。她獨具魅力，演技自然，使她成爲一代巨星，所演影片有《北非諜影》（1942）、《戰地鐘聲》（1943）、《煤氣燈下》（1944，獲奧斯卡獎），以及希區考克的《螺旋梯》（1945）和《聲名狼藉》（1946）。1949年因和導演羅塞里尼傳出緋聞而離開美國回到歐洲拍電影。幾年後重返好萊塢，拍攝《眞假公主》（1956，獲奧斯卡獎）。後來所拍的影片包括《釣金龜》（1958）、《仙人掌花》（1969）、《東方快車謀殺案》（1974，獲奧斯卡獎）和《秋光奏鳴曲》（1978）。

Bergonzi, Carlo *　貝爾岡齊（西元1924年～） 義大利歌手，生於帕馬附近。就讀於帕爾馬音樂學院，1948年首度以男中音登台，三年後再次以男高音登台。隨後於1953年首度在史卡拉歌劇院登台，1955年在芝加哥抒情歌劇院舉行美國首演。1956～1983年他的美聲是大都會歌劇院19世紀義大利和法國曲目的固定內容。1994年在紐約舉行告別獨唱音樂會。

Bergson, Henri(-Louis) *　柏格森（西元1859～1941年） 法國哲學家。《時間與自由意志》（1889）論述時間的主觀和客觀概念的差異；《物質與記憶》（1896）闡述身心二元論問題，反對科學的決定論；《創造演化論》（1907）承認演化是被科學證明的事實，但非機械性的，整個演化過程是「生命衝動」的綿延。他是倡導過程哲學的第一人，反對靜止價值，而主張動態價值（如移動、改變和演化）。由於作品文字優美而淺顯易懂，在1927年獲諾貝爾獎。他在當代十分受歡迎，對法國影響極大。

柏格森，攝於1928年
Archiv für Kunst und Geschichte, Berlin

Beria, Lavrenty (Pavlovich) *　貝利亞（西元1899～1953年） 蘇聯政治人物及祕密警察頭子。1921年開始從事情報與反情報活動。1931年爲外高加索各共和國的共產黨領導人。史達林發動政治大整肅（參閱purge trials）時，他擔任監督。1938～1953年擔任蘇維埃祕密警察頭子。在史達林死後，他成爲蘇聯四位代理總理之一和內務部長。因企圖繼史達林獨裁而被捕，並遭處決。

beriberi *　腳氣病 亦稱維生素B_1缺乏病（vitamin B_1 deficiency）。缺乏硫胺素引起的營養障礙（以僧伽羅語「極度的虛弱」命名），以神經及心臟損害爲特徵。一般症狀有食欲不振、全身倦怠、消化紊亂、四肢麻木無力。患乾性腳氣病時長神經逐漸變性，同時伴有肌肉萎縮及反射消失。濕性腳氣病病情較急，會有心力衰竭、循環不良及主要由此造成的水腫。維生素B_1廣泛存在於食物中，但在加工過程中很容易損失。飲食均衡、食用未加工食品可避免罹患此病。在西方國家，維生素B_1缺乏症常見於慢性酒精中毒的患者。

Bering, Vitus (Jonassen)　白令（西元1681～1741年） 丹麥裔俄羅斯航海家。1724年俄皇彼得一世命他率一支探險隊，考察亞洲與北美是否有陸地相連。1728年他從西伯利亞半島出航，穿過後來以他爲名的白令海峽。1733～1743年白令進行第二次俄羅斯北方大探險，把西伯利亞靠北冰洋的大部分海岸地區繪製成圖。在踏勘阿拉斯加海岸之後，白令罹患壞血病，結果因船沈而死。他的探險活動替俄國立足北美洲鋪平道路。

Bering Sea　白令海 太平洋最北端的水域，外圍環繞著阿拉斯加、阿留申群島、堪察加半島和東西伯利亞。面積2,292,150平方公里。海中島嶼很多，有阿留申群島、努尼瓦克島、聖勞倫斯島和普利比洛夫群島。國際換日線斜穿過此海。白令海經白令海峽可連接北冰洋，隔開亞洲大陸與北美洲大陸，據說在冰河時期兩大陸之間曾有陸橋，亞洲人經此移民到北美洲。白令船長在1728、1741年探勘了這裡的海域，俄羅斯據此對阿拉斯加提出領土要求。

Bering Sea Dispute　白令海爭端 美國與英國和加拿大之間在白令海國際地位問題上的爭端。美國爲了壟斷阿拉斯加沿海的海豹狩獵，1881年聲稱對白令海全部海域擁有主權。1886年，美國政府下令扣留在白令海捕捉海豹的加拿大船隻，英國提出抗議。1891年達成一項協議，由英、美兩國巡邏這一海域。1893年國際法庭裁定白令海是公海的一部分，不屬於任何一國管轄。

Berio, Luciano　貝利奧（西元1925年～） 義大利作曲家。他在電子音樂、現場與已錄製的音樂的結合、偶然音樂、圖形記譜、利用借來材料的音樂「大雜燴」以及（或許是最重要的）音樂的「演奏作品」等方面都是重要的發明人。他的妻子，即歌手貝爾貝里安（1925～1983）是他主要的合作者。最知名的作品包括《向喬伊斯致意》（1958）、《面容》（1961）、《交響曲》（1968）、《歌劇》（1970）以及還在創作之中的《序列曲》系列（1958年迄今）。

Berkeley　柏克萊 美國加州西部城市（2000年人口約102,743）。位於舊金山灣，1853年建立，稱Oceanview（「海景」），後來被加州學院（後改爲大學）選中爲校址。學院以哲學家柏克萊的名字命名，成立於1873年。亦請參閱California, University of。

Berkeley, Busby　柏克萊（西元1895～1976年） 原名William Berkeley Enos。美國電影導演和編舞家。父母親爲巡迴演員，從五歲起就在喜劇中表演和跳舞。後來爲二十多部百老匯音樂劇編舞，1930年應聘到好萊塢爲《喧鬧》（1930）指導舞蹈韻律。他導演電影《一九三三淘金客》

（1933）和《舞台巡禮》（1933），採用優美的韻律、創造性的攝影技術，以及豐富壯觀的布景，革新了音樂劇，並爲大蕭條時期的電影觀衆帶來鬆一口氣的感覺。當製作成本上升使得這種奢華顯得不現實時，他就導演一些較少創新，但還是很受歡迎的影片，如《驚魂24小時》（1943）。

Berkeley, George＊　柏克萊（西元1685～1753年） 亦稱柏克萊主教（Bishop Berkeley）。愛爾蘭主教、哲學家和社會活動家。1713年以前主要在都柏林三一學院工作，1734～1752年擔任克倫區主教。以他的論點出名：對於物質的客體，存在就是被感知。他的宗教天職可能方便他勝任這個職位，因爲他聲稱即使人類對一個客體沒有感知，然而上帝能感知，因而在不被任何有限的存在所感知時，也能保證物理世界的繼續存在。他與洛克和休姆一起，是現代經驗主義的創始人。與洛克不同，他不相信在思維之外存在任何物質的東西，客體只是感覺資料的集合。他的作品包括《視覺新論》（1709）、《人類和知識原理》（1710）以及《希勒斯和斐洛諾斯三篇對話》（1713）。有一段時期他待在美國，在那裡鼓吹教育印第安人和黑人。加州大學柏克萊分校就是以他的名字命名的。

Berkeley, William　柏克萊（西元1606～1677年） 受封爲威廉爵士（Sir William）。英國駐維吉尼亞殖民地總督。1641年派任總督，任內成功引進作物多樣化計畫，鼓勵工業生產，並與印第安人和平相處。由於對英國王室忠心耿耿，在英國內戰期間被迫卸職（1652～1659）。1660年官復原職，但在這一任內，他面對的是印第安人襲擊邊境，農作物歉收。1676年培根率領遠征軍攻擊印第安人，違反柏克萊的溫和政策。柏克萊乃率軍討伐，最後重新控制了殖民地。

Berkshire＊　伯克郡 英格蘭南部一郡（1998年人口約800,200）。地處泰晤士河中游谷地，緊鄰倫敦西面。鐵器時代就有人定居，錫爾切斯特的比利其人遺址後來成爲古羅馬人的通道中心。諾曼征服後，泰晤士河谷戰略地位受到重視，修建了第一座溫莎城堡。郡東邊境的溫莎和伊頓兩城，建有本郡最著名的建築。首府爲瑞丁。

Berkshire Hills　伯克夏山 美國麻薩諸塞州西部阿帕拉契山脈的一部分。有許多高逾600公尺的山峰，其中包括格雷洛克山，海拔1,064公尺，爲全州最高點。林木繁茂的山丘是佛蒙特的格林山脈的延續，包括胡塞克嶺和塔科尼克嶺。有阿帕拉契國家風景小道經過伯克夏山，沿途可欣賞國家公園和森林景色。伯克夏山也是坦格伍德夏季音樂節的舉辦地（在萊諾克斯）。

Berlage, Hendrik Petrus＊　伯爾拉赫（西元1856～1934年） 荷蘭建築師。曾在蘇黎世學習，1889年在阿姆斯特丹開始建築師業務。最有名的作品是阿姆斯特丹的證券交易所（1897～1903），以直率地使用鋼結構和傳統荷蘭磚而著名。1911年訪問美國，看到了沙利文和萊特的作品，後來就把他們的方法和設計理念引介到歐洲。其作品的特點是根據材料的基本特性而加以純正地應用，避免無意義的裝飾。

Berle, Milton＊　伯利（西元1908～2002年） 原名Milton Berlinger。美國喜劇演員。十歲時即登上歌舞雜耍舞台，後來演過五十多部無聲電影。1939～1949年主要在夜總會工作，同時努力獲取廣播聽衆的歡迎。但他的低俗路線和豐富的表情更適合看得見的表演。1937～1968年演出的影片達十九部之多。電視雜耍節目《德士古星劇場》（1948～1954）是其事業最顛峰的時期，這個節目大受歡迎，據說許多人就是爲了看米爾提叔叔而買電視機。

Berlin　柏林 德國城市和州（2002年市區人口約3,388,000，都會區人口約4,101,000），德國統一後的首都。建於13世紀初，14世紀爲漢撒同盟的一員。後來成爲霍亨索倫王朝的王室駐地和布蘭登堡的首府。後來相繼成爲普魯士（1701年起）和德意志帝國（1871～1918）、威瑪共和（1919～1932）和第三帝國（1933～1945）的首都。第二次世界大戰中全市幾乎毀於聯軍的轟炸。1945年被劃分爲四個占領區，由美國、英國、法國和蘇聯分別占領。1948年三個西方強權合併他們的占領區爲一經濟實體，蘇聯則以柏林封鎖作爲回應。1949年當東、西德獨立政府建立後，東柏林成爲東德首都，而西柏林（雖被東德包圍）則成爲西德的一部分。1950年代由於東德移民不斷湧進西柏林，遂在1961年築起了柏林圍牆。該地區馬上成爲冷戰中最受人矚目的焦點。1989年戲劇性地拆除圍牆，象徵了伴隨蘇聯解體而來的國際劇變的形勢。1991年德國統一，柏林成爲德國的正式首都，1999年政府完成從波昂播遷到柏林的工作。柏林市內設有柏林大學、夏洛滕堡宮、布蘭登堡門和柏林動物園，也是柏林歌劇院和柏林交響樂團的所在地。

Berlin, Congress of　柏林會議（西元1878年） 歐洲幾個強權國家的外交會議，他們簽署了「柏林條約」以取代「聖斯特凡諾條約」。會議由俾斯麥操縱，修改和平條約，以滿足英國和奧匈帝國的利益，從而解決了一次國際危機。但是卻使俄國的利益受損，再者，會議未能考量巴爾幹各民族的意願，因此爲未來的巴爾幹危機埋下了種子。

Berlin, Irving　伯林（西元1888～1989年） 原名Israel Baline。美國歌曲作家。出身俄羅斯猶太人唱詩班領唱人家庭，1893年全家移居紐約。伯林只受過兩年正規教育，童年時是個街頭賣唱和歌唱侍者。1907年發表第一首歌〈來自陽光義大利的瑪麗〉；出版人員誤把他的名字寫爲Irving Berlin。他不會讀譜或寫譜，全憑耳朵來學習和演唱。1911年寫了〈亞歷山大繁拍樂隊〉一曲，立即在錫盤巷流行的繁拍風造成轟動。1919年創建伯林音樂出版社。一生約寫了一千五百多首歌曲，包括〈噢，我多恨在早晨起床〉、〈總是〉、〈貼面而舞〉、〈正在麗池上演〉以及〈天佑美國〉。他還爲《假日飯店》（1942）寫了一首〈銀色耶誕〉，這是有史以來最暢銷的歌曲之一。伯林一共爲十九部百老匯歌舞劇（包括《飛燕金槍》〔1946〕、《風流貴婦》〔1950〕）和十八部電影配過樂。享年一百零一歲。

Berlin, Isaiah　伯林（西元1909～1997年） 受封爲以撒爵士（Sir Isaiah）。英國（出生於拉脫維亞）歷史學家和作家。1920年與家人移居英國。畢業於牛津大學，後來任教於此（1950～1967），1966～1975年任沃爾夫森學院院長，後來到萬靈學院當教授。以有關政治哲學的論著有名，最重要的作品是《卡爾・馬克思》（1939）、《刺蝟與狐狸》（1953）、《歷史必然性》（1955）、《啓蒙時代》（1956）和《自由四論》（1969）。

Berlin, University of　柏林大學 亦稱柏林洪堡大學（Humboldt University of Berlin）。柏林的公立大學，1809～1810年由洪堡創辦，當時稱弗里德里希・威廉大學。到19世紀中葉，其現代教學課程和科學研究機構使它成爲世界名校。曾在該校任職的著名教授包括黑格爾、費希特、叔本華、蘭克、赫姆霍茲、施萊爾馬赫和格林兄弟。1930年代學校納粹化，許多教授逃往國外。第二次世界大戰後，該校在德意志民主共和國（東德）的控制之下，改名爲洪堡大學，並確定了馬列主義的走向。1990年德國統一後，大學重新改組。現有註冊學生人數約37,600。

Berlin blockade and airlift　柏林封鎖和空運（西元1948～1949年）　因蘇聯企圖迫使西方國家（英、美、法）放棄第二次世界大戰後他們在西柏林的管轄權而引起的國際危機。1948年蘇聯認爲這三個國家在德國占領區的經濟合併會對東德經濟造成威脅，於是封鎖了柏林和西德之間的一切交通路線。美國和英國動用了軍用運輸機向柏林空運食物和其他必需品，並將西柏林的出口物資空運出去。由於盟國禁止進口東歐集團的出口物品，迫使蘇聯在十一個月以後解除了封鎖。

Berlin Painter　柏林畫家（活動時期西元前500～西元前460年）　希臘陶瓶畫家，是古代晚期傑出的陶瓶畫家。最出名的是現藏柏林的一個雙耳陶瓶裝飾品。按照傳統，需將陶瓶每側的人物群用圖案帶框起來，然而柏林畫家拋棄了傳統的邊框，使人物占主要地位，並在黑色的背景上凸顯出來。約有三百個陶瓶被認爲是柏林畫家所繪。

Berlin Wall　柏林圍牆　1961～1989年圍繞西柏林修建的圍牆，以阻止人們自東德地區進入西柏林，成爲東、西德地區冷戰的象徵，1949～1961年東德人逃往西德者約達兩百五十萬人。1961年8月12～13日夜間開工首度構築柏林圍牆，混凝土牆頂部有帶刺鐵絲，沿牆崗樓、炮位林立、廣泛布雷。1989年在席捲東歐的民主化浪潮中，柏林圍牆終於被拆。

Berlin West Africa Conference　柏林西非會議　歐洲幾個大國在柏林舉行的一系列談判（1884～1885），主要爲了解決中非的未來。與會者決議宣布該地區中立，保障所有殖民勢力享有貿易和航運自由；禁止奴隸貿易；承認比利時在開發獨立的剛果自由邦時的利益。

Berlinguer, Enrico＊　貝林格（西元1922～1984年）　義大利政治人物。出身於薩丁尼亞一個中產階級家庭。1943年加入共產黨，曾在黨內擔任一些職務，1972年當選爲總書記，並一直擔任到去世。他鼓吹「民族共產主義」，謀求從莫斯科獨立出來，並贊成使馬克思主義適應當地民情。他曾提議基督教民主黨與共產黨組成聯合政府，但一直未能實現。

Berlioz, (Louis-) Hector＊　白遼士（西元1803～1869年）　法國作曲家。早年學習吉他，但經過一番奮鬥後才獲准認眞學習音樂。1830年二十七歲時以瘋狂的迷戀寫成《幻想交響曲》，初演時就引起轟動，成爲浪漫時期的里程碑之作。他是個才華橫溢的指揮，對於管弦樂的知識無人匹敵。他衝動而熱情，是個好爭論的評論家，不斷地像牛虻那樣挑戰音樂界的成規。雖然他是當時最受人驚嘆的法國音樂人物，但特異的作曲風格幾乎使他所有的音樂作品在20世紀中葉之前都被排除在節目單外。作品包括《本維努托．契里尼》（1837）、《特洛伊人》（1858）和《比阿特麗斯和培尼狄克》（1862）；交響曲《哈羅德在義大利》（1834）和《羅密歐與茱麗葉》（1839）；合唱《安魂曲》（1837）、《浮士德的天譴》（1846）、《頌歌》（1849）和《基督的童年》（1854）。他的著作《配器法》（1843）是當時這類著作中最具影響力的，他的回憶錄（1870）也廣被人閱讀。

Berlusconi, Silvio　貝盧斯科尼（西元1936年～）　義大利媒體鉅子和首相（1994年及2001年起）。自米蘭大學畢業後，從事房地產投資，在70年代累積了一筆可觀的財富。到了90年代，他擁有的公司逾150家，其中包括三家電視網和一家義大利最大的出版社。1994年成立了一個保守派政黨「義大利前進黨」，並當選爲首相。由於利益衝突和其他各種指控，貝盧斯科尼於1994年12月辭去首相職位。雖然後來逃漏稅的罪名沒有成立，他仍被判詐欺和貪污。儘管被判罪，且因控制義大利許多媒體而備受批評，他仍是義大利前進黨黨魁，並於2001年再度出任首相。

Bermejo, Bartolomé＊　貝爾梅霍（活動時期西元1474～1495年）　亦稱Bartolomé de Cárdenas。西班牙畫家。活躍於瓦倫西亞（1468）和亞拉岡，以及巴塞隆納（1486年起）。最早的傑作是畫板畫《西洛斯．馬德里的聖多米尼克》（1474）。巴塞隆納大教堂中他簽名並寫下日期的《哀悼基督》（1490）被認爲是早期西班牙油畫的經典之作，風格頗似魏登，細部清晰、色彩豐富。他培育了法蘭德斯風格，被公認是葛雷柯之前最傑出的西班牙畫家。

Bermejo River＊　貝爾梅霍河　阿根廷北部河流。源出玻利維亞邊境，流向東南，匯入巴拉圭－阿根廷邊界上的巴拉圭河，全長1,045公里。夾帶大量泥沙，因以得名（貝爾梅霍意即「微紅」）。中游（稱特烏科河）可航行小船。

Bermuda　百慕達　大西洋西部的英屬殖民地（2002年人口約63,600）。由三百個小島組成，其中只有二十多個島上有人居住。位於美國北卡羅來納州哈特拉斯角東南1,030公里處。群島總陸地面積約52平方公里。首府爲漢米敦，在百慕達島上。1503年胡安．百慕達可能到達此群島，故而得名。1612年英國人開始移民於此，1684年成爲英國王室領地。經濟以旅遊業和國際金融業爲主。它的每人平均國民生產毛額位居世界前列。

Bermuda Triangle　百慕達三角區　大西洋中的三角區，通常把百慕達、佛羅里達州的邁阿密和波多黎各的聖胡安當作它的三個頂點。這裡曾有許多船隻和飛機在此處神祕失蹤，已在那裡發現不少棄船。有關該地區無法解釋的事件報導可上溯至19世紀中葉。非超自然的解釋認爲是因該地區強烈的反常風暴、灣流的局部騷動以及海床的快速變化的構造所致。那裡也是少數幾處地磁北極與地理的眞正北極重合的地方，也可能誤導了沒有經驗的領航員。

Bern　伯恩　瑞士首都（2000年市區人口約128,600；都會區人口約317,300）。沿阿勒河呈一環形，1191年由札林根公國的貝托爾德五世建爲軍事哨所。1218年成爲一個帝國自由城市。此後勢力逐漸擴張，變成一個獨立的州，1353年加入瑞士聯邦。1528年天主教和宗教改革派在此發生爭吵，導致它後來接受並捍衛新教教義。後來成爲赫爾維蒂共和國的成員，1848年設爲瑞士聯邦首都。萬國郵政聯盟、國際鐵路聯盟和國際版權同盟的總部都設在這裡。

Bern Convention　伯恩公約　正式名稱「保護文學與藝術著作的國際公約」（International Convention for the Protection of Literary and Artistic Works）。是1886年在瑞士伯恩舉行的一次國際會議上通過的協議，旨在保護國際性的著作權。在20世紀裡進行了幾次修改。這個公約的簽字國組成了伯恩著作權聯盟。公約規定每個締約國都應給予其他成員的作者與法律給予它本國的作者同樣的權利。受保護的作品包括文學、科學和藝術領域的一切作品，不論其表現形式，還包括繪畫、雕塑、建築計畫和音樂編曲等。現在著作權的有效期限是創作人死亡以後另加七十年。

Bernadette of Lourdes, St.　盧爾德的聖貝爾娜黛特（西元1844～1879年）　原名Marie-Bernarde Soubirous。法國有幻覺的人。磨坊主的女兒，童年貧寒，自幼體弱多病。1858年屢見聖母瑪利亞的幻象，她的父母、教士以及民間當局都提出懷疑，但她為幻覺的眞實性辯護。1866年加入訥韋爾仁愛修會，並一直隱居到三十五歲去世。盧爾德的石窟成為一個朝聖地，相傳窟中之水可以治病。1933年貝爾娜黛特被封為聖徒。

Bernadotte (of Wisborg), Folke, Greve (Count)＊ 貝納多特（西元1895～1948年） 瑞典軍人、人道主義者和外交官。他是國王古斯塔夫五世的侄子，第二次世界大戰期間任瑞典紅十字會會長，從德國集中營裡營救出了大約兩萬人。1948年他被聯合國安全理事會任命為巴勒斯坦的調停人，他使阿拉伯國家和以色列接受停火協定。他提出允許阿拉伯難民返回已被以色列人占有的家園，因此而遭到敵視。最後被猶太教極端分子暗殺。

Bernanos, Georges＊ 貝爾納諾斯（西元1888～1948年） 法國小說家和政論家。為當時最富原創性和獨立性的天主教作家之一，也是個富於幽默感和人情味的人，厭惡物質主義，反對同邪惡妥協。其傑作《一個鄉村牧師的日記》（1936）描寫一個年輕教士與罪惡抗爭的故事。電影劇本《加爾默羅會修女的對話》（1949）描寫在法國大革命時期犧牲的十六個修女，後為普朗克改編為歌劇（1957）。

Bernard, Claude＊ 貝爾納（西元1813～1878年） 法國生理學家。曾在幾所主要的法國學院裡任教，1869年任參議員。他發現了胰臟在消化過程中的作用，在碳水化合物的代謝過程中糖原生成作用，以及血管舒縮神經對供血的調節作用。他幫助建立了生命科學的實驗原理，包括各種假設都需要證實或被推翻。他的生物體內環境的概念引導了現在對自我恆定性的理解。他還研究了一氧化碳和箭毒的毒性。他曾三次獲得科學學會頒發的生理學大獎。

Bernard de Clairvaus, St.＊ 克萊爾沃的聖貝爾納（西元1090～1153年） 法蘭西天主教西篤會修士、神祕主義者和聖師。出生於第戎附近的貴族之家，他放棄文學教育而出家，1112年進入西多一個儉樸的宗教社團。1115年在香檳的克萊爾沃建立修道院，自任院長。1130～1145年曾數次在宗教和世俗會議及神學辯論會上任仲裁調停人。先後成為五位教宗的心腹，可能是當時歐洲最有名的宗教人物。他反對阿伯拉德的理性主義，為聖母瑪利亞的崇拜而辯護。

Bernardine 伯爾納會 ➠ Cistercian

Bernardine of Siena, St.＊ 錫耶拿的聖伯爾納（西元1380～1444年） 方濟會教士和神學家。生於名門，但早年即成孤兒。1402年加入方濟會嚴修派，後來他將此派傳播到整個歐洲。1417年開始到義大利各地傳教，竭力對抗由西方教會大分裂所造成的人心渙散、法紀廢弛、爭權奪利的現象。他透過佛羅倫斯會議致力於促使希臘教會與羅馬教會合一。據說死後其墳上曾發生許多神蹟。

Bernays, Edward L. 伯奈斯（西元1891～1995年） 美國輿論界人士，人稱「公共關係之父」。他是弗洛伊德的外甥，出生於維也納，但在紐約長大。早期曾組織簽名支持一齣以性病這個禁忌問題為主題的戲劇。他成立了公共關係事務所，首批客戶包括美國國防部和立陶宛政府。他替婦女爭取可在公共場所抽煙，自誇他寫的書受到納粹宣傳家戈培爾的支持，並聲稱說服美國政府推翻1954年瓜地馬拉的民選政府。編有《如何取得一致意見》（1955）一書，書名就是他常常引用的公共關係的定義。享年一百零三歲。

Berners-Lee, Tim 伯納斯－李（西元1955年～） 英國物理學家。電腦科學家之子，畢業於牛津大學，1980年接受日內瓦歐洲核子研究組織的獎學金，1989提出全球超文字計畫。他和歐洲物理實驗室的同事創造出所謂的「超文件傳輸協定」（HyperText Transfer Protocol; HTTP），使電腦伺服器與用戶之間的通訊標準化。1991年他們以文字為基礎的網路瀏覽器公之於世，標示著全球資訊網和大衆使用網際網路的開始。他拒絕從自己極有價值的革新當中獲得任何利益。1994年加入麻省理工學院的電腦科學實驗室，擔任全球資訊網合作社主任。

Bernese Alps＊ 伯恩茲阿爾卑斯山脈 德語作Berner Oberland。瑞士阿爾卑斯山脈的一段，位於隆河以北，布里恩茨湖和圖恩湖的南面。從馬蒂尼城向東延伸到格里姆瑟爾山口和阿勒河上游谷地。許多山峰高達3,660公尺以上，如芬斯特拉峰、少女峰和阿萊奇峰。勒奇山口、蓋米山口和皮永山口以及勒奇山鐵路隧道穿過此山脈。這個地區散佈著許多遊覽勝地，如因特拉肯、格林德爾瓦爾德、米倫和格施塔德等。

Bernese mountain dog 伯恩山犬 一種瑞士工作犬，兩千多年前羅馬人入侵時帶入瑞士。這種強壯耐勞的狗廣泛用於拉車、驅趕牛群來回於草原間。胸寬，耳懸垂呈V字形，被毛黑色，長而發亮。胸部、前肢和眼上部有棕色斑點，有時胸部、鼻端、腳和尾尖有白色斑點。體高53～70公分，體重約40公斤。

Bernhard＊ 貝恩哈德（西元1911年～） 尼德蘭親王。是利普－比斯特菲爾德的貝恩哈德·卡齊米日親王之子，1937年與未來的荷蘭女王朱麗安娜結婚，取得尼德蘭公民權。他反對德國入侵尼德蘭，1940年尼德蘭投降後，他帶領全家到英國。第二次世界大戰中他充任尼德蘭與英國軍隊之間的聯絡官，同英國皇家空軍一起作戰（1942～1944），並在1945年盟軍進攻尼德蘭時領導尼德蘭軍隊。戰後，朱麗安娜即位為女王（1948～1980），他擔任尼德蘭的親善使節。

Bernhardi, Friedrich von＊ 伯恩哈迪（西元1849～1930年） 德國軍人及軍事作家。曾參與普法戰爭，於1909年成為陸軍第七軍團指揮官。1911年出版了《德國與下一次戰爭》，主張德國有權利也有義務去發動戰爭，以獲取其應得的權力。後來協約國認為他的書是第一次世界大戰的肇因之一，伯恩哈迪在這次戰爭中擔任軍團指揮官。

Bernhardt, Sarah＊ 貝恩哈特（西元1844～1923年） 原名Henriette-Rosine Bernard。法國女演員。是一名妓女的私生女，其母的情人之一莫爾尼鼓勵她當演員。1862～1863年短暫地在法蘭西喜劇院演出，1866～1872年加入奧德翁劇院，曾在大仲馬的作品《凱恩》和雨果的詩劇《呂伊·布拉斯》中擔綱，以其迷人的「金嗓子」令觀衆傾倒。後來重返法蘭西喜劇院（1872～1880），主演《菲德拉》一劇轟動巴黎和倫敦。1880年組建自己的劇團，並在世界巡迴演出，所演的劇目包括小仲馬的《茶花女》、《阿特利葉娜·勒庫弗勒》、薩爾都專門為她編的四部劇以及羅斯丹的《鷹》等。後來腿部受傷，被迫截肢（1915），但她仍綁著木頭假腿飾演主要是坐著表演的角

貝恩哈特，薩羅尼攝於1880年
By courtesy of the Library of Congress, Washington, D. C.

A B

色。她是舞台史上最知名的人物之一，1914年獲法國榮譽勳章。

Bernicia＊　伯尼西亞　古代的北部盎格魯－撒克遜人王國。其版圖大約南起蒂斯河，北至佛斯灣。7世紀末與鄰國德伊勒合併，成爲諾森伯里亞王國。在海濱的班堡有一座王宮。首見記載的國王艾達於西元547年在那裡加冕；他的孫子艾特爾弗里思（593～616在位）統一了伯尼西亞與德伊勒。

Bernini, Gian Lorenzo　貝尼尼（西元1598～1680年）
義大利建築師和藝術家，是巴洛克雕塑的創始人。從小就跟隨雕塑家父親工作。早期的雕塑作品有《阿波羅和達佛涅》（1622～1624）和充滿活力的《大衛》（1623～1624）。教宗烏爾班八世是貝尼尼最早的資助人，也是他曾爲之服務的八位教宗中的第一位，受其委託在羅馬聖彼得墓上創作了華蓋。1629年被任命爲聖彼得大教堂和巴爾貝尼尼宮的建築師。他的作品常混合了建築與雕塑藝術，最傑出的範例是羅馬維多利亞聖母堂的柯爾納羅小禮拜堂，上面有他著名的戲劇雕塑《聖特雷薩的沈迷》（1645～1652）。貝尼尼最偉大的建築成就是聖彼得大教堂前環繞廣場的列柱廊。在他許多爲羅馬而作的作品中包括了大理石噴泉，以它們的建築構思和細節著稱。

貝尼尼的《阿波羅和達佛涅》（1622～1624），大理石雕刻；現藏羅馬博蓋塞藝廊
Scala/Art Resource, New York City

Bernoulli family＊　白努利家族　瑞士知名的兩代數學家家族。雅各（1655～1705）和約翰（1667～1748）是藥材商的兒子，父親希望一個兒子學神學，另一個學醫。但兩個兒子不顧他的反對，都醉心於數學，在微積分、變分法和微分方程式方面有重大的發現。兄弟兩工作在一起，時有爭辯，但非不和。約翰的兒子丹尼爾（1700～1782）則對流體動力學（參閱Bernoulli's principle）和機率論有重要貢獻。他揚名整個歐洲，也從事醫學、物理、天文和植物的研究和演講。

Bernoulli's principle　白努利原理　亦作白努利定理（Bernoulli's theorem）。說明穩定流動的非黏滯流體中壓強、速度和高度之間關係的原理。結論是，對於水平流動來說，隨著流速的增加，流體所作用的壓強減小。這是由白努利（參閱Bernoulli family）推導出來的，該原理解釋了運動中飛機的升力。隨著飛機速度的提高，機翼上部彎曲表面上的空氣比機翼下面的空氣流動更快。於是機翼下面空氣所作用的向上壓強大於機翼上面空氣所作用的向下壓強，結果就有一個淨的向上的力，或稱升力。賽車利用該原理在加速時保持它們的車輪壓在地面。賽車取阻流器的形狀，像一個倒置的機翼，底部的彎曲表面能產生一個向下的淨力。

Bernstein, Eduard＊　伯恩施坦（西元1850～1932年）
德國政治人物和作家。1872年加入德國社會民主黨，後來在外流亡數年，任社會主義雜誌編輯。在倫敦遇見恩格斯，並受費邊社的影響。1901年回到德國，成了修正主義學派的政治理論家，是修改馬克思主義基本原則（如資本主義行將崩潰）的第一批社會主義者中的一個。伯恩施坦設想出一種社會民主的類型，將私有制的創新與社會的改革結合在一起。他曾擔任幾屆的議員（1902～1906、1912～1916、1920～1928），啓發了社會民主黨的許多改革計畫。

Bernstein, Elmer＊　伯恩斯坦（西元1922年～）
美國作曲家。生於紐約市，在茱麗亞音樂學院接受教育，師從渥爾普（1902～1972）以及賽興士，第二次世界大戰之後，他開始在廣播電台工作。以其傑出的電影配樂而聞名，經常使用爵士樂的意念。他的作品包括《金臂人》（1955）、《豪勇七蛟龍》（1960）、《神女生涯原是夢》（1962）、《蜜莉姑娘》（1967, 奧斯卡金像獎）、《大地驚雷》（1969）、《魔鬼剋星》（1984）以及《致命賭局》（1990）。

Bernstein, Leonard　伯恩斯坦（西元1918～1990年）
美國指揮家、作曲家和作家。哈佛大學畢業後才決定從事音樂工作。在寇蒂斯音樂學院學習指揮，師從藍納後，成爲坦格伍德（在麻薩諸塞州萊諾克斯舉辦）夏季音樂節上的固定演員，在那裡他認識了科普蘭，並成爲庫塞維茨基的助理。1943年在一次音樂會廣播中，臨時決定讓他代人指揮，不料一舉成名。1944年他爲羅賓斯的芭蕾舞劇《自由的想像》和熱門的百老匯劇《錦城春色》配樂，取得巨大的成功。在指揮方面，與他合作最密切的是以色列、紐約和維也納交響樂團；他首演了許多當代音樂，並在復興馬勒的音樂方面扮演重要的角色。最著名的作品是轟動一時的音樂劇《西城故事》（1956）；其他的作品包括音樂劇《奇妙的小鎮》（1952）和《天真漢》（1956）、三部交響樂、《奇切斯特詩篇》（1965），以及舞台劇《彌撒曲》（1971）。他還是個知名的電視演說者和卓越的政治活動家。

伯恩斯坦
Lauterwasser, courtesy Deutsche Grammophon

Bernstorff, Johann-Heinrich, Graf (Count) von＊　貝恩斯托夫伯爵（西元1862～1939年）　德意志外交官。1899年進入外交界後，在倫敦和開羅代表德國，1908～1917年任駐美國大使。第一次世界大戰中，他爲威爾遜引起的衝突做調解工作，但得不到他所希望的來自柏林當局的支持。後來擔任德意志民族同盟主席直至1933年，希特勒上台後亡命日內瓦。

Berra, Yogi＊　貝拉（西元1925年～）　原名Lawrence Peter Berra。美國職業棒球選手、經理和教練。1946年加入紐約洋基隊，從1949到1963年他退休爲止，一直是該隊的當家捕手。1951、1954和1955年皆當選爲美國聯盟最有價值的球員。貝拉在世界大賽中接住的球數（75）比任何其他的捕手都多，並在1958年一個賽季中打出二十支或更多的全壘打。1964年出任洋基隊經理，後遭解雇，1965～1975年任紐約大都會隊教練和經理。1976～1982年回到洋基隊任教練，後任經理（1983～1985）。他有一些很有特色的話語，如「在它完蛋之前我不會完蛋」，卡通人物瑜伽熊（Yogi Bear）就是取用他的名字。

Berrigan, Daniel (Joseph) and Philip (Francis)　貝利根兄弟（丹尼爾與菲利普）（西元1921年～；西元1923年～）　美國行動派神父。他們生於明尼蘇達州的雙港市，兄弟兩人都成爲天主教神父（丹尼爾是耶穌會士，菲利普則是約瑟會士）。他們旋即參與了非暴力的行動主義，發起公民不服從運動來對抗種族主義、核戰和越戰。越戰期間，他們在馬里蘭州卡頓斯維市搶奪徵兵入伍名單，以雞血和汽油彈搗毀，成了家喻戶曉的人物。其激進行動至今還在進行，他們也因為此一堅持而知名，不過菲利普後來離開了神父一職。兩人都寫了許多書來闡揚他們的工作和信念；丹尼爾另外還寫詩和劇本。

Berruguete, Pedro＊ 貝魯格特（西元1450?～1504年） 亦稱Pedro Español或Pietro Spagnuolo。西班牙畫家。在義大利逗留一段時間後，他返回西班牙，從1483年起在托萊多主教堂畫了許多祭壇畫和壁畫。在他的畫板畫中有明顯的法蘭德斯和義大利藝術的影響，這些畫板畫的特點是奢華的裝飾和純金的裝幀。他是西班牙第一個偉大的文藝復興時期的畫家。他的兒子阿隆索（1488?～1561）是雕塑家和畫家，約1508～1516在佛羅倫斯和羅馬工作。1516年回到西班牙，1518年成為查理五世的宮廷畫家，但他主要還是成功的雕塑家。最著名的作品是托萊多大教堂裡唱詩班長排座椅上的一組木浮雕（1539～1543），其上人物栩栩如生。他是16世紀西班牙最偉大的雕塑家。

Berry＊ 貝里 法國中部歷史地區和舊省。最初是比圖里吉族的庫比人家鄉，他們反對韋辛格托里克斯。在羅馬統治下，該地區是亞奎丹－普里馬的一部分。在加洛林時期曾為伯爵領地，11世紀時落入法蘭西王室手中。英國的亨利二世取得亞奎丹後，貝里成為英法兩國爭端的焦點。曾一度是貝里公爵統治下的公國，他是重要的藝術資助者。1601年重歸法國，1798年以前一直是法國的一個省。

berry 漿果 一種肉質單果，常含多顆種子（如香蕉、番茄或蔓越橘）。中果皮與內果皮一般難以區分。任何形小肉質的果實都被廣稱為漿果，尤指那些可以食用的。懸鉤子、黑莓及草莓的英文名中雖均有berry，但不是真正的漿果，而是聚合果，即由多個較小的果實組成的。海棗是一種單籽漿果，其核是堅硬的營養組織。

Berry, Chuck 查克貝里（西元1926年～） 原名Charles Edward Anderson Berry。美國歌曲作家和歌手，是使大節拍的藍調歌曲轉變成搖滾音樂（參閱rock music），並在白人聽眾中廣泛流行開來的最早代表人物之一。雖然最先感興趣的是鄉村音樂，1950年代初，他率領一組藍調三重唱在聖路易地區黑人夜總會演唱。1955年他前往芝加哥，錄製他的第一張暢銷唱片〈梅貝倫〉，接著又出了〈甜蜜的十六歲〉、〈強尼·古德〉、〈搖滾音樂〉和〈搖起來，貝多芬〉等。1959年因行為不軌而入獄五年，1979年又被控逃漏稅而判刑。他是《嗨！嗨！搖滾吧！》（1987）紀錄片中的主題。1990年代他仍繼續表演。

Berry, duc (Duke) de＊ 貝里公爵（西元1778～1820年） 原名Charles-Ferdinand de Bourbon。法國貴族。後來的查理十世之子，於法國大革命爆發時逃到國外。一直到1815年才回國。他被擁護拿破崙的狂熱分子刺殺後去世，他的死亡象徵波旁王朝復辟的轉折點，加速溫和派的德卡茲政府的垮台，並兩極化為自由派和保皇派。

Berry, Jean de France, duc de 貝里公爵（西元1340～1416年） 法國貴族和藝術贊助人。法蘭西國王約翰二世的兒子，他是貝里和奧弗涅公爵，在百年戰爭中期至少控制了法國1/3的領土。貝里參與管理法國的行政工作，扮演外交家和調解人，致力於與英國和平共處，以及法國內部的和平。在收藏藝術珍品上他不惜花費鉅資，這些繪畫、裝飾掛毯、珠寶首飾以及手抄本裝飾畫（包括著名的《貝里公爵裝飾豐富的祈禱書》）成了他不朽的紀念。

Berryman, John 貝里曼（西元1914～1972年） 美國詩人。曾就讀於哥倫比亞大學和劍橋大學，後來在幾所大學執教。1956年發表他第一部實驗性長詩《對布萊德斯特律太太的敬意》，確立他在文學界的重要地位。《夢歌七十七首》（1964，獲普立茲獎）展現其大膽、創新的手法，加上他在1968年發表的《他的玩具、他的夢、他的休息》，擴大為有三百八十五首夢歌的組詩。後來的作品包括欺騙性的即興創作《愛情與名聲》（1970）和《復原》（1973），後者是他對抗酗酒的陳述。他的詩以直率中帶著幽默著稱。由於患有嚴重的憂鬱症，後來跳橋自殺身亡。

貝里曼
By courtesy of the University of Minnesota

berserkers 熊皮武士 古諾爾斯語作beserkr（意即「熊皮」）。在中世紀以前和中世紀的北歐、日耳曼歷史與民間傳說中，崇拜奧丁的狂暴武士，他們在王室和貴族身邊當護衛和突擊隊。在自己的一些主要社群中恣意燒殺搶掠，他們驍勇善戰，作獸皮打扮，促進了歐洲有關狼人傳說的發展。

Bert, Paul＊ 貝爾（西元1833～1886年） 法國生理學家、現代航太醫學的奠基人。在巴黎大學任教多年，1872～1886年在政府單位任職。他研究過空氣壓力對人體的作用，使對太空和深海的開發成為可能。貝爾發現高海拔地區的疾病主要是由於空氣稀薄、含氧量太低所致；還證明了減壓病是由於在外部氣壓快速下降期間血液中的氮氣形成氣泡所致。

Bertelsmann AG 博德曼集團 德國媒體公司。起初在1835年為宗教印刷商及出版商，公司在下一世紀穩定成長。1945年雖然幾乎全毀於盟軍轟炸，第二次世界大戰後公司卻快速復甦，到1998年已經成長到涵蓋超過三百家媒體公司，而一半以上的雇員在德國以外的國家。它在全世界購入的公司包括美國出版公司班丹道布戴戴爾和藍燈書屋。2000年，該公司自稱是世界第三大媒體集團。

Berthelot, (Pierre-Eugène-)Marcellin＊ 貝特洛（西元1827～1907年） 法國化學家。是法蘭西學院第一位有機化學教授（1865年起），後來擔任政府高官，包括外交部長（1895～1896）。曾對醇、羧酸、烴的合成，以及反應速率等作過重要研究，還研究了爆炸機制，發現許多煤－焦油的衍生物，並著有早期化學史。他是把化學分析當作研究考古學工具的第一人。其工作有助於打破有機與無機化合物的傳統劃分。他反對當時一般人所認為的「生命力」是合成的原動力，也是證明所有化學現象都取決於可以測量的物理力的第一批科學家之一。

Berthoud, Ferdinand＊ 貝爾圖（西元1727～1807年） 瑞士－法國鐘錶製造家和撰寫有關計時方面的作家。1748年起在巴黎工作，由於不斷發明創造，著作又多，很快成為有影響的人物。他還對海上確定經度（參閱latitude and longitude）的問題感興趣，這導致了他的主要成就，即一種改進了的、較廉價的海上時計。在現代的儀器中還保留著貝爾圖的改良設計。亦請參閱Harrison, John。

Bertoia, Harry＊　貝爾托亞（西元1915～1978年）

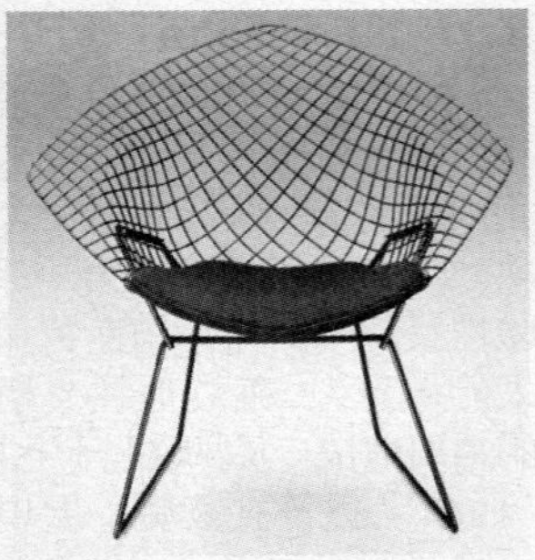

貝爾托亞於1952年設計的鑽石椅
By courtesy of Knoll International

義裔美國籍雕刻家和設計家。曾在克蘭布魯克藝術學會學習，並於1937～1943年在該學會任教。後來赴加州與查理·埃姆斯共事，1950年赴紐約任職於諾爾公司。他完成鑽石椅（通常稱貝爾托亞式座椅）的設計，椅子原料採用拋光的鋼絲作椅架，配合彈性的諾格海德椅套裝璜而成。他還製作出一種用風帶動的「聲音雕塑品」，還爲一些公司和公共場合製作了大量的作品。

Bertolucci, Bernardo＊　貝托魯奇（西元1940年～）
義大利電影導演。在寫了一些詩歌和一本得獎著作後，1961年參與電影製作，擔任巴索里尼的助理導演。他導演的第一批電影是《死神》（1962）和《革命之前》（1964），接著是票房不錯的《蜘蛛的計謀》（1970）和《同流者》（1970）。色情片《巴黎最後探戈》在國際上和商業上都引起轟動。後來他執導的電影有《1900年》（1976）、《末代皇帝》（1987，獲奧斯卡獎）、《小活佛》（1994）、《偷香》（1996）和《圍困》（1998）。

beryl＊　綠柱石　由鈹－鋁的矽酸鹽組成的礦物$Be_3Al_2(Sio_3)_6$，是鈹的工業來源。綠柱石有幾個變種可作爲寶石，如海藍寶石（淡藍綠色）、祖母綠（深綠色）、金綠柱石（金黃色）和鉑綠柱石（粉紅色）。1925年以前，綠柱石只用作寶石，其後，發現了鈹的許多重要用途（如應用在核反應器、太空飛行器和X射線管中）。還沒有發現過綠柱石的大礦床，許多綠柱石是開採長石和雲母時的副產品。巴西是主要生產國，其他地區還有辛巴威、南非、那米比亞和美國。

beryllium＊　鈹　鹼土金屬中最輕的化學元素，化學符號Be，原子序數爲4。自然界不存在單質鈹，主要存在於礦物綠柱石（其中祖母綠和海藍寶石都是寶石型變種）中。金屬鈹，尤其是鈹合金，有許多結構上和熱學上的應用：用在核反應堆中。鈹在所有化合物中的原子價都是2，這些化合物通常都無色，有獨特的甜味。所有可以溶解的鈹化合物都是有毒的。氧化鈹用於核設施的特殊陶瓷中，氯化鈹是有機化學反應的催化劑。

Berzelius, Jöns Jacob＊　貝采利烏斯（西元1779～1848年）　受封爲貝采利烏斯男爵（Baron Berzelius）。瑞典化學家。1807～1832年在斯德哥爾摩當教授，完成了大量重要的發明和發現。尤其著名的是他引進了基本的實驗室設備，如今這些設備還在應用；確定了原子量；創建了現代化學符號系統；他的電化學理論；他發現了元素鈰、硒和釷；分離出矽、鋯和鈦；對分析的經典技術的貢獻；以及他對同分異構體現象和催化（這兩個名詞都是他提出的）的研究等等。他發表了兩百五十多篇原創的研究論文。被公認是現代化學的奠基人之一。

貝采利烏斯，油畫，梭德馬克（Olof Johan Sodermark）繪於1843年；現藏斯德哥爾摩瑞典皇家科學院
By courtesy of Svenska Portrattarkivet, Stockholm

Bes　貝斯　長相怪異的小埃及神。他的形象可引起快樂或驅逐痛苦和悲傷，他的醜陋可能是爲了嚇走魔鬼精靈。他同音樂和分娩有關。Bes這個詞現在用來指形象類似而有不同古名的一群神。

貝斯的雕像，現藏羅浮宮
Giraudon – Art Resource

Besant, Annie＊　貝贊特夫人（西元1847～1933年）
原名Annie Wood。英國社會改革家。1880年代她是一位傑出的費邊社會主義者。1889年成爲神智學的擁護者。1907年起直至去世擔任神智學會的國際主席，她的著作仍被列爲是對神智學信仰最好的闡釋作品。她移民到印度後，成爲印度獨立運動的領袖，1916年創立印度自治同盟。

Bessarabia＊　比薩拉比亞　東歐一地區，四周爲普魯特河和聶斯特河、黑海和多瑙河三角洲。西元前7世紀黑海沿岸已建有希臘人殖民地。西元2世紀，此地可能是達契亞王國的一部分。15世紀整個地區併入摩達維亞。其後不久，土耳其人將比薩拉比亞南部併入鄂圖曼帝國。16世紀摩達維亞臣服土耳其，比薩拉比亞的其他地區也歸土耳其統治，直至19世紀。1812年俄國攫取了比薩拉比亞全部和摩達維亞一半的土地，並控制它們一直到第一次世界大戰爲止。該地區發展起民族主義的運動，1917年俄國革命後，比薩拉比亞宣布獨立，並投票決定和羅馬尼亞合併。蘇聯從未承認過羅馬尼亞對該省的權利，1940年要求割讓比薩拉比亞；羅馬尼亞依允了，蘇聯建立起摩達維亞蘇維埃社會主義共和國（參閱Moldova），並將其北部地區併入烏克蘭蘇維埃社會主義共和國。1991年烏克蘭和摩達維亞宣布獨立後，比薩拉比亞仍分屬此兩國。

Bessel, Friedrich Wilhelm＊　貝塞耳（西元1784～1846年）　德國天文學家。是測量（用視差的方法）太陽以外的星球距離的第一人。主要的發現之一是，兩顆亮星（天狼和南河三）的微小運動只能用看不見的暗伴星所施加的攝動來解釋。他還觀察到天王星軌道中微小的不規則性，他認爲是由一顆還不知道的行星造成的，這個結論導致海王星的發現。他研究行星運動用的數學函數爲人們廣泛用於解各種微分方程。

貝塞耳，版畫；芒代爾（E. Mandel）據沃爾夫（Franz Wolf）之畫作複製
The Bettmann Archive

Bessemer process　柏塞麥煉鋼法　1856年由英國的柏塞麥發明的將生鐵轉變成鋼的技術，1860年把該技術投入商業生產。將空氣吹入在耐火的煉鋼爐中熔融的鐵水中，使鐵中的碳和矽發生氧化。氧化過程中釋放出來熱量還能保持金屬熔化。穆謝特又提供了將轉變後的金屬退氧化的技術，使該過程得以成功。1856～1860年凱利在肯塔基和賓夕法尼亞做了一種氣吹式轉爐的實驗，但沒有製出鋼來。1865年霍利在美國建立了第一家成功的柏塞麥煉鋼廠。用柏塞麥煉鋼

法在英國和美國進行了低成本的鋼鐵生產，很快革新了建築的結構，並爲鐵軌和其他應用方面提供鋼以取代鐵。柏塞麥煉鋼法最終被平爐煉鋼法超越。亦請參閱basic Bessemer process。

Bessemer, Henry　柏塞麥（西元1813～1898年）　受封爲亨利爵士（Sir Henry）。英國發明家和工程師。父爲冶金學家，十七歲時創辦了自己的鑄造生意。當時只有兩種鐵基結構材料，即鑄鐵和熟鐵。所謂鋼是在純粹的熟鐵中加入碳而製成的（參閱wootz (steel)）；這樣得到的材料幾乎全部用於製作切割工具。在克里米亞戰爭中，柏塞麥爲大炮設計更強的鑄鐵。他發明出一種過程，能低成本地生產大型、無渣的鋼錠，還可以像任何熟鐵一樣加工。最後他還發現了如何從鐵中除去過多的氧。由柏塞麥煉鋼法（1856）發展出柏塞麥煉鋼爐。亦請參閱basic Bessemer process、puddling process。

柏塞麥，油畫，雷曼（Rudolf Lehmann）繪；現藏倫敦鋼鐵協會
By courtesy of the Iron and Steel Institute, London; photograph, The Science Museum, London

Bessey, Charles E(dwin)　貝西（西元1845～1915年）　美國植物學家。1870～1884年在愛荷華州立農學院任教，後轉任內布拉斯加大學。那時他已發展了植物形態學的實驗研究，使這所新建的大學立即成爲全國傑出的植物學研究中心之一。他所寫的教科書被廣泛採用，支配了美國植物學的教學有半個多世紀之久。

貝西，攝於1910年左右
Courtesy of Hunt Institute for Botanical Documentation, Carnegie Mellon University, Pittsburgh, Pa.

Besson, Jacques＊　貝松（西元1540～1576年）　法國工程師。他在車床方面的革新，對機床工業和科學儀器製造的發展極爲重要。1569年發表他的設計，即在螺紋車床上加裝凸輪和模板（用以控制加工工件的形狀），以加強操作人員對工具和工件的控制，使之能生產出更精確、更複雜的金屬製品。他還改進了裝飾車床上的驅動裝置和進刀機構，描繪了效率更高的水輪形式，這種水輪被看作是水力渦輪機的原型。

Best, Charles H(erbert)　貝斯特（西元1899～1978年）　美裔加拿大生理學家。1929～1967年擔任多倫多大學的教授和行政管理人員。1921年與班廷一起首次獲得能控制糖尿病的胰臟分泌物胰島素。由於沒有醫學博士學位，所以未能在1923年同班廷和麥克勞德共享諾貝爾獎。貝斯特還發現了維生素膽鹼及組織胺酶，並最先採用抗凝藥治療血栓。

bestiary　動物寓言　歐洲中世紀時的一種散文或詩歌體作品，往往帶插圖，由故事集組成，每篇都以描寫一隻動物或一棵植物的某些特性爲基礎。故事都是些寓言，給人以道德和宗教方面的教導和告誡。它們大都源自希臘的《博物學家》，那是2世紀中葉前由一位不知名的作者編寫的一本教科書。許多眞實的或虛構的生物傳統象徵均源自動物寓言，如長生鳥自焚以再生；塘鵝有雙親之愛，據說它們剖開自己的胸脯來餵養子女，成爲基督精神的象徵。

beta-blocker＊　β阻斷劑　全稱β－腎上腺素能阻斷劑（beta-adrenergic blocking agent）。是用以治療多種交感神經系統（參閱autonomic nervous system）疾患的合成藥。它們阻斷心臟和其他平滑肌肉細胞中的β－腎上腺素能受體，這些受體在接受腎上腺素後會使交感神經系統興奮。爲了避免這種興奮，用β阻斷劑能控制焦慮、高血壓，以及治療多種心臟疾患（參閱heart disease）。能有效地減少再次發作心肌梗塞的危險。

beta decay　β衰變　某些不穩定原子核爲耗散其過剩能量而自發發射一個β粒子的三種放射性衰變過程的統稱。β粒子可以是電子或正電子。這三種β衰變過程爲電子發射、正電子發射和電子俘獲。β衰變過程使母核增加或減少一個單位的正電荷而不改變它的質量數。雖然與γ衰變或α衰變相比，β衰變是一個較慢的過程，但β粒子的穿透距離要比α粒子的大幾百倍。β衰變的半衰期爲幾個毫秒或更長。亦請參閱radioactivity。

Betancourt, Rómulo＊　貝坦科爾特（西元1908～1981年）　委內瑞拉總統（1945～1948、1959～1964）。青年時代積極參與反對戈麥斯（1857/1864～1935）獨裁統治的活動。短期加入共產黨後，又轉而反對它，並協助創立左翼反共的民主行動黨，該黨在一次政變後於1945年取得執政權。他任臨時總統時，實施溫和的社會改革政策，後辭職而同意選舉一個繼承人。1959年再次當選總統，在親古巴的共產主義者和被嚇壞的保守派之間走中間路線，提出龐大的公共工程建設計畫，並促進了工業的發展（以大量的石油出口來支助）。1964年退休。

betel＊　檳榔　兩種不同植物的總稱，在南亞和東印度，人們廣泛把它們拿來咀嚼。檳榔子是棕櫚科檳榔樹的種子；而檳榔葉是檳榔胡椒，或科蒟的葉。咀嚼時，捲少許於蒟葉內，加少量酸橙共嚼，以促使唾液分泌和放出刺激性的生物鹼。咀嚼結果產生大量磚紅色的唾液，會暫時地把口腔、嘴唇和牙齦都染成橘紅色。檳榔子產生生物鹼，獸醫把它拿來作驅蟲藥。

檳榔樹的種子
Wayne Lukas-Group IV－The Nationat Audubon Society Collection/Photo Researchers

Betelgeuse＊　參宿四　從阿拉伯語"bat al-dshauza"而來，意爲「巨肩」。獵戶座星座中最亮的恆星，標誌著獵人東面的肩。距地球約430光年，從它的亮度、在明亮的獵戶座中的位置以及它暗紅的顏色，很容易辨認出參宿四。它是一顆紅色的超巨星，是已知體積最大的恆星之一；直徑在太陽直徑的500～800倍之間，週期爲4到6年，不太規則。

Bethe, Hans (Albrecht)＊　貝特（西元1906年～）　德國出生的美籍理論物理學家。1933年逃往美國，1937～1975年間在康乃爾大學任教。他說明了晶體中原子周圍的電場是如何影響原子的能態，這項工作幫助形成了量子力學，並提高了人們對控制原子核結構的各種力的理解。1939年首先提出碳循環是星體中產生能量的來源。他領導曼哈頓計畫的理論物理小組，但戰後貝特卻經常發表有關核戰威脅的言論。1955年獲得普朗克獎章，1961年獲費米獎，1967年獲諾貝爾物理學獎。

Bethel　伯特利　巴勒斯坦古城。現在是以色列領土上的一個考古場地和城鎮（今名Baytin），位於耶路撒冷北方約16公里處。在《舊約》時代占有重要地位，與亞伯拉罕、雅各有關。以色列國分裂後，伯特利成了北部王國（以色列）的主要聖地，後世先知阿摩司以此地爲傳教中心。

Bethlehem　伯利恆　耶路撒冷東南的城鎮（1997年人口約11,079）。是猶太的古鎮，大衛王的早年居住地。在第二次猶太起義期間（135），羅馬人在那裡駐防。基督徒把這裡視作耶穌誕生的地方，3世紀時建於一個山洞上面的耶穌降生堂被認定是耶穌的誕生處，是現存最古老的基督教教堂之一。1923～1948年該鎮爲英國的巴勒斯坦託管地一部分；以阿戰爭（1948～1949）後，於1950年劃歸約旦。1967年的六日戰爭後，畫入以色列所轄的西岸地區。1995年根據以－巴自治協定轉歸巴勒斯坦。長期以來該鎮一直是重要的朝聖和旅遊中心，也是與耶路撒冷密切相關的農業集鎮。

Bethlehem　伯利恆　美國賓夕法尼亞州東部城市（2000年人口約71,329）。與亞林敦和伊斯頓組成都市聯合工業區。1741年由摩拉維亞傳教士建立，在美國革命期間爲大陸士兵醫院的所在地。城市工業化隨著利哈伊運河的通航（1829）和伯利恆鋼鐵公司前身的建立（1857）而起步；該市成爲主要的鋼鐵生產中心。此後工業朝多樣化發展，包括了紡織業、金屬製品、家具和化學品。

Bethlehem Steel Corp.　伯利恆鋼鐵公司　美國公司，1904年由伯利恆鋼鐵公司、聯合鐵廠和其他幾家較小的公司合併組成。主要奠基人是施瓦布。公司（總公司設在賓夕法尼亞州的伯利恆）成立後的最初幾十年裡，主要生產煤、鐵礦石和鋼。在最近的幾十年裡開始多樣化經營，進入塑膠、化學產品和有色金屬礦石等領域。如今，它是美國第二大的鋼鐵生產企業。

Bethmann Hollweg, Theobald von＊　貝特曼・霍爾韋格（西元1856～1921年）　德國政治人物和首相（1909～1917）。爲文職官員，1905年擔任普魯士內政大臣。1909年任首相。第一次世界大戰以前，他任由好戰的黨派支配政府；1914年對於奧匈帝國向塞爾維亞採取的行動表示無限制的支持。1916年試圖要求美國進行調解來結束戰爭，但他未能限制潛艇戰爭。1917年允諾在普魯士實行選舉改革，觸怒了保守派而被迫辭職。

貝特曼・霍爾韋格，肖像畫；布蘭特（Brant）繪於1909年
Archiv fur Kunst und Geschichte, Berlin

Bethune, Louise Blanchard＊　貝休恩（西元1856～1913年）　原名Jennie Louise Blanchard。美國第一位專業女建築師。1881年在水牛城開設獨立的事務所。她的公司爲紐約州各處設計了數以百計的建築，有許多是採用19世紀末流行的羅馬復興式風格。貝休恩是第一位當選美國建築學會會員（1888）的女性。

Bethune, Mary (Jane) McLeod＊　貝休恩（西元1875～1955年）　原名Mary Jane McLeod。美國教育學家。出生在曾爲奴隸的家庭，靠自己設法完成了大學教育，1904年開辦一所學校，後來成爲佛羅里達州代托納比奇的貝休恩－庫克曼學院的一部分。1923～1942和1946～1947年擔任該學院的院長，也同時擔任羅斯福總統的特別顧問。在非洲裔美國人各組織，尤其是在婦女團體中表現突出，1936～1944年任全國青少年局黑人事務處處長。

Bethune, (Henry) Norman＊　貝休恩（西元1890～1939年）　加拿大外科醫師和政治活躍分子。1917年開始醫療生涯，第一次世界大戰期間服務於加拿大空軍。西班牙內戰期間擔任保皇派軍隊的外科醫師，建立最早的活動式輸血服務。身爲共產黨員，他在1938年離開加拿大，在中日戰爭中擔任中國軍隊的外科醫師，組織野戰醫院並建立醫學院，成爲中國的民族英雄。

Betjeman, John＊　貝傑曼（西元1906～1984年）　受封爲約翰爵士（Sir John）。英國詩人。他的詩集包括《錫安山》（1933）、《高與低》（1966）和《寒風刺骨》（1974），散文作品包括幾部介紹英國各郡的旅行指南，以及關於各市鎮和建築的散文。作品主要是對過去的緬懷、嚴格的地域觀念和對社會差別的精確描寫，由於當時他所描寫的東西正迅速消失，所以在英國擁有大批的讀者。從1972年起到他去世，一直是英國的桂冠詩人。

Bettelheim, Bruno＊　貝特爾海姆（西元1903～1990年）　奧地利出生的美籍心理學家。曾在維也納學習，1938～1939年被納粹捕獲，囚於集中營。後來移居美國，1944年起任芝加哥大學爲有精神障礙兒童設立的實驗性矯治學校校長，尤其以他在研究自閉症兒童方面的工作著稱。他應用精神分析原理來解決社會問題，尤其是在培育兒童方面。著作包括有關適應極端壓力的一篇很有影響的論文（1943）、《愛得不夠》（1950）、《明達的心》（1960）、《空虛的堡壘》（1967）、《夢中的孩子》（1967）和《魔法的種種用場》（1976）等。後來因妻子亡故和身患中風而十分抑鬱，最後自殺身亡。後來有人揭露他捏造他的學術證書，並在他的學校裡虐待和誤診兒童，使他的名譽受損。

Better Business Bureau　商業改進局　美國和加拿大的幾種民間組織的統稱，旨在維護社會風尚，使人們免遭不公平、誤導或欺詐性廣告和推銷行爲的誆騙。這些組織屬於地方層級，商業改進局對商業活動進行調查研究，制定規範標準，接受對不正當業務行爲的申訴，開展教育運動，使公衆警惕廣告和推銷中的各種欺騙手段。

Betti, Ugo＊　貝蒂（西元1892～1953年）　義大利劇作家。從事法律職務，在羅馬擔任法官和司法部的圖書管理員。他寫了三本詩集、三部短篇小說集和二十六部劇本。第一部劇本《房東太太》於1927年首演，毀譽參半，但後來的作品較爲成功。有幾部被翻譯成法文和英文，並在巴黎、倫敦和紐約等地上演，包括《山崩》（1933）、《法庭的腐敗》（1949）、《女王與反叛者》（1951）和《亡命者》（1953）等。

Betwa River＊　貝德瓦河　印度北部河流。發源於中央邦西部，向東北流，全長579公里，穿過北方邦，在赫米爾布爾城附近注入亞穆納河。約一半河段不能航行。供水給一大片的灌溉區；主要支流爲傑姆尼河與特森河。

Beust, Friedrich Ferdinand, Graf (Count) von＊　博伊斯特（西元1809～1886年）　德意志政治人物。1830年起爲薩克森的職業外交官，1849～1853年任外交大臣，1853～1866年任內政大臣。由於與俾斯麥的立場不同而常起衝突，1866年被迫辭職。同年薩克森的同盟者和哈布斯堡皇帝法蘭西斯・約瑟夫任命他爲奧地利外交部長，之後擔任哈布斯堡王朝的帝國首相（1867～1871）。他以首相身分參與1867年協約的談判，努力恢復哈布斯堡的國際地位。後任駐倫敦（1871～1878）和駐巴黎（1878～1882）的大使。

Beuve, Charles-Augustin Sainte- ➟ Sainte-Beuve, Charles-Augustin

Beuys, Joseph＊　博伊斯（西元1921～1986年）　德國前衛派雕刻家及表演藝術家。第二次世界大戰期間服役於空軍，1947～1951年在杜塞爾多夫研習藝術；1961年於當地藝術學院任雕刻教授。1960年代，博伊斯加入名爲福魯克薩斯的國際團體，他們強調的不是一個藝術家做了什麼，而是強調藝術家的個性、行動和觀點。他最著名也最受爭議的表演是《如何給死兔講解圖畫》（1965），博伊斯以蜂蜜和金葉覆頭，在畫廊裡走動，對著一隻死兔講述有關人類和動物的意識。他成功地創造了一個流行的個人神話，是20世紀晚期最有影響的藝術家和教師。

Bevan, Aneurin＊　貝文（西元1897～1960年）　英國政治人物。青年時期進入工黨政界，1929年選入下院。他克服了口吃而成爲優秀的演說家。1945～1951年任艾德禮政府中的衛生大臣，貝文建立了國民保健署。1951年任勞工大臣，但後來辭職，以抗議因重整軍備而縮減社會計畫的開支。在工黨內部，貝文是個具爭議性的人物，他領導左翼集團（貝文派），並擔任工黨領袖至1955年。

Beveridge, Albert J(eremiah)＊　柏衛基（西元1862～1927年）　美國參議員和歷史學家。曾在印第安納波里當律師。1900～1912年擔任美國參議員，支持羅斯福總統提出的進步立法。他與共和黨的保守派決裂，擔任1912年大會的主席，會上組織了進步黨，並提名羅斯福爲總統候選人。後來他退出政界，專心編寫幾部歷史著作，包括《約翰・馬歇爾傳》（四卷，1916～1919；獲普立茲獎）。

Beveridge, William Henry　柏衛基（西元1879～1963年）　受封爲柏衛基男爵（Baron Beveridge (of Tuggal)）。英國經濟學家。畢生研究失業問題，1909～1916年擔任勞工介紹所所長。1919～1937年任倫敦經濟學院院長，1937～1945任牛津的大學學院院長。後來受政府之邀出任規畫新的英國福利國家的設計師，他透過「柏衛基報告」（1942）制訂出英國的社會政策和機構。著作包括《全民保險》（1924）、《自由社會的充分就業》（1944）和《安全保障的支柱》（1948）。

Beverly Hills　比佛利山　美國加州西南部城市（2000年人口約33,784）。四周是洛杉磯市，且與好萊塢相鄰。1906年設爲住宅區，取名比佛利。1912年比佛利山旅館建成。1919年電影明星畢克馥和費爾班克斯在山上建蓋他們的房產，開了好萊塢的名流在比佛利山建築華麗宅第的風氣。面積14.8平方公里，有三條東西向的主要大道橫切該市，即日落大道、聖大芒尼加大道和競技場路。

Bevin, Ernest　貝文（西元1881～1951年）　英國勞工領袖和政治人物。1905年起活躍於勞工組織中，爲碼頭工會領袖。1921年他將幾家工會合併成爲運輸和雜務工工會，成爲世界上最大的工會，並擔任該會總祕書至1940年。1940～1945年在邱吉爾的戰時聯合政府內出任勞工和國民事務大臣。1945～1951年在艾德禮工黨政府內任外交大臣，參與談判「布魯塞爾條約」，並協助建立北大西洋公約組織。

Bewick, Thomas　比尤伊克（西元1753～1828年）　英國木刻家。十四歲隨金屬雕版師學藝，後與其師合夥經營，在紐塞度過大半生。他重新發掘了木刻技術，當時的木刻已衰退爲一種複製技術，而比尤伊克把它加以創新，如使用平行線取代交叉影線，以實現大範圍的色調和結構組織。他還開發出一種印刷灰色背景的方法，以凸顯大氣和空間的層次效果。他的一些最好的作品都是在關於自然歷史的書籍插圖中。他在紐塞成立了一個版畫學校。

〈灰林鴞〉，木版畫；選自《英國鳥類史》（1797～1804）
By courtesy of the trustees of the British Museum; photograph, J. R. Freeman & Co., Ltd.

Bezos, Jeff(rey P.)＊　貝佐斯（西元1964年～）　美國網際網路企業家，生於新墨西哥州的阿布奎基。就讀於普林斯頓大學，並在銀行信託公司和蕭氏公司工作，1995年創立亞馬遜網路公司（Amazon.com）。這家網際網路公司以書商起家，後來擴及音樂CD、錄影帶、電子設備、工具及其他領域，也開始進行線上拍賣。雖然公司每年虧損累累，仍因股票暴漲而出名，反映出投資人對線上零售前景的信心。

Bhadracarya-pranidhana＊　行願品　大乘佛教經典，對藏傳佛教也很重要。它與華嚴經有關，有人甚至認爲是華嚴經的最終部分。它表達了過去和未來諸佛的十個誓願。逐步成爲中國佛教寺院日常課誦的經文。遵守這些誓願，包括不知疲倦地侍奉諸佛和納受一切宇宙，信徒就可以實現佛教中宣稱的宇宙間互相依存的現象，並進入阿彌陀佛的純淨樂土。

Bhagavadgita＊　薄伽梵歌　梵文的意思是「天神之歌」。最偉大的印度教經籍之一，是《摩訶婆羅多》的一部分。其體裁是武士阿周那王子與爲他驅車的黑天（毗濕奴大神的化身）之間的對話。可能在西元1世紀或2世紀寫成，比《摩訶婆羅多》的大部分篇章要晚。阿周那王子考慮到即將發生的戰鬥所帶來的傷害而猶豫不決，但黑天向他解釋說：不考慮個人勝敗得失，冷靜地履行天職，才更爲高尚。《薄伽梵歌》看重的是神的性質和最終的現實，爲超越這個世界的極限提供了三條紀律：智（jnana，知識或智慧）、業（karma，冷靜地行動）和守貞專奉（bhakti，對神的愛）。千百年來，《薄伽梵歌》引申出無數的注釋，包括羅摩奴闍和甘地所作。

Bhagavata＊　薄伽梵派　有文獻可考的最早的印度教宗派，代表一神論崇拜和現代毗濕奴教的起源。西元前3世紀～西元前2世紀，薄伽梵派源自馬圖拉地區，傳布到印度的西、北、南部各地區。中心信仰是一個人化的神，稱呼各異，有毗濕奴、黑天、哈里或那羅延天等。《薄伽梵歌》（1～2世紀）是薄伽梵系統的最早闡明，但它的中心經文是《薄伽梵往世書》。在毗濕奴教中，這一派一直處於重要地位，到11世紀時，羅摩奴闍使守貞專奉（虔誠地崇拜）重獲新生。

bhakti＊　守貞專奉　南亞（尤其是在印度教內）的虔修運動，強調信徒必須專心戀慕一位神。守貞專奉學說不同於不二論，以二元的觀點看待信徒與神的關係。雖然毗濕奴、濕婆和薩克蒂（參閱shakti）等大神都可以是守貞專奉的對象，但典型的守貞專奉運動是以毗濕奴，特別是他的兩個化身羅摩和黑天爲本尊的。活動包括背誦神的名字、唱頌歌、配戴神的標誌以及朝聖。7～10世紀南印度的頌歌作者傳播守貞專奉，並激勵了詩歌和藝術的發展。如米拉巴伊等詩人用熟悉的人類詞彙（如愛者和被愛者）來比擬神與信徒的關係，而寫更抽象的詩的詩人如迦比爾和那納克則把神描寫成是卓越超群，不可言喻的。

bharata natya＊　婆羅多舞　印度主要的古典舞蹈類型，源於坦米爾納德。它表現印度宗教主題，其技巧與術語見於古代論著《舞論》，此書爲3世紀時聖者婆羅多所撰。它是一種獨舞，通常連續跳兩個小時，伴隨著鼓、低音風笛，還有伴唱。最初只有寺廟裡的女性舞者表演，後來這種寺廟舞蹈與娼妓搭上關係，使這種藝術的名聲驟跌，但到19世紀末，又回復到最初的純潔性。直至1930年代這種舞蹈才在舞台上演出。

Bharatpur＊　珀勒德布爾　亦作Bhurtpore。印度西北部拉賈斯坦邦城市（2001年人口約204,456）。位於阿格拉以西，約建於1733年，原是珀勒德布爾邦首府。1805年曾受英國圍攻，但它的防禦力量很強，直至1826年才被英國占領。該鎮以手製的撣帚著稱。

Bharhut sculpture＊　毘盧雕刻　西元前2世紀中葉印度的雕刻，用以裝飾中央邦毘盧的大塔或遺址土岡。如今大部分都已毀壞；殘留下來的欄杆和門廊保存在加爾各答印度博物館。其圓形裝飾雕刻有佛本生或佛傳故事，並都注明年代，所以對於佛陀肖像學的研究具有不可替代的作用。毘盧雕刻風格象徵著佛教敘事體浮雕和神廟聖殿雕飾藝術傳統的開始，在其後幾個世紀裡持久不衰。

Bhartrhari＊　婆利睹梨訶利（西元570?～651?年）　印度的印度教哲學家、詩人和語法學家。出身貴族，據說曾七次嘗試出家去過寺院生活，最終成爲一名瑜伽師，搬進烏賈因附近的洞穴裡。《詞學》是一部論述語言哲學的重要著作。他還寫了三本詩集，每本包含一百首詩，這三本詩集是《戀愛百頌》、《處世百頌》和《離欲百頌》。他的《巴特蒂詩》演示了梵文的精妙。

Bhasa＊　跋娑（生於西元2或3世紀）　印度劇作家。是已知最早的梵文劇作家，原來只是經由其他梵文劇作家的引喻才知道他，直到1912年，才發現並出版了跋娑的十三篇劇本原文。他的劇本大多根據《摩訶婆羅多》與《羅摩衍那》中的英雄主義和浪漫愛情的主題改編而成。與當時的傳統不同之處在於描述戰鬥和殺戮的背景。在迦梨陀娑的作品中可看出他的影響。

bhiksu＊　比丘　亦作bhikku。佛教中的僧伽成員，由佛陀確立的男性神職等級（在某些大乘佛教傳統中存在女性等級）。起初他們是佛陀的托鉢追隨者，他們傳授佛教教義作爲乞得食物的回報。如今，兒童可以以見習的身分進入寺院生活，但受戒者必須年滿二十一歲。有兩百多條戒規，性關係、殺生、偷盜或妄稱本人有精神成就者都要被開除。比丘應剃除鬚髮，只許保存最低限度的物品，每天靠行乞取食。上座部佛教禁止僧侶掌理錢財，要從事肢體勞動。禪宗則要求僧侶工作。亦請參閱Vinaya Pitaka。

Bhima River＊　皮馬河　印度南部河流。發源於孟買以東、馬哈拉施特拉邦的西高止山，向東南流經馬哈拉施特拉邦南部、卡納塔克邦北部和安得拉邦的中部，注入克里希納河。全長645公里。沿岸人口稠密。在季風季節河水上漲很快，退去的洪水形成肥沃的農耕地帶。

Bhopal　波帕爾　位於印度中部的舊王國。溫迪亞山貫穿波帕爾，納爾默達河則是波帕爾的南部邊界。1723年一位稱臣於蒙兀兒皇帝奧朗則布的阿富汗部族領袖建立了波帕爾。在與馬拉塔人發生爭鬥時，波帕爾本身對英國相當友善，並於1817年與英簽訂條約。此地是波帕爾特別行政區的主要州區，以及大英帝國中第二大的穆斯林侯國。當印度獨立時，波帕爾仍維持爲分離的印度省份。當它在1956年併入中央邦時，波帕爾市成爲首府。

Bhopal＊　波帕爾　印度中央邦首府（2001年人口約1,433,875）。位於那格浦爾以北，主要是一工業城市與重要的鐵路交匯點。市內有印度最大清眞寺和幾所學院。1984年曾發生一次史上最嚴重的工業意外事件，當時從聯碳公司的殺蟲劑製造工廠中外洩了幾十噸有毒氣體，在人口稠密地區散佈開來，估計有三千八百多人死亡。

Bhubaneswar＊　布巴內斯瓦爾　印度東部奧里薩邦首府（2001年人口約647,302）。始建於西元前3世紀，附近有許多歷史遺址。5～10世紀是許多印度王朝的首都。許多建於7～16世紀的寺廟呈現出奧里薩建築的各種風貌。1948年奧里薩邦才把首府從克塔克遷至此。

Bhumibol Adulyadej　蒲美蓬・阿杜德（西元1927年～）　亦稱Phumiphon Adunlayadet，或拉瑪九世（Rama IX）。泰國卻克里王朝第九代國王，是泰國統治時間最久的君主。出生於美國，1946年承襲其兄阿南達・瑪希敦（1925～1946）的王位。他雖是國家元首，但並無實權，他在各個極端的政治黨派間進行協調工作，也是國家統一的中心人物。

Bhutan＊　不丹　不丹語作Druk-yul。位於喜馬拉雅山脈的王國。面積47,000平方公里。人口約721,000（2002）（不含在尼泊爾的100,000名流亡人士）。首都：廷布。人民分爲三大種族：東部的佛教徒沙爾喬普人（阿薩姆人）；信奉西藏佛教的菩提亞人，約占全國人口的3/5，分布於北部、中部和西部；以及西南部信奉印度教的尼泊爾人。語言：宗卡語（官方語，一種藏語方言）和西藏方言。宗教：大乘佛教（國教）。貨幣：努爾特魯姆（Nu）。北部是大喜馬拉雅山脈，山峰高達7,300公尺以上，

峻谷也在海拔3,700～5,500公尺之間；大喜馬拉雅山脈往南呈輻射狀分叉爲小喜馬拉雅山脈，有若干肥沃的山谷位於其間，海拔爲1,500～2,700公尺，人口稠密，已廣爲墾植；山脈以南是杜阿爾斯平原，控制了山脈入口要道，戰略地位重要，但氣候大多十分炎熱，終日煙霧蒸騰，森林密布。經濟以農業爲主，所有的出口貨物幾乎都是銷往印度。政府形式爲君主立憲政體，一院制。國家元首暨政府首腦是國王。由於山脈和森林的阻礙使不丹長久以來與外界隔離，其封建君主禁絕外人抵此一直維持到20世紀。雖然如此，它還是不能免於成爲外來侵略者的覬覦目標，1865年受英國勢力的統轄，1910年與英國訂約同意由英國負責其外交事務。1949年印度取代英國的角色。1950年中國據有鄰邦西藏，更進一步促使它加強了與印度的關係。中國方面明顯的威脅促使不丹統治者體認到現代化的必要性，已著手計畫建設道路和醫院，並創建一套世俗教育體系。

Bhutto, Benazir＊　布托（西元1953年～）　巴基斯坦政治人物，爲近代史上穆斯林國家的第一位女性領袖。在哈佛大學和牛津大學受教育，在其父佐勒菲卡爾·阿里·布托於1979年被處決後，她領導反對齊亞·哈克總統的在野黨派。1979～1984年屢遭軟禁。1984～1986年流亡海外。1988年齊亞死於空難，布托出任聯合政府的總理。她對巴基斯坦普遍貧困、政府腐敗和犯罪增多等遺留下來的問題未能有多大作爲，1990年被控犯有貪污腐敗和其他瀆職的罪名，因而解散她的政府。第二個任期（1993～1996）也以類似的下場結束。1999年被判定收取瑞士一家公司的回扣，在缺席審判下被判刑五年。

Bhutto, Zulfikar Ali　布托（西元1928～1979年）　巴基斯坦的總統（1971～1973）和總理（1973～1977）。著名政治人物的兒子，曾在印度、美國和英國受教育。在阿尤布·汗的政府裡工作了八年（1907～1974），然後辭職，1967年組建巴基斯坦人民黨。後來，阿尤布·汗的政權被推翻，巴基斯坦發生內戰，1971年布托出任總統。他把關鍵性的工業收歸國有，並向大地主課徵稅收。1973年改任總理，保持戒嚴法，開始了伊斯蘭化的過程。1977年布托的黨贏得選舉，但反對黨指控他選舉舞弊。齊亞·哈克將軍奪取了政權，把布托監禁，後來將他處死。碧娜芝·布托爲其女。

Biafra＊　比夫拉　西非以前持脫離論的國家。由以前的奈及利亞東區組成，主要居民是伊格博人。1960年代政治和經濟不穩定時期，北部豪薩人對比較富裕的伊格博表示不滿，導致東區於1967年宣布獨立，定名比夫拉國。後因內戰和饑荒造成近百萬人的死亡，使得比夫拉瓦解，1970年回歸奈及利亞。

Biafra, Bight of　比夫拉灣　西非的大西洋海灣。是幾內亞灣最深入陸地的海灣，四周是奈及利亞、喀麥隆、赤道幾內亞和加彭，並接納了尼日河和奧果韋河。灣內有若干島嶼，包括比奧科島。主要港口有馬拉博、卡拉巴爾和杜阿拉。16～19世紀時灣區是大規模奴隸貿易的場所。到了1830年代棕櫚油貿易超過了奴隸貿易。如今石油是主要的經濟資源。

Bialystok＊　比亞韋斯托克　波蘭東北部城市（2000年人口約285,500）。建於14世紀，1795～1807被普魯士吞併。後轉移至俄國手中，1915年又被德國占領，1919年才重歸波蘭統治。第二次世界大戰期間遭德國人蹂躪（1941），1944年俄軍再度奪占。1945年回歸波蘭，現在是重要的鐵路樞紐；1863年以來一直是主要的紡織品產地。

Biarritz＊　比亞里茨　法國西南部城鎮（1999年人口30,005）。濱臨比斯開灣，靠近巴約訥，距西班牙邊界18公里。原爲小漁村，1854年拿破崙三世造訪此地後成爲時髦的夏日度假區，英國王室也曾來過此地，後來成長爲一個冬季的王室駐地。當地氣候溫和，海濱風景多樣，還有當地巴斯克人的民間藝術和傳統，使比亞里茨繼續吸引著國際旅客。

biathlon　兩項運動　冬季體育運動，包括越野滑雪和步槍射擊。起源於斯堪的那維亞的狩獵活動。1960年首次列爲冬季奧運會正式比賽項目。運動員要進行20公里的越野滑雪，攜帶單發步槍和子彈，分別在四個點上向小型射靶射擊五次。1968和1980年又分別增加接力滑雪和10公里滑雪兩項比賽。

Bibiena family ➠ Galli Bibiena family

Bible　聖經　猶太教和基督教的聖書，包括「托拉」（即「律法書」）、「先知書」和「聖錄」三部分，共同組成基督教所稱的《舊約》。「律法書」和約書亞是敘述有關以色列如何形成民族而占有「上帝應許之地」。「先知書」描述王國的建立和發展，並傳達眾先知向百姓發出的訊息。「聖錄」中有詩，是關於善與惡以及歷史的思索。天主教和東正教的《聖經》則包括稱爲外典的猶太人著作。《新約》包含了早期基督教文學。「福音書」記敘耶穌生平、爲人和學說。「使徒行傳」敘述基督教最早的歷史。「使徒書（書信）」是早期基督教會一些首腦（主要是使徒聖保羅）的書信，說明早期集會的需要。早期基督教曾出現許多啓示著作，「啓示錄」是這類作品唯一的正典代表。亦請參閱biblical source、biblical translation。

biblical source　聖經原文　供編纂爲聖經的任何原創性口頭或書面材料。在許多聖經書籍的作者身分不明或使用假名的情況下，學者利用內部的證據和聖經評論工具來認定原文並依寫作時間排序。「摩西五經」有四種原文：J典（原文中稱上帝爲雅赫維〔YHWH〕，德文作JHVH）、E典（原文中稱上帝爲埃洛辛〔Elohim〕）、D典（體例與〈申命記〉相似）、P典（祭司風格和內容的原文）。從《舊約》中也確認出亡佚書籍的部分，《新約》原文包括原創的文字和口述傳統。最早的三〈福音書〉具有共同的出處，〈馬太福音〉與〈路加福音〉奠基於〈馬可福音〉和稱爲Q來源的亡佚原文，〈約翰福音〉則是另一個獨立的傳統。人們研究聖經原文以揭露經文的歷史，並且盡量回復原本的內容。學者也分析聖經原文，以重建背後的口述傳統。

biblical translation　聖經翻譯　翻譯《聖經》的藝術及實務。《舊約》原以希伯來文寫成，有些分散的段落爲阿拉米文字。最初全文被譯爲阿拉米文字，然後在西元3世紀被譯爲希臘文（「七十子希臘文本聖經」）。希伯來學者從阿拉米文「塔古姆」創造出權威的馬所拉本（Masoretic text, 6～10世紀），原本的希伯來卷軸已經亡佚。《新約》原爲希臘文或阿拉米文。基督教徒把《舊約》和《新約》譯爲科普特文、衣索比亞文、哥德文、拉丁文。聖哲羅姆的通俗拉丁文本《聖經》（405）是千年以來標準的基督教翻譯。15～16世紀的新知產生新的翻譯。馬丁·路德把整部《聖經》譯爲德文（1522～1534）。第一部完整的英譯本《聖經》（歸功於威克利夫）出現於1382年，不過卻是詹姆斯國王的版本（1611）成爲三百年以上的標準。到20世紀晚期，整部《聖經》已被譯爲兩百五十種語文，部分翻譯的則超過一千三百種。

猶太教正典			
創世記	以賽亞書	那鴻書	雅歌
出埃及記	耶利米書	哈巴谷書	路得記
利未記	以西結書	西番雅書	哀歌
民數記	何西阿書	哈該書	傳道書
申命記	約珥書	撒迦利亞書	以斯帖記
約書亞記	阿摩司書	瑪拉基書	但以理書
士師記	俄巴底亞書	詩篇	以斯拉記
撒母耳記上、下	約拿書	箴言	尼希米記
列王紀上、下	彌迦書	約伯記	歷代志上、下

舊約：羅馬天主教與新教正典			
天主教正典	新教正典	天主教正典	新教正典
創世紀	創世記	智慧篇	
出谷紀	出埃及記	德訓篇	
肋未紀	利未記	依撒意亞	以賽亞書
戶籍紀	民數記	耶肋米亞	耶利米書
申命紀	申命記	耶肋米亞哀歌	耶利米哀歌
若蘇厄書	約書亞記	巴路克	
民長紀	士師記	厄則克耳	以西結書
盧德傳	路得記	達尼爾	但以理書
撒慕爾紀上、下	撒母耳記上、下	歐瑟亞	何西阿書
列王紀上、下	列王紀上、下	岳厄爾	約珥書
編年紀上、下	歷代志上、下	亞毛斯	阿摩司書
厄斯德拉上	以斯拉記	亞北底亞	俄巴底亞書
厄斯德拉下	尼希米記	約納	約拿書
多俾亞傳		米該亞	彌迦書
友弟德傳		那鴻	那鴻書
艾斯德爾傳	以斯帖記	哈巴谷	哈巴谷書
約伯傳	約伯記	索福尼亞	西番亞書
聖詠集	詩篇	哈蓋	哈該書
箴言	箴言	匝加利亞	撒迦利亞書
訓道篇	傳道書	瑪拉基亞	瑪拉基書
雅歌	雅歌	瑪加伯傳上、下	

舊約：新教外典			
以斯拉記一、二	以斯帖記補篇	巴錄書	彼勒與大龍
多比傳	所羅門智訓	亞薩利亞禱言	瑪拿西禱言
猶滴傳	便西拉智訓	蘇撒拿傳	馬加比傳上、下

新約			
天主教	新教	天主教	新教
瑪竇福音	馬太福音	弟茂德前書	提摩太前書
馬爾谷福音	馬可福音	弟茂德後書	提摩太後書
路加福音	路加福音	弟鐸書	提多書
若望福音	約翰福音	費肋孟書	腓利門書
宗徒大事錄	使徒行傳	希伯來書	希伯來書
羅馬書	羅馬書	雅各伯書	雅各書
格林多前書	哥林多前書	伯多祿前書	彼得前書
格林多後書	哥林多後書	伯多祿後書	彼得後書
迦拉達書	加拉太書	若望一書	約翰一書
厄弗所書	以弗所書	若望二書	約翰二書
斐理伯書	腓立比書	若望三書	約翰三書
哥羅森書	歌羅西書	猶達書	猶大書
得撒洛尼前書	帖撒羅尼迦前書	若望默示錄	啓示錄
得撒洛尼後書	帖撒羅尼迦後書		

bibliography　目錄學　對書籍作廣泛而有系統的研究和描述。這個詞可以指按某種體系編列書目（稱爲描述或列舉目錄學）；可以指把書籍作爲有形物件來研究（稱爲評論或分析目錄學）；也可指那些活動的成果。目錄學的目的是組織某個主題的材料，使從事該主題的學生可以取得這些材料。描述目錄學可以按某個作者的作品、某個主題的作品或某個民族或時期來組織資訊。評論目錄學出現在20世紀早期，細緻地介紹書籍的物質特性，包括所用的紙張、裝訂、印刷、排版以及生產過程，協助確立如印刷日期和可靠性等事實。

Bibliothèque Nationale de France＊　法國國家圖書館　法國最重要的圖書館，也是世界上最古老的圖書館之一。是法國第一所皇家圖書館，國王圖書館始自查理五世統治時期（1364～1380），但後來解散了；另一個在路易十一世（1461～1483年在位）時期建立。1537年起，圖書館接受法國每一種出版物的副本。16世紀晚期從楓丹白露遷移至巴黎，1692年對外開放。1795年更名爲法國國家圖書館，透過大革命時期的撥款和拿破崙的強取豪奪，其藏書得以擴增。1995年搬到新址，新館的設計頗具爭議性，現在那裡擺放了國家圖書館全部的書籍（逾一千兩百萬冊）、期刊和雜誌。

bicameral system　兩院制　一種政治體制，其中的立法機構由兩院組成。源於英國（參閱Parliament），分別代表平民和貴族的利益，提供一個審愼的立法過程。在美國，兩院制是兩種要求的妥協結果，一種要求各州有相同數量的代表（在參議院中，每一州的代表人數相等），另一種則要求按州的總人數分配代表名額（每個衆議員代表大致相等的人數）。每個院都享有另一個院所沒有的權力，所以需要兩個院都批准後才能形成法律。如今許多聯邦制的政府都有兩院制議會。美國除了內布拉斯加州外，其餘各州都實行兩院制議會。亦請參閱Congress of the United States、Diet。

bicarbonate of soda　小蘇打　即碳酸氫鈉（sodium bicarbonate），或稱baking soda。無機化合物，白色結晶的鈉鹽，化學分子式爲$NaHCO_3$。它是一種弱鹼，當溶解在存有氫離子的溶劑中時即分解爲水和二氧化碳氣體。除了在家庭裡用作制酸劑、清潔劑和除臭劑外，還用於製造發泡鹽類、飲料和發酵粉。工業用途包括生產其他鈉鹽、處理羊毛和絲綢，並用於製藥、海綿橡膠、滅火劑、清潔劑、實驗室用的化學試劑、漱口水，以及鍍金或鍍鉑。

Bichat, (Marie-François)-Xavier＊　比沙（西元1771～1802年）　法國解剖學家和生理學家。除了臨床觀察病人外，他還實施解剖來研究疾病造成的各器官的變化。當時人們尚未認識到細胞是生物的功能單位，比沙等人首先把人體器官看作是由結構簡單的功能單位（組織）特化而形成的。當時也沒有顯微鏡，他卻區別出了二十一種組織，它們的不同組合構成了身體的各個器官。他對人類組織的系統研究協助了組織學的創立。

bichon frise＊　長鬈毛白獅子狗　一種小狗，以皮毛蓬鬆和興高采烈的性情而聞名。爲泗水西班牙獵犬的後裔，身高約23～30.5公分，吻部短而鈍，耳部光潔而下垂，皮毛蓬鬆柔亮而捲曲，還有下層絨毛。大部分呈白色，但許多頭部具有奶油色、灰色或杏黃色調。原產於地中海地區。

Bicol Peninsula＊　比科爾半島　菲律賓群島中呂宋東南部半島。海岸線長，還有幾個較大的次半島。面積約12,070平方公里。包括盛產稻米的比科爾平原。雖然大部分地區爲農村，但人口稠密。它是菲律賓第五大種族語言集團比科爾人的家園，是菲律賓共產黨的大本營。

bicycle　自行車　亦稱腳踏車。由騎車者驅動的輕型、兩輪、可操控的機械。兩個輪子安裝在金屬框架上，前輪固定於可轉動的前叉上。騎車者坐在座墊上，由連接前叉的把手來操控，踩動一個連接兩個曲柄的鏈輪，曲柄上裝有腳踩

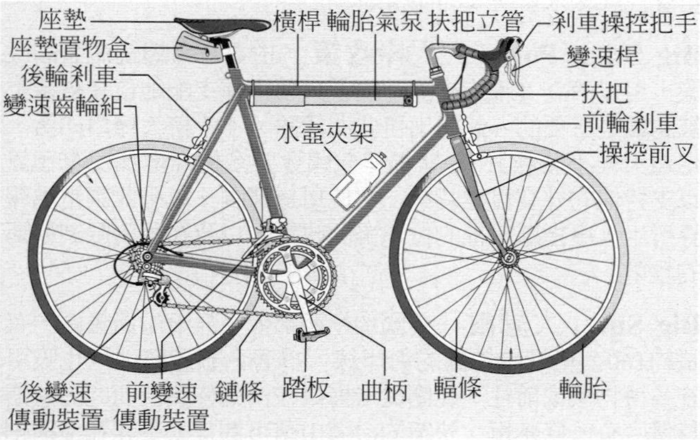

現代休旅自行車的組件
© 2002 MERRIAM-WEBSTER INC.

的踏板。動力經由繞在兩個鏈輪上的環形鏈條從這個鏈輪傳至後輪上的第二個鏈輪。1818年出現一種笨重、無踏板的兩輪車，騎車者僅能以雙足蹬地前進。1839年蘇格蘭鐵匠麥克米倫（1813～1878）製作出一種自行車，有踏板、曲柄和驅動連桿，被公認是自行車的發明者。1861年法國的皮耶·米肖和恩斯特·米肖引進了重要的革新發明，到1865年他們一年可生產四百輛這種實用的腳踏車。1870年英格蘭生產出前輪大後輪小的更輕型的自行車。1890年代已建立標準的自行車設計模式，並用了新型充氣輪胎增加其平穩性，從而使自行車很快流行起來。到了20世紀，自行車不斷改進，如採用更輕的框架和改良的齒輪和剎車。自行車已在全世界廣泛使用，在許多國家成爲基本的交通工具。

Bidault, Georges (-Augustin)＊　比多（西元1899～1983年）　法國政治人物，第二次世界大戰期間的抵抗運動領袖。1940年在德國被囚，1941年回到法國，在全國抵抗委員會中工作，1943年成爲其領袖。1944年協助成立人民共和運動，支援戴高樂的戰時政府。戰後曾兩度短暫擔任總理，三次任外交部長。1958年與戴高樂關係破裂，反對阿爾及利亞獨立。他鼓吹恐怖主義以防止獨立，活動轉進地下，後來被迫流亡海外（1962～1968）。

Biddle, James　璧珥（西元1783～1848年）　美國海軍軍官。1800年進入海軍。1812年戰爭期間，他在美國「黃蜂號」艦艇上服役，該艇俘獲了英國艦隻「歡樂號」，並指揮美國「大黃蜂號」打敗「企鵝號」。1817年他的艦艇進入哥倫比亞河，宣稱奧瑞岡準州爲美國所有。後來擔任美國在東亞的分艦隊司令，負責與中國進行談判，1846年與中國達成第一個初步的貿易協定。

Biddle, John　比德爾（西元1615～1662年）　首位主張一位論的英國神學家。曾就讀於牛津大學，後來任格洛斯特一所免費學校的校長。1644年著有《證明聖靈不具有神性的十二論點》，否認聖靈的神性。教會當局拿到手稿後，逮捕他入獄，監禁兩年。1647年該書出版後，比德爾再次入獄，書被燒毀。後來又撰文攻擊三位一體教義。1652年第三次從監獄裡釋放出來後，開始和其信徒聚會做禮拜，這些人就被稱爲一位論派。1654年出版《雙重教義問答》，經克倫威爾營救，免於一死，但把他流放到夕利群島。1658年獲釋返回；1662年又被捕，死於獄中。

Biddle, Nicholas　比德爾（西元1786～1844年）　美國金融家。1806～1807年擔任門羅總統的祕書，1823年門羅任命他爲美國第二銀行總裁。他採取了許多政策措施，如限制信貸，調節貨幣供給，以及保障政府存款等，使該銀行成爲美國歷史上第一家發揮實際功用的中央銀行。1832年銀行受到傑克森總統的攻擊，1836年政府令它歇業。後來比德爾改任賓夕法尼亞州銀行總裁。

比德爾
By courtesy of the Library of Congress, Washington, D. C.

Bidwell, John　比德韋爾（西元1819～1900年）　美國政界領袖，生於紐約州的沙托克瓦郡。是乘著篷車隊從密蘇里州獨立城遷移到加州的第一批移民。在加州，他支持熊旗暴動，在墨西哥戰爭中爲弗里蒙特奮戰。戰後回薩特堡，第一個在費瑟河發現黃金。發財以後購置一個大牧場，變成加州農業大亨，在加州的政界舉足輕重。1892年禁酒黨提名他爲總統候選人。

Biedermeier style＊　比德邁風格　1815年左右到1848年在德國和奧地利發展的藝術、家具和裝飾風格。「比德邁」一詞源自漫畫《比德邁老爹》裡一個虛構的人物，是中產階級貪圖安逸、注重家庭生活、追求業餘嗜好的詼諧性形象。比德邁風格繪畫的主題有世態的，也有歷史的，但都被處理得很有感情色彩；最有名的比德邁風格畫家是施皮茨韋格（1808～1885）。比德邁風格家具的簡潔和實用衍生於帝國風格和執政內閣時期風格，但它的特點是更受限制的幾何形狀。1960年代這種風格一度復興。

Biel, Gabriel　比爾（西元約1420～1495年）　德意志哲學家、經濟學家和學者型神學家。1484年任圖賓根大學教授。所著《教父名言四集注》介紹了奧坎的學說；受此作品影響的追隨者被稱爲加布里埃爾派。其經濟理論主張公平稅收和控制物價。亦請參閱Scholasticism。

Bielefeld＊　比勒費爾德　德國西北部城市（2002年市區人口約323,400，都會區人口約579,000）。舊城約建於1214年，「新城」於13世紀末在聖瑪利亞教堂附近的宗教居民區基礎上發展起來。14世紀加入漢撒同盟，1647年歸屬布蘭登堡。1851年建立德國第一座機械紡織廠。第二次世界大戰時遭到嚴重破壞，之後開始重建。現爲亞麻工業中心，還有絲綢和長毛絨紡織廠。

biennial　二年生植物　在兩個生長季節內完成其生命週期的任何植物。在第一個生長季節裡，二年生植物長根、莖和葉；在第二個生長季節裡開花、結果和結籽，然後死亡。甜菜和胡蘿蔔是二年生植物的典型例子。亦請參閱annual、perennial。

Bienville, Jean-Baptiste Le Moyne de＊　邊維爾（西元1680～1767年）　加拿大出生的法國探險家、紐奧良的奠基人。威廉王之戰時曾在法國海軍服役。他與兄弟皮耶·伊貝維爾結伴到密西西比河口探險。1699年建立一個居民點，1701～1712年和1717～1723年任路易斯安那殖民地總督。1718年建立紐奧良，1722年定其爲該殖民地的首府。1723年被召回法國，1733～1743年又回到路易斯安那任總督。

Bierce, Ambrose (Gwinnett)　畢爾斯（西元1842～1914?年）　美國新聞工作者、諷刺作家和短篇小說家。出生於俄亥俄州梅格斯縣，在印第安納州長大，後來在舊金山爲一家報社寫專欄並擔任編輯，專門抨擊各種欺詐行爲。主要作品有《士兵和平民的故事》（1891，後來改名爲《在人生中間》），其中包括《奧爾河橋的一次事件》；《這種事情可能嗎？》（1893）和《魔鬼詞典》（1906），後者是一部諷刺性的定義集。1913年由於厭倦美國式生活，前往墨西哥，當時墨西哥正處於革命高潮，他突然神祕失蹤，可能死於1914年奧希納加的圍攻戰。

Bierstadt, Albert＊　比茲塔特（西元1830～1902年）德國出生的美國哈得遜河畫派畫家。當他還在繈褓中時就被父母帶到美國。年輕時遊遍歐洲作素描，回到美國後於1859年參加西部邊遠地區探險旅行。擅長畫廣闊山景的宏偉巨畫，一生以描繪西部全景且經常是奇異風光的景色而聞名於世，如《落磯山脈》（1863）和《科科倫山》（約1875～1877年）。他的巨幅作品實際上是在他紐約的畫室裡創作出來的。

big bang　大爆炸　宇宙起源的一種模型，主張宇宙是從溫度和密度都極高的狀態中由一次爆炸性的膨脹而產生的，發生在100～150億年前。它有兩個基本假設：第一是愛因斯坦提出的，能正確描述所有物質的引力相互作用的廣義相對論；第二是觀察者所看到的宇宙既同觀測的方向無關，又同所處的位置無關。有了這兩個假設，就能計算出宇宙在很早時候（稱普朗克時間）的物理條件。按照1940年代伽莫夫所提出的模型，宇宙從早期高度壓縮的狀態迅速膨脹，同時其密度和溫度穩定地降低。在數秒鐘之內，物質遠多於反物質，形成某些原子核。再經過數百萬年原子就可以形成，且輻射可以在空間自由地傳播。氫、氦和鋰的豐度以及宇宙背景輻射的發現支持了這種模型理論，它還解釋了星系的紅移是空間膨脹的結果。

Big Ben　大班鐘　貝克特（1816～1905）男爵設計的時鐘，安裝在英國議會大廈東端的塔樓內。以時間精準和重達十三噸的鑄鐘而著名。大班鐘因賀爾而得名，他是1859年主持鐘的安裝工作的專員。最初，大班鐘僅指那個鑄鐘，後來包括了時鐘本身。

貝克特所設計的大班鐘
A. F. Kersting

Big Bend National Park　大彎國家公園　美國德州西南部保護區。位於厄爾巴索市東南400公里處，占地3,243平方公里。建於1944年，因南部邊緣圍繞著格蘭德河的大彎而得名。公園內有雄偉的高山和沙漠風光；有千種以上的植物，野生動物有叢林狼、美洲獅和走鵑等。

Big Bertha　貝爾塔巨炮　第一次世界大戰時，德國克魯伯兵工廠（參閱Thyssen Krupp Stahl）所製造之兩種不同類型的長射程火炮的統稱。第一種是42公分口徑的榴彈炮，1914年德軍向比利時挺進時曾使用。第二種是1918年爲轟擊巴黎而特別生產的大炮。炮筒全長34公尺，重約200噸，口徑爲210公釐或更大。這批「巴黎巨炮」由火車運輸過去，對巴黎轟擊了一百四十天之久。其史無前例的射程達121公里，係將炮彈射上天空，沿彈道進入高19公里外的同溫層中運行而實現的。「貝爾塔」這一綽號來自克魯伯家族之家長貝爾塔・馮波倫夫人。

Big Cypress Swamp　大賽普里斯沼澤　美國佛羅里達州南部沼澤地和國家保護區。面積6,200平方公里，東面併入大沼澤地。森林以柏樹爲主，多野生動物。該地區有印第安民族塞米諾爾人的保留地。

Big Stick Policy　大棒政策　由羅斯福總統命名的政策，用以確立美國的支配地位，只要這種支配地位在道義上被認爲是必要的。此語出自非洲諺語：「手持大棒口如蜜，走遍天涯不著急」。羅斯福在向國會要求批准增加海軍預算以支持他的外交目標時第一次使用這個詞。後來此詞常爲報界引用，專指羅斯福的拉丁美洲政策，以及在國內限制壟斷的政策。

Big Sur　大瑟爾　美國加州西部太平洋沿岸風景區。有長約160公里崎嶇美麗的海岸線。爲著名旅遊勝地，也吸引許多博物學家前往，範圍從卡梅爾往南延伸到聖西門的赫斯特堡。有一條蜿蜒、狹窄的沿海山路可觀賞太平洋和洛斯帕德雷斯國家森林的壯麗風景。普法伊弗－大瑟爾國家公園包括大瑟爾鎮，以大瑟爾河爲界。內有詩人傑佛斯的故居。

big tree　巨杉　亦稱giant sequoia或Sierra redwood。常綠針葉喬木，學名*Sequoiadendron giganteum*（參閱conifer），見於加利福利亞內華達山脈西坡零星分布的小叢林。它是所有喬木中體型最大的，與另一巨大樹種紅杉的區別是：具均勻一致的鱗片狀或錐狀葉，緊貼樹枝生長；冬芽無鱗片；毬果成熟需要兩個生長季節。兩者相同的是：樹冠呈金字塔形；樹皮淡紅棕色，有溝；樹枝下垂等。最大的品種（以總體積計）是紅杉國家公園中的雪曼將軍樹，基部幹圍31公尺，高83公尺，估計總重6,167噸。由於巨杉的材質較紅杉脆，實用價值稍遜，故可倖免浩劫，較容易保護；雖然有些樹林已遭砍伐，但目前有七十個不同的巨杉林都處在州立的或國家的森林或公園保護之下。

Bigfoot　大毛腳人　亦稱野人（Sasquatch）。大型、多毛的似人生物，據說生活在美國西北部和加拿大西部的一些僻遠地區。對大毛腳人的描述類似於喜馬拉雅山脈的雪人。據說牠是一種靈長類動物，身高2～4.5公尺，直立行走，移動時保持沈默或發出高音叫聲。測量到的足印長達60公分。儘管有許多目擊的報導，但是否眞存在大毛腳人尙需確證。

bighorn　大角羊　亦作mountain sheep。兩種相似的北美綿羊的統稱：加拿大大角羊和多爾綿羊。體型嬌小，肌肉發達；耳短而尖；尾極短。雌雄均具角，雄體的角可能彎曲成螺旋形，可長1公尺以上。毛通常呈褐色，臀部有灰白色斑。兩種品種肩高均約1公尺；加拿大大角羊較重。生活在偏僻山地懸崖峭壁上，主要以草爲食。加拿大大角羊以前分布於墨西哥北部到加拿大一帶，而現在僅存一小群，躲在人類難以接近的生境。多爾綿羊則分布於阿拉斯加到不列顛哥倫比亞一帶。

加拿大大角羊
Harry Engels－－The National Audubon Society Collection/ Photo Researchers

Bighorn Mountains　大角山脈　美國蒙大拿州南部和懷俄明州北部的落磯山脈北段，綿延193公里，從大平原和大角盆地上突然拔高1,200～1,500公尺。最高峰克勞德峰

（海拔4,013公尺），位於懷俄明州境內。大角國家森林位於其中。梅迪辛山中的「梅迪辛石輪」是史前遺物，這個由粗石排列的環形輪直徑有20公尺。

Bighorn River　大角河　美國懷俄明州和蒙大拿州的河流。由懷俄明州中西部的波波阿傑河和溫德河匯合而成，往北流541公里，在蒙大拿州的東南部匯入黃石河。小大角河在蒙大拿州的哈定注入大角河主流。大角峽谷國家遊覽區沿懷俄明和蒙大拿兩州邊界延伸。亦請參閱Little Bighorn, Battle of the。

Bihar＊　比哈爾　印度東北部的邦（2001年人口82,878,796），與尼泊爾接壤。面積99,200平方公里。範圍大致相當於古代的維泰哈及摩揭陀兩個王國的版圖，摩揭陀王國的時間可溯至西元前6世紀左右。西元320年爲笈多王朝統治，首府爲巴特那。1200年前後穆斯林占領之，1497年左右被併入德里。1765年受英國統治後，成爲孟加拉的一部分。19世紀中葉是反抗英國統治的暴亂地，也是1917年聖雄甘地發起非暴力運動的地點。1936年成爲英屬印度的一個省；1947年印度獨立時成爲新國家的一個邦。爲印度都市化程度最低的邦之一，大部分的人從事農業。2000年從比哈爾的南部數省創建出一個新的邦，稱切里肯德邦。

Bikini　比基尼　密克羅尼西亞馬紹爾群島中大約二十座珊瑚島組成的環礁。1947年起由聯合國委託美國管理，爲「美國太平洋島嶼託管地」的一個組成部分。1946～1958年間爲美國的核子試驗基地。試驗前先將島上一百六十七名居民遷出，1969年遷回，但在1978年又撤出，原因是輻射量還是太高。後來繼續清理，1997年宣稱已符合居住安全條件。1979年這座環礁成爲馬紹爾群島共和國的一部分。

Biko, Stephen＊　比卡（西元1946～1977年）　南非政治活動家。原爲醫學院學生，1969年成立黑人覺醒運動組織，目的是提高黑人的自覺意識，反抗種族隔離政策。1973年被南非政府正式「封禁」，1976～1977年數度被捕。在被警察拘留期間頭部受傷身亡，成爲南非黑人民族主義的國際烈士。初審時赦免警察的過失，但在1997年有五名前任警官承認謀殺了他。

Bilbao＊　畢爾包　西班牙北部港口城市（1995年人口約371,000）。距比斯開灣11公里。爲巴斯克地區最大城市，初爲海員和鐵礦工人居住地，1300年獲特許狀。18世紀隨著與西屬美洲殖民地之間的貿易而繁榮起來。在半島戰爭（1808）中法國軍隊洗劫了這座城市，而在卡洛斯戰爭（參閱Carlism）中，曾受到圍困。現爲西班牙的主要港口，以及冶金業和造船業的中心，也爲金融中心。重要地標有14世紀的聖地牙哥大教堂以及古根漢美術館。

bilberry　歐洲越橘　杜鵑花科的一種低矮落葉灌木，學名*Vaccinium myrtillus*，生於林地和叢生帚石南的荒地，主要分布在英國、北歐和亞洲的丘陵地帶。莖堅挺。葉小，卵形。花小，玫瑰色帶淡綠色。漿果深藍色，外覆一層蠟被，是松雞的主食，也可做成果餡餅和果醬。歐洲越橘結單果，不像那些更多產的美國栽培的南方越橘，後者的果實呈長簇。

Bilbo, Theodore G(ilmore)　比爾博（西元1877～1947年）　美國參議員（1877～1947）。1907年當選爲密西西比州參議員，以反鐵路的民粹主義論者和白人優越論的支持者聞名。後來當選副州長（1911～1916）和州長（1916～1920）。後一屆州長任內（1928～1932）對財政不負責任，還解雇了許多州立大學的教職員。比爾博以激進和煽動性的言論出名，包括主張把黑人遣返非洲。

Bildungsroman＊　教育小說　（德語意爲「性格發展小說」）德國小說的一種，專門描寫主要人物性格形成時期的生活，描寫他的道德倫理以及心理方面的發展。這種小說的結局總是很圓滿，主人翁在經歷了荒謬的錯誤和痛苦的失望後，展現在面前的是一種能夠有所作爲的生活。這類小說把一個笨學生出外冒險的民間故事提升到文學的地位。第一部這種主題的小說是歌德的《威廉・麥斯特的學徒時代》（1795～1796），它至今仍是這類小說的典範。

bile　膽汁　亦稱gall。肝臟分泌的黃綠色液體，在膽囊內濃縮、貯存，或流入十二指腸以消化脂肪。膽汁中包含膽汁酸和膽汁鹽、膽固醇及電解質等，保持膽汁呈微酸性。在小腸內，酸和鹽的生成物使脂肪乳化，降低脂滴的表面張力，作好準備，讓胰和小腸分泌的分解脂肪的酶起作用。

bilharziasis ➠ schistosomiasis

bilingualism　雙語能力　講兩種語言的能力。在大部分成人操兩種語言的地方（例如亞爾薩斯的法語和德語方言），兒童可由幼時獲得。藉著在兩個不同的社會背景學習語言，兒童也會具有雙語能力，例如英國兒童在英屬印度從保母和家僕學得印度語言。第二語言也能從學校學得。也可以在教學中使用兩種語言，特別是教導那些試著學習一種新語言的學生。雙語教育提倡者論述：對在家說外國語言的兒童來說，所有科目都學得更快，也使他們在英語學校中免於被邊緣化；貶抑者則反駁：這延宕了兒童精通較大社會的語言，也限制了他們就業和升學的機會。

bill ➠ beak

Bill, Max　比爾（西元1908～1994年）　瑞士畫家、雕塑家、圖形藝術家和工業設計師。曾在包浩斯學習建築、金屬加工、舞台設計和繪畫。1930年他在蘇黎世創立自己的工作室，在那裡度過他的大半生，從事廣告設計以維持生活。1940年代他設計了各種幾何形式的椅子。比爾是德國烏爾姆設計學院的創辦人之一和該院的院長（1951～1956），該校的建築物也是他設計的。最著名的作品是他的廣告設計。

bill of exchange　匯票　短期可轉讓的財務票據。它是由賣主買主開出，並要求後者立即、或於規定時間、或於可確定的未來日期，對指定人或持票人支付一定金額的書面通知。它原係國際貿易結帳的一種方法。由於匯票要在將來某日到期兌付，銀行常按匯票總金額貼現，而當匯票到期時，就記入買主帳戶的借方。國內交易中的匯票有時稱作「draft」。亦請參閱acceptance、promissory note。

Bill of Rights　權利法案（西元1689年）　英國法律的基本組成部分之一。它組成了威廉三世和瑪麗二世在登上王位時接受的權利宣言的一部分。其主要目的是宣布詹姆斯二世的種種違法行爲，如：在某些法案中違反法律的特權等。它是斯圖亞特王室國王同英國人民及議會長期鬥爭的結果，使君主受到議會的限制，給政府以自由。它還規定了王位的繼承法。

Bill of Rights　權利法案　原先爲美國憲法的前10條修正案，1791年正式通過爲單一法律。權利法案是一組保障個人權利、限制聯邦及州政府的法條，最初起於憲法對人民缺乏保障的普遍不滿。一開始國會先提出12條修正案（起草人是麥迪遜），後來通過10條。第一修正案保障信仰、言論及出版的自由，並認可請願要求救濟以及和平結社的權利。第二修正案保障人民保存和持有武器的自由。第三修正案禁止軍隊於非戰爭時期駐紮在私人住所。第四修正案保護人民不受不合理的搜查和扣押。第五修正案規定重大違法事件應設大陪審團、禁止一事不再理、禁止強迫人民在非自願情境下作證。第六修正案確立被告擁有要求快速審判及公平陪審團的權利，並保障其諮詢律師及傳喚有利證人的權利。第七修正案保留人民在重大民事案件中要求陪審團的權利，並禁止在民事案件中一罪兩罰。第八修正案禁止過高的保釋金、禁止殘酷及不合理的懲罰。第九修正案宣告在憲法中表列某些權利，並不表示禁止未表列的其他權利。第十修正案指出州及人民保有任何未委交給全國政府的權利。

billfish 喙魚 若干種長頜魚類之通稱，特別是指旗魚科的魚類，包括槍魚、旗魚、四鰭旗魚等。雀鱔、顎針魚和竹刀魚（竹刀魚科）也適用此名稱。

billiards 撞球 在鋪了桌布，四周圍了橡皮墊的長方形球檯上進行的各種遊戲，用一根長球桿將一些小而硬的球打向對方或擊入袋內。開侖式撞球（或稱法式撞球）是在無落球袋的球檯上進行的，使用三枚球（兩白一紅），目標是觸擊白色母球，設法使它連續擊中另兩個目標球，如此記一次雙球連擊（得一分）。英式撞球也有三枚球，但球檯有落球袋；有各種記分法。司諾克撞球是另一種流行的英式撞球遊戲。北美洲主要的撞球遊戲是落袋撞球。美國撞球大會控制美國的錦標賽，包括被認為是世界錦標賽的美國落袋撞球錦標公開賽。

Billings 比靈斯 美國蒙大拿州中南部城市（2000年人口89,847）。1882年由北部太平洋鐵路公司建於黃石河河畔，並以該公司總裁的名字命名。現為羊毛、牲畜和農產品的貿易和集運中心。附近的圖形文字山洞州立保護區有史前的人工製品。

Billings, John Shaw 比林斯（西元1838～1913年） 美國外科醫師與圖書館員。1861～1895年在美國陸軍工作。將華盛頓特區的外科醫師大衆圖書館發展茁壯，成為國家醫學圖書館，是世界最大的醫學參考文獻中心。創立月刊《醫學索引》（1879），該刊仍舊是美國主要的醫學目錄之一，並出版最早的《目錄索引》（1880～1895）。籌畫約翰霍普金斯醫院，並擔任醫學顧問，執行國家生命統計計畫，領導美國終結黃熱病的努力，也是紐約公立圖書館第一任館長。他對美國醫學機制的組織擘畫，是醫院照顧之現代化與公共衛生之維護的重要助力。

Billings, William 比林斯（西元1746～1800年） 美國讚美詩作曲家，有時也稱他是美國第一個作曲家。出身波斯頓的貧困之家，原為製革工人，主要靠自學修習音樂。音樂風格原始而粗曠，欠缺樂器伴奏部分，似乎具體顯現了美國早期的古樸之風。他的《新英格蘭讚美詩歌手》（1770）是第一部出版的美國音樂集，其他的作品包括《歌唱大師的助手》（1778）和《美洲大陸的和聲》（1794）。

Billiton ➠ Belitung

Billroth, (Christian Albert) Theodor＊ 比爾羅特（西元1829～1894年） 奧地利外科醫師。是最早研究創傷性發熱的細菌性病原的人，並很早應用抗菌技術，解決了致命的術後感染威脅。他也是現代腹腔手術的創始人，把以前認為不能觸及的器官加以改變和切除。1872年首次切除了一段食道，並將兩殘端連接起來；後來又首次進行了喉部的全切除術。1881年已使腸道外科手術幾乎成為常規手術，並成功地完成一項切除癌變幽門（胃的下端）的手術。

Billy the Kid 比利小子（西元1859/1860～1881年） 原名William H. Bonney, Jr.或Henry McCarty。美國不法之徒。自幼隨雙親移居堪薩斯州，1868年左右移居新墨西哥州。從早年起就在整個西南部地區從事非法活動，1880年被葛瑞特警長捉獲之前，據說至少已殺害了二十七人。1881年在新墨西哥州出庭受審，被裁決有謀殺罪，判處絞刑。但他殺死兩名獄吏後越獄，其後逍遙法外多時，最後才又被葛瑞特警長跟蹤伏擊，飲彈身亡。

Biloxi＊ 比洛克西 美國密西西比州東南部城市（2000年人口約50,644）。位於格爾夫波特以東，從路易堡（1719年建立）發展起來，附近一個更早的城堡莫雷帕薩德堡是密西西比流域第一個永久性的白人居民點（1699）。曾先後受法國、西班牙、英國、西佛羅里達共和國和南部同盟的統治。到了20世紀末期，賭博已成為市內主要行業，另外還有漁業和海產品加工業。戴維斯的最後一個家波瓦就在附近。

bimetallism 複本位制 以兩種金屬（傳統是用黃金和白銀）而不是一種（單本位制）為基礎的貨幣標準或制度。19世紀時，複本位制由法律規定國家貨幣單位的含金量和含銀量，從而自動確立起兩種金屬間的兌換率。複本位制還為這兩種金屬提供自由和無限制的市場，即不限制金、銀的使用和鑄幣，其他通貨也可兌換金或銀。由於各國自行規定兩種金屬間的兌換率，結果產生各國之間兌換率差異很大的問題。當官方價格比率和開放市場的價格比率不同時，格雷欣法則就開始生效，結果只剩一種貨幣在市場流通。使用金本位制的單本位金屬貨幣制度證明對市場供需的改變能作出更快的回應。亦請參閱exchange rate、silver standard。

bin Laden, Osama 賓拉登（西元1957年～） 基礎廣泛的伊斯蘭教極端主義運動領袖，該運動涉及對美國及其他西方國家發動多次恐怖主義攻擊。出身沙烏地阿拉伯富裕家庭，1979年蘇聯入侵阿富汗後加入該國的伊斯蘭教抵抗運動。回國後對波斯灣戰爭期間美國軍隊出現於沙烏地阿拉伯感到憤怒，1990年代早期組成意向相近的網狀伊斯蘭武裝團體－－以蓋達（阿拉伯文意為「基地」），發動一連串的恐怖攻擊，包括1993年紐約市世界貿易中心、1998年肯亞和坦尚尼亞的美國大使館和2000年葉門亞丁灣美國軍艦「柯爾號」的爆炸案。2001年再度攻擊紐約市世界貿易中心（並將之摧毀），同時攻擊華盛頓特區的五角大廈，導致他受到全世界追捕。他被好幾個國家驅逐出境，最後回到阿富汗，受到該國塔利班武裝民兵保護。由於塔利班拒絕美國引渡賓拉登的要求，致使美國對塔利班採取軍事行動，試圖逮捕賓拉登並解散他的組織。

binary code 二進碼 用於數位電腦的編碼，以二進制數系為基礎，只有兩種可能的狀態：開、關，通常以0和1表示。十進制系統用的是十個數位，每個數位位置代表10的次方（即100、1,000等）；二進制系統每個數位位置代表2的次方（即4、8、16等）。二進碼符號是一連串代表數字、字元和執行運算的電子脈衝。一種叫做「時鐘」的裝置送出規律的脈衝，而由電晶體之類的元件負責切換開（1）或關（0）來接通或阻斷脈衝。在二進碼中，每個十進制數字（0～9）可用一組四個二進數位（或位元）表示。四種基本的算術運算（加減乘除）在二進制數中可全部簡化為基本的布爾代數運算（參閱Boolean algebra）。

binary star 物理雙星 一對圍繞其公共重心作軌道運動的星體。它們的相對大小、亮度和它們之間的距離差別很大。在銀河系中，也許有一半星體是雙星或更複雜的聚星系統的成員。某些雙星組成一類變星（參閱eclipsing variable star），而其餘的只能透過單一可見星體的運動來檢測。

binding energy　結合能　把一個粒子從粒子系統中分出來或將系統的全部粒子分散開來所需的能量。核結合能是把原子核分解為它的成分質子和中子所需的能量。也是把單個的質子和中子結合成一個核時放出的能量。電子結合能也叫電離電勢，是從一個原子、分子或離子移去一個電子所需的能量，也是當一個電子加入一個原子、分子或離子時所釋放出的能量。原子核內一個質子或中子的結合能，約比原子內一個電子的結合能大一百萬倍。

bindweed　旋花類　近緣的打碗花屬和旋花屬植物的統稱，多數的莖纏繞，往往蔓生，上長漏斗狀花朵。較大的籬天劍原產於歐亞大陸和北美，有匍匐的地下莖，通常纏繞在籬笆、樹木上或生長在路旁，為多年生植物。腎葉天劍匍匐生長於歐洲沿海地區的砂地和礫石上。幾種田旋花廣泛分布，惹人注目。雜草般的多年生野旋花原產歐洲，已在北美歸化，纏繞在作物上或路旁。墨牽牛子是一種瀉藥，出自東方旋花的根莖，原產於亞洲西部，是多年生蔓生植物。旋花屬的某些品種可提取黃檀油。

Binet, Alfred＊　比奈（西元1857～1911年）　法國心理學家。對夏爾科有關催眠術的研究十分感興趣，故放棄法律生涯，轉而在巴黎的薩爾佩特里耶爾醫院從事醫學科學研究（1878～1891）。1895～1911年任巴黎大學研究實驗室主任。是法國實驗心理學發展中的重要人物，1895年創辦了第一份法文心理學雜誌《心理學年鑑》。他開發實驗技術來測量推理能力；1905～1911年與西蒙設計出很有影響的兒童智力測驗量表。重要著作是《智力的實驗研究》（1903）和《測量幼童智力發育的方法》（1915）。

Binford, Lewis R(oberts)　賓福特（西元1930年～）　美國考古學家。主要任教於新墨西哥大學。1960年代中期，他開創了一種稱為「新考古學」的流派，擁護量化方法的使用，鼓吹將人類學作為一種嚴格科學來實踐。他對穆斯特文化期工藝的一個深具影響的研究，應用了新的方法論，後來又將其擴張至對仍存在於世的努納米烏族的狩獵活動的研究上，試圖指出其與史前脈絡之間的相似處。主要目標之一是要發展出一套「橋接理論」，能將考古記錄和我們對過往人類活動及文化系統之運作的理解連接起來。

Bing, Rudolph　賓（西元1902～1997年）　受封為魯道夫爵士（Sir Rudolph）。奧地利出生的英國歌劇經理。在德國各歌劇院擔任一些職位後，1935～1949年擔任格林德包恩歌劇團的總經理。1946年策劃開辦愛丁堡藝術節。1950～1972年擔任紐約市大都會歌劇團總經理，他的行事作風獨斷，提高了演出與製作水準，延長演出季節，鼓勵在設計和製作上創新，結束對黑人歌手的排斥，並監督了劇團搬遷到林肯中心。

Bingham, George Caleb　賓厄姆（西元1811～1879年）　美國畫家和邊境政治人物。曾在賓夕法尼亞美術學院短暫學過畫，但大部分全憑自學。後來進入密蘇里州政治界，並以巡迴肖像畫家為業，後來轉向描繪富有生氣的邊疆生活。他以刻畫人物性格、金色明亮的光線以及構思人物眾多的巨幅畫面的天分著稱。著名畫作有《密蘇里河上的皮毛商》（1845）和《港口上的快樂船工》（1846）。

bingo　賓果　是一種靠碰運氣取勝的遊戲，玩者買一張或多張賓果卡，其上畫有許多填了數位的方格，隨機取出號碼球，如果卡上有五個號碼與之相同並連成一線（直線、橫線或對角線），就是贏家。賣卡的收入置於公共的「罐」內，贏家可得到罐內賭金的一部分。20世紀初曾風行各地，近年來已衰退，可能是因為樂透日漸普遍，加上合法的賭博盛行所致。這種遊戲的最早名稱為樂透（lotto），1776年首見記載。

Binh Dinh Vuong　平定王　➠ Le Loi

binoculars　雙目望遠鏡　兩個相同的單目望遠鏡裝在一個支架上，供兩眼同時觀察遠方物體放大影像的光學儀器。在大多數雙目望遠鏡中，每一個單目望遠鏡都有兩塊稜鏡，其用途是將目鏡形成的倒像再倒回成正像。光線在鏡筒內沿曲折路線傳播，以便縮短整個裝置的長度。稜鏡還讓兩片物鏡比兩片目鏡分得更開，從而對較遠距離的物體提供較好的立體感。雙目望遠鏡的目鏡往往也適用於顯微鏡或其他光學儀器。

binomial nomenclature　雙名法　給生物體定名的體系，每一生物體由屬名（大寫）和種名（小寫）兩個詞彙來標明，以斜體書寫。例如，庚申薔薇是*Rosa odorata*，普通馬是*Equus caballus*。此一體系由林奈在18世紀中期創立。此後，由於新物種的確立和更多分類的形成，雙名名稱大量增加，結果，到19世紀後期許多組生物的命名十分混亂。動物學界、植物學界、細菌學界和病毒學界的國際委員會從此制定了命名規則，以改進這種情況。亦請參閱taxonomy。

binomial theorem　二項式定理　代數中指任何正整數冪的二項式$(x+y)$展開公式。簡單的例子是$(x+y)^2$的展開式，為$x^2+2xy+y^2$。一般來說，$(x+y)^n$展開為$(n+1)$項之和，其中各項中x的冪數從n遞減至0，而y的冪數從0遞增至n。這些項可以用分數$[n!/((n-r)!r!)]x^{n-r}y^r$來表示，其中r為從0到n的整數。

Bío-Bío River＊　比奧比奧河　智利中南部河流。發源於安地斯山脈，往西北流，在康塞普西翁附近注入太平洋，長380公里。為智利最長河流之一，但僅通行平底船。

biochemistry　生物化學　研究發生在植物、動物、微生物體內的化學物質和反應過程的學科領域。主要的研究領域是：一、從定量和結構分析的角度，對兩大類有機化合物進行研究，一類是構成細胞基本成分的有機化合物（如蛋白質、碳水化合物和脂肪）；另一類是在生命活動中重要的化學反應中起關鍵作用的化合物（如核酸、維生素和激素等）。二、研究細胞的許多複雜和彼此關聯的化學變化，如合成蛋白質及其所有前端物質的化學反應、食物轉換成能量（參閱metabolism）、遺傳特徵的傳遞（參閱heredity）、能量的貯存和釋放以及所有受到催化（參閱catalysis、enzyme）的生物化學反應等。生物化學是生物科學和物理科學的交叉科學，使用許多在醫學和生理學上用的技術，還使用有機化學、分析化學和物理化學的技術。

biochip　生物晶片　類似積體電路的小型裝置，建造或使用來分析與活的生物體相關的有機分子。一類理論上的生物晶片是以蛋白質等大型有機分子製成的小型裝置，能夠進行電子電腦的功能（資料儲存與處理）。其他類型的生物晶片是能進行快速、小規模生化反應的小型裝置，目的是鑑定基因序列、環境污染、空氣中的毒素或其他生化成分。

biodegradability　生物降解　一種物質藉生物反應而分解的能力，通常指微生物對環境廢棄物的分解。一般而言，植物和動物產品是可以降解的，而礦物（例如金屬、玻璃、塑膠）則否。地方的情況（特別是有氧或無氧）影響著生物降解。對非生物降解物的處理是污染的主要來源。可以吸收的外科手術物質也稱爲可生物降解的。

biodiversity 生物多樣性 環境中動、植物種類的多樣性。有時，生境多樣性（生物存活之處的變異）和基因多樣性（物種內部基因資料的多樣性，亦即物種的個體數）也被視爲生物多樣性的種類。地球上300～3000萬左右的物種在世界生境的分布並不平均，其中世界50～90%的物種多樣性出現於熱帶地區。生境越多樣，在改變或威脅之下留存的機會越佳，因爲比較能夠達成平衡的調整。生物多樣性不佳的生境（例如北極苔原），對於改變較難適應。1992年地球高峰會議促成了保持生物多樣性的條約。

bioengineering 生物工程學 將工程學的原理及設備應用於生物學及醫學上之學科。包括研究和製作水下和太空探測所用的維生系統、醫療設備（參閱dialysis、prosthesis），以及監視生物過程的儀器等。在人造器官方面的發展尤爲迅速，1982年第一枚人工心臟成功地植入病人體內，使這一發展達到了頂峰。生物工程學還研製使人體在惡劣環境下維持正常功能的裝備，如太空人在太空漫步時所穿的太空衣。

biofeedback 生物反饋 即時提供某個個體自身各種生理活動的資訊。這些資料包括心血管系統的活動（如血壓和心率）、體溫、腦電波或肌肉緊張情況等，用電學的方法來監控，並透過儀表讀數或聲、光信號返回或「反饋」給個體。目的是讓病人用這些生物學資料來學會自主地控制機體對外界產生壓力事件的反應。生物反饋訓練是一種行爲療法，有時與心理治療一起使用來幫助病人承受壓力並改變他們對壓力的習慣性反應。可以用生物反饋治療的不適包括週期性偏頭痛、消化系統問題、高血壓以及癲癇發作等。

biography 傳記 以某人的生平爲題材的紀實文學形式。最早的傳記作品可能是祭文與墓誌銘。現代傳記起源於普魯塔克的希臘和羅馬名人行述和蘇埃托尼烏斯的羅馬諸帝生平軼事。16世紀後始有普通人的傳記問世。18世紀是英國傳記創作最主要的發展時期，如包斯威爾的《約翰生傳》。在現代，由於對維多利亞時代的沈默順從感到不耐，加上心理分析的發展，使得傳記的寫法更具有洞察力，使讀者對傳記主人公有全面的瞭解。亦請參閱autobiography。

Bioko* 比奧科 舊稱費爾南多波（Fernando Póo）。非洲西部比夫拉灣的島嶼（1993年人口約58,000）。位於赤道幾內亞大陸的西北160公里處，是赤道幾內亞的一部分。1979年才有了比奧科這個正式名稱。原爲火山，面積2,018平方公里，從海上突然升起；最高點聖伊莎貝爾峰，海拔3,008公尺。赤道幾內亞首都馬拉博就位在此島上。可能在1472年爲葡萄牙探險家波發現。1778年以後西班牙雖宣稱主權所有，但到了1858年才首度企圖控制此地。原始居民是布比人，爲來自非洲大陸的班圖語系後裔。有許多芳人從大陸移民來此。

biological psychology 生物心理學 心理學的分支，研究行爲的生理基礎。這個領域的傳統研究方面包括知覺、動機、情緒、學習、記憶、認知以及精神障礙。還考慮到影響神經系統的其他身體因素，包括遺傳、新陳代謝、激素、疾病、藥物的攝取和飲食等。生物心理學是一門實驗科學，在很大程度上依賴於實驗室研究和定量的資料。

biological rhythm 生物節律 生物體內週期性的生物變動，與環境的週期變化相對應，也是對這種變化所作出的反應，如白天和黑夜的交替，以及高潮與低潮的更迭等。即使沒有明顯的環境刺激而仍能維持這種節律的內部機構是「生物時鐘」。當這種節律受到中斷時，時鐘卻延遲調節，這說明了跨時區旅行時的時差反應現象。生物節律有二十四小時的節律（日夜節律）、月節律和年節律。亦請參閱photoperiodism。

biological warfare 生物戰 亦稱細菌戰（germ warfare）。指軍事上使用致病的物質，如細菌（包括引起炭疽和肉毒中毒）和病毒等，以及對抗這些致病物的方法。1925年日內瓦協定禁止在戰爭中使用生物武器，1972年七十多個國家簽訂生物和有毒武器條約，禁止生產、貯存或研製生物武器，並要求銷毀現有的存貨。禁止的原因是爲了避免對這些物質失去控制，據說1347年在圍攻克里米亞的卡法時曾發生過這種失控情況，當時蒙古人將鼠疫患者的屍體投進熱那亞保衛者的城牆，後來熱那亞人的船將細菌帶到歐洲，造成黑死病的爆發流行。法國和印第安人戰爭中的英國人，以及19世紀的美國軍隊都曾將天花病人用過的毯子給了美洲印第安人。第一次世界大戰中，德國曾使羅馬尼亞騎兵的戰馬和美國的牲畜感染鼻疽病。1930年代，日本人曾用生物武器來對付中國。雖然國際禁止生產和使用，但一些國家如伊朗、伊拉克、俄羅斯和其他前蘇聯國家據說仍囤積了許多生物戰製劑。

biology 生物學 研究生物體及其生命過程的學科。由於研究的範圍極廣，生物學劃分爲許多分支學科。當前的研究途徑取決於所研究的生物組織的層次（如分子、細胞、個體、群體），以及具體的研究對象（如結構和功能、生長和發育）。根據這個框架，把生物學劃分爲以下的主要分支學科：形態學、生理學、分類學、胚胎學、遺傳學和生態學，每個分支學科又可再細分。生物學還可作另一種分類，專門關注一類生物，如植物學、動物學、鳥類學、昆蟲學、眞菌學、微生物學和細菌學等。亦請參閱biochemistry、molecular biology。

bioluminescence 生物發光 生物體或生化系統的光發射（如腐爛的肉或魚上細菌的發光；熱帶海洋原生動物的磷光；螢火蟲的閃光信號等）。生物發光現象散見於多種原生生物和動物，包括細菌、眞菌、昆蟲、海洋無脊椎動物和魚類。但眞正的植物或兩生類、爬蟲類、鳥類或哺乳動物中尚未發現此現象。生物發光來自化學反應，能有效地產生輻射能量，而放熱極少。基本的發光成分通常是有機分子螢光素和螢光酶，爲不同的生物體所特有。在較高級的生物體中，光的產生用來威嚇獵物，並有助於同品種的成員間互相辨認。在較低級的生物體如細菌、腰鞭毛蟲和眞菌中，生物發光的作用不明。從分類學上看，發光生物品種的分布很廣，沒有截然的界線，雖然絕大多數發光生物見於海洋中。

biomass 生物量 一種動物或植物品種活體的總重量（物種生物量），或群落中所有品種活體的總重量（群落生物量），一般以棲地的單位面積或單位體積來表示。某一區域在一定時刻的生物量就是現存量。

biome* 生物群落 最大的地理生物單位，對環境條件有相似要求的植物和動物的大群落。包括不同的生物群落和群落的各個發展階段，並按占優勢的植被類型命名，如草原或針葉林。若干類似的生物群落組成一個生物群落類型，如溫帶落葉林生物群落類型包括亞洲、歐洲和北美洲的落葉林生物群落。在歐洲，對生物群落的標準用詞是「大生活帶」。

Biondi, Matt＊ 畢昂迪（西元1965年～） 美國游泳選手，生於加州帕洛阿爾托。6呎7吋的畢昂迪，在1988、1992及1996年連續三屆的奧運會中拿下11面獎牌，其中包括8面金牌。他在1988年創下的100公尺自由式成績，仍然是奧運的記錄。

biophysics 生物物理學 運用物理科學的原理和方法研究生物學問題的一門學科。主要研究範圍是：取決於物理動因的生物功能，如電或機械力；生物體與光、聲音或電離輻射等物理動因之間的相互作用；以及生物體與其環境之間的相互作用，如在移動、導航和通訊過程中所發生的。研究的主題包括骨骼、神經衝動、肌肉和視覺，以及有機體分子，所用的工具如紙色層分析法和X射線晶體學。

biopsy＊ 活組織檢查 從患者身上取下一些細胞或組織並作檢查。樣品可以從任何器官上取得，取樣的方法有多種：用針吸取、拭取、刮取、內窺鏡檢查，以及摘取整個待檢查組織（切除術）或部分組織（切開術）。活組織檢查是診斷惡性和良性腫瘤的一個標準步驟，亦能爲診斷提供其他的資訊，尤其適用於肝或胰這樣的器官。將組織切成薄片後用顯微鏡檢查。

BIOS＊ 基本輸入／輸出系統 全名Basic Input/Output System。在典型情況下儲存於EPROM（可抹除可程式化唯讀記憶體）的電腦程式，在電腦開機時被中央處理器用來進行啓動程序。它的兩大程序是確定周邊設備（鍵盤、滑鼠、硬碟機、印表機、影像卡等）和把作業系統（OS）載入主記憶體。啓動後，基本輸入／輸出系統程式管理著作業系統和周邊設備之間的資料流動，讓作業系統和應用程式不需知道周邊設備的細節（例如硬體位址）。

biosolids 生物固體 污水的污泥，即污水處理後留下的殘渣。要用作農業用途的肥料，生物固體首先必須經過硬化處理，例如消化或添加石灰，以減少重金屬及有害生物（特定的細菌、病毒和其他病原體）囤積。這種處理方法也可以減少物質體積，並固定其中的有機物質，進而減少潛在的臭味。在農業中使用生物固體已經引起爭議，評論家宣稱，甚至處理過的污水也會存著有害的細菌、病毒和重金屬。

biosphere 生物圈 地球表面維持生命體的相當薄的一層，範圍從進入大氣層幾公里延伸到深海底部。生物圈是一個全球性生態系統，可以分成地區性的或局部性的生態系統，或稱生物群落。生物圈裡的生物體又可以營養等級（參閱food chain）和社群來分類。

biotechnology 生物技術 生物科學的進步成果在工業中的應用。這個領域的成長與1970年代遺傳工程的發展和1980年美國最高法院的一項判決有著密不可分的關係，該判決承認「人造的活微生物可以擁有專利權」，於是紛紛成立數目衆多的生物技術公司，來製造各種醫用、農業用或環境生態用的遺傳工程產物。

biotin＊ 生物素 維持動物及某些微生物健康生長所必須的一種有機化合物，是維生素B複合體的一部分。是一種帶兩個環結構的羧酸，包含氮和硫原子，還有碳、氫和氧。由於通常存在於大腸內的細菌能夠合成生物素，所以人類不需要通過飲食來獲取它。如果食用大量的生蛋白，由於其中包含了能與生物素結合的蛋白質（抗生物素蛋白），使生物素不能發揮作用，這才會引起生物素缺乏症。身體中需要生物素來合成脂肪酸，並將氨基酸轉換成葡萄糖。

biotite 黑雲母 亦稱black mica。常見的雲母類矽酸鹽礦物。大量存在於變質岩、偉晶岩、花崗岩和其他火成岩中。黑雲母是一種層狀的矽酸鹽結構，其中鋁和矽處在無限擴展的Si-Al-O層中，這些層與富含鉀和含鎂（和鐵）的層交替排列。

黑雲母
By courtesy of the Field Museum of Natural History, Chicago; photograph, John H. Gerard

Bioy Casares, Adolfo＊ 維奧埃・卡薩雷斯（西元1914～1999年） 阿根廷作家和編輯。因在他本人和與波赫士合寫的作品中運用魔幻寫實主義而著稱。他的小說包括《莫雷爾的發明》（1940）、《英雄們的沈睡》（1954）和《骯髒戰爭日記》（1969）。1990年維奧埃・卡薩雷斯獲得塞萬提斯文學獎（西班牙文學最高榮譽）。

bipolar disorder 躁鬱症 亦作manic-depressive psychosis。一種精神疾病，以反覆出現躁狂和抑鬱狀態爲特徵。抑鬱症爲較常見症狀，在躁狂階段，許多患者經歷短暫的過分樂觀和中度欣快。此病似乎具有遺傳傾向，可能源自腦內正腎上腺素、多巴胺和5－羥基胰化蛋白胺等天然胺代謝失調。最普遍的治療方法是服用碳酸鋰。

birch 樺木 樺木屬約四十種壽命短的觀賞或材用喬木和灌木的通稱，是樺木科中最大的屬，樺木科還包括榿木、榛木、鵝耳櫪屬樹，以及鐵木屬和虎榛屬樹。樺木分布於北半球寒冷地區；樺木科的其他成員則分布於北半球的溫帶和近北極地區、熱帶的山區以及南美洲的安地斯山脈，遠至阿根廷。樺木的葉單生，呈鋸齒狀；雄花與雌花（葇荑花序）生於同一植株上。果實爲小堅果或有短翅的翼果（乾燥有翅的果實）。樺木能產出有經濟價值的木材。從樺木細枝中提取的油的嗅覺和味覺都像冬青油，用於鞣製俄羅斯皮革（參閱tanning）。

bird 鳥類 鳥綱溫血脊椎動物，約八千七百種。體覆羽毛，這使鳥類有別於所有其他動物。它們有四個腔室的心臟（像哺乳動物一樣），前肢變爲翼，卵有含鈣的外殼，視覺銳利。其嗅覺不太發達。鳥類分布於幾乎全世界各種生境中。食物偏好和巢窩的結構很不相同。幾乎所有的品種都會孵化它們的卵。大型飛禽的骨骼已演化成部分中空，以減輕重量。食管擴大部分（嗉囊）可以暫時貯存食物，使鳥類在飛行中可以進食。人類以野生或飼養的鳥類及它們的卵爲食，獵取野鳥已成爲一種運動，並用鳥類的羽毛作爲裝飾和隔熱。從現存的化石當中可看出約有一千多種鳥類已滅絕；最

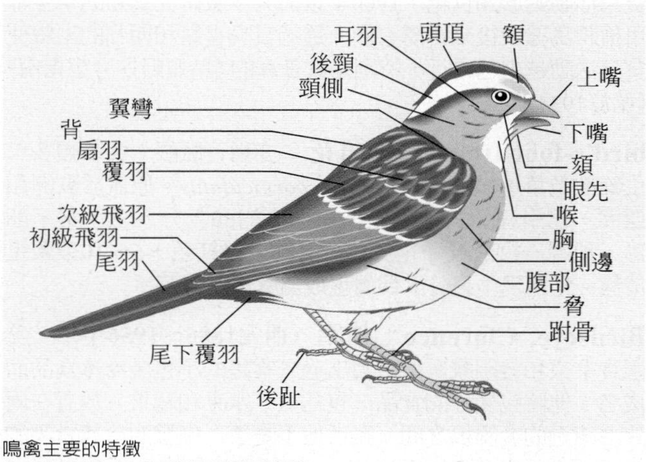

鳴禽主要的特徵
© 2002 MERRIAM-WEBSTER INC.

A
B

早的化石鳥類是始祖鳥屬。

Bird, Larry (Joe)　柏德（西元1956年～）　美國籃球選手，生於印第安納州的巴登。身高206公分的柏德大部分的大學生涯是在印第安納州立大學度過，後被波士頓塞爾蒂克隊選爲前鋒，他幫助率領該隊在1981、1984、1986年獲得NBA冠軍，並連續三年（1984～1986）獲選NBA最有價值球員。1992年退休。1997～1998年任印第安納溜馬隊教練，立即使該隊獲得創隊以來最佳記錄。公認爲籃球史上最優秀的全能球員之一。

bird-of-paradise　風鳥　亦稱天堂鳥或極樂鳥。風鳥科鳥類，約四十種，小至中型，棲於森林中。其色澤和雄鳥羽翼的奇異形狀只有少數雉和蜂鳥可與之相比。求偶的雄鳥在棲木上或林中空地上可表演幾個小時。天堂鳥棲於新幾內亞高地及附近島嶼，有些品種亦見於澳大利亞。最著名的品種是極樂鳥，體長30～46公分，中央尾羽像金屬絲或捲曲的絲帶。

bird-of-paradise　鶴望蘭　亦稱crane flower。學名Strelitzia reginae。旅人蕉科觀賞植物。鶴望蘭屬共有五種，原產非洲南部。鶴望蘭花大，豔麗，有兩枚直立而尖的花瓣，雄蕊五枚。有一舟形苞片，綠色帶紅邊。有許多長莖的橙色和明藍色花朵，每朵花都像鶴的冠和喙，所以給它取了這個通用的名字。

bird of prey　猛禽　獵捕動物爲食的鳥類。白晝活動的猛禽（隼形目，包括鷹、鵰、禿鷲和隼）亦稱攫禽。夜行性猛禽（鴞形目）是鴞。神鷹和鵰是鳥類中體型最大和最強壯的。所有猛禽均有鉤狀喙和銳利彎曲的爪（非掠食性鷲雖有爪但已退化）。儘管鴞和攫禽有相似之處，許多學者認爲它們並沒有密切的親緣關係，只是它們相似的獵食生活方式演化出相似的特點。

bird stone　鳥石　美國東部和加拿大東部的史前文化所雕刻的抽象石刻品。形狀像鳥，長約15公分。大部分用黑色、褐色或深綠色的石板刻成，並用沙子或其他打磨材料拋光過。所有鳥石都有共同特徵，即有一對圓錐形小孔沿對角線方向穿過基部。鳥石可能用作投擲矛或箭的一種「弩」的壓錘或把手。

bird-watching　賞鳥　亦稱birding。在鳥的自然生境中觀察或辨認野鳥的活動。觀鳥所需基本設備包括雙目望遠鏡、有助於鑑定鳥類的野外工作手冊，以及一本用來記錄觀察時間和地點的筆記本。地方觀鳥學會會員編集的觀察記錄往往有助於科學家鑑定各種鳥類的散佈、生境和遷徙類型。賞鳥活動始於20世紀：1900年以前大多數研究鳥類的學生都用槍將鳥獵殺後來辨認它們。透過賞鳥書籍和期刊的出版使賞鳥活動越來越風行，特別是彼得森的《鳥類野外考察指南》（始於1934年）。

bird's-foot trefoil　牛角花　亦稱百脈根。莢果類多年生鋪散型草本植物。學名*Lotus corniculatus*。原產於歐洲和亞洲，已引種於其他地區。植株高約60公分。三小葉，卵形，頂端一枚最寬。花黃色，有時帶淡紅色，5～10朵聚生成簇。常作爲牛飼料，偶爾也成爲麻煩的野草。

Birdseye, Clarence　伯宰（西元1886～1956年）　美國實業家和發明家。以研製出適於零售的小包裝冷凍食品而成名。他將包裝好的食品（包括魚、水果和蔬果）放置在兩片冷凍過的金屬板之間。雖然他不是第一個發明冷凍食品的人，但他高效率的處理方法，保存了食品的大部分原味。1929年波斯塔姆公司購買他的公司，後來變爲通用食品公司。伯宰在該公司擔任總經理，一直到1938年爲止。

birdsong　鳴囀　鳥類的一種發聲，是雄鳥在繁殖期爲吸引配偶和防衛領地而發出的特徵性鳴叫。鳴囀也加強了雌雄對的聯繫。有些品種還會在飛行中鳴囀。比起在同種間起聯絡作用的鳥叫，鳴囀更爲複雜，延續時間也更長。鳴囀可能是遺傳的，也可能是後天學會的：如一個剛孵化出來的雄性蒼頭燕雀會唱「副歌」，但必須聽到並模仿成年雄鳥的鳴囀才能學會眞正的歌聲。

briefringence ➠ double refraction

Biringuccio, Vannoccio＊　比林古喬（西元1480～1539?年）　義大利冶金學家和武器製造家。主要以所著的《論煙火製造術》（在他去世後的1540年出版）一書而聞名，這是冶金學方面第一部條理清楚的綜合性著作。該書與當時含義模糊的煉金術著作形成明顯的對比，書中載有大量木刻，闡明當時所用的設備和工藝過程，並對採礦、熔煉和金屬加工作了清楚而實用的指導。該書成爲標準的參考資料，至今還是有關15和16世紀技術狀況的有價值的原始資料。

Birkenau　比克瑙 ➠ Auschwitz

Birkenhead, Earl of　伯肯赫德伯爵（西元1872～1930年）　原名Frederick Edwin Smith。英國政治人物。1906年當選爲下議院議員，以演說家著稱，不久成爲保守黨領袖。他在擔任總檢察長（1915～1918）時，成功地起訴了凱斯門特。1919～1922年就任大法官。他讓「財產法」（1922）和「不動產法規」（1925）順利獲得通過，取代了複雜的土地法系統。他還協助談判，締結了1921年的「英國－愛爾蘭條約」。

Birmingham＊　伯明罕　英格蘭中部城市（2001年人口977,091）。東南距倫敦160公里。1166年首獲特許狀。以前一直是個製造業小鎮，18世紀時成爲工業革命的中心，這要歸功於該市的市民如瓦特、普里斯特利和巴斯克維爾。第二次世界大戰時受到嚴重轟炸，但已重建。現在仍是英國重要的輕工業和中型工業中心，也是周圍廣大地區的文化中心。這裡有兩所大學，還有1552年由國王愛德華六世設立的文法學校。

Birmingham＊　伯明罕　美國阿拉巴馬州中北部城市（2000年人口249,459），是該州最大城市。1871年由一家有鐵路官員背後支持的土地開發公司建立，以英國城市伯明罕命名。該市後來發展成爲南方的鋼鐵中心。從附近的伯明罕港有可通駁船的運河往南連接莫比爾。伯明罕是1960年代初金恩所領導的民權運動的發生地，1963年四名黑人女孩在一次教堂爆炸事件中身亡；這次意外事故是促使美國民權運動發展的主要誘因。

Birney, (Alfred) Earle　伯尼（西元1904～1955年）　加拿大詩人及教育家。在多倫多大學獲得哲學博士學位，並創作了他的第一本詩集《大衛》（1942，獲總督獎）。第二次世界大戰退役後，他的《就趁現在》（1946，獲總督獎）和其他的詩集付梓，使他擔任了多個教學與評論的職務。伯尼對語言的熱愛讓他從事音詩的實驗，並探索圖案式的實體詩歌（具象詩）；他還寫過兩部小說，一齣以韻文寫成的戲劇，以及數部廣播劇本。

Birney, James Gillespie　伯尼（西元1792～1857年）　美國政治人物和廢奴主義領袖。在肯塔基州丹維爾執律師業，1818年遷居阿拉巴馬州，翌年進入阿拉巴馬州議會。他在反奴隸制協會中積極活動，1837年當選爲美國反奴隸制協會祕書。不久協會分裂，他領導一派，後來成爲自由黨，1840和1844年自由黨的總統候選人參加大選。

birth ➠ parturition

birth control 節育 自願地限制人類生育，方法包括避孕、節欲、絕育和人工流產。節育一詞由桑格於1914～1915年所創。在醫學上，當生育威脅到未來母親的健康，或篩檢出有產出重殘嬰兒的重大危險時，往往就要建議人工流產。從社會和經濟的角度來看，節制生育經常是反映出想維持或提高家庭生活水準的願望。多數宗教領袖現在同意應該以某種方式控制人的生育，儘管對具體方式仍有不同的意見。亦請參閱planned parenthood。

birth defect 先天性缺陷 嬰兒出生時就帶有因遺傳因素或各種意外事故造成的畸形。先天性缺陷所受的限制較先天性疾病多，包含胚胎在器官和組織形成時引起的畸形，但不包括像梅毒一類的感染性疾病所造成的結構上的畸形。

birthmark 胎記 出生時，皮膚上不尋常的一種瘢或疤。大部分的胎記不是血管瘤就是色素痣。通常無害，有許多在孩童時期會自動褪去，褪不掉的有時可用雷射手術或磨蝕來除去。

birthstone 誕生石 與人們出生月份相關的寶石。一般認爲戴上誕生石可帶來好運氣或健康。在古代，相信超自然力量來自某些寶石，這種信仰如今在某些族群裡依然存在。在20世紀，一系列的合成寶石加入天然的眞寶石（如鑽石、祖母綠、藍寶石、紅寶石）之列，成爲較廉價的代用品。

Birtwistle, Harrison (Paul) 伯特威爾斯（西元1934年～） 受封爲哈里森爵士（Sir Harrison）。英國作曲家。以演奏單簧管起家，二十多歲時轉向作曲。他與戴維斯在1967年共同創立了「男丑演員樂團」，卻因此而受限於樂團規模。他一直專注於探索大規模的時間結構；他的音樂形式受到複雜的週期性原則所支配，他本人則拒絕討論這些原則。他的作品包括戲劇作品《龐奇和朱迪》（1966～1967）、《奧菲斯的面具》（1973～1986）與《高文》（1991），以及管絃樂作品《時間的勝利》（1972）、《希爾伯瑞詠嘆調》（1977）與《神聖劇場》（1984）。

Biruni, al-＊ 比魯尼（西元973～1048年） 波斯科學家和學者。1017年稍後一段時間他前往印度，爲這個國家寫了一部百科全書式的著作。後定居阿富汗的加茲尼，得到伽色尼王朝的資助。他精通多種語言，用阿拉伯文寫作，寫了許多有關數學、天文、占星術、地理、物理、醫學、歷史和年代學等方面的書籍。其科學成就包括對緯度和經度的精確計算，用流體靜力學定律對天然泉水作了解釋。最著名的作品是《印度》和《年代學》。

Biscay, Bay of 比斯開灣 亦作Gulf of Gascony。法語作Golfe de Gascogne。西班牙語作Golfo de Vizcaya。大西洋海灣，位於法國西南海岸和西班牙西北海岸之間。面積223,000平方公里，最大深度4,735公尺。比斯開灣以多風暴著名。注入海灣的河流有羅亞爾河、阿杜爾河和加倫河。海港有布雷斯特、南特和波爾多（以上在法國）、還有畢爾包、桑坦德和阿維萊斯（以上在西班牙），但沒有一個港口可容納大型船隻。法國沿海著名渡假勝地有拉博勒、比亞里茨和聖尚－德呂茲。

Biscayne Bay 比斯坎灣 美國東南部大西洋海灣。沿著佛羅里達州東南部海岸，長約64公里，寬3～16公里；組成大西洋沿岸水道的一部分。西北與邁阿密爲鄰，東面是佛羅里達礁群。海灣以西班牙比斯坎省的早期開發者比斯凱諾的名字命名。亦請參閱Biscayne National Park。

Biscayne National Park 比斯坎國家公園 美國佛羅里達州東南部保護區。位於邁阿密以南32公里處，面積70,035公頃，大部分爲珊瑚礁和包含約三十三座礁島的水域，這些島嶼形成南北島鏈，將比斯坎灣和大西洋隔開。以擁有多種海洋生物著稱。1968年設立比斯坎國家保護區，1980年成爲國家公園。

Bischof, Werner＊ 比肖夫（西元1916～1954年） 瑞士攝影記者。1932～1936年在瑞士蘇黎世工藝學校學習。1942年爲畫報《你》工作，拍攝法國、德國和荷蘭被戰爭破壞的場面。1949年加入集體的攝影師機構瑪農攝影社。後在祕魯工作時死於車禍意外。他的攝影作品收集出版在《日本》（1954）、《印加人對印第安人》（1956）和《沃納・比肖夫的世界》（1959）中。

Bishkek＊ 比什凱克 亦稱皮什佩克（Pishpek）。舊稱伏龍芝（Frunze, 1926～1991）。吉爾吉斯共和國首都（1999年人口約619,000）。位於哈薩克邊境吉爾吉斯山附近的楚河河畔。1825年烏茲別克的浩罕汗國（參閱Quqon）在此建立要塞，1862年要塞爲俄羅斯人占領，誤稱此地爲皮什佩克。1926年成立吉爾吉斯蘇維埃社會主義自治共和國，該市爲其首都，更名伏龍芝，以紀念出生於該地的紅軍領袖伏龍芝。後來發展成工業城市，尤其是在第二次世界大戰期間，當時把重工業從俄國西部搬遷於此。

bishop 主教 基督教一些教會中的首席教牧人員和由若干堂會組成的主教區的監理人員。從4世紀到宗教改革運動時期，主教掌有很寬廣的世俗和宗教權力，包括解決爭端；任命神職人員；主持教會成員的堅振禮。有些基督教教會（著名的有安立甘宗、天主教和東正教）還繼續保持主教一職以及關於使徒統緒的教義。其他的教會，包括立陶宛一些教會和衛理公會等，設有主教但不再堅持使徒統緒論；還有一些則連主教之職也一起廢除了。教宗、樞機、大主教、牧首和都主教都是不同級別的主教。在天主教內，由教宗選擇主教；衛理公會則由宗教會議選擇主教。亦請參閱episcopacy。

Bishop, Billy 畢曉普（西元1894～1956年） 原名William Avery Bishop。第一次世界大戰中加拿大戰鬥機王牌飛行員。曾在皇家軍事學院學習。1915年從騎兵隊奉調至皇家飛行隊。1917年在法國服役，擊落敵機總數達七十二架，其中有二十五架是在十天內擊落的。後來畢曉普被指派到英國空軍部，並協助成立加拿大皇家空軍（RCAF），成爲一個獨立旅。大戰結束後，他成爲一名商人，並從事寫作。

Bishop, Elizabeth 畢曉普（西元1911～1979年） 美國女詩人。自小父親去世，母親遭禁閉，她是由新斯科舍的親戚養大的。1950年代～1960年代大部分時間住在巴西，與她熱愛的巴西婦女生活在一起。第一部詩作（1946）與她的新英格蘭出身和對炎熱氣候的熱愛成對比；該書於1955年增補重印，題爲《北方和南方：寒春》，並獲得普立茲獎。她的作品以形式的輝煌和對日常生活的密切觀察而受到好評，並以引用其他詩人的讚譽著稱。死後出版的作品包括《散文集》（1984）和《一種藝術》（1994），後者是最受人歡迎的書信集。

A B

Bishop, J(ohn) Michael　畢曉普（西元1936年～）美國病毒學家。生於賓夕法尼亞州的約克鎮，畢業於哈佛大學醫學院。1970年畢曉普和瓦爾默斯合作，著手驗證這樣一種理論：正常體細胞裡存在某些致癌基因（會引起癌症的基因）。進一步的研究表明，即使沒有病毒介入，這樣的基因也會致癌。到1989年畢曉普和瓦爾默斯因為他們的研究而共獲諾貝爾獎時，科學家們已經在動物中辨認出了四十多種致癌基因。

Bishop's University　畢曉普大學　位於加拿大魁北克省蘭諾克斯維爾的一所私立大學，1843年成立。設有人文科學、社會科學、自然科學、商學、教育等方面的大學及研究所課程。學生總數約為1,800人。

Bisitun＊　比索通　古稱Behestun。伊朗西部廢墟城鎮。在今日村莊的石灰岩懸崖上留有國王大流士一世（西元前522～西元前486年在位）的紀念碑；上有用古波斯文、巴比倫文和埃蘭文寫成的銘文，記載了大流士如何殺死篡位者，擊潰了反叛者，並取得王位的經過。東印度公司官員勞林森（1810～1895）首次複製了銘文（1837～1847）。他對古波斯文的譯解是楔形文字研究的一大進步。

bisj pole＊　比斯竿柱　雕刻的木柱，用於南太平洋諸島的宗教儀式。柱高4～8公尺，像一條倒置的，船頭被誇大了的獨木舟；上面刻有人像，代表被敵人殺害的部族祖先，層層疊放，最後是細工透雕的裝飾呈平面凸起。比斯竿柱意在庇護死者的靈魂，將它們留在村外，也用來傳播魔法。亦請參閱totem pole。

Bismarck＊　俾斯麥　美國北達科他州首府（2000年人口約55,532）。1830年代為密蘇里河的港口。1872年建兵營以保護鐵路員工，1873年命名為俾斯麥，以圖吸引德國投資。隨附近布拉克山發現金礦而成為一個很有前途的中心。1883年成為達科他準州首府；1889年該準州分成兩個州時，俾斯麥成為北達科他州的首府。現為該地區的商業、文化和金融中心。

Bismarck　俾斯麥號　第二次世界大戰時德國的戰艦。這艘重達47,700公噸令人生畏的大船於1939年下水。1941年5月英國偵察機發現它在挪威卑爾根附近的海面，英國本土艦隊幾乎全部出動攔截。兩艘巡洋艦在冰島附近和它交火，它將「胡德號」擊沈後逃進公海。三十個小時後再次被發現，但它已遭魚雷襲擊，於是英艦對它徹夜轟擊。「喬治五世國王號」和「羅德尼號」又對它攻擊了一小時，使其失去戰鬥力，最後巡洋艦「多塞特號」用魚雷將其擊沈。

Bismarck, Otto (Eduard Leopold) von　俾斯麥（西元1815～1898年）　受封為Fürst (Prince) von Bismarck。普魯士政治人物，在1871年建立德意志帝國，並且擔任首相長達十九年。出身普魯士地主精英階級，他攻讀法律，1849年當選普魯士國會議員。1851年擔任法蘭克福的聯邦議會普魯士代表。在出任駐俄羅斯大使（1859～1862）和法國大使（1862）後，他成為普魯士首相兼外相（1862～1871）。當他就任時，普魯士被普遍視為歐洲五大強權中最弱的，但在他的領導下，普魯士在1864年戰勝丹麥（參閱Schleswig-Holstein Question），又打贏七週戰爭（1866）和普法戰爭（1870～1871）。經由這些戰爭，他達成了以普魯士支配德意志帝國的政治統一目標。帝國一建立，他即成為宰相。這位「鐵血宰相」借著反法聯盟（參閱Dreikaiserbund、Reinsurance Treaty、Triple Alliance）巧妙地保持著歐洲的和平。在國內，他實施行政及經濟改革，但致力於保持當時的地位，反對德國社會民主黨和天主教會（參閱Kulturkampf）。1890年俾斯麥離職時，歐洲版圖已經大為改觀。然而，德意志帝國（他最大的成就）在他身後僅存在了二十年，因為他並未創造出內部團結一致的民族。

Bismarck Archipelago　俾斯麥群島　太平洋西部的島群（1989年人口約371,000）。位於新幾內亞的西北方，為巴布亞紐幾內亞的一部分。總陸地面積約49,658平方公里；最大的成員包括新不列顛島、新愛爾蘭島、阿德默勒爾蒂群島和新漢諾威島（拉翁艾島）等。1884年被德國併吞，以俾斯麥的名字命名。1914年澳大利亞占領該島，1920年成為澳大利亞的託管地。第二次世界大戰後成為新幾內亞的聯合國託管地，1975年歸屬獨立的巴布亞紐幾內亞。

bismuth＊　鉍　半金屬到金屬化學元素，化學符號Bi，原子序數83。鉍性硬、脆、有光澤，顏色灰白並帶獨特的淺紅色彩。在自然界，鉍常以游離態存在，也存在於化合物以及混合的礦石中。鉍合金熔點低，可用於金屬鑄造、特種焊料、自動噴水頭、保險絲以及許多防火設備。磷鉬酸鉍是一種催化劑，用於丙烯腈的生產過程，丙烯腈是生產纖維和塑膠的重要原料。鉍的鹽類可製作治療消化功能紊亂的鎮靜劑（尤其是亞水楊酸鉍）；鉍鹽也可用於治療皮膚感染和皮膚外傷；還可用於口紅、指甲油和眼影中，使產生珍珠般的品質。

bison＊　美洲野牛　偶蹄目牛科牛形草食動物，學名*Bison bison*。前額突出，肩部隆肉明顯。頭部下垂，頭部、頸部和肩部的深棕色粗毛特別長。雌雄均有粗重彎曲的角。成熟的雄體肩高約2公尺，體重超過900公斤。成群生活。美洲的野牛通稱為水牛，歐洲人到達北美洲時，野牛還很多。到1900年左右，美洲野牛已瀕臨絕跡；現在受保護的野牛群看似能持續生存下去。歐洲野牛只有為數不多的幾個保護群能生存下去。

美洲野牛
Alan G. Nelson－Root Resource

Bissau＊　比索　幾內亞－比索共和國港口（1999年人口約274,000）。位於熱巴河的河口灣，熱巴河在此注入大西洋。1687年由葡萄牙人建為哨所。1941年取代博拉馬成為該國的首都，從此就發展為大型船隻的優良停泊港。

bit　位元　全名binary digit。通訊和資訊理論的資訊單位，相當於在只有兩種可能中作選擇的結果，如在一般的數位電腦中所使用的二進碼裡的1和0。位元也被用為電腦記憶體的單位，相當於對兩種可能選擇結果的儲存能力。一個位元組（byte）包含一串八個連續位元，組成電腦的基本資訊處理單元。由於一個位元組僅包含相當一個字母或符號（如逗號）的訊息量，所以電腦硬體的儲存容量通常要以千位元組（KB；1,024位元組）、百萬位元組（MB；1,048,576位元組）、十億位元組（GB；約十億位元組）和兆位元組（TB；約一兆位元組）等單位表示。

bit-map　位元對映　把呈現空間（例如圖片影像檔）界定出來的方法，包括其中每個像素（或位元）的顏色。事實上，位元對映是代表影像或顯示物像素值之二進資料的排列。圖形交換格式（GIF）是擁有位元對映之圖片影像檔的例子。當圖形交換格式圖檔呈現於電腦顯示器時，電腦會閱讀位元對映，以決定使用什麼顏色來「畫」螢幕。在位元對映字型中，每個字元都是一個位元對映的點陣圖形。

Bithynia＊　比希尼亞　亞洲西北部古國。濱臨馬爾馬拉海、博斯普魯斯海峽和黑海，西元前2000年末色雷斯人定居於此。他們從未屈服於亞歷山大大帝，到西元前3世紀時，這一地區已經建立起了強大的古希臘王國。接下來的一個世紀由於領導階層的無能，很快就衰落下來。比希尼亞的最後一代國王是尼肯米達斯四世，西元前74年他把王國拱手讓給了羅馬人。

bittern　麻鳽　鷺科十二種孤獨性沼澤鳥類，與鷺有親緣關係，但頸較短，身體稍胖。大多數麻鳽具有僞裝圖案（斑駁的褐色和皮黃色條紋），使它可以嘴尖朝上站立藏身，模仿周圍的蘆葦和草，避免被發覺。以尖利的喙捕捉魚、蛙、螯蝦和其他濕地及沼澤地的小動物爲食。麻鳽幾乎分布於全球。最大的品種體長達75公分，最小的品種體長約30～40公分。

Bitterroot Range　比特魯嶺　美國落磯山脈北段。沿愛達荷－蒙大拿州界南北延伸，綿亙480公里。山峰平均海拔2,700公尺，最高峰是愛達荷境內的司各脫峰，高3,473公尺。由於該山嶺很難從東部進入，路易斯和克拉克遠征（1805）隊伍不得不繞往北方160多公里，希望找到入山的路線。比特魯國家森林穿經比特魯嶺的中心。

bittersweet　苦甜藤　幾種果色鮮豔的藤本植物的統稱。衛矛科南蛇藤屬有兩種苦甜藤：攀緣南蛇藤稱爲美洲苦甜藤；圓形南蛇藤稱爲東方苦甜藤，爲木質藤本，栽作觀賞植物。東方苦甜藤生長較美洲苦甜藤更爲活躍。兩種均盤繞支撐物而攀緣。另一種苦甜藤歐白英也屬茄科。

bitumen＊　瀝青　從石油中提取的像焦油的碳氫化合物的總稱。黑色或棕色，從黏稠到固體不等，固體形式通常稱瀝青。幾乎分布於世界的每一個地方，遍及一切地質層。瀝青也可指人工合成的碳氫化合物。

bituminous coal＊　煙煤　亦稱軟煤（soft coal）。是煤炭的最豐富形式。深棕到黑色，發熱量較高。分布廣泛且資源豐富，是各種煤中商業用途最廣泛的一種，長期用於電力廠和工業鍋爐來生產蒸汽。某些品種可用來提煉焦炭，焦炭是接近純碳的堅硬物質，對熔煉鐵礦石很重要。煙煤的主要缺點是含有中量到高量的硫，大量燃燒會造成空氣污染，形成酸雨。亦請參閱anthracite。

bituminous sand ➠ tar sand

bivalve　雙殼類　雙殼綱軟體動物之通稱，特徵是有兩片殼（貝殼）。蛤、烏蛤、蚌、牡蠣、扇貝和船蛆都是雙殼類動物。多數是被完全包在殼內的，有彈性韌帶以及稱作「外套膜」的兩層組織把兩片殼連在一起。雙殼類無頭部。以浮游植物爲食，將水泵入過鰓，濾出食物粒子，然後移動到嘴裡。雙殼類動物分布於海洋大部分地區，從潮間帶到深海帶都能找到。

Biwa, Lake＊　琵琶湖　日本本州中部湖泊。是日本最大的湖泊，長約64公里，寬約19公里，面積673平方公里。因形狀似琵琶而得名。瀨川爲唯一出水渠道，由琵琶湖南端流入大阪灣。琵琶湖以珍珠養殖業著稱。其風景秀麗，長期以來一直是日本詩歌的主題，是日本最主要的旅遊勝地之一。

Bizet, Georges＊　比才（西元1838～1875年）　原名Alexandre-César-Léopold Bizet。法國作曲家。音樂教師之子，九歲便進入巴黎音樂學院，十七歲即寫成早熟的《C大調交響曲》。他企圖在歌劇舞台上取得成就，創作了《採珠者》（1863）、《貝城麗姝》（1866）和《賈米雷》（1871）等歌劇。因厭惡法國輕歌劇的輕浮，決心改造喜歌劇。1875年他的傑作《卡門》首演。雖然這部嚴厲的寫實主義作品引起許多流言蜚語，但在國際上卻大受讚揚，被認爲是喜歌劇的優秀代表作。《卡門》首演後不久，比才突然辭世，終止了他短暫而卓越的音樂生涯，享年三十七歲。

Björling, Jussi＊　比約林（西元1911～1960年）　原名Johann Jonaton Björling。瑞典男高音歌唱家。孩提時代就已開始公開演唱，與他家庭一起周遊歐洲和美國。1928年被皇家歌劇院招聘，很快就成爲明星演員。1938年首次在大都會歌劇院登台演唱《波希米亞人》中的魯道夫一角。戰爭期間留在瑞典，後來在幾個演出季節裡回到大都會歌劇院。雖然不是知名的演員，但他的歌聲清澈透明，美妙動人，加上音樂才能，使他成爲舞台和唱片界裡的寵兒。

Bjørnson, Bjørnstjerne (Martinius)＊　比昂松（西元1832～1910年）　挪威作家、編輯和戲劇導演。他將挪威歷史和傳說結合上現代的理想，激發人們的民族自豪感。與易卜生、謝朗和李四人常被稱爲19世紀挪威文壇「四傑」。1903年獲諾貝爾獎。詩作〈是的，我們永遠愛此鄉土〉是現在挪威國歌的歌詞。

Black, Hugo (La Fayette)　布拉克（西元1886～1971年）　美國最高法院法官（1937～1971）。自1906年起在阿拉巴馬州執律師業。1927～1937年擔任美國參議員，強力支持「新政」立法。羅斯福總統任命他爲最高法院法官，他幫忙扭轉了先前法院對新政立法的投票結果。1960年代，在最高法院的自由派多數法官中占顯要地位，他們堅決取消學校裡強制性的祈禱，保證嫌疑犯能得到法律諮詢。他以堅決主張「人權法案」確保人民自由而聞名。1971年公開支持《紐約時報》有權發表五角大廈文件。

Black, James (Whyte)　布拉克（西元1924年～）　受封爲詹姆斯爵士（Sir James）。蘇格蘭藥理學家。透過系統研究體內細胞受體和血流中附著在受體上藥物之間的相互作用，布拉克發現了第一種能阻斷β受體的藥物，來緩解心絞痛。他透過相似的途徑又製成一種治療胃和十二指腸潰瘍的藥物。1988年和希欽斯、埃利恩共獲諾貝爾獎。

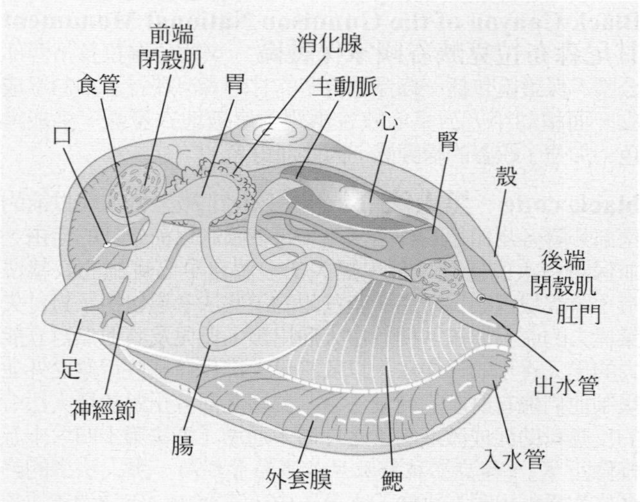

蛤的內部構造。韌帶把兩片殼打開，鰓上的纖毛拍動使水流進入入水管。當水流過鰓時，氧擴散進入血液，食物顆粒由黏液捕捉送往口。一對閉殼肌會將外殼緊閉。折疊的組織（外套膜）包裹住器官，並分泌物質構成外殼。大型的肉足使蛤可以爬行及挖掘。循環系統由心臟和血管組成，腎臟去除血液的廢物。去氧的血液和廢物移入水中，從出水口排出。

black aesthetic movement　黑人美學運動　亦稱黑人藝術運動（black arts movement）。1960年代和1970年代早期在美國黑人族群中的藝術與文學發展時期。基於黑人民族主義的文化政治，這個運動企圖創造一種能夠表現美國各種不同的黑人經驗的藝術形式。主要理論家包括巴拉卡、貝克（1943～）以及蓋茲。1973年之後以馬德胡布提之名聞名的李（1942～），是其中最受歡迎的作家之一；其他著名作家包括馬禮遜、華克以及向吉（1948～）。這個運動同時還產生了如《馬爾科姆・艾克斯自傳》（1965，與哈利合撰）、克利佛的《冰上的靈魂》（1968），以及《戴維斯傳》（1974）等自傳作品。

Black and Tan　黑與棕　1920年至1921年英國在愛爾蘭雇用的鎮壓共和軍的輔助武裝力量。第一次世界大戰後，愛爾蘭民族主義者大力展開宣傳活動，許多愛爾蘭籍警察辭職，而由這些臨時募集的英格蘭人代替，由於缺乏制服，他們身穿「黑與棕」的雜色服裝。這群人對愛爾蘭共和軍採取血腥的鎮壓手段，而他們自己也遭到殘酷的報復。

black bass　黑鱸　日鱸科黑鱸屬長形淡水魚類的統稱，約有六種，分布於北美洲東部。其中大口黑鱸和小口黑鱸已移殖到其他國家，是在被捕獲時最兇猛奮戰的遊釣魚。黑鱸比太陽魚體型較大和較長，性更兇猛。大口黑鱸最大長到80公分，重10公斤；生活於多水草的靜水湖泊和溪流中。小口黑鱸通常重達2～3公斤，生活在無草清涼的湖泊和活水溪流中。

black bear　美洲黑熊　熊科林棲動物，學名*Ursus americanus*。數量和分布區雖已縮小，仍是最常見的北美熊類。成年體長約150～180公分，體重90～270公斤。不論毛色如何，它的臉部都是棕色，且常有白色的胸斑。除捕食獸類和魚類外，還吃各種植物，如松果、漿果和根。它經常會突襲營地並掠奪任何可以吃的東西。可馴養並學會演把戲，但成熟後會傷人。

美洲黑熊
Leonard Lee Rue III

Black Canyon of the Gunnison National Monument　甘尼森布拉克峽谷國家保護區　美國科羅拉多州西部公園。保護區包括一條深邃狹窄的甘尼森河峽谷，1933年成立，面積83平方公里。峽谷兩側山崖被地衣覆蓋，染成黑色，加強了峽谷的朦朧感，因此而得名。

black code　黑人法令　指美國南北戰爭後，在以前的南部邦聯各州頒行的許多法律，旨在限制以前奴隸的自由，並保證白人的優越地位。黑人法令源自早已實施的奴隸法令，將奴隸定義為財產。有些州的這些法令還包括了對付失業黑人的流浪罪法；便於白人雇用黑人孤兒及其他無自立能力的黑人青年的學徒法；以及將黑人排斥在某些行業之外並限制他們擁有財產的商業法等。美國北部各州對於黑人法令的反應幫助促成激進的重建時期，通過「憲法第十四、十五條修正案」，建立了被解放黑奴事務管理局。黑人法令的許多條款重新出現在吉姆・克勞法中，直至1964年通過了「民權法」以後，這項種族隔離法律才最後被廢止。

Black Death　黑死病　14世紀時在整個歐洲爆發流行的鼠疫。此種傳染病起源於亞洲，1347年土耳其軍隊圍困克里米亞的一個熱那亞貿易商埠時，曾將帶病屍體彈射入該鎮。1347～1351年該病在地中海各港口及整個歐洲蔓延開來。在1361～1363、1369～1371、1374～1375、1390以及1400年又數度流行。各市鎮所受的傷害較農村更嚴重，有時整個社區全毀，歐洲的經濟也受到重創。歐洲約有三分之一的人口（2,500萬人）死於黑死病。

black-eyed pea　黑眼豆 ➟ cowpea

black-eyed Susan　黑眼蘇珊　兩種北美錐花（學名Rudbeckia hirta與R. serotina），花頂是深黃色，橙色花瓣及深色的錐心。莖粗而多毛，葉大，植物底部卵形，頂部變細。

black-figure pottery　黑彩陶器　約西元前700年起源於科林斯的希臘陶器的一種類型。用黑色顏料將圖案描繪在天然紅色的黏土坯體上，到修整時再在黑色圖案中刻畫細部，露出紅色的坯體。偉大的阿提卡畫家（約西元前6世紀中期），特別是埃克塞基亞斯，發展了敘事場景裝飾，完善了此種風格。黑彩陶器持續流行到出現紅彩陶器（約西元前530年）為止。

阿馬西斯畫家繪於西元前540年左右的黑彩陶器，現藏瑞士巴塞爾古物博物館
By courtesy of the Antikenmuseum, Basel, Switz; photograph, Colorphoto Hans Hinz

Black Forest＊　黑森林　德語作Schwarzwald。德國西南部巴登－符騰堡州山區。其沿著萊茵河上游東岸，從內卡河延伸到瑞士邊境，形成一條相當窄的林帶，長約160公里。最高峰是費爾德山，海拔1,495公尺。黑森林的名字來自其黝黑的森林內部，較高部分覆蓋著濃密的冷杉和松林。這裡是內卡河和多瑙河的源頭地。格林兄弟的許多童話以此地為背景，以美麗迷人的村莊和起伏的丘陵聞名。該地區的冬季運動也很出名，還有多處礦泉和溫泉療養地，包括巴登－巴登。如今該林區已遭到酸雨的嚴重侵害。

Black Friday　黑色星期五　1869年9月24日美國黃金價格暴跌，造成證券市場經濟恐慌。古爾德和菲斯克試圖壟斷黃金市場，通過兩人的政治影響，阻止政府拋售黃金來抬高金價。格蘭特總統得悉他們的陰謀後，下令拋售價值四百萬美元的黃金儲備，造成金價下跌，並引起其他股票的恐慌性拋售。

black gum　多花紫樹　亦稱sour gum。分布極廣的紫樹，學名*Nyssa sylvatica*，或稱pepperidge tree或黑紫樹。見於美國東部潮濕地區，範圍從緬因州南部到墨西哥灣，西至奧克拉荷馬州。木材輕而軟，但很牢固。多花紫樹有時長成飾物，因秋季耀眼的猩紅樹葉而受到讚賞。

Black Hand　黑手黨　1911年成立的塞爾維亞祕密組織，主要由軍官組成，採用恐怖手段，以期達到塞爾維亞以外的塞爾維亞人擺脫哈布斯堡或鄂圖曼的統治。它發起宣傳攻勢，在馬其頓組織武裝隊伍，並在整個波士尼亞建立革命小組。在塞爾維亞內部他們控制了軍隊，對政府施加巨大的影響。它們最臭名昭彰的事件就是1914年暗殺法蘭西斯・斐迪南大公。1917年經過審判後，三個領導人被處以極刑，兩百多人下獄。黑手黨這一名稱也指1890年代到1920年代左右在美國許多大城市的義大利居民區內，西西里和義大利移民中一批專事敲詐勒索行為的歹徒。他們給當地商人和富人送去印有黑手、匕首或其他威嚇記號的信件，以殺死他們或破壞他們的財產爲要挾，勒索金錢。禁酒令通過之初和大規模走私活動開始後，黑手黨活動便逐漸衰落。

Black Hawk 黑鷹（西元1767～1838年） 索克和福克斯部族一支的索克印第安人領袖，他反抗政府要印第安人撤離伊利諾州羅克河沿岸村落的命令，引起1832年一場短暫但悲劇性的黑鷹戰爭。黑鷹長期對抗白人，1831年他從故鄉伊利諾州被趕入愛荷華州，第二年率領族人越過密西西比河返回老家，但遭到美國軍隊的攻擊，人民慘遭屠殺，黑鷹脫逃。這場慘痛的戰爭影響了鄰近的印第安部落，到1837年大多數印第安人逃到遠西地區，將大部分的西北領地讓給了白人定居者。

黑鷹，油畫，卡特林（George Catlin）繪於1832年；現藏華盛頓特區史密生學會國立美國藝術博物館
By courtesy of National Museum of American Art, Smithsonian Institute, Washington, D. C.

Black Hills 布拉克山 美國南達科他州西部和懷俄明州東北部的群山。面積約15,540平方公里，位於夏延河與貝爾富什河之間，最高峰哈尼峰海拔2,207公尺。從遠處看來，許多滾圓的山頂，森林密茂的山坡呈現出一片黑色，以此而得名。蘇人印第安人的權利受到1868年的條約保障，然而1874年發現金礦後，大量白人礦工湧入該區，導致1876年的布拉克山戰爭，包括小大角河戰役。布拉克山的遊覽勝地包括戴德伍德礦山城鎮、拉什莫爾山以及朱厄爾洞穴國家保護區、溫德岩洞國家公園和卡斯特州立公園，它們全都在南達科他州境內，位於懷俄明州境內的有魔塔國家保護區。

black hole 黑洞 一種天體，其引力極大，致使任何東西，甚至連光線也不能從中逸出。科學家們猜想它是在星體死亡並坍塌後形成的，開始時該星體的質量大約是太陽的十多倍。質量小些的星體演化爲白矮星或中子星。黑洞結構的細節已根據愛因斯坦的廣義相對論計算出來：零體積的「奇點」和無限大的密度將它周圍由史瓦西半徑所確定的視界之內的所有物質和能量都拉了進來。黑洞很小，而且不發射光，所以很難觀察。然而，它們巨大的引力場影響著附近的物質，這些物質被拉入黑洞，而在視界外面以高速碰撞時會發射X射線。某些黑洞可能起源於非星體。許多天文學家都推測，在類星體和許多星系中心的超大質量黑洞是觀察到的能量活動之源。霍金提出了大量小型黑洞的創生理論，在大爆炸之際，這些黑洞的質量可能比不上一個小行星大。這些原發性的「微型黑洞」會隨時間推移而損失質量，最後消失，也就是霍金輻射的結果。從技術上看，黑洞還只是理論性的，但已經觀察到符合理論所預期行爲的一些現象。

black humor 黑色幽默 指使用病態、諷刺或荒誕的喜劇成分來嘲弄人們愚蠢行爲的幽默。1960年代常用這個詞來描述一批小說家的作品，如海勒，他的《第二十二條軍規》（1961）是一個傑出的範例；馮內果，特別是他的《第五號屠宰場》（1969）；以及平欽的《V》（1963）和《萬有引力之虹》（1973）。電影劇本代表作是庫柏力克的《奇愛博士》（1963）。「黑色喜劇」則是用來指某些荒謬劇劇本，尤其是尤涅斯科的劇本。

black lead 黑鉛 ➠ graphite

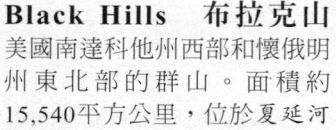

black legend 黑色傳說 有關美洲西班牙人殖民地的故事，使人們普遍相信（尤其爲敵對的英國和荷蘭人所認同），西班牙人對待當地原住民的殘酷程度超過其他任何國家。16～17世紀的歷史學家拉斯·卡薩斯和加爾西拉索·德拉維加分別證實在新西班牙（包括墨西哥和瓜地馬拉）和祕魯的印第安人確實受到故事中所描述的那種待遇。雖然西班牙對殖民地人民的壓榨可能並不比其他殖民勢力更加殘酷，但是西班牙征服的地方明顯地人口迅速減少，原住民飽受貧困之苦確是不爭的事實。

black letter script 黑體字 亦稱哥德體（Gothic script）或古英語體（Old English script）。爲中世紀歐洲流行的手寫字體。它的特點是垂直筆畫均勻整齊，下有基線，不用平滑曲線或圓周，筆畫呈角狀線條，字形重疊而凸出。黑體字和羅馬體字是中世紀活字印刷工藝中兩種主要字形。黑體活字印刷現存的唯一著作爲古騰堡的「四十二行聖經」（1450年代）。文藝復興時期羅馬體在很大程度上超過了黑體字，黑體字只在德國繼續使用至20世紀。如今黑體字常用在證書、聖誕卡和宗教儀式的書寫上。

black market 黑市 指違反諸如配給法、禁止特定物品交易法以及各種通貨間的官定匯率等公共法規的交易活動。戰爭時期黑市活動很普遍，因爲那時的商品和服務都匱乏，往往要嚴格地配給（參閱rationing）。在自由外匯短缺和外匯管制嚴格的國家多盛行外匯黑市活動。

Black Muslims 黑人穆斯林 ➠ Nation of Islam

black nationalism 黑人民族主義 美國的一種政治和社會運動，旨在黑人中發展經濟勢力，提高黑人社會和民族的自豪感。20世紀初由賈維宣布，當時許多美國黑人民族主義者希望最終在非洲創立一個獨立的黑人國家。1960年代和1970年代，穆罕默德和馬爾科姆·艾克斯鼓吹黑人民族主義的思想爲一種同化占統治地位的美國白人文化的替代物。在非洲，第二次世界大戰後的幾年裡發展起了黑人民族主義，到1960年代初，在非洲的歐洲人殖民地大多數都實現了獨立。

Black Panther Party (for Self-Defense) 黑豹黨 1966年由紐頓和西爾（1936～）在加州的奧克蘭創建的美國黑人革命政黨，旨在保護黑人居民免受警察暴行。後來發展爲一個馬克思主義革命團體，要求武裝黑人，黑人免服兵役，釋放被監禁的所有黑人，以及要求美國白人賠償對黑人幾個世紀以來的剝削。到1960年代晚期約有成員兩千餘人，在幾個大城市設有支部；早期的發言人是克利弗（1935～1998）。1960年代末和1970年代初，與警察之間爆發的衝突包括在加州、紐約和芝加哥等地的槍擊事件。他們對警察粗暴行爲的指控引起國會的調查。到1970年代中期，該黨失去支持，他們轉向提供鄰里間的社會服務，但不久即解散。

black pepper 黑胡椒 亦作pepper。胡椒科多年生攀緣藤本，學名*Piper nigrum*，原產於印度；亦指用其漿果製成的辛辣香料。是人們最早使用的調味料之一，如今胡椒可能是世界上使用最廣泛的調味料。很早就是印度和歐洲之間跨陸貿易的重要物品。在印尼普遍種植這種植物，並已移植到其他熱帶地區。葉寬闊、有光澤；小花的細穗密生。漿果狀果實稱作胡椒子。亦請參閱pepper。

black sand 黑砂 耐久而通常爲深色的重礦物（比重大於石英）碎屑的堆積體。形成於河水和波浪的能量足以把比重小的礦物帶走而留下重礦物的河床或海灘上。於是，抗風化和抗磨蝕的重礦物富集在這些地區，儘管在大陸岩石成分中它們只占少數。從這些沈積物的砂礦可以開採出磁鐵礦、錫石和鋯石，還有金、鉑和其他稀有金屬。

Black Sea 黑海 歐洲和亞洲之間的海洋。被烏克蘭、俄羅斯、喬治亞、土耳其、保加利亞和羅馬尼亞等國包圍，面積約465,000平方公里，最大深度2,210公尺。黑海經由博斯普魯斯海峽、馬爾馬拉海和達達尼爾海峽與愛琴海相通，經由刻赤海峽與亞速海相連。有多條河流注入黑海，包括多瑙河、聶斯特河、布格河、聶伯河、庫班河、克孜勒河和薩卡里亞河。克里米亞半島（參閱Crimea）從北面伸入黑海。在小亞細亞地殼上升，使裏海盆地從地中海分裂開來，黑海就被逐漸分割開來；現在其含鹽量少於世界海洋含鹽量的一半。雖然長期以來是受歡迎的度假勝地，但近數十年來，該海域已受到嚴重污染。

black snake 黑蛇 幾種全身黑色或接近黑色的蛇類的統稱。澳大利亞黑蛇屬於眼鏡蛇屬。澳大利亞濕地黑蛇平均體長1.5公尺。如被激怒，則擴張頸部（眼鏡蛇的示威方式）。其毒液很少會致命。其他的澳大利亞黑蛇有穆拉蛇和黑斑蛇。北美洲的黑蛇有兩種：黑游蛇和嚮導黑錦蛇。

Black Sox Scandal 黑襪醜聞 美國棒球界的醜聞，1919年世界大賽中八名芝加哥白襪隊球員受賄輸給了辛辛那提紅人隊。其中有五位受指控的運動員向大陪審團承認他們收賄而故意輸掉1919年世界大賽，但他們的口供資料後來卻不翼而飛。1921年被指控的八名運動員皆因證據不足而被判無罪，但全國棒球運動委員會主席蘭迪斯下令終身禁止那八名球員參加比賽。

Black Stone of Mecca 黑石 指鑲嵌在克爾白東牆裡的穆斯林崇拜物件，其歷史可追溯到伊斯蘭教興起以前。包括三塊大石和若干碎塊，周圍環以一個石環並用一條銀帶綁在一起。據說此石是阿丹從天國墜落時蒙眞主授予他的，原爲白色，後經千百萬朝聖者親吻撫摸，吸收了他們的罪惡而變爲黑色。

black theater 黑人劇場 美國戲劇運動，以黑人作家爲黑人寫作有關黑人生活的戲劇爲其宗旨。第一部由美國黑人寫的著名戲劇是詹姆斯．布朗寫的《金恩．蕭特韋》（1823）。美國南北戰爭後，黑人開始在黑臉歌舞秀中表演，至20世紀初，已有整個由黑人編寫、製作和表演的音樂劇。第一個黑人劇作家的眞正成功之作是格里姆凱的《麗秋》（1916）。黑人劇場是在1920年代和1930年代「哈林文藝復興」時期興盛起來的，1940年美國黑人劇院和黑人劇作家公司穩固地建立起來。第二次世界大戰後，黑人劇場逐漸取得更大進步，也更爲激進，他們試圖創立自己的神話，廢除種族陳規，讓黑人劇作家匯入主流。1965年黑人劇場最強的支持者巴拉卡建立了黑人藝術戲目劇院。1980年代和1990年代富勒和威爾遜均獲得普立茲獎。

Black Warrior River 黑沃里爾河 美國阿拉巴馬州西部可通航的河流。由洛卡斯特河和馬爾伯里河在傑佛遜縣匯合而成，向西南流，穿過煤田，在迪莫波利斯附近注入湯比格比河。全長286公里，在塔斯卡盧薩之上建有水電站。

black widow 黑寡婦 球腹蛛科寇蛛屬六種已知蜘蛛品種的通稱。螫咬有毒，但很少致人於死。分布於美洲、非洲、南亞和南歐。有三種分布在美國。北美洲最常見的雌體爲黑色，有光澤，球形腹部的下面有一個發紅的沙漏形圖紋，體長約2.5公分。黑寡婦以昆蟲爲食。雄體的體形僅爲雌體的1/4，交配後雄體常爲雌體所食（這也是黑寡婦之名的由來）。

Blackbeard 黑鬍子（卒於西元1718年） 原名蒂奇（Edward Teach）。英國海盜。1716年以前可能是西印度群島的私掠船船員。後來四十門大炮的戰船在維吉尼亞和卡羅來納海岸搶掠船隻，並與北卡羅來納殖民地的州長分享戰利品作爲對其保護的回報。後來被英國海軍殺死，他帶有大黑鬍子的頭則被砍下掛在船首斜桅頂部示眾。傳說中他把大量的財寶埋葬在地下。但是從沒有人發現過，或許根本就沒有這回事。

blackberry 黑莓 薔薇科懸鉤子屬灌木，通常多刺，結果，主要原產於北溫帶地區。北美洲東部和太平洋沿岸盛產黑莓；在歐洲爲常見萌生林和綠籬植物。通常二年生，多刺，莖直立、半直立或攀緣；葉通常爲三或五瓣，橢圓形，葉緣粗齒裂；花序頂生，花白色、粉紅色或紅色；果爲聚合果，黑色或紅紫色。有幾種在地上爬生的品種一般稱露莓。黑莓果含有豐富的鐵和維生素C。

懸鉤子屬的黑莓
Derek Fell

blackbird 黑鸝 新大陸地區幾種屬於擬黃鸝科的鳴禽，亦指舊大陸鶇科的鶇。最著名的擬黃鸝是紅翅黑鸝，分布自加拿大到西印度群島和中美洲。體長20公分，雄鳥的黑色羽衣襯著紅肩斑。舊大陸的黑鸝體長25公分，常見於樹林和花園，遍布於歐亞溫帶地區，以及澳大利亞和紐西蘭。亦請參閱grackle。

blackbody 黑體 一種存在於理論的表面，能全部吸收射在它上面的輻射能量，並能輻射所有頻率的電磁能量，從無線電波到γ射線，它們的強度分布取決於黑體的溫度。由於射在這樣一種表面上的所有可見光被全部吸收而沒有反射，所以，只要黑體的溫度使它的發射峰不處在可見波段裡，那麼它看起來就是黑的。亦請參閱absorption。

blackcap 黑頂林鶯 鶯科普通鳴禽，學名*Sylvia atricapilla*，爲歐洲、北非到中亞的常見鶯類。體長14公分，背部淡褐色，腹部和面部灰色，頭頂黑色（雄鳥）或紅褐色（雌鳥）。常見於林區邊緣和樹籬，鳴聲圓潤。

黑頂林鶯的雄鳥（下）和雌鳥
Hans Reinhard – Bruce Coleman Ltd.

Blackett, Patrick M(aynard) S(tuart)＊ 布萊克特（西元1897～1974年） 受封爲（切爾西的）布萊克特男爵（Baron Blackett (of Chelsea)）。英國物理學家。1921年劍橋大學畢業後，在加文狄希實驗室作了十年研究工作，在該室研製威爾遜雲室，使它成爲研究宇宙輻射的工具。1948年因一些發現而獲諾貝爾獎。1969年受封爲終身貴族。

blackfly 蚋 蚋科昆蟲，約三百種，分布於全球。體

蚋科的一種
E. S. Ross

小，隆背。通常爲黑或深灰色，口器短，適於吸血。雌體吸血，有時數量多到可使雞甚至牛隻死亡。有些攜帶能使人生病（如河盲症）的寄生蟲。在亞北極地區，蚋的數量可能多到使人類無法在那裡居住。

Blackfoot　黑腳人　加拿大亞伯達省和美國蒙大拿州的三個操阿爾岡昆語的印第安人族群，包括皮埃甘人、布盧德人和正統黑腳人。他們是從林地西遷大草原的第一批阿爾岡昆人，後來又是最早取得馬匹和火器的部落。黑腳人是西北平原上力量最強大、最富於軍事進攻性的一支力量，19世紀前半期，他們的勢力達於鼎盛，疆土遼闊，北起薩斯喀徹溫，西南達蒙大拿州。每一部落又分爲若干狩獵群組，由一名或多名首領領導。這些群組在冬天時分散居住，夏天則聚集在一個大型宿營地點，舉行太陽舞。從1806年以後的三十年間，黑腳人不讓白人在他們的領地內安家。1855年首次與美國政府簽訂條約，此後被迫從事耕作和養牛。現今約有兩萬五千人住在蒙大拿州和亞伯達省。

在皮埃甘人的小屋，柯蒂斯攝於1910年
Courtesy of the Edward E. Ayer Collection, The Newberry Library, Chicago

blackjack　二十一點　亦稱twenty-one。一種撲克牌遊戲，參加者儘量使手中牌的總點數達到21點，或是接近21點，但不能超過，再和莊家比較總點數的大小以定輸贏。使用52張一副的牌，由莊家發給每人一張、兩張或數張牌，么點可當做1或11點，有人頭的牌一律算10點。根據所定規則，可於發牌前先下注；每個參加者拿到一張牌面向下放後下注；或在每個參加者拿到兩張牌後面向下放，而莊家攤開他的一張牌後下注。

blackmail ➠ extortion

Blackmun, Harry　布萊克蒙（西元1908～1999年）　美國大法官，生於伊利諾州的納士維。1932年獲得哈佛大學法律學位。在成爲明尼蘇達州一家法律事務所的普通合夥人前，他也在法律學院任教（1935～1941）。後來成爲梅歐診所的常駐顧問（1950～1959），之後被任命爲美國上訴法院的法官。1970年尼克森總統指派他到美國最高法院，他任該職至1994年。在他法官任期前幾年較保守，後來的幾年裡逐漸趨向自由派。1971年在「羅伊訴韋德案」中寫下法院多數判決。

blackpoll warbler　黑頂白頰林鶯　林鶯的幾個品種，學名*Dendroica striata*。如同其他種類的林鶯，小型，性活躍，以昆蟲爲食，嘴部細短。是常見的林鶯品種，比起許多其他羽色明亮的林鶯來，它們的色彩不太引人注目。

Blackshirts　黑衫黨　義大利語作Camicie Nere。指墨索里尼手下的義大利法西斯武裝隊伍，隊員著黑色襯衫制服。成立於1919年，黑衫黨襲擊的目標是社會黨人、共產黨人、共和黨人以及其他人士。隨著該黨日漸壯大，有數百人死於該黨手下。1922年，來自義大利全國各地的黑衫黨人參加「向羅馬進軍」。1923年私人的黑衫黨員正式轉爲國家的軍隊。1943年墨索里尼垮台後，黑衫黨人隨即銷聲匿跡。

Blackstone, William　布拉克斯東（西元1723～1780年）　受封爲威廉爵士（Sir William）。英國法學家。十二歲時成爲孤兒，在當外科醫生的叔父教育下，成爲律師。他擔任大法官法庭的陪審推事，後來取得民法博士學位，專心教授法律，並在牛津附近從事法律工作。他在大學中首次開講英國普通法，1756年爲學生出版了一個綱要。1758年當選爲第一位普通法教授。其經典之作《英國法釋義》（1765～1769）是對英國法條文的最著名的闡述，成爲英國和北美大學法律教育的基礎。1761～1770年擔任下議院議員，1763年起任皇家副總檢察長，1770～1780年被任命爲民事法院法官。

Blackstone River　布拉克斯東河　美國麻薩諸塞州中部和羅德島州的河流。流經烏斯特，穿過羅德島的東北部，到達波塔基特後改稱錫康克河。長64公里。爲一個高度工業化地區供應電力。

Blackwell, Elizabeth　布萊克韋爾（西元1821～1910年）　美國（英國出生）女醫生。1832年隨家人移民美國，沒過兩年父親即去世。她閱讀醫學書籍並聘請私人教師習醫。曾申請就讀醫學院，但都遭到拒絕，直到1847年才被日內瓦醫學院（後來的霍巴特醫學院）接受。雖遭排擠，但1849年她還是以全班第一名成績畢業，成爲第一個現代女醫生和第一個取得美國醫學院學位的婦女。1857年力排眾議，開辦紐約醫院，全部錄用女職工，後在該院爲婦女開設全部醫學課程。她也是倫敦女子醫學院的創始人。其妹艾蜜莉（1826～1910）接管紐約醫院多年，並擔任其附屬醫學院的校長和教授。

Blackwell's Island　布萊克韋爾島 ➠ Roosevelt Island

bladder cancer　膀胱癌　膀胱的惡性腫瘤。膀胱癌最主要的致癌因素是抽煙。曝露於芳香烴基胺這種化學品環境下是另一個危險因素，如在皮革、橡膠、印刷、紡織工廠裡工作或大量接觸油漆的人。大部分的膀胱癌是在六十歲以後才被診斷出來，男人罹患的比例比女人高。症狀包括血尿、排尿困難、排尿頻繁，甚至比較少見的排尿痛楚。可用外科手術、輻射療法或化學療法來治療。

bladderwort　狸藻　狸藻科狸藻屬植物，約一百二十種，是廣泛分布的陸地和水生食肉植物。特徵是具有小囊，能捕獲和消化觸碰它們的微小動物，包括昆蟲的幼蟲、水生蠕蟲、水蚤和其他浮游的小動物。與狸藻近緣的是捕蟲堇屬，約三十五種陸生植物，靠葉表的腺體黏捕昆蟲。

Blaine, James G(illespie)　布雷恩（西元1830～1893年）　美國政治人物和外交家。1854年遷往緬因州，成爲共和黨主張改革運動的《克內貝克報》的編輯。1863～1876年擔任眾議員，1868年成爲眾議院議長。布雷恩是共和黨內的溫和派，反對由康克林領導的黨內激進派。1876～1881年擔任參議員。1881年出任國務卿，爲確保美國最終控制巴拿馬運河航線邁出了第一步。1884年獲得黨內提名爲總統候選人，但以些微票數敗給民主黨候選人克利夫蘭。1889～1892

年布雷恩再次出任國務卿，並擔任第一次泛美會議的主席。

Blair, Henry William　布萊爾（西元1834～1920年）
美國政治人物。1859年起執律師業，曾任州衆議員，後獲選爲聯邦衆議員（1875～1879）及聯邦參議員（1879～1891）。他於1876年提議把出售政府土地的所得贈予國內的學校，又於1881年提議將一億兩千萬美金贈予各州，使他們的學校能更具活力；這兩個計畫都沒有成功。他也鼓吹婦女權益及種族正義。

Blair, Tony　布萊爾（西元1953年～）　原名Anthony Charles Lynton Blair。英國政治人物，1997年之後的首相。生於愛丁堡，原爲律師，1983年當選下議院議員。1988年年僅三十五歲的布萊爾成爲工黨影子內閣的成員，他督促工黨改變政策，放棄對某些經濟部門實行國家控制和公有制的傳統主張。1994年起擔任工黨黨魁，修改了黨綱。1997年大選中工黨取得了壓倒性的勝利，布萊爾成爲首相，是英國自1806年以來最年輕的首相。

Blais, Marie-Claire＊　布萊（西元1939年～）　加拿大法語女小說家和詩人。曾就讀於魁北克省拉瓦爾大學。從她早期的兩部夢幻式小說《美麗的野獸》（1959）和《白首》（1960）中，可以看出她的寫作範圍，總是寫那些注定要永遠感到悲痛和壓抑的下層社會人物。《埃馬紐埃爾生命中的一季》（1965）獲梅迪西斯獎，被譯成多國文字，廣受討論。後期作品包括《波利娜·阿爾尙日的手稿》（1968，獲總督獎）和《拒聽這座城市》（1979，獲總督獎）。她還發表了幾本詩集和幾部劇本。

Blake, Edward　布雷克（西元1833～1912年）　加拿大政治人物。1856年起執律師業。於1867年獲選進入加拿大下議院。曾任安大略省總理（1871～1872），後於麥肯齊內閣中擔任司法部長（1875～1877），曾參與起草憲法。他是1880～1887年間自由黨的領袖。1890年退出加拿大政壇並遷往愛爾蘭，而後在1892～1907年間任英國下議院議員。

Blake, Eubie　布雷克（西元1883～1983年）　原名James Hubert Blake。美國歌曲作家和鋼琴演奏家。少年時曾在咖啡館和妓院等場所彈鋼琴以餬口，1899年創作了第一首繁拍樂曲〈非洲之音〉。他與他的搭檔，抒情詩人兼聲樂家西斯爾（1889～1975）是首批登台不加化妝的黑人演員。1921年推出歌舞劇《曳步舞》是全由黑人作曲、演出和導演的第一批音樂劇之一，此劇亦向人們介紹了羅伯遜及貝克。1925年與人合寫著名的歌曲《1930年的黑鳥》。1946年退休。1978年一部以其作品爲藍本的歌舞劇《尤比》在百老匯上演，使其聲譽臻至巔峰。1981年獲自由獎章。1982年舉辦個人最後一場演唱會。享年一百歲。

布雷克，水彩肖像畫，林奈爾（John Linnell）繪；現藏倫敦國立肖像畫陳列館
By courtesy of the National Portrait Gallery, London

Blake, William　布雷克（西元1757～1827年）　英國詩人、畫家、版畫家和空想家。雖然沒有進過學校，但在皇家學會學雕刻，1784年在倫敦開了一家版畫店。他以創新的技巧製作彩色雕刻，並用他的「插畫印刷」爲自己製作帶插畫的詩集，包括《天眞之歌》（1789）、《天堂與地獄的婚姻》（1793）和《經驗之歌》（1794）。他的第三部大型史詩《耶路撒冷》（1804～1820）寫的是人性的墮落與拯救，是他裝飾最豐富的書籍。其他的主要著作包括《四個生物》（1795～1804）和《彌爾頓》（1804～1808）。在〈約伯記〉的啓發下，後來創作了二十二幅水彩系列畫，其中包括了他的一些最有名的畫作。由於對人率眞，不善言語，而被人稱爲瘋子；其一生貧困，死時沒沒無聞。在西方文化傳統上，他的作品具有驚人的原創性和獨立性，現在布雷克被譽爲浪漫主義最早和最偉大的人物之一。

Blakelock, Ralph　布萊克洛克（西元1847～1919年）
美國畫家，生於紐約市。1867年畢業於紐約市立學院，自學成爲畫家，後來發展出一種高度原創性且主觀的風景畫風格。主題幾乎全以森林爲主，以表現夜光和枝葉間變幻不定的交互作用，而形成斑駁陰鬱的奇特景象著稱。終其一生，才華不受人欣賞，過著赤貧的生活，於1899年精神崩潰，在精神病院了卻殘生。而當他被送進精神病院期間，名聲稍顯，而後隨著聲望持續升高，作品也得到廣泛認可。

Blakeslee, Albert Francis　布萊克斯利（西元1874～1954年）　美國植物學家和遺傳學家。畢業於哈佛大學，取得博士學位。在博士論文中，他成了第一個描述低等眞菌性狀的人。後來的實驗工作集中在研究高等植物上。1915～1941年在卡內基研究所的冷泉港實驗室任研究員，後來擔任史密斯學院的教職員，發表了一系列有關曼陀羅的遺傳學和細胞生物學方面的論文。他用秋水仙鹼增加了染色體的數目，爲人工產生多倍體開創了一個新領域。

Blakey, Art　布萊基（西元1919～1990年）　後稱Abdullah Ibn Buhaina。美國爵士鼓手。先與亨德森的大樂隊合作，後來加入比利艾克斯汀較有前景的樂隊（1944～1947）。其非凡的技巧和雷鳴般的擊鼓奠定了他成爲一位現代爵士樂主要風格鼓手的地位。1954年與西爾弗攜手創辦爵士樂信使樂隊，該樂隊以受藍調影響的精力充沛的演奏方法成爲一種原型的「硬式咆哮樂」（參閱bebop）。樂隊的許多成員都成了著名人物，該團體也成爲現代爵士樂中最持久的一支樂隊。

Blalock, Alfred＊　布拉洛克（西元1899～1964年）
美國外科醫師。取得約翰·霍普金斯大學的醫學博士學位。他的研究說明了創傷和出血性休克是因失血量而引起的，由此發明以溶液補充失血量之治療方法，第二次世界大戰期間此法救活了無數生命。他還與陶西格合作，研發出一種治療新生兒先天性心臟缺損的外科治療方法。1944年他成功完成鎖骨下靜脈－肺靜脈的吻合手術，矯正了先天性缺損。

Blanc, (Jean-Joseph-Charles-)Louis＊　勃朗（西元1811～1882年）　法國的烏托邦社會主義者和新聞工作者。1839年創辦《進步評論》報社，並連續發表他的最重要著作《勞動組織》，闡述其理論：「社會工廠」由工人自己掌握，當這種工廠接管了大部分的生產時，就會出現社會主義社會。1848年第二共和的臨時政府邀請勃朗擔任調查勞工問題的常設委員會主席，但在6月工人暴動失敗後，勃朗逃亡英國。在流亡期間（1848～1870），他著有關於法國大革

勃朗
H. Roger-Viollet

命歷史的書和其他的政治性作品。

Blanc, Mel(vin Jerome)＊　布蘭克（西元1908～1989年）　美國娛樂界人士。1933年參加一檔NBC的無線電廣播節目，開始了音樂人職業生涯，在節目中運用多種嗓音來擴大角色範圍。1937年加入華納公司的卡通部，參與了「樂一通」和「快樂旋律」一系列卡通角色的開發，還為豬小弟、達菲鴨、啄木鳥和大笨貓等角色配音。布蘭克在五十年的演藝生涯中，為約三千部動畫卡通配音，其中90%是華納公司的卡通。

Blanc, Mont＊　白朗峰　義大利語作Monte Bianco。歐洲的山岳，位於法國、義大利和瑞士邊界上的阿爾卑斯山脈。是歐洲最高峰，海拔4,807公尺。1786年帕卡德及巴爾馬特第一次攀上這座高峰。白朗峰隧道長13公里，連接法國與義大利，是世界上最長的交通隧道之一。白朗峰地區現已是重要的旅遊和冬季運動中心。

Blanchard, Jean-Pierre-François＊　布朗夏爾（西元1753～1809年）　法國氣球飛行員。1785年他和美國醫生傑弗里斯第一次成功飛越英吉利海峽。同年他還發明了降落傘。後來到其他歐洲國家作氣球飛行表演，1793年到美國表演，引發人們對氣球飛行的興趣。他和妻子在歐洲各地的博覽會表演，後來兩人都分別死於氣球意外事故。

布朗夏爾，雕版：1785年牛頓（James Newton）據李夫西（Richard Livesay）所繪油畫製作
By courtesy of the Library of Congress, Washington, D. C.

Blanchard, Thomas＊　布蘭查德（西元1788～1864年）　美國發明家。1818年發明一種能加工不規則形狀工件（如槍托）的車床。其方法是用一摩擦輪在靠模上滾動，然後把這種運動傳遞給刀具，從而複製出靠模的形狀。他的發明是發展大量生產技術的一個重要步驟。他研製出幾種成功的淺水蒸汽船，1849年發明出一種機器，能將木頭彎成複雜的形狀，如犁把和船身框架等。

Blanda, George (Frederick)　布蘭達（西元1927年～）　美國美式足球員。原本為肯塔基大學打球，後來擔任職業四分衛和踢球員，加入芝加哥熊隊（1949～1958）、休士頓油人隊（1960～1966）和奧克蘭襲擊者隊（1967～1976），創造並繼續保持著數項記錄：參加的賽季最多（26）、參加的場次最多（340）、得分最多（2,002），以及達陣成功次數最多（943）。他的直接射門得分次數（335）的記錄在1983年被打破，不過還保持著直接射門次數的記錄（638）。

blank verse　無韻詩　指不押韻的抑揚五音步詩行，是英語中卓越的戲劇詩和敘事詩形式，又是用義大利文和德文寫成的戲劇詩的標準形式。從希臘和拉丁詩演變而來，無韻詩於16世紀引入義大利，後來傳到英國，莎士比亞就是用無韻詩寫出英國最偉大的詩體戲劇。無韻詩一度受到貶低，後又因密爾頓的《失樂園》（1667）而恢復先前的宏偉氣派。

Blanqui, (Louis-) Auguste＊　布朗基（西元1805～1881年）　法國社會主義者和革命家。做為一個傳奇式人物和殉身革命事業的烈士，他主張不實行一個階段的專政，就不能對社會進行社會主義的改造。他的活動包括組織了多種祕密社團，一生有三十三年以上是在三十來個監獄中度過的。在他死後，他的追隨者（布朗基主義者）在工人運動中扮演十分重要的角色。

blanquillo ➠ tilefish

Blanton, Jimmy　布蘭頓（西元1918～1942年）　原名James Blanton。美國音樂家，其創新技巧改變了爵士樂貝斯（低音）的演奏，並且對後來的貝斯演奏者影響很大。生於田納西州的查塔諾加，1939年加入艾靈頓公爵的樂隊，他那漂浮式的旋律演奏方式與纖細的和聲，為樂隊提供了一種柔和而放鬆的搖擺意識。他擁有難得一見的靈巧手指、音色和語調，使他能夠在爵士樂中以貝斯來執行旋律的概念角色，這些特色在與艾靈頓公爵合作的錄音曲目如〈大熊傑克〉與〈拍撻黑豹〉中獲得了印證。二十三歲時死於結核病。

Blantyre＊　布蘭太爾　馬拉威南部城市，也是該國最大城市（1998年人口502,053）。1876年蘇格蘭長老會建為傳教據點，並以李文斯頓的蘇格蘭出生地命名。1883年為英國領事館所在地，1895年設市，是馬拉威最早的自治市。殖民時代因貿易打下的基礎，讓它成為今日重要的商業中心。1956年與附近的林布合併。

Blarney　布拉尼　愛爾蘭科克郡村莊（1995年人口約3,000）。位於科克西北部，因布拉尼城堡（約建於1446年）而著名。城堡南牆城垛下有一塊布拉尼石，傳說誰吻了它就會得到雄辯口才。唯有頭朝下倒吊才能獲得這項本領。

Blasco Ibáñez, Vicente＊　布拉斯科・伊巴內斯（西元1867～1928年）　西班牙作家和政治人物。為熱情的共和派擁護者，當選議員後因反對軍事獨裁者普里莫・德里維拉而流亡國外，定居法國里維耶拉。他的小說主要是展現對瓦倫西亞生活的強烈熱情。以描寫第一次世界大戰的小說獲得世界聲譽，最著名的是《啓示錄四騎士》（1916）。

Blasis, Carlo＊　布拉西斯（西元1803～1878年）　義大利芭蕾教師及舞蹈技巧、歷史和理論書的作者。在1837年被任命為米蘭的史卡拉劇院附設學校校長前，曾在巴黎歌劇院當過短暫的舞者。培養出19世紀許多最卓越的舞蹈家。他創造了許多舞姿，還發明一種防止旋轉時暈眩的叫作「定點」（spotting，舞者運用頭部比身體轉得更快的技術使目光保持在一個定點）的技術。他的許多教法現今仍是古典芭蕾舞蹈訓練的基礎。

Blass, Bill　布雷斯（西元1922年～）　美國時尚設計師。生於印第安納州的威恩堡，十七歲離家進入位於紐約市的帕爾森斯設計學院。第二次世界大戰期間在美國陸軍服役，之後回到紐約，1959年成為莫瑞斯・潤特納有限公司的首席設計師。基於對歐洲設計師如香奈兒的革新，布雷斯設計的服裝讓女性穿得輕鬆舒適，又能展現帥氣的現代感。他的作品在紐約上流社會女性之間受到歡迎。1970年布雷斯成為潤特納的老闆，並將公司名稱改為自己的名字。他是運用授權商業策略的先驅，即把他的設計與名字運用在大量的流行服飾配件上。

blast furnace　高爐；鼓風爐　用以生產液體金屬的一種豎式筒形爐。方法是向爐底通入加壓的空氣，以便同從爐頂加進的由礦石、燃料和助溶劑組成的混合料發生反應。高爐可用來從鐵礦石生產生鐵並隨後送去煉鋼，也可用於生產鉛、銅和其他金屬。透過加壓空氣流來維持迅速的燃燒。早在西元前200年中國已使用高爐，歐洲在13世紀才出現，取代當時的吹煉法。現代高爐的高度約20～35公尺，爐缸直徑約6～14公尺，用焦炭作燃料，每日生產鑄鐵900至9,000公

A
B

囒。亦請參閱metallurgy、smelting。

Blaue Reiter, Der＊　藍騎士　（英語作The Blue Rider）表現主義藝術家團體，1911年成立於慕尼黑。創始人爲馬爾克和康丁斯基，以他們合編的一卷美學論文及圖集爲名。其他成員包括克利和馬克等。他們受到青年風格、立體主義和未來主義繪畫風格的影響，但缺乏特別的哲學綱領。他們常和一些國際團體共同展出作品，包括布拉克、德安和畢卡索。藍騎士隨著第一次世界大戰的爆發而銷聲匿跡。亦請參閱Expressionism。

Blavatsky, Helena (Petrovna)＊　勃拉瓦茨基（西元1831～1891年）　原名Helena Petrovna Hahn。以勃拉瓦茨基夫人（Madame Blavatsky）聞名。俄國招魂術者、作家。經歷一段短暫婚姻後，研究神祕主義和招魂術，多年來遍歷亞洲、歐洲及美國。1873年她在紐約市遇見奧爾科特（1832～1907），兩人結成親密伴侶。1875年兩人會同其他知名人士創立神智學學會（參閱theosophy）。1879年兩人到印度，在阿迪亞爾建立神智學總部。神智學會在印度發展迅速，她創辦該會雜誌《神智學家》。她聲稱有超自然法力，但在1885年倫敦超自然研究協會指稱她是個騙子。後來因體弱多病而遷居歐洲，主要著作爲《私道》（1888），是一本教導神智學的概論。

bleach　漂白劑　固體或液體化學藥品，用於漂白或除去纖維、紗、紙張和紡織品的天然顏色。以前，日光是主要的漂白劑，到1774年，瑞典化學家舍勒（1742～1786）發現氯氣，1785年法國化學家貝托萊（1748～1822）證明氯的漂白性能。在織物精加工中，漂白過程用於生產白布、爲其他成品製備纖維品或除去污點。氯、次氯酸鈉、次氯酸鈣和過氧化氫通常用作漂白劑。

bleeding heart　荷包牡丹　荷包牡丹科荷包牡丹屬幾個種的通稱。老式花園最受歡迎的日本荷包牡丹莖弓形下垂，懸掛著玫瑰紅色或白色的心形小花。東方（或野生、縫毛）荷包牡丹在阿利根尼山區從4～9月長出有粉紅色小花的花枝。從加利福尼亞至不列顛哥倫比亞分布著太平洋（或西方、美麗）荷包牡丹，有好幾種是園藝者感興趣的。

日本荷包牡丹
Grant Heilman

Bleeding Kansas　堪薩斯內戰（西元1854～1859年）　1854～1859年美國的蓄奴論者和反對蓄奴論者之間爲爭奪對新堪薩斯準州的控制權而進行的一場小規模內戰。在人民主權論的學說鼓吹下，一批來自北方的反奴隸制移民與來自密蘇里州的擁護奴隸制的武裝群眾發生衝突。1856年一群擁護奴隸制的暴徒襲擊並焚燒勞倫斯市內的旅館和報社，接著，布朗率領的反奴隸制的激進分子煽動了幾次謀殺事件。零星的戰鬥持續到1861年堪薩斯成爲聯邦的自由州之後才告結束。

blende ➠ sphalerite

Blenheim, Battle of＊　布倫海姆戰役（西元1704年）　西班牙王位繼承戰爭中馬博羅公爵和薩伏依的歐根獲得大捷之役。戰役發生在巴伐利亞境內多瑙河畔的布倫海姆。馬博羅和歐根統率的英奧聯軍對毫無準備的法國－巴伐利亞軍發動進攻。最後突破法軍的中路，俘虜一萬三千名士兵，打死、打傷或淹死約一萬八千人。法軍遭到五十年來第一次重大失敗，也使巴伐利亞退出戰爭。

Blenheim Palace＊　布倫海姆宮　位於英國牛津郡伍茲塔克附近，建於1705～1724年，由英國議會委託凡布魯設計、贈送給馬博羅公爵邱吉爾。是英國正統巴洛克建築的典範，18世紀由英國女王安妮的園藝師懷斯仿照凡爾賽宮花園作庭園布置。之後由布朗以他的田園風格，用自然式的樹木、草皮和水道改建。

blenny　鳚　鱸形目鳚亞目許多種魚類的統稱。大多體型小，海產，廣佈於熱帶到寒帶海域。體細長如鰻。生活於各種生境，包括岩潭、沙灘、礁盤和藻床。多數生活於淺水，但有些可深至水下450公尺處。有些主要爲草食性，有些則部分或完全爲肉食性。一般爲底棲，沒有多少經濟價值。

大頭鳚（Blennius pholis）
Jane Burton－Bruce Coleman Ltd.

Blessing Way　祝福式　納瓦霍人爲使宇宙恢復和諧而舉行的一系列複雜典禮中的主要儀式。在納瓦霍人儀式中規模最大的是歌詠儀式，與治療有關。歌詠儀式包括稱作聖歌的次要儀式，再細分爲祝福式和風式（用於治病）。祝福式連續舉行兩天，是簡單的頌歌，目的是爲全社區祈福而不是專門爲了治病。

Bleuler, Eugen＊　布洛伊勒（西元1857～1939年）　瑞士心理學家。因採用精神分裂症一詞描述以前稱爲早發性失智的疾病，並因對精神分裂症患者的研究而享有盛名。他反對公認的觀點，指出精神分裂症不是一種單一的疾病，並非絕對不可治癒，而且也不總是發展成完全失智。他將精神分裂症描述爲一組疾病，基本症狀是心智聯想失調分裂或破碎的人格，但相信多數病例是隱伏的。他對精神病是因爲大腦受到器質性損害引起的流行觀點提出異議，堅決主張有其心理學上的原因。所著《精神病教科書》（1916）成爲標準的教科書。

Bligh, William　布萊（西元1754～1817年）　英國海軍將領。七歲即開始航海生涯，1770年加入海軍。在科克最後一次航行（1776～1780）中擔任航海官。1787年任科學考察船「邦蒂號」船長。該船從大溪地航行到牙買加後，突然被大副克里斯琴強行劫持，布萊和其他忠於他的船員被放逐，大約兩個月後，他們漂到帝汶島。這次叛變對布萊的事業影響不大，後來又發生兩次叛變，其中一次是在他擔任澳大利亞新南威爾士州州長（1805～1808）時。由於個性傲慢自大，當指揮官時極不受人愛戴，但勇氣過人，航海技巧也十分出色。

blight　疫病　亦稱枯萎病。植物病害，症狀包括嚴重的點斑、凋萎或葉、花、果、莖或整株植物的死亡。苗芽和生長迅速的幼嫩組織常被侵襲。大都由細菌或眞菌（參閱fungus）引致的，大多數重要經濟作物均受一種或多種疫病感染。防治法包括毀滅罹病部分；採用無病種子或砧木以及抗病品種；輪作（參閱crop rotation）；植株修剪及疏植以利通風；控制帶眞菌害蟲以免在植株間傳播疫病；避免從株頂澆水或在潮濕植株間操作，需要時施用殺眞菌劑或抗生素。保持衛生的環境是防止感染擴散的最重要方法。亦請參閱chestnut blight。

blind fish　盲魚　各種無眼魚的通稱，其中包括幾種非近緣的穴居種類。盲洞穴魚體色蒼白，形小，長約10公分，見於美國的黑暗石灰岩洞中。全都有小而無視覺的眼睛，以及對觸碰敏感的觸覺器，因此能感覺到它所看不到的東西。其他趨於變盲的洞穴魚見於古巴、墨西哥的猶加敦、南美洲和非洲。

blindness 盲 單眼或雙眼無視覺。導致暫時性盲（一時性黑暗）的原因有：垂直方向加速產生很大的重力；腎小球腎炎（一種腎病）；眼睛血管中的血栓。包括視網膜、感光神經或大腦的視覺中心在內的眼部受外傷或眼疾（如白內障、青光眼）可能造成持久性盲。許多傳染性疾病、非傳染性疾病及寄生系統疾病都會致盲。懷孕婦女的性傳染病和風疹也會導致胎兒成盲。亦請參閱macular degeneration、visual-field defect。

Bliss, Arthur (Edward Drummond) 布利斯（西元1891～1975年） 受封爲亞瑟爵士（Sir Arthur）。英國作曲家。曾師從佛漢威廉士與霍爾斯特。起初作品經常是試驗性質的，後來的音樂才轉向保守的浪漫主義，被視爲艾爾加的主要接班人。主要作品包括《顏色交響曲》（1922）、《田園曲》（1928）、合唱交響樂《早晨英雄》（1930）、《絃樂》（1936），以及芭蕾舞劇《將軍》（1937）和《在高伯斯的奇蹟》（1944）等的配樂。

Bliss, Tasker (Howard) 布利斯（西元1853～1930年） 美國將軍。曾在西點軍校就讀。在美西戰爭中服役後，擔任陸軍作戰學院院長（1903～1905），1905～1909年調至菲律賓。1917年任美軍總參謀長，他提高軍隊的素質，爲參加第一次世界大戰作好準備，並阻止了將美國兵力分置於不同盟軍指揮下的企圖。他是出席巴黎和會的代表，也積極支持美國加入國際聯盟。

Bliss, William D(wight) P(orter) 布利斯（西元1856～1926年） 美國社會改革家。出生於君士坦丁堡的美國傳教士家庭，畢業於哈特福特神學院，任公理會和聖公會牧師。是基督教社會主義的擁護者，1889年在美國成立第一個這種團體。此後到處演說，發表他對勞工問題和社會改革的看法，並編寫許多書籍，包括《社會改革百科全書》（1897）。

blister 水疱 表皮各層之間或表皮與眞皮之間充滿液體而形成的皮膚圓形隆起。其中的液體通常澄清無色；帶黃色意味著疱內積膿，紅色則表示有血。水疱常出現在手掌或足底，是壓力和摩擦使得上層皮膚在下層皮膚上來回移動而致。兩層皮膚之間開了個小間隙，其中充滿液體。這類水疱一般能自癒，有時會留下一厚層胼胝。水疱也可以是接觸性皮膚炎、病毒感染或某種自體免疫疾病的症狀，此時水疱可出現在全身任何部位，可能會留下疤痕。

blister beetle 芫菁 鞘翅目芫菁科甲蟲，約兩千種，能分泌一種刺激性的斑蝥素，可作藥用，用作局部的皮膚刺激劑以除去皮膚上的疣。在過去，斑蝥素常常用來誘發水疱，這是治療多種疾病的一種常用辦法，西班牙芫菁乾燥後的屍體也是所謂春藥的主要成分。成蟲色鮮豔，長3～20公釐。芫菁對人類既有益又有害：幼蟲食蝗卵，但成蟲危害作物。

Lytta magister，芫菁的一種
Photo Research International

blister rust 松疱銹病 幾種松樹疾病的統稱。病原爲*Cronartium*屬的銹病眞菌（參閱fungus），影響邊材（參閱wood and wood products）和樹皮內層，產生水疱，從中放出額外的眞菌孢子，樹脂也會冒出，在樹幹上形成典型的硬塊。此病會影響各種年齡和大小的松樹，在樹幹上擴展時會延緩松樹生長並弱化莖部，有時使樹木死去，其中幼樹比老樹容易死亡。對付疱銹病的措施包括：種植抗病的變種，摧毀鄰近的替代性宿主植物，遵守嚴格的衛生措施，噴灑殺眞菌劑。

blitzkrieg＊ 閃電戰 德國人在第二次世界大戰中用的軍事戰略，利用出其不意、速度以及物質或火力上的優勢達到對敵軍造成心理上的震撼並使其瓦解的目的。德國人在1938年的西班牙內戰和1939年對波蘭的戰爭中試驗過閃電戰，並在1940年用它成功地入侵比利時、荷蘭和法國。德國的閃電戰將地面和空中的攻擊協同起來，使用坦克、俯衝轟炸機以及裝甲炮車，主要破壞敵人的通信和協同作戰的能力，從而使敵方癱瘓。

Blitzstein, Marc＊ 布利茨坦（西元1905～1964年） 美國作曲家。曾在柯蒂斯學院就讀，後來在巴黎師從布朗熱，又到柏林隨荀白克學習。最著名的作品包括戲劇《搖籃將搖起來》（1937），由威爾斯和豪斯曼製作的這些故事場景成爲一種傳奇；歌劇《里賈納》（1949）；以及把百老匯的熱門歌劇《三分錢歌劇》（1952）改成英文版並譜寫音樂。在接受大都會歌劇院的任務爲有關薩柯－萬澤蒂案的歌劇工作時，他在馬提尼克被謀殺。

Blobel, Günter 布洛貝爾（西元1936年～） 美國細胞與分子生物學家。出生在德國，獲得德國埃伯哈德卡爾大學醫學學位，美國威斯康辛大學博士。布洛貝爾與其他研究團隊合作研究，證明每個蛋白質攜帶一個信號序列，導引它到細胞內的正確位置。推斷蛋白質是透過小孔的管道進入胞器，當正確的蛋白質到達胞器時，胞器外膜就打開。布洛貝爾因此研究成果獲得1999年諾貝爾獎。他的研究使遺傳疾病如囊性纖維樣變性露出一線曙光，並提供生物工程藥物的基礎，如胰島素。

Bloc National＊ 民族集團 1919～1924年控制法國政府的右翼聯盟。第一次世界大戰末，民族主義情緒高漲，該集團在1919年選舉中取得法國衆議員約3/4的席位。政府試圖透過嚴格執行「凡爾賽和約」的條款來對付德國以保證法國的安全。集團的領袖（包括龐加萊），支持魯爾占領（1923），迫使德國支付戰爭賠款。民族集團後來逐漸失去民衆支持，在1924年的選舉中被擊敗。

Bloch, Ernest＊ 布洛克（西元1880～1959年） 瑞士裔美籍作曲家。在日內瓦音樂學院指揮並任教，1916年移居美國，任舊金山音樂學院院長（1925～1930），1942～1952年在加州大學柏克萊分校任教。作品有調性的、無調性的以及序列性的各種風格；許多作品受猶太主題啓發創作，包括歌劇《馬克白》（1910）、大提琴與管弦樂的《所羅門》（1916）、大型合唱作品《亞美利加》（1926）和《神聖的禮拜曲》（1933）和一首小提琴協奏曲（1938）。

Bloch, Felix＊ 布拉克（西元1905～1983年） 瑞士裔美國物理學家。1933年移民美國，1934～1971年在史丹福大學任教。第二次世界大戰期間，他在洛塞勒摩斯研究原子能和在哈佛大學研究反雷達措施。1954年擔任歐洲核子研究組織第一任會長。因研發出測量原子核磁場的核磁共振方法，1952年與蒲塞爾（1912～1997）共獲諾貝爾物理學獎。

Bloch, Marc (Léopold Benjamin)＊ 布洛克（西元1886～1944年） 法國歷史學家。第一次世界大戰時在法

國步兵中服役。自1919年起在史特拉斯堡大學教中世紀史，在那裡與人合辦重要期刊《經濟和社會歷史年報》。1936年起他在巴黎大學教授經濟史。第二次世界大戰期間他加入法國抵抗運動，被德國人捕獲，後被處決。主要作品包括：《國王神蹟》(1924)、《法國農村歷史的基本特徵》(1931)和《封建社會》(1939)。他是歷史編纂學的「年鑑學派」的創始人，加上他廣泛的、跨學科的研究方法，布洛克對史學研究產生了重大影響，至今在國際上仍能感受到這種影響。

block and tackle　滑輪和滑車組　帶繩索和纜繩的滑輪組，通常用於增大拉力。在固定的塊規上安裝兩個或多個滑輪，其餘的滑輪可以自由移動和轉動。這種滑車組可用來提升重物或沿任意方向施加大力。用的滑輪越多，所得到的力的比率也越高；但摩擦力也會增大，從而抵消了一部分好處。

Block Island　布洛克島　美國羅德島州島嶼。位於長島海峽的東部入口處，在羅德島州朱迪斯角西南方15公里處。面積約29平方公里，新肖勒姆鎮（2000年人口1,010）占據了絕大部分的面積。最初印第安居民稱它為Manisses，1661年第一批歐洲移民抵達布洛克島（以荷蘭探險家亞德連・布洛克的名字命名），1664年併入羅德島殖民地。經濟一度倚靠漁業和農業，現在主要是遊覽勝地。

block mill　滑輪廠　第一座大規模生產的機械化工廠。構想來自邊沁，機器由布律內爾設計，並由莫茲利建造，建於英國樸次茅斯的海軍碼頭。到1805年每年製造十三萬個滑輪組，持續生產一百年以上。亦請參閱American System of manufacture。

blockade　封鎖　一種戰爭行動，指交戰國一方阻止進入或離開敵方某一部分海岸地區。封鎖受國際法和慣例的約束，封鎖之前必須通知所有中立國，而且必須無偏袒地加以應用。對破壞封鎖的懲罰是扣押船隻和貨物，也可能合法沒收，但不得摧毀破壞中立國船隻。

Bloemfontein *　布隆方丹　南非共和國城市（1996年人口333,769）。位於自由邦省內，濱臨莫德河。1846年建為城堡，曾是英屬奧蘭治河領地（1848～1854）和奧蘭治自由邦（獨立的布爾人共和國，成立於1854年）。1899年布隆方丹會議的失敗導致南非戰爭的爆發。20世紀時該市成為地理上的交通樞紐。全國最高的司法機關也位於此。亦請參閱Pretoria、Cape Town。

Blok, Aleksandr (Aleksandrovich)　勃洛克（西元1880～1921年）　俄國詩人和劇作家。是俄羅斯象徵派的主要代表人物（參閱Symbolist movement）。後來反對他所謂的「枯燥無味的資產階級理智主義」，投身布爾什維克運動，認為這對拯救俄羅斯人們才是根本的。受到19世紀早期浪漫主義詩歌的影響，所寫的樂詩音調美妙悅耳。謎一般的歌謠作品《十二個》(1918)，是他卓越的印象主義詩歌作品，以天啓的觀點將俄國革命與基督教精神統一了起來。在革命後的困難時期，他罹患了身心兩方面疾病，可能得了性病，享年四十歲。

Blondin, Charles *　勃朗丁（西元1824～1897年）　原名Jean-François Gravelet。法國的走鋼絲者。在雜技演員受訓成功之後，他開始贏得名聲。1859年，他首度走在335公尺高、84公尺長的鋼索上橫渡尼加拉瀑布。每一次他都有不同的戲劇性變化：矇眼、身在麻袋中、騎獨輪車、踩高蹺、背後揹著一個人，以及在半途中煎一個煎餅。1861年他出現在倫敦的水晶宮，在一條穿越中央十字耳堂的繩子上翻斛斗。他的最後一次演出是在1896年。

blood　血液　多細胞動物體內循環的液體（參閱circulation）。在許多動物中它還攜帶激素（荷爾蒙）和一些抗病物質。藉助循環系統之力，血液流經體內各器官及組織，將取自肺及消化道的氧和營養物帶給體內一切細胞以供代謝，再將二氧化碳及其他廢物送至腸和腎臟排出。各種動物的血液成分各異，哺乳動物的血液包括血漿、紅血球、白血球和血小板。血液疾病包括紅血球增多症（紅血球數量異常增加）、貧血、白血病和血友病。亦請參閱ABO blood-group system、blood analysis、blood bank、blood pressure、blood transfusion、blood typing、Rh blood-group system。

blood analysis　血液分析　指對血液樣本進行實驗室檢查，用以獲取有關血液理化性質及其組成的資料。血液分析包括：測定紅血球和白血球的數量；紅血球的體積；沈降率及血紅素濃度；血型分類；血球的形狀及結構；血紅素和血中其他蛋白質的結構；酶的活性；以及化學成分等。此外，在某些專門的感染時，血中存在一些特徵性物質，則要做專項檢查。

blood bank　血庫　採集、貯存、處理及提供血液的機構。大部分新鮮全血都被分離成各種血液成分，它們比全血可以貯存更長的時間，並能提供多個病人使用。血液分流技術是從捐血者血液中分離出大量的一種成分，其餘成分回輸給捐血者。在第一次世界大戰之前，醫生必須找到血型相同的捐血者，而且必須即時輸血。血液及其成分的安全儲存使得一些革新發明有了可能，如心肺機。

blood poisoning　血中毒 ➠ septicemia

blood pressure　血壓　血液作用於血管壁的壓力，產生於心臟的泵推作用。血管的舒張和收縮對維持血液的流動有所幫助。人的血壓通常在臂動脈或股動脈處可測得，用兩個數字來表示；正常的成人血壓約為120/80mmHg。較大的數字（收縮壓）是在心室收縮時測得的，較低的數字（舒張壓）為心室舒張時測得的。亦請參閱hypertension、hypotension。

blood transfusion　輸血　從一個人的身上取得血液而轉移到另一個人的循環系統中去以恢復後者的血液量，提高血紅素的水平或對抗休克。發現了血液群組的抗原和抗體（參閱ABO blood-group system和Rh blood-group system）後，捐血者和受贈人的血型必須吻合才符合輸血的安全。換血是把全部或大部分的血液除去而置換他人的血液。輸血的不良反應常見。

blood typing　血型分類　根據由遺傳決定的紅血球中的抗原來將血液分類。最常考慮的是ABO血型系統和Rh血型系統。若不先確認這些因素而從一個不相容的供體輸血，就會導致紅血球被破壞或凝血的現象。此外，血型分類還可以幫助診斷某些疾病，如胎兒母紅血球增多症。

bloodhound　尋血獵犬　嗅覺最靈敏的狗品種，大多數藉嗅覺尋找獵物的獵犬由此品種育成。在基督教創立以前該品種已出現在地中海地區，但當時它的外形與如今的品種不同。性情安穩溫順，常用於追蹤人獸。體大而壯，站高58～69公分，體重36～50公斤。被毛短，耳長，皮鬆垮，在頭和頸部形成皺褶。毛色黑棕相間，或呈紅棕色、棕色或茶色。

Bloodless Revolution　不流血革命 ➠ Glorious Revolution

bloodroot　血根草　罌粟科植物，學名*Sanguinaria canadensis*。原產於北美洲東部和中西部，主要生長於落葉林地，早春開花。花白色，杯狀，中央有亮黃色雄蕊，長在發紅的葉柄上。葉大而多脈，半張開地包住花莖，花開之後方張開成多瓣藍綠色的圓形葉片。根莖裡的橙紅色汁液曾被美洲印第安人用作染料，現在用於醫藥上的生物鹼。本種及其開美觀重瓣花的變種*S. canadensis*'Multiplex'，可栽於野生植物園。

血根草
Walter Chandoha

Bloody Sunday　流血星期日　1905年在聖彼得堡發生的對和平示威群衆的大屠殺，象徵1905年俄國革命的開始。加邦（1870～1906）神父企圖將工人們要求改革的請願書直接呈交尼古拉二世，安排了一次向冬宮的和平遊行。警察向示威群衆開槍，打死一百多人，打傷幾百人。這次大屠殺引起一連串其他城市的工人罷工、農民暴動和軍隊的士兵叛變。「流血星期日」也用來描寫發生在愛爾蘭都柏林的一場屠殺（1920年11月21日），愛爾蘭共和軍懷疑十一名英格蘭人是間諜；「黑與棕」採取報復行動，在一場足球比賽中襲擊觀衆，死十二人，傷六十人。「流血星期日」還指在德里發生的事件（1972年1月30日），在一次民權遊行中，英國士兵殺害了十三名遊行者，據說遊行群衆先向這些士兵開槍。

Bloom, Harold　卜倫（西元1930年～）　美國文學評論家。生於紐約市，他就讀於康乃爾與耶魯大學，並於1955年起在耶魯任教。他在《影響的焦慮》（1973）與《誤讀的地圖》（1975）中指出，詩歌起因於詩人深思熟慮地誤讀那些同時影響與威脅他們的作品。在《J之書》（1990）中，他推測最早已知的聖經文本是由一位女性基於文學的目的而寫成的。他最暢銷的《西方正典》（1994）列出了二十六位正規西方作家，並論述反對文學研究的政治化。

Bloomer, Amelia　布盧默（西元1818～1894年）　原名Amelia Jenks。美國女改革家。1840年與德克斯特．布盧默結婚。曾撰文探討教育、不公平的婚姻法和婦女選舉權等問題，並於1849～1854年出版雙週刊《百合花》。她還對服裝改革感興趣，她的名字因而成了一種她穿著的女式長褲的名字（布盧默女褲）。由於這種長褲很流行，吸引了許多人到紐約聽她演講，她常常與安東尼和布朗牧師輪流在那裡演講。

bloomery process　吹煉法　熔煉鐵的方法。在古代，熔煉是指在爐內製造一紅熱焦炭床，然後加入混合更多焦炭的鐵礦石，使礦石產生化學還原反應。由於舊式的熔爐無法達到鐵的熔解溫度，產品是質地鬆軟、混合著半液體熔渣的金屬球塊。這種幾乎不能用的產品稱爲熟鐵坯，可能重達5公斤。熟鐵坯需一再反覆加熱和熱鎚，除去大部分熔渣，製成熟鐵，才是較好的產品。到15世紀，許多吹煉法使用低胸爐，以水力帶動風箱，可能重逾100公斤的熟鐵坯在爐胸頂部提煉。這種吹煉爐的最後樣式留存至19世紀的西班牙。另一種設計稱爲高吹煉爐，具有較高的爐胸，所生產的熟鐵坯極大，必須從前面的開口才能將之移動。

Bloomfield, Leonard　布倫菲爾德（西元1887～1949年）　美國語言學家。他從印歐語（尤其是日耳曼語）開始受訓爲語文學家。1927～1940年在芝加哥大學教授日耳曼語語文學，1940～1949年在耶魯大學教授語言學。所著《語言》（1933）一書，是20世紀論述最清楚的語言學著作之一，他在書中提倡語言現象的研究要與它們的非語言環境分隔開，強調需要經驗的描述。他的思想受他從事非印歐語言（尤其是阿爾岡昆語族）研究的影響；《梅諾米尼語》（1962）是闡述語言學和美洲印第安語言學的典範。

Bloomsbury group　布倫斯伯里團體　指從約1907～1930年經常在倫敦布盧姆斯伯里區一些人家裡聚會討論美學和哲學問題的一批英國作家、哲學家和藝術家。主要成員有佛斯特、斯特雷奇、貝爾、畫家貝爾（1879～1961）和格蘭特（1885～1978）、凱因斯、費邊社作家李奧納德．吳爾芙（1880～1969）和吳爾芙。

Blount, William＊　布朗特（西元1749～1800年）　美國政治人物。曾參與美國革命，後來當選六任州議員，是參加制憲會議的代表。他擔任由北卡羅來納州分割出來的一個準州（即後來的田納西州）的第一位州長，致力於取得州的地位。1796～1797年成爲田納西州最早的兩位參議員之一，但在1797年被逐出參議院，原因是他被控涉及一項企圖幫助英國取得西屬佛羅里達和路易斯安那的陰謀。

Blow, John　布洛（西元1649～1708年）　英國作曲家、管風琴家和教師。1668年擔任西敏寺的管風琴師；1674年爲皇家禮拜堂唱詩班領班，後來還擔任過多種相當顯要的職位，對許多學生頗有影響，包括菩賽爾。在他任職期間，創作了大量音樂作品，現存作品約有十二套禮拜曲及一百首讚美詩。他的宮廷假面劇《維納斯與阿多尼斯》（1685）代表著英國歌劇發展中的一塊里程碑。

blowfish ➠ puffer

blowfly　麗蠅　麗蠅科昆蟲，包括旋麗蠅和藍麗蠅、綠麗蠅及群蠅。藍色、綠色或古銅色，有金屬光澤，飛行時發聲，大小和習性像家蠅。幼蟲通常食腐肉，有時食感染的傷口。它們可以清除掉腐肉，有助於防止感染，但也可能破壞健康的組織。曾被用來治療過壞疽和人類的骨骼疾病，在第一次世界大戰中用來清潔士兵的傷口。有幾種麗蠅大量侵襲會造成牲畜受傷或死亡，或帶來疾病，如炭疽、痢疾和黃疸。

blowgun　吹箭筒　一種窄長的管狀武器，從中吹出箭鏢或其他投擲物。主要當作狩獵武器，極少作軍事用途。馬來西亞以及南亞其他地方、印度南部、斯里蘭卡、馬達加斯加、南美洲西北部和中美洲等原住民皆曾使用。吹箭筒長度介於45公分～7公尺不等，多用蔗枝或竹材製成。箭鏢通常用棕櫚葉的中脈梗或木片、竹片製成，長4～100公分。箭鏢的大小和形狀要剛好與管子相符，以便一吹氣就可從管內射出。爲有效對付較小鳥大之獵物，箭上需塗上毒液。

blowing engine　鼓風引擎　把空氣泵入爐內的機器。最初的形式是由水輪驅動的風箱，後來被蒸汽機或空氣引擎驅動的往復式泵和渦輪鼓風機取代。現代的鼓風爐需要巨大的鼓風引擎。

Blücher, Gebhard Leberecht von＊　布呂歇爾（西元1742～1819年）　受封爲Fürst (Prince) von Wahlstatt。普魯士軍事領袖。1760年加入普魯士軍隊，1793～1794年在對法國作戰和拿破崙戰爭中指揮軍隊。後來退休，1813年再度出任普魯士軍隊的指揮對抗法國，在瓦爾施塔特戰役中擊敗法軍，並在萊比錫戰役中幫助盟軍取得勝利。1815年布呂歇爾又親率普軍，配合威靈頓公爵統率聯軍作戰，在滑鐵盧戰役中使拿破崙一敗塗地。

blue butterfly　藍灰蝶　亦稱藍蝶。鱗翅目灰蝶科分布很廣的蝶類。有時稱其成蟲爲紗翼蝴蝶，體纖小，翅展18～38公釐。飛行迅速，多數品種的翅有金屬光澤。幼蟲粗短，蛞蝓狀。有些品種能分泌蜜露，是消化過程的甜味副產品，可以誘蟻。蟻用足輕拍幼蟲，刺激蜜露的分泌。

blue asbestos 青石綿 ➠ crocidolite

blue crab　藍蟹　甲殼類十足目*Callinectes*屬動物的統稱，尤指*C. sapidus*及*C. hastatus*這兩種，是大西洋西岸常見的食用蟹，味鮮美。常棲息在泥岸、港灣和三角洲。其殼上部發綠色，下部是灰暗的白色，長約15～18公分。足淡藍。螯大，左右不等大，第五對足扁平，用於游泳。以腐肉爲食。

Callinectes sapidus，藍蟹的一種
John H. Gerard from the National Audubon Society Collection/Photo Researches

blue-green algae　藍綠藻 ➠ cyanobacteria

blue ground 藍地 ➠ kimberlite

blue law　藍律　美國一種法令，限制在星期日進行正常工作、商業買賣和娛樂活動。此名出自1781年在康乃狄克州新哈芬出版的一份（以藍色紙張印刷或藍色封套）的安息日法規表。藍律在整個新英格蘭殖民地規範著人們的道德和行爲。在美國革命後多數法規已廢止，但在某些地區有些法令（如禁止在星期天出售酒精飲料）仍登記入冊。

Blue Mountains　藍山山脈　澳大利亞大分水嶺的一段。位於新南威爾斯州內，山脈海拔有600～900公尺。曾是富有的雪梨居民的隱退之地，現在有良好的公路可通達，爲著名旅遊勝地，人口成長十分迅速。藍山市（2001年人口約77,051）建於1947年。

Blue Mountains　藍山山脈　牙買加東部山脈。從京斯敦以北向東延伸50公里到加勒比海。最高點藍山峰海拔2,252公尺。該地區雨量豐富，溫度變化很大。藍山咖啡以其品質優良聞名。

Blue Nile 青尼羅河 ➠ Nile River

Blue Ridge (Mountains)　藍嶺　美國東部阿帕拉契山脈的一部分。從西維吉尼亞州的哈珀斯費里附近向西南延伸經過維吉尼亞州和北卡羅來納州後進入喬治亞州，有時還把往北延伸到馬里蘭州、賓夕法尼亞州和紐約州的支脈算在內。最高峰是北卡羅來納州的布拉克山脈；平均海拔600～1,200公尺。風景優美的藍嶺公路建於1936年，由國家公園事務局管理，沿山頂綿延756公里。

blue whale　藍鯨　一種帶有淡色斑點的藍灰色鬚鯨，學名*Balaenoptera musculus*，亦稱硫底鯨，因爲有些個體的身上長有淺黃色的矽藻而帶硫黃色。藍鯨是已知的最大型動物，最長達30公尺，最大重量達136,000公斤。單獨或以小群棲息在所有大洋中。在南極和北極度夏，以磷蝦爲食，冬季游向赤道地帶繁殖。曾經是最重要的商業性捕鯨的對象，數量因而大減。現已列爲瀕絕物種，受到保護。

Bluebeard　藍鬍子（西元1404～1440年）　亦稱Gilles de Rais或Gilles de Retz。法國男爵和元帥，以殘酷聞名。他的名字後來與佩羅所寫的故事《藍鬍子》有關聯。他曾參加幾次戰役，支援聖女貞德，1429年被封爲法國元帥。回到布列塔尼後開始生活浪蕩，最後沈迷於煉金術和撒旦崇拜。在被指控綁架和謀殺一百四十多名孩童後，受教會和民事法庭審訊，被判爲異端。他俯首認罪，表示懊悔，執行絞刑時，英勇赴死，屍體被焚。有人懷疑審訊有蹊蹺，也有人對其遺骸有興趣。童話故事中的情節是藍鬍子娶了一位妻子，她對藍鬍子不准她進入城堡裡的一個房間感到好奇，後來發現那裡藏有他多位前妻的骸骨。

藍鬍子，插畫：多雷（Gustave Dore）繪
By courtesy of the trustees of the British Museum; photograph, J. R. Freeman & Co., Ltd.

bluebell　藍鐘　百合科藍鐘屬植物，原產於歐亞地區。歐洲藍鐘和西班牙藍鐘的花鐘狀，藍色，簇生，是栽植於庭園的觀賞植物；某些專家認爲該屬應併入同科的綿棗兒屬。許多其他的植物通常亦稱藍鐘，包括風鈴草屬、草原龍膽屬、花葱屬和鐵線蓮屬植物。在美國，bluebell一詞常指維吉尼亞濱瓣頭。

歐洲藍鐘
M. T. Tanton – The National Audubon Society Collection/Photo Researchers

blueberry　南方越橘　杜鵑花科越橘屬幾種灌木，學名*Vaccinium australe*。原產於北美洲。果甜可食，富含鐵和維生素C。南方越橘僅生長於酸度大、排水良好但濕潤的土壤內。美國的高灌木南方越橘兼具經濟和觀賞價值，是最重要的品種，主要栽種在緬因、新澤西、密西根西南部和北卡羅來納州東部。

南方越橘
Grant Heilman

bluebird　藍鴝　北美洲的鶇科藍鴝屬鳥類，共三種。東部藍鴝（體長14公分）和西部藍鴝兩種胸部紅色，分別分布於落磯山脈的東部和西部。山藍鴝也分布於西部，全身藍色。藍鴝一開春就從南方飛來。生活在開闊地或林間空地，在樹洞或籬笆樁的洞中築巢，或在巢箱中築巢。

西部藍鴝
Herbert Clarke

bluebonnet　小藍帽　豆科的幾種顯花植物，包括德克薩斯羽扇豆，這是一種原產於德克薩斯平原的一年生北美洲莢果。高約30公分；複葉，被絲狀毛；花簇生，紫藍色，中心白色或黃色。春天時像藍色地毯一般覆蓋著德克薩斯南部

和西部的廣大地區，是德州最普遍的野花之一。在蘇格蘭，小藍帽又稱矢車菊和山蘿蔔。

bluefish 鯥 行動迅敏的海產食用和遊釣魚，學名*Pomatomus saltatrix*，遍布於大西洋和印度洋的溫帶和熱帶海域。集群生活，貪食小型動物，尤其喜食其他魚類。體細長，尾鰭叉形，口大且具尖利的牙齒。體藍色或淡綠，長達1.2公尺，重達11.5公斤。

bluegill 藍鰓太陽魚 受歡迎的遊釣魚類，學名*Lepomis macrochirus*。在原產地（美國中、南部的淡水）是最著名的太陽魚之一。現已引進美國西部及世界的其他地方。藍鰓太陽魚一般呈淺藍或淺綠色，特徵為鰓蓋後面有一暗瘢。為食用魚和遊釣魚中體型最小的一種，體長一般只有15～23公分，體重常不及0.25公斤。藍鰓太陽魚在上鉤時會掙扎劇烈。

bluegrass 早熟禾 早熟禾科（禾本科）早熟禾屬許多細長的一年生和多年生的草坪草、草原草或飼料草的統稱。約兩百五十種，分布於溫暖和涼爽地帶，美國有五十餘種。通常穗小，無剛毛，排列成稀疏的簇。葉片狹窄，頂端呈船形。肯塔基早熟禾是美國最有名的禾草品種，北部各州常栽種為草坪草和牧草，葉藍綠色，常見於開闊地及路邊。德克薩斯早熟禾、羊肉草和平原早熟禾是美國西部重要的飼草。一年生早熟禾植株較小，淡綠色，對草坪有害。

bluegrass 藍草音樂 第二次世界大戰後出現的一種鄉村和西部音樂風格，直接從諸如卡特家族等絃樂團的音樂發展而來。藍草與其前身不同的是具有更強烈的切分節奏、更高的領唱男高音、更緊湊的和弦、有驅動力的節奏，以及受爵士樂、藍調的強烈影響。他們非常重視班卓琴，總是以獨特的三指風格演奏，這種風格是從史古吉（參閱Flatt, Lester）發展而來的。曼陀林和提琴也是一大特色，傳統的方塊舞曲、宗教歌曲和民謠在曲目中占有很大的比例。藍草音樂為門羅及其「藍草男孩」（Blue Grass Boys）樂團所創。從1940年代末期開始，其知名度不斷擴大；1970年代起，有一批更年輕的音樂人加入，帶來了搖滾樂風。

Bluegrass region 藍色牧草區 美國肯塔基中部地區。此區有肯塔基州最肥沃的農地，因此成為最早殖民的地區。由於大量的早熟禾與其培育出的良種馬名聞遐邇；富含鈣質的土壤給予牧草豐富的礦物質，然後進入馬的骨骼。

blues 藍調 一種民俗音樂，結合了重覆的和聲結構及強調音階中降音或「藍色」的第三音和第七音的旋律。藍調的具體起源不清，但以前的奴隸音樂元素包括了呼應模式以及靈歌和勞動歌曲的切分旋律。20世紀初藍調的結構開始定型，最常用的是十二小節曲式，使用大音階中的第一、第四和第五度和弦。最初起源於人的歌聲，樂器演奏者用「壓絃滑奏」的音調來模仿人聲。通常採用三行詩節，第二行的歌詞一般都是重覆第一行的。來自德州和密西西比三角洲的農村藍調的精緻建立了抒情歌唱和樂器演奏的傳統，其特點往往是像說話似地變化音調，並加上吉他的伴奏。漢迪的作曲將藍調元素帶入了20世紀頭十年的流行音樂中。1920年代初歌手雷尼和貝西史密斯錄製了第一張藍調唱片，用爵士樂伴奏，她們的演唱風格就成為古典藍調風格。藍調的高度個性化詮釋和即興表演結合了它的結構和變調要素，成為爵士樂、節奏藍調和搖滾樂的基礎。

Bluestocking 藍襪 18世紀中期，英國的一些婦女時常邀請文人和愛好文學的貴族參與的「閒談會」，這些婦女被稱為「藍襪」。這個名稱大概源自一位貴婦維齊夫人，她邀請學問淵博的斯蒂林弗里特參加她的一個晚會；斯蒂林弗里特說他沒有合適的禮服而謝絕其邀請，於是她告訴斯蒂林弗里特可以穿「他的藍襪」（即他平時穿的普通毛絨襪）來赴約。「藍襪」一詞現已用來嘲諷那些附庸風雅的婦女。

Bluford, Guion S(tewart), Jr. * 布呂福特（西元1942年～） 美國太空人。生於賓夕法尼亞州，在越戰時，曾飛行144次戰鬥任務，回國之後在空軍技術研究所獲得航太工程博士。1978年加入美國航空暨太空總署，飛行多次的太空梭任務，第一次任務是「挑戰者號」的第三次飛行（1983），太空梭首次在夜間發射與著陸。他也是第一位飛入太空的非洲裔美國人。

Blum, Léon * 布魯姆（西元1872～1950年） 法國政治人物和作家。為知名的才華洋溢的文學和戲劇評論家。後來加入法國社會黨而進入政界。1919～1928年和1929～1940年擔任眾議員，1921年成為社會黨人的領袖。是左翼選舉聯盟的總工程師，1936～1937年當上人民陣線聯合政府的首腦，成為法國第一位社會黨籍（也是第一位猶太人）總理。他實施了一系列的社會改革措施，如採行每週工作四十小時、集體採購、主要軍事工業及法蘭西銀行收歸國有等等。1940年維琪政府將他逮捕，被監禁到1945年才獲釋。戰後成為法國主要的元老政治家之一。

Blumberg, Baruch S(amuel) * 布倫伯格（西元1925年～） 美國醫學研究人員，生於紐約市。獲哥倫比亞大學醫學博士學位。他發現一種抗原，後來證明是B型肝炎病毒的一部分，會使人體產生對病毒的抗體，於是開始對捐血者作篩檢，並研發出B型肝炎疫苗。1976年與蓋達塞克共獲諾貝爾獎。

Blunt, Anthony (Frederick) 布倫特（西元1907～1983年） 英國藝術史學家和間諜。1930年代在劍橋大學結識了柏基斯後就當了蘇聯的間諜（參閱Burgess, Guy (Francis de Moncy)）。1937年起布倫特已是一位頗有才華的藝術史家，發表了幾十篇學術論文和著作，奠定了藝術史在英國的地位。第二次世界大戰期間，他在英國軍事情報機關服役，還向蘇聯人提供機密資料。1945年任英國國王（後為女王）的繪畫鑑定人，1947年擔任極負聲望的考陶爾德學院院長。雖然他停止了間諜活動，但於1951年安排柏基斯和麥克萊恩兩人逃離英國。1964年菲爾比叛變後，他被英國當局召去對質，才私下供出他同蘇聯的關係。1979年公開他過去是這一間諜網中的「第四號人物」，並撤銷了1956年對他所封的爵位。

Bly, Nellie 布萊（西元1867～1922年） 原名Elizabeth Cochrane。美國新聞作家。十八歲擔任《匹茲堡電訊報》的撰稿人，撰寫了一系列有關離婚和貧民窟生活的報導。加入《紐約世界報》後，佯裝發瘋，進入瘋人院，揭發黑暗內幕，促使當局改革。1889年開始，試圖打破凡爾納小說《環遊世界八十天》的虛構記錄，她用了七十二天六小時完成環球旅行。這趟旅行使她遠近馳名，成為女明星記者。

Bly, Robert (Elwood) 布萊（西元1926年～） 美國詩人與翻譯家。出生於明尼蘇達州的麥迪遜，他就讀於哈佛大學與愛荷華大學。1958年創辦了《五〇年代》（後來改名《六〇年代》），刊行年輕詩人的作品。他協助創立了「美國反越戰作家」的組織，並且捐出他1968年國家圖書獎獎金（因《圍繞身體的光》而獲獎）給一個反抗徵兵的組織。他最暢銷的《鐵約翰》（1990）探測了男性的靈魂，他因此成為「男性運動」最知名的領導者。布萊也因為範圍廣泛的詩作翻譯而知名。

Blyton, Enid (Mary)＊　布萊頓（西元1897～1968年）　英國兒童文學作家。受培訓爲一位學校老師，1922年出版了她的第一本書《孩子的耳語》。她繼續創作了超過六百多種童書和數不清的期刊文章。可能因出版幾個系列故事而打響名聲，包括了以「諾弟」、「出名五人組」、「神秘七人組」爲主角的系列故事。雖然常被批評爲人物呆板平面、寫作風格簡單以及說教意味太濃，她的書仍被廣爲翻譯，過世之後很久仍受到國際間的歡迎。

BMW　寶馬汽車廠　全名Bayerische Motoren Werke AG。德國汽車公司。1929年成立，以所產的高速摩托車而聞名。第二次世界大戰期間研製出世界最早的噴射機引擎供德國空軍使用。戰後一度發生財政危機，1969年以後因生產一系列高價汽車才度過難關，這些汽車擁有傳統外形，但引擎與跑車相近。

B'nai B'rith＊　聖約之子會　歷史最悠久、規模最大的猶太人服務組織。1843年在紐約市成立，現在在世界各地設有男、女及青年的分支組織。其宗旨包括保衛人權，資助猶太大學生（主要透過希勒爾基金會），贊助猶太成年人和青年的教育計畫，賑濟災民，支助醫療慈善機關，並促使以色列興辦福利事業等。1913年成立反侮辱聯盟以對抗排猶主義。

Bo Hai＊　渤海　亦拼作Po Hai，或稱爲直隸灣（Gulf of Chihli）。黃海海灣，位於中國北部海岸之外。渤海與遼東灣（一般認爲它屬於渤海）併計，其最大範圍爲：東北至西南長300哩（480公里），東西最寬處爲190哩（306公里）。黃河注入此海。

Bo Juyi＊　白居易（西元772～846年）　亦拼作Po Chu-i。中國唐朝詩人。五歲開始作詩，二十八歲通過中國文官制度的考試。在官宦生涯中，昇遷頗爲穩定，並在一群反對當時宮廷詩風的詩人中隱然成爲領袖。他相信詩歌應具備道德與社會的目標。他帶有諷喻的樂府詩以及蘊含社會抗議的詩歌，通常採用古代民間詩歌中較爲自由的音韻。白居易在中國和日本皆廣受景仰，其詩篇在兩地並成爲其他文學作品的素材，其中尤以〈長恨歌〉最爲著名。

bo tree ➠ bodhi tree

boa　蚺　蟒科蟒亞科六十餘種體型粗壯的蛇類，東西半球皆有分布，主要見於溫暖地區。長20公分～7.6公尺。多爲陸棲或半水棲，有些品種爲樹棲。多數品種的體褐色、綠色或淡黃色，並點綴著斑紋和菱形花紋。捕食方法是先咬住獵物，然後收縮身體將其縊死。若干種具熱敏性的唇窩，用以檢測熱血動物，多數爲胎生。蚺並不會危害人類，這一事實與民間傳說相反。

Boadicea ➠ Boudicca

boar　野豬　亦作wild boar或wild pig。豬科動物野生豬種類的統稱，爲家豬的祖先。原產於西歐、北歐及北非到印度、安達曼群島，以及中國一帶的森林中，現已引進紐西蘭及美國。毛短而硬，灰、淺黑或褐色，肩高90公分。除年老雄體獨居外，營群居生活。是雜食性動物，善游泳。有尖銳的獠牙，雖不經常主動攻擊人類，但對人仍是一種危險。野豬力大，奔跑快，性兇猛，自古以來就是一種有價值的捕獵動物。

Board of Trade ➠ Trade, Board of

Boas, Franz＊　鮑亞士（西元1858～1942年）　德裔美籍人類學家，其重大貢獻是在美國把人類學建立爲一學術科目。原本攻讀物理和地理（1881年獲博士學位），1883～1884年參加到巴芬島的科學探險活動，開始轉而研究愛斯基摩人文化。後來對不列顛哥倫比亞的原住民（包括夸扣特爾人）進行研究。1896～1905年指導耶蘇普北太平洋探險隊，調查西伯利亞和北美洲的原住民之間的關係。他在人類學方面的成就是無人能超越的。在他之前，大部分的人類學家固守社會文化演化這種相當粗淺的理論，主張有些民族在遺傳上就比其他民族更爲文明或較爲發達。鮑亞士認爲持這種觀點的人是種族優越感在作祟，他主張所有的人類都同樣地經過演化，只是演化的方式不同。現在的人類學家主要受他的觀點影響，相信種族之間的差異是歷史文化因素而非遺傳因素造成的。1896年起在哥倫比亞大學任教，一直到去世，在美國他是這門專業學問的主要組織者，也是潘乃德、克羅伯、米德和薩丕爾等人的良師益友。主要著作有《原始人的心靈》（1911）、《原始藝術》（1927）和《人種、語言和文化》（1940）。

鮑亞士，攝於1941年
AP/Wide World Photos

boat people　船民　靠船隻逃離的人。原指1975年南越政府垮台時逃離國家的成千上萬越南人，他們擠在小船上，成爲海盜的獵物，飽受脫水、饑餓、溺水之苦。後來也指從古巴及海地試圖藉船來到美國的難民。

Bob and Ray　鮑伯和雷　美國喜劇團體。鮑伯・艾略特（Elliott，原名Robert Brackett, 1923～）和雷・顧爾丁（Goulding，原名Raymond Walter, 1922～1990）在波士頓廣播電台工作時結識，不久即在一個改編詩文的諷刺性節目（1946～1951）中組成了他們的喜劇團體。《鮑伯和雷劇場》曾是全國性聯播節目（1951～1953），而他們的喜劇剪輯於1950年代和1960年代在幾個聯播網播出，頗受歡迎。他們也在劇院表演，並且在百老匯擔綱演出《獨二無三》（1970）。

bobbin　線軸　加長的纏線筒狀物，用於紡織業。在現代製程中，把人造纖維纏繞在線軸上；在織造中，織物的花樣是靠線軸來完成的。線軸是製造線軸編織花邊（參閱lacemaking）必需的工具。線軸編織花邊可能始於16世紀初的法蘭德斯。早期的線軸在編織花邊時需在落針走線的位置上刺孔以作標示，樣式通常類似針織花邊。16～17世紀時大部分用來做輪狀皺領或衣領。亦請參閱tapestry。

bobcat　紅貓　貓科截尾、長腿的北美貓，學名*Felis rufa*，分布於加拿大南部到墨西哥南部一帶的森林和沙漠中。與猞猁和獰貓近緣。紅貓的爪大，耳具叢毛；體長60～100公分（不包括尾長10～20公分），肩高50～60公分，體重約7～15公斤。毛色淡褐到淺紅，有黑點。夜出活動，一般獨居。以小動物和某些鳥類爲食，對控制齧齒動物和野兔的數量有重要作用。有時在市郊地區也能發現它們。

紅貓
Joe Van Wormer – Photo Researchers

bobolink＊ 長刺歌雀 一種鳴禽，學名*Dolichonyx oryzivorus*，在北美洲北部繁殖，多在南美洲中部越冬。遷徙中的雀群會襲擊稻田，肥胖的「稻雀」在以前會被射殺當作桌上美食。雄性長刺歌雀（因它們噗噗的叫聲而得名）體長18公分，處於繁殖季節時下腹黑色，後頸黃色，背和腰白色，翅上有白斑；冬季時雄鳥與雌鳥外形相似。

bobsledding 有舵雪橇滑雪運動 雙人或多人（通常爲四人）乘坐裝有兩對滑行器、方向盤和手閘的大金屬雪橇（有舵雪橇），在蜿蜒的冰面上滑降的運動。起源於1890年代左右的瑞士，1924年被列爲冬季奧運會項目。每年舉行一次世界錦標賽。滑道長度通常至少1,500公尺，有十五～二十個彎道。四人雪橇滑行時速可達160公里；雙人雪橇滑行時速略低。

bobwhite 山齒鶉 北美洲的鶉類，學名*Colinus virginianus*，分布自加拿大南部到瓜地馬拉，約有二十個亞種。紅棕色，尾灰色。名稱取自其鳴叫時的兩個特別音調。是美國南部和中部最受人喜歡的獵鳥，分布於叢林、開闊松林地和荒廢的田園中。

Boccaccio, Giovanni＊ 薄伽丘（西元1313～1375年） 義大利詩人和學者。一生坎坷，有時簡直是一貧如洗。早期作品包括《爲愛所苦》（1336?），是一部五卷散文作品；還有《苔塞伊達》（1340?），是包含十二個詩章的雄心勃勃的史詩。最著名的是《十日談》，爲義大利古典詩文經典之作，對整個歐洲文學的影響極爲深遠。他用一個框架故事把一百個樸實的故事串聯起來，可能寫成於1348～1353年間。此後轉向人文主義的學術研究，並改用拉丁文寫作。他和佩脫拉克一起奠定了文藝復興時代的人文主義基礎，並透過義大利文的作品把方言文學提高到古代古典文學的層次。

薄伽丘，濕壁畫，卡斯塔尼奧（Andrea del Castagno）繪；現藏佛羅倫斯聖阿波羅尼亞藝術中心
Alinari – Art Resource

Boccherini, Luigi (Rodolfo)＊ 波凱利尼（西元1743～1805年） 義大利作曲家。音樂家之子，從小接受良好的音樂訓練，並在歐洲各地表演大提琴。後來在馬德里和普魯士宮廷占有一席之地。室內樂作品包括約一百二十五首弦樂五重奏（比其他任何一個作曲家都多），九十多首弦樂四重奏和五十餘首弦樂三重奏。此外，他還寫有二十五部以上的交響曲和十一首大提琴協奏曲。其音樂優雅、動人，長久以來一直受人喜愛。

boccie 博西球 亦作bocci或bocce。起源於義大利的一種球戲，類似保齡球，夯實的黏土場地長而窄，四周圍有端線板和邊線板。每名隊員或每隊朝著一個較小的靶球輪流滾動四個球（用木頭、金屬或合成材料製成），比賽誰的球最靠近那個靶球，凡較對方更靠近者得一分。通常以得滿12分時爲一局。

Boccioni, Umberto＊ 波丘尼（西元1882～1916年） 義大利畫家、雕刻家和理論家。曾在羅馬的巴拉（1871～1958）的畫室學繪畫。他是未來派（參閱Futurism）中最富活力的成員，1910年與其他畫家一起發表《未來派畫家宣言》，提倡表現現代科技、力量、時間、運動和速度。這些構想表現在他早期的現代雕塑代表作《空間連續的唯一形體》（1913）。畫作《城市的興起》（1910）是在一個破碎擁擠的場景中夾雜著紛亂的人物形象的動態作品。

Bochco, Steven＊ 波契可（西元1943年～） 美國電視作家、導演與製作人。生於紐約市，1987年成立製片公司，在此之前，他曾經在環球製片場（1966～1978）以及MTM企業（1978～1985）擔任編劇及製片。他共同編寫並製作了多部成功的電視影集諸如《希街藍調》（1981～1986）、《洛城法網》（1986～1994）、《霹靂警探》（1993年起）以及《一級謀殺》（1995～1997），這些劇本爲他贏得了多座艾美獎。

Bock, Jerry 博克（西元1928年～） 原名Jerrold Lewis。美國作曲家。生於康乃狄克州的新哈芬，曾就讀於威斯康辛大學，曾與哈洛夫森納（1926～）合作，爲電視節目《你的戲中戲》以及音樂劇《奇妙先生》（1956）寫作歌曲，與詞曲作家哈爾尼克（1924～）合作，獲得了個人最大的成功，《費歐雷羅》（1959，獲普立茲獎）以及《屋上的提琴手》（1964）。博克與哈爾尼克合作的其他音樂劇作品包括《美麗的身體》（1958）、《里脊肉》（1960），以及備受讚譽的《她愛我》（1963）、《蘋果樹》（1966）和《蘿絲柴爾茲》（1966）。

Böcklin, Arnold＊ 勃克林（西元1827～1901年） 瑞士裔義大利畫家。曾在北歐和巴黎學習和工作，以壁畫《樹叢中的潘神》（1856～1958）博得巴伐利亞國王的惠顧。1858～1861年曾在威瑪美術學校任教，還爲他的故鄉巴塞爾的公立藝術陳列館作了神話題材的裝飾壁畫。後來移居義大利，畫仙女、半人半獸的森林之神、海神、情調憂鬱的風景以及不吉祥的寓言，預示著象徵主義和超現實主義的來到。他後期的風格是昏暗陰沈、神祕和病態，就像他在五幅《死亡島》（1880～1886）中所表現的那樣。雖然他大部分時間是在義大利度過的，但他是19世紀晚期德語世界中最有影響的藝術家。

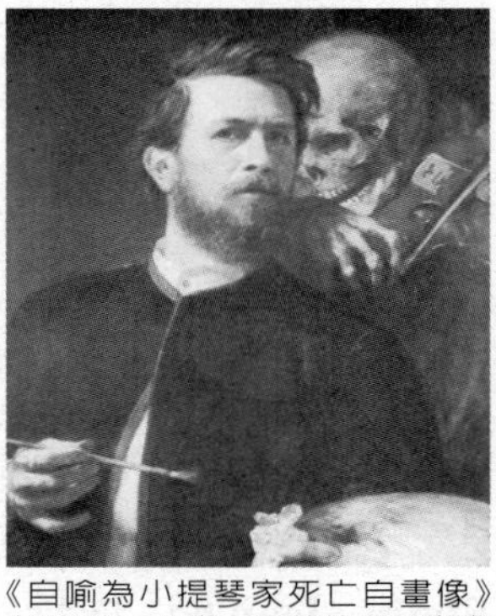

《自喻為小提琴家死亡自畫像》（1872），油畫；現藏柏林國家畫廊
By courtesy of the Staatliche Museen Preussischer Kulturbesitz, Nationatgalerie, Berlin; photograph, Walter Steinkopf

Bodawpaya＊ 孟雲（西元1740/1741～1819年） 緬甸國王（1782～1819在位）。雍笈牙之子，雍笈牙王朝的第六代君主。孟雲廢黜他的侄孫而成爲國王。1784年他入侵阿拉干王國，把王國內兩萬多人放逐爲奴；1785年企圖占領暹羅。因在阿拉干實行暴政，引起當地人民叛亂；他越過邊界到英屬孟加拉追拿叛變領袖，幾乎引起和英國的公開衝突。他在阿薩姆的戰役加深了緊張關係。他虔信佛教，自稱是阿利蜜帝耶（Arimittya，即大乘彌勒），是普渡衆生的佛，注定要征服世界。

Bodensee ➠ Constance, Lake

Bode's law 波得定則 表示行星到太陽近似距離的經驗規則。該定則是德國天文學家提丟斯（1729～1796）於1766年最早公布的，1772年起經他的同胞波得（1747～1826）

的推廣才爲人所熟知。這一定則可表述如下：寫出數列0, 3, 6, 12, 24……，在每個數上加上4，並把所得的結果除以10。所得結果就接近於用天文單位（AU）表示的行星到太陽的距離（海王星除外），由此可推測在火星與木星之間應該還有一顆行星，後來發現那裡有一條小行星帶。

bodhi＊　菩提　梵文和巴利語意爲「覺醒」或「啓蒙」。佛教名詞，指結束生死輪迴和導致涅槃的最終覺悟。這種覺悟使悉達多・喬答摩轉變成佛陀。一個人要修成菩提需要通過八正道的修行來擺脫虛假的信仰和情欲的障礙。雖然在教規經文中並未支持這一理論，但在各種評注中都提出三類菩提：完全的覺悟，或佛陀的覺悟；獨立的覺悟；還有阿羅漢的覺悟。

bodhi tree　菩提樹　亦稱bo tree。據佛教傳說，佛陀在印度菩提迦耶（迦耶附近）的一棵無花果樹下坐禪而開悟（菩提）。此樹即稱菩提樹。現在長在該地的樹據說是原來那棵樹的後代，是從斯里蘭卡的一棵樹上摘下的枝條插活的，而斯里蘭卡的那棵樹是由原樹繁殖起來的，這兩棵樹現在都是佛教徒朝聖的對象。菩提樹或它的樹葉代表常被視爲佛陀的象徵。

Bodhidharma＊　菩提達摩（活動時期西元6世紀）　中文稱達摩（Damo）。日語作Daruma。傳說中的印度僧人，建立了佛教的禪宗。被認爲是喬答摩佛陀的第二十八代嫡系弟子，中國禪宗認他爲始祖。據說他到中國的廣州，後受到梁武帝的接見，武帝以善行著稱。但達摩卻說，只有冥想而不是行善才能獲得解脫。據說他自己一動不動地靜坐冥想達九年之久。

bodhisattva＊　菩薩　佛教用語，指成佛以前的喬答摩以及其他注定要成佛的人。大乘佛教推崇菩薩，因爲菩薩爲減輕他人痛苦而決定延緩進入究竟涅槃。這種理想取代了上座部佛教阿羅漢和自我解脫的佛陀的佛教理想，大乘佛教認爲那種理想是自私的。從理論上講，菩薩的數目是無限的，菩薩這一名稱現已用來指偉大的學者、教師和佛教君王。天界菩薩（如觀世音）是永恆佛陀的化身，是救世主，也是個人崇拜的對象，尤其是在東亞。

Bodin, Jean＊　博丹（西元1530～1596年）　法國政治哲學家。在土魯斯大學攻讀法律，後來留校任教（1551～1561）。1571年任國王的兄弟阿朗松公爵弗朗索瓦的顧問。他主張與胡格諾派和解（當時政府正與之陷入內戰），並反對出售王室領地。他的《共和六書》（1576）使他聲名鵲起。書中提出保障國家秩序和權威的關鍵在於承認國家的主權，他不認爲這種權力的有效性會取決於臣民。他認爲政府受命於神權，把政治制度劃分爲三種：君主制（他贊同）、貴族制和民主制。

Bodleian Library＊　博德利圖書館　牛津大學的圖書館，是英國最古老和最重要的、不外借的參考圖書館之一。藏書豐富，特別是東方手稿、英國文學集、地方歷史和早期印刷品。雖然建館很早，但在1410年以前不屬於牛津大學。後來圖書館一度衰落，由一位中世紀手稿收藏家博德利（1545～1613）爵士修復，並於1602年重新開放。根據1610和1662年的條款規定，它是法定藏書圖書館，有權免費接受所有英國出版的書籍。

Bodmer, Johann Georg＊　博德默爾（西元1786～1864年）　瑞士機床和紡織機械的發明家。1824年他在英格蘭開辦小型工廠，製造紡織機械，到1833年他有了用自己的機床裝備的車間。1839～1841年他獲得專利的專用機床就達四十種以上，他把這些機床安排成像一個精巧的工廠。其中最重要的是齒輪機，它能按照預定的齒距、形狀和深度，在金屬坯件上進行切削。他還取得了幾種蒸汽機設備的專利，裝有對置活塞的汽缸也是他發明的。

Bodoni, Giambattista＊　博多尼（西元1740～1813年）　義大利印刷家。印刷商之子，曾在天主教教堂的印刷所學藝。1768年在帕爾馬公爵的皇家印刷廠擔任管理工作。到1780年代他設計了自己的字體；1790年博多尼字體問世，至今還在使用。他成爲國際知名人物，收藏家們競相收購他的書籍。他的許多重要作品包括賀拉斯（1791）、維吉爾（1793）和荷馬《伊里亞德》（1808）等的精裝版。

Bodrum　博德魯姆 ➠ Halicarnassus

body louse　體蝨 ➠ louse, human

body modification and mutilation　改形及毀損　指爲了宗教、美容或社會等因素而有意地改變體形。通常是基於巫術或醫術的動機，不過美容動機亦同樣普遍。美容改形因文化不同而式樣迥異，反映了人們對美麗或道德觀念的不同。改形包括使頭形變爲平顱、以裝飾栓穿唇、紋身、畫痕、耳垂或身體其他部位打洞以戴飾物等。毀損則包括男女閹割、纏足和切斷術。

bodybuilding　健美運動　透過運動訓練和飲食控制來促進體格發育的一種方式，通常是爲了比賽展示。健美運動的目的是爲了展示突出的肌肉狀況和異常健壯的肌肉質量以達到整體美的效果。負重訓練是主要的鍛練方法；飲食中要攝食高蛋白物質，並補充維生素和礦物質。現代的健美競賽主要是源自19世紀的歐洲男性大力士戲劇和馬戲表演。環球先生健美賽始於1947年，是第一個重要的國際性比賽。1965年開始舉辦更負盛名的奧林匹克先生健美賽。女子比賽始自1970年代。1998年健美賽被奧運會列爲臨時性比賽項目。雖禁用類固醇以增強體態，但健美人士長久以來普遍都有服用。

Boehm, Theobald＊　博伊姆（西元1794～1881年）　德國長笛樂師和長笛設計者。金匠之子，後來自學成爲長笛演奏能手，並意識到他從父親那裡學來的技藝可用來改良這種樂器。1832年創造出新的按鍵機制。後來鑽研聲學，到1847年已完全重新設計出長笛，賦予它不同的內部形狀，移動了音孔，並擴充了按鍵的用途。他的長笛比先前的長笛樂器的音色更強，更均勻，奠定了現代長笛的基礎。

Boeing Co.　波音公司　美國的主要企業，世界最大的航空公司，以及最先進的商用噴射客機的製造商。1916年由波音（1881～1956）創建，當時名爲航空產品公司。1920年代末，該公司成爲聯合飛機和運輸公司的一員，但到1934年，遵照聯邦反托拉斯法，聯合飛機和運輸公司被拆開，它又成爲一個獨立的實體。1930年代波音公司是發展單翼飛機的先鋒；它的B-17轟炸機「飛行堡壘」（1935年首航）和B-52轟炸機「超級空中堡壘」（1942年首航）在第二次世界大戰中都扮演了突出的角色。戰後波音公司研製B-52噴射轟炸機，長久以來都是美國戰略武力的支柱。它生產美國第一架噴射客機波音707（1958年服役），接著又開發出一系列極成功的商用噴射客機。到了21世紀初已發展出七個系列：737和757窄體客機；747、767和777廣體客機；717（以前爲麥道公司的MD-95）；以及MD-11型。1960年代波音公司爲美國的「阿波羅計畫」建造了繞月軌道器、月球漫遊車以及「土星V號」（參閱Saturn）的第一級運載火箭系列。1993年開始成爲美國國家航空暨太空總署（NASA）國際太空站計畫的主要簽約製造商。1996年它買下洛克威爾國際公司的航空航太和國防飛機製造部門，一年後又購併麥道公司。2000年接獲休斯電子公司的衛星訂單生意。亦請參閱Lockheed Martin Corporation。

Boeotia＊ 波奧蒂亞 希臘中東部一區和古代共和國。與阿提卡和科林斯灣爲鄰，境內主要城市有奧爾霍邁諾斯和底比斯。原由波奧蒂亞人居住（來自色薩利的一支埃托利亞民族），約西元前600年到550年，在底比斯的領導下建立了波奧蒂亞聯盟，因而政治地位變得較爲重要。該聯盟與雅典人爲敵，約西元前447年聯盟發起暴動對抗雅典人。在伯羅奔尼撒戰爭中，波奧蒂亞人於西元前424年在迪里烏姆擊敗了雅典人。後由底比斯人領導，統治希臘，一直到西元前335年左右底比斯城才被亞歷山大大帝摧毀。

Boer 布爾人 ➡ Afrikaner

Boerhaave, Hermann＊ 布爾哈夫（西元1668～1738年） 荷蘭醫師。爲萊頓大學的教授，是位著名的教師，也是現代臨床醫學教學的奠基人。被譽爲18世紀最偉大的醫師之一，部分原因是他嘗試把當時知道的大量醫學資訊組織起來，寫了一系列的重要教科書和百科全書式的著作。

布爾哈夫，肖像畫，特羅斯特（Corneils Troost）繪；現藏阿姆斯特丹國家博物館
By courtesy of the Rijksmuseum, Amsterdam

Boethius＊ 波伊提烏（西元470至475?～524年） 全名Anicius Manlius Severinus Boethius。羅馬學者、基督教哲學家和政治人物。生於貴族之家，西元510年成爲執政官，後來爲東哥德國王狄奧多里克的首席大臣。後以通敵罪名被判死刑，在獄中等待死刑執行期間寫了新柏拉圖主義的《哲學的慰藉》。這本書極受歡迎，影響了整個中世紀及以後幾個世紀。他還以翻譯希臘的邏輯學和數學著作聞名，包括波菲利和亞里斯多德的著作，這些翻譯作品和注釋成爲中世紀經院哲學的基本教科書。

bog bodies 泥沼人體 約七百具保存情況各不相同之人類遺體的非正常收藏，以往超過兩百年來大致發現於西歐的自然泥碳沼地。這些人體包括柔軟的組織和胃容物，因沼地中的厭氧流體狀態而保存至今。它們依序包括西元前一千年早期到中世紀以後的時代。其中某些人體的狀況（例如割喉、截肢、頸繞繩）暗示著儀式殺人、謀殺和胡亂埋葬的可能（因爲都沒有得到正式的安葬）。

bog iron ore 沼鐵礦 包含褐鐵礦、針鐵礦等水合氧化鐵礦物的鐵砂，因流入濕地的地下水沈澱而形成。細菌作用有助於沼鐵礦的形成，有經濟價值的礦藏在開採後二十年能夠重生，過去被廣泛作爲鐵的來源。

Bogarde, Dirk＊ 鮑加德（西元1921～1999年） 原名Derek Niven van den Bogaerde。受封爲德克爵士（Sir Dirk）。英國演員。父親是出生於荷蘭的藝術評論家，1939年初次登上舞台，第二次世界大戰結束後便贏得了藍克製片場的一紙電影合約。經過十年的演藝生涯，主要都是演出輕鬆喜劇如《屋裡的醫生》（1953），之後在較嚴肅的影片如《醫生的兩難》（1958）、《犧牲品》（1961）、《連環套》（1963）、《親愛的》（1965）、《一段情》（1967）、《納粹狂魔》（1969）以及《魂斷威尼斯》（1971）等展現了他的演技。

Bogart, Humphrey (DeForest) 亨佛萊鮑嘉（西元1899～1957年） 美國演員。開始時在舞台劇和好萊塢飾演一些小角色，1935年在百老匯的《化石林》中扮演殺人兇手芒特公爵才一炮而紅，1936年演出同名的電影，這個角色使他再次受到好評。他演了二十五部電影，通常都演強盜，1941年出演《高高的山嶺》使他獲得了明星地位。他常常扮演證明有戀愛能力的諷刺性的單身漢，演出的電影有《馬爾他之鷹》（1941）、《北非諜影》（1942）、《碧血金沙》（1948）、《主要樂章》（1948）、《非洲皇后》（1951，獲奧斯卡獎）以及《凱恩艦叛變》（1954）。曾與第四任妻子洛琳白考兒合演過四部電影，第一部是《逃亡》（1945）。

電影《撒哈拉》（1943）中的亨佛萊鮑嘉
The Bettmann Archive

Bogazköy＊ 博阿茲柯伊 亦作Bogazkale。亞洲土耳其中北部村落。位於首都安卡拉以東145公里，古代西台帝國都城哈圖薩什的遺址上。現址留有多處考古遺址，包括寺廟、城門，以及約西元前16～12世紀的統治者哈梯王朝宏大的城牆，後來希羅多德曾對它作過描述。在整個20世紀的挖掘工作中，發現了數以百計的楔形文字泥板，證實了這座古城的重要性。

Bogd Gegeen Khan＊ 博格達汗（活動時期西元1911～1924年） 烏爾戛（今烏蘭巴托）黃帽派（格魯派）的「活佛」。1911年他宣布蒙古脫離中國獨立，不過直到1921年才實現眞正的獨立。他擔任蒙古國家領袖至1924年。

Bogomils＊ 鮑格米勒派 10～15世紀盛行於巴爾幹地區的宗教派別。10世紀時由保加利亞司祭鮑格米勒創立，該派信仰揉合了新摩尼教教義的二元論（主要來自亞美尼亞和小亞細亞的保羅派），以及當地旨在改革新保加利亞正教會的斯拉夫運動。該派的中心教義認爲，有形的物質世界爲魔鬼所創造。該派否認道成肉身之說，反對關於上帝透過物質施恩於人的基督教教義，並拋棄正教會的全部組織體系。11～12世紀鮑格米勒派在拜占庭帝國的許多歐洲和亞洲省份內傳播開來，後來又向西方傳播。14世紀末以前在保加利亞一直保有強大的勢力。15世紀時，隨著鄂圖曼征服了歐洲的東南部，該派的影響力衰退。

Bogotá＊ 波哥大 哥倫比亞首都（1999年人口6,276,428）。這個首都區的正式名稱爲聖大非德波哥大。位於安地斯山脈以東的高原上。1538年歐洲人始定居於波哥大，當時西班牙人征服了印第安部族奇布查人的主要基地巴卡大，不久此名被轉訛爲「波哥大」。後來成爲新格拉納達總督轄區的首府，並很快成爲西班牙殖民勢力在南美洲的中心。波哥大市民在1810～1811年反叛西班牙統治，1819年玻利瓦爾取得這座城市。後來被定爲大哥倫比亞邦聯的首都，1830年邦聯解體，它仍是新格拉納達（後來成爲哥倫比亞共和國）的首都。現爲工業、商業、教育和文化中心。

Boguslawski, Wojciech＊ 博古斯瓦夫斯基（西元1757～1829年） 波蘭演員、導演和劇作家。1778年加入華沙的波蘭國家劇院當演員，1783～1814年升爲導演。被認

A B

爲是波蘭戲劇之父，曾寫作八十多部劇本，包括許多改編自西歐作家的喜劇，還有他原創的受歡迎的劇本《想像的奇蹟》（1794；又名《克拉科夫人和山民》）。他還協助發展了在維爾納（1785）和在利維夫（1794）的劇團，並與利維夫劇團一起在波蘭和國外巡迴演出。1787年在他自譯的莎士比亞戲劇中扮演哈姆雷特。

Bohai ➠ Parhae

Bohemia　波希米亞　中歐歷史上的王國。西元5世紀時捷克人在此定居，後來成爲查理曼帝國的屬國。西元870年爲摩拉維亞王國的一部分；王國解體後，成爲以布拉格爲重要中心的公國。10世紀時擴張勢力到西里西亞、斯洛伐克和克拉科夫的部分地區。1526年斐迪南一世被選爲國王，波希米亞在哈布斯堡王朝的統治下直到1918年。第一次世界大戰後，波希米亞與摩拉維亞、斯洛伐克一起宣布獨立。1939年德國入侵就是以它的人口大部分是日耳曼人爲藉口。第二次世界大戰後被畫爲捷克斯洛伐克的一個省（後來的捷克社會主義共和國）。1993年東歐集團崩解後，波希米亞成爲獨立的捷克共和國的一部分。

Bohemian Forest＊　波希米亞森林　德語作Böhmer Wald。歐洲中部山脈。沿巴伐利亞（德國）和波希米亞（捷克共和國）的邊境延伸，自奧赫熱河至奧地利境內的多瑙河河谷，走向爲從西北到東南。最高峰是阿爾貝峰（高1,457公尺）。伏爾塔瓦河（莫爾道河）發源於此。

約1710～1720年左右的波希米亞高腳玻璃酒杯，現藏布拉格裝飾藝術博物館
Museum of Decorative Arts, Prague

Bohemian glass　波希米亞玻璃　13世紀以後波希米亞生產的裝飾玻璃製品。17世紀初，布拉格寶石雕刻工萊曼把雕刻寶石的技術完美地應用到玻璃上。到1700年前後，一種質地厚重，光彩奪目，裝飾豐富的鉀－鈣玻璃（波希米亞水晶）開始流行起來。18世紀末，又發明帶有中國式圖案的黑色玻璃。19世紀時，出現紅寶石玻璃和乳白色鍍層玻璃，上面都有雕刻並上了釉料。

Bohemian language　波希米亞語 ➠ Czech language

Bohemian school　波希米亞學派　14世紀後期在布拉格及其近郊興盛起來的視覺藝術學派。查理四世從歐洲各地禮聘藝術家和學者來布拉格。法國和義大利的手抄本畫家帶動了當地的書本插畫學派。雖說大部分的畫家默默無聞，但他們在畫板畫和濕壁畫方面的成就卻對德國的哥德式藝術產生十分重大的影響。建築上充滿活力的波希米亞傳統也影響了15世紀偉大的德國哥德式建築。

《耶穌復活》（1380～1390?），畫板畫，威亭高畫師繪；現藏布拉格國家畫廊
Giraudon－Art Resource

Bohemond I＊　博希蒙德一世（西元約1050～1111年）　原名馬克（Marc）。奧特朗托親王（1089～1111）和安條克親王（1098～1101、1103～1104）。父親是支配義大利東南部的公爵，他以一個傳奇巨人的名字爲外號。後來加入父親的軍隊，與拜占庭皇帝亞歷克賽一世・康尼努斯爭奪領土。1095年加入第一次十字軍東征，從土耳其人手中再次征服拜占庭，1098年攻克安條克。他留守該城，沒有參加進攻耶路撒冷的戰役，因而建立了安條克公國。他努力獲取法國和義大利的支援以對付亞歷克賽和拜占庭帝國，但最後未能成功。

Böhm, Karl＊　博姆（西元1894～1981年）　奧地利指揮家。在格拉茨從演習鋼琴手升任到首席指揮，1921年被華爾特邀請到慕尼黑任指揮。1934～1942年在德勒斯登國家歌劇院擔任指揮，博姆指揮過無數的初次公演作品，包括史特勞斯的兩部作品，他對史特勞斯的作品有強烈的共鳴。他與薩爾斯堡音樂節（始自1938年）有著長期的合作關係，尤其以指揮莫札特的作品受到稱讚。

Böhme, Jakob＊　伯麥（西元1575～1624年）　德國神祕主義者。原爲鞋匠，1600年經歷一次宗教體驗，領悟到他認爲有助於消除那個時代緊張氣氛的眞知灼見，即在《曙光》（1612）中所闡述的。帕拉塞爾蘇斯的著作激起了他對自然神祕主義的興趣。在《偉大的神祕》（1623）中，他根據帕拉塞爾蘇斯的理論來解釋〈創世記〉中的創世情況；《論神恩的遴選》，用辯證觀點論述自由意志問題。當時他因散播喀爾文派及其得救預定論而成爲敏感人物。他對後來的觀念論和浪漫主義等思想運動影響很大，被公認是神智學之父。

Bohol＊　保和　菲律賓群島的島嶼（2000年人口約1,137,268）。位於民答那峨北面的米沙鄢群島，面積3,864平方公里。1565年西班牙人來此，然後一直統治到19世紀末。基本上多爲鄉村，經濟以農業爲主。重要的居民點有沿海的洛翁和塔利邦。

Bohr, Niels (Henrik David)＊　波耳（西元1885～1962年）　丹麥物理學家。曾在劍橋大學和曼徹斯特大學跟隨湯姆生和拉塞福研究原子結構。他是首先認識到元素的原子序數重要性的學者之一，並設想任何原子只能具有一組離散的穩定（狀）態或定態，每個穩定態的能量是一個定值。他也是第一個把量子理論應用到原子和分子結構上的人，他的原子核概念對理解核分裂的過程是關鍵的一步。1920～1962年擔任哥本哈根大學新成立的理論物理研究所所長。1922年獲得諾貝爾物理學獎，以表揚他在原子理論方面的工作。1939年出任皇家丹麥學院的院長，直至去世。第二次世界大戰期間雖對美國的原子彈研究有所貢獻，但後來致力於限制核武的事業。1957年獲得第一屆美國「原子和平獎」。化學元素107號元素bohrium就是以他的名字命名。1975年他的兒子艾吉・波耳（1922～）與莫特森（1926～）和雷恩沃特（1917～1986）因致力於研究原子核而共獲諾貝爾獎。

Boieldieu, (François-) Adrien＊　布瓦埃爾迪厄（西元1775～1834年）　法國作曲家。爲知名的鋼琴演奏家，1798年起擔任巴黎音樂學院鋼琴教授。早期寫的喜歌劇在巴黎十分受人歡迎，1804～1810年任俄國聖彼得堡歌劇院指揮期間寫有多部歌劇。一生創有近四十部歌劇（包括許多獨幕劇），其中最受歡迎的是《巴格達的哈里發》（1800）、《紅色騎馬帽》（1818）和《白衣夫人》（1825）。他曾是19世紀初法國最紅的歌劇作曲家，但後來羅西尼崛起，使他相形失色。

Boigny, Félix Houphouët- ➟ Houphouet-Boigny, Felix

boil＊　癤　亦稱furuncle或furunculosis。在毛囊部由葡萄球菌引起的皮膚感染造成充滿膿液的炎症腫脹。感覺疼痛，觸之硬，需排出膿液後始漸痊癒。好發於受摩擦或浸軟的有毛皮膚處。麥粒腫是睫毛根部的癤腫。若原發的皮膚病處有癢感，經手搔抓後葡萄球菌易侵入毛囊而形成癤腫。癤腫通常無需治療，只需保持局部清潔，避免進一步感染；較嚴重者則可使用抗生素。

Boileau (-Despréaux), Nicolas＊　布瓦洛（西元1636～1711年）　法國詩人和文學評論家。1674年發表《詩藝》，這是部用韻文寫成的說教式論著，規定了古典傳統詩歌的寫作準則，對當時的文學爭論提供了有價值的見解。他還翻譯了朗吉努斯的經典論著《論崇高》，具有諷刺意味的是，它成爲浪漫主義美學的主要來源。其論著樹立了法國和英國文學的古典標準。

boiler　鍋爐　一種將液體轉化爲蒸氣的裝置。組成部分包括燒燃料的爐膛、將燃燒的熱量傳給水（或其他液體）的受熱面和形成水蒸氣（或蒸汽）並收集它們的空間。常規鍋爐有一個焚燒化石燃料或廢棄燃料的爐膛；核反應堆也可用來提供熱量。有兩類常規蒸汽鍋爐：一、火管鍋爐，水包圍著有爐膛熱氣通過的鋼管；這種鍋爐易於安裝和操作，廣泛用作建築物供暖和在工業生產中提供動力，也用於蒸汽機車。二、水管鍋爐，水在管內，熱爐氣在管外循環；能產生更多和更熱的蒸汽，用於船隻和工廠。最大的鍋爐裝置用在公用事業的中心發電站；其他大型鍋爐用於鋼鐵廠、造紙廠、煉油廠和化工廠等。亦請參閱steam engine。

boiling　煮　食品烹調方法，將食物浸沒在水中，加熱到接近沸點。主要用以煮肉和蔬菜。「悶」是將水加熱到85℃左右，一般用來製備麵包用的牛奶和牛奶麵糊（通常用雙層鍋，將放了食物的平鍋懸置於另一個裝了水的鍋上）。比「悶」的溫度再高點爲「汆」，這種溫度可以煮熟魚和蛋（也用雙層鍋）。在水開始有聲響，尤其是在接近沸騰溫度下爲「煨」，是做湯、燉菜或乾燒的一般方式。蒸煮是把蔬菜放在架上，下面是沸水。

boiling point　沸點　加熱時，液體轉變爲蒸汽時的溫度。到達沸點後若進一步加熱，其結果是使液體轉化爲蒸氣而溫度並不升高。液體的沸點隨液體的特性和所加的壓力而不同。在標準的大氣壓強下，或者說在海平面上，水的沸點爲100℃，而乙醇的沸點爲78℃。在高海拔處，沸點降低，食物需要煮更長的時間；可以用高壓鍋來增加壓力，從而提高沸點。

Bois, W. E. B. Du ➟ Du Bois, W(illiam) E(dward) B(urghardt)

Bois de Boulogne＊　布洛涅公園　法國巴黎西部的公園。位於塞納河的灣道內，曾是森林和皇家狩獵保留區。1852年被巴黎市購得，改爲休閒區。面積873公頃，包括著名的朗香和歐特伊比賽跑道。

Boise＊　博伊西　美國愛達荷州首府（2000年人口約185,787）。爲該州最大城市，瀕博伊西河。1862年因盆地出現淘金熱而於翌年建立博伊西堡，發展爲向附近礦山生活提供服務的社區。1864年成爲愛達荷準州首府，1890年爲州首府。因農業擴展和伐木業成長而迅速崛起，也是博伊西國家森林總部。

Boito, Arrigo＊　博伊托（西元1842～1918年）　原名Enrico Giuseppe Giovanni。義大利作曲家和歌詞作家。在作曲方面，以歌劇《梅菲斯特費勒》（1868）最爲聞名。他爲威爾第的《國家讚歌》（1862）寫歌詞，並改寫他的《西蒙·博卡內格拉》歌詞，這兩項任務使他能爲威爾第的傑作《奧賽羅》（1887）和《福斯塔夫》（1893）寫出著名的文本。他也是龐基耶利的歌劇《船女喬孔達》（1876）的歌詞作者。生前未能完成自己的歌劇《內羅內》。

Bojador, Cape＊　博哈多爾角　西非的岬角。在加那利群島以南的西撒哈拉近海處伸入大西洋。1434年後葡萄牙人開始探勘此區，特別是爲了尋找奴隸來源。後來和西班牙人爭奪此區；1860年被西班牙占有，1884年正式併入西班牙。1976年西班牙從西撒哈拉撤出後，摩洛哥稱對此海角擁有主權，派兵駐守，並設爲省份。

Bojangles ➟ Robinson, Bill

Bok, Edward (William)　博克（西元1863～1930年）　美國編輯。在紐約市布魯克林區一個貧困的荷蘭移民家庭長大，一生從事書籍和雜誌的出版工作。1889～1919年擔任《婦女家庭雜誌》主編，他建議各部門從各方面報導和婦女相關的題材，並開闢公共衛生和美化環境的專題。他拒絕刊登專賣藥的廣告，促使政府頒布「衛生食品暨藥物法」（1906）。他還打破禁忌刊登提及性病的題材。晚年致力於改善公民權與世界和平的工作。著名的自傳《博克的美國化》（1920）獲普立茲獎。

博克，麥克唐納（Pirie MacDonald）攝於1909年
By courtesy of the Library of Congress, Washington, D. C.

bok choy　小白菜　亦稱中國芥菜（Chinese mustard）。兩種白菜之一，學名*Brassica chinensis*。葉光澤，深綠色；葉莖肥厚，白色，脆；葉球鬆散。其黃色開花的菜心尤受歡迎。亦請參閱mustard。

Bokassa, Eddine Ahmed＊　博卡薩（西元1921～1996年）　原名Jean-Bédel Bokassa。中非共和國總統（1966～1977），自封中非帝國皇帝（1977～1979）。酋長之子，1939年加入法國軍隊，在印度支那服役時獲英勇十字勳章。1961年返國，擔任新獨立的中非共和國的軍隊總司令，五年後推翻總統，即他的表兄弟達科。1977年自己加冕爲皇帝。當他被發現曾參與屠殺一百名學童，並有人指控他食人肉後，法國傘兵部隊發動軍事政變，重建共和國。博卡薩逃亡到象牙海岸。雖在1980年缺席審判宣判死刑，但他於1986年返國，立即被捕受審；後來免去死刑，1993年獲釋。

Bokhara ➟ Bukhara

Bokn Fjord＊　博肯峽灣　挪威北海中的一個峽灣。位於斯塔萬格之北，爲近海石油鑽探的商業中心。長約56公里，寬約16～24公里。它還包括其他一些峽灣，灣內有許多島嶼和小島。

Boleyn, Anne＊　安妮·布林（西元1507?～1536年）　英國皇后。在法國度過部分童年，後來回國住在亨利八世的宮中，不久與亨利八世陷入熱戀，亨利開始密謀解除與第一任妻子亞拉岡的凱瑟琳的婚姻關係，但教宗克雷芒七世連續六年拒不批准。1533年亨利與安妮祕密結婚，亨利使坎特伯里大主教克蘭麥宣布他與凱瑟琳的婚姻完全無效。安妮生一女，即後來的伊莉莎白一世，但一直沒有替亨利生下他想要的男嗣。後來亨利對她感到厭倦，1536年亨利羅織了通姦和亂倫的罪名，將她關入倫敦塔。後來被判有罪，並將她斬首。

Bolingbroke, Viscount＊　博林布魯克子爵（西元1678～1751年）　原名Henry Saint John。英國政治人物。1701年進入國會，不久成爲安妮女王時期托利黨的傑出分子，1704～1708年擔任國防大臣，1710～1715年任國務大臣。後來被喬治一世免職，因與詹姆斯黨人共謀，恐遭彈劾，乃於1715年逃亡法國。1725年返回英國，成爲文學圈內的中心人物，圈內人物有斯威夫特、波普和蓋伊等。他發動強大的宣傳攻勢反對輝格黨及其領袖華爾波爾，還寫了幾本歷史和哲學書籍，其中包括《論賢王》（1744、1749）。

Bolívar, Pico＊　波利瓦爾峰　委內瑞拉的山峰。內華達山國家公園最高峰，海拔16,427呎（5007公尺），位於梅里達山（安地斯山脈的東北支脈），委內瑞拉境內。

Bolívar, Simón＊　玻利瓦爾（西元1783～1830年）　別名解放者（The Liberator）。拉丁美洲軍人和政治人物，在新格拉納達總督轄區（今哥倫比亞、委內瑞拉和厄瓜多爾）、祕魯和上祕魯（今玻利維亞）領導了反西班牙人統治的革命運動。是委內瑞拉貴族的兒子，在歐洲受教育。他受到歐洲理性主義的影響，加入委內瑞拉獨立運動，成爲傑出的政治和軍事領袖。1810年革命者們將西班牙總督逐出委內瑞拉，1811年委內瑞拉宣布獨立。1814年這個年輕的共和國被西班牙人打敗，玻利瓦爾流亡出境。1819年他帶領兩千五百人走過人們認爲不可能通過的路線，大膽突襲新格拉那達。結果讓西班牙人大感意外，而迅速擊敗了他們。在蘇克雷的幫助下，1822年他實現了厄瓜多爾的獨立。1824年在祕魯完成了聖馬丁的革命工作，解放了那個國家。根據玻利瓦爾的命令，1825年蘇克雷解放了上祕魯。玻利瓦爾擔任了哥倫比亞總統（1821～1830）和祕魯總統（1823～1829），監督1826年西班牙系拉丁美洲國家聯盟的創立，但不久這些新國家就互相開戰。解放容易，治國難，他在治理國家方面不很成功，最後流亡，在前往歐洲途中去世。

玻利瓦爾，蔡爾茲（C. G. Childs）所做雕版細部
By courtesy of the Library of Congress, Washington, D. C.

Bolivia　玻利維亞　正式名稱玻利維亞共和國（Republic of Bolivia）。南美洲西部國家。面積1,098,581平方公里。人口約8,401,000（2002）。首都：拉巴斯（行政）；蘇克雷（司法）。人口主要由三種族群構成：印第安人（艾馬拉人和克丘亞人後裔）、印第安人和西班牙人的混血種（梅斯蒂索人），以及西班牙人後裔。語言：西班牙語、艾馬拉語和克丘亞語（均爲官方語）。宗教：天主教，還有一些前哥倫布時期的殘餘宗教。貨幣：玻利維亞諾（Bs）。可分爲三個主要地理區：西南部高地（或稱阿爾蒂普拉諾），的的喀喀湖就位於此，連綿於該國整個西南部；第二地區是安地斯山脈的東、西兩個分支，環繞在第一區周圍。東部支脈是森林密布的地帶，有許多深谷，西部支脈是一座高原，鄰近多座火山，其中包括該國最高峰薩哈馬山（海拔6,542公

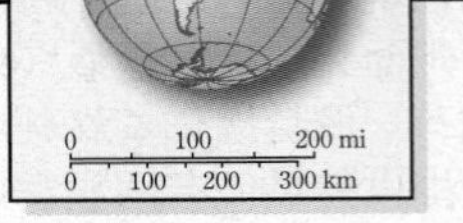

尺）。第三地區是該國北部和東部的低地區，面積占國土2/3以上。河流包括瓜波雷、馬莫雷、貝尼及皮科馬約河上游。經濟屬發展中的混合型經濟，以生產天然氣和農作物爲主。政府形式爲多黨制中央集權共和國，兩院制。國家元首暨政府首腦是總統。7～11世紀時，玻利維亞高地是先進的蒂亞瓦納科文化的所在地，15世紀成爲被印加人征服的印第安民族艾馬拉人的家園。1530年代，皮薩羅領導西班牙人入侵，推翻了印加帝國。到1600年，西班牙人已經建立了查爾卡斯（今蘇克雷）、拉巴斯、聖克魯斯以及後來的城市科恰班巴，並開始開採波托西的銀礦。17世紀時玻利維亞繁榮起來，有一段時期裡波托西是美洲最大的城市。到該世紀末，礦藏財富已經乾涸。早在1809年玻利維亞就已開始要求獨立，但直到1825年才打敗西班牙軍隊。1884年太平洋戰爭結束時，把阿塔卡馬省割讓給智利，1939年又把大廈谷的一大部分割給了巴拉圭，玻利維亞的版圖一再縮水。玻利維亞現在是南美洲最窮的國家之一，在20世紀大部分時間裡政府都處於不穩定狀態。到1990年代，玻利維亞已成爲世界上最大的古柯產地之一，從中可提取古柯鹼。後來其政府實施根除這種作物的計畫，雖然遭到許多以古柯爲生的貧苦農民抵制，但取締行動還是取得很大的成效。

Böll, Heinrich (Theodor)＊　伯爾（西元1917～1985年）　德國作家。第二次世界大戰時被徵召入伍，在前線經歷過幾場戰鬥，形成其反戰和不妥協的觀點。他的諷刺性小說敘述德國在戰爭期間和戰後的艱苦生活，抓住了德國人民的心理變化。後來成爲德國左派的主要心聲。主要作品包括《與夜晚熟悉》（1953）、《九點半鐘的撞球》（1959）、《小丑眼中的世界》（1963）、《一位女士及衆生相》（1971），以及《失去名譽的卡特琳娜．布盧姆》（1974）等。1972年獲得諾貝爾獎。

boll weevil＊　棉鈴象甲　鞘翅目象甲科小甲蟲，學名*Anthonomus grandis*，分布於幾乎所有的棉花栽種區。爲北美洲最嚴重的棉花害蟲。成蟲的大小因幼蟲期取食量的多少而異，但平均約6公釐，包括長

棉鈴象甲
Harry Rogers

而彎的喙在內。春季，雌蟲在棉芽或棉鈴內產卵。孵化後，幼蟲始終生活在棉鈴內，破壞棉籽和周圍的纖維。因幼蟲和蛹期都在棉鈴內度過，所以此時用殺蟲藥無效。估計每年可造成三百萬～五百萬包棉花的損失。

bollworm＊　螟鈴　各種蛾類的幼蟲，包括麥蛾科的紅鈴蟲及一些夜蛾科的棉鈴蟲種類（參閱corn earworm）。螟鈴侵害玉蜀黍、番茄、棉花、豌豆、苜蓿、蠶豆、大豆、亞麻、花生及其他經濟作物。可用天然寄生蟲、提早播種作物、誘蟲作物及農藥來控制這種害蟲。

Bollywood　寶萊塢　印度製片工業，1930年代在孟買（原為Bombay，現在則為Mumbai）開始並發展成一個巨大的電影帝國。喜曼蘇．賴於1934年積極投入孟買的有聲電影，是推動印度電影成長的先鋒。多年來，多部第一流的類型電影從寶萊塢嶄露頭角：史詩電影，特別是《蒙兀兒王朝》（1960）；向西方世界示好的電影如《修雷》（1975）；描寫妓女的電影像是《純潔的心靈》（1972）：精采呈現了令人目眩神迷的電影藝術以及充滿感官刺激的舞蹈編舞；還有以《歡迎贖罪之母》（1975）為代表的神話電影。明星演員不遑多讓於電影本身，被視為票房賣座成功的重要原因。寶萊塢電影的標準特色包括公式化的劇情發展，走位技巧熟練的打鬥場景，壯觀的歌舞場面如同例行公事，賺人熱淚的音樂劇，以及不食人間煙火的英雄人物等。21世紀之初，寶萊塢每年出場一千部劇情片，在英國與美國的亞裔人口中開發出許多國際性的觀眾。

Bologna＊　波隆那　義大利北部艾米利亞－羅馬涅區首府（2001年人口約369,955），位於佛羅倫斯以北，亞平寧山脈北部山腳下。原為伊楚利亞人的費爾西納鎮，西元前190年左右成為羅馬的軍事殖民地。從西元6世紀起屬拜占庭拉韋納總督管區管轄。12世紀時成為一自由行政區。1506年併入教廷國，1530年查理五世在此加冕。經過法國的短期占領後，1815年恢復為教廷國轄地，1861年歸屬義大利王國。波隆那大學是歐洲最古老的大學。該市是南、北義大利間的公路和鐵路交通中心。這裡有中世紀和文藝復興時期最優良的建築，並以美食著稱。第二次世界大戰後，該地政府一直由共產黨員治理。

Bologna, Giovanni da　喬凡尼．達．波隆那 ➠ Giambologna

Bologna, University of　波隆那大學　歐洲最古老的大學，1088年建於義大利的波隆那。12～13世紀時成為研究民法和宗教法規的主要中心，是整個歐洲各大學的組織模型。約在1200年左右成立醫學系和哲學系。理科各系則在17世紀發展起來。18世紀時招收女生和聘任女教師。該校現有法學、政治學、經濟學、文學和哲學、自然科學、農學、醫學和工程學等系。註冊學生人數約64,000。

Bolognese school＊　波隆那畫派　1582年前後由卡拉齊家族的洛多維科、阿戈斯蒂諾和安尼巴萊成立的進步學院所製作的作品及闡述的理論。他們為反對矯飾主義而提倡直接從生活提取作畫題材。其所教導的優秀學生中有多梅尼基諾和雷尼。他們的畫作明快、單純，很符合反宗教改革運動的藝術要求，即要求藝術作品能讓人立即理解。開始時只是一種地區性活動，後來成為17世紀藝術中最有影響的一派。

Bolshevik＊　布爾什維克　（俄語意為「多數派」）俄國社會民主工黨的一派，在列寧領導下，於1917年俄國革命中奪取政權。這一派興起於1903年，當時列寧的追隨者堅持主張黨員應限於職業或全職的革命家。雖然他們與對手孟什維克（意為「少數派」）共同參加1905年俄國革命，但後來兩派分裂，列寧在1912年自組政黨。在第一次世界大戰中吸引城市工人和士兵而日益壯大。1917年後布爾什維克正式掌權，成為極權主義的典範，其他的極權主義還有墨索里尼和希特勒的法西斯主義。亦請參閱Communist Party、Leninism。

Bolshoi Ballet＊　大劇院芭蕾舞團　俄羅斯主要芭蕾舞團，以精心製作19世紀古典芭蕾舞蹈著名於世。該團成立於1776年，1825年起以莫斯科大劇院的名稱為其團名。該團有影響的編舞家有佩季帕、布拉西斯、戈爾斯基和札哈羅夫。1964～1995年格里戈洛維奇擔任舞團的藝術總監。在許多次巡迴演出中向全世界的觀眾介紹了其傑出的舞者，包括格爾采爾、季霍米羅夫、烏蘭諾娃和普利謝茨卡亞等。

Bolshoi Theatre　大劇院　莫斯科的綜合性劇場，在那裡上演音樂會、歌劇、芭蕾舞和戲劇等。該機構成立於1776年，當時凱薩琳二世批准一家劇團在莫斯科演出所有的舞台表演形式；不久其演出範圍就擴大到歌劇和舞蹈，還有話劇。最初的綜合劇場建築建於1825年；1853年毀於大火後重建。演出公司雖常有變動，但大劇院這個機構和數次重建的建築都得以保存了下來。

bolt　螺栓　通常與螺母一起用於連接兩個或更多零件的機械緊固件。螺栓連接易於裝、拆；因此，螺栓或螺紋件緊固件較其他機械扣件用得更廣。螺栓是一個帶頭部並在部分長度上有螺紋的圓柱體。螺母上有內（或陰）螺紋，與螺栓上的螺紋相齧合。墊圈往往用來防止鬆脫和擠壓。

bolt action　槍機　火器上的一種閉鎖機構，是研製有效的連發步槍的關鍵。它包括擊針、彈簧以及抓彈鉤，它們都裝在槍機裡，或固定在槍機上。用帶圓頭的凸出的手柄使槍機在機匣內往復運動。當槍機被推向前時，它把一顆槍彈推進槍膛內，並使槍閉鎖。扣扳機時放鬆槍機內的彈簧，推動槍機內的擊針。射擊後，槍機頭上的抓彈鉤將彈殼退出並拋掉。於是槍機又從彈倉中推出另一顆槍彈，重複上述過程。

Bolton, Guy (Reginald)　波爾頓（西元1884～1979年）　英國出生的美國劇作家和歌詞作者。出生於英格蘭，父母都是美國人。他的第一部劇作於1911年在百老匯上演。他和伍德霍斯等人合作，寫出幾十部腳本，由作曲家克恩（《啊！男孩！》〔1917〕）、蓋希文（《女士，有教養些》〔1924〕；《瘋狂的女孩》〔1930〕）、以及波特（《一切如常》〔1934〕）等人配樂。

Boltzmann, Ludwig (Eduard)＊　波茲曼（西元1844～1906年）　奧地利物理學家。取得維也納大學博士學位後，在德國與奧地利幾所大學教書。他是最早認識馬克士威電磁理論重要性的歐洲科學家之一。他將力學定律和機率論應用於原子的熱運動，從而解釋了熱力學第二定律。波茲曼最大的成就是發展了統計力學。但他的工作遭到廣泛的攻擊和誤解，1900年後得了憂鬱症，最終自殺身亡。死後不久，人們在原子物理學方面的各種發現，以及認識到只能用統計力學來解釋如布朗運動等現象，最終證實了他的理論。

Boltzmann constant　波茲曼常數　普適氣體常數（參閱gas laws）與亞佛加厥數之比。其值為1.380662（±44）$\times 10^{-23}$焦耳每開（Kelvin）。以波茲曼命名，是一個基本物理常數，在經典物理學和量子物理學的幾乎每個統計公式裡都會出現。

bomb　火山彈　火山學上指直徑大於32公釐的任何未凝固的火山物質。由火山爆發時所噴出的全流體或部分流體的熔岩凝塊形成；它們在噴射過程中凝固而變成圓形。其最後形狀取決於岩漿最初的大小、黏度和噴射的速度。

Bombay ➠ Mumbai

bomber　轟炸機　用來對地面目標投擲炸彈的軍用飛機。空中轟炸之始可追溯到義土戰爭（1911）時，一位義大利飛行員對準兩個土耳其目標投下手榴彈。第一次世界大戰期間，德國人把齊柏林飛船用作戰略轟炸機。1930年代發展出俯衝式轟炸機，這種飛機在西班牙內戰中造成巨大的破壞。第二次世界大戰中又發展出重型轟炸機，包括了美國的B-29，它可攜帶9,000公斤的炸彈。轟炸機是同盟國獲勝的一個主要原因。戰後，攜帶核彈的噴射轟炸機是冷戰戰略中重要的一環，但從1960年代開始，戰略轟炸機開始被配備了核裝置的彈道飛彈所取代。20世紀晚期，為了避開日漸精密的雷達預警系統而研發出隱形轟炸機，但造價昂貴（加上冷戰結束），引起人們質疑戰略轟炸機與彈道飛彈相比的價值問題。

Bombon, Lake ➠ Taal, Lake

Bomu River＊　博穆河　中非共和國河流。流向西，形成剛果北部與中非共和國南部（在那裡稱姆博穆河）之間的邊界。河流如同繞了一個大彎，沿途流經大草原，與韋萊河匯合形成烏班吉河，全長約800公里。

Bon＊　盆會　流行於日本每年一次的節日，通常在陰曆7月13～15日，屆時追念家族先人和一般亡靈。人們相信，亡靈會像在新年期間那樣各自返回出生地。屆時人們清洗石碑，表演舞蹈，點燈籠和點火堆來迎接亡靈，節後再以燈籠和煙火將他們送走。

Bon＊　苯教　西藏的本土宗教。苯教原先關注的運用神靈力量施展撫慰性的法術，其儀式包括血祭。後來發展為主張神聖王權（國王都是天神化身），後經藏傳佛教重新加以闡釋，以喇嘛輪迴轉世的說法出現。苯教中發布神諭的巫師等同於佛教中職司預卜未來者，他們的天神、地神和地下之神可對應於藏傳佛教中次要的神。雖然苯教在宗教上的至高地位已於8世紀結束，但它仍殘存在藏傳佛教的許多方面上，且盛行於西藏北部和東部邊境一帶。

Bon, Cape＊　邦角　阿拉伯語作Ras at Tib。突尼西亞的半島。從突尼西亞的東北端向東北方伸展，長約80公里。第二次世界大戰期間，德軍從埃及和利比亞撤退途中曾占領此地（1943），不久他們就在這裡向盟軍投降。

Bon, Gustave Le ➠ Le Bon, Gustave

Bon Marché＊　廉價市場　法國巴黎的一家百貨公司。19世紀初是一家小商店，到1865年前後成為世界上第一家真正的百貨公司。1876年艾菲爾（1832～1923）為其設計大樓。廉價市場連鎖店目前歸聯合百貨公司所有。

Bona Dea＊　善德女神　古羅馬宗教所崇奉的女神，她保佑土地肥沃、婦女生育。她在阿文提的神廟的獻祭日是5月1日。她的廟只能由婦女掌管和進入，不過銘文記載有供公眾崇拜她的一側，男子可以參與。

Bonaparte, (Marie-Annonciade-) Caroline　波拿巴（西元1782～1839年）　那不勒斯女王（1808～1815）。拿破崙的幼妹，1800年與繆拉結婚。她丈夫能夠當上那不勒斯國王，除了其他的成就外，她野心勃勃的個性也是部分原因。1814～1815年她與繆拉開始對拿破崙不夠忠誠，於是和拿破崙的關係緊張起來，後來導致繆拉被處死。之後卡羅利娜避居第里雅斯特，改稱利波納伯爵夫人。

Bonaparte, Jérome　波拿巴（西元1784～1860年）　法國貴族。拿破崙的幼弟，1803年未經拿破崙同意而娶了個美國妻子，這使他與拿破崙的關係疏遠；後來他自稱婚姻無效。拿破崙後來安排他與符騰堡的凱瑟琳公主結婚，並立他為西伐利亞國王（1807～1813）。1812年他遠征俄國，並參與了滑鐵盧戰役。拿破崙垮台後，他移居佛羅倫斯；他的侄子拿破崙三世當政後才回到法國，被任命為法國元帥和參議院議長。

Bonaparte, Joseph　波拿巴（西元1768～1844年）　法國律師、外交官和軍人。拿破崙的長兄。拿破崙統治時期擔任那不勒斯國王（1806～1808），他在任內廢除封建制度，整頓修會，改革司法、財政和教育制度。1808年成為西班牙國王，他在那裡試圖進行改革卻成效不大。1813年遜位回到法國。拿破崙在滑鐵盧戰敗後，他前往美國（1815～1832），最後定居義大利。

Bonaparte, Louis　波拿巴（西元1778～1846年）　法國貴族和軍人。拿破崙的弟弟。隨拿破崙參加1796～1797年的義大利戰役。1798～1799年拿破崙遠征埃及時，他當副官。在拿破崙的堅持下，於1802年娶奧爾唐斯為妻，但這項結盟並不幸福也不持久。1806年拿破崙立他為荷蘭國王，拿破崙批評他對臣民過於寬鬆。由於他不情願加入大陸封鎖，造成與拿破崙之間的嫌隙，1810年他逃離他的王國，最後在義大利度過晚年。拿破崙三世為其子。

Bonaparte, Lucien　波拿巴（西元1775～1840年）　法國貴族及政治人物，拿破崙的二弟。五百人院議長。霧月18～19日他協助拿破崙取得政權。後來他認為拿破崙的野心會危害民主事業，導致了兄弟之間的緊張關係。但是在百日統治期間，他向拿破崙提供了幫助，而且在拿破崙第二次退位時，成為最後一個還在捍衛拿破崙君主地位的人，此後他在義大利安度晚年。

Bonaparte, (Marie-) Pauline　波拿巴（西元1780～1825年）　法國貴族婦女。拿破崙的二妹，1797年與拿破崙的參謀勒克萊爾（1772～1802）將軍結婚。勒克萊爾死後，1803年她改嫁博爾蓋澤親王，並隨夫前往羅馬。不久，她厭倦了她丈夫，返回巴黎，在巴黎她的行徑引發一些醜聞。1806年受封為瓜斯塔拉女公爵。後因癌症死於佛羅倫斯。

Bonaventure, St.＊　聖波拿文都拉（西元1217?～1274年）　中世紀義大利神學家、樞機主教和方濟會會長。生於教廷國，父為醫生，幼時曾罹患重病，透過阿西西的聖方濟的代禱才使他康復。在巴黎大學就讀後，於1244年加入方濟會。1254年接管巴黎方濟會學校。有人指責托缽修會乞求施捨敗壞了福音書的名譽，他對此進行駁斥。1257年當選方濟會會長，當時該會內部初現分裂，有人強調赤貧初旨，有人則主張管理要放鬆，他擺平了分歧意見。教宗格列高利十世於1273年任命他為義大利阿爾巴諾的樞機主教，在第二次里昂會議上，他在調和地方神職人員與各修會之間的矛盾方面發揮重要作用。

bond　砌合　建築上指磚石或其他建築單元（如混凝土塊、玻璃塊或黏土瓦）的規則排列，以保證砌體的穩定性。以保證砌體的穩定性。建築單元的端頭向著牆面的稱為丁磚、石；單元的長側面與牆面平行的稱為順磚、石。常用的砌合法有：英國式砌合（一層全順與一層全丁交替）；法蘭德斯式或荷蘭式砌合（每層中順磚與丁磚相間，丁磚的中線與下一層順磚的中線相對），以及美國式砌合（每隔四層或五層用一層丁磚，其餘全爲順磚）。亦請參閱masonry。

bond　債券　由地方、州郡、國家政府和私人公司簽發的規定有償還義務的借款契約。借款人承諾按期（一般每半年一次）照債券面額的一定百分比支付利息，並於到期日以法定貨幣按面額贖回債券。債券常表示金額巨大的債務；其形式較*期票*正規，一般蓋有印鑑。政府債券可以用課稅能力來支持；或者，政府債券是*收益債券*，僅用於債券供其使用的特定項目——如收費道路、機場——予以支持。債券的等級是根據發行者的信譽，是由獨立的評級單位評定的，一般分爲AAA到D級。AAA到BBB級的債券被視爲適於投資的債券。亦請參閱junk bond。

bond　保證書　法律中正式的書面協定，其中一方承擔某種行爲（如出席法庭或履行合約的義務）；無法履約時，此人必須支付一筆錢或喪失保證金。保證書是對履行義務的激勵，也保證在沒有履約的情況下提供補償。通常有擔保人，並規定擔保人須爲義務人的行爲後果負責。亦請參閱bail。

Bond, (Horace) Julian　邦德（西元1940年～）　美國政治人物和民權運動領袖。是教授的兒子，曾就讀於莫爾豪斯學院。1960年參與創建「學生非暴力協調委員會」。1965年當選爲喬治亞州議會議員，但由於支持「學生非暴力協調委員會」，發表譴責美國在越南戰爭中政策的言論，致使州議會不承認他的議員資格。後來再度當選議員，卻遭州議會拒絕入會。1967年美國最高法院作出判決，認爲州議會的作法違憲。他後來在州參議院任職（1975～1987）。1997年擔任*全國有色人種促進協會*（NAACP）會長。

bonding　化學鍵　使原子締合成分子、離子、晶體、金屬及其他穩定物質形式的相互作用。一些原子相互接近時，它們的原子核和電子發生相互作用，並有使自己的空間排列方式的總能量小於任何其他排列方式的趨勢。如果一個原子團的總能量小於其各組分原子的能量之和，則它們是化學鍵合的，而所減小的能量就是鍵能。一個原子可形成的鍵數，稱爲*原子價*或原子價數。一個原子的原子價正好是其價電子殼層（即最外電子殼層）中的不成對電子數。*共價鍵*形成分子：原子和其他特定原子間藉共享一對電子而結合。如果共享平均，這個分子就沒有極性，如果不平均，這個分子就是*電偶極*。*離子鍵*是共享極不平均的結果：陽離子放棄電子，陰離子拾起電子，所有的離子藉著靜電力結合成晶體。在晶體金屬中，一個分散的電子把鍵分給原子共享（金屬鍵）。其他形式包括氫鍵；*芳香族化合物*的鍵；配位共價鍵；多中心鍵，以硼烷爲例，其中有兩個原子以上共享電子對；配位複合體中的鍵至今仍少有人了解。亦請參閱van der Waals forces。

Bonds, Barry L(amar)　邦斯（西元1964年～）　美國職業棒球選手，生於加州里佛塞德。在亞利桑納州立大學時期就是全美的明星球員。這位左強打者及一流的盜壘者，打過大聯盟的兩支球隊：匹茲堡海盜隊（1985～1992）和舊金山巨人隊（1993～）的外野手。他數度獲選最有價值球員，到1998年球季，他已經拿過8次的金手套。2001年，他以73支全壘打超越*麥奎爾*的70支，以177次保送超越*貝比魯斯*的170次，雙雙打破大聯盟單一球季的記錄。他的父親巴比‧邦斯（1946～），同樣也是一個非凡的職業棒球選手。

Bône ➠ Annaba

bone　骨　脊椎動物體內堅硬的*結締組織*，主要由堅硬的骨基質和嵌在其中的骨細胞構成。骨骼是身體的支撐框架，提供肌肉運動的附著點，保護內部組織，包裹造血系統（紅骨髓），也是對許多身體過程有非常重要意義的鈣的貯庫，全身99%的鈣存於此。骨由鑲嵌在*膠原*纖維中的鈣、磷和碳晶體的基質和骨細胞（少於骨體積的5%）組成，膠原纖維提供強度和彈性。骨的外層爲質密的骨皮質，包圍著海綿狀骨鬆質中心區（不算骨髓腔）。骨不是透過細胞分裂來生長的，而是由不同種類的骨細胞產生骨基質，使其分裂並維持它。透過這一過程反覆模製出骨頭來，在最大壓力的地方加強，讓斷口處癒合，並調節體液裡鈣的水平（參閱calcium deficiency）。這一過程也會造成不常用到的骨頭（如不能運動的肢體）發生萎縮。骨骼方面的疾病包括*類風濕性關節炎*、*骨關節炎*、*佝僂病*、*骨質疏鬆*和*腫瘤*等。骨頭在重壓下會突然或逐漸斷裂。

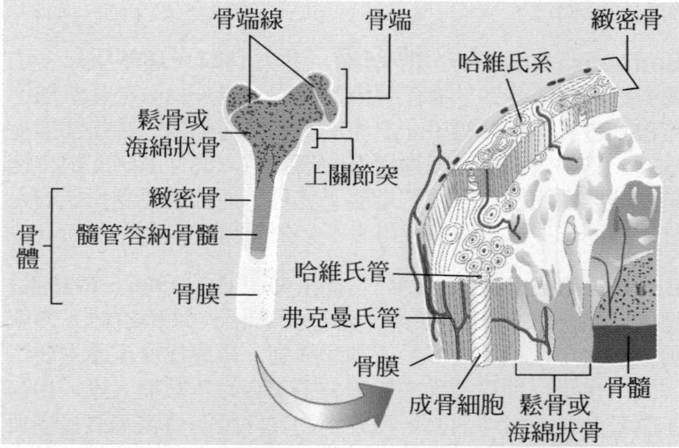

人體長骨的內部構造，圖右是內部橫剖面的放大圖。骨膜是覆蓋骨表面的結締鞘。哈維氏系是由哈維氏管周圍同心圓環狀排列的無機物質組成，提供緻密骨結構支撐，並讓骨細胞代謝。成骨細胞（成熟的骨細胞）出現在同心圓環狀之間的微小空洞。骨小管容納微血管帶來氧和養分並移除廢物。橫向的分支稱為弗克曼氏管。

bone china　骨灰瓷　含有骨灰的硬質*瓷器*。骨灰瓷由英國的斯波德（1754～1827）在1800年前後發展起來。將骨灰加入瓷石和瓷土（即硬瓷）中會使骨灰瓷更容易製造；質地也更強，不容易碎裂，而且具有象牙白的顏色可作裝飾。其他工廠（明頓、達比、烏斯特、維吉伍德、羅京安）於19世紀初都採用了這個配方。在英國和美國，骨灰瓷器一直是人們喜愛的食具。亦請參閱stoneware。

1815～1820年斯塔福的維吉伍德骨灰瓷盤，現藏倫敦維多利亞和艾伯特博物館

By courtesy of the Victoria and Albert Museum, London; photograph, EB Inc.

bone marrow　骨髓　亦稱myeloid tissue。填充於骨腔中的柔軟凝膠狀組織。紅骨髓由幹細胞、先祖細胞和功能性血細胞組成（參閱reticuloendothelial system）。淋巴球在淋巴組織中成熟（參閱lymphoid tissue）。所有其他血細胞形成都在骨髓中完成，同時衰老的*紅血球*破壞掉。黃骨髓主要貯存脂肪。由於骨髓產生的*白血球*與機體的免疫防禦有關，所以骨髓移植已用於治療一些免疫力缺乏症。輻射及某些抗癌藥物會損傷骨髓，損害免疫力。檢查骨髓有助於診斷有關血液及造血系統的疾病。

bonefish　北梭魚　海鰱目北梭魚科海產遊釣魚類，學名*Albula vulpes*。棲於熱帶海沿岸和島嶼淺水區，由於敏捷和有力氣而爲遊釣人所稱讚。最大長度和重量約76公分和6.4公斤。尾鰭深叉形，口小，位於豬嘴狀吻突面。於海底掘尋蠕蟲類及其他食物。

bongo　紫羚羊　偶蹄目牛科大型顏色鮮豔的羚羊，學名*Boocercus euryceros*或*Taurotragus euryceros*。膽小，奔跑迅速，靈活，常以小群或成對在非洲中部的密林中生活。肩高約1.3公尺，沿整個背部都有豎立的鬃毛。雌雄都有一對沈重扭旋的角。雄體淺紅褐至深桃花心木色，腹部黑色，腿黑白兩色，頭上有白色斑紋，身上有狹窄垂直的白色條紋，雌體有類似的斑紋，但一般爲更鮮明的淺紅褐色。

紫羚羊
Tom McHugh－Photo Researchers

Bonheur, Rosa＊　博納爾（西元1822～1899年）　法國動物畫家。受教於擔任藝術教師的父親，1841年起參加巴黎畫廊畫展。有關獅子、老虎、馬和其他動物的繪畫都極受歡迎。其中《馬集》爲她贏得國際聲望。個性鮮明的她，總是身著男性服裝在巴黎的馬展研究馬，而且還得到正式的允許。1865年成爲第一個獲得大十字榮譽勳章的女性。

Bonhoeffer, Dietrich＊　潘霍華（西元1906～1945年）　德國路德派牧師及神學家。曾在圖賓根大學和柏林大學就讀，1931年任柏林大學系統神學講師。後成爲宣信會主要代言人，也是反納粹運動的活躍分子。1943年被捕入獄，1944年暗殺希特勒案件敗露，搜查到的文件證明潘霍華直接參與此案，使得他在大戰結束前一個月被處決。潘霍華可說是20世紀最有洞察力的神學家之一，他主張一個新的基督教會，這個教會應廢除神聖和世俗的階級之分，放棄傳統的教會特權而對世界的問題多關心和參與。著名作品有《追隨基督》（1937）、《倫理學》（1949）、《獄中書簡》（1951）。

Boniface, St.＊　聖卜尼法斯（西元約675～754年）　英國傳教士及改革家，生於威塞克斯。他先是成爲本篤會修道院僧侶，後成爲神職人員。曾兩度到歐洲大陸向弗里西亞－撒克遜人傳教。718年奉教宗格列高利二世之命，去萊茵河以東地區傳教。722年他到達黑森建立第一批本篤會修道院。十年間（725～735）卜尼法斯在圖林吉亞辛勤傳教。他在巴伐利亞建立四個主教區，爲巴伐利亞併入加洛林帝國鋪平道路。卜尼法斯整頓法蘭克人神職人員和愛爾蘭傳教士（740～745）。卜尼法斯被仇恨羅馬統治的弗里西亞異教徒殺死。

Boniface VIII　卜尼法斯八世（西元約1235～1303年）　原名Benedict Caetani。教宗（1294～1303年在位）。出身羅馬顯貴家庭，曾在波隆那學習法律，之後在教廷任職，最後成爲樞機主教（1218）及教宗。由於英格蘭愛德華一世和法蘭西腓力四世互相角逐，用度浩繁，紛紛不經教宗同意而擅自向神職人員徵稅。1296年卜尼法斯發布通諭，禁止這種行爲；腓力遂禁止財富出境，切斷教廷財政來源。1301年雙方的關係因腓力將一主教判刑投獄而更惡化。當聽說卜尼法斯將對腓力行絕罰處分時，腓力的擁護者將他拘捕，雖兩天後便被救出，但不久後便去世。

Boniface of Querfurt, St. ➠ Bruno of Querfurt, St.

Bonifácio, José ➠ Andrada e Silva, José Bonifácio de

Bonin Islands＊　小笠原群島　日語作Ogasawara-gunto。日本西太平洋一島群，位於東京南方約950公里。由二十七個火山島組成，面積104平方公里。島群包括父島列島（最大）、婿島列島和母島列島。1830年起受歐洲人和夏威夷人統治，1876年併入日本。1945～1968受美國控制。

Bonington, Richard Parkes＊　波寧頓（西元1802～1828年）　英國畫家，活躍於法國。1818年至法國隨格羅習畫。他的水彩畫在巴黎很受歡迎，在有名的1824年「英國」畫廊畫展中展出並得到金質獎章。他與康斯塔伯和透納一起普及了油畫技法，一種將瞬即消失的自然快速記錄下來的油畫技法。作爲浪漫主義運動的畫家和油畫、水彩畫的革新者，波寧頓對英國和法國都有影響。二十六歲去世，結束了他輝煌但短暫的一生。

bonito＊　狐鰹　鱸形目鯖科狐鰹屬的集群魚類。游動敏捷，掠食性，遍布全世界。體背側具縱帶，腹側銀白，體長約75公分，似金槍魚。流線形，尾基很窄，尾鰭叉狀，背鰭與臀鰭後方各有一行小鰭。狐鰹具有商業性及運動性價值。有三種一般的種可以在大西洋、地中海、印度洋－太平洋和太平洋中發現。

Bonn　波昂　德國城市（2002年市區人口約306,000，都會區人口約878,700）。臨萊茵河，在科隆之南。直至1990年都是西德首都。其名稱「波昂」因羅馬人西元1世紀興建波昂西亞城堡而保存下來。9世紀建爲法蘭克人的波昂堡，13世紀獲得發展，成爲科隆選侯國首府。1815年併入普魯士。19世紀末葉成爲居民城鎮。兩次世界大戰中備受轟炸。1949年成爲西德首都後，城市重新獲得發展。1990年德國統一後，國家首都遷回柏林。波昂是貝多芬的出生地。

Bonnard, Pierre＊　勃納爾（西元1867～1947年）　法國畫家和版畫家。1888～1889年就讀於茱莉亞學院和美術學校。1890年代成爲美術家團體「納比派」的主要成員，受「新藝術」和日本版畫的影響。與他的朋友維亞爾一起發展了親切的室內場景畫，稱爲「描繪內心派」，專門描繪第一次世界大戰前時尚的巴黎生活。他也畫靜物、自畫像、海景以及大幅的裝飾畫。1910年到法國南方，繪成一系列地中海地區的風景畫。他很喜愛透視畫法，在像《餐室》（1913）等作品中就運用了透視。從1920年代起，畫題主要是風景、室內畫、花園以及裸體浴女等。曾爲魏倫的象徵主義詩集《平行集》作裝飾畫（1900）。他是現代藝術中最偉大的色彩專家。

Bonnefoy, Yves　博納富瓦（西元1923年～）　法國詩人。原是數學系的學生，後來搬到巴黎，深受超現實主義的影響。他的詩作描寫一個思想性的宇宙，透過對「眞實世界」的直覺而被帶進生活中。他的詩集包括了《影子的光亮中》（1987）和《雪的開始與終結》（1991）。博納富瓦同時也是一位學者，編輯了《神話學》（1981），一部神話與宗教的字典。1981～1994年擔任法國大學比較詩學的教授。

Bonnet, Georges-Étienne＊　博內（西元1889～1973年）　法國政治人物。1924～1940年擔任衆議員，成爲激進社會黨的領袖。1937～1938年任財政部長，1938～1939年任外交部長，是納粹德國綏靖政策的主要支持者。他還支持維琪政權。法國解放後，開始有人起訴他，最後卻被撤銷了。1944年被逐出激進社會黨，1952年重新被接納，1955年再次被開除。後來又重新選入衆議院（1956～1968）。

bonnet monkey 帽猴 一種靈敏的印度獮猴，學名*Macaca radiata*，因頭部濃密而長的毛形似帽子而得名。淺灰褐色，臉裸露，粉紅色。體長約35～60公分，尾長50～70公分，體重約3～9公斤。有時到果園或食品店偷取食物。

帽猴
Warren Garst－Tom Stack & Associates

Bonnie and Clyde ➠ Barrow, Clyde and Bonnie Parker

Bonnie Prince Charlie ➠ Stuart, Charles Edward (Louis Philip Casimir)

bonobo＊ 小黑猩猩 大型類人猿的幾個品種，學名Pan paniscus，曾被視爲黑猩猩的一個亞種，兩者在大小、外形及生活習性上都很相似。小黑猩猩分布範圍較黑猩猩小，僅見於剛果（薩伊）中部的低地雨林中。小黑猩猩的臂較長且更細，身體細長，面部不那麼向前突出。主要以果實爲食，輔以葉子、種子、草以及小動物。50～120個個體組成一大群。它們的社會生活有個突出的特點，即性活動十分頻繁，通常把它當作解決爭吵的手段，不太在乎性別或年齡。目前數量正在減少，主要原因是人類破壞其森林棲息地及非法捕獵，已被列入瀕絕物種。

Bononcini, Giovanni＊ 鮑農契尼（西元1670～1747年） 義大利作曲家。其父喬凡尼・馬利亞・鮑農契尼（1642～1678）是摩德納大教堂的樂正，也是作有大量教堂和室內奏鳴曲的作曲家。喬凡尼後來也當上摩德納蒙特的聖喬凡尼教堂的樂正；後來在各個歐洲國家首都擔任他想要的職位。1720年代，他與韓德爾在倫敦有一場著名的歌劇創作競賽。他曾寫過三十多部歌劇，約二十部神劇，近三百部清唱劇（大部分是獨唱和連續的低音伴奏），但幾乎都已失傳。他的弟弟安東尼奧・馬利亞・鮑農契尼（1677～1762）也寫了近二十部歌劇和四十部清唱劇。

bonsai 盆景 （日語意爲「盆栽」）矮化了的活樹；不是先天就矮，而是經過一系列的修剪根枝，並用鐵絲等固定枝條，使之定向生長從而使植株矮化。盆景藝術源於中國，後來這項技術主要被日本人接受並發揚光大。盆景藝術是直接受自然界的啓迪而產生的，生長於高山岩縫中或懸掛於峭壁上的樹木，都是終生低矮而扭曲。有價值的特徵是枝幹老態龍鍾，上部根條露出土外，顯得飽經風霜。盆栽植物壽命可達一個世紀或更長，並可代代相傳，被視爲家珍。盆景容器一般是陶器，外形不拘，但容器的顏色、大小應與所栽植物協調。在日本，具有相當規模的盆景行業是苗圃業的一部分，美國的加州也有小規模的盆景業。

松木盆景
Judith Groffman

Bontemps, Arna(ud) (Wendell)＊ 邦當（西元1902～1973年） 美國哈林文藝復興的作家。生於路易斯安那州的亞歷山德里亞，發生種族事件後三年，他隨全家移居加州。1920年代他的詩作開始在黑人雜誌《危機》和《機遇》上發表。他和卡倫共同將他的第一部長篇小說《上帝賜予星期天》（1931）改編成劇本《聖路易的女人》。以後的兩部小說描寫奴隸的反叛。他和休斯合編選集，爲兒童讀者合寫了許多非小說體裁作品，內容都與美國黑人、黑人歷史有關。成年後大部分時間都是在菲斯克大學工作。

Bonus Army 補助金大軍 1932年夏天美國超過一萬兩千名參加過第一次世界大戰的退伍軍人攜妻帶子在華盛頓特區會聚，要求立即發給戰時服役補助金。他們住進國會山莊下面，搭起棚戶和帳篷。但是「補助金法案」未能在國會通過，大多數退伍軍人灰心喪氣返回家園。一些激進分子的抗議行動，使得地方當局以可能發生騷動爲由要求胡佛總統進行干預，以維持秩序。美國陸軍參謀長麥克阿瑟將軍率領的軍隊，用坦克和催淚彈將示威者驅散，並將他們的營地夷爲平地。這次事件使得胡佛總統無法在1932年大選中獲勝。1933年第二支補助金大軍捲土重來，國會仍拒絕通過該法案。但1936年國會終於通過向退伍軍人支付約兩百五十萬美元補助金的法案。

bony fish 硬骨魚 脊椎動物亞門硬骨魚綱所有種類之通稱，包括現存魚類的絕大部分，幾乎包括世界所有供垂釣的魚種與經濟魚種在內。亦稱Pisces，它們不包括無顎魚（盲鰻和七鰓鰻）和軟骨魚（鯊、鰩和魟）。全世界有兩萬多種硬骨魚，都具有至少一部分由眞正的骨組成的骨架。其他特徵包括：大多數種類具泳鰾（產生浮力的氣囊），鰓室覆以鰓蓋，有骨質板狀鱗片，頭骨有接縫以及行體外受精。硬骨魚遍布淡水及海水水域。

bony pelvis ➠ pelvic girdle

booby 鰹鳥 鰹鳥科的六或七種大型熱帶海鳥，因推測它們缺乏智力而命名。兩種常見的品種廣佈於大西洋、太平洋和印度洋；另一種分布於太平洋，自加利福尼亞南部到祕魯北部以及加拉帕戈斯群島上。鰹鳥的嘴長，身體呈雪茄形，翅窄長，呈角形。高飛於海洋上空尋找魚群和魷魚，發現魚群時，迅速豎直地潛入水中抓取。體長65～85公分。築巢成群，但有各自的領地。

book 圖書 公開發表的文學或學術著作。根據它的特點來看，書是手寫的或印刷的，有相當長度的訊息，用於公開發行。訊息記載在輕便而耐久的材料上，便於攜帶。它的主要目的是在人與人之間傳遞訊息，因其便於攜帶與耐久而能達到此目的。它不受時間與空間的限制，行使宣告、闡述、保存與傳播知識的功能。古代埃及的紙莎草紙書卷較泥製書板更近乎是現代圖書的直接祖先。但這二者均起始於西元前3000年左右。中國人雖不及蘇美人和埃及人那麼早，但他們憑藉書籍單獨地創造了廣博的學術，原始的中國書是用繩子將竹簡或木簡編繫起來而製成。到西元400年時，犢皮紙或羊皮紙手抄本取代了紙莎草紙書卷，並在書的形式上起了革命的變化。中古時的犢皮紙和羊皮紙書頁是用動物的皮革製成的，到15世紀時，紙質的手寫本已很普遍。印刷術的發展改變了圖書文化。

book club 圖書俱樂部 爭取潛在買主的現代圖書發行方式，以訂購和郵寄的辦法經營售書業務，經常有折扣。1926年在美國成立的每月圖書俱樂部，是美國最早的圖書俱樂部，競爭對手文學協會。到1980年代，美國已有大約一百家這樣的合作社，大都專營某一類圖書（例如宗教、神祕小說等）。圖書俱樂部一般採用免費贈閱或大折扣售書等刺激方法來吸收新社員，老社員通常還得到贈書。

Book of Common Prayer ➠ Common Prayer, Book of

Book of the Dead 死者書 古埃及陪葬文集，包含符咒，用以保佑陰間的死者。該文集大約在西元前16世紀編修而成。較晚近的編輯本內容包括獻給太陽神瑞的頌詩，往往附有彩色插圖，出售給死者的家屬，用於安葬。在許多現存的版本中，沒有一種包含所有已知的近兩百個篇章。

bookbinding 裝訂 將若干單頁或折頁紙張疊合在一起，裝入封面內，構成圖書或古書手抄本。圖書裝訂始於手抄本取代書卷的時代。早期裝訂往往帶精美的裝飾，典型的美術裝訂是用花紋精美的皮革，最初見於埃及科普特教會的寺院。珍稀書籍、歷史文獻和珍藏手稿可能用手工裝訂。現在，典型圖書的封面（書殼）都是用機器固著在書頁上。

bookcase 書櫥 裝有擱板並常裝有門、供存放書籍的家具。早期的廚櫃、壁櫥即被用來存放書籍，書櫥的歷史還可與中世紀英國大學圖書館內的設備相聯繫。1666年為日記作家丕普斯製造的橡木書櫥，被認為是英國最早的書櫥。

Booker Prize 布克獎 英國每年頒給長篇小說的著名獎項。布克·麥康奈爾是一家跨國公司，1968年設立該獎，以媲美法國的龔固爾獎。由出版商提名的參選人，其資格必須是英國、國協成員國、愛爾蘭共和國，以及南非的英語系作家。著名的得獎人包括艾米斯、拜雅特、貫瓦拉、魯希迪等。1992年設立布克俄羅斯小說獎，頒給當代俄國作家。

bookkeeping 簿記 業務交易中錢數的登錄。簿記提供做帳的資訊，但不同於會計。簿記提供的資訊資料包括企業的現行價值或權益（資產淨值）；某一段時期內企業價值的變動（由於獲利或虧損）。管理人員要利用這些資料來考察經營的結果，並編制預算；投資人需要這些資訊來決定買進還是賣出企業股票；貸款人則用以決定是否要給該企業發放貸款。早在巴比倫、古希臘和羅馬時代就已有帳目記錄。隨著15世紀義大利商業共和國的發展，開始採用複式簿記。工業革命刺激了簿記的推廣，20世紀的稅收制度以及政府的管理更使得簿記成為一種必需工作。雖然簿記已日益走向電腦化，但簿記主要還是分成兩類，即日記帳與總帳。日記帳記載每日交易（如銷售、進貨等）；總帳則登錄各個帳戶的數額。每月月終都須在總帳中編製損益表及資產負債表。

bookmaking 賭注登記 在賽馬或其他運動比賽中，人們認為某一匹馬或某一方可獲勝而投下賭注。賽馬可能是和賭注登記關係最深的運動，其他如拳擊、棒球、美式足球、籃球和其他運動都是下注者和賭徒有興趣的項目。在美國，合法的賭注登記活動集中在棒球、籃球等運動項目上。不合法的賭注登記常與集團犯罪掛鉤。亦請參閱handicap。

帕特森（Jane Patterson）的藏書票，由英國貝爾（Robert Anning Bell）於1890年代所設計
By courtesy of the Victoria and Albert Museum, London

bookplate 藏書票 一種用以表明書的所有權的圖案標誌，通常貼在書的封面裡。藏書票可能創始於15世紀中葉的德國，現存最早的日期是在1516年的德國，美國則是在1749年。藏書票包括肖像、書架布置、書齋景色和風景等；還有表現藏書人興趣和職業的圖案，如軍事戰利品及調色板等；19世紀末，德國圖案設計家開始採用裸體人像作主要紋飾。

Boole, George 布爾（西元1815～1864年） 英國數學家。雖然是自學成材，也沒有大學學位，1849年卻成為愛爾蘭皇后學院數學教授。他在《思維規律》（1854）中完整地敘述了他所獨創的邏輯推理的一般符號方法。他極力主張邏輯應該與數學而非哲學聯結在一起。布爾的兩本著作開創了邏輯代數，即今稱為布爾代數的這門學科，被成功地應用於電話轉換和數位電腦。

布爾
By courtesy of the trustees of the British Museum; photograph, J. R. Freeman & Co., Ltd.

Boolean algebra 布爾代數 用來設計迴路和數位電腦網路的一種符號系統。它主要是代表一種真實價值的陳述，而非一般代數只是數字的處理。將二段式應用到數位電腦，代表真正價值的「真」和「假」就可以改成「0」和「1」。電腦記憶體的迴路要「開」或「關」，全由價值來控制，而迴路的整合工作就是電腦的計算能力。布爾邏輯的基本運算常稱為布爾運算子，即「和」、「或」、「否」，組合起來共有十三種運算子。

boomerang 飛標 彎曲形投擲尖刺武器。澳大利亞原住民多在狩獵及戰爭中使用之。長約30～75公分，重約340克，其形狀有大彎、小彎以至平直的兩個邊，成一角度，在製作時或在灰燼中加熱之後，將兩端各扭向相反方向。可飛回的飛標是由不飛回的飛標發展而成，前者在飛行中會突然轉向。可飛回的飛標曾在東澳大利亞及西澳大利亞流行，有時作為玩具，用於比賽，有時獵手用它模擬飛鷹，以驅逐鳥群，使之進入懸掛在樹上的網裡。不飛回的飛標比可飛回的飛標要長、直也更重。用於狩獵，擊中動物非傷即死，在戰爭中也會造成大量傷亡。

boomslang 非洲樹蛇 游蛇科唯一危害人類的毒蛇，學名*Dispholidus typus*。遍布非洲撒哈拉沙漠以南的稀樹乾草原。於灌叢或樹上常前半身伸向空中，靜候著蜥蜴和鳥類。身體和眼的顏色變化多樣，善於偽裝。自衛時，頸部膨脹，露出鱗片之間的黑色皮膚，隨之可能進行攻擊。被它的毒牙咬傷後會引起出血並致死。

非洲樹蛇
Dade Thornton from The National Audubon Society Collection – Photo Researchers

Boone, Daniel 布恩（西元1734?～約1820年） 美國邊民、傳奇式英雄。在開闢維吉尼亞、田納西和肯塔基三州交界處阿帕拉契山坎伯蘭隘口的通道時很有貢獻。他受教育很少。早年隨父母遷往北卡羅來納州。一生大部時間從事遊獵和捕獸。智勇兼備。美國獨立後，他曾沿俄亥俄河做測量工作。1799年移居密蘇里州，繼續從事狩獵活動。英國詩人拜倫的名作《唐璜》中有七節敘述他的英雄事跡。

Boorman, John 布爾曼（西元1933年～） 英國電影導演。他的電視生涯剛開始於擔任影片剪輯，後來成為一位紀錄片製作人。作為英國廣播公司在布里斯托的紀錄片小組召集人（1962～1964），他製作了備受讚揚的《市民63》系列。1965年執導了他的第一部劇情片之後，布爾曼在美國導演了《急先鋒奪命槍》（1967）以及《決鬥太平洋》（1968）。他的成功之作《激流四勇士》（1972）是一個有關忍耐與生存令人痛心的故事。後來的電影包括《神劍》（1981）、《翡翠森林》（1985）以及《希望與榮耀》（1987）。

Booth, Edwin (Thomas)　布思（西元1833～1893年）　美國演員，生於馬里蘭州的貝爾愛附近，出身著名的戲劇世家。1857年在波士頓和紐約初露頭角。以主演哈姆雷特著名。1864～1865年曾連續主演一百場哈姆雷特。其弟約翰·威爾克斯·布思刺殺林肯總統，此事對他刺激很大，至1866年都無法從事舞台演出。1869年他自辦的劇院開張，但經營不善，在1873年被迫出售。他在英國和德國演出哈姆雷特、伊阿古、李爾王獲得極大的聲譽。1888年在紐約成立演員俱樂部。

布思，布萊德雷（Bradley）和魯羅夫森（Rulofson）拍攝
By courtesy of the Theatre Collection, the New York Public Library at Lincoln Center, Astor, Lenox and Tilden Foundations

Booth, John Wilkes　布思（西元1838～1865年）　美國演員，刺殺林肯總統的兇手，生於馬里蘭州的貝爾愛附近。演員家庭出身，以莎士比亞戲劇的角色聞名。他積極支持南部各州，公開主張實行奴隸制，並找到幾名同謀者密謀劫持林肯總統。幾次嘗試失敗後，他決定不惜任何代價刺殺林肯總統。1865年4月14日晚在福特劇院刺殺了林肯總統後，從包廂跳下，雖然折斷左腿骨，但仍能奪門而出，騎馬逃到維吉尼亞州的一個農莊。他拒絕投降，後被擊中，或說是被一名士兵，或說是布思自己開的槍。

Booth, William　布思（西元1829～1912年）　英國基督教救世軍的創始人和首任將軍（1878～1912）。布思少年時在當舖作學徒，十五歲改變信仰而積極傳道。1852年在循道會的新團契受按立爲教堂牧師，1861年辭職，1864年到倫敦東部貧民區巡迴佈道，並開展社會服務事業。與妻子凱瑟琳一道成立基督徒傳教會，1878年改名爲救世軍，並向海外發展。他就酗酒、獲釋囚犯、貧民的法律保障及其他福利問題提出種種解決方法。救世軍運動不僅體現基要派的宗教熱情，而且建立重要的社會服務體系。

Boothia Peninsula　布西亞半島　北美大陸最靠北部分，屬加拿大西北地區。1829年由詹姆斯·羅斯爵士發現。1831年羅斯在半島西岸確定第一個北磁極點。半島面積32,330平方公里，寬195公里，向北延入北冰洋延伸273公里。地形爲無樹高原。人口稀少，斯彭斯貝和湯姆貝爲僅有居民點。

bootlegging　私酒生意　美國歷史上非法販運酒類的活動。該詞在1880年代的中西部地區常用以指與印第安人交易中藏在靴筒裡的私酒，1920年據美國憲法第十八條修正案而實施禁酒後，它成了一個全國性的詞彙。最早的私酒生意是把國外生產的酒經由邊界或海岸偷運入美國，另一種方式是銷售大量的藥用威士忌。酒販以種種手段逃避法律的限制，並成爲一種有組織的犯罪活動。直到20世紀後期，在許多繼續限制酒類生產和販運的城市中，私酒生意仍然盛行。亦請參閱prohibition。

bop ➠ bebop

Bophuthatswana＊　波布那　南非中北部前政治實體。包含一組互不相鄰的飛地，原是南非茨瓦納人的「家園」，1977年宣布獨立，定姆馬巴托爲首都。但從未獲國際承認。南非的新憲法廢除種族隔離政策之後，波布那於1994年重新併入南非，並成爲橘自由邦省（現爲自由邦省）以及新設立的西北省與東特蘭斯瓦省（現爲姆普馬蘭加省）的一部分。

Bopp, Franz＊　博普（西元1791～1867年）　德國語言學家，他確定梵語在印歐諸語言比較研究方面的重要性，並建立一種有價值的語言分析方法。他的第一部重要著作主要在探求梵語、波斯語、希臘語、拉丁語及日耳曼語的共同來源，實爲一開創性工作。他的工作集中在六卷本巨著《梵語、禪德語、希臘語、拉丁語、立陶宛語、古斯拉夫語、哥德語和德語比較語法》（1833～1852）的編纂工作。博普大部分工作都在柏林大學完成。

borage　琉璃苣　紫草科一年生草本植物，學名*Borago officinalis*。葉大，粗糙，長圓形，花序鬆散，下垂；花星狀，鮮藍色。紫草科大部分是草本植物，但也有一些樹木和灌木，全部生長於熱帶、亞熱帶和溫帶地區，大部集中在地中海地區。同科還有一些庭園觀賞植物，如維吉尼亞濱紫草、勿忘我、天芥菜和肺草等。琉璃苣現當作一種香料和蜜源植物，也被當作食用蔬菜。

琉璃苣
A to Z Botanical Collection

Borah, William E(dgar)　博拉（西元1865～1940年）　美國參議員（1907～1940），生於伊利諾州的費爾菲。早年在愛達荷州的波夕當律師，1892年成爲愛達荷州共和黨主席。在對外政策上，他奉行孤立主義，1924年任參議院外交委員會主席，總攬大權達十六年之久。他是阻止美國加入國際聯盟的重要角色，反對想把美國拉入第二次世界大戰盟國的一切企圖。1930年代經濟大蕭條時期，博拉支持旨在緩和國內經濟情況的許多新政措施。

borax　硼砂　亦稱tincal。四硼酸鈉（$Na_2B_4O_5(OH)_4 \cdot H_2O$）。它是既軟又輕的無色結晶物質，有多方面用途：作爲玻璃的成分，在陶瓷工業中作爲陶器的釉料，冶金中作爲金屬氧化物爐渣的溶劑，作爲焊接劑，並作爲化肥的加料、肥皂的添加物，消毒劑、漱口劑和水的軟化劑。世界上工業硼化合物的供應量大約50%來自加州南部沙漠，包括死谷。

Borch, Gerard ter ➠ Terborch, Gerard

Bordeaux＊　波爾多　法國西南部城市及港口（1999年市區人口215,363，都會區人口753,931），位於加倫河與多爾多涅河匯合處上方。長期以來以生產葡萄酒聞名。原名布爾迪加拉，是塞爾特人比圖里吉部落的分支維維西人的重鎮。羅馬時期爲亞奎丹－塞肯達的首府。亞奎丹的埃莉諾繼承了亞奎丹公爵領地，1154年其夫登位爲英王亨利二世時，波爾多也歸屬英國。英國人統治期間，該城享有極大自由，與英國各港口間貿易興旺。百年戰爭（1453）英國戰敗，該市併入法國。由於是吉倫特派的中心，在法國大革命期間受到嚴重破壞。1870年法俄戰爭期間及1914年第一次世界大戰爆發時，法國兩度將政府遷於此地。波爾多大學設於1441年，孟德斯鳩曾在這裡學習。

Borden, Frederick (William)　博登（西元1847～1917年）　受封爲弗雷德里克爵士（Sir Frederick）。加拿大政治人物，生於新斯科細亞省。在哈佛習醫後回到該地行醫幾年。參加自由黨，1874年當選爲加拿大眾議院議員，在這裡服務到1911年。1896～1911年任國防部長，致力加強軍隊的訓練和紀律，並協助加拿大海軍的創建。

Borden, Lizzie (Andrew)　包登（西元1860～1927年）　美國的謀殺案嫌疑犯，生於麻薩諸塞州的瀑河城，與以嚴厲和吝嗇聞名的富有父親和繼母住在這裡。1892年8月4日包登先生與其妻被利齊發現死於家中，屍體遭殘忍的肢解。利齊和傭人承認案發時他們二人均在家中。後來利齊被捕，以雙重殺人罪受審，傭人也被認爲是共犯，不利她的證據包括她在謀殺發生的前一天買了氫氰酸，地下室也發現了一把斧頭。宣告無罪後，利齊一直住在瀑河城直到去世，基本上被社區所擯棄。

Borden, Robert (Laird)　博登（西元1854～1937年）　受封爲羅伯特爵士（Sir Robert）。加拿大總理（1911～1920），生於新斯科細亞省。在哈利法克斯執業律師後，成立了濱海諸省最大的律師事務所。1896年被選爲哈利法克斯議員，1901年成爲保守黨領袖。身爲總理，他在第一次世界大戰期間，代表加拿大加入英國首相建立的帝國戰爭內閣。他堅持要在國際聯盟中保有加拿大成員資格，這有助於使加拿大從一殖民地過渡到獨立國家。

border collie　邊境柯利牧羊犬　在英格蘭和蘇格蘭邊境育種成功已約三百年的長毛牧羊犬。通常是黑白色，體高50公分，重14～23公斤。爲不列顛群島最受歡迎的使役牧羊犬。

Bordet, Jules(-Jean-Baptiste-Vincent) *　博爾德（西元1870～1961年）　比利時細菌學家、免疫學家。1895年他發現有兩種血清成分能使細菌細胞壁破裂（溶菌現象）；一種是耐熱的抗體，只存在於對該種細菌有免疫力的動物體內；另一種是不耐熱的物質，存在於一切動物體內。1898年他發現異體紅血球在血清中也會裂解，對研究體液反應的血清學打下生氣勃勃的基礎。他和讓古一起研究免疫，用血清學方法檢驗許多疾病，包括傷寒、結核和梅毒。1906年他們發現百日咳的致病菌（今稱百日咳博爾德氏菌）。1919年他獲得諾貝爾獎。

Borduas, Paul-Émile *　博爾迪阿（西元1905～1960年）　加拿大畫家。曾在蒙特婁受訓爲一位教堂裝飾畫家，後來前往巴黎求學。1940年代早期，受到超現實主義的影響，開始創作「無意識地自動」繪畫，並與李奧佩甬創立了一個激進的抽象團體，以「自動創作人」（約1946～1951）之名聞名於世。後來的作品會令人聯想到波洛克的作品，至於來自美國的影響，他唯一承認的則是克蘭的作品。亦請參閱automatism。

boreal forest　北方森林 ➡ taiga

Borg, Björn (Rune)　柏格（西元1956年～）　瑞典網球名將。柏格十四歲進入職業網壇。以強有力的發球和雙手反拍擊球而著名。他是繼多爾蒂（1902～1906）之後第一位連獲五次溫布頓單打冠軍（1976～1980）的運動員，還史無前例地接連四次贏得法國公開賽的男子單打冠軍，前後總共六次獲此項榮譽（1974～1975、1978～1981）。直到1981年春他在溫布頓敗給馬克安諾爲止，他已寫下連續贏得四十一場溫布頓單打比賽的空前記錄。其他創下的連續保持記錄還有台維斯盃（三十三次）和法國公開賽（二十八次），一生贏得十一次大滿貫賽冠軍。1983年退休。

Borge, Victor *　博爾格（西元1909～2000年）　原名Borge Rosenbaum。丹麥裔美籍喜劇演員及鋼琴家。1922年第一次登台舉行音樂會，1934年首次在一齣諷刺音樂劇中演出，之後便開始寫作並導演戲劇，發展出一種結合幽默感與音樂的風格。1940年移民美國。雖然他曾以獨奏家或是客座指揮的身分與許多世界領導地位的管絃樂團合作演出，他顯著的鋼琴演奏天分卻常被他的幽默感所掩蓋。

Borges, Jorge Luis *　波赫士（西元1899～1986年）　阿根廷詩人、散文家與短篇小說家。家學淵源，在瑞士受教育，很早就知道將來會走上文學之路。1920年代開始得了遺傳性的失明症，視力逐漸減退。1921年回國，1938年頭部受重傷感染，似乎釋放了他心靈最深處的創作力。1950年代完全失明，迫使他放棄撰寫長篇文章，開始靠口述寫些短篇作品。1955年起任阿根廷國家圖書館的榮譽館長。大部分作品想像力十分豐富，以文筆諷刺現實，其中包括：故事集《僞裝》（1944），爲他贏得國際聲譽，以及《阿萊夫》（1949）小說集。他在國內名氣不大，直到1961年獲國際性的福門托獎之後，他的小說和詩歌才開始被譽爲20世紀世界文學的經典著作。其他重要作品有《交叉小徑的花園》（1960）、《布羅迪埃的報告》（1967）等。他被奉爲建立南美洲現代極端主義運動的祖師，這是反「九八年一代」作家們頹廢作風的一派，但後來他並不承認。

波赫士
By courtesy of Wellesley College, Wellesley, Massachusetts

Borghese family *　博蓋塞家族　義大利貴族世家，源出錫耶納。13世紀興起，出過許多高官顯宦。16世紀遷往羅馬，1605年卡米諾被遴選爲教宗保祿五世之後，該家族的財富與名聲更加顯赫。家族中的傑出人士包括過繼的卡法雷利（1576～1633），爲樞機主教和藝術贊助者；卡米諾．盧多維科與拿破崙的二妹寶琳．波拿巴結婚，成爲法、義兩國關係的重要人物。

Borgia, Cesare *　博爾吉亞（西元1475?～1507年）　受封爲瓦朗亭華公爵（duc (Duke) de Valentinois）。義大利軍事領袖，爲教宗亞歷山大六世的私生子，盧克里齊雅．博爾吉亞的哥哥。1492年任瓦倫西亞大主教，1493年再升爲樞機主教1498年放棄樞機主教職位，與那瓦爾國王之妹結婚，想藉聯姻謀求法蘭西援助，重新控制教宗轄地。與他父親合作，1499～1503年間博爾吉亞經過征討，在教宗轄地取得一些軍事勝利，也獲得殘忍無情的惡名。義大利文藝復興時期政治思想家馬基維利著《君王論》，即以博爾吉亞爲新時代君主表率。1503年其父去世，新教宗尤里烏斯二世與博爾吉亞家族有宿怨，將他逮捕，並要求他放棄領土。1506年他在西班牙逃獄，投奔那瓦爾國王，在爲那瓦爾王平亂時喪命。

Borgia, Lucrezia　博爾吉亞（西元1480～1519年）　義大利貴族女子。教宗亞歷山大六世的私生女，塞薩爾．博爾吉亞之妹，與其說她是積極參與他們的許多罪行，不如說是他們野心計畫下的工具。先後嫁給三位西班牙貴族，以幫助博爾吉亞家族擴增政治和領地上的權力。她所生的男孩可能是與父親通姦亂倫所生。1503年亞歷山大六世死，她退出政界。得年三十九。

Borglum, (John) Gutzon (de la Mothe)＊ 博格勒姆（西元1867～1941年） 美國雕刻家，生於愛達荷州的熊湖。父母爲丹麥移民，曾就讀於巴黎。1901年在紐約開業，雕刻了名爲《狄俄墨得斯的母馬》的青銅群像，是紐約大都會博物館收購的第一件美國雕刻。他雕製的林肯總統巨型頭像，置於國會大廈圓形大廳。1916年受託在喬治亞州斯通山雕刻紀念美利堅邦聯的一些雕像，但後來與資助人爭吵而於1924年放棄整個計畫，由別人接手。最有名的作品是拉什莫爾山國家紀念碑。

博格勒姆
By courtesy of the Library of Congress, Washington, D. C.

boring machine 鏜床 用鏜刀在工件上擴大預製孔，使孔光滑而精確的機床。鏜刀可以是具有單刃的鋼、硬質合金或金鋼石刀具，或是小砂輪。鏜出的孔徑大小由調整鏜頭控制。鏜出的孔在圓整性、同心性和平行性方面較鑽孔來得準確。工具製造車間所用的鏜床，有一根垂直主軸和一個夾持工件的工作台，可在彼此相互垂直的兩個方向作水平運動，因此能製出準確的孔距。在大量生產的工廠裡，一般使用帶有多主軸的鏜床。亦請參閱drill、drill press、lathe。

Boris I 鮑里斯一世（卒於西元907年） 原名Mikhail。保加利亞汗（852～889）。他原打算以天主教統一其種族分裂的國家，但由於與拜占庭戰爭失利而在864年皈依東正教。因爲強迫人民受洗，遭到無宗教信仰者的反抗，他平息叛亂，建立了保加利亞教會。鮑里斯還贊助傳教士創建斯拉夫學術中心，並使用古教會斯拉夫語。889年退位，到修道院當僧侶，由長子弗拉基米爾繼位，但後來又將這個反動的兒子趕下台。重立另一個兒子西美昂一世爲汗之後，他返回修道院。死後正教會追諡他爲聖徒。

Boris Godunov ➠ Godunov, Boris

Borlaug, Norman (Ernest)＊ 博勞格（西元1914年～） 美國農業科學家、植物病理學家，生於愛荷華州的克里斯科。在明尼蘇達大學獲得博士學位。1944～1960年在墨西哥的洛克斐勒基金會擔任研究員，培育出穀物新品種，使該國小麥增產三倍。後來在巴基斯坦和印度引進矮株小麥，使他們的收成增加60%，在1960年代解決了次大陸糧食短缺的問題。由於爲綠色革命打下根基，於1970年獲諾貝爾獎。後來致力於改善非洲農作物生產，並參與許多其他的計畫，自1984年起在德州農工大學任教。

Bormann, Martin＊ 博爾曼（西元1900～1945?年） 德國納粹領導人。1925年加入納粹黨。1933～1941年任副總理赫斯的參謀長。1941年被希特勒指派接掌納粹黨祕書長，成爲希特勒最親信的副手之一。做爲極具權勢的影子領袖，博爾曼控制所有的立法法案和黨內一切升遷與任命，還控制其他人員晉見希特勒的管道。希特勒死後不久失蹤，據說他逃到南美，不過西德政府在1973年正式宣布博爾曼已死。

Born, Max 玻恩（西元1882～1970年） 德國物理學家。1921～1933年任格丁根大學理論物理學教授，之後逃離納粹德國到英國避難，大部分在愛丁堡大學任教（1936～1953）。1921年對熱量作出極精確的定義，是對熱力學第一定律最令人滿意的數學敘述。1926年在他的學生海森堡建立一種新量子論的第一批定律的公式之後，與之合作發展了充分說明這種理論的數學闡述。不久後，在可能是他最著名的成就中，玻恩指出薛定諤方程式的解具有物理學上的重要統計意義，並引進一種有用的技術來解有關原子粒子散射的問題。1954年他與博特（1891～1957）共獲諾貝爾獎。

玻恩
By courtesy of Godfrey Argent; photograph, Walter Stoneman

Borneo 婆羅洲 馬來群島中的島嶼。面積約751,929平方公里。由中國海、蘇祿海、西里伯斯海、望加錫海峽和爪哇海所包圍。是世界第三大島。北部爲馬來西亞聯邦的沙勞越、沙巴和汶萊蘇丹國。南部爲印尼領土。島上多山，大部分地區有稠密雨林覆蓋。最高峰是基納巴盧山，海拔4,101公尺。大部分地區河流可通航，包括拉讓河），它是貿易和商業活動的主要命脈。有關婆羅洲的敘述，最早見於西元150年左右托勒密所著的《地理學指南》。此地曾發現羅馬人貿易用的珠子，證明早期文明發達。婆羅門和笈多王朝藝術風格的佛教文物顯示受到印度人的影響，他們在5世紀已到達此地。16世紀初隨著伊斯蘭教的傳入，此地建立了若干穆斯林王國，其中有些是臣屬於爪哇。大約在這個時期，葡萄牙人、西班牙人相繼來此建立貿易站。17世紀初，荷蘭人打破葡、西的壟斷貿易，但也必須和新興的英國勢力交手。第二次世界大戰後，沙勞越和北婆羅洲（後來的沙巴）均成爲英國直轄殖民地。荷屬婆羅洲後來因強烈的民族主義浪潮而導致1949年婆羅洲的主權改易爲印尼。1963年沙巴和沙勞越加入馬來西亞聯邦時，英國政府放棄對這些地區的統治權。1984年汶萊也獨立。

Bornholm 博恩霍爾姆 丹麥島嶼（2001年人口約44,126）。位於瑞典南部波羅的海中，面積588平方公里。中心城市是隆內。曾是北歐海盜據點。1510年爲漢撒同盟所控制。1660年之前在瑞典和丹麥人之間屢次易手，之後歸屬丹麥。現在是一處旅遊勝地。

bornite 斑銅礦 一種銅的礦石礦物，是銅和鐵的硫化物（Cu_5FeS_4）。具代表性的產地是塔斯馬尼亞的萊伊爾山、智利、祕魯及美國的標特山。可以形成等軸晶體，但通常都是以不規則的形態出現。易風化成輝銅礦以及其他銅礦物。

Bornu 博爾努 奈及利亞東北部大平原。主要地形特徵爲平原、熔岩高原和查德湖以南及西南的黑棉土沼澤。境內有注入查德湖的季節河流。原爲卡努里人博爾努帝國（參閱Kanem-Bornu）的中央部分，約1570～1600年爲其鼎盛時期。20世紀初英、法瓜分博爾努後，屬北奈及利亞。1967年設爲博爾諾（Bornu）州，爲奈及利亞最大州，面積116,400平方公里。

Borobudur＊ 婆羅浮屠 印尼中爪哇宏偉的佛教古蹟，約建於778～850年夏連特王朝統治時期。約用57,000立方公尺灰色火山岩建成的婆羅浮屠

婆羅浮屠的窣堵波綜合體
Robert Harding Picture Library/Photobank BKK

圍成一座台階式的金字塔，基部與上面五層平台爲方形，上層三個平台爲圓形，最高中心是一個大型獨立的窣堵波。每一平台代表人生中通向完美境界的個別時期。上層圓台開闊簡樸，築有七十二座圓鈴狀窣堵波，每個有一具佛陀的雕像。

Borodin, Aleksandr (Porfiryevich)＊ 鮑羅定（西元1833～1887年） 俄羅斯作曲家。自幼即展現語言與音樂的天賦，原在醫學院主修化學，並獲博士學位。後來在醫學院擔任內、外科教授。1862年從巴拉基列夫習樂，由於民族情緒的激發，兩人成爲「強力五人團」的核心分子。因爲大部分時間從事教授化學工作，音樂作品不多，1869年開始創作《B小調第二交響樂》，同時創作其著名歌劇《伊果王子》（死後由別人完成）。他還寫了兩部弦樂四重奏、十餘首歌曲和未完成的《A小調第三交響樂》以及交響詩《中亞草原》。作品富於抒情性，多表現史詩性題材。

Borodin, Mikhail (Markovich)＊ 鮑羅廷（西元1884～1951年） 原名Mikhail Gruzenberg。俄國外交家。1903年在俄國加入布爾什維克黨。1906年被捕並放逐移居到美國。1917年回到蘇聯。1923年被派往中國擔任孫逸仙的顧問，他把組織鬆散的中國國民黨改造成集權的列寧式組織，並幫助國民黨建立自己的軍隊。1927年離開中國，回國後擔任塔斯社副社長，並任《莫斯科新聞》主編（1932～1949）。他在史達林所發動的反猶太知識分子的浪潮中被捕，後來死在西伯利亞勞改營裡。

Borodino, Battle of 博羅季諾戰役（西元1812年） 拿破崙戰爭中的一次喋血戰役。拿破崙在入侵俄國時，於莫斯科以西約110公里處的博羅季諾鎮附近與俄軍交鋒。當時的法軍有十三萬人，結果險勝了庫圖佐夫大公指揮的十二萬俄軍。俄軍傷亡四萬五千人，法軍損失約三萬人。此次勝利讓拿破崙得以占領莫斯科。

boron 硼 半金屬的化學元素，化學符號B，原子序數5。純晶態硼爲黑色有光澤的半導體，硬度很高。非天然生成，一般以化合態分散在各種礦物中，如存在於硼砂和電氣石內。廣泛用於提高鋼的淬硬性以及其他冶金工業，也用作半導體。其化合物硼酸鹽（原子價）是植物生長所必需的物質，多用來製造肥皂、溫和的人體消毒劑和眼睛沖洗液。在工業上，用作除草劑、織物防火劑、許多有機化學反應中的催化劑，還可以用於電鍍和玻璃和陶瓷器材。某些硼化物是所有已知物質中最硬、最耐熱的物質，如碳化硼、硼化鋁、氮化硼（電子結構類似金剛石），因而用作磨料和加強劑，特別是應用在耐高溫方面。

Borromeo, St. Charles＊ 聖博羅梅奧（西元1538～1584年） 米蘭天主教樞機主教，反宗教改革運動的重要人物。1559年在帕維亞大學獲民法、教會法博士，次年其叔父教宗庇護四世任命他爲樞機主教、米蘭大主教。在召開特倫托會議時，他積極活動，後來幫忙敕令的執行，1566年起草羅馬教理問答。博羅梅奧在米蘭和附近城市建立神學院和學院，在1576～1578年鼠疫流行期間因表現英勇而受到稱頌。

Borromini, Francesco 普羅密尼（西元1599～1667年） 原名Francesco Castelli。義大利巴洛克式風格建築大師。1608或1614年從父命赴米蘭學習石雕，1620年私往羅馬拜名建築師馬代爾諾爲師。後來與貝尼尼共同設計了著名的聖彼得大教堂的華蓋，但日後兩人成爲死敵。1638年獨力接下聖卡羅教堂工程，因教堂內部空間狹小，他善用連結三段式的設計，底層以古怪波浪式的幾何形體處理，中層採擷典型希臘式設計，上層是型式新穎的圓頂設計，此突破傳統的組合可見交織的美感，其中圓頂由教堂內部高聳直上，起拱點及採光口皆位該層底部，亦具幻覺式效果。教堂竣工後，他的聲名立刻轟動全歐。晚年命運多舛，最後自殺。在18世紀其影響遍及義大利北部及中歐一帶。

聖伊沃智慧堂內部的圓屋頂設計，普羅密尼設計於1642～1660年間
GEKS

Borsippa＊ 博爾西珀 巴比倫尼亞古城，位於巴比倫西南，因緊鄰首都而成爲重要的宗教中心。漢摩拉比在此建造或重建寺廟，供奉馬爾杜克神。尼布甲尼撒二世在位時期此城最爲繁盛。西元前5世紀初，博爾西珀被薛西斯一世摧毀，至此未曾完全復原。廢墟位於現在的希拉之南。

borzoi＊ 俄國狼犬 俄國培育的獵犬，是阿拉伯靈猩和俄羅斯牧羊犬的後裔，以俄羅斯獵狼狗聞名，最初是馴養來獵捕狼和野兔的。以體態優美著名，壯實，敏捷。體高66～79公分，體重25～48公斤。頭長而窄，耳小，胸深而窄，後肢長，肌肉發達。尾長而捲曲。被毛發亮，平坦或稍捲曲，白色帶暗條紋。以外形優雅著稱。

俄國狼犬
Sally Anne Thompson

Bosanquet, Bernard＊ 波桑開（西元1848～1923年） 英國哲學家。曾促使黑格爾觀念論在英國復甦，力圖將這種觀念論原則應用在社會問題和政治問題。在其有關倫理學、美學和形上學的著作中，借重黑格爾之處比較明顯。《倫理學方面的某些建議》（1918）表明他想有條理地將現實看成是一個具體的統一體，而享樂和義務、利己主義和利他主義則在統一體中調和起來。其他的著作還有《知識與現實》（1885）和《美學史》（1892）。其唯心論觀點受到摩爾和羅素的嚴厲抨擊。

Bosch, Hieronymus＊ 博斯（西元約1450～1516年） 原名Jeroen van Aken或Jerome van Aken。荷蘭畫家。祖父和父親都是有成就的畫家，他的名字來自出生地色托根波士。他的事業極成功，作品廣被模仿。爲數眾多被認爲是他的作品的畫作都沒有年代。作品在具有啓示意義的場景中混合了幻想與現實，在富有想像力的建築和地形中呈現半人、半動物、魔鬼和邪神等與人物互動的情景。《塵世樂園》是博斯成熟時期的最佳代表作，以豐富的想像力表現了人間歡樂之情。他是中世紀晚期北歐最具獨創性的畫家之一，也是傑出的製圖者和首先只靠作畫維生的人。他還製作裝飾品、祭壇畫和設計彩畫玻璃。

Bosch (Gaviño), Juan＊ 博什（西元1909～2001年） 多明尼加作家、學者及總統（1963），生於拉維加。出身中下階層，早年反對特魯希略的獨裁政權。在被流放二十四年、特魯希略死後才返國，建立一個左派反共產主義運動。在他三十八歲贏得第一次自由選舉之後，博什倡導自由民主憲法的各種改變，嘉惠了這個國家的窮人但這些改革使這個國家的既得利益集團感到不安。執政七個月後，軍方推翻了博什。1965年他的支持者反叛現任的統治集團，被美國總統詹森指其黨羽是共產黨人，並派兵鎮壓叛亂。後來的三十幾年，他曾一再競選總統，但都失敗。

Bose, Subhas Chandra＊　鮑斯（西元1897～1945年） 印度革命者。當他得知印度發生民族主義騷動後，放棄文官資格，從英國匆匆返國。甘地後來讓鮑斯到孟加拉組織活動，有好幾次被驅逐出境和監禁。他贊同國家工業化，這與甘地的以紡車為象徵的經濟思想不合。1938和1939年兩度被選為印度國民大會黨主席，但由於未獲甘地的支持，不得不辭職。1941年他喬裝逃出印度，到達德國。先後接受納粹德國和東南亞獨立運動人士的資助，繼續反抗英國統治。1944年他所率的印度國民軍隨日本軍隊從緬甸進入印度境內，但不久被迫後撤。1945年日本投降後，他逃離東南亞，途中飛機墜毀，燒傷過重而死。

Bose-Einstein statistics　玻色－愛因斯坦統計法 不可分辨粒子的集合在可取分立能態的系集中可能有的兩種分布方法之一（另一種方法是費米－狄拉克統計法）。同態粒子的集聚是遵從玻色－愛因斯坦統計的粒子的特性，雷射的內聚衝流和超流氦（參閱superfluidity）的無摩擦蠕動，就是靠粒子這種特性。這種性狀的理論是在1924～1925年由愛因斯坦與印度物理學家玻色（1894～1974）提出。玻色－愛因斯坦統計只適用於不遵從鮑立不相容原理的粒子，即玻色子。

Bosnia River＊　波士尼亞河　波士尼亞赫塞哥維納境內河流。源出伊格曼山腳，往北流入薩瓦河，全長241公里。沿河大城市有塞拉耶佛、澤尼察和多博伊。

Bosnia and Herzegovina＊　波士尼亞赫塞哥維納 正式名稱波士尼亞赫塞哥維納共和國（Republic of Bosnia and Herzegovina）。巴爾幹半島中西部國家，與克羅埃西亞、塞爾維亞與蒙特內哥羅為界。面積51,129平方公里。人口約3,922,000（2001，不包括在鄰國和西歐地區的近三十萬

難民）。首都：塞拉耶佛。主要種族是波士尼亞穆斯林（約占人口的2/5）、塞爾維亞人（約占1/3）和克羅埃西亞人（約占1/5），他們在種族上是難以分辨的。語言：塞爾維亞－克羅埃西亞語（官方語）。宗教：伊斯蘭教、東正教和天主教。貨幣：第納爾（Din）。該國地形主要是山地，一般高度在1,800公尺以上。但往南高度陡降，向下傾斜到亞得里亞海。主要河流有薩瓦、德里納和內雷特瓦等河及其支流。雖然擁有多種礦物資源，但仍是前南斯拉夫地區最貧窮的國家之一。政府形式為多黨制共和國，兩院制。國家元首暨政府首腦是主席團。在羅馬統治時期以前很久就已有人居住，當時該國的大部分地區都被包括在達爾馬提亞省內。西元6世紀時斯拉夫人開始來此定居。接下來幾個世紀裡，該地區的一些部分先後落入塞爾維亞人、克羅埃西亞人、匈牙利人、威尼斯人和拜占庭人手裡。14世紀時鄂圖曼土耳其人入侵波士尼亞，經過多次戰役後，1463年成為土耳其的一個省。1482年赫塞哥維納（當時稱Hum）也被土耳其占有。16～17世紀，該地區是土耳其的重要出口港，在與哈布斯堡和威尼斯的戰爭後依然如此。在這個時期，許多本地居民都轉而信奉伊斯蘭教。1877～1878年俄土戰爭後，在柏林會議上，將波士尼亞赫塞哥維納劃歸奧匈帝國，1908年合併。塞爾維亞人的民族主義情緒不斷增長，1914年一個波士尼亞的塞爾維亞人在塞拉耶佛刺殺了奧地利大公斐迪南，爆發了第一次世界大戰。戰後，該地區併入塞爾維亞。第二次世界大戰後，這兩個領土成為共產主義南斯拉夫的一個共和國。隨著東歐共產主義政權的解體，波士尼亞赫塞哥維納在1992年宣布獨立；但它的塞爾維亞人民反對，於是在塞爾維亞人、克羅埃西亞人以及穆斯林之間發生了衝突（參閱Bosnian conflict）。1995年的和平協定建立了一個鬆散的聯邦政府，大概劃分為一個穆斯林克羅埃西亞聯邦及一個塞爾維亞人共和國。1996年北大西洋公約組織的維和部隊駐紮在那裡。

Bosnian conflict　波士尼亞衝突（西元1992～1998年） 波士尼亞赫塞哥維納源於種族的戰爭，這個南斯拉夫的共和國擁有多種族人口－－44%為伊斯蘭教徒，33%為塞爾維亞人，17%為克羅埃西亞人。不安始於1990年南斯拉夫的解體，在1992年公民複決後，歐洲聯盟承認波士尼亞獨立。波士尼亞的塞爾維亞人反應激烈，占領了波士尼亞70%的領土，攻擊塞拉耶佛，並對伊斯蘭教徒及克羅埃西亞人採取恐怖行動，將之拘留在集中營、集體強姦、即時處決。1993年的和平計畫無法獲得支持。在波士尼亞的克羅埃西亞人與波士尼亞政府激烈戰鬥之後，國際壓力迫使雙邊簽訂停火及邦聯的協定。接著，二者瞄準他們共同的敵人塞爾維亞人。歷經遭到否決的和約、攻擊和反攻、四個月的停戰、進一步的多向進攻、密集轟炸之後，1995年西方國家強迫他們在俄亥俄州達頓商討最後的停火。在四十四個月超過二十萬人死亡後，波士尼亞赫塞哥維納可望成為兩個分立實體而高度自治的單一國家。塞拉耶佛被分配給邦聯，而其他細微的議題留待國際仲裁。如今，波士尼亞赫塞哥維納實際上有三個單一種族的政治實體、三支分立的軍隊和警察，以及極弱的全國政府。政府權力集中於強硬民族主義派手中。亦請參閱Karadži´c, Radovan、Tudjman, Franjo。

Bosnian crisis　波士尼亞危機（西元1908年）　由奧匈帝國兼併巴爾幹波士尼亞與赫塞哥維納兩省所引起的嚴重國際緊張局勢。俄國支持塞爾維亞，抗議奧地利的兼併，並要求奧地利把其中的部分地區割與塞爾維亞。但是，奧地利在盟友德國的堅決支持下，聲言如果塞爾維亞堅持自己的要求，則要入侵塞爾維亞。俄國因為不敢同時得罪奧匈帝國和德國而貿然開戰，只有默認兼併。雖然這次危機沒有立即引起戰爭，但是後來終於導致第一次世界大戰的爆發。

boson＊　玻色子　具有整數自旋角動量的亞原子粒子，遵循玻色－愛因斯坦統計法。玻色子包括介子、偶質量數的原子核以及體現量子場論中的場所需要的粒子。玻色子與費

米子不同，占有同一量子態的玻色子數目不受限制，這一性狀引發氦-4的超流性。

Bosporus* 博斯普魯斯海峽 土耳其語作Karadeniz Bogazi。溝通黑海和馬爾馬拉海，並將土耳其亞洲部分和歐洲部分隔開的海峽。全長31公里，最寬處4.4公里。博斯普魯斯字面意思為「牛涉水之地」，據說曾有傳奇人物伊俄化身為一小母牛漫遊越過色雷斯國博斯普魯斯海峽。鑑於海峽的重要戰略地位，為了保衛跨越海峽南端的君士坦丁堡（伊斯坦堡），拜占庭諸皇帝和以後的鄂圖曼帝國諸蘇丹沿海峽兩岸先後修建了許多城堡。19世紀時由於歐洲強國日益增長的影響，先後訂立了通過海峽船隻的管理條例。第一次世界大戰後，海峽的控制權由一國際委員會接管，1936年重歸土耳其管理。跨越海峽的兩座大橋先後於1973、1988年建成，為世界最長橋樑中的兩座。

Bosporus, Cimmerian ➠ Cimmerian Bosporus

Bosra ➠ Busra

Bossuet, Jacques-Bénigne 波舒哀（西元1627～1704年） 法國主教。1652年受神職，以擅長辯論和傳播教義著稱。1681年起擔任莫城主教。在捍衛法國教會權利、反抗教宗權威方面，他是最善辯和最具影響力的人物。主要以文學作品聞名，其中包括為逝世名人所作的悼詞。他還是鼓吹絕對君權論的大理論家。

Boston 波士頓 美國麻薩諸塞州海港城市（2000年人口約589,141）和首府。瀕臨麻薩諸塞灣，位於查理河和米斯蒂克河的河口，是州內最大城市。1630年溫思羅普總督率人定居於此，1632年被定為麻薩諸塞灣殖民地的首府。波士頓是反對英國限制美洲殖民地貿易的領導中心，導致美國革命的一些事件就是發生於此，如波士頓慘案（1770）和波士頓茶黨案（1773）。1830～1865年曾是反奴運動的中心。當工業革命傳至美國時，波士頓一躍而為重要的製造業和紡織業中心。如今經濟以金融和高科技產業為主。有不少的高等教育機構位於此地，包括波士頓大學。亦請參閱Cambridge。

Boston College 波士頓學院 美國一所私立高等教育機構，位於麻薩諸塞州切斯特努特希爾。成立於1863年，隸屬於天主教會。該校包括一間文理學院，以及教育、護理、管理、法律等學院。學生總數約為15,000人。

Boston Globe, The 波士頓環球報 波士頓出版的日報，為全美最具影響力的報紙之一。1872年創立，1877年被泰勒買下，改出早、晚報，增加當地和地區的新聞，大篇幅報導轟動性的新聞。20世紀時仍由泰勒家族主導，報紙開始提供更多全國性和國際性的新聞，並保持一貫的自由派立場。1993年為紐約時報公司購併。

Boston Massacre 波士頓慘案 1770年3月5日英軍與波士頓群眾之間的一次小規模衝突。英國駐軍被殖民地人民激怒後，開槍向市民射擊，造成五人喪生，其中包括阿塔克斯。這次意外事件被亞當斯、列維爾和其他一些人廣為傳播，發展成為美國自由而奮鬥的一場戰役，而部分也因在美國革命前幾年中英國的統治早已不得民心。

Boston Police Strike 波士頓警察罷工 1919年波士頓市警察為抗議不准他們組織工會而舉行的罷工。市長下令波士頓國民警衛隊維持治安和阻止罷工，後來州長柯立芝又調集國民警衛隊進行鎮壓，使他贏得法律和秩序的強硬捍衛者稱號，進而在1920年被共和黨提名為副總統候選人。

Boston Tea Party 波士頓茶黨案 1773年12月16日的一次事件，由裝扮成印第安人的美洲愛國者們在亞當斯的領導下，將三百四十二箱茶葉從英國船上拋入波士頓港。他們抗議的是英國課徵茶稅和透過「茶葉條例」壟斷殖民地的茶葉貿易。議會於是通過懲罰性的「不可容忍法令」來報復他們，但更加促使殖民地人民團結起來對抗英國人。

Boston terrier 波士頓㹴 19世紀後半葉在波士頓培育成的一種狗品種。是英格蘭的鬥牛犬與白色的英格蘭㹴的雜交品種，是少數起源於美國的品種之一。體型似㹴，眼深色，嘴短，被毛短細，黑色或帶斑紋，面、胸、頸和腿部都帶白色。站高36～43公分，體重約7～11公斤。特點是溫順熱情。

Boston University 波士頓大學 美國一所私立大學。1839年成立（1867年重組），是美國最早招收黑人和外國學生的大學之一。現今該校共有十五個學院。頒授法律、醫學、牙醫、管理等專業學位；教育、工程、人文藝術暨科學等領域可頒授碩士以上學位。該校所收藏的檔案資料包括金恩、羅斯福以及佛洛斯特等人之相關文件。學生總數約為30,000人。

Boswell, James 包斯威爾（西元1740～1795年） 約翰生的蘇格蘭朋友和傳記作家。原為律師，1763年結識約翰生，1772～1784年常去拜訪他，在他的日記裡詳盡記錄了與約翰生之間的對話。1791年兩卷本的《約翰生傳》出版，被公認是英國最偉大的傳記。他的《赫布里底群島遊記》（1785）主要記述1773年他們同遊蘇格蘭期間約翰生的反應。20世紀時出版了包斯威爾的大量日記，顯示他也是世界上最偉大的日記作家。

包斯威爾，油畫，雷諾茲（Joshua Reynolds）爵士畫室所繪；現藏倫敦國立肖像畫陳列館
By courtesy of the National Portrait Gallery, London

Bosworth Field, Battle of 博斯沃思原野戰役（西元1485年8月22日） 英國薔薇戰爭中的最後一場戰鬥。發生在約克王理查三世與王位競爭者亨利・都鐸（即後來的亨利七世）之間。亨利從流放中歸來，帶了軍隊在米爾福德港登陸，在列斯特以西19公里處遇到了理查的隊伍，於是發生了戰鬥。結果國王的軍隊被打垮，紛紛逃命，理查墜馬後在沼澤中戰死（莎士比亞的《理查三世》中曾描寫了這一場景）。這次戰爭奠定了英國王位由都鐸王室掌控的基礎。

botanical garden 植物園 亦稱botanic garden。原本是栽種活體植物以闡明各植物類群之間親緣關係的園地。大多數現代植物園主要在強調在自然關係的規畫下展示各種觀賞植物。主要種植木本植物（灌木和喬木）的園地稱為樹園。植物園的起源可追溯到古代中國和地中海附近的許多國家，他們通常栽種植物以供食用和藥用。植物園也是優良遺傳性狀的儲藏庫，在培育新品種方面具有潛在的重要作用。另一個功能是訓練園藝學家。世界最有名的植物園是基尤植物園。

botany 植物學 生物學的分支學科，以植物為研究對象，包括所有植物的構造、特性和生化過程，以及植物分類、植物疾病和植物與自然環境之間的互相作用等。植物科學的源起可溯自古希臘羅馬時期，但一直到16世紀的歐洲才獲得現代的推動力，主要透過醫師和植物學者的努力，他們開始認眞觀察植物，並辨認那些在醫學上十分有用的植物。現今植物學分成幾個主要領域：形態學、生理學、生態學和系統學（鑑定植物和分類）。再下面的分支包括苔蘚植物學（研究苔和蘚）、蕨類植物學（研究蕨和它們的近親）、古植物學（研究化石植物）、以及孢粉學（研究現代植物和化石植物中的花粉和孢子）。亦請參閱forestry、horticulture。

Botany Bay　植物學灣　澳大利亞東南部南太平洋內的小海灣。位於雪梨之南，傑克森港外，最寬處約10公里。1770年科克船長在此首次登上澳大利亞大陸，因在當地發現許多新植物而得名。1787年被選作流放地，但這種流放地很快轉移到內地。現沿岸爲雪梨郊區。

Botero, Fernando　博特羅（西元1932年～）　哥倫比亞畫家及雕塑家。從十幾歲就開始繪畫。到了1960年移居紐約時，已發展出自己的風格特徵：將筆下的人與動物描繪成圓圓胖胖的樣子。在這些作品中，他使用單一而明亮的色彩，大膽的輪廓外型，反應出拉丁美洲民俗藝術的影響，而他強有力的創作常常以前輩大師爲競爭對象。1973年博特羅移居巴黎並開始創作雕塑，專注於圓圓胖胖的物體。20世紀末，他那不朽的青銅人體雕塑在戶外的展出十分成功，並移往全球各地展出。

botfly　胃蠅類　幾個雙翅類家族的成員，成蟲外表似蜂，幼蟲寄生於哺乳動物身上。有些品種會對馬、牛、鹿、綿羊、兔和松鼠造成危害，有一種則會危害人類（人膚蠅）。有若干品種的成蠅在宿主身上產下許多卵，幼蟲孵化後穿透皮膚。幼蟲再從皮膚中穿出，成熟後又成爲會產卵的成蟲。在新大陸熱帶地區，胃蠅的感染常造成牛肉和獸皮的大量減產。亦請參閱warble fly。

Botha, Louis＊　波塔（西元1862～1919年）　南非聯邦第一任總理（1910～1919）。1897年選入南非共和國議會，屬於溫和派，反對克魯格總統敵視外國人（主要指非波爾人的英國移民）的政策。南非戰爭爆發後，指揮南部軍隊包圍萊迪史密斯，後來努力保衛特蘭斯瓦，但不成功。擔任總理時，主張與英國人和平相處，但受到阿非利堪人民族主義分子的嚴厲抨擊。第一次世界大戰爆發後，波塔占領了德屬西南非洲（今那米比亞）。

Botha, P(ieter) W(illem)　波塔（西元1916年～）　南非總理（1978～1984）及第一任總統（1984～1989）。1948年代表南非國民黨被選入議會。曾歷任各部會首長，1978年沃斯特辭職後，他接任總理。當時政府面臨內政外交的嚴重困難，包括莫三比克、安哥拉和辛巴威黑人政府相繼執政，西南非（那米比亞）政治動亂，國內也發生黑人學生和勞工動亂。他派南非軍隊經常出擊，以配合鄰邦國內反政府組織的行動，在國內則壓制叛亂。面臨來自黨內外的反對聲浪時，他因病放棄總統職位。

Bothnia, Gulf of　波的尼亞灣　波羅的海北部海灣，西岸爲瑞典，東岸爲芬蘭。面積約117,000平方公里，長725公里，寬80～240公里，平均深度295公尺。因有多條河川注入，海水含鹽量極低。冬季封凍五個月。

Botox　保妥適　A型肉毒桿菌素的商標名。A型肉毒桿菌素爲一種用肉毒桿菌製成的藥物。它含有與造成嚴重食物中毒相同的毒素。局部注射保妥適會阻止神經傳導物質乙醯膽鹼的釋出，干擾肌肉收縮的作用。用來治療嚴重的肌肉抽搐或是嚴重失控的排汗。保妥適亦可用於整容，消除臉部皺紋。

Botswana＊　波札那　正式名稱波札那共和國（Republic of Botswana）。舊稱貝專納蘭（Bechuanaland）。非洲南部內陸國家，與那米比亞、辛巴威和南非交界。面積581,730平方公里。人口約1,679,000（2002）。首都：嘉柏隆

里。茨瓦納人占人口半數還不到，其他較大的種族集團有哈拉加里人、恩瓜托人、茨瓦龐人、比爾瓦人和卡蘭加人。還有一小群遊牧民族（科伊科伊人和桑人），常作季節性的遷移，越過那米比亞邊界。語言：英語（官方語）和茨瓦納語。宗教：基督教（混合了大量的非洲傳統信仰）。貨幣：普拉（P）。地形基本上是台地，平均高度約1,006公尺。西部和西南部是喀拉哈里沙漠的一部分，北部是奧卡萬戈河三角洲沼澤地帶。常年不斷的地表水源爲喬貝河（與那米比亞的界河）、西北端的奧卡萬戈河，以及東南部與南非的界河林波波河。經濟傳統上依賴牲畜飼養；1980年代鑽石礦的開發已爲國家帶來財富。政府形式爲多黨制共和國，一院制。國家元首暨政府首腦是總統。該區最早的居民是科伊科伊人和桑人。早在西元190年時就有人定居於此，當時是操班圖語的農人往南遷徙的時期。13～14世紀在特蘭斯瓦西部興起幾個茨瓦納人王朝，18世紀移往波札那，並建立幾個強大國家。19世紀初歐洲傳教士抵此，但在1867年發現黃金，引起歐洲人的興趣。1885年該區成爲英屬貝專納蘭保護國。翌年，莫洛波河以南地區成爲王室殖民地，十年後爲開普殖民地所吞併。貝專納蘭本身一直到1960年代都是英國保護地。1966年貝專納蘭共和國（後來改名波札那）宣布獨立，加入國協。獨立後的波札那力圖在南非（經濟上所仰賴的國家）和鄰近黑人國家之間保持微妙的平衡關係。1990年那米比亞獨立和南非放棄種族隔離政策才緩和了緊張關係。

Botticelli, Sandro＊　波提且利（西元1445～1510年）　原名Alessandro di Mariano Filipepi。義大利佛羅倫斯畫家。幼隨金匠學藝，後成爲利比的門徒。1470年已發展出獨特的風格，成爲大師級人物。1481年與一批佛羅倫斯、翁布里亞畫家被召至羅馬裝飾西斯汀禮拜堂，在那裡可看到他的三幅最好的宗教濕壁畫作品（1482年完成）。雖然是一位多產的宗教畫畫家，他最著名的還是神話方面的作品。其傑出的肖像畫作品顯然受到當代法蘭德斯藝術的影響，即人物置於風景之前。主要的作品包括《春》、《雅典娜和半人半馬怪》、

A
B

波提且利的《維納斯的誕生》（1485?），油畫；現藏佛羅倫斯烏菲茲美術館
Anderson – Alinari from Art Resource

《維納斯和馬爾斯》、《維納斯的誕生》，全部作於1477～1490年左右。至今約有七十五幅畫作留存，有許多收藏在烏菲茲美術館。19世紀世人復對他的作品產生興趣，如今他是最受人推崇的義大利文藝復興時期畫家之一。

bottlenose dolphin　寬吻海豚　亦作bottle-nosed dolphin。海豚科容易辨識的哺乳類海豚，學名*Tursiops truncatus*。見於世界各地暖、溫帶海域，身長可達2.5～3公尺，重達135～300公斤，雄性通常大於雌性。此種海豚是人們熟悉的海洋秀場表演者，特點是嘴部彎曲所形成的「定型微笑」。它也是科學研究的主題，因爲它智力頗高，也有能力藉著聲音和超音波脈衝與同類溝通。

bottom water　底層水　海洋最底層的海水，與表層水明顯不同的是低溫、高密度和低氧。底層水多是在南半球冬季時於南極洲附近形成的。南極洲大陸棚上的海水會部分結冰，因而產生無鹽冰，剩餘的鹽水因密度高而下沈，繼而沿海床向北流。北冰洋因被地形阻障——如白令海檻、格陵蘭和不列顛群島之間的海嶺和淺灘——而隔離，在作爲底層水來源方面較爲次要。

botulism＊　肉毒中毒　由肉毒桿菌毒素引起的中毒，其中已知最強的毒素之一是肉毒梭狀芽孢桿菌。最常發生於食用含有毒素而未經妥善消毒的罐頭食品以後。在新鮮食物中的肉毒梭狀芽孢桿菌的抗熱孢子可以在製成罐頭的食物中生存。細菌在繁殖過程中分泌毒素，如果在食用之前沒有加熱完全，毒性還是很強。肉毒會阻礙神經脈衝的傳導。一旦確定是肉毒中毒，及時投以抗毒素可挽回一命。症狀是噁心和嘔吐，之後出現疲乏、視力模糊、全身肌肉虛弱無力。應及早作氣管切開並及時使用器械呼吸，以免因呼吸癱瘓喪命。通常若不因肌肉麻痺致命就可完全康復。因細菌具有強烈的毒性，導致近幾十年來有人祕密研發爲生物戰武器。

Bouaké＊　布瓦凱　象牙海岸中部城市（1995年人口約330,000）。1899年建爲法國軍事站，位於首都阿必尚至布吉納法索（再往上伏塔）的公路和鐵路線上。爲全國大城市之一，也是內陸地區的商業及交通運輸中心。

Boucher, François＊　布歇（西元1703～1770年）　法國畫家、版畫家和設計師。可能自幼隨小畫家的父親學畫，1723年獲羅馬大獎，但一直到1928年才有能力到義大利遊覽。布歇接受的第一個重要訂件是把華托的一百二十五幅素描製成版畫。後來在凡爾賽替龐巴度侯爵夫人完成幾項重要的裝飾工作。作品充分表現出洛可可時期的趣味，並體現了18世紀中葉法國宮廷淺的優雅。1734年成爲皇家學院院士，並爲皇家陶瓷廠的主要設計者，也是戈布蘭掛毯廠的指導人。1765年當上院長，並擔任路易十五世的首席畫師。爲18世紀最偉大的畫家和工匠之一，擅長裝飾畫和插畫的各種細部描繪。

Boucher, Jonathan＊　包契爾（西元1738～1804年）　英裔美國神職人員。1759年以私人教師的身分前往維吉尼亞州。他成了馬里蘭州亞那波里斯的教區牧師，擔任華盛頓繼子的家庭教師，成爲華盛頓家庭友人。他所抱持的保皇觀點使他喪失了原有的地位，並在1775年被迫回到英國。退休後，他寫了《美國革命前因後果的觀察》（1779）一書；他所彙編的「古式與俚俗詞彙」，之後也納入了韋伯斯特的詞典中。

Boucicault, Dion＊　鮑西考爾特（西元1822～1890年）　原名Dionysius Lardner Boursiquot。愛爾蘭裔美國劇作家。1837年開始演戲，成功的喜劇作品有《倫敦保險公司》（1841）和《科西嘉兄弟》（1852）。1853年遷往紐約，促成了美國第一個戲劇版權法問世。其知名的戲劇《紐約的窮人》（1857），是其他類似作品的代表，如《倫敦的窮人》。鮑西考爾特關懷社會問題，在《混血兒》（又名《路易斯安那州的生活》，1859）中含蓄地攻擊了奴隸制。他也寫了一系列流行的愛爾蘭劇本，如《少女鮑恩》（1860）和《肖蘭》（1874）等。

Boudiaf, Muhammad＊　布迪亞夫（西元1919～1992年）　阿爾及利亞政治領袖。他與本・貝拉一起創立阿爾及利亞民族解放陣線（FLN），帶領阿爾及利亞從法國獲得獨立（1954～1962）。1956年起遭到監禁，直到1962年阿爾及利亞獨立爲止，此後他成爲本・貝拉之下的副總理。他反對本・貝拉的獨裁作風，導致流亡二十七年。1992年獲邀回國領導政府，並處理政治事務中漸增的宗教影響力。此後不久，他遭到保鑣暗殺。亦請參閱Islamic Salvation Front。

Boudicca＊　布狄卡（卒於西元60年）　亦作Boadicea。古不列顛王后，曾帶頭反抗羅馬人的統治。西元60年國王去世，因無男嗣，即指定兩個女兒和羅馬皇帝尼祿爲繼承人以求保護他的家族。羅馬人卻趁機吞併其王國，並虐待其家人和族人。布狄卡於是在東英吉利亞發動叛變，焚毀了科爾切斯特、聖阿本斯、倫敦一部分和幾個軍事哨所，她的軍隊殺死羅馬人和親羅馬的不列顛人七萬名（根據塔西圖斯的記載），並擊潰羅馬第九軍團。後來羅馬總督率軍馳援，摧毀她的大軍，最後服毒（或說中風）而死。

Boudin, Engène＊　布丹（西元1824～1898年）　法國風景畫家。早年曾受法國畫家米勒的鼓勵。他強力鼓吹繪畫要師法自然。1874年開始與印象派畫家一起參展，但他並不是一位創新者，1863～1897年固定在官方美術沙龍展出作品。他最愛畫的主題是海灘景色和海景，對整體氣氛的營造特別拿手，在畫作背面還記錄了天氣、光線和時間日期。他的畫作連結了19世紀中葉構圖縝密的自然主義與色彩明亮、流暢筆法的印象主義。

boudinage＊　香腸狀構造　變形岩層形成的一種圓柱形構造。通常是互相挨近而由短的頸狀物連接在一起而呈一串香腸狀，並由此而得名（法文的boudin即香腸）。這種頸狀物可能被諸如石英、長石或方解石等重結晶礦物所充填。香腸狀構造在各種類型的岩石中都有，也是褶皺岩石最常見構造之一。

Boudinot, Elias＊　布迪諾（西元1740～1821年）　美國政府官員，生於費城。是一個保守的輝格黨員，但在美國革命爆發時支持革命。1782～1783年擔任大陸會議主席，1789～1795任美國眾議院議員，1795～1805年出任費城的美國造幣廠廠長。

Bougainville＊　布干維爾島　巴布亞紐幾內亞島嶼（1999年人口約181,321），索羅門群島最大島，位於群島北端，面積10,050平方公里。北半部是埃姆波勒山脈，最高峰巴爾比峰（海拔2,743公尺），南半部有克勞恩普林斯山脈。沿岸有珊瑚礁。1768年爲布干維爾發現。19世紀末歸德國。第一次世界大戰後爲澳大利亞託管地。第二次世界大戰後爲聯合國新幾內亞託管地。1975年歸獨立後的巴布亞紐幾內亞。至今仍有活躍的脫離主義運動。

Bougainville, Louis-Antoine de＊　布干維爾（西元1729～1811年）　法國航海家。1764年在福克蘭群島建立了一個法國殖民地。他受法國政府委派，進行過一次環球考察旅行。1766年開始出航，經過薩摩亞、新赫布里底群島後繼續西行，進入任何歐洲船隻以前均未航行過的海域。他到達大堡礁邊緣，卻沒看到澳大利亞，轉而北行。1769年回到布列塔尼之前停泊過摩鹿加和爪哇。他擁有廣大讀者的著作《環球旅行》（1771），讓男人展現其天性的價值觀風靡一時。1772年擔任路易十五世的秘書，曾帶領法國艦隊支援美國革命。後來拿破崙授予其榮譽勳位。葉子花屬這種植物即是以他的姓命名。

bougainvillea＊　葉子花屬　亦稱九重葛屬。紫茉莉科的一屬，約十四種，灌木、藤本或小喬木。原產南美洲，在溫暖地區生命力強。許多種有刺。僅木質藤本種廣泛栽培，有幾個種育出美麗的栽培變種，用於室內栽種。有些種，如巴西的光葉子花有色彩鮮明的紙狀苞片圍著不顯眼的花，俗稱紙花。已育出苞片爲紫到檸檬黃諸色品種。

Bouguereau, William (-Adolphe)＊　布格羅（西元1825～1905年）　法國畫家。1846年進入美術學院，1850年獲羅馬大獎。1854年從義大利回到法國之後，他成爲法國學院派繪畫的擁護者，促使沙龍排斥印象派畫家。作品以高度完整、技法全面的寫實主義和表現多愁善感的題材爲特徵。繪有一些感傷的宗教畫、意含肉慾的裸體畫、寓意的風景畫和寫實逼真的肖像畫。1876年被選入美術學院。影響十分廣，特別是在美國。

Bouillaud, Jean-Baptiste＊　布約（西元1796～1881年）　法國醫師及研究者。他證明大腦的言語中樞所在；區分出不能應用詞彙和不能記憶詞彙所導致的失語，及不能控制與言語有關的運動所導致的失語之不同。在心臟病學方面，他證明心臟病與風濕性關節炎有關；幫忙解釋正常心音和若干異常心音；最先正確敘述心內膜及心內膜炎。著有心臟疾病以及風濕熱和心臟的許多重要的書籍。

Boukhara ➠ Bukhara

布朗熱
H. Roger-Viollet

Boulanger, Georges (-Ernest-Jean-Marie)＊　布朗熱（西元1837～1891年）　法國將軍和政治人物。1856年進入陸軍，1871年協助鎮壓巴黎公社事件，1880年晉升任准將，1882年任步兵指揮官。1886年任戰爭部長，實行各種軍事改革措施，人們認爲他會爲法國洗雪普法戰爭失敗之恥。1888年他領導了一次短暫但具影響力的權力運動，動搖了第三共和。1889年政府決定起訴他，促使他逃離巴黎。最後遭缺席審判，1891年自殺。

Boulanger, Nadia (-Juliette)＊　布朗熱（西元1887～1979年）　法國音樂教師與指揮家。曾隨魏道爾（1844～1937）和佛瑞學習作曲，廿多歲時因妹妹早逝而不再作曲，畢生奉獻給指揮工作、表演管風琴，並任教於諾默爾學校（1920～1936）、巴黎音樂學院（1946年起），尤其是自1921年起在楓丹白露的美國音樂學院院長期任教。她是20世紀最傑出的作曲老師，學生包括科普蘭、哈利斯、米堯、湯姆生、卡特、伯恩斯坦和格拉斯。她的妹妹莉莉（1893～1918）是第一個贏得羅馬大獎的女作曲家，但只活到二十五歲，寫有不少出色的聲樂和其他音樂作品。

Boulder　博爾德　美國科羅拉多州中北部城市（2000年人口約94,673）。在落磯山脈山腳，丹佛的西北方。1858年由礦工拓居。1873年因兩條鐵路通經此地而發展。近幾十年來該市已形成大型行政－工業－教育聯合體。設有科羅拉多大學。

Boulder Dam　頑石壩 ➠ Hoover Dam

boule＊　五百人會議　古希臘城邦的諮詢議會。幾乎每一個制憲城邦都設有五百人會議，特別是從西元前6世紀末起。在雅典，梭倫於西元前594年成立一個四百人會議爲一種貴族政治機構。後來克利斯提尼從十個部族中推派出五百人，每個部族選五十名。一些名額是由各德謨依地區大小按比例選派代表的。五百人會議輔助公民大會和阿雷奧帕古斯（貴族會議）的工作，主掌財政，管理艦隊和騎兵，評鑑官吏，接見外國使節，爲將軍擔任軍事顧問。在希臘化時期，五百人會議對其他城邦的議會組織產生過極大影響。

boules＊　布爾球　一種類似保齡球和博西球的法國式球戲。運動員輪流投擲或滾動一個球，使它盡可能靠近小靶球；必要時可以把對方的球撞開。比賽場地稱爲pitch。

boulevard　林蔭大道　經過美化布置的寬闊大道，通常有幾條車道和人行道。最早的林蔭道原本是沿著城牆而建（此字的原意爲「壁壘」），建於中東地區，特別是安條克。在巴黎，其筆直和嚴格的幾何圖形是根據巴黎美術學校所設計的原則，構成該市的主要風貌。在華盛頓特區等其他城市也有類似的林蔭大道。在維也納和布拉格則以規則彎曲的林蔭大道爲主。

Boulez, Pierre＊　布萊（西元1925年～）　法國作曲家和指揮家。原主修數學，後在巴黎音樂學院師承梅湘。1946～1956年在雷諾－巴勞爾劇院任音樂指揮。受魏本作品的激勵，1951年開始以完全的序列主義實驗創作音樂。1954年創辦新音樂團體「音樂天地」，並持續指揮至1967年。1971～1978年任紐約交響樂團指揮。1976年在拜羅伊特音樂節指揮華格納的《尼貝龍的指環》，1979年初次公演貝爾格的歌劇《露露》完整版。1974年創建法國國家實驗工作室IRCAM（音樂與音響協調研究學會）。重要作品包括《水太陽》（1948）、《結構》第一集（1952）、《結構》第二集（1961）、《無主之槌》（1957）、《重重褶襉》（1962），以及三首鋼琴奏鳴曲（1946、1948、1957）等。由於他參與的活動十分多樣，包括經常打破常規的著述，因而他是戰後享譽國際的音樂先驅人物。

Boulle, André-Charles＊　布爾（西元1642～1732年）　亦作André-Charles Boule。法國著名家具工匠。年輕時學過繪畫和雕塑，後在巴黎設計家具，聲譽斐然。1672年應法王

A B

路易十四世召聘，任凡爾賽宮的王室工匠，還曾為西班牙國王腓力五世、波旁公爵等顯貴製作家具。他將鑲嵌技術提升到新的高水準。其風格以精美的黃銅裝飾和螺鈿鑲嵌為特點，被人們稱為布爾工藝，18、19世紀這種布爾工藝在歐洲十分盛行。

Boullée, Étienne-Louis＊ 布雷（西元1728～1799年） 法國建築師、理論家和教師。十九歲即開設自己的事務所。透過對各種幾何形式性質的研究，賦與其象徵性的品位，達到一種純粹、現代的古典主義。他以老師和理論家的身分發揮最大的影響力。在一系列為公共紀念物所作的重要理論性設計中，以1784年設計的一個巨大球體達到頂峰，這個根據理論繪出的想像形式，是預備給英國物理學家牛頓作衣冠塚用的。

Boulogne, Jean 讓・布洛涅 ➠ Giambologna

Boulsover, Thomas＊ 布爾索弗（西元1706～1788年） 英國發明家，發明鍍覆法（老式雪非耳盤）。1743年在卡特勒公司修理銅銀刀把時，發現兩種金屬可以熔合；又發現熔合金屬在軋機上軋製時，延展均勻，如同一種金屬。他的發明為經濟性生產各種鍍製品開闢了道路，從鈕釦和他自己造的鼻煙盒，到凹形器皿（如茶具組）和炊事用具都能熔鍍，雪非耳其他工人很快就大量製造這些器具。

Boulton, Matthew＊ 博爾頓（西元1728～1809年） 英國製造商和工程師，在瓦特和默多克（1754～1839）的幫助下，裝配大量排水泵發動機以挖掘康瓦耳的錫礦，從而建立了蒸汽機工業。他預見到工業上將大量需要蒸汽動力，因而極力催促瓦特改良各種設計形式的發動機。博爾頓將蒸汽動力用在造幣機械上，為英國東印度公司鑄造了大量硬幣，也提供機械設備給皇家造幣廠。到1800年，在不列顛群島和國外所安裝的蒸汽機已經接近五百部。

Boumédienne, Houari＊ 布邁丁（西元1927～1978年） 原名Muhammad ben Brahim Boukharouba。阿爾及利亞政治領袖和總統（1965～1978）。在阿爾及利亞人為獨立奮戰時，他在摩洛哥和突尼西亞協助建立一支阿爾及利亞軍隊。1965年發動政變，廢黜總統本・貝拉。1970年代他所實行的政策雖造成與法國、摩洛哥之間的緊張情勢，但他也與西方國家談判，訂立重要工業的合同，又與蘇聯集團保持密切而又獨立的關係，是不結盟運動的領袖。

boundary layer 邊界層 流體力學術語。流動的氣體或液體與飛機的機翼面或管道的內壁之類的表面相接觸的薄層。邊界層流體受剪切力作用。若流體與表面接觸，則邊界層流體運動速度範圍將由最大到零。邊界層特異流的處理方法，可以比對遠離表面的自由流體流動的處理簡單得多。機翼前沿的邊界層較薄，後沿的較厚。因此，機翼前沿或上部的邊界層流動一般為層流，在機翼後沿或下部的為湍流。亦請參閱drag。

Bounty, HMS 邦蒂號 英國武裝運輸船，因其船員於1789年4月28日發動叛變而出名。原由船長布萊指揮，已從大溪地載滿麵包果樹貨物出發，在航向牙買加途中的友愛（東加）群島後，被大副克里斯琴（1764～1790/1793?）強行劫持。此事件引起許多的紛爭，反對布萊的人指控他暴虐，布萊則辯解說那些叛變者已喜歡上大溪地和那裡的婦女，樂而不返。當時的布萊和十八名忠於他的船員被放在救生艇中隨波逐流，經過兩個多星期，漂流了5,800公里後，才到達帝汶島。克里斯琴則和八名船員把邦蒂號開到皮特肯島建立了一小塊殖民地，直到1808年才被人發現，他們的後裔現仍在那裡生活。叛變者後來被遣送回大溪地，有三個被帶回英國吊死。

bourbon 波旁威士忌 ➠ whiskey

Bourbon, Charles-Ferdinand de ➠ Berry, duke de

Bourbon, House of＊ 波旁王室 歐洲過去最重要的統治家族之一。此家族系出法國國王路易九世之孫波旁公爵（1327～1342）路易一世。這個家族統治過法國（1589～1792、1814～1848）、西班牙（1700～1868、1870～1873、1874～1931，以及自1975年到現在），以及那不勒斯和西西里國王（1735～1861）。家族中最著名的成員有：亨利四世、路易十三世、路易十四世、路易十五世、路易十六世和腓力五世。

Bourbon Restoration 波旁王朝復辟（西元1814～1830年） 法國歷史上拿破崙退位而波旁王室君主恢復王位的時期。第一次復辟出現於拿破崙失去權力而路易十八世成為國王的時候，後因拿破崙回到法國而被打斷（參閱Hundred Days），但拿破崙被迫再度退位，促成第二次復辟。這段時期的特色是中道統治的立憲君主制（1816～1820），隨後是路易的兄弟查理十世統治時期（1824～1830）極端保王派的再興。反動政策使反對派自由主義者及中庸派再起，導致七月革命、查理退位和波旁王朝復辟的結束。

Bourbonnais＊ 波旁內 法國中部歷史文化區。羅馬時代在凱撒治下是塞爾特高盧的一部分，後來在奧古斯都時成為亞奎丹尼亞的一部分。10世紀時，在波旁貴族統治下，逐漸成為獨立的政治實體。最後傳到路易手中，他在1327年被封為第一代波旁公爵，成為波旁王室的始祖。1527年波旁內歸屬法國王室。

Bourdieu, Pierre 布爾迪厄（西元1930～2002年） 法國社會學家和人類學家，以文化及教育上的批判研究而聞名。布爾迪厄引進文化資本的概念，這是奠基於社會地位及教育的財富，指出人在學校和社會的成功大幅仰賴個人吸收支配階級之文化精髓或慣習的能力。受到結構主義影響，他提出慣習類似一種語言，而且比語言更基本。著有：《實踐理論概要》（1977）、《教育、社會、文化再生產》（1977）、《區別》（1984）。

Bourgeois, Léon (-Victor-Auguste)＊ 布爾茹瓦（西元1851～1925年） 法國政治人物。1876年成為文官，1888年當選議員。曾擔任過幾個部長職位，1895～1896年出任總理。1905～1923年選入參議院，1920年起任參議院議長。他主張國際合作，1903年任海牙國際法庭法官。1919年任法國出席國際聯盟代表。1920年獲諾貝爾獎。

Bourgeois, Louise＊ 布爾茹瓦（西元1911年～） 法裔美國雕刻家，生於巴黎。曾短暫在雷捷的畫室學習藝術，原本是畫家和版畫家。1940年代末與美國丈夫遷往紐約後，開始轉向雕刻創作。1950年代以黑白、大小一致的雕刻作品受到肯定。另外還創作了許多大理石、石膏、乳膠和玻璃材料的作品。作品雖抽象，但讓人聯想到人形，表達出叛逆、焦慮、孤獨的主題。

bourgeoisie＊ 資產階級 社會經濟理論中以有產階級為主的社會等級。這個用語起源於中世紀法國，指介於地主和農夫之間、以手工藝為業的人。隨著工業革命的發生，這種經濟關係開始分為雇主和雇員兩個階級，形成一種尖銳的社會劃分關係。階級意識的抬頭產生一種強調區分資產階級（資本家）與無產階級的經濟及社會分類體系。19世紀社會改革者還大量引用這個詞，但現在已不常用了。亦請參閱class, social。

Bourges, Pragmatic Sanction of ➠ Pragmatic Sanction of Bourges

Bourguiba, Habib (ibn Ali)＊　布爾吉巴（西元1903～2000年）　突尼西亞總統（1957～1987）。就讀於巴黎大學，從而與阿爾及利亞、摩洛哥的獨立思想人士有了接觸。1932年在法國創辦民族主義的法文報紙，1934年創建新憲政黨，成爲突尼西亞解放運動的中心人物。曾三次遭監禁，1956年與法國達成協議，簽訂獨立條約。1957年廢除君主制，當選爲總統。執政三十年間，他縮編軍隊，國家預算大多花費在教育和醫療保健上。1975年國會通過總統終身職制，但到1987年，由於健康狀況不佳而被免除總統職務。亦請參閱Zine al-Abidine Ben Ali。

Bourke-White, Margaret＊　伯克－懷特（西元1906～1971年）　美國攝影家，生於紐約市。1927年從事工業攝影和建築攝影，開始其專業生涯，不久就以其獨創風格贏得聲譽。1929年魯斯雇用她爲他新創辦的《財星》雜誌工作。第二次世界大戰爆發後，她爲《生活》雜誌採訪戰地消息，是美國第一個隨軍女攝影師。出版過一些照片集，包括描述美國南部小佃農的《你看到了他們的面容》（1937）。

Bournemouth＊　波茅斯　英格蘭南部多塞特海濱度假城鎮（2001年人口約163,441），瀕臨英吉利海峽。1810年建立，但一直到1870年通鐵路後才迅速發展。現在主要是度假勝地和住宅區城鎮，也是英格蘭地區主要會議中心之一和退休人士最喜歡居住的地方。

Bournonville, August＊　布農維爾（西元1805～1879年）　丹麥舞者和編舞家。主持丹麥皇家芭蕾舞團近五十年。在巴黎和哥本哈根習舞和表演後，1830年擔任丹麥皇家芭蕾舞團的導演和編舞家，並繼續舞蹈表演至1848年爲止。他和一些丹麥作曲家合作，吸取巡迴歐洲表演時所觀察的經驗，把它融入個人獨特的風格裡，其風格以技巧精湛的舞蹈和表現力豐富的默劇表演爲基礎。他的許多作品，包括《仙女》（1836）、《拿玻里》（1842）、《一個民間故事》（1854）等，現仍爲丹麥皇家芭蕾舞團的上演劇目。

Boutros-Ghali, Boutros＊　布特羅斯－蓋里（西元1922年～）　曾爲聯合國第六任祕書長（1992～1996），是擔任這一職務的第一位阿拉伯人和非洲人。爲埃及最有名望的科普特家族後裔，曾就讀於開羅大學和巴黎大學，後來在世界各地的大學任教過。1977年被任命爲外交部長，任內陪同總統沙達特拜訪耶路撒冷，1991年成爲副總理。1992年擔任聯合國祕書長，任職期間監督波士尼亞、索馬利亞和盧安達的維持和平運作，主持聯合國五十週年的紀念活動。1996年因美國不支持他連任之下而下台。

Bouts, Dirck＊x　包茨（西元約1415～1475年）　尼德蘭畫家。出生於哈勒姆，1457年後定居盧萬，在此地受魏登影響。最有名的作品有：1464年爲盧萬聖彼得教堂繪製的三聯祭壇畫，主要是描寫最後晚餐和《舊約》中的四幅場景，以及爲盧萬市政府繪製的兩大幅世俗審判之作（1470～1475）。所畫人物儀態端莊，題材莊嚴，富有強烈的情緒。

Bouvines, Battle of＊　布汶戰役（西元1214年7月27日）　法國國王腓力二世大敗神聖羅馬帝國皇帝奧托四世、英格蘭國王約翰以及一些法國強勢諸侯等組成的國際聯軍的決定性戰役。雙方在布汶和法蘭德斯的圖爾奈之間的沼澤平原上進行決戰。結果，法軍大獲全勝。這次勝利鞏固了腓力所占有的英屬法國領地，也大大提高法國君主在歐洲的聲望。約翰的戰敗增強了國內貴族的反對勢力。

bouzouki＊　布祖基琴　希臘流行音樂中用的長頸弦樂器。20世紀初從一種土耳其樂器演化而來，琴體梨形，指板有回紋裝飾。現代的這種樂器有四排弦，用撥子彈撥，典型的風格是朝氣蓬勃和敏捷靈活。

Boveri, Theodor Heinrich＊　博韋里（西元1862～1915年）　德國細胞學家，研究蛔蟲卵，證明染色體是細胞核內可分的連續實體。他與薩頓是率先提出基因位在染色體上的人。他證明了伯內登創建的學說－－受精卵的染色體一半來自卵細胞，一半來自精子。後來，他採用中心體一詞，並證明中心體是卵細胞分裂時的分裂中心。

bovid＊　牛類　牛科反芻動物。牛科動物的角中空，不分叉，固定不脫落；爲放牧或吃嫩葉的動物，常見於東、西半球的草原、灌叢地或沙漠地區。多數品種成大群生活。肩高差別很大，從25公分的羚到2公尺的美洲野牛。約有138種（包括家牛、綿羊、山羊），其中有些種類對人類有很大的經濟價值。其他的如大角羊和有些羚羊則爲狩獵對象，以獲取其肉、角或皮。亦請參閱buffalo、ruminant。

Bow, Clara＊　鮑（西元1905～1965年）　美國電影女演員，生於紐約市的布魯克林。出身貧寒，十六歲時在一次雜誌選美活動中獲勝，獲得一次電影演出的機會。1925年受雇於派拉蒙電影公司，在《陷阱》（1926）、《羔皮靴》（1926）中擔任較重要的角色。1927年在默片《它》中成功扮演了輕佻女子的角色後，被稱作「它姑娘」，成爲當代自由解放的妙齡女郎化身。曾主演超過二十部電影（1927～1930），但是緋聞纏身和多次精神崩潰中傷了她的事業。1933年退出影壇，晚年爲精神病所苦。

鮑
Brown Brothers

bow and arrow　弓箭　一種兵器，弓是一根用木頭或其他有彈性的材料製成的狹板，把它彎起來並用弦綳緊；箭是一根尾部帶羽毛的長木桿。把箭尾槽搭在弦上，然後向後拉箭，使弓產生足夠的張力，鬆開後，箭即被推出。弓的材料從木頭、骨頭、金屬到塑膠、纖維玻璃都有。箭頭是用石頭、骨頭和金屬製成。弓箭起源於史前時期。從古埃及時代到歐洲中世紀，在地中海一帶和歐洲，弓是首要的兵器，在中國和日本使用的時間則更長些。匈奴、突厥、蒙古人，以及歐亞草原其他民族在打仗時精於騎射，騎馬弓箭手是火藥未發明前戰爭中最爲致命的武器。弩，一種複合型的弓，和英格蘭長弓使箭成爲戰場上令人生畏的飛行兵器。土耳其弓的威力對中世紀後期的戰爭也有巨大影響。在許多民族的文明史上，弓在軍事上的重要性僅次於它作爲狩獵器的價值。弓箭現在有時仍用在娛樂狩獵方面。亦請參閱archery。

Bow porcelain＊　鮑瓷　約1744～1776年在艾塞克斯一家工廠生產的英國軟質瓷器。從1750年起，愛爾蘭雕刻家弗萊就把骨灰用於陶瓷生產中，他發明了製造過程。鮑瓷在外觀和質量上品種繁多，一種表面光潔、色調柔和的奶油白色釉料堪稱爲最佳珍品。鮑瓷廠生產的餐具曾名列英國貼花瓷器的前茅（參閱Battersea enamelware）。鮑瓷廠還大量製作塑像，例如政界人物、演員、鳥獸等，帶有洛可可風格。

Bow River＊ 鮑河 加拿大亞伯達省河流。源出加拿大落磯山脈東坡的班夫國家公園，向東南流經國家公園，再往東流過卡加立與老人河匯成薩斯喀徹溫河，全長507公里。因有水電和灌溉之利而重要。鮑谷省立公園位於卡加立西方80公里處。

Bowditch, Nathaniel＊ 包狄池（西元1773～1838年） 美國數學家和天文學家，生於麻薩諸塞州的樹冷。自學成才。對英國人摩爾所著《實用航海術》進行校改，1799年出修訂版。1802年出版《新美國實用航海術》，爲美國海軍部採用，是當時公認最好的航海教科書。1829～1839年翻譯並修訂拉普拉斯的四卷《天體力學》。他還發現了在天文學和物理學上有重要用途的包狄池曲線（描述一個擺錘的運動）。包狄池曾婉拒各大學的邀聘，而任職於保險公司。

Bowdler, Thomas 鮑德勒（西元1754～1825年） 英國醫師、慈善家和文人，以所著《家用莎士比亞戲劇集》（1818）聞名。他對莎士比亞戲劇加以刪節和闡釋，使家長對子女朗讀時不致引發他們的不快或腐壞其心靈。第一版（1807）選了二十部戲劇，可能由鮑德勒的姊妹哈麗特刪節的。

Bowdoin College＊ 鮑登學院 美國一所私立文理學院，位於緬因州伯倫瑞克。1794年成立時爲一男子學院，爲紀念美國國家人文與科學學院首任主席鮑登（1726～1790）而取此名。1971年改制爲男女合校。該校頒授自然科學、社會科學、藝術以及人文方面的學士學位。學術設施包括一個海洋研究站和一間北極博物館。具歷史性的建築物包括由馬吉姆和懷特所設計的瓦克爾藝術大樓。學生數約爲1,600人。

bowel movement ➡ defecation

Bowen, Elizabeth (Dorothea Cole)＊ 鮑恩（西元1899～1973年） 英國（生於愛爾蘭）小說家和短篇小說作家。長篇小說包括《在巴黎的屋子》（1935）、《心之死》（1938）、《一天中最熱的時候》（1949）。短篇小說集有《魔鬼情人》（1945）。小說具有精煉的散文風格，通常詳細描寫中上流社會中那種不安定和未履行的關係。散文有《印象集》（1950）和《回味》（1962）。

Bowen, Norman L(evi) 鮑文（西元1887～1956年） 加拿大地質學家，生於安大略省的京斯頓。曾在華盛頓特區的地球物理研究所前後工作達三十五年之久，專研矽酸鹽系統。第一次世界大戰時，轉入光學研究，戰後又轉回老本行研究矽酸鹽系統。1928年出版《火成岩的演化》，對岩石學理論有深遠的影響。1937～1947年在芝加哥大學任教時，發展成實驗岩石學的一個學派。他的成就在歐、美廣受推崇。

Bowerbird＊ 造園鳥 雀形類園丁鳥科的十七種鳥類，見於澳大利亞、新幾內亞和附近島嶼。雄鳥在地上構築涼亭狀物，以明亮及閃亮的物體裝飾它，在涼亭內或其上炫耀和高聲鳴叫；雌鳥到那裡去會雄鳥，並在稍遠處的簡單巢內產卵。涼亭或平台是用植物材料鋪成的一個厚墊。花柱形狀物是在一塊清潔的場地上用枝條在一根或幾根樹苗的周圍樹立起一個小屋子（有時和小孩的遊戲屋一樣大）。林蔭道是在一個由細枝組成的圓墊上，用枝條築兩座靠得很近的平行牆。亦請參閱catbird。

Bowes, Edward 鮑斯（西元1874～1946年） 別名Major Bowes。美國廣播界先驅人物，生於舊金山。原與人合夥在紐約與波士頓開設不動產公司，後來加入紐約的首都戲院，開辦了一種雜耍表演秀《鮑斯少校首都家庭》，之後成爲廣播節目《新穎的業餘時間》（1935～1946），這個節目（後來改在電視播出，名爲《泰德・麥克新穎的業餘時間》）使一些有抱負的表演者——包括法蘭克辛那屈和鮑伯霍伯——有向全國聽眾演出的機會，從巡迴的業餘表演秀中脫穎而出。

Bowfin＊ 弓鰭魚 全骨總目弓鰭魚目的淡水魚類，學名*Amia calva*，是弓鰭魚科現存的唯一代表。該科最早發現於侏羅紀（2.06億～1.44億年前）。爲從大湖區往南到墨西哥灣的北美緩流水體的魚類。體色綠褐斑駁，具長的背鰭和強有力的錐形牙。雌體長達75公分，雄魚較小。春季產卵，雄魚在植物中營造粗糙的巢穴，守衛受精卵和新孵化的仔魚。有時亦稱狗鯊。

Bowie, David＊ 大衛鮑伊（西元1947年～） 原名David Robert Jones。英國搖滾歌手。1960年代中期在出生地倫敦的幾個樂團演唱。1966年改名以免與猴子樂團的主唱混淆。第一首熱門單曲《怪異空間》在1969年發行，後來的專輯《來自火星的人》（1972）帶動了華麗搖滾的潮流，以戲劇風格和陰陽人造型引人注目。他曾和約翰藍儂（《年輕美國人》）、平克勞斯貝（《世界和平》）合製熱門唱片，並主演過舞台劇《象人》，也曾在幾部電影中亮相，如《掉落地球的人》（1976）。

Bowie, Jim＊ 鮑伊（西元1796?～1836年） 原名James Bowie。美國軍人，生於肯塔基州的洛干郡。他住在路易斯安那州，擁有一片甘蔗種植園，曾任職於州立法機關。1828年定居德克薩斯，入墨西哥籍，分得土地，1831年與副總督的女兒結婚。由於反對墨西哥限制白人移民流入的法規，他投身德克薩斯革命運動，任德克薩斯軍上校。後以率軍死守阿拉莫聞名。他發明了以他爲名的一種刀子，並且藉由西部及鄉村歌曲而成爲傳奇人物。

Bowles, Chester (Bliss)＊ 鮑爾斯（西元1901～1986年） 美國廣告主管及外交官，生於麻薩諸塞州的春田。耶魯大學畢業，1929年與班頓合創班頓與鮑爾斯廣告公司，成爲世界最大的廣告公司之一。1941年賣掉他的股權，1943～1946年任聯邦價格行政署署長。1948年當選康乃狄克州州長。由於他在民權及其他問題上所採取的自由主義立場，使他於1950年落選。1951～1953年任印度大使，1953～1961年當選爲眾議員，1963～1969年復任駐印度大使。

Bowles, Paul (Frederick) 鮑爾斯（西元1910～1999年） 美國裔摩洛哥作曲家、作家和翻譯家。生於紐約市，曾與科普蘭一同學習作曲，並爲三十多齣戲劇及電影寫作音樂。1940年代移居摩洛哥。在丹吉爾完成了最著名的小說《遮蔽的天空》（1948；1990年拍成電影）；如同這部小說，他常以殘廢的西方人作爲故事主角，他們在接觸到令他們迷惑的傳統文化時受到傷害，暴力事件與心理崩潰卻在疏離而精緻的風格中被重新評估。他的妻子珍・鮑爾斯（1917～1973）因小說《兩位嚴肅的小姐》（1943）以及戲劇《避暑別墅》（1953）而知名。

bowling 保齡球 把一個重球投滾到一條長而窄的滑道以擊倒十支木瓶柱的一種遊戲。保齡球歷史悠久，自古就有各種不同的玩法。九瓶柱保齡球由荷蘭移民在17世紀帶到美國，這種遊戲十分流行，賭博成分居多，以致爲許多州所禁止。傳說在18世紀初，人們把瓶數加至十個，藉此規避法律。20世紀開始大爲風行，既是娛樂活動，亦是職業運動（1958年始）。一局比賽分十格，每人每格可投兩個球。如果第一個球就把所有的瓶柱擊倒，叫做「全倒」，記爲十分。如果還有瓶子沒倒，投第二球時才把它們全部擊倒，叫做「補全倒」，也記爲十分。一格當中如有一次全倒，下兩球擊倒的瓶柱數也要算進那一格中。一次補全倒後，下一球的分數也要計算進補全倒的那一格。一格最高三十分，一局十格滿分爲三百分，即十二次全倒。另有幾種類似的保齡球，如滾木球戲、鴨柱戲、九柱戲。

bowls 滾球 亦稱草地滾球（lawn bowls或lawn bowling）。一種戶外球戲，類似義大利的博西球和法國的布爾球，遊戲時，玩者將木球（稱爲bowls）滾向一個靶球（稱爲jack）。遊戲的目標在於把球滾得比對手更接近瞄準球，爲達此目的，有時玩者會將對手的球或瞄準球撞開。每贏一個球得一分。視比賽的規定，球員用4、3或2個球，比賽分數以18或21分結束。

Bowman, Sir William＊ 鮑曼（西元1816～1892年） 受封爲威廉爵士（Sir William）。英國外科醫師、組織學家。隨其師陶得研究各種器官組織的細微結構和功能。後來發表論文，論述横紋肌和腎臟的結構和功能、肝臟的細微解剖學等。他發現腎單位內包繞腎小球的包囊（鮑曼氏囊）與腎小管相連續，腎小管最終將尿液導入膀胱，由此創立了尿液生成的濾過學說，這是了解腎功能的關鍵。他與陶得合作，將研究結果寫成一部生理學和組織學的開創性著作《人類生理解剖學和生理學》（五卷；1845～1856）。後來轉向研究眼科學，被公認是倫敦傑出的眼科醫師和世界第一流的眼科學家之一，也是描述眼的某些結構和功能的第一個科學家。

box 黃楊 黃楊科黃楊屬植物的常綠灌木和小樹，以觀賞樹種和栽爲有用的黃楊木聞名。黃楊科含樹木、灌木和草本植物七個屬，原產北美、歐洲、北非和亞洲。花有雌有雄，無花瓣，雌雄異株。似皮革的常綠葉簡單且交互生長。果實是含一或二種子的蒴果或核果。黃楊屬有三個種可廣爲栽種成黃楊木：錦熟黃楊（即普通黃楊、常綠黃楊）用作樹籬、花壇和修剪成各種形狀；小葉黃楊（即日本黃楊）；以及高黃楊樹。

box elder 梣葉楓 亦稱ash-leaved maple。楓樹科（即槭樹科）速生耐寒喬木，學名*Acer negundo*。原產美國中部及東部。複葉（爲楓樹類中所少見），有小葉片三、五或七枚，葉緣有粗鋸齒。翅果，內有種子一粒。因梣葉楓速生並抗旱，北美草原地區的早期移民廣泛種植作爲蔭蔽樹。樹液可製糖漿或糖，木材供製條板箱、家具、紙漿及燒炭用。

box turtle 箱龜 幾種水龜科箱龜屬陸棲龜的統稱。產於美國和墨西哥。箱龜背甲高，呈圓形，最長可達18公分左右。腹甲中間有關節，可與背甲方向收緊連在一起，形成一保護「箱」，將身體的軟體部分保護在內。箱龜常用來作玩賞動物飼養，食蚯蚓、昆蟲、蘑菇和漿果。

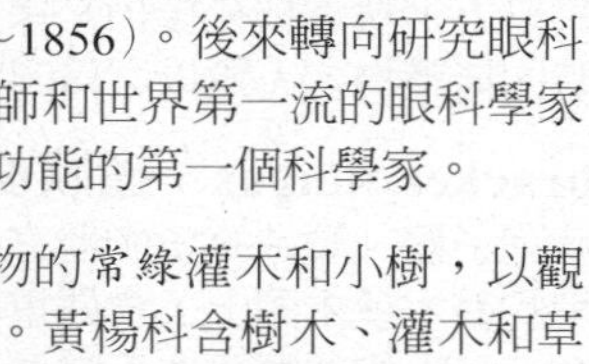
普通箱龜（Terrapene carolina）
John H. Gerard

boxer 拳師狗 被毛平滑的工作犬，因開始爭鬥時舉起強壯的前爪似拳擊而得名，發展自德國，有鬥牛犬和㹴的血緣。勇敢、善鬥、聰明，適於做警犬。亦用於守門或與人作伴。體方形，口鼻部扁方形，臉上毛色似黑色面罩，被毛光滑而短，紅棕色或帶條紋。體高53～61公分，體重27～32公斤。

拳師狗
Sally Anne Thompson

Boxer Rebellion 義和團事件 1900年在中國由官方所支持的農民暴動事件，企圖將所有外國人逐出中國。英文稱中國的一支祕密會社爲「拳」（boxer），這派祕密會社相信藉由修習武術，以及舉行促使輕身靈敏的祭祀典禮，可使人身刀槍不入。19世紀末年，當中國人民遭受的經濟貧困情況日益嚴重，而國家仍被迫允諾給西方強權各種令中國蒙羞的特權時，中國北方對拳民的支持遂逐漸增加。1900年6月，各國派出一支援軍來解決拳民日甚一日的威脅。垂簾聽政的慈禧太后下令軍隊阻擋其前進；衝突情勢急遽昇高，一直到8月北京被聯軍攻陷，並遭大肆掠奪，才告一段落。等到清廷與美國、德國及其他外強簽署索取巨額賠償的協定後，敵對狀態才告結束。亦請參閱Open Door policy。

boxing 拳擊 用雙拳進攻和防守的運動。在現代拳擊中，運動員戴著有襯墊的拳套，在一個用繩子圍著的方形台上進行比賽，每場比賽最多十二回合，每一回合三分鐘。古希臘鬥士用皮帶保護雙手和前臂，而羅馬角鬥士則使用鑲有金屬的皮製手套，而且通常要戰鬥到死爲止。一直到1839年才有倫敦職業拳擊行會修訂比賽規則，明確規定：踢、撞、抓、咬以及擊打腰帶以下部位的動作，均視爲犯規。1867年昆斯伯里規則要求賽者一定要戴拳套，不過，徒手拳擊一直延續到1880年代末期。最後一位偉大的徒手拳王是沙利文。從沙利文開始，美國變成主要的拳擊賽場地，部分是因大批移民不斷地提供新的拳擊生力軍。1904年起，拳擊被列入奧運會的比賽項目。現今職業拳擊按體重主要分爲十七個等級：麥桿量級，48公斤（105磅）以下；輕蠅量級，49公斤（108磅）以下；蠅量級，51公斤（112磅）以下；輕羽量級，不超過52公斤（115磅）；羽量級，不超過53.5公斤（118磅）；超羽量級或次輕乙級，不超過55公斤（122磅）；輕乙級，不超過57公斤（126磅）；超輕乙級或次輕量級，不超過59公斤（130磅）；輕量級，不超過61公斤（135磅）；超輕量級或次輕中量級，不超過63.5公斤（140磅）；輕中量級，不超過67公斤（147磅）；超輕中量級或次中量級，不超過70公斤（154磅）；中量級，不超過72.5公斤（160磅）；重丙級，不超過76公斤（168磅）；重乙級，不超過79公斤（175磅）；次重量級，88公斤（195磅）；重量級，86公斤（195磅）以上。將對手擊倒，或擊倒在地，裁判員數到十時尚未完全立起（一次擊倒，稱KO），或擊出重拳而積累最多分數的一方贏得一個回合。當一個拳擊手受到重擊（一次技術性擊倒，稱TKO）時，裁判員也可以停止比賽；裁判員也可以因爲拳擊手犯規而取消他的比賽資格，並獎勵他的對手取勝。

Boy Scouts ➠ scouting

boyars＊ 波雅爾 中世紀俄國社會和國家政權機關中的上層階級分子。在基輔羅斯時代（10～12世紀），他們在軍政部門身居高位，並組成杜馬，就國家大事向大公出謀獻策。13～14世紀時，波雅爾構成俄羅斯東北部一種富有地主的特權階級。在15～17世紀，莫斯科的波雅爾與大公（後來的沙皇）一起治理國家，透過波雅爾會議來立法。17世紀，波雅爾的重要性下降。18世紀初彼得一世廢除了這種等級劃

A B

分。

boycott 杯葛 即抵制，指在勞工、經濟、政治或社會關係中為了反對認為不公正的做法而採取的集體的、有組織的抵制。這個名詞在1880年愛爾蘭土地騷動期間由巴奈爾首創。當時佃農為反對地主收回土地，對田莊管理人波伊卡特（1832～1897）進行抵制。現在杯葛主要被勞工組織用作向資方爭取提高工資和改善工作條件的一種手段，或是消費者用來向公司施壓，以改善它們的工資、勞工、環境或投資策略。美國政府將之區分為基本杯葛（雇員拒絕購買雇主的產品或服務）和次級杯葛（呼籲第三團體也加人抵制），後者在大部分的州都是不合法的。在1950年代和1960年代美國民權運動期間，人們也用杯葛作手段。近年來也被用在影響那些跨國企業的經營方針。

Boyden, Seth 博伊登（西元1788～1870年） 美國發明家。在紐約州紐華克工作，發明了專利皮革（1819）、當時還是歐洲商業機密的可塑性鑄鐵（1825）以及鐵板等製程。還設計出製作帽子成形的機器，並製造火車頭與固定式蒸汽機。

Boyden, Uriah Atherton 博伊登（西元1804～1879年） 美國發明家。賽斯·博伊登的弟弟，以改進水渦輪機而知名。1844年博伊登替第一座成功的水渦輪機（1827年由富爾內隆建造）增設出水口擴散器將流出裝置部分的動能取回，大大改進其效能。

Boyer, Charles＊ 布瓦耶（西元1897～1978年） 法裔美國戲劇和電影演員。在巴黎大學畢業並獲哲學學位。1920年首次在巴黎舞台公演。後來成為法國戲劇和電影最受歡迎的浪漫多情男主角，以渾厚、濃重口音和溫文爾雅的風格成為國際巨星。第一部拍的電影《私人世界》（1935）立刻造成轟動，後來陸續拍了《海角遊魂》（1938）、《煤氣燈下》（1944）、《史塔維斯基》（1974）。1951年與人合夥創辦四星電視公司，在許多節目中主演。最著名的舞台演出是《唐璜下地獄》。

Boyle, Kay 波義耳（西元1902～1992年） 美國作家，生於明尼蘇達州的聖保羅。與一位法國學生結婚之後，1920年代、1930年代定居於歐洲。1946～1953任《紐約客》雜誌駐歐洲記者。作品以文筆優美和一貫的左派立場聞名。短篇小說的評價較高，包括《維也納的白馬群》、《保留你的同情》和《失敗》。長篇小說包括《為夜鶯所苦》（1931）和《沒有別離的一代》（1960）。

Boyle, Robert 波義耳（西元1627～1691年） 愛爾蘭裔英國化學家和自然哲學家。「偉大的科克伯爵」理查·波義耳（1566～1643）之子。1654年定居牛津，與他的助理虎克進行了許多開拓性的氣體實驗，其中包括發表「波義耳定律」（參閱gas laws）。他以實驗論證空氣的物理特性，顯示空氣對燃燒、呼吸和聲音的傳播是必不可少的。1661年他在《懷疑的化學家》一書中，抨擊亞里斯多德的「土、氣、火、水四元素」理論。他認為物質由微粒構成，是近代化學元素理論的先驅。他也是倫敦皇家學會創始人之一，一生所獲的殊榮極大。他的哥哥奧瑞里伯爵羅傑·波義耳（1621～1679）是克倫威爾底下的一個將軍，但後來幫查理二世奪取了愛爾蘭。

Boyne, Battle of the 伯因河戰役（西元1690年7月） 英格蘭國王威廉三世（新教徒）在愛爾蘭伯因河畔打敗前任國王詹姆斯二世（天主教徒）的一次戰鬥。在法國人和愛爾蘭人支持下，詹姆斯企圖奪回王位。威廉統率三萬五千人部隊打敗了詹姆斯的兩萬一千人軍隊，迫使詹姆斯逃離該國。這次戰役被認為是北愛爾蘭新教的一次勝利。

boysenberry 博伊森莓 一種很大的刺莓果實，與洛根莓和楊氏雜交莓同樣被認為是黑莓的變種。果暗紅黑色，是製做罐頭、蜜餞的佳品。主要生長於美國南部和西南部，及從加州南部至奧瑞岡的太平洋沿岸地區。博伊森莓於1920年代初期由加州納帕的博伊森（1895～1950）培育成功。

BP ➠ British Petroleum Co. PLC (BP)

Brabant＊ 布拉班特 古代歐洲西北部的封建公國。位於現在的尼德蘭南部和比利時中北部，西元9世紀時屬洛泰爾王國的一部分。12世紀末獨立，最後在1430年落入勃艮地手中，1477年由哈布斯堡王朝繼承，成為一個文化和商業中心（參閱Antwerp和Brussels）。後來北部開始叛亂，企圖脫離西班牙統治，1609年准予成立聯合省，而南部仍是西班牙（之後是奧地利）荷蘭的一部分。北部形成了今荷蘭的北布拉班特省，南部最後成為比利時的一部分，並被劃分為法蘭德斯布拉班特和瓦隆布拉班特兩省。

Bracciolini, Gian Francesco Poggio ➠ Poggio Bracciolini, Gian Francesco

bracken 歐洲蕨 亦稱brake。歐洲蕨屬蕨類植物。僅鷲樣歐洲蕨（*P. aquilinum*，即歐洲蕨）一種，有十二個變種廣泛分布於世界溫帶和熱帶。歐洲蕨具黑色的多年生根莖，在地下匍匐蔓延，互相纏繞；莖上長出直立葉。葉高達5公尺以上，秋季枯死後仍常保持直立，在某些地區可做為遊戲時的掩護物，人類以之為飼草和蓋茅屋頂的材料。

bracket fungus 擔狀眞菌 亦稱shelf fungus。形成架狀孢子體（製造孢子的器官）的擔子菌。通常生長於潮濕林地的喬木或木頭上，會嚴重損害切斷的木頭和木架。直徑40公分以上的種類並非不常見。

bract 苞片 通常位於花朵或花序下方的裝飾性結構，一般呈小葉狀。有時常被視為花瓣，例如聖誕紅大而豔麗的苞片，或者山茱萸花朵耀眼的白色或粉紅色苞片。

Bradbury, Ray (Douglas) 布雷德伯里（西元1920年～） 美國作家，生於伊利諾州的窩基干。他那些想像力豐富的科幻小說把社會批判與對失控的技術災難意識熔於一爐。1950年出版的《火星紀事》通常被認為是一部經典科幻作品。其他重要短篇小說集有：《用圖解說明的人》（1951; 1969年拍成電影）、《十月的鄉村》（1955）和《我歌頌帶電的物體》（1969）。長篇小說包括《華氏451度》（1953; 1966年拍成電影）、《蒲公英酒》（1957）和《邪惡由此而來》（1962）等。

Braddock, Edward 布雷多克（西元1695～1755年） 在法國印第安人戰爭中的英國指揮官。原在歐洲服役，1755年赴維吉尼亞統帥駐北美的英軍對法國人作戰。經過數月準備後，他遠征法國人占據的迪凱納堡（今匹茲堡）。他的軍隊開闢了第一條跨越阿利根尼山脈、抵達莫農加希拉河堡壘附近的道路。當時的兵中校華盛頓，也是他指揮下的地方軍和英國正規軍中的一員。他率領的超過一千四百名官兵在此遭到兩百五十四名法國人和六百名印第安人的伏擊。在隨後的潰亂中，他身負重傷而死。

Bradford 布拉福 英格蘭北部西約克郡都市（2001年人口467,668）。早在西元1311年就有漂洗廠，為早期毛紡品製造業。17世紀末期出現精紡毛料業。1900年已為約克郡主要羊毛貿易中心。該城依然是紡織工業的中心，市內有布拉福大學。

Bradford, William　布萊德福（西元1590～1657年）美洲普里茅斯殖民地總督，任職三十年。做爲清教徒主義中分離主義者運動的一員，他於1609年加入追尋宗教自由的新教團體遷居荷蘭，因那裡缺乏工作機會而在1620年協助組織一百名清教徒移民前往新世界。在船上他參與起草「五月花號公約」，1621年他被選爲新大陸居民地總督，一直任職到1656年。他協助建立和培育了日後自治政府的原則，並實行宗教自由政策，成爲日後美洲殖民地政府的特色。他描述精細的日記是一部無比珍貴的資料，既詳載了「五月花號」航行的情況，也描述了移民者所面臨的挑戰。

Bradlee, Benjamin C(rowninshield)　布雷德利（西元1921年～）　美國報紙編輯。生於波士頓，在進入巴黎《新聞週刊》之前是《華盛頓郵報》的記者，後來又回到《華盛頓郵報》。1968～1991年擔任執行編輯。任職期間，《華盛頓郵報》發行了五角大廈文件，破解了許多有關水門事件案的傳聞，而被認定爲美國最重要且最具影響力的報紙之一。他的著作包括《與甘迺迪的對話》（1975）以及回憶錄《美好的生活》（1995）。

Bradley, Bill　布萊德雷（西元1943年～）　原名William Warren Bradley。美國職業籃球運動員和政治人物，生於密蘇里州的結晶城。他在普林斯頓大學求學期間（1961～1965），是身高6呎5吋（196公分）的籃球隊前鋒，也是主要得分手。他是1964～1965年的大學年度風雲球員，也是1964年美國籃球隊奪得奧運金牌的主將。之後他以羅德學者的身分就讀於牛津大學，然後加入尼克隊，爲該隊打球直到1977年退休。在他任該隊隊員期間，該隊共兩次獲NBA冠軍（1970, 1973）。1979～1997年擔任新澤西州參議員，致力於提昇公衆對種族關係和貧窮的瞭解，並反對競選融資常規。1999～2000年角逐民主黨總統候選人提名失利。

Bradley, F(rancis) H(erbert)　布萊德雷（西元1846～1924年）　英國觀念論哲學家。受黑格爾影響，他認爲精神較之物質更爲基本。在《倫理學研究》（1876）中，他試圖揭露功利主義學說的混亂觀點。在《邏輯原理》（1883）中，他譴責經驗主義者的心理學。其最有雄心的著作是《現象與實在：一部形上學的論著》（1893），他堅持認爲現實是精神的，但由於人類的思想是極爲抽象的，所以無法透過演示來證明上述觀點。他建議感覺而不是思想，因爲感覺的直覺性可以接受現實的和諧性質。他是第一個獲得功績勳章的英國哲學家。他的弟弟是著名的詩歌評論家安德魯・塞西爾・布萊德雷（1851～1935）。

Bradley, Omar N(elson)　布萊德雷（西元1893～1981年）　美軍將領。西點軍校畢業。第二次世界大戰之初，他擔任陸軍步兵學校校長。1943年在北非戰役中指揮美國軍隊，使突尼西亞落入盟軍手中，然後成功地領導了攻克西西里。他擔任第一軍團的司令（美國有史以來第一次把這麼大的軍隊置於一位將軍的領導之下），在歐洲各地進行戰鬥，直至德國投降。戰後任退伍軍人事務管理局局長（1945～1947）和陸軍參謀長（1948～1949）。他受到軍官和士兵的愛戴，當選爲參謀長聯席會議主席（1949～1953），1950年晉升爲五星上將。

Bradley, Thomas　布萊德雷（西元1917～1998年）美國洛杉磯市長（1973～1993）。生於德克薩斯州卡爾弗特，七歲起在洛杉磯長大。1940年起於該市警察局任職二十二年之久，並取得法律學位。1963年當選爲洛杉磯第一位黑人市議員，1973年當選市長，是全美國頭兩位在主要城市當選市長的黑人（另一位是楊）。連續五任市長任期內，他促使洛杉磯轉變成一個活躍的商業貿易中心，監督大規模的成長，並主辦1984年的奧運會。1992年，由於毆打金恩的員警獲判無罪釋放，引發洛城大暴動，因此退休。

Bradstreet, Anne　布萊德斯特律（西元1612?～1672年）　原名Anne Dudley。英裔美國詩人，也是美洲殖民地最早的一批詩人之一。十八歲時隨清教徒從英格蘭出發，渡海至麻薩諸塞灣定居。在養育八個孩子的同時仍寫了許多詩。她的姐夫未經她的同意，就將她的詩帶回英格蘭出版（1650）。她的詩受到20世紀文學批評界的重視，特別是19世紀中葉始刊行的《瞑想集》這部宗教組詩。散文集《沈思錄》中有許多簡潔有力的警句。

Brady, Mathew B.　布雷迪（西元1823～1896年）美國攝影師，生於紐約州的拉克喬治附近。曾隨摩斯學過銀版照相術。1844年在紐約市開設了兩家照相館，並著手拍攝當代名人肖像，包括韋伯斯特、愛倫坡和克雷等。1847年在華盛頓特區開設攝影室，開始拍攝、複製和收藏美國歷屆總統肖像。1850年《美國名人像集》使他名揚四海。1861年他決定拍攝整個美國內戰戰爭場面，雇用了二十多名攝影師（其中最著名的攝影師包括奧沙利文和伽德納），分赴各戰區，本人還可能拍攝過布爾溯戰役、安提坦戰役和蓋茨堡戰役照片。

Bragg, Braxton　布萊格（西元1817～1876年）　美國南北戰爭時期美利堅邦聯的軍官，生於北卡來納州的瓦倫頓。畢業於西點軍校，曾參加塞米諾爾戰爭和墨西哥戰爭。當北卡羅來納脫離聯邦時，他加入內戰時的美利堅邦聯軍隊，1862年在塞羅戰役升爲將軍。在指揮田納西州軍隊時，曾在奇克莫加戰役獲勝，並一度襲擊駐守在查塔諾加的聯邦軍隊。但最後潰敗，被解除軍職，任戴維斯總統的軍事顧問。

布萊格，雕版，佩里納（George E. Perine）製作
By courtesy of the Library of Congress, Washington, D. C.

Bragg, William (Henry)　布拉格（西元1862～1942年）　受封爲威廉爵士（Sir William）。英國物理學家，現代固態物理學的先驅之一。以研究晶體內原子和分子結構而在1915年和他的兒子勞倫斯（1890～1971）共獲諾貝爾物理學獎，勞倫斯是以在1912年發現X射線衍射的布拉格定律而得獎。威廉發明的布拉格電離分光計，爲現代X射線和中子衍射計的雛型，兩人曾用來第一次精確測定X射線波長和晶體的各項數據。

Bragg law　布拉格定律　受到電磁輻射和粒子波照射時，晶體中原子平面間隔與在該平面上產生最強反射的入射角之間的關係式。布拉格定律是勞倫斯・布拉格首先確定的。用於測量波長和決定晶體的點陣間隔（參閱crystal lattice）。這是準確測量X射線和低能量γ射線能量的主要方法。亦請參閱Bragg, William (Henry)。

Brahe, Tycho＊　第谷（西元1546～1601年）　丹麥天文學家。小時被有錢而無子的叔父拐騙，在其城堡長大，並在哥本哈根大學和萊比錫大學受教育。1565～1570年到歐洲各地遊歷，獲得一些數學和天文學儀器，在繼承了父親和叔父的遺產後，他建造了一座小型天文台。1573年報告他發現一顆新星，消息一傳出，動搖了宇宙永恆不變的信念。後來由於丹麥國王腓特烈二世的贊助，他新建了一座更大的天文台（天文堡），成爲北歐天文研究和發現的中心。他在此廣泛研究太陽系，並畫出超過777顆恆星的精確位置。在他死後，他的學生和助手克卜勒利用他留下的觀測資料，爲牛頓發現萬有引力定律奠定基礎。

第谷，版畫；霍爾齊厄斯（H. Goltzius）約製於1586年
By courtesy of Det National-historiske Museum Paa Frederiksborg, Denmark

Brahma　梵天　吠陀時代晚期（約西元前500～西元500年）印度教三大神之一。後來逐漸爲其他二神毗濕奴和濕婆所取代。在古典時期，三相神的教義中認爲這三位神明爲一體，爲至高無上的神。後世認爲梵天就是創造之神生主。所有的毗濕奴和濕婆的廟宇都有一尊梵天神像，但現今沒有一個宗派或儀式單獨奉祀祂。

brahma-loka＊　梵世　印度教和佛教名詞。指多重的宇宙中虔敬的天神所在之處。在上座部佛教中，梵世包含二十個不同的天界，較低的十六天是色界諸天，所住的天神一層比一層喜悅而聰明；較高的四天不存在物質和形式，組成無色界諸天。梵世間的再生是具有美德和禪定者享有的福報，一個人所能達到的層次，視他對佛陀、法、僧伽的虔信度而定。亦請參閱arupa-loka、rupa-loka。

Brahmagupta＊　婆羅門笈多（西元598～665年）　古代印度數學和天文學家，他的主要著作是《增訂婆羅門曆數全書》（西方又譯《宇宙的開端》）。書中大部分探討行星運動，也包含數學方面的等差級數、二次方程式、直角三角形和立方體積等的證明。

Brahman　梵　奧義書中所說的最高存在或絕對狀態，亦即萬物之母。奧義書中認爲梵是永恆的、可意識的、無制約的、無限的、無所不在，是有限和變化的宇宙的精神泉源。吠檀多對於梵的闡釋明顯不同。根據不二論學派的說法，梵顯然不同於任何現象性的事物，而人類對於不同現象的感知，只是投在這一眞實上的幻覺而已。異同派則認爲梵與其所生的世界沒什麼不同。適任不二論學派則強調現象乃是梵之一種「大而化之」的顯現。二論學派則堅持靈魂與物質是從梵中分離而來的，並從屬於梵。

Brahman　婆羅門　亦作Brahmin。印度教流行地區四個瓦爾納（或社會階層）中的最高一級。婆羅門的崇高種姓地位可追溯到吠陀時代末期，長期以來被認爲在宗教儀式上比其他種姓純淨很多，可單獨執行某些宗教工作，包括負責保存吠陀時代的讚美詩集。由於聲望崇高和受過傳統教育，主宰了印度學術好幾個世紀。婆羅門身爲宗教和知識的精英分子，握有政權的刹帝利（武士）常以他們作顧問，印度獨立後有許多婆羅門擔任各省的首長。雖然在法律上並不認可，但他們仍保有傳統的特權。他們透過一些嚴格的戒律來保持宗教的純淨，如禁忌、素食和不能從事某些行業。

Brahman＊　婆羅門牛　亦稱瘤牛（zebu）。原產於印度的幾個家牛品種。在美國與改良的肉牛雜交後育成適應性強的肉牛品種聖熱特魯迪斯牛，在拉丁美洲用類似的方法雜交育成印度－巴西牛。婆羅門牛的外貌特徵是鬐甲部有明顯的組織隆起如瘤狀，角通常向上向後彎，耳下垂。婆羅門牛多爲灰色，公牛的前後肢色較深；也已育成純紅色的品系。

Brahmana＊　梵書　吠陀中的各種論述，闡釋它們在祭禮中的應用和祭司動作的象徵意義。這種梵書先後於西元前900～西元前600年期間編纂成書，構成印度禮儀最古老的歷史資源。由梨俱吠陀派傳人編纂的梵書《愛達羅氏梵書》和《憍屍多基梵書》，包括了對以下方面的討論：日常祭品、獻祭之火、新月和滿月祭祀，以及國王登基儀式等。《二十五梵書》、《二十六梵書》和《由誰梵書》討論的是「母牛的行進」、蘇摩慶典以及對儀式中錯誤的贖罪。《百道梵書》介紹了家庭儀式的要素，《阿他婆偉陀頂梵書》討論的是祭司對祭品的監督管理。

Brahmaputra River＊　布拉馬普得拉河　中亞和南亞的河流。源頭在中國西藏（稱雅魯藏布江），流經西藏南部，在大峽谷中（當地稱底杭峽）穿過喜馬拉雅山。向西南流經阿薩姆谷地後向南穿過孟加拉國（當地稱賈木納河）。在那裡與恆河匯合形成恆河－布拉馬普得拉三角洲。全長約2,900公里，是重要的灌溉和運輸資源。長期以來並不知道它的上游情況，直到1884～1886年間的探險考察才確定它的上游是雅魯藏布江。

Brahmo Samaj＊　梵社　印度教內部的一神論改良派組織，1828年由羅伊在加爾各答創建。梵社擯棄吠陀的權威與化身的教義，不堅持業或輪迴之說，公開譴責多神論和種姓制度，還採取基督教的某些儀式。羅伊主張從內部改革印度教，但他的繼任者泰戈爾卻否認吠陀的權威性。1866年以蓋沙布．錢德．森爲首的激進派別樹旗幟，成立印度梵社。鼓勵婦女受教育，要求禁止童婚。在蓋沙布將未達婚齡的女兒嫁給土省省主後，1878年第三個公共梵社成立，這個梵社重歸「奧義書」的教導，但繼續推進社會改革。由於止於精英集團而未能號召廣大的群衆，該派在20世紀實力減弱。

Brahms, Johannes　布拉姆斯（西元1833～1897年）　德裔奧地利鋼琴家、作曲家，生於漢堡。樂師之子，從小便是個鋼琴神童。1853年認識作曲家舒曼及其妻、卓越的鋼琴家克拉拉．舒曼，舒曼立即宣稱他爲天才，舒曼夫人則成爲他終身愛慕的對象。1863年移居維也納，這裡是他主要的住所直至去世。曾經擔任過合唱團和樂團指揮、獨奏樂師等職務。《德意志安魂曲》（1868）的成功爲他帶來國際聲譽。1876年完成的第一首交響樂，使他更爲出名；小提琴協奏曲（1879）和第二首鋼琴協奏曲（1882）則使他獲得偉大作曲家之名。布拉姆斯的作品以古典形態爲本，因而被李斯特和華格納的仰慕者視爲保守的作品。他的弦樂器作品包括四首交響樂（1876, 1877, 1883, 1885），兩首鋼琴協奏曲（1858, 1881），一首小提琴協奏曲（1878）、一首雙協奏曲（1887）、兩首小夜曲（1858, 1859）和兩首序曲（1880）。他的大型室內樂作品有四首弦樂四重奏、兩首弦樂六重奏、兩首弦樂五重奏、三首鋼琴四重奏、三首鋼琴協奏曲、三首小提琴奏鳴曲、兩首大提琴奏鳴曲以及兩首單簧管奏鳴曲。他還寫了三首鋼琴奏鳴曲和近兩百五十首民謠歌曲。

Braille＊　布拉耶盲字　當今國際通用的盲文符號，是布拉耶於1824年發明的。利用紙上的凸點透過觸覺最靈敏的手指尖來摸讀。布拉耶盲字六個凸點組成一個單元，分成兩欄。這六個點可以組合成六十三種形式，分別表示字母、數

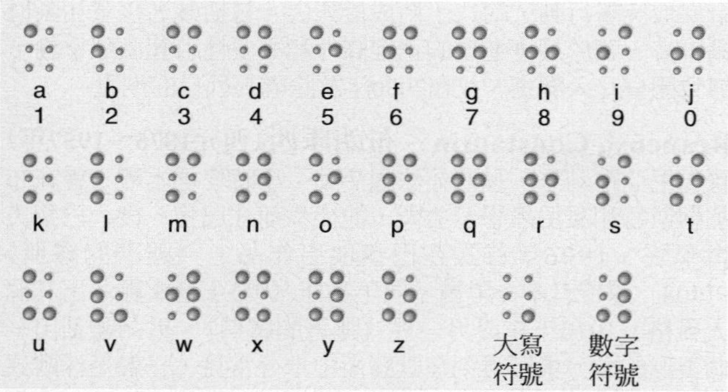

現在布拉耶系統的字母和數字0到9。每個字母或數字由六個凸點組成，突起或空白，構成獨特的圖案。大的點表示凸點，小的點代表空白。

字、發音符號和一般常用的字（如and、the）。直到1932年英語國家才普遍接受布拉耶盲字。其他的語言、數學和技術資料、音樂符號都可用布拉耶盲字來表示。書寫時自右往左，用尖筆在置於金屬盤上的紙張壓出點；翻過來之後，點即朝上，而由左至右閱讀。布拉耶盲字可以使用打字機，近來還有電動凸版機的發明。

Braille, Louis＊　布拉耶（西元1809～1852年）　法國教育家，發展了一個爲盲人所廣泛使用的印刷及書寫體系布拉耶盲字體系。三歲時因一次意外事件而失明，1819年至巴黎，入巴黎國立盲童學校學習，並自1826年起在校任教。他改革巴比埃發明的書寫體系，發展出他簡化過的體系。

brain　腦　動物身體前端神經組織集中的結構。腦用以整合感覺訊息並指導運動反應，從而在維持生命所必需的本能活動中起重要作用。在高等脊椎動物，腦也是學習的中

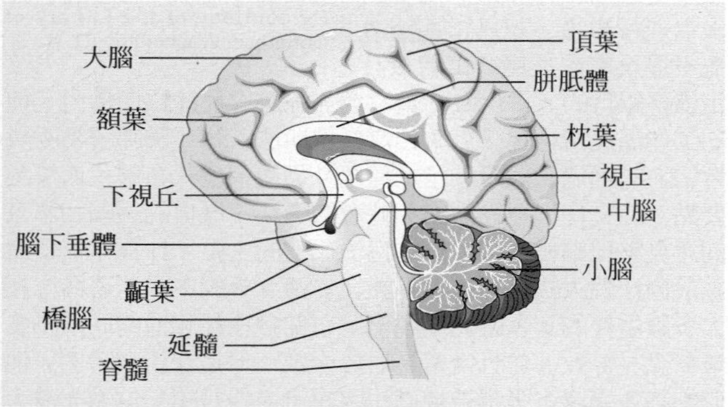

腦的側視圖，展現其主要的構造。大腦分成兩個半球，由一束神經纖維構成的胼胝體連結。兩條溝將大腦半球分為四葉：額葉、顳葉、頂葉和枕葉。許多神經細胞出現在盤旋的大腦外層，或稱為皮質，控制感覺與運動。視丘將來自脊髓的感覺衝動轉接到大腦皮質。下視丘的功能眾多，像是控制呼吸、血液流動、溫度調節以及情感。腦下垂體附著在下視丘，並由其控制。中腦轉接前腦和後腦的信號。小腦與大腦一起，作用在於自主運動及平衡。橋腦是連接延髓、中腦、小腦和大腦的轉接點。延髓位於橋腦和脊髓之間，緊連兩者，作用在於非自主控制及反射動作（包括呼吸、吞嚥和心跳），並且轉接脊髓和其他大腦區之間的信號。

心。高等脊椎動物的腦包括後腦、中腦和前腦。後腦由延髓和橋腦組成，連接脊髓和腦的高級部分，也包含將訊息從大腦皮質傳到小腦的神經細胞。在其他脊椎動物是主要感覺統合中心的中腦，在哺乳動物則主司聯繫後腦和前腦的作用。小腦通過大的神經束與延髓、橋腦、中腦聯繫。前腦包括兩個大腦半球及連接兩側大腦半球、有很厚的神經纖維束組成的胼胝體；每側大腦半球被中央溝和大腦側裂分爲四部分：額葉、頂葉、顳葉及枕葉。佔人腦大部分的大腦，與更複雜的功能有關。大腦半球的運動和感覺神經纖維在延髓交叉，分別控制的另一側的身體。

brain death　腦死　大腦受到無法回復之損害的狀態。在維生系統發明以前，腦死總會快速造成身體死亡。從道德的立場考量，要界定腦死的標準是殘忍的，而大部分國家必須在延續生命的努力結束前做出。這樣的標準包括已知原因的重度昏迷、腦幹功能（例如自發性呼吸、瞳孔反應、嘔吐和咳嗽反射）完全失去，以及低體溫、藥物、中毒以外的起因。腦電圖記錄法也常用於判斷是否腦死，但並不是絕對必要。器官捐贈者必須在宣布腦死後才可以把他們的器官切除移植。維生系統何時可以合法結束，這個問題一直是衆多法庭案例的主題。

brain laterality ➠ laterality

Brain Trust　智囊團　富蘭克林·羅斯福在1832年首次競選總統時的顧問團。主要的成員有哥倫比亞大學的教授莫利、特格韋爾和小伯利（1895～1971）。他們在經濟、社會問題上和政策抉擇方面爲羅斯福出謀策劃，並替他起草講演稿。這個團體在羅斯福當選總統後便解散了，但其成員都擔任政府職務。亦請參閱New Deal。

brainwashing　洗腦　說服的一種，指通過各種各樣系統性的努力，說服不信者去效忠、接受命令或接受教義。一些宗教狂熱崇拜和激進的政治團體（如1949年中國共產黨人）都曾使用這種方法。洗腦的方法通常是：使之與先前的夥伴或消息來源隔絕；實施一種強迫的統治方式，要求絕對服從和百依百順；保持強大的社會壓力和對合作者進行獎賞；對不合作者進行肉體上和心理上的懲罰，包括進行社會排斥和批判，剝奪食物、睡眠和社會接觸、奴役、苦刑，並且不斷的加重。結合對抗及強烈的心理治療有時可以消除它的效果。

brake　制動器　減慢物體的速度或停止其運動的裝置。多數制動器以機械、液壓或電動方式作用於旋轉機件並吸收其動能。機械制動器最普遍，它們通過機械、液壓或氣動方式使旋轉金屬鼓（或盤）與固定摩擦件接觸，產生機械性摩擦，以熱的形式消耗動能。液壓制動器有一個轉子和一個定子。制動力來自液體的摩擦，以及從轉子內一些水室到定子內一些輔助水室間的液體（通常是水）循環。亦請參閱air

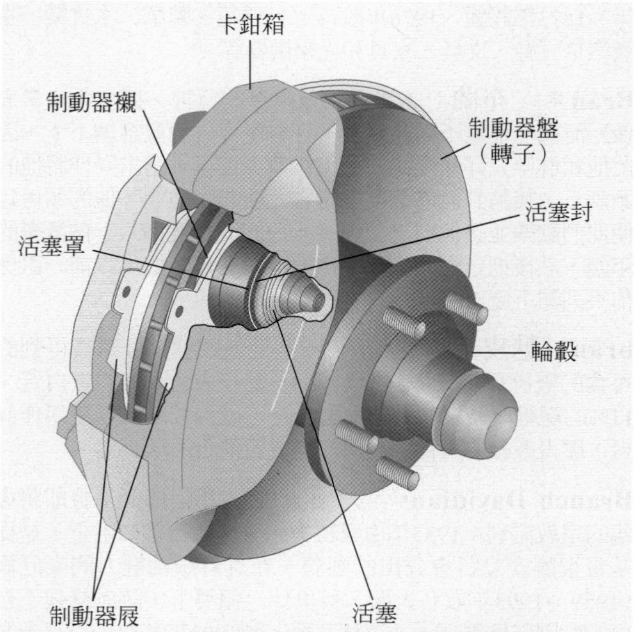

盤式制動器組件。輪子轉動因摩擦而減緩，當液壓活塞擠壓卡鉗將制動器墊壓向拴在輪轂的轉盤（轉子）。

brake。

brake ➡ bracken

Bramah, Joseph 布拉瑪（西元1748～1814年） 英國工程師和發明家。原本是一位家具師傅。1784年他在商店櫥窗裡展出的新鎖，經過六十七年後才被打開。這種防盜鎖的特點是構造複雜，它只有在製造出一整套設計良好、加工精密的機床之後，才能大量生產。他雇用聰明的青年鍛工莫茲利協助他製鎖，他們設計製造成製鎖機的樣機，有力地促進了機床工業的建立。布拉瑪的液壓機創造了許多工業用途並促成液壓機械的發展。

Bramante, Donato＊ 布拉曼特（西元1444～1514年） 義大利建築師和畫家。富農之子，1477年以畫圖維生。聖薩提羅教堂（1480?）是他早期的建築作品，他特別在唱詩班席上利用透視法的繪畫以造成空間廣闊的感覺。1499年移居羅馬，並在此終其一生。坦庇埃脫是他在文藝復興盛期的第一個傑作。在教宗尤里烏斯二世贊助下，布拉曼特開始設計景觀樓面積龐大的院落，將原有梵諦岡教宗宮的核心部分向北擴充（約始於1505年）；設計羅馬聖彼得大教堂的新教堂（約始於1506年），這是他最偉大的設計作品。這些野心勃勃的計畫，到他去世時都還未完成。除了聖彼得大教堂外，他在尤里烏斯二世重建羅馬的計畫中亦扮演重要角色。

羅馬聖彼埃特羅教堂內的坦庇埃脫禮拜堂，布拉曼特於1502年設計
Anderson – Alinari from Art Resource

bramble 刺莓 薔薇科懸鉤子屬植物的統稱。通常為有刺的灌木，包括懸鉤子和黑莓。生長於整個北美洲的野地，也見於歐洲和亞洲，因其果實而廣泛受到栽培。

Brampton 布蘭普頓 加拿大安大略省東南部城市（2001年人口約325,428）。在多倫多之西。約初建於1830年。1873年設鎮，1976年設市。有種花、製革、木材業，生產汽車、鞋、文具、家具和光學儀器等。

Brân＊ 布蘭 塞爾特宗教崇奉的巨神。據《馬比諾吉昂》記載，他是不列顛之王。身材魁偉，房屋容納不下，因此他和群臣只好住帳棚。據說布蘭受傷後，請求同伴將他的頭割下，無論到何處都要攜帶它，並囑咐他們，他的頭可以使他們歡樂並讓他們忘記傷痛。他的同伴度過八十個歡樂的年頭，然後把這顆頭顱葬在倫敦，它在被人挖出以前一直保佑不列顛不受侵略。

bran 麩皮 小麥、黑麥或其他穀類種仁分離後得到的可食的破碎種皮（保護層）。小麥麩皮中含16%的蛋白質、11%的纖維質及50%的碳水化合物。碾得較粗的麩皮用作飼料，碾得較細的可供人食用。麩皮對消化系統有益。

Branch Davidians 大衛支派 相信耶穌基督即將復臨的宗教派別。1935年由豪特夫創立於德州維口附近，是從基督復臨安息日會分出的團體。在具有領袖魅力的豪厄爾（1959～1993年取名大衛・科里什）領導下，該派修建了自己的莊園作爲總部，並屯積武器，到1993年共有一百三十名追隨者在那裡生活。同年，在四名聯邦幹員被殺的槍戰之後，聯邦執法當局圍攻莊園五十一天。最後司法部長雷諾下令採取突擊行動，約八十名成員死亡，包括幾名孩童和豪厄爾本身。關於最後進攻的正確條件和必要性引起激烈爭論，導致國會介入調查，並在2000年解除聯邦幹員的刑責。

Brancusi, Constantin 布朗庫西（西元1876～1957年） 羅馬尼亞雕刻家，長期在法國活動。小時學過木雕，曾在布加勒斯特和慕尼黑學習美術，他徒步前往巴黎，後入巴黎美術學院。1906年首次在巴黎展出作品。《睡著的繆斯》（1908）還帶有羅丹影響。同年又作《吻》，首次顯示出其個人風格。1910年完成另一件《睡著的繆斯》，用銅雕刻出一個蛋形的頭。蛋形雕刻在其藝術中十分常見，一般是浮雕式的，有時是淺浮雕式的。這類作品是其最寫實和最有造詣的。他參加過五次展覽會，包括了1913年的軍械庫展覽會。飛行中的鳥是他的另一作品主題，他一共創作二十九件相關的變體雕刻。由於多次參加美國和歐洲的展覽會爲他帶來聲名和成就，他還被認爲是現代抽象藝術雕刻的先驅。

Brandeis, Louis (Dembitz)＊ 布蘭戴斯（西元1856～1941年） 美國法官，生於肯塔基州的路易斯維爾。布蘭戴斯的父母是波希米亞猶太人移民。他先在路易斯維爾和德國的學校學習，1877年在哈佛大學法律學院取得學位。後在波士頓執律師業（1877～1916），在律師界，由於他代表那些通常得不到如此優異辯護的人們的權益，布蘭戴斯被稱爲「人民的律師」。他爲數州規定最高工時和最低工資的法令進行辯護，認爲這些法令並不違反憲法；爲勞工階級訂定儲蓄銀行的人壽保險計畫；還加強政府反托拉斯權力。他的工作促使1914年「克萊頓反托拉斯法」和「聯邦貿易委員會法」的通過。他設計了一種至今仍被稱爲「布蘭代斯辯護要點」的文件，把經濟的和社會的資料、歷史的經驗和專家的意見整理編輯出來，以支持法律上的主張。1916年被任命爲最高法院大法官。他以專注在言論自由的主張而著名。在大多數重要的有爭議的問題上，布蘭戴斯都和他的同事小霍姆茲意見一致，並且常常是居於少數。但是在新政時期，他們的許多異議主張都被最高法院認可。他是第一位猶太裔大法官，曾受到很多工商業利益集團和反猶分子的激烈反對。直到1939年他才退休。布蘭戴斯大學就是以他命名的。

布蘭戴斯
By courtesy of the Library of Congress, Washington, D. C.

Brandeis University＊ 布蘭戴斯大學 美國麻薩諸塞州瓦爾珊的一所私立大學。該校建於1948年，是美國第一所猶太人主辦的、不屬任何宗教派別的大學，以布蘭戴斯爲名。該校大學部課程有科學、社會科學、人文科學和創作藝術等；研究所則開設有古代和現代猶太的思想、歷史和文化方面的課程，還有社會政策、國際經濟和生物醫學等課程。總學生數約4,200人。

Brandenburg 布蘭登堡 普魯士的歷史區和州。最早占據這裡的是德國人，後被斯拉夫人取代，12世紀時又被北部邊境侯爵大熊阿爾貝特統治。1356年成爲神聖羅馬帝國七個選侯國之一。在選侯腓特烈・威廉統治下（1640～1688），布蘭登堡－普魯士成爲權力核心所在。從1815年起一直是普魯士的州，直到德國統一（1871）和第二次世界大戰結束爲止。戰後，其東部地區劃歸波蘭，西部地區則屬東德。1991年德國統一後，西部地區成爲德國的州。布蘭登堡市（又名哈佛爾河畔布蘭登堡，2002年人口約76,400）原是普魯士統治家族的住地。

Brandenburg Gate　布蘭登堡門　柏林唯一保留下來的紀念性城門。位於下椴樹街西端。該門建於1788～1791年，由朗漢斯（1732～1808）仿照雅典衛城的山門設計建造。其上豎有著名的四馬牽引的「勝利戰車」的鑄像。整個建築在第二次世界大戰期間遭到嚴重損壞，1957～1958年期間重新修復。1961～1989年間柏林牆隔斷了東德和西德通向該門的通路。因東西柏林重新統一，該門於1989年重新開放。

Brandes, Georg (Morris Cohen)＊　布蘭代斯（西元1842～1927年）　丹麥文學評論家、學者。他在哥本哈根大學出版的《19世紀文學的主流》（1872～1890；6卷），促進了丹麥文學從浪漫主義向寫實主義突破。布蘭代斯號召作家爲進步思想和現代主義社會改革寫作。劇作家易卜生和史特林堡都是他的擁護者，他成了斯堪的那維亞文學中自然主義運動最重要的領導者，但在國內卻遭到保守分子的強烈反對。他的評論作品還有：《現代突破者》（1883）和《丹麥的詩人》（1877）。

Brando (Jr.), Marlon　馬龍白蘭度（西元1924年～）美國演員，生於奧馬哈。早年學習戲劇並扮演一些小角色，1947年因演出百老匯戲劇《慾望街車》（1947）而一舉成名。爲演員工作室早期成員之一，他把在這裡學到的表演風格帶到他的第一部電影《男兒本色》（1950）中。他含糊不清、喃喃自語的說話方式代表了他反對傳統戲劇訓練，而他真實、熱情的表演更證明他是當代偉大演員之一。演出的電影有：《慾望街車》（1951）、《薩巴達萬歲》（1952）、《凱撒傳》（1953）、《狂野者》（1954）、《岸上風雲》（1954，獲奧斯卡獎）、《教父》（1972，獲奧斯卡獎）、《巴黎最後的探戈》（1972）、《現代啓示錄》（1979）和《乾旱季節》（1989）等。

Brandt, Bill　布蘭特（西元1904～1983年）　原名William Brandt。1929年在曼雷的巴黎攝影室裡工作。1931年回到英國，當一名自由職業新聞攝影師，拍攝1930年代工業勞動者和第二次世界大戰期間國內大後方的情景。他的作品深受阿特熱、布拉賽和卡蒂埃－布烈松的影響。他最著名的作品是拍攝英國生活，和一系列使人體極度變形而成爲抽象的影像。

Brandt, Willy　勃蘭特（西元1913～1992年）　原名Herbert Ernst Karl Frahm。德國政治人物。年輕時即爲社會民主黨人，1930年代因納粹上台而流亡挪威，化名勃蘭特，從事新聞工作。第二次世界大戰結束後回到德國，1949年選入國會，1957～1966年任西柏林市長，該職位爲他帶來世界聲譽。1969～1974年間任德意志聯邦共和國聯合政府總理。任總理期間，致力於改善與東德、東歐其他國家和蘇聯的關係；強化歐洲經濟共同體。他任德國社會民主黨領袖直到1987年。1971年獲諾貝爾和平獎。

勃蘭特
Authenticated News International

brandy　白蘭地　用葡萄酒或其他發酵果醪蒸餾的酒精飲料，該名稱是從荷蘭語brandewijn（燒過的酒）轉化而來。大部分白蘭地都是陳年的，酒精含量約50%（容量）有些因含焦糖而色澤較重。通常是屬餐後酒，但有時會用於調配混和飲料和作糕點調味劑、在餐桌上點燃燒製某些風味食品，也用作泡製甜露酒的酒基。法國出產的干邑酒是公認最佳品種。

Brandywine, Battle of the　布蘭迪萬河戰役（西元1777年9月11日）　美國革命中，英、美在費城附近的交戰。英國將軍何奧誤認爲英軍開赴費城可以喚起該地親英分子響應，從而使賓夕法尼亞州不捲入戰爭。他的行動使駐在紐約州北部的英國伯戈因將軍陷於孤立，直接造成英軍在薩拉托加的災難。何奧率英軍（約一萬五千人）與華盛頓的大陸軍（約一萬一千人）在費城西南約40公里處的查茲福德遭遇，英軍未能摧毀大陸軍和割斷大陸軍與首都費城的聯繫。美軍完整無損，革命仍然充滿活力。

Brant, Henry (Dreyfuss)　布蘭特（西元1913年～）加拿大裔美國作曲家。他的折衷主義生涯包括商業音樂的作品和在哥倫比亞大學、茱麗亞音樂學院的教職。受到艾伍茲音樂的啓發，他的創作運用了不尋常的音品結合，經常需要表演力量的空間分割，每個小組通常演奏著與其他小組對比強烈的音樂。他的作品超過一百五十首，包括《天使與魔鬼》（1931）、《對唱》（1953）、《大千馬戲團》（1956）。

布蘭特，肖像畫，皮爾（Charles Willson Peale）繪於1797年；現藏費城獨立國家歷史公園
By courtesy of the Independence National Historical Park Collection, Philadelphia

Brant, Joseph　布蘭特（西元1742～1807年）　北美印第安人摩和克人首領、基督教傳教士。布蘭特在康乃狄克州上一所印第安人學校時皈依英國國教。曾在法國印第安人戰爭（1754～1763）爲英國作戰。在美國革命中，領導易洛魁人的四個部落爲英國人效勞，打贏了幾場著名的戰役。戰後領有一片土地，並繼續傳教工作。

Brant, Sebastian　布蘭特（西元1458?～1521年）　德國詩人。他在法律系教書，之後馬克西米連一世任命他爲帝國參議員。他的著作是多方面的，包括法律、宗教、政治、特別是道德方面。《愚人船》（1494）最爲人們所熟悉的作品，這個寓言講一條船滿載傻子，在傻子駕駛下開往「愚人的天堂」，是15世紀最著名的德國文學作品。這部作品立即獲得成功，被廣泛地翻譯，並引起「愚人文學」派的產生。

Braque, Georges＊　布拉克（西元1882～1963年）法國畫家。在勒哈佛爾學習繪畫，後來進入巴黎一所私立美術學院學習，並在公立美術學院學過很短一個時期。他早期的作品受到印象派影響，而他第一批重要作品（1905～1907）則受到野獸派的先驅德安和馬諦斯的影響。1907年在巴黎獨立者沙龍展出的六幅畫全部售出。同年，放棄野獸主義後，又和畢卡索創立稱爲立體主義的新繪畫風格。他的繪畫大多是靜物，以幾何形狀和柔和的色彩表現。1912年，他把三張壁紙剪碎貼到素描《水果盤與玻璃杯》上，創造了普遍認爲是破天荒第一張「黏貼畫」。1920年代時他已是一位大走紅運、地位牢固的當代大師。1923和1925年他兩次受到俄羅斯芭蕾舞團團長佳吉列夫的委託，設計舞台布景。他的生涯聲望崇隆且持久，布拉克在世的最後幾年，世界各地紛紛爲他舉行盛大的回顧展。1961年，他成爲生前能在羅浮宮展出作品的第一位藝術家。

Bras d'Or Lake＊　布拉多爾湖　加拿大新斯科舍省布雷頓角島的無潮汐鹹水湖。約80公里長，面積近932平方公里，北面有小布拉多爾水道通大西洋；南端有人工運河溝通大西洋。爲受人喜愛的夏季休養勝地。

Brasília　巴西里亞　巴西首都（2000年人口約2,043,169）。臨巴拉那河。雖然1789年時便有計畫要將國家首都遷到內陸，但巴西里亞的建設直到1956年才開始。新城市由建築師科斯塔和尼邁耶爾負責設計。1960年聯邦政府開始從里約熱內盧遷此。這個城市是政治中心而非工業中心，不過仍設有許多全國性公司的總部。附近還有巴西里亞國家公園。

Brasov　布拉索夫　亦作Brashov。德語作Kronstadt。羅馬尼亞城市（2002年人口約588,366）。在特蘭西瓦尼亞阿爾卑斯山脈北坡，三面環山，距布加勒斯特170公里。1211年爲條頓騎士團建立，是撒克遜人聚居區。舊城裡的古蹟有市府塔樓、東正教教堂、哥德式新教教堂。有博物館和大學。1559年在這裡創辦全國第一所學校。工業生產有牽引機、卡車、直升機、軸承、紡織和化工產品。爲公路和鐵路樞紐。

brass　黃銅　銅和鋅的合金。硬度和可加工性讓它成爲重要的合金。早在約西元前1200年中東地區便開始使用，西元前220年中國也開始使用，後來更傳至羅馬。根據古文獻（如《聖經》）記載，黃銅一詞常用以指青銅，即銅與錫的合金。黃銅的可鍛性取決於含鋅量：含鋅量高於45%的黃銅不能加工。α黃銅的含鋅量低於40%，β黃銅含鋅較多（40～45%）可鍛性較α黃銅差，但強度大。第三組黃銅除含銅、鋅外，還含有其他元素，此外，鉛黃銅易於切削加工；海軍黃銅含少量錫，用以改善抗海水耐蝕性；鋁黃銅則有比海軍黃銅更高的耐蝕性。

brass instrument　銅管樂器　用唇靠近杯形或漏斗形吹口吹氣激起空氣柱振動的吹奏樂器的通稱（通常爲黃銅或其他金屬製）。小號、長號、法國號、低音號、次中音大號、蘇沙低音大號、短號、翼號、軍號，以及低音大號、科爾內管、蛇形管等老式樂器都屬銅管樂器（雖然後二者是木製的）；薩克管雖然是用銅製成，但屬木管樂器中的簧樂器。

Brassai＊　布拉賽（西元1899～1984年）　原名Gyula Halasz。匈牙利裔法國攝影家、雕刻家和詩人。假名布拉賽取自他出生的城市。1924年定居巴黎，漸與畢卡索、米羅、達利相熟。從事雜誌記者的工作，發現工作時必須使用相機，1930年代因一系列關於巴黎夜間世界的照片而出名。他的攝影集《夜之巴黎》（1933）和《巴黎的享受》（1935）爲他帶來國際聲譽。

布拉賽的《皮加勒酒吧內的寶石女郎》（1932）
Brassai－Rapho/Photo Researchers

brassica　芥屬　十字花科最大的芥屬。約四十種，皆產於舊大陸，包括甘藍、芥菜及油菜。甘藍有許多園藝變種，如花莖甘藍、球子甘藍、包心菜、花椰菜、羽衣甘藍及球莖甘藍等。另有蕪菁、蕪菁甘藍和白菜（有大白菜和小白菜兩種）。

Bratislava＊　布拉迪斯拉發　德語作Pressburg。匈牙利語作Pozsony。斯洛伐克首都（2001年人口428,672），最早是塞爾特人及羅馬人在此定居，最後在8世紀時斯拉夫人在此定居。普雷斯堡時期爲一貿易中心，1291年成爲皇家自由鎮。匈牙利統治後於1467年設立第一所大學。1541～1784年爲匈牙利首都，1848年之前同時也是帝國議會所在地。奧斯特利茨戰役後，拿破崙和法蘭西斯二世在這裡簽訂「普雷斯堡條約」（1805）。第一次世界大戰後成爲捷克斯洛伐克共和國的斯洛伐克首府，1992年斯洛伐克獨立，仍爲其首都。

Brattain, Walter H(ouser)＊　布喇頓（西元1902～1987年）　美國科學家，出生於中國，在美國受教育，1929年成爲貝爾實驗室的研究員。他和巴丁和肖克萊一起由於研究製造電晶體的材料半導體的特性，以及發明電晶體共獲1956年諾貝爾物理學獎。他的主要研究領域包括固體表面特性，特別是物質表面的原子結構，它往往和物質內部的原子結構不同。

Brauchitsch, (Heinrich Alfred) Walther von＊　布勞希奇（西元1881～1948年）　德國陸軍元帥。第一次世界大戰時任參謀，歷任陸軍元帥和陸軍總司令（1938）。第二次世界大戰時，他成功的指揮地面作戰，直到1941年德軍在莫斯科前線幾乎全部潰滅，希特勒因而將他解職。戰後他被列爲戰犯，但未及受審即已死去。

Braudel, (Paul Achille) Fernand＊　布勞岱爾（西元1902～1985年）　法國歷史學家及教育家。第二次世界大戰被監禁期間，他憑著記憶而撰寫成其論16世紀地中海區歷史的論文，後於1949年時以《腓力二世時代的地中海與地中海世界》爲名印行。布勞岱爾和費弗爾與布洛克共同主導年鑑學派，強調歷史事件所依存的各種客觀條件，如氣候、地理、人口統計等。《十五至十八世紀的物質文明，經濟與資本主義》（1968, 1979）是他第二本重要著作。

Braun, Eva＊　愛娃・布勞恩（西元1912～1945年）　希特勒的情婦，在和希特勒一起自殺前一刻成爲希特勒的妻子。她和希特勒在1930年代初相遇，當時她是希特勒的照相師霍夫曼在慕尼黑所設商店的女店員。她使希特勒得到了更多家庭的而不是色情的歡樂。希特勒從未允許她和他一起公開露面，她對希特勒的政治生活並無影響。1945年4月她到柏林，決心與希特勒共死。舉行婚禮後次日服毒自盡，她的丈夫伴其身側，或是服毒或是舉槍自盡。二人的屍體同被焚燬。

愛娃・布勞恩，攝於1944年
Heinrich Hoffmann, Munich

Braun, Wernher von＊　布勞恩（西元1912～1977年）　德裔美籍火箭工程師，出生於貴族家庭，在柏林大學取得博士學位，1936年納粹德國在佩內明德建立一個「凡爾賽和約」禁止的大型軍用火箭試驗場，布勞恩任技術主任，研製出液體火箭發動機的飛機、起飛助推器、遠程彈道飛彈A-4（V-2火箭）和超音速防空飛彈「瀑布」。他們1944年在火箭和飛彈技術方面所達到的水平，遙遙領先其他任何國家許多年。大戰結束時他和整個研製小組投降美軍，並立即爲美軍研製導彈，1952年起擔任美國陸軍彈道飛彈計畫的技術主任（之後成爲領導者）。在他的領導下，研製成紅石、丘比特－

C、朱諾、潘興等飛彈。1958年他的小組成功的發射美國第一顆人造衛星探險家一號。美國國家航空暨太空總署成立後，布勞恩領導研發一些大型的土星登陸艇，他在土星級助推火箭方面的成功在火箭史上仍無人能出其右。

Braunschweig ➠ Brunswick

Brazil　巴西　正式名稱巴西聯邦共和國（Federative Republic of Brazil）。南美洲中部國家。面積約8,511,965平方公里。人口約174,619,000（2002）。首都：巴西里亞。巴西的種族在殖民時期早期就已開始混合，未混血的人種極少，這些印第安人多半居住在移民難以到達的亞馬遜河盆地最僻遠地區。語言：葡萄牙語（官方語）。宗教：天主教和傳統的印第安人及非洲的宗教信仰。貨幣：雷阿爾（real）。巴西可分爲好幾個地形，但主要是亞馬遜河盆地和巴西高地（高原）。巴西高原平均海拔1,000公尺，主要位於東南部，而位於北部的亞馬遜盆地海拔不到250公尺。亞馬遜盆地（已知約有1,000多條支流）占有該國面積的45%左右。境內其他的河流包括聖弗朗西斯科河、巴納伊巴河、巴拉圭河、上巴拉那河和烏拉圭河。沿大西洋的海岸線外除了亞馬遜河河口的馬拉若島、卡維亞納島以及北部的馬拉卡島之外，沒有大的島嶼。優良港口有貝倫、薩爾瓦多、里約熱內盧、聖多斯和阿雷格里港。巴西廣大的森林是許多產品的來源，而稀樹草原是飼養牛隻的優良場地。農業占有重要地位，礦物資源也十分豐富。巴西屬開發中的市場經濟，以製造、金融服務和貿易業爲主。政府形式爲共和國，兩院制。國家元首暨政府首腦是總統。對於巴西早期原住民的情況知之甚少。雖然從理論上講，根據1494年的「托德西利亞斯條約」該地區歸屬葡萄牙，但直到1500年卡布拉爾偶然到達這塊土地後才正式宣布對它的所有權。1530年代初葡萄牙人首先在東北海岸和聖維森特（今聖保羅附近）定居；在下一個世紀裡，法國人和荷蘭人也建立了一些小的居民點。1640年建立了總督轄區，1673年里約熱內盧成爲首都。1808年當拿破崙入侵葡萄牙時，巴西成爲葡萄牙國王約翰六世的避難所及政府所在地；最終宣布成立葡萄牙、巴西和阿爾加維聯合王國，1815～1821年約翰在巴西實行統治。約翰回到葡萄牙後，佩德羅一世宣布巴西獨立。1889年他的繼承人佩德羅二世被廢黜，採用託管聯邦共和國的憲法。20世紀移民增加，製造業成長，同時又經常發生軍事政變並中斷人民的自由。在巴西里亞建設新首都，意在促進內陸地區的發展，卻加劇了通貨膨脹。1979年以後，軍事政府逐漸採取民主措施，1989年舉行二十九年來的第一次總統普選。1990年代末遭遇嚴重的經濟危機。

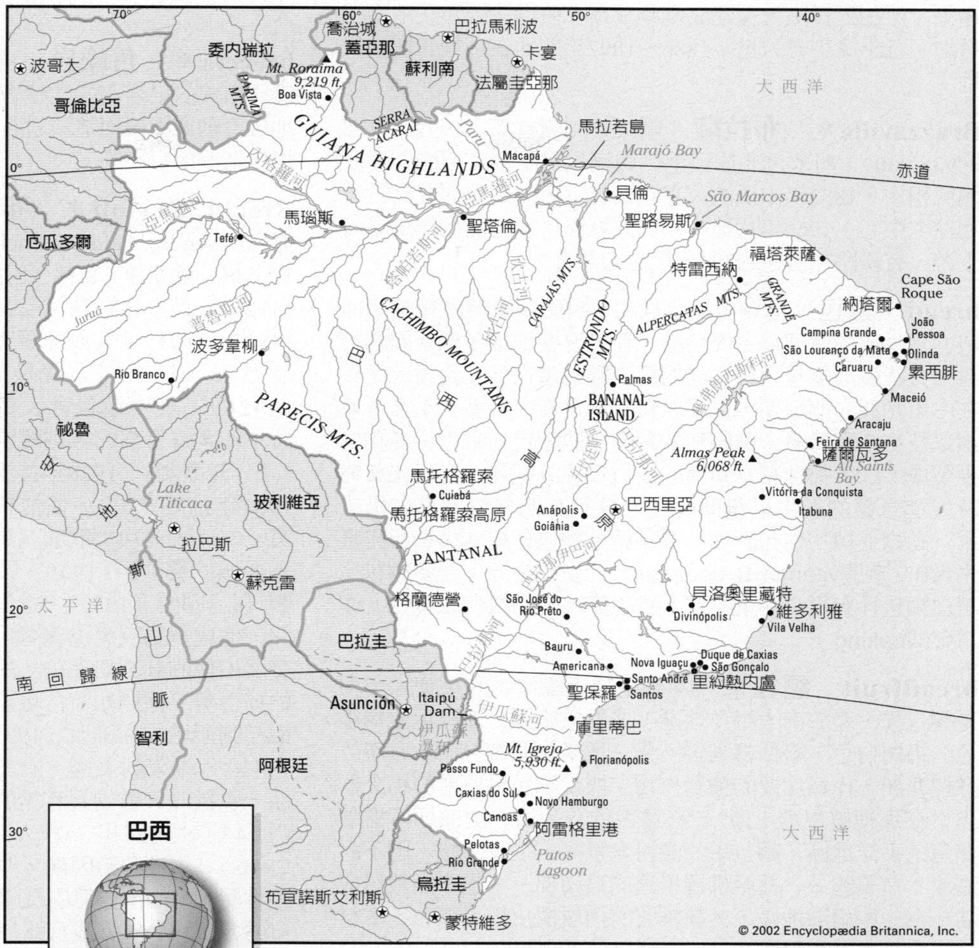

Brazil nut　巴西果　玉蕊科高大喬木。學名*Bertholletia excelsa*。產於南美，材可用，種子可食，是世界上主要的商業貿易堅果之一。果堅硬，像一個大椰子，內含種子八～二十四枚，分室排列，如柑橘。種子具三角形，種皮極爲堅硬。種子富含脂肪與蛋白質，味似扁桃或椰子。植株野生於亞馬遜河盆地，高可達45公尺以上。

brazing　硬焊　兼用加熱和加入一種填充金屬而使兩塊金屬結合的技術。這種熔點低於被焊接金屬的填充金屬，可以預先加入，也可在焊件加熱後再加入接口中。焊接接口間隙小的焊件時，填充金屬能靠毛細現象流入接口。硬焊所用填充金屬的熔點高於430℃。在軟焊的方法中，其填充金屬的熔點則低於此溫度。硬焊焊縫的強度通常高於軟焊焊縫的強度。大多數金屬可進行硬焊，隨著新型合金和新性能要求的出現，可用的硬焊合金品種日益增多。硬焊焊縫品質高度可靠，廣泛用於火箭、噴射發動機或飛機零件的焊接。亦請參閱welding。

Brazos River＊　布拉索斯河　美國德州中部河流，發源於該州北部，向東南流了1,351公里後注入墨西哥灣。維口是該河沿岸最大城市之一。近河口處同時連接海灣沿岸航道。早期赴德克薩斯的盎格魯美洲人即殖民於河谷地帶，1822年奧斯汀於聖費利佩發現第一批英語系殖民者遺跡。此河的原名是Brazos de Dios（「上帝的手臂」）。

Brazza, Pierre(-Paul-François-Camille) Savorgnan de＊　布拉薩（西元1852～1905年）　法國探險家與殖民地總督。生於巴西的義大利貴族之家，他加入法國海軍。1875～1878年勘測了奧果韋河（即奧戈韋河，位於今加彭）。爲了打擊史坦利，他被派至剛果河上游。他建立法屬剛果、至加彭探險，還建立布拉薩市，使得法國殖民地面積增加了五十萬平方公里。1886～1897年間他在那裡管理殖民地。

Brazzaville＊ 布拉薩 剛果共和國首都（1992年人口約938,000），剛果河北岸河港。與剛果民主共和國的金夏沙隔河相望。1883年由法國人布拉薩建立，成爲歐洲式的行政和住宅中心。1960年代建起非洲式城區。水運能到達剛果河上游，有鐵路往西通到394公里遠的黑角。

bread 麵包 以麵粉加水揉和，有時經發酵然後焙烤而成的食品。史前即爲主要食品，在世界各地以各種不同的材料、方法製成麵包。最古老的扁平麵包現在仍在食用，尤其在中東和亞、非地區，主要原料有玉蜀黍、大麥、小米、蕎麥以及小麥和黑麥。美國和歐洲的發酵麵包通常用小麥和黑麥製成。二者都含有富彈性的蛋白質成分麩質，它能在發酵時促進氣體的產生以幫助發麵。麵包其他材料還有牛奶或水、動物或植物性起酥油、鹽和糖。麵包是碳水化合物和維生素B（參閱vitamin B complex）的主要來源；全麥麵包比精白麵包含有更多的蛋白質、維生素、礦物質和纖維質。亦請參閱baking。

breadfruit 麵包果 桑科兩種近緣喬木的果實。一種是麵包果，產於南太平洋地區，成熟果略圓，淡綠色至褐綠色，果肉白色，略似纖維質。另一種是非洲麵包樹，原產於熱帶非洲，作爲次要的糧食作物。據說麵包果原產於馬來群島（在那裡被視爲土產），自遠古就有栽培，史前即傳播整個南太平洋地區。麵包果的澱粉含量高，很少生吃。因不耐霜凍，在美國－－甚至佛羅里達的最南部－－也未能栽培成功。在一些南海地區，其纖維質的內層樹皮用以織布，木材用以造獨木舟和製作家具，樹液用做黏合劑。

breakbone fever 斷骨熱 ➠ dengue fever

bream 歐鯿 鯉科動物，學名*Abramis brama*。常見的歐洲食用魚及遊釣魚，產於湖泊及緩流江河中，群游，以蠕蟲、軟體動物及其他小動物爲食。體高，側扁，頭小，體爲銀白色，背部淡青或褐色。體長約30～50公分，重達6公斤。其他稱作bream的魚類有銀歐鯿、金色閃光魚（一種米諾魚）和鯛科的一些種類。

歐鯿
W.S. Pitt－Eric Hosking

breast cancer 乳癌 亦稱乳腺癌。乳腺的惡性腫瘤，多見於停經期後的女性。好發者包括有家族病史者、月經期過長者、高齡產婦（三十歲以後）、肥胖者、酗酒，以及一些良性腫瘤。乳癌多爲腺癌，發現乳房有任何腫塊都應作詳細檢查。癌性腫塊的治療爲乳房切除，有時則僅切除腫塊，再施以放射療法。術後有時輔以放射療法、卵巢或腎上腺切除或用荷爾蒙等化療藥物。

breathing ➠ respiration

Brébeuf, St. Jean de＊ 聖布雷伯夫（西元1593～1649年） 法國新法蘭西天主教耶穌會傳教士。1623年受神職爲司鐸，1625年到達新法蘭西，奉命到休倫湖傳教，直到1629年被英國人強迫返回法國。1634年重返「休倫族」地區，在那裡工作了十五年。1648年易洛魁人向休倫人發動激烈戰爭。1649年俘獲布雷伯夫，對他施加酷刑致死。1930年被追封爲聖徒。著有休倫語語法。在加拿大他被視爲守護聖人。

breccia＊ 角礫岩 由大於2公釐的稜角狀或次稜角狀碎屑組成的已岩化的沈積岩。角礫岩形成的原因大致是由於地層滑動或斷層而造成岩石碎裂；它也可能是火山爆發這類爆炸情況所引起的。

Brecht, Bertolt＊ 布萊希特（西元1898～1956年） 原名Eugen Berthold Friedrich Brecht。德國詩人、劇作家。在寫出第一批劇作（包括《巴爾》〔1922〕）前，曾在慕尼黑習醫（1917～1921）。其後陸續有作品發表，包括《人就是人》（1926），其中還包含大量的詩；和韋爾合寫的諷刺輕歌劇《三分錢歌劇》（1928年首演，1931年拍成電影），使他獲得第一次巨大成功；歌劇《馬哈哥尼城的興衰》（1930）及舞劇《七死罪》（1933）。這些年間，他成爲馬克思主義者，並發展出他的敍事劇理論。隨著納粹得勢，他開始流亡生涯。最初到斯堪的那維亞（1933～1941），後來到美國，在這裡完成他重要的隨筆和戲劇作品，包括《大膽媽媽和她的孩子們》（1941）、《伽利略傳》（1943）、《四川一好人》（1943）和《高加索灰闌記》（1948）。由於政治因素，他在1949年回到東德，在那裡組織柏林劇團，演出自己的戲劇，如《阿圖羅・魏的有限的發跡》（1957）。1949年完成有關戲劇理論的著作《戲劇淺論集》。

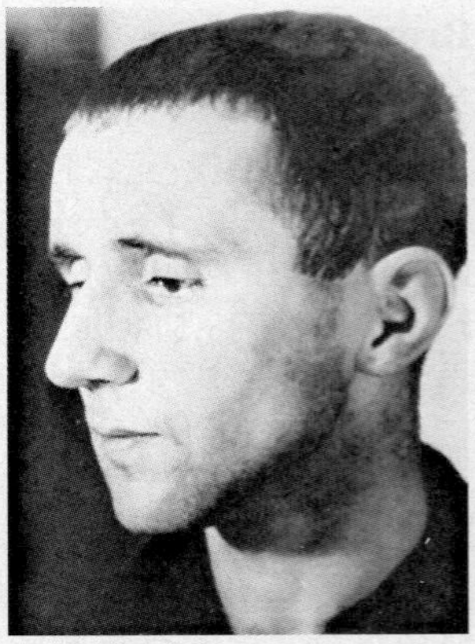

布萊希特，攝於1931年
Ullstein Bilderdienst

Breckinridge, John C(abell) 布雷肯里奇（西元1821～1875年） 美國政治人物、副總統（1857～1861），美利堅邦聯軍隊軍官，生於肯塔基州的列星頓附近。原爲律師，後擔任美國眾議員（1851～1855）。1856年當選副總統，總統爲布坎南。1860年民主黨內部因奴隸問題發生分裂，南方派擁護布雷肯里奇爲總統候選人。布雷肯里奇被林肯擊敗。但在松特堡開火之後，他力主肯塔基退出聯邦。他成爲美利堅邦聯的將軍並參與威克斯堡、威德內斯申南多谷等戰役。1865年任美利堅邦聯的陸軍部長，戰爭結束後逃往英國三年，後回到肯塔基繼續執律師業。

Breda, Declaration of＊ 布雷達宣言（西元1660年） 流亡尼德蘭布雷達的國王查理二世所發出的文件，確定了他回復英國王位的報酬承諾。其中表達出他對全面赦免、良心自由、公正處理土地爭議、完全支付軍隊欠款的願望，但把細節留給國會議會。亦請參閱Restoration。

breeding 育種 把基因原則用於動物飼養、農業和園藝，以改善想要的特質。古代農學家藉著選擇性栽培而改善許多植物；現代植物育種中心則著重於授粉，把選定雄性植物的花粉傳給雌性植物。動物育種包含選定理想的特徵（例如優良羊毛、乳產量大）、選定育種群體、決定配種系統（例如配對動物是非親緣、適度的親緣或極度近緣）。

Breisgau＊ 布賴斯高 在德國西南部歷史地區，位於萊茵河與黑森林之間，曾是羅馬帝國的一部分，約從西元3世紀起由日耳曼族阿勒曼尼人占領。中世紀初期成爲伯爵領地，1120年建弗賴堡爲自由市。14世紀，哈布斯堡王朝將其大部分併入自己的版圖，三十年戰爭期間，布賴斯高在長期圍攻後被迫降服。現屬巴登－符騰堡州。

Brel, Jacques　布雷爾（西元1929～1978年） 比利時裔法國歌手與流行歌曲作者。1953年開始第一次公開演唱他以真實生活爲主題的歌曲。經常是尖銳地諷刺，有時更暗指宗教，這些歌曲在歐洲變得大受歡迎。1967～1973年他演出並導演了幾部電影。他在美國的名聲則是得自於諷刺時事的滑稽劇《賈克·布雷爾活著而且在巴黎活得好好的》（1968）。

Bremen＊　不來梅 德國以前的公國。位於下威悉河和下易北河之間，在原先伯倫瑞克－盧嫩堡公國西北方，面積約5,200平方公里。13世紀成爲主教轄區，1648年成爲瑞典治下的公國，1715年成爲漢諾威選侯國的一部分。

Bremen　不來梅 德國西北部城市（2002年市區人口約540,950，都會區人口約849,800），位於威悉河畔。查理曼於787年建立不來梅主教轄區，845年成爲總主教轄區。10世紀成爲德國北部經濟中心，1358年加入漢撒同盟後，更爲興盛。1815年加入日耳曼邦聯，1871年加入德意志帝國。第二次世界大戰受到嚴重破壞。戰後，與附近的不來梅港聯合組成西德的一個州。今日，該州已在德國經濟中占重要地位，許多工業的總部都設於此。

bremsstrahlung＊　軔致輻射 帶電粒子（尤其是電子）通過物質時，在原子核的強電場附近突然減速或突然偏轉而產生的電磁輻射。軔致輻射是宇宙線在地球的大氣層中消耗部分能量的過程之一，也是連續X射線譜產生的原因。

Brendan, St.　聖布倫丹（西元484/486?～578年） 塞爾特基督教聖徒，大西洋探險故事的英雄。在愛爾蘭西南部受教於聖伊塔的學校，他成爲一位僧侶和神職人員並主持阿德費特的修道院，並在愛爾蘭和蘇格蘭成立多處修道院，比較重要的是在克侖弗特。布倫丹是著名的旅行家，據說曾航行到赫布里底群島，也許還到過威爾斯和布列塔尼。大約早在8世紀，就有人撰有航海冒險故事《布倫丹航遊記》。這部愛爾蘭史詩於10世紀初譯成拉丁文散文，其中記載布倫丹到達「上帝許諾聖徒之地」，後人認爲聖布倫丹島可能就是他發現的。

Brennan, William J(oseph), Jr.　布倫南（西元1906～1997年） 美國最高法院大法官。曾於哈佛大學法律學院攻讀法律，師從弗蘭克福特，畢業後專門從事勞動法方面的業務。他在新澤西州高等法院的逐步高昇，並以其行政長才著稱。儘管他本人屬民主黨，1956年艾森豪總統仍任命他爲美國最高法院大法官。他被認爲是最高法院歷史上最有影響力的法官之一。布倫南主張對法律作自由派解釋，並且是「人權法案」的強有力的捍衛者。人們不會忘記他在從「羅思訴美國案」（1957）開始的一系列誨淫案件中所起的作用。這些案件中有很多擴大了對出版商的保護，但也表明使個人自由與社會利益求得平衡的一種嘗試。在「紐約時報公司訴沙利文案」（1964）中，布倫南爲最高法院所寫的意見是：即使是涉及對政府官員虛假的陳述，也有權受到憲法第一條和第十四條修正案的保護，除非能夠證明「確實出於惡意」。在「貝克訴卡爾案」（1962）中他代表寫下多數決意見。他反對死刑，但支持墮胎、反歧視行動和學校的歧視。他直到1990年才退休，所審案件高達1,350件。

Brent, Margaret　布倫特（西元1600?～1669/1671年） 北美第一位女權運動家。1638年自英國移居乞沙比克灣地區，後定居馬里蘭的聖瑪麗斯。後獲得2,853公畝土地的所有權，成爲馬里蘭第一個女地主。到1657年，她成爲當地最大土地擁有者之一。在馬里蘭和維吉尼亞的邊界爭端中，她組織志願軍支持總督卡爾弗特。後任女行政長官。1648年競選馬里蘭議會議員失敗，移居威斯特摩蘭縣度過餘年。

Brentano, Clemens＊　布倫坦諾（西元1778～1842年） 德國詩人、小說家和劇作家，海德堡浪漫派的創立者之一，該派著重在德國民間文學和歷史。布倫坦諾和其妹婿阿爾尼姆（1781～1831）合作出版德國民歌集（包括成功的模仿民間傳說的形式）《少年魔角》（1805～1808），該書對於後來的德國抒情詩人和馬勒等作曲家有很大啓發。他成功的作品還有童話故事，以《哥克爾和亨克爾的童話》（1838）爲最。

Brentano, Franz (Clemens)＊　布倫坦諾（西元1838～1917年） 德國哲學家。克萊門斯·布倫坦諾之侄。1864年任司鐸，1866～1873年在符茲堡大學任教。由於對宗教的懷疑而於1873年辭去神職。1874年發表《從經驗立場看心理學》，試圖提出一種或許可以說是心靈科學的系統心理學。他創立了動作心理學，這個學派關切的是心智本身的「行動」或過程（如認知、判斷、愛和恨），而非其內容。1874～1880和1881～1895年間他在維也納大學任教，並著有《感官心理學研究》（1907）和《論心理現象的分類》（1911）。

Brescia＊　布雷西亞 拉丁語作Brixia。義大利北部倫巴底區城市（2001年人口約187,865）。原爲塞爾特人要塞，約西元前200年被羅馬人占領，西元前27年爲羅馬殖民地首府所在地。西元412年遭哥德人蹂躪，452年爲阿提拉劫掠。936成爲自由城市，1426年以後屬威尼斯、法國和奧地利，直到1860年義大利統一才合併它。市內古羅馬建築遺跡，11和17世紀的城堡，還有豐富的古羅馬文物。在衆多的教堂中的藝術寶物，包括15及16世紀布雷西亞學派畫家的作品。

Breshkovsky, Catherine　布雷夫科夫斯基（西元1844～1934年） 俄羅斯革命家。1870年代涉入民粹派革命團體後遭到逮捕，1874～1896年被放逐至西伯利亞。1901年她協助建立社會革命黨，又遭到逮捕並被放逐至西伯利亞（1910～1917）。雖然她被稱爲「革命的小祖母」，卻在1917年布爾什維克勝利後反對該黨，並移居布拉格。

Breslau　布雷斯勞 ➠ Wroclaw

Breslin, Jimmy　布雷斯林（西元1930年～） 原名James Earl。美國專欄作家及小說家。在他漫長的報人生涯中，布雷斯林以一個出身自紐約市皇后區工人階級的強硬談吐而爲人所熟知。曾就讀於長島大學，從送稿件的小弟做起，後來將自己塑造成一個運動專欄作家；而後成爲報業聯合組織的專欄作家與投稿人，他基於熱情與人道關懷，針對政治與社會議題，通常專注於不公正與腐敗的案例而撰寫了許多文章。1986年贏得普立茲獎。在諸多著作之中，包括長篇小說《無法直擊的歹徒》（1969）。

Bresson, Henri Cartier- ➠ Cartier-Bresson, Henri

Bresson, Robert＊　布烈松（西元1901～1999年） 法國電影導演。在1934年執導第一部電影之前曾擔任過畫家和攝影師。第一部劇情片《有罪的天使們》（1943）樹立了簡樸、知性的風格。以探索緊張的心理過程和視覺想像重於情節安排而聞名，所拍的電影包括：《鄉村牧師的日記》（1950）、《死囚犯的越獄》（1956）、《當心扒手》（1959）、《巴爾塔札爾》（1966）、《武士蘭西洛》（1974）和《錢》（1983）。

Brest-Litovsk, treaties of＊　布列斯特－立陶夫斯克和約（西元1918年3月3日）　同盟國和蘇聯在布列斯特－立陶夫斯克（今白俄羅斯境內）簽訂的和平條約，從而結束第一次世界大戰期間這些國家之間的敵對狀況。結果蘇聯失去烏克蘭、芬蘭及其在波蘭和波羅的海沿岸的領土。但在停戰協定簽字後廢除這個和約。

Brétigny, Treaty of＊　布雷蒂尼條約（西元1360年）　英國與法國之間的條約，結束了英法百年戰爭的第一期。該條約標示著法國的嚴重挫敗，在普瓦捷戰役（1356）黑太子愛德華擊敗並俘擄法國的約翰二世之後簽訂。法國把西北部廣大領土割讓給英國，並同意以三百萬金幣的代價贖回約翰二世，而愛德華聲明放棄法國王位。該條約並未建立長久的和平。

Breton, André＊　布列東（西元1896～1966年）　法國詩人、評論家和編輯。1919年與人共創達達主義雜誌《文學》。受精神病學和象徵主義運動的影響，以自動寫作法來寫詩。1924年發表《超現實主義宣言》，定義了超現實主義，並成爲超現實主義的提倡者。1930年代曾加入共產黨，後與之決裂。1938年與托洛斯基在墨西哥創立革命藝術獨立聯盟。第二次世界大戰期間移居美國，1946年返法。1948年出版《詩集》。也曾寫過評論文章和小說（《娜佳》，1928）。

Breton language＊　布列塔尼語　通行於法國西北部布列塔尼地區的塞爾特諸語言。西元5、6世紀時，由來自英國南部的移民傳入。已證明布列塔尼語應用在註釋8～10世紀的拉丁文手稿，但在15世紀以前沒有接續的文本留下。現代布列塔尼語有四種主要方言，這種不統一的情況阻礙了拼字和寫作標準的發展。現在可能有五十多萬人使用布列塔尼語，雖然西歐地方意識已再次抬頭，但年輕人已少有人使用。

Bretton Woods Conference　布雷頓森林會議　正式名稱爲聯合國貨幣及金融會議（United Nations Monetary and Financial Conference）。1944年7月1日～22日在美國新罕布夏州布雷頓森林召開的會議，預期將德國和日本擊敗後，就戰後世界金融問題進行研討，作出安排。包括蘇聯在內的四十四個國家代表在會中達成協議，成立國際復興開發銀行（世界銀行）和國際貨幣基金會。亦請參閱Keynes, John Maynard。

bretwalda＊　盎格魯－撒克遜盟主　亦作brytenwalda。對他們以外的王國擁有宗主權的盎格魯－撒克遜國王中的任何一個。此詞見於盎格魯－撒克遜的編年史，這個頭銜的意思大概是「不列顛的統治者」。韋塞克斯的愛格伯（卒於839年）冠有此稱號，並追溯到更早以前的七代國王：薩西克斯的艾爾（活動時期5世紀末）、韋塞克斯的塞瓦林（卒於593年）、肯特的艾特爾伯赫特（卒於616年）、東英吉利的雷德沃爾德（卒於616/627年）、諾森伯里亞的埃德溫（卒於632年）、諾森伯里亞的奧斯瓦爾德（卒於641年）和諾森伯里亞的奧斯威（卒於670年）。

Breuer, Marcel (Lajos)＊　布羅伊爾（西元1902～1981年）　匈牙利裔美國建築師和家具設計家。1920～1928年在包浩斯設計學校學習和執教，他在那裡發明了著名的鋼管椅（1925）。1937年遷居美國麻薩諸塞州劍橋，在那裡教書，並與格羅皮厄斯合作，他們所設計的木材結構建築，融合包浩斯國際主義與新英格蘭地方風格，對美國各地的住宅建築產生很大的影響。他也是國際風格最具影響力的代表人物。主要承攬的設計工程有：巴黎的聯合國教科文組織總部大廈（1953～1958）和惠特尼美國藝術博物館。

Brewer, David J(osiah)　布魯爾（西元1837～1910年）　美國最高法院法官（1889～1910），生於在土耳其的美國傳教士家庭，在康乃狄克州長大。1858年取得律師資格後在堪薩斯州執業。1861～1870年多次擔任地方法官職務，1870～1884年任堪薩斯州最高法院法官，之後任聯邦巡迴法院法官。在職期間，他通常是與保守人士一起抵制擴大聯邦政府權力和責任的傾向。1895～1897年他帶領一個委員會調停委內瑞拉與英屬圭亞那之間的邊界爭端。

Brewster, William　布魯斯德（西元1567～1644年）　新英格蘭普里茅斯殖民地清教徒首腦。曾在劍橋大學短暫就學過，後來成爲斯克魯比一小群清教徒的領袖。由於受到英國政府的迫害，逼使布魯斯德和其追隨者在1608年移居荷蘭，曾在萊頓印製宗教書籍。1620年隨首批英國清教徒搭乘「五月花號」移居北美洲。當移民登陸普里茅斯後，他成爲殖民地裡德高望重的長者，掌理宗教事務，也是總督布萊德福的顧問。

Breyer, Stephen (Gerald)＊　布雷耶（西元1938年～）　美國大法官，生於舊金山。原爲律師，1964～1965年擔任戈德堡的書記員。1967～1981年執教於哈佛大學法學院。1974～1975年擔任美國參議院司法委員會特別顧問，並在1979～1981年升爲首席顧問。1980年他被任命爲美國第一巡迴上訴法院法官，1990年任該院首席法官。1985～1989年擔任一個制定聯邦判刑指導方針的委員會委員。1994年總統柯林頓提名他爲最高法院大法官。他是講求實際的溫和派人士，在法院中通常站在溫和派這邊。

Brezhnev, Leonid (Ilich)＊　布里茲涅夫（西元1906～1982年）　蘇聯領袖。曾在烏克蘭擔任工程師和技術學校校長，並在地方擔任各種黨職。1939年任地區黨委書記。第二次世界大戰期間，他在紅軍中任政治委員，官階直升至少將（1943）。1950年代，因支持赫魯雪夫而升任蘇共中央政治局委員。1964年參與逼迫赫魯雪夫下台的聯盟，後來並取代赫魯雪夫而自任蘇共總書記（1966～1982）。他發展了所謂的布里茲涅夫主義，主張蘇聯有權干涉「華沙公約」各國，並成爲1968年入侵捷克斯洛伐克的理論根據。在1970年代，布里茲涅夫力圖與西方國家關係正常化，尤其促進與美國的「緩和」政策。1976年被授與蘇聯元帥稱號，1977年當選最高蘇維埃主席團主席，成爲身兼黨和國家領袖的第一人。他極力擴張蘇聯的軍事工業，卻沒有推動其他經濟的發展。儘管健康情況不佳，但至死仍掌握大權。

Brian Boru＊　布萊安（西元941～1014年）　愛爾蘭國王（1002～1014）。976年成爲蒙斯特國王。997年從梅爾塞克萊恩國王手中奪取愛爾蘭南半部，1002年取代他爲國王。1013年倫斯特的封臣和都柏林的北歐人與外人聯合發動叛亂，在克朗塔夫進行決戰，由他兒子默查德出戰取得勝利。後來，一股潰逃的北歐人（參閱Vikings）把他殺死。後來的奧布賴恩家族的親王系出其後。

Briand, Aristide＊　白里安（西元1862～1932年）　法國政治人物。1901年擔任法國社會黨總書記。1902～1932年爲眾議員。1909～1929年當過十一次法國總理，在1906～1932年間，擔任內閣職務二十六次。最傑出的成就是簽訂「羅加諾公約」和「凱洛格－白里安公約」。白里安爲國際合作、國際聯盟與世界和平所作的努力，使他在1926年與斯特來斯曼共獲諾貝爾和平獎。

bribery 賄賂 爲了影響政府官員或證人的判斷或處理方式而給予其利益（如金錢）的一種犯罪方式。接受賄賂就構成犯罪，通常是當作重罪懲罰。在指控任何賄賂罪的案件中，必須暗含或證明有某種「腐化的目的」的因素。因此，並無一個法令完全禁止人們贈禮給公職人員，除非這種利益會影響受贈官員的公務行爲，否則就不算是賄賂。亦請參閱extortion。

Brice, Fanny 布賴斯（西元1891～1951年） 原名Fannie Borach。美國喜劇演員和歌手，生於紐約市。曾在各種雜耍和滑稽劇中表演，1910年齊格飛在一家雜耍劇院發掘她，她與她的音樂夥伴便成了齊格飛《活報劇》和喜劇路線的名演員，包括演出芭蕾舞舞蹈家、扇舞演員的諷刺性短劇以及演唱感傷愛情歌曲〈我的心上人〉。她創造出來娛樂她朋友的一個無可救藥的角色寶貝史努克，成爲電台很受歡迎的一個節目。百老匯音樂劇《滑稽姑娘》（1964；1968年拍成電影）就是根據她的生平創作的。

布賴斯的寶貝史努克扮相
Culver Pictures

brick 磚 用黏土燒成的小塊長方體建築材料。至少在六千年以前人們就開始以曬乾方式來製磚。黏土是基本的原料，採自露天礦坑，壓製成型，再放至窯或爐中用火燒，使之增加強度、硬度和抗熱度。在古代中東地區磚是主要建材。古羅馬人以改進製造過程和革新砌磚方式擴充了其用途。西歐後來也廣泛採用磚塊建築，以保護建築物，防止火災。亦請參閱masonry、mortar。

Bricker, John W(illiam) 布里克（西元1893～1986年） 美國政治人物，曾任俄亥俄州州長（1939～1945）及聯邦參議員（1947～1959）。曾從事律師工作並擔任州檢察長（1933～1937）。當選州長之後，成爲首位連任三屆的共和黨員。他是杜威在1944年總統大選的競選夥伴。任聯邦參議員時，他致力於限制總統在外交事務中的權力。1953年，他發起一項憲法修正案以限制美國參與國際條約；由於杜勒斯的反對，該案以些微差距未獲通過。

bridewealth 彩禮 由新郎或他的親屬付給新娘親屬的財物，以使婚姻得到認可。這種做法在世界各地大體相同，但在非洲最普遍。付彩禮經常是社會性的、象徵性的和經濟性的，是兩個聯姻的家庭一系列交換的一部分。彩禮是妻子將受到婆家良好待遇的保證，也是對她的家庭損失的一種補償。彩禮是一般財物或勞務，可以一次付清，也可在一段長時間內定期分批償付。亦請參閱dowry。

bridge 橋樑 水平搭造的結構，以利行人或交通工具跨越通道的空處。橋樑的結構總是向世人展現它最偉大的挑戰性。最簡單的橋樑是板樑橋，由架在跨距兩端的剛性直樑組成（如橫放在溪流上的木幹）。古羅馬的橋樑以圓拱形著名，比石板樑橋擁有更長的跨距，也比木橋更爲耐久。拱橋的改進形式是開合橋（吊橋），是在中世紀發展出來的。升降橋是另一種可移動的橋樑，可改變位置讓船隻通過。懸索橋（如布魯克林橋、金門大橋）跨越更大的距離，主要的支撐力量來自纜索，纜索由數千束鐵絲組成，固定在兩端的高塔和錨樁上，橋面是由固定在主索上的垂直纜索支撐。另外一些類型的橋樑包括桁架橋，是最普遍的橋樑（如鐵路橋樑），因爲它只需用少量的材料來承受大的載力；懸臂橋，典型上有三個跨距，外面兩邊的跨距錨固在岸邊，中央的跨距則靠懸臂樑支撐。

bridge 橋牌 類似惠斯特的牌戲：四名牌手二對二分爲兩組。玩法是用52張一副的撲克牌按順時針方向發牌，每輪各家發一張牌，牌面朝下，發完爲止。玩牌的目的是贏墩。打牌時，各牌手每一輪各出一張牌，構成一墩。牌手要儘可能出同花色的牌，牌序最高者贏墩。開始打牌前，可以指定一種花色爲王牌花色，王牌能擊敗其他花色。最普遍的兩種橋牌形式是：競叫橋牌，玩牌的四個人都有可能爭得王牌花色確定權而成爲莊家，每次叫牌的水平必須比前一個叫牌至少高一級，但如果超過限度叫下去，就有可能得不償失；定約橋牌，只有定約的牌墩數或者叫出的牌墩數能算作成局分。惠斯特和各式橋牌都起源於英格蘭。

Bridgeport 橋港 美國康乃狄克州西南部城市（2000年人口約139,529）。濱臨長島海峽，位於佩闊諾克河河口。1639年始有人定居。早期的名字包括紐菲德和斯特拉福。1800年選定爲橋港。巴納姆曾任該市的市長，他的明星人物「大拇指湯姆」就誕生於此。美國內戰之後，成爲工業中心。20世紀末，其工業基礎沒落，面臨了一些財經問題。

Bridger, Jim 布里傑（西元1804～1881年） 原名James Bridger。美國拓荒者，生於維吉尼亞州的里奇蒙。1822年布里傑首次參加到猶他州和愛達荷州獵取毛皮的遠征。他顯然是抵達大鹽湖的第一個白人（1824），也是第一個探測懷俄明州黃石河地區的人。1843年他在懷俄明州西南

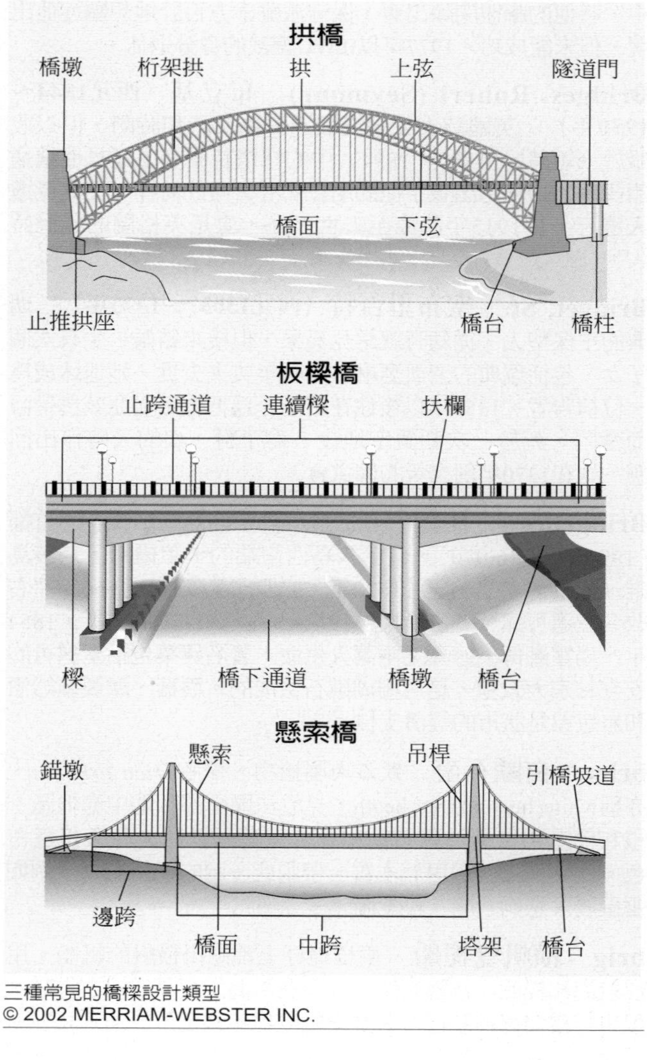

三種常見的橋樑設計類型
© 2002 MERRIAM-WEBSTER INC.

部建立布里傑堡，成爲奧瑞岡小道上的皮毛貿易站。1850年代轉爲政府工作，充當嚮導。他對這片疆界和當地的印第安人非常熟悉，是個傳奇性人物。

A B

Bridges, Calvin Blackman　布立基（西元1889～1938年）　美國遺傳學家，生於紐約州的斯開勒。1909年入哥倫比亞大學，並任摩根的實驗助手，與摩根共同設計用果蠅做實驗，證明果蠅的遺傳性變化可以追蹤到基因的明顯變化。這些實驗的結果作成了基因圖，證實遺傳的染色體學說。1928年隨摩根到加州理工學院工作，繼續基因詳圖的研究，後發現由基因重複造成的果蠅突變體。

布立基，金點畫，斯特朗（W. Strang）繪；現藏倫敦國立肖像畫陳列館
By courtesy of the National Portrait Gallery, London

Bridges, Harry　布里奇斯（西元1901～1990年）　原名Alfred Bryant Renton。澳大利亞裔美國勞工領袖。他以海員身分於1920年抵達美國，定居舊金山，當碼頭裝卸工，活躍於國際碼頭裝卸工協會（ILA）地方支會。1937年他與協會領導不和，遂帶領他的太平洋海岸支會退出該會，重組成國際碼頭裝卸工人和倉庫工人聯盟（ILWU），隸屬於產業工會聯合會（參閱AFL-CIO）。他的攻擊性勞工策略和他同共產黨的關係，導致1950年產業工會聯合會在整肅所謂共產黨控制的聯盟活動中，將他的聯盟開除出會，保守派雖千方百計地想驅逐他出境，但未能成功。1977年以ILWU總裁的身分退休。

Bridges, Robert (Seymour)　布立基（西元1844～1930年）　英國詩人。曾出版過一些長詩和詩劇，但以收錄於《短詩》（1890、1894）中的抒情詩聞名，顯見他精通韻律學。1916年出版了他的朋友霍普金斯的詩作，使其免遭人遺忘。從1913年起直至去世，他一直是英格蘭的桂冠詩人。

Bridget, St.　聖布里吉特（西元1303?～1373年）　瑞典的主保聖人。從幼時就常見異象，但後來結婚，生有八個子女，包括瑞典的聖凱瑟琳。1344年丈夫去世，她退休成爲一位禱告者。1350年以後住在羅馬，爲把教宗從亞威農帶回而奮鬥，死於一次朝覲聖地後。爲了對一次的天啓作出回應，她在1370年創立新的修道會。

Bridgetown　橋鎮　西印度群島中的島國巴貝多的首都（1990年人口6,070）。位於該島西南端的卡萊爾灣，是該島唯一的出入港口。建於1628年，原叫印第安橋，1660年左右改名聖邁可鎮，一直沿用至19世紀。該鎮曾屢遭火災，1854年一場霍亂傳染病奪走兩萬人生命。著名建築包括聖邁可的安立甘宗大教堂，是用珊瑚礁石蓋成的。製糖、釀製蘭姆酒和旅遊業是該市的經濟支柱。

brier　白歐石南　歐石南屬植物，學名*Erica arborea*，亦稱white heath或tree heath，見於法國南部和地中海地區。根和節莖用來製造歐石南木煙斗，葉呈針狀，花朵接近白色。此名稱也普遍用於木質、帶刺或多刺的任何植物，例如薔薇屬、懸鉤子屬、菝葜屬。

brig　橫帆雙桅船　兩根桅杆上都懸掛橫帆的帆船。用於航海和經商。作爲商船，大多在沿海的貿易航線上行駛，但也經常作海洋航行；有些橫帆雙桅船甚至用於捕鯨和獵海豹。海軍中的橫帆雙桅船有十至二十門大炮。在18和19世紀，橫帆雙桅船爲戰鬥艦隊，有時又充當培訓學員的訓練船。在早期的美國海軍中，橫帆雙桅船在1812年戰爭中功績顯著，在五大湖區參加過小型艦隊的戰鬥。由於操作橫帆索具需要許多船員，因而橫帆雙桅船作爲商船不太經濟，在19世紀開始被斯庫納縱帆船和巴克帆船取代。

brigade＊　旅　由旅長或上校指揮的軍事單位，包含兩個或更多的從屬單位，例如團或營。兩個或更多的旅組成一個師。

Brigham Young University　楊百翰大學　位於猶他州普羅沃的一所私立大學。由摩門教會會長楊百翰於1875年創立，並由摩門教會持續贊助。該校由管理、法律以及其他九個學院所組成。重要研究設施包括核子、電漿及固態物理學、水域生態學、獸醫病理學等實驗室，以及食品、農業和電腦輔助製造等研究機構。學生總數約爲31,000人。

Bright, John　布萊特（西元1811～1889年）　英國政治人物和演說家。1843年進入國會，曾三次加入格萊斯頓的內閣。積極爲爭取自由貿易、降低穀物價格和議會改革而奮鬥。其貴格會的信仰形成他的政治思想，這種思想主要是要求消滅個人之間和民族之間在社會、政治和宗教方面的不平等現象。他譴責克里米亞戰爭，支持1867年改革法案，與柯布敦一起創辦反穀物法同盟。

Brighton　布萊頓　英格蘭南部城鎮（1995年人口約143,000）。位於倫敦南方，濱英吉利海峽。幾世紀以來一直是個小漁村，18世紀末葉在威爾斯王子（後來的喬治四世）庇護之下，建起王宮等豪華建築，至今仍留存英國攝政時期風格的廣場。1841年與倫敦通鐵路後發展迅速。

Bright's disease　布萊特氏病　腎炎的一種，但沒有形成膿疱或水腫。本病癒後可能復發。急性發炎時，會有嚴重的腎臟發炎和背痛、腎功能不全、盜汗、腫大和高血壓等症狀。亞急性發炎時，病腎明顯增大，腎臟表面的血流受阻，紅血球被破壞（引起貧血），腎組織也遭破壞，血漿蛋白從尿內大量流失。慢性發炎時，腎臟皺縮變小，表面呈顆粒狀，因爲血內廢物不能從腎臟濾出，血液內含氮物質積蓄而引起尿毒症。各期腎炎的治療均爲對症治療。

Brigit＊　布里吉特　古代塞爾特宗教崇奉的女神，司詩藝、工藝、預言和占卜，相當於羅馬的密涅瓦和希臘的雅典娜，大體上與英國北部女神布里根提亞一樣。在愛爾蘭爲詩人和神職人員所崇拜。她是達格達的三個女兒之一，這三個女兒都叫布里吉特，另兩位分別司掌醫治疾病和鍛鐵技藝。有些傳說變成她與5世紀愛爾蘭女修道院院長聖布里吉特有關，她的節日在2月1日，是異教徒慶祝女巫安息日的日子，這時母羊開始泌乳。她的大修道院位在基爾代爾，可能建在一處異教徒聖所上，在英倫諸島有許多紀念她的聖井。

Brillat-Savarin, (Jean-)Anthelme＊　布里亞－薩瓦蘭（西元1755～1826年）　法國律師和美食家。曾是貝里鎮鎮長。在法國恐怖統治時期被迫逃出國門，之後返回法國，任最高法院審判官，直到他去世爲止。1825年出版一部有名的烹飪書籍《口味生理學》，主要不是討論烹飪藝術，而是增進飯桌上樂趣的一些閒談和軼事的情趣橫溢的梗概，只有偶而提到一點烹飪技巧。

鹹水鹵蟲
Douglas P. Wilson

brine shrimp　鹹水蝦　鰓足亞綱無甲目的鹹水蝦屬小

型甲殼動物，棲息在世界各地鹹水池和其他高鹽度的內陸水域中。鹹水鹵蟲（*Artemia salina*）有重要經濟價值，在猶他州大鹽湖內數量豐富。那裡的人用其乾卵孵出的幼體飼養魚類或其他小動物。長可達15公釐。頭部有一無節幼體眼和有柄的複眼。游泳時腹面朝上。主要取食綠藻，以附肢濾食。

Brinkley, David (McClure)　布林克利（西元1920年～）　美國電視新聞播報員。生於北卡羅來納州的維明頓，1943年進入NBC電視台，並成爲NBC電視台新聞的華盛頓特派員（1951～1981）。他與韓特利共同主播NBC電視台夜間的《韓特利－布林克利報導》（1956～1970）。後來在ABC電視台主持每週一次的電視新聞節目與談話節目（1981～1997）。

Brinkman, Johannes Andreas　布林克曼（西元1902～1949年）　荷蘭建築師。畢業於代爾夫特工業大學後，1928～1930年協助設計鹿特丹的凡奈利煙廠，該建築是1920年代最主要的工業建築，也是最優秀的現代建築之一，立面上採用連續不間斷的大片玻璃窗，輕快明亮。

Brisbane＊　布利斯本　澳大利亞昆士蘭州首府和港口（1995年人口1,489,000）。位於布利斯本河北岸，出河口是莫頓灣。1823年被英國人首度發現，1824年建爲流放地。1834年設鎮，取名布利斯本是爲了紀念前新南威爾斯州州長湯馬斯·布利斯本爵士。1859年成爲昆士蘭州首府。1920年代和南布利斯本合併成大布利斯本市。有澳大利亞第三大的橋樑和輪渡連接兩岸市區，現爲鐵路和高速公路中心以及繁忙的港口。也是昆士蘭文化中心所在地，設有大學。

Brisbane, Albert　布利斯本（西元1809～1890年）　美國社會改革者，生於紐約州的巴達維亞。富有地主之子，1828年前往歐洲，師從當代一些社會改革家，如基佐、黑格爾和傅立葉。1834年返回美國，在新澤西州創辦傅立葉公社。1840年出版《人的社會命運》一書，曾引起廣泛的注意。他在《紐約論壇報》的專欄中傳播傅立葉學說，解釋自給自足的傅立葉公社，稱之爲「合夥主義」。其子亞瑟（1864～1936）曾任《紐約晚報》（1897～1921）和《芝加哥前鋒檢驗者報》（1918年起）的編輯。

brise-soleil＊　遮陽板　安裝在窗外或擴大到整個建物立面上的水平或垂直的遮陽擋板，特別是指由科比意設計的一種預鑄水泥形式。有許多傳統的方法可減輕眩目的陽光，如用在伊斯蘭教建築的高樓層突出的花格窗，泰姬·瑪哈陵的穿孔石板，或是日本人用斷裂的竹子作簾子來遮陽。

brisling ➠ sprat

Brissot (de Warville), Jacques-Pierre　布里索（西元1754～1793年）　法國大革命政治人物。他創辦了《法蘭西愛國者》報，成爲法國大革命時期吉倫特派（通稱布里索派）領袖。1791年選入立法議會，鼓吹對奧地利戰爭，認爲戰爭可加強革命團結力量。在恐怖統治時期，與其他的吉倫特派分子被捕，並被送上斷頭台。

Bristol　布里斯托　英格蘭西南部城市（2001年人口約380,615）。位於阿文河和弗羅姆河交匯處。1155年設鎮，長期以來是商業中心，1497年卡伯特就是從這裡啓航前往亞洲。17、18世紀因西非、西印度群島和美洲殖民地的三角奴隸貿易而繁榮。19世紀初貿易開始衰落，但不久即因鐵路的通車而復甦。第二次大戰遭嚴重轟炸破壞，現已重建。如今是重要的航運中心，特別是石油和食品。

Bristol Channel　布里斯托海峽　英格蘭西南部的大西洋海灣。從威爾斯南部延伸135公里至英格蘭西南部，約8～69公里寬。海峽中央的蘭迪島曾是海盜據點，現爲一個託管協會所有。通過海峽的船隻在英格蘭港口布里斯托和威爾斯港口斯溫西、加地夫停泊。

Britain　不列顛　這個名詞在歷史上適用於大不列顛島。特別是用在提到前羅馬時期和羅馬時期的時候，以及盎格魯－撒克遜時期之初。此詞是拉丁語*Britannia*的英語化形式。亦請參閱United Kingdom。

Britain, Battle of　不列顛戰役　第二次世界大戰期間，德國空軍對不列顛的連續猛烈轟炸，始於1940年6月，迄於1941年4月。德軍空襲原爲進犯不列顛作準備，針對的是英國各港口和英國皇家空軍基地。1940年9月德軍空襲轉向倫敦和各城市。自9月7日起，倫敦連續遭到空襲，歷時長達五十七個夜晚，後來開始斷斷續續地直到1941年4月。英國皇家空軍以高超的戰術、加強防空力量和破譯德軍密碼而成功攔阻了德國空軍。

British Broadcasting Corp. ➠ BBC

British Columbia　不列顛哥倫比亞　加拿大最西部一省（2001年人口約3,907,738），西臨太平洋和美國阿拉斯加州，北接育空和西北地區，東連亞伯達省，南鄰美國西北部。省會維多利亞。原由印第安原住民居住，如沿海薩利什人、努特卡人、夸扣特爾人和海達人等。1578年德雷克最先發現此地，1778年科克在探勘西北航道時也經過此地。1792～1794年溫哥華船長探測了沿海地區，後來有一些探險家作了幾次陸地的考察，如麥肯齊、路易斯、克拉克和弗雷澤。英國人和美國人曾爲溫哥華島爭議多年，直至劃歸英國爲止，1849年設爲皇家殖民地。1858年此片大陸地區成爲不列顛哥倫比亞殖民地。1871年與溫哥華一起加入加拿大，成爲不列顛哥倫比亞省。該省現在繁榮的經濟基礎植基於各種豐富資源，包括林業、採礦業、農業和航運業。

British Columbia, University of　不列顛哥倫比亞大學　位於加拿大不列顛哥倫比亞省溫哥華市的一所公立大學。爲加拿大最大的大學之一（學生人數約爲35,000人），也是該省最古老的一所大學（成立於1908年）。該校設有農業科學、應用科學、人文藝術、商業和企業管理、牙醫、教育、林業、法律、醫學、藥學、科學等學院。並有廣泛的留學和進修教育課程。

British Commonwealth　大英國協 ➠ Commonwealth

British East Africa　英屬東非　泛指以前英國占領的東非地區。19世紀末葉英國進入桑吉巴。1888年英屬東非洲公司在現今的肯亞建立領土要求。接著，桑吉巴蘇丹國和布干達王國（參閱Uganda）分別成爲英國的保護地。1919年原德國占有的坦干伊喀成爲英國的委任統治地。這些地方都在1960年代獲得政治獨立。

British empire　大英帝國　在英國政府宗主權管轄下遍布世界的屬地系統，大約持續了三個世紀，其中包括殖民地、保護國和其他區域。17世紀初由於人民移居北美洲、西印度群島、東印度群島和非洲貿易站而開始獲取領土，這些領土有的是私人建立的，有的則是貿易公司建立的。18世紀時，英國奪得直布羅陀，建立沿大西洋海岸的殖民地，也開始在印度擴張領土。1763年在法國印第安人戰爭中取得勝利，獲得加拿大和密西西比河河谷以東的領土，也取得印度

A
B

的宗主權。18世紀末期開始在馬來亞建立勢力，並奪取好望角、錫蘭（參閱Sri Lanka）和馬爾他。1788年英國人殖民澳大利亞，然後是紐西蘭。1839年取得亞丁，1842年取得香港。1875～1956年控制蘇伊士運河。19世紀歐洲人割據非洲，英國獲得奈及利亞和埃及（英屬東非）以及後來成爲南非聯邦的一部分（後爲南非共和國）。第一次世界大戰後，英國獲得德屬東非、喀麥隆一部分、多哥一部分、德屬西南非、美索不達米亞、巴勒斯坦和一部分德屬太平洋島嶼的託管權。1783年之前英國聲稱對殖民地的立法擁有充分的權力，美國獲得獨立之後，英國才逐漸讓某些殖民地實行自治，如1839年達拉謨勳爵所建議的。加拿大（1867）、澳大利亞（1901）、紐西蘭（1907）、南非聯邦（1910）和愛爾蘭自由邦（1921）分別獲得自治領地位。1914年英國代表整個帝國向德國宣戰。第一次世界大戰後這些自治領自己簽定和約，並以獨立國家身分加入國際聯盟。1931年威斯敏斯特條例承認他們是「大英帝國」內的獨立國家，並提到「大英國協」的概念，大英國協創立之時，由英國、澳大利亞、加拿大、愛爾蘭自由邦（1949年退出，參閱Ireland）、紐芬蘭（1949年成爲加拿大一省）、紐西蘭和南非聯邦（1961年退出）等國家組成。第二次世界大戰後，在正式名稱上不再用「大英」字眼，陸續加入國協的國家包括：印度（1947）；巴基斯坦（1972年曾退出，1989年又加入）；錫蘭（1948，現在是斯里蘭卡）；迦納（1957）；奈及利亞（1960）；塞普勒斯、獅子山（1961）；牙買加、千里達與托巴哥、烏干達、西薩摩亞（1962）；肯亞、馬來西亞（1963）；馬拉威、馬爾他、坦尚尼亞、尚比亞（1964）；甘比亞、新加坡（1965）；巴貝多、波札那、蓋亞那、賴索托（1966）；模里西斯、諾魯（特殊地位）；史瓦濟蘭（1968）；東加（1970）；孟加拉（1972）；巴哈馬（1973）；格瑞納達（1974）；巴布亞紐幾內亞（1975）；塞席爾（1976）；索羅門群島、吐瓦魯（特殊地位）；多明尼加（1978）；聖露西亞、吉里巴斯、聖文森和格瑞納丁斯（1979）；辛巴威、萬那杜（1980）；百里斯、安地瓜與巴布達（1981）；馬爾地夫（1982）；聖基斯特及納維斯（1983）；汶萊（1984）；南非（1994年再度加入）；喀麥隆、莫三比克（1995）。英國最後一塊重要的殖民地香港於1997年歸還中國。

British Expeditionary Force (BEF) 英國遠征軍 以英國本土爲基地的正規英國軍隊。曾在第一次和第二次世界大戰爆發時前往法國北部支援法軍。英國希望幫助法國防衛德國可能的攻擊行動，所以在1908年創立英國遠征隊，以備戰事一旦爆發，才能迅速有效調派軍隊支援。遠征軍包括六個步兵師及一個騎兵師。第一次世界大戰爆發時，英國派遣五個師前往法國支援，結果損失慘重，而由正規的英軍接續任務。第二次世界大戰早期（1939），派往法國的英國遠征軍在隔年法國陷落時即撤回英國。

British Guiana 英屬圭亞那 ➠ Guyana

British Honduras 英屬宏都拉斯 ➠ Belize

British Invasion 英國入侵 音樂運動。1960年代許多英國搖滾樂團體的名聲迅速傳播到美國，以1964年利物浦的披頭合唱團風光抵達紐約作爲開始，接著是滾石合唱團、動物合唱團及其他團體。這些樂團以1950年代美國的音樂爲基礎，將一些當地傳統如史基佛音樂、舞廳和塞爾特民族等音樂吸收進來。

British Library 大英圖書館 英國的國家圖書館，根據1972年頒布的「英國圖書館法」於1973年7月1日建立。它由前大英博物館的圖書館、國立中央圖書館、國立外借科技圖書館以及英國全國書目組成。大英博物館圖書館成立於1753年，以早期收藏品和後來皇家圖書館的贈書爲基礎，該館有權免費獲得全國所有出版書籍一份。收藏品中有豐富的各種憲章（包括盎格魯－撒克遜諸王時期的憲章）、古抄本、詩篇歌集和其他文件資料，時間從西元前3世紀到現代。

British Museum 大英博物館 英國綜合性的國立博物館，在考古學和人種誌方面有特別出色的收藏，1753年建於倫敦。當時政府買下三大私人的收藏品，其中包括書籍、手稿、印刷書、畫稿、畫作、獎章、硬幣、封印、雕刻和天然珍寶等。1881年原自然史收藏品轉移至另一棟新建築，成爲自然史博物館。1973年圖書館的收藏品併入大英圖書館。最出名的藏品是：埃爾金大理石雕塑品、羅塞塔石碑、波特蘭花瓶和中國陶器。1808年印刷和繪畫部門開放，展示超過兩千幅畫。現在是世界最大、藏品最豐富的博物館之一。

British North America Act 英屬北美法（西元1867年） 英國議會的一項法令。根據該法，英屬北美的三個殖民地－－新斯科舍、新伯倫瑞克和加拿大聯合成爲「加拿大自治領」，也把加拿大省劃分成魁北克和安大略兩省。「英屬北美法」一直作爲加拿大的「憲法」存在，直到1982年才被「加拿大法」取代。

British Petroleum Co. PLC (BP) 英國石油公司 英國石化公司。1909年成立，註冊名爲英波（斯）石油公司，以融資給一處伊朗政府租讓給英國投資商達西的油田，後來成爲世界最大的石油公司，在阿拉斯加和北海擁有油田和煉油廠。英國政府多年來是其主要股東，到1980年代末期政府售出其股份，將該公司徹底轉變成爲私營企業。1987年英國石油公司購併了標準石油公司以鞏固它在美國的利益，1998年再併阿摩科公司（原名印第安納標準石油公司），改名BP-Amoco。除了石油和天然氣外，還生產化學品、塑膠和合成纖維。總部設在倫敦。

British Somaliland 英屬索馬利蘭 早先英國的保護國。位於非洲東部亞丁灣南岸，面積175,954平方公里。中世紀時期原是強盛的阿拉伯王國，17世紀解體。19世紀早期，其濱海地區爲英國勢力範圍，但直到1884年才從埃及獲得正式控制權。第二次世界大戰期間受到義大利控制。1960年與前義屬索馬利蘭聯合，成爲索馬利亞。亦請參閱Somaliland。

British Virgin Islands ➠ Virgin Islands, British

Brittany＊ 布列塔尼 法語作Bretagne。法國西北部歷史上的半島地區。古稱阿摩里卡，範圍包括塞納河和羅亞爾河之間的沿海地區。塞爾特人是最早的居民，後被凱撒征服，成爲羅馬的盧格杜南西斯省。5世紀時，不列顛人（Briton，來自不列顛的塞爾特人）入侵，所以這塊西北部地區稱作Brittany。後來被克洛維一世征服，但梅羅文加王朝或加洛林王朝都未能有效控制它。13世紀法國提出領土要求，但一直到15世紀，這裡還是獨立的邦國。1532年才被併爲法國的一個省份，省的地位一直維持到法國大革命時期。

Britten, (Edward) Benjamin 布瑞頓（西元1913～1976年） 受封爲奧爾德堡的布瑞頓男爵（Baron Britten of Aldeburgh）。英國作曲家。曾入皇家音樂學院就讀，在那裡結識了男高音皮爾斯（1910～1986），兩人成爲終身好友。1937年寫弦樂曲《布瑞基主題變奏曲》，獲國際聲譽，接著是《安魂交響曲》（1940）和《小夜曲》（1943）。1945年的歌劇《彼得·格里姆斯》奠定其爲大師級歌劇作曲家的地位。1948年在其居住的小鎮與人創辦奧爾德堡音樂節；餘生精力都奉獻給這個音樂節，常在節日裡擔任指揮和演奏鋼琴。他的歌劇包括《盧克萊修受辱記》（1946）、《阿爾伯特·海令》（1947）、《比利·巴德》（1951）、《螺絲的轉動》（1954）、《仲夏夜之夢》（1960）和《威尼斯之死》（1973）等。他的《戰爭安魂曲》（1961）受到極大的回響。其他的聲樂作品包括《卡洛祭典》（1942）和《春天交響曲》（1949）；他最著名的交響曲是《青少年管弦樂入門》（1946）。1976年成爲英國歷史上第一位受封爵位的作曲家，一般認爲他是繼伯德和蒲塞爾之後最偉大的英國作曲家。

布瑞頓，攝於1960年
Camera Press

Brno＊　布爾諾　德語作Brünn。捷克共和國東南部城市（2001年人口約379,185），位於布拉格東南方。考古證明在史前時期就有人類住在附近。當地還有塞爾特人和其他部族以及自西元5、6世紀以來許多斯拉夫人的聚居點遺址。13世紀爲日耳曼人殖民地，自此開始繁榮。1243年建市。15～19世紀發生過多次戰爭，爲瑞典、普魯士和法國人奪占過。第一次世界大戰前是奧地利皇家領地摩拉維亞的首府。第二次世界大戰前的主要居民是日耳曼人，現在則是捷克人。遺傳學家孟德爾曾在此地的修道院進行遺傳理論的實驗（1865）。

broaching machine　拉床　以推拉方式用拉刀對工件的全部表面進行加工的機床。拉刀上有許多切削刃，從切入端到切出端，刀齒按高度不同依次排成一排或多排。由於總拉削量是分配給所有的刀齒，每個刀齒只切掉千分之幾公分。拉削加工特別適用於孔內表面和內齒輪的加工，但它也能用於加工外齒輪和平面。

broad jump ➠ long jump

broadband　寬頻　指產生寬廣連續光譜（相對於產生單一頻率或極窄頻率範圍的雷射）來源的輻射。可用於放射或吸收光譜學的典型寬頻光源是加熱至高溫的金屬細絲，例如鎢光燈。日光也是寬頻輻射。亦請參閱broadband technology。

broadband technology　寬頻技術　能在大範圍頻率進行通信的電信裝置、線路或技術，特別能在分爲衆多獨立頻道以同時傳送不同信號的頻率範圍內進行通信。寬頻系統能在相同媒介上同時播送聲音、資料、影片，也可以同時播送衆多資料頻道。

broadcasting　廣播　1901年馬可尼發現無線廣播後，一些業餘愛好者就開始展開無線電廣播。第一個美國商業無線電台匹茲堡的KDKA開始在1920年運作，之後電台的數量迅速增加，形成全國的無線電廣播網。爲了避免壟斷，國會在1927年通過「廣播法」，成立聯邦通訊委員會以監督廣播事業。1930年代和1940年代是無線電廣播的黃金時光，廣播技巧和製播節目的不斷革新，使無線電廣播成爲最受歡迎的娛樂媒介。德國和英國在1930年代開始電視廣播。第二次世界大戰後，美國帶頭領導，電視廣播不久就超越無線電廣播網。1954年開始有彩色電視機，1960年代普及全世界。1980年代衛星轉播現場的電視表演，更擴大了廣播的領域。亦請參閱ABC、BBC、CBS Inc.、CNN、NBC、PBS。

Broadway　百老匯　紐約市劇院區，以貫通曼哈頓區中心時代廣場的一條大街爲名，聚集多家較大的劇院。19世紀中期吸引了劇團經理或主持人。百老匯劇院的數目和規模隨著紐約的繁榮而增長，至1890年代，這條燈火輝煌的大街以「偉大的白色大道」著稱。1925年高峰時期約有八十家劇院位於百老匯或靠近百老匯，至1980年只剩下四十家。1990年代破落的時代廣場街區再度復甦，吸引了較多的觀衆，而高生產成本限制了百老匯劇院嚴肅劇目的生存，所以通常選擇大型音樂劇和其他討人喜歡的商業劇作表演。亦請參閱Off-Broadway。

Broca, Paul＊　布羅卡（西元1824～1880年）　法國外科醫師。他研究腦損傷，對了解失語症有重大貢獻。其研究範圍大部分是涉及比較各人種的顱骨，協助了現代生理人類學的發展。他創始了研究腦部形式、結構和表面徵狀，以及史前顱骨部分的方法。1861年他宣布在大腦左前區發現語言區，後被命名爲布羅卡區，是第一個提出用解剖學證明大腦功能分布區位的人。

brocade　織錦緞　具有浮起的花卉或其他圖案的織物，通常用提花裝置織成。圖案只顯現在織物的正面，常用緞紋織物或斜紋組織（參閱weaving），織物的底紋可以是斜紋、緞紋或平紋。這種華麗的厚織物經常用於晚禮服、帷幕及室內裝潢。

1730～1750年左右的義大利織錦緞
By courtesy of Scalamandre, New York City

broccoli　花莖甘藍　十字花科植物甘藍的一種近緣植物，學名*Brassica oleracea*。一年生，生長迅速，直立而多分枝，枝端簇生密集的綠色花芽。原產地中海東部和小亞細亞，可能在殖民時期傳入美國。生長於溫和及涼爽氣候下，味似甘藍而較淡，是普通蔬菜中最常用來烹調的一種。

花莖甘藍
G. R. Roberts

Broch, Hermann＊　布羅赫（西元1886～1951年）　德國作家。曾在大學攻讀物理、數學和哲學。第一本重要作品是他在四十幾歲時創作的《夢遊者》（1931～1932），追述了1888～1913年之間歐洲社會的解體過程，是他所創的「多面小說」的代表作，以不同的故事體形式表達廣泛的體驗。其他小說有《維吉爾之死》（1945），描繪維吉爾臨終前十八個小時的情況；《誘惑者》（1953），描寫一個希特勒式的外來者控制一個山村情況。他還寫有許多短文、信件和評論。

Brocken　布羅肯山　德國中部哈次山脈最高峰。海拔1,142公尺。太陽西斜時，山影投射到下方雲靄之上，人稱此種現象爲「布羅肯虹」或「布羅肯幽靈」。每年在此舉行的華爾普吉斯之夜傳統儀式和浮士德的傳說有關。

Brodsky, Joseph　布羅茨基（西元1940～1996年）　原名Iosip Aleksandrovich Brodsky。俄裔美國詩人。因其不羈的心靈和無定的工作記錄導致他被蘇聯當局判處五年勞役。1972年布羅茨基遭蘇聯驅逐出境，後定居紐約。爲1991～1992年美國桂冠詩人。布羅茨基的詩抒發個人的感受，並以一種沈思而有力的形式處理對生、死和生存意義的普遍關注。他的詩集包括《部分言辭》(1980)、《二十世紀史》(1986)和《致烏拉尼亞》(1988)。1987年獲諾貝爾獎。

Broglie, Louis-Victor (-Pierre-Raymond), duc (Duke) de＊ 布羅伊公爵(西元1892～1987年) 法國物理學家。法國外交和政治世家布羅伊家族的後代。受到普朗克和愛因斯坦工作的啓發而研究原子物理學。在他的博士論文裡,闡述了他的電子波動理論,後來他把光的波粒二象性理論擴展到物質。他最著名的成就是發現了電子的波動性,以及他對量子理論的研究。愛因斯坦的工作建立在布羅伊的「物質波」概念上;薛定諤在他的理論基礎上建立起了波動力學體系。1924年以後,布羅伊留在巴黎大學,1928～1962年在亨利・龐加萊學院擔任理論物理學教授。1929年獲諾貝爾物理學獎,1952年獲聯合國教科文組織頒發的卡林加獎。

Broglie family＊ 布羅伊家族 法國貴族,17世紀皮埃蒙特家族的後裔,法國許多著名的高階軍官、外交、政治人物均來自這個家族,如:法國將軍和元帥弗朗索瓦－馬利・布羅伊公爵(1671～1745)、法國軍人和元帥維克托－弗朗索瓦・布羅伊公爵(1718～1814)、與反對勢力奮鬥的維克多・布羅伊公爵(1785～1870)、法國第三共和初期的總理阿爾貝特・布羅伊公爵(1821～1901)。著名的物理學家路易－維克多布羅伊公爵亦屬這個家族。

bromegrass 雀麥草 早熟禾科雀麥屬近一百種植物的通稱,一年或多年生雜草或飼草。生長在溫暖涼爽地區。葉扁平而薄。花簇開展稀疏;直立或下垂。美國有四十餘種,約半數是原產種。扁穗雀麥是一種飼草和牧草。光滑雀麥草是一種飼草和固土植物,有重要的經濟價值。二雄蕊雀麥、狐尾雀麥和絨毛雀麥的小穗和苞片上的刺能刺傷牧畜的眼、口和腸,導致感染,甚至死亡。

Bromeliales＊ 鳳梨目 單子葉綱顯花植物的統稱,僅含鳳梨科一科,約兩千六百種。除一種外都原產於熱帶美洲和西印度群島。此種植物類似百合花,花分成三部分,但有高反差的花萼和花瓣。多爲短莖的附生植物。許多品種具長穗狀花序,穗下或沿穗的苞片顏色鮮豔。多數有肉質果實,但有些生產乾莢果。鐵蘭和鳳梨的可食之果是該科主要的經濟作物。有些品種的葉含纖維,可製繩索、纖維製品和捕網。生長於祕魯和玻利維亞的Puya raimondii是已知最大的一種,長可達9公尺以上。有些品種的花和葉色彩豐富,常種植於室內以供觀賞。

bromine＊ 溴 非金屬化學元素,化學符號Br,原子序數爲35。是一種鹵素,深紅色,常溫下以發煙液體形式存在(熔點:-7.2℃〔19℉〕。沸點:59℃〔138℉〕)。溴的液體和氣體分子都含有兩個原子(Br_2),僅以溴化物形式存在。溴的主要來源是海水和鹽床。富刺激性及毒性。溴是強氧化劑(參閱oxidation-reduction)。它的原子價在1、3、5或7的化合有許多用途,如石油添加劑(二溴乙烯)、相紙乳液(溴化銀)、鎮靜劑和麵粉(鉀溴酸鹽)等。

bronchiectasis＊ 支氣管擴張 肺內支氣管的異常擴張。通常源於原有肺部疾患造成支氣管發炎和阻塞。支氣管管壁纖維退化,導致支氣管擴張或麻痺,妨礙分泌物的排出,停滯在支氣管中,炎症擴大並加重。本病的證據包括存在感染因數、過多的膿痰分泌、呼吸費力、皮膚顏色發藍等,兒童患者還有疲勞和生長緩慢等症狀。併發症有反覆發作的肺炎、肺膿瘍、咳血等,慢性支氣管擴張患者還會發生腳趾和手指的畸變。治療包括頻繁地且長期地給患病肺段引流;若病變局限在一側,則可將患病肺段切除,並短期使用抗生素。

bronchitis＊ 支氣管炎 肺部支氣管的炎症。空氣中的微生物和異物刺激支氣管分泌黏液,纖毛運動將異物驅向上方並排出,引起咳嗽,所有這些正常的反應都會刺激支氣管而導致炎症,肺部有其他損傷的更容易引發此病。感冒或其他短時間的感染或損傷會導致急性支氣管炎,長期的反覆損傷(如吸煙)會導致慢性支氣管炎。急性支氣管炎若不治療會變成慢性支氣管炎,其中一些嚴重的、不可逆轉的損傷會使肺部對感染、纖維化、肺氣腫、肺原性心臟病和肺炎等疾病敞開了大門。治療包括用藥物擴張支氣管,幫助咳嗽,防止感染以及生活方式的調整(如戒煙)。

Brontë family＊ 布朗蒂家族 英國作家家族。安立甘宗牧師的女兒們,生長於約克郡的桑頓。母親早逝,夏綠蒂・布朗蒂(1816～1855)與妹妹愛蜜麗都就讀牧師女子學校,她後來在該校任教,還曾擔任家庭教師。她和愛蜜麗曾計畫辦學校但不成功。小說《簡愛》(1847),述說了一個渴望愛情、有思想有感情的女子,卻能在充滿自尊及道德的信念下放棄愛情的故事。這部小說成功之處是它給予維多利亞時期的小說新的眞實感。後來她又發表《謝萊》(1849)和《維萊特》(1853)兩本小說。1854年嫁給父親的助理牧師,三十八歲時去世。愛蜜麗・布朗蒂(1818～1848)可能是三姐妹中最偉大的作家。三姐妹聯合出版詩集的《柯勒、艾利斯及阿克頓・貝爾詩集》(1846),有二十一篇是她的詩,許多評論家認爲她的詩句足以顯露其天才。她的小說《咆哮山莊》(1847),以約克郡地區爲背景,是一部描寫熱情與恨、極富想像力的作品。剛出版時並不被看好,後來終於被認爲是最佳英語小說之一。小說出版後不久,她的健康開始迅速衰弱,最後死於肺結核,年僅三十歲。在詩集《柯勒、艾利斯及阿克頓・貝爾詩集》中有二十一篇是安妮・布朗蒂(1820～1849)的作品,此外,她還寫了《艾格尼絲・格雷》(1847)及《懷佛莊的房客》(1848)兩部小說。二十九歲時死於結核病。

Brontosaurus 雷龍屬 ➠ Apatosaurus

Bronx 布隆克斯 美國紐約市五個行政區之一,也是唯一在本土的一區(2000年人口1,332,650)。與曼哈頓區有十二座橋和隧道相通,與皇后區則有特里博洛橋、布隆克斯－白石橋和斯洛格斯頸橋三座橋樑連接。1639年荷蘭西印度公司從印第安人手中購得。該區原爲西赤斯特郡的一部分,1898年才併入紐約市。全區以住宅爲主,但海濱有長達130公里以上的地區用於航運、倉庫及工業。這裡是洋基球場的所在地。區內有布隆克斯動物園、紐約市植物園。

Bronx Zoo 布隆克斯動物園 舊稱紐約動物園(New York Zoological Park)。1899年在紐約市布隆克斯西北區建成的動物園,占地107公頃。1941年園內開闢占地1.6公頃、四周圍有壕塹的「非洲平原」區,在自然環境中放養著大群動物。此外,還有夜行動物世界(1960年代新增,爲世界第一個這類動物的展覽)、鳥類世界(一座大型室內飛翔展覽館)、稀有動物區(在自然環境中安置瀕臨絕種物種)、兒童動物園、亞洲原野(展出亞洲動物和鳥類)以及剛果大猩猩森林等幾個展區。動物園由紐約動物學會管理,由學會和市府資助。它支助多種研究工作,還監管設在喬治亞州聖凱撒琳島的倖存野生動物中心。

bronze 青銅 通常爲銅和錫的合金。早在西元前3000年（參閱Bronze Age）就已製造出青銅，現仍廣泛使用。約自西元前1000年起，在工具和武器中以鐵代替青銅，這是因爲鐵較銅和錫豐富。青銅的熔點較低，較易鑄造。青銅也較純鐵堅硬，也遠比它耐腐蝕。鐘銅的特性在於受敲擊時能發出宏亮的聲音，它是一種含錫量較高（20～25%）的青銅。雕塑青銅的含錫量不到10%，還加有鋅和鉛的混合物，從工藝上看是一種黃銅。磷青銅鑄錠的含磷量少於1%，鑄件只含微量，特別適用於作泵的柱塞、閥和套。在機械工業中也使用錳青銅，它含有少量錫或甚至不含錫，但含有大量鋅和可達4.5%的錳。鋁青銅含有高達16%的鋁和少量其他金屬如鐵或鎳，特別堅硬和耐腐蝕；可鑄造或鍛造成管件、泵、齒輪、船用螺旋槳和渦輪葉片。很多「銅幣」實際上是用青銅鑄造的，其典型成分是約4%的錫和1%的鋅。

Bronze Age 青銅時代 古代歐洲、亞洲和中東地區諸民族物質文化發展史上的第三階段，緊接舊石器時代與新石器時代之後，而在鐵器時代之前。青銅時代一詞也表示人類使用金屬的第一個時代。青銅時代開始的時間因地區而異：在希臘和中國，青銅時代開始於西元前3000年以前，而在不列顛，大約到西元前1900年青銅時代才開始。青銅時代伊始階段，有時稱作石器－青銅時代，以表示純銅金屬（伴隨著先前的石頭）的開始用於工具製造。西元前3000年之際，銅的使用已遍及中東，並已推廣至地中海沿岸，而且開始滲透到歐洲。前二千紀時，眞正青銅的使用大量增加。青銅時代還出現越來越多的分工，並且發明了車輪及牛拉的耕犁。大約自西元前1000年開始，人類開始對鐵加熱鍛造，從而結束了青銅時代。

Bronzino, Il＊ 布龍齊諾（西元1503～1572年） 原名Agnolo di Cosimo或Agniolo di Cosimo。義大利佛羅倫斯畫家。是蓬托莫的學生和養子。其作品缺少當時宗教畫的強烈情感特徵，但他是一位出色的肖像畫家，在他大部分的職業生涯裡，充任了麥迪奇的宮廷畫家。他所畫的肖像通常不表露情感，而是以其高雅優美和裝飾質量見長，體現了麥迪奇公爵治下的宮廷理念。他的作品影響了下一個世紀的歐洲宮廷肖像畫，而他那鮮明光亮、精緻優美的宗教和神話畫作也集中體現了當代矯飾主義的風格。1563年他參與創建了繪畫學院。

《青年男子肖像》，油畫；現藏紐約市大都會藝術博物館
The Metropolitan Museum of Art, New York City, bequest of Mrs. H. O. Havemeyer, 1929, the H. O. Havemeyer Collection (29.100.16), copyright © 1981

brooch 胸針 一種靠搭鉤別在衣服上的飾針。胸針從希臘和羅馬的扣衣針發展而來，後者類似一根裝飾性的安全別針，用來束緊斗篷和外衣。歷史上胸針的形狀多種多樣，各個地區的裝飾和設計也不同。到19世紀時，隨著財富的擴大以及廉價珠寶飾物市場的創立，胸針遂成爲一種大眾化的個人裝飾品。

Brook, Peter (Stephen Paul) 布魯克（西元1925年～） 受封爲彼得爵士（Sir Peter）。英國導演和製作人。在阿文河畔斯特拉福導了幾齣戲後，成爲柯芬園皇家歌劇院的導演（1947～1950）。他執導了幾齣莎士比亞的作品，但因手法前衛而引起爭議。1962年起擔任皇家莎士比亞劇團的合作導演，執導了《李爾王》（1962）和《仲夏夜之夢》（1970），受到評論界的美譽。1964年他用前衛的手法導演了魏斯的《馬拉被殺記》，贏得了國際聲譽。他執導的電影有《蒼蠅王》（1962）、《李爾王》（1969）以及長達六小時的《摩訶婆羅多》（1989）。1970年他與巴勞爾共創國際戲劇研究中心。

Brook Farm 布魯克農場 正式名稱爲農業和教育社（Institute of Agriculture and Education）。1841～1847年在美國麻薩諸塞州西羅克斯伯里（波士頓附近）進行的烏托邦式公社生活的實驗。創建者爲黎普列。這個農場是19世紀中期眾多烏托邦式公社中最著名的一個。布魯克農場因爲幾位標榜自由的睿智領導而讓世人牢牢記得，其中包括戴納、霍桑、富勒、格里利、羅厄爾、惠蒂爾和愛默生（他們有的並非社員）。布魯克農場還以現代教育理論聞名。亦請參閱Oneida Community。

brook trout 溪鮭 亦稱speckled trout。鮭科魚類，紅點鮭的一種，學名*Salvelinus fontinalis*。爲受歡迎的淡水遊釣魚，其味香美，故深受人們喜愛。原產於美國東北部及加拿大，現已引入世界很多地區。生活於清冷的淡水中。背上具黑色蠕蟲狀花紋，身上有紅色和白色斑點。體重可達3公斤。一些個體可洄游入大湖或海中，體形較大，並更顯銀白色。

Brooke, Alan Francis 布魯克（西元1883～1963年） 受封爲阿蘭布魯克子爵（Viscount Alanbrooke (of Brookeborough)）。英國陸軍元帥。曾受教於法國和英國皇家軍事學院。第一次世界大戰時擔任軍事訓練指導（1936～1937），也是個射擊專家。第二次世界大戰期間任法國軍長，1940年5～6月負責掩護向敦克爾克撤退。1941～1946年任英國總參謀長，他與美軍建立良好的關係，對聯軍的戰略有極大的影響力。1944年晉昇陸軍元帥。1946年封子爵。

Brooke, Rupert 布魯克（西元1887～1915年） 英國詩人。最著名的作品是十四行詩組詩《一九一四年》（1915），包含了流行的十四行詩《士兵》，表達了面對死亡時的理想主義，與他後來在戰壕裡寫的詩形成強烈的對比。死於第一次世界大戰，年僅二十七歲，確立了他在兩次戰爭之間的理想化形象。

布魯克，肖像畫，湯瑪斯（J. H. Thomas）繪；現藏倫敦國立肖像畫陳列館
By courtesy of the National Portrait Gallery,London

Brooke Raj 布魯克王朝（西元1841～1946年） 統治沙勞越（現爲馬來西亞的一州）一百年以上的英國白人羅闍王朝。在英國東印度公司服務的布魯克爵士（1803～1868）曾參加第一次英緬戰爭，因協助汶萊蘇丹國平定叛亂，而被授予沙勞越羅闍稱號。布魯克在沙勞越建立了穩定的政府，後由其侄子查理・布魯克（1829～1917）繼承。他大部分時間生活在沙勞越，通曉他們的語言，尊重他們的信仰和風俗。在他的統治之下，社會及經濟的改變受到限制。他的長子維諾・布魯克爵士（1874～1963）繼承他，並在第一次世界大戰後著手現代化。他於1946年結束布魯克王朝在沙勞越的統治，將它讓給英國。

Brooklyn 布魯克林 美國紐約市行政區（2000年人口約2,465,326），與曼哈頓隔伊斯特河相望，南邊以大西洋爲界。以數座橋樑（包括布魯克林橋）、汽車隧道及快速運輸系統與曼哈頓聯繫。1636年荷蘭農民建立第一個定居點不久，其他定居點相繼出現，包括布魯克林（1645）。1776年在此進行獨立戰爭中的長島戰役。1898年成爲紐約市的行政區。布魯克林既是住宅區又是工業區，而且經營大量遠洋運輸業務。區內設有普拉特學院等教育機構。科尼島亦在本區。

Brooklyn Bridge　布魯克林橋　跨紐約市伊斯特河連接布魯克林和曼哈頓島的懸索橋，建於1869～1883年。由鋼索製造商約翰·羅布林和他的兒子華盛頓共同設計。是19世紀工程上的光輝業績，是首次使用鋼索的橋，也是建造中首次在氣壓沉箱中使用炸藥的工程。工程中至少發生過二十七次重大建築事故，1869年約翰死於其中的一次事故，後來由他的兒子監督這項工程的完成。橋的主跨長486公尺，是當時世界上跨度最大的。開放後誇稱二十四小時內約有二十五萬人通過該橋，人行道設計得比汽車路面高，使行人能俯瞰城市千變萬化的景觀。

Brooks, Gwendolyn (Elizabeth)　布魯克斯（西元1917～2000年）　美國詩人，生於肯塔基州的托佩卡。在芝加哥黑人區長大，十三歲時出版第一本詩集。《安妮·艾倫》（1949）是一組結構鬆散的詩篇，講一個黑人姑娘在芝加哥成長的故事，這本詩集使她成爲第一位獲普立茲獎的黑人詩人。《食豆人》（1960）中收有一些她的最好詩作。她其他的著作還有：《在麥加》（1968）、自傳《第一部報告》（1972）、《黑人的初級讀本》（1980）、《青年詩人初級》（1980）和《兒童返鄉》（1991）等。

Brooks, James L.　布魯克斯（西元1940年～）　美國編劇家、導演和製片人。生於紐約布魯克林，1964年起在電視台工作。他參與設計並製作了風靡一時的節目《瑪莉·泰勒·摩爾秀》（1970～1977）以及其他幾個電視節目與連續劇，包括《崔西·烏爾曼秀》（1986～1990）與《辛普森家族》（1988年起）。在電影《親密關係》（1983）中擔任編劇、製片、與導演，他贏得了三座奧斯卡獎；布魯克斯還編、導、製作了《收播新聞》（1987）、《我願意做任何事》（1994）以及《愛在心裡口難開》（1997）等片。

Brooks, Louise　布魯克斯（西元1906～1985年）　美國女影星，生於堪薩斯州的契里威爾。1925年在百老匯登台演出齊格飛的《活報劇》，同年前往好萊塢發展。天眞性感的姿態，蒼白美麗的外型及棕色鬈髮，她以在兩部默片《遊港女郎》（1928）及《乞丐生涯》（1928）的演出，成爲1920年代的象徵。在德國，她在導演帕布斯特的電影《潘朵拉的盒子》（1928）和《流浪女日記》（1929）有傳奇般的演出。重回好萊塢（1930）後，她僅得到幾個小角色的演出，遂於1938年退出影壇，無名亦無未來。她的電影在1950年代重被發掘，而她的自傳式文集《好萊塢的露露》（1982）也頗獲好評。

Brooks, Mel　梅爾布魯克斯（西元1926年～）　原名Melvin Kaminsky。美國導演、製片及演員。生於紐約市，他在二次世界大戰之後在凱次吉爾渡假村擔任喜劇演員，爲凱撒的電視節目（1949～1959）撰寫日常演出的喜劇，並參與設計電視連續劇《學乖》（1965）。他擔任編導的第一部劇情片《製片人》（1968，獲奧斯卡獎），描寫二位一心想要致富的製片家，努力避免電影失敗，可笑的結局，戳穿了影劇界的陳腐。他導演、製作並參與編劇的電影喜劇還包括《閃亮的馬鞍》（1974）、《新科學怪人》（1974）、《緊張大師》（1977）、《世界史的第一部》（1981）、《星際大奇航》（1987）以及《羅賓漢也瘋狂》（1993）。

Brooks, Romaine (Goddard)　布魯克斯（西元1874～1970年）　原名Beatrice Romaine Goddard。美國畫家。生於羅馬，雙親十分富裕，她在義大利學習繪畫。結束一段短暫的婚姻之後，她於1905年移居巴黎，並在此建立了她在文學、藝術以及同性戀的生活圈。她的名聲在1925年的幾次展覽中達到高峰。她偏灰色而隱蔽的畫像，略施以不經意的色彩，將畫中人物的性格淨化到令人心神不寧的程度。《亞馬遜女戰士》是布魯克斯爲她的長期情人巴爾尼（1876～1972）所作的畫像，也是她最佳的作品之一。

Brooks Islands ➠ Midway

Brooks Range　布魯克斯山脈　美國阿拉斯加州北部山脈，從楚科奇海至加拿大育空地區，東西延伸1,000公里。最高點是伊斯托山（高2,760公尺）。爲落磯山脈北端延伸部分，北極門國家公園位在此區。北麓的普拉多灣富石油資源。泛阿拉斯加輸油管在艾提岡山口穿過此山脈。

broom　金雀花　豆科金雀花屬的幾種灌木和小喬木。原產於歐洲和亞洲西部的溫暖地區，因爲花色豔麗而廣受栽培。複葉，小葉三枚。花黃色、紫色或白色，單生或聚生成小花簇。莢果扁。金雀花常見，灌木，花鮮黃色，在溫暖地區常栽培以保持水土。百合科的具皮刺假葉樹英文俗名butcher's broom，花小、花白色；漿果，紅色。

Cytisus beanii，金雀花屬的一種
Valerie Finnis

Brouwer, Adriaen*　布勞爾（西元1605/1606～1638年）　法蘭德斯畫家。1623年左右到哈勒姆，從哈爾斯學畫，1631年回到法蘭德斯，在安特衛普定居。他的畫作大部分是小幅的，畫在畫板上，內容以描繪農民們在小飯館裡喝酒和喧鬧的情景爲主。粗俗的主題與雅致的畫風形成強烈的對比；他那藝術名家的畫法和在色調上熟練而明暗相稱的風格是無可逾越的。他在兩個國家裡普及推廣了風俗畫。奧斯塔德和小特尼爾斯是他眾多追隨者中的兩人。

Browder, Earl (Russell)　白勞德（西元1891～1973年）　美國共產黨領袖（1930～1944），生於堪薩斯州的威契塔。1919～1920年因反對美國參加第一次世界大戰而入獄。1921年加入共產黨，1930～1944年任總書記，1936和1940年被提名爲總統候選人。1944年因倡導資本主義和社會主義可以和平共處而被免去總書記職務。1946年開除出黨。

Brown, Capability　布朗（西元1715～1783年）　原名Lancelot Brown。英國最重要的園林設計大師。曾在白金漢郡史托的一座名園中隨肯特（1685～1748）工作，到1753年已是英國主要的「大地改造者」。布朗在布倫海姆宮的庭園開闢幾個小巧的湖，幾乎完全捨棄過去的布局。他的庭院設計只限於草皮、種類不多的樹和平靜的水面。布朗的風格往往被認爲是設計法國凡爾賽宮豪華整齊的庭園的勒諾特爾風格的對立面。他常說一個地方有其「潛在能力」，這一詞後來成了他的綽號。

Brown, Charles Brockden　布朗（西元1771～1810年）　美國作家，生於費城，他放棄律師事業而投身於寫作。其以美國爲背景的哥德式傳奇小說，首由美國早期大文豪愛倫坡和霍桑所襲用。《威蘭》(1798) 是他最著名的作品，說明當常識不足以應付新奇經驗時，心理將會失去平衡而慌亂。他的作品利用恐怖，但反映出一種經過深思熟慮的自由主義思想。有「美國小說之父」之稱。

Brown, Clifford　布朗（西元1930～1956年）　美國爵士樂小喇叭手，硬式咆哮樂（參閱bebop）的主要人物，生於德拉瓦州的威靈頓。爲當代影響最深遠的小喇叭手，受到納瓦羅的啓發而把演奏中的技術才華與抒情優雅結合起來。1953年與漢普頓的大樂團巡迴演出後，與布萊基合作，1954年與鼓手羅奇組成五重奏，成爲現代爵士樂最傑出的團體之一。二十五歲時死於撞車事件。

Brown, Ford Madox　布朗（西元1821～1893年）　英國畫家，曾在布魯日、安特衛普、巴黎和羅馬學習。1845年在義大利認識了拿撒勒派畫家科內利烏斯，影響到他對色彩使用和風格。他使用明亮色彩、處理手法細密和對文學主題的愛好，強烈影響到前拉斐爾派，其中最著名的是但丁·加布里耶爾·羅塞蒂。他著名的作品有：《向英國告別》（1852～1855），是獻給移民的一幅強烈的作品，以及《工作》（1852～1863），一幅維多利亞時代的社會寫實畫。1861年成爲莫里斯公司的創辦人之一，曾設計過彩色玻璃和家具。

Brown, George　布朗（西元1818～1880年）　蘇格蘭出生的加拿大新聞記者和政治人物。1837年從英國到紐約市，1843年移居多倫多，創辦《環球報》(1844)，這是一份政治改革的報紙。成爲加拿大議會一員（1857～1865）後，他致力於調和東、西區議會代表的比例、鼓吹成立英屬北美聯邦、取得西北地區和提倡政教分離。後來成爲晶砂黨的領袖。1873年入參議院，並繼續管理他的報紙（後來成爲《環球郵報》）。

Brown, James　詹姆斯布朗（西元1933年～）　美國歌手與歌曲作家。大蕭條時期在喬治亞州長大，初在街頭以賣唱和跳舞糊口。後來組成了一個三重唱小組，在南方一些小夜總會裡演唱。他逐漸發展起一種高度個人化的風格，將藍調和福音音樂的要素與他本人充滿激情和高度旋律化的表演相結合，並著重加強表演意識。〈請，請，請〉(1956) 是他的第一首暢銷曲，接著是其他銷售量百萬的單曲，包括〈爸爸有了一個嶄新的提袋〉；他的風格特點是強烈的舞蹈旋律以及大量的切分音，後來發展爲放克（funk）音樂。其動盪不安的生活在1988年入獄時格外受人矚目，當時他被控犯有若干不同的罪行而被監禁三年。

Brown, Jim　布朗（西元1936年～）　原名爲James Nathaniel Brown。美國美式足球員，常被公認是史上最偉大的跑衛。在雪城大學時就是全美美式足球隊隊員。1957～1965年在克利夫蘭棕人隊參加九個賽季的比賽中，創造了抱球衝破對方防線以及聯合的碼數記錄，並一直保持到1984年。他保持著職業選手最高的抱球跑平均數（5.22碼），以及在聯盟中觸底線次數最多的賽季數記錄（1957～1959、1963、1965）。在他參加的九年中，其抱球跑的次數有八年都居全國美式足球聯盟（NFL）之首，這個記錄至今無人能及。退出美式足球界後，布朗成爲電影演員。

Brown, John　布朗（西元1735～1788年）　英國醫師，他在《醫學原理》(1780) 提到「可激性」理論，該理論認爲：疾病可按其對身體的作用——刺激不足或刺激過度——分類，主張生命是靠某些內在和外在的「刺激力量」或刺激物來運轉。布朗將疾病分爲「亢進的」（起源於刺激過度）及「無力的」（起源於刺激不足）。赫姆霍茲否定了他的學說。

Brown, John　布朗（西元1800～1859年）　美國廢奴主義者。在俄亥俄州長大，八歲時母親死於神經錯亂。他在各州到處流浪，從事各種行業，育有子女二十人。他長期以來反對奴隸制度，1855年帶領五個兒子來到堪薩斯，向洗劫勞倫斯城擁護奴隸制的暴徒尋仇。他和他的同黨殺死了五名擁護奴隸制的居民（參閱bleeding Kansas）。1858年他提議由廢奴主義者出資，在馬里蘭州山區建立一個收容逃亡奴隸的根據地。他希望奪取西維吉尼亞州哈珀斯費里的聯邦軍火庫能激勵奴隸們來參加他的「解放軍」。1859年他的一小股部隊戰勝了軍火庫的衛兵；兩天後被李上校領導的聯邦軍擊敗。布朗以叛亂罪受審，處絞刑。他的襲擊行動使他成爲北方廢奴主義者的烈士，同時也增強了地方的仇恨，加速了南北戰爭的到來。

Brown, Joseph Rogers　布朗（西元1810～1876年）　美國發明家和製造商。1850年他改良並生產出一種高度精密的線性分度機，後來又研製出游標卡尺，並把游標方法應用於量角器上。他與夏普合辦布朗－夏普製造公司。1867年他發明了千分尺，他還爲加工鐘錶齒輪發明了精密齒輪刀具、萬能銑床和（可能是他最好的發明）萬能磨床，工件在該機器中先經過硬化，然後再打磨，從而提高了精度，消除了浪費。

Brown, Molly　布朗（西元1867～1932年）　原名Margaret Tobin。美國社交名人，生於密蘇里州的漢尼拔。1884年左右隨兄長到科羅拉多州，在那兒認識並嫁給礦工詹姆斯·布朗。在他於1894年發現黃金後，他們搬到丹佛，她企圖進入這裡的上流社交界但不成功。她丈夫離開她之後，她便到紐約、新港旅行，她健談的天賦使她逐漸展露頭角。她是「鐵達尼號」客輪的旅客之一，客輪沈沒時（1912），她曾協助指揮一艘救生艇，美國報界稱讚她爲「不沈的布朗太太」。她的故事是一種事實與虛構的雜糅之作，因被編成音樂劇和電影而廣爲人知。

Brown, Robert　布朗（西元1773～1858年）　蘇格蘭植物學家。他是教士的兒子，曾在亞伯丁和愛丁堡大學學醫，後在英軍中任助理外科醫生（1795）。1801年以博物學家的資格登船遠航，去考察澳大利亞沿岸，旅途中收集了近三千九百種植物標本。他把這次旅行的一些成果發表在1810年的經典著作《澳洲植物誌》一書中，爲澳大利亞的植物學以及改進植物分類系統奠定了基礎。1827年他把班克斯的植物收藏轉移到了大英博物館，並成爲博物館新成立的植物部門的管理員。第二年他發表了觀察到的稱爲布朗運動的現象。1831年他注意到植物細胞的存在，稱之爲細胞核。他是最早認識到裸子植物和顯花植物（被子植物）之間有區別的人。

Brown, William Wells　布朗（西元1814?～1884年）　美國作家。生於肯塔基州來勒星頓附近的農奴之家，他逃離家園刻苦自修，在波士頓地區安身立命。他寫成了一部大受歡迎的自傳，《威廉·威爾斯·布朗的故事：一個逃奴》（1847），並以廢奴主義與溫和改革爲主題發表演說。《克羅特爾》（1853）是他唯一的長篇小說，描述傑佛遜與一位奴隸的子孫們的故事，是歷史上第一部付梓的非洲裔美國人作品。他唯一的劇本《逃亡》（1858）則是描述兩位秘密結婚的奴隸的故事。

brown bear　棕熊　熊科毛蓬鬆、棕色的動物，學名*Ursus arctos*。有很多亞種原產於歐亞大陸和北美洲的西北部，北美當地常稱爲灰熊。歐亞大陸的棕熊獨居，善跑，善游泳，體長120～210公分，體重135～250公斤。以獸類、魚、植物和蜂蜜爲食。西伯利亞棕熊體型接近北美灰熊。

brown dwarf 棕矮星 一種理論上假設存在的、介於行星和恆星之間的天體。棕矮星往往被說成是還夠不上是正常恆星的恆星，但確信它們形成的方式是與恆星一樣的，即由星際雲的碎片收縮成小而致密的星雲後形成的。然而，棕矮星卻沒有恆星那麼多足以產生內部熱的質量，而這種內部熱在恆星內則能點燃氫，並建立起作爲恆星能源的核融合反應。儘管棕矮星能產生一些熱和一些光，它們也會迅速冷卻和收縮，棕矮星在外觀上和大質量行星相似，差別僅在於其形成機制。

brown lung disease 棉肺症 亦稱byssinosis。因吸入棉塵或其他纖維的塵埃而引起的一種呼吸系統疾病，常見於紡織工人。吸入棉塵等後，組織胺釋放，引起氣道痙攣而致呼吸困難，久之，肺部沈積棉塵，呈現一種特殊的顏色，故俗名棕色肺。本病於17世紀首次發現，今日人們對本病已有充分認識。棉屑肺形成前需接觸棉塵數年。本病晚期可形成慢性、不可逆的阻塞性肺病變。

brown recluse spider 隱居褐蛛 蜘蛛目褐蛛科的節肢動物，學名*Loxosceles reclusa*。分布於美國西部和南部。背部色淺，有形如小提琴的圖案，故本種又稱小提琴蛛。長約0.7公分，腳展開約2.5公分。它現在已經擴展到部分美國北部地區，常在石下或屋內暗角落。毒素破壞被咬處的血管壁，有時引起皮膚潰瘍。過慢的治療偶爾會致命。

brown trout 棕鱒 歐洲名貴而機警的遊釣魚，爲餐桌上的美味，鮭科，學名*Salmo trutta*。包括幾個亞種，如英國的利文湖鱒。體褐色，布有具淡色環的黑斑爲其特徵。因爲較其他鱒魚更能在較暖的水中繁生，已被廣泛移殖。可重達3.6公斤。入海的個體稱海鱒，體型大於淡水類型，與入大湖的類型同爲良好的遊釣魚。

棕鱒
Treat Davidson – The National Audubon Society Collection/ Photo Researchers

Brown University 布朗大學 美國羅德島普洛維頓斯的一所私立大學，常春藤聯盟的傳統成員。1764年建校時取名羅德島學院，1804年改以捐助人尼可拉斯·布朗的姓命名。1971年與女子學院潘布魯克學院（1891年成立）合併，成爲男女合校的大學。如今該校提供所有主要學科領域的本科和研究生課程，它的醫學院提供醫學博士學位，研究設施包括地質、天文和教育研究中心。註冊學生人數約7,600。

Brown v. Board of Education (of Topeka) 布朗訴托皮卡教育局案 1954年美國最高法院的判例。它一致裁決：公立學校的種族隔離違反憲法第十四條修正案。該案規定任何一州都無權在其管轄範圍內無視於每個人的平等法律保護。1954年的決定宣布：隔離措施一開始就是不平等的。此項判決推翻了最高法院在1896年關於「普萊西訴弗格森案」的裁決。1954年的決定只限於公立學校，但人們認爲，該項決定也包含著在其他公共設施方面，隔離措施同樣是不被允許的。此項判決爲當時尚存的種族隔離劃下句點，並建議各學校「以慎重的快速速度」改進。亦請參閱Thurgood Marshall。

Browne, Thomas 布朗（西元1605～1682年） 受封爲湯瑪斯爵士（Sir Thomas）。英國醫師、作家，在成爲執業醫師的同時展開其作家生涯。以沈思錄《一個醫師的宗教信仰》（1642）爲人所知。該書是一部日記，主要談論上帝、自然和人的奧祕。《布朗的常見錯誤》（1646）是他另一本名著，企圖糾正一些大家信以爲眞和迷信的事物。他還寫古物研究評論，也是華麗細膩的《給朋友的一封信》（1690）的作者。

Brownian motion 布朗運動 在各種物理現象中，一些量恆常所作的小而隨機的漲落，以最早研究這種漲落（1827）的布朗命名。布朗記述了他注意到花粉內有微粒運動，他將無機和有機物質粉末懸浮在水中試驗時，發現懸浮微粒的「快速振動運動」。他後來又發現廣佈在空氣和其他流體的煙或塵中都可以看到類似的運動。這個觀念是馬克士威、波茲曼和克勞修斯（1822～1888）在闡明熱現象時所提出的氣體分子運動論的主要概念。

Browning, Elizabeth Barrett 白朗寧（西元1806～1861年） 原名Elizabeth Barrett。英國女詩人。雖然她是一個怕見生人的病殘之人，但是在1838和1844年發表了詩集後，她的詩在文學界廣爲人知。1845年認識羅伯特·白朗寧，爲了逃避其專制父親的耳目，他們祕密地相戀了一段時間後才結婚，婚後在佛羅倫斯定居。她的聲譽主要來自戀愛期間所寫的愛情詩《葡萄牙十四行詩》（1850）。她最有雄心的作品是無韻詩小說《奧羅拉·利》（1857），這是她最成功的作品。

白朗寧，油畫，格迪吉阿尼（Michele Gordigiani）繪於1858年；現藏倫敦國立肖像畫陳列館
By courtesy of The National Portrait Gallery, London

Browning, Robert 白朗寧（西元1812～1889年） 英國詩人。早期作品包括一些詩劇，最出名的有《皮帕走過了》（1841），還有一些長詩，如《索爾戴洛》（1840）。他和女詩人伊莉莎白·巴雷特（參閱Browning, Elizabeth Barrett）結婚後，定居義大利（1846～1861），這個時期除了《男人和女人》（1855）外就很少創作了，而在這部集子裡包含了一些戲劇性的抒情詩，如「凋零的愛情」以及長篇獨白「利比」和「布羅格蘭主教的辯解」。1864年出版的《出場人物》包括了「埃茲拉拉比」和「在塞特伯斯上的卡利班」，使他最終贏得了普遍的認可。如一本書那樣長的長詩《指環和書》（1868～1869），是以1698年發生在羅馬的一起謀殺案的審判爲基礎寫成的。他發展出來的戲劇獨白詩（重點放在刻畫人心），以及他用同代人感到難以應用的語言成功地描寫了當代生活的各個層面，這些都影響了許多當代詩人。

Browning, Tod 布朗寧（西元1882～1962年） 美國電影導演。生於肯塔基州路易斯爾，1915年進入傳記電影工作室之前，曾當過馬戲演員以及輕歌舞劇的喜劇演員。他寫過幾部劇本，後來導演過音樂劇以及冒險電影（1917～1925）。他導過恐怖電影《不神聖的三個》（1925），由錢尼主演，後來的作品則有《吸血鬼》（1931）與《怪胎》（1932），這些電影建立了他在怪異風格恐怖電影的名聲。1939年退休。

Brownshirts 褐衫隊 ➠ SA

Brownsville Affair 布朗斯維爾事件 美國德州布朗斯維爾市白人與附近布朗堡黑人駐軍之間在1906年爆發的種

族衝突事件。在一個八月的晚上，一把來福槍造成白人一死一傷，市長及其他的白人指控黑人士兵犯下此項罪行。儘管他們的白人長官表示士兵都待在軍營裡，調查人員卻接受了市長的證詞。羅斯福總統於是將一百六十七名黑人士兵革除軍籍。1972年國會重新調查此案，洗刷了他們的罪名。

browser　瀏覽器　能讓電腦用戶在網際網路上尋找並檢視資訊的軟體。1991年第一種以文字爲基礎的全球資訊網瀏覽器面世，1993年推出所謂「魔賽克」（Mosaic）瀏覽器（使用「點按式」圖示）後，網路用途快速擴展。這樣的網路瀏覽器詮釋了下載文件的HTML，也根據一套標準樣式規則使呈現的資料格式化。網景領航員（Netscape Navigator）瀏覽器在1994年推出後不久即成爲支配性網路瀏覽器，微軟（Microsoft）的網路探險家（Internet Explorer）瀏覽器在一年後上市，如今已經普及。

Brubeck, Dave　布魯貝克（西元1920年～）　原名David Warren Brubeck。美國鋼琴家、作曲家，他領導的樂團是爵士樂史上最著名樂團之一，生於加州的康科特。在成爲爵士樂鋼琴師之前，曾隨米堯學習作曲。1951年和薩克斯風演奏家德斯蒙德成立四重奏團。別具一格的韻律讓他大受青睞，他和德斯蒙德合作的錄音作品「休息五分鐘」是首次銷售量超過百萬張的爵士樂唱片。這次的成功爲爵士樂帶來許多新的聽衆，特別是1950年代和1960年代的大學生。

Bruce, Blanche K(elso)　布魯斯（西元1841～1898年）　美國南部重建時期由密西西比州選出的黑人參議員。母親是奴隸，父親是白人，他受父親的教育長大。後來移居密西西比州，進入政界，並買下了一處種植園。在美國參議院中（1875～1881）他主張公正對待黑人和印第安人。後來他在財政部任職（1881～1885、1895～1898），後任哥倫比亞特區的契據登記官（1889～1895）和霍華德大學的董事。

Bruce, Lenny　布魯斯（西元1925～1966年）　原名Leonard Alfred Schneider。美國單人表演喜劇演員，生於紐約市。攻讀表演，1950年代在夜總會表演滑稽說笑節目，很快發展出一種以黑色幽默夾雜淫言穢語的風格。由於惡名日增，他把題材重點放在對社會及法律機構、組織性宗教和其他爭議性主題的批判。1963年被禁止在英國演出，同年並因擁有麻醉藥而遭到逮捕。三年後因吸毒過量而死，此後在民間獲得英雄或烈士的偶像地位。他的硬碰硬式表演風格和不受審查限制的題材，大大影響了後代的單人表演喜劇演員。

brucellosis＊　布魯斯氏桿菌病　亦稱馬爾他熱（Malta fever）或地中海熱（Mediterranean fever）或波浪熱（undulant fever）。人和家畜的一種傳染病。特徵爲隱襲發病，發熱、寒戰、多汗、虛弱和全身疼痛；全部症狀通常於六個月內消退。布魯斯氏桿菌病是以英國醫師布魯斯（1855～1931）的姓氏命名。他率先發現導致此傳染病的病原。有三種主要的布魯斯氏桿菌會讓那些接觸到受感染的動物（如山羊、綿羊、豬、牛）的人致病。布魯斯氏桿菌人與人之間的傳播罕見，但可在牲畜間迅速傳播，造成經濟的嚴重損失。對動物布魯斯氏桿菌病尚無藥物可治療，但對幼畜進行預防接種也是一種有用的措施。凡已感染的牲畜必須移走。抗生素對人布魯斯氏桿菌病的治療有效。已知該病若不治療，會引起肝和心臟的問題。

Bruch, Max (Karl August)＊　布魯赫（西元1838～1920年）　德國作曲家，曾擔任許多指揮工作，在柏林藝術學院執教職二十年。他一生中最大的成就就是爲合唱團寫的大量作品，包括《奧德賽》（1872）和*Das Lied von der Glocke*（1879）。今日特別是以他的第一首小提琴協奏曲（1868）而知名；他的其他作品還有另兩首小提琴協奏曲（1878, 1891）、三部歌劇、三首交響曲（1870, 1870, 1887）和《科爾尼德萊》（1881）。

Brücke, Die＊　橋社　英語作The Bridge。德國表現主義畫家組織。1905年由德勒斯登技術學校四名學建築的學生創立，包括基爾希納和施密特－羅特魯夫，不久陸續有其他德國和歐洲的藝術家加入。橋社之名反映出他們希望其作品能成爲連接未來藝術的橋樑。他們受到原始主義藝術、德國哥德派木刻以及孟克版畫的強烈影響，所作圖形畫和肖像畫都描繪出人們的苦難和焦慮，靜物畫和風景畫也使用刺目而扭曲的形狀和強烈的色彩。他們對20世紀木刻的復興作出了貢獻。1913年該組織解散。

《多多和她的兄弟》，油畫，基爾希納約繪於1908年；現藏麻薩諸塞州北安普敦史密斯學院藝術博物館
By courtesy of the Smith College Museum of Art, Northampton, Mass.

Bruckner, (Josef) Anton＊　布魯克納（西元1824～1896年）　奧地利作曲家。父爲鄉村學校校長，布魯克納年幼時就喪父，他被修道院領養，加入唱詩班，在那裡他學會了演奏管風琴。他天資聰慧，1855年起任林茨大教堂管風琴師；在他的作曲生涯中，他的管弦樂譜曲可與其管風琴的洪亮聲相媲美。1865年他在慕尼黑聽到《崔斯坦與伊索德》，此後華格納便成了他的崇拜對象，不過他自己的作品受貝多芬的影響很大。1868年任維也納音樂學院教授，從此定居維也納。六十歲時才因《第七號交響曲》成名。在社會行爲上他比較笨拙和古怪，至死篤信基督教。著名作品包括九部成熟的交響曲（1866～1896）、三首彌撒曲（1864、1866、1868），以及《感恩頌歌》（1884）。

Bruegel, Pieter, the Elder＊　老勃魯蓋爾（西元約1525～1569年）　16世紀法蘭德斯最偉大的畫家。人們對他早年生涯並不熟悉，1551年前往義大利旅行，在那裡創作了他早期的畫作《基督和使徒們在太巴利的海上》（1553?）。1555年回到法蘭德斯，創作了一系列以諷刺性道德說教題材的作品，這些受博斯夢幻、怪誕風格影響的作品爲他贏得一些名聲。他的著名作品大多描繪尼德蘭的諺語、季節性的風景、農民生活和民間傳說、但他也以一種小說的取向描繪宗教主題，經常以從上俯瞰的角度描摩聖經事件的全景。他有許多贊助者，畫作多是受收藏者委託繪成的。他的素描、版畫作品有很多，約四十幅他的眞跡保存下來。他的兒子小勃魯蓋爾（1564～1638）和大勃魯蓋爾（兩人都將父親不要的h加回自己的姓中），以及其他的模仿者將他的風格延續到18世紀。

Brueghel, Jan, the Elder＊　大勃魯蓋爾（西元1568～1625年）　法蘭德斯畫家，老勃魯蓋爾的第二個兒子。青年時期曾到義大利學習，在樞機主教聖博羅梅奧的贊助下繪圖。1596年回到安特衛普，開始了極爲成功及廣受讚譽的事業。1608年成爲南尼德蘭的統治者哈布斯堡大公的宮廷畫師。他以花卉、靜物和風景畫知名，所有畫作都是小型的銅版畫和畫板畫。他精雕細琢的優美結構爲他贏得「絲絨」的綽號。常與其他藝術家合作，包括他的朋友魯本斯。他的兩個兒子小勃魯蓋爾和安布羅西厄斯都是畫家。

Brugge＊ 布魯日 亦作Bruges。比利時西北部城市（2000年人口約116,200）。7世紀時首見記載。9世紀時法蘭德斯人在此建成一座城堡以抵禦入侵的諾曼人，13世紀加入漢撒同盟並成爲一主要的交易市場。後成爲法蘭德斯織布工業中心，曾是歐洲北部的商業中心。15世紀爲畫家艾克的故鄉和法蘭德斯畫派（參閱Flemish art）的藝術中心。興建連接北海的運河後，使得原本已逐漸沒落的地位得以恢復。造船、食品加工、化學工業、電子和旅遊是主要工業。

Brugghen, Hendrik ter ➠ Terbrugghen, Hendrik

Brugmann, (Friedrich) Karl＊ 布魯格曼（西元1849～1919年） 德國語言學家。是梵文教授和比較語言學家，屬於新語法學派，堅持發音規律的不可侵犯性，並遵循嚴格的研究方法。在他的四百種出版物中，最著名的是《印度－日耳曼語比較語法綱要》（1886～1893）中所撰論語音和形式兩卷。

Bruhn, Erik＊ 布魯恩（西元1928～1986年） 原名Belton Evers。丹麥芭蕾舞者，以其出色的古典技巧著名。1937年入丹麥皇家芭蕾舞團學校，1947年參加這個舞團。曾到別的舞團擔任客席舞者，包括1950和1960年代在美國芭蕾舞團，他參與諸如《吉賽兒》、《天鵝湖》和《卡門》等劇的演出。後來被任命爲瑞典皇家歌劇院總監（1967～1972）和助理總監（1973～1981），以及加拿大國家芭蕾舞團總監（1983～1986）。

布魯恩於1967年飾羅密歐的舞姿
Fred Fehl

bruise 青腫 亦稱挫傷（contusion）。在皮膚無破裂的情況下，皮下組織深層血管破裂造成的皮下青紫色斑塊。常因打擊或擠壓造成，但在老年人身上也可能自發出現。在癒合過程中，因局部形成膽汁以及血液的分解和逐漸吸收，顏色逐漸淡化爲黃色。在未治癒的血友病患者，幾乎永遠可見皮膚和軟組織的青腫。

Brumaire, Coup of 18-19＊ 霧月十八～十九日政變（西元1799年） 推翻法國督政府所實行的政治制度，代之以執政府，爲拿破崙的專制開闢道路的政變，發生在1799年11月9～10日（法蘭西共和國曆法中的霧月18～19日）。在督政府最後幾天中，西哀士和塔列朗在拿破崙將軍的援助下籌畫發動政變。這場政變常被認爲是法國大革命的結束。

Brummell, Beau 布魯梅爾（西元1778～1840年） 原名George Bryan Brummell。英國紈袴子弟。諾斯勳爵私人祕書的兒子，入牛津大學，因其衣著和假髮，還因與威爾斯親王（後爲英王喬治四世）之間的私交而出名。他是當時引導英國時尚的人物，到1816年因賭博和揮霍而耗盡了所繼承的財產，加上說話尖刻挖苦，使他疏離了資助人。爲了躲避債主，他逃往加萊，生活困頓了十四年。1830～1832年任英國駐康城領事。1835年因債務被關押，靠朋友才把他救出來。不久，他喪失了對個人外表的所有興趣，後來住進救濟院，在那裡度過餘生。

布魯梅爾，版畫；柯克（John Cooke）據細密畫於1844年複製
By courtesy of the trustees of the British Museum; photograph, J. R. Freeman & Co., Ltd.

Brun, Charles Le ➠ Le Brun, Charles

Brundage, Avery 布倫戴奇（西元1887～1975年） 美國體育運動組織家，生於底特律。他曾參加1912年的奧運會，也是1914、1916和1918年的美國全能冠軍。他創辦了一家建築公司致富，而成爲千萬富翁。1929～1953年任美國奧林匹克協會和奧林匹克委員會主席。1945～1952年任國際奧委會副主席，1952～1972年任主席。他堅決主張保持奧運會的業餘性質，運動員對他所規定的嚴格規章稍有違犯即予以警告或制裁。他一向認爲政治事件與奧運會比賽無關。他無法阻止奧運會的發展和商業化，部分原因是由於電視涵蓋的範圍擴及全世界。

Brundtland, Gro Harlem＊ 布倫特蘭（西元1939年～） 原名Gro Harlem。挪威政治人物，第一位女總理（1981, 1986～1989, 1990～1996）。受訓爲醫師，擔任各式各樣的政府衛生職位，1974～1979年出任環境部長，1977～1997年任職於挪威國會。身爲工黨團體領袖，曾三度出任總理。1987年主持聯合國世界環境與發展委員會，1998年獲選爲世界衛生組織秘書長。

Brunei＊ 汶萊 正式名稱汶萊達魯薩蘭國（State of Brunei Darussalam）。婆羅洲島東北部獨立的蘇丹王國，國土分爲兩部分，每一部分都爲馬來西亞的沙勞越邦所包圍，兩個海岸線都濱臨南海和汶萊灣。面積5,765平方公里。人口約351,000（2002）。首都：斯里巴加灣市。汶萊人民是東南亞種族的混合體：約有2/3是馬來人，1/5的華人，其餘爲原住民及印度人。語言：馬來語（官方語）和英語。宗教：伊斯蘭教（國教）、佛教、基督教和萬物皆神的信仰。貨

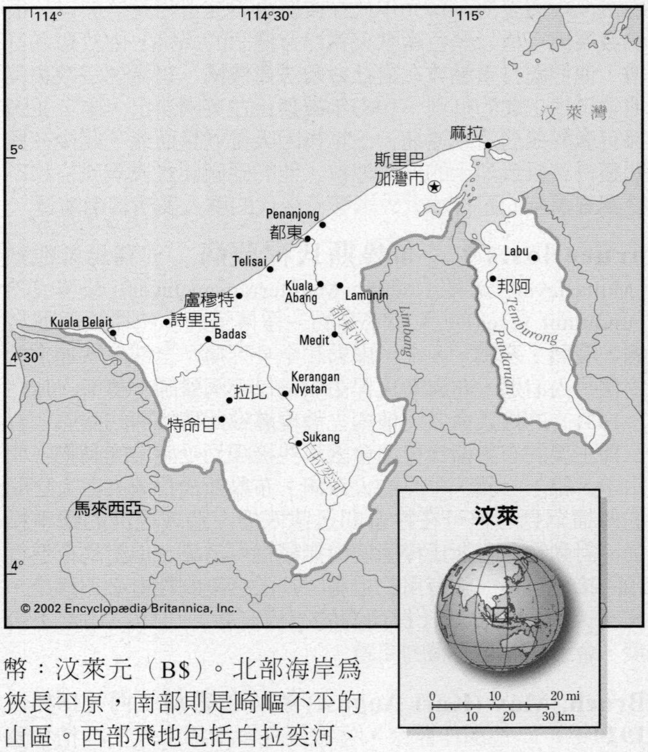

幣：汶萊元（B$）。北部海岸爲狹長平原，南部則是崎嶇不平的山區。西部飛地包括白拉奕河、都東河與汶萊河等河谷；主要是山丘，海拔超過500公尺。東部飛地包括潘達阮河和淡布倫河，以及全國最高點巴干山

（海拔1,850公尺）。汶萊大部分爲濃密的熱帶雨林所覆蓋，少有土地適合耕種。經濟以大油田和天然氣田的生產爲主。爲亞洲國家平均每人所得最高者之一。政府形式爲君主國家。國家元首暨政府首腦是蘇丹。在6世紀時已與中國通商。13～15世紀由於臣事爪哇麻喏巴歇王國而受到印度教影響。15世紀初因麻喏巴歇王國勢衰，許多人皈依伊斯蘭教，汶萊也成爲獨立的蘇丹國。1521年麥哲倫的船造訪汶萊，當時汶萊的蘇丹幾乎控制了整個婆羅洲島和鄰近的島嶼。16世紀末，因葡萄牙人和荷蘭人在此區的活動（不久又加上英國人）而喪失權力。到了19世紀，當時的汶萊蘇丹國範圍包括沙勞越、現在的汶萊和部分的北婆羅洲（今沙巴的一部分）。1841年發生一起內亂反叛蘇丹，一位英國士兵詹姆斯．布魯克幫助蘇丹平定叛亂，後來宣布自立爲總督（參閱Brooke Raj）。1847年與英國訂立條約，到了1906年把管理權完全讓給英國的常駐代表。1963年拒絕加入馬來西亞聯邦。1979年和英國協商一項新的條約，1984年獲得獨立，成爲國協一員。如今汶萊朝著經濟多元化的道路前進，並鼓勵觀光事業發展。

Brunei 汶萊市 ➠ Bandar Seri Begawan

Brunel, Isambard Kingdom＊　布律內爾（西元1806～1859年）　英國土木工程師和機械工程師，馬克．布律內爾的兒子。率先採用寬軌鐵路（軌距2公尺）。火車在寬軌上可高速行駛，大大促進鐵路的發展。他還負責建設英國1,600公里以上的鐵路，在義大利建、澳大利亞和印度的鐵路線。他用氣壓沉箱建築橋墩基礎，使空氣壓縮技術在地下和水下建築工程中得到應用。他建造了三艘汽船「大西方號」、「大不列顛號」和「大東方號」，這些船在下水時都是世界上最大的。「大西方號」是第一艘橫渡大西洋的班輪；「大東方號」首次成功的敷設橫跨大西洋的電纜。

Brunel, Marc (Isambard)　布律內爾（西元1769～1849年）　受封爲馬克爵士（Sir Marc）。法裔英國工程師和發明家。他改進了製造船舶滑輪的方法，用機械代替手工。這個由四十三部機器組成、十人操作的生產系統安裝完畢以後，生產的滑輪在品質和統一規格方面比以前由一百多人用手工生產的滑輪好，產量也比過去高得多。這些機器是全面機械化生產的最早的例子之一（參閱mechanization）。1818年，他設計了可以在含水地層安全作業的隧道盾構並獲得專利。1825年，由他設計的泰晤士河隧道動工，由於缺乏資金曾中斷七年，後於1842年完成。他是伊森巴德．布律內爾的父親。

Brunelleschi, Filippo＊　布魯內萊斯基（西元1377～1446年）　義大利建築師及工程師。自幼被培訓爲金匠及雕塑師，在與吉貝爾蒂一起競標佛羅倫斯洗禮堂大門的青銅浮雕製作未能得手後，把注意力轉向建築。他闡發了直線透視結構定理（後來由阿爾貝蒂有系統地編寫出來）。1420年代初期已成爲佛羅倫斯最傑出的建築師。主要作品是佛羅倫斯大教堂（1420～1436）的八角形穹窿頂，他用自己發明的機械來建造。麥迪奇家族曾委託他設計聖洛倫佐教堂的老聖器所和巴西利卡（1421年開始），被公認是早期文藝復興建築的奠基石；他保留古風，加上自己對古代設計的新詮釋，如柱頭、壁柱、檐壁和柱子。其後來紀念碑似的作品預示了將來阿爾貝蒂和布拉曼特所創造的雄渾外形和宏偉莊嚴的建築風格。

布魯內萊斯基設計的佛羅倫斯聖斯皮里托教堂內景
Alinari – Art Resource

Brunhild＊　布隆希爾德（西元534?～613年）　奧斯特拉西亞的法蘭克王國的王后。她是西哥德人公主，西元567年嫁給奧斯特拉西亞國王西日貝爾一世。後來成爲梅羅文加王朝最有權勢的人物之一。她向希爾佩里克一世索回她妹妹（被謀殺）陪嫁的領地。575年西日貝爾被暗殺，她被囚於盧昂。後來避難到梅斯，她的兒子希爾德貝爾特二世已在那裡稱王。此後三十年間，她在奧斯特拉西亞的權貴面前作威作福。其子過世後，她落入這些政敵之手，最後被嚴刑拷打，捆在馬尾上拖死。

Brunhild　布倫希爾特　亦作Brunhilda或Brynhild。古代日耳曼英雄文學裡的一個美貌而有男子氣概的公主。她的主要事跡是從古諾爾斯傳說（「埃達」和《佛爾頌傳說》），以及德國《尼貝龍之歌》中得知。這個角色也曾出現在華格納的歌劇《尼貝龍的指環》。故事中，她發誓只嫁給不僅力氣勝過自己而且具有最優秀品德的男子。一個名叫齊格飛的男子符合這個條件，向她求愛並贏得她。但是，他這樣做只是爲了別人。布倫希爾特發覺這一騙局後，堅決要報復，遂導致齊格飛之死。在某些北歐傳說中，她具有超自然力，被認爲是一個瓦爾基里。

Brüning, Heinrich＊　布呂寧（西元1885～1970年）　德國政治人物。1924年選入國會，在國會中以財經專家聞名。1929年成爲天主教中央黨的領袖，1930年組成內閣。爲因應大蕭條的經濟問題，他制定嚴格的節約措施，癱瘓了德國經濟。他無視於國會的存在，靠總統法令來統治，結果加速走向右派獨裁，希特勒因而趁機崛起，奪取權勢。1932年被迫辭職，1934年離開德國，最後遷居美國，1937～1952年在哈佛大學任教。

Brünn ➠ Brno

Brunner, (Heinrich) Emil＊　布隆內爾（西元1889～1966年）　瑞士新教正統派神學家。1916～1924年在瑞士奧布斯塔爾登任牧師。1924～1953年在蘇黎世大學任教，在這段期間開始到各地講學，1948年成爲創建世界基督教協進會的代表之一。他的神學思想受到布伯的神與人關係的觀點影響。他像巴特一樣駁斥19世紀的自由派神學，支持再肯定宗教改革運動的中心思想，但在主張神在創世時已顯現的論題時，導致他與巴特爆發爭論。作品包括《危機神學》（1929）、《叛亂分子》（1937）、《正義與社會秩序》（1945）。

Bruno, Giordano　布魯諾（西元1548～1600年）　原名Filippo Bruno。義大利哲學家、數學家、天文學家和神秘學家。原爲道明會修士，1576年左右因他的自由思想而被趕出教會。1578年移居日內瓦，之後遊歷歐洲，到處演講和教書。他主張無限宇宙與多種世界理論，摒棄傳統的地心學說，甚至比哥白尼的學說更激進。其理論加入了現代科學觀點，以致不見容於天主教、喀爾文宗和路德宗。異端裁判所把他監禁八年後，以火刑將他處死。其倫理思想、宗教和哲學的寬容觀點引起現代人文主義者的共鳴。最重要的著作是《論無限的宇宙和諸世界》（1584）和《驅逐趾高氣揚的野獸》（1584）。

Bruno of Querfurt, St.　奎爾富特的聖布魯諾（西元974?～1009年）　亦稱St. Boniface of Querfurt。基督教傳

教士和殉教者。出身貴族家庭，隸屬於皇帝奧托三世的神職家庭。997年在聖阿達爾伯特殉教後，他進入修道院，改名卜尼法斯。他繼承聖阿達爾伯特遺志，向普魯士異教徒傳揚基督教。聖布魯諾先派遣小型傳教團（包括聖本篤和聖約翰在內）赴波蘭，這批人在途中遇害，布魯諾為他們作傳，同時為聖阿達爾伯特之傳稱讚他。任大主教後，他求見日耳曼、匈牙利和烏克蘭的統治者，以協助其傳教。後來有大批佩切涅格人暫時改信基督教，聖布魯諾在前往普魯士傳教時遇害。

Brunswick 伯倫瑞克 德語作Braunschweig。德國中部舊公國。原是韋爾夫家族的公爵領地（伯倫瑞克－呂訥堡公國），該公國是1235年皇帝腓特烈二世所設，包括伯倫瑞克鎮（9世紀末建立）附近地區。1692年漢諾威公國被列為選侯國，其統治者後來建立了英國的漢諾威王室。1871年公國成為德意志帝國的一部分，1919年以後成為德國一邦。第二次世界大戰後，此區被併入下薩克森州。伯倫瑞克市（2002年人口約245,500）現今是一個重要的工業中心。

Brusa ➠ Bursa

Brusilov, Aleksey (Alekseyevich)＊ 勃魯西洛夫（西元1853～1926年） 俄國將軍。在俄土戰爭期間（1877～1878）嶄露頭角，1906年升為將軍。第一次世界大戰期間，曾率俄軍在加利西亞戰役（1914）大獲勝利。1916年以「勃魯西洛夫突破」在東方戰線對抗奧匈帝國，結果奧匈帝國受到重創，迫使德國把準備在西方陣線凡爾登戰役對抗法國的軍隊調到東方支援。1920～1924年擔任布爾什維克政府的軍事顧問。

Brussels＊ 布魯塞爾 法語作Bruxelles。法蘭德斯語作Brussel。比利時首都（2000年人口約133,900），隸屬該國三大自治區之一的布魯塞爾首都區。位於須耳德河一小支流塞納河的河谷中。初建時是塞納河一小島上的設防碉堡，之後布魯塞爾逐漸發展成布拉班特公國的重鎮之一。1530年成為尼德蘭的首府，當時是在哈布斯堡王朝統治下。1815年起為尼德蘭王國的一部分，1830年是比利時人叛亂的中心，後來成為比利時的首都。現為重要的工業和商業中心，也是北大西洋公約組織（NATO）和歐洲聯盟（EU）的總部所在地。

Brussels sprout 球子甘藍 十字花科的一種小甘藍，廣泛栽培於歐洲和美國。實生苗和幼株似普通甘藍，其後，主莖可高到60～90公分高，腋芽也發展為小頭，形似甘藍頭，但直徑僅2.5～4公分。喜溫和、涼爽的氣候，不耐太熱的氣候。營養高，富含維生素A和C。

Brussels Treaty 布魯塞爾條約（西元1948年） 英國、法國、比利時、荷蘭和盧森堡簽訂此一條約，締結成聯合防禦的同盟。布魯塞爾條約後來促使北大西洋公約組織和西歐聯盟的形成。此條約的一項目的是宣告西歐國家有能力合作，藉此鼓動美國參與西歐的安全體系。

Brutalism 新樸野主義 亦稱New Brutalism。這個名詞發明於1953年，用來描述科比意使用雄偉的雕塑造型，不加修飾的粗糙模制混凝土的建築風格，表示與國際風格脫離。新樸野主義建築師們在他們的建築中故意避開磨光和雅致，暴露出像鋼樑和預製混凝土板這類結構元素，傳達出一種簡單樸素的野趣。亦請參閱Kahn, Louis I(sadore)、Stirling, Sir James (Frazer)。

Brutus, Marcus Junius 布魯圖（西元前85～西元前42年） 亦稱Quintus Caepio Brutus。羅馬政治人物，是西元前44年刺死凱撒的密謀集團領袖。西元前49年羅馬發生內戰時，他加入龐培的軍隊，反對凱撒。次年龐培敗死，凱撒寬恕他。然而，他仍企圖恢復共和政體，因而參加刺殺凱撒的密謀。凱撒死後，他和加西阿斯在馬其頓組織一支軍隊，在第一次腓立比戰役中打敗屋大維（奧古斯都）所率的凱撒派軍隊，但在第二次交鋒中，被安東尼和屋大維的聯軍徹底擊潰。布魯圖眼見共和大勢已去，最後自殺。

布魯圖，大理石胸像；現藏羅馬卡皮托利尼綜合博物館
Alinari – Art Resource

Bruyëre, Jean de La ➠ La Bruyëre, Jean de

Bryan, William Jennings 布萊安（西元1860～1925年） 美國民主黨和演說家，生於伊利諾州的榭冷。曾在內布拉斯加州開業當律師；1891～1895年擔任眾議員，成為自由鑄造銀幣運動（複本位制）的全國領袖，在「黃金十字架」演說中鼓吹這種運動，因而在1896年贏得民主黨總統候選人的提名；1900和1908年又被提名兩次。1901年創辦《平民報》，並到處演說，人們十分讚賞他的演說技巧，被稱呼為「偉大的平民」。1912年因幫助威爾遜贏得總統候選人的提名，威爾遜當選後任命他為國務卿（1913～1915），致力於世界法律，支持透過仲裁以避免戰爭。他也是主張對《聖經》作實事求是的解釋的信奉者，1925年在斯科普斯審判案為其辯護，丹諾是對方的首席辯護律師，他為這場審判所付的代價十分慘重，在審訊後不久即病逝。

布萊安，約攝於1908年
By courtesy of the Library of Congress, Washington, D. C.

Bryant, Bear 布萊安特（西元1913～1983年） 原名Paul William Bryant。美國大學美式足球教練。生於阿肯色州的京斯蘭，1932～1936年在阿拉巴馬大學、1946～1953年在肯塔基大學任教練，所訓練的隊勝六十場、負二十三場、平五場。1954～1957年任德州農工大學美式足球教練，1957～1982年返回阿拉巴馬大學，該校隊在常規賽季比賽中共勝三百二十三場、負八十五場、平十七場，打破斯塔格長年保持的教練勝場記錄，1985年才被格伯林州立大學的羅賓遜打破。他總共為阿拉巴馬大學贏得二十八次盃賽和六次全國冠軍。

Bryant, William Cullen 布萊安特（西元1794～1878年） 美國詩人，生於麻薩諸塞州的昆名頓。十七歲寫成〈死亡觀〉，在這一使他成名的詩作中，他拋棄清教派教義而主張自然神論。二十一歲時獲准開業，當律師近十年，該職業為他終身所厭。《詩集》（1821）包括〈致水鳥〉一詩，確立了他的名聲。1825年遷居紐約市，1829～1878年任《晚郵報》總編輯，他把報社轉變為一個鼓吹進步思想的機構。

Bryce Canyon National Park　布萊斯峽谷國家公園　美國猶他州南部公園。其實不是眞正的峽谷，而是一系列冰斗。內有侵蝕成的石灰岩和砂岩石柱和石壁。在地質上與大峽谷、宰恩國家公園相關，以前這整個地區是一個淺海時，這三個區所有的岩石已形成。1928年設爲國家公園，面積14,513公頃。

布萊安特，油畫，杭丁頓（Daniel Huntington）繪於1865年；現藏布魯克林博物館
By courtesy of the Brooklyn Museum, New York

Bryn Mawr College＊　布林瑪爾學院　位於賓州布林瑪爾鎮的一所私立女子文理學院，靠近費城。儘管該校是由貴格會教徒於1885年創立，但長期以來它在運作上並無宗派色彩。作爲一所文理學院，它提供了衆多人文藝術與科學方面的大學部和研究所課程，以及社會工作的博士學位課程。它和鄰近的哈弗福德學院、斯沃斯莫爾學院和賓夕法尼亞大學等校有良好的學術交流關係。學生人數約爲1,900人。

Brynhild ➠ Brunhild

bryophyte＊　苔蘚植物　苔蘚植物門的綠色、無種子的陸生植物，至少一萬八千種，分成三綱：苔綱、蘚綱及角蘚綱。與維管植物、種子植物的差別之處是在產生孢子階段時，每個孢子體只產生一個孢蒴。大部分苔蘚植物高2～5公分，但少數種高達30公分。廣佈世界各地，從極地到熱帶地區均可見。在潮濕的環境中最爲繁茂，但並無海生者。苔蘚植物對長期乾旱和冰凍的氣候條件極有耐受性。泥炭苔對人類有重要的經濟價值，也是能源的來源。某些苔蘚植物用作觀賞植物，如在苔蘚植物園中。在大自然中，苔蘚植物在貧瘠的地帶啓動土壤的形成，保持土壤的濕度，並使營養物質在森林植被中反覆循環。苔蘚植物可見於岩石、原木和森林裡的枯枝落葉上。

bryozoan＊　苔蘚動物　亦稱moss animal或苔蘚蟲。苔蘚動物門水生無脊椎動物，其個員構成形狀和大小各異的群體。每一個個員是一種有完整組織的動物。種類大小差異相當大，小至生活於沙粒間的只有一個個員的「群體」（小於1公釐），大至成叢或成鏈狀的群體，直徑可達0.5公尺。苔蘚動物的質地各異，可爲軟質或膠質，群體可呈葉片狀或樹枝狀。淡水生活的苔蘚蟲主要附著於淺水中的葉、莖或樹根上。海生苔蘚蟲的生境多種多樣，從沿岸地區到深海，但在漲潮線以下更爲常見。苔蘚動物用觸手來捕捉浮游生物。

brytenwalda ➠ bretwalda

BSE　牛海綿狀腦病 ➠ mad cow disease

bubble chamber　氣泡室　亞原子粒子探測器，使用超熱液體，在沿著粒子徑跡所產生的離子周圍沸騰而成爲小氣泡。當帶電粒子通過液體時，它們從液體的原子中撞擊出電子而生成離子。如果液體的溫度接近其沸點，那麼在這些離子周圍就生成第一批氣泡。可觀察的氣泡就顯示出帶電粒子的路徑。氣泡室於1952年由格拉澤研製成功，它可以觀察到許多核反應情況，1960年代和1970年代用於研究物質中不穩定粒子的行爲。

Buber, Martin＊　布伯（西元1878～1965年）　德國猶太教哲學家、《聖經》翻譯家。在林堡（今烏克蘭的利維夫）長大，曾在維也納、柏林、萊比錫和蘇黎世等地讀書。尼采的英雄虛無主義引導不太虔誠的猶太教徒布伯走向猶太復國主義。他鼓吹猶太－阿拉伯人在巴勒斯坦合作，並認爲哈西德主義可以治癒現代猶太教的不適之症。在納粹的逼迫下，1938年他遷往巴勒斯坦，在希伯來大學任教到1951年。《我和您》（1923）表達了他的信仰，認爲人類（我）是遇到上帝（您）這個不同的存在體，而不是合併爲神祕的統一體。對布伯來說，《聖經》是從上帝與他的子民之間相遇交談中提取出來的，但他反駁「塔木德」的許多教規，認爲它們顯現出一種把上帝具體化而不是眞正從上帝口中說出來的關係。

布伯
By courtesy of Israel Information Services

Bubka, Sergey＊　布卡（西元1963年～）　烏克蘭撐竿跳選手，生於佛羅希洛夫格勒（現在的盧罕斯克）。9歲開始撐竿跳。1985年在巴黎，他打破了長久以來被視爲撐竿跳不可能突破的記錄：6公尺。1991年他跳過6.1公尺，截至目前爲止還沒有其他人做得到。1988年他在奧運中贏得金牌，卻在1992年的奧運中鎩羽而歸。1994年在義大利的瑟斯提耶瑞，他將記錄再提升到6.14公尺，這是他第十七次的室外記錄，也是生涯的第三十五次世界記錄。

buccal cavity ➠ mouth

buccaneer　海盜　指17世紀下半葉在加勒比海地區和南美洲太平洋沿海一帶劫掠西班牙人定居地和船舶的英國、法國或荷蘭的海盜。雖受德雷克的武裝民船的鼓舞，但他們沒有合法的武裝民船，也不像18世紀時無法無天的海盜。早期的海盜通常是由一些逃亡奴僕、退伍士兵和伐木工組成，他們以民主方式管理，公平分配所掠奪的財物，甚至提供某種形式的意外保險。他們影響了南海公司（South Sea Co.）的成立，其冒險事跡鼓舞了更多人加入探險活動，也影響了一些重要作家如斯威夫特、狄福、史蒂文生等寫下生動的冒險故事。

Buchanan, George＊　布坎南（西元1506～1582年）　蘇格蘭人文主義者、學者和教育家。在巴黎擔任拉丁文老師期間，因發表文章猛烈抨擊方濟會而被當作異端關入監獄。後來越獄，到波爾多教書，蒙田是他在那裡的學生之一。他在此地把尤利比提斯的幾齣戲劇譯成拉丁文，並寫了一些原創劇本。他意譯的《詩篇》長久以來都是拉丁文的指導教材。起初他是蘇格蘭女王瑪麗的支持者，後來他幫忙準備控告瑪麗的案件資料，導致瑪麗被處死刑。在《論蘇格蘭人的王權》（1579）一書中，他主張限制君權；《論蘇格蘭史》（1582）一書追溯了蘇格蘭的歷史。

Buchanan, James＊　布坎南（西元1791～1868年）　美國第十五屆總統（1857～1861）。原爲律師，曾在賓夕法尼亞州議會中工作，後來進入美國衆議院（1821～1831），任駐俄國公使（1832～1834）；參議員（1834～1845）；波克總統政府的國務卿（1845～1849）。1853～1856年任駐英國公使期間，曾幫忙起草「奧斯坦德宣言」。1856年取得民主黨的總統提名，並擊敗弗里蒙特當選爲美國總統。雖然布坎南富有法律知識和行政經驗，卻缺少道德上的勇氣來有效處理奴隸制問題引起的危機，並捲入堪薩斯作爲奴隸州地位的問題。民主黨因而分裂，讓共和黨的林肯於1860年贏得大選。選舉完後，他抨擊南卡羅來納州脫離聯邦，並派兵到薩姆特堡增援，但無力處理後續升高的危機。

布坎南，布雷迪（Mathew Brady）攝
By courtesy of the Library of Congress, Washington, D. C.

Bucharest＊　布加勒斯特　羅馬尼亞語作Bucuresti。羅馬尼亞首都（1997年人口2,057,512）。考古發掘顯示史前即有人類居住，14世紀時瓦拉幾亞的統治者搬至那裡後，地位開始重要。15世紀弗拉德三世·特佩斯在此修築布加勒斯特要塞，目的是在阻止土耳其人的入侵，但土耳其人最後還是奪占此地，1659年設爲鄂圖曼帝國下瓦拉幾亞的首府。19世紀內部的不安迫使瓦拉幾亞和摩達維亞合併，1862年布加勒斯特成爲新成立的羅馬尼亞首都。第二次世界大戰後，爲蘇聯軍隊占領，變爲共產黨控制。1980年代期間東歐各國興起暴動風潮，人民要求政治民主，反抗希奧塞古的政權，最後他被推翻，並被處死。

Bucharest, Treaty of　布加勒斯特條約（西元1918年5月7日）　羅馬尼亞在第一次世界大戰中敗於同盟國後被迫接受的條約。按照條約規定，羅馬尼亞把多布羅加南部歸還保加利亞，給予奧匈帝國控制喀爾巴阡山山口的權利，出租油田給德國，爲期九十年。1918年11月同盟國垮台後，此約立即廢除。

Buchenwald＊　布痕瓦爾德　納粹德國所設置的最早和最大的集中營之一，1937年建立在威瑪附近。在第二次世界大戰期間關押約兩萬人，大部分人在附近工廠當奴工。這裡雖然沒有毒氣室，但有許多人死於疾病、毒打、營養不良，以及處決。集中營的醫務人員也利用犯人試驗病毒的傳染和疫苗的效果。近衛隊司令官之妻「布痕瓦爾德巫婆」科赫（1906?～1967）在這裡瘋狂殘害犯人以發洩其變態性欲。亦請參閱Holocaust。

Büchner, Georg＊　畢希納（西元1813～1837年）　德國劇作家。原爲醫科學生，後來捲入政治革命運動，被迫逃脫至蘇黎世。他在蘇黎世所寫的作品以豐富的想像力和非傳統結構爲特色，結合極端的自然主義和視覺力量，公認是表現主義運動的先鋒。第一部劇本《丹東之死》（1835）是一齣關於法國大革命的戲劇，之後的《萊翁采和萊娜》（1836）是對迷霧般的浪漫主義思想的一個諷刺。最後一部作品《沃伊采克》（1836）是未完成稿，由於對窮苦人和受壓迫者表示同情，這部作品成爲1890年代社會戲劇的先聲，貝爾格著名歌劇即以此爲本。他在二十四歲時死於傷寒。

Buchner, Hans＊　畢希納（西元1850～1902年）　德國細菌學家。1870年代在巴伐利亞軍隊擔任軍醫，1880年起在慕尼黑大學教學直到過世。他是最早發現血清中有一種可殺滅細菌的物質的人之一。他把這種物質稱作防禦素，現稱補體，主要成分是γ－球蛋白，是免疫學上最重大的發現。

Buchwald, Art(hur)＊　布赫瓦爾德（西元1925年～）　美國幽默作家及專欄作家。生於紐約州的芒特佛南，1948年移居巴黎。他最受歡迎的獨創性專欄——爲《國際前鋒論壇報》所寫的城市夜生活評論——日益廣泛地包羅了非主流的諷刺性文章，以及來自社會名流的公正評論。1961年移居華盛頓特區之後，開始將興趣指向在新聞議題，很快地塑造成對美國政治與現代生活最尖銳的諷刺作家之一。他在報業組織聯盟的廣泛作品贏得了1982年的普立茲獎。其著作包括大量結集出版的專欄文章和回憶錄《我總是擁有巴黎》（1996）。

Buck, Pearl　賽珍珠（西元1892～1973年）　原名Pearl Sydenstricker。美國作家，生於西維吉尼亞州的希爾斯波洛。她在中國度過青年時代，父母都是在中國的長老會傳教士，她後來在中國任大學教師。1931年因第一部長篇小說《大地》而出名，此書獲普立茲獎。這部小說描寫一個中國農民和他的奴隸般的妻子爲爭取土地和地位而奮鬥。之後她又出版《兒子們》（1932）、《分家》（1935）。後來的作品有短篇小說、長篇小說（其中有五部用筆名約翰·塞奇斯出版）和一本自傳。1938年獲諾貝爾獎。

buckeye　鹿眼樹　七葉樹科七葉樹屬的十三種喬木或灌木的俗稱。原產於北美、東南歐及東亞。種子在紅底上有一白斑，似鹿眼，故得名。鹿眼樹有美觀的大分枝燭台狀的花簇，爲受珍視的觀賞樹。幼嫩的葉及種子均有毒。最著名的是俄亥俄鹿眼樹，又稱臭鹿眼樹、美洲馬栗樹，小枝和葉揉碎時產生一種難聞的氣味。甜鹿眼樹（又稱黃鹿眼樹、八雄蕊七葉樹）是最大的鹿眼樹，高可達27公尺；大量自然生長於大煙山國家公園。

Buckingham, 1st Duke of＊　白金漢公爵第一（西元1592～1628年）　英格蘭宮廷和政治人物。因長相英俊、具有魅力，很快就成爲詹姆斯一世的寵臣，也是後來的查理一世的寵臣。1619年任海軍大臣。1623年封爲公爵。但他恃寵而驕，濫用權力，極不得人緣。他飄忽不定的外交政策也帶給英國一連串的災難，其中包括遠征西班牙和法國的軍事失利。1626年國會提出彈劾白金漢案，促使查理解散國會。1628年他被一名海軍軍官刺死，倫敦市民聽到這消息無不額手稱慶。

Buckingham, 2nd Duke of　白金漢公爵第二（西元1628～1687年）　英國政治人物。白金漢公爵第一之子，生於他父親被暗殺前八個月，查理一世把他帶進宮裡撫養長大。英國內戰期間，爲查理二世奮戰。1660年查理二世登基後，白金漢成爲國王內廷總管的領導成員之一。1674年國會以所謂同情天主教的罪名，撤銷他的一切職務。

Buckingham Palace　白金漢宮　英國君主在倫敦的王宮。因18世紀初爲白金漢公爵建造的宅邸而得名。維多利亞女王是居住在這裡的第一位君主。1821年納西把它重建爲一座新古典式宮殿，但未獲准完成。他的前花園保持不變，但前庭廣場在1913年由韋布爵士（1849～1930）重新設計，爲維多利亞女王紀念雕像作背景。

Buckinghamshire＊　白金漢郡　英格蘭南部一郡（2001年人口約479,028）。南瀕泰晤士河，東南達倫敦外圍，北接大烏斯河谷地；首府是艾爾斯伯里。從新石器時代到撒克遜人時代，白金漢郡受到每一階段英格蘭人殖民情勢的影響。在撒克遜人統治時期，爲麥西亞王國一部分，抵擋了丹麥人的入侵，開始繁榮起來。20世紀以前爲一片鄉野，但倫敦現代化的成長以及鐵公路的通達，使該郡人口明顯增長。

Buckley, William F(rank), Jr.　巴克利（西元1925年～）　美國編輯和作家，生於紐約市。曾在耶魯大學就讀，

1955年創辦《全國評論》期刊，他擔任總編輯，利用這個刊物宣傳其保守思想和觀點。他的政治評論專欄「站在右邊」，自1962年起透過報業集團經常在兩百多家報紙上同時發表。從1966年開始，主持每週一次的電視採訪節目《火線》，常運用機智和辯才對付不同意識形態的人。著作包括：《耶魯的神和人》(1951)、《來自左右的喧鬧》(1963)，以及一系列的間諜小說。

buckling 變形 薄層結構成分耐不住壓力的模樣（參閱shell structure）或長度比寬度大得多（例如標竿、柱、腿骨）。1757年歐拉首先提出何以變形的理論。楊對彈性模數的定義使建築結構科學有很大的進展。這個彈性理論形成第二次世界大戰以前結構分析的基礎，戰時炸彈損壞建築的情形迫使該理論的一些基本假設進行修正。亦請參閱post-and-beam system。

buckminsterfullerene 巴克明斯特富勒烯 ➡ fullerene

Bucknell University＊ 巴克內爾大學 美國一所私立大學，位於賓夕法尼亞州路易斯堡。1846年成立，1883年首度准許女子入學，1886年為了表示對於該校長期董事巴克內爾的敬意而改為現今的校名。它提供科學、人文藝術、商業、教育等方面的學士與碩士學位課程。研究設施包括一間天文觀測站和一塊環境保護區。學生人數約為3,600人。

Buckner, Simon Bolivar 巴克納（西元1823～1914年） 美國軍事將領，生於肯塔基州的蒙福維附近。西點軍校畢業，曾參加墨西哥戰爭。內戰爆發後，致力整編肯塔基民兵，並成為美利堅邦聯的將軍。他在奉命支援田納西唐奈爾森堡（1862）時，發現戰局已不可挽回，遂向格蘭特將軍無條件投降。在戰俘交換後，他又回到美利堅邦聯，身兼數要職。戰後返回肯塔基，1887～1891年任肯塔基州長。

buckwheat 蕎麥 兩種草本植物普通蕎麥及其親緣種苦蕎麥的通稱。種子三菱形，雖然用作穀物穀粒，但蕎麥並非穀類禾草。蕎麥在肥沃土壤上較其他糧食作物產量低，但特別適應於乾旱丘陵和涼爽的氣候。由於成熟快，故可作晚季作物種植，並能作為窒息作物使雜草死亡而為其他作物的栽培改善條件。亦可用作綠肥作物。蕎麥常做為家禽和家畜的飼料。蕎麥碳水化合物含量高，蛋白質含量約11%，脂肪2%。把蕎麥去殼，可如稻米一般煮食。蕎麥粉不宜於做麵包，但可與小麥粉混合用製烤餅，稱蕎麥餅。

buckyball 布基球 ➡ fullerene

bud 苞芽 維管植物莖部側邊或尾端的小凸起。起於分生組織，可以發展為花、葉或嫩枝。在溫帶氣候下，喬木形成休眠的苞芽，能抗冬季的霜害。花苞是變形的葉片。

Budapest＊ 布達佩斯 匈牙利首都（2001年人口約1,775,203），橫跨多瑙河兩岸。1873年由河右岸的布達、奧布達與左岸的佩斯兩部分組成。新石器時代起便有人類居住，布達在西元2世紀時是羅馬的軍營。到13世紀，布達和佩斯已有日耳曼居民。15世紀時，馬提亞一世修建布達，成為匈牙利首都。1541～1686年為土耳其人所占，後為洛林公爵查理五世奪占。1848～1849年兩鎮爆發民族主義暴動，佩斯成為科蘇特革命政府的首都。1918年是爭取匈牙利獨立的起義中心。第二次世界大戰後，隨匈牙利一起淪為共產黨統治。1956年曾是反共產主義起義的中心，但最後失敗（參閱Hungarian Revolution）。1980年代反共產主義的不安現象導致1989年匈牙利共和國的成立。布達佩斯是匈牙利重要的運輸中心，經濟包括重工業和製造業（從電信到電子業）。

Buddha＊ 佛陀（活動時期約西元前6世紀～西元前4世紀） 原名悉達多．喬答摩（Siddhartha Gautama）。印度人的精神領袖和佛教創始人。佛陀的梵語意為「覺悟者」，是他的稱號而不是名字，佛教徒相信有無限多個過去的和未來的佛陀。歷史上的佛陀（指佛陀喬答摩或簡稱佛陀）是印度－尼泊爾邊境地區的釋迦族王國的王子。據說青年時代的悉達多養尊處優，直到有一天他出宮遊玩，分別遇見一老人、一病人和一具死屍。他放棄王公貴族的生活，花了七年時間尋找老師，嘗試各種極端的苦修生活，包括絕食以求悟道，但結果都不能令他滿意。有一天他坐在菩提樹下深思冥想，在抗拒了魔的誘惑後，意識到「四諦」，並因而頓悟。佛陀到鹿野苑向他的同伴第一次說法，提綱挈領地宣講「八正道」，以此提供一條自我放縱與自我禁欲之間的中間道路，引向涅槃解脫。聽了這次說法的五個苦行僧成了他的第一批門徒，被接納為僧伽或佛教等級中的比丘（僧人）。佛陀的使命完成了，在庫辛納拉（現名卡西亞）因意外食用有毒蘑菇而過世，逃脫了再生的輪迴；後人將佛陀遺體火化，在他的遺物上建塔供奉。

Buddhism 佛教 於西元前6世紀末至西元前4世紀初創立於印度北部、以悉達多－－也就是佛陀－－的教誨為基礎的宗教和哲學，為世界主要宗教之一。佛教的目的在於助人擺脫生死輪迴之苦和證得涅槃，並強調冥想與奉行道德戒。佛陀的指示都是由弟子口傳，在有生之年建立了佛教僧團（參閱sangha）。他採用同時代的印度教某些思想，特別是業的教義，但也不苟同印度教的許多教義及其所供奉的神。佛教主要的教義可簡述為「四諦」與「八正道」。佛教分為兩大宗派：大乘和小乘，已各自發展成不同的習規。在印度，西元前3世紀時阿育王大力提倡佛教，但在接下來的幾個世紀開始衰落，到13世紀幾近滅絕。但佛教已往南散播到斯里蘭卡和東南亞，再經中亞、西藏（參閱Tibetan Buddhism）傳到中國、韓國和日本（參閱Pure Land Buddhism和Zen）。現在各種不同傳統的佛教信眾約有四億人。

Buddhist council 佛教結集大會 在大多數佛教傳統中，指早期兩次關於教義和實踐的大會。多數現代學者對第一次集結大會的歷史真實性不予接受。第一次大會號稱是在佛陀死後的第一個雨季，在印度的王舍城召開的，目的是把大家記住的佛陀的講話編纂成冊，包括經和寺院的規則。第二次集結大會被認為是歷史事實，是大約在一百多年後於印度的吠舍離舉行的，主要是解決僧眾之間的爭論問題。上座部佛教認為還有第三次集結大會，由阿育王在西元前247年左右召開的，會上按上座部的理念解決了有關教義的爭端，而其他宗派的爭端持續到20世紀中葉。其他的佛教傳統則承認其他的一些重要集結大會，在那些大會上，他們分別確立或編纂了自己的宗教法規。

budding bacteria 芽生細菌 藉發芽方式繁殖的一組細菌。細菌細胞先進行不等生長，然後進行分裂。母細胞依然存在，又形成一個新的子細胞。芽生方式是細胞壁從細胞的一極生長（極性生長），而非貫穿細胞生長；這就使更為複雜的結構和過程得以發育。芽生細菌最常見者為水生，可藉其柄附著於表面，另一些種類為自由漂浮。

buddleia＊ 醉魚草 亦作butterfly bush。醉魚草屬一百餘種植物的統稱。原產世界熱帶和亞熱帶地區。該屬過去屬於龍膽目胡蔓藤科，現劃入玄參目醉魚草科，該科約十屬、一百五十餘種。大部分醉魚草屬的種葉具有茸毛或糠秕狀

A
B

物，花簇生，紫色、白色、黃色或橙色。有幾個種栽培爲庭園觀賞植物。

Budenny, Semyon (Mikhaylovich)＊ 布瓊尼（西元1883～1973年） 蘇聯元帥。貧農出身，1919年加入共產黨，俄國內戰期間任騎兵第一軍團司令，在擊敗鄧尼金、弗蘭格爾以及對波蘭作戰（1920）中起過重大作用。1932年晉升蘇聯元帥，成爲莫斯科軍事區司令官。

Budge, (John) Don(ald) 巴奇（西元1915～2000年） 美國網球運動員，生於加利福亞州的奧克蘭。他在加州男孩州立單打賽中贏得生平第一座錦標。1936年他成爲第一個在一年內囊括澳大利亞、法國、英國和美國的大滿貫單打冠軍的草地網球選手。1937和1938年在溫布頓取得男子的單打、雙打和混合雙打冠軍。四度（1935～1938）代表美國參加台維斯盃賽，二十九場比賽勝二十五場。1939年轉爲職業運動員。他以反拍攻擊的手法而聞名。

Buell, Don Carlos＊ 比爾（西元1818～1898年） 美國將領，生於俄亥俄州的馬里塔附近。西點軍校畢業，南北戰爭剛爆發時，他擔任義勇軍少將。曾協助組織波多馬克聯邦軍，後被派往肯塔基接續雪曼將軍的工作，組訓俄亥俄軍隊。1862年在肯塔基指揮對美利堅邦聯布萊格將軍的進攻戰。在珀利維的戰役結束之後，被撤去指揮職務。

Buena Vista, Battle of＊ 布埃納維斯塔戰役 墨西哥戰爭期間，1847年在蒙特雷附近進行的一次戰役。在戴維斯的協助下，由美國泰勒將軍率五千人攻入墨西哥北部，與墨西哥聖安納將軍率領的約一萬四千人遭遇。美軍擊退了墨西哥軍的攻擊，並造成墨西哥軍死傷約一千五百人。泰勒的勝利使他得以在1848年贏得總統大選。

Buenos Aires＊ 布宜諾斯艾利斯 阿根廷首都（1999年市區人口約2,904,192；都會區人口約12,423,000）。位於阿根廷東部拉布拉他河西岸，距大西洋210公里，但卻是主要的港口。1536年西班牙人率先在此殖民，但直到1580年才有永久居民點。1776年成爲拉布拉他總督轄區的首府。1854年在此起草了一份憲法與其他省份脫離，並開始與它們間斷衝突以爭奪政府的控制權。1880年該市成爲聯邦區和阿根廷首都，與其他省的戰爭才止歇。到第一次世界大戰，它已變成一個繁榮的港口。布宜諾斯艾利斯現在是該國最大和最具影響力的城市，也是重要的工業和交通運輸中心。

buffalo 水牛 幾個牛種的統稱，其中包括體型龐大的水牛和非洲水牛。此英文名亦常指北美的美洲野牛。西里伯斯水牛是一種小型深褐色水牛，膽小，棲於蘇拉維西的濃密森林中。肩高0.75～1公尺，角直而尖。常被獵取其肉、皮和角。比它稍大的小水牛與之近緣，棲息在菲律賓民都洛島；極爲膽小難馴，現已所剩無幾。

非洲水牛
Mark Boulton from The National Audubon Society Collection－Photo Researchers

Buffalo 水牛城 美國紐約州西北部港市（2000年人口約292,648）。位於伊利湖東北端，濱尼加拉河，是紐約州駁船運河的終點。1780年印第安人在此定居。19世紀設鎮。1812年戰爭時是個軍事哨站，後被英軍焚毀。1814～1815年重建，變成伊利運河的西端終點站，對此地經濟帶來爆炸性的成長。現爲聖羅倫斯航道的主要港口，是美國通往加拿大安大略省多倫多－漢米敦工業區的主要門戶，美加貿易大部分通過此地。水牛城也是教育和醫學研究中心。

Buffalo Bill ➠ Cody, William F.

buffalo soldier 水牛戰士 指美國陸軍黑人騎兵團的成員，1867～1896年服役於美國西部。1866年的一項法律授權陸軍成立黑人騎兵和步兵軍團，由白人軍官指揮。他們的主要職責是控制西部邊疆的印第安人（「水牛」這個綽號是印第安人對他們的稱呼）。這些戰士參與了近兩百場戰役，以他們的勇氣和紀律著稱於世，並擁有陸軍最低的叛逃率和軍事審判率。潘興是第十騎兵隊的一位軍官，其綽號「黑傑克」正反映出黑人軍團對他的擁護。

buffer 緩衝溶液 化學術語。通常指含有一種微酸和與之結合的一種微鹼或鹽，並能維持酸鹼值基本恆定的溶液。常見的緩衝溶液的例子有由醋酸和醋酸鈉組成的溶液。緩衝溶液中酸鹼值取決於它們的相對含量，即緩衝比。加入酸或鹼會使它們的濃度發生相應的改變，但它們的比值以及酸鹼值仍接近原有數值。不同的緩衝溶液可製得不同的酸鹼值。一般常用的緩衝溶液有磷酸、檸檬酸或硼酸以及它們的鹽。許多生物化學過程只能在人體內部存在的天然緩衝溶液－－例如血液、眼淚和精液－－所維持的特定酸鹼值下進行。亦請參閱mass action, law of。

Buffett, Warren 巴菲特（西元1930年～） 美國商人和投資人，生於奧馬哈。曾就讀於內布拉斯加大學和哥倫比亞大學，在那裡學會投資那些股票市值偏低的公司。回到奧馬哈後，他把自己的巴菲特合夥公司（1956～1969）最初的十萬五千美元投資額變爲解散時的一億零五百萬美元。他開始投資企業，把那些企業併入紡織品製造商波克夏哈薩威公司旗下。據說他是在股票市場賺進十億美元的第一人。他的金融報告因簡練的智慧，受到股市生手與專家的熱烈研讀。

Buffon, G(eorges)-L(ouis) Leclerc＊ 蒲豐（西元1707～1788年） 受封爲蒲豐伯爵（comte (Count) de Buffon）。法國博物學家。曾攻讀醫學、植物學和數學，直到一次決鬥迫使他中斷學習過程。他安置了家產後，開始鑽研概率、植物生理學和森林管理。1739年任皇家植物園的管理人，並擔負皇家自然史藏品的分類工作，後來編成巨著《自然史》（1749～1804），企圖說明所有已知的植物和動物群系，全書原計畫五十卷，生前僅出版三十六卷。1773年封爵。

bug 程式錯誤 電腦程式中的編碼謬誤，使之無法發揮原先設計的功能。大部分軟體公司擁有品質保證部門，在研發程式時負責找出程式錯誤（除錯），也常常經由β測試（上市前由消費者實際使用所做的測試）偵測出來。bug一詞源於1945年，當時一隻飛蛾闖入並阻斷哈佛馬克II型電腦的繼電器，使電腦無法正常運作，工程師發現後在記錄簿上寫著：「發現錯誤的第一個實例」（原指其他種類的機械缺陷）。

bug 小蟲 一般泛指所有的昆蟲，於昆蟲學中則特指異翅目昆蟲。當bug為異翅目昆蟲俗名之一部分時，該字與前字分開（如chinch bug）；當bug這字用在非異翅目昆蟲的名字中時常與前字相連，如鞘翅目的瓢蟲（ladybug），但仍有許多例外（如臭蟲是異翅目的）。

Bug River 布格河 亦稱西布格河（Western Bug River）。波蘭中東部河流。發源於烏克蘭西部，向北流經波蘭－烏克蘭和波蘭－白俄羅斯邊界至布列斯特，然後折向西流入波蘭境內，在華沙北方匯入維斯杜拉河。全長774公里。布列斯特以下可通航。第一次世界大戰期間有多場戰役是沿著該河河段打的（1915）。中游河段約322公里形成寇松線的一部分，相同的一段在1939年成為德、蘇邊界，第二次世界大戰後，大部分河段仍是蘇聯和波蘭之間的邊界。

bugaku＊ 舞樂 日本宮廷舞蹈，舞蹈形式主要源自中國和朝鮮。這種舞蹈包括兩種基本類型，即由唐樂（主要源於中國式的音樂）伴奏的「左舞」和基本上由高麗樂（從朝鮮傳入的音樂）伴奏的「右舞」。兩種類型還以舞蹈者的富麗繡花衣服的顏色做區別，「左舞」衣紅，「右舞」衣藍或綠。舞蹈者均戴著彩繪的木製面具以扮演虛構的角色。

Buganda＊ 布干達 東非王國，在今烏干達共和國境內，維多利亞湖北岸。19世紀時由干達人的首領統治，到1900年正式成為英國保護地。干達人後來在協助英國人管理東非方面扮演重要的角色。1962年烏干達獨立後，布干達為國內的一個聯邦，但因與中央政府之間關係惡化，導致1967年終於廢除布干達王國，該區域最後劃入烏干達。

Bugatti, Ettore (Arco Isidoro)＊ 布加蒂（西元1881～1947年） 義大利賽車和高級轎車製造商。1909年在亞爾薩斯的默謝姆建立汽車製造廠，不久為勒芒市一年一度的汽車競賽製造了很成功的小功率賽車。1920年代所製造的41型汽車（「金色布加蒂」車或「皇家」車）也許是所有汽車中製造最精、價格最貴的一種，這種汽車只生產不到八輛。他的公司在他死後不久關閉。

Buginese＊ 布吉人 印尼西里伯斯（蘇拉維西）的民族。1667年他們的貿易城鎮望加錫（烏戎潘當）落入荷蘭人手中，他們只好遷至馬來半島其他地方，在雪蘭莪和廖內建立布吉人邦國。他們繼續對抗荷蘭人，並與馬來人爭戰。1800年因與馬來人衝突，兩敗俱傷，喪失地方優勢。早期信奉佛教，17世紀改信伊斯蘭教。現今人數約有三百三十萬人，農村經濟以種植稻穀為基礎，但也從事島嶼之間的貿易。

bugle 軍號 一種高音銅管樂器，古時用來打獵和用作軍事訊號。源自18世紀德國的半圓而孔徑向外擴大的打獵號角。19世紀改形為盤繞兩圈的長圓管體。原本的軍號只需要自然泛音列的第2～6個音（C三和音產生的音調）。1810年時的鍵軍號，則在盤繞一圈的軍號上裝配上六個黃銅鍵，使軍號發出完整的自然音階。1820年代，這種軍號加上活塞，產生了翼號和較低音的次中音大號、薩克號等樂器。

building code 建築法規 整體規則的系統性陳述，管理並限制建築物的設計、建造、改變、修繕。這樣的法則奠基於建築物使用者及鄰居安全、健康、生活品質等方面的要求，在各城市皆有不同。由國家、專業學會、工會發展出來的標準法則－－包括國際建築業事務規則（BOCA）、國家建築法規、統一建築法規、標準建築法規，一般在有所修正的情況下被地方社區採用。紐約市的建築法規是最古老的（1916），主要是因為該市人口稠密，並基於對防火、採光、空氣流通（最重要的一項）等方面的考量而制定。

building construction 房屋建造 裝配和修築建築物的技術和工業。早期人類主要用簡單的方式建造遮風避雨的處所。建築材料來自土地，建造受限於材料和施工者的技巧。施工的第一步是打地基，施工者安裝結構系統，結構材料（磚石、泥或原木）可用作骨架和圍牆。傳統的樑柱體系最後被框架結構取代，施工者變成擅長用各種覆面（骨架外牆）和塗飾，來做封塡與防火工作。鋼骨建築物通常用帷幕牆圍蓋。在現代建築中，包覆建築物骨架只是個開始，各種專家自那時起就開始在內部大量施工，如安裝室內給排水設施、電子管線、HVAC（即供暖、通風和空氣調節配備）、窗、樓面覆面層、抹灰泥工作、線腳（裝飾線條）、瓦／磚和隔間等等。亦請參閱architecture。

building stone ➠ stone, building

Bujumbura＊ 布瓊布拉 舊稱烏蘇姆布拉（Usumbura）。蒲隆地首都（2001年人口346,000）。位於坦干伊喀湖北端。為該國最主要的港口和最大都市中心。1890年代德國軍隊占領此區時，名為烏蘇姆布拉，德國把它併入德屬東非，包括在圖西人王國內。1962年蒲隆地取得獨立，該市改為現名。工業以紡織業和農產品加工為主。大部分外貿是與坦尚尼亞的基戈馬之間的船運生意。

Bukhara 布哈拉 亦作Bokhara或Boukhara。烏茲別克西部城市（1998年人口約220,000）。位於阿姆河東岸。建於西元1世紀以前。709年阿拉伯人占領該城時，它已經是一個重要的貿易中心。之後為薩曼王朝國都，王國範圍西從巴格達、東到印度、北從布哈拉、南至波斯灣。1220年為成吉思汗（元太祖）占領，1370年又落入帖木兒之手。之後布哈拉被烏茲別克人征服，自16世紀中葉起建都於此，史稱布哈拉汗國。1868年該汗國成為俄國保護國。1920年成為布哈拉人民蘇維埃共和國首府，1924年該共和國併入烏茲別克蘇維埃社會主義共和國。1991年烏茲別克獨立時，布哈拉成為該國一部分。

Bukhari, (Abu Abd Allah Muhammad ibn Ismail) al-＊ 布哈里（西元810～870年） 穆斯林編撰者和「聖訓」學者。童年時開始在中亞學習，旅遊遠達麥加和開羅去收集穆罕默德的資料和遺訓。先後共收集傳說約六十萬條，從中選出他認為絕對可靠的7,275條收入《聖訓實錄》。他的《偉大的歷史》一書包含了從先知時代到布哈里當時那些向他提供過口頭傳說的人的傳記。

Bukharin, Nikolay (Ivanovich)＊ 布哈林（西元1888～1938年） 俄羅斯共產黨領袖和經濟學家。在布爾什維克掌權後，他成為《真理報》主編（1917～1929）。他是政治局委員，並且擔任共產國際執行委員會主席。他也出版了幾部經濟學理論著作。在公開的清黨審判後期被誣指進行反革命活動和間諜活動，定罪處死。

Bukovina＊ 布科維納 中東歐一地區，包括喀爾巴阡山脈東北部的一部分。居民有烏克蘭人和羅馬尼亞人。14世紀時為摩達維亞公國一部分。1775年由控制摩達維亞的土耳其人割予奧地利，始稱布科維納。1918年奧匈帝國解體後，羅馬尼亞占據此地，並根據1919年的條約控制整個布科維納。1944年蘇聯占領北布科維納，歸屬烏克蘭蘇維埃社會主義共和國（今烏克蘭），其餘劃歸羅馬尼亞人民共和國

（今羅馬尼亞）。

Bukowski, Charles　布科夫斯基（西元1920～1994年） 德國出生的美國詩人、短篇和長篇小說家。1922年全家遷至洛杉磯，就讀於洛杉磯市立學院，1940年代中期開始出版短篇小說。第一部詩集《花、拳頭、獸嚎》出現於1959年，往後幾年定期出版的詩集贏得追隨其後的全心崇拜者；小說則有《郵局》（1971）和《總管》（1975）。他也為電影《夜夜買醉的男人》（1987）寫作腳本，這是關於酗酒者的半自傳性喜劇；小說《好萊塢》（1989）描述電影拍製過程。他幽默而常是謾罵的文字作品，反映出個人終身窮苦潦倒的存在模式。

Bulawayo*　布拉瓦約 辛巴威西南部城市，為該國第二大城市（1998年人口約790,000）。海拔1,340公尺。原為恩德貝勒人國王的首府所在地，1893年被英國占領。現為辛巴威主要的工業中心及全國鐵路樞紐站，是貨物進出南非的主要轉運點。

bulb　鱗莖 植物學上指某些種子植物，尤其是多年生的單子葉植物（參閱cotyledon）的處於休眠階段的變態莖。鱗莖包括較大且通常為球形的地下芭芽和伸出地面的短莖，膜質或肉質的葉互相重疊，從短莖上生出。鱗莖的肉質葉用以儲存食物，可使植株於缺水時（如冬季或乾旱時）休眠，當條件有利時又恢復生機。鱗莖主要有兩種類型，一種類型以洋蔥為代表，肉質葉外覆以紙樣的薄膜以資保護；另一種類型見於真正的百合，貯藏葉裸露，無紙樣薄膜覆蓋，外觀似由許多有稜角的鱗片構成。許多普通觀賞植物，如水仙、鬱金香和風信子，能於具備有利的生長條件時在早春迅速開花。另一些具鱗莖的植物，如百合，在夏天開花；或如秋水仙，在秋天開花。藏紅花屬和唐菖蒲屬的固體球莖以及某些鳶尾屬的長形根莖都不是鱗莖。

Bulfinch, Charles　布爾芬奇（西元1763～1844年） 美國最早的開業建築師，生於波士頓。就讀於哈佛大學，後至歐洲旅遊，參觀了法國和義大利的許多主要建築物。大部分作品都採用古典柱式，顯示出熟練的比例處理手法。以設計政府行政建築為主，他是美國國會大廈的建築師（1817～1830），兩翼仍採用前任建築師拉特羅布的方案，但重新設計了圓形大廳。他的兒子湯瑪斯．布爾芬奇（1796～1867）曾寫了一部著名的《布爾芬奇神話》，為他立傳。

Bulgakov, Mikhail (Afanasyevich)*　布爾加科夫（西元1891～1940年） 蘇聯劇作家、小說家和短篇小說家。棄醫從文，1925～1929年間撰寫並策劃好幾部受歡迎的戲劇，包括把自己的小說改編為戲劇。到1930年，他的作品因對蘇聯社會陰暗面的尖銳批評日益為當局所不容，終至禁止他出書。其作品以幽默和辛辣的諷刺著稱，包括《狗心》（寫於1925年），對偽科學作尖刻而詼諧的諷刺，到1987年蘇聯開放後才出版；《大師與瑪格麗特》，是一部令人眼花繚亂的幻想小說，一直到1973年才以完整面貌見人。

Bulganin, Nikolay (Aleksandrovich)*　布爾加寧（西元1895～1975年） 蘇聯政治人物、工業和經濟官員。在赫魯雪夫與馬林科夫政權鬥爭時，他力挺赫魯雪夫，1955～1958年擔任蘇聯部長會議主席。雖同赫魯雪夫關係密切，但後來加入「反黨集團」，試圖在1957年把赫魯雪夫趕下台，結果卻讓自己失勢。

Bulgaria　保加利亞 正式名稱保加利亞共和國（Republic of Bulgaria）。歐洲東南部國家。面積110,994平方公里。人口約7,890,000（2002）。首都：索非亞。人口以保加利亞人為主，約占85%；其他少數民族包括土耳其人、吉普賽人和馬其頓人。語言：保加利亞語（官方語）和地區方言。宗教：以東正教為主，其他還有天主教、新教和伊斯蘭教。貨幣：列夫（lev）。地形主要分為三大區：最北端是多瑙河平原，是全國最肥沃的地區，占總面積1/3。平原南部緊接著巴爾幹山脈，海拔高達1,050～2,375公尺。西南和南部是洛多皮山脈，全國最高峰穆薩拉峰（高度2,925公尺）即位於此。另外有一塊狹窄的黑海沿岸地區，其中的瓦爾納、布爾加斯市是東歐最熱門的濱海度假勝地。主要河系屬黑海和愛琴海。1946～1989年實施蘇聯式的計畫經濟。1991年起非共產黨政府已改變政策走向，開始把某些經濟部門民營化，包括農業。政府形式為共和國，一院制。國家元首是總統，政府首腦為總理。史前時代就有人類居住，色雷斯人是最早有記載的居民，年代可追溯到西元前3500年左右，他們約在西元前5世紀建立第一個自己的國家。後來此區受羅馬人統治，羅馬人把它劃分為莫西亞和色雷斯省。西元7世紀保加爾人控制了多瑙河以南的地區。681年拜占庭帝國正式承認保加爾人對巴爾幹山脈和多瑙河之間地區的勢力。1185年保加利亞落入土耳其人之手，最後喪失獨立地位。俄土戰爭（1877～1878）結束後，保加利亞開始反叛，接下來訂立的「聖斯特凡諾條約」不為幾個強權國家所接受，於是召開柏林會議（1878）。1908年保加利亞統治者斐迪南宣布獨立。後來捲入巴爾幹戰爭（1912～1913、1913），被迫割讓領土。第一次世界大戰期間加入同盟國。第二次世界大戰則站在德國這一邊。1944年共產主義聯盟取得政權。1946年宣布成立人民共和國。1980年代晚期與東歐其他幾個國家一樣經歷了政局的不安，1989年共產黨領導人下台。1991年制定新憲法，建立共和國，接下來的幾年陷入經濟混亂時期。

Bulgarian Horrors　保加利亞慘案 1876年鄂圖曼帝國軍隊鎮壓保加利亞叛亂的暴行。英國政治人物格萊斯頓在他出版的小冊子公開揭露這一暴行。據說在菲利波波利（今普羅夫迪夫）約有一萬五千人遭到屠殺，許多村莊和一些修道院遭破壞。雖然各國人民普遍義憤填膺，歐洲列強卻沒有什麼反應。1878年的柏林會議結束了這場危機，建立一個小的保加利亞自治公國。

Bulgarian language 保加利亞語 斯拉夫諸語言南部語支。通行於保加利亞以及希臘、羅馬尼亞、摩爾多瓦、土耳其和烏克蘭的部分地區（約九百萬人）。它和馬其頓語關係密切，馬其頓語通行於馬其頓、阿爾巴尼亞和希臘鄰近地區，以及其他飛地，約有兩百～兩百五十萬人操此語言。這兩種語言都和其他大支斯拉夫語截然不同，幾乎完全消失名詞「格」的變化，用小句替換動詞不定式，文學語言已失去以前的音高重音（即聲調），而用自由重音（非重讀元音隨之減弱）。兩種語言皆源自古教會斯拉夫語。在鄂圖曼帝國統治下，文學作品只限於用教會斯拉夫語。保加利亞語直到19世紀中葉才成爲文學語言，1899年以北部保加利亞方言爲基礎編成一套系統。雖在巴爾幹戰爭（1912～1913）之前就有人努力創造出馬其頓文學語言，但一直到馬其頓共和國脫離南斯拉夫共產黨宣布獨立後，才被正式承認是不同的語言。

Bulge, Battle of the 突圍之役（西元1944年12月16日～1945年1月16日） 第二次世界大戰中德國在西線的最後一次攻勢，企圖使盟軍從德國本土撤出，但未成功。「突圍」一詞指的是德軍突入盟軍陣線的楔型攻擊。1944年12月盟軍在比利時南部亞耳丁森林高地突遭德軍襲擊。德國將軍倫德施泰特指揮裝甲師發動兩線進攻。剛開始時很成功，但後來遭遇盟軍的抵抗，之後巴頓將軍隨即前來援救，並開始反攻。德軍在1945年1月間撤退，雙方的損失都很慘重。

Buli style＊ 布利式樣 剛果（金夏沙）盧巴人製作的非洲木雕刻品。最典型的是古人雕像和當作凳子用的工具（通常雕像用頭和指尖支撐凳面，手指分開，掌面向前）。由於風格與其他盧巴人雕刻不同，原本以爲是出自一個名叫「布利大師」藝術家一人之手，後來才發現這些雕刻出自一個工作房。

bulimia＊ 暴食症 飲食失常，多見於女性，由於過於關心體重和體型而大吃大喝，繼之引起嘔吐。通常開始於青少年期或成年期初期，伴隨有抑鬱症、焦慮症和自尊心不強等。暴食症可引起嚴重的併發症，如齲齒、胃破裂或脫水，甚至可以致死。可能需要心理治療。本病與神經性厭食不同，大部分暴食症患者的體重接近正常值。

bulk modulus＊ 體積彈性模量 描述固體或液體在各個表面都處於壓力下的彈性特徵的常數。它是抗張強度或單位表面積上的壓力與固體或液體的每單位體積中的體積變化之比，因此是物質抗形變能力的量度。其單位是牛頓每平方公尺（N/m^2）。難以壓縮的物質有大的體積彈性模量，如鋼的體積彈性模量爲$1.6\times10^{11}N/m^2$，是玻璃的三倍（也就是說，玻璃的可壓縮程度是鋼的三倍）。

Bull, John 布爾（西元1562?～1628年） 英國作曲家。1582年在赫里福德大教堂任管風琴師，1591年任皇家禮拜堂管風琴師。1613年因通姦怕被處罰而逃離英國，前往歐陸，在布魯塞爾和安特衛普擔任了重要的管風琴師職位，直到去世。作有許多讚美詩，但以鍵盤樂作品著稱。當時他正處在英國維吉諾音樂大行其道的年代，故創作了許多表現自己卓越的鍵盤技術的作品，搶奪了如伯德和吉本斯這些同代音樂家的不少光彩。

Bull, Ole (Bornemann)＊ 布爾（西元1810～1880年） 挪威小提琴家。在故鄉卑爾根受訓後，1828～1831年在克里斯蒂安（今奧斯陸）當自由演員。他在巴黎舉辦音樂會，特點是用民間小提琴演奏挪威歌曲，引人矚目。他在歐洲和美國巡迴演出達二十多年，取得很大的成功。長久以來是個民族主義者，1848年的革命促使他回國。他協助建立卑爾根挪威劇院，1852～1853年在賓夕法尼亞州建立社會主義移民區奧勒奧納，結果實驗失敗讓他負債纍纍，只好再四處巡迴演出。大部分作的曲子現已失佚。

bull market 多頭市場 指有價證券和商品交易中行市不斷上漲的市場。多頭是認爲證券價格將要上漲的投資者，他根據這種設想而買進證券或商品，希望隨後重新賣出時能獲得利潤。亦請參閱bear market。

Bull Moose Party 公麋黨 美國的一個政治派別，於1912年提名羅斯福爲總統候選人。1911年由威斯康辛州參議員拉福萊特組織全國共和黨進步同盟，以對抗塔虎脫總統控制下的頑固保守的共和黨。該黨的名稱來自羅斯福形容自己性格中的力量與精力的用詞。羅斯福在該年大選中獲25%左右選票，但大選讓民主黨漁翁得利，使威爾遜贏得大選。後來公麋黨解散，1916年共和黨復歸統一。亦請參閱Progressive Party。

bull-roarer 牛吼器 通常是一個約幾吋至一呎長的扁木片，一端繫在一根弦上，當它在空氣中用弦旋轉時會產生聲波，從而發出類似動物或鬼怪的呼嘯聲。存在於澳大利亞、美洲和其他有原始社會的地區。可能作爲象徵祖先的圖騰，或說會致病或治療疾病，警告婦孺不可靠近男人舉辦的獻神祭典，控制天氣或使六畜興旺、穀物豐收。

Bull Run, Battles of 布爾淵戰役 美國南北戰爭中，在維吉尼亞州北部馬納薩斯附近一條溪流進行的兩次戰役。第一次戰役（亦稱第一次馬納薩斯戰役）是在1861年7月21日打響的。北軍由麥克杜威（1818～1885）將軍指揮，軍隊有三萬七千人，美利堅邦聯南軍由波爾格和約翰斯頓統帥，人數有三萬五千人。戰爭一開始是由北軍發動進攻，後來潰退至華盛頓特區。第二次布爾淵戰役是在1862年8月29～30日進行的。南軍五萬六千人，由李將軍指揮；北軍七萬人，由波普指揮。李將軍爲了防備北軍得到波多馬克軍的奧援，特派傑克森從側翼包圍北軍。結果李將軍的攻擊造成北軍撤退至華盛頓特區。北軍傷亡一萬五千人，南軍傷亡九千人。兩次戰役加強了美利堅邦聯的決心，也讓北軍反省其軍事領導和戰略方式的錯誤。

bull terrier 牛頭㹴 19世紀在英國育成的狗品種，從鬥牛犬和今已不存的白色英格蘭㹴育成。後又引入西班牙指示犬的血統，以增大其體型。牛頭㹴被育成大膽的鬥犬，但並不擅於將對方激怒，一般對人友善。肌肉發達，從體重來看，是最健壯的狗。被毛短，尾基部較尾尖粗，耳直立。眼深陷。站高48～56公分，體重約20～22公斤。它們有兩種品種，斑駁色和白色。

bulldog 鬥牛犬 亦稱英國鬥牛犬（English bulldog）。數世紀前爲了逗引牛而在大不列顛培育成的狗品種。強壯有力，勇敢，凶猛能耐疼痛。1835年鬥狗被宣布爲非法後，本品種幾乎消失。但鬥牛犬育種家使這品種保存下來，並透過育種使之不那麼凶狠。多性溫馴、可信賴。頭大，疊耳，嘴扁，下顎突出。皮膚鬆弛，頭、臉部有皺褶。被毛短而細，白或棕褐色、有斑紋或色彩斑駁。站高34～38公分，體重18～23公斤。

Buller River 布勒河 紐西蘭南島河流，以紐西蘭郡的發現者布勒的姓命名，爲該島西岸最大河流。源出中部高地，向西注入塔斯曼海。全長177公里。峽谷一帶風景秀麗，尤以伊南阿瓦匯流處最美，爲著名旅遊勝地。

bulletin-board system (BBS)　電子佈告欄　用來交換公開訊息或檔案的電腦化系統。在一般情況下，電子佈告欄可藉撥接數據機與之連線。大部分爲具有特殊的興趣，可能是極端狹窄的題目。任何用戶可以把自己的訊息「貼」（讓訊息出現於該址而讓全部人閱讀）到佈告欄上，以便感興趣之參與者互相「交談」，或下載、列印自己想要保存的訊息，或將之傳給別人。如今，電子佈告欄位址數以萬計。亦請參閱newsgroup。

bullfighting　鬥牛　流行於西班牙、葡萄牙和拉丁美洲的一種壯觀的大衆性活動。鬥牛士按儀式慣例在圓形競技場上逗弄牛，通常最後殺死牛。這種鬥牛運動在古代的克里特、色薩利和羅馬很普遍。現代人重建並美化了羅馬圓形競技場，用作牛圈。最大的場地在馬德里、巴塞隆納和墨西哥城。每次鬥牛通常包括六場分別的鬥牛活動，開始時，鬥牛士率其隨從進場。每場開始，一個助手（鬥牛者）進行準備性調動，讓鬥牛士試探牛的特性。然後鬥牛士甩動他的斗篷，將牛盡量吸引到身邊而又不要讓牛抵著。然後是騎馬鬥牛士進場，他們將矛刺向牛的頸部及肩部，以削弱牛的肌肉力量。此時鬥牛士以一定的儀式用劍將牛殺死。葡萄牙鬥牛儀式採用騎馬來鬥，不殺牛。現代許多國家已禁止鬥牛運動。

鬥牛士馬諾來特用左手揮動紅布挑逗牛
Barnaby Conrad

bullfinch　紅腹灰雀　雀形目雀科數種矮胖的嘴堅實的鳴禽。歐亞有紅腹灰雀屬的六個種，都有醒目的斑紋。普通紅腹灰雀體長15公分，黑色和白色，雄鳥體上部赤黃色，鳴聲柔和婉轉，是人們喜愛的籠鳥。常見於常綠樹叢或灌木樹籬。號紅腹灰雀是帶粉紅色的灰白色鳥，棲於加那利群島到印度的乾旱地區。

普通紅腹灰雀
H. M. Barnfather－Bruce Coleman Ltd.

bullfrog　牛蛙　獨居的水棲蛙，學名*Rana catesbeiana*，因其叫聲大而得名，爲北美最大的蛙類。原產於美國東部數州，後被引進西部各州和其他國家。牛蛙體綠或棕色，腹部白色至淡黃色，四肢有黑色條紋。體長約20公分，後肢長達25公分。成體大者體重超過0.5公斤。常生活於靜水中或其附近。許多牛蛙可供食用或用作實驗材料。其他一些大型蛙類有時亦稱牛蛙。

牛蛙
Richard Parker

bullhead　鮰　幾種鮰科鮰屬北美淡水鯰類魚的統稱，作爲食用魚和遊釣魚。與斑鮰及其他北美大型種近緣，但尾鰭方而不分叉，體長不超過30公分。黑鮰產於密西西比河流域，黃鮰和棕鮰產於落磯山脈以東，扁鮰產於北卡羅來納州及佛羅里達州之間的沿岸溪流。杜父魚有時也叫作鮰。

bullionism　重金主義　重商主義的貨幣政策，主張由國家管制外匯和貴重金屬塊（金條）的交易，以維持本國的貿易順差。與這種貨幣政策關係最密切的國家是西班牙，它在16～17世紀期間的長時間內非常成功地從新世界殖民地攫取大量金銀。因此，主張貿易差額會增加金銀貨幣供給的理論和實踐得以發展。西班牙刮光殖民地的金銀，向他國大量購買貨物和勞務，終於耗盡財富而不曾發展本國的工業，使西班牙從一個最富有的國家變成歐洲最貧窮的國家之一。

Bullock, Wynn　布洛克（西元1902～1975年）　美國攝影家，生於芝加哥。布洛克早期作品主要是「負感片」，其中影像部分是正像，部分是負像，這深受莫霍伊－納吉所拍前衛實驗照片的影響。1948年韋斯頓向他建議把焦點放在寫實性和色調之美上。布洛克謹守韋斯頓的教誨，結果他的許多作品與韋斯頓的照片十分相似。布洛克的寫實影像經常必須被視爲「同等物」，即作爲視覺隱喻的攝影影像，如時間的流逝和死亡的不可避免。

Bülow, Bernhard (Heinrich Martin Karl), Fürst (Prince) von＊　比洛親王（西元1849～1929年）　德意志帝國首相和普魯士總理（1900～1909）。曾在洛桑、柏林和萊比錫攻讀法律。在成爲外交部的一員之後，1897年受命爲外交國務祕書，他很快在1900年成爲一位有力並成功的財務大臣。他與威廉二世合作，在第一次世界大戰前的年代裡奉行德意志擴張政策。但在阻止英法俄三國聯合（參閱Entente Cordiale和Triple Entente）反對德國方面，他不太成功。並且在第一次摩洛哥危機時加劇了國際緊張局勢（參閱Moroccan crises）。

Bülow, Hans (Guido), Freiherr (Baron) von＊　畢羅（西元1830～1894年）　德國鋼琴家和指揮家。幼時曾從舒曼之父學鋼琴。在遇上李斯特（1849）和華格納（1850）之後，放棄法律而學習音樂，並在他們的幫助下，展開指揮和鋼琴家的全新生涯，1851年起跟隨李斯特學鋼琴，1857年與他的女兒科西瑪結婚。他被指派爲路德維希二世的宮廷指揮，之後任慕尼黑宮廷音樂總監，首次指揮演出華格納的歌劇《崔斯坦與伊索德》（1859）和《名歌手》（1868）。1869年科西瑪棄他而嫁給華格納，但他仍善待他們兩人。

bulrush　燈心草　莎草科藨草屬（特別是席草）一年生或多年生禾草植物的統稱。帶有單一或成團的小穗花序，生於潮濕的地方，包括池塘、沼澤、湖泊，莖常被用來編織強韌的墊子、籃子、椅座。燈心草可以充當過濾器，吸收有毒的金屬及毒性微生物，進而幫助減少水污染。在英國，燈心草一詞指的是兩種香蒲：寬葉香蒲和狹葉香蒲（水燭）。

Bultmann, Rudolf (Karl)＊　布爾特曼（西元1884～1976年）　德國基督教新約學者。出身於路德派牧師家庭。曾在圖賓根大學研究神學，後來在馬爾堡的大學任講師（1921～1951）。1921年在《對觀福音書的傳統歷史》一書中分析〈福音書〉，建立他的聲譽。受到海德格的影響，他認爲基督教教理不注重作爲歷史人物的耶穌，而著眼於超物質的基督，並主張《新約》經文本質上是神話。在納粹時期，布爾特曼支持德國宣信會反對納粹宗教政策。戰後主要作品有：《宣示福音和神話》（1953）、《歷史和末世論》（1957）、《耶穌基督和神話》（1960）。

Bulwer, (William) Henry Lytton (Earle)　布爾沃（西元1801～1872年）　受封爲達林與布爾沃男爵（Baron Dalling and Bulwer (of Dalling)）。以布爾沃爵士（Sir Henry Bulwer）知名。英國外交官。1829年進入外交界。1838年與

土耳其簽訂「龐森比條約」，使英國在鄂圖曼帝國的貿易獲得重大利益。他在擔任駐美大使（1849～1852）時與美國簽訂了引起爭論的「克萊頓－布爾沃條約」，意圖解決（實際加劇了）英美在拉丁美洲的各種爭端。1856年在克里米亞戰爭之後舉行的談判中起過重大作用。他的弟弟是名小說家布爾沃－李頓。

Bulwer-Lytton, Edward (George Earl) 布爾沃－李頓（西元1803～1873年） 受封爲李頓男爵（Baron Lytton of Knebworth）。英國政治人物、詩人、評論家。劍橋大學畢業，1828年出版第一部長篇小說《佩勒姆》。1831年成爲自由黨議員，1841年退出議會，1852年轉爲托利黨員。從政期間寫了幾部長篇歷史小說，其中包括《龐貝的末日》（三卷，1834）和《哈羅德，最後一個撒克遜人》（1848）。1866年封爵。1830年出版的小說《保羅．克利福德》開端第一句「It was a dark and stormy night...」導致他成立一年一度的布爾沃－李頓小說獎，參賽者需改寫第一句來開始一部虛構小說，再從中挑選出最好的。

bumblebee 熊蜂 膜翅目蜜蜂科熊蜂族的兩個屬昆蟲。分布於世界大部分地區，在溫帶最常見。熊蜂體粗壯多毛，一般長1.5～2.5公分。多爲黑色，並帶黃或橙色寬帶。熊蜂屬在地下築巢，或找廢棄鳥巢或鼠洞棲身。營社會性生活，每巢有一隻蜂后、多隻雄蜂和工蜂（參閱caste）。擬熊蜂屬爲社會寄生昆蟲（參閱parasitism），但將卵產在熊蜂屬種類的巢內，由其工蜂照看。

Bunau-Varilla, Philippe (-Jean)＊ 比諾－瓦里亞（西元1859～1940年） 法國工程師。1884年在法國巴拿馬運河公司任職，直到這家公司的計畫失敗。他協助慫恿了最後導致巴拿馬獨立的革命，並受這個尚未成立的政府之委託與美國政府談判且簽下建造一條運河的條約。1903年他與美國國務卿海約翰簽訂條約，保證在美國控制下開鑿巴拿馬運河。

bunchberry 御膳橘 山茱萸科多年生匍匐草本植物，亦稱dwarf corne，學名*Cornus canadensis*。花小，淡黃色，不顯著，頭狀花序，花序周圍有四枚白色（稍帶粉紅色）醒目的苞片。果紅色，簇生。產於亞洲，以及從格陵蘭至阿拉斯加，南達馬里蘭、新墨西哥和加利福尼亞的地區。生長於酸性土、沼澤地和高地斜坡。

Bunche, Ralph (Johnson)＊ 本奇（西元1904～1971年） 美國外交官，生於底特律。哈佛大學畢業，1928年起在霍華大學任教。在非洲研究殖民政策後，與米達爾合寫了《美國難題：黑人問題與現代民主》（1944）一書，研究美國的種族關係。第二次世界大戰期間，他先後在美國國防部和國務院工作。1947年進入紐約的聯合國常設祕書處工作，任託管部主任。後來協助聯合國特別委員會以談判解決交戰中的巴勒斯坦阿拉伯人和以色列人的問題而獲1950年諾貝爾和平獎。在擔任特別政治事務的副祕書長期間，他監督了在蘇伊士運河區（1956）、剛果地區（1960）和塞普勒斯（1964）的聯合國維持和平部隊的工作。他也在全國有色人種促進協會（NAACP）的委員會裡任職二十二年。

本奇
H. Roger-Viollet

Bundelkhand＊ 本德爾汗德 印度中部歷史區域。歷經各個王朝的統治，14世紀時，本德拉拉傑普特人定居於此。經過幾個世紀與德里蘇丹國穆斯林勢力的爭戰後，被蒙兀兒王朝統治一段時期，後來馬拉塔人擴張其勢力，但到1817年英國政府奪得此區所有的領土權。印度取得獨立後，1948年本德爾汗德併入溫迪亞省，溫迪亞省又於1956年併入中央邦。

Bundestag＊ 聯邦議院 德意志聯邦共和國兩院制議會的下院。它代表整個國家，議員由混合直接普選和比例代表制而產生，任期四年。聯邦議院依次選舉政府首腦——總理。此詞以前也指日耳曼邦聯（1815～1866）的邦聯議會，在威瑪共和時期（1919～1934）名爲國會（Reichstag）。1933年建築物被焚毀（參閱Reichstag fire），1933～1945年納粹統治期間，不再召開會議，1949年才恢復。1990年德國統一後，其地位再度獲承認。

bundle theory 羈束理論 休姆提出的理論，指出心靈只是從印象中導出觀念，沒有較深的統合或連貫，僅在形似、先後、因果方面相關。休姆在否決物質自我或統一自我方面的優秀論述，預示了一次哲學危機，讓康德從中致力於拯救西方哲學。

Bundy, McGeorge 邦迪（西元1919～1996年） 美國政府官員和教育家，生於波士頓。第二次世界大戰期間任情報官員。1949年到哈佛大學工作，1953年任文理學院院長。後來成爲甘迺迪和詹森總統的國家安全事務特別助理，極力主張美國擴大介入越戰。1966年辭職，任福特基金會主席，直至1979年。1979～1989年任紐約大學歷史教授。

bungee jumping＊ 高空彈跳 將跳躍者的足部用一條固定於跳躍地點的橡膠繩索綁著，而從高處往下跳的運動。在頭朝下的自由掉落期之後，繩索拉至最長而部分反彈上升，再往下掉落。其根源可溯及萬那杜聖靈降臨島的「陸地跳水」，跳水者從高塔跳下，他們的腳靠藤條連著塔頂，藤條長度估計可讓跳下的人掉落至頭髮剛好觸及下方地面的程度。牛津危險運動俱樂部受到聖靈降臨島關於跳水者的報導啓發，設計出西方最早的高空彈跳，1988年首次在紐西蘭進行商業性公開活動。

Bunin, Ivan (Alekseyevich)＊ 布寧（西元1870～1953年） 俄國詩人和小說家。原爲記者和普通職員，業餘時間從事寫作和翻譯詩。因《舊金山來的紳士》（1916）等傑作而享有短篇小說家的盛名。其他作品包括長篇小說《米佳的愛情》（1925）、故事集《暗徑》（1943），以及虛構式自傳、回憶錄和論述托爾斯泰和契訶夫的著作。他是第一個獲得諾貝爾文學獎（1933）的俄國人，也是最優秀的俄語文體家之一。

Bunker Hill, Battle of 邦克山戰役 美國革命初期，殖民地人民的重要勝利。在勒星頓和康科特戰役之後兩個月，一萬五千多名大陸軍集結在波士頓附近，阻止英軍占領城市周圍的幾個山頭。他們在查理河對岸的邦克山（舊稱布里德山）加強工事；1775年6月17日他們抵擋住了波士頓港內英國艦隊的炮擊，還擊退了兩千三百名英軍的進攻，但最後還是被迫撤離。英軍的死傷（約千人）和殖民地人民的激烈抵抗使英國人相信要征服反叛將會是很困難的。

bunraku＊ 文樂 日本傳統木偶劇。用與眞人一般大小的玩偶演出一種以日本三弦（三味線）伴奏的說唱曲藝，叫「淨瑠璃」。18世紀，木偶劇以演出近松門左衛門的劇本而達到頂峰。後來，因缺乏優秀的淨艦瑠璃作家而日漸衰微。

Bunsen, Robert (Wilhelm)　本生（西元1811～1899年）　德國化學家。1859年左右和基爾霍夫一起觀察到每種化學元素都放射出具特徵波長的光。這種研究開啓了光譜化學分析這個領域。本生在唯一的一本著作中詳細闡明測量氣體體積的方法。他還發明碳鋅電池、過濾泵、冰量熱計和蒸汽量熱計。雖然他常被譽爲本生燈的發明人，但看來他對本生燈的發明只作了些次要的貢獻。

bunting　鵐　舊大陸鵐屬約三十七種以種子爲食的雀類，屬於新大陸燕雀科的鵐亞科。鵐屬的多數種類可從其強壯的頭部模樣辨認出來。鵐科一般都在歐、亞大陸和從北非到印度等溫暖地區繁殖。在極北地區繁殖的雪鵐和美國大平原的鸚鵐也是鵐亞科的種類。在美國，bunting一詞還指近緣的主紅雀亞科彩鵐屬的種類，如小靛藍彩鵐和麗色彩鵐，雄鳥色彩炫麗，羽毛紅、綠、藍相間，在美國繁殖。

麗色彩鵐
Donald D. Burgess from E. R. Degginger

Buñuel, Luis＊　布紐爾（西元1900～1983年）　西班牙電影製片人。在馬德里大學就讀時結識畫家達利，並創立一個電影社。1925年去巴黎從影，1928年與達利合作導演第一部超現實主義影片《安達魯之犬》。隨後又導演反教會的《黃金時代》（1930）和《無糧的土地》（1932）。在擔任西班牙的商業製作人和好萊塢的技術顧問後，他遷往墨西哥，導演了《被遺忘的人》（1950）和《拿撒琳》（1958）。之後他回到西班牙拍攝《維莉蒂安娜》（1961），後發現有反教會的內容而被禁。他在後來的影片抨擊傳統的道德，如《青樓怨婦》（1967）、《泰莉絲丹娜小姐》（1970）、《中產階級拘謹的魅力》（1972）和《朦朧的慾望》（1977）。

布紐爾
Camera Press

Bunyan, John　班揚（西元1628～1688年）　英國牧師和傳道士。家境貧寒，內戰爆發時，被徵召入國會軍，接觸到克倫威爾軍隊中左翼教派沸騰的宗教生活，對清教徒的主導思想開始熟悉起來。他經歷了一段精神的折磨，最後改信清教主義，並成爲傳道士。查理二世復辟後，他因是不從國教派而被關十二年，在獄中他撰寫了描述其精神的自傳《罪人受恩記》（1666）。其最有名的著作《天路歷程》（1678～1684）是一部宗教寓言，表達了清教主義的宗教觀，敘述一個基督徒生死存亡的驚險故事。書一出版後其受到平民百姓歡迎的程度僅次於《聖經》。在最後十年中他出版大量的宣傳教義但引起爭議的作品。

班揚，懷特（Robert White）繪於皮紙上的鉛筆畫；現藏大英博物館
By courtesy of the trustees of the British Museum

Bunyan, Paul　班揚　傳說中的美國邊地伐木巨人。是巨大、強壯和活力的象徵，還有他的同伴藍牛娃娃。故事描述隨意安排河山的班揚如何創造出普吉灣、大峽谷和布拉克山，他有個異乎尋常的大胃口，班揚的烤餅盤之大，要幾個人用鹹肉當冰鞋在上面溜冰才能塗上脂。一些口頭傳說的軼聞，說明早在麥吉利夫雷於1910年發表The Round River Drive故事以前，班揚之名已流傳於各地伐木區，後來推廣爲全國性的傳奇人物。

Bunyoro　布尼奧羅人 ➠ Nyoro

Buonarroti, Michelangelo ➠ Michelangelo

buoyancy　浮力 ➠ Archimedes' principle

burakumin＊　部落民　日本的少數人群，基於歷史因素被逐出階級之外而受歧視。16世紀末，豐臣秀吉把人民劃爲四個階級，有一群人被排除在外，位於這個階級體系下的最底層：他們從事諸如屠宰、鞣革及其他殺生行業。佛教和神道教認爲這些行業會污染本性，所以長久以來他們一直蒙受這種污名。儘管1871年頒布法令正式取消部落民，改列爲平民，但是偏見仍在。部落民身分暴露後，往往足以破壞婚約或契約，或無法在非部落民的行業裡就業。部落民現在人數約有一百萬～三百萬。

Burbage, Richard＊　伯比奇（西元1567?～1619年）　英國演員。二十歲時就已是受人喜愛的名演員，曾是列斯特伯爵劇團和宮內大臣供奉劇團（後來的國王供奉劇團）的成員。與莎士比亞關係密切，是最早扮演莎士比亞劇中角色的人，如理查三世、羅密歐、亨利五世、哈姆雷特、馬克白、奧賽羅和李爾王。也曾在吉德、班·強生、韋伯斯特的劇作中扮演角色。理查是環球劇院和黑衣修士劇院的主要股東，這些劇院是他的父親詹姆斯·伯比奇所創辦的，經營工作由其兄弟負責。

Burbank, Luther　柏班克（西元1849～1926年）　美國植物育種家。生長在麻薩諸塞州蘭卡斯特附近的農場，只受過中等教育，達爾文有關動植物在馴化中的變異理論對他影響很深。二十一歲時開始植物育種生涯，很快育出柏班克馬鈴薯。後來移居加州聖羅莎，在那裡建立一個苗圃、一個溫室和若干個實驗農場。他育出八百多個新的和有用的果實、花卉、蔬菜、穀類和草的品種，其中有些至今仍具重要的商業價值。他的實驗室因而聞名世界，也促使植物育種發展成一門現代科學。曾出版兩部多卷本著作和一系列描述性的編目叢書。

柏班克
By courtesy of the Hunt Biological Library, Carnegie-Mellon University, Pittsburgh

Burbidge, (Eleanor) Margaret　伯比奇（西元1925?年～）　原名Eleanor Margaret Peachey。英國天文學家。1950～1951年任倫敦大學天文台代理台長。1955年她的丈夫傑佛利·伯比奇（1925～）在美國威爾遜山天文台擔任天文研究員，之後她也接受加州理工學院的研究員職位，之後她在加州大學聖地牙哥分校教書。1972～1973年曾短暫出任皇家格林威治天文台台長。伯比奇夫婦對類星體和元素在恆星深處如何通過核融合形成元素的理論都作出卓著的貢獻。

burbot * 江鱈 鱈科魚類，學名*Lota lota*。僅有的淡水種類，體長，生活於歐、亞及北美的冷水江河及湖泊中。底棲，可下潛200公尺。體色淡綠或褐色，具斑紋。體長可達1.1公尺。鱗很小，嵌入皮下；具一長臀鰭和二背鰭，在一些地區是頗受重視的食用魚。

Burchfield, Charles (Ephraim) 伯奇菲爾德（西元1893～1967年） 美國畫家，生於俄亥俄州的阿士塔布拉港。就讀於克利夫蘭美術學校。第一次世界大戰服完役後，在紐約州水牛城以壁紙設計爲業。1920年代～1930年代成爲美國主要的風景畫畫家，著重描繪美國小城鎮的孤寂和艱辛生活，代表作有《十一月的黃昏》（1934）。1940年代後他放棄寫實主義，以個人對大自然的解釋爲題材，強調神秘、變化和四季顏色。《人面獅身像與銀河》（1946）是後期的代表作。

Burckhardt, Jacob (Christopher) * 布克哈特（西元1818～1897年） 瑞士文化和藝術史家。放棄學習神學後，1839～1843年他開始在柏林大學鑽研藝術史，那時是門新領域。在思想成熟後，布克哈特成爲文化保守主義者，他與當時的世界疏離，致力於恢復過去歷史。1843年起主要在巴塞爾大學教學，1886年起到他退休（1893）期間專心教授藝術史。1860年出版的《文藝復興時期的義大利文化》是其聲譽卓著的主要著作，分析了當時的生活情況、政治氣候以及顯要人物的思想，樹立了文化歷史學家的典範。他在研究希臘文明（四卷本）的工作期間去世。

Burden, Henry 伯登（西元1791～1835年） 蘇格蘭裔美國鐵器專家和發明家。發明節省勞力的機器，包括打穀機、改良的犁、美國製造的第一台耕耘機、打造熟鐵釘的機器以及第一台專利馬蹄鐵機。

burdock 牛蒡 菊科牛蒡屬植物的統稱。球形頭狀花序，有多刺的苞片。原產於歐洲和亞洲，後適應於整個北美洲。在美國被視爲雜草，在亞洲因根部可食而受到栽培。果實爲圓形刺果，具柔毛狀表層。

Bureau of Standards 標準局 自1988年起改稱國家標準與技術研究院（National Institute of Standards and Technology; NIST）。美國商務部底下的一個機構，負責度量衡、計時以及航運的標準化。至少從19世紀中業便已開始活躍，該機構與美國海軍天文台以及巴黎的國際時間局密切合作，以確保全球標準時間。

bureaucracy 官僚機構 官員專業團體，按金字塔式的等級制度組成，並按非個人的、千篇一律的規章制度辦事。其特點首由德國社會學家韋伯系統地加以說明，他看到了官僚機構中高度發展的分工，根據行政法則而不是個人的忠誠或社會習俗來確立權威，是一種「理性的」而非個人的機構，其成員的功能更多地是作爲「官員」而非個人。在韋伯看來，資本主義制度下的官僚機構是一種不可避免的、墨守法規的「優勢」形式。後來的學者則看到了官僚機構把一切權力集中於最上層人士之手而變成獨裁統治的趨勢，如蘇聯發生的情形那樣。默頓強調官僚機構因執著於程式規定而變得繁文縟節和缺乏效率。近來的理論則強調在創建政治化組織的過程中，管理派系、既得利益集團或追求個人利益者之間的內部衝突角色。

Burgas * 布爾加斯 保加利亞東部城市（2001年人口802,932），瀕臨黑海的一個小灣，是該國主要港口之一。建於17世紀，19世紀末隨著鐵路開通而得以發展。爲保加利亞的黑海主要貿易港，並處理大部分的黑海漁獲，布爾加斯已與幾個鄰近的城鎮發展成黑海濱海避寒勝地。

Bürger, Gottfried August * 畢爾格（西元1747～1794年） 德國詩人。與一群格丁根林苑派的狂飆運動詩人交往。1773年出版稀奇古怪的歌謠集《萊諾勒》，對歐洲各地後來浪漫主義的發展具有深遠影響。他也是浪漫主義謠曲文學的奠基人之一。他的翻譯作品也頗爲著名，尤其是翻譯英格蘭柏西的《古英文詩的遺風》。

Burger, Warren E(arl) 伯格（西元1907～1995年） 美國大法官，生於明尼蘇達州的聖保羅。畢業於聖保羅的法學院，曾在該地一著名律師事務所工作，並逐漸積極參與共和黨事務。1953年任美國副總檢察長，1955年被任命爲哥倫比亞特區的美國上訴法院法官。他對案件所採取的保守而謹慎的處理方式，使他贏得尼克森總統的欣賞，因而在1969年提名他爲美國最高法院首席大法官。與一般預料相反的，伯格並不打算推翻實踐主義者在公民權問題和刑法方面所作決定的趨勢，此種趨勢乃是前任者華倫留傳下來的主要作風。伯格在1966年的「米蘭達訴亞利桑那州案」中，認爲強迫性運載孩童上學是廢除種族隔離的公立學校的可行方式，少數民族也應享有聯邦政府補助和合約的配額。1973年伯格在最高法院對「羅伊訴韋德案」投下贊成票。伯格本人也關心司法行政方面的功能，致力於改善司法效率。1986年退休，1988年獲總統自由獎章。

Burgess, Anthony * 柏基斯（西元1917～1993年） 原名John Anthony Burgess Wilson。英國小說家、評論家和作曲家。他將東南亞的經歷寫成小說三部曲《長日將盡》（1956～1959）。《發條橘子》（1962；1971年拍成電影）是他最原創的作品，諷刺極端的政治體系。在其他小說中，他結合諷刺性的機智、道德嚴肅、用詞精巧和怪誕的作風，如《不合格的種子》（1962）、《恩德比先生的內心》（1963）、《人間幽靈》（1980）等。除了寫長篇小說、短篇小說，他還以文學批評的著作聞名。此外，他還譜寫超過六十五首樂曲。

Burgess, Guy (Francis de Moncy) * 柏基斯（西元1911～1963年） 英國外交官和蘇聯間諜。1930年代在劍橋大學時，成爲一群鄙棄資本主義民主的年輕人團體一份子，麥克萊恩（1913～1983）也屬於該團體。他們後來被蘇聯情報人員收羅，利用他們在英國外交部的職務之便提供大量情報（麥克萊恩1934年入外交部，柏基斯1944年入外交部）。麥克萊恩後來被派駐美國華盛頓特區英國大使館，使他能夠向蘇聯提供有關北大西洋公約組織的機密資料；柏基斯後來也被派到華盛頓特區。1951年同黨菲爾比警告他們調查工作已盯上麥克萊恩。他們靠布倫特的幫助，成功逃離英國，之後渺無音訊，1956年出現在莫斯科。

Burgess, Thornton W(aldo) * 博吉斯（西元1874～1965年） 美國兒童作家和博物學家。生於麻薩諸塞州桑威奇市，童年時即熱愛自然。他的第一本書《西風老媽》（1910），介紹了動物的特質，這些動物成爲他後來故事中的角色，他的故事被譯爲多種語言。博吉斯透過他的「野生動物保護計畫」、「大自然無線電聯盟」和其他組織提倡自然資源保護的理念。他寫了一百七十多本書，以及一萬五千多篇爲報紙專欄所寫的故事。

Burgess Shale * 柏基斯頁岩 寒武紀中期（五億兩千萬～五億一千兩百萬年前）的化石形成物，包含明顯細節紋路的軟體海洋生物。採自加拿大落磯山脈柏基斯隘口的化石礦床，是世界保存最佳且最重要的化石形成物之一。自

1909年被發現以來，已從礦床提取出超過六萬個物種。

Burgesses, House of＊　移民議會　維吉尼亞殖民地的代表會議；在英國海外屬地中，是第一個選任的行政實體。1619年爲駐詹姆斯敦的殖民總督所建立的立法機構的一部分。維吉尼亞的每個移民點選舉兩個移民或稱burgesses（在英格蘭的自治區公民）。亦請參閱London Co.。

Burghley, Baron ➠ Cecil, William,1st Baron Burghley

burglary　夜入私宅罪　在刑法上，指懷著犯重罪的意圖，破門闖入建築物的行爲。是幾種盜竊罪的一種。在某些州的法律裡還規定這種罪行的程度要根據罪行發生的時間、地點、是否有人在以及使用（或不使用）致命武器等情況來決定。

Burgoyne, John＊　伯戈因（西元1722～1792年）　英國將軍。七年戰爭中表現優異，在1761、1768年先後當選下院議員。1776年奉派加拿大，參與英軍對新英格蘭的攻擊。英軍分北、南、西三路夾擊新英格蘭殖民地，以隔離其他反叛的殖民地。1777年他的部隊攻陷紐約州的泰孔德羅加堡，但在抵達哈得遜河後，遭到蓋茨和阿諾德率領的大批殖民軍的阻撓。在堅持幾個月後，在紐約州的沙拉托加泉北方向蓋茨投降。返回英國後，因戰敗而備受批評。

Burgundian school　勃艮地樂派　15世紀法國作曲家樂派，大多數與勃艮地財雄勢大的公爵們有關。他們資助大批教堂音樂家。此樂派最出名的是他們的三聲部香頌（參閱formes fixes），通常在最高聲部才有歌詞出現（或許用來暗示將會出現以三人合音譜寫的樂器伴奏的獨唱），其中最傑出的勃艮地作曲家包括杜飛、班舒瓦（1400?～1460?）和比斯努瓦（1430?～1492?）。

Burgundy　勃艮地　法語作Bourgogne。法國歷史區域。勃艮地一名原指勃艮地人在隆河河谷和瑞士西部建立的王國，他們是日耳曼民族的一支，5世紀時逃離德國。西元534年左右被梅羅文加王朝征服，後被併入法蘭克帝國。843年的「凡爾登條約」把它分給神聖羅馬帝國洛泰爾一世統治的中部法蘭克王國。後來被劃分爲上勃艮地（建於888年），以及或稱普羅旺斯的下勃艮地（建於879年）。933年統一爲勃艮地王國。13世紀以後稱阿爾勒王國。勃艮地公國則形成於9世紀，由原來王國的西北部土地構成。1361年勃艮地公爵去世，公國就轉入法國王室手中。後來賜給腓力二世，到1477年領土已擴張到低地國家。後來爲路易十一世所占，被併入王室，在法國大革命以前一直是個省份。首府第戎。製酒是該地區重要的經濟活動。

burial　葬禮　以儀禮方式處理人類遺體，通常是想幫助往生者進入死後世界。墓葬可溯至十二萬五千年前，墳墓的形式從簡單的壕溝到大型土塚，甚至如金字塔那樣大的石墳都有。長久以來也有採用洞穴爲墳，如古希伯來人或印度西部、斯里蘭卡成千上萬的穴墳。水葬是維京人普遍採用的形式。火葬和在水上撒骨灰也很普遍，特別是在亞洲。在印度，死者遺體被丟入他們的聖河——恆河。有些民族（美洲印第安人、帕西人等）則採曝屍方式處理遺體。在許多民族之中還有一種二次葬，通常和肉體腐敗的持續時間一致。這反映了一種死亡觀點，即死者自人世通往冥府，中間須歷經若干過程。猶太教的習俗是盡速埋葬，祈禱者站在墓旁誦念禱文，而且通常在葬禮一年之後才會立墓碑。基督教葬禮通常要經過守靈，這是一種「看守」在死者身邊的儀式，有時伴有宴客活動。信奉伊斯蘭教的死者埋葬時，臉部需朝向聖地麥加。

Buridan, Jean＊　比里當（西元1300～1358年）　法國哲學家、邏輯學家和科學理論家。曾在巴黎大學隨奧坎研究哲學，後來在該校授課。他提出一種對傳統的道德決定論的修正說法。在力學方面成就之一是，修正了亞里斯多德有關運動的理論，他提出衝量理論：動者把一種與速度和質量成比例的力量傳給被動者，使之保持運動。他對光學成像的研究預示了現代影片製作技術的發展。在邏輯學上，他解釋了亞里斯多德和西班牙的彼得（1210?～1277）的學說。他的著作包括《辯證法概要》（1487）和《歸納》（1493）。

Burke, Edmund　柏克（西元1729～1797年）　英國（愛爾蘭）政治人物、演說家和政治哲學家。律師之子，原本學法律，但後來失去興趣。1757～1758年他發表了幾篇論文，開始受到狄德羅、康德和萊辛等人的注意。並受雇編輯一部世界紀事年鑑（1758～1788）。1765年進入下院，擔任輝格黨領袖的祕書，不久捲入憲法爭論，即究竟該由國王還是國會控制行政部門？1770年他指出喬治三世企圖讓王室扮演較積極的角色是違背憲法精神的做法。1774～1780年當選爲國會議員，他堅決主張議員應該更有判斷力，而不是讓他們的選民牽著鼻子走。雖然是憲政體制的強力擁護者，他並非純粹民主的支持者，但柏克也爲美洲殖民者（他認爲他們管理不善）的事業辯護，他還支持廢除國際間的奴隸買賣。柏克曾極力主張英國應放寬對愛爾蘭的經濟控制，以及改革對印度的統治方式，但都不成功。他並不贊同法國大革命，認爲那些領導人行動太過草率，也不認同他們反貴族的血腥活動。柏克通常被視爲現代保守主義的奠基人。

Burkina Faso＊　布吉納法索　舊稱上伏塔（Upper Volta）。非洲西部內陸國，位於撒哈拉沙漠之南。面積274,200平方公里。人口約12,630,000（2002）。首都：瓦加

杜古。有兩個主要種族集團，一個是伏塔人（古爾）集團，另一個是莫西人，此外還有豪薩人和富拉尼人。語言：法語（官方語）、莫瑞語和迪尤拉語。宗教：約1/5的人口信奉傳統宗教，其他的1/5是穆斯林，有一小部分是基督徒。貨幣：非洲金融共同體法郎（CFAF）。該國由一個遼闊的高原組成，北部是稀樹草原，南部則是散佈著一些森林。高原被黑伏塔、紅伏塔及白伏塔等三條主要河

流深深切割，這些河流都向南流入迦納。經濟以農業爲主。政府形式爲共和國，有一諮詢機構和一個立法機構。國家元首是總統，政府首腦爲總理。大約在西元14世紀，莫西和古爾馬人在東部和中部地區建立自己的王國，亞滕加和瓦加杜古的莫西王國還一直持續到20世紀初。1895～1897年成爲法國的保護國。1898年英法協商解決了南部邊界問題。最初屬上塞內加爾－尼日殖民地一部分，1919年單獨成爲上伏塔殖民地。1947年上伏塔又成爲法蘭西聯邦的海外領地。1958年底成爲法蘭西共同體內的自治共和國。1960年完全獨立。此後主要由軍人統治，並發生多次政變，1984年在一次政變後，更改國名爲吉布納法索。1991年採用新憲法，恢復多黨統治。

Burkitt, Denis P(arsons)　柏基特（西元1911～1993年）　英國外科醫師和醫學研究者，柏基特氏淋巴瘤的發現者。這是一種淋巴系統的致死癌症，常見於兒童。柏基特指出，此病常見於瘧疾和黃熱病爲時疫的非洲赤道地區，與慢性瘧疾壓制免疫系統的兒童體內之艾普斯坦－巴爾二氏病毒有關，並協助發展出一種有效的化療方法。柏基特也因高纖維飲食對抗直腸癌的理論而聞名，發表於他的著作《飲食中別忘了纖維》（1979）中。

burlesque　詼諧作品　文學上對嚴肅的文學或藝術形式所作的喜劇性模仿，以極度不協調的方式處理主題。詼諧作品與戲仿有密切關係，但詼諧作品的範圍較廣和較低俗。早期的例子如亞里斯多芬的喜劇，英國的詼諧作品主要是戲劇。蓋伊的《乞丐歌劇》（1728）、費爾丁的《拇指湯姆》（1730）和謝里敦的《批評家》（1779）是當時最受歡迎的戲仿戲劇形式。維多利亞時代的詼諧作品通常是輕鬆的音樂娛樂節目，到19世紀末，已被其他受歡迎的形式所取代，最後幾乎完全等同於脫衣表演（參閱burlesque show）。

burlesque show　低級歌舞表演　專爲男人設計的舞台娛樂節目。1868年由英國歌舞女郎引進美國，後來發展爲黑臉歌舞秀，主要分成三部分：一、一系列粗俗幽默的歌曲、打鬧劇和喜劇單口相聲；二、大雜燴表演（如特技表演、魔術表演或唱歌）；三、合唱歌曲或模仿秀，或針對政治、時勢的詼諧作品。這種表演以異國風味的舞者或拳擊壓軸。20世紀初，布賴斯、喬爾森和菲爾茲開展了在詼諧作品的事業。1920年代加入脫衣舞表演，造就了像吉普賽女郎李這種明星，但面對政府當局的檢查及電影的競爭，使低級歌舞表演逐漸衰退。

Burlingame, Anson　蒲安臣（西元1820～1870年）
美國外交官，生於紐約州的新柏林。1855～1861年爲衆議院議員，代表一無所知黨，曾參與建立美國共和黨。1861～1867年任美國駐華公使，任內推動西方列強與中國合作的政策。1861年中國政府指派他爲全權大使，負責中國的國際關係。他簽訂了「中美續增條約」（即「蒲安臣條約」），規定了最惠國條款，而不排除禁止華人加入美籍的禁令。

蒲安臣，版畫；Perine & Giles製於19世紀後期
By courtesy of the Library of Congress, Washington, D. C.

Burlington　伯靈頓　美國佛蒙特州西北部城市（2000年人口約38,889）。在山普倫湖邊的山坡上。爲該州最大城市和進口港。1763年在新罕普夏州州長溫特渥斯的特許下，以拓荒地主柏林家族命名。1773年始建。後爲軍事郵站，1812年戰爭期間英國軍艦在山普倫湖上與陸地炮火交鋒數次。市內有獨立戰爭英雄艾倫的故居和墳墓。設有佛蒙特大學、謝爾本博物館（展出美國早期生活圖景）。

Burma ➠ Myanmar

Burma Road　滇緬公路　南亞舊公路。長681哩（1,096公里），起於臘戌（位於緬甸〔Burma〕東部，緬甸今稱爲Myanmar），向東北連接到昆明（位於中國的雲南省）。支線從昆明向東，再折而向北通往重慶。完成於1939年，作爲向中國內陸輸運軍事物資的補給路線。1942年，日軍占領這條公路。直到1945年，它連接上從印度來的史迪威公路，才又重新開放。第二次世界大戰後，重要性縮減，但仍是從緬甸仰光至中國重慶共2,100哩（3,400公里）長公路系統的一個環節。

Burmese cat　緬甸貓　一種家貓，可能原產亞洲。體結實，頭小而圓，眼裂大，眼圓，黃色。毛短，美觀，有光澤，幼時呈牛奶巧克力色，及長轉變爲光澤的黑棕色。身體下側面毛色較淺。耳、面、腿、尾部毛色較深。尾尖稍細，直或彎曲。

burn　燒傷　接觸火焰、熾熱物件、某些化學物質、輻射（包括陽光）或電力所造成的身體損傷。燒傷根據皮膚損壞的深度和損壞部分的百分比來分類。一度燒傷只傷及表皮（最上層），出現發紅和疼痛，極輕微的水腫。二度燒傷造成的損害擴展到眞皮（內層），其特徵是發紅和有水泡。三度燒傷破壞整層皮膚，無痛感，因痛覺感受器已隨眞皮全被破壞。深及皮膚以下的燒傷會釋放出有毒物質進入血液，可能需要截肢。嚴重燒傷可立即導致二級休克，這是因爲燒壞了的組織中失去體液以及損傷區滲漏也失去體液而造成的。治療方法取決於燒傷的嚴重程度，一度燒傷只需要緊急處理；三度燒傷則需要長時間住院。根據燒傷的類型、範圍和部位來決定該如何處理，傷口可能應任其曝露，或用繃帶包紮，或切去壞死的組織，準備植皮。燒傷的併發症包括呼吸問題、感染、胃或十二指腸潰瘍，特別是皮膚會留下褐色和厚的瘢痕。燒傷後抽搐發作和高血壓幾乎全都發生在兒童身上。存活下來的人通常需要作整形手術、長期身體復健及心理治療。

Burnaby　伯納比　加拿大不列顛哥倫比亞省西南部自治區（2001年人口約193,954），19世紀末與溫哥華一同發展，現在是該城東邊的郊區。是該省重要的工業和商業中心，有卡車運輸業、倉儲業、石油分運設施等。

Burne-Jones, Edward (Coley)＊　柏恩－瓊斯（西元1833～1898年）　受封爲艾德華爵士（Sir Edward）。英國畫家和工藝設計家。在牛津大學攻讀時認識他未來的合作者莫里斯。1856年與藝術家但丁．加布里耶爾．羅塞蒂的結識是他生平的轉捩點。其繪畫仿中世紀浪漫主義作品，明顯地體現前拉斐爾派的後期風格。其獨特的夢的境界，充滿浪漫主義的神祕情緒，則是受義大利15世紀畫家利比和波提且利的影響。首度成功之作是1877年展出的油畫《梅林的誘惑》（1873～1877）。他是莫里斯公司（1861）的創辦人之一，主要是做爲著色玻璃和織錦的設計師，他還爲1896年出版的喬叟著作創作了八十七幅素描插圖。他的作品對法國象徵主義運動具有深遠的影響，作爲復興「藝術家－工匠」思想的先驅，他對20世紀工業美術設計有廣泛的影響力。

Burnet, (Frank) Macfarlane＊　伯內特（西元1899～1985年）　受封爲麥克法蘭爵士（Sir Macfarlane）。澳大

A B

利亞醫師、病毒學家。在墨爾本大學獲醫學學位。他研究過人類器官移植，發現用噬菌體鑑定細菌的方法。由於發現對組織移植的獲得性免疫耐受性，與梅達沃共獲1960年諾貝爾獎。1951年封爵。

Burnett, Carol　凱洛柏奈特（西元1933年～）　美國喜劇演員、女演員以及歌手。出生於德克薩斯州聖安東尼歐市，她於1959年在百老匯首度登台演出《床墊的故事》，後來便在電視節目《蓋瑞・摩爾秀》（1959～1962）中定期演出。她諷刺性地模仿天份以及優雅而有節奏的貶損喜劇爲她贏得廣大的追隨者。每周播出一次的《凱洛柏奈特秀》（1966～1977）成爲電視史上最受歡迎的節目之一，並且爲她贏得五座艾美獎。她演出的電影包括《皮特與提莉》（1972）、《四季》（1981）以及《安妮》（1982），1995年重返百老匯演出《月照水牛城》。

Burnett, Frances (Eliza)　白奈蒂（西元1849～1924年）　原名Frances Eliza Hodgson。英國出生的美國劇作家和作家。她最著名的作品是兒童小說《方特勒羅伊小爵爺》（1886），講一個美國男孩成爲一位英國伯爵繼承人的故事。《祕密花園》（1909）被認爲是她最傑出的作品，也是兒童文學的經典之作。其他作品還有小說《通過一個行政機關》（1883），以華盛頓特區的貪污腐化爲題材；和劇本《品質優秀的夫人》（1896）。

Burney, Charles　柏尼（西元1726～1814年）　英國音樂史家。在隨阿恩學習後，開始教音樂及擔任管風琴樂師。1770年開始遊歷歐洲諸國，爲他的《音樂通史》（1776～1789，4卷）收集資料。曾和許多音樂家及著名人士見面，如葛路克、巴哈、梅塔斯塔齊奧、盧梭和狄德羅，通盤呈現出18世紀歐洲的音樂生活和智識生活中有趣且寶貴的衆生相。芬妮・柏尼是她的女兒。

Burney (d'Arblay), Fanny　柏尼（西元1752～1840年）　原名Frances Burney。英國小說家，音樂家查理・柏尼之女。自我教育的她，由於父親的音樂社交生活而練就鮮活的寫作風格。她對上流社會的觀察和記錄，導致《埃維莉娜》（1778）的問世，這部書信體小說描寫一個沒有自信的少女的社交成長。該書的風格爲珍・奧斯汀的小說提供了道路。她後來的作品還有《塞西莉亞》（1782）和爲維持日常生活所寫的《卡米拉》（1796）。

柏尼，油畫，她的兄弟柏尼（E. F. Burney）繪；現藏倫敦國立肖像畫陳列館
By courtesy of the National Portrait Gallery, London

Burnham, Daniel H(udson)　伯納姆（西元1846～1912年）　美國建築師和城市規畫師，生於紐約州的亨德孫。與其合夥人羅德（1850～1891）同爲採用鋼框架結構的芝加哥商業建築的先驅。1962年有三棟他們設計的大樓被定爲芝加哥的地標，即：魯克雷大廈（1886）、信託大廈（1890），和十六層的莫納德諾克大廈（1891），最後一棟是最高的、也是最後的一棟磚石結構大樓。他曾任1893年芝加哥世界哥倫比亞博覽會全部工程的負責人。他挑選與芝加哥學派的設計風格相對立的折衷主義建築設計的事務所擔任主要設計。結果，博覽會場被稱爲「白城」，其道路、花園和古典式樣的建築在美國各地產生一定的影響。1907～1909年他制訂的芝加哥城市規畫，是美國城市規畫中的一個古典範例。

Burns, George　柏恩斯（西元1896～1996年）　原名Nathan Birnbaum。美國喜劇演員，因與艾倫（1902～1964）搭檔而知名。他們都出生於紐約市的戲劇世家，從童年起就是歌舞雜耍演員。1925年他們組成一個喜劇表演組，1926年兩人結婚。他們在電台播出《柏恩斯和艾倫劇場》（1932～1950），柏恩斯扮演一個直率的丈夫，艾倫則扮演經常措辭不當而喜歡嘮叨的妻子，後來該劇搬上了電視（1950～1958）。他們在一起拍了十三部電影，包括1932、1936和1937年的《大廣播》電影。柏恩斯重返銀幕後演出《陽光少年》（1975，獲奧斯卡獎）、《噢！上帝》（1977）及其續集《開始流行》（1979）。他以諷刺的幽默和抽雪茄著名，在九十幾歲高齡時仍參與演出。

Burns, Ken(neth Lauren)　柏恩斯（西元1953年～）　美國紀錄片製作人。生於紐約布魯克林，1975年創立自己的製作公司，並製作了多部紀錄片，包括《布魯克林大橋》（1981）、《搖客》（1984）、《自由女神像》（1985）以及《國會山莊》（1988）等。他備受讚揚的《南北戰爭》（1990）系列影集，在PBS電視台播出，贏得多項電視製作與歷史獎項。後來拍的電視紀錄片包括《棒球》（1996）、《路易斯與克拉克》（1997）、《法蘭克・洛伊得・萊特》（1998）以及《爵士》（2001）。

Burns, Robert　柏恩斯（西元1759～1796年）　蘇格蘭民族詩人。窮苦農民的兒子，幼時即熟悉口頭流傳的蘇格蘭民歌和民間故事。父親經營農場失敗，他自己開的農場很快也瀕於破產。柏恩斯英俊開朗，桃花不斷，有些女人還跟他生了幾個私生兒女，他在詩歌裡讚美他的情人。詩集《主要用蘇格蘭方言寫的詩集》（1786）雖博得好評，但未帶來經濟上的保障，最後謀得一項稅務官的工作。後來他開始替約翰遜的《蘇格蘭音樂總匯》（1787～1803）和湯姆森的《原始的蘇格蘭歌曲選集》（1793～1818）收集並編輯了數百首傳統歌曲；實際上這些歌曲裡的許多首是他寫作的，但他並不要求所有權，也不向他們索取報酬。最著名的歌曲有〈很久以前〉、〈芳草萋萋〉、〈約翰・安德生，我的心肝〉、〈一朵紅紅的玫瑰〉和〈美麗的山河畔〉。他自由地宣揚自己的激進觀點、對普通百姓的同情，以及反叛正統的宗教和道義。三十七歲時死於心內膜炎。

柏恩斯，納茲米（Alexander Nasmyth）繪；現藏倫敦國立肖像畫陳列館
By courtesy of the National Portrait Gallery, London

Burnside, Ambrose (Everett)　柏恩賽德（西元1824～1881年）　美國南北戰爭時期的聯邦將領。西點軍校畢業。南北戰爭期間，於1862年晉升少將。他接替麥克萊倫擔任波多馬克河軍隊指揮官，但在弗雷德里克斯堡戰役中失敗後他自己也被替換掉。1864年在彼得斯堡戰役中將一礦井炸毀試圖破壞美利堅邦聯南軍，結果反而造成聯邦軍的重大損失，在經歷這次稱爲「伯恩賽德礦」的慘敗事件後他辭職。1866～1869年出任羅德島州州長。1875～1881年擔任美國參議員。他帶領了留絡腮鬍的時尚，後稱「大鬢角」。

Burnt Njáll ➠ Njáls saga

Burr, Aaron　伯爾（西元1756～1836年）　美國政治人物，第三任副總統（1801～1805）。美國革命期間在華盛頓將軍麾下當參謀至1779年。1782年起在紐約當律師，事業成功。1789～1791年擔任州總檢察長，1791～1797年任參議員。1800年競選總統。投票結果與傑佛遜不相上下，於是讓眾議員選舉定奪；由於漢彌爾頓堅決反對伯爾，遂使傑佛遜當選爲總統，伯爾屈居副總統之位。伯爾對漢彌爾頓的行爲感到憤恨，加上1804年漢彌爾頓又阻止提名伯爾爲紐約州州長，在漢彌爾頓發表了批評伯爾的個性的一些言論後，伯爾向漢彌爾頓提出挑戰決鬥。結果漢彌爾頓受了致命重傷，伯爾逃往費城。他在那裡和威爾金森將軍有所接觸，後來與之策劃入侵墨西哥。1807年因叛國罪在馬歇爾面前受審，馬歇爾對憲法的狹義解釋使伯爾無罪釋放。由於處在陰雲籠罩下，伯爾前往歐洲，他企圖說服英國和法國當局去征服佛羅里達，但沒有成功。1812年返回紐約，重執律師業。

burro ➟ donkey

Burroughs, Edgar Rice　柏洛茲（西元1875～1950年）美國小說家，生於芝加哥，在嘗試寫小說前，曾做過廣告文案。1914年發表《人猿泰山》一書，它是二十五部以泰山爲主的小說中的第一部，講一個在嬰孩時期就被丟棄在非洲叢林中的英國貴族之子由類人猿哺養長大的故事。他還寫了其他四十三本小說。

Burroughs, John　柏洛茲（西元1837～1921年）　美國散文家和自然主義者，生於紐約州的羅克斯柏立附近。早年當過教師、農民，並在財政部當過職員。1873年搬到哈得遜河谷的一個農場。他常與繆爾和羅斯福這些朋友旅行和露營。他有關自然題材的散文作品包括《延齡草》（1871）、《詩人與鳥》（1877）、《蝗蟲與野蜜》（1879）、《自然之路》（1905）和《田野與研究》（1919）。

Burroughs, William S(eward)　柏洛茲（西元1855～1898年）　美國發明家，生於紐約州的奧本。十五歲就開始自謀生計。1885年完成第一部計算器，但這部計算器證明在商業上是不實用的。經過反覆試驗和失敗，於1892年獲得實用機型的專利。這部機器在商業上是成功的，但他在能賺更多錢之前以四十三歲之齡去世。在去世前一年獲得富蘭克林學會的司各脫獎章。1905年成立柏洛茲加法機公司，該公司繼承了他之前建立的公司。威廉・柏洛茲是他的孫子。

Burroughs, William S(eward)　柏洛茲（西元1914～1997年）　美國小說家，威廉・柏洛茲之孫。畢業於哈佛大學，後成爲敲打運動的一員。他的實驗性小說在故意渲染的色情散文中喚起一種噩夢般、有時粗野幽默的世界，早期的作品《毒蟲》（1953）敘述自己吸毒成癮的經歷。《裸體午餐》（1959，1991年拍成電影）是他最著名的作品，其中大量描寫同性戀、警察的迫害和吸毒者異乎尋常的狂歡幻境。後來所寫的著名小說包括：《柔軟的汽車》（1961）、《新星快車》（1964）、《野孩子》（1971）、《紅夜城》（1981）和《西部土地》（1987）。他還進一步實驗敵托邦的觀點和激進的技術性手法。

Bursa　布爾薩　舊稱Brusa。古稱普魯薩（Prusa）。土耳其西北部城市（1997年人口約1,066,559）。西元前3世紀時建於古代米西亞國奧林帕斯山麓馬爾馬拉海東南海岸附近，做爲比希尼亞國王的領地。羅馬及拜占庭時代頗繁華。1204年君士坦丁堡爲十字軍攻陷後，該城是拜占庭的抵抗中心。14世紀初期鄂圖曼人奪取該城，建爲最早的國都。15世紀初爲帖木兒征服，後又被鄂圖曼奪回。其後鄂圖曼遷都君士坦丁堡，布爾薩仍持續繁榮。今日，這裡是農業中心，以產地毯聞名，城裡還有很多15世紀的清眞寺。

Burschenschaft＊　青年協會　德意志大學中的學生組織，爲後拿破崙時代在歐洲盛行的新民族主義的產物。1815年創始，早期團體的主張人人自由平等，思想開明並支持德意志政治統一。這個團體後來在卡爾斯巴德決議下受到鎮壓，1848年轉入地下活動，積極參加德國革命（參閱Revolutions of 1848）。德意志統一後，他們實行新的更富侵略性的民族主義。

bursitis＊　黏液囊炎　黏液囊的炎症。病因爲關節或肌肉與骨骼之間的腱受到感染、外傷、關節炎或痛風、肌腱或關節處鈣質沈積、反覆的輕微刺激等而引發。常見的類型有：「女僕膝」（髕前黏液囊炎）、「士兵踵」（跟腱黏液囊炎）、「網球肘」（肱橈骨黏液囊炎）及「織工臀」（骨盆底部的黏液囊炎）。肩部的黏液囊炎十分常見，本病多見於體力活動少的人；可能有劇痛，以致抬臂困難。黏液囊炎的治療包括休息、熱療、減輕活動、用藥物以緩解炎症及消除鈣質沈積。

Burt, Cyril (Lodowic)　伯特（西元1883～1971年）受封爲西里爾爵士（Sir Cyril）。英國心理學家。1924～1950年在倫敦大學授課，以其在教育心理學方面的先驅研究而知名，尤其是心理測驗與統計分析。他認爲人類的智能主要由遺傳決定的，後來人們發現他的資料中有僞造的實驗證據，雖然他的早期著作並未受此影響。他的著作在英國非常暢銷，而且多次改版，包括《心理因素》（1940）、《發展遲緩兒童》（1961）、《少年犯》（1965）和《天才兒童》（1975）。

Burton, James H.　柏頓（西元1823～1894年）　美國發明家和製造商。1849年起在哈珀斯費里軍械庫擔任總軍械士，後在英國恩菲爾德軍械庫擔任總工程師（1855～1860），在那裡監督生產機械的設置，把美國製造系統帶到英國。美國南北戰爭期間，他監督邦聯所有的軍械庫。戰後，他把現代製造技術帶至俄羅斯的圖拉軍械庫。

Burton, Richard　李察波頓（西元1925～1984年）原名Richard Walter Jenkins, Jr.。英裔美國演員。所演舞台劇《不能燒這個女人》在倫敦（1949）和百老匯（1950）均大獲成功。在參與好萊塢影片《麗秋表姐》（1952）演出後，又演出《聖袍千秋》（1953）和《亞歷山大大帝》（1956）。在拍攝《埃及豔后》（1963）期間，與伊莉莎白泰勒的戀情受到公眾的注目，他和伊莉莎白泰勒有兩次婚姻關係。他以共鳴嗓音和威爾斯式的哀傷神情聞名，他後來又回到百老匯演出《卡默洛特》（1960）和《哈姆雷特》（1964）。他的其他電影還有《巫山風雨夜》（1964）、《柏林諜魂》（1965）、《靈慾春宵》（1966）和《大法師續集》（1977）。

Burton, Richard F(rancis)　柏頓（西元1821～1890年）　受封爲理查爵士（Sir Richard）。英國傑出的探險家和東方學家。1842年被牛津大學開除，前往印度任低級軍官。在那裡，他把自己裝扮成穆斯林，把商人集市和城市妓院的情形詳細記錄下來。後來旅行到阿拉伯，再次扮成穆斯林，成爲第一位非穆斯林而能進入聖城禁地的歐洲人。他將這些冒險紀實寫成《麥地那和麥加朝聖記》（1855～1856）。1857～1858年他帶領一支探險隊與斯皮克前往勘探尼羅河的源頭。歷盡艱辛，終於發現坦干伊喀湖。他到世界各地旅行，對所到的四十三個地方的人事（如摩門教徒、西非的人民、巴西的魔鬼宗教崇拜、冰島和愛屈利亞人的波隆那）均有詳盡的著述，學會了二十五種語言及許多方言。他譯有三十卷古代東方的愛的藝術之手冊。其中以翻譯出版的《天方夜譚》（全本十六卷）最爲傑出，其中的民族學注腳和大膽評論爲他在維多利亞社交圈裡招來許多敵人。他死後，其妻伊莎貝爾將他四十年來的日記全部燒燬。

Burton, Robert　柏頓（西元1577～1640年）　英國學者和作家。一生的大部分時間在牛津大學任教區主教。他的巨著《憂鬱的剖析》發表於1621年，以生動、高雅，有時還不失幽默的風格描述了憂鬱症的種類、病因、症狀以及治療方法，是經典學識和奇聞的寶庫，也是對當時哲學和心理學思想的索引。他的拉丁文喜劇《冒牌哲學家》（1606）是揭穿吹牛者伎倆的一齣輕快喜劇。

Burton, Tim　提姆波頓（西元1958年～）　美國電影導演。生於加州柏邦克，1982年完成他的第一支短片，在此之前，他在迪士尼製片廠擔任動畫師的工作。他導演過《皮偉大冒險》（1985），隨後是《陰間大法師》（1988），建立了原創而詭譎的風格，後來又導演票房成功的《蝙蝠俠》（1989）及其續集（1992）、《剪刀手艾德華》（1990）、《艾得伍德》（1994）、《星戰毀滅者》（1996）以及《斷頭谷》（1999）。

Buru＊　布魯　荷蘭語作Boeroe。印尼島嶼。位於摩鹿加群島西部的塞蘭島以西，長145公里，寬81公里。主要城鎮楠勒阿位於狹窄的沿海平原。17世紀中葉被荷蘭人占有。第二次世界大戰後成爲印尼的一部分。1965年的未遂政變後，印尼政府將本島當作囚禁政治犯的集中營，1981年大部分囚犯都已釋放。

Burundi＊　蒲隆地　正式名稱蒲隆地共和國（Republic of Burundi）。非洲中部的內陸國。面積27,834平方公里。人口約6,373,000（2002）。首都：布瓊布拉。主要種族是胡圖人和圖西人，分別占人口總數的4/5和1/5。最早的居民是特瓦俾格米人，占總人口約1%。語言：隆地語、法語（均爲官方語），以及斯瓦希里語和英語。宗教：天主教和地方傳統宗教。貨幣：蒲隆地法郎。蒲隆地位於一座高原上，跨越尼羅河和剛果河的分水嶺，分水嶺呈北到南走向，最高點達2,760公尺。高原包括了魯武布河流域，是尼羅河流域最南端的延伸部分。在西部，魯濟濟河北連基伏湖，南接坦干伊喀湖。屬開發中經濟，以農業爲主。現爲軍事政權，但有一個立法機構，國家元首暨政府首腦是總統（由總理輔助）。最早是特瓦人定居於此，後來胡圖人來此定居，逐步地超越特瓦人，到11世紀才完全取代其地位。圖西人是三百～四百年後才抵達此地，他們雖是少數民族，但在16世紀建立了蒲隆地王國。19世紀該區屬於德國的控制範圍，但圖西人仍握有權力。第一次世界大戰後歸屬比利時，即盧旺達－烏隆迪託管地的一部分。第二次世界大戰後成爲聯合國託管領地。殖民時期已加深胡圖人和圖西人之間的種族憎惡關係，在接近獨立時更引爆了仇視情緒。1962年獲准獨立，以圖西人統治的王國爲形式。1965年胡圖人起而反叛，但被粗暴地鎮壓下來。20世紀其餘的年代只見兩族之間的暴力衝突不斷，導致1990年代被控訴有滅絕種族之嫌。1996年這個一直處於非常不穩定環境中的政府被軍人推翻。

bus　匯流排　電腦主機板上的裝置，在中央處理器與附屬裝置（鍵盤、滑鼠、硬碟機、影像卡等）之間提供資料的通路。就像交通上的巴士一樣停在定點搭載或放下旅客，電腦匯流排從中央處理器接收資料，並在適當裝置將之放下，例如隨機存取記憶體的檔案內容經由匯流排被送至光碟機永久儲存；相反地，裝置的資料訊息被送回中央處理器。在網路上，匯流排提供各部電腦與裝置之間的資料通路。亦請參閱USB。

bus　公共汽車　一種通常用來在規定路線上運送乘客的大型車輛。1895年德國製造出第一輛用汽油引擎驅動的八人座公共汽車。1920年代初期美國製造出第一輛整體車架的公共汽車。1930年代柴油引擎開發出來，爲更大型的公共汽車提供更大的力量和更有效率的汽油運用。隨著高速公路系統的發展，北美洲的公共汽車運輸路線亦隨之普遍。雙層公共汽車見於歐洲某些城市。在大城市裡，用撓性接頭牽引拖車的鉸接式公共汽車很普遍。許多歐洲城市都使用無軌電車，車上的電動機由架空電線供給能源。

Busch, Adolf (Georg Wilhelm)＊　布希（西元1891～1952年）　德國小提琴家和指揮家。爲雷格的門生，二十歲時成爲維也納音樂協會管弦樂團首席，第一次世界大戰後成立傳奇性的布希四重奏。納粹黨禁止他與猶太裔女婿賽爾金一起演出，他於是遷居瑞士、之後英國，最後來到美國，1950年在馬博羅與他人共同創立佛蒙特州馬博羅的音樂節。他的兄弟弗里茨（1890～1951）是一位鋼琴神童，在第一次世界大戰後擔任幾個重要的指揮職位，包括斯圖加特歌劇院的音樂總監。身爲藍納在德勒斯登歌劇院的繼任者，他指揮重要的首演，特別是史特勞斯的歌劇。因反對希特勒而被解職，他在斯堪的那維亞和阿根廷指揮，1934年成爲格林德包恩歌劇院的首任音樂總監。

布希，攝於1988年
AFP Photo/Pearson

Bush, George (Herbert Walker)　布希（西元1924年～）　美國第四十一任總統（1989～1993），生於麻薩諸塞州的密爾頓。美國參議員普雷斯科德·布希之子。第二次世界大戰期間在軍中服役。自耶魯大學畢業後，遷往德州開始其石油事業。1966～1970年擔任共和黨衆議員。後來分別擔任駐聯合國大使（1971～1972）、美國駐北京聯絡處主任（1974～1976）、中央情報局局長（1976～1977）。1980年參加競選共和黨總統候選人提名，但敗給雷根，最後與雷根搭檔，成爲雷根的副總統（1984～1988）。後擊敗杜凱吉斯，成爲總統。他對雷根的政策未作巨幅改變。1989年下令對巴拿馬進行短暫的軍事入侵，推翻巴拿馬領導人諾瑞加將軍。1990年伊拉克入侵和占領科威特，布希領導了由聯合國批准的全世界對伊拉克的禁運，以迫使伊拉克撤出科威特。當伊拉克拒絕後，他又發動波斯灣戰爭，由空中發動攻擊。他的經濟政策使得他聲望下降，導致他在1992年的總統大選中敗給柯林頓。他的兒子小布希在1994年當選德州州長，2000年當選美國總統。另一個兒子傑布·布希在1998年當選佛羅里達州州長。

Bush, George W(alker)　布希（西元1946年～）　德州州長（1995～2000）和美國第四十三任總統（2001年起）。美國第四十一任總統（1989～1993）喬治·布希的長子。就讀於耶魯大學和哈佛商學院。在經營十年的石油企業後，與人合夥買下德州遊騎兵棒球隊。1994年贏得州長選舉，親切的風格使他受到歡迎，也因支持教育改革，促使他在1998年競選連任成功。1999年積極進行總統的競選工作，很快的引發美國史上最激烈的總統之戰。雖然普選票數輸給高爾五十餘萬票，但因美國最高法院撤銷佛羅里達州最高法院的重新計票命令，使得布希的選舉團票較高爾多了二十五張，布希因此贏得大選的勝利。

Bush, Vannevar　布希（西元1890～1974年）　美國電氣工程師和行政管理人員。主要在麻省理工學院任教（1919～1938、1955～1971）。1920年代晚期和1930年代，他和學生發明了幾種解微分方程用的電子類比電腦。他幫助建立了雷錫昂公司，1939～1955年擔任卡內基學院院長。1941年成爲美國科學研究與發展辦公室主任，他幫助組織了曼哈頓計畫。該機構爲大學的科學研究提供政府的支助，爲戰後基礎科學研究的聯邦支助鋪平了道路。他是羅斯福總統的顧問，爲國家科學基金的建立（1950）打好了基礎。他曾經提到一種資訊檢索和註釋系統，後來成爲超文字的理論原型和全球資訊網的基礎。

bushido＊　武士道　日本武士階級的行動準則，首先形成於17世紀。其確切的內容隨時間而變，它吸收了禪宗佛教和儒家學說的觀念。除了自我戒律、誠實和儉樸外，一個不變的特點是武士要效忠主人，甚至超越家族關係。這種忠心和獻身的武士道精神在明治維新時轉移到天皇身上，在第二次世界大戰時成爲日本民族思想的一種顯著特點水。

bushmaster　巨蝮　學名*Lachesis muta*，小蝰蛇的一種。分布於亞馬遜河盆地北至哥斯大黎加的森林和灌叢地。一般身長可達1.8公尺，但也可能長達兩倍。體呈紅褐色到粉紅灰色，整個背部有x形或鑽石形圖案。雖然不常遇見，巨蝮卻是帶有致命毒液的危險動物。

Bushmen　布西曼人 ➠ San

business cycle　經濟週期　經濟活動比率（按就業、價格和生產的水平計量）週期性的波動。經濟學家長期以來一直爲繁榮時期之後爲什麼總是出現經濟危機（股市崩盤、銀行倒閉、失業等）而爭論不休。有人提出每八～十年爲一個週期，康得拉季耶夫則主張更長的週期。除了偶然的衝擊（戰爭、技術變化等等）之外，投資和消費是影響經濟活動水平的主要因素。增加投資，譬如建造工廠，除原有開支本身之外還要創造其他的收入，因爲建廠的工人們還得用掉他們的工資。相反地，如果消費需求增加了，爲了滿足需求最終還得建造新的工廠。最終經濟總會到達它容量的極致，這時候很少自由資本，沒有新的需求，因此程序又顛倒過來，結果產生緊縮。農業市場的自然波動、時尚風潮等心理因素以及貨幣供給的變化，是投資或消費方面造成這些變化的起因。自第二次世界大戰以來，政府以貨幣政策做爲調節經濟週期的手段：在經濟呆滯時期起刺激作用以避免停滯性通貨膨脹或經濟蕭條，在經濟擴張時期起抑制作用。

business finance　企業籌資　指企業組織籌措和管理資金的方法。這類活動通常較受高階經理人關注，他們必須制定公司長期的計畫，再按此計畫擬訂出短期預算。當一家公司計畫擴充時，可能得依靠儲備金、提高銷售量、銀行貸款和擴張供應商對公司的交易信用等方法。債務（債券）或權益（股份）是募集長期資金的方法，管理者必須在這二種方法中擇一進行。股票的利潤是公司非常關注的事情，管理者必須決定要把利潤做再投資或是要發放股利。在利用公司財產以促進成長時財務經理並須同時考慮到合併與收購的好處，分析規模經濟以及各個企業互補的能力如何。

business law　商業法　亦稱commercial law或mercantile law。商業組織和商務方面的法律規範和原則。它規範各種不同的合法商業實體，包括單獨的交易者、合夥企業、承擔有限責任的註冊公司、代理商和跨國企業。幾乎所有的法令都是爲了管理企業組織，以保護債權人和投資者。此外，還有特殊的法律用以規範商業交易，包括貨物的販賣與載運（期限和條件、特定績效、違約、保險、提貨單）、消費者信用協定（信用狀、貸款、擔保、破產）和勞資雙方的關係（薪資、工作條件、保健及安全、福利和工會）等。這是一個範圍很大且持續發展的領域。亦請參閱agency、corporation、debtor and creditor、intellectual property、labor law、negotiable instruments。

Busoni, Ferruccio (Dante Michelangiolo Benvenuto)＊　布梭尼（西元1866～1924年）　義大利裔德國作曲家和鋼琴家。七歲時首次公開表演，十二歲時指揮他自己的作品。1894年定居柏林之前，曾在赫爾辛基、莫斯科和波士頓任鋼琴教授。他以鋼琴名家並將自己的作品交給重要的指揮首演而聞名。*Die Brautwahl*（1910）是他生平最受歡迎的作品；其他的歌劇作品包括歌劇《丑角》（1916）、《杜蘭朵》（1917），其中歌劇《浮士德博士》是他最重要的作品。在他所有的交響曲作品中，鋼琴協奏曲（1904）是最常被人拿來演奏的。鋼琴作品有很多，包括：《複調幻想曲》（1910）、六首小奏鳴曲（1910～1920）以及許巴哈管風琴作品鋼琴改編曲。

Busra＊　布斯拉　亦作Bosra。敘利亞西南部荒城。位於大馬士革南部，起初是納巴泰人的城市，後來被圖雷眞征服，成爲羅馬帝國阿拉比亞省的首府，稱爲波斯拉，也是約旦河以東的重要堡壘。4世紀早期成爲主教教區，但在7世紀落入穆斯林之手；十字軍在12世紀將之收回，但未能守住，很快即衰落。現有寺廟、凱旋門、水道、教堂、清眞寺等遺址。

bustard　鴇　鴇科二十三種中型和大型狩獵鳥類的通稱，與鶴形目的鶴和秧雞有親緣關係。分布於非洲、南歐、亞洲、澳大利亞和新幾內亞部分地區。腿長，適於奔跑。體堅實，保持水平姿勢，頸直立，位於腿的前方。大鴇是最著名的種類，爲最大的歐洲陸棲鳥類。雄鳥重達14公斤，體長120公分，展翅長240公分。

Bute, Earl of　標得伯爵（西元1713～1792年）　原名John Stuart Bute。蘇格蘭出生的英國政治人物，英王喬治三世的寵臣。1761年喬治即位後，任命他爲國務大臣，1762～1763年他成爲首相。他出面談判，和平結束了七年戰爭，但未能建立穩定政府，而於1763年辭職。

Buthelezi, Mangosuthu G(atsha)＊　布特萊齊（西元1928年～）　祖魯人酋長和英卡塔自由黨領袖，塞奇瓦約王室的後裔。1953年成爲布特萊齊部落世襲酋長。1972年被選爲非獨立的夸祖魯領袖，在與非洲民族議會（ANC）決裂後，於1974年重組英卡塔運動。布特萊齊拒絕夸祖魯完全獨立，同時又在白人確立的體制內繼續爲停止種族隔離政策而奮鬥。1990～1994年爲爭取非洲民族議會的領導權而展開激烈的鬥爭，數千人在英卡塔和非洲民族議會的暴動中喪生。在1994年的大選後，出任曼德拉聯合政府的內政部長。

Butkus, Dick＊　巴特庫斯（西元1942年～）　原名Richard J. Butkus。美國美式足球球員，生於芝加哥。在加入芝加哥熊隊（1965～1973）之前，曾在芝加哥的職業高中和伊利諾大學打球。以擅於破壞攻擊、擒殺四分衛和攔截傳球而聞名。他的運動生涯因多次受傷而縮短，1973年退休後，活躍在電視界和運動推廣。巴特庫斯被認爲是史上最佳的中線衛。

Butler, Benjamin F(ranklin)　巴特勒（西元1818～1893年）　美國軍官。曾在麻薩諸塞州當律師和立法者。南北戰爭時，他指揮防守維吉尼亞州的門羅堡，拒絕將逃亡的奴隸遣返美利堅邦聯，稱他們爲「違禁品」，後來政府採用了這一說法。1862年他監督了對紐奧良的占領，但由於他實行鐵腕統治而被召回。後領導維吉尼亞的聯邦軍，由於作戰屢次失敗，而於1865年被解除指揮權。在擔任眾議員（1867～1875、1877～1879）期間，他是個激進的共和黨人，在彈劾審判詹森總統中表現突出。1878年因支持「綠背紙幣運動」而與共和黨決裂，加入民主黨。1882～1884年擔任麻薩諸塞州州長。

Butler, Joseph　巴特勒（西元1692～1752年）　英國主教和倫理哲學家。1740年任聖保羅大教堂主教，1750年任達拉謨主教。他試圖部分透過自覺的方法將開明的自我利益和追求快樂與道德倫理協調起來。最重要的著作是1736年發表的《宗教的對比》。

Butler, Nicholas M(urray)　巴特勒（西元1862～1947年）　美國教育家，生於新澤西州的伊利薩白。在哥倫比亞大學取得博士學位。是哥倫比亞教師學院的首任院長（1886～1891），後任哥倫比亞大學校長（1901～1945）。在他領導下，哥倫比亞大學發展成世界聞名的大學。青年時代曾強烈批評當時的教育方法，但後來又批評教育改革本身，猛烈攻擊職業主義和行爲主義。巴特勒努力促進國際間相互的了解，1910年協助建立卡內基國際和平基金會，並擔任主席（1925～1945）。1931年和珍．亞當斯共獲諾貝爾和平獎。

Butler, R(ichard) A(usten)　巴特勒（西元1902～1982年）　受封爲（薩弗倫沃爾登的）巴特勒男爵（Baron Butler (of Saffron Walden)）。英國政治人物。別名"Rab" Butler，1929年當選爲下院議員，1930年代任職保守黨政府。在教育大臣任內通過「教育法」（1944），設立免費中等教育。1945年托利黨競選失敗，他協助改造保守黨，擔任黨魁（1955～1961）。1951～1955年任財政大臣，1957～1962年任內政大臣，1963～1964年任外交大臣。

Butler, Samuel　巴特勒（西元1612～1680年）　英國詩人兼諷刺作家。曾擔任過各種不同的工作，使他能觀察到怪人、狂徒和惡棍，他們的奇異、滑稽行爲，成爲他著名詩篇的題材。《休迪布拉斯》（1663～1678）是他著名的作品，是一部嘲笑英雄的詩篇，將他在好鬥的清教徒中所看到的狂熱、自負、迂腐和虛僞串接了起來。這是一部最令人難忘的英語詼諧詩，也是第一部抨擊思想而不是人的英語諷刺作品。

Butler, Samuel　巴特勒（西元1835～1902年）　英國小說家、散文作家和評論家。許多年來，他把注意力集中在宗教和演化論問題上，在其作品中，他先是擁護、後又捨棄達爾文的理論。他最著名的作品《眾生之路》（1903）是一部自傳體諷刺小說，敘述他從令人在精神上感到窒息的家庭氣氛中出走的故事。《埃瑞洪》（1872）使他獲得盛譽，在這部烏托邦式諷刺作品中預示了對維多利亞時代永恆進步所抱幻想的破滅。

巴特勒，油畫，格京（Charles Gogin）繪於1896年；現藏倫敦國立肖像畫陳列館
By courtesy of the National Portrait Gallery, London

Buto＊　布托　古埃及宗教所信奉的眼鏡蛇女神，是下埃及的佑護女神，並與上埃及的禿鷲女神奈赫貝特一起，都是國王的佑護神。她是何露斯神嬰兒時期的保姆，曾協助何露斯的母親伊希斯保護他免遭叔父塞特加害。後來她與勒托合一。其像爲盤繞在紙草稈上的眼鏡蛇。

Buton＊　布通　亦作Butung。印尼的島嶼（1980年人口約317,000）。位於蘇拉維西東南部外海，長約160公里，面積約5,200平方公里。西南岸的巴務巴務（Baubau）是主要城市。沿海居民主要是從事海上貿易的水手和漁人。

butte＊　地垛　頂部平坦、四周爲向平原傾斜的陡崖的小山，從陡崖底到平原之間爲緩坡。這個術語有時用於比丘陵高，而比山岳低的高地。具有堅硬岩石平頂的地垛，是美國西部乾旱高原的代表性地形。地垛和桌子山類似，但會逐漸變小，二者都是由侵蝕作用形成的。

butter　奶油　亦稱黃油。一種黃色到白色的固體乳狀物，含脂肪球、水和無機鹽，經由攪拌乳脂製成。做爲一種食物，可能在紀元開始時豢養動物的人就已知道。奶油長期以來用來塗敷食物或烹飪，傳統上是農場生產的產品，但19世紀晚期，隨著乳脂分離器的出現，奶油已可大量生產。奶油是高能量食品，每100公克約含715卡路里的熱量。富含乳脂肪（80～85%），但蛋白質含量少。

butter-and-eggs　柳穿魚　亦稱toadflax。玄參科常見的多年生草本植物，原產歐亞大陸，被北美洲廣泛移植。其葉似亞麻，花爲豔麗的黃色和橙色，花有雙唇和距，類似於金魚草。

buttercup　毛茛　毛茛科毛茛屬顯花植物，約兩百五十

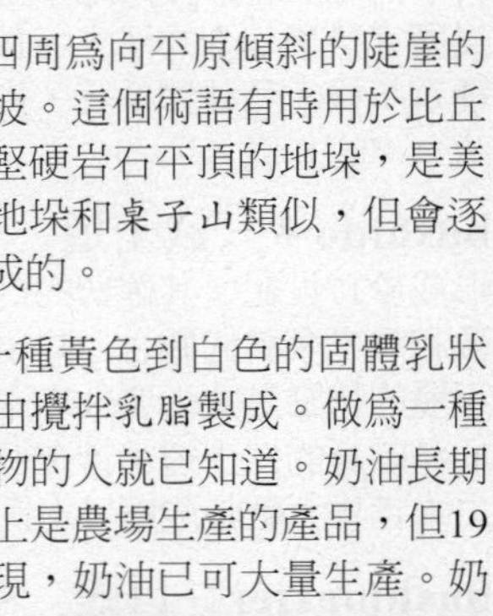

生的毛茛
Kitty Kohout from Root Resources

種，草本。分布於全世界，北溫帶的樹林和田野尤爲普遍。波斯毛茛是商品花卉。野生種類甚多，其中包括草間毛茛和普通水生毛茛。其他同科的植物廣泛分布在溫帶和亞熱帶地區；熱帶地區則多分布在高海拔區。葉通常交替生長，無柄，可能很單純也可能長得很開。花單生或聚生成稀疏的花簇。銀蓮花、飛燕草、驢蹄草、鐵線蓮和獐耳細辛都屬該科植物。

butterfly 蝶 鱗翅類六個科數千種昆蟲的總稱，幾乎分布全世界。與蛾不同之處是蝶色鮮豔、白天活動。二者最顯著的區別是蝶的觸角呈棒狀，休止時翅折疊與背垂直。多數種類的幼蟲和成蟲以植物爲食。金斑蝶（屬蜆蝶科）多見於熱帶美洲；喙蝶屬喙蝶科；其他的種還有粉蝶科的白粉蝶與黃蝶，鳳蝶科的鳳蝶，灰蝶科的藍灰蝶、銅色蝶和燕灰蝶，以及蛺蝶科的海軍上將蛺蝶、王蝶和赤蛺蝶。

butterfly bush ➠ buddleia

butterfly effect 蝴蝶效應 ➠ chaotic behavior

butterfly weed 塊根馬利筋 蘿藦科多年生植物，學名Asclepias tuberosa。原產於北美。植株粗壯，被糙毛，具水平根。莖多葉，直立，疏分枝，高約0.3～0.9公尺。仲夏前後開花，花密集簇生，鮮橙色。該植物乳汁較少，與該屬多數植物不同。原產於乾燥野地，常植於野生植物園，或用作沿邊花卉。

butternut 灰胡桃 胡桃科落葉喬木，學名*Juglans cinerea*。原產北美東部。樹皮灰色、具深溝。葉子具11～17枚黃綠色、下面被毛的小葉。巧克力色的間隔將枝條的髓部分隔成多室。果卵形，具膠黏綠褐色的外果皮。堅硬木質的核果具許多脊，種子甜而含油。重要經濟用途是食用其核果和從外果殼製取黃色或橙色染料。根的內皮提取某些藥物。

button 鈕釦 通常爲有孔眼或軸柄的圓片，縫在衣服的一邊，圓片穿過衣服另一邊的環圈或鈕孔，用來將衣服扣緊。古希臘人在肩部用鈕釦與環圈將束腰外衣扣緊。直到13世紀發明鈕孔以前，在中世紀的歐洲是用帶子或以胸針、夾子將衣服固定起來。就鈕釦的歷史來看，它的大小和材質有很大的變化。20世紀，某些服裝已經以拉鏈取代鈕釦。

buttress 扶垛 建築中，自牆面凸出的磚石砌體，用以加固牆身或抵抗由拱或屋頂所產生的橫向推力；扶垛還有裝飾作用。雖然從古代起就採用扶垛（如美索不達米亞的廟宇和羅馬、拜占庭建築），但在哥德式建築中特別重要。亦請參閱flying buttress。

Butung ➠ Buton

Buxtehude, Dietrich＊ 柏格茲特胡德（西元1637?～1707年） 丹麥出生的德國作曲家。曾擔任過兩處地方的管風琴師，後任呂貝克重要的聖瑪利亞教堂的管風琴師達四十年之久。在那裡他恢復了每年一度的教堂音樂會系列夜晚音樂會的傳統。1705年青年巴哈曾徒步322公里去聽他的演奏，並在那裡待了三個月。他留存下來的約一百三十部聲樂作品，通常稱爲清唱劇，可以分類爲協奏曲、眾讚歌組曲和詠嘆調。他留下了約一百部管風琴作品、二十多部鍵盤組曲，以及二十多部室內奏鳴曲。

Buyid dynasty＊ 白益王朝（西元945～1055年） 亦稱Buwayhid dynasty。曾統治伊朗西部和伊拉克的伊斯蘭教王朝。德萊木人血統。由白益的三個兒子創立。他們在945年占領巴格達，隨即建立白益王朝。三個兄弟取得各自的領地，他們死後，其中一個兒子阿杜德．道拉穩固了統治地位（977），白益王朝的國家達到鼎盛時期。983年以後國家又因家族內爭而四分五裂。1055年塞爾柱土耳其人（參閱Seljuq dynasty）取得巴格達，從而結束白益王朝。白益藝術對塞爾柱人影響深遠，白益人的銀器尤其著名。

buzz bomb 嘯聲炸彈 ➠ V-1 missile

buzzard 鵟 屬於鷹科鵟屬的幾種猛禽。但在北美，亦指屬於新域鷲科的各種西半球禿鷲類，尤指紅頭美洲鷲。在澳大利亞，鉤嘴鳶屬的一種大型鷹類稱爲黑胸鵟。鵟類亦稱鵟鷹類，常以寬的翅膀和散開的圓形尾易與其他猛禽區分。大多數種類上體暗褐，下體白色或斑褐色，尾和翅下羽毛通常有橫斑。捕食昆蟲和小哺乳動物，偶爾襲擊鳥類。於樹上或懸崖上營巢。多數種類見於北美、歐、亞和非洲的絕大部分地區。紅尾鷹是最普通的北美洲鵟，身長達60公分。

Buzzards Bay 巴澤茲灣 大西洋小海灣，在美國麻薩諸塞州東南岸。東北伸向科德角半島根部，經科德角運河與科德角灣相通。東南爲伊莉莎白群島。長48公里，寬8～16公里。島岸曲折，多漁村與避暑勝地。巴澤茲灣鎮（2000年人口3,549）是麻薩諸塞海洋學院所在地。

Byatt, A(ntonia) S(usan) 拜雅特（西元1936年～） 原名Antonia Susan Drabble。英國小說家及學者。德拉布爾的姊姊，她在劍橋受教育，並在倫敦大學學院執教。她的第三部小說《花園中的處女》（1978）廣受好評，隨後又寫成了《靜物寫生》（1985）。《擁有》（1990）是一部大師級的雙重敘事體裁的作品，贏得了1990年布克獎，而《天使與昆蟲》（1991）則被拍成電影。她的故事集包括《南丁格爾眼中的精靈》（1995）與《基本原理》（1998），《自由的程度》（1965）則是第一部探討默多克的主要研究論著。

Byblos＊ 比布魯斯 今名朱拜勒（Jubayl）。地中海東岸古城，位於今貝魯特北部。至少在新石器時代即有人居住；西元前4千紀時擴大爲大居民區。後成爲向埃及輸出雪松的主要港口，也是大貿易中心。紙莎草（papyrus）早期的希臘名字爲比布魯斯，因爲它透過該地出口到愛琴海；《聖經》的原意即指「（紙莎草的）書」（the (papyrus) book）。比布魯斯幾乎產生出全部已知的早期腓尼基銘文，大部分來自西元前10世紀。到那時，提爾在腓尼基的地位已崛起，比布魯斯雖然一直繁榮到羅馬時期，但再也恢復不了以前的霸主地位。

Bydgoszcz＊ 比得哥什 波蘭北部城市（2000年人口約384,500）。原爲條頓騎士團的一個商業城市。1346年建鎮。原爲繁榮的穀物和木材中心，在17世紀瑞典戰爭期間被毀。18世紀由於建成比得哥什運河又顯重要，該運河連接維斯杜拉河和奧得河。1772～1919年受普魯士統治。第二次世界大戰期間受納粹控制，1939年曾頑強抵抗納粹入侵。現仍是上西里西亞和波羅的海海港航運的重要樞紐。

Byelarus ➠ Belarus

Byelorussian language ➠ Belarusian language

bylina＊ 壯士歌 口頭傳述的俄國英雄敘事詩。最古老的壯士歌雖是記述西元10世紀或更早的事跡，但至17世紀才有文字記載。它們被分成數個部分，其中最長的是記述10～12世紀基輔的黃金時代的一組詩，將所有的壯士歌加到一起，就構成一部迥異於俄國官方歷史的民間歷史。

bypass surgery ➠ coronary bypass

Byrd, Richard E(velyn)　伯德（西元1888～1957年）
美國海軍少將、飛行員和極地探險家，生於維吉尼亞州的文契斯特。第一次世界大戰後致力於發展飛行器的航行裝備。1926年他和班奈特宣稱他們飛越北極成功，這是人類史上的創舉。1928年伯德開始在南極洲的探險活動，他先在此建立稱為「小亞美利加」的基地。次年，和三個同伴飛往南極，也是史上創舉。伯德隨後又率領遠征隊發現並繪製了南極洲很大一部分的地圖。他的著作包括《發現》（1935）和《獨處》（1938），是他獨自在南極附近紮營的數個月的生活日誌。他的兄弟哈瑞·伯德（1887～1966）是維吉尼亞州選出的參議員（1933～1965）。

Byrd, William　伯德（西元1543～1623年）　英國作曲家。隨作曲家塔里斯學習，二十歲時便被指定為林肯大教堂的管風琴師。1572年與塔里斯同任皇家禮拜堂的管風琴師。1575年英國女王伊莉莎白一世准許他們在英國專營印刷和銷售音樂作品。由於篤信天主教而屢遭迫害，但伯德本人始終忠於英國女王。其下一代大多數的重要作曲家顯然都有受惠於他。他以英國最好的讚美詩以及鍵盤音樂和歌曲作曲家著稱。作品包括三首彌撒曲（三聲部、四聲部和五聲部）、兩百多首拉丁經文歌、四首重要的聖公會禮拜歌曲、近六十首頌歌，以及約一百首維吉諾古鋼琴曲（許多保存在《帕特尼亞曲集》和《費茲威廉維吉諾古鋼琴集》兩本集子裡）。他被公認是當時英國最偉大的作曲家。

Byrne, David　大衛伯恩（西元1952年～）　蘇格蘭裔美國歌手和流行歌曲作家。1970年代中期，他在羅德島設計學院組成了搖滾樂團「臉部特寫」擔任主唱與吉他手。由於對新浪潮運動（參閱punk rock）的認同，樂團的第一張專輯《1977年臉部特寫專輯》之後所發行的專輯包括《油腔滑調》（1983）、電影專輯《停止找尋意義》（1984）以及個人專輯《摩莫王》（1989）等，反應出大衛伯恩對於實驗性流行音樂和非洲旋律的興趣。大衛伯恩身兼種族音樂學家和製作人，也為撒普的電影《輪轉煙火》（1980）配樂，並且導演了《真實故事》（1986）這部電影。

Byron, George (Gordon), Baron　拜倫（西元1788～1824年）　受封為拜倫勳爵（Lord Byron）。英國浪漫派詩人和諷刺作家。先天跛足，對此十分敏感，十歲時意外繼承了爵位和財產。在劍橋大學受教育，以諷刺詩《英國詩人和蘇格蘭評論家》（1809）受到注目，該詩是回應評論家對他第一部作品《閒暇的時刻》（1807）所作的評論。二十一歲時開始到歐洲旅行。沿途所見均寫在《恰爾德·哈羅爾德遊記》（1812～1818）一詩中，該詩吐露了他的悲鬱心情與幻想破滅，給他帶來了聲譽，而他複雜的個性、外表風度翩翩以及許多愛情緋聞事件博取了歐洲人的好感。拜倫在日內瓦附近定居下來後，寫了詩歌寓言《希永之囚》（1816），是對自由的讚美和對暴政的控訴；還寫了一部詩劇《曼弗雷德》（1817），其主人翁反映了拜倫自己的內疚和挫折。他最偉大的詩篇《唐璜》（1819～1824）是用八行詩寫的一部未完成的傳奇式流浪冒險諷刺詩。在其他大量的作品中，還有詩歌寓言和詩劇。後來赴希臘協助希臘人為獨立而奮鬥，結果得熱病而死，成為希臘的民族英雄。

byssinosis ➠ brown lung disease

byte ➠ bit

Byzantine architecture＊　拜占庭建築　西元330年以後的君士坦丁堡（今伊斯坦堡，原為古代的拜占庭）建築風格。拜占庭建築是折衷式的，起初著重於模仿羅馬寺廟的特點。它們的巴西利卡（長方形教堂）與對稱的十字中心式（圓形或多邊形）宗教結構結合起來，促成典型的拜占庭希臘十字形教堂，帶有方形中央主體和四個等長的翼。最獨特的特點是圓屋頂，要讓圓屋頂安置於方形基礎上，可利用兩種方式：內角拱（方形基礎每個角落的拱門變為八角形）或穹隅。拜占庭結構主要是高挑的空間和華麗的裝飾：大理石柱和鑲嵌物、拱頂上的馬賽克、鑲嵌石頭鋪面，有時是黃金花格平頂天花板。君士坦丁堡建築擴及整個東正教，而在某些地方，特別是俄羅斯，在君士坦丁堡陷落（1453）後仍然

拜占庭皇帝			
芝諾	474～491	阿納斯塔修斯一世	491～518
查士丁一世	518～527	查士丁尼一世	527～565
查士丁二世	565～578	提比略二世·君士坦丁納斯	578～582
莫里斯·提比略	582～602	福卡斯	602～610
希拉克略	610～641	希拉克略·君士坦丁	641
赫拉克洛納斯（或希拉克略）	641	君士坦斯二世（君士坦丁·波戈納圖斯）	641～668
君士坦丁四世	668～685	查士丁尼二世·萊諾特美圖斯	685～695
萊昂提烏斯	695～698	提比略三世	698～705
查士丁尼二世·萊諾特美圖斯（復位）	705～711	腓力比庫斯	711～713
阿納斯塔修斯二世	713～715	狄奧多西三世	715～717
利奧三世	717～741	君士坦丁五世·科普羅尼姆斯	741～775
利奧四世	775～780	君士坦丁六世	780～797
伊林娜（女皇）	797～802	尼斯福魯斯一世	802～811
施陶拉修斯	811	邁克爾一世·蘭伽柏	811～813
利奧五世	813～820	邁克爾二世·巴爾布斯	820～829
狄奧斐盧斯	829～842	邁克爾三世	842～867
巴西爾一世	867～886	利奧六世	886～912
亞歷山大	912～913	君士坦丁七世·波菲羅格尼圖斯	913～959
羅馬努斯一世·萊卡佩努斯	920～944	羅馬努斯二世	959～963
尼斯福魯斯二世·福卡斯	963～969	約翰一世·齊米斯西斯	969～976
巴西爾二世·保加洛克托努斯	976～1025	君士坦丁八世	1025～1028
羅馬努斯三世·阿爾吉魯斯	1028～1034	邁克爾四世	1034～1041
邁克爾五世·卡拉法提斯	1041～1042	佐伊（女皇）	1042～1056
君士坦丁九世·莫諾馬庫斯	1042～1055	狄奧多拉（女皇）	1055～1056
邁克爾六世·斯特拉提奧提卡斯	1056～1057	伊薩克一世·康尼努斯	1057～1059
君士坦丁十世·杜卡斯	1059～1067	羅馬努斯四世·戴奧吉尼斯	1067～1071
邁克爾七世·杜卡斯	1071～1078	尼斯福魯斯三世·波坦尼亞特斯	1078～1081
亞歷克賽一世·康尼努斯	1081～1118	約翰二世·康尼努斯	1118～1143
曼努埃爾一世·康尼努斯	1143～1180	亞歷克賽二世·康尼努斯	1180～1183
安德羅尼卡一世·康尼努斯	1183～1185	伊薩克二世·安基盧斯	1185～1195
亞歷克賽三世·安基盧斯	1195～1203	伊薩克二世·安基盧斯（復位）和	
亞歷克賽五世·杜卡斯·穆澤弗盧斯	1204	亞歷克賽四世·安基盧斯（共治）	1203～1204
拉丁皇帝			
鮑德溫一世	1204～1206	亨利	1206～1216
彼得	1217	約蘭德（女皇）	1217～1219
羅伯特	1221～1228	鮑德溫二世	1228～1261
約翰	1231～1237		
尼西亞皇帝			
君士坦丁（十一世）	1204～1205?	狄奧多一世·拉斯卡里斯	1205?～1222
約翰三世·杜卡斯·瓦塔特澤斯	1222～1254	狄奧多二世·拉斯卡里斯	1254～1258
約翰四世·拉斯卡里斯	1258～1261		
希臘復位皇帝			
邁克爾八世·帕里奧洛加斯	1261～1282	安德羅尼卡二世·帕里奧洛加斯	1282～1328
安德羅尼卡三世·帕里奧洛加斯	1328～1341	約翰五世·帕里奧洛加斯	1341～1376
約翰六世·坎塔庫澤努斯	1347～1354	安德羅尼卡四世·帕里奧洛加斯	1376～1379
約翰五世·帕里奧洛加斯（復位）	1379～1390	約翰七世·帕里奧洛加斯	1390
約翰五世·帕里奧洛加斯（復位）	1390～1391	曼努埃爾二世·帕里奧洛加斯	1391～1425
約翰八世·帕里奧洛加斯	1421～1448	君士坦丁十一世·帕里奧洛加斯	1449～1453

使用。亦請參閱Hagia Sophia。

Byzantine art 拜占庭藝術 與拜占庭帝國相關的藝術。具有拜占庭藝術特徵的風格最早形成於6世紀，這種風格直到1453年土耳其人攻占君士坦丁堡後才告終止。拜占庭藝術幾乎全都與宗教有關，傾向反映強烈的等級宇宙觀。這種藝術依靠線條的活力和色彩的明度，缺乏個人特色，形式平坦，缺乏透視。牆面、拱頂和圓頂都用馬賽克覆蓋，壁畫的裝飾整體融合了建築和繪畫的表現。拜占庭的雕刻大多局限於小型象牙浮雕。拜占庭藝術對歐洲宗教藝術的重要性是深遠的；這種藝術風格經由貿易和征服傳布到地中海地區、東歐的各個中心，尤其是俄羅斯。亦請參閱Byzantine architecture。

Byzantine chant 拜占庭聖詠 自拜占庭帝國時代起至16世紀，希臘東正教會禮拜儀式上的齊唱聖詠。可能主要起源於希伯來和敘利亞的基督教禮拜儀式音樂。直到10世紀，它還沒有任何樂譜，只有在唱詞上面標出模糊的重音來幫助記憶；後來使用了更精確的符號，到了13世紀，已經精確到可以準確而完全地抄錄下來了。在聖歌和讚美詩中用了與希臘的八種調式非常相似的八調式系統，每種調式（或共鳴）主要由少數幾個旋律公式組成。主要的讚美詩種類爲「特羅帕里翁」（kontakion，一個或幾個詩節）、「康塔基昂」（kontakion，一種帶韻律的佈道文）和「正頌」（kanon，各種讚美詩的複雜組合）。亦請參閱Gregorian chant。

Byzantine Empire 拜占庭帝國 位於歐洲東南方和南方及亞洲西部的帝國。「拜占庭」一詞，源於古代希臘在博斯普魯斯海峽岸邊的一個殖民地名稱。西元330年羅馬皇帝君士坦丁一世接管這裡，易名爲君士坦丁堡（伊斯坦堡）。此時該地區通稱東羅馬帝國。395年君士坦丁去世後，狄奧多西一世將帝國分給兩個兒子。476年西羅馬帝國滅亡，東半部的羅馬帝國延續下來，成爲拜占庭帝國，以君士坦丁堡爲其首都。東部地區在許多方面有別於西半部：它繼承了希臘化時代的文明，因此人口稠密，商業繁榮。在它最偉大的皇帝查士丁尼一世（527～565年在位）掌權後，重新征服了一些西歐地區，興建聖索菲亞教堂，並公布了以羅馬法律爲基礎的法典。他死後，帝國逐漸衰落。雖然在查士丁尼死後許久，其統治者仍以「羅馬」自居，但「拜占庭」則更能適切的形容這個中世紀帝國。長時期因破壞聖像主張的爭論，使得東方教會和羅馬教會決裂（參閱Schism of 1054）。在東西方教會相對抗時期，阿拉伯和塞爾柱土耳其人在這個地區加強他們的力量。11世紀晚期，亞歷克賽一世．康尼努斯向威尼斯和羅馬教宗尋求協助，隨著這個結盟繼之而來的是十字軍的掠奪。在第四次十字軍東征時，威尼斯人占領了君士坦丁堡，並擁立另一支的拉丁皇帝。1261年拜占庭重新復國，但領土大爲縮小，像是一個以君士坦丁堡爲中心的城邦國家。14世紀鄂圖曼土耳其開始入侵，1453年最後一位皇帝在奮戰後喪命，土耳其人占領君士坦丁堡，從而結束了拜占庭帝國。

Byzantium 拜占庭 ➠ Istanbul

C　C語言　高階的程序式電腦程式語言，具有許多低階特徵，包括處理記憶位址和位元的能力。它在各種平台間的可攜性強，可以輕易從一個平台移植到另一個平台，所以廣爲產業界和電腦專業人員採用。C語言是由貝爾實驗室的里奇（1941～）在1972年發展出來的。UNIX作業系統幾乎僅用C語言寫成，而C語言已被標準化，成爲POSIX（UNIX的可攜式作業系統介面）的一部分。

C++＊　C++語言　電腦程式C語言的物件導向版本（參閱object-oriented programming (OOP)）。由貝爾實驗室的斯特羅斯特魯普在1980年代早期發展出來，是傳統C語言加上物件導向能力。和Java語言一樣，C++語言已經普遍用於發展商業套裝軟體，這些軟體併入了多種相關的應用。

C-section ➠ cesarean section

Cabala ➠ Kabbala

Caballero, Francisco Largo ➠ Largo Caballero, Francisco

cabaret＊　卡巴萊　一種供應酒並提供輕鬆音樂文娛節目的餐館。大概起源於1880年代的法國，通常在一個小俱樂部裡，由業餘愛好者表演節目，以諷刺喜劇來影射資產階級的陋習。1900年左右在德國柏林出現第一家卡巴萊，由沃爾佐根開辦，保留了法國卡巴萊的氣氛和特色，但也有嘲諷政治的音樂表演節目。後來變成地下發表政治言論和文學創作的核心，也是社會批判者如布萊希特和韋爾等發表作品的櫥窗，1966年出版的《卡巴萊》（1966）音樂書籍中曾描述這種頹廢但充滿創造力的地方。英國的卡巴萊源自18～19世紀城市酒館裡的演奏會，後來發展爲雜耍劇場。在美國，卡巴萊發展爲夜總會。表演者一般都是喜劇演員、歌手或樂師。小爵士樂和民歌俱樂部，以及後來的喜劇俱樂部都是從卡巴萊演化而來。

cabbage　甘藍　類型甚多的蔬菜和飼料植物，均被認爲是見於英國及歐洲大陸海岸的野生甘藍經長期種植而馴化的品系。甘藍的普通園藝類型主要按食用部位分爲：一、葉型，葉疏鬆而開展（如羽衣甘藍、寬葉羽衣甘藍和球子甘藍等）或緊密包合呈頭狀（如普通甘藍和薩伏依甘藍）；二、花和粗花莖型，花稍畸變或無畸變（花莖甘藍）及花變粗而畸變（如花椰菜和大頭花莖甘藍）；三、莖型，莖明顯擴展成鱗莖狀（如球莖甘藍）。所有這些類型均具無毛的肉質葉，外被蠟質，常使葉表面呈灰綠色或藍綠色。甘藍在溫和至涼爽氣候下生長最好，耐霜凍，有些能在一定的生長期忍耐嚴重冰凍。甘藍的熱量不高，但富含維生素C和礦物質，並提供必要的營養。捲心菜是最重要的類型，通稱甘藍，是溫帶大多數國家的主要蔬菜之一。

cabbage looper　粉紋夜蛾　鱗翅目夜蛾科昆蟲粉紋夜蛾的幼體或毛蟲，亮綠色帶白色條紋。與其他夜蛾一樣，身體移動時彎成環狀。是甘藍及其親緣作物的害蟲，在美國及歐洲危害尤烈。成蟲遷徙頗遠。前翅呈斑駁的褐色，並有Y型花紋；成蛾的標準翅展寬爲25公釐。

cabbage palmetto ➠ palmetto

cabbage white　菜粉蝶　亦稱cabbage butterfly。即歐洲菜粉蝶。其幼蟲是一種大害蟲，專門侵食甘藍和其他近緣植物。約1860年引進北美洲，如今是北美洲最常見的一種白粉蝶。

Cabbala ➠ Kabbala

Cabeiri　卡比里　亦作Cabiri。古代小亞細亞、馬其頓，以及希臘中、北部等地所崇拜的群神。古希臘時期共有兩個男神（父子關係）和兩個女神。他們增長生育能力，保佑海員。那對男神比較重要，通常與狄俄斯庫里兄弟混淆。卡比里也被視同薩莫色雷斯諸神，西元前4世紀時人們對這幾位神的崇拜達到極點。

Cabell, James Branch＊　喀拜爾（西元1879～1958年）　美國作家。生於維吉尼亞里奇蒙的望族。在他最有名的、充滿著性象徵主義的小說《朱根》（1919）中，抨擊了美國正統觀念和習俗。其他作品包括《妙語》（1917）、《生活之外》（1919）和《高地》（1923），多以虛構的中古世紀的省份爲寓言故事背景。1920年代人們雖對他讚譽有加，但他的矯飾風格和對人類經驗所持的懷疑觀點很快就不再受人歡迎。

Cabeza de Vaca, Álvar Núñez＊　卡韋薩・德巴卡（西元1490?～1560?年）　西班牙探險家。1528年參加探險到達如今美國佛羅里達州的坦帕灣。探險隊中只有四人存活下來，他是其中之一。他在現代的德州海灣地區花費了八年時間。他對錫沃拉的七座黃金城神話般的描述可能激勵了德索托和科羅納多對北美洲進行大範圍探險考察。

Cabezón, Antonio de＊　卡貝松（西元1510～1566年）　西班牙作曲家和管風琴家。自幼失明，曾在帕倫西亞學風琴。1526年成爲查理五世的皇后伊莎貝爾的管風琴師。深受皇室喜愛，尤其是儲君腓力二世，常伴他到處旅行。他的風格影響了英國維吉諾古鋼琴曲的作曲樂派，以及以史維林克爲代表的低地國家的管風琴曲風格。作品大多是鍵盤樂，包括蒂恩托（tiento，即主題模仿，其中往往採用旋律模仿）；一些舞曲；根據歐洲名作曲家的香頌與經文歌而寫的變奏曲，或用流行旋律寫的變奏曲，並有少量聲樂作品。其莊嚴高雅的複調音樂受人喜愛，並使16世紀早期呆板的鍵盤樂風格與中葉出現的國際風格相聯繫。

cabildo　市政廳　西屬美洲殖民地地方政府的基本機構。管理各種日常市政，如治安、衛生、稅收、房屋建築的監督、物價和工資的規定，以及司法等。後來司法權限還擴大到鄰近村落。到了16世紀中葉，市政廳官員通常由國王任命，官位可出售或世襲。市政廳往往十分腐敗，但它的公開市政會議對19世紀初西屬美洲的獨立運動發揮了相當大的作用。

cabinet　內閣　由君主的主要大臣們組成或由行政首長的顧問們組成的機構。在立法權賦予議會的地方，內閣變得很重要，但其形式在各國有顯著的不同。在英國，內閣是由在議會擁有席位的各部大臣組成的一個委員會，由首相領導。儘管以前君主有權挑選閣員，但現在僅限於在形式上邀請議會中的多數黨領袖擔任首相和組成政府。傳統上在其他許多歐洲國家，特別是在義大利和法國，通常有幾個政黨互相競爭，沒有一個政黨能夠在議會中保持穩定的多數，因而常常是聯合組閣。在美國，內閣是總統的顧問團，不需法律核准。成員由總統挑選並經參議院同意。憲法制定內閣成員繼承總統職位的優先順序。內閣包括國務卿和財政部、國防部、內政部、農業部、商業部、勞工部、健康與人類服務部、住宅和都市發展部、運輸部、教育部、能源部、退除役官兵事務部等部長，以及總檢察長。

cable car　纜車 ➠ streetcar

cable modem　纜線數據機　用來把類比資料信號轉爲數位形式或反向而行的數據機，用於纜線電視線路上的傳輸或接收，特別用於連接網際網路。纜線數據機像電話數據機一樣調制並調解信號，但屬於複雜得多的裝置。資料在纜線上比在傳統電話線上轉移速度快得多。在典型情況下，傳送率約每秒1.5MB。更快的傳輸其實是可能的，但速度通常限於纜線公司（一般較慢）與網際網路的連接。纜線網際網路存取被視爲較慢之ISDN服務的替代物，與其他遞送的寬頻模式（如DSL連接）互相競爭。亦請參閱broadband technology。

Cable News Network ➠ CNN

cable structure　纜線結構　受到張力作用的長形張索結構，用懸吊纜線作支撐。極有效的纜線結構包括懸索橋、鋼纜支撐全屋頂、自行車輪屋頂。吊橋巨大主纜線的優雅弧度近於懸鏈線，即兩點之間自由懸掛繩索造成的曲線。鋼纜支撐全屋頂由鋼索從上方支撐，鋼索從屋頂水平升起之桅桿向下輻射。自行車輪屋頂包含兩層張力纜線，從內張力環和外壓力環輻射開來，環則由柱子支撐。

cable television　有線電視　透過同軸電纜或光纖電纜分送電視信號的系統。有線電視1950年代初起源於美國。當時是用作改善邊遠地區和山區接收商業電視節目的方式。到了1960年代，許多大都會區也開始使用有線電視，因爲在這些城市裡，電視節目的接收品質受到高層建築對電視信號反射的影響。從1970年代中期起，越來越多的有線電視系統提供各種特別服務，通常一個月收費一次。除了提供高品質的視訊服務外，一些系統提供了上百個頻道讓客戶選擇。越來越多的有線電視公司還提供另外一種服務，叫雙向頻道。用戶透過雙向頻道可以和公司的節目製作部門或資料中心聯繫，參加民意測驗或連上電腦網路。有線電視業者也實驗了視頻壓縮、數位傳送和高解析電視。

Cabot, George　卡伯特（西元1752～1823年）　美國聯邦黨領袖。曾就讀於哈佛大學，後來成爲船東，且經商有成。1794年棄商從政，1791～1796年爲美國參議院議員，是當時的財政部長漢彌爾頓的財政政策主要的擁護者，1793年出任美國銀行經理。卡伯特是聯邦黨的領導人之一，屬艾塞克斯派。1814年擔任哈特福特會議的主席。

Cabot, John　卡伯特（西元約1450～1499?年）　原名Giovanni Caboto。義大利航海家和探險家。1470年代他受雇於一家威尼斯商行，到地中海東岸旅行。1490年代遷居英格蘭布里斯托，受城市商人的支持，在1497年開始一次遠征，尋找到亞洲的貿易路線。他在北美洲某一處登陸（可能是在紐芬蘭拉布拉多南部或布雷頓角島），宣布爲英王領地，並勘查了沿海一帶。1498年第二次遠征，可能有抵達美洲，但後來在大海中失蹤。這兩次航行爲後來英國對加拿大的領土要求奠定了基礎。其子塞瓦斯蒂安・卡伯特也是知名航海家。

Cabot, Sebastian　卡伯特（西元1476?～1557年）　英國航海家、探險家和製圖學家。約翰・卡伯特之子，曾爲英國和西班牙王室服務。1525年率西班牙探險隊，到達南美洲地區。他放棄原來想和東方發展貿易的目的，約經三年的徒勞探險後回西班牙，被判流放到非洲，兩年後獲赦並復職。曾繪有一張非常著名的世界地圖（1544），現藏於巴黎國立圖書館。1548年接受英國海軍職務，組織尋找從歐洲到東方的東北航線探險隊。雖未達目的，又發生幾次海難，卻促進了與俄國的貿易。

Cabral, Amílcar＊　卡布拉爾（西元1921～1973年）　幾內亞民族主義政治家。1956年建立幾內亞和維德角非洲獨立黨（PAIGC），1962年起開始投入爭取幾內亞脫離葡萄牙統治的獨立戰爭。1960年代後期，控制了葡屬幾內亞大部分地區。1973年遇刺身亡。他的異母兄弟路易斯・阿爾梅達・卡布拉爾在1974年當選爲獨立的幾內亞－比索第一任總統。

Cabral, Pedro Álvares　卡布拉爾（西元1467?～1520年）　葡萄牙最早的航海家之一，於1500年發現巴西。出身貴族，1500年國王曼努埃爾一世任命他率領十三艘艦隻作第二次遠征印度之航，遵循達伽馬的路線，以加強商業聯繫，並進一步征服。他朝一條西南方航線航行，接近先前葡萄牙人所瞥見和要求領土所有權的陸地。4月22日登上一處海岸邊，即現在的巴西，正式據爲葡萄牙所有。後來繼續駛向印度，回程中迭遭不幸，最後只剩四艘船回到葡萄牙。

Cabrillo, Juan Rodríguez＊　卡夫里略（卒於西元1543?年）　在西班牙軍隊服役的軍人和探險家，主要以發現加利福尼亞聞名。可能出生在葡萄牙，但早年生活已無法考證。1520年隨西班牙探險隊到墨西哥探險。他是現今瓜地馬拉的征服者之一，可能在那裡擔任總督。1542年他離開墨西哥，沿著加利福尼亞海岸航行，進入了聖地牙哥灣和蒙特里灣，並在加利福尼亞海岸附近幾個島嶼登陸。因一次登陸時摔斷腿後患併發症致死。

Cabrini, Saint Frances Xavier　卡布里尼（西元1850～1917年）　別名Mother Cabrini。義大利裔美國天主教聖心傳教女修會創始人，也是第一位被天主教追諡爲聖徒（1946）的美國公民。她原於1880年在義大利創建聖心傳教女修會，隨即計畫前往中國成立修道院。但教宗利奧十三世指示她西去，遂與另外幾名修女於1889年橫渡大西洋到達美國，主要在義大利裔中工作。她住在紐約和芝加哥，但多次到南北美洲和歐洲內地工作，建立六十七所修會。

cacao＊　可可　亦作cocoa。熱帶美洲喬木，學名Theobroma cacao，屬梧桐科。其果實經發酵及烘焙後可製成可可粉及巧克力，還可提煉出可可脂。可可樹在低窪潮濕之熱帶普遍可見。樹幹堅實，高可至12公尺，其橢圓形呈皮革狀之葉長至30公分，伸展如傘蓋。花粉紅色，小而有臭味，直接著生在枝幹上；莢長35公分，直徑12公分，呈卵形，色黃棕至紫，每莢含豆20～40粒，豆長約2.5公分，包於稠黏果漿中。

Caccini, Giulio＊　卡契尼（西元約1550～1618年）　亦稱Giulio Romano。義大利歌唱家和作曲家。1570年代隨其庇護人麥迪奇到佛羅倫斯，後來在這裡和卡梅拉塔會社關係密切，這一會社致力於重現古希臘戲劇的原貌，是最早一批歌劇的誕生地。《優麗狄茜》（1600）具體表現了卡梅拉塔會社的理想，是第一部出版的歌劇，也是第一批殘存的兩部歌劇的其中一部；另一部也叫《優麗狄茜》，大部分由佩里（1561～1633）寫成，佩里散佚的歌劇《達夫尼》（1598）是所有歌劇中最早的一部。《新音樂》（1602）曲集主要由獨唱牧歌和詠嘆調組成，以新發明的持續低音方式而即興奏出的自然音和聲，是作品中最重要的一部，在建立新的單旋律音樂風格方面至爲重要。

cachalot ➠ sperm whale

cache 快取記憶體 一種電腦暫時儲存器，用於快速存取資料，以便加快電腦處理速度。快取的資料可以儲存在隨機存取記憶體（RAM）的一個保留區，即一塊特別的快取晶片（與CPU分開）上，速度比存在RAM或磁碟機上還快。藉著在一個迅速容易進出的地方來保持經常性的存取資料，電腦可以馬上回應這些資料的要求，而不需要浪費時間到RAM或硬碟機裡搜尋。因"無效"快取將會包含已被後來的資訊取代的資料，所以快取的資料必須定期更新。

cachet, lettre de ➠ lettre de cachet

cactus 仙人掌 石竹目仙人掌科顯花植物。約1,650種。原產於南、北美洲大部分地區，以墨西哥的仙人掌種類和數目最多。仙人掌為肉質多年生植物，多生活在已適應的乾燥地區。莖通常肥厚，含葉綠素，草質或木質。多數種類的葉或消失或極度退化，從而減少水分所由丟失的表面積，而光合作用由莖代行。根系通常纖細，纖維狀，淺而分布範圍廣，用以吸收表層的水分。仙人掌類植株的大小及外形千差萬別，小者如鈕釦狀的佩奧特掌，矮小團塊狀的仙人果，大者如高柱狀的圓桶掌（猛仙人掌屬和仙人球屬）和高大喬木狀的巨山影掌。仙人掌與其他肉質植物不同之處為莖上具墊狀的構造——小區。幾乎所有種類的小區內生長棘刺或鉤毛，花、枝和葉（如果有葉的話）亦由此生出。花通常形大而豔麗，多為單生。仙人掌廣泛栽作觀賞植物，有些種類（特別是仙人果和喬利亞掌）被栽培為食用作物。圓桶掌在緊急情況下可當作人類飲水的來源。

聖誕節仙人掌（Schlumbergera bridgesii，即布里奇斯氏蟹爪蘭），一種附生的仙人掌類
© Harold Taylor/Oxford Scientific Films

Cacus and Caca＊ 卡科斯與卡凱 羅馬宗教所信奉的火神，兩人為兄妹，居住在羅馬的帕拉蒂尼山。據羅馬詩人維吉爾描寫，卡科斯是火神伏爾甘之子，生性邪惡，吞煙吐火。他從英雄赫丘利斯那裡偷去巨人革律翁的牛群，藏於他所居的洞穴中，但赫丘利斯最後發現其藏身處，並將他殺死。

Cadbury, George 吉百利（西元1839～1922年） 英國商人和社會改革者。1861年與其兄理查共同接收父親處於衰敗狀況的企業，成功把它打造為生意十分興隆的吉百利兄弟可可和巧克力製造公司。他們改善了工作條件，提供給雇員一項私人的社會保障計畫。他也以成功地在博恩維利鎮建設住宅和規畫城鎮而出名，他在那裡興建了工人階級也買得起的花園住宅。

CAD/CAM 電腦輔助設計／電腦輔助製造 全名computer-aided design/computer-aided manufacturing。在數位電腦的直接控制下，將設計與製造整合成一個系統。電腦輔助設計系統利用電腦終端設備的視訊與互動式圖形輸入設備，設計機械元件、服裝款式或積體電路等。電腦輔助製造系統利用數值控制（參閱numerical control）的機械工具及高性能的可程式化工業機器人。設計過程發展出來的圖形直接轉換成製造機的指令，因此在設計與成品之間分毫不差，並且擁有改變機器運作的彈性。有時候將這兩者合稱為電腦輔助工程（computer-aided engineering; CAE）。

caddisfly 石蛾 毛翅目水生昆蟲，約七千種。分布於全世界，通常棲居於淡水地區，但有時也在鹹水或潮水漲落的地方看見其蹤影。體長1.5～40公釐，觸角長絲狀。外觀似蛾類。口器不發達。兩對膜翅，有毛，靜止時疊置成屋脊狀。許多種幼蟲以黏液、沙土以及枝葉碎屑築一可攜帶的巢匣居於其中，只露出硬化的頭和足。蛹以強大鋸狀的上顎破巢（或繭）而出，游到水面變為成蟲。成蟲無咀嚼口器，以水和花蜜為食。卵產出後附於水中物體上。石蛾對淡水生態系統是很重要的，因為它們消化了動植物的碎屑，淨化了水質，而幼蟲和成蟲是一些魚類的重要食物，特別是鱒喜食之。

Caddo 卡多人 北美印第安部落聯盟中一員，所操語言構成卡多語系。原住紅河下游地區，相當於現在的路易斯安那州和阿肯色州。古時候就已占據這塊地方，曾在此發現大批引人注目的史前陶器和編織品。卡多人是半定居農民，住房圓錐形，木柱之上覆以茅草。18世紀時，來自白人的壓迫，使許多卡多人被迫離開家園，1803年路易斯安那購地後，情況更是糟糕。1835年已把整個土地割讓給美國，1859年大部分人生活在奧克拉荷馬州的保留地，現今人數大約三千人。

路易斯安那州卡多人的素燒紅陶器，現藏紐約市美國印第安人博物館
By courtesy of the Museum of the American Indian, New York

Cade's Rebellion 凱德叛變（西元1450年） 反對英格蘭國王亨利六世政府的一場大叛亂（1450）。凱德為愛爾蘭人，後來定居肯特，從事某種行業為生。1450年6月肯特小業主不勝苛稅之苦而發動叛亂，他成為他們的首領，發表宣言，要求撤掉國王的幾名主要大臣，並召回約克公爵理查。6月18日，他的隊伍在肯特郡塞文歐克斯擊敗國王的軍隊。7月3日進入倫敦，處決財政大臣。但他們無法無天的舉動為倫敦人所不滿，7月5～6日被趕出城外。7月12日，他在薩西克斯郡負傷被俘，在押往倫敦的途中去世。這次反叛事件造成王權崩潰，並導致薔薇戰爭。

Cádiz＊ 加的斯 西班牙西南部城市（2001年市區人口133,363；都會區人口400,157），位於加的斯灣的一個狹長半島上。它是安達魯西亞加的斯省的主要海港。西元前1100年左右由來自提爾城的腓尼基商人建立，當時稱為加迪爾，後來被迦太基人、羅馬人和西哥德人占據。西元711年摩爾人占有此港。1262年加的斯城被卡斯提爾的阿方索十世占領並加以改建。16～18世紀時，成為西班牙對美洲殖民地的貿易中心而繁榮一時。現在主要是個商業港，有幾條海運線經過此地，客運是重要業務。市內有軍艦和商船的造船廠。

Cádiz, Bay of 加的斯灣 大西洋北部小海灣，位在西班牙西南部加的斯省海岸，長11公里，寬8公里。瓜達萊特河注入此灣。灣內有萊昂島，加的斯港即位於此。灣內其他重要海港有聖費爾南多港、雷亞爾港、聖瑪麗亞港和羅塔港。灣內港口都是商業中心，遠洋輪船大都停靠加的斯港。羅塔港是西班牙－美國的空軍和海軍基地。

cadmium 鎘 化學元素。週期表IIb族（或鋅族）的金屬，化學符號Cd，原子序數48。鎘為稀有元素，存在於沒有工業價值的硫鎘礦中，少量存在於其他礦物特別是鋅礦石中。銀白色，可高度抛光，在鹼性環境下，不會腐蝕。主要的一種用途是電鍍其他金屬，使成合金以保護這些金屬免受腐蝕。由於鎘能吸收熱中子，已用於某些核反應器的控制棒中。在化合物中，鎘幾乎只呈+2氧化態。鎘的化合物還可用作顏料，電視或電腦螢幕的螢光體，殺蟲劑，以及應用在照相和分析化學方面。

Cadmus　卡德摩斯　希臘神話中，腓尼基國王的兒子、歐羅巴的兄弟，以及希臘底比斯的創建者。宙斯在劫走歐羅巴後，卡德摩斯奉命外出尋找未果。後來德爾斐神諭令他放棄搜尋，跟隨一頭母牛，並在它臥倒之地建立底比斯城。卡德摩斯把他殺死的一頭龍的牙齒種到地裡，產生出一批凶悍的武士，其中五個人幫助他建立了底比斯的衛城。卡德摩斯後來娶哈耳摩尼亞（阿瑞斯和愛芙羅黛蒂的女兒）為妻，生有五個孩子，其中包括塞墨勒。據說希臘字母是由他傳入希臘的。

Cadogan, William＊　卡多根（西元1672～1726年）　受封為Earl Cadogan。英國軍人。律師之子，1690年開始戎馬生涯。1702年在西班牙王位繼承戰爭（1701～1714）中，是馬博羅公爵最信任的幕僚。後來參與了為漢諾威王室的喬治一世（1714）奪取王位的陰謀活動。1716年他粉碎詹姆斯黨人發動的一次叛亂，兩年後封伯爵。後由於遭到反對派的攻擊而失勢。

caduceus＊　儀杖　希臘神話中，諸神使者赫耳墨斯所持的棍棒，象徵和平。希臘人用它作為使臣的標誌，以示他們不可侵犯。儀杖最初可能是末梢分為兩叉的橄欖枝，飾以花環或緞帶。後來花環改為身子相互繞纏而面部相向的兩條蛇。蛇上方還附加兩個翅膀，表示赫耳墨斯的飛快速度。

caecilian＊　蚓螈　裸蛇目約一百五十種兩生動物的統稱。穴居或水棲，分布於墨西哥、阿根廷北部、非洲、東南亞和塞席爾群島。體長，四肢已退化。特徵為體表有許多體環，體長10～150公分，直徑最大為5公分。顏色有黑、粉紅和棕黃色不等。眼小，隱於皮下乃至骨下。眼與吻端間有一化學感受觸鬚。有的種類產卵，由雌性護卵，直到幼體孵出。多數種類為胎生，母體輸卵管向胚胎供應營養，小蚓螈發育成熟後出生。生活在地下，以蠕蟲和昆蟲為食。

Caecus, Appius Claudius ➡ Claudius Caecus, Appius

Caedmon＊　凱德蒙（創作時期西元658～680年）　第一個古英語基督教詩人。根據比得的說法，凱德蒙原係不識字的牧人，有一天夢見一異人，命他詠唱「萬物之始」，牧人隨即唱出「從未聽到過的歌詞」。後來入修道院，由學識淵博的教友口授《聖經》，然後他將所聞編為方言詩篇。現今除九行徒具史料價值而無真正詩意的夢中頌歌可認為出於凱德蒙之口外，其餘詩句可能全係托名之作，但他的詩歌確立了幾乎整個盎格魯－撒克遜宗教詩文的形式。

Caen＊　康城　法國西北部城市（1999年人口約113,987）。濱臨奧恩河。11世紀為下諾曼第都城。1346年和1417年兩次為英國人所占，並一直統治到1450年。後來陷入宗教戰爭，並在1562年陷入新教徒之手。法國大革命期間是吉倫特派活動的中心。1944年盟軍在諾曼第登陸後，德國人把此地當作阻擋他們進軍的防線，結果飽受破壞，但戰後重建。現在是運輸中心，建有汽車廠和電器設備廠。康城位於糧食產區的中心，是整個西諾曼第地區的主要服務中心。

Caere＊　塞雷　伊楚利亞的古城，位於羅馬城西北處，靠近現在的塞維特里市，曾是重要的貿易中心。西元前253年為羅馬人統治，在羅馬帝國統治下一度繁榮，但之後幾個世紀開始衰落。英語ceremony（典禮）一詞即源出於拉丁文caeremonium，意為「塞雷禮儀法」，反映了伊楚利亞人崇信占卜之俗。從墓室中已挖掘出一些金銀飾品，顯示西元前7世紀時伊楚利亞人藝術的東方化傾向。

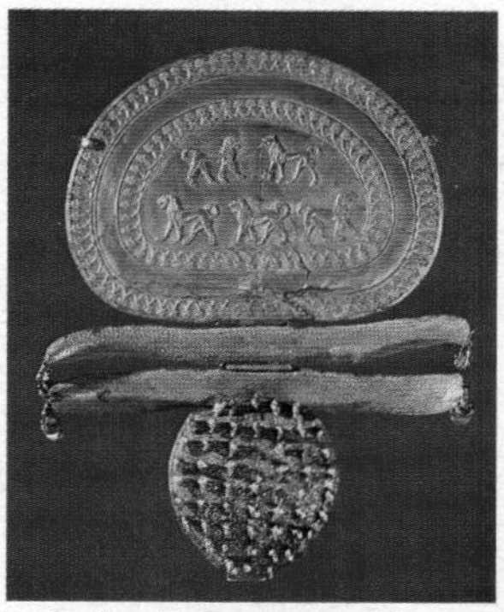

西元前7世紀塞雷Regolini-Galassi墓中的金釦針，現藏梵諦岡博物館
SCACA－Art Resource

Caernarvon＊　卡那封　威爾斯圭內斯郡城鎮。靠近麥奈海峽西端，與安格爾西島隔海相望。原為羅馬人在西元75年左右建立的塞貢蒂烏姆要塞。在羅馬人撤退（約380～390年）後，成為當地族長的首府。1282～1283年愛德華一世征服威爾斯後，在此建大堡壘、城牆和街道。1284年愛德華一世授特許狀定該城為北威爾斯首府。同年，其子威爾斯親王，即愛德華二世出生於此。古堡和城牆今保存良好，自1911年起，為威爾斯親王舉行封爵儀式之地。人口約10,000（1995）。

Caesar, Irving　凱撒（西元1895～1996年）　原名Isidor。美國抒情詩人。第一次世界大戰期間跟隨福特工作，後轉向歌曲寫作。曾與不同的合作者一起工作，為一些經典歌曲作詞，如〈斯旺尼河〉、〈有時候我很快樂〉、〈瘋狂節奏〉以及〈兩個人的茶〉等，最後一首是有史以來錄製次數最多的歌曲之一。享年一百零一歲。

Caesar, (Gaius) Julius　凱撒（西元前100?～西元前44年）　著名的羅馬將軍、政治家、獨裁者。生為貴族，凱撒曾擔任財務官和行政長官等要職，西元前61年～西元前60年出任西班牙遠征軍的統帥。西元前60年他與龐培、克拉蘇形成第一次三頭政治，西元前59年當選執政官，西元前58年被選為高盧與伊利里亞的總督。他主導高盧戰爭，在這段期間，他入侵不列顛（西元前55、西元前54年），並跨越萊因河（西元前55、西元前53年）後，元老院命令他交出兵權，因為元老院畏懼他大權在握，就像先前已懷疑龐培一樣。當元老院沒有同時命令龐培交出兵權時，凱撒違反了規定，帶著軍隊跨越高盧與義大利之間的魯比孔河（西元前49年），使羅馬陷入內戰。龐培從義大利逃走，但在西元前48年被凱撒趕上並擊敗，接著逃往埃及，而在那裡被殺。凱撒隨著龐培來到埃及，成為克麗奧佩脫拉的情人，並在軍事上支援她。西元前46～西元前45年，他打敗龐培最後一批支持者。凱撒被羅馬人封為終生獨裁者。人們獻給他王冠（西元前44年），但他拒絕，因為他知道羅馬人對國王沒有好感。3月15日他在元老院被加西阿斯、布魯圖為首的密謀分子刺殺，當時他正準備進行一系列的政治及社會改革。他論述高盧戰爭及內戰的著作被視為古典歷史學的典範。

Caesar, Sid　凱撒（西元1922年～）　美國喜劇演員。原本擔任樂隊樂手，後來朝喜劇發展。他在海岸防衛隊招待演出的表演秀（話劇）《水手和海岸防衛隊後備女隊員》及其電影版本（1946）中出任主角。他以默劇技巧以及快速模仿外國語言著稱，他在直播的電視節目中有固定的滑稽表演，在受歡迎的喜劇雜項節目（電視節目）《你的秀中秀》（1950～1954）中與柯卡（1908～2001）和雷納聯合主演，他還創造了自己的電視節目《凱撒時間》(1954～1957)，後來還出現在多個電視特別節目上。

Caesar Augustus ➠ Augustus, Caesar

Caesarea＊　該撒利亞　現稱Horbat Qesari。巴勒斯坦古港口和行政中心，位於現在以色列海法南部海岸邊。原爲古腓尼基殖民地，後由羅馬治下的猶太國王希律重建，並以羅馬皇帝奧古斯都之名命名，成爲海軍基地。6世紀時，曾是早期基督教重地，《新約聖經．使徒行傳》中多次提及該撒利亞。猶太人叛離羅馬亦與本地有關。後來在拜占庭帝國、阿拉伯人統治下逐漸衰落，13世紀被拜巴爾斯一世所摧毀。20世紀中葉考古學家發現了一座羅馬神殿、圓形劇場、跑馬場等羅馬時代古蹟，後來還發現羅馬碑文。

caesaropapism＊　政教合一　一種政治制度，在這種制度下，國家元首兼任教會首腦，有權裁斷教會事務，通常多指拜占庭帝國所實行的制度。拜占庭皇帝充任普世教會的保護者和教會事務的主持者。此詞也適用於其他歷史年代，其中包括彼得一世，他把教會變爲國家的一個部門，以及英格蘭國王亨利八世的統治。

caffeine　咖啡因　生物鹼中的一種含氮有機化合物，對生理的效果顯著，存在於茶葉、咖啡豆、瓜拉拿泡林藤、巴拉圭茶、可樂果和可可中。咖啡因對中樞神經系統、心臟、血管和腎臟有刺激作用，故可做爲嗎啡或巴比妥鹽等呼吸抑制藥的解毒劑。它還具有改善運動功能、減輕疲勞、提高感覺力和增加反應速度的功效，但攝食過量也可能引起焦慮、緊張、煩燥、頭痛和失眠等副作用。在Nodoz和許多不用醫師處方簽的感冒藥中都有咖啡因成分，去咖啡因的咖啡和茶葉已除去止痛劑成分。

Cagayan de Oro＊　卡加延德奧羅　菲律賓民答那峨北部城市。瀕臨卡加延河，鄰近馬卡哈拉灣頂端。17世紀時建爲傳教團所，後由西班牙人建寨保護。1950年正式擴大爲市。現爲民答那峨北部的運輸和商業中心。人口約413,689(1994)。

Cagayan River　卡加延河　亦稱Río Grande de Cagayan。菲律賓呂宋島東北部最長河流，全長350公里。源出呂宋東北部馬德雷山，向北流，最後在阿帕里流入巴布延海峽。大部分河段皆可通航，主要支流是奇科河。河谷寬80公里，是主要的農業區。

Cage, John (Milton)　凱基（西元1912～1992年）　美國前衛派作曲家和作家。父爲發明家，曾隨荀白克和柯維爾學音樂。1940年代初開始和編舞家康寧漢密切合作。早期作品採用十二音手法，到了1943年，其實驗性音樂使他成爲音樂界奇葩。不久轉而研究佛教禪宗，得出結論認爲，創造音樂的一切活動都應視爲單一自然過程的一部分，並把各種聲音都看作潛在的樂音。在音樂中建立了「非決定論原則」，他在作品中採用許多手法以確保隨機性，作品中運用越來越多的獨創記譜法，並常用到儒家的《易經》。到了1960年代，已擴大到多媒體的運用。其異類作品包括：《酒神祭》(1938，加料鋼琴之作)、《幻景第四》(1951)、《4分33秒》(1952)、《方坦納混合音響》(1958)、*HPSCHD*(1969，採用七名大鍵琴獨奏者和五十一台錄音機，並運用非音樂媒體）和電子音樂作品《羅阿拉托里奧》(1979)。此外，發表著述多種，包括《寂靜無聲》(1961）和《M》(1973）等。其對國際的影響力遠較先前的美國作曲家來得大。

Cagliari＊　卡利亞里　拉丁語作卡拉利斯（Caralis)。義大利薩丁尼亞區首府，位於薩丁尼亞島南岸。爲迦太基人所建，後來爲羅馬、薩拉森人、比薩、西班牙和奧地利統治。1718年併入薩伏依王室。長期以來一直是薩丁尼亞島軍事中心。原有海、空軍基地在第二次世界大戰中被盟軍摧毀。後經重建，現爲薩丁尼亞島主要港口。人口約174,543(1996)。

Cagney, James　賈克奈（西元1899～1986年）　美國演員。爲愛爾蘭裔酒保之子，1920年代當歌舞演員，隨歌舞雜耍團到處巡迴演出。1929年成功演出百老匯音樂劇《低價遊樂場》，1930年該劇搬上銀幕，片名爲《純情摯愛》。他從影片《公敵》(1931）開始，扮演了一系列令人難忘的態度輕慢和脾氣暴躁的罪犯，其中包括《髒面孔的天使》(1938)和《白色狂熱》(1949)。賈克奈還是個才華橫溢的歌舞演員，在《勝利之歌》(1942）中生動有力地扮演了表演藝術家科漢，爲此而獲得了奧斯卡最佳男主角獎。後來拍的電影包括《羅伯次先生》(1955)、《千面人》(1957)、《一、二、三》(1961）和《拉格泰姆》(1981)。

Cahn, Sammy　卡恩（西元1913～1993年）　原名Samuel Cohen。美國抒情歌詞作家。十幾歲時就已成爲專業的歌詞作家。後來他與卓別林一起組成歌詞寫作小組；他們的第一個成功之作是〈節奏是我們的事〉(1935)。他與斯坦恩合作爲許多電影和音樂劇創作歌曲，包括〈噴泉裡的三枚硬幣〉(獲奧斯卡獎)。1955年卡恩與范修森合夥爲法蘭克辛那屈寫了幾十首歌曲，辛那屈的唱片爲他們寫的〈天長地久〉、〈滿懷希望〉以及〈叫我不負責任〉三首歌贏得了奧斯卡獎。

Caicos Islands　開卡斯群島 ➠ Turks and Caicos Islands

Caillaux, Joseph (-Marie-Auguste)＊　卡約（西元1863～1944年）　法國政治人物。曾多次擔任財政部部長，是最早鼓吹徵收所得稅的人，但未能成功。1911年被任命爲總理，在第二次摩洛哥危機中與德國談判，達成一項協議，結果受到輿論的猛烈抨擊，次年被迫辭職。第一次世界大戰爆發後，他向左轉，站在反對派立場說話。另外，他同一些德國特務有交往。因而受到叛國的指控。1924年獲赦。後來當選參議員。1927～1940擔任財經委員會主席。

Caillebotte, Gustave＊　卡耶博特（西元1848～1894年）　法國畫家和藝術收藏家。出身富裕家庭，原爲造船技師，但後來對繪畫發生興趣，到巴黎美術學校就讀，學成後成爲多產畫家，作品內容多爲當代景物，如城鄉風景、靜態寫生和划船景色等。他也是印象派畫展的主要組織者、提倡者和出資人，個人收購莫內、雷諾瓦、畢沙羅、塞尙、竇加等人的作品。死後藏品贈予法國政府，1897年位於盧森堡宮的卡耶博特室開放，成爲第一個在法國博物館中陳列的印象派畫展。

caiman＊　凱門鱷　中、南美洲幾種與鈍吻鱷有親緣關係的爬蟲類動物，同屬鈍吻鱷科。兩棲，貌似蜥蜴，食肉，生活在江河及其他水域的邊緣。雌鱷築巢產卵並護卵。最大的一種是亞馬遜鱷，極具危險性，最大的體長約達4.5公尺，其他種類的體長約1.2～2.1公尺。

Cain and Abel　該隱和亞伯　見於《舊約》，亞當和夏娃的兒子。根據〈創世記〉的說法，該隱種田，亞伯牧羊，上帝接受亞伯的貢物而不選該隱的貢物，該隱發怒而殺亞伯。於是上帝將該隱從定居地趕走。該隱害怕在流離飄蕩中被人殺害，因此上帝給他身上留下記號以保護他，並說凡殺該隱的必遭報七倍。

cairn terrier 凱恩㹴 在蘇格蘭培育的一種使役㹴。腿短，面短而寬，常現該品種特有的「敏銳」表情。被毛粗糙，通常藍灰色、黃褐色或淡黃褐色。體高23～25.5公分，體重約6～6.5公斤。活潑、耐勞、機敏、精力充沛。用以驅趕從岩堆或岩石突出部跑出來捕食獵物的動物。

Cairngorm Mountains＊ 凱恩戈姆山脈 蘇格蘭東北部山脈。爲蘇格蘭高地的格蘭扁山脈一部分，地處斯佩河谷和迪河谷之間。最高峰本麥克杜伊山海拔1,245公尺，是不列顛群島第二高峰，僅次於朋尼維山。冬季運動於第二次世界大戰後在此地發展迅速。境內有英國最大的凱恩戈姆國家自然保護區（1954）。也是一種石英變種煙水晶的主要產地。

Cairo＊ 開羅 阿拉伯語作Al-Qahirah。埃及首都。橫跨尼羅河兩岸，靠近西元641年被阿拉伯人奪占的羅馬人城市，舊城區那時是阿拉伯人建的一處軍營。新城是在西元968年左右由法蒂瑪王朝所建，973年成爲首都。13世紀起，爲馬木路克蘇丹的首都，當時繁榮至極，爲貿易和文化中心。1798年拿破崙入侵，法國控制了三年。第二次世界大戰中，是英、美軍事基地所在，也是兩次盟軍會議的舉辦地點（參閱Cairo conferences）。古代市中心混合了新、舊部分，以及東、西方特色。現爲中東和非洲第一大城市，也是阿拉伯世界的主要文化中心。吉薩金字塔位於該城西南緣。開羅還是製造業中心，設有一些大學和學院。人口：市6,789,479；都會區約9,900,000（1996）。

Cairo conferences 開羅會議（西元1943年11月～12月） 第二次世界大戰期間在開羅召開的兩次會議。第一次會議由邱吉爾與羅斯福討論了登陸諾曼第的計畫（參閱Normandy Campaign）；他們與蔣介石共同發表了一次宣言，聲明日本應從它自1914年以來侵占的所有的土地上退出，朝鮮恢復獨立。第二次開羅會議時，邱吉爾與羅斯福企圖勸說土耳其總統伊諾努倒向盟國，但沒有成功。

Caishen＊ 財神 亦拼作Ts'ai-shen。中國的財富之神，據說他會派遣隨從搬運財富送給信徒。在一部明朝的小說中曾述及，有位名爲趙公明的隱士，因施展法術幫助國勢衰頹的商朝，而被周朝的擁護者姜子牙所殺，但姜子牙也因殺害這位有德之士而遭受批評。於是他前往寺廟謝罪，頌揚趙公明的品德，並封他爲財富之神。在中國過新年期間，人們前往財神廟中焚香祝禱，並相互祝福「恭喜發財」。

caisson＊ 沈箱 水下施工用的箱形結構物，或直接用作基礎。平面多爲矩形或圓形，約兩層樓高，頂部敞開，底部封閉。通常在陸地上建造好後，下水浮運到位，沈入水中放在預先準備好的基礎上，四壁高出水面，用作橋墩、防波堤等項工程的外殼，永久留在水下基底上。開口沈箱又稱沈井，兩端開口，底邊有刃口以便沈入軟土中，在井內進行挖掘。沈井隨著挖掘下沈，上部再接高井殼，直到沈井到達預定的深度爲止。再用混凝土封底，最後用混凝土將沈井全部塡滿成爲結構。氣壓沈箱在底部刃口之上有一層密封頂蓋，頂蓋與土層之間爲工作室，充以壓縮空氣以防泥水流入，使工人能在箱底的工作室內進行挖土工作。

caisson disease 沈箱病 ➠ decompression sickness

Caitanya, Sri Krishna＊ 查伊塔尼亞（西元1485～1533年） 原名Vishvambhara Mishra。印度教神祕主義者。出身婆羅門家族，熟讀梵文經典，父親死後，開辦學校。二十二歲前往伽耶朝聖，紀念亡父週年，在該地經歷深刻靈性變化，返鄉後，潛心敬神，棄絕世事。許多人跟隨他，與他一同進行崇拜，其內容有高唱大神的名字和業跡，同時舞蹈，達到出神入迷狀態。1510年正式出家苦修，他本人沒有成立教派，也沒有神學著作，這種工作留待門徒完成（參閱Caitanya movement）。他用歌唱和舞蹈崇拜黑天大神的方式，對孟加拉的毗濕奴教有深刻的影響。

Caitanya movement 查伊塔尼亞運動 16世紀主要興起於孟加拉和奧里薩東部的印度教。查伊塔尼亞鼓起對黑天大神的狂熱信仰，從而形成這一運動，故名。他認爲黑天和情人羅陀的傳奇，象徵並體現神與人的靈魂互愛。他認爲只要誠信，不必履行其他宗教活動，誠信無非是完全信從神的旨意。該運動起源於他的誕生地納瓦德維帕（在孟加拉）。該派最盛行的禮拜形式包括唱簡單的讚歌和誦念神的名字，打鼓擊鈸，有節奏地扭動身體幾小時之久，由此達到狂喜狀態。亦請參閱Hare Krishna movement。

Cajun 卡津人 法裔加拿大人的後裔。英國人於18世紀占領法國屬地阿卡迪亞（今新斯科舍省及毗鄰區域）後將他們逐出，後定居路易斯安那州南部肥沃的沖積地區，如今組成了許多小型、擁擠、自給自足的社區。操一種古代法語混雜其他語言慣用語的方言。靠飼養牲畜，種植玉蜀黍、薯蕷、甘蔗、棉花等爲生。他們與外界隔絕，雖常出於自願，但也是外人對他們的歧視所致。

cakravartin ➠ chakravartin

Calabar＊ 卡拉巴爾 奈及利亞東南部城市。臨卡拉巴爾河，距克羅斯河口灣8公里。17世紀初由埃菲克人創建，成爲抵達非洲海岸的歐洲移民的重要貿易中心。1884年接受英國保護，爲油河保護國首都，直至1906年英國把行政總部遷往拉哥斯。卡拉巴爾是天然港，現在仍是一個重要海港。人口約174,400（1996）。

calabash 葫蘆瓢樹 亦稱炮彈果。紫葳科喬木，學名Crescentia cujete。高6～12公尺，產於中、南美洲，西印度群島及美國佛羅里達州最南部，常栽培供觀賞。果實大，球形，外殼堅硬，掏空後可作碗、杯及盛水容器。果肉帶白色，種子扁，深褐色。花五瓣，合成漏斗狀，淺綠色，有紫色條紋。一年中任何時間均能開花結果。葉常綠，披針形，基部漸細。英語中，無親緣關係的葫蘆屬植物如杓葫蘆的果亦稱calabash。

Calabria＊ 卡拉布里亞 義大利南部自治區。卡拉布里亞爲一形狀不規則的半島，自義大利主體沿東北－西南方向伸出，有時被稱爲義大利「靴」的「腳趾」，兩側分別爲第勒尼安海和愛奧尼亞海。本區多山，屬地震帶。首府卡坦札羅。古代爲繁榮的希臘殖民地，當時稱作布魯提烏姆。羅馬人於西元前3世紀攻占此區，但後來逐漸沒落。該區後歸屬於拜占庭帝國，改名爲卡拉布里亞。後被諾曼人征服。11世紀併入那不勒斯王國。在復興運動之前，卡拉布里亞一直是義大利共和派的堅強堡壘，而且在民族主義領袖加里波底率領的1860年遠征之後，成了義大利的一部分。農業是加拉布里亞經濟的主要支柱，但由於水土流失，耕作粗放，曾長期是義大利最貧困地區之一。20世紀中葉實施土地改革計畫，引進多元化的經濟作物來種植。人口約2,079,588（1994）。

caladium＊ 杯芋 天南星科杯芋屬草本有結節的植物統稱，分布於新大陸熱帶地區，因耀眼、外表脆弱、顏色多樣的葉片而受到廣泛栽培。杯芋是不耐寒的鱗莖植物，用作室內盆栽植物和夏季戶外栽種植物。如果免受霜寒和冬季乾旱之害，它們會長得非常好。

Calah＊　卡拉　即今尼姆魯德（Nimrud）。亞述古城，位於伊拉克摩蘇爾以南。西元前13世紀由撒縵以色一世建立。西元前9世紀亞述納西拔二世選定它為王室駐地和軍事首府，此後開始重要起來。曾發掘出上千件牙雕，多為西元前9世紀～西元前8世紀製品，是當前世界上最豐富的牙雕寶藏。西元前7世紀，由於薩爾貢王朝以尼尼微作為王室駐地，卡拉的地位低落。

帶翼公牛石膏像，守護著尼姆魯德的亞述納西拔二世皇宮的出入口；現藏紐約市大都會藝術博物館
By courtesy of the Metropolitan Museum of Art, New York, gift of John D. Rockefeller, Jr., 1932

Calais＊　加萊　法國北部港口，濱多佛海峽。原為一座島上漁村，西元997年法蘭德斯伯爵改善其情況，1224年布洛涅伯爵在此設要塞。1347年被英格蘭的愛德華三世奪占。1450年以後是英國在法國僅剩的領土。1558年法國第二代吉斯公爵從英國人手中收復它。第二次世界大戰時，是德國海上進攻的主要目標（1940）。現為重要的客運港，靠近法國海底隧道的終點站。也以生產花邊和刺繡聞名。人口75,836（1990）。

Calamity Jane　苦難的簡（西元1852～1903年）　原名Martha Jane Cannary。據傳她早年即坐運貨馬車向西部遷移，不久父母雙亡，留下她孑然一身。其後數年中，她漂泊於西部，當過廚工、舞女、隨軍人員和鴇母。1876年春天，她在南達科他州的新金礦地戴德伍德定居，專門用車搬運貨物和機械到偏遠的營地。可能就在此地，她認識了希科克，後來變成她的伴侶。1891年嫁給出租馬車司機柏克，1895年開始隨西大荒演出巡迴表演於中西部各地。她的事跡引起了記述當代歷史的專欄作家們的興趣。

苦難的簡
The Bettmann Archive

Calatrava, Order of＊　卡拉特拉瓦騎士團　西班牙最古老的軍事和宗教集團，西元1158年由兩名西篤會修士創立，他們宣稱為保衛卡拉特拉瓦城而組成征討摩爾人的神聖十字軍。1164年這個騎士團得到羅馬教宗的正式認可，到1493年，它已擁有二十萬人。收復格拉納達後，費迪南德五世和伊莎貝拉一世認為私人武裝部隊已無用，遂把它併入皇家軍隊。

calcedony ➠ chalcedony

calcite＊　方解石　天然碳酸鈣（$CaCO_3$）的最常見的形式，是一種廣泛分布的礦物，以其晶體美麗、品種繁多而著稱。常見於石鐘乳和石筍中，也是構成珊瑚礁的主要成分。方解石是石灰岩和大理岩的主要礦物，應用於建築、鋼鐵、化學和玻璃工業。方解石的透明變種是冰洲石。

calcium　鈣　元素週期表IIa主族鹼土金屬元素，化學符號Ca，原子序數20。為人體內含量最多的金屬元素，存在於骨骼和牙齒之中，具有許多功能（參閱calcium deficiency）。在地殼中的豐度占第五位，但在自然界不能以游離狀態存在。鈣以方解石（碳酸鈣）的形式存在於石灰岩、白堊、大理石、白雲石、蛋殼、珍珠、珊瑚、鐘乳石、石筍和許多海洋動物的殼體中。在自然界以磷灰石礦形式存在，還存在於許多其他礦物中。可作為合金添加劑和應用在其他冶金方面。與鉛組成的合金可用作電話電纜包皮和蓄電池鉛板。碳酸鈣可作為石灰的來源、填料、中和劑和混合劑。合成的碳酸鈣常用於純度要求很高的醫藥上（抗酸劑、飲食補充鈣、牙膏）和食物中（作發酵粉）以及實驗室化學合成等。加水後的氧化鈣（又稱石灰或生石灰）和其產品，以及氫氧化鈣在工業應用上很重要。其他重要的化合物包括氯化鈣（乾燥劑）、次氯酸鈣（漂白劑）、硫酸鈣（石膏、熟石膏），以及磷酸鈣（主要用作植物養料和塑膠穩定劑）。

calcium deficiency　鈣缺乏　機體不能攝入或不能代謝足夠數量的鈣元素的一種病態，原因大多是平常飲食中鈣的含量不足。鈣是骨骼和牙齒中主要的成分。其代謝是由維他命D、磷和激素來調節（參閱parathyroid gland）。血液中的鈣有多種重要功能，如肌肉收縮、神經衝動的傳導、凝血、泌乳、內分泌激素的分泌和酶在人體內的功能活性等，如果鈣缺乏，會從骨骼釋出鈣來補充。鈣缺乏可致骨質疏鬆或骨質變軟，還可能和高血壓、結腸癌的發生有關。臨床上的鈣缺乏通常是代謝問題而不是飲食供給不足的關係，主要症狀是口周和指尖麻木、麻刺，頑固性肌肉疼痛、痙攣。

calculator　計算器　自動完成算術運算和某些數學函數計算的機器。巴斯噶於1642年發明的數位運算器是現代計算器的前身。19世紀末期，這種計算器尺寸越來越小、使用越來越方便，20世紀初期，出現桌上型計算機。1950年代電子資料處理系統發展起來，機械計算器就顯得過時，微電子學和固體電子器件的發展，迎來了新的袖珍和桌上計算器，這些計算器有更多的功能，能在寄存器中存儲數據，運算速度比過去的機械計算器快許多倍，而且外型越來越小，售價越來越低廉。

calculus　微積分　數學分析的一個分支，研究連續函數自變量改變時的變化率。透過它的兩個主要工具導數和積分可精確計算出在這一系統下的變化率和變化總量。導數和積分的基本概念是來自「極限」，這是關於差異越來越微小的一種函數概念的邏輯延伸。17世紀末分別由牛頓和萊布尼茲發現，微積分是現代科學的一大突破。

calculus, fundamental theorem of　微積分基本定理　微積分的基本原則。涉及微分與積分的關係，並為求特定積分的值提供主要的方法（參閱differential calculus和integral calculus）。簡言之，它闡述了在一個區間上連續的任何函數（參閱continuity），在該區間上有一個反微分（不定積分）。此外，這種函數在$a<x<b$區間上的特定積分，是$f(b)-f(a)$的差，這裡的F是函數的反微分（不定積分）。這特別優雅的定理呈現出微分與積分的反向關係，也是自然科學的骨幹。它由牛頓和萊布尼茲各自獨立發表。

Calcutta ➠ Kolkata

Caldecott, Randolph＊　凱迪克（西元1846～1886年）　英國平面藝術家和水彩畫家。曾擔任銀行職員，最初為地方雜誌作畫，後來定居倫敦，為《笨拙》和《版畫》等雜誌作畫。他發展了一種溫和的諷刺風格，在為歐文的

《見聞札記》（1875）和《布雷斯布里奇田莊》（1876）作插圖時，獲得成功。他也以童書插畫家聞名，作品包括科伯的《約翰・吉爾平的旅程》（1878）、哥德斯密的《瘋狗的哀歌》（1879）和《偉大的潘詹德魯姆傳》（1885）。由於健康不佳，遷往佛羅里達養病，最後在那裡過世。1938年起，每年舉辦一次凱迪克獎，獎勵美國最優秀的兒童圖畫書插畫家。

Calder, Alexander (Stirling)＊　考爾德（西元1898～1976年）　美國雕刻家。出生於藝術家庭。原本攻讀機械工程，1923年參加由所謂「垃圾箱」派畫家領導的藝術學生聯合會，1924年開始為《國家警察報》畫插圖。1926年赴巴黎從事雕刻，同時開始用木頭和金屬線製造玩具動物和馬戲團人物，從此發展出著名的微型馬戲團，後來導致他創造不朽的金屬線雕塑作品。1930年代在巴黎和美國打開知名度，不僅因雕刻著名，也以肖像畫、連續線條畫，以及抽象的、原動力驅動的建築聞名。他是活動雕塑的發明者，即動態雕刻的先驅。考爾德也建造非動態式的作品，以穩固著稱，還幫人設計地毯、掛毯、珠寶和圖書插畫。其事業長久又成功。

考爾德，卡什攝於1966年
© Karsh－Woodfin Camp and Associates

caldera＊　破火山口　巨大碗口形火山凹地。通常是由於浮石和浮石灰的大量噴發，岩漿囊迅速變空，噴發之後，火山錐頂消失，原處留下一個大窟窿。以後的小型噴發可能在破火山口底造成小的火山錐，破火山口後來充滿了水，就像奧瑞岡州的火山口湖一樣。

Calderón de la Barca, Pedro＊　卡爾德隆・德拉巴爾卡（西元1600～1681年）　西班牙劇作家。出身富貴。1623年放棄神職生涯，開始為腓力四世宮廷寫劇本。他的世俗劇包括《醫生的榮譽》（1635）、《人生是夢》（1635）和被公認為傑出的宮廷劇代表作《空氣的女兒》（1653）。此外，他還寫有不少宗教劇，其中包括《堅貞不渝的王子》（1629）、《奇妙的魔術師》（1637）等。他還創作七十六部獨幕宗教劇，最有名的是《世界大劇院》（1635）和《忠實的牧羊人》（1678）。他被視作維加的接班人，劇本結構嚴謹，情節複雜，內容緊湊。

Caldwell, Erskine　考德威爾（西元1903～1987年）　美國作家。父為傳教士，透過父親的傳教工作，他因之深諳當地赤貧佃農的心態及其方言。《煙草路》（1932）一書使他成名，這本引起爭論的小說，其書名也逐漸成為農村污穢和墮落的代名詞。後被改編成劇本，在紐約百老匯連續上演達七年半之久。《上帝的小塊土地》（1933）也是暢銷書，內容描述窮人毫無希望的墮落情況。其他的小說和故事多半是描寫美國南部的農村貧民生活，隱含著對社會不平的譴責，並夾以暴力、性和荒誕誇張的悲喜劇場面。他還著有報導性文學書籍，附上其妻伯克－懷特所拍攝的照片。

Caledonian orogenic belt＊　加里東造山帶　位於歐洲西北部的大山脈，沿西南－東北方向延伸，自愛爾蘭、威爾斯、英格蘭北部，經過格陵蘭東部和挪威，到斯匹茨卑爾根，橫穿愛爾蘭中部並沿英格蘭－蘇格蘭邊境通過的主要縫合帶。此山脈從寒武紀（5.43億年前）初期開始發展，一直延續到志留紀（4.17億年前）晚期。在格陵蘭東部仍殘存其餘脈。

calendar　曆法　畫分一長段時期的時間系統，如日、月或年，並以一定的秩序來編排。曆法是研究年代學的基本要件，它以規則的區分或時期來計算時間，並使用這些來記錄事件。曆法對任何一個文明也十分重要，他們需要看曆法來估計什麼時間要開始耕種、作生意或處理家務等。陰曆是用朔望月（即月相週期29.5日）組成年的曆法，大部分的古代曆法是以月來組合的。日和季節是一種太陽現象，不能均勻的畫分，所以古代曆法學家運用各種方法來使月和季節保持一致，如插進閏月。現在最普遍採用的曆法是格列高利曆，它是根據凱撒採用的儒略曆修改而來的，把一年畫分為365.25天、12個月，也就是現在我們所知道的天數。亦請參閱calendar, Jewish、calendar, Muslim、sidereal period。

calendar, French republican ➠ French republican calendar

calendar, Jewish　猶太曆　亦稱希伯來曆（Hebrew calendar）。以月球和太陽週期為依據的宗教和民用記日系統。在現行的猶太曆上，一日為從日落計到日落，7日為一星期，29或30日為一月，12個太陰月另加約11日（即353、354或355日）為一年。為了與每年的太陽週期協調一致，在19年一個週期中的第三、第六、第八、第十一、第十四、第十七和第十九年中插進一個三十天的第十三月。因此，閏年可能有383～385日。現行的猶太人紀元約始於西元9世紀，它根據《聖經》紀事計算，以西元前3761年為創世之年。

猶太曆

月	日	月	日
提市黎月（9～10月）	30	尼散月（3～4月）	30
赫舍汪月（10～11月）	29或30	依雅爾月（4～5月）	29
基色勒夫月（11～12月）	29或30	息汪月（5～6月）	30
太貝特月（12～1月）	29	塔慕次月（6～7月）	29
舍巴特月（1～2月）	30	阿布月（7～8月）	30
阿達爾月（2～3月）	29或30	厄路耳月（8～9月）	29

calendar, Muslim　穆斯林曆　亦稱伊斯蘭曆（Islamic calendar）。穆斯林世界使用的記日系統，一年12個月，每個月大約從新月之時開始。各月的長度交替為30日或29日，只有第12個月都爾黑哲月例外，這個月的長度以30年為一個週期，以使曆法同實際的月相保持一致。在這個週期中，有11年的都爾黑哲月為30天，其餘19年為29天，因此一年便有354日或355日。因為不設置閏月，所以每個月份不總在同一季節，而是每過32.5個太陽年，就倒退整整一個太陽年（約365.25日）。

穆斯林曆

月份名稱	天數	月份名稱	天數
穆哈蘭月（Muharram）	30	拉賈布月（Rajab）	30
薩法爾月（Safar）	29	沙班月（Shaban）	29
拉比Ⅰ月（Rabi I）	30	賴買丹月（Ramadan）	30
拉比Ⅱ月（Rabi II）	29	沙瓦爾月（Shawwal）	29
朱馬達Ⅰ月（Jumada I）	30	都爾札達月（Dhu al-Qadah）	30
朱馬達Ⅱ月（Jumada II）	29	都爾黑哲月（Dhu al-Hijjah）	29＊

＊閏年時為29天

calendering　軋光　造紙工業中，經過若干成對的加熱輥筒將連續的紙頁熨壓平滑的生產過程。這些成對的輥筒名軋光機，由經過表面硬化的鋼輥構成，通常對紙加以89公斤力／公分的線壓力。塗布紙更需軋光加工，以使紙面平滑並有光澤。軋光工藝也廣泛應用於紡織工業、塗布工藝及塑膠薄膜製造，以期得到所需的表面質地。

calendula＊ 金盞花 菊科金盞花屬草本植物，分布於溫帶地區。花朵為黃色放射狀，金盞花是特別栽種來觀賞用的。

Calgary＊ 卡加立 加拿大亞伯達省南部城市。位於鮑河和埃爾博河匯合處。1875年建為騎警隊駐地。1883年通加拿大太平洋鐵路，開始成長。1914和1947年先後在附近發現石油和天然氣田，使該市經濟迅猛發展。又因橫越加拿大公路與兩條橫越大陸鐵路交會於此，該市已成為地區商業中心和運輸樞紐。主要工業有煉油、肉類加工、伐木等。一年一度的卡加立牛仔競技大賽創立於1912年，是世界有名的馬術公開賽和紀念昔日西部的慶典活動。人口：市710,677；都會區822,000（1996）。

Calgary, University of 卡加立大學 位於加拿大亞伯達省卡加立的一所公立大學。1945年成立時隸屬於亞伯達大學，1966年完全獨立。該校有教育、工程、環境設計、藝術、研究所、人文科學、法律、管理、醫學、護理、體育、科學、社會科學、社會工作等學院。設有太空研究、國際發展、資優教育和世界觀光等專門課程。註冊學生人數約24,000人。

Calhoun, John C(aldwell)＊ 卡爾霍恩（西元1782～1850年） 美國政治領袖。耶魯大學畢業後取得律師資格。他是傑佛遜共和黨的活躍分子，1811～1817年擔任眾議員。1812年6月以對外關係委員會主席資格發表對英國宣戰書。1817～1825年任陸軍部長。1824年當選為副總統，在總統亞當斯底下做事。1828年又與傑克森搭檔當選副總統。1830年代變為極端分子，致力於嚴格解釋美國憲法，擁護州權和奴隸制，也是「否認原則」的支持者。1832年請辭副總統職位後，當選參議員，及至1850年，中間有段時期擔任國務卿（1843～1845）。他極力捍衛奴隸制，硬把奴隸制說成是一種「具有正面意義的好處」，結果徒增自由州人民對南方人的強烈反感。

卡爾霍恩，攝於1849年
By courtesy of the Library of Congress, Washington, D. C.

Cali＊ 卡利 哥倫比亞西部城市。位於卡利河兩岸，1536年由西班牙軍人創建。由於地處內陸，直至20世紀才在經濟上有所發展，當時在考卡河上游興建了水電站並防洪。現為卡利河流域物產的集散中心，與波哥大、巴蘭基亞和麥德林同為工業中心。20世紀末以藥品買賣聞名。人口約1,985,906（1997）。

calico cat 三色貓 北美洲一種有斑點的家貓，毛色通常是白底夾雜紅、黑色花斑（又稱龜殼白色）。因為貓的有些毛皮顏色遺傳基因與性染色體有關，所以三色貓幾乎全是雌性。

California 加利福尼亞 美國西部一州。濱太平洋，是美國人口最多和面積第三大的州。南北長1,300公里，東西寬400公里。海岸線多為山脈。東部為人煙稀少的沙漠，沙漠的西邊聳立著內華達山脈。中央谷地通過加利福尼亞的中心，形成了西部海岸山脈和東部內華達山脈之間的槽谷。南部是沙漠地區。境內在相距不到140公里的地方，坐落著惠特尼峰和死谷，它們分別是美國本土四十八個州的最高點和最低點。原始居民是美洲印第安人，1542～1543年卡夫里略在此建立西班牙殖民地後，帶動了第一批歐洲人的海岸擴張行動。1769年聖方濟修士塞拉在聖地牙哥建立了第一個教區。西班牙人的統治一直維持到1820年代才易手給墨西哥人。墨西哥戰爭爆發後，美軍占領此區，1848年簽定瓜達盧佩伊達爾戈和約，正式割讓給美國。1841年美國雖已開始移民，但一直到1848年淘金熱才帶動大批移民浪潮。1850年9月9日加入聯邦，成為美國第三十一州。工業發達，有太空工業、電子工業、電腦工業和油、氣開採均占重要地位。該州也是美國重要農業州，主要的銷售產品有牛、牛奶與乳酪、棉花與葡萄。20世紀人口劇增，是全國最大的經濟大州。歷史上曾發生幾次嚴重的地震，受創最重的有1906和1989年發生的舊金山大地震，以及1994年的洛杉磯大地震。首府沙加緬度。面積410,859平方公里。人口約33,871,648（2000）。

California, Gulf of 加利福尼亞灣 亦稱科爾特斯海（Sea of Cortés）。太平洋東部大海灣。位於墨西哥西北部沿岸。長約1,207公里，平均寬153公里，總面積16萬平方公里。被安赫爾德拉瓜爾達和蒂布龍兩大島的地峽分成兩部分，北部水淺、南部水深。兩部分之間有波濤洶湧的海潮，形成險惡的薩爾西普埃德斯區，不利航行。海灣接納科羅拉多、富埃爾特、馬約、索諾拉和亞基等河水。沿岸有拉巴斯、瓜伊馬斯等港口。西南沿海有採珍珠業。

California, Lower ➠ Baja California

California, University of 加州大學 校區分布在柏克萊（主要校區）、戴維斯、歐文、洛杉磯、利維塞得、聖地牙哥（拉霍亞）、舊金山、聖大巴巴拉和聖克魯斯的州立大學。為美國第三大大學體系（註冊學生152,000人）。1868年建於奧克蘭，1873年遷至柏克萊。柏克萊分校在1930年代研發出第一個迴旋加速器，隔離了人類小兒麻痺症病毒，以及發現幾個新的化學元素。如今柏克萊分校在科學領域和許多其他的學術領域方面仍保持龍頭地位。擁有130個科系，課程被編入十四個學院和學系。戴維斯和利維塞得分校原為農學院，1959年成為一般校區。舊金山分校原為該大學的醫科中心（1873），現設有醫學、護理、牙科和製藥學學院。洛杉磯分校（UCLA）創於1919年，設有法律、醫學和工程學院。聖地牙哥分校建立時是個海運站，1912年成為加州大學的一部分，包括斯克利浦斯海洋學院。聖地牙哥校區計畫建立十二所大學本部專科學院。聖大巴巴拉校區（1891）於1944年成為加州大學的一部分。聖大巴巴拉分校在1944年加入，聖克魯斯和歐文分校則是在1965年加入。此大學還設有勞倫斯．柏克萊實驗室、勞倫斯．利弗莫爾國家實驗室（兩者都是核子科學研究中心），以及洛塞勒摩斯國家實驗室。

California Institute of Technology 加州理工學院 亦稱Caltech。位於加州帕沙第納的一所選拔嚴格的小型私立大學和研究所，著重於研究生和大學生的教育及基礎科學、應用科學和工程學的研究。建於1891年，被認為是世界上最先進的科學研究中心之一。1958年加州理工學院的噴氣推進實驗室與國家航空暨太空總署合作發射了第一枚美國人造衛星「探險者一號」。在帕洛馬山、威爾遜山、大熊湖和智利拉斯－坎帕納斯等地的天文台由加州理工學院和華盛頓卡內基協會共同管理。其他研究設施包括地震實驗室、海洋生物實驗室和無線電天文學研究中心。註冊學生人數約有1,900人。

California Institute of the Arts 加州藝術學院 亦稱Calarts。美國瓦倫西亞的私立高等教育機構。創立於1961

年，由兩所藝術學院合併而成。設有藝術、舞蹈、電影與錄影、音樂、劇場等五個學院，以及一所評論研究分部，各學院在其領域上皆享有高度聲譽。所有學院皆授予藝術學士（BFA）和藝術碩士（MFA）學位。該校並從事一項指導洛杉磯貧民區年輕學子進行藝術活動的社區藝術計畫。註冊學生人數約1,000人。

California poppy　花菱草　罌粟科一年生庭園植物。學名Eschscholzia californica。原產北美西部海岸，在歐洲南部、亞洲和澳大利亞等地已歸化。莖高20～30公分。葉灰綠色、革質。野生的大多開淡黃色、橙色或奶油色花，栽培者開白色、各種深淺不同的紅色或粉紅色花；花瓣四枚、花徑5～7公分，只在陽光照射下開放，在北方整個夏天開花，在氣候暖和的地區花期持續至冬季。

花菱草
Grant Heilman

Californian Indians　加利福尼亞印第安人　泛指美國加州境內各原住民。其中有許多集團是由獨立的區域單位及政治單位組成，比其他北美洲印第安人的平均規模小。食物因所住地區而不同（沿海部族捕魚、沙漠部族打獵和靠一點農業維生），住房形式也多樣。所有的部族普遍信奉薩滿教，並使用巫術來掌控事物或改變事實（如治病或提高農業生產）。食物或糧食在親族或集市之間互易，多數居民集團中有行商，聯繫亞利桑那和新墨西哥州沿海住民之間的貿易。加利福尼亞印第安人有著名的口頭文學傳統，以及精美的編籃藝術。亦請參閱Modoc and Klamath、Northwest Coast Indian、Pomo、Yuman。

Caligula＊　卡利古拉（西元12～41年）　正式稱號Gaius Caesar。羅馬皇帝（37～41年在位）。以童年時代的綽號「卡利古拉」（意爲小靴子）知名。在被懷疑謀殺他的雙親、兄弟和可能參與殺死提比略皇帝的密謀後，繼任皇位。即位七個月後忽然患了一場重病，病癒後，開始心理不穩定。他恢復對某些謀反案的審判，手段極爲殘酷。西元38年處決把他扶上皇位的支持者，對公民強索錢財。西元40年掠奪高盧，並開始計畫入侵不列顛。由於暴虐無道，最後被一群反叛者謀殺。

caliper　卡鉗　由兩根可調整的卡腳組成的測量零件尺寸的工具。卡腳可用螺釘調整，也可利用關節處的摩擦使卡腳固定在適當位置。外卡鉗測量厚度和外徑，內卡鉗測量孔徑和兩個面之間的距離。單邊卡鉗有一根向內彎的卡腳和一根帶尖頭的直卡腳，用於在離平面或曲面的指定距離上畫線。亦請參閱micrometer。

caliph＊　哈里發　阿拉伯語khalifah，意爲「繼承人」。指繼承先知穆罕默德所有權力（除了預言能力）的穆斯林國家眞正或名義上的統治者。到第四代哈里發（阿里）選拔時發生爭議，使伊斯蘭教分裂爲遜尼派和什葉派。阿里的政敵穆阿威葉一世建立伍麥葉哈里發帝國（參閱Umayyad dynasty），產生十四代哈里發（661～750）。阿拔斯王朝（750～945）則有三十八代哈里發，把首都從大馬士革遷到巴格達。1258年蒙古人征服巴格達，結束他們的政權。此後其他穆斯林領袖想再創建哈里發帝國，但很少成功。法蒂瑪王朝在920年宣稱是個新的哈里發帝國；西班牙的阿布杜勒·拉赫曼三世在928年宣布與阿拔斯王朝、法蒂瑪王朝爲敵。1258～1517年，開羅的馬木路克王朝有幾代阿拔斯王朝出身的有名無實的哈里發。此後鄂圖曼帝國的蘇丹使用這個稱號，直至1924年土耳其共和國成立爲止。

calisthenics　柔軟體操　變換動作強度的、有節奏的自由體操。可以徒手，也可使用環、體操棍等輕型器械，包括屈、伸、轉體、擺動、擺浪、跳躍等動作以及俯臥撐、仰臥起坐和引體向上等專門技巧。可增強體力、耐力和靈活性以及身體各部的配合功能，並且對心血管系發揮有節制的規律性的壓力，從而增進總的身體健康。這種運動原本是爲婦女設計的，起源於19世紀的德國和瑞典。畢奇爾在美國倡導女子柔軟體操。當這種運動因有益健康而聞名時，就變成男女都適用的運動。

Calixtus II＊　加里斯都二世（卒於西元1124年）　原名Guido of Burgundy。法蘭西籍教宗（1119～1124年在位）。教宗基拉西烏斯二世死於克呂尼，當地樞機主教推選他繼位。他召開理姆斯會議，這次會議宣布反對由世俗當局授予神職，並判處神聖羅馬帝國皇帝亨利五世和僞教宗格列高利八世以絕罰。1120年加里斯都勝利進入羅馬，亨利在日耳曼諸侯的壓力下與他和解。1122年雙方達成「沃爾姆斯宗教協定」，從而結束主教敘任權之爭。1123年他召開第一屆拉特蘭會議，批准這項協議，使教會與帝國當局三十五年內相安無事。1120年他發出通諭，使羅馬的猶太人受到保護。

calla　水芋　天南星科兩種植物的統稱。水芋屬含一種水生的沼澤水芋（即野水芋）。水芋也常爲幾種馬蹄蓮屬植物的共稱，均原產於南非。沼澤水芋廣泛分布在北溫帶和亞極地涼爽潮濕的地區；植株美觀，葉心形，佛焰苞白色，漿果鮮紅成串；其汁液劇毒。普通花匠水芋（即衣索比亞馬蹄蓮、馬蹄蓮）是植株粗壯的草本，佛焰苞白色光澤，芳香，葉箭形，自粗根莖上伸出，是受歡迎的室內植物，可用爲切花。

沼澤水芋
Ingmar Holmasen

Callaghan, (Leonard) James＊　賈拉漢（西元1912年～）　英國政治人物。原爲工會職員，1945年以工黨身分選入國會。1964～1967年在工黨政府下擔任財政大臣。1967～1970年任內政大臣。1974～1976年爲外交大臣，1976～1979年擔任工黨政府，在黨內是溫和派，曾力圖遏制英國工會各種叫囂不已的要求。1978～1979年一連串的工人罷工導致醫療服務及其他主要服務業陷於癱瘓，1979年3月，其內閣因下議院通過不信任案而垮台，這是自1924年以來所僅見。

Callaghan, Morley (Edward)＊　卡拉漢（西元1903～1990年）　加拿大小說家及短篇小說作家。1928年獲法學學位，但從未執律師業。他的短篇小說頗獲好評，最初輯錄於《家鄉的商船》（1929）。第一部長篇小說是《奇怪的亡命之徒》（1928），描繪一個不能適應社會的人的毀滅，此典型人物在其後的小說中曾一再出現。後來的長篇小說強調基督教的愛，作爲對社會不公正的答覆，其中包括《他們將繼承全球》（1935）和《被愛的和被毀滅的》（1951，獲總督獎）。《巴黎的那個盛夏》（1963），書中描述了他與費茲傑羅和海明威之間的友誼。後期作品有《一個美麗而隱蔽的地方》（1975）和《猶大時光》（1983）。

音高的油桶在「鋼鼓樂團」中一起演奏。

cam　凸輪　作轉動或往復運動，使與之接觸的從動件作規定運動的機器零件。凸輪接觸表面的形狀由從動件的外形和所規定的運動確定。當把機器的某一零件的簡單運動變爲另一零件的規定複雜運動時，凸輪－從動件機構特別有用，複雜運動必須與簡單運動準確同步，而且可以包括停頓時間在內。凸輪是自動機床、紡織機械、縫紉機、印刷機和其他許多機器中必不可少的零件。

Cam Ranh, Vinh＊　金蘭灣　亦作Cam Ranh Bay。越南中南部的南海海灣，素被認爲是東南亞最優良的深水港灣。分內、外兩灣，西岸的柑林港曾爲法國海軍基地，1941年該灣被日軍占領。1965年起美軍在此建立大型供給基地和機場，1972年移交給南越，1975年被北越軍占領。

Camagüey＊　卡馬圭　古巴中東部卡馬圭省省會。建於1514年，位置在現今的努埃維塔斯，1528年城址才移至內陸。現在因該省出產大量牲畜、甘蔗等農牧產品以及鉻鐵礦石，因而成爲該國最大內陸城市，以及重要的交通、貿易和工業中心。人口約293,961（1994）。

Camargo, Marie (-Anne de Cupis de)＊　卡瑪戈（西元1710～1770年）　法國芭蕾舞者，以革新舞蹈技術而聞名。1726年在巴黎歌劇院首次演出，在1751年退休以前，總共表演了七十八種芭蕾和歌劇。她以舞步輕快敏捷以及完善了芭蕾舞的一種跳躍舞姿（舞者躍起兩足騰空交叉數次）而聞名，這種跳躍舞姿以前主要由男演員完成。她將芭蕾舞長裙裁短、除去舞鞋後跟、穿著貼身內褲（後演變爲芭蕾舞的主要「緊身衣褲」）。

Camargue＊　卡馬爾格　法國南部隆河河口三角洲的沼澤島嶼區。面積780平方公里，當地人口稀少（約一萬人），過去一片荒蕪，有成群的野牛和野馬。19世紀末出現葡萄園，後種植飼料作物和穀物。第二次世界大戰後發展起稻米生產。瓦卡雷斯有自然保護區，保護紅鶴、白鷺等稀有鳥類。卡馬爾格也爲一朝聖和旅遊中心。

Cambay, Gilf of ➠ Khambhat, Gulf of

Cambio, Arnolfo di ➠ Arnolfo di Cambio

cambium　形成層　植物木質部與韌皮部之間的一層分裂旺盛的細胞，形成根與莖的次生構造，然後慢慢變厚。癒傷組織內也可形成形成層。亦請參閱bark。

Cambodia　柬埔寨　亦稱Kampuchea。亞洲南部君主國。面積181,036平方公里。人口約12,720,000（2001）。首都：金邊。孟－高棉人占全國人口大多數。語言：高棉語（官方語）。宗教：佛教（國教）。貨幣：瑞爾（riel）。主要地形爲廣大的中部平原。象山山脈沿著北部邊境。大部分位於湄公河盆地。最大的湖洞里薩湖位於西部。該國大部分是叢林，爲世界最窮的國家之一。農業人口占了全國勞動力的3/4。政府形式是君主立憲政體，一院制。國家元首是國王，政府首腦爲第一總理（由第二總理輔助）。早期基督教時代，該地區受印度和在較小程度上的佛教影響。7世紀初，高棉人逐漸擴張。到闍耶跋摩二世（770?～850）及9～12世紀他的繼承者時國勢達到巔峰，當時統治範圍包括整個湄公河流域和屬國撣邦，並建吳哥。13世紀期間隨著佛教的散播，書寫文字從梵文改爲巴利文，但也從此時開始受到安南和暹羅城邦的攻擊，後來淪爲安南或暹羅的省份。1863年成爲法國的保護國。第二次世界大戰被日本占領。1954年獨立。1961年起邊界區淪爲越戰戰場。1970年東北部和東部區

被北越占領，使美國和南越軍隊加緊參戰。美國不分區別的轟炸，破壞了自己同多數柬埔寨人的關係，遂使由波布帶領下的共產黨赤棉於1975年掌權。赤棉的恐怖政權造成超過一百萬柬埔寨人口的死亡。1979年越南入侵，把赤棉趕到了西部的窮鄉僻壤，但其重建國家的努力步履維艱，柬埔寨內部各派系之間的鬥爭仍然持續。1991年在聯合國的主持下，柬埔寨大多數派系之間達成了一項和平協議。1993年舉行大選。內政與軍事不安仍然持續。1997年施亞努國王離開瀕於內戰的該國。

Cambodian　柬埔寨人 ➠ Khmer

Cambodian language　柬埔寨語 ➠ Khmer language

Cambon, (Pierre-) Paul＊　康邦（西元1843～1924年）　法國外交官。法律系畢業（1870），是熱心的共和派。在進入外交部服務時，在文職部門工作（1870～1882）。1891年8月起任駐西班牙大使，後調往土耳其。1898～1920年出任駐英國大使，剛開始時致力於改善法英關係，最後在1904年簽訂「英法協約」。第一次世界大戰中，他對兩個盟國之間的合作繼續發揮了重大作用。

Cambrai, League of＊　康布雷聯盟　由教宗尤里烏斯二世、神聖羅馬皇帝馬克西米連一世、法國國王路易十二世和亞拉岡國王費迪南德五世在1508年成立的聯盟。表面上反對土耳其人，實際上是爲了進攻威尼斯共和國，並在瓜分其領土。儘管信誓旦旦，四個聯盟者各有野心，不能一致行動，最後在1510年瓦解，當時教宗加入威尼斯這邊，費迪南德變成中立。

Cambrai, Treaty of＊　康布雷條約（西元1529年8月3日）　亦稱夫人和約（Paix des Dames）。使法國法蘭西斯一世和哈布斯堡皇帝查理五世之間的戰爭告一段落的條約，暫時確定了西班牙（哈布斯堡）在義大利的霸主地位。之所以被稱作「夫人和約」，是因爲議訂條約的人是法蘭西斯的母親薩伏依的路易絲（1476～1531）和查理的姑母奧地利的瑪格麗特。亦請參閱Cateau-Cambresis, Peace of。

Cambrian Period　寒武紀　古生代最老的一個時間畫分單位，延續範圍距今5.43億～4.9億年。在這段地質時期內，海洋廣佈，有一些分散的陸塊。大陸中最大的是貢德瓦

納古陸。一般氣候可能比現在暖和，各區之間甚少差異。沒有陸生植物或動物，但有海洋生物，它們不是有礦物化的外殼，就是有骨骼。因爲主要的動物是三葉蟲，所以寒武紀有時也被稱爲「三葉蟲時代」。

Cambridge　劍橋　英格蘭東部城市，劍橋郡首府。大部分位於倫敦北部康河（烏斯河支流）的東岸。原爲渡口，有土木建築，包括城堡丘和古羅馬遺跡。11和12世紀建有兩座修道院，1207年首次獲准設建制。著名的劍橋大學位於本市，以傑出的教育和出色的建築聞名於世。該市經濟與這座大學及其研發機構息息相關。人口約120,600（1998）。

Cambridge　劍橋　美國麻薩諸塞州東北部城市。位於查爾斯河北岸，與波士頓隔河相望。1630年創建，爲麻薩諸塞灣殖民地的一部分。1636年創辦了美國第一所高等院校哈佛學院（即今哈佛大學）。1775年華盛頓在今日的劍橋公地就任大陸軍總司令。1779～1780年在此召開首屆麻薩諸塞州制憲會議。19世紀多位文壇名人居住於此，如朗費羅、羅厄爾和霍姆茲。麻省理工學院在1916年從波士頓遷來此。人口約93,707（1996）。

劍橋大學聖體學院
Shostal

Cambridge, University of　劍橋大學　英國自治的高等教育機構，設於英格蘭劍橋郡劍橋市的康河之畔。1209年因牛津大學的學生與市民之間發生騷亂，有些學生、學者紛紛到劍橋市避難。1284年創建了第一所學院，1318年教宗正式承認其大學地位。1511年伊拉斯謨斯任教於劍橋，介紹文藝復興中出現的新學科，貢獻很多。1546年亨利八世設立三一學院，迄今仍爲劍橋大學各學院中最大的一所。1669年牛頓在這裡教授數學，賦予數學這個領域一種獨特的地位。1871年馬克士威擔任了第一位加文狄希實驗物理學講座的教授，開創了劍橋大學物理學研究方面的領導地位。此外，還有許多各個領域著名的學者此教書。許多學院建築物富有歷史和傳統色彩，如國王學院的禮拜堂和另兩所禮拜堂，都是由列恩設計。劍橋大學圖書館藏書逾三百萬卷，而且是英國各出版部門例行贈閱新書的少數圖書館之一。菲茨威廉博物館則藏有價值不菲的古文物珍品。學生總數約有15,000人。

Cambridge Agreement　劍橋協定　西元1629年，麻薩諸塞灣公司的英國清教徒股東在英國劍橋所做的保證：如果殖民地政府遷往新英格蘭，他們將移居該地。公司接受了他們的條件，把公司的管理權移交給協定的簽署人，並任命溫思羅普爲總督。翌年，溫思羅普率許多清教徒遷往波士頓地區定居（參閱Massachusetts Bay Colony）。

Cambridge Platonists*　劍橋柏拉圖派　17世紀英國的一個哲學和宗教思想家集團。其領袖爲惠奇科特（1609～1683），他在劍橋的主要信徒有寇德華斯、摩爾（1614～1687），以及在牛津的格蘭維爾。劍橋柏拉圖派訓練得像清教徒一樣，他們反對強調神權任意性的喀爾文派。他們認爲政治哲學家霍布斯和喀爾文派全都錯在認定道德是對意志的順從（參閱voluntarism）。他們主張道德本質上是理性的，善良的人對於善的熱愛同時也就是對其本性的一種理解，即使上帝也不能靠絕對權力來改變它。

Cambridgeshire*　劍橋郡　英格蘭東部的一郡，人口約694,000（1995）。經過1974年政府的區域重整之後，所占範圍擴大許多，現包含過去的亨丁頓郡的一部分與伊利島，首府爲劍橋市。史前遺跡環繞著沼澤區，其中排水道是羅馬人所建的。主要建築包括伊利大教堂、一些15世紀教堂以及劍橋大學建築。境內主要有尼恩和大烏斯兩河流經，另有大烏斯河的支流康河。

Camden Town group　康登鎮小組　1911年英國後印象主義畫家組成的團體，規定每週在倫敦康登鎮西克爾特（1860～1942）的畫室聚會一次，他是這個團體的精神領袖。他們反抗浪漫主義學院傳統，以寫實手法描繪都市生活面貌，以及肖像畫、風景畫和靜物，形成印象派風格。1913年併入由當代英國畫家幾個小型組織聯合而成的倫敦集團。這個名稱有時在廣義上也指20世紀初英國繪畫的一種明顯派別。

camel　駱駝　偶蹄目駱駝科駱駝屬兩種大型反芻哺乳動物的統稱，用作沙漠地區的挽畜或坐騎，尤其用於非洲和亞洲。阿拉伯駝又稱單峰駝，僅有一個駝峰；大夏駝又稱雙峰駝，有兩個駝峰。駱駝四肢長；足柔軟、寬大，適於在沙上或雪上行走。具兩排睫毛以保護眼睛，耳孔有毛，鼻孔能閉合，視覺和嗅覺敏銳，這些均有助於適應多風的沙漠和其他不利環境。雖然經過訓練的駱駝性情馴順，但有時亦十分危險。雙峰駝的高度在駝峰處計算爲兩公尺左右，單峰駝肩高兩公尺。食物豐富時，駱駝將脂肪儲存在駝峰裡，條件惡劣時，即利用這種儲備。駝峰內的脂肪不僅用作營養來源，脂肪氧化又可產生水分，因此駱駝能不食不飲數日。

大夏駝
© George Holton, The National Audubon Society Collection/ Photo Researchers

Camellia*　山茶屬　山茶科的一屬，約八十種，常綠灌木或喬木，原產於東亞。以花朵美麗的觀賞種類及產茶葉的茶樹著稱。普通山茶（即日本山茶、山茶）最爲著名，特別是重瓣花栽培變種。茶樹是著名的經濟作物，野生茶樹可高達九公尺，栽培種常進行短縮修剪，使成圓頭形灌木狀，促使發枝和生長新葉；花芳香，白色黃心。

Camelot　卡默洛特　亞瑟王傳奇中的亞瑟王宮廷所在地。曾有許多地方都被認爲是卡默洛特的舊址：如威爾斯的卡爾里昂；索美塞得的卡默爾皇后地；康瓦耳的卡默爾福德小鎮；罕布郡的溫徹斯特；特別從1967年開始考古挖掘後，則認爲是索美塞得的南卡德伯里的卡德伯里城堡。以上各地均在英格蘭。

cameo　凱米奧浮雕寶石　刻有浮雕的硬石、寶石，或用玻璃、介殼製成的此類寶石仿製品。通常是寶石（常爲瑪瑙、縞瑪瑙、纏絲瑪瑙），有兩個顏色不同的層次，一層雕圖像用另一層襯托。凱米奧浮雕藝術從早期蘇美時期（西元前3100?年）到羅馬文明衰落，從文藝復興到18世紀新古典主義時期。常刻上神話故事或人物肖像，和許多值得紀念的特別人物。整個18和19世紀，冠冕、帶子、胸針、手鐲等鑲金嵌寶的物件，往往以凱米奧寶石裝飾。

《強奪歐羅巴》，16～17世紀間以金和琺瑯為邊框的凱米奧浮雕寶石；現藏維也納藝術史博物館
By courtesy of the Kunsthistorisches Museum, Vienna

cameo glass　寶石玻璃　用彩色玻璃雕刻的圖案或造型裝飾在色彩對比鮮明底色上的玻璃器皿。先用雙層玻璃吹製成型，玻璃冷卻後，把圖案輪廓刻畫在表面上，再覆蓋一層蜂蠟作爲保護層，然後將外層玻璃蝕刻到內層，使設計的輪廓成爲浮雕，其精細部分用手工或旋轉的刀具雕刻。早在西元1世紀，羅馬人已生產出精美的寶石玻璃品。英國人約翰·諾思伍德和法國人加萊在19世紀晚期復興了這項藝術。

camera　照相機　用來攝取物體在感光面上影像的裝置（參閱photography）；這種裝置主要由一不透光之密閉盒子和可集光於感光軟片上的小孔組成。儘管有各種不同形式之照相機，但它們均有五個不可缺少的部分：一、.照相盒，用以保護感光底片使之不曝光；二、底片，記錄影像之軟片，通常成捲狀，可感應光源成像；三、光圈，由鏡徑和快門所組成，可調整光度；四、鏡頭，將物體之光束集中在底片上使之成像的鏡片，可藉前後之移動來調整焦距；五、觀景系統，可爲單眼（直徑經由鏡頭觀察）、雙眼（不經鏡頭而在其上方另設觀察鏡）兩種。在歷史上照相機之雛型是法人尼埃普斯和達蓋爾分別在1820年代和1830年代研究影像之保留而發展出來的。亦請參閱digital camera。

Camerarius, Rudolph (Jacob) *　卡梅拉里烏斯（西元1665～1721年）　德語作Rudolph Camerer。德國植物學家，論證了植物中性別的存在。曾任圖賓根大學自然哲學教授，是最早從事遺傳實驗的科學家之一。他識別和定義了植物的雄性和雌性生殖器官並描述其在繁殖過程中的作用，建立了植物的性概念，又闡明花粉在繁殖過程中的必要性。

Cameron, Julia Margaret　卡梅倫（西元1815～1879年）　英國女攝影家，公認19世紀最偉大的攝影家之一。1863年左右卡梅倫接到他人贈送的相機，她弄好工作室和暗房後，便開始拍製人像。她所拍攝的人包括詩人但尼生、朗費羅、科學家達爾文等友人。特別值得一提的是她拍出了女性美的靈巧效果，這表現於《艾倫·特里》（1864）、《達克沃思太太》（1867）等人像照。和維多利亞時代許多攝影家一樣，卡梅倫模仿當時流行的浪漫派和前拉斐爾派繪畫，拍製寓言式和插畫式的工作室照片。卡梅倫經常被批評爲技巧不佳，但她在人像照片中感興趣的是精神深度，不是技巧上的完美，這些照片被看成此種媒介最好的作品。

Cameron, Simon　卡梅倫（西元1799～1889年）　美國政治人物。只受過很少正規教育，經商致富，然後進入參議院，當議員十八年（1845～1849、1857～1861、1867～1877）。林肯當選總統後，於1861年任命他爲陸軍部長，但很快的便因濫用私人而下台。

Cameroon　喀麥隆　法語作Cameroun。正式名稱喀麥隆共和國（Republic of Cameroon）。西非共和國。面積475,501平方公里。人口約15,803,000（2001）。首都：雅溫

得。境內有兩百多個不同種族，包括芳人（占總人口1/5）、巴米累克人（占1/5）、杜亞拉人、富拉尼人及其他小部族群。俾格米人（當地稱爲巴傑利人和巴賓加人）居住在南部森林中。語言：法語和英語（官方語），以及各種方言。宗教：本土宗教、基督教和伊斯蘭教（在北部占優勢）。貨幣：非洲金融共同體法郎（CFAF）。喀麥隆有四個地理區。南部區包括沿海平原和森林茂密的高原。中部區向北逐漸升高，包括阿達馬瓦高原。北部區爲稀樹草原，地勢向查德湖盆地傾斜。西部和北部沿奈及利亞邊界一帶的地勢起伏多山，包括喀麥隆火山。主要河流中，薩納加河流入大西洋，貝努埃河則向西流入奈及利亞境內的尼日河流域。喀麥隆經濟爲開發中的市場經濟，主要以農業爲基礎。政府形式是共和國，一院制。國家元首是總統，政府首腦爲總理。歐洲人殖民之前，長期有人類居住。講班圖語部族從赤道非洲進入此地，定居在南方。其後穆斯林富拉尼人自尼日河流域遷入，定居北部。15世紀後期，葡萄牙探險家初探此地，並建立據點。17世紀，葡萄牙失去控制，由荷蘭人起而代之。1884年，德國取得控制，將其保護領地擴展到喀麥隆。第一次世界大戰期間，法、英兩國軍隊聯合行動，迫使德國人撤退。戰後，喀麥隆被畫分爲法屬和英屬兩個行政區。第二次世界大戰後，兩地改由聯合國託管。1960年法國託管地成爲獨立共和國，1961年，英國託管領地的南部投票通過與新成立的喀麥隆聯邦共和國合併，北部則與奈及利亞聯合。近年來，經濟問題造成境內不安。

Cameroon, Mt.　喀麥隆火山　喀麥隆西南部的火山。由幾內亞灣向內陸延伸23公里。海拔4,095公尺，爲西非的最高峰。形成喀麥隆北部和奈及利亞之間天然邊界的一連串山脈的最西部分。英國人柏頓（1821～1890）於1861年登上喀麥隆火山的最高峰。喀麥隆火山是活火山，前一次噴發是在1959年。

Camilla　卡米拉　古羅馬神話人物。她是沃爾西族少女，成爲女勇士，受女神黛安娜寵愛。據羅馬詩人維吉爾說，卡米拉之父邁塔布斯戰敗，懷抱她逃命，不料阿米塞努斯河橫在面前。邁塔布斯把嬰兒縛在槍上，獻給黛安娜，然後擲過河去，他本人游泳到對岸，父女重逢。卡米拉後來率領一隊勇士，其中包括青年女子，與羅馬英雄埃涅阿斯作戰，爲伊楚利亞人阿魯恩所殺。

Camillus, Marcus Furius＊ 卡米盧斯（卒於西元前365年） 羅馬軍人與政治人物。據說在他高盧人劫掠羅馬後（約西元前390年），擊退高盧人，從而被尊崇爲羅馬城的第二個奠基人。他獲頒過四次凱旋式，擔任過五次獨裁官，西元前396年攻克伊楚利亞人的維愛城是其畢生最大功績。雖然身爲貴族，但進行對軍隊和平民有利的改革（西元前367年）。

Camisards＊ 卡米撒派 法國南部的基督教新教教派，曾於18世紀初葉曾組織武裝起事，反對路易十四世對新教徒的迫害。暴動發生在1702年，起因於路易十四世頒布南特敕令，最後以宗教迫害告終。卡米撒派作戰很成功，甚至阻遏了王軍的進攻。政府採取滅絕政策：焚毀村舍，屠殺村民。1705年，許多領袖被捕和被殺，起事失去推動力量。零星戰鬥持續至1710年。

Camões, Luís (Vaz) de＊ 卡蒙斯（西元1524/25～1580年） 葡萄牙詩人、作家。生於里斯本一個沒落貴族家庭。曾在印度住了十七年。長篇史詩《盧濟塔尼亞人之歌》（1572）是他的傑作，描寫達伽馬發現通往印度的航海路線的史實。他還創作了數百首優美的詩篇，收集在《抒情詩集》（1595年起）中。此外，他還寫了一些戲劇作品。他的詩對葡萄牙和巴西文學均產生了極其深遠的影響，被認爲是葡萄牙的民族詩人。

camouflage＊ 僞裝 軍事科學上指戰爭中隱蔽自己及視覺上迷惑敵人的技術和做法。它是通過隱蔽或僞裝軍事設施、人員、裝備和活動來挫敗敵人的觀察的一種手段。第一次世界大戰期間爲對付空中作戰，而開始使用僞裝。軍用飛機的發展使敵人的陣地暴露在空中偵察之下。空中偵察的目的在於指導砲兵射擊，並預測敵人可能發動的進攻。因此每一支主力軍隊都組織了一個由受過特殊訓練的兵士組成的僞裝部隊來進行這種欺敵的技術。第二次世界大戰時，實際上每一件有軍事意義的東西都加以一定程度的僞裝。使用的材料有斑駁灰暗的油漆花紋、布僞裝網、鐵絲織網、十字織網，也採用天然的簇葉。還使用了假人、假目標（包括了僞裝的城市和機場），以誘使敵人轟炸無害的目標。第二次世界大戰後，這種重要技術仍保留下來，在越戰時越共游擊隊就成功的運用此種技術。

Campania＊ 坎佩尼亞 義大利南部自治區。瀕第勒尼安海，首府那不勒斯。早期由希臘殖民者、伊楚利亞人和薩謨奈人定居。4世紀末，全區羅馬化，後成爲羅馬的一個區。是羅馬著名的休憩中心，以其自然的風景和古城（如庫邁、龐貝、卡普阿、那不勒斯等）聞名。羅馬帝國衰落後，先後屬於哥德人、拜占庭人和倫巴底人。11世紀被諾曼人征服，12世紀併入西西里王國，後成爲那不勒斯王國領土，1860年歸屬義大利。沿岸平原是該區最重要農業區，那不勒斯附近是工業區，旅遊業亦發達。人口約5,763,000（1996）。

campanile＊ 鐘塔 鐘塔通常建在教堂旁或附於教堂上。鐘塔這個詞經常與義大利式建築連起來使用。最早的鐘塔（7～10世紀）爲簡單的圓塔，有若干小圓拱形的孔穴圍在頂端附近；著名的比薩斜塔周圍有一系列層疊的拱廊，是這種類型中較爲複雜的例子。威尼斯的鐘塔具有方形細長的高塔身，由下往上逐漸變細。頂部爲開敞的鐘樓。儘管塔的其他部分是用磚建造的，鐘樓往往用石頭建造。鐘樓上有一兩排連拱廊，檐口上立著塔尖，有時爲矩形，例如威尼斯聖馬可廣場上的著名鐘塔便是如此（塔的下部建於10～12世紀，鐘樓層建於1510年）。文藝復興期間人們偏愛其他形式，但威尼斯式鐘塔在19世紀時又得以復興，許多工廠、農舍及大學的校舍等亦有興建。

campanula ➟ bellflower

Campbell, John Archibald 甘貝爾（西元1811～1889年） 美國法學家和最高法院法官（1853～1861）。十八歲時獲得律師資格。不久，遷往阿拉巴馬州。他除維持個人龐大的律師業務外，也曾擔任州議員。1853年被任命爲美國最高法院法官，以對法律作嚴格解釋而聞名。在法官任內令其聞名的是，參與惡名昭彰的「德雷德·司各脫裁決」，使各地的奴隸制度成爲合法化，而煽起美國南北戰爭。曾任美利堅邦聯助理陸軍部長。曾因僞控罪名被拘禁達四個月，釋放後因一切財務在戰爭中盡失，便決定遷往紐奧良，執律師業，定居該地，終其餘生。

Campbell, Joseph 坎伯（西元1904～1987年） 美國作家、比較神話學家。學習英國文學，後在莎拉·勞倫斯學院教書。他發現古代不列顛人關於亞瑟王的許多傳說，與美國印第安民間傳說有相似之處。他的觀點對容格影響深遠，這些觀點在1980年代因一系列電視節目而廣爲人知。他的著作有《千面英雄》（1949）和《神的面具》（1959～1967；四卷）。

Campbell, Kim 坎貝爾（西元1947年～） 原名Avril Phaedra Campbell。加拿大政治人物，1993年6～11月任加拿大總理。執律師業，1988年以進步保守黨員身分當選聯邦議會議員。在總理穆羅尼的政府中擔任印第安人事務和北方發展部長（1989）、司法部長兼總檢察長（1990）和國防部長（1993）。穆羅尼退休後，接替穆羅尼，成爲加拿大的第一位女總理和第一位來自西海岸的總理。由於進步保守黨在國會選舉中慘敗，11月她辭去總理職務，12月辭去黨魁。

Campbell, Mrs. Patrick 甘貝爾夫人（西元1865～1940年） 原名Beatrice Stella Tanner。英國女演員，以塑造熱情而機智的人物著稱。十九歲結婚，1888年首次登台，1893年因飾演《第二個坦克里太太》中的寶拉一角色而出名。後來在蕭伯納的戲劇《賣花女》（1913）中扮演伊利莎·杜利特爾。她和蕭伯納書信往來許多年。其他著名的戲劇演出還有梅特林克的《普萊雅斯和梅麗桑德》（1892）、易卜生的《群鬼》和索福克里斯的《厄勒克特拉》。她以六十八歲的高齡在影片《潮水洶湧》中首次登上銀幕，接著又在其他幾部影片中出現。

Campbell-Bannerman, Henry 甘貝爾－班納曼（西元1836～1908年） 受封爲亨利爵士（Sir Henry）。原名Henry Campbell。英國政治人物。1868年起爲下議員，1899年當選爲自由黨下議院領袖，1905～1908年出任英國首相。他的名望使其嚴重分裂的政黨統一。雖然甘貝爾－班納曼提出的許多法案都被上議院否決，不過，1906年的「行業爭端法」卻得到貴族院的批准，這個法案給予工會以相當大的罷工自由。他帶頭同意特蘭斯瓦和橘河殖民地的自治，從而贏得了布爾人對大英帝國的忠誠。

Campbell family＊ 甘貝爾家族 亦稱Campbells of Argyll。蘇格蘭貴族家庭，在中世紀晚期取得顯著地位的洛考的甘貝爾家族。1457年科林·甘貝爾男爵（卒於1493年）被封爲第一代阿蓋爾伯爵。第四代伯爵阿奇伯德（卒於1558年）是一名新教領袖。第五代伯爵阿奇伯德（1532?～1573）也是名新教徒，但他支持信奉天主教的蘇格蘭瑪麗女王。第八代伯爵阿奇伯德（1607～1661）是英國內戰時期，蘇格蘭的反保王派領袖。他的兒子第九代伯爵阿奇伯德（1629～

1685）也是蘇格蘭新教領袖，因反對信奉天主教的詹姆斯二世國王而被斬首。第十代伯爵阿奇伯德（1651?～1703）恢復了家族的稱號和財產。並被封爲阿蓋爾公爵；他發動對格倫科的麥克唐納家族進行大屠殺。第二代公爵約翰・甘貝爾（1678～1743）支持英格蘭和蘇格蘭的聯合，也是平定詹姆斯黨叛亂（1715）的不列顛軍隊司令。第三代公爵阿奇伯德（1682～1761）是漢諾威時代的政客。他死後因無合法的子嗣，其頭銜轉由馬莫雷的甘貝爾家族繼承。

Camp David　大衛營　1953年前稱世外桃源（Shangri-La）。美國總統的休養地。在馬里蘭州北部。休養地爲一片景色優美的山林區，面積81公頃，四周有高度安全的圍欄，不向公眾開放。1942年由羅斯福總統建立，1945年由杜魯門總統正式定爲總統休養地，1953年艾森豪總統以其孫之名改地名爲大衛營。內有總統辦公室、宅邸、游泳池和會議廳。美國總統常在此與外國元首會談。

Camp David Accords　大衛營協定（西元1978年）　以色列與埃及之間簽訂的兩項協定，結束了兩國三十多年來的戰爭狀態。之所以稱爲「大衛營協定」，是因爲這兩項協定是在美國總統卡特的支持下，以色列總理比金與埃及總統沙達特在美國總統休養地馬里蘭州的大衛營經過談判後達成的。該條約於1979年簽定，使兩國關係正常化。另一項協定是建立該地區邊界和平的構想，包括在西岸和加薩走廊實現巴勒斯坦自治。關於這一點，以色列並沒有做到。亦請參閱Dayan, Moshe。

Campeche＊　坎佩切　墨西哥東南部一州。位於猶加敦半島，西北瀕墨西哥灣，面積50,812平方公里，包含了半島西半部大部分地區。州首府坎佩切。一些河流流經該州南部，在卡爾曼城注入特爾米諾斯潟湖。林產品（主要爲堅硬木材和糖膠樹膠）和商業漁業都是該州主要收入來源。人口約668,715（1997）。

Campeche　坎佩切　墨西哥東南部墨西哥灣港市，坎佩切州首府，瀕臨坎佩切灣。西元1540年在馬雅人村莊上建成的西班牙城鎮，其遺址至今仍可見。1863年成爲新設立的坎佩切州的首府。現爲沿海油田服務中心。人口150,518（1990）。

Campeche, Bay of　坎佩切灣　墨西哥灣一小海灣。在墨西哥東南部，面積約15,540平方公里。沿岸地勢低窪，湖泊和沼澤星羅棋布。1970年代開發坎佩切灣海底油田，1980年代該區已是墨西哥最高石油產區。1979年中期，因油井爆炸，將約三百萬桶原油噴入墨西哥灣，墨西哥政府耗費超過一億美元才控制住。

camphor　樟腦　具有刺激性黴香味的有機化合物，作爲焚香的成分和藥物已使用了很多世紀。現在已用作硝酸纖維素的增塑劑、防蟲劑，特別用於防蠹蟲。樟腦產於樟樹，常見於亞洲。在這種樹的木屑中通以蒸汽，蒸汽冷凝後，從蒸餾液的油相析出樟腦結晶，再加壓昇華精製。從1930年代初已用幾種方法由α－蒎烯製得樟腦。樟腦爲萜烯酮類有機化合物，其結構及反應曾爲19世紀有機化學研究的重要課題。純樟腦爲白色蠟狀固體，熔點約178～179℃。

Campin, Robert＊　康平（西元約1375～1444年）　法蘭德斯畫家。作品以自然寫實和雕刻感爲特徵。有文件顯示康平在西元1406年已是圖爾奈的繪畫大師；1427～1428他的兩個學生達雷和魏登都在他的畫室工作。已確定爲康平所作的有三幅作品：《聖母與聖子》、《聖維羅尼卡》（反面有「三位一體」）和《十字架上的強盜》。雖然他的生平和作品不詳，但確實是15世紀最重要最具影響力的畫家之一。

camping　野營　到野外在睡袋、帳篷、篷車或有篷拖車裡住宿，度過一夜、一個週末、一週或更長時間的娛樂活動。現代野營始於19世紀晚期的美國。獨木舟是最原始的交通工具；其次是自行車野營。野營是男、女童子軍的主要活動。這項活動在第二次世界大戰後廣受歡迎，有人僅僅是爲了體驗野營生活，但更多的人是爲了觀賞風景、采風、捕魚、照相、狩獵和探測山林。私人汽車迅速增加，尖端的野營設備不斷湧現，使得該活動成爲一般家庭的標準假日活動。近年來，野營人口仍持續成長，美國和加拿大的野營地數以千計，許多設在州立或國立的公園、森林區和遊樂區內。由於洲際航空野營興起，遊人還可將野營用車輛和設備空運到遠隔重洋的野營地。

campion　冠軍花　亦稱捕蠅草（catchfly）。石竹科蠅子草屬觀賞植物的通稱，約五百種。草本，廣佈世界。也指同科的剪秋羅屬植物。蠅子草屬植物直立或鋪散；莖常覆以黏性物質；葉對生，全綠；花紅色、白色或粉紅色，單生或成有分枝的花簇；花瓣五枚，基部狹窄、柄狀，稱爲爪，有時在瓣爪與瓣片之間有鱗片。果爲蒴果。

習見蠅子草（*Silene vulgaris*）
Jewel Craig – The National Audubon Society Collection/Photo Researchers

Campion, Jane　珍康萍（西元1954年～）　紐西蘭的電影導演。珍康萍在澳洲接受繪畫訓練後，開始研究電影製作，並拍攝出數部著名的短片。她在拍出第一部劇情片《甜心》（1989）後，繼之以另一部成功的作品《天使詩篇》（1990）。珍康萍還爲獲得國際好評的《鋼琴師和她的情人》（1993）一片，編寫劇本並擔任導演。她還執導過《伴我一世情》（1996）和《聖煙》（1999）。

Campo Formio, Treaty of＊　坎波福爾米奧條約（西元1797年）　在第一次義大利戰役中，奧地利敗北，拿破崙勝利，兩方在坎波福爾米奧（今義大利坎波福爾米多）所簽的和平條款。條約保留了大部分法國對所占地區的權利，也是拿破崙對第一次反法聯盟的勝利。亦請參閱French revolutionary war。

Campobasso＊　坎波巴索　義大利南部城市，位於那不勒斯東北方，莫利塞區首府。老城鎮在1732年被其居民遺棄而在肥沃的低地平原建一新城鎮。老城區有中世紀城堡和幾座羅馬式教堂，新城區有考古博物館。當地農業出產乳酪和著名的冬梨等，也生產瓦和肥皂。人口約51,318（1993）。

Campylobacter＊　彎曲桿菌屬　革蘭氏陰性螺旋形細菌的一屬，會感染哺乳動物。許多種類，尤其是胚胎彎曲桿菌會導致羊與牛流產。空腸彎曲桿菌是食物中毒的常見起因，美國近90%的雞曾受過感染。感染源還包括其他肉類和未經殺菌的牛奶。感染會導致急性胃腸炎、發燒、頭痛、關節與肌肉痛，嚴重的話還會使神經受損，甚至死亡。

Camus, Albert＊　卡繆（西元1913～1960年）　出生於阿爾及利亞的法國小說家、散文家和劇作家。1957年獲諾貝爾文學獎。出身貧窮的阿爾及爾工人家庭，大學畢業後進入一劇團工作，而認識了左派分子。第二次世界大戰期間居於巴黎，法國反抗運動使他進入沙特和存在主義的核心。他的第一本小說《異鄉人》（1942）使他成爲文學界的重要人物，通過對一個被判處死刑的「異鄉人」的生動描寫研究了20世紀的異化。同年發表一篇有影響的哲學隨筆《薛西弗斯的神話》，卡繆在其中懷著相當同情的感情分析了當代的虛無主義與「荒誕」觀念。後來又發表他的第二部小說《瘟疫》（1947）和另一篇長隨筆《反叛者》（1951）。其他重要的文學作品有寫作技巧出色的小說《墮落》（1956）和短篇小說集《流放和王國》（1957），《墮落》表現出對基督教象徵主義的專注，並包含對世俗人道主義的倫理道德更爲自得的形式的冷嘲熱諷。他的劇作有《誤會》（1944）和《卡利古拉》（1944）。1957年獲諾貝爾文學獎，三年後死於一場車禍。

Canaan＊ 迦南 歷史上和《聖經》上的地名。其邊界常改變，但均以巴勒斯坦爲中心。沿海的迦南文明可以追溯到舊石器時代和中石器時代，但直到新石器時代（西元前7000?～西元前4000?年）才出現固定的城鄉居民點。有文字記載的歷史約始於西元前15世紀。約西元前1200年希伯來人入侵並在南部地區定居，後受到非利士人的進一步入侵。大衛王（西元前10世紀）所率以色列人最終得以打垮非利士軍隊，並同時征服原住民迦南人。此後，迦南實際上就成了「以色列的土地」。

Canada 加拿大 北美洲國家。面積約9,976,185平方公里。人口約31,081,900（2001）。首都：渥太華。英國人和法國人後裔占人口半數以上，德國人、義大利人、烏克蘭人、華人、荷蘭人、美洲印第安人和愛斯基摩人（伊努伊特人）的後裔則構成重要的少數民族。語言：英語和法語（均爲官方語）。宗教：天主教、新教（加拿大聯合教會和加拿大聖公會）。貨幣：加拿大元（Can$）。加拿大可畫分爲幾個自然地理區：以哈得遜灣爲中心占全國面積近4/5的大片內陸盆地，由加拿大（勞倫琴）地盾、內陸平原及五大湖－聖羅倫斯低地區組成。盆地邊緣是幾個大部爲高地的區域，包括北極群島境內的山脈，有落磯山脈、海岸山脈和勞倫琴山脈。境內最高峰位於育空地區的洛根山。加拿大的五條河流——聖羅倫斯河、馬更些河、育空河、弗雷澤河和納爾遜河。居世界四十條最大河流之列。除與美國共有的蘇必略湖和休倫湖外，加拿大的大熊湖和大奴湖亦屬世界十一個最大湖泊之列。境內也有若干島嶼，包括巴芬島、埃爾斯米爾島、維多利亞島、紐芬蘭和梅爾維爾島以及許多小島嶼。加拿大與美國的疆界長6,415公里，是世界上最長的沒有防衛的疆界。加拿大的市場經濟相當發達，這主要建立在出口和與美國保持密切關係的基礎之上，加拿大是世界上最富有的國家之一。政府形式是議會制聯邦，兩院制。國家元首是英國君主，國家元首代表爲總督，政府首腦爲總理。農業是該國十分重要的產業，加拿大爲世界主要糧食生產國。木材工業極發達，森林資源非常豐富。服務業占國內生產總值大部分。最初的居民是美洲印第安人和伊努伊特人。大約在西元1000年時由古代斯堪的那維亞探險者所發現，考古發掘證實在紐芬蘭有他們的遺跡。早在西元1500年，紐芬蘭附近海域即有英國、法國、西班牙及葡萄牙的漁業考察隊來此探險。1534年卡蒂埃首次進入聖羅倫斯灣，法國遂提出對加拿大的領土要求。1605年在新斯科舍（阿卡第亞）建立起一個小拓居地，1608年山普倫也曾到過魁北克。皮毛交易對早期殖民地的開拓帶有促進作用。爲對付法國人的行動，英國於1670年成立哈得遜灣公司，英法兩國爲此在上北美洲腹地相持達一個世紀之久。1713年法國在安妮女王之戰（西班牙王位繼承戰爭）中失利，被迫將新斯科舍及紐芬蘭割讓給英國。七年戰爭（法國印第安人戰爭）導致1763年法國人被逐出北美大陸。美國革命後，加拿大人口中增加了一些從美國逃來的效忠派分子。由於到達魁北克的效忠派分子越來越多，英國遂於1791年將該殖民地分成上、下加拿大省。1841年英國將上、下加拿大省合併。加拿大人的擴張主義，導致了19世紀中葉的聯邦運動。1867年成立了加拿大自治領，其範圍包括新斯科舍、新伯倫瑞克、魁北克及安大略。此舉對促進加拿大的發展至關重要。聯邦成立後，加拿大開始了向西擴張的時期。伴隨加拿大進入20世紀的繁榮，由於英國人與法國人社區間的不斷衝突而大受影響。1931年通過「威斯敏斯特條例」，承認加拿大是不列顛的平等夥伴。隨著1982年「加拿大法案」的通過，英國給了加拿大對其憲法具有完全的控制權，並割讓了兩國間的法律紐帶。法語加拿大人的騷動仍是主要問題，20世紀後半葉，魁北克的分離主義運動開始滋長。1992和1995年舉行公投要求在政治上更多的自治，但都未成功，問題也一直存在著。1999年加拿大成立紐納武特新地區。

加拿大歷任總理

	黨 派	任 期
麥克唐納（第一次）	自由保守	1867～1873
麥肯齊	自由	1873～1878
麥克唐納（第二次）	自由保守	1878～1891
艾博特（自1892年起為爵士）	自由保守	1891～1892
湯普森	自由保守	1892～1894
鮑威爾（自1895年起為爵士）	自由保守	1894～1896
塔珀	自由保守	1896
洛里埃（自1897年起為爵士）	自由	1896～1911
博登（自1914年起為爵士）	保守	1911～1920
米恩（第一次）	保守	1920～1921
金恩（第一次）	自由	1921～1926
米恩（第二次）	保守	1926
金恩（第二次）	自由	1926～1930
班奈特（自1941年起為爵士）	保守	1930～1935
金恩（第三次）	自由	1935～1948
聖勞倫特	自由	1948～1957
迪芬貝克	進步保守	1957～1963
皮爾遜	自由	1963～1968
杜魯道（第一次）	自由	1968～1979
克拉克	進步保守	1979～1980
杜魯道（第二次）	自由	1980～1984
特納	自由	1984
穆羅尼	進步保守	1984～1993
坎貝爾	進步保守	1993
克雷蒂安	自由	1993～

Canada, Bank of 加拿大銀行 加拿大金融機構。在大蕭條期間爲加強管理信貸與通貨，根據1934年「加拿大銀行法」而創立的一家銀行，1935年3月開始營業。加拿大銀行是加拿大政府財務代理銀行，且擁有獨家發行紙幣的權限。該行歸加拿大財政部管轄，利潤全部上繳國庫。

Canada Act 加拿大法 亦稱「1982年憲法法案」（Constitution Act 1982），即加拿大憲法。1982年3月25日由英國議會批准，1982年4月17日由伊莉莎白二世女王頒布。這一法律使加拿大取得完全的獨立。該法的內容包括：1867年建立加拿大聯邦的原始法令（「英屬北美法」），英國議會歷年來對這一法令的修正案，和1980～1982年聯邦政府與除魁北克外各省政府舉行的談判中達成的協議。

Canada Bill 加拿大法案 ➠ Constitutional Act

Canada Company 加拿大公司 負責開拓上加拿大（今安大略）西部許多移民區的機構。1824年建立，1826年獲得特許狀，1827年任命高爾特（1779～1839）爲公司負責

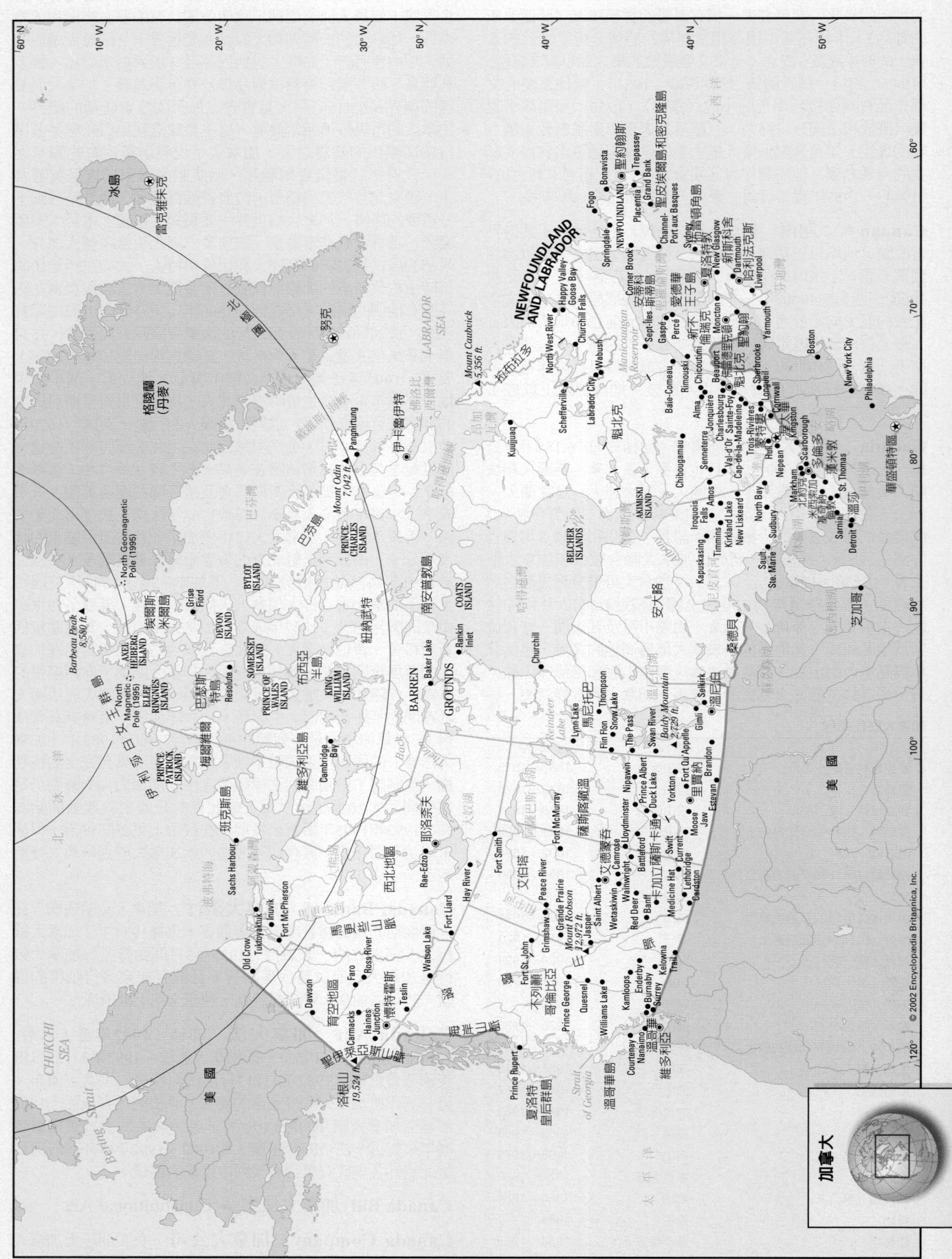

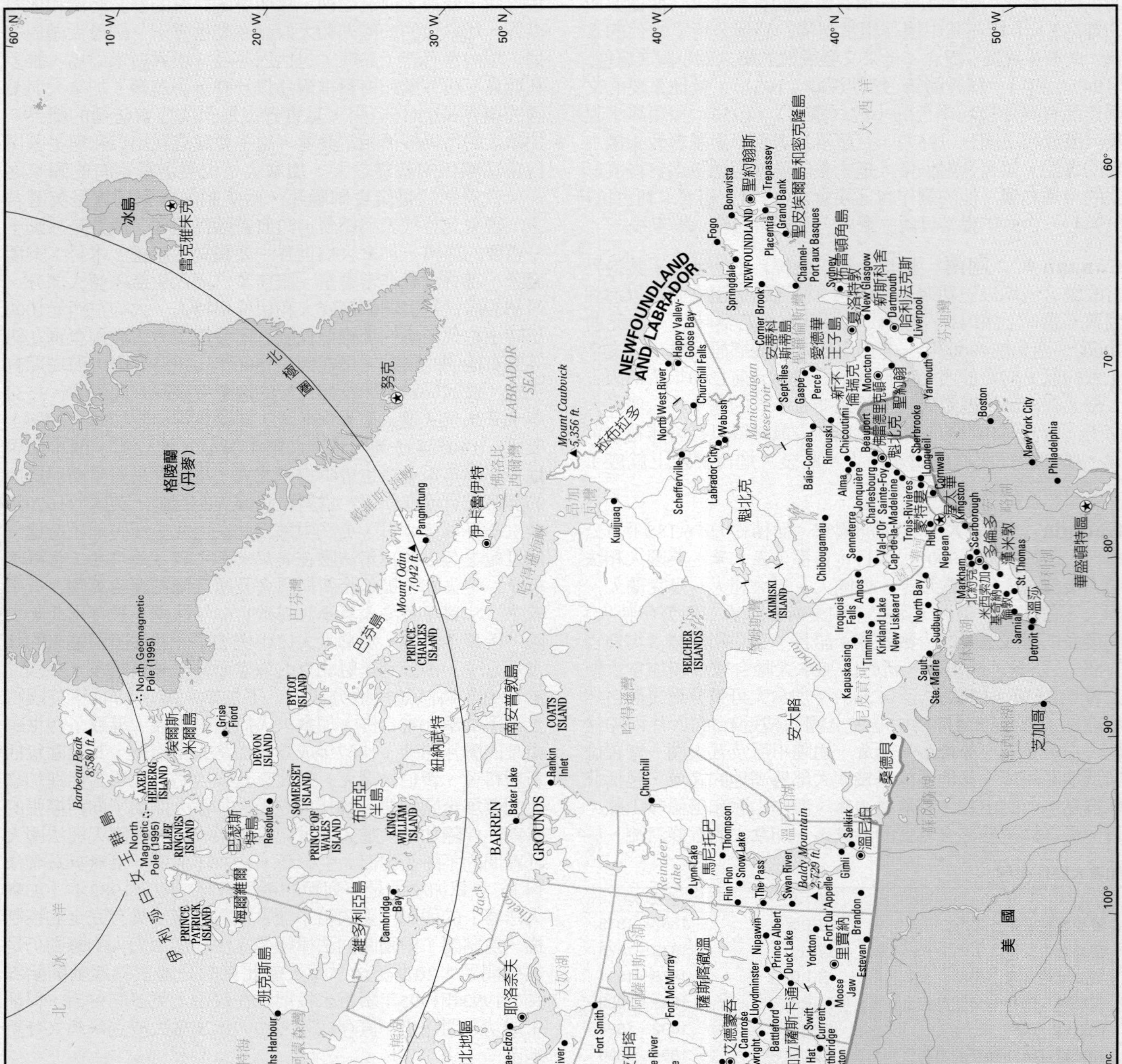
加拿大
© 2002 Encyclopædia Britannica, Inc.
格陵蘭
(丹麥)
冰島
雷克雅未克
努克
北極圈
北冰洋
伊利莎白女王群島
Barbeau Peak 8,580 ft.
North Geomagnetic Pole (1995)
North Magnetic Pole (1995)
AXEL HEIBERG ISLAND
埃爾斯米爾島
Grise Fiord
DEVON ISLAND
ELLEF RINGNES ISLAND
巴瑟斯特島
Resolute
PRINCE PATRICK ISLAND
梅爾維爾
班克斯島
Sachs Harbour
維多利亞島
Cambridge Bay
SOMERSET ISLAND
PRINCE OF WALES ISLAND
布西亞半島
KING WILLIAM ISLAND
BYLOT ISLAND
巴芬島
PRINCE CHARLES ISLAND
Mount Odin 7,042 ft.
Pangnirtung
伊卡魯伊特
紐納武特
南安普敦島
COATS ISLAND
Rankin Inlet
Baker Lake
BARREN GROUNDS
Churchill
BELCHER ISLANDS
AKIMISKI ISLAND
Kuujjuaq
LABRADOR SEA
Mount Caubvick 5,356 ft.
拉布拉多
NEWFOUNDLAND AND LABRADOR
North West River
Happy Valley-Goose Bay
Churchill Falls
Wabush
Labrador City
Schefferville
魁北克
Fogo
Springdale
Bonavista
NEWFOUNDLAND
聖約翰斯
Trepassey
Placentia
Grand Bank
Corner Brook
Channel-Port aux Basques
聖皮埃爾島和密克隆島
Sydney
布雷頓角島
新斯科舍
New Glasgow
哈利法克斯
Dartmouth
Liverpool
Yarmouth
安蒂科斯蒂島
Sept-Îles
Gaspé
Percé
愛德華王子島
夏洛特敦
新不倫瑞克
Moncton
聖約翰
Fredericton
Baie-Comeau
Rimouski
Chicoutimi
Alma
Jonquière
魁北克
Sherbrooke
Trois-Rivières
Longueuil
蒙特婁
Cornwall
渥太華
Hull
Kingston
Nepean
Scarborough
多倫多
Markham
北約克
米西索加
漢米敦
St. Thomas
倫敦
Sarnia
溫莎
Detroit
North Bay
Sudbury
Sault Ste. Marie
Timmins
Kirkland Lake
New Liskeard
Iroquois Falls
Amos
Kapuskasing
Val-d'Or
Senneterre
Chibougamau
安大略
桑德貝
芝加哥
華盛頓特區
Boston
New York City
Philadelphia
美國
溫尼伯
Selkirk
Gimli
Baldy Mountain 2,729 ft.
曼尼托巴
Thompson
Lynn Lake
Snow Lake
Flin Flon
The Pass
Swan River
Fort Qu'Appelle
Brandon
Estevan
Yorkton
里賈納
Moose Jaw
Swift Current
薩斯卡通
Prince Albert
Nipawin
Duck Lake
Lloydminster
Battleford
薩斯喀徹溫
Medicine Hat
Lethbridge
Cardston
卡加立
Red Deer
Banff
Wetaskiwin
Camrose
Wainwright
艾德蒙吞
Saint Albert
Jasper
Mount Robson 12,972 ft.
Grande Prairie
Peace River
Fort McMurray
艾伯塔
Fort Smith
Hay River
Fort Liard
Rae-Edzo
耶洛奈夫
大奴湖
西北地區
Inuvik
Tuktoyaktuk
Fort McPherson
Old Crow
馬更些山脈
Dawson
育空地區
Faro
Ross River
Watson Lake
Carmacks
Haines Junction
懷特霍斯
Teslin
洛根山 19,524 ft.
聖伊萊亞斯山脈
Fort St. John
Grimshaw
不列顛哥倫比亞
Prince George
Quesnel
Williams Lake
Kamloops
Enderby
Kelowna
Trail
Burnaby
Surrey
溫哥華
維多利亞
Nanaimo
Courtenay
溫哥華島
Prince Rupert
夏洛特皇后群島
海岸山脈
CHUKCHI SEA
Bering Strait
太平洋
大西洋

人。在上加拿大收購約一百萬公頃土地，該公司雖被批評為獨占事業，但還是一直存在到1950年代。

Canada Day　加拿大日　1982年前稱Dominion Day。加拿大國定假日，紀念1867年7月1日加拿大自治領的成立。每年7月1日舉行遊行、放焰火、懸旗、唱國歌等慶祝活動。1982年根據加拿大憲法，這個節日的名稱正式改名為加拿大日。

Canada East　加拿大東區　亦稱下加拿大（Lower Canada）。即今魁北克區。在1791～1841年間，該區稱作下加拿大，而自1841～1867年改稱加拿大東區，但二者繼續通用。該區居民主要是講法語的加拿大人。他們想要保持自己的特有身分和文化傳統，因此並不願意與西區組成擬議中的聯邦。1867年他們終於同意加入聯邦，因為加入聯邦後東區仍可保持單獨的領土和政府（如魁北克），這樣講法語的加拿大人便可穩占選舉大多數，因而至少能部分地決定自己的事務。

Canada goose　黑額黑雁　亦稱加拿大雁。雁形目鴨科鳥類，學名為Branta canadensis。背褐色，胸淡色，頭和頸黑色，頰白色，起飛前搖動頭部時閃亮著白色頰部。各亞種的個體大小很不相同，從1.3公斤到8公斤不等，展翅長2公尺。繁殖於加拿大和阿拉斯加，在美國南部和墨西哥越冬。遷徙時排列成V字隊形，邊飛邊叫。

黑額黑雁
Leonard Lee Rue III

Canada West　加拿大西區　亦稱上加拿大（Upper Canada）。即今安大略地區。1791～1841年間，該區稱作上加拿大，而自1841～1867年改稱加拿大西區，但二者繼續通用。該區居民主要為講英語的移民，但卻尋求與加拿大東區（居民大部分講法語）組成聯邦，以確保建立統一政府來進行有效管理和建設殖民地間的鐵路。1867年通過的「*英屬北美法*」，正式宣告加拿大統一自治領的形成。

Canadian Alliance　加拿大聯盟　法語作Alliance Canadienne。加拿大保守派政黨。創立於2000年，由前加拿大改革黨與其他保守派團體合併而成，致力於相互團結共同挑戰執政的*加拿大自由黨*。1997年，支持者集中在加拿大西部各省的改革黨於加拿大下議院獲得60席，並成為正式反對黨。新成立的加拿大聯盟在2000年的大選之中，獲得66席，並保住其正式反對黨的地位，不過它無法在加拿大東部獲得重大突破。該黨之政見大抵為縮編政府部門、減稅，以及在諸多社會議題上持保守立場。

Canadian Broadcasting Corp. (CBC)　加拿大廣播公司　加拿大公共廣播公司，創立於1936年，以提升加拿大文化並當作全國統一的工具。它在調頻及調幅無線電網路、電視網路、有線電視頻道、短波無線電提供法語和英語節目。加拿大廣播公司以新聞和公共事務節目聞名，也製作紀錄片、戲劇、古典音樂、娛樂、教育節目，還有運動節目，如每週播出受人歡迎的全國冰上曲棍球聯盟的廣播節目。

Canadian Football League (CFL)　加拿大式足球聯盟　為加拿大主要的職業足球運動組織。成立於1958年。該聯盟西部分會的球隊包括了：不列顛哥倫比亞獅子隊、卡加立奔逃者隊、艾德蒙吞愛斯基摩人隊和薩斯喀徹溫馴馬師隊；東部分會的球隊有：漢米敦虎貓隊、多倫多魟魚隊、渥太華莽騎兵隊和溫尼伯藍色轟炸機隊。二個分會的勝者再角逐象徵最高榮譽的「格雷盃」。

Canadian Labor Congress (CLC)　加拿大勞工總會　加拿大全國工會聯合組織，1956年由加拿大職工大會（TLC）和加拿大勞工大會（CCL）合併而成，美國勞工聯合會與產業工會聯合會也在同一年合併（參閱AFL-CIO）。今日加拿大英語區四百萬工會成員，大多是加拿大勞工總會所屬工會的會員。

Canadian National Railway Co.　加拿大國家鐵路公司　1918年由加拿大政府建立的公司，經營若干國營鐵路，包括舊大幹線、殖民地州際鐵路、國家大陸橫貫鐵路和加拿大北部鐵路，為加拿大兩個大陸橫貫鐵路系統之一。總部設在蒙特婁。1978年該公司的客運業務由加拿大VIA鐵路公司接管，這是為了經營定期往返業務以外加拿大所有客運業務而成立的王室直轄公司，1995年加拿大政府使之民營化。加拿大國家鐵路公司從新斯科舍橫越加拿大到溫哥華。1998年買下伊利諾中央公司，所以該公司也有連接加拿大和墨西哥灣間的鐵路網。

Canadian Pacific Ltd.　加拿大太平洋公司　原名加拿大太平洋鐵路公司（Canadian Pacific Railway Company, 1881～1971）。經營加拿大兩大橫貫大陸的鐵路系統中之一的私營公司。公司的建立是為了完成一條橫貫大陸的鐵路，這條鐵路原係根據加拿大政府與不列顛哥倫比亞省簽訂的協議，於1871年開始修建，由蒙特婁到溫哥華這條主線於1885年完成。1978年該公司的客運業務由加拿大VIA鐵路公司接管。現在，該公司的子公司所跨足的工業包括了石油和天然氣、礦產、林木以及房地產；鐵路事業僅占該公司淨收益的一小部分。

Canadian River　加拿大河　源出美國新墨西哥州東北部。南流經過一條深450公尺的狹谷地，東折，穿過奧克拉荷馬州的安蒂洛普山，匯入阿肯色河。全長1,458公里。沿河水網交錯，流域面積121,500平方公里。河上有康克斯水壩、尤特水庫和桑福德水壩。

Canadian Shield　加拿大地盾　地質學上世界最大的大陸盾之一，其中心在哈得遜灣，範圍有八百萬平方公里，從五大湖區伸展到加拿大極地區，遍布加拿大東部、中部和西北部，並進入格陵蘭，還有小量突出部分進入美國的明尼蘇達、威斯康辛、密西根及紐約州。加拿大地盾構成地球表面上最大的一片露出的先寒武紀岩石。該地盾區大體上全部由古老結晶質岩石組成，其構造之複雜證明其隆起和沈降、造山作用以及侵蝕作用的歷史之悠久。

canal　運河　人工開控用以通航、灌溉、供水或導流的水道，通常與自然水道或其他運河相連。早期中東文明可能開鑿了世界上最早的運河提供飲用和灌溉用水。規模最大的灌溉運河建於今伊拉克，長320公里。羅馬的水道體系因軍事運輸延伸到歐洲北部和英國。攔水閘是最壯觀的發明，約1373年在荷蘭發展出來。在渠化河流上，可建梯級船閘通航，船舶過閘處，設置低壩和閘門，排泄過剩水量。19世紀中期鐵路時代來臨前，運河就顯得非常重要。美國最壯觀的水道體系是*伊利運河*，連接五大湖區的幾條水道，以及連接五大湖區和密西西比河的水道。現代水道工程以延緩閘門排水時間使大型船隻行船速度更快。亦請參閱Grand Canal、Suez Canal、Panama Canal。

Canal Zone　運河區　亦稱巴拿馬運河區（Panama Canal Zone）。為沿*巴拿馬運河*從大西洋岸至太平洋岸、寬16

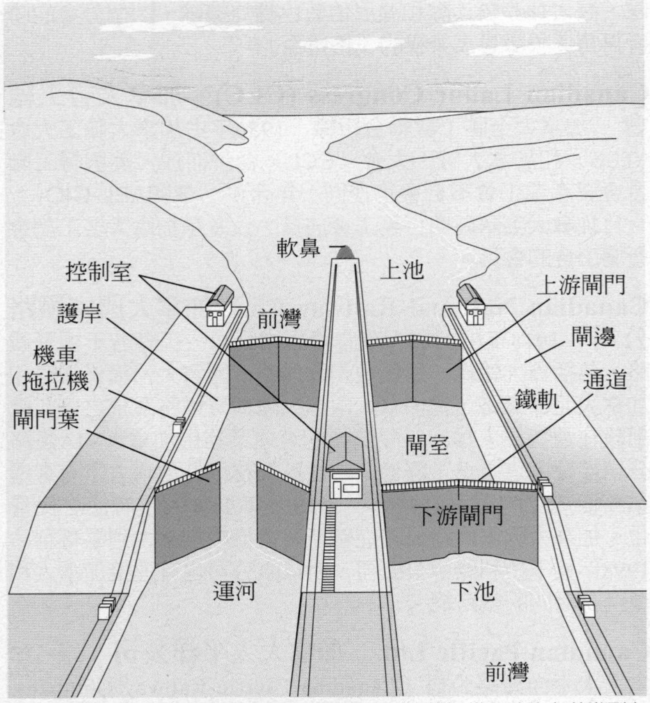

基本船閘配置的運河。左側的船隻經由閘室（水槽）從下池往上前進到上池；往下游的船舶則利用右側的水槽。
© 2002 MERRIAM-WEBSTER INC.

公里的狹長地帶。運河區包括巴爾博亞區（太平洋一側）和克里斯托瓦爾區（大西洋一側）兩個行政分區。這是根據1903年「美巴條約」於1904年5月4日設立。根據該條約，巴拿馬將運河及兩岸各8公里以內的土地交由美國經營管理，而由美國每年向巴拿馬付租金。根據1977年簽訂的條約，運河區於1979年10月1日撤銷，民政權歸還巴拿馬，同時美巴共同組成巴拿馬運河委員會管理運河，到2000年時，運河已完全由巴拿馬管轄。

Canaletto＊　卡納萊托（西元1697～1768年）　原名Giovanni Antonio Canal。義大利風景畫家，活躍於威尼斯，作品充滿感情，色彩和諧，輪廓明確，對後代風景畫家影響很大。父親是布景師，青年時代幫助其父繪製舞台布景。1719～1720年在羅馬工作，爲歌劇舞台繪製布景，後改作風景畫，很快受到外界重視。作品手法自由而精巧，善於處理風景畫中陽光和陰影的關係、陰影的效果、建築物明暗光度的差異等。1730年代是其創作盛期，許多國外的訪客要求他繪製威尼斯的風景畫。奧地利王位繼承戰爭爆發使得外國訪客減少，他遂將許多關於羅馬遺跡的想像加入其風景畫中。1746年去英國，在新的環境條件下，描繪新的題材。有時以威尼斯的結構布局，配上英國的題材。1763年被選入威尼斯美術院。

Canaris, Wilhelm (Franz)＊　卡納里斯（西元1887～1945年）　德國海軍上將，納粹政權時代的德國軍事情報局局長。第一次世界大戰期間在海軍服役。德國共產黨理論家羅沙·盧森堡被謀殺以後，曾任審判該案的軍事法庭成員。1935年1月任軍事情報局局長。西班牙內戰期間，他負責德國對佛朗哥將軍的援助工作。他曾錄用幾名反希特勒密謀分子進入軍事情報局，並掩護他們的活動。在近衛隊對軍事情報局進行調查之後，他被調任陸軍經濟參謀。1944年暗殺希特勒的計畫失敗後，被捕處死。亦請參閱July Plot。

canary　加那利雀　即金絲雀。雀形目金翅科一種受人喜愛的籠鳥。學名Serinus canaria。色彩鮮豔，鳴囀時間長而不間斷，這是四百年來人工選育的結果。籠養的平均壽命十～十五年，有的活二十多年。原產地是加那利群島、亞速群島和馬德拉群島。野生種類背面有條紋，主要呈綠褐色。

加那利雀
Eric Hosking

Canary Islands　加那利群島　西班牙語作Islas Canarias。西班牙自治區，大西洋一群島（2001年人口約1,694,477），位於非洲大陸西北海岸外。距西班牙本土西南方1,324公里。加那利群島上設有西班牙的拉斯帕爾馬斯省和聖克魯斯－德特內里費省，面積7,242平方公里。首府聖克魯斯－德特內里費。古時被稱爲「財富之島」，普魯塔克和老普林尼的著作都曾提到。據信是世界的最東端，中世紀時曾有阿拉伯人、葡萄牙人和法國人來到這裡。1402年被卡斯提爾（參閱Castile and Leon）占領，該群島是西班牙通往新大陸航線的一個停靠站。今日，農業是重要的經濟項目，大幅開展的旅遊業亦然。

canasta＊　卡納斯塔　蘭姆類牌戲之一，1940年代源於烏拉圭。使用108張撲克即兩副52張的牌外加4張J。J和2都是百搭，可以代替任何一張牌。每人發11張牌，餘下的擺在桌上作底牌。把最上面的底牌翻過來作爲出牌堆的首張。由發牌人左邊的人先開始依次抓牌，可以組成牌組（即至少3張不同點的牌或3張同花色的牌，其中至少要有兩張眞牌，百搭牌不能超過3張），並要出一張牌，面朝上擺到出牌堆上。一家兩人歸到一起算分。玩牌人可以抓最上一張底牌，假如他用這張底牌能馬上組成牌組的話，可以由上而下取用全部墊牌。7以上同點牌組稱爲卡納斯塔。組成牌組特別是卡納斯塔多者勝。

Canaveral, Cape＊　卡納維爾角　美國佛羅里達州中東部一堡礁島向大海延伸部分。是供美國航空暨太空總署（NASA）的甘迺迪太空中心的所在地和美國太空飛行器的發射地。包括了1961年美國第一次發射載人太空船、1969年首次登陸月球的飛行和1986年爆炸失事的「挑戰者號」太空梭都是在這裡發射的。甘迺迪總統於1963年被暗殺身亡後，便改名爲甘迺迪角，1973年又改回原來的名字。

Canberra＊　坎培拉　澳大利亞聯邦首都。在澳大利亞首都直轄區東北部，跨莫朗格洛河兩岸。1824年建居民點，稱坎伯里。1836年更名坎培拉。1908年被選爲首都所在地。1913年始興建。1927年聯邦議會由墨爾本正式遷此。位於澳大利亞阿爾卑斯山脈的山麓平原上。市區不斷擴展，許多住

坎培拉的澳大利亞國立博物館，前方為摩爾（Henry Moore）所作之雕像
Robin Smith Photography, New South Wales

宅區發展成衛星城鎮。有輕工業，旅遊業日益發展。人口約303,700（1995）。

Cancer　巨蟹座　在獅子座和雙子星座之間的黃道星座。在占星術中，巨蟹宮是黃道十二宮的第四宮，被看成是主宰6月22日～7月22日前後的命宮。巨蟹宮的形象是一隻螃蟹，在希臘神話中，這隻螃蟹在赫拉克勒斯正同許德拉作戰時因夾痛了赫拉克勒斯而被踩死，赫拉克勒斯的敵人赫拉把它放到天上，以為報答。

cancer　惡性腫瘤；癌症　腫瘤的一類，有時不嚴格地稱為癌症。是身體組織的異常細胞發生不受控制的、與周圍組織不相協調的增生所形成。無完整包膜，細胞分化程度低。某些瘤細胞早期還能完成一定的功能，但隨病情進展，其外觀、結構及功能日益異常。惡性腫瘤可浸潤周圍組織或通過淋巴管、血管、體內腔管轉移到遠隔部位形成新病灶。腫瘤細胞最常從淋巴管轉移。惡性腫瘤也可以程度來區分，有時還保留該器官組織特有的細胞特徵。無論是發展的階段或程度，都會影響到存活率。激素、病毒、吸煙、節食和輻射線都可能引起惡性腫瘤。惡性腫瘤幾乎可發生於任何組織中，包括了血液（參閱leukemia）和淋巴液（參閱lymphoma）。早期診斷和治療增加了治癒的機會，治療方式包括了化學療法、手術、放射療法。亦請參閱breast cancer、carcinogen、Kaposi's sarcoma、laryngeal cancer、lung cancer、skin cancer。

Cancer, Tropic of ➠ Tropic of Cancer

Cancún＊　坎昆　墨西哥東南部旅遊城市，位於猶加敦半島東北岸外的海島上。島長21公里，寬400公尺，有堤道通大陸上的坎昆市。馬雅印第安人最早來此定居，文字記載最早見於史蒂芬斯的《猶加敦旅行記》（兩卷，1843）。1970年以前這裡是個漁村，後由墨西哥政府開闢為國際度假中心，十年來，世界各地旅遊者在此川流不息，坎昆成為全新城市和旅遊勝地。人口約167,730（1990）。

Candela, Felix＊　坎代拉（西元1910～1997年）　西班牙裔墨西哥建築師和工程師。1939年定居墨西哥，開始在那裡設計和建築大樓。他的鋼筋混凝土結構以堅固但經濟的薄曲殼為其特色。他設計的著名建築物包括了墨西哥城的聖母瑪利亞功績教堂（1954），其曲殼頂厚度只有3.8公分。除了墨西哥城的里奧倉庫（1955）和其他一些曲殼頂廠房外，還設計了不少懸索薄殼及拱形殼的工業廠房和倉庫。

candida＊　念珠菌　念珠菌屬，常寄居於人類口腔、陰道和腸道，一般對人無害，僅對嬰兒或久病、衰弱的人（如糖尿病患者）有致病力。口腔或陰道黏膜的念珠菌病常見，稱為鵝口瘡或陰道炎。念珠菌病極難治療，碘化物、龍膽紫為沿用至今的治療藥，耐黴菌素亦有療效。

Candlemas　聖母行潔淨禮日　基督教節日，定在2月2日，紀念聖母瑪利亞當年遵照猶太法律在分娩四十天後前往耶路撒冷聖殿行潔身體並把頭胎男孩耶穌獻給上帝。

Candolle, Augustin (Pyrame de)＊　康多爾（西元1778～1841年）　瑞士植物學家。1796年到巴黎後，曾擔任居維葉的助手和與拉馬克共同修訂他有關植物學的著作。1806～1812年參加了政府委託的對法國植物和農業的調查，1813年發表其最重要的著作《植物學初級理論》，堅決主張把植物解剖學而不是生理學作為分類的唯一基礎，並為此創分類學一詞。康多爾根據居維葉的動物同源器官的概念，提出植物同源器官的概念。康多爾於1817～1841年任日內瓦大學博物學教授。在《植物界自然分類》（兩卷：1818～1821）一書中，他首次提出系統的植物命名法原則。他完成了顯花植物的分類，描述了雙子葉植物一百六十一個科，也明確證明了林奈分類法的不足。他本擬將所有已知種子植物分類，於是撰寫《植物界自然體系序論》（十七卷，1824～1873），但僅完成了該書頭七卷的準備工作。

Candomblé＊　康東布萊派　融合非洲傳統宗教、歐洲文化、巴西唯靈論和天主教義而成的非洲－巴西宗教的重要一支。流行於巴伊亞州，人們認為該派在非洲－巴西宗教各派中非洲成分最多。禮儀由巫師主持，儀式包括了以動物（如公雞）為祭獻，以物供奉神靈（如蠟燭、雪茄和鮮花），並表演禮儀性舞蹈，這都是源於非洲的要素。亦請參閱Macumba、vodun。

Candra Gupta＊　旃陀羅笈多（西元前321?～西元前297?年在位）　亦稱Maurya。孔雀王朝創建者（參閱Mauryan empire）。父為孔雀族移民首領，因在邊界衝突中死亡，家道衰落。他成為放牛人的養子。後被婆羅門政治家買去，並接受軍事和藝術教育。旃陀羅笈多招兵買馬，經過一場血戰，擊敗了難陀王朝的軍隊，在今比哈爾地區建立自己的王朝。亞歷山大大帝死後（西元前323年），他控制了旁遮普（西元前322?年），將帝國版圖擴大，東至波斯邊界，南達印度的端部，北至喜馬拉雅山和喀布爾河谷。他的行政體系多效法阿契美尼德王朝（西元前559～西元前330年）。後因帝國發生大饑荒絕食而死。

Candra Gupta II　旃陀羅笈多二世（西元380?～415?年在位）　亦稱超日王（Vikramaditya）。印度北部笈多王朝（4～6世紀）的皇帝，旃陀羅笈多一世之孫。相傳弒兄後即位。他繼承父皇沙摩陀羅笈多的政策，兼用武力與和平手段，向鄰近地區大事擴張。印度在這位賢君統治下，得到和平與相應的繁榮。他獎勵學術，在宮廷裡有天文學家彘日，梵文詩人與戲劇作家迦梨陀娑。中國佛僧法顯當時旅居印度六年（405～411），盛讚印度政府的體制、行善施藥的措施以及人民的親善友好。

candy　糖果　糖果是糖或可可做成的糖基產品。埃及人用蜜（混合無花果、棗、堅果和香料）製造糖果，當時還未發現糖。15世紀隨著甘蔗栽培方法的傳播，發展榨糖技術後，才有了糖基糖果。18世紀晚期出現糖果製造機器。糖的主要成份包括了甘蔗和甜菜的糖再混以其他碳水化合物的糖份如：玉米糖漿、澱粉、蜂蜜、糖蜜和楓糖漿等。糖果中可加入巧克力、水果、堅果、花生、蛋、牛奶、調味劑、色素等。糖果分成硬糖（結晶糖），焦糖和太妃糖、牛軋糖、軟糖、果汁軟糖、棉花糖、杏仁軟糖、甘草軟糖和口香糖。

cane　桿　中空或多髓的節莖（如蘆葦的莖），通常細長而具有彈性。也指各種細長的木質莖，尤其是開花或結果的長莖（如玫瑰的莖），通常直接從地面長出。cane一詞也用來統稱各種不同的高大木質禾草類或蘆葦，包括青籬竹屬（參閱bamboo）質粗的禾草、甘蔗和高粱。

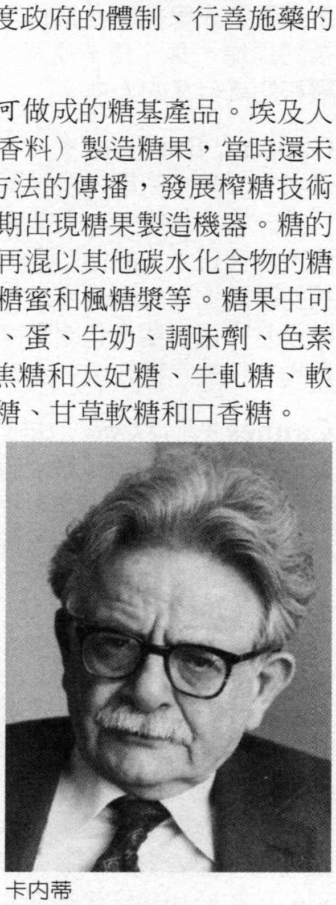
卡內蒂
Horst Tappe/Camera Press/Globe Photos

Canetti, Elias　卡內蒂（西元1905～1994年）　保加利亞出生的英國小說家、劇作家。

卡內蒂是西班牙猶太人後裔。早年過著四海爲家的生活。《迷惑》（1935）是他最著名的作品，描寫一個學者在一座城市怪誕的社會底層毀掉一生的可怕故事。1938年定居英國。後來的作品都反映出他對權勢的精神病理學的興趣，包括了《群衆與權勢》（1960），劇作：《婚禮》（1932）、《虛榮的喜劇》（1950）、《確定死期的人們》（1964），和兩本自傳：《被拯救的舌頭》（1977）、《耳中火炬》（1980）。1981年獲諾貝爾文學獎。

Cange, Charles du Fresne, seigneur du ➠ du Cange, Charles du Fresne, seigneur (Lord)

canine　犬　亦稱canid。食肉目犬科地棲獸類的統稱，包括約十四個現存屬和約七十個滅絕屬的犬形動物。除南極洲和大部分海島之外分布於世界各處，體軀修長，腿長，善於奔跑。鼻口部長，尾多毛，耳尖且直立；犬牙和頰牙發達。大部分食肉，捕食各類動物，有些也吃腐肉或植物性物質，或二者均吃。犬類可能是被人類最先馴化的動物。雖然能幫助人類控制齧齒動物和兔類種群，但人類爲了得到其毛皮，也常加以獵捕。人們認爲犬科動物傷害家養動物及大型獵物（有時確實如此）而對之加以殺戮，犬屬包括九個現存種，有叢林狼、澳洲野犬以及各種狼和胡狼。

cankerworm ➠ looper

canna　美人蕉　薑目的一科。僅美人蕉屬一屬，約五十五種，熱帶草本植物。分布從北美東南部到南美。具根莖，也有高達三公尺的直立莖。葉綠色或青銅色，螺旋排列。花不對稱，花猩紅色、橙紅色或黃色，有時有不同顏色的斑點。該科植物廣爲觀賞栽培，祕魯種蕉藕的塊狀根莖含澱粉，可食。

cannabis＊　大麻屬　蕁麻目大麻科之一屬。只有一種大麻，爲粗大、直立、芳香的一年生草本植物，原產於中亞，今在北溫帶廣泛栽培。有一種甘蔗一般的高大變種，可用以製造大麻纖維。又有一種矮小多分枝的變種，其雌株花枝的頂端、葉、種子及莖中含樹脂（大麻脂），可提取大量緩和的迷幻藥的大麻。

Cannae, Battle of＊　坎尼戰役（西元前216年）　第二次布匿戰爭時期，羅馬軍隊與迦太基軍隊在坎尼村附近進行的一次大會戰。迦太基大將漢尼拔在盟友阿非利加人、高盧人和西班牙人的協助下，把羅馬軍隊打得一敗塗地。漢尼拔的軍隊逐漸包圍敵軍最後將之消滅，軍事歷史學家把坎尼戰役當作運用雙重包圍戰術取得勝利的一個古典範例。此役羅馬人損失六萬五千名士兵，而迦太基僅六千人死亡。

Cannes＊　坎城　法國東南部城市。位於地中海沿岸尼斯西南方，是一個國際度假聖地。估計早由利古里亞部落拓居。曾被腓尼基人、塞爾特人（或高盧人）和羅馬人占領。10世紀萊蘭的修士建造防禦工事，以抵抗穆斯林軍自海上來襲。1815年拿破崙從厄爾巴回來當晚，曾在村外紮營。19世紀起成爲一旅遊聖地，每年在這裡舉行坎城影展。人口69,363（1990）。

Cannes Film Festival＊　坎城影展　法國坎城每年舉行的電影節。最早在1946年爲嘉勉藝術成就而舉行，影展進而爲那些對電影藝術及其影響有興趣的人提供一個集會地點。和其他影展一樣，坎城影展成爲製片人和經銷商能夠交換理念、觀看影片、簽署合約的國際市場。國際共同製片的現象興起於1940年代晚期的坎城。該影展有時也是藝術論戰的地點，如1958～1959年法國新浪潮的倡導者與反對者在此互相抨擊和交換宣言。

cannibalism　食人俗　指人吃人的肉。此語源於加勒比人一詞之西班牙語名稱；哥倫布曾遇到過。雖然許多早期有關食人俗的描述也許是誇張的或錯誤的，但這種風俗直到最近還流行於某些地區的部落中。非洲的禮儀性殺戮和食人俗常與巫術有關。割下敵人的首級作爲戰利品（參閱headhunting）時，人們經常吃掉一部分屍體或死去的敵人的頭，將這作爲一種吸收敵人的活力或其他素質及削弱他們復仇力量的手段。在某些情況下，一個死人的屍體按照禮儀，要由他的親屬們吃掉，這種形式叫內食人俗。某些澳大利亞原住民把這種習俗當作表示尊敬的行爲來實行。

cannibalism　同類相食　動物學術語，指動物被同種其他成員所食的現象。同類相食通常有控制種群或保證殘食者得以參與種系遺傳的作用。在某些蟻類中，受傷的幼蟻經常被吃掉。當食物缺乏時，群體轉而殘食剩餘的健康幼體。這一做法使得成體在食物缺乏時能以存活待將來再重新繁殖。在獅群中，新當領袖的雄獅可能會咬死並吃掉現存的幼獅；失去幼仔的雌獅會更快地與新領袖交配並受孕。水族箱中的孔雀魚吃掉大部分幼體藉以調節其種群密度。

canning　罐藏法　將食品貯藏於密封的容器中然後加熱消毒的食品防腐方法。此法是法國的尼可拉斯・阿佩爾（1750?～1841）於1809年發明的，他是利用玻璃瓶來保存食物的。19世紀時利用罐頭來保存食物，罐頭由鍍錫鐵皮構成，先將鐵皮捲成圓筒狀（稱爲罐身），再在兩端用人工焊上蓋和底。這種形式已在20世紀初被現代的衛生罐頭或稱開蓋罐頭所取代。到了20世紀晚期，現代錫罐頭已由馬口鐵製成。大部分經加工的食品均貯藏在馬口鐵罐頭中，但是軟飲料和許多其他飲料現在一般貯存在鋁罐頭中，它們較輕且不生銹。現代的罐藏法，食物先浸入熱水或蒸氣中，後移至無菌的容器加以密封，密封的罐頭再次加熱殺死殘餘的微生物。這個過程雖可保存食品中的大部分營養成分，但常會影響到其濃度和味道。

Canning, George　甘寧（西元1770～1827年）　英國政治人物。年輕時投身首相小庇特，他設法爲他在議會中找到一個席位（1793）及外交部次官的職務（1796～1799）。甘寧兩次出任外交大臣（1807～1809、1822～1827）；他的政策包括了切斷英國與神聖同盟的關係；承認反叛的西班牙美洲殖民地的獨立。1827年出任首相，數個月後去世。任內以推行自由主義政策而聞名。

Canning, Stratford　甘寧（西元1786～1880年）　受封爲斯特拉福子爵（Viscount Stratford (of Redcliffe)）。英國外交家。他是喬治・甘寧的堂兄弟，曾擔任瑞士外交官（1814～1818）和美國外交官（1820～1823），還曾斷斷續續擔任駐君士坦丁堡大使近二十年，對土耳其政策產生了深遠影響。曾被捲入希臘脫離土耳其統治的運動中，後來成爲鄂圖曼蘇丹的朋友，並支持坦志麥特改革計畫。他支持土耳其反抗俄國對鄂圖曼事務的干涉，並想阻止克里米亞戰爭但未成功。1858年離開土耳其後退休。

甘寧畫像，勞倫斯（Thomas Lawrence）爵士和埃文斯（R. Evans）繪；現藏倫敦國立肖像畫陳列館
By courtesy of the National Portrait Gallery, London

cannon 火炮 加農炮、榴彈炮或迫擊炮之通稱，以區別於步槍、滑膛槍等輕武器。現代火炮機件複雜，部件用優質鋼鑄造並按準確的公差尺寸機械加工而成。火炮多具有線膛，少數坦克炮和野炮為滑膛。15世紀歐洲首見大型火炮。1650～1670年代，火炮的命名主要根據彈丸重量，其次還根據其他特徵（野戰型或攻城型，輕型或重型，短管型或長管型）。19～20世紀曾廣泛使用榴霰彈。用優質鋼製成的現代火炮，配備在有輪子的炮架，或坦克和飛機上。1953年，美軍裝備世界上第一門可發射原子彈的280公釐加農炮，稱之為原子炮。

Cannon, Joseph (Gurney) 甘農（西元1836～1926年） 美國政治人物，共和黨人。1858年在印第安納州當律師，次年移居伊利諾州，繼續從事律師業務，並進入政界。1872年選入眾議院，任議員四十六年（1873～1891、1893～1913、1915～1923）。是一位堅定的保守主義者和忠誠的共和黨員。曾任一些重要委員會的主席，並任議長八年（1903～1911）。飛揚跋扈，派性十足。1910年民主黨員和一些共和黨員聯合通過了一項決議，規定議長不能當選為規則委員會委員，從而剝奪了他的許多權力。但也有人擁護他，稱他為「喬大叔」。

Cannon, Walter B(radford) 甘農（西元1871～1945年） 美國神經病學家、生理學家，首先應用X射線進行生理學研究。第一次世界大戰期間從事出血性和創傷性休克的研究。他曾研究血液的儲存方法。他研究了交感神經系統的應急功能、自我恆定性和交感素，一種類似腎上腺素由神經元產生的物質。所著《去神經結構的超敏感反應》（1949），對了解神經衝動的化學傳遞作出了貢獻。

Cano, Alonso＊ 卡諾（西元1601～1667年） 西班牙畫家、雕塑家、建築師。曾在塞爾維亞、馬德里、格拉納達等地工作。在格拉納達保存有他的許多上色木雕。最好的雕塑作品《阿爾卡拉的聖迪埃戈》（1653～1657）具有構圖簡練和富有表現力的典型特點。所作格拉納達大教堂正面被認為是西班牙建築最有獨創性的作品。素有西班牙的米開朗基羅之稱。

canoe 獨木舟 使用一支或多支船槳所划動之兩頭尖輕舟，划槳者面向舟首。最早期之獨木舟裝有輕型木架，蓋以拉緊之樹皮（樺樹或榆樹皮）或動物皮。樺樹皮獨木舟最早為今美國東北部及加拿大地區之阿爾岡昆族印第安人所使用，後廣為流傳。獨木舟最常用者為長約6公尺，軍用者長可達30公尺。「dugout」亦稱為獨木舟，多為美國東南部及太平洋沿岸的印第安人使用，亦見於非洲、紐西蘭、太平洋地區。為適用於海上，獨木舟可加上舷外浮材或配對聯結航行。現代獨木舟的材料多為木材、帆布、鋁、塑膠或玻璃纖維。大部分獨木舟是從頭至尾均敞開，但海豹皮船也被視為是獨木舟。亦請參閱canoeing。

canoeing 輕艇運動 把輕艇、皮艇或折疊式舟艇用於體育、娛樂消遣或競賽的一種運動。所有這些舟艇都是兩頭尖的狹長輕型小艇，依靠槳來驅動。在歐洲和北美洲有許多輕艇俱樂部。多數輕艇用作巡航，在茫茫水域中旅行，或在湍急的水流或激浪中進行驚險的急流泛舟運動。輕艇運動是蘇格蘭慈善家約翰．麥克格雷戈（1825～1892）於1860年代獨創的一種戶外運動。1936年起成為奧運會的競賽項目（1948年起增設女子組）。除了各種單人、雙人和團體比賽距離和速度的靜水項目外，還有急流的競賽項目，以及皮艇、曲道等項目。

canon 卡農 根據嚴格模仿的原則，用一個或更多的聲部相距一定的時間，對原有旋律進行模仿的曲式或作曲技巧。模仿可在同度上，也可在其他級上進行；可用相同的音符時值，也可用增值或減值的音符。可以與原旋律呈反向進行（逆行模仿），也可在音程保持等距離情況下，上下呈反向進行（倒影），或兩者同時並用（逆行倒影）。

canon law 教會法典 在天主教、東正教、東方教會的獨立教會及安立甘宗等教會，由合法的教會權威，為管理整個教會或其一部分，所制定的法律彙編。教會法典攸關教會的組織、教會與其他團體間的關係，以及內部紀律事務。卡馬爾多利會修士格拉提安約於1139～1150年間出版教會法典的彙集，稱為《格拉提安教令》。他的資料取材自已存的彙集，並包括最近會議的法令，和最近公布的「法令集」、羅馬法、教父的作品。以後又增加了教宗法及決議的新彙編，增訂的彙集《天主教教會法典大全》1500年於巴黎問世。由樞機主教委員會負責編修的新《天主教教會法典》於1917年頒布，1983年第二次梵諦岡會議後又頒布《天主教教會法典》的修訂版。東正教、東方教會的獨立教會及安立甘宗等教會都各自訂定自己的教會法典。

canonization 追謚聖人 基督教會正式宣布已故信徒有資格受公眾崇敬並將其姓名登錄在聖人名冊上的行動。早期教會崇敬各地殉教烈士的事在在皆有。10世紀時，教會當局覺得謚聖有必要由羅馬教廷正式確認，這項改變至13世紀教宗格列高利九世時成為定法。教宗西克斯圖斯五世（1585～1590在位）決定，由羅馬教廷機構專門負責主辦宣福禮（此為謚聖中的一個步驟，受過宣福者即可享受有限度的公眾崇敬）和謚聖。正式宣福禮有四個主要步驟：調查了解、推薦、教宗審核、四點明斷。有關候選人的調查了解範圍，包括搜集有關其人聖潔、美德的聲譽的全部資料、其人的著作以及有關其人生前或逝世後所行神蹟的資料。謚聖程序大致與此相同，但是，申請謚聖者必須在宣福之後又有兩件神蹟被發掘出來而經過核實。東正教的謚聖側重於宣布而不太注重程序。信徒對於某人產生自發的崇敬，此點即可成為謚聖的根據。

canopic jar 卡諾卜罈 古埃及葬儀用具。用木或石製成，或為陶器，有蓋。在進行屍體防腐作業時，將內臟經用香料處理殮於其內埋葬。卡諾卜罈的使用始於古王國時期（西元前2575?～西元前2130?年），到第二十王朝（西元前1190～西元前1075年）時，由於開始改為待作業完畢將內臟放回體內，製罈技術隨之衰落。

Canova, Antonio 卡諾瓦（西元1757～1822年） 義大利雕刻家，新古典主義最偉大的代表人物之一。自幼便學習雕刻，1775年在威尼斯成立自己的工作室。1778～1779年間作出第一件重要作品《達埃達洛斯和埃卡路絲》，由於形象非常逼真，人們甚至非難這位雕刻家是按活的模特兒用石膏模製而成。1779年定居羅馬，受到古代風格強烈的影響。教宗克雷芒十四世（1783～1787；羅馬至聖宗座大堂）和克雷芒十三世墓（1787～1792；羅馬聖彼得大教堂）是他最重要的作品。1802年成為拿破崙的宮廷雕刻師。1816年因從巴黎索回藝術作品有功，教宗庇護十二世賜給他「伊斯基亞侯爵」稱號。他也繪過肖像畫，並對在龐貝和赫庫蘭尼姆發現的古畫的重新創作。18世紀末至19世紀初期間卡諾瓦主導著歐洲雕刻界，在新古典主義雕刻風格的發展上頗具重要性（參閱Classicism and Neoclassicism）。

Canso, Strait of 坎索海峽 亦稱Gut of Canso。在加拿大新斯科舍半島與布雷頓角島之間，自切達巴克托灣至聖喬治斯灣和諾森伯蘭海峽，長約27公里。坎索堤道把布雷頓角島與大陸相連，堤上建有鐵路，與橫貫加拿大的公路相通。海峽中設有船閘，多數遠洋船隻可通過。

Cantabria＊　坎塔夫里亞　西班牙自治區、歷史區及省，北臨比斯開灣，面積5,289平方公里。沿海地帶丘陵起伏，地勢逐漸升高到坎塔布連山脈。桑坦德爲首府。坎塔布里人是與塞爾特族有密切血緣關係的伊比利亞部落，西元前19年以前，在該地區居統治地位。由於地形封閉，約8～11世紀摩爾人入侵這裡受的影響不大。中世紀時曾爲舊卡斯提爾的一部分。舊稱桑坦德省。該區人口大多集中在桑坦德市。採礦是重要的經濟活動。人口約526,090（1994）。

Cantabrian Mountains＊　坎塔布連山脈　在西班牙北部山脈，長300公里。由一系列高山組成，地貌與庇里牛斯山類似，故常被視爲是其分離的部分。由許多高峰組成，其中最高峰是托雷德徹雷多峰（海拔2,678公尺），形成比庇里牛斯山更險惡的屏障。有鐵、煤礦藏以及水電資源。

cantata　清唱劇　巴洛克時期爲聲樂和樂器演奏所作的曲子，現泛指由聲樂與器樂相結合的樂曲。早期清唱劇均係義大利作品（17世紀初），多爲世俗風格（即室內清唱劇），但也有宗教風格（即教堂清唱劇）。史卡拉第的一名德國學生哈塞將室內清唱劇傳到了德勒斯登。其他一些作曲家，如韓德爾，曾按照義大利風格寫作清唱劇。清唱劇一詞是通過巴哈的作品而被人知曉。自1714年起，巴哈在他的教堂作品中採用了反覆首段詠嘆調的曲式，並且早在路德派的萊比錫時期（1723～1725）就寫出了他的絕大部分教堂清唱劇。約從1800年起，清唱劇一詞含意擴大，可用來泛指由獨唱（組）、合唱隊與管弦樂團合作的任何大型作品，例如貝多芬的《光榮瞬間》。孟德爾頌把清唱劇與交響曲相結合完成清唱劇交響曲《頌讚歌》（1840）。20世紀英國作曲家布瑞頓的《春天交響曲》（1949）實際上是一部清唱劇。

Canterbury　坎特伯里　英格蘭東南部教區城市。臨大斯陶爾河，羅馬時期以前已有人居住。克勞狄一世入侵英格蘭後，於西元43年建此名爲杜羅佛努姆坎特科魯姆鎮的羅馬城。坎特伯里的聖奧古斯丁於西元597年到達薩尼特島並建造一座修道院，後來建成天主教大教堂。1170年大主教貝克特在大教堂中被殺害，1174年亨利二世曾在此教堂懺悔；此後，貝克特的聖陵便成爲無數教徒朝聖之所。城內眾多客棧飯店的主要活動是爲這些朝聖者提供食宿。喬叟所著《坎特伯里故事集》中對這些朝聖者有生動的描述。第二次世界大戰期間，該城受到轟炸，破壞嚴重，但天主教大教堂安然無恙。人口：鎮約36,464（1991）；坎特伯里都市區約39,734（1991）；市（區）約139,300（1998）。

cantilever＊　懸臂樑　一端被支承而荷載在另一端或分布在無支承部分的樑。這種樑的上半部受到拉力，下半部受到壓力。在房屋建造和機械中廣泛應用懸臂樑。在建築中，一端嵌入牆內而另一端挑出的任何樑都是懸臂樑，用以支承上面的眺台、屋頂、雨篷、天車滑道或部分房屋。懸臂樑可用於簡單的書架結構和複雜的橋樑結構。

Canton ➠ Guangzhou

canton　州　法國、瑞士和其他一些歐洲國家的行政區劃單位。瑞士的二十六個州和半州都各有自己的憲法，自己的立法、行政和司法部門。其中有五個州都一直保持著古老的民主大會傳統，在其餘的州裡，立法機構由普選選出的代表組成，而且通常採用比例代表制。在法國爲專區以下的單位（中文稱「區」），是一種地域分畫，而不是實在的地方政府單位。

Canton system　公行　中國與外國商人在中國南方的廣州所發展出來的貿易制度。1759～1842年間，所有到中國經商的外商都受限在廣州一地，而且必須和特許的中國商人接洽。外國商人被限制居住在廣州城外的一小塊區域，並受中國法律及其他限制的約束。英國商人的不滿在19世紀初年逐漸升高，而隨著英國在第一次鴉片戰爭（1839～1942年）中獲勝，中國被迫廢止這個制度。亦請參閱East India Co.、Treaty of Nanjing。

cantor　樂長　亦稱領唱者（chanter）。希伯來語作hazan。在猶太教會和基督教會中主持音樂或聖詠的教會官員。在猶太教會堂中，樂長主持儀禮禱告和領唱聖詠。中世紀的基督教會，樂長負責教堂的音樂，特別是詩班的合唱。樂長也指教會音樂院校的校長。

Cantor, Eddie　坎托（西元1892～1964年）　原名Edward Israel Iskowitz。美國喜劇演員和歌手。幼年在紐約街頭作小丑表演和歌唱，以掙得幾個小錢。小學輟學後，在一次夜間業餘表演比賽中獲勝，從而得以扮演黑人歌舞手，開始其歌舞雜耍生涯。他參加了各種劇團和演出公司的巡迴演出，接著又參加百老匯諷刺劇的演出。1923～1926年在《小山羊皮靴》中擔任主角。1931年秋轉入廣播界，在《蔡斯與桑伯恩時間》擔任該諧獨白的喜劇演員，受到聽眾熱烈歡迎。該節目播出長達十八年之久。1950年代他還是電視節目的主持人。

Cantor, Georg＊　康托爾（西元1845～1918年）　德國數學家，創立了集合論。在柏林大學時曾是維爾斯特拉斯的學生，二十二歲便完成博士論文。集合論和超限數是他畢生的研究工作。證明有理數是可數的是他的重要發現之一。到20世紀初，康托爾的工作被完全承認，它成了函數論、分析與拓撲的基礎，並且刺激了數理邏輯中直觀主義與形式主義學派的進一步發展。

cantus firmus　固定旋律　以天主教的素歌（參閱Gregorian chant）旋律作爲構成複調樂曲的基礎，始於10世紀。11、12世紀的奧加農是在一個現有的素歌旋律（主要聲部）之上加一個簡單的第二旋律；至12世紀末，主要聲部獲得擴展，以便容納一個華彩旋律。13世紀時複調經文歌的固定旋律則用在男高音聲部。文藝復興時期，彌撒曲和經文歌的固定旋律普遍用於男高音聲部。然而它有時也加以裝飾音或出現於最高聲部。

Canute the Great　克努特大帝（卒於西元1035年）　丹麥語作Knut。英格蘭和丹麥國王（1016～1035年在位），丹麥國王斯韋恩一世之子。1028年後兼挪威國王。1013年曾隨父入侵英格蘭。翌年父死後返回丹麥。後來重返英格蘭奪取王位。他將英格蘭人的財產犒賞部下，放逐和捕殺英格蘭王族，把諾森伯里亞和東英吉利分封給北歐海盜首領。他制訂《克努特法典》，講求效率，從而帶來國內的安定和昌盛。在英軍協助下取得丹麥王位。

canvas　粗帆布　一種牢固結實的布。自古以來用大麻與亞麻纖維製造船帆用布。亞麻帆布主要爲雙經織物，用於製造承受壓力或摩擦的製品。粗帆布可製造攝影機和其他儀器的手提箱，釣桿、獵槍、高爾夫球和其他運動用具的包裝袋，各種運動鞋和帳篷、郵包等。用亞麻和棉製成的帆布塗以煤焦油後，被大量用來覆蓋貨物。粗帆布用的紗線（通常爲棉、亞麻或黃麻）幾乎都是雙股或多股的，使帆布的厚度均勻。油畫用的帆布是一種單經織物，比船用粗帆布薄得多。

canvasback 帆布背潛鴨 鴨科鳥類，學名爲Aythya valisineria。潛鴨或潛鴨的一種。雄性體型較大，體重約1.4公斤。繁殖季節雄性的頭和頸爲紅色，胸部爲黑色，背部和兩肋爲白色，並有灰色細紋。脫掉婚羽後，雄體的羽衣與雌體相似，頭部棕褐色，背部灰褐色。於北美西北部繁殖，在不列顛哥倫比亞和麻薩諸塞向南至墨西哥中部沿岸一帶越冬。在有野芹（大葉藻）的地方喜食其根，亦食許多其他植物甚至動物性食物。

canyon 峽谷 由河流切蝕堅韌的岩石而形成的非常窄深的谷地，兩岸陡峭而幾乎垂直。峽谷極常出現於乾燥或半乾燥的地區。有些峽谷（如大峽谷）是壯觀的自然景點。亦請參閱submarine canyon。

Canyon de Chelly National Monument＊ 謝伊峽谷國家保護區 美國亞利桑那州東北部保護區。位於欽利以東納瓦霍印第安人保留地。1931年建立，占地339平方公里。內有前哥倫布時期紅砂岩懸崖住所數百座，其中許多爲11世紀遺跡，爲西南部最早遺址；還發現有時代更早的編籃文化的文物。現代納瓦霍印第安人住宅和農場在峽谷底部。

Canyonlands National Park 坎寧蘭茲國家公園 由侵蝕砂岩塔、峽谷和方山組成的原野。在美國猶他州東南部。1964年設立，面積1,366平方公里。分爲天島和尼德爾斯等區。有阿普希弗爾圓丘、壯觀台、安琪兒和德魯伊德石拱等景觀。有鹿、狐和郊狼等動物及野花。

Cao Cao 曹操（西元155～220年） 亦拼作Ts'ao Ts'ao。中國漢朝末年僭取權位的將領。曹操於漢朝末年因鎮壓黃巾之亂有功而躍居高位。雖然叛亂被平定，但王朝的頹勢已無法挽回。在隨後的混亂局勢中，曹操占據位於中國北方、首都洛陽附近的戰略要地。他所統轄的地域被稱爲魏國（參閱Three Kingdoms）。儒家的史學家和民間傳說都將他描繪成毫無原則之負面人物的典型。他在14世紀的著名小說《三國演義》（三國時代的傳奇歷史）中的形象正是如此。他的兒子曹丕，創建了魏國（西元220～255/256年）。

Cao Dai＊ 高台教 越南宗教派別，具有強烈的民族主義性質。把儒教的道德訓誡、道教的玄妙法術、佛教的業報輪迴學說和天主教的教制組織熔於一爐。此教於1926年由吳文照（1878～1926?）創立。1975年越共接管前後的兩個越南政府都反對高台教。據說，1990年代初，教徒約兩百萬，分散在越南和國外。

Cao Zhan 曹霑（曹雪芹）（西元1715?～1763年） 亦拼作Ts'ao Chan。中國小說家。他是出版於1791年的《紅樓夢》的作者，這部小說普遍被視爲中國最偉大的小說。本書乃是以特別的筆法所寫成，爲一部半自傳性的作品，它以流連於細節的方式娓娓道出一個權勢家族的衰落，以及一對表兄妹間註定不幸的戀情。曹霑至少完成這部一百二十回的小說中的前八十回。在他死後，可能是由高鶚完成後續的部分。關於後者，我們所知極少。

Capa, Robert 卡帕（西元1913～1954年） 原名Andrei Friedmann。匈牙利裔美國攝影家，他的戰爭照片使他成爲20世紀最偉大的報導攝影家之一。他最早靠著展現羅伯・卡帕的攝影作品而在巴黎立足，這位杜撰的美國攝影家號稱太過富有而不屑以一般價格出售照片。這個騙局很快被拆穿，但他仍保有該假名。卡帕最早以西班牙內戰的戰地通訊記者身分而成名（1936）。第二次世界大戰中他爲《生活》雜誌在非洲、西西里、義大利拍攝許多最慘烈的戰鬥，而他所拍攝的諾曼第登陸是大戰中一些最有紀念性的照片。1947年卡帕加入攝影家卡蒂埃－布烈松和大衛・西摩的陣容，創立瑪農攝影社。1954年他志願爲《生活》雜誌拍攝法屬印度支那戰爭時被地雷炸死。

Capablanca, José Raúl 卡帕布蘭卡（西元1888～1942年） 古巴西洋棋大師。1921年勝拉斯克獲世界冠軍，1927年敗於阿廖欣（1892～1964）。他曾於1901年擊敗古巴最強棋手。1913年起任古巴外交人員。1916～1924年間未曾輸過一局。1921年出版《西洋棋入門》。

capacitance＊ 電容 一個電導體或一組電導體的性質，以該導體上每單位電勢改變所儲存的分離電荷量來量度；也意指所伴隨儲存的電能。如果電荷傳布到兩個未帶電的導體，兩導體就會帶相等的電荷，兩導體間且建立一電位差。電容C即是在任一導體上的電量q對兩導體間電位差V的比，$C=q/V$。電容單位是每伏特一庫侖（C/V），或法拉（符號爲F）。

Cape Agulhas ➡ Agulhas, Cape

Cape Ann ➡ Ann, Cape

Cape Bojador ➡ Bojador, Cape

Cape Bon ➡ Bon, Cape

Cape Breton Island＊ 布雷頓角島 加拿大新斯科舍省東北部島嶼。西南隔坎索海峽與加拿大大陸相望，長175公里，寬120公里，面積10,311平方公里。北接聖羅倫斯灣和卡伯特海峽，東和南瀕大西洋，西臨諾森伯蘭海峽。全島海岸線曲折，大部分地區是森林丘陵，北部爲布雷頓角高地。島中有布拉多爾湖。有採煤、伐木、捕魚和夏季旅遊業。1955年跨越坎索海峽大堤竣工，使該島直通大陸，成爲橫貫加拿大公路和加拿大國家鐵路的東端終點站。人口約120,098（1991）。

Cape buffalo 非洲水牛 水牛的一種，學名爲Syncerus caffer。體型粗大，毛黑色，有角。以前分布在整個非洲撒哈拉以南地區，後由於疾病和狩獵，數量大爲減少。在開闊的或灌林覆蓋的平原和開闊林地群居。受傷的非洲水牛被視爲最危險的動物之一。肩高1.5公尺。雄體重900公斤。角向下彎曲，然後向上再向內。有一個亞種棲息在稠密的西非森林中。

Cape Canaveral ➡ Canaveral, Cape

Cape Cod 科德角 美國麻薩諸塞州東部鉤狀半島。爲一沙質、由冰川造成的半島。伸入至大西洋105公里，寬1.6～32公里，北部和西部與科德角灣爲界，西爲巴澤茲灣。科德角運河穿過半島基部，形成大西洋沿岸水道的一部分。西元1602年一位英國探險家抵此，裝載了大量鱈魚，故將半島取名科德角。1620年清教徒在科德角頂端普羅溫斯敦附近登陸。由於海角伸入到海灣暖流，沿海村鎮成爲夏天人潮大量湧入的避暑勝地。19世紀時普羅溫斯敦是活躍的捕鯨港口。海角的北部鉤狀地於1961年命名爲科德角國家海濱。

Cape Dezhnev ➡ Dezhnyov, Cape

Cape Fear River 開普菲爾河 美國北卡羅來納州中部和東南部河流。由迪普河和霍河匯成，大致向南流，在紹斯波特注入大西洋。全長約320公里。該河南河口灣是大西洋沿岸水道的一部分，一系列船閘和攔河壩使該河維明頓至費耶特維爾之間河段可通航。

Cape Horn ➠ Horn, Cape

Cape Krusenstern National Monument＊ 克魯森施特恩角國家保護區 在美國阿拉斯加州西北部的國家保護區，臨楚科奇海。全境分布在114條海濱山脊上。西元1978年建立。1980年時面積擴大成2,670平方公里。當地考古遺址反映了從四千年前北極人到現代愛斯基摩人的北極人文化發展狀況。

Cape of Good Hope ➠ Good Hope, Cape of

Cape Province 開普省 亦稱好望角（Cape of Good Hope）。舊稱開普殖民地（Cape Colony, 1826～1910）。南非舊省，位於非洲大陸最南端。包含南非的南部和西部，首府開普敦。位於省境內的三個黑人邦，即西斯凱以及特蘭斯凱、波布那的部分地區，在政治上與該省有所區隔。省名得自開普敦南方50公里的好望角。原住居民有班圖人、桑人、科伊科伊人。1488年葡萄牙航海家迪亞斯到達非洲南端的岬角，是第一個來此的歐洲人。西元1652年荷屬東印度公司在桌灣建立非洲南部第一個歐洲人的殖民地。不久，桌灣的殖民地建成開普敦。1814年荷蘭把開普殖民地轉讓給英國，英國設此地區為好望角殖民地。1910年開普殖民地與它們一起加入新的南非聯邦。1961年開普殖民地成為南非共和國一省，稱作開普省。1994年該省撤銷，重新畫分成西開普省、東開普省（1995年改為東部省）和北開普省。

Cape Town 開普敦 阿非利堪斯語作Kaapstad。南非城市及海港，是立法機構所在地的首都。面積三百平方公里。人口：市854,616；都會區約1,869,144（1991）。位於開普半島的北端，俯瞰桌灣，為前開普省首府。長期以來一直是主要海港，1980年代起德班已凌駕其上。16世紀葡萄牙人首先到達桌灣。1773年英國人給當地命名為開普敦。嗣後法國人一度在此駐防。1795年被英軍占領。1803年歸屬荷蘭，1806年夏再被英軍占領。今日，開普敦是一商業和文化中心。

Cape Verde＊ 維德角 正式名稱維德角共和國（Republic of Cape Verde）。大西洋中部島嶼共和國，距離塞內加爾西岸約620公里。由十個大島和五個小島組成。面積4,033平方公里。人口約446,000（2001）。首都：普拉亞。人口有2/3以上為克里奧爾人（黑白混血種），其餘為歐洲人和非洲黑人。語言：葡萄牙語（官方語）。宗教：天主教（國教）、新教。貨幣：維德角埃斯庫多（C.V.Esc.）。向風各島多山，地形崎嶇，由於受到侵蝕形成許多深溝；背風各島地勢平坦，多為平原和低地。兩島均由火山運動構成。福古島的一座活火山，於1951年噴發，全國最高峰（2,829公尺）也位於該島。其他大島嶼包括聖安唐島、聖文森特島和聖尼古拉島。維德角經濟為開發中的混合型經濟，主要以農業為主。旅遊業發達。政府形式是共和國，一院制。國家元首是總統，政府首腦為總理。1456～1460年間葡萄牙人初探各島時，未發現人煙。1460年戈麥斯發現馬尤島、聖地牙哥島並命名。1462年第一批殖民者登上聖地牙哥島，建立起大里貝拉市。隨著販賣奴隸的盛行，該市的重要地位與日俱增。該市的財富常遭海盜襲擊，1712年該市被廢棄。19世紀因販奴貿易衰微，由葡萄牙人控制的各島每況愈下。由於該島地處歐洲、南美和南非之間的商船航線要衝後漸有起色。1951年葡萄牙將此殖民地改為一個海外省。許多島民提出立即獨立。1975年終於獲准獨立。曾一度與幾內亞－比索政治聯合，1981年維德角和幾內亞－比索分離。

Capek, Karel＊ 恰彼克（西元1890～1938年） 享有世界聲譽的捷克小說家、劇作家。鄉村醫生之子，在國外受教育。他的「黑色烏托邦」作品，描繪科學發明和技術的進步如何引起人們的巨大反抗。包括了劇作《羅素姆萬能機器人》（1920），描繪一個依賴機器人（它的名字robot已經成為國際通用字）的社會；滑稽幻想劇《小人的把戲》（1921，與約瑟夫合作），諷刺人的貪婪。他對知識的探究表現在他的三部曲長篇小說中：《霍爾杜巴爾》（1933）把人對其行為動機的朦朧意識同世界的不可理解相對照；《流星》（1934）說明客觀判斷的主觀原因；《平凡的生活》（1934）探索隱藏在「平凡」人自認的「自我」中複雜個性。

caper 刺山柑 白花菜科山柑屬低矮多刺的灌木，分布在地中海地區。歐洲山柑（Capparis spinosa，刺山柑）的花蕾可泡在醋中用作辛辣調味品。凋落山柑的蓓蕾可作野菜煮食。錫蘭山柑（C. zeylanica，牛眼睛）的種子和果實可製成咖哩。

Capernaum＊ 迦百農 巴勒斯坦古城。位於加利利海西北岸，耶穌的第二故鄉，即今納侯姆村。耶穌在這裡選定祂的門徒彼得、安得烈和馬太，並在此顯示祂的許多神蹟。考古發掘的遺址中，有一長方形猶太會堂，年代為2～3世紀；在地層下面，可能還有一座更老的基督時代的猶太會堂。

Capet, Hugh ➠ Hugh Capet

Capetians＊ 卡佩王朝 亦作Capets。法國統治王朝（987～1328），該王朝為法蘭西民族國家奠定了基礎。這一王室為強者羅貝爾（卒於866年）的後裔。包括了首位國王于格·卡佩（987～997年在位）、腓力二世·奧古斯都（1180～1223年在位）和路易九世（1226～1270年在位）。除法蘭西諸王外，在中世紀還有：卡佩家族的勃艮地公爵的兩個世系；布列塔尼公爵世系的一支德勒的卡佩家族；屬於庫特奈家族的三個卡佩王朝的君士坦丁堡皇帝；歷代阿圖瓦伯爵；第一個安茹的卡佩家族，有的後裔成為那不勒斯國王和女王，有的成為匈牙利國王；埃夫勒家族，有三個人成為那瓦爾國王；第二個安茹的卡佩家族，有五個人成為普羅旺斯伯爵。

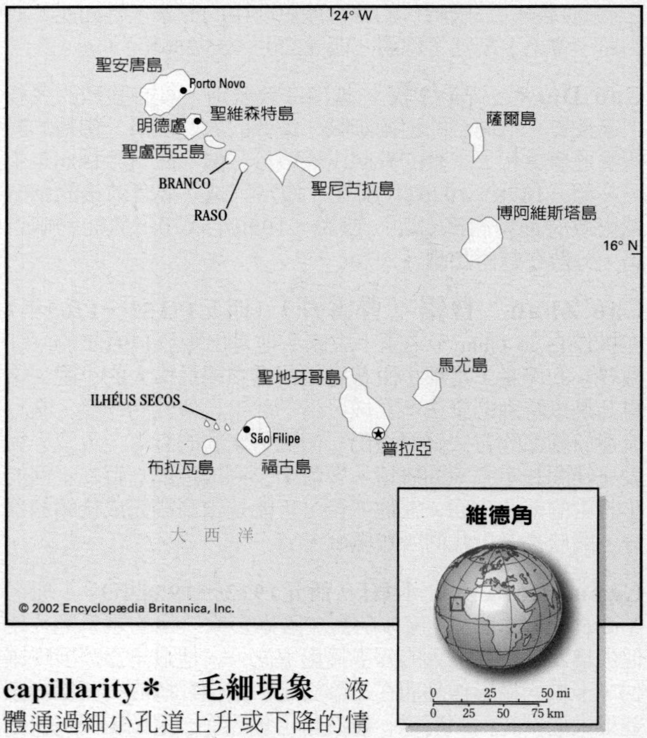

capillarity＊ 毛細現象 液體通過細小孔道上升或下降的情形。毛細現象不只是沿垂直方向出現。把小孔徑管子插入液體中，如果液面上升就說它潤濕了管壁，如果管內的液面下凹，就說它不潤濕管子。水是一

種能潤濕玻璃毛細管的液體，水銀則不是。毛細管的孔徑越窄，水上升得越高。而水銀則下降得越多。毛細現象是表面張力（或界面力）產生的。插入水中的細玻璃管中的水面之所以上升，是因爲水分子和玻璃管壁之間以及水分子彼此之間相吸引。

capillary＊　毛細血管　遍布全身組織的微小血管，連成網狀，功能爲向組織提供氧及營養物質並帶走二氧化碳及其他廢物。毛細血管網是來自心臟的動脈血的終點，也是乏氧血經靜脈回心的起點。毛細血管直徑約8～10公忽，僅容單列紅血球通過。管壁由單層內皮細胞所構成。「capillary」一詞亦指淋巴系統的最小管道（淋巴毛細管）及肝內的毛細膽管。

capital　柱頭　建築中，柱子、墩、壁柱等的頂部，在結構上支承其上的樑、額枋、檐部或拱等構件。在古典建築中，各種柱式的區別以柱頭最爲明顯。在塞加拉發現的最早的古埃及金字塔建築群（西元前2890?～西元前2686?年）中就有兩種簡單的石柱頭，一種爲馬鞍形，另一種爲倒鐘形。

capital　資本　在經濟學中，指一批可用於生產貨物和服務的資源。在古典經濟學中，資本、勞動和土地被稱作生產三要素。廣義的資本定義可以包括生產系統中一切物質的、非物質的和人力的投入；不過一般說來，更加有用的定義是將此術語限制爲指生產企業所掌握的物質性資產。按照這種意思，資本的形式有兩種：貨幣或金融資本是一種流動、無形的資本，用於投資；資本貨物是在生產中產出的或用以生產其他貨物和服務而使用的諸如建築物、機械、設備等有形的項目。貨幣資本是爲融資獲取實際資本或資本貨物而銷售股票和債券來籌集的資本。

capital-gains tax　資本收益稅　對出售或交換資本資產而實現的收益所徵收的稅。美國從實行聯邦所得稅以來，就對資本收益徵稅。有幾種資本收益可享有優惠待遇，這種優惠待遇有助於投資和刺激經濟成長；對資本收益按常規稅率課稅，會促使投資者將投資固定於目前的類型。反對者卻認爲：有了優惠待遇，人們爲了逃避納稅會把正常收入轉化爲資本收益，從而產生歪曲的投資類型。亦請參閱corporate income tax。

capital goods ➠ producer goods

capital levy　資本徵收　凡有人擁有可徵稅的財富超過最低值，對他們的資產進行徵稅，並至少以其部分資財支付稅款，這種直接稅叫資本徵收。旨在使納稅人交出較大的部分財富，以便政府能應付某些突然發生的重大緊急事件，或實行一次社會巨額財富的再分配。第一次和第二次世界大戰後，資本徵收曾爲歐洲許多國家所採用。

capital punishment　死刑　亦作death penalty。指對犯下嚴重罪行的罪犯判死罪的處決。18世紀時，英格蘭對幾百種具體罪行（特別是侵犯財產權）制定了死刑懲罰。後來啓蒙運動的思想家著作、工業勞動階級的興起和人道主義運動促使改革這種刑罰。到1970年代，許多國家已取消死刑。1972年美國最高法院裁定當時實行的死刑法律違反憲法，但是後來的一項最高法院的裁定又認爲死刑本身是符合憲法的。如今，美國是西方工業國家中唯一准許死刑的國家，但有十二個州和哥倫比亞特區取消死刑。贊成死刑的人認爲死刑能使罪犯感到威懾，他們認爲無期徒刑的威懾力量不如死刑有效，而且會使其他罪犯和人民處於更大的危險境地，因爲殺人犯可能越獄，或獲得假釋。反對死刑的人認爲，不能證明死刑是個有效的威懾工具，判決錯誤有時會造成無辜者被處決，而且死刑的實施往往不公，多數是施加在那些窮人和得不到保護的人們身上。

capitalism　資本主義　亦稱自由市場經濟（free-market economy）或自由企業經濟（free-enterprise system）。一種經濟制度，生產工具大多爲私人所有，主要透過市場的運作來指導生產和分配收入。自從重商主義結束以後，資本主義就一直主宰著西方世界。資本主義不僅受到16世紀宗教改革運動的激勵（恪守艱苦工作和生活儉樸教條），也因工業革命的興起而大爲發展，特別是16～18世紀的英國紡織工業。其發展特點與過去不同：它將生產超過消費的餘額用於擴大生產能力，而非用於投入像大教堂等非生產性項目之中。重商主義時代的強大國家社會提供了資本主義興起所必需的要件：統一的貨幣和法典。亞當斯密的《國富論》表達了古典資本主義的觀念，19世紀時，他的自由市場理論被廣爲採用。1930年代的全球性經濟大蕭條迫使多數國家終止自由放任主義經濟政策，但在前蘇聯和東歐國家實施的控制經濟瓦解後（參閱communism），以及中國採取了某些自由市場原則，使資本主義仍保持領先地位到20世紀末。

Capitol, United States　美國國會大廈　美國國會舉行會議的地方。原由桑頓（1759～1828）設計，他是1792年國會大廈設計方案競賽的獲勝者。1793年奠基。北翼先期完工並於1800年交付國會使用。1807年南翼建成。1814年遭英國人火焚。1827年著名波士頓建築師布爾芬奇將兩翼連接起來並建造了最初的圓頂。後來的87公尺高鑄鐵圓頂係由華爾德（1804～1887）設計。至1857年，衆議院擴建工程完工；兩年後參議院擴建工程完工。1863年圓屋頂頂部設置了由克勞佛製作的「自由」青銅鋼像。1970年代末進行修復。現坐落在一占地53公頃的公園內，建築長約228公尺，寬約106公尺，有房間約540個。

Capitol Reef National Park　卡皮特爾里夫國家公園　美國猶他州南部公園。內有一座32公里公里長的多彩砂岩大懸崖，面積979平方公里。1937年設爲國家紀念地。1971年設爲國家公園。有弗里蒙特河及其支流從300公尺深的峽谷流經。崖壁上刻有哥倫布抵美洲前的圖紋。

Capone, Al(phonse)　卡彭（西元1899～1947年）　美國著名歹徒。1893年隨父母從那不勒斯移居美國。在布魯克林讀完小學四年級後輟學，加入當地幫派，在一次械鬥中，被刀劃破左頰，故有「刀疤臉」之綽號。後來加入托里奧在芝加哥的犯罪集團，在他退休後繼任首腦（1925），設賭營妓、販運私酒、槍擊對手及其一夥以擴大地盤。最著名的一次流血事件是發生在1929年2月14日的情人節，在這次屠殺案中，瘋子莫蘭黑幫在一座停車場遭卡彭手下機槍掃射。1931年卡彭被控逃漏聯邦所得稅，判決十一年監禁。1939年因輕癱症全面惡化而獲釋，後來回到佛羅里達鄉間隱居。

Caporetto, Battle of　卡波雷托戰役（西元1917年10月24日）　義大利在第一次世界大戰期間的一次軍事失利戰役。義、奧兩軍在第里雅斯特西北的伊松佐河戰線僵持兩年半之後，奧、德聯軍發起進攻，結果使六十多萬厭戰、沮喪的義大利士兵或開小差或投降。這次失敗促使義大利的盟國法國和英國派來援軍，成立最高作戰會議，以統一協約國的軍事行動。

Capote, Truman＊　卡波特（西元1924～1984年）　原名Truman Streckfus Persons。美國小說家和劇作家。青少年時期在路易斯安那州和阿拉巴馬州的小城度過。早期作品具有美國南方哥德式小說的傳統，其中包括小說《別的聲音，別的房間》（1948）、《草豎琴》（1951）和故事集《夜晚的一棵樹》(1949)。以後他發展了一種新聞報導的風格，稱之為「非虛構小說」，特別是《心狠手辣》(1966) 一書，記敘了堪薩斯州兩個反社會精神病患者犯的多次謀殺案。其他作品還有中篇小說《第凡內早餐》(1958；1961年拍成電影)、音樂劇《花之屋》(1954，與作曲家阿爾倫合作)，以及短文集《群犬吠了》(1973) 和《為變色龍奏的音樂》(1980) 中既有虛構也有非虛構的作品。

Capp, Al 卡普 (西元1909～1979年) 原名Alfred Gerald Caplin。美國連環漫畫家。曾在波士頓博物館美術學校和賓夕法尼亞美術學院學習景觀建築。其連環漫畫《利爾·阿布納》於1934年初次發表於《紐約鏡報》，不久即在全國各地聯合發表。這一系列幽默漫畫以虛構的美國邊遠森林地帶村莊為背景，創造一個害羞、笨拙的樵夫形象。一位痴情女經過十七年的追求，終於成功擄獲他的心。另外還有一些角色鮮明的人物。

Cappadocia＊ 卡帕多西亞 小亞細亞東部的古代行政區，為多山地區，位於現在的土耳其中部。西元前6世紀初見記載。當時由波斯管轄，人民信奉瑣羅亞斯德教，有完全伊朗化的封建貴族。西元前190年以後與羅馬結盟，成為羅馬的僕從國。西元17年為提比略兼併，成為羅馬一省。由於地扼托羅斯山脈的戰略要道，迄11世紀為止，一直是東羅馬帝國的一個屏藩。

Capra, Frank 卡普拉 (西元1897～1991年) 義大利出生的美國電影導演。六歲時，全家從義大利移民至洛杉磯。在電影業界從事過各式各樣的工作後，隨著《確有其事》(1928) 和《金髮女郎》(1931) 和《淑女一日》(1933) 在票房上的成功，卡普拉成了一位名導演。接著推出三部經典喜劇片：《一夜風流》(1934)、《富貴浮雲》(1936) 和《浮生若夢》(1938)，使他三次獲得奧斯卡最佳導演獎。這些影片以幽默風趣的手法來表現天真的、理想主義的主角戰勝世上的狡詐邪惡之徒。1937年卡普拉放棄他的喜劇風格，拍攝了幻想片《失去的地平線》及《群眾》(1941)。第二次世界大戰期間，他拍攝了名為《我們為什麼而戰》的美國記錄系列片，以及執導了《毒藥與老婦》(1944)。戰後著名的影片有：《華府風雲》、《聯邦一州》(1948) 和《錦囊妙計》(1961)。

Capri＊ 卡布利島 義大利南部島嶼，位於那不勒斯灣南部入海口附近。面積10平方公里。東邊懸崖高達275公尺，最高點海拔589公尺。古為希臘殖民地。在羅馬帝國初期為國王的遊覽地。拿破崙戰爭中數次在英、法間易手。1813年歸屬西西里王國。海岸多岩石洞穴。其中一處發現有石器，著名的「藍洞」只能乘船入內。19世紀下半葉後成為義大利南部最著名的遊覽勝地之一。人口約7,045 (1991)。

Capricorn 摩羯座 亦作Capricornus (拉丁文「山羊角」之意)。在水瓶座和射手座之間的一個黃道星座，位於赤經 (類似於地球上經度的天球座標) 21°時，南赤緯 (天赤道以南的角距離) 20°附近。星座中的星都是暗星。在占星術中，摩羯宮是黃道十二宮的第十宮，被看作是主宰12月22日至1月19日前後的命宮。摩羯宮的形象是一隻具有魚尾巴的山羊，它來自希臘神話中有關潘的故事：潘為躲避妖怪堤豐的追擊而跳入水中，變成了動物；在水面上的半個身子變成羊身，下半身則變成魚尾。

Capricorn, Tropic of 南回歸線 ➠ Tropic of Capricorn

Caprifoliaceae 忍冬科 川續斷目的一科。約十八屬，五百種，多為灌木和藤本。以具有許多觀賞種而著稱。該科主要為北溫帶植物，也有熱帶山地種。日本忍冬 (即金銀花) 為藤本，花芳香，能攀緣生長於其他植物上方，並以茂密的枝葉遮擋光線而殺死其他植物。大花六道木是兩個中國種 (糯米條和白花蓮花梗) 的雜種，花淡粉紅色，在溫暖氣候下常綠，在更北部地區則落葉。喜馬拉雅忍冬 (即台灣萊斯特木) 葉長，穗狀花序下垂，花和苞片均為紫色。

Caprivi, (Georg) Leo, Graf (Count) von＊ 卡普里維 (西元1831～1899年) 德國卓越的軍事家。在柏林受教育。後在軍中服役，表現優異。1883～1888年任海軍大臣。之後繼俾斯麥任德國首相 (1890～1894)、普魯士總理 (1890～1892)。任職期間取得的成就有：與英國簽訂畫分兩國在非洲勢力範圍的協定，與奧地利、羅馬尼亞和其他國家簽訂商務條約，以及重整德國軍隊。

capsicum ➠ pepper

capstan 絞盤 用纜繩或鏈條來移動重物的機械裝置，主要用於船上或造船廠中。鐵路調車場也用它來調整貨車的位置。絞盤包括一個捲筒，用人力、蒸汽或電力驅動，使其繞垂直軸旋轉，把纜繩或鏈條繞在捲筒上。基座上有一棘輪，棘爪與捲筒連接，以防止捲筒反轉。

capsule 蒴果 一種成熟後裂開的乾果。有的從頂端裂到基部，分成幾個果瓣 (如鳶尾)；或頂端裂開幾個小孔 (如罌粟)；或環狀裂開，頂部呈蓋狀脫落 (藜和車前草)。Capsule一詞亦指苔蘚植物產生孢子的器官 (參閱sporophyte)。

Capuchin＊ 嘉布遣會 天主教方濟會的獨立分支。西元1525年由瑪竇·巴西創立。瑪竇·巴西認為，方濟會修士的會服，不合聖方濟所著原式，乃自行設計尖頂風帽，並蓄鬚赤足，許多人紛紛效法他的榜樣。他們的生活簡樸清貧。但其他的方濟會人士抨擊他們，教宗禁止他們在義大利之外擴增人數。1542年他們的代理主教離開，轉投入新教教會，幾乎使這個修會瓦解，但後來迅速成長，1571年人數多達一萬七千人。嘉布遣會在反宗教改革時期積極鞏固一般人忠於天主教。1619年成為獨立修會。現在主要從事國外傳教和社會工作。

capuchin (monkey)＊ 僧帽猴 捲尾猴屬常見的美洲熱帶猴，分布於尼加拉瓜到巴拉圭的森林。被視為新大陸最聰明的猴子之一，因頭頂毛髮類似嘉布遣僧侶的頭巾而得名。這些猴子圓頭而身形粗壯，身長30～55公分，尾巴長度與此相當。色澤從淡褐色到深褐色，在四個種類當中某些臉上有白斑。它們通常以團隊活動，常到高樹頂端。攝食水果、其他蔬菜類和小動物，有時會為了柳橙、玉米和其他食物而襲擊種植園及農場。捕獲之後，容易訓練，是有價值的寵物。

capybara＊ 水豚 水豚屬兩種半水棲的中美和南美齧齒動物的統稱。是現存齧齒動物中最大的種類。南美水豚體長可達1.25公尺，體重50公斤或更多。水豚毛稀，淺褐色。吻鈍，腿短，耳小，幾乎無尾。性膽怯，群棲於湖泊、河流沿岸。晨昏覓食，白天大部分時間躲在岸邊隱蔽處休息。以植物為食，由於吃瓜類、穀物和小果南瓜有時成為農區的害獸。會游泳，喜潛水，常跳入水中以逃避食肉動物。

caracal＊ 獰貓 學名Felis caracal，貓科短尾動物，棲息在非洲、中東、亞洲中部和西南部的小山、荒漠和平原上。毛短而柔滑，呈淺紅褐色；耳尖，端部有一叢黑色長毛。腿長，尾短，肩高40～45公分，體長66～76公分，尾長

20～25公分。行動疾速，通常獨居，夜間活動，捕食羚羊、野兔和孔雀等。在亞洲已變得稀有，多訓練作捕獵動物。

Caracalla＊ 卡拉卡拉（西元188～217年） 正式稱號Marcus Aurelius Severus Antoninus Augustus。原名Septimius Bassianus。羅馬皇帝（198～217）。此一別名卡拉卡拉，來源於據說他曾設計的一種以此爲名的新斗篷。西元198～211年與父皇塞維魯（北阿非利加人）共執朝政，211年起一人當朝。爲了鞏固政權，他曾殺了其弟蓋塔和許多他的朋友。其主要成就爲在羅馬興修巨大澡堂和212年發布敕令，給予帝國內所有自由居民以羅馬公民權。但對反對他的人手段極爲殘酷，曾屠殺日耳曼人、安息人和亞歷山大里亞人，最後被禁衛軍官謀殺。卡拉卡拉的統治加速了羅馬帝國的衰亡，一般認爲他是羅馬歷史上最嗜血成性的暴君之一。

Caracas＊ 加拉卡斯 委內瑞拉首都，位於安地斯山脈內一高的裂谷中，四面八方都有大山環繞，海拔3,000公尺。係由洛薩達於1567年建立，後爲英國人掠奪。玻利瓦爾誕生於此，在其領導下成爲第一個反抗西班牙統治的殖民地（1810?）。其加勒比海港口是瓜伊拉。是南美洲最高度開發的城市之一，也爲該國最龐大的集結城市及其工業、商業、教育和文化的主要中心。人口：市約1,964,846（1992）；都會區約2,784,042（1990）。

Caramanlis, Constantine ➠ Karamanlis, Konstantinos

Caravaggio＊ 卡拉瓦喬（西元1571～1610年） 原名Michelangelo Merisi。義大利畫家。出生於卡拉瓦喬，十一歲時成爲孤兒。先在米蘭學畫，1590年到羅馬，獲得一位樞機主教的贊助和庇護。1599～1603年畫了一系列有關聖馬太生平的作品，因而成爲羅馬最有名和最具爭議性的畫家。他打破傳統描繪聖人的方式，把他們刻畫成庶民一樣，十分寫實，這種反傳統傾向賦予了詮釋宗教畫傳統主題的新意。他使用暗色調主義，擅長運用強光黑影突出畫面的主體，對比強烈，不作繁瑣的細節描繪，形成他最特殊的個人風格，也是巴洛克時期的一大特色。1600年左右他接獲許多委託，包括傑作《埋葬基督》（1602～1604）和《聖母之死》（1601～1603），因爲描繪聖母形象粗俗，跣足腫腹，如同溺死的婦人，而被拒絕接收。雖然一生飽受批評和生活動盪，但聲譽日隆，收入增加。1606年在一次決鬥中殺了人後，逃離羅馬到那不勒斯，後來輾轉到馬爾他、西西里等地，期間仍不斷作畫。1609年又回到那不勒斯，在一家酒店被人攻擊，受到重傷，在返回羅馬途中，死於發燒，當時教宗已原諒他的罪行。他對整個歐洲繪畫影響很大，衆多的追隨者包括里貝拉、泰爾布呂亨、洪特霍斯特、眞蒂萊斯基、武埃和拉圖爾。

卡拉瓦喬的《將耶穌從十字架上移下》（1602～1604），油畫；現藏梵諦岡博物館
Scala/Art Resource, New York City

caravan 商隊 在沙漠中或其他敵對地區通常爲了互相保護而結伴旅行的一群商人、朝聖者或旅客。駱駝是最常用的運輸工具。有史以來，商隊就已存在，他們是促進沿線殖民地繁榮的主要因素。中國通往地中海的商隊發展成絲路。通常最大的商隊是有特殊目的的商隊，例如從開羅和大馬士革前去麥加的穆斯林朝聖者商隊，這種商隊可能有一萬多匹駱駝。雖然開闢了從歐洲通向東方的海路是某些商隊道路衰落的部分原因，但是直到19世紀有幾條重要的商隊道路仍很繁榮；19世紀後有了公路和鐵路運輸，並廢除了奴隸貿易，這才是商隊消失的主要原因。

caravansary＊ 商隊客店 亦作caravanserai。中東地區供商隊住宿的建築。一般建於村鎮的城牆外，平面爲四邊形，用厚牆包圍，只在近牆頂處開小窗，底部有少量通氣孔。客店內部底層周圍有拱廊和小間貯藏室，有寬闊的露天石樓梯通向帶拱廊的二層，樓上的房間供住宿。磚石鋪地的露天大庭院常可容三百～四百頭駱駝。

caraway 葛縷子 繖形科二年生草本植物，學名Carum carvi。原產歐洲和亞洲西部，古代就有栽培。其乾燥果實有類似茴芹的芳香，味稍辣，用於調味。葛縷子葉有細裂；花小，白色，複繖形花序；果實淡褐至深褐色，新月形，長約5公釐，具五條明顯的縱脊。精油含量約5%，用於酒類飲料的調味，醫藥方面用爲芳香性興奮劑及驅風藥。

carbamide ➠ urea

carbide 碳化物 碳與金屬或半金屬元素化合而成的一類化合物的總稱。根據原子結構可將碳化物分爲三類：離子型（類鹽的）、間充型（金屬的）和共價型（類金剛石的）。碳化鈣是乙炔的重要原料，而碳化矽、碳化鎢及其他幾種元素的碳化物在硬度、強度和高溫下的耐化學腐蝕性等方面是很有價值的，多用作磨料和切割工具。碳化鐵（滲碳體）是鋼和鑄鐵的重要組分。

carbine 卡賓槍 短槍管的輕型滑膛槍或步槍。16世紀首度使用，18世紀以前主要用作騎兵武器。18世紀時某些步兵軍官、砲兵和軍士使用卡賓槍。1980年代，有普遍採用輕型突擊步槍（如蘇聯的AK-47步槍和美國M16型步槍）的趨向。卡賓槍作爲軍用武器已屬過時，但因其短而輕，成了叢林狩獵和民間騎手的輕便武器。

carbohydrate 碳水化合物 即醣類。自然界存量最豐富和分布最廣泛的有機物，包括糖、澱粉和纖維素。一般分成四類：單醣（如葡萄糖、果糖）、雙醣（如蔗糖、乳糖）、寡醣和多醣（大分子可由多達一萬個單醣單位連接而成，包括纖維素、澱粉和肝醣）。綠色植物藉光合作用產生碳水化合物。在大多數動物中，碳水化合物提供可迅速使用的儲存能量，並在組織中使葡萄糖發生氧化，增強代謝過程。許多碳水化合物（但絕不是所有的）具有$C_n(H_2O)_n$的通式，這表示碳（C）原子連接氫原子（－H）、氫基（－OH；參閱functional group）和羰基，這種組合、次序和幾何排列導致大量的同分異構體，也就是具有相同分子式的物質卻具有不同的結構和性質。

carbolic acid＊ 石炭酸 亦作phenol。最簡單的酚類有機化合物。爲無色液體，芳香味溫和並帶甜味，而且具有強毒性和強腐蝕性。是一種工業上大量應用的化學品，主要用來製造酚醛樹脂、環氧基樹脂、尼龍、除莠劑、殺蟲劑、其他的合成化學品，以及製藥、染料等。它也是一種溶劑和消毒劑。「酚係數」是表示酚與他種化學藥劑的殺菌力比較的一個數值。

carbon 碳 化學元素，週期表中IVa族非金屬，化學符號C，原子序數6。碳在自然界中分布雖廣，但儲量並不特別豐富，在地殼中僅占0.2%，然而其化合物卻比其他元素所形成的化合物的總和還多，已知的就有好幾百萬種。一般穩定的同位素是碳－12；另一個穩定的同位素是碳－13，是天然碳的1%。碳－14是五種放射性同位素（參閱radioactivity）中最穩定和最有名的一種，半衰期爲5,730年，在碳－14年代測定法和放射性追蹤研究中十分有用。元素碳以三種形式存在：金剛石、石墨和碳黑（包括煤炭、炭和焦炭），其物理特性各不相同。每個碳原子形成四種鍵合（4個單鍵、2單1雙鍵、2個雙鍵，或1單3雙鍵）和至多四個其他原子，可產生多種鏈形、分枝狀、圓形和三度空間的結構。對碳的化合物的研究已構成了一個特殊的化學領域，即有機化學。碳跟氫、氧、氮以及某些其他元素，形成約占生命機體物質18%的化合物，如蛋白質、碳水化合物、類脂化合物和核酸。生物化學是研究這些化合物如何合成、分解，以及它們如何與其他有機體發生聯繫。生物體消耗碳的同時又將碳送回到它們的環境中的這一系列過程構成了碳循環。碳以二氧化碳的形式約占地球大氣體積的3%。它溶解於所有天然水中。碳在地殼中以碳酸鹽的形式存在於大理石、石灰石、白堊等岩石中，以碳氫化合物的形式（化合物僅含碳和氫）存在於煤、石油和天然氣中。海洋中含有大量分解的二氧化碳和碳酸鹽。

carbon-14 dating　碳－14年代測定法　亦稱放射碳測定法（radiocarbon dating）。測定曾是活體物質年齡的方法，是1946年美國物理學家利比研發出來的。根據放射性碳（碳－14）衰變成氮來測定年齡。所有活的動植物會持續接收碳：綠色植物從空氣吸收二氧化碳，再透過食物鏈傳給動物。這種碳有些是放射性碳－14，它會慢慢衰變爲穩定的同位素氮－14。當有機體死亡時，就停止吸收碳，因此組織內的碳－14量會逐漸減少。因爲碳－14以一定的速率衰退，所以靠測量機體中殘留的放射性碳的數量就能估算機體死亡的年代。這種方法通用於測定年齡在500～50,000年之間的化石和考古樣品，也廣被人類學家、地質學家和考古學家所採用。

carbon cycle　碳循環　各種形式的碳在自然界中的循環。碳是一切有機化合物（包括地球上生命不可缺少的那些有機化合物）的基本組分。生物所含碳的來源是空氣中的或溶於水的二氧化碳。藻類和綠色植物（製造者）都是透過光合作用將二氧化碳轉化成碳水化合物。這些碳水化合物被製造者用來維持新陳代謝，多餘部分作爲脂肪和多醣貯藏起來，供消費動物（從原生動物到人）食用，再轉化成其他形式。所有生物將二氧化碳作爲其呼吸的副產品直接送回大氣。動物排泄物和一切生物體中的碳經過腐爛（或分解），即微生物（主要是細菌和黴菌）的一系列轉化過程變成二氧化碳進入大氣。一部分有機碳（有機體殘骸）則作爲化石燃料（煤、天然氣和石油）、石灰石和珊瑚貯於地殼中。化石燃料中的碳是史前從碳循環中脫離出來的，現正透過工業過程和農業過程以二氧化碳形式大量釋出，大部分很快進入海洋，形成分解的碳酸鹽，有些則留在大氣中（參閱greenhouse effect）。

carbon dioxide　二氧化碳　一種無機化合物，無色而略帶刺鼻氣味和酸味的氣體。化學式CO_2。地球大氣層次要組分（按體積約占萬分之三）。在含碳物質燃燒、發酵和動物呼吸作用中形成。植物利用它進行碳水化合物的光合作用。大氣層中的二氧化碳能避免地球所接收的輻射能的一部分返回空間，因而產生所謂溫室效應。二氧化碳稍溶於水，生成弱酸性溶液。氨與二氧化碳在壓力作用下反應形成氨基甲酸銨，然後轉變成尿素。各種工業上應用的二氧化碳，是從煙道氣中回收或作爲製備氫氣（用於合成氨）的副產品，或從石灰窯以及其他來源回收得到。二氧化碳可用作冷凍劑，用於滅火器，充氣救生筏和救生衣、爆破採煤、泡沫橡膠和泡沫塑膠，它能促進溫室中植物生長，使動物在屠宰前喪失其活動能力，以及用於碳酸飲料中。點燃的鎂可在二氧化碳中繼續燃燒，但二氧化碳對大多數物質來說是不助燃的。人在二氧化碳濃度爲5%的空氣中長時間停留會昏迷或死亡。讓液態二氧化碳膨脹到大氣壓力時，則自行冷卻並有一部分凍結成乾冰。

carbon monoxide　一氧化碳　劇毒、無色、無嗅的可燃性氣體，工業上用於製造多種有機和無機化工產品。化學式CO。由於內燃機和各種爐子中的碳或含碳燃料未完全轉化爲二氧化碳，而在其廢氣中含有一氧化碳。一氧化碳所以有毒性，是因爲它比氧更易被紅血球所吸收，從而阻礙了氧氣從肺部輸送到需氧組織。一氧化碳中毒症狀包括頭痛、虛弱、暈眩、噁心，嚴重者會昏迷、脈弱和死亡。一氧化碳在工業上當作燃料來應用，並合成許多有機化合物，如甲醇、乙烯和醛。

carbon steel　碳鋼　鐵和碳的合金，含碳量從0.015%以下到略高於2%都有。隨著碳的增加，強度和硬度將提高，並按含碳多少決定這些物理性能的程度。碳鋼是應用最廣的鋼，約占世界鋼產量的90%。廣泛用於製造汽車車身、器械、機器、船舶、容器和建築結構。以前碳鋼是用柏塞麥煉鋼法、坩堝法或平爐煉鋼法製得的，現在是以鹼性氧氣煉鋼法或電弧爐煉成。

Carbonari＊　燒炭黨人　指19世紀初期義大利倡導自由、愛國思想的祕密團體燒炭黨的成員。燒炭黨人贊成代議制立憲政府，希望保護義大利人的利益不受外國的侵犯。1820和1831年曾帶頭叛亂，但並不成功，後來逐漸被青年義大利運動吸收。他們的影響爲復興運動鋪平了道路。

carbonate　碳酸鹽　由碳酸（H_2CO_3）或二氧化碳（CO_2）衍生來的兩類化合物。無機碳酸鹽是含有碳酸根離子CO_3^{2-}以及鈉或鈣等金屬離子的碳酸（H_2CO_3）的鹽。它構成許多礦物（參閱carbonate mineral），是石灰石和白雲石的主要組分，也是許多海洋無脊椎動物硬殼的組分。碳酸中的氫原子被含碳化合基團（如乙基）取代而形成的有機碳酸鹽爲碳酸酯。

carbonate mineral　碳酸鹽礦物　含有碳酸根離子CO_3^{2-}，並以其爲基本結構單位和成分單位的礦物。碳酸鹽類是地殼中分布最廣泛的礦物之一。最常見的幾種是方解石、白雲岩、文石。白雲岩是石灰岩中方解石被取代的產物；岩石中如白雲岩居多時，就叫白雲岩。其他相關而常見的碳酸鹽礦物還有菱鐵礦、菱錳礦、菱鍶礦、菱鋅礦、碳鋇礦和白鉛礦。

carbonation　碳化作用　在飲料中添加二氧化碳氣體，給予氣泡和酸味，並防止腐壞。將液體冷卻並注入含有二氧化碳（乾冰或壓縮的液體）的密閉空間。增加壓力和降低溫度使氣體吸收達到最大。碳化的飲料不需使用巴氏殺菌法。氣泡酒的碳化作用來自初酒加糖的發酵。

Carboniferous period　石炭紀　據今3.54億～2.9億年的一段地質時期，是世界地質發生巨大變遷的時期。所有的陸塊因板塊構造運動而緊密地靠攏到一起。貢德瓦納古陸占據了南半球的大部分。到石炭紀末，現在的北美洲、格陵蘭和歐洲北部也成爲貢德瓦納古陸的一部分。西伯利亞和中國（包括東南亞在內）都是單獨的大陸，仍然處在北半球的高緯度區。在這段時期，沼澤森林開始廣泛分布，大量煤礦層開始形成。植物在複雜的森林裡產生很大的演化，脊椎動物也發生演化並向四方擴散。兩生類開始廣泛分布而且變得各種各樣，爬蟲類首次出現並迅速適應了許多棲息環境。

carbonyl chloride　碳醯氯 ➠ phosgene

Carborundum＊　金剛砂　碳化矽的商標名。1880年代由艾奇遜發現的一種無機化合物。具有晶體結構，類似金剛石（鑽石），幾乎和它一樣硬。用作切割、磨床和拋光的磨料，也是一種止滑劑和耐火材料。

carboxylic acids＊　羧酸　一類有機化合物，其分子內的一個碳原子以雙鍵和一個氧原子結合、以單鍵和一個羥基結合，第四個鍵使該碳原子與一個氫原子或其他等價的結合集團相連。羧酸廣泛存在於自然界。在脂肪酸中，這第四組是一個烴鏈。芳香酸（參閱aromatic compound）是一種圜形結構的烴。氨基酸包含一個氮原子。羧酸的主要化學特性是其酸性，通常酸性相當弱。許多羧酸（醋酸、檸檬酸和乳酸）在代謝中是中間產物，並可在天然產品中發現；其他的羧酸（如水楊酸）用作溶劑，並調配成許多化合物。重要的羧酸衍生物包括酯、酐、醯胺、酯、鹵化物和鹽。

carburetor＊　化油器　向火花點火式發動機供給燃油和空氣混合氣的裝置。汽車發動機用的化油器的組成通常包括燃油室、阻風門、怠速量孔、主量孔、空氣節流喉管和加速泵。燃油室中的燃油量由浮子操縱的閥控制。阻風門是蝶閥，可減少吸進的空氣量，當冷引擎起動時，它使富油燃料的混合氣進入汽缸。引擎的溫度升高後，可用手或用熱響應和引擎速度響應調節器自動地逐漸打開阻風門。由於部分關閉的節流閥附近的壓力下降，燃油由怠速噴口噴入吸進的空氣。當節流閥進一步打開時，主噴口開始工作。空氣節流喉管處形成眞空，以便從主噴口吸出燃油，使之與氣流混合，吸出的油量是隨空氣流量大小而變，所以油氣比幾乎是恆定的。節流閥突然打開時，加速泵將更多的燃油噴入吸進的空氣中。亦請參閱gasoline engine、venturi tube。

carburizing　滲碳　一種用加熱或機械工具使鋼的表面硬度提高而保持芯部硬度相對較低的古老方法。硬的表面與軟的芯部相組合能經受很高的應力並抗疲勞，還可降低生產成本，製造時的靈活性也大。滲碳時鋼件在含碳氣氛中於高溫下放置幾小時，碳彌散滲入鋼件表面，改變了金屬的晶體結構。齒輪、滾珠和滾柱軸承以及活塞銷等都是滲碳產品。

Carcassonne＊　卡爾卡松　古稱Carcaso。法國西南部城市。位於土魯斯東南，奧德河東岸。西元前5世紀被伊比利亞人占領。後被高盧羅馬人占據。西元728年轉入穆斯林手中。1209年左右爲英國士兵孟福爾所奪。1247年爲法國王室所併。1355年被黑太子愛德華焚毀，當時他未能奪下此座城堡。13世紀建的教堂、大教堂和中世紀的碉堡現仍存在。經濟現以旅遊業爲主。人口44,991（1990）。

Carchemish＊　卡爾基米什　古代城邦，位於幼發拉底河西岸。在今敘利亞和土耳其邊界上，即加濟安泰普東南方。爲扼幼發拉底河上一個戰略性的渡口，是商隊在敘利亞、美索不達米亞和安納托利亞進行貿易的必經之路。西元前第二千紀是米坦尼王國的城市，後來成爲西台帝國的主要城市。西元前15世紀爲埃及圖特摩斯三世所奪，西元前717年變爲亞述統治。西元前605年的戰役，巴比倫國王尼布甲尼撒二世將埃及人逐出敘利亞。1911～1920年間首次發掘，遺址占地93公頃。

carcinogen＊　致癌物　能夠引起癌症發生的物質。曝露在一種或多種致癌物（包括某些化學製劑、輻射線和某些病毒）的環境下會罹患癌症的原因還不完全清楚。有些人有遺傳基因，當他曝露在某種特別的致癌物或綜合的致癌物環境下就會發展爲癌症。反覆的局部損傷或對機體某一部位的反覆刺激亦可有致癌作用。識別和及時去除致癌物可減少癌的發病率。

cardamom＊　小豆蔻　薑科多年生草本植物的完整的果實或種籽，或其乾粉末，學名Elettaria cardamomum。用作香料，稍辣，其味似樟，是一種普遍的調味品。原產印度南部潮濕的森林，可採自野生的植物，但現在多已栽培。整顆果實是綠色，三面體廣橢圓形蒴果，內含有15～20粒黑色、紅褐色至褐黑色的硬而具棱的種子。

Cárdenas, Bartolomé de ➠ Bermejo, Bartolomé

Cárdenas (del Río), Lázaro＊　卡德納斯（西元1895～1970年）　墨西哥總統（1934～1940）。具有印第安人血統，曾加入反韋爾塔獨裁的武裝鬥爭，在革命軍隊中步步高昇。後來他的黨派獲勝，1920年升爲墨西哥軍隊的將軍。1928年被選爲米卻肯州州長，1934年擔任總統，任內以努力實施革命性的社會和經濟改革聞名，把大量土地重新分配給無地的農民，並發放貸款給農民，同時組織農民聯盟和勞工聯合會，還把石油工業、主要鐵路和其他外國人擁有的產業收歸國有。他反對美國在墨西哥的政治和經濟勢力，後來支持卡斯楚政權。對大部分墨西哥人而言，他是左派政治人物的代表。

cardiac arrhythmia＊　心律失常　心臟搏動的速率或節律的異常，常由心臟傳導系統異常引起。偶然出現節律不規則是正常的，心搏過速是心率快而均勻，心搏過緩是心率慢而均勻。房性或室性早搏是在正常心臟節律中出現額外的收縮。持續的或慢性的心律失常，可能會減少心搏出量，降低血壓，影響重要器官的血液灌注，並會加速心力衰竭。嚴重的心律失常可引起心房纖顫或心室纖顫。用心電描記法可偵測到心律失常現象，可使用電休克（通常植入心律調節器）或服用奎尼丁或洋地黃等藥物來治療。

Cardiff　加地夫　威爾斯城市和其首府，位於威爾斯東南部，瀕臨布里斯托海峽。西元75年羅馬人在此建造小碉堡，11世紀諾曼人抵此，才開始建造此鎮。19世紀初還是個人口稀少的城市，但到了20世紀初已變成世界最大的煤炭輸出港。1960年代煤炭買賣停止，但本市仍爲威爾斯最大的城市和主要的商業中心。人口約320,900（1998）。

Cardigan, Earl of　卡迪根伯爵（西元1797～1868年）　原名James Thomas Brudenell。英國將軍。曾就讀於牛津大學基督教會學院，1824年從軍，升遷很快，到1832年即成爲中校，以軍紀嚴明著稱。1837年繼承豐厚的財產，花了一大筆錢整頓軍容，使自己的軍隊成爲軍裝最華麗的團隊。克里米亞戰爭（1854）爆發後，他被任命爲輕騎兵旅旅長，1854年10月25日他英勇領導了一次衝鋒行動，一舉成名。後回國任騎兵總監。

Cardigan Bay　卡迪根灣　威爾斯西海岸港灣。風景優美，海岸呈鋸齒形，從西南到東北長105公里。有兩座國家公園（斯諾多尼亞公園和潘布魯克海岸公園）。灣畔有許多海濱避暑城鎮，如阿伯里斯特威斯和菲什加德（爲威爾斯和愛爾蘭之間的海上貿易基地）。

Cardin, Pierre＊　皮爾卡登（西元1922年～）　法國女裝設計師。十七歲到維琪，在一家男裝店當裁縫。第二次世界大戰後，加入巴黎帕坎時裝公司。1950年開辦一個專爲巴黎流行的化裝舞會設計新穎服裝的商店，同時繼續創作數量有限的男女時裝。逐漸博得了製作男套裝的殷實名聲，兼嘗稀奇古怪的男裝配件。是運用斜裁、柔和線條和濃郁色彩的大師。他的男裝成衣對其他男裝設計師產生了重要影響，如美國的布拉斯。

cardinal 樞機 天主教樞機團的成員。負責選舉教宗，爲教宗的主要參謀人員，參與管理全世界天主教會。樞機是羅馬教廷機構的主要官員、主要教區的主教，往往代表教廷出使。樞機穿紅衣。自西元769年起只有樞機有資格當教宗，1059年後樞機已開始選教宗。第一個樞機管轄羅馬七個主教區。他們現在的繼任者是樞機助祭。樞機主教是繼承羅馬之外的主教轄區和東正教的大主教轄區。樞機司鐸是散佈各地的重要轄區主教，是人數最多的樞機團。1586年規定樞機團人數爲七十人。教宗若望二十三世取消這個限額，其後總人數已逐漸增至百餘人。

cardinal 主教雀 亦稱red bird。雀形目新大陸燕雀科（或歸入鵐科）鳴禽，學名Cardinalis cardinalis或Richmondena cardinalis，分布於北美洲落磯山以東。長20公分，具尖冠。雄鳥鮮紅色，雌鳥大部分淡褐色。整年成對地在花園和開闊林地發出清脆嘹亮的囀鳴，以昆蟲和野果爲食。已引入夏威夷、南加州和百慕達。

主教雀
Stephen Collins

cardinal flower 紅衣主教花 半邊蓮科半邊蓮屬幾種近緣多年生植物，原產於北美和中美。花深紅色，唇形，穗狀花序；莖多葉，株高1.5公尺。一些專家認爲紅花半邊蓮和華美半邊蓮是同一種。較矮小的墨西哥半邊蓮原產中美洲，是花園栽培種的親本。藍花半邊蓮較其他種小，花藍色或帶白色。

carding 梳理 製造紗線時把個別纖維分開並使眾多纖維平行的過程，也除去大部分殘留的污物。棉花、羊毛、廢絲、人造產品都需要梳理。梳理產生了厚度統一的薄層，然後經過壓縮，形成厚實、連續、不糾纏的線，稱爲銀線。若要極佳的紗線，梳理之後是精梳，這個過程可除去短纖維，留下全由長纖維組成的銀線，全部呈現平行，比未經精梳的種類更平順而更亮麗。接著，把梳理和精梳過的銀線紡成紗。

carding machine 梳理機 梳理紡織纖維的機器。18世紀時手工梳理是極耗人力的工作，在新近機械化的紡織生產中形成瓶頸。後來有幾位發明家致力於研發省力的機器，尤其是凱、埃文斯、保羅、阿克萊特、博德默爾。

cardiology 心臟學 研究有關心臟疾病診斷和治療的醫學。1749年塞納克出版了一本有關心臟新知的專著，使得心臟學首度成爲一門專科醫學。19世紀時診斷方法已不斷改良，1903年發明心電圖。20世紀後半期，心臟外科手術突飛猛進，其中較重要的突破包括心臟移植手術和人工心臟的使用。現在的診斷方法有胸部扣診、聽診、心電描記法和心回波描記術（參閱ultrasound）。心臟科醫師對心臟病病患提供持續的照顧、研究心臟的基本生理功能，以及施行各種治療（如開給改善心臟功能的藥物）等，並與心臟外科醫生密切合作。

cardiopulmonary resuscitation (CPR) 心肺復甦術 在重大傷害（如心臟麻痺和溺水）後，促使呼吸和心跳恢復正常的緊急施救術。包括暢通呼吸道和體外心臟按摩兩步驟。心肺復甦術只能施行於喪失意識、無法自行呼吸者，且只能由受過心肺復甦術訓練者施行。操作過程包括交替口對口人工呼吸和按壓胸部促使血液循環。

cardiovascular system 心血管系統 將血液運送至全身各個組織的管道系統。它把營養物質、氧氣輸送到全身各個組織，並把廢物和二氧化碳排泄代謝掉。基本上是一個長的、封閉的管道系統，血液透過這個管道形成一個雙循環系統：一個透過肺（即肺循環），另一個通過身體其他部分（即體循環）。心臟把血液泵入動脈，動脈分成許多小動脈，然後流入毛細血管。這些血管再聚合成小靜脈，之後再合成較大的靜脈，一般循著像動脈一樣的路徑回到心臟。心血管疾病包括動脈硬化、先天性和後天性心臟病、血管病等。

Cardoso, Fernando Henrique 卡多索（西元1931年～） 巴西總統（1994～）。生於富有的軍人家庭，後在聖保羅大學教授社會學，也是巴西軍事統治時期左翼反對派知識分子的重要成員，雖然在恢復文人統治後傾向中間派。1993年出任財政部長，監督實業計畫的制訂，這是一整套反通貨膨脹的有效計畫，幫助他在1994年取得總統職位。他致力於國營公司的民營化，並增加外資。1998年他成爲巴西歷史上第一位連任的總統。1999年的外匯危機破壞了巴西的成長遠景。亦請參閱Silva, Luís (Ignácio da)。

Cardozo, Benjamin (Nathan) 卡多佐（西元1870～1938年） 美國法學家。出身紐約市顯赫的猶太人家庭，1891年取得律師資格，成爲傑出的法庭律師。1913年他作爲改革派的候選人被選入州的最高法院，很快被提升到上訴法院。任職期間，許多人認爲上訴法院的地位超過美國最高法院。卡多佐影響了美國上訴審判趨向於更多地與公共政策相結合，和隨之而來的法律理論的現代化。他也是個有創造性的普通法法官和法律論說家。1932年被任命爲美國最高法院大法官，通常被列入具有自由主義思想傾向的大法官。他寫了一個多數大法官的意見支持社會保險案件（1937）。在一個涉及到「一事不再理」的刑事案件中，他認爲憲法第十四條修正案（1868）只就「權利法案」中屬於一個「有紀律的自由體制的本質」的那些條款施加於各州。1938年退休。

卡多佐
By courtesy of the Library of Congress, Washington, D. C.

cards, playing ➠ playing card

Carducci, Giosuè ＊ 卡爾杜奇（西元1835～1907年） 義大利詩人。曾就讀於比薩大學，1860年任波隆那大學義大利文學教授，執教四十年。1890年成爲終身議員。他反對當時盛行的浪漫主義，提倡回歸到韻律學的古典模式，但他修辭精美的演說卻煽動大家抗拒改革。主要由於當時政治的影響創作了讚揚撒旦的《撒旦頌》（1863）和《諷刺詩與抒情詩》（1867～1869），在這兩部作品中體現了詩人的藝術魅力與共和派人士的戰鬥力，也顯示出反教會的感情。被義大利人尊爲民族詩人，1906年獲諾貝爾文學獎。

Carême, Marie-Antoine ＊ 卡雷梅（西元1784～1833年） 法國名廚師。出身貧寒，十五歲時在巴黎一餐館的廚房當幫手，不久即受雇於一著名糕點店，使塔列朗成爲該店的常客。後歷任塔列朗（十二年）、不列顛攝政王（後爲喬治四世）、俄國沙皇亞歷山大一世、維也納宮廷等的

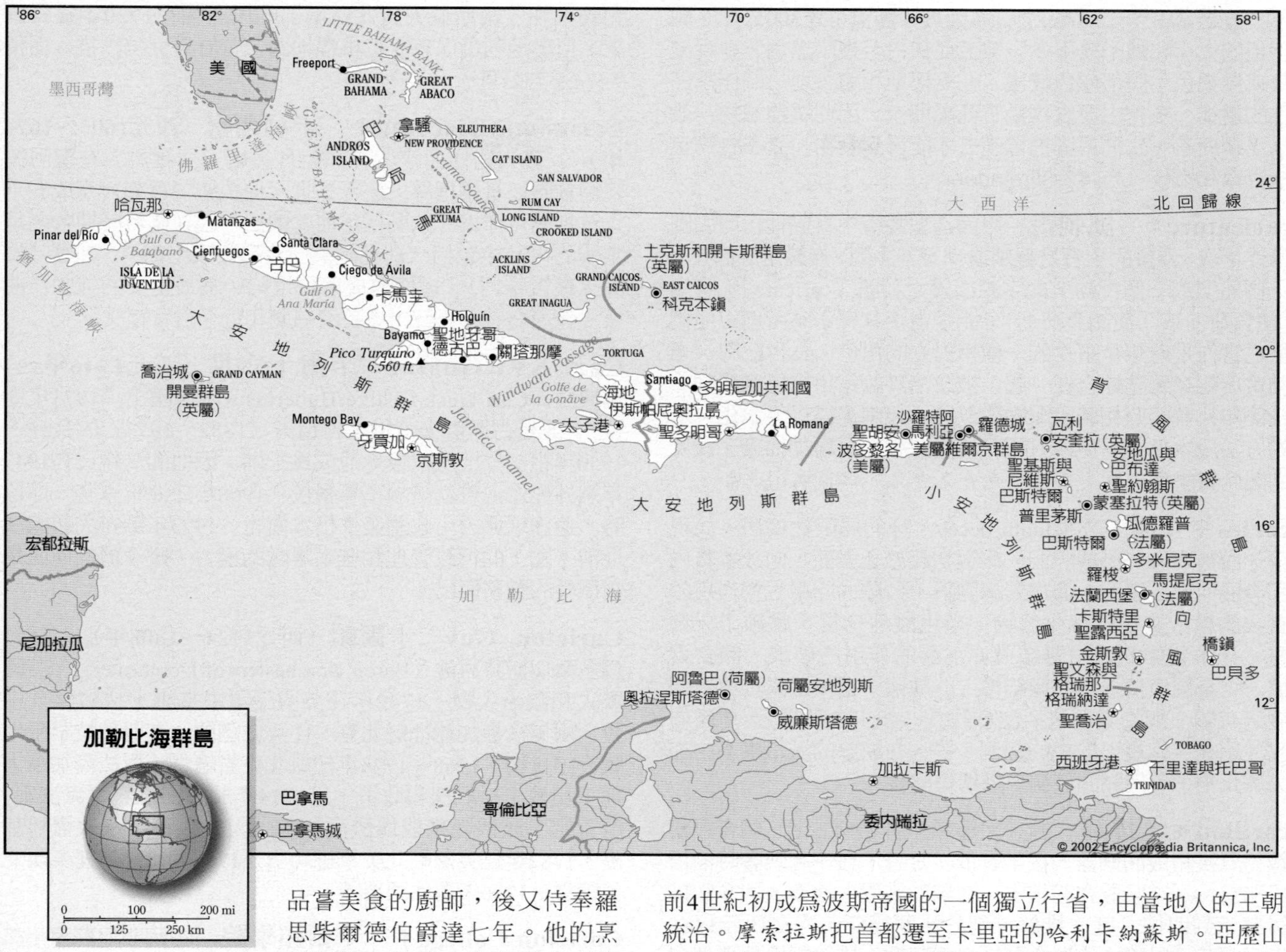

品嘗美食的廚師，後又侍奉羅思柴爾德伯爵達七年。他的烹飪以精心製作、造形動人而著稱。著有若干有關烹飪法的權威作品。

Carew, Rod　卡魯（西元1945年～）　原名Rodney Cline Carew。美國職業棒球選手。巴拿馬人，1962年隨母親遷居美國紐約市，後來加入美國棒球聯盟明尼蘇達孿生隊（1967～1978），成爲當時最偉大的打擊手，曾七次（1969、1972～1975、1977～1978）贏得聯盟打擊王，最高打擊率爲1977年的.388。1979年被交易至加州天使隊，1986年退休，生涯平均打擊率爲.328。

Carey, Peter (Philip)　凱里（西元1943年～）　澳大利亞作家。原本擔任廣告文案，並從事其他工作至1988年，之後成爲全職作家。短篇小說集《歷史上的胖子》（1974）包含令人毛骨悚然的成分。其小說較寫實但襯托著黑色幽默，包括《至福》（1981）、《騙子》（1985）、《奧斯卡與露辛達》（1988，獲布克獎）、《崔斯坦．史密斯的不凡生涯》（1994）、《黑獄來的陌生人》（1998）。

cargo cult　貨物崇拜　19世紀末～20世紀初主要流行於太平洋美拉尼西亞群島的宗教運動，相信來自超自然資源的特殊商品貨物即將抵達，幸福新時代即將開始。過去當地居民眼見殖民政府官員源源不斷收到供應品，從而產生這種信仰。這種信仰可能表達了傳統千禧年的思想，通常因基督教傳教士的教導而復甦。

Caria＊　卡里亞　小亞細亞南部的古代行政區。這裡是希臘化最徹底的地區之一，這一地域包括愛琴海沿岸的一些希臘城市以及北起里底亞、東至弗里吉亞和呂西亞的山區。約西元前546年，卡里亞從里底亞人轉入波斯人手中；西元前4世紀初成爲波斯帝國的一個獨立行省，由當地人的王朝統治。*摩索拉斯*把首都遷至卡里亞的*哈利卡納蘇斯*。亞歷山大大帝在西元前334年從波斯人手中奪得此地，西元前129年併入羅馬的亞細亞行省。

Carib＊　加勒比人　美洲印第安人，西班牙征服時期居住在小安地列斯群島和鄰近的南美沿海地帶。島上加勒比人勇猛好戰（是所謂的食人生番），由內地遷來，將阿拉瓦克人從小安地列斯群島趕走後，西班牙人抵達時仍在向外擴張。南美內地的加勒比居民集團居住在圭亞那共和國及法屬圭亞那，南抵亞馬遜河。他們之中有的兇猛好戰，是所謂的食人生番，但比安地列斯群島的加勒比人，則稍遜一籌。

Cariban languages＊　加勒比諸語言　南美洲印第安諸語言的大支語系，約有四十三種，近一半現已消失，現存的語言大部分已少有人使用。大部分通行於委內瑞拉南部、圭亞那和巴西亞馬遜河以北地區，不過，有些則偏離此區。在哥倫布時期，加勒比語侵入主要是講阿拉瓦克語的安地列斯群島，當時歐洲語稱之爲「Carib」（衍生出「Caribbean」）和「cannibal」，兩者可能源自加勒比語原意「印第安，人」（Indian, person）。

Caribbean Sea　加勒比海　大西洋西部屬海。面積約2,754,000平方公里。位於南美洲北部、中美洲東部和墨西哥東部之間。最深處開曼海溝在古巴和牙買加之間，深達7,686公尺。一般屬熱帶氣候，但因受高山、海流和信風影響，各地有所不同。旅遊業是加勒比經濟中的重要部門，明媚的陽光及旅遊區，已使該地區成爲世界主要的冬季度假勝地。

caribe ➠ piranha

caribou＊　北美馴鹿　凍原、泰加林中的北極鹿，原產北美洲，直到最近才從斯堪的那維亞分布到西伯利亞東部。雌雄都有角，肩高0.7～1.4公尺，體重可達300公斤；馴化種的大小和驢子差不多。被毛從灰白至幾乎黑色，多爲淺灰或淺褐色；腹部顏色較淺。在夏棲地和適冬地之間作季節性的遷徙。冬季主要食物是石蕊屬地衣，因此這種植物一般稱爲馴鹿苔，它們用腳把雪刨去才能得到食物。夏季食物包括青草和嫩枝。亦請參閱reindeer。

caricature＊　諷刺畫　平面造型藝術中喜劇性扭曲的圖像或肖像，作畫的主旨是諷刺或嘲笑其主題，無論是一個人、一個類型或一個行動。此字源出義大利語「caricare」，意爲「使負荷」或「使超負荷」，可能是由卡拉齊家族所創，他們把它當作是理想化事物的一種相對立的角色。18世紀時，諷刺畫與報章雜誌結合在一起，被政治評論家用來惡意諷喻。1880年代發明照相製版印刷術以後，諷刺畫得以大衆化。新的方法成本低廉，使得日報有可能在版面上增加插畫。重要的諷刺畫畫家包括：卡洛、克魯克香克、杜米埃和多雷。

caries＊　齲　亦稱tooth decay。牙的局限性疾病，表現爲牙齒被腐蝕，形成腔洞。病損初起於牙表面，向牙本質內部發展而進入髓腔。據信其病因爲：口腔內的微生物作用於食入的糖或其他碳水化合物，產生酸性物質，腐蝕了牙釉質。牙本質中的蛋白質結構亦爲酶的作用所破壞。飲食習慣、全身健康情況、牙齒結構上的缺陷、遺傳因素均與本病發病有關。齲的處理包括注意飲食（如少食糖果）、牙齒衛生（刷牙、修復已形成的齲洞）等，在缺氟的城市供水中加入氟化鈉，可使齲的發病率降低達65%。

carillon＊　排鐘　亦譯大鐘琴。用至少二十三個青銅鑄鐘鈴懸掛組成的樂器，按半音依次定音，在一起鳴響時能構成和聲。通常設置在鐘樓上，在鍵盤裝置上演奏。大多數排鐘有三到四個八度。排鐘首創於法蘭德斯，約在西元1480年，當時正是獨立的器樂藝術發達時期。排鐘製造藝術到17世紀後半葉達到頂峰，鐘內的調音已十分精準。

排鐘
Gillett & Johnston (Croydon) Limited

Carinthia　克恩滕　德語作Kärnten。奧地利南部一州（1998年人口約564,431）。與義大利、斯洛維尼亞接壤。原爲塞爾特人居住地，後來成爲羅馬的諾里庫姆省一部分。西元976年成爲獨立的公爵領地，1335年歸屬哈布斯堡王室，1849年成爲奧地利的王室領地。1918年部分割讓給南斯拉夫和義大利。南斯拉夫對此區南部的所有權在1920年獲得確認，但奧地利仍保有克拉根福地區。首府是克拉根福。面積9,534平方公里。

Carissimi, Giacomo＊　卡利西密（西元1605～1674年）　義大利作曲家。1620年代後期定居羅馬，在聖阿波利納教堂任音樂指導，直至去世。他根據《舊約》寫成的十六首神劇可作爲「歌劇代用曲」演出，因在蘭特時期歌劇是禁演的，其中包括《耶弗他》、《所羅門斷案》、《伯沙撒》與《最後審判》，這使他成爲17世紀中葉最主要的神劇作曲家。他還寫有一百五十多首清唱劇和近一百首經文歌。

Carl XVI Gustaf　卡爾十六世（西元1946年～）　瑞典語作Carl Gustaf Folke Hubertus。瑞典國王（1973年即位）。他是古斯塔夫六世．阿道夫（1882～1973）的長孫。1950年祖父登上王位後，他成爲王儲，因他的父親已在1947年意外死亡。曾就讀於軍事學校，1968年任海軍軍官。即位時，適逢瑞典君主政體發生根本變化。1973年頒布的新憲法取消了國王的行政管理和統率軍隊的權力，賦予他的僅僅是象徵性的職務而已。

Carleton, Guy　卡爾頓（西元1724～1808年）　受封爲多爾切斯特男爵（Baron Dorchester (of Dorchester)）。英國軍人和政治人物。1742年在英國陸軍中掌旗，1757年升中校。兩年後參加遠征魁北克，任兵站總監，在亞伯拉罕平地戰役中負傷。1768～1778年任魁北克省總督，對法裔加拿大地主和教士採取緩和政策，爲1774年頒布的「魁北克法案」所肯定，該法後來成爲法裔加拿大人的政治和宗教權利基礎。1782年任英國駐北美軍總司令。1786～1796年任英屬北美總督。1796年退休回英國。

Carleton College＊　卡爾頓學院　美國明尼蘇達州諾斯菲爾德的一所私立文理學院，創建於1866年。該校提供各式各樣的大學主修科目。其小班制和諸多參與教師研究計畫的機會，吸引了許多優秀的學生前往就讀，大部分是明尼蘇達州以外的學子。註冊學生人數約1,700人。

Carlisle＊　卡萊爾　英格蘭西北部坎布里亞行政郡的都市區和城市（區），與蘇格蘭毗鄰。羅馬時期建立居民點。西元685年屬林迪斯芳主教區。約西元875年被挪威入侵者焚毀。1092年歸屬威廉二世後重建。1568年蘇格蘭女王瑪麗曾被囚於此地。英國內戰期間被圍困，保王軍最後在1645年向國會軍投降。18世紀末至19世紀棉紡業興起，現仍爲英國北部棉紡織業中心。1830年代後期通鐵路，發展成爲鐵路中心。人口：都市區約72,439（1991）；市約103,000（1998）。

Carlism　擁護卡洛斯運動　西班牙具有傳統性質的政治運動。1820年代，西班牙國王費迪南德七世的幼弟唐．卡洛斯（1788～1855）反對費迪南德七世傳位給女兒伊莎貝拉二世，他引用薩利克法（1703年引進西班牙，排除女性的王室繼承權），聲稱自己有繼承權，結果引起幾場卡洛斯戰爭（1833～1839,1872～1876），但都未能成功。後來的追隨者成立傳統主義黨（1918），1937年併入長槍黨。

Carlsbad ➡ Karlovy Vary

Carlsbad Caverns National Park　卡爾斯巴德洞窟國家公園　美國新墨西哥州東南部國家公園。西元1923年設爲國家保護區，1930年指定爲國家公園。面積18,921公頃，地下有最大洞窟構成的曲折迷宮。其中大洞長610公尺，寬335公尺，頂弧高78公尺。夏時數百萬蝙蝠群棲部分洞窟，該部分洞窟遂得蝙蝠洞名。

Carlsbad Decrees 卡爾斯巴德決議 西元1819年8月6～31日德意志各邦領袖爲了打壓自由和民族主義運動而通過的決議。他們在波希米亞的卡爾斯巴德（今捷克的卡羅維發利）集會。與會的各邦首長同意梅特涅的提議，贊成審查制度，解散新成立的青年協會，以及成立一個調查委員會，負責搜查陰謀組織。但最後，這項決議並未能制止德意志民族主義或自由主義思想的發展。

Carlsson, Arvid 卡爾森（西元1923年～） 瑞典藥理學家。從倫德大學獲得碩士學位。卡爾森確立多巴胺是重要的神經介質，顯示高水準的多巴胺分布於腦中控制走路及其他自主動作的區域。他確定大腦用來製造多巴胺的物質l-dopa可以用來治療帕金森氏症。他的工作也對瞭解神經介質與臨床抑鬱症等精神狀態之間的關係有所貢獻，這又促成了新的抗抑鬱藥。2000年卡爾森與坎德爾、格林加德共獲諾貝爾獎。

Carlton, Steve(n Norman) 卡爾頓（西元1944年～） 美國職棒國家聯盟左投手。原爲大學棒球隊投手，1965年與聖路易紅雀隊簽約。先在小聯盟中歷鍊，1966年進入大聯盟，1971年球季結束後被交易至費城費城人隊。在費城人隊中表現出色，有六次（1971～1972、1976～1977、1980、1982）勝投在二十場以上。1972、1977、1980和1982年四次獲國家聯盟最佳投手獎（塞揚獎）。三振生涯記錄爲4,136次，僅次於萊恩。1994年被選入棒球名人堂。

Carlyle, Thomas 卡萊爾（西元1795～1881年） 蘇格蘭散文作家和歷史學家。父爲石匠，從小在嚴格的喀爾文教派家庭中成長。1809年入愛丁堡大學。1834年遷居倫敦從事寫作。他是個精力充沛、敏感而非常獨立的理想主義者，成爲當時的維多利亞時代文學的主要精神力量。1836年出版的幽默散文《衣裳哲學》是混合自傳性質和德國哲學的一種稀奇古怪想法。後開始寫作歷史書《法國大革命》（1837；三冊），他引用了大量寶貴文獻，在描述人物時有感人的技巧，這本書可能是他一生中最大的成就。《英雄與英雄崇拜》（1841）一書中，他崇拜強力，深信上帝賦予的使命。後來還出版了一本研究克倫威爾的著作（1845），以及腓特烈二世傳記的六卷巨著（1858～1865）。

卡萊爾，油畫，瓦茲（G. F. Watts）繪於1877年；現藏倫敦國立肖像畫陳列館
By courtesy of the National Portrait Gallery, London

Carmarthen＊ 卡馬森 威爾斯卡馬森郡和舊郡的行政中心。瀕臨泰威河，距布里斯托海峽口13公里。由於戰略地位重要，羅馬人和諾曼人均曾在此建立要塞。中世紀是威爾斯最重要自治市之一，多次獲有特許狀，1353年愛德華三世特許它成爲威爾斯唯一的羊毛市場。有一座諾曼時期的奧古斯丁會小修道院，藏有威爾斯最古老的手稿《卡馬森黑名單》（約1170～1230年）。現爲農業集鎮和繁忙的商業中心。人口約13,524（1991）。

Carmelite 加爾默羅會 亦稱聖衣會。天主教的托鉢修會。1155年左右，一部分十字軍餘眾和朝聖者等虔誠信徒定居於巴勒斯坦卡爾邁勒山，這個團體就是加爾默羅會的前身。由耶路撒冷的拉丁牧首聖艾伯特定下規則，1226年教宗洪諾留三世同意之。因穆斯林的入侵，巴勒斯坦越來越不安全，修士們於是分散至塞浦路斯、西西里、法國和英格蘭。早期該會修士多分散獨居。在英格蘭和西歐，這個隱修團體轉型爲一個托鉢修會。1452年創建第一個加爾默羅女修會。阿維拉的聖特雷薩和十字架的聖約翰再度加強實施該會傳統的嚴格樸素戒律。1562年和1569年建立赤足加爾默羅會，1593年成爲獨立的修會。在法國大革命和拿破崙時期，改革派和舊派修會都遭到嚴重打擊，但後來在西歐大部分地區、中東、拉丁美洲和美國又恢復元氣。

Carmichael, Hoagy 卡邁克爾（西元1899～1981年） 原名Hoagland Howard Carmichael。美國作曲家。自學成材，在印第安納大學求學期間，結識了許多爵士樂人，包括畢斯拜德貝克，他錄製了卡邁克爾的第一首作品〈江船搖晃前進〉（1924）。後來創作的歌曲也是具有這種輕鬆、音調優美和諧的風格，如〈心目中的喬治亞〉、〈搖椅〉、〈懶惰河〉，吸引了大衆的喜愛。爲好萊塢影片寫的歌曲有〈感謝懷念〉、〈兩個昏昏欲睡的人〉和〈冷颼颼的黃昏〉（獲奧斯卡最佳歌曲獎）。〈星塵〉是當時最有名和最流行的歌曲。他也演過幾部電影，寫有回憶錄《星塵路》（1946）和《有時我覺得奇怪》（1965）。

Carmona, António Oscar de Fragoso＊ 卡爾莫納（西元1869～1951年） 葡萄牙將軍和政治人物。皇家軍事學院畢業，1922年晉升爲將軍。1926年5月軍事政變成功後任外交部長，7月任總理，實行獨裁統治。次年，舉行公民投票，當選爲總統（1928～1951）。1932年任命薩拉查爲總理後，被當成是政治延續的一種象徵。

Carnap, Rudolf 卡納普（西元1891～1970年） 德裔美籍哲學家，邏輯實證學派創始人。曾師從著名邏輯學家弗雷格，他是維也納學圈的一員，並提倡統一的科學。1935年逃到美國，任教於芝加哥大學（1936～1952）和加州大學（1954～1970），並繼續研究邏輯學、知識論、語言哲學、機率論和科學的哲學。他的知識論系統分析了邏輯知識，而不是用早期經驗主義者所採的心理學方法。著作包括：《世界的邏輯結構》（1928）、《語言的邏輯結構法》（1934）、《語義學導讀》（1942）、《含意和必然》（1947）和《機率論的邏輯基礎》（1950）等。

carnation 康乃馨 石竹科草本植物，學名Dianthus caryophyllus，原產地中海地區。因花瓣具縫綠及香郁氣味，而廣受栽培。花壇康乃馨包括許多變種與雜交種，花色繁多，生長於硬直的莖幹上；葉狹長，藍綠色，在莖上形成葉鞘；莖節膨大。花店康乃馨植株較高，較粗壯，花朵也較大，在溫室裡幾乎可以連續不斷開花。此外，花店康乃馨還有迷你型以及枝飾變種。康乃馨是最受歡迎的切花之一，可供作插花、胸花等。1907年美國費城的賈維斯以粉紅色康乃馨作爲母親節的象徵。

carnauba wax 巴西棕櫚蠟 從巴西產的扇狀棕櫚巴西棕櫚樹葉子上得到的非常堅硬的蠟。此樹在巴西稱作生命樹，在定期出現的乾旱季節裡，這種棕櫚樹分泌一層蠟，以防止其扇形葉子的水分蒸發。巴西棕櫚蠟曾用於加強光澤的上光劑、唱片和炸藥，但現在已多被合成蠟所代替。

Carné, Marcel＊ 卡爾內（西元1909～1996年） 法國電影導演。裝修木匠之子，曾任助理導演，1936年導演第一部影片《珍妮的家》，奠定其爲第一流導演的地位。1937年接著拍攝的喜劇片《怪事》（1937）、《霧的碼頭》（1938）和《日出》（1939），這些詩意寫實的作品是他與銀幕作家普雷韋爾合作的成果。納粹占領法國期間，他拍攝了《惡魔夜襲》(1942) 以及大師級作品《天堂的小孩》(1945)，片中記述了拍戲生活和歌頌了法國精神。1948年與普雷韋爾決裂之後，作品水準每況愈下。

Carnegie, Andrew＊　卡內基（西元1835～1919年） 美國實業家和慈善家。蘇格蘭織工之子，1848年與家人移民美國。在電報局工作時，他的才氣引起賓夕法尼亞鐵路公司高層人士的注意，後來被聘請到這家公司任職，之後對一些工業企業作精明的投資，到三十歲時已是個小富翁。1872～1873年在匹茲堡附近創建鋼鐵廠，即後來的卡內基鋼鐵公司。他採用了新技術如平爐煉鋼法，並透過垂直整合提高效率，建立了主宰美國鋼鐵業的大型企業。1901年把公司賣給了摩根，即後來的美國鋼鐵公司的一部分。他認為有錢人有義務利用其剩餘的財富來改進人類。卡內基退休後致力於慈善事業，捐錢給圖書館、大學（包括卡內基－梅倫大學），也捐助基金給卡內基匹茲堡協會和卡內基紐約基金會（卡內基基金會中最大的基金會）。

卡內基
Brown Brothers

Carnegie, Dale　卡內基（西元1888～1955年） 原名Dale Carnegey。美國演說家和作家。出身貧寒，1908～1912年當推銷員，1912年開始在基督教青年會教講演術。出版了《談話藝術：商人實用課程》(1926) 和其他書籍後，開始把焦點放在如何成功致富的個人態度上。《如何贏得朋友和影響人們》(1936) 大受歡迎，立即成為當時的暢銷書，戴爾·卡內基協會後來在全國各地建立很多分會。

Carnegie Hall　卡內基音樂廳 紐約市音樂廳。由實業家安德魯·卡內基捐助，圖錫爾按新義大利文藝復興風格設計，1891年開幕，音樂廳開幕週中柴可夫斯基應邀擔任客座指揮。1959年卡內基音樂廳瀕臨拆除的命運，1960年因民眾抗議，由紐約市出資購買而拯救了它。1982～1986年進行大修。其建築美侖美奐，音響十分出色，可容納兩千八百位觀眾，長久以來是美國最有名的音樂廳。

Carnegie Mellon University　卡內基梅隆大學 美國賓夕法尼亞州匹茲堡的一所私立大學。該校是於1967年合併卡內基理工學院（1900年由卡內基出資創建）以及梅隆工業研究學院（1913年由梅隆捐贈成立）兩所院校而成。設有技術、科學、電腦科學、人文與社會科學、藝術、公共政策、工業管理等學院。該校以身為藝術中心而負有盛名，設有三座畫廊、兩座音樂廳和兩座劇院。註冊學生人數約7,800人。

carnelian＊　光玉髓 亦稱cornelian。二氧化矽礦物玉髓的半透明、次寶石變種。由於存在分散的膠體赤鐵礦（氧化鐵）故呈紅色到紅褐色或肉紅色。與肉紅玉髓關係密切，不同的只在於紅色色調上。古希臘人和羅馬人對光玉髓很珍視，用來作戒指和印章，它的一些凹雕比許多堅硬的寶石更能保持高度拋光面。主要產地在印度、巴西和澳大利亞。其物理性質與石英相同。

Carniola　卡尼奧拉 歐洲南部地區。位於亞得里亞海東北部，包括一個山區。主要城鎮是斯洛維尼亞的盧布爾雅那。古時為羅馬帝國潘諾尼亞行省一部分。西元6世紀時為斯洛維尼亞人所占。13世紀時，成為神聖羅馬帝國的一部分。1335年屬奧地利的哈布斯堡王室，維持公國地位到1849年。1849～1918年改為奧地利王室領地。第一次世界大戰後，被義大利和塞爾維亞－克羅埃西亞－斯洛維尼亞王國（後來的南斯拉夫）瓜分，1947年的一項條約把整個地區劃歸南斯拉夫。1990年代南斯拉夫分裂，歸屬斯洛維尼亞。

carnival　狂歡節 又譯嘉年華會。某些天主教地區在大齋期禁欲和齋戒之前舉行的最後狂歡活動。節日開始的日期因各地傳統而異，但通常都在懺悔節結束，即大齋期開始的前一日。最有名的和可能最熱鬧華麗的是里約熱內盧的狂歡節，他們以化裝舞會、服裝秀和遊行來慶祝。美國有名的狂歡節是紐奧良的豐富的星期二。

carnivore　食肉動物 哺乳綱食肉目所有肉食動物的通稱。含十科，主要是具掠奪性的哺乳動物：犬科（如狗）、熊科（熊）、浣熊科（浣熊）、鼬科（鼬）、靈貓科（靈貓類）、鬣狗科（鬣狗）、貓科（貓）、海狗科和海豹科（海豹），以及海象科（海象）。雖然大部分食肉動物僅以肉為食，但有些十分依賴植被為生（如大熊貓）。大部分食肉動物牙齒結構複雜，下顎較低，僅能垂直活動，咬食力道很強；智力高。最早的食肉動物可能是從食蟲類祖先演化而來，它們是在古新世時期（約六千五百萬～五千五百萬年前）出現的。

carnivorous plant　食肉植物 也稱食蟲植物。能藉由特化的結構捕取昆蟲或其他小動物，並能消化含氮豐富的動物蛋白質以獲得營養的植物，已知約有四百種。這些適應形態被認為能夠使這種植物在極端環境下生存。其誘捕機制（多為葉的變態）是用來吸引獵物上當。半數以上的種屬於狸藻科，其特點是花兩側對稱，花瓣融合，大多數是狸藻。其餘的食肉植物屬於其他一些科，包括瓶子草類、茅膏菜和捕蠅草。大部分食肉植物都生長在潮濕荒地，酸沼、樹沼、泥岸等水分豐富而土壤酸性氮素缺乏的生境。大部分食肉植物是多年生草本，豬籠草屬有些種為大灌木狀藤本，最小的茅膏菜屬種類常隱藏在水蘚沼澤的地衣中。

carnosaur　肉食龍 獸腳亞目肉食龍次目（即食肉龍次目）的大型掠食性恐龍。為獸腳類恐龍的一個分支，演化為大型草食恐龍的掠食者。體型龐大，兩足行走，頸短，頭骨大，口大，具可怕的牙齒。暴龍是最大的肉食龍，體長達15公尺，也是已知體型最大的陸棲恐龍。白堊紀（6,500萬年前）末期肉食龍絕滅。

Carnot, Lazare (-Nicolas-Marguerite)＊　卡諾（西元1753～1823年） 法國軍事技術專家和政治家。勃艮地律師家庭出生。1773年畢業於工程學校，領中尉銜。後任衛戍官。於1791年任立法議會議員，1792年9月選入國民公會，1793年1月參與最後表決，贊成處死路易十六世。後來成為救國委員會和督政府的領導成員，協助調派革命軍隊和物資，以「勝利組織者」著稱。1799年果月十八日政變後，逃離法國以免被捕。拿破崙奪權後，返國擔任一些公職，其中包括在百日統治時期任內務大臣。1815年亡命國外，最後客死他鄉。

Carnot, (Nicolas-Léonard-) Sadi＊　卡諾（西元1796～1832年） 法國科學家，以提出熱力學的重要理論基礎「卡諾循環」聞名。拉札爾·卡諾之子，1814年從巴黎綜合工科學校畢業後便開始從事熱力發動機的運轉研究。他認為英國先進的蒸汽機和法國未能適當使用蒸汽是拿破崙滅亡的因素之一，1824年他寫了一篇有關蒸汽機的非技術性論文。後來發展了一種熱機理論，預示機械效能是靠最熱和最冷部分的溫度而非靠物質（蒸汽或其他流體）來驅動機械裝置。其理論雖未被及時採用，但最後被納入熱力學的一般理論。

Carnot, (Marie-François-) Sadi　卡諾（西元1837～1894年）　法國政治人物，拉札爾．卡諾之孫，左派議員伊波利特．卡諾之子。曾任公共工程師，後轉入政治。1880～1881年任公共工程部部長。1885～1887年任財政部長。1887年當選為法國第三共和的第四任總統。在位期間發生了布朗熱將軍的陰謀、勞工騷亂、無政府主義運動和巴拿馬運河公司醜聞（1892）。他歷經了十次政府輪替後，聲望仍維持不墜，1894年被一個義大利無政府主義者刺殺。

Carnot cycle　卡諾循環　熱機中流體的壓強和溫度變化的理想循環序列，由法國工程師薩迪．卡諾於19世紀初構想出。它被用來作為所有在高溫和低溫間工作的熱機性能的標準。在卡諾循環中，熱機的工質經歷四個連續的可逆變化：在恆定高溫下加熱膨脹；絕熱膨脹；在恆定低溫下冷卻壓縮；絕熱壓縮。熱機在高溫膨脹過程中吸收熱量，在絕熱膨脹過程中作功，在低溫壓縮過程中排熱，而在絕熱壓縮過程中得到功。輸出的淨功與輸入的熱量之比等於熱源和熱壑的溫差除以熱源的溫度。它表述了卡諾原理：工作於兩個溫度之間的任何熱機，以上述比值為最大。亦請參閱Rankine cycle。

Carnuntum　卡農圖姆　古羅馬帝國城鎮，位於潘諾尼亞行省北部，濱多瑙河。自奧古斯都時代起一直是羅馬的一個重要驛站。西元106年成為上潘諾尼亞省首府，西元171～173年是馬可．奧勒利烏斯進攻馬科曼尼人的基地，西元307年在此召開皇帝會議，約西元400年為日耳曼人放火燒毀。

carob　角豆樹　豆科常綠喬木，學名*Ceratonia siliqua*。原產於東地中海地區，現在世界各地廣為栽培。高約15公尺。羽狀複葉，常綠，光滑，小葉厚。花紅色。莢果扁平，革質，長7.5～30公分，果肉甜，可食，內含5～15粒堅硬的棕色種子。傳說中施洗者聖約翰所食的「蝗蟲」乃是角豆樹的莢果，故角豆樹又稱蝗樹或聖約翰麵包。

carol　頌歌　亦稱聖誕歌。一般指與特定宗教節日有關的歡樂歌曲，尤指歡度聖誕節時唱的歌曲。更嚴格地說，是指中世紀後期任何題材的英國歌曲，由對稱的詩節或詩句與副歌或疊句交替組成。在英國頌歌的黃金時代（1350?～1550?），大部分頌歌是用副歌－詩節的體裁。在15世紀，也發展成藝術音樂和一種文學體裁。16世紀，隨著宗教改革運動的興起，其地位遽降，幾乎全部消失，由有韻律的聖歌取代。18世紀下半葉，頌歌一度復興，但缺乏原有的風貌。

Carol I＊　卡羅爾一世（西元1839～1914年）　原名Karl Eitel Friedrich, Prinz (Prince) von Hohenzollern-Sigmaringen。羅馬尼亞第一代國王（1881～1914）。原為德國親王，在德勒斯登和波昂受教育，1866年繼承羅馬尼亞的大公位。當羅馬尼亞脫離鄂圖曼帝國統治取得完全獨立時，他被加冕為國王。他採行親西方路線，帶動軍事與經濟方面的發展，但是由於忽視解決迫切的農民問題，釀成1907年的農民起義。

Carol II　卡羅爾二世（西元1893～1953年）　羅馬尼亞國王（1930～1940）。國王斐迪南一世長子，1914年立為王儲。由於婚姻問題和不正當男女關係，1925年被迫放棄王位繼承權，流亡國外。1930年回國，奪得王位。私淑墨索里尼的獨裁方式，把國內民主制度摧殘殆盡。1938年末成立以他為首的「民族復興陣線」。1940年被迫讓位給兒子米哈伊，再次流亡異域。

Caroline Islands　加羅林群島　西太平洋島嶼。位於菲律賓群島南方，總陸地面積約1,300平方公里。由五百五十多座島嶼組成，其中包括科斯拉伊、波納佩、特魯克和雅浦和帛琉等島，以及許多珊瑚島礁。17世紀時，雖已被西班牙人發現，但一直到1899年德軍占領之前，很少人到過那裡。第一次世界大戰後，委由日本託管，1947年轉為聯合國戰略託管地的一部分，由美國管轄。除了帛琉之外，其他島嶼在1979年成立密克羅尼西亞聯邦。帛琉在1994年獨立。人口約126,500（1991）。

Carolingian art＊　加洛林王朝藝術　查理曼統治時期（768～814）形成的古典藝術風格，一直延續至9世紀末。這段時期的最大特色是羅馬古典主義的復興，以拜占庭藝術作品和建築為模仿對象。手抄本插圖、象牙浮雕和金工都反映了因襲古典主題和式樣的興趣。鑲嵌畫也有製作，但殘存的很少。

9世紀初洛爾施福音書的象牙浮雕封面，現藏倫敦維多利亞和艾伯特博物館
By courtesy of the Victoria and Albert Museum, London, Crown copyright

Carolingian dynasty　加洛林王朝　統治西歐的法蘭克家族（750～887）。丕平一世（卒於640年）是王朝的創建者，在奧斯特拉西亞法蘭克王國達戈貝爾特一世國王底下擔任宮相，權傾一時。此後，其繼承者（包括鐵鎚查理）繼續從梅羅文加王朝竊取權力，一直到751年，矮子丕平三世才廢除希爾德里克三世，正式冠上法蘭克國王的頭銜。其子查理曼征服整個高盧，並把勢力延伸到日耳曼及義大利。但死後帝國被兒子瓜分為三，887年查理三世被廢，王朝幾乎全部瓦解。然而，約在895～923年和936～987年，加洛林的國王們曾兩度再興。

Carondelet, (Francisco Luis) Hector, Baron de＊　卡龍德萊特（西元1748?～1807年）　西屬路易斯安那及西佛羅里達總督（1791～1797）。在他抵達紐奧良時，為維護西班牙的領土權益，曾與當地印第安人結盟，在美西雙方有爭議的地帶構築堡壘。曾與駐守肯塔基的威爾金森將軍協議鼓動肯塔基和其他領地脫離美國而與西班牙結盟。1795年這個陰謀終因「平克尼條約」之簽訂而破滅（參閱Pinckney, Thomas）。1797年轉任厄瓜多爾的基多總督。

carotene＊　胡蘿蔔素　作為色素廣泛分布於動植物中的幾種有機化合物的總稱。這些色素是高度不飽和的烴類（具有許多雙鍵和三鍵），屬於異戊間二烯類化合物。有數種同分異構體都統歸為胡蘿蔔素化合物。在植物中胡蘿蔔素使花（蒲公英、金盞草）、果實（南瓜、杏）和根（胡蘿蔔、甘薯）呈黃、橙或紅色。在動物中可見於脂肪（奶油）、蛋黃、羽毛（金絲雀）和貝殼（龍蝦）。在許多動物的肝臟中可轉變為維生素A，但即使在高劑量下也不像維生素那樣有毒。胡蘿蔔素具有抗氧化的效果，所以用於製藥方面，或添加在食物或飼料中，也可作為人造奶油和奶油上色之用。

Carothers, W(allace) H(ume)＊　卡羅瑟斯（西元1896～1937年）　美國化學家。1928年杜邦公司聘請他擔任該公司實驗室有機化學研究主任。他研究了高分子量物質的結構和生成它們的聚合反應。這些基礎研究導致尼龍和氯丁橡膠的發展。1938年他研製出第一種工業化生產的合成聚合纖維尼龍，是合成纖維工業的奠基人。

carp 鯉 鯉科中粗強的綠褐色魚，學名爲Cyprinus carpio。原產亞洲，後引進歐洲、北美及其他地區。鱗大，上顎兩側各有二鬚，單獨或成小群地生活於平靜且水草叢生的泥底的池塘、湖泊、河流中。雜食性，掘尋食物時常把水攪渾，增大混濁度，對很多動植物有不利影響。鯉的壽命很長，可活四十年以上。長度平均35公分左右，但最大可超過100公分，重22公斤以上。常被養來食用，兩個養殖品種是鏡鯉（具少數大鱗）和草鯉（幾乎無鱗）。

Carpaccio, Vittore＊ 卡爾帕喬（西元約1460～1525/26年） 義大利文藝復興早期威尼斯派最偉大的敘事體畫家。主要受貝利尼家族和安托內洛的影響。約1490年開始爲聖奧爾索拉學校畫《聖徒烏爾蘇拉傳》組畫（現藏威尼斯美術學院）。這些作品顯示了他的獨創性的成熟性、組織和表達敘事場面的技巧、掌握光的本領。在19世紀，羅斯金對他畫的建築和畫中發光的基調推崇備至。

carpal tunnel syndrome (CTS)＊ 腕小管症候群 亦譯腕隧道症候群。由長期不斷彎曲或壓迫手腕造成的痛苦狀態。腕關節由一組腕骨形成，腕小管是手腕內側一條小通道，三面包著腕骨，第四面包著韌帶。九條腱經過腕小管，腱能曲指，即讓手指在握拳時得以合攏。正中神經也經過腕小管。指和腕活動時，手指由腱摩擦著腕小管壁。由於腱的伸展空間小，腱會壓緊正中神經，該神經是腕小管中最軟的組織。壓力會引起手和手腕中的麻木、刺感和疼痛，即腕小管症候群的主要症狀。如果壓力加劇，患者可能有一些手部肌肉會暫時失控。腕小管症候群最常見於裝配線的工人，還有長期將時間耗在電腦鍵盤上打字的人。減少或避免致病活動，常使輕微病例減緩症狀。較嚴重的病例用消炎藥舒解，病人同時戴上腕梏或腕夾。有時也用外科手術來矯正。

Carpathian Mountains＊ 喀爾巴阡山脈 歐洲中部山脈。是阿爾卑斯山系向東延伸部分。西起斯洛伐克－波蘭邊界，往南穿越烏克蘭和羅馬尼亞東部，全長1,450公里左右。最高峰格拉赫峰海拔2,655公尺（位於斯洛伐克境內）。小喀爾巴阡山脈和白喀爾巴阡山脈是其西南的延伸部分，特蘭西瓦尼亞阿爾卑斯山脈有時也叫南喀爾巴阡山脈。維斯杜拉河、聶斯特河和提蘇河皆發源於此。經濟以農業、林業和旅遊業爲主。

carpel 心皮 帶有種子的葉狀結構之一，構成花朵最內層的輪生體。一種或多種心皮組成雌蕊。心皮內另一朵花的花粉使卵受精，導致心皮內種子的發育。

Carpentaria, Gulf of＊ 卡奔塔利亞灣 澳大利亞東北部海灣，是阿拉弗拉海的一個長方形的淺水灣。介於北部地方和約克角半島之間，南北長約770公里，東西寬約645公里。海灣東面最早於1605～1628年由荷蘭人開發，西、南兩面海岸於1644年被探險家塔斯曼所發現。數世紀以來一直被忽視，直到20世紀後期因發現鋁土礦、錳和對蝦（河蝦）的資源後，才引起國際上的重視。

Carpenter Gothic 木工哥德式 19世紀時期美國的住宅建築風格。是哥德復興式的一個支流，其特點是對於哥德式建築和裝飾的原來構造和比例很少認識並幾乎不加以考慮，而將哥德式裝飾中最表面、最明顯的主題作折衷而幼稚的應用。常濫用角樓、尖塔、尖拱，其裝飾和結構之間沒有邏輯上的聯繫，許多作品在鋼絲鋸發明以前是難以做到的。這種住宅曾流行於美國各地，但現存的主要在東北部和中西部。

carpet 地毯 ➠ rug and carpet

carpetbagger 提包客 美國南北戰爭以後的重建時期（1865～1877），對從北方到南方去升官發財的政客或金融冒險家的謔稱。此詞原指不受歡迎的外地人，他們只攜帶一個提包，別無他物。這些人中有許多人涉及在財經計畫中貪贓枉法，但也有些人對南方的經濟重建有幫助，並參與了教育和社會改革。

Carpocratian＊ 卡波克拉蒂斯派 西元2世紀基督教諾斯底派首腦卡波克拉蒂斯所創的一派，盛行於亞歷山大里亞。該派認爲耶穌是普通人，不是救世主。耶穌與衆不同之處在於：他的靈魂未曾忘記自己的本源和故鄉乃在未知的完美上帝所在境界。此派信徒認爲自己就是精神實際，因而棄絕受造的世界。他們自稱能與精靈相通，以此證明他們有能力控制物質世界並超然於物質世界之上。爲了達到凌駕自由的目的，他們必須盡量體驗一切，這需要花掉大半生的時間。他們是第一個使用耶穌像的宗派，也替柏拉圖、畢達哥拉斯和亞里斯多德製像。

Carracci family＊ 卡拉齊家族 義大利繪畫世家。安尼巴萊・卡拉齊（1560～1609）是波隆那和羅馬反矯飾主義運動中最傑出的畫家。1580年代和他的哥哥、堂兄在波隆那創立一所培育藝術家的學校，名爲啓迪學院。他擅長畫濕壁畫和大型宗教祭壇畫，但在想像風景畫、風俗畫和諷刺畫方面也是開路先鋒。他爲法爾內塞宮所作的濕壁畫裝飾門廊（1597～1601），以奧維德的愛情寓言爲題材，是大師級的作品，不久即成爲青年畫家們眞正必不可少的研究對象，直至18世紀開始很久還是如此，對他們而言這是一個特別豐富的啓示源泉。其兄阿戈斯蒂諾（1557～1602）曾輔助他裝飾法爾內塞門廊，但主要以教學和雕刻著名。他的解剖研究用來輔助教學達兩個世紀之久。他的堂兄洛多維科（1555～1619）曾在各種受委製的濕壁畫工程與他們分工合作。洛多維科在兩個堂弟到羅馬發展後，主持啓迪學院，其作品熱情而帶有詩意，訓練出年輕一輩的波隆那傑出畫家，如雷尼、多梅尼基諾和阿爾加迪。亦請參閱Bolognese school。

Carranza, Venustiano＊ 卡蘭薩（西元1859～1920年） 迪亞斯被推翻後的墨西哥共和國首任總統（1917～1920）。其父爲地主，1877年開始活躍於政治界。1910年加入馬德羅領導的反迪亞斯的戰鬥。他是個溫和派和民族主義者，喜歡政治但非社會改革派。任內由於遲遲不實行1917年憲法中的改革而引起社會普遍騷亂，並出現了嚴重的經濟問題，他與較激進的領袖比利亞、薩帕塔之間也一再衝突。由於強烈的民族主義感，因而反對美國干預墨西哥事務，即使是對墨西哥有利的事。他要爲薩帕塔的遇害負責，他自己則在逃離反叛軍的路上被殺害。亦請參閱Mexican Revolution。

卡蘭薩，約攝於1910年
Archivo Casasola

Carré, John Le ➠ Le Carre, John

Carrel, Alexis＊ 卡雷爾（西元1873～1944年） 法國外科醫師、社會學家和生物學家。由於創造了縫合血管的方法而在1912年獲得諾貝爾生理學或醫學獎。他爲進一步研究血管和器官的移植奠定了基礎，也研究了組織在體外保存的方法並將其應用於外科。第一次世界大戰期間回法國參與研究用抗菌藥沖洗傷口來治療創傷的卡雷爾－達金氏法。1941年任巴黎法國人類問題研究基金會主席。著作包括《人的奧祕》（1935）、《器官培養》（1938；與林德伯格合著）及《對生命的見解》（1952）。

Carrhae, Battle of＊ 卡雷戰役 安息人阻擋羅馬軍隊入侵美索不達米亞的戰役（參閱Parthia）。羅馬人由執政官克拉蘇領軍，他想藉著打勝仗取得與龐培、凱撒之間的政治均勢。他率領七個羅馬軍團（約四萬四千人，很少騎兵）向卡雷進軍，在沙漠中埋伏，安息人約有一千名裝甲騎兵，一萬名馬弓手，向羅馬軍隊圍攻。克拉蘇在企圖談判時被殺。他的失敗讓羅馬喪失威風，也使凱撒趁機奪得權勢。

carriage 四輪載客馬車 用馬拖拉的四輪交通工具，主要用於私人載客。客運馬車的最後改良型，從載重馬車、馬拉戰車和客車發展而來。到17世紀，輕型四輪載客馬車由於使用鋼製彈簧和皮條，這些車輛的懸置方法不斷提高。用木材、玻璃和布製造車廂進一步改進了車輛。在18～19世紀，廣泛使用各式各樣的四輪載客馬車。四輪載客馬車的許多結構和形式，可以在20世紀初的汽車上見到。

Carrickfergus＊ 卡里克弗格斯 北愛爾蘭東北部一區（1973年設）及區首府，位於貝爾法斯特灣北岸。約西元320年，弗格斯國王在岸外遇難，故起此名以示紀念。卡里克弗格斯城堡因俯瞰港灣的戰略位置，在愛爾蘭歷史上起過重要作用。英國內戰（1642～1651）期間，該城堡爲安特里姆新教徒的主要避難地。1840年正式建鎮，1850年成爲首府。卡里克弗格斯鎮也是遊艇中心。人口：城鎮22,786（1991）；區約35,000（1995）。

Carrier, Willis Haviland 開利（西元1876～1950年） 美國發明家和工業家，奠定了空調技術的基本理論。1902年設計出第一套控制溫度和濕度的系統。他在1911年的工程學論文中提出的「合理濕度公式」，開創了科學地設計空調器的新階段。1915年創辦製造空調設備的開利公司。

Carriera, Rosalba＊ 卡列拉（西元1675～1757年） 義大利肖像女畫家及細密畫家，爲義大利及法國兩地洛可可藝風之創始者，其粉彩畫最著名。早年以鼻煙壺上的細密肖像畫而聞名，是最早使用象牙而非用皮紙來畫細密畫的畫家。1720～1721年到巴黎，受託作肖像畫三十六幅，其中有路易十五世幼時的肖像。1721年成爲法國皇家學院成員。1730年前往維也納，神聖羅馬帝國皇帝查理六世成爲她的庇護人，而皇后則爲其學生。

Carroll, Charles 卡羅爾（西元1737～1832年） 美國愛國領袖，簽署「獨立宣言」的唯一天主教徒，也是這一文件簽署者中壽命最長的。1765年以前在英格蘭和法國學習法律；美國革命時期及以前，爲大陸會議（1776～1778）作戰部重要成員。歷任馬里蘭州參議員（1777～1800）、美國國會參議員（1789～1792），後加入聯邦黨。

Carroll, Lewis 卡羅爾（西元1832～1898年） 原名Charles Lutwidge Dodgson。英國數學家、邏輯學家和小說家。一生未婚，擔任牛津大學的數學老師，常與年輕小女生爲伴。小說《愛麗絲夢遊仙境》（1865）就是他爲這些小朋友講的故事集，特別是爲愛麗絲．李德爾。續集《鏡中世界以及愛麗絲的發現》（1871）描述愛麗絲更進一步的探險。這兩本書充滿了幻想，但也富於機智和有些難度，後來成爲全世界最流行、最著名的童話之一。其他作品包括諧體史詩《斯納克之獵》（1876）。他還是一位出色的人像攝影師。

carrot 胡蘿蔔 繖形科草本植物，學名爲Daucus carota，原產阿富汗及鄰近國家，現栽培於整個溫帶地區。通常兩年生，直根可食。常見品種中，根呈球狀或錐狀，橘黃色、白色、黃色或紫色。胡蘿蔔富含胡蘿蔔素，20世紀時，人們認識了胡蘿蔔素（維生素A原）的營養價值而提高了胡蘿蔔的身價。胡蘿蔔喜涼爽至溫和的氣候條件，在溫暖地區不宜於夏季種植。新鮮胡蘿蔔甜脆，皮平滑而無污斑。亮橘黃色表示胡蘿蔔素含量高。可涼拌或烹食。

胡蘿蔔
Kenneth and Brenda Formanek

Carson, Edward Henry 卡森（西元1854～1935年） 受封爲Baron Carson (of Duncairn)。愛爾蘭律師和政治人物。出身南愛爾蘭的新教家庭，1877年開始從事法律工作。1892年任愛爾蘭副總檢察長，同年被選入英國下議院。1900～1905年任英國副總檢察總長。1915年任總檢察長。後在勞合喬治的聯合政府中任海軍大臣（1916～1917）和戰時內閣政務委員（1917～1918）。1921～1929年任常任上訴法院院長。被稱爲「北愛爾蘭的無冕王」，曾成功領導了北愛爾蘭抵制英國政府在愛爾蘭全境實施自治的企圖。

Carson, Johnny 卡森（西元1925年～） 原名John William。美國電視名人。生於愛荷華州的康寧，原爲電台播音員和電視喜劇作家，後來主持一些電視益智問答節目（1955～1962）。他長期主持《今夜秀》（1962～1992），以諷刺幽默的獨白、喜劇小品以及親切友好的玩笑著稱，該節目成爲大量忠實的深夜觀眾的一道主餐。

Carson, Kit 卡森（西元1809～1868年） 原名Christopher Carson。美國邊疆開拓者。十五歲離家加入前往聖大非的商隊。他從邊疆居民學會設阱捕獸方法。1842年探險家弗里蒙特請他當西部嚮導，積極參加開疆闢土的工作。在墨西哥戰爭期間，引導卡尼將軍遠征加利福尼亞。他一面參加作戰，一面到華盛頓特區遞送公文。1854年出任新墨西哥州陶斯鎮印第安人事務官。南北戰爭期間，他率領新墨西哥第一志願軍軍團。1868年任科羅拉多領地印第安人事務總督。因對向西擴張運動作了很多貢獻，躋身於英雄之列。

卡森
By courtesy of the Library of Congress, Washington, D. C.

Carson, Rachel (Louise) 卡森（西元1907～1964年） 美國女生物學家和科學作家，以環境污染和海洋自然史方面的著述聞名。原本研究海洋生物，後來長期在美國漁業局（後改名美國魚類和野生生物署）工作。1951年發表《我們周圍的海洋》一書，獲美國圖書獎。1962年發表具有影響力的預言性著作《寂靜的春天》，促使全世界注意環境污染的危險。其他著作有《海風下》（1941）和《海之濱》（1955）。

Carson City 卡森城 美國內華達州首府。位於塔霍湖之東，雷諾市南方。1858年始有人定居，後依卡森之名改爲現名。1859年在附近的維吉尼亞城發現的銀礦，刺激了卡森城的經濟發展。1864年內華達建州後爲首府。1875年設市。

聯邦政府曾於卡森城建鑄幣廠，後成爲內華達州立博物館。採礦業（銅，部分白銀）至今不廢，但以畜牧、旅遊、國營商業以及合法賭博爲經濟主要支柱。人口47,000（1995）。

卡森城內的內華達州議會大廈
Donald Dondero

cart　畜力車　挽畜牽引的兩輪車。從有文字記載起，一直被用來運送貨物和乘客。畜力車是構造最簡單的一種交通工具，根據運載的物品不同，車身可能是簡單的木柵，也可能是堅實的箱子。最早由希臘人和亞述人在西元前1800年前後使用，但如果按發明車輪的時間推算，則這種車可能早在西元前3500年就已有人使用。

Cartagena＊　卡塔赫納　哥倫比亞城市。位於該國西北海岸，是哥倫比亞的優良港口和主要油港。建於西元1533年，爲當時西班牙治下美洲的大城市之一，該城築有堅固的防禦工事，經常遭到攻擊，特別是德雷克和佛南所率的英軍。一直到1815年，玻利瓦爾才從西班牙手中奪占之，但不久又爲獨立軍隊所奪（1821）。19世紀地位衰退，但是到了20世紀又取得優勢，成爲石油加工中心。人口約812,595（1997）。

Cartagena　卡塔赫納　西班牙東南部港市。西元前227年由迦太基將領哈斯德魯巴建立，西元前209年被大西庇阿占據，設爲羅馬殖民地。西元425年遭哥德人劫掠。771年起爲摩爾人統治。1269年由亞拉岡國王詹姆斯一世收復。16世紀時由腓力二世建爲軍港。現仍爲西班牙在地中海的主要海軍基地和商業港口。人口約180,553（1995）。

cartel＊　卡特爾　獨立公司或個人爲了對某種或某類商品的產銷施加某種形式的限制或壟斷影響而組織的聯盟。最常見的安排是爲了控制價格或產量，或者是爲了畫分市場範圍。卡特爾的成員在參與制定和執行共同政策的同時，仍然保持各自的獨立和財務上的自主。它們可以是國內的（如法本化學工業公司），也可以是國際性的（如石油輸出國家組織）。由於卡特爾限制競爭，對消費者而言，產品價格太高，所以卡特爾在一些國家是非法的。在美國唯一可不受反托拉斯法規範的行業是大聯盟棒球，但一些美國公司獲准在海外參與國際性的卡特爾組織。

Cartel des Gauches＊　左翼聯盟　法蘭西第三共和時期（1870～1940）衆議院中左翼黨派（社會主義黨和激進黨）的聯盟。他們一起組成左翼聯盟以對抗民族集團。在1924年選舉中擊敗民族集團。原本以赫里歐爲首，後來由白里安接手。後來因持續通貨膨脹引起的財政危機使左翼聯盟聲望下降，1925年4月赫里歐政府倒台。

Carter, Benny　班尼卡特（西元1907～2003年）　原名Bennett Lester。美國爵士音樂家。以中音薩克管的主要風格派演奏家聞名，他也是有成就的編曲家、作曲家、豎笛樂師、小喇叭手和樂隊指揮。曾在韋伯與亨德森的大樂隊中演奏，後來領導「麥金尼的採棉者」樂隊（1931～1932）。1935～1938年到歐洲工作，1945年遷居加州，爲電影和電視製作音樂。最著名的作品是《燈光低垂時》。

Carter, Elliott Cook, Jr.　卡特（西元1908年～）　美國作曲家。出身富裕家庭，曾在哈佛大學主修英文和音樂，後在巴黎師從布朗熱。曾任教於數所學校，1972年之後主要在茱麗亞音樂學院任教。他深受史特拉汶斯基和艾伍茲的影響，其精深廣博的風格和新穎的複節奏（稱節拍轉調）原則引起全世界的注目。主要作品包括《鋼琴奏鳴曲》（1945～1946）、《大提琴奏鳴曲》（1948）、《第一弦樂四重奏》、（1951）、《第二弦樂四重奏》（1959）、《管弦樂團變奏曲》（1954～1955）、《雙重協奏曲》（1961）、《鋼琴協奏曲》（1964～1965）、《管弦樂團協奏曲》（1970）、《第三弦樂四重奏》（1973）、《銅管五重奏》（1974）和《小提琴與鋼琴重奏曲》（1975）、《三個樂隊的交響曲》（1977）等。被公認是20世紀末最偉大的美國作曲家。

Carter, Jimmy　卡特（西元1924年～）　原名James Earl Carter, Jr.。美國第三十九任總統（1977～1981）。花生批發商、喬治亞州州議員之子。畢業於亞那波里斯的美國海軍軍官學校，曾在海軍服役，1953年其父去世，卡特即辭去軍職，返家經營家族的花生生意。1962～1966年擔任喬治亞州參議員。1971～1975年任喬治亞州州長。他開放政府部門引用黑人及婦女，對預算採取更嚴格的管理辦法。1976年雖然缺乏全國性政治的基礎和有力人士支持，但他終於贏得民主黨提名，最後還擊敗共和黨現任總統福特，當選爲總統。在總統任內，他促使埃及和以色列締結一項和約；與巴拿馬簽署一項條約，規定1999年後巴拿馬運河成爲中立地帶；並與中國建立全面的外交關係。1979～1980年伊朗人質危機事件成爲他政治上的一大包袱。1979年蘇聯進兵阿富汗，他採取較爲強硬的措施，禁止美國穀物輸往蘇聯，並抵制1980年在莫斯科舉辦的夏季奧運會。由於國內通貨膨脹率逐年升高，經濟蕭條情況未獲改善，所以在1981年尋求連任時，敗給共和黨總統候選人雷根。後來在若干國家的各式衝突中擔當一種自由外交大使的角色，並在一些國家幫忙監督選舉，以確保民主傳統的實施。

卡特，攝於1979年
UPI/Bettmann Newsphotos

Carter family　卡特家族　美國歌唱團體。由卡特（1891～1960）和他的妻子薩拉（1898～1979）及弟媳梅貝爾（1909～1978）組成，他們傳播了阿帕拉契山區民歌。1927年這個家族開始其錄音事業。其後十四年中，薩拉的兩個孩子與梅貝爾的三個孩子也參加演出。他們爲多家唱片公司共錄製三百餘首歌曲，其中包括19～20世紀初期的古老民謠、幽默歌曲、感傷歌曲和許多宗教歌曲，代表著山區音樂寶庫一個重要的橫斷面。後來他們在電台演出，使許多歌曲十分流行，並成爲民歌及鄉村音樂的典範。其中有〈沃巴什炮彈〉、〈讓煩惱的人唱起煩惱的歌〉和非常流行的〈天然森林的花朵〉。在原來的團體解散後（1914），原來的一或多名成員和其他親戚組成的小組繼續以「卡特家族」之名演出。原來的卡特家族是第一個被選入鄉村音樂名人堂的歌唱團體。

Carteret, George＊　加特利（西元1610?～1680年）　受封爲Sir George。英國政治人物和殖民地領主。曾在海軍服役，擔任澤西島副總督，英國內戰期間，他把這個島變成保皇黨的一個據點，因此受封准男爵（1645）。1660年王政復辟後，成爲有權勢的行政官和議員。1663年成爲英王查理二世賜予北美卡羅來納地區的八個最初領主之一，次年獲得新澤西的一半產權，其他的領主則在1674年把地賣給貴格會。加特利曾與貴格會的人分割這塊殖民地。但他死後，繼承者們把他的那部分土地（東澤西）賣給貴格會。

Cartesian circle＊　笛卡兒循環　傳說中笛卡兒使用的循環推理。由於笛卡兒清楚而分明地理解上帝是完美的存在物，他推斷上帝存在而不會欺騙他。如果一個清楚而分明地被感知的理念是錯的，那麼既然上帝賦予他確認任何清楚而分明地感知之理念的傾向，結論將是上帝會欺騙他。因此，一個清楚而分明地被感知的理念不可能是錯的。這個論點是循環的，因爲除非已經假設清楚而分明的理念一定是對的，並無足夠的理由來接受第一個步驟。

Cartesianism 笛卡兒主義 淵源於現代哲學創始人笛卡兒的哲學傳統。是一種理性主義形式，基本思想是區分精神和物質，認爲精神的本質是思維，物質的本質是三維的廣延。上帝是第三者，是無限的物質，其本質是必要存在。上帝結合心靈和肉身創造了第四者－－混合物質，即人類。身心二元論產生了有關因果相互作用和知識的問題，而對這些問題的不同的答案構成了笛卡兒哲學的不同分支。最具有影響力的笛卡兒理論是動物基本上是機械性的，甚至沒辦法感受疼痛。亦請參閱Geulincx, Arnold、Malebranche, Nicolas、occasionalism。

Carthage 迦太基 古代北非重要城市和城邦，位於現在的突尼斯附近，建於一座古堡比爾薩周圍。相傳係西元前814年推羅的腓尼基人在非洲北部海岸建立。西元前6世紀它征服了西部非洲、西西里和薩丁尼亞。在哈米爾卡爾的後裔統治下，支配了地中海西部地區。西元前第3世紀，與羅馬人展開布匿戰爭。爲小西庇阿所摧毀，西元前44年凱撒在此建立一塊殖民地，西元前29年奧古斯都設它爲非洲行省的行政中心。基督教主教德爾圖良和聖西普里安曾在這裡服務。西元439年爲汪達爾人奪占，6世紀時受拜占庭帝國統治，7世紀時落入阿拉伯人手中，之後因重心移往突尼斯而衰落。

Carthaginian Wars ➠ Punic Wars

Carthusian＊ 加爾都西會 天主教修會。西元1084年由科隆的聖布魯諾創建於法國東南部的加爾都西山谷，故名。該會將獨居苦修與集體苦修相結合，在11、12世紀修道院改革運動中曾發揮重要作用。在俗人員也過集體生活，遵守嚴格紀律，他們在大沙特勒斯（總會會址）造酒，盈利所得分別撥給附近宗教團體和慈善機關。該會在法國和義大利有幾處女修道院，也以嚴格集體虔修生活爲特點。

Cartier, George Étienne＊ 卡蒂埃（西元1814～1873年） 受封爲Sir George。加拿大政治人物，1858～1862年與麥克唐納同任加拿大總理。1837年以前當律師，但同年因參加叛亂而被流放美國幾個月。1848年以自由黨人身分選入加拿大立法會議，1855年任加拿大東區祕書，兩年後任總檢察長。他代表加拿大東區與麥克唐納結成聯盟，並努力改善英國人和法國人的關係。他還提倡修築橫貫加拿大東部的大幹線鐵路，並決定興修加拿大太平洋鐵路。他不顧強烈的反對，1867年使他的省加入聯邦。在麥克唐納第一屆聯邦內閣中，他任民兵和國防部長，對該國的陸軍進行了改革。

Cartier, Jacques＊ 卡蒂埃（西元1491～1557年） 法國士兵和探險家。1534年受法國國王法蘭西斯一世派遣去北美洲探險，尋找黃金、香料和通往亞洲的航道。他探勘了北美洲沿海一帶和聖羅倫斯河（1534、1535、1541～1542），但沒有重大的發現，不過爲法國占有加拿大殖民地奠定了基礎。

Cartier-Bresson, Henri＊ 卡蒂埃－布烈松（西元1908年～） 法國攝影家。曾在巴黎學習藝術，在劍橋大學主修文學和繪畫。當他在1930年左右接觸到兩大攝影家阿特熱和曼雷的作品時，開始對攝影產生興趣。他以靜態攝影中渾然天成、連續的影像聞名，這種技術是因他熱衷製作影片而養成的。卡蒂埃－布烈松還有助於把新聞攝影建立爲一門藝術，1947年與卡帕和西摩創立名爲瑪農攝影社的攝影合作社。最有名的攝影集是《決定性的瞬間》（1952）。

cartilage＊ 軟骨 人類骨骼中一種致密的結締組織。軟骨由深埋在堅實的凝膠狀基質中的致密的膠原纖維網所組成，不含血管。軟骨可分三種：一、透明軟骨分布最廣，組成胚胎的骨架，並持續存在於成人活動關節的骨端、肋骨末端及鼻、喉、氣管、支氣管中。二、纖維軟骨構成椎間盤的纖維環，極爲堅韌。三、彈性軟骨中除膠原纖維外尚含彈性纖維，因此最爲柔韌；人類的外耳即由彈性軟骨構成。在胚胎期，大部分的骨骼是軟骨構成，後來才被骨取代。

Cartland, (Mary) Barbara (Hamilton) 卡德蘭（西元1901～2000年） 受封爲Dame Barbara。英國作家。第一部小說《拼圖》（1925）一出書即大受歡迎。1920年代期間寫了兩部以上的小說和一齣戲劇，之後出書的速度穩定成長，從1970年代以來每年平均二十三本，到2000年爲止，她的書總共以三十五種左右的語文形式賣出十億冊以上。非小說作品包括五本自傳，還有論述健康食品、維生素和美容的書籍。卡德蘭也曾爲自己的小說和大約三十部戲劇撰寫電影腳本。她是黛安娜王妃的繼祖母。

cartography＊ 製圖學 亦作mapmaking。在地圖或航圖上用圖形表示地球自然面貌的科學和技術。它是一門古老的學科，可上溯到史前時代人們所畫的漁獵地區圖。巴比倫人把世界畫成平的圓盤狀，托勒密於2世紀著有地理學八卷集，指出地球是一個圓球，爲後人研究奠定了基礎。中世紀時，按照托勒密的理論繪製的地圖都以耶路撒冷爲中心，並把東方畫在圖的上方。較精確的地圖是從14世紀開始的，當時爲了航海製成了航圖。新大陸發現後，要求製圖學採用新技術，特別是採用正確的投影技術。麥卡托使用一種圓柱投影方式，視地球爲一圓柱。圓柱投影法具有許多優點，但在高緯度地區常常失真。等高線地圖是用線連接同等高度的點來顯示地形，以平均海平面來做參考點。現代製圖方法大多使用航空照相或衛星雷達作爲繪製任何一種地圖或航圖的基礎，用這種方法作出的地球地形圖達到前所未有的準確度。透過人造衛星攝影，現已能夠繪製月球以及一些行星和它們的衛星的表面圖。

cartoon 漫畫 原本用作掛毯、繪畫、鑲嵌工藝或其他平面造型藝術形式的圖樣的原尺寸速寫或速描。自15世紀起，就有濕壁畫和彩色玻璃藝術家使用漫畫。1840年代初期起，又指運用誇張、諷刺、通常帶有幽默的模倣畫。漫畫如今主要用於在報紙與雜誌上傳達政治評論、編輯觀點以及社會喜劇。最偉大和最早的漫畫家是18世紀英國的霍迦斯。法國的杜米埃是20世紀漫畫使用「對話框」的先驅，利用這些文字來指明人物的內心思想。英國的《笨拙》雜誌變成19世紀最先進的漫畫園地。在20世紀，《紐約客》樹立了美國漫畫標準。普立茲獎於1922年設新聞漫畫獎項。亦請參閱caricature、comic strip。

Cartwright, Alexander (Joy) 喀特萊特（西元1820～1892年） 美國測量員和棒球迷。曾參與成立紐約市業餘棒球運動組織紐約佬俱樂部，並在該俱樂部內主持一個委員會制訂棒球規則，例如規定用觸殺代替將球打中跑壘員的辦法；把壘間距離定爲27.5公尺。1846年首次在新澤西州霍博肯舉辦新規則的棒球賽。亦請參閱Doubleday, Abner。

Cartwright, Edmund 喀特萊特（西元1743～1823年） 英國發明家。1784年在參觀阿克萊特的棉紗廠時受到啓發，建造了一座動力驅動的紡織機。他發明了動力織布機，並在約克郡建立了一座紡織廠。1789年取得羊毛精梳機的專利。1809年英國下議院鑑於他發明的動力織布機對國家有貢獻，決定授予他一萬英鎊獎金。他的發明還包括製繩機（1792）和一種用酒精代替水的蒸汽機。

Caruso, Enrico＊　卡羅素（西元1873～1921年） 義大利男高音。出身貧寒，十歲跟隨一個機械工程師當學徒，十八歲時利用餘暇時間開始在公開場合唱歌。吸引了一位老師的注意，1894年初次舉辦職業性的表演。1896年在雷昂卡發洛的《丑角》中扮演卡尼奧這個他最出名的角色。1900年在災難性的史卡拉歌劇院首演後復原，兩年不到，成爲舉世聞名的巨星和傳奇人物。1903～1920年在紐約大都會歌劇院駐唱，共扮演約六十個角色，成爲當時最出名的男歌劇明星。他的嗓音悅耳、抒情，在戲劇性爆發中剛勁有力，富有感染力，使得他的唱片（其中有些曲子是首度錄音）在他於四十八歲死後幾十年來仍舊暢銷。

Carver, George Washington　喀威爾（西元1861?～1943年） 美國農業化學家和農藝學家。母親爲女奴，幼年生活於農場主的種植園中，後來離開，作過各種卑賤的工作，一直到二十幾歲才獲得高中教育機會，後入愛荷華州立農學院，最後獲碩士學位。1896年爲阿拉巴馬州塔斯基吉學院的農業研究負責人，協助制定南方農業開發計畫。爲使他能集中精力於研究工作，華盛頓於1910年免去其行政職務。他種植花生、黃豆等能使土壤變肥沃的作物，改革南方只生產棉花的單一農業經濟，以免造成土壤貧瘠。1940年花生已成爲全美六種主要農作物之一，在南方成爲僅次於棉花居第二位的經濟作物。後來從花生研究出三百多個衍生產品和從甘薯製造出一百一十八個衍生產品。第二次世界大戰期間，他發明五百種染料以取代不再能從歐洲獲得的染料。雖在國際獲得極大的聲譽，還有人提供非常好的工作機會給他，但他仍終生待在塔斯基吉學院。1940年捐出畢生積蓄在當地成立喀威爾研究基金會。

喀威爾
By courtesy of the Tuskegee University Alabama; photograph, P. H. Polk

Carver, Jonathan　喀威爾（西元1710～1780年） 美國探險家。曾參與法國－印第安戰爭。1766年被羅傑茲少校派往密西根北部以西地區探險。他越過大湖區到密西西比河，溯流而上到達蘇族村落，他的探險之旅十分成功（1778年出書），但他心力交瘁而死，所著歷險的書籍曾經風靡一時。

Cary, (Arthur) Joyce (Lunel)　喀利（西元1888～1957年） 英國小說家。出生於古老的盎格魯－愛爾蘭世家，十六歲起在愛丁堡和巴黎學畫，後來畢業於牛津大學。第一次世界大戰期間在西非洲服役，開始出版短篇故事、小說，1920年定居牛津，直到1932年才發表第一部長篇小說《艾薩得救了》。此後出版了以非洲爲題材的長篇小說，如《美國訪客》（1933）和《約翰遜先生》（1939）。《馬嘴》（1944）是他最有名的小說，爲三部曲中的最後一部，每一部由故事中的三個主角之一自述。此外，另有一部三部曲也採取同樣手法：《恩寵的囚徒》（1952）、《老爺除外》（1953）和《不再有榮譽》（1955）。

caryatid＊　女像柱 代替柱子用作建築支撐物的女性雕像。最早出現於希臘德爾斐的三座小建築（西元前550～西元前530年）中，成對設置。起源於腓尼基用象牙雕成裸體人像的鏡柄和古希臘用青銅鑄造的著衣人像。最著名的例子是在雅典衛城上的厄瑞克底翁廟女像柱廊（西元前420～西元前415年）的六個雕像。女像柱有時也稱作「korai」（處女之意）。其對等的雕像是男像柱。

Casa Grande National Monument　卡薩格蘭德國家保護區 美國亞利桑那州中南部保護區。位於希拉河谷，南鄰柯立芝。1918年定爲國家保護區，占地191公頃。主體卡薩格蘭德（大房子）爲一座不同尋常的四層黏土建築，屋頂上有磚坯瞭望塔，爲14世紀初薩拉多印第安人所建，是現存的唯一哥倫布發現美洲前的此類建築。附近有部分出土的村落遺址，係數世紀前霍霍坎印第安人所建。

Casablanca　卡薩布蘭加 摩洛哥西部海岸城市。位於1468年被葡萄牙人破壞的安法古城遺址上。1515年葡萄牙人重回原地，建立新鎮，名爲Casa Branca（意爲白屋）。1755年當地發生大地震後被廢棄。1757年被摩洛哥一個蘇丹占據。後來歐洲商人（包括法國人）開始移民於此。1907年由於法國公民被殺，法國派軍隊鎮壓此鎮。在成爲法國保護地期間，是摩洛哥的主要港口。自那時候起，它就不斷地成長和發展。第二次世界大戰期間，英美於1943年在此舉行卡薩布蘭加會議。人口523,279（1994）。

Casablanca Conference　卡薩布蘭加會議（西元1943年） 第二次世界大戰期間，美國總統羅斯福同英國首相邱吉爾以及雙方軍事人員在卡薩布蘭加舉行的一次會議，制訂西方盟國的未來全球性戰略。會議議程以軍事爲主－－決定進攻西西里，向太平洋戰區加派軍事力量，並同意集中轟炸德國。而最重要的是宣布一項要求德、義、日「無條件投降」的聲明。

Casals, Pablo (Carlos Salvador Defilló)＊　卡沙爾斯（西元1876～1973年） 加泰隆語作Pau Casale。西班牙裔美籍大提琴家和指揮家。早年受管風琴家父親的調教，學習大提琴、鋼琴和作曲。1895年在巴塞隆納首演，獲獎學金去馬德里及布魯塞爾深造，1896年回巴塞隆納任大劇院首席大提琴手。此時，他已建立其創新的技法，藉由使左手放置部位更富於彈性，並使用更加自由的弓法技巧，創造了一種似乎毫不費力以及如歌唱音調般的個人演奏風格。1905年與科爾托（鋼琴）、狄博（小提琴）組成著名三重奏小組。1920年代開始成爲指揮。佛朗哥奪取政權後，他拒絕回去西班牙，最後遷居波多黎各。

Casamance River＊　卡薩芒斯河 塞內加爾河流。發源於塞內加爾南部，向西流經甘比亞和幾內亞－比索之間地區，接納一些小支流後注入大西洋，全長300公里。只有130公里長的河段可通航。

Casanova, Giovanni Giacomo＊　卡薩諾瓦（西元1725～1798年） 義大利教士、作家、士兵、間諜和外交官。父親是個演員，年輕時因爲品行不端被神學院開除，從此開始了他豐富多采而又放蕩不羈的生涯，到歐洲各地游蕩。1755年返回威尼斯後，有人告發他是巫師，被關進監獄。次年越獄，逃往巴黎。後來把彩票引進巴黎，與政商名流交往。後來爲了躲債，改名換姓，再度旅遊各地，直到1774年才又回到威尼斯，並成爲間諜，爲威尼斯的國家審判長做事。晚年在波希米亞的一個伯爵處擔任圖書館管理人。他的長篇自傳在1825～1838年第一次出版，共十二冊，也許過分誇大了自己的某些冒險行爲，但仍不失爲18世紀歐洲各國都會的傑出寫照。

Casas, Bartolomé de las ➟ Las Casas, Bartolome de

Cascade Range　喀斯開山脈　太平洋海岸山脈的一部分。從美國加州北部向北延伸，經奧瑞岡和華盛頓州至加拿大不列顛哥倫比亞省南部，綿亙1,100公里。來尼爾山海拔4,392公尺，是這條山脈和華盛頓州最高點。一些山峰曾在最近噴發過，如聖希倫斯山。其北部延伸部分在不列顛哥倫比亞省稱為海岸山脈。亦請參閱North Cascades National Park。

CASE　電腦輔助軟體工程　全名computer-aided software engineering。用電腦設計出複雜的工具以幫助軟體工程師，並使軟體開發程序盡可能自動化。這對那種不能在同一個空間工作的工程師團隊設計重要軟體產品的地方特別有用。CASE工具可為簡單的操作，如從一個特定的程式語言的細微設計中作例行編碼，也可以是較複雜的工作，如編入一個專家系統來加強設計規則，並在編碼階段之前解決軟體缺點和多餘的東西。

Case, Stephen M(aul)　凱斯（西元1955年～）　美國商人。在夏威夷出生，1980年畢業於威廉斯學院，隨後歷任寶僑集團、必勝客披薩、控視等公司的管理職。1985年與其他人共同創立了量子電腦服務公司，1991年更名為美國線上公司。身為該公司的董事長兼執行長，他將其發展為互動式服務公司的世界龍頭，並促使網際網路成為一項大眾傳播媒介。

Case Western Reserve University　凱斯西部保留地大學　美國俄亥俄州克利夫蘭的私立研究型大學。創立於1967年，由西部儲備大學（創建於1826年）和凱斯理工學院（1880年成立）合併而成。設有法律、醫學、牙醫、護理等專科學院，一所文理學院，還有工程、社會科學、管理等院所，以及研究所課程。研究設施包括一座生物學野外研究站和兩座天文觀測所。註冊學生人數約10,000人。

Casement, Roger (David)　凱斯門特（西元1864～1916年）　受封為Sir Roger。英國文官和愛爾蘭烈士。他歷任英國駐葡屬東非（1895～1898）、安哥拉（1898～1900）、剛果自由邦（1901～1904）和巴西（1906～1911）的領事。由於揭露白人商人在剛果和祕魯普圖馬約河流域對原住民勞工的殘酷剝削而博得國際聲譽。由於健康欠佳，1912年退職回愛爾蘭。他在那裡加入了愛爾蘭民族主義運動，並協助他們組織愛爾蘭國民志願軍。第一次世界大戰爆發時，他想尋求德國支持愛爾蘭的獨立運動。1916年復活節舉行愛爾蘭起事，但未成功。後來被捕，判處死刑。

Cash, Johnny　卡什（西元1932～2003年）　原名John R. Cash。幼年即沈浸在南方鄉間音樂（讚美詩、民謠、工作歌曲和輓歌）的環境，早期在德國服役時，才開始學習彈吉他和寫歌。退伍後定居於田納西州孟菲斯開展音樂事業。在縣博覽會和其他地方場合亮相，1955年得到一份唱片合約，〈嗨，波特〉、〈弗爾薩姆監獄藍調〉、〈一路走來〉幾首熱門歌曲使他頗受注目。1957年卡什被視為鄉村與西部音樂領域頂尖的唱片藝人。有一段時間因健康和吸毒問題而聲望下墜，但1960年代晚期他推出《卡什在弗爾薩姆監獄》專輯重新出發，贏得更多的掌聲。1968年他與卡特家族的瓊·卡特結婚，先前與她一起演出至1961年。他的自傳《黑衣人》在1975年面世。後來的專輯包括《解放》（1998）。

cash flow　現金流動　金融或會計概念。現金流動起自三大類活動：營業活動、投資活動、資金活動。現金流動報表在反映手邊實際現金而非積欠金錢（可收之帳單）方面異於損益表。其目的是揭露經營上對現有金融資源的使用，並有助於評估公司的流動資金結餘狀況。

cashew　腰果　漆樹科腰果（Anacardium occidentale，即檟如樹、雞腰果）的種子或堅果，可食用。檟如樹生於潮濕肥沃土壤的熱帶和亞熱帶，為常綠灌木或喬木，原產於熱帶中南美洲。主要收獲其堅果，木材也用於做板條箱、燒炭或造船等；樹膠與阿拉伯樹膠的用途相似。堅果形如粗大的豆，堅果具兩層皮（或殼），殼間的棕色油接觸皮膚可致水瘡，可用做潤滑油、殺蟲劑，並用於塑膠生產。堅果有濃郁的獨特香味，在印度南部，是用於雞和蔬菜的有特色的佐料。

腰果
W. H. Hodge

cashmere　山羊絨　構成喀什米爾山羊絨毛層的動物纖維，屬於特種動物毛纖維。這種纖維由於在印度喀什米爾用來製造美麗的披巾和其他手工產品而聞名於世。山羊絨纖維比優質羊毛更細。纖維有從白到黑各種顏色。山羊絨織物暖和舒適，質地柔軟，懸垂性極佳。主要用於製造優質大衣、上裝、套服衣料以及高品質針織品和襪類。有時與其他纖維混合使用，製成各種織物。粗毛在當地用於製造糧食袋、繩子、毯子和帳幕。由於山羊絨的產量很少，採集和加工費用昂貴。山羊絨成為一種奢華的纖維，現已受到化學纖維競爭的影響。

Casimir III＊　卡齊米日三世（西元1310～1370年）　波蘭語作Kazimierz。別名Casimir the Great。波蘭國王（1333～1370）。弗瓦迪斯瓦夫一世之子，繼承父業後又兼併雷德羅斯和馬佐維亞兩個重要地區，使波蘭成為14世紀中歐的強國。他的統治大大增強了波蘭民族的團結。他與當時的幾個重要王族聯姻，從而獲得外來的支持。他一向用外交手段解決問題，1335～1348年分別與匈牙利、波希米亞和條頓騎士團簽署一系列條約，解決即位之初的重重危機。波蘭與匈牙利結成強有力的聯盟，條頓騎士團退出所占據的波蘭土地，使波蘭西部邊界得到安全。卡齊米日還給予新建城市以自治權，設立克拉科夫特別法庭，按照《條頓法典》進行裁決。曾創辦克拉科夫大學，以造就自己的律師和行政人員。1370年因狩獵事故去世。

Casimir IV　卡齊米日四世（西元1427～1492年）　波蘭語作Kazimierz。別名Casimir Jagiellonian。立陶宛大公（1440～1492）和波蘭國王（1447～1492）。1440年被立陶宛貴族扶為大公，其兄死後他當選為波蘭國王。他致力恢復立陶宛與波蘭的聯盟，並收復以前丟掉的土地。透過與哈布斯堡王室的伊莉莎白結婚和他們所生孩子的繼承權，他與歐洲各個王室建立聯盟，建立了亞蓋沃王朝。在位時，有效摧毀了條頓騎士團，把整個普魯士併入波蘭。

casino　娛樂場　供人賭博的場所，原本是指供人聽音樂和跳舞的大廳，19世紀後期成為賭場，尤其是指玩牌和擲骰子賭博的地方。現在的娛樂場是賭客拿錢出來和一個共同的莊家對賭，在世界各地玩法幾乎一樣。最古老和世界聞名的是蒙地卡羅娛樂場，開業於1861年。其他的包括法國的坎城和尼斯，希臘的科孚，德國的巴登－巴登，巴西的里約熱內盧，以及拉斯維加斯、雷諾。哈瓦那的娛樂場在1959年革命後關閉。1978年新澤西的大西洋城引進娛樂場賭博遊戲，1980年代美國印第安人保留區也出現了娛樂場均有合法賭場，均屬可合法設立賭場的州。近幾十年來，美國的娛樂場越開越多，更多的州把賭博變為合法。

Casper　卡斯珀　美國懷俄明州中東部城市，瀕臨北普拉特河。建於1888年，位在奧瑞岡小道和快馬郵遞路線上。

1890年代發現石油，使該地興起石油工業。蒂波特山醜聞事件就發生在附近。經濟以產石油、天然氣和製造油田設備為主，亦有鈾、煤、皂土礦開採和畜牧業，現為內地一廣大地區的貿易中心。人口約49,000（1996）。

Caspersson, Torbörn Oskar＊　卡斯珀松（西元1910年～）　瑞典細胞學家、遺傳學家。1936年獲斯德哥爾摩大學醫學博士學位，首創用紫外輻射顯微鏡測定細胞結構（如核及核仁小斑）中的核酸含量，認為蛋白質合成時必須有核酸存在。他最先進行昆蟲幼蟲巨型染色體的細胞化學研究，又研究了核仁小斑在蛋白質合成中的作用及異染色質的量與癌細胞生長率間的關係。

Caspian Sea　裏海　世界最大內陸海。位於遼闊平坦的中亞西部和歐洲東南端，西面為高加索山脈。整個海域狹長，南北長約1,200公里，但東西平均寬度只有320公里。面積約386,400平方公里。海岸線分屬伊朗、亞塞拜然、俄羅斯、哈薩克控制。有窩瓦河、烏拉河和庫拉河注入裏海，而它沒有出海口。中世紀時，曾是一條重要的商業路線，構成從亞洲運送貨物的蒙古－波羅的海貿易路線的一部分。如今是魚子醬和石油的產地，重要港口包括亞塞拜然的巴庫、伊朗的恩澤利港。

Cass, Lewis　卡斯（西元1782～1866年）　美國政治人物。曾參加1812年戰爭，1813～1831擔任密西根準州州長。1831～1836年任傑克森總統的陸軍部長，指揮過黑鷹戰爭和塞米諾爾戰爭，1836～1842年任駐法國公使。後來擔任美國國會參議員（1845～1848、1849～1857），支持向西擴張和1850年妥協案。1848年是民主黨提名的總統候選人，但被輝格黨候選人泰勒擊敗。1857～1860年任國務卿，後因布坎南總統對美利堅邦聯不採取堅決的態度而辭職。

Cassandra　卡桑德拉　希臘神話中特洛伊最後一位國王普里阿摩斯的女兒。為阿波羅神所愛，被賜預卜吉凶的本領，但因不肯委身於阿波羅，受到他的詛咒，致使她的預言無人相信。她預言特洛伊城會陷落，但沒人理她。後來分配戰利品時，把她歸給阿格曼儂，之後一起被殺害。

Cassatt, Mary＊　加薩特（西元1844～1926年）　美國女油畫家和版畫家。早年生活富裕，與家人在歐洲四處遊歷。1861～1865年在賓夕法尼亞美術學院學習。後在巴黎學畫，臨摹古代偉大畫家的作品。後來成為竇加的親密朋友，風格深受他的影響，鼓勵她在印象派畫展上展出了她的作品。作品通常是描繪日常生活，特別是母子形象，擅長素描和版畫。最好的一些作品是用粉彩筆畫的。她透過與有錢的收藏家往來，促進印象主義在美國發展，並動用影響力持續影響了美國的品味。

cassava＊　木薯　亦稱manioc或yuca。大戟科植物，學名Manihot esculenta。原產於美洲熱帶，全世界熱帶地區廣為栽培。其塊根可食，可磨木薯粉、做麵包、提供木薯澱粉和漿洗用澱粉乃至酒精飲料。為多年生。葉片掌狀分裂，塊根肉質。品種多，有小的低矮草本、稍大的高一公尺的多分枝灌木及至五公尺高的小喬木。有些品種適應乾燥鹼性土壤，有些則適於河邊的酸性泥灘。木薯屬約一百六十種，均為原產於熱帶美洲的喜陽光植物。

Cassavetes, John＊　約翰卡薩維提（西元1929～1989年）　美國電影導演與演員。生於紐約市，約翰卡薩維提先在電影與電視劇中演出，而後才首度執導獲得熱烈讚揚的作品《陰影》（1961），這是一部以眞實電影的風格拍攝、低預算的獨立製片。他還在《十二金剛》（1967）和《失嬰記》（1968）等影片中飾演風格獨具的角色，而後他重回導演工作，拍攝出《面貌》（1968）、《丈夫們》（1970）和《權勢下的女人》（1974）等獨立製作的影片，在戲劇中來呈現婚姻問題。他後來的作品包括《女煞葛洛莉》（1980）和《愛之流》（1984）

cassia＊　肉桂　亦稱中國肉桂（Chinese cinnamon）。樟科植物，學名Cinnamomum cassia。樹皮芳香，亦稱肉桂，可作香料，味與產自錫蘭肉桂的桂皮相似，但較辣，不及桂皮鮮美，且較桂皮厚。肉桂皮用作菜肴的調味品，特別用於利口酒和巧克力。肉桂粉淺紅褐色。中國產肉桂的香味稍遜於越南和印尼產者，三者均具芳香，味甜而辣。越南肉桂（西貢肉桂）質地最佳。中國肉桂和牡桂的未成熟果實貼生於硬而具皺的灰褐色杯狀花萼中，通常長11公釐。有似桂皮的芳香和肉桂皮的甜辣味，用於食品調味。

Cassidy, Butch　卡西第（西元1866～1909?年）　原名Robert Leroy Parker。美國不法之徒。1880年代中期起是個偷牛賊與搶匪，「卡西第」之名取自一位前輩惡徒。1900年卡西第和「桑德斯小子」朗蓋堡（1870～1909?）結夥，成為野幫的最早成員，專門搶劫銀行和火車。他們在1901年逃到南美。1902～1906年間，他們在阿根廷經營一座農場，但1906年又重操舊業。1909年他們在玻利維亞被一隊騎兵誘捕，朗蓋堡被擊斃，而卡西第則舉槍自戕。不過死亡的時間、地點和情形眾說紛紜。

Cassini, Gian Domenico　卡西尼（西元1625～1712年）　法國天文學家。早期工作主要是觀測太陽，但當他有了更好的望遠鏡以後，便把注意力轉向行星。他測出了木星和火星的自轉週期，並編纂了木星的位置圖表。1671～1679年間，他觀測月球，繪製成一幅大月面圖。1683年斷定黃道光是一種有宇宙來源的物質。卡西尼還發現了土星的四顆衛星：土衛八（1671）、土衛五（1672）、土衛三（1684）和土衛四（1684）。土星的兩個環間黑暗地帶就是以他的名字命名，即卡西尼縫。

Cassiodorus＊　卡西奧多魯斯（西元約490～約585年）　全名為Flavius Magnus Aurelius Cassiodorus。古羅馬歷史學家、政治家和僧侶。曾任執政官。西元540年以後不久退出公職，並建立一座寺院，保存了羅馬文化的精華。他從事手稿之收集工作，責成僧侶們進行抄錄，所抄既有基督教徒的作品，也有異教徒的作品。此舉成為後世各地效法之榜樣。他自己的作品包括《遠古史》（519），是一部記載到西元519年的人類史；《論靈魂》，論述死後的靈魂；《論宗教文學與世俗文學》，論述經文的研究，並對七種人文科學作了簡要的說明，是一種關於異教徒知識的百科全書，為理解《聖經》必不可少之讀物。

Cassirer, Ernst＊　卡西勒（西元1874～1945年）　德國猶太哲學家。曾在柏林大學（1906～1919）和漢堡大學（1919～1933）教書，後來被迫逃到瑞典和美國。以對文化價值的解釋與分析而聞名，他是新康德主義者，認為人類天生具有構成經驗（神話、語言和科學）的方式，形成了他們理解自己和自然的能力。主要著作是《符號形式的哲學》（1923～1929），還寫了哲學史方面的著作，其中包括論述康德、萊布尼茲、文藝復興時代的宇宙學、劍橋柏拉圖派的作品。

Cassius (Longinus), Gaius＊　加西阿斯·朗吉納斯（卒於西元前42年）　羅馬將軍和行政官。他擁護龐培，對抗凱撒，但在龐培失敗後，歸順凱撒。出於嫉妒和不甘心，他加入布魯圖暗殺凱撒的陰謀活動（西元前44年）。在凱撒被殺之後，被迫離開羅馬，他前往敘利亞，奪取總督職位（西元前43年）。後來與布魯圖在馬其頓召募一支軍隊與「後三頭同盟」對抗，於菲利皮戰役被安東尼打敗，加西阿斯遂令其自由奴殺己，布魯圖慨歎其爲「最後的羅馬人」。

cassone＊ 義大利大箱 亦稱結婚箱（marriage chest）。義大利流行的一種通常在新婚時用的木箱子，箱內存放新娘的衣服、亞麻布織物和其他嫁妝。是文藝復興時期裝飾最精美的一種家具。15世紀當佛羅倫斯的豪門富戶常聘請著名的畫家（如波提且利、烏切羅）在大箱上作畫，以爲裝飾。這種箱子成雙製造，並常常分別刻有新娘和新郎的盾形紋章。除義大利外，其他許多國家也都使用這種箱子，但最好的仍是義大利製的。

cassowary＊ 食火雞；鶴鴕 產於澳大利亞－巴布亞地區的幾種大型的平胸鳥。與鴯鶓有近緣關係，已知食火雞曾用腳猛劈而把人給劈死，三趾中最內側腳趾有一個匕首般的長指甲。有一骨質頭盔保護著光禿的頭部，成鳥體羽黑色，幼鳥淡褐色。能在灌叢中小道上迅速奔馳。食火雞吃果實和小動物。普通食火雞是最大的種類，體高幾達1.5公尺。

普通食火雞
Anthony Mercieca from Root Resources

cast iron 鑄鐵 鐵的合金，含碳2～4%，還含有數量不等的矽、錳、硫、磷。鑄鐵是在高爐內還原鐵礦石生產的，放出鐵水澆注冷卻成錠，稱爲生鐵。鑄鐵與熟鐵不同，不能鍛造，只能鑄造成型，性脆、抗拉強度低，但產品價廉。鑄鐵有較高的抗壓強度，以致成爲首要的結構金屬。18～19世紀時，鑄鐵是比熟鐵較爲便宜的工程材料。20世紀建築業以鋼取代鑄鐵，但在工業中仍有許多用途，如汽車發動機缸體、農業機械和機器零件、管道、凹形器皿、火爐、熔爐等。按照斷面顏色，鑄鐵有灰口或白口之分。灰口鐵含矽較高，硬度較低，比白口鐵加工性能好。白口鐵和灰口鐵均較脆。18世紀，在法國發展了白口鑄鐵經長時間加熱處理生產可鍛鑄鐵。1948年在美國和英國發明了在鑄造狀態下就有延伸性的鑄鐵。這類韌性鑄鐵，現已形成重要的金屬體系，廣泛用於齒輪、模具、汽車曲軸和許多其他機械零件。

Castagno, Andrea del＊ 卡斯塔尼奧（西元1419?～1457年） 原名Andrea di Bartolo。義大利佛羅倫斯畫家。早年生活不詳，許多畫作現已失佚。最早的作品可追溯到1442年在威尼斯聖札加利教堂畫的濕壁畫。1447年開始其最偉大的作品：爲佛羅倫斯的聖阿波洛尼亞修道院（現爲博物館）畫的一系列描述最後的晚餐和基督受難的大型濕壁畫。他運用繪畫的幻覺主義和科學透視畫法，以及生動、雕刻般的方式來塑造人物，使他成爲15世紀文藝復興時代畫家中最有影響力的一個。

caste 種姓 一般由血統、婚姻和職業決定的群體的特定社會等級。種姓源自遠古，爲每個正統的人規定一切社交和職業的規則和限制，在印度十分普遍。每個種姓都有自己的習俗，這些習俗對於其成員的職業和飲食習慣以及他們和其他種姓的人的社會交往都有限制。印度約有三千個種姓和兩萬五千多個亞種姓。大致可歸入四個瓦爾納，即等級。最高的等級是婆羅門（僧侶和學者），其次是剎帝利（武士和統治者），第三是吠舍（商人和農民），最後是首陀羅（手藝人、勞動者、傭人和奴隸）。做最骯髒的工作的人地位在首陀羅之下，被稱作「不可接觸者」。雖然現代印度生活的許多方面已很少受到種姓的影響，但多數人在結婚時仍會考慮到社會等級。這部分是因爲大多數人仍住在農村，也因爲婚姻的安排是一種透過既存的親族和種姓關係網路的家族活動。

caste＊ 等級 根據社會性昆蟲（主要是螞蟻、蜜蜂類、白蟻和黃蜂）在其社會中履行職責的不同而畫分的類群。所謂不同的職責，即如蜂王生育，工蜂採食，兵蜂保衛群體，雄蜂與蜂王交配。等級表現出結構和行爲上的差異，例如工蜂的足上生有花粉籃，而蜂王則沒有。蟻、蜂、白蟻是分等級的昆蟲。

Castelo Branco, Camilo＊ 卡斯特洛・布蘭科（西元1825～1890年） 受封爲visconde（viscount）de Correia Botelho。葡萄牙小說家。非婚生孤兒，曾學習醫學和神學，後改行從事文學創作。1861年同一位商人的妻子私通被捕入獄，後來在獄中寫下其最著名的作品《致命的愛情》（1862），描述一份受阻撓的愛情導致犯罪和放逐。他寫有五十八部小說，多數影射了他多情的人生，從浪漫的通俗劇到寫實主義都有。其中最好的作品包括：《一個富人的愛情故事》（1861）、《里卡迪娜的肖像》（1868）。1885年受封爲貴族，但五年後自殺。

Castiglione, Baldassare＊ 卡斯蒂廖內（西元1478～1529年） 義大利外交官、侍臣和作家。出身貴族，曾在曼圖亞和烏爾比公候處任職，後來替教宗服務。他以《侍臣論》（1528）一書聞名，其採用一種哲學對話的形式，描寫理想中的侍臣、貴婦人以及侍臣和王公之間的關係。出版後在國內外很受讚賞，成爲文藝復興時期貴族禮儀的權威著作。

卡斯蒂廖內，肖像畫，拉斐爾繪於1516年；現藏羅浮宮
Giraudon-Art Resource

Castile＊ 卡斯提爾 西班牙語作Castilla。西班牙中部傳統地區。包括幾個現代省份，北部稱老卡斯提爾，南部稱新卡斯提爾。西元10世紀時，在萊昂國王的統治下由岡薩雷斯統一。12世紀脫離萊昂統治，但在1230年卡斯提爾國王費迪南德三世又統一兩王國。1512年兼併那瓦爾王國的西班牙部分，形成現代西班牙的版圖。現在卡斯提爾仍是西班牙政治和行政權力的中心所在。亦請參閱Castile and Leon、Castilla-La Mancha。

Castilho, António Feliciano de＊ 卡斯蒂略（西元1800～1875年） 葡萄牙詩人。雖自幼失明，卻成爲一位古典學者，十六歲時即發表了一系列詩歌、翻譯作品和教育著作。1837年出版他的《全集》，成爲里斯本文壇人物之一。同年，受託主持重要的《全景報》工作。1842年主編重要文化刊物《里斯本人環球評論》，成爲葡萄牙浪漫主義運動的中心人物。1850年後逐漸回復到高雅的傳統主義。他的聲望雖然已經達到頂點，但他那毫無生氣的文學風格卻引起年輕一代作家的反抗，硬把他從文學獨裁者的寶座上拉下來。

Castilla-La Mancha＊ 卡斯提爾－拉曼查 西班牙中部一自治區。1982年設立，包括托萊多、雷亞爾城、昆卡、瓜達拉哈拉和阿爾瓦塞特五省。托萊多山脈將該地區一分爲二，太加斯河流經北部台地，瓜地亞納河流經南部拉曼查平原。因首都馬德里工作市場的需求，使得卡斯提爾－拉曼查自治區的人口大量外流。農業在經濟中占支配地位。首府是托萊多。面積79,231平方公里。人口約1,713,000（1996）。

Castilla y León＊　卡斯提爾－萊昂　西班牙西北部自治區及歷史區，西元1983年設立自治區，由巴利阿多利德、布爾戈斯、萊昂、薩拉曼卡、薩莫拉、帕倫西亞和塞哥維亞數省組成。卡斯提爾－萊昂屬於中央高原，斗羅河自東至西橫貫境內。坎塔布連山脈聳立於北部。1900年以來，人口急遽下降，農村人口大量外遷至各省省會。經濟以農業爲主。首府是巴利阿多利德市。面積94,193平方公里。人口約2,508,000（1996）。

Castillo de San Marcos National Monument＊　聖馬科斯堡國家保護區　美國最古老的石砌城堡所在地。在佛羅里達州東北部，1924年設立，占地面積八公頃。城堡於1672～1696年由西班牙人建造，用以保衛聖奧古斯丁市。在1650～1750年的西班牙和英國爭奪東南部地盤時，此堡扮演重要角色。19世紀被用作軍事監獄。

casting　澆鑄　將熔融的金屬注入模具中，使其硬化成型的方法。在青銅時代就已發展這種方法，當時被用作製造青銅器皿，也就是現在博物館所看到的東西。此法對製造複雜形狀的東西是最有價值的省錢方式，適用於汽車零件的大量生產到同一類雕像、珠寶或大型機器的製造。大多數鋼鐵澆鑄（參閱cast iron）是注入矽砂。對熔點較低的金屬（如鋁或鋅），模具可用其他金屬或砂土製成。亦請參閱founding、investment casting。

castle　城堡　中世紀歐洲要塞，多係國王或貴族領主領土內的住所。從9世紀起在歐洲西部迅速興起。外牆常由一道或數道護城河作防禦，只在城門外的護城河上架有吊橋，吊橋由城堡內拉起時護城河即無法通過。閘門一般由橡木製成，十分厚重，通常還設有槍眼防衛。山腳下之城廓外有堅固的木柵，後改爲石砌的圍牆和塔樓。15～16世紀，槍炮迅速普及，使得中世紀城堡時代至此結束，開始了現代軍事築城技術的階段。

Castle, Vernon and Irene　卡斯爾夫婦（威農與艾琳）（西元1887～1918年；西元1893～1969年）　原名Vernon Blythe與Irene Foote。美國夫婦檔舞蹈家。組成夫婦舞蹈小組，以首創一步舞及火雞舞而著名。他們於1911年結婚，並結成世界著名的舞伴。推廣了滑步舞、卡斯爾波爾卡、卡斯爾華爾滋、搖擺華爾滋、馬克西斯舞、探戈、小兔舞等舞蹈。1914年合著《現代的舞蹈》一書。後來威農死於空難意外，艾琳自此退休。

Castlereagh＊　卡斯爾雷　北愛爾蘭一區，1973年設立。位於貝爾法斯特市東南方。14世紀時，阿爾斯特的歐尼爾氏族來此定居，其主要據點是格雷城堡（現已不存在），現名即取自此堡。與貝爾法斯特東區關係密切，許多居民在那裡工作。人口約64,200（1996）。

Castlereagh, Viscount　卡斯爾雷（西元1769～1822年）　原名Robert Stewart。英國政治人物。劍橋大學畢業。1790年選入愛爾蘭議會。後來進入英國國會（1794～1805，1806～1822）。在擔任愛爾蘭首席祕書期間（1798～1801），他單獨在1800年強制愛爾蘭議會通過「合併法」。1802年7月卡斯爾雷出任印度事務管理委員會主席。1805～1806和1807～1809擔任國防大臣。1812～1822年擔任外交大臣，並成爲下議院領袖。被公認是英國史上最傑出的外交大臣之一，領導反拿破崙的大聯盟，並在維也納會議上決定一些和約的形式。後來罹患妄想症，覺得受人恐嚇，最後自殺。

Castor and Pollux　卡斯托耳與波呂丟刻斯 ➡ Dioscuri

castor-oil plant　蓖麻　大戟科植物，學名Ricinus communis。可能原產非洲，已在全世界熱帶歸化。栽培用以提取醫藥及工業用油，也用作風景樹。葉掌狀，十二裂，大而美觀；果古銅色到紅色，生有硬毛和刺，簇生，美觀，通常成熟前就採收。種子外形似豆，表面有花斑，成熟後含有毒的蓖麻鹼。蓖麻油用作潤滑油及緩瀉藥。該屬僅蓖麻一種，但有成百個自然類型和許多園藝品種。

蓖麻
Kenneth and Brenda Formanek

castration　閹割　亦稱去勢（neutering）。除去睪丸。這種手術會終止大部分的睪丸固酮這種激素（荷爾蒙）的分泌。如果在青春期以前閹割，閹割會防止功能性成人性器官的發展。性成熟後的閹割使性器官萎縮而不再發揮功能，結束了精子形成、性趣及性行爲。閹割牲畜與寵物是爲了防止它們繁殖（參閱sterilization）或使動物變得溫順。在人類身上，閹割因文化原因（參閱eunuch、castrato）及醫療原因（如睪丸癌）而使用。

castrato＊　閹人歌手　在青春期以前閹割過的男性女高音或男性女低音歌唱者，音域寬廣、靈活、有力。閹人歌手是在16世紀婦女被禁止在教堂唱詩班和舞台上演唱而採用的，在17～18世紀的歌劇中達到了「黃金時代」。他們的獨特音色與高度歌唱技巧相結合，能演唱極困難的聲樂段落，曾受到當時歌劇聽衆的熱烈歡迎，爲義大利歌劇的傳播作出貢獻。18世紀歌劇舞台上的男歌手大部分是閹人，其中著名的有塞內西諾（卒於約1750年）、卡法瑞利（1710～1783）和法里內利。一直到1903年閹人歌手還在西斯汀禮拜堂唱詩班演唱。

Castries＊　卡斯特里　加勒比海東部聖露西亞首都和海港。位於聖露西亞西北海岸，爲深水良港。福瓊山（260公尺）上有一座要塞可俯瞰該市。爲觀光客進出該國旅遊的門戶。人口約13,615（1992）。

Castro (Ruz), Fidel　卡斯楚（西元1926/1927年～）　1959年起任古巴政治領袖。父爲殷實的甘蔗種植園園主，哈瓦那大學法學院畢業後當律師，專爲哈瓦那的窮人打官司。原本預定在1952年6月參加下議院議員的選舉。然而，同年3月原古巴總統巴蒂斯塔將軍推翻現任總統，並取消選舉。卡斯楚在1953年組織一支叛軍，反對巴蒂斯塔獨裁，但行動失敗，遭逮捕，被政府判處十五年監禁。1955年獲特赦後前往墨西哥，和有志之士（包括格瓦拉）一起繼續反巴蒂斯塔政的活動。1956年12月他率領一支武裝遠征隊登陸古巴奧連特省海岸。結果除卡斯楚、格瓦拉等十二人之外，其餘全部戰死，他們退入山區，逐漸在全島組織了游擊隊，聲勢越來越壯大。1959年1月1日巴蒂斯塔被迫出逃。卡斯楚掌權後，開始實施較激進的政策：私人商業和工業國有化，沒收美國人企業和地產，擴大醫療服務和消滅文盲，並無情地鎮壓所有的反對派。除了共產黨外，禁止所有的政黨存在。美國曾嘗試推翻他，結果失敗（參閱Bay of Pigs Invasion），陷入古巴飛彈危機。卡斯楚全面控制政治和經濟，在經濟上逐漸仰賴蘇聯的補助。1991年蘇聯瓦解，古巴經濟陷入困境，卡斯楚試圖振興旅遊業來彌補歲收的不足。

Castor y Bellvís, Guillén de＊ 卡斯特羅－貝爾維斯（西元1569～1631年） 西班牙劇作家。所寫的五十部奇特劇本中，以《熙德的青年時代》（1599?）聞名，後來的法國劇作家高乃依據此寫成著名劇本《熙德》（1637）。卡斯特羅的劇作以生動逼真的對話著稱。他還被認爲是第一位寫出婚姻的陰暗面的戲劇家，如《瓦倫西亞的不幸婚姻》。他採用大量的卡斯提爾地區敘事歌謠，有三個劇本是根據塞萬提斯的小說改編的。

casualty insurance 災害保險 預防人身和財產發生損失的措施（保險），包括意外事故、疾病和法律責任的風險。主要類別有責任保險、盜竊險、航空險、工人撫卹金險、信貸險和產權險。責任保險可包括由於使用汽車、經營企業、工作疏忽（瀆職險）或財產所有權所發生的責任。信貸險的保險範圍有：由於無償付能力、死亡和傷殘所造成的倒帳風險，銀行倒閉所造成的儲蓄損失風險，由於商業或政治原因所造成的出口信貸損失風險等。

casuarina＊ 木麻黃目 雙子葉植物的一目。僅木麻黃科，有兩屬，木麻黃屬三十種；裸孔木屬二十種。喬木或灌木，許多種的株形遠觀似松樹。分布於東非、馬斯克林群島、東南亞、馬來西亞、澳大利亞和玻里尼西亞。本目植物枝條綠色，細長下垂，有深溝紋，隔一定距離有輪生的鱗狀小葉，與木賊的葉相似。花退化，單性，雌雄同株或異株。以前曾認爲木麻黃目爲雙子葉植物的最原始類群，但現在認爲其花等原始特徵是由於退化所致。有些種類，特別是木麻黃，材質堅硬，紋理密，淺黃色至紅褐色，能防白蟻，因色似牛肉，故俗名牛肉木，又因質硬而俗稱鐵木。

cat 貓 貓科食肉哺乳動物的統稱，包括眞貓（豹屬和貓屬）以及獵豹（獵豹屬）。典型的貓約出現於一千萬年前。豹屬的貓科動物（如獅、虎）所發聲音爲吼聲，不能發貓樣的嗚嗚聲；瞳孔圓形。貓屬的貓（如美洲獅）能發嗚嗚聲，但不能吼叫，瞳孔通常爲垂直。貓的近舌尖處的舌面有一片尖銳的倒刺，牙齒具有三種功能：穿刺（犬齒）、銜牢（犬齒）和切割（臼齒）。從高處跳下來，幾乎用腳著地。多數爲夜行性，眼睛能在弱光下視物。貓性喜清潔，常在餐後長時間地用銼樣的舌爲自己梳理皮毛。人類豢養小貓已有3,500年歷史（參閱domestic cat）。野生的貓科動物包括紅貓、獰貓、美洲豹、豹、猞猁、小豹貓、藪貓和野貓。

CAT ➠ computed axial tomography (CAT)

cat bear ➠ panda, lesser

catacomb 地下墓窟 設於地下的墓地，由露天或不露天的墓道以及凹入墓道兩側的墓室構成。此詞可能源自最初似用於聖塞巴斯蒂昂教堂的地下墓地，據傳3世紀後期，該地曾是使徒聖彼得和使徒聖保羅臨時停放遺體之所。其後此詞詞義擴大，遂成羅馬城郊所有地下墳場之通稱。在早期基督教的羅馬，地下墓窟除埋葬屍體之外，在殯葬之日或週年紀念之時，也可供家祭使用。在發生政治迫害的時候，則可用作避難之所。如西元258年羅馬皇帝瓦萊里安對基督教徒大肆迫害時，據說教宗西克斯圖斯二世及四名助祭均在聖塞巴斯蒂昂教堂的地下墓窟中遭到捕獲並被殺害的。西西里和義大利其他地方以及埃及、黎巴嫩也曾發現有地下墓窟。

Catalan language＊ 加泰隆語 屬於羅曼諸語言，通行於西班牙東部及東北部地區，主要在加泰隆尼亞和瓦倫西亞。加泰隆語也通行於法國的魯西永地區、安道爾公國和巴利阿里群島。12世紀時曾是亞拉岡王國官方語言。20世紀晚期，加泰隆尼亞因獲得更大的自治權，加泰隆語遂在該地區再度廣爲通行，成爲政治與教育領域的主要語言。現代加泰隆語主要分爲西部方言群和東部方言群兩支方言，彼此差異甚微，可互通。加泰隆語同法國南部的奧克西坦語及西班牙語的關係最近。

Catalhüyük＊ 加泰土丘 中東最大的新石器時代遺址，地點在土耳其南部科尼亞附近，是新石器時代一個高度發達的文化中心。1961～1965年英國考古學家梅拉特進行發掘，遺址發現有約西元前6700～約西元前5650年間建造的長方形土坯房屋和許多帶有精美壁畫的神殿。

Catalonia 加泰隆尼亞 西班牙東北部自治區和歷史區。包括西班牙東北部的赫羅納、巴塞隆納、塔拉戈納和萊里達四省。庇里牛斯山脈爲該區與法國的分界嶺，自治區的東部是地中海。主要河流是特爾河、略夫雷加特河和厄波羅河，均流入地中海。加泰隆尼亞是羅馬人在西班牙建立的最早領地之一。西元5世紀時爲哥德人占領，西元712年被摩爾人攻陷，8世紀末又落入查理曼手中。1469年西班牙完成統一後，加泰隆尼亞在西班牙國家事務中退居次要地位。17世紀時它與卡斯提爾的利益衝突導致加泰隆人開始進行一系列的分立主義活動。1876年以後，加泰隆民族主義變成一股重大的勢力。1932年與中央政府達成協議，准予其自治。1939年民族主義的勝利意味著自治的喪失，佛朗哥的政府對加泰隆民族主義採取鎮壓政策。佛朗哥死後，西班牙重建民主制度，加泰隆尼亞再度要求自治。如今加泰隆尼亞是西班牙最富饒和工業化程度最高的地區。首府爲巴塞隆納。面積31,930平方公里。人口約6,090,000（1996）。

catalpa＊ 梓 紫葳科梓屬植物，包括十一種，原產於東亞、北美東部和西印度群島。葉大美觀；花豔麗，白色、淡黃或淡紫色。蒴果圓柱形；種子多粒，兩端各有一束白毛。該屬最常見種是美國木豆樹（*C. bignonioides*，即美國梓），其木材堅韌耐用，也是廣泛栽植的觀賞種。

catalysis＊ 催化 藉添加催化劑而改變化學反應速率（通常是加速）的現象，催化劑通常與反應物作用，但最後會再生，因此量保持不變，不會影響化學反應的平衡情況。催化劑會減少反應物和產物之間的活化能障礙。在兩個或兩個以上的聯立反應中，相同的反應物和化合反應可以得到不同的產物，而且產物的分布受所選用的催化劑影響，催化劑可以選擇性地加速其中某一反應。爲降低化學反應的速度向反應中添加的另外物質稱爲抑制劑。在均相催化反應中，催

羅馬拉丁大道旁地下墓窟，其中築有一拱形墓室壁龕，飾以早期基督教繪畫；題材均取自《舊約》及《新約》
Pont. Comm. di Arch. Sacra/M. Grimoldi

化劑是以分子形式分散在與反應物相同的相中（一般是氣相或液相）。而非均相催化反應則是反應物與催化劑在不同的相中，其間被相界面隔開。絕大多數非均相催化劑是固體，而反應物則是氣體或液體。非均相（多相）催化一般都是透過至少一種反應物在催化劑表面的化學吸附（與表面形成化學鍵）來進行的，催化反應的位置就是這吸附層。為了使表面積達到最大，這種催化劑通常是磨成細粉狀或是高度透氣的固體。催化對現代化工業非常重要。亦請參閱enzyme。

catalyst＊　催化劑　化學術語，能增加反應速率而其本身並不消耗的一種物質（參閱catalysis）。一個催化劑分子可在一分鐘內轉化成好幾百萬個反應物分子。氣態、液態和固態的催化劑可能是無機化合物、有機化合物，或是複雜的化合物。通常，催化作用是催化劑與一種反應物之間進行化學反應，生成一些中間化合物，它們互相之間或與另一反應物以更快的速度反應，生成所需最終產物。在中間化合物和反應物進行反應的過程中，催化劑一般能夠再生。催化劑和反應物之間的反應方式很不相同，使用固體催化劑時更為複雜。典型的催化反應有：酸－鹼反應，氧化－還原反應，生成配位錯合物和生成自由基的反應。來自反應物或反應本身產生的物質會抑制（降低）催化劑的效能。催化劑對所有的工業化學反應非常重要，特別是在提煉原油和合成有機化學製造方面。大部分的固體催化劑是細粒狀過渡元素（金屬）或它們的氧化物。在汽車的催化轉換器中，鉑催化劑把未能燃燒掉的烴和氮化合物轉化成不會對環境造成傷害的產物。水（特別是鹽水）會促進氧化和腐蝕。酶是已知最活躍和最易被挑選的催化劑。

catalytic converter　催化轉化器　亦譯觸媒轉換器。汽車中用於減少內燃機排放有害氣體之排出控制系統的組件。催化轉化器包含一個內有催化丸的絕緣室，讓廢氣通過。廢氣的碳水化合物和一氧化碳被轉化為水蒸氣與二氧化碳。

catamaran＊　雙體艇　靠風力或機動行駛的小艇，由兩個船體並列製成。其原型是印尼及玻里尼西亞和密克羅尼西亞群島居民使用的雙木筏，即將兩根原木用板材固定在一起。早期雙體艇長約21公尺，裝帆後可連續航行3,700公里以上。1870年代雙體艇因性能大大優於單體船，而被排斥在正式比賽之外。現代雙體艇的長度約為12公尺，自1950年開始生產。速度非常快，每小時可達32公里。

Catania＊　卡塔尼亞　義大利西西里島東部城市。西元前729年由希臘人建於卡塔尼亞灣的埃特納火山山腳。第一次布匿戰爭時（西元前263年），為羅馬人所奪，屋大維設其為羅馬殖民地。在羅馬皇帝德西烏斯和戴克里先統治下，曾迫害卡塔尼亞的基督徒，殉教士包括聖阿加塔，即這座城市的守護神。後來卡塔尼亞先後被拜占庭、阿拉伯人和諾曼人占據。1169和1693年遭到地震的嚴重破壞。第二次世界大戰中則遭到炸彈轟擊，嚴重受損。重建後成為西西里第二大城，現為工業和交通運輸中心。人口約341,623（1996）。

Catanzaro＊　卡坦札羅　義大利南部城市，卡拉布里亞區首府。可能是在西元10世紀時由拜占庭人所建，1059年被諾曼人羅伯特奪取。在拿破崙和義大利統一運動中扮演重要角色。1905和1907年遭受地震的嚴重破壞，第二次世界大戰中遭到盟軍的轟炸。現為農業中心。人口約96,886（1994）。

catapult　弩砲　一種機械裝置，用以拋射石頭、矛槍或其他彈丸等拋射物體，自古即為人所用。羅馬人用「ballista」一字，指拋石的器械，「catapulta」指發射箭矢與標槍等的弩砲。較大的弩砲裝上一個長臂，用以拋射石頭與其他物體。古代的弩砲和中古的大炮，幾乎都用馬鬃、腸線、腱線或其他纖維扭成粗線來操縱木製樑臂，使用時，拉緊而後突然放鬆，以彈拋物體。現今利用液壓、張力或其他彈力來發射滑翔機、飛機或火箭等，亦稱為弩砲。

cataract　白內障　表現為眼內水晶體混濁的眼科病。白內障導致的視野缺損多半會損害視力。白內障也可能發生在新生兒和嬰兒身上，糖尿病、長期曝露在紫外輻射或外傷會導致成年人白內障，但多數發生在老年人身上，這是因水晶體隨年齡的增長而密度增加的結果。治療方法是外科手術摘除水晶體，再換上人工的。

catastrophe theory　突變理論　數學的一個分支（一般被認為是幾何學的一個分支），用於研究系統的控制變量（一個或多個）連續變化時系統行為經受突然巨大變化的一系列方法，並對種種變化情況進行分類。一個簡單實例是：一座拱橋荷載逐漸增加時形狀會發生變化，起先橋始終比較均勻地變形，直至荷載達到某一臨界值時，橋的形狀突然改變而傾坍。突變理論對光在運動的水中的反射或折射以及其他許多光學現象的研究的成果已有許多，更值得思索的是，突變理論的思想已被社會科學家應用到研究諸如群眾暴力行為的爆發等多種情況中去。

Catatumbo River＊　卡塔通博河　南美洲北部河流。發源於哥倫比亞北部，向東北經委內瑞拉邊境，流貫馬拉開波低地石油儲量豐富的地區，注入馬拉開波湖，長約338公里。下游可通航。

Catawba＊　卡托巴人　操蘇語的北美印第安人，居住在卡羅來納卡托巴河附近地區。以農業為主，種植玉蜀黍、豆類、南瓜及葫蘆等幾種作物。魚和鳥也是他們的主食。他們會製碗、編筐、織蓆，然後把這些手工藝品賣給其他部落和白人移民。各村由議事會管理，議事會的主席是酋長。在與歐洲移民互相交往後，因疾病和其他因素而人口驟減。現今只剩約一千兩百名卡托巴人住在南卡羅來納州羅克希爾。

Catawba River　卡托巴河　美國東南部的河流。源於北卡羅來納州的藍嶺，向南流入南卡羅來納州，在此稱為沃特里河。長220哩（350公里）。連同沃特里河是南卡羅來納州重要的水力發電來源。

catbird　貓鳥　雀形目嘲鶇科的幾種鳥類，除啁啾外還能發出貓叫般鳴聲。北美貓鳥（*Dumetella carolinensis*，即灰貓嘲鶇）體長23公分，灰色，頭頂黑色，常去園林和灌叢。黑貓鳥見於猶加敦沿岸。園丁鳥科貓鳥屬的三種造園鳥也稱貓鳥，分布於澳大利亞、新幾內亞及附近島嶼；雄鳥不築居舍，而是在森林中高聲鳴叫以保衛其領域。

catch　滑稽輪唱曲　亦稱ROUND。為三個或更多聲部演唱而設計的無終止卡農。16～19世紀是男人流行唱的一種娛樂。17和18世紀在英國最為流行。其歌詞往往幽默、粗陋或下流。到英國王政復辟後達到頂峰，當時最傑出的作曲家們都相互競爭，把這種歌曲寫得更加新奇和猥褻色情。18世紀，滑稽輪唱俱樂部紛紛成立，在文字上變得優雅。

Cateau-Cambrésis, Treaty of＊　卡托－康布雷齊和約（西元1559年4月3日）　結束法國和西班牙為控制義大利而進行的六十五年（1494～1559）戰爭的條約，法國放棄對義大利領土的要求，使哈布斯堡的西班牙成為在義大利的主導勢力。法國歸還薩伏依和皮埃蒙特給西班牙的盟友伊曼紐爾·菲利貝托（1528～1580），並把科西嘉還給熱那亞。不過，法國在別處獲得了加萊（1558年從英格蘭人手中奪來），還保住了1552年從哈布斯堡皇帝查理五世奪來的圖勒、梅斯和凡爾登三個主教轄區。

catechesis 教理傳授 ➡ kerygma and catechesis

catechism 教理問答 宗教教育所用的手冊。通常採用問答式，供教育兒童、勸人信教並申明信仰之用。中世紀教理問答集中闡述信、望、愛三點，後來的教理問答又增加其他的主題，在宗教改革運動和印刷術發明之後更受到重視。1537年喀爾文出版專供兒童使用的教理問答。安立甘宗的教理問答是附在《公禱書》內。《巴爾的摩教理問答》（1885）是美國最有名的教理問答。1992年頒布了一本新的普及版《天主教教理問答》。

catecholamine＊ 兒茶酚胺 一類神經介質或激素（荷爾蒙），包括多巴胺、正腎上腺素和腎上腺素。全都來自酪氨酸，並有一個附帶一個胺基的兒茶酚基（有兩個羥基的苯環）。腦、腎上腺的神經元以及一些交感神經纖維會產生不同的兒茶酚胺。

categorical imperative 絕對命令 在德國哲學家康德的倫理學中，絕對命令指對一切行為者是無條件的或絕對的道德律。這一道德律的正確性或要求不依任何動機或目的而轉移。如「你不可偷盜」就是絕對的，不同於那種與欲望有關的假定命令，例如「如你要得人心，你就不可偷盜。」康德認為這樣的絕對命令是唯一的，他用各種形式進行了表達。「只能按照你願意其成為普遍規律的準則行動」是純粹形式的或邏輯的陳述，表達的是行為理性的條件而不是行為道德的條件，關於後者康德是這樣表達的：「對待人的行動，無論是對你自己或對別人，在任何情況下都要將其當作目的，絕不只當作手段。」亦請參閱deontological ethics。

categorical proposition 直言命題 三段論法或傳統邏輯中的一種命題或陳述。在這種命題中，謂詞毫無保留地肯定或否定主詞的全部或部分。它有四種基本形式：「所有S都是P」、「無一S是P」、「有的S是P」、「有的S不是P」。這四種形式分別用字母A、E、I、O代表。比如，「所有人都是要死的」就是一個A命題。直言命題要與複合命題和複雜命題區別開來。它是複合命題和複雜命題中一些完整的項。它是關於事實而不是邏輯關係的判斷，特別要跟「如果所有的人都是要死的，那麼蘇格拉底也是要死的」這一類假定命題相區別。

caterpillar 毛蟲 亦稱蠋。鱗翅目昆蟲（蝶、蛾）的幼蟲。體圓柱形，分13節，有3對胸足和數對腹足。頭兩側各有6眼，觸角短，顎強壯。雖然不是真正的蠕蟲，許多毛蟲也叫蠕蟲，如尺蠖、蠶和大軍蟲（一星黏蟲的幼蟲）等。蠋型幼體亦見於其他類昆蟲，如葉蜂和舉尾蟲。

catfish 鯰 或稱鯰、貓魚。鯰形目魚類的統稱。現存鯰約三十科兩千五百種。與鯉及米諾魚近緣，大多生活於淡水，因其口周有長鬚並很像貓吻端的觸毛，故俗稱貓魚。其上顎至少有鬚一對，吻部也可能有一對，頦部另有一對。許多鯰的背鰭和胸鰭前部生有硬刺，與毒腺相連。幾乎遍及世界各地，一般底棲，喜於夜間活動。多為食腐動物，幾乎以任何動植物為食。鯰大小差異很大，小至體長僅4～5公分，大的可長達4.5公尺，重達300公斤。一些體形較小的種是受歡迎的觀賞魚；而許多體形較大的則可供食用。

Cathari＊ 清潔派 亦稱阿爾比派（Albigensians）。西元12、13世紀流行於西歐的基督教異端派別。該派信奉新摩尼派二元論，宣傳善惡兩元並存，物質世界為惡。他們認為耶穌不過是一名天使，耶穌以肉身在世所歷苦難而死亡，無非是幻象。該派將信徒分為「純全信徒」和「一般信徒」兩部分，要求不同。比至12、13世紀之交，該派在法蘭西和義大利建立十一個主教區。後來教宗英諾森三世宣布發動阿爾比派十字軍鎮壓這些異端，結果他們在清潔派地區不分青紅皂白殺了許多無辜百姓。隨後在法蘭西國王聖路易九世的贊許下，配合新成立的異端裁判所，進行較為有秩序的迫害活動，產生較大效力，1244年該派在蒙特塞居爾的據點陷落，大部分信徒逃往義大利，遲至15世紀初該派始徹底絕跡。

catharsis＊ 淨化 文藝評論用語，指透過藝術來淨化情感。此詞源自希臘文醫學術語katharsis（意為「清洗」或「淨化」），亞里斯多德用其形容真正的悲劇對觀眾所產生的效果，聲稱悲劇的目的在於激起「恐懼與憐憫」，從而使這些情感得到淨化。

Cathay＊ 中國 中國的舊稱，特指中國北方一帶。Cathay一詞源自Khitay（契丹），它是10～12世紀統治中國北方的半遊牧民族。在成吉思汗（元太祖）之時，蒙古人已開始指稱中國北方為契丹（至今俄羅斯語仍用這個字來指中國）。這個名稱可能是在1254年左右，由返鄉的方濟會修士傳入歐洲，但直到五十年後，才由馬可波羅的《馬可波羅遊記》把對中國的印象呈現給歐洲大眾。

cathedral 座堂 在實行主教制的基督教會如天主教會中，指駐堂主教所在的教堂。座堂級別不同，有主教座堂、大主教座堂、都主教座堂、首席主教座堂、牧首座堂；天主教還有教宗座堂。早期教會行政區劃沿襲羅馬帝國的行政區劃，因而座堂盡可能設在城市。在某些聖日，主教必須在座堂，按立神職人員一般也在座堂舉行。在東正教，凡主教所在並主持節日禮拜的城市，其主要教堂即稱座堂。俄國教區數目少而轄境廣，因此任何較大城鎮的主要教堂即稱座堂，不管是否駐有主教。16世紀宗教改革以後，已廢除主教制之處的座堂即成為普通教堂。但在瑞典，座堂仍是路德宗各主教所駐之處。在聖公會，凡保持主教制之處，座堂也仍是主教所駐之處。

Cather, Willa (Sibert)＊ 加兹爾（西元1873～1947年） 美國女小說家。九歲時隨家人從維吉尼亞州遷至內布拉斯加州，十二年後又回到東部，最後定居紐約。1905年出版了第一部短篇小說集《侏儒園》，包括她一些最好的作品。小說《哦，拓荒者們！》（1913）和《我的安東尼亞》（1918）常被認為是她的最佳之作，歌頌拓荒者的精神和勇氣。《百靈鳥的歌聲》（1915）、《青春和聰明的梅杜薩》（1920）以及其他一些作品反映了一個天才努力奮鬥，以擺脫小城鎮的窒息生活。獲普立茲獎的《我們中間的一個》（1922）和另一部小說《一個沈淪的婦女》（1923），則是哀嘆這種開拓精神的消失。後來她也描寫了更早期的開拓精神，作品如《死神來迎接大主教》（1927）和《石上的暗影》（1931）。

Catherine I 凱薩琳一世（西元1684～1727年） 俄羅斯語作Yekaterina Alekseyevna，。原名Marta Skowronska。彼得一世的第二任妻子和俄國女沙皇（1725～1727年在位）。原為立陶宛農婦，1702年成為彼得一世的女侍。1703年兩人的第一個孩子出生後，被俄羅斯東正教教會接納，並改為洗禮名。1712年成為彼得一世的正式妻子。1724年成為俄羅斯沙皇皇后。1725年彼得一世去世後，被人擁為女沙皇。

Catherine II 凱薩琳二世（西元1729～1796年） 俄羅斯語作Yekaterina Alekseyevna。原名Sophie Friederike Auguste, Prinzessin (Princess) von Anhalt-Zerbst。別名凱薩琳大帝（Catherine the Great）。俄國女皇（1762～1796年在

位）。她是德意志親王的女兒，十四歲被選作未來成為彼得三世的妻子。這門婚事是一樁完全失敗的婚姻，因為她患有精神病的丈夫根本無能力治理國家，具有野心的凱薩琳打算將來除掉彼得，自己統治俄國。1762年彼得登上帝位後，她與情夫奧爾洛夫合謀逼迫彼得讓位給她（不久彼得即被謀殺），宣布自己是女沙皇。在位三十四年期間，她讓俄國全力參與歐洲政治和文化活動。她與群臣重組俄國的行政和法律，並擴張俄國領土，取得克里米亞和大部分的波蘭土地。即位之前曾認為農奴制度不人道，曾想要解放黑奴，但即位後，卻加強執行農奴制。她精力充沛，興趣廣泛，擁有多位情夫，其中包括波坦金。

Catherine de Médicis＊　卡特琳・德・麥迪奇（西元1519～1589年）　原名Caterina de'Medici。法國亨利二世的王妃，法蘭西斯二世、查理九世和亨利三世之母，以及法國的攝政（1560～1574）。洛倫佐・德・麥迪奇之女，1533年嫁給亨利，與他生下十個孩子。1547年亨利二世繼承王位，1559年亨利二世意外去世。兒子法蘭西斯二世即位後，展開一場與天主教極端分子吉斯家族的鬥爭，他們想要支配王室。1560年法蘭西斯二世夭亡，她出任查理九世的攝政一直到1563年，並在他執政期間主導政權到1574年。她試圖平定天主教和胡格諾派之間的宗教戰爭。傳統上把聖巴多羅買慘案（1572）歸罪在她身上，不過，雖說是她下令暗殺科利尼和其同黨，但顯然她並未授權進行接下來的屠殺事件。

Catherine of Alexandria, St.　亞歷山大里亞的聖凱瑟琳（活動時期約西元4世紀初）　早期基督教殉教者。據傳她出身貴族，是有才學的少女。在羅馬皇帝馬克森提統治期間，抗議他迫害基督徒。經過她的勸誨，羅馬皇后改信基督教，並在皇帝召來著名學者同她辯論時，駁倒他們。結果她被判處以輮輪絞死，輮輪毀壞，改為斬首。據說天使把她的遺體運往西奈山。中世紀時，她是最普受世人崇敬的聖人之一，是哲學家和學者的主保聖人。

Catherine of Aragon　亞拉岡的凱瑟琳（西元1485～1536年）　英格蘭國王亨利八世的第一任妻子。西班牙統治者亞拉岡的費迪南德二世和卡斯提爾的伊莎貝拉一世最小的女兒。1509年嫁給亨利。與他生有六個孩子，但只有一個存活下來（即後來的瑪麗一世）。亨利想要有個合法男嗣繼位，1527年向羅馬教廷提出離異的要求，但教宗克雷芒七世一直沒批准，羅馬教廷和亨利之間的關係乃告破裂，導致英國發生宗教改革運動。1533年亨利另立了自己的大主教，即坎特伯里大主教克蘭麥，令他宣布廢除與凱瑟琳的這樁婚姻。凱瑟琳後來離群索居地度過餘生。

亞拉岡的凱瑟琳，油畫；現藏倫敦國立肖像畫陳列館
By courtesy of the National Portrait Gallery, London

Catherine of Braganza　布拉干薩的凱瑟琳（西元1638～1705年）　葡萄牙天主教徒、英格蘭國王查理二世之妻。1662年與查理結婚，此婚配是英、葡兩國結成同盟的條件之一，為英國帶來貿易特權和丹吉爾、孟買的港口城市。她不孕，查理雖不是個忠誠丈夫，但在凱瑟琳被控計畫毒殺他時，全力替她辯護。由於凱瑟琳的努力，他在死前不久改奉天主教。1692年返回葡萄牙，1704年她的兄弟佩德羅二世因病不能視事，由凱瑟琳攝政。

Catherine of Siena, St　錫耶納的聖凱瑟琳（西元1347～1380）年）　原名Caterina Benincasa。道明會奧祕神學家和義大利主保聖人。1363年任道明會三品教士，不久，即以聖潔和極度苦行而聞名。她呼籲大家組成反穆斯林十字軍以平定義大利國內的衝突。在亞威農教廷重返羅馬方面，也扮演重要的調解角色（參閱Avignon papacy）。其著作《聖凱瑟琳對話錄》包括四篇有關宗教神祕主義的論文。

catheterization＊　導管插入術　將彈性管子（導管）穿過身體的通道，以注入藥物或對比劑、測量並記錄血流與血壓、檢查結構、取得樣本、診斷疾病或清除阻塞。心臟導管經由動脈或靜脈插入心臟（切開術常在腹股溝），也能攜帶心律調節器電極。膀胱導管經由尿道通到膀胱。

cathode　陰極　電解池和電子管等器件的負端，電子通過它流入直流負載；或指電池或其他電源的正端，電子通過正端返回電源。在電化學中陰極相當於還原極。在氣體放電管中，陰極放射電子而正離子則趨向陰極。亦請參閱anode。

cathode ray　陰極射線　在充低壓氣體的放電管中從陰極發射的電子流，或在某些電子管中由加熱燈絲發射的電子。陰極射線若聚焦在硬靶（對陰極）上就產生X射線，若聚焦在真空中的小樣品上產生極高溫度（陰極射線爐）。陰極射線能使磷光體發光，這種效應加上用電場或磁場控制陰極射線偏轉，就產生了檢測交流電的示波管以及電視和雷達用的顯像管（參閱cathode-ray tube (CRT)）。

cathode-ray tube (CRT)　陰極射線管　一種真空管，當電子束打在其磷光表面會產生影像。陰極射線管可以是單色（用一個電子槍）或彩色（基本上用三個電子槍以產生紅、綠和藍三色而結合成多彩影像）。其有不同的顯示模

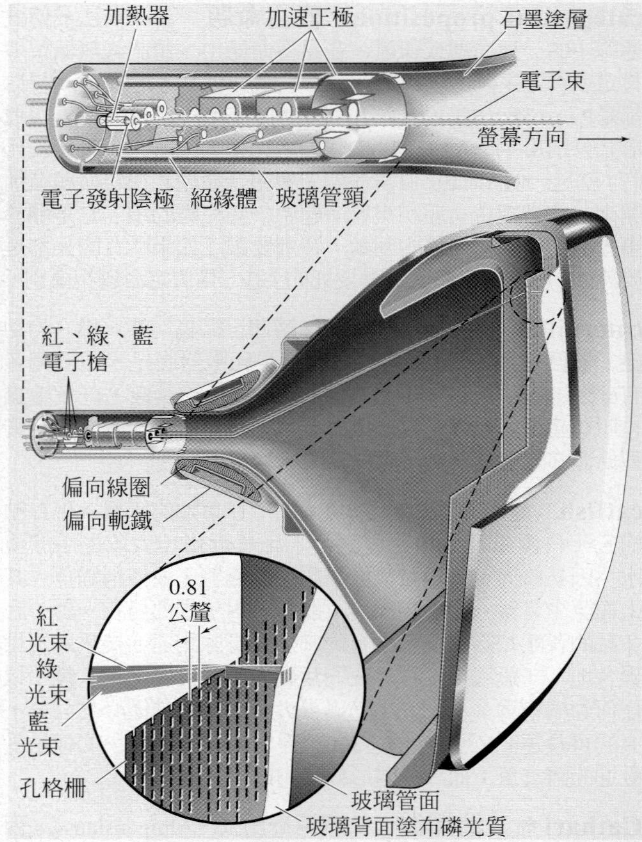

彩色電視映像管裡面有三支電子槍（分別是為了紅、綠、藍）朝向塗布磷光質的螢幕發射電子。電子由偏向線圈產生的磁場指向螢幕上特定的點（像素）。為了避免像素「溢出」到鄰近的像素，利用格柵或遮除罩。當電子打擊到磷光質螢幕，像素發光。像素大約每秒掃描三十次。
© 2002 MERRIAM-WEBSTER INC.

式，包括彩色圖形顯示卡（CGA）、視訊圖形陣列介面卡（VGA）和超級視訊圖形陣列介面卡（SVGA）。

Catholic church, Old ➠ Old Catholic church

Catholic Emancipation　天主教徒解放　英國史上18世紀末、19世紀初一連串的法律，賦予英國和愛爾蘭的天主教徒自由，使免於歧視及恢復公民資格。宗教改革後，英國天主教徒不准購買土地，不准擔任公職、軍職或國會席位，不准繼承財產，不准自由舉行宗教儀式，否則將遭政府處罰。愛爾蘭的天主教徒也遭到類似的限制。到了18世紀末，天主教似乎不再被視為對社會和政治構成大危害後，才開始制定一系列法令（以1829年國會通過的「解放法」達到高潮），鬆綁這些規定。爭取完全解放的最主要鬥士是奧康內爾。

Catholic League　天主教聯盟　德意志天主教各邦的軍事聯盟。1609年成立，以巴伐利亞公爵馬克西米連一世爲盟主，目的在於防止德意志境內新教的擴張。1617年馬克西米連改組聯盟，將萊茵河流域的成員排除在外，使聯盟成爲純粹的南日耳曼邦聯。由蒂利伯爵率領的聯盟軍隊與哈布斯堡王朝的皇帝聯合，在三十年戰爭中扮演了重要角色。1635年「布拉格和約」解散了聯盟。

Catholic Reformation　天主教改革 ➠ Counter-Reformation

Catiline＊　喀提林（西元前108?～西元前62年）　拉丁語全名Lucius Sergius Catilina。羅馬共和國末期的貴族，蠱惑民心的政客，企圖推翻共和制。西元前65年首次涉嫌陰謀不軌，之後意圖參選執政官。兩度參選都告失敗後，他在羅馬城外召集境外人士和社會不滿分子之中支持他的人，整編爲一支軍隊，策劃政變，這就是所謂的「喀提林陰謀」（西元前63年）。當時的執政官西塞羅已事先得知他的陰謀，西塞羅取得元老院的同意，在羅馬境內逮捕了一批嫌疑犯，並將他們全部處決，後來派兵在義大利北部打敗並殺死喀提林（西元前62年）。

cation＊　陽離子　帶有一個正電荷的原子或原子團，以在化學符號後面用上標的加號（+）來表示。在液體中，陽離子會集中在電場的陰極（陰離子）處。例子如鈉（Na^{+}）、鈣（Ca^{2+}）和銨（NH_4^{+}）。亦請參閱ion。

catkin　葇荑花序　長形而團狀的單性花朵，帶有鱗狀苞片而通常沒有花瓣。許多喬木長著柔荑花序，包括柳、樺木、櫟樹。風把花粉從雄性葇荑花序帶到雌性葇荑花序，或從雄性葇荑花序帶到不同形式（如穗狀）的雌花。

Catlin, George　卡特林（西元1796～1872年）　美國畫家和作家。原爲律師，1823年轉向肖像畫創作。長期以來就對印第安人生活感興趣，1830年開始對大平原的各個印第安部族進行一系列的採訪，結果畫出五百餘件油畫和速寫，1837～1845年間在美國和歐洲展出。1854～1857年他到中南美洲旅遊，1858～1870年居住於歐洲。也曾出版一些有關原始美洲生活的插畫。史密生學會因這些作品對民族學和歷史具有重要意義而收有他的大部分作品。

catnip　假荊芥　亦稱貓薄荷（catmint）。唇形科芳香草本植物，學名Nepeta cataria。花小，有紫色斑點，穗狀花序。假荊芥可用作佐料和治療感冒發熱的藥茶。具薄荷樣的芳香，特別能使貓興奮，常用於塡塞貓玩具。

假荊芥
Walter Chandoha

Cato, Marcus Porcius＊　加圖（西元前234～西元前149年）　別名爲監察官加圖（Cato the Censor）或老加圖（Cato the Elder）。羅馬政治人物、演說家和第一位重要的拉丁散文作家。出身於農民家庭，參加過第二次布匿戰爭。由於擅長演說和精通法律事務而順利進入政壇。他持反希臘化的保守立場，並反對親希臘的西庇阿家族，打破他們壟斷政權。西元前184年當選爲監察官，企圖恢復羅馬的「古風」，力抗希臘的影響，因爲他認爲這些影響會損害羅馬傳統的道德。他支持通過了諸如反對奢侈和限制婦女隨意花錢的法律，並矢志消滅迦太基。著作包括歷史、醫學、法律、軍事科學和農業方面。他的曾孫小加圖（西元前95～西元前46年）是元老院貴族黨領袖（參閱Optimates and Populares），爲了保存共和體制而與凱撒對抗。

Cats, Jacob(us)＊　卡茨（西元1577～1660年）　別名Father Cats。荷蘭詩人。曾擔任過司法官和高官，但以著述寓意書籍享有盛名，這些作品包含木刻版畫的道德詩文。《新舊時代的鏡子》（1632）中的許多詩句現已成爲荷蘭家喻戶曉的名言，他用以表達對喀爾文教派者的道德關切，特別是有關愛情和婚姻方面。

cat's-eye　貓眼石　磨成弧面型，呈現發亮的條紋，類似貓的眼睛的寶石。最常見的石英貓眼石呈現灰綠色或淺綠色，這種貓眼石雖然來自東方，但它卻常被稱爲西方貓眼石，以區別於更爲珍貴的東方貓眼石（金綠寶石）。青石綿貓眼石（非洲貓眼石）常被稱爲虎眼石。剛玉貓眼石是一種不完全的星彩藍寶石或星彩紅寶石，其中星彩已成爲明亮的條帶。

金綠貓眼石
John H. Gerard

Catskill Mountains　卡茲奇山脈　美國紐約州東南部阿帕拉契山脈一部分。東和北以摩和克河和哈得遜河兩河谷爲界。許多山峰高逾900公尺，最高峰爲斯萊德山（海拔1,281公尺）。山區內有許多風景名勝，並有人工湖多處，是紐約都會區的重要水源。此山脈也因歐文所寫的《李伯大夢》故事而聞名，據說李伯一睡二十年的地方就是在卡茲奇鎮附近。

Catt, Carrie Chapman　加特夫人（西元1859～1947年）　原名Carrie Lane。美國提倡婦女選舉權運動的領導人。1881年任愛荷華州梅遜市中學校長。兩年後成爲美國的第一批女督學之一。1884年與查普曼結婚，1886年查普曼意外死亡。1887～1890年致力於籌建愛荷華州婦女選舉權聯合會。1890年與喬治·加特結婚。後來她根據政治區劃原則改組全美女權運動聯合會，並從1915年起擔任協會主席直到去世。在第十九號修正案通過後，婦女獲得了選舉權。之後加特夫人將女權運動聯合會（會員超過兩百萬人）改組爲婦女選民聯盟，以便在全國繼續爭取進

加特夫人
By courtesy of the League of Women Voters of Illinois

步的立法，其中包括推動世界和平。亦請參閱woman suffrage。

cattail 香蒲目 高大蘆葦濕地植物（參閱reed）的統稱，有棕色帶毛結果的穗狀花序，組成香蒲屬（香蒲科），具體像寬葉香蒲，它那長而平的葉尤其適合於製作草席和椅子坐墊。主要見於南北兩半球的溫帶和寒冷地區。香蒲對野生動物很重要，但也經常栽作池塘觀賞植物，或用於製作乾燥花。香蒲葉受濕時膨脹，是船和桶上裂縫的優良填塞料。

Cattell, James Mckeen＊ 加太爾（西元1860～1944年） 美國心理學家。曾在德國萊比錫留學，師從馮特，後來到倫敦擔任高爾頓的實驗助理。1888～1891年任教於費城賓夕法尼亞大學。1891～1917年任哥倫比亞大學心理學教授，那時桑戴克是他的學生。他將客觀實驗法、心理測驗和應用心理學引進美國心理學界。加太爾將畢生精力奉獻給編輯和出版科學期刊，他是《心理學評論》（1894）的創辦人，編輯《科學月報》長達五十年（從1894年開始），1906～1938年創辦、編輯、出版了《美國科學家名錄》。

cattle 家牛 飼養以供肉用、乳用或役用的馴化牛類。成年公牛體重450～1,800公斤，成年母牛體重360～1,100公斤，視品種而定。據信所有現代家牛均源自歐洲牛和印度牛，或這兩者的雜種。現今約有277個可辨識的品種，其中包括供生產牛肉產品（如安格斯牛、赫里福德牛和短角牛）和酪農業用的優質牛。家牛主要以牧場放牧方式飼養，但現代化的飼養通常會在其食物中添加調製好的動物飼料。亦請參閱aurochs、Brahman、ox。

Cattle Raid of Cooley, The ➠ Táin Bó Cúailgne

Catullus, Gaius Valerius＊ 卡圖盧斯（西元前84?～西元前54?年） 羅馬詩人。生平不詳，現存的一百一十六首詩中，其中有二十五首是描述與一個有夫之婦莉絲比亞之間的熾烈而不幸的愛情故事；其他的詩則盡情地發洩了他對凱撒和其他較低層人物的蔑視和憎恨。他的詩作展現了熟練的格律技巧，特別是他用於抒情目的的應景詩格律，實現了任何其他古典詩人所無法達到的直接性。他表現愛和恨的詩普遍被認爲是古羅馬最優秀的抒情詩。

Cauca River＊ 考卡河 哥倫比亞西部和西北部河流。源出安地斯山脈，向北流經山谷省寬闊、肥沃的山間低地，匯入馬格達萊納河，全長1,349公里。中游地區的考卡谷地是重要的農業和養牛中心。哥倫比亞2/3的咖啡就是生產於其鄰近高地。

Caucasia＊ 高加索 亦稱Caucasus。俄語作Kavkaz。位於黑海和裏海之間的山區。面積399,510平方公里，跨越俄羅斯、喬治亞、亞塞拜然和亞美尼亞等國境，並構成傳統的歐亞界線。此區被高加索山脈一分爲二，大高加索山脈以北地區稱北高加索，以南地區稱外高加索。自古即有人定居於此，在18～19世紀俄國占領之前，曾爲波斯人和土耳其人有名無實的領地。

Caucasian languages＊ 高加索諸語言 通行於高加索地區的一組當地語言，不屬於世界上任何一個大語系。約有近九百萬人操此語言，可分爲下列三組：南高加索語族（卡特維爾語族）、西北高加索語族（阿布哈茲－阿迪格語族）和東北高加索語族（或稱納霍－達吉斯坦語族）。卡特維爾（南高加索）語族，約有四百五十多萬人操此語言。阿布哈茲－阿迪格（或西北高加索）語族包括阿布哈茲語，以及合稱切爾克斯語的一連串方言。納霍－達吉斯坦（或東北高加索）語族包括納霍語支和達吉斯坦語支。納霍語支包括車臣語、印古什語，通行於車臣、印古什境內，約有一百多萬人操這種語言。達吉斯坦語支又可再分爲二十五～三十種語言，主要通行於亞塞拜然北部和達吉斯坦共和國境內，人數約有一百七十萬。達吉斯坦語還包括阿瓦爾、拉克、萊茲吉等幾個數十萬人講的語言，其他的只有少數農村通用。雖然高加索諸語言之間的歧異性很大，但是大部分具有共同的龐大子音系統，以及在動詞指示格和語法方面傾向動者格的形式。除了喬治亞語外，這些高加索語借用西里爾字母來書寫。車臣人則想引進拉丁字母來書寫。

Caucasoid ➠ race

Caucasus Mountains＊ 高加索山脈 俄語作Kavkazskiy Khrebet。位於黑海和裏海之間的山脈，通常被視爲歐洲的東南界線。它跨越了俄羅斯南部、喬治亞、亞塞拜然和亞美尼亞，長約1,200多公里，原是火山。許多山峰高達4,575公尺，最高峰是厄爾布魯士山，海拔5,642公尺。有一些山口通過，其中包括達爾亞山口和馬麥森山口。擁有相當大的水力資源（包括庫拉河），以及寶貴的石油和天然氣。

Cauchy, Augustin-Louis＊ 柯西（西元1789～1857年） 法國數學家，在數學分析和置換群（其元素爲某個集合的有序序列的群）理論方面做了開拓性的工作。原是拿破崙的海軍工程師，1813年發表了一篇論文，成爲複變函數的理論基礎。他發展了極限和連續的概念，藉以澄清了微積分的原理，奠定了彈性的數學理論基礎，對數論有重要的貢獻。被公認是現代最偉大的數學家之一。

caudillo＊ 軍閥 拉丁美洲軍事獨裁者。19世紀早期拉丁美洲獨立運動之初，政治不穩的情況和長期軍事衝突的經驗導致許多新國家出現強人，他們常有領袖魅力，而他們之所以掌權是依靠對武裝追隨者的控制，還有贊助和警戒。由於他們的權力奠基於暴力及個人關係，軍事獨裁者統治的合法性總是遭到質疑，而其中很少能夠經得起從自身追隨者及富有贊助者中崛起之新秀的挑戰。亦請參閱machismo、personalismo。

Caulaincourt, Armand (-Augustin-Louis), marquis de＊ 科蘭古（西元1773～1827年） 法國將軍、外交官。1802年擔任拿破崙的侍從官，1804年起擔任皇帝的御馬總管。之後擔任駐俄國大使（1807～1811），外交大臣（1813～1814,1815）。1808年拿破崙封他爲維亞琴察公爵，在多次大戰役中，始終站在拿破崙這一邊支持他。其回憶錄提供了1812～1814年期間的重要史料。

cauliflower 花椰菜 又稱菜花。十字花科甘藍的一種類型，學名Brassica oleracea。原始花軸和花蕾變形增厚，在莖頂端形成白色肥大花球塊狀花序。葉寬而長，高出花團甚多。在收穫花團前數天應將葉紮起包住花團或折斷後蓋在花團上，以防花團曬得褪色。菜花常做成炒菜，也可做沙拉或做配菜生食。

花椰菜
Derek Fell

Caulkins, Tracy 考爾金斯（西元1963年～） 美國游泳選手。生於明尼蘇達州文諾納。1978年，十五歲的她成爲第一位200碼混合式游進兩分鐘內的女選手。1982年，她超越了韋斯摩勒的36個全國冠軍的記錄，而且沒有任何一位美國業餘選手能望其項背。在

1984年的奧運會中奪得三面金牌之後她宣布退休。她生涯的成績是：贏得48項國際競賽冠軍，創下項世界記錄或美國記錄，並且是美國唯一一位在各種泳式中都留下記錄的女性。

causation　因果　第一個事件（因）引發另一事件（果）時，這兩個暫時並起或連續事件之間的關係。休姆主張必要關聯的想法（屬於一般因果概念的一部分）是主觀的。根據休姆的說法，主張甲類事件促成乙類事件的客觀內容只是經驗中我們所發現的甲類事件之後總是跟著乙類事件。有些哲學家認出了自然（亦稱物質或內在）因果（「縱火犯放火」）與事件（亦稱外在）因果（「短路引發火災」）之間的差別。

caustic soda　苛性鈉　即氫氧化鈉（NaOH），一種無機化合物。苛性鈉和氫氧化鉀是應用最廣的工業鹼，用於製造肥皂、玻璃和其他許多產品。自古以來，人們用水浸泡木灰就很容易濾取出它們（參閱lye）。18和19世紀時發展生產苛性鈉的工業方法（如呂布蘭法、索爾維法）現已大部分被電解法所取代。

Cauvery River ➠ Kaveri River

Cavafy, Constantine＊　卡瓦菲（西元1863～1933年）　原名Konstantínos Pétrou Kaváfis。希臘詩人。一生大多住在埃及的亞歷山大里亞，在那裡擔任一名小文官。一生只發表了約兩百首詩，作品風格親切、寫實而具抒情味，文字運用是奇妙地混合了古典純正的希臘文和現代通俗的希臘文。許多詩中涉及到主要是希臘化時代的歷史，還有其他詩作反映了他同性戀的生活。在他逝世以後仍很受歡迎並很有影響，是現代希臘最偉大的詩人之一。

卡瓦菲
Dimitri Papadimos

Cavaignac, Louis-Eugène＊　卡芬雅克（西元1802～1857年）　法國將軍。在1840年代法國征服阿爾及利亞期間，他表現傑出。在1848年革命後，他被任命爲陸軍部長。同年6月他指揮軍隊鎮壓巴黎起義工人，因此贏得「六月屠夫」惡名（參閱June Days）。當月28日，國民議會任命他爲法國最高行政官，但在12月的總統選舉中他敗給路易－拿破崙（後爲拿破崙三世），他繼續充當反對黨領袖。

Cavaillé-Coll, Aristide＊　卡瓦耶－科爾（西元1811～1899年）　法國管風琴製作家。1833年聽從作曲家羅西尼的建議而去巴黎，他和父親、兄弟在法國、比利時、尼德蘭等地製作了約五百件管風琴，其中包括聖母院、馬德萊娜教堂、聖克羅蒂爾德教堂和三一教堂等。爲了達到管弦樂的豐富和各種音色的效果，他發明了許多東西來改進。被公認是法國浪漫主義管風琴的創造者，他的樂器也影響了法朗克和梅湘等作曲家的作品。

Cavalcanti, Guido＊　卡瓦爾坎蒂（西元1255?～1300年）　義大利詩人。出生於佛羅倫斯一個有影響力的貴族世家，曾在哲學家、學者拉蒂尼門下學習，稍早他曾教過卡瓦爾坎蒂的好朋友但丁。其詩名僅次於但丁，被認爲是13世紀義大利文學中最偉大的義大利詩人。留下約五十首詩歌，其中許多是獻給兩位女性的，多與愛情有關。他的文字表達了「溫柔的新體」詩派的優雅和直接。英國詩人但丁·加布里耶爾羅塞蒂和龐德翻譯過他的大部分詩作。

Cavalier＊　騎士　在英國內戰時期，查理一世的擁護者自稱騎士，而將敵方貶稱爲「圓顱黨」（剪短頭髮）。此詞本義爲騎手或騎兵。在王政復辟時期執政黨仍保留騎士的名稱，直到托利（Tory）一詞出現爲止。亦請參閱Cavalier poet。

Cavalier poet＊　騎士詩人　英國內戰時期忠於查理一世的一批紳士詩人。他們採取騎士的生活方式，認爲寫作精美的抒情詩僅僅是作爲軍人、朝臣、豪俠和才子的多種技能中的一項。這派詩人包括拉夫累斯（1618～1657）、加露（1594?～1640?）、索克令、沃勒和赫里克。

Cavalli, (Pier) Francesco＊　卡發利（西元1602～1676年）　原名Pietro Francesco Caletti-Bruni。義大利歌劇作曲家。1617年成爲威尼斯聖馬可教堂的唱詩班歌手，在蒙特威爾第的手下做事。他也是個管風琴師，1668年升爲教堂樂長。曾爲威尼斯公共劇院寫了三十多部歌劇，是繼蒙特威爾第之後最受人歡迎的歌劇作曲家，被視爲他的傳人，其主要競爭對手是蔡斯悌（1623～1669）。主要作品有《狄多》（1641）、《埃季斯托》（1643）、《艾里斯曼納》（1655）等。

Cavallini, Pietro＊　卡瓦利尼（西元約1250～約1330年）　義大利濕壁畫家和鑲嵌畫家。1291年開始爲羅馬特拉斯蒂維爾的聖瑪利亞教堂製作表現瑪利亞生平的大套鑲嵌畫。1290年代初在羅馬的聖塞西利亞教堂完成其最著名的作品《末日審判》、《舊約故事》（只存幾個片斷）和《天使報喜》。其作品表明義大利藝術開始試圖突破拜占庭的程式化和用立體的、逼真的方法描繪人物與空間。對佛羅倫斯繪畫革新家喬托有極大影響。

cavalry＊　騎兵　騎馬的作戰部隊。以前在各大國的陸軍中，騎兵是一個重要的兵種。騎兵作爲諸兵種合成部隊的一部分使用時，主要任務包括偵察和報告有關敵軍的情報，掩護自己部隊的活動，追擊和瓦解潰敗的敵人，不斷威脅敵人的後方，對偵察到的敵人的弱點進行突然襲擊，包抄暴露的側翼，突破敵陣。在19世紀後期，主要因爲連發步槍和機槍的使用，騎兵的價值大爲下降。到第一次世界大戰時，騎兵再向裝備速射輕武器的築壕據守的敵軍防線衝鋒就等於自殺。因之，騎兵部隊放棄馬匹而使用裝甲作戰車輛，成爲機械化騎兵或裝甲騎兵，甚至連騎兵這個名稱最後也放棄了。到1950年代，美國或英國的陸軍都沒有騎馬的騎兵部隊了。到1960年代初，美國第一騎兵師改爲「空中機動」師，裝備直升機和空運的武器和車輛，在越戰中，承擔多種任務。

cave　洞穴　天然形成的地下空洞。通常由大量的地下洞室組成，構成洞窟系列。被較小的通道連接起來的這類洞窟的組合，就構成一個洞穴系統。原生洞穴發育於主岩體固結時期，如熔岩管和珊瑚洞。次生洞穴則起源於主岩體沈積和硬結之後，如海蝕洞。大部分的洞穴屬於後者，包括那些已被斷裂和機械侵蝕作用削弱了的主岩體再遭化學溶蝕作用而形成的洞穴，馬默斯洞穴和卡爾斯巴德洞窟是這類溶蝕洞的典型實例。

Cavell, Edith (Louisa)＊　卡維爾（西元1865～1915年）　英國護士，第一次世界大戰中家喻戶曉的女英雄。1895年開始從事護士工作，1907年任布魯塞爾一家醫院的護士長，大大改善了醫護水準。德國占領

卡維爾
Syndication International Ltd.

比利時後，她加入一個地下組織，幫助了約兩百名盟軍士兵逃到荷蘭。後來被逮捕，德國人將她處決。

Cavendish, Henry＊ 加文狄希（西元1731～1810年） 英國物理學和化學家。因繼承龐大家產而成爲百萬富翁，一生大部分過著隱居的生活。他發現了氫的本質和性能，某些物質的比熱，以及電的各種特性。他用著名的加文狄希實驗來測量推算出地球的密度和質量。他還證明水並非元素而是化合物，可由氫在空氣中燃燒而產生。加文狄希還發現硝酸，預示了歐姆定律，並獨力發現了日後發展爲庫侖定律的靜電原理。死後把財富留給一些親戚，他們後來把財產捐給劍橋大學的加文狄希實驗室。

Cavendish experiment＊ 加文狄希實驗 通過測量兩個鉛球之間的吸引力，計算萬有引力常數G值的一個實驗。G值表示由兩物體之間產生的吸引力等於兩物體質量乘積與距離平方的比（牛頓萬有引力定律）。實驗是由英國科學家亨利·加文狄希於1797～1798年完成的，他用扭力天平來實驗，通常稱爲「秤地球」，因爲確定G便可求出地球的質量。

caviar 魚子醬 鹽漬的鱘魚子。所有貨眞價實的魚子醬是在俄羅斯及伊朗由裏海、黑海捕獲的鱘魚中出產的。最高等級的「培羅加」，是以白鱘的黑或灰色大魚子製成；新鮮培羅加相當稀少，價錢也十分昂貴。次等魚子醬是用大量鹽重醃並經過壓製的破的或不成熟的卵。紅鮭魚子及其他魚子通常亦以魚子醬的名稱出售。

cavitation 空化 低壓區的液體內部形成氣泡的現象。低壓發生在液體被加速至高速的區域，如正在運轉的離心泵、水輪機和船舶螺旋槳等。空化是有害的，因爲它使旋轉葉片受到過度沖蝕，由於沖擊和振動而產生的額外噪音以及改變流型引起的效率顯著降低等。當液體的壓力降低到它的蒸氣壓時，便形成空洞，隨著流體壓力進一步降低，空洞進一步膨脹，當到達高壓區時就突然崩裂，這些氣洞的突然增生和崩裂引起異乎尋常的壓力變化，導致接觸空化液體的金屬表面產生麻坑。

cavity wall 空心牆 建築中指包含兩個直層磚石結構的雙牆，中間隔著氣體空間而彼此靠金屬紐帶相連。中空部分可讓穿透外直層的水氣排掉。空心牆用作構架建築物的非載承裝填物，也用作受力牆結構。

Cavour, Camillo Benso, conte (Count) di＊ 加富爾（西元1810～1861年） 義大利政治人物，復興運動的首腦。出生於皮埃蒙特的杜林，早年即受革命思想影響。到巴黎和倫敦遊歷後，1847年創建了《復興運動報》，勸說國王阿爾伯特頒布自由憲法。1848年選入國會，在未擔任皮埃蒙特的首相（1852～1859,1860～1861）前掌控一些內閣席位。他利用了國際競爭情勢和革命運動使義大利統一在薩伏依王室下，1861年他擔任新王國的首相。

cavy＊ 豚鼠類 齧齒目豚鼠科幾種南美動物的統稱。豚鼠屬、岩豚鼠屬、盔豚鼠屬以及小豚鼠屬類似豚鼠。體型多粗壯，灰或棕色，體長25～30公分，耳小，腿短，尾不明顯。巴塔戈尼亞豚鼠和鹽灘豚鼠腿長，形似兔。豚鼠類群居，棲於地洞，有時將地下掏空，人在地面行走時會陷入其中。以草、樹葉等爲食。棲息在平原、沼澤和岩石地區。多爲夜行性，一年繁殖兩次，妊娠期約兩個月，每產一～四仔。

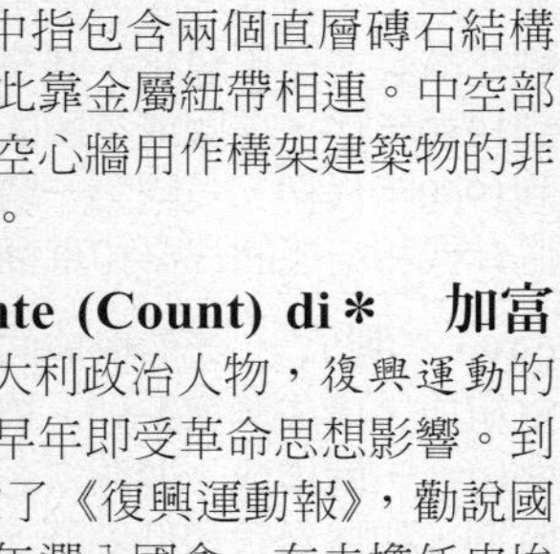
巴塔戈尼亞豚鼠（Dolichotis patagona）
George Holton – Photo Researchers

Cawnpore ➠ Kanpur

Caxton, William 卡克斯頓（西元1422?～1491年） 英國第一個印刷商。曾在科隆刻苦學習印刷術。1476年回英國，在威斯敏斯特創辦印刷所。他雖是英國印刷業的先驅，但在技術上缺乏創新，並沒有出版過特別精美的圖書。但身爲翻譯者和出版者，他對英國文學有巨大影響。他出版了騎士故事、有關道德、歷史和哲學等各類書籍，包括第一本帶圖解的英文百科全書《世界鏡鑑》（1481），表明他能迎合幾乎所有能閱讀的一般公眾。一生譯過二十四種書，有些還是長篇巨著，出版的各類書籍約達一百種。

Cayce, Edgar＊ 凱西（西元1877～1945年） 美國信仰治療師。生於肯塔基州霍普金斯市，沒受過什麼正式教育。他從1920年代開始其治療工作，通常是在遠距離下完成。1925年，定居維吉尼亞州的維吉尼亞海灘市，在當地設立一家醫院（1928），成立「研究與啓蒙協會」（1931）。他還會說預言（曾預言紐約市和加州的毀滅），並宣稱能夠召喚亡魂。他相信近一萬兩千年前有一個偉大文明曾在亞特蘭提斯存在過。

Cayenne＊ 卡宴 法屬圭亞那首府和大西洋港口。位於卡宴島西北端。1643年由法國人建立，稱拉瓦爾迪爾。1777年改稱現名。1848年後曾是法國的犯人流放地中心，有「囚城」之稱。監獄在1945年才關閉。人口約45,000（1995）。

Cayley, George 克雷（西元1773～1857年） 受封爲Sir George。英國航空界的先驅，空氣動力學的奠基人。1799年建立了近代飛機的基本構型。1804年發明了第一架模型滑翔器，1809年出版他對空氣動力學破天荒的研究。他還對流線型、縱向和橫向安定性、產生最大升力的翼面等問題進行了研究，終於在1853年製造一架滑翔機，完成了第一次載人的滑翔機飛行。1839年他創建倫敦攝政街綜合技術研究所。他的發明很多，其中包括履帶式牽引機。

Cayman Islands 開曼群島 英國在加勒比海地區的殖民地。位於牙買加西北約290公里處。包括大開曼、小開曼和開曼布拉克諸島。地質構造爲石灰岩，地勢低平，僅開曼布拉克中央有高崖（占了90%的面積），海岸多暗礁和岩石。1503年雖爲哥倫布所發現，但西班牙人一直未曾占領此群島。1670年割讓給英國，後來英國人才從牙買加移居到這裡。在牙買加獨立（1962）前，一直是它的獨立領地。1972年頒布一部憲法，規定總督民選。現爲受人喜愛的旅遊地區，也是個金融中心。首府喬治城，位於大開曼島上。面積264平方公里。人口約25,000（1990）。

CBS Inc. 哥倫比亞廣播公司 美國主要的廣播和網路公司。1928年開立，當時名爲哥倫比亞廣播系統公司，由佩利領導。他爲分台免費提供節目規畫，只要它們把一部分節目時間用來播出廠商贊助的網路秀。十年內網路從1928年的二十二台成長到一百一十四台。1930年代在艾倫、平克勞斯貝、史密斯等明星的參與下收聽率成長。1940年代電視開始普及，哥倫比亞廣播公司網羅了班尼、沙利文、鮑兒、摩爾等明星級人物，使公司保持電視網龍頭地位至1970年代晚期。1960年代和1970年代哥倫比亞廣播公司分散投資書籍、雜誌、樂器及工具的生產，但1985～1988年間賣掉所有這些企業，還把極成功的唱片單位賣給新力索尼公司。此後，專心經營它的廣播事業。由於電視收視率跌落且分台的質、量皆降低，1995年哥倫比亞廣播公司賣給了西屋電器公司，

1997年西屋電器公司改名爲哥倫比亞廣播公司。2000年哥倫比亞廣播公司又併入維康公司。

CCC ➠ Civilian Conservation Corps

CCD　電荷耦合元件　全名charge-coupled device。半導體裝置，其中個別的半導體組件相連，讓一個裝置輸出的電荷提供下一個裝置的輸入。由於電荷耦合元件能夠儲存電荷，它們可以當作記憶裝置，但比隨機存取記憶體慢。電荷耦合元件對光線敏感，因此被用作影像與數位相機及光學掃瞄器的光線偵測組件。

CCNY ➠ City University of New York

CD ➠ certificate of deposit

CD ➠ compact disc

CD-ROM　唯讀光碟　全名compact disc read-only memory。一種電腦儲存媒介，用光學方法(如雷射)讀出內容。唯讀光碟機用低功率雷射光束讀取光碟上以極細小的凹痕形式編碼的數位化(二進位)資料，然後把這些資料饋送給電腦進行處理。由於採用數位資料，所以CD-ROM不僅可以儲存文字，還可以儲存影像和聲音，因而在影音設備中被用於儲存音樂、圖片和電影(參閱compact disc)。唯讀光碟機與傳統的磁性儲存技術(例如硬碟)不同，不能寫入資料(即不能接受新輸入的資料)，故名「唯讀」。可燒錄光碟(CD-R)必須在一個可燒錄光碟機寫入，但可在任何的唯讀光碟機上播出。

CDC ➠ Centers for Disease Control and Prevention

Ceausescu, Nicolae＊　希奧塞古（西元1918～1989年）　第一位羅馬尼亞社會主義共和國總統(1974～1989)。1930年代初爲羅馬尼亞共產主義青年運動領導人。後來平步青雲，在1965年接替喬治烏－德治的黨書記位置。1967年成爲國家元首。1974年任羅馬尼亞總統。因一貫奉行獨立和民族主義政治路線而贏得人民的擁護，但也極力鉗制言論自由和鎮壓異議分子。其嚴厲的經濟政策和大型建築工程計畫使羅馬尼亞從相當繁榮的生活淪爲近乎赤貧。1989年被推翻，匆促審判後，他和妻子被行刑隊槍殺。

希奧塞古
Pictorial Parade

Cebu＊　宿霧　菲律賓中部島嶼和省份。島長196公里，寬32公里，面積4,422平方公里。北臨米沙鄢海，西爲塔尼翁海峽，東南是保和海峽，東瀕卡莫特斯海。較低的火山山地將島分爲兩部分，除北端的博戈平原外，極少平地，博戈平原主要產甘蔗。1521年麥哲倫航行經過此島，1565年西班牙人占領之。現在是菲律賓人口最稠密的島嶼之一，中部山區產煤、銅等礦。主要城市是宿霧市。人口約2,617,836(1990)。

Cebu　宿霧市　正式名稱City of Cebu。菲律賓宿霧島城市，爲宿霧省省會。位於宿霧島東岸，是菲律賓最古老的西班牙城市。是個優良港口，外有馬克坦島屏障。1521年麥哲倫被宿霧的焦點位置所吸引，因而登陸，並使當地的統治者改信基督教，但後來爲那位統治者遠征時，麥哲倫在馬克坦島被殺。1565年萊加斯皮占領該市，1571年成爲菲律賓群島西班牙領地的首府。一直是西班牙在南部的堡壘，也曾是反抗西班牙和美國統治的領導中心。現已從第二次世界大戰嚴重的破壞中復原。爲中米沙鄢地區的文化和商業中心，也是內陸商品的集散地和重要的空運、海運中心。人口約688,196(1994)。

Cech, Thomas (Robert)＊　切赫（西元1947年～）　美國生物化學家和分子生物學家。1975年獲加州大學柏克萊分校化學博士學位。1982年他是最先證明核糖核酸(RNA)分子能催化化學反應的人。1989年與阿特曼共獲諾貝爾化學獎，因他們獨力發現RNA不僅像過去所設想的那樣僅被動地傳遞遺傳訊息，還起酶的作用，能催化細胞內的爲生命所必需的化學反應。

Cecil, Robert＊　塞西爾（西元1563～1612年）　受封爲索爾斯伯利伯爵(Earl of Salisbury)。英國政治家。由父親塞西爾對其進行政治方面的訓練，1584年進入下議院。1590年成爲代理國務卿，1596年正式被伊莉莎白一世任命擔任此職務。繼承其父於1598年成爲首相並協助詹姆斯一世在伊莉莎白逝世後和平地繼承了王位。他從1603年起繼續擔任首相，1608年起擔任財政大臣。1604年同西班牙協商停戰，並將法國與英國聯合起來。

Cecil (of Chelwood), Viscount　塞西爾子爵（西元1864～1958年）　原名(Edgar Algernon) Robert Gascoyne-Cecil。別名Lord Robert Cecil。英國政治人物。索爾斯伯利侯爵第三之子。他在第一次世界大戰期間歷任外交部次官、封鎖大臣、外交副大臣。1919年是國際聯盟規約的主要起草人之一，1923～1945年擔任國際聯盟主席，是國際聯盟最忠實的工作人員之一，一直到國際聯盟被聯合國取代爲止。1937年獲諾貝爾和平獎。

Cecil, William　塞西爾（西元1520～1598年）　受封爲Baron Burghley。英格蘭政治人物。伊莉莎白一世在位期間的主要顧問，也是文藝復興時期治世經國的人才。曾在愛德華六世統治時期擔任大臣和秘書，1558年伊莉莎白即位後，成爲她的唯一的祕書。他辦事謹慎、忠心耿耿，有技巧地提出諫言，因此在1571年封爵，並在1572～1598年擔任財政大臣。他成功執行了蘇格蘭女王瑪麗的審判和處決，因而確保了新教徒的繼承權。由於事前準備充分，使英國得以打敗西班牙的無敵艦隊。但他未能說服伊莉莎白結婚或依循更多的新教路線改革她的教會。

Cecilia, St.　聖塞西利亞（活動時期西元2或3世紀）　早期基督教的女殉教士，音樂的主保聖人。根據西元5世紀晚期傳說，她出身貴族，自幼向上帝發貞潔願。被迫嫁與瓦萊里安，瓦萊里安尊重她的誓願，不與她同房，並經她勸導信教受洗。她親眼見瓦萊里安和他的弟弟一同殉教。她把財產分給窮人，激起貪婪的地方官阿爾馬齊烏斯的忿恨，下令把她焚死，火焰卻不傷害她，於是將她斬首。

cedar　雪松　松科雪松屬針葉喬木，四種，其中三種原產地中海地區山地，另一種原產西喜馬拉雅地區。大西洋雪松、短葉雪松、喜馬拉雅雪松和黎巴嫩雪松等四種是「眞正」的雪松。雪松木材輕軟，具樹脂，不易受潮。一些木材芳香、紅色或淡紅色，能防腐和抗蟲的常綠針葉樹，也叫做「cedar」。巨柏、北美翠柏和某些檜(稱爲紅柏)與用來製造

黎巴嫩雪松(C. libani)的樹姿
G. E. Hyde from the Natural History Photographic Agency

箱子、鉛筆、衣櫃等的雪松木類似。

Cedar Breaks National Monument 錫達布雷克斯國家保護區 美國猶他州西南部的自然保護區。建於1933年。地處高原，海拔3,260公尺，有一侵蝕形成的26平方公里大環形石灰岩陡崖，厚600公尺。石灰岩的鐵、錳氧化雜質隨陽光照射角度不同而反射出各種迷人的色彩。多野生動物和飛禽。

Cedar Rapids 錫達拉皮茲 美國愛荷華州中東部城市（2000年人口約120,758），跨錫達河兩岸。1830年代建於緊臨錫達河急瀑的旁邊，用爲水力發電的來源。通鐵路後，成爲穀物、牲畜市場。1870年合併鄰近的京斯敦，1926年再併肯武公園。製造業包括電子設備和農耕機械。爲畫家伍德的故鄉。

Cedar River 錫達河 美國河流。發源於明尼蘇達州東南部，向東南流，經愛荷華州，匯入愛荷華河。全長529公里，落差226公尺，不能通航，主要支流有小錫達河和謝爾羅克河。流域大部爲肥沃農田，河上建有數座小水電站。沿岸主要城市有明尼蘇達州的奧斯汀和愛荷華州的查理城、錫達福爾斯、沃特盧和錫達拉皮茲。

ceiling 天花板 從上面覆蓋一個房間的表面，以及一個樓層或一個屋頂的底面。自古以來天花板就是人們特別喜歡進行裝飾的場所，文藝復興時期，天花板設計的新穎別致和千變萬化都達到登峰造極的地步，分有三種類型：第一種是藻井天花板，第二種是全部或部分拱形的天花板，第三種天花板變成了一巨幅帶框的繪畫。現代建築藝術中，天花板可以分爲兩大類：懸掛天花板（或稱吊頂棚），即將天花板吊在構件下面，留有一定距離，以便隱藏大量的機械設備和電氣設備；明敞天花板，注重明敞結構體系的美感，把機械設備和電氣設備露在外面。

Cela (Trulock), Camilo José * 塞拉（西元1916年～） 西班牙作家。內戰期間曾在佛朗哥軍隊服役。作品中揚棄了以前對長槍黨的同情，主要是長篇、短篇小說，以及旅遊西班牙和拉丁美洲的札記，其特徵是形式和內容上的試驗和革新。有時被認爲是創立「恐怖主義」的小說風格，傾向於強調暴力和怪誕形象。他也許是因第一部小說《帕斯庫亞爾·杜亞爾特一家》（1942）而名噪一時。其他作品包括《蜂房》（1951）、《聖卡密羅，1936》（1969）。1989年獲諾貝爾文學獎。

celadon 青瓷 中國人、朝鮮人、暹羅人和日本人的石陶器，加釉，其色調有各種綠、橄欖色、青和灰。顏色是由上釉前在坯體上施一層含鐵量高的土釉（泥漿）而來，在燒製時，鐵與釉相互作用，給釉著色。青瓷傳入西方比較晚，而在東方世界，很早就被視爲珍品。由於四面八方需求，唐朝（618～907）曾輸往印度、波斯和埃及，宋朝（960～1279）和明朝（1368～1644）向亞洲大部分地區出口。這種瓷器所以受人歡迎，一是因爲美觀；一是因爲有一種迷信，認爲青瓷碟子放入有毒食物就會破裂或者變色；而且在中國人看來，它酷似玉製品。初製於漢朝（西元前206～西元220年）的越窯瓷器是最早的青瓷；釉的顏色是橄欖綠和褐綠。

Celan, Paul * 策蘭（西元1920～1970年） 原名Paul Antschel。羅馬尼亞詩人，以德文寫作。第二次世界大戰時，納粹統治羅馬尼亞，策蘭是猶太人，所以被送進強制勞動營，雙親被殺害。1947年移居維也納，出版第一本詩集《骨灰罐裡倒出來的沙》（1948）。第二本詩集《罌粟和回憶》（1952）使他在西德成名。在他溺死自己之前，還寫有七部詩集。他的詩風受法國超現實主義的影響，題材則受他身爲猶太人的悲傷心情所左右。

Celebes 西里伯斯 ➠ Sulawesi

Celebes black ape 西里伯斯黑猴 亦稱Celebes crested macaque。猴科樹棲動物，學名Cynopithecus niger。分布於西里伯斯、巴占和附近島嶼。尾短，眉突出，臉黑裸露，吻長而扁平。大小和狒狒相近，體長55～65公分，尾長1～2公分，毛色深棕或黑。雄體有縱向的冠毛。對其習性了解很少。晝行性，以果實爲食，棲息於雨林。某些部落人視之爲祖先。

Celebes Sea * 西里伯斯海 太平洋西部的一部分洋面。北界蘇祿群島、蘇祿海和民答那峨島；東連桑吉列島；南接西里伯斯島；西鄰婆羅洲。南北長675公里，東西寬837公里，總面積28萬平方公里。西里伯斯海通過望加錫海峽向西南的爪哇海展開，底部爲斷層陷落地塊所形成的陡峭海盆。水域深度大多爲4,000公尺以上，最深爲6,220公尺。深部海水從民答那峨島以南的太平洋流入，通過望加錫海峽向西南流出，表層流也如此，漁業發達。沿岸和島嶼之間的貿易興盛。

celery 芹菜 繖形科草本植物，學名Apium graveolens。原產於地中海地區和中東。古代芹菜的形態與現今的野芹菜相似。18世紀末期，芹菜經培育形成大而多汁的肉質直立葉柄。芹菜的特點是多筋，但近年來已培育成一些少筋的變種。在歐洲，芹菜通常作爲蔬菜煮食或作爲湯料及蔬菜燉肉等的佐料；在美國，生芹菜常用來做開胃菜或沙拉。芹菜的果實（或稱籽）細小，具有與植株相似的香味，可用作佐料，特別用於湯和醃菜。塊根芹具有可食用的粗根，生食或烹調作菜。其原產於地中海和歐洲北部，18世紀引進英國。

celestial coordinates 天體座標 用來定出天體中物體之空間位置的一套數字。使用的座標系包括地平線系統（地平緯度和地平經度）、銀道座標、黃道系統（地球軌道面所測得之關係項）、赤道系統（直上和直下，近似地球的緯度與經度）。

celestial mechanics 天體力學 天文學的一個分支，研究自然和人造天體的運動問題，傳統上尤指太陽系動力學問題。克卜勒的行星運動定律（1609～1619）和牛頓運動定律奠定了天體力學的基礎。18世紀時，數學分析的有效方法一般都可成功解釋太陽系觀測得到的天體運動。天體力學的一支是涉及自轉體的引力效果，可應用在地球和氣體巨行星方面（參閱tide）。

celestial sphere 天球 天空的視表面，恆星好像都固定在它上面。爲了建立能表示天體位置的座標系，可設想有一個距地球無窮遠的大球、無限延伸的地軸與這個球的南天極和北天極相交，而整個天空則好像圍繞著這個軸旋轉。地球的赤道面無限延伸並與天球相交的大圓便是天赤道。

celiac disease * 乳糜瀉 亦稱非熱帶性口炎性腹瀉（nontropical spruce）。一種比較少見的吸收不良症候群，其特點爲脂肪痢、進行性營養不良、發育障礙，疾病晚期可有小細胞性貧血（常見於兒童）的血象或與惡性貧血相類似的大細胞性貧血（常見於成人）的血象。許多病例顯有家族傾向。兒童乳糜瀉發病常在出生後六～二十一個月，爲週期性出現腸胃不適、腹瀉及消瘦。成人乳糜瀉常發生在三十歲之後，症狀有食欲不振、體重減輕、精神抑鬱、煩躁、便祕與腹瀉交替出現。乳糜瀉的病因目前還不清楚，有人認爲是缺乏消化穀蛋白所需要的一些酶（如肽酶），故高蛋白質、低穀蛋白及低飽和脂肪飲食對本病的治療有效。

celibacy＊　獨身　指未婚狀態，但通常專指宗教職業者或虔誠信徒爲了宗教上的緣故而禁絕嫁娶。世界大部分宗教都有某些獨身的形式，可能認爲獨身具有禮儀所要求的潔淨（性生活會玷污人），或出於在品德和靈性上追求，可以超脫世俗，得以專心追求靈性進步。在薩滿教中，薩滿通常是獨身的。在印度教中，「聖者」（或聖女）是獨身的，他們離開塵世追求最後的解脫。佛教一開始就有獨身的規定，不過許多支派已放棄獨身。中國道教也有人進行修道並禁絕婚娶。伊斯蘭教無獨身的規定，但個人若爲了追求靈性可以獨身。猶太教規定在某些時候要禁欲，但不要求長期的獨身。早期基督教教會多認爲獨身比結婚優越，12世紀以後天主教的神職人員規定要獨身，而新教則不採用。

Céline, Louis-Ferdinand＊　塞利納（西元1894～1961年）　原名Louis-Ferdinand Destouches。法國作家。出身貧苦，第一次世界大戰時，身心受創甚深，影響其一生。1924年獲醫學學位，1932年發表處女作《長夜漫漫的旅程》，描寫一個人苦於追求人生意義，他以一種熱情而不連貫的風格來寫，顯示其獨創性。隨後又出版《緩期死亡》（1936），描繪一個淒涼可怕的沒有價值、沒有美、沒有道德的世界。後來逐漸成爲保守、反猶太主義和厭世者。第二次世界大戰後逃往丹麥，他在那裡因被懷疑曾與納粹合作，被關押一年多，1951年獲赦返國。後來的作品包括三部曲《從一個城堡到另一個城堡》（1957）、《北方》（1960）、《里戈東》（1969）。

cell　細胞　構成所有生物體的基本單位，是活物的最小結構單位，能獨立運作。單細胞可以自己形成一個完整的生物體，如細菌、*原生動物*。特化的細胞群組則可組成多細胞生物的組織和器官，如高等動植物。細胞有兩大類型：原核細胞，僅見於細菌（包括藍綠藻）；真核細胞，構成所有的其他生命形式。兩者在結構上雖不同，但其分子成分和活動卻非常相似。細胞內的主要分子是*核酸*、蛋白質以及*多醣*。細胞由一層膜包繞，透過它與周圍環境交換某些物質。在植物細胞中，有一層精密的細胞壁包圍著這層膜。

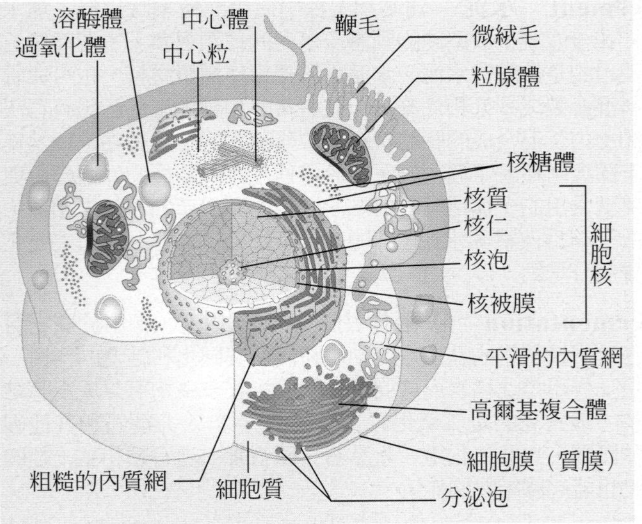

動物細胞的主要構造。細胞質圍繞著細胞的特化構造，或稱為胞器。核糖體是蛋白質合成的地方，在細胞質裡四處漂移或是附著於內質網上。內質網將物質輸送到細胞各處。細胞所需的能量是由粒線體放出。戈爾吉複合體是由扁平的囊泡堆疊而成，處理並包裹細胞分泌泡釋出的物質。消化酶是由溶酶體容納。過氧化體含有去除危險物質毒性的酶。中心體含有中心粒，參與細胞分裂作用。微絨毛是在某些細胞上面出現的指狀延伸。纖毛是許多細胞表面延伸出來的髮狀構造，可以產生周圍液體的移動。核被膜是在細胞核周圍的雙重膜，含有氣泡控制物質進出核質的移動。染色質是去氧核糖核酸與蛋白質的組合，盤繞成染色體，構成大多數的核質。緻密的核仁是製造核糖體的地方。

cell division ➠ meiosis、mitosis

cell(ular) phone　手機　允許在數百上千公里的確定區域內通信的無線電話，使用800～900兆赫（MHz）頻帶的無線電波。爲完成一個手機系統，需要將一個地理區域分成若干較小的區域，或稱蜂巢，通常在地圖上畫成一些相同的六角形，而事實上這些蜂巢是互相重疊的，形狀也是不規則的。每個蜂巢裝備有小功率的無線電發射器和接收器，使信號能在手機用戶之間傳播。

cella＊　內殿　希臘語作naos。古典建築中神廟內供奉神像的主體部分。在早期希臘和羅馬建築中，內殿只是一個長方形的房間，一端有入口，常延長側牆而形成門廊。有些較大的神廟中建有露天的內殿，有時就在其中設一小神殿。在拜占庭建築傳統中，內殿是教堂舉行禮拜儀式的地方。

cellar　地窖　建於地平面之下的儲藏室。通常又稱地下室，特別是當它被建構爲地基的一部分時。地窖用來儲藏食物，可建於室內或戶外的地下，或局部在地平面之下，上部壙上土堆以防冰凍，並保持窖內有合適的溫度和濕度。這種地窖的圍牆可用混凝土築成，地面爲泥土地，用經防腐處理的圓木或原木作窖頂，配備有排水管和通風管。

Cellini, Benvenuto＊　切利尼（西元1500～1571年）　義大利佛羅倫斯金匠、雕刻家。少時當金匠學徒，1523年被控參加決鬥並被判處死刑，逃亡羅馬，爲教宗克雷芒七世服務。羅馬被劫後返回佛羅倫斯。1529年又回羅馬任教廷鑄造廠鑄壓師，設計出多種金屬製品。1540年應法國國王法蘭西斯一世邀請到楓丹白露，用黃金製造一個鹽碟，這是其唯一可信的貴重金屬作品。1545年回佛羅倫斯，爲*麥迪奇*雕刻大型的圓雕作品，銅雕《伯修斯》（1545～1554）是他最傑出的作品。1546年因被控道德敗壞，逃亡威尼斯。這時他恢復古代的半身像雕刻，1554年《伯修斯》揭幕展出後，他開始爲自己墓地雕刻大理石十字架，1556年完成，這一作品表明了其藝術的非凡。1558年開始寫自傳（1562年完成）。

法蘭西斯一世的鹽碟，切利尼製於1540年；現藏維也納藝術史博物館
By courtesy of the Kunsthistorisches Museum, Vienna

cello＊　大提琴　亦稱violoncello。提琴族的低音樂器。有四根弦，定弦由中央C以下兩個八度起向上的C-G-D-A，長約70公分（連頸共119公分）。最早的大提琴發展於16世紀，常用五根弦，主要用於合奏中，以加強低音。至17、18世紀大提琴才代替低音中提琴成爲獨奏樂器。17世紀時大提琴與豎琴相結合，演奏數字低音聲部。兩百五十年以來一直是室內樂基本的合奏樂器。現代管弦樂團約有六～十二個大提琴手。19～20世紀逐漸成爲獨奏樂器。

cellular automaton　細胞自動機　空間分布進程的最簡單模型，可用來激起各種不同的眞實世界進程。1940年代*馮．諾伊曼*與*烏拉姆*在洛塞勒摩斯國家實驗室發明細胞自動機。它們包含二維細胞列，其中每個細胞能以若干不同的狀態存在，由規則和鄰近細胞狀態來決定。雖然顯然很簡單，這樣的系統其實極爲複雜。最著名的細胞自動機－－康韋的「生活遊戲」（1970）－－模擬了生命、死亡、人口動態的過程。

celluloid＊　賽璐珞　1860年代後期美國發明家海亞特用硝酸纖維素和樟腦的均勻膠體分散液研製成功的第一個合

成塑膠。它是一種堅韌材料，具有很大的抗張強度，耐水、耐油、耐稀酸。有多種用途，如製造梳子、衣領、薄膜、玩具及許多其他消費品。雖因容易燃燒，在許多方面已被新的合成高分子物所取代，但是賽璐珞在一些地區仍繼續生產和廣泛應用。

cellulose　纖維素　一種複雜的多醣，由三千個或更多的葡萄糖分子組成。是自然界分布最廣的有機化合物，植物細胞壁的基本結構成分，平均約占全部植物質料的33%（棉花占90%、木材占50%）。哺乳動物（包括人）不能消化它，但草食性動物以纖維素為食，食入後在其消化道內停留的時間很長，這樣生活於其消化道內的微生物便得以將它消化。白蟻之類昆蟲腸內的原生動物也能消化纖維素。纖維素在經濟上的應用十分重要，可製紙張、纖維，經化學處理後可製造塑膠、照相軟片及人造絲等。纖維素衍生物又可用作黏著劑、炸藥、食物增稠劑及防潮塗料等。

Celsius, Anders＊　攝爾西烏斯（西元1701～1744年）　瑞典天文學家。1730～1744年任烏普薩拉大學天文學教授，1740年建立烏普薩拉天文台。1733年發表他和別人在1716～1732年對北極光進行316次觀察的記錄彙編。1742年發明了現在世界大多數地區通用的攝氏溫標，規定水的冰點是0℃，沸點是100℃。

Celsus, Aulus Cornelius＊　塞爾蘇斯（活動時期西元1世紀）　羅馬醫學作家。所作的〈醫學〉一文是早期醫學知識的主要來源，有許多當時顯係十分先進的論述。他主張清潔消毒，使用防腐劑，描述臉部皮膚移植，確立了炎症的四個基本體徵：紅、腫、痛、熱。內容根據各種疾病對治療的需求（飲食、藥物和外科治療）而分成三部分。

Celtiberia＊　塞爾特伊比利亞　亦譯塞爾蒂韋里亞。古代西班牙東北部的一個山區，位於太加斯河和埃布羅河兩河源之間。西元前3世紀起，由伊比利亞人和塞爾特人混血的部落所占據。西元前2世紀初第一次臣服於羅馬，但直到西元前133年才完全被控制。塞爾特伊比利亞的物質文化受到埃布羅河流域的伊比利亞人強烈影響。馬嚼、短劍和盾牌部件證明塞爾特伊比利亞人好戰，他們發明的一種雙刃西班牙劍後來被羅馬人所採用。

Celtic languages＊　塞爾特諸語言　印歐語系的一個分支。在羅馬時代和前羅馬時代，西歐的大部分地區操此種語言，當前主要在不列顛群島及不列塔尼使用。塞爾特諸語言可分為大陸塞爾特語（已完全消失）和海島塞爾特語。海島塞爾特語由現代塞爾特諸語言組成，再分成蓋爾語族（包括愛爾蘭語、曼島語和蘇格蘭蓋爾語）和不列顛語族（包括威爾斯語、康瓦耳語和布列塔尼語）兩個分支。傳統的康瓦耳語在18世紀末為英語所取代。在曼島上通行的曼島語在20世紀消失。現存布列塔尼語寫的作品都是從15世紀開始的，而從15世紀起，布列塔尼語各方言間的差異越來越大。到20世紀初期曾努力使布列塔尼語的四種方言標準化，但由於法國官方政策不許學校使用這種語言，沒有兒童能學習布列塔尼語。

Celtic religion　塞爾特宗教　古代高盧和不列顛群島的塞爾特人之宗教信仰與儀式。塞爾特人的宗教崇拜，集中於「另一世界」（神素）與自然世界間的交互作用。他們相信在井、泉、河流及山丘中，均住有守護神，且大多是女性。在塞爾特男神中，以太陽神盧古斯為最重要，精通工藝。另一個重要的神是塞爾農諾斯，為具鹿角的萬獸之神。在所有女神當中，以牝馬女神為最有勢力，她在各地有不同的稱呼：在高盧稱艾波娜，在愛爾蘭稱瓦赫，而在不列顛則稱里安農。眾女神經常以三種外貌或三位一組的方式出現。其宗教祭司是德魯伊特，他們保持一種口傳傳統形式，未留下任何的書寫資料。常舉行的季節性禮拜儀式有兩個：一為11月1日的亡人節；另一為5月1日的夏節。他們還認為某些樹木是神聖的，如櫟樹、冬青和槲寄生。塞爾特人對死後靈魂轉生也有強烈的信仰。亦請參閱Brân、Brigit。

Celts＊　塞爾特人　古代印歐民族之一，自西元前二千紀至西元前1世紀時，曾散處於歐洲大部地區。後來部分地融入羅馬帝國，成為不列顛人、高盧人、博伊人、加拉太人、塞爾特伊比利亞人。最早的考古資料是在奧地利薩爾斯堡附近的哈爾施塔特出土的許多部落酋長的墓葬（西元前700?年），為鐵器時代的文化，他們控制了沿隆河、塞納河、萊茵河及多瑙河各個水系的商路。後來往西遷移，其戰士引進了鐵器的使用，助其統治了其他的塞爾特部落。西元前5世紀中葉，拉坦諾文化就已出現於聚居萊茵河中游的塞爾特人中間，然後傳入東歐和英倫三島。西元前390年前後，塞爾特人洗劫了羅馬，並侵襲了整個義大利半島，最後定居在阿爾卑斯山脈南部（山南高盧），並持續威脅著羅馬，直到西元前225年被打敗。西元前279年洗劫了希臘的德爾斐，但最後為埃托利亞人所敗。他們跨過博斯普魯斯海峽，進入安納托利亞，並逐漸定居下來，直到西元前230年左右，才被阿塔羅斯一世予以平定。約西元前192年，羅馬人已取得了對山南高盧全部地區的統治權，而在西元前124年又征服了西阿爾卑斯山以外的那片土地。塞爾特人在山外高盧（自萊茵河到阿爾卑斯山脈西部領土）面對的威脅來自兩方面：一是來自西部的日耳曼諸部落；二是羅馬人陳兵南線，意圖兼併他們。到了西元前58年凱撒開始進軍高盧，而最終征服高盧全境。關於塞爾特人在不列顛和愛爾蘭定居這個事實，主要是根據考古學和語言學的研究加以推論而得知的。塞爾特人的社會體系分成三級，即：國王、武士貴族和自由農民。另有「德魯伊特」這個階層，專司巫術宗教職務，其地位高於武士。經濟活動以一種混合農業為基礎，塞爾特人也非常重視音樂，並有多種形式的口傳的文學作品產生。

cement　水泥　建築和工程中使用的粉末狀材料，加水拌和後能凝結成堅硬的固體。水泥的種類很多，主要而廣泛使用的是矽酸鹽水泥。水泥可單獨用作灌漿材料，也可與骨料混合製成砂漿和混凝土。在古希臘和羅馬時代已經有石灰和火山灰混合成的膠結材料。矽酸鹽水泥一般認為是1824年英國人阿斯普丁發明的，由於這種水泥凝結後的外觀顏色與英國常用的一種建築材料－－波特蘭島出產的石灰岩相似，故又稱為波特蘭水泥（即普通水泥）。矽酸鹽水泥的主要化學成分是鈣、矽、鋁、鐵等的氧化物的合成物。

cementation　膠結作用　在地質學上，指由於礦物質在碎屑沈積物的孔隙空間中沈澱而使其硬化和結合的作用，這一作用是沈積岩形成的最後階段。許多礦物可以成為膠結物，最常見的是二氧化矽（一般是石英）、方解石和其他碳酸鹽類，以及氧化鐵、重晶石、硬石膏、沸石類和黏土類礦物也能起膠結物的作用。

Cenis, Mont＊　塞尼山　義大利語作Monte Cenisio。法國和義大利之間阿爾卑斯山脈的山地和山口。位於法國東南部和義大利杜林城西面，這個山口自古就是戰略要衝，有一條由拿破崙一世於1803～1810年修建的長38公里的公路。這條公路穿過兩座高於2,500公尺的山峰後，攀高到塞尼山口（海拔2,083公尺）。塞尼山鐵路隧道長14公里，是穿越阿爾卑斯山脈的第一條大隧道。公路隧道（長16公里）在1980年開通。

Cennini, Cennino (d'Andrea)＊　琴尼尼（西元約1370～約1440年）　義大利畫家和活躍於佛羅倫斯的作家。以撰《工匠手冊》(1437) 著稱，該書廣泛介紹了中世紀藝術家的方法、技法和觀點，資料豐富。他認爲繪畫是一種高尚的職業，因爲它把理論或想像與手的技巧結合在一起。此書最早闡述了蛋彩畫技術。

cenotaph＊　衣冠冢；紀念碑　爲遺體葬在他處的死者建立的紀念性建築，有時採用墳墓的形式。據希臘的記載，古代有許多衣冠冢，但今已不得見。現存的這類建築多設在一些主要的教堂裡，如佛羅倫斯的聖克羅齊教堂，其中有但丁、馬基維利和伽利略的紀念冢。在現代，此詞多指國家的戰爭紀念建築。

Cenozoic era＊　新生代　地球歷史上第三個主要的代，在這一時期，各大陸形成了現代的輪廓和地理位置。新生代也是地球上的植物群和動物群向現代的植物群和動物群演化的時期。新生代源出希臘語，意爲「近代生物」，大約開始於距今六千五百萬年前，並畫分成兩個紀：第三紀（距今六千五百萬～一百八十萬年前）和第四紀（180萬年前至現代）。

censor　御史　古代東亞的政府官員，主要職責爲糾彈官員和統治者的行爲。在秦（西元前221～西元前206年）、漢（西元前206～西元220年）兩朝，御史的功能是批評皇帝的行爲。但在後世，監察權有所擴展，並成爲皇權控制官僚體系的工具。御史可查核重要的文書，督察工程計畫，進行司法覆審程序，看管國家的財產，並且調查叛亂和腐化的案件。

censorship　書刊檢查制度　指對於被指控爲危害公共利益的言詞或文字進行壓制或禁止的制度。在過去，大部分政府認爲他們有責任規範其子民的品德，只有當個人地位和個人權力抬頭之後，這種書刊檢查制度似乎才會惹人非議。書刊檢查制度可以是先發制人（避免不良刊物出版或傳播），或處以刑罰（處罰那些出版或散播違法資料的人）。在歐洲，天主教和新教教會都曾實施書刊檢查制度，17～18世紀時的獨裁君主政權也實施書刊檢查制度。中國和以前的蘇聯極權政府已普遍採用書刊檢查制度，結果產生了一些地下反抗運動組織，如祕密出版物。美國在20世紀書刊檢查制度大部分是取締那些犯有淫穢罪名的文學作品，如喬伊斯的《尤里西斯》和勞倫斯的《查泰萊夫人的情人》，雖然有時也會實施政治性的書刊檢查制度，如1950年代針對學校可能涉及左派觀點的教科書進行淨化。近來有人要求對那種威脅到一小部分人的所謂憎恨言論或語言加以檢查。美國公民自由聯盟經常反對任何的書刊檢查制度。亦請參閱Pentagon Papers。

census　人口普查　泛指一個國家或地區在某一特定時間內的人口、房屋、企業及其他特別項目的數字統計。美國的第一次人口普查在1790年，建立了國會代表制的基礎。英國、法國和加拿大分別在1801、1836和1871年實施了人口普查。中國是最晚實施人普查的一個大國，到1953年才實施第一次人口普查。人口普查的資料是透過固定的問卷獲得的，通常包括幾個主要項目：居住地點、性別、年齡、職業、行業、國籍、語言、種族、宗教信仰、受教育程度等。人口學家再根據這些資料來推論人口分布情況、戶主和家庭結構、內部遷移、勞力參與和其他情況等。亦請參閱demography。

centaur＊　半人半馬怪　希臘神話中，住在色薩利和阿卡迪亞山中的怪物。傳說他們是鄰近的拉庇泰人國王伊克西翁的子孫。以同拉庇泰人的惡戰而聞名，其原因是他們企圖搶走拉庇泰王子的新娘。他們戰敗後，被攆出皮利翁山。在希臘後期，他們常被描繪成替酒神戴奧尼索斯拉戰車，或被愛神厄洛斯束縛並騎乘，以暗示他們酗酒和好色的習性。他們的一般特徵是粗野放蕩、無法無天、不好客，爲獸性所支配。

Center Party　中央黨　德國政黨，組織的目的是要支持天主教利益。自1870年代起活躍於第二帝國時期，與俾斯麥在文化鬥爭中發生衝突，到1933年被納粹黨支配的政府解散。它是德意志帝國第一個跨越階級和國家界線的政黨，但由於它代表了集中於德國南部的天主教徒，從來不曾贏得國會的多數。

centering ➠ falsework

Centers for Disease Control and Prevention (CDC)　疾病管制局　美國衛生部所屬機構，總部在亞特蘭大。該機構的使命是「經由預防和管制疾病、傷害與殘疾，以增進人民的健康及生活品質」。1946年爲對抗瘧疾和其他接觸性傳染疾病而成立，當時稱爲傳染疾病中心，隸屬於公共衛生處。日後其關注項目擴大到小兒痲痺症、天花和疾病監控等範疇，機構名稱變更爲「疾病管制中心」，之後又將"Center"變爲複數。而今，該機構包括了健康統計、傳染病和環境衛生等項目；一項「全國性免疫計畫」；以及一個「抽煙和健康公署」。它結合了疾病管控資料、促進健康、公共衛生計畫等，提供各種研究及計畫補助，也提供健康資訊給健康照護專家與一般大衆，另外亦出版關於流行病學的出版品。如今，一般認爲該機構可能是世界上最早的流行病學中心。

centipede　蜈蚣類　唇足綱節肢動物，與其他數綱組成多足類。約有兩千八百種，世界性分布，白天藏在石塊、樹皮下和落葉層，夜間捕食其他小無脊椎動物。除最末節外，每節有一對足，共14～177對足，行動迅速。有一對多節的長觸角，頭後方有一對毒爪。蚰蜒俗稱錢串子，屬蚰蜒目，體短，長2.5公分，有條紋，步足長，15對，是唯一常見於住所的唇足綱動物。最大的種類見於熱帶地區，長度達28公分，咬人可致劇痛。

Scolopendra屬的一種蜈蚣
E. S. Ross

CENTO　中部公約組織　全名Central Treaty Organization。舊稱中東條約組織（Middle East Treaty Organization）或巴格達公約組織（Baghdad Pact Organization）。1955～1979年間的共同安全組織，初由土耳其、伊朗、伊拉克、巴基斯坦和英國組成，主要由英、美促成，以對付蘇聯染指中東油田的企圖，但其內部的凝聚力不強。1959年伊拉克的反蘇聯君主政權被推翻，因而退出組織，同年美國被接納爲準成員國，總部遷往土耳其的安卡拉。1979年穆罕默德・禮薩・沙・巴勒維倒台，伊朗退出組織，中部公約組織因而解散。

Central African Republic　中非共和國　法語作République Centrafricaine。舊稱Ubangi-Shari。非洲中部的共和國。面積622,436平方公里。人口約3,577,000（2001）。首都：班吉。無法把中非人民畫分爲嚴格且固定不變的種族集團，18～19世紀他們爲了躲避奴隸販子的追捕而深入內陸。現在組成了龐雜的種族集團，班達、巴亞、恩格班迪和阿贊德人占全部居民的3/4。語言：法語和山果語（均爲官方語）。宗教：泛靈論和基督教。貨幣：非洲金融共同體法郎。中非共和國是封閉的內陸國，地處海拔610～760公尺的廣闊高原。北半部是稀疏草原，有沙里河流經。南半部是濃密的樹林區。該國已逐漸發展混合公、民營結構的自由企業經濟，農業是其主要部門。政府形式爲共和國，一院制。國家元首是總統，政府首腦爲總理。儘管考古發現在舊石器時代後期這裡即有人煙，然而考古遺存很少。這裡曾爲16世紀高加帝國一部分。16、17、18世紀販奴潮襲捲該區，原住民幾乎滅絕。1889年法國建立班吉市。1906年與查德組成烏班吉－沙里－查德殖民地。1910年成爲法屬赤道非洲（即法屬剛果）的一部分。1920年與查德仳離。1946年地位改爲法國海外領地。1958年成爲法蘭西共同體內的自治共和國。1960年取得獨立。1966年博卡薩發動軍事政變推翻文人政府。博卡薩於1977年底將國名改爲中非帝國，自立爲帝，但於1979年9月被廢黜，恢復共和。1981年又發生政變，軍人掌權。1993年舉行選舉，走回文人政府體制。

Central America　中美洲　北美洲的南部一個區域。北從墨西哥南部邊界，南到哥倫比亞西北界，西從太平洋，東到加勒比海。包括瓜地馬拉、貝里斯、宏都拉斯、薩爾瓦多、尼加拉瓜和哥斯大黎加和巴拿馬等國。一些地理學家也把墨西哥的五個州也納入中美洲範圍內，即金塔納羅奧、猶加敦、坎佩切、塔瓦斯科和恰帕斯。面積523,865平方公里，2/3的人口是美洲印第安人和西班牙人的混血種。語言：西班牙語（官方語），只有貝里斯（以英語爲官方語）除外，也通行美洲印第安語。宗教：主要是天主教。此區多丘陵或山脈，沿海則散佈著潮濕的沼澤地和低地。瓜地馬拉西部的塔胡穆爾科火山是中美洲最高峰。此區約有四十多座火山，其中很多現在仍活躍，也常發生地震。火山帶有肥沃的土壤和富饒的農業區。長久以來，印第安原住民世代居於此區，包括馬雅人，直至16世紀西班牙人到來並征服他們，統治期長達三百年。哥倫布曾在1502年從宏都拉斯繞著大西洋海岸到達連灣，1510年在此灣建立第一個歐洲人殖民地。1560年左右西班牙人把此區納入瓜地馬拉總督的管轄範圍（恰帕斯和巴拿馬除外）。英國人在17世紀時抵此，建立後來的英屬宏都拉斯（今貝里斯）。1821年脫離西班牙獨立後，他們在1823年組成中美洲聯合省（瓜地馬拉、宏都拉斯、薩爾瓦多、尼加拉瓜和哥斯大黎加）。英屬宏都拉斯仍是英國殖民地，未加入聯邦。1824年聯邦採用一部憲法，但在1838年宏都拉斯、尼加拉瓜和哥斯大黎加紛紛退出，結束了聯邦。1923年中美洲各國舉行了華盛頓會議，起草了敦親睦鄰條約。1960年建立中美洲共同市場，創造了一個關稅同盟，並促進經濟合作關係。

Central Asian arts　中亞藝術　阿富汗、亞塞拜然、哈薩克、吉爾吉斯、蒙古、尼泊爾、西藏、土庫曼、烏茲別克，以及俄羅斯、中國部分地區的藝術。這個詞是指未受伊斯蘭教影響的傳統藝術。前伊斯蘭教時期受到最重要的影響是佛教。從西元7世紀起，西藏和蒙古就已發展了書面文學，這是因接觸了印度次大陸的佛教文化的結果。音樂風格從古典樂（土耳其）、宗教吟誦（佛教），到民謠都有。8世紀引進尼泊爾和西藏的建築和繪畫傳統是來自印度的印度教和佛教影響。

central bank　中央銀行　負責管理國家貨幣的供應量、信貸的供應和費用以及本國通貨的外匯值的機構，如美國的聯邦準備系統。中央銀行扮演著政府財務代理人的角色、監督商業銀行系統的業務活動、管理外匯管制系統、實施貨幣政策等。中央銀行藉著增加或減少貨幣和信貸的供應量來影響利率，從而影響了經濟。現代中央銀行藉買賣資產（透過買賣政府的有價證券）來調節貨幣供給。它們也藉著抬高或降低貼現率來抑制或鼓勵向商業銀行借錢。中央銀行利用調整儲備金的需要（銀行必須準備的最低現金，以免存款負債）來緊縮或擴大貨幣供給。目的是在維持一個高度就業情況和生產，以及穩定國內價格。中央銀行並參與合作性的國際通貨協商，以有助於穩定或調節參與國的外匯利率。儘管中央銀行在職權、自主性、功能和運轉的手段方面各異，但已一致加強了貨幣和其他的國家經濟政策的互相依賴關係，特別是財政政策和債務管理政策。亦請參閱bank、investment bank、savings bank。

Central Intelligence Agency (CIA)　中央情報局　美國政府的主要間諜和反間諜機構。1947年正式成立，其前身是第二次世界大戰時期的戰略情報局（OSS）。根據法令，它只限於對外國進行間諜和反間諜活動，不得在國內收集情報，國內是由聯邦調查局（FBI）負責。正式上屬於美國國防部，職責上須對國家安全會議（NSC）報告，預算保密。雖說其主要工作是蒐集情報，但也涉入許多的隱密的活動，如1953年驅逐伊朗首相摩薩台，使原國王復位；1961年支持古巴異議分子發動豬玀灣入侵古巴，卻是慘敗收場。而1973～1974年捲入水門事件，更使得其形象受到嚴重損害。

central limit theorem　中心極限定理　統計學中概率幾種基本定理的統稱。原先稱爲錯誤法則，在經典形式中，它陳述：不管個別變數本身的分布（賦予特定普通狀態）如何，一組隨機變數的總和會達到正態分布。此外，正態分布的平均（參閱mean, median, and mode）會等於每個隨機變數（統計）平均的（算術）平均。

central nervous system ➠ nervous system

Central Pacific Railroad　中太平洋鐵路公司　西元1861年創辦的美國鐵路公司，由加州巨商（包括史丹福、霍普金斯）所投資。1862年國會授權該公司和聯合太平洋鐵路公司，建築和經營這條橫貫大陸線，並在財政和築路所需的土地等方面給予援助，以資鼓勵。1863年中太平洋鐵路公司開始從沙加緬度向東鋪軌，兩年後聯合太平洋鐵路公司從內布拉斯加州奧馬哈向西鋪軌。中太平洋鐵路公司曾雇用數以千計的中國工人。兩線於1869年5月10日在猶他州普羅蒙特里市接通。1884年起南太平洋鐵路公司承租這條鐵路，至1959年中太平洋鐵路公司被它購併爲止。

Central Park　中央公園　紐約曼哈頓區最大、最重要的公園，占地340公頃。由建築師奧姆斯特德及沃克斯依市民需要來設計，1876年開放。至今仍爲人工景觀中最傑出的成就之一，園內平面風景及植物種類皆繁複成趣，有綠茵草地、優雅斜坡、陡峭山峽及崎嶇溪谷，各景內並有賞景步道；園內面向第五大道處有大都會藝術博物館，其他地區則設置動物園、溜冰場、三小湖、露天劇場、貝殼形音樂台、運動園地、噴泉及數百座紀念碑；也有一所警察局、19世紀的碉堡及克麗奧佩脫拉方尖塔。

Central Powers　同盟國　第一次世界大戰時，由德意志帝國和奧匈帝國等「中部」歐洲國家組成的聯盟，自1914年8月起，在西線對英、法作戰，東線對俄作戰。鄂圖曼帝國於1914年10月29日加入同盟國作戰，保加利亞則於1915年10月14日加入。

central processing unit ➠ CPU

Central Treaty Organization ➠ CENTO

Central Valley　中央谷地　西班牙語作Valle Central。智利中部安地斯山脈與海岸山脈間之陷落地帶。北起查卡布科山脈，南迄比奧比奧河，綿延約650公里，乃智利之主要農業區。自16世紀中葉即有人前往墾殖，並爲歐洲殖民中心。位於谷地北端之聖地牙哥，爲該國首都及文化中心。

Central Valley　中央谷地　美國加州中央谷地，位於內華達山脈和海岸山脈之間。長725公里，寬僅64公里。由沙加緬度河和聖華金河沖刷形成，水系注入舊金山灣，爲谷地唯一出口。1849年淘金熱後，中央谷地農牧業迅速發展，建成灌溉網後，成爲全國最富饒的糧倉，生產棉花、水果（葡萄、桃、杏）、穀物（小麥、稻米）、甜菜及蔬菜。該谷地亦蘊藏豐富的石油及天然氣。

centrifugal force＊　離心力　在圓軌道上運動的質點所特有的慣性力，量值和量綱都和使該質點沿該圓軌道運動的力（向心力）相同，但方向相反（參閱centripetal acceleration）。如一根繩拴在地面柱子上，另一端繫著在水平面上旋轉的石子，石子不斷改變其速度方向，所以有著指向柱子的加速度。如果石子以恆速率運動，再忽略重力，那麼作用在石子上唯一的力就是內向的繩張力。如果繩裂斷，由於慣性的關係，石子將沿圓軌道的切線作直線運動。這並不是受到要使石子沿徑向外飛的離心「力」的影響。雖然按照牛頓運動定律離心力不是眞實的力，離心力的概念仍是有用的。爲使牛頓定律能適用於這樣的轉動參照系，應在運動方程式中引入一項和向心力大小相等、方向相反的慣性力或虛擬力（離心力），在跟著石子旋轉的參考系中，石子是靜止的，爲了得到平衡的力系，就必須包括向外作用的離心力。

centrifugal pump＊　離心泵　移動液體或氣體的設備。它有兩個主要部件，即葉輪和圓形泵殼。最常見的一種叫做蝸殼型離心泵。流體以高速在旋轉的葉輪中心附近流入泵內，被葉片甩向外殼。離心力迫使流體流過泵殼內的流道，這個出口流道以特殊形式逐漸擴大，以降低流體速度，從而提高其壓力。離心泵產生高壓連續流，可把幾個葉輪串聯起來成爲多級泵，以逐級提高流體壓力。離心泵用途極廣，可用於如供水、灌溉和污水處理系統等方面的抽水；也用作氣體壓縮機。

centrifuge＊　離心機　任何應用持續離心力的裝置。離心機裝有可高速旋轉的容器，該容器用來盛裝待分離的物料，形狀視用途而異。洗衣機的脫水槽及工業上自粉碎物中分離液體的機器均屬之。離心力常與物體的重量（重力的拉力）直接比較，故以「重力的倍數」或「G的倍數」表示。離心機最廣泛的用途，是將懸浮液或溶液中的物質濃縮與純化。自1940年代中期後，氣體離心機的技術已有長足的發展與擴張。一種特別適於分離鈾同位素的簡單眞空式氣體離心機業已發明。在1970年代，歐洲更建造一座離心機工廠，專門生產商用核反應器級的鈾－235，供應核能電廠。

centripetal acceleration＊　向心加速度　沿圓周軌道運行物體的運動特性。這種加速度沿徑向指向圓心，量值a等於物體沿曲線的速率v的平方除以物體到圓心的距離r，即$a=v^2/r$。引起這個加速度的力也指向圓心，名爲向心力。

centroid　形心　幾何學中指塊狀二維圖形或三維實體的中心。這樣，二維圖形的形心代表按圖形切成（例如）薄片金屬時能夠平衡的點。圓或球的形心是中心。更全面地說，形心代表由全組之點的座標平均（參閱mean, median, and mode）指出的點。如果邊界不規則，要找到平均需利用微積分（形心最普通的公式涉及積分）。

centromere＊　著絲點　把兩個染色半體緊連起來的染色體結構。它是細胞分裂期間把染色半體拉至細胞相反一端的結構接合點（參閱mitosis）。在有絲分裂的中間階段，著絲點複製而染色半體對分開，每個染色半體成爲個別的染色體。這樣，當細胞分裂時，兩個子細胞都有完整的染色體組。

century plant　世紀樹　亦稱American aloe或maguey。即美洲龍舌蘭，產於墨西哥和美國西南部。要花很多年（五～一百年）才成熟，只開花一次，然後就枯死。廣泛栽培於室內外，葉緣具刺，長1.5～1.8公尺，花葶長7.5～12公尺，均供觀賞。

Cephalonia　凱法隆尼亞　希臘愛奧尼亞群島中最大島嶼，位於帕特雷灣以西。與綺色佳、一些附近的小島組成凱法隆尼亞州。面積781平方公里，島上多山，艾諾斯山海拔1,628公尺。州首府及港口阿戈斯托利翁位於西南海岸。該島曾經是邁錫尼的重要中心。西元前189年降服於羅馬。在歐洲中世紀時，爲諾曼探險家圭斯卡德所占領。其後該島先後落入那不勒斯和威尼斯幾個家族之手，1809年被英國人奪去。1864年英國將它割讓給希臘。1953年發生的地震毀壞了凱法隆尼亞島。人口：島29,207；州約32,314（1991）。

cephalopod＊　頭足類　軟體動物門頭足綱所有海生軟體動物的通稱，如章魚、烏賊、鸚鵡螺、槍烏賊等，包括最活躍和最大的無脊椎動物（大王烏賊）。主要特徵是：身體分頭、頸、軀幹三部分；有頭足，又分腕及觸手兩種形態，腕端通常有吸盤。足基部腹面有管狀的漏斗，用以排出外套腔內的水。漏斗噴口可轉向任一方向，可向前或向後運動。眼部的影像形成結構近似脊椎動物。中樞神經系統高度發達。多數頭足類皮膚有色素細胞和反光細胞（虹細胞），在攻擊、僞裝、休息、警告或防衛時呈現不同的體色。大部分是食肉動物，主要吃魚、甲殼動物和軟體動物。

Cepheid variable＊　造父變星　變星的一種，它的光變週期（即亮度變化一週的時間）與它的光度成正比，因此可用於測量恆星和星系的距離。1912年哈佛天文台的勒維特發現了造父變星的週期－光度關係。造父變星現被分爲兩種性質不同的類型：一爲經典造父變星，其週期－光度關係很明顯，具有1.5天到長達50天的光變週期，是比較年輕的恆星，大多見於星系的旋臂，屬於星族I；另一類爲短週期造父變星，又稱星團變星或天琴座RR型變星，光變週期短於一天，光變週期和光度之間沒有明顯的關係；後面這一事實在未得到確認以前曾在天文界中引起相當大的混亂。

Ceram＊ 塞蘭 亦作Seram。印尼摩鹿加中部島嶼。面積17,148平方公里。島上多山，布滿熱帶森林。最高點爲位於中部的比乃依山，海拔3,019公尺。時有地震。15世紀時葡萄牙人抵達此島。1650年左右名義上歸荷蘭人統治。第二次世界大戰時，日本人占據之。戰後成爲印尼的一部分。人口92,187（1971）。

ceramics 製陶術 傳統上，用天然的原料如黏土和石英砂製作、塑成型後，用高溫燒硬，做成實用物或裝飾物的技術或工藝。主要的陶製品是容器、餐具、磚、瓦等。亦請參閱earthenware、porcelain、pottery、terra-cotta、stoneware。

Ceratium＊ 角甲藻屬 單細胞水生原生生物的一個屬。常見於從北極到熱帶的淡水和鹹水中。本屬的種類可歸入具甲鞘的腰鞭毛蟲類，兼具動、植物特徵。細胞扁平，內有含黃色、褐色或綠色色素的色素體。殼（甲鞘）由許多具花紋的板片組成，這些紋板組成一個前角和通常兩個後角，這些角可使該生物在水中下沈的速度減緩。本屬種類的形態因環境的鹹度和溫度而各異。在寒冷的鹹水中，刺趨向短粗，在鹹度較低而溫度較暖的水中，刺趨向細長。本屬的種類是北方海域浮游生物中重要的一個部分。

Cerberus＊ 刻耳柏洛斯 希臘神話中指冥界怪物似的看守犬。通常傳說它有三個頭，不過赫西奧德說它有五十個頭。蛇頭從它的背部長出，並有蛇形尾。它會吞食任何試圖逃出哈得斯王國的人，同時拒絕活人進入，不過奧菲斯曾用音樂迷惑它而得以通過。赫拉克勒斯的苦勞之一就是把刻耳柏洛斯帶到活人世界，成功之後，又把這個生物歸還哈得斯。

cereal 穀物 亦稱grain。可結出適合食用的含澱粉種子的任何禾本植物。經常種植的穀物是小麥、稻米、黑麥、燕麥、大麥、玉米和高粱。作爲人類食物，穀物通常以未經處理的形式（有些是通過冷凍或製成罐頭），或作爲各種食品的組成部分銷售；作爲動物飼料，主要是供最終製成肉食、乳品和家禽製品供人類消費的牲畜和家禽消耗之用；在工業上，穀物用於生產各種物質，如葡萄糖、黏合劑、油類和酒精。小麥是世界上種植最廣泛的穀物，稻米次之。大多數穀物富含碳水化合物和能量價值，但蛋白質含量較低，天然缺少鈣和維生素A。麵包通常要加維生素，以彌補所用穀物中缺乏的某些營養成分。穀物和穀物副產品往往在產地消費，但也是國際貿易中的主要商品。

cereal 穀類食品 加工製成的穀類食物，可供人類或動物食用。製造穀類食品的第一個步驟是碾磨，把穀粒磨細以便加工。現代自動化設備採用鋼製圓柱，接著用氣壓清洗，並接連不斷地篩選，把胚乳同外殼、胚芽分離。玉米使用的是濕加工研磨。穀類製品包括麵粉、米、粗磨粉（粗粉和未細篩的穀粒）、玉米粉和義大利麵。早餐穀類食品包括：粗製穀類，如燕麥片、穀粉（必須煮熟）；片狀穀類（把小麥整個煮熟，乾燥然後切碎）；塊狀穀類（通常是把穀物破裂成粗粒，壓榨烹煮時加入調味糖漿，然後碾壓和烘烤）；膨化穀類（在高壓容器內加熱穀粒，使顆粒膨脹成好幾倍）；粒狀食品（用穀粉調和成較硬的麵糰進行發酵、烘乾，然後弄碎，再度烘烤之後，磨成粗顆粒狀而成）。所有的穀類都含有高量的澱粉。

cerebellum＊ 小腦 人體腦的一部分，整合來自內耳迷路與肌肉中位置覺感受器的神經衝動後發出信號（參閱proprioception），決定並調整具體肌纖維收縮的範圍與時間，以維持平衡與體位，並使大肌群產生平穩、協調的隨意運動。位於大腦半球的後下方和延髓的上面，分爲左右兩半球，每側半球由中央白質和表層灰質所構成，分成三葉。小腦的損傷或疾病常造成神經肌肉障礙，特別是運動失調。

cerebral cortex＊ 大腦皮質 指大腦外層的灰質層，負責整合感覺衝動和各種高級智力活動。常常粗略地根據腦表面的褶皺將大腦皮質的灰質分爲四葉，有時邊緣系統（即邊緣葉）被算做第五葉。額葉有運動和言語中樞，頂葉有軀體感覺（觸覺與位置覺）中樞，顳葉有聽覺與記憶中樞，腦後部的枕葉內有腦的主要視覺接受區，邊緣系統管理嗅覺、味覺與情緒應答。

cerebral palsy 大腦性麻痺 由於在出生前、出生時或嬰兒期罹患腦病而引起的癱瘓。該病可分兩型：一、痙攣型，四肢痙攣性攣縮，通常伴有心智遲緩和癲癇。二、手足徐動型，表現爲臉、頸和四肢肌肉不斷作出緩慢、多變的痙攣性動作，臉部常扭曲作出怪相及言語不清（構音障礙）。在手足徐動型患者中，可能智力正常，但由於手足徐動症狀和構音障礙，常不能明白表情達意，因而看似智力遲緩。

cerebral seizures ➠ epilepsy

cerebrospinal fluid (CSF)＊ 腦脊液 腦室系統及腦和脊髓周圍的無色透明液體。功能爲在腦、脊髓及顱骨之間起潤滑作用；可協助支撐腦、脊髓的重量；可分散對頭部的衝擊力而起緩衝作用；可維持顱內壓的相對恆定。患某些腦膜或中樞神經系統疾病時腦脊液的物理、化學、細胞學、血清學成分發生改變，可通過腰椎穿刺測定腦脊液的壓力，並取出腦脊液進行化驗，以幫助診斷。

cerebrum＊ 大腦 腦的最大部分。由兩個大腦半球組成，占腦總量的2/3。是意識過程進行的處所，內有整合感覺和控制隨意運動及高級智能功能（包括言語及抽象思維）等的神經中樞。大腦半球的中心是有髓神經纖維，即白質；皮質有很多溝回，即灰質。人類的大腦皮質十分發達，這使人腦不同於其他哺乳動物的大腦。雖然某些白質結構也具有獨立的重要功能，但白質中的神經纖維主要用以聯結大腦皮質各功能區。由前到後有一條深裂溝將大腦分爲兩個半球，每個半球調控其對側軀體的活動。其中一個半球在功能上占優勢，它集中了一些特化的神經中樞，如言語、思維的中樞，決定右利還是左利等決定空間趨向的中樞。另一側半球則支配更微妙、複雜的知覺，如識別不同的面孔。兩側大腦半球由胼胝體連接，它是一塊白質的厚板，可聯繫來自身體兩側的感覺訊息和功能應答。大腦的其他重要結構有下視丘和視丘。下視丘控制代謝和內環境穩定。視丘是一個主要的感覺傳遞中樞，管理情緒和本能。

Ceres＊ 刻瑞斯 古羅馬宗教所信奉的女神，司掌糧食作物的生長。她有時單獨受崇拜，有時與土地女神忒耳斯一同受崇拜。據傳西元前5世紀羅馬發生饑荒，遂根據《女先知書》的啓示，於西元前496年將崇拜刻瑞斯、利貝爾、利貝拉三神的習俗傳入羅馬。阿文廷山上的刻瑞斯廟建於西元前493年，是平民的宗教和政治活動中心，其中藝術作品十分精湛。

刻瑞斯雕像，現藏梵諦岡博物館
Alinari－Art Resource

Ceres＊ 穀神星 太陽系中已知體積最大的小行星，也是第一顆被發現的小行星。它是由巴勒摩天文台的皮亞齊於1801年發現的。隨後，皮亞齊的觀測中斷，直至1802年1月1日，佐奇用高斯的軌道計算法才又發現了它。穀神星每4.6個地球年繞太陽公轉一周，直徑約爲700公里。

cereus 山影掌 又稱山影拳。美國西部及新大陸熱帶地區大型仙人掌（山影掌屬和相關的屬）的統稱，包括薩瓜羅掌和燭台掌。月光掌屬（夜間開花的山影掌）約有二十種，夜間開放的大型花朵白色而通常芳香撲鼻，屬於仙人掌科最大的植物。夜皇后爲最著名的夜間開花型山影掌，常栽培於室內。

Cerf, Bennett (Alfred)＊ 瑟夫（西元1898～1971年） 美國出版商和編輯。1925年他與克洛卜佛獲得現代圖書館刻印版，後來成爲利潤極高的經典書籍重印版系列。1927年他們以藍燈書屋之名開始出版現代圖書館書目以外的書籍，1927～1965年瑟夫擔任藍燈書屋總裁，並在1965～1970年擔任主席。他因反對審查制度而成名，也出版許多卓越作家的作品。他是個喜好用雙關語和十分健談的人，曾編輯了幽默作品、短篇小說和戲劇的文集，爲集團報紙寫專欄，並出現於受歡迎的電視節目《我的職業是什麼？》（1952～1968）。

cerium＊ 鈰 化學元素，週期表IIIb族過渡金屬中豐度最大的稀土金屬。化學符號Ce，原子序數58。呈鐵灰色，柔軟性和延展性與錫相近。存在於許多礦物中，豐度和銅相近，比地殼火成岩中的鉛多兩倍。鈰及其化合物有很多用途，二氧化鈰在光學工業中用於玻璃的精細拋光（代替鐵丹），在瓷器塗層中用作不透明劑，在玻璃製造業中用作脫色劑。硝酸鈰用來製造汽燈紗罩，其他鈰鹽用於陶瓷、攝影和紡織工業，金屬鈰是滲碳弧光燈的配料之一，這種燈用於電影、電視及其他有關工業的照明。鈰和其他稀土金屬一起，是許多鐵合金和有色金屬合金的組分。在電子管製造業中用作收氣劑，以除掉痕量氧。

CERN 歐洲核子研究組織 全名Organisation Européenne pour la Recherche Nucléaire。舊稱歐洲核研究委員會（Conseil Européen pour la Recherche Nucléaire）。爲合作研究亞核物理學（也稱高能物理學或粒子物理學）而建立的國際科學組織。總部設在瑞士的日內瓦。擁有世界上功率最大和最多能的各種設備，在瑞士－法國邊界占地廣大。它專門從事「純科學和基本性質」的研究，其實驗和理論研究結果亦公諸於世。建立歐洲核研究委員會部分是爲了欲喚回第二次世界大戰中因各種原因移居美國的歐籍物理學家。到2000年共有二十個歐洲會員國，有的國家仍維持觀察員資格。

Cernunnos＊ 塞爾農諾斯 塞爾特宗教教義中有大能的神靈，通稱「野生動物之王」。此神生有鹿角，有時伴有雄鹿和生有羊角的蛇，此蛇本身也是神靈。他佩戴或手執項圈，塞爾特諸神和英雄都佩帶此物。此神主要在不列顛受崇拜，在愛爾蘭間或也有崇拜此神的遺跡。此神影響甚大，因此受到基督教會大力反對。

Cerro Gordo, Battle of＊ 塞羅戈多戰役 墨西哥戰爭中，美、墨軍隊的一次遭遇戰。當時美軍在司各脫將軍的領導下第一次在這裡遇到猛烈的抵抗。司各脫於1847年4月率8,500人從韋拉克魯斯行軍到墨西哥城，途經塞羅戈多附近，遇到聖安納將軍統率的一萬兩千名固守山隘的墨西哥軍隊。結果墨西哥軍隊被擊潰，傷亡約一千一百三十人，美軍有六十三人陣亡。

Cersobleptes＊ 塞索布勒普提斯（卒於西元前342年） 色雷斯國王（西元前360～西元前342年）。他承接了與雅典的戰爭，在國內受到兩名王位覬覦者的掣肘。西元前357年割讓了色雷斯的切爾松尼斯給雅典，並把色雷斯西部拱手讓給那兩個王位覬覦者。後來與雅典結盟以對抗馬其頓，但後來被腓力二世排除於西元前346年的和約之外。

certificate, digital ➟ digital certificate

certificate of deposit (CD) 存款單 銀行確認存款的收據。活期存款單可根據需要立即付款，沒有利息；定期存款單應在指定日期付款。定期存款的利息較存摺或結單儲蓄帳戶的利息爲高。存款人如在到期前提取定期存款則失去利息。自1960年代初期創辦定期存款單以來，它已成爲普遍的儲蓄方式。

certiorari＊ 調審令 在法律上，指上級法院爲重新審查下級法院而發出的一種令狀。調審令最初係指英國王座法院命令下級法院的法官呈送某些案卷材料的令狀，後來也爲大法官法院（衡平法院）所採用。在美國，調審令用於複審法律問題，糾正錯誤，以及防止下級法院濫用職權。遇到需要立即複審的特殊情況，也可以發布這種令狀。

Cervantes (Saavedra), Miguel de＊ 塞萬提斯（西元1547～1616年） 西班牙小說家、劇作家、詩人，是西班牙文學史舉足輕重的人物。在馬德里求學後，他加入義大利步兵，在勒班陀戰役中與土耳其人作戰而被俘，與他的兄弟一起被賣到阿爾及爾當奴隸五年。回到西班牙後，長期的經濟問題和糾結的事務引發法律爭訟，曾被短期監禁。在單調的文職生涯中，他寫下田園傳奇《伽拉苔亞》（1585）和戲劇、詩歌、短篇小說，獲得小小成功。鉅著《唐吉訶德》（1605）立即爲他帶來功名（若未爲他帶來財富）。本書戲仿當時的騎士傳奇故事，敘述一位痴呆的年邁騎士帶著老馬和務實的隨從桑丘出門的滑稽冒險。被視爲第一部小說，也是最偉大的小說之一，它影響了許多作家，也啓發了其他體裁及媒體的無數創作。他也爲舞台劇出版了一大套八部喜劇和八種幕間短劇（1615），還有傳奇故事《貝雪萊斯和西吉斯蒙達歷險記》（1617）。

cervical spondylosis＊ 頸椎病 頸椎的退行性疾病，對脊髓和頸神經造成壓迫。頸椎的慢性退行性變使脊椎間隙變得狹窄，迫使椎間盤凸出，壓迫或牽拉頸神經根，椎體亦可脫離其正常排列。典型的症狀有：頸與上肢放射痛並僵硬、頭部運動受限、頭痛、痙攣性麻痺和四肢無力。頸椎病和伴有與本病無關的關節炎的原發神經疾患可能很難鑑別。治療措施有：休息、牽引，也可用頸圍限制活動。如果這些措施無效，可切除突出的椎間盤或行椎骨融合術，以解除脊柱的壓力。

cervicitis＊ 子宮頸炎 子宮頸的炎症。子宮頸爲細菌侵襲、生長極爲適宜的場所。陰道感染很容易擴散到子宮頸。多見於婦女月經旺盛時期。主要症狀是大量分泌物，呈奶油樣黃色或灰綠色，有臭味及刺激性。過多的分泌物可阻礙受孕。子宮頸炎在妊娠期可能加重。糜爛面增大，息肉增長，分泌物增多，子宮頸感染可引起子宮頸狹窄導致難產。子宮頸炎的處理爲電烙、採取防護措施，有時可用外科手術治療。手術包括子宮頸修補或子宮頸切除。

Césaire, Aimé (-Fernand)＊ 塞澤爾（西元1913年～） 法國（馬提尼克）詩人、劇作家。曾在巴黎學習，1940年代初期返回馬提尼克島，後來代表共產黨選入議會。與桑戈爾共同創導黑人自覺運動，旨在恢復非洲黑人的文化特色。他用充滿黑人意象的白人語言，來表達他熾烈的叛逆精神，如《回鄉札記》（1939）、《被斬首的太陽》（1948），對壓迫者進行了猛烈的鞭笞。塞澤爾後來拋棄黑人自覺運動，轉而寫政治戲劇，包括《國王克利斯托夫的悲劇》（1963）和《剛果一季》（1966）。

cesarean section＊ 剖腹產術 亦作C-section。即在胎兒足月時或足月前經腹部切口自子宮剖取胎兒的手術。通常當陰道產會給母體或子體帶來危險時就採用剖腹產。曾經剖腹產的人，日後懷孕時仍可陰道產。剖腹產所冒的風險就像是動大手術一樣。剖腹產曾經一度遭濫用，後來大部分怕醫療不當，現在也已因自然分娩法運動而大為減少。

cesium＊ 銫 週期表中Ia族即鹼金屬族的化學元素，化學符號Cs，原子序數55。是1860年用光譜法發現的第一個元素。銫是銀白色、很活潑，可能還是最柔軟的金屬，溫室中為液體（熔點：28.5℃）。豐度大約為鉛的一半，存在於銫榴石礦和鋰雲母礦中。銫遇水發生爆炸性反應，極易與氧化合，因而被用作電子管的吸氣劑。銫的光電特性很強（光照下易失去電子），廣泛用於光電池，以及在電視攝影機中形成電子圖像，另外還用於電漿推進器、原子鐘等。

Céspedes (y Borja del Casteillo), Carlos Manuel de ＊ 塞斯佩德斯（西元1819～1874年） 古巴革命英雄。出身於著名的莊園主家庭，後去西班牙學習法律。回古巴後執律師業，並祕密組織獨立運動。1868年發動起義，宣布古巴獨立。這次起義迅速擴大，並連獲驚人的勝利。他領導了革命政府，並積極謀求與美國領土合併。1873年被廢黜，開始逃匿，最後被發現而遭西班牙士兵槍殺。

cetacean＊ 鯨類 鯨目數種水生哺乳動物的通稱。分布於世界各地的海洋以及某些熱帶的湖泊及江河。現代鯨類分為兩個亞目：齒鯨亞目，約有七十種齒鯨；鬚鯨亞目，包括十三種鬚鯨。兩個類型的現代鯨其區別主要在於頭的形狀及牙齒。鯨類的身體略呈紡綞形，無露出體外的後肢（雖然體內可見退化的肢體結構）；尾端擴展成水平的尾鰭，由兩葉構成。尾部作垂直運動，產生向前的推力，鰭狀的前肢則起平衡和導向的作用。鯨類是哺乳動物，它們必須浮到水面通過頭頂部的噴氣孔（外鼻孔）呼吸。

Cétsamain ➡ Beltane

Cetshwayo＊ 塞奇瓦約（西元1826?～1884年） 南非祖魯人末代國王（1872～1879年在位）。是恰卡的侄甥，年僅十二歲即參加對歐洲移民的猛烈襲擊。繼而在對史瓦濟人的戰爭（1853～1854）中嶄露頭角。1878年英軍入侵祖魯蘭。1879年祖魯人敗，塞奇瓦約被俘，幽禁開普敦附近，祖魯蘭則由十三名酋長分割。1883年英國復立他為祖魯蘭中部的統治者，但有些新酋長拒不承認，把他逐出權力中心。

Ceuta 休達 阿拉伯語作Sebta。北非西班牙飛地，為軍事基地和自由港。包括梅利利亞這個西班牙自治區。扼地中海通往直布羅陀海峽要津。坐落在連接阿喬山（赫丘克立斯的立柱之一）與大陸的狹窄地峽上。先後為迦太基人、希臘人和羅馬人殖民，拜占庭總督朱利安伯爵統治時期獨立。因是象牙、黃金和奴隸貿易的重要商港，多次被爭奪，直至1415年由葡萄牙人控制。1580年該港落入西班牙人之手。1995年西班牙政府同意休達的自治地位。人口約69,000（1996）。

Ceylon 錫蘭 ➡ Sri Lanka

Cézanne, Paul＊ 塞尚（西元1839～1906年） 法國畫家，被稱為現代繪畫之父。1858年塞尚遵父命入大學法學院學習，1861年赴巴黎學習繪畫。曾在落選者沙龍（1863）展示作品，受人抨擊，但他堅持不懈。並開始與印象派畫家馬奈、畢沙羅、莫內、雷諾瓦和竇加等為伍。1874和1877年與他們一起展出作品。他著重物體內在的結構，而不是印象派所強調的由光線照射到物體上所反映出來的客觀形象，並運用立體色塊和結構線條來作畫。1870年代起，發展出一種激盪人心同時表現深邃空間和表面結構的全新格調。此時期的代表作是一系列描繪普羅旺斯的聖維克多山的大幅風景畫。塞尚以同樣的方法創造肖像畫和描繪日常生活情景，最著名的是《坐在黃扶手椅上的塞尚夫人》（1890～1894）和《玩牌者》（1890～1892）。一生畫有兩百餘幅出色的靜物畫。1895年塞尚舉辦了第一次個人畫展，但大家對他的作品反應冷淡，一直到他在獨立者沙龍（1899、1901和1902）及世界展覽（1900）展出後，畫廊業者才開始找尋他的作品展出。死後隔年在巴黎的秋季沙龍舉辦了回顧展，共展出五十六幅作品，頗受歡迎。他的作品和思想對20世紀許多美術家及美術運動（特別是立體主義）的審美觀念發展有很大影響。

塞尚自畫像（1878～1880?），油畫；現藏華盛頓市菲利普斯收藏館
By courtesy of the Phillips Collection, Washington D.C.

CFC ➡ chlorofluorocarbon

CGI 共通閘道介面 全名Common Gateway Interface。網路伺服器在本身與應用程式之間傳送資料的規格。在典型情況下，網路用戶會對網路伺服器提出請求，網路伺服器則把請求傳送至共通閘道介面應用程式。程式對請求進行處理，並把回答傳送至伺服器，伺服器再將之送回給用戶。整個交換過程遵循著共通閘道介面規格的規則，事實上屬於HTTP的一部分。共通閘道介面應用程式能以C++語言和視覺化Basic語言寫成，但通常是用Perl寫成。

Chaadayev, Pyotr (Yakovlevich)＊ 恰達耶夫（西元1794～1856年） 俄國作家。早年是一個軍官和自由主義者，1823～1826年間在歐洲旅行，後用法文寫出《哲學書簡》（1827～1831），提出俄國和西方的關係問題，主張俄國應汲取西方文明，實施西化政策。第一封書簡的俄譯文於1836年發表，但隨即被禁，並宣布他患有精神病。他繼續住在莫斯科，受到年輕的西方化論者的崇拜，他有關俄國歷史的觀點，加深了相互對立的知識分子陣營－－斯拉夫文化優越論者和西方化論者之間的爭論。

Chabrier, (Alexis-) Emmanuel＊ 夏布里耶（西元1841～1894年） 法國作曲家。雖具有鋼琴方面的音樂天分，但父母逼他取得法律學位，並在公家單位任職，後來他放棄工作，在1880年開始專心從事作曲。1877年歌劇《星》上演；《失敗的教育》於1879（鋼琴伴奏）及1913年（樂團伴奏）上演。最佳作品寫於1881～1891年，其中包括鋼琴曲《十首如畫的樂曲》（1880）、《三首浪漫圓舞曲》（1883）、管弦樂曲《西班牙》（1883）與《快樂進行曲》（1888）、歌劇《飛來的王位》（1887）及六首歌曲（1890）。作品受幽默感與諷刺畫啓發，常採用不規則的節奏型或本鄉布雷舞曲的快速反覆音調。也擅長寫旋律，受巴黎咖啡館音樂會的流行歌曲影響，但略有粗俗傾向。

Chabrol, Claude＊ 夏布羅爾（西元1930年～） 法國電影導演、編劇兼製片人。原在巴黎大學主修政治經濟，後成為影評家並任職於20世紀福斯公司駐法辦事處。由他編劇和製片的《好男賽吉》（1958）是新浪潮的一部重要影片。後來他導演《小女職工們》（1960）、《一箭雙雕》（1968）、《該死的人》（1969）《薇奧列塔．諾西德爾》（1978）、《女人的故事》（1988）及《包法利夫人》（1991）等影片。他以荒誕不經的手法取勝，即興諷喻，把悲、喜劇交織在一起，反映了英國導演希區考克在風格上對他的強烈影響，為神祕驚悚片大師。

Chaco 廈谷 ➟ Gran Chaco

Chaco Culture National Historical Park＊ 廈谷文化國家歷史公園 美國新墨西哥州西北部國家保護區。建於1907年，1980年改今名。面積137平方公里。內有哥倫布到達前印第安人遺跡十三處和反映全盛時期普韋布洛文化的三百多處較小考古場地。最大和發掘最完整的為西元10世紀印第安建築「普韋布洛博尼托」，有約八百個房間和三十二個地下廳室。

Chaco War＊ 廈谷戰爭（西元1932～1935年） 玻利維亞與巴拉圭為了爭奪廈谷區（據說蘊藏石油）而爆發的大戰。自太平洋戰爭後，玻利維亞成為內陸國，它一直企圖經拉布拉他河系通往大西洋岸，而大廈谷正在這條路線上。雙方激戰數年，1935年1月巴拉圭軍隊進入玻利維亞領土。6月12日雙方訂立休戰協定。這場戰爭大約死亡十萬人。廈谷和會（包括有阿根廷、巴西、智利、祕魯、烏拉圭和美國的代表參加）議定和約，1938年在布宜諾斯艾利斯簽字。巴拉圭獲得有爭議地區的絕大部分，但玻利維亞獲得通向巴拉圭河一條通道和一個港口（卡薩多港）。

Chad 查德 法語作Tchad。非洲中北部共和國。面積1,284,000平方公里。人口約8,707,000（2001）。首都：恩賈梅納。薩拉人是最大的種族集團，約占全國人口的1/4，其他種族集團包括巴吉爾米人、邦戈人、拉卡人、姆布姆人、坦加勒人、布杜馬、庫里和卡嫩巴人。阿拉伯人部落眾多，雖分散各地，但屬同一種族。語言：阿拉伯語和法語（官方

語），以及一百多種語言和方言。宗教：伊斯蘭教、萬物有靈論、天主教、新教。貨幣：非洲金融共同體法郎（CFAF）。查德狀似淺盆，以查德湖為起點地勢逐漸升高。查德湖盆地四周山嶺環繞，北有提貝斯提火山，其中的庫西山高達3,415公尺。盆地最低處為朱拉卜窪地，海拔175公尺。查德的河流網只有沙里河和洛貢河及它們的支流，流向東南注入查德湖。經濟以農業為主。政府形式是共和國，一立法機關。國家元首是總統，政府首腦為總理。西元800年左右卡內姆王國建立，13世紀的頭十年，卡內姆王國擴張版圖，形成新的卡內姆－博爾努王國。16世紀該王國控制了穿越撒哈拉至的黎波里商隊路線的南端終點站，達到頂峰。此時，其對手巴吉爾米王國及瓦達伊王國發展很快。1883～1893年三王國均落入蘇丹冒險家拉比赫．祖拜爾征服。1891年拉比赫被法國人推翻。法國人擴張他們的勢力，1910年查德成為法屬赤道非洲的一部分。1920年查德單獨成立殖民地。1946年成為法國的海外領地。1960年獲得完全獨立。之後處於幾十年的內戰，常受到法國和利比亞的干預。

Chad, Lake 查德湖 非洲西部湖泊。位於奈及利亞、尼日和查德交界處，湖的南邊一部分在喀麥隆北部境內。此湖水源是沙里河，所占面積年年不同，通常是3,800～9,900平方哩（9,850～25,600平方公里）之間。1970年代和1980年代湖面縮減為1,500平方哩（3,900平方公里），此一變化顯然與周圍的薩赫勒地區荒蕪化有關。1823年歐洲人首次探勘此湖。

Chaeronea＊ 喀羅尼亞 希臘東部古城。廢墟位於帕爾納索斯山東南部的西波奧蒂亞，靠近奧爾霍邁諾斯。西元前338年馬其頓的腓力二世在此打敗底比斯和雅典；西元前86年羅馬將軍蘇拉在此打敗本都的米特拉達梯六世。西元46年左右羅馬作家普魯塔克出生於此。

Chaeronea, Battle of 喀羅尼亞戰役（西元前338年） 發生在希臘中部波奧蒂亞的戰役，在這場戰役中馬其頓的腓力二世打敗了底比斯和雅典人。此場勝利部分歸功於他的兒子亞歷山大大帝，他為馬其頓在希臘打下根據地，展現了未來帝國鴻圖。

Chafee, Zechariah, Jr.＊ 查菲（西元1885～1957年） 美國法學家。畢業於哈佛大學法律系，1916年加入教職。因關心第一次世界大戰中言論自由受到箝制而寫了第一本書《言論自由》（1920），後來修改的增編本《美國的言論自由》（1941），成為美國自由派思想的範本。他是公認的公民自由權權威，影響了布蘭戴斯、文德爾和小霍姆茲。他也是衡平法、流通票據法和反托拉斯法的權威。

chafer 鰓角金龜 鞘翅目金龜科鰓角金龜亞科昆蟲。葉鰓角金龜（Macrodactylus屬）的成蟲食葉。產卵土中，蠐螬在地下生活數年，吃植物根。秋天化蛹，但羽化的成蟲留在地下直到翌春才出土。薔薇刺金龜是人們熟悉的害蟲，足長，食葡萄、薔薇等園藝植物的花、葉。家禽食其蠐螬後可能中毒。

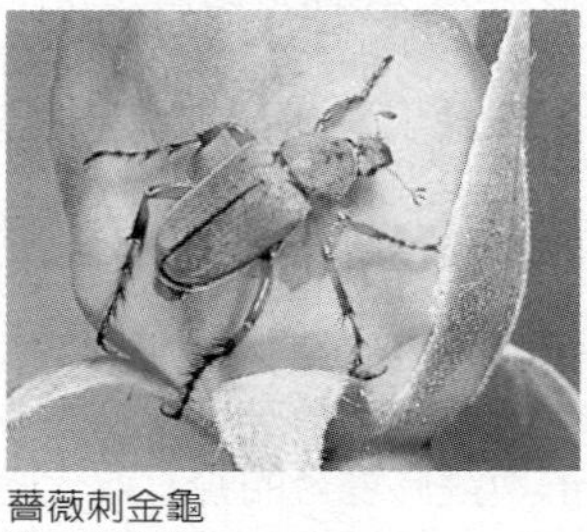

薔薇刺金龜
Grant Heilman

chaffinch 蒼頭燕雀 雀形目新大陸燕雀科鳴禽，學名Fringilla coelebs。在歐洲、北非到中亞（引入南非）園林農田中繁殖，在歐洲最常見。雄鳥15公分長，頭頂淡藍，背赭褐色，腰微綠色，面和胸粉紅至赭色；雌鳥綠褐色。藍燕雀是相似種。

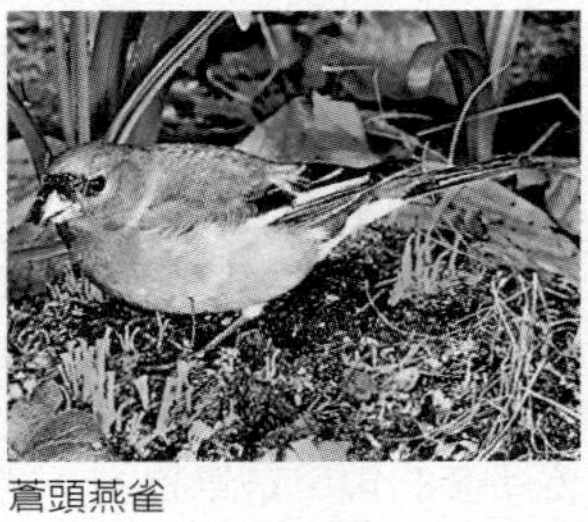

蒼頭燕雀
H. Schunemann – Bavaria-Verlag

Chagall, Marc＊ 夏卡爾（西元1887～1985年） 白俄羅斯裔法籍畫家、版畫家和設計師。曾在聖彼得堡學畫，1910年有人贊助他到巴黎發展。曾在每年的獨立者沙龍展出作品，1914年在柏林舉行第一次個展。之後返回家鄉維捷布斯克，正逢第一次世界大戰爆發，然後是布爾什維克革命。他被指派為當地美術學院的校長，但在1923年他選擇返回巴黎。夏卡爾在此重新出發，以繪製版畫為生，為許多特別的圖書生產蝕刻畫。1941年他前往紐約避難，曾替史特拉汶斯基的芭蕾《火鳥》設計背景和服裝。1948年再度定居法國，1958年以後，為耶路撒冷、巴黎和美國的一些公共建築設計不少彩色玻璃窗畫和壁畫。其特殊的神話夢幻似的特殊風格，主要描繪了猶太人生活和白俄羅斯、《聖經》的民間傳說。

C
D

Chagos Archipelago＊ 查戈斯群島 英屬印度洋領地。位於印度洋中部，在印度次大陸南端約1,600公里處。總面積約60平方公里。1814年英國從法國手中奪得此地，原為模里西斯屬地，由英國人管轄。1976年以後為英屬印度洋領地的唯一成員。因位於印度洋中央，戰略地位重要，在20世紀中葉其主要島嶼迪戈加西亞島已發展為美國和英國的海、空的補給燃料站，但也引起該區沿岸和島嶼國家的嚴重抗議。

Chagres River＊ 查格雷斯河 巴拿馬河流，為巴拿馬運河水系之一部分。源出巴拿馬中部聖布斯山脈，流向西南，在馬丹水壩處展寬成馬丹湖，過水壩向西南，在甘博阿與巴拿馬運河匯合後折向北，過加通湖與運河分道後在利蒙灣注入加勒比海。

Chaikin, Joseph 蔡金（西元1935年～） 美國舞台導演、演員和作家。曾加入生活劇團，在《月亮的黑暗》（1958）、《連接》（1959）和《男人是人》（1962）等劇中的表演贏得好評。1963年他成立「開放劇團」，成為實驗戲劇的中心人物。他加強與作家、導演和演員們的合作，共同生產出一批著名的作品，包括《美國萬歲》（1966）、《蛇》（1969）、《終點》（1970）、《突變秀》（1971）以及《夜行記》（1973）等。後來他與謝巴德合作了《談話》（1978）、《愛與野蠻》（1979）、《天堂裡的戰爭》（1984）以及《世界為綠色的時候》（1966）。1977年他獲得第一個奧比獎的終身成就獎。

Chain, Ernst Boris 柴恩（西元1906～1979年） 受封為Sir Ernst。德裔英籍生物化學家，與福樓雷一同將青黴素分離、提純，並首次進行了青黴素的臨床試驗。為此，他們與發現青黴素的佛來明共獲1945年諾貝爾生理學或醫學獎。柴恩除研究抗生素外，還研究過蛇毒、擴散因子（使液體易於在組織內擴散的酶）、胰島素等。1969年封爵。

chain drive 鏈傳動 廣泛用於傳遞動力的裝置，軸分隔的距離大於應用齒輪的方式。在這些裝置，鏈輪（帶有齒形與鏈條嚙合的輪）取代齒輪的位置，通過鏈輪齒以鏈驅動另外一個鏈輪。用於輸送帶的鏈通常是塊狀鏈，由實心或層狀的塊體構成，而由邊板和銷釘連接。塊體嚙合鏈輪的齒，視移動材料的性質，再決定用勾斗、掛鉤或其他裝置連接在塊體上。

chain mail 鎖子甲 亦稱mail。中世紀大部時期內歐洲騎士及軍隊最主要的護身鎧甲。羅馬時代晚期，鐵環縫在織物或皮革上製成鎖子甲。後經匠人改進，利用焊接或鉚接，使鐵環環環相扣，交織為一體。早期的鎧甲上身短，握劍手臂所套的鎧甲是單獨的一隻袖子。後來的鎧甲上身長，有兩隻袖子，分前後襟以利騎馬。頭盔下垂有護頸甲。貼身穿棉背心，以防擦傷。到12世紀，腿部、足部也有鎖子甲，手上的護甲為連指手套或長統手套。14世紀，先在胸部、背部加裝金屬板護心甲，後來逐漸採用全身板式甲而不用鎖子甲。

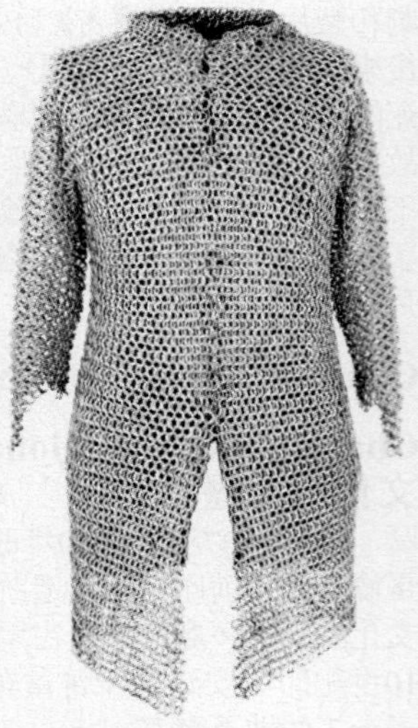
16世紀的土耳其鎖子甲
By courtesy of The John Woodman Higgins Armoury Museum

chain reaction 鏈鎖反應 物理和化學術語。反應生成的產物能進一步引發同類反應的自行延續過程。物理學中最熟知的鏈鎖反應是中子引起的核分裂過程。臨界質量是在規定條件下實現自持鏈式分裂反應所需要的最小量。不受控制的鏈鎖反應如原子彈，發生於一大堆中子出現和鏈鎖反應進行得非常迅速時。核反應器透過對可引起分裂的物質小心配置和插入吸收中子的物質來控制鏈鎖反應。

chain silicate ➟ inosilicate

chair 椅 單人坐具，通常有四根腳和一個靠背。為最古老的家具之一，可追溯至古埃及第三王朝時期（西元前2650?～西元前2575?年）。後來在整個歐洲發展了各種樣式。16世紀的許多椅子用墊子作裝飾。17世紀生產了大量雕刻富麗的椅子。美國家具多照搬17世紀後期英國家具的式樣。

Chajang Yulsa＊ 慈藏禪師（西元7世紀） 朝鮮佛教僧人。西元636年入唐留學七年，研究和修持佛教教義，回國時帶回一些據說是佛陀的遺骨。他任新羅官方佛教組織的領導者，宣傳新羅是模範佛教國土，三韓的其他兩個王國應當追隨新羅。在官方協助下，在皇龍寺建寶塔，供奉從中國帶回的佛骨。慈藏努力加強唐和新羅的友好關係，當新羅同朝鮮其他部分作戰時得到中國援助。參與發動群眾性啓蒙運動，意在發揚民族美德，藉以使佛教成為國教。

chakra＊ 輪 指人體精神力量和軀體功能相互滲透、相互作用之集中點（88,000輪）的任何一個。在印度教和佛教密宗某些流派修煉祕術中頗為重要。在印度教中有七個（佛教密宗是四個）是主要的，而每一輪又和一種特定的顏色、形狀、感官、自然要素、神靈和曼怛羅有關。其中最重要的是最下面的、位於脊椎最下部的輪（「根部」）和最高的、即頭頂上的輪（「倒蓮」）。

chakravartin 轉輪王 亦作cakravartin。古代印度人觀念中的世界統治者。佛教和耆那教經籍將世俗轉輪王分為三類：金轉輪王，統治古代印度宇宙論中所說四大部洲；鐵轉輪王，統治四大部洲之一，其權力小於金轉輪王；一方轉輪王，統治一洲部分地區人民。轉輪王被認為是佛陀世俗的化身。

Chakri dynasty 卻克里王朝 統治泰國的王朝，西元1782年由卻克里將軍創立，死後稱拉瑪一世（1782～1809年在位）。他重組了暹羅人，多次成功抗擊緬甸人。後繼者一直維持了這個疆界，沒被打破。拉瑪三世統治時期（1824～1851）增加了與歐洲列強的貿易，並與英屬東印度公司、美國訂立商約。拉瑪四世國王蒙庫（1851～1868年在位）和拉瑪五世國王朱拉隆功採行西方路線，努力使政府現代化，因而避免了遭殖民統治。拉瑪六世國王瓦棲拉兀（1910～

1925年在位）進行了社會改革，恢復了泰國的財政自主權（拉瑪四世時喪失給西方國家）。1946年拉瑪九世蒲美蓬·阿杜德繼位，開始實行君主立憲，從此國王成了形式上的國家元首。

Chalcedon, Council of＊　卡爾西頓會議　基督教的第四次普世會議。由羅馬帝國皇帝馬西安召開，西元451年舉行於卡爾西頓（今土耳其的卡德柯伊）。這次會議通過325年尼西亞會議決議、381年君士坦丁堡會議決議（日後稱為「尼西亞信經」），並駁斥基督一性論派，稱其為異端。另外還頒布了神職人員的戒條，並宣布成立耶路撒冷和君士坦丁堡兩牧首區。

chalcedony＊　玉髓　亦作calcedony。二氧化矽礦物石英的非常細緻的變種。是燧石的一種形式，顏色變化很大，常為淡藍色、白色、灰色、黃色或褐色。其物理性質與石英相同。歷代都把玉髓用來雕刻，玉髓的各種顏色變種一直被琢磨和拋光作為裝飾寶石。亦請參閱agate、carnelian、onyx。

Chalcis ➠ Khalkís

chalcocite＊　輝銅礦　一種硫化物礦物，Cu_2S，是最重要的銅礦石礦物之一。屬於比較低溫形成的一類硫化物礦物。輝銅礦可變成自然銅和其他銅礦石。有價值的產地有內華達州和亞利桑那州的硫化物礦床，在這些礦床中其他原岩組分已被溶走。輝銅礦也與斑銅礦一起產於那米比亞和蒙大拿的硫化物礦脈中。

美國康乃狄克州布里斯托所產的輝銅礦
Emil Javorsky

chalcopyrite＊　黃銅礦　一種鐵和銅的硫化物，是最常見的，而且是非常重要的銅礦石礦物。常產於中溫和高溫形成的礦脈中，如西班牙、日本、蒙大拿以及密蘇里州。黃銅礦（$Cu_2Fe_2S_4$）是正方晶系硫化物礦物中的一種，此類礦物也包括黃錫礦。這兩種礦物都具有與閃鋅礦有關的晶體結構。

Chaldea＊　加爾底亞　古代地區，濱臨幼發拉底河和波斯灣。原屬巴比倫尼亞南部；在被加爾底亞人（閃米特人的一支，從西元前11世紀就已攻擊該區）占領後，加爾底亞這個名稱就成為巴比倫的同義詞（特別是《舊約》中）。他們在奪得巴比倫尼亞的王位後，建立了加爾底亞王朝（約西元前625年）。在尼布甲尼撒二世統治下，帝國版圖大為擴張，征服了猶太國並奪得耶路撒冷。西元前539年落入波斯人手中。

Chaleur Bay＊　沙勒爾灣　加拿大東南部聖羅倫斯灣海灣。從新伯倫瑞克省北部延伸到魁北克省加斯佩半島，長145公里，寬24～40公里。有多條河流注入，包括雷斯蒂古什河。為有名的漁場，特別是鮭魚。灣內可通行船隻。約1535年由卡蒂埃命名。

Chalgrin, Jean-François-Thérèse＊　查爾格林（西元1739～1811年）　法國建築師。早年從著名建築師布雷學習，1758年獲得學院大獎。在教堂建築中，查爾格林重新使用巴西利卡式（長方形）教堂的形式。他所設計的聖菲利普教堂（始建於1768年），是巴黎採用這種形式的主要教堂。其設計風格簡潔，與當時的哥德式與文藝復興式教堂的複雜內部形成鮮明的對比。查爾格林的最後作品為著名的凱旋門，始建於1806年，未及在其生前完工。

Chaliapin, Feodor (Ivanovich)＊　夏里亞賓（西元1873～1938年）　俄羅斯男低音歌劇演唱家。出身貧苦農家，早年所受的正規音樂教育不多，但因具音樂天分而在十幾歲時就在巡迴演唱的歌劇團中擔任主唱角色。後來到第比利斯從烏薩托夫（1847～1913）學習，1894、1896年分別在聖彼得堡和莫斯科公演，表演《鮑里斯·戈東諾夫》，這一角色是他最常表演的。1901年在史卡拉歌劇院首演《梅菲斯特費勒斯》一劇。以其生動的朗誦、美妙的共鳴和精湛的表演享譽國際，受歡迎的程度僅次於卡羅素。

chalk　白堊　柔軟、顆粒細、易被磨成粉末、白色至淺灰色的各種石灰岩，由微小海洋生物的貝殼組成。最純的白堊中碳酸鈣含量高達99%，作方解石的礦物成分而存在。這種礦層見於瑞典以南的西歐和英格蘭，尤見於英吉利海峽的多佛沿岸白堊峭壁中。其他大量白堊礦層見於美國，從南達科他州向南至德州，向東至阿拉巴馬州。白堊用於製造石灰和普通水泥，並被用作化肥。磨成細粉並已提純的白堊叫白堊粉，在陶瓷、油灰、化妝品、蠟筆、塑膠、橡膠、紙張、油漆和油氈等生產中作為填充劑、延展劑或顏料。課堂上常用的粉筆是工業製品，而不是天然白堊。

Challenger　挑戰者號　美國最早的四艘太空梭之一。1983首航。1986年1月第十次任務發射時，固體火箭推進器接縫處的O形環瑕疵導致推進器爆炸，摧毀挑戰者號，七名乘員喪生。

chalybite ➠ siderite

Chambal River＊　昌巴爾河　印度北部河流。發源於中央邦溫迪亞山地西部，向北流入拉賈斯坦邦，最後在北方邦流入亞穆納河。全長900公里，主要支流有伯納斯、加利信德、錫布拉、巴爾伯蒂等河。

chamber music　室內樂　由小型樂器合奏的音樂，無指揮。傳統上是在一個室內和接待廳表演，通常視表演者的意願而定，現今室內樂常在音樂廳表演。起源於16世紀的樂器表演團體，長久以來一直和貴族家庭有關。二重奏鳴曲（通常以小提琴和數字低音來伴奏）和三重奏鳴曲出現於17世紀初的義大利。弦樂四重奏起於1750年代，並一直是最有名的室內樂類型和組合。小夜曲、夜曲和嬉遊曲是為不同樂器表現力所作的古典體裁，常出現於餐宴活動中。標準的室內樂組合包括弦樂三重奏（小、中、大提琴）、弦樂五重奏（兩個小提琴、兩個中提琴和一個大提琴）和鋼琴三重奏（鋼琴、小提琴、大提琴）。室內管弦樂團的演奏人數通常不到二十五人，而且用的是18世紀的音樂，通常還有一個指揮。

chamber of commerce　商會　亦稱commercial association。企業公司、公務人員、自由職業者和熱心公益的公民所自願組成的組織。它們主要致力於宣傳、促進和發展本地區的工商業機會；也試圖改善當地的學校、街道、住房、公共工程、防火和治安、公園、遊戲場、娛樂和旅遊設施。國際商會成立於1920年，成員有商業團體、企業公司和商人。常充當工商業界在國際上的代言人，並向各國政府和世界公眾輿論提出意見。設有仲裁院，為解決不同國籍成員之間的貿易爭端，它對案件的裁決，大多數都被接受和執行。全國商會是自由企業和混合經濟制度的大多數工業發達國家普遍設有商會。第一次使用商會這一名稱的是1601年在巴黎成立的一個檢查工商業問題的臨時性委員會；美國最早的商會為紐約州的商會，1768年成立。

Chamberlain, (Joseph) Austen＊　張伯倫（西元1863～1937年）　受封為Sir Austen。英國政治人物。政治

家約瑟夫·張伯倫的長子，未來的首相內維爾·張伯倫之異母兄。1892年進入下院，後歷任郵政總長（1902）和財政大臣（1903～1905）。第一次世界大戰期間任印度事務大臣（1915～1917）。在擔任外交大臣期間（1924～1929），曾促進「羅加諾公約」的簽訂。這一公約包括一系列條約，旨在消除有關德國的邊界糾紛的可能性，以保證西歐和平。為此，張伯倫與美國副總統道斯共獲得1925年的諾貝爾和平獎。

Chamberlain, Charles Joseph　張伯倫（西元1863～1943年）　美國植物學家。研究了鳳尾蕉（一類原始裸子植物，兼具蕨類及毬果植物的結構特徵）形態及生活週期，並據此提出種子植物的胚珠和胚胎演化過程的假說，推測被子植物起源於鳳尾蕉。1897～1931年在芝加哥大學任職，組織並領導了植物實驗室。他在墨西哥、澳大利亞、紐西蘭、南非和古巴採集了大量植物，芝加哥大學的溫室中培育的現存鳳尾蕉品種之多，在世界居於首位，直到他去世十年之內仍然舉世無雙。

張伯倫，攝於1925年
By courtesy of the Harshberger Collection, University of Pennsylvania, Philadelphia, and the Hunt Institute, Pittsburgh

Chamberlain, Houston Stewart　張伯倫（西元1855～1927年）　英國出生的親德派的作家。是華格納的崇拜者，寫有一部這個作曲家的自傳和一些對其作品的評論書籍（1892～1895），後來還娶了華格納的女兒。1899年發表《19世紀的基礎》（兩冊），對歐洲文化作了廣泛而又偏頗的分析，鼓吹所謂雅利安因素在歐洲文化中所具有的種族的和文化的優越性。他的理論很多來自戈賓諾的著作，對泛日耳曼和日耳曼民族主義思想起了很大影響，尤其對希特勒的民族社會主義運動的影響更大。

Chamberlain, John (Angus) *　張伯倫（西元1927年～）　美國雕刻家。曾於芝加哥藝術學院學習，在此開始作金屬雕刻，後在北卡羅來納州黑山學院學習（1955～1956），1957年在芝加哥舉辦首次個展。其抽象表現主義雕刻以《壓力先生》（1961）為典型，以汽車殘片構成，將材料扭彎，塞在一起，產生一種孤立的、凍結的動勢效果。經常在作品上塗以光亮的工業顏料。

Chamberlain, Joseph　張伯倫（西元1836～1914年）
英國政治人物和改革家。早年作生意成功，累積了一筆可觀財富，三十八歲就退下商場。1876～1906年擔任議員，為左派自由黨領袖。1886年反對愛爾蘭自治運動，加入不贊成的自由黨人這一邊（自由聯合黨），打敗自由黨政府。後來以掌控的自由聯合黨向接下來的保守黨政府施加壓力，促其採用一個更進步的社會政策。1895～1903年任殖民大臣，鼓吹關稅改革，並建立一個由自治殖民地組成的聯邦帝國，還協助通過澳大利亞國協法案（1900）。他在新的一項優惠稅則提案被政府否決之後辭職。

張伯倫，油畫，豪爾（Frank Holl）繪於1886年；現藏倫敦國立肖像畫陳列館
By courtesy of the National Portrait Gallery, London

Chamberlain, (Arthur) Neville　張伯倫（西元1869～1940年）　英國首相（1937～1940）。約瑟夫·張伯倫之子，奧斯汀·張伯倫之異母弟。他使伯明罕的金屬加工業欣欣向榮，1915～1916年擔任該市市長，創立了英格蘭第一家市立銀行。1918～1940年擔任下院議員，並在保守黨政府中擔任過武裝部隊主計長和衛生大臣。1937年出任首相，翌年力圖阻止因希特勒要求捷克斯洛伐克將蘇台德割讓給德國而引起歐洲大戰，後來簽訂了「慕尼黑協定」，他和法國總理達拉第幾乎同意了希特勒的全部要求，返國後受到英雄式的歡迎，大談「光榮的和平」。不過當希特勒進占整個捷克斯洛伐克（1939）時，他斷然放棄姑息政策，而當德國入侵波蘭時，他對其宣戰。在英國遠征挪威失敗後，失去許多保守黨人的支持，1940年黯然下台。

Chamberlain, Wilt(on Norman)　張伯倫（西元1936～1999年）　美國職業籃球選手，公認籃球史上最偉大的進攻球員。身高216公分，他在堪薩斯大學打球兩年（1956～1958），為傑出中鋒。這位「高個兒威爾特」先後加入費城勇士隊（1959～1965）、費城七六人隊（1965～1968）和洛杉磯湖人隊（1968～1973）。在1961～1962年的球季時他是第一位在全國籃球協會（NBA）球季例行賽中獲得4,000分以上的選手，其中包括一場比賽獨得100分（1962）。在他的職籃球生涯中獲得31,419分，是生涯得分記錄超過30,000分以上的三個人之一（其他兩位是賈霸、歐文），平均單場得30.1分（名列第二），生涯搶得籃板球數23,924（名列第一），投球中籃12,681次（名列第二）。1973年從球場上退休。1978年選入籃球名人堂。

Chamberlain's Men　宮內大臣供奉劇團　亦稱Lord Chamberlain's Men。16世紀後半葉倫敦最重要的劇團。植基於環球劇院（1599～1608），1603年改由國王贊助，此後便稱為「國王供奉劇團」。莎士比亞一生大部分時間與該劇團保持著密切聯繫。班·強生、德克、包蒙和福萊柴爾曾為該劇團寫過劇本。1642年英國內戰爆發，劇團因而關閉。

Chamberlen, Hugh　錢伯倫（西元1630～約1720年）
英國男助產士。他是發明產鉗的老彼得·錢伯倫的侄孫，產鉗自發明以來，一直祕不示人。他曾為查理二世的王后助產，因而充分利用在宮廷的地位及海外關係以產鉗來謀利。1672年他把法國著名外科醫生莫里索的助產學著作譯成英文，成為一部標準的產科學教科書達七十五年之久。在他快去世前，才將產鉗賣給一位荷蘭外科醫生。

Chambers, Robert and William　錢伯斯兄弟（羅伯特與威廉）（西元1802～1871年；西元1800～1883年）
蘇格蘭作家、出版家。羅伯特先開始在愛丁堡開設書報攤，並撰寫文史、地理方面的書。1832年與其兄威廉共創《錢伯斯愛丁堡雜誌》，後又建立錢伯斯出版公司。所出版的《錢伯斯百科全書》（1859～1868）是譯自德國版的《布羅克豪斯百科全書》，以其對歷史主題的敘述精確可靠、學術性強而享有聲譽，已再版多次，但缺乏持續的修訂系統，大部分資料已過時。

Chambers, (David) Whittaker　錢伯斯（西元1901～1961年）　原名Jay Vivian Chambers。美國新聞工作者。1923年加入共產黨，曾先後擔任《新群衆》、《工人日報》和《時代》的編輯。1948年8月在一次國會委員會上，他證明聯邦官員希斯曾加入1930年代的一個共產黨間諜網。希斯否認這項指控，並反控他故意中傷。在接下來的審判中，他提出希斯曾交給他一個膠卷，藏在他的農場的一個南瓜裡。1952年出版自傳《見證人》。

Chambord, Henri Dieudonné d'Artois, comte (Count) de＊　尙博爾伯爵（西元1820～1883年）　法國貴族，波旁家族長系最後一個繼承人，稱亨利五世，1830年以後法國王位的覬覦者。他是被暗殺的貝里公爵查理－斐迪南之子，國王查理十世之孫。1830年其堂兄路易－腓力奪得王位，他被迫逃出法國，青年時代大部分在奧地利度過。1870年拿破崙三世倒台後他發表宣言，要求全法國重新統一在波旁王朝統治下。復辟一度似乎可望實現，然而他對過去的革命成果恨之入骨，生性又毫不妥協，因此喪失了其支持者。

chameleon　避役　又名變色龍。蜥蜴亞目避役科爬蟲類，產於東半球，主要樹棲，特徵爲體色能變化。每2～3趾併合爲二組對趾、端生牙，舌細長可伸展。約有八十九種，其中約有一半的種僅分布在馬達加斯加，其他大部分分布在撒哈拉以南的非州，在別處則很少見。體長多17～25公分，最長者達60公分。兩側扁平，尾常捲曲。眼凸出，兩眼可獨立地轉動。各種的體色變化不同，許多種類能變成綠色、黃色、米色或深棕色，常帶淺色或深色斑點。主要吃昆蟲，大型種類亦食鳥類。

chamomile＊　春黃菊　菊科春黃菊屬植物。草本約一百餘種，產於歐亞大陸。也指菊科果香菊屬的一種相似植物。兩屬的頭狀花序都有黃色或白色的邊花，和黃色盤花。春黃菊屬有幾個種，尤其是春黃菊，作爲庭園觀賞植物栽培。臭春黃菊是一種具強烈臭味的雜草，可藥用和製殺蟲劑。春黃菊茶用果香菊或白花春黃菊製成，有強身和抗菌作用。

絨毛春黃菊（Anthemis tomentosa）
Anthony J. Huxley

Chamorro, Violeta (Barrios de)＊　查莫洛（西元1929年～）　1990～1996年尼加拉瓜總統。生於富裕家庭，與反對安納斯塔西奧・蘇慕薩獨裁政權（參閱Somoza family）的報紙《新聞報》發行人結婚。她的丈夫於1978年遭暗殺身亡後，查莫洛接任發行人。桑定主義者推翻蘇慕薩政權後，她一度服務於統治的文官軍人集團，但她的報紙很快開始批判奧蒂加・薩維德拉，並擁護美國的政策－－廣泛支持反桑定主義的尼加拉瓜反抗軍乃是其中一項政策。查莫洛因提倡結束與美國在軍事與經濟上的衝突，於1990年被選爲總統。在總統任期中持續受到深刻的政見分歧的困擾，而桑定主義者仍掌握大權。

Chamoun, Camille (Nimer)＊　夏蒙（西元1900～1987年）　亦作Camille (Nimer) Shamun。黎巴嫩總統（1952～1958）。他改組政府部門以增進效率，開放民主，使報紙和在野黨完全自由。1956年國際緊張情勢因蘇伊士運河問題而升高，他拒絕穆斯林領袖們要求同英、法兩國斷交。1958年敘利亞和埃及組成短暫的阿拉伯聯合共和國，他又拒絕穆斯林領袖們的要求去加入，於是爆發了武裝暴亂，後靠美國支援而平定。任期屆滿後未尋求連任。黎巴嫩內戰期間（1975～1991），曾出任一些部長職務。

Champa　占婆　西元2～17世紀印度支那古王國，位於現今越南的中部。占人源出印尼，受印度文化熏染。他們在192年（中國東漢末期）建立占婆，後來逐漸分化，接下來的幾個世紀不斷遭到中國、爪哇、越南和高棉帝國的侵襲。到了14世紀末，不斷的戰爭使它終於滅亡。

Champagne＊　香檳　法國東北部歷史和文化地區。爲低矮山丘地帶，馬恩河流經此地。中世紀時是法國重要的郡，由布盧瓦和那瓦爾家族控制。西元12～13世紀，曾是六個大商展所在，還是整個歐洲的交易中心。香檳伯爵勢力逐漸坐大因而和法國國王產生衝突，1284年女伯爵繼承人尙娜嫁與未來的法王腓力四世，衝突乃告結束。1314年併入法國王室。因地處邊界，常遭侵襲。第一次和第二次世界大戰時也是激烈戰鬥的戰場。現以葡萄酒聞名。

champagne　香檳酒　一種高級的發泡葡萄酒，以其發源地（法國東北部香檳地區）命名。香檳只用三種葡萄爲原料：皮諾特和默尼爾黑葡萄、沙爾多內白葡萄。香檳酒首先在不鏽鋼大桶內發酵，然後加入葡萄酒、糖和酵母菌的混合物，再移到耐壓瓶中進行第二次發酵，讓其產生二氧化碳和發泡。之後冷藏、把它弄甜、裝瓶，然後靜待它醲熟。通常因各類香檳酒甜度的不同而有不同的口感。

Champaigne, Philippe de＊　尙帕涅（西元1602～1674年）　法國畫家。年輕時在布魯塞爾學畫，1621年來到巴黎，他的顧客有路易十三世、瑪麗・德・麥迪奇和黎塞留樞機主教，成爲巴洛克時期最傑出的法國肖像畫畫家。1653年擔任皇家美術學院教授，期間畫了許多幅巴黎宮殿和教堂的景色。其代表作包括兩幅黎塞留的肖像畫，以及多幅羅亞爾港詹森派女修道院的畫，其中最樸實的是《祈禱前》（1662），描繪了修道院中的女兒奇蹟般地治病情景。其作品風格顯示了他把法蘭德斯、法國和義大利的優點融爲一體，以明快的色彩感覺、樸實的構圖和紀念性的人物形象爲特徵。

Champlain, Lake＊　山普倫湖　介於美國佛蒙特和紐約州之間的湖泊。位於美國北部邊界處，並伸入加拿大約10公里，長約172公里，面積1,127平方公里。1609年由山普倫發現。1776年是第一次英、美海軍交戰的戰場。1814年曾有一次美國海軍戰勝英國。是紐約市港口和聖羅倫斯河下游的一條連接水道，湖上商船和遊船往來頻繁。

Champlain, Samuel de　山普倫（西元1567～1635年）　法國探險家。在1608年建立魁北克之前，和三十二個移民對北美洲作了多次探險，在第一個冬天過後，存活者沒幾個。他與北方的印第安人結盟，兩次擊退易洛魁人的進攻，使法國與印第安人的毛皮貿易得到發展。1609年發現山普倫湖，並對現今的紐約州北部進行其他的探險活動。1628年英國海盜包圍了魁北克城，當時英、美正在開戰，他被俘後解往英格蘭。1632年殖民地復歸法國，翌年他最後一次橫渡大西洋回到魁北克生活，直到去世。

champlevé＊　鏨胎琺瑯　一種裝飾性藝術品中使用的琺瑯技術，包括在金屬板上切槽和挖穴並在凹陷處填進粉碎的玻璃狀琺瑯。它在羅馬及羅馬以後時期的西歐塞爾特藝術中顯露頭角。11世紀後期和12世紀鏨胎琺瑯的製作在以科隆附近的萊茵河流域和比利時的默茲河流域爲中心的地區特別盛行，這一時期最有名的琺瑯製作匠爲凡爾登的尼古拉斯和克

鏨胎琺瑯十字架圖像，克萊爾的戈德弗魯瓦製於12世紀；現藏大英博物館
By courtesy of the trustees of the British Museum

萊爾的戈德弗魯瓦。

Champollion, Jean-François＊　商博良（西元1790～1832年）　法國學者。在埃及象形文字的釋讀上扮演重要角色。是個語文天才，十九歲以前就已沈浸在希臘文、拉丁文以及希伯來文、阿拉伯文、古敘利亞文、科普特文的世界。他研讀羅塞塔石碑及其他文本之後，在《古埃及象形文字系統概要》（1825）中，論證斷定某些象形文字是發音符號。1826年任羅浮宮博物館埃及文物收藏館館長，1828～1830年率考古工作隊去埃及。亦請參閱Egyptian language。

Champs-Élysées＊　香榭麗舍大道　法國巴黎市內寬闊的大路，也是世界聞名的大街。長1.88公里，從凱旋門到協和廣場。香榭麗舍大道上的圓形廣場把大街分爲兩段：下面一段通向協和廣場，再過去是土伊勒里花園，這段路的周圍環繞著花園、博物館、劇院和幾間餐館；上面通向凱旋門的一段過去是奢華的商業區。十二條放射形大道在香榭麗舍大道上端形成一個星形，凱旋門位於正中央，1753年起稱星形廣場，1970年改名戴高樂廣場。

Chan Chan＊　昌昌　祕魯北部古城，南距利馬約480公里。曾是前印加文明奇穆王國（1200?～1400?）的首都，盛極一時。廢墟遺址面積近36平方公里，市中心有十個方形院落，在院落內有金字塔形神廟、墓地、庭園、蓄水池以及對稱的房屋。奇穆王國的文化先驅是莫希文化，1465～1470年被印加人征服。

金、銀合金製成的死亡面具，眼、耳則以銅製成；屬於以昌昌城為中心的奇穆文化
Ferdinand Anton

chancellor　掌璽官　在羅馬帝國時代，此詞原指一種低級的法律官員，他們站在法庭的圍欄旁，把法庭和公衆隔開。帝國崩潰以後，蠻族的統治者因襲羅馬的行政制度，設掌璽官和副掌璽官。在13世紀以前，掌璽官一般是教會人員。由於保管國璽，掌璽官成爲中世紀各王國中最有權勢的官員。德意志從1871年以後，奧地利從1918年以後，總理擁有這一稱號。在美國，用此詞稱呼大學校長。在英國，使用此詞稱呼主管財政的內閣成員。

Chancellorsville, Battle of　錢瑟勒斯維爾戰役　美國南北戰爭中駐在維吉尼亞州的北軍發動的一次戰役，目的在於奪取南方首府里奇蒙和摧毀維吉尼亞北部的美利堅邦聯軍隊，皆未成功。1863年5月胡克率領的聯邦軍渡過拉帕漢諾克河，越過錢瑟勒斯維爾向前進發。李將軍派遣傑克森率部堵截，迫使聯邦軍退回河北。傑克森身負重傷，於5月10日去世。參加此戰役的聯邦軍共有十三萬人，損失17,000餘人；美利堅邦聯軍隊六萬人，損失12,000餘人。

chancery＊　檔案館　存放公衆記錄和國家文件檔案的地方。中世紀法國和德國的皇家檔案館仿照羅馬帝國的檔案館系統。中世紀的皇家檔案館由文祕大臣及文祕官領導，負責監督抄寫員和書記員的工作，有時並擔任國君之顧問。

Chancery, Court of　大法官法院 ➠ equity

chancre＊　下疳　性傳播疾病梅毒早期的典型皮膚病變，常常發生在陰莖、陰唇、子宮頸或肛門直腸部位，在女性，由於梅毒的病變位置常常較深，故可能出現漏診。下疳常常發生在感染後約三週左右，爲單個紅色丘疹，表面常有淺糜爛，隨後形成無痛性、邊界清、光潔的盤狀潰瘍。從病變處可擠出少量液體分泌物，從中可檢出本病致病微生物－－梅毒螺旋體。雖然下疳本身可以在二～六週內不治而癒，但在體內梅毒還會繼續發展，應及時用青黴素治療，才會治癒。

Chandigarh＊　昌迪加爾　印度北部城市，哈里亞納邦和旁遮普邦以及一個中央直轄區的聯合首府。位於西瓦利克山以南的平原上。1947年印度與巴基斯坦分治時，原來的首府拉合爾劃歸巴基斯坦，昌迪加爾乃被選而代之。城市由瑞士建築師科比意與印度建築師們合作規畫，分成幾個矩形城區。現爲重要的交通樞紐。人口：市504,094；都會區575,829；中央直轄區642,015（1991）。

Chandler, Raymond (Thornton)　錢德勒（西元1888～1959年）　美國偵探小說家。曾在加拿大陸軍服役，後又在皇家飛行大隊（後改稱皇家空軍）服役。1919年回加利福尼亞，任石油公司經理，開始發跡。1930年代經濟大蕭條時期，轉而從事寫作以維持生計。早期短篇小說後來拍成電影，其中最著名的有《雙重保險》（1944）、《想入非非》（1946）以及《火車上的陌生人》（1951）。他所塑造的私家偵探角色馬羅，是一個在洛杉磯黑社會中有理想抱負的硬漢，在他全部的七部長篇小說當中都以馬羅爲主角，包括《大睡》（1939；1946年拍成電影）、《別了！親愛的》（1940；1944年拍成電影）和《久別》（1953；1973年拍成電影）。錢德勒和漢密特一樣是描寫硬漢體裁的經典大師。

Chandrasekhar, Subrahmanyan＊　昌德拉塞卡（西元1910～1995年）　印裔美國天體物理學家。曾先後就讀於印度的馬德拉斯大學和英國劍橋三一學院，1933～1937年在三一學院任教。1938年到芝加哥大學任教。1930年代早期，科學家得出如下結論：恆星在所有氫變氦的過程中將失去能量，並因本身重力影響而收縮，直到大小約如地球。這些星稱爲白矮星，是由高度密實的緻密物質組成的。昌德拉塞卡定出該極限，認爲一顆星的質量若大於太陽質量的1.44倍，將會持續坍縮，在超新星爆炸中失去氣體外膜，變爲中子星，而不形成白矮星；至於質量更大的星，則繼續坍縮，形成黑洞。他因發展了巨大恆星後期演化理論獲得普遍承認，而於1983年與福勒共獲諾貝爾物理學獎。

Chanel, Gabrielle＊　香奈兒（西元1883～1971年）　別名Coco Chanel。法國女裝設計師。早年生活不詳。1913年在多維爾開設一家女帽和頭飾的小商店，不到五年，她使用毛料針織法和配件的創新，吸引了有錢婦女的興趣，促使她們擺脫當時流行的緊身樣式。她的非正統設計方式，強調簡單、舒服，使以後三十年的時裝業發生一場革命。最受歡迎的是套頭毛線衣、小黑服和香奈兒套裝。其所屬產業包括一家時裝公司、一家紡織品商店、幾家香水廠和一家女裝珠寶飾物店。1922年問世而獲得非凡成功的香奈兒五號香水就是這一企業的財政基礎，歷久不衰。

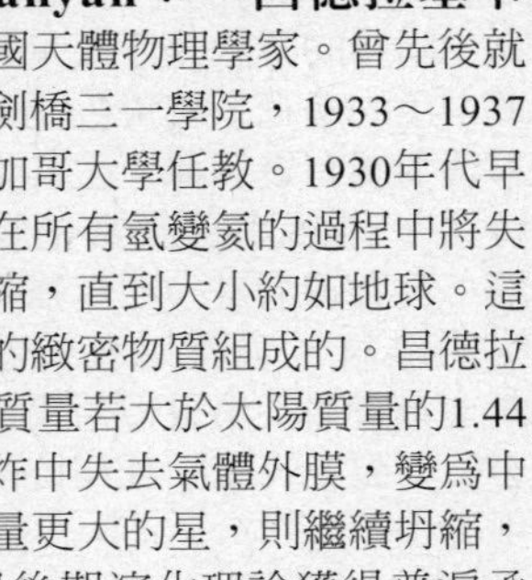

錢尼
Brown Brothers

Chaney, Lon　錢尼（西元1883～1930年）　原名Alonso Chaney。美國電影演員。父母均爲聾啞人，自幼學習啞劇，十七歲成爲演員。1912年移居好萊塢，扮演一些小角色，直到《創造奇蹟的人》（1919）中扮演的角色使他成爲明星。以「千面人」聞名，擅長透過化

妝來扮演各種角色。主要同導演白朗寧一起工作，扮演一些怪誕和雙重性格的角色，如《邪惡樹》(1925)。其他的默片包括《鐘樓怪人》(1923)、《歌劇魅影》(1925) 和《午夜後的倫敦》(1927)。其子小錢尼 (1907～1973) 也是一位性格演員，在《衆生》(1939) 裡扮演的倫尼一角是他最大的藝術成就。小錢尼還在一些恐怖片中扮演角色。

Chang Chih-tung ➠ Zhang Zhidong

Chang Chu-cheng ➠ Zhang Juzheng

Chang Heng ➠ Zhang Heng

Chang Jiang 長江 ➠ Yangtze River

Chang Tao-Ling ➠ Zhang Daoling

Chang Tsai ➠ Zhang Zai

Chang Tso-lin ➠ Zhang Zuolin

Changan　長安　亦拼作Ch'ang-an。中國古代漢、隋、唐三朝的首都，位於今日西安附近。自西元4世紀中葉起，長安就是佛學研究的中心。隋朝的開國君主隋文帝大幅擴充長安的規模，他將外城拓展爲東西寬6哩 (9.7公里)、南北長5哩 (8.2公里)，其中南北向的街道有十四條，東西向的街道有十一條。都城北界的中心點爲皇宮的所在地，皇宮之前則爲一面積達3平方哩 (4.5平方公里) 的行政建築。在西元840年代禁絕外來宗教以前，長安容納了諸多佛教廟宇，和聶斯托留派、摩尼教、祆教等教派的教堂，以及衆多道教的宮觀。長安在西元880年間的黃巢之亂飽受摧殘，後世朝代遂將首都遷建他處。

Changchun ➠ Qiu Chuji

Changchun　長春　亦拼作Ch'ang-ch'un。中國東北部城市 (1999年人口約2,072,324)，吉林省省會。在18世紀末，山東移民開始遷到松花江附近之前，長春還只是個小村莊。中東鐵路完工後，它的重要性日益增加。1894～1895年中日戰爭後，長春落入日本手中。1931年日本奪取滿洲，將所扶植的傀儡政權滿洲國的首都從奉天 (瀋陽) 遷至長春。第二次世界大戰後，長春在國民黨與共產黨兩軍的爭鬥中嚴重受創；之後在中國共產黨的治理下，長春歷經重大的成長，現爲工業拓展中心，以及吉林省的文化與教育中心。

change ringing　變換鳴鐘　英國傳統的鳴鐘藝術，指一套樓鐘，按複雜的變換順序或數學變換法排列，拉動繫於鐘輪上的繩索而發聲。起於10世紀。14世紀時發明鐘輪，控制鳴鐘的技術大爲進步。15世紀出現按序列變換的鳴鐘術。到17世紀，更發展一套含有複雜數學公式的方法。如爲五口、六口或七口鐘，一闋是可能排列的最大數目 (分別爲120、720和5,040)；如鐘在七口以上，按照全部可能的變換是不切實際的，因而就說5,000或更多一點的變換組成一闋。任何一組鐘的可能變換數目均可用排列組合的數學公式 (即將鐘數連乘) 計算出來。三口鐘只有六個變化，按1×2×3連乘即得；五口鐘爲1×2×3×4×5＝120；如此類推，十二口鐘的變換總數則達天文數字479,001,600。一觸爲不足一闋的任何數目。

Changsha　長沙　亦拼作Ch'ang-sha。中國城市 (1999年人口約1,334,036)，湖南省省會。長沙的位置在華中東南部的地方。據傳統記載，有一道建於西元前202年的城牆環繞其市。西元750～1100年間，長沙成爲重要的商業都市，人口大幅增加。清朝統治期間，長沙從1664年起成爲湖南省省會，並成爲重要的米市。長沙在太平天國之亂時遭圍攻，但從未陷落。此地也是毛澤東轉奉共產主義的地點。長沙在中日戰爭時，淪爲主要戰場，並曾短暫爲日本人所占領。1949年後重建，現爲重要港口和工商業中心。

Channel, The ➠ English Channel

Channel Islands　海峽群島　英國一組群島。位於英吉利海峽內，北距英國南部海岸130公里，面積194平方公里。由四大島－－澤西、根西、奧爾得尼和薩克以及一些島嶼和縱橫交錯的岩礁組成，行政上獨立。一些建築物 (包括史前巨石柱) 證明史前已有人居住。10世紀時是諾曼第的一部分，1066年諾曼征服後，一直爲英王屬地。埃克里豪羅克斯島和萊曼基耶島的主權問題曾使英、法長期爭執不下，1953年國際法庭才確認其爲英屬。然而，至20世紀後期，因事關大陸棚經濟 (尤其是石油) 開發權，兩島主權問題爭執再起。第二次世界大戰中，該島爲遭受德國侵占的唯一英國領土。以所養的牛品種聞名，如澤西牛和根西牛。人口約143,683 (1990)。

Channel Islands　海峽群島　亦稱聖巴巴拉群島 (Santa Barbara Islands)。位於加州南部，綿延240公里的一串島嶼，距岸40～145公里處。其中島嶼被分爲兩支：聖巴巴拉支 (包括聖米格爾、聖羅莎、聖克魯斯、阿納卡帕) 和聖卡塔利娜支 (包括聖大巴巴拉、聖尼古拉斯、聖卡塔利娜、聖克萊門特)。島大小不一，最大島聖克魯斯島面積254平方公里，最小者爲阿納卡帕諸小島。島多海蝕洞，常有海獅、海豹和鳥類棲息，以生長有830餘種稀有的植物而聞名。較大島嶼上有大牧羊場。聖卡塔利娜島則爲著名的旅遊勝地。海峽島國家保護區設立於1938年，包括阿納卡帕、聖米格爾、聖大巴巴拉、聖克魯斯和聖羅莎諸島在內。

Channel Tunnel　海底隧道　亦稱歐洲隧道 (Eurotunnel)。英吉利海峽底下的鐵路隧道，介於英國的福克斯頓和法國的桑加特之間。包括三條50公里長的隧道，兩條供鐵路運輸，中間一條作爲保證後勤與安全之用。這個計畫由英法兩國私營公司和銀行組成的國際財團投資，1987～1988年間在多佛海峽兩岸開始挖掘，1991年完工，1994年5月正式通車。火車可載汽車和乘客，以每小時160公里的速度通過隧道。

Channing, William Ellery　錢寧 (西元1780～1842年)　美國牧師，信仰上帝一位論。曾在哈佛大學學習神學，後在波士頓地區講道，1803年起任教堂牧師，在任終身。原爲基督教公理會教士，後改奉較爲自由、理性的上帝一位論，號稱「上帝一位論派的使徒」。1820年組織公理會自由派牧師會議，這個會議於1825年5月改組爲美國一位論協會。他促進了新英格蘭的上帝超在論派的興起，並進行組織活動反對蓄奴、酗酒、貧困和戰爭。

chanson＊　香頌　法國藝術歌曲。沒有伴奏的單聲香頌可推溯到西元12世紀，源自遊吟詩人和後來的行吟詩人的詩歌形式。14～15世紀由馬舒開始創作有伴奏的香頌 (一件或幾件樂器伴奏)，其他人也用嚴謹的定格來寫。15世紀末，若斯坎・德普雷和當代人開始寫作多聲部的香頌。近幾個世紀以來，香頌這個詞通常指的是任何用鋼琴伴奏的法國藝術歌曲。

chanson de geste＊　武功歌　古代法國的敘事史詩，爲查理曼傳說的核心部分。這種歌有八十多首，留存在西元12～15世紀的手稿中，主要敘述發生在8和9世紀的歷史事件，有一個歷史事實核心，但又附會了許多傳說。多數沒有

C
D

作者名字。《羅蘭之歌》是這種武功歌的傑作，可能是武功歌的最早作品，對後來的武功歌具有孕育成形的影響，武功歌又轉而傳遍歐洲，影響了文學。

Chanson de Roland＊　羅蘭之歌　英語作Song of Roland。一首古法語史詩（1100?），可能是最早的武功歌形式。其作者可能是諾曼詩人杜洛爾德，該詩最後一行有他的名字。這首詩描述西元778年歷史性的龍塞斯瓦列斯之戰。雖然實際上這只是同巴斯克人的一次普通遭遇戰，但詩歌卻把它誇大成反對薩拉森人的一次大戰役。全詩結構嚴謹，層次分明，風格質樸嚴肅。詩中凸顯出蠻勇的羅蘭和他的朋友、比較慎重的奧利佛之間的個性衝突，這也反映了對於封建時代的忠誠的不同看法。

chant ➠ Byzantine chant、Gregorian chant

chanterelle＊　雞油菌　高度特化、芳香可食的蘑菇，學名Cantharellus cibarius，屬多孔菌目。鮮黃色，夏、秋天散佈於森林各處。類似有毒的鬼火菇（傘菌目），這是一種橘黃色的真菌，見於樹木或殘木上，在黑暗中呈現發亮的顏色，採菇者用此特點來小心辨識。

Chantilly lace＊　尚蒂伊花邊　巴黎北部尚蒂伊生產的花邊。尚蒂伊自17世紀即生產花邊，但使該地揚名的絲製花邊則始於18世紀。19世紀生產的花邊有黑色的、白色的和本色的(源自天然絲)。1840年左右即可生產良好的機製品。通常是在帶斑點的底子上設計寫實花卉和彩帶之類的圖案。

法國的尚蒂伊花邊（1870?）；現藏布魯塞爾皇家藝術遺產學會
By courtesy of the Institut Royal du Patrimoine Artistique, Brussels; photograph,©A. C. L., Brussels

Chantilly porcelain　尚蒂伊瓷器　約1725～1800年在法國尚蒂伊的孔代親王城堡所屬工廠生產的一種受人讚美的軟質瓷器。這些瓷器的生產按照配方，可畫分爲兩個時期。第一階段至大約1750年，使用一種獨特的不透明的乳白色錫釉施在微帶黃色的坯體上，設計上採用日本的簡僕風格；第二階段（1750～1800）使用傳統的透明鉛釉，鋪上多彩的底色。設計風格先是受邁森瓷器繼而又受塞夫爾瓷器的影響。產品以日用瓷器爲主，圖案通常是稱爲尚蒂伊黏土浮雕花樣的小花束，或者更爲正式一些的渦漩紋、褶紋裝飾。

有龍飾的尚蒂伊瓷盤（1725?），現藏倫敦維多利亞和艾伯特博物館
By courtesy of the Victoria and Albert Museum, London

Chao Phraya River＊　昭披耶河　亦稱湄南河（Me Nam River）。泰國主要河流。源出泰國北部山區，向南流，在曼谷附近注入泰國灣。全長365公里。歷來是泰國出口產品的水路運輸要道。谷地土壤肥沃，是富饒的農產區。此詞有時狹義地指該河下游段，起始點在難河和賓河的匯合處，僅長257公里。

Chaos＊　混沌　在希臘的宇宙論中，混沌意味著事物生成前宇宙的原始空虛狀態，或者意味著塔爾塔魯斯的深淵即冥界。赫西奧德在《神譜》中解釋，先是混沌，然後才有該亞（Gaea，即大地）和厄洛斯（Eros，即欲念）。混沌的後裔是埃列波斯（Erebus，即黑暗）和尼克斯（Nyx）。這個詞的現代意義來自奧維德的著作，他把混沌看成是原始的混亂和不成形的物質，而宇宙的創造者就用這種物質創造出秩序井然的宇宙。早期的教會神父會用這種概念來解釋〈創世記〉中的創世故事。

chaos theory＊　混沌理論　在一個複雜的系統中用來描述混沌行爲的數學理論。混沌數學有多種多樣的應用領域，包括流體的湍流研究、不規則的心搏、人口動力學、化學反應、電漿物理學以及星團和星群的運動等。

chaotic behavior　混沌行爲　在一個複雜的系統中，呈現出不規則或不可預測的行爲，但卻是十分確定的。由複雜的（非線性的）決定性規律所控制的系統中顯然隨機或不可預測的行爲是對初始條件高度靈敏反應的結果。例如，勞倫茲發現熱對流的一個簡單模型呈現出混沌行爲。他用對初始條件如此靈敏反應的例子（現已成爲經典例證）來說明，蝴蝶只要拍動翅膀最終可能導致大規模的氣候變化（即「蝴蝶效應」）。

Chapala, Lake＊　查帕拉湖　墨西哥哈利斯科州湖泊。爲墨西哥最大湖泊，東西寬約77公里，南北長16公里，面積1,080平方公里。湖大水淺。湖東有萊爾馬河注入。景色秀麗，氣候宜人，魚產豐富，適宜垂釣、捕撈。湖濱已成爲遊覽勝地。

chaparral＊　濃密常綠闊葉灌叢　由闊葉常綠灌木、灌叢和小喬木組成的植被，常形成濃密的植叢。見於氣候與地中海地區相似（夏季乾熱，冬季溫和而潮濕）的地區。該詞主要用於北美西南部的沿海和內陸山地植被。在晚夏季節，濃密常綠闊葉灌叢植被變得異常乾燥，此時常常發生大火。火燒是許多灌木的種子萌發的必要條件，並有助於清除濃密的地被，從而抑制喬木擴散保持灌叢植被。新生長的濃密常綠闊葉灌叢是家畜的良好放牧地，濃密常綠闊葉灌叢植被在山坡陡、易於侵蝕的地區中也有保持水土的功能。

chaparral cock ➠ roadrunner

Chaplin, Charlie　卓別林（西元1889～1977年）　原名Charles Spancer。受封爲Sir Charles。英裔美籍演員和導演。父母爲雜耍劇團演員，八歲時首次登台演出。由於父親早死，加上母親精神異常，早年輪流在寄宿學校和孤兒院生活，間或在舞台表演，或過著流落街頭的日子。1913年在紐約演出時，被賽納特發掘，簽下電影合約。從第二部電影《威尼斯的兒童賽車》(1914)開始發展他獨特的裝扮風格－－圓頂禮帽、小得可憐的上衣、鬆垮的褲子、特大皮鞋、短髭、一根細而短的手杖，成爲他著名的「小流浪漢」人物的註冊商標。不久就開始導演自己的電影，在《流浪漢》(1915)中的演出使他立即成爲家喻戶曉的明星。1919年與人合創聯美公司後，他自製、自導和自演了一些經典之作：《淘金記》（1925）、《城市之光》（1931）、《摩登時代》（1936）、《大獨裁者》（1940）、《華杜先生》（1947）和《舞台春秋》（1952）。由於持左派觀點，被人攻擊，1952年被迫離開美國，前往瑞士定居。1972年回到美國接受奧斯卡特別成就獎。

Chapman, Frank M(ichler)　查普曼（西元1864～1945年）　美國鳥類學家。自學成才，1888年起在美國自然歷史博物館鳥類館任職，1908～1942年任鳥類學館館長。1899年創辦及編輯《鳥的知識》雜誌。主要著作有《北美東部的鳥類手冊》和幾部南美洲鳥類的書籍。

Chapman, Maria Weston　查普曼（西元1806～1885年）　原名Maria Weston。美國廢奴運動女活動家。1830年嫁波士頓商人亨利．查普曼後接觸廢奴運動人士，1832年與人共同組成波士頓婦女反奴隸制協會。不久成爲麻薩諸塞州反奴隸制協會領袖加里森的主要助手。1839年發表一篇文章，指出廢奴運動的分裂是由於大家對女權認識不一致。

Chapultepec＊　查普特佩克　墨西哥城西南端小山。約1325年阿茲特克人在此修築要塞、建造一個宗教中心和統治者的宅邸。1554年西班牙征服者在此建造一座教堂。1780年代西班牙總督在此興建夏宮，1841年成爲國立軍事學院所在地。在墨西哥戰爭期間，美軍曾發動突擊，攻陷此山丘（1847）。1860年代墨西哥皇帝馬克西米連在此重建城堡，後來成爲墨西哥歷屆總統的官邸所在，1940年改爲博物館。

char　紅點鮭　鮭科紅點鮭屬幾種淡水食用和遊釣魚類的統稱。與鱒的區別在於體上斑點爲淡色而不是黑色，上顎舟形，犁骨僅前部具牙。鱗較其他近緣屬種爲小。北極紅點鮭產於北美及歐洲，生活於北極及其附近海域，進入河湖產卵，是良好的食用和遊釣魚類，重可達6.8公斤。原產於北美的紅點鮭有溪鮭、花羔紅點鮭和湖紅點鮭。

charcoal　炭　一種不純的石墨碳，是含碳物質在限制通入空氣的條件下不完全燃燒或加熱時得到的殘留物。焦炭、碳黑和煤煙灰都可看作是不同形式的炭，其他形式炭都按其製備時所用材料而定名，如木炭、血炭和骨炭等。高爐中用來還原金屬礦石的炭已爲焦炭所取代。生產某些化工產品時的碳其來源已爲天然氣代替，但黑色火藥和表面滲碳金屬中仍使用炭。採用特殊工藝可製取高孔隙率的炭，其表面積達300～2,000平方公尺／克。這種所謂的活性炭，廣泛用於吸附液體和氣體中有氣味或有色的物質，如用於飲水、糖和許多其他產品的淨化過程。在某些化工產品製造中用作催化劑或用作其他催化劑的載體。

Charcot, Jean-Martin＊　夏爾科（西元1825～1893年）　法國醫學教師和臨床醫學家，與迪歇恩（1806～1875）同爲現代神經病學的創建人。1853年獲巴黎大學醫學博士學位，三年後被任命爲中央醫院的醫生。後又於1860～1893年任巴黎大學教授。1882年在巴黎薩爾佩特里埃爾醫院開設神經科診所，成爲歐洲最偉大的神經科診所。他是位能力非凡的教師，以研究癔病和催眠聞名，影響了許多學生，其中包括弗洛伊德。他還是第一個描述因運動性共濟失調或其他類似疾病造成的關節面之韌帶損傷（夏爾科氏病或稱夏爾科氏關節）的人。也對大腦的功能進行過開創性研究，並發現粟粒性動脈瘤（腦小動脈的擴張部分）。

chard　莙達菜　亦稱瑞士莙達菜（Swiss chard）。藜科植物甜菜的變種，學名Beta vulgaris var. cicla。二年生，葉大，莖生，葉和葉柄都很脆嫩，鮮綠色，葉可煮食，莖葉都富含維生素A、B和C。莙達菜易於栽培，產量高並稍耐暑熱，家庭菜園裡十分普遍。新鮮莙達菜極易腐爛，故不適合長途運載到遠處市場販賣。

莙達菜
W. H. Hodge

Chardin, Jean-Baptiste-Siméon＊　夏爾丹（西元1699～1779年）　法國畫家。學習繪畫情況不詳，1724年被接納爲聖路加學院畫師。1728年經人推薦，成爲法國皇家畫院院士，開始小有名氣。他的作品以眞切的寫實、安祥的氣氛和明快的色調著稱，描述中產家庭家居生活、景物，其情調與畫幅有點類似弗美爾的作品。晚年開始畫粉彩肖像畫，作品水準極高。他是18世紀最偉大的靜物畫家，版畫作品也很出名。其作品中的抽象特質也影響了20世紀的許多藝術家。

Charente River＊　夏朗德河　法國西部河流。源出中央高原邊緣上維埃納省，大致往西流，最後注入比斯開灣，全長360公里，主要支流是布托訥河，從北面的普瓦圖平原，小駁船可通航至昂古萊姆。

charge-coupled device ➠ CCD

Chargoggagoggmanchauggauggagoggchaubunagungamaugg, Lake＊　恰耳勾格勾葛曼秋勾格勾葛秋伯那耿格摩葛湖　亦稱韋伯斯特湖（Lake Webster）。麻薩諸塞州中部的湖泊。位於烏斯特郡南部，韋伯斯特鎮附近，湖的印第安語意思是「你捕你那邊的魚；我捕我這邊的魚；中間的魚不要捕」（You fish on your side; I fish on my side; nobody fishes in the middle.）。

Chari River　沙里河　亦稱Shari River。非洲中北部河流。從中非共和國西北部流入查德湖。全長約1,400公里。在中非共和國境內有多條支流。恩賈梅納位於此河三角洲的頂點。

chariot　馬拉戰車　古代兩輪或四輪敞篷馬車。起源於西元前3000年左右的美索不達米亞，在早期紀念碑上可看出是由實心車輪和木製車身構成的大型車輛。最初可能用於皇家葬禮儀仗隊。在西元前2000年前後演進爲馬拉的兩輪車以在戰場上奔馳，首度出現在希臘，後來傳到埃及和地中海東部。在希臘的奧運會上，馬拉戰車賽是一個主要項目。在羅馬競技場比賽中，戰車比賽占首要地位。每輛輕型賽車由兩或四匹馬牽引，四或六輛一起比賽。在拜占庭（今伊斯坦堡），這種競賽已是人民日常生活中的一大盛事。

charismatic movement ➠ Pentecostalism

Charlemagne＊　查理曼（西元742?～814年）　拉丁語作Carolus Magnus（即「查理大帝」之意）。法蘭克國王（768～814）和神聖羅馬帝國皇帝（800～814）。爲法蘭克國王丕平三世的長子，他與弟弟卡洛曼一起統治法蘭克王國，直到後者去世（771）爲止。那時他成爲法蘭克人唯一的國王，爲了征服鄰近的王國並使之基督教化，開始一系列戰爭；他打敗義大利北部的倫巴底人，並成爲他們的國王（774）。西元778年遠征西班牙的摩爾人雖失敗，卻成功併吞了巴伐利亞（788）。查理曼長年對薩克遜人用兵，終於在西元804年將之擊敗並使他們信奉基督。後來降服多瑙河的阿瓦爾人，進而控制許多斯拉夫國家。他把西歐幾乎所有的基督教地區統合爲一個大國家，僅不列顛群島、義大利南部、西班牙部分地方例外。在幫助教宗利奧三世復位後，800年聖誕節他在羅馬被加冕爲皇帝，象徵神聖羅馬帝國的開始。查理曼在亞琛建都，在那裡建立輝煌的宮殿，並邀集許多學者及詩人；他還編訂法律並推動文化復興，稱爲加洛林文化復興。亦請參閱Carolingian dynasty。

Charleroi＊　沙勒羅瓦　比利時西南部城市。位於桑布爾河北岸。在「庇里牛斯和約」（1659；西班牙割讓給法國領）後，西班牙於1666年在此地一個中世紀村落建立一座新要塞，以西班牙的查理二世之名命名。17～19世紀時，因戰略位置重要而在法國、西班牙、奧地利和荷蘭手中幾度易手。19世紀末，要塞雖毀，此區的戰略地位不減，在第一次世界大戰中是第一場戰役的戰場（1914年8月22日）。現在是重要的煤礦、鋼鐵和機械工業中心。人口約205,591（1996）。

Charles (Philip Arthur George), Prince of Wales 威爾斯親王查理（西元1948年～） 伊莉莎白二世女王和愛丁堡公爵菲利普親王的長子，英國王位繼承人。1967年入劍橋大學三一學院，1971年得學士學位，是第一位取得學士學位的英國皇儲。後進入皇家空軍學院和達特茅斯的皇家海軍學院，1971～1976年隨皇家海軍在國外服役。1981年7月29日娶史賓塞伯爵（第八）之女黛安娜（參閱Diana, Princess of Wales）為妻，與她生有兩個兒子。他們的婚姻因新聞媒體的窮追不捨和通姦的謠傳而觸礁，1996年離婚。查理後來開始帶著卡蜜拉・派克・鮑爾斯（1947年生）出入於公開場合。查理以鼓吹優秀的傳統建築風格和其他的事業而聞名。

Charles, Ray　雷查爾斯（西元1930年～） 原名Ray Charles Robinson。美國鋼琴家、歌唱家和作曲家。幼時隨家人移居佛羅里達州的格陵維耳，五歲即在附近咖啡店演奏鋼琴。七歲全盲，開始學用點字來作曲。十五歲成為孤兒，離校專心職業表演。他在1952～1953年錄製了〈吊兒郎當〉及〈應該是我〉等歌曲，他為史林的〈我慣做的事〉改編的曲子，成為1953年的藍調百萬金曲。後來他把藍調和福音音樂結合起來，錄製了如〈我該怎麼說呢？〉、〈我心中的喬治亞〉和〈上路吧，傑克〉等暢銷曲。其《現代鄉村歌曲與西部音樂》（1962）專集賣出逾一百萬張，是黑人表演者中成就最非凡者。曾獲得十次葛萊美獎。

Charles I　查理一世（西元1887～1922年） 德語作Karl Franz Josef。奧地利皇帝（1916～1918）和匈牙利國王（稱查理四世），是奧匈帝國的最後一位統治者。1914年他的叔父法蘭西斯・斐迪南遇刺，查理成為哈布斯堡王位的繼承人。1916年繼法蘭西斯・約瑟夫成為國王後，他幾次試圖透過向協約國祕商使奧匈帝國退出第一次世界大戰。1918年不再過問一切朝政，但未宣布退位。1919年被奧地利國會廢黜。1921年他兩次試圖恢復匈牙利王位，但均失敗，被流放到馬德拉，後死於肺炎。

Charles I　查理一世（西元1600～1649年） 英國和愛爾蘭國王（1625～1649）。蘇格蘭詹姆斯一世之子。他從父親那裡繼承了君權神授觀念，在早期的書信中曾透露出對下議院的不信任。1625年踐位，不久和亨麗埃塔・瑪麗亞結婚。同年召開第一屆國會，因宗教議題、向西班牙進軍和普遍對他的顧問白金漢公爵第一的不信任，造成他與國會之間的衝突。在解散幾次國會議期後，他曾持續統治王國十一年而不再召開國會。查理為了不再仰賴國會的撥款，1634年開始徵收所謂的造船費。1639年與蘇格蘭開戰，查理為了籌集軍費，在次年召集了短期國會和長期國會。最後因他的獨裁統治和再度與國會爭吵而爆發了英國內戰。他的軍隊在第二次戰役後開始吃敗仗，軍隊指責查理為「製造混亂的罪魁禍首」，要求以叛國罪對查理進行審訊。1649年法庭判他有罪，並把他處決，克倫威爾宣布共和。

Charles I　查理一世（西元1288～1342年） 匈牙利語作Karoly。別名Charles Robert of Anjou。匈牙利國王（1301和1308～1342年在位）。他得教宗批准，要求繼承匈牙利王位，且於1301年即位。但他的要求沒有得到別人的承認，一直到1308年才被承認為國王。他個性謙和，篤信宗教，把匈牙利的地位提高到強權的地位。他和波蘭聯合，打敗神聖羅馬帝國皇帝和奧地利人。他未能成功使匈牙利和那不勒斯聯合，但透過協商，讓他的長子未來能成為波蘭國王。

Charles I　查理一世（西元1226～1285年） 別名安茹的查理（Charles of Anjou）。那不勒斯和西西里國王（1266～1285），安茹王朝的第一位國王。法王路易九世之弟。1260年代與教廷國聯合，征服那不勒斯和西西里。他建立了一個巨大而短暫的地中海帝國，並把勢力擴張到巴爾幹半島，1277年成為耶路撒冷王國的繼承人。1284年西西里人叛變，逐出安茹人，查理在準備反擊時過世。

Charles II　查理二世（西元1630～1685年） 英國和愛爾蘭國王（1660～1685）。查理一世和亨麗埃塔・瑪麗亞之子。在英國內戰期間支持其父作戰。在查理一世被處決後，1651年查理二世從蘇格蘭入侵英格蘭，以失敗告終。之後流亡法國，直到克倫威爾死後，政治環境又傾向於恢復君主制。查理的「布雷達宣言」替他在1660年5月的復辟鋪平了道路。因為他解除了清教徒娛樂的禁令和其個人喜歡享樂而被冠上「快樂的國王」的封號；他最有名的情婦是女演員貴英。在位期間的重要事件包括：具爭議性的「多佛密約」，以及和荷蘭的兩次戰爭（參閱Anglo-Dutch Wars）。1660年代皇后布拉干薩的凱瑟琳屢次流產，其擁有合法繼承人的希望渺茫（雖然他有十四個私生子）。當謠傳他的弟弟詹姆斯（信奉天主教，未來的詹姆斯二世）將發動天主教陰謀取代他時，他幾乎失去對政府的控制。查理二世小心翼翼地重建對政府的控制，最後鞏固了王權。其政治手腕靈活、洞察力敏銳，使他能在在位期間安然度過安立甘宗、天主教和一些反對者的鬥爭風潮。

Charles II　查理二世（西元1254?～1309年） 別名安茹的查理（Charles of Anjou）或跛腳查理（Charles the Lame）。那不勒斯國王和其他一些歐洲領地的統治者。當他的父親查理一世把西西里從亞拉岡人手中再次奪回時，他負責看守那不勒斯。1284～1288年被西西里人逮捕和囚禁，後來以承諾放棄對西西里的領土要求而獲釋，但教宗解除他的誓約，在1302年以前仍發動對西西里的攻擊，不過都未能成功。查理二世還透過子女的聯姻來結盟，並進而控制皮埃蒙特、普羅旺斯、匈牙利、雅典、阿爾巴尼亞等許多領地。

Charles II　查理二世（西元1661～1700年） 西班牙語作Carlos。西班牙國王（1665～1700），西班牙哈布斯堡王朝末代君主。腓力四世和奧地利的瑪麗亞・安娜之子。他的智力有點遲鈍，故名瘋子查理。四歲即位，由母后攝政十年。親政後第一個階段要應付的問題是抵抗路易十四世的法國帝國主義；第二階段是解決繼承問題，因為他沒有子女。他的死亡引起西班牙王位繼承戰爭。

Charles II　查理二世（西元1332～1387年） 別名壞人查理（Charles the Bad）。那瓦爾國王（1349～1387）。曾威脅要與英國結盟而從法國國王約翰二世那裡取得諾曼第。1356年因與英國密謀叛亂而被捕，他逃亡了一年之後，又取得諾曼第。他轉向與西班牙結盟以擴張那瓦爾的權勢。查理五世使他的希望落空，還發現他陰謀毒殺法國國王，結果他付出了將諾曼第（瑟堡除外）全部歸還的慘痛代價。

Charles II　查理二世（西元823～877年） 別名禿頭查理（Charles the Bald）。西法蘭克國王（843～877）和神聖羅馬帝國皇帝（875～877）。法蘭克帝國皇帝路易一世之子，曾與異母兄弟爭奪領地而發生內戰（829～843），直到簽定「凡爾登條約」，解決了繼承問題。查理獲得西法蘭克王國，但政治地位並不穩固，屬國對他不是很忠心，領土也曾多次受到北歐人、不列顛人和日耳曼人的侵襲。西元864年占據亞奎丹；

870年又獲得洛林的西部。875年查理前往義大利，由教宗加冕爲神聖羅馬帝國皇帝。兩年後死於一次入侵途中。

Charles III 查理三世（西元879～929年） 別名傻瓜查理(Charles the Simple)。西法蘭克國王(893～922)。西元911年簽下和約割讓領土（即後來所稱的諾曼第）給維京人以結束他們不斷的騷擾。同年東法蘭克加洛林王朝的末代國王路易去世，洛林的權貴們接受查理的統治權。查理對洛林事務的干預引起貴族的不滿。922年貴族擁立羅伯特一世爲國王。923年查理在戰鬥中殺死羅伯特，但不久爲韋芒杜瓦伯爵赫伯特所俘。赫伯特利用他去反對羅伯特的女婿、新國王魯道夫。他是第一個在西法蘭克王國失去王位的加洛林王朝君主。

Charles III 查理三世（西元1716～1788年） 西班牙語作Carlos。西班牙國王（1759～1788）。腓力五世與帕爾馬的伊莎貝拉的長子。在成爲西班牙國王之前，爲帕爾馬公爵（1732～1734）、那不勒斯國王（稱查理七世，1734～1759）。查理三世認爲自己負有使西班牙再度成爲一等強國的使命，但在外交方面卻很失敗。西班牙在七年戰爭中損失慘重，透露出海軍和軍事力量薄弱。他在加強內政方面較爲成功，在位期間實施商業改革；重新調整行政區劃，採用現代化的州長制；引進現代化的行政系統。爲18世紀開明君主之一，使西班牙在文化和經濟上短暫復興。

Charles III 查理三世（西元839～888年） 別名胖子查理（Charles the Fat）。法蘭克國王和神聖羅馬皇帝（881～887）。查理曼的曾孫，西元876年父親死後繼承了士瓦本王國，879年接管義大利王國，881年加冕爲皇帝。東、西法蘭克國王去世後，他控制了這兩個王國（普羅旺斯除外），到了885年，他重新統一了整個查理曼帝國。由於長期臥病，未能率軍攻擊薩拉森人，對維京人的入侵也只能用貢物來收買他們。他的侄子阿努爾夫野心勃勃，終於在887年稱帝。查理三世的倒台象徵了查理曼帝國的徹底瓦解。

Charles IV 查理四世（西元1294～1328年） 別名漂亮的查理（Charles the Fair）。1322～1328年爲法國和那瓦爾國王（稱查理一世），卡佩王朝嫡系的末代國王。1322年其兄腓力五世死後，他取得王位。即位之後，他曾策劃取得德國的王位和干涉法蘭德斯，但均告失敗。他還入侵亞奎丹，與英國重啓戰端。1327年和約是他取得的一大勝利。

Charles IV 查理四世（西元1316～1378年） 原名瓦茨拉夫（Wenceslas）。別名盧森堡的查理（Charles of Luxembourg）。德意志國王和波希米亞國王（1346～1378），神聖羅馬帝國皇帝（1355～1378）。1346年查理被推選爲德意志國王，取代路易四世。同年他父親在抵抗英格蘭的一場戰爭中死亡，他成爲波希米亞國王。1354年查理率兵攻入義大利，先後接受倫巴底的王冠和帝國王冠。他主要透過外交手腕來擴張王朝權力，使布拉格成爲神聖羅馬帝國的政治、經濟和文化中心。1356年頒布了著名的「金璽詔書」，並爲其子瓦茨拉夫取得繼承德意志國王的權利。

Charles IV 查理四世（西元1748～1819年） 西班牙語作Carlos。西班牙國王（1788～1808）。查理三世之子。由於缺乏領導才能，將朝政府交給戈多伊管理。又因他反對法國大革命而引起法國的入侵（1794），使西班牙降低到法國附庸國的地位。當拿破崙1807年重新占領西班牙北部時，他被迫退位（1808），後來在流亡中度過餘生。

Charles V 查理五世（西元1338～1380年） 別名英明的查理（Charles the Wise）。法國國王（1364～1380）。1356年其父約翰二世爲英軍所俘，查理爲了贖回父王而在1360年簽訂了「布雷蒂尼條約」和「加萊條約」。1364年約翰去世，查理即位，他想扳回在百年戰爭第一階段的損失。1369年與英國重啓戰端，結果屢戰屢勝，實際上廢除了1360年的條約。那瓦爾國王查理二世的陰謀不軌使他剝奪查理二世在法國的大部分領地。他支持教宗克雷芒七世，從而導致西方教會大分裂。

Charles V 查理五世（西元1500～1558年） 德語作Karl。神聖羅馬帝國皇帝（1519～1556）和西班牙國王（稱查理一世，1516～1556）。卡斯提爾國王腓力一世之子，神聖羅馬帝國皇帝馬克西米連一世之孫。1516年成爲西班牙國王。1519年成爲神聖羅馬帝國皇帝。在位時期發生的大事包括：1521年春在沃爾姆斯召開帝國議會，宗教改革運動於焉開始；打敗法蘭西斯一世，確保西班牙在義大利的統治；率兵同土耳其蘇萊曼一世的軍隊作戰；施馬爾卡爾登同盟的形成；召開特倫托會議；以及簽訂「奧格斯堡和約」。他努力維持龐大的西班牙和哈布斯堡帝國以對抗新教徒、土耳其、法國的新興勢力，甚至來自教宗亞得連六世的敵視。1555～1556年查理把尼德蘭和西班牙賜給兒子腓力二世，而把神聖羅馬帝國的封號給了他的弟弟斐迪南一世。1557年退位，隱居到西班牙一座修道院。

Charles VI 查理六世（西元1368～1422年） 別名可愛的查理（Charles the Well-Beloved）或瘋子查理（Charles the Mad）。法國國王（1380～1422）。年僅十一歲就加冕爲王，由叔父監護，1388年親政。1392年患瘋癲，由於王權衰微，勃艮地和奧爾良兩公爵開始爭權。後來英國人入侵，1415年在阿讓庫爾戰役大勝法國，迫使查理簽下「特魯瓦條約」，將女兒瓦盧瓦的凱瑟琳嫁給英王亨利五世，亨利因而成爲法國攝政和王位繼承人。

Charles VI 查理六世（西元1685～1740年） 德語作Karl。神聖羅馬帝國皇帝（1711～1740）和匈牙利國王（稱查理三世）。利奧波德一世的次子。他曾要求繼承西班牙王位，引起西班牙王位繼承戰爭（1701）。1716～1718年對鄂圖曼帝國作戰取得輝煌勝利，但在波蘭王位繼承戰爭（1733～1738）失敗，並與土耳其產生新的衝突（1736～1739），導致喪失了1718年所獲得的大部分領土。他曾發布國本詔書，想要確立他的女兒瑪麗亞・特蕾西亞的繼承人地位，結果導致奧地利王位繼承戰爭。

Charles VII 查理七世（西元1697～1745年） 德語作Karl Albrecht。巴伐利亞選侯（1726～1745）和神聖羅馬帝國皇帝（1742～1745）。1726年繼承爵位，在承認查理六世國本詔書後，放棄繼承奧地利王位的要求。不過當查理六世一死（1740），他立即加入反瑪麗亞・特蕾西亞的同盟，在普魯士和法國的支持下，於1742年加冕爲皇。同一時間，巴伐利亞受到奧地利軍隊的蹂躪。他依靠普魯士和法國的勢力在1744年收復巴伐利亞，但不久即去世。

Charles VIII 查理八世（西元1470～1498年） 法國國王（1483～1498）。路易十一世唯一的兒子。1483年即位後，表現出沒有治國之才。他放棄了現在的法國和西班牙的一些領土，鞏固與布列塔尼的關係，爲了更大的野心－－遠征義大利以繼承那不勒斯王國－－而到處招兵買馬。這場勞民傷財的戰爭耗時五十幾年，結果只換得短暫的榮耀。1495年在那不勒斯加冕爲王。但是他的對手也已聯合起來反對他。他好不容易脫困逃回法國時，喪失了一切征服的領土。後在準備另一次遠征時去世。

C
D

Charles IX　查理九世（西元1550～1574年）　法國國王（1560～1574）。亨利二世的次子。兄法蘭西斯二世死後，他即位爲王，由母后卡特琳・德・麥迪奇攝政。1563年滿十三歲宣布成年，但仍處於母后的控制下。在位期間，由於天主教徒和胡格諾派之間的敵對，國家已經四分五裂。1572年在母后慫恿下，於聖巴多羅買節下令屠殺胡格諾派分子（即聖巴多羅買慘案），這次屠殺事件顯然使查理的餘年不得安寧。二十三歲死於結核病。

Charles IX　查理九世（西元1550～1611年）　瑞典語作Karl。瑞典國王（1604～1611）。古斯塔夫一世的第三子。1568年發動反對異母兄埃里克十四世的叛亂，結果使另一兄長登上王位，即約翰三世。1592年約翰之子西格蒙德三世（波蘭國王，信奉天主教）繼承瑞典王位後，查理召開烏普薩拉會議（1593），要求以路德宗爲國教。結果引爆內戰，1598年西格蒙德戰敗，翌年被逐，查理成爲瑞典的實際統治者，1604年始稱王。由於查理採取侵略性的外交政策，故引起瑞典對波蘭的戰爭（1605），以及和丹麥的卡爾馬戰爭（1611～1613）。

Charles X　查理十世（西元1757～1836年）　法國國王（1824～1830）。王太子路易的第五子，路易十五世的孫子。即位前封阿圖瓦伯爵。法國大革命期間流亡海外，成爲流亡貴族的領袖。1814年返國，在波旁王室復辟期間，領導極端保王派。1824年其兄路易十八世死，他繼之爲王。在位期間，因日益反動而失去民心。1830年七月革命爆發後，被迫把位子讓給路易－腓力。他的執政戲劇化象徵了波旁王室想調和君權神授的傳統觀念與大革命所產生的民主精神的失敗。

Charles X Gustav　查理十世・古斯塔夫（西元1622～1660年）　瑞典語作Karl Gustav。瑞典國王（1654～1660）。古斯塔夫二世的甥姪，他努力想娶瑞典女王克里斯蒂娜爲妻，卻不能如願，不過，克里斯蒂娜指定他爲王位繼承人。查理登上王位後雖想整頓公共財政，但卻不得不把注意力放在軍事事務上。他指揮了第一次北方戰爭（1655～1660）對抗一個聯盟（最後包括波蘭、俄羅斯、布蘭登堡、尼德蘭和丹麥）以建立一個統一的北方大國。在征服波蘭後（1655～1656），查理進攻丹麥，根據「羅斯基勒和約」（1658），丹麥讓出在瑞典南部和挪威中部占據的土地。

Charles XI　查理十一世（西元1655～1697年）　瑞典語作Karl。瑞典國王（1660～1697）。查理十世・古斯塔夫的獨生子。五歲繼父位，由攝政院掌握朝政直到1672年查理成年，但攝政院仍掌握對外政策，他們使瑞典捲入1672～1678年的荷蘭戰爭。但查理掌有軍隊，在「奈梅亨條約」中爲瑞典爭取到有利的結果，之後維持外交中立政策。在內政方面，他擴張王權，不惜犧牲貴族階級的利益，建立絕對獨裁的君主制。

Charles XII　查理十二世（西元1682～1718年）　瑞典語作Karl。瑞典國王（1697～1718）。查理十一世的長子。繼位時，年僅十五歲。十八歲時捲入第二次北方戰爭，他挺而保衛國家，開始逐漸負責規畫和執行軍事運作。1707年查理揮師進攻俄國，卻遭俄國焦土政策的對付。結果瑞典軍隊向俄軍投降，喪失瑞典的強權地位。查理是開明時代早期的一位君主，對內政改革很大。死於入侵挪威途中。

Charles XIII　查理十三世（西元1748～1818年）　瑞典語作Karl。瑞典國王（1809～1818）。瑞典和挪威聯合王國的第一代國王（1814～1818）。瑞典國王阿道夫・腓特烈（1710～1771）的次子。在俄瑞戰爭時期（1788～1790）任海軍上將。1792年古斯塔夫三世去世，查理成爲古斯塔夫四世的攝政。1809年古斯塔夫四世被廢黜，查理被推選爲王。他未老先衰，膝下無子。1810年瑞典議會決定由查理的養子尚－巴蒂斯特・貝納多特（後來的查理十四世・約翰）爲法定繼承人。從此，查理的大權落入這個王儲手中。

Charles XIV John　查理十四世・約翰（西元1763～1844年）　瑞典語作Karl Johan。原名Jean-Baptiste Bernadotte。瑞典和挪威國王（1818～1844）。出生於法國，爲法國大革命的熱情擁護者，並迅速擢升爲准將（1794）。1804年成爲法國元帥。1805～1809年在幾場戰役中支援拿破崙，但後來卻改變他的忠誠。1810年被選爲瑞典王儲，成爲查理十三世的繼子，取名查理・約翰，以王國攝政身分立即接管政府。在萊比錫決戰中，幫人打敗拿破崙，然後乘勢打敗丹麥，迫使丹麥國王將挪威交給瑞典王室。1818年查理十三世去世，他即位爲瑞典和挪威國王。他採取與俄英兩國友好的對外政策，從而出現一段長期的和平時期。

Charles Albert　查理・阿爾貝特（西元1798～1849年）　義大利語作Carlo Alberto。義大利薩丁尼亞－皮埃蒙特國王（1831～1849）。薩伏依王室旁系，1831年查理・費利切去世，由查理・阿爾貝特繼位。他推動了國家的經濟和社會發展，1814年由於革命思想的散播，他不得不批准法令設置代議制政府。在庇護九世當選教宗和奧地利侵占費拉拉後，他企圖領導義大利的民族解放運動。1848年對奧地利宣戰，結果慘遭失敗；1849年反攻，又敗於諾瓦拉，隨後宣布退位以利兒子維克托・伊曼紐爾二世即位，後流亡葡萄牙。

Charles Martel＊　鐵錘查理（西元688?～741年）　拉丁語作Carolus Martellus。法蘭克王國東部奧斯特拉西亞的宮相（715～741），曾重新統一法蘭克王國。他是宮相丕平的私生子，當時控制了法蘭克王國的部分領土，梅羅文加王朝的國王已有名無實。西元714年丕平死，查理開始克服家族反對勢力和貴族中的敵手，統一並統治了整個法蘭克王國。他征服了紐斯特里亞（724），攻擊亞奎丹，並與弗里西亞人、撒克遜人和巴伐利亞人作戰。普瓦捷戰役（732）的勝利阻擋了穆斯林的入侵，到739年控制了勃艮地。後來他的兒子們分割了王國，其孫是查理曼。

Charles of Anjou　安茹的查理 ➠ Charles I

Charles of Luxembourg　盧森堡的查理 ➠ Charles IV

Charles River　查理河　美國麻薩諸塞州東部河流，爲該州不出州界的最長河流。源出諾福克縣西南部的霍普金頓附近，蜿蜒130餘公里後注入波士頓灣。河道曲折，僅16公里可通航。其河口分隔了波士頓和劍橋兩市。

Charles River Bridge v. Warren Bridge　查理河橋樑公司訴華倫橋樑公司案（西元1837年）　美國最高法院的判決案。該判決認爲特許狀裡沒有明確提出的權利，並不能由該份文件的措辭之中推導而出。大法官陶尼駁回（否決）了查理河橋樑公司的聲請，這個聲請認爲：州議會後來授與華倫橋樑公司的許可狀，侵害到該公司的特許權。他對該案的看法，脫離了最高法院在馬歇爾的影響下對美國憲法的「保護契約條款」的解釋。

Charles Robert of Anjou ➠ Charles I

Charles the Bad　壞人查理 ➠ Charles II

Charles the Bald　禿頭查理 ➠ Charles II

Charles the Bold　大膽查理（西元1433～1477年）　勃艮地末代公爵（1467～1477）。是法國國王路易十一世的死對頭，因為他企圖使勃艮地脫離法國而獨立。在1474年以前，查理的企圖幾乎完全成功，他擺脫了法國的控制，擴張勃艮地的領土，建立一個中央集權政府。1468年粗暴地鎮壓列日人民叛變，1471年入侵諾曼第。查理透過協商、戰爭和購買，致力於把領土擴展到萊茵河，但遭到瑞士、奧地利和上萊茵地區城鎮的聯盟一致反抗。1476年被瑞士打敗，在南錫附近的戰場上被殺。

Charles the Fair 漂亮的查理 ➠ Charles IV

Charles the Fat 胖子查理 ➠ Charles III

Charles the Well-Beloved 可愛的查理 ➠ Charles VI

Charles the Wise 英明的查理 ➠ Charles V

Charleston 查理斯敦 美國南卡羅來納州的海港城市。位於阿什利與庫柏兩河河口之間的半島上，臨深水良港。原名查理城，1670年由英國人建立。1738年設市。1812年戰爭之前是美國的冬港。1861年美利堅邦聯奪取查理斯敦港的薩姆特堡促發了南北戰爭。1863～1865年為北部邦聯軍封鎖，後來雪曼將軍把軍隊撤出。1886年發生一場嚴重的地震，1989年又遭颶風侵襲，使該市遭到破壞。為南部文化中心，設有查理斯敦學院（1770）和查理斯敦博物館（1773，美國最古老的博物館）等。紀念南北戰爭打響第一槍的薩姆特堡國家紀念碑位於市東南5公里處的海灣內。人口約71,000（1996）。

Charleston 查理斯敦 美國西維吉尼亞州首府。位於阿利根尼山脈中，埃爾克河和卡諾瓦河兩河匯流處。在獨立革命之後圍繞著李堡四周發展。傳奇英雄布恩有段時期居住在這裡。南北戰爭時，因效忠對象而分裂，1862年曾被北軍占領。1870年設為州首府，曾有短暫時期把首府遷往惠林，但在1885年又遷回來。現為卡納瓦河谷工業區的中心，四周有煙煤、石油、天然氣和鹽。尼龍、人造螢光樹脂及其他基礎化工原料均源出該地區。市內的州議會大廈（1932年落成）是由建築師吉柏特所設計。人口約55,056（1998）。

Charleston 查理斯敦 1920年代極為流行的社交爵士舞，以後經常一再盛行。舞步特徵為腳尖向內、腳跟向外地扭動，可獨舞、對舞或集體舞。原為遍及美國南部的黑人民間舞蹈，分析該舞的動作可明顯看出它與千里達、奈及利亞以及迦納的某些舞蹈極相似。特別與南卡羅來納州的查理斯敦市有關聯，因而得名。約在1920年職業舞蹈家將其吸收，又通過黑人音樂劇《瘋狂世界》（1923），開始風靡美國。

Charlotte 夏洛特（西元1744～1818年） 原名Charlotte Sophia of Mecklenburg-Strelitz。英國國王喬治三世的王妃，1761年她是由喬治三世從所有合格的日耳曼新教公主中挑選出來的。這樁婚姻很成功，兩夫婦生有十五個小孩，包括喬治四世。後來喬治三世精神錯亂（1811），國會宣布她為國王的監護人。

Charlotte 沙羅特 美國北卡羅來納州中南部城市，為該州最大的都會區。靠近卡托巴河，南距南卡羅來納州24公里。1748年左右始有人定居於此，1768年設市。梅克倫堡獨立宣言（1775年5月20日）在此簽署，每年舉行紀念儀式。1849年以前因黃金熱潮而曾是美國黃金產地的中心。該市是東南部主要批發銷售點。有多種製造業（紡織、機械、金屬及食品）。該州第一所大學北卡羅來納皇后學院創辦於1771年。美國總統傑克森與波克均出生於附近。人口約441,297（1996）。

Charlotte Amalie＊ 沙羅特阿馬利亞 美屬維爾京群島的首府和聖湯瑪斯島的主要城鎮。位於聖湯瑪斯島南岸聖湯瑪斯港灣頂端，是維爾京群島的最大城市。1672年為丹麥的一個殖民地，以丹麥皇后聖湯瑪斯的名字命名（1921～1936）。建有碼頭、燃料裝運設備、機械廠和船塢，是美國的一個潛艇基地。主要經濟活動包括旅遊業和製造手工藝品、甜酒、香水、果醬。人口約12,331（1990）。

Charlotte Harbor 沙羅特港灣 美國墨西哥灣淺水灣。位於佛羅里達州西南部，長40公里，寬8公里，有皮斯河和邁阿卡河注入。主要港口蓬塔戈爾達。1521年西班牙探險家龐塞・德萊昂企圖在此建立殖民地，但被懷有敵意的印第安人趕走。

Charlottesville 夏洛茨維爾 美國維吉尼亞中部城市。位於藍嶺山麓，濱里萬納河。1730年代始有人定居，一度發展為煙草貿易中心，後來以傑佛遜和門羅的家鄉聞名。1781年英國人入侵此城想逮捕傑佛遜和其他獨立革命領袖。市內歷史建築包括：傑佛遜的蒙提薩羅住宅、門羅的家和維吉尼亞大學。經濟主要依靠教育服務行業。人口約41,000（1994）。

Charlottetown 夏洛特敦 加拿大愛德華王子島省省會。瀕臨希爾斯伯勒灣。1720年代為法國殖民地。1763年割讓給英國後，以喬治三世王后夏洛特之名命名。1765年成為省會。因有優良深水港和機場，成為全省商業中心。經濟主要依靠旅遊、政府事務、漁業和農業。有政府大廈、省大廈（立法機構）和多座聞名的教堂。市內的聯合藝術中心有美術館、劇場和圖書陳列館，是慶祝該城夏節的中心場所。人口15,396（1991）。

Charlottetown Conference 夏洛特敦會議 建立加拿大自治領的首次會議。1864年9月1日在夏洛特敦舉行，本為討論海濱三省聯合問題，但大多數代表反對，尤以愛德華王子島反對最烈。最後未能達成共識，但加拿大省與海濱省聯邦的建議得到多數贊成，遂結束會議。10月10～27日，各代表團再度於魁北克市開會，決定起草成立聯邦的憲法草案，產生英屬北美法。

charm 魅數；粲數 粒子物理學上，強交互作用與電磁交互作用中守恆的特性或內部量子數，在弱交互作用不守恆（參閱strong force、electromagnetic force、weak force）。魅子至少含有一個魅夸克，這些夸克的魅數為+1。魅反夸克（參閱antimatter）的魅數是-1。第一個魅子在1974年發現。

Charolais＊ 沙羅萊牛 大型淺色牛品種，在法國育成。原為役用，現已用作肉牛，並供雜交育種用。白牛曾長期為沙羅萊地區的特產。1775年左右沙羅萊品種開始得到承認。體軀龐大，缺少英國品種的溫順，有角，奶油色到淺麥色。1936年從墨西哥第一次輸入美國，後來由於這個品種在法國的疾病問題，輸入很少。本品種普遍用來與其他肉用品種和乳用品種雜交，以增加牛肉產量。

Charon＊ 卡隆 希臘神話中厄瑞玻斯（Erebus，黑暗之神）和尼克斯（Nyx，夜女神）的兒子。他的任務是在冥河上擺渡舉行過葬禮的死者亡靈，船資是放在死者口中的那枚錢幣。後來他逐漸被視為死亡和冥界的象徵，成為現代希臘民間傳說中的死亡天使卡洛斯或卡隆塔斯。

Charophyceae＊ 輪藻綱 藻類之一綱，包含一般通稱輪藻的藻類。輪藻形成碳酸鈣沈澱，這些沈澱可形成湖泊鈣質泥灰岩的主要成分。輪藻的外觀似高等植物：具根狀假根和按一定間隔出現的輪生分枝，直立的圓柱形中軸外圍以由小細胞組成的鞘。水生，固著於淡水或半鹹水的河流或湖泊的泥底。除輪藻屬是魚類孵化場有害的雜草外，其餘與人類關係甚微。

Charpentier, Marc-Antoine＊　夏龐蒂埃（西元1634～1704年）　法國作曲家。1660年代曾在羅馬向卡利西密學習作曲。回到巴黎後，繼盧利之後為莫里哀的戲團（即後來的法蘭西喜劇院）的音樂指揮。後來成為巴黎主要的耶穌會教堂的音樂指揮，並持續六年在皇家教堂擔任唱詩班指揮。為多產作曲家，是當代法國最重要的作曲家。作有十二部彌撒曲、八十四首聖歌和兩百零七首經文歌，包括三十五首戲劇經文歌或拉丁神劇，這是他創立的一種新體裁。作品包括戲劇《逼婚記》（1672年首演）及《沒病找病》（1673）配樂。歌劇《梅迪亞》於1693年上演。在神劇：《浪子回頭》、《亞伯拉罕獻子為祭》與《聖彼得否認基督》中，成功地使卡利西密的義大利風格與法國風格相結合。作品富於抒情性，擅長複調手法，並巧妙地運用豐富的和聲。

charter　特許狀　由一國最高統治者頒發給個人、團體、城市或其他地方組織的一種文件，內容是賜予某種特權或職務。最有名的特許狀就是「大憲章」，它是英王約翰和貴族之間的一種協定，載明國王必須賜予英國百姓某些自由。在中古歐洲，君主通常頒發特許狀給市鎮、城市、同業公會、商人團體、大學、宗教團體等。這些特許狀保證那些團體享有某些特權或免除某些義務，有時還規定它們的內部事務應如何運作。後來君主頒發特許狀給海外貿易公司（如東印度公司）可以在特定的區域獨占某些生意或管理當地的政務。幾乎北美洲所有的英國殖民地都有特許狀，容許他們擁有土地並可管理殖民地居民，但留下某些權利給英國國王。現代的特許狀有兩類：團體的和城市的。團體特許狀是由政府發給一群人，准許他們成立法人團體。城市特許狀是政府通過的一項法律，准許某一地區的人民組成一個城市。這種特許狀是把國家的一部分權力轉移給實行地方自治的人民。

Charter Oath　五條誓文　亦作Five Articles Oath。日本明治天皇1868年4月6日頒發的原則性聲明：一、廣興會議，萬機決於公論；二、上下一心，盛行經綸；三、文武百官以至庶民，各遂其志，勿失人心；四、破除舊習，以天公地道為基本；五、求知識於世界，以大振皇基。「五條誓文」為國家現代化和引進西方議會憲法開闢了道路。亦請參閱Meiji Restoration。

Charter of 1814　1814年憲法　亦作Charte Constitutionnelle。路易十八世在繼任國王後所頒佈的法國憲章（參閱Bourbon Restoration）。這份憲章於1830年有所修訂，並持續施行至1848年，它保存許多法國大革命所爭取的自由權利。這份憲章創建君主立憲的體制、兩院制的國會，保障公民的自由權利，宣佈宗教寬容，並認可天主教為國教。

chartered company　特許公司　歐洲16世紀發展的一種公司形式。由國家行政當局授予特許狀，享有一定的權利和特權，也擔負一定的義務；特許狀中規定了這些權利、特權、義務以及行使權利、特權、義務的地區範圍。授予公司在一特定的區域內或對一特定類別的商品享有獨占經營權。17世紀由英國、法國和荷蘭政府開始鼓勵這種特許公司來協助貿易和鼓勵海外探險。這些特許公司有為與印度貿易而成立的（參閱East India Co.、East India Co., Dutch、East India Co., French），以及為在新大陸貿易而成立的（參閱Hudson's Bay Co.），它們都具有極大的影響力。一些特許公司也涉入移民定居的事務（參閱London Co.、Plymouth Company）。以後由於各種公司法案相繼制定，近代的有限責任公司發展起來，特許公司日漸衰落而喪失其重要性。

Chartism　人民憲章運動　英國工人階級爭取改革議會的運動，以洛維特（1800～1877）在1838年起草的「人民憲章」得名。「人民憲章」要求：確定男子普選權；設立平等的選舉區；以投票方式進行表決；議會每年選舉一次；規定議員薪俸；廢除議員候選人的財產資格。人民憲章運動是產生於1837～1838年的經濟蕭條時期，後來在奧康諾的領導下，成為全國性的重要運動。議會三次拒絕接受人民憲章運動的請願書，1848年以後此運動衰微。

Chartres＊　沙特爾　法國西北部城市。位於巴黎西南厄爾河左岸。城名沙特爾源於塞爾特人部族卡紐特，曾為主要的德魯伊特教中心，多次受諾曼人襲擊，並於858年被燒毀。中世紀成為布盧瓦和香檳家族統治的伯爵領地。1286年該市被賣給法國，1417～1432年為英國人攻占。亨利四世於1594年在此地登基加冕。1870年德國人奪占之。第二次世界大戰期間遭嚴重破壞。主要建築是哥德式的沙特爾大教堂。人口41,850（1990）。

Chartres Cathedral＊　沙特爾大教堂　位於法國西北部沙特爾市的聖母教堂，為哥德式建築最具影響力的典範。此大教堂原為一座殘存教堂地下室、塔樓基座和西門的12世紀教堂，在此基礎下，其主體部分建於1194～1220年。其摒棄傳統的教會廊道設計，以高聳的拱廊、異常狹窄的暗樓、巨大的高側窗呈現出新意。顯眼的彩色玻璃和文藝復興式的唱詩班席愈增添其美麗。

沙特爾的大教堂
Everett C. Johnson – De Wys Inc.

Chase, Salmon P(ortland)　蔡斯（西元1808～1873年）　美國的反奴隸制領袖和第六任大法官（1864～1873）。1830年起在辛辛那提執律師業，專門為逃亡奴隸和主張廢奴的白人辯護。1841年起在俄亥俄州領導自由黨，後來協助建立自由土壤黨（1848）和共和黨（1854）。曾任職於美國參議院（1849～1855、1860～1861），1855～1859年擔任俄亥俄州第一個共和黨州長。林肯當選後任命他為財政部長（1861～1864），1864年任首席大法官。在職期間，曾公平審理詹森總統的彈劾案，並努力保護黑人的權利不受國家訴訟之侵害。

Chase, Samuel　蔡斯（西元1741～1811年）　美國大法官。曾為律師，在州議會任職二十年。為熱忱的愛國人士，曾在暴力反抗印花稅法中協助領導自由之子社。1774年服務於州通訊委員會，然後被選派出席大陸會議，簽署獨立宣言。當漢彌爾頓揭露他企圖壟斷麵粉市場時，蔡斯退下國會舞台，只在1784年返回一次。1796年華盛頓總統任命他為美國最高法院的大法官。在「韋爾訴希爾頓案」中，堅持美國的條約優先於州的法令。在「考爾德訴布爾案」（1798）中，他對正當程序的定義作出貢獻。他在傑佛遜總統出於政治原因而發動的一次彈劾審判中被宣告無罪一事，使司法機關的獨立性得到了加強。他任職到1811年才退休。

Chase, William Merritt　蔡斯（西元1849～1916年） 美國畫家和教師。曾在紐約國立設計學院學習，後在慕尼黑師事畫家皮洛蒂六年。1880年代採用當時巴黎流行的輕快色調。他的教學效果非常突出，最初在紐約藝術研究會，後在自己開辦的學校（1896年創辦）教書，在20世紀初推廣鮮明色彩和透明水彩的畫法。學生包括奧基芙和德穆思。他是個多產畫家，作品有兩千多幅，包括肖像畫、油畫、水彩畫、粉筆畫和蝕刻版畫。

Chase Manhattan Corp.　大通曼哈頓公司 美國控股公司，在1969年購併大通曼哈頓銀行為主要子公司後成立。大通曼哈頓銀行本身於1955年由曼哈頓銀行（1799年創立）和大通銀行（1877年創立）合併組成。大通曼哈頓公司的成立是美國銀行業的一種普遍趨勢，它們想藉建立控股公司來合併銀行和金融機構，因為法律通常不准在銀行領域上涉入金融業務。1996年大通曼哈頓公司又與全國第二大銀行漢華銀行公司合併，新公司仍沿用大通曼哈頓之名。亦請參閱Rockefeller, David。

chat　聊天 在像是網際網路的網絡環境中，電腦使用者之間的即時對話。電腦使用者鍵入一段文字訊息並按下Enter鍵之後，文字訊息立刻出現在另一位電腦使用者的電腦上，容許以打字對話，這種方式通常只比一般對話方式慢一些。聊天可以是私人的（兩人間）或公開的（其他電腦使用者可看到對話的訊息，如果願意的話也參與其中）。公開的聊天是在「聊天室」、提供聊天功能的網站中進行，總是有特定主題。有數千個聊天室現在是特別利用IRC（Internet Relay Chat，網際網路中繼聊天）協定來運作，此系統是芬蘭的歐伊凱里納在1988年開發的。亦請參閱bulletin-board system。

chat　䳭 幾種雀形目燕雀亞目鳥類，鳴叫聲喋喋不休而刺耳。真正的䳭組成鶇科的一大分支。澳大利亞的䳭（通常歸在細尾鷯鶯科），棲居南方開闊叢林，食陸生昆蟲，體長約13公分。北美洲的黃胸巨䳭鶯體長19公分，是林鶯科最大的種類。背面綠灰色，腹面淡黃色，有白色「眼鏡」（雌雄相似）。藏在灌叢中，但也可能棲息在開闊地發出喵喵的鳴聲、顫鳴聲或哨聲。亦請參閱redstart。

黃胸巨䳭鶯
Ron Austing－Bruce Coleman Inc.

Chateaubriand, (François-Auguste-) René　夏多布里昂＊（西元1768～1848年） 受封為vicomte (viscount) de Chateaubriand。法國政治人物和作家。沒落貴族出身，法國大革命初期任騎兵軍官，他不肯加入保王黨。1791年與毛皮商結伴渡海赴美國。在路易十六世垮台後，他又覺得自己對君主制負有義務，遂返國加入保王軍。後來受傷退伍，1793年前往英格蘭，以翻譯和教書為生。1801年發表《阿特拉》，是一篇未完成的史詩片斷，記錄旅遊美國的見聞。《基督教真諦》（1802）一書讚美了基督教，獲得保王黨和拿破崙的好評。1814年波旁王朝復辟，他成為主要的政治人物。其他作品包括小說《勒內》（1805），以及回憶錄（六卷；1849～1850），這可能是其最後的傳世之作。夏多布里昂是當時法國的頂尖作家。

夏多布里昂，油畫，吉羅代－特里奧松（Girodet-Trioson）繪；現藏凡爾賽宮
Cliche Musees Nationaux

Châteauguay, Battle of＊　沙托蓋戰役（西元1813年10月26日） 1812年戰爭中，英軍迫使美軍放棄進攻蒙特婁的一場決定性戰役。1813年秋，漢普頓將軍率領約四千名美國士兵進犯蒙特婁，但在魁北克沙托蓋為英軍（多數為法裔加拿大人）所阻，英軍利用沿河森林有利地形，以少勝多，擊退美軍。之後美軍撤出加拿大。

Chatham, Earl of　占丹伯爵 ➠ Pitt, William, the Elder

Chatham Strait＊　占丹海峽 北太平洋東部狹窄水道。在美國阿拉斯加州亞歷山大群島北部，長240公里，寬5～16公里。為斷層海峽，水深，可航行，是阿拉斯加至華盛頓州的內海航道的一段。

Chattahoochee River＊　查塔胡其河 美國東南部河流。源起於喬治亞州東北部藍嶺山脈，往西南流到阿拉巴馬州邊界，再折向南，形成阿拉巴馬－喬治亞和喬治亞－佛羅里達的州界一段，在佛羅里達州的查塔胡其注入夫林特河。全長702公里。喬治亞－佛羅里達州界上建有水壩，截成塞米諾爾湖，以下河段稱阿巴拉契科拉河。

Chattanooga　查塔諾加 美國田納西州東南部城市和港口。臨田納西河的莫卡辛河灣。1815年建為貿易站。1838年發展為河港。南北戰爭時是美利堅邦聯的戰略交通樞紐，為北軍的主要攻擊目標之一，1863年此地爆發了奇克莫加戰役和查塔諾加戰役。現今經濟以旅遊、保險、商品批發和零售業為主。田納西河流域管理局總部也設於此。人口約150,425（1996）。

Chattanooga, Battle of　查塔諾加戰役（西元1863年11月23日～25日） 美國南北戰爭中在田納西河畔查塔諾加進行的一次決定性戰役。查塔諾加是鐵路樞紐，具有重大戰略意義。1863年9月北軍被布萊格將軍指揮的美利堅邦聯南軍圍困在這裡。10月，格蘭特率兵前來解救。北軍在盧考特山和米申納里嶺的戰鬥中打敗南軍。由於這次勝利，北軍穩穩切開了南部橫向防線，開始進軍喬治亞，直抵南部海岸。亦請參閱Chickamauga Creek, Battle of。

Chatterjee, Bankim Chandra＊　查特吉（西元1838～1894年） 孟加拉語作Bankim Chandra Cattopadhyay。印度小說家。出身婆羅門家庭，曾在加爾各答大學受教育，後來在印度政府中任行政官多年。《將軍的女兒》（1865）是他第一部孟加拉語小說，開創了孟加拉語小說的先河。他主辦的《孟加拉之鏡》報紙於1872年創刊，陸續登載了他晚期寫的一些小說。他的小說在結構上雖有缺陷，但在同時代人眼裡，他是一位先知，所描繪的英勇的印度主角激發了印度人民的愛國熱情和民族自豪感。他的小說使散文成為孟加拉語的文學表達形式之一，並幫助在印度創立了一個以歐洲小說為模式的流派。查特吉被視為最偉大的孟加拉小說家。

Chatterton, Thomas　查特頓（西元1752～1770年） 英國詩人。幼年聰慧，十歲能詩。十一歲時作田園詩《埃利努爾和朱佳》，詭稱15世紀作品。此後又寫有一些詩篇，假託是15世紀羅利牧師所作。後來去倫敦，打算以諷刺作品震撼全城一舉成名。滑稽歌劇《報復》雖為他賺了一些錢，但是當一個有希望成為他的贊助人去世時，他發現自己一毛不剩，前途沒指望，於是服砒霜自盡，年僅十八歲。死後卻出了名，柯立芝、華茲華斯、雪萊和濟慈等曾寫詩讚美他。法國浪漫派作家也以他為典範。

Chaucer, Geoffrey＊ 喬叟（西元1342/43～1400年） 英國詩人。出身中產階級，在活躍而多變的生涯中，他是受到三位國王寵信的廷臣、外交官和公僕，而寫詩只是副業。他的第一部重要詩作《公爵夫人的書》（1369/1370）是悼念蘭開斯特公爵夫人的夢幻哀歌。1380年代，他寫出的成熟作品包括：聖華倫泰節的夢幻景象《百鳥會議》，描述一次鳥類擇偶的大會；優秀的悲劇詩歌傳奇故事《特洛伊羅斯與克瑞西達》；未完成的夢幻作品《貞潔婦女的傳說》。他最有名的作品是未完成的《坎特伯里故事集》（1387～1400），為錯綜複雜的戲劇性敘事作品，以人們到坎特伯里的貝克特聖地朝聖為架構，導出豐富多采、各式各樣的故事合集；不僅是中世紀英文最著名的文學作品，也是英國文學史上最偉大的作品之一。在這部作品和其他作品中，喬叟使南方的英語方言確立為英格蘭的文學用語，他也被視為第一位偉大的英國詩人。

Chaumette, Pierre-Gaspard＊ 肖梅特（西元1763～1794年） 法國革命領袖。曾在法國各處旅行，後定居巴黎學醫。他積極參加革命，曾在要求廢黜路易十六世的請願書（1791）上簽名。1792年擔任巴黎公社總務委員會委員，從事改善醫院條件，推行社會改革。他堅決反對天主教，曾在聖母大教堂中組織第一次理性女神崇拜儀式（1793）。因其極端的民主主義思想而在恐怖統治時期被處決。

Chaumont, Treaty of＊ 肖蒙條約（西元1814年） 奧地利、普魯士、俄羅斯與英國簽訂此項條約，密切結合以擊敗拿破崙。英國外相卡斯爾雷子爵在斡旋此一條約中發揮關鍵力量，使簽約國承諾不各自進行磋商，並允諾持續作戰，直到推翻拿破崙為止。這項條約強化了聯盟的團結，並提供歐洲持久的安定。

Chauncy, Charles 昌西（西元1705～1787年） 英國北美洲殖民地基督教公理會教士。1721年畢業於哈佛大學，1727年任職於波士頓第一教堂，在職終生。他反對在美洲殖民地上設立一個聖公會主教，也激烈抨擊18世紀中葉北美殖民地的大覺醒運動。他還寫有幾本書、小冊子和訓文之類的作品擁護美國獨立革命事業。

Chausson, (Amédée-) Ernest＊ 蕭頌（西元1855～1899年） 法國作曲家。曾師從馬斯奈和法朗克。由於收入豐厚，在巴黎主持了一個著名的藝術家沙龍，不需要規規矩矩地上班做事。作品在和聲方面近似法朗克與華格納，音樂上具有法國特色：清晰、平衡、整齊勻稱。早期作品包括歌曲，都用著名詩詞配曲，如《蜂鳥》、《永恆之歌》、《愛與海之歌》等。《小提琴、鋼琴與弦樂四重奏協奏曲》（1890～1891）運用兩種樂器獨奏與弦樂四重奏合作，獲得極大成功。在管弦樂作品中，織體豐富的《音詩》（由小提琴與管弦樂團演奏；1896）及《降B大調交響曲》（1890?）受到重視。也創作了幾部歌劇，其中包括《亞瑟王》（1903年上演）。

chautauqua movement＊ 學托擴運動 西元1874年在美國蓬勃發展的一種成人教育運動。原為對主日學校教師和紐約州學托擴湖教堂工作人員進行培訓的一種集會，起初完全是宗教性的，後來教學計畫逐步擴大到包括普通教育和公共娛樂。不久又在暑期講座和教學班以外，增加了家庭閱讀計畫和函授學習。但在高峰年（1924）以後，學托擴運動雖然開始衰落（組織仍舉辦會議），但仍影響了社區學院的成長和連續教育計畫。亦請參閱lyceum movement。

Chautemps, Camille＊ 肖當（西元1885～1963年） 法國政治人物。出生於政界顯要之家，從事法律業務頗稱成功，為激進社會黨黨員。1919年當選眾議員，後來歷任各部會首長，1930年任總理（為時僅數天），1933～1934和1937～1938年再任總理。1940年肖當任內閣閣員時，率先建議向德國投降，在新的維琪政府（參閱Vichy France）中擔任部長，但在赴美洽公時，與貝當政府決裂。餘生就一直居住在美國。法國法庭後來判他通敵，對他缺席審判並定罪。

Chavannes, Pierre Puvis de ➠ Puvis de Chavannes, Pierre(-Cecile)

Chávez (y Ramírez), Carlos (Antonio De Padua) 夏維茲＊（西元1899～1978年） 墨西哥指揮家和作曲家。原本被訓練為鋼琴家，但他大部分靠自己摸索學作曲。十九歲寫成第一部交響曲。1921年寫成第一部重要作品——芭蕾舞《新火焰》。在赴歐洲與美國旅行後，任墨西哥交響樂團指揮（1928）與墨西哥國立音樂學院院長（1928～1934），並擔任美國主要樂團的客席指揮。作品採用墨西哥印第安音樂中打擊樂的手法、原始的節奏、古代的和聲與旋律以及大幅度力度的強烈變化。寫有六部交響曲，其中包括《安蒂戈那交響樂》（1933）與《印第安交響樂》（1935）；《鋼琴與管弦樂第一協奏曲》（1940）；《打擊樂器托卡塔曲》（1942）；《小提琴協奏曲》（1950）、芭蕾舞《四個太陽》（1926）等。是20世紀墨西哥最傑出和最受人推崇的作曲家。

Chavez, Cesar (Estrada)＊ 查維斯（西元1927～1993年） 美國農場季節工人的組織者和領袖。第二次世界大戰期間在美國海軍服役兩年後，在亞利桑那及加利福尼亞當農場季節工人。1962年建立全國農場工人協會（NFWA），開始組織農場工人。他具有領導魅力，利用罷工和全國性杯葛手段而贏得聯盟的認同和加州葡萄、蔬菜種植業者的合約。1966年帶領他的協會與勞聯－產聯合併，1971年改為美國聯合農場工人聯盟（UFW）。1960年代後期，卡車司機工會與聯合農場工人聯盟常有衝突，雙方於1977年簽訂協議，聯盟享有組織農場工人的獨占權。但後來因查維斯的鐵腕統治，聯盟的勢力因而衰減。

Chavín de Huántar＊ 查文德萬塔爾 祕魯中西部神廟廢墟遺址所在地。此廢墟屬於前哥倫布時期查文文化，約西元前900～西元前200年為其繁榮時期。中心建築是一組巨大的神廟群，以表面光潔的長形石塊築成；內部有迴廊，樑柱上還刻有淺浮雕。

Chayefsky, Paddy＊ 查耶夫斯基（西元1923～1981年） 原名Sidney Chayefsky。美國劇作家。1943年畢業於紐約學院。《假日之歌》（1952）是他寫的第一部大型電視劇，早期電視劇蓬勃發展時，他的作品是其中佼佼者。以刻畫平凡百姓生活聞名，最成功的作品是《馬蒂》（1953），後來被改編為電影，於1955年獲得四項奧斯卡金像獎和坎城影展的金棕櫚獎。另外兩部電視劇本：《單身漢黨》（1954）和《投其所好》（1955）也獲好評。舞台劇本包括《第十個人》（1959）、《吉迪恩》（1961）和《潛在的異性愛者》（1967）。後來又寫了許多電影劇本，其中如《醫生故事》（1971）和《螢光幕後》（1976）都獲得奧斯卡金像獎。

佛手瓜
Eugene Belt－Shostal

chayote＊ 佛手瓜 葫蘆科多年生藤本植物。學名Sechium edule。在原產地熱帶美洲廣為栽培，在溫帶也可作一年生植物種植。藤蔓生長迅速，有捲鬚。花小，白色；果梨形，綠色，長約7.5～10公分，上有凹糟；種子僅一枚。果可煮食，嫩塊根食法同馬鈴薯。

Chechnya＊ 車臣 俄羅斯西南部的共和國，位於大高加索山脈北麓。以前是蘇聯車臣－印古什共和國的一部分，1992年車臣－印古什分裂爲車臣、印古什兩個共和國。居民主要是車臣人，是穆斯林種族集團。1992年車臣要求脫離俄羅斯獨立，導致1993～1994年俄羅斯軍隊的入侵。戰爭嚴重破壞了此區，1996年達成停戰協定，但在1999年戰鬥又起。石油是經濟支柱，首都格洛茲尼，是主要的煉油中心，有油管連接裏海和黑海的油田，但都在戰爭期間受到嚴重破壞。人口：包括印古什約1,165,000（1996）。

check 支票 指向銀行支取見票即付的支付通知。它已成爲已開發國家國內商業的主要貨幣形式。支票作爲書面付款命令可通過背書和投遞（在某些情況下僅需投遞）由一人轉讓於另一人。支票的流通性如何，可用相應的詞語（如限制性背書那樣）予以確定，或由支票形式本身來確定。大多數支票，均不能取現，而只能在銀行轉帳。銀行本票由銀行發出由自己付款的支票，它由銀行出納員或其他負責職員簽章。保付支票是由銀行簽章並保證付款的一種存款人支票。旅行支票是售給旅行者，並要求受款人先後簽字兩次以防假冒的銀行本票。

checkers 國際跳棋 世界上最古老的一種棋類遊戲。國際跳棋由兩人對局，棋盤有六十四個黑白相間的方格，雙方各有十二枚棋。著棋時，按斜線向前方鄰格行進。將對方棋子吃光或封死即爲勝。當一個棋子走到最後一排（王格）時，即被對方加冕爲王棋，它就可任意移動位置。在各種文化和遠古時候就已有類似國際跳棋的遊戲。

checks and balances 制約與平衡 一種政體原則。按照這一原則，彼此分離的各部門有權阻止其他部門的行動，並被引導去分享權力。制約與平衡主要適用於立憲政體，它們在三權分立的政體，例如美國的政體中具有根本的重要性，這種政體把權力分配給立法、行政和司法部門。在一黨制的政治制度中，當一個獨裁的或專制的政權的各個機關互相爭奪權力時，非正式的、或者甚至是非法的制約與平衡可能起作用。亦請參閱Federalist, The、judicial review、powers, separation of。

cheese 乳酪 從乳汁中凝聚出的半固體營養食品。如果奶未及時飲用，會自然凝聚，產生酸凝乳；將這種酸性物質與含有水溶物的液體－－乳清分離，即成爲鮮乳酪。世界很多地方仍然利用奶的自然凝聚製作乳酪，或在奶中加酸汁使其分解爲乳酪和乳清。軟凝聚物由奶中蛋白質－－酪素形成，酪素在乳糖經乳液內微生物的作用轉化爲足夠的乳酸時或在凝乳酶的作用下形成。爲分離出乳清需將凝聚物破碎，但仍有部分乳清混於凝聚物中。牛、山羊、綿羊、水牛、馬、驢、駱馬、犛牛的奶可製成品種數以百計的乳酪。成品隨著下述不同條件而異，如選擇不同奶質和不同製作法，改變脂肪含量，加熱或殺菌，加入酶或培養細菌、黴菌或酵母等。凝乳的形成因溫度、時間、凝聚酸度、酸或凝乳酶用量、分離乳清的程度或速度的不同而異。乳酪的成熟和加工處理，包括一系列生物與化學的反應，水分、酸度、質地、形狀、規格及乳酪內部所含微生物均對之有影響。這些條件變化能影響乳酪的成分及香味。乳酪種類包括硬乳酪、半軟乳酪和軟乳酪。乳酪是蛋白質、脂肪、礦物質（鈣、磷、硫、鐵）和維生素A的來源。

cheetah 獵豹 長腿、體細長的貓科動物，學名Acinonyx jubatus。棲息在非洲南部、中部、東部和近東的開闊平原上，但已近於滅絕。是世界上短距離跑跑得最快的陸地動物，每小時至少可跑100公里。和其他貓科動物不同的是爪只能部分地縮回，而且沒有保護性外鞘。獵豹體長可達140公分，尾75～80公分，肩高平均爲80公分。體重50～60公斤。成年獵豹的毛粗糙而捲曲，背面爲沙黃色，腹面爲白色，上面布滿許多黑色小斑。臉上從眼角起有一黑色條紋。獵豹單獨或以小群活動。通常在晨昏捕食。

Cheever, John 奇弗（西元1912～1982年） 美國小說家。他的作品大部分刊登於《紐約客》，所寫作品透過幻想和諷刺性喜劇描寫美國城郊中產階級的生活、風俗習慣和道德。以清新優美的散文和善於精心組織奇聞逸事而聞名。1943年出版了第一部短篇小說集《一些人的生活方式》，隨後又發表了《碩大的無線電》（1953）和《准將及高爾夫球迷的妻子》（1964）。《奇弗小說選》（1978）獲得普立茲獎。長篇小說包括《豐普肖特紀事》（1957）、《豐普肖特醜聞》（1964）和《養鷹人》（1977）。1991年出版自己的日記。

Cheke, John＊ 切克（西元1514～1557年） 受封爲Sir John。英國人文主義者。擁護宗教改革，與朋友史密斯（1513～1557）一起發現古希臘語的正確發音，通過教學使劍橋大學成爲「新學問」和宗教改革的中心。亨利八世任命他爲劍橋大學第一位欽定希臘語教授，1552年愛德華六世封他爲爵士。瑪麗一世即位（1553），一度被囚，後逃亡國外，發表評論希臘語發音的書信。1556年在比利時被捕，禁錮於倫敦塔。面對死亡，他不得不公開宣布放棄新教信仰。

Chekhov, Anton (Pavlovich)＊ 契訶夫（西元1860～1904年） 俄國劇作家和短篇小說家。父親以前是農奴，在莫斯科就讀醫學系時，就以寫通俗短篇喜劇來養家。他在當實習醫生時，寫了第一部長篇戲劇《伊凡諾夫》（1887～1889），但不受人歡迎。後來改寫嚴肅的主題，作有《草原》（1888）、《淒涼的故事》（1889）等短篇故事，之後還有《黑衣教士》（1894）和《農民》（1897）等短篇小說。契訶夫轉而撰寫第二部戲劇《木魔》（1889）以及《萬尼亞舅舅》（1897）。他的劇作《海鷗》（1896）剛開始演出時並不理想，一直到1899年由史坦尼斯拉夫斯基導演和在莫斯科藝術劇院演出後，才大爲成功。後來他因罹患結核病而遷往克里米亞療養，在那裡寫完最後兩部劇本《三姊妹》（1901）和《櫻桃園》（1904），這是爲莫斯科藝術劇院寫的。契訶夫的戲劇採取悲喜劇的觀點來描述鄉下生活的陳腐和俄羅斯鄉紳的沒落，這些作品在譯成英文和其他語言後，使他揚名國際。現今大家還認爲他是短篇小說大師，地位無人可及。

契訶夫，攝於1902年
David Magarshack

Chekiang ➡ Zhejiang

chelate＊ 螯合物 一類配位化合物或錯合物。它是由一個大分子（配位體）與一個中心金屬（通常是過渡元素）原子連結而成。任何一個配位體可以在兩個或兩個以上的點上與金屬連結，形成一個環狀結構，它比擁有同樣化學式的無螯合的化合物穩定，是一種螯合劑。結合到金屬的過程稱鉗合作用。在醫學中，一些螯合劑特別是EDTA的鹽已廣泛用於直接治療金屬中毒症；工業和實驗室的金屬分離中用作萃取劑；在分析化學中用作金屬離子緩衝劑和指示劑。許多商品染料和生物物質包括葉綠素和血紅素都是螯合物。

Chelif River＊ 謝利夫河 阿爾及利亞最長和最重要的河流。源出阿特拉斯山脈。先往北再轉向西流，最後在奧蘭東面注入地中海，全長725公里。大部分不能通航，水量變化大。下游流域靠灌溉耕作，謝利夫河上建有三座大壩。

Chelmsford＊ 切姆斯福德 英格蘭東南部艾塞克斯郡城鎮和自治市（區）。位於大倫敦東北緣的切爾默河谷。當地曾發現凱撒時期羅馬居民地遺址。1227年是郡巡迴審判和每季大審的地方法庭所在地。世界第一次無線電報傳播是從該區的馬可尼無線電報公司事務所於1920年2月23日進行的。輕型機械製造業（特別是電子業）對經濟很重要。人口：城鎮97,451（1991）；自治市約154,600（1998）。

切姆斯福德的聖瑪麗教堂
The J. Allen Cash Photolibrary

Chelmsford (of Chelmsford), Viscount 切姆斯福德子爵（西元1868～1933年） Frederic John Napier Thesiger。英國殖民地官員。1905年被派任爲澳大利亞昆士蘭州長官，1909年任新南威爾士州長官，1913年到達印度。1916～1921年間任駐印度總督，在印度實行政治改革，增加印度人在政府的代表人數，但對民族主義者採取嚴厲措施，因而引起印度人的強烈反彈。

Chelsea porcelain 切爾西瓷器 倫敦切爾西瓷廠生產的軟質瓷器，該廠在1743年創建。所產瓷器主要是餐具，其鳥類圖案的設計是受邁森瓷器的影響，1750～1752年以小橢圓形獎牌上隆起一只錨的浮雕作爲標誌。其發展可分成四個時期：三角形時期（1743～1749/1750）、浮雕錨時期（1750～1752）、紅錨時期（1752～1756）以及金錨時期（1758～1770）。1769年工廠轉入達比的杜斯伯利之手，所產瓷器通稱切爾西－達比瓷器。切爾西瓷器的複製品和贗品很多。

切爾西軟質瓷器（1763?），現藏倫敦維多利亞和艾伯特博物館
By courtesy of the Victoria and Albert Museum, London

Chelyabinsk＊ 車里雅賓斯克 俄羅斯中西部城市，北距凱薩琳堡200公里，位於西伯利亞大鐵路線上，是車里雅賓斯克州首府。1736年建爲要塞，1787年設鎮。1894～1896年由於修築西伯利亞大鐵路而開始繁榮。現在爲烏拉工業區南半部重要樞紐，俄羅斯最重要工業中心之一。人口約1,100,000（1996）。

Chemical Banking Corp. 漢華銀行公司 前美國的銀行控股公司，1996年與大通曼哈頓公司合併。主要子行爲漢華銀行，建於1824年，當時是紐約化學品製造公司的分部。1996年與大通曼哈頓公司合併後，立刻成爲全美第一大銀行。

chemical dependency ➠ drug addiction

chemical element ➠ element, chemical

chemical energy 化學能 儲存於化合物鍵結中的能量。化學能可能會在化學反應之中釋放，通常以熱的形式，這類反應稱爲放熱反應。反應需要輸入熱才能進行，儲存一些能量當成新形成鍵結的化學能。食物的化學能由身體轉換成機械能和熱。煤的化學能在發電廠轉換成電能。電池的化學能以電解的方式提供電力。

chemical engineering 化學工程 研究物料發生物理或化學狀態變化的工業生產過程及所用裝置的設計和操作的一門技術科學。源起於西歐以無機和煤爲基礎的化學工業，以及北美的煉油工業。在兩次世界大戰期間因對化學製品的需求而刺激化學工程的發展。在化學工程領域內有六項主要工作，即研究、設計、施工、操作、銷售和管理。化學工程師必須精通三門主要學科，即化學、物理學和數學。他們不僅要關心化學反應的性質，還要關心諸如溫度和壓力對反應平衡的影響和催化劑對反應速率的影響等方面，在工程科學和技術上，則需注意流體流動、傳熱、蒸發、蒸餾、吸收、過濾、萃取、結晶和各種其他操作。除在化學工業和石油工業中工作外，化學工程師還任職於諸如食品工業和造紙工業等多種其他加工工業中，一些較新工業（核工業、生物工程）也需要越來越多的化學工程師。

chemical equation 化學反應式；化學方程式 用化學符號書寫化學反應基本特性的方法。依照規定，反應物（開始時存在）置於左側，產物（結束時存在）置於右側。兩者之間的單向箭頭表示是不可逆的反應，雙箭頭則爲可逆反應。物質的守恆定律要求左側的每個原子都要出現右側（方程式必須平衡），只有排列與組合方式改變。例如一個氧分子和兩個氫分子結合，形成兩個水分子，寫成$2H_2+O_2 \rightarrow 2H_2O$。食鹽離解成鈉和氯離子，寫成$NaCl \rightarrow Na^+ + Cl^-$。亦請參閱stoichiometry。

chemical formula 化學式 化合物的組成或結構的任何一種表達式的總稱。分子式用化學符號和寫在底下的數字來表示每個元素的原子數目，如O_2表示氧，O_3表示臭氧，CH_4表示甲烷，C_6H_6表示苯。括號可括入原子以表示一組。通式代表整個一類化合物，如C_nH_{2n+2}代表烷烴。如果物質不是以分子形式存在的（參閱ionic bond），就以實驗式來表示成分的相關比例，如NaCl表示氯化鈉。結構式標示出分子中各原子之間化學鍵的位置。結構式由連有短線的元素符號組成，短線代表化學鍵，一、二或三條線分別代表單鍵、雙鍵或三鍵；結構式在顯示等雨率綠如何不同方面特別有用。投影式可表示原子的三維結構安排。

chemical hydrology 化學水文學 亦稱水化學（hydrochemistry）。是水文學的一個分支，研究地上水與地下水的化學特性。各種形態和存在方式的水在化學上都受到它所接觸到的物質的作用，能大量溶解很多元素。化學水文學所研究的是那些作用過程，包括各類性質極爲不同的現象的研究，如鹽從大陸到海洋，從海洋到大陸的輸送；沙漠地帶中地下水的年齡與起源；以及根據冰層和冰川的同位素分析而測定古溫度。

chemical reaction 化學反應 一些物質轉變成另外一些物質的化學過程，與物質所發生的其他類型的變化（位置或形態的變化）不同。化學反應是各原子的重分配－－即原結合原子的分解和這些原子以新排列形式的重新結合（參閱bonding），而原子核的組成不變。所有反應物的原子總質量和數目等於所有產物的原子總質量和數目，而能量通常幾乎被消耗掉或釋放（參閱reaction, heat of），反應的速度各異（參閱reaction rate）。化學家懂得反應機理後，可讓他們改變反應條件以充分利用特定產物的速率和數量；反應的可逆性以及競爭反應、中間產物的存在使研究更加複雜。反應可以被合成、分解、重分配、加成、消除或替代，例如氧化－還原、聚合、電離（參閱ion）、燃燒、水解和酸－鹼反應。

chemical symbol　化學符號　化學元素的科學名稱的簡單標記，以一或兩個字母代表，如：S代表硫，Si代表矽。有時化學符號來自元素的拉丁文名稱，如：Au代表金，Na代表鈉。其他還有用人名和地方來表示，如Es（鑀）代表愛因斯坦。現在化學符號則表示化學中物質的原子理論的系統性。道耳吞曾在煉金術士用圖表示元素的基礎上，進一步用符號表示單個的原子（不表示數量）。貝采利烏斯根據元素的拉丁文名稱命名了許多元素。化合物的化學式的寫法，結合了化學符號和數字以表示其原子比例、使用各種規則排序和組合。因此，氯化鈉寫成NaCl，硫酸寫成H_2SO_4。

chemical warfare　化學戰　在戰爭中使用化合物（一般爲毒劑）或化學劑之類的方法戰鬥。化合物包含致命性或非致命性化學劑。這些戰劑用在人類身上會麻痺神經系統（如神經毒氣、沙林毒氣和VX毒氣），可短暫致盲、致聾、致癱，引起噁心、嘔吐、窒息，或嚴重灼傷皮膚、眼睛或肺部。還包括爲達到軍事目的所使用的化學落葉劑、除莠劑，如藥劑橙。化學戰在第一次世界大戰中首次大量應用。1915～1918年德軍發明一系列毒氣如氯氣、光氣和芥子氣。協約國立即仿效，同時改進防毒面具以保護士兵。交戰最後一年雙方均大量使用芥子氣。由於世人普遍的反對導致1925年世界各國在日內瓦簽署協定禁止化學戰，是故在第二次世界大戰中參戰國一般都能克制，雖然當時德國人還研製成功了神經性毒氣，義大利和日本人則曾用毒氣對付一些敵人。1980年代兩伊戰爭中伊拉克和伊朗雙方都有使用化學武器，1991年波斯灣戰爭時，伊拉克也曾威脅要使用化學武器。亦請參閱biological warfare。

chemin de fer＊　鐵道牌　亦稱shimmy。法國一種牌戲，主要流行於歐洲及拉丁美洲各賭場。此牌戲與賭者最多十二人，每人各得兩、三張牌，所得點數以九爲最高。鐵道牌自義大利的百家樂牌演變而來，所不同者在於各賭家每次只有一方對壘，以求彼此之勝負，而不是與全部賭家一決雌雄。

chemistry　化學　研究物質的性質、組成、結構和他們發生的轉變（化學反應）及轉變過程中釋放或吸收能量的科學。化學又稱「中心科學」，它涉及到原子這個基礎材料（而不是亞原子主導，參閱quantum mechanics），也關係到物質世界的一切事物和所有的生物。化學分支包括：無機化學（參閱inorganic compound）、有機化學（參閱organic compound）、分析化學、物理化學、生物化學、電化學和地球化學。化學工程（應用化學）是把化學理論、實驗性的資料應用到建築化學工廠和製造有用的產品。

Chemnitz＊　克姆尼茨　舊稱卡爾．馬克思城（Karl-Marx-Stadt, 1953～1990）。德國東部城市。位於奧雷山脈北麓，萊比錫東南，瀕克姆尼茨河。原是通往布拉格的販鹽商隊的貿易點，1143年爲自治市。1800年建立德國第一家紡織廠，製造了德國的第一批機床和鐵路機車。現在仍是工業中心。人口約266,737（1996）。

chemoreception＊　化學感受　生物體對外在化學刺激的知覺過程，藉由特化的細胞（化學感受器）來直接或間接傳達刺激給神經脈衝。直接傳達訊息的神經細胞稱爲初級感受器；對鄰近細胞誘導活動的刺激產生反應的非神經細胞，稱爲次級感受器。大部分的哺乳動物都有這兩類化學感受器，即味覺和嗅覺感受器。味覺感受器位於舌的味蕾中，係特化的上皮細胞，屬於次級感受器。嗅覺感受器嵌在鼻腔頂部上皮內，屬於初級感受器。水生動物和皮膚分泌黏液的陸生種類，幾乎整個身體對化學物質都是敏感的。對許多動物而言，化學感受是它們接收周遭環境資訊最重要的手段，如覓食、動物種間的互相辨認和識別、找尋配偶和交配等，都靠化學物質傳遞訊息。

chemotaxonomy＊　化學分類學　根據生物體的某些化學物質結構的相似性來進行分類的方法。與解剖上的特徵相比，蛋白質受到基因更緊密的控制，並且很少直接受自然選擇的影響，更爲保守（即演化更慢），因此是遺傳關係上更可靠的指示劑。

chemotherapy＊　化學療法　利用化合物治療疾病（包括癌症）的方法。一些抗癌藥物可阻撓癌細胞擴散或干擾酶的作用。不過，它們有強烈的副作用，會攻擊健康的細胞並降低身體對感染的抵抗力。某些類固醇用於治療乳腺癌、前列腺癌、白血病和淋巴癌。蔓長春花和紅豆杉類等植物的衍生物（如長春新鹼和長春花鹼）已證明對治療霍奇金氏病、白血病和乳癌有效。

Chen Duxiu　陳獨秀（西元1879～1942年）　亦拼作Ch'en Tu-hsiu。中國政治與思想界領袖，中國共產黨創始人之一。年輕時曾留學日本，並在中國出版顛覆性刊物，但旋遭政府取締。中華民國肇建後，他於1915年創辦月刊《青年雜誌》，後改名爲《新青年》。他在刊物上鼓吹中國青年應從智識與文化方面來讓國家重獲新生。魯迅、胡適和毛澤東都曾在此刊物上發表文章。1917年，陳獨秀被任命爲北京大學文學院院長。1919年，因爲積極投入五四運動而短暫入獄。獲釋後，他投向馬克思主義，並與李大釗於1920年創建中國共產黨，因而被視爲「中國的列寧」。當共產黨與中國國民黨的結盟宣告破裂後，共產國際撤除陳獨秀的黨領導人職位，並於1929年革除其黨籍。1932年被捕，渡過了五年的牢獄歲月。

Chenab River＊　傑納布河　舊稱Acesines。印度西北部和巴基斯坦東部河流。源起於喜馬偕爾邦的喜馬拉雅山脈，往西流經查謨和喀什米爾，穿過西瓦利克山與小喜馬拉雅山，向西南流入巴基斯坦，與蘇特萊傑河匯合成本傑訥德河。長約974公里，與許多灌溉渠相連。

Cheney, Richard B.　錢尼（生於西元1941年～）　美國共和黨政治家，自2001年起擔任美國副總統。出生於內布拉斯加州林肯市，在懷俄明州賈士伯市長大。1974年成爲福特總統的副助理，自1975年到1977年間擔任白宮幕僚長。1978年在懷俄明州當選聯邦眾議員，連任六屆。1989年到1993年，擔任老布希政府的國防部長，並主導蘇聯解體後的美國軍事裁減。在2000年與小布希共同贏得總統大選以前，他曾離開政府部門，在私人機關任職數年。

Cheng Ch'eng-kung ➠ Zheng Chenggong

Cheng-chou ➠ Zhengzhou

Cheng Hao and Cheng Yi　程顥與程頤（西元1032～1085年；西元1033～1107年）　亦拼作Ch'eng Hao and Ch'eng Yi。這對兄弟將新儒學發展爲系統性哲理的學派。程顥曾鑽研佛教與道家思想，而後才轉而學習儒家學說。他因爲反對王安石的改革，遭到政府解除職務。於是與在河南的胞弟會合，在當地聚集了一批信徒。程頤堅定的道德信念，使他拒絕任職政府高層，並批評當權者。他兩度遭當局非難，但最後都獲得赦免。這對兄弟皆將其哲理建立在「理」（基本的原理）的概念之上，程顥偏重在平和地內省，程頤則強調探究宇宙間的萬事萬物，並參與人世間的事務。程顥的唯心傾向爲陸九淵和王陽明所繼承，而程頤重實際的路線則由朱熹發揚光大。

Cheng Ho ➠ Zheng He

Cheng-hsien　鄭縣 ➠ Zhengzhou

Ch'eng-tsung ➠ Dorgon

Cheng-Zhu school　程朱學派　亦拼作Ch'eng-Chu school。中國新儒學的學派。名稱得自於兩位領導該學派的思想家：程頤（參閱Cheng Hao and Cheng Yi）與朱熹。程頤教導後學，想認識「理」（基本的原理），應該藉由演繹、歸納、研究歷史以及參與政治，來探索世上的萬事萬物。朱熹則認爲，理智的探索爲培養道德人格的關鍵。這個學派主宰中國近世的哲學界直到1911年的共和革命。

Chengdu　成都　亦拼作Ch'eng-tu。中國城市（1999年人口約2,146,126），四川省省會。成都位於富饒的成都平原：該平原由岷江供應用水，並擁有中國最古老也最成功的灌溉工程。此一工程創建於西元前3世紀末年，至今仍然存在，供水給堪稱世界上最稠密的農業人口。成都曾爲不同王朝的首都，西元10世紀時繁盛到極點；該地的商人甚至開始使用紙幣。到宋朝時，紙幣遂推廣於全中國。中世紀時，成都也以蜀錦、蜀緞聞名。成都自1368年起成爲四川省省會，至今仍爲主要的行政中心。現爲交通運輸、工業的輻輳之地以及教育中心。

Chengzong ➠ Dorgon

Chennai＊　清奈　舊稱馬德拉斯（Madras）。印度坦米爾納德邦首府，位於孟加拉灣的科羅曼德爾海岸。1639年由英屬東印度公司建立爲要塞和貿易站，當時稱聖喬治堡，爲東印度公司在印度南部拓展的基地。葡萄牙人在16世紀建立的聖托美市於1749年割讓給英國，併入該站。1800年左右設清奈爲行政和商業首府。現爲工業中心，也是多所教育和文化機構的所在地。傳統認爲基督教使徒聖多馬葬於此地。人口約6,424,624（2001）。

Chennault, Claire L(ee)＊　陳納德（西元1890～1958年）　美國准將。在美國陸軍和陸軍航空隊服役二十年，1937年因耳聾退役。1937年日軍侵華後，擔任蔣介石的空軍軍事顧問，並組成「飛虎隊」與日本空軍作戰。因戰績卓著，飛虎隊改編入正式的美國陸軍航空隊。1942～1945年任美國駐華陸軍航空隊司令。他與其中國妻子陳香梅一直都是蔣介石的擁護者。

Cher River＊　謝爾河　法國中部河流。源出中央高原西北，往西北流，經過舍農索，這裡有一座橫跨謝爾河的古別墅，然後流經圖爾南方，匯入羅亞爾河。全長350公里。

Cherbourg＊　瑟堡　法國海港和軍港。濱臨英吉利海峽。據說曾是古羅馬的一個軍港。中世紀時，法國和英國曾爲爭奪此地而戰。1758年被英國人奪占，後來又落入法國人手中，路易十六世在此大設防禦工事。第二次世界大戰期間爲德國所占，直到聯軍在1944年才奪回，成爲聯軍重要的補給港。現在工業包括跨大西洋船運業、造船業，以及電子和通話設備等製造業。遊艇和商業捕魚業也很重要。人口28,773（1990）。

Cherenkov radiation＊　切倫科夫輻射　帶電粒子穿過透光媒質，其速度大於該媒質中的光速時所產生的光。對這類輻射敏感的器件，稱爲切倫科夫探測器，它廣泛用來探測高速運動的帶電亞原子粒子。強切倫科夫輻射可在屏蔽某些核反應器的水池中以藍白色的弱光出現。在這種情況下，切倫科夫輻射是由反應堆發射速度大於水中光速的電子引起的。高能帶電粒子通過媒質時，使沿途某些原子中的電子產生位移，這些位移電子發射出的電磁輻射形成強電磁波。

Chernenko, Konstantin (Ustinovich)＊　契爾年柯（西元1911～1985年）　蘇聯領袖。1931年加入共產黨。1964年布里茲涅夫掌握黨權，以契爾年柯爲參謀長。1971年升爲黨中央委員，1977年起爲政治局委員。他是舊派保守主義分子，許多人早已認定他是布里茲涅夫的接班人。但布里茲涅夫死後，契爾年柯未能獲得黨內多數派系支持，遂使前格別烏首腦安德洛波夫於1982年就任黨總書記。安德洛波夫自次年起患重病，六個月後去世，契爾年柯得以繼其位，並於1984年接任蘇聯最高蘇維埃主席團主席，就職後不久就開始顯示出健康惡化的跡象，顯然他的當選只是一種臨時的安排。次年即過世。

Chernigov＊　切爾尼戈夫　烏克蘭城市，切爾尼戈夫州首府。位於基輔東北，瀕臨傑斯納河。西元907年已見記載，爲基輔羅斯主要城鎮之一。11世紀時切爾尼戈夫大公國首府，市內大教堂建於1024年。自韃靼人入侵（1239～1240），漸趨衰落。現在成爲鐵路樞紐後，才有所發展。人口約312,000（1996）。

Chernobyl accident＊　車諾比事件　前蘇聯時期，發生在烏克蘭車諾比核能廠的意外事件，在核能發電史上是最嚴重的一次。1986年4月25～26日，當時車諾比的技術人員試圖補裝一套安全系統。技術人員在讓反應器按7%功率繼續運作時關閉了反應器緊急水冷系統、反應器緊急剎車系統和反應器功率調節系統，他們還自反應器核心抽出幾乎所有的控制桿，這些大錯加上其他失誤，終於在4月26日上午1時23分釀成反應器核心的連鎖反應失去控制。結果發生幾次爆炸，釋放出大量放射性物質拋向大氣層，然後隨空氣氣流飄散。他們試圖掩蓋，但4月28日瑞典監測站發現高空空氣漂浮中的放射現象異常之高，迫使蘇聯政府作出解釋，才承認車諾比核能廠發生了意外事故。此次事件造成三十多人當場死亡，之後一段長時期有好幾千人因遭輻射嚴重污染而生病或得癌症死亡。該事件對蘇聯的核能計畫是一個重大打擊，而在歐洲其他國家中，也使更多核能廠的興建遭到更強烈的抵制。

Chernov, Viktor (Mikhaylovich)＊　切爾諾夫（西元1873～1952年）　俄國革命家，社會革命黨創建人之一。1893年開始從事革命活動，1902年爲黨中央委員，曾起草黨綱。1917年擔任臨時政府農業部長。1918年在彼得格勒召開立憲會議時，他當選爲主席，但第二天這個會議就被布爾什維克解散。1920年他流亡國外，在巴黎寫作和生活，一直到1940年轉赴美國，爲一些反共刊物撰稿。

Chernyshevsky, N(ikolay) G(avrilovich)＊　車爾尼雪夫斯基（西元1828～1889年）　俄國激進派新聞工作者和政治人物。1854年在《同時代人》雜誌工作。他追隨別林斯基和英國功利主義者，宣揚高度純潔的自我主義是人類行爲最自然的、合乎需要的主要動機。土地所有者指控他煽動階級仇恨。1862年被捕，監禁兩年後被流放到西伯利亞，直至1883年。在獄中寫了著名小說《怎麼辦？》(1863)，對俄國未來的革命影響很大。

Cherokee 切羅基人 屬於易洛魁族系的北美印第安民族。居住在田納西州東部和南、北卡羅來納州西部。在文化方面與克里克人和其他美國東南部印第安人非常相似。他們擁有各種石器、編筐、製陶、種植玉蜀黍、豆類和南瓜。獵鹿、熊、麋等。18世紀末，因戰爭和條約使切羅基人的勢力和土地大爲喪失。在一連串的對美軍突襲失敗和美國公民移居其地後，他們被迫讓出土地以求和或還債。1800年以後，切羅基人在吸收白人文化方面異常明顯：切羅基人模仿美國政府形式組成自己的政府；採用歐洲人的耕作、紡織、修建等方法；約於1821年由塞闊雅創制並推行音節表之後，幾乎已使整個部落無一文盲。1835年左右，當在喬治亞州的切羅基人土地上發現金子後，有人就開始鼓動叫他們搬遷到西部。接下來的是一連串遷徙行動，以哭泣之路達到高峰，造成許多切羅基人在半途死亡，如今他們大部分的後裔住在奧克拉荷馬州東部，人數約有兩萬人。

cherry 櫻桃 李屬多種喬木及其可食用的果實。大部分原產於北半球，在那裡廣泛栽培。主要作爲果用栽培的有三種類型：甜櫻桃、歐洲酸櫻桃和甜櫻桃與酸櫻桃雜交產生的公爵櫻桃，後者種植面積很小。甜櫻桃樹高大直立，果呈心形至球形，黃色至紅色近黑色，酸含量低。酸櫻桃樹矮小，果圓形至扁球形，色深紅，酸含量高，一般不宜鮮食。公爵櫻桃的樹果特性介乎二者之間。有些種的木材紋理細密，呈深紅色，用於製高級家具。在東方，尤其日本，育成許多美麗的觀花品種(櫻花)，但多不結果，在庭院花園廣爲栽種。

歐洲酸櫻桃
Grant Heilman

Cherry Valley Raid 切里瓦利奇襲 美國革命期間，易洛魁印第安人向紐約邊區殖民村進行的攻擊。1778年11月11日，易洛魁酋長布蘭特爲報復美軍先前摧毀其兩個印第安人村落而加入英國保王派，襲擊紐約州切里瓦利村，造成三十名民兵和移民死亡。

Chersonese＊ 切爾松尼斯 在古地理中，指歐洲和亞洲的任何一個半島(Chersonese的意思就是「半島」)。陶里人的切爾松尼斯包括克里米亞，通常包括切爾松尼斯城，即今塞瓦斯托波爾附近。該市由愛奧尼亞希臘人建立(西元前6世紀)，後來與雅典人、提洛人和羅得島人有貿易往來，在羅馬人和拜占庭人統治時期繁榮起來。色雷斯的切爾松尼斯包括現代的加利波利半島。地處歐、亞兩洲的主要貿易路線上，西元前7世紀埃奧利斯人和愛奧尼亞人在此建立了若干城市。西元前493年被棄置給大流士一世，後來受雅典人的控制，最後由奧古斯都統治。

chert and flint 燧石和黑燧石 非常細粒的石英，爲含有微量雜質的一種二氧化矽礦物。黑燧石呈灰色到黑色，近於不透明(薄片邊緣半透明，褐色)。不透明的暗淡的白色到淡褐色或灰色標本稱爲燧石。在石器時代，燧石和黑燧石是人類製造工具和武器的主要材料。黑燧石現在用作磨砂紙的磨料用劑和研磨成陶瓷和顏料工業用的原料。大量的燧石用來作築路和混凝土的骨料。某些燧石還可以被精細拋光，以作次等寶石。亦請參閱siliceous rock。

cherub 噻嘮啪 猶太教、基督教和伊斯蘭教經籍所載長有翅膀的天使。形狀或似人或似鳥獸，載負上帝的寶座。他們最早出現於近東的古代神話和肖像畫，據說能代人祈禱。根據基督教傳說，噻嘮啪是較高級的天使，在上帝面前侍立，不斷地讚美上帝。亦請參閱seraph。

Cherubini, Luigi (Carlo Zenobi Salvatore Maria)＊ 凱魯比尼(西元1760～1842年) 義大利出生的法國作曲家。出身音樂世家，早年就已顯露天分，在二十歲之前已寫有大量宗教音樂作品，二十歲那年完成第一部歌劇作品。1786年定居巴黎。1790年代在歌劇方面享有盛名，並獲拿破崙的特別喜愛。1814年任路易十八世皇家禮拜堂音樂指導。1822年任巴黎音樂學院院長，對培養年輕一代作曲家產生巨大影響。貝多芬稱讚他是當代最偉大的作曲家。他的對位法教科書(1835)被人廣泛使用了一世紀之久。近四十部歌劇中，最受歡迎的是《羅多伊斯卡》(1791)、《梅迪亞》(1797)和《兩日》(1800)，其他重要作品包括一首交響樂(1815)、六首弦樂四重奏和C小調安魂曲、D小調安魂曲(1816、1836)，以及九首殘存的彌撒曲。

Chesapeake＊ 乞沙比克 美國維吉尼亞州東南部城市。瀕臨伊莉莎白河，南鄰北卡羅來納州。1963年由南諾福克市和諾福克縣合併成爲獨立城市，是維吉尼亞面積最大的城市(883平方公里)，也是美國最大城市之一。本區(包含迪斯默爾沼澤的一部分)早先爲乞沙比克印第安人住地，1630年代初始有白人定居。現內河航道縱橫交錯，建有港口設施，是主要儲油中心。人口約192,342(1996)。

Chesapeake and Ohio Canal National Historical Park 乞沙比克與俄亥俄運河國家歷史公園 美國東部的公園。昔日的乞沙比克與俄亥俄運河構成，沿著波多馬克河的水道，介於華盛頓特區與馬里蘭州的坎伯蘭之間。運河綿延185哩(297公里)，從1820年代開始建造。來自鐵路的競爭導致其經濟價值衰退。1938年美國政府買下運河，1971年整修建設成爲歷史公園。

Chesapeake and Ohio Railway Co. (C&O) 乞沙比克－俄亥俄鐵路公司 美國鐵路公司。1868年合併維吉尼亞中央鐵路與科文頓－俄亥俄鐵路公司而組成，後又併購其他許多鐵路線，主要是中南部和中西部，1973年合稱切西系統。客運業務在1972年移交給全國鐵路客運公司。1980年切西系統又與海岸沿線工業公司合併，成立了CSX公司。

Chesapeake Bay 乞沙比克灣 美國東部大西洋沿岸平原最大的海灣。因薩斯奎哈納河及其支流沈降而形成。長311公里，寬5～40公里，面積8,365平方公里。海灣南面與維吉尼亞州交界，北爲馬里蘭州。大西洋入口北側有查爾斯角，南側有亨利角。除薩斯奎哈納河外，注入海灣的河流主要有詹姆斯波多馬克和帕塔克森特河。海灣不整齊的東海岸既低又多沼澤地，較直的西海岸有長距離的懸崖峭壁。海灣區的詹姆斯敦是1607年設立的第一個歐洲住區。一年後，史密斯探測並繪製了海灣及其各河口的地圖。乞沙比克灣擁有豐富的海生動物，但是到了1970年代，附近地區的居住和工業的發展導致污物、工業廢料和沈渣污染了海灣。商業捕魚在1970年代～1980年代急遽下降，已經採取了各種措施力圖扭轉這種破壞環境的局面。

Cheselden, William＊ 切斯爾登(西元1688～1752年) 傑出的英國外科醫師及解剖學、外科學教師，曾著《人體解剖學》(1713)及《骨論，或骨的解剖》(1733)，這兩部書被用作解剖學教材將近一百年。曾師從解剖學家科伯及外科醫師、切石術專家弗恩。1727年首創用側位途徑取出膀胱結石的手術方法，此法迅速為歐洲外科醫師所採用。次年發明「人工瞳孔」的手術法，使一盲人復明，該手術法可用於多種盲症。

Cheshire＊　赤郡　英格蘭西北部行政、地理和歷史郡。西鄰威爾斯，西北瀕迪河和默西河兩河口灣，東接本寧山地。行政、地理和歷史郡的範圍有些不一樣。西元71年左右羅馬人在切斯特建立一個軍事要塞，羅馬人離開後，有四個世紀之久由操塞爾特語的不列顛人保衛此區，但在西元830年盎格魯－撒克遜人征服此地，把它併入麥西亞王國。中世紀末，赤郡享有某種程度的自治和自由，不受貴族政治的控制，直屬王室管轄。18世紀期間郡內許多城鎮（鄰近蘭開郡）變成紡織製造業中心。19世紀時，發展為英國主要工業區。現在大部分地區是農業地帶，以酪農業為主。切斯特是歷史郡首府和行政中心。面積：行政郡2,083平方公里；地理郡2,339平方公里。人口：行政郡約672,400；地理郡約984,300（1998）。

Chesnut, Mary　切斯納特（西元1823～1886年）　原名Mary Boykin Miller。美國作家。父為南卡羅來納州政界領袖，1840年她與小詹姆斯·切斯納特結婚。小切斯納特在分離運動和美利堅邦聯中任要職。1861年開始擔任職官伴隨丈夫出軍事任務，開始在日記上記錄當時的見聞。《南方日記》直到1905年她死後多年方才出版，該書刻畫美國南北戰爭時期南方生活和領導人物，普獲好評。

Chesnutt, Charles (Waddell)　切斯納特（西元1858～1932年）　第一位重要的美國黑人小說家。原為北卡羅來納州的中學校長，但南方對待黑人的態度使他深感憂傷，便和妻子兒女一同移居克利夫蘭。他在那裡成為一個開業律師，同時兼作速記員，開設一家賺錢的訴訟速記事務所。空餘時間，開始寫小說。1885～1905年發表了五十個故事、短篇小說及散文，並輯成二部短篇小說集、一部反奴領袖道格拉斯傳記和三部小說，其中包括《上校的夢》（1905）。他是一個心理現實主義者，運用所熟悉的民間生活背景，有效地利用它們作為抗議社會不公的手段。

chess　西洋棋；國際象棋　通常由兩人對弈，使用一個帶格子的棋盤和特別設計的棋子。每人按照對每一種棋子著法所規定的限制去走本方的十六枚棋子，設法迫使對方的主要棋子——王——處於一種無法避免被吃掉的境地——將死。源自西元6世紀左右的亞洲地區，然而在拜占庭時期傳入歐洲後就不斷演進，在16世紀時歐洲才訂定了現今普為人接受的比賽規則。西洋棋的棋盤有顏色深淺相間的六十四個方格，共排成八個直行和八個橫排。一行行同顏色的格子在棋盤上呈交叉狀，稱為斜線。第一排放置五種不同形狀的棋子：王、后、城堡、主教和騎士。在它們前面一排的棋子是兵。王可以向任何方向走，每著走一格。后、城堡、主教為「遠程」棋子，只要無他子阻擋，可向任何方向走，格數不限。城堡順直行或橫排走，主教走斜線；后兼有城堡和主教的威力，只要無阻擋，直、橫、斜都可走。騎士的走法奇特，走L形路線，每著先直走或橫走一格，再斜走一格，可以越子。兵的走法是只能進，如不是吃子，則必須走直行。任何一子在敵子闖入己方領域時，可開始吃它。在比賽中每一對局者在事先規定的時間內必須走若干著棋。西洋棋比賽是按照由國際西洋棋聯合會制訂的西洋棋法進行。國際錦標賽由各管理機構主辦，並由此產生世界冠軍。多年來，俄羅斯選手是常勝軍。錦標賽以年齡分級，現在透過網路或電子信件下棋也很普遍。

Chess, Leonard　切斯（西元1917～1969年）　原名Leonard Czyz。（波蘭出生的）美國唱片製作商。1928年他與弟弟菲爾（約生於西元1920年）一起移民美國，定居芝加哥，並在那裡開了一家娛樂室。1940年代後期，切斯加入了貴族唱片公司，1950年他買下了這家公司，與菲爾合夥，將公司更名為切斯公司。第二次世界大戰後，發覺了該城市裡的電子藍調迷，於是簽下了沃特斯、威利狄克森、查克貝里、渥爾夫（1910～1976）以及迪德利（1928～）等藝術家，在將黑人音樂介紹給更廣泛的白人聽眾的過程中發揮了重要的作用。

Chester　切斯特　古稱Deva或Devana Castra。英格蘭赤郡首府所在地。位於迪河河口灣上端，利物浦之南。原為羅馬第二十軍團總部駐地，一度為羅馬重鎮，西元5世紀初廢棄。1071年由征服者威廉一世設為有王權的伯爵領地中心。13、14世紀為重要港口。迪河淤塞後，日益蕭條，終為利物浦所取代。19世紀通鐵路後再次興旺。現在是活躍的港口和鐵路中心，也是重要的乳酪產地。人口約118,700（1998）。

Chesterton, G(ilbert) K(eith)　切斯特頓（西元1874～1936年）　英國作家。原攻讀美術，後來反而從事新聞寫作。其社會和文學評論作品包括《羅伯特·白朗寧》（1903）、《查理·狄更斯》（1906）和《文學中的維多利亞時代》（1913）。在1922年改信天主教以前，就已寫有神學和宗教評論書籍。切斯特頓在寫詩時善於運用民謠形式，他的散文俏皮而雋永。所寫的小說包括《諾丁山的拿破崙》

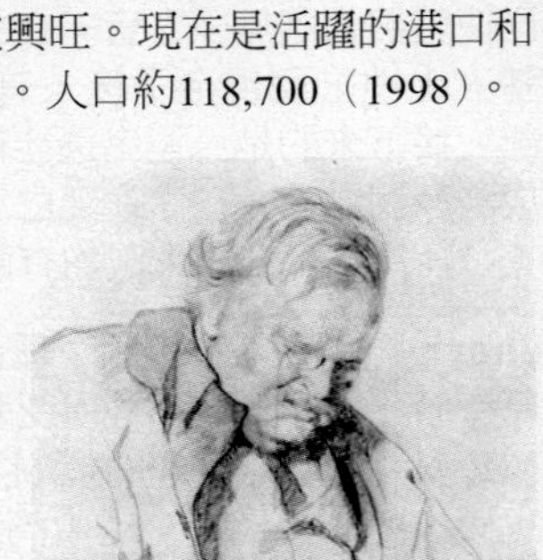

切斯特頓，粉筆畫，岡恩（James Gunn）繪於1932年；現藏倫敦國立肖像畫陳列館
By courtesy of the National Portrait Gallery, London

棋子擺在棋盤的起始位置。

（1904）和寓言小說《一個名叫禮拜四的人》（1908），最成功的作品是以布朗神父爲主角的一系列偵探小說。

chestnut　栗　山毛櫸科栗屬四種落葉樹的通稱。可觀賞和材用。原產於北半球溫帶地區。殼斗多刺，包有兩三個可食的堅果。栗樹通常高大，樹皮有溝，葉披針形。美洲栗曾分布於北美東部的廣大地區，現在已被栗疫病所消滅。其他種類有歐洲栗、中國栗和日本栗的堅果，可供食用，在產生植物當中具有很大的重要性，並且多是作爲商品大量出口。歐洲栗樹還是一種重要的木材來源，堅果亦可盛產，但此種情況是在不發生栗疫病之前才可出現的。

chestnut blight　栗疫病　由寄生內座殼所引致的一種植物疾病。本病最初由東方傳入美國純屬偶然，1904年首次見於紐約動物園，結果毀掉美國、加拿大幾乎全部的美洲栗，在其他一些國家也造成毀滅性的影響。對本病敏感的還有歐洲栗、星毛櫟和活櫟。症狀爲樹皮上出現赤褐色碎斑，後成凹陷、腫起或龜裂狀的潰瘍，使枝條死亡，葉片變褐色並凋萎，但在數月內仍留在枝上；整株樹逐漸死亡。真菌可在老樹根發出的短命枝條上，或較不敏感的寄主體內持續生活數年，藉雨滴、風力及昆蟲而在短距離內傳播，長距離傳播則靠鳥類。中國栗及日本栗抗病。

Chetumal＊　切圖馬爾　墨西哥東部金塔納羅奧州首府。瀕臨猶加敦半島東岸，即貝里斯正北方，海拔6公尺。1899年建城，1902年金塔納羅奧從猶加敦州畫出，爲地區首府。地處熱帶雨林區，木材及林產品爲主要經濟來源。人口94,158（1990）。

chevalier ➠ knight

Chevalier, Maurice＊　謝瓦利埃（西元1888～1972年）　法國歌手和演員。原爲歌手，1909年在女神遊樂廳擔任喜劇演員。第一次世界大戰時被關在德國俘虜營兩年。他以文雅的態度爲特徵，以一根手杖、歪戴的草帽及誇張的法國口音爲標記。1929年他前往好萊塢發展，拍攝了多部電影，建立音樂片這種類型的影片，其中包括《璇宮豔史》（1930）和《風流寡婦》（1934）等。第二次世界大戰期間，由於爲占領法國的德國人表演而飽受批評。後回到好萊塢，在《舞台豔遇》（1957）和《春江花月夜》（1961）等影片中演出。1958年被授予奧斯卡特別獎。

謝瓦利埃
Brown Brothers

Cheviot Hills＊　切維厄特丘陵　介於英格蘭和蘇格蘭之間邊界的高地。東部由古老火山岩堆積形成的切維厄特山，高816公尺。多史前遺跡。1955年該林地被闢爲國家森林公園，爲諾森伯蘭國家公園一部分。

Chevreuse, duchess de＊　謝弗勒茲公爵夫人（西元1600～1679年）　原名Marie de Rohan-Montbazon。別名Madame de Chevreuse。法國女王族。蒙巴贊公爵之女。多次參與反對路易十三世在位時期和路易十四世攝政時期的權臣、樞機主教的陰謀。因密謀反對樞機主教黎塞留、洩露國家機密給西班牙和謀刺樞機主教馬薩林而多次被流放，後與馬薩林和解。1652年退隱。

chevrotain＊　鼷鹿　亦稱鼠鹿（mouse deer）。偶蹄目鼷鹿科幾種體形纖小的有蹄獸類的統稱。棲於亞洲的溫暖地區和非洲一些地區。膽小，獨居，傍晚和夜間活動，草食。肩高約30公分，特點爲似用蹄尖行走。毛淺紅褐色，有灰白或白色的斑點或條紋，腹部灰白色。雄體上顎有一對彎曲的小獠牙，向下伸出嘴外。亞洲鼷鹿棲於從印度到菲律賓的森林中。水鼷鹿分布於赤道非洲西部，棲於河岸樹木覆蓋濃密處，遇驚擾即跳水逃避。

Chewa　切瓦人　居住在尚比亞極東地帶、辛巴威的西北部和馬拉威。切瓦語亦稱欽延賈語，在馬拉威占有重要地位。切瓦人的經濟以刀耕火種農業爲主，主要作物爲玉蜀黍和高粱；狩獵和漁業也占一定地位。過去切瓦人社會曾以奴隸制爲特徵。家系、遺產繼承和繼位均按母系。切瓦人住區由世襲的首領和一個長老會議管理。

chewing　咀嚼　亦稱mastication。進食時下顎所作的上下、左右運動的動作。其目的爲將固體食物粉碎，便於吞嚥。牙齒通常用以磨碎及咬斷食物。在咀嚼過程中，食物中堅韌的纖維被軟化，食物與唾液混合，變得濕潤，並浸透唾液中的消化酶，唾液中的黏液又使之潤滑，便於吞嚥。

chewing gum　口香糖　一種甜味的樹膠食品，用樹膠與其他具有可塑性的不溶物質調製而成，以咀嚼其芳香味。地中海一帶人們自古即有咀嚼乳香樹的甜樹脂，用以清潔牙齒和清爽氣息的習慣。19世紀，中美洲第一次用人心果樹大量製造口香糖，在製造過程中發現乾燥過的樹脂，不溶於水且塑性極好，能保留香味。第二次世界大戰後，在口香糖生產中糖膠樹脂被多種蠟、塑膠以及合成橡膠代替。20世紀後期，合成甜味口香糖在美國擁有廣大的市場。

Cheyenne　夏延人　北美大平原印第安人，爲阿爾岡昆人的一支。19世紀時，居住在普拉特河及阿肯色河附近地區。原來以農耕、狩獵、採集爲生。後來得到馬匹並發展了圓錐帳篷式的遊牧生活方式，因而大多以獵捕水牛爲食。19世紀早期夏延人又遷移到普拉特河河源一帶。1832年大部分夏延人在阿肯色河沿岸定居，由是該部落分爲南、北兩支。宗教中信奉兩個主神，一是天神，一是地神。此外，還有四個精靈，位在四方。夏延人是大平原印第安人部落中表演太陽舞最細緻的一支。有組織完善的軍事社會，與基奧瓦人長年兵戎相見，到1840年才休兵。1870年代參與多起印第安人叛變事件，1876年與蘇人參與小大角河戰役。如今夏延人居住在蒙大拿州東南部的有約五千人，住在奧克拉荷馬州的夏延－阿拉帕霍人也有五千人。

Cheyenne＊　夏延　美國懷俄明州首府（1869年設）和最大城市。位於該州東南角，瀕臨克羅河。1867年設市。1870年代成爲東北面布拉克山金礦的物資供應點和從德克薩斯入境牲畜的主要轉運站。現爲落磯山區中部的貿易和銷售中心。主要經濟活動有運輸、石油、木材、牲畜、化工品、塑膠、旅遊等行業。每年7月舉行紀念拓邊慶祝活動。人口約50,008（1990）。

Cheyenne River　夏延河　美國中北部河流。源自懷俄明州東部，向東北流，最後在南達科他州中部注入密蘇里河。全長848公里。在南達科他州溫泉城的夏延河上建有安戈斯圖拉水壩，爲密蘇里河流域灌溉工程的一部分。

Cheyne, William Watson＊　柴恩（西元1852～1932年）　受封爲Sir William。英國外科醫生與細菌學家。早期致力於預防醫學及疾病的細菌的工作，深受德國細菌學家科赫的影響。柴恩是李斯德的忠實門徒，也是英國消毒外科手術法的先驅。出版的重要著作有《消毒外科手術》(1882)和《李斯德及其成就》(1885)。

Chhattisgarh 切蒂斯格爾 印度中部一邦。境內主要是切蒂斯格爾平原,西、北部多丘陵。此區原屬中央邦的東部地區,2000年才獨立成一邦。礦藏豐富,但人們多從事農耕。首府賴布爾。面積135,194平方公里。人口約20,795,956(2001)。

Ch'i ➡ Qi

ch'i ➡ qi

ch'i-lin ➡ qilin

Chian-ning ➡ Nanjing

Chiang Ching-kuo 蔣經國(西元1910～1988年) 亦拼作Jiang Jinguo。蔣介石之子,繼蔣介石之後擔任台灣(中華民國)的領導人。1978年由國民大會正式選為任期六年的總統,1984年連任。在世界各國開始為了與中國大陸建立聯繫、而與台灣斷絕外交關係之時,蔣經國努力維持台灣對外的貿易關係與政治獨立。任職總統期間,他帶領台灣拒絕承認中國大陸的共產黨政權,並反對與中國大陸進行統一協商。

Chiang Kai-shek* 蔣介石(西元1887～1975年) 亦拼作Chiang Chieh-shih、Jiang Jieshi。國民黨政府統治中國(1928～1949)與台灣(1949～1975)時的領袖。蔣介石在東京接受軍事訓練後,於1918年加入孫逸仙所領導的中國國民黨,當時中國國民黨正試圖鞏固陷於混亂的中國的控制權。1920年代,蔣介石成為革命軍的總司令,派遣部隊擊潰活躍於北方的軍閥(參閱北伐戰爭)。1930年代,他與汪精衛爭奪以南京為首都之新中央政府的控制權。在面臨日本侵略滿洲以及毛澤東於內陸率領共產黨反對勢力的雙重挑戰下,蔣介石決定先摧毀共產黨。此舉最終證明是錯誤的一步,而1937年中日戰爭爆發時,他被迫與共產黨人組成暫時性的同盟。戰後,中國的內戰繼續上演,於1949年國民黨敗退至台灣時落幕。蔣介石在台灣的統治,獲得美國經濟與軍事的援助,直到他過世後,才由其子蔣經國接掌領導政府。蔣介石統治台灣期間,儘管獨裁,但在危險的政治地緣形勢下,仍締造出經濟發展、日益繁榮的景象。他之所以失去中國大陸的統治權,被歸因於其部隊士氣的低落,對民眾的情感欠缺回應,以及缺乏一套首尾一貫的計畫,去因應中國所需要的社會與經濟之深層變革。

蔣介石
Camera Press

Chiang Mai* 清邁 泰國西北部城市。瀕臨濱河,西距緬甸130公里。13世紀末成為蘭納泰王國首都。1558年被緬甸侵占,1774年被暹羅人收復,但與曼谷之間保持某種程度的獨立,直到19世紀末。現在是泰國北部和緬甸撣邦的宗教、經濟、文化、教育和運輸中心。城內寺廟很多,其中蘇泰普山寺是泰國最著名的朝聖地之一。人口約170,397(1993)。

Chiapas* 恰帕斯 墨西哥東南部一州。西南臨太平洋,東接瓜地馬拉。大部分為山區和林區。居民主要是印第安人。帕倫克早期馬雅文化遺跡在雨林區東北部。從州首府圖斯特拉可到博南帕克參觀著名的馬雅寺廟壁畫。殖民時期屬瓜地馬拉,1824年成為墨西哥一個州。1882年劃定邊界。1994年貧窮的印第安人和中產階級人士抗議社會不公現象,組成札帕提斯塔民族解放軍,並發動武裝暴動,一直持續至21世紀初。面積74,211平方公里。人口約3,920,505(2000)。

chiaroscuro* 明暗法 視覺藝術中不用色彩來表現明暗的技法。15世紀後期,達文西首先在一些作品中顯示出明暗法的潛力。16世紀在義大利首先出現運用此法於木刻。在木刻中,明暗效果是用不同的木版印上輕重不同的色調構成。17世紀的畫家如卡拉瓦喬和林布蘭是運用此法的大師。

Chibcha* 奇布查人 亦稱穆伊斯卡人(Muisca)。南美印第安人,西班牙征服時期居住在哥倫比亞波哥大、通哈這些現代城市周圍的谷地,以前約有五十多萬人。除印加帝國外,奇布查人較其他南美民族在政治上更為集權化。其經濟基礎植基於精耕細作的農業、各種手工製品和大量的貿易。社會階層分明。他們的政治結構在16世紀被摧毀,到18世紀為其他居民所同化。亦請參閱Andean civilization。

Chicago 芝加哥 美國伊利諾州東北部城市。位於密西根湖西南部尖端,有芝加哥河流經,港口設備廣大。1673年法國探險者發現了一條印第安人水路搬運線,該搬運線自一條河流入密西根湖、直達密西西比河流域。1803年建造的第波恩堡在1812年一次印第安人襲擊中被毀。1848年聯接大湖區和密西西比河系統的伊利諾－密西根運河竣工,實現了芝加哥作為水運通道的潛在地理優勢,到1856年芝加哥已成為全國主要的鐵路中心。1871年芝加哥(包括商業區)被大火焚毀,1893年世界哥倫比亞博覽會在此舉辦。19世紀末這裡是鋼鐵結構摩天大樓的誕生地,多由傑出的建築師設計,如沙利文、萊特和密斯・范・德・羅厄。1942年芝加哥大學的核子科學家第一次在此進行自續鏈式核反應。第二次世界大戰後,該市歷經另一波建築風潮,但就如其他大城市一樣,人口逐漸減少,而郊區人口成長。現為美國第三大城市,為主要的工業、商業和運輸中心,也是芝加哥商品交易所和芝加哥商業交易所的所在地。市內有幾所博物館和芝加哥美術館。人口:市約2,802,079(1998);都會區約7,541,468(1992)。

Chicago, Judy 芝加哥(西元1939年～) 原名July Cohen。美國多媒體藝術家。曾就讀於加州大學洛杉磯分校,1970年她取用家鄉的名字。她感受到藝術世界裡的歧視以及與西方藝術傳統的疏離,從而激勵她發展起「鞘狀插圖法」以及「中央核心」成像等概念。其最著名的作品《晚宴》(1974～1979)是一張三角形的桌子,安排了三十九位重要婦女的位置,用畫有女性形象的陶瓷盤表示,長條桌布上裝飾著她們各個年代的繡花樣式。1973年她參與建立了洛杉磯的女權主義者工作室以及婦女大樓。

Chicago, University of 芝加哥大學 美國著名的私立大學,由洛克斐勒捐款,於1891年創辦。1891～1906年第一任校長哈潑對建立該校聲譽貢獻很大。在哈欽斯擔任校長期間(1929～1951),因廣泛的文理課程而聞名。1892年建立世界上第一個社會學系,由巴克主持。1942年在費米的指導下,第一次進行自續鏈式核反應。其他著名成就包括:碳－14年代測定法的發展和分離出鈽。該校包括一個大學本部、幾所專業學院和一些高級學科及研究中心,其中包括東方研究所(近東問題研究)、耶基斯天文台、恩里科・費米核研究所和政策研究中心。該校也負責阿爾貢國家實驗室的運作。學生人數約有12,000人。

Chicago and North Western Transportation Co. 芝加哥－西北運輸公司　美國鐵路公司。1972年芝加哥－西北鐵路公司職工收買了公司的資產。原本的公司是創設於1859年；1935年破產後，於1944年改組。到1983年職工已不再掌握公司大部分的股票。現在經營的鐵路分布十一個州，從芝加哥向北到杜魯日，向西到懷俄明，其主要幹線分布在威斯康辛、明尼蘇達和愛荷華。1995年被聯合太平洋鐵路公司併購。

Chicago literary renaissance　芝加哥文藝復興　指約1912～1925年間美國芝加哥興盛蓬勃的文學活動。當時的主要作家有德萊塞、安德生、馬斯特茲和桑德堡，他們如實地描繪當時美國的城市生活，譴責美國社會一味追求工業化和物質享受因而喪失傳統的鄉村美德。與這個時期相關的活動有：小劇場，成為時下青年劇作家發揮創作才能的重要場所；小室，一個文學團體；以及《羅盤》、《詩》和《小評論》等雜誌。這次復興也使報刊恢復了作為文學媒體的活力。第一次世界大戰後，這些作家各奔東西，到了1930年代大蕭條時期，芝加哥文藝復興即告結束。

Chicago Race Riot of 1919　1919年芝加哥種族暴亂　第一次世界大戰後夏季期間全美最激烈的一次種族暴亂。黑人大規模北遷，使種族摩擦日益激化，芝加哥市南黑人居民人口在十年間從4.4萬人猛增至1920年10.9萬人以上。事件係因一黑人青年在密西根湖游泳時被白人投石擊斃，警察拒絕逮捕肇事者而引起。事態迅速擴大、升級，謠言四起，黑、白人結幫鬥毆，全市法紀蕩然，歷時十三天始稍平息；計死三十八人（二十三名黑人，十五名白人），傷五百三十七人，一千個黑人家庭無家可歸。

Chicago River　芝加哥河　美國伊利諾州東北部小河。由密西根湖以西的南、北兩支流匯成。1885年大風暴時，該河大量污水流入密西根湖。1900年築運河，使河水倒流，這一工程被視為現代工程史上一大壯舉。現河水經南支流河流向內地，藉由芝加哥環境衛生和航行運河與德斯普蘭斯河連接。

Chicago school　芝加哥學派　美國19世紀晚期由建築師和工程師組成的一個學派，發展了摩天樓建築，其成員有伯納姆、羅德以及阿德勒、沙利文的事務所。芝加哥因這個學派的緣故而被稱為「現代建築的發祥地」。

Chicago Tribune　芝加哥論壇報　在芝加哥發行的日報，美國的主要報紙之一，長期以來是代表中西部的主要喉舌。1847年創立，1855年被梅迪爾等六人合伙買下，使該報轉虧為盈，並逐漸建立自由派立場的名聲。1874年梅迪爾買下該報控股，並擔任發行人至去世。馬考米克擁有《芝加哥論壇報》期間（1914～1955），報紙反映了其民族孤立主義的觀點，直到他死後才緩和了他主管時期的極端愛國主義和政治保守觀點。《芝加哥論壇報》後來成為論壇公司的旗艦，這家公司掌有廣播、有線電視、出版和其他媒體。

Chichén Itzá*　奇琴伊察　馬雅古城遺址，在今墨西哥猶加敦州中南部。西元6世紀時由馬雅人建造，水源全靠由石灰岩層塌陷而形成的天然井。10世紀時，奇琴城遭到異族侵略，入侵者可能即伊察人，但此說尚有爭議。不過一些主要建築物如大金字塔、球場、大祭司塚、柱群及武士神廟等均為入侵者的作品，則屬無疑。這些建築多完成於後古典期的早期（900?～1200）。16世紀西班牙人入侵時，此地已遭廢棄多時，但在馬雅印第安人心中仍是聖地。

Chicherin, Georgy (Vasilyevich)*　契切林（西元1872～1936年）　蘇聯外交官。貴族出身，聖彼得堡大學畢業（1897）後進入外交界，因捲入俄國革命運動而辭職。1904年去柏林，次年加入孟什維克黨。1918年加入布爾什維克黨，繼續從事外交工作，曾參與同德國訂立「布列斯特－立陶夫斯克和約」的談判。1918～1928年任外交人民委員。1922年率蘇聯代表團參加在熱那亞召開的歐洲國家會議。同年4月在熱那亞與德國祕密簽訂「拉巴洛條約」，建立兩國間的正常貿易和外交關係。

Chichester　奇切斯特　英格蘭西薩西克斯行政郡奇切斯特區城市。位於樸次茅斯東北方。該市依然保持著羅馬古鎮的格局。該市於西元1075年成為大主教教座，1108年建大教堂。中世紀為羊毛貿易中心。1135年以前設建制。現為農產品市場和本區商業、服務業中心，也是郡首府和著名文化中心。該市寬闊的避風港灣是帆船運動勝地。人口約28,000（1995）。

chickadee　北美山雀　雀形目山雀科山雀屬中七種北美鳴鳥的俗名（模擬其鳴聲而得）。本屬中的舊大陸成員稱為山雀。分布於北美各地的黑頂山雀，體長13公分，頂部和前頸為黑色。

黑頂山雀
William D. Griffin

Chickamauga, Battle of　奇克莫加戰役（西元1863年9月19日～20日）　美國南北戰爭期間在田納西州展開的一次戰役。北軍駐在查塔諾加東南19公里的奇克莫加，美利堅邦聯南軍的布萊格將軍集中增援部隊準備一戰。戰役於1863年9月19、20兩日在奇克莫加河畔的叢林地帶進行。在南軍猛攻下，北軍潰不成軍，主力倉皇撤退。後來北軍在湯瑪斯將軍的巧妙組織防守下，擋住了南軍的攻勢，在援軍協助下將部隊撤至查塔諾加。參戰部隊共十二萬人，北軍傷亡一萬六千人，南軍傷亡一萬八千人，是南北戰爭中最血腥的戰役之一。奇克莫加河戰役是南軍一次極重要的勝利，但由於布萊格將軍無意窮追猛打，兩個月後其戰果又全部毀於查塔諾加戰役。

奇琴伊察的大金字塔（圖後方）和柱群
Josef Muench

Chickasaw 奇克索人 亦譯奇卡索人。操穆斯科格語的北美印第安部落，原住在密西西比州和阿拉巴馬州北部。奇克索人是半游牧民族，住房多是沿溪流構築，稀疏分散，而不形成密集的村落。按照母系傳代；信仰與天、日、火有關的最高神明；每年舉行一次豐收－新火節。他們常侵襲其他部落或與其他部落通婚，白人商人稱奇克索人為「雜種」。1830年代，奇克索人被迫遷到印第安人保留區（今奧克拉荷馬州），現在約有兩萬人。

chicken 雞 人類飼養最普遍的家禽之一，其肉與蛋可供食用。雞源出於原雞，已馴化約四千年，但直到西元1800年前後，雞肉和雞蛋才成為大量生產的商品。現代高容量雞場，有許多排雞籠裝置在室內以控制熱量、光照和濕度，是在1920年左右才大量出現的。母雞飼養以供肉用和蛋用。大多數雛公雞經過閹割後成為肉禽，叫閹雞。最初雞肉只是產卵的副產物，只有產卵力衰退的雞才殺了賣肉，但到20世紀中期，肉生產已超過卵生產，已成為專業化行業。亦請參閱prairie chicken。

chicken pox 水痘 亦稱varicella。傳染性病毒病，其特徵為皮膚出現水泡。發作呈流行性，患兒多在二～六歲間，但任何年齡都可發病。潛伏期至少兩週，發作前幾乎無症狀，但在出疹前一天常開始輕燒。在胸背先是出現一些高起發癢的紅色丘疹；在12～24小時內變為充滿透明液體張力較大的水泡，再過36小時左右又變為不透明。第四天，水泡變乾癟，痂皮脫落時不留瘢痕。大部病例病程平順，通常獲得永久免疫力，罕見不良後果。接觸患者的兒童，為了防止出現水痘，有時可注射帶狀疱疹免疫球蛋白（ZIG），這是從新近患帶狀疱疹病人血中製備的。目前已發展出水痘疫苗。

chickpea 鷹嘴豆 亦稱garbanzo。學名Cicer arietinum。豆科一年生灌木，原產亞洲，已廣泛引種各地，特別是西半球。植株高約60公分，羽狀複葉，小葉近圓形，葉緣齒裂。花小，白色或淡紅色。莢果短，具1～2種子，黃棕色，可食，營養豐富。常作為調味品，在中東製成醬汁沾用。在南歐，是湯、沙拉和燉菜的一般調味料。也可製成粉。

chickweed 繁縷 指石竹科兩種難除的雜草。繁縷原產歐洲，廣為歸化。通常高45公分，在刈過的草地上變為鋪散的一年生矮生雜草。卷耳原產歐洲，為多年生植物，遍及溫帶。在草地和牧場長成草墊鋪散或直立，但通常不及繁縷高，莖葉有毛。二者花均小，白色，但美觀，稍呈星狀。

chicory 菊苣 菊科多年生植物，學名為Cichorium intybus。原產於歐洲，19世紀末引入美國。菊苣有一長形肉質主根；莖挺硬，多分枝，多毛；葉基生，分裂而具齒，形似蒲公英葉。根葉可食。根經烘烤磨碎後加入咖啡作增香添加劑或作咖啡的代用品。菊苣亦可栽培為粗飼料或牧草。

chief justice 首席法官 在任何由多位法官組成的法院中主持院務的司法官員。此頭銜用於美國各州的最高級的司法官員和美國最高法院主持院務的法官。首席法官由總統徵求參議院意見並得到同意後任命，終身任職。一些州最高法院的首席法官受普選和任期退休年齡的限制。首席法官通常負責院內行政事務，並籌畫司法機關的預算。

chiefdom 酋長領地 一種社會政治組織形式，其政治和經濟權力均由單一個人（或單一群體）行使於眾多社群之上。這意味犧牲掉地方性和自主性的編組以集中權力。在酋長領地裡（如非洲西部或波里尼西亞的領地），政治權威與經濟權力是無法分割的，這當中包括統治者索求進貢和徵稅的權利。酋長領地的領袖所從事的首要經濟活動之一是促進經濟盈餘的生產，然後在各種情況下重新分配給他的臣民。亦請參閱sociocultural evolution。

Chiem, Lake＊ 基姆湖 德語作Chiemsee。德國東南部湖泊，位於慕尼黑東南方，因河和薩爾察赫河之間。海拔518公尺，長15公里，寬8公里，為巴伐利亞最大湖泊。該湖南、北岸地勢平緩，東、西岸丘陵起伏。湖中有三個島，湖水清澈，多鱒魚、鯉魚，但嚴禁捕撈。有汽船往來。

Ch'ien-lung emperor ➠ Qianlong emperor

chigger 恙蟎 蜱蟎亞綱前氣門亞目無脊椎動物，約一萬種。長0.1～16公釐，體上甲冑薄且不連續；眼有或無；氣孔在螯基或體前部的其他部位；陸生或海、淡水生；掠食、腐食、寄生或植食性。有些寄生人體或帶病，被幼蟲侵襲常得皮膚炎並發癢。北美洲侵襲人的常見種北美恙蟎分布範圍自大西洋岸至中西部，並南至墨西哥；幼蟲細小，易穿透衣服，附著在皮膚上，吐出能消化組織的液體，可致奇癢。取食後，幼蟎落在地上，蛻皮，先成為若蟎，再變為成蟎。歐洲的秋收恙蟎除人外，還侵襲牛、狗、馬和貓。

Chih-i ➠ Zhiyi

Chihli ➠ Hebei

Chili, Gulf of ➠ Bo Hai

Chihuahua＊ 奇瓦瓦 墨西哥北部一州，北和東北鄰美國。為墨西哥最大的州，面積244,938平方公里。大部為高地平原，地勢逐漸向格蘭德河傾斜。西部為西馬德雷山脈及其支脈切斷，形成高而肥沃的谷地。科夫雷峽谷與美國科羅拉多大峽谷相似，深達1,400公尺。西班牙殖民時期，與杜蘭戈一起受統治，1823年獨立成一州。現在主要工業為採礦業，畜牧業也很重要。州首府奇瓦瓦。人口約2,895,672（1997）。

Chihuahua 奇瓦瓦 墨西哥北部奇瓦瓦州首府。位於西馬德雷山谷，海拔1,430公尺。16世紀有人定居，1709年建城。殖民時期是繁榮的礦業中心，現為養牛業中心。有奇瓦瓦自治大學（1954）和18世紀墨西哥建築藝術傑作聖方濟教堂。人口516,153（1990）。

Chihuahua 吉娃娃狗；奇瓦瓦狗 已知最小的一個狗品種。得名於墨西哥奇瓦瓦州，19世紀中葉在該處已見記載，可能源出特奇奇狗（一種小型、不吠叫的狗品種，墨西哥的托爾特克人遠自9世紀即已飼養）。骨架小，但體壯，漂亮，機靈。體高約13公分，體重0.5～2.7公斤。頭圓，耳大而直立，眼突出。毛色各異，被毛平滑光澤或長而柔軟。

Chikamatsu Monzaemon＊ 近松門左衛門（西元1653～1725年） 原名杉森信盛（Sugimori Nobumori）。日本劇作家。出生於武士家庭，但他父親顯然放棄了武士的封建勤務，於1664～1670年間舉家遷往京都，在京都期間近松依屬於宮廷貴族。一般認為他寫了一百多部劇本，分為歷史傳奇文學和家庭悲劇兩大類。其中大部分是為淨琉璃（文樂木偶戲）所寫他把它提高到藝術層次。最受歡迎的作品是《國姓爺合戰》（1715），是根據鄭成功生平所寫的歷史傳奇劇。另一部著名的作品是《天網島情死》（1720）。他被公認是日本最偉大的劇作家。

Child, Julia 柴爾德（西元1912年～） 娘家姓McWilliams。美國烹飪專家和電視節目主持人。1945年結婚後定居巴黎。她在此期間曾到聖靈騎士烹飪學校學習六個月，並師事名廚。後來與人合寫《法國烹調藝術》（1961），立即成爲暢銷書。1961年定居麻薩諸塞州劍橋，她開始在波士頓電視台主持一系列烹飪節目：「法國名廚」（1962/1963～1973），以及其他烹飪節目，都十分受人喜愛。她透過節目和書讓美國人學到如何欣賞美食和美酒。

Child, Lydia Maria (Francis)　柴爾德（西元1802～1880年）　原名Lydia Maria Francis。美國作家。1820年代，她教授、寫作歷史小說，並創辦美國第一個兒童雜誌《少年文叢》（1826）。1831年結識廢奴主義者加里森之後，成爲積極的廢奴主義工作者。1833年出版《爲被稱爲非洲人的美國人階級呼籲》，廣爲流傳，並影響許多人投身廢奴運動。1841～1843年擔任《全國反奴隸制旗幟報》編輯，她的家也成了掩護逃跑奴隸的「地下鐵道」的一站。

child abuse　虐待兒童　任意使用不正當手段殘害兒童，包括對其過分體罰、不當辱罵，未提供適當居所、營養、醫療、情感支持，亂倫、性騷擾、強暴，或使之從事色情活動等。虐待兒童的現象相當普遍，雖然其中告率極低。在美國，每年至少有五十萬兒童身體受虐，而精神受虐或遭遺棄者更多。根據研究，發現虐待兒童的父母，在孩提時代本身即曾受肉體與精神虐待。當兒童因凌虐而死亡時，通常以虐待兒童的證據和「凌虐兒童症候群」（如骨折或組織損害）來證明這種死因不是意外造成的。

child development　兒童發育　兒童時期（青春期之前），知覺、感情、智力、行爲等方面潛能和作用的成長。其中包括語言、符號思維、邏輯、記憶、情感認知、道德意識的發展，以及性別角色的認同。

child labour　童工　指雇用的法定年齡以下的兒童。在歐洲、北美、澳大利亞和紐西蘭國家中，嚴格執行了20世紀前半期所通過的法律，禁用童工。但在發展中國家任用童工的現象仍很普遍。限制法令在僅擁有幾所學校的貧窮社會多半沒有效果。

child psychiatry　兒童精神病學　研究和治療兒童時期的精神、情緒和行爲異常的醫學分支科學。1920年代成爲單獨的一個領域，大部分是因弗洛伊德做了許多開拓性的工作。治療方式通常涉及整個家庭，他們的行爲對兒童的健康情緒影響重大。父母死亡或離婚也會影響兒童的情緒成長。虐待兒童和忽視兒童問題也是形成兒童身心障礙的重要因素。學習障礙必須與情緒問題分開而談，但如未及時診斷出來，也會導致行爲異常。

child psychology　兒童心理學　研究兒童的心理生理過程。有時劃歸在發展心理學之下。資料的收集是靠觀察、對談、測驗和實驗方法而來。主題包括語言的探索和發展、本能、性格發展，以及社交、情緒和智力的成長。19世紀末，透過霍爾和其他人的努力，這個領域才開始萌芽。20世紀，心理分析學家弗洛伊德和克萊因致力研究兒童心理學，但影響最大的人物是皮亞傑，他描述了兒童時期學習的幾個階段，並記述了每個發展階段裡的兒童對自己和周遭世界的知覺過程的特徵。

childbed fever ➠ puerperal fever

childbirth ➠ parturition

Childe, V(ere) Gordon　柴爾德（西元1892～1957年）澳大利亞出生的英國歷史學家。1927～1946年任愛丁堡大學史前考古學教授，後任倫敦大學考古研究所所長，直至1956年。他對歐洲史前史進行系統研究，著有《歐洲文明的黎明》（1925），試圖對歐洲與近東之間的關係作出評價，並對古代西方世界前文字時期諸文明的結構及其特徵加以研討。後來的著作有《史前多瑙河》（1929）及通俗讀物《人類創造了自己》（1936）、《歷史上出現的事物》（1942）等。他的研究方法成爲史前研究的一種傳統。

Childebert II＊　希爾德貝爾特二世（西元570～595年）　梅羅文加王朝東法蘭克的奧斯特拉西亞王國國王（575～595），後又成爲勃艮地國王（592～595）。575年其父西日貝爾一世去世時，他還是幼兒，故由他的母親攝政。西元577年其叔父勃艮地的貢特拉姆承認希爾德貝爾特爲繼承人。584年成年，整肅奧斯特拉西亞貴族，並對義大利的倫巴底人進行多次征戰，但均告失敗。592年貢特拉姆死，他正式接管勃艮地。

Children's Crusade　兒童十字軍　西元1212年夏天在歐洲掀起的一次宗教運動。在這次運動中，成千上萬的兒童準備用愛而不是用武力去從穆斯林手中奪回聖地。這次事件眾說紛紜，據說由一個叫作史蒂芬的法國牧童領導，他在夢中看到耶穌扮成朝聖者向他顯靈，他率領約三萬名兒童到達馬賽，結果被商人賣到北非的奴隸市場。後來一個德國男孩組織第二批十字軍，吸引了約兩萬名兒童。他們越過阿爾卑斯山進入義大利以後，存活者來到羅馬，教宗英諾森三世解除他們的誓言。雖然運動以慘劇告終，但激起了宗教熱情，引起第五次十字軍東征（1217～1221）。

children's literature　兒童文學　爲使兒童得到娛樂和教益而創作的圖文並茂的文學作品。題材廣泛，包括已知的世界文學經典之作、圖畫書、淺顯易懂的故事、童話、搖籃曲、寓言、民歌和其他主要是口傳的資料等。18世紀下半葉，兒童文學第一次以一種明顯和獨立的文學形式出現。19世紀開始開花結果。到了20世紀，因已開發國家教育普及，童書發展得幾乎與成人文學一樣具多樣性。

Childress, Alice＊　奇爾德雷斯（西元1916～1994年）　美國劇作家、小說家和女演員。在哈林區長大，隨美國黑人劇團學習戲劇，她在該劇團寫作、導演並主演了她的第一部戲《佛羅倫斯》（1949年公演）。她其他的劇作，有些以音樂爲特色，包括《內心苦惱》（1955年公演）、《絃》（1969）、《非洲花園》（1971）以及《古拉》（1984）。她也是成功的兒童讀物作家，著有《英雄不過是個三明治》（1973）等書。

Chile＊　智利　南美洲西南部國家，北與祕魯和玻利維亞接壤，東和阿根廷有很長的交界線，西瀕太平洋。面積共756,630平方公里。人口約15,402,000（2001）。首都：聖地牙哥。從種族上說，智利人是歐洲人和美洲印第安人的混血種。當地的部族和來自西班牙的征服者在16和17世紀開始通婚，18世紀移入巴斯克人。語言：西班牙語（官方語）。宗教：天主教。貨幣：智利披索。智利主要是個狹長國家，介於東部的安地斯山脈和西部的太平洋之間。從北到南長約4,265公里，最寬處僅356公里。北部有一個乾旱高原、阿塔卡馬沙漠和一些超過1,900公尺的高山，但大部分的高峰是位於與玻利維亞、阿根廷的邊界上。河流（包括比奧比奧河）短小。境內有許多湖泊，如延基韋湖。南端海岸布滿許多小海灣、島嶼和島群。火地島西半部和合恩島屬於智利，胡安・費爾南德斯群島和復活島也屬智利。智利已部分發展出自由市場經濟，以採礦業和製造業爲主。政府形式爲多黨制共和國，兩院制。國家元首暨政府首腦是總統。原始住民是印第安部族阿勞坎人。15世紀時印加帝國征服智利北部。1536～1537年西班牙人開始入侵。1541年開始在聖地牙哥殖民，後來受祕魯總督轄區統治，1778年成爲單獨的總督區。

1810年開始出現反抗西班牙的獨立運動，但一直到1818年才獲獨立。1833年制定中央集權的憲法，政府朝向保守作風。1836～1839年與祕魯－玻利維亞邦聯發生戰爭。1866年加入與西班牙的戰爭。1879～1884年參與太平洋戰爭對抗祕魯和玻利維亞，贏得玻利維亞沿海豐富的硝酸鹽礦產，並占領塔克納和阿里卡到1929年，這兩個地方一直是智利與祕魯爭端所在。1891年政府的行政與立法部門發生衝突，導致短暫的內戰，後來按議會規則來解決，削弱總統權力。與阿根廷的邊界糾紛在1902年底定。第一次世界大戰時保持中立，但因貿易關係而金融大受影響。1925年採用新憲法。第二次世界大戰期間，1943年與軸心國關係惡劣，1945年對日宣戰。1960年代制訂了一個「智利化」的企業國有改革計畫。接下來舉行全國大選，馬克思主義者阿連德於1970年當選總統。由於經濟混亂，1973年皮諾契特發動軍事政變，阿連德遇刺身亡。皮諾契特的軍事會議統治該國多年，嚴厲鎮壓所有反對勢力。1988年舉行全民公投，結果人民不接受皮諾契特的政權。1989年大選結果恢復了文人政府。

Chilka Lake　吉爾卡湖　印度奧里薩邦東部的潟湖。與孟加拉灣之間隔狹窄岬角，爲印度最大湖泊之一，長65公里，寬8～20公里。湖內有島嶼，可進行漁獵和划船活動。沿湖有漁場和鹽田。

Chiloé＊　奇洛埃島　智利西南部島嶼。距大陸48公里，面積8,394平方公里。爲智利海岸山脈的延伸部分，島與山脈之間有查考海峽隔開，南面有衆多島嶼與島群。1567～1826年爲西班牙人占有，成爲獨立戰爭時期保皇軍在智利的最後一個據點。島上森林密布，低度開發。人口約67,821（1982）。

Chilpancingo (de los Bravos)＊　奇爾潘辛戈　墨西哥南部格雷羅州首府。位於瓦卡帕河畔，海拔1,360公尺。1591年始建，1813年在此召開第一次墨西哥代表大會，因此出名。現爲行政中心，也是本地區商業和製造業中心，畜牧業和伐木業亦盛，市內有釀酒和編織等小工業。人口約136,243（1990）。

Chilperic I＊　希爾佩里克一世（西元539?～584年）　梅羅文加王朝蘇瓦松國王，克洛塔爾一世之子。561年其父死後，與其三個異母兄弟分割領地時，他獲得最貧窮的蘇瓦松王國。但在一個兄弟死後，獲得了其留下來的領地最好部分，於是他的王國大體上相當於後來的紐斯特里亞。他野心勃勃、行爲粗野而放蕩，甚至謀害了他自己的妻子，導致多年來其家族一直想找機會報復。最後他被一個不知名的兇手暗殺，遺下年僅四個月的兒子。

Chilwa, Lake＊　奇爾瓦湖　馬拉威東南部湖泊。位於希雷高原（西）和莫三比克邊界（東）之間的凹地。該湖原充滿了整個凹地，1859年李文斯頓到此時，該湖比現在大得多。現在面積2,600平方公里，一半爲沼澤，混生著熱帶大草原植物。

Chimborazo＊　欽博拉索　厄瓜多爾山峰。位於安地斯山脈西科迪勒拉山，海拔6,310公尺，是全國最高峰。欽博拉索爲休眠火山，有許多火山口，山頂多冰川。1880年英國人溫博爾首度攀達峰頂。

Chimera＊　喀邁拉　希臘神話中的一個噴火女妖，前部像獅子、中部像山羊、後部像龍。她蹂躪了卡里亞和呂西亞，最後被柏勒洛豐殺死。喀邁拉一詞現指荒誕不經的念頭或想像中虛構的事。

chimera　銀鮫　亦作chimaera。軟骨魚綱一些與鯊和鰩類近緣，但另分爲全頭亞綱或全頭綱的魚的統稱，分布於各大洋的暖、冷水區域。約有二十八個種，與鯊、鰩一樣，其骨骼爲軟骨性，雄性具由腹鰭分化而來的體外交尾器官（鰭腳或攫握器）。與鯊和鰩不同，銀鮫體側僅各有一個外鰓孔，並與硬骨魚一樣，覆有瓣片。雄性銀鮫在魚類中有獨具的輔交合器官，胸、腹鰭大，眼大，背鰭兩個，第一背鰭具長尖棘。尾細長，因而有些種類又有鼠魚之稱。體長約60～200公分，體色由銀白色到灰黑色不等。棲息於江河、河口、近海，甚至到2,500公尺或更深的深海區都有分布。以小型魚和無脊椎動物爲食。肝油可製槍械及精密儀表的潤滑油。

Chimkent ➠ Shymkent

chimpanzee　黑猩猩　猩猩科類人猿，生活在赤道非洲的熱帶雨林及稀樹草原，是與人類親緣關係最近的動物。直立時，身高通常約爲1～1.7公尺，體重約35～60公斤，除面部外身上被覆棕色或黑色的毛。黑猩猩的時間在樹上及地上度過，取食活動主要在樹上進行。在樹上移動時手腳並用，也可以用臂膀在樹枝間盪來盪去（臂行）。較長距離的移動通常在地面進行，雖然黑猩猩會在地面上直立行走，但

假面黑猩猩（Pan troglodytes verus）
Helmut Albrecht－Bruce Coleman Ltd.

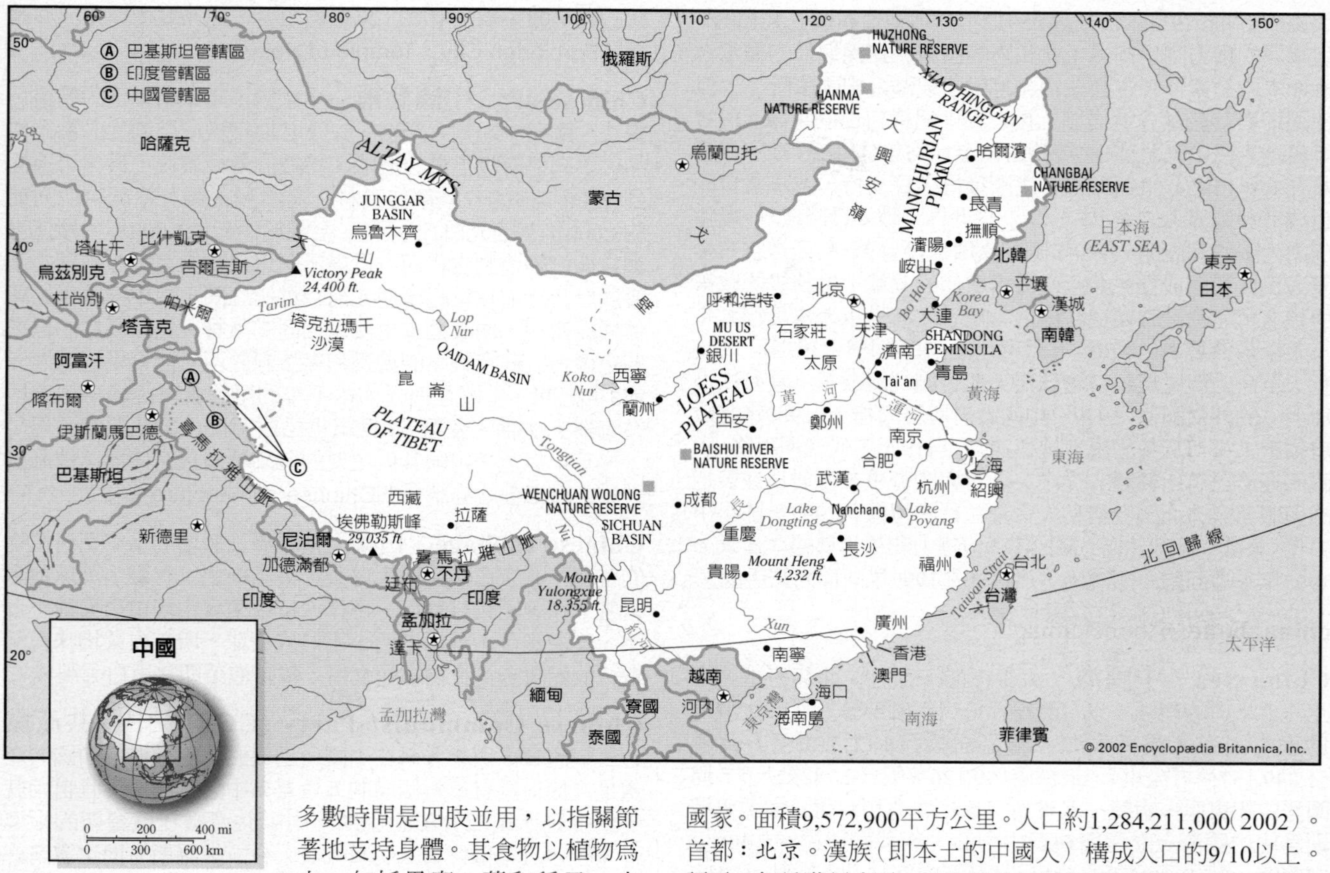

多數時間是四肢並用，以指關節著地支持身體。其食物以植物爲主，包括果實、葉和種子。也食白蟻和螞蟻，偶亦捕殺幼年的狒狒及灌叢野豬而食其肉。它們有解決問題的能力，會使用工具，也會欺騙。黑猩猩喜群居，生活於鬆散易變的小群中（約15～80隻），這種小群稱爲「社區」。在野外，它們的平均壽命約爲四十五歲，在有利的條件下平均壽命爲五十歲左右。亦請參閱bonobo。

Chimu＊　奇穆人　南美印第安人，在印加帝國之前，是在祕魯建立過的最大而最重要的王國。他們的國家約形成於14世紀前期，其社會層級分明，由貴族統治，下有大批農民爲他們勞動。王國首府昌昌，位於祕魯北部海岸，現在是世界最著名的考古場所。奇穆人是能工巧匠，製作精美的織物和金、銀、銅器。15世紀時他們被印加人征服，印加人吸收奇穆人高度發展的文化，融入他們的帝國組織。

Chin dynasty ➠ Jin dynasty、Juchen dynasty

Ch'in dynasty ➠ Qin dynasty

Chin Hills　欽丘陵　緬甸西北部山區。沿印度邊界延伸，爲阿拉干山脈和帕特凱山脈之間山弧的中部最寬部分。區內丘陵起伏，森林茂密，深谷縱橫，海拔2,100～3,000公尺不等，最高點維多利亞峰高3,100公尺。900公尺以下地區爲熱帶森林，有橡、松林；2,100公尺以上有杜鵑花。山坡林地人口較密集，仍行刀耕火種。欽丘陵是緬甸和印度文化的邊緣地區，欽人屬南蒙古種族，語言爲藏緬語族。1947年設特別省；1974年設邦。

Ch'in Kuei ➠ Qin Gui

Chin-sha River ➠ Jinsha River

Ch'in tomb ➠ Qin tomb

China　中國　正式名稱中華人民共和國（People's Republic of China）。舊稱中華帝國（Chinese Empire，迄1912年）。東亞國家。面積9,572,900平方公里。人口約1,284,211,000（2002）。首都：北京。漢族（即本土的中國人）構成人口的9/10以上。語言：各種漢語方言，其中以普通話最爲重要。宗教：佛教、伊斯蘭教、新教、天主教和道教（以上均屬合法認可的宗教）。貨幣：人民幣（單位爲元）。中國可分成以下幾個的地形區：西南地區包括西藏高原，平均高度超過海平面4,100公尺；高原的中央地帶，平均海拔則超過5,000公尺，有「世界屋脊」之稱。高原的邊界比中央地帶更高，尤其是北邊的崑崙山和南邊的喜馬拉雅山脈。中國的西北地區範圍從阿富汗延伸到東北的東北平原。天山山脈將此地區分爲兩個主要的內陸盆地：塔里木盆地（包含塔克拉瑪干沙漠）和準噶爾盆地。蒙古高原包括戈壁沙漠最南端的部分。中國東部地區的低地包括揚子江（長江）穿越過的四川盆地，可以長江分成南、北兩個部分。塔里木河是西北的主要河流。中國西南方最小的分水嶺是雅魯藏布江（布拉馬普得拉河）、薩爾溫江和伊洛瓦底江的發源地；其他的河流包括西江、松花江、珠江和瀾滄江（匯流成東南亞的湄公河）。1927年發現的北京人（在周口店）可將人類早期祖先的出現追溯至舊石器時代。中國文明可能是在西元前3000年左右從黃河河谷散播開來。第一個有明確史料記載的朝代是商朝（約西元前17世紀），已經擁有一套書寫系統和一部曆法。本爲商朝屬國的周朝，於西元前11世紀推翻商朝的統治者，並統治到西元前3世紀。道家和儒家學說也在這個時候創立。西元前5世紀起爲戰國時代，這段時期一直持續到西元前221年秦朝（中國在西方的名稱即由秦而得）的統治者在征服各敵對國家後，創建統一的帝國。漢朝立國於西元前206年，並統治到西元220年。之後是一段動亂時期，直到581年隋朝創建，中國才重新統一。960年宋朝建立，後因北方民族入侵，首都遷往南方。1279年宋朝滅亡，蒙古人（元朝）統治的時代開始。這段期間，馬可波羅曾造訪忽必烈。明朝結束蒙古人的統治，從1368年統治到1644年，這段時間養成的排外氣氛導致中國的自我封閉，自外於世界的其他部分。1644年滿族征服了中國，創建清朝。西方強權和日本爲了利益而對中國的侵略日漸增加，導致19世紀的鴉片戰爭、太平天國之亂以及中日戰爭，這三場戰事也讓滿清元氣大傷。清朝於1911年被推翻，1912年孫逸仙宣布成立共和國。但軍閥的權力鬥爭削弱了共和國的體質。在孫逸仙的繼承者蔣介石的領導下，中國在1920年代達成部分的國家統一，但他隨即與共產黨分道揚鑣，後者旋即組織自己的軍隊。1937年日本入侵中國北部，並持續占領至1945年(即滿洲國)。共產黨在長征(1934～1945)後，逐漸獲得人民支持，毛澤東自此也成爲其領導人。當日本於第二次世界大戰末投降後，一場猛烈的內戰隨即展開。1949年國民黨敗退至台灣，共產黨宣布中華人民共和國成立。共產黨從事廣泛的改革，但務實的政策與幾次革命動亂時期交替出現，後者尤其是以大躍進和文化大革命最爲著名。1976年毛澤東死後，在鄧小平的領導下，文化大革命的混亂現象轉趨穩定，他實施經濟改革，重新恢復與西方的外交關係。1979年中國政府與美國建交。1989年其政府鎮壓天安門廣場的學生抗議運動。自1970年代晚期以降，中國的經濟已有所轉變，從中央計畫與國營事業轉變爲在製造業與服務業方面國營與私人企業並行的型態。1997年鄧小平去世，象徵一個政治時代的結束，但權力和平轉移給江澤民。1997年香港回歸中國統治，澳門則在1999年同樣回歸中國。

china, bone ➠ bone china

China Sea　中國海　太平洋的一部分。北起日本，南至馬來半島的南端，以台灣爲界分爲兩個部分。北部水域即爲東中國海，或稱東海，涵蓋面積達482,300平方英哩（1,249,157平方公里），最深處爲9,126英呎（2,782公尺），周圍是中國東岸、南韓、九州島、琉球群島和台灣。南部水域則爲南中國海，又常簡稱爲中國海，涵蓋面積達895,400平方英哩（2,319,086平方公里），最深處約15,000英呎（4,600公尺），周圍是中國東南部、中南半島、馬來半島、婆羅洲、菲律賓和台灣。

chinchilla *　毛絲鼠　齧齒目毛絲鼠科小型南美哺乳動物，毛皮質地柔軟，極珍貴。貌似長尾、小耳兔，體長約35公分（包括尾長）。毛皮柔軟，淺灰色，雜有暗色毛；尾長、有叢毛，一道黑色條紋由背側延至腹側貫通尾部全長。棲息於智利和玻利維亞境內安地斯山乾燥的多岩石地區，群居在地穴或岩石裂縫中，以種子、果實、穀物、草和苔蘚爲食。由於過度捕獵幾乎絕種，現野生者罕見，有飼養以供出售者。飼養的毛絲鼠幾乎都是1923年引進美國的幾隻的後裔。

毛絲鼠（Chinchilla laniger）
Jane Burton – Bruce Coleman Ltd.

Chindwin River　親敦江　緬甸西部河流。發源於北部山區，西北流經胡岡谷地，然後沿印度邊界向南流至敏建附近注入伊洛瓦底江，全長1,158公里。與烏尤河交匯處以下可通行船隻。第二次世界大戰期間是激烈的戰場。

Chinese architecture　中國建築　中國的建築風格與工法。儘管石材運用在墳墓、佛塔和防禦性城牆（如長城），但中國的傳統建築仍以木材爲主，而只有少數木造建築自古代留存至今。最古老且能確定年代的木造建築是修建於782年，位於今日山西省五台山南禪寺的大殿。中國木造建築的基本元素包括石製或磚製的台基、樑柱結構、一整套通常精細裝飾、用來支撐屋頂的構架，以及厚重的瓦製屋頂。橫樑通常作爲可擴充延伸的構造元件，可以凸顯出附有飛簷之屋頂的山牆的曲線輪廓。在整體設計中，因多重地採用以直線爲主的基本單位，而達到靈活的效果。這些基本單位沿中軸線布置，圍繞著庭院形成開放、相連結的廊道。傳統的建築體系爲階層式、以單體組合，並高度標準化。亦請參閱Forbidden City、Temple of Heaven。

Chinese art　中國藝術　中國數千年來所創造的繪畫、書法、陶器、雕刻、銅器，以及其他精緻或裝飾性的藝術作品。中國擁有世上最古老的、持續的藝術傳統，最早可追溯到7,000年前的一些創作素材。陶器和玉雕可追溯至西元前約3,000年至西元前1,500年。至遲於西元前1,000年，鑄造青銅技術已經達到古代西方世界所難以企及的完美。中國文字發展於西元前18世紀至西元前12世紀之間，與中國繪畫的關係極爲密切，兩者基本上使用相同的素材，並以同樣的標準判定優劣。現存較早的繪畫和書法源於西元前11世紀至西元前3世紀間。中國在西元前兩千年的尾聲就已經懂得精確地在陶器上塗釉。瓷器於6世紀也已經問世，比歐洲的發現早了一千年以上。中國其他主要的裝飾藝術包括漆器、傢飾設計和紡織工藝。亦請參閱Chinese architecture。

Chinese cabbage　白菜　兩種廣泛栽培的十字花科植物的統稱。北京白菜又稱大白菜，葉淺綠色，有皺，葉球抱合緊密，在美國久已栽培，用作沙拉蔬菜。中國白菜又稱小白菜，葉深綠色，葉柄白色，不形成葉球。所有白菜均味美鮮嫩，故能與許多食物搭配食用，韓國泡菜即常用白菜製成。

Chinese Communist Party (CCP)　中國共產黨
1921年陳獨秀與李大釗在中國所創建的政治黨派。中國共產黨是直接從具有革新傾向的五四運動中醞釀而成，且自始就受到俄羅斯組織幹部的協助。中國共產黨在俄羅斯的指導下，於1921年舉行第一屆黨代表大會。俄羅斯方面也邀請許多共產黨員前往蘇聯進修，並鼓勵共產黨與中國國民黨合作。此一合作維持至1927年當共產黨員被逐出國民黨爲止。共產黨在幾度嘗試暴動皆宣告失敗後，聲勢迅速衰退。殘餘的少數黨員逃向華中地帶陸重新集結，在江西組成蘇維埃式的政府。在蔣介石不斷派出國民黨軍隊圍剿下，共黨部隊走上邁向西北中國的長征之途，毛澤東也於期間成爲共產黨中公認的領導者。1937年爆發中日戰爭，這也讓國民黨與共產黨達成暫時性的聯盟。第二次世界大戰以後，共產黨接受美國調停，與國民黨展開談判。但於1947年會談宣告破裂，重啓內戰。共產黨藉由重新分配土地的號召，迅速擴充它在農村間本已強大的勢力，而於1949年掌控全中國大陸。隨後的數十年間，毛澤東所領導的激進分子與最初由劉少奇所率領的溫和派，角逐共產黨以及中國的發展方向的控制權。1976年毛澤東去世後，共產黨穩定邁向經濟自由化的道路，但仍維持一黨專政。如今中國共產黨制定政策，交由政府官員執行。共產黨組織的高層爲政治局、政治局常務委員會，以及中央書記處，至於其權力的畫分則經常更換。亦請參閱Lin Biao、Zhou Enlai、Deng Xiaoping。

Chinese examination system　中國文官制度　中國古代競爭性的考試制度，乃是統治者爲招納政府官員而設置，藉此聯結國家與社會。此套制度可追溯其根源至漢朝（西元前206～西元前220年）所設置的帝國高等學院，它從宋朝（960～1279）之後，逐漸主導教育領域。應試者要通過一連串從縣級、省級到全國性的考試，他們在各階段都面臨極激烈的競爭，考試的內容主要以儒家經典爲主。儘管這套體系，有強調機械性、重複記憶的傾向，遠過於原創性的思考；並且重視形式，更甚於實質，但它仍培養出一個以共同的教育內容爲基礎的精英階層，並增加社會對精英統治的信賴感。但這套體系由於欠缺彈性而無法適應現代化，最終於1905年廢止。亦請參閱Five Classics。

Chinese languages 中國民族語言 中國語族乃是漢藏諸語言的兩個分支中的其中之一。約95%定居在中國的住民，以及移民到世界各地的中國族群，都使用中國民族語言。語言學家認爲中國主要的語群所使用的語言都是獨特的語言，但所有的中國人都書寫同一套意符文字（參閱Chinese writing system），並且共同以文言文爲其文化遺產。傳統上仍認爲，所有中國語言的變體都被視爲方言。在中國民族語言裡，北方方言間相互理解的程度極高，並涵蓋長江（揚子江）以北、湖南、廣東以西所有的中國口音。而有相當數目的其他方言，集中在中國東南方，於是在北方方言與這些區域語群間，存在這個最基本的區別。在世界上，有最多的人口（超過8.85億人）使用漢語的各種變體爲其母語。北京的北方官話是現代標準漢語的基礎，這是一種超越方言之通用語的口語形式。官話之外的重要方言包括吳語（使用於上海）、贛語、湘語、閩語（使用於福建和台灣）、粵語（包括廣東話，使用於廣州和香港）以及客家人所使用的客家話。現代中國語言屬聲調語言，其聲調數目從現代標準漢語中的四聲到各地方言達九聲之多。

Chinese law 中國法律 中國的法律自遠古以來一直發展到20世紀西方社會主義法律（如蘇維埃法）引進爲止。現存最古老而完整的中國法典編纂於653年的唐朝統治期間。傳統的中國法律受到儒家學說和法治主義者（或稱法家）的原則所影響。前者容許每個人因其地位和環境的差異可以在道德行爲上有所變異；但法家則強調必須依照一致與客觀的標準。皇帝在世間的神聖角色對法律也有所影響。俗世領域若發生紛擾不安，皇帝被認爲需要向上天負責。只要有災異發生，一般認爲透過懲罰的方式，就可回復宇宙的平衡。所有臣民皆負有義務向地方官指控任何不當的作爲。地方官在釐清案件眞相後，採用刑法來裁定懲罰的方式，包括使用杖打和各種酷刑。律師這一類的專業辯護者，從未在中國有所發展。即便在20世紀共產黨的統治之下，傳統法律仍持續發揮影響力。

Chinese medicine, traditional 中醫 至少擁有2,300年以上歷史的醫療體系，藉由維持和回復陰陽平衡來預防或治療疾病。醫者會詳細詢問患者的病痛，以及像是胃口、嗅覺和夢境這一類事物來判斷病情。但最主要的診斷方式是：多次在身體的不同位置、以不同的力道觸碰，仔細檢查脈搏的律動。西方醫藥學已經採用中國醫療體系中的多種藥物，包括用鐵質來治療貧血以及用大風子油來治療痲瘋。由於使用某些動物當藥材，已嚴重導致部分動物（如老虎和犀牛）瀕臨絕種的處境。中國醫療遠比西方醫療還要早使用種痘來防治天花，這套體系其他的醫療措施包括水療法、針灸和指壓療法。

Chinese music 中國音樂 中國的傳統音樂。中國在歷史上總是頻頻回顧過去的「黃金時代」，特別是周朝（西元前約1050年～西元前255/256年）。當時藝術音樂（雅樂）與民俗音樂（俗樂）基本上已有所區別。在周朝之後的分裂時期所發展出的思想傳統——儒家學說，將周朝的音樂禮儀奉爲圭臬。當漢朝（西元前206年～西元220年）肇建，曾試圖以少數周代遺留下的作品爲範本，重建此一傳統。漢朝之後又是一個分裂的時期，道教和佛教對音樂都產生重大的影響。修習道術的士人修習琴藝：一種有七根絃的琴，並專注在發揮該樂器富於表現的特性，而非儒家所強調的自我提昇。佛教的僧侶則從印度音樂引進形態理論。在稍後的年代，僧人開始講唱「變文」，此種廣受歡迎的敘述形式，乃是結合說唱的形式，取材自佛陀生平故事。原先爲娛樂而設計的琵琶，也有所發展。隋朝和唐朝（581～901）在重建帝國秩序後，混合了都會風格，包含雅樂在內，以樂器演奏爲主的音樂型態（雅樂於此時已侷限於典禮上的用途）的文化，也蓬勃發展。民俗音樂則運用在抒發情感的「曲詞」中，此一形式常是以寫作新詞塡入舊曲之中，日後並成爲京劇的基本作法。宋朝（960～1279）與明朝（1368～1644）期間，都市化程度提高，戲劇形式也相應而起，從最初只爲大眾表演，終而擴及精英階層。1911年國民黨革命成功，所有舊秩序的傳統皆被揚棄，而將西方音樂視爲理想。1949年後，共產主義政權鼓勵保留舊有傳統，並尋求創造一種兼容並蓄的現代中國音樂（包括兼具中、西樂器的管絃樂團）。「黑鍵」的五音音階只是數種中國音樂中所運用的五音音階之一。七音音階仍然普遍，並有證據顯示，十二音階的音樂早在西元前3世紀就已出現。

Chinese mustard 中國白菜 ➠ bok choy

Chinese Nationalists ➠ Nationalist Party

Chinese New Year 中國農曆新年 ➠ New Year's Day

Chinese writing system 中國文字 用來書寫中國民族語言的符號系統。中國文字基本上爲意符形式，即在文字中單一的符號或字，以及單一的語意或詞素，有準確的對應。每個字無論其複雜程度如何，都可塡入假定的同一尺寸的矩形方塊當中。中文的書寫體，最早可從商朝銘刻於獸骨和龜殼上的占卜銘文獲得證實。早期字的形式通常爲圖象化，或符示化。字中所共有的元素，稱爲部首，提供了分類中國文字的方法。一般認爲，一位普通識字的中國人能辨認3,000～4,000個字。儘管曾試圖減少字的數量，並簡化其形體，但事實上，會說任何一套中國方言的人都能閱讀中國字，而且這些文字與中國長達三千年的文化有著繁複糾結的關係，所以更加難以廢除。中國字也被借用來書寫日文、韓文和越南文。

Ch'ing dynasty ➠ Qing dynasty

Ch'ing -hai ➠ Qinghai

Chinggis Khan ➠ Genghis Khan

chinoiserie * 中國式風格 17和18世紀西方室內設計、家具、陶器、紡織品和園林設計風格。最早見於1670～1671年在凡爾賽爲路易十四世所建的特里阿農宮，隨著與遠東貿易的擴展而迅速蔓延。中國式風格的特點是：大面積貼金和髹漆，愛用藍白色對比，不對稱，不用傳統的透視畫法，採用東方圖案和花紋。19世紀中國式風格遇到了其他外來風格如土耳其式及其他異國風格的競爭，漸漸消失；到1930年代曾在室內裝潢方面再次流行。

Chinook * 奇努克人 北美西北海岸區印第安人，最早是美國探險家路易斯和克拉克在1805年與奇努克人接觸並有所記載。住在哥倫比亞河下游，操奇努克語，以善於經商著稱，交易項目有鮭魚乾、獨木舟、貝殼及奴隸等。奇努克混合語由奇努克語加上努特卡語、其他印第安語、英語、法語等詞彙構成，是西北海岸的貿易語言。基層社會單位由氏族組成，主要宗教儀式有初鮭祭典和尋求個人的保護精靈，散財宴是重要的社交禮節。經過19世紀初的一場天花流行後，剩餘的奇努克人被其他西北沿岸的部族併吞。

chinook salmon 奇努克鮭 亦稱王鮭或大鱗鮭魚（king salmon）。北太平洋珍貴的鮭科食用魚和遊釣魚，學名爲Oncorhynchus tshawytscha。平均體重約10公斤，22～36公斤的也不少見。銀白色，有黑色圓斑，活動範圍從育空河到中國及沙加緬度河。春季產卵期間，成魚迴游上溯育空河達

3,200公里，產卵後即死亡；幼魚生長到1～3歲時入海。現已成功引進密西根湖，代替被海七鰓鰻消滅的湖紅點鮭，在該地創造了一個新的遊釣場所。

Chios＊ 希俄斯 現代希臘語作Khíos。愛琴海島嶼，與附近幾個島嶼構成希臘的一個州。由火山岩構成，距土耳其西岸僅8公里，南北長約50公里，寬13～24公里，面積831平方公里。州首府及港口希俄斯市位於東岸。在古代以荷馬的出生地和一派雕刻家的發源地而著名，西元前546年臣屬於波斯。雖然是提洛同盟的一員，卻屢次反抗雅典。後來在羅馬、威尼斯、熱那亞及鄂圖曼帝國相繼統治下，極度興盛。巴爾幹戰爭（1912～1913）結束後重歸希臘。人口53,000（1991）。

chip, computer ➠ computer chip、integrated circuit(IC)

chipmunk 花鼠 松鼠科十七種地棲小齧齒動物的統稱。已知有兩屬：一爲棲息於北美東部的東美花鼠，體長14～19公分，多毛的尾長8～11公分；淺紅褐色，體有五條黑色斑紋，雜以兩道褐色和兩道白色條紋。另一爲棲息於北美西部、中亞和東亞的其他花鼠類，比較小，體紋也不同；穴居晝出，動作敏捷，叫聲尖銳如蟲鳴；嗜吃種子、漿果和柔嫩的植物，有時吃肉，常用寬大的頰囊把種子運到地下儲備食用。

東美花鼠
Ken Brate – Photo Researchers

Chippendale, Thomas 齊本德耳（西元1718～1779年） 英國家具大師，1753年在倫敦開設工場和展示室之前，其經歷鮮爲人知。1754年出版《家具指南》一書，爲當時英國出版的最受歡迎的家具設計大全，刊有18世紀中葉幾乎所有類型的家具圖譜。他的設計多半就現存的風格加以改良，雖然有許多18世紀的家具被認爲是他所作，然而僅有幾件確定是出自他的工場。

Chippendale style 齊本德耳式 源自英國家具設計家齊本德耳所設計的家具風格，特別是指1750年代和1760年代以改良的洛可可風格製作的英國家具。齊本德耳也設計歌德式和中國式的家具，有些設計改良自路易十五世風格。他所設計的家具也在歐洲和美洲殖民地製造。

Chippewa 奇珀瓦人 ➠ Ojibwa

Chippewa, Battle of＊ 奇珀瓦戰役（西元1814年7月5日） 1812年戰爭中一次有助於恢復美軍聲譽的勝利。美軍在司各脫將軍率領下占領紐約州伊利要塞以後，開始向北推進至加拿大。一隊英軍從喬治堡南進至奇珀瓦攻擊美軍，結果英軍慘敗，傷亡六百零四人，美軍傷亡三百三十五人。

Chiquita Brands International, Inc. 奇基塔商標公司 舊稱聯合商標公司（United Brands Co., 1970～1990）。多角化的美國公司，1970年由聯合果品公司（香蕉的生產及配銷商）和AKM公司（莫雷爾控股公司，專營肉品包裝）合併而成，總公司設於紐約市。該公司在中美洲、南美洲北部及加勒比海地區擁有和租有廣大的種植場，種植香蕉、甘蔗、可可、馬尼拉麻、熱帶樹木，並生產香精油和橡膠，其中香蕉的收入占一半以上；該公司也加工和包裝食品。該公司著名的商標「奇基塔小姐」在1944年問世。

Chirac, Jacques (René)＊ 席哈克（西元1932年～） 法國總統（1995年起）。1967年選入國會，成爲戴高樂的支持者。1974～1976年擔任總理，因與總統季斯卡．德斯坦不合而辭職，另組新戴高樂黨——保衛共和聯盟。1977年起擔任巴黎市長，繼續在法國的幾個保守黨派間加強政治基礎。1981年第一次競選總統，因保守黨派的選票分散而敗給密特朗。密特朗指派他擔任總理（1986～1988），形成左右共治局面。雖然在1988年的總統選舉再嘗敗績，但在1995年第三次捲土重來時終於成功贏得總統寶座。

Chiricahua National Monument＊ 奇里卡瓦國家保護區 美國亞利桑那州東南部自然保護區，曾是科奇斯和吉拉尼謨酋長領導的阿帕契印第安人部落的根據地。位於奇里卡瓦山地西坡峽谷之中，面積48.5平方公里，峰林聳立，爲罕見的火山岩地層帶，其結構展示了近十億年來地球內部噴發和外力侵蝕相互作用地質史。1924年闢爲保護區。

Chirico, Giorgio de＊ 希里科（西元1888～1978年） 義大利畫家。出生在希臘，1906年在慕尼黑美術學院學習，並開始運用幻想式手法繪製平凡事物。1911年遷巴黎後，常畫一些含混的、預示不祥的場面。後來改變早期風格，構圖更加密集，造型奇特，排列得也更加任性。其作品中的神祕氣氛對1920年代的超現實主義影響很大。他與卡拉和莫蘭迪是形上繪畫的奠基人。

Chiron＊ 喀戎 希臘神話中的半人半馬怪。爲克洛諾斯和海中仙女菲利拉之子，居住在皮利翁山下，以智慧和醫術著稱。許多希臘英雄，如阿基利斯、赫拉克勒斯、伊阿宋、阿斯克勒庇俄斯，都曾受過他的教誨。由於誤中赫拉克勒斯射出的毒箭，他放棄了自己的永生而就死。後來被宙斯安置在天上，與群星並列，即射手座。

Chiron 查俞 1977年美國天文學家科瓦爾在帕洛馬天文台發現的彗星。一度被認爲是已知小行星中距太陽最遠的一顆，在土星和天王星之間沿一條不穩定的橢圓軌道運行。天文學家於1989年檢測到許多環繞查俞的粒子雲，這種塵埃包層是彗星獨有的特徵，因此將查俞重新畫爲彗星。

chiropody ➠ podiatry

chiropractic＊ 手治法 一套治療方法，其理論根據是：人體疾病起源於缺乏正常神經功能，而這常是因爲錯位的脊柱加壓於神經原之故。手治法醫師治療時採用調整身體結構如脊柱，必要時也使用物理療法。因此手治法著眼於機體肌肉骨骼的結構及功能與神經系統的關係。手治法形成於1895年，帕麥爾所創，手治法醫師在正規的手治法醫學院受訓練。

chisel 鑿子 在金屬刀身頂端帶有鋒利刃口的雕刻工具。在對堅硬的材料如木頭、石頭和金屬進行修整、成形或加工時，通常是用木槌和鐵錘敲打。今天所有鑿子的原型可以追溯到西元前8000年，埃及人用銅、後來用青銅鑿子加工木料和軟質石頭。現在的鑿子是鋼製的，根據不同用途而有各種尺寸和硬度。

Chisholm, Shirley 奇澤姆（西元1924年～） 原名Shirley Anita St. Hill。美國政治人物。生於紐約布魯克林，原爲一名學校教師，後來開始活躍於地方政壇。1968年當選聯邦眾議員，成爲第一位進入美國國會的黑人女性，並一直連任到1983年爲止。任內由於強烈的自由主義立場而漸爲人知，她還反對越戰並支持充分就業提案。她與其他人共同成立了「全國婦女政治幹部會議」。1972年曾角逐民主黨總統提名人選，贏得152名大會代表支持，後來退出了這場競賽。

Chisholm Trail＊ 奇澤姆小徑 19世紀美國西部的趕牛小徑。從德州向北穿越奧克拉荷馬州到堪薩斯州，可能是以19世紀商人傑西・奇澤姆的姓氏命名。1867年堪薩斯的阿比林設立了一個運牛站，1867～1871年即有約一百五十萬隻牛由此小徑被趕到阿比林，再轉運到東部市場。1880年代後，由於建立了其他一些鐵路終點站，小徑逐漸失去重要性。

Chisinau＊ 基什尼奧夫 舊稱Kishinev。摩爾多瓦首都，臨聶斯特河支流。15世紀由摩達維亞人統治，16世紀被鄂圖曼土耳其人占領，1812年被割讓給俄國；自1918年起受羅馬尼亞控制，但1940年再度割讓給蘇聯，並定爲新成立的摩達維亞蘇維埃社會主義共和國首府。該市是摩爾多瓦的商業中心，有一所大學。人口約662,000（1994）。

chitin＊ 幾丁質 白色角質物質，存在於昆蟲、蟹、螯蝦的外骨骼以及其他無脊椎動物的內部結構和一些菌類、海藻、酵母菌中。係由葡萄糖胺組成的多醣，可作爲廢水的絮凝劑、癒創藥物、食物和藥物的增稠劑和穩定劑，離子交換樹脂，色層分析和透析用膜，顏料、織物和膠黏劑的結合劑，及製紙用的上膠劑和加強劑。

Chittagong＊ 吉大港 孟加拉國東南部印度洋畔主要港市。西元10世紀時爲阿拉伯船員所知悉，14世紀時爲穆斯林所征服，17世紀孟加拉總督占領之。1760年割讓給英屬東印度公司，1864年建市。1971年印度和巴基斯坦之間的衝突使它受損嚴重，港口設施現已重建。現爲該國第二大工業城市，包括黃麻製廠、工程工廠和一家大煉油廠。市內有吉大港大學（創於1966年）。人口：市1,599,000；都會區約2,040,663（1991）。

Ch'iu-Ch'u-chi ➠ Qiu Chuji

chivalry＊ 騎士團 封建制度下歐洲的騎士階級，特別是指中世紀騎士勇敢、講求榮譽的高尚行爲。12、13世紀已發展出典型的謙恭騎士行爲。騎士概念起於封建制度的職責（參閱feudalism），並強調騎士要對他的上帝、領主或女領主忠誠和服從，從而融合基督教和軍人的美德。騎士團因十字軍的事跡而更增強了力量，結果創立了最早的騎士團——馬爾他騎士團和聖殿騎士團。除了忠誠和榮譽之外，騎士團的美德包括英勇、虔誠和堅貞。愛情和榮譽的問題結合了典雅愛情的特質，騎士的貴婦人意味不能得到，保證貞節，這種女性典型融合了聖母形象。14～15世紀，騎士逐漸成爲貴族階級，或與公開表演儀式（特別是乘馬比武競賽）有關，而不再馳騁沙場。

chive 細香蔥 百合科多年生植物，學名Allium schoenoprasum。與洋蔥有親緣關係。鱗莖小、白色、形長；葉薄、管狀、成叢生長。花淡藍色或淡紫色，球狀繖形花序緊密而鮮豔，直立並高出葉叢，通常僅結少許種子。葉可剪下用於調味，特別是作蛋、湯、沙拉和蔬菜烹調的佐料。

細香蔥
Ingmar Holmasen

Chivington Massacre 奇文頓大屠殺 ➠ Sand Creek Massacre

Chlamydia 衣原體屬 可致人類幾種不同疾病的一個寄生菌屬，此屬包括三種：鸚鵡熱衣原體，可致鸚鵡熱；沙眼衣原體，此種中的幾個不同菌株可分別引起沙眼、性病性淋巴肉芽腫和結膜炎；肺炎衣原體，可致呼吸道感染。沙眼衣原體還可引起多種性傳播疾病。對男性患者，非淋病性尿道炎和淋病的症狀相似。女性衣原體感染患者一般症狀不很明顯，可有少量陰道分泌物和盆腔部疼痛。但如果不治療，沙眼衣原體可嚴重侵犯子宮頸（導致子宮頸炎）、尿道（導致尿道炎）或輸卵管（輸卵管炎），甚至可以引起盆腔感染。衣原體感染通常會導致新生兒肺炎或結膜炎。治療衣原體感染的首選藥物是四環素，紅黴素和磺胺類藥物也有效。

Chlamydomonas 衣滴蟲屬 亦稱衣藻屬。被認爲是具有重要演化意義的原始生物類型的綠色雙鞭毛單細胞生物。其細胞有球形的纖維素膜、眼點和杯狀的葉綠體。雖然行光合作用，但可能通過細胞表面吸收營養。分布於土壤、淡水池塘、或肥料污染的溝渠中，常使水變成綠色。雪花滴蟲（即雪衣藻）含有血色素，會使融化中的雪成爲紅色。

chlorella 小球藻屬 淡水綠藻的一個屬，球形，具杯狀葉綠體，單個或成簇。常用於研究光合作用及淨化污水。由於該屬增殖迅速，富於蛋白質和維生素B族，因而有人研究它考慮作爲地球上和外太空的食物。小球藻養殖場已在美國、日本、荷蘭、德國和以色列建立成功。

chlorine 氯 週期表VIIa族，非金屬的化學元素，化學符號Cl，原子序數17。爲淺黃綠色的腐蝕性有毒氣體，對眼睛和呼吸系統有刺激作用，在第一次世界大戰時用作化學戰戰劑。其原子價是1，即氯離子，但在次氯酸根、亞氯酸根、氯酸根和過氯酸根中有其他的原子價。氯及其化合物廣泛用作紡織業和造紙業中的漂白劑、城市供水消毒劑、家用漂白劑和殺菌劑，還用來生產許多無機化學試劑、有機化學試劑。氯能直接參加或作爲中間體間接參加有機試劑的合成反應，這些有機試劑常可用作溶濟、染料、塑膠和合成橡膠等。

chlorite 綠泥石 一族分布廣泛的層狀矽酸鹽類礦物，通常是由鎂和鐵的含水鋁矽酸鹽組成。其名稱來源於希臘語，爲「綠色」之意，綠色是綠泥石的典型顏色。綠泥石具有層狀矽酸鹽結構，與雲母的結構相似。綠泥石一般是其他礦物的蝕變產物。在碎屑沈積岩中和在熱液蝕變的火成岩中是常見的造岩礦物；在綠片岩或綠泥石片岩之類變質岩中，是廣泛分布的重要組分。

chloroethylene ➠ vinyl chloride

chlorofluorocarbon (CFC) 氯氟烴 由碳、氟、氯和氫組成的若干有機化合物中的任何一種。生產出的氯氟烴的商品名爲「氟利昂」。1930年代發展起來的氯氟烴，在第二次世界大戰後得到廣泛的應用。這些鹵代烴因無毒、不燃和容易由液體轉變爲氣體，已廣泛使用。然而，1970年代許多科學家進行的研究發現，排放到大氣中的氯氟烴在平流層積累起來，已對臭氧層產生有害的影響。1992年大部分已開發國家達成協議在1996年停止生產氯氟烴。

chloroform 氯仿 不易燃、無色、澄清、易流動、較水重的液體，具好聞的似乙醚的臭味，常用作溶劑和麻醉藥。分子式爲$CHCl_3$。1831年製成，1847年爲愛丁堡的醫師辛普森首次用於麻醉。因具有一點毒性，現在逐漸已被其他東西替代。也應用到工業上，主要是溶劑。

chlorophyll 葉綠素 一組與光合作用有關的最重要的色素。葉綠素見於所有能營光合作用的生物體，葉綠素分子的中心爲鎂原子，圍繞以一個含氮結構，稱爲卟啉環，一個很長的碳－氫側鏈（稱爲植醇鏈）連接於卟啉環上。在結構上與血紅素極爲相似。葉綠素從光中吸收能量，然後能量被用來將二氧化碳轉變爲碳水化合物。在較高等的植物中，葉綠素見於葉綠體內。

chloroplast　葉綠體　綠色植物細胞內進行光合作用的結構。因含有葉綠素a、b而呈綠色。葉綠體扁球狀，具雙層膜，內有基質，基質中有內膜、呈溶解狀態的酶和葉綠餅。葉綠餅由閉合的中空盤狀的類囊體垛堆而成，類囊體是形成高能化合物三磷酸腺苷（ATP）所必需。

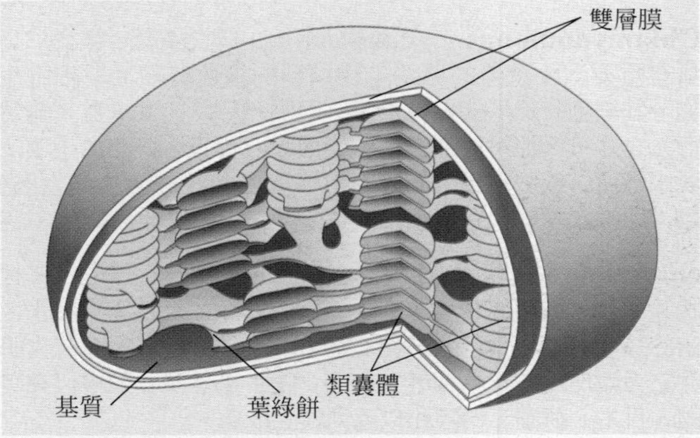

葉綠體的內部構造。內部容納扁平盤狀的光合作用膜體（類囊體），由內膜套入及融合而成。類囊體通常成堆排列（葉綠餅）並含有光合作用色素（葉綠素）。葉綠餅與其他葉綠餅是由基質內簡單的膜（膜板）連接，液體蛋白質部分包括了光合暗反應或喀爾文循環必要的酶。
© 2002 MERRIAM-WEBSTER INC.

Chlotar I＊　克洛塔爾一世（西元約500～561年）　梅羅文加王朝蘇瓦松國王（511年起），558年成爲整個法蘭克王國的國王克洛維一世的幼子，511年在瓜分其父的王國時，獲得今法國北部和比利時地區，後來藉著謀殺和陰謀詭計擴張了領土。他曾多次征討勃艮地（523、532～534）、西哥德（532、542）和圖林根（531?）。生性殘酷無情，曾將反叛他的兒子及家屬全部處死（560）。

Chobe National Park＊　丘比國家公園　波札那北部的國家自然保護區。1968年由自然保護區升格爲國家公園，與那米比亞接壤，緊臨辛巴威與尚比亞，面積4,500平方哩（11,700平方公里）。以野生生物著名，特別是爲數衆多的大象。

chocolate　巧克力　用可可豆製成的食品。可做成糖果，配製飲料，用作調料或各種糖果和焙烤食品的外殼。1519年科爾特斯在墨西哥蒙提祖馬二世的宮裡喝到一種用可可豆製成的苦味飲料xocoatl之後，就把這種飲料引入西班牙。巧克力製做工序是將可可豆的種仁發酵和焙烤，再磨成糊狀，稱巧克力漿，然後在模型內凝固成苦巧克力；加壓除去所含的可可脂，隨後磨成可可粉；或加糖及可可脂即可製成食用巧克力（甜巧克力）。巧克力富含碳水化合物和脂肪，能快速提供熱量，也含有微量可可鹼和咖啡因。

巴西可可豆
Carl Frank-Photo Researchers

Choctaw　喬克托人　操穆斯科格語的北美印第安部落，居住在今密西西比州東南部。喬克托人與奇克索人有近緣關係。在東南部農業部落中，喬克托人最長於耕作，是唯一有剩餘農產品出售的部落。種植玉蜀黍、豆類和南瓜，捕魚，採集堅果和野果，獵捕鹿和熊。最重要的宗教節日是綠穀節，亦即仲夏舉行的初果和新火儀式。19世紀由於白人種植棉花的需求，他們被迫讓出密西西比中西部五百萬畝的土地給美國，大部分人遷往奧克拉荷馬州。現今喬克托人的後裔約有一萬七千五百人。

Ch'oe Si-hyong＊　崔時亨（西元1826～1898年）　朝鮮東學黨（今天道教）第二代首領。1864年該教創立人崔濟愚（1824～1864）因煽動叛亂罪被處決，崔時亨遂領導該教祕密活動。1880～1881年發表東學教的最初兩部經籍，宣傳崔濟愚關於在天的面前人人平等和人人都要事奉天的思想，主張朝鮮應與西方帝國主義國家同樣強大。1894年他領導所謂東學黨叛亂，結果遭到殘酷鎮壓。1898年崔時亨被捕殺，此時東學黨的勢力已擴散至全國。

choir　合唱團；唱詩班　每一聲部至少由兩位演唱員組成的團體。好幾個世紀以來，教堂的合唱團只唱素歌（參閱Gregorian chant）。早期複調音樂相當複雜，需要獨唱者演唱歌詞才可使人聽清，但到了15世紀，複調音樂已由合唱形式表現。世俗合唱團的發展，大體上與歌劇同時開始，因歌劇常需要專業的合唱團演唱。相反地，神劇合唱團傳統上由業餘音樂愛好者演唱。

Choiseul, Étienne-François, duc (Duke) de＊　舒瓦瑟爾公爵（西元1719～1785年）　法國外交大臣。曾在奧地利王位繼承戰爭中立有功勳。1753～1757年擔任梵諦岡大使，後改任奧地利宮廷大使。1758年被封爲舒瓦瑟爾公爵，之後擔任外交大臣，這個職位讓他支配了路易十五世的政府。1761年他與西班牙訂立軍事同盟。七年戰爭結束時，他運用外交手段替戰敗的法國爭取有利條件。他立即開始重建法國的軍事力量，但在1770年因鼓動對英國作戰而被路易罷黜。

chokecherry　美國稠李　薔薇科灌木，學名Prunus virginiana。原產於北美。其漿果淡紅色，味酸澀，故俗稱噎人果，但也可用來製果凍和保藏食品。植株常在潮濕土地上長成稠密的灌叢。蘋天幕毛蟲常危害美國稠李植株，使之落葉。花白色，花和枝條氣味難聞。枝條褐色，細長，帶苦味。

cholera＊　霍亂　小腸的急性細菌性傳染病。由霍亂弧菌引起，以劇烈腹瀉伴迅速、嚴重的體液、鹽類丟失爲特徵。弧菌常透過污染的水和食物經口進入人體。發病突然，呈無痛性水瀉，隨之發生嘔吐，迅速出現脫水，可出現嚴重的肌肉痙攣，奇渴。患者漸呈木僵狀態乃至昏迷，最後死於休克。病程一般二～七天。口服或靜脈注射含氯化鈉的鹼性液可迅速補充水分和鹽，使患者很快恢復，治療開始即使用抗生素常可縮短腹瀉的期限。預防主要依靠改善衛生狀況，特別是飲用水要乾淨。

cholesterol　膽固醇　存在血漿和所有動物組織內的一種蠟狀物質。是一種類固醇，分子式爲$C_{27}H_{46}O$。膽固醇爲生命所必需，它是細胞膜的重要組成，爲體內合成膽酸、類固醇激素和維他命D的原料或中間產物。膽固醇並不溶於血，故須附於某些蛋白質複合體（稱爲脂蛋白）上，方能於血液中運輸。它是由肝臟和其他一些器官製造，以飲食攝取量的多寡來調節。血中膽固醇過高會沈積在血管內壁上（參閱arteriosclerosis），導致冠狀動脈心臟病。1985年布朗（1941～）和戈德斯坦（1940～）因發現這個過程而共獲諾貝爾醫學或生理學獎。避免血膽固醇過高的最佳對策爲降低飲食中的膽固醇攝取量以及減少動物性脂肪（如飽和或過飽和脂肪）的攝取量。亦請參閱triglyceride。

choline＊　膽鹼　一種活性與維生素有關的含氮醇。在代謝過程中很重要，是膜和乙醯膽鹼組成的類脂化合物的一種成分。膽鹼能提供多種代謝過程所需的甲基基團（$-CH_3$）。

因有親脂性，在脂肪向肝外轉運的過程中亦起重要作用。膽鹼常被歸入B族維生素，因其作用及在食物中的分布與B族維生素相似。在小麥胚、蛋黃、神經和腺體組織以及豆油中含量豐富。缺乏膽鹼的動物可患腎臟出血及肝內脂肪過度沈積，於食物中添加能轉化爲膽鹼的化合物（如含有蛋氨酸的蛋白質）後可以緩解。

cholla＊　喬利亞掌　仙人掌科仙人掌屬有圓柱狀莖節的種類。原產於北美和南美。大小差異很大，花小，通常顏色鮮豔；也有的爲黃綠色，不顯眼。小珊瑚枝的果實鮮紅色，經冬不落。這類仙人掌鮮時可作荒漠地區的牲畜飼料。莖中空，圓柱狀，上有排列規律的孔洞，稱喬利亞木，可用作燃料或供玩賞。有的果實可食。

比氏仙人掌（Opuntia bigelovii）
Grant Heilman

Chomsky, (Avram) Noam　喬姆斯基（西元1928年～）　美國語言學家和政治活動家。自小受其父影響從事語言學研究，後來在賓夕法尼亞大學取得博士學位。1955年在麻省理工學院任教。喬姆斯基把語言看作是普遍本能的結晶，並把他關於語言的概念，同17世紀理性主義哲學家的概念聯繫起來。主要語法理論著作有《句法結構》（1957），在該書中他陳述了他的轉換語法理論；《句法理論的幾個方面》（1965）；《笛卡兒主義語言學》（1966）；《英語語音圖解》（1968）；《語言和思想》（1968）；《語言學理論的邏輯結構》（1975）；《語言和責任》（1979）討論了語言和政治的關係、理念和科學的歷史，以及生成語法的衍生物；《海盜和皇帝》（1986）、《論權力和意識形態》（1987）和《語言和知識諸問題》（1988），進一步研究了這些主題。他是轉換語法亦即生成語法的奠基人之一，這是一種獨創的語言分析體系。喬姆斯基還因長期反對美國政府的外交政策而知名，從1960年代反越戰到1999年反對轟炸南斯拉夫等。並寫了許多書和文章來表達他的政治觀點，其中有《走向新的冷戰》（1982）、《權力與意識形態》（1987）和《新舊世界秩序》（1994）。

Ch'ondogyo＊　天道教　舊稱東學黨（Tonghak）。朝鮮宗教，糅合儒教、佛教、道教、薩滿教以及天主教教義而成。以謀求世界公義與和平爲宗旨，不講永世業報。1860年崔濟愚（1824～1864）聲稱直接奉天主啓示創建天道教。他主張變更社會體制，與行政當局發生嚴重分歧，1864年當局下令將他處決。當時已是該教著名活動人物的崔時亨繼承教務，後來領導東學黨叛亂而遭殺害。第三代教主孫秉熙改東學黨爲天道教。現今天道教教徒約有三百萬人。

Chongqing　重慶　亦拼作Ch'ung-ch'ing、Chungking。中國城市和直轄市（1999年城區人口約3,193,889，2000年直轄市區人口約30,900,000）。中國西南方最主要的河港與工業中心，重慶（字面意義是雙重吉慶）位於長江（揚子江）和錦江的匯流處。在西元前11世紀，此地爲西周王朝屬下的封建王國。其後數世紀，重慶的地位有所變換，或獨立建國，或爲中國北方的帝國所統治。明朝時期，重慶終於爲中國所統治，並持續至清朝。1890年開放對外國通商；在1911年的革命中，此地曾扮演重要角色。重慶的街道曾經十分狹窄而欠缺規畫，但在第二次世界大戰期間，重慶成爲國民黨的首都，在引進現代化規畫後，市容大爲改觀。戰後重慶成爲重要的工業中心。設有重慶大學（1929年建）。

Chons ➠ Khons

Chopin, Frédéric (François)＊　蕭邦（西元1810～1849年）　波蘭語作Fryderyk Franciszek Szopen。波蘭裔法國作曲家和鋼琴家。出生於波蘭，父母是法裔中產階級人士。七歲就發表第一次寫的曲子，八歲開始在貴族沙龍中演奏。1830年在華沙正式首演後，獲邀到世界各地巡迴演奏，獲很大成功，使他成爲波蘭民族作曲家。1831年定居巴黎，翌年舉辦第一次在巴黎的演奏會，獲得極高的評價。他也是個出名的鋼琴老師，流連於上流社會。1830年代顯然得了結核病。1837年和女作家喬治桑開始了十年的同居生活，1847年喬治桑離開了他。蕭邦不僅是波蘭最偉大的作曲家，也可能是鋼琴史上最重要的作曲家。其卓越的想像力及精湛的技巧使他成爲世界最偉大的音樂詩人之一。他的音樂靈感源於自己和波蘭的悲劇性的經歷，旋律獨具個性，表達了內心深處不僅僅是傷感的感情。其作品雖有浪漫主義的本質，但具有古典的純眞和分寸，絲毫沒有浪漫主義的表現癖好。除了兩首鋼琴協奏曲（皆作於1830年）和四首鋼琴－管弦樂作品之外，幾乎所有的作品都以鋼琴獨奏爲主，作品計有：六十首馬厝卡舞曲、二十七首練習曲、二十六首前奏曲、二十一首夜曲、二十多首華爾滋、十六首波洛內茲、四首敘事曲、四首詼諧曲和三首奏鳴曲。

蕭邦，肖像畫，德拉克洛瓦（Eugene Delacroix）繪；現藏羅浮宮
Giraudon – Art Resource

Chopin, Kate＊　蕭邦（西元1851～1904年）　原名Katherine O'Flaherty。美國作家。出生於聖路易，1870年婚後定居路易斯安那州，丈夫死後開始寫作。其作品富於地方色彩，以紐奧良文化的詮釋者著稱，也是後來的女權主義文學主題的先驅。共寫有一百多篇短篇小說，其中包括《德西雷的娃娃》、《切萊斯廷夫人的離婚》。1899年出版的《覺醒》是一部現實主義小說，描寫一個拋棄家庭最後自殺而死的年輕母親在性和藝術上的覺醒。該小說因直言不諱地談論性，在當時受到嚴厲譴責，後來卻因文筆優美及現代感而受到評論界的贊賞。

chorale prelude　衆讚歌前奏曲　與基督教新教教會的管風琴音樂有密切關係的音樂體裁。在全體教徒唱衆讚歌或讚美詩曲調之前，先由管風琴演奏即興引子，這引子部分即稱爲衆讚歌前奏曲。即使作爲定型的樂曲類型看待，它也保留了即興演奏的特點，這是長期以來路德衆讚歌的習俗。一般說來，這一名詞並不眞正應用於與衆讚歌有關的各種樂曲，只是表明保留其體裁的結構特徵而已。17、18世紀一些路德派作曲家如帕海貝爾、巴哈和泰雷曼，作了不少衆讚歌前奏曲。至19世紀晚期，路德衆讚歌前奏曲隨著布拉姆斯和雷格的一些主要作品而得以復興。

chord　和弦　三個以上的音調同時發聲。和弦可分爲協和（即穩定的）與不協和（即要求解決到另一和弦的不穩定和弦）兩種。西方傳統和聲中，和弦由三度疊置而成。因此，由兩個三度疊置的和弦，其音域爲五度；如e-g（小三度）疊在c-e（大三度）上，構成c-e-g三和弦。和聲通常與和弦混用。

chordate＊　脊索動物　脊索動物門的動物，包括相當進化的動物——脊椎動物，以及海洋無脊椎動物另外兩個亞門，某些分類系統將半索動物門的種類也歸入脊索動物。所有脊索動物於生活週期的某個階段具某些特徵，包括脊索（位於背部的支持身體縱軸的棒狀結構）、咽壁穿孔形成的鰓裂，以及背神經索。所有脊索動物的幼體均具上述特徵，但某些脊索動物類群成體中這些特徵發生變化或消失。脊索動物包括哺乳類、鳥類、爬蟲類、兩生類、魚類、七鰓鰻類，以上歸入脊椎動物亞門；文昌魚，屬頭索動物亞門；被囊類，屬被囊動物亞門或尾索動物亞門，被囊動物和頭索動物與脊椎動物的明顯區別是無任何形式的腦和骨骼脊索動物的身體由體壁包容胃腸道而成，兩者之間有一空間，稱爲體腔。身體通常長形，體型左右對側。身體由脊索支持，脊索有彈性而結實。沿脊索背側有神經索，頭端稍膨大，但僅脊椎動物的神經索頭端發展成眞正的腦部。口和感覺器官集中於身體前端，肛門位於尾基部。生肌節位於脊索兩側，藉肌肉收縮而運動。

chorea＊　舞蹈病　神經系統疾病，導致人體不同部位肌群的不規則、不自主和無目的的運動，一般認爲是大腦皮質的基底節神經細胞病變所致。西德納姆氏舞蹈病（或聖維杜斯舞蹈病）常常和風濕熱有關。本病多累及五～十五歲的女孩。典型的症狀是抽搐，大部分發生在臉部和四肢，可能會影響到說話和吞咽，症狀輕重不等。常常復發，每次發作的病程約爲數週。亨丁頓氏舞蹈病是一種遺傳性疾病，較爲少見，但預後不佳。發病年齡多在三十五～五十歲之間，且隨年齡增長，病情逐步惡化。這些舞蹈病樣動作進展雖不快，但卻經年累進，成爲一種無目的的、不能控制的而且常常是劇烈的痙攣性抽搐。從發病到死亡，大約在經過十～二十年，本病尚無有效療法。老年性舞蹈病是一種源於腦血管病變的進行性疾病，和西德納姆氏舞蹈病相似。

choreography　舞蹈術　創作和編排舞蹈的藝術。本字由希臘文「舞」(dance)及「寫」(write)的原義演變而成，意指舞蹈的文字記錄。到了19、20世紀，此字轉爲舞蹈創作，而原意「舞蹈的文字記錄」則以舞譜稱之。16世紀的法國舞蹈大師將該國社交舞編成一種新的舞蹈形式（宮廷芭蕾）。17世紀時，這種舞蹈變得更複雜，並由受過訓練的專業人員表演戲劇芭蕾。18世紀後期編舞家諾維爾和安吉奧利尼以舞蹈術結合表情豐富的啞劇和舞步創造出劇情芭蕾。19世紀由佩季帕、佩羅和布農維爾等編舞家進一步把它發展爲浪漫芭蕾。20世紀從俄羅斯芭蕾舞團的編舞家開始，舞蹈術發生了急劇的變化，有些編舞家以舞者的即興表演爲素材，有些則在排演前設計好每個動作，這些編舞大師包括：福金、馬辛、巴蘭欽、葛蘭姆、阿什頓、羅賓斯、康寧漢和撒普。亦請參閱Ailey, Alvin, Jr.、de Mille, Agnes (George)、Lifar, Serge。

chorus　合唱隊　古希臘戲劇中，歌隊係指用歌唱、舞蹈和朗誦來形容和解釋主要劇情的一組演員。合唱隊表演起源於酒神讚歌中紀念酒神戴奧尼索斯的演唱，自此一直主宰了希臘戲劇到西元前5世紀中期爲止，當時艾斯克勒斯加進第二個演員，並把合唱隊隊員從五十人減到十二人。隨著個人演員的重要性增加，合唱隊逐漸消失。在現代戲劇中再度復甦，如歐尼爾的三部曲《哀悼》（1931年上演）和艾略特的《大教堂凶殺案》（1935）。歌舞合唱隊在音樂喜劇中變得越來越突出（特別是在20世紀），原本只是娛樂性的，後來是爲了加強劇情發展。

Choshu＊　長州　日本的藩，與薩摩藩結盟一起推翻德川幕府，並由天皇帶頭創建一個新政府。由於手上握有並精通先進的西方武器，所以薩摩－長州同盟能打敗幕府軍隊，使天皇能夠掌權，1868年開始明治維新。

Choson dynasty＊　朝鮮王朝　亦稱李朝（Yi dynasty）。朝鮮最後的、也是統治時間最長的一個王朝（1392～1910）。此時對中國文化的影響甚鉅。並把新儒學作爲國家和社會的意識形態。16世紀末期和17世紀初期，分別遭受到日本和滿洲的侵略，破壞慘重。歷經一個世紀，國勢好轉。19世紀末，朝鮮成爲列強角逐的場所。1910年日本正式呑併朝鮮，李朝的統治告終。李朝時代創制諺文及建立新的貴族「兩班」。

Chott el Hodna ➠ Hodna, Chott el-

Chou dynasty ➠ Zhou dynasty

Chou En-lai ➠ Zhou Enlai

Chou-kung ➠ Zhougong

Chouteau, (René) Auguste＊　舒托（西元1749～1829年）　美國皮毛商人和聖路易的創建者之一。幼時雙親仳離，後來隨其母和她的情人利蓋特（1724?～1778）到密蘇里準州發展，1764年舒托與利蓋特共創了聖路易。兩人在此建立了皮毛生意，生意興隆。1778年利蓋特去世，舒托繼承其皮毛生意並擴大經營。1803年美國購買路易斯安那後，他受任爲新成立的準州法院三個法官之一。此後舒托擔任過許多公職，可是他的主要興趣一直在商業上。死時爲聖路易最富有的公民。

chow chow　鬆獅狗　亦作chow。原產於中國的品種，其歷史可追溯到漢代乃至更早，可能是中國最古老的品種之一。鬆獅狗的特點是舌爲藍黑色。其名顯然來自19世紀用以稱呼來自東方的貨物的一個英語詞。體壯，頭大；被毛厚，在頸部尤爲稠密，形如環狀皺領。顏色單一，深淺不同，如紅棕色、黑色或藍灰色。成年者體高約46～51公分，體重約23～27公斤。對主人忠實，對生人則冷淡。

鬆獅狗
Sally Anne Thompson

Chrétien, (Joseph-Jacques) Jean＊　克雷蒂安（西元1934年～）　加拿大總理（1993年起）。生於勞工階級家庭，十九個子女中排行十八。在拉瓦爾大學攻讀法律，1958年奉召出席魁北克議會。1963年首次當選衆議院議員，之後連續當選，一直到1984年。在皮爾遜和杜魯道連續兩屆政府中擔任過許多職位，其中包括任財政部長（1977），此前還沒有法裔加拿大人任此職。1990年重又選入國會，同年接任加拿大自由黨黨主席。由於主張統一的加拿大，所以在1993年全國大選中以壓倒性勝利當選加拿大總理。繼而在1997和2000年兩度連任。

Chrétien de Troyes＊　克雷蒂安・德・特羅亞（創作時期西元1165～1180年）　法國詩人。以五首描寫亞瑟王的傳奇故事而聞名，這些作品是《艾萊克》、《克里賽》、《朗斯洛》（或《坐刑車的騎士》）、《伊萬》（或《帶獅子的騎士》）、《伯斯華》（或《聖杯故事》），也可能是一個非亞瑟王傳奇故事的作者。他以方言寫作，傳奇故事取材自蒙茅斯的傑弗里的作品，把個別的冒險行動加入有條有理的故事中。他的作品發表後，其他法國詩人爭相摹仿，並在後幾個世紀裡被廣爲翻譯和改寫。亦請參閱Arthurian legend。

Christ, Church of　基督會　基督教保守派教會。主要存在於美國中西部及西、南部各地。各個地方教會都稱基督會，信徒一律稱基督徒。各個教會實行自治，設有長老、執事、一位或多位牧師之職。除地方教會外再無組織形式。這些教會反對成立聯合傳教組織，但各個教會往往單獨資助傳教士在國外一百個地區進行活動。基督會辦有二十一所文科大學和多所中學，學校設《聖經》課。有的教會出資編排廣播和電視節目，出版報紙，主辦孤兒院和養老院。基督會無信綱，只相信基督體現上帝，唯有《聖經》特別是《新約》才是上帝意旨的啓示，才是信仰和實踐的準則。基督會不參與會派聯合活動。

Christchurch　基督城　紐西蘭南島東部城市。1850年建立，爲典型的英國聖公會殖民地，是由韋克菲爾德和他的紐西蘭公司策劃的最後和最成功的一次殖民計畫。現爲該國第二大城市和重要的工業中心。港口利特爾頓在市東南，城市1/8地區闢爲娛樂區，有「平原花園城」之稱。市內有林肯大學（1990）、基督學院和坎特伯里大學（1873）。人口約313,969（1996）。

Christian, Charlie　克里斯琴（西元1916～1942年）　原名Charles Christian。美國爵士樂吉他演奏家，最早利用電子擴音設備進行即興作曲的作曲家之一。雖然他的錄音生涯非常短暫，但把吉他提高到了獨奏樂器的地位。幼年隨父親學習音樂，後作爲罕見的天才吉他演奏家在中西部獲得聲譽。1939年參加班尼固德曼的樂團。1941年患肺結核病，次年去世。他的演奏具有少見的獨創性，和聲預示了咆哮樂風格。公認他是跨越搖滾樂及其後的咆哮樂兩個時期的主要獨奏家之一，在半音爵士樂的創作與演奏中與查理帕克和迪吉葛雷斯比等人齊名。

Christian II　克里斯蒂安二世（西元1481～1559年）　丹麥和挪威國王（1513～1523），瑞典國王（1520～1523）。1513年繼父王約翰爲丹麥和挪威國王。1517年他決定征服瑞典，打敗了瑞典的攝政王軍隊，1520年加冕爲瑞典國王。然而，他下令屠殺瑞典的貴族（斯德哥爾摩血案），這次大屠殺激起反丹麥的瑞典獨立戰爭，1523年瑞典獨立，卡爾馬聯合宣告結束。是年，丹麥也爆發叛亂，逼使克里斯蒂安流亡尼德蘭。1531年企圖興兵奪回他的王國，翌年爲丹麥軍逮捕，之後被囚於丹麥城堡，度過餘生。

Christian III　克里斯蒂安三世（西元1503～1559年）　丹麥和挪威國王（1534～1559）。爲腓特烈一世的長子，腓特烈一世在發動宮廷戰爭後，奪取了王國。克里斯蒂安三世幼年受路德派教育，熱衷新教。即位後逮捕反對他的天主教主教，並在1536年成立哥本哈根議會，沒收教會財產，確立路德派爲國教。他透過加強宗教與王權的密切關係奠定了17世紀丹麥君主獨裁政權的基礎。

Christian IV　克里斯蒂安四世（西元1577～1648年）　丹麥和挪威國王（1588～1648）。1588年繼承其父腓特烈二世的王位，但在1596年加冕以前一直由攝政團治理國家。他加冕以後極力限制政務會議的權力。他領導了兩次對瑞典的戰爭，不是很成功，並把瑞典拖入三十年戰爭，帶給國家災難。最後他被迫接受增加貴族的權力，這些貴族長期以來一直反對他的好戰政策。

克里斯蒂安四世，油畫，艾澤克茲（Pieter Isaacsz）繪於1612年；現藏丹麥弗雷德里克斯堡
By courtesy of the Nationalhistoriske Museum paa Frederiksborg, Denmark

然而，他大力促進貿易和海運，也是城市的偉大創建者，爲該國留下優美的建築遺產，被公認是最受歡迎的丹麥國王。

Christian IX　克里斯蒂安九世（西元1818～1906年）　丹麥國王（1863～1906）。1842年克里斯蒂安與丹麥國王腓特烈七世（無嗣）的表妹結婚。1863年由他繼承丹麥王位。他在丹麥民衆情緒的壓力下，簽署了十一月憲章，把什列斯威併入丹麥，結果引發1864年與德意志諸公國的戰爭。戰後，他不得不向民主勢力屈服，任命一個多數派內閣，這一轉變帶給丹麥一個全面的議會制政府。

Christian X　克里斯蒂安十世（西元1870～1947年）　丹麥國王（1912～1947年）。是第二次世界大戰時期丹麥人民反抗德國占領的象徵人物。腓特烈八世（1843～1912）的長子，1912年其父逝世，由他繼位。1915年他簽署了新憲法，規定實行議會兩院制，男女同有選舉權。第二次世界大戰期間德軍占領丹麥後，他於1942年拒絕納粹要他通過反猶太人立法的要求。1943年他發表演說反對德國占領軍，因而入獄，戰爭結束時獲釋。

Christian caste　基督教徒種姓制度　印度基督教徒中保持的社會階層，這種階層是以本人或祖先信奉基督教時的種姓等級而定的。印度基督教會社是按地區、教派和種姓畫分的。馬拉巴沿岸的敘利亞基督徒，可溯自西元1世紀的一些皈依基督教但出身高貴並保持中等種姓地位的人士。16世紀葡萄牙傳教士們勸服較低階層的漁民改信基督教。這和敘利亞的基督徒們不同，傳教士們採取了截然不同的對待態度。19世紀，大批新教傳教士到印度傳教，並宣傳社會改革，結果大多數入教的是社會最低層的人。現在，印度基督徒中的種姓區分正隨其他宗教中的種姓區分而迅速瓦解。

Christian Democracy　天主教民主　亦稱基督教民主。同天主教和其哲學、社會、經濟公平原則有密切關係的政治運動。它結合了傳統的教會、家庭價值觀和進步的價值觀（如社會福利）。第二次世界大戰後，歐洲出現一些天主教民主黨派，其中包括：義大利的天主教民主黨（參閱Italian Popular Party）、法國的人民共和運動和最成功的德國的基督教民主聯盟。同一時期在拉丁美洲也出現了一些天主教民主黨派，雖然大部分是小的少數派政黨，但最後在委內瑞拉、薩爾瓦多和智利取得了政權。

Christian Democratic Party　天主教民主黨　義大利中間派政黨，其幾個派系靠天主教教義和反共產主義聯合在一起。1943年成立，義大利人民黨（1919年成立）是其前身。從第二次世界大戰到1990年代中期，天主教民主黨在大部分時間裡支配著義大利的政治。在該黨部分領導人捲入經濟醜聞和政治貪瀆後，掙扎中的天主教民主黨於1993年又回復原先的名字。在翌年的議會選舉中，義大利人民黨失勢。亦請參閱Christian Democracy。

Christian Democratic Union (CDU)　基督教民主聯盟　德國政黨。主張調節性的經濟競爭，並在外交政策方面同美國密切合作。從1948年西德成立共和國起至1969年爲西德的執政黨，1982～1969年再度當政。1990年與總理柯爾監督完成德國的統一。隨後幾年中以基督教民主聯盟爲首的聯合政府面臨大衆對統一後經濟負擔的不滿，但在1994年的選舉中聯合政府繼續掌權，只是席次減少。1999年爆發多樁金融貪污案嚴重損害該黨和前總理柯爾的名聲。亦請參閱Adenauer, Konrad、Christian Democracy。

Christian Science　基督教科學派　正式名稱Church of Christ, Scientist。西元1879年由愛迪在美國波士頓創立的宗

教。如其他基督教教派一樣，基督教科學派承認《聖經》上的神的萬能和權威（但並非一字不錯），並認爲耶穌被釘死在十字架上和復活對人類的救贖是必需的。但與傳統基督教不一樣的是，承認耶穌的神性，但不認爲他是神，並認爲創世整體上是超俗性的。罪惡否定了神的主宰權，主張生命源自物質。疾病的精神治療是從肉體解脫的必要因素。大部分會員拒絕用藥醫治疾病，加入全天候治療服務的會員稱基督教科學派醫療師。星期日由選派的朗讀者帶領大家閱讀《聖經》和愛迪的著作《科學和健康》（1875）。亦請參閱New Thought。

Christian Science Monitor, The　基督教科學箴言報　由基督教科學派主辦，在波士頓出版的日報（週六、週日不出報）。該報是爲了抗議當時流行的報刊充斥聳人聽聞的報導，而依該派創始人愛迪的主張，於1908年創辦的。該報以對新聞報導的精心處理和對政治、社會和經濟發展的高瞻遠矚和綜合性評估的質量而聞名。是最受重視的美國報紙之一。它只接受有限的全國性廣告。1980年代初期發行幾個地區版，在英國發行週刊國際版，1988年開始發行新月刊《世界箴言報》。

Christian Social Union (CSU)　基督教社會聯盟　德國保守的政黨，由天主教和新教的各集團於1946年在西德巴伐利亞建立，主張自由企業、聯邦主義和基督教的原則下建立統一的歐洲。從1946年以來，基社聯盟一直控制巴伐利亞州政府，僅1954～1957年除外。在全國選舉方面，它一貫同基督教民主聯盟緊密合作。

Christian Socialism　基督教社會主義　19世紀中葉歐洲基督教活躍人士企圖把社會主義的根本目標與基督教的宗教及倫理信念結合起來的社會運動，主張以合作取代競爭來幫助窮人。此詞源自1848年的人民憲章運動失敗後的英國。法國和德國人士隨後跟進，德國團體把這種活動與排猶主義結合。20世紀初，此運動逐漸在美國消失，但在歐洲仍占有重要地位。

Christiania　克里斯蒂安 ➠ Oslo

Christianity　基督教　西元1世紀由巴勒斯坦的拿撒勒人耶穌基督創立的宗教。此宗教的聖典是《聖經》，特別是《新約聖經》。其主要教義是：耶穌是上帝之子（聖三位一體的第二人），上帝對這個世界的愛是耶穌存在的必要因素，耶穌爲救贖人類而死。基督教原本是猶太人的一種運動，他們接受耶穌是彌賽亞，但此運動很快變爲非猶太人的信仰。早期教會是由使徒聖保羅和其他早期基督教傳教士、神學家建立的；在羅馬帝國時期受迫害，但君士坦丁一世支持它，成爲第一個信奉基督教的皇帝。耶穌死後兩千年，基督教已分裂爲許多支派，並繼續分枝下去。幾個大的分支包括：天主教、東正教和新教。幾乎所有的基督教教會都有按立的神職人員，這些人通常是（但不全是）男性。神職人員帶領集體作崇拜儀式，並在某些教會被視爲俗人階級和神之間的溝通媒介。大多數基督教教會執行兩種聖禮儀式：洗禮和聖餐。現在全世界約有將近二十億基督教教徒，分布於各大洲。

克莉絲蒂，攝於1946年
UPI

Christie, Agatha (Mary Clarissa)　克莉絲蒂（西元1890～1976年）　受封爲阿嘉莎動爵士（Dame Agatha）。英國女偵探小說家、劇作家。處女作《史岱爾莊謀殺案》（1920）以比利時偵探白羅爲主角，這個人物曾在她的二十五部長篇小說中出現。她塑造的另一個偵探是老處女珍．瑪波小姐，最先見於《牧師公館謀殺案》（1930）。所寫的七十五部長篇小說大都是暢銷之作，已翻譯爲一百多種語言，其作品已銷售一億本以上。劇本《捕鼠器》（1952）創下在一個劇院連續上演時間最長的世界記錄。另一劇本《爲檢察官作證》（1953）改編爲電影（1958），深受群衆歡迎。曾離過一次婚，1930年與考古學家馬洛溫爵士再婚。

Christie's　克里斯蒂公司　即佳士得公司，正式名稱克里斯蒂－曼森－伍茲股份有限公司（Christie, Manson & Woods Ltd.）。是世界最古老的藝術拍賣公司。1766年由詹姆斯．克里斯蒂（1730～1803）創辦於倫敦佩爾梅爾大街。因之，克里斯蒂結識了根茲博羅、雷諾茲等許多藝術家和工藝美術家。他的拍賣行也就變成藝術品收藏者、古董商和時髦人物的聚會之地。克里斯蒂公司舉辦過多次歷史性的銷售活動，其中包括：1778年爲把華爾波爾的收藏藝術品出售給俄國女皇凱薩琳大帝時所進行的談判。1973年克里斯蒂公司成爲一家公開發行股票的企業，現在全世界各地有分公司。

Christina　克里斯蒂娜（西元1626～1689年）　瑞典語作Kristina。瑞典女王（1644～1654）。父爲古斯塔夫二世，她即位後積極締結「西伐利亞和約」和設法結束了三十年戰爭。統治瑞典十年後，她突然主動遜位，此舉震驚歐洲，她對外聲稱因健康不佳，還有她覺得統治國家對一個女人而言太沈重。其實眞正的理由是對婚姻反感和祕密改信天主教（瑞典禁止的宗教）。她遷居羅馬，後來企圖謀取那不勒斯和波蘭王位，但都不成功。她天性聰慧，學識淵博，也酷愛藝術，慷慨贊助藝術活動，對歐洲文化有很大影響。

克里斯蒂娜，版畫，菲斯海爾（Cornelis Visscher）製；索特曼（P. Soutman）發行（1650）
By courtesy of the Svenska Portrattarkivet, Stockholm

Christine de Pisan　克里斯蒂娜．德．皮桑（西元1365?～1431?年）　亦作Christine de Pizan。法國作家。父親是查理五世的占星家，後來與宮廷祕書結婚。婚後十年丈夫去世，爲撫養三個幼兒開始寫作。最初的詩作是一些描寫失戀的抒情詩，以表達對亡夫的懷念。這些詩篇寫得很成功，使她繼續創作抒情詩、迴旋詩、小故事詩和悲歌，在這些作品中，她典雅而眞誠地表露了自己的感情。在《婦人城》（1405）中，她描寫的婦女以其英勇與貞淑而名揚世界。克里斯蒂娜還寫了一本記述查理五世的言行錄，以及受聖女貞德早期勝利影響而作的傳記（1429）。

Christmas　聖誕節　基督教節日，訂在12月25日，紀念耶穌基督的誕生。西元336年在羅馬慶祝，訂在12月25日極可能與慶祝冬至日、正義之神密斯拉的生日有關。尋歡取樂、互相饋贈禮物的習俗源自12月17日的農神節。古羅馬人在元旦用青枝綠葉和燈火裝飾房屋，並向兒童和窮人贈送禮物。日耳曼人和塞爾特人帶來燃燒大塊柴木、品嘗糕餅、張掛樹枝、陳放樅樹、來往饋贈等禮俗。聖誕節現在已被視爲家人團聚的節日，因兒童的主保聖人聖尼古拉（即聖誕老人）之故，在許多國家都有交換禮物的習慣。聖誕節也逐漸成爲世俗節日，許多非基督徒加入慶祝行列。

Christmas tree　聖誕樹　用燈燭和裝飾品把樅樹或洋松裝點起來的常青樹，作爲聖誕節慶祝活動的一部分。古代埃及、中國和希伯來人以常青樹、花環和花飾來象徵永恆的生命。近代聖誕樹起源於德國。德國人於每年12月24日（即亞當和夏娃節）在家裡布置一株樅樹（伊甸園之樹），將薄餅乾掛在上面，象徵聖餅（基督徒贖罪的標記）。18世紀，這種風俗在德國路德派信徒中頗流行。早在17世紀聖誕樹即由德國移民帶到北美，至19世紀才廣爲流行。19世紀初，聖誕樹傳到英國，19世紀中葉維多利亞女王的丈夫艾伯特加以推廣才普及。

Christo 克里斯托（西元1935年～） 原名Christo Javacheff。保加利亞裔美國環境藝術家。曾就讀於保加利亞索非亞美術學院。1958年移居巴黎，發明了一種用各種材料纏繞物體的藝術。他還開始利用罐頭和瓶子來創作，並把這種創意擴大運用到建築物和景觀工程。1964年他遷往紐約。其宏偉的設計有《谿谷之幕》（1972，科羅拉多州賴夫爾峽）和《跑動的圍柵》（1976，加州馬林縣與索諾馬縣）。1995年用金屬銀色纖維包纏柏林國會大廈。克里斯托所創作的大型的、多爲戶外的雕刻均爲暫時性的，需要數以百計的助手協助工作，環境主義者對他的作品頗有爭議，但大部分被批判地接受。自1961年後，大部分作品是與妻子琴－克勞德（1935～）合作。

Christopher, St. 聖克里斯托弗（活動時期約西元3世紀） 旅行者和乘坐汽車者的主保聖人。據說他在羅馬皇帝德西烏斯（卒於251年）在位時期於呂西亞殉教。據傳他身材高大，信奉基督教後專門背負人過河。一次他背負一兒童過河，到了河中央，兒童突然變得很沈重，當他抱怨時，兒童告訴他揹負的是基督和全世界的罪，所以取名「Christopher」（希臘文意爲背基督的人）。這段歷史令人存疑。

Christus, Petrus＊ 赫里斯特斯（西元約1410～1475/76年） 法蘭德斯畫家。據載，1444年曾在布魯日工作，受到艾克的影響。以感性的肖像畫聞名，但最重要的貢獻是把幾何透視法引進低地國家。其在美術史上的意義主要是非常注重對空間的明確處理，所作《聖母與聖哲羅姆和聖方濟》是第一幅只有一個滅點的尼德蘭繪畫。

chromaticism＊ 半音應用 使用調式或自然音階以外的音，以加強旋律或和聲緊張度及渲染它們色彩的作法。19世紀末，半音應用的增強威脅到功能和聲的繼續存在。早在華格納的作品中，他就大量地使用半音，使人不能立即聽出調的進行方向。華格納以後的法朗克和雷格等人的作品中，調性的穩定性讓位於模糊的、半音關係的和弦。20世紀初，荀白克和其他人進一步完全摒棄含有自然的大、小調音階，主張用十二音或半音音階，其中無任何音居主導地位。其他人，包括史特拉汶斯基和普羅高菲夫，則把自然音階和半音階自由地結合使用。

chromatography＊ 色層分析法 又譯色譜法。利用不同化學物質在氣流或液流中被固定物質吸附的速率不同而將它們分離的方法，1903年首度由俄國植物學家茨維特提出，他用於分離有色的化合物（由此得名）。但他的工作被忽視多年，直到1930年代才又獲重視，色層分析法基於對惰性液流或氣流所載各種組分的吸附力有所不同，因此對它們的阻滯或保留時間也不同，從而具有使它們分離的能力。進行色層分析時，使含有未知混合物的氣體或液體（流動相）在一種表面積很大的吸附劑（固定相）的上面或內部通過。混合物的各組分則被固定相分離，然後分別進行鑑定。最原始的技術是將有機溶液由頂端加入粉末狀氧化鋁柱，並用一種有機溶劑來淋洗該柱，以分離植物色素混合物。現代採用的方法則有紙色層分析法、薄層色層分析法、液相色層分析法（包括高效液相色層分析法）和氣相色層分析法。其中一些還停留在實驗階段，但一些（特別是高效液相色層分析法）已應用到工業上。他們需要不同的方法來偵測或鑒定分離出來的成分，包括比色法、分光光度學、質譜測定法，以及螢光、電離電勢或熱傳導等測量法。1952年的諾貝爾化學獎得主馬丁（與辛格共獲）發展了液相色層分析法和紙色層分析法，並在諾貝爾頒獎典禮上演講時宣布研發了氣相色層分析法。

chromite 鉻鐵礦 鉻和鐵的氧化物（$FeCr_2O_4$）礦物，相當堅硬，色黑，是工業鉻的主要來源，鉻鐵礦一般呈脆性塊體出現於橄欖岩、蛇紋岩以及其他基性火成岩和變質岩中。主要產區在南非、俄羅斯、阿爾巴尼亞、菲律賓、辛巴威、土耳其、巴西、印度及芬蘭。

chromium 鉻 週期表VIb族金屬化學元素，是過渡元素之一，化學符號Cr，原子序數24。鉻是質硬、可高度拋光的青灰色金屬。加入合金中可提高其強度和耐腐蝕性。原子價通常爲2、3或6，總是與其他元素特別是氧結合成化合物，廣泛分布於天然礦藏中。鉻鐵礦是唯一的重要工業礦物。綠剛玉、蛇紋石和鉻雲母的綠色和紅寶石的紅色均因含鉻所致。鉻酸鈉和重鉻酸鈉用於鞣革、金屬表面處理，以及用作各種工業過程的催化劑。三氧化鉻主要用於鍍鉻，但也用於陶瓷上色。三氧化二鉻是綠色粉末，廣泛用作顏料，它的水合物（叫做吉格特綠）適合作耐化學、耐熱顏料。

chromodynamics ➠ quantum chromodynamics (QCD)

chromosomal disorder 染色體疾病 因染色體的異常導致的症候。正常情況下，人類有二十三對染色體，其中包含一對性染色體。這一格局的任何變異均可導致疾病。四十六條（二十三對）染色體中的任何一條均可被複製而出現一個三倍體，或有一條缺失而出現一個單倍體；另外，全套二十三對染色體都可能成爲三倍體，甚至成爲多倍體；一條染色體二條臂中的一條臂，或一條臂的一部分可以丟失（缺失）。一條染色體的一部分還可能轉移到另一條上面（易位）。所導致的疾病包括唐氏症候群、精神發育遲緩、心臟畸形、性發育異常、惡性腫瘤和性染色體異常（如特納氏症候群、克蘭費爾特氏症候群）。新生兒得到染色體疾病的比率是0.5%；現在有許多染色體疾病可在胎兒出生前透過羊膜穿刺術檢查出來。

chromosome 染色體 細胞核中載有遺傳訊息（基因）的物質，在顯微鏡下呈線狀。染色體的結構和位置是兩類細胞－－原核細胞和眞核細胞－－之間主要區別之一。每種生物的細胞都有其特定的染色體數目。人類共有二十二對常染色體和一對性染色體。人類的染色體主要由去氧核糖核酸（DNA）構成。在細胞分裂期間，所有染色體都以同樣方式進行分裂、複製。在有性繁殖生物種，生物體的體細胞染色體數目均爲二倍體（成對分布）；而配子，或者說性細胞（卵子與精子）則爲單倍體，其染色體數目僅是體細胞的一半，在減數分裂期間形成。在受精時，兩種配子結合產生合子－－含有一套二倍體染色體的單個細胞。

chromosphere 色球 太陽大氣的最底層，厚度爲幾千公里，位於明亮的光球之上和密度很低的日冕之下。在日全蝕時，太陽幾乎完全被月球遮住，色球看起來就像一個發出紅色氫光的亮月牙，因而被取名爲色球。在日蝕以外的其他時間，只有用太陽攝譜儀或日冕儀的專門儀器才能觀測色球。色球的溫度隨高度的增加而增加，大約從4,500K上升到100,000K，太陽耀斑和日珥都是色球的一些主要現象。

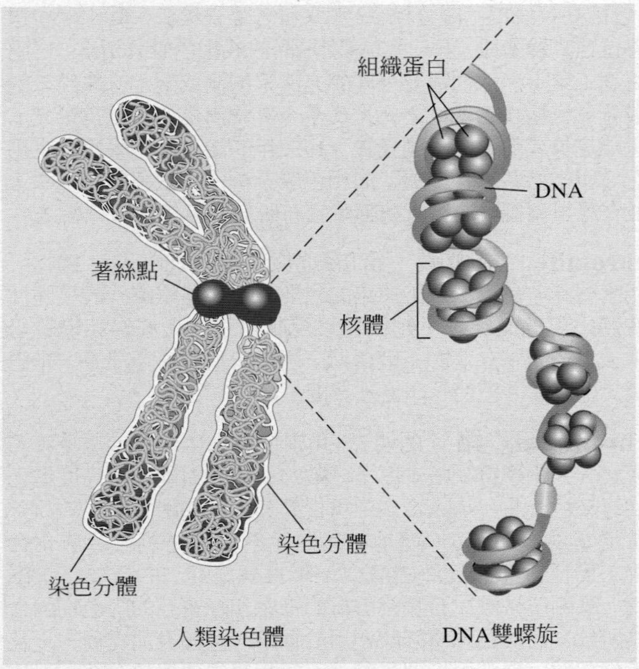

人類染色體及盤繞的去氧核糖核酸特寫。在細胞剛分裂之後，去氧核糖核酸以疏鬆的展開股存在，複製形成兩條子股（染色分體）於著絲點處結合。在細胞分裂的第一階段，去氧核糖核酸在結合蛋白（組織蛋白）周圍纏繞，成為高度盤繞的緻密結構，稱之為桿狀染色體。在細胞分裂之後，去氧核糖核酸展開；以相關的蛋白質展開的染色體稱為染色分體。

chronic fatigue syndrome (CFS)　慢性疲勞症候群 不明原因的突然虛弱疲勞，常伴低熱，咽喉痛，淋巴結腫大、肌肉酸疼乏力，關節疼痛，頭痛，失眠，不安，記憶力減退，偶伴視力障礙。長期以來，人們把這種情況僅僅看成是一組症候群，而非一種獨立的疾病。應該說，這個問題至今仍無定論，而且缺乏科學的診斷技術和標準。與之糾纏不清的疾病有：慢性艾普斯坦－巴爾二氏病毒感染，肌型腦脊髓炎。病因不明，學說頗多，但都證據不足。預後好。絕大部分患者可逐漸好轉，部分可完全痊癒，極少會病情遷延加重。

chronicle play　歷史劇 亦稱history play。一種借古諷今的說教性的史劇。歷史劇是從中世紀的道德劇發展而來，在民族情感強烈時期盛行，特別是在1580年代的英格蘭，但到了1630年代之後漸漸過時。早期歷史劇包括《亨利五世著名的勝利》和《理查三世的眞實悲劇》。隨著馬羅的作品《愛德華二世》和莎士比亞的作品《亨利六世》的出現，這種體裁趨於成熟。

chronometer＊　時計 一種準確的計時裝置，尤其是指用來測定海上經度的一種（參閱latitude and longitude）。早年用重量和擺來操作的鐘，由於溫度變化和船的運動，所以在海上很不準確。1735年英國木匠哈利生發明並製造了四具實用的海上計時器。現代時計大致說來是一巨大、沈重而製造優良的錶，掛在平衡環（用軸承相連的兩個環）內，所以無論船身如何傾斜，它都能平衡而保持水平，其機械功能也和平常的錶稍有不同。現代時計的準確度已可達到每天在0.1秒以內。亦請參閱Berthoud, Ferdinand。

Chrysander, (Karl Franz) Friedrich＊　克里贊德爾（西元1826～1901年） 德國音樂歷史學家和評論家。早年是私人教師，但對音樂有強烈興趣，曾從事作曲和音樂評論及研究。1853年出版關於神劇與民歌的論文。與斯皮塔和阿德勒為19世紀音樂學的先驅。寫有大量有關18、19世紀作曲家和範圍廣泛的有關音樂的隨筆和文章，但最偉大的計畫是完成韓德爾傳記的第一、二卷，他從1858年就開始撰寫，一直到1894年。

Chrysanthemum＊　菊屬 菊科的一屬。約一百種，多可供觀賞，主要原產舊大陸亞熱帶及溫帶地區。栽培種的頭狀花序較野生種大得多。該屬多數植物葉芳香，互生。頭狀花序上盤花和邊花同時存在或缺邊花。該屬受人喜愛的觀賞植物如紅花除蟲菊、木茼蒿、菊、小白菊、珍珠菊、沙斯塔雛菊（大濱菊的雜交種）、C. balsamita、C. vulgare等。小白菊除藥用外，和紅花除蟲菊均可用製殺蟲劑。

Chrysler Building　克萊斯勒大廈 紐約市的一幢摩天樓，建於1926～1930年，凡・阿倫設計，是裝飾藝術的典型，以其光耀奪目的不銹鋼尖頂成為曼哈頓島上天際輪廓線的特色之一。在1931年帝國大廈建成以前為世界上最高的建築（319.4公尺）。內外部裝飾以幾何形為主，並應業主華爾特・克萊斯勒的要求，按照汽車頭上的標誌（墨丘利神像）用不銹鋼製成裝飾部件。

Chrysler Corp.　克萊斯勒汽車公司 美國汽車公司，始建於1925年，1986年改組重新註冊。最初由華爾特・克萊斯勒（1875～1940）創立，把它建造為全國第二大汽車製造商，以製造順風、道奇、克萊斯勒轎車聞名。1970年代克萊斯勒公司陷於嚴重的財務困境，1980年謀求並獲得美國政府擔保的貸款；在艾科卡的領導下，公司在1983年底還清了此項貸款。1998年與德國戴姆勒－賓士（朋馳）有限公司合併為戴姆勒－克萊斯勒有限公司。

Chrysostom, St. John＊　聖約翰・克里索斯托（西元約347～407年） 古代基督教教父、解經家和君士坦丁堡大主教。出生於敘利亞，自幼受基督教教育，原本在隱修，後因健康不佳，返回安提阿，擔任助祭。後來在一場暴動中，以一系列傳教演說平息了市民的心情（因而博得「金口約翰」之稱）。西元398年勉強奉召到君士坦丁堡任主教。他關懷窮人並猛烈抨擊濫用財富的行為，因而得罪有錢有勢者。403年亞歷山大里亞大主教狄奧菲魯斯召開一次宗教會議審判他，給克里索斯托加上二十九條莫須有的罪名，並把他流放到亞美尼亞。他在被轉解到更遠的黑海東岸時，死於押解途中。438年他的骸骨被帶回君士坦丁堡，教會替他平反了冤屈。

聖約翰・克里索斯托，鑲嵌畫，繪於12世紀；現藏巴勒摩巴拉丁禮拜堂

Anderson－Alinari from Art Resource

chrysotile＊　纖蛇紋石 亦稱溫石綿。為纖維狀的蛇紋石，是最重要的石綿礦物。單個纖維是白色的，具絲絹光澤，但礦脈中集合體的顏色通常是綠的或淺黃的。纖蛇紋石具有很高的抗張強度，類似其他的石綿礦物（參閱amphibole asbestos）。最大的礦床在魁北克和俄羅斯的烏拉山。

Chu　楚 亦拼作Ch'u。西元前770～西元前221年間在中國爭奪霸權的諸侯國之一。楚國於西元前8世紀在長江（揚子江）谷地崛起，當時並不隸屬於中國。西元前3世紀楚國與其他諸侯國爭奪控制中國的最高統治權，但敗給秦國，後者成為中國歷史上第一個帝國。

Chu Hsi ➠ Zhu Xi

Chu-ko Liang ➠ Zhuge Liang

Chu Teh ➠ Zhu De

Ch'u Yuan ➠ Qu Yuan

Chu Yuan-chan ➠ Hongwu emperor

Chuan Leekpai　乃川；呂基文（西元1938年～） 泰國總理（1992～1995、1997～2001）。爲教師之子，後來擔任律師，並於1969年首度當選爲國會議員。曾擔任多項政府職位，1992年當上總理，當時前任總理由於泰國日益惡化的經濟危機所導致的街頭暴動而辭職下台。1995年大選時落敗，大致上是因爲民衆認爲他所領導的政府步調過於緩慢，但是他又在1997年重獲執政權。他是泰國首位沒有貴族或軍隊撐腰的總理。

Chuang-tzu ➠ Zhuangzi

chub　鰱 鯉科魚類中數種淡水魚類的通稱，通常分布於歐洲和北美洲，是一種良好的餌魚，體型大者可做爲垂釣或食用。歐鰱是一種頗受歡迎的垂釣魚，主要分布於歐洲和英國的河流中；以昆蟲、植物和其他魚類爲食。在北美，分布最廣的是溪鰱和角頭鰱。這些種類體長可達15～60公分，顏色很多，通常身體上部爲藍、綠色，底部爲銀色。其他許多不相干的魚類有時也叫做鰱。

歐鰱
W. S. Pitt – Eric Hosking

Chubut River　丘布特河 阿根廷南部河流。源出安地斯山脈，大致向東南流，在帕索－德印第奧斯折向東北，注入大西洋。全長810公里，不通航。但下游流域受其灌溉之利，有生產富饒的農業區。

Chuckchi ➠ Siberian peoples

Chuikov, Vasily (Ivanovich)＊　崔可夫（西元1900～1982年） 蘇聯將軍。農民家庭出身，十八歲加入紅軍，1919年加入共產黨，後入軍事學院深造。曾參加蘇軍進駐波蘭（1939）和蘇芬戰爭（1939～1940），並任蘇聯駐中國大使館武官，直至第二次世界大戰時調往史達林格勒指揮城防。在史達林格勒戰役中，他打退了希特勒軍隊，並率蘇軍開始反攻，追擊到柏林。1945年他在柏林接受德軍投降，戰後留駐德國（1945～1953），1953～1960年任基輔軍區司令，此後在莫斯科歷任軍事要職。

chukar＊　石雞 受歡迎的小型獵禽，學名Alectoris chukar。山鶉的一種。分布於許多國家，原產於歐洲東南部到印度和中國的東北地區；背褐色，兩脇具粗橫斑；喉發白，外圍黑色。

Chula Vista＊　丘拉維斯塔 美國加州西南部城市。位於聖地牙哥灣東岸，聖地牙哥市南方。1888年由聖大非鐵路公司創建，1911年建市。早期爲柑橘種植中心，後轉爲生產蔬菜，聖地牙哥地區發展起航空工業後，該市成爲住宅區。人口約151,963（1996）。

Chulalongkorn＊　朱拉隆功（西元1853～1910年） 亦稱Phrachunlachomklao。謚拉瑪五世（Rama V）。暹羅國王（1868～1910）。繼位時年僅十五歲，二十歲才開始視事。這位年輕的國王採取西方的模式頒布了一系列重大的改革，首先廢除奴隸制度，改革司法和財政，創立指派的立法會議，並革除老舊的行政官僚陋習。爲了避免已經墜入殖民統治的幾個鄰國的厄運，他必須向那些殖民大國表明暹羅是個「文明」國家。即使如此，舊暹羅也未曾平安無事。1907年不得不放棄它在寮國和柬埔寨西部的權利，1909年暹羅將馬來半島四個邦割讓英國。

朱拉隆功
BBC Hulton Picture Library

chum salmon　大麻哈魚 亦稱dog salmon。鮭科有淡色細點的北太平洋食用魚類，學名Oncorhynchus keta。重達3.6公斤。在秋季繁殖季節，沿北美育空河洄游上溯逾3,200公里。春季幼魚孵出數星期後即入海。亦請參閱salmon。

Ch'ung-ch'ing ➠ Chongqing

Chung Yung ➠ Zhong yong

Chungking ➠ Chongqing

Chunqiu　春秋 亦拼作Ch'un-ch'iu。（英語作「春、秋年鑑」）中國第一部編年體史書，魯國所傳下來的歷史，經孔子改訂。《春秋》是儒家學說的五經之一，它敘述魯國從西元前722年以後十二位國君統治下的大事，直到西元前479年孔子逝世爲止。儒者董仲舒宣稱，其中對自然現象的紀錄，如乾旱和日月蝕，乃有意警告未來的統治者，當他們失職時，就將會發生這些異象。由於儒家學者是官方解釋經典的代表，故此書成爲實踐儒家理想的方法之一。註釋此書的《左傳》也非常重要。

church　教堂 基督教徒作禮拜用的建築物。最早的教堂以古羅馬巴西利卡（即長方形會堂）的平面圖爲基礎。在拜占庭、小亞細亞和東歐等地，東正教教堂的平面多爲正十字形，從中央覆有穹窿頂的方形平面上伸出四個同樣大小的側翼（參閱Byzantine architecture）。至11世紀末，教堂平面隨著天主教禮拜儀式的繁複愈加複雜化。14世紀末至16世紀初，義大利在反宗教改革的高潮中對歐洲的教堂建築進行了一次最重大的革新，形成了廳堂式教堂的平面設計，縮短了人與祭壇之間的距離，從而使禮拜者和正在進行的儀式更加接近。直到20世紀中期，西方教堂設計始終以巴西利卡式和廳堂式這兩種平面布置爲主。天主教宗教儀式的改革和許多新教派的革新精神促進了新建築形式的探討，設計者在正十字形平面的基礎上創造出許多新變化，甚至完全脫離了傳統的形式。

church　教會 基督教組織形式。耶穌基督被釘在十字架上復活以後，門徒遵照他的指示，四出傳揚福音，他們吸收大批信徒，並爲這些信徒提供方便。基督教徒受到猶太當局的排斥，就自立組織，形式模仿猶太教會堂。教會逐漸形成以主教制爲基礎的行政機構。教會成立伊始就發生內部爭論，威脅教會的統一，但是在若干世紀內仍能大致維持統一。1054年東西方教會分裂，16世紀宗教改革運動又使西方教會受到打擊，自此教會分裂爲許多團體，其中大多自居唯一眞正教會或聲稱屬於唯一眞正教會。關於教會的性質，傳統以《尼西亞信經》規定的四方面特性爲準，即唯一、神聖、大公、使徒統緒。聖奧古斯丁提出，眞正的教會是無形的，只存在於上帝的心目中。路德認爲眞正教會的成員散在不同的基督教團體內，他們不屬於地上的任何組織。

Church, Alonzo 丘奇（西元1903～1995年） 美國數學家。生於華盛頓特區，普林斯頓大學博士。貢獻在數論、演算法與可計算性的理論，奠定電腦科學的基礎。丘奇原理或稱丘奇命題（另由圖靈獨立提出）的規則說明只有遞迴的功能可以機械化計算，意味算術程序不能用來決定公式化陳述是否與算術定律一致。著有標準教科書《數學邏輯簡介》（1956），協助創辦《符號邏輯期刊》並擔任編輯到1979年。

Church, Frederick Edwin 丘奇（西元1826～1900年） 美國浪漫主義風景畫家。從畫家柯爾學畫，成為哈得遜河畫派的頂尖成員之一。其作品大多描繪尼加拉瀑布、火山爆發和冰山等自然現象。他以純熟的技巧描繪自然風貌，運用光和色彩表現虹、霧和晚霞等自然現象。1849年成為國家製圖學院成員。主要作品有《尼加拉》（1857）、《厄瓜多爾境內的安地斯山》（1855）和《科托帕希》（1862）等。1877年以後，因患風濕症雙手致殘而停止作畫。

church and state 教會與國家 指社會內部政治權力與宗教權力之間的關係。兩者必須區分開來的概念大部分源自基督教，在基督教出現之前，宗教和政治權力一般都集中在同一個人身上。隨著西羅馬帝國勢力的衰微（西元410年左右），教會成為兼有世俗權力和宗教權力的處所。宗教改革運動大大削弱了教會的權力，國家權力開始增強，許多統治者自稱君權神授，理當為教會和國家之首腦。世俗政府的概念是受啓蒙運動思想家的影響，美國和法國革命後的政府即是明證。現在的西歐所有國家都保障個人崇拜的自由，內政和宗教權力截然分開。一些現代的伊斯蘭教國家是以伊斯蘭教法為國家法律。

church modes 教會調式 在音樂中，指全音或半音的八種音階排列的任一種，很可能源於基督教早期聲樂傳統，由世紀理論家歸納而成。東方教會無疑受到古代希伯來調式音樂的影響，其基本聖詠公式早在8世紀即已整編成一套體系；西方教會也保留了一些希臘音樂的概念，用於它自己的目的。在教會調式中，正調式以終止音開始和結束，副調式則介於終止音下方四度與上方五度之間。每一調式不僅以其終止音而且亦以一獨特的屬音（正調式的上方五度音、副調式的三度音）為特徵。多里亞調式的終止音是D、弗里季亞調式的終止音是E、里底亞調式的終止音是F、混合里底亞調式的終止音是G。這四個原始調式都各有一個平行的調式（亞多里亞、亞弗里季亞、亞里底亞、亞混合里底亞）。雖然它們主要採用A-B-C-D-E-F-G的音調，但有一些會以降半音B來取代B音。16世紀末，格拉雷阿努斯從當時的音樂現實出發，提出了阿奧利亞（相當於自然小調音階）及愛奧尼亞（與大調音階相同）兩對新調式，共為十二個調式。

Church of Christ ➠ Christ, Church of

Church of England ➠ England, Church of

Churchill, Randolph (Henry Spencer), Lord 邱吉爾（西元1849～1895年） 英國政治人物。第七代馬博羅公爵的三子。1874年進入下議院。1880年代初期，與其他的保守黨人組成所謂的「第四黨」，鼓吹一種進步保守主義的「托利式民主」。1886年成為下議院的領袖，並擔任財政大臣，但提出的第一個預算案沒有通過後就辭職。雖說他當時似乎註定會成為首相，但這次卻失算，結束了他的政治生涯。他仍待在下議院，但對政治已失去興趣，而把許多時間花費在賽馬上。他的兒子是溫斯頓·邱吉爾。

Churchill, Winston (Leonard Spencer) 邱吉爾（西元1874～1965年） 受封為Sir Winston。英國政治家和作家。他是蘭道夫·邱吉爾的兒子，擁有不快樂的童年，在校時也不被看好。1895年參加第四輕騎兵團後，他同時擔任士兵和記者，從印度和南非傳送回來的報導廣受注意。軍事英雄的名聲有助於他贏得1900年的下議院議員選舉。他很快嶄露頭角，並在幾屆內閣中任職，包括海軍大臣(1911～1915)，但是在第一次世界大戰和往後十年期間卻被批評個性優柔寡斷。在第二次世界大戰爆發之前，他對希特勒領導之德國所產生的威脅提出警告，但一再遭到漠視。戰爭爆發時，他再度被任命為海軍大臣。張伯倫辭職後，邱吉爾以首相身分領導一個聯合政府(1940～1945)。他把自己和國家投入一次全力以赴的戰爭，直到獲得勝利為止。他滔滔不絕的辯才、旺盛的精力、不屈的堅毅性格，鼓舞了英國人的人心，特別是在不列顛戰役中。透過大西洋憲章、開羅會議、卡薩布蘭加會議、德黑蘭會議的磋商，他與羅斯福、史達林一起研擬出同盟國的戰略。雖然他是勝利的總工程師，其政府卻在1945年的選舉中敗下陣來。戰後，他提醒西方國家注意蘇聯擴張主義的威脅。1951年帶領保守黨重掌政權，並擔任首相至1955年，當時他因健康不佳而被迫辭職。寫有許多著作，其中包括《第二次世界大戰》六卷(1948～1953)，於1953年獲頒諾貝爾文學獎；晚期的作品有《英語系民族史》四卷(1956～1958)。1953年封爵，但後來他拒絕接受貴族頭銜。1963年成為美國榮譽公民。晚年，他獲得了20世紀巨人的英雄地位。

Churchill Falls 邱吉爾瀑布 舊稱大瀑布（Grand Falls）。加拿大紐芬蘭省邱吉爾河上瀑布。落差75公尺，瀑布區26公里長的河段上高程相差335公尺，形成一系列瀑布和急流，傾瀉於高數百公尺的懸崖峭壁的麥克萊恩峽谷。瀑布附近建的大型水力發電站是該國最大的一座。1839年由哈得遜灣公司的麥克萊恩發現，1965年前稱大瀑布，邱吉爾死亡的那年，瀑布和河流均改為他的名字。

Churchill River 邱吉爾河 加拿大中部河流。源自薩斯喀徹溫省西南部。往東流經薩斯喀徹溫省和馬尼托巴省北部，然後轉向東北流。在邱吉爾注入哈得遜灣。全長七百多公里。1965年以邱吉爾名字命名。河上建有巨大的邱吉爾瀑布水力工程（1974）和多座水力發電站。

churinga ➠ tjurunga

Churrigueresque * 丘里格拉風格 西班牙洛可可建築風格，以建築家何塞·貝尼托·丘里格拉(1665～1725)得名，是後期巴洛克藝術重新轉向早期銀匠式風格的美學轉變。建築物表面除密布過多的裝飾品外，還布滿斷續的三角形飾、波浪形檐口、逆向旋渦紋飾、欄杆、粉飾貝殼和花環裝飾，令人眼花繚亂。此風格的傑作有納西索·托梅為托萊多大教堂設計的「透明甕」(1732年完成)。在透明容器內設置聖體，使僧眾和香客從高祭台或迴廊都能看到。鏤刻的雲彩、鍍金的靈光、密集的天使雕塑以及從建築物導入的自然光線合起來造成一種神祕超世的效果。

Chuzenji, Lake * 中禪寺湖 日本本州湖泊，海拔1,237公尺。為遊覽勝地（神社、遊艇、垂釣、滑雪）。北岸聳立著2,490公尺高男體火山。湖岸曲折，長23公里，四周低山環繞。湖水由西北部小河補充。

chyme * 食糜 消化過程中在胃腸中形成的濃稠、半液狀物質，由部分消化的食物與消化分泌物混合而成。胃液是由胃腺形成，這些分泌物包括鹽酸和分解蛋白質的胃蛋白酶。一旦食物進入小腸，胰臟即受刺激，放出含高濃度碳酸氫鹽的流體。這與強酸性胃液中和，以免摧毀小腸的膜襯。在正常情況下，小腸和大腸吸收水分，使食糜逐漸變稠。食糜通過胃腸時夾帶著細胞碎屑和他類廢物。腸從食糜吸收全部營養後，其餘廢物進入乙狀結腸及直腸，成爲糞便，以備排出體外。

CIA ➠ Central Intelligence Agency

Ciano, Galeazzo, Counte (Count) di Cortellazzo＊ 齊亞諾（西元1903～1944年） 義大利政治家和外交家。曾參與法西斯黨的前進羅馬運動，後來進入外交界。1930年與墨索里尼的女兒結婚，1936年任外交部長。他竭力鼓吹德義同盟，導致義大利加入第二次世界大戰。1942年在幾個軸心國家戰敗後，又主張與盟軍單獨媾和。1943年墨索里尼解散內閣，但齊亞諾和其他法西斯領導人迫使墨索里尼辭職。後因貪污大量公款逃離羅馬，墨索里尼下令逮捕他並處死。

Ciaran of Clonmacnoise, St.＊ 克朗麥克諾伊斯的聖西亞朗（西元516?～549?年） 亦稱Kieran the Younger。基督教教士，愛爾蘭隱修事業最卓越的開創者之一。曾與聖科倫巴和聖布倫丹一起受業於克洛納德修道院院長聖芬尼安，並曾在阿蘭莫爾修道院學習。後到愛爾蘭中部，與另外八名教士定居在克朗麥克諾伊斯，548年在該地建立修道院，使該地成爲愛爾蘭著名宗教中心，也成爲重要學術中心。該修道院影響很大，愛爾蘭一半以上的修道院都跟著它實施嚴格的苦行制度。每年9月9日的聖西亞朗紀念日都有人到克朗麥克諾伊斯朝聖。

Ciba-Geigy AG＊ 汽巴－嘉基公司 瑞士製藥公司。1970年由汽巴公司（Ciba AG）和嘉基公司（J. R. Geigy SA）合併組成。汽巴公司在1850年代以染絲廠起家，1900年擴展爲製藥公司，當時是瑞士最大的化學公司。嘉基公司的歷史可追溯到1758年，那年約翰・魯道夫・嘉基在巴塞爾開設一家醫藥雜品店，不久開始製造紡織業用的染料。1830年代跨足製藥市場。1996年3月汽巴－嘉基公司與瑞士山德士公司宣布合併，組成諾華公司（Novartis AG），成爲世界大製藥廠之一。

Cibber, Colley＊ 西勃（西元1671～1757年） 英國演員兼演出經理、劇作家和詩人。1690年開始演戲生涯。他的劇本《愛情的最後一著》（1696）一般認爲是第一部感傷喜劇，這種形式的喜劇曾支配英國劇院近一個世紀。1710年他和另外兩個演員兼演出經理成爲著名的「三巨頭」之一，他們共同經營特魯里街劇院（1710～1733）。他寫作和改寫劇本包括《拒絕宣誓效忠者》（1717）和《被激怒了的丈夫》（1728）。1730年被封爲桂冠詩人。1745年才從舞台上退休。他曾被嘲弄是波普《群愚史詩》裡的傻瓜國王。亦請參閱actor-manager system。

Cibola, Seven Cities of＊ 錫沃拉的七座黃金城 16世紀西班牙征服者在北美洲所尋找的七座傳說中的財寶之城。最早聲稱發現七城者爲努涅斯・卡韋薩・德巴卡。1528年他在佛羅里達附近船隻失事後，足跡曾遍歷今德州和墨西哥北部，1536年才獲救。後來幾次探險找尋這幾座城市都未成功，其中一次是由科羅納多率領，他在1540年找到一處「普韋布洛」（印第安人村落），但並沒發現大的寶藏。

Ciboney＊ 西沃內人 加勒比海大安地列斯群島的已滅絕的印第安人。在16世紀西班牙人抵達時，他們已被鄰近更強大的泰諾人驅趕到現今的海地西部和古巴的一些偏遠地方。西沃內人的住區並不大，僅由一兩戶家庭組成，顯然以海產爲主食。古巴西沃內人的工具是以貝殼爲主，而海地西沃內人的工具則以石製爲主。西沃內人在與歐洲人接觸之後的一個世紀內即已消亡。

cicada＊ 蟬 同翅目蟬科的中型到大型昆蟲，約一千五百種。多分布熱帶，棲於沙漠、草原和森林。體長2～5公分，有兩對膜翅，複眼突出，單眼三個。雄蟬近腹基的震動膜能發音。卵常產在木質組織內，若蟲一孵出即鑽入地下，吸食多年生植物根中的汁液。一般經五次脫皮，需幾年才能成熟。蟬雖不算害蟲，但雌蟲數量多時，產卵行爲會損壞樹苗。有些種從鳴聲、行爲和形態上較易鑑別。多數北美蟬發出有節奏的滴答聲或嗚聲，但某些種的聲音甚爲動聽。週期蟬有十七年蟬（通常誤稱爲十七年飛蝗）和十三年蟬，隔一定時間在一定地區大發生一次。

Tibicen pruinosa，新生成的蟬的成體
Richard Parker

Cicero, Marcus Tullius＊ 西塞羅（西元前106～西元前43年） 羅馬政治家、律師、古典學者和作家。家境富有，受過良好教育。曾迅速在法律界立下威名，後來投身政治，而後與黨派之爭和陰謀反叛事件糾纏在一起。西元前63年當選爲執政官。在他所有的演說中最有名的可能是他對喀提林暴亂所作的演說，最後他鎮壓了叛亂。在破壞羅馬共和國的內戰中，他努力維護共和體制，卻白費功夫。凱撒死後，連續發表十四篇演說辭（通稱「反腓力辭」），抨擊安東尼，支持屋大維。後來屋大維、安東尼、雷比達結成「後三頭」同盟。不久，西塞羅被殺。遺作有五十八篇演說稿和九百多封書信，還有許多詩作、哲學和政治論文，以及修辭學的書。他是羅馬最偉大的演說家，也是西塞羅修辭學的創立者，是許多世紀以來最傑出的修辭學典範。

cichlid＊ 麗魚 鱸形目麗魚科六百多種魚的統稱，許多是缸養觀賞魚。主要爲淡水魚類，分布於熱帶美洲、非洲和馬達加斯加以及南亞。大部分產於非洲，在主要非洲湖泊中種類很多。體軀頗高，頭側各有一個（而不是通常的二個）鼻孔，尾鰭圓形，體長一般不超過30公分。食性因種不同，從草食性到肉食性。由於複雜的交配及生殖行爲而著名。有些種類以口含卵孵化，卵不是置於巢內，而是含在親魚的口內直到孵化。這種口孵行爲常見於吳郭魚屬的很多種以及某些其他東半球的屬。亦請參閱angelfish。

Cid, the＊ 熙德（西元1043～1099年） 西班牙語作El Cid。原名Rodrigo Díaz de Vivar。西班牙的軍事英雄。出身貴族，在斐迪南一世的宮廷內長大，爲國王的長子桑喬二世服務，歷經征戰，助其控制了萊昂王國。桑喬二世被殺後，轉爲阿方索六世效命。西元1081年他擅自出兵攻打處在阿方索六世保護下的托萊多王國，終於被放逐。他只好投奔薩拉戈薩王國（穆斯林），在這期間他多次擊敗基督教徒的軍隊，被譽爲常勝將軍。1086年西班牙遭到來自北非的穆斯林侵略，阿方索六世意圖召他回國抗敵，但他不願效力。1094年他巧施計謀征服瓦倫西亞的摩爾人王國，並由他繼位爲王。卡斯提爾人尊他爲民族英雄，在一首12世紀的著名史詩中受人傳頌。

cider 蘋果汁 從蘋果中榨出的汁液，用作飲料或用以製造其他產品（如蘋果白蘭地、醋或蘋果醬）。在大多數歐洲國家，蘋果汁一詞僅指發過酵的汁液。在北美，新榨出的未經任何長久性防腐處理的汁液稱爲鮮蘋果汁，而已經某種自然發酵的汁液稱爲烈蘋果汁。一般情況下，人們利用存在於蘋果中的天然酵母菌進行自然發酵，但某些製造商用巴氏殺菌法處理新鮮的蘋果汁，然後加入經選擇的酵母純培養物。約三個月後，將汁液過濾，以除去沈澱物及使之變得澄清。將經過過濾的烈蘋果汁貯存數月乃至兩、三年使之變陳，可改善其口味，某些烈蘋果汁還要充入碳酸氣。歐洲人喜歡將蘋果汁放入大罐中，並往罐中充入二氧化碳以增加壓力，這樣保存數月之久，從而使蘋果汁變得醇熟。美國人一般喜歡新榨出的蘋果汁。製造清澈的蘋果汁的方法通常是將汁液澄清並過濾，快速進行巴氏殺菌法，將汁液置於金屬或玻璃容器內，將容器蓋好，並立即冷卻。

cientifico＊　科學家派　指1890年代初起在墨西哥迪亞斯政府（1876～1911）任職的一批官員，他們受實證主義哲學的影響，反對以形上學、神學和觀念論的方法解決國家問題，鼓吹以他們所主張的實際運用科學的方法，特別是社會科學的方法來解決財政、工業化和教育問題。他們對迪亞斯影響不大，但運動在19世紀末、20世紀初的拉丁美洲其他地方生根。

cigar　雪茄　一種圓柱形捲煙。最裡面充以煙絲，煙絲裹以包葉，外面又用外包葉螺旋包裹。外包葉質地須結實柔韌，具有彈性，色、香味和可燃性都好。雪茄比紙煙大，煙味也比紙煙強烈。西元10世紀時，馬雅印第安人就已吸這種煙，哥倫布和其他的探險家發現後，把它傳回西班牙，並在西班牙廣受歡迎，過了許久才傳至歐洲其他國家。

cigarette　紙煙　亦稱香煙。用紙包裹的細煙絲捲，通常較雪茄溫和。阿茲特克人和新大陸民族把煙葉塡進中空的蘆葦、竹管或包葉包裹，但這都屬於雪茄煙的範圍。16世紀早期塞維爾的乞丐撿拾丟棄的雪茄煙頭，用紙片包捲吸用，這就是最初的紙煙。到18世紀晚期紙捲煙才受到推崇，19世紀流行於全歐。第一次世界大戰後，婦女吸煙已被接受，後來還明顯增加。1950年代～1960年代醫學界提供了許多關於吸煙有害健康的證據，尤其是吸煙與肺癌和心臟病的關係。有些國家開始採取禁止吸煙的措施。儘管如此，吸煙人口仍持續增加，第三世界國家大量增加的吸煙者抵銷了其他地方反吸煙的效應。

cilantro ➠ coriander

Cilicia＊　西利西亞　安納托利亞南部的古地區。位於托羅斯山脈南部，濱臨地中海。西利西亞西部爲山區，東部爲平原。在古代，西利西亞是從小亞細亞到敘利亞的必經之地。西元前14世紀～西元前13世紀爲西台人的附庸。西元前8世紀臣服於亞述。西元前6世紀～西元前4世紀歸屬波斯人，後來相繼由馬其頓人和塞琉西人統治。西元前1世紀成爲羅馬的一個行省。西元7～10世紀爲阿拉伯穆斯林占領。後來再度被拜占庭人占領。1515年淪入鄂圖曼土耳其人之手，1921年以後屬土耳其。

Cilician Gates ➠ Taurus Mountains

cilium＊　纖毛　見於大部分動物的組織細胞上的無數睫毛狀短細絲。纖毛可結合成與身體縱向平行的薄膜，或橫向結合成小膜，或成叢地形成觸毛。纖毛有合拍地擺動的能力，可使哺乳動物的卵子通過輸卵管；可使蛤類的鰓中產生水流，以使食物和氧通過；也可以從哺乳動物的呼吸系統中清除塵粒。纖毛的構造與鞭毛相似，由一核心中心爲軸絲，由一對微管組成，圍以由九根微管組成的外環；微管膜被包圍，膜與細胞膜相連。控制運動的基體恰好位於纖毛基部的細胞內壁。原生動物的一些細胞表面之下是一種網狀纖維小根或微管束，可作爲上皮的支撐物，或用作纖毛擺動的調節器。

Cimabue＊　契馬布埃（西元約1240～1302年）　原名Benciviene di Pepo。佛羅倫斯畫家。據載在1272年已是羅馬大師級畫家，據說他師承一位義大利－拜占庭畫家受希臘拜占庭風格的強烈影響。雖然相傳有許多作品是他所作的，但僅有一幅載有日期，即比薩大教堂的嵌畫《傳福音的聖約翰》（1301～1302）。他是那一代的傑出大師，並開始朝向現實主義，這種風格在文藝復興達到高潮。他的風格影響了喬托和杜喬。

Cimarosa, Domenico＊　契瑪羅薩（西元1749～1801年）　義大利歌劇作曲家。父親爲石匠，1761年進那不勒斯音樂學院就讀。首部歌劇《伯爵的怪癖》於1772年在那不勒斯演出。到1780年代中葉已國際知名。後來前往維也納任宮廷樂長，1792年演出著名的喜歌劇《祕婚記》。1796年他成爲那不勒斯的皇家小教堂的風琴演奏家。共寫有七十五多部歌劇，一些神劇，十五部以上的彌撒曲，以及八十多首鋼琴奏鳴曲。他以義大利的歌劇作曲家出名，與莫札特的歌劇近似。

Cimarron River＊　錫馬龍河　美國西南部河流。發源於新墨西哥州東北部。向東流經奧克拉荷馬州北部狹長地帶，轉向北，經科羅拉多和堪薩斯州，再入奧克拉荷馬州，在土耳沙附近匯入阿肯色河。全長1,123公里。不能通航，但在美國西部開拓史上占有重要地位。聖大非小道沿堪薩斯州西南部河谷達160公里。主要支流有北福克和克魯克德河。

Cimmerian Bosporus　博斯普魯斯王國　古希臘王國，在今烏克蘭南部。西元前6世紀米利都人首先在潘蒂卡皮翁（Panticapaeum，今刻赤）定居，它後來成爲該國首都。王國逐漸擴展勢力到整個克里米亞地區。西元前5世紀到西元前3世紀，與雅典人的關係密切，西元前4世紀時國力達至鼎盛。西元前110年以後，這個王國由本都王國的米特拉達梯一世統治。後來臣服於羅馬帝國統治下，長達三百年。從西元342年開始，這個王國時而歸屬蠻族，時而歸屬拜占庭。

Cimmerians＊　辛梅里安人　居住在高加索和亞速海以北的古代民族。起源不詳，從語言上來看，通常被視同色雷斯人或伊朗人。西元前8世紀末被西徐亞人趕出俄羅斯南部。他們越過高加索，進入安納托利亞。西元前696～西元前695年征服弗里吉亞。西元前652年攻下里底亞首都薩迪斯，權勢達到鼎盛。但不久即衰微，最後在西元前637或西元前626年被里底亞國王阿利亞德擊潰。

Cimon＊　西門（西元前510?～西元前451?年）　雅典政治人物和將軍。父親爲雅典名將米太亞得。身爲保守派分子，他對斯巴達友好，與伯里克利的政策相抵觸。西元前480年在薩拉米斯戰役中打敗波斯人後，不久就當選爲將軍，而且年年連任（直到西元前461年）。在擔任提洛同盟總司令官時，將地中海東部的波斯人清除殆盡。西元前461年被伯里克利指控與馬其頓和斯巴達人合謀，判流放十年。後來死於領導一次遠征波斯的海路上。

cinchona＊　金雞納樹屬　茜草科的一屬。約四十種，多爲喬木，原產於南美安地斯山脈。花小，通常乳白色或玫瑰色。有四種已栽培多年，尤其在爪哇、印度和斯里蘭卡。樹皮可提取奎寧和奎尼丁，用以治療瘧疾、發燒、疼痛、心律不整等疾病。

Cincinnati　辛辛那提　美國俄亥俄州城市，人口約346,000（1996）。濱俄亥俄河，有橋樑跨河通肯塔基州，1788年始建居民點；1790年爲表示對辛辛那提會的敬意而更名。1811年後成爲內河港口，1832年因邁阿密與伊利運河的開通而益形重要。其製造業包括運輸設備和建築材料，也是全國主要內陸煤港之一。爲著名文化中心，有交響樂團、歌劇團和芭蕾舞團以及一座博物館。設有辛辛那提大學（1819），市內有塔虎脱總統誕生地（現爲國家歷史遺址）、1832～1850年期間史托的住所。

Cincinnati, Society of the　辛辛那提會　曾在美國革命中服役的軍官於1783年5月創建的世襲制軍人愛國組織，旨在促進團結，維繫袍澤之誼，困厄共濟。會名源出羅馬軍人辛辛納圖斯的姓氏，凡是獨立戰爭中的軍官及其長子均可入會，喬治·華盛頓是第一任主席。俄亥俄州辛辛那提城即爲紀念該會而命名（1790）。

Cinco de Mayo＊　五五節　（西班牙語意爲「五月的第五天」）墨西哥節日，紀念1862年墨西哥人在普埃布拉戰勝法國人。拿破崙三世派出裝備優良、人數也遠超過墨西哥軍隊的法軍去征服墨西哥。墨西哥軍隊在薩拉戈薩將軍指揮下在普埃布拉打敗了法軍，使法軍損失慘重。法軍撤退到沿海地區，但第二年又重返奪取普埃布拉，在接下來的四年裡，他們控制了墨西哥的大部分地區。五五節的慶祝活動通常包括音樂、舞蹈和遊行。

cinder cone　火山渣錐　亦稱火山灰錐（ash cone）。由火成岩屑或火山渣在火山口周圍堆積而成圓錐形山丘，頂部呈碗口形。火山渣錐一般是由鐵鎂和中性岩漿的爆發性噴發而造成，沿盾形火山邊翼（通常是緩坡）往往可見到。熔岩流可能由火山渣錐口外溢和衝出錐口，也可能從錐的下面通過一定通道而外溢。幾乎所有火山地區火山渣錐都很多。雖然由鬆散的和中等固結程度的火山渣組成，但它們大多數具有驚人穩定的地貌景觀特性，因爲落到錐上的降雨滲入到高滲水性的火山渣裡（而不是沿錐坡下淌的徑流）對它們進行侵蝕。

cinéma vérité＊　眞實電影　1960年代法國的一種電影運動，其特點是表現日常生活情境中的人，對話眞實可信，動作樸實自然。它受到英國紀錄片和義大利新現實主義電影的影響。法國眞實電影的代表作品是胡許的《夏日紀事》（1961）和瑪克的《美好的五月》（1962）。在同一時期美國也興起了同樣的運動，這一運動被稱爲「直接電影」，其目標則是直接把握人物、運動或事件的現實性，絕不專爲拍攝而進行任何重新安排。如懷斯曼的《提提卡失序記事》（1967）、梅索兄弟的《推銷員》（1969）。

cinematography　電影攝影術　電影攝影的藝術和技術。它包括如一個景的總的結構；布景或外景拍攝地的燈光；攝影機、透鏡、濾色鏡和影片材料的選擇；攝影機的角度和移動；以及特殊效果的結合等。由於有這些事情要做，因此拍攝一部故事片，就需要成立一個相當大的工作組，由一人率領，這批人包括電影攝影師、第一攝影師、燈光攝影師或攝影組長，其工作任務是達成導演希望得到的影片圖像和效果。現代知名的攝影師包括阿爾門都斯、托蘭德和尼奎斯特。

cinnabar　辰砂　汞的硫化物（HgS），最重要的汞礦石礦物。常同黃鐵礦、白鐵礦和輝銻礦一起見於近代火山岩附近的礦脈中及溫泉沈積物中。最重要的礦床在西班牙的阿馬達，那裡的辰砂已經開採了2,000年。已用於舞台妝、繪畫和中國漆器的亮橘紅色顏料。

產自美國阿拉斯加州荷馬市附近紅鬼礦的辰砂
By courtesy of the MacFall Collection; photograph, Mary A. Root

cinnamon　錫蘭肉桂　樟科的一種灌木狀常綠喬木，學名Cinnamomum zeylanicum。原產斯里蘭卡、印度和緬甸，亦見栽培於南美和西印度群島。其內層樹皮可製香料，這種香料亮褐色，有幽香，味甜。桂皮曾比黃金貴重，現今用作各種食物的調味料。歐美人喜用於焙烤食品中。精油從樹皮碎片蒸餾，用於食品、利口酒、香水和藥物。

Cinque Ports＊　五港同盟　中世紀時期英格蘭東南部英吉利海峽沿岸諸港的同盟，專爲王室提供戰船和水手。最初由桑威奇、多佛、海斯、新隆尼和哈斯丁斯五港組成。後增加享有頭等港口特權的溫奇爾西和拉伊。同盟始創於懺悔者愛德華時期，目的是爲了共同保衛沿海和跨英吉利海峽的航行。14世紀以後已不再具重要性。

cinquefoil＊　委陵菜　薔薇科委陵菜屬植物，約五百種，草或灌木。多原產於北溫帶和北極，多數爲多年生。莖匍匐或直立，掌狀或羽狀複葉，小葉多爲五枚（故原文因此得名），有的三或七枚。花單生，花瓣五，通常黃色，有的園藝變種白色或紅色。金露梅有許多品種爲矮化灌木，用於美化景觀。

Potentilla simplex，委陵菜屬之一種
Arthur W. Ambler from The National Audubon Society Collection/Photo Researchers

Ciompi, Revolt of the＊　梳毛工起義（西元1378年）　佛羅倫斯製衣工人和其他工匠的一次起事，使佛羅倫斯短期出現了有史以來最爲民主的政府之一。梳毛工是起事中最激進的集團，起事由主要行會內部派別鬥爭所觸發，各下層階級響應號召起事。他們向執政團要求執行更爲公平的財政政策，爲尙未組織起的集團爭取建立行會的權利。後來強行接管政府，但經濟狀況繼續惡化，新政府也不能滿足他們所有的要求，梳毛工被大小行會的聯合武裝擊敗，梳毛工行會被解散。

circadian rhythm＊　日夜節律　長度約24小時的內在週期，似乎控制或啓動各種生物作用，像是睡眠、清醒，還有消化與激素活動。晝夜形態的自然因素是從黑暗變亮。這些體內週期作用的控制機制一般認爲是下視丘。日夜節律的改變（像是時差與其他旅行相關狀況）需要一段時間調整。

Circassian language＊　切爾克斯語　爲擁有主要的東、西部方言語族的西北高加索語的一支。在1860年代以前，操切爾克斯語的部族定居於整個高加索地區西北部，包括黑海沿岸。1864年俄國征服高加索地區西北部後，大部分操切爾克斯語居民遷徙至鄂圖曼帝國，最後定居在現今的土耳其、敘利亞、約旦和以色列境內。只有操西支切爾克斯語的人散居於俄羅斯，形成幾塊孤立語言區。人數較多的東支切爾克斯語現仍存在，現今他們大部分住在俄羅斯的北部高加索地區幾個共和國內。在俄羅斯境內操切爾克斯語的人口約有五十五萬人，在俄羅斯境外的人數則無法估算，因爲許多切爾克斯人已轉講他種語言。切爾克斯語如其他的西北高加索語一樣，有龐多的輔音（子音），以及少數發音的元音（母音）。名詞有少數的格的差異，以前綴於動詞詞幹的代名詞來表現文法關係。

Circe＊　喀耳刻　希臘傳說中的一個女巫，太陽神赫利俄斯和海中仙女珀耳塞的女兒。她能用藥物和咒語把人變成狼、獅子或豬。希臘英雄奧德修斯等途經埃埃厄島時，她曾把奧德修斯的同伴變成豬。但奧德修斯受到赫耳墨斯所贈的神奇摩利草的保護，迫使她恢復了他們的原形。後來她和奧德修斯成爲戀人，但一年後奧德修斯再度啓程繼續返鄉之旅。

Circeo, Mt.＊　奇爾切奧山　拉丁語作Circaeum Promontorium。義大利西南部第勒尼安海濱孤立於海岬上的陡峭石灰岩山脊。高541公尺，由沖積物形成鞍部低地與大陸相連。約86平方公里地區被闢爲國家公園，以有各種植物而聞名。衆多海岸洞穴中有許多石器時代人類居住的遺跡。西元前393年成爲古羅馬殖民地，是羅馬帝國時代著名的避暑勝地。山上有羅馬衛城的遺址。

circle　圓　幾何曲線，一種圓錐曲線，與固定點（圓心）距離（半徑）相等的所有點組成。連接圓上的任意兩點的線，稱爲弦，通過圓心的弦稱爲直徑。環繞圓的長度（圓周）等於直徑的長度乘上π。圓的面積是半徑的平方乘以π。弧是部分的圓，包含頂點在圓心的角（圓心角）。長度和圓周的比例等於圓心角和一整圈的比例。

circuit　電路　亦作electric circuit。傳送電流的通路。它包括下列器件：向帶電粒子提供能量以形成電流的裝置（如電池或發電機）；使用電流的裝置（如電動機或電腦等）以及連接導線或傳輸線。從數學上描述電路工作的兩個基本定律是歐姆定律和基爾霍夫電路定則。電路可按不同方式分類，直流電路只沿一個方向運載電流；交流電路中電流則每秒多次來回流動，大多數家用電器都用交流電。串聯電路中全部電流要流經每一個元件；並聯電路則由若干支路組成，電流要分成若干支流，每一支路只有一部分電流通過。

circuit, printed ➠ printed circuit

circuit riding　巡迴審判　在美國，曾經讓法官在一個司法區內巡迴，以方便案件之審理。隨著永久法院的建立以及法律要求當事人在就座的法官面前出席，這種做法就大致上消失了。

circuitry, computer ➠ computer circuitry

circulation　循環　營養物質、呼吸氣體和代謝產物在整個生物體內的轉運過程。人類的血液在一個封閉的心血管系統（由心臟、血管和血液構成）中循環。心臟將富氧血泵向動脈，動脈不斷分支，最後形成毛細血管網，分布在全身各種器官、組織中。各種營養物質和代謝產物之間的物質交換就是在毛細血管完成的。完成了物質交換的脫氧血從毛細血管匯入小靜脈，然後再經由大靜脈返回心臟。左、右心室分別把血液送入肺循環和體循環。第一種是，血液從心臟進入肺，它帶走氧氣，釋出二氧化碳；第二種是，血液被帶至心臟與身體其他部位之間，血液帶來氧氣、營養物質、代謝產物和廢物。

circumcision　割禮　即切除全部或部分陰莖包皮。在許多文化中都有實行割禮。有的是在出生後不久進行（如穆斯林和猶太人），或者是出生之後幾年，有的則是在青春期進行。根據猶太教教義，受割禮是實踐上帝同亞伯拉罕所立之約（〈創世記〉第十七章第10～14節）。基督教徒不必受割禮，這種教義最初載於〈使徒行傳〉第十五章。研究認爲割禮對身體有好處（如減少癌症的罹病率）並不是決定性的，實施割禮主要還是爲了文化理由。亦請參閱clitoridectomy。

circumstantial evidence　間接證據　法律上指不是從直接觀察而是從周遭事件或環境觀察所得來的證據。如果證人是在聽到槍聲之後才趕到現場，看見被告對著屍體，手裡拿著一支槍口冒煙的手槍，那麼這個證據就是間接證據；因爲被告有可能只是一個旁觀者，撿起殺人者扔下的兇器。認爲不能根據間接證據定罪，當然是錯誤的，大多數刑事定罪都以間接證據爲基礎的，但間接證據必須充分，必須符合法定的證據標準才行。

circus　馬戲表演　結合動物表演和演員驚險特技表演的娛樂節目。現代馬戲始於1768年，當時英國的特技騎師阿斯特利（1742～1814）發現一種可藉助馬轉圈時所產生的離心力而立在馬背不倒的技術，於是開辦阿斯特利圓形跑馬場。他手下的一名騎師後來在1782年開設皇家馬戲團，馬戲一詞自此始。1793年在美國費城出現第一個馬戲團。原本馬戲表演以馬術表演爲主，後來加上野獸表演項目。自從1859年萊奧塔爾發明高空鞦韆後，高空表演成爲馬戲表演的特色之一。1881年巴納姆把傳統的馬戲場地加上兩圈，成爲三個環形場地的馬戲場，並以餘興表演來增添節目笑果。馬戲團在美國、歐洲和拉丁美洲搭帳篷巡迴表演，一直流行到1950年代。現在馬戲團通常在固定建築物裡表演，不過有些小馬戲團仍四處帶著帳篷巡迴各地演出。

Cirenaica ➠ Cyrenaica

cirrhosis＊　肝硬化　一種慢性疾病，特徵爲肝臟發生了不可恢復的病理變化，結果導致正常的有功能的肝細胞變性，代之以纖維結締組織。最常見的原因是慢性酒精中毒及營養不良。此外還有膽管障礙、濾過性病毒感染、鐵或銅累積在肝細胞，以及梅毒。黃疸、水腫和腹脹是最普遍的症狀。通常因內出血或肝昏迷（血液中化學成分失去平衡）而死亡。

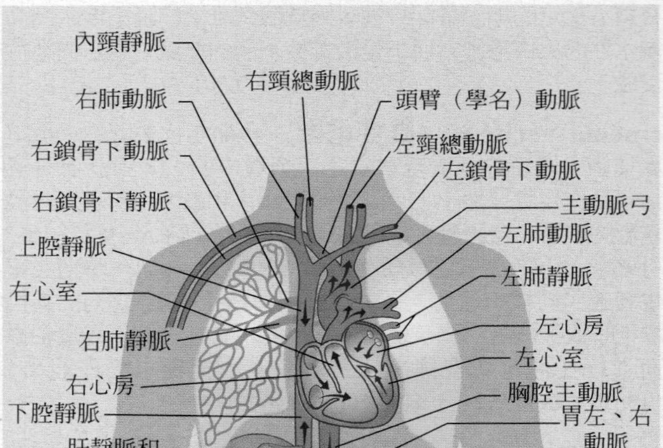

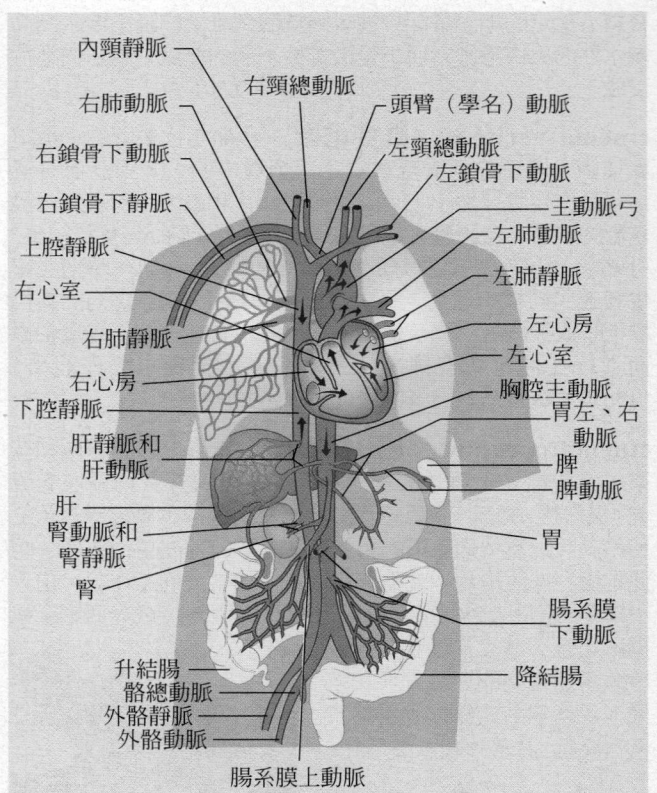

人體循環系統。富含氧的血液以紅色表示，缺氧的血液用藍色。肺循環包括右心室和流出的肺動脈及其分支，小動脈，微血管，肺臟小靜脈，以及肺靜脈。和其他動脈與靜脈不同的是，肺動脈攜帶缺氧的血液，肺靜脈則是含氧的血液。主動脈從左心室出發，頭臂動脈由主動脈分出，再分為右頸總動脈與右鎖骨下動脈。左頸與右頸總動脈延伸到頸部兩側，幾乎供應整個頭部與頸部。左鎖骨下動脈（從主動脈分出）以及右鎖骨下動脈供應手臂。在下腹部，主動脈分為髂總動脈，再細分為內外兩個分支供應腿部。
© 2002 MERRIAM-WEBSTER INC.

Cisalpine Republic＊ 阿爾卑斯山南共和國 義大利北部的前共和國，爲1797年拿破崙征服此地而建立。此共和國以波河河谷爲中心，包括米蘭和波隆那附近的土地。1805年併入義大利王國。

Ciskei＊ 西斯凱 南非境內前共和國(從未獲國際承認)。主要是由講科薩語的民族居住。東南面爲印度洋，西南、西北及東北邊界爲南非共和國。18世紀末，科薩人自西斯凱屢次侵擾歐洲農民墾殖區。接下來發生一連串開普邊境戰爭，西斯凱於19世紀末被併入開普殖民地。1961年成爲南非境內的一個行政特區。1972年西斯凱經宣布爲一黑人自治區，首都爲茲韋利查。1981年西斯凱成爲（名義上）獨立國。1994年根據南非廢除種族隔離政策的新憲法，西斯凱重新併入南非，成爲新設立的東開普省（1995年改爲東部省）的一部分。

Cistercian＊ 西篤會 亦稱白衣修士會（White Monk）或伯爾納會（Bernardine）。天主教修會。1098年由聖哈定建於勃艮地地區的西多（故名）。起因於本篤會一批修士對所在隱修院內戒規鬆弛不滿。新戒規要求修士嚴格修行，禁絕一切封建收入，並規定修士必須從事體力勞動。各修道院共同嚴格遵守一套戒規和慣例，每年在西多舉行總會會議。克萊爾沃的聖貝爾納終其一生共創建了六十八所修道院。12世紀是西篤會的黃金時代，但是，就在12世紀尚未結束之時，許多修道院就因聚斂財富而違反了某些重要規章，戒規也趨向渙散。在宗教改革運動之後，北歐不再有西篤會會士的蹤跡。16、17世紀在法蘭西發生了幾番改革運動。那些堅持嚴格遵守戒規的人因跟隨特拉普修道院院長而被稱爲特拉普派。這些重整西篤會的會士，同眠、同食、同勞動，永久沈默，不食肉、魚和蛋，這種習俗一直持續到1960年代末。同時老會（現稱普通教規西篤會）自1666年起也進行了溫和的整頓，一直在以穩健的步伐發展，其中有些修道院在習俗上與重整西篤會差別不大。

Citadel, The 堡壘軍校 南卡羅來納州查理斯敦的一所公立軍事學院，成立於1842年。雖然與美國軍事部門沒有直接關係，長久以來該校仍是訓練精良之軍官的一個重要來源。該校學生曾在薩姆特堡發動攻擊，爲南北戰爭揭開了序幕；1865～1879年聯邦軍隊占領這所學院。1995年法院裁定該校須開放女性入學。註冊學生人數約3,700人。

Citation 褒獎（西元1945～1970年） 美國良種賽馬，在四個賽季（1947～1948、1950～1951）中共出賽四十五場，獲勝三十二場。曾獲1948年美國三冠王賽獎，爲第一匹贏得一百萬美元的賽馬。1950年6月3日以1分33 3/5秒跑完1哩的成績創世界記錄。

Citigroup 花旗集團 美國控股公司，1998年由花旗公司（1967年成立的控股公司）和旅行家集團公司（參閱Travelers Inc.）合併而成。這筆資產總額高達七百億美元的合併案包括美國最大的一家投資銀行和所羅門美邦公司，並把目標定在創建一個全球性零售金融服務業。花旗公司的歷史可追溯自美國第一銀行，其在1970年代率先在個分支銀行裝設自動出納機網絡。在與旅行家集團公司合併之前，花旗公司是美國最大的銀行，也是世界最大的金融公司之一，在全世界約有三千家分行。

Citizen Genêt Affair 熱內事件（西元1793年） 法國公民熱內（1763～1834）的軍事冒險主義所引起的一個事件。1793年擔任法國駐美公使，尋求美國支持對英國、西班牙作戰。熱內在南卡羅來納組織了私掠船，搶奪英國人的海上貿易，並準備遠征西班牙和英國的領土。華盛頓總統認爲他的活動破壞了美國的中立地位，因此要求法國將熱內召回。但因他回國的話，很可能被新政府處決，所以獲准留在美國避難。

citizenship 公民資格 個人和國家之間的關係：個人對國家必須忠誠，國家則有義務保護個人。一般來說，完全的政治權利（包括選舉權和擔任公職權）是根據公民資格獲得的。公民通常應負的責任爲忠誠、納稅、服兵役。公民資格的概念最早起於古希臘，通常只給予有財產的人。羅馬人最早將公民資格用來區分羅馬城居民和羅馬征服、兼併地的人民。到西元212年公民資格已普及到帝國內所有的自由民。歐洲的國家公民資格概念在中世紀時期幾乎消失，取代的是封建權利和義務的制度。文藝復興時期才又復甦。獲得公民資格的主要條件是出生於特定的領地內、雙親之一是公民、與公民結婚、入籍。亦請參閱nationality。

Citlaltépetl＊ 錫特拉爾特佩特 亦作Orizaba。墨西哥中南部的休火山。位於墨西哥高原南端，海拔5,610公尺，其勻稱而白雪皚皚的火山錐是墨西哥境內最高山，也是北美洲第三高峰。1687年以後火山開始休眠。

citric acid 檸檬酸 無色、結晶形的羧酸類有機化合物，存在於幾乎所有植物（特別是柑橘類水果）以及許多動物的細胞組織和體液中。是脂肪、蛋白質和碳水化合物生理氧化成二氧化碳和水的過程中所涉及到的一系列化合物之一。檸檬酸可做糖果點心和無酒精飲料的調味香料，還是金屬清潔劑的組分。能抑制溶解的金屬鹽的有害作用，因而可用於改善食物和其他有機物質的穩定性。

citric-acid cycle ➠ tricarboxylic acid cycle

citrine＊ 黃晶 二氧化矽礦物石英的透明、粗粒變種，由於呈黃色到淺褐色，及類似比較少見的黃玉而被當作次寶石。其顏色是懸浮的膠體含水氧化鐵造成的。天然黃晶比紫晶或煙晶稀少，紫晶和煙晶常被加熱改變它們的天然顏色使之成爲黃晶。常以各種名稱出現在市場，可與黃玉發生混淆而抬高價格；黃晶硬度次於黃玉，並缺乏淺紅色而與脫色的紫晶相區別。主要產地在巴西、烏拉圭、烏拉山脈、蘇格蘭和北卡羅來納。

Citroën＊ 雪鐵龍 法國主要汽車製造廠，由安德烈－古斯塔夫·雪鐵龍（1878～1935）創立，他是一名工程師和實業家，在第一次世界大戰中靠軍火買賣致富。後來他把生產軍火的工廠改爲生產小型、廉價的汽車，並引進大量生產方法至法國汽車工業，1919年生產出第一輛雪鐵龍汽車。現在是法國最大汽車製造廠標緻公司（Peugeot SA）的一個單位。

citron 枸橼 芸香科常綠灌木或小喬木，學名Citrus medica。在地中海沿岸各國及西印度群島有栽培。高約3.5公尺，分枝不整齊，開展，具刺。葉大，淡綠色，闊長圓形，邊緣略有鋸齒，葉柄無翅。酸味品種（如鑽石）的花外側紫色，內側白色；甜味品種（如科西嘉）的花乳白色。果廣橢圓形或長圓形，果肉硬，酸或甜，僅作副產品利用。果皮經鹽水浸泡，糖煮，製成蜜餞銷售。埃思羅格品種用於猶太教儀式。

citrus 橘屬 芸香科的一屬，果肉厚，皮亦厚，包括檸檬、酸橙、柑、橘、葡萄柚、枸橼和柚。

citrus family ➠ rue family

city 城市 一個較永久性和高度組織的人口集中地，比一個城鎮或村莊規模大，地位也更重要。史上第一批城市在新石器時代出現，那時農業技術的發展已能生產出大量剩餘穀物，足以供應一群永久性的非農業工人。希臘化時期創立了城邦，在羅馬帝國出現時也是一種重要的組織，在中世紀的一些城市，如義大利的大貿易中心威尼斯、熱那亞和佛羅倫斯，甚至恢復到早期城邦自治的、昌盛的自給自足狀態。中世紀以後由於民族國家權力的增大，各城市越來越受中央集權政府的政治控制。城市不再是獨立的政治體，而變爲具有重要的行政功能。工業革命改變了城市生活，在英國、西北歐以及美國東北部，工廠林立的城市迅速蓬勃發展起來。到了20世紀中葉，一個國家人口約有30～60%居住在大都市中心。20世紀的運輸技術（尤其是汽車）導致郊區和住宅區的成立，那裡的生活條件不那麼擁擠，離開工業污染較遠。但是，這種所謂的「城市延伸」帶來了一系列的新問題，如城市中心交通擁擠和汽車廢氣造成污染等。工業擴展初期所建的工廠和住宅，許多已經年久成爲廢物。商店移入新營業所，工廠遷到新廠房，使得內城部分居民處於高度失業狀態，一籌莫展。如今地方政府試圖透過城市規畫來解決這些問題。

city government　市政府　一種行政機構體系，爲一個都市地區或都市自治體服務。所有的城市都是從一個較大的政治實體（州政府或國家政府）下分而來。市政府通常包括一個行政首長（市長或經理人）和一個立法機構（議會或委員會）。他們最重要的功能是監督市政，包括公共安全、醫療、教育、娛樂、住宅、公共設施、交通運輸和文化機構。歲收來自地方稅和收費，以及來自州或國家政府的補助金。

city-state　城邦　一個獨立城市的一種政治制度，對其周圍地區享有主權，並爲其宗教、政治、經濟和文化生活的中心。這個名詞起源於19世紀後期的英國，專指古希臘、腓尼基等殖民地，就其規模、獨占性、愛國精神及獨立願望等方面而言，都與部落或國家制度有所不同。也許源自部落制度瓦解和各分裂集團在西元前1000～西元前800年組成獨立的城邦核心。到西元前5世紀時，城邦數目有好幾百個，雅典、斯巴達和底比斯是其中最重要的幾個。由於不能組成永久性的聯盟或聯邦，它們就成了馬其頓王國、迦太基人和羅馬帝國的犧牲品。到11世紀，在義大利的城邦有復興之勢。中世紀義大利城邦的成功歸因於與東方貿易而繁榮，這些城邦包括比薩、佛羅倫斯、威尼斯和熱那亞，一些城邦殘存至19世紀。中世紀日耳曼城邦包括漢堡、不來梅和呂貝克。現今唯一還存在的城邦是梵諦岡城。

City University of New York (CUNY)　紐約市立大學　1961年將紐約市資助的十七所學院合併後成立的大學。該校是美國第二大的大學系統（學生註冊總人數有二十萬人）。它包括一所研究生院和大學中心；紐約市原有的四所文科學院，即市區學院、亨特學院、布魯克林學院和皇后學院；另外還有六所四年制學院及七所兩年制社區學院。西奈山醫學院附屬於該大學。1970年制定的開放式錄取方針使所有獲得高中畢業文憑的紐約市民都能進入該大學的一所學院學習。

Ciudad Guayana＊　圭亞那城　舊稱Santo Tomé de Guayana。委內瑞拉城市。位於卡羅尼河與奧利諾科河匯合處的圭亞那高原上。1576年始建，爲多座城市的綜合體，1961年由州議會規畫建造。圭亞那城還有林業、金剛石採掘、耐火磚、紙和紙漿等企業。人口約523,578（1992）。

Ciudad Juárez ➠ Juárez

Ciudad Victoria＊　維多利亞城　墨西哥東北部塔毛利帕斯州首府。位於聖馬科斯河畔，1750年建立。1825年以墨西哥首任總統瓜德羅普・維多利亞的姓氏命名。除了是農產區的集散中心外，還是個旅遊勝地和狩獵、釣魚、游泳的好去處。設有塔毛利帕斯大學（1956）。人口194,996（1990）。

civet＊　靈貓類　靈貓科多種體長、腿短的食肉動物的統稱。約有十五～二十種，分布於非洲、歐洲南部和亞洲。外形頗似貓，尾毛密厚，耳小，吻尖。毛色各異，通常爲淡黃或淡灰色，帶有黑色斑點或條紋，或兼具斑點和斑紋。體長約40～85公分，尾長13～66公分，體重1.5～11公斤。肛腺在尾下開口，通向一大囊，其中積蓄一種油膩的、似麝香的分泌物，稱爲靈貓香，用以標記領域。有些靈貓香可製成香水。靈貓獨居於樹洞、岩石等處，夜出尋食。有五種可能瀕臨滅絕的危險。

非洲椰子貓（Nandinia binotata）Robert C. Hermes from The National Audubon Society Collection/Photo Researchers

civic center　市中心　城市行政機構所在地區，一般鄰近商業區。市中心的設計思想起源於古希臘衛城與古羅馬廣場。城市規畫包括市政廳、鄰近的公園或廣場、市府總部、法庭、郵局、公共事業機構、保健機構和政府辦公室等。

civic theatre　民間劇團　全部或部分依賴所在城市津貼的專業或業餘劇團。這個詞有時也指一種非商業性的、以地區爲基礎的戲劇團體。歐洲民間劇團大部分是專業劇團，美國則大多是業餘人士經營的，僅配上一個專業的經理兼導演，後來長駐的專業劇團實際上變成一種民間劇團。美國第一個重要的民間劇團是1919年在紐奧良建立的老卡雷小劇院。

Civil Constitution of the Clergy　教士公民組織法（西元1790年）　法國大革命期間，在國內改組天主教教會的一種嘗試。擬議中的「教士公民組織法」的要旨是由有公民權的公民選出主教和堂區司鐸，教士的俸給由國家支付。不久即遭到教士們的反對，而當時國民制憲議會命令教士宣誓擁護國家的憲法，許多人更是拒絕。由此引起法國教會的分裂，使許多天主教徒轉而反對大革命。

civil defense　民防　在戰爭時期爲減少由敵人進攻所造成的生命財產損失而採取的一切非軍事措施。在第二次世界大戰期間，空襲對城市的威脅嚴重，要求制定有組織的民防計畫。英國政府供應人民防毒面具。幾乎所有捲入戰爭的國家都對居民進行了消防、救護和急救的基本訓練。燈火管制可減少城市的亮光，讓敵機看不到明顯的目標；防空警報器會先發出警告，通知敵機來襲，市民要找防空洞、地下室或地下道作掩護。今後的戰爭使用核子武器，摧毀力的急遽加強，促使民防機構標示一些建築物提供最安全的地點來預防核子彈的落塵。但到了1970年代，西方國家已大部分放棄這種準備措施，原因是遭到直接的核彈攻擊幾乎不可能存活。

civil disobedience　公民不服從　亦稱消極抵抗（passive resistance）。指拒絕服從政府的要求或命令，也不抵抗政府後續的逮捕和懲罰。特別用作一種非暴力的、通常是集體行動的手段，以迫使政府讓步，它已成爲非洲和印度民族運動、美國民權運動和許多國家的工人運動和反戰運動的重要策略。公民不服從是對法律進行象徵性的違抗，而不是對整個制度的抵制。這種哲學思想根源於西塞羅、托馬斯・阿奎那和梭羅；甘地是現代最明確地表達公民不服從觀念的代表。1950～1970年代，公民不服從的策略和哲學被美國黑人民權運動所採用，金恩是最突出的代表。

civil engineering　土木工程　設計和修建各種公用建築的結構工程設施的科學技術，這些工程包括橋樑、水壩、港口、燈塔、道路、隧道和環境工程（如供水系統）。現代這個領域還包括：發電廠、航空港、化學處理廠和污水處理設備等。現在土木工程涉及的範圍還包括場地的測量和研究、結構設計和分析、建造，以及設備的維護。工程設計的工作需要應用許多方面的設計理論（如水力學、熱力學和核子物理等）。結構分析和材料技術的研發（諸如鋼和混凝土）已開發出更新穎的觀念和更經濟的材料。工程師在分析一種建築問題時，就已決定該用何種結構系統。電腦可精確分析結構設計以判定結構體是否承受得起載重量和自然力量。

civil law　民法　從羅馬法發展而來的法律體系，普遍用於歐洲大陸和大部分以前屬於歐洲國家的殖民地，其中包括魁北克省和路易斯安那州。現代民法最重要的法典是法國的「拿破崙法典」（1804）和德國的「德國民法典」。民法裁判權的法律基礎是法規而不是習慣，因此不同於普通法。在民法中，法官運用編入法規或法典的條文來判斷，而不是援引判例。法國的民法形成了尼德蘭、比利時、盧森堡、義大利、西班牙、大部分法國舊有的海外領地，以及許多拉丁美洲國家的立法系統。德國的民法則通行於奧地利、瑞士、斯堪的那維亞國家，以及歐洲以外的一些國家，如日本，它們的立法系統已西方化。民法亦用來區分應用在私人權利的法律和應用在刑事案件的法律。亦請參閱criminal law。

civil liberty　公民自由　在美國法律中，個人得以不受他人或政府的任意干涉之自由，由「人權法案」和美國憲法第13、第14、第15號修正案所保障。這個詞通常是用複數型。第13號修正案禁止蓄奴和非自願勞役。第14號修正案禁止任何會造成如下結果的法律：減損美國公民之「特權及豁免權」、「未經由正當程序」而剝奪一個人的「生命、自由或財產」、否定任何人在法律之下享有同等保護權。第15號修正案保障所有美國公民的選舉權。而「民權」（civil right(s)）這個相關的用語，通常是指上述自由權利中的幾種，以及由1964年「民權法」所保障的權利。亦請參閱American Civil Liberties Union (ACLU)。

civil religion　公民宗教　是一整套類似信仰的態度、信念、儀式和象徵，能夠將政治上的公民團體緊密地聯繫在一起。這一詞源自於盧梭，意指公民適切服務國家時所必須具備的德行。這個概念後來由美國社會學家貝拉（1927～）進一步闡發，他發覺美國社會裡有一股美國「例外主義」的強烈意識，並且十分推崇某些現世的事物，例如國旗、憲法、國父、每年的休假日以及個人主義和獨立自主的概念等。還有一種公民宗教的類型，是讓整個國家都服從於道德秩序，儒家學說就是一例。

Civil Rights Act of 1964　1964年民權法　綜合性的美國法律，目的爲在公共場所消滅種族、膚色、宗教或國籍方面的歧視，常被視爲美國重建時期（1865～1877）以來最重要的民權立法。「民權法」第一篇保障平等的選舉權；第二篇禁止在州際貿易中的公共場所有任何歧視行爲；第七篇禁止在工會、學校或從事州際貿易或與聯邦政府進行交易的雇主推行歧視（包括性別歧視）；第四篇要求廢除公立學校的種族隔離政策；第六篇保證在根據聯邦資助計畫進行的資金分配沒有歧視。在1972年的修正案（即「雇用機會均等法」）中，擴大了第七篇的範圍到州和地方政府的雇員，並增加雇用機會均等委員會的權力，它是在1964年創設，以落實第七篇條款。1963年甘迺迪總統批准這項法案，並在詹森總統任內加強和通過成爲法律。亦請參閱civil rights movement。

civil rights movement　民權運動　美國的種族平等運動，他們透過非暴力的抗議活動在南方打破了種族隔離模式，爲黑人爭取到平等權的立法。隨著美國最高法院在「布朗訴托皮卡教育局案」（1954）的裁決，黑人和白人支持者企圖結束固有的隔離措施。1955年在阿拉巴馬州蒙哥馬利市，黑人婦女帕克斯因在公共汽車上拒絕移至黑人座位而被捕，金恩和艾伯納西領導了黑人進行一次杯葛公共汽車制度的運動。1960年代初期，學生非暴力協調委員會再次領導杯葛運動，並靜坐抗議要求廢除許多公共場所的隔離政策。民權運動運用甘地的非暴力抗議手法而廣爲散播，迫使百貨商店、超市、圖書館和電影院等取消種族隔離做法。但在保守的南方各州仍頑固地反對大部分的取消隔離措施，而且常訴諸暴力，抗議者往往被攻擊或殺害。1963年民權人士行軍到首都華盛頓特區以支持立法，運動達到高潮。在甘迺迪被殺之後，詹森總統說服國會於1964年通過「民權法」，象徵了民權運動的一次大勝，緊接著在1965年又通過了「選舉權法」。1965年以後，由於民權運動內部的分裂，好戰的支派黑豹黨從民權運動分離出來，黑人住區暴亂頻生，加上金恩遇刺身亡，導致許多支持者開始退卻。接下來的幾十年裡，民權領袖透過公職選舉來獲得權力，並透過反歧視行動以求獲得更實際的經濟和教育利益。

civil service　文職；文官　政府官員主體，這些人被雇用來擔任文職，非屬政治或司法職務。大多數國家公職人員是經由考試錄用，並按考績與年資作爲晉升基礎。他們在遴選官員和指派政務官時通常扮演顧問的角色，立場中立。儘管文官並不制定政策或決定，卻需負責政策之執行。文官之起源可追溯到古代中東兩河流域文明，由於政府組織所需，遂使古埃及與希臘繁複官僚政治得以產生。羅馬帝國建有極繁複之行政部會網，這套體系後爲天主教所採納。中國文官制度建立於西元前2世紀的漢朝，這種體制大體上一直未經變動地持續到1912年。現代文官制基礎，則可追溯到17與18世紀之普魯士和布蘭登堡選侯。在美國，資深文官會跟著每一次的新政府上台而調動；歐洲在19世紀已建立調整的制度以減少徇私並確保擁有各種知識、技術領域的人才。

Civil Service Act, Pendleton ➠ Pendleton Civil Service Act

Civil War ➠ American Civil War

Civil Wars, English ➠ English Civil Wars

Civilian Conservation Corps (CCC)　公共資源保護隊（西元1933～1942年）　美國事業計畫。最早的新政措施之一。爲解決大蕭條時期的失業問題而建立，計畫招募以未婚青年男子爲主的失業者去從事國家資源的保護工作，如植樹造林、建防洪堤、森林救火以及維修森林公路和小路。隊員住勞動營，過半軍事化生活，每月領取現金三十美元，並供給伙食、醫療和其他日常用品。曾先後爲三百萬人提供工作。

Cixi　慈禧（西元1835～1908年）　亦拼作Tz'u-hsi。別號皇太后（Empress Dowager）。主宰中國清朝近半世紀的皇后。慈禧本來在咸豐皇帝（1850～1561年在位）的妃嬪中位階甚低，但她於1856年生下皇帝唯一的子嗣，即未來的同治皇帝。咸豐皇帝死後，其子以六歲之齡繼位，慈禧與另外兩人共同以其子之名義聯合攝政。在這段時間，相繼平定太平天國之亂和捻亂，政府短暫恢復生機。當慈禧之子於1875年驟逝，她違反繼承法，扶立其收養的姪子繼承皇位（即光緒）。攝政體制因此延續下來，慈禧並於1884年成爲唯一的攝政者。1889年慈禧名義上不再視事，但於1898年又重掌大權，廢止一套激進的改革措施，並把光緒軟禁於皇宮內。她支持的義和團事件終告失敗，並爲中國留下負面的影響。1902年慈禧開始實施她早先所推翻的改革。臨死前下令毒死皇帝。亦請參閱Zeng Guofan、Zhang Zhidong。

Cixous, Hélène＊　西蘇（西元1937年～）　法國女性主義評論家、小說家和劇作家。成長於阿爾及爾，她主要任教於巴黎大學。她的論文，例如《新生的女性》（1975，與克雷芒合著）等文集，旨在探討文字創作中的性別差異和女性經驗等議題。《普洛米西亞之書》（1983）和其他著作重新詮釋了神話和神話時代，並分析西方文化對女性的再現方式。她的小說創作包括了《裡面》（1969）與《閱讀克拉莉絲．里斯派多》（1989）等。

Cizin＊　西津　馬雅人的地震神和死神，陰間的統治者。很可能是以幾種假名和僞裝出現的陰間神中的一種。在西班牙征服前的手抄本中，西津常在人祭的場面中與戰神畫在一起。在西班牙征服後，西津便和基督教的魔鬼合而爲一。

Claiborne, William　克萊本（西元1587?～1677?年）美洲殖民地商人和官員，出生於英格蘭，1621年移民維吉尼亞，1626年任維吉尼亞政務祕書和總督府參議。1627年獲得與乞沙比克灣沿岸印第安人貿易的許可證，1631年建立肯特島商站。後來肯特島遭殖民當局否決爲他的殖民地，1644年他乘機煽動叛亂，驅逐馬里蘭總督，克萊本統治該殖民地至1646年。1652～1657年克萊本被任命爲管理馬里蘭的委員會委員。

Clair, René　克萊爾（西元1898～1981年）　原名René-Lucien Chomette。法國電影導演。1920～1923年導演默片，1923年正式編導第一部影片《沈睡的巴黎》。《幕間曲》（1924）和諷刺鬧劇《義大利草帽》（1927）使他成爲前衛派藝術家的領導人物。他善於分別用畫面或聲音創造喜劇場面，善於利用音樂來加強敘述的力量。他導演的默片主要有《在巴黎屋簷下》（1930）。在英格蘭拍攝的《魂去西方》（1935），融合英國人的幽默和法國人的熱情，在國際上深受讚賞。第二次世界大戰期間，他在好萊塢拍攝了《紐奧良的光輝》（1940）等片。戰後回國拍攝《沈默是金》（1947）。1960年被選入法蘭西學院。

克萊爾，卡什攝
©Karsh from Rapho/Photo Researchers

clam　蛤　軟體動物門雙殼綱無脊椎動物。雙殼類通常棲於砂質或泥質的水底。嚴格來說，蛤指具兩片相等的殼的雙殼類動物。有一束閉殼肌連於兩殼之間，用以閉殼。有強大、肌肉質的足。多數蛤類棲於淺水水域，埋於水底泥沙中免受波浪之擾。蛤將水從進水管吸進，又從出水管排出，從而進行呼吸和攝食。體型大小差異極大，從0.1公釐到1.2公尺都有。許多蛤類可食，包括斧蛤、圓蛤、女神蛤和軟殼蛤。

（左）圓蛤（Mercenaria屬）；（右）軟殼蛤（Mya屬）
Russ Kinne – Photo Researchers

clan　氏族　許多社會結構中重要的基本親屬群體。一個氏族的成員可以實際上或名義上是一個共同祖先的後裔。這種後裔是單系的（母系或父系）。按照常規，氏族實行族外婚制，而氏族內的婚媾關係被視爲亂倫。氏族可分爲亞族或家系，在引進不具備與本族有親緣關係的新成員時，可變通族譜或氏族神話。氏族成員的資格對於保證相互支持和相互保護是有用的，對於調解產權轉移和婚後居住方式等爭端，也是有用的。一些氏族用共同的標誌表明他們的統一。

Clancy, Tom　克蘭西（西元1947年～）　原名Thomas Clancy。美國小說家。曾當過保險經紀人，後來開始寫作生涯。第一部小說就是令人出乎意料的暢銷書《獵殺紅色十月》（1984；1990年拍成電影），該書事實上創造了「科技驚悚」題材，即靠廣博的軍事科技和間諜活動的知識來製造懸疑的小說。後來的成功作品有《紅色風暴》（1986）、《愛國者遊戲》（1987；1992年拍成電影）、《迫切的危機》（1989；1994年拍成電影）以及《恐懼的總和》（1991；2000年拍成電影）。

clapboard＊　楔形板　楔形截面的木板，用作木骨架房屋的外牆，橫向逐層交搭，寬15～20公分，下端厚1.6公分，上端極薄而蓋在上層之下。17世紀時，劈好的櫟木楔形板傳入新英格蘭，後來通常用松木、柏木或杉木。

claque＊　喝彩人　一名鼓掌班。用雇用或其他方式招募一群人，對演出捧場或嘲笑，用以影響觀衆。這種做法可追溯到古代，如希臘喜劇競賽中，贏者並非靠優越的劇本，而是雇用一批喝彩人來影響觀衆，從而支配了評審委員的決定。這種做法在羅馬帝國很普遍，尼祿還曾開辦一所專教人喝采的學校。19世紀時，法國的大部分劇院都雇有專業的喝彩人，他們按月從演員那裡獲得酬金、從經理那裡獲得贈票。英國偶爾也有這種風俗，但不如法國那樣精心設計。現在，在歌劇界仍有這種做法。

Clare　克萊爾　愛爾蘭西部一郡。濱臨香農河和大西洋。東部是泥炭和沼澤覆蓋的丘陵；中部低地過去有鹽鹼沼澤，現經排水圍墾；西部有高原和低地；沿海爲石灰石覆蓋地帶。主要出產燕麥、馬鈴薯，以及牛和綿羊，漁業也很重要。克萊爾多史前居民點的遺跡，還有許多帶圓塔和中世紀城堡的早期基督教遺址。雖然在12世紀時爲盎格魯－諾曼人殖民，但在16世紀以前一直由奧布賴恩家族統治。伊莉莎白一世時期設爲郡。1828年奧康內爾在克萊爾郡贏得選舉，導致愛爾蘭的天主教解放。首府恩尼斯。面積3,188平方公里。人口約94,000（1996）。

Clare, John　克萊爾（西元1793～1864年）　英國詩人。家庭極其貧困，七歲開始放牧。自幼記憶力出衆，頗有詩才。處女作《描寫農村生活和風景的詩篇》在1820年問世後，轟動一時。但接下來的幾部詩集如《牧人日曆》（1827）和《農村繆斯》（1835）卻銷路不佳。貧困和酗酒損害了他的健康。1837年被送入一個私人瘋人院，在那裡住了四年後逃出。後來被確診爲精神錯亂，最後二十三年在瘋人院中度過，他在那裡寫了一些淺顯的抒情詩。

Clare of Assisi, St.　阿西西的聖克拉雷（西元1194～1253年）　義大利貧窮克拉雷會的創立人。出身貴族家庭，自幼深受阿西西的聖方濟影響，1212年不願遵父母之命結婚，逃到一座小教堂，在聖方濟主持下發願隱修，建成方濟會第二會，參加者甚多，包括她的母親和妹妹，所以稱爲克拉雷會。克拉雷自1216年起任會長。該會嚴守清貧，禁止會士保有財產，認爲祈禱告解苦修可以振奮教會和社會。

Claremont Colleges　克雷爾蒙學院集團　美國加州克雷爾蒙的私立學院集團。包括波莫納學院（1887年建）、克雷爾蒙研究學院（1925年建）、斯克利浦斯學院（1926年建）、克雷爾蒙麥克納學院（1946年建）、哈維莫德學院（1955年建）以及匹澤學院（1963年建）。每個學院均提供範圍廣泛的課程，各校都享有極高的學術聲譽。各學院的校地彼此鄰近，因而共享諸多設施。註冊學生人數約7,000人。

Clarendon, Constitutions of　克拉倫登憲法　西元1164年英王亨利二世發布的確定英格蘭教會與國家關係的大法。其宗旨在限制教會的特權和宗教法庭的權力，結果掀起亨利二世和貝克特之間著名的爭吵。他們爭論的焦點在：憲法規定所有無人主持的教產和修道院的收入全部上繳國王，國王有權派人接管；教士犯重罪時，須交給世俗法庭審判。1170年貝克特自殺殉教，迫使亨利緩和對教士的攻擊，但是沒有廢棄憲法中的任何一條。

Clarendon, Earl of　克拉倫登伯爵（西元1609～1674年）　原名Edward Hyde。英格蘭政治家和歷史學家。原爲傑出律師，在文學圈亦頗負盛名。進入國會後，成爲查理一世的顧問，勸國王採取溫和政策，但不能避免英國內戰的爆發。他促成查理二世的復辟，1661年被封爲伯爵。擔任大法官期間（1660～1667），控制了大部分行政事務。由於他公開批評國王道德敗壞，破壞了他們之間舊有的情誼，議會也決定以他作爲英荷戰爭（1665）的代罪羔羊。1667年8月他被免去大法官的職位後來流亡至法國，度過餘生，在那裡完成《英國叛亂和內戰史》。

Clarendon, 4th Earl of　克拉倫登伯爵第四（西元1800～1870年）　原名George William Frederick Villiers。英國政治人物。1833～1839年任英國駐西班牙大使，1839年返回英格蘭，任掌璽大臣（1839～1841）及貿易大臣（1846～1847）。愛爾蘭大饑荒期間出任愛爾蘭總督（1847～1852）。1853年2月出任亞伯丁伯爵內閣的外交大臣，試圖阻止克里米亞戰爭，但沒有成功。1856年代表首相出席巴黎會議，爲英國爭得有利的條款。1858年隨帕麥爾斯頓去職，此後又兩次出任外交大臣（1865～1866、1868～1870）。

Clarendon Code　克拉倫登法典（西元1661～1665年）　英格蘭克拉倫登伯爵內閣時期通過的四項法案，其作用是削弱不從國教派的勢力。「市鎮機關法」規定：沒有在堂區教堂行過聖餐禮的人，不得擔任市政工作。「遵奉國教法」規定：上述一類人也不得擔任教會職務。「集會法」規定：爲信奉他教而集會屬於非法。「五哩法」規定：非國教教士不得在離城五哩以內的地方居住或出入。

clarinet　單簧管　單簧片木管樂器，用於管弦樂隊、軍樂隊、銅管樂隊。通常用非洲黑檀木製造，管體呈圓筒形，下端爲張開的喇叭口。普通的單簧管爲B♭調，管長約66公分，吹出的音比記譜低一個全音。高音區採用第五和第七泛音，而將音域擴展到從中央C以下的D音（記譜爲E）向上的3½個8度。單簧管的前身爲2鍵的蘆管，單簧管於18世紀初由德國著名長笛製造家登納（1655～1707）發明。工藝上的進步包括將音鍵安裝在支柱上，採用長笛製造家博姆所創用的圈鍵以及巴菲特的針尖彈簧，這些改進在1840年代導致形成兩種主要現代體系。比較簡單的阿爾貝特體系因其製造者布魯塞爾人尤金・阿爾貝特的姓氏而命名，這是單簧管製造者繆勒的早期13鍵體系的現代化形式，用於德語國家；有一套複雜的輔助音鍵裝置，但管體、吹口與簧片（較小而硬）比較老式，聲音比較低沈。博姆體系在大多數國家通用，它採用博姆的1832年長笛指法體系，具有許多技巧上的優點。與其他體系的不同之處在於背部的拇指圈鍵和供右手小指用的4或5個鍵。

Clark, Champ　克拉克（西元1850～1921年）　原名James Beauchamp Clark。美國政治人物。曾擔任報社編輯、市檢察官和州議員，美國衆議院十三屆議員（1893～1895、1897～1921）。擁護民主黨和平民黨領袖布萊安，支持農民立法。1910年擔任規則委員會委員和衆議院民主黨和平民黨領袖，反對甘農議長對下院的獨裁控制，並繼他之後成爲議長（1911～1919）。1912年在民主黨代表大會上爭取總統候選人提名，但敗給威爾遜。

Clark, Dick　克拉克（西元1929年～）　美國電視名人。原本當電台和電視的播音員，後來開始他長期從事的電視節目《美國音樂台》（1956～1989）的主持人，這檔節目是一個流行音樂的陳列櫥窗。1956年他組成了自己的製作公司，生產出三十多個系列、兩百五十個專題以及二十部電視電影。

Clark, George Rogers　克拉克（西元1752～1818年）　美國革命時期的邊疆軍事領袖。威廉・克拉克的哥哥，1770年代任肯塔基的測量人員。美國革命期間召募軍隊防禦此區以對抗英國人和印第安人。1778年深入密西西比河流域，奪取兩個居民點。1780年打敗一支企圖進攻聖路易的英國遠征軍。戰後擔任印第安事務專員，1786年促成對肖尼人的談判及締約工作。1793年涉入熱內事件。

Clark, James H.　克拉克（西元1944年～）　美國商人。出生於德州平景鎮，高中時輟學加入海軍。他在猶他大學取得電腦科學博士學位，並在加州大學聖塔克魯茲分校（1974～1978）和史丹佛大學（1979～1982）任教。他於1981年創立了視算科技公司並擔任總裁（1982～1994），期間帶領該公司成爲一家年營業額達數十億美元的公司，專門生產用來處理大量圖形的電腦工作站。1994年，他和其他人士共同成立了網景公司（Netscape Communications），該公司的圖形介面網路瀏覽器，由於使網際網路文件的存取變得更容易，從而令網際網路產生重大變革。

Clark, Kenneth (Mackenzie)　克拉克（西元1903～1983年）　受封爲Baron Clark (of Saltwood)。英國藝術史家。家境富裕，曾在牛津大學學習。在佛羅倫斯跟隨貝倫森學習兩年。後任牛津大學阿什莫爾博物館館長（1931～1934）和倫敦國家美術館館長（1934～1945）。大半生埋首於學術研究和擔任公職。他寫過不少論述藝術的書籍，1969年還爲BBC電視台撰寫和主講《文明的軌跡》系列節目，這套節目包括從中世紀到20世紀的歐洲藝術史，爲他在國際上奠定了聲譽。

Clark, Mark (Wayne)　克拉克（西元1896～1984年）　美國陸軍將領。畢業於西點軍校，1942年初任陸軍地面部隊參謀長。1943年9月在義大利的薩萊諾登陸，接受義大利艦隊和巴多格里奧政府的投降。後來指揮從軸心國手中奪取義大利半島的艱巨戰爭，1944年6月終於攻克羅馬，1945年5月2日接受曾在義大利北部最後一批德軍的投降。在韓戰中，他於1952～1953年任聯合國軍總司令。1953年退役。1954～1966年任南卡羅來納州查理斯敦的軍事學院院長。

Clark, Tom　克拉克（西元1899～1977年）　原名Thomas Campbell Clark。美國最高法院大法官（1949～1967）。畢業於德州大學法律學院，在達拉斯私人開業當律師，成爲民主黨人士。1937年進入美國司法部任特別助理，主要處理反托拉斯和戰爭詐騙案件。1945年杜魯門總統任命他爲司法部長，他在任職期間以積極推行反顛覆計畫和擴大聯邦調查局的權力著稱。1949年被任命爲最高法院大法官，他在該院繼續維護他對有關顛覆活動問題上所持的堅決主張，但他經常是公民自由權的支持者。1967年辭職，是年，他的兒子蘭西·克拉克（1927～）被任命爲司法部長。

Clark, William　克拉克（西元1770～1838年）　美國探險家。喬治·羅傑斯·克拉克的弟弟。1789年參軍，跟隨韋恩參加對印第安人的戰役。後來辭去職務，他被以前的軍中同袍路易斯徵召入伍，協助他率領探險隊對廣大西北地區進行長達三年的勘查工作。在著名的路易斯和克拉克遠征（1804～1806）中，證明他是個有能力的領袖，又善於繪製地圖及作畫，曾描繪沿途所見的動物。1813～1821年擔任密蘇里準州州長，1824～1825年亦兼任伊利諾、密蘇里和阿肯色三州的總測量師。

Clark Fork　克拉克河　美國蒙大拿州西部和愛達荷州北部的河流。源出蒙大拿州的比尤特附近，蜿蜒向北及西北流，在愛達荷州北部注入龐多雷湖。全長585公里。鄰近山脈有冰川國家公園、野生動物保護區和國有森林。以礦藏豐富、夏季氣候涼爽及風景秀麗著稱。

Clarke, Arthur C(harles)　克拉克（西元1917年～）　英國科幻小說作家。1941～1946年在皇家空軍中服役，服役期間，發表第一批科幻小說。戰後，獲得物理學和數學學士學位（1948），並成爲一個多產的科幻小說家，尤以小說《地光》（1955）、《月塵飄落》（1961）和《天堂的泉水》（1979）著稱。1960年代，他與電影導演庫柏力克合作，拍攝了富有創新精神的科幻影片《二〇〇一：太空漫遊》（1968），受到高度讚揚，並拍攝了兩部續集。其科幻小說中的一些構想，證明他有先見之明。1950年代，移居斯里蘭卡可倫坡。

class, social　社會階級　在同一社會中擁有相同社會經濟地位的人群。該術語隨著18世紀晚期的工業和政治革命而在19世紀初期得到廣泛應用。關於階級的最具影響力的早期理論是馬克思的理論，他集中討論了一個階級如何控制和指導生產過程，而別的階級則作爲統治階級的直接生產者和服務的提供者存在的理論。在這一理論指導下，階級之間的關係被視爲對抗性的。而韋伯則強調保持階級差別以保障政治權力、社會地位和階級聲望的重要性。儘管階級理論存在分歧，但對於階級在現代資本主義社會中的特點卻有基本一致的觀點。上層階級因擁有大量的繼承遺產（在美國，30%以上的財富集中在1%的財產擁有者手中，而2/3以上的財富集中在5%的人口手中）而與別的階級相區別。工人階級主要由手工勞動者和飲食、服務業的工人組成，他們只掙取中等或少量的工資，極少有機會繼承財產。中產階級則包括中等及上等執事人員，主要有技術和專業人員、管理人員、經理和自由職業者（如小型商店主、商人和農場主等）。下層階級則包括長期處於失業狀態、居住在城市周邊的工人。亦請參閱bourgeoisie。

class action　集體訴訟　法律上，由一個原告代表，代表一群告訴人提出控告，或由一個被告代表來代表一群被告的一種訴訟案件；在訴訟中，這些人與其代表有相同的利益，且他們以群體的身分爭訟，其權益或責任要比進行一連串單獨的訴訟更能獲得較佳的裁定。在美國，受到全國矚目的集體訴訟案件中，有一起是由越戰退伍軍人針對藥劑橙製造商所提出的訴訟案，這批越戰退伍軍人當時曾暴露在這種殺蟲劑之中（1984年結案）；有一起是由於二手煙的影響而對煙草公司提出的告訴（1997年結案）。

Classical architecture　古典建築　古希臘和古羅馬的建築，尤其指從西元前5世紀開始的建築：在希臘發展到西元3世紀爲止；在羅馬，則強調柱和山形牆。希臘建築的主要基礎是樑柱體系，由柱子承受負載。大理石和石材的建築取代了木材建築。以人爲尺寸單位的柱子用作所有寺廟比例的模數。多立斯柱式或許是最早的古典建築，在希臘本土以及西方殖民地中仍爲人們喜愛。愛奧尼亞柱式在希臘東部發展起來；在希臘大陸上主要用作小型寺廟以及內景。最偉大的希臘建築成就是雅典的衛城。到西元前5世紀後期，柱式應用於諸如柱廊和劇院等結構。希臘化時代產生出更精心製作和有更豐富裝飾的建築，往往是一些宏偉的建築物。許多巨大的建築物都是世俗的而不是宗教的，廣泛使用愛奧尼亞柱式，尤其是更新的科林斯柱式。羅馬人使用希臘柱式，並增加了兩種新的形式（托斯卡納柱式和組合柱式）；科林斯柱式至今還是最普遍的。羅馬的建築師們使用柱子不僅當作功能性的承重部件，而且還加上裝飾。羅馬人雖然嚴格遵守對稱性，但還是使用了多種空間形式。希臘的寺廟通常是孤立的，而且總是面向東－西方，而羅馬的寺廟則與其他的建築物有關聯。羅馬的柱子帶有拱和檐部，允許更大的空間自由度。混凝土的發現大大地方便了使用拱、拱頂以及圓屋頂的建築，就像在萬神廟中所使用的那樣。其他的公共建築物包括巴西利卡、浴室（參閱thermae）、圓形劇場和凱旋門。古典建築也可指後來各個時期採用希臘或羅馬形式的建築。

classical economics　古典經濟學　英國經濟學派。18世紀後期由亞當斯密創立，到李嘉圖）和彌爾時臻於成熟。古典經濟學是最早涉及經濟成長動力的學說，反對重商主義學說，強調經濟自由，主要是自由放任主義和自由競爭的思想。其許多基本概念和原理是由亞當斯密在《國富論》（1776）中提出的，主張當人民依照私利行動時，國家所創造的財富是最大的。新古典經濟學家如馬歇爾表示供求量會分配經濟資源予最有效的使用。亞當斯密的思想被李嘉圖加以闡述和發展，強調在自由競爭條件下生產和銷售產品的價值（即價格）總是要同生產中所花費的勞動費用成正比。彌爾在《政治經濟學原理》（1848）中重新闡述了李嘉圖的一些理論，這一著作標誌著古典經濟學發展的高峰。後來有人修改古典經濟學學說而產生極爲不同的結論，其中包括馬克思和凱因斯。

classicism　古典主義　在藝術界，指古希臘和羅馬時期的藝術原則、歷史傳統、美學態度或藝術風格。古典主義可指古代生產的作品，也可以指在古代作品的啓發下後來生產的作品；新古典主義一詞通常指後來生產的，但是在古代藝術啓發下的作品。在更廣的意義上說，古典主義指的是堅持把一些優點長處看作古典主義的特徵，或把它們視作具有普遍適用的和不朽的價值，包括形式高雅以及正確、簡單、莊嚴、節制、秩序和比例。古典主義往往反對浪漫主義。文學、音樂和視覺藝術的古典主義時期在總體上是一致的。

Classicism and Neoclassicism　古典主義和新古典主義　古代希臘和羅馬藝術爲基礎的歷史傳統或美學觀點。古典主義用於說明歷史傳統時，指古代藝術，或受古代影響的後期藝術；新古典主義則僅指受古代影響的後期藝術，所以包含在廣義的古典主義裡。古典主義的特點是和諧、明晰、嚴謹、普遍性和理想主義。在視覺藝術中，古典主義一般表示偏愛線條過於顏色，偏愛直線過於曲線，以及偏向一般性而非特殊性。義大利文藝復興是繼古代之後第一個徹底的古典主義時期。18世紀末到19世紀初新古典主義成爲歐洲美學運動的主流，卡諾瓦和大衛爲其中代表。結果產生了一種反動的觀點，偏好主觀情感、渴望崇高理想和追求一種奇異風格，也就是所謂的浪漫主義。古典主義和非古典主義理想經常一再輪流浮現，構成西方美學運動的特色。亦請參閱Classical architecture。

Claude Lorrain＊ 克勞德・洛蘭（西元1600～1682年） 原名Claude Gellée。法國畫家。年輕時前往羅馬，隨義大利風景畫家塔西學畫，並見識到普桑的作品。後來成為理想化風景畫家，以比自然本身更美及更和諧的觀點來作畫；他的風景畫和海邊景色包含了一些建築物和人物。以特別擅長對光線和氛圍的色調明暗處理而聞名。到了1630年代已成為家喻戶曉的大師級畫家，他的主顧客包括法國和義大利的貴族名流。其作品在1630年代和1640年代影響了羅馬的荷蘭藝術家，以及歐洲風景畫的整個發展。一生作畫甚多，計油畫二、三百件，素描一千多件，銅版畫四十四件。

Claudel, Camille (-Rosalie)＊ 克洛岱爾（西元1864～1943年） 法國雕刻家。她和弟弟保羅・克洛岱爾一起受教育，十幾歲時就已是一個技巧純熟的雕刻師。1881年與家人遷居巴黎，進入克拉洛西美術專科學校就讀。1882年認識了羅丹。不久以後成為羅丹的學生、合作者、模特兒和情婦。羅丹的作品中有些整個雕像和雕像各部分的構思是來自於她，特別是《地獄之門》（1800～1900）。她曾在一些正式的沙龍和畫廊展出作品，頗獲好評，但也經常摧毀自己的作品。1898年與羅丹的感情破裂後，一直受此情緒影響，1913年被關入精神病院。1914年被轉送到一家療養院，去世前一直都待在這裡。

Claudel, Paul (-Louis-Charles-Marie)＊ 克洛岱爾（西元1868～1955年） 法國詩人、劇作家和外交家。十八歲時改信天主教，1890年開始其漫長而光輝的外交生涯，最後曾擔任駐日大使（1921～1927）和駐美大使（1927～1933）。同時，他開始鍾情於文學，在詩作和戲劇方面表現出絕佳的創意。一些劇作打動了許多觀眾的心，如《正午的分界》（1906）、《人質》（1911）和《給瑪麗報信》（1912），以及傑作《緞子鞋》（1924），其中的男、女主角以拋棄性欲的滿足，分別接受死亡和服勞役，從而達到精神結合的最高境界。克洛岱爾還寫有《克里斯托弗・哥倫布之書》（1933）和神劇《聖女貞德》（1938）。其最有名和最感人的詩作是《五大頌歌》（1910）。

Claudius 克勞狄（西元前10～西元54年） 全名Tiberius Claudius Caesar Augustus Germanicus。原名Tiberius Claudius Nero Germanicus。羅馬皇帝（41～54）。提比略之侄。西元37年出任執政官。41年初羅馬皇帝卡利古拉遇害身死，統治大權出乎意料地落到他的手中。體質羸弱，相貌平庸，舉止笨拙，但學問淵博，曾經寫了一些歷史文章，不過都沒留存下來。他對各個元老和羅馬騎士很無情，而且與上層階級人士關係疏遠，但卻討好自由民。43年入侵不列顛是他邊境擴張計畫的一部分；他還吞併北非的毛里塔尼亞，奪取小亞細亞的呂西亞，占領色雷斯。44年將猶太改為一個行省。在內政方面克勞狄採取很多開明政策，他改革司法制度；擴大羅馬公民的人數；鼓勵城市建設。48年處死了詭計多端的第三任妻子後，另娶姪女小阿格麗品娜為妻。她力促克勞狄立她的兒子尼祿為皇位繼承人，取代了原來的皇太子布列坦尼克斯。據說克勞狄後來被她毒死。

克勞狄胸像，現藏梵諦岡博物館
Alinari – Art Resource

Claudius Caecus, Appius＊ 失明的克勞狄（活動時期西元前4世紀末～西元前3世紀初） 羅馬初期傑出的政治家和司法改革家。西元前313年任監察官，擴大自由民和無土地人民之兒孫的權力。他興修的阿庇亞水道是羅馬第一個引水渠，並開闢阿庇亞大道。西元前307年擔任執政官，西元前296年再度任監察官，西元前295年任行政長官。藉著出版《訴訟方法大全》和開庭日表，使人們更容易了解立法制度。晚年時，發表演說說服元老院把皮洛士趕出義大利南部。

Clausewitz, Carl (Philipp Gottlieb) von＊ 克勞塞維茨（西元1780～1831年） 普魯士將軍和作家。出身於貧窮的中產階級家庭，他在十二歲加入普魯士軍隊。1801年進入柏林軍事學院。在拿破崙戰爭中表現優異，後來晉升將軍並出任軍事學院院長。主要作品《戰爭論》（1832～1837）是戰略方面的傑作，透過剖析決定戰爭勝利的諸因素來分析軍事天才。他並沒提出一套僵化的戰略體系，但強調在面對戰略問題時臨場反應、判斷的必要性。他主張「戰爭是達到政治目的的工具，而不是戰爭本身的目的」，防禦戰在軍事和政治上都具有更強的地位。他也鼓吹總體戰爭的觀念。死後才出版的《戰爭論》對現代軍事戰略具有深厚的影響。

克勞塞維茨，平版畫；1830年米歇里斯（Franz Michelis）據瓦赫（Wilhelm Wach）的油畫複製
By courtesy of the Staatsbibliothek, Berlin

clavichord 擊弦鍵琴 早期鍵盤弦樂器，為鋼琴的重要前身。流行於大約西元1400～1800年間，特別是在德國。通常為長方形，琴箱和琴蓋裝飾華麗。右端（高音部分）裝有音板、弦馬和軫子。琴弦從軫子縱向張開，經過弦馬到達左端（低音部分），有氈條纏在弦上做制音器。一個小黃銅片（稱切音片）裝在每根弦的下面。按鍵時，切音片擊弦，將弦分為兩部分。這樣，它既決定振動部分的弦長，又使在切音片和弦馬之間的弦振動發音，餘下的部分被氈條把音制住。放一鍵時，切音片從弦上落下，制音氈將音止住。其音域一般從3½到5個八度。在鋼琴的前身中，只有擊弦鍵琴是透過觸鍵即可使力度變化的樂器，它的音質清脆柔和，最適合演奏像巴哈的鍵盤琴奏鳴曲和幻想曲那樣吐訴衷情的音樂。

clay 黏土 指直徑小於0.005公釐的土質顆粒，也指主要由黏土顆粒組成的岩石。作為土壤，黏土為幾乎一切植物的生長提供了環境。在製作陶瓷時會使用到黏土，所以說它記錄了人類歷史。黏土也可用作建築材料，黏土磚（燒過的磚和土坯）很早以前就已用於建築。高嶺土（即瓷土）則用於製造精細的陶瓷。高嶺土的另一項重要用途是作為紙的塗料和填料；它使紙面平滑並提高紙的不透光度。黏土材料在工程上也有各種各樣的用途。把適宜的黏土材料加到多孔的土質裡可使土壩不透水，加上黏土可減少渠道中水的流失。普通水泥的最主要原料是石灰岩和黏土。

Clay, Cassius ➠ Ali, Muhammad

Clay, Cassius Marcellus 克雷（西元1810～1903年） 美國廢奴隸主義者和政治人物。為奴隸主之子，是亨利・克雷的親戚，但深受廢奴主義者加里森的影響。1845年在勒星頓創辦反奴刊物《眞正美國人》，由於遭到猛烈攻擊，先遷

C D

到辛辛那提，後又遷往肯塔基州的路易斯維爾，並改名爲《審查者》。1854年爲共和黨創始人之一，後來擔任美國駐俄國公使（1861～1862和1863～1869），期間曾參與了阿拉斯加購買案的談判。

Clay, Henry　克雷（西元1777～1852年）　美國政治人物。1797年起在維吉尼亞州和肯塔基州執律師業。1803～1809年在肯塔基州立法機構服務。後來擔任幾屆眾議院議員（1811～1814、1815～1821、1823～1825），並擔任過議長（1811～1814）。他也是促使美國參與1812年戰爭的其中一人。克雷支持一種稱作「美國制度」的國家經濟政策，鼓吹保護關稅、建立國家銀行和改善國內交通運輸。他因支持密蘇里妥協案而贏得「大仲裁者」和「大妥協家」的綽號。1824年他全力支持亞當斯競選總統，亞當斯當選後任命他爲國務卿（1825～1829）。他還曾擔任過幾屆的參議員（1806～1807、1810～1811、1831～1842），期間支持了1833年的關稅妥協案。1832和1844年曾是代表輝格黨的總統候選人。在他擔任參議員的最後一次任期內（1849～1852），強烈主張通過1850年妥協案。

克雷
By courtesy of the Library of Congress, Washington, D. C.

Clay, Lucius D(uBignon)　克雷（西元1897～1978年）　美國陸軍將領。畢業於西點軍校，服役於陸軍工程兵團。第二次世界大戰時，負責軍需品生產和供應計畫（1942～1944）。1945年任美國駐德國占領軍副司令，兩年後晉升爲駐歐洲美軍總司令兼德國美占領區總司令。蘇聯封鎖柏林期間（1948～1949），他成功的指揮盟國空運，將食物和補給品運入柏林。1949年退役後從商。艾森豪任總統時，他是一個主要支持者和顧問。

clay mineral　黏土礦物　一組重要的具有層（片）狀結構和微細顆粒（小於0.005公釐）的含水鋁矽酸鹽。黏土礦物一般是風化作用的產物，不同的地質環境會從同一母岩造成不同的黏土礦物。廣泛產於泥岩和頁岩之類的沈積岩中，以及海洋沈積物和各種土壤中。黏土礦物被人應用在石油工業中，如開採石油時用作鑽探泥漿，提煉石油時被用作催化劑；在植物油和礦物油的加工過程中被用作脫色劑。

Clayton, John Middleton　克萊頓（西元1796～1856年）　美國政治人物。1824年開始從政，進入德拉瓦州眾議院，後任該州州務卿（1826～1828）。1829～1836和1845～1849年擔任參議員。後來泰勒總統任命他爲國務卿（1849～1850），任內參與了「克萊頓－布爾沃條約」（1850）的磋商。

Clayton-Bulwer Treaty　克萊頓－布爾沃條約　英美兩國爲調和它們在中美洲的利益衝突而締結的協定（1850）。條約規定：兩國共同控制和保護即將開鑿的巴拿馬運河；保證中美洲的中立地位，雙方都不得在此「占領、設防、殖民、提出或實施任何宗主權」。但這一條約在1901年由「海約翰－龐斯福特條約」取代，英國在該條約中同意由美國開鑿並控制巴拿馬運河。

Clazomenae＊　克拉佐曼納　古愛奧尼亞希臘城市。初創時位於大陸和半島的交界地帶。後爲防止波斯入侵，居民遷至離岸400碼的島上，亞歷山大大帝在島和大陸間建一堤道相連。曾是愛奧尼亞多德卡普利斯城邦的一部分，以所產彩繪石棺出名（西元前6世紀）。西元前5世紀該城受雅典控制，西元前387年歸屬波斯，後羅馬將其併入亞細亞行省。哲學家安那克薩哥拉誕生於此。

clear-cell carcinoma　透明細胞癌 ➡ renal carcinoma

Clear Grits　晶砂黨　19世紀加拿大西區（今安大略省）政黨。1849年從改良黨中發展而來，反對加拿大省總理鮑德溫將王室土地用來支持新教教會（教會保留地）的政策，以及司法改革和選拔議員的方法。據說該黨黨員要求自己的黨「全是砂子，沒有泥土；砂子晶瑩，一清如洗」，因而取名「晶砂黨」。早期領袖爲佩里。他在1851年去世後，由布朗逐漸掌權。晶砂黨最後加入其他黨派而成爲加拿大自由黨。

clearinghouse　票據交換所　從事相似業務活動的廠商共同建立的機構。他們彼此間的交易可通過此機構沖銷，只結算沖銷後的淨差額。在與銀行、鐵路、證券和商品交易所及國際收支有關的交易中，票據交換所在結算上起了重要的作用。銀行票據交換所，一般是由當地銀行自發組成的機構，目的在於簡化和便利支票、匯票及中短期庫券的交換，還在於結算各銀行之間的餘額。銀行票據交換所，也可作爲對確定服務收費、交換貸款訊息、搜集信貸資料和協調廣告做法之類互感興趣的問題進行討論和集體活動的場所。第一所現代的銀行票據交換所，1773年在倫敦建立。美國第一家銀行票據交換所是1853年在紐約建立的。

cleavage　解理　結晶物質劈裂成以平面爲界的碎片的傾向。解理面雖然很少像晶面那樣平，但在鑑定結晶物質時，解理面間的夾角卻極有代表性，具有重要的鑑定意義。解理產生於結合力最弱的平面上，如方鉛礦可以平行於立方體的所有晶面劈開。解理是按其方向（如立方體解理、柱面解理、底面解理等）以及產生解理的難易程度來描述的。完全解理很容易產生光滑而有光澤的平面。其他等級依次爲：中等解理、不完全解理和極不完全解理。亦請參閱fracture。

Cleese, John (Marwood)　克里斯（西元1939年～）　英國演員和電影編劇。就讀於劍橋大學，1960年代他爲英國電視編寫並表演喜劇題材，後來幫忙創建了受歡迎的喜劇節目《蒙狄皮頌的飛行馬戲團》（1969～1974），後來這個節目以它超現實的而又是有趣愚蠢的幽默招牌吸引了大批美國觀眾。他參與編寫並演出了電視系列片《法爾提塔樓》，還與蒙狄皮頌劇團的其他人合拍一些電影，如《皮頌與聖杯》（1975）、《萬世魔星》（1979）以及《生活的意義》（1983）等。其他的電影還包括《笨賊一蘿筐》（1988）和《偷雞摸狗》（1997）等。

clef　譜號　在音樂記譜法中寫於譜表開始處的符號，決定某一特定線的音高，因而爲譜表上所有音符指出了相互關係，即指明了「調性」。現在通用的有三種譜號：高音譜號、低音譜號和C音譜號，規格化的形式分別是G、F和C譜號。器樂與聲樂樂曲都使用最接近其聲部音域的譜號。高音譜號或G譜號把G音的位置定在中央C的上方。在現代的記譜法中，G音的位置固定在從譜表最低的一線向上數到第二線上。

cleft palate　顎裂　一種常見的先天性疾病－－胎齡兩個月時顎板未能融合而遺留裂隙。可僅表現爲軟顎裂，亦可累及硬顎，使口腔與鼻腔相通，伴鼻中隔、犁骨缺損。可爲單側性或雙側性；可單獨存在或伴有唇裂等畸形。患顎裂的嬰兒每因吸吮困難而出現營養不良，其後又出現言語困難。約於十八個月時可行手術以關閉口腔與鼻腔的交通，並應輔以言語訓練。鼻、耳及鼻竇感染的危險依然存在。

Cleisthenes of Athens＊　克利斯提尼（西元前570?～西元前508?年）　雅典政治家和首席執政官（西元前525～西元前524年），一般認為是雅典民主政治的開山祖。出身於阿爾克邁翁家族。西元前508年克利斯提尼聯合公民大會通過一項全面改革政治制度的方案。改革的根本在於鏟除貴族的世襲特權，他提出過去以家族、氏族、宗族為基礎的政治組織改為以地域為基礎的政治組織，公民按所屬地區登記戶口和進行選舉。整個阿提卡分為三大地區（城市區、沿海區和內陸區），每個地區分為十個選區。雅典議會的人數增至五百名。改革強調公民權利平等的原則。

Cleitias　克利提亞斯（活動時期約西元前580～西元前550年）　亦作Kleitias或Clitias。雅典陶瓶畫家，古典時期著名大師，是「弗朗索瓦陶瓶」（西元前570?年）彩繪作者。1844年在一座古墓中發現，此瓶為黑花、雙耳大口陶器（參閱black-figure pottery），陶瓶表面的六條橫帶上繪有兩百多個人物，是希臘藝術中重要珍品之一。現存五個陶瓶都刻有克利提亞斯的落款，另外還有兩個杯子也出於這位大師之手。

《墨杜薩面具》（西元前560?年），埃戈提莫斯（Ergotimos）製，克利提亞斯畫；現藏紐約市大都會藝術博物館
By courtesy of the Metropolitan Museum of Art, New York, Fletcher Fund, 1931

clematis＊　鐵線蓮屬　毛茛科的一屬，多年生植物，多為攀緣灌木。兩百多種，廣佈世界多數地區，特別是亞洲和北美。在北美栽培以觀其花。花美麗，單生或成大簇。通常為複葉。著名的種有維吉尼亞鐵線蓮、老人鬚、捲鬚鐵線蓮、蔓生鐵線蓮。最受歡迎的園藝雜種有：佛羅里達鐵線蓮（即鐵線蓮）、轉子蓮和傑克曼氏鐵線蓮。

Clemenceau, Georges＊　克里蒙梭（西元1841～1929年）　法國政治人物和新聞工作者。在轉往政治界發展前原為醫生，1876～1893年擔任國民議會議員，成為激進共和派集團領袖。曾先後創辦《正義》（1880）、《曙光》（1897）和《自由人》（1913）等報，並擠身為當代一流的政治作家之列。他支持德雷福斯而為他帶來好處，1902～1920年擔任參議員。1906年擔任內政部長，同年繼任總理（直至1909年）。第一次世界大戰時又以七十六歲高齡擔任總理（1917～1920），在戰爭中穩健的表現為他贏得「勝利之父」的封號。戰後對「凡爾賽和約」的簽訂也作出重要貢獻。1920年競選總統失敗，退出政界。

Clemens, (William) Roger　克萊門斯（西元1962年～）　美國職業棒球選手。生於俄亥俄州達頓。他打過波士頓紅襪隊（1984～1996）、多倫多藍鳥隊（1997～1998）及紐約洋基隊（1999～）。1986年，他成為第一個單場（九局）三振對方20個打者的投手；1996年他再度平此記錄。他五度贏得塞揚獎——年度最佳投手（1986、1987、1991、1997、1998）。

Clement V　克雷芒五世（西元約1260～1314年）　原名Bertrand de Got。法蘭西籍教宗（1305～1314）。1299年為波爾多大主教，1305年當選教宗。由於所提拔的多數樞機主教是法國籍，確保了之後一系列法蘭西教宗的當選。他把教廷遷往亞威農，主要是為了政治因素（參閱Avignon papacy）。法國的腓力五世迫使他限制教會管理世俗事務的權力並解散聖殿騎士團。1313年以後，克雷芒五世反對神聖羅馬帝國皇帝亨利七世，並在亨利死後指定那不勒斯國王為帝國的代理主教。編有《克雷芒教令集》，對教會法規貢獻很大。

Clement VI　克雷芒六世（西元1291?～1352年）　原名Pierre Roger。法蘭西籍教宗（1342～1352）。原為桑斯和盧昂的大主教，1338年升為樞機主教，四年後在亞威農登上教宗之位（參閱Avignon papacy）。1344年派遣十字軍海軍出征，攻取士麥那，結束鄂圖曼土耳其人的劫掠行徑。他還在義大利羅馬涅地區恢復教宗的權威，解決當地幾家豪門貴族的紛爭。後來那不勒斯女王瓊一世把亞威農山售給克雷芒以換得無罪開釋。克雷芒六世反對方濟會這種苦行的屬靈派，他大修教廷宮殿，獎勵學術與藝術。

Clement VII　克雷芒七世（西元1478～1534年）　原名Giulio de' Medici。義大利籍教宗（1523～1534）。麥迪奇家族的朱利亞諾的私生子。由祖父洛倫佐撫養成人。1513年成為佛羅倫斯的大主教，後來他的堂哥教宗利奧十世任命他為樞機主教。克雷芒在政治方面懦弱無能，只關心麥迪奇家族的利益。1527年與法蘭西結盟，導致神聖羅馬帝國皇帝查理五世派兵洗劫羅馬。英格蘭國王亨利八世要求教宗宣布他與亞拉岡公主凱瑟琳的婚姻無效，克雷芒的無能也使得這一問題複雜化。

Clement of Alexandria, St.　亞歷山大里亞的聖克雷芒（西元約150～215年）　拉丁名為Titus Flavius Clemens。基督教護教士，到希臘化世界宣揚基督教的神學家，也是亞歷山大里亞教理學校校長。生於雅典，在他的老師潘代努引導下，接受基督教，他是斯多噶派哲學家，後任亞歷山大里亞教理學校校長。按照克雷芒的解釋，希臘人心目中的哲學就是猶太人心目中的摩西律法，都是真理的入門。他主張基督徒關心現世，但認為邏各斯的律法高於世俗律法，曾主張以正義戰爭反對奴役人民的政府。西元201～202年，羅馬皇帝塞維魯迫害基督教徒，克雷芒被迫離開亞歷山大里亞，尋求耶路撒冷主教亞歷山大的庇護。他一直被拉丁教會尊為聖人，但在1586年教宗西克斯圖斯五世以克雷芒某些觀點背離正統為由，將其名從殉教聖徒錄中剔除。

Clemente, Roberto＊　克萊門特（西元1934～1972年）　美國職棒國家聯盟選手。1953年加入布魯克林道奇隊，1954年起到匹茲堡海盜隊，一直待到1972年。1961、1964、1965和1967年獲聯盟打擊王，其中1967年打擊率.357，是個人最好的成績。生涯打點1,305分，共得1,416分。1960和1971年兩次世界賽的打擊率.362。他也以外野守備佳、投球和盜壘能手聞名。死於飛機失事，當時他為地震餘生者賑災而正運送物資前往尼加拉瓜。1973年選入棒球名人堂。

克萊門特
UPI

Clementi, Muzio　克萊曼蒂（西元1752～1832年）　義大利出生的英國作曲家、出版家和鋼琴製造商。幼為神童，九歲任管風琴手，十二歲寫出一部神劇。1766年赴英國攻讀音樂，1773年赴倫敦，作為作曲家與鋼琴家立即獲得成功。鋼琴在英國比其他地區更受人喜愛，他研究鋼琴的特點並充分發揮其效能。1777～1780年在倫敦義大利歌劇院任古鋼琴手，1780年赴巴黎、史特拉斯堡、慕尼黑、維也納巡迴

演出，1781年曾和莫札特一起在皇帝面前競技。後二十年中繼續從事教學、作曲與演奏。1798年重新與人合開一家公司，出版樂譜，又製造鋼琴。他的鋼琴作品對影響很大，也教出許多優秀的鋼琴家。作品包括一百多首鋼琴奏鳴曲，並著有《登帕納塞斯之階》（1817）而享盛名。其鋼琴教程及奏鳴曲發展了早期鋼琴技巧，因而獲得「鋼琴之父」之稱。

Cleomenes I＊ 克萊奧梅尼一世（卒於西元前490年） 斯巴達國王（西元前520?～西元前490年），屬亞基斯家族。他極力干涉希臘勁敵雅典的事務。西元前510年率兵去雅典，驅逐僭主*希庇亞斯*。三年後在雅典扶持寡頭領袖，反對民主派的*克利斯提尼*，並拒絕支持雅典攻打波斯。這些政策對鞏固斯巴達在伯羅奔尼撒半島的領導地位十分有幫助。他策劃利用德爾斐神諭廢黜德馬拉托斯，結果騙局被人揭穿，只好逃往色薩利。後來斯巴達人再度把他扶上王位，但不久他就發瘋自戕。

Cleomenes III 克萊奧梅尼三世（卒於西元前219年） 斯巴達國王（西元前235～西元前222年）。屬亞基斯家族。西元前227年實行社會改革，主要包括：取消債務，重分土地，恢復訓練青年的舊制。他廢除*掌政官*，設立元老會議（六名元老的議事機構）。早期企圖削弱*亞該亞同盟*（西元前229年起），但未能如願，西元前222年在塞拉西亞敗給一支該同盟召集的馬其頓軍隊。他逃往埃及，結果被囚，西元前219年逃脫。在亞歷山大里亞起事未成，自殺身死。

Cleon 克里昂（卒於西元前422年） 雅典政治人物。在雅典政治中，是商業階級的第一個著名代表人物。西元前429年他的政敵*伯里克利*死後，他成為雅典民主派的領袖。在*伯羅奔尼撒戰爭*中，他力主進攻。他提議把叛離雅典的米蒂利尼公民處死，婦孺變為奴隸。這項法令獲得通過，但第二天又被取消。西元前425年奪占斯巴達的斯法克特里亞島時，他的聲名達到頂峰。但是後來在重新攻占色雷斯時，被斯巴達人殺死。

Cleopatra (VII) 克麗奧佩脫拉（西元前69～西元前30年） 埃及女王（馬其頓人的後裔），埃及國王托勒密王朝的末代君主。她是托勒密十二世（西元前112?～西元前51年）的次女。先後與兩位丈夫（兄弟）共執朝政，即托勒密十三世（西元前51～西元前47年）和托勒密十四世（西元前47～西元前44年），這兩人後來都被她所殺，之後與兒子托勒密十五世一起執政。她聲稱兒子的父親是*凱撒*，係西元前48年凱撒追擊龐培到埃及時，兩人相愛所生。她追隨凱撒到羅馬，西元前44年凱撒被刺殺後，她急忙回到埃及安置兒子即位。後來她引誘凱撒的繼承人*安東尼*與她結婚（西元前36年），激怒了屋大維，因安東尼原已娶屋大維之妹為妻。她成功策劃使安東尼與其朋友猶太國王*希律*反目成仇，結果失去希律的支持。西元前34年安東尼在亞歷山大里亞舉辦慶典慶祝打敗安息時，把羅馬土地賜予這位外國妻子和其家族。屋大維後來向他們宣戰，西元前31年屋大維在*亞克興戰役*中打敗他們的聯軍。安東尼最後自殺，克麗奧佩脫拉在試圖迷惑屋大維不成之後，以毒蛇咬胸自殺。

克麗奧佩脫拉，淺浮雕（西元前69～西元前30?年）；現藏埃及丹達拉托哈爾神廟
By courtesy of the Oriental Institute, the University of Chicago

Cleophrades Painter 克萊奧弗拉德斯畫家（活動時期西元前6世紀末～西元前5世紀初） 亦作Kleophrades Painter。希臘畫家。身分不詳，為克萊奧弗拉德斯陶工製作的陶瓶作圖案裝飾，名字取自其中一件作品上的簽字。可能是陶瓶畫家歐西米德斯的門徒。計繪製了一百多件器物，大都屬於紅花式（即黑地紅色圖景），也有些黑花式（即紅地黑色圖景）。主題都是當時最流行的運動競技場面和神話故事。作品線描有力，充滿激情，富有戲劇性。

clepsydra ➠ water clock

clerestory＊ 高側窗 在高於周圍屋頂的牆壁上開的窗。在大型建築物中，對於不靠近外牆、不能對外開窗的房間，這種採光方法是十分必要的。拜占庭和早期基督教建築都採用這種裝置，到羅馬風式和哥德式建築時期，高側窗得到高度發展和廣泛應用，如法國沙特爾大教堂（1194）就有和側堂窗一樣寬的成對尖頭高側窗。

Clergy, Civil Constitution of the ➠ Civil Constitution of the Clergy

Clergy Reserves 教會保留地 加拿大過去撥給英國聖公會的土地。根據1791年憲法法案，「為支持和維持一個新教教士集團」設立，共占政府授予的土地的1/7。1815年以後開始掀起爭論，一些教派也要求同等的保留地，其他人則認為這些土地應該脫離宗教色彩用作公共用途。1827年通過一項帝國法案，准許賣出保留地的1/4土地；1840年一項法案禁止畫出新的保留地。到1854年，教會保留地終於完全世俗化。

Clermont, Council of＊ 克萊蒙會議 西元1095年教宗*烏爾班二世*為整頓教會而在法國西南部克萊蒙召開的宗教會議。會中拜占庭皇帝*亞歷克賽一世·康尼努斯*的使者請求西方幫助希臘抗擊土耳其穆斯林，於是會議決定發動第一次十字軍東征。烏爾班於是發動一次運動引發大家有重新奪取耶路撒冷的想法。

cleruchy＊ 賜地業主 指古代希臘在附屬國中享有雅典當局賜予土地的一批雅典公民。雅典利用這一制度削弱附屬國的力量，所賜予的土地都是最好的土地，殖民者是未來的戍衛部隊。早在西元前6世紀，雅典奪占*薩拉米斯*時，就有一批賜地業主。隨著西元前5世紀～西元前4世紀時*提洛同盟*和第二次雅典同盟的建立，他們成為雅典帝國的正規軍。由於賜地業主在財政上擁有的好處鼓勵了許多公民離開雅典去外面殖民，既減輕了雅典的人口壓力，又增強了雅典國家的財政和軍事力量。

Cleveland 克利夫蘭 英格蘭東北部地區和舊郡，濱臨蒂斯河和北海。範圍包括達拉謨歷史郡（蒂斯河以北）和約克郡（蒂斯河以南）的一部分。行政上現在分屬於四個單一政區：哈特爾浦、蒂斯河畔斯多克東、*密得耳布洛*和雷德卡－克利夫蘭。核心地區在蒂賽德都會區，其合併了蒂斯河畔斯多克東、密得耳布洛和雷德卡－克利夫蘭西部的都市區。

Cleveland 克利夫蘭 美國俄亥俄州東北部城市。位於凱霍加河口，是*伊利湖*南岸大港，也是俄亥俄州第二大城市。城市大部分地區為高出湖面18～25公尺的平原，被一河谷分作兩部分。原為法國人和印第安人的貿易站。該城發展緩慢，直到1825年*伊利運河*竣工及1851年鐵路開通後才開始迅速發展。南北戰爭刺激了鋼鐵加工業和煉油業（洛克斐勒在此創建標準石油公司）的發展，現今重工業仍是經濟的基礎。有四百多家醫療和工業研究中心均在該區設立總管理處。1995年由貝聿銘設計的搖滾樂名人堂和博物館完工。人口約498,246（1996）。

Cleveland, (Stephen) Grover 克利夫蘭（西元1837～1908年） 美國第二十二任（1885～1889）和第二十四任（1893～1897）總統。原在一家律師事務所當辦事員，學習法律。1859年執律師業，參加民主黨政治活動。1881年任水牛城市長，1882年任紐約州長，1884年被提名爲總統候選人，經過苦戰就任總統。是1856年以來第一次上台的民主黨總統，他堅決推行文官制度，反對實行保護關稅，這一主張成爲1888年總統大選的爭論焦點，他因此以些微差距敗給共和黨的哈利生。1892年捲土重來，再次當選總統，時值美國鬧金融大恐慌，他堅決主張廢除造成國庫枯竭的「1890年雪曼收購白銀法」，爲使政府掌握黃金而三次發行公債。1894年因經濟不安而發生普爾曼罷工事件。他派兵鎮壓，此舉雖得到資產階級的讚揚，卻失去了廣大勞動群衆的支持。在對外政策方面，他是孤立主義者，反對美國進行領土擴張。1895年英屬圭亞那與委內瑞拉之間發生邊界糾紛時，在群衆和國會的壓力下，他才援用門羅主義，要求實行仲裁。到了1896年支持自由鑄造銀幣運動的人控制了民主黨，他們提名布萊安競選總統。克利夫蘭在卸任總統職位後退居新澤西州，任普林斯頓大學講師和董事。

克利夫蘭
By courtesy of the Library of Congress, Washington, D. C.

Cliburn, Van＊ 范克萊本（西元1934年～） 原名Harvey Lavan Cliburn, Jr.。美國鋼琴家。生於路易斯安那州的什里夫波特，早年接受母親指導學習鋼琴。他在茱麗亞音樂學院師從列維涅（1880～1976）；後來他首度登台演出，即與紐約愛樂合作。1958年，他贏得在莫斯科舉辦的第一屆柴可夫斯基鋼琴比賽，引起全國轟動。1962年，他在德州的沃思堡創設范克萊本國際鋼琴比賽。他具備令人驚異的技巧，但將自己的演奏局限於浪漫主義的曲目，且多年遠離音樂會舞台。

click 吸氣音 語音學術語。口腔內任何一個部位所發出的一種吸氣音。許多非洲語言裡都有吸氣音，而在其他語言裡則常用作感嘆音。例如，英語用tsk、tsk表示不贊成。吸氣音是科伊桑諸語言和班圖諸語言的輔音系統的正規部分，其中班圖諸語言受科伊桑語（包括祖魯語和科薩語）影響很大。

client-centered therapy 委託人中心式心理治療 ➠ nondirective psychotherapy

client-server architecture 主從架構 電腦網路架構，衆多客戶端（遠端處理程序）請求並接受中央伺服器（主電腦）的服務。客戶端電腦提供界面讓電腦使用者請求伺服器提供服務，並顯示伺服器送回的結果。伺服器等待從客戶端來的請求，隨即加以回應。理想上，伺服器提供標準化的透明界面給客戶端，客戶端不需要知道提供服務的系統詳細資料（亦即硬體和軟體）。現今的客戶端通常安置在工作站或個人電腦上，伺服器則位於網路的另一處，通常是在功能更強大的機器上。這種計算模式在客戶端和伺服器經常任務的區隔清楚時才特別有效率。例如醫院的資料處理，客戶端電腦可能是執行應用程式輸入病人資訊，而伺服器是執行另外的程式管理這些資訊永久儲存的資料庫。衆多客戶端可以同時同步存取伺服器的資訊，客戶端電腦也能執行其他工作，例如發送電子郵件。因爲客戶端和伺服器電腦都視爲智慧裝置，主從模式完全不同於老舊的「主機」模式。主機模式是利用中央主機替相連的「笨」終端機執行所有的工作。

cliff dwelling 懸崖住所 美國西南部普韋布洛印第安人史前房屋，築於峭壁之邊或懸崖之下，約始於西元1000年。他們使用手工磨製的石塊、土坯、泥漿來建築，其結構足以與後世建築物媲美。有幾層樓高的建築物依山構築，逐排相繼縮小，形成一排排平台。用梯子經天花板上的洞口進入底層；上面各層房間可從鄰室門口或天花板洞口進去。他們建造這些房屋是用來防禦北方的納瓦霍人和阿帕契人的入侵。約13世紀末，懸崖住所爲居民所廢棄。有許多住所遺留下來，其中最著名的包括謝伊峽谷國家保護區、弗德台地國家公園和蒙提祖馬堡國家保護區。

Clift, (Edward) Montgomery 蒙哥馬利克里夫（西元1920～1966年） 美國演員。生於俄馬哈。他曾在百老匯演出，並且是演員工作室（創立於1947年）的創始人之一。他的電影首演是《搜索》（1948），並在《紅河》（1948）擔網演出。他以嚴肅、感性的角色著稱，並在《郎心如鐵》（1951）、《直到永遠》（1953）、《幼獅》（1958）、《紐倫堡大審》（1961）和《弗洛伊德》（1962）等片中演出深受困擾的男主角。他於1956年因爲一場車禍受到驚嚇，變得嗜毒和嗜酒，而在四十五歲死於心臟病發作。

climate 氣候 某一特定地點長期的大氣的狀況（從一個月到幾百萬年，但通常是三十年），是構成天氣的那些大氣因子（及其變化）的長期概括。這些因子是：太陽輻射、溫度、濕度、降水（類型、頻率、數量）、氣壓、風（風速和風向）。對一般大衆來說，氣候這個詞仍保留著預期的天氣或平常的天氣的意思，這大大取決於地區和季節。但對專業人員來說，氣候的意思是指超出平均天氣這一簡單概念的總體。氣候現在被認爲是一個更大系統的一部分，這個系統中不僅包括大氣圈，還有水圈、岩石圈、生物圈（所有的生物）以及地球以外的各種因素，如太陽之類。亦請參閱urban climate。

climatic adaptation, human 氣候適應 人類對不同環境條件的遺傳適應性。人體適應性，從對嚴寒、濕熱、沙漠、高空以及瘧疾流行環境的反應中表現出來。嚴寒地區適於身軀矮胖、四肢短小、面龐扁平而富於脂肪、鼻子狹窄而且體內脂肪層肥厚的人。這可使身軀以最小面積散發最低熱量，四肢熱量散發最少（能耐寒操作而防凍瘡），防止冷空氣自鼻腔進入肺部及顱底。適應濕熱氣候的人的特徵是：身材高而瘦，以使體熱輻射獲有最大表面積，身體的脂肪少，因爲不需在鼻道裡溫暖吸入的空氣，鼻子大都寬闊，皮膚黑黝，可防止陽光輻射之害，也有助於降低流汗閾限。適應沙漠生活的人，能夠大量流汗，但是必須應付由此引起的體內脫水的問題，因此這種人往往體瘦而不高，以使體內對水的需求量與損耗量都減低到最低限度。皮膚的色素沈著爲中等程度，因爲皮膚過黑固然利於防止陽光輻射，但也易吸熱，這樣就必須排汗散熱，使水分有所損耗。夜寒適應性也是適應沙漠的人們的一種共同特點。高空適應性則要求人們對寒冷、低氣壓以及由之而來的氧氣不足都能有所適應。一般說來，這種適應性必須靠增加肺組織的機能來獲得。亦請參閱acclimatization、race。

climatology 氣候學 大氣科學的一個分支，研究某一特定區域多年的天氣和大氣情況。氣候學不僅對氣候進行描述，而且分析氣候的差異和變化的原因及其後果。氣候學同氣象學一樣，都研究大氣過程，但氣候學研究作用較慢的和較長時期的大氣過程。這些研究包括海洋環流和太陽輻射強度的微小而仍能觀測到的變化。

Cline, Patsy 克萊恩（西元1932～1963年） 美國鄉村與西部音樂歌手。十幾歲時就開始在地方鄉村樂團中獻唱。1850年代中葉開始爲唱片公司錄製唱片，1957年在哥倫比亞廣播公司電視節目中，以競賽者身分演唱〈午夜漫遊〉而獲得首獎。1960年她成爲田納西州納什維爾「大奧普里」廣播音樂劇（大部分是鄉村音樂）的表演常客。在一次車禍受傷復原後，1962年推出熱門暢銷曲〈心碎〉、〈瘋狂〉兩首歌。1963年飛機失事而死。1985年的電影《甜蜜夢幻》就是以她的故事爲主軸。1973年克萊恩被選入鄉村音樂名人堂。

clinical psychology 臨床心理學 心理學的分支學科之一，涉及精神障礙的診斷和治療。臨床心理學家透過面談、觀察和心理測驗來評估病情，並應用最新的研究發現和心理學方法來診斷和治療。大部分臨床的心理學家擁有一般學位（PhD或PsyD）而不是醫學學位（MD），他們可以提供心理治療，但不能給患者開藥。許多臨床心理學家在綜合性醫院或私人診所工作，通常與精神病醫生和社會工作者一同工作，爲智力或軀體殘疾者、犯人、藥癮者、酗酒者或老年病人服務。亦請參閱psychiatry。

Clinton, DeWitt 柯林頓（西元1769～1828年） 美國政治人物。喬治·柯林頓之侄。原爲共和黨（傑佛遜派）律師，歷任州參議員（1798～1802、1806～1811）、聯邦參議員（1802～1803）、紐約市市長（1803～1815，其中除兩年任期外）、紐約州副州長（1811～1813），以及紐約州州長（1817～1823、1825～1828）。他主張修築一條橫跨紐約州的運河，並從1816年開始監督伊利運河的建造，一直到1825年竣工，這條運河使紐約市在19世紀發展爲與中西部貿易的主要港口。

Clinton, George 柯林頓（西元1739～1812年） 美國政治人物和第四任副總統（1805～1812）。1756～1763年曾參與法國印第安戰爭，後攻讀法律。1768～1775年爲紐約州議會議員，1775年爲大陸會議代表。1777～1795和1801～1804年任紐約州州長，他是個強勢領導者和幹練的行政官員，反對接受聯邦憲法。他也是傑佛遜的追隨者，曾兩度當選副總統（與傑佛遜、麥迪遜搭檔），死於第二任任期中。

Clinton, Henry 柯林頓（西元1730?～1795年） 受封爲Sir Henry。美國革命時期英軍指揮官。1751年加入英軍，1775年被派往北美，任英軍總司令何奧的副手。他領導英軍在紐約的幾場戰役中獲得勝利，1778年何奧退休，他繼之爲總司令。1780年率主力在卡羅來納發動攻勢。查理斯敦失陷後，他返回紐約，留下副手康華里負責後續戰役，結果導致約克鎮投降和簽署承認美國獨立的和約。1781年辭去總司令職務返英，結果發現國人把約克鎮的敗因歸咎於他。

Clinton, Hillary Rodham 希拉蕊·柯林頓（西元1947年～） 婚前名Hillary Rodham。美國律師、第一夫人和政治人物。曾就讀於衛斯理學院和耶魯大學（以班上成績第一名畢業）。早期專業的興趣著重在家庭法和兒童權利。1975年與耶魯大學同學威廉·傑佛遜·柯林頓結婚。1979年柯林頓當選阿肯色州州長。曾兩度（1988、1991）被全國法律學報列爲全國影響力最大的一百位律師之一。1993年柯林頓入主白宮後，她成爲美國史上發揮權力和影響力最大的第一夫人。她領導全國保健任務小組，提出第一個全國性的醫療改革計畫，但一開始就受挫。2000年她當選紐約州參議員，成爲第一個當選公職的總統夫人。著有傳記《活出歷史》（2003）。

Clinton, William Jefferson 柯林頓（西元1946年～） 原名William Jefferson Blythe III。美國第四十二任總統（1993～2001）。出生之前父親因車禍喪生，後來母親改嫁，爲繼父羅傑·柯林頓所收養。他曾就讀於喬治城大學、哈佛大學和耶魯大學法學院，後來在阿肯色大學法學院教書。1976年他被選爲阿肯色州總檢察長，1978年當選州長，1982年再次當選。擔任州長期間，改革該州的教育制度和透過優惠稅收政策鼓勵在該州投資工業。1992年通過被控行爲不檢的考驗後，贏得民主黨總統候選人的提名，並打敗現任總統布希。主政期間，在1993年促使國會通過「北美自由貿易協定」。他和妻子希拉蕊一致強烈鼓吹改革美國醫療體系的計畫，但遭國會否決。在波士尼亞赫塞哥維納危機剛開始時，他派美國軍隊去維持和平。1994年民主黨人第一次失去對國會的控制（自1954年以來）。當有人努力阻撓政府把精力花費在社會改革時，柯林頓以減少赤字計畫來作回應。1996年總統大選時，打敗杜爾而得以連任。他居間調停北愛爾蘭及中東的和平。1998年在企圖隱瞞他與白宮實習生的婚外情而被指控做僞證和妨礙司法後，成爲第二位遭到彈劾的美國總統，1999年被參議院宣告無罪。在職期間歷經了美國最長的經濟擴張和平時期。

cliometrics＊ 計量歷史學 運用經濟學理論與統計分析來進行歷史研究，它是由佛格爾（1926～）和諾斯（1926～）所發展，他們並因此於1993年獲頒諾貝爾經濟學獎。佛格爾的《艱難歲月》（1974）一書，採用統計分析檢視美國奴隸制度的政治學與其獲利性兩者間的關係。諾斯則在其著作《經濟史的結構與變遷》（1981）中研究市場經濟與法制、社會制度——諸如財產權等——之間的聯結。亦請參閱econometrics。

clipper ship 快帆船 19世紀最優秀的帆船，以其美觀和快速著稱於世。快帆船似乎是發端於小型快捷的海岸郵船「巴爾的摩號」，而眞正的快帆船首先在美國（約1833年），以後在英國逐步演進。最後發展的形狀爲細長而優美，船首突出，船體呈流線型，在三根高桅上張一面特大的帆。它們從中國運回當令的新茶和載著採金礦工人到加利福尼亞。著名的快帆船包括美國的「飛雲號」和「閃電號」。雖然它比早期的汽船快很多，最後速度還是被改良的汽船超過，1870年代大部分已從商業應用上消失。

「飛雲號」快帆船
By courtesy of the Peabody Museum, Salem, Mass.

Clitias ➠ Cleitias

clitoridectomy 陰蒂切開術 亦稱女性環切術（female circumcision）或female genital mutilation。一種儀式性的外科手術。最輕的只是吸一些血，最重的則爲鎖陰術（又稱法老環切術），切除範圍包括陰蒂、小陰唇和大陰唇的前三分之二，再將兩側併攏縫合只在後面留下一小口。現在通常是違法的，女性環切的做法可追溯到古代，當時在這種傳統社會裡是爲了維護童貞和減低性欲。鎖陰術在蘇丹、索馬利亞和奈及利亞特別流行。手術通常由產婆操作、常很不衛生。特別是切除較多時，有時可導致嚴重出血、破傷風及其他感染、劇痛或甚至死亡。就算傷口癒合正常，也可能在排尿和性交時發生疼痛，經血也可能淤滯在內。婦女在每生一胎之後便要重做手術。

Clitunno River＊　克利通諾河　拉丁語作Clitumnus。義大利中部地區河流。源出斯波萊托和特雷維之間一條水量豐富的溪流，向西北流60公里匯入台伯河支流蒂米亞河。該河曾被當作神的化身，源頭泉畔有神廟，泉水附近的克利通諾廟是古代基督教教堂，羅馬作家維吉爾和小普林尼曾描繪過這條溪流。羅馬皇帝卡利古拉和洪諾留也造訪過此。

Clive, Robert　克萊武（西元1725～1774年）　受封爲Baron Clive (of Plassey)。英國軍事家和殖民地官員。1743年被派往印度馬德拉斯（今清奈），在英屬東印度公司當職員。當時的英國和法國的東印度公司互相敵視，不久他投身軍旅，磨煉軍事技巧。1753年累積了一筆財富，返回英格蘭，但在1755年又再度被派回印度。1757年在普拉西戰役中克萊武擊敗孟加拉的納瓦布（總督），成爲孟加拉的眞正主人。他的第一屆政府雖染上貪腐和表裡不一的污名，但充分表現了他的統御和治國經才的能力。1760年返回英格蘭，當選議員，但未能成爲全國性的政治人物。1765年他又回到印度，擔任孟加拉總督兼總司令（1765～1767）。他重整這塊殖民地，包括打擊貪污，幫助英國在孟加拉建立權力。他本人則遭國會議員指控貪污，後來雖證明無罪，但他卻自殺身亡。

cloaca＊　泄殖腔　見於兩生類、爬蟲類、鳥類、板鰓魚類（如鯊）和單孔類等脊椎動物的一個共同腔室，腸、輸尿管、生殖管均開口於此。某些動物的泄殖腔內有一附屬器官（陰莖），用於把精子送入雌體泄殖腔內，這見於許多爬蟲類和包括鴨在內的少數鳥類。但多數鳥類僅以泄殖腔互相接觸，藉肌肉收縮而把雄鳥的精子送給雌鳥。有胎盤哺乳動物及多數硬骨魚無泄殖腔。

clock　鐘　一種計算和記錄時間的機械或電子裝置。機械鐘包含一種相等時距內作有規律運動的裝置及與之相聯動的將運動次數記錄下來的計數機件的機器。第一座時鐘可能是由修道院發明使用的。歐洲第一座公用打點的時鐘是在米蘭建造的（1335）。現存最古老的時鐘保存在英格蘭（1386）和法國（1389）。最早的家庭時鐘出現在14世紀後期。約1500年德國鎖匠亨萊恩（1480～1542）開始製造由彈簧控制、第一次可攜帶的小時鐘。惠更斯在1656年發明鐘擺。1859年在威斯敏斯特安裝了大班鐘，該鐘成爲所有精確塔鐘之標準。最準確的機械計時器（每天誤差在千分之幾秒以內）是短鐘擺（擺長約爲99公分）的時鐘。1929年石英晶體首先應用於計時，天文台石英鐘最大誤差每天不過萬分之幾秒。1951年第一座原子鐘開始運作，這是一種利用原子的某種共振頻率使時間保持特殊精準度的計時器，其準確度每天只超出十億分之一秒，成爲目前最精準的時鐘。

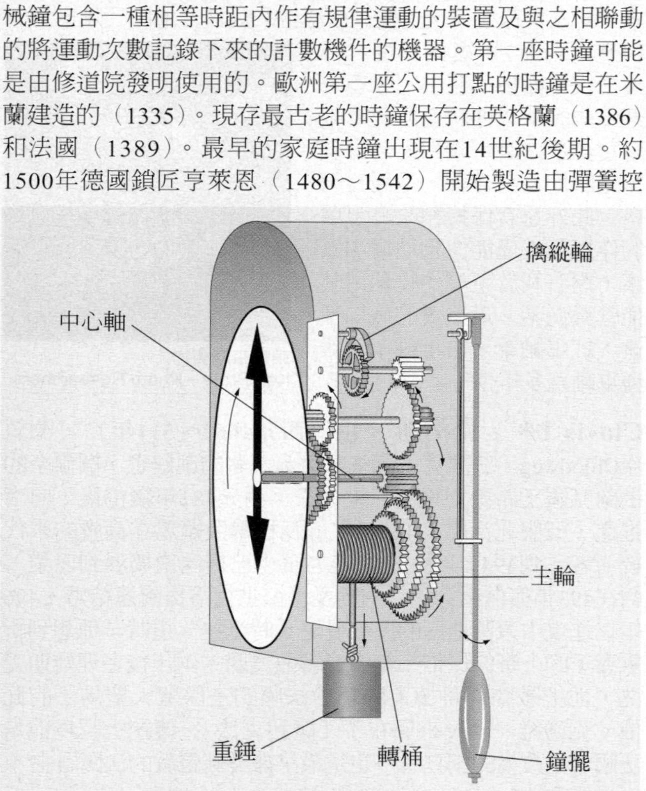

典型的擺鐘。運轉時鐘的動力來自緩慢落下的重錘（其他的機械鐘利用彈簧）。擒縱輪防止重錘一次落到底，並由擺錘控制擒縱輪讓時鐘齒輪轉動的速率。鐘擺完成擺動一次所需的時間（週期）只和鐘擺的長度有關：39吋（990公釐）的鐘擺週期為一秒。
© 2002 MERRIAM-WEBSTER INC.

Clodion＊　克洛迪昂（西元1738～1814年）　原名Claude Michel。法國雕刻家，其作品體現了洛可可風格的精華。1755年到巴黎，進入叔父的作坊。叔父死後，就學於畢加爾。1759年獲皇家繪畫雕刻學院雕刻一等獎。1762年赴羅馬，1771年回到巴黎。多採用赤陶材料，喜用的題材爲仙女、森林之神、酒神巴克斯的女祭司及其他古典人物。1792年回到故鄉南錫後創作了新古典主義的巨作，如表現法國人進入慕尼黑的凱旋門浮雕。

克洛迪昂《薩堤爾和裸童》，赤陶小雕像：現藏巴爾的摩華爾德茲藝廊
By courtesy of the Walters Art Gallery, Baltimore

Clodius Pulcher, Publius＊　克洛狄烏斯・普爾喀（西元前93？～西元前52年）　羅馬政治人物。他曾參加抗擊米特拉達梯六世的戰爭，西元前68年冬在部隊中挑動士兵叛變。西元前58年當選爲護民官。他通過法律懲罰西塞羅，因西塞羅曾於西元前63年不經審判處死了喀提林陰謀集團的幾個人。結果，西塞羅被迫逃離羅馬，以免遭到起訴。後來，克洛狄烏斯又與貴族黨的護民官米洛爲敵，兩人手下各有一幫人經常在羅馬城內械鬥，有數年之久把這座城市鬧得烏煙瘴氣。克洛狄烏斯終於在一次阿庇亞大道上進行的激烈戰鬥中，爲米洛所殺。

cloisonné＊　掐絲琺瑯；景泰藍　一種琺瑯工藝技術。用黃金、黃銅、銀或其他金屬細絲掰掐成彎曲的圖案輪廓焊接在金屬胎表面上，並在由此而形成的各個空隙裡填入已調配成劑的半透明的琺瑯色料（俗稱藍料）。然後工件經燒藍、打磨和抛光。最早的掐絲琺瑯實樣中有六個是西元前13世紀的邁錫尼時期的指環。西元10～12世紀，特別在拜占庭時期，是西方掐絲琺瑯的盛行時期。中國在明朝和清朝時期大量生產掐絲琺瑯（稱爲景泰藍）。日本則在德川或江戶時代和明治時代特別流行。亦請參閱enamelwork。

cloister　修道院迴廊　方形庭院四周帶有屋頂的走廊，一般附屬於修道院或大教堂；也指迴廊本身。歷史上最早的一批修道院迴廊由開敞的連拱廊組成，常爲坡頂木結構。這種形式的迴廊在英格蘭被排窗代替了，一般不安裝玻璃。在氣候溫暖的南方地區仍採用開敞式連拱廊。最特別而精美的例子是布拉曼特設計的羅馬聖瑪利亞教堂（1500～1504）中的兩層開敞式連拱廊。

阿爾勒聖特羅菲姆教堂的開敞式連拱廊
Jean Roubier

clone　複製體　又譯克隆。基因上完全相同的細胞或生物體的群體，藉無性方法從單一細胞或生物體得來。複製對大部分生物來說是基本的，因爲動植物的體細胞就是單一受精卵有絲分裂最後形成的複製體。較狹義地說，複製體可定義爲：由基因上完全同於母體的單一體細胞長成的生物個體。自古以來複製在園藝業中就很普遍，許多類植物僅靠切下的根、莖、葉的取得和重栽而複製。成年動物和人類的體細胞照例可以在實驗室中複製。已可從胚胎細胞成功複製完整的青蛙和老鼠。1996年英國研究人員威爾慕特率先成功地複製出成年哺乳動物。已從綿羊胚胎造出複製體後，他們有能力用成年綿羊的DNA來造出小羊（桃莉〔Dolly〕，該羊因感染肺疾，已於2003年安樂死）。複製的實際應用在經濟上看好，但在哲學上具有爭議。

C/D

Close, Chuck　克羅斯（西元1940年～）　美國藝術家。克羅斯在早期的抽象表現主義的實驗後，於他首度的個展中，展示一系列巨大的黑白肖像畫，這些作品是他煞費苦心將小型照片轉化爲巨幅的照相寫實主義畫作。在其創作生涯中，他所專注的這些頸部以上的肖像畫，奠基於他所拍攝的相片。除了自畫像外，這些肖像通常來自朋友，其中有許多人還是藝術界中的卓越人士。克羅斯所實驗的媒材與技巧，豐富多變，包括使用指紋，以及組合彩色的磚瓦形成整體的幻覺。1988年，一個脊髓的血塊讓他幾乎完全麻痺，並使他的行動受限於輪椅。然而綁在他手腕和前臂上的握住畫筆的裝備，讓他能夠繼續作畫。

Close, Glenn*　葛倫克羅絲（西元1947年～）　美國女演員。生於美國康乃狄克州的格林威治，1974年在百老匯首度登台演出後，主演下列舞台劇：《巴南》（1980）、《眞實的事》（1984，獲東尼獎），和《死亡與少女》（1992，獲東尼獎）。她在電影界的首部作品是《蓋普眼中的世界》（1982），之後並在下列影片中演出：《天賜奇才》（1984）、《致命的吸引力》（1987）、《危險關係》（1989）和《天堂路》（1997）。她並重返百老匯演出《日落大道》（1995，獲東尼獎）。

closed-end trust　股份固定信託公司 ➠ investment trust

closed shop　排外性雇傭制企業　在工會與企業管理部門的關係中，商定企業管理部門只能雇用和留用聲譽良好的行業工會會員。這是一系列保護工人組織中最爲錯綜複雜的計畫。比排外性雇傭制企業較不嚴厲的是工人限期加入工會的企業。根據美國1947年的「塔虎脫－哈特萊法」，排外性雇傭制企業被宣布爲非法，但實際上這類企業卻依然存在，如建築業。

clostridium*　梭狀芽孢桿菌屬　芽孢桿菌科的一屬。通常爲革蘭氏陽性（參閱gram stain），生存於土壤、水及人類等動物的腸道中。多數種是嚴格厭氣菌。休眠細胞，對熱、乾燥、有毒的化學物質、清潔劑有高度的抵抗力。肉毒梭菌產生的毒素是肉毒中毒的病因，而且是已知的毒性最強的毒素。破傷風梭菌產生的毒素可引起破傷風。其他一些桿菌則會引起人類的壞疽。

Cloth of Gold, Field of ➠ Field of Cloth of Gold

cloud　雲　浮懸在空中的、離地面通常很高的由水珠、冰晶或兩者混合物組成的任何可見的團塊。緊貼地面或接近地面的薄雲層稱作霧。雲通常是靠向上運動的氣流所創造和支持的。氣象學家主要按雲的外觀進行分類。十大雲系根據高度分爲三組。一、.高雲，見於平均高度爲13～5公里，由高至低依次是：卷雲、卷積雲和卷層雲；二、中雲，高度7～2公里，依次是：高積雲、高層雲和雨層雲；三、低雲，高度2～0公里，依次是：層積雲、層雲、積雲和積雨雲。

cloud chamber　雲室　一種輻射探測器，由蘇格蘭物理學家威爾遜研製成功，用過飽和蒸氣作爲探測媒質。在高能帶電粒子（如α粒子、β粒子或質子）運行的徑跡上產生的離子周圍，過飽和蒸氣凝成細小液滴。威爾遜雲室是利用活塞或彈性膜的運動使雲室中的飽和蒸氣突然膨脹而冷卻成過飽和蒸氣。每次使用都必須重複這樣的冷卻手續。擴散室是較簡單而持續保持靈敏的雲室，其中的飽和蒸氣擴散到一個由冷卻劑（固態二氧化碳或液態氮等）保冷的區域冷卻而達到過飽和。

Clouet, Jean, the Younger*　克盧埃（西元約1485～1540年）　法國畫家。曾任法蘭西斯一世的御用畫師，並曾任宮廷侍從官。作品以法國宮廷人物的粉彩肖像畫爲主，也畫過宗教畫。作品以其性格刻畫的深度和細膩而著稱。其聲名與米開朗基羅相當，作品常被拿來和小霍爾拜因的畫一起比較。其技法可能源自法蘭德斯畫派，筆下人物線條流暢，同時也受義大利文藝復興畫法的影響。其兒弗朗索瓦・克盧埃（1515?～1572?）在1540年接替其位，成爲國王的御用畫師。他主持一所大工作坊，網羅宮廷細密畫家、彩釉圖案畫家和裝飾畫家來大批繪製肖像畫、風俗畫和舞台背景。他的肖像畫不若父親有名，現僅存五十幅。

clove　丁香　桃金孃科熱帶常綠喬木丁子香（Syzygium aromaticum或Eugenia caryophyllata）的紅褐色小花蕾，最早期香料貿易的重要商品，原產於印尼摩鹿加群島。香氣馥郁，味辛辣，常用於食品調味。丁香樹高一般不到15公尺。單葉，對生，形小，具腺點。丁香油用製殺菌藥、香料、漱口劑、牙痛的局部麻醉藥、合成香草醛，還可作增香劑和增強劑。

clover　車軸草　豆科車軸草屬植物，一年生或多年生草本，約三百種以上。主要產於溫帶和亞熱帶地區（除東南亞和澳大利亞）。複葉互生，小葉三枚，齒裂。花小，芳香，聚生成頭狀或穗狀花序。車軸草富含蛋白質、磷和鈣，青貯和乾藏均富有營養，是優良飼料。此外還有保持和改良土壤的作用，不僅能使土地增加氮素，還有利於下季作物利用其他營養元素。最重要的栽培種有：紅車軸草、白車軸草和雜種車軸草多年生。

車軸草屬植物
Ken Brate – Photo Researchers

Clovis I*　克洛維一世（西元466?～511年）　德語作Chlodweg。法蘭克王國梅羅文加王朝的創建者。圖爾奈的法蘭克國王希爾德里克一世之子。西元481年繼位後，向南推進，征服北高盧。486年在蘇瓦松擊敗羅馬在高盧的末代統治者。到494年時，他的勢力至少已經向南擴展到巴黎。約在493年與信奉天主教的勃艮地公主克洛提爾達結婚。496年在進攻中萊茵地區的阿勒曼尼人時受挫。這時，他想到祈求妻子的上帝的保佑，結果竟轉敗爲勝。兩年後在理姆斯受洗，他把戰勝西哥德人歸功於法國的主保聖人聖馬丁的庇佑。克洛維一世後來頒布了「薩利克法」。傳統上認爲他是法國君主政權的創立者，也是最早擁護基督教的法國君主。

Clovis complex　克洛維斯文化組合　一種史前文化，廣泛分布於北美洲，以葉形、雙邊平行或微凸的燧石尖狀投擲器爲特色。其他遺存還包括骨器、石錘、刮削器、無凹槽尖狀投擲器等。其名源於1932年在新墨西哥州克洛維斯附近首次勘測的重要遺址。克洛維斯尖狀投擲器的年代可溯自西元前10,000年前左右，已發現與猛獁骨有關，顯示北美洲最早的居民有狩獵大型獵物的傳統。亦請參閱Folsom complex。

clown　丑角　默劇與童話劇以及馬戲表演中的喜劇人物。源自古希臘鬧劇和默劇中一些頭上無毛、腳步笨重的小丑，以及中世紀專業的喜劇演員。義大利的即興喜劇發展出一種定型角色哈樂根，而丑角的白臉裝扮是跟著17世紀法國的皮埃羅出現的。德國最受歡迎的丑角皮克爾赫林建立了丑角的特殊裝扮形象：尺寸過大的鞋、背心和帽子，脖子上圍著巨大的打摺領口。最早的馬戲表演丑角當推格里馬爾迪，他於1805年在英國首次登台，被暱稱爲「喬伊」，他特別擅長古典的形體特技以及翻騰摔打和動作激烈、滑稽的跳動等。20世紀最著名的丑角包括瑞士童話劇演員格洛克和美國的馬戲明星凱利。

club moss　石松　石松綱石松目石松屬蕨類植物，約兩百種。主要原產於熱帶山區，也常見於南北半球北部森林。常綠草本，具針狀葉。小孢子葉常簇生成毬果狀，每孢子葉基部有一個腎形孢蒴。代表種類包括歐石松（即鹿角石松）、扇形扁葉石松、光澤石松、卷柏狀石松、玉柏石松和高山石松。

Cluj-Napoca＊　克盧日－納波卡　德語作Klausenburg。匈牙利語作Kolozsvár。羅馬尼亞西北部城市。位於索梅什－米克河谷一古鎮遺址上，12世紀日耳曼人定居於此，變成十分繁榮的商業和文化中心，1405年成爲自由鎮。16世紀是特蘭西瓦尼亞的首府。1920年特蘭西瓦尼亞併入羅馬尼亞。1970年代中期合併鄰近的納波卡市。克盧日植物園爲全國最好的植物園。工業產品有冷凍設備、靴鞋、皮革製品、瓷器、捲煙和食品。人口約326,017（1994）。

Cluny　克呂尼　法國中東部勃艮地大區索恩－羅亞爾省城鎮，位於馬孔西北。西元910年，亞奎丹公爵虔誠的威廉在此建造起著名的本篤會修道院，11世紀末獲得特許狀後繁榮起來。1088～1130年建造羅馬式聖彼得和聖保羅長方形教堂；在羅馬的聖彼得大教堂建造之前，它一直是世界上最大的教堂。城鎮和修道院在16世紀宗教戰爭中遭到破壞。1790年法國大革命中修道院被關閉。人口4,724（1990）。

Clurman, Harold (Edgar)　克勒曼（西元1901～1980年）　美國戲劇導演和劇評家。就學於紐約哥倫比亞大學和巴黎大學，1923年在巴黎大學取得文學學位，1924年成爲演員。1931年成爲一個重要的實驗劇團「同仁劇團」的創建人之一。曾導演了很多百老匯的戲劇，其中包括《醒來，歌唱吧！》（1935）、《參加婚禮的一個人》（1950）、《詩人的筆觸》（1957）和《維希事件》（1965）。1948～1952年爲《新共和》週刊撰稿，1953年起爲《國家》週刊撰稿，直到去世。

cluster of galaxies　星系團　星系受重力綁縛成群，數量從數百個到數萬個以上。大型星系團通常會從加熱至數千萬度的星系際氣體大範圍地射出X光。同樣的，星系與星系或是與星系團際氣體的交互作用，可能會耗盡星系本身的恆星際氣體。銀河系屬於本星系群，位於處女座星系團的外圍。

clutch　離合器　使一對可轉動的同軸迅速輕易連接或分離之裝置。離合器通常裝於驅動馬達與機械輸入軸之間，以起動與停止機械，及使驅動馬達或是引擎，可以在一無負載狀態下起動（如汽車中的發動機）。機械式離合器可分剛性滑動（無滑移）與摩擦傳動兩種。離心式離合器可自動接合。超速離合器只能單向傳送扭距，當一機器的驅動體停止時，其從動軸會空轉或繼續旋轉。騎腳踏車時，此裝置使腳踏車可以在下坡時不用踩踏板。

Clutha River＊　克盧薩河　紐西蘭南島最長河流。源出南阿爾卑斯山脈，往東南流約320公里注入太平洋。山谷上段飼養綿羊、肉牛，種植穀類及水果，三角洲地帶種植蔬菜，飼養乳牛。該河能通航段有72公里，可上溯到羅克斯堡大水電站。

Clyde, River　克萊德河　蘇格蘭南部河流，是蘇格蘭最重要的河川，源出南部高地沼澤，上游水清多魚，向北穿過河谷，至比格附近急轉向西北至克萊德瀑布，有一段落差達75公尺。之後是開敞的克萊德河谷，有大片耕地，以出產克萊茲代爾馬聞名。克萊德河可通航至格拉斯哥，使該城迅速成爲主要工業城市和世界最大造船業中心。穿過鄧巴頓後流至克萊德河灣（長105公里），注入大西洋，全長170公里。

Clydesdale＊　克萊茲代爾馬　一種重型挽馬，在蘇格蘭克萊德河流域的拉納克郡育成。約1842年引進美國，但未普遍。高173～183公分，體重平均900公斤。毛色多爲栗色、深棕色或黑色，帶明顯的白斑。走或小跑時有高抬腿動作。腿有細長的叢毛，頭形美觀，腿腳外型美。

cnidarian＊　刺胞動物　亦稱腔腸動物（coelenterate）。刺胞動物門（或腔腸動物門）的無脊椎動物。約九千種，水生，主要海棲。特徵爲輻射對稱，有觸手，上具刺細胞。身體大致呈杯形，由內、外胚層組成的組織圍繞著一個空腔（腔腸），這是它基本的內部器官，此外並無明確的呼吸、循環和排泄器官。口周圍的觸手用以捕捉食物及將食物送入口中。爲肉食性，多以浮游動物爲食，但也吃小甲殼動物、

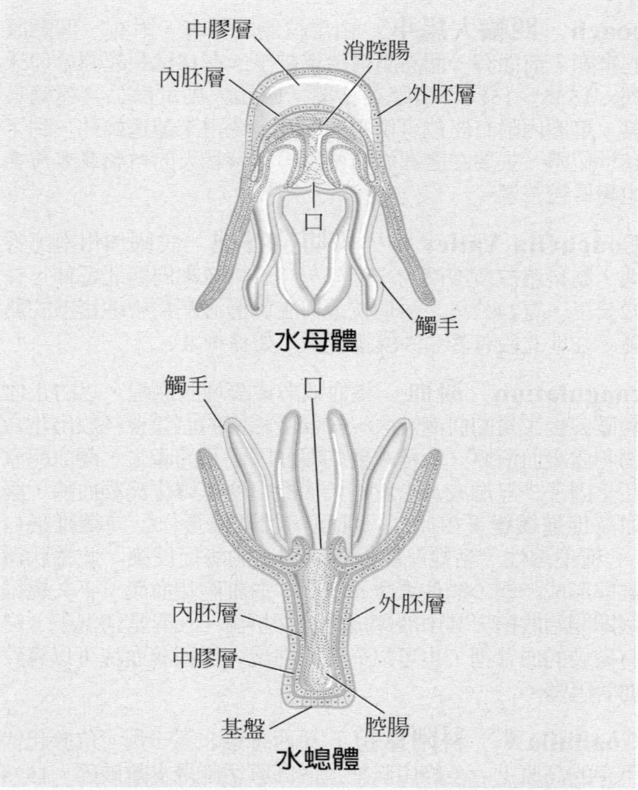

刺胞動物（刺細胞動物）的體型。刺胞動物會顯現固著的水螅體型或是自由游泳的水母體型；有些在生命循環會經歷兩種體型。兩種體型都擁有中空的腔，唯一的開口周圍有觸手。水螅體由基盤附著在基質；口通常朝向遠離基質的方向。水母體的觸手和口都朝下。外細胞層（外胚層）和內細胞層（內胚層）是由中膠層分隔。口也用於排出廢物。消化作用開始於腔腸內部，而由內胚層細胞完成。

魚卵、蠕蟲、小型刺胞動物，甚至是小魚。大小差異極大，有的只能在顯微鏡下看到，但有的重達一噸（970公斤）多。有兩種基本體型：水螅體（如珊瑚）和水母體（如水母）。亦請參閱Hydra、Portuguese man-of-war、sea anemone。

Cnidus＊ 尼多斯 希臘古城，位於小亞細亞西南部海岸。係重要商業中心，有一所著名的醫科學校和歐多克索斯天文台。尼多斯爲多里安人城邦聯盟的六座城市之一。西元前546年被波斯人征服。西元前4世紀變成一個民主國家；西元前3世紀則在托勒密的控制之下。到7世紀廢城爲止，它一直是羅馬帝國亞細亞省的一個自由城市。考古挖掘中最主要的發現是圓形的愛芙羅黛蒂神廟，其中包括赤裸的愛芙羅黛蒂女神像，是雅典雕刻家普拉克西特利斯的傑作。

CNN 有線電視新聞網 亦作Cable News Network。時代－華納公司的子公司，從事二十四小時新聞實況廣播。總部設在喬治亞州亞特蘭大。由特納廣播公司的創始人特納於1980年6月創建。他在世界各地設立新聞處，透過衛星傳播最新的新聞實況。1991年對波斯灣戰爭的報導表現傑出。1995年時代－華納公司購併包括有線電視新聞網公司在內的特納廣播公司，而成爲世界最大媒體及娛樂集團。亦請參閱cable television。

Co-operative Commonwealth Federation 全民合作聯盟 1930～1940年代加拿大西部的左翼政黨。1932年在亞伯達省卡加立市創建，由加拿大西部的農民黨、工人黨和社會黨等聯合組成，其宗旨是用民主手段把資本主義經濟體系「全民合作」化，主張銀行社會化，交通運輸和天然資源一律公有等。1944年該聯盟曾在薩斯喀徹溫省的普選中獲勝，接掌了省政府；接下來又在該省幾次選舉中獲勝，但在其他地方則不然。1961年併入新民主黨。

coach 四輪大馬車 由馬拉的四輪車，附有一個懸置的車廂，前面有一個高座椅給駕駛坐。在15世紀起源於匈牙利。1555～1580年引進英格蘭。四輪大馬車爲公共運輸工具，車廂內附有座位可供乘客搭乘，或用來運送郵件。到了18世紀時，主要在歐洲城市使用，當時私人的四輪載客馬車也變得較普遍。

Coachella Valley＊ 科切拉谷地 美國加州南部谷地。屬科羅拉多沙漠的一部分。自索爾頓湖向西北延伸，長72公里，寬24公里。科切拉運河主幹灌溉網爲谷地富庶的農區。谷地北段有著名沙漠遊覽區，如棕櫚泉。

coagulation 凝血 指血液形成凝塊的過程，以防止血管破裂後大量的血液流失。一條受損傷的血管會釋放出化合物刺激凝血酶原（一種主要的凝血因子）的產生，凝血酶原活化因子一旦形成，它就開始使凝血酶原轉化爲凝血酶，凝血酶促進纖維蛋白原（一種可溶性血漿蛋白）向纖維蛋白（一種不溶性、黏性絲狀纖維）轉化的酶促反應。此絲狀纖維即形成一網，網住大量血小板、血細胞和血漿。不久纖維網即開始收縮，其中液體成分隨即析出。在異常情況下，沒有破裂的血管裡，也可以形成凝血塊，這種凝血塊可以導致血管阻塞。

Coahuila＊ 科阿韋拉 墨西哥東北部一州。位於起伏不平的高原上，多條山脈把這個高原切割得支離破碎。1575年西班牙人首次定居於此區的薩爾蒂約（現今州首府）。1824～1836年與德克薩斯組成一個州，直至德克薩斯宣布獨立。1857年與新萊昂合併，1868年成爲獨立的州。經濟以畜牧業、農業和採礦業爲主。南部以產葡萄酒和白蘭地著稱。面積149,982平方公里。人口約2,227,305（1997）。

coal 煤炭 存在於層狀沈積礦床、含碳豐富的黑色固體物質，是最重要的化石燃料之一。見於世界許多地區，地表附近和各種不同深度的層狀礦床都有煤炭存在。煤是由沈積於古代淺沼澤（參閱peat）的植被經過幾百萬年的高熱和高壓而形成的。煤在密度、孔隙度、硬度及反射率（即煤反光的程度）等方面都不同。主要分爲褐煤、亞煙煤、煙煤和無煙煤。長期以來煤被當作燃料，用來發電，用於生產焦炭，並且是合成染料、溶劑和藥品等化合物的來源。不斷尋找代用能源的課題也使將煤轉化成和石油相似的液體燃料的興趣重新活躍起來，特別是在依賴石油而擁有大量煤儲存的國家裡。

Coal Measures 煤系 英國晚石炭紀（據今3.23億～2.9億年）重要的時間地層單元。因含大量煤而得名，是英國的主要產煤地層。雖然在南威爾斯蘊藏的煤是無煙煤，但大部分是煙煤。雖然煤層在不同地區有差異，但區域範圍的均一性是明顯的，有些煤層在英國各地都一致，甚至在歐洲大陸也一樣。

coal mining 採煤 從地面或地底下挖掘煤礦。過去由於煤是基本能源，它點燃了工業革命，導致工業成長，因而鼓勵了煤的大規模開採。20世紀末，工業國家多採用露天開採取代地下開採，成爲煤的主要來源。如今不論從地面或地下開採煤層都已用高生產力、機械化的操作來生產。

Coalsack 煤袋 天文學中指位於南十字座中的一個暗星雲。在布滿恆星的背景上很容易辨認，星光穿過這一暗雲到達地球將減弱1～1.5個星等。距地球550～600光年，直徑20～30光年。南半球人們把它寫進了他們的傳說中，歐洲人則約從西元1500年起就已知道它。位於天鵝座中的北天煤袋，性質和外觀也同它基本相似，只是不太突出。

coarctation of the aorta ➠ aorta, coarctation of the

Coase, Ronald (Harry)＊ 科斯（西元1910年～）
英國出生的美國經濟學家。1951年獲倫敦經濟學院經濟學博士學位，並在該學院和芝加哥大學擔任教授。其最著名的論文〈社會成本問題〉（1960）中，對禁止損害他人行爲的傳統邏輯提出挑戰。他呼籲法律學者注意高效率市場的重要性，注意用協商而不是訴訟來解決糾紛。1991年獲諾貝爾經濟學獎。

coast 海岸 亦稱shore。指瀕海（或大湖）之陸地。世界各大洲海岸線總長約312,000公里。長久以來滄海桑田皆因陸地與海面相對高度改變形成。其他改變海岸的因素還包括破壞性侵蝕作用（波浪和化學作用）、海流攜帶之砂石沈積，以及地殼之上下活動，這些均會影響海岸外形。海岸特性端視上述諸因素綜合作用和相對強度，當然海岸之岩層形式結構也有影響。

coast guard 海岸警衛隊 通常爲海軍部隊，用以執行國家的海商法，並救援近海失事的船隻。最初是爲限制走私活動而於19世紀初成立。海岸警衛隊還負責管理燈塔、浮標和其他航海輔助設施，並對遇難船員和自然災害遇難者提供緊急救援。在一些國家裡，他們的職責還包括內陸水道的破冰工作，收集和發布有關洪水、颶風和風暴等的氣象數據。在一些歐洲國家，此種職責由義務性質的救生船協會承擔。

Coast Ranges 海岸山脈 亦稱太平洋海岸山脈（Pacific Coast Ranges）。北美洲西部沿著太平洋海岸的一系列山脈。北起阿拉斯加、不列顛哥倫比亞（包括溫哥華島、夏洛特皇后群島、亞歷山大群島和科的阿克島），穿過奧瑞岡、華盛頓州，南至加州南部。這些山脈高度約有1,000公尺，但有些山峰和山脊的高度可達2,000公尺。奧瑞岡州南部和加州北部的海岸森林種類以巨紅杉爲主，較靠近內陸地區則是闊葉硬材和針葉樹的混合林。不列顛哥倫比亞省的海岸山脈不是此山脈的延續，而是屬於喀斯開山脈。

coati＊　南美浣熊　亦稱coatimundi。浣熊科南美浣熊屬三種類似浣熊的食肉動物。棲息在美國西南部到南美洲一帶的森林地區。吻部長而堅韌，毛粗，灰色至微紅或褐色，腹部色淺，面部有淺色線紋。尾細長，有深色環帶，行動時豎立。善爬樹，在樹上和地面覓食果、種子、卵和各種小動物。雄體全長可達73～136公分（一半是尾長），體重4.5～11公斤。雌浣熊和幼仔多聚集成群，約5～40隻一群。雄性不喜群居，只有到交配季節才會加入。

Nasua nasua，南美浣熊的一種
Dick Robinson-Bruce Coleman Ltd.

coaxial cable　同軸電纜　亦作coax。用於傳送電話、電視或電腦網路訊號的自屏電纜。一根同軸電纜包含兩個沿著中央軸心鋪陳的導體。中央條導線由一個非傳導性的絕緣體包覆，然後再外包另一個導體，如此產生一種有屏蔽的用電力傳導的電路。整條電纜由一塑膠保護層包覆。訊號在非傳導性的絕緣體包覆中傳輸，而伴隨的電流被限制在相鄰的內外導體表面。如此，同軸電纜的輻射損失很低，也很少受到外界的干擾。

Cobain, Kurt　柯本（西元1967～1994年）　美國搖滾樂手。出生於華盛頓州亞伯丁，1986年柯本在那裡組織了搖滾三人組「超脫合唱團」。這個合唱團的風格是從龐克搖滾派生出來的，將龐克派的猛烈與苦惱的抒情結合起來，加上他們撕破了的牛仔褲和法蘭絨的襯衫，形成了人們稱之爲「油漬搖滾」的風格。第一張專輯是《漂白》（1989），接著是《從不介意》（1991），其中的歌曲〈宛如年少精神〉尤爲轟動，該專輯賣出了九百萬張，提升了柯本的聲望。在《母體》（1993）中，他覺得受盛名之累。1994年在歐洲巡迴演唱時，他陷入因毒品和酒精引起的昏迷之中。回到美國後，受槍傷後不久去世，人們起初認爲他是自殺，現在有人認爲柯本是被謀殺的。

cobalt　鈷　化學元素，一種過渡元素，化學符號Co，原子序數27。以微量形式存在於許多礦物和礦石中，這種具有磁性、稍帶淡藍的銀白色金屬大部分用於精密科技的特種合金(如阿爾尼科合金和工具鋼)。原子價爲2或3，能形成大量配位化合物或錯合物，其中一種是維生素B_{12}。鈷和它的化合物可應用在電鍍，陶瓷器、玻璃的染色，製備催化劑、顏料和油漆的乾燥劑，以及用作燈絲、肥料中的微量元素等等。鈷藍含有各種不同成分，大致是由氧化鈷和氧化鋁構成。人工放射性同位素鈷－60的γ射線可用作放射性醫療；曾有人建議用鈷的另一種放射性同位素來製造鈷彈，但從未發展。

Cobb, Howell　柯布（西元1815～1868年）　美國政治人物。原爲律師，1843～1851和1855～1857年擔任眾議員。他反映了南方人的觀點，支持美國合併德克薩斯、墨西哥戰爭，但也擁護北方人支持的「1850年安協案」。1851～1853年擔任喬治亞州州長。他是布坎南的支持者，布坎南當選後，被任命爲財政部長（1857～1860）。林肯當選後立即辭職回喬治亞，成爲脫離聯邦的發言人，組織一支美利堅邦聯軍隊。

Cobb, Ty(rus Raymond)　柯布（西元1886～1961年）　美國職業棒球球員，被認爲是棒球史上最偉大的進攻球員和比賽中最強勁的對手。1905年柯布加入底特律老虎隊，在該隊擔任二十二年的外野手，1921～1926年任該隊經理。在美國聯盟共二十四個球季，創下得分2,244和打點1,959的記錄，直到1970年代才被超越。其892次盜壘的記錄到1979年才被打破，生涯平均打擊率.367到1980年代仍無出其右者。曾十二度在美國聯盟獲打擊王，其中1907～1915年蟬聯九年。1911、1912和1922年三個球季的打擊率超過四成，較差的二十三個球季也都在三成以上。在1936年首度被選入棒球名人堂的人當中柯布票數最高。

柯布
Pictoral Parade

Cobbett, William　柯貝特（西元1763～1835年）　英國最受歡迎的新聞記者。二十一歲加入軍隊，後來到加拿大服役（1785～1791）。1794～1800年住在美國，開始從事新聞工作，強烈抨擊美國民主精神和實踐，爲他贏得「彼得豪豬」的封號。返回英格蘭後，於1802年創辦《政治紀事》週刊，一直維持到他去世。柯貝特擁護傳統農業的英格蘭，反對工業革命所帶來的變革。他的理想社會式反動觀點使人們產生一種強烈的懷舊之情。他還批評政府貪污、律法嚴苛和工資太低。

Cobden, Richard　柯布敦（西元1804～1865年）　英國政治人物。貧農出身，1828年開始經營花布批發，累積一筆財富後就去歐、美旅行，研究其貿易政策，這一時期他寫了有關國際自由貿易的小冊子。後來進入國會（1841～1857、1859～1865），同布萊特私交甚篤，成功廢除了「穀物法」。1850年代主張與俄羅斯建立友好關係，即使後來爆發了克里米亞戰爭後也不改初衷。1860年協助締結「英法商約」，裡面包括最惠國條款，後來爲其他條約所仿效。

柯布敦，鉛筆畫，曼札諾（V. Manzano）繪；現藏西薩西克斯檔案室
By courtesy of the Governors of Dunford and The County Archivist of West Sussex

cobia＊　軍曹魚　鱸形目軍曹魚科唯一一種行動敏捷、體型細長的海產遊釣魚類，學名Rachycentron canadum。廣佈於大部熱帶海洋，爲貪婪的掠食性魚，長達1.8公尺，重70公斤以上。下顎突出，頭扁平，體側淡褐，具兩條褐色縱帶。背鰭爲辨識特徵之一，前面是一行短棘及後面接有一長條軟鰭。

Coblenz ➠ Koblenz

COBOL＊　COBOL　全名通用商業導向語言（Common Business-Oriented Language）。高階電腦程式語言，最早廣泛運用的語言之一，好些年是商業界最通用的電腦程式語言。1959年從資料系統語言會議發展而來，結合美國政府和民營公司的提議。COBOL的主要設計理念有二：可攜性（在不同製造商的電腦上執行只需最小程度的修改）和可讀性（程式可當成普通英文輕易閱讀）。在1990年代逐漸式微。

Cobra　眼鏡蛇畫派　表現主義畫家團體，1948年成立於巴黎。名稱取自其成員家鄉的三座北歐城市名稱的字首，即哥本哈根、布魯塞爾、阿姆斯特丹。成員包括阿佩爾、阿列欽斯基（1927～）、阿特蘭（1913～1960）、高乃依（1922～）和約恩（1914～1973）。其半抽象的油畫受詩歌、電影、民間藝術和原始藝術的影響，色彩明亮，筆法淋漓酣暢，與美國行動繪畫派相似。以表現主義風格處理的、大幅度變形的人物形象是他們常用的藝術主題。1951年解散。對後來歐洲抽象表現主義的發展有很大影響。

cobra　眼鏡蛇　眼鏡蛇科幾種毒性劇烈的蛇的統稱，頸部肋骨可擴張而形成兜帽狀。分布於非洲、澳大利亞和亞洲溫暖地區。其毒液通常含神經毒，人在被其咬傷後死亡率達10%。主要以小型脊椎動物爲食。卵胎生或卵生。印度眼鏡蛇每年咬死幾千人，主因是在潛入室內捕鼠時咬人。眼鏡王蛇爲世界上最大的毒蛇，體長一般在3.6公尺以上。一些非洲眼鏡蛇可把毒液噴射到1.8公尺以外的地方。耍蛇人會挑逗眼鏡蛇，使之採取身體前部抬離地面的防衛姿勢，並隨耍蛇人的動作而動作（並非對其笛聲作出反應，因爲蛇聽不到頻率高的聲音）。

黑頸眼鏡蛇（Naja nigricollis）
E. S. Ross

Coburn, Alvin Langdon　科伯恩（西元1882～1966年）　美國攝影家。八歲就開始拍照，在1899年受攝影家施泰肯影響後，成爲一名眞正的攝影家。1902年在紐約開了一家照相館，並加入攝影分離派。1904年受命前往倫敦給名人拍照，包括羅丹、詹姆斯；還曾讓蕭伯納擺出像羅丹的著名雕塑《沈思者》那樣的姿勢。1917年深受立體主義和未來主義的影響，開始拍攝第一批純抽象的照片，名之爲「旋渦照片」。

coca　古柯　古柯科熱帶灌木，學名Erythroxylum coca。非洲、南美北部、東南亞和台灣均有栽培。其葉爲藥物古柯鹼和其他幾種生物鹼的原料。古柯在炎熱、潮濕的環境，如林中空曠地生長最爲繁盛，但生長於小山坡較乾燥環境中者其葉品質最好。不同的古柯葉成分差異很大。優質者有強烈的似茶葉的氣味，置於口中咀嚼可產生一種熱感，並有令人愉快的辛辣味。好幾世紀以來，南美洲農民把它用來舒緩勞累的身軀。

古柯
W. H. Hodge

Coca-Cola Co.　可口可樂公司　美國企業，以製造糖漿和專門生產軟飲料可口可樂而聞名。可口可樂現在已是全球最受歡迎的品牌飲料。可口可樂飲料是1886年由亞特蘭大藥劑師彭伯頓（1831～1888）發明的一種補藥，初以古柯葉中的古柯鹼（1905年去除）和含咖啡因的可樂果萃取物配成。後來當地另一名藥劑師坎德勒（1851～1929）買下可口可樂的藥方，1892年創建可口可樂公司，開始建立一個商業帝國。在坎德勒領導下，可口可樂糖漿銷售量節節上升。1899年可口可樂公司和首家獨立的裝瓶公司簽訂協議，該裝瓶公司獲准購買糖漿，製作、裝瓶和銷售可口可樂飲料。這種獨特的特許協議銷售體制已成爲當今美國大多數軟飲料工業的特色。第二次世界大戰後，該公司也開始製造別的飲料，包括酒。企業總部設在亞特蘭大。

cocaine　古柯鹼　雜環化合物，化學式爲$C_{17}H_{21}NO_4$，一種取自古柯葉部的白色晶狀生物鹼。現已在醫學和牙科方面合法用作局部麻醉藥，但有更多人非法使用，把它當作鹽酸化物。服用少量古柯鹼能使人產生欣快感，並使食欲增加，疲勞減輕，警覺性增加。然而當服用過量或過久時，卻會破壞心臟和鼻子的結構，並使病情發作。古柯鹼還可以注射法或化學煙霧法吸食，然上癮性更強，對人體健康的傷害亦較大。長期吸食古柯鹼會導致嚴重人格違常、無法入睡、食欲減退、暴力傾向、不理性行爲和反社會行爲增加，嚴重者甚至會產生妄想和幻覺等急性精神症狀。

coccus＊　球菌　一種球形細菌。其排列形式往往具有特徵性，人們可藉此鑑定其種類。成對排列的球菌稱爲雙球菌；成行或鏈狀排列的稱爲鏈球菌；排列如葡萄串的稱爲葡萄球菌（參閱Staphylococcus）；八個或八個以上細菌組成一群的稱爲八疊球菌；每四個細菌一組呈方形排列的則稱爲四聯球菌。這些特徵性的排列方式，是由細菌繁殖方式的不同而引起。

Cochabamba＊　科恰班巴　玻利維亞中部城市。位於人口稠密、土壤肥沃的科恰班巴盆地。1574年建立，名爲奧羅佩札村。1786年設市，改現名，意爲「充滿小湖的平原」。周圍地區有「玻利維亞的穀倉」之稱。因氣候宜人、環境優美而成爲全國第三大城市和該省文化、經濟、政治中心。也是該國東部的主要銷售點。有煉油廠和小型多樣的地方工業。市內有玻利維亞聖西蒙大學（1826）、博物館、市圖書館、教堂和政府大廈。人口約1,408,000（1997）。

Cochin China＊　交趾支那　法語作Cochinchine。法國殖民時代的越南南部地區。東南濱南海，西南抵泰國灣，西北與柬埔寨爲鄰。面積約77,700平方公里。曾是中國的附屬國，後來成爲柬埔寨的高棉王國一部分。首都西貢（今胡志明市）在1859年被法國人占領。1867年置爲法國的殖民地，1887年與其他的法國領地組成法屬印度支那。1949年併入越南，1954年成爲南越的一部分。由於位於湄公河三角洲肥沃的平原上，是世界稻米產量最豐富的地區之一。

Cochise＊　科奇斯（卒於西元1874年）　美國奇里卡瓦阿帕契印第安人酋長，領導族衆抵抗白人入侵美國西南部。關於他的出生和早年生活，人們毫無所知。1850年代，他的族人與白人移民一直和平相處。1861年開始發生糾紛，最後爆發阿帕契人與美國軍隊之間的全面戰爭。後來科奇斯和他的追隨者進入山區躲藏，此後十餘年經常出沒此區，襲擊白人。然而，到了1872年，大部分阿帕契人（包括科奇斯在內）同意移居到保留區。

Cochran, Jacqueline　科克倫（西元1910?～1980年）　美國女飛行員。幼年父母雙亡，生活貧困。1932年學飛行，部分原因是想促銷她所創建的化妝品公司的產品。1938年締造了兩項跨越北美洲的女子飛行速度記錄。第二次世界大戰時，她到英國訓練女子運輸飛行員，後來回國到後勤部隊訓練婦女駕駛運輸機。1953年她駕駛噴射機打破男子與女子的世界飛行速度記錄。1961年成爲第一個以兩倍音速飛行的婦女。

cockatiel＊　雞尾鸚鵡　小型有羽冠的灰色澳大利亞鸚鵡，學名Nymphicus hollandicus。頭部黃色，有紅色耳斑，喙堅實，可搗碎堅果。與較大的鳳頭鸚鵡同屬鳳頭鸚鵡亞科。體長約32公分，生活在開闊地區，食草籽。是最普遍的一種寵物鸚鵡，已孕育出許多顏色變種的鸚鵡。

cockatoo 鳳頭鸚鵡；葵花鸚鵡 鸚鵡科鳳頭鸚鵡亞科的十七種有冠鸚鵡。分布自澳大利亞、馬來西亞到索羅門群島。多數呈白色，略帶紅或黃色，有些爲黑色。嘴鐮刀形而堅實，用以咬碎堅果、挖掘樹根，或從樹木中撬出蠐螬。舌蠕蟲狀，有助於覓尋食物。棲於樹頂，於樹洞中作巢。有時形成吵噪的大群，危害莊稼。最大的種類是大黑鳳頭鸚鵡，體長達65～75公分。有些種類的壽命超過五十歲。

Cacatua galerita，鳳頭鸚鵡的一種
Warren Garst－Tom Stack & Associates

Cockburn, Sir Alexander (James Edmund) 科伯恩（西元1802～1880年） 英國法官。出身名門家族，1829年獲律師資格，早年執業時即因審理案件贏得很高的聲譽。曾任下議院議員（1847～1856）、檢察總長（1851～1856）和高等民事法庭首席法官（1856～1859），後來擔任王座法院的首席法官（1859～1874）。在「阿拉巴馬號索賠案」中曾擔任陪審員，最後當上英格蘭的大法官（1874～1880）。他最出名的也許是定下淫穢和精神錯亂的測試標準。被告是否精神錯亂到不知道自己的行爲的「性質」，或者是否能夠認識到自己所做的是錯誤的。

cockchafer 金龜 一種大型的歐洲甲蟲，學名Melolontha melolontha。成蟲危害植物的葉、花和果，幼蟲危害根部。在不列顛群島，「cockchafer」一詞泛指鰓角金龜亞科的任何一種昆蟲；而在北美，鰓角金龜亞科的昆蟲俗稱六月鰓角金龜。亦請參閱chafer、scarab beetle。

cockfighting 鬥雞 把雄雞放進鬥雞場中使之互相爭鬥的遊戲。通常裝上金屬雞距，然後讓它們相鬥到死爲止。是一種古代運動，也是一種廣泛的運動，傳統上會牽涉到單一回合或一連串比賽的賭注。雖然許多國家已立法禁止或限制鬥雞遊戲，但通常未認眞執行，非法的比賽經常在私下進行。

cockle 鳥蛤 亦稱心蛤（heart clam）。雙殼類鳥蛤科軟體動物，大約有兩百五十種，世界性分布。小者直徑只有1公分左右，最大者直徑約有15公分。鳥蛤的兩片殼大小和形狀相同，顏色從褐色到紅色或黃色。許多種生存在低潮線下，有的在500公尺深處，少數在潮間帶。蛤肉可食，故許多種類銷售到商業市場上。

icockle001p4
大心鳥蛤（Dinocardium robustum）

Cockpit Country 科克皮特地區 牙買加中西部地區。面積1,300平方公里，爲一巨大白石灰岩高原的一部分，有典型的喀斯特地貌，無數半錐形和半球形丘陵上覆蓋著濃密的矮樹，丘陵高出窪地和四壁陡峭的灰岩坑數百公尺以上。當地曾爲西班牙逃奴的避難地，他們在英國於1665年征服牙買加時逃亡，並進行游擊戰。這批奴隸的後裔目前約有五千人仍住在此，擁有很大程度的自由。所有土地都屬於該社區；不納捐稅，只有發生重大刑案時，中央政府才會加以干預。

cockroach 蟑螂 亦作roach。亦稱蜚蠊。脈翅目蜚蠊亞目昆蟲，三千五百多種。是現存最原始的有翅昆蟲之一（3.2億年以來幾乎不曾改變），也是最古老的化石昆蟲之一。特徵爲身體扁，卵圓形；觸角長，絲狀；體壁呈革質光澤，黑或棕色。喜歡溫暖、潮濕、黑暗的環境，因此通常見於熱帶或其他氣候暖和的地區，不過現在已廣泛分布於有暖氣設備的建築（特別是城市公寓）、溫帶地區，蔓延得十分嚴重。僅少數種類成爲人類的害蟲。食物包括動植物。美國蟑螂體長30～50公釐。德國蟑螂是常見的室內害蟲，已被船舶帶到世界各地。

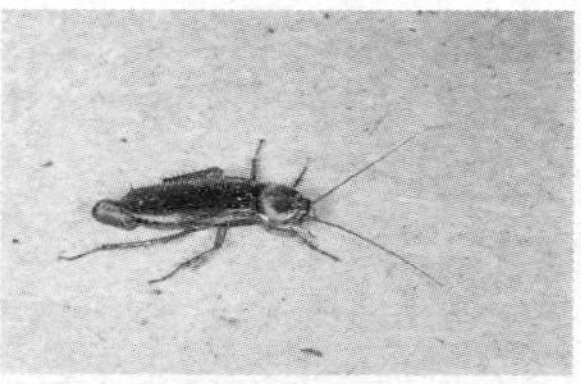
大蠊屬（Periplaneta）的雌體
Colin Butler-Bruce Coleman Ltd.

Coco River 科科河 舊稱Segovia River。宏都拉斯和尼加拉瓜的界河。源出宏都拉斯南部，大致向東流，進入尼加拉瓜，在克拉姆比山附近轉北流，注入加勒比海。1961年宣布中、下游河段爲兩國國境線。全長780公里，僅225公里河段可通航。

coconut palm 椰子樹 棕櫚科喬木，學名Cocos nucifera。熱帶最重要的作物之一。樹幹細長，傾斜，具環痕基部膨大。樹頂著生巨大的羽狀複葉，形成優美的樹冠。成熟的堅果卵形或橢球形，外殼厚，纖維質，內果皮硬，骨質，內充滿胚乳（由椰肉和椰汁組成），胚小。椰肉或椰仁可榨出植物油－－椰油。椰仁可食，未熟堅果中的汁液可飲用，不怕鹹水腐蝕的果殼纖維可製繩、墊、筐、刷子和掃帚等。椰殼可用作容器或拿來雕刻裝飾。

Cocos Islands 科科斯群島 亦稱基林群島（Keeling Islands）。印度洋東部的澳大利亞海外領地，位於爪哇西南部930公里處。由兩組孤懸的珊瑚環礁組成，南環礁包括二十六個小島，北環礁只有北基林島，陸地總面積14.4平方公里。1609年被威廉・基林發現，1826年始有移民。1857年英國宣布群島爲其屬地，1878年科科斯群島置於錫蘭總督屬下。1903年劃歸英屬新加坡。最後在1955年劃歸澳大利亞。1984年4月居民投票決定併入澳大利亞。人口約600（1995）。

Cocteau, Jean* 科克托（西元1889～1963年） 法國詩人、劇作家和電影導演。出身富裕家庭。十九歲時寫出第一部詩集《阿拉丁之燈》。早年信奉天主教，但不久就放棄宗教信仰。第一次世界大戰期間，應徵入伍，在比利時前線駕駛救護車，後來把一些見聞寫進小說《騙子托馬斯》（1923）。有段時期染上吸食鴉片的毒癮，但卻創作了一些重要作品，如劇作《奧爾菲》（1926）和小說《調皮搗蛋的孩子們》（1929）。其最偉大的劇作公認是《爆炸裝置》（1934）。第一部電影劇本是《詩人的血》（1930），1940年代重返電影界，原本只是當編劇，後來當上導演，拍製了膾炙人口的《美女與野獸》（1945）、《奧爾菲》（1949）和《奧爾菲遺言》（1960）。在音樂界，他與一群名爲「六人團」的作曲家們來往密切。他還在其他方面與人合作，如提供芭蕾劇情給薩替（《滑稽表演》，1917）和米堯（《屋頂上的牛》，1920），替史特拉汶斯基（《伊底帕斯》，1927）和米堯（《人之聲》，1930）寫腳本。科克托也是個畫家，曾爲許多書籍作插畫，並是個設計師。他在聽到皮雅夫去世後幾個小時也跟著過世。

科克托，攝於1939年
Gisele Freund

cod 鱈 鱈科大型冷水性重要經濟魚，學名Gadus morhua。產於北大西洋兩側，一般棲於近底層，分布由近岸地區到深海區。是名貴食用魚，其肝可製魚肝油。體色多樣，從淡綠或淡灰到褐色或淡黑，也可為暗淡紅色到鮮紅色；體上並有深色斑點。一般重達11.5公斤，但最大的可達1.8公尺長，91公斤重。以其他魚類及無脊椎動物為食。

Cod, Cape ➟ Cape Cod

cod-liver oil 魚肝油 從大西洋鱈魚及其他近緣魚種的肚臟中取得的淡黃色脂肪油。主要是由多種脂肪酸甘油脂組成的混合物，含有少量但很重要的脂溶性維生素A和D。在醫藥上用來治療缺乏維生素D所引起的鈣、磷代謝異常，如佝僂病、小兒痲痺症、骨瘤等，也用作家禽和其他動物的飼料。

Coddington, William 科丁頓（西元1601～1678年） 美洲殖民地總督，羅德島紐波特城的創建者。原在麻薩諸塞海灣公司當助理員，1630年移往新英格蘭殖民地。1636年任殖民地議會議員。由於支持哈欽生廢棄道德律的宗教教義的主張，他被迫離開麻薩諸塞，前往阿基德奈克島（即羅德島），在樸次茅斯和紐波特建立殖民地。1644年威廉斯取得將普洛維頓斯種植園與阿基德奈克合併的特許狀，科丁頓希望維持阿基德奈克島殖民地獨立地位的努力遭到挫敗，遂前往波士頓，於1656年承認羅德島的統一。後來於1674、1675和1678年擔任羅德島總督。

code 電碼 按規定的對應符號代替電文中字母、詞或詞組的通信方法。本詞與密碼的定義時常混淆，亟待界分。在現代通信系統中，訊息常被同時改為電碼或譯成密碼。不論電碼或代換式密碼皆以符號代替訊息的字元，所不同者是密碼須依密鑰規則為之，且僅止於傳達者與受信者了解，無密鑰在手第三者無從解密。20世紀早期，精細的商業電碼開始問世，其中博多電碼即以五個字母為一字代號的方式表達完整詞句；但在無線電及稍後發展出的進步通信機種作業上，此類字彙仍嫌不足。近年來各種不同形式的電碼相繼上市，已運用在電腦資料及衛星通信上。亦請參閱ASCII、cryptography。

code, law ➟ law code

Code Napoleon ➟ Napoleonic Code

codeine 可待因 雜環化合物，鴉片中天然存在的一種生物鹼。製藥工業上由嗎啡經甲基化製得。作用弱於嗎啡，所以較不會成癮。可口服或皮下注射，用以止痛及鎮靜。由於可以止咳，所以是咳嗽糖漿常見的成分。

codex 古書手抄本 手抄書本，特別是指古籍、早期文學或古代年譜。現代書本形式的最古老手抄本（即手寫書頁用線串聯成冊）取代了較早些時的紙莎草紙卷軸和蠟板。手抄本的優點是一冊緊疊的書頁能從本子的任何一處翻開，而節省展開和捲起的麻煩。手抄本可以在書頁的兩面寫字；由於緊湊，可以容納較長的篇幅。現存最早的希臘古書手抄本，據稱是西元4世紀用希臘文寫的聖經。另外獨立發展的是墨西哥的阿茲特克人，他們在西元1000年之後也有自己的古書手抄本。

Codium * 松藻屬 或譯海松屬。海生綠藻的一個屬，常見於岩岸的深水坑中。藻體呈絲狀，分枝多，常交織形成天鵝絨般的假原植體，長達30公分以上。雄配子小，具雙鞭毛，有1～2粒葉綠體；雌配子較大，葉綠體多。松藻是一些海參的美食。

Cody, William F(rederick) 科迪（西元1846～1917年） 別名野牛比爾（Buffalo Bill）。美國陸軍偵察兵，善捕野牛。不滿二十歲即已成為熟練的騎馬牧人和獵手，擅於同印第安人作戰。南北戰爭後在美國陸軍中當偵察員。1867～1868年捕獵野牛，供給聯合太平洋鐵路築路工人食用，因在八個月內捕殺四千兩百八十頭野牛而獲得「野牛比爾」的綽號。當美軍想鎮壓印第安人的抵抗時，他在第五騎兵隊當偵察兵和嚮導（1868～1872、1876）。1872年獲得榮譽勳章。1876年在同印第安人作戰時，剝掉了夏延人鬥士「黃髮」的頭皮。這種行為不僅給美國新聞記者，而且給獵奇小說家提供了理想的素材，他們把擅於騎射的科迪描繪成一個民族英雄。之後開始在有關西部的戲劇中表演，1883年組織了首次西大荒演出，主要演員包括神槍手奧克莉和布爾，並受邀在美國各地和國外巡迴演出。

科迪，攝於1916年
By courtesy of the Library of Congress, Washington, D. C.

Coe, Sebastian (Newbold) 柯伊（西元1956年～） 英國徑賽選手。於1977年贏得第一個重要的比賽。他與他的對手歐維特在1978年第一次碰頭，兩人共同主宰了1980年代的中距離賽跑。他在兩次奧運會（1980、1984）中奪得四面金牌並創下項世界記錄。1992年，成為下議院的議員。

coeducation 男女合校教育 男生和女生在同一學校接受教育的制度。這是一種發生於近代的新事物，在美國比在歐洲實行得更早更廣泛，因為歐洲的傳統對實行此種制度有更大障礙。17世紀時，在蘇格蘭、英格蘭北部和新英格蘭殖民地的貴格會和其他宗教改革者開始提倡女孩和男孩一樣接受閱讀《聖經》的教育。18世紀末，城鎮學校逐漸接收女學生。及至1900年，絕大多數的美國公立中學實行男女合校。至19世紀末，70%美國學院和大學已實行男女合校。奧伯林學院、貝特斯學院、康乃爾大學和愛荷華大學是開路先鋒。在歐洲，波隆那大學、倫敦大學以及北歐好幾所學校也首度對女學生敞開大門。其他的歐洲國家在1900年以後採取了男女合校教育，許多共產國家也曾強制規定實施男女合校教育計畫。

coelacanth * 腔棘魚 總鰭魚目一些葉鰭硬骨魚類的統稱。近緣但已絕滅的扇鰭魚亞目的種類被認為是陸生脊椎動物的祖先。現代腔棘魚是矛尾魚科的深海魚，因鰭棘中空故名。是兇猛的掠食者，體粗重而多黏液，鰭呈肢狀，行動靈活。體長平均為1.5公尺，重約45公斤。出現於3.5億年以前，並長期被認為約在六千萬年前即已絕滅，但是在1938年卻在非洲南部近海捕到一條現生種類——矛尾魚。1998年在

矛尾魚
Peter Green-Ardea Photographics

靠近印度洋的地方發現存在第二個種類。

coelenterate 腔腸動物 ➠ cnidarian

Coen, Ethan and Joel 柯恩兄弟（伊森與喬）（西元1957年～；西元1954年～） 美國的電影製作人與導演。柯恩兄弟生於明尼蘇達州的聖路易派克，他們在明尼蘇達州成長，後遷往紐約爲獨立製作的影片編寫劇本。他們自己的第一部電影是《血迷宮》（1984），這是一部風格化的驚悚片；後續作品包括《扶養亞歷桑那》（1987）、《黑幫龍虎鬥》（1990）、《巴頓芬克》（1991）、《胡德蘇克代理人》（1994）、《冰血暴》（1996，獲奧斯卡獎）以及《謀殺綠腳趾》（1998）。這些影片是由喬擔任導演、伊森出任製片，並由兩人共同編寫劇本，劇本內容反映出，他們不尋常地混合著步調平穩的戲劇與令人恐懼的幽默。

coenzyme＊ 輔酶 酶的一部分，鬆散地與蛋白質部分結合並立即分開。輔酶以化學計量（莫耳對莫耳）參與催化作用在反應期間改變，可能需要另一個酶催化反應回復原來的狀態。例如二磷苷啶核苷酸接受氫（在其他反應放出），三磷酸腺苷放出磷酸群（在其他反應重新獲得磷酸）。因此輔酶是代謝路徑的樞紐。亦請參閱catalysis、cofactor、stoichiometry。

Coercive Acts 強制法令 ➠ Intolerable Acts

Coetzee, J(ohn) M(ichael)＊ 柯慈（西元1940年～） 南非小說家。柯慈在開普敦大學教英語，並翻譯荷蘭文的作品，以及寫作文學評論，後來發表了第一部著作《塵世》（1974）。他以《國家心中》（1977）和《等待野蠻人》（1980）贏得國際聲望，在書中他抨擊殖民主義所留下的後果。接著出版《麥可·K的生命與時代》（1983，獲布克獎）、《仇敵》（1986）、《彼得堡的大師》（1994）以及自傳性的作品《雙面少年》（1997）。2003年獲諾貝爾文學獎。

Coeur, Jacques＊ 科爾（西元約1395～1456年） 法國商人和皇室官員。國王查理七世的顧問，曾出任財務總監，後又參加御前會議，負責稅收工作。1441年封爲貴族。他建立一個龐大的商業帝國，從事食鹽、絲綢和其他許多消費品的買賣，並曾以龐大的積蓄支持國王征服諾曼第（1450），還借款給王公貴族。後來有人控告他謀害查理七世的情婦以及從事不正當的投機活動，因此於1451年被捕。後經友人幫助越獄，最初逃往義大利。1456年指揮一次征討土耳其人的海軍遠征時，死於途中。

cofactor 輔助因子 許多酶的一種非蛋白質組分。如果將其從全酶中除去，則蛋白質部分（脫輔基酶蛋白）便失去催化活性。有的輔助因子牢固地結合於脫輔基酶蛋白，稱爲輔基，不將脫輔基酶蛋白變性就不能將輔基移出。許多輔基含有金屬原子（例如銅、鐵等）。與脫輔基酶蛋白結合鬆弛、易於與之分離的輔基因子稱爲輔酶。許多維生素是輔助因子。

coffee 咖啡 茜草科咖啡屬熱帶常綠灌木。種子亦稱咖啡或稱咖啡豆，烘烤後磨碎加水調製成的飲料也稱咖啡。該屬二十五種或二十五種以上，大多數野生於東半球熱帶。最早知道和栽培的種是阿拉伯的小果咖啡，現主要栽種於拉丁美洲。粗壯咖啡原產非洲東部和剛果盆地，現廣泛種植於非洲和馬達加斯加。野生咖啡樹是常綠灌木，分枝上成束著生白色小花，具茉莉花香味。成熟漿果長1.5～1.8公分，紅色。種子兩粒，以平面相對緊靠排列，每粒種子外被薄而硬的內果皮和膜質表膜。溫和型咖啡是小果咖啡中的優質品種，主要產自除巴西外的中、南美。粗壯咖啡味道居間，香味不如小果咖啡的品種，但越來越受歡迎，尤其是用其製成的可溶咖啡。咖啡含有大量的咖啡因，其效果是飲料受歡迎的一個重要因素。喝咖啡的歷史可溯自15世紀的阿拉伯半島。17世紀中葉傳至歐洲，立刻受到人們的喜愛。現在全世界有1/3的人口飲用咖啡。

coffer 藻井 在建築中，天花板或拱頂上用作裝飾的一系列凹入的方形或多角形格子。可能導源於天花板上交錯的木樑。現存最早的例子是古希臘和羅馬的石藻井。文藝復興時期藻井盛行，巴洛克和新古典主義時期的宗教建築和民用建築中也普遍採用。

羅馬聖卡羅四泉教堂圓頂之巴洛克藻井天花板，由普羅密尼設計（1638～1641）
SCALA – Art Reference

cofferdam 圍堰 防水圍護堤，將堤內的水抽盡，露出水底以便建造橋墩或其他水工結構。在近代工程中，築圍堰時一般先打下鋼板樁以形成阻水層，再用水平的鋼、木構架固定鋼板樁，堰身必須堅實，能耐受重型挖斗的撞擊並能在內部水抽去後經受堰外的水壓。亦請參閱caisson。

Coffin, Levi 科芬（西元1789～1877年） 美國廢奴主義者。爲虔誠的貴格會信徒，反對蓄奴制。1826年遷居印第安納州紐波特，他把自己的家作爲「地下鐵道」補給站，以經商賺得的錢掩護和資助逃亡的奴隸。1847年遷至辛辛那提開店，只賣自由奴隸所製作的東西。他仍參與「地下鐵道」的工作，南北戰爭開始後又幫助解放了的奴隸謀生。

cogeneration 汽電共生 指在電力系統中，利用蒸汽發電和加熱。從鍋爐與過熱器通出的高溫高壓蒸汽先經過渦輪機發電，然後以適合於加熱目的的溫度與壓力排出進行加熱，而不是令其在渦輪機中膨脹至最低可能的壓力，然後再排到冷凝器中，這樣就會失掉留存在蒸汽中的能量。在汽電共生中，從渦輪機排出的較高壓力的蒸汽可以提供大量的較低溫能量，應用於建築物的暖氣，或是在化工廠中進行鹽水或海水蒸發。利用汽電共生可以節省相當多的能量。亦請參閱steam engine。

cogito, ergo sum 我思，故我在 1637年笛卡兒創造的一句格言（原文爲拉丁文，英譯爲I think, therefore I am），作爲證明我們能取得確實知識的第一步。這是經過他「方法的懷疑」的考驗之後所留存下來的唯一論述。笛卡兒論道：這個論述是不容置疑的，因爲即使有一個萬能的魔鬼試圖欺騙我，要使我想著「我」是不存在的存在，「我」也就不能不先實際存在著以便能被欺騙。因此，每當我思維的時候就證明「我」存在。笛卡兒更進一步主張，「我存在」這句陳述所表示的是一種立即的直覺，而非推理過程的結果，所以是無可置疑的。

cognac＊ 干邑酒 法國夏朗德省和濱海夏朗德省生產的一種白蘭地酒，以干邑城的名字命名。約在17世紀時開始生產，用指定的特殊葡萄品種，在特殊的蒸餾鍋內或蒸餾器內經過兩次蒸餾，並在利莫贊橡木桶內陳釀而製成。陳釀時間愈長，愈醇厚，勾兌得愈好，愈精美，但在木桶內陳釀期大多數爲1.5～5年。

cognition 認知 獲取知識之過程及行爲。認知涵蓋了所有與獲取知識經驗有關的心理過程（包括知覺、認識、理解和推論），這些過程不同於情感或意願的體驗。自古以來哲學家即反覆討論認知的本質及人類頭腦與外在事實間的關係。20世紀時，心理學家也注重認知的研究，因爲它會影響學習與行爲。亦請參閱cognitive psychology、cognitive science。

cognitive dissonance 認知失調 當信念或設想與新的訊息發生矛盾時所產生的心理衝突。此種概念是由心理學家費斯廷格（1919～1989）在1950年代首次提出的。他和後來的研究者發現，人們在遭遇到新的資訊挑戰時，大部分會採取一些防禦手段來保持現狀，這些防禦手段包括拒絕、躲避新的資訊或爲之辯解；或說服自己相信實際上並不存在衝突。

C D

cognitive psychology 認知心理學 心理學的一個分支，致力於研究人類的認知，尤其是有關學習和行爲的認知過程。這個領域是從格式塔心理學、發展心理學、比較心理學、計算機科學（特別是資訊處理研究）的進展當中發展出來的。認知心理學與認知科學有許多相同的研究課題，某些專家還將前者劃歸爲後者的一個分支。當代認知理論有兩大研究取徑：一、發展取向，由皮亞傑的著作衍生而來，關注的是「表徵思惟」以及對世界的心智模型（「基模」）建構；二、資訊處理取向，認爲人類心智類似一個複雜的電腦系統。

cognitive science 認知科學 一種跨科際研究，以符號運算爲模型來模擬人類的資訊處理過程，這種模型的結構與人腦中相應的生理過程可能十分不同。這個研究領域大量採擷人工智慧、心理學（參閱cognitive psychology）、語言學、神經科學、哲學等領域的成果。這些模擬認知作用的模型與電腦程式（軟體）流程圖的相似程度，比神經網絡（硬體）來得高；這些模型經常使用電腦術語、以電腦作類比，也常在電腦上測試。亦請參閱connectionism。

cognitivism 認知論 後設倫理學中的一種論點，認爲：一、道德語句（例如一些使用「對」、「錯」、「應該」等道德詞彙的語句）的功能在於描述一個道德事實的領域，其獨立於個人主觀的思想與感覺；二、因此，道德陳述可被設想爲客觀上正確或錯誤。認知論者通常都試圖找出道德言說和科學與日常實際言說之間的相似處，以支持他們的主張。認知論遭到各種形式的非認知論的反對，所有這些反對意見都一致否定認知論者所持的主張：道德語句的功能在於陳述事實。

Cohan, George M(ichael)＊ 科漢（西元1878～1942年） 美國演員、流行歌曲作曲家、劇作家和製作人。幼年時即與雙親一起參加演出。1893年著手編寫輕歌舞劇劇本並譜寫流行歌曲。第一個大型劇本於1901年在紐約上演。其作品有《州長之子》（1901）、《紐約街談巷議》（1907）、《百老匯的瓊斯》（1912）、《酒館》（1921）以及《美國出生者》（1925）等。最著名的表演見於《啊！曠野！》（1933）和《寧要正確》（1937）兩劇的演出。他曾譜寫大量歌曲，最有名的有《瑪麗是一個了不起的老名字》、《我是美國花花公子》，以及描寫第一次世界大戰的著名歌曲《在那裡》，1940年國會曾爲這首歌授予他特別獎章。其生平是影片《美國花花公子》（1942）和百老匯音樂喜劇《喬治・邁克爾！》（1968）的主題。

科漢
Pictorial Parade

cohen＊ 祭司 亦作kohen。猶太教教士。此職位歷史可溯至第一耶路撒冷聖殿的祭司撒督（第一代祭司亞倫的後裔）。祭司是世襲職，只傳給利未支派亞倫的男性後裔。在《舊約》所記時代，設有大祭司一職，爲一切神職人員之首。在第二聖殿時期，猶太教祭司的權勢達到顛峰。比至聖殿被毀，祭司的職司勢必受損，特權也喪失殆盡。現代拉比在傳授教義和解釋律法方面代行祭司的職務，但祭司仍享有一些特權（但猶太教改革派除外）。

coherentism 融貫論 一種關於眞理的理論，它界定一個命題眞僞的方式，視其是否包含在一個廣泛且邏輯上相互連貫的系統中，建構出一般視爲「眞實」或「客觀眞實」的內容。融貫論通常與觀念論者的範疇結合，認爲最根本的眞實是由一個命題系統（參閱idealism）所組成，並與眞理的符合論相對立（參閱realism）。眞理的符合論主張，一個命題的眞理在於它是否與獨立存在的事實相符合。在知識論中，融貫論與基礎論是互相對立的，後者認爲我們的知識是建構在經驗或推論上，而與是否和我們的認知相符無關。

Cohn, Edwin Joseph 柯恩（西元1892～1953年） 美國生物化學家。1917年獲芝加哥大學博士學位，1922～1953年在哈佛大學任教。他研究蛋白質的分子成分，與同事們證明分子結構與物理特性有關，發現了一些基本原理，爲進一步研究蛋白質奠定基礎。第二次世界大戰中，領導一個小組設計了大規模生產血清白蛋白、γ球蛋白、纖維蛋白原、纖維蛋白等，用以救治傷員。

Cohn, Ferdinand (Julius) 科恩（西元1828～1898年） 德國博物學家和植物學家，以研究藻類、細菌和蕈類著稱，被視爲細菌學的創始者之一。十九歲就進柏林大學攻讀博士。早年研究著重於單細胞藻類，對於某些藻類生活史的闡釋，至今仍有極大價值。他也是第一個嘗試將各種細菌作有系統地分門別類的人。科恩最大的貢獻之一是發現某些細菌（尤其是枯草桿菌）能形成孢子和以孢子行生殖作用。科恩在世時即被公認爲當世最偉大的細菌學家。

Cohn, Harry 柯恩（西元1891～1958年） 美國電影製作人和哥倫比亞影片公司的創辦人之一。原本在一個電影經銷商處工作，1920年與人合夥創辦C. B. C.影片銷售公司，後來改名哥倫比亞影片公司。1932年成爲該公司的總裁，他把它塑造成一家大製片廠。他善於發掘年輕女演員，並把她們造就成影星，如著名的海華絲就是他一手培植的。此外，也提拔出名導演卡普拉。

Cohnheim, Julius Friedrich 科恩海姆（西元1839～1884年） 德國實驗病理學先驅。1865～1868年在柏林病理研究所工作，成爲斐爾科的助手，1867年證實炎症由白血球通過毛細血管壁進入組織而造成，而膿液主要是由這些白血球分解的碎屑組成。後來在兔子眼睛中誘發結核，使科赫得以發現結核桿菌。其《病理學總論》（兩卷；1877～1880）是使用時間最久的病理學教科書。他將組織凍結再切片作顯微鏡檢查的方法，至今仍是臨床上的標準操作程序。

coho 銀大麻哈魚 亦稱silver salmon。鮭科一種珍貴的食用和遊釣魚，學名*Oncorhynchus kisutch*。體重約達4.5公斤。背及尾鰭上葉有小斑點可資辨認。幼魚在淡水中逗留約一年後才進入北太平洋，成熟約需三年。一些種群稱爲陸封型，終生於合適的淡水水體中度過。1970年代被美國和加拿大成功地引入密西根湖，作爲一種遊釣魚。亦請參閱salmon。

coin collecting ➠ numismatics

coinage 鑄幣 使用具有內在價值的金屬或其他材料（如皮革或瓷），作爲交換的媒介。克羅伊斯（卒於西元前

546?年）被認爲是最早發行官方鑄幣的人，該鑄幣含有一定的純度和重量。中世紀時鑄幣的概念發生變化，硬幣的成色普遍降低，僞幣到處可見。15世紀末，義、德、法、英等國鑄幣設備發達，能使鑄幣的重量和體積堅實可靠。工業革命後鑄幣的技術更進步。多少世紀以來，手工鑄幣技藝沒有發生什麼變革。早期希臘使用陶土坩堝，熔化鎳銀合金鑄成坯件，然後錘打成幣。亞歷山大大帝採用肖像鑄幣，而最初是以神或英雄爲主。到19世紀末，中國的錢幣和希臘早期的鑄幣頗爲相似。當中有方形孔的中國銅幣使用了近兩千五百年，無論是大小和外觀都沒有改變。

coitus 交媾 ➠ sexual intercourse

coke 焦炭 將某些類型的煤炭與空氣隔絕並加熱至高溫，當揮發成分幾乎全部逸出後所剩之固體。剩餘物主要爲碳，含少量氫、氮、硫和氧，還有在焦化過程發生了化學變化和分解的原煤中的礦物質。由於英國木材逐漸消耗殆盡，故下令禁止伐木，改用木炭或焦炭；使得鐵工業得以迅速發展，英國也成爲世界最大鐵產國。坩堝法（1740）可以利用熔化過程生產鋼。爐焦（粒度40～100公釐）在世界各地普遍用於高爐煉鐵。強度高的大塊焦炭稱爲鑄造焦炭，用於沖天爐化鐵。小塊爐焦和煤氣焦炭（15～50公釐）均用於住宅和工商業建築採暖。

Coke, Sir Edward＊ 柯克（西元1552～1634年） 英國法學家和政治人物。早年在劍橋的三一學院接受教育，1578年成爲律師。1592年被任命爲倫敦市的副檢察長和記錄法官，1594年又被任命爲總檢察長。1606年被任命爲民事法院的首席法官。他曾不怕觸怒詹姆斯一世，主張普通法是最高法律，「國王以本人的身分不能裁斷任何案件」。1610年他再度在王室會議宣布國王不能變更普通法的任何部分，也不能宣告以前的無罪爲有罪。詹姆斯爲了收買他，曾任命他爲王座法院的首席法官，並任命他爲樞密院顧問。但他在王座法院任內，仍繼續維護普通法對一切人的最高權力，只有議會可以除外。1616年英國樞密院在法蘭西斯·培根的策劃下對柯克提出控訴，他被解職。1620年重新成爲國會議員。由於他反對查理親王的婚事，參加對培根的控訴，又爲國會的自由權利進行辯護，結果被監禁達九個月。但他所提倡的自由權利法案卻於1628年最終成爲「權利請願書」。著作有《英國法總論》（共四卷，1628～1644）。

Cola di Rienzo＊ 里恩佐的科拉（西元1313～1354年） 原名Nicola di Lorenzo。義大利民衆領袖。羅馬小酒店老板之子。後成爲羅馬官員。1347年召開人民議會，任護民官。他改革賦稅，改組司法和行政機構，要把羅馬變成「神聖義大利」的首都。同年擊退羅馬貴族的進攻，殺死大貴族八十餘人。貴族聯合起來反對他，迫使他辭職。1350年去布拉格，尋求查理四世皇帝的援助。可是，查理卻把他交給大主教管制。1352年獲釋。他以元老院議員的新頭銜，於1354年回到羅馬。他的故事被布爾沃－李頓寫成小說，後又被華格納改成歌劇。

Cola dynasty 朱羅王朝 古代印度南部的坦米爾人王朝（可能是西元200年左右）。發祥地爲富饒的高韋里河流域。最初定都烏羅尤爾（今蒂魯奇奇拉帕利）。朱羅王朝的領土南起韋蓋河，北至湯達曼國。在拉金德拉·朱羅·提婆一世（約1014～1044年在位）的統治下，完成對錫蘭的征服；橫掃德干高原（1021?）；派出遠征軍（1023），北達恆河流域。他的繼任者和遮婁其王朝在德干作戰。1257年潘地亞征服朱羅國。朱羅王朝於1279年徹底覆滅。稅務機構、村自治和灌溉在朱羅王朝統治下獲高度發展。

cola nut ➠ kola nut

Colbert, Claudette＊ 克勞蒂考白（西元1903～1996年） 原名Lily Claudette Chauchoin。美國（法國出生）女演員。童年時被帶至美國，1923年在百老匯首度登上舞台；她的首部電影作品是卡普拉導演的《爲了麥可的愛》（1927）。克勞蒂考白在《一夜風流》（獲奧斯卡獎）中的表演使她獲得明星地位後，在其他幾部喜劇中飾演世故的女主角，包括《午夜》（1939）和《棕櫚灘的故事》（1942）；並在《春風秋雨》（1934）和《自你走後》（1944）等片中展現演技。她拍攝超過六十部的影片，後來還偶爾在百老匯及電視劇中出現。

Colbert, Jean-Baptiste＊ 柯爾貝爾（西元1619～1683年） 法國政治人物。曾是馬薩林的私人助理，是馬薩林將他推薦給路易十四世並受到重用。他策劃揭發財政總監富凱假公濟私發財致富，後來又負責處理國王私人事務和政府行政的工作。1665年他又任總稽核，努力改革中世紀遺留下來的混亂的稅收制度，和整頓工商業。1668年起擔任海軍國務大臣，著手使法國成爲海上強國。柯爾貝爾鼓勵向加拿大移民，及提高法國在藝術方面的威望。因爲他的改革需要在和平環境中進行，而路易十四世卻連年從事戰爭。儘管如此，柯爾貝爾所採取的行政體制仍然有著深遠的影響。

柯爾貝爾胸像（1677），柯塞沃克製；現藏巴黎羅浮宮
Giraudon – Art Resource

Colchester 科爾切斯特 舊稱Camulodunum。英格蘭艾塞克斯行政和歷史郡城鎮和自治市（區）。臨科恩河，羅馬時期以前爲比利其人的都城，羅馬統治時期發展成爲主要城鎮之一。1189年設建制。科爾切斯特城堡主樓（約建於1080年）是英國此類建築中最大者，現爲博物館，收藏羅馬和不列顛古代文物。13世紀是重要港口。布類生產和牡蠣貿易歷史悠久。面積334平方公里。人口：城鎮96,063（1991）；自治市約156,400（1998）。

Colchis＊ 科爾基斯 古代地理學中黑海東端高加索南部呈三角狀的地區，現在喬治亞西部。在希臘神話中，科爾基斯是美狄亞的故鄉，阿爾戈英雄們的目的地。在歷史上，科爾基斯是米利都希臘人的殖民地，由科爾基斯人供應他們所需。科爾基斯人據希羅多德的描述爲埃及黑種人。西元前6世紀後，波斯對他們擁有名義上的宗主權，後來他們又轉歸羅馬管轄。

cold, common 普通感冒 始於上呼吸道的一種病毒感染。有時波及下呼吸道，可造成眼部及中耳的繼發感染。症狀有打噴嚏、頭痛、疲乏感、發冷、喉嚨痛、鼻炎和流鼻涕，通常不發燒，一般症狀只延續幾天。約有兩百種不同病毒株可造成普通感冒。經由人與人間的接觸傳播。感冒是最常見的疾病，每個人每年總會罹病數次。普通感冒的發病率以秋季最高。治療是緩解症狀，結合休息及充足的液體補給。偶給抗生素以預防繼發感染。

Cold War 冷戰 第二次世界大戰後美國與蘇聯及各自的盟國之間所顯示的公開卻有限制的對立狀態。美、英憂慮蘇聯對東歐的永久性控制，並對受蘇聯影響的共產黨在西歐民主國家取得政權的威脅感到害怕；而蘇聯則決心維護其對東歐的控制，以預防來自德國的任何可能的新的威脅。冷戰（是1947年美國總統顧問巴魯克在一次國會辯論中首次使用）

主要在政治、經濟和宣傳戰線上進行，曾僅有限地訴諸武力；由於柏林封鎖和空運、北大西洋公約組織的成立、共產黨在中國內戰和韓戰的勝利，使得冷戰在1948～1953年達於高峰。由於古巴飛彈危機（1962），引發1958～1962年另一次緊張階段，造成美蘇雙方進行軍備競賽。1970年代冷戰緊張局勢逐漸緩和，因美蘇雙方簽訂兩份「限制戰略武器談判協定」。1991年蘇聯瓦解，冷戰宣告結束。

Cole, Nat "King"　國王柯爾（西元1919～1965年） 原名Nathaniel Adams Coles。美國爵士樂鋼琴師和歌手，他的錄音作品在戰後美國極受歡迎。長於芝加哥，後來在洛杉磯組成「國王柯爾三重奏」（1939），建立了自己的爵士樂鋼琴演奏的風格。他逐漸轉任歌手，使他在錄音、電視和電影都極受歡迎。

Cole, Thomas　柯爾（西元1801～1848年） 英國出生的美國浪漫主義風景畫家，哈得遜河畫派奠基人之一。1819年隨其家人移民美國。曾在賓夕法尼亞美術學院學習。1825年他的一些風景畫受到收藏家們的注意。定居紐約州卡茲奇村後，常徒步到東北地區旅行，用鉛筆畫寫生，然後以此爲素材作畫。他擅長哈得遜河流域風景畫，反映北美洲森林地帶的荒涼與神祕，而人的形象在畫面中處於從屬地位。最著名的畫作是《軛》（1846）、《帝國之路》（1836）和《生命的航程》（1840）。

Colebrook, Leonard　科爾布魯克（西元1883～1967年） 英國醫學家。1935年成功的將新發現的抗菌藥百浪多息用於治療產褥熱。他還研究燒傷的治療，證明磺醯胺和青黴素可控制感染，力主用植皮法治療燒傷，但未能解決組織排斥問題。當梅達沃研究組織排斥問題時，科爾布魯克轉而研究燒傷感染的控制。

Coleman, (Randolph Denard) Ornette　科爾曼（西元1930年～） 美國爵士樂薩克管演奏家和作曲家、自由爵士樂的創始人和重要代表人物。1959年他把表演基地移至紐約市。他發展出自由爵士樂的概念：創作一首作品時僅其開始主題是預先構思的，其後的即興發揮不受旋律、和聲與節拍框架的限制。1960年錄製的唱片集就是以「自由爵士樂」爲名。

Coleraine＊　科爾雷恩 北愛爾蘭的區和城鎮。科爾雷恩區建於1973年。爲一農業區，附近出土有西元前7000年的石器。因位於巴恩河口東北部的濱海城鎮以一連串的斯凱里斯崖壁直入海面景觀而成爲熱門度假勝地。區首府科爾雷恩鎮臨巴恩河，近代城市的建立要歸功於倫敦市各公司的開發，他們在17世紀爲響應阿爾斯特開墾計畫而進駐倫敦德里郡。1965年建立阿爾斯特大學。人口：城鎮20,721（1991）；區約53,600（1993）。

Coleridge, Samuel Taylor＊　柯立芝（西元1772～1834年） 英國詩人和思想家。在劍橋大學就讀時與沙賽結爲好友。1798年和華茲華斯合出了《抒情歌謠集》，其中包括了著名的〈古舟子詠〉和〈午夜的森林〉，開創了英國文學史上浪漫主義的新時期。其他詩作包括了〈克里斯特貝爾〉和未完成的〈忽必烈汗〉。在不幸的婚姻和耽溺於鴉片下寫了〈沮喪〉（1802），詩中他哀嘆自己創作詩的能力減退。他的《文學傳記》（1817）是英國浪漫主義時期最重要的一部綜合性文學評論著作。柯立芝馳騁文壇，富於質疑問難的研究精神，對同時代的文學家有很深的影響。

柯立芝，油畫，奧斯頓（Washington Allston）繪於1814年；現藏倫敦國立肖像畫陳列館
By courtesy of the National Portrait Gallery, London

Colet, John＊　科利特（西元1466/1467～1519年） 英格蘭神學家。曾在牛津學習數學及哲學，然後在法國和義大利旅遊和學習三年。約於1496年回英。1499年之前被授聖職。1504年任聖保羅大教堂教長，約1509年創建聖保羅學校。他是都鐸時期的人文主義者，將文藝復興時期文化引進英國，伊拉斯謨斯、摩爾和林納克等人文主義者都受他的影響。

Colette＊　科萊特（西元1873～1954年） 全名Sidonie-Gabrielle Colette。法國女作家。她的四部「克洛迪娜」系列小說的第一部，敘述一個自由不羈的青年女主角的回憶，由她的第一任丈夫以自己的筆名維里出版。她後來在雜耍戲院謀生。她後來的作品還有《親愛的》（1920）、《克洛迪娜的房子》（1922）、《麥苗》（1923）、《西多》（1930）和《金粉世界》（1944），描述了一個女孩由兩個姊妹撫養成爲交際花的過程。這部小說被搬上舞台和銀幕，1958年拍成電影。科萊特所著小說大多描述愛情的快樂和痛苦，其非凡之處在於準確地在音響、氣味、結構以及色澤等方面引起人們感官上的共鳴。在她多事的一生中，她直率的嘲笑舊俗，醜聞亦不時可見，但晚年卻成爲國家的象徵。

科萊特，攝於1937年
Charles Leirens – Black Star

coleus　鞘蕊花屬 亦稱錦紫蘇屬，唇形科的一屬。約一百五十種熱帶植物，原產於舊大陸。該屬因其葉色鮮豔而著名。錦紫蘇原產爪哇，品種多，是著名的家養和庭園植物，莖方形，花穗上著生多數小白藍色的花，花冠二唇狀。灌叢鞘蕊花（即灌叢錦紫蘇）原產於中非，花枝鮮藍色。其他著名的種有各種名稱，如火焰蕁麻、斑爛葉、斑爛蕁麻、西班牙百里香、印度琉璃苣、鄉村琉璃苣及多花灌木等。

Colfax, Schuyler　科爾法克斯（西元1823～1885年） 美國政治人物。格蘭特總統時的副總統（1869～1873），共和黨人。1845年在印第安納創辦《聖約瑟夫流域紀事報》，任主編期間（1845～1863）使該報成爲該州最有影響的報紙之一。1854～1869年爲美國眾議院議員，最後六年任議長。重建時期（1865～1877）爲激進派共和黨領袖。1868年當選爲副總統。他在擔任副總統期間被發現和美國動產信用銀行的行賄案有牽連。

Colgate-Palmolive Co.　高露潔棕欖公司 美國多種經營的公司，生產並銷售家用、保健和生活用品。公司歷史可上溯至19世紀初，當時威廉・高露潔製作肥皂和蠟燭，開始在紐約市出售自己的產品。1896年，他的公司推出第一代管狀牙膏，稱「高露潔牙膏」。1928年，高露潔公司被製造棕欖香皂的棕欖公司收購。1953年採用今名。總部在紐約市。亦請參閱Procter & Gamble Company、Unilever。

Colgate University　科爾蓋特大學 美國紐約州漢米敦的一所私立大學。1819年創建，原爲浸信會所屬機構，1928年始獨立運作。該校主要提供人文及科學方面的大學課程，也有一些碩士課程。1970年起始開放女子入學。註冊學生人數約2,900人。

colic＊　絞痛　一種陣發性痛，通常僅指由空腔器官的肌壁收縮產生的疼痛，如腎盂、膽道受不同程度阻塞（暫時性或經常性）時。嬰兒，尤其人工餵養者常有腸絞痛，表現爲雙腿上抬、不安、不住啼哭。各種腸炎、腸道惡性腫瘤及某些類型的流行性感冒均可伴有絞痛。鉛中毒時常因腸管痙攣性收縮而引起絞痛。治療在於緩解症狀，常用肌肉鬆弛劑。

coliform bacteria＊　大腸細菌　一類經常存在於人類及其他動物腸道中的兼性厭氧菌。不形成芽孢，桿狀，發酵乳糖產酸產氣。在美國普遍用作水質的指示生物，大腸菌值升高是供水源被人類糞便污染的證據。

Coligny, Gaspard II de, seigneur (Lord) de Châtillon＊　科利尼（西元1519～1572年）　法國海軍上將、宗教戰爭初期胡格諾派的領袖。1544年在義大利作戰，1552年晉升海軍上將。1560年宣布支持宗教改革。1562年內戰開始，他不得已參加戰鬥，1569年成爲胡格諾派的唯一領袖。後來逐漸對國王的政策產生很大影響，甚至對卡特琳·德·麥迪奇造成威脅。在行刺科利尼失敗後，她告訴國王胡格諾派正在陰謀對他實行報復。查理九世在盛怒之下，下令處死胡格諾派首領，其中包括科利尼在內，於是聖巴多羅買慘案開始。

科利尼，肖像畫，繪於16世紀；現藏法國尚蒂伊孔代博物館
By courtesy of the Musee Conde, Chantilly, France; photograph, Giraudon – Art Resrouce

Colima＊　科利馬　墨西哥西部太平洋沿岸一州。大部分爲狹窄的沿海平原，地勢向東北逐漸升高至馬德雷山脈。面積5,191平方公里，包括雷維亞希赫多群島。土地肥沃多產，但交通不便，發展受阻。經濟以農業爲主，在較高地區，飼養家畜爲重要行業。州首府爲科利馬城。人口428,510（1990）。

Colima　科利馬　墨西哥科利馬州首府。位於墨西哥中西部，瀕臨科利馬河。1522年始建。現有鐵路和公路通曼薩尼約港及內地。工業有農產品（棉花、稻米和玉米）加工、鹽場、釀酒、製鞋和皮貨等。市內有科利馬大學（建於1867年）。人口106,967（1990）。

colitis＊　結腸炎　結腸，尤其是其黏膜的炎症。黏液性或痙攣性結腸炎常爲「神經性」或心身性，多爲一時性，可占所有消化道疾病的50%。症狀爲腹痛、腹瀉（有時與便祕交替）、排出由黏膜分泌的大量黏液。潰瘍性結腸炎時，發炎的黏膜上出現潰瘍；症狀爲腹瀉膿血便；又常轉爲慢性，持續發熱，體重下降，可出現合併症而死亡。可手術切除病變部位，輕症可用心理治療。

collage＊　拼貼　指把偶得材料，如報紙碎片、布塊、壁紙等貼在畫板或畫布上的黏貼技法，常與繪畫結合使用。19世紀就有人把各種剪下的紙片拼貼成爲裝飾作品。1912～1913年前後，畢卡索和布拉克更把這種技法發展成爲立體派藝術的一個重要方面。20世紀其他製作拼貼的藝術家還有格里斯、馬諦斯、康乃爾和恩斯特。1960年代，拼貼成爲普普藝術的重要形式，勞申伯格是這一時期重要的人物。

collagen＊　膠原　一類蛋白質。存在於腱和韌帶內等組織器官的膠原纖維、眞皮的結締組織層、牙本質及軟骨中。膠原纖維色發白，張力大而彈性小。膠原是一種硬蛋白，甘氨酸含量極爲豐富，而且是唯一已知含有大量羥脯氨酸的蛋白質。膠原置於沸水中可轉變爲白明膠。動物膠是一種不純的白明膠，可由動物的皮中製得。

collard　寬葉羽衣甘藍　一種不結葉球的甘藍，學名爲Brassica oleracea。葉較羽衣甘藍寬得多，無褶邊，似結球甘藍（捲心菜）的蓮座葉。主莖高達60～120公分，頂端具蓮座葉。下部的葉通常逐漸採收，有時整個幼嫩的蓮座叢一起採收。葉子的營養價值高，富含礦物質和維生素A、C。

collective bargaining　集體談判　勞資雙方代表爲確定雇用條件而協商的過程。集體確定的協議，既可包括工資，也可包括雇用慣例、暫時解雇、升職、工作條件、工作時間、勞動紀律和職工福利規畫。早在18世紀末英國就有集體談判，而歐洲大陸和美國則發展較晚。合同協商是全國性的、區域性的還是地方性的，這要視一國的產業結構而定。亦請參閱trade union、strike。

collective farm　集體農場　俄語作kolkhoz。前蘇聯在國有土地上經營的集體農業企業。1929～1933年間，史達林大力推行集體化政策，迫使農民放棄他們個人的農莊而參加集體農場。農民們強烈反對，許多地方還出現農民在加入前屠殺自己的牲畜和破壞自己的設備的情況。到1936年幾乎所有的農戶都集體化了，雖然有數百萬人被放逐到拘禁營地。1990～1991年間隨著蘇聯解體，集體農場開始實行私有化。

collectivism　集體主義　個人從屬於社會集體（如國家、民族、種族或階級）的社會組織，其型式不一。集體主義可與個人主義相對照。法國著作家盧梭的《民約論》（1762）一書，對集體主義思想作了近代最早而有影響的表述，他認爲，個人只有服從團體的「總的意志」才能獲得自己眞正的存在和自由。19世紀時德國的革命思想家馬克思對集體主義觀點，作了最簡明的表述：「不是人們的意識決定人們的存在，相反，是人們的社會存在決定人們的意識。」社會主義、共產主義和法西斯主義可能都屬集體主義。

college　學院　提供後中等教育的機構。此詞在使用時往往出現歧義。據羅馬法載，一個collegium即是人們爲發揮共同功能而組成的團體。此名爲許多中世紀機構所採用，其中包括行會。中古時代晚期大部分大學都把collegium看作是一處捐贈的學生宿舍，專供攻讀學士學位或其他高級學位的學生居住。學院都擁有圖書館及科學儀器，並爲那些能培養學生參加學位考試的博士或導師支付固定的薪金。在英國中等教育機構（如溫徹斯特和伊頓）有時也稱爲學院。加拿大也有學院。在美國，學院可指一個只能授予學士學位的四年制高等教育機構，也可指一所初級學院或社區學院，學制二年只有「預備學位」。四年制學院通常以大學文科或通材教育爲主，而專門技術培訓或職業培訓則屬次要。四年制學院可以是一所獨立的由私人管轄的並以大學文科課程爲主的教育機構，也可以是私立大學或州立大學附屬的分校。

collider ➠ particle accelerator

collie　柯利牧羊犬　18世紀在大不列顛培育成的一種工作犬。有兩種類型：粗糙被毛型（最早用於保護和放牧羊群）及光滑被毛型（用於驅趕牲畜到市場）。體柔軟，頭圓錐形，眼杏仁狀，耳直立，耳尖向前。兩種類型的外形相似，但有人認爲原係兩個不同的品種。粗被毛柯利牧羊犬的毛厚

柯利牧羊犬
Sally Anne Thompson

而直，在頸和喉部增多，形如輪狀皺領，是常見的伴侶狗及看門狗。光被毛柯利牧羊犬毛厚而平滑。兩種類型的體高均約56～66公分，體重23～34公斤。有多種毛色。以忠實著稱。亦請參閱border collie。

Collingwood, R(obin) G(eorge)　柯靈烏（西元1889～1943年）　英國歷史學家和哲學家。在牛津大學期間（1912～1941）原是講師，後成爲教授，也是羅馬占領不列顛時代考古和歷史專家。他認爲：20世紀哲學的主要工作是解決20世紀的歷史，而這二者都是新發現的基本前提。他在最有影響力的著作《歷史的理念》（1946）中提出：歷史是一門人們在自己的心靈裡重新體驗往事的學科；歷史學家只有深入事件後面的心理活動，在自己的經驗範圍內重新思索過去，才能發現各種文化和文明的重要模式和動態。

Collins, Michael　柯林斯（西元1890～1922年）　愛爾蘭爭取獨立的英雄。1906～1916年在倫敦任職，後回到愛爾蘭參加復活節起義。1918年以新芬黨員身分被選入愛爾蘭議會，成爲共和國第一任內政部長，後改任財政部長。他以志願軍將領和愛爾蘭共和軍情報局長而聞名。1921年7月停戰後被派往倫敦充當和談的主要代表。12月6日簽訂了受爭議條約，條約中賦予愛爾蘭自治領的地位，但需向國王宣誓效忠。臨時政府成立後，格里菲思任總統，他任議長。格里菲思死後，他繼任政府首腦。在視察防務途中，遭伏擊身亡。

Collins, (William) Wilkie　柯林斯（西元1824～1889年）　英國小說家，最偉大的神祕故事作家之一。在從事商業和律師業失敗後，開始寫作並且與狄更斯關係密切，狄更斯對他的事業顯然有影響。第一部主要作品《白衣女郎》（1860）寫作靈感來自一犯罪案件，該書使他一舉成名。《月亮寶石》（1868）是英國第一本偵探小說，書中的特色已成爲該類小說的典範。他的其他作品還有《無題》（1862）和《阿馬達爾》（1866）。

colloid＊　膠體　由比原子或普通分子大得多，但遠小於肉眼可見的微粒組成的物質。這種粒子的大小大約在10^{-7}～10^{-3}公分，並且以各種方式連接或鍵合在一起。通常，膠體粒子以分散物形態，存在於某種介質中，如空氣中的煙霧粒子；但亦可單獨存在，如橡膠。膠體一般分可逆和不可逆兩種，取決於它們的組分是否可以分離。染料、洗滌劑、聚合物、蛋白質和許多重要物質都表現出膠體的行爲。

Collor de Mello, Fernando (Affonso)＊　科洛爾・德・梅洛（西元1949年～）　巴西總統（1990～1992）。家境富裕，於1987年當上阿拉戈斯這個小州的州長。誓言促進經濟發展、打垮貪污與無效率，他於1989年擊敗左派候選人西爾瓦，爲巴西近三十年來第一任民選總統。由於驚人的外債與過度通貨膨脹，使巴西的經濟衰退問題雪上加霜，無法改善；1992年他辭去總統職位，當時他因貪污案而即將受審。

Colman, Ronald　柯爾曼（西元1891～1958年）　英國出生的美國電影演員。1920年移居美國，《空門遺恨》（1923）是他首次獲得賞識的作品。他的相貌出眾、紳士風度十足，有聲片出現之後，他那文質彬彬的談吐、富於表現力的嗓音使他不斷獲得成功。曾主演《雙城記》（1935）、《失去的地平線》（1937）、《鴛夢重溫》（1942）和《雙重生活》（1947，獲奧斯卡獎）。

Colmar, Charles Xavier Thomas de ➠ de Colmar, Charles Xavier Thomas

colobus monkey＊　疣猴　猴科疣猴屬的非洲長尾、近乎無拇指的猴類。疣猴列入疣猴亞科，和這一組的其他猴一樣，有複雜的適於容納植物性食物的胃。晝行性，樹棲，一般群居，能在樹間作長距離的跳躍。共十個種。黑白相間的四種疣猴，體長約55～60公分，尾長77～82公分，身材細長，具色彩斑駁的絲狀長毛。紅疣猴有五種，爲褐色或黑色，有紅斑；體長約46～60公分，尾長40～80公分。橄欖色疣猴形小，毛短，呈橄欖色。紅色和橄欖色疣猴捕到後活不了多久。紅色疣猴的兩亞種列爲《紅皮書》中的瀕危動物，其他兩種疣猴數量日益下降，已分別列爲稀有動物。

Cologne＊　科隆　亦作Köln。德國主要河港之一，爲北萊茵－西伐利亞州最大城市。位於萊茵河畔。面積405平方公里。人口約964,311（1998）。西元前1世紀羅馬征服者在當地拓居。中世紀爲科隆的盛世，貿易、手工業、藝術高度發展。三十年戰爭（1618～1648）後衰落。1794年被法國占領，1815年歸屬普魯士，後再度繁榮起來。1840年代，馬克思在此與他人合作主編《萊茵報》、《新萊茵報》。第二次世界大戰中城市遭嚴重破壞。戰爭結束後，成長過程持續下去，新工業區和衛星城鎮有了發展，運輸也有改進。科隆大教堂是本市最著名的建築物，完成於1880年，1944年空襲時遭破壞，1956年重修。如同中世紀情況，該城仍是一個金融中心，在18世紀初首次生產銷售的古龍香水至今仍在生產。

Colombia　哥倫比亞　正式名稱哥倫比亞共和國（Republic of Colombia）。南美洲西北部國家。面積約1,141,748平方公里。人口約43,071,000（2001）。首都：波哥大。半數以上人口爲梅斯蒂索人（歐洲人與美洲印第安人的混血後裔）、歐洲人（約1/5）、穆拉托人、黑人和印第安人。語言：西班牙語（官方語）。宗教：天主教。貨幣：哥倫比亞披索（Col$）。哥倫比亞地形主要是哥倫比亞安地斯山脈。東南部爲廣闊的低地，有奧利諾科河和亞馬遜河流經。哥倫比亞的開發中經濟是以服務業、農業和製造業爲主，咖啡是主要的經濟作物。古柯和大麻大規模非法種植，古柯鹼和海洛因販運，需大加關注。礦產豐富，哥倫比亞是世界最大的祖母綠產國和南美洲最大的黃金產國之一。政府形式是多黨制共和國，兩院制。國家元首暨政府首腦是總統。最早居住在該地的是講奇布查諸語言的印第安人。約1500年西班牙人到達，到1538年擊敗印第安人，使該區歸屬祕魯總督轄區。1740年後，當局遷往新成立的新格拉納達總督轄區。1810年哥倫比亞部分地區擺脫西班牙管轄，1819年玻利瓦爾擊敗西班牙，獲得完全獨立。1840年的內戰阻礙了國家的發展。自由黨與保守黨之間的衝突，導致「千日戰爭」（1899～1903）。經過數十年平靜後，1948年又再次爆發戰爭。1958年達成協議，由兩黨輪流執政。1991年採用新憲法，但因內部不穩定，民主力量仍受到威脅。21世紀初期，許多左派反對者和右翼準軍事團體都經由綁架和販運毒品取得活動資金。

Colombo＊　可倫坡　斯里蘭卡的行政首都（2001年人口約642,020）。位於斯里蘭卡島西岸，恰在凱勒尼河南岸，是印度洋上的主要港口之一。8世紀時阿拉伯商人開始在這個今日現代化港口所在地附近定居。自16世紀起，這個港口曾先後被葡萄牙人（1517）、荷蘭人（1656）和英國人（1796）占領，1815年成爲該島的首府。1948年斯里蘭卡獨立後，西方對它的影響已經減小。今爲商業和工業中心，製造業生產機械和食品加工業。當地有可倫坡大學（建於1921年）。

Colombo, Matteo Realdo＊　科隆博（西元1516?～1559年）　義大利解剖學家、外科醫師，在哈維發現體循環之前就清楚地描述了肺循環。僅有的一本著作爲《解剖學》（1559），他正確地敘述了：心臟舒張期血液流入心臟，心臟收縮期血自心臟排出。他概述了肺循環：靜脈血自右心室經肺動脈到肺，在肺內與空氣中的「精華」混合後轉爲鮮紅色，然後經肺靜脈回左心室。

colon＊　結腸　組成哺乳動物大腸大部分長度的腸段。雖然結腸和大腸常交替使用，但一般結腸不包含盲腸、直腸和肛管等部分。人的結腸，沿腹腔右側向上（升結腸），橫跨腹腔至左側（橫結腸），沿腹腔左側向下（降結腸），捲曲成攣（乙狀結腸），後與直腸相連接。人的結腸無消化功能，主要功能爲潤滑腸腔內容物、吸收存留的液體及鹽類，並儲存有待排出體外的食物殘渣。結腸疾病包括便祕、腹瀉、脹氣、結腸炎乃至巨結腸和癌等。

Colonial National Historical Park　科洛尼爾國家歷史公園　在美國維吉尼亞州東南部，約克河與詹姆斯河之間半島上的歷史保留地。建於1936年，占地約38平方公里，由約克敦、詹姆斯敦、亨利角和科洛尼爾帕克韋四個部分組成。後者爲連接詹姆斯敦、威廉斯堡和約克敦等維吉尼亞州歷史三角主要景點的一條37公里通道，沿途風景如畫，多爲名勝古蹟，設有解說性路標。

colonialism　殖民主義　指一個受強權控制的獨立地區或人民。殖民的目的包括了探勘殖民地的天然資源、開發殖民者的新市場、延伸殖民者在本國以外的生活方式。歐洲國家是最活躍的殖民主義者：1500～1900年間歐洲國家在整個南、北美洲和澳大利亞，非洲及亞洲大部分地區以移民開墾土地或控制當地政府進行殖民。最早的殖民地是15～16世紀西班牙和葡萄牙在西半球建立的。16世紀荷蘭在印尼進行殖民，17～18世紀英國則在北美洲和印度殖民，後來英國的移民還遠至澳大利亞和紐西蘭。非洲的殖民始於1880年代，但至1900年時整個非洲都受歐洲國家控制。殖民時代於第二次世界大戰結束後逐漸式微；至今，僅一些小島仍受殖民政府的管轄。

colonnade　列柱廊　支承簷部的一排柱子，可作爲單獨的建築，如走廊，也可作爲建築的一部分，如柱廊等。最早的列柱廊出現在古典神廟建築中，在希臘和羅馬還保存許多遺跡。古希臘各地，如雅典，建有用作集市的列柱廊。而巴西利卡的列柱廊常是用來隔開側堂和中堂。

colony　殖民地　指古代由希臘（西元前8世紀～西元前6世紀）、亞歷山大大帝（西元前4世紀）和羅馬（西元前4～西元2世紀）在征服地建立的新居民點。希臘的殖民地延伸到義大利、西西里、西班牙和地中海東部（包括埃及）和黑海。亞歷山大更遠至中亞、南亞和埃及。羅馬的殖民地大致涵蓋了前面的地區，還包括了非洲南部、西班牙西部、不列顛北部和德國。建立殖民地的原因有擴展貿易、取得原料、解決政治的不穩定和人口過剩問題、渴望獲得土地和獎賞。雖然常有叛亂發生，殖民地仍維持對母國的關係和忠誠。西元前177年後羅馬的殖民地，殖民者保有羅馬公民籍，享受應有的一切公民權利。古代的殖民地將希臘化和羅馬文化傳布到帝國最遠可達的地方。國外殖民可協助當地居民羅馬化，其中若干當地人民被同化並取得羅馬公民籍。

colony　群體　動物學術語，指一群同種的生物，它們以有組織的方式生活在一起並密切相互作用。群體與群聚不同，後者也包括一群同種生物，但沒有合作和組織的職能。社會性昆蟲的群體，如螞蟻和蜜蜂，通常包括幾個擔負不同職能的社會等級。許多鳥組成臨時性的繁殖群體。某些鳥（包括已滅絕的旅鴿）需要有許多同種的鳥在一起以刺激繁殖活動。另一些鳥（如鷗）由於繁殖地有限，並要協調行動保護其巢免受侵害，便以群體方式繁殖。某些以稠密集群方式生活的哺乳動物，雖然個體之間缺少合作行爲，而且每一個體保持一塊領域，但是也被稱爲群體生物。

Colophon＊　科洛豐　愛奧尼亞古希臘城市，位於今土耳其以弗所西北24公里處。西元前8世紀～西元前5世紀時是個興盛的商業城市，以騎兵和奢華著稱。爲提洛同盟一員，在伯羅奔尼撒戰爭期間，科洛豐先爲波斯人、後又爲雅典人控制；西元前302年被馬其頓征服。今日僅存一些古老的舊城牆遺址。

color　色　指可以通過色彩、章度和亮度來描述的任何物體的外觀。物理學中，色和可見光波長範圍的電磁輻射有特殊的聯繫，能引起人眼不同的色覺。紅光的波長最長，藍色最短，介於二者之間的依次是橙、黃、綠。通常用來區分色的三種特性是色彩、章度和亮度。色彩是與光譜的各主波長聯繫的一種屬性。章度與相對純度（即混入色彩的白光量）有關，高章度的色含白光極少甚至不含。亮度表示色的強度，以濃淡程度來區分。色彩和章度合稱色品；因此一種色可用它的色品和亮度來表徵。紅、綠、藍稱爲三原色，將三色以不同量的混合便可得出其他所有的顏色。所謂相加就是把光譜的一些部分混合進去，而相減是指把光譜的某些部分消除或吸收掉。如果色相加組合成白色或相減而混合成黑色時，就稱爲互補色。

color blindness　色盲　一種眼科疾病，表現爲對紅、綠及藍三種顏色的一種或一種以上無分辨能力。人類視網膜中有三種錐體細胞能吸收光譜不同部分的光，缺少其中一或多種細胞便會造成色盲。色盲是伴性隱性遺傳疾病，男性發病率爲女性的二十倍。

color index　顏色指數　亦稱色率。在岩石學中，指岩石所含各種有色礦物（即深色礦物）體積百分比的總和。最常見的淺色礦物是長石類、似長石類和石英。大量的深色礦物有橄欖石、輝石、角閃石、黑雲母、石榴石、電氣石、各種氧化鐵、各種硫化物和一些金屬。大多數礦物都歸於這兩大類。粗略地說，礦物的顏色指示礦物的比重；顏色較淺的礦物，重量也較輕。深色礦物一般含有更多比較重的元素，特別是鐵、鎂和鈣。

color printing　彩色印刷　把圖片原稿複製爲彩色印刷品的工藝。利用四色版能印出各種顏色。印刷時將原稿分成三種原色和黑色。黑色用以加重色調和圖像對比。印刷時各種顏色均用透明油墨，使四色糅合並使套印位置準確。這樣四色版即可將原稿的色彩和明暗重現，毫釐不差。三種顏色套在一起時，呈現出黑色。標準的印刷成為四色印刷，四色是指青（藍色與綠色的混合）、紫紅（紅色與藍色的混合）、黃（紅色與綠色的混合）和黑色。

Colorado　科羅拉多人　厄瓜多爾太平洋沿岸的印第安人。居住在西北部熱帶低地，和住在那附近的原住民卡亞帕人同樣是碩果僅存的原住民。科羅拉多人愛用紅色顏料來裝飾自己的身體和臉，他們多從事打獵、捕魚和刀耕火種農業；有人被引介到當地種植園和都市地區工作。今日人口只剩兩千人左右。

Colorado　科羅拉多　美國落磯山區一州，不過只有一半左右土地處於落磯山範圍。首府丹佛。科羅拉多的自然地貌分為三個部分：平坦青草覆蓋的高平原；在落磯山前與山脈平行的起伏不平、多丘陵的科羅拉多山麓地帶；由許多崇山峻嶺和高原組成的南落磯山和科羅拉多高原。全州平均高度為海拔2,072公尺，為地勢最高的一個州。落磯山脈的厄爾柏峰海拔4,399公尺，為該州最高峰。16～17世紀，西班牙人和法國人先後來此。西班牙探險家看到落磯山上色彩斑斕的岩石，遂取名為「科羅拉多」，意為「紅色的」。1803年美國通過路易斯安那購地協議取得該州東部大片土地後，開始對該州土地進行測繪和勘察。1859年該州發現金礦，掘金者蜂擁而至。1876年美國獨立一百週年時建州，故有「百年州」之稱，成為第三十八州。農業、肉牛、礦產和製造業都是重要的經濟來源。旅遊業也是該州重要的收入來源。面積269,619平方公里。人口約4,301,261（2000）。

Colorado, University of　科羅拉多大學　美國州立大學系統，主校區在博爾德，分校位於科羅拉多泉市及丹佛市，另有一所醫療科學中心位於丹佛。所有校區皆為男女合校，都設有大學部及研究所課程，包括建築、工程、音樂、商業、教育、人文藝術及科學等領域。博爾德校區還有一所法學院。科羅拉多大學創立於1876年。註冊學生人數約44,000人。

Colorado College　科羅拉多學院　美國科羅拉多泉市的一所私立文理學院，創立於1874年。該校提供廣泛的學士學位課程，包括傳統科目和跨科系的領域。較特別的課程包括美洲民族研究、西南研究、環境研究和神經科學等。註冊學生人數約2,100人。

Colorado National Monument　科羅拉多國家保護區　美國科羅拉多州中西部國家公園。1911年建立，面積83平方公里。以色彩斑斕的風蝕沙岩構造、高聳的巨石和陡峭的峽谷著名，有木化石和恐龍化石。境內有許多鹿、狐狸和野貓。峽谷中檜樹、矮松蔥鬱，野花茂盛。

Colorado potato beetle　科羅拉多馬鈴薯葉甲　亦稱馬鈴薯葉甲（potato bug）。鞘翅目葉甲科的一種害蟲，學名Leptinotarsa decemlineata。原產北美洲西部，吃一種野生馬鈴薯科植物（該植物在落磯山地區最豐富）。栽培的馬鈴薯引入後該昆蟲開始以馬鈴薯為食，到1874年成為重要的農業馬鈴薯害蟲，並擴布到一切種馬鈴薯的地區。半球形，長約10公釐，紅橙或黃色，鞘翅上有黑條紋。卵產在馬鈴薯葉下，每年一～三代，隨緯度而異。

Colorado River　科羅拉多河　北美洲主要河流之一。發源於科羅拉多州北部落磯山脈，流向西、南，全長2,330公里，後注入墨西哥西北部的加利福尼亞灣。流域總面積637,000平方公里，該河經過地區被切割成許多深谷，其中以大峽谷最為壯觀。科羅拉多河流域水資源已被綜合利用在發電、灌溉、娛樂、防洪和航運上。科羅拉多河流域建有二十餘座水壩，其中包括了著名的胡佛水壩。

Colorado River　科羅拉多河　美國德州西部河流，全長1,352公里。向東南經科羅拉多市，穿越丘陵起伏的草原和多山及峽谷的崎嶇地帶，過奧斯汀，橫越沿海平原注入馬塔戈達灣。是整條河流都在德州境內的最大河流。河上建有數個重要防洪、發電、灌溉工程及旅遊區。

Colorado River　科羅拉多河　阿根廷中南部河流。主源頭出自安地斯山脈東側，南流，在布塔蘭基爾以北匯成科羅拉多河。大致向東南流，經巴塔哥尼亞北部後，成為數省間的界河。下游分為兩支，在布蘭卡港南方注入大西洋。長約850公里。

Colorado Springs　科羅拉多泉　美國科羅拉多州中部城市。位於派克國家森林東部。1871年建立，1872年設鎮，1866年設市。1890年代克里普爾克里克金礦罷工風潮後，隨該地區旅遊療養業的發展而突起。由於軍事設施的建立推動了該市的發展：有北美防空和航空太空防務司令部設在恩特空軍基地（彼得森機場，1942）；喀生要塞（1942）；美國空軍學院（1954）。神園是一處紅砂岩巨石的天然公園。人口：市約345,127（1996）；都會區454,220（1994）。

colorectal cancer　結腸直腸癌　結腸或直腸的惡性腫瘤。罹患本病的原因有：年齡（五十歲以上）、有結腸直腸的家族病史、慢性炎性腸病、身體缺乏活動和高脂肪飲食等。結腸直腸癌許多徵狀涉及了不正常的消化和排泄，包括持續發作數天的腹瀉或便秘、糞中帶血、直腸流血、黃疸、腹痛、缺乏食欲和疲勞；可由外科、化療或放射線來治療。經常運動、低脂飲食、多攝取蔬果的生活方式有助於預防結腸直腸癌。早期發現對於防止結腸直腸癌惡化是相當重要的。有些醫療機構建議五十歲以後要定期作檢查。

colorimetry＊　比色法　測定可見光譜區電磁輻射波長和強度的方法。這種方法廣泛用於吸光物質的鑑定及其濃度的測定。比色法中應用兩個基本定律，一是朗伯定律：它表明光的吸收量與光通過吸收介質的距離之間的關係。另一為比爾定律：表明光的吸收量與吸光物質的濃度之間的關係。在比色法中，常用整個可見光譜（白光），因而穿過介質後的光是被吸收光的互補色。使用單色光或狹束光的儀器稱分光光度計。它不僅用於可見光譜，也常用於紫外區和紅外區的測量。比色計已大部為分光光度計所取代。大多數化學元素和大量的化合物可用比色法或分光光度法測定。

colossal order　巨柱式　亦稱giant order。建築物內部超出一層的柱式，往往貫通幾層。首先使用巨柱建造房屋正面的是文藝復興時代的義大利。任何一種柱式（主要種類有托斯卡尼柱式、多立斯柱式、愛奧尼亞柱式、科林斯柱式和組合式）均可按此種方式處理。18世紀時巨柱式在歐洲重新盛行。

巨柱式，英格蘭牛津布倫海姆宮正面，凡布魯爵士設計，1705年始建
A. F. Kersting

Colosseum　大競技場　弗拉維王朝皇帝修建的羅馬大競技場（69～82）。在這之前，競技場差不多都是在山麓處開挖後圍成的，而大競技場則是在平地上用石料和混凝土類的材

料建成的。橢圓形的場地可容納五萬觀衆。在大競技場可進行上千名角鬥士的徒手拼鬥或人獸搏鬥，甚至可模擬海戰。在中世紀曾遭受雷擊和地震損毀，更受到人爲的破壞，全部大理石的座席和裝飾材料均蕩然無存。

Colossus of Rhodes ➠ Rhodes, Colossus of

colostomy＊　結腸造口術　經腹壁爲結腸造口，即形成人工肛門的手術。結腸造口的目的可能是爲了給受阻的結腸減壓；在切除一爲炎性、梗阻性或穿孔病變時，或在外傷之後，爲了分流大便；遠端結腸或直腸切除後，用於代替原有肛門而作爲胃腸道的終端開口；爲了保證內部傷口的癒合。結腸造口術可爲暫時性或永久性。乙狀結腸造口術是最常作的永久性造口，一般不需要什麼器具輔助（有時爲了保險也可配帶一個便袋）而受術人可生活得和常人無異，只是排便途徑有所不同。亦請參閱ostomy。

Colt, Samuel　柯爾特（西元1814～1862年）　美國槍械製造商。當柯爾特是個年輕水手時，他做了一個左輪手槍的木製模型，經過幾年的修改，使其更加完善，並取得專利（1835～1836）。柯爾特的六連發手槍很晚才得到世人認可，而他在新澤西州帕特生成立公司來製造這種槍械，但於1842年失敗。他設計了電引爆水雷，這是使用遙控爆破的第一個裝置，他還利用第一條水下電纜經營電報業務。根據軍事部門的報告，證明他的武器功效卓著，促使政府在墨西哥戰爭期間訂購一千支手槍，於是柯爾特在1847年恢復了槍械製造。在小惠特尼的幫助下，發展了可互換零件的製造工藝和生產線。其公司生產的手槍在美國南北戰爭中被廣泛使用。

Colter, John　科爾特（西元1775?～1813年）　美國探險家，第一個看到並記述今黃石國家公園的白人。1803～1806年是路易斯和克拉克遠征隊的成員；1807年參加利薩的捕獵隊，利薩派他去克勞人及其他印第安人部落訪問，科爾特獨自一人進入黃石地區。1808～1810年三次到密蘇里河源頭探險，在歷次戰鬥中，九死一生倖免於難。第三次探險後，退隱於密蘇里河畔的一個農場。

Colton, Gardner (Quincy)　科爾頓（西元1814～1898年）　美國麻醉學家、發明家，最早將一氧化氮作爲麻醉藥用於牙科。他根據一位牙科醫師的建議，用一氧化氮麻醉拔除了一千多顆患牙。他還發明了一種電動機，於1847年展出。

Coltrane, John (William)　科爾特蘭（西元1926～1967年）　美國爵士樂薩克管演奏家、樂隊領隊及作曲家，對1960、1970年代爵士樂的影響絕不亞於查理帕克對1940、1950年代爵士樂的影響。在費城長大後，與艾迪·文生、迪吉葛雷斯比、強尼·霍奇斯一起工作。1950年代曾與邁爾斯戴維斯和瑟隆尼斯孟克合灌唱片，而受到廣泛注意，奠定了他在現代爵士樂的領導地位。1960年代初成立的四重奏堪稱是爵士樂史上最佳團體之一。科爾特蘭高音薩克管雄渾、清亮、豐富，甚至在高音域時也不例外的音色，以及分裂音符的多重音，成了他的獨特風格。在其有力的獨奏下，音符如瀑布般傾瀉，將和弦的進行及表演藝術推到頂點。

科爾特蘭，約攝於1966年
By courtesy of down beat magazine

Columba, St.　聖科倫巴（西元521?～597年）　亦稱Colum或Columcille。愛爾蘭基督教教士和修道院院長。西元551年左右被立爲司鐸，約563年與十二名門人在愛奧那島上建成教堂和修道院，作爲向蘇格蘭傳教的據點。科倫巴晚年大概主要是在愛奧那度過，在該地被尊爲聖徒。據說蘇格蘭信奉基督教主要是靠他的努力。

Columban, St.　聖高隆班（西元543?～615年）　愛爾蘭基督教教士和修道院院長。約西元590年偕同十二名修士自愛爾蘭出發，後定居於高盧的佛日山脈，設立修道院。他因譴責勃艮地宮廷和當地教士腐化墮落而遭反對。603年法蘭西主教會議認定他有罪，理由是他按照塞爾特習俗慶祝基督復活節，610年被迫離開高盧，偕同高爾及其他修士前往瑞士，向日耳曼族阿勒曼尼人傳教。後來又被迫離開瑞士前往義大利，約612～614年創辦博比奧修道院。

Columbia　哥倫比亞　美國城市，南卡羅來納州首府。位於該州中部，在康加里河東岸。其歷史可追溯到1786年，當時州議會決定在現址上規畫建鎮，以取代查理斯敦成爲州首府。南北戰爭期間爲交通運輸樞紐和許多南部邦聯機構所在地。1865年被聯邦政府軍占領，城市幾全毀於戰火。戰後城市重建，以行政管理和工農業爲基礎的多樣化經濟得到發展。棉花、桃和煙草是附近地區的重要農產品。設有南卡羅來納大學。人口：市約112,773；都會區453,331（1990）。

Columbia Broadcasting System ➠ CBS Inc.

Columbia Pictures Entertainment, Inc.　哥倫比亞影片公司　美國主要影製片公司。起源於1920年，當時傑克和哈里·科恩兄弟成立的公司和喬、布蘭特聯合製作短片和低成本的西部片。1924年將名稱改爲哥倫比亞影片公司。哈里·科恩從1932年起擔任該公司的總經理直去世爲止，他是使該公司地位提升至與好萊塢其他主要影片公司同等地位的關鍵人物。1930年代公司出品了許多卡普拉和後來的其他導演拍攝的成功影片，如《當代奸雄》（1949）、《亂世忠魂》（1953）、《凱恩艦叛變》（1954）、《桂河大橋》（1957）、《阿拉伯的勞倫斯》（1962）、《良相佐國》（1966）、《五支歌》（1970）、《第三類接觸》（1977）、《窈窕淑男》（1982）和《末代皇帝》（1987）。1982年可口可樂公司買下哥倫比亞公司。同年哥倫比亞公司協助建立新的電影製片廠三星電影公司，1987年三星與哥倫比亞兩家公司合併，改稱今名。1989年哥倫比亞公司由日本的新力公司接管。

Columbia River　哥倫比亞河　加拿大西南部和美國西北部河流，爲北美洲注入太平洋的第一大河流。源於加拿大落磯山，進入美國華盛頓州，在奧瑞岡的阿斯托里亞注入太平洋。全長2,000公里。在鐵路到來以前，作爲通往內地的唯一海平水路，該河曾是太平洋西北部地區的運輸大動脈。1930年代，美國政府在河上建造大古力水壩和邦納維爾水壩，眞正開始了哥倫比亞河幹流的開發。五十年中，美國境內已全由十一座水壩形成一系列「階梯」。沿河各水力發電站係太平洋西北地區電網的骨幹。

Columbia University　哥倫比亞大學　紐約市的著名私立大學，常春藤聯盟一員。1754年成立時稱爲國王學院，1784年美國革命後當它重新開學時改名爲哥倫比亞學院，1912年成爲哥倫比亞大學。哥倫比亞學院至1983年招收女生之前爲該校男生本科文科學院。1889年成立的巴納學院自1900年以來就屬該大學一部分，現在仍爲該校女生本科文科學院。絕大多數課程都是爲這兩個學院的學生開設的。哥倫比亞大學和其他東部各私立大學不同之處是，它特別注重自然科學、商業、歷史、行政管理和航行等學科。創立了許多力量雄厚的研究生院和專業學院以及有廣闊發展前景的各種高等研究所。它的專業學院包括了：醫學（有哥倫比亞－長老會醫院）、法律、教育（哥倫比亞師範學院）、建築、工程、新聞、商業、公共衛生、護理、社會工作、國際和公共事務等。

columbine　耬斗菜　毛茛科耬斗菜屬植物。約七十種。多年生草本，原產於歐洲和北美。花形獨特，花瓣五枚，有囊狀長距向後延伸，萼片和花瓣均色彩鮮豔。複葉，小葉片圓形，具缺刻。藍花耬斗菜和黃色耬斗菜均原產於落磯山脈，有許多具長距的白、黃、紅、藍色花的園藝雜種。加拿大耬斗菜在北美野生於樹林和石陂，分布北至加拿大南部，高30～90公分，花紅帶黃色。

Columbus　哥倫布　美國喬治亞州西部城市，臨查塔胡其河，與阿拉巴馬州鳳凰城隔河相望。1827年始建，1828年設市，1840年成為重要的內河棉花港口。利用瀑布發電，紡織工業得以蓬勃發展，現為高度工業化的城市，是美國南部最大的紡織工業中心之一。本寧要塞（1918）位於該市附近。人口：市約182,828（1996）；都會區243,072（1990）。

Columbus　哥倫布　美國俄亥俄州首府，為州內第二大城市。位於該州中部，賽歐托河和奧倫坦吉河匯合處。1812年由俄亥俄州議會規畫為一政治中心，並以克里斯托弗．哥倫布的名字命名。1816年州政府遷此，1834年設市，1900年成為運輸和商業中心，1940年後工業發展空前迅速。隨著鐵路幹線的出現、公路網的延伸和機場設施的增加，該市地理位置更加重要。工業產品有飛機和太空設備、汽車零件、電氣設備、機器、玻璃、食品和印刷品等。有幾所高等學府包括了俄亥俄州立大學。人口：市約657,053（1996）；都會區1,377,419（1990）。

Columbus, Christopher　哥倫布（西元1451～1506年）　義大利語作Cristoforo Colombo。西班牙語作Cristóbal Colón。熱那亞航海家和探險家，他跨越大西洋的旅程打開了歐洲人到美洲探險、開發、殖民的道路。生於熱那亞（今義大利境內），他在一艘葡萄牙商船上展開海員生涯。1492年他獲得西班牙君主*費迪南德五世*和*伊莎貝拉一世*贊助，為了抵達亞洲，嘗試向西航過被認定為開闊海洋的地區。在他的首次航行中，1492年8月他與三艘船－－「聖瑪利亞號」、「尼娜號」、「平塔號」－－共同啓航，10月12日在巴哈馬群島見到陸地。他沿著伊斯帕尼奧拉島北岸航行，而在1493年回到西班牙。第二次航行（1493～1496）至少有十七艘船同行，而創建了新大陸第一個歐洲城鎮伊莎貝拉（今多明尼加共和國境內）。這次航行也開啓了西班牙進一步傳播基督教福音的努力。在他的第三次航行中（1498～1500），他抵達南美洲和奧利諾科河三角洲。人們指控他管理不善，導致他被押解回西班牙。在他的第四次航行中（1502～1504），他回到南美洲，並沿著今宏都拉斯和巴拿馬海岸航行。他無法達到成為貴族和賺大錢的目標。他的人格及成就長久以來備受爭議，但學者通常同意他是堅毅而英明的航海家。

Columbus Platform　哥倫布綱要　猶太教改革派於1937年在美國俄亥俄州哥倫布市召開的拉比會議所作的重要宣布。支持使用傳統習俗儀典及在禮拜中用希伯來語，並再次重申猶太人民的信念，即對「*匹茲堡綱要*」（1885）中關於改革原則的修正。

Columcille ➠ Columba, St.

column　柱　建築中支承荷載的豎直構件，可以用磚石、鋼或鋼筋混凝土製成，可以露明也可以不露明。古希臘和羅馬建築中使用的柱子，可由整塊石料鑿出，也可分段壘成。在古埃及和近東，常用巨大的圓柱，在支承和裝飾大型建築中起重要作用。哥德式和羅馬風式時期，柱頭和柱礎上都作了精緻的裝飾雕刻。柱的截面形狀可以為矩形、圓形或多邊形；可以下大上小，也可以上下一樣。柱有時也指非結構性的裝飾柱或紀念柱。亦請參閱intercolumniation、order。

西西里塞傑斯塔的希臘廟宇的多立斯柱，約建於西元前424～西元前416年
SCALA/Art Resource, NY

Colville, Alex　科爾維爾（西元1920年～）　加拿大畫家。生於多倫多，曾在蒙特艾利森大學就讀並執教；所作的壁畫《蒙特艾利森的歷史》（1948）還保留在那裡。他的作品運用人物形象並列著無生命的物體、動物或其他的人（如《裸者和啞巴》〔1950〕）；他是加拿大主要的魔幻寫實主義倡導者。身為一位官方的戰爭藝術家，在渥太華的加拿大戰爭博物館中他呈現了許多佳作。其他的作品包括為紀念邦聯一百周年（1967）而特別發行的加拿大錢幣做設計。

coma　昏迷　完全失去知覺的病理狀態。特徵為對外界刺激失去反應並缺少自發的神經活動，一般由於大腦受到瀰漫性損傷所致。單純的*腦震盪*可引起短時間的知覺喪失，而缺氧可以造成長達數週的昏迷，並常致命。腦血管破裂或阻塞可致突然的知覺喪失，而代謝異常（如*糖尿病*）或腦腫瘤所引起的昏迷則發病緩慢。治療方式視形成原因而定。

Comana＊　科馬納　古代卡帕多西亞的城市，在土耳其南部，塞伊漢河上游。為寺廟屬地，由主祭司管理，主祭司通常為統治家族的成員，地位僅次於國王。卡拉卡拉皇帝在位時期（211～217）成為羅馬的殖民地，羅馬帝國通往東部邊境的軍事要道經此。

Comanche＊　科曼切人　北美印第安游牧部落，18～19世紀時在大平原南部遊動。科曼切人是*肖肖尼人*的一支，其語言屬猶他－阿茲特克諸語言。科曼切人組成大約十二個自治宗族，屬地方居民集團，但沒有其他平原印第安人的家系、氏族、軍事會社及部落政府。其主食是水牛肉。技藝高超的科曼切騎手為騎馬游牧生活樹立了榜樣，這種游牧生活是18及19世紀平原印第安人的典型生活。1864年卡森率領美國軍隊征討科曼切人，但未成功。1865和1867年簽訂條約，但聯邦政府未能遵守約定阻止白人侵入畫給他們的土地，使得衝突再起。到20世紀晚期，約有三千名科曼切人在奧克拉荷馬州勞頓附近分散居住。

Comaneci, Nadia＊　科馬內奇（西元1961年～）　羅馬尼亞裔美國體操女運動員。1972年第一次參加國際比賽，並獲得金牌。她在1976年蒙特婁奧運會上的表現可能是無人能超越的。她是第一位在奧運會體操項目獲得滿分者，在這次的競賽中，一共獲得七項滿分，及取得平衡木和高低槓金牌。1980年莫斯科奧運會獲平衡木和地板運動金牌，在團體賽中為銀牌隊員。1984年退出比賽。1976年奧運會後受羅馬尼亞社會主義勞動英雄稱號。1989年叛逃至美國。

comb jelly ➠ ctenophore

Combes, (Justin-Louis-) Émile＊　孔布（西元1835～1921年）　法國政治人物。1875年當選蓬斯市市長，1885年選入參議院，與反教權的激進黨人持相同立場。擔任總理期間（1902～1905）主張政教分離，同意通過法律，把幾乎一切教團均逐出法國，並取消教會在某些重要方面（尤其是在教育方面）的公共職能。很多共和派人士都欽佩他，儘管年事已高，仍於1915年10月應白里安之請出任部長。

combination ➟ permutations and combinations

Combination Acts　結社條例　英國1799和1800年把工會定爲非法的法案。法案規定：凡是糾集他人要求增加工資或減少工時的工人以及唆使他人離開工作或拒絕同他人合作的工人，都要處以三個月的徒刑或兩個月的苦役。由兩個法官判決，上訴極爲困難。如果資助違犯條例的人，則予以罰款。這一條例於1824年撤銷後，發生了多次罷工，次年試圖恢復施行，但未成功。

combinatorics＊　組合學　亦稱組合數學。關於有限或離散系統中選擇、排列、運算的數學領域。組合問題的範例包括：一、發自一副標準52張牌的5張牌有一對A的比率是多少？二、學校的課要怎麼排才能容納所有學生的課程選擇？較複雜的組合數學少有系統式解題架構。組合問題無法用連續函數的字眼而化爲公式，也沒有標準的代數作法來幫助解題。組合學有一種多變的複雜性，需要小心的邏輯分析，這種分析在每個新問題中常常不同。組合學發軔於古代，但因爲用於電腦科學和管理學，近年來已增加了重要性。亦請參閱permutations and combinations。

combine harvester　聯合收割機　既能收割又能脫粒的綜合式農業機械。主要是已開發國家用來收割小麥和其他穀物。最早的聯合收割機是馬考米克於1831年設計的收割機。脫粒機最初是使用人力和獸力來操作，後來才改用蒸汽機和內燃機。現代聯合收割機最早在美國加州使用（1875?），1920年代和1930年代才推廣到整個美國，1940年代英國引進。1940年代發展出自走式聯合收割機。在結構上，聯合收割機基本上是一種把穀穗送至脫粒機的捆束式收割裝置，從收割、脫粒、清潔到儲藏全在田間完成，節省許多收割的時間和人力。1829年收割一噸的麥子一個人需十四小時，現代聯合收割機三十分鐘不到就可以完成。

combining weight ➟ equivalent weight

Comden, Betty　康登（西元1919年～）　原名Elizabeth Cohen。她與格林（1915～）合作爲百老匯的節目寫劇本，並爲好萊塢編寫音樂影片，是百老匯史上搭檔最久的夥伴。1938年兩人因到處拜訪戲劇經紀人尋找工作而熟識。1944年在紐約配合作曲家伯恩斯坦，共作《小鎮上》音樂喜劇。1951年與名作曲家史汀合作《廊道雙影》及後續作品十餘件。1953年以《奇妙小鎮》一劇首獲東尼獎，其後《哈利路亞，親愛的！》、《喝采》及《20世紀》三劇亦分別獲獎。兩人還合寫電影劇本《萬花嬉春》。他們著名的歌曲有《正是時候》和《聚會結束》。

Comecon　經互會 ➟ Mutual Economic Assistance, Council for (CMEA)

Comédie-Française＊　法蘭西喜劇院　法國國家劇院，世界上最早建立的國家劇院。成立於1680年，是將巴黎兩所劇院合併而成，其中一所莫里哀的劇院。法國大革命引起劇院內部分裂，其中一組於1791年在傑出演員塔爾瑪領導下，在現在的黎塞留路上的法蘭西喜劇院廣場另建總部。1803年，法蘭西喜劇院在拿破崙統治下再次改組。在漫長歷史中，該劇院對法國戲劇、藝術和文學的發展具有持久影響，爲世界劇壇培育出一批如塔爾瑪、貝恩哈特和巴劳爾等最傑出的演員。雖然該劇院保留古老傳統，但也表演當代的戲劇。

comedy　喜劇　西方戲劇的一類，以娛樂爲主要目的。它一方面和悲劇形成對比，另一方面與鬧劇、滑稽劇和其他形式的幽默娛樂相對照。該詞源於希臘語，在中世紀它僅指一個有美滿結局的故事，後來還被用作有美滿結局的神祕劇。喜劇的歷史表明它是一種相當複雜的形式，很難用任何定義來適當的對應它，也不能簡單的說它的目的只是激起興奮的笑。喜劇可分成：諷刺喜劇、風俗喜劇、浪漫喜劇、情節喜劇、感傷喜劇等。20世紀所謂黑色喜劇和荒誕派戲劇反映了存在主義作家所關心的事物。音樂喜劇從19世紀晚期就已經在英國和美國流行，其中眞正的喜劇常常從屬於庸俗鬧劇和壯觀場面。

comedy of manners　風尚喜劇　一種詼諧而富於理性的喜劇形式，描寫並常常諷刺當時社會的世態和時尚，涉及社會習俗和人物能否與某些社會標準相適應的問題。這種指導標準常常是瑣細而又嚴苛的。情節通常涉及偷情或類似的醜聞，劇中氣氛易變，對話機智，對人類怪癖性格的評論辛辣。代表作家有康格里夫、哥德斯密、謝里敦、王爾德和科沃德。

Comenius, John Amos＊　夸美紐斯（西元1592～1670年）　捷克語作Jan Amos Komenský。捷克教育改革家和宗教領袖。爲了使歐洲文化易爲學生理解，他主張學生必須學習拉丁文，但建議採用「自然」方法，使學生領會事物本身，而不是學習語法。他編寫的教科書*Janua Linguarum Reserata*（1631）是以拉丁文和捷克文寫成，對學習這兩種語文很有幫助，對拉丁文教學有革命性的影響，曾被譯成十六國語言。他還編寫了第一本看圖識字教科書《世界圖解》（1658）。

comet　彗星　一種繞日運行、接近太陽時產生瀰漫的氣體包層並往往出現發光長尾的小天體。通常彗星以它們朦朧的外形和極端扁橢的軌道區別於太陽系其他天體。許多彗星源自歐特雲或其附近的柯伯伊帶，其他星體的引力會改變它們的軌道，使它們在太陽附近通過。彗星分成短週期彗星（約兩百年一個週期）和長週期彗星（週期長於兩百年），哈雷彗星用肉眼可見，其平均週期爲七十六年。彗核爲一團外形不規則的物質，其成分是冰——可能是微塵狀的碳——的混合物。當彗星靠近太陽時，它的表面會越來越熱，釋放出氣體和塵粒，在其核心周圍形成雲；太陽風在背離太陽的方向驅掃出彗星離子，形成一條筆直的電漿彗尾。當地球穿過彗星塵粒在軌道形成的塵埃環帶時，在地球高層大氣中就會產生流星雨。

comfrey＊　聚合草　紫草科聚合草屬植物。原產於歐亞大陸，草本，尤指藥用聚合草（用於治療創傷和提取用以處理羊毛的一種膠漿）。農人利用它來預防緩步蟲也用作綠肥。株高約90公分，莖被毛，花枝捲曲，花藍色、淡紫色或黃色，花冠鐘狀，五深裂。通常蜂媒傳粉。果實含四個卵型小堅果。

comic book　漫畫書；連環畫冊　集中裝訂的漫畫，通常以年代的順序排列，其一般型態是述說單一的故事，或一系列不同的故事。第一部眞正的漫畫書是在1933年作爲免費發送的廣告贈品而出現在市場上。在1935年之前，重印報紙連載漫畫與原創性的故事漫畫書，銷售量非常大。第二次世界大戰期間，以戰爭與犯罪爲主題的漫畫，在駐紮國外的士兵中擁有許多讀者；1950年代時，漫畫書遭抨擊爲引起青少年犯罪。雖然漫畫界以進行自我審查來回應，但部分冒險性漫畫仍持續受到批評。1960年代，挖苦諷刺社會底層文化的漫畫書大受歡迎——尤其是大學生——而漫畫書也已被用來處理嚴肅課題（如史畢格曼的《鼠》系列漫畫書，主題是關於猶太人的大屠殺）。今日，漫畫「雜誌」（'zines）代表了一種蓬勃興盛的次文化。

comic strip　漫畫；連環畫　有故事情節的系列圖畫，通常水平排列在報紙、雜誌或書頁上。1890年代美國數家報紙在其週末版刊出有趣的圖畫但沒有文字。1897年《紐約星期日報》刊登魯道夫・迪克斯的《吵鬧的孩子們》，這個幽默的漫畫還包含了人物的對話文字。後來有其他卡通把對話置於氣球形圓圈中，形成另一種形式的漫畫。1907年費施爾的《穆特和傑夫》在《舊金山紀事報》發表後，漫畫的發展已漸趨成熟。後來的重要的漫畫家有赫里曼、卡普、凱利和舒爾茨。

C
D

Cominform　共產黨和工人黨情報局　正式名稱爲Communist Information Bureau。共產黨國際機構，1947年在蘇聯支持下成立。最初的成員有蘇聯、保加利亞、捷克斯洛伐克、匈牙利、波蘭、羅馬尼亞、南斯拉夫、法國和義大利九國共產黨參加。南斯拉夫在1948年退出。主要活動包括了出版宣傳品來促進國際共產主義的團結。1956年蘇聯爲表示與南斯拉夫和解，解散了情報局。

Comintern　第三國際　亦稱共產國際（Communist International）或Third International。西元1919年成立的各國共產黨的聯合組織。列寧召開了第一次第三國際代表大會，目的是消除恢復第二國際的努力。爲了參加第三國際，要求各個政黨都要以蘇維埃的模式來構建他們的組織，要清除溫和派社會黨人以及和平主義者。雖然它公開聲明的宗旨是促進世界革命，然而它的主要功能是作爲蘇聯控制國際共產主義運動的一個機構。1943年在第二次世界大戰期間，史達林爲了消除盟國對共產黨顛覆活動的疑慮，解散了第三國際。

Comitia Centuriata＊　百人團人民大會　古羅馬時期的軍事會議，約成立於西元前450年。這個人民大會決定有關戰爭與和平事務、制定法律、選舉執政官、兼負軍事責任之執政官和監察吏，及審理判處極刑之羅馬公民的上訴案件。不同於地區性團體人民大會者，爲此種會議兼含平民與貴族。所有羅馬公民依據其財力與服兵役所能自行提供之裝備，分別歸入不同的階級並配屬至不同之百人隊。百人團人民大會投票時由每百人以一票計之百人團，依據優先順序進行；首先由騎士團開始，繼之爲最尊貴及最富裕階級。

command economy　控制經濟　生產資料公有，經濟活動受中央權力機關控制，由中央機關向生產企業指派生產數量指標並分配原材料，並定訂價格，這種經濟制度叫控制經濟。大部分共產國家多採行計畫經濟，資本主義國家在國家急難時期（如戰時）可能也採行此種制度，以便能迅速進行資源動員。亦請參閱capitalism、communism。

commando　突擊隊　約等於一個步兵營的軍事單位，由受過特別訓練的從事於從肉搏到打了就跑的游擊式的突擊戰術的人員組成。這個詞通常也指其成員或游擊戰術。突擊隊起源於南非布爾人，它是根據法律徵募的行政和戰術單位，由一個選區的役齡自由民組成。

commedia dell'arte＊　即興喜劇　盛行於16～18世紀的義大利戲劇形式。由演員戴上面具飾演角色（如紳士的機智侍從哈樂根，誠實、頭腦簡單的男僕皮耶羅等）。即興喜劇爲強調整體演出的通俗劇，其表演建立在僞裝與嘲笑的特定架構上，情節則往往擷自文學劇中的古典文學傳說。職業演員以本國方言、許多滑稽動作、各種熟悉的角色，作適合大衆口味的實驗性表演。與義大利即興喜劇團有關的第一個確實可考日期溯及1545年。除義大利本土，此種戲劇形式在法國獲得最大的成功，當地特設立義大利喜劇院。在英格蘭，其戲劇成分歸化爲童話劇中的丑角戲，以及包括即興喜劇龐奇角色的傀儡戲——龐奇和朱迪演出。

Commerce, U.S. Department of (DOC)　美國商務部　美國聯邦行政部門，負責有關國際貿易、國家經濟成長、技術發展等方面的計畫和政策。西元1913年設立，所屬單位有統計局、國家海洋暨大氣管理局、專利商標局、美國觀光旅遊管理局等。

commerce clause　貿易條款　指美國憲法（第一條第八款）中對國會「管理合衆國與外國、各州間，以及與印第安部族間的貿易」的授權。這是美國政府的大部分管理權力的基礎。亦請參閱interstate commerce。

commercial bank　商業銀行　指有能力使貸款，至少使部分貸款最終成爲新的活期存款的銀行。由於商業銀行只需要將部分存款額留作儲備金，因而能動用一些存款來發放貸款。當借款人收到一筆貸款時，該貸款金額即記入借款人活期存款帳戶的貸方；直到歸還這筆貸款之前，活期存款總數就這樣增加了。商業銀行作爲一個團體，它們能通過創立新活期存款以擴大或收縮貨幣供給。現代商業銀行，還爲顧客提供各種各樣的附加業務，如儲蓄存款、保險箱和信託業務。亦請參閱bank、central bank、investment bank、savings bank。

commercial law ➡ business law

Commercial Revolution　商業革命　歐洲中世紀晚期開始的商業活動激增現象。這個現象是受到英國、西班牙及其他國家對非洲、亞洲和新世界的航海探險所激起。與此相關的特徵像是遠洋貿易暴增、特許公司的出現、重商主義原則被接受、貨幣經濟的締造、經濟專門化程度漸增，以及諸如國家銀行、交易中心、期貨市場的創立等等。商業革命替工業革命奠下了基礎。

Committee for the Defense of Legitimate Rights　保衛合法權益委員會　沙烏地阿拉伯的反對派團體，1992年創立，組成分子爲遜尼派穆斯林學者和宗教領袖。該組織自我定位爲一施壓團體，目標是促進沙烏地阿拉伯的和平改革與改善人權。領導者是一位退休物理學教授馬沙里。由於受到政府的壓迫，這個團體於1994年將總部遷往倫敦；自此在統治家族的眼中不再是個嚴重威脅。

Committee of Public Safety　救國委員會　恐怖統治時期控制法國的法國大革命的政治機構。於1793年4月成立，其任務爲保衛法國對抗國內外敵人。最初由丹敦和他的追隨者支配，但他們很快被激進的雅各賓派取代，包括羅伯斯比爾。對革命的所謂的敵人採取了嚴厲措施，經濟置於戰時基礎之上，並大規模徵兵。委員會內的紛爭使羅伯斯比爾在1794年垮台，之後其重要性衰減。

Committees of Correspondence　通訊委員會　美洲十三個殖民地的立法機關，爲加強殖民地領導以及相互間的合作而成立的組織。1772年亞當斯在波士頓成立第一個通訊委員會以後，三個月內麻薩諸塞州各地相繼成立八十個類似的組織。1773年維吉尼亞州組織一個十一人委員會，委員包括傑佛遜和亨利等人。通訊委員會對促進殖民地的團結以及第一次大陸會議（1774）的召開起了重要作用。

commode　高帽德髮冠架　戴在頭上的金屬絲髮架。約西元1690～1710年間盛行於法國和英國，用以支撐以緞帶、縶亞麻布和花邊蝴蝶結做的頂髻。據傳，高帽德髮冠架始於路易十四世的一位寵婦，她在行獵時頭髮散亂，只得用吊襪絲帶紮上，國王大為讚美，從此便成為法國和英國宮廷婦女的時髦髮式。至19世紀，高帽德髮冠架的裝飾性質漸失，而純粹是功能上的用途。

commodity exchange 商品交易所 買賣小麥、金塊、棉花及金融證券（如美國短期國庫券）等遠期交貨合同的有組織交易市場；此等合同即稱期貨，在商品交易所中藉由競價過程完成買賣。而金融證券則稱股票或指數，也可在商品交易所內進行交易。最大的商品交易所是芝加哥交易所。

Commodus 康茂德（西元161～192年） 全名Caesar Marcus Aurelius Commodus Antoninus Augustus。原名Lucius Aelius Aurelius Commodus。羅馬皇帝（西元177～192年在位，180年以後為唯一的皇帝）。西元177年與其父馬可・奧勒利烏斯（161～180年在位）皇帝共治，180年3月其父去世，他成為唯一的統治者。182年他的姐姐行刺他的事情敗露後，他處決了許多著名的元老。此後，他的暴虐統治結束了帝國長期以來的穩定與繁榮。他給羅馬起了個新的名稱，叫「康茂德亞納」（Colonia Commodiana，即康茂德殖民），並且自以為是大力神赫丘利斯轉世，經常進入鬥獸場充當角鬥士。192年除夕，他的顧問們召來一個角力冠軍將他勒死。

扮成大力神赫丘利斯的康茂德大理石雕像，現藏羅馬皮托尼利博物館
Anderson – Alinari from Art Resource

common cold ➠ cold, common

common fox ➠ red fox

common gallinule 普通水雞 ➠ moorhen

common law 普通法 指英國的普通法，或以司法判決為基礎並收入判例報告中的那一部分習慣法。創始於中世紀初期地方法院的判例。在普通法體系下，當完成了一項特殊案件的法庭判決和報告後，該案便成為法律的一部分並可為日後類似案件引用。這種援引判例的情形稱為遵循先例。中世紀時英國法庭就採用普通法，這個法律制度後來發展成為美國的及國協各成員國現代法律的來源。它和歐洲大陸上源出於羅馬法的民法系統形成對照。

common-law marriage 非正式婚姻 未曾舉行世俗儀式或宗教儀式的婚姻。非正式婚姻的男女雙方只是同意把自己看作是已有婚配的人們。大部分司法當局已不准許此種形式的婚姻存在，即使他們之前已獲得當局的批准。這是由於都市社會的複雜性，使得有各種涉及財產和繼承的法律問題，會伴隨非正式婚姻而產生。

common-lead dating 普通鉛測年 ➠ uranium-thorium-lead dating

Common Market 共同市場 ➠ European Community (EC)

Common Pleas, Court of 民事法院；普通訴訟法院 英國1178年為審理私人之間的民事糾紛而設立的法院。在「大憲章」（1215）要求之下，它才開始有獨立的審判權。從15世紀開始，民事法院與王座法院和財政法院就普通法案件方面展開競爭。結果是形成了許多複雜的重疊的司法管轄規則。到19世紀時，令狀形式的多樣化和管轄權的競爭已經達到不能容忍的地步。1873年的「司法組織法」以高級法院取代這三個普通法法院，並且由它來承擔衡平法管轄權，直到今天它仍然是英格蘭和威爾斯具有全面管轄權的法院。

Common Prayer, Book of 公禱書 基督教安立甘宗各教會所用的禮儀書。1549年為英國聖公會正式採用，1552年大事修訂，1559、1604、1662年又先後幾次修改。1662年版的《公禱書》現仍為安立甘宗各教會的標準禮儀書，國協大多數國家聖公會所使用者大同小異，國協之外各國的安立甘宗教會根據英文版本加以更動，以適應各自所處情況。

common rorqual ➠ fin whale

Commoner, Barry 康芒納（西元1917年～） 美國生物學家、教育學家。生於紐約市布魯克林，就讀哈佛大學，在華盛頓大學與皇后學院執教。從1950年代就警告現代科技造成的環境威脅（包括核武，使用殺蟲劑與其他有毒化學物質，還有效率不彰的廢棄物管理），經典作品《科學與生存》（1966）使其成為當時最重要的環境主義發言人。1980年是美國第三黨的總統候選人。

Commons, House of 下議院 英國兩院制議會中由普選產生的立法機構。它單獨有權徵稅和表決撥款或拒絕撥款給公共部門和服務機構，是大不列顛的有效的立法機構。起源於13世紀後半期，當時各郡和各鎮的土地所有者和其他財產所有人首次被授權派代表參加議會，這些代表有權使他們的選民承擔納稅的義務，有權向國王提出申訴和上訴以求得到他的同意。數世紀以來，它的權力一直不大，但1911年的「改革法案」賦予它超過上議院的權力。由下議院的最大黨來組政府，首相也由該黨員中提名內閣人選。1999年共選出659名下議員。亦請參閱Parliament, Canadian、parliamentary democracy。

Commons, John R(ogers) 康蒙斯（西元1862～1945年） 美國經濟學家，20世紀初期美國勞工問題的權威。在威斯康辛大學執教（1904～1932），出版了《美國工業社會史紀實》（十卷；1910～1911）和《美國勞工史》（四卷；1918～1935）他為威斯康辛州草擬許多經濟、行政改革法規，為美國聯邦政府和其他各州的改革樹立了榜樣。他還在行政、公用事業、工人報酬、失業保險等方面有突出的貢獻。

Commonwealth 國協 亦稱Commonwealth of Nations。舊稱大英國協（British Commonwealth of Nations, 1931～1946），是包括大不列顛及其以前的一些附屬國在內的主權國家的自由聯盟。1931年時根據「威斯敏斯特條例」建立大英國協。後來更改名稱為國協，並容許獨立國家加入。1947年以後大部分獲得獨立的屬國都選擇加入國協。這些國家選擇維持友好聯繫和實際合作並承認英國國王為這個聯盟名義上的元首。這五十個會員國每兩年會舉行一次國協政府元首會議。亦請參閱British Empire。

commonwealth 聯邦；州 依法律創建的政治團體，以謀求大眾之福利為目的。17世紀的作家，常用該名詞以表示具組織之政治團體概念。該詞對他們而言，近似「國家」之對現代人。使該詞之意義益廣。在美國該名詞仍繼續為四州之官方稱呼，即肯塔基、麻薩諸塞、賓夕法尼亞及維吉尼亞。此四州除名稱外與其他諸州之性質並無不同。此外，波多黎各於1952年開始成為聯邦而不是州，其居民雖是美國公民，但在國會僅有一席無投票權代表，亦無需繳聯邦稅。

C D

Commonwealth Games　國協運動會　大英國協各國家間四年一次的體育運動會，1891年首次舉辦。比賽項目有男女田徑、男女體操、男女游泳、男子拳擊、男子滾球、男子自行車、男子射擊、男子舉重和男子角力。賽艇、羽球和擊劍偶或列爲比賽項目。只有出生於或居住在國協成員國或其附屬國的業餘運動員才有資格參加。

Commonwealth of Independent States　獨立國協　主權國家的自由聯盟，1991年組成，包括前蘇聯所屬的俄羅斯及其他十一個共和國。成員國有俄羅斯、烏克蘭、白俄羅斯、哈薩克、吉爾吉斯、塔吉克、土庫曼、烏茲別克、亞美尼亞、亞塞拜然、摩爾多瓦和喬治亞。行政中心設在白俄羅斯的明斯克。成立宗旨在協調各成員國的經濟政策、對外關係、防務、移民政策、環境保護和法律實施。

commune＊　公社　一群人住在一起，財產共有且以先到者或團體訂下的原則來生活。19世紀初期，烏托邦社會主義者歐文和其他人在英國和美國領導一些實驗性的公社，如：新和諧公社、布魯克農場和奧奈達社團。許多公社是從宗教本質得到靈感的，其本質是過修行般的生活（參閱monasticism）。受到斯金納的《華爾騰第二》（1948）的鼓勵，許多美國人嘗試公社的生活，特別是在1960年代晚期和1970年代。

commune＊　公社　中世紀西歐實行自治的城鎮。大多數公社的特點是：其公民或市民宣誓互相保護和幫助。公社可以擁有財產和簽訂協議，對其成員有不同程度的司法權，並行使行政的權力。在義大利的北部和中部，由於缺乏強有力的中央集權的政府，公社獲得了遠遠超過處理市政事務的某種自治權。這種公社在法國和德國常受到地方政府的限制。

Commune of Paris ➠ Paris, Commune of

communication theory　資訊理論　亦作information theory。對於影響資訊傳遞與過程的各種條件與參數的數學表示。源於香農開創性的工作，是一種以訊號來測量秩序（非隨意性的事物）等級的數學方法，一般化的通訊系統以數學方法描述後，產生了一些重要的量，包括：在資訊源產生資訊的比率；管道處理資訊的量；以及在任何特種型式的訊號中，資訊的平均量。運用資訊理論的技術，在很大程度上是從數學的機率論引申出來的。資訊理論不僅影響了通信系統的設計，也影響到語言學、心理學甚至文學理論等領域。

communications satellite　通訊衛星　繞行地球軌道的系統，可以接收訊號（如資料、語音、電視）並轉發回地面。通訊衛星從1970年代開始在日常生活與全球通訊上扮演重要的角色。典型的通訊衛星位於地球同步軌道，約在地球上方35,900公里處，操作頻率向地傳輸4吉赫（GHz），向上傳輸爲6吉赫。

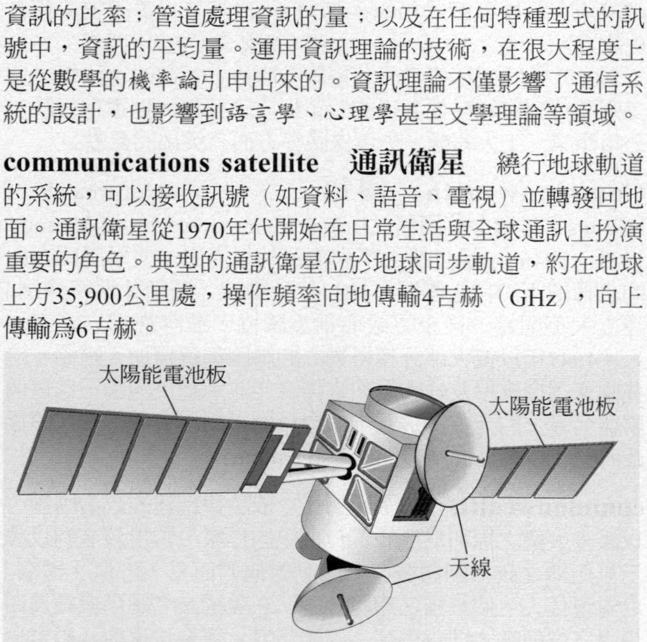

衛星的太陽能板是太陽能電池的陣列，提供衛星運作所需的電能，電力儲存於電池。天線的直徑8呎（2.5公尺），可以傳送廣域覆蓋波束或是狹窄集中的「點」波束。
© 2002 MERRIAM-WEBSTER INC.

communism　共產主義　財產公有、全體公民大致按照各自需要分享共同財富的政治經濟組織制度。這個理論最早由馬克思和恩格斯提出。在他們的《共產黨宣言》（1848）中，進一步提出「無產階級專政」，認爲無產階級將建立一個以財富公有爲基礎、實行「無產階級專政」統治的社會。馬克思稱這個過渡時期爲社會主義，而保留共產主義一詞用於眞正無財產、無階級、無國家的更高階段的社會，他斷言社會主義僅僅是共產主義的準備階段。嚴格地說，共產主義是最終超越階級分裂、消滅強制性國家的階段（參閱Marxism）。但是，這個明確區別很早就已開始混淆。「共產主義者」開始被用於具有特定綱領而非其最終目標的特定的黨。列寧認爲工人階級不能依靠本身的力量實現革命，而需要一批職業革命家給予指導（參閱Leninism）。史達林統治下的共產主義（參閱Stalinism）可說是極權主義的同義字。毛澤東動員農民而不是城市無產階級來進行中國共產黨的革命（參閱Maoism）。歐洲共產主義因1991年蘇聯瓦解後，共產主義迅速衰落，已不再是具有活力的思想體系。

Communism Peak　共產主義峰　舊稱史達林峰（Stalin Peak）。亦作Garmo Peak。位於帕米爾高原西北部，塔吉克共和國東北部的山峰。爲科學院山脈的一個山峰，海拔7,495公尺，是塔吉克最高峰。1933年蘇聯登山隊員首先登上峰頂。

Communist Information Bureau ➠ Cominform

Communist International　共產國際 ➠ Comintern

Communist Manifesto　共產黨宣言　馬克思和恩格斯爲共產主義者同盟撰寫的綱領，於1848年出版，成爲19世紀和20世紀初歐洲社會黨和共產黨的綱領性宣言之一。《宣言》體現了作者的唯物主義歷史觀（到目前爲止的一切社會的歷史都是階級鬥爭的歷史），論述了從封建時代直至19世紀資本主義的歷史。作者宣稱，資本主義注定要被推翻，而爲工人的社會所取代。工人階級的先鋒隊共產黨人，作爲社會的一部分，將「消滅私有財產」，「把無產階級變成爲統治階級」。

Communist Party　共產黨　一種政黨，其成立目的是爲促使社會從資本主義過渡到社會主義再到共產主義。俄國是第一個由共產主義者掌權的國家（1917）。布爾什維克黨在1918年更名爲俄國共產黨；取這個名字是爲了要跟那些在第一次世界大戰期間支持資本主義政府的第二國際社會主義者作區別。該政黨的基本單位是工人會議（蘇維埃），其上則是區、市、專區、全國等各級委員會。位於最頂端的是全國代表大會，每幾年才舉行一次；大會代表選出中央委員會委員，再由他們選出政治局和書記處成員，不過這些組織實際上很少有什麼變動。蘇聯在第二次世界大戰期間支配了世界各地的共產黨。南斯拉夫於1948年挑戰這種霸權，中國則在1950年代和1960年代與蘇聯分道揚鑣。各國共產黨在蘇聯瓦解（1991）後仍存在，但是政治上的影響力小了許多。古巴仍由共產黨統治，北韓也由世襲的共產黨領袖所統治。

Communist Party of the Soviet Union (CPSU)　蘇聯共產黨　簡稱蘇共。從1917年10月俄國革命至1991年俄羅斯和蘇聯主要的政黨。蘇聯共產黨源自俄國社會民主工黨之布爾什維克派。從1918年起至整個1980年代，蘇聯共產黨是支配蘇聯政治、經濟、社會和文化生活的大一統、而且權力獨攬之執政黨。憲法和其他法律文件應爲蘇聯政府所遵照奉行者，實則服從蘇共之政策和領導。它還指揮第三國際和共產黨和工人黨情報局。戈巴契夫改革蘇聯經濟體制並使其政治制度民主化的努力損害了蘇共的團結和權力獨攬。1990年蘇共表決將憲法保障的權力壟斷交出。1991年蘇聯解體，標誌著蘇共壽終正寢。

communitarianism 社群主義 一種有關社會組織的哲學觀點，強調社群參與者的互動，這些人為共同的目標而聚在一起，並同意那些支配著社群秩序的規則。此種觀點的支持者相信，和諧在某種程度上產生於對社群政策（法規）的認同，且該認同乃出自於合理的需求，而不是被任意強加的。社群（鄰里、城市或國家）的成員接受達成共同目標的責任。這種看法在1990年代伊茲歐尼及其他美國學者的著作中有所發揮。亦請參閱collectivism、communism、liberalism、social democracy、socialism。

community center ➠ settlement house

community college 社區學院 亦稱初級學院（junior college）。提供大學本科頭兩年級的學術教育和職業技術訓練，為畢業生就業作準備的教育機構。全美國大約有一千餘所這樣的機構，而加拿大約有一百多所。社區學院的根源可上溯至美國南北戰爭後實行的學托擴運動和其他成人教育計畫。第一所公立初級學院於1901年建於伊利諾州的久利特。此類學院多係公立，還開設各種具有非傳統形式和內容的靈活多樣的課程。它們較早地為本社區成員提供服務項目。非全日制學習，採用夜校、電視教學、週末討論會等教學形式。社區學院學生很少住校，畢業生一般可獲得副學士學位。他們可轉入四年制大學就讀或進入職場工作。亦請參閱continuing education。

community property 共同財產 法律上指結婚者擁有的財產屬於雙方所有。一般地說，在婚姻期間，通過任何一方的努力獲得的全部財產都被認為是共同財產。大多數關於共同財產的法令規定了在結婚以後獲得的財產中那些被認為是單獨的財產，所有其餘的都被列為共同財產。財產如何分類，根據一般常識來斷定。例如，雙方的收入都屬於共同財產，而贈給一方的禮物則被認為是單獨的財產。當共同財產與單獨財產混在一起時，除非大部分是單獨財產，否則全部都是共同財產。在關於財產畫分的訴訟案件中，作出的推論是有利於共同財產一類的。

commutative law 交換律 數學中關於數的加法和乘法運算的兩條規律，用符號表示為：a＋b＝b＋a，ab＝ba。就是說有限和或積可以任意排列項或因子的次序而其值不變。亦請參閱associative law、distributive law。

Commynes, Philippe de＊ 科明尼斯（西元1447?～1511年） 法蘭德斯的政治家和編年史家，所著《回憶錄》（1524）文筆活潑生動，心理刻畫入微，使他成為中世紀最偉大的歷史學家之一。金羊毛騎士團騎士之子，在勃艮地宮廷中長大。曾擔任大膽的查理（1467～1472）和法王路易十一世的顧問。1489年又重獲查理八世的恩寵，在遠征義大利時（1494～1495）被任命為駐威尼斯大使。

Como, Lake 科莫湖 古稱Lacus Larius。義大利倫巴底區湖泊。位於被石灰石和花岡岩山脈環繞的低地中，海拔199公尺。湖長47公里，寬4公里，最深處達414公尺，面積146平方公里。湖區以自然環境優美和湖畔雅致的別墅聞名。

Comoros＊ 科摩羅 全名科摩羅伊斯蘭聯邦共和國（Federal Islamic Republic of the Comoros）。非洲東南部沿海的伊斯蘭共和國。面積2,235平方公里。人口約566,000（2001）。首都：莫羅尼。島民種族繁多，馬來移民、阿拉伯商人及來自馬達加斯加和非洲大陸的民族。語言：科摩羅語（一種班圖語）、阿拉伯語和法語（官方語）。宗教：伊斯蘭教（國教）。貨幣：科摩羅法郎（CF）。科摩羅由非洲大陸和馬達加斯加之間的群島組成，包含了大科摩羅、莫埃利和安如昂等島嶼，但不包括馬約特島。島上多岩石，土層薄，缺港口。最小島嶼莫埃利島有肥沃的山谷和森林茂密的山坡。最高峰卡爾塔拉為一活火山，海拔2,361公尺。屬熱帶氣候。是世界最貧窮國家之一，經濟以自給農業為基礎。政府現處於過渡狀態下，國家元首暨政府首腦是總統。已知自16世紀歐洲航海家踏上該島。當時及其後較長時期受阿拉伯人支配。1843年法國正式占領馬約特島，1886年將其他三島也納入保護之下。1914年科摩羅隸屬馬達加斯加總督管轄。1947年成為法國海外領地。1961年科摩羅群島獲准自治。1974年三島島民大多數投票要求獨立，1975年獲准，接下來的數年內發生多次政變，1989年總統遇刺身亡，達到頂點。法國介入科摩羅，准許1990年舉行多黨的總統選舉，但國家仍然處於長期混亂不穩定的狀態。1999年政府落入軍人手中。

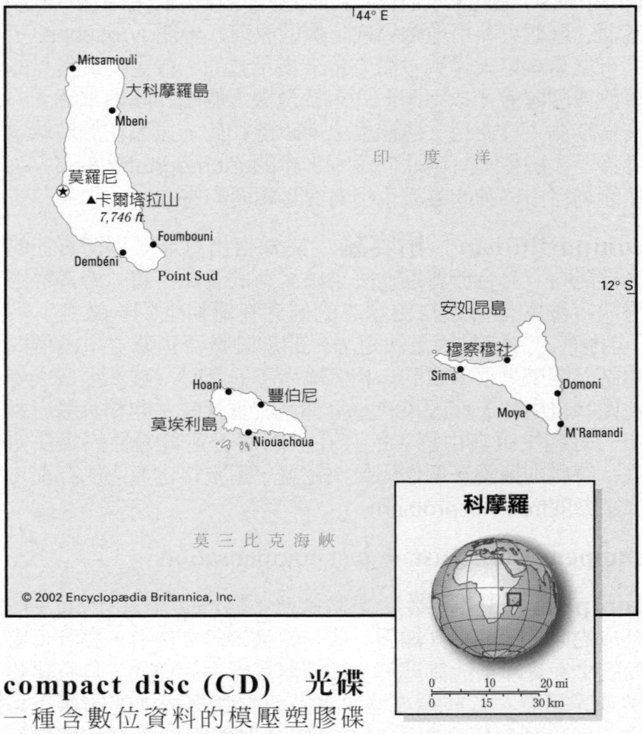

compact disc (CD) 光碟 一種含數位資料的模壓塑膠碟片，用雷射光束掃瞄，以重現錄音及其他資訊。自1982年在商業上引用以來，因為其錄音效果極為逼真，音樂光碟已幾乎取代了留聲唱片。1980年飛利浦電器公司和新力公司共同發明光碟，至今已從錄音擴展到其他儲存－分散式用途，特別是用於電腦（唯讀光碟）和娛樂系統（影音光碟和數位影音光碟）。一張音樂光碟可儲存約一小時的音樂。一張唯讀光碟可包含680MB以上的電腦資料。一張和傳統光碟同樣大小的數位影音光碟，可儲存17GB的資料，如高解析度的數位影像檔。

Companions of the Prophet 撒哈比；聖門弟子 阿拉伯語作Sahaba或Ashab。伊斯蘭教名詞，指穆罕默德的信徒中多少與他有過直接接觸的人。撒哈比親自見聞過先知言行，因此是「聖訓」材料的主要提供者。遜尼派推崇的四大哈里發就包括在據穆罕默德說可以進入樂土的十位撒哈比之中。什葉派穆斯林則看輕這些撒哈比，認為他們應為阿里家族丟掉哈里發的頭銜負責。

comparative advantage 比較利益 由李嘉圖首先提出來的經濟理論。它將國際貿易的起因和好處歸於各國生產同樣商品的相對機會成本各不相同。該理論認爲一個國家應將產品專門化其生產會比自給自足更有效率，並且強力支持自由貿易和國際分工。

comparative psychology　比較心理學　心理學的分支，研究從病毒到植物乃至人類所有生物在行爲結構上的相似與差異，特別將人的心理性質與其他動物作比較。實驗比較心理學產生於19世紀後半期，到20世紀迅速發展。試驗研究人類和動物間腦的功能，如學習和動機等。這類著名的研究包括了：巴甫洛夫利用實驗室的狗研究條件作用；哈利．哈洛（1905～1981）研究缺少社會性對猴子造成的影響及許多不同的研究者對類人猿的語言能力的研究。

C D

comparator＊　比較器　用來與類似事物或標準單位比較的儀器，特別是在機械裝置測量微小的位移。在天文學上，用閃視比較鏡來檢查照相底片上移動物體的跡象。機械專家利用比較器或目視儀表對中或對齊機床。

compass　羅盤　航海或勘測時在地球上使用的基本測向儀器。羅盤可利用地磁場或陀螺儀原理（參閱gyroscope），亦可依靠測定太陽或星體方位來指示方向。最老、最常見的羅盤爲磁羅盤，以不同形式用於飛機、船舶和陸地車輛，亦廣爲勘測人員使用。磁羅盤之所以能如此，原因在於地球本身爲一大磁棒，有南北向磁場（參閱geomagnetic field）可使能夠自由移動的磁鐵也指向與之相同的方向。

compatibilism　相容論　認爲自由意志（道德責任的必要能力）符合於普遍性因果決定論的論點。將「普遍性因果決定論的信念與自由意志的信念在邏輯上的一致性」與「自由意志（或是因果決定論）的理論是否正確」這兩個問題區分開來是很重要的。相容論者不必斷言（雖然很多人如此做）自由意志與因果決定論都爲眞實存在。非相容論者當中，有些主張自由意志的存在，因而否定普遍性因果決定論；有些則擁護普遍性因果決定論，否定自由意志的存在。亦請參閱free will problem。

compensation, just ➠ just compensation

compiler　編譯器　電腦軟體，將高階語言（如C++）寫成的原始碼翻譯（編譯）成一組機器語言指令，讓數位電腦的中央處理器能夠理解。編譯器是極大的程式，具有錯誤檢查等功能。有些編譯器將高階語言翻譯成中間的組合語言，然後利用組合語言程式或組譯器翻譯（組譯）成機器碼。其餘的編譯器則直接產生機器語言。

complement　補體　正常人和哺乳類動物體內的一個複雜的血清蛋白系統，該系統至少包括二十種蛋白質成分。當一種補體和一種抗原－抗體複合物結合後，即可激活其他補體的生化鏈鎖反應，其中包括裂解或殺滅侵入機體的微生物和被感染的細胞、參與異物顆粒和細菌、細胞碎片的吞噬過程，是感染病灶及其周圍組織的炎症過程的組成部分。

complementary medicine ➠ alternative medicine

completeness　完備性　一個形式系統之適當性的概念，同時運用到證明論和模型論（參閱logic）。在證明論中，若且唯若（if and only if）形式系統中每個封閉句子本身或它的否定，在系統中是可證明的，則形式系統可說是句法完備。在模型論中，若且唯若形式系統中每個定理，在系統中是可證明的，則形式系統可說是語義完備。

complex number　複數　指任何包含了實數和虛數的數。形式爲a＋bi，a和b爲實數，$i=\sqrt{-1}$。因爲a或b有可能爲0，因此實數和虛數也是複數。複數是實數的延伸，使特定的代數方程式如$x^2+1=0$有解，形成一個代數學門，意謂其遵守交換律與結合律（與相法與乘法相關）及其他實數相同的一些規則（亦請參閱field theory）。

complex variable　複變數　數學上，具有複數值的變數。在基本代數，變數x和y通常代表實數的值。複數的代數（複變分析）使用複變數z代表形式爲a＋bi的數。z的模數是其絕對值。複變數在直角座標系可以圖示成從原點到點（a,b）的向量，模數相當於向量的長度。這種表示方式稱爲亞根圖，連結複變分析與向量分析。亦請參閱Euler's formula。

composite (material)　複合材料　由兩種或兩種以上不同性質的材料複合在一起所形成的一種新的固體材料。在某種特定的場合應用，其性能優於原始組成物。確切地說，複合材料是由一種基體材料（如塑膠）和在基體組織中嵌埋另一種纖維增強材料（如碳化矽纖維）而構成的。玻璃纖維增強塑膠是最普通的複合材料。複合材料的韌性、重量輕、耐熱等特點，使其成爲提高飛機引擎外殼、機翼、艙門和副翼的強度的優選材料。

composite family　菊目　顯花植物的一目。僅菊科一科，是顯花植物最大的科，一千一百多屬，約有兩萬種，種數之多僅蘭科可與相比。其最顯著特點是頭狀花序，每個花序看似一朵花，形狀有舌型、輻射型、盤型和圓型等類型。多爲蟲媒花，許多屬（如蝶鬚屬）和某些種可行無融合生殖。果實是瘦果，葵花子實爲瘦果。許多菊目植物的瘦果一端有絨毛，靠風散佈，其他還有種種散佈方式，如瘦果邊緣擴展成翅，或瘦果具鉤或刺，藉風或動物散佈等。菊目的習性和生境要求多樣。多爲一至多年生草本，生長於溫帶和亞熱帶的向陽處。分布範圍從北極到南極，從海岸到樹木線以上的高山。各種土質均見本目植物，少數水生，還有的生於熱帶林中。菊目植物種類最多的地區是墨西哥高原及地中海－中東地區。在溫帶，10%以上的顯花植物屬菊目，在熱帶百分比略低。菊目的最大經濟價值是用作園林觀賞植物，如紫菀屬、雛菊屬、菊屬、大波斯菊屬、向日葵屬和萬壽菊屬等。最重要的食用植物是原產歐洲的萵苣和原產美國的向日葵。向日葵種子用作家禽飼料，所提煉的油用於烹調、製沙拉油、人造黃油、肥皂、塗料、清漆，油渣餅可作家畜飼料。某些花可作紅色和黃色染料。

compost　堆肥　來自植物分解或廢棄的植物殘餘聚集而成腐爛有機物堆。通常用於農業或園藝，改進土壤結構更甚於當作肥料，因爲其含有植物養分少。若正確處理的話，不會有惡臭產生。堆肥通常含有2%左右的氮，0.5%～1%的磷，以及約2%的鉀。可以加入石灰、氮肥和糞肥加入分解作用。堆肥的氮緩慢地變成可利用，而且量小。因爲養分含量低，堆肥需要大量施用。

compound　化合物　由相同分子所組成的物質，且分子含有兩種或兩種以上元素的原子。已知的化合物有數百萬種，而且其中每種都是獨一無二的。大多數常見物質是不同化合物的混合物。通常可用物理分離方法（如過濾和蒸餾）從混合物中得到純化合物。化合物可經化學反應分解爲其組成元素。化合物有數種分類法，普通把化合物分爲有機化合物和無機化合物。配位化合物是具有特徵性化學結構的物質，其中心金屬原子被配位體的非金屬原子或原子基團所圍繞，兩者並以化學鍵相連接。按化學反應性分類是一種重要的化合物分類方法。另一種化合物分類法是按使它們結合的化學鍵類型分類，即共價鍵或離子鍵（許多兩者皆有）。

comprehension 理解力 運用智力以求得理解的行為或能力。這個詞最常用於有關閱讀技巧和語言能力的測驗，不過其他能力（如數學推理）也可以測。施行並解釋此類測驗的專家稱為心理計量學家（參閱psychometrics）或差異心理學家。亦請參閱dyslexia、laterality、psychological testing、speech。

compressed air 壓縮空氣 體積減少並保持在壓力下的空氣。利用壓縮空氣的力可推動許多工具和儀器，包括鑽岩機、火車制動系統、打釘機、鍛壓機、噴漆機和噴霧器等。從青銅時代早期開始就有人使用風箱來供應氣體以熔融和鍛造東西。到20世紀，壓縮空氣設備的使用大為增加。軍用和客運噴射引擎的引入刺激了離心式和軸向流壓縮機的使用和改進。數位邏輯氣動控制部件（1960年代研發）可以用在動力和控制系統中（參閱pneumatic device）。

compression ratio 壓縮比 在內燃機中，可燃混合氣在點火前被壓縮的程度。它的定義是汽缸的最大工作容積（活塞離缸蓋最遠時）與活塞在充分壓縮位置時的汽缸工作容積之比。壓縮比6，是指可燃混合氣由於活塞在汽缸中的作用被壓縮到原體積的1/6。高壓縮比能提高效率，但也可能引起發動機爆震。

compressor 壓縮機 用機械方法減小氣體體積以增高氣體壓力的裝置。空氣是最普通的被壓縮氣體，但天然氣、氧氣、氮氣和其他重要的工業氣體也可壓縮。壓縮機通常有往復式、離心式和軸流式三類。往復式壓縮機通常有往復運動的活塞（參閱piston and cylinder），能把小量氣體壓縮到最高壓力。離心式壓縮機特別適合於把大量氣體壓縮到中等壓力。軸流式壓縮機常用於噴射機發動機和燃氣輪機。

Compromise of 1850 1850年妥協案 美國國會為解決蓄奴問題和防止聯邦解體而決定的一系列權宜措施。危機起自1849年12月3日加利福尼亞地區請求加入聯邦成為州，並在州憲法中規定禁止蓄奴。國會討論時，蓄奴和反蓄奴爭執激烈，終於通過批准加利福尼亞為自由州，建立新墨西哥和猶他兩個地區而不作蓄奴或禁止蓄奴的規定等（參閱popular sovereignty）。1850年妥協案作為一時的權宜之計雖然成功，但兩派紛爭的根源未除，不過使南方推遲十年宣告脫離聯邦而已。

Compromise of 1867 1867年協約 亦稱奧匈協約（Ausgleich）。締結為奧匈雙元帝國的協約。1866年奧地利在普奧戰爭失敗後，匈牙利王國渴望與奧地利帝國建立平等的地位。奧地利皇帝法蘭西斯・約瑟夫允許匈牙利內部自治，並成立責任內閣，而匈牙利則以同意戰爭和外交由奧匈帝國統一掌握來回報。

Compton, Arthur (Holly) 康普頓（西元1892～1962年） 美國物理學家。1923～1945年任芝加哥大學物理學教授，1945年任華盛頓大學校長，1953～1961年任該校自然史教授。他最著名的成就是發現並解釋了康普頓效應，為此而與英國的威爾遜共獲1927年諾貝爾物理學獎。他後來參與籌組曼哈頓計畫，負責領導第一枚原子彈的研發工作。

Compton-Burnett, Ivy 康普頓－白奈蒂（西元1884～1969年） 受封為Dame Ivy。英國女作家。她採取一種幾乎完全使用對話的小說體裁，解剖愛德華時代中產階層家庭的人們之間的關係。畢業於倫敦大學，1911年發表第一部小說《多洛勒斯》。在第二部小說《牧師和長老》（1925）中，她用簡練的對話來刻畫許多人物爭權奪利的情況。第四部長篇小說《夫與妻》（1931）描述一位暴虐的母親。《房子和主人》（1935）中，父親是個暴君。1967年獲大英帝國勳章及女爵士稱號。

Compton effect 康普頓效應 電子對X射線和其他高能電磁輻射的彈性散射引起波長增大的現象；這是物質吸收輻射能的一種主要方式。1922年美國物理學家康普頓把X射線看作是由分立的電磁能脈衝（即量子）組成，並把這些量子稱為光子。光子的能量與其頻率成正比，與波長成反比，因此能量較低的光子其頻率較低而波長較長。在康普頓效應中單個的光子與單個自由電子或物質原子中的束縛得很鬆的電子碰撞。施碰光子把它們的一部分能量和動量轉移給電子，使之受到反衝。在碰撞的瞬間產生一些能量和動量都低一些的新光子散射出來，散射角的大小取決於在反衝電子上所損失的能量。康普頓因這項發現從而建立了電磁輻射的波粒二象性學說。

computational complexity 計算複雜度 以大規模科學計算解析問題的內在成本，以問題所需運算數，記憶體數量及使用的次序來作計量。複雜度分析的結果用來估計因為問題的規模增加，解析所需時間增加的速率，輔助分析問題或問題算法的設計。

computational linguistics (CL) 計算語言學 應用數位電腦進行語言分析。計算分析經常應用於處理基本語言資料，例如，詞彙分類和印刷，編製索引，統計語音、詞和詞素的出現頻率。1950年代中期至1960年代中期，研究人員從事於可以電腦化翻譯或機器翻譯的科研項目，其中包括對句子的語法分析與語義分析。在計算語言學方面發展起來的技術已應用於研究文學風格，常常使用語言成分出現頻率的統計方法，資訊擷取也用自動化語法分析。

computed axial tomography (CAT) * 電腦軸向斷層攝影 亦稱電腦斷層攝影（computed tomography; CT）。影像診斷的方法，用以獲得體內結構的清晰的X射線影像。是1970年代初由英國的豪斯菲爾德和美國的科馬克首先研究成功。今天已成為廣泛使用的診斷技術。此法利用一窄束X射線穿過身體某個區域，但不是將影像記錄在膠片上，而是作為電脈衝由探測器記錄下來，並由電腦將這些資料綜合，根據成千上萬個點的吸收數據可得知各點的組織密度，再將這些密度值反映在電視螢光幕上，就可以清晰地顯示為由亮度不同的點組成的體內結構的橫斷面圖像。

computer 電腦 亦稱計算機。可編程式的機器，能夠儲存、提取、處理資料。現今的電腦至少有一個中央處理器，來進行所有的計算，也包括一個主記憶體、一個控制單位、一個算術邏輯單位。輔助的資料儲存通常由機載的硬碟提供，並由軟碟或光碟等其他媒介輔助。周邊設備包括輸入裝置（例如鍵盤、滑鼠）和輸出裝置（例如顯示器、印表機），還有連接全部組件的線路及管線。現代電腦的世代以其技術為特徵。第一代電腦大致在第二次世界大戰後發展於美國，使用真空管，體型很大。第二代約在1960年引進，使用電晶體，屬於第一批成功的商業電腦。第三代電腦（1960年代晚期和1970年代）的特徵是組件細微化，而使用積體電路。1974年首度引進微處理器晶片，界定了第四代電腦。第五代強調人工智慧，著重於機器推理和邏輯程式語言。早期機器屬於類比電腦，但如今大部分是數位電腦。在先前五十年中，電腦已經改變人們生活及工作的方式，它們的發展使得資訊時代成為可能。

computer, analog ➠ analog computer

computer, digital ➠ digital computer

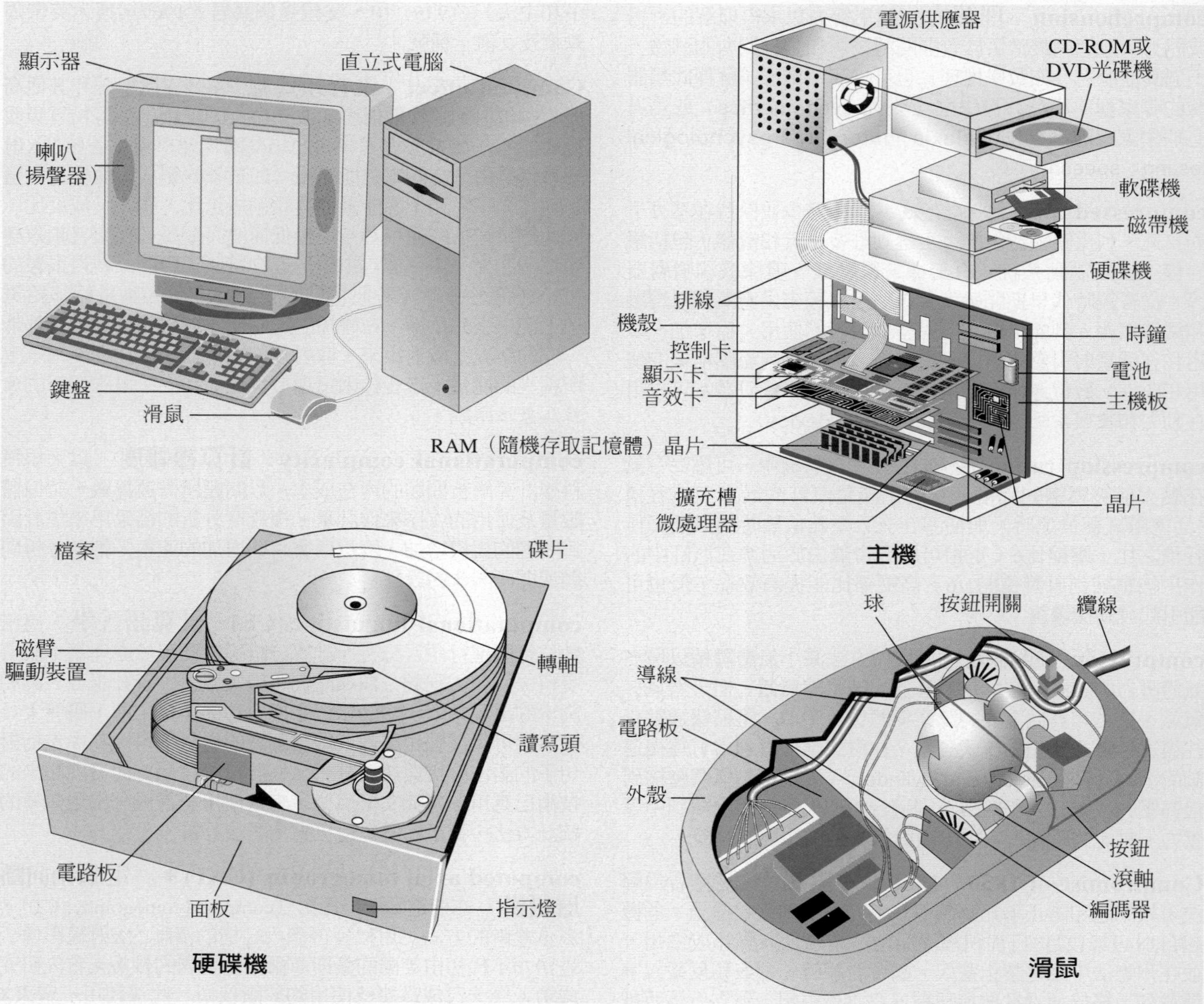

典型的個人電腦系統，包括電腦本身、視訊顯示器、鍵盤、滑鼠和喇叭（揚聲器）。晶片與電路板加在主機板上；其他組件如硬碟機，是裝在電腦機箱（機殼）裡面。微處理器指揮電腦的運作，使用中的資料和程式儲存在隨機存取記憶體晶片之中。有些電路板如音效卡，用於特殊功能。額外的電路板如數據機，可能插在擴充槽之中。電源供應器將標準的交流電轉成電腦所需的電壓和電流。在交流電關閉的時候，由電池來維持時鐘與組態設定資料。硬碟機是主要的儲存媒介，裡面通常有數片堅硬的碟片裝在轉軸上。碟片是由移動的磁臂末端的讀寫頭來存取。滑鼠是輸入裝置，用來在電腦螢幕上定位游標。螢幕上的選擇是來自於按下滑鼠按鈕，把訊號送給電腦。

computer-aided software engineering ➠ CASE

computer animation　電腦動畫　取代縮小模型木偶或繪圖「停動」（stop-motion）的動畫形式。為了減少動畫的勞力和成本，必然走向簡單化與電腦化。電腦在精緻動畫的每個步驟都派得上用場，例如自動移動的講壇攝影機（rostrum camera）或是提供中間繪圖成為全動畫。當三度空間的人物轉化成為電腦項目（數位化），電腦就能產生並且顯示一系列的影像，看似物體在空間中移動或旋轉。因此電腦動畫可以幫醫學或其他科學研究人員模擬極為複雜的動作。

computer architecture　電腦架構　數位電腦的內在結構，包括指令集與記憶體暫存器的設計與安排。電腦架構的選擇取決於上面執行程式的種類（商業、科學、通用等）。主要的元件或輔助系統有輸入輸出、儲存、通訊、控制和處理，它們可以說是各自擁有其架構。

computer art　電腦藝術　運用電腦產生的影像（圖片、圖案、風景、畫像等）當成蓄意的創作過程。特殊的軟體將互動裝置如數位相機、光學掃描器、指示筆、書寫板一起使用。因為繪圖影像需要大型程式，這種工作通常是盡量使用最高速且最強大的電腦。電腦藝術已經廣泛用於廣告、出版和電影。

computer-assisted instruction (CAI)　電腦輔助教學　利用電腦或電腦系統提供教材的一套程式。隨著1970年代輕便微電腦的出現，大、中、小學普遍使用電腦，甚至學齡前教育中亦利用簡單的電腦。教學電腦的作用是直接提供資料或輔助教師測試學生的理解力。以一對一的方式及對輸入的答案作立即反應，從而使學生按自己的速度進行工作。電腦教學的缺點在於課程的發展受制於程式的編寫。

computer chip　晶片　亦作chip。積體電路或嵌入積體電路的小而薄的半導體，包含現代數位電腦的處理和記憶裝置（參閱microprocessor、RAM）。晶片的製作非常精密，而且通常要在潔淨室內進行，因為即使是極微小的污染也可能使晶片有缺陷。電腦晶片在20世紀最後幾年中，體積大幅變小，功能也有所增強。隨著毫微米和奈米科技的發展，預料在21世紀中晶片會變得更小、更強而有力。

computer circuitry　電腦電路　電腦內部電子流動的完整通路或是互相連接通路的組合。電腦電路觀念上是二進位的，只有兩種可能的狀態。利用開－關切換（電晶體），在十億分之一甚至萬億分之一秒用電開啓或關閉。電腦運算的速率取決於電路的設計。要達到更高的速率，可藉由縮短開關切換的時間，及發展電路通路來控制不斷增加的速度。

computer graphics 電腦繪圖 指用電腦來繪製圖形。一個電腦繪圖系統一般由下列部件組成：一台用來儲存及繪製圖像的數位電腦，一個顯示器，各種輸入與輸出裝置，以及一個特殊軟體，可以讓電腦畫線、著色、上明暗以及處理記憶體中的影像。電腦繪圖被廣泛運用到商業、科學研究和娛樂方面。把顯示器連接電腦輔助設計／電腦輔助製造系統已經取代了製圖板。科學家們在電腦上用生動的連續活動的畫面來模擬複雜的自然系統的運作情形。這種可視的圖像可以幫助人們清楚地理解在一些複雜環境下多種力或變量的作用，包括核反應和化學反應、大規模的引力相互作用、水流、負荷變形及生理系統。亦請參閱computer art。

computer-integrated manufacturing 電腦整合製造 資料驅動自動化影響了製造業相關的所有系統或輔助系統：設計與研發、製造(參閱CAD/CAM)、行銷與販售，以及現場支援與服務。在系統建立之前，基本的製造功能以及物料管理、存貨控制都可以用電腦模擬，嘗試將浪費減到最低。亦請參閱artificial intelligence、expert system、robotics。

computer network ➟ network, computer

computer printer ➟ printer, computer

computer program ➟ program, computer

computer science 電腦科學 關於電腦、電腦設計、電腦操作、資料處理、系統控制的學問，包括電腦硬體、軟體、程式設計與發展。這個領域涵蓋了理論、算法的設計與分析等數學活動、系統及其成分的表現研究、或然率技術下系統可靠性與可用性的估計等。由於電腦系統通常太大而太複雜，沒有測試就無法預測設計的成敗，所以把實驗建於發展循環中。

computer virus 電腦病毒 被設計來祕密地將其自身複製到其他內碼或電腦檔案中去的一段電腦程式內碼，目的在造成電腦產生無用的效果或摧毀資料和程式內碼。電腦病毒通常由一串指令組成，這些指令可以依附到其他的電腦程式尤其是電腦作業系統中去，並成爲其一部分。在執行中，病毒指示它依附的程式將病毒內碼複製或「傳染」到儲存在電腦中的其他程式和檔案中去。這種傳染隨後可以透過磁碟或其他儲存裝置以及電腦網路或線上系統將其自身擴散到其他電腦的檔案和內碼中去。病毒的複製常常成倍增長，直到其摧毀資料或使其他程式內碼變得毫無意義爲止。有的病毒僅僅只是一個無害的玩笑，或者是一段神祕的語句，使用者每次打開電腦這段語句便會出現在他的顯示器上。危害較大的病毒可以在幾分鐘或幾小時內給一個龐大的電腦網路帶來一場災難，迫使它癱瘓並從而摧毀有價值的資料。防毒軟體或許可以預防和移除電腦中的病毒，但這個軟體必須常常更新才能預防新的病毒。

computer vision 電腦視覺 機器人學的領域，程式嘗試去辨識由視訊攝影機提供的數位化影像呈現的物體，以這種方式讓機器人「看見」。在立體視覺研究有大量的成果，作爲輔助物體辨識及三度空間視野的定位。當活動機器人處於複雜的環境，需要即時的物體辨識，所需的計算能力通常遠超過現今科技所及。亦請參閱pattern recognition。

computing, quantum ➟ quantum computing

Comstock, Anthony 康斯脫克（西元1844～1915年） 美國最有影響的改革家之一，四十多年內領導了一場運動，以反對他認爲的文學及其他文化形式中的誨淫內容並進行其他改革。1873年努力促使議會通過一項嚴厲的聯邦法令（「康斯脫克法」），以禁止郵遞誨淫的郵件。1873年建立紐約賣淫查禁會。一般而言，他反對商業性的色情文藝，而不大攻擊嚴肅的作品，但有時也從「道德的，而非文藝的」原則出發，反對爲人們接受的現代及古典作品。他自己對「浪子」極爲嚴厲，據說曾自誇逼得許多人自殺。康斯脫克所作的更爲人稱道的事業是取締銀行、郵政及醫藥方面的欺騙行爲。

Comte, (Isidore-) Auguste (-Marie-François-Xavier) * 孔德（西元1798～1857年） 法國哲學家，社會學和實證主義的創始人，受法國社會改革家聖西門的影響很深。曾在綜合工科學校任教（1832～1842）。他爲社會學定名，並給予這個新主題基礎概念，認爲社會現象會像自然現象那樣變成法則。孔德的觀念影響到彌爾（多年來給與孔德經濟上的資助）、涂爾幹、史賓塞和泰勒等人。他最重要的著作有《實證哲學教程》（1830～1842，六冊）和《實證政治體系》（1851～1854，四冊）。

孔德，圖利昂（Tony Toullion）繪於19世紀；現藏巴黎法國國家圖書館
H. Roger-Viollet

Conakry * 康那克立 幾內亞首都、最大城市和大西洋沿岸主要港口。位於通博島和卡盧姆半島。1884年由法國建立，後爲法屬幾內亞殖民地（1893）、獨立的幾內亞首都。湯博島是全國最早的居民點，和半島間以水道相連。1950年代隨著發展鐵礦和鋁的生產，該城市已工業化。市內有康那克立大學（1962年成立）。人口約1,508,000（1995）。

Conall Cernach * 科諾爾・塞爾納奇 塞爾特神話中的傳奇武士，許多故事都有關於他的描述。在《阿爾斯特故事》的「布里克里烏的宴會」中，他是三名武士之一，有一天，一個巨人手執利斧來向阿爾斯特武士挑戰，叫他們先砍他的頭，然後再由他砍衆武士的頭。三人之中，僅庫丘林遵守協議。科諾爾・塞爾納奇可能與塞爾農諾斯有關。亦請參閱Gawain。

Conan Doyle, Arthur ➟ Doyle, Arthur Conan

Conant, James B(ryant) * 柯能（西元1893～1978年） 美國教育家、科學家、哈佛大學校長（1933～1953）。曾獲哈佛文學士及哲學博士（1916），後在哈佛大學教化學，至1933年被選爲校長爲止。第二次世界大戰期間，是組織美國科學爲戰爭服務的一位中心人物，包括原子彈的發展。1953年任美國駐西德高級專員，1955年改任大使。他的著作包括了化學教科書，爲沒受過科學教育的人寫的關於科學方面的書和一些有關教育政策的書。

concentration camp 集中營 政治犯和民族或少數民族的拘留中心。這些人由於國家安全、勞役和懲罰等原因，通過行政或軍事命令而被拘禁。集中營常以非常擁擠的程度羈押犯人。曾經使用過集中營的國家包括了：南非戰爭時期的英國，蘇聯（參閱Gulag），美國（參閱Manzanar Relocation Center），日本在第二次世界大戰期間把荷蘭人拘留在荷屬東印度公司內。「勞改營」有時是極端的殘忍的，中國共產黨在文化大革命時期和柬埔寨在赤棉時期曾廣泛使用。納粹時期惡名昭彰的滅絕營有奧斯威辛、特雷布林卡、布痕瓦爾德、達豪和貝爾根－貝爾森。

Concepción＊ 康塞普西翁 智利比奧比奧地區城市。鄰近比奧比奧河口，為智利第二大城市。1550年建於太平洋沿岸，但在短時期內被阿勞坎人燒燬兩次，1754年遷至現址。該城市雖常有地震，但由於其他有利地理因素已發展為主要工商業中心。智利南部的分配中心，生產紡織品、食品和鋼鐵。人口350,268（1995）。

C
D

concept formation 概念形成 人們將特殊經驗納入一般規則或歸類的過程。人思考事物時往往涉及類的概念。概念形成這個詞用來描述一個人如何學習去形成類的概念；概念思維是指對這些抽象的類概念在主觀上的運用。一個概念就是一種規則，用以決定某一特殊對象能歸於哪一類。概念是以自身為依據而形成的。瑞士心理學家皮亞傑（1896～1980）指出：概念作為規範在日常變化中所起的作用和他在分類中所起的作用至少是同樣重要。抽象概念的進一步應用，反映著人的成熟和進步。作為從經驗抽象出來的一個象徵體系，語言為人們的思維提供了重要的媒介。有些理論家認為語言的概念形成是一個複雜的學習識別的過程。還有些語言學家及生物學家則認為人類天生準備接受某種語言，正如雛鳥準備學習某種類型的叫聲一樣。

Conception Bay 康塞普申灣 大西洋的一個小海灣。在加拿大紐芬蘭省東南部，長約50公里，寬19公里。其海岸地區是紐芬蘭最早的、也是人口最稠密的地區之一，沿岸主要城鎮有格雷斯港、卡伯尼爾和貝爾島上的沃巴納。許多小漁村捕撈鮭魚、鱈魚、龍蝦，也是海濱勝地。海底部分地區蘊藏豐富鐵礦，1966年以前曾有開採。

conceptual art 觀念藝術 各種藝術形式的統稱，在這類藝術中，認為作品的觀念比完成的產品更加重要。這種理論是杜象於1910年前後鑽研出來的，但只有到了1950年代晚期才由金霍茲創造出這個名詞。在1960年代和1970年代，觀念藝術變成一項重要的國際運動，運動的倡導者是勒威特（1928～）和柯蘇斯（1945～）。運動的依附者們極端地重新定義藝術對象、材料和技巧，並開始質疑藝術的眞實存在和用途。運動的主張是，藝術的「眞正」作品不是藝術家所生產的、供展示或銷售的物體，而是由「概念」或「觀念」組成。典型的觀念作品包括攝影、文本、地圖、圖形以及圖像－文本的結合體，這些作品在視覺上故意呈現出乏味和沒有意義，目的是把注意力轉移到它們所表達的「觀念」上去。它們的表現形式極端多樣，人們熟知的一個例子是柯蘇斯的《一把和三把椅子》（1965），其中結合了一把眞正的椅子、一把椅子的一幅照片以及詞典裡對「椅子」的定義。20世紀晚期產生的藝術作品，大多以觀念藝術為基石。

Concert of Europe 歐洲一致原則 拿破崙時代之後所用的一個術語，表示歐洲各國在保持領土現狀及政治現狀上的意見一致但未明確闡明的共識。這使大國在有些國家發生內亂時得以有權有責進行干涉，並將大國的集體意志強加於這些國家。包括艾克斯拉沙佩勒會議、特羅保會議和萊巴赫會議。

concertina 六角形手風琴 活簧樂器，倫敦的惠斯登於1829年取得專利權。每個音有一對簧片，一個在壓風箱時響，另一個在拉風箱時響。在最初和最普通的六角形手風琴上，奏半音音階時用兩手分擔；在某些新型的，例如二重系統的六角形手風琴上，每手均能奏出半音音階。約在1910年逐漸被鍵盤式手風琴取代。

concerto＊ 協奏曲 一種器樂作品，其中的獨奏樂器在管弦樂合奏的襯托下得以突出。其前身是大協奏曲。1698年托雷利的小提琴協奏曲是最早的獨奏協奏曲。韋瓦第是首位重要的協奏曲作曲家，寫了大約三百五十首獨奏曲，大部分是為小提琴而作的。J. S.巴哈寫了第一首鍵盤樂協奏曲。在古典時期，協奏曲幾乎都是為鋼琴而作。其次是小提琴和大提琴。莫札特寫了二十七首鋼琴協奏曲；貝多芬寫了五首；孟德爾頌、蕭邦、李斯特和布拉姆斯各寫了兩首。協奏曲最初幾乎都包含了快－慢－快三個樂章，三個樂章從主調開始，中間經過他調，然後返回主調，構成套曲。協奏曲在20世紀被廣泛用於許多不同的作曲模式。獨奏樂器往往與管弦樂或器樂重奏形成對比。

concerto grosso 大協奏曲 巴洛克時期（1600?～1750?）主要的管弦樂體裁，以獨奏小組與全樂隊之間的對比為特性。其典型的配器與當時流行的室內樂體裁三重奏鳴曲相同，即用兩把小提琴和持續低音演奏。用管樂器寫的大協奏曲也很普遍。樂團部分通常由一個弦樂團與持續低音（由大提琴演奏）組成。斯特拉代拉寫了第一首著名的大協奏曲（1765?），科萊利、巴哈和韓德爾都寫過著名的大協奏曲，從1750年以後，大協奏曲逐漸被獨奏協奏曲所取代。

conch＊ 康克螺 腹足綱前鰓亞綱軟體動物。體螺層寬，呈三角形，具寬唇（常突向螺尖）。眞康克螺指鳳螺科海產螺類。生活於溫暖海水中，以小型植物為食。后鳳螺（即巨鳳螺）見於佛羅里達到巴西的水域，可做裝飾品。殼口粉紅，長可達30公分。Melongenidae科Busycon屬的種類稱為蛾螺，包括這樣一些以蛤類為食的種類：縱溝康克螺長18公分；閃電康克螺，長18公分；兩者均常見於美國大西洋沿岸。亦請參閱whelk。

Pleuroploca屬的康克螺
Douglas Faulkner

Conchobar mac Nessa＊ 康納爾・麥克・內薩 亦作Conor。古愛爾蘭文學中敘述愛爾蘭東北部尤萊德族英雄時代的傳說和故事中的人物。這些故事以西元前1世紀為背景，康納爾是《阿爾斯特故事》中的愛爾蘭國王。在《倫斯特集》（1160?）中，康納爾愛上美麗的黛特，但黛特的愛人卻是諾伊西，二人私奔至蘇格蘭；在一次阿爾斯特暴亂中康納爾殘殺了對手，黛特自殺。

Conciliar Movement＊ 大公會議運動（西元1409～1449年） 天主教內部一些人所提出的理論，謂大公會議權威高於教宗，必要時可廢黜教宗。這種論點旨在結束教會的分裂（參閱Schism of 1054）。中世紀最激進的大公會議主義理論見於14世紀義大利政治哲學家帕多瓦的馬西利烏斯的著作，他不承認教宗威權來自上帝；也見於14世紀英格蘭哲學家奧坎的著作，他指出，不會在信仰上犯錯誤的，是作為整體的教會，不是個別教宗，也不是大公會議。比薩會議（1409）選出第三位教宗，企圖取代先前選出的教宗和僞教宗，但未成功。1414～1418年的康斯坦茨會議據此理論廢黜三個自稱教宗的人並選舉教宗馬丁五世為聖彼得的唯一合法繼承人，從而結束1378～1417年的大分裂。1870年第一次梵諦岡會議明確譴責大公會議主義。

conclave　選舉教宗的祕密會議　教宗格列高利十世在1274年第二次里昂會議上頒布章程，規定樞機團須在密議區按嚴格程序選舉教宗。這種程序以後經過多次修改，1904年由教宗庇護十世定爲法規。1945年庇護十二世又作出若干修改，並規定教宗當選需要三分之二多數再加一票。教宗死後第十八天，全體樞機團進入密議區，完全與外界隔絕，各門一律砌死。樞機每日兩次在西斯汀禮拜堂舉行無記名投票，計票後選票立即焚毀。如沒有候選人夠票數，用濕草燒選票而冒黑煙；如教宗當選，用乾草燒選票而冒白煙。

Concord＊　康科特　美國加州西部城市，位於舊金山附近。1868年規畫，1905年設建制。1912年通鐵路後，發展成水果種植和家禽飼養中心，現主要爲住宅區。人口約114,850（1996）。

Concord　康科特　美國麻薩諸塞州東部城鎮。臨康科特河。1635年創建並設建制。與勒星頓同爲美國革命戰爭的始發地。1775年4月19日英軍取道勒星頓進入該鎮，企圖毀掉當地人民收集的槍支彈藥，鎮民得報將大部軍械轉移（參閱Lexington and Concord, Battles of）。19世紀該鎮爲著名文化中心。先驗論哲學家愛默生、博物學家梭羅、作家霍桑和奧爾科特曾在此居住。名勝有民兵國家史跡公園、古物博物館以及愛默生、霍桑和奧爾科特的故居。人口約17,391（1992）。

Concord　康科特　美國新罕布夏州首府，瀕梅里馬克河。1727年創建，1765年設鎮，1808年定爲州首府，1853年設市。原有印刷、火車車廂製造和採石業。今日仍有花崗石開採業。人口約35,636（1992）。

Concord, Battles of Lexington and ➠ Lexington and Concord, Battles of

Concordat of 1801　1801年教務專約　拿破崙、教宗庇護七世以及教士代表之間達成的協議。確定了天主教會在法國的地位，以結束法國大革命期間由於進行教會改革而引起的不和（參閱Civil Constitution of the Clergy）。當時的法國人大多信仰天主教，但並未確立爲國教。在協議中，拿破崙取得任命主教之權，但他們的職位是由教宗授予。政府同意付薪水給教士，但被沒收的教產不能恢復。此專約一直到1905年才由法國政府廢除。

Concorde　協和式飛機　最早的載客商用超音速噴射機。由英、法兩國聯合製造，1976年正式加入營運。其速度每小時可達2,179公里，是音速的兩倍以上；從倫敦飛往紐約四個小時不到便可完成，但所需費用約一萬美元。

concrete　混凝土　在建築工程中，由堅硬、不起化學作用的粒狀物（又稱骨料，通常指砂子和石子）與水泥和水攪拌後凝結而成的結構材料。混凝土有很大的潛在壓縮力，當澆灌時它可以各種不同的形式存在，混凝土可防火，是今日世界上使用最廣泛的建築材料。現在使用較多的是普通水泥。混凝土在低溫狀況下加入混合物可加速硬化程序，有的混合物可使空氣留在混凝土中或使它慢慢縮小和增加強度。亦請參閱precast concrete、prestressed concrete、reinforced concrete。

concubinage＊　姘居　沒有得到婚姻法認可的男女同居狀態。儘管與人姘居的男人亦可稱爲「姘居者」，但按照猶太－基督教的傳統，「姘居者」一詞一般專指女子。姘居的男女雙方及他們所生的子女不能享有與正式結婚的夫婦及其合法子女同等的法律權利。亦請參閱common-law marriage、harem、polygamy。

concurrent programming　同作程式設計　爲了給多重處理器執行的電腦程式設計，用一個以上的處理器執行程式，或是同時執行一組程式的複合體。亦用於多工環境的程式設計，讓兩個以上的程式同時執行共享相同的記憶體。

concussion　腦震盪　腦損傷所致的短暫的神經功能麻痺，不一定伴有腦出血、腦挫傷或裂傷。由腦震盪所引起的神志喪失通常持續不到五分鐘，很少超過十分鐘。少數病例昏迷時間較長，並有某些後遺症狀。腦震盪恆伴有失憶症。無併發症的單純腦震盪能完全恢復正常。

Condé, Louis II de Bourbon, 4th prince de＊　孔代親王（西元1621～1686年）　別號大孔代（the Great Condé）。法國軍事領袖。在三十年戰爭對西班牙的戰役中嶄露頭角，1649年協助鎮壓投石黨的叛亂。1650年被馬薩林拘捕，他發動暴亂並領導第二次投石黨叛亂，從西班牙發動攻擊直到1658年在沙丘戰役被擊敗爲止。次年獲釋後，他再次成爲路易十四世的將領，在西班牙、德國和法蘭德斯贏得多次戰役的勝利。孔代善於獨立思考，既不聽命於上帝的教誨，也無視王室的權威；很有文化教養，獲得莫里哀和拉辛的支持。

Condé family＊　孔代家族　法國波旁王室家族重要的一支，在法國政治中扮演重要角色。第一代孔代親王波旁的路易一世（1530～1569）是法國宗教戰爭頭十年中胡格諾派的軍事首領。該家族最傑出的成員第四代孔代親王，爲路易十四世時期重要的統帥之一。最後一代波旁－孔代親王路易－安東尼－亨利（1772～1804）在被誤抓後，被拿破崙以叛國罪下令處死。

condensation　冷凝　液體或固體的蒸氣凝結的過程，一般發生於比氣體冷的毗連表面。當蒸氣壓力高於冷凝發生面溫度的液相或固相的蒸氣壓時，物質就凝結。蒸氣冷凝時放出熱能。只要空氣溫度降低到露點或者加進足夠的蒸氣以使空氣飽和，大氣中空氣的相對濕度就會增大，並開始凝結。冷凝只是露、霧和雲等形成的一個原因；而雨的發生還需要其他物理過程。

condenser　冷凝器　把氣體或蒸氣轉變成液體的裝置。發電廠要用許多冷凝器使渦輪機排出的蒸氣得到冷凝；在冷凍廠中用冷凝器來冷凝氨和氟利昂之類的致冷蒸氣。石油化學工業中用冷凝器使烴類及其他化學蒸氣冷凝。在蒸餾過程中，把蒸氣轉變成液態的裝置稱爲冷凝器。所有的冷凝器都是把氣體或蒸氣的熱量帶走而運轉的。對某些應用來說，氣體必須通過一根長長的管子（通常盤成螺線管），以便讓熱量散失到四周的空氣中，銅之類的導熱金屬常用於輸送蒸氣。爲提高冷凝器的效率經常在管道上附加散熱片以加速散熱。散熱片是用良導熱金屬製成的平板。這類冷凝器一般還要用風機迫使空氣經過散熱片並把熱帶走。

Condillac, Étienne Bonnot de＊　孔狄亞克（西元1715～1780年）　法國哲學家、心理學家、邏輯學家、經濟學家。1740年受聖職爲天主教教士。他的第一部書《論人類知識的起源》（1746），有系統的討論洛克的經驗論。在《感覺論》（1754）中，對洛克認爲感覺可以提供直觀知識的學說提出疑問。他的經濟學觀點，見於《從相互關係上來看商業和政府》（1776）一書中，認爲價值不由勞動決定，而由效用決定；對某種有用之物的需要產生了價值，而有價值物品之間的交換則產生了價格。

conditioning　條件作用　生理學中的一種行爲過程。在特定環境中，因強化作用而使某種應答的出現頻率增加，且更爲規律。所謂強化是指爲求得預期的應答而提供一種天

C D

然刺激或人為獎賞。古典條件反射或稱應答性條件反射，包含了刺激替代，根據巴甫洛夫的研究，他每次在給狗食物以前，都會給與鈴聲刺激。實際上，條件性刺激即鈴聲條件性應答即由鈴聲引起的唾液分泌。工具性（或操作性）條件反射與古典性條件反射的不同之處在：機體完成了預期的行為後才給予強化。如果需要的行為並不是由非條件性刺激誘發而來，則這個行為即稱為操作。斯金納及其學生曾作過研究。對自發的（或操作性）行為或予獎勵（強化），或予懲罰。受到獎勵時，行為出現頻率就增加，受到懲罰時則減少。

condominium 共同管領 在現代財產法中，指多住宅樓的一個居住單元的單獨所有權，加上與該樓房中其他居住單元的所有人共同擁有的對於土地和樓房其他部分的不可分的所有權益。共同管領作為共同所有的一種類型，自中世紀結束時起就以各種形式出現在歐洲。美國於19世紀下半期出現了共同管領所有權，流行於居住擁擠的城區。

condor 神鷹 新大陸產的兩種新域鷲科巨型禿鷲，是最大的飛行鳥類，均長約130公分，重10公斤，喜食新鮮的屍體。安地斯神鷹分布自南美洲太平洋沿岸至安地斯高山，翅稍長，可達3公尺以上；體羽黑色，具白色翎領，裸露的頭、頸與嗉囊紅色。加利福尼亞神鷹體羽幾呈黑色，翅具白色線紋；頭裸露、黃色，頸和嗉囊相對處紅色。1980年代已趨滅絕；有少數在動物園中，南加州少數的野生殘存者則於捕捉後給予保護圈養，加以保護。

Condorcet, marquis de* 孔多塞（西元1743～1794年） 原名Marie-Jean-Antoine-Nicolas de Caritat。法國數學家、政治家、哲學家，他關於人類能夠無限地完善自身的進步觀念對19世紀的哲學和社會學具有極大影響。早期表現出在數學上很有前途，並受達朗伯的保護。1777年被選為科學院常任祕書。因同情法國大革命，被選為制憲議會的巴黎代表，要求成立共和國。由於是一位溫和的吉倫特黨人，後被政治對手逮捕（1794）。在躲藏期間寫了著名的《人類精神進步史梗概》（1795），書中闡述了人類能在奔向終極完善的道路上不斷進步的觀點以及民族之間的不平等要消滅、階級之間的不平等要消滅的看法。他後來被發現死於獄中。

conducting 指揮 在音樂中指在合奏（唱）作品的表演和詮釋中指揮樂團、合唱團、歌劇團、芭蕾舞團或其他音樂組合的藝術。從最基本要求來說，指揮必須強調音樂的搏動，使所有演奏（唱）者能遵循統一的節拍節奏。打拍子靠手臂和手的一整套程式化動作來完成，這些動作概括地刻畫出樂曲的基本節拍。18世紀以前首席小提琴手可能用他的弓來做一些必須的訊號，而鍵盤樂器演奏者會用手和頭來帶領樂隊。直到19世紀初指揮才成為一門專業化的音樂活動形式。首席指揮如白遼士、孟德爾頌和華格納，他們同時也是作曲家。至19世紀末，指揮家肩負著作曲者、演奏者和聽眾之間的中心作用，其所達水準和所享有的威望在音樂家中是無可比擬的。

conduction ➠ thermal conduction

conductor 導體 任何允許電流和熱能流動的物質。導體可說是不良絕緣體，因為它的電阻很低。電導體用來導電，例如一個電路中的金屬線。電導體一般是用金屬製成的。熱導體能使熱能流動，因為它無法吸收輻射熱；這類物質包括了金屬和玻璃。

cone 毬花 亦稱毬穗花序（strobilus）。由鱗片或苞片狀的孢子葉聚生而成都器官，通常呈卵形。為生殖器官，功能類似顯花植物的花。見於石松、木賊和松柏類植物。

coneflower 松果菊 菊科三個屬的植物，原產北美的雜草。每個屬都有邊花反折的種。紫松果菊屬開紫花，多年生，常栽作沿邊植物（尤其是狹葉紫松果菊和紫松果菊）；其根黑色，氣味濃烈，莖有毛，葉基生，具長柄。Ratibida屬邊花黃色，盤花淡褐色，葉細裂。北新大陸松果菊及R. pinnata種植於野花花園。金光菊屬約二十五種，一年、二年或多年生；單葉或裂葉，邊花黃色，盤花褐色或黑色。黑眼蘇珊（即毛金光菊）、頂針花（即二色金光菊）和松果菊（即條裂金光菊）栽作沿邊花卉。

Conestoga wagon 科內斯托加大貨車 馬拉貨車，18世紀起源於賓夕法尼亞州蘭開斯特縣科內斯托加河一帶。適於在崎嶇道路上運貨，載重量達六噸，車底兩端翹起，防止載運的物品移動，裝有白帆布頂篷以防風雨，用四～六匹馬拉行。這種貨車後來演變為拓荒者西行時用來運輸財物的草原大篷車，其白帆布頂篷從遠處看像一艘帆船。草原大篷車的車底平直，車廂比科內斯托加大貨車更低。

coney ➠ cony

Coney Island 科尼島 美國紐約市布魯克林南方一娛樂區，瀕臨大西洋。原為一海島，河道淤塞後變為長島的一部分，現為美國最著名的娛樂公園之一。有騎馬跑道、展覽廳、紀念品商店和餐館。西端的「海門」區為住宅區，「月神園」園址開始興建大片住房建築群，紐約水族館（1957）設於海灘木板道旁。

Confederate States of America 美利堅邦聯 亦稱Confederacy。美國南北戰爭時期，脫離聯邦的南方十一個州所組成的政府。在林肯當選總統（1860）後，大南方的七個州（阿拉巴馬、佛羅里達、喬治亞、路易斯安那、密西西比、南卡羅來納和德克薩斯）由於以奴隸制為基礎的生活方式受到威脅，相繼脫離聯邦。接著，南方的另外四個州（阿肯色、北卡羅來納、田納西和維吉尼亞）也加入了美利堅邦聯。1861年2月在阿拉巴馬州蒙哥馬利成立臨時政府，翌年又在里奇蒙成立永久政府。美利堅邦聯的總統為戴維斯，副總統為史蒂芬斯。諸州聯盟的主要目的是保護州權和確立奴隸制度，主要的職責是招兵。美利堅邦聯認為特產棉花可以使聯邦政府和歐洲各國給予外交上的承認。但是，英、法等歐洲國家不予理睬。在南北戰爭頭兩年，美利堅邦聯軍隊節節勝利。自從聯邦軍在蓋茨堡和維克斯堡兩地告捷（1863年7月）以後，美利堅邦聯即失去勝利的希望。1865年4月9日李將軍在維吉尼亞州投降。不久，美利堅邦聯瓦解。

Confederation, Articles of ➠ Articles of Confederation

Confederation of the Rhine 萊茵聯邦（西元1806～1813年） 除奧地利和普魯士外，所有德意志各邦在拿破崙主持下的聯盟。拿破崙對聯邦的主要興趣在於把它作為與奧地利和普魯士抗衡的力量，因為聯邦使法國統一並在這個地區占了優勢。拿破崙下台後，聯邦被廢除，但聯邦對德國的統一運動作出了貢獻。

Confessing Church 宣信會 德語作Bekennende Kirche。德國基督教會。當年希特勒企圖把德國教會變成納粹的宣傳工具和政治工具，遭到教會的反抗。宣信會在尼默勒、潘霍華的領導下，反對德意志基督教徒派的各項計畫，也由於納粹壓力日漸增強而被迫走入地下。1939年第二次世界大戰爆發，宣信會教士和信徒大批應徵入伍，元氣受傷，但繼續活動。1948年德國各地教會聯合成立新的德國福音會，宣信會即不復存在。

confession　告解　指根據猶太教或基督教的傳統，公開或個別承認罪過以求上帝赦免。在現代，天主教以告解為基督所立聖事之一，信徒在受洗後所犯罪過，要經過告解。東正教關於告解的教義與天主教相同。在宗教改革運動期間，英格蘭有人主張，《公禱書》中有關個別告解赦罪的規定，應一律刪除，英國聖公會反對這種主張。19世紀牛津運動提倡恢復個別告解，許多英國公教派採納這種主張。但是，聖公會有不少人贊成在聖餐禮上公開告解赦罪。基督教新教各派大多認為，在信徒聖餐禮上公開告解赦罪後就可領受聖餐；且認為舉行個別告解或以告解為聖禮，都不合《聖經》教導。他們強調，只有上帝才能赦罪。

confidential communication ➠ privileged communication

configuration　構型　化學術語。指在一個分子中原子的空間排布。構型通常用三維模型（球－棒模型）、透視圖或平面投影圖描述。直到20世紀後期開始，實驗測定絕對或眞實構型（分子的眞正三維結構）還很困難，所以僅有少數物質的絕對構型已被確定（如酒石酸）。現在，光學和化學方法都能測定任何分子的絕對構型。為了方便，許多構型是相對於一個標準而指定的相對構型。

confirmation　堅振禮　基督教禮儀。象徵一個人通過洗禮同上帝所建立的關係得到鞏固。在基督教歷史最初幾百年間，加入教會者大都是成年，因此洗禮本身就是宣布某人已成為教會正式成員。後來嬰兒受洗逐漸成風，因此必須認眞區別洗禮與堅振禮。天主教認為，堅振禮是耶穌基督設立的聖事，凡受過洗的人，滿七週歲即可受堅振禮，信徒經受堅振禮就自聖靈獲得恩典、力量和勇氣。堅振禮通常由主教施行，包括按手和向前額敷油。聖公會和路德宗也行堅振禮。

confiscation　沒收　在財產法中，指將私人財產收歸國家或君主使用的行為。沒收作為國家權力的附屬物可以追溯到羅馬帝國甚至更早的時候，它以某種形式存在於世界上大多數國家中。它最通常指的是，財產所有人的行為觸犯了禁律，國家或君主將其財產加以剝奪。亦請參閱eminent domain、search and seizure。

conflict　衝突　心理學術語，由兩個或更多個不能一起解決的強烈動機所激起而又無法同時得到解決的感情或心理狀態。如兒童離不開母親，但又怕遭到拒絕和懲罰。包含強烈威脅或恐懼的衝突不易解決，因而會使人感到孤立無援和焦慮。

conformal map　保角映射　數學上，轉換圖形到另一個圖形，保持兩條線或曲線交角的角度不變。最常見的例子是麥卡托地圖，用二維的面表示地球表面，維持羅盤方向不變。其他的保角映射——有時稱為正形投影——則只保留角度而不保留形狀。

Confucianism　儒家學說　西元前6世紀～西元前5世紀由孔子和隨後二千多年由中國人傳播的學術傳統與生活方式。雖然沒有組織為宗教，卻以類似宗教的方式深深影響了東亞人的心靈及政治生活。其中心思想是仁（人性、仁慈），符合禮（禮儀）、忠（忠於本性）、恕（互惠）、孝（孝道）者為善性。這些合而為德（道德）。孟子、荀子等人維繫了儒家學說，但一直到西元前2世紀董仲舒出現，儒家學說才開始影響深遠。當時儒家學說被視為漢朝的國教，《五經》則成為教育的核心。儘管有道家與佛教的影響，儒家倫理卻一直對中國社會的道德面具有極大的影響。11世紀儒家思想復興，導致新儒學的誕生，並成為高麗李朝時期和日本江戶時期的一股思想主流。

Confucius　孔子（西元前551～西元前479年）　中文作孔夫子（Kongfuzi或K'ung-fu-tzu）。中國古代教師、哲學家和政治理論家。出生於魯國一個貧窮家庭，曾管理馬廄，擔任簿記工作，同時自學。精通六藝——禮、樂、射、御、書、數，並熟習歷史典故與詩歌，使他得以在三十幾歲即展開出色的教學生涯。孔子把教育視為不斷自我改進的過程，堅持教育的主要功能是在培養君子。把參與政事視作教育的自然歸宿，並致力於復甦中國社會機制，包括家庭、學校、社會、國家和天下。他曾在政府擔任過一些職務，最後成為魯國大司寇，但他的政策並未受到重視。在十二年的自我放逐（當時他的學生人數擴增）之後，以六十七之齡回到魯國教書和寫作。他的生活和思想被記錄在《論語》中。亦請參閱Confucianism。

Congaree Swamp National Monument＊　康加里沼澤國家保護區　在美國南卡羅來納州中部。1976年設立，由6,150公頃康加里河沖積平原構成。生長有火炬松、楓香樹、水紫樹、山核桃、橡樹（有些是巨樹之最）以及稀有和瀕臨絕種的動植物。

congenital disorder　先天性疾病　在初生時就已經存在的各種結構畸形（如閉鎖、發育不全）、功能缺損（如囊性纖維樣變性和苯丙酮尿症）和其他疾病。幾乎都是由於遺傳因素（遺傳突變、染色體疾病），懷孕時環境的影響（如風疹或其他母體的因素，曝露在毒素或輻射線中）造成的。妊娠的前八週以內，胚胎（包括其器官和組織）都已基本發育成形。故習慣上把八週之前的妊娠物稱為「胚胎」，稱八週以後的妊娠物為「胎兒」。大腦、眼、內耳等器官的成形分化是在胎兒期完成的，其畸形表現當然也只能在此期成形，但其畸形基礎卻是在胚胎期完成的。有的先天性疾病純粹是孟德爾定律顯性和隱性遺傳造成的。有的則牽涉到複雜的基因問題。染色體疾病很少見，因為很少能存活下來的。每一千名初生兒中可能有三十名患有嚴重缺陷。不同的種族群其先天性疾病常有很大的差異。亦請參閱birth defect、Down syndrome。

congenital heart disease ➠ heart malformation

conger eel　康吉鰻　鰻鱺目康吉鰻科約一百種海產鰻類的統稱。體無鱗，頭大，鰓裂大，口闊，牙堅。一般淡灰或淺黑色，腹部色淡，鰭具黑色邊緣，肉食性。廣佈於各大洋，有時棲於深海。體長可達1.8公尺。許多種類，如歐洲康吉鰻，為名貴的食用魚；美洲康吉鰻是凶猛遊釣魚。

congestive heart failure　鬱血性心臟衰竭　遠離心臟的症狀所造成的心臟衰竭，主要是與組織內鹽分與水分的滯留有關，而非直接降低血液流動。病情差異極大，從最微不足道的症狀乃至突發的肺水腫或快速致命類似休克的狀態（參閱shock）。慢性狀態嚴重程度不同，可能維持數年。當身體嘗試去打消病情時，症狀就會惡化，變成惡性循環。病人呼吸困難，最初只在費力的時候，之後連休息亦然。液體積聚在身體的最低點，最後可能出現在腹腔和胸腔。心臟無法有效地抽吸回流，血液因而集中在血管內（血管鬱血）。

conglomerate＊　礫岩　由直徑大於2公釐的滾圓碎屑組成的已岩化的沈積岩，一般與由稜角狀碎屑組成的角礫岩不同。礫岩通常按照其組成物質的平均粒度分為細礫岩、中礫岩和粗礫岩。

conglomerate　跨行業聯合企業　由一家公司吞併與其業務活動互不相關的另外幾家公司所形成的多種經營公司。經營這種公司有許多理由：使現有工廠設備得到充分利用；擴大產品種類以改善銷售狀況、減少依賴單一產品需求所產生的內在風險。當然，在改組其他被合併的公司中可能還得到些經濟利益。組建跨行業聯合企業是20世紀產生的現象，第二次世界大戰後大量湧現，1960年代至1980年代在美國特別盛行。但自1990年代許多這類公司開始出售不想保留的子公司。

Congo 剛果 正式名稱剛果民主共和國（Democratic Republic of the Congo）。舊稱薩伊共和國（Republic of Zaire, 1971～1997）、剛果共和國（Republic of the Congo, 1960～1964）、比屬剛果（Belgian Congo, 1908～1960）、剛果自由邦（Congo Free State, 1885～1908）。非洲中部共和國。面積約2,344,858平方公里。人口約53,625,000（2001）。首都：金夏沙。講班圖語居民形成該國人口的大多數，他們包括芒戈人、剛果人和盧巴人；在非班圖語居民中有北部的蘇丹族群。語言：法語和英語（均為官方語）。宗教：基督教。貨幣：剛果法郎（FC）。剛果民主共和國為非洲第三大國，地處剛果河流域的中心地段。盆地周圍高原聳立。窄長的大西洋沿岸地區是剛果河的入海通道。該國地跨赤道，潮濕熱帶氣候。是世界最貧窮國家之一。經濟以採礦和農業為主。出口農作物包括咖啡、棕櫚產品、茶、可可、橡膠和棉花。礦產品包括銅、鈷和工業用鑽石。現為軍人政權統治，國家元首是總統。在歐洲人殖民之前，幾個本土的王國併入該區，包括16世紀盧巴王國和庫巴聯盟，庫巴聯盟18世紀曾達到全盛時期。19世紀後期，比利時國王利奧波德二世資助史坦利探勘剛果河，歐洲人始加以開發。1884～1885年柏林西非會議承認剛果自由邦，利奧波德為該邦君主。對橡膠需求的日益

增加有助於為剛果的經濟開發籌措資金，但提取橡膠引起的弊端激怒了西方各國，迫使利奧波德向自由邦頒發作為比屬剛果（1908）的殖民許可狀。1960年獲准獨立，國名改為剛果。獨立後內部動盪不安，1965年發生軍事政變達到頂點，促使蒙博托將軍掌權。1971年國名改為薩伊。管理不當、腐敗及逐漸增加的暴力，破壞了薩伊的基礎設施和經濟。1997年蒙博托被卡比拉逐下台，恢復國名為剛果。鄰國動蕩不安，對剛果的礦產資源的欲望，導致不少非洲國家軍事捲入。2001年卡比拉遇刺身亡，由其子繼位。

Congo 剛果 正式名稱剛果共和國（Republic of the Congo）。舊稱中剛果（Middle Congo）。非洲中西部共和國。面積約342,000平方公里。人口約2,894,000（2001）。首都：布拉薩。近半數人口屬剛果各部族。特克人數量不多，烏班吉人數量也不多。語言：法語（官方語）和班圖諸語言。宗教：基督教、傳統宗教。貨幣：非洲金融共同體法郎（CFAF）。大西洋沿岸有一塊狹窄海岸平原，長160公里。從低矮的山脈和高原起，有一塊大平原，地勢向東面的剛果河傾斜。地跨赤道。熱帶雨林覆蓋剛果總面積近2/3。野生動物種類繁多。剛果經濟屬開發中的中央計畫經濟。礦產品占出口的90%以上。主要是原油和天然氣。屬過渡時期政權，採一院制。國家元首暨政府首腦是總統。在前殖民時期，此區已存在了幾個繁盛的王國，包括始建於西元第一千紀的剛果王國。15世紀時，隨著葡萄牙人的到來開始進行了奴隸貿易，這種貿易成為各地方王國的主要財源，並主宰了此區經濟直到19世紀奴隸貿易被禁止。19世紀中葉法國人也抵達此區，並與兩個王國訂定條約，使王國置於法國的保護下，後來成為法屬剛果殖民地的一部分。1910年改名法屬赤道非洲，剛果地區以中剛果為名。1946年中剛果變成法國海外領地，1958年通過投票成為法蘭西共同體的一個自治共和國，1960年獲得完全獨立。獨立後政局動盪不安，第一任總統在1963年被逐。後來由剛果工黨（馬克思主義黨派）奪得權勢，1968年恩果阿比少校發動另一場軍事政變，創立剛果人民共和國，但他在1977年被暗殺。接下來由一連串的軍事統治者來治理國家，剛開始時為好戰的社會主義分子，但後來傾向於社會民主。1997年各地民兵之間的戰鬥嚴重瓦解了國家經濟，2000年開始進行和談。

Congo River 剛果河 亦稱薩伊河（Zaire River）。非洲中西部河流。上游為尚比亞境內的謙比西河，河道呈弧形穿越剛果（金夏沙），沿剛果（金夏沙）－剛果（布拉薩）邊界注入大西洋。長約4,700公里，為非洲第二大河。自源頭至河口分上、中、下很不相同的三段。上游的特點多匯流、湖泊、瀑布或險灘；中游有七個大瀑布，稱為博約馬（斯坦利）瀑布；下游分成兩支流，形成一片廣闊的湖區，稱為馬萊博（斯坦利）湖。

Congregationalism 公理主義 16世紀末及17世紀初興起於英格蘭新教教會中的一個基督教運動，後來發展成為西方基督教內的清教主義的一支，強調各個教堂有不從屬於

任何人間威權而自行決定自己事務的權利和義務。在美國，公理主義在公眾影響和信徒人數上達於極致。清教徒在美洲建立了普里茅斯殖民地，1662年所通過的放寬教友資格要求的「半約」，而「大覺醒」運動使得美國公理宗逐漸脫離喀爾文派。許多教會加入一位論教派。在公理宗的禮拜中，講道重於聖事。公理宗與新教大多數派別一樣，只承認洗禮和聖餐兩種聖禮。大多數英格蘭公理宗人士與長老會聯合，組成聯合歸正會；大部分美國的公理宗教會則屬聯合基督教會。浸信會、基督會和一位普救會也奉行公理宗的體制。

Congress, Library of　國會圖書館　美國的圖書館，是規模最大的圖書館，也是國家圖書館中最大的圖書館之一。1800年建於哥倫比亞特區，館址最初設在國會大廈內，1814年英軍焚燒這座大廈，圖書館亦被毀。1897年遷到現址作爲永久館址。除給國會議員和其他政府官員提供圖書參考外，國會圖書館已成爲世界學術機構中的佼佼者，因爲它擁有極豐富的圖書、稿本、樂譜、圖片和地圖等。除了藏有約一千九百萬冊圖書（其中有五千六百冊印行於1501年之前）和超過三千三百萬件手稿之外，還擁有美國最大宗的現代繪畫資料，藏有微縮膠卷、錄音資料和電影片等。

Congress of the United States　美國國會　美國的立法機構，根據美國憲法（1789）成立，在結構上與政府之行政和司法部門鼎足而三，接替根據「邦聯條例」而設立的一院制國會。包括兩院：參議院，州不論大小一概由兩名參議員代表。「第十七條憲法修正案」（1913）通過後，參議員由各州立法機構指定，此後，參議員是以直選方式產生；眾議院，議員以人口爲基礎選出。全部的成員共435名。國會爲其年度會期採取委員會制，以便於審查所發生的各種事宜。國會兩院共同組成聯合委員會處理雙方關心的問題。另外，除非兩院都批准同一文件，國會的任何法案均不能生效，因此成立協商委員會調整立法紛爭。總統的最重要立法職能之一是對所提出的立法簽署或否決。國會的每個院均可以三分之二票數推翻總統的否決。按憲法規定，國會擁有一些特殊權力，如課徵賦稅權，對外貸款，管理商業，鑄幣，宣戰，徵召和補給軍隊，制定爲執行其權力所需要的一切法律等等。所有和金融相關的立法都需由眾議院提出；參議院的職權包括通過總統提名，批准條約，和裁定彈劾案。亦請參閱bicameral system。

Congress Party　國大黨 ➠ Indian National Congress

Congreve, William　康格里夫（西元1670～1729年）　英國王政復辟時期最傑出的諷刺喜劇作家。早年隨父親在愛爾蘭生活。畢業於都柏林三一學院。受到德萊敦的提攜，劇本《老光棍》(1693）使他一舉成名。後來的作品還有《兩面派》（1693）、《以愛還愛》（1695）和他的傑作《如此世道》（1700）。其他的作品有悲劇《悼亡的新娘》（1697），許多的詩作、翻譯作品和兩部歌劇劇本。康格里夫擅長使用精彩的喜劇對話，以譏諷的手法刻畫當時的英國上流社會，嘲笑當時那種矯揉造作的風氣。亦請參閱Restoration literature。

康格里夫，油畫，內勒（Godfrey Kneller）繪於1709年；現藏倫敦國立肖像畫陳列館
By courtesy of the National Portrait Gallery, London

conic section　圓錐截線　亦稱二次曲線。由平面和直圓錐面相交所產生的各種曲線。這交線是圓、橢圓、雙曲線或拋物線，決定於平面相對於錐面的角度。當平面經過錐面的頂點時，交線出現特殊（退化）的情形，這時，如平面不經過錐面的其他部分，則交線是單獨的一個點，如果和錐面的其他部分相交，則交線是一條或兩條直線。其他曲面的平面截線也可以是二次曲線：例如，由穿過橢圓錐面和拋物柱面的平面所截得的曲線。

conifer　毬果植物　毬果植物目的種類。因其著生種子的鱗片（種鱗）沿軸螺旋狀或輪狀排列，形成毬果而得名。該類群植物通常爲直立的常綠喬木或灌木，也有匍匐生長者（刺柏的某些種類）和落葉類型（如落葉松）。毬果植物是裸子植物最大的群類，逾五百五十種。全世界都有分布（南極洲除外）和較喜愛氣候溫和的地區。毬果植物包括了松、檜、雲杉、鐵杉、樅、落葉松、紅豆杉類、柏、禿柏、黃杉和崖柏等。它們包含了世界最高和最矮的樹種。毬果植物屬軟木材質，用於一般建築、坑木、圍欄樁子、木箱和板條箱以及其他製品，又是製造紙漿的材料，同時也可用作燃料，製造纖維素製品、膠合板和貼面板等。這些樹木也是樹脂、揮發油、松節油、焦油和一些藥品的原料。毬果植物的葉的構造能使水份丟失減到最低限度，特別是松、樅和雲杉的葉，均變得又長又硬，一般稱爲針葉。柏、雪松等的葉形較小，呈鱗片狀。在被子植物（參閱flowering plant）出現前毬果植物曾是占優勢的植被類型。

conjoined twin　連體雙胞胎　舊稱暹羅孿生子（Siamese twins）。指一對身體相連並共用某些器官的同卵雙胞胎（參閱multiple birth）。典型的連結部位在軀幹或頭顱的前、側或後面。對稱性連體雙胞胎除了融合部位外，其餘部位大體正常。有些病例可用外科手術成功地把他們分開。非對稱性連體雙胞胎，其中一個相當正常，但另一個就嚴重發育不良，通常形體較小，必須依靠較大的那個獲得營養。爲了救活正常的那個，常會施行手術把他們分開。暹羅孿生子這個舊稱最初是指在暹羅（今泰國）出生的一對中國血統的連體雙胞胎張與英，在1811年出生於暹羅，從胸骨至臍部以韌帶相連。後來在西方巡迴表演，廣爲人知。

conjugation　共軛　在共價化合物中，具有不參與單鍵形成而只相互改變各自性質的價電子的原子團或原子鏈。例如，如果羰基（C＝O）和羥基（OH）在分子中相距較遠，則各自具有特性，但這兩個基團結合在一起形成羧基（COOH）後，則具有完全不同的性質。同樣的，孤立的雙鍵不能使碳氫化合物帶色，但含有單、雙鍵交替相間的鏈的分子，則因共軛作用而帶色。

conjunctivitis　結膜炎　結膜的炎症。病因爲感染（一般稱之爲紅眼）、化學灼傷、機械性損傷，亦可爲過敏反應的表現之一。結膜與角膜時常同時發炎，稱爲角膜結膜炎。數種病毒和細菌會造成感染，包括沙眼和淋病，二者都會造成眼盲。多形性紅斑有時會伴發嚴重的結膜炎，亦可致盲。

conjuring　戲法；魔術　藝術表演形式之一，以技巧假裝做出似乎不可能之事。魔術師基本上是運用靈巧手法，常常還使用機械器具並結合心理因素表演技藝的演員。到中世紀魔術已成爲一種娛樂形式，江湖藝人在集市、貴族家宅或穀倉表演魔術。19～20世紀，魔術開始在舞台上表演，著名的魔術師有羅貝爾－胡迪、哈利．胡迪尼和哈利．布拉克斯東。1950～1960年代公眾對魔術的興趣已減弱，道格．亨寧和大衛．考伯菲爾德等魔術師幫助復興了這種藝術，常常在電視上表演。

Conkling, Roscoe 康克林（西元1829～1888年） 美國政治人物，是一位律師、演說家和輝格黨領袖。在擔任衆議員（1858～1865）和參議員（1867～1881）期間，他成爲激進派共和黨的領袖，主張對戰敗的南部各州實行嚴格軍事管制以及給予被解放的奴隸以更廣泛的權力。他極力反對海斯總統提出的關於改革文官制度的立法。1880年他在共和黨全國代表大會上領導所謂頑固派，支持格蘭特第三次擔任總統。1881年因與新總統伽菲爾德就官職的分配問題發生爭執，遂辭去參議員職務。

C
D

Connacht 康諾特 亦作Connaught。愛爾蘭五個古代王國之一，在愛爾蘭島西部和西北地區，包括現梅歐、斯萊戈、利特里姆、戈爾韋和羅斯康芒等郡。4世紀時，古代的康諾特王朝被塔拉王朝代替。塔拉王朝的布里昂和菲阿奇拉建立兩個氏族，在5～12世紀統治康諾特。12世紀中葉盎格魯－諾曼人建立移民地，摧毀了他們的政權。

Connecticut 康乃狄克 美國東北部新英格蘭地區一州。該州橫穿大西洋沿岸一大片的都市－工業聯合地區。州域基本上呈長方形，位於阿帕拉契山系新英格蘭段的南部。全州分三個主要區域：西部高地、中部低地（康乃狄克河谷）和東部高地。胡薩托尼克河是該州唯一大河，有許多支流。康乃狄克河和其他河流侵蝕軟質砂石，形成了寬闊的河谷。經濟以工業爲主。農業產品有牛奶和家禽、煙草（製造雪茄）。漁業以產牡蠣著稱，但因近年水域污染，已減產。該州原始居民是操阿爾岡昆語的印第安人，1630年代英國清教徒從麻薩諸塞灣殖民地來此。是最初十三州之一，第五個批准美國憲法的州。耶魯大學所在地新哈芬是該州最大港口。首府哈特福特。面積12,997平方公里。人口約3,405,565（2000）。

Connecticut, University of 康乃狄克大學 美國州立大學系統，主校區位於斯托斯，另在格羅頓、哈特福特、斯坦福、托靈頓、瓦特伯利等地設有分校，在法明頓還有一所醫療中心。農學院成立於1881年，整個大學即由此發展而來。斯托斯校區設有農業及自然資源、人文及科學等學院，還有法律、工程、醫學、牙醫等十二個專科學院。註冊學生人數約26,000人。

Connecticut College 康乃狄克學院 美國康乃狄克州新倫敦的一所私立文理學院。1911年初成立時爲一所女子學院，1969年開始男女合校。該校設有廣泛的學士學位課程。還有國際研究、保育生物學、人文與技術等中心。註冊學生人數約1,900人。

Connecticut River 康乃狄克河 美國新英格蘭地區最長河流。源出新罕布夏州北部的康乃狄克湖，沿新罕布夏和佛蒙特州界南流，穿麻薩諸塞和康乃狄克州，注入長島灣。全長655公里，流域面積28,710平方公里，主要支流二十三條。爲美國水電資源利用最充分的河流之一，有二十座水壩水庫，其中威爾德水庫長74公里。

connectionism 聯結主義 認知科學上的一種研究方法，倡議以許多相互連結且平行運作的單元所構成的網絡，來模擬人類的資訊處理過程。這些單元通常分類爲輸入單元、隱藏單元或輸出單元。每個單元有一個預設的激發水平，可依下列因素之強度而改變：（1）自其他單元所接收到的輸入；（2）連結到其他單元不同的比重（加成）；（3）該單元本身的偏誤。聯結主義不像認知科學中傳統的計算機模型，它認爲資訊的分布遍及整個網絡，而不是各自處於功能不同、語意上可解釋的狀態。

connective tissue 結締組織 體內所有能起到軀體支撐、器官構架、組織粘合、細胞聚集作用的組織類型，如骨、韌帶、腱、軟骨、眞皮和脂肪組織等。結締組織的胚胎起源是中胚層，主要由細胞、三種蛋白質纖維及大量不定形碳水化合物基質構成。不同的成分組合會形成不同的結締組織。結締組織的疾病，可分遺傳性及獲得性兩大類。遺傳性疾病是因結締組織的某種基本成分發生異常的，如馬爾方氏症候群，高胱氨酸尿症等。獲得性疾病是因炎症或免疫系統疾病引起的，如類風濕性關節炎、紅斑狼瘡、骨關節炎和風濕熱。

Connelly, Marc(us Cook) 康內利（西元1890～1980年） 美國劇作家和導演。曾在匹茲堡和紐約任記者，專門採訪戲劇新聞。後來與喬治·考夫曼合寫了劇本《達爾西》（1921），隨後二人又合寫喜劇《致夫人們》（1922）、《馬背上的乞丐》（1924）、歌劇腳本《紐約特洛伊的海倫》（1923）和《打起精神來》（1924）。康內利寫了他最著名的作品《綠色的牧場》（1930，獲普立茲獎，1936年拍成電影），和《農夫討老婆》（1934，1935年拍成電影）。

Connery, Sean 史恩康納萊（西元1930年～） 原名Thomas Connery。受封爲史恩爵士（Sir Sean）。蘇格蘭演員。曾從事過各種零工，並參加過健身大賽，而後才在《南太平洋》（1951）的合唱中第一次登上了倫敦的舞台。在扮演過許多次要角色後，史恩康納萊才在改編自佛來明小說《第七號情報員》（1962）的電影中，飾演詹姆士龐德，並繼續在其他六部電影中扮演祕密情報員007。史恩康納萊是一個讓人不得不信服的性格演員，又是歷久不衰的性感象徵，他還參與下列影片的演出：《大戰巴墟卡》（1975）、《玫瑰的名字》（1986）、《鐵面無私》（1987，獲奧斯卡獎）、《聖戰奇兵》（1989）和《俄羅斯大廈》（1990）。

Connolly, Maureen (Catherine) 康諾利（西元1934～1969年） 美國女子網球運動員。1953年一年中取得英國溫布頓、美國、澳大利亞和法國四項比賽單打冠軍，是獲此成績的第一名女運動員。十四歲獲全國少年女子網球賽冠軍，1951年獲全國女子網球賽冠軍。1954年因騎馬摔傷右腿而退出比賽，後任網球教練。

Connor, Ralph 康納（西元1860～1937年） Charles William Gordon的筆名。加拿大小說家。1890年任命爲長老會牧師，在加拿大落磯山脈礦區和伐木區新興市鎮傳教。他的小說的主要背景都源出這段經歷和他在格倫加里的童年回憶，包括了《天國嚮導》（1899）和《探勘者》（1904）。他敘述他在安大略童年時期的開拓者的傳說作品，如《來自格倫加里的人》（1901）和《在格倫加里求學的日子》（1902），被認爲是他的最高文學成就。

Connors, Jimmy 康諾斯（西元1952年～） 原名爲James Scott Connors。美國網球運動員。曾在洛杉磯市加州大學學習，1972年入網球界。1974年獲三項大滿貫賽冠軍（美國、澳大利亞和英國溫布頓錦標賽）。1976和1978年勝柏格而獲美國單打冠軍，1982年勝藍道而再獲此稱號。五次獲室內網球錦標賽冠軍（1973～1975、1978、1979）。1975年與納斯塔斯合作獲美國錦標賽和溫布頓賽雙打冠軍。1982年獲溫布頓賽單打冠軍。以脾氣暴躁出名。

conodont * 牙形刺 齒狀微體化石，由磷酸鈣成分構成，是古生代海相沈積岩層中最爲常見的化石。它們是曾生活於2.1億～5.7億年之前的動物遺骸，據信該種動物是熱帶及溫帶海洋及近海水域中的一種小形海洋無脊椎動物。

Conor ➠ Conchobar mac Nessa

conquistador *　征服者　對16世紀西班牙征服美洲、特別是墨西哥和祕魯的首領的統稱。1519年科爾特斯率軍征服阿茲特克人統治的墨西哥。1524年阿爾瓦拉多和奧利德分別征服瓜地馬拉和宏都拉斯灣。皮薩羅和阿爾馬格羅分別征服祕魯的印加帝國和智利。進一步的探險活動延伸到西班牙統治的南美洲地區。這些征服者主要是好鬥尚武，熱衷於尋找黃金，並不善於進行統治，很快便被西班牙來的行政官員和移民所取代。

Conrad, Joseph　康拉德（西元1857～1924年）　原名Józef Teodor Konrad Korzeniowski。波蘭裔英國小說家和短篇小說作者。父親是波蘭的愛國志士，被流放至俄國北部，康拉德十二歲時父親去世。他後來先在商港船上作徒工，1878年在英國商船隊當水手，接下來十五年間都在這裡工作，這些工作經驗為他提供了寫作的素材。康拉德在世時以豐富的散文體和呈現異邦或海上的危險生活受到讚賞。但最初這種海上精彩冒險故事的大師聲譽掩蓋住筆下個人面對大自然不變的冷漠、人類常有的惡毒、內心善惡交戰等的魅力。他的作品包括了《阿爾馬耶的蠢事》（1895）、《群島上的被遺棄者》（1896）、《水仙號上的黑人》（1897）、《吉姆老爺》（1900）、《颱風》（1902）、《諾斯特羅莫》（1904）、《特務》（1907）、《在西方的眼睛下》（1911）、《機會》（1912）和《勝利》（1915），其中有幾本可說是他的傑作。他還出版了幾本故事集，如《黑暗之心》（1902），這是他最好的短篇佳作。康拉德對後來的小說家有很深的影響。

Conrad I　康拉德一世（卒於西元918年）　德意志國王（911～918年在位）。原為法蘭克尼亞公爵，911年被推選為德意志國王。為了保持加洛林王朝的世系和反對勢力日增的薩克森、巴伐利亞和士瓦本的公爵們，他在位期間進行了艱苦的和流血的鬥爭。他爭取主教團的支持失敗，軍事行動也不成功。他已無法使他的家族成為東法蘭克王國的新王室，所以提議他的對手薩克森的利烏多爾芬・亨利為他的繼承人。

Conrad II　康拉德二世（西元約990～1039年）　德意志國王（1024～1039年在位）、神聖羅馬帝國皇帝（1027～1039年在位）、薩利安王朝創始人。1016年與士瓦本公爵夫人結婚。皇帝亨利二世見他勢力增強，就以婚姻雙方有遠親關係為由將他放逐。1024年亨利去世，康拉德當選德意志國王。德意志貴族和倫巴底親王發動叛亂失敗（1025），康拉德遂被加冕為義大利國王（1026）和神聖羅馬帝國皇帝（1027）。他進行立法改革，頒布倫巴底封建新法。其子亨利當選德意志國王（1028），並成為他主要的顧問。康拉德擊敗波蘭（1028），過去的土地失而復得。他繼承勃艮地（1034），和解決了義大利親王間的不和（1038）。

Conrad III　康拉德三世（西元1093～1152年）　德意志國王（1138～1152年在位），霍亨斯陶芬王朝第一代國王。亨利五世的侄子，1127年在紐倫堡被選為僭王，和義大利國王（1128）。1132回到德國，他發動對德意志國王洛泰爾二世的戰爭，直至1135年他才降服，後被赦免，並恢復他的領地。洛泰爾去世後，康拉德繼承皇位（1138），但洛泰爾的女婿和繼承人巴伐利亞和薩克森公爵傲慢者亨利拒絕服從，因而立即爆發戰爭。康拉德參加十字軍東征巴勒斯坦（1147），並訪問君士坦丁堡（1148），鞏固了與拜占庭皇帝曼紐爾・康尼努斯的聯盟。由於未能訪問羅馬，他沒有得到皇冠。

Conrad von Hötzendorf, Franz (Xaver Josef), Graf (Count) *　康拉德・馮・赫岑多夫（西元1852～1925年）　奧匈帝國傑出的軍事戰略家。他在奧匈帝國軍隊中青雲直上，1906年在王儲斐迪南大公的推薦下任總參謀長。他是個堅定不移的保守派，主張對塞爾維亞和義大利兩國發動預防性戰爭。1911年因叫嚷入侵義大利而一度被免職。第一次世界大戰時，他的計畫使奧德攻勢獲得成功（1915），但是從這時起奧地利軍隊越來越從屬於德國總參謀部，實際上已經失去自己的獨立性。1916年新皇帝查理一世接管了兵權，康拉德遭到罷免。

Conrail　聯合鐵路公司　全名Consolidated Rail Corporation。美國的公有鐵路公司，聯邦政府依據1973年「地區鐵路改組法」接管東北部六條破產鐵路後設立。1976年開業，擁有新澤西中央鐵路公司、伊利拉克萬納鐵路公司、利哈伊－哈得遜河鐵路公司、利哈伊谷鐵路公司、賓州中央運輸公司和瑞丁公司的大部分財產。這一系統在十五州內運營，其線路從大西洋岸達聖路易、從俄亥俄河濱北抵加拿大。1983年將所有客運業務都移交給全國鐵路客運公司或地區運輸當局。1987年政府公開出售其股票。

conscientious objector　拒服兵役者　基於對宗教、哲學和政治上的信仰而反對當兵或反對任何形式的軍事訓練和軍事工作的人。從西曆紀元開始就有某種形式的拒服兵役的情形。拒服兵役已成為門諾會（16世紀）、公誼會（17世紀）的教義。免服兵役可能是無條件的、以擔負特定的民事工作為條件、只免除作戰任務，然而，因宗教、政治或個人道德觀念的原因而反對服兵役的理由則不能成立。拒絕被徵召者可能會被視為違法。哲學和政治原因而拒服兵役在歐洲許多國家是被接受的，但美國只有被公認的和平主義宗教派別的成員，可獲得拒服兵役者的地位。

consciousness　意識　心理學概念。指覺醒的性質和情況。19世紀初，對意識有不同的解釋：或認為意識是一種物質或稱「精神要素」，與物質世界中的物質完全不同；或認為意識是一種屬性，以感覺及隨意運動為特徵，有無意識是動物和人與低等生物的區別點之一，而動物和人係處於正常的覺醒狀態抑或處於睡眠、昏迷及麻醉狀態也以之為分界（這後一類情況過去稱為無意識）。早期觀察意識的方法是內省法。行為主義心理學家認為，意識指能清醒覺察及反應靈敏為特徵的行為，而與缺少覺察、反應不靈敏的熟睡及麻醉狀態相區別。在這兩者之間還有程度不等的意識水平。不同的意識水平在腦電圖上均有反映。意識水平與腦幹網狀結構的功能有關。

conscription　徵兵　亦作draft。強迫徵召義務兵到國家的武裝部隊裡服役。從埃及古王國（西元前27世紀）時期起，一直實行至今，但一般都是選徵兵役制，即使在進行總體戰時也是如此。（後者是指徵召從某一年齡到某一年齡全體身體合格的人入伍，有的國家甚至徵召女性，如以色列從1948年開始男性和女性均被徵召入伍服役。）美國內戰時期採徵兵制，戰爭結束後，這種制度廢除，直到1917年才再次採用這種制度。就如同英國，美國在第一次世界大戰結束後也廢除徵兵制，但在第二次世界大戰受到威脅時又恢復了。1948～1973美國仍保留此種兵制，但現在僅保留一支志願部隊。

consequentialism　結果論　倫理學的學說，指一個行為的對錯，視該行為是否達到宇宙上最高的內在價值（參閱axiology）而定。結果論最簡單的形式亦即古典的（或是快樂主義的）功利主義，它主張一個行為的對錯，視該行為的快樂抵銷痛苦之後的淨值是否達到宇宙上最高點而定。其他不同於古典功利主義形式的結果論，或以內在價值所歸屬的各個事物等級來判定（如摩爾的理想功利主義、倫理的利己主義），或以結果所適用的各個事物範疇來判定。亦請參閱deontological ethics。

conservation　自然資源保護　即自然資源保護。對自然資源或特定生態體系的全環境進行有計畫的管理，以防止亂採、污染、毀壞或無人管理，並保證今後對資源的使用。生命資源可以再生，但礦產、燃料則是無法再生的。歐洲早在17世紀就曾爲保護森林做過努力，當時歐洲的森林面對燃料和建屋需求量的增加。第一座國家公園於19世紀設立，致力於保護這些未開發的土地，不只是提供野生動物一個安全的環境，同時也保護流域確保提供清潔的用水。通過國家立法、國際條約和控制的目的使未來需要發展或需要保護的環境得以平衡。

conservation law　守恆定律　亦稱law of conservation。物理學名詞。應用於物理學的一類定律中的任一定律，它們表述在孤立的物理系統中，某些物理性質（即可測度的量）不隨時間而變化。在孤立系統內物質的物理或化學性質的變化過程（例如固體昇華爲氣體）中，總質量保持不變。在孤立系統內，能量從一種形式（力學的、熱學的、化學的等等）轉變爲另一種形式，一切形式的能量的總和保持不變。含有許多運動物體的系統的線動量是守恆的：即系統的總動量（矢量）保持不變。同樣的，系統中的電荷總量亦不隨時間而變化。守恆定律的重要作用是：可能利用它們預言系統的宏觀行爲而無須考慮物理變化和化學反應過程的微觀細節。

conservation of energy ➠ energy, conservation of

conservatism　保守主義　政治態度或意識形態傾向於維護歷史形成的、代表著連續性和穩定性的事物。最早在現代意義上明確地表達保守主義思想的，是英國議會議員和政論家柏克在其有關法國大革命的作品中提到。柏克認爲，法國革命所採用的暴力的、違反傳統的做法，背離了和敗壞了革命所要實現的那些自由的理想。保守主義的特徵是：不相信人的本性以及沒有經過試驗的革新，只相信不中斷的歷史連續性和傳統。著名的保守主義政黨有：英國的保守黨、德國和義大利的基督教民主黨，美國的共和黨，和日本的自由民主黨。亦請參閱Christian Democracy、liberalism、right。

Conservative Judaism　保守派猶太教　介於改革派猶太教和正統派猶太教之間的一種猶太教形式。19世紀成立於德國，稱爲歷史學派；肇因於有一些德裔猶太人思想家致力於改革但又發現改革派思想太過極端。他們強調律法神聖，是放之萬代而皆準的生氣勃勃的力量。保守派堅持正統，主張尊安息日（星期六）爲聖，雖然全世界較多地區以星期日爲禮拜之日，猶太人應盡可能守安息日。保守派也重視並遵守關於飲食的戒律，必要時加以變通。保守派在美國特別興旺，其代表性組織是美國聯合會堂。美國拉比大會爲保守派的正式機構，位於紐約市的猶太教神學院爲該派培訓拉比。

Conservative Party　保守黨　正式名稱爲全國保守主義與統一主義協會聯盟（National Union of Conservative and Unionist Associations）。英國政黨，其綱領包括增進私人財富和獎勵私人企業，維持強勢的軍事和外交政策，保存傳統文化價值和機構。繼承了以前的托利黨，在1832年的「英國第一改革法」通過後，老托利黨的成員們開始組成「保守主義協會」。現代保守黨基本上是兩個集團的結合：一個是傳統父權式「一國」托利黨，另一個是經濟自由派。只要有一方尋求改變，一定遭到另一方的強烈反對。爲了讓保守黨組成政府並維持下去，必須小心保持傳統派和鼓吹共產主義社會者一翼同自由派和個人主義者一翼的平衡。但是由於內部對與歐盟關係的嚴重爭議使這種基本畫分複雜化。現代保守黨十分倚重地主階級和中產階級的黨員，然而，其選舉的基層有時跨越了這個階級，併入約1/3的勞動階級。勞動階級的選票是保守黨在第一次世界大戰後選舉大獲全勝的關鍵。第一次世界大戰以來，保守黨和工黨支配了英國的政治。

Conservative Party (Canada) ➠ Progressive Conservative Party of Canada

Conservatoire des Arts et Métiers＊　工藝學院
巴黎的公立高等教育機構，致力於應用科學及技術領域的教育，頒授的學位大部分是工程方面。該機構也是一個專責於測試、度量、標準化的實驗室。該院的第三個組成單位是一所國立技術博物館。1794年由沃康松所創，用來存放他自己和其他人的發明，所在地原本是聖馬丁修道院。他發明的自動織布機在死後於該處被雅卡爾發現，成爲雅卡爾的革命性設計的基礎。這座博物館保存了許多18世紀常見的精巧自動裝置和其他機械裝置。

conservatory　暖房　保護觀賞植物的建築，一般附屬在花園內，直到19世紀才成爲花園內專門培育過冬植物的建築（參閱greenhouse），作爲一種裝飾性的建築特徵表示主人的社會地位。1851年約瑟夫・帕克斯頓設計的倫敦大博覽會的水晶宮是最著名的例子。

conservatory　音樂學院　音樂教育機構，特別爲了培養音樂表演和作曲人才，所收學生基本上沒有年齡限制，但大多集中在十～二十五歲的學生。本術語和機構源自16世紀義大利語conservatorio，係指在文藝復興時期和更早些時候中，常附屬於慈善收容所的一種孤兒院，院中的棄兒由國家負擔，並給予音樂訓練。1784年在巴黎創設了第一所爲普通學生設立的世俗音樂學校，後易名爲國家音樂與戲劇藝術學院。這類學院開始在美國出現是在1860年代，有柯蒂斯音樂專科學校、茱麗亞音樂學院、伊士曼音樂學校等。

consonance and dissonance　協和音與不協和音
在音樂中是指聽者在聽某些同時發聲的音所體驗到的穩定與平靜（協和音）以及緊張與不調和（不協和音）的印象。在某些音樂風格中，走向或來自協和音或不協和音的變化表現了一定的特色和方向感，這是由和聲的緊張性的增、減造成的。從協和音到不協和音主觀上的等級是與聲音頻率從簡單的比率到更複雜的比率的等級相一致的。

consonant　輔音；子音　發音時聲腔部分或全部阻塞，使氣流完全或部分受阻而發出的任何語音，例如t、g、f和z之類。按發音方法輔音可分爲：塞音、擦音、無擦通音、顫音、一次接觸音和邊音。通常把鼻音、送氣音和濁音的發音特徵也列入發音方法。輔音還可以按發音部位分爲：齒音、雙唇音、軟顎音等等。它還可伴有次發音動作，如顎化和喉音化。

conspiracy　共謀罪　普通法中指兩個或兩個以上的人爲了進行非法活動或爲了用非法手段達到合法目的而達成的協議。在美國的有些州裡，制定法把共謀罪限於促進犯罪目的的活動。個別的共謀者不一定知道所有其他共謀者的存在和身分。民事共謀罪不一定會被當作犯罪起訴，但會成爲訴訟的原因。在「反托拉斯法」中，關於限制貿易的共謀罪

（如價格的訂定）必定會被起訴的。在美國，通常對共謀實施某項罪行的懲罰要比對實施該項罪行本身的懲罰更爲嚴厲，但有一種日益增長的趨勢是，仿效歐洲大陸的作法，對共謀的懲罰與對罪行本身的懲罰相同或較輕。

Constable, John 康斯塔伯（西元1776～1837年） 英國畫家。1799年進入倫敦皇家美術學院，開始其繪畫事業。他從未出過國，他的最佳作品是描寫英國鄉村的美景。1813和1814年畫了兩大包速寫本和油畫稿。他精於水彩畫和油畫，他最著名的成就是創作了小幅油畫習作，這些畫所表現的都是農村日常生活的景色，如陽光、雲彩、樹木、流水等，在色彩和光影上都有獨到之處。康斯塔伯與透納齊名，都是19世紀英國著名的風景畫家。

康斯塔伯自畫像，鉛筆及水彩素描；現藏倫敦國立肖像畫陳列館 By courtesy of the National Portrait Gallery, London

Constance 孔斯坦塞（西元1154～1198年） 西西里女王（1194～1198年在位）、神聖羅馬帝國皇后（1191～1197）。西西里國王羅傑二世之女，1186年與未來的神聖羅馬帝國皇帝亨利六世結婚，1191年與亨利六世同在羅馬加冕，1194年繼承西西里的王位。1197年亨利死後，她鞏固在西西里王國的權力，並取得教宗英諾森三世的保護，以巧妙的政治手腕使自己的兒子、未來的神聖羅馬帝國皇帝腓特烈二世於1198年4月加冕爲西西里國王。

Constance, Council of 康斯坦茨會議（西元1414～1418年） 天主教第十六次普世會議。據神聖羅馬帝國皇帝西吉斯蒙德要求下，和三位互相競爭的教宗審查威克利夫和胡斯的文章以及改革教會。三位教宗中有兩位被罷黜，一位退位；1417年會議選出馬丁五世爲新教宗。該會議譴責胡斯和威克利夫的文章，宣布胡斯爲異端分子，並被處以火刑。

Constance, Lake 康斯坦茨湖 德語作Bodensee。古名Lacus Brigantinus。瑞士、德國、奧地利三國交界處的湖泊。地處一古老冰川盆地，海拔396公尺，面積541平方公里，平均深度90公尺。該湖爲萊茵河道的一部分，中世紀時是重要的交通中心。阿爾卑斯山風光美不勝收，湖區爲著名遊覽勝地。

Constans II Pogonatus＊ 君士坦斯二世・波戈納圖斯（西元630～668年） 拜占庭（東羅馬）皇帝（641～668年在位）。在他統治時期被阿拉伯人奪取了南部和東部各省，阿拉伯的穆斯林奪去埃及（642），入侵亞美尼亞（647），又於655年在海上擊敗君士坦斯。656年阿拉伯人發生內戰，停止對君士坦丁堡的進攻。659年。君士坦斯與阿拉伯的敘利亞總督簽訂互不侵犯條約。他曾頒布有名的「教義規範詔書」（648）禁止對爭執不下的基督的神性與人性問題繼續進行辯論，但遭教宗馬丁一世譴責，後被流放（653）。他指定兒子君士坦丁爲同朝皇帝（654）。後因下令將其弟狄奧多西處死（660），使他在君士坦丁堡失去人心。663年離開君士坦丁堡，最後駐蹕於西西里島的敘拉古，在那裡被暗殺。

Constant (de Rebecque), (Henri-) Benjamin＊ 貢斯當（西元1767～1830年） 法國小說家和政治作家。與斯塔爾夫人維持了十二年的關係，受她的影響貢斯當支持法國大革命和反對拿破崙，爲此被迫流亡（1803～1814）。後來當選爲議員。他的小說《阿道爾夫》（1816）開現代心理小說之先河。其他作品有《論宗教的起源、形式及發展》（五卷；1824～1831）中對宗教感情作了歷史分析，在這部作品中也顯示了他內心中的自我，就像他在日記、書信和《阿道爾夫》中所做的那樣。

Constanta＊ 康斯坦察 土耳其語作Kustenja。舊稱康斯坦蒂亞納（Constantiana）或托米斯（Tomis）。羅馬尼亞主要港口。西元前7世紀希臘移民在這裡建托米斯城，西元9～17年奧維德曾流放這裡。4世紀時君士坦丁大帝重建托米斯，改名爲康斯坦蒂亞納。從6世紀開始受到其他種族入侵，15世紀初被土耳其人政府所沒落。1878年歸還羅馬尼亞。現爲工商業、貿易和文化中心。人口約348,575（1994）。

Constantine＊ 君士坦丁 舊稱錫爾塔（Cirta）。阿爾及利亞東北部城市。一座天然的要塞，地處三面爲峽谷圍繞的多岩台地上。至西元前3世紀爲努米底亞重鎮，西元313年改稱現名，7世紀時被阿拉伯人占領，後來被土耳其統治，1837年法國占領這裡。1942年美軍取得該城，第二次世界大戰期間同盟國重要作戰基地。現存中世紀城牆，附近有羅馬時代的遺址。該城也是附近地區的農產品市場。人口約440,842（1987）。

Constantine, Donation of ➠ Donation of Constantine

Constantine I 君士坦丁一世（西元280?年以後～337年） 亦稱君士坦丁大帝（Constantine the Great）。正式名稱名爲Flavius Valerius Contantinus。第一位承認基督教的羅馬皇帝。身爲君士坦提烏斯一世的長子，他在戴克里先的宮廷度過幼年。他被忽略爲王位繼承人，而靠自己努力成爲皇帝。在羅馬城外米爾維安橋戰役（312）的勝利使他成爲西方的皇帝。根據傳說，他見到那裡出現一座十字架和「靠此神蹟，你將征服」的文字，此後即承認基督教。313年他與李錫尼發出「米蘭敕令」，同意容忍基督教徒；他也把土地贈與教會，又給教會特權。他反對異端，特別是多納圖斯主義和阿里烏主義，還召開重要的尼西亞會議。在打敗並處決李錫尼後，他控制了東方，成爲唯一的皇帝。他把首都從羅馬遷至拜占庭，並將之改名爲君士坦丁堡（324）。326年他因不明的原因把妻子和長子處死。他拒絕參與世俗儀式而激怒了羅馬人，此後未再踏進羅馬一步。在他的贊助之下，基督教開始成長爲世界性的宗教。君士坦丁在天主教會被尊爲聖徒。

Constantine I 君士坦丁一世（西元1868～1923年） 希臘語作Constantinos。希臘國王（1913～1917, 1920～1922年在位）。喬治一世（1845～1913）的長子。在德意志受高等教育。在1912～1913年巴爾幹戰爭中擔任總司令。1913年繼父位。第一次世界大戰爆發後，因與德皇威廉二世有姻親關係，保持希臘中立，後來被迫於1917年遜位，1920年再次取得王位。他繼續執行反土耳其政策，結果在安納托利亞一役（1922）遭到慘敗。因發生武裝叛亂，同年再次退位，讓位給其子喬治二世。

Constantine II 君士坦丁二世（西元1940年～） 希臘語作Constantinos。希臘國王（1964～1974年在位）。第二次世界大戰期間流亡南非，1946年回國。翌年其父即王位（即保羅一世），立他爲王儲。1964年保羅一世去世，由他繼承。1967年發動軍事政變失敗，他和家人逃往羅馬。希臘王國由軍事委員會管制，由一名攝政代行他的王權。1973年宣布廢除君主，實行共和。1974年一次公民投票正式廢除君主政體。

Constantine V Copronymus＊ 君士坦丁五世・科普羅尼姆斯（西元718～775年） 拜占庭皇帝（741～775年在位）。伊索里亞人利奧三世之子，720年被其父立爲同朝皇帝。他一生致力於抗擊威脅拜占庭的阿拉伯人和保加利亞人，然而，拜占庭的義大利拉韋納總督轄區於751年淪於倫巴底人之手，從而結束了拜占庭對義大利北部的統治。君士坦丁五世是一位強烈的聖像破壞者，對抗命教士嚴厲打擊。後來在一次對抗保加利亞王國的軍事行動中戰死。

Constantine VII Porphyrogenitus＊ 君士坦丁七世（西元905～959年） 拜占庭帝國皇帝（913～959年在位）。利奧六世之子，911年利奧指定他爲同朝皇帝。913年成爲唯一的統治者。920年與岳父羅曼努斯・萊卡佩努斯同朝執政，不久羅曼努斯成爲主要的統治者。君士坦丁儒雅好學，他用全部時間從事著述。主要的作品有《帝國行政論》和《論拜占庭宮廷禮儀》。944年羅曼努斯的兒子們急著要繼承王位，遂將他們的父親趕走。君士坦丁七世在確知民衆擁護他後，便於945年將羅曼努斯的諸子驅逐出境。此後他單獨統治國家，直到959年去世。

Constantine IX Monomachus＊ 君士坦丁九世・莫諾馬庫斯（西元約980～1055年） 拜占庭皇帝（1042～1055年在位）。即位後忽視邊防，削減軍隊，生活奢侈，揮霍無度，結果內憂外患齊來；諾曼人蹂躪義大利南部的拜占庭領地，佩切涅格人越過多瑙河侵入色雷斯和馬其頓，塞爾柱土耳其人出現於亞美尼亞邊境。君士坦丁企圖聯合羅馬教廷共同反對諾曼人，但是雙方關係卻惡化起來，最後造成1054年教會分裂。

Constantine XI (or XII) Palaeologus＊ 君士坦丁十一世（或十二世）・帕里奧洛加斯（西元1404～1453年） 拜占庭末代皇帝（1449～1453年在位），富有膽略和精力，但繼承了一個災難重重的帝國。曼努埃爾二世第四子，早年與弟狄奧多和托馬斯共同統治摩里亞采邑（伯羅奔尼撒），並從法蘭克人手中奪回全部土地。1448年兄約翰八世・帕里奧洛加斯死後無嗣，次年他在米斯特拉被擁立爲皇帝。1451年鄂圖曼蘇丹穆罕默德二世即位後，傾全國兵力進攻君士坦丁堡。他竭盡所能組織防禦，並以希臘教會聽命於羅馬爲條件向西方求援，但均無濟於事。1453年5月破城時，君士坦丁在城頭陣亡。

Constantine the African 非洲人康斯坦丁（西元約1020～1087年） 拉丁語作Constantinus Africanus。中世紀的醫學家，迦太基人，最先將阿拉伯醫學著作譯成拉丁文，深刻地影響了西方的思想。他將三十七本阿拉伯文書籍譯爲拉丁文，其中包括以色利（或稱猶太人艾薩克，西方哈里發帝國最偉大的醫師）的著作。他最重要的成就是將伊斯蘭世界掌握的廣泛的希臘醫學知識介紹給西方，其著作《總藝》即來自10世紀波斯醫師阿里・伊本・阿拔斯的《王經》，又將希臘醫生希波克拉提斯和加倫著作的阿拉伯文版譯成拉丁文。

Constantinople 君士坦丁堡 ➠ Istanbul

Constantinople, Council of 君士坦丁堡會議（西元381年） 基督教第二次普世會議，由皇帝狄奧多西一世召開，在君士坦丁堡舉行。在教義方面，頒布了《尼西亞信經》，同時最終宣布了關於聖靈與聖父及聖子地位平等的三一論教義。這次會議所發布的教規之一規定，君士坦丁堡主教的榮譽僅次於教宗。應召與會的只有東方教會主教，但希臘方面聲稱這次會議是大公會議。羅馬教會似乎承認了這次會議所頒布的信經，但是不承認其教規，尤其是關於君士坦丁堡尊位的教規（只有在13世紀時才承認）。儘管如此，東方教會和西方教會都承認此次會議爲大公會議。第二次君士坦丁堡會議於533年舉行，由查士丁尼一世召開；這次會議支持基督一性論，貶低稍早的卡爾西頓會議。第三次君士坦丁堡會議於680年舉行，譴責基督一志論派。第四次君士坦丁堡會議根據巴西爾一世的建議於869～870年召開，結果是對君士坦丁堡牧首聖佛提烏處以絕罰，並加深了東西方教會間的仇恨。

Constantius I Chlorus＊ 君士坦提烏斯一世・克洛盧斯（卒於西元306年） 原名Flavius Valerius Constantius。羅馬皇帝，君士坦丁一世之父，與其養父馬克西米安、戴克里先、加萊里烏斯組成四人執政團，稱凱撒（即副帝）。305～306年稱凱撒奧古斯都。君士坦提烏斯負責治理高盧，並平定不列顛的叛亂（296），消滅海盜，恢復原來的邊界。毀了一些教堂，沒有處決基督教徒。戴克里先和馬克西米安退位（305年5月1日）後，他成爲統治帝國西部的皇帝。翌年逝。

君士坦提烏斯一世・克洛盧斯之大理石胸像，現藏羅馬卡皮托尼利綜合博物館
Alinari – Art Resource

constellation 星座 在天文學中，按外觀取名的星群，其名稱多少能讓人聯想到物體的形狀或動物的外貌。有助於天文學家和航海者找出恆星的位置。從遠古以來，星座稱作較大星群，星官爲較小的星群，以及單個的恆星，冠以與某些天氣現象相關、或象徵宗教信仰或神話傳說的名字。西方天文學命名了八十八個星座，其中四十八個是保留托勒密在《天文學大成》中所命名的。亦請參閱zodiac。

constitution 憲法 形成一個政治體基本組織原則的整套法規和做法。可以是成文法（例如美國憲法），或是部分成文法和不成文法（例如英國憲法）。其條款通常指出政府如何組成、政府有何權利、人民應該保有什麼權利。現代的憲法思想發展於啓蒙運動期間，當時霍布斯、盧梭、洛克等哲學家提議：立憲政府應該是穩定、可以調整、負責任和開放的，應該代表著被統治者，且應該根據目的而分權。目前仍然運作的最古老憲法是麻薩諸塞州憲法（1780）。亦請參閱social contract。

Constitution, USS 憲章號 別名老鐵壁（Old Ironsides）。美國海軍最早建造的巡防艦之一。1797年下水，長62公尺，通常配備50門砲，乘員超過450人。的黎波里戰爭（1801～1805）的勝利旗艦，在1812年戰爭擊敗英國巡防艦桂里葉號，傳說它的別名是因爲水手看見英國砲彈落下，卻沒有貫穿橡木的側板。1828年宣告不適航行，但由於霍姆茲的詩篇〈老鐵壁〉而引發大衆主張保存的聲浪。1927～1931年整修，停泊於波士頓，對大衆開放。

Constitution Act ➠ Canada Act

Constitution of 1791 1791年憲法 國民議會在法國大革命期間所通過的法國憲法。此憲法保留君主制，但統治權實際上歸屬於由直接投票的制度所選出的立法議會。選舉權則限制在繳付最低稅額的「積極」公民。約有三分之二的成年男性擁有投票權以選出選舉人，並可直接選擇部分地方官員。此憲法持續不到一年。

Constitution of 1795 (Year III)　（共和第三年）1795年憲法　法國大革命期間於熱月反動所締造的法國憲法。這部憲法是由熱月公會所籌備，它比1793年中途結束的民主的憲法更爲保守。這部憲法創建了自由體制的共和國，選舉權的條件奠基在與1791年憲法相近的付稅基準上。它擁有兩院制的立法機關，以減緩立法程序，以及五人組成的督政府。中央政府保留極龐大的權力，包括緊急裁減出版自由與結社自由。

Constitution of the United States　美國憲法　美國聯邦政府體制的根本法，也是西方世界一個劃時代的文件。它是正在實施中的最早的成文國家憲法，1787年由五十五位代表聚集於費城舉行的一個會議中寫成的，會議的名義是對美國第一部成文憲法「邦聯條例」進行修改。由於許多州的批准是以許諾補充「人權法案」爲條件的，使得該憲法的正式通過直到1791年才得到完全確認。這部憲法的設計者們特別關注於限制政府的權力和保障公民的自由。立法、行政和司法部門的分離，它們彼此之間的制約和平衡，以及對個人自由的明確保證，都是旨在達到權威和自由之間的平衡。第一條將全部立法權力授予國會——眾議院和參議院。第二條將行政權授予總統。第三條將司法權授予法院。第四條部分地談到州際關係和各州公民的特權。第五條談到修改程序。第六條談到國債和憲法的至高無上的效力。第七條說明批准的條件。第十條修正案規定聯邦政府僅有憲法授予它的權力；各州則除另有限制者外，擁有所有其他的權力。因此，聯邦的權力是列舉的，州的權力是概括的。州的權力常常被稱爲剩餘權力。憲法修正案可由國會兩院2/3的議員提出，或由國會根據2/3州議會的請求召開的一次會議提出。所有後來的修正案都是由國會提出的。國會提出的修正案必須經3/4的州議會批准，或由同樣多的州的會議批准。從1789年以來已經有二十七項修正案被補充入憲法中。除最初的十項——1791年的「人權法案」被採納爲一個獨立的單位——以外，其他影響深遠的修正案包括：第十三條修正案（1865），廢除奴隸制；第十四條修正案（1868），法律提供公平審判和平等保護的原則；第十五條修正案（1870），保證不受種族影響的投票權；第十七條修正案（1913），規定直接選舉美國參議員；第十九條修正案（1920），規定婦女選舉權；第二十二條修正案（1951），限制總統的任期不得超過兩屆等。亦請參閱civil liberty、commerce clause、Equal Rights Amendment、estalishment、freedom of speech、judiciary、states' rights。

Constitution of the Year VIII　共和第八年憲法（西元1799年）　法國大革命期間在霧月十八～十九日政變後所創建的法國憲法。這部憲法是由西哀士所起草，它掩飾拿破崙所創建的軍事獨裁政權的眞正性格，以宣佈出售的國家財產將不可撤回，以及主張不利於流亡貴族的立法，來撫慰法國大革命的黨人。它創建了以執政府爲名的政權，此一政府將所有實質權力集中於拿破崙之手。在1800年，它經歷公民投票的考驗，獲得壓倒性的勝利。

Constitutional Act　憲法法案（西元1791年）　亦稱加拿大法案（Canada Bill）。英國議會通過的關於加拿大的法案。該法案廢除了1774年制定的「魁北克法案」的一些部分，並提供了一部新的憲法。新法案爲該地區提供更民主的憲法，每一省設有選舉產生的議會，及由英王指派的省長和行政委員會。所有法案都由議會提出，但英王有否決權。

Constitutional Convention　美國制憲會議（西元1787年5月～9月）　制訂美國憲法的會議。1787年5月25日至9月17日於費城舉行，各州（羅德島除外）均予響應。會議係應1786年亞那波里斯會議的呼籲而召開，旨在修改「邦聯條例」以解決嚴重經濟糾紛和建立比較有力的中央政府。但會議在放棄修改「邦聯條例」而著手制訂新方案時發生分裂，小州與大州在議員名額分配問題上發生對立：維吉尼亞（或大州）方案，主張成立兩院制立法機關，各州代表人數取決於人口和財富。新澤西（或小州）方案，主張議會中各州代表人數相同。後來提出康乃狄克折衷方案，建議成立兩院，下院爲比例代表制，上院爲均等代表制，而關於國家收入的議案均需在下院提出。這一折衷方案於7月16日獲得通過。第二年，會議的成就得到大多數州的批准。

C D

Constitutional Democratic Party　立憲民主黨　亦作Kadet。俄國政黨，主張徹底改革俄國政府，採用英國式的君主立憲制度。1905年由一些自由主義者建立，它控制了1906年首屆杜馬，但後來並不是很成功。1917年布爾什維克掌握政權後，宣布立憲民主黨爲非法並停止其功能。

Constitutional Laws of 1875　1875年憲法　在法國，一連串在日後來被統稱爲第三共和憲法的基本法。它創建兩院的立法機關，它擁有非直選的參議院來覆核民選的眾議院，它的部長會議向議會負責，總統則擁有與立憲君主制相似的權力。它在諸多層面上仍完整遺留在法國的政府結構中。

constitutional monarchy　君主立憲制　君主（參閱monarchy）同意與一個依憲法組織的政府分享權力的一種政治體制。君主可能仍爲實際上的國家領袖，或僅爲象徵性的領袖。憲法將其他的政府權力分配給立法機關和司法機關。英國在輝格黨人的推動下轉變爲一個君主立憲體制國家；其他的君主立憲體制國家包括比利時、柬埔寨、約旦、尼德蘭（荷蘭）、挪威、西班牙、瑞典和泰國。

Constitutions of Clarendon ➠ Clarendon, Constitutions of

constructivism　建構主義　詮釋數學陳述的理論，若且唯若（if and only if）有證明才是眞，若有反證就是假。建構主義反對柏拉圖學派的詮釋，該學派將數學陳述視爲一個永恆數學客體的國度，這些數學客體獨立存在，不爲我們的認知所限（參閱form、Platonism）。對建構主義來說，某些古典邏輯推論有效的形式（例如排中律、雙重否定律、無限集合假設）可能不再能毫無限制地用於建構數學證明（參閱logic）。因此，建構主義者認可的數學證明與定理要比柏拉圖學派少。亦請參閱intuitionism。

Constructivism　構成主義　俄國藝術和建築運動。最初受立體主義和未來主義的影響，普遍認爲是在1913年與塔特林的抽象幾何結構一起產生的。1920年佩夫斯納和伽勃加入，他們起草的〈寫實主義宣言〉引導其追隨者要「構成」藝術，「構成主義」一詞就出自那篇宣言。後來又有羅琴科、利西茨基等人的加入。構成主義者對機器、工藝學、功能主義和現代工業材料如塑膠、鋼材和玻璃等讚美不已，因此也自稱是藝術工程師。構成主義瓦解後，有些成員來到歐洲和美國，其理論對西方抽象主義等產生影響。亦請參閱Bauhaus、Stijl, De。

consul　執政官　古代羅馬共和國的最高行政長官，共兩名。他們至高無上的權力表現爲他們所行使的帝權，但其運用帝權的任意性受到限制。由元老院提名，公民大會選出，任期一年。兩名執政官可以否決對方做出的決定。身爲國家元首，負責統帥軍隊，主持元老院會議，執行元老院通過的法令，並在外交事務中代表國家。任期屆滿後一般被任命爲行省總督。隨著帝國的衰落，執政官的權力日益喪失。

Consulate 執政府（西元1799年～1804年） 霧月十八～十九日政變後所創建的法國政治。共和第八年憲法設計了由三位執政所組成的行政部門，但第一執政拿破崙握有全部實質的權力，而其他兩位：西哀士和迪柯（1747～1816）則是有名無實的傀儡。代議制度和與立法權優先的原則都遭棄置。行政部門獲得起草新法律的權力，而立法部門只比橡皮圖章好一點。選舉變成精緻的猜謎遊戲，選民被剝奪眞正的權力。拿破崙在自立爲帝後廢除任期的限制。

consumer credit 消費者信貸 爲個人消費購買商品和勞務或爲清償因購買商品和勞務所欠債務而提供的短期和中期貸款。借貸可由放款人提供現金或由售貨人提供銷售信貸。消費者貸款分爲兩大類：分期付款貸款，即分兩次或兩次以上付款償還的貸款，如汽車貸款或信用卡購物；非分期付款貸款，即一次付款償還的貸款，如金融機構一次支付的貸款。消費性貸款通常較工商業貸款的利息高出許多。亦請參閱credit。

consumer goods 消費品 在經濟學中，指爲了滿足購買者當前的需求和已知的需要所生產的有形商品。消費品分爲耐用的和非耐用的兩大類。耐用消費品（如汽車、家具、家用電器和活動房屋）使用壽命較長，往往是三年或三年以上。耐用消費品的損耗是按其使用壽命均勻分攤的（資本貨物的特點之一），這就會導致一系列維修的服務。購來隨即消費掉，使用壽命在三年以下的商品叫非耐用消費品，如食品、飲料、衣料、鞋子和汽油皆是。

consumer price index 消費者物價指數 以零售物價的變動爲基準的衡量生活費用的指標，廣泛應用於衡量維持一定生活水準的費用的變動。這種指標通常以有關居民抽樣調查爲基礎，確定應包括哪些商品和服務；然後定期算出這些商品和勞務的價格，按照各商品的相對重要性把價格組合起來。拿這組價格與原先在基年所搜集的一組同類商品價格相比較，進而確定其增減的百分比。爲編製指數統計時，居民分組包括幾乎所有的工薪人員家庭或城市居民，但特殊的指數可能是某些特定的人口團體（如退休人口）。這種指數統計範圍的限制常被人忽視而不顧。全世界有一百多個國家公布這種指數。

consumer protection 消費者保護 法律組織，旨在促進消費者安全、教育及對危險或未達標準的產品和欺騙行爲提供保護。美國的聯邦貿易委員會（1914年成立）、食品和藥物管理署（1927年成立），以協助保護消費者權益。章程規定了製造和設計、廣告、商標和銷售方法等。聯合國在1985年製作了《消費者保護指南》（1995年修訂），內容涵蓋了消費者安全、產品標準和教育，爲政府（特別是低開發國家）提供組織和基準以爲消費者保護建立法律基礎。亦請參閱consumerism、Nader, Ralph。

consumer psychology 消費心理學 社會心理學的一支，涉及消費者的市場行爲。消費心理學者調查不同消費群體的偏好、風俗和習慣；而他們對消費者態度的研究常被用於幫助設計廣告活動和規畫新產品。

consumerism 消費主義 爲了買方的權益旨在控制製造廠商、賣方和廣告商的產品、服務、做法和標準的活動或政策。這種控制章程可能是社會團體性的、法定的，或訂在某一行業所接受的自願遵守的典籍中，或訂在受消費者組織較爲間接影響而形成的守則中。爲保障消費者，政府常建立正式的管理機構（例如，美國的聯邦貿易委員會和食品和藥物管理署）。早期曾制定一些消費者保護法律管理食品和有害藥物的銷售。美國消費者保護運動始於1960年代、1970年代消費者衛士納德遊說制定汽車、玩具和許多家庭用品的安全標準的法律。另外還通過法律規定廣告商對其產品做眞實的描述和防止銷售人員使用欺騙的銷售策略。消費主張由國際消費者聯盟（IOCU）在世界各地推動。

consumer's surplus 消費者剩餘 經濟學中，指消費者爲購買某項貨物所付價格與他寧願支付而不願得不到此貨物的價格之間的差額。這一概念1844年由杜普伊首先提出，後經馬歇爾應用推廣。這一概念被20世紀的經濟學家所摒棄，因爲從一種貨物所獲得的效用同其他貨物的購買難易程度和價格都不無關係，另外效用程度均可度量這一假設也存在問題。不過，它仍被利用在福利經濟學和課稅領域中。

consumption 消費 經濟學中，指物品和勞務的最終耗費，即生產其他物品（如工商企業購置廠房設備和機器）時中間產品的耗費除外。爲了解釋消費者對產品和勞務需求的變化，經濟學家創造出計算收入和產品價格彈性的方法。古典經濟學說解釋消費者行爲是建築在邊際效用觀念之上的。根據這一觀念，消費者從購買產品中可獲得一定量的欲望滿足（效用），但是增加購買這同類產品所得到的滿足會隨著供應的增加而遞減。收入和價格是消費的兩大決定因素。不理性的消費行爲還是大量存在的，「誇耀性消費」就是一種常見的現象。當一種產品價格奇貴而造成了「聲望價值」時，則人們對該產品的需求反而比簡單的價格－需求關係所造成的固有的需求高得許多。

consumption ➠ tuberculosis (TB)

consumption tax 消費稅 由消費者直接或間接繳納的稅。如國內貨物稅、營業稅和關稅。由於消費稅率一般與消費支出水平成比例，高收入階層的消費占其收入的百分數要小於低收入階層，因而就收入而論，這種稅通常比所得稅更具有緊縮通貨作用和稅率的累退性。亦請參閱progressive tax、regressive tax。

contact lens 隱形眼鏡 戴在眼球表面用以矯正視力缺陷的透鏡。早期的玻璃隱形眼鏡，發明於1887年，使用起來不舒適又無法長時間配戴。現代用塑膠製造的隱形眼鏡在1948年發明，製造隱形眼鏡必須先在眼球上取印模。硬透鏡適合散光，但配戴時間受到限制。軟透鏡使用起來較舒適，有的可以連戴數週。和傳統眼鏡比起來，隱形眼鏡更能改善視力的缺陷，戴起來也更美觀。

containership 貨櫃船 一種航海船隻，設計來運輸大型、標準尺寸的貨櫃。鐵路和公路用貨櫃在20世紀初就使用了。但直到1960年代，因爲有了專門爲貨櫃運輸設計的新型船舶，才使貨櫃成爲遠洋航運的主要組成部分。貨櫃船又大又快，甲板上下都能裝載貨櫃，貨物易裝易卸，使停港時間減至最少，增加航運次數。

containment 圍堵 美國於1940年代末期和1950年代初期所奉行的一項戰略方針，目的在於阻止蘇聯在經濟、軍事、外交和政治等方面的擴張主義的政策。第二次世界大戰剛結束，美國外交官兼國務院蘇聯問題顧問肯南便提出此主張。1947年的杜魯門主義（對希臘和土耳其提供經濟和軍事緊急援助）就是圍堵政策的初步實施階段。

contempt 藐視法庭罪 在法律上，指侮辱、干預或侵犯主管法庭或立法機構的行爲。有意冒犯法庭或干涉其業務活動的行爲或言論，屬於刑事藐視罪。然而，不遵守法庭命令的行爲，由於其後果有多種，可被視爲民事藐視或刑事藐視或二者兼有。一方面，這種行爲是對法庭的侮辱和冒犯法庭的司法權威，因而構成刑事藐視。在刑事藐視和民事藐視的訴訟程序中，但更普遍的是在前者中，對於發生在法庭上的不服從法庭命令的行爲稱爲直接的藐視法庭罪。在美國，國會各委員會可以強制證人出席，但拒絕作證或拒絕回答問題的證人不能被認爲是藐視國會。藐視必須是蓄意的和故意的，向證人提出的問題必須與經國會批准的調查有關。美國憲法第五條修正案規定不得強迫任何人證明自己有罪的規定也適用於在國會各委員會作證的證人。亦請參閱perjury。

Conti family　孔蒂家族　法國波旁王室一支系。孔蒂親王這一頭銜設於16世紀，後因阿爾芒・德・波旁（1629～1666）受寵而恢復，他是投石黨運動的領袖之一，也是大孔代親王的么弟。該家族著名的人物有弗朗索瓦－路易・德・波旁（1644～1709），波蘭王位候選人之一；路易－弗朗索瓦・德・波旁（1717～1776），曾參加奧地利王位繼承戰爭。最後一位親王路易－弗朗索瓦－約瑟夫・德・波旁（1734～1814）因七年戰爭而出名。他死後，孔蒂家族遂告斷絕。

continent　大陸　較大的連續地塊。按面積大小依次爲亞洲、非洲、北美洲、南美洲、南極洲、歐洲及澳大利亞。有時將歐亞兩洲看作一個大陸，稱歐亞大陸。各大陸面積和海岸線比例相差懸殊。地球上三分之二以上的陸地位於赤道以北，除南極洲外，其他各大陸都呈楔形，北部皆比南部寬。亦請參閱continental drift。

Continental Congress　大陸會議　美國革命時期，殖民地各州人民的代表機構，其代表爲各州人民說話並採取集體行動。1774年9月5日在費城召開第一屆大陸會議，在殖民地通訊委員會倡議下召開。會議中通過了人權（包括生存、自由、財產、集會和陪審團審判）宣言。宣言中也反對不經代表們同意向殖民地徵稅及在殖民地派駐英國軍隊。但是接受了英國議會對美國商務的管制。第二次大陸會議1775年5月召開，會中任命華盛頓爲美軍總司令，通過了「獨立宣言」（1776），也準備了「邦聯條例」（1781），該條例授予國會某些職權。

Continental Divide　大陸分水嶺　北美由一系列山峰形成的連綿不斷的山嶺。將本大陸水系分爲東向（入哈得遜灣或密西西比河）和西向（入太平洋）兩部分。分水嶺大部由落磯山脈構成。北起加拿大不列顛哥倫比亞省、不列顛哥倫比亞－亞伯達省邊界、美國蒙大拿、懷俄明、科羅拉多、新墨西哥州，南至墨西哥和中美洲。「大陸分水嶺」一詞也泛指任何大陸上的主要分水線。

continental drift　大陸漂移　地質年代中大陸之間或大陸相對於洋盆的大規模水平位移。第一個眞正詳盡的綜合

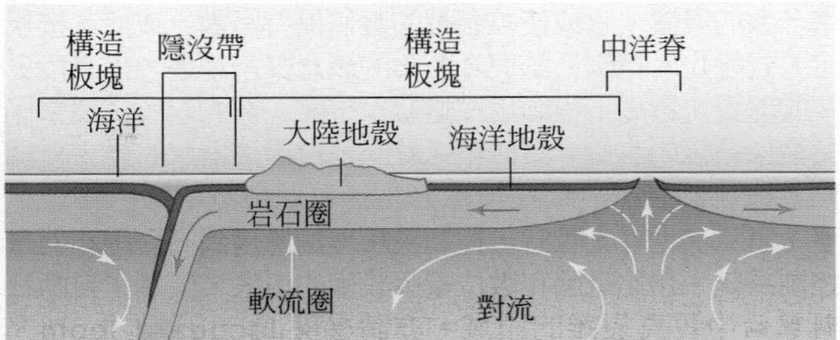

大陸嵌在構造板塊裡面。新的岩石圈在板塊邊界生成，而在另一個板塊邊界隱沒，板塊帶著大陸在下伏的地函上面移動。大陸的「漂移」每年僅數公分，但是隔了幾億年之久則會相去數千公里之遙。

性大陸漂移理論是由德國氣象學家魏根納於1912年提出的。他假設整個地質年代的大多時期只有一塊大陸。他將此大陸成爲盤古大陸。後來到了三疊紀（2.45億年前～2.08億年前）盤古大陸分裂了，開始相互分開。他提出美洲和非洲的岩層相似來支持他的假定。1960年代魏根納的觀點和赫斯的海底擴張假說結合。現代學說提出美洲大陸在距今約1.9億年前於非洲和歐洲連在一起的，直到一條裂縫沿著現在的大西洋中脊將它們分開。後來的板塊運動，把這些大陸帶到了它們現在的位置。

Continental philosophy　歐陸哲學　對20世紀歐洲哲學產生重大影響的各種不同傳統、方法和風格的一個統稱。在一般的理解中，歐陸哲學通常與英美哲學或分析哲學相對立，並包含了現象學和存在主義。而像海德格、沙特和梅洛－龐蒂這些思想家則同時結合了兩者的元素。

continental shelf　大陸棚　形成大陸邊緣的寬闊且較淺的水下台地。大陸棚一般從海岸伸展到100～200公尺深處，寬度往往有很大不同，但平均約爲65公里。差不多在任何地方，大陸棚都不過是大陸塊體在大洋邊沿下面的延續部分。因此，在多山的海岸附近海面下，大陸棚狹窄、凹凸不平而且陡峭，但平原延伸的濱海區則寬廣且較平坦。大陸棚上通常覆蓋著一層砂、粉砂和粉砂質淤泥。其表面具有小丘陵和小山脊與淺的窪地和河谷樣的溝槽交替出現的地形。少數情況下，兩壁陡峭的V字型的海底狹谷既深深地切入大陸棚，也深深地切入大陸坡。

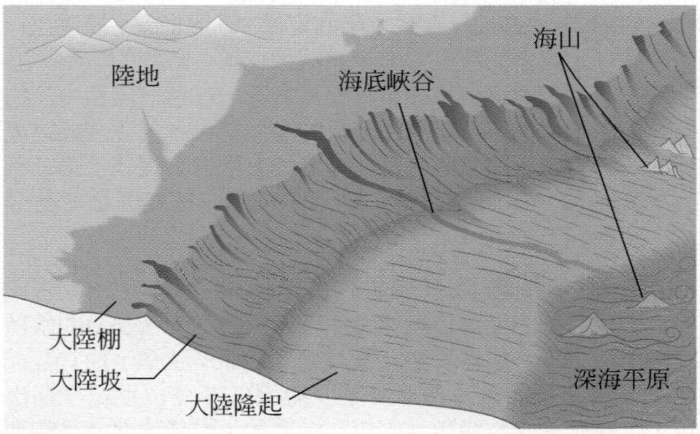

寬闊平緩的大陸棚接著是較峭的大陸坡。往深海平原中間是沈積物堆積區，更為平緩的大陸隆起。大陸棚、大陸坡和大陸隆起統稱為大陸邊緣。為了強調，圖中在深度方面誇大表現。

continental shield　大陸地盾　地殼中由先寒武系結晶質岩石組成的地勢低緩的巨大穩定區。這些岩石的年齡全部大於5.7億年，用放射性同位素年齡測定法查明有些岩石已達20億～30億年。地盾區一般被認爲是大陸的核心。每個大陸上都有分布。

continental slope　大陸坡　大陸棚面向海的邊緣。全世界的大陸坡總長度約爲30萬公里，並以4°以上的平均角度從大陸棚邊上的大陸棚坡折處向深度爲100～3,200公尺的大洋盆地起始處下降。大陸坡的坡降在無大河的穩定海岸以外的海裡最低，而在有年輕山脈和狹窄陸棚的海岸以外的海裡最高。從大陸殼向大洋殼的過渡通常就在大陸坡底下。大陸坡因有許許多多的海底狹谷和海丘而崎嶇不平。大陸坡上的主要沈積物是淤泥；也有少量的砂和礫石的沈積物。

Continental System　大陸封鎖　拿破崙戰爭時期，拿破崙破壞英國貿易的行動。他以「柏林法令」（1806年11月21日）和「米蘭詔令」（1807年12月17日）宣布實行大陸封鎖，不

准中立國和法國的盟國同英國人進行貿易。英國也發布緊急命令，對法國和一切與拿破崙結盟的國家實行反封鎖。這場鬥爭使交戰雙方遭受很大的苦難，也給中立國帶來不少煩惱，並且成爲英國和美國1812年戰爭的主要原因之一。但由於英國在海上擁有壓倒優勢，大陸封鎖對拿破崙危害極大。

continuing education 連續教育 亦稱成人教育（adult education）。提供成年男女的任何學習形式。美國威斯康辛大學是第一所提供這種課程（1904）的學院。紐約州立大學的帝國學院是第一個專門致力於成人學習教育的學校（1969）。連續教育包括多種形式，如獨立自修；廣播、聽錄音帶、上網和函授；小組和其他學習圈子內的討論、學術研討會；以及全天或半天的上課學習。補救課程如高中同等學力和基本拼寫課程是很普遍的。近年來科目種類日益繁多，包括爲自修、退休計畫和電腦技能提供的各種課程。亦請參閱chautauqua movement。

C
D

continuity 連續 數學用語，指函數及其圖表的性質。連續函數是圖表不間斷或不跳動的函數。被界定爲使用極限的概念。在特定情況下函數被指爲連續的x 值，如果函數的極限存在那裡而等於該點的函數值。當這種情況適用於某個間隔中x的所有實數值時，即產生一個可在整個間隔延伸不斷的圖表。這樣的函數對微積分理論極爲重要，不只是因爲它們塑造了大部分的物理體系，也因爲導數和積分的根本原理採用了相關函數的連續性。

continuity principle 連續性原理 亦作連續方程式（continuity equation）。流體力學的定律。簡單地說，描述在一定時間一定體積的流入，減掉該體積在同一時間的流出，必然就在該體積內積聚。如果積聚是負數，在這個體積內的物質在減少。這個原理是質量守恆的必然結果。要完全描述流體的運動行爲，除了此方程式還要加上兩個方程式，第二個方程式基於牛頓第二運動定律，第三個方程式則是能量守恆。

continuo 持續低音 亦作basso continuo。巴洛克音樂中，一組特殊的樂器重奏伴奏體系。由演奏同一部分的兩種樂器組成：低音樂器，如大提琴或低音管；弦樂，通常是大鍵琴，有時是管風琴和魯特琴。持續低音在17世紀早期出現，反映了伴奏音樂激進的新音樂形式，這種伴奏樂是新型音樂歌劇的典型代表。持續低音（在搖滾樂團的第音樂契合節奏吉他中也有類似音樂）實際上應用於巴洛克時期的所有重奏音樂。

contraception 避孕 人類生理學術語，指有意防止懷孕的措施。最常見的方法是絕育術，手術簡單，但有效率超過99%。許多避孕方法會損害健康；最安全的方法包括使用阻隔式避孕器以及危險期推算法。避孕藥是利用雌激素或孕酮來抑制卵巢排卵。「事後丸」是含有大劑量的雌激素和孕激素或僅有後者的藥片，是在性交後避孕的方法之一。口服避孕藥最嚴重的副作用就是可能會造成血栓疾病。子宮內避孕器（IUD）是植入子宮內的塑膠或金屬器械，引起子宮內膜發生輕度炎症，從而抑制了排卵，防止了受精，或防止了受精卵著床。1970年代和1980年代，有的避孕器被禁止販賣，因爲發現它們的副作用是高危險性的骨盆炎症、異位妊娠和自發性敗血性流產等疾病。保險套、陰道海綿條、陰道隔膜和子宮帽等阻隔式避孕器，以阻止精入進入子宮。保險套還可以預防性傳染病（STD）的流傳。殺精劑可協助防止精子越過這些阻隔，因此可提高這些器械的效力使之接近100%。危險期推算法是估算排卵期，這樣就可在這每月中婦女最易受孕的大約六天內避免性交。除記錄個人月經週期外，還可每日測體溫，因爲基礎體溫升高時就意味排卵。這兩種方法還常再結合第三種方法，即觀察子宮頸黏液的變化，這可預示易孕時期。正在實驗中且使用較少的節育法還有男性口服避孕藥。

contract 契約 由雙方或多方自願達成的協議，協議中的各方承諾按照一個具體的時間表交換金錢、商品或服務；也有可能是承諾不能做的事（如要求向第三者保守商業機密或財務狀況）。未能履行契約就使對方可以在法院提起訴訟要求賠償損失，而仲裁的方式可以保守行業的祕密，避免令人尷尬的爭執被記入公開的案卷。所有的契約都必須是自願地和自由地訂立的。一項契約如果違反了這個原則，包括立約者是未成年或精神病患，它可能會被宣布爲無效。一項契約同時也一定要有法律的目的。

contralto ➠ alto

contras 尼加拉瓜反抗軍 試圖推翻尼加拉瓜桑定主義者政權的一隻反革命軍隊。這隻反抗軍最初是由蘇慕薩（參閱Somoza family）當政時的國家防衛隊所組成。美國中央情報局在該團體的訓練和資助上扮演了關鍵性的角色，該反抗軍的恐怖主義策略遭到國際人權團體的非議。美國國會於1984年禁止軍援尼加拉瓜反抗軍；雷根政府企圖規避國會禁令的手法最後導致伊朗軍售事件的爆發。這個地區在阿里亞斯・桑切斯的談判協商之下獲致和平，1990年在查莫洛總統的協商之下，該反抗軍終於解散。亦請參閱Ortega (Saavedra), Daniel。

contrast medium 對比劑 又譯造影劑。不易爲X射線穿透的物質，當存在於某個器官或組織中時，就會在X射線膠片上顯示更爲清晰的影像。最常見的對比劑是硫酸鋇和有機碘化合物。對比劑可以是氣體，也可以是液體；可注入自然體腔，注入血管；也可以吞服或灌腸作消化道造影；還可以注入器官包膜下以影示器官輪廓。對比劑並不會造成嚴重的反應。亦請參閱diagnostic imaging。

contredanse ➠ country dance

Contreras, Battle of* 孔特雷拉斯戰役（1847年8月19日～20日） 孔特雷拉斯爲墨西哥城西南的一個小村。司各脫將軍在此村附近進行了墨西哥戰爭的最後戰役，結果美軍獲勝。司各脫的軍隊控制了幾條通往墨西哥城的道路，後在楚魯巴斯科捕獲墨西哥軍隊重要人物聖安納。

contributory negligence 助成過失 在法律上，指沒有符合爲自身利益理應遵守的注意標準而助成自身受到傷害或損失的行爲。英國法律從1945年開始，以及在美國的許多州裡，如果表明原告人曾助成傷害，仍然可以要求賠償，但是規定要相應地減少損害賠償金。亦請參閱negligence。

control system 控制系統 使變量或變量組與規定標準一致的裝置。它或使控制量的數值保持常數，或使其按規定方式變化。控制系統與自動化的概念緊密相連，但有段更久的歷史。羅馬工程師用在適當水位開、關的浮子式閥來保持溝渠系統的水位。1769年瓦特的飛球調速器，它是一種調節蒸汽流的裝置，即使荷載變化仍可保持蒸汽機的轉速不變。第二次世界大戰時，控制系統理論應用到高射炮和射擊控制系統。類比電腦和數位電腦設備的引入，開闢了自動控制理論中更爲複雜的領域。亦請參閱Jacquard loom、pneumatic device、servomechanism。

control theory 控制理論 應用數學的一個與某些物理過程和系統的控制有關的領域。1950年代後期和1960年代初期，它才由於自身的緣由而成為一個領域。第二次世界大戰以後，在工程學的某些分支和經濟學中提出了一些問題，它們是微分方程式和變分法中的問題的變形，但是不能用已有的理論來概括。最初，對經典的技術和理論作了一些特殊修改以解決個別問題。隨後認識到在幾個不同領域中的這些似乎不同的問題都有相同的數學結構，於是控制理論就應運而生。亦請參閱control system。

convection　對流　隨著空氣或水之類受熱流體的運動而傳遞熱量的過程。自然對流大多數是由於流體受熱膨脹產生的。這時流體變得較稀薄，浮力增大而浮起。這一效應所引起的循環流動使壺中的水或受熱室內的空氣得以均勻變熱：受熱分子由於速度增大相互碰撞擴大了它們的活動空間，並向上升；變冷後再一次相互趨近，密度增大而向下沈。用風扇驅動空氣和用泵抽運水都是強制對流的例子。大氣對流可由太陽輻射（加熱和上升）或與巨大的冷面接觸（冷卻和沈降）這樣一些局部熱效應來形成。這種對流基本上是沿垂直方向移動，因而可以解釋雲和雷雨等許多大氣現象。

convection ➠ mass flow

Convention, National ➠ National Convention

convention, political ➠ political convention

convergence　收斂　數學中，有些函數的自變數遞增或遞減時，或有些級數的項數增加時，函數和級數所表現出來的越來越逼近某一極限的性質。例如，函數y＝1/x，當x遞增時收斂到零。雖然x沒有一個有限值可使y的值實際上變為零，但y的極限值是零，因為只要把x選得足夠大就可以使y的值要多小就多小。直線y＝0（即x軸），稱為曲線y＝1/x的漸近線。同樣的，級數$1+x+x^2+\cdots+x^n$，對於在－1與1之間的任何x值（但不包括－1與1），當項數n增加時收斂到極限1/（1－x）；區間－1＜x＜1稱為此級數的收斂區域，對於在此區域之外的x值，級數發散。

conveyor belt　輸送帶　一種搬運物料的機械化設備，主要用於工廠，但也可用於大農場、倉庫和貨物的搬運，以及原料的輸送。使用織物帶、橡膠帶、塑膠帶、皮帶或金屬帶的帶式輸送機，由裝在輸送機下面或一端的滾筒驅動，輸送帶形成閉合環路。負載重時由托輥支托；負載極輕不足以對帶產生摩擦阻力時，則由金屬滑盤支托。通常由電動機通過恆速或變速的減速齒輪驅動。

convolvulus ➠ bindweed

convoy　護航　在武裝護衛下行駛船隻。最初，為商船護航是為了防止海盜襲擊（參閱piracy）。17世紀以來中立國要求「護航權」，即中立國商船在中立國戰艦護航下可免於搜查。第一次世界大戰期間，護航是為了達到另外一項目的，即保護英國商船免受德國軍艦和潛水艇的攻擊。第二次世界大戰期間，相同的系統保護了同盟國的船隻免受德國潛水艇的騷擾。

convulsive disorder ➠ epilepsy

Conway, Thomas　康韋（西元1735～約1800年）　美國革命時期的愛爾蘭裔法國將軍。被法國派往美洲協助殖民地軍作戰，曾參加布蘭迪萬河和日耳曼敦等戰役戰役，後國會違背華盛頓的建議將他提升為少將。他主張起用蓋茨以取代華盛頓為總司令；隨著「陰謀」（稱為「康韋陰謀」）暴露，他被迫辭職。

cony　蹄兔　亦作coney。非洲蹄兔的俗名，該俗名用於舊大陸。英語「cony」一詞指多種無親緣關係的哺乳類及魚類。一類似豚鼠的鼠兔即俗稱「cony」；與兔有親緣關係。「cony」一詞又曾指一種兔，該詞在皮毛業有時仍指兔皮。白鮭的一種（北鮭）和幾種海鱸亦俗稱為「cony」。

Cook, James　科克（西元1728～1779年）　別名科克船長（Captain Cook）。英國航海家和探險家。他加入皇家海軍（1755）和探測聖羅倫斯河及紐芬蘭海岸（1763～1767）。1768年被指派擔任太平洋首次科學考察隊指揮官。駕著三桅帆船「奮鬥號」，他發現了紐西蘭，並繪製出該島的海圖，最後抵達澳大利亞東海岸。1768～1771年的航行搜集到的科學資料是一筆無與倫比的財富，由於科克提倡改善飲食，增加維生素C的含量。他的船員沒有患壞血病死亡的。之後，科克率領兩條船去作環球和穿過南極洲的首次航行。這次的航行（1772～1775）被列為最偉大的帆船航行之一，完成了第一次自西向東高緯度的環球航行。第三次航行（1776～1779）旨在探索是否存在大西洋與太平洋間的西北航道或東北航道，但未成功。科克在夏威夷被玻里尼西亞人殺死。

Cook, Mt. ➠ Mount Cook National Park

Cook, Thomas　科克（西元1808～1892年）　有嚮導的旅遊創始人，世界旅行社「湯瑪斯·科克父子公司」的創辦人。1841年他為戒酒大會安排了特別列車，這是英國第一列公開發廣告的旅遊火車。1855年巴黎博覽會期間，科克帶領了從列斯特到法國加萊的旅遊。翌年他率領了第一個周遊歐洲的大旅行團。1860年代早期他代理旅遊券的銷售業務，1880年代他的公司辦理英國和埃及的軍事運輸及郵政業務。

Cook Inlet　科克灣　北太平洋一小灣，在美國阿拉斯加灣內。東為奇奈半島，向東北凹入350公里，寬14～128公里。有蘇西特納河注入。該灣的潮汐有時一晝夜內漲落可達10公尺。為漁業基地和油田。該灣頂端附近有安克拉治市。

Cook Islands　科克群島　紐西蘭的內政自治領地。位於南太平洋中紐西蘭東北3,000公里處。行政中心設在拉羅湯加島的阿瓦魯阿。十五座島嶼由北向南分布在1,450公里長的海域中，分為南區（八個島嶼）和北區（七個島嶼）。北區各島都是礁島；南部則大部分屬火山島。最初的居民是來自東加和薩摩亞的玻里尼西亞人。拉羅湯加島上的阿拉梅圖亞古道及其他遺跡表明，約在西元1100年已出現一個高度組織的社會。西班牙航海家曼達納於1595年首次發現普卡普卡島，其後陸續有西班牙人、俄國人和法國人發現一些其他島嶼。科克船長在其三次航行中（1773、1774、1777）考察了群島的多處島嶼，群島因而便以他的名字命名。1888年英國人在此設立保護地，1901年紐西蘭併吞群島區。1965年與紐西蘭自由聯合，取得自治地位。人口約19,300（1995）。

Cook Strait　科克海峽　分隔紐西蘭南、北二島的海上通道，連接塔斯曼海和南太平洋。最窄處寬約23公里，平均水深128公尺。水流湍急多變，風大浪險，不利航行。1778年英國航海家詹姆斯·科克在尋找西北航道時到過該灣。

Cooke, (Alfred) Alistair　柯克（西元1908年～）　英裔美籍報界人士、時事評論家，以對美國歷史及文化所作評論生動而且深刻著稱。曾先後就學於劍橋大學、耶魯大學和哈佛大學，後定居紐約市。1930年代後期，柯克為英國廣播公司及幾家主要英國報紙擔任美國事務之報導及評論工作。他的每週十五分鐘「美國通訊」廣播專欄始於1946年，延續約五十年；《一個人所見的美國》（1952）和《漫話美國》（1968）中收錄了他的廣播節目內容。他的電視節目有「每週集錦」（1951～1961）和BBC製作的電視系列節目「美國」（1972～1973）。從1970年代至1990年代初期，他主持了電視節目

「舞台精萃」。

Cooke, Jay 柯克（西元1821～1905年） 美國金融家，南北戰爭期間曾為聯邦政府籌募資金。十八歲在費城一家銀行工作，1861年在費城自設銀行，替賓夕法尼亞州發行三百萬美元的戰爭債券為南北戰爭籌款。接下來的四年裡替聯邦政府銷售了數億元的債券。1870年負責籌措北太平洋鐵路建設資金，1873年因金融危機到來而失敗。1880年償清一切債務，再度成為富翁。

Cooke, Sam(uel) 山姆考克（西元1935～1964年） 美國歌手和歌曲作家。山姆考克是芝加哥浸信會牧師之子，原為福音音樂歌手，後來轉向節奏藍調與靈魂樂，他擁有一系列暢銷曲，包括〈你送我〉、〈世界多美好〉、〈丘比特〉、〈扭動夜晚〉和〈帶它回家給我〉。後來在洛杉磯的旅館房間內中槍身亡。1986年名列搖滾樂名人堂。

cookie cookie 程式 由一個網站（亦即管理網址的伺服器）置於網路用戶硬碟上的檔案或部分檔案，讓網路伺服器把用戶資料儲存於用戶自己的機器，每當用戶回到該網站，即可存取資料。cookie程式被用來儲存註冊資料，能為參觀者把資料建構到網站上，追查用戶曾經訪視的網站，為廣告指引目標，追蹤或提供用戶想要上網訂購的產品的資訊。早期的cookie程式能從用戶硬碟的其他部分存取資料，目前的版本防止了這種做法，而允許網站僅能連至該網站所寫的cookie程式。

Cookstown 庫克斯敦 北愛爾蘭城鎮、首府和區（建於1973年，原跨倫敦德里和蒂龍兩郡）。為一個農業區，有乳牛養殖，同時飼養牛、家禽、豬。城鎮建於17世紀，現為該地區乳品製造業中心人口：城鎮9,842（1991）；區約30,900（1993）。

Cooley, Charles Horton 庫利（西元1864～1929年） 美國社會學家。其父是有名的法學權威，庫利本人則自1894年起在密西根大學教授社會學。他認為：作為一種機體的心智，是與家庭、同輩及社會等機體同時成長的，而這種成長則是在有益交往的相互影響之下實現的；社會道德統一的標準，包括忠誠、公正及自由等品質在內，就是由此種面對面的關係產生的。著作有《人性與社會秩序》（1902）、《社會組織》（1909）和《社會歷程》（1918）。

Coolidge, (John) Calvin 柯立芝（西元1872～1933年） 美國第三十屆總統（1923～1929）。1897年在北安普敦開律師業，兩年後步入政壇，任市議會議員。1918年當選為州長。1919年他出動州警衛隊平息由於波士頓警察罷工而引起的兩天暴亂和騷動，從而成為全國注意的中心。1920年在共和黨全國代表大會上，他被提名為副總統候選人，而由哈定競選總統。兩人在大選中獲勝。1923年8月2日哈定突然逝世，柯立芝遂繼任總統。他小心謹慎、穩紮穩打，以巧妙的手腕進行行政改革，並控制住共和黨，因而在1924年大選中獲勝。柯立芝時代國家大大繁榮起來。他一方面實行減稅計畫，一方面堅持高額保護關稅。1928年拒絕再次提名為總統候選人。他的保守的共和黨政策是第一次世界大戰與大蕭條之間的時代的象徵。

Coolidge, William D(avid) 柯立芝（西元1873～1975年） 美國工程師和物理化學家。他在麻省理工學院（1897、1901～1905）任教。1908年完成了使鎢具有延性的方法，從而更適用於白熾燈泡，從此拉製的鎢絲成為現代照明設備的組成部分。1916年他對X射線管進行了徹底的革新，使之能產生可以精確預測的輻射量，並獲得該項革新的專利，柯立芝管成為現代X射線管的原型。他與蘭穆爾合作，首先研製成功一套潛艇探測系統。

cooling system 冷卻系統 保持建築物或設備不超過為確保安全、高效率和舒適所規定溫度限的裝置。若過熱，機械傳動裝置中的潤滑油會喪失潤滑能力，而液力耦合器或變矩器會發生滲漏。在電動機中，過熱使絕緣能力降低。內燃機的活塞過熱時會黏著於汽缸內。所用冷卻介質通常為空氣和液體（主要是水），可以單獨使用或聯合使用。一般情況下，直接與周圍的空氣（自由對流）接觸就夠了；有時需要設置風扇，或使熱體自然運動來進行強制對流。冷卻系統通常用於汽車、工廠中的機器、發電廠、核反應器和各種建築物中。

Coomassie ➡ Kumasi

coon cat ➡ Maine coon cat

Cooney, Joan Ganz 庫尼（西元1930年～） 美國電視製作人。曾當過新聞工作者，後來擔任紐約州公共電視台的製作人（1962～1967）。1968年起在兒童電視工作室工作，並任總裁（1970～1988）和主席（從1990年起），製作教育兒童的節目，如很有影響且長期播出的《芝麻街》和《電力公司》。

Cooper, Alfred Duff 庫柏（西元1890～1954年） 受封為（奧維克的）諾里奇子爵（Viscount Norwich (of Aldwick)）。英國政治人物。曾擔任保守黨國會議員（1924～1929、1931～1945）。1935～1937年入閣擔任陸軍大臣，隨後於1937年轉任海軍大臣，但為抗議「慕尼黑協定」而辭職。之後在邱吉爾內閣中擔任資訊部長（1940～1941）與駐法大使（1944～1947）。著有《塔列朗》、《黑格》以及自傳《老人遺忘了》等書。

Cooper, Gary 賈利古柏（西元1901～1961年） 本名Frank James Cooper。美國電影演員。1924年去好萊塢，在低成本的西部片《維吉尼亞人》（1929）中晉升為主要角色。演出的重要電影有《第斯先生進城》（1936）、《約克軍曹》（1941，獲奧斯卡獎）、《戰地鐘聲》（1943）以及《日正當中》（1952，獲奧斯卡獎），後者被看作是賈利古柏演出的最佳影片。1957年演出《黃昏之戀》。賈利古柏在銀幕上創造了一個有魅力的平凡人形象，為好萊塢長久受歡迎、受喜愛的明星之一。

Cooper, Gladys 庫柏（西元1888～1971年） 受封為Dame Gladys。英國著名的女演員兼劇院經理。十六歲時被邀加入一巡迴劇團，在《仙鄉的藍鈴花》（1905）中首次登台。1917～1933擔任倫敦普萊豪斯劇院經理。在《第二個坦克里的太太》（1922）和《信》（1927）演出。她在美國的舞台演出有《閃亮時刻》（1934）、《相對價值》（1951）和《白堊花園》（1955）。作為電影演員，她是在拍攝美國片《吉蒂・福伊爾》（1940）後才得以成名。其他成功影片有《貝拿德特之歌》（1943）和《分開擺放的桌子》（1958）。

Cooper, James Fenimore 庫柏（西元1789～1851年） 美國第一位主要作家。父親是新拓地的開發者和國會議員。以美國革命為背景的小說《間諜》（1821）是他的成名作。最著名的作品是《皮襪子》故事集，第一部《拓荒者》（1823）中作者通過主人翁納蒂・班波（化名「皮襪子」）和譚普爾之間的矛盾，生動、細緻地描繪了一幅美國邊疆生活的圖畫，不失為一部有所創新的美國小說。後來還有《大地英豪》（1826）、《大草原》（1827）、《探路人》（1840）和

《殺鹿者》（1841）。他以《舵手》（1823）爲開端的一系列航海小說亦廣泛流行，還寫了《美國海軍發展史》（1839）。雖然享有國際聲譽，但晚年飽受訴訟和政治衝突困擾。

Cooper, Leon N(eil)　庫柏（西元1930年～）　美國物理學家。他先後在俄亥俄州大學（1954～1958）和布朗大學（1958年開始）任教。因與巴丁和施里弗一起建立了超導電性的BCS理論，共獲1972年諾貝爾物理學獎。他對該理論的主要貢獻是發現超導體中的電子互相吸引，而在正常情況下電子是互相排斥的，這種奇特的現象被稱爲庫柏電子對。

Cooper, Peter　庫柏（西元1791～1883年）　美國發明家。1828年他在巴爾的摩創辦廣州鋼鐵廠，產品主要供應新成立的巴爾的摩－俄亥俄鐵路公司。1830年造出尺寸小、功率大的「大拇指湯姆」火車頭。他在特稜頓的工廠軋製了第一批建築房屋用的鐵樑。他一直支持菲爾德（1819～1892）的大西洋電纜工程，並就任北美電報公司董事長。他的發明包括製造出洗衣機、渡船用的風動機和運河駁船用的水力機等。1859年他創辦庫柏學院，開設免費的科學、工程和技藝課程。

Cooper Creek　庫柏河　亦稱巴庫河（Barcoo River）。澳大利亞東部間歇河。源出昆士蘭州沃里戈嶺北坡，流向西北，接納艾麗斯河後折向西南，流經艾西斯福德後接納主要支流湯姆生河，最後在雨季洪水期注入艾爾湖。全程1,420公里。

Cooper Union (for the Advancement of Science and Art)　庫柏學院　設在美國紐約市的一所免費大學學院。由商人慈善家彼得・庫柏爲了「發展科學和藝術」於1859年贈款興建，後來休伊特和卡內基家族又予以資助，增強其財源。學校日班和晚班的教學對任何能達到智能測驗要求的學生都是開放的。國家的許多社會福利機構都設在庫柏學院，1897年開設的裝飾藝術博物館爲裝飾設計師提供了重要的裝飾藝術資料，庫柏學院的圖書館是紐約市第一個公立的免費閱覽室。

cooperative　合作社　由那些享用其服務的人們所擁有並得益而經營的一種組織。合作社在很多領域都是頗有成效的經營活動方式，如：農產品加工及銷售，原材料及其他各種設備的採購；批發、零售、電力、信貸及銀行業務；房建企業等。現代消費合作社，一般都認爲開始於1844年的大不列顛，其雛形即羅奇代爾公平先鋒社。合作社運動很快在歐洲北部發展起來。美國19世紀初曾試辦消費合作社及農產品購銷合作社，但近年來都市地區的消費合作社及住房合作社大體上都普遍得到發展。亦請參閱credit union。

coordinate geometry ➠ analytic geometry

coordinate system　座標系　布置參考線或曲線來確認空間內點的位置。在二維情況，最常見的座標系是笛卡兒座標系。標示點的方式是其沿著水平（x）與垂直軸（y）跟參考點之間的距離，參考點又稱原點，以（0,0）標示。笛卡兒座標也用於三維（或三維以上）。極座標系用點相對於參考方向以及距離特定點（原點）的長度來定位。這種座標系用於雷達或聲納追蹤，是方位與航程導航系統的基礎。在三維情況，就成爲圓柱和球面座標。

coordinate system, spherical ➠ spherical coordinate system

Coos Bay＊　庫斯貝　原名馬什菲爾德貝（Marshfield Bay）。美國奧瑞岡州西南部城市。瀕臨庫斯灣。1854年成爲殖民定居區，原名馬什菲爾德，1874年設建制，1944年改稱庫斯貝。早期造船工業發達。該市有陸地環抱的港灣，鄰近有許多大木材場，20世紀初建鋸木廠，成爲木材運輸港口，亦爲海濱遊覽中心，有海產、乳品和家禽加工業。人口15,076（1990）。

Coosa River　庫薩河　流經美國喬治亞州及阿拉巴馬州的河流。由埃托瓦河及烏斯塔諾拉河在喬治亞州羅馬匯合而成；流向西南，穿過阿帕拉契山脈和河谷區，在蒙哥馬利以北與塔拉普薩河匯合，形成阿拉巴馬河。全長460公里。河上建有船閘和水電站，在韋塔姆卡和塔拉迪加斯普林斯之間建有水壩，貨船可上行至羅馬。

coot　蹼雞　秧雞科蹼雞屬十種鴨型水棲鳥類。分布在全世界較大的內陸水域和溪流中，游泳覓食，以植物、種子、軟體動物和蠕蟲爲食。腳淡綠或淡藍灰色，趾邊緣有葉狀膜，有助於游泳和在植物叢生的沼澤地及河床上行走。喙短，呈圓錐形，覆以一個延伸到額的扁平肉質盾。白骨頂大量繁殖於歐洲，體長約45公分，體重可達900公克；北美洲的蹼雞或叫泥雞，和白骨頂很近似。

泥雞
Benjamin Gold

cootie ➠ louse, human

Copacabana＊　科帕卡巴納　巴西里約熱內盧市的一個區。位於山和海之間的狹長地帶，以長4公里、曲折壯觀的海灘著名。高大的旅館、公寓、咖啡館、夜總會、飯店、劇場和酒吧間林立海濱。

Copán＊　科潘　馬雅古城遺址，位於宏都拉斯最西部與瓜地馬拉接壤地區，是一處重要的馬雅藝術與天文學中心。城址坐落於科潘河西岸，東距聖羅莎德科潘鎮約56公里。在馬雅文化的古典時期（300～900?），科潘曾是一座重要城市，西元8世紀臻於鼎盛期，人口可能多達兩萬。遺址有石砌神廟若干處，兩座大型金字塔，幾處階梯和廣場，還有一個球場。科潘特別以其另外一些建築物上的橫飾帶和許多石柱上的雕刻聞名於世，雕刻均以人像爲主。大約在1200年前後，馬雅人已完全捨棄了科潘城。

宏都拉斯科潘飾有人像雕刻的石柱
Walter Aguiar

Cope, Edward Drinker　科普（西元1840～1897年）　美國古生物學家。從事考察和研究工作二十二年，這段時間大部分都用於發現和描述美國西部絕滅的魚類、爬蟲類和哺乳動物。他發現約一千種絕滅了的脊椎動物化石，還研究出馬的演化史和哺乳動物牙齒的演化史。科普的運動發生學理論認爲動物的自然運動有助於運動器官的變化和發展，所以他公開支持當時在古生物學界流行的拉馬克的獲得性遺傳的演化理論。在他的一千兩百種著作和論文中，有《北美的爬蟲類和鳥類》（1869～1870）以及《人與第三紀哺乳動物的關係》（1875）。

Copenhagen＊　哥本哈根　丹麥語作København。丹麥首都，工商和文化中心，全國最大和最重要城市。城市範圍包括西蘭島東岸一部和阿邁厄島北部。西元900年當地僅有一小村莊，1167年岸外小島上建起城堡。1445年成爲丹麥首都及王室住地。宮殿有丹麥王室的住所阿馬林堡宮、克里斯蒂安斯博格宮（現爲國會最高法院和外交部所在地）。哥本哈根是歐洲重要的文化和教育中心，哥本哈根大學建於1497年是最古老的大學之一。該市既是傳統的貿易和船運中心，又是新興製造業城市。主要工業項目有造船、機械、罐頭、釀造等。人口：都會區約1,362,264（1996）。

Copenhagen, Battle of　哥本哈根戰役（西元1801年4月2日）　在拿破崙戰爭中英國海軍擊敗丹麥。1794年丹麥與瑞典簽訂武裝中立條約，俄羅斯與普魯士隨後於1800年加入，英格蘭認爲這項條約是敵對的行動。1801年，一支英國海軍的特遣艦隊駛往哥本哈根。雙方在港口爆發劇烈的戰鬥後，納爾遜將軍不顧來自艦隊指揮官帕克爵士的撤退命令，反而繼續摧毀大部分的丹麥船艦。丹麥損失慘重，死亡人數近六千人，傷患人數則是英國的六倍。丹麥隨後退出中立條約。

copepod＊　橈足類　橈足亞綱分類廣泛的一類甲殼動物，是多種魚類的食物，有重要生態意義。已知有一萬種，多數自由生活於海中，分布自海面到深海。部分分布淡水，少數生活於潮濕的苔蘚、葉基的小水體或腐殖土中。有的是寄生種類。多數種類長0.5～2公釐。寄生於鰭鯨的種最大，長達32公分。橈足類無複眼。與大多數甲殼類不同，無背甲。有的取食微小的生物，有的取食與它們大小相仿的動物。劍水蚤目淡水劍水蚤屬的橈足類通稱水蚤。

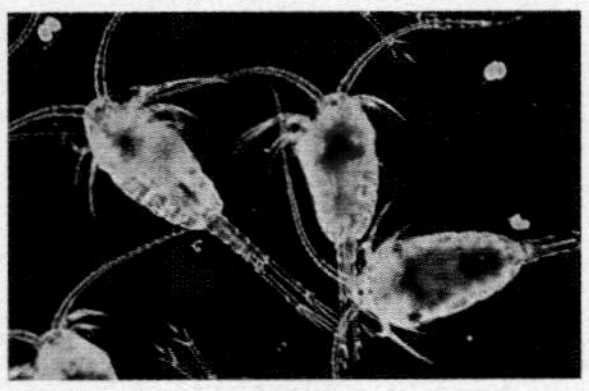

橈足類Temora屬動物
Douglas P. Wilson

Copernican system＊　哥白尼體系　亦稱Copernican principle。天文學名詞，指由哥白尼提出的太陽系模型，其要點是：太陽位於太陽系的中央，地球和其他行星都繞太陽運轉。1543年，這一體系隨《天體運行論》一書的發表而問世，書的序言爲雷蒂克斯所作。與早先的托勒密地心體系相比，哥白尼體系更接近於實際。它正確指出，太陽在地球和其他行星之間占有中央地位。但哥白尼仍然保留托勒密有關本輪和均輪的假想時鐘機構（儘管形式上略有不同），並用勻速圓周運動來解釋行星的不規則視運動。

Copernicus, Nicolaus＊　哥白尼（西元1473～1543年）　波蘭語作Mikotaj Kopernik。波蘭天文學家。他在克拉科夫、波隆那、帕多瓦受教育，精通了當時數學、天文學、醫學、神學的所有知識。1947年獲選爲弗龍堡大教堂教士後，他利用自己在經濟上的穩定性，開始進行天文觀察。1543年出版《天體運行論》，標示著西方思想的里程碑（參閱Copernican system）。哥白尼最早在幾十年前即想出他的旋轉模型，但一直延後出版，因爲在它解釋行星的運動（並決定其順序）時，卻生出了必須解釋的新問題，需要核對舊的觀察，也必須以不刺激宗教當局的方式提出。這本書直到他死後才付梓。他指出地球繞著自軸每日旋轉一圈，繞著不動的太陽每年旋轉一圈，藉此發展出讓現代科學興起的深遠意涵。他主張天文學必須描述世界的眞實、自然體系，這與柏拉圖的工具主義相對。只有在克卜勒手中，哥白尼的模型才完全發展爲有關宇宙基本結構的新哲學。

copier ➠ photocopier

Copland, Aaron＊　科普蘭（西元1900～1990年）　美國作曲家，善於以一種富有表現力的現代風格，展現出以美國主題爲特色的音樂。父母爲俄羅斯猶太移民。在法國楓丹白露隨魯賓．戈德馬克和布朗熱學習。雖然他的興趣廣泛，但他的音樂吸收了美國音樂的特色，尤其是1930年代以後。他和賽興士一起贊助紐約的一系列新音樂的音樂會，與人共同創辦美國作曲家聯盟，並擔任主席（1937～1945）。在伯克夏音樂中心任教逾二十年。他著名的三部芭蕾舞劇：《比利小子》（1938）、《牧區競技》（1942）和《阿帕拉契之春》（1944，獲普立茲獎）。他作了一系列電影音樂，其中最著名的是《人鼠之間》（1939）、《我們的城鎮》（1940））和《女繼承人》（1948）。他的管弦樂作品有一首鋼琴協奏曲（1926）、《墨西哥沙龍》（1936）、《林肯素描》（1942）、一首單簧管協奏曲（1948）、三首交響曲（1924、1933、1946）。其他作品還有：歌劇《第二次颶風》（1937）和《溫柔鄉》（1954）等。

Copley, John Singleton　科普利（西元1738～1815年）　美國肖像畫及歷史題材畫家。不到二十歲，他已成爲一名頗有造詣的繪圖員。在肖像畫中，他充分運用洛可可的「裝置肖像」技法，即把對象與生活常景一齊畫出，使作品生動感人。1775年定居倫敦。在歐洲，他的雄心已不僅局限於肖像畫法上，他渴望在更受重視的歷史畫領域獲得成功。1779年被選入皇家藝術科學院。在其第一幅重要作品《沃森與鯊魚》（1778）中，科普利採用了後來成爲19世紀浪漫主義藝術偉大主題之一的人與自然搏鬥。他在英國的繪畫儘管藝術上更加精湛而自如，一般來說缺乏在波士頓的肖像畫中那種非凡的生命力和深刻的寫實主義氣息。一般認爲他是殖民期北美最優秀的藝術家。

copper　銅　化學元素，週期表Ib族金屬。化學符號Cu，原子序數29。淡紅色，極易延展，是電和熱極優良的導體。自然界存在游離金屬銅，以化合態存在於輝銅礦、黃銅礦、斑銅礦、赤銅礦、孔雀石和藍銅礦等礦石中。在海藻灰、珊瑚、人的肝臟，以及許多軟體動物和節肢動物中都含銅。銅在青血軟體動物和甲殼類動物血青素中，起著和鐵在紅血動物血紅素中相同的輸氧作用。世界上所生產的銅主要用於電氣工業，其餘大部分用來與其他金屬形成合金。以銅爲主要組分的重要合金有黃銅（銅鋅合金）、青銅（銅錫合金）、鎳銀（銅－鋅－鎳，無銀）。幾乎所有貨幣合金中都含有銅。銅在其化合物中的氧化態通常是＋1和＋2。一價銅化合物包括氧化亞銅（Cu_2O），主要用作紅色顏料和殺菌劑；氯化亞銅（Cu_2Cl_2），在許多有機反應中用作催化劑；硫化亞銅（Cu_2S），用途極廣，可用作石油產品的脫色劑和脫硫劑，肥皂、脂肪和油類的縮合劑等等。二價銅化合物則包括氧化銅（CuO），用作顏料（藍－綠）、脫色劑和催化劑；氯化銅（$CuCl_2$），是一種催化劑、木材防腐劑、媒染劑、消毒劑、飼料添加劑和顏料；硫酸銅（$CuSO_4$），主要用於農業上作殺蟲劑、殺菌劑、飼料添加劑和土壤改良劑。

產自密西根州的結晶銅
By courtesy of Ted Boente Collection; photograph, John H. Gerard

copper (butterfly)　銅色蝶　鱗翅目灰蝶科灰蝶亞科昆蟲。分布廣泛。成蟲體小，翅展18～38公釐，又稱紗翅蝶。飛行迅速，翅有彩虹色光澤，橘紅色至褐色，通常帶銅色色調和暗色斑紋。幼蟲食苜蓿或酸模等。

Copper Age　銅器時代　青銅時代的早期階段。剛開始的階段有時稱作石器－青銅時代，以表示初始時是用純銅和石器製造工具。西元前第四千紀中葉，銅的冶鍊技術迅速發展，再加上當時鑄造的工具及武器，導致了美索不達米亞地區城市的出現。到西元前3000年之際，銅的使用已遍及中東，並已推廣至其西面的地中海沿岸，而且開始滲透到歐洲的諸新石器文化中。印度在西元前3100年左右開始進入銅器時代，非洲是在西元前600年左右，而南美洲約在西元前1200年。

Copperhead 銅頭毒蛇 亦稱主和派民主黨人。美國南北戰爭期間用來稱呼北方那些反對戰爭政策、主張與南方談判的人。《紐約論壇報》於1861年初次使用該詞，意指這些人毫無預警就襲擊別人。銅頭毒蛇的勢力主要在中西部，那裡許多家庭都有著南方淵源，那裡的農戶出於自己的利益對聯邦政府日益增長的權勢深感憂心。主要領袖包括伐蘭狄甘。雖然此運動不能扭轉戰爭的進展，但民主黨在南北戰爭後數十年還一直背著對聯邦不忠的惡名。

copperhead 銅頭蛇 幾種彼此間無親緣關係但由於頭部均呈微紅色而得名的蛇。北美銅頭蛇又稱高原噬魚蛇，見於美國東部和中部的沼澤、林區和多岩石地區，為蝰科蝮亞科毒蛇。體長一般不足1公尺，紅色或粉紅色，頭銅色。北美銅頭蛇常咬人，但其毒性微弱，極少致人死亡。澳大利亞銅頭蛇為眼鏡蛇類，印度的銅頭蛇則是一種鼠蛇。

Coppermine River 科珀曼河 加拿大西北地區河流。發源於荒原副極地草原上的一個小湖，往北流到愛斯基摩居民點科珀曼附近注入北冰洋的科羅內申灣。全長845公里。因多急流，而且開凍期短，故不通航，以釣捕北極紅點鮭著稱。

Coppola, Francis Ford＊ 科波拉（西元1939年～） 美國電影導演、編劇和製片人。曾一度與導演科爾曼一起攝製了幾部低成本的恐怖片。他最初獨立執導的影片——《今夜纏綿》（1961）、《痴呆症》（1963）和《豔侶迷春》（1967）——褒貶參半，而歌舞片《彩虹仙子》（1968）則獲得了很大成功。1970年科波拉因電影劇本《巴頓將軍》（1969）獲得奧斯卡最佳劇本獎。科波拉執導和合編了《教父》（1972）。這部電影贏得了高度讚揚和眾多獎項（包括三項奧斯卡獎），在賣座記錄上也獲得了極大的成功。之後拍攝的影片包括《對話》（1974）、《教父續集》（1974，獲七項奧斯卡獎）、紀錄片《現代啓示錄》（1979）、《教父第三集》（1990）和《造雨人》（1997）。

coprocessor 協同處理器 一些個人電腦所使用的附加處理器，用來執行特殊的工作，例如大規模的數學計算或處理圖形顯示。協同處理器通常設計來從事這些工作比主處理器更有效率，結果大大增進了電腦整體的速率。

Coptic art 科普特藝術 指約3～12世紀期間與埃及的操希臘語和埃及語的基督徒有關聯的任何一種觀賞藝術。包括石上浮雕、木刻、壁畫，以及紡織品之類。科普特藝術在許多方面都顯示出缺少大量資助的體制，如不注重龐然大物，不使用貴重材料，沒有經過深造的能工巧匠。科普特的藝術風格無立體感，表明不再以自然主義手法表現人的體形和五官，以及處理動植物裝飾的趨向。輪廓和細部均簡化，圖形樣式更是寥寥無幾。

Coptic Orthodox Church 科普特正教會 埃及國內主要的基督教會。在19世紀之前簡稱埃及教會。除了基督一性論問題以外，科普特教會與東正教在教義上是一致的，西元451年的卡爾西頓會議曾駁斥之。7世紀阿拉伯人征服埃及後，祈禱書改為科普特語和阿拉伯語雙語對照。科普特教會已逐漸建立民主管理制度，牧首駐在開羅，由選舉產生。在埃及之外設有其他教會，特別是澳大利亞和美國。衣索比亞教會、亞美尼亞教會和敘利亞雅各派教會都與科普特教會信仰相同。

copulation 交合 ➠ sexual intercourse

copyhold 登冊的保有權 英國法中保有土地的一種形式，可定義為「按照莊園的習慣，依據領主的意志保有土地」，來源於農奴（非自由農）對屬於封建領主莊園的分地的占用。這種土地保有權起先僅僅是根據領主意願的占用，後來漸漸變成一種根據權利的占用，被稱為農奴地，先得到習慣的承認，以後才得到法律的承認。1926年所有登冊的保有權土地都變成了完全的保有權土地，但莊園主仍保留開採礦產和打獵的權利。

copyright 著作權 出版、複製和出售一種原始創作的排他性權利。著作權法保護原創者免於遭人盜用其任何發表或未發表的作品，這種作品通常是有形的媒介（包括書或手抄本、樂譜或錄音、手稿或劇本、繪畫或雕刻、藍圖或建築物），但它不能保護如思想、過程或系統等這些東西。美國的保護最低期限已擴展到創作人死後七十年。現在作品租用的最低期限從出版日期算起最長九十五年，或創造作品日期開始後一百二十年。1989年美國加入「伯恩公約」這個管理國際著作權的協定。

coquina＊ 介殼灰岩 幾乎全部由分選的和膠結的化石碎屑組成的石灰岩，化石碎屑中最常見的是粗大的貝殼和貝殼碎屑。「微介殼灰岩」一詞用來表示由較細物質組成的類似的沈積岩，常見的微介殼灰岩由海百合的圓板和板片構成。介殼灰岩與原地介殼灰岩之間的區別是：介殼灰岩是一種碎屑岩（也就是碎屑形成的），而原地介殼灰岩在原地形成，由粗大的貝殼物質和微粒基質組成。

coquina (clam)＊ 斧蛤 雙殼綱的一種海產貝類，學名Donax variabilis。生活在北美大西洋沿岸（從維吉尼亞到墨西哥灣）的沙灘。長約10～25公釐。殼楔形，顏色變異大，從白、黃、粉紅到藍和紫紅色。它們很活躍，能隨潮水在海灘上前後遷移。水管短，取食懸浮的植物質或殘屑。這種斧蛤和斧蛤屬的其他種類都供食用。

coral 珊瑚 刺胞動物門珊瑚蟲綱的海生無脊椎動物。具石灰質、角質或革質的內外骨骼。這些動物的骨骼，尤其是石灰質者，亦稱珊瑚。分布於世界各地溫暖海域。形體為水螅體，軟珊瑚、柳珊瑚及藍珊瑚為群體。石珊瑚約1,000種，最常見，分布最廣。單體或群體。由石珊瑚組成的環礁、珊瑚礁每年以0.5～2.8公分的速度成長。亦請參閱sea fan。

軟珊瑚（Sarcophyton屬）
Valerie Taylor-Ardea

coral reef 珊瑚礁 由大量的珊瑚骨骼從海底堆積起來的碳酸鈣塊體在淺海區形成的隆起或小丘。珊瑚礁可能形成永久性的珊瑚島。礁的類型包括：沿大陸或島嶼海岸生長的岸礁；在大陸棚上呈孤立的斑狀出現的補丁礁或台礁，在與岸線大致平行的大陸棚邊緣脊上或其附近發育的堤礁；以及發育在下沈的截頂的火山錐或平頂海山邊緣的環形礁——環礁。

Coral Sea 珊瑚海 太平洋西南部海域。位於澳大利亞昆士蘭島以東，萬那杜和新喀里多尼亞以西，索羅門群島以南，南北長約2,250公里，東西寬約2,414公里，面積

4,791,000平方公里。南連塔斯曼海，北接索羅門海，東臨太平洋，西經托列斯海峽與阿拉弗拉海相通。珊瑚海因有大量珊瑚礁而得名，以大堡礁最著名。爲亞熱帶氣候，有颱風，以1～4月爲甚。經濟資源有漁業和巴布亞灣的石油。

coral snake　珊瑚蛇　眼鏡蛇科洞穴蛇類。約六十五種，身體上花紋圖案醒目。眞正的珊瑚蛇僅分布在新大陸，主要見於熱帶地區；有相似的種類分布在亞洲和非洲。過隱蔽生活，性情溫順，拿在手中也很少咬人；但某些種類則毒性很強，能致人於死。大多數種類捕食其他蛇類。小尾眼鏡蛇屬最大，分布於美國南部至阿根廷一帶；五十多種，大多數帶有紅、黑、黃或白色環狀斑紋。北卡羅來納和密蘇里至墨西哥東北部的東部珊瑚蛇，體長約76公分，身上有寬的紅、黑色帶狀斑，間隔以窄的黃色帶狀斑，故俗語說「紅環接著黃環，咬上一口就完」。

corbel＊　疊澀　在磚石建築中，逐層向外懸挑的砌築方法，可以是單獨的石塊，如中世紀和文藝復興時期檐口上的托臂，也可以是逐層挑出的砌體，如凸出牆面的疊澀窗台。疊澀拱是兩邊層層挑出砌成的孔洞，可支承上面的荷載，在巴比倫建築中廣泛使用。用這種砌築方法也能砌成疊澀拱頂，在馬雅建築中用以支承屋頂或樓層。疊澀拱和疊澀拱頂在還沒有掌握圓拱技術或其他屋頂結構方法的時代起了一定的作用。現代一般不同疊澀構造。

Corbusier, Le ➠ Le Corbusier

Corday (d'Armont), (Marie-Anne-) Charlotte＊　科黛（西元1768～1793年）　法國愛國人士。出身康城貴族家庭，法國大革命時，前往巴黎爲吉倫特派的事業工作。因對恐怖統治的作爲感到憂心而求見恐怖統治的一位領袖馬拉，1793年7月13日趁馬拉在洗澡時，刺穿其心臟。科黛當場被捕，並被處決。

科黛，版畫；伯德朗（E.-L Baudran）據奧爾（J.-J. Hauer）所繪之肖像畫複製
By courtesy of the Bibliothèque Nationale, Paris

Cordeliers, Club of the＊　科德利埃俱樂部　正式名稱是人權和公民權利之友社（Society of the Friends of the Rights of Man and of the Citizen）。法國大革命時期的群衆俱樂部之一。1790年創立，宗旨是阻止濫用權力和「侵犯人權」。通稱源出在巴黎的最初集會地點，即收歸國有的科德利埃修道院（方濟會）。在馬拉和丹敦等人領導下，成爲一股政治力量。後來俱樂部的領導權落入埃貝爾和其他人手中，他們協助推翻吉倫特派，行動變得越來越激進。1794年起義失敗後，埃貝爾被捕並處決，從此俱樂部湮沒無聞。

Cordilleran Geosyncline＊　科迪勒拉地槽　沿北美西海岸一帶地殼中的長條形凹槽，槽中堆積了先寒武紀晚期到中生代時期(6億～6,600萬年前）的岩層。這個地槽的主要變形過程是在中生代時期的內華達造山運動和拉拉米造山運動中發生的，但也有許多早期造山運動的記錄。據地質學家研究，科迪勒拉地槽的變形和科迪勒拉褶皺的形成，似乎與沿北美大陸邊緣形成海溝、大洋板塊向大陸板塊俯衝，以及與之伴生的岩基侵入體的形成和火山岩的噴發等作用有關。

Córdoba　哥多華　阿根廷第二大城市。位於南美大草原西北緣，普里梅羅河畔，哥多華山麓與平原相接之處。1573年創建，因地處海濱和內地居民區之間，這個位置在其早期的發展中起了很重要的作用。1599年耶穌會在該市定居，1613年他們建立了阿根廷第一所大學。隨著1869年通東部鐵路的鋪設和1866年聖羅克水壩的完工促進了哥多華商業和工業的發展，水壩供水給哥多華市，灌溉果園和糧田，水力發電也爲許多工廠提供了電力。人口1,208,713（1991）。

Córdoba＊　哥多華　亦作Cordova。古稱Corduba。西班牙南部哥多華省省會，位於瓜達幾維河右（北）岸，可能是迦太基人所建，西元前152年爲羅馬人占領。奧古斯都統治時，該城爲羅馬省份貝蒂卡的省會。6～8世紀初，在西哥德人統治下，逐漸衰落。711年哥多華被穆斯林攻占，城市大部被毀。756年伍麥葉王族的阿布杜勒·拉赫曼一世建都於此，並建造大清眞寺，至今猶存。到10世紀時，哥多華成爲歐洲最大的且可能是文化水準最高的城市，城中有許多宮殿和清眞寺。1236年，該城落入卡斯提爾國王費迪南德三世之手，成爲基督教西班牙的一部分。哥多華至今仍然是典型的摩爾風格的城市，其摩爾式的城市風格、精美的建築物和教堂，尤其是城中的大清眞寺而成爲旅遊勝地。該城還以紡織、釀酒業聞名，亦生產金、銀飾品及黃銅、青銅和鋁製品。人口約323,138（1995）。

Cordobés, El＊　科爾多貝斯（西元1936年～）　原名Manuel Benítez Pérez。西班牙鬥牛士。自小在孤兒院長大，在服兵役之前並不識字。據說受到哥多華一著名鬥牛士紀念物的鼓舞，從1959年開始鬥牛，1963年獲正式鬥牛士稱號。其技術平平，但反應敏捷，又大膽而善於迎合觀衆心理。1965年參加111場鬥牛賽，打破貝爾蒙特在1919年所創一個賽季109場的記錄。1965年鬥死64頭公牛，獲獎三千五百萬比塞塔（約六十萬美元）。是歷史上得獎最多的專業鬥牛人員。

科爾多貝斯
Michael Kuh – Black Star

core　地核　在地球科學中指距地表約2,900公里以下的部分，大部分是熔融的富鐵金屬合金。一般認爲具有二元結構，外圍是流體區，內部是密度極大的固體核心，直徑約2,400公里。根據對鐵隕石的研究推斷，主要成分是鐵及少量的鎳。亦請參閱mantle、crust。

Corelli, Arcangelo　科萊利（西元1653～1713年）　義大利小提琴家和作曲家。早年生平不詳，原在波隆那學習，後來到羅馬定居，以小提琴家、指揮和教師聞名遐邇，與家人先後搬進潘弗里和奧托博尼樞機主教的宮邸居住。衆多學生中包括傑米尼安尼（1687～1762）和羅卡泰里（1695～1764）。其指揮技術精湛，被認爲是組合現代管弦樂團的先行者。他也創造了自己的小提琴演奏風格和大協奏曲的形式，小提琴奏鳴曲成爲後來發展的典範。最主要作品有《大協奏曲》（作品第六號）、《十二首奏鳴曲》（作品第五號）和《爲兩把小提琴、大提琴和管風琴數字低音寫的十二首三重奏鳴曲》（作品第一號）。

coreopsis＊　金雞菊　菊科金雞菊屬植物的俗稱，夏季開花，多用作裝飾。約100種，一年生或多年生草本，原產於北美。頭狀花序單生或分枝簇生，盤花黃色；邊花或黃或白或粉紅或雜色。有些品種具重瓣花。其中波斯菊爲習見庭園花卉。玫瑰紅金雞菊則見於野花院落。

Corfu＊ 科孚 希臘語作Kérkyra。愛奧尼亞海中島嶼，位於希臘西北部，與毗鄰小島組成希臘科孚州。島上岩層多屬石灰岩，北部多山，南面低平，東北部鄰近阿爾巴尼亞海岸。島上水源豐富，土質肥沃，在希臘諸島中以風景秀麗著稱。西元前734年左右迦太基人定居於此。約西元前664年，希臘史上第一次海戰發生在科孚和科林斯之間。該島地處希臘與義大利之間，向來就是東西列強的角逐之地。曾先後被羅馬人、哥德人、倫巴底人、薩拉森人以及諾曼人侵占，西西里國王及義大利城邦。熱那亞和威尼斯曾爲奪取該島而發動戰爭。1807年被拿破崙帝國侵吞；1815年淪爲大英帝國的保護地。1864年英國人將其歸還給希臘。第二次世界大戰期間先後被義大利和德國軍隊占領。現在是著名的旅遊地點，盛產油橄欖，也種植無花果、橘子、檸檬、葡萄及玉蜀黍。州首府科孚市是島上最重要的城市兼海港。面積593平方公里。人口：市約36,000；州約108,000（1995）。

Corfu incident 科孚事件（西元1923年） 義大利軍隊短暫占領希臘科孚島事件。1923年8月由義大利人組成的國界代表團有部分人士在希臘本土內被殺，導致墨索里尼下令海軍炮轟科孚島。在希臘向國際聯盟控訴後，義大利撤軍，但希臘被迫要賠償義大利損失。

coriander 芫荽 亦作cilantro。繖形科一年生羽狀草本植物，學名Coriandrum sativum。原產地中海和中東地區。在歐洲、摩洛哥和美國栽培芫荽收取種子，用於調味許多食品。芫荽的纖細嫩葉廣泛用於拉丁美洲、印度和中國菜中。芫荽的莖纖細，中空，高30～60公釐，二回羽狀複葉。花小，粉紅色或白色，繖形花序。果實（籽）俗稱芫荽，由兩個半球形的懸果連合而成球形，直徑約5公釐，表面光滑，黃褐色，具適度的芳香味皮和洋蘇葉的香氣。

Corinth＊ 科林斯 希臘語作Kórinthos。伯羅奔尼撒半島的古代和現代城市，位於希臘中南部。古城遺址位於雅典以西約80公里處，在科林斯灣東端。現代科林斯在舊科林斯東北5公里處。古代爲戰略和商業要地。西元前3000年時已有人居住，西元前8世紀已發展成商業中心。西元前6世紀下半葉，雅典在航海和商業方面超過了科林斯。此後兩百年間，科林斯和雅典在商業上的激烈競爭經常引發希臘的政治危機。西元前338年科林斯被馬其頓國王腓力二世占領。西元前146年被羅馬人摧毀。西元前44年凱撒重建科林斯爲羅馬的殖民地。新科林斯繁榮起來，並成爲羅馬亞該亞省的首府。使徒保羅對科林斯基督徒佈道，這使《新約聖經》的讀者熟悉了這座城市。它在拜占庭統治時期曾一度繁榮，但至歐洲中世紀晚期時便衰微。該城現在仍是希臘南北交通之樞紐，也是當地水果、葡萄乾和煙草的主要出口港。還是科林斯州的主要城市及大主教駐地。人口29,000（1991）。

Corinth, League of 科林斯同盟 西元前337年在科林斯組織的斯巴達以外全部希臘國家的攻守同盟，領導人是馬其頓國王腓力二世。由各國按陸、海軍力量比例選派代表組成的「希臘議會」決定同盟國家政府的一切事務。科林斯同盟曾決定對波斯作戰，但在腓力的兒子亞歷山大大帝繼任盟主後，同盟對戰爭的貢獻不大。其主要行動似乎是在底比斯發生叛亂（西元前336和西元前335年）之後，把底比斯人降爲奴隸，並在鄰國之間瓜分他們的領土。同盟在亞歷山大逝世後解體（西元前323年）。

Corinth, Lovis＊ 柯林特（西元1858～1925年） 德國畫家。曾在巴黎與布格羅一起受訓，1902年定居柏林，與李卜曼一起領導印象主義。20世紀初，致力打擊正在興起的表現派。後來認識到表現派的長處，吸取了它的很多特點，但未完全擺脫印象派的手法。他以風景畫和肖像畫出名，以奔放的筆法和強烈的色彩影響了德國表現主義的發展。也畫了許多銅版畫和石版畫。

Coriolanus, Gnaeus Marcius＊ 科里奧拉努斯 帶有神話色彩的羅馬英雄人物。據說生活於西元前6世紀末和西元前5世紀初，是莎士比亞所著《科里奧拉努斯》一劇的主角。西元前491年羅馬發生饑饉。他提出：接受救濟的民眾必須同意廢除護民官制度，否則不發給賑災糧。爲此，他受到流放的懲罰。他投奔沃爾西國王，並帶領沃爾西人的軍隊打回羅馬，但在家人的懇求下才從羅馬撤兵。

Coriolis force＊ 科氏力 在古典力學中，視爲一種慣性力，1835年由法國工程師兼數學家科里奧利首先提出。科氏認爲，如果物體運動所遵循的牛頓運動定律要用在旋轉參考系統的話，某種慣性力應包括在力學方程式之內。這種慣性力，在參考系統反時針轉動時，施於物體運動方向的右方；順時針轉動時，則施於左方。在地球上，物體由北向南或縱向運動，其可見偏斜，在北半球朝右，在南半球朝左。總結來說，科氏偏斜，與物體運動、地球運動以及緯度都有關係。科氏效應在天文物理學及星球動力學上具有極大意義，因其對於太陽斑點的轉動方向，有控制影響。在地球科學方面也很重要，特別是氣象學、物理地質學及海洋學。

Cork 科克 愛爾蘭西南部港市，科克郡首府。位於利河河畔，科克港灣頂部。7世紀建爲修道院，常遭北歐人劫掠，最後丹麥人在此定居下來。1172年首獲特許狀成爲自治市，後長期被英格蘭人占據。1649年爲克倫威爾的國會軍所據。1690年馬博羅公爵奪取了科克。1920年在愛爾蘭人反抗英格蘭統治的暴動時，城市受創嚴重。科克港是歐洲最佳天然良港之一，1720年在此成立世界上第一批遊艇俱樂部之一。自17世紀初以來，科克的奶油市場一直享有盛名。現有各種食品加工業和製造業。人口127,092（1996）。

cork 木栓 常綠喬木栓皮櫧（學名Quercus suber，原產於地中海地區）的外層樹皮。木栓由形狀不規則、壁薄、覆以蠟質的細胞組成，構成樺木及許多其他喬木的可剝下的樹皮，但從該詞嚴格的商業意義出發，只有栓皮櫧的樹皮可稱爲木栓。木栓是從原來的粗糙外層樹皮被剝取之後，其內側的木栓形成層向外產生新的外層。木栓能夠反覆剝取，不會傷到樹。木栓的特點來源於其結構，木栓的細胞腔內充滿空氣，因此木栓層細胞不透水並具彈性，這些細胞構成一個非常有效的絕熱層，也不透水。因爲木栓內有許多氣囊，木栓也是重量最輕的自然物質之一。雖然木栓已被專門設計的塑膠和其他人造材料取代，但它仍是重要的酒和其他含酒精飲料瓶塞的原料。

栓皮櫧，部分木栓已被剝去
Eric G. Carle – Shostal

corm 球莖 一種垂直生長的肉質地下莖。是某些種子植物的無性繁殖器官。具有芽和膜質（或鱗片狀）葉。球莖底端根著生處生有小球莖。球莖有時亦稱實心鱗莖或鱗莖狀塊莖，但與鱗莖及塊莖均有區別。藏紅花屬和唐菖蒲屬植物具有典型球莖。

Cormack, Allan M(acLeod) 科馬克(西元1924～1998年) 南非出生的美籍物理學家。1950～1956年擔任開普敦大學講師。隨後在哈佛大學教書。在開普敦舒爾醫院放射科作兼職物理學家時，首先引起科馬克興趣的是軟組織或不同密度的組織層的X射線成像問題。1970年代初，他就已經建立起電腦化掃描的數學和物理學基礎(參閱tomography)。由於發展電腦軸向斷層攝影（CAT）這一新型診斷技術而與豪斯菲爾德（1919～）共獲1979年諾貝爾生理學或醫學獎。

Corman, Roger 羅傑寇曼（西元1926年～） 美國電影導演和製片人。1955年執導他的頭兩部電影《西部五槍》和《阿帕切女子》，到了1960年，羅傑寇曼成為低預算「剝削」電影的最多產製片人之一。他把愛倫坡編寫的那些故事拍成電影，包括《心魔》（1960）和《怪病》（1964），以恐怖大師之名贏得狂熱的崇拜。其他製片包括《恐怖小店》（1960）、《野蠻天使》（1966）、《流血的媽媽》（1970）、《豪門狂潮》（1976）、《我從未向你承諾過玫瑰園》（1977）以及《時空魔咒》（1990）等。

cormorant＊ 鸕鷀 鵜形目鸕鷀科26～30種水禽。有黑色金屬光澤，能在水下潛游和捕食魚類（主要以對人類價值不大的魚為食）。這種鳥在東方和其他各地已為人馴化用以捕魚。所產出的鳥糞用作肥料。鸕鷀棲息於海濱、湖泊和河流，在懸崖上或樹上、灌叢上築巢。鸕鷀喙長，尖端鉤狀。臉上有數塊裸露的皮膚。有一個小喉囊。分布最廣的是普通鸕鷀，白頰，體長100公分，繁殖於加拿大東部到冰島，跨越歐亞大陸到澳大利亞和紐西蘭，以及部分非洲。

corn 玉蜀黍 亦作maize。亦稱玉米。早熟禾科一年生穀類植物，學名Zea mays，源自新大陸，今已遍布全世界。印第安人教會殖民者種植玉米，包括一些籽粒黃色的品種，該品種與紅、藍、粉紅和黑色的品種一樣，至今仍是受歡迎的食用品種。後幾種顏色的品種常帶有條紋或斑點，現代常當作觀賞植物。在美國，雜色斑駁的品種稱作印第安玉米。植株高大，莖強壯，挺直。葉窄而大，邊緣波狀，於莖的兩側互生。玉米用作動物飼料、人類食物和工業原料，在許多地區為主要糧食，但營養價值低於其他穀物。植株的不可食部分可供工業應用，玉米稈用於造紙和製牆板；外皮用作填充材料，玉米芯作燃料，可燒炭，也用來製造工業溶劑。長久以來玉米外皮也被用作民族藝術的一種材料，如編織成護身符和玉米皮娃娃。玉米是分布最廣泛的糧食作物之一，種植面積僅次於小麥。也是美國最重要的糧食作物，產量約占全世界的一半。

Corn Belt 玉米帶 美國中西部一地區的俗稱。範圍大致包括印第安納州西部、伊利諾州、愛荷華州、密蘇里州、內布拉斯加州東部和堪薩斯州東部。地勢較平，土層深厚，土壤肥沃。生長季節氣候高溫多雨，適於種植玉蜀黍。農作物以玉蜀黍和大豆為主。也經營其他各種農業項目和畜牧業。

corn earworm 棉鈴蟲 亦稱cotton bollworm或tomato fruitworm。夜蛾科昆蟲玉蜀黍果穗夜蛾的幼蟲。體光滑，綠或褐色，是嚴重的作物害蟲。入土化蛹，成蟲灰褐色（翅展3.5公分），一年發生4～5代。較早世代的幼蟲主要取食玉蜀黍，尤其是穗尖的小籽粒；以後各代幼蟲危害番茄、棉花和其他季節性作物。

Corn Islands 科恩群島 西班牙語作馬伊斯群島（Islas del Maiz）。加勒比海的兩座小島，即大、小科恩島，距尼加拉瓜岸邊64公里。1916～1971年被租借給美國作為海軍基地。主要生產椰乾、椰子油、龍蝦和冷凍小蝦，旅遊業在大科恩島上占重要地位。人口約2,463（1978）。

Corn Laws 穀物法 在英國史中，任何管理糧食進出口的規章都叫作「穀物法」。雖然早在12世紀就有「穀物法」實施，但是直到18世紀末和19世紀前半葉，英國由於人口不斷增加和拿破崙戰爭時期的封鎖而造成糧食短缺，「穀物法」才具有政治意義。當時的首相皮爾最後廢除了「穀物法」。亦請參閱Anti-Corn Law League。

corn sugar ➠ glucose

corn syrup 玉米糖漿 一種味甜、黏稠的糖漿，由玉米澱粉水解製成，製造方法是將稀的酸溶液加入玉米澱粉加熱或將玉米澱粉與酶混合。玉米澱粉是玉米的製品。淡色玉米糖漿已經澄清及脫色，用於焙烤食物、果醬和果凍以及許多其他食品。高果糖玉米糖漿廣泛用於食品工業，尤其是用於製造軟飲料，因為其價格比蔗糖低得多。

Corneille, Pierre＊ 高乃依（西元1606～1684年） 法國詩人和劇作家。出身富裕的律師家庭。1628～1650年任盧昂王家律師。他的處女作是喜劇《梅麗特》（1629年首演），此後又寫有多部喜劇。此時，一種寫悲劇的新方法，即三一律，由義大利傳入法國。高乃依嘗試用一種寫悲劇的新方法（即三一律）來詮釋古典悲劇《梅黛》（1635），接著又寫出《熙德》（1637），結果立刻造成轟動，成為法國古典悲劇的開拓者；此劇被公認是法國戲劇史上最具意義的一部。後來動筆創作《賀拉斯》（1640）、《西拿》（1641）、《波里耶克特》（1643），與《熙德》一起構成高乃依的「古典主義四部曲」。後來逐漸轉向寫喜劇，其模仿西班牙喜劇的作品《撒謊者》（1643）被認為是莫里哀之前最傑出的喜劇之一。1660年以後，約一年寫一部劇本。

高乃依畫像（1647），現藏凡爾賽宮
Cliche Musees Nationaux, Paris

cornelian ➠ carnelian

Cornell, Joseph 康乃爾（西元1903～1972年） 美國雕刻家。自學成才，1930年代和1940年代與超現實主義藝術家及作家交往，研究如何表現潛意識。他是所謂的「集合作品」的創始人之一。許多作品採取盒裝形式，內置普通物件，如小片水晶、小塊鑽石，與剪出的圖畫放在一起，以引起富有詩意的聯想。其作品曾參加第一屆美國超現實主義作品展覽（1932，紐約市）。其《朱古力梅尼爾》（1950）是用一堆破爛隨意集合組成的三度空間。

Cornell, Katharine 康乃爾（西元1893～1974年） 美國女演員。出生於柏林，自女子精修學校畢業後，即開始演戲，接著加入華盛頓街頭劇團（1916～1918），並隨一專業劇團在水牛城和底特律演出（1919）。1919年因演出《小婦人》而獲得倫敦劇評界好評。1921年她首度在百老匯演出。同年，在《離婚證書》一劇中出任女主角，成為明星。從1931年開始，她經營自己的演藝事業，並到處巡迴表演。幾乎所有她演出的戲劇都由其丈夫麥克林提克（1893～1961）擔任導演。她主演的戲劇有《甘迪達》（1924）、《信》（1927）、貝西爾的《溫波街的巴瑞特家人》（1931、1945）、《外國玉米》（1933）、莎士比亞的《羅密歐與茱麗葉》（1934）、《無翼的勝利》（1936）、《三姊妹》（1942）和

《撒謊者》（1960）。有時被稱為「美國劇壇的第一夫人」。

Cornell University　康乃爾大學　美國紐約州綺色佳的高等學府，是常春藤聯盟的傳統成員之一。由公私雙方資助，該校是根據「莫里爾法」成立的贈地學院，還受到西方聯合電報公司創始人伊茲拉・康乃爾的私人資助。自創校（1868）以來就不屬於任何教派，開設的課程比當時其他學校常見的課程要廣泛得多。它也是第一所招收女生（1872）的學校，以及第一個畫分學院、提供不同學位的學校。該校長期以來以農業課程為重，如今也十分重視生命科學、商業管理、工程學、社會科學和人文科學方面的研究。私人贊助的專門職業學校和研究所有法律、醫學、藝術和科學等院校。學生註冊人數約有19,000人。

cornerstone　奠基石　建築奠基時安放在外牆上的石塊，有時為實心石塊，上刻文字，較典型的是中空而內置金屬容器的石塊。容器中存放報紙、照片、錢幣、書籍或其他反映當時風俗的文物，以便重修或拆除時說明原來的歷史。在現代結構發展之前，一般將石塊放於轉角處，既作為第一塊基石，也作為承重石塊。現在的奠基石不一定要用來承重，可擺放在任何角落。

cornet　短號　有活塞的銅管樂器，1820年代從驛車喇叭演變而來。號管呈圓錐形，它發音柔和，演奏靈活，所以很快應用在銅管樂隊和軍樂隊中（尤其在美國和英國）。短號為B♭調樂器，記譜比實際發音高一個全音。音域從中央C下面的E到中央C以上的第二個B♭。銅管樂隊還用更高的E♭調高音短號。許多最早的短號演奏家也是圓號吹奏者，而且用不同的變音管來吹奏不同的調性或表現不同的情緒。比較長的變音管既可使低音擴展到E♭，又可使音質深沈。到20世紀，小號再度流行，便將短號排斥在管弦樂隊之外，兼奏短號聲部。但在現代舞蹈樂隊和爵士樂隊中短號仍比小號占優勢。

cornflower ➠ bachelor's button

Cornplanter　種玉米人（西元1732?～1836年）　亦稱John O'Bail。美國印第安人領袖。父為白人商人，母為塞內卡印第安人。在美國革命中站在英軍一方，數次帶頭攻擊紐約和賓夕法尼亞的白人殖民地。後來經溝通協商，將紐約州西部大片印第安人領地割讓給美國，在鼓吹印第安人不要抵抗白人的擴張政策後，遭到族人的憎恨，後來隱居於賓夕法尼亞州政府賜給他的一塊土地上。

Cornwall　康瓦耳　英格蘭西南部行政和歷史郡。位於伸入大西洋的半島上，止於地角，是英格蘭最偏遠的郡。夕利群島位於彭贊斯西南方56公里處的大西洋上。當地礦藏（錫礦）曾吸引史前人類到此拓居，採錫業在康瓦耳至少有三千年的歷史。羅馬人和撒克遜人進入英格蘭後，造成塞爾特基督教徒遷至康瓦耳。諾曼征服後成為伯爵領地。1337年後為英王長子康瓦耳公爵的領地。是著名的旅遊地區，大多數海岸已列入全國託管協會保護。特魯羅是行政中心。行政郡和夕利群島面積3,564平方公里。人口：行政郡和夕利群島約490,400（1998）。

Cornwallis, Charles　康華里（西元1738～1805年）　受封為Marquess Cornwallis。英國軍人和政治人物。1780年成為美國南方的英軍統帥，在南卡羅來納的康登打敗蓋茨，後來進入維吉尼亞州，在約克鎮紮營，結果遭到陷阱，受困於此，最後只好投降，他的失敗象徵了美國革命的結束。儘管如此，他在國內仍有很高的聲望，1786～1793年任駐印度總督，他採取了一系列立法和行政改革措施；「康華里法規」（1793）建立了英國文官清廉的形象。1792年在第三次邁索爾戰爭中打敗提普蘇丹。之後擔任愛爾蘭總督（1798～1801），他支持大不列顛與愛爾蘭的議會聯合和給予天主教徒以政治權利。在英法兩國談判締結「亞眠條約」（1802年3月27日）時，康華里為英方全權代表。1805年再次被任命為印度總督，但到任不久即去世。

康華里，鉛筆素描，斯馬特（John Smart）繪於1792年；現藏倫敦國立肖像畫陳列館
By courtesy of the National Portrait Gallery, London

corona＊　日冕　太陽大氣的最外層，由電漿組成。溫度約2,000,000℃，密度則很低。日冕從光球向外延伸到1,300萬公里以外。它沒有明顯的邊界，大小、形狀和結構都不斷受太陽磁場的影響而發生變化。朝四面八方吹遍整個太陽系的太陽風就是由日冕氣體的膨脹形成的。日冕的亮度只及月球亮度的一半，因而通常被淹沒於耀眼的日光中，無法用肉眼看到。但在日全蝕時，光球的光被月球遮住，肉眼就能看到。

Coronado, Francisco Vázquez de　科羅納多（西元1510～1554年）　西班牙探險家，探索美國西南部地區。1538年出任新加利西亞地方長官，後來得知傳說中的錫沃拉的七座黃金城擁有大量財富。1540年科羅納多帶領遠征隊沿墨西哥西海岸搜尋，然後北進，發現了新墨西哥的祖尼人普韋布洛（村落）和堪薩斯一支半遊牧的印第安部落，但沒發現巨大寶藏。他雖沒找到所要尋找的寶城，但在北美洲西南部遠征時發現許多自然景觀，如大峽谷等，也為西班牙在北美洲開拓了大片領地。後曾任地方總督和墨西哥城議會議員。

coronary bypass　冠狀動脈分流術　冠狀動脈心臟病的一種外科治療方法，用於減輕心絞痛和預防心肌梗塞。1960年代普遍使用這種手術。手術是移植一條或多條血管，繞過動脈受阻部位，在主動脈和冠狀動脈之間構成動脈血流的新通道。移植物常採自患者的一側或雙側大隱靜脈。

coronary heart disease　冠狀動脈心臟病　亦稱缺血性心臟病（ischemic heart disease）。因冠狀動脈的一支被脂肪及纖維組織所阻塞，心肌接受高氧血不足所致的心臟病（參閱arteriosclerosis）。短暫缺氧可導致心絞痛，若長期缺氧嚴重，可致心肌梗塞。如果藥物及飲食療法未能控制病情時，可用冠狀動脈分流術或血管成形術來治療。

coroner　驗屍官　對任何看來屬於非自然死亡的屍體進行調查的公職人員。這一職務起源於12世紀末的英國，其職責原來是保衛王室的財產，以對郡長的實權職位實行制約。到了19世紀末，驗屍官的角色已轉變為僅對非自然死亡的屍體進行勘驗調查。在加拿大，所有的驗屍官均以有副省長簽署的省議會命令任命。在美國，則是根據州的司法體系選舉或任命驗屍官。驗屍人員通常須具備法律或醫學資格，但有時都由門外漢擔任，包括殯儀人員、警長和治安法官。在許多州裡，驗屍官的職務已由醫務檢查官取代，通常擁有病理學執照。

Corot, (Jean-Baptiste-) Camille＊　柯洛（西元1796～1875年）　法國風景畫畫家。出生富裕家庭，但能力不適合接掌家業，二十五歲時，獲得一筆小錢到巴黎追求藝術生涯。他經常旅行，一生作有許多地形風景畫，但最喜歡作小幅自然的油彩速寫和素描，然後根據這些架構再畫成大幅油畫來展覽。到了1850年代，已獲評論界的肯定，也賺了不少錢，他對那些還未成名的畫家很慷慨。人們對他的自然主義油畫速寫的評價比那些自覺詩意的作品還高。他與巴比松畫派的畫家們來往密切。柯洛是精通色調漸層法和柔和邊線的大師，他替印象派風景畫家們開闢了一條道路，對後來的畫家莫內、畢沙羅和摩里索影響很大。

corporal punishment　肉刑　對罪犯或違反戒律者施加肉體上的懲罰方式。肉刑包括鞭笞、炮烙、斷肢、割體、挖眼及上枷等方式；廣義來說，本詞亦指學校及家庭中訓誡兒童的體罰。從古代到18世紀，肉刑普遍施於非死刑或非流放刑犯。啓蒙運動後由於人道主義萌芽，乃漸有廢止肉刑的趨勢。如今肉刑已全面以監禁及其他非暴力的方式取代，但在嚴格遵守伊斯蘭法律的若干中東國家，鞭笞及斷肢仍爲規定的處罰，而南非對於特定罪犯也實施鞭笞。至於合法或暗地毆打，及其他形式的肉體處罰仍泛見於各國監獄制度中。一些國際人權協會已明令禁止肉刑。

corporate finance　公司財務　爲最大限度地擴大股東的財富（即股票價值）而獲取和分配公司的資金或資源。獲取資源是指公司用盡可能低的成本從內部和外部兩方面來源生發出資金。資源分兩大類：股本和債務。分配資源是指公司爲能在一段時間內增加股東的財富而進行的投資。有兩種基本類型的投資，即流動資產投資和固定資產投資。公司的財務管理必須平衡所有人（或股東）、債權人（包括銀行和債券所有人）及其他各方（如雇員、供應商和顧客）的利益。亦請參閱business finance。

corporate income tax　公司所得稅　政府機構根據公司收入所課徵的稅。實際上所有的國家課徵的是公司純利潤的稅。大部分按統一稅率來徵收，而不是用累進稅。工業國家一般稅率約50%，但小公司有時不用繳那麼多。1909年美國政府實施了公司所得稅制，有四分之三以上的州課徵公司所得稅。亦請參閱capital-gains tax、income tax。

corporation　有限公司　經過國家註冊批准，爲經營工商業而組合人力和物料資源的一種法定的組織形式。有限公司與其他兩種主要的企業所有制形式——獨資企業和合夥企業——不同，具有許多顯著的特點使它比較靈活，適合於大規模經濟活動。其中最主要的特點是：有限責任；股票可轉讓權，不用依法改組企業，投資人可透過轉讓股票，方便地將其在企業中的權益轉讓給他人；法人資格，公司本身就是假想中的「人」，它享有法律地位，可以公司的名義上訴和被起訴、簽訂合同和擁有財產；無限持續期：公司具有不受任何創辦人參加時間限制的無限壽命。股東就是公司的所有人，他們透過投資購買了企業收益中的分額，而在名義上具有對公司經理人員使用其投資相應的控制權。20世紀時，直接股東控制已變得越來越不可能了，更何況那些大公司的股東已達到數以萬計。委託投票經營已被合法化，一種補救的措施是由領薪金的經理人員來主控公司及其資產。亦請參閱multinational corporation。

Corporation for Public Broadcasting ➠ PBS

corporatism　社團主義　把整個社會組織成從屬於國家的各種「社團」的理論和實踐。按照這種理論，工人和雇主被組織到產業社團和職業社團中，這些社團作爲政治代表機關，在很大程度上支配其管轄之內的人員和他們的活動。這種思想最早的理論闡述是在法國大革命以後，而在德國東部和奧地利最爲突出，主要代言人是梅特涅公爵的宮廷哲學家米勒（1779～1829），他勾勒出一個理想的「階級國家」，這些階級如同業公會或公司一樣運作，每個公會或公司控制一種特定的社會生活。但這種理論一直到義大利墨索里尼奪取政權後，才付諸實現，他在第二次世界剛開始時實施這種主張，結果導致他垮台。1970年代以來，出現了一種新型的社團主義（即民主或新社團主義），它與一種利益代表制有關，國家要透過與工會、商業聯盟的溝通來制定政策。

Corpus Christi　考帕克利士替　美國德州南部城市，也是考帕克利士替灣港口。1838年建爲商站。1852年設建制。1881年通鐵路，刺激了地價暴漲。天然氣的開發（1923）、深水港的發展（1926）和薩克斯泰特油田的發現（1939）爲該市奠定了經濟基礎。出產石油化工品、鋁、玻璃、農產品和水產。海灣和沿海珊瑚島上有釣魚及水上運動等遊樂設施，包括帕德里島。巨大的考帕克利士替海軍航空站也設於此。人口約280,260（1996）。

Corpus Christi Bay　考帕克利士替灣　美國德州南部墨西哥灣內的小灣，形成考帕克利士替市的深水港。灣長40公里，寬5～16公里，東有馬斯唐島爲屏障。有海灣沿岸航道與北面的阿蘭薩斯灣及南面的馬德雷湖相通，經由馬斯唐島北面的阿蘭薩斯航道進入墨西哥灣。灣內產化工原料牡蠣殼，海運爲石油、化工和農業服務，遊客常來此釣魚、獵水鳥和划船。

Correggio＊　柯勒喬（西元約1489～1534年）　原名Antonio Allegri。義大利文藝復興時期重要畫家。出生於柯勒喬，這個地名以後就成爲他的名字。曾在曼圖亞研究過曼特尼亞的作品，並且受達文西的影響很大。後來在一次造訪羅馬時，看見米開朗基羅和拉斐爾的梵諦岡濕壁畫，受到很大的鼓舞。1518～1519年在帕爾馬傳福音聖約翰教堂客廳天花板上的壁畫是其藝術成熟後的首批作品，接著又爲帕爾馬聖喬凡尼·埃萬傑利斯塔教堂繪製天頂畫《基督升天》和教堂後殿的壁畫。在帕爾馬大教堂所繪的天頂畫《聖母升天》達到藝術創造的高峰，成爲巴洛克風格天頂畫的先驅。其他作品從性質上可分成三類：巨大的祭壇畫，精緻的私人宗教奉獻畫和少數的以神話爲題材的人物畫。晚期規模宏大、構圖統一的壁畫和筆觸柔和、充滿美感的油畫，影響著許多巴洛克和洛可可藝術家的風格。

柯勒喬的《朱比特與伊俄》（1530?），現藏維也納藝術史博物館
By courtesy of the Kunsthistorisches Museum, Vienna

correlation　相關性　統計學上，兩個隨機變數的關聯的程度。兩組資料圖形的相關性是兩者相似的程度。不過，相關性並不等同於因果關係，就算極爲緊密相關可能不過是湊巧。數學上，相關性是以相關係數來表示，數值從負1（不會一起發生）經過0（完全地獨立）到1（總是一起發生）。

Correll, Charles ➠ Gosden, Freeman F(isher) and Charles J. Correll

Correns, Carl Erich＊　科倫斯（西元1864～1933年）　德國植物學家和遺傳學家。1900年與切爾馬克·封·賽塞內格、德弗里斯同時分別重新發現孟德爾論述遺傳原理的論文。他用豌豆進行實驗，得出與孟德爾相同的結論。他協助提供大量證據支持孟德爾的論文，當他研發了一種遺傳因素的自然聯結理論來解釋某種特徵的遺傳一致性時，促成摩根發展了連鎖的概念。

Correspondence, Committees of ➠ Committees of Correspondence

Corrigan, Dominic John　科里根（西元1802～1880年）　受封為Sir Dominic。愛爾蘭醫師，曾發表幾份有關心臟病的報告，他關於主動脈瓣閉不全的病因、治療的論文（1832），被公認為該病的經典著作。多年在都柏林行醫及研究，其論文均以在都柏林各醫院對患者的觀察為基礎。最著名的研究工作有：肺硬化（1838）、主動脈炎與心絞痛的因果關係（1837）及二尖瓣狹窄（1838）等。「科里根氏呼吸」指發熱時呼吸變淺；「科里根氏脈」，表現為脈搏迅速上升又突然下降，見於主動脈瓣閉不全，血液逆流心室時。

corrosion　腐蝕　因化學反應而耗損，以氧化作用為主（參閱oxidation-reduction、oxide）。腐蝕無時無刻都在發生，只要表面（通常是金屬）暴露就會受到氣體或液體以化學作用侵襲，高溫、酸、鹽分都會加速腐蝕。一般腐蝕產物（例如鏽、銅綠）會停留在金屬表面，並加以保護。移去這些堆積物讓表面重新暴露，腐蝕會繼續進行。有些材料天生抗腐蝕，其他的可以加工處理加以保護（例如披覆、油漆、鍍鋅或陽極氧化）。

corruption　貪污　欲為自己或他人獲取利益而採取不恰當的、通常是不合法的行為。其形式包括賄賂、勒索以及不正當地使用內部資訊。當社會關係冷漠或缺乏嚴厲的政策時就會出現貪污。在奉行禮儀性送禮文化的社會中，可接受禮物與不可接受禮物之間的界線往往很難畫清。亦請參閱organized crime。

corset　緊身健美裝　一種貼身內衣或外部裝飾，使體形美觀或緊束身軀用的衣物。始於西元前2000年間，米諾斯青銅時期的克里特人即穿用之。健美裝隨著對體態審美觀念的變化而時有不同，或用以束緊壓平上身，或用以托住並突出乳房。20世紀初，緊身健美裝被大加修改，改短並不再支托乳房，於是導致了胸罩的發明。這種胸罩和騎士式緊身衣是1930年代的胸罩和緊身褡（在英國稱為束帶）的原型。1960年代後，胸罩種類不斷翻新。緊身胸衣是把胸罩和緊身褡縫合在一起，始於1930年代，至今仍廣為流行。

Corsica＊　科西嘉　法語作Corse。法國大區及地中海一島嶼，是地中海第四大島。科西嘉地形多山，約2/3地區為古結晶岩構成，以西北到東南為軸線將該島分為兩部分。島上群峰競立，海拔超過2,000公尺的有二十座。東西兩面流域都有季節性的湍急河流。這些河流起源於多山的中部，在上游流經極為巉岩的峽谷然後直瀉而下。至少在西元前3,000年此地已有人居住。約於西元前560年始見於史載，當時希臘人從小亞細亞過來，在島上建鎮。西元前3世紀～西元前2世紀被羅馬人占領。科西嘉與薩丁尼亞合為羅馬帝國一行省後，經濟開始繁榮。後來屢遭拜占庭和阿拉伯人等民族的入侵。1077年比薩主教受教宗委託管理科西嘉，之後成為比薩與熱那亞必爭之地，但在18世紀以前主要是由熱那亞人統治。1768年成為法國的省份。島上經濟以旅遊業、飼養乳羊取乳製優質乳酪、種植果樹、生產軟木塞及煙草為基礎。出口品主要有乳酪、葡萄酒、柑桔以及橄欖油。拿破崙誕生於此島。面積8,680平方公里。人口約250,634（1991）。

Corso, Gregory　柯爾索（西元1930年～）　美國詩人，1950年代中期敲打運動的主要人物。從小在孤兒院生活，青少年時曾入獄三年。1950年在紐約市結識詩人金斯堡，成為他的良師。他在詩中使用了口頭詩歌中行之有效的講究押韻和咒語似的風格，以直接而令人吃驚的意象著名。詩集有《突進的貞婦》（1955）、《精神的更迭》（1964）、《本地精神的先驅》（1981）等。

Cort, Henry　科特（西元1740～1800年）　英國發明家和工業家。1783年取得帶孔型軋輥專利，生產鐵棒比舊的錘鍛法或軋板切條法快而經濟。次年取得攪煉法的專利，即在反射爐（利用火焰和熾熱的氣體在家屬上面形成渦流提供所需的熱，使金屬和燃料不發生接觸）爐床攪動熔融生鐵，用環流空氣脫除鐵中的碳。他的發明對英國製鐵業影響極大，此後二十年間英國生鐵產量增加三倍。

Cortázar, Julio＊　科塔薩爾（西元1914～1984年）　阿根廷裔法籍小說家和短篇作家。1951年遷居巴黎，同年發表第一部短篇小說集《獸籠》，此後長居巴黎。代表作《踢石戲》（1963）是一部結局開放或反小說的小說，作者邀請讀者按照自己的方案，對書中的不同部分重新安排，使讀者無止境地把握小說的內容。另一部作品《魔鬼的胡言亂語》為安東尼奧尼拍的影片《欲望》（1966）的藍本。他的中心思想表現為在追求藝術完美和不能把握時間流逝時所感到的心靈痛苦，以及他對20世紀價值標準的否定。

Cortes＊　科特　中世紀伊比利半島各王國的議會或國會。歐洲中古時期由各自由的自治市選出的代表，有權參加國王在宮廷裡就某些事務舉行的評議會。他們之所以獲准參與其事，是由於國王除了徵收例行的稅收之外，還需要其他的財政補助，而國王在法律上又無權直接課徵額外的稅收，欲達到此目的，必須徵得各自治市的同意。萊昂與卡斯提爾王國的議會，早在13世紀初葉即已存在，並擴展至加泰隆尼亞（1218）、亞拉岡（1274）、瓦倫西亞（1283）、那瓦爾（1300）。現為西班牙與葡萄牙的國家立法機關。

Cortés, Hernán＊　科爾特斯（西元1485～1547年）　受封為Marqués del Valle de Oaxaca。西班牙殖民者，曾為西班牙君主奪得墨西哥。出身於古老世家，十九歲時即離開西班牙遠航伊斯帕尼奧拉島（今聖多明哥）。1511年與委拉斯開茲・德奎利亞爾航海去征服古巴。1519年他募集了十一艘船、五百零八人和十六匹馬，駛至墨西哥東南海岸建立據點，以擺脫委拉斯開茲・德奎利亞爾的權威。他把自己的船燒掉，以督促自己和全軍：只有征服才能求生存。此後科爾特斯向墨西哥內地進軍，有時依靠武力，有時依靠對當地印第安人的友好態度，並利用阿茲特克帝國內部的政治危機，終於進入阿茲特克首都特諾奇蒂特蘭（今墨西哥城）。阿茲特克統治者蒙提祖馬二世相信他是阿茲特克人崇拜的魁札爾科亞特爾神的化身，非常隆重地迎接他，但科爾特斯卻將他囚禁，以便實現政治征服。不久科爾特斯得到情報，說由納瓦埃斯率領的一支西班牙軍隊從古巴前來剝奪他的指揮權，他留下一些人衛戍特諾奇蒂特蘭，自己率兵前去迎擊納瓦埃斯，把對方的軍隊納入自己的部下。班師時，他發現在特諾奇蒂特蘭的西班牙衛戍部隊已被阿茲特克人包圍，由於進逼過緊，又缺乏食品，科爾特斯決定夜裡出城。1521年他與特拉斯卡拉盟友攜手，再次占領該城，這一勝利標誌著阿茲特克帝國的衰亡。科爾特斯變成了從加勒比海直至太平洋的一塊廣大領土的絕對統治者。1524年他得到批准進入宏都拉斯叢林探險，兩年的艱苦生活損害了他的健康和地位。晚年生活諸多不順，苦不堪言。

Cortés, Sea of 科爾特斯海 ➠ California, Gulf of

cortex　皮層　植物莖與根的表皮層與維管組織之間由非特化細胞構成的組織，皮層細胞可包含貯存的營養物或樹脂、乳汁、香精油、丹寧等物質。草本植物、幼齡木本植物及仙人掌等肉質植物的莖部皮層細胞含葉綠體而呈綠色，能行光合作用。在可食的根、鱗莖及塊莖內，營養物質以澱粉的形式貯存於皮層。

cortisone　可的松　類固醇有機化合物，腎上腺皮質激素。1948年始用於治療類風濕關節炎，現已大部爲無副作用的化學藥所取代。最初發現這種腎上腺皮質分泌物是生命不可缺少的，和其他類固醇化合物在1935～1948年相繼被分離出來。可的松的作用主要是把蛋白質迅速轉變爲醣（類皮質醣），並在一定程度上調節體內的鹽代謝（礦物皮質酮）。但是用作消炎劑時，其治療劑量遠超過人體的正常含量，因此副作用極大，會引起浮腫，胃酸過多，使鈉、鉀和氮的代謝失去平衡。亦請參閱Cushing's syndrome。

Cortona, Luca da ➠ Signorelli, Luca

Cortona, Pietro da ➠ Pietro Da Cortona

corundum＊　剛玉　鋁的氧化物礦物Al_2O_3，在已知天然物質中其硬度僅次於金剛石（鑽石）；較佳的品種是寶石－－藍寶石和紅寶石，與氧化鐵及尖晶石的混合物稱爲金剛砂。剛玉在自然界中分布廣泛，但少有大量儲藏。藏量最豐的地方是印度、俄羅斯、辛巴威和南非。除了用作珍貴的寶石外，由於剛玉硬度極高（摩氏硬度9），有時可作爲磨料，用來研磨光學玻璃或拋光金屬，還用來製作砂紙和磨輪。在大部分工業應用中，剛玉已被氧化鋁（從鋁土礦製得）等合成材料取代。

corvée＊　徭役　歐洲封建時代奴僕對於領主或後來公民對於國家所必須承擔的一種無償勞動。既可附加於正式賦稅之外，也可代替正式賦稅。

corvette　小型巡防艦　小型快速海軍船隻，比中型巡防艦低一個等級。在18和19世紀，小型巡防艦是三桅船，其方帆帆裝與中型巡防艦和帆船時代的大型軍艦相類似，但僅在高層甲板裝有約二十門大炮。經常在戰鬥艦隊的船隻之間傳遞公文，有時亦護送商船。在早期美國海軍，小型巡防艦曾在1812年戰爭中在五大湖區作戰，功績顯著。19世紀中葉改用蒸汽作爲動力後，不再是一個等級，但是在第二次世界大戰中，皇家海軍把這一名稱用於在大西洋中保護護航艦的小型反潛艇船隻。現代小型巡防艦一般的排水量爲500～1,000噸，配備導彈、魚雷和機關槍，在世界小規模海軍中行使反潛艇、防空和沿海巡邏任務。

Corybant＊　科里班特　古代東方和希臘－羅馬神話中所崇奉的眾神之母的侍者，生性狂縱不羈、半似神靈半似妖魔。常與宙斯的侍者混淆。科里班特顯然來自亞洲，崇拜儀式頗富神祕色彩。信眾在祭祀科里班特時狂舞，據說可以使癲狂之病痊癒。

Cosby, Bill　比爾寇斯比（西元1937年～）　原名William Henry。美國電視演員與製片。生於費城。1960年代在紐約的夜總會從事喜劇演員的工作，並巡迴演出。在連續劇《我是間諜》（1965～1968）中，成爲在電視聯播網演出重要角色的第一個黑人演員。後來經常在兒童節目《芝麻街》和《電力公司》中客串演出。比爾寇斯比的一系列《天才老爹》（1969～1973、1984～1992、1994、1996年至今）影集，之所以擁有跨越文化的廣大吸引力，在於他憑藉輕鬆迷人的魅力，並避免落入種族的刻板印象之中；這個節目使得他成爲電視史上最持久與最受歡迎的明星之一。

Cosgrave, William Thomas　科斯格雷夫（西元1880～1965年）　愛爾蘭政治家，愛爾蘭自由邦第一任總統（1922～1932）。早年投身於愛爾蘭民族主義新芬黨運動，1916年參加復活節起義，其後短期被英國人拘留。擔任總統期間，在愛爾蘭重新建立起穩定的政府，但不甚得人心。他一直擔任職位，直至德瓦勒拉於1932年在大選中取得決定性的勝利。1944年科斯格雷夫辭去愛爾蘭統一黨的領導人職位。其子利亞姆・科斯格雷夫於1973～1977年任總理。

Cosimo, Piero di ➠ Piero Di Cosimo

Cosimo the Elder ➠ Medici, Cosimo de'

cosine ➠ trigonometric function

cosines, law of　餘弦定律　畢氏定理的歸納，說明三角形邊長之關係。如果a、b和c是三邊的邊長，C是c的對角，則$c^2 = a^2 + b^2 - 2ab \cos C$。

Cosmati work＊　科斯馬蒂工藝　12～13世紀時，羅馬裝飾工匠和建築師應用的一種鑲嵌技術。係用三角形和正方形的彩色小原石（紅斑石、綠蛇紋石以及白色或其他顏色的大理石）和玻璃材料組成圖案並與大的圓盤形或條狀石相結合構成幾何圖形，用作建築的貼面和教堂家具。其名稱來自幾個名爲科斯馬團斯的工藝家族。

cosmetics　化妝品　爲了美容、保養或改善外觀，或爲清潔、著色、適應環境，或保護皮膚、毛髮、指甲、嘴唇、眼睛或牙齒而施用於人體的各種製品（不包括肥皂）的總稱。已知最早的化妝品，是西元前4000年埃及人用的。到了西元初始，羅馬帝國已廣泛使用化妝品。5世紀，隨著羅馬帝國的衰亡，化妝品與其他文化精品一起在歐洲許多地方消失了；直到中世紀才復興，當時由中東回來的十字軍自他們所到之處帶回了化妝品和香精。到了18世紀，化妝品幾乎已爲社會各階級所採用。現代新的化妝品及其製造、包裝技術和廣告，促使化妝品以空前未有的規模普遍流行，包括護膚用品、粉底霜、香粉、胭脂、眼妝、唇膏、無皂洗髮精、潤髮乳、燙髮劑和頭髮舒展劑、染髮劑以及防汗劑、漱口水、脫毛劑、指甲油、收斂劑和浴晶等。

cosmic background radiation　宇宙背景輻射　電磁輻射，主要位於微波範圍，依據大爆炸模型，一般認爲是來自百億年前宇宙創生的爆炸經過高度紅移之後的殘存效應（參閱red shift）。1964年由威爾遜和彭齊亞斯在偶然間發現，其存在支持大爆炸宇宙論的預測。

cosmic ray　宇宙線　貫穿銀河系的高速粒子（原子核或電子）。其中一些粒子來自太陽，但大部分來自太陽系外，稱爲銀河宇宙線。到達地球大氣層頂部的宇宙線粒子稱爲初級宇宙線，它們與大氣中的原子核碰撞後，產生次級宇宙線。大部分初級宇宙線受星際磁場和地球磁場的強大影響，具有很高的能量，速度相當於光速的87%或更高。由人造地球軌道衛星進行的γ射線測量顯示，宇宙線主要集中在銀河系的銀盤上，只有很小比例的部分來自周圍的銀暈。涉及宇宙線產生和加速過程的細節至今還不清楚，但來自超新星的膨脹衝擊波似乎能夠完成宇宙線的加速。從1930年代初期到1950年代，對於宇宙線的研究在科學研究原子核和它的組分上起過重要作用，因爲它們是唯一的高能粒子源。通過宇宙線的撞擊發現了短壽命的亞原子粒子，因而建立了粒子物理學領域。甚至在功率強大的粒子加速器出現後，粒子物理學家仍在有限的規模上繼續研究宇宙線，因爲宇宙線中一些粒子的能量是在實驗室條件下遠不能達到的。

cosmogony ➠ creation myth

cosmological argument　宇宙論論證　在自然神學中，用來證明上帝存在的一種論證形式。托馬斯·阿奎那在他的《神學大全》中提出了兩種宇宙論論證：第一動因論證和偶然－必然性論證。第一動因論證以世界在變動的事實爲論證起始，而這些變動一定是某個或某些原因所導致的。每個原因本身又是某個或某組更進一步的原因所造成。這個因果系列的鎖鍊若非永不止息地向前推衍，就是由一個第一動因所啓動。這個第一動因就某個重要的方面（雖然並非全面）來說，就是基督教的上帝。偶然－必然性論證走的是另一條途徑，但仍以類似的思考方式爲基礎，由自然界層層推衍到最終極的基礎。

cosmological constant　宇宙常數　愛因斯坦勉強在廣義相對論方程式加入的項，爲了從方程式得到描述靜態宇宙的解，因爲當時還相信這個學說。這個常數有斥力的效果，對抗宇宙物質的引力。當愛因斯坦聽到宇宙擴張的證據，把提出宇宙常數這件事當成畢生最大的錯誤。新近的發展認爲在早期宇宙或許有數值不爲零的宇宙常數。

cosmology　宇宙學　把整個自然科學，尤其是天文學和物理學，結合起來，對整個宇宙進行探索的一門學科。分爲三個偉大時期。第一個時期始於西元前6世紀的希臘，當時畢達哥拉斯提出了地球是一個球體的觀念，與巴比倫人、埃及人不同，他設想這樣一個宇宙，其中天體的運動都受自然規律的和諧關係所支配；接著又有留基伯和德謨克利特提出無窮原子宇宙，最後歸結爲2世紀的托勒密宇宙模型（參閱Ptolemy）。到16世紀，哥白尼提出一個以太陽爲中心的宇宙，標誌著第二個偉大時期的開始；到17世紀又演變成爲在18、19世紀盛極一時的牛頓無限宇宙，隨後許多科學家在研究恆星和銀河系都取得了迅速的進展。第三個偉大時期是20世紀初隨著愛因斯坦發現狹義相對論並發展成廣義相對論而揭開序幕的，天文學出現許多重大進展：河外星系的紅移、河外星雲是同銀河系相當的星系、宇宙正依哈伯定律膨脹等。現代宇宙學的基本假設是：宇宙在空間上是同質的，即就平均而言，在任何地方、任何時間都是一樣的，因此物理規律也到處適用。

cosmonaut ➠ astronaut

cosmos＊　秋英屬　亦稱大波斯菊屬。菊科的一屬，約二十種，原產於熱帶美洲。葉對生；頭狀花序沿長花軸著生或密集簇生，盤花紅色或黃色，邊花白色、粉紅色、紅色、紫色或其他顏色，頂端或有缺刻。常見觀賞種普通圓秋英（二回羽狀葉秋英），已選育出很多一年生品種。

Cossacks　哥薩克人　居住在黑海和裏海以北內陸的一個民族。原指在聶伯地區形成的半獨立的韃靼族，後亦指從波蘭、立陶宛和莫斯科等公國逃亡到聶伯河和頓河地區的農奴。哥薩克人具有獨立的傳統，並以爲俄羅斯保衛邊疆、擴張領土而取得自治權。17～18世紀他們的特權受到威脅而時起反抗，較著名的叛亂首領有拉辛、普加喬夫。結果他們逐漸失去自治地位。

cost　成本　指生產者和消費者購買商品和勞務的貨幣價值。按經濟學的基本含義，成本是在選擇一種商品或勞務前所放棄的其他機會價值的衡量尺度，通稱爲機會成本。對消費者而言，成本即購買商品和勞務時所付的價錢；而對生產者來說，成本是表示生產投資的價值與產量水平之間的關係。總成本是指達到一定產量水平所付出的一切費用，如除以產量，則得出平均成本或單位成本。總成本中的一部分，如建築物的租賃費、重型機械的折舊費，不隨產量變化而變化，在短期內也不能因產量增減而改變，稱爲固定成本；隨著產量高低而變動的成本，如勞動或原材料費用，則稱爲可變成本。成本在經濟分析中的一個重要方面是邊際成本，即多生產一單位產量而引起的追加成本。

cost-benefit analysis　成本－效益分析　指在政府的計畫和預算工作中試圖以貨幣來表示某項規畫的社會效益，並使之與其成本相比較。法國工程師杜普伊在1844年首先提出，但直到1936年才爲美國防洪計畫所採用。成本－效益率是由規畫的預計效益除以預計成本而得，因其涉及的變量過於繁雜，不僅要考慮量的因素，也要考慮質的因素，特別在制定長遠計畫時，還要考慮時間因素，因此要算出精確的成本－效益率很不容易。

cost of living　生活費用　指維持特定生活水準的貨幣支出，通常是藉由物價指數，例如消費者物價指數，計算出特定階層所需的一些特定商品和勞務的平均費用加以衡量。計算最低生活水準的費用，對於確定救濟撥款、社會保險賠償金、家庭補助費、免稅、最低工資等，都是不可缺少的，還可用於比較不同地區維持類似生活水準的費用。測定生活費用的變化，對於工資談判頗爲重要。亦請參閱social insurance。

Costa-Gavras, Constantine＊　科斯塔－加夫拉斯（西元1933年～）　原名Konstantinos Gavras。希臘裔法籍電影導演。1952年離開雅典，進巴黎大學獲文學學位，後進入法國高等電影學院學習，曾擔任阿萊格雷、克萊等導演的助手。第一部影片《火車情殺案》（1966）是一部驚險的偵探片，第二部影片《十三金剛》（1966）描寫第二次世界大戰，獲得好評。接下來的《大風暴》（1968），生動有力地描寫了希臘的一次政治謀殺事件，爲他贏得奧斯卡最佳外語片獎，並贏得國際讚揚。之後拍攝了《大追供》（1970）、《戒嚴令》（1972）、《失蹤》（1982，入圍奧斯卡最佳影片獎）、《危機最前線》（1997）等。雖然他的影片極具政治性，但不僅吸引知識分子和觀念論者，更吸引廣大電影觀衆，因爲這些影片大都能使人興奮地感到緊張或有趣。1982年任法國電影藝術館館長。

Costa Rica　哥斯大黎加　正式名稱爲哥斯大黎加共和國（República de Costa Rica）。中美洲國家。面積約51,100平方公里。人口約3,936,000（2001）。首都：聖何塞。大多數人民爲西班牙後裔，夾雜有印第安人和黑人血統。語言：西班牙語（官方語）。宗教：天主教（國教）。貨幣：科郎（colon）。狹窄的太平洋沿岸陡然升高至中央高地，一條火山山鏈形成該國的主要山脈，其後緩降至加勒比海沿岸平原。氣候從溫帶至熱帶，動、植物多樣，包括南、北美洲的品種。經濟爲發展中的市場經濟，大部分奠基於咖啡和香蕉出口，其他重要的出口物品有牛肉、糖和可可。政府形式爲多黨制共和國，一院制，國家元首暨政府首腦爲總統。在哥倫布於1502年抵達此地之前，已有幾個原住民部落定居，人數雖少卻不易控制，西班牙人花了將近六十年的時間才建立第一個永久居民點。由於缺乏礦產資源，並不受西班牙王室重視，因此殖民地發展緩慢。19世紀咖啡的出口及鐵路線的建立，使得經濟有所改善。1821年加入爲時短暫的墨西哥帝國，1823～1838年屬於中美洲聯合省的一部分，1871年通過憲法。1890年哥斯大黎加人舉行了被認爲是中美洲第一個自由且公正的選舉，開始了哥斯大黎加有名的民主傳統。1987年當時的總統阿里亞斯·桑切斯因調停薩爾瓦多、尼加拉瓜和瓜地馬拉的糾紛而獲

諾貝爾和平獎。1990年代該國所有政策在於如何改善經濟困境。1996年遭受颶風嚴重破壞。

Costello, Lou　科斯蒂洛 ➠ Abbott and Costello

Cotabato River　哥打巴托河 ➠ Mindanao River

Cotán, Juan Sánchez ➠ Sanchez Cotan, Juan

Côte d'Azur＊　蔚藍海岸　法國東南部地中海沿岸文化大區，包括芒通與坎城之間的法屬里維耶拉。以風景優美聞名，爲重要的遊覽勝地。

Côte d'Ivoire　象牙海岸　正式名稱象牙海岸共和國（Republic of Côte d'Ivoire）。英語作Ivory Coast（1986年以前）。非洲西部共和國。面積320,763平方公里。人口約16,393,000（2001）。首都：亞穆蘇克羅（行政首都）、阿必尚（立法首都）。境內約有六十個獨立部落，包括貝蒂人、塞努福人、鮑勒人、阿尼人、馬林克人、丹人和洛布人。語言：法語（官方語）和多種土語。宗教：伊斯蘭教、天主教和傳統萬物有靈論。貨幣：非洲金融共同體法郎（CFAF）。全國可畫爲四大地理區：狹長沿海地區、赤道雨林區（西）、栽培林區（東）、稀樹草原區（北）。農業雇用全國約一半以上的勞力。爲全世界最大的可可產國和主要的咖啡產地，其他出口產品包括香蕉、棉花、橡膠、木材和鑽石。政府形式爲多黨制共和國，一院制。國家元首爲總統，政府首腦是總理。西元15世紀時，歐洲列強開始進入此區，進行象牙和奴隸的買賣。到19世紀，當地的王國勢力爲法國所取代。1893年成立法屬象牙海岸殖民地，1908～1918年完全由法國人占領。1946年成爲法蘭西聯邦的一塊領土，1947年北部脫離聯邦獨立爲上伏塔國家（即今布吉納法索）。1958年象牙海岸和平取得自治權，1960年獨立，烏弗埃·包瓦尼當選爲總統。1990年第一次舉行多黨派總統大選。

Cotonou＊　科托努　貝寧大西洋省港口、實際上的首都，也是全國最大的城市和經濟中心。瀕臨幾內亞灣，爲貝寧－尼日鐵路的起點站，1965年建成人工深水港。有釀酒、紡織和棕櫚油加工業。建有貝寧國立大學（1970）。人口約750,000（1994）。

Cotopaxi＊　科托帕希　厄瓜多爾中部安地斯山地中科迪勒拉山脈的火山峰，海拔5,897公尺，是世界最高的連續活動的火山。火山錐相當勻稱，經常被雲霧掩蔽，晚上火山口的火則把雲照得通明，沸騰的岩漿不斷噴出蒸氣。整座山由噴出的黑色粗面岩岩漿流和落下的淺色火山灰交替堆積而成，雖立於開闊的高山草原，較高部分卻終年覆蓋著白雪。這座火山有大爆發的長期記錄，休眠期甚少超過十五年。

cotton　棉花　錦葵科棉屬植物的種籽纖維，原產於大多數亞熱帶國家。植株灌木狀；花朵乳白色，開花後不久轉成深紅色後凋謝，留下綠色棉鈴，內有棉籽，從棉籽表皮長出茸毛，塞滿棉鈴內部。棉鈴成熟時裂開，露出柔軟、白色或帶黃色的纖維。棉花在棉鈴裂開後採摘，是世界上最主要的農作物之一，產量高、生產成本低，使棉製品價格比較低廉。棉纖維能製成多種規格的織物，從輕盈透明的巴里紗到厚實的帆布和厚平絨，適於製作各類衣服、家具布和工業用布。棉織物堅牢耐磨，而且穿著舒服。將纖維熔合或黏合可製成無紡棉布，用以製造拋棄式用品，如旅館、醫療單位用的毛巾、茶袋、桌布、繃帶及拋棄式制服、床單等。

Gossypium hirsutum，棉屬的一種
Rod Heinrichs – Grant Heilman

Cotton, John　科頓（西元1585～1652年）　新英格蘭基督教清教派領袖。受教於劍橋三一學院，在那裡他第一次接觸到清教主義。1612～1633年任林肯郡教堂牧師，其間逐漸趨向清教派。英國聖公會決定對他採取法律措施，他遂於1633年移居新英格蘭，任波士頓第一教堂教義師終身，成爲麻薩諸塞灣殖民地極有影響力的教牧人員。他贊成喀爾文所提出的公理制，主張由政治當局保證宗教信仰純正，反對長老宗分裂派的思想自由化傾向，主張實行重視神學的自由教育制度。他的這種思想，對新英格蘭清教徒建立神權國教的理想影響甚大。

Cotton, King ➠ King Cotton

Cotton, Robert Bruce 科頓（西元1571～1631年） 受封爲Sir Robert。英國古物收藏家，科頓圖書館創建者，他收集的歷史文獻是大英博物館手稿收藏部的基礎。約1585年開始搜集手稿、書籍和錢幣，並開放圖書館供學者集會和自由使用。1601年進入議會，約1615年後開始失寵，並因收集政府文獻而引起人們的疑慮。1629年因出版政治小冊子批評查理一世的政策而入獄，他的圖書館也被查封；後雖獲釋，但未歸還圖書館。直到他死後，他兒子才得回圖書館的所有權，1700年他的曾孫將圖書館捐贈給國家。

Cotton Belt 棉花帶 美國東南部的農業區，棉花是該處主要的經濟作物。棉花帶過去僅限於南北戰爭之前的美國南方，在戰後往西擴展。現在範圍遍及南北卡羅來納州、喬治亞州、阿拉巴馬州、密西西比州、田納西州西部、阿肯色州東部、路易斯安那州、德克薩斯州東部以及奧克拉荷馬州南部。

cotton bollworm ➠ corn earworm

Cotton Club 棉花俱樂部 1920年代和1930年代在紐約哈林區的俱樂部。渾名私酒販的馬登（1892～1964）創於1922年的第142街及李諾克斯大道交叉口。它變得非常時髦，集合了當時全美最棒的黑人表演者（黑人顧客禁止進入），包括路易斯阿姆斯壯、卡洛威、艾靈頓公爵、雷娜賀恩、羅賓遜和沃特斯。之後它遷移到市區（1936～1940）。另一家同名的俱樂部於1980年代在哈林區開幕。

cotton gin 軋棉機 清除棉花中棉籽的機器，是美國惠特尼於1793年發明完成的。英國紡織業的機械化，促使美國棉花業市場迅速擴展，而人工緩慢的從原棉纖維中清除棉籽卻阻礙了生產。惠特尼用一組安裝在旋轉圓筒上的鋼絲齒，使棉纖維通過鑄鐵分離室上的窄縫而排除棉籽。由於惠特尼的這項發明極簡單（能用人力、畜力或水力），被廣泛仿製而失去了專利。

cottonmouth moccasin 棉花嘴噬魚蛇 ➠ moccasin

cottonwood 三角葉楊 楊柳科楊樹屬幾種速生喬木。原產於北美洲。葉三角形，有齒，下垂，在風中沙沙作響；種子有絮毛。東方三角葉楊高約30公尺，葉片厚而光亮。卡羅來納楊（稜枝楊）和尤金氏楊很可能是東方三角葉楊和歐亞黑三角葉楊（黑楊）的天然雜交種。弗里蒙特氏楊是三角葉楊類中最高大的種，產於北美東南部。亦請參閱poplar。

三角葉楊
Kitty Kohout from Root Resources

cottony-cushion scale 吹綿蚧 同翅目的一種害蟲，學名爲Icerya purchasi。成蟲產鮮紅色的卵，聚成白色的大塊，突出於小枝上；夏季數天即孵出幼蟲，冬季則需數月。世界性分布，常見於多種植物（金合歡、柳、橘）上，對枸櫞科植物危害甚烈，一度對南加利福尼亞的柑橘業造成威脅，後引進澳大利亞的瓢蟲，短期內即控制害蟲。

吹綿蚧放大圖
Robert C. Hermes – The National Audubon Society Collection/Photo Researchers

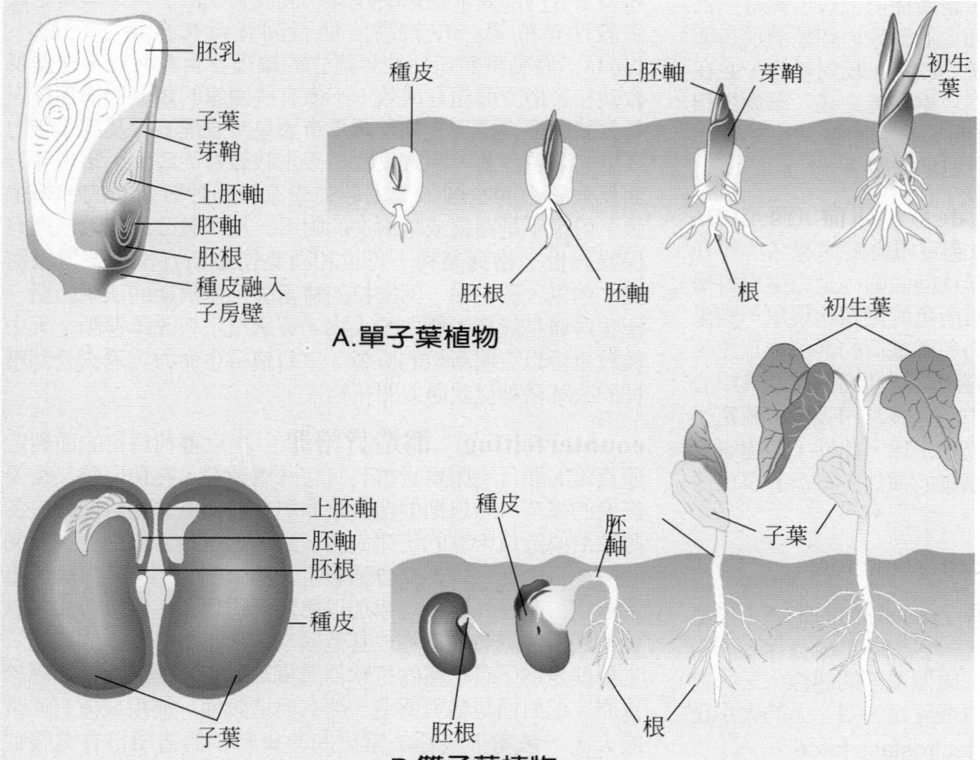

A. 單子葉植物（玉米種子的內部構造與萌芽階段）。養分貯存在子葉與胚乳組織之中。胚根與胚軸（介於子葉與胚根之間）長出根。上胚軸（子葉上方）長出莖和葉，並由保護的鞘（芽鞘）覆蓋。
B. 雙子葉植物（豆的內部構造與萌芽階段）。所有的養分貯存在擴大的子葉之中。胚根長出根，胚軸是莖的下部，上胚軸則是莖的上部和葉。

cotyledon＊ 子葉 種子胚中的種子葉。爲種子的發育提供能量和養分，當第一片眞正的葉子長出後即枯萎掉落。種子胚僅含一片子葉的顯花植物稱爲單子葉植物，胚中含兩片子葉的稱爲雙子葉植物（參閱angiosperm）；裸子植物的子葉數不等，從8～20枚以上。

Coubertin, Pierre, baron de＊ 顧拜旦（西元1863～1937年） 法國教育家，在他的努力下，中斷近一千五百年的奧運會終於得以恢復。他是最先提倡體育的法國人之一，曾到美國和歐洲各國考察。訪問希臘時正值古代奧林匹亞遺址出土，因而興起學辦現代奧運會的想法。1892年在法國體育聯合會上首次倡議，1894年國際體育界在巴黎舉行代表大會，決定於1896年在雅典舉行奧運會。顧拜旦任國際奧委會第二任主席（1896～1925），他的信念是：透過業餘體育選手之間的國際比賽，有助於改善世界緊張狀態。

couch grass 匍匐冰草 亦稱庸醫草（quack grass）。一種蔓延迅速的禾草，學名爲Agropyron repens。葉平展，具少量毛，花穗直立。原產於歐洲，現已引種到北溫帶其他地區作爲飼草或防止水土流失。但在耕地中卻被視爲一種頑固的雜草。其根莖長，淺黃白色，切斷後能生成新株，故必須連根挖出方能鏟除。歐洲把匍匐冰草用作家庭藥物。其地下莖在荒年可食。

Coué, Émile＊ 庫埃（西元1857～1926年） 法國藥劑師和心理學家。1882～1910年在特魯瓦任藥師，1901年開始在催眠術代表人物利埃博和伯恩海姆指導下從事研究工作，並開始在他南錫的診所採用一種自我暗示的心理治療「庫埃法」，即不斷重複的說：「我每天在各方面都變得越來越好。」他強調疾病痊癒主要不是他的力量，他只是教會別人自我治療，他宣稱通過自我暗示能引起器質性的變化。

cougar 美洲獅 亦稱puma、mountain lion或panther。體型優美的大型貓科動物，學名Felis concolor，棲息在不列顛哥倫比亞到巴塔戈尼亞廣大地區的山區、荒漠和叢林等處。許多地區的種類只局限於荒野地區，某些亞種已被認爲瀕於滅絕。毛色從灰白到淺紅褐色，耳和尾尖深色，臀部和腹部白色。成年體重約35～100公斤，雄性體長可達約3公尺（其中1/3是尾），肩高60～75公分。由於其偶而獵食家畜，因此被農人們大量獵殺（尤其在北美地區），基本上在美國東部已滅絕。因能捕食其他動物，故有利於防止它們的數量過多（尤其是北美洲的鹿）。鮮少攻擊人類。

Coughlin, Charles E(dward)＊ 庫格林（西元1891～1975年） 別名爲Father Coughlin。加拿大裔美籍牧師。1923年在底特律受神職，1926年在密西根州的教堂擔任本堂牧師。1930年開始利用廣播佈道，並不時插入他的保守主義政治觀點和排猶主義的激烈言論，是廣播史上最早擁有一批透過電台做彌撒的虔誠聽衆的牧師。他對政治和經濟很有興趣，常批評胡佛總統、羅斯福總統的政策，反對新政，並在所創辦的雜誌《社會正義》中強烈攻擊共產主義、華爾街和猶太人。這個雜誌因違反「懲治間諜法」而被禁止郵寄，1942年停刊，同年天主教當局命令他停止廣播。

Coulomb, Charles-Augustin de＊ 庫侖（西元1736～1806年） 法國物理學家，以制定庫侖定律著名。曾在西印度群島任軍事工程師，1780年代回法國後全力從事科學研究。他企圖探索英國普里斯特利所述的電相斥現象，結果發展成爲庫侖定律：兩電荷間的力與兩電荷的乘積成正比，與兩者的距離的平方成反比。他發現兩同性的電荷沿其中心連線互相排斥，兩異性的電荷沿中心連線互相吸引，確定了磁體同極相斥、異極相吸的平方反比定律。此外，他還研究了機器摩擦、風車以及金屬和絲纖維的彈性。電荷的單位庫侖，就以他的姓氏命名。

Coulomb force 庫侖力 ➠ electrostatic force

Coulomb's law＊ 庫侖定律 庫侖提出的定律，描述帶電物體之間的電力。定律說明，一、相同電荷互斥，不同電荷相吸，二、相吸或互斥作用在兩個電荷的連線，三、力的大小與兩個電荷之間的距離平方成反比，四、力的大小正比於兩者帶電的數值。亦請參閱electrostatic force。

Council for Mutual Economic Assistance 經濟互助委員會 亦作Comecon。西元1949年成立的爲促進和協調蘇聯集團內各國的經濟發展的組織。最初的成員國有蘇聯、保加利亞、捷克斯洛伐克、匈牙利、波蘭和羅馬尼亞；其他成員是後來加入的，包括阿爾巴尼亞（1949）和德意志民主共和國（1950）。其成就包括組織東歐的鐵路網、創建國際經濟合作銀行、鋪設「友誼」輸油管道。1989年的民主革命後，其宗旨和權力已大多喪失。1991年改名爲「國際經濟合作組織」。

counseling 諮商 針對個人進行的專業指導，藉由心理學的方法，幫助人發現和發揮自己在教育、職業和心理上的潛力，使本人最大程度地得到幸福和使社會受益。每個人都有權掌握自己的命運，作出對自己、對社會都有利的選擇。諮商的哲理即是：這些目的是互相補充的，而不是互相衝突的；不是在個人需要與社會要求之間取折衷態度，而是讓個人把握環境爲他提供的機會，以保證個人的需要和意願得到最充分的實現。由此看來，諮商是許多人和許多團體組織都參與的廣泛存在的活動。提供諮商的有父母、親屬、朋友及各種教育、工業、社會、宗教、政治機構，尤其是通過刊物和廣播。一個稱職的諮商顧問並不著眼於替詢問者解決個人的問題，而是提供訊息以增加人們探索行爲的範圍，致力於澄清個人的思想。

count 伯爵 亦作earl。歐洲的一種貴族稱號，在近代位於侯爵或公爵（沒有侯爵的國家）之下。在英國，earl的稱號同count，在子爵之上。伯爵的妻子稱爲女伯爵（countess）。羅馬時代的伯爵（comes），原先是皇帝的陪伴。在法蘭克王國，伯爵是地方指揮官和法官。後來伯爵納入封建體系，有的附屬於公爵，少數伯爵的領地大於公爵領地。當王權重伸高於封臣（發生於不同王國的不同時代），伯爵喪失了他們的政治權力，卻繼續保留身爲貴族一員所有的特權。

Counter-Reformation 反宗教改革 亦稱天主教改革（Catholic Reformation）。指16～17世紀初天主教教會爲抵制宗教改革運動和內部整頓而進行的努力。改革始於批判文藝復興時期歷代教宗和許多神職人員的世俗化生活態度和政策，爲重振虔修生活，新修會紛紛成立，但教廷對於新教和天主教內部要求整頓的呼聲一直沒有回應。保祿三世是反宗教改革的第一位教宗，他召開特倫托會議（1545～1563），發動整頓。1542年建立的羅馬異端裁判所，在監督教義和習俗方面頗有成效，不像有些國家的類似機構那樣對新教諸侯權宜讓步。神聖羅馬帝國皇帝查理五世及其子腓力二世的各項政策，明確反映了天主教教會從政治、軍事等方面反對新教的企圖。天主教神學家紛紛抨擊新教的神學主張，但都不是路德或喀爾文的對手。反宗教改革的教宗還有保祿五世、格列高利十三世和西克斯圖斯五世，聖博羅梅奧、內里、聖約翰、阿維拉的特雷薩、塞爾斯的法蘭西斯、聖味增爵是最有影響力的人物。經過反宗教改革運動，天主教教會得以克服新教的威脅，重新獲得生命力，過去受到壓抑的改革精神從此得以開花結果。

counterfeiting 僞造貨幣罪 指以獲利爲目的而製造假貨幣的罪行。因爲貨幣具有特殊重要性，在仿照時又需要高度的技巧，所以把僞造貨幣罪與一般僞造罪加以區分。各國懲治僞造貨幣罪的法律大體一致，這是1929年由三十二個國家在日內瓦舉行外交會議簽定一項公約的結果。無論僞造本國貨幣還是外幣，一律加以懲罰。這類罪犯可以引渡，以免他們爲逃避懲罰而逃往其他國家。國際刑警組織的設立，主要就是爲了有組織的打擊僞造貨幣罪犯。僞造貨幣罪屬於重罪，但對僅是參與僞造、擁有僞造設備、使用或擁有僞幣的人，一般處刑較輕。常見的非貨幣類僞造項目有電腦軟體、信用卡、名牌服飾和手錶。

counterglow ➠ gegenschein

counterpoint 對位 作曲法中按照某些技巧和美學準則將兩行或更多旋律結合在一起的藝術，爲西方音樂所獨具。常與複調音樂混淆，其實後者是前者對旋律諧和處理的結果。中世紀用它來處理不同節奏組的重疊，一般稱爲「奧加農」。直到11世紀末，這一手法才完全以一個音符對一個音符的形式出現，獲得了對位的名稱。14世紀末，由於複雜的切分音及各色各樣節拍的並存，使這一時期對位的複雜性居歷代首位。到了文藝復興時期，作曲家的主要考慮在於聲部之間的相互關係，他們使用的主要技術是模仿。15世紀末至16世紀，一般認爲是對位的黃金時代，名家有帕萊斯特里納、拉索、德普雷等。17世紀至18世紀初（巴洛克時期）出現新的對位形式，特點在於對不協和音的自由處置及音色的豐富多采（參閱consonance and dissonance），雖然並未脫出文藝復興時期的框架，卻變得更加強烈。當華麗的複調音樂漸漸趨於平樸的和聲時，音樂從巴洛克時期進入了古典時期。起初作曲家們都避免使用對位，然而到了晚期，特別是維也納學派的海頓、莫札特、貝多芬諸人，在主音音樂和調性對比的基礎上，使對位不斷向前突進。同時，對位也因古典風格和曲式的影響而趨於爐火純青。19世紀對對位的再度崇尙，造成了浪漫派作品的特色。20世紀現代派音樂的對位也同樣受了早期音樂的影響，所採用的對位特徵是構成多調性，產生不同音色的對比，而不是旋律之間的對比，超出原來對位的含義——旋律的結合。

countertenor　上男高音　亦稱最高男高音。音樂中指成年男子的最高聲部，包括眞聲和假聲，音域與女低音同。有些人稱眞聲爲上男高音，假聲爲男聲女低音，以示區別。就像閹人歌手，上男高音也是因爲婦女不能在教堂唱詩班和舞台上演唱而發展形成的。由於假聲缺乏力道，因此很少用於歌劇。過去上男高音傳統保存於英國教堂唱詩班，現代則在國際間得到廣泛的復興，主要用於演唱文藝復興時期與巴洛克時期的音樂。

country dance　鄉村舞　亦作對舞（countredanse）。一類由幾對舞伴表演的社交舞蹈。起源於英格蘭民間舞蹈，但它的圖形和音樂的歷史淵源卻是城市和宮廷的，主要的英國文獻是普萊福德的《英國舞蹈教師》（1650）。有三種隊形：圓圈隊形（環舞）；雙縱行，男女各一行；幾何圖形，如正方形、三角形。鄉村舞是19世紀卡德利爾舞的基礎，並被殖民者帶到美國，成爲一種新的舞蹈傳統，如維吉尼亞的里爾舞，並且以新的形式——方塊舞——出現。

country music　鄉村音樂　鄉村與西部音樂（country and western）的簡稱。20世紀流行於美國南方和西部鄉村地區白人之間的音樂風格。這個用語由唱片業在1949年採用，以取代逐漸失色的「鄉土音樂」。其本源是定居於阿帕拉契山脈及美國南方其他地方的歐洲移民的音樂。1920年代早期南部山區傳統弦樂團音樂開始錄成商業唱片，卡森在1923年集成第一張熱門唱片。對鄉村音樂的發展來說，無線電廣播比唱片更重要。1920年代在南方和西部較大的城市中出現許多小電台，專門播放適合鄉間白人聽衆的現場音樂演出或錄音。影響力最大的兩個常態節目是芝加哥的「民族穀倉舞」和納什維爾的「大奧普里」。這類節目立刻受到歡迎，既推動更多唱片生產，也鼓勵山區有才氣的音樂家走向廣播電台，包括卡特家族和羅傑斯。隨著1930年代和1940年代許多南方鄉下白人遷移至工業城市，鄉村音樂被帶到新的地區，接受藍調和福音音樂等新的影響。由於鄉村音樂普遍具有懷舊傾向，那些描寫迫人的貧窮、失去父母的孤兒、失戀的情人和遠離家鄉的工人的歌詞，在人口大規模遷徙的時代具有特殊的感染力。1930年代若干稱爲「歌唱牛仔」的影星，其中以奧特里最著名，把鄉村音樂配上妥善改寫的歌詞，成爲一種綜合的、外來的「西部」音樂。其他鄉村音樂的變體還有：以威爾斯爲代表的西部搖擺風格，隨塔布、威廉斯等人崛起的酒吧音樂。到1940年代，興起一股回復鄉村音樂某些根源價值的努力（參閱bluegrass）。但事實證明，隨著第二次世界大戰後鄉村音樂在美國各地受到歡迎，商業化的影響力強烈多了。1950年代和1960年代鄉村音樂成爲一種大型的商業性企業，流行歌手常以納什維爾風格來錄製歌曲，而許多鄉村音樂唱片使用華麗的管弦樂伴奏。就在電吉他逐漸取代較傳統樂器，而鄉村音樂對全國城市聽衆變得更能接受的1970年代和1980年代，鄉村音樂和主流流行音樂之間的鴻溝持續縮小。直到20世紀晚期，在各式各樣的表演者如納爾遜、詹寧斯、芭頓、特拉維斯、布魯克斯、哈利斯和洛維特等的表演下，鄉村音樂依然蓬勃發展。儘管鄉村音樂吸收了其他流行風格，它仍保持美國少數眞正本土音樂風格的鮮明特性。

coup d'état＊　政變　亦作coup。一小群人突然用暴力推翻現任政府。政變的主要條件是控制全部或部分的武裝部隊、警察和其他軍事力量。政變不同於革命，革命通常是由衆多人進行的根本的社會、經濟和政治的變革；政變是從最上層發生的權力變化，它僅僅造成政府領導人的突然變換，很少改變一個國家基本的社會和經濟政策，也沒有在相互對立的各政治團體之間進行重大的權力再分配。19、20世紀期間，一些拉丁美洲國家經常發生政變，1960年代獲得獨立的一些非洲國家裡也常常發生政變。亦請參閱military government。

Coup of 18 Fructidor ➠ Fructidor, Coup of 18

Coup of 18-19 Brumaire ➠ Brumaire, Coup of 18-19

Couperin, François＊　庫普蘭（西元1668～1733年）　法國作曲家和大鍵琴演奏家，17、18世紀庫普蘭音樂王朝中聲望最高的一人。十七歲即接任其父在巴黎聖熱爾韋教堂的管風琴師職位，擔任該職近五十年。其間也擔任路易十四世宮廷大鍵琴師。著名的作品有1713～1730年出版的四集大鍵琴組曲，包括兩百餘首大鍵琴曲，其中不乏堂而皇之的標題音樂，旋律裝飾華麗，伴奏盤根錯節，也有一些室內樂、經文歌與其他教堂音樂。他最後也是最傑出的一首宗教儀禮作品《熄燈禮拜演習曲》（1715?），爲法國聲樂風格的精妙線條和義大利和聲的委婉動人之處，加上了一層在當時的法國和義大利音樂中所沒有的神祕色彩。

couple　力偶　力學中指一對互相平行、大小相等而方向相反的力，其作用是引起或阻止物體的轉動。例如汽車的方向盤由兩手的力形成的力偶來轉動，也用力偶來轉動螺絲刀或門把。力偶也表現於羅盤中，當磁針分別指向南、北兩極時，便是一組力偶。

couplet　對句　指語法結構和含義都是完整的兩行尾韻相諧的詩句。這兩行詩可以是正規的（或閉合的），即每句的意思都可以在句尾結束；也可以是連續的，即第一句的意思接到第二句（謂之跨行）。在長詩中常作爲一種結構單位，但由於它們可以用於簡短有力的警句般的陳述，所以人們往往把它們寫成獨立的詩，或作爲其他詩式的一部分，如莎士比亞的十四行詩就是以對句結束。

courante＊　庫朗特舞　16～18世紀流行於歐洲貴族舞廳的宮廷對舞。據稱起源於義大利一種帶跑步的民間舞蹈，成爲宮廷舞以後，它帶有向前、向後的小跳步，以後又變爲柔和莊重的滑步，舞曲爲快速的三拍子，承襲自阿勒曼德，後來又成爲音樂套曲的一部分，韓德爾、巴哈和其他巴洛克式的作曲家作交響曲和鋼琴組曲時，都曾使用過。

C D

Courantyne River＊ 科蘭太因河 荷蘭語作Corantijn。蘇利南境內稱Coeroeni。南美洲北部河流。源出阿卡里山脈，北流至蘇利南注入大西洋，全長720公里。其中一段是蘇利南和蓋亞那的界河，蓋亞那人民可在河上自由航行，但無捕魚權。小海輪可上行72公里至該河第一個急流。流域大部未開發，多原始森林。

Courbet, Gustave＊ 庫爾貝（西元1819～1877年） 法國畫家，19世紀中期寫實主義繪畫創始人，主張藝術應以寫實爲依據。1841年到巴黎，常到羅浮宮研究大師們的繪畫，通過臨摹委拉斯開茲等17世紀西班牙畫家的作品，掌握了油畫技法。著名作品《碎石工》和《奧南的葬禮》既不粉飾生活，也不美化現實，而是在藝術中大膽地反映了生活的眞實。從此，庫爾貝成爲背叛傳統畫派的新一代藝術家的領袖和導師，堅決反對傳統觀念和舊習俗，以批判的精神作畫。亦請參閱Impressionism。

coureur de bois＊ 跑木頭 （法文意爲「跑木頭」）17世紀晚期與18世紀早期法國與加拿大間的皮草貿易商。他們大多數都是做非法交易（亦即沒有魁北克政府所要求的執照）。他們賣白蘭地酒給印第安人，對那些跟他們交易的部落造成困擾。雖然他們蔑視殖民地當局，但終究還是在開拓邊境、發展皮草貿易以及協助美洲原住民與法國結盟及對抗英國人等方面，讓殖民地當局獲利良多（參閱French and Indian War）。

Courland＊ 庫爾蘭 拉脫維亞語作Kurzeme。拉脫維亞歷史區，位於西杜味拿河以南波羅的海沿海地區。名稱源自9世紀末在該地建立部落王國的庫羅尼安人，13世紀被利沃尼亞人征服，1561年與謝姆加倫合併爲庫爾蘭公國，成爲波蘭的采邑。17世紀期間，由於工業和外貿發展，公國日益富強。自1737年起，俄國的勢力不斷增長；1795年第三次瓜分波蘭時，被帝俄吞併。1918年成爲新獨立的拉脫維亞的一部分。

Courland Lagoon ➠ Kurskiy Zaliv

Cournand, André F(rédéric)＊ 庫爾南（西元1895～1988年） 法裔美籍醫師、生理學家。1956年與理查茲、福斯曼因對心臟病的研究共獲諾貝爾生理學或醫學獎。1930年畢業於巴黎大學醫學院，後到紐約市貝爾維尤醫院與理查茲合作對心、肺進行臨床研究，改善福斯曼氏操作（今稱心導管術），以研究罹病心臟的功能狀況及其解剖學缺損。

Cournot, Antoine-Augustin＊ 庫爾諾（西元1801～1877年） 法國經濟學家和數學家，最先力圖用數學方法解決經濟問題，是數理經濟學的創始人之一。其貢獻在於：供給和需求的功能和在獨家壟斷、兩家壟斷和完全競爭情況下確立的平衡，賦稅的轉變，國際貿易問題等。主要著作爲《關於財富理論之數學原則的研究》（1838）。

Courrèges, André＊ 庫雷熱（西元1923年～） 法國女裝設計師，以未來主義的青年款式在巴黎時裝界成名。1948年到巴黎一家很小的時裝店工作，後提升爲巴蘭西阿加的第一助手。1961年自己開業，到1964年已被公認爲巴黎最有獨創性的婦女時裝設計師之一。設計風格簡樸、新穎，有比例適當、裁剪講究的褲子，帶有梯形柔和線條的、剛柔結合的衣裳、短裙，配以白色小牛皮靴和深色大框眼鏡。1967年在自己開設的婦女時裝商店展出高級時裝和成衣款式，並通過有執照的批發商控制分配、銷售。

court 庭院 建築中由房屋或牆圍繞的空曠場地。自古以來世界各地都有庭院，歐洲中世紀時，所有主要建築，如修道院、城堡、大學或醫院，都附有各具特徵的庭院，宮殿中更是院落重重。17世紀晚期又在房後加一後院，當作馬廄、車房，前院則稱爲禮庭。

court 法院；法庭 指進行司法審判程序的建築物或場所。原意是指一個圍起來的場所，在建築學上的涵義也是如此－－法官坐的審判席設在圍欄內，辯護人、律師和公衆坐在法官席的外側。開始時，這些圍欄是露天的臨時建築，後來才變成固定的大房間或大廳，即審判廳。英國的法院依以下表徵分爲：一是區分爲審理刑事案件的法院和審理民事案件的法院；二是區分爲進行初審司法程序的初審法院和複審初審法院判決的上訴法院，上訴法院的判決涉及重大法律觀點，有可能經英國上議院複審。在美國，各州有各州全面獨立的法院系統，包括受理上訴的州最高法院、一般司法管轄權的審判法院和專門的法庭（如遺囑檢驗法庭）。同時設有聯邦法院系統，處理屬於全國性的或不適於州法院審理的問題和案件。分爲三級：第一級是美國最高法院，第二級是美國聯邦上訴法院，第三級是美國聯邦地方法院。此外還有審判軍職人員或其他被控觸犯軍法人員的軍事法庭。在過去，教會法庭也擁有極大的司法管轄權。

Court, Margaret Smith 考特（西元1942年～） 原名Margaret Smith。澳大利亞網球運動員，1960年代在女子網壇中獨占鰲頭。1960～1973年共獲六十六次大滿貫冠軍，爲獲勝次數最多的女選手。1970年取得英國溫布頓、美國、澳大利亞和法國比賽單打冠軍，是繼康諾利之後第二位獲此成績的女子選手。1963年與福萊柴爾搭檔，是唯一同時贏得大滿貫雙打與單打冠軍的選手。她發球力道大，截擊應手，耐力超人。1979年選入國際網球名人堂。

court-martial 軍事法庭 專門審判軍職人員或其他被控在軍法範圍內犯罪的人員的法庭。古代軍人必須完全服從軍令而喪失平民應有的權利，這種軍法在中古至16世紀間相當盛行。到16世紀才開始有軍事訴訟程序，建立軍事委員會負起判決和懲處的責任。現代大多數國家都有獨立的「軍事審判法」，由軍事法庭掌理，並常依循民事訴訟的形式覆審。普通的軍事法庭由軍事基地指揮官或較高階的軍事主管召開，特別的軍事法庭則可由旅或團級軍官召開。負責召集的軍官選擇其部屬中的軍官共同出庭審理，以決定被告是否有罪，並宣告判決。亦請參閱military law。

Court of High Commission ➠ High Commission, Court of

courtly love 典雅愛情 中世紀對愛情的一種觀念。貴婦人與其情人的關係酷似家臣與領主，情夫對他的神聖的情婦表現出完全的尊重、忠貞和崇拜。這個名詞最早出現於11世紀末法國遊吟詩人的詩作中，並迅速傳遍全歐洲，構成思想上和感情上的革命，對西方文化的影響及於今日。當時的婚姻通常只是事務方面的權宜之計，或爲鞏固權勢聯盟的一種保證，因此典雅愛情是由無數因素造成的複雜產物，包括社會、色情、宗教和哲學等方面。其文學根源據信來自阿拉伯文學，透過阿拉伯統治時期的西班牙傳到歐洲。此外，瑪利亞的宗教儀式日益興盛，是另一影響因素。從典雅愛情得到靈感的作品有《玫瑰傳奇》、佩脫拉克的十四行詩、但丁的《神曲》和行吟詩人、戀詩歌手的抒情詩。

Courts of Appeals, U.S. ➠ United States Court of Appeals

courtship behavior 求偶行爲 導致交配，最終導致子代產生的動物行爲。可能相當簡單，只通過幾種化學、視覺、聽覺的刺激來完成，也可能是由兩個或更多個體利用若干通訊方式而表現出來的一系列高度複雜的行動。有些雌性昆蟲能利用費洛蒙從遠處吸引雄體，雄性的錦龜通過觸碰動作求偶，蛙求偶的叫鳴聲在世界上大多數地方的春夜都可以聽到，複雜的求偶方式見於某些鳥類。複雜的求偶形式常常有助於加強配偶的聯繫，這使配偶關係能在養育幼體的整個過程中維持下來，甚或維持得更長久。人類的求偶儘管出自同一類型的驅力並導向同一目標，但已深受文化傳統的影響，因而通常不是用本能而是用風俗習慣來解釋。亦請參閱display behaviour。

Cousteau, Jacques-Yves＊ 庫斯托（西元1910年～） 法國海軍軍官和海洋勘探家，以廣泛的海底調查著名。1948年在法國海軍中任輕護航艦艦長，1950年任法國海洋科學考察隊領隊兼「卡利普索號」調查船船長，1957～1988年任摩納哥海洋博物館館長。他是法國土倫海底探測組和馬賽海底探測處（1968年改名為高級海洋研究中心）的創始人。由於他發明水肺型潛水器和在水下使用電視的方法，在1957年主持了大陸棚飽和潛水計畫，試驗人類在大陸棚很深處長期生活及工作的情況。晚年一再對人類破壞海洋的情形提出警告。主要著作有《寂靜的世界》（1953）、《活躍的大海》（1963），以及影片《金魚》（獲奧斯卡獎）。

Cousy, Bob＊ 庫西（西元1928年～） 原名Robert Joseph Cousy。美國職業籃球運動員和教練。為全國籃球協會（NBA）中控球能力甚強的後衛，既善於組織進攻又善於得分。1950年加入波士頓塞爾提克隊，1963年離開後任波士頓學院籃球教練。1969年重返職業籃球界，任辛辛那提皇家隊和堪薩斯市俄馬哈列王隊教練。1970年選入籃球名人堂。1980年任全國籃球協會名星隊後衛。

covalent bond＊ 共價鍵 化學術語，指由於兩個原子（在少數情況下為三個原子）的原子核對相同電子的靜電吸引而在它們之間形成的化學鍵。每個共價鍵包括兩個自旋成對（自旋相反）的電子，因此有時也稱作電子對鍵。在分子結構式中，共價鍵以連接兩個原子的實線表示：單線表示兩個原子之間的單鍵，涉及一個電子對；雙線表示雙鍵，涉及兩個電子對；三線表示三鍵，涉及三個電子對。兩個電子可為兩個原子核同時吸引，亦即兩個電子為兩個原子所共享，而且起著連接這些原子的作用。這一概念是美國化學家路易斯於1916年首次提出。他指出這種鍵的形成是由於某些原子具有彼此成對，從而使兩者都具有相應的稀有氣體原子的電子構型的傾向。1927年物理學家海脫勒、倫敦等科學家證實了路易斯的概念，並根據量子力學方程式計算氫分子鍵性質（即鍵能和鍵長）的準確值。亦請參閱ionic bond。

cove ➠ coving

covenant＊ 約 特指猶太教和基督教等宗教教義中所講的約。在《舊約》中，是人與人或國與國之間的協議或條約。在《聖經》所載上帝與以色列人在西奈山立約這一事件1,000多年以前，立約就已表示新的社會關係的建立。最著名的是上帝與人類之間的承諾，例如上帝向諾亞承諾，不再用洪水毀滅世界；或向亞伯拉罕承諾，其子孫將繼承迦南，並成為繁族。《新約》中所載基督教教義中所謂的約，集中於耶穌一身。耶穌在被釘死在十字架之前與門徒共進最後晚餐，席間宣布杯中之酒即是他的血，成為新約。耶穌的死，是承擔以色列人因違背舊約而蒙受的詛咒；這就是說，基督的死應驗了那些詛咒，因而使詛咒歸於無效，開闢了人同上帝建立新關係之路。伊斯蘭教認為，與先知穆罕默德所立的約，是最終的約。

Covenant, Ark of the ➠ Ark of the Covenant

covenant, restrictive ➠ restrictive covenant

Covenanter 誓約派 亦稱聖約派。17世紀基督教蘇格蘭長老會中的一派，多次在危難局勢下表示擁護1638年的「民族聖約」和1643年的「莊嚴盟約」中的各項誓約，維持自己所選定的教會行政體制和禮拜儀式。「民族聖約」簽訂以後，蘇格蘭議會決定廢除主教制並參加1639～1640年的主教戰爭，保衛宗教自由，以致陷入財政困難，引起英國內戰。根據「莊嚴盟約」，蘇格蘭保證支援英格蘭國會派，條件是改革聖公會。於是誓約派的軍隊參加英國內戰，結果失敗。1660年英格蘭王政復辟，誓約派遭受殘酷迫害達二十五年之久。直到1688年爆發光榮革命，教會問題獲得解決，蘇格蘭教會恢復長老制行政，但誓約並未續訂。

Covent Garden＊ 柯芬園 英國倫敦的廣場，為皇家歌劇院所在，是英國國家歌劇和芭蕾舞團的起源地。原為威斯敏斯特的本篤會女修道院花園，1630年規畫為住宅區廣場，在1670～1974年一直是倫敦主要水果、花卉和蔬菜市場。早先的劇場稱為皇家劇院，建於1732年，上演各種戲劇、啞劇和歌劇。曾被大火焚毀兩次又重建，其間先後改為皇家義大利歌劇院（1847）和皇家歌劇團（1888）。

Coventry 科芬特里 英格蘭中部城市。約建於撒克遜時代，1043年哥黛娃夫人與其夫在此建立修道院，為該鎮帶來貿易與繁榮。15～16世紀為神蹟劇表演中心。1896年第一輛戴姆勒汽車在此問世。第二次大戰期間遭到嚴重轟炸，城市大部被毀，包括聖米迦勒教堂和灰衣修士教堂。新的聖米迦勒教堂於1962年完成，可能是該市最著名的新建築物。現工業以汽車、機械和機床製造為主。有兩所歷史悠久的中學和瓦立克大學（1965）、科芬特里工業大學（1970）。面積97平方公里。人口約304,300（1998）。

cover crop 覆蓋作物 生長快速的作物，像是黑麥、蕎麥、豇豆或巢菜，為了防止土壤侵蝕、增加土壤養分、提供有機質而種植。覆蓋作物可以在不種植經濟作物的季節或是在一些作物（如果樹）的行列之間種植。亦請參閱green manure。

Coverdale, Miles 科弗達爾（西元1488?～1569年） 英格蘭主教，首次刊印的英語《聖經》（1535）的譯者。1514年授神職，成為劍橋奧古斯丁會修士，在那裡接受了路德的思想。1528年公開發表言論反對拜像和作彌撒。1529年在漢堡協助丁道爾翻譯《舊約》的首五卷；後來可能定居在安特衛普，在那裡繼續翻譯《聖經》。其後回到英國，從事宗教改革事業，翻譯傳教小冊子並校訂英譯本《聖經》。1540年他迫於英格蘭國王亨利八世的宗教政策而出走，直到亨利八世死後才返回英格蘭，擁護新教，任愛塞特主教（1551）。信奉天主教的瑪麗女王繼位後，科弗達爾被免除主教職位，因丹麥出面斡旋始免於死刑。

covering-law model 概括法則模式 一種解釋的模式，藉著引用需要預定訴諸法則或一般命題的另一事件來說明某一事件，這些法則或命題使欲解釋的事件類型與被指為起因或條件的事件類型發生關係。該理論源於休姆的學說：當兩個事件被指為偶爾相關時，其中所有含意為它們具體說明了接續的特定規律，這在過去一再被遵守，以維繫這些事件。這個學說被邏輯實證論者亨佩爾賦予更多有力的說法。

coverture＊ 已婚女子 在法律上指一個婦女因婚姻而含括在她丈夫的法人身分中。由於這種有夫之婦的法律身

C D

分，已婚婦女在過去沒有掌控她們自己的財產或者以自己的名義簽約（參閱contract）的法律能力；類似地，丈夫的賦稅或陪審責任同樣也「包含」了他的妻子。這種身分涵蓋的許多方面一直保存到20世紀，在離婚過程中拆分共同擁有的財產時，仍然使用這個詞。

coving 凹圓線 亦作cove。建築中牆面上的凹圓形線腳或深拱形切面，有時也指外牆頂部與挑出的檐底間形成的弧面下端。典型的爲四分之一凹圓，常用在室內牆面與天花板的交接處。有時爲了戲劇效果，會將燈座隱藏於拱形切面內。在洛可可式建築中，由於這種凹圓線的角度正對著觀者的視線，所以常做得很寬，滿施裝飾。

cow 母牛 指用於農耕的馴養家牛的成熟雌牛。有時也指其他較大型動物（如象、鯨或駝鹿）的成熟雌性。更廣義的說，也泛指所有馴養的牛類動物，而不考慮雌雄或年齡。

Coward, Noël (Peirce) 科沃德（西元1899～1973年） 受封爲Sir Noël。英國劇作家、演員和作曲家，以精練的社會風俗喜劇聞名。十二歲開始當演員，演出之餘寫輕鬆喜劇。1924年劇本《漩渦》在倫敦上演，頗爲成功。其後的優秀作品有：《枯草熱》（1925）、《私生活》（1930）、《生活設計》（1933）、《現在的笑》（1939）和《歡樂的心靈》（1941）；最受歡迎的音樂劇是《又苦又甜》（1929）。寫有影片《相見恨晚》（1946），並在以他的劇本改編而成的許多電影中演出。他還寫作短篇故事、小說和歌曲。

cowbird 牛鸝 雀形目擬黃鸝科六或七種鳥類的統稱。往往將卵產在其他鳥類的巢中，通常在每個巢中只產一枚。有些固定寄食於一、兩種黃鸝的巢中，有些則在許多種鳥類中寄食。牛鸝的幼鳥會取代巢主的幼雛，或接收他們的食物，可能長得比養父母還大。成鳥在地上覓食，牛行動時常激起昆蟲，故牛鸝常跟在牛身邊活動。大多數雄鳥的羽毛爲黑色帶有光澤，雌鳥爲灰棕色。

cowboy 牛仔 美國西部牧牛騎手，密西西比河以西地區養牛業的重要構成部分。1820年前後美國西遷移民在德克薩斯大牧場遇到牛仔，學會騎牧技藝，但直至1865年南北戰爭結束後，北方城市中牛肉市場日見興旺，德克薩斯的牧牛業才開始迅速發展。隨著農業向西拓展，大片牧區改營農場，牧牛業逐漸固定爲於鐵路線左近地區圍欄聚養的方式，從而結束了富有傳奇色彩的牛仔時代。然而牛仔的沈默寡言、自強不息和技藝超絕的西部英雄形象，在19～20世紀的小說以至今日的電影、電視中，始終爲人們所傳誦。

Cowell, Henry (Dixon) 柯維爾（西元1887～1965年） 美國20世紀最具革新精神的作曲家。他的老師西格爾建議他有系統地學習傳統的歐洲音樂技巧，並鼓勵他對革新作系統理論研究。他在《新的音樂資源》（1930）一書中對此作了闡述，並表現於1912～1930年所寫的鋼琴曲中。爲了追求新音響，他發展了「音叢」和弦，即同時按下鋼琴上相鄰的若干音，稱爲二度和聲。他與俄羅斯工程師台爾門一起製成可同時演奏十六種不同節奏的電子節拍樂器，創作了《韻律》（1931；1971年首次演奏），這是一首專爲樂器而寫的作品。他的許多作品反映出他對美國鄉村的讚美詩、愛爾蘭民間傳說和音樂以及非西方音樂的興趣。爲出版現代作曲家的作品，1927年他創辦了《新音樂季刊》。

Cowley, Abraham 科里（西元1618～1667年） 英國詩人和小品文作家，詩作具奇特、相稱的特色，往往被認爲是從他所處的時代，邁向18世紀文學全盛時代過渡的詩人。曾在劍橋大學受教育，內戰期間因政治主張被逐，在牛津加入朝廷，1645年隨女王避居國外，1656年返英。查理二世復位（1660）後未得重賞，乃退隱從事寫作和園藝。科里傾向於使用精緻而自覺意識濃厚的詩詞語言，裝飾感受的成分甚於表達成分。在《情人》（1647，1656）一詩中，他將截然不同的事物出乎意料之外的相互比較，以震撼讀者情感；所著《品達爾體頌歌》（1656）乃試圖透過長短不齊的詩句與更放縱的幻想，重新塑造出品達爾這位詩人狂熱的詩風。

Cowley, Malcolm 科里（西元1898～1989年） 美國文學評論家、社會歷史學家。生於賓夕法尼亞的貝爾沙諾，曾在哈佛大學和法國受教育。1929～1944年任《新共和》文學編輯，對文化問題一般採取左派的立場，在大蕭條年代的多次文學和政治鬥爭中起過重要作用。他的《遊子歸來：見解綜述》（1934），是關於1920年代旅居國外的美國作家的一部重要社會和文學史；所編《福克納手冊》（1946），恢復了威廉·福克納的文學聲譽；其他著作有《文學概況》（1954）、文藝評論集《請想想我們》（1967）和《多窗之屋》（1970）。

cowpea 豇豆 亦稱黑眼豆（black-eyed pea）或中國豆。豆科一年生植物的栽培型，學名爲Vigna unguiculata。據信原產於印度和中東，但很早就栽培於中國。複葉，小葉三枚；花白色、紫色或淡黃色，常成對地或三數著生於細長的序軸柄末端；莢果長，圓柱形。在美國南部廣泛栽培作爲乾草作物、覆蓋作物、綠肥作物或食用其莢果。

Cowper, William＊ 科伯（西元1731～1800年） 英國詩人，由於精神狀態不穩定和對宗教的疑懼，一生受盡折磨。他不僅寫日常生活的歡樂與憂愁，而且喜歡描述籬落、溝渠、河流、草堆和野兔。由於他對這種現象發生共鳴，關懷窮苦的被壓迫者，語言比較平易樸素。最具代表性的作品是《任務》和抒情短詩《白楊樹》，給18世紀的自然詩帶來一種新的直率氣氛，被視爲柏恩斯、華茲華斯和柯立芝的先行者。1779年與白金漢郡奧爾尼教區長牛頓合寫宗教詩集《奧爾尼讚美詩》。1785年發表長詩《任務》，立刻獲得成功。他還寫了許多旋律優美、幽默、簡潔的抒情詩，被認爲是英國最好的書信作家之一。

科伯，油畫，艾博特（Lemuel Abbott）繪於1792年；現藏倫敦國立肖像畫陳列館
By courtesy of the National Portrait Gallery, London

cowrie 寶貝 腹足綱前鰓亞綱寶貝科寶貝屬海產螺類，主要分布於印度洋和太平洋沿岸水域。殼堅厚，小圓丘狀，顏色豔麗，有光澤，常有斑點；殼口狹長，唇緣厚，可具齒。金黃寶貝長10公分，是太平洋島嶼王族的傳統飾物。黃色的錢寶貝長2.5公分，在非洲等地作貨幣用。

寶貝
Bucky Reeves from The National Audubon Society Collection/Photo Researchers

cowslip 櫻草 幾種開花植物。在英國習慣上是指野生報春花黃花九輪草，而在美國習慣上指驢蹄草。在過去，黃花九輪草非常多，通常用於釀製櫻草酒，現在已不那麼常見。黃花九輪草和驢蹄草都用於草藥治療。

Cox, James M(iddleton)　考克斯（**西元1870～1957年**）　美國政治人物和報紙發行人。早年任《辛辛那提問詢報》記者，1898年購買《達頓新聞》，1903年購買《春田每日新聞》。加入民主黨後，擁護威爾遜的政綱。曾任美國衆議員（1909～1913）和俄亥俄州州長（1913～1915、1917～1921），任內推行勞動補償金、最低工資及提案權和複決權的立法。1920年由民主黨提名爲總統候選人，但被共和黨的哈定擊敗。此後退出政界，致力於商業。

Coxey's Army　科克西失業請願軍　西元1894年經濟蕭條時期，從美國各地向首都華盛頓特區進軍的幾批失業者中唯一到達目的地的一批。這批人在商人科克西的率領下，1894年3月25日從俄亥俄州出發，起初人數約一百名，5月1日到達華盛頓時已增加到五百名左右。科克西希望說服國會以大量增加的通貨爲經費，批准一項興辦公用事業的龐大計畫，爲失業者提供就業機會。儘管科克西所領導的團體被廣爲宣傳，但是它對官方的政策並沒有產生影響。

coyote＊　叢林狼　犬科美洲種動物，學名爲Canis latrans，分布範圍從阿拉斯加經整個美國大陸向南到哥斯大黎加。體型較其他狼瘦小，肩高約60公分，體重9～23公斤，身長1～1.3公尺（包括30～40公分長的尾巴）。毛長而粗糙，背面灰黃色，腹面灰白色，腿部帶紅色；尾蓬鬆，尖端黑色。主要以齧齒動物和野兔爲食，有時也吃其他動物、植物和腐肉。因偶爾捕食家畜和獵物而造成一定危害，這種危害被大大地誇大，因而遭到人類殘殺。儘管如此，叢林狼仍能適應人類的環境，包括人口稠密的郊區。易與家犬雜交，後代稱爲科伊狗（coydog）。

coypu ➠ nutria

Coysevox, Antoine＊　柯塞沃克（**西元1640～1720年**）　法國雕刻家，以其凡爾賽宮的裝飾性作品及半身像作品聞名。1666年成爲路易十四世的雕刻師，1678年在凡爾賽宮工作，爲軍事陳列館創作了《路易十四世像》騎馬浮雕。還爲皇家花園作了許多裝飾性雕刻，其中以騎馬像《名望》和《墨丘利》最爲著名。他的作品具有明顯的巴洛克特點以及後來形成的洛可可風格的優雅和自然主義的特點，對18世紀法國肖像雕刻的發展有很大影響。

CP violation　CP破壞　粒子物理學用語，指聯繫電荷共軛C和宇稱P的組合守恆定律因弱力而受到的破壞。弱力是引起核反應（例如核衰變）的原因。1950年代中期的一系列發現，使物理學家鄭重地改變了關於C、P和時間反演T的不變性的假定，促使華裔美籍理論物理學家楊振寧和李政道檢查宇稱本身的實驗基礎，而於1957年證實在弱力β衰變中宇稱守恆遭到破壞，同時電荷共軛的對稱性也在這一衰變過程中遭到破壞。對於CP破壞，至今雖尚無完全滿意的解釋，但仍具有重要的理論意義，使物理學家能對物質和反物質進行絕對的區分。

CPR ➠ cardiopulmonary resuscitation

CPU　中央處理器　全名central processing unit。是由主記憶體、控制單元和算術邏輯單元組成數位電腦系統的主要部分。它是整個電腦系統聯接各種外部設備的核心，這些外部設備包括輸入／輸出設備和輔助儲存器（參閱memory）。CPU的控制單元調節並整合電腦的各項操作。它按主記憶體裡固定的步驟選擇和檢索指令，以便在適當的時刻啓動系統的其他功能元件來執行相應的操作。所有的輸入資料都是經主記憶體轉換到算術邏輯單元進行處理的，包括四種基本的運算功能（即加、減、乘、除）和一些邏輯運算。較大的電腦可有兩或三個CPU，在這種情況下，只簡單稱作處理器，因不再只有一個「中央」單位。亦請參閱multiprocessing。

crab　蟹　十足目短尾的甲殼動物。約四千五百種，見於所有海洋、淡水及陸地。蟹的尾部與其他十足目（如蝦、龍蝦、螯蝦）不同，捲曲於胸部下方，背甲通常寬闊，第一對胸足特化爲螯足。大部分生活於海中，以鰓呼吸，但真陸蟹的鰓腔擴大，功能如同肺。通常爲橫向步行或爬行，一些種類善於游泳。一般爲雜食性，但許多種爲掠食性，有的爲植食性。日本的巨螯蟹（蜘蛛蟹的一種）和塔斯馬尼亞蟹是已知最大的甲殼動物。前者步足伸展後，兩側步足尖端之間的寬度幾達4公尺；後者重逾9公斤，背甲寬達46公分。另一極端種類成體僅1～2公分長。較熟知的有寄居蟹、黃道蟹（英國和歐洲）、藍蟹、首黃道蟹、招潮蟹和堪察加擬石蟹。

普通游泳蟹(Portunus holsatus)，梭子蟹的一種，本圖顯示其槳狀附肢

Dr. Eckart Pott－Bruce Coleman Ltd.

crab louse　蟹爪蝨 ➠ pubic louse

Crab Nebula　蟹狀星雲　人們研究得最徹底的亮星雲，是少數幾個已作了全波（從無線電、紅外輻射、可見光到紫外輻射和X射線）觀測的天體之一。位於金牛座中，距地球約5,000光年，直徑約5～10光年。據認爲它是中國和其他國家天文學家於1054年最早觀測到的超新星遺跡，白晝可見達二十三天，夜間可見幾乎達兩年之久。約1731年確認爲一星雲，可能是因爲形狀與螃蟹相似，而在19世紀中葉得到蟹狀星雲的名稱。1921年發現它仍在膨脹，速度約爲每秒1,100公里。

Crabbe, George＊　克拉卜（**西元1754～1832年**）　英國詩人，以描寫日常生活細節聞名，被稱爲最後一位奧古斯都詩人。在一個貧苦的海邊村莊裡長大，起初當外科醫師，1780年去倫敦。1783年出版《村莊》，充分表現出他有足夠的詩才。該詩部分是反對哥德斯密的《荒村》（1770）的，使他獲得了名聲。不過隨後發表的《報紙》（1785）就沒有什麼價值，以後有二十二年沒有發表過作品。1807年發表新作《堂區紀事錄》，利用出世、死亡和結婚登記來描寫鄉村社會的生活。他的故事詩《自治市》（1810）中關於孤立、偏激的彼得．格里姆斯的故事，後來成爲英國作曲家布瑞頓著名歌劇的基礎。

crabgrass　馬唐　亦稱指草。早熟禾科馬唐屬約三百種禾草類植物的統稱，尤指血紅色馬唐或略矮的止血馬唐（光滑馬唐）。血紅色馬唐的葉被長毛，有5～6朵小穗；止血馬唐無被毛，僅2～3朵小穗。原產於歐洲，引種至北美後蔓生爲雜草，多見於草坪、田野和荒地，很難清除。亞利桑那毛頂草（加利福尼亞馬唐）在北美西南部作爲飼草。

馬唐

Grant Heilman

Cracow ➠ Kraków

Craig, (Edward Henry) Gordon　克雷格（**西元1872～1966年**）　英國演員、舞台設計師和戲劇理論家。爲著名演員黛麗之子，1889年參加歐文領導的倫敦蘭心劇院演

出，扮演過多種角色。豐富的舞台經驗形成其獨特的舞台審美觀，他一方面演戲一方面著手研究舞台設計。其新穎的藝術設想和畫面引起普遍重視。他反對矯揉造作的風格和炫耀色彩的服裝道具，注重簡潔、質樸和觀念統一的特色，運用活動布景和不斷變幻的燈光造型來影響觀衆的情緒。1905年出版《舞台藝術》一書，激起很大反響。1906年前往佛羅倫斯，在那裡創辦了戲劇藝術學校（1913）。1908年創辦《假面具》雜誌，先後出版二十一年，不僅是世界上首創的戲劇雜誌，也是他發表獨特觀點的論壇。其他著作還有《走向新型的舞台》（1913）和《佈景》（1923）等，他的理論影響了現代戲劇的反自然主義趨勢。

Craig, James (Henry)　克雷格（西元1748～1812年）　受封爲Sir James。美國革命中的英軍將領，後任加拿大總督（1807～1811）。1775年於邦克山戰役中負傷，翌年參加抗擊大陸軍進攻加拿大的戰鬥，因戰功卓著而聞名。後在印度服役，任英軍指揮官。1807年任加拿大總督，因與魁北克政要勾結，對法裔加拿大人採取高壓政策而不得人心，1811年辭職回英格蘭。

Craigavon＊　克雷加文　北愛爾蘭的區，建於1973年。位於內伊湖南邊，北部地勢平坦，大多爲泥炭土壤；南部升爲起伏的低地，有冰河時期冰磧形成的卵形丘。現爲重要的水果生產地區，有紡織、製藥等工業。行政首府在克雷加文新鎮，爲輕工業和商業中心。面積381平方公里。人口：區約78,000（1995）；鎮9,201（1991）。

Craiova＊　克拉約瓦　羅馬尼亞西南部城市。臨日烏河，很早就有人定居，附近已發掘出圖雷真統治時期的羅馬要塞遺址。15世紀末到18世紀，一直是軍事將領的駐地。儘管1790年發生地震、1795年遭到瘟疫、1802年被土耳其人燒毀，由於地區貿易興盛，很快就繁榮起來。現有一所大學（1966）及多種文化設施。人口約306,825（1994）。

cramp　痛性痙攣　不隨意性、持續性、疼痛性的肌肉攣縮。最常見於四肢，也可累及內臟器官，起因可能是神經性、習慣性或心理因素。一般肌肉性痛性痙攣有：游泳者抽筋，大多是在冷水中用力過度引起；熱性痛性痙攣，因大量排汗導致失鹽（氯化鈉）而引起；小腿痛性痙攣，可能是過度勞累、拉伸或冷熱刺激致使小腿腓腸肌出現反應性緊張，或是因壓迫所致的血液循環不暢；職業性（如寫字員）痛性痙攣，是一種功能性肌肉痙攣，因工作需要，受累肌肉整天處於某種緊張狀態所致。痛經表現爲經前或經期的子宮平滑肌的痛性痙攣，常持續幾個小時至一天。如果帕金森氏症和亨丁頓氏舞蹈病患者發生痛性痙攣，會帶來很多麻煩。手足搐搦是四肢肌肉痛性痙攣的一種嚴重形式。

Cranach, Lucas, the Elder＊　克拉納赫（西元1472～1553年）　原名Lucas Müller。畫家、裝飾設計師和插圖畫家，16世紀德國繪畫和版畫繁盛期重要藝術家之一，作畫的速度和純熟的技巧使他受到廣泛的讚譽。早年生活不詳，約1501～1504年住在維也納，作有不少具多瑙河畫派特色的肖像畫和風景畫。1505～1550年任宮廷畫師，長住威登堡，由於藝術上的成就及謙遜溫和的個性，使他成爲最成功且富有的畫家。他是馬丁・路德的朋友，曾在路德派的教堂畫祭壇畫，爲宗教改革的著名人物作肖像，從而形成一種新的宗教藝術。他製作了許多雕版和木版畫，而以爲德國第一版新約全書所作的最有名。透過他的學生和兒子小克拉納赫，使他對德國南部和東南部的藝術發揮持久影響。

cranberry　蔓越橘　杜鵑花科越橘屬幾種與南方越橘近緣、矮小匍匐或蔓生植物的果實。小果蔓越橘（北方蔓越橘、酸果蔓越橘）分布北亞、北美北部及歐洲北部和中部，生長於沼澤地；漿果球形，緋紅色，大小如茶藨子，有斑點，味酸。美洲蔓越橘（大果越橘）在美國東北大部地區野生，比小果蔓越橘茁壯；漿果較大，球形、長圓形或梨形；果皮粉紅色至暗紅色或紅白雜色；廣泛栽植於麻薩諸塞、新澤西、威斯康辛及華盛頓州和奧瑞岡州近太平洋沿岸地區。常用做餡餅、飲料、調味品和果醬。

美洲蔓越橘
Walter Chandoha

crane　起重機　能提升重物並使之作水平移動的機械。因樣式和機能不同，有多種類型，大者如懸臂式起重機，小者如叉車。它不同於升降機、電梯和其他只能垂直提升重物的設備，也不同於可以連續提升、運載穀物和煤等鬆散物料的皮帶輸送機。古代已使用起重機，但直到19世紀發明了蒸汽機、內燃機及電動機以後才得以廣泛應用。最老式的起重機是人字起重機，重物隨起重桿繞樞軸作垂直和水平轉動而移動。可移動式起重機的起重能力有4.5～230公噸，如裝在鐵軌車輛、載重汽車或履帶式車底盤上，必須使其能平衡部分起吊負荷，以免傾覆。起重船是一種裝有人字架的平底船，供建橋和打撈水中沈物，可以吊起2,700公噸的重物。懸臂起重機廣泛用於造船及高層建築施工，有一能繞垂直軸轉動的水平懸臂，重物吊掛於能在懸臂軌道上移動的小車上，垂直支柱可隨建築物升高。叉車廣泛用於碼頭、倉庫和貨船之間搬運貨物，具有高度機動性。堆垛起重機是一種搖控叉車，適用於自動化操作系統，能有效利用倉庫的全部空間。

crane　鶴　鶴形目鶴科十四種體型高大的涉禽。外形與鷺相似但較大，頭部分裸露，嘴粗厚，羽衣更緻密，後趾較其他趾高。飛行時長頸向前伸，高蹺般的長腿向後伸。除南美洲外，分布遍及全世界的沼澤和原野，但許多種群由於狩獵和棲息地被破壞而瀕臨絕滅。吃各種小型動物以及穀物和嫩草。較熟知的是高鳴鶴和沙丘鶴。

Crane, (Harold) Hart　克雷恩（西元1899～1932年）　美國詩人，擅長在充滿想像的抒情詩中歌頌豐富多采的現代生活。定居紐約市前做過各種工作，1926年出版第一部著作《白色的建築物》。他爲回應艾略特《荒原》的文化悲觀論，寫成最著名的史詩作品《橋》（1930）。就整體來說，這篇作品是失敗之作，但一般認爲其中的許多抒情佳句可列入20世紀美國最優秀的詩篇。由於受酒精中毒、同性戀困擾，在從墨西哥回國途中，從船上跳入加勒比海自盡。

Crane, Stephen　克雷恩（西元1871～1900年）　美國小說家和短篇故事作家，是表達對立、衝突效果的大師，寫出了譏諷與憐憫，幻想與現實間的緊張關係，以及絕望之中尙存一線希望的雙重情緒。親屬中有許多軍人和教會人士，對他後來的文體和選材有極大影響。1893年自費出版《街頭女郎梅季》，爲敘述一貧民區女子淪入風塵的同情之作，雖然銷路不暢，卻是自然主義文學的里程碑，開創了美國社會問題小說的新潮流。1895年出版成名之作《紅色英勇勳章》，這是一部心理分析小說，爲美國的戰爭小說開闢了一個新的形式，書中充滿各種似無關聯的形象，但它們卻像圖畫中的彩點一樣匯成一體，這是他有意識地將法國印象派畫法用於文學。1895年去佛羅里達州報導古巴起義。1897年他所乘的戰船被擊沈，所幸靠一艘小船得以逃生，他將這段經歷寫成短篇小說《海上扁舟》，非常成功。《怪物》（1898）描寫黑人在社會中的處境，是同類題材作品中最早的一部。

克雷恩像，林森（C. K. Linson）繪於1896年
By courtesy of University of Virginia Library, Barrett Library of American Literature

Crane, Walter　克雷恩（西元1845～1915年）　英國插圖畫家、油畫家和設計師，以想像力豐富的兒童書籍插圖著名。肖像畫家和細密畫家湯瑪斯．克雷恩之子，曾學習義大利大師的素描並深受日本版畫影響。早期油畫帶有前拉斐爾派和羅斯金的思想及技法影響。1864年開始爲彩畫印刷商艾凡的兒童叢書畫插圖，以《青蛙王子》開頭的一套新叢書最爲精緻。曾任藝術工作者協會的會長。1888年創辦工藝美術展覽會學會，因設計新藝術紡織品和壁紙而馳名全球。其主要成就在於書籍插圖，1894年和莫里斯合作，裝幀《閃光平原的故事》，呈現出16世紀德國和義大利木版畫風格。亦請參閱Arts and Crafts Movement。

crane flower ➠ bird-of-paradise

crane fly　大蚊　美國以外的英語國家俗稱長腳爺叔（在美國指一種蜘蛛）。雙翅目大蚊科昆蟲。體細長似蚊，足極長。有的很小，長的可達三公分。飛行速度慢，常見於水邊或植物叢中，無害。牧場大蚊卵小而黑，產在陰濕處。孵出的幼蟲細長，皮堅韌而褐色。幼蟲通常食腐敗植物，有些種類爲肉食性，有的危害穀類和牧草的根；成蟲食性尙不清楚。整個冬天都在進食，到春天進入休眠。在北方高緯度地區的雪上發現一種無翅、緩慢爬行的大蚊。

craniosynostosis＊　窄顱症　亦稱craniostosis。顱頂部諸骨過早融合所致的頭顱畸形。正常情況下，顱骨的生長速度與不斷增長的大腦所施加於其上的壓力大小成正比，生長的部位沿顱縫處，生長的方向與顱縫的長軸相垂直。若大腦發育停止或骨縫融合過早，則致小頭畸形，並引發精神發育遲緩、失明等併發症。矢狀縫過早融合者較爲常見，表現爲頭顱寬向發展受阻，變得高聳窄長（舟狀頭）；冠狀縫過早融合時，頭顱高聳寬短（尖頭畸形）；若矢狀縫與冠狀縫均過早融合，則頭顱成塔形；額縫過早融合可致三角頭，併發腦損害。患兒於兩歲前施行骨縫分離術，可將畸形減到最低限度。

crank　曲柄　直角形機械臂，一端牢裝於軸承上，可與軸承一起轉動或振盪。爲僅次於輪的重要動力傳送裝置，藉由連桿，可使直線運動轉爲轉動，或作相反轉換。世界公認最早的曲柄，約在西元1世紀初出現於中國。木匠用的曲柄鑽，約在1400年爲法蘭德斯一木匠所發明。最早的機械連桿，據說在1430年用於踏板操作的機器上。約在此時，飛輪開始用於旋轉機件上。當連桿與曲柄臂連成一線時，飛輪可將旋轉軸作用傳到「死」（不易到）位。

Cranmer, Thomas　克蘭麥（西元1489～1556年）　新教的第一任坎特伯里大主教，在英格蘭宗教改革中起主導和決定作用。在劍橋大學受教育，1523年授神職，經常與學者討論路德宗教改革運動所引起的神學問題和教務問題。他捲入英格蘭國王亨利八世與元配亞拉岡的凱瑟琳的離婚爭議，顯然傾向於國王有權休棄元配。1533年亨利八世指定克蘭麥繼任坎特伯里大主教，克蘭麥遂召集會議，宣布國王與凱瑟琳的婚姻不合法，另娶安妮．布林爲合法。1536年安妮有不貞之嫌，於是他又宣布國王與安妮的婚姻無效。他與克倫威爾合作，促進英文版《聖經》的出版，經克倫威爾指令各堂區一律採用。1547年亨利八世去世，愛德華六世繼位，他成爲頗有影響力的顧問，一心想把英國導向新教，先後主持出版《講道集》和《公禱書》，又擬訂「四十二條信綱」（「三十九條信綱」即據此寫成）。信奉天主教的瑪麗一世登位後，將克蘭麥交付審訊，判爲異端，處以火刑。

克蘭麥，油畫，弗里奇烏斯（G. Fliccius）繪於1546年；現藏倫敦國立肖像畫陳列館
By courtesy of the National Portrait Gallery, London

crannog＊　克蘭諾格　愛爾蘭語，通用於蘇格蘭和愛爾蘭，指爲房屋或村落人工構築的場址：用木材（有時用石塊）營造，通常是在小島上或湖泊的淺灘上，並圍以一道或兩道保護性的柵欄。時代自青銅時代晚期起直至中世紀。亦請參閱Lake Dwellings。

crape myrtle　紫薇　千屈菜科灌木，學名Lagerstroemia indica，原產於中國及其他熱帶與亞熱帶國家，廣泛種植在溫暖地區作爲賞花之用。有25個栽培品種，主要是以群集的花色來分辨，從白色、粉紅、大紅、淡紫乃至於淡藍色。

crappie　莓鱸　鱸形目日鱸科莓鱸屬兩種體軀頗高的北美淡水魚類的統稱。是常見的食用魚，也是珍貴的遊釣魚。原產於美國東部，現已引入各地。體長可達30公分，重達2公斤。白莓鱸一般生活於較暖的多泥湖泊和江河中，體銀白色，具不規則暗色花紋，體色較相似種黑莓鱸爲淡，後者較喜生活於清涼湖泊和溪流中。

craps　克拉普斯　流行於美國賭場的一種擲骰遊戲。玩的人數不限，各家輪流作「射家」，同時擲兩枚骰子，以點數總和定輸贏。射家第一把如擲出7或11點即爲勝，如擲出2、3或12即爲負。如果射家贏，仍可繼續下注再擲，也可將骰子傳至左家。射家第一把如擲出4、5、6、8、9、或10，所擲出的點即爲他的「專點」，則須繼續擲，直到再次擲出該點爲止，即爲「中點」，勝；此時如擲出7，則爲「脫點」，即輸掉賭注，將骰子傳給左家。

Crash of 1929, Stock Market ➠ Stock Market Crash of 1929

Crassus, Lucius Licinius　克拉蘇（西元前140～西元前91年）　羅馬法學家、政治人物，一般認爲他與安東尼是西塞羅之前羅馬最偉大的兩位演說家。西元前119年開始法律生涯，他的口才使他很快名揚四方。西元前95年任執政官，提出「李錫尼－穆齊亞法」，其中規定對所有冒稱具有羅馬公民權者將予以起訴。這項法律觸怒了還沒有被完全併入羅馬的義大利各盟邦，從而加劇導致爆發同盟者叛亂（西元前90～西元前88年）的緊張局勢。

Crassus, Marcus Licinius　克拉蘇（西元前約115～西元前53年）　古羅馬政治人物和商人。西元前83～西元前82年在蘇拉和馬略爭雄的內戰中支持蘇拉，並與龐培起衝突。西元前72～西元前71年間平定斯巴達克思領導的奴隸起義。他經常借錢給債台高築的元老院議員，包括凱撒。西元前70年與龐培一起被選為執政官，西元前60年和龐培、凱撒聯合，組成所謂「前三頭同盟」。西元前54年克拉蘇出任敘利亞總督，向東方的安息人發動進攻，結果在卡雷戰役中兵敗身亡。他的死，導致龐培和凱撒間的內戰。

crater 坑洞 行星體表面的圓形凹地。大多數的坑洞是隕石撞擊或火山爆發的結果。隕石坑在月球、火星、其他行星與天然衛星上面都比地球上常見，因為大多數的隕石在沒有到達地面之前就在地球大氣燒盡，而且侵蝕作用掩去了過去的撞擊痕跡。由火山爆發產生的坑洞（例如美國奧瑞岡州的火山口湖），在地球上比月球、火星或木衛一更常見，這些地方也都有發現。

C
D

Crater Lake 火山口湖 美國奧瑞岡州西南部喀斯開山脈火山口內的深水湖。為六千多年前的一次爆發毀去上半部的梅札馬山的遺跡，直徑10公里，深587公尺，湖水深藍色。1902年連同附近地區劃為國家公園，占地647平方公里。

Craters of the Moon National Monument 月面環形山國家保護區 美國愛達荷州中南部懷特諾布山麓附近的火山錐和火山口區。面積21,669公頃，分布有三十五個以上熄滅僅幾個世紀的火山口。有些火山口直徑近0.8公里，深數百呎。火山錐高達1,800公尺，保護區的岩洞內有紅藍色熔岩鐘乳石和石筍。1924年畫為政府保護區，因地形與月球表面相似，故名。

Crawford, Cheryl 克勞佛（西元1902～1986年） 美國女演員和戲劇製作人。1923年起在戲劇公會演出，並成為選角經理（1928～1930）。1931年她幫助成立了同仁劇團。1947年她與人合創演員工作室，並身兼執行製作人繼續為之服務。著名的百老匯作品包括《南海天堂》（1947）以及威廉斯的《玫瑰紋身》（1951）和《春濃滿樓情痴狂》（1959）。

Crawford, Isabella Valancy 克勞福德（西元1850～1887年） 在愛爾蘭出生的加拿大女詩人，以生動描繪加拿大的秀麗風光著稱。1858年隨家人移民至加拿大，從1875年到逝世為止，她和她的寡母在多倫多靠開雜貨店及把她的小說和詩歌賣給多倫多報紙和美國雜誌勉強糊口。她博覽古典著作和法國、義大利文學，受英國浪漫主義和維多利亞時代作品的影響，完全沈醉於加拿大的優美環境中。生前只發表過一本詩集《馬爾科姆的凱蒂及其他》（1884），直到1970年代才被人們重新發掘，陸續出版許多她的詩集。

Crawford, Joan 瓊克勞馥（西元1908～1977年） 原名Lucille Lesueur。美國電影女演員。起初在百老匯歌舞隊當舞者，1920年代中期初上銀幕，在風靡一時的影片《我們跳舞的女兒》（1928）中贏得聲譽。起初扮演活潑輕佻的摩登女郎，後來逐漸成長為心理情節劇的明星，塑造了一個穿著奢侈、事業成功而富有魅力的銀幕形象。她藝術生涯中的主要轉折點是在《欲海情魔》（1945）中扮演的角色，獲奧斯卡獎。其他影片有：《大飯店》（1932）、《火之女》（1939）、《作繭自縛》（1947）、《驚懼驟起》（1952）、《女王蜂》（1955）和《姐妹情仇》（1962）等。

瓊克勞馥，攝於1934年左右
By courtesy of the Museum of Modern Art Film Stills Archive, New York City

Crawford, William H(arris) 克勞佛（西元1772～1834年） 美國早期政治領袖。早年學習法律，1799年在喬治亞州勒星頓開業當律師。1803年作為傑佛遜共和黨人進入政界，成為喬治亞州議會議員。1807年遞補生病的鮑德溫為聯邦參議員，1811年喬治亞州議會選舉他正式出任美國參議員。他支持美國1812年向英國宣戰，並支持徵收關稅和延長美國銀行的特許狀。1813～1815年任駐法公使，1815年麥迪遜總統任命他為陸軍部長，一年後改任財政部長（1816～1825）。1824年與亞當斯、克雷、傑克森一起競選總統，結果由亞當斯當選。他回到喬治亞州任法官，直到去世。

Crawford Seeger, Ruth 克勞佛．西格（西元1901～1953年） 原名Ruth Porter Crawford。美國作曲家。生於俄亥俄州東利物浦，自幼學習鋼琴，自學作曲，後來進入美國音樂學院。早期作品模仿德布西和史克里亞賓，後來譜寫了若干驚人的系列作品，包括「絃樂四重奏」（1931）。1931年她嫁給音樂研究家查理．西格（1886～1979），成為比特．西格的繼母，婚後很少作曲。

Craxi, Bettino * 克拉西（西元1934～2000年） 原名Benedetto Craxi。義大利政治人物，該國第一位社會黨總理（1983～1987）。為律師之子，十八、十九歲時參加「社會主義青年運動」，1968年當選國會議員。1976年任社會黨總書記，著手整合黨內林立的派系，採取溫和的社會與經濟政策，並設法使該黨與龐大的共產黨斷絕關係，同時利用社會黨在建立聯合政府上所扮演的角色，提高該黨的發言分量和實力。出任總理後，克拉西執行反通貨膨脹的金融政策，並採取親美國的外交路線。1993年，對政治腐敗的多種指責迫使克拉西辭去黨的領導人職務，但他對這些指控都予以否認。後來離開義大利定居突尼斯，政府仍繼續調查對他的指控，1994年遭到兩次缺席審判被判監禁。

Cray, Seymour R(oger) 克雷（西元1925～1996年） 美國電子工程師，以設計大型、高速的超級電腦聞名於世。1950年從明尼蘇達大學畢業後即參與UNIVAC I的設計工作，這是第一代電子數位電腦，成為第一種商業用電腦的里程碑。1957年克雷協助創立控制資料公司（CDC），設計以高速處理資料聞名的大型電腦，後來該公司成為主要的電腦製造商。1972年克雷建立自己的克雷研究公司，志在建造世界最快速的電腦，主要藉由他創新設計的可同時（平行）處理的多重處理器而得以實現。該公司第一代超級電腦「克雷一型」於1976年面世，每秒可做2.4億次計算，是當時性能最佳、運算速度最高的電腦，用於大規模科學研究（如模仿複雜物理現象），大多由政府和大學實驗室購置；1985年的「克雷兩型」每秒可做12億次計算，1988年的「克雷Y-MP型」每秒可做26.7億次運算。1989年克雷創立克雷電腦公司，然而由於微處理器技術進步，加上軍事用途的需求在後冷戰時期暴落，克雷電腦公司在1995年申請破產。

crayfish 螯蝦 亦稱crawfish或crawdad。十足目五百多種甲殼動物，與龍蝦近緣。多數產於北美洲，幾乎全部生活在淡水中。常隱蔽在溪、湖的石塊下，夜間活躍，主要捕食螺類、昆蟲幼蟲、蠕蟲、蝌蚪，有的吃植物。頭部與胸部愈合成頭胸部，體分節，沙黃色、綠色或深褐色；額劍尖，眼位於可活動的眼柄上；外骨胳薄而堅韌；步足五對，第一對末端成鉗狀；一般長約7.5公分，也有2.5～40公分者。

Crazy Horse 瘋馬（西元1843?～1877年） 美國奧格拉拉部落的蘇族印第安人首領，在蘇族抵抗白人入侵北部大平原時，是最能幹的戰術家和最堅決的鬥士之一。1870年代中期南達科他的布拉克山中發現黃金，成千上萬礦工無視於

「第二次拉勒米堡條約」(1868)，大批湧入蘇人居留地，於是瘋馬率族衆前往尙未被白人侵占的野牛區，繼續同白人作戰。1876年他與夏延族合作，在蒙大拿南部對克魯克展開猛烈襲擊，迫使克魯克向後撤退。然後又與坐牛聯合，於小大角河戰役殲滅卡斯特的部隊。此後，他遭到美軍追捕，族衆備受飢寒之苦，1877年終於向宿敵克魯克投降。他被監禁在魯賓遜堡，幾個月後被殺害。

cream　乳脂　牛奶的黃色成分，富含脂肪球。鮮奶靜置時，乳脂自行浮到表面，乳品工業則用機械分離乳脂。商品乳脂按脂肪含量分級：在美國，牛奶和乳脂的混合物，含乳脂肪10.5～18%；配咖啡的輕質乳脂，一般含乳脂肪不少於18%；中等乳脂，含乳脂肪30～36%；攪打起泡或濃厚的乳脂，含乳脂肪不少於36%。亦請參閱ice cream。

creamware　米色陶器　18世紀後半期英國生產的奶油色陶器及其歐洲仿製品。起初斯塔福郡的陶工試圖製造出一種器皿以取代中國瓷器，約於1750年製成一種塗有濃厚的淡黃色釉料的白色陶器，因坯體輕巧，釉面潔淨，成爲理想的日用器皿。當時認爲採用奶油色是一種缺陷，維吉伍德於1779年製成一種略帶淺藍色的白色產品，稱爲珠光玻璃器皿，流行近一個世紀，但整個19世紀及以後的時期仍繼續生產米色陶器。維吉伍德爲這種約自1762年在伯斯勒姆生產的價格適中而實用的器皿在商業上取得成功奠定了基礎，簡潔的設計和雅緻的轉印圖案與奶油色的釉彩相得益彰。約1790年英國的許多工廠，包括利物浦、布里斯托和斯塔福郡的陶器廠，大量生產米色陶器，並在國內和歐洲市場上取得巨大成功。

18世紀末英國約克郡里茲的米色陶壺，塗有綠釉且配有孔眼玲瓏裝飾；現藏倫敦維多利亞和艾伯特博物館
By courtesy of the Victoria and Albert Museum, London

creation myth　創世神話　亦稱cosmogony。某一種文化傳統或某一個社群根據自己的理解用象徵手法敘述世界的起源。其內容紛紜不一，但可歸納出幾個基本類型。世界各地大多數創世神話都信仰至高無上的創世神，這位神全知全能，是有世界以前唯一存在的實體，並有創世計畫。另一種宇宙起源論認爲，世界是分階段產生的，猶如胎兒的孕育過程，強調大地及地上萬物的潛在能力。第三種認爲世界由原始親體產生，象徵天和地的親體原爲渾然一體，他們的子女破壞這種狀態，因此促使親體分離，即世界的創造，其結果都是以人類文化的知識技術爲中心的宇宙秩序的出現。與這種神話有關的另一說法是宇宙卵創世說，這種卵與世界親體一樣，象徵混沌狀態，其中包含分裂與創世的可能性。第五種說法是，有一個動物或魔鬼，奉神的派遣潛入原始海洋，從其中撈出陸地供萬物生息。這些神話通常包含了三個主體：最原始的存在物或神、具神性的人類祖先以及人類。創世神話解釋了人類的宗教信仰基礎、生活方式和文化形態。在一些確認社群組織與階級的儀式中，尤其是入會式，常以戲劇的方式呈現這些神話。

creation science　創造論科學　亦稱創造論(creationism)。反演化論的基要主義理論，謂物質、各種形態的生命和世界，都是由上帝從無到有創造出來的。1859年達爾文發表《物種起源》後，演化論明顯得勢，於是創造論科學起而與之抗衡。二十年間大多數科學家都承認了某種形式的有機演化論，但是許多宗教界領導者認爲，靈活解釋《聖經》中的創世敘述，有斷送信仰之虞。有關這個問題的爭論，最著名的是1925年的斯科普斯審判案。美國最高法院於1987年裁定，各州不得以提倡宗教信仰爲目的要求公立學校在傳授演化論的同時講授上帝創造人類的理論，於是創造論科學在美國法律上面臨強烈的否定。

creativity　創造力　創新的能力，可以是提出解決問題的新途徑、完成一項新設計或新方法，或是創造一種新的藝術形式等。通常表現爲想像力豐富、思維有創造性。心理學研究指出，許多有創造性的人對明顯的異常、矛盾和不平衡表現濃厚興趣，並認爲這是一種挑戰。有時他們會給人一種心理上不平衡的印象，但這些不成熟的人格特性反映了他們必須用泛化了的感受性去應付比正常寬廣得多的體驗和行爲型式，因此他們具有特別深刻、廣泛和靈活的自我意識。研究也指出，智力和創造力之間似乎沒有什麼相關，智力水平高者未必有很高的創造力。亦請參閱genius、gifted child。

Crécy, Battle of＊　克雷西戰役（西元1346年8月26日）　英法百年戰爭中的一次戰役，結果使英軍在戰爭的頭十年保持勝利。1346年英王愛德華三世憑藉其人數較多的優勢，以及配備長弓的弓箭手和堅固的防禦陣地，在龐蒂厄的克雷西大敗法王腓力六世的軍隊。腓力本人在慘敗中受傷逃脫，愛德華遂北進包圍加萊。

credit　信貸　指一方（債權人或貸款人）供應貨幣、商品、服務或有價證券，而另一方（債務人或借款人）在承諾的將來時間償還的交易行爲。這類交易通常還包括向貸款人支付利息。公共或私人機構都可以提供信貸，爲商業活動、農業經營管理、消費者開支或政府建設項目融通資金。現代大多數信貸，是通過專業化金融機構或政府借貸計畫提供的，商業銀行是這類機構中最古老而又最重要的。

credit bureau　徵信社　亦譯信用社、徵信所。爲商人或其他實業提供有關顧客資信情況的機構。爲私人企業，或由一個地區商人合作經營，按服務量大小收費或統一收費。徵詢資料的來源有：過去曾貸款給該顧客的商人、該顧客的職業檔案、官方資料、報紙以及直接調查。

credit card　信用卡　一種小卡片，上有持卡人的簽名，允許持卡人購買貨物或勞務，商店將應付款項記入其個人帳戶，定期開具帳單收款。信用卡不同於簽帳卡，後者會自動從持卡人的銀行帳戶中扣款。信用卡在1920年代首先在美國使用，當時有的公司（如石油公司和連鎖旅館）發行信用卡，供顧客用以購買其所屬分支單位的產品或勞務。第一種可在各種商號使用的信用卡是1950年發行的大來卡。1958年發行的美國運通卡流通甚廣，在各類公司如旅館、餐廳、商店等皆可使用；銀行於收到商人售貨帳單時，將款項記入商人的貸方，而於期末將帳款匯總開具總帳單送交持卡人，由持卡人向銀行付清所有費用。後經改進，建立了銀行信用卡制度。現代銀行信用卡，如威士卡、萬事達卡，持卡人可分期付款，銀行對欠款部分計收利息；因有利息收入，銀行可不向持卡人收取年費，只向有關商人索取較低的服務費。近十年由於信用卡的使用劇增，導致前所未有的消費性債務。

Crédit Mobilier Scandal＊　信貸公司醜聞　美國信貸公司非法操縱聯合太平洋鐵路修築合同的事件，成爲美國南北戰爭以後貪污舞弊成風的象徵。聯合太平洋鐵路自密蘇里河的奧馬哈城迄大鹽湖，修建時由聯邦政府大量貸款，由國家撥地，投機者大發橫財。該鐵路的主要股東成立了美國信貸公司以轉移利潤，並藉由贈送或賣股票給政客以獲取支持。後經報紙揭發，國會調查，僅以彈劾兩名議員草草了結。

credit union 信貸協會 亦稱信用合作社。一種具有共同契約約束、有組織的信用合作的社團，其成員共同儲蓄積聚資金，並由協會向所有成員提供低利率的貸款。貸款多爲短期消費信貸，主要用來支付汽車、家庭必需品、醫藥費用和意外事故救急款項。通常由政府批准發給執照，並受政府監督。在未開發國家中，這種貸款尤爲重要，它是許多人唯一的借款來源。第一個這種提供信貸的合作社團體，約在19世紀中期成立於德國和義大利。北美洲第一個信貸協會爲1900年德雅爾丹在魁北克萊維所組織，1909年他又在新罕布夏州的曼徹斯特協助組織了第一個美國信貸協會。1934年信貸協會全國聯合會（CUNA）成立，1958年發展爲世界性的組織。亦請參閱cooperative。

creditor 債權人 ➠ debtor and creditor

Cree 克里人 加拿大操阿爾岡昆語的印第安諸民族之一。曾占據魁北克西部至亞伯達東部的大片土地，17世紀獲得火器並開始與歐洲人進行皮毛貿易。有兩個分支：林地克里人，文化主要屬於東部林地印第安人類型；平原克里人，居住於大平原北部，以獵取野牛爲生。社會組織以互相聯繫的幾個家庭組成的宗族爲基礎。林地克里人尊重與獵物精靈有關的所有禁忌和風俗，畏懼巫術。平原克里人在得到馬匹及火器之後，比林地克里人更好鬥，常常搶劫其他平原部落，或竟發生戰爭；他們極重視宗教和儀式，認爲這是保證戰爭勝利及獵捕野牛順利的重要途徑。現在加拿大約有十多萬分散的克里人群體。

creed 信經 教團基本信條的陳述，經正式認可且通常是簡短的，常在禮拜儀式方面用於公開的崇拜或成年禮。最常見於西方宗教。伊斯蘭教的「清眞言」——上帝是唯一的神，而穆罕默德是上帝派來的先知——是每位穆斯林的信仰核心。在猶太教，早期的信經證言保存於希伯來文《聖經》，晚期較重要的是邁蒙尼德的「信仰十三條」。在基督教，今本《使徒信經》可溯至西元8世紀，但它可能源自更早的浸禮信經；《尼西亞信經》是唯一爲天主教、東正教、英國聖公會和基督教新教主要派別共同承認的基督教信仰宣言，最初在西元325年由尼西亞會議加以闡述，而在381年君士坦丁堡會議上確立以排除阿里烏主義異端。其他宗教主要透過禮拜儀式來宣示宗教信仰，只有瑣羅亞斯德教、佛教和印度教一些現代運動才有名符其實的信經。

Creek 克里克人 操穆斯科格語的北美印第安部落，原居住在喬治亞和阿拉巴馬的大片平原地區。主要分爲兩支：穆斯科格人，又稱上克里克人；希奇蒂人和阿拉巴馬人，又稱下克里克人。以種植玉蜀黍、豆類及南瓜爲主。每個村鎮都有公共廣場，通常有一座神廟，環繞廣場建有長方形房屋。綠穀節是一年一度的初果和新火儀式。18世紀時，克里克人與納切斯人、肖尼人等印第安部落組成一個克里克聯盟，以對抗白人和其他印第安人，但因各部族間從未同心奮戰，而以失敗告終。1813～1814年對美作戰的克里克戰爭結束後，戰敗的克里克人割讓了920萬公頃的土地，被迫遷移到印第安準州（今奧克拉荷馬州）。現今約有五萬名克里克人居住在奧克拉荷馬州，許多人已完全融入白人社會。

克里克印第安人培里曼（Ben Perryman）像，凱特林（George Catlin）繪於1836年；現藏華盛頓特區美國藝術國家博物館
National Museum of American Art (formerly National Collection of Fine Arts), Smithsonian Institution, Washington, D. C., gift of Mrs. Sarah Harrison

creep 蠕變 物質長期受到壓力而使大小產生慢性的變化。大部分一般的金屬都會呈現出蠕變行爲。在蠕變測試中，通常會導致塑膠流動或裂縫之負荷下方的負荷施用於物質，而通常靠伸長計或應變規測出經常性負荷下方一段時間的形變（蠕變壓力），也測出壓力之下衰退的時間。一旦定出對時間的蠕變壓力，可用各種不同的數學技術來推斷測試時間以外的蠕變行爲，這樣，設計者可以使用千時（舉例來說）測試資料來預測萬時行爲。亦請參閱testing machine。

cremation 火葬 將屍體火化成灰的喪葬方式。在古代，多採露天公開形式，將屍體置於柴堆上焚燒。可能源自於希臘（他們認爲這種方式最適合英雄和陣亡將士）和羅馬（已成爲一種地位的象徵）。斯堪的那維亞異教徒也主張火葬，認爲有助於靈魂脫離軀殼，並使死者不致傷害現世俗人。在印度，這種習俗行之久遠，所有虔誠的印度教徒均希望能在瓦拉納西火葬。而在亞洲某些國家，只有特定人士可以行火葬，例如在西藏只有高級喇嘛才火葬。由於基督教並不贊成火葬，因此西元1000年以後，歐洲甚少施行火葬，除非是緊急情況，如黑死病大流行時。19世紀末，由於都市空間短缺和衛生問題，火葬再度盛行，並被基督教和天主教接受。現代火葬方式與過去迥異，是將屍體置於一櫃內，以高熱將屍體轉變成數磅白色粉狀骨灰，可撒於花園或其他合適地點，也可置於甕內存於家中或埋於墓地。

Creole 克里奧爾人 16～18世紀時指生於美洲而雙親是西班牙人的白種人，以區別於生於西班牙而遷往美洲的移民。在西班牙殖民時期的美洲，雖然法律上西班牙人和克里奧爾人是平等的，但是克里奧爾人一般被排斥於教會和國家的高級機構之外，因而激起了克里奧爾人的敵對情緒，於19世紀初領導反抗西班牙的革命運動，成爲新的統治階層。至今，克里奧爾人這個名稱包含的範圍更廣。在美國路易斯安那州，此名稱可指早期法國及西班牙移民的講法語的白人後裔，也可以指講法語與西班牙語混合語的黑白混血兒。在拉丁美洲，可指當地出生的純西班牙人血統的人，或指城市歐化居民，以與農村的印第安人區別。而在西印度群島，則指任何歐洲移民的後代，但更多的是用來指所有屬於加勒比文化的人民。亦請參閱creole。

creole 混合語 亦譯克里奧爾語。一種爲某一言語集團確認爲母語的皮欽語。例如，美國南卡羅來納州海群島上的古勒語（源於英語）、海地混合語（源於法語）和庫拉索島、阿魯巴島、博內爾島的帕皮亞門托語（源於西班牙語和葡萄牙語）。混合語的產生主要是因爲操某種語言的人們，如果在經濟或政治上對另一種語言或另外各語言的使用者們占有支配地位時，就會出現混合語。開始時優勢群體所用語言的一種簡化或修改形式，在不同群體成員間的交際中使用，此階段的交際用語就是一種通用語，如果其形式經過簡化，就成爲一種皮欽語（洋涇浜語）。當這種通用語成爲某一居民集團的標準語或母語時，就演變成混合語。

creosote＊ 雜酚油 煤焦油雜酚油和木焦油雜酚油兩種截然不同物質的總稱。商品雜酚油是煤焦油的一種蒸餾物，是一些有機化合物（主要是烴）的複雜混合物，是一種便宜又防水的木材防腐劑，常用於鐵路枕木、電線杆及海底橋墩打樁工程，也用於消毒劑、殺眞菌劑和殺蟲劑。由木焦油蒸餾得到的雜酚油，主要是酚及其相關的混合物，曾廣泛用於製藥。

Cresilas 克雷西勒斯（活動時期西元前5世紀） 亦作Kresilas。希臘雕刻家，是菲迪亞斯的同代人，其爲雅典政治家伯里克利所做的雕像氣宇軒昂，是理想化的肖像。約西元前440年曾參加在以弗所舉行的雕刻競賽，參賽作品是受傷的亞馬遜像，據說風格與伯里克利頭像相近，現僅存摹製品。

cress 水芹 十字花科數種植物的通稱。其幼嫩的基部葉片辛辣，可用於沙拉或當做香料與食品添飾物。水田芥可能是最受歡迎的食用水芹，原產於歐洲，但廣泛移栽於世界各地的河川、池塘與溝渠。獨行菜爲另一種水芹，原產於亞洲西部，生長快速，被廣植於世界各地，特別是捲葉的一型，也可以作食品添飾用。其他還有：近緣種山芹，是一種常見雜草；野生變種苦水芹；以及南芥屬的觀賞植物。

Cressent, Charles＊ 克雷桑（西元1685～1768年） 最富於創新精神的法國家具大師之一，也研究雕塑，還擅長金屬加工。1710年到巴黎，開始在布爾的工場工作。1715年任法蘭西攝政王奧爾良公爵的家具工匠。早期作品屬於路易十四世風格；隨後（1730?～1750）日趨端莊、柔美而有力，摒棄了洛可可式的浮華；1750年以後又回復古典式樣。他是巴洛克式與洛可可式之間的過渡形式——法國攝政時期風格——的主要代表，這一式樣的家具形態輕盈，曲線流暢，與早期路易十四世風格的莊嚴迥然不同。在他的家具作品中，常以仿金銅箔進行裝飾，這是18世紀法國家具的重要特徵。他對於完善多色木鑲嵌工藝也有貢獻。

Creston, Paul 克瑞斯頓（西元1906～1985年） 原名Giuseppe Guttivergi。美國作曲家，以和聲豐滿、節奏富於活力的作品著稱，音樂中充滿現代的不諧和音與複式節奏。未受過正規樂理訓練，靠瀏覽與研究樂譜自學作曲。1956～1960年任美國全國作曲家與指揮家協會主席；1960年去以色列、土耳其旅行，從事指揮與教學工作；1967年在中央華盛頓州立學院任教，直到1975年退休。作品有：六首交響曲、一首安魂曲和三首彌撒曲，以及爲薩克管、鋼琴、手風琴和小提琴等樂器寫的協奏曲。

Cretaceous period＊ 白堊紀 距今約1.44億～0.66億年前的地質年代，是中生代最後的紀。在歐洲許多地方，白堊是該紀特徵岩石，白堊紀由此而得名。當時大範圍的海侵使各大陸的低地廣泛覆以細粒海洋沈積，加上環太平洋和阿爾卑斯地槽發生造山運動，火山噴發和岩漿侵入，造成有利於燃料生成的沼澤環境，世界各地許多重要石油、天然氣和煤田均出自白堊系及上覆的第三系，並形成許多金屬礦藏。白堊紀的氣候比現在溫暖。海生無脊椎動物繼續繁盛並向前演化，硬骨魚類蓬勃發展而居主導地位。在陸地上，被子植物（顯花植物）有驚人的發展，取得主導地位；昆蟲，特別是蜂類，開始與被子植物共同繁盛；而哺乳類和鳥類在整個白堊紀都不太顯著。這個時期，恐龍的演化已達到巔峰，發展出各種食性類別，卻在白堊紀末突然絕滅，成爲地質學和古生物學上一個不解之謎。

Crete 克里特 希臘語作Kríti。古稱Creta。地中海東部島嶼，希臘的一個行政區。長245公里，寬12～56公里，地形以山地爲主。爲西元前3000年左右的米諾斯文明的發源地，在西元前16世紀達到全盛時期，以在克諾索斯、費斯托斯和馬利亞等地建築的宏偉宮殿聞名。約西元前1450年被來自希臘本土的邁錫尼人征服，標誌著米諾斯時代的結束。西元前67年被羅馬人併吞，西元395年轉屬拜占庭。1204年被十字軍賣給了威尼斯，1669年經過一場史上最長的圍城之役後，被鄂圖曼土耳其人奪占，直到1898年土耳其人被希臘人驅逐，1913年正式劃歸希臘。經濟以農業爲主，爲該國主要的橄欖、橄欖油、葡萄產地之一；觀光業是重要的外匯資源，伊拉克利翁的博物館有最完善的米諾斯藝術收藏品。行政中心位於西北海岸的干尼亞。面積8,261平方公里。人口約536,980（1991）。

Creutzfeldt-Jakob disease (CJD)＊ 庫賈氏病 全名克羅伊茨菲爾德－雅各布二氏病。一種罕見的致命性中樞神經系統疾病。在全世界的發生率是百萬分之一，一般見於四十～七十歲的成人。發病之初通常以隱約的精神或行爲改變爲特徵，隨後數週或數月是漸進的失智，伴隨著不正常的幻覺和不自主的動作。尚無有效療法，通常在症狀出現後一年內死亡。該病首先在1920年代由德國的克羅伊茨菲爾德和雅各布兩名神經專科醫師加以描述，類似其他神經變性疾病，由於典型的海綿狀神經破壞使得大腦組織充滿空洞。這種疾病由一種不尋常的病原因子——普利子——引起，它們在神經細胞裡堆聚，引發神經變性。雖然庫賈氏病可藉普利子蛋白質的傳染而獲得，但99%的情況是遺傳或偶發的。沒有證據顯示罹患庫賈氏病的人會傳染給別人，只有在醫療過程中接觸到普利子才可能導致人與人之間的傳染，不過也很罕見。此外，越來越多證據顯示，人們食用感染狂牛症的牛肉也有可能致病。

crevasse＊ 冰隙 由於冰川運動而產生的應力所造成的裂縫。寬可達20公尺，深可達45公尺，長數百公尺。冰隙可能爲積雪所充填，當冰川在平緩坡度上移動時，冰隙可能密合。研究冰隙可以確定冰川的結構和層理。

華盛頓貝克山莫札馬冰川的冰隙
Bob and Ira Spring

Crèvecoeur, Michel-Guillaume-Saint-Jean de＊ 克雷夫科爾（西元1735～1813年） 亦稱J. Hector St. John或Hector St. John de Crèvecoeur。法裔美國作家和博物學家，他的優美風格、敏銳的觀察力和質樸的哲理受到普遍讚揚，並提供了新世界生活的廣闊圖景。1755年到美洲大陸任軍官和地圖繪製員，1765年在紐約領到公民證，到奧蘭治縣務農。美國革命爆發後回到歐洲，出版《一個美國農民的信》（1782）。這部生動活潑、饒有興味的著作，兩年內在五個國家出了八版，使作者一舉成名，並因此進入法國科學院，被任命爲駐美洲領事。1790年奉召回國，寫了另一部關於美洲的《上賓夕法尼亞和紐約州旅行記》（1801）。此後在法國和德國過著安靜的生活，直到逝世。1920年代在法國一個閣樓上發現了他的一捆未發表過的英文手稿，於1925年刊印，名爲《18世紀美國見聞錄或一個美國農民的信續編》。書中有關他的「熔爐」理論和他對「什麼是美國人？」這一問題的回答，被人們廣泛引用。

crib death 搖籃死亡 ➠ sudden infant death syndrome (SIDS)

cribbage 克里巴奇牌戲 通常兩人玩的一種紙牌遊戲，依牌張組合的形式計算得分，記錄於克里巴奇記分板上。據說是17世紀時英格蘭詩人索克令所設計，曾流行於不列顛和美國北部。使用標準的52張牌，K、Q和J皆記10點，A記1點，其他各依本來所值記點。由切牌點數低者（莊家）發牌，一家一張，各發6張（三或四人玩時發5張），餘牌由非莊家切牌，亮出一張爲首牌，然後打出手中一張牌，面朝上，叫出所值點數，莊家則配上一張，叫出兩牌總和點數，如此輪替進行，直到總點數達到31或接近31爲止（但不得超過），是爲一盤，每盤打最後一張牌者得分。克里巴奇記分板爲一長方形木板，鑽有四排各三十個圓孔，比賽雙方以兩支木橛各用兩行記錄自己的得分，記錄時以後面的木橛自另一木橛處起始，向前數孔計分。一盤結束再重新發牌繼續進行，看誰先繞兩排圓孔兩次（121分）或繞兩排圓孔一次（61分）即贏。

Crichton, James＊　克萊頓（西元1560～1582年）　蘇格蘭演說家和學者，通常被稱爲「令人欽佩的」克萊頓。自稱有王族血統，在1575年一年裡就取得通常要兩年讀完的聖安德魯斯大學文學碩士學位，隨即去巴黎。1579年在熱那亞公爵宮廷初露頭角，1582年供職於曼圖亞公爵宮廷，二十一歲時在一場街頭決鬥中被殺。據說他擅長各種競技項目，精通十種語言，通曉經院哲學和基督教哲學，對任何辯論主題都具有卓越才能。1603年約翰斯頓在《蘇格蘭人物誌》中第一次稱克萊頓是「令人欽佩的」學者，以其哲學修養、記憶力、語言技巧和辯論才能來看，確實當之無愧。

Crick, Francis (Harry Compton)　克里克（西元1916年～）　英國生物物理學家，因參與測定DNA的分子結構，與華生、威爾金茲共獲1962年諾貝爾生理學或醫學獎。第二次世界大戰期間從事物理學研究，爲海軍研製磁性水雷。戰後轉而研究生物學。因對生物體內大分子三維結構的測定感到興趣，1949年入劍橋大學加文狄希實驗室，與華生、威爾金茲一起建立與其已知物理、化學性質相符的DNA分子結構模式（由兩條互相纏繞的螺旋狀糖－磷酸長鏈組成，中間以有機鹼基相聯結）。他認爲，若長鏈分開，則每一條鏈均可作爲模板，以細胞中的小分子爲原料重新組成鹼基序列與自己互補的新長鏈；而DNA分子上的鹼基順序構成遺傳密碼，可決定細胞特有的蛋白質的合成。1961年克里克證明，每條DNA長鏈中的鹼基每三個構成一組（三聯體），標示著蛋白質分子中氨基酸的位置。亦請參閱Franklin, Rosalind (Elsie)。

cricket　板球　普遍公認的英國夏季國家運動。在一個中央有擊球員守衛著的「三柱門」的大場地上進行，兩隊各十一名球員，以船槳式木棒擊球。起源不詳，第一次有記載的比賽是在16世紀末的英格蘭，1744年寫出第一套規則，在英國殖民時期傳向世界各地。板球場地呈橢圓形，兩端線外立三柱門各一座，頂槽上平放兩根橫木。在每一座門處畫一白線，端線至場內1.3公尺處畫一橫線與端線平行，這兩道線之間是投球區和擊球區。雙方各攻守一次爲一局。守方隊員全部入場，一名投球員和一名接球員分別站在草坪直道兩端，其餘九人按隊長安排分布在草坪直道外。攻方擊球員設法不讓投球員將球投中「三柱門」，並盡量用力擊球以得分。如果擊球員將球擊出時認爲是個好球，則跑向對面的球門區。其同伴（陪跑員）從投球區也向他跑來，完成一次交換位置的跑動，可得一分，如有機會，兩人仍可再交叉跑，直到六次爲止。場上守方球員將設法阻止跑動，把球投向三柱門使擊球員或其同伴出局，十名球員均出局才結束一個回合。

cricket　蟋蟀　直翅目蟋蟀科約兩千四百種昆蟲的統稱，因鳴聲悅耳而聞名。長3～50公釐，觸角細，後足適於跳躍，腹部有兩根細長的感覺附器（尾鬚）。前翅硬、革質，後翅膜質，用於飛行。雄蟲通過前翅上的音銼與另一前翅上的一列齒（約50～250個）互相摩擦而發聲。最普通的鳴聲有招引雌性的尋偶聲、誘導雌性交配的求偶聲以及用以驅逐其他雄性的戰鬥聲。多數雌蟲以細長的產卵器產卵於土中或植物莖內，對植物常可造成嚴重危害。

crime　犯罪　爲公共法規所禁止、一般認爲會危害社會或具危險性的行爲，通常必須接受特定的懲罰（例如入獄或罰鍰）。依據普通法傳統，起初主要是由法官裁定是否犯罪，現在大多已編成法典。一般的原則是「無法律即不構成犯罪」，也就是說，沒有一條法律可以是無罪的。犯罪的構成包含兩方面：一是行爲的（犯罪行爲），一是伴隨的心理狀態（犯罪意圖）。主要的犯罪行爲有：縱火、威脅罪和傷害罪、賄賂、夜入私宅罪、虐待兒童、僞造貨幣罪、盜用、勒索、僞造文書、詐欺、劫持、殺人、綁架、僞證罪、海盜行爲、強姦、煽動叛亂、走私、叛國罪、盜竊和高利貸。亦請參閱accused, rights of the、arrest、conspiracy、criminal law、criminology、felony and misdemeanour、indictment、limitations, statute of、self-incrimination、sentence、war crime。

Crimea＊　克里米亞　烏克蘭南部共和國，範圍與克里米亞半島相同。早期居民爲辛梅里安人，自西元前6世紀以來爲希臘人所居住，西元前5世紀開始受博斯普魯斯王國統治，其後先後歸屬於羅馬和拜占庭帝國；1783年被俄羅斯併吞，1853～1856年爲克里米亞戰爭的主戰場；1921年成爲蘇聯的一個自治共和國，第二次世界大戰期間被納粹德國侵占（1941），1944年收復；1954年成爲烏克蘭的一州，1991年蘇聯解體後獲得部分自治權。北部爲地勢平坦的乾草原，主要作物有冬小麥、玉米及向日葵；南部低山坡多葡萄園、煙草及香料花。大多數城鎮從事農產品加工，釀酒業最多；重工業集中在刻赤，有大規模鐵礦開採中心。南部濱海地區旅遊業居重要地位。首府辛菲羅波爾。面積27,000平方公里。人口約2,651,700（1994）。

Crimean War　克里米亞戰爭（西元1853年10月～1856年2月）　以克里米亞半島爲主要戰場的一次戰爭。一方爲俄羅斯，另一方爲鄂圖曼帝國、英國、法國和薩丁尼亞－皮埃蒙特。主要是因爲中東各大國間的衝突和俄國要保護鄂圖曼蘇丹治下的東正教臣民而引起。1853年俄羅斯占領了俄土邊境的多瑙河諸公國（今羅馬尼亞），土耳其在英國支持下對俄羅斯採取強硬態度，英、法、土先後對俄宣戰。1854年聯軍在黑海北岸的克里米亞地區登陸，開始對俄羅斯塞瓦斯托波爾要塞進行長達一年的圍困；此外，在阿爾馬河、巴拉克拉瓦、因克爾曼也有幾場重大戰役。由於奧地利威脅要參加聯軍，俄羅斯於1856年接受初步和談條件，而在巴黎會議達成最後解決辦法。克里米亞戰爭雙方指揮失宜，加上瘟疫流行，致使雙方損失兵員均達二十五萬之眾。這場戰爭並未解決東歐國家間的關係，但使亞歷山大二世警覺到俄國進行現代化的需要。

criminal law　刑法　界定刑事犯罪，規定對嫌犯的逮捕、起訴和審判，以及決定適用於被定罪的罪犯的科刑和處理方式的所有法律體系。刑事犯罪被解釋爲反國家的犯罪。獨立存在的刑法界定著犯罪，而訴訟法爲犯罪的起訴建立程序。現今獨立存在的刑法大致源於普通法，後者後來被編入聯邦及國家的法令中。現代的刑法受到社會科學影響頗大，尤其是在定罪、法律研究、立法、改造方面。亦請參閱criminology。

criminology　犯罪學　一種實用或「應用」的科學，指從倫理學、人類學、生物學、性格學、心理學、精神病學、社會學及統計學等各種學科的角度來研究犯罪的原因、矯正和預防。起源於18世紀晚期，當時的人道主義思潮反對刑事審判和監獄制度的殘酷、武斷和低效能，出現了所謂古典犯罪學派；不過他們所追求的主要還是刑罰和刑法的改革，而不是研究犯罪和罪犯本身。到19世紀下半葉，產生了實證主義犯罪學派，試圖通過對在押犯人的直接觀察和計量來確定各類型罪犯的特徵，認為犯罪原因是多方面的，大多數是由環境和交往造成，而不是天生的。由此，犯罪學的研究開始著重於罪犯個案的研究，以及預防和改造措施的探索。如果沒有實證學派，不但現在的犯罪學研究以及當代一些用作代替死刑和傳統式監禁的辦法，如緩刑、緩期判刑、罰金、假釋，都將是不可想像的。第二次世界大戰後又出現了第三種學派－－社會防衛學派，該派學者不贊成對罪犯進行固定的分類，而強調人格的特殊性和道德價值，特別重要的是主張罪犯權利與社會權利的平衡。近代犯罪學研究的目的有三：一、搜集有關的和可靠的事實並加以解釋，二、把一系列事實和另一系列事實聯繫起來，確定原因所在，三、從研究中歸納出法則。亦請參閱delinquency、penology。

Cripps, (Richard) Stafford　克里普斯（西元1889～1952年）　受封為Sir Stafford。英國政治人物，以任財政大臣時實行嚴厲的緊縮計畫而聞名。原為成功的律師，1931年當選工黨下議員。作為工黨極左翼分子，1932年參加創立社會主義同盟。1940～1942年任駐蘇聯大使。繼而參加戰時內閣，代表政府領導英國與印度之間的談判，通稱為「克里普斯使團」，旨在透過印度國大黨和穆斯林聯盟聯合印度支持抗擊日本侵略。但談判失敗，政府與國大黨的分歧加大。1947年出任財政大臣，集中力量於投資和支付平衡，企圖刺激出口，並控制通貨膨脹。1950年因病辭職。

Crispi, Francesco＊　克里斯皮（西元1819～1901年）　義大利政治人物。在西西里學習法律，因對當地情況感到失望，遂前往那不勒斯，積極從事鼓吹共和國的革命活動，因而被放逐。後前往倫敦，結識義大利共和運動領袖馬志尼，並協助加里波底占領西西里。起義成功後任內政大臣，1861年當選議員。1887年組閣，兼掌內政外交，由於發生經濟危機和極不得人心的外交政策而於1891年下台。1893年再度出任首相，雖大大改進了經濟狀況，卻越來越採取高壓手段，野蠻鎮壓社會黨人在西西里發動的起義，還採取一種災難性的外交政策，把義大利在紅海沿岸的幾塊領地合成厄利垂亞。他還試圖使義大利變成在非洲的一個殖民強國，結果義軍在阿多瓦戰役（1896）中失敗，迫使他下台。

Cristofano de Giudicis, Francesco di ➠ Franciabigio

Cristofori, Bartolomeo＊　克里斯托福里（西元1655～1731年）　義大利大鍵琴製造家，一般認為鋼琴是他發明的。生平不詳，據知約1690年應費迪南多親王之請去佛羅倫斯，1713年費迪南多死後留在科西莫大公處供職，1716年成為費迪南多樂器收藏館負責人。他以琴槌連動裝置代替大鍵琴的撥弦機械而研製成鋼琴，當時稱為「能彈出強弱音的大鍵琴」，意指該琴能依按鍵的壓力大小改變響亮度。1711年出版鋼琴作品圖集，很快即被其他人仿製。一些他製造的原始鋼琴，至今仍保存著，可以看出他的鋼琴具有很廣的力度變化幅度。

critical care unit ➠ intensive care unit

critical mass　臨界質量　在核物理學中，分裂物質在規定條件下實現自持鏈鎖反應所需要的最小量。它的大小與所用分裂物質的種類、濃度和純度以及周圍反應系統的成分和幾何形狀等因素有關。

critical point　臨界點　物理學中指液體及其蒸氣變得完全相同時的一組條件。確定每種物質臨界點的三個量是臨界溫度、臨界壓強和臨界密度。在一個盛滿純物質的密閉容器裡，如果一部分處於液態，一部分處於氣態，只要使二者的平均密度等於臨界密度，就可以達到臨界狀態。隨著溫度升高，蒸氣壓增大，氣相變得稠密，液體膨脹，逐漸變稀；到達臨界點時，液體和蒸氣的密度相等，兩相之間的分界面消失。

critical theory　批判理論　一種新馬克思主義社會哲學，與法蘭克福學派的著作有關。批判理論主要是援引馬克思和弗洛伊德的思想，主張哲學的首要任務之一，便是協助推翻社會的各種宰制壓迫關係，以促進解放。批判理論家認為，科學已經變成僅只是替工業化社會服務的一種工具，他們警告那種伴隨現代化而來的、對科學理性的信仰；他們同時主張，不能把科學效能本身當成最終目的，卻不考慮解放的目標。特別自1970年代以來，批判理論具有國際性的深刻影響力，尤其是對社會科學、歷史以及文學等方面的研究。

Critius and Nesiotes　克里蒂烏斯和內西奧特斯（活動時期西元前5世紀早期）　希臘的兩個雕刻家，可能是古典時期最早的自由立像傑作《誅戮暴君者哈莫狄奧斯和阿里斯托吉頓》青銅雕像的作者。這件作品的人物姿態以及準確的解剖細節，帶有從古風時期向古典時期過渡的標誌，曾被複製於羅馬的硬幣、陶瓶、浮雕及一些未完稿的作品上。那不勒斯的國立考古博物館收藏有最好的摹製品。

Crittenden, John J(ordan)　克里坦登（西元1787～1863年）　美國政治人物，以在美國南北戰爭爆發前夕試圖解決地區分歧的「克里坦登妥協案」知名於世。1812年選入肯塔基州議會，1817～1861年幾次為美國參議員。1840～1841和1850～1853年任美國司法部長，1848～1850年任肯塔基州州長。1861年任邊境州領袖法蘭克福會議主席，這一會議要求南方重新考慮它在脫離聯邦後的地位。

Crittenden Compromise　克里坦登妥協案　西元1860～1861年肯塔基州參議員約翰·克里坦登在國會的一系列提案，旨在阻止美國南北戰爭的爆發。提案要求：逃往北方的奴隸如不得遣返時，由聯邦政府補償奴隸主的損失；允許各地區自行決定是否採用奴隸制度；保護哥倫比亞特區的奴隸制度。該妥協案被總統當選人林肯駁回，在參院也以幾票之差未獲通過。

Crivelli, Carlo＊　克里韋利（西元約1430～約1493年）　15世紀威尼斯畫派最有個性的義大利畫家。專畫宗教題材，風格接近帕多瓦傳統，可能受到畫家曼特尼亞的影響，特別強調以準確的線條刻畫形體。儘管其古典的、寫實主義的人物形象和對稱的構圖遵循了文藝復興時期繪畫的準則，但其別具一格周密的變化處理極富有個性，並具有強烈的哥德式的氣韻。

Cro-Magnon＊　克羅馬儂人　舊石器時代晚期（西元前35,000?～西元前10,000年）的智人群體。最初於1868年在法國南部埃齊耶克羅馬儂的一處岩棚裡發現幾具史前人類的骨架，由此命名。體型粗壯有力，顱骨屬長頭型，額部平直，眉脊稍微隆起，枕骨向後凸，顱容量稍大於現代人。關於克羅馬儂人與早期智人各種類型的親緣關係以及在人類演化中所處的地位，至今尚未清楚，一般認為與奧瑞納文化有關。通常以洞穴或岩棚為居所，僅因狩獵需要或環境改變才遷移。克羅馬儂人的藝術品是已知最早的史前藝術品，有小件的鐫刻、浮雕以及人像和動物雕像，在法國和西班牙的一些洞穴中發現有他們的許多精美的動物壁畫。至今仍無法確知克羅馬儂人究竟生存了多少時間，其最後遭遇也仍然成謎，或許已與稍後出現的歐洲人融合。

croaker ➠ drum

Croatia＊　克羅埃西亞　正式名稱克羅埃西亞共和國（Republic of Croatia）。巴爾幹半島中西部國家。面積56,538平方公里。人口約4,393,000（2001）。首都：*札格拉布*。主要是克羅埃西亞人，還有人數衆多的塞爾維亞少數民族。語言：克羅埃西亞語（官方語）。宗教：天主教（克羅埃西亞人）、東正教（爾維亞人）。貨幣：古納（kuna）。克羅埃西亞包括傳統上的*達爾馬提亞*、*伊斯特拉半島*和克羅埃西亞－斯拉沃尼亞地區。伊斯特拉半島和達爾馬提亞位於西南部，爲崎嶇的亞得里亞海沿岸地區。西北部是中部山岳帶，包括第拿里阿爾卑斯山脈的一部分。東北部爲富饒的農業區，養牛業亦重要。中部山岳帶以種植水果聞名，伊斯特拉半島和達爾馬提亞的農地生產葡萄和橄欖。最重要的工業有食品加工、釀酒、紡織、石化製品，有豐富的石油和天然氣。政府形式爲共和國，兩院制。國家元首爲總統，政府首腦是總理。西元7世紀一支南部斯拉夫人來到巴爾幹半島西部，西元8世紀查理曼把它納入附庸國。他們很快就接受天主教，10世紀時建立王國。11世紀開始受匈牙利統治，但仍保持其獨立王國的地位，在以後八個世紀裡，與匈牙利有不同自治程度的聯合。1526年大部分領土被鄂圖曼土耳其人占據，其餘受哈布斯堡統治。1867年成爲奧匈帝國的一部分，達爾馬提亞和伊斯特拉半島受維也納統治，而克羅埃西亞－斯拉沃尼亞爲匈牙利皇家領地。1918年奧匈帝國在第一次世界大戰中戰敗，克羅埃西亞與其他南部斯拉夫領地一起組成塞爾維亞－克羅埃西亞－斯洛維尼亞王國，1929年改名爲南斯拉夫。第二次世界大戰中，德國和義大利建立了一個克羅埃西亞獨立國，包括克羅埃西亞－斯拉沃尼亞、達爾馬提亞部分地區和波士尼亞赫塞哥維納。戰後，克羅埃西亞重新加入南斯拉夫，成爲一個人民共和國。1991年宣布獨立，導致克羅埃西亞的塞爾維亞人反抗，他們得到由塞爾維亞人領導的南斯拉夫軍隊的幫助，分離出幾個自治區，至1995年克羅埃西亞已收復大部分的自治區。由於政局漸趨穩定，克羅埃西亞的經濟在1990年代末開始復甦。

Croce, Benedetto＊　克羅齊（西元1866～1952年）　義大利著名哲學家、歷史學家和評論家。1903年創辦《批評》雜誌，對當時歐洲出版的最重要的歷史、哲學及文學作品均有評論，同時對其「精神哲學」進行系統的闡述。這是他主要的學術成就，係以古典浪漫主義哲學的理性主義爲雛型建立的哲學體系，強調在體系結構中和歷史長河中的精神「循環」，歷史成爲全部精神環節的唯一仲裁原則，而精神——即人類的意識，是完全自然的、沒有偏見的。克羅齊還是堅定的反法西斯主義者，在第二次世界大戰後幫助恢復自由體制，1943～1952年領導義大利自由黨。1947年成立義大利歷史研究所。

克羅齊
H. Roger-Viollet

crocidolite＊　纖鐵鈉閃石　亦稱青石綿（blue asbestos）。一種灰藍色到蔥綠色的纖維狀鈉閃石。抗張強度比*纖蛇紋石*大，但耐熱性小得多，在比較低的溫度下就熔化成黑色玻璃。主要工業產地在南非，產於鐵岩中；在澳大利亞和玻利維亞也有發現。青石綿常常被石英取代，形成次級的虎眼石和鷹眼石寶石。

Crockett, Davy　克羅克特（西元1786～1836年）　原名David Crockett。美國政治人物、邊疆開發者、傳奇式人物。1813～1815年參加克里克戰爭，因此成名。1821～1825年選入田納西州議會，以競選演說穿插奇談妙喻著稱。1827～1831年當選美國衆議員。輝格黨人爲對抗傑克森，曾對他拉攏並大事宣傳，希望使他成爲傳奇性的「熊皮」政治家。在他第三次任國會議員期間，輝格黨人安排他到東部做巡迴演說，經過報章和書籍的渲染，一個行爲古怪而又機靈的「獵熊」和抗擊印第安人的邊民傳奇迅速流傳開來。1835年後遷至德克薩斯，參與對抗墨西哥的戰爭，死於阿拉莫。

crocodile　鱷　鱷目鱷科約十二種熱帶爬蟲類的統稱，產於亞洲、澳大利亞、非洲、馬達加斯加和美洲的熱帶地區。長吻，形似蜥蜴，肉食性，多以魚類、龜類、鳥類和小型哺乳動物爲食；個別大鱷也可能攻擊人畜。在水中游泳和捕食，常浮在水面等待獵物，但喜歡上岸曬太陽取暖和繁殖。比*鈍吻鱷*活躍，更會攻擊人類，吻較鈍吻鱷窄，閉嘴時下顎兩邊的第四齒外露。

crocus　藏紅花屬　鳶尾科的一屬，約七十五種，矮生，具*球莖*。原產於阿爾卑斯山脈、歐洲南部和地中海地區。花杯狀，在早春或秋季開放，廣泛栽作觀賞植物。早春開花的種花冠管甚長，子房埋於地下因而不受氣候變化影響。栽培藏紅花（即番紅花）原產於亞洲西部，秋季開花，丁香色或白色，曬乾後用製染料、調味料和藥物。高山種春藏紅花是普通庭園栽培種的主要祖先。荷蘭黃花藏紅花和二花藏紅花是常見的春節開花型藏紅花。

crocus, autumn ➠ autumn crocus

Croesus＊　克羅伊斯（卒於西元前546?年）　*里底亞*最後一代國王，以財富甚多聞名。約西元前560年繼承其父王位，完成征服愛奧尼亞大陸的大業。由於缺乏海軍，他與巴比倫、埃及、斯巴達結成聯盟，以對抗波斯的*居魯士大帝*的威脅。在入侵卡帕多西亞卻徒勞無功後，他回到首都薩迪斯企圖重整兵力。但是居魯士大帝緊緊追擊，西元前546年奇襲薩迪斯，占領里底亞。克羅伊斯的下場不清楚，據希羅多德記載，他被判處火刑，但被阿波羅解救。

Croghan, George＊ 克羅根（西元約1720～1782年）
愛爾蘭裔美國商人，在殖民時期取得印第安人信任，代表英國政府與印第安人部落進行談判、簽訂友好條約。1741年自愛爾蘭移居賓夕法尼亞卡萊爾附近的西部邊界，熟知印第安人的習俗和語言，在和印第安人貿易中大獲成功。1740年代受命擔任賓夕法尼亞的印第安事務代表，後出任英國北印第安事務專員威廉．約翰遜爵士的第一副專員，十餘年中與各部落洽商各種問題，透過談判結束了龐蒂亞克戰爭（1763～1764），並在1765年和反抗的渥太華酋長締結了一項協定。美國革命期間，他支持愛國主義，盡力維護本國的事業。

Croix de Feu＊ 火十字團（法語意為「火的十字架」）
法國1927～1936年的政治運動。原是第一次世界大戰退伍軍人的組織，他們所信奉的極端民族主義，還隱約帶有法西斯的弦外之音。在羅克（1885～1946）的領導下，它針對斯塔維斯基事件，組織群眾發動示威，希望推翻政府。它隨後喪失聲望，並於1936年融入人民陣線政府之中。

Cromer, Earl of 克羅默伯爵（西元1841～1917年）
原名Evelyn Baring。英國行政官員和外交家，代表大英帝國統治埃及二十四年（1883～1907）之久。出身政界和銀行界名門，早先任職軍官，1872年他的表哥諾思布魯克任印度總督，他作為私人祕書跟從前往。1877年代表埃及國債券英國持有人的利益，受任新成立的埃及國債清理委員會的英國代表，因所提建議得不到總督的同意而回國。1883年再次來到埃及，就任英國代表和特命全權總領事。他在埃及進行廣泛的改革，建立一種稱為「幕後攝政」的政體，即任命一批在印度受過訓練的英國官員擔任各級顧問，他則透過這些顧問進行統治，直到1907年辭職為止，他一直是埃及的實際統治者。由於這個制度在最初十年頗見成效，到1887年埃及居然擺脫了財政困難，對埃及發展成為現代國家有深刻影響。

Crompton, Samuel 克倫普頓（西元1753～1827年）
英國發明家，發明走錠紡紗機。這種紡紗機可能是阿克萊特發明的機械紡織機和哈格里夫斯發明的多錠紡紗機的混合型，用機械模仿手工紡紗操作，同時將裝入的棉纖維抽出、加捻，可以大規模生產優質紗。

Cromwell, Oliver 克倫威爾（西元1599～1658年）
英國軍人和政治家，共和政體之英格蘭、蘇格蘭、愛爾蘭國協的護國公（1653～1658）。1628年當選國會議員，但查理一世在1629年解散國會，十一年未再召集議會。1640年克倫威爾被選入短期國會和長期國會。當查理與國會之間的爭議爆發為英國內戰時，克倫威爾成為國會派的主要將領之一，贏得許多重要的勝利，包括馬斯敦荒原戰役和內茲比戰役。他是讓國王接受審判的人們之一，還簽下他的處死令。在不列顛群島組成國協後，他擔任第一屆國家會議的主席。往後幾年，他在愛爾蘭、蘇格蘭與保皇派戰鬥，壓制了由平均派發起的叛變。當查理二世進入英格蘭時，克倫威爾在渥斯特將其軍隊摧毀（1651），結束了內戰。身為護國公，克倫威爾再度提升國家的地位，使之成為歐洲主要的強權，並終止了英荷戰爭。他雖然是虔誠的喀爾文教派信徒，卻致力於宗教寬容。他拒絕1657年國會獻給他的國王頭銜，死後他的兒子理查．克倫威爾繼承了他的職位。

Cromwell, Richard 克倫威爾（西元1626～1712年）
英格蘭護國公（1658～1659），奧利弗．克倫威爾的長子。曾在國會軍中服役，1654和1656年當選國會議員。1657年新憲法賦予其父挑選繼位者的權力，他被推薦擔負要職，任國務會議委員，並成為上院議員。1658年其父去世後，他遵照遺命宣布繼任護國公，但很快就面臨議會與軍方的嚴重衝突，1659年被迫退位。為了逃避在位期間的大批債務，於1660年去巴黎，1680年回國隱居。

英格蘭護國公克倫威爾，細密畫；現藏倫敦國立肖像畫陳列館
By courtesy of the National Portrait Gallery, London

Cromwell, Thomas 克倫威爾（西元1485?～1540年）
受封為Earl of Essex。英格蘭政治家，國王亨利八世的主要謀臣（1532～1540）。原為樞機主教沃爾西的親信，1529年成為議員，因才能非凡為國王所注意。1530年成為亨利八世的近臣，主要負責英格蘭的宗教改革運動，解散修道院，加強王室的行政權力。雖然他自稱只是代國王行使權力，實際上他已完全控制了政府。1539年他錯誤的迫使國王娶克利夫斯的安妮為第四個王后，以爭取國王支持他的聯盟計畫，但國王從一開始就討厭這位王后，與德意志的聯盟也就無從談起，從此克倫威爾的地位迅速衰落。他的政敵終於使國王相信他是持異端邪說者和叛國者，未加審訊即判罪處決。

Cronenberg, David＊ 大衛柯能堡（西元1943年～）
加拿大電影導演、編劇與演員。生於多倫多。他在1970年代時開始拍攝恐怖片。他以《掃描者大決鬥》（1981）和《錄影帶謀殺案》（1982）吸引了一批追隨者的崇拜；而以《再死一次》（1983）、《變蠅人》（1986）和《雙生兄弟》（1988）而廣為恐怖片的觀眾所喜愛。他後來的作品包括《裸體午餐》（1991）、《蝴蝶君》（1993）、《超速性追緝》（1996）以及《X接觸：來自異世界》（1999）。

Cronin, A(rchibald) J(oseph) 克羅寧（西元1896～1981年）
蘇格蘭小說家，其作品融寫實主義與社會批評於一爐，贏得英、美廣大讀者。原為軍醫，後任煤礦醫務督察，調查採煤工業中職業病的情況。1926年在倫敦開業，但因健康狀況不佳而終止，閒來便從事寫作。第一部小說《帽商的城堡》（1931；1941年拍成電影）在英國一舉成功；經典之作《群星俯視》（1935；1939年拍成電影），記載一礦業小鎮上種種壓榨礦工的事件，為他贏得國際聲譽。其他作品有：《堡壘》（1937；1938年拍成電影）、《王國之鑰》（1942；1944年拍成電影）、《青春歲月》（1944；1946年拍成電影）、《紫荊樹》（1961）、《美物》（1956）等。

Cronkite, Walter (Leland, Jr.) 克朗凱（西元1916年～）
美國新聞工作者與電視新聞播報員。生於美國密蘇里州的聖約瑟。他的新聞事業始於為休斯頓的《郵報》擔任記者；在1939年至1948年間，則為合眾國際社效力，並於1942年至1945年間，出任駐歐洲的戰地記者。他在1950年加入哥倫比亞廣播公司（CBS）成為新聞播報員，後來升任主編，並主播收視率高的《CBS夜間新聞》。克朗凱主持過許多紀錄片與特別報導，尤其是刺殺甘迺迪總統事件以及1969年登陸月球的新聞。他慰藉人心、慈善如父的風範，使他成為美國最受人喜愛的人物之一。

Cronus 克洛諾斯
亦作Cronos或Kronos。希臘宗教中的男性農業神，後來被等同於羅馬的農神薩圖恩。在希臘神話中，他是烏拉諾斯和該亞的兒子，為十二泰坦中最年輕的一個。他在母親的慫恿下閹割了父親，從而使天地分離。他成為泰坦之王，娶自己的妹妹瑞亞為妻，生下赫斯提、蒂美特、赫拉、哈得斯和波塞頓。但克洛諾斯把他們全都吞食了，因為他的父母曾警告過他，說他將被他的一個兒子所推

C D

翻。當宙斯出生時，瑞亞將他藏在克里特，騙克洛諾斯吞食了一塊石頭。宙斯長大以後，逼著他把兄姊們吐出來，並戰勝他。

Cronyn, Hume; and Jessica Tandy＊　克朗寧夫婦（休姆與坦蒂）（西元1911年～；西元1909～1994年）　美國演員，以「美國戲劇界第一夫婦」聞名。克朗寧是加拿大議會議員之子，1934年在百老匯首次演出，以擅演成功的性格角色而知名，因在吉爾果導演的《哈姆雷特》中表演傑出，於1964年獲東尼獎。他還在紐約導演了多部戲劇，包括《希爾達·克雷恩》（1950）和《書獃子》（1957）。坦蒂是旅行推銷員之女，1930年首次在百老匯演出，1942年與克朗寧結婚。因在威廉斯的《慾望街車》（1947）中創造白蘭琪一角而獲東尼獎。這對夫婦同台演出的戲有：《四根帳桿的床》（1951）、《微妙的平衡》（1966）、《陷阱遊戲》（1977）和《火狐狸》（1980）等，後兩部爲坦蒂贏得東尼獎。1990年坦蒂因《溫馨接送情》（1989）一片贏得奧斯卡最佳女演員獎，克朗寧則以主演電視劇《老朋友們》（1990）獲艾美獎。

crop　作物　農業上，廣泛種植並收穫以獲取利潤或維持生計的植物或植物產品。實用上，將作物分爲六大類：糧食作物供給人類食用（如小麥、馬鈴薯）；飼料作物供給牲畜食用（如燕麥、苜蓿）；纖維作物製作繩索和織物（如棉花、麻）；油脂作物作爲食用或工業用途（如棉子、玉米）；觀賞作物作爲造景（如茱萸、杜鵑）；工業與次要作物，提供各種個人與工業用途（如橡膠、煙草）。

crop duster　作物噴粉機　通常指用於大面積噴撒農藥的飛機，雖然其他類型的噴粉機也可使用。空中噴撒農藥能在使用農藥最有效的時機立即施用在大面積土地上，避免因使用輪式車輛而破壞農作物。1960年代由於研製出極低用量的撒粉機而使這種技術大爲改進，能夠分撒極小量的濃縮殺蟲劑。亦請參閱spraying and dusting。

crop rotation　輪作　在同一塊田地裡按一定順序種植不同作物的耕作方法。有些輪作方法是爲了在最短期間獲得最高利潤，而不考慮使基本資源繼續發揮效用；有些輪作方法既考慮連續獲得高額利潤，又考慮保護資源。典型的輪作耕種計畫是從行間作物（如玉蜀黍、馬鈴薯）、密植的穀類（如燕麥、小麥）、草根層作物或休閒作物（如車軸草、車軸草－梯牧草）中選擇輪作作物。廣義地說，耕作制度應圍繞著深根性豆科植物的利用來設計。設計良好的輪作，不但對土壤和作物有許多益處，還能對農業經營有益，使勞力、能源和設備可以運用得更有效率，降低天氣的影響和市場風險，牲畜的需求可以更容易滿足，使農場成爲效率更高的全年企業。

croquet＊　槌球　亦稱草地槌球（lawn croquet）。在草坪或地面上用長柄木槌擊球穿過一連串鐵環門的室外遊戲。比賽各方以32分爲滿分，每人擊兩個球，每球應得16分；雙方運動員循序擊球，盡量穿過所有鐵環門或較多的鐵環門。早在13世紀法國就有槌球戲，16世紀傳入英國，1882年在美國成立了全國槌球協會，首次舉辦槌球賽。

Crosby, Bing　平克勞斯貝（西元1903～1977年）　原名Harry Lillis Crosby。美國歌星和演員，其低聲吟唱的風格和悠閒自在的舞台風度，影響了兩代流行歌手，並使他成爲當時最受歡迎的演藝人員。在華盛頓州斯波堪修習法律時即已開始唱歌和打鼓，1927年隨懷特曼樂隊演出一段時間；隨後在早期有聲電影《爵士樂之王》（1931）中亮相，不久即成爲享有國際聲譽的明星，並擁有自己的電台節目。到1930年代晚期，他所錄製的唱片已銷售數百萬張，其中〈銀色耶誕〉和〈平安夜〉爲20世紀最流行的歌曲之一。1940年代成爲一套走紅的廣播歌舞雜耍節目的明星，與鮑伯霍伯和拉穆爾在電影《路》系列中合作演出喜劇，更加身價十倍。1944年因電影《與我同行》獲奧斯卡金像獎。他的唱片銷售總數已超過三億張，在所有獨唱歌星中僅次於艾維斯普里斯萊。

icrosby001p1
平克勞斯貝

cross　十字架　基督教的主要標誌，象徵耶穌基督被釘在十字架上受難死亡以救贖罪人。行畫十字禮，可以表明信仰、祈禱、獻身或祝福。十字架有四種基本形式：希臘式十字架，四臂等長；拉丁式十字架，下垂之臂長於其他三臂；三出十字架，又稱聖安東尼十字架，呈T字形；側置十字架，又稱聖安德烈十字架，狀如羅馬數字X。科普特派所用的十字架形如古埃及的象形文字安可；天主教和東正教的十字架上，有耶穌受難的苦像。在西元4世紀君士坦丁一世廢止釘死於十字架的刑罰之前，十字架還不是很普遍。

十字架的幾種傳統形狀

cross-country running　越野賽跑　在野外進行的長距離賽跑，多在秋季或初冬舉行。19世紀中期發展成競賽運動，原爲奧運會的項目之一，但由於不適宜夏季而於1924年起取消。首次國際越野賽跑是1898年的英法比賽，1967年在威爾斯的巴里舉行首次女子國際越野賽跑。1962年國際業餘田徑聯合會通過國際男子、女子越野賽跑規則，規定標準賽程爲：男子不得短於12,000公尺，女子爲2,000～5,000公尺。由於每次賽程條件不盡相同，所以不登記世界記錄。

cross-country skiing　越野滑雪　在丘陵地區滑雪的冬季運動。起源於有這種地形的斯堪的那維亞國家，起初是作爲旅行和娛樂方式。越野滑雪板較高山滑雪板窄而長，重量也較輕，雪板固定裝置使得兩腳跟部動作可更爲靈活；雪杖也較長。在大致圓形的滑道上舉行，國際比賽賽程男子爲10、15、30和50公里；女子爲5、10、15和30公里。1924年第一屆冬季奧運會即列爲比賽項目。

cross-fertilization　異體受精　亦稱異體交配（allogamy）。同一物種不同個體的雌、雄配子（生殖細胞）融合的現象，大多見於雌雄異株植物和雌雄異體動物身上。動物異體受精的方式千差萬別。多數水生動物是以體外受精方式完成，即雌、雄個體分別將卵子和精子釋入水中使其自然結合；陸生動物則大多行體內受精，即將精子直接注入雌性體內。異體受精是結合兩個親代的遺傳物質而成，故可使生物體在更大範圍內發生變異，以供自然選擇發揮作用，從而提高物種適應環境變化的能力。亦請參閱self-fertilization。

Cross River　克羅斯河　西非河流。源出喀麥隆西部高原，西流入奈及利亞，接納阿亞河後折向南，穿過熱帶雨林和紅樹林沼澤，注入比夫拉灣。全長489公里。由於河口無砂壩阻礙，爲重要航道，棕櫚油、棕櫚仁、木材、可可和橡膠沿河運往卡拉巴爾出口。

cross section　截面　在核物理學中，一個給定原子核對特定入射粒子表現某種反應（例如吸收、散射或核分裂）的機率。截面用面積表示，其數值爲當施轟粒子擊中與它的路線垂直的、以原子核爲圓心的圓靶並引起給定反應時的靶的大小；如果沒有擊中，就不發生反應。反應截面的單位是靶恩（barn, 10^{-24}平方公分）。一種給定核的截面值，隨施轟粒子的能量和反應的種類而定，通常與核的幾何截面積並不相同。

crossbow　弩　中世紀主要的投射兵器。由弩機（最初爲木質）和橫向固定在弩機上的短弓組成，弩機上有箭槽和扳機。起源不詳，歐洲最早於10～11世紀出現在義大利。後用熟鐵或軟鋼代替木料製作短小的金屬弩，殺傷力驚人。利用槓桿式扳機釋放弩箭或方鏃箭，可射穿鎖子甲，射距約300公尺。英國的長弓發射速度較快，在火器出現之前，甚至之後一段很長時間內，仍用作主要投射兵器。弩威力大，通用性好，故長期流傳下來，直到15世紀末才爲火繩槍取代。到了現代，人們又重新使用弩來獵取大型動物。

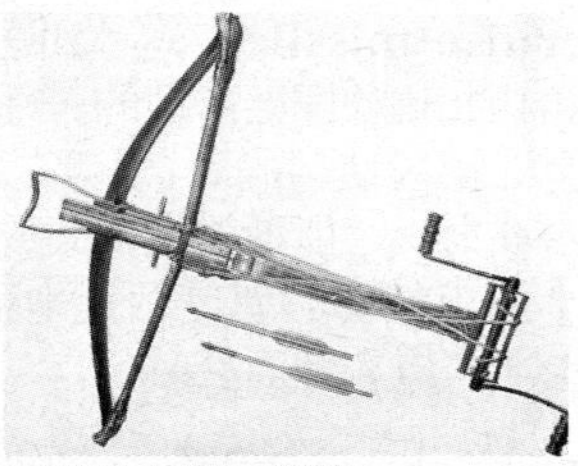

14世紀法國的鐙形弩
By courtesy of the West Point Museum Collections, United States Military Academy

crossword puzzle　縱橫填字字謎　一種流行的字謎遊戲。其法爲在一張表格上，內分空格（白色）和廢格（黑色、暗色或用斜線標出），附有兩組標有號碼的謎面，一組指示橫向構詞，另一組指示縱向構詞，每一條謎面的編號與表格中的號碼對應。每一格應填入一個字母，或縱或橫組成與謎面意義相符的詞。19世紀首先出現於英格蘭，原始形式顯然是由印在兒童謎語書或期刊上的四方聯詞衍生而來。在美國，這類遊戲發展成爲成人熱衷的一種消遣，至1923年，美國各大報都刊有縱橫填字字謎，不久又大大風行於英格蘭。現在，幾乎在各個國家、各種語言，都可發現各種不同形式的縱橫填字字謎。

croton＊　變葉木　大戟科灌木或小喬木，學名Codiaeum variegatum。原產馬來西亞及太平洋地區，常盆栽，在熱帶爲灌叢。葉革質，有光澤，單色或綠、黃、白、橙、粉紅、紅、大紅及紫等，諸色相雜，色彩鮮艷；形態因品種不同而異，呈細長線形、披針形、卵形或有深裂。同科不同屬的導瀉巴豆爲小喬木，原產於東南亞，採收其種子製成巴豆油。

croup＊　格魯布　亦譯哮吼。一種以劇咳、聲音嘶啞和呼吸困難爲特徵的小兒急病。大多由上呼吸道尤其是喉部的各類感染、過敏或物理性刺激引起，其症狀由喉部黏膜發炎和喉部肌肉痙攣造成。病毒感染的格魯布最爲常見，多發於三歲以下的兒童，而且常見於秋末和冬季。發病前常會先有數天感冒症狀，多數患者可在家以噴霧器噴出的冷空氣治療，但嚴重呼吸道阻塞者須住院治療。細菌性格魯布（又稱會厭炎）是一種比較嚴重的情況，通常侵犯三～七歲的兒童，發作急速，患者會有呼吸和吞嚥困難，必要時須施行氣管切開術和以導管插入氣管，以使呼吸道暢通，並給予抗生素以控制炎症。

Crow　克勞人　北美大平原印第安人民族，歷史上與希達察人屬同一族源。操蘇語，占居懷俄明州北部和蒙大拿州南部的黃石河周圍地區，生活多以野牛和馬匹爲重要來源。克勞人爲傑出的商業經紀人，將馬匹、弓、襯衣、羽毛製品等賣給村居印第安人，以換取槍枝及金屬器物，再轉售給愛達荷的肖肖尼人。宗教生活中的一個基本要素是產生神奇幻覺，這種幻覺是以獨居、齋戒等方式獲得。由於與黑腳人和蘇人連年作戰，及在1860年代和1870年代歷次印第安戰爭中支持白人，損失非常嚴重。1868年他們得到一塊自蒙大拿南部部落土地劃出的保留地，至今人數約有六千五百人。

crow　鴉　雀形目鴉科鴉屬二十多種黑色鳴禽的俗稱，比大多數渡鴉小，嘴也不那麼厚實。常見的有北美洲的短嘴鴉和歐亞的小嘴烏鴉。鴉爲雜食性，吃穀物、漿果、昆蟲、腐肉及其他鳥類的蛋。雖然危害作物，但有助於防治經濟害蟲。有時數萬隻成群，但多數種類不集群營巢。一般認爲鴉是所有鳥類中最聰明的，某些供玩賞的籠養鴉可訓練模仿人「說話」。

食腐鴉（Corvus corone corone）
Eric Hosking

Crowe, Eyre (Alexander Barby Wichart)＊　克勞（西元1864～1925年）　受封爲Sir Eyre。英國外交家，第一次世界大戰前力促英國採取反德政策。他在1907年寫的〈關於英國與法國和德國的關係現狀備忘錄〉中陳述道：德國的目的在於主宰歐洲，讓步只會加大德國奪權的胃口，英國絕不能放棄與法國的協約。1914年力促英國海軍先發制人以阻止戰爭，幾天後第一次世界大戰果然爆發，克勞說服不願作戰的政府扣押英國港口內的德國船隻。1919年爲英國出席凡爾賽和會的全權代表之一，由於精通法語和德語，在和會上起了無法估價的作用。1920年任外交部常務次官，直至去世。

crowfoot ➠ buttercup

crown gall　根癌病　根癌土壤桿菌引致的植物病害。數千種植物均易感染此病，包括薔薇、葡萄、仁果類、核果類、綠蔭樹、堅果樹、許多灌木和藤本以及多年生庭園植物等。症狀包括出現粗糙的圓形瘿瘤，徑可達幾公分以上，初爲乳白色或淺綠色，後變爲褐色或黑色。植株變得衰弱，最後死亡。

crown jewels　御寶　指獻祭典禮上帝王使用的飾物以及國家大典中君王佩戴的正式地位的標誌；也指歸在西歐各國君主名下，但不屬於他們個人而屬於他們的名位和王室所有的金珠財寶。最有名的是英國的聖愛德華王冠、英王權杖（鑲有非洲之星）和御劍等。

crown-of-thorns starfish　長棘海星　亦稱荊冠海星。一種淡紅色、多刺的棘皮動物，學名爲Acanthaster planci。有12～19腕，一般輻徑45公分，以珊瑚蟲形體爲食。約1963年在澳大利亞大堡礁開始大量增殖，當時認爲是其主要天敵法螺被人捕殺之故。此後在整個南太平洋地區增殖，對珊瑚礁和島嶼造成威脅，科學家極盡努力以消滅它們。確實的原因還不清楚，有人認爲可能與土壤中的營養物質被雨水沖刷到岸邊有關。

長棘海星
A. Giddings－Bruce Coleman Inc.

crown vetch　多變小冠花　蔓生豆科植物，學名爲Coronilla varia。原產於地中海地區，但在溫帶地區普遍長成地被植物。葉似蕨類；花簇生，白色到粉紅色；根系茁壯，固土能力強，用於陡坡或路堤；亦能固氮，從而增加土壤肥力。根頸以上部分入秋死亡，翌春又重新生出。秋季或早春修剪枝條，能促進植株生長。

crucible＊　坩堝　用黏土、石墨、高嶺土或其他難熔金屬等耐火材料製成的鉢狀器皿。早在古代已用作熔融或化驗金屬的容器。現代，有試驗室進行高溫化學反應或化學分析用的小型坩堝，也有工業上熔融和鍛燒金屬或礦石用的大型坩堝。

crucible process　坩堝法　生產優質鋼或工具鋼的工藝。約1740年由英國人亨茨曼發明。將小塊碳鋼放入封閉耐火黏土坩堝中，用焦炭加熱，獲得1,600℃高溫，首次能將鋼材熔化，得到化學成分完全一致的均質金屬，用於製造鐘錶的發條。1870年後，西門子用蓄熱式煤氣爐代替焦炭爐，所獲溫度更高。西門子爐設置許多燃燒爐膛，每個能容納好幾個坩堝，能同時加熱多達一百個坩堝。在很長的一段時間內，所有優質工具鋼和高速鋼都是用坩堝法熔煉。到20世紀，在許多電能便宜的國家中，此法已爲電爐所取代。亦請參閱wootz (steel)。

crucifixion　釘死於十字架　西元前6世紀至西元4世紀期間主要流行於波斯、塞琉西、猶太、迦太基和羅馬的一種極刑。通常先鞭打罪犯，命令他拖拉十字架的橫樑前往刑場，十字架的豎柱早已立在那裡。犯人的兩臂伸平綁在橫樑上，或在腕部用釘子固定，然後把橫樑固定在豎柱上，距地面2.5～3.5公尺，再把兩腳綁或釘在豎柱上。犯人死亡顯然是由於筋疲力盡或心力衰竭所致。這種刑罰主要用於處分煽動政治或宗教動亂的鬧事者、海盜、奴隸或被剝奪公民權利的人。第一位信奉基督教的羅馬皇帝君士坦丁一世，爲了表示尊敬被處以這種刑罰而死的耶穌基督，於西元337年宣布廢除此刑。現在提到釘死於十字架，絕大多數與耶穌有關。亦請參閱stigmata。

crude oil　原油 ➠ petroleum

cruelty, theater of　殘酷劇場　法國詩人、演員和理論家亞陶倡導的實驗性戲劇計畫。他認爲，文明已把人轉變成一種病態的和內心受壓抑的動物，因此戲劇的眞正功用就是使人擺脫壓抑，並把天生的能力解放出來。他主張應消除演員與觀衆之間的舞台障礙，要求表演神祕的奇景，如咒文、呻吟和尖叫、脈動式的燈光效應、異常的舞台木偶和道具等。這些理論都收集在他的論文集《戲劇及其替身》（1938）中。其劇作雖然只有《桑西》曾上演過，但其觀點對20世紀前衛派戲劇，如生活劇團、荒謬劇，有重大影響。

Cruikshank, George　克魯克香克（西元1792～1878年）　英國畫家、漫畫家、插圖畫家。其爲《鞭撻月刊》（1811～1816）所畫的一系列政治諷刺漫畫，使他成爲當時政治漫畫的領導人物。嗣後十年，他一直辛辣諷刺托利黨和輝格黨的政策，乃至他自己的友人和合作夥伴霍恩所代表的激進派。1820年代和1830年起從事書籍插圖，是最早爲兒童讀物繪製幽默、生動插圖的畫家之一，以爲狄更斯的《特寫集》（1836）和《孤雛淚》（1838）所作的插圖最爲有名。晚年宣傳戒酒運動，並爲此作畫。

《邦博先生和康妮太太》（1838），克魯克香克為狄更斯之《孤雛淚》（1838）所繪之插畫
Mary Evans Picture Library

Cruise, Tom　湯姆克魯斯（西元1962年～）　原名Thomas Cruise Mapother IV。美國演員。生於紐約州的雪城，1981年首度在銀幕上演出，在《熄燈號》（1981）、《保送入學》（1983）和《捍衛戰士》（1986）等片中躍居明星之林。他在以下影片中以其演技受到好評：《金錢本色》（1986）、《雨人》（1988）和《七月四日誕生》（1989）。他後來的影片包括《軍官與魔鬼》（1992）、《黑色豪門企業》（1993）、《夜訪吸血鬼》（1994）、《不可能的任務》（1996）和《征服情海》（1996）以及庫柏力克執導的《大開眼戒》（1999）。

cruise missile　巡弋飛彈　美國和蘇聯分別在1960年代和1970年代開始研製的一種低飛戰略導彈。第二次世界大戰時，德國使用的V-1飛彈是巡弋飛彈的先驅。動力裝置爲噴射發動機，能攜帶核彈頭或常規彈頭，設計成雷達截面積很小並用較低的速度貼近地面飛向目標，可以從船艦、潛水艇、飛機和地面發射。

cruiser　巡洋艦　速度快、巡航半徑大、比戰艦小但比驅逐艦大的軍艦。這個名稱最初是指風帆船時代的巡防艦，用於偵察敵艦隊、海上巡邏、截擊敵運輸船隊，直到1880年後才成爲一種特定戰艦的名稱。第二次世界大戰期間，巡洋艦主要作爲實施兩棲進攻時的水上炮台，以及保護航空母艦特遣隊的防空屏障。現在，裝備艦空導彈的美國海軍巡洋艦已經成爲艦隊防空屏障的主力。採用核動力，是戰後巡洋艦的另一個重要發展。

Crumb, George (Henry)　克拉姆（西元1929年～）　美國作曲家，因創用革新技術獲得樂器與人聲的生動音響而知名。在密西根大學就學，1965年起在賓夕法尼亞大學任教。曾獲得多種獎金和獎狀，如管弦樂曲《時間與河流的回聲》獲1968年普立茲獎。聲樂套曲《年長日久的兒童之聲》（1970）爲他帶來廣泛的名聲。其他作品有電子弦樂四重奏《黑天使》（1970）、合唱與管弦樂曲《星－孩子》（1977）、《幽靈》（1980）等。

Crumb, R(obert)　克拉姆（西元1943年～）　美國漫畫家。沒有受過正式的藝術訓練，但自幼就對繪畫入迷。1960年從故鄉費城搬到克利夫蘭，爲一家賀卡公司工作。1967年移居舊金山，成爲嬉皮反主流文化的突出成員，以及地下comix派的奠基人，這些雜誌以刺捅美國文化爲樂。他的漫畫往往相當污穢，有著各種各樣令人著迷的主題，以「怪貓菲力茲」、「毛怪兄弟」和「自然先生」等人物爲主角，產生了巨大的影響，至今仍被看作是這一流派的經典之作。

Crusade, Children's ➠ Children's Crusade

Crusade, Stedinger ➠ Stedinger Crusade

crusader states　十字軍國家　第一次十字軍東征期間，基督教軍隊在巴勒斯坦沿岸占領的地區。十字軍在那裡建立了耶路撒冷王國（1099～1187）、安條克公國（1098～1268）以及伊德撒伯國（1098～1144）、的黎波里伯國

（1109～1289）。由於這些國家受到威脅，導致後來教宗又發起幾次十字軍東征。

Crusades　十字軍　指西元1095～1291年西方基督教徒組織的反對穆斯林國家的幾次軍事遠征，目的是控制聖城耶路撒冷。主要有八次，對西歐社會、經濟和制度等方面有重大影響。1092年東方的塞爾柱土耳其人占領尼西亞，威脅君士坦丁堡，拜占庭遣使向西方求救。教宗*烏爾班二世*正想藉此恢復教會統一，便在1095年召開*克萊蒙會議*，號召信徒進行聖戰。因東征者佩戴十字，故稱十字軍。第一次十字軍（1096～1099）由*戈弗雷*、*雷蒙六世*等貴族領導，幫助拜占庭擊退塞爾柱土耳其人，收復安納托利亞西部、亞美尼亞和敘利亞部分地區，以及耶路撒冷，並在這些地方建立了幾個西方公國。其中伊德撒伯國在1144年被摩蘇爾總督贊吉所滅，由此引起第二次十字軍（1147～1148），但在大馬士革為贊吉之子努爾丁所敗。努爾丁之侄*薩拉丁*於1187年占領耶路撒冷，導致第三次十字軍（1189～1192）。英王*理查一世*和法王*腓力二世*只奪取了塞浦路斯和阿卡，未能抵達耶路撒冷。教宗英諾森三世發動的第四次十字軍（1202～1204）目標指向埃及，但在威尼斯的干預之下轉向拜占庭（參閱Dandolo, Enrico），攻陷君士坦丁堡，建立了拉丁帝國。雖然埃及的阿尤布王朝願意與十字軍休戰，但西方封建主在1212年的*兒童十字軍*之後，又發動了進攻埃及的第五次十字軍（1218～1221），但在進軍開羅時由於尼羅河洪水氾濫而被迫撤退。第六次十字軍（1228～1229）由德意志皇帝*腓特烈二世*領導，通過談判與阿尤布王朝締結條約，取得耶路撒冷、伯利恆及通往地中海的走廊。後來一支被蒙古人趕到西亞來的花剌子模突厥人在埃及支持下於1224年占領了耶路撒冷，於是法國國王*路易九世*發動第七次十字軍（1248～1254），以征服埃及、解放巴勒斯坦為目標。由於缺乏審慎的計畫，西方國家嚴重挫敗於埃及。路易九世發動的第八次十字軍（1270）並未開往東方，而是進軍突尼斯。結果路易及其大部分軍隊在北非染病而死，十字軍以悲劇告終。此後歐洲各國既不願也不能給十字軍國家以實質性援助，過去的宗教熱忱一去不返。十字軍的重要據點的黎波里和阿卡分別於1289和1291年為馬木路克王朝所占，西亞大陸的十字軍國家至此全部滅亡。亦請參閱Albigensian Crusade。

crush injury　擠壓傷　壓力作用於人體產生的傷害，見於建築物倒塌、礦災、地震和坍方等，胸部或腹部傷害嚴重者常來不及搶救即死亡。受傷者自倒塌處解脫後，開始脈搏和血壓可為正常，但由於受傷部位血管破裂，血腫逐漸形成，發生休克，血壓亦隨之下降，傷後一～兩天出現腎功能衰竭。通常發射栓塞後，尿內可檢出脂肪，皮膚可見出血點。

crust　地殼　地球最外圍的固體部分。通常分為兩層：第一層為矽鋁層，以花崗岩為代表；第二層為矽鎂層，主要是玄武岩。在大陸地區，地殼主要由花崗石構成，而大洋底的成分則主要相當於玄武岩和輝長岩。平均而論，地殼從地表向下延伸35公里而到達下伏的*地函*，二者以莫霍洛維奇不連續面（簡稱*莫霍面*）分開。地殼及地函的最上層構成*岩石圈*。

crustacean＊　甲殼動物　節肢動物門甲殼動物亞門近三萬種無脊椎動物，包括蝦、蟹、龍蝦、藤壺等。世界性分布，大部分海生，某些（如大多數螯蝦）生活於淡水生境，另一些（如沙蚤、陸蟹、潮蟲）棲於潮濕的陸地環境。典型的甲殼動物成體的身體由許多體節組成，或分節明顯，或部分愈合。前四個體節與前分節區（原頭區）愈合形成頭部。口前方的兩節有兩對附肢，其用途在成體為司感覺，在幼體為游泳和取食；口後方的體節上的附肢稱為顎。頭胸甲（背甲）始於下顎體節，各目之間的厚度和形態差異極大。頭胸甲質堅硬者，必須定期脫落，以免妨礙生長。許多海生的甲殼動物為食腐動物，很多種（如橈足類、磷蝦）也是其他動物（包括人類）的重要食物來源。

Cruveilhier, Jean＊　克律韋耶（西元1791～1874年）　法國病理學家、解剖學家和內科醫師，有大量重要的病理解剖學著作傳世。1836年巴黎大學開設病理學課程，他是第一位教授。著作豐富，最著名的是一套圖譜式的二卷本著作《人體病理解剖學》（1829～1842），其中大量的彩色製圖至今仍為人們所稱道。這套書的貢獻還在於，他最先描述了多發性硬化症、消化性潰瘍、進行性肌萎縮、先天性肝硬化和許多重要的解剖結構。

Cruz, Celia＊　希莉亞庫茲（西元1924?～2003年）　古巴裔美國歌手。曾在她的故鄉哈瓦那學習當名教師，但在贏得一次天才表演後，希莉亞庫茲決定投入歌唱事業。1950年代早期，她在受歡迎的「索諾拉・馬坦塞拉」管弦樂隊的合作下成為主唱，常常是著名的亞熱帶夜總會的紅牌明星。1959年古巴革命後，該管弦樂隊搬到了墨西哥，後來來到美國。1962年希莉亞庫茲與樂隊的第一小號手奈特結婚，在她離開這個團體後，她的丈夫就成了她的經紀人。1960年代，她在美國出了二十多張專輯，包括七張是與*普安第*合錄的；此後她又錄製了幾十張唱片。1988年英國國家廣播公司（BBC）的一個紀錄片以她為主題，她還出現在一些電影中，如《曼波狂潮》（1992）。其得過的許多獎項中包括全國藝術獎章（1994）。

cryogenics＊　低溫技術　研究低溫現象的產生和應用的技術。低溫範圍曾被定為從－150℃至*絕對零度*。在低溫條件下，諸如強度、熱導率、延性和電阻等物質性質會有所改變。低溫學始於1877年，這一年首次將氧冷卻到其液化點（－183℃），此後低溫學的理論發展與冷卻系統效力的增長有關。1911年發現許多過冷金屬傾向於失去全部電阻，這一現象稱為*超導電性*。低溫技術的應用包括液化天然氣的儲存和運輸、食物保存、低溫醫學、火箭燃料和超導電磁體。

crypt　教堂地下室　教堂作殯葬和禮拜用的地下室。基督教初期教徒常建*地下墓窟*，後來在聖徒和殉教者的墓址上建教堂時，即在墓穴周圍建禮拜處。早在古羅馬君士坦丁一世在位時，地下室即成為教堂建築的一個正規部分，後來地下室的面積擴展到整個唱詩班席或祭壇之下。教堂設計日趨複雜後，常將唱詩班席的地面升高，使地下室的前部可以由中堂進入。坎特伯里大教堂地下室實際上便是一個大而複雜的教堂，有半圓形的*後堂*和祈禱室。中世紀歐洲各地的許多世俗建築也建有精緻富麗的地下室。

12世紀英國坎特伯里大教堂地下室
A. F. Kersting

cryptographic key ➠ key, cryptographic

cryptography＊　密碼法　以密碼將訊息編碼與解碼的方法，讓指定接收者以外的所有人都無法得知其含意。密碼法通常與破解密碼的密碼分析技術相提並論。整體而言，安全與祕密通訊的學科包括密碼法與密碼分析，稱為密碼學。密碼法的原則現今應用於*傳真*、*電視*與*電腦網路*通訊的加密。尤其是電腦資料的安全交換對於金融業、政府部門與商業通訊極為重要。亦請參閱data encryption。

cryptomonad＊　隱滴蟲　既被認爲是原生動物，亦被認爲是藻類的小型雙鞭毛生物。生於淡水和海水中，含有僅紅藻和藍綠藻才有的色素。有時棲於動物體內，但不傷宿主；有些種可行光合作用。有些無色素體，呑食有機物質；在某種條件下，可以獨自在無機物中存活。

crystal　晶體　原子組元按一定圖形排成的固體材料，其表面的規則性反映出晶體內部的對稱性。晶體由無數個原子的結構單元（稱爲晶胞）組成。這些晶胞在所有方向重複排列，形成幾何圖形，而這種幾何圖形又以晶體的外表平面（稱爲晶面）的數目和取向顯示出來。晶體的一個基本性質是對稱性，所有晶體都根據其主要的對稱元素分類。有七個基本晶系：立方晶系、三角晶系、六角晶系、四方晶系、正交晶系、單斜晶系和三斜晶系。晶體一般在液體凝固時或溶液過飽和時形成。對於許多簡單物質，固態就包含有晶體結構，許多金屬、合金、礦物以及半導體都屬於這種情況。若液態物質被冷卻到剛性狀態而不結晶，則所形成的固體就是玻璃狀的；這種固體能逐漸變成晶體，但過程極其緩慢。由於許多物質由微晶（晶體中的許多細粒，每一細粒都是完整的晶體）組成，晶體結構未必能用肉眼看出，需用X射線衍射或電子顯微鏡來識別。在某些極特殊的情況下，一單晶結構能長大到可以看到，例如天然寶石。人工生長的晶體顯示出異常的規則性，這使科學家能獲得更多的關於晶胞內部的訊息，而最先利用這一特徵的是地質學家。晶體不總是完整的，缺陷可能起因於固體的形變、高溫快速冷卻或高能輻射轟擊，能影響晶體的力學、電學和光學性質。亦請參閱liquid crystal。

crystal lattice　晶格　以直線連接三維結構的點，用來描述晶體內部原子有次序的排列。每個點代表實際晶體內一個或一個以上的原子。晶格劃分成一些完全相同的方塊或晶胞，在各個方向重複構成幾何圖案。晶格依據其主要對稱來分類：等軸、三角、六方、斜方、正方、單斜與三斜。展現晶格結構的化合物包括氯化鈉（食鹽）、氯化銫與氮化硼。亦請參閱solid-state physics。

Crystal Night ➠ Kristallnacht

Crystal Palace　水晶宮　倫敦海德公園內一座玻璃和鋼鐵構件的巨型展覽廳，曾舉辦過1851年的大博覽會。其後這所展覽廳的構件被取下，在西德納姆山重新裝建（1852～1854），一直保存到1936年毀於大火。由帕克斯頓爵士設計，是一幢宏偉的由預製構件組成的建築，有一個長的矩形階梯狀結構，中間有一條帶穹窿頂的交叉甬道，並有以細長鐵桿組成的複雜的網狀結構支撐著透明的玻璃牆壁。水晶宮爲後來的國際博覽會和展覽會樹立了一個建築規範，那些展覽會的展廳也照樣採用玻璃溫室式樣。

1851年倫敦大博覽會後，由帕克斯頓重新設計，在西德納姆山重建的水晶宮（1852～1854年重建；1936年被毀）
BBC Hulton Picture Library

crystalline rock　結晶岩　完全由結晶礦物組成的岩石，其中沒有玻璃態物質。地層深處的火成岩（參閱intrusive rock）幾乎全是結晶岩，可是噴發出來的火成岩（參閱extrusive rock）卻可以部分以至全部是玻璃態。變質岩幾乎總是結晶岩，可分爲結晶*片岩*和*片麻岩*。沈積岩也可以是結晶岩，例如直接從溶液沈澱成的結晶石灰岩。但這一說法並不普遍適用於碎屑沈積岩，即使它們主要是由結晶礦物積聚而成的。

crystallography＊　晶體學　涉及晶體狀固體中原子鍵合及排列並涉及*晶格*之幾何結構的一門科學。在標準情況下，*晶體*的光學性質在礦物學和化學的物質鑑定中是有價值的。現代晶體學大致奠基於把晶體作爲光學格板以進行X射線*衍射*的分析。化學家也能夠利用X射線晶體學來決定礦物及分子的內部構造和鍵合排列，包括蛋白質和去氧核糖核酸（DNA）等大型複雜分子的構造。

ctenophore＊　櫛水母　亦稱comb jelly。櫛水母門近九十種海生無脊椎動物。體表有縱列的櫛板，體態結構頗似刺胞動物*水母*。大多數櫛水母體型小（直徑小於3公釐），但至少有一種－－愛神帶水母－－可長達1公尺以上。通常無色，多爲球形或卵形，體上端（反口面）有一個明顯的感覺器（平衡器），身體下端（口面）有口；觸手上有許多黏細胞，可分泌黏性分泌物黏住獵物。幾乎見於所有大洋，尤其在近海的表層海水中。除一個寄生種外，所有櫛水母均爲肉食性，當數量極多時，會將大部分幼魚、蟹類幼體、蛤類、牡蠣、橈足類以及其他浮游動物食盡；而櫛水母本身又是某些魚類的食物。

Ctesibius of Alexandria ➠ Ktesibios of Alexandria

Ctesiphon＊　泰西封　古代城市廢墟。在今伊拉克巴格達東南，濱底格里斯河。起初只是一個希臘軍營，位於*塞琉西亞（底格里斯河畔）*這個希臘化城市的對面。西元前2世紀成爲安息帝國的都城，西元1世紀被羅馬人摧毀，3世紀薩珊帝國再度移民於此，西元637年爲阿拉伯人攻占。763年曼蘇爾哈里發建都巴格達，泰西封遂衰落。遺址有薩珊國王的宮殿，殿堂有世界最大的單跨磚拱之一。

Cú Chulainn　庫丘林　亦作Cuchulain。古愛爾蘭蓋爾語文學中*阿爾斯特故事*的中心人物和忠於康納爾・麥克・內薩的最偉大的戰士。爲盧古斯神與康納爾的姐妹的兒子，幼年時代即以身材魁梧、相貌俊秀並有武功而聞名。他每隻手有七個手指，每隻腳有七個腳趾，每隻眼有七個瞳孔。《奪牛長征記》中記載，他十七歲時單槍匹馬與康諾特的善戰王后梅德布的軍隊格鬥，保衛了阿爾斯特。

Cuauhtémoc＊　考烏特莫克（西元1495～1522年）　亦稱Guatimozin。阿茲特克末代皇帝，*蒙提祖馬二世*的侄子和女婿，1520年蒙提祖馬的繼承人死後成爲皇帝。不久，*科爾特斯*在印第安盟軍支持下進犯阿茲特克人的首都*特諾奇蒂特蘭*。他守衛首都達四個月，城市大部分被毀，印第安人所剩無幾。西班牙人將他俘虜以後，幾番拷打，要他說出阿茲特克人埋藏財物的地點。他忍受種種折磨，一言不發，被傳爲美談。科爾特斯聽說有反西班牙人的陰謀，下令把他絞死。

Cuba　古巴　正式名稱古巴共和國（Republic of Cuba）。西印度群島社會主義共和國。位於美國佛羅里達南方145公里，由古巴島及其周圍小島組成。面積110,861平方公里。

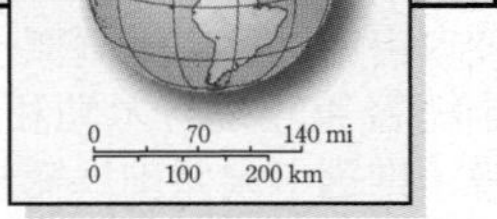

人口約11,190,000（2001）。首都：哈瓦那。人口中約3/1爲穆拉托人（黑人與西班牙人混血的後裔）或黑人，約3/2爲白人（大部分是西班牙人後裔）。語言：西班牙語（官方語）。宗教：天主教、桑特利亞教，兩者以前都是被禁止的。貨幣：古巴披索（peso）、美元。古巴本島長1,200公里、寬40～200公里，約1/4爲山地。圖爾基諾峰高1,974公尺，是全國最高峰。其餘地區爲廣闊的平原和盆地。屬亞熱帶氣候。其中央計畫經濟主要依靠蔗糖出口，其次爲煙草和鎳，所生產的雪茄世界聞名。古巴是西半球第一個共產主義共和國，採一院制，國家元首暨政府首腦爲總統。首批西班牙人到達這裡時，古巴只有西沃內人和阿拉瓦克人等幾個印第安人部落。1492年哥倫布宣布該島爲西班牙所有，1511年爲西班牙征服，在巴拉科阿建立第一個永久居民點。此後幾個世紀，印第安原住民幾近根絕。自18世紀起，由於甘蔗種植的發展，開始自非洲輸入大批奴隸，直到1886年才廢除奴隸制度。由於西班牙不准古巴在政治上獨立，加上日益增長的稅收，導致第一次古巴獨立戰爭－－十年戰爭（1868～1878），形成軍事僵局。1895年爆發第二次獨立戰爭，1898年美國也捲入其中（參閱Spanish-American War），迫使西班牙終於放棄古巴。此後古巴被美國占領了三年，直到1902年才眞正獨立。20世紀上半葉，美國大量投資古巴的製糖業，加上觀光業和賭博興起，使古巴的經濟走向繁榮。然而，就像政治腐敗一樣，古巴的經濟中也存在著財富分配的不平等。1958～1959年共產主義革命者卡斯楚推翻長期的獨裁者巴蒂斯塔，建立一個與蘇聯結盟的社會主義國家，廢除了資本主義，將所有外國企業收歸國有。古巴與美國的關係迅速惡化，在1961年美國支持的豬羅灣入侵和1962年的古巴飛彈危機之後，古、美關係降至低點。1980年約125,000名古巴人，包括許多被正式冠上「不受歡迎」標誌的人物，被船運至美國。蘇聯解體後，古巴失去最重要的財政後援，經濟大受影響，幾乎停滯。至1990年代，由於鼓勵發展觀光業，經濟有所改善；與美國的關係仍不明朗。

Cuban missile crisis　古巴飛彈危機（西元1962年） 由於蘇聯在古巴部署核飛彈，而使美、蘇兩國瀕於戰爭邊緣的一次重大對抗。1962年在古巴島上空飛行的美國U-2型間諜飛機發現有新的軍事設施和蘇聯技術人員，不久又發現一枚彈道飛彈。甘迺迪總統決定對古巴實行海軍封鎖，以防止再有蘇聯飛彈運入古巴。在以後的幾天中，兩個超級強國接近核戰邊緣，甘迺迪和赫魯雪夫在雙方均極度緊張的情況下多次交換訊息，最後赫魯雪夫表示妥協，通知甘迺迪古巴發射場上的工作將停止，已經運入古巴的飛彈將運回蘇聯；甘迺迪以承諾美國永不入侵古巴作爲回報，並祕密答應撤走美國前幾年原已部署在土耳其的核飛彈。古巴飛彈危機象徵美、蘇關係中的一個尖銳對抗時期的高潮，並使蘇聯決心在核力量方面與美國至少達到均勢。

Cubango River ➠ Okavango River

Cubism　立體主義 西元1907～1914年畫家畢卡索和布拉克在巴黎首創的一種視覺藝術風格。得名於畫家馬諦斯和文藝批評家沃克賽爾譏諷布拉克的作品《在艾斯塔克的房子》（1908）是由立方體組成的；但眞正預示這一新風格的是畢卡索的《亞威農的少女》（1907）。該畫派肯定畫面能表現平面和二度空間的面，一反過去以傳統的透視法、遠近縮小法、體積表現法、明暗對照法以及許多由來已久的摹擬自然的藝術理論。他們通過描繪基本上支離破碎，但前後上下左右幾面同時可見的物體，表現了一個嶄新的現實境界。這種新的視覺語言，被許多畫家接受並加以發展，如格里斯、雷捷、德洛內等，對20世紀的雕刻和建築也產生了深遠的影響，被視爲西方藝術的一個轉捩點。

cuckoo　杜鵑 鵑形目杜鵑科約六十種樹棲鳥類。分布於全球的溫帶和熱帶地區，在舊大陸熱帶種類尤多。棲息於植被稠密的地方，膽怯，常聞其聲而不見其形。體長16～90公分，多數種類爲灰褐或褐色，少數種類有明顯的赤褐色或白色斑，一些熱帶杜鵑的背和翅藍色，有強烈的彩虹光澤。杜鵑最爲人熟知的特性是孵卵寄生性，即將卵產於某些種鳥的巢中，靠養父母孵化和育雛。爲增加幼雛的成活率，杜鵑的卵常形似寄主的卵（擬態），以減少寄主將它拋棄的機會；杜鵑成鳥會移走寄主的一個或更多的卵，以免被寄主看出卵數增加，並減少寄主幼雛的競爭；杜鵑幼雛會將同巢的寄主的卵和幼雛推出巢外。

杜鵑
Graeme Chapman – Ardea, London

cucumber　黃瓜 葫蘆科一年生攀緣植物，學名爲Cucumis sativus。可能起源於印度北部，現廣泛栽培食用其果。植株柔嫩，莖被毛，肉質，多汁；葉被絨毛，具3～5枚裂片；莖上生有分枝的捲鬚，藉此緣架攀爬。黃瓜的營養價值不高，但很受歡迎，常用做沙拉和配菜。

cucumber beetle　黃瓜葉甲 鞘翅目葉甲科螢葉甲亞科的幾種重要害蟲。體長2.5～11公釐，淡綠黃色，有黑色斑點或條紋。條紋黃瓜葉甲和十一星黃瓜葉甲均取食園藝植物，幼蟲食根。

Cudworth, Ralph　寇德華斯（西元1617～1688年） 英格蘭神學家和倫理哲學家，對劍橋柏拉圖派哲學進行系統闡述的主要人物。原受清教徒教育，採取了一些非國教的觀點，例如他認爲教會的行政管理和宗教習俗應當實行不干涉主義，由各單位獨立負責，而不能實行獨裁主義。在倫理學方面，他的傑出作品是《論永恆不變的道德》，目的在於反對清教喀爾文派、笛卡兒所談論的神的無所不能以及霍布斯的把道德歸結爲有禮貌的服從。寇德華斯強調一個事件或一個行動所固有的自然的善或惡，與喀爾文和笛卡兒的神聖法則的概念或者霍布斯的一個世俗君主的概念形成鮮明對比。亦請參閱intuitionism、voluntarism。

Cuéllar, Javier Pérez de ➠ Perez de Cuellar, Javier

Cuernavaca＊　庫埃納瓦卡　墨西哥中南部莫雷洛斯州首府，位於阿胡斯科山庫埃納瓦卡谷地。曾是特拉維卡印第安人的都城，約1521年被西班牙征服者科爾特斯占據，改今名。殖民時期建有科爾特斯宮，裝飾有里韋拉的壁畫，現爲莫雷洛斯州政府所在地。附近有前哥倫布時期的廢墟。以馬克西米連皇帝的休養地聞名，現爲聞名遐邇的觀光勝地。設有莫雷洛斯大學（1953）。人口279,187（1990）。

Cuiabá River＊　庫亞巴河　舊稱Cuyabá River。巴西河流。源出馬托格羅索州中部，向西南流480公里後匯入聖洛倫索河；至科倫巴北部注入巴拉圭河。源頭發現有金礦。

Cukierman, Yizhak ➠ Zuckerman, Itzhak

Cukor, George (Dewey)＊　庫克（西元1899～1983年）　美國電影導演，在處理演員，尤其是女演員方面的複雜技巧和對細節的高度注意，使他五十餘年來拍出許多高品質的影片。1929年去好萊塢之前在百老匯任舞台劇導演。《失貞婦》（1931）是他親自執導的第一部影片，第一次獲得重大成就的是1933年拍攝的《小婦人》。其他成功的影片有：《晚宴》（1933）、《塊肉餘生記》（1935）、《茶花女》（1936）、《羅密歐與茱麗葉》（1936）、《休假日》（1938）、《火之女》（1939）、《費城故事》（1940）、《煤氣燈下》（1944）等。戰後的成功作品主要是由史本賽．屈賽和凱薩琳赫本主演的喜劇片，如《金屋藏嬌》（1949）和《帕特和米基》（1952）、《星海浮沈錄》（1954）。他於1964年拍攝的《窈窕淑女》獲得奧斯卡獎。

Culiacán (-Rosales)＊　庫利亞坎　墨西哥西部錫那羅亞州首府，位於庫利亞坎河畔。1531年在一印第安人居民點上建立，殖民時期早期爲西班牙探險隊基地，起過重要作用。灌溉系統使農作物多樣化，生產玉米、甘蔗、煙草、水果和蔬菜。設有錫那羅亞大學（1873）。人口415,046（1990）。

Cullen, Countee　卡倫（西元1903～1946年）　原名Countee Porter。美國哈林文藝復興詩人。十五歲時由塞勒姆美以美會卡倫牧師非正式收養，曾在全市學生詩歌比賽中獲勝。在紐約大學就讀期間（1925年獲文學士學位），曾獲得賓納詩歌獎，並被選入優等生聯誼會。大學畢業前即出版了第一部詩集《膚色》（1925），頗獲好評；《古銅色的太陽》（1927）卻被黑人批評未注意到種族問題。1934年起在紐約市公立學校任教，直到去世。

Cullen, William　卡倫（西元1710～1790年）　蘇格蘭醫師和醫學教授，以其富有革新精神的教學方法著稱。他是最早用英語而不是拉丁語講課的人之一，他將臨床課移到醫院內講授，用自己的筆記而不用課本作爲教材。卡倫認爲，生命是神經能的一種功能，而肌肉是神經的延續。他創立了一個有影響的疾病分類系統，將疾病分爲發熱性疾病、神經症、惡液質及局灶性疾病。

Cullinan diamond＊　庫利南金剛石　世界上最大的寶石級金剛石。1905年在南非特蘭斯瓦的布萊米爾礦山發現，當時粗略估計重量約3,106克拉，以三年前發現這個礦山的湯瑪斯．庫利南爵士之名命名。這塊無色的寶石由特蘭斯瓦政府購買，並在1907年作爲禮物贈給當時的英王愛德華七世。由阿塞爾和阿姆斯特丹公司切割成九顆大鑽石和約一百顆小鑽石，全部完美無瑕。現在是英國王室御寶的一部分。

Culloden, Battle of＊　可洛登戰役（西元1746年4月16日）　亦稱德洛莫錫戰役（Battle of Drummossie）。「1745年起事」中的最後一戰。可洛登是蘇格蘭因弗內斯郡的一塊高沼地，爲德洛莫錫沼澤地的東北部分。在這場戰役中，小王位覬覦者查理．愛德華．斯圖亞特所率領的詹姆斯黨，被坎伯蘭公爵指揮的英格蘭軍打敗。這場著名的戰役僅進行四十分鐘，查理．愛德華手下的五千名蘇格蘭高地軍犧牲了約一千名，而九千名英格蘭軍僅損失五十名。可洛登戰役標誌著詹姆斯黨人要使斯圖亞特家族重登英王寶座的企圖徹底破滅。

Culpeper's Rebellion　卡爾佩珀起義（西元1677～1679年）　早年北美卡羅來納阿爾貝馬里地區由於殖民地領主政府強制推行英國的「航海條例」而引起的反宗主統治的群眾起義，這項貿易法令禁止殖民地居民在英格蘭以外開闢自由市場。由卡爾佩珀和杜蘭特領導，起義群眾把殖民地副總督兼收稅官米勒和其他官員關押起來，召開自己的議會，推選卡爾佩珀爲總督，出色地行使政府的一切職權達兩年之久。卡爾佩珀後來被殖民地領主撤職，以叛國和擅用公款罪受審，但未被治罪。

cult　狂熱崇拜　集體的敬拜或禮拜（例如，羅馬天主教中對聖人的崇拜儀式，意即對聖人的集體敬拜）。在西方，這個詞彙已逐漸用於一個在信仰和行爲上脫離正統宗教的群體。它們通常會有一位具有群眾魅力的領袖，而且或多或少都不爲主流社會所接受。在這樣的定義下，狂熱崇拜常被視爲異質的或是危險的。

cultivar＊　栽培品種　植物的變種，源自於無性繁殖或雜交（參閱clone、hybrid），僅見於人工栽培。在無性繁殖的植物，栽培品種是認定具有價值擁有個別名稱的無性繁殖系；在有性繁殖的植物，栽培品種是純系（自花傳粉植物）或是異花授粉的植物，在遺傳學上可資辨認的族群。

cultivation　耕耘　弄鬆並打散土壤。在現存植物周圍的土壤用鋤耘（用手鋤，或用耕耘機）除去雜草，使土壤透氣與水份入滲來促進生長。準備種植作物的土壤則是由耙或犁來整地。

Cultivation System　定植制度　亦稱Culture System。荷屬東印度（印尼）過去的稅收制度，強迫農民以種植出口作物或強迫勞動的形式向荷蘭國庫納稅。1830年由荷屬東印度總督博斯伯爵開始採用。根據這一制度，農民要把他的稻田撥出1/5去種植甘蔗、咖啡等出口作物，作爲地稅上繳；如果沒有土地，則每年要用1/5時間（即66天）到政府的田地從事勞動。實際上，用於種植出口作物的土地不只1/5，無地者的勞動時間也遠超過66天，使農民不堪承受。這個制度雖然在1850年代中期即受到嚴厲的批評，但直到1870年才廢除。

cultural anthropology　文化人類學　人類學的一個分支學科，探討人類文化的所有方面，使用考古學、人種誌、人種學、民俗學、語言學的方法、概念、資料，對全世界不同民族作出描述和分析。現代文化人類學作爲一個研究領域，始於大發現年代，當時技術先進的歐洲文化和各種傳統文化接觸頻繁而廣泛，歐洲人對那些傳統文化的絕大部分都毫無區別地貼上「未開化」或「原始」的標籤。到19世紀中期，世界不同文化的起源及世界不同民族及其語言的分布、淵源等問題，成爲西歐學者深感興趣的研究對象。20世紀開始時，這種西歐、北美早期人類學者的強烈文化偏見逐漸被拋棄，而選擇了一種更富於多元論和相對論色彩的觀點，把每種人類文化都看作一項獨特的產物，是由自然環境、文化接觸以及其他各種因素所制約的。由這種研究方向引出一些新的側重點，即特定文化環境中有關人類行爲和社會組織的實驗數據、實地考察、確切證據等等。有兩種主要觀點：其一是對於文化資料採取功能主義的研究方法，力圖在某一特定文化的諸種不同圖案、特徵及風習之間，找出一個統一的表現方式；其二是把人類各個社會作爲各個全面而完整的體制進行研究，認爲這些社會都以保持其體制之完整性的種種方法，實行自我調節以適應變化中的世界。傳統上研究範圍包括社會結構、法律、政治、宗教、巫術、藝術和技術等。對於文化人類學究竟屬於科學、藝術或兩者皆是，至今仍有許多爭論。亦請參閱primitive culture。

Cultural Revolution　文化大革命（西元1966～1976年）　官方正式名稱爲「無產階級文化大革命」。毛澤東爲革新中國革命之精神所發動的政治運動。毛澤東擔憂社會形成的都市階層，將走向與中國傳統精英分子相似的道路；他也認爲將會有許多計畫制定要來糾正失敗的大躍進運動，因那次政治運動顯示他的同僚欠缺對革命的熱情。毛澤東於是組織中國都市裡的年輕人組成「紅衛兵」，關閉全國的學校，並鼓勵紅衛兵攻擊所有的傳統價值觀，以及「資產階級的東西」。紅衛兵迅速分裂成狂熱的敵對團體，毛澤東於是在1968年將數百萬名紅衛兵遣送到內陸農村，城市因而恢復部分秩序。在政府內部，毛澤東的追隨者所組成的聯盟對黨內的溫和派發動鬥爭；溫和派中的許多人（包括劉少奇和林彪）都遭到革除，而後喪命。1973～1976年毛澤東病死這段期間，政權在採毛澤東路線的四人幫和以周恩來、鄧小平爲首的溫和派之間移轉。毛澤東死後，文化大革命已近尾聲。此時，近三百萬的黨員和無以計數被錯誤撤職的公民等待復職。在經歷文化大革命後的後毛澤東時代裡，許多人從幻滅中徹底覺醒。亦請參閱Jiang Qing。

cultural studies　文化研究　一種跨學科的研究領域，關注於社會體制在文化的形塑上所扮演的角色。這個字眼起初等同於伯明罕大學的當代文化研究中心（成立於1964年），以及諸如霍加特、霍爾、威廉斯等學者。現今，文化研究在許多學術機構中已是一門獨立的學科或研究領域，在社會學、人類學、歷史編纂、文學評論、哲學、藝術批評等領域有廣泛的影響。文化研究的關注焦點眾多，例如種族（或族群）、階級、性別等因素在文化知識的生產中所扮演的角色。

culture　文化　人類知識、信仰與行爲的統合形態，包括語文、意識形態、信仰、習俗、禁忌、法規、制度、工具、技術、藝術品、禮儀、儀式及其他相關成分，其發展依人類學習知識及向後代傳授之能力而定。文化在人類演化中扮演著決定性的角色，它讓人類可以依據自己的目的去適應環境，而不單只是依靠自然選擇來完成其適應性。每一個人類社會，都有其特別的文化或社會文化體系，個人的態度、價值、理想與信仰等，受其生活於其中的社會文化影響很大。各文化間的差異與生存環境及資源，語言、禮儀和風俗習慣等活動領域所固有的可行性範圍，工具的製造和使用，以及社會發展程度等，都有很大的關係。文化常會因生態、社會經濟、政治、宗教或其他足以影響一個社會的重大變革而發生變遷。亦請參閱culture contact、primitive culture、sociocultural evolution。

culture, pure ➡ pure culture

culture contact　文化接觸　因不同文化傳統的社會互相接觸而導致一方或雙方體系改變的過程。分成三種類型：涵化、同化以及融合。涵化是指當兩個群體接觸時，其中一個群體以直接或間接的方式，干預另一群體的物質文明、傳統風俗、信仰等；這是幾個世紀以來一民族以政治控制和軍事征服等手段，對另一民族建立統治時所產生的特有現像。同化是指民族傳統不同的個人或群體被融入社會上占支配地位的文化的過程；通常他們是移民或孤立的少數民族，雖然徹底同化很少見，但由於和主要文化進行接觸並加入主要文化所形成的生活中，慢慢失去大部分原來的文化特色而接受新的文化，變化大到已經無法區分。例如在美國，數百萬從歐洲來美國的移民，經過重新安置、學校教育及美國生活中其他因素的影響，在兩、三代之內幾乎完全被同化。融合則是兩文化接觸時，彼此的文化因素在混合過程中結合起來，而不是被消滅。例如在墨西哥，經過幾個世紀後，西班牙人文化和印第安人文化已日益融合成一體。

culture hero　文化英雄　神話人物，他或與天神合作，或反對天神，來保衛人類的文化屬性。文化英雄往往是一個動物或者是精靈人物，最常見的形式是爲了人類的利益而從天神那裡偷取了火種的動物。在其他一些故事中，文化英雄是人，而且必須克服動物們對他的反對。在有些故事中，文化英雄必須去一個難以到達的地方，以尋找一棵賦予人生命或治癒疾病的樹或其他植物；超自然的動物們可能會幫助或阻止他。亦請參閱Prometheus。

Cumae＊　庫邁　義大利那不勒斯以西的古城。可能爲古希臘人在西方最早開拓的殖民地，以及女預言家西比爾的故土，她所住的洞穴至今仍存。約西元前750年由來自哈爾基斯和埃雷特里亞的希臘人創建，控制大部分的坎佩尼亞平原；西元前5世紀爲薩姆尼特人奪取；西元前338年又被古羅馬征服，成爲羅馬帝國城鎮；1205年被毀。在該城的衛城高地和其他各處均有各時期的要塞和陵墓的遺跡。

Cumberland Gap National Historical Park　坎伯蘭隘口國家歷史公園　美國田納西州國家歷史公園。創立於1940年，爲了保存通過坎伯蘭高原的天然隘口，海拔1,640呎（500公尺），包括布恩所開闢的墾荒通道，是開啓西北地方的要道。公園面積32平方哩（83平方公里）。

Cumberland Plateau　坎伯蘭高原　美國阿帕拉契山脈最西部分的台地，阿利根尼高原的一部分。從西維吉尼亞州南部向西南延伸至阿拉巴馬州東北部，長725公里，平均寬80公里，海拔600～1,263公尺。東緣的坎伯蘭山脈位於肯塔基州東部和田納西州東北部，爲綿亙225公里的狹長山嶺，是高原區最崎嶇、最高的部分，設有坎伯蘭峽谷國家歷史公園。有藏量豐富的煤、石灰岩和砂岩。

Cumberland River　坎伯蘭河　肯塔基州和田納西州河流。發源於肯塔基州東南部，向西蜿蜒流經田納西州北部，又北流回到肯塔基州，匯入俄亥俄河。全長1,106公里。坎伯蘭瀑布（大瀑布）落差28公尺，爲州立公園所在地。河上有一系列屬於田納西河流域管理局系統的人工湖，沃爾夫河壩（1952）攔蓄而成的坎伯蘭湖一直延展到坎伯蘭瀑布。

Cumberland Sound　坎伯蘭灣　加拿大戴維斯海峽的一個海灣。位於巴芬島東南海岸，長270公里，寬160公里。1585年英國航海家約翰．戴維斯尋找西北航道時駛入，19世紀末以捕鯨聞名。20世紀初傳教團在沿岸居民點建有安立甘宗教堂。

Cumbria 坎布里亞 英格蘭西北部行政郡。1974年設立，範圍從莫克姆灣沿愛爾蘭海岸延伸至索爾韋灣，行政中心在卡萊爾市。境內有著名的湖區風景區。早在新石器時代就有人類居住，羅馬人曾在此修建道路、要塞和哈德良長城。10世紀中葉以後，坎布里亞北部在蘇格蘭人和英格蘭人之間幾度易手，直到1157年歸屬於英格蘭。該地區自12世紀起即開採鉛、銀、鐵礦。面積6,810平方公里。人口約492,900（1998）。

cumin＊ 歐蒔蘿 亦稱枯茗或孜然芹。繖形科一年生纖弱小型的草本植物，學名為Cuminum cyminum。原產於地中海地區，也在印度、中國和墨西哥栽培。葉細裂，花白色或玫瑰色。果實俗稱歐蒔蘿籽，乾燥後是許多混合香料、印度酸辣醬、五香辣椒粉及咖哩粉的主要成分，在亞洲、北非和拉丁美洲特別受歡迎。種子含精油，用於香料、醫藥和利口酒調味。

Cummings, E(dward) E(stlin) 肯明斯（西元1894～1962年） 美國詩人和畫家，在文學實驗的年代裡首先以怪異的標點和措詞而受到注意。哈佛大學畢業。第一次世界大戰期間在美國駐法救護隊工作，由於朋友寫的家書被認為有對戰爭不滿的言論，他受牽累一度被禁閉於拘留營中。這次經驗加深了肯明斯對官僚作風的不信任，據此寫成第一本著作《巨大的房間》(1922)。第一部詩集是1923年的《鬱金香和煙囪》，隨後又出版了十一本。1952～1953年出版哈佛大學諾頓詩歌講座的討論集，題為《六次非演講》。他的筆調有時嬉笑怒罵，有時婉約低迴，經常採用市井用語和題材，在其城市化北方俗語之下，有著新英格蘭異議分子和愛默生式「自我依賴」的精神。其情詩如赤子般坦誠清新。他也展出自己的繪畫和素描，但無法像寫作一樣獲得那麼多好評。

Cuna＊ 庫納人 操奇布查語的印第安人。曾經居住在現在的巴拿馬中部地區及其鄰近的聖布拉斯島，至今仍生活在一些邊緣地區。16世紀時，庫納人為一重要居民集團，群居於聯盟的村落之內，由酋長統治，權力頗大。有發展完善的階級制度，一般將戰俘當作奴隸。現代庫納人居住在很小的村莊中，主要依靠農業為生，以捕魚、狩獵為輔。

Cunard, Samuel＊ 肯納德（西元1787～1865年） 受封為Sir Samuel。英國商人和船主。靠經商致富，1830年起計畫承辦英國與北美間郵運業務，1838年前往英國，翌年與友人合夥建立英國－北美皇家郵船公司，通稱肯納德輪船公司。1840年首度開闢四條橫渡大西洋的定期航運線。

cuneiform law＊ 楔形文字法 指在用楔形文字書寫的文獻中發現的古代法律條文，包括古代中東大多數居民的法律，特別是蘇美人、巴比倫人、亞述人、埃蘭人、胡里人、喀西特人和西台人。與現代法典比起來，這些古代法律條文並沒有系統論及適用於某一特定法律範疇的全部條規，也就是說，這些法律涉及各種不同問題，卻對許多極其重要的條款僅因約定俗成而予以忽略。這些古代中東法典中，最重要的無疑是巴比倫的《漢摩拉比法典》。

cuneiform writing＊ 楔形文字 古代中東地區曾被幾種語言廣泛使用的一種文字。原先是用一支斜尖的蘆葦在軟泥板上刻畫，所以筆畫呈楔形。已經證實的最早用楔形文字書寫的文獻是蘇美語文獻，這種語言是西元前4千紀～西元前2千紀之間美索不達米亞東南部和加爾底亞地區的居民所使用的一種語言。早期的楔形文字是一種圖畫文字，所記事物用圖畫表示，只能根據通常的發音組合來解讀，而不是按圖畫本身所描繪的東西來理解。到西元前3千紀，圖畫型的楔形文字逐漸演變成按照慣例書寫的線形筆畫文字。入侵美索不達米亞的阿卡德人和閃米特人都曾用楔形文字書寫他們的語言，之後其他一些中東語言也曾使用。西元前7世紀～西元前6世紀阿拉米語作為交際語廣泛流傳，腓尼基文字使用增多，隨著波斯帝國的壯大、美索不達米亞失去政治獨立性等因素，楔形文字的使用越來越少。19世紀中期，歐洲學者逐漸解讀出古代楔形文字，其價值才開始受到重視。

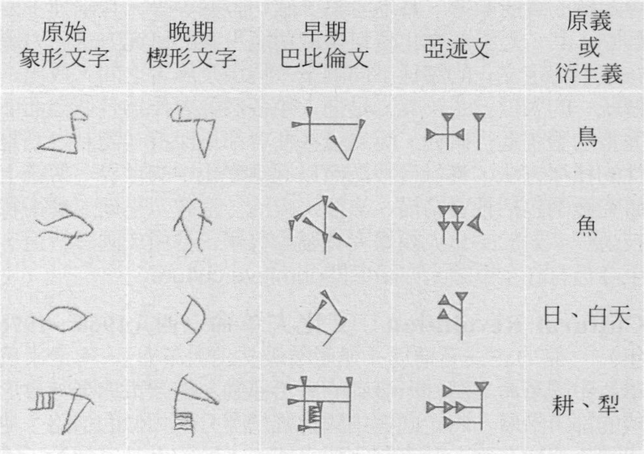

原始象形文字
晚期楔形文字
早期巴比倫文
亞述文
原義或衍生義
鳥
魚
日、白天
耕、犁

楔形文字
© 2002 MERRIAM-WEBSTER INC.

Cunene River 庫內內河 亦作Kunene River。安哥拉西南部的河流。向南流入喀拉哈里沙漠北部，形成安哥拉和那米比亞的部分邊界，後穿過那米比沙漠注入大西洋，全長1,125公里。

Cunningham, Imogen 康寧漢（西元1883～1976年） 美國女攝影家，以植物和人像照片聞名。1901年開始從事攝影工作，最早的作品具有浪漫畫意主義色彩，是一種模仿20世紀初學院派繪畫的攝影風格。1910年在西雅圖開設人像藝廊，很快建立全國聲譽。由於韋斯頓鼓勵，她在舊金山展出植物攝影作品。1932年加入西岸攝影家的協會「光圈64團體」。晚年在舊金山藝術學院授課。

康寧漢的〈兩朵水芋〉(1929?)
Imogen Cunningham

Cunningham, Merce 康寧漢（西元1919年～） 美國現代舞舞者和編舞家，發展了一些抽象舞蹈動作的新形式。1939年加入葛蘭姆的舞蹈團，創造了很多重要角色。1945年離開葛蘭姆舞蹈團，開始與作曲家凱基長期合作，直到1952年組建自己的舞蹈團。由於對盡可能不帶感情內涵的純動作感興趣，他發展了一種「即興編舞法」。他的抽象派舞蹈在基調上變化很大，但常用動作的突然變化和對比來塑造人物或描繪性格，他的很多作品與達達主義者、超現實主義者和存在主義者的主要宗旨相一致。作品《偶然組曲》(1952)是根據渥爾夫作品改編的

舞者康寧漢，攝於1970年
Jack Mitchell

電子音樂樂譜編舞的第一部現代舞，其他作品有《四季》（1947）、《夏日晴空》（1958）、《四重奏》（1983）等。

Cuno, Wilhelm (Carl Josef)＊ 庫諾（西元1876～1933年） 德國政治人物，商界領袖。1907年起任政府顧問，1918年成爲德國最大的航運企業漢堡－美洲航運公司董事長。1922年出任威瑪共和總理，翌年法國和比利時以拖欠賠償付款爲由進攻魯爾，庫諾主張採取全國消極抵抗政策。由於無法保持經濟的穩定，被迫於1923年辭職。他回到漢堡－美洲航運公司董事會，1926年又當選爲董事長。

CUNY ➠ City University of New York

cupellation＊ 灰吹法 把含雜質的金或銀在特種爐子內灰吹盤（由耐火或耐高溫材料製成的平底多孔盤）中熔化，隨後在其上面吹入熱空氣流來分離掉雜質。經此過程，包括鉛、銅、錫和其他不想要金屬的金屬雜質會被氧化，一部分蒸發掉，一部分被吸入灰吹盤細孔。

Cupid 丘比特 古羅馬宗教信奉的愛神，相當於希臘神話中的厄洛斯。據說是身生兩翼爲諸神傳信的墨丘利與愛神維納斯之子。其像通常爲生有雙翅的男童，手執弓箭，被其箭所傷者就會墜入情網；有時則是俊美的青年。大致說來他是親善的，但常在母親維納斯的指使下惡作劇。

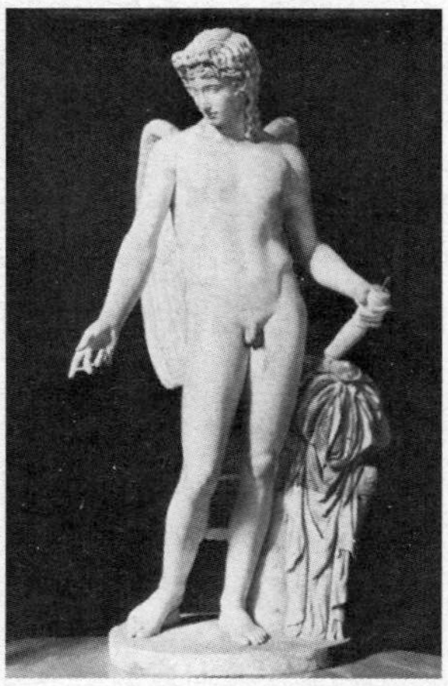
丘比特，塑像；現藏那不勒斯國立考古博物館
Alinari – Art Resource

Curaçao＊ 庫拉索島 荷屬安地列斯群島中最大的島嶼。位於委內瑞拉北部的加勒比海沿岸，主要城鎮爲威廉斯塔德，島上有西印度群島最好的天然港。歐洲人在1499年最早到達該島，1527年西班牙人來此定居。16世紀初一批西班牙系猶太人自葡萄牙移民於此，建立了西半球持續有人居住的最古老的猶太人社區。1634年荷屬西印度公司取得該島的控制權，後依據1815年的巴黎條約授予荷蘭，1954年獲准內部自治。生產柑橘、庫拉索酒和蘆薈，主要工業是提煉來自委內瑞拉的石油，觀光業日益重要。面積444平方公里。人口約146,828（1994）。

curare＊ 箭毒 有機化合物，是一種從數種美洲熱帶植物（大部分爲馬錢子屬）提煉而成的生物鹼。屬神經肌肉阻斷藥，注射後在神經末梢與乙醯膽鹼競爭，阻斷來自骨骼肌的神經衝動，使骨骼肌鬆弛無力，大劑量時會麻痺呼吸而致死。其粗製品亦稱「箭毒」，南美印第安人以此製成毒箭狩獵。純品用於醫學麻醉，只要很小量即能使肌肉充分鬆弛，以防止患者在手術過程中移動，而且蘇醒較快，併發症的發病率低。又可用於弛張喉或各種中空器官（如直腸、尿道等）以便檢查。

curassow＊ 鳳冠雉 雞形目冠雉科許多種熱帶美洲鳥類，嚴格說僅有七～十二種。雄鳥體羽黑色而有光澤，冠羽彎曲，嘴具鮮豔色彩的裝飾物；雌鳥不具裝飾物，體型較小，淡褐色。鳳冠雉是獵禽，肉味鮮美。大型種類有：大鳳冠雉（體長幾達100公分），產於墨西哥至厄瓜多爾；盔鳳冠雉，產於委內瑞拉和哥倫比亞山地；亞馬遜的刀嘴鳳冠雉是瀕危種類。

curia＊ 庫里亞 歐洲中世紀歷史上的一種法庭，或在某一特定時間內爲社會、政治或司法的目的而爲統治者服務的一組人員。統治者與庫里亞制定的政策既有普通決定也有重大決策（如有關戰爭、締結條約、財政及教會的關係等）；在一個權勢強大的統治者之下，庫里亞還經常作爲法庭積極活動。實際上，庫里亞在司法工作方面負擔過重，以致這類工作逐漸爲各個專門的審判集團所取代。英格蘭的庫里亞亦稱國王法院，在諾曼征服時期（1066）引入並延續到大約13世紀末，是各種高級訴訟法院、樞密院和內閣的起源。

Curia, Papal ➠ Roman Curia

Curia, Roman ➠ Roman Curia

Curie, Frédéric Joliot- ➠ Joliot-Curie, Frédéric

Curie, Marie＊ 居里夫人（西元1867～1934年） 原名Maria Sklodowska。波蘭出生的法國物理化學家，以研究放射性馳名，兩次獲諾貝爾獎。1891年起在巴黎大學索邦學院就讀，1895年與皮埃爾·居里結婚，兩人開始協力合作。1896年貝克勒耳在鈾中發現一種新現象（瑪麗後來稱之爲「放射性」），她正好要尋找寫博士論文的題目，決定試驗能否在其他物質中找到相同的性狀。結果她與施密特同時發現釷便具有這一性質。在轉向礦物時，她的注意力被瀝青鈾礦吸引，隨後皮埃爾加入她的研究工作，結果發現了新元素釙和鐳。當皮埃爾潛心於對新放射物作物理學研究時，瑪麗則努力於獲得金屬狀態的純鐳。1903居里夫婦和貝克勒耳因發現放射性而共獲諾貝爾物理學獎。1906年皮埃爾意外身故，她接任丈夫留下的教授空缺，成爲在巴黎大學任教的第一位女性。1911年因發現釙和分解出純鐳獲諾貝爾化學獎，成爲第一位兩次獲獎的人。此後她專心於研究放射性物質的化學性質以及這些物質在醫學上的應用，1934年因放射作用引起的白血病去世。爲了表彰她的貢獻，在1995年將她的骨灰安置於巴黎的先賢祠，是第一位獲此殊榮的女性。

居里夫人
The Granger Collection, New York City

Curitiba＊ 庫里蒂巴 巴西南部巴拉那州首府。位於巴西高原伊瓜蘇河源頭附近，海拔930公尺。1654年建爲金礦營地，1854年成爲州首府。自19世紀初起湧入許多歐洲移民，到20世紀又有大批敘利亞和日本移民。爲現代化商業中心和主教區中心，市內的大教堂（1894）仿自巴塞隆納大教堂。人口：都會區約2,270,000（1995）。

curl 旋度 數學上，應用於向量值函數（或向量場）的微分算子，爲了測量其旋轉的傾向。由函數的一次偏導數的組合構成。較常見的形式表示爲：

$$\text{curl}\ \mathbf{v} = i\left(\frac{\partial v_3}{\partial y} - \frac{\partial v_2}{\partial z}\right) + j\left(\frac{\partial v_1}{\partial z} - \frac{\partial v_3}{\partial x}\right) + k\left(\frac{\partial v_2}{\partial x} - \frac{\partial v_1}{\partial y}\right)$$

在此處v是向量場（v1, v2, v3），v1，v2，v3是變數x，y和z的函數，i，j和k是x，y和z正值方向各別的單位向量。在流體力學，向量場（亦即流體本身）的流體速度旋度稱爲渦旋度或轉度，是向量場對特定點旋轉傾向的量度。

curlew 杓鷸 鷸科杓鷸屬八種中型或大型濱鳥。嘴弧形向下曲或鐮刀形，末端下彎；灰或褐色，有條紋；頸長，腿長。繁殖於北半球溫帶和亞北極的內陸，並遷徙到遙遠的南方。遷徙中常到乾燥的高地尋食昆蟲和種子；越冬的杓鷸占據沼澤和海濱泥灘，覓食蠕蟲和螃蟹。普通杓鷸（歐亞杓鷸）是歐洲最大的濱鳥；愛斯基摩杓鷸是世界稀有鳥類之一，已瀕於絕滅；東方杓鷸是本科最大的種，體長約60公分；中杓鷸是分布最廣的杓鷸。

Curley, James Michael 柯利（西元1874～1958年） 美國政治人物，民主黨最著名、最活躍的大城市領袖之一。1899年進入政界，贏得波士頓市議會席位，此後歷任州議員、市政官、市參議員和聯邦眾議員。先後於1914～1918、1922～1926、1930～1934及1947～1950年當選爲波士頓市長，主宰波士頓政壇達五十年之久。他將任免大權集於自己手中，在分配公共工程工作時，注意保持工人階級基層選區對他的忠誠和支持；爲了滿足各選區的需要，他動用巨款修建公園和醫院，幾乎使波士頓破產。1935～1937年任麻薩諸塞州州長時，也把新政經費大量用於公路、橋樑及其他公共工程計畫。在他最後一次擔任波士頓市長期間，因郵政詐騙案被判刑五個月，後由杜魯門總統將其保釋，並於1950年予以赦免。他的經歷激發奧康諾寫出暢銷小說《最後的歡呼》（1956）。

curling 冰上滾石 類似草地滾球的冰上比賽運動項目。由兩隊比賽，每隊四人，溜擲底部凹空上方帶柄的扁圓石球，使之朝若干同心圓（稱爲「圓壘」）滑行。冰道長42公尺，壘圈直徑3.7公尺，石球平均重18.1公斤。比賽時兩隊隊員輪流擲石球兩次，最接近圓心的一方得分。隊員推擲石球後，其隊友（刷冰員）可以用冰刷清掃冰道，以增加滑行距離或調整行進的曲度。除了要有精準的技術外，策略的運用亦十分重要。主要的策略有：阻礙對方的石球進入圓壘、撞擊對方已在圓壘中的石球使之出局。早在16世紀初期蘇格蘭就有這種滾石運動，後盛行於北歐各國及美國、加拿大。1927年起舉辦的加拿大盃滾石錦標賽爲世界最大的冰上滾石競賽，1966年在蘇格蘭成立國際滾石協會，1998年成爲冬季奧運的正式比賽項目。

當隊員將滾石擲向圓心時，其他隊友用掃帚清掃冰道
MALAK from Miller Services Ltd.

currant 茶藨子 亦譯穗醋栗。茶藨子科（醋栗科）茶藨子屬一百餘種灌木。原產於北半球和南美西部的溫帶地區，在北美落磯山脈種類尤其豐富。漿果多汁，紅或黑色，主要用做果醬和果凍。黑果茶藨子用做錠劑調味品，有時經發酵。茶藨子果含豐富的維生素C，還有鈣、磷和鐵。currant亦指一種經常用於烹調的無籽葡萄乾。

茶藨子屬（Ribes）植物之一種
Walter Chandoha

currency 通貨 在工業化國家中，指國家貨幣供給裡作爲交換媒介而無需背書的那一部分，由銀行鈔票、政府紙幣和鑄幣構成；在較未開發的社會中，還包含各種不同的物品（如牲畜、煙草等）。自從1930年代放棄金本位制以來，各國政府不必以任何形式的貴重金屬償還貨幣的持有者，因而通貨數量取決於政府或中央銀行的行動，而不再像過去那樣受貴重金屬的供應量影響。

current, density ➟ density current

current, electric ➟ electric current

Currie, Arthur William 柯里（西元1875～1933年） 受封爲Sir Arthur。第一次世界大戰期間加拿大海外部隊的第一個加拿大人司令官。原爲實業家，後加入民團，1914年任加拿大第一支援英部隊的營長，戰功卓著。三年後晉升爲中將，並指揮加拿大軍的四個師。戰後任加拿大民團總監，成爲加拿大陸軍中的第一個將官。1920年任麥吉爾大學名譽副校長兼校長，直至去世。

Currier and Ives 柯里爾和艾伍茲（西元1813～1888年；西元1824～1895年） 美國兩位石版畫家，所作描繪19世紀美國生活的版畫是當時習俗和歷史事件的印證。柯里爾（1813～1888）曾在波士頓與費城當學徒，1834年在紐約市經商，1852年雇用艾伍茲（1824～1895）爲簿記員。1857年兩人合夥創設柯里爾和艾伍茲商號，經營版畫零售和批發。該商號後來在下一代的經營下，維持至1907年。柯里爾在還沒有新聞攝影的年代裡，就已看出群眾對以圖畫來表達新聞事件的需求。在與艾伍茲合夥後，題材範圍從描繪災難事件擴充至政治嘲諷、熱門話題及戲劇性或略帶感情色彩的情景，很能迎合群眾的喜好。1840～1890年期間出版的版畫達七千種以上。

curry 咖哩 傳統印度烹飪所用的混合調味粉，也指具有這種風味的菜餚。基本成分包括賦予其特有黃色的薑黃（鬱金）以及歐蒔蘿、芫荽、辣椒、胡盧巴等，用於羹湯和醬汁調味。印度家庭配製的咖哩粉，常根據菜餚特點調整原料成分和配比。自古以來咖哩菜餚是南亞的主要食品，印度南部的素菜咖哩最辣，含有大量辣椒；北部的比較柔和，用以烹調羊肉或禽肉。

curtain 簾幔 室內布置的裝飾性織物，一般用以調節從窗戶射進的光線和阻擋從門窗吹進的風。通常用厚布料製成，垂直懸掛，並爲美觀起見打上褶，也稱爲帷幕，在古代曾被用來作爲室內間隔物；門簾指掛在門框上的厚簾。從中世紀到19世紀，簾幔的式樣從簡單趨於豪華鋪張，床的四周經常是一層又一層的帳帷和短帷幔。到20世紀，人造纖維織物和機械開關的應用，簡化了簾幔的裝置與使用。

curtain wall 帷幕牆 附著在建築物外部結構框架上的非承重的玻璃、金屬或磚石牆。第二次世界大戰後，低的能量成本刺激了像玻璃稜鏡似的高層建築的概念，這一想法最初是由科比意和密斯・范・德・羅厄於1920年代在他們的視覺計畫中提出來的。帶綠色玻璃牆的聯合國祕書處大樓（1949）爲摩天大樓建立了一個世界標準。

Curtis, Charles Gordon＊ 柯蒂斯（西元1860～1953年） 美國發明家，他發明的汽輪機廣泛用於發電廠和船舶推進。曾是愛迪生的助手，1896年取得汽輪機的專利，它的原理至今仍用於巨型遠洋客輪和海軍艦艇上。在陸上使用的權利已售予奇異電氣公司，用它製造的發電設備流行全世界。他還被認爲是第一台美國燃氣輪機的發明人，曾取得改進柴油引擎的多項專利，並協助海軍研製魚雷推進器。

Curtis, Cyrus (Hermann Kotzschmar) 柯蒂斯（西元1850～1933年） 美國出版商，曾在費城建立新聞帝

國。1863年在波特蘭發行週刊，後毀於火災而遷居波士頓，發行《民衆紀事》雜誌；1876年遷居費城，繼續發行。1879年創辦《論壇和農夫》和《婦女家庭雜誌》，1890年建立柯蒂斯出版公司。此後創辦《星期六晚郵報》（1897）、《鄉村紳士》（1911）、《費城大衆紀事報》（1913）、《費城新聞報》、《北美人報》及《費城詢問報》（1930）等。他的女兒瑪麗·路易絲成立的柯蒂斯音樂學院，便是以他的名字命名。

Curtis, Tony 湯尼寇蒂斯（西元1925年～） 原名Bernard Schwartz。美國電影演員。生於紐約市的移民家庭，原本活躍於百老匯的舞台，1949年進入好萊塢。他在冒險電影中演出，由於長相好看加上一口布隆克斯區口音而出名，後來在《成功的滋味》（1957）和《逃獄驚魂》（1958）中演出，演技受到好評。在懷德的《熱情如火》（1959）一片中獲得成功，接著在1960年代的其他輕鬆喜劇中扮演各種角色。

Curtis Cup 柯蒂斯盃 高爾夫球賽獎杯。獎給英、美業餘女子比賽的優勝者，爲20世紀早期美國女子業餘錦標賽冠軍哈里奧特·柯蒂斯和瑪格麗特·柯蒂斯所捐贈。自1932年起每兩年舉行一次，選手由美國高爾夫球協會和大不列顛女子高爾夫球聯合會選派。每隊由六名球員、兩名替補球員和一名隊長組成，比賽項目有六場18洞四人分組接力賽和十二場18洞個人逐洞賽。

Curtis Institute of Music 柯蒂斯音樂學院 美國費城的一所藝術學院，1924年由博克的夫人瑪莉·路易絲·柯蒂斯·博克（1876～1976）所創立，以她的父親查理·柯蒂斯之名命名。她的捐款使世界各地的優異學生皆能獲得獎學金。許多傑出音樂家都曾在此授課，包括藍道夫斯卡、馬替努、賽爾金、奧爾（1845～1930）、皮雅提戈斯基（1903～1976）、普林羅斯（1903～1982）、羅斯（1918～1984）、辛巴立斯特（1889～1985）等。傑出畢業生包括巴伯、伯恩斯坦和梅諾悌。

Curtiss, Glenn (Hammond) 寇蒂斯（西元1878～1930年） 美國發展航空事業的先驅。1904年他爲一飛船設計並製造了一台發動機。1908年參加美國第一次1公里航程的飛行而獲得《科學的美國人》雜誌的獎杯。1911年他製造了美國第一架水上飛機，取得製造美國海軍飛機的第一個合同。他的工廠也向英國、俄國供應飛機。JN-4（或稱「珍尼式」）也許是他最好的飛機，在第一次世界大戰期間廣泛用作教練機；戰後被加拿大用於第一次飛越落磯山脈的郵運飛行而聞名。他的公司後來與萊特公司合併，成爲寇蒂斯－萊特公司。

Curtiz, Michael 柯蒂斯（西元1888～1962年） 原名米哈里·柯特茲（Mihály Kertész）。匈牙利裔美籍電影導演。曾在布達佩斯皇家戲劇與藝術學院學習表演，後在幾個歐洲國家擔任電影演員和導演。1926年移居美國，在華納電影公司拍攝一百多部影片，包括由弗林主演的《鐵血隊長》（1935）、《俠盜羅賓漢》（1938）、《海鷹》（1940）等。1942年因執導由英格麗褒曼和亨佛萊鮑嘉主演的《北非諜影》獲奧斯卡獎。其他著名影片有《勝利之歌》（1942）、《欲海情魔》（1945）、《銀色聖誕》（1954）等。

curvature 曲率 數學術語，指曲線或曲面上任一點的方向的變化率。任何一個平面曲線的曲率是依曲線上點位置之變化而變化，因此任一點的曲率定義爲：當弧線的端點接近該指定點時，方向的變化與該弧長二者比值所達到的極限值；圓周上任何一點的曲率，就是此圓半徑的倒數；對其他曲線而言，曲線在某一點的曲率，是在該點處與曲線最近似的一個圓的半徑的倒數；直線可視爲半徑無窮大的圓，曲率爲0。

curve 曲線 數學術語，指按一定路徑陸續移動的點的軌跡（參閱continuity），通常以方程式表示。這個詞也適用於直線或一連串互相連接的線段。封閉曲線的路徑是循環的，包圍一個或更多區域，簡單的例子如圓、橢圓、多邊形。拋物線、雙曲線、螺線屬於開放曲線，其長度無限。

Curzon (of Kedleston), Marquess ＊ 寇松（西元1859～1925年） 原名George Nathaniel Curzon。別名Loed Curzon。英國駐印度總督（1898～1905）和外相（1919～1924）。爲第四代斯卡斯代爾男爵的長子，畢業於牛津大學。1886年選入議會，曾以議員身分周遊世界，使他對亞洲深感興趣。1891年任印度事務次官，1898年成爲歷史上最年輕的印度總督。任內致力於整飭教育、警察和文官制度，減低稅收，懲辦欺壓印度原住民的英國人，保護印度藝術和文化遺產，博得英國朝野的好評。但在第二任期間，因主持不得人心的孟加拉分省方案，並與擔任印度軍隊總司令的基奇納伯爵發生尖銳衝突而辭職。其後在阿斯奎斯及勞合喬治的內閣中任職。

Curzon Line 寇松線 波蘭和蘇俄之間的邊界線。俄波戰爭期間（1919～1920），英國外相寇松提出一條停戰線方案，但他的建議未被接受。1921年訂立最終的和約時，波蘭得到寇松線以東近13.5萬平方公里的土地。後來蘇聯重新提出該線，並於第二次世界大戰爆發時占領這塊地區。1945年「蘇波條約」正式確定兩國的國界，實際上與寇松線幾乎完全一致。

Cush 庫施 亦作Kush。尼羅河谷努比亞地區古王國。西元前第2千紀時附屬於埃及，西元前8世紀國王皮安希入侵埃及。西元前716年皮安希的兄弟沙巴卡繼承王位，征服整個埃及，建立第二十五王朝，定都於孟斐斯。西元前6世紀初遷都麥羅埃，在那裡又統治了九百年。

Cushing, Caleb 顧盛（西元1800～1879年） 美國律師、外交官。初任州議會議員和美國國會議員（1835～1843）。1843年以專使身分去中國，通過談判締結「望廈條約」（1844），取得治外法權、開放五個通商口岸。1853～1857年任美國司法部長。他是出席仲裁阿拉巴馬號索賠案的日內瓦會議（1871～1872）美國代表團顧問。1874～1877年任美國駐西班牙大使。

Cushing, Harvey Williams ＊ 庫興（西元1869～1939年） 美國醫生，20世紀初期神經外科的學術領袖。他建立的許多手術程序和方法，大幅降低了當時腦部手術的死亡率，至今仍是腦外科手術的基礎，理所當然成爲領導世界的顱內腫瘤臨床醫學專家。他最先把一種表現爲面部和軀幹肥胖的病症歸因於腦下垂體分泌過多的促腎上腺皮質激素，此病後來即以其姓氏命名爲庫興氏症候群。著作甚多，其中《威廉·奧斯勒的生平》（1925）一書曾獲普立茲獎。

Cushing's syndrome 庫興氏症候群 亦稱庫興氏病。腎上腺皮質功能亢進引起的代謝障礙性疾病，常繼發於其他疾病過程。特徵爲軀幹和面部（滿月臉）肥胖、肌肉萎縮、血壓升高、皮膚易發生瘀斑、骨質疏鬆、糖尿病、兩肩間脂肪沈著（水牛背），以及血管病變和其他內分泌腺的發育、功能異常。1932年美國神經外科醫師庫興首次描述了一組腦下垂體腫瘤患者的上述症候群，因此得名。任何能導致腎上腺皮質激素分泌過多的情況，如腎上腺腫瘤、促腎上腺皮質激素分泌過多（腦下垂體腫瘤或其他組織反常地分泌促腎上腺皮質激素）等，均可引起本病；用腎上腺皮質激素類藥物治療疾病，亦可引致類庫興氏症候群，停藥即癒。原發病爲腦下垂體或腎上腺腫瘤者須行手術切除腫瘤，隨後用類固醇激素作補充治療；此外還有質子束放療、放射性藥物植入、服用皮質激素拮抗劑等方法。但因其所致的繼發性病變卻無法消除，如心臟病，血管、腎臟的既成病和骨質疏鬆等。

Cushman, Charlotte (Saunders)　庫什曼（西元1816～1876年）　美國演員。十九歲在波士頓首次登台，據說她的聲音是一種優美的女低音，後歌喉衰退，轉向戲劇舞台。1837年首次扮演她最著名的角色－－根據司各脫爵士的《蓋．曼納寧》改編的舞台劇中的梅格．梅里莉絲，成爲第一位美國本土明星。1842年任費城核桃樹街劇院舞台監督，與麥克里迪一起在《馬克白》中扮演主角。1854～1855年到英國巡迴演出。擅長演感情強烈的角色，扮演過三十多個具有男子漢氣概的角色，例如羅密歐、哈姆雷特等。

在《蓋．曼納寧》劇中飾演梅格．梅里莉絲的庫什曼
By courtesy of the Library of Congress, Washington, D. C.

cusk　單鰭鱈　亦稱torsk。鱈科長體形的食用魚，學名爲Brosme brosme，產於北大西洋兩岸深海底層。鱗小，口大，具頦鬚；背鰭和臀鰭各一，形長，均與尾鰭基部相連，尾鰭圓形；體長可達90～110公分，體色多樣，從淡黃或淡褐到藍灰色，幼魚有黃色縱帶。

cusp　尖頭　建築上指兩條曲線相交處的尖端。特別在拱和窗花格中，尖頭常作成葉片狀或扇貝狀。早期伊斯蘭教建築中普遍使用尖頭形式，尤其是北非和西班牙的摩爾建築中；法國的羅馬式建築中偶爾也可見到。在歐洲，直到哥德式建築才普遍應用，並在尖頭上加花、葉或人頭形裝飾。

custard apple　番荔枝類　番荔枝科番荔枝屬灌木或小喬木，原產於熱帶美洲和佛羅里達。番荔枝科是木蘭目最大的一個科，包括有一百二十二屬、一千一百種，有的果實可食，有的可材用，有些爲觀賞植物。葉和木材通常芳香，果實爲漿果。牛心番荔枝爲小型熱帶美洲喬木，果肉紅黃色，極軟，味微甜，如牛奶蛋糊。其他還有刺果番荔枝、番荔枝等。許多種的樹皮、葉和根是重要的民間草藥。

牛心番荔枝
Walter Dawn

Custer, George Armstrong　卡斯特（西元1839～1876年）　美國騎兵軍官。西點軍校畢業（1861），二十三歲成爲志願軍准將，表現突出。由於他對從里奇蒙撤退的李將軍領導的美利堅邦聯軍隊一直緊追不捨，促使李將軍在1856年投降。1874年帶隊調查南達科他州印第安人聖地和狩獵場所布拉克山金礦的傳聞，淘金熱引發白人與印第安人的激烈爭戰。1876年他帶領一支縱隊襲擊蒙大拿州小大角河附近的印第安人營地，結果所有士兵包括他自己無一生還。亦請參閱Little Bighorn, Battle of the。

custom　習慣　法律中指長久以來適用於某特定地區或團體的古老慣例，通常具有法律效力。在英國，可溯源於盎格魯－撒克遜時期，當時大多數影響家庭權利、所有權、繼承權、契約和個人暴行的法律都由當地習慣形成。諾曼的征服者大多承認習慣法的效力，並將其納入他們的封建制度中。到了13～14世紀，由王室授予英國法律法定的權威，「王國領域內的各種習慣」就成爲英國的普通法。亦請參閱culture、folklore、myth、taboo。

customs duty ➠ tariff

customs union　關稅同盟　幾個國家共同締結的貿易協定，對內彼此實行自由貿易，對世界其他國家則實行共同的關稅。它是介於自由貿易區和共同市場之間的部分經濟一體化的一種形式。在自由貿易區，各成員國間可以彼此自由貿易，無須共同對外的關稅稅則；在共同市場，除各成員國具有共同的對外關稅率之外，資金和勞動力等資源還可在成員國間自由流動。著名的關稅同盟有19世紀普魯士領導下德意志諸邦組成的關稅同盟和歐洲經濟共同體；後者已經歷了關稅同盟階段，正邁向更完全的經濟一體化。亦請參閱European Community (EC)、General Agreement on Tariffs and Trade (GATT)、North American Free Trade Agreement、World Trade Organization。

Custoza, Battles of＊　庫斯托札戰役　義大利獨立戰爭時期，義大利人爲推翻奧地利對北義大利的統治而進行的兩次戰役。第一次戰役（1848），薩丁尼亞－皮埃蒙特國王查理．阿爾貝特的軍隊大敗於奧軍老將拉德茨基陸軍元帥之手；同年簽訂停戰協定。由於義大利企圖奪取奧地利控制下的威尼斯，又爆發了第二次戰役（1866）。八萬奧地利陸軍擊潰了維克托．伊曼紐爾二世統率的十二萬義大利陸軍。義大利雖然戰敗，後來仍在維也納條約（1866）中得到威尼斯。

cut glass　刻花玻璃　表面上有許多刻面的玻璃製品。這種多稜的表面大大地提高了玻璃的光澤和折射力，從而使刻花工藝成爲修飾玻璃品最通用的技術之一。刻花的過程包括：粗刻，用旋轉的鋼輪塗上一層細濕沙或人造磨料，在玻璃製品上刻出圖案；打光，用砂輪加工粗刻的圖案，並用木輪拋光，最後常用酸蝕拋光。西元1世紀羅馬人最早對玻璃刻花，形成和加工寶石相似的磨刻和浮雕工藝。近代玻璃刻花是17世紀晚期在德國發展起來的，促進了一種質重、無色、刻時不易破碎的晶質玻璃的產生。波希米亞玻璃受歡迎後，英國和愛爾蘭玻璃工人也採用了這種裝飾工藝，一般認爲多稜的刻花玻璃品是他們的創造。著名的沃特福德玻璃器皿於1780年後輸入美國，頗受歡迎。

Cuthbert, St.　聖庫思伯特（西元634/35～687年）　英格蘭聖徒。原爲牧人，見異象後入諾森伯里亞梅爾羅斯修道院（651）。十年後該地鼠疫肆虐，庫思伯特致力救助苦難的人，據說曾出現神蹟。西元664年調到林迪斯芳修道院副院長，進行整頓。676年隱退到內法爾納，潛心祈禱。庫思伯特愛護鳥類，是最早的野生動物保護者之一。

cutthroat trout　切喉鱒　亦譯山鱒。北美西部具黑斑的鮭科遊釣魚類，學名爲Salmo clarki。下頸下方具鮮紅的條紋，故名。會主動攻擊假蠅餌、釣餌、誘餌。被視爲上好的食用魚，一般重達1.8公斤。只要可能，許多個體即洄游入海，像其他種的海洋型一樣，被稱爲海鱒，亦可能幾年內不返回淡水中。

cutting　插枝　植物學上，來自莖、葉或根的植物切塊，足以發育成新的植物。插枝通常放在溫暖潮濕的沙中。許多植物藉由插枝繁殖，特別是園藝與造園品種；使用一些新技術，許多原本不容許以插枝繁殖的植物也都較爲成功地繁殖。從插枝發育的植物是無性生殖系。亦請參閱graft、layering。

cutting horse 分隔馬 經訓練後能將牲畜（尤其是牛）從畜群中分隔出來的輕型騎乘馬。多爲聰明而跑得快的美國四分之一哩賽馬，動作速始速停，轉身敏捷。只要騎手略加指揮，甚至不用指揮，便能將牲畜從畜群分隔出來，並將其逼到易於捕捉的地方去。

cuttlefish 烏賊 亦稱墨魚、墨斗魚。烏賊目約一百種海產頭足類軟體動物。與章魚和槍烏賊近緣，特徵爲有一片厚的石灰質內殼（烏賊骨）。體長2.5～90公分，稍扁，兩側有狹窄的肉質鰭。有八條腕，還有兩條長觸腕用以捕食，腕及觸腕頂端有吸盤。生活在熱帶和溫帶沿岸淺水中，主要吃甲殼類、小魚或互食。肉可食，墨囊可製墨水，內殼可餵籠鳥以補充鈣質。

Sepia officinalis，烏賊的一種
Douglas P. Wilson

cutworm 切根蟲 鱗翅目幾種夜蛾的幼蟲（而非蠕蟲），爲番茄和其他作物的嚴重害蟲。有些在夜間出來危害玉米、禾草、番茄、豆類等，在地面附近破壞根、莖，俗稱地老虎。其他種類居於地下，吃植物的根。

Cuvier, Georges (-Léopold-Chrétien-Frédéric-Dagobert)＊ 居維葉（西元1769～1832年） 受封爲Baron Cuvier。法國動物學家、政治家，建立了比較解剖學和古生物學。任職於巴黎自然歷史博物館。在他出版的《按結構分類的動物界》（1917）中，陳述了他的「器官相伴」理論，認爲動物每個器官的解剖構造，與其自身其他器官在功能上是互相聯繫的，而各器官的功能與構造上的特點，則是與環境交互影響的結果。他根據各種動物的解剖特徵，把動物分成四大類（脊椎動物、軟體動物、節肢動物和輻射動物），是對林奈分類系統的一大改進。他把自己的學說應用於化石研究，認爲陸地隆起、洪水氾濫等巨變，是物種生成和毀滅的主要因素。雖然他的災變說後來無人相信，但他在堅實的經驗基礎上建立了古生物學。他曾擔任拿破崙的公共教育督察員，協助籌建法國的省立大學，他也是巴黎大學的榮譽校長。

Cuyabá River ➠ Cuiabá River

Cuyahoga River＊ 凱霍加河 美國俄亥俄州東北部河流。源出克利福蘭以東伊利湖南24公里處，西南流至亞克朗落入深大的峽谷，急轉北流，在克利福蘭注入伊利湖。全長約128公里，僅約8公里可通行湖上貨船。過去曾是美國污染最嚴重的河道之一，1970年代後期的反污染措施基本上改善了河流狀況。1975年建立的凱霍加河流域國家遊樂區，位於亞克朗和克利福蘭兩城市之間，占地12,950公頃。

Cuyp, Aelbert Jacobsz(oon)＊ 克伊普（西元1620～1691年） 荷蘭巴洛克畫家，以農村寧靜的風景畫著稱。爲畫家雅各・格里茨・克伊普之子，一生大半住在故鄉多德雷赫特，畫鳥獸、肖像畫和歷史畫。初期所畫風景常點綴有牛和人，筆觸堅挺而流暢。多數名作都是後期所作，明朗的景色，沐浴在微微的光輝之中，創造出一種富有詩意的氣氛。他作品中所表現出的義大利式風格，在荷蘭的藝術中心烏得勒支很受歡迎。許多他現存的作品上，只有簽名而沒有注明日期。

Cuyuni River＊ 庫尤尼河 南美洲北部河流。源出於委內瑞拉境內的圭亞那高原，向南流至埃爾多拉多折向東，形成約100公里長的國界，並穿過蓋亞那的熱帶雨林，再折向東南，在巴蒂卡附近與馬札魯尼河會合，最後注入埃塞奎博河。全長約560公里，有急流妨礙航行，出產砂金和金剛砂。

Cuzco＊ 庫斯科 祕魯中南部城市，高踞於安地斯山中海拔3,399公尺的庫斯科山谷西端。11世紀建立，一度爲印加帝國的都城，以「太陽之城」聞名。1533年西班牙征服者皮薩羅占領並洗劫該城。1950年一場猛烈的地震，使庫斯科深受重創，現在大多已重建。庫斯科及其周圍地區有許多印加遺址，包括一座古代印加要塞、馬丘比丘古城、太陽神廟等。大教堂（1654）和聖安東尼奧・阿瓦德大學（1692）都是殖民時期的重要建築。人口255,568（1993）。

Cwmbrân＊ 昆布蘭 威爾斯蒙茅斯歷史郡托法恩郡自治市。位於阿豐柳德谷地，是第二次世界大戰後，英國爲疏散人口過稠現象和刺激經濟發展而興建的三十二座新城鎮之一。當地原爲一些工業沒落的小村莊，1949年設鎮後吸引了一些生產汽車零件的新興行業來此。人口約46,020（1991）。

cyanide＊ 氰化物 含有一價化合基團－CN的化合物的總稱。離子（參閱ionic bond、ion）氰化物和有機氰化物的化學性質不同，但兩者都有毒，尤其是離子氰化物。氰化物的毒素會阻止血細胞的氧化（參閱oxidation-reduction）作用，由於毒性發作極爲迅速，搶救取決於施用解毒劑的敏捷果斷。在自然界，某些種子裡存在著產生氰化物的物質，如蘋果的籽、野櫻桃的果核等。氰化物，包括氫氰酸（HCN，又名氰化氫），在工業上常用於製備丙烯腈，以之生產丙烯酸系纖維、合成橡膠和塑膠，也被用於許多化學工藝流程中，包括薰煙消毒、鋼鐵表面淬火、電鍍和選礦。

cyanide process 氰化法 亦稱麥克阿瑟－福萊斯特法（MacArthur-Forrest process）。是將含金和銀的礦石溶解於氰化鈉和氰化鉀稀溶液中，以提取金和銀的一種方法。1887年由蘇格蘭化學家約翰・麥克阿瑟和威廉・福萊斯特、羅伯・福萊斯特發明，包括三個步驟：一、將磨細的礦石與氰化物溶液接觸；二、把固體物從淨溶液中分離出來；三、通過加入鋅粉沈澱從溶液中回收貴金屬。

cyanite ➠ kyanite

cyanobacteria＊ 藍菌 亦稱藍綠藻（blue-green algae）。大群原核生物，是光合作用的主要有機體。雖被分類歸爲細菌，但藍菌在許多方面似眞核的藻類，包括一些形態特徵和小生境，有一段時間被視爲藻類。藍菌包含某些色素，與它們的葉綠素一起，往往呈現出藍綠色，雖然許多品種實際是綠的、棕的、黃的、黑的或紅的。藍菌分布廣泛，常見於土壤、海水和淡水中，在很寬的溫度範圍內都能生長，從冰下幾公尺深的南極湖泊到黃石公園裡的溫泉中都有藍菌。藍菌是在裸露的岩石及土壤上最先生長繁殖的生物物種之一。有些藍菌有固氮的能力；其他的則包含能夠產生游離態氧的色素，氧是光合作用的一種副產品。在合適的條件下（包括被氮的廢棄物污染的環境下），它們繁殖極快，短期內即形成稠密的大群，稱爲起霜作用，通常爲一層不透明的綠色。藍菌在地球大氣形成之初提升自由氧的含量方面扮演了重要的角色。

Cybele 賽比利 ➠ Great Mother of the Gods

cyberlaw 網路法規 有關電腦網路、特別是網際網路世界的法律。網際網路的流量愈益增加，圍繞著這項科技的法律議題的數量和種類也不斷增多。受到熱烈辯論的議題包括某些網站的淫穢內容、隱私權、言論自由、電子商務的規範、著作權法的適用性等。

cybernetics 控制論 當動物（包括人類）、組織、機器被視爲包含各部及其組織的自治體時用來加以調節及控制的科學。由維納構想出來，他在1948年創造了這個用語。控制論把溝通和全部自有複雜體系的控制視爲相似之物。它與經驗科學（物理學、生物學等）的差異在於不對物質形式而對實體的組織、模式、溝通感到興趣。由於電腦逐漸變得複雜而人們努力使之表現人類行爲模式，現今控制論與人工智慧和機器人學已經緊密結合，也大量運用了資訊理論所發展出來的信念。

cycad＊ 鳳尾蕉 亦譯蘇鐵。鳳尾蕉目（蘇鐵目）四科－－鳳尾蕉科、Zamiaceae科、斯坦傑氏樹科、鮑恩氏樹科－－棕櫚狀木本植物。特點是具由大型羽狀複葉構成的冠部，孢子葉毬生於枝端。有些莖幹高大而不分枝，外形甲冑狀；其他種類則樹幹膨大，部分埋於土中。生長緩慢，用作溫室觀賞植物，但某些種類在溫帶地區可生長於戶外。某些鳳尾蕉的莖部澱粉經透徹烹調除去生物鹼後可食用，另一些種類的嫩葉和種子亦可食。

Cyclades＊ 基克拉澤斯 希臘語作Kikládhes。希臘一州，由愛琴海南部約兩百個島嶼組成，首府埃爾穆波利斯。其名意爲「環狀群島」，因爲這些島嶼圍繞神聖的提洛島大致形成一個圓圈。主要島嶼有：安德羅斯島、蒂諾斯島、納克索斯島、阿莫爾戈斯島、米洛斯、帕羅斯島、錫羅斯島、凱阿島、塞里福斯島、伊奧斯島等。曾爲青銅時代基克拉澤斯文化的中心，以白色大理石神像著稱。西元前第二千紀屬於邁錫尼文化。西元前10世紀～西元前9世紀愛奧尼亞人向該島殖民，其後陸續爲波斯、雅典、埃及托勒密王朝和馬其頓占據。13世紀初受威尼斯統治，1566年淪入土耳其人手中，1829年成爲希臘的一部分。現在經濟以旅遊業爲基礎，出口葡萄酒、白蘭地、皮革、瓷器和手工藝品。陸地總面積2,528平方公里。人口94,005（1991）。

cyclamen＊ 仙客來屬 報春花科多年生草本植物屬，約十五種。原產於中東、歐洲南部和中部。其中波斯仙客來是本屬最著名的室內栽培植物，花單生，絢麗，白色、粉紅色至深紅色，花柄長不足30公分；塊莖，無地上莖；葉具長柄，近圓形或腎形，葉面常有各樣斑點。

cycling 自由車運動 利用自行車進行的競賽運動或娛樂。傳統職業性比賽主要在歐洲舉行，1868年第一次在巴黎舉辦。基本上有兩種比賽類型：道路賽和跑道賽。美國的自由車競賽始於1878年，1891年紐約市首次舉行六日競技賽（1878年曾在英國舉行），原先是一種單人運動，20世紀再次引進歐洲，成爲兩人一組的競賽，但在美國卻已消失。1903年舉行了最初的公路競賽－－環法自由車賽，此後除戰爭時期外每年持續舉行。業餘自由車競賽自1896年舉辦首次現代運動會以來，一直是奧運會的項目之一，包括各種男子和女子的道路公開賽和巡迴賽。

cyclone 氣旋 圍繞低氣壓中心旋轉的大尺度大氣流動系統，在北半球依逆時針方向旋轉，在南半球依順時針方向旋轉。除赤道區外，氣旋幾乎可在地球任何地區發生，常伴隨雲和雨或雪帶。反氣旋則是圍繞高氣壓中心旋轉的氣流，旋轉方向與氣旋相反，即赤道以北爲順時針方向，赤道以南爲逆時針方向；一般不如氣旋強，也不帶來降水。氣旋主要發生於兩半球的中緯度帶，路線通常位於洋面上。在赤道附近形成的氣旋稱爲熱帶氣旋，比發生於中緯度的溫帶氣旋要小，但更猛烈，能造成相當大的危害。

Cyclops＊ 庫克羅普斯 在希臘傳說和文學中，指幾個獨眼巨人中的任何一個。在《奧德賽》中，他們是食人者，住在邊遠地區（傳說是西西里）。奧德修斯被波呂斐摩斯捉住，後趁他熟睡時弄瞎了他的獨眼才免於被吞食。在赫西奧德的作品裡，他們是烏拉諾斯和該亞的三個兒子：阿爾蓋斯、布隆蒂斯和斯特洛佩斯，爲宙斯鍛造雷霆。後世作家把他們描寫成赫菲斯托斯的工匠，由於他們製造的雷霆劈死了阿斯克勒庇俄斯，因而被阿波羅殺死。

cyclotron＊ 迴旋加速器 在恆定磁場中加速原子或亞原子的粒子加速器。由兩個中空的半圓形電極（稱爲D形電極）構成，組成中間有一條空隙的圓筒形，置於眞空室內兩個磁極之間，用射頻振盪器在兩D形電極的空隙中產生交變電場。欲加速的粒子在空隙中心附近生成，靠電場將其推入其中一個D形電極區，區中磁場即引導這些粒子沿半圓形路徑運行，當粒子回到空隙時，電場隨之反轉，繼續加速粒子，使它們進入另一D形電極。雖然粒子的速率和軌道半徑在每一次跳過空隙時均會增加，但只要粒子的質量和磁場強度保持恆定，振盪器能調整以使電場改變的頻率爲固定的。這樣的迴旋加速器，質子加速的能量上限爲二十五兆電子伏。

Cydones, Demetrius＊ 西多內斯（西元1324?～1398?年） 拜占庭人文主義學者、政治家、神學家，被認爲是14世紀拜占庭最傑出的作者。出於希臘古典學者和哲學家卡巴西拉斯門下，由於醉心拉丁經院哲學，便把西方重要作品譯成希臘語，包括5世紀希波的聖奧古斯丁和托馬斯·阿奎那的著作。1369～1383、1391～1396年兩度擔任拜占庭帝國首相。1390年在威尼斯創辦希臘文化學院，把希臘思想傳遍義大利，爲義大利文藝復興準備條件。他曾團結一批拜占庭知識界人士，謀求東西方教會聯合。著有《規誡錄》，勸說拜占庭人與羅馬人聯合，共同抵抗土耳其人入侵，可惜徒勞無功。

Cygnus A＊ 天鵝座A無線電源 迄今所知最強的天體無線電源。位於天鵝座中，距地球約5億光年。從外表看，它是一雙星系，曾一度被認是兩個星系在相撞，但這種方式無法解釋它的巨大能量輸出。最近觀察表明，天鵝座A無線電源的性質相當接近類星體，中心被周圍的塵埃雲遮蔽而晦暗不明。亦請參閱active galactic nucleus。

cylinder 汽缸 ➟ piston and cylinder

cylinder seal 圓筒印章 圓筒形小石塊，表面刻以陰文，在膠泥上滾轉以留下印記。最早約出現於西元前3400～西元前2900年，被認爲是古代美索不達米亞文化中特有的工藝品。開始只有簡單的幾何圖形、符咒圖案以及動物形象，後來才刻上物主的名字，描繪五花八門的題材。用之於標明個人財產，賦予契約以合法的約束力。其形式與用途爲埃及與印度等地區所效法。

cymbal 鈸 打擊樂器。由金屬製成，狀如平的或凹的圓盤，演奏時可用鼓槌敲擊或兩片互擊。爲相當古老（至少可追溯至西元前1200年）且普遍的樂器，自古以來就流傳於中東一帶，主要用作舞蹈者的樂

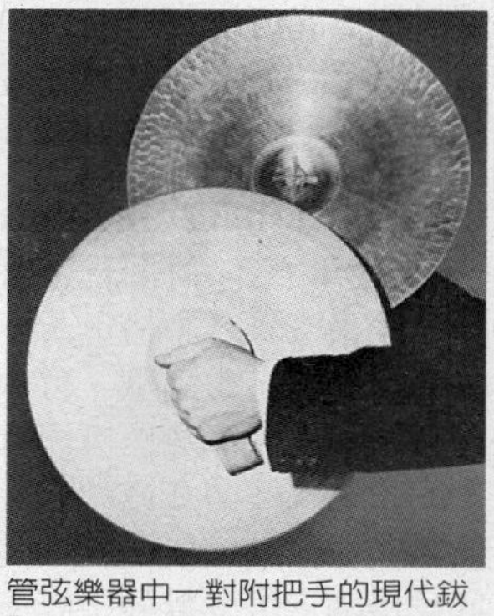

管弦樂器中一對附把手的現代鈸
By courtesy of Avedis Zildjian Company

器。13世紀以前傳入歐洲，西方管弦樂隊中用的鈸源自18世紀盛行的土耳其軍樂隊。亞洲的鈸通常較扁平，中東和西方的鈸中間常有一穹頂或突起，碰擊時只有邊緣接觸。長久以來土耳其以精密的技術製造出最好的鈸。鈸無確定音高，通常以兩片碰擊或互相摩擦發聲，也可以用踏板演奏；單片鈸則用刷子或硬頭、軟頭的鼓槌擊奏。

Cynewulf　基涅武甫（活動時期約西元8世紀或9世紀） 亦作Kynewulf或Cynwulf。盎格魯－撒克遜詩人，為保存於西元10世紀晚期手抄本中的四首古英語詩歌的作者。這四首詩是：〈埃琳娜〉，敘述聖海倫娜發現眞十字架的故事；〈使徒們的命運〉，描述十二使徒的傳道活動及其死難情節；〈基督升天〉，為不同作者所作三部曲的一部分；〈朱莉安娜〉，是拉丁文散文體聖朱莉安娜傳記的複述。除根據〈埃琳娜〉中一段韻詩證明作者是諾森伯里亞人或麥西亞人外，我們對作者一無所知。每首詩的結尾均要求讀者為作者祈禱，並包含有相當於c、y、n（e）、w、u、l、f的古北歐字符，人們認為是他名字的拼寫。

Cynics＊　犬儒學派　希臘哲學學派之一，活動時期在西元前4世紀到西元6世紀，以其聚會地點Cynosarges得名。蘇格拉底的門徒安提西尼被認為是這一學派的創始人，錫諾普的戴奧吉尼斯則是該派的典型。犬儒學派認為：貧窮、自足、禁欲的生活才是唯一的美德；其與其他學派的區別，主要在於與衆不同的生活方式和態度，而不是其思想體系。該學派影響了斯多噶哲學的發展。

cypress　柏　柏科柏屬約二十種供觀賞和材用常綠針葉樹，分布於歐亞和北美暖溫帶和亞熱帶地區。柏科包含一百三十餘種常綠灌木或喬木，分布全世界。葉對生或三葉輪生，幼葉針狀，成熟後鱗片狀；毬花通常木質，胚珠直立。柏科多數屬種為重要的材用和觀賞樹種，如柏屬、崖柏屬、翠柏屬、刺柏屬等，其中尤以崖柏、柏和檜為最重要的材用樹及觀賞樹，並可提取芳香油、樹脂和單寧。

義大利柏（Cupressus sempervirens）
W. H. Hodge

cypress, bald ➠ bald cypress

Cyprian, St.＊　聖西普里安（西元約200～258年） 拉丁語全名為Thascius Caecilius Cyprianus。早期基督教神學家和神父。青年時學法律，約西元246年信奉基督教，不到兩年即被選為迦太基主教。250年初隱居，以逃避羅馬皇帝德西烏斯的迫害，翌年返回迦太基。252年基督教又受到迫害，但西普里安仍能保持領導地位。254年他同羅馬主教發生爭執，因為羅馬主教恢復曾經在迫害中叛教的兩個西班牙主教的職務；西普里安認為，叛教的一般信徒可以得到寬恕，但叛教的主教則不能復職。羅馬主教去世後，繼任者採取較和解的態度，羅馬與迦太基教會的決裂才得以避免。西普里安關於教會和聖禮的性質以及主教職位的見解，在5世紀以前一直為教會特別是多納圖派所堅持。他留下一批書信和論文，是了解當時北非基督教的重要資料。

Cyprus　塞浦路斯　正式名稱塞浦路斯共和國（Republic of Cyprus）。地中海東北部島國。面積9,251平方公里。人口約873,000（2001，包括來自土耳其的七萬五千個

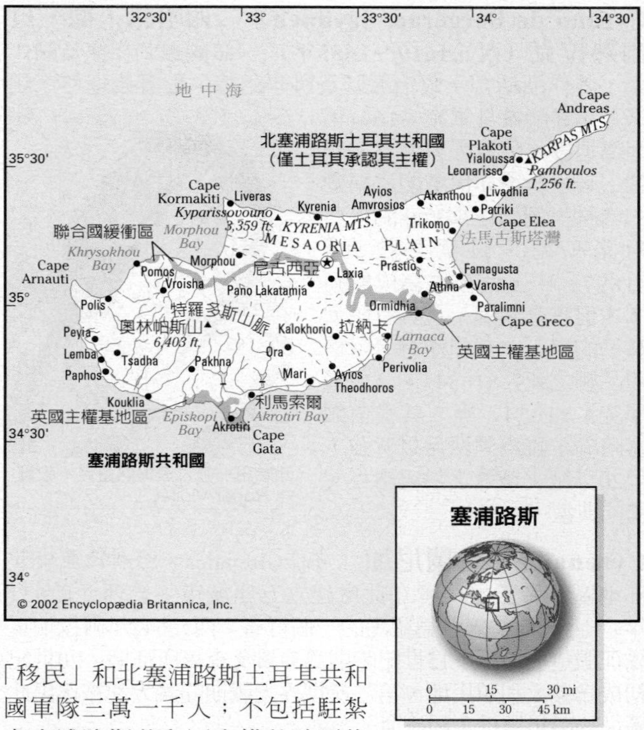

「移民」和北塞浦路斯土耳其共和國軍隊三萬一千人；不包括駐紮在塞浦路斯共和國主權基地區的英國部隊三千兩百人和聯合國維和部隊一千三百人）。首都：尼古西亞。塞浦路斯實際上分為兩個國家，一般國際上承認的合法政府為塞浦路斯共和國，據有該島南部2/3的土地。以希臘人占優勢。語言：希臘語（官方語）。宗教：東正教。貨幣：塞浦路斯鎊。北塞浦路斯土耳其共和國據有該島北部1/3的土地，絕大多數是土耳其人。語言：土耳其語（官方語）和英語。宗教：伊斯蘭教。貨幣：土耳其里拉（lira）。為地中海第三大島，位於土耳其以南約64公里。大部分為山地，沿海平原和中心地帶土壤肥沃。奧林帕斯山海拔1,951公尺，為最高峰。氣候屬地中海型。實行以貿易和製造業為基礎的自由企業經濟，航運業居世界前列。國際上承認的合法政府為多黨制共和國，一院制，總統為國家元首暨政府首腦。早在新石器時代早期即有人類居住；到青銅時代晚期，邁錫尼人和亞該亞人來到島上定居，引進希臘文化和語言，成為貿易中心；西元前800年腓尼基人亦開始移居此地。此後幾個世紀，該島先後受亞述人、波斯人及托勒密王朝統治，西元前58年被羅馬帝國併吞。西元4～11世紀是拜占庭帝國的一部分，1191年為英王理查一世征服。從1489年起歸屬於威尼斯帝國，1573年被鄂圖曼土耳其人占領。1878年英國取得控制權，1924年成為英國王室直轄殖民地。1960年獲得獨立。由於希裔塞人和土裔塞人不斷爆發衝突，聯合國於1964年派出一支和平部隊，企圖使衝突不再擴大。1974年由希臘大陸軍官率領的一支國家衛隊發動政變，土耳其唯恐塞浦路斯與希臘合併，亦派出軍隊控制了塞島北部1/3領土，並建立一個執政政府，但只有土耳其承認其為主權國家。至今希、土兩裔塞人仍然時有衝突，聯合國和平部隊繼續執行和平任務，兩國重新統一的和談毫無進展。

Cypselus＊　基普塞盧斯　科林斯的僭主（西元前657?～西元前627年）。雖然他的母親屬於統治的巴克齊亞迪皇族，但因為他的父親是個外來者，皇族成員企圖在他出生時殺害他。基普塞盧斯在長大後，推翻巴克齊亞迪，創建第一個僭主王朝。他在追求權力的過程，受到德爾斐神諭的鼓勵。他在希臘西北方拓展殖民地，並透過包括他的繼承者佩里安德在內的私生子們進行統治。儘管是藉由煽動而獲得權力，但據說他廣受愛戴，所以不需貼身護衛。

Cyrano de Bergerac, Savinien＊ 西哈諾·德·貝爾熱拉克（西元1619～1655年） 法國諷刺作家及劇作家，其作品結合了政治諷貶及科學幻想，影響後進作家頗深。年輕時投身軍旅，1641年因傷退役，隨哲學家伽桑狄學習。一生行徑亦為戲劇家編劇的素材，例如在羅斯丹的《西哈諾·德·貝爾熱拉克》（1897）中，他被描寫成慇勤多才但害羞貌醜，且具有碩大鼻子的情人。其劇作有《阿格麗品娜之死》（1654）、《仿冒學究》（1654）等。其書信頗富暗喻，雖為同輩斥以牽強，但20世紀文壇尊之為巴洛克文體的典型。

西哈諾·德·貝爾熱拉克，版畫
H. Roger-Viollet

Cyrenaica 昔蘭尼加 亦作Cirenaica。今利比亞東北部地區。希臘殖民者在此處建立五座城市（約西元前631年）。西元前67年成為羅馬的一個行省。西元642年阿拉伯軍隊征服這一地區，15世紀時則為鄂圖曼帝國所征服。20世紀初成為義大利殖民地，第二次世界大戰期間義大利被逐出此區。1963年被併入利比亞。

Cyrenaic 昔蘭尼學派 希臘道德哲學學派。活動中心在北非的昔蘭尼，同時也是該學派一些成員的出生地。一般認為蘇格拉底的學生亞里斯提卜是這學派的創始人，但它的全盛期則稍晚，約在西元前4世紀末、3世紀初。昔蘭尼學派認為：當前的快樂就是善的標準，美好的生活在於合理地應付環境以期達到享樂主義的目的。晚期昔蘭尼學派的倫理學說後來併入了伊比鳩魯的學說之中。

Cyrene＊ 昔蘭尼 非洲北部古城。約西元前631年為來自愛琴海錫拉島的一群移民所建，他們的領袖巴都斯成為第一代國王，建立了巴都斯王朝，連續統治昔蘭尼至西元前440年左右。後來在托勒密埃及（西元前323年起）的庇蔭下，昔蘭尼成為古典世界偉大的知識中心之一，擁有像地理學家厄拉多塞和昔蘭尼學派創始人亞里斯提卜這樣的學者。西元前96年受羅馬統治，到阿拉伯人占領時期（642）城市已蕩然無存。近來在古城舊址已發掘出多處廢墟。

昔蘭尼的阿波羅神廟
Josephine Powell, Rome

Cyril and Methodius, Sts.＊ 聖西里爾與聖美多迪烏斯（西元827?～869年；西元約825～884年） 希臘人兩兄弟，向多瑙河流域的斯拉夫人宣傳基督教，影響了整個斯拉夫人的宗教、文化發展，號稱「斯拉夫人的使徒」。兩人都是學者、神學家和語言學家，西元863年開始在摩拉維亞的斯拉夫人中間傳教。他們把《聖經》譯成斯拉夫語（後稱為古教會斯拉夫語）。一般認為他們創造了格拉哥里字母（參閱Cyrillic alphabet）。868年他們到羅馬爭取在禮拜儀式中使用斯拉夫語。西里爾死後，美多迪烏斯回到摩拉維亞任大主教兼教宗使節。他們被東方教會追諡為聖徒，天主教會也於1880年開始紀念他們。

Cyril of Alexandria, St. 亞歷山大里亞的聖西里爾（西元約375～444年） 基督教神學家。西元412年任亞歷山大里亞教區主教，因堅持正統信仰而與行政當局發生衝突。當地發生猶太人襲擊基督教徒的事件，他參與決定驅逐猶太人離境，從而引起暴亂，被迫向行政當局屈服。他最為人知的是與聶斯托留關於耶穌基督神人兩性的爭論：西里爾強調兩種性質統一於一位；聶斯托留則強調兩種性質的區別，大有將基督分裂為兩位之勢。431年的以弗所會議宣布聶斯托留為異端並放逐，但爭執並未結束，直到433年西里爾承認一項折衷聲明，強調神人二性共存於基督一位卻互相區別，至此教會內才恢復平和。1882年追諡為教義師。

Cyril of Jerusalem, St.＊ 耶路撒冷的聖西里爾（西元約315～386?年） 基督教教會早期領導者，力倡將耶路撒冷建為全基督教世界的朝聖中心。約西元350年任耶路撒冷主教，曾被阿里烏派流放三次。由於溫和的阿里烏派本體相類論者在359年的塞琉西亞會議上重新任命西里爾為主教，因此在381年的君士坦丁堡會議上，嚴格正統派懷疑西里爾與本體相類論者有牽連。西里爾關於聖餐禮的神學論點比早期作者進步，與後來的變體論大體相同。

Cyrillic alphabet 西里爾字母 西元9世紀發展起來的一種字母體系，為信奉東正教的操斯拉夫語諸民族所採用。現在用於俄語、塞爾維亞語（參閱Serbo-Croatian language）、保加利亞語、馬其頓語、白俄羅斯語、烏克蘭語，以及前蘇聯境內其他一些語言和喀爾喀蒙古語（參閱Mongolian languages）。西里爾字母的發展歷史十分複雜並具爭議性，顯然源自於9世紀的希臘安色爾字體，而其非希臘字母部分可能來自格拉哥里字母（古教會斯拉夫語使用的書寫文字）。一般認為是聖西里爾與聖美多迪烏斯創制的，9世紀末他們的追隨者在巴爾幹南部推廣。最初有四十四個字母，被引入其他地方語言時普遍去掉一些不必要的字母，因此數目略有減少；轉寫各種非斯拉夫語言有時要附加特殊字母。

Cyrus the Great 居魯士大帝（西元前590/580～西元前529?年） 亦稱居魯士二世（Cyrus II）。波斯阿契美尼德王朝的開國君王。居魯士一世之孫，藉由推翻他的外祖父米底亞國王而建立自己的勢力。居魯士靠外交手段和軍事實力建立起一個規模空前的大帝國，以波斯為核心，涵蓋了米底亞、愛奧尼亞、里底亞、美索不達米亞、敘利亞和巴勒斯坦。據《聖經》記載，居魯士在巴比倫尼亞曾釋放被囚禁的猶太人，使他們返回家園。死於與中亞游牧民族的戰役。他所留下的遺產，不僅僅是一個大帝國，同時也是至少持續發展了兩個世紀的文化和文明，對希臘人和亞歷山大大帝具有強烈的影響。他的一世充滿傳奇色彩與英雄特質，長久以來被波斯人尊為「波斯之父」，幾乎如信仰偶像般崇拜。1971年伊朗慶祝居魯士創立王朝兩千五百週年紀念。

cyst＊ 囊腫 身體內部的封閉的囊狀結構，有清晰的包膜，其中常含液態物質。多為良性，但亦可見惡性及癌前期的囊腫，良性囊腫亦可影響其周圍器官的功能而需手術切除。囊腫可由多種上皮增生而形成，常脫離與原組織的聯繫，形成游離的囊腫，觸之可動。囊腫中所含物質多為身體的自然分泌物，這些分泌物及其結構蛋白質崩解而形成的異常產物，在感染性疾病時則為細菌、寄生蟲幼蟲及微生物的產物。某些器官（包括腎、肝、乳房）極易罹患囊腫，有時這些囊腫性疾病本身可危及功能或生命，亦可掩蓋更為嚴重的原發疾病。亦請參閱tumour。

cysteine＊ 半胱氨酸 一種含硫的非必需氨基酸。在肽和蛋白質中，二個半胱氨酸分子的硫原子彼此鍵合，而形成另一種氨基酸－－胱氨酸。鍵合的硫原子形成二硫化橋，爲骨骼及結締組織蛋白質形狀和功能中的主要要素，而使角蛋白和其他結構性蛋白質成形並能發揮功能。

cystic fibrosis (CF)＊ 囊性纖維樣變性 亦作黏稠液病（mucoviscidosis）。一種隱性遺傳代謝性疾病，主要侵犯呼吸道、消化道和胰臟，症狀是外分泌腺的分泌物過於黏稠，堵塞相應的管道系統。囊性纖維樣變性可能是歐洲人中最常見的遺傳性疾病，約每2,000個成活嬰兒中即有一位。在肺和呼吸道，細支氣管被高度黏稠的分泌物堵塞，導致呼吸困難、肺氣腫、持續或反覆細菌感染、肺炎、咳嗽、膿痰、進行性肺功能下降、肺心病等，患者最常見的死因是肺病變。在消化道，異常黏稠的消化腺分泌物將消化腺管道堵塞，致使消化液和各種消化酶不能進入消化道，導致消化和吸收障礙。在多數患者，胰管阻塞會使分泌消化酶的胰臟腺體產生自我溶解，因此患者常以油膩、惡臭的大塊糞便做爲發病表徵。此外，由於患者的汗腺無法保留鹽分，故可利用汗液含有高濃度鹽分來做爲診斷依據。治療方法包括服用胰消化酶補充物和攝取含高熱量、高蛋白和高脂肪的食物，積極的物理治療以增強各種外分泌腺的功能，視情況服用抗生素以預防或治療肺部感染。囊性纖維樣變性直至1938年才被承認爲一種特定疾病，隨後被分類爲兒科疾病（因其於嬰兒期和兒童期死亡率極高），至1980年代中期以後，隨著醫療進步，超過半數以上的患者皆可存活至成人。男性成人患者通常伴發不育。

cystitis＊ 膀胱炎 膀胱的炎症。膀胱對感染具有高度的抵抗力，但有時周圍器官的感染可蔓延至膀胱。引起炎症的病原體有細菌、病毒、黴菌或寄生蟲，典型症狀有尿頻、尿急、尿灼痛和腰痛。由於女性尿道比男性短而寬，因此多見於女性，最常見的致病菌是大腸桿菌，經由局部擴散致病。膀胱炎可分爲急性及慢性。急性膀胱炎常爲細菌性，導致膀胱黏膜紅腫、出血、表層脫落，可出現小潰瘍和囊腫，有時亦形成膿腫。如果炎症反覆發作、感染持續不癒或體內其他部位的炎症均可引發慢性膀胱炎，導致膀胱壁增厚，容量縮小。可藉由檢驗尿液中的細菌或微生物做診斷，治療方法有服用藥物或施行外科手術。

cytochrome＊ 細胞色素 一類血紅素蛋白質，在酶催化下很容易氧化和還原的細胞組分，在細胞內能量轉移中起著極爲重要的作用。血紅素蛋白質是與非蛋白質的含鐵組分結合的一類蛋白質。連接在蛋白質之上的鐵基團能進行可逆的氧化－還原反應，從而作用爲粒線體內的電子載體（粒線體是通過細胞呼吸爲細胞產出能量的細胞器）。細胞色素可按其吸收光譜分爲三類，已鑑定出至少三十種不同的細胞色素。

cytology＊ 細胞學 研究生物體基本單位－－細胞－－的科學。最早始於1665年英國科學家虎克用顯微鏡研究木栓，他發現了死的木栓細胞，並率先使用「細胞」（cell）一詞。施萊登和施萬分別於1838、1839年闡述所有的動物和植物均由稱爲細胞的生命單位組成。以後，經過一系列的發現和闡述，充分驗證豐富了細胞理論。1892年德國胚胎學家赫特維希提出，有機體的演化過程是細胞演化過程的反映，從而使細胞學成爲生物學的一個分支。有關染色體活動的研究，導致了細胞遺傳學的創立。亦請參閱physiology。

cytomegalovirus (CMV) 巨細胞病毒 疱疹病毒科病毒。經常在人群中引起感染，因被感染的細胞體積增大，故而得名。分布於世界各地，在生活水準低下、人口衆多的社會尤爲盛行。巨細胞病毒通過性接觸或接觸含病毒的體液而傳播，傳染力不強，感染健康成人後很少引起嚴重疾病，但對嬰兒和有免疫缺陷的成人，卻可帶來嚴重而持久的後果。巨細胞病毒病爲新生兒最常見的先天性感染，在母體子宮內或分娩時感染，10%的先天性感染可引起黃疸、發熱、肝脾腫大，是先天性耳聾的主要原因，並留有永久性神經疾患，包括精神發育遲滯和失明。目前尚無有效療法。

cytoplasm＊ 細胞質 細胞內核膜以外的原生質部分。在眞核細胞（參閱eukaryote）中，細胞質包括除細胞核以外的所有細胞器。這些細胞器有粒線體、葉綠體、內質網、戈爾吉氏器（包裝和運輸某些大分子）、溶酶體和過氧化酶體，此外還有細胞骨架及胞質液（圍繞各種細胞器周圍的液體）。

cytosine＊ 胞嘧啶 嘧啶族的有機化合物。常被稱爲基，包含一個單環，內有氮原子和碳原子，還有氨群。在核酸和幾種輔酶中以結合的形式出現。在去氧核糖核酸（DNA）中，其互補基是鳥嘌呤。藉著水解的挑選技術，可從去氧核糖核酸製備胞嘧啶或相關的核苷或核苷酸。

cytoskeleton 細胞骨架 眞核細胞（參閱eukaryote）的細胞質中的一個細絲或纖維系統。功能爲使細胞內的成分組織化，維持細胞的形狀，參與細胞本身及各種細胞器的運動。構成細胞骨架的細絲有三類：肌動蛋白微絲、微管和中絲。肌動蛋白絲通常成平行纖維束狀出現，它們決定細胞的形狀，幫助細胞附著於其作用物，參與細胞運動，並調解具體的細胞活動，如幫助細胞進行有絲分裂。微管較微絲長，不斷聚合、分散，在細胞進行有絲分裂時，幫助複製完成的染色體移入新形成的子細胞內；成束的微管形成原生動物和某些多細胞動物的纖毛或鞭毛。中絲是很穩定的結構，形成眞正的細胞骨架，能使細胞核固定在細胞內的一定位置，並賦與細胞彈性和抵抗張力的能力。

czar 沙皇 亦作tsar。拜占庭或俄國皇帝。這個稱號是從"caesar"（凱撒）一詞衍生出來的，中世紀時用它來稱呼最高統治者，尤指拜占庭皇帝。1453年拜占庭帝國崩解，俄國的君主成爲唯一保留下來的正教會君主，俄羅斯正教會的教士們認爲沙皇是可能的新正統基督教的最高首領。1547年恐怖的伊凡四世成爲第一個加冕爲沙皇的人。雖然從理論上講，沙皇掌握絕對的權力，但實際上沙皇和其繼任者的權力都受到正教會、波雅爾會議以及1497、1550和1649年的一連串法典的限制。1721年彼得一世將他的稱號改爲「全俄羅斯皇帝」，但他和其繼承者們仍被普遍稱爲沙皇。

Czartoryski family 恰爾托雷斯基家族 18世紀波蘭顯赫家族，以法米利亞聞名。最初經由米哈烏·弗里德里克·恰爾托雷斯基大公（1696～1775）和他的兄弟奧古斯特的努力成功取得大權。該家族致力謀求制定憲法改革，在奧古斯特三世宮廷中有極大的影響力。1794年波蘭第三次被瓜分（參閱Poland, Partitions of）時，該家族在普瓦維的資產被沒收，儘管如此，該家族仍然擁有極大的權勢。該家族著名的成員還有：亞當·卡齊米日·恰爾托雷斯基大公（1734～1823），爲知名的藝術贊助者；亞當·耶日·恰爾托雷斯基大公（1770～1861），致力於波蘭的復興。

Czech language 捷克語 舊稱波希米亞語（Bohemian language）。西斯拉夫語支語言，通行於波希米亞、摩拉維亞和西里西亞等歷史區（現在全都屬捷克共和國），約一千兩百萬人；以及各地移民區，包括北美洲可能近一百萬人操此語言。最早的古捷克語文字記載可追溯到13世紀末。捷克語的獨特拼字系統是在15世紀初發展出來的，並與宗教改革家胡斯有關；它把讀音加進拉丁字母中，以表示子音（不存在於拉丁語）和標明母音長度。此一系統後來爲其他使用拉丁字母拼音的斯拉夫諸語言所採用，如斯洛伐克語、斯洛維尼亞語和克羅埃西亞語（參閱Serbo-Croatian language）。19世紀初當捷克語以一種文學語言形式復興時，多布羅夫斯基大部分依據16世紀的捷克語（以《克拉利茨聖經》〔1579～1593〕）爲基準來編纂語言辭典，這是一部權威性譯作。結果造成標準捷克語（文學語言）和普通捷克語（口語語言）之間的巨大鴻溝，須靠一些過渡音來連接它們。

Czech Republic　捷克共和國　捷克語作Česká Republika。以前與斯洛伐克合稱捷克斯洛伐克共和國（Czechoslovakia Republic, 1918～1992）。中歐共和國，面積78,866平方公里。人口約10,269,000（2001）。首都：布拉格。捷克人占全國人口的9/10，斯洛伐克人是最大的少數民族。語言：捷克語（官方語）。宗教：天主教和新教。貨幣：捷克克朗（Kc）。內陸捷克共和國地形主要是波希米亞高地，海拔900公尺。群山環繞波希米亞高原。摩拉瓦河俗稱摩拉維亞走廊，將波希米亞高地與喀爾巴阡山脈分開。林地爲捷克地形特徵，全面大部地區爲溫和的海洋性氣候。自共產主義瓦解後，經濟已開始私有化，大部分以市場爲導向。政府形式是多黨制共和國，兩院制。國家元首是總統，政府首腦爲總理。1918年以前，今捷克共和國的歷史在很大程度上是波希米亞史。同年，通過波希米亞和摩拉維亞與斯洛伐克的聯合，一個獨立的捷克斯洛伐克共和國誕生了。第二次世界大戰後，捷克斯洛伐克處於蘇聯的勢力之下，自1948～1989年由共產黨政府統治。1968年逐漸開放的政治情勢被蘇維埃入侵打壓下來（參閱Prague Spring）。1989～1990年共產黨統治垮台後，在斯洛伐克人中間出現了分裂主義情緒，於是捷克人與斯洛伐克人於1992年達成協議將其聯邦國家解散。1993年1月1日捷克斯洛伐克和平地解體，由兩個新的國家取代，即捷克共和國及斯洛伐克；摩拉維亞地區仍在捷克境內。1990年代末，捷克共和國成爲歐洲聯盟會員，1999年進入北大西洋公約組織。

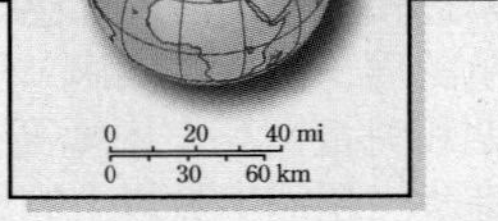

Czerny, Karl　車爾尼（西元1791～1857年）　奧地利作曲家、鋼琴家和教師。父爲音樂家，九歲時就舉辦了鋼琴首演，十歲時開始跟隨貝多芬學習鋼琴。他是個出色的鋼琴家，後來也成爲著名的鋼琴老師，學生包括塔爾貝格（1812～1871）和李斯特。出版了近千部作品，包括六首交響曲、六首鋼琴協奏曲、許多鋼琴三重奏及四重奏、十一首鋼琴奏鳴曲等，但最有影響的是他的鋼琴練習曲，這些嚴格、循序漸進的成套練習曲直至20世紀仍被廣泛採用。

Czestochowa　琴斯托霍瓦　波蘭中南部城市，濱臨瓦爾塔河。1826年由舊琴斯托霍瓦（建於13世紀）和亞斯納古拉（建於14世紀）兩住區合併而成。15世紀時，此城以富裕出名，1655、1705年曾抵抗瑞典人的包圍，第一、二次世界大戰時被德國人占據。市內的亞斯納古拉修道院有珍貴的壁畫和著名繪畫「琴斯托霍瓦的聖母」，爲天主教聖地。現爲重要的工業城市，有紡織、化工、造紙、食品和鋼鐵工業。人口約259,500（1996）。

D-Day 攻擊發動日 ➡ Normandy Campaign

da Gama, Vasco ➡ Gama, Vasco da

Da Nang 峴港 舊稱Tourane。越南中部港市，人口約383,000（1992）。西元1787年割讓給法國，1858年後成爲不受越南法律管轄的法租界。1954年南、北越分治後，地位日益重要。越戰期間，美軍在此建立基地。港口爲優良的深水港，製造業包括紡織和機械業。

Da Ponte, Lorenzo＊ 達・蓬特（西元1749～1838年） 原名Emmanuele Conegliano。義大利詩人和歌劇的歌詞作者。1779年僑居維也納，成爲約瑟夫二世皇帝的宮廷詩人，爲許多音樂家撰寫歌詞。1783年與莫札特相識，爲他寫了三部著名歌劇的歌詞：《費加洛的婚禮》（1786）、《唐・喬凡尼》（1787）、《女人皆如此》（1790）。他的成就在於能夠賦予舊的題材以新的生命，並且把悲劇成分和喜劇成分交織在一起。1791年宮廷陰謀迫使他離開維也納，1805年定居紐約，在哥倫比亞學院教書。著有多彩多姿的《回憶錄》（1823～1827），並在紐約協助建立了義大利歌劇的地位。

da Sangallo the Younger, Antonio (Giamberti)＊ 小達・桑迦洛（西元1483～1546年） 義大利建築師。是建築師朱利亞諾・達・桑迦洛（1445?～1516）和老安東尼奧・達・桑迦洛（1455～1535）的侄子。一生大都花在聖彼得大教堂的建造，剛開始時是布拉曼特的助手，1520年升任總建築師。還建有法爾內塞府邸（1534～1546），這是一座佛羅倫斯風格的城堡式建築，直到19世紀仍有很大的影響。他所作的聖彼得大教堂木製模型（1539～1546）現仍陳列在梵諦岡博物館中。

Da xue 大學 亦拼作Ta hsueh。（英語作「博大之學」〔Great Learning〕）一篇簡短的中國文章，咸信其作者爲孔子與其門徒曾子。幾世紀以來〈大學〉原本只是《禮記》（參閱Five Classics）的一章。當〈大學〉納入《四書》出版後，聲譽大增。這篇文章敘述世界和平並非不可能達到，只要統治者先妥善治理自己的國家；但他必須先使其家門井然有序，才能達成這個目標；而治家又要求個人必須具備品德。朱熹在〈大學〉的序言中闡述，該篇文章是提供個人發展的途徑，指導每一個人培養良善、公正、品行端正與智慧。

Da Yu 大禹 亦拼作Ta Yu。中國傳說的三位皇帝之一，被認爲是夏朝的創建者。大禹在世期間爲疏浚河流付出艱苦的勞動，他將河流導入大海，讓世界更適合人居住。亦請參閱Shun、Yao。

dabbling duck 鑽水鴨 約四十三種屬於水面覓食族的鴨類，其中有38種是鴨屬。分布全世界，主要在內陸水域，最常見於北半球溫帶地區。遷徙習性強，鴨族包括一些世界上最好的獵禽：綠嘴黑鴨、赤膀鴨、綠頭鴨、白眉鴨、針尾鴨（可能是世界上數量最多的水鳥）、琵嘴鴨、水鴨、赤頸鴨等。在淺水攪起水生植物從而食之，很少潛水覓食；也常在海濱覓食種子和昆蟲。喙扁而寬，高漂水上，飛行迅速。雄鴨體型比雌鴨略大，顏色亦較鮮豔。

普通針尾鴨（*Anas acuta*）
Lawrence E. Naylor, The National Audobon Society/Photo Researchers

Dabrowska, Maria＊ 東布羅夫斯卡（西元1889～1965年） 亦作Maria Dombrowska。婚前名Marja Szumska。波蘭女作家和文學評論家。早年曾在歐洲各國生活和讀書。以描寫近代波蘭的宏偉記事小說《黑夜與白晝》（4卷；1932～1934）知名，該書描述一個家庭故事，以不確定環境中人的發展潛力爲主題。她還出版過四部短篇小說，幾本劇作、隨筆（包括一系列評論康拉德的文章），以及翻譯作品（包括丕普斯的日記）。一生積極參與政治、社會事務，雖曾抗議共產黨政府的審查制度，但死後受到國葬的禮遇。

Dacca ➡ Dhaka

dace 小代斯魚 多種細長而活躍的小型鯉科淡水魚的俗稱。在英格蘭和歐洲，「dace」一名專指雅羅魚，與歐鰱近緣。雅羅魚常棲息於溪流及江河中；頭頗小，體呈銀白色，一般體長10～12吋（25～30公分），重1～1.5磅（0.5～0.7公斤）。群聚生活，以動物和植物爲食。是良好的餌魚和垂釣魚，但食用價值不高。在北美，「dace」一詞用於多種鯉科小魚，主要產於美國中部和南部的溪流和沼澤。

Dachau＊ 達豪 德國第一個納粹集中營，於1933年建立，是其他所有由近衛隊（SS）所組織的集中營的典範和訓練中心。在第二次世界大戰期間，除了主營以外，還有約一百五十個支營分散於德國南部和奧地利，統稱達豪集中營。它是第一個、也是最重要的一個設立實驗室以犯人做醫學試驗的集中營。雖然它原本不是設計爲滅絕營，但這些人體實驗和惡劣的生活環境使它成爲最惡名昭彰的集中營之一。

dachshund＊ 臘腸狗；獵獾狗 在德國用獵犬和㹴雜交培育的狗品種，用以深入巢穴獵獾（badger，德語爲Dachs）。活潑，身體長，胸部深，腿短，嘴尖，耳長，通常爲紅棕色或黑、黃褐相間。有兩種體型：標準型和小型。有三種不同的被毛：平滑被毛、長被毛和捲曲被毛。標準型體高7～10吋（18～25公分），體重約16～32磅（5.5～10公斤）。小型者較矮，體重9磅（4公斤）以下。

Dacia＊ 達契亞 中歐古地區，大約相當於現在的羅馬尼亞。已知最早的居民是屬色雷斯族的蓋塔人和達契亞人。以盛產銀、鐵和金礦聞名，原本與羅馬人對峙了兩世紀之久，西元107年此區成爲羅馬帝國省份。270年被放棄給哥德人，最後被分爲瓦拉幾亞和摩達維亞兩公國。

Dada＊ 達達主義 西元1916年起源於蘇黎世的一種虛無主義藝術運動，而後在20世紀初盛行於紐約、柏林、科隆、巴黎以及漢諾威等地。「dada」這個名詞的法語意爲「木馬」，是由一群青年藝術家以一種隨機的方式選用的，藉以象徵他們對不合邏輯與荒誕之事物的強調，源出於對資產階級價值觀念的憎恨及對第一次世界大戰的絕望，這些人包括阿爾普、杜象、曼雷和皮卡比阿等。原型達達主義的表現形式是無意義的詩和運用一些現成物品。它對20世紀的藝術產生了深遠的影響，其追求偶然性和隨機性的創作技巧後來爲超現實主義、抽象表現主義、觀念藝術和普普藝術所採用。

Daddi, Bernardo＊ 達迪（約活躍於西元1320～1348年） 義大利畫家。他在老師喬托去世後成爲佛羅倫斯的主要畫家。他開設一家忙碌的工作坊，專門繪製小型宗教鑲板畫和祭壇畫。作品包括奧涅桑蒂禮拜堂的三聯畫（1328）

和多聯畫《八聖徒釘死於十字架》（1348）。他的風格融合了喬托的莊嚴與錫耶納藝術的明亮色彩，呈現聖母的微笑，以及色彩豐富的花朵、柔軟的服飾質地，主導了整個14世紀的佛羅倫斯繪畫風格。

daddy longlegs　長腳爺叔　亦稱收割蛛（harvestman）或盲蛛。蜘蛛綱盲蛛目三千四百種節肢動物的俗名。與蜘蛛不同之處爲足極細長；身軀球形或卵形，並無一細縊部將其分爲兩部分。體長0.05～1吋（1～22公釐），足細長，可爲體長的二十倍。雄體較雌體小，成體有一對腺體，可分泌臭味的液體。分布廣泛，溫帶和熱帶地區均可見。美國和加拿大有約一百五十種。長腳爺叔食小昆蟲、蟎、蜘蛛、腐肉和植物。亦請參閱crane fly。

長腳爺叔
E. S. Ross

dado＊　座身；牆裙　古典建築中，柱子底座中段的平面部分，上爲座頂，下爲座底。後來也指牆面離地面2～3呎（60～90公分）高的護牆，俗稱牆裙。西元16～18世紀時，內牆也採用這種裝飾，有時用木護牆板或油漆，有時只在適當高度做一橫條。

Dadra and Nagar Haveli＊　達德拉－納加爾哈維利　印度西部的中央直轄區，人口約153,000（1994），位於古吉拉特邦與馬哈拉施特拉邦之間，首邑爲錫爾瓦薩。部分地區爲森林覆蓋，其餘用於耕種和放牧。工業不甚發達。1783～1785年期間此地區受葡萄牙人控制。1954年當地居民發起要求自由運動，迫使葡人放棄控制權，將此地區歸還印度。1961年成爲中央直轄區。居民主要爲印度人。

Daedalic sculpture　代達羅斯雕刻　亦作Daidalic sculpture。一種人物雕刻類型，古希臘人認爲是由傳說中的藝術家代達羅斯所創，與克里特青銅時代及希臘古風時期早期雕刻風格有關係。代達羅斯雕刻顯現出東方的影響：頭髮像假髮，眼睛很大，鼻子突出。女像的軀體富有曲線，腰部較高，衣著輪廓模糊。此種風格見於小塑像、泥雕板和花瓶浮雕。

Daedalus＊　代達羅斯　希臘神話中，一位傑出的建築師、雕刻家和發明家。據說，曾爲克里特國王米諾斯建造迷宮，裡面放置一隻怪物彌諾陶洛斯。他與國王反目成仇後，被囚禁起來。他偷偷做了翅膀，企圖和兒子伊卡洛斯一起逃往西西里。但伊卡洛斯不聽父親的警告，飛離太陽過近，結果用來把羽毛固定在翅膀上的蠟被熔化，掉入海裡淹死。

daemon ➠ demon

daffodil　黃水仙　亦稱普通黃水仙（common daffodil）或喇叭水仙（trumpet narcissus）。水仙屬具鱗莖的顯花植物，學名Narcissus pseudonarcissus。原產於北歐，在該處及北美廣泛栽培。植株高可達16吋（41公分）左右。從鱗莖上生出五或六片葉，長約12吋（30公分）。莖上生一朵喇叭形黃色大花。品種多，親本爲黃色，而變種有各種顏色，是黃水仙極受歡迎的原因。

Dafydd ap Llywelyn ➠ David ap Llywelyn

Dagan＊　大袞　西閃米特人所信奉的農業豐產神，是巴力之父。相傳犁是大袞所創造。在沙姆拉角有一重要的大袞廟，巴勒斯坦也有幾處大袞廟（在該地大袞是非利士之神）。雖然到了西元前1500年左右巴力成爲植物之神，大袞在沙姆拉角的地位仍僅次於厄勒。

Dagda＊　達格達　亦稱Eochaid Ollathair。愛爾蘭神話中，達努神族的領袖，三位布里吉特和馬波諾斯的父親。他的名字意思是「好神明」，是指他神通廣大而不是指他的道德品格。達格達對食物和性有極大的胃口，可能跟豐收有關。擁有取之不盡的神釜，還有一根既能致人於死地、又能起死回生的巨棒。

Dagobert I＊　達戈貝爾特一世（西元605～639年）　法蘭克王國梅羅文加王朝最後一位統治著政治上統一的領地的國王。他於西元623年成爲奧斯特拉西亞國王，629年成爲整個法蘭克領地的國王。他曾與拜占庭皇帝簽訂友好條約，打敗加斯科涅人和布列塔尼人，在東部邊境征伐斯拉夫人。西元631年曾派軍進入西班牙，支持西哥德人篡位者。後來把首都從奧斯特拉西亞遷到巴黎。634年立其子爲奧斯特拉西亞國王。他還修訂法蘭克法律，贊助文藝，創建了宏偉的聖丹尼斯大教堂。

Daguerre, Louis-Jacques-Mandé＊　達蓋爾（西元1787～1851年）　法國發明家。原爲歌劇舞台背景畫家，1822年在巴黎開辦了一個「西洋鏡」展出，是一種用燈光的變化產生各種效果的畫片展覽。1826年，尼埃普斯得知達蓋爾利用陽光以獲得永久影像的實驗，而後兩人合作發展尼埃普斯的陽光照相法，直到1833年尼埃普斯去世。達蓋爾繼續進行實驗後發現，如果將碘化銀板置於相機中曝光，再將板上潛在的影像加以顯影和定影，就可以獲得永久的影像。1839年，他的達蓋爾式照相法在法國科學學會發表。

daguerreotype＊　達蓋爾式照相法　亦稱銀版照相，世界上第一種成功的攝影方法。以達蓋爾命名，他與尼埃普斯合作發明了此項技術。他們發現如果讓一塊塗有碘化銀的銅版在照相機中曝光，然後熏以水銀蒸氣，並用普通食鹽溶液定影，就能形成永久性的影像。1837年產生了第一次達蓋爾式影像，不過當時尼埃普斯已過世，所以這種攝影方法就以達蓋爾的姓氏命名。19世紀中期，有大量的達蓋爾式影像，特別是肖像攝影。此種技術逐漸被1851年出現的濕版膠棉攝影術所取代。

Dahl, Roald＊　達爾（西元1916～1990年）　英國作家。第二次世界大戰期間曾擔任戰鬥機駕駛員，後來受小說家福雷斯特的鼓勵，寫下服役時的冒險戰鬥經歷，並在《星期六晚郵報》上發表。短篇小說集《像你一樣的人》（1953）非常暢銷；後來的小說多在《紐約客》發表，題材怪誕或含有超自然意味。最受歡迎的兒童讀物《詹姆斯與大巨桃》（1961）和《查理與巧克力工廠》（1964）曾被拍成電影。

dahlia＊　大麗花屬　菊科的一屬，約十二～二十種，具塊根的草本植物，原產於墨西哥高原及中美洲。葉全裂、半裂或齒裂。約有六種被培育爲觀賞種。野生種的頭狀花序具盤花和邊花，但觀賞種的多數品種（如常見的大麗花）有短的邊花。花色有白、黃、紅、紫等。

Dahmer, Jeffrey　達默（西元1960～1994年）　美國連續殺人犯。他於1992年坦承犯下殺害、肢解、有時甚至噬食十六名年輕男子的罪行，行兇地點主要是在他位於密爾瓦基的住處附近。他自1978年殺了一名搭便車的年輕人之後，便開始了殺人的行徑。其中一些恐怖駭人的細節，例如他的冰箱塞滿了肢解的身體，成了全球性的新聞。他訴諸心神喪失的辯解遭陪審團駁回，並被判刑監禁936年。他在1994年被另一個受刑人以亂棍打死。

Dahomey 達荷美 ➠ Benin

Dahomey kingdom　達荷美　西元18～19世紀在今貝寧中部地區一度興盛的西非王國。原稱阿波美王國，後來征服了鄰近的阿拉達（1724）王國和維達（1727）王國，從此改稱達荷美王國。此王國以向歐洲人販賣奴隸致富，在蓋佐（1818～1858）統治下達到鼎盛，並脫離奧約帝國的控制。社會嚴格劃分爲王族、平民和奴隸等階層；國王的意志透過中央集權式的官僚體系來執行。爲了擴充疆界和掠取俘虜以供販賣，整個國家以戰爭爲組織方針，女人和男人一樣都要當兵。1840年代以後，由於禁止奴隸貿易，達荷美王國開始出口棕櫚油，但利潤減少許多，經濟日益衰退。1892年法國遠征達荷美，自此成爲法國的殖民地。

Dahshur＊　代赫舒爾　埃及古金字塔遺址。位於尼羅河西岸，鄰近孟斐斯。在五個金字塔中，有兩個是第四王朝國王斯奈夫魯（西元前2575～西元前2551年在位）所建，其中較小的那個金字塔據稱是第一座眞正的金字塔。其餘三個屬第十二王朝（西元前1938～西元前1756年）。這些金字塔附近的陵墓中有很多珠寶首飾，極爲名貴。

代赫舒爾的斯奈夫魯國王金字塔遺址
H. Roger-Viollet

Daidalic sculpture ➠ Daedalic sculpture

Daigak Guksa＊　大覺國師（西元1055～1101年）　高麗佛教僧人，將天台宗（韓語作Ch'ont'ae）教義帶回高麗。他十一歲時出家爲僧，曾在中國研習。回到高麗之後，推廣天台宗的教義，企圖調和高麗兩大宗派「教」（Kyo）宗和禪宗（韓語作Son）。天台宗的引進，促使了禪宗各派重新整合爲曹溪宗，其後，曹溪宗、「教」宗和天台宗即成爲高麗佛教三大宗。大覺國師蒐集並出版了佛教經籍約四千七百五十部，以及一份部派佛教經籍總目。

Daigo, Go- ➠ Go-Daigo

d'Ailly, Pierre ➠ Ailly, Pierre d'

Daimler, Gottlieb (Wilhelm)＊　戴姆勒（西元1834～1900年）　德國汽車發明家。曾受訓爲工程師，1882年與人合創一家引擎製造公司。他於1885年獲得高速內燃機的專利，是最早研發成功的高速內燃機之一，並首度使用汽油引擎來驅動自行車（參閱motorcycle）。陸續的發明終於在1889年造就了一輛可供商業生產的四輪汽車。1890年戴姆勒汽車公司在坎斯塔特成立，該公司於1899年製造了第一批梅塞德斯汽車。1926年與賓士創建的公司合併。亦請參閱DaimlerChrysler AG。

Daimler-Benz AG　戴姆勒－賓士有限公司　德國製造公司。1926年由戴姆勒（Gottlieb Daimler）和賓士（Karl Benz）創辦的兩家汽車公司先驅合併而成。1901年由戴姆勒的公司首先出產的梅塞德斯－賓士（Mercedes-Benz）豪華型轎車仍是戴姆勒－賓士有限公司的主要經濟基礎。該公司還生產重型卡車、巴士、噴射機引擎和機動車輛引擎。第二次世界大戰期間，德國坦克和飛機大多採用它的引擎。1998年戴姆勒－賓士有限公司與克萊斯勒汽車公司（Chrysler Corp.）合併，組成戴姆勒克萊斯勒汽車公司（Daimler Chrysler AG）。

daimyo＊　大名　日本各地最大最具權勢且擁有土地的權貴（約10～19世紀）。這個詞原本指的是控制著各種私人莊園的武士，當時日本被這些「莊園」所分割。後來在14～15世紀，大名是足利幕府之下的地方軍事首長，享有大如一省地區的司法管轄權，然其私有土地相當有限。整個國家陷入內戰狀態之後，大名往往擁有小而鞏固的領地，領地內所有土地都屬於他們自己或他們的家臣。由於不斷爭戰，大名的數量逐漸變少，所控制的領地愈來愈大。西元1603年德川家康完成日本統一時，約有兩百個大名歸於德川霸權。德川幕府時代，大名在國內三個地區任地方統治者。在明治維新後，原來的大名便成爲定居東京領取恩俸的貴族。亦請參閱han。

Dainan ➠ T'ai-nan

Dairen ➠ Dalian

dairy farming　乳品業　動物飼養業的一種形式，飼養哺乳動物（主要是母牛）來生產乳汁及其加工製品（包括奶油、乳酪和冰淇淋）。雖然古代很早以前就有飼養家牛、山羊和綿羊來生產乳製品，但現代的乳品業是從過去好幾百年的科技發展而來：加工的製造廠系統；無菌儲存；冷凍、快速交通工具和鋪設公路；以及使用巴氏殺菌法、實施食物安全法。優良的乳牛品種包括好斯敦牛、根西牛、澤西牛、亞爾夏牛和瑞士褐牛。

daisy　雛菊　菊科數種庭園植物的統稱，特別是指牛眼雛菊和英國雛菊（又稱眞雛菊）。兩者皆原產於歐洲，但在美國已成常見的野生植物。這兩種和其他稱爲雛菊的植物，特徵是頭狀花序，由15～30朵白色的邊花圍繞一朵鮮黃色的盤花而組成。栽培的沙斯塔雛菊，似牛眼雛菊，但頭花較大。英國雛菊常用作花壇植物。

Dakar＊　達卡　塞內加爾首都，人口：785,000；大達卡都會區人口：1,869,000（1994）。非洲西岸主要海港之一，位於甘比亞河和塞內加爾河兩河河口之間的中途處。1857年由法國人建立，1885年西非第一條鐵路聖路易－達卡鐵路的通車，刺激了達卡的發展。1902年成爲法屬西非的首都，1960年成爲塞內加爾的首都。該市是熱帶非洲主要的工業和服務中心之一。達卡有人種誌學和考古學博物館，附近的戈雷有海洋博物館和歷史博物館。

Dakota 達科他人 ➠ Sioux

Dakota River 達科他河 ➠ James River

Dal River　達爾河　瑞典中南部河流。由東達爾河和西達爾河匯聚而成，從山區沿挪威邊界向東南流約325哩（520公里），最後注入波的尼亞灣。

Daladier, Édouard＊　達拉第（西元1884～1970年）　法國政治人物。1919年以激進黨員身分當選眾議員，後來歷任各種部長職務。1933年和1934年兩次短暫組閣。擔任總理時（1938～1940），爲避免戰爭而與德國簽定《慕尼黑協定》。第二次世界大戰法國被德國攻陷後被逮捕，被德國人囚禁至1945年。戰後重返眾議院（1946～1958）。

Dalai Lama＊　達賴喇嘛　藏傳佛教中居主導地位的格魯派領袖。達賴喇嘛世系中的第一世是根敦主（1391～1475），他是西藏中部一間寺院的創建人。其繼承者被視爲是他的靈魂轉世，因此如他一般，爲觀世音菩薩的化身。該教派的第二世領袖在拉薩附近建立了哲蚌寺爲其主要駐地，第三世則受阿勒坦汗封爲「達賴」（意爲海洋）的頭銜。第五世羅桑嘉措（1617～1682），奠立格魯派超越其他教派的優越地位。第十三世達賴喇嘛土丹嘉措（1875～1933），於1912年逐出在西藏的漢人後，掌握世俗與宗教上的權力。第十四世，即現任的達賴喇嘛，丹增嘉措（1935～），於1940年坐床。中國自1950年起占領西藏，丹增嘉措在反抗中國的叛亂失敗後，於1959年率領十萬名追隨者，逃出西藏。他的流亡政府位於印度的達蘭特爾姆薩拉。達賴喇嘛廣受世人崇敬，1989年獲頒諾貝爾和平獎，表彰他提倡以非暴力運動來終結中國對西藏的控制。

d'Alembert, Jean Le R. ➟ Alembert, Jean Le Rond d'

Daley, Richard J(oseph)　戴利（西元1902～1976年） 美國政治人物，芝加哥市市長（1955～1976）。原爲芝加哥律師，當選市長之前，曾擔任州稅務官員（1948～1950）和庫克郡書記（1950～1955）。擔任市長期間，他推動都市重建和公路建設工程，並對警察部門作了徹底改革，但也在許多方面受到批評，例如他無意制止住宅和公立學校的種族隔離現象、鼓勵在市中心區興建摩天大樓、1968年民主黨全國大會期間對示威者採取干涉行動。他透過獎賜公職予支持者而牢牢地控制市政，因此被稱爲「芝加哥最大的老闆」。當政的最後幾年，由於手下的許多醜聞使其聲譽受損。1989年戴利的長子理查（1942～）當選爲芝加哥市長。

Dalhousie, Marquess of＊　達爾豪西（西元1812～1860年） 原名James Andrew Broun Ramsay。英國駐印度總督（1847～1856）。1837年進入議會，1845年擔任商務部大臣，以行政效率高而出名。擔任印度總督期間，以軟硬兼施的手段取得大批領土。雖說他將印度各獨立省份一一兼併，奠定了現代印度的行政區劃基礎，但最大的成就是將這些省份融合爲一個現代的集權國家。他還開發了現代化的交通運輸系統，展開社會改革。1856年離開印度，但有人認爲他那備受爭議的兼併政策是印度叛變（1857）的原因之一。

達爾豪西，油畫，瓦森－戈登爵士（Sir John Watson-Gordon）繪於1847年；現藏倫敦國立肖像畫陳列館
By courtesy of the National Portrait Gallery, London

Dalhousie University　達爾豪西大學 位於加拿大新斯科舍省哈利法克斯的一所私立大學。1818年由新斯科舍副總督達爾豪西第九伯爵創建達爾豪西學院，1863年升爲大學。該大學設有人文藝術、科學、管理、建築、工程、電腦科學、法律、醫學、牙醫、衛生專業等學院和研究所。學生總數約13,000人。

Dalí (y Domenech), Salvador (Felipe Jacinto)＊ 達利（西元1904～1989年） 西班牙畫家、雕刻家、版畫家和設計家。曾在馬德里和巴塞隆納求學，後來遷居巴黎。1920年代末期，拜讀了弗洛伊德關於潛意識意象的性意含的著作後，他加入超現實主義者的行列當中（參閱Surrealism）。他的畫所描繪的夢境中，以一種怪誕的方式，將畫得甚爲逼眞的普通物件並置、扭曲或者變形。在他最有名的畫作《記憶守恆》（1931）裡，幾只柔軟的錶在神祕古怪的風景中融化。達利還與布紐爾共同製作兩部超現實主義影片：《安達魯之犬》（1928）和《黃金時代》（1930）。由於達利的繪畫轉趨學院派風格因而被超現實主義運動除名，此後，他開始設計舞台布景、珠寶飾物、室內裝潢和書籍插畫。其淺顯易懂的藝術——以及他一生刻意營造的一種標新立異、喜出風頭和華麗的風格所招致的公衆知名度——使他十分富有。

〈原子達利〉（Dali Atomicus），又稱〈達利與一切東西都懸浮在空中〉，哈斯曼（Philippe Halsman）攝於1948年
©Philippe Halsman

Dalian　大連 亦拼作Ta-lien。亦稱旅大（Lüda、Lü-ta）。日語以及慣稱爲Dairen。中國遼寧省城市（1999年人口約2,000,444），遼東半島上的深水港。1898年成爲俄國的租界地，並設爲自由港，1899年成爲西伯利亞大鐵路的終點站。日本在1904年的日俄戰爭中占領大連；1905年的條約明訂將俄國的租借權轉讓給日本。1906年再度成爲自由港。1945年蘇聯軍隊奪取這座城市，但根據一份中蘇條約，其主權仍歸屬中國，唯蘇聯軍隊擁有優先使用該港口的權利。1955年蘇聯撤離守軍。大連的工業包括漁業、造船、煉油以及機車、機床、紡織和化工等製造業。

Dallapiccola, Luigi＊　達拉皮科拉（西元1904～1975年） 義大利作曲家。原本受德布西音樂的影響，後來則受到荀白克的強烈影響，並成爲義大利傑出的十二音作曲家。其作品《囚徒之歌》（1941）和《囚犯》（1948），皆源自於法西斯主義所帶來的經驗。他的聲樂作品被公認爲最有演出效果。其他重要作品包括《夜間飛行》（1939）、《約伯》（1950）、《尤里西斯》（1968）等歌劇；《三首頌歌》（1937）、《希臘詩歌》（1942～1945）等聲樂作品；以及鋼琴曲集《安娜麗倍拉的音樂筆記》（1952）。

Dallas　達拉斯 美國德州北部城市，人口約1,053,000（1996）。臨特里尼蒂河，1841年開始有人定居，可能是以達拉斯之名來命名。最初達拉斯的成長全仰賴棉花，1930年發現東德克薩斯大油田後，該市變成石油業重鎮。第二次世界大戰後出現驚人的成長，因爲一些大型的飛機製造公司設置於此區。後來電子工廠和汽車裝配廠接踵而至。現在約有一百多家保險公司將總部設於此市，是美國西南部的主要金融中心，同時也是交通樞紐。教育機構包括南方衛理公會大學（成立於1911年）等多所院校。該市以文化活動著稱，達拉斯戲劇中心是著名建築師萊特所設計的唯一一家劇院。

Dallas, George Mifflin　達拉斯（西元1792～1864年） 美國政治人物。出生於費城，其父爲亞歷山大・達拉斯（1814～1816年曾任財政部長）。1831～1833年任美國參議員，1835～1839年任駐俄國公使。1845～1849年在波克總統任內擔任副總統職位。1856～1861年任駐英國公使，使英國宣佈放棄自稱可搜索公海船隻的權利。德州的達拉斯市是以他的名字命名。

Dalmatia＊　達爾馬提亞　塞爾維亞－克羅埃西亞語作Dalmacija。克羅埃西亞的一個區，包括中部沿海地帶和沿亞得里亞海的一系列島嶼。第拿里阿爾卑斯山脈從內部把達爾馬提亞一分爲二。由於風景優美，觀光業已是該地區的主要經濟來源；杜布羅夫尼克和斯普利特爲地中海熱門旅遊地。伊利里亞人約自西元前1000年占領此區，西元前4世紀起爲希臘人殖民地，西元2～5世紀爲羅馬人控制。1420年受威尼斯人統治，拿破崙垮台後，落入奧地利手中。1920年達爾馬提亞大部分地區被畫歸南斯拉夫。第二次世界大戰期間爲義大利所吞併，1947年歸還南斯拉夫，成爲克羅埃西亞共和國的一部分。

dalmatian　達爾馬提亞狗　亦稱大麥町。以亞得里亞海岸達爾馬提亞地區而得名的狗品種，已知最早見於達爾馬提亞。此一品種原產於何時何地並不清楚。用於放哨、軍事、消防、狩獵、牧羊和表演馬戲；不過最知名的用途是拖車犬，伴行於馬車旁以提供保護。體壯，被毛短，白色帶深色斑點。體高19～23吋（48～58.5公分），體重50～55磅（23～25公斤），性情安穩友善。

Dalriada＊　達爾里阿達　愛爾蘭東北部古王國。至少自西元5世紀起就已存在，包括現在北愛爾蘭的安特里姆郡北部、蘇格蘭的內赫布里底群島和阿蓋爾。較早時，阿蓋爾來了一批叫做蘇格特人的北愛爾蘭部族，而成爲一個愛爾蘭地區（也就是蘇格蘭地區）。5世紀後半葉，愛爾蘭部分的統治家族渡海至蘇格蘭部分。愛爾蘭部分漸趨衰落，而蘇格蘭部分則繼續擴大。西元9世紀中葉，達爾里阿達收服匹克特人。此後，該地區稱爲蘇格蘭。

Dalton, John　道耳吞（西元1766～1844年）　英國化學家和物理學家。一生大半奉獻在私人教學和研究上。他研究氣體，從而提出道耳吞定律（參閱gas laws）。他還發明了化學符號系統，確定了相對原子量，並製成最早的原子量表。道耳吞並創立了原子論，認爲一切元素都是由微小、不可分割的粒子所組成，稱之爲原子，它們大小一致，有相同的原子量，因而把化學提升爲一門定量科學。他也是第一個描述色盲的人（1794），並終生研究氣象學，對每天的氣候變化作紀錄，共有二十萬個數據。被視爲現代物理科學之父。

道耳吞，版畫：沃辛頓（W. Worthington）據艾倫（William Allen）之肖像畫於1814年複製
By courtesy of the trustees of the British Museum;photograph, J. R. Freeman & Co., Ltd.

Dalton brothers　道耳吞兄弟　美國罪犯。可能生於密蘇里州凱斯郡，道耳吞兄弟最初都在奧克拉荷馬州當牛仔，1889年左右開始偷盜馬匹。1890～1891年結夥搶劫賭場、火車和銀行。1892年包伯、格萊特、埃米特兄弟三人夥同其他二個搶匪騎馬到堪薩斯州科菲維爾城搶劫銀行。有人認出他們，維持治安的公民向他們開槍，除埃米特一人受傷被囚禁十四年外，其餘均當場被擊斃。而排行老四的比爾則在這之前已回去奧克拉荷馬州，後來另組匪幫，1894年在家中陪女兒玩耍時被警察擊斃。

Daly River　戴利河　澳大利亞北部地方西北部河流。由三條小河匯流而成，從安恆地區以西山丘流入帝汶海的安森灣。全長約200哩（320公里）。谷地能種植花生和煙草。1865年歐洲人第一次在此開發。感潮河口以上75哩（115公里）可通航。

dam　水壩　橫亙於江河或海灣上的擋水建築，旨在解決人類生活、生產用水的需要，並具有防洪、發電、改善航運條件等作用。文獻記載中最早的水壩是西元前2900年埃及人在尼羅河上建造的一座高49呎（15公尺）的砌石壩。現代水壩多是用填土、填石塊、磚石或混凝土建成。填土壩通常是橫跨寬闊的河流來攔蓄水，如埃及的亞斯文高壩，其側面看起來是一個廣底三角形。混凝土壩可分爲幾種形式：重力壩是靠本身重量抵擋水的水平推力。混凝土扶垛式水壩的迎水面大約傾斜25～45度，以使水的推力向壩基傾斜。扶壩較高，因此也較寬。用拱將各扶垛的突出部分作剛性連接就形成了多拱水壩。拱壩是面向水庫建成的一種彎曲的薄殼結構，水的側向壓力被傳到河的兩岸。這種壩有極大的蓄水力，但只適宜建在有堅固岩石的良好地段上，如胡佛水壩。

damages　損害賠償　在法律上，指由他人的過失所造成的損失或傷害的金錢賠償。要求損害賠償是大多數民事訴訟的目標。在人身傷害或其他侵權行爲案件中的損害賠償理論是，應當使被害方處在如果未發生傷害時所處的境地，只要金錢賠償能做到這一點就要這樣做。在因違約提起的訴訟中，損害賠償的理論上的目標是使被傷害的締約方得到如果契約實際履行時他應當享有的利益。除賠償直接損失外，還有意外損害賠償和懲罰性（又稱爲懲戒性）損害賠償這兩種類型。

Daman and Diu　達曼－第烏　印度西海岸一中央直轄區，人口約158,059（2001）。首府達曼，人口約26,900（1991）。該中央直轄區包括兩個互相遠離的縣，達曼縣在孟買北面的古吉拉特邦海岸；另一縣爲第烏島，在古吉拉特邦的卡提阿瓦半島南部海岸近海。達曼和第烏原爲葡萄牙屬地，1962年歸印度所有。達曼－第烏居民絕大多數是印度人，主要經濟活動是農業和漁業。

Damaraland＊　達馬拉蘭　那米比亞中北部歷史區。西、東在那米比沙漠和喀拉哈里沙漠之間，北、南在奧萬博蘭和大納馬夸蘭之間；以文豪克爲中心。該區主要爲草原，適於發展牧業。1791年始有歐洲人到此，至20世紀已取代了當地的原住民，並收刮了他們的牲畜。

Damascus＊　大馬士革　阿拉伯語作Dimashq。法語作Damas。敘利亞首都及最大城市，人口約1,550,000（1994）。爲敘利亞西南部一個綠洲。靠近前黎巴嫩山脈山腳的沙漠，自古以來一直是重要的中心地點。素有「東方珍珠」之稱，西元前第四千紀即有人定居於此，許多學者認爲它是世界上最古老的城市。西元前15世紀在埃及碑文中首見記載，而《聖經》上稱之爲阿拉米人的首都。其後幾個世紀遭人侵略，幾度易手，先後爲亞述人（西元前8世紀）、巴比倫人（西元前7世紀）、波斯人（西元前6世紀）、希臘人（西元前4世紀）、羅馬人（西元前1世紀）所占。西元4世紀末羅馬帝國分裂後，大馬士革成爲拜占庭人重要的軍事前哨。635年落入阿拉伯人手中。後來伍麥葉王朝定都於此，因而開始繁榮，宏偉的大清眞寺屹立至今。1516年爲土耳其人所奪，之後四百多年一直屬於鄂圖曼帝國。1920年被法國人占領，最後與敘利亞一起重獲獨立（1946）。如今該市爲繁華的商業中心，設有許多教育和科學機構。

Damascus Document　大馬士革文獻　亦稱札多基特殘卷（Zadokite Fragments）。古代巴勒斯坦地區庫姆蘭地方猶太教艾賽尼派文獻，此派人士在安條克四世迫害他們時（西元前175～西元前164/163年），逃往沙漠。文獻的編纂年代不詳，但不會遲於西元66～70年的猶太人起義，因爲該教派其後即被解散。主要分兩部分，第一部分揭示該派教義，強調忠於上帝與以色列人所立之約以及嚴守安息日等問題，還介紹該派領袖「正義之師」。第二部分列出許多典章，涉及誓約、集會以及新成員的認可與教導。亦請參閱Dead Sea Scrolls。

d'Amboise, Jacques＊　丹波伊斯（西元1934年～） 原名Jacques Joseph Ahearn。紐約市芭蕾舞團舞者及編導（1949～1984），以在表演古典舞角色時剛健有力而聞名。生於麻薩諸塞州德罕，就讀於美國巴蘭欽芭蕾舞學校，十二歲首度登台演出。十五歲加入紐約市芭蕾舞團。1950年代～1970年代在《西部交響樂》（1954）、《星條旗》（1958）和《誰在乎？》（1970）等舞劇中創造過許多重要的角色，成為具有高度技巧的性格舞蹈家。他也在百老匯的音樂劇中表演。後來創辦非營利性的國家舞蹈研究所，旨在為更多的公立學校教授舞蹈課。

Dames, Paix des　夫人和約 ➠ Cambrai, Treaty of

Damião, Frei＊　達米歐（西元1898～1997年） 原名Pio Gianotti。義大利裔巴西修士。十六歲時成為嘉布遣會的修士，後來前往羅馬學習研究。1931年，他被差派到巴西，此後餘生都在貧苦的東北區活動。他的觸摸或祈禱，可以減輕痛苦與治療疾病，因為此一神奇能力，他很快就聲名大噪。在教義上達米歐持保守態度，使得他與當地支持解放神學的左派神父格格不入。在他死後，佩特羅利納的主教開始進行讓他接受宣福的程序。

Damien, Father＊　達米安（西元1840～1889年） 原名Joseph de Veuster。比利時天主教司鐸。於1858年加入耶穌和瑪利亞聖心會，1863年到桑威奇群島（即夏威夷群島）傳教，1864年正式成為神父。1873年他自願到莫洛凱島去照顧痲瘋患者。他在那裡身兼醫生和神職工作，使當地的生活環境大為改善，並建立兩家孤兒院。1884年他也染上痲瘋，但因不想離開工作崗位接受醫療而在五年後去世。

Damocles＊　達摩克里斯（活動時期西元前4世紀） 西西里島敘拉古僭主狄奧尼修斯一世的朝臣。據說達摩克里斯善於歌功頌德，當他盛讚僭主洪福齊天時，狄奧尼修斯安排盛宴，邀他入座，而在他頭頂上用細線懸掛一把出鞘的寶劍，以此表示大權在握的人往往朝不保夕，正如達摩克里斯當前的處境一樣。

Damodar River＊　達莫德爾河 印度東北部河流。發源於比哈爾邦的焦達那格浦爾高原，向東流368哩（592公里），經西孟加拉邦注入加爾各答西南的胡格利河。達莫德爾河谷有印度最重要的煤礦與雲母礦，現今是工業發達的地區。

Dampier, William　丹皮爾（西元1651～1715年） 英國海盜和探險家。早年加入海盜劫掠行動，主要在南美洲西部沿岸和太平洋活動。1697年出版一本頗受人喜愛的書《環球航行》。1699～1701年為英國海軍部在澳大利亞、新幾內亞和新不列顛沿海地區探險。因手段殘酷，曾被軍事法庭審判，但後來又領導一次私掠船遠征南海（1703～1707）。他對自然現象觀察敏銳，他的航海日誌中有一篇歐洲人對颱風的最早記載。

damping　阻尼 物理學中，指因能量耗散使振盪、噪音、交流電之類的振動所受到的遏制。盪鞦韆的小孩除非不停地屈伸，否則鞦韆的運動就會因阻尼而停止；阻尼藉空氣的摩擦會阻撓運動並移除系統的能量。黏滯阻尼既可因各運動部件間存在液體潤滑作用造成的能量損失而引起，也可因活塞迫使液體穿過小孔造成的能量損失而引起，像汽車避震器那樣。滯後阻尼是因運動結構內部本身的能量損失而引起的，有時也稱結構阻尼。其他形式的阻尼包括電阻、輻射阻尼和磁阻尼。

damselfly　豆娘 蜻蜓目束翅亞目昆蟲的通稱，種類多，眼向兩側突出，翅具柄。翅狹窄，膜質，翅脈網狀，靜止時翅沿身體縱軸垂直地立於背上，而不像蜻蜓那樣平展。體纖細，飛行力弱。交配時常排列成串而飛。若蟲生活於水中，腹部末端有三片葉狀的結構，稱為鰓，用以呼吸，又有魚尾似的作用。

華美色蟌（Agrion splendens）
G. I. Bernard－Oxford Scientific Films Ltd.

Damu＊　達穆 美索不達米亞宗教中，蘇美人的草木之神，也是幼發拉底河畔吉爾蘇城的保護神。達穆專司草木生氣之精髓。另一女神亦名達穆，是伊辛的護城女神尼寧辛娜之女，司掌醫療病痛。

Dana, Charles A(nderson)　戴納（西元1819～1897年） 美國新聞工作者。哈佛大學肄業。1841～1846年在烏托邦式的布魯克農場生活，後因不能實現自己的社會理想而離開。1847年到格里利的《紐約論壇報》當編輯，開始積極在報上鼓吹解放奴隸。後來成為全國知名的編輯並成為《紐約太陽報》的股東（1868～1897），在他主持下，《太陽報》受到廣泛稱讚和仿效。曾與黎普列合編《美國新百科辭典》（1857～1863），並編過一本詩選，極受讀者歡迎。還著有《編報藝術》（1895）等書。

Dana, James D(wight)　戴納（西元1813～1895年） 美國卓越的博物學家和地質學家。畢業於耶魯大學，1836年任該校化學與礦物學助教。1838～1842年加入美國南方海洋探險隊，負責地質學和動物學工作。他投稿給《美國科學期刊》的論文刺激了美國地質學的蓬勃發展。他曾探討產生地質現象的物理過程，總結大陸和洋盆的成因與構造、造山作用的性質、火山活動等問題。晚年也開始接受生物演化的觀點，當時達爾文已整理出一個體系。一生對美國地質學貢獻很大，美國地質學在其領導下從收集資料、進行分類發展為成熟的科學。

Dana, Richard Henry＊　戴納（西元1815～1882年） 美國律師和作家。原在哈佛大學讀書，後因視力減退輟學去當水手。後來恢復健康，因而復學。1840年取得律師資格，出版《兩年水手生涯》（1840），該書如實地記述一個普通水手的海上生活，描繪了水手們所受的屈辱，出版後立即獲得成功，並因其逼真的描述而成為一部美國經典之作。1841年出版《海員之友》，這是一本闡明海員的合法權利和義務的權威性指南。他還編有惠頓的學術性著作《國際法原理》（1866），對因逃跑而受逮捕的黑奴給予免費的法律援助。

戴納
By courtesy of the Library of Congress, Washington, D. C.

Danaë＊ 達那厄 希臘傳說中，阿戈斯國王阿克里修斯的女兒。由於神諭警告阿克里修斯將會被女兒生下的孩子殺死，他便將達那厄幽禁在一座塔中。宙斯以一陣黃金雨的形式來探訪她，她便生下了伯修斯。這對母子又被放進一個木箱，連人帶箱被拋入大海，他們漂流到賽瑞福斯島登岸。伯修斯在島上長大，島上的國王波利德克特斯垂涎於達那厄的美色，他設計年輕的英雄去獵殺梅杜莎。後來伯修斯救出了母親，並帶著她回到阿戈斯。

dance 舞蹈 運用肢體動作的一種表達形式，具有節奏、樣式（有時是即興的），而且通常有音樂伴奏。跳舞是最古老的藝術形式之一，存在於每種文化當中，表演舞蹈的目的包括儀式、禮拜、魔術、戲劇、社交，或者純為美感而舞。原始舞蹈通常演變為民族舞蹈，而後又融入16世紀歐洲宮廷的社交舞。芭蕾是從宮廷舞發展而來，因為舞蹈術和技巧方面的革新而變得十分精緻。到了20世紀，現代舞發展出一種表現動作的新型式。亦請參閱allemande、ballroom dance、country dance、courante、gavotte、gigue、hula、jitterbug、landler、mazurka、merengue、minuet、morris dance、pavane、polka、polonaise、quadrille、samba、sarabande、square dance、sword dance、tango、tap dance、waltz。

dance notation 舞譜 舞蹈動作的書面記錄。最早的舞譜出現在15世紀末，當時以字母符號記錄。接下來幾個世紀人們曾經嘗試把舞步描述下來，但一直到1920年代拉班設計出「拉班舞譜」系統之前，都沒有一個結合音樂節奏和舞步的統一系統。1950年代，由魯道夫及瓊・貝尼希所設計的貝尼希系統，或稱作「舞蹈學」，開始為世人所使用。

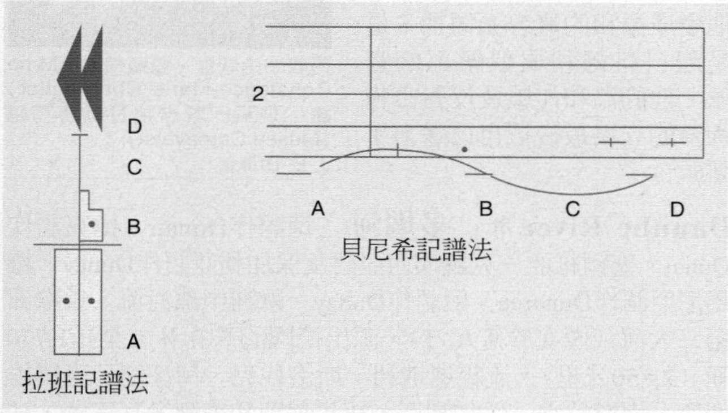

拉班和貝尼希譜法的比較。（A）兩腳併攏站立。（B）右腳往前踏（數一）。（C）跳躍騰空。（D）左腳著地，兩腳併攏，膝蓋彎曲（數二）。

dance of death 死亡之舞 亦作danse macabre或skeleton dance。暗示死亡之不可抗拒和一視同仁的比喻性題材，主要出現於中世紀末期西歐的戲劇、詩歌、音樂和視覺藝術中。用文字或繪畫表現生者與死者同行或共舞，生者依尊卑排列，從教宗、皇帝到兒童、文書和隱士，死者則引領這些人走向墳墓。起源於13世紀末或14世紀初期的詩歌，這些詩歌宣傳人人必有一死，尊卑概無倖免。由於14世紀中期歐洲流行鼠疫，加上百年戰爭，讓人時常面臨死亡的威脅，導致這種題材十分風行。16世紀以後，這種描寫死亡的題材開始衰微，但在19、20世紀的文學和音樂中再度復甦。

dandelion 蒲公英 菊科蒲公英屬多年生草本植物，原產於歐亞，現在已經廣佈於北美溫帶大部份地區。最常見的種類為藥用蒲公英，其底座有座葉；主根深；莖光滑中空；其單生之黃色頭狀花序僅由邊花所構成（非圓盤狀組織花）。果瘦小，簇生成球狀，屬於單種子果實。其嫩葉可食；根可作為咖啡的替代品。

Dandie Dinmont terrier 丹第丁蒙㹴在英格蘭和蘇格蘭邊境地區所培育出的㹴品種，約在西元1700年左右首度被區分為獨立的品種，後來以司各脫的小說《蓋伊・曼納林》（1815）中的一個人物命名。有長而柔和彎曲的身體，腿短，頭大呈半球形狀，頭頂毛髮柔軟光亮並呈冠狀。身體毛髮捲曲，軟硬雜生，呈胡椒色或芥末色。體高8～11吋（20～28公分），體重18～24磅（8～11公斤）。

Dandolo, Enrico＊ 丹多洛（西元1107？～1205年） 威尼斯共和國總督（1192～1205）。出身名門，擔任威尼斯的外交官多年，八十五歲時才當選為總督。他規定總督的權利和職責；修改刑法；公布民事法令彙編（為威尼斯第一部民事法典）；改革幣制，發行銀幣；促進東方貿易。他先後與維羅納和特雷維索（1192）、拜占庭帝國（1199）、阿奎萊亞大主教（1200）、亞美尼亞國王和神聖羅馬帝國皇帝（1201）訂立條約。第四次十字軍東征期間，他向法國貴族提供資金，請十字軍幫助威尼斯占領君士坦丁堡。他是這次十字軍東征的主要組織者，在占領君士坦丁堡以後，由他主持一切事務，極力維護威尼斯的利益。

dandruff 頭皮屑 頭皮的一種皮膚疾病，是一種溫和性的皮膚炎。正常來說，頭皮表層細胞死去就會持續自然脫落，但是當頭皮屑開始間歇性地脫落時，大多數人有時會覺得不快，因它們在脫落前會形成鱗片狀組織，因而在片狀掉落時會很醒目。頭皮屑不會傳染，通常會自動痊癒，用特製洗髮精可加以控制。

Danegeld＊ 丹麥金 在英國史中，指艾思爾萊二世時期（978～1016），盎格魯－撒克遜英格蘭為向丹麥侵略者行賄而徵收的稅金，此詞亦指11～12世紀盎格魯－諾曼國王徵收的賦稅。

Danelaw＊ 丹麥區 在英國史中，指丹麥人所侵占的英格蘭北、中、東部地區。9世紀末，入侵的丹麥軍隊在這裡定居，因在地方法庭實施源自丹麥的習慣法，故名。在丹麥區，現在還殘留許多丹麥地名。

Daniel 但以理（活動時期約西元前6世紀） 《舊約》先知之一，〈但以理書〉的中心人物。此書是用希伯來文、阿拉米文撰寫的合成作品，前六章描述但以理和他在巴比倫的遭遇，包括他陷入獅圈安然脫困、猶太人被投入火爐的故事，以及在伯沙撒擺設盛筵時牆上出現文字等。其餘部分以啓示觀點來看待末世和最後審判的來臨。此書雖有提到西元前6世紀的統治者，但許多學者認為它成書於西元前2世紀前半葉，反映猶太人在塞琉西國王安條克四世統治下所受的迫害情形。但以理的正義形象使他成為受迫害的猶太人社會的典範人物。

Daniel Romanovich＊ 丹尼爾（西元1201～1264年） 別名加利西亞的丹尼爾（Daniel of Galicia）。是加利西亞及沃利尼亞公國的統治者，是中歐東部最有權勢的君主之一。年僅四歲即繼承這兩個公國（位於今波蘭和烏克蘭境內），但覬覦王位者不讓他統治，一直至1221年丹尼爾才開始控制了沃利尼亞，最後在1238年得到加利西亞的控制權。他使國家富強，可是在蒙古人入侵（1240～1241）後，丹尼爾被迫承認可汗的宗主地位。1256年發動叛變反抗蒙古人，暫時把他們逐出沃利尼亞。然而1260年另一支蒙古軍侵入沃利尼亞，迫使丹尼爾臣服。

Daniels, Josephus 丹尼爾斯（西元1862～1948年） 美國外交官，民主黨人。原在北卡羅來納州經營報業，成為有影響的民主黨人。第一次世界大戰時期任海軍部長、外交家。為1912年提名威爾遜為總統候選人而工作過。威爾遜當選後任命他為海軍部長（1913～1921）。1933～1944年任駐墨西哥大使，並成為羅斯福總統的墨西哥問題顧問。

Danilevsky, Nikolay (Yakovlevich)＊ 丹尼列夫斯基（西元1822～1865年） 俄國博物學家和歷史哲學家。他首先提出歷史是一系列不同文明並存的理論。在他所著的《俄羅斯與歐洲》（1869）中，認為俄國和斯拉夫人不必理睬西方，而專心發展自己獨特的文化遺產，即政治上的專制主義。他的思想對俄國思想家有一定影響。

Danilova, Alexandra (Dionisyevna)＊ 丹尼洛娃（西元1904～1997年） 出生在俄國的美國芭蕾舞者和舞蹈老師，將俄羅斯古典芭蕾和俄國現代芭蕾劇目的訓練方法和傳統帶進美國芭蕾。曾在聖彼得堡的俄羅斯帝國芭蕾舞學校和蘇聯國家芭蕾舞學校學舞，當過馬林斯基劇院獨舞舞者。1924年加入俄羅斯芭蕾舞團。1938～1952年成為蒙地卡羅俄羅斯芭蕾舞團首席女舞者，到世界各處巡迴表演。她既能演出從浪漫主義角色到巴蘭欽的抽象劇目角色，又能塑造個性鮮明的人物，因而聞名於世。她在《海神內普通的勝利》、《巴黎人的歡樂》和《天鵝湖》中創造了主要角色。1957年退出舞台，在美國芭蕾學校專心任教（1964～1989）。

丹尼洛娃於《天鵝湖》中的演出
Penguin Photo Collection

Danish language 丹麥語 丹麥的官方語言，屬日耳曼諸語言斯堪的那維亞語的分支。約西元1000年時，脫離和它關係密切的其他斯堪的那維亞語成為獨立語言。現代丹麥語已失去舊有「格」（case）的體系，獲得許多低地德語詞彙，如前綴和後綴。只剩兩個「格」（主格、屬格），兩個「性」（通性和中性）。由於丹麥對整個斯堪的那維亞和冰島所起的巨大政治作用和影響，丹麥語對挪威語、瑞典語和冰島語也有某些影響。

D'Annunzio, Gabriele＊ 鄧南遮（西元1863～1938年） 義大利作家和軍事英雄。曾擔任記者，後來轉向寫詩和小說。其自傳小說《縱情聲色者》（1898）塑造了鄧南遮筆下第一個尼采式充滿激情的超人主角；到他最出色的小說《死的勝利》（1894）問世時，他已是馳名作家。《阿爾奇恩尼》（1904）是他最偉大的詩作，而寫得最成功的劇本是《約里奧的女兒》（1904）。作品特色是自我中心觀點很強，文筆流暢而音韻鏗鏘，以及過分強調感官的歡娛。第一次世界大戰爆發後，竭力敦促義大利參戰。義大利宣戰後，他親自參戰。1919年鄧南遮率領支持者違反「凡爾賽和約」的規定，占據了原本要併入南斯拉夫的阜姆港。他統治該城，猶如一獨裁者。直至1920年義大利軍隊強迫他下台為止。後來成為熱心的法西斯分子。他能言善辯，膽識過人，政治領導能力強，以及緋聞事件不斷（特別是與女演員杜絲），在在使他成為當時最引人矚目的人物。

danse macabre ➠ dance of death

Dante Alighieri＊ 但丁（西元1265～1321年） 義大利詩人。出身佛羅倫斯貴族世家，他的一生都在教宗和皇帝兩派黨羽（即歸爾甫派與吉伯林派）之間的衝突中度過。1302年當敵對的政治派系獲得優勢時，他被逐出佛羅倫斯，流亡在外，此後不再回來。他對比阿特麗斯（卒於1290年）精神上的愛情使生活有了方向，並為她題獻了大部分的詩歌。與卡瓦爾坎蒂的偉大友誼有助於他往後的事業發展。他在《新生》（1293?）的詩中歌頌了比阿特麗斯。在流亡的艱難歲月裡，寫出了：《饗宴》（約1304～1307年）；《論俗語》（1304～1307），第一部關於義大利文學語言的理論性著作；《帝制論》（1313?），論述中世紀政治哲學的重要拉丁論文。他最聞名的作品是畫時代的史詩《神曲》（*The Divine Comedy*，約寫於1310～1314年，原標題僅為*Commedia*），從深刻的基督教觀點來看待人類暫時和永遠的歸宿。這是一部關於普世人類宿命的寓言，形式上，朝聖者由羅馬詩人維吉爾帶領，行經地獄和煉獄，再由比阿特麗斯帶領到天堂。但丁以義大利文而非拉丁文寫作，幾乎隻手使義大利文成為一種文學語言，而他也成為歐洲文學史上的頂尖人物之一。

Danton, Georges (-Jacques)＊ 丹敦（西元1759～1794年） 法國革命領袖。原本在巴黎當開業律師，法國大革命後，創立科德利埃俱樂部（1790），當時和另一政治組織雅各賓俱樂部紅極一時，他不時在兩處發表激動人心的演說。1972年擔任司法部長，1793年4月任救國委員會第一任主席。有效領導政府三個多月後，他開始尋求政治上的妥協和溝通。7月任期過後，沒有再當選為救國委員會委員，他變成溫和的寬容派領袖，這是起自科德利埃俱樂部的黨派。他的溫和作風及反對恐怖統治的立場最後把自己送上了斷頭台。

丹敦，肖像畫，夏龐蒂埃（Mme Constance-Marie Charpentier）繪；現藏巴黎卡那瓦雷博物館（Musee Carnavalet）
J. E. Bulloz

Danube River＊ 多瑙河 德語作Donau。捷克語作Dunaj。塞爾維亞－克羅埃西亞語及保加利亞語作Dunav。羅馬尼亞語作Dunarea。俄語作Dunay。歐洲中部河流。為歐洲第二大河（僅次於窩瓦河），源出德國的黑森林，全長1,770哩（2,850公里），流經奧地利、斯洛伐克、匈牙利、克羅埃西亞、南斯拉夫、保加利亞、羅馬尼亞和摩爾多瓦等國，注入黑海。有許多支流，包括德拉瓦河、提蘇河和薩瓦河等。自古以來一直是中歐到東歐的重要河道，下游是重要的水上運輸管道，上游則是重要的水力發電來源。1948年由沿河岸各國成立一常態機構，以監督河流的使用情形。1970年代在羅馬尼亞的鐵門峽建立了一座大型的水電站。1992年通航的運河從多瑙河畔的克爾海姆連接到美因河的班貝格，使北海和黑海間得以通航。

Danube school 多瑙畫派 16世紀初在雷根斯堡到維也納之間的多瑙河流域發展起來的一種德國風景畫和蝕刻畫傳統。最重要的畫家是阿爾特多費爾和克拉納赫，其他的畫家包括胡貝爾（1485～1553）和大貝律。他們是描繪風景畫的先驅，畫風通常具有濃厚的主觀色彩，並富於表現力。

Danzig 但澤 ➠ Gdansk

dao ➠ tao

Daode jing ➠ Tao-te ching

Daoism ➠ Taoism

Daphne＊　達佛涅　希臘神話中月桂樹的化身。她是一位河神的女兒，過著放牧生活，拒絕所有人的求愛。當阿波羅追求她時，她向大地女神該亞或她的父親求助，於是被變爲月桂樹。阿波羅用月桂樹的樹葉編成花環，後來成爲獎勵詩人的專用樹，在羅馬則成爲慶祝凱旋的樹。

Daphnephoria＊　達弗涅佛里亞節　在希臘宗教中，每九年在維奧蒂亞的底比斯爲阿波羅．伊斯美紐斯神或阿波羅．卡拉齊烏斯神舉行的一次節日。儀式包括遊行和在阿波羅神殿獻上一座青銅三腳祭壇的模擬品。傳說這一節日起源於向底比斯將領波列瑪塔斯顯示的異象，異象告訴他如果制定達弗涅佛里亞節，底比斯人將能在反對埃奧利亞人和佩拉斯吉人的戰爭中取勝。

Dapsang　達普桑峰 ➠ K2

DAR ➠ Daughters of the American Ravolution

Dar es Salaam＊　三蘭港　坦尙尼亞首都、最大的城市和主要港口，人口約1,606,000（1994）。1862年由桑吉巴蘇丹建立。1887年德國的東非公司在此建立錨地，1891～1916年爲德屬東非的首府。1961～1964年爲坦干伊喀首都，後來爲坦尙尼亞首都。現爲工業中心，也是坦尙尼亞輸出農產品和礦產品的主要出口港。設有三蘭港大學（1961）。

Darby, Abraham　達比（西元1678?～1717年）　英國鐵匠。1709年他的布里斯托製鐵公司是第一家用焦炭熔煉鐵礦石成功的公司（參閱smelting）。他所打造的燃燒焦炭的爐子比木炭爐要大得多，在成本和效率上比其優越。而煉出的鐵質地優良，可製成薄鑄件，在製造鐵鍋和其他空心器皿等用途上能成功地與黃銅競爭。他所熔鑄的鐵被應用在紐科門所建造的引擎汽缸、世界第一座鑄鐵橋和第一台高壓鍋爐火車頭。亦請參閱Dud Dudley。

D'Arcy, William Knox　達爾西（西元1849～1917年）　英國商人。在澳州開採金礦賺得一筆財富之後，達爾西於1901年獲得了一份伊朗境內六十年的石油探勘權。這項探勘權在英國政府的援助之下取得，面積廣達130萬平方公里。由於在探勘租界內挖到石油而在1909年創立了英國－波斯石油公司。亦請參閱British Petroleum Co. PLC (BP)。

Dardanelles＊　達達尼爾海峽　古稱赫勒斯滂（Hellespont）。位於歐洲加利波利半島和土耳其的亞洲本土之間的狹長海峽。長38哩（61公里），寬0.75～4哩（1.2～6.4公里），連接愛琴海和馬爾馬拉海。自古以來戰略地位重要，特洛伊以此海峽據守了亞洲這邊領土。西元前480年波斯國王薛西斯一世用船搭橋渡過此峽入侵希臘，亞歷山大大帝於西元前334年出征波斯，也以此法渡過海峽。後來爲拜占庭帝國和鄂圖曼土耳其人控制。達達尼爾海峽因係由黑海進入伊斯坦堡和地中海的門戶，一直具有重要的戰略地位和經濟地位，且具有重要的國際政治意義。亦請參閱Gallipoli。

Dardanelles Campaign　達達尼爾戰役（西元1915～1916年）　亦稱加利波利戰役（Gallipoli Campaign）。第一次世界大戰中，由英國所主導對抗土耳其的一場失敗軍事行動，旨在奪取達達尼爾海峽，並攻占君士坦丁堡（Constantinople，現名伊斯坦堡〔Istanbul〕）。1915年英國政府響應俄國的籲請，爲了減輕俄國人在高加索一線所受的壓力，同意在達達尼爾海峽對土耳其採取海軍行動。由於僅以海軍炮擊並未奏效，英國和紐、澳軍隊於1915年4月登陸加利波利半島，在那裡遭逢凱末爾所率的土耳其人的頑強抵抗。經過六個月的戰鬥，戰事膠著，聯軍很有技巧的在困難重重的情況下撤退。協約國死傷人數約二十五萬人。此一失敗戰役讓人覺得協約國在軍事上很無能。這次軍事冒險的主要支持者邱吉爾因而辭去海軍大臣的職務。

Dare, Virginia　戴爾（西元1857～？）　第一個在美國出生的英格蘭小孩。她的父母是1587年在洛亞諾克島登陸的一百二十位移民之一。她的外祖父懷特是該殖民地總督。在她出生後九天，懷特離開殖民地回到英國以爭取援助。一隻救援隊終於在1590年到達當地，只發現一根柱子上刻著「croatoan」這個字，嬰兒戴爾與其他人都失蹤了。

Darfur＊　達爾富爾　蘇丹西部歷史區和舊省。約從西元前2500年起爲一獨立王國，第一代的統治者達朱人可能與古埃及人有貿易關係；後來達朱人被敦朱人取代。達爾富爾的基督教時代約自西元900年持續至1200年左右，由於伊斯蘭教隨著卡內姆－博爾努帝國的擴張而結束。1870年代達爾富爾由埃及人統治，1916年成爲蘇丹的一個省。

Darién＊　達連　巴拿馬東部歷史地區，一直延伸至哥倫比亞西北部，形成中美洲和南美洲的連接點。爲炎熱潮濕的熱帶雨林區，人口一向稀少。1510年試圖建立達連安提瓜聖瑪利亞區這個居民點，這是在南美洲建立的第一個歐洲殖民地。1513年巴爾沃亞就是從這塊失敗的殖民地出發，成爲發現太平洋的第一個歐洲人。

Darío, Rubén＊　達里奧（西元1867～1916年）　原名Félix Rubén García Sarmiento。尼加拉瓜詩人、新聞記者和外交家。十九歲時，開始在歐洲遊歷，後來一生都在美洲旅行。1888年出版第一本重要作品《蔚藍》，這是一本創新風格的散文詩歌作品，文句簡潔、直接。1893年他受聘任哥倫比亞駐布宜諾斯艾利斯領事，成爲現代主義運動的領袖。《瀆神的聖詩及其他詩作》（1896）受法國象徵主義的影響。1898年到歐洲擔任報社記者，越來越關心帝國主義和民族主義的問題。《生命和希望組曲》（1905）表現出他在技巧實驗和藝術上正處於得心應手、揮灑自如的巔峰。除了詩之外，達里奧還創作了一百多篇短篇小說。後因貧病交迫，四十九歲罹患肺炎而死。

Darius I＊　大流士一世（西元前550～西元前486年）　別名大流士大帝（Darius the Great）。波斯國王（西元前522～486年）。安息省長希斯塔斯普之子。有關他的生平大多是透過碑文來認識。他用武力奪得政權，殺了居魯士大帝的兒子巴爾迪亞。即位後，接續前人未完成的征服大業，降服色雷斯、馬其頓、一些愛琴海島嶼，並把勢力延伸至印度河流域。西元前513年他進攻裏海東岸的西徐亞人，未果，但平息了愛奧尼亞叛變（西元前499年），這起叛亂有埃雷特里亞和雅典在背後支持。曾兩度遠征希臘，西元前492年遭颶風吹毀其艦隊，西元前490年在馬拉松戰役中被雅典人擊敗。後來，他又準備進行第三次遠征，但是在西元前486年就去世。他是阿契美尼德王朝最偉大的國王之一，以行政管理天才和建築計畫聞名，特別是建設陪都波斯波利斯。

大流士一世坐在兩個香爐前，波斯波利斯寶庫比中庭的淺浮雕，做於西元前6世紀末～西元前5世紀；現藏德黑蘭考古學博物館
By courtesy of the Oriental Institute, the University of Chicago

Darjeeling 大吉嶺 亦作Darjiling。印度東北部城鎮，附近都會區人口約73,000（1991）。此城係1835年向錫金首領購買而得，後發展成爲英軍休養地。海拔約7,500呎（2,286公尺），可觀賞到干城章嘉峰和埃佛勒斯峰的景色。現爲孟加拉國政府的夏季總部。當地經濟主要以茶爲基礎，由大片茶種植園來種植。

dark matter 暗物質 不發光的物質，天文學家無法直接發現，由於宇宙可見物質的質量無法解釋觀測到的重力效應而假設其存在。長久以來相信有大量的暗物質存在，納入許多宇宙起源與大尺度結構的理論，也進到重力及其他粒子基本力的模式之中。多年來，暗物質的候選名單不計其數，卻從未偵測到。

Darlan, (Jean-Louis-Xavier-) François＊ 達爾朗（西元1881～1942年） 法國海軍上將。1902年畢業於法國海軍學校，然後陸續晉升，1939年任海軍總司令。第二次世界大戰期間，法國戰敗後，達爾朗加入貝當政府，擔任副總理兼外交部長（1941～1942）。後來成爲維琪法國全國武裝部隊總司令。1942年11月他與盟軍在阿爾及爾簽訂休戰協定，12月，被一個反維琪刺客暗殺。

Darling River 達令河 澳大利亞東南部河流，是墨累－達令河系中最長的河流。由源出大分水嶺的幾條溪流匯成，向西南流經新南威爾士，在維多利亞邊界上匯入墨瑞河，全長1,702哩（2,739公里）。

Darlington, Cyril Dean 達令敦（西元1903～1981年） 英國生物學家。1953年擔任牛津大學植物學教授，他認爲染色體是細胞的成分，用以將遺傳的訊息代代相傳。他進而闡明在減數分裂中染色體的行爲，因此提出一種演化理論：在決定下一代遺傳性狀方面交換是一個中心變量。1969年發表《人類演化與社會》，堅持認爲種族的智力決定於遺傳，從而引起爭論。

Darnley, Lord 達恩里勳爵（西元1545～1567年） 原名Henry Stewart。英格蘭貴族。蘇格蘭女王瑪麗的第二任丈夫，英國國王詹姆斯一世的父親。他的父親是第四代倫諾克斯伯爵馬修·斯圖爾特（1516～1571），是蘇格蘭王位覬覦者。1565年不顧伊莉莎白一世和蘇格蘭新教教徒的反對而與表姐瑪麗結婚。他雖然儀表堂堂，但是生性狠毒，1566年當著瑪麗的面殘殺她的祕書和心腹里奇奧。翌年初在愛丁堡附近教堂被人勒死，據傳是博思韋爾伯爵詹姆斯·赫本（1535～1578）唆使人做的，瑪麗不久就和他結婚。

Darrow, Clarence (Seward)＊ 丹諾（西元1857～1938年） 美國律師和演說家。出生於俄亥俄州金斯曼，1887年搬往芝加哥，立即投入爲被控在秣市騷亂中犯謀殺罪的無政府主義者辯護的工作。1890年任芝加哥市政機關法律顧問，後擔任芝加哥和西北鐵路法律事務總代理人。離開西北鐵路後，曾爲普爾曼罷工事件中的德布茲辯護（1894年），結果他成爲聞名全國的勞工和刑事律師。在賓夕法尼亞州無煙煤礦罷工期間（1902～1903）舉行的仲裁聽證會上，他不僅揭露了礦工惡劣的工作條件，而且還使用童工；1907年他使被控暗殺愛達荷州州長斯托倫堡的激進勞工領袖海伍德被判無罪；1911年爲麥克納馬拉兄弟辯護，他們被控炸毀《洛杉磯時報》大樓。1925～1926年間他還救了被控謀殺十四歲的法蘭克斯而被判死刑的萊奧布和利奧波德，並爲一個底特律黑人家庭辯護，他們爲了抵抗想趕出他們的白人鄰居而與一群暴徒進行格鬥。最著名的案子可能是1925年的斯科普斯審判案。

darshan 見 亦作darsan。印度教禮拜儀式中，見到吉神、吉人或吉物，據說見者大吉。見又指精神領袖古魯會見信徒、君主會見臣民、神廟接待朝聖者。在印度哲學中，此詞又指一種哲學系統（參閱Vedanta）。

Dart, Raymond A(rthur) 達特（西元1893～1988年） 出生於澳大利亞的南非體質人類學家和古生物學家，因爲發現原始人類化石而對人類起源的探討貢獻良多。當時一般人認爲人類起源於亞洲，1924年他發現喀拉哈里沙漠附近的湯恩頭骨有類似人的特徵，證明了達爾文預言會在非洲找到這種人類遠祖類型。達特把湯恩頭骨當作一個新的屬和種的典型標本，命名爲非洲南猿，而且在他有生之年可以看到其理論在其他人的發現中得到證實，從而確定了非洲是人類最早的發祥地。1923～1958年在約翰尼斯堡的維瓦特蘭大學任教。

darter 鏢鱸 鱸形目鱸科鏢鱸亞科約一百種小型細長淡水魚的統稱。均原產北美東部，生活於清澈溪流的近底層。覓食或受驚擾時，機敏地衝來竄去。以其他小型水生動物爲食。具兩背鰭，體長多爲2～3吋（5～7公分），但有些可長至9吋（23公分）。有些種類是北美顏色最鮮豔的魚類之一，春季生殖季節的雄魚尤爲豔麗。產卵習性不一，有些種類把卵產下或埋好即棄之不顧；另一些種類則雄魚築巢護卵，直至孵化。亦請參閱snail darter。

Dartmouth College＊ 達特茅斯學院 位於新罕布夏州漢諾威的私立高等教育機構。一直是美國最棒的小型文理學院之一。該校於西元1769年由惠洛克（1711～1779）牧師建立，旨在教育「印第安部落年輕人......英國青年和其他人」，最初是由喬治三世批准設立。1972年開始允許婦女入學。除了提供一般的大學課程外，還有商業、工程、醫學和藝術科學等研究所和專修學位。亦請參閱Dartmouth College case。

Dartmouth College case 達特茅斯學院案 全名是「達特茅斯學院理事會訴伍德沃德案」（Trustees of Dartmouth College vs. Woodward）。美國最高法院案例（1819）。在該案中，最高法院認爲1769年經英國國王喬治三世批准的達特茅斯學院章程本身是一項契約，因此新罕布夏州議會無權加以修改。州議員們是想通過一項修改學院章程並建立一個監事會以代替理事會的法令，但遭最高法院駁回。這個裁決適用於企業的章程，產生了深遠的影響，它使企業、公司免受政府許多法規的約束。當時最著名的律師韋伯斯特曾替此案辯護。

darts 投鏢 室內射靶遊戲。玩法是將插有羽毛的鏢投向劃分成許多扇形區的圓靶，每一個區都標有數字。圓靶通常由軟木、豬鬃或榆木製成。靶面分成二十個扇形區，上面標有1～20分的數字。有六個同心圓，由裡靶心到外靶心各有不同的記分。大部分國家的投標距離是7呎9又1/4吋（2.37公尺），也有較長的9呎（2.75公尺）。靶心位置離地1.73公尺。這種遊戲在英國酒店很流行。

Darwin 達爾文 舊稱帕默斯頓（Palmerston）。澳大利亞北部地方首府和海港，人口約82,000（1995）。位於達爾文港入口處東北面的低半島上，達爾文港是帝汶海克拉倫斯海峽的一個深水灣，是澳大利亞優良港口之一。1839年英國人發現該港，遂以英國博物學家達爾文的姓氏命名。1869年始有人定居，當時稱作帕默斯頓，直至1911年。達爾文地處大片未開發的地區，是澳大利亞北部的補給和船運中心。第二次世界大戰期間爲軍事基地，1942年遭到日本猛烈的轟炸，後經大規模修復重建。1959年正式設市。1974年一場颶風幾乎將城市全部破壞，經第二次重建後，現在已成為澳大利亞最現代化城市之一。

Darwin, Charles (Robert)　達爾文（西元1809～1882年）　英國博物學家。祖父是伊拉斯謨斯·達爾文，外祖父是維吉伍德。他在愛丁堡大學攻讀醫學，又在劍橋大學攻讀生物。後來被推薦為考察船「小獵犬號」的博物學家，前往南美洲及南部海域進行長時期的科學調查之旅（1831～1836）。他把旅途中在動物學及地質學上的發現撰寫下來，成為許多重要的出版品，並形成演化論的基礎。他觀察到同一物種之個體間的競爭，例如，在同一地的群體中，喙較尖的個體比較有機會生存及繁殖，而且，如果這樣的特徵傳給新世代，會成為往後世代的支配性特徵。他把這種自然選擇視為有利之變異傳給後代而不利之特徵逐漸消失的機制。達爾文鑽研於他的理論二十年，在1858年與華萊士一起出版論文。著名的《物種起源》（1859）一出版即供不應求，而他具有強烈爭議性的理論很快被大部分科學界人士所接受；但宗教領袖是反彈最大的勢力。雖然達爾文的理念後來被遺傳學及分子生物學的發展所修正，他的作品仍是現代演化論的中心。其他許多重要著作包括《馴化動植物的變異》（1868）和《人類的後裔》（1871）。死後葬於西敏寺。亦請參閱Darwinism。

Darwin, Erasmus　達爾文（西元1731～1802年）　英國著名醫師。博物學家查理·達爾文的祖父、科學家高爾頓的外祖父。他是個自由思想者和激進分子，常用韻文抒發思想和撰寫科學論文。在《動物生物學或生命規律》（1794～1796）中提出了與拉馬克相似的演化觀點，認為物種演變是有目的地適應環境的結果。不過，他從簡單的觀察作出的結論不為19世紀作更精細觀察的科學家們所接受，包括他的孫子查理·達爾文。

達爾文，油畫，萊特（Joseph Wright）繪於1770年；現藏倫敦國立肖像畫陳列館
By courtesy of the National Portrait Gallery, London

Darwinism　達爾文主義　達爾文提出的關於演化機制的生物學學說，用以解釋機體變化的原因。其表達了達爾文對演化如何進行的特殊觀點。達爾文發展了演化的概念，其在本質上是由下述三種因素互相作用而發生的：一、變異，普遍存在於一切生物中；二、遺傳，使相似的機體形態代代相傳；三、生存競爭，決定能適應一定環境的變異，從而透過選擇性繁殖來改變生物體。現在的遺傳學基礎知識幫助科學家理解在達爾文的理念背後的結構，形成所謂的新達爾文主義。

Darwin's finch　達爾文雀　亦稱加拉帕戈斯地雀（Galápagos finch）。新大陸燕雀科地雀屬、樹雀屬和鶯雀屬等三屬十四種鳴禽，被隔離在無競爭的加拉帕戈斯群島和科科斯島，在幾個生態小生境中輻射適應，給達爾文的「物種不是不可改變的」理論提供了證據。體長4～8吋（10～20公分），淺褐色或黑色；但是，它們嘴的形狀為適應不同的食性而有很大區別。

Dassault, Marcel＊　達梭（西元1892～1986年）　原名Marcel Bloch。法國飛機設計師兼企業家。第一次世界大戰期間從事設計飛機的工作，1930年自創公司製造軍用和民用飛機。第二次世界大戰期間因身為猶太人而被送入布痕瓦爾德集中營。戰後布洛克將姓氏改為達梭（為其兄弟在地下游擊組織使用之假名），繼續他的飛機製造事業。他的公司曾生產歐洲第一架超音速飛機「奧祕」，1956年起開始生產「幻象」軍機，後來被其他國家廣為採用。

data compression　資料壓縮　指儲存或傳送一個特定資訊（文本、圖形、影像和聲音等）時減少其資料量的方法，一般是透過編碼技術。較為先進的方法能分析、認定經常出現的語詞模式，並用一個字元或符號來加以取代，如在短語"going to"中的"ing to"可以被代換成"$"。資料壓縮的主要優點是可儲存更多的資料，特別是在光碟上；透過傳真機和數據機傳送資訊時效率會更高；以及可資料加密。大部分愈先進的資料壓縮方法都需要在時間與速度之間作出權衡。

data encryption　資料加密　將資訊偽裝成密碼文件或使未經許可的人無法識別的資料的方法。反過來，解密則是將密碼文件重新轉變成其原始文件形式的方法（參閱cryptography）。電腦使用某種算法對資料進行加密，只有轉譯訊息和預定接收的人才知道密鑰。隨機選擇並有足夠長度的密鑰被認為幾乎是無法破譯的。從美國標準資訊交換碼（ASCII）的256個現成的字元中隨選組成10個字元長的密鑰，即使有人每秒能測試一萬個不同的組合，也需要大約四百億年才能破譯。傳統的對稱加密要求加密與解密使用同樣的密鑰。不對稱的加密，或使用公開密鑰的密碼體系，則需要成對的兩付密鑰；一付用於加密，一付用於解密。

data mining　資料採掘　資料庫分析的類型，在一組資料中找出具有商業用途的模式或關係。此分析利用先進的統計方法，例如群集分析，有時還使用人工智慧或類神經網路技術。資料採掘的主要目的是在資料中預先找出未知的關係，特別是資料來自不同的資料庫。商業界可以利用這些新的關係發展出新的廣告活動，或是預測將要上市的產品銷售狀況。

data processing　資料處理　電腦對資料的運用。包括將原始資料轉換成機器可讀的形式，資料流過中央處理器和記憶體到輸入設備，以及輸入的格式化或變換。利用電腦執行特定的資料運算都可以含括在資料處理之下。在商業界，資料處理牽涉到組織運作與事務性工作所需資料的處理。

data structure　資料結構　有效搜尋與取得資料的儲存方式。最簡單的資料結構是一維（線性）陣列，儲存的元素以連續的整數編號，利用這些數字來存取內容。在記憶體中不連續儲存的資料項可以由指標（與資料項一起儲存的記憶體位址，指出「下個」資料項或此資料結構項所在的位置）來連結。至今發展出許多算法有效地排序資料，這些方法應用於主記憶體常駐的結構，也應用於由資訊系統和資料庫構成的結構。

data transmission　資料傳輸　經由纜線（如電話線或光纖）或無線中繼系統傳送與接收資料。因為普通的電話迴路傳遞的訊號落入語音通訊的頻率範圍（約300～3,500赫茲），與資料傳輸有關的高頻遭受振幅與傳輸速率的損失。資料訊號因此必須轉換成電話線相容格式的訊號。數位電腦使用數據機轉換往外的數位電子資料；類似的系統接收並轉換進來的訊號回到原始的電子資料。特殊的資料傳輸連結以較高的頻率載送訊號。亦請參閱broadband technology、cable modem、DSL、ISDN、fax、radio、Teletype、T1、wireless communications。

database　資料庫　指為實現電腦快速檢索而專門組建的資料或資訊集。資料庫的組建方便了與各種資料處理運作有關的資料儲存、檢索、修改和清除。一個資料庫由一份文件或一組文件組成。文件中的資訊可能被分成若干記錄，每個記錄則由一個或數個欄位組成。欄位是資料儲存的基本單位。用戶主要透過問句來擷取資料庫的資料，使用關鍵詞和各種分類命令可在衆多的記錄中迅速查找、整理、組合和選擇欄位，針對特定資料集成檢索或生成報告。

database, relational ➠ relational database

database management system (DBMS) 資料庫管理系統　從資料庫中快速搜尋與擷取資訊的系統。資料庫管理系統決定資料儲存與擷取的方式，必須在不同記錄、回應時間與記憶體需求之間處理安全性、正確性、一致性等問題。這些問題對於電腦網路上的資料庫系統特別重要。有效的資料庫管理所需要的處理速率越快越好。關聯式資料庫管理系統將資料組織成一系列的表格（關聯），方便重組而用不同的方式存取資料，現今廣爲採用。

Date Line 換日線 ➠ International Date Line

date palm　海棗　亦稱棗椰。棕櫚科喬木，學名Phoenix dactylifera。產於加那利群島、北非、中東、巴基斯坦、印度和加利福尼亞。莖稈上顯見剪去老葉的基樁，樹冠由美麗光澤的羽狀葉構成。花穗從頭年長出的葉的葉腋分枝，雌雄異株。果實通常爲長圓形褐色漿果。海棗一直是沙漠地區的主要食物，也是製造糖漿、酒精、醋和一種烈酒的來源。全株都有經濟價值，可用作木材、家具、燃料、繩索和包裝材料。種子有時被用作飼料。在歐洲地中海沿岸，海棗作爲觀賞樹。基督教徒於棕櫚主日，猶太人於住棚節時用海棗葉爲裝飾。印度生產的海棗糖是用近緣種林生海棗的樹液製作的。

dating　年代測定　在地質學和考古學中，測定一個物體或事件在年代順序內的位置。科學家們可能採用相對年代測定和絕對年代測定兩種方法，相對年代測定的測定項目是依序根據岩層的線索或一種假定的演化形式或結構來測定；而絕對年代測定的測定項目是選定一個獨立年代背景來測定。後者的形式包括鉀－氬年齡測定法和碳－14年代測定法，兩者基本上是利用放射性同位素的衰變現象。地球磁場的磁性引力改變紀錄已提供了海底擴張假說和長期海洋沈積作用的時標。樹木年代學也已證明對考古有幫助。亦請參閱fission-track dating、helium dating、lead-210 dating、rubidium-strontium dating、uranium-234-uranium-238 dating、uranium-thorium-lead dating。

Daubenton, Louis-Jean-Marie＊　多邦通（西元1716～1800年）　法國博物學家。比較解剖學與古生物學的先驅。曾完成許多動物學論述和解剖，研究了現代動物與化石動物的比較解剖、植物生理學和礦物學，成果很大。進行過農業實驗，將美麗奴羊引進法國。

Daubigny, Charles-François＊　杜比尼（西元1817～1878年）　法國風景畫家，屬巴比松畫派。受教於畫家父親，剛開始作畫時，以歷史和宗教畫作品爲主，但不久轉向風景畫，描繪河流、海灘和運河等風光。以運用色彩精確分析和描繪自然光爲追求目標。他是最早倡議直接從大自然取材的畫家之一，是連接19世紀中期的自然主義和後來的印象派的重要人物。

Daudet, Alphonse＊　都德（西元1840～1897年）　法國小說家。十四歲就寫出第一部小說，後因父母喪失全部貲財而中斷學業，到一位公爵家當祕書。後來應徵入伍，但在1871年巴黎公社實行恐怖統治時逃離巴黎。他的健康受早年貧困和以後性病的影響而開始惡化，性病最終奪去了他的生命。他的作品主要以其富於幽默感和描繪法國南方風土人物的人情味而爲人所難忘，這些特質都是受其豐富的社交生活經驗而啓發的。衆多作品包括故事集《月曜日的故事》（1873）、劇作《阿萊城的姑娘》（1872）、《薩福》（1884），以及多卷回憶錄。他的兒子里昂（1867～1942）與摩拉斯合編了反動派的《法國行動報》，他也是個喜歡針對醫學、心理學和公共事務作惡意諷刺和品頭論足的人。

都德
H. Roger-Viollet

Daughters of the American Ravolution (DAR) 美國革命女兒　美國愛國組織，會員僅限於美國革命時期的士兵或其他對獨立事業出過力的人士的直系後裔。1890年成立，1895年由國會核准。該組織通過其全國性機構的分部執行三方面的任務：歷史分部強調研究美國歷史和保存有美國特色的文物；教育分部提供獎學金和貸款，資助失學青年學校和進行美國文化訓練的學校，主辦各種獎勵，出版適當教材；愛國分部則出版《美國革命女兒雜誌》和《國防新聞》。長期以來以保守主義聞名，1939年因拒絕讓黑人女低音歌唱家安德生在憲政廳演唱，而導致她到林肯紀念堂舉辦著名的演唱會。

Daumier, Honoré (-Victorin)＊　杜米埃（西元1808～1879年）　法國畫家、雕刻家和諷刺畫畫家。出生於藝術世家。十三歲時父親精神失常，遂做工謀生。最初給法庭監守官當信差，後來到書店當店員，在書店他觀察了人生百態。學會石版畫法之後，1829年開始畫漫畫、素描投稿給定期刊物，諷刺19世紀法國政治和社會現象，因而開始有名。作有四千多幅石版畫和四千多幅素描。他的繪畫描繪了文藝主題，記錄了當代人的生活和態度，表現出一種活潑的寫生風格，但他很少展示他的繪畫作品，一直是個不出名的畫家。在雕刻方面，擅長雕塑滑稽的頭像和人像；他有十五尊小黏土半身像在雕刻史上占有一席之地。

dauphin＊　多芬　法國國王的長子頭銜，自1349年查理五世購得了多菲內後，1350～1830年，多芬遂成爲法國王太子的稱號。

Dauphiné＊　多菲內　法國東南部歷史區和舊省。曾先後被勃艮地人和法蘭克人占領，爲阿爾勒王國的一部分和神聖羅馬帝國一塊封地。後來賣給法國國王腓力六世，最後變成法國國王長子的封地，這塊封地的主人頭銜稱作「多芬」。此區一直保有獨立的地位到1457年多菲內被併入法國爲止。

Davao＊　達沃城　菲律賓民答那峨島東南部城市，人口約961,000（1994）。位於達沃河河口，靠近達沃海灣。是民答那峨地區的國際港口和主要商業中心。曾淪爲日本殖民地，第二次世界大戰期間遭破壞，重建後的城市混合西班牙、美國和摩爾式風格。1936年設市。都市核心外有大片農村地帶，是世界最大城市之一，面積854平方哩（2,212平方公里）。民答那峨大學位於此地。

Davenant, William＊　達文南特（西元1606～1668年）　亦作William D'Avenant。受封爲Sir William。英國詩

人、劇作家和劇院經理。早期作品包括喜劇《衆才子》（1634）和詩集《馬達加斯加》（1638）。1638年被指定爲桂冠詩人。英國內戰期間因涉及密謀而被關進倫敦塔，在此完成一部散文史詩《岡第伯》（1651）。由於克倫威爾時期禁止演戲，他致力復興戲劇，繼而創作英國第一部公演歌劇，並首次採用彩繪舞台布景和女歌唱演員。王政復辟後，他繼續撰寫劇作，並創辦了一所劇場。

Davenport, John　達分波特（西元1597～1670年） 英國清教派牧師，新哈芬殖民地的創建者之一。原爲倫敦教堂牧師。1633年移居荷蘭，任阿姆斯特丹英國教會牧師。1637年與友人伊頓（約1590～1658年）等同去美洲，1638年他們在昆寧佩克創建一個殖民地，他爲新哈芬教堂牧師，伊頓當選爲總督。由於反對新哈芬與康乃狄克殖民地合併，失敗後於1667年離開新哈芬到波士頓第一教堂當牧師。

David　大衛（約卒於西元前962年） 古以色列國第二代國王（西元前約1000～西元前約962年在位）。最初在掃羅的宮廷中當侍從，因作戰英勇深受百姓愛戴，引起掃羅的猜忌而成爲亡命之徒。掃羅死後，他被擁立爲王。大衛從耶布斯人手中奪得耶路撒冷，定其爲首都；打敗非利士人；以及擴張勢力範圍，成爲與以色列接壤的許多小王國的最高領主。他曾遭遇一些叛亂，包括第三子押沙龍發動的一次叛亂。大衛統一了以色列所有的支派，建立一個王國，使耶路撒冷成爲政教中心。他規定所有以前神祇的名稱和稱號都稱作上帝，或以色列的神雅赫維。雖然王國在大衛的兒子和繼位者所羅門的手中分裂，但宗教統一仍延續下來，大衛的王室成爲象徵上帝與以色列人之間的聯結。「messiah」（彌賽亞）一詞源出「hameshiach」（膏立者），這是大衛世系國王的稱號。

David, Gerard＊　戴維（西元約1460～1523年） 尼德蘭畫家。主要在布魯日工作，1484年加入畫家行會，1501年成爲其中泰斗。在梅姆靈死後，他成爲該市的主要畫家。大部分作品是以傳統宗教爲題材的祭壇畫和畫板畫，成名作有《卡姆比塞斯的審判》（1498）等。這些成熟期作品顯示出他處理光線、體積和空間的高超手法。《卡姆比塞斯的審判》表明他也是最早運用義大利文藝復興時期的畫法而取得光輝成就的佛蘭芒畫家。

戴維的《聖母、聖嬰和聖者、捐贈者》，畫板畫（1505?）；現藏倫敦英國國立美術館
By courtesy of the trustees of the National Gallery, London; photograph, J. R. Freeman & Co., Ltd.

David, Jacques-Louis＊　大衛（西元1748～1825年） 法國畫家。十八歲時入皇家繪畫雕刻院深造。1775年前往羅馬，成爲新古典主義的傑出畫家，但亦吸取17世紀畫家普桑和卡拉瓦喬的藝術精華。不久，成爲以畫歷史事件和古典題材爲主的成功畫家，也是法國大革命時期最優秀的畫家，後來被指派爲拿破崙的御用肖像畫師。他是法蘭西協會的創始會員，此協會取代了皇家藝術院，並生產許多紀念章及其他革命宣傳品。成名作《馬拉之死》（1793），呈現一種普遍的悲劇，也描述了法國大革命的一個關鍵事件。他擅於描述神話和歷史體裁，是個偉大的肖像畫家，也是新古典主義畫家的翹楚。對以後的浪漫主義、寫實主義和學院主義的繪畫發展都有影響。

大衛的《自畫像》（1794），油畫；現藏巴黎羅浮宮
Alinari－Art Resource

David, Star of　大衛之星 希伯來語作大衛之盾（Magen David）。由兩個等邊三角形重疊而成的六角星形猶太人標誌。見於猶太教會堂、猶太人墓碑和以色列國旗。在中世紀，猶太人日益經常地使用大衛之星。喀巴拉派推廣大衛之星，用以祛除惡魔。布拉格的猶太人社區率先以大衛之星爲正式標誌，從17世紀起開始普遍流行，雖然它不具有《聖經》或《塔木德》所規定的權威。到了19世紀，大衛之星基本上已廣爲猶太人所採用。在納粹控制下的歐洲，猶太人被迫佩帶黃色徽章，於是大衛之星又用以象徵殉教和英勇。

David I　大衛一世（西元約1082～1153年） 蘇格蘭國王（1124～1153）。馬爾科姆三世的幼子，哥哥亞歷山大去世後，成爲蘇格蘭國王。他在蘇格蘭初步創建了中央政府，鑄造了第一批蘇格蘭錢幣，引進諾曼式貴族統治。大衛還改組蘇格蘭基督教，使之適應歐陸和英格蘭的習慣，並創立許多宗教團體。1113年透過與一位英格蘭伯爵之女結婚而獲得英國中部領地。1149年未來的亨利二世賜予他諾森伯蘭的頭銜。

David II　大衛二世（西元1073～1125年） 亦稱David the Builder。喬治亞國王（1089～1125）。有時稱作大衛三世，1089年他與父親喬吉二世共同執政。大衛在1122年在迪德哥里戰役中打敗土耳其人，並奪取第比利斯。在他的領導下，喬治亞成爲高加索地區最強大的國家。

David II　大衛二世（西元1324～1371年） 蘇格蘭國王（1329年起）。年僅四歲就與英格蘭國王愛德華三世的妹妹結婚，以維持英格蘭和蘇格蘭之間的和平。在位期間，與英格蘭衝突不斷，君主聲威下滑。1334年在愛德華三世擁立另一個敵對者即王位後，他流亡法國。1339～1340年加入法王腓力六世對愛德華三世的戰爭。1341年回到蘇格蘭，並襲擊英格蘭人，1346年被俘。1357年以交納贖金爲條件獲釋，後來他建議由英格蘭國王的一個兒子繼承蘇格蘭王位，以抵消這筆贖金，但是遭到蘇格蘭國會的反對。

David ap Llywelyn＊　大衛（西元約1208～1246年） 威爾斯君主，1240～1246年威爾斯北部圭內斯國的統治者。父爲盧埃林．阿普．約爾沃思，已使圭內斯成爲威爾斯的霸權中心。雖然父王指定他爲繼承人，但異母兄弟格魯菲德卻反對他。1239年他把格魯菲德囚禁。1241年被迫割讓部分領土給英王亨利三世，後來發動反對亨利的戰爭，並自稱爲威爾斯王，這是威爾斯統治者首次採用這個頭銜。在戰爭進行中，大衛患病去世。

David of Tao＊　榶的大衛（卒於西元1000年）　介於喬治亞與亞美尼亞之間的榶這一地區的巴格拉提德家族喬治亞裔王子。他是一位公正的統治者，與教會關係友善。他聯合巴西爾二世，擊敗反叛的斯克雷洛（發生在976～979年），因而被授予廣闊的領土，成爲高加索最重要的統治者。987～989年間，他支持弗卡對抗巴西爾，但遭到挫敗，同意在他死後割讓領土給巴西爾。儘管遭遇此一挫折，大衛的繼承人巴格拉特三世（978～1014），仍能成爲統一的喬治亞王國的首任統治者。

Davidson, Bruce　戴維森（西元1933年～）　美國攝影家和製片人。曾在耶魯大學設計學院攻讀攝影。在《生活》雜誌社工作一年，1958年加入瑪農攝影合作社。他拍製了不少傑出的攝影小品，最重要的作品是《東100街》（1970），這是他以大型相機拍攝紐約市東哈林區居民的一千多張照片中一百二十三張照片的選集，還製作過幾部電影短片。

Davidson College　戴維森學院　位於美國北卡羅來納州戴維森的私立文理學院，1837年創立。雖然該校與長老會關係密切，但是其教育方針並無宗派色彩。1972年起女性始獲准入學，學生總數約爲1,600人。

Davies, Peter Maxwell　戴維斯（西元1934年～）　受封爲彼得爵士（Sir Peter）。英國作曲家。曾在英國、義大利和美國研習。1967年與人共同建立倫敦之火樂團，這是一個爲演奏當代音樂而成立的樂團。1970～1987年擔任該團指揮，並爲之寫作許多作品。1970年以後戴維斯移居偏僻的奧克尼群島生活並作曲。他寫了許多音樂劇作品，並以指揮管弦樂團聞名全世界。最有名的作品是《瘋狂國王的八首歌》（1969）、《奧克尼婚禮與日出》。其他的作品包括：《維薩里圖譜》（1969）、《多尼松小姐的狂想》（1974）和《聖母頌》（1975）；歌劇《塔弗納》（1968）、《聖馬格努斯的殉難》（1976）和《聖母院的戎格勒》（1978）；以及七首交響曲。

Davies, (William) Robertson　戴維斯（西元1913～1995年）　加拿大小說家和劇作家。就讀於英國牛津大學。曾主編安大略省彼得伯勒《詢問報》多年，1960～1981年在多倫多大學教書。戴維斯的三套小說三部曲確立了他作爲加拿大第一文人的地位：索爾特頓三部曲包含《心情起伏》（1951）、《惡意的影響》（1954）和《脆弱混合》（1958），三部作品都是以加拿大地方大學城爲背景的風格喜劇；德特福德三部曲包含《第五件差事》（1970）、《人頭獅身蛇尾獸》（1972）和《奇異的世界》（1975），探究來自加拿大小鎮德特福德的三名男子交叉的生活；科尼什三部曲包含《反叛天使》（1981）、《骨子裡》（1985）和《奧菲斯的里拉琴》（1988），這些小說諷刺藝術界、大歌劇和加拿大高尚文化的其他面貌。

Davis, Angela (Yvonne)　戴維斯（西元1944年～）　美國女黑人政治活動家。她於1961～1967年在國內外學習，後在加州大學由馬克思主義哲學教授馬庫色指導攻讀博士學位。因加入共產黨，使她在學院的工作遭到解聘。她致力於爭取黑人罪犯獲得公正待遇，1970年發生一起索來達德兄弟會企圖綁架法官逃離法庭的未遂事件，共有四人被殺（包括法官），戴維斯因涉嫌同謀而被捕。此案成爲一個世界性抗議運動的焦點，白人陪審團於1972年宣布戴維斯無罪。1980年戴維斯由美國共產黨提名競選副總統失敗。

Davis, Benjamin O(liver), Jr.　小戴維斯（西元1912～2002年）　美國飛行員、軍官和行政官，是美國空軍第一位黑人將軍。畢業於西點軍校，1941年成爲進入陸軍空中兵團並接受飛行訓練的第一批黑人之一。結業後編入第九十九戰鬥機中隊，這是第一個全黑人空軍單位。1943年他組織並指揮「塔斯奇基飛行員」航空隊。戴維斯本人出過六十次戰鬥任務。1948年協助訂定空軍的取消種族隔離法。後來在韓戰中指揮一支戰鬥機聯隊。1970年以中將職位退休，1971～1975年擔任運輸部副部長。

Davis, Bette　戴維斯（西元1908～1989年）　原名Ruth Elizabeth。美國電影女演員。曾在紐約學習戲劇，1926年從扮演舞台小角色開始藝術生涯。1931年到好萊塢發展，扮演次要角色，直到演出《人性的枷鎖》（1934）和《危險》（1935，獲頒奧斯卡獎）才建立名聲，以飾演女強人的強烈性格特徵聞名，演技逼真而具有感染力，其他知名的影片還有《化石林》（1936）、《紅衫淚痕》（1938，獲頒奧斯卡獎）、《昏暗的勝利》（1939）、《偉大的謊言》（1941）、《彗星美人》（1950）和《處女皇后》（1955）。後期影片有《姊妹情仇》（1962）和《暴雨鯨變》（1987）。

Davis, Colin (Rex)　戴維斯（西元1927年～）　受封爲Sir Colin。英國指揮家。自學指揮，1958年指導歌劇《後宮誘逃》初獲好評。1971～1982年繼任科芬園劇院音樂總監，係第一位英國籍指揮。1983～1992年任巴伐利亞無線電交響樂團指揮。現在仍是倫敦交響樂團的主要指揮。戴維斯特別擅長詮釋白遼士和西貝流士的作品。

Davis, David　戴維斯（西元1815～1886年）　美國最高法院法官。耶魯大學法律系畢業後，在伊利諾州執律師業，1844年進入伊利諾州伊利諾州州議會。擔任州巡迴法官時（1848～1862）與林肯成爲知交，並於1860年爲林肯競選總統賣力。1862年任最高法院法官。1877年辭去法官職務參選，1877～1833年擔任參議員。

Davis, Jefferson　戴維斯（西元1808～1889年）　美國政治領袖，美利堅邦聯的總統（1861～1865）。畢業於西點軍校，後派駐威斯康辛準州，不久參加「黑鷹戰爭」。1835年退役，在密西西比州經營種植園。1845～1846年選入美國聯邦眾議院，後辭職參與墨西哥戰爭，在布埃納維斯塔戰役中表現優異，成爲民族英雄。之後進入參議院（1847～1851）。1853年皮爾斯總統任命他爲陸軍部長。1857年重返參議院，鼓吹州權，但不贊成南北分裂。1861年密西西比州脫離聯邦後，他被聯盟大會選爲臨時總統。他在沒有人力、物資和金錢的情況下，領導南方對抗北方的戰爭，而且行政體系內部有來自激進派的不同聲音。在李將軍向北方投降以後，戴維斯逃離里奇蒙，冀望繼續作困獸之鬥以和北方爭取較好的條件。1865年被俘，因叛國罪被起訴，但從未審判。1867年因健康不佳而獲釋。他回到密西西比州，但並沒有致力於尋求特赦或恢復公民權，死後一直到1978年才獲恢復。

Davis, Miles (Dewey)　邁爾斯戴維斯（西元1926～1991年）　美國爵士樂小號手、樂隊領隊，是爵士樂領域最具原創性及影響力的音樂家之一。生於伊利諾州阿爾頓，在密蘇里州的東聖路易長大，1944年就讀於紐約茱麗亞音樂學院，1946～1948年與查理帕克一起工作。早期主要是當樂隊領隊，1949年灌製了《冷爵士樂的誕生》唱片，其中一種輕鬆的美感取代了咆哮樂的狂熱風格，開創了1950年代的「酷派爵士樂」。1955年起，戴維斯的樂隊採用他的簡潔、抒情的作法，與那些薩克管演奏

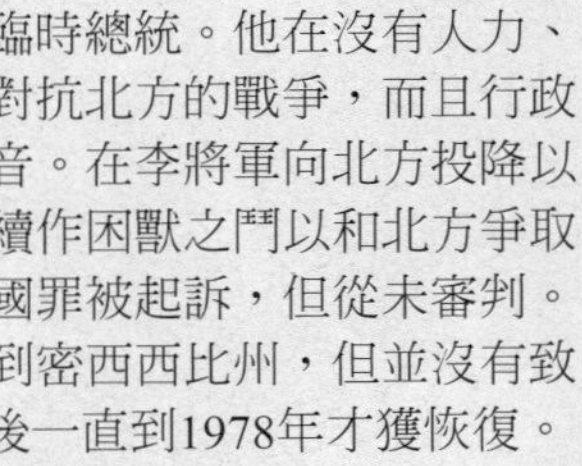
邁爾斯戴維斯，攝於1969年
Votavafoto from London Daily Express－Pictorial Parade

家（如科爾特蘭和蕭特）極難懂的曲風正好相反。其深沈憂鬱的曲調、有條不紊的即興演奏，以及經常使用金屬消音器對爵士小號獨奏者的影響很大。1959年發表的專輯唱片《泛泛藍調》是典型和聲爵士開創性的代表作。1960年代期間，他的音樂變得越來越前衛，1960年代末使用了電子樂器（如1969年的《釀造潑婦》），因而在1970年代促使爵士樂和搖滾樂的融合。

Davis, Stuart　戴維斯（西元1894～1964年）　美國抽象派畫家。生於費城，父親是一位視覺藝術家。1909～1912年在紐約跟隨亨萊學畫，並為《大眾》週刊作畫，與垃圾箱畫派來往密切。1913年在著名的軍械庫展覽會上展出水彩畫。1928～1929年造訪巴黎，開拓了他的立體主義的視野，創造出一種新的風格，即以色彩單調的幾何形有節奏地交相掩映為一方，用直線透視法畫出輪廓清晰的物象為另一方，進行二者之間的對比。被認為是美國最出色的立體派畫家。

Davis Cup　台維斯盃　頒發給一年一度國際草地網球比賽優勝者的獎杯，這項比賽原來由業餘男隊參加。這是1900年美國人戴維斯為美國隊和英國隊之間進行的一場比賽捐贈的。戴維斯本人以美國隊成員參加了1900和1902年的最早兩次比賽。現在已發展成為眞正具有國際規模的賽事。每年約有一百多國參加，但美國、英國、澳大利亞、南非和其他的歐洲國家選手在比賽中一直占據優勢。

Davis Strait　戴維斯海峽　北大西洋海峽。位於巴芬島東南部和格陵蘭西南部之間，將巴芬灣和拉布拉多海隔開，形成穿越加拿大北極群島溝通大西洋和太平洋的西北航道的一部分。南北長約400哩（650公里），東西寬約200～400哩（325～650公里），1585年由探險家約翰．戴維斯探勘因而得名。西格陵蘭洋流的較暖海水沿格陵蘭岸北流，拉布拉多寒流則挾帶大量冰塊沿巴芬島東岸南流注入拉布拉多海和大西洋。

Davos＊　達沃斯　瑞士東部行政區（2000年人口約11,417）。由達沃斯普拉茨和達沃斯多爾夫兩個村鎮組成。位於阿爾卑斯山脈的一個河谷。原有講羅曼什語的居民定居於此，但在13世紀後大批講德語的居民來此定居。1436年成為十個司法區聯盟的首府。1477～1649年為奧地利統治。1860年代以後成為著名的療養地。20世紀發展為滑雪和其他冬季運動的中心。1990年代全球經濟論壇每年在該市召開會議，匯聚了世界政治和財經的精英分子。

Davout, Louis-Nicolas＊　達武（西元1770～1823年）受封為埃克米爾親王（prince d'Eckmühl）。拿破崙戰爭期間的法國將軍。雖然出身於貴族，卻在1790年率領他的聯隊參加擁護大革命的起義。他在1792～1793年的比利時戰役中立下戰功。1798～1799年隨拿破崙遠征埃及，後晉升少將。他身經奧斯特利茨（1805）、奧爾施泰特（1806）、耶拿（1806）、埃勞（1807）、埃克米爾（1809）和瓦格拉姆（1809）諸戰役，屢建奇功。1808年由拿破崙封為公爵，次年封埃克米爾親王。在百日統治期間出任陸軍大臣。

Davy, Humphry　德維（西元1778～1829年）　受封為Sir Humphry。英國化學家。二十幾歲時在研究氣體方面建立了聲譽。1799年發現氧化亞氮的麻醉效果，對外科手術貢獻極大。他還在伏打電池、電池、製革、電解和礦物分析上做了開創性研究。1813年出版《農業化學原理》，成為第一個有系統地運用化學原理來種植的人。他也是第一個分離出鉀、鈉、鋇、鍶、鎂和鈣的人，還發現硼，並擴大研究氯和碘。德維分析過許多顏料，並證明金剛石是碳的一種形式。他是運用科學方法的偉大代表人物。德維在煤礦的爆炸和燃燒方面的研究，以及發明礦工用安全燈，使他獲得極高的聲望。1820年當上皇家學會會長。

daw ➠ jackdaw

Dawenkou culture　大汶口文化　亦拼作Ta-wen-k'ou culture。西元前4500～西元前2700年間中國新石器時代的文化。其特色是出現各種顏色的精緻輪製陶罐；石器、玉器和骨器的裝飾；圍有城牆的村鎮；地位崇高的死者墳墓中有展示冥器的壁架以及特別放置棺木的墓室。陪葬品包括動物的牙齒、豬的頭和顎骨。亦請參閱Erlitou culture、Hongshan culture、Longshan culture、Neolithic period。

Dawes, Charles G(ates)　道斯（西元1865～1951年）美國政治人物。生於俄亥俄州瑪莉艾塔，原在內布拉斯加州當律師，1897～1902年任美國通貨檢察局局長。第一次世界大戰時，任美國駐法國遠征軍軍需部部長。1921年任美國第一任預算局局長。他受協約國賠款委員會委託，於1924年提出了道斯計畫。1925～1929年在柯立芝總統任內任副總統。1925年獲諾貝爾和平獎。

Dawes General Allotment　道斯土地分配法（西元1887年）　亦稱Dawes Severalty Act。美國的一項土地分配法律，旨在「開化」印第安人並使之成為農民，此一法案由麻薩諸塞州參議員道斯（1816～1903）提出。每戶戶長授予80～160英畝的土地，不過實際的所有權被扣留二十五年，以防止土地被賣給投機商人。此法實施之後帶來一些沒有預料到的後果：部族社會的結構解體了，不少游牧的印第安人不適應農業的生活，保留區的生活苦於貧困、疾病和沮喪。由於此法允許拍賣所謂「多餘」的土地，到1932年已經有三分之二落入白人手中。

Dawes Plan　道斯計畫（西元1924年）　第一次世界大戰後為德國戰爭賠款所作的一項安排。在英美政府倡議下，成立專家委員會，由美國財政專家道斯主持，提出一項有關德國戰爭賠款假定數字的報告。雖未確定賠款總數，但第一年將賠償十億金馬克，逐年增加，到1928年將增至二十五億。這項計畫促使德國改組國家銀行，並為德國提供了第一筆八億馬克的借款。後來被條件較寬厚的楊格計畫取代。

dawn horse　曙馬 ➠ eohippus

dawn redwood　水杉　一種落葉喬木，杉科水杉屬的唯一現存種，原產於中國中部的偏僻山谷。小枝和葉均沿枝成對生長。葉亮綠色，羽狀，秋季變成紅棕色。毬果有一細長梗。水杉屬的化石曾被認為屬於紅杉屬。雖然有大量化石出現，但一直被認為是一群絕滅植物，直到1940年代在中國山區發現數千株存活的水杉。現在透過種子和插條繁殖，水杉在全世界廣泛栽培。

Dawson, George Geoffrey　道生（西元1874～1944年）原名George Geoffrey Robinson。英國新聞工作者，倫敦《泰晤士報》主編，對政治的影響力很大。原在南非任公職，後來擔任《約翰尼斯堡明星報》的主編，以鼓吹支持政府的政策為主要立場。1912～1919年、1923～1941年兩度擔任《泰晤士報》主編期間，透過與國家政治領導人私下交往，對國家政策施加影響。他自視為「幕後統治集團祕書長」，堅信綏靖政策，最終導致高層人士同意《慕尼黑協定》（1938）。

day　日　天體繞自轉軸旋轉一周所需的時間，特別是指地球的自轉週期。恆星日是地球相對恆星背景自轉一周所需的時間，亦即一個恆星兩次通過同一子午圈所觀測到的時間。視太陽日是太陽連續兩次通過同一子午圈之間的時間。由於地球的軌道運動，看上去太陽相對於恆星每天略微向東移動，所以太陽日比恆星日長約4分鐘。平太陽日是太陽日的平均值。這是由於太陽日的長度在一年中因地球軌道運動速度的變化而略有改變。

日及月名稱的由來

日	
日	來源
星期日	來自古英語對拉丁文 solis dies（「太陽之日」）的翻譯
星期一	來自古英語對拉丁文 lunae dies （「月亮之日」）的翻譯
星期二	來自古英語對拉丁文 tiwesdaeg （「提爾之日」）*
星期三	來自古英語對拉丁文 wodnesdaeg （「沃登之日」）*
星期四	來自古英語對拉丁文 thursdaeg （「托爾之日」）*
星期五	來自古英語對拉丁文 frigedaeg （「弗麗嘉之日」）*
星期六	來自古英語對拉丁文 Saturni dies （「薩圖恩之日」）的翻譯

*在翻譯拉丁文名字時，日耳曼人有時會以其自己的神的名字來替換。因此，Martis dies（「戰神之日」）改成 tiwesdaeg （「提爾之日」），Mercurii dies（「墨丘利之日」）改成wodnesdaeg （「沃登之日」），Veneris dies（「維納斯之日」）改成 frigedaeg （「弗麗嘉之日」）。

月	
月	來源
一月（31天）	羅馬曆的Janusarius月，以起源之神Janus為名。
二月（28天，閏年29天）	羅馬曆的Feburarius月，以15日滌罪節Februa為名。
三月（31天）	羅馬曆的Martius月，以戰神Mars為名。
四月（30天）	羅馬曆的Aprilis月，可能從希臘的愛芙羅黛蒂（Aphrodite，相當與羅馬宗教的維納斯，本月專為祭祀此神）演變而來，或源自拉丁文aperire（開放），表示植物發芽開花。
五月（31天）	羅馬曆的Maius月，可能取自女神Maia之名。
六月（30天）	羅馬曆的Junius月，可能取自天后Juno之名。
七月（31天）	羅馬曆的Julius月（以前稱Quinfilis），取西元前44年凱撒（Julius Caesar）之名。
八月（31天）	羅馬曆的Augustus月（以前稱Sextilis），取西元前8年奧古斯都（Augustus）之名。
九月（30天）	早期羅馬曆的第七個月，來自拉丁文的「七」（septem）。
十月（31天）	羅馬曆的第八個月，來自拉丁文的「八」（octa）。
十一月（30天）	羅馬曆的第九個月，來自拉丁文的「九」（novem）。
十二月（31天）	羅馬曆的第十個月，來自拉丁文的「十」（decem）。

Day, Doris　桃樂絲黛（西元1924年～）　原名Doris von Kappelhoff。美國女歌手和電影演員。生於辛辛那提，1940年代爲樂隊歌手，後來開始獨唱，成爲一位成功的錄音藝人。1948年首度扮演電影主角，此後參加了一系列的音樂片演出，包括《災星簡》（1953）、《青春萬歲》（1955）和《睡衣仙舞》（1957）。其銀幕形象是一個陽光、健康的鄰家女孩，代表了1950年代理想的美國婦女。接著她又主演了一系列不落俗套的性感喜劇，主要有《枕邊細語》（1959）和《春泥濺紅花》（1962）。1968～1973年主持電視節目《桃樂絲黛劇場》。

Day, Dorothy　戴伊（西元1897～1980年）　美國記者與社會改革者。出生於紐約市布魯克林，成長於芝加哥，返回紐約之後爲立場激進的《呼喚》與《群衆》等刊物工作。隨著女兒的出生（1927），她改變了激進主義的作風並皈依天主教。曾爲自由派天主教期刊《共和國》執筆，後與莫林（1877～1949）於1933年共同創立《天主教義工》期刊，該份刊物表達了她的「人格主義」觀點。她在市區建立慈善之家來幫助貧困的人，是這場天主教義工運動的一部分。莫林死後，她仍繼續出版這份刊物並經營慈善之家。雖然她的和平主義言論受到保守派天主教徒的批評，但也影響了一些自由派天主教徒如莫頓和伯林根兄弟。

Day-Lewis, C(ecil)　戴伊－劉易斯（西元1904～1972年）　愛爾蘭裔英國詩人。父爲神職人員，曾就讀於牛津大學，1930年代加入以奧登爲首的左翼詩人圈，不過後來轉向以傳統形式來寫個人抒情詩。作品包括翻譯維吉爾的《農事詩》（1940）、《伊尼亞德》（1952）和《牧歌》（1963）；以及詩集有《房間和其他詩》（1965）和《竊竊私語的根》（1970）。還寫有自傳《被埋葬的日子》（1960）以及用尼可拉斯．布雷克的筆名寫的一些偵探小說。1968年成爲桂冠詩人。演員丹尼爾戴路易斯是他的兒子。

day lily　萱草　亦稱黃花菜。百合科萱草屬約十五種多年生草本植物的統稱，分布於中歐至東亞。葉基生成簇，狹長，劍形。根肉質。花漏斗狀或鐘形，黃色、橘黃色或紅色，簇生於長花梗之頂。果爲蒴果。部分種栽培供觀賞，花和芽可供食用。

Dayaks*　達雅克人　婆羅洲南部和西部內陸（現加里曼丹）的原住民，非穆斯林。達雅克人只是一個泛稱的詞彙，沒有人種或部落上的確切指稱，而是將這些土著與沿岸地區佔多數的馬來人區分開來。多數達雅克人沿河岸居住在小型的長屋社群中。小孩在結婚前與父母同住，男孩通常在其他村落尋求結婚對象，婚後則到妻子的社群中居住。經濟活動主要是在山地輪種稻穀，輔以漁獵。現今人數約兩百多萬。

Dayan, Moshe*　戴揚（西元1915～1981年）　以色列軍人及政治人物。出生於以色列建立的第一個基布茲（kibbutz，合作居留地），父母爲俄國人，後來成爲對抗阿拉伯入侵者的游擊戰士。曾參加非法的猶太人防禦部隊哈加納。第二次世界大戰期間，在敘利亞與法國維琪政府的軍隊作戰時，喪失左眼。蘇伊士危機（1956）期間他是以色列軍隊的參謀總長，後來擔任農業部長（1959～1964）。六日戰爭之前不久，被任命爲國防部長，而以色列的勝利讓他廣受人民愛戴，一直任職到1974年。在擔任外交部長時，加入反對派聯合黨，1977年該黨取得權勢，1978年擔任「大衛營協定」的主要設計人之一。亦請參閱Arab-Israeli wars。

Dayananda Sarasvati*　達耶難陀．娑羅室伐底（西元1824～1883年）　原名Mula Sankara。印度教苦行者和社會改革家。出身婆羅門，十四歲看到一群老鼠爬到一尊濕婆像上爭食供品後，就拒絕偶像崇拜。對宗教的疑問導致他學習瑜伽術，而爲了逃避安排的婚姻，離家出走，加入娑羅室伐底苦行教團。此後十五年（1845～1860），遍歷印度各地探求眞道，1863年開始努力復興純粹的吠陀印度教。他力駁印度教正統派學者和基督教傳教團。1875年創立雅利安社。他反對童婚、主張寡婦再嫁，並向一切種姓開放有關吠陀的研究。

daylight saving time　日光節約時間　統一將時鐘撥快，以便在通常的非睡眠時間內延長白晝時間的一種時制，主要在夏季施行。在北半球，通常在3月末或4月開始撥快一小時，到9月末或10月又撥回去。在美國和加拿大，日光節約時間始於4月的第一個星期日，而止於10月的最後一個星期日。

Dayr al-Bahri ➠ Deir el-Bahri

Dayton　達頓　美國俄亥俄州西南部城市（2000年人口約166,179）。1796年由一批獨立戰爭退伍軍人在邁阿密河畔建立，後發展爲農產品運輸河港。1829年達頓和辛辛那提之間的邁阿密和伊利運河開通後，以及1851年的鐵路開抵此市後，刺激了它的工業發展。該市爲萊特兄弟的故鄉，他們也葬於此。現爲一大城市化地區的中心和農業地區的集散中心。市內設有萊特－帕特森空軍基地（建於1946年）和空軍技術研究院（1947），還有多所大學院校、一所藝術學會和交響樂團。

Daytona Beach　代托納比奇　美國佛羅里達州東北部沿海城市（2000年人口約64,112）。位於傑克森維爾南部，1870年由馬泰斯・代建立，1876年設市。1926年西布里茲、代托納和代托納比奇三市合併爲代托納比奇市。1903年起，著名的奧蒙德－代托納海灘（沙白而硬）被用於車速實驗場。該市還以代托納比奇國際賽車場聞名。

Dazai, Osamu＊　太宰治（西元1909～1948年）　原名津島修治（Shuji Tsushima）。日本小說家。第二次世界大戰末崛起爲當代文學的喉舌。在傳統價值破產而年輕一代虛無地全面否定過去的時候，太宰治黯然、譏刺的筆調完全捕捉到戰後日本的混亂。父爲富有地主兼政治人物，時常以其成長背景作爲小說創作的題材。《輕津》（1944）可能是他最好的一部作品。戰後作品——《斜陽》（1947）、《維揚之妻》（1947）、《人間失格》（1948）——的筆調變得逐漸絕望，反映出作者的危機意識，導致他在三十八歲自殺身亡。

DC ➠ direct current

DDT　滴滴涕　全名二氯二苯基三氯乙烷（dichlorodiphenyltrichloroethane）。一種合成的有機鹵素化物殺蟲劑。其殺蟲性能是由瑞士化學家米勒在1939年發現的（因此而獲1948年諾貝爾生理學或醫學獎），並可有效對抗許多疾病傳染媒介。但到了1960年代，許多種昆蟲能迅速繁殖抗DDT的群落，而且DDT高度穩定，能累積於昆蟲體內，透過食物鏈對各種鳥類和魚類造成毒害。1960年代期間，發現DDT與一些類似的化合物已嚴重減少了許多鳥類群落，包括白頭海鵰，現在美國已嚴格管制其使用。

de　德　亦拼作te。（英語作「品德」〔virtue〕）在道家思想中，德是道的內涵本質，而道則存在於萬物之中；對儒家學說而言，德是內在的良善和得體合宜。在兩套體系中，德都被當作道的行動原則，因此也是生命或道德的原則。《道德經》將德描述成自我的軀體中無意識的運作，能夠與自然和諧共存。當人拋開野心和爭論的心情，追求自然的生活，個人的德將可蓬勃發展，並將察覺到普遍於宇宙間之潛在的統一。

De Beers Consolidated Mines　德比爾斯聯合礦業公司　南非礦業公司，世界上最大的金剛石產銷企業。1860年代中期在南非德比爾斯礦場首次發現金剛石。原本的兩座金剛石礦場（現已不再運作）曾是世界產量最大的礦場。1871年羅德茲買下德比爾斯礦，最後買得非洲南部大部分的金剛石礦場。爲了控制銷售市場，他在1890年代中期組織金剛石集團。該集團現已改名爲中央銷售組織，它控制全世界近80%的金剛石貿易。德比爾斯公司亦進行其他礦產的開採，如黃金、煤、銅等，以及發展化學工業和人造金剛石。

de Colmar, Charles Xavier Thomas＊　科爾馬（西元1785～1870年）　法國數學家。1820年在法國軍隊服務時，製作第一部計算機，可以進行基本的加、減、乘、除。這最早的機械計算機贏得廣泛使用，成爲成功的商品，直到第一次世界大戰時都還在使用。

De Forest, Lee　德福雷斯特（西元1873～1961年）　美國發明家。十三歲時就發明了許多東西，其中包括一種實用的鍍銀儀器。從耶魯大學獲物理學博士學位後，創建了德福雷斯特無線電報公司（1902），他公開演示用於商業、新聞、軍事的無線電報通信裝置。1907年他取得三極檢波管的發明專利權，1923～1927年期間他發明在影片邊上錄上聲音信號的有聲影片。幾年後普遍使用的有聲影片，原理上和他發明的基本一樣。他沒有生意頭腦，加上識人不清，兩度被合夥人詐騙。最後對生意或製造業感到失望，把專利權以低價賣給像美國電話電報公司之類的公司，這些專利權後來在商業上的成功發展讓那些公司獲利極高。雖然有苦說不出，但他被普遍尊爲「無線電之父」、「電視之祖」。

De Gasperi, Alcide＊　德・加斯貝利（西元1881～1954年）　義大利總理（1945～1953），出生於蒂羅爾南部，當時是在奧匈帝國統治下，1911～1919年被選入奧地利國會，謀求把特倫蒂諾併入義大利。1921～1927年當選義大利議會議員。他是義大利人民黨的創建者之一。後來因敵視法西斯黨而被捕，服刑十六個月後獲釋，1929年成爲梵諦岡教廷的圖書館長。第二次世界大戰期間，積極從事抵抗運動，法西斯政權倒台後，重新回到義大利政治舞台，擔任天主教民主黨書記。任總理期間（1945～1953），他頒布了新憲法，實施土地改革計畫，監督義大利戰後的經濟重建工作。在他的領導下，義大利於1951年加入北大西洋公約組織（NATO），後來幫助組織了歐洲委員會和歐洲煤鋼聯營（1951）。

de Gaulle, Charles (-André-Marie-Joseph)　戴高樂（西元1890～1970年）　法國軍人、政治人物和法蘭西第五共和的創建者。1913年加入軍隊，在第一次世界大戰時表現優異。1925年被提拔爲最高作戰會議參謀。1940年晉升中校，短暫出任雷諾政府的陸軍部副部長。在法國被德國占領後，他前往英國，開展自由法國運動。他致力於解放法國的復國大業，1943年把自由法國總部從倫敦移到阿爾及爾，就任法國民族解放委員會主席（最初與吉羅同任主席）。巴黎解放後，他返抵國門，接連兩屆擔任臨時政府首腦，1946年辭職。他反對第四共和，1947年發起法國人民聯盟的群衆運動，但在1953年斷絕與它的聯繫。他退出政治舞台後，開始撰寫回憶錄。1958年5月阿爾及爾爆發動亂，有引起法國內戰的危險，於是他再度復出。6月1日就任總理，擁有權力修改憲法。12月21日當選爲法國新的第五共和總統，成爲一個強勢的總統。他結束了阿爾及利亞戰爭，並讓非洲領地獨立爲十二個國家。他讓法國退出北大西洋公約組織，在越戰時，政策保持中立，但看得出有很多地方反對美國主義。他開始緩和與鐵幕國家的關係，並周遊各地，與法語系國家廣泛結盟。1968年5月爆發學生和工人運動引起內政不安後，1969年4月舉行一次憲法修正案公投時，結果失敗，他辭職下台。

De Grey River＊　德格雷河　位於澳大利亞洲之西澳大利亞州西北部。源出羅伯特森嶺的奧科弗河，向西北流，與努拉吉恩河匯合後稱德格雷河。沿途接納幾條主要支流，最後注入印度洋。全長118哩（306公里）。1888年發現皮爾巴拉金礦後，大批採金者湧入河谷定居。該河供水給牧草地來放養綿羊和牛。

De Havilland, Geoffrey　德哈維蘭（西元1882～1965年）　受封爲Sir Geoffrey。英國飛機設計師和製造家。1910年他製造的裝有50馬力引擎的飛機飛行成功。1920年組成德哈維蘭飛機公司，生產「飛蛾式」輕型雙座飛機十分成功。第二次世界大戰期間，公司最成功的產品是雙引擎的「蚊式」飛機。戰後他領先製造「彗星式」客機以及「吸血鬼式」、「毒辣式」噴射戰鬥機。

de Havilland, Olivia (Mary)＊ 德哈佛蘭（西元1916年～） 美國電影女演員。出生於日本東京，父母為英國人，她在美國加州長大。1935年第一次拍電影，後來與弗林搭檔演出，飾演纖柔、甜美而富有魅力的情人，演出許多古裝驚險片，包括《布拉德船長》（1935）和《俠盜羅賓漢》（1938）。後來逐漸飾演較有深度的角色，如《亂世佳人》（1939）、《風流種子》（1946，獲奧斯卡獎）、《蛇窩》（1948）和《千金小姐》（1949，獲奧斯卡獎）。1955年遷居巴黎，此後僅零星在電影中出現。

de Klerk, F(rederik) W(illem)＊ 戴克拉克（西元1936年～） 南非總統（1989～1994）。他結束了南非的種族隔離政策，並議定了向多數派執政的過渡。原為開業律師，後來擔任過若干重要的部長職務。1986年被選為下院議長。1989年取代波塔為南非國民黨主席，他迅速釋放所有的政治要犯，其中包括曼德拉，並取消對南非非洲民族議會的禁令。1993年與曼德拉共獲諾貝爾和平獎。1994年在南非舉行的第一次各種族都參加的選舉中，曼德拉當選總統，他則擔任第二副總統。

de Kooning, Willem 德庫寧（西元1904～1997年） 荷裔美籍畫家。曾在鹿特丹就讀美術，1926年偷渡到美國。原在新澤西州霍博肯靠著為房子裝璜繪畫維生，後來前往紐約市，開始受畫家高爾基的影響。後來為公共事業振興署聯邦藝術計畫工作。1930年代和1940年代他的作品既含具象也含抽象藝術的形式，這兩種傾向最終以有機抽象形式和幾何圖形融合成影像。1940年代成為抽象表現主義的主要傑出畫家，特別是行動繪畫。最有名的作品包括一系列的複雜而粗俗女人形像，使用的顏料和原色十分粗獷，如《女人1號》（1950～1952）和《女人和自行車》（1953）。1963年遷往紐約州東漢普頓，晚年製作黏土雕刻，再鑄造成銅製品。

de la Mare, Walter (John) 德拉梅爾（西元1873～1956年） 英國詩人和小說家。倫敦聖保羅學院畢業，1890～1908年在標準石油公司工作。後來日益熱衷於寫作，最初以Walter Ramal為筆名。撰寫成人作品和童書。他的選集《到這裡來》（1923）獲得高度評價。《一個侏儒的回憶錄》（1921）是他的最佳小說作品。1947年出版《兒童故事集》。死後葬於聖保羅大教堂。

de la Renta, Oscar 德・拉・倫塔（西元1932年～） 多明尼加裔美國時尚設計家。曾在聖多明哥與馬德里求學，之後在馬德里成為巴蘭西阿加的設計師。1962年移居紐約並開設了自己的公司，製作女性套裝流行服飾。1973年創辦了奧斯卡・德・拉・倫塔女裝設計，業務擴展至家用亞麻布、男裝以及香水。1970年代他引進了以吉普賽人與俄羅斯為主題的種族風；近幾年他又運用塔夫綢、雪紡綢、天鵝絨、錦緞以及毛皮製作浪漫的晚禮服。從1993年起，他一直擔任巴勒曼的女裝設計師。

de la Roche, Mazo＊ 德・拉・羅奇（西元1879～1961年） 加拿大女作家。生於安大略省新市，最有名的作品是一系列有關賈爾納山莊的懷特奧克家族的長篇小說，賈爾納是她的故鄉安大略的一處莊園。這部家族史故事在歐洲和美國卻比在加拿大更受歡迎，後來還拍成電影《賈爾納》（1935）和改編為戲劇《懷特奧克家族》（1936）。其他作品包括兒童故事、遊記、劇本和一本自傳。

De La Warr, Baron＊ 德拉瓦（西元1577～1618年） 亦作Baron Delaware。原名Thomas West。建立維吉尼亞的英國人。早年曾隨艾塞克斯伯爵在尼德蘭和愛爾蘭作戰，後來成為維吉尼亞公司的一員，1610年任維吉尼亞總督。同年3月率三艘艦船和一百五十名移民出航，6月10日到達詹姆斯敦，他在詹姆斯河口修築兩座堡壘，並重建詹姆斯敦。此外，德拉瓦州、德拉瓦河和德拉瓦灣均以其命名。

De Laurentiis, Dino＊ 德・勞倫提斯（西元1919年～） 義大利裔美國電影製片家。二十歲時便製作了他的第一部電影，並以《慾海奇花》（1948）一炮而紅。他與龐帝（1910～）合組一家製作公司，並製作了幾部令人激賞的電影，如費里尼的《大路》（1954，獲奧斯卡獎）和《卡比利亞之夜》（1956，獲奧斯卡獎）。1960年代早期，他建造了一座製片廠「狄諾奇塔」，並在此完成了幾部史詩式作品；由於電影賣座不如預期，迫使他在1970年代早期將製片廠賣掉。後移居美國，在一系列的賣座失利造成他破產之前，完成了《衝突》（1973）、《爵士年華》（1981）與《芳心之罪》（1986）等片。

De Leon, Daniel 德萊昂（西元1852～1914年） 荷蘭裔美國社會主義者。生於庫拉索島，1874年來到美國。1890年加入社會主義勞工黨，幾年內成為黨的領導人物之一。他認為當時的工會領導不夠激進，1895年領導社會主義勞工黨一派，組成社會主義產業和勞工聯盟。1905年他協助建立世界產業工人聯盟，並與社會主義產業和勞工聯盟合併。但在1908年極端主義分子反對他的領導，支持更暴力的政治活動，他於是另創工人國際產業聯盟，可是並不成功。

de Man, Paul＊ 保羅・德・曼（西元1919～1983年） 比利時裔美國文學評論家。1947年移民美國，進入哈佛大學，1970年任教耶魯大學，並在此度過餘生。他的開創性作品《盲目與洞見》（1971），使耶魯大學成為美國的解構性文學評論中心（參閱deconstruction）。他的其他作品包括《閱讀的寓言》（1979）、《浪漫主義修辭學》（1984）以及《美學的意識形態》（1988）。他的名聲因為死後才揭露的作品而低落，這些作品是第二次世界大戰時他為親納粹的比利時報紙《晚報》所寫的反猶太作品。

de Mille, Agnes (George)＊ 德米爾（西元1905～1993年） 美國舞者和編舞家。在編舞方面，進一步發展了舞蹈的情節部分，並創新應用了美洲主題、民間舞蹈和手勢。生於紐約市，於加州大學洛杉磯分校（UCLA）畢業後，回到出生地紐約市，1929～1940年在美國和歐洲作巡迴演出，舉辦她自己以啞劇舞蹈形式表現的表演會。後來為芭蕾舞劇團（即後來的美國芭蕾舞劇團）編舞；《競技表演》（1942）是含有踢踺舞的第一齣芭蕾舞劇。她還為百老匯的許多音樂劇編舞，其中包括《奧克拉荷馬！》（1943）、《騎馬舞蹈表演》（1945）、《南海天堂》（1947）、《裝飾你的小客車》（1951）。她還著有一些舞蹈書籍和一本自傳。

De Niro, Robert＊ 勞勃狄尼洛（西元1943年～） 美國電影演員。生於紐約市，父為藝術家，1968年拍攝其第一部影片《祝福》，後在一些次要影片中扮演主角和配角，1973年在影片《戰鼓輕敲》中的表演獲得好評。同年主演《殘酷大街》和其他部由馬丁史柯西斯執導的電影，包括《計程車司機》（1976）、《蠻牛》（1980，獲奧斯卡最佳男主角獎）和《四海好傢伙》（1990）。在這些影片中，勞勃狄尼洛典型地扮演了個性強、具有吸引力，卻又情緒不平衡的人。他在其他一些影片中扮演較為克制卻同樣令人難忘的角色，這些影片有：《教父續集》（1974，獲奧斯卡最佳男配角獎）、《越戰獵鹿人》（1978）、《打不開的鎖》（1981）和《桃色風雲：搖擺狗》（1997）。1993年親自導演第一部電影《四海情深》。

De Quincey, Thomas　戴昆西（西元1785～1859年） 英國散文作家和評論家。就讀於牛津大學時，為減輕顏面神經病痛而開始吸鴉片，後來吸食成癮，也使他寫出最好的作品，即《一個英國鴉片服用者的自白》（1821），這部散文作品充滿詩意和想像力，使它長久成為英國式文學的傑作。文學評論以〈論《馬克白》劇中的敲門聲〉（1823）最有名。

De Sica, Vittorio＊　狄西嘉（西元1901～1974年） 義大利電影導演和演員。他在1923年加入一個表演團體，不久成為早場演出的走紅演員。後來躍上銀幕主演了一系列輕鬆喜劇片，扮演最出色的角色是在羅塞里尼執導的電影《羅韋萊將軍》（1959）。1940年執導他的第一部電影，並與編劇薩瓦提尼合作，對戰後義大利電影的新寫實主義貢獻很大，他拍攝了《擦鞋童》（1946，獲奧斯卡獎）、《單車失竊記》（1948，獲奧斯卡獎）。後來拍攝的影片包括《風燭淚》（1952）、《烽火母女情》（1961）、《昨日、今日、明日》（1963，獲奧斯卡獎）和《芬氏花園》（1970，獲奧斯卡獎）。

de Soto, Hernando＊　德索托（西元1496?～1542年） 西班牙探險家和征服者。1514年參加阿里亞斯．達維拉（1440～1531）的西印度探險，不久在巴拿馬成為一名貿易商和遠征者，1520年通過在尼加拉瓜和巴拿馬地峽的奴隸貿易積累了小筆財富。1532年和皮薩羅一起遠征祕魯，1536年返回西班牙，帶回大筆財富。受西班牙王室的命令去征服現在的佛羅里達，1538年率領十隻船和七百人出發。在這次探險途中他發現了今美國南部的大片土地和密西西比河。但染上風寒，死於路易斯安那，被埋葬在密西西比河。

De Stijl ➠ Stijl, De

de Valera, Eamon＊　德瓦勒拉（西元1882～1975年） 原名Edward。愛爾蘭政治領袖。生於美國紐約，父親為西班牙裔，母親為愛爾蘭裔，父親去世後被送回愛爾蘭農村外祖父家。1913年加入愛爾蘭志願軍，抵抗英國當局鎮壓愛爾蘭獨立運動。1916年都柏林爆發復活節起義，他是指揮人之一。1918年被推選為新芬黨主席。他不接受成立愛爾蘭自由邦的條約，因為條約提出分割愛爾蘭領土。在隨後發生的內戰中，他支持共和主義者的抵抗運動。1924年創建替天行道士兵黨，1932年贏得愛爾蘭大選。當選總理（1932～1948）後，他帶領愛爾蘭自由邦脫離大英國協，並宣布愛爾蘭為主權國家。第二次世界大戰爆發，宣布愛爾蘭中立。在兩度蟬聯總理（1951～1954、1957～1959）以後，又當選總統1959～1973年。

德瓦勒拉，攝於1965年
By courtesy of the Irish Embassy; photograph, Lensmen Ltd. Press Photo Agency, Dublin

de Valois, Ninette＊　德瓦盧娃（西元1898～2001年） 受封為Dame Ninette。原名Edris Stannus。愛爾蘭舞者和編舞家，皇家芭蕾舞團的創始人。1914年起在時事諷刺劇和童話劇中表演。1923年加入俄羅斯芭蕾舞團，任獨舞舞者。1926年在倫敦創辦了舞蹈藝術學院，教導演員舞蹈動作。1930年與人合辦卡瑪戈學會。1931年創辦並指導維克－威爾斯芭蕾舞團，後來改名薩德勒威爾斯芭蕾舞團（1946～1956），之後又改為皇家芭蕾舞團（1956），她一直指導至1963年為止。她在1930年代和1940年代編了許多芭蕾舞，1971年以前，她在該公司還相當活躍。

De Voto, Bernard (Augustine)＊　德沃托（西元1897～1955年） 美國新聞工作者、歷史學者和評論家。生於猶他州奧格登，曾在西北大學和哈佛大學任教。後來短暫擔任過《星期六文學評論》編輯（1936～1938）。1935～1955年為《哈潑雜誌》撰寫專欄。作品以論述美國文學和西部邊疆歷史聞名，加上鏗鏘有力、直言無諱的風格，在當時的評論界和歷史界頗負盛名。其非小說的作品包括《馬克吐溫的美國》（1932）、《跨過寬闊的密蘇里》（1948，獲普立茲獎）和《帝國過程》（1952）。

de Vries, Hugo (Marie)＊　德弗里斯（西元年1848～1935年） 荷蘭植物學家和遺傳學家。1878～1918年任阿姆斯特丹大學教授，並提出以實驗的方式來研究生物演化。1900年他對孟德爾遺傳原理的發現（與科倫斯和切爾馬克．封．賽塞內格同時）和他的生物突變學說，解釋了有關物種變異之性質的一些概念，也使達爾文的生物演化理論得以受到普遍接受和積極研究。德弗里斯發現並證明了滲透作用在植物生理學中所起的作用。亦請參閱Bateson, William。

de Wolfe, Elsie　德沃爾夫（西元1865～1950年） 原名Ella Anderson。美國室內裝潢設計家。為紐約社交名媛，1890～1904年為職業演員。後來開始以室內裝潢為業。她的主要設計原則是簡單、明快和視覺的統一，結果促進了室內裝潢流行款式的改變。她是一位著名的沙龍女主人，曾長期居住法國，第一次世界大戰時期留在那裡看護士兵，因而獲英勇十字勳章。

DEA ➠ Drug Enforcement Administration

Dead Sea　死海 阿拉伯語作Bahret Lut。古稱Lacus Asphaltites。以色列和約旦之間的內陸鹽湖，地球上最低的水體，水面平均低於海平面約1,312呎（400公尺）。長50哩（80公里），寬11哩（18公里）。北半部屬於約旦；南半部由約旦和以色列瓜分。然而在1967年以阿戰爭後，以色列軍隊一直占領整個西岸。西岸為猶太山地，東岸為外約旦高原，約旦河從北注入。自亞伯拉罕時代以來，死海一直同聖經歷史聯繫在一起。

Dead Sea Scrolls　死海古卷 1947～1956年在死海西北海岸幾處隱祕地點發現的古代手稿，大部分是希伯來文。這些手稿撰寫的日期可追溯到西元前3世紀到西元2世紀之間，在約一萬五千個斷簡殘篇中共拼湊了八百～九百多份手稿。多數學者認為在庫姆蘭廢墟附近十一處洞穴發現的大量文獻是屬於猶太教的一個教團所有（大多認為是艾賽尼派），而有些學者則認為是屬於撒都該人或奮銳黨人所有。這個教團排斥其他的猶太人，把世界截然劃分為善與惡。他們營造了一種純正儀式的共同生活，稱作「聯合會」，由一位彌賽亞的「正義之師」領導。從死海古卷中可宏觀猶太人信仰，這些在西元66～73年戰爭期間從耶路撒冷被藏匿起來的手稿一直是圖書館的藏品。亦請參閱Damascus Document。

deafness　聾 部分或全部失聽的一種病理狀態。主要分兩種：一、傳導性聾。外部世界到內耳神經細胞之間的聲音振動通路中斷。如耵聹堵塞外耳道、鐙骨固定不能將聲波傳導到內耳。二、神經性聾。由於內耳感覺細胞損傷（如過度噪聲造成的傷害）或前庭耳蝸神經損傷，妨礙了攜帶聲音訊息的神經衝動由內耳傳導到腦內的聽中樞，亦可能爲功能性的（如歇斯底里性）。有些聾人可藉助聽器或耳蝸嵌入器來幫助聽力，其他可藉學習手語或讀唇來和人溝通。

Deák, Ferenc＊ 戴阿克（西元1803～1876年） 匈牙利政治家。父爲富有地主，早年習法律，1833年進入匈牙利議會，成爲要求匈牙利政治解放和內部革新的領袖。1848年出任司法大臣，任內主要負責起草進行改革的「四月法案」。1860年代，他提出匈牙利要在有條件的情況下與奧地利達成和解，結果促成了1867年協約，建立了雙元君主制的奧匈帝國，並協助完成了基於協約原則的立法。

Dean, Dizzy 狄恩（西元1911～1974年） 原名Jay Hanna。美國職業棒球投手。生於阿肯色州路卡斯，小學沒畢業，1932年加入聖路易紅雀隊當投手，他從1932～1936年五個球季中表現突出，共獲一百二十場勝投，其中四個球季贏得三振王且投出最多完全比賽。1937年其兄弟保羅聯手爲球隊贏得世界賽勝利，那年贏了三十場，輸了七場，並在國家聯盟持續贏了三十場比賽。同年，臂部舊疾復發，投球未能表現正常水準，最後從芝加哥小熊隊退休下來（1938年賽季後被交易到此隊）。他是職業運動史上最多彩多姿的運動員之一。退休後，擔任棒球比賽播報員，以內行的評論見長。

Dean, James (Byron) 詹姆斯狄恩（西元1931～1955年） 美國電影演員。生於印第安納州馬里昂，在嘗試到百老匯舞台表演前，他曾在四部電影中扮演小角色，1954年在紐約上演的話劇《不道德的人》中初露頭角，獲得大銀幕試鏡機會，展開燦爛但短暫的電影生涯。在影片《伊甸園東》（1955）中主演一個憂鬱、急躁的青年角色，獲奧斯卡提名。後來又主演影片《養子不教誰之過》（1955），扮演一個被誤解的青少年，以1950年代惶惑、急躁、空想的青年典型而受到崇拜。在影片《巨人》（1956）中，扮演一個粗野的、不守習俗的牧場工人。這三部影片使詹姆斯狄恩成爲受挫折青年人的化身，因此成爲美國青年的崇拜對象。但他在《巨人》發行以前因車禍慘死，引起全國青年的哀悼。

詹姆斯狄恩在《巨人》（1956）中的演出
© 1956 Giant Productions, courtesy of Warner Bros.; photograph, Culver Pictures

Dean, John Wesley, III 迪安（西元1938年～） 美國律師和白宮顧問。生於俄亥俄州亞克朗，在喬治城大學獲法學士學位。1966～1967年任衆議院司法委員會少數黨首席顧問。1970年尼克森選他爲白宮顧問。1972年尼克森委任他爲調查白宮人員可能捲入水門事件的特別小組組長。迪安後來拒絕一起掩飾罪行，開始向聯邦調查人員透露他所知情的部分。1973年4月被尼克森解雇，兩個月後，他向參議院調查委員會公開作證，披露白宮官員（包括總統在內）如何阻撓司法調查的情形，結果導致尼克森辭職下台。

Deane, Silas 迪恩（西元1737～1789年） 美國外交官。曾代表出席大陸會議，會議派遣他到法國秘密尋求財政和軍事援助。他成功取得好幾船的武器，對薩拉托加戰役的決定性勝利作出重大貢獻。1777年他與富蘭克林、李（1740～1792）同法國談判，簽訂了商業條約和同盟條約。回國後被控侵吞公款，雖沒有證據，但一些人指控歷歷卻毀了他。

Dearborn 第波恩 美國密西根州東南部城市，人口約91,000（1996）。與底特律毗鄰，臨魯日河。1795年建居民點。原是底特律和芝加哥之間的驛馬站。福特誕生於此，後來的福特汽車公司總部也設於此。1917年建福特汽車裝配廠和後續相關汽車工業後，工業開始發展。1925年合併爲城市。

Dearborn, Henry 第波恩（西元1751～1829年） 美國國會議員和陸軍部長（1801～1809）。生於新罕布夏州漢普頓，曾參加美國獨立革命戰爭，後來被指派爲緬因地區的陸軍元帥（1789～1793）。1793～1797年爲聯邦衆議員（代表麻薩諸塞州），後來在傑佛遜總統政府中任陸軍部長，1803年下令在「芝加哥」建立第波恩堡。1812年戰爭中，指揮一些企圖入侵加拿大的行動，但都失敗，後來被麥迪遜總統召回。

death penalty ➠ capital punishment

Death Valley 死谷 美國加州東南部谷地。是北美洲最低、最乾燥、最炎熱的地區，長140哩（225公里），寬5～15哩（8～24公里）。阿馬戈薩河從南部流入，包括巴德瓦特小池，這裡最低處低於海平面282呎（86公尺），是北美洲最低點。以前死谷是拓荒移民的一大障礙，因而得名「死谷」。後成爲開發硼砂的中心。1933年闢爲國家保護區，1994年成爲國家公園。公園面積約3,336,000英畝（2,351,000公頃），並延伸到內華達州。

deathwatch beetle 紅毛竊蠹 鞘翅目竊蠹科小甲蟲，學名Xestobium refuvillosum。體長小於0.5吋（1～9公釐），圓柱形。受驚時縮足裝死。在舊家具或木頭中鑽孔時，頭或大腭因碰撞坑道壁而發出卡塔聲。按迷信的說法，這種聲音是死亡即將來臨的預兆。

紅毛竊蠹
G. E. Hyde from The Natural History Photographic Agency

DeBakey, Michael (Ellis)＊ 狄貝基（西元1908年～） 美國外科醫師。生於路易斯安那州查爾斯湖，在圖蘭大學獲得醫學博士學位。1932年設計了「滾筒泵」，用於開心外科手術的心肺機器。第二次世界大戰期間，與美國外科總局合作，促成了陸軍機動外科醫院。他也發展出有效的方法來導正主動脈瘤－－移植冷凍血管以取代致病的血管。到1956年他已發展出一種使用塑膠管來代替移植的技術。狄貝基也是第一個成功完成冠狀動脈分流術的人。1963年他提出了把機械裝置移植到人體胸腔以幫助心臟動作的成功病例報告。狄貝基曾獲頒許多獎項，其中包括總統特殊成就自由獎（1969）。曾編輯外科年鑑（1958～1970）。

déblé 代布勒＊ 西非塞努福人雕刻的木頭女人像，在舉行儀式時用於擊節，以促使土壤肥沃。波羅（Poro，或洛〔Lo〕）男性秘密會社以上臂持像，用它來敲擊地面以成節奏。在挖掘比賽中，也常把它們放置在田間。

Deborah 底波拉（西元前約1150～西元前約1050年） 古代以色列的女先知和政治領袖。在《舊約·士師記》中記載了她的事跡。據載，底波拉和她的將軍巴拉克打敗了西西拉所率的迦南人軍隊。當時以色列人在她的鼓舞下團結一致，突然發生的大雷雨讓以色列人認爲是上帝從西奈山降臨，因而幫助他們打敗了迦南人。《底波拉之歌》就是慶祝此事，據考證是她所作，可能是聖經中最古老的章節，對了解西元前12世紀以色列人的文化有重要意義。

Debré, Michel(-Jean-Pierre)＊ 德布雷（西元1912～1996年） 法國政治領袖。曾獲博士學位，後任文官，步步高升。第二次世界大戰時，從德國監獄逃出，加入反抗運動，在法國的德國占領區中從事地下工作。1945年加入戴高樂的臨時政府。1948～1958年擔任參議員。1958年出任司法部長，成爲開創第五共和的新憲法的主要起草人，並擔任首屆總理（1959～1962）。後來被選入國民議會（1963～1968），之後歷任各種內閣職位，其中包括國防部長（1969～1973）。

Debrecen＊ 德布勒森 匈牙利東部城市，人口約218,000（1994）。是匈牙利東部重要的一座城市，長久以來是貿易中心，在宗教、政治、文化等方面也很活躍。14世紀設市，在土耳其占領期間及以後頗爲著名。1849年革命政府領袖曾在此宣布匈牙利脫離哈布斯堡王朝統治而獨立，但爲時短暫，後來被奧地利控制。第二次世界大戰期間，曾一度成爲匈牙利臨時政府所在地。現今仍是商業和文化中心，市內矗立著引人注目的歸正會大教堂，另有拉約什・科蘇特大學（1912）。

Debs, Eugene V(ictor) 德布茲（西元1855～1926年） 美國勞工組織者。生於印第安納州泰若厚特，十四歲離家到鐵路工廠做工，後成爲機車司爐。他是最早鼓吹工業工會制的人，1893年任美國鐵路聯盟主席。因領導普爾曼罷工事件而於1895年被判處半年徒刑。1898年協助建立美國社會黨，曾五度代表該黨參選總統（1900～1920）。1905年參加建立世界產業工人聯盟。1917年因公然抨擊間諜法案而在1918年被控煽動叛亂。1920年因批評政府入獄，當時選舉獲票最多，約九十一萬五千張。1921年獲總統特赦。

德布茲
By courtesy of the Library of Congress, Washington, D. C.

debt 債務 所欠之物。任何向他人借用金錢或物品的人都負有債務，並有義務歸還這些物品或金錢，通常要加上利息。就政府而言，爲了融通預算赤字而有借錢的需要，從而發展出各種形式的政府國債。亦請參閱bankruptcy、debtor and creditor、usury。

debtor and creditor 債務人和債權人 指存在於兩人之間的一種關係，其中一方（即債務人）可被強制爲另一方（即債權人）提供勞務、金錢或貨物。這種關係也可以因爲債務人未能向受害人交付損害賠償金或向社會交納罰金而產生。不過，這種關係通常是指債務人已從債權人得到某物，爲此債務人已許諾日後以償付作爲報答。如果債務人在限期內未償還，律師就可以開始正式的討債程序，有時可以採用扣押債務人的財產、工資或銀行存款等強制償還的手段。監禁債務人的作法目前已不再採用。亦請參閱garnishment、lien。

Debussy, (Achille-) Claude＊ 德布西（西元1862～1918年） 法國作曲家。出身貧寒家庭，九歲就顯示出鋼琴方面的才能，1873年入巴黎音樂學院學習鋼琴與作曲，不久即受聘爲俄國女富豪梅克夫人（柴可夫斯基的贊助者）的鋼琴師。受到象徵主義詩人與印象派畫家的影響，他很早便發展出一種高度原創性的作曲風格，避開傳統的對位與和聲手法的限制，以不尋常的和弦轉換技法和音色而達致極爲細膩的新穎效果，讓人產生各種圖畫般的意象以及慵懶和享樂的情調。他被視爲音樂上的印象主義派創建者。在削弱調性和聲的傳統束縛方面，他的重要性不下於李斯特、華格納和荀白克。受其影響的作曲家有拉威爾、史特拉汶斯基、巴爾托克、貝爾格、魏本和布萊，他可說是近三百年來最有影響力的法國作曲家。作品包括歌劇《佩利亞斯與梅麗桑德》（1902）；管弦樂作品《牧神的午後序曲》（1894）、《夜曲》（1899）、《海》（1905）、《意象》（1912）和芭蕾舞曲《嬉戲》（1913）；一首管弦四重奏（1893）；鋼琴組曲《版畫》（1903）、《意象》（1905、1907）、《兒童樂園》（1908）、二十四首《前奏曲》（1910、1913）、十二首《練習曲》（1915），以及許多歌曲。

德布西，巴謝（Marcel Baschet）繪於1884年；現藏凡爾賽宮
Giraudon－Art Resource

Debye, Peter＊ 德拜（西元1884～1966年） 原名Petrus Josephus Wilhemus Debije。荷蘭裔美國物理化學家。第一個重要研究工作是關於電偶極矩的研究，增進了分子中原子的排列和原子間距的知識。1916年提出粉末狀固體物質能用於X射線晶體學之研究從而免除了首先要製備良好晶體這一困難步驟。1923年他和休克爾將阿倫尼烏斯關於鹽在溶液中離解的理論加以推廣，證明是完全電離。他也作過氣體中光散射的研究。1936年獲諾貝爾化學獎。

Decadents 頹廢派 19世紀末的詩人團體，包括一些法國象徵派詩人（參閱Symbolist movement），特別是以馬拉美和魏倫爲代表，以及同時代的英國晚期唯美派詩人（參閱Aestheticism），以塞門茲、王爾德爲代表。許多不是詩人的人也常和頹廢派來往密切，包括小說家于斯曼、藝術家比爾茲利。頹廢派強調爲藝術而藝術，認爲藝術是獨立自主的，反對崇拜自然，也反對工業社會的唯物主義偏見，故而強調在作品和生活上表現出怪異、不協調和矯揉做作的作風。

Decansky, Stefan ➠ Stefan Decansky

decapod 十足類 十足目甲殼動物，約八千多種，胸部有五對步足。種類的形態很不相同，基本上有兩類：長尾類呈蝦形，小至0.5吋（12公釐），體長而通常側扁，腹部長，尾扇發達，步足細長；短尾類呈蟹形，兩螯展開可達13呎（4公尺），體背腹扁平，尾扇退化，步足通常短粗，而且只有前面一對有鉗。主要爲海洋水生動物，以熱帶淺海分布最多，但在全世界都具有商業價值。少數種類已適應陸地環境（例如寄居蟹和招潮蟹）。亦請參閱crab、crayfish、lobster、shrimp。

Decapolis＊ 德卡波利斯 巴勒斯坦東部十個古希臘城邦的聯盟，包括大馬士革。在西元前63年羅馬帝國征服巴勒斯坦後建立，目的在共同防禦閃米特人之侵襲。其領土大致鄰接，所形成的區域亦稱作德卡波利斯，有九座城位在約旦河東岸。同盟隸屬於羅馬的敘利亞總督管轄，一直存續至西元2世紀。

DeCarava, Roy 德卡拉瓦（西元1919年～） 美國攝影師。生於紐約市，1940年代晚期開始攝影。1952年獲得古根漢獎學金，支持他拍攝哈林區當地人物的計畫。這些照片大多被收入專書《甜蜜的生命捕蠅紙》（1955），搭配詩人休斯所寫的文本。德卡拉瓦對教育的興趣促使他於1955年創立了「一位攝影師的藝廊」(A Photographer's Gallery)，希望教育大衆有關攝影術的種種，又於1963年創辦了黑人攝影師協會。他最爲人知的作品可能是他爲一群爵士音樂家拍攝的人像。

decathlon　十項全能　混合各種運動的競賽，包括十個田徑運動項目：100公尺短跑、400公尺賽跑、1,500公尺賽跑、110公尺高欄、擲標槍、擲鐵餅、推鉛球、撐竿跳高、跳高和跳遠。1912年十項全能是以一個持續三天的比賽項目進入了奧運會，後來賽程變成兩天。根據國際業餘田徑聯合會確立的評分表對運動員們在各項比賽中的得分進行評定。十項全能選手通常被認爲是世界最優秀的全能運動員。

Decatur＊　第開特　美國伊利諾州中部城市，人口約81,000（1996）。位於春田市之東，濱臨桑加蒙河。1829年創建。1860年這裡是林肯第一次獲黨大會同意提名他爲總統候選人的地方。現爲周圍農業區的商業中心。工業包括玉米、大豆加工，以及牽引機和搬運工具的製造。

Decatur, Stephen＊　第開特（西元1779～1820年）　美國海軍軍官。生於馬里蘭州辛納普森，1798年加入海軍。在的黎波里戰爭中，1804年第開特曾率領一支遠征隊大膽攻入的黎波里港，焚毀被俘的美國炮艦「費城號」。在1812年的戰役中，他的戰艦「合衆國號」俘獲英艦「馬其頓人號」。1815年在地中海指揮一支艦隊，逼使巴貝里諸國依美國的條件和談。同年11月再升爲海軍署長。後因決鬥喪生。

Deccan　德干高原　納爾默達河以南的印度整個南部半島，較狹義來講，是指介於納爾默達河和克里希納河之間的三角形台地，包括馬哈拉施特拉、中央邦、安得拉邦、卡納塔克、奧里薩。高原的東、西兩側爲東高止山脈與西高止山脈，相會於高原的南部頂端。德干高原的平均海拔約2000呎（600公尺），大致向東傾。主要河流哥達瓦里河、克里希納河及高韋里河均從西高止山向東流入孟加拉灣。最早的居民是達羅毗荼人，直到西元前第二千紀雅利安人入侵。後來受孔雀帝國（西元前4世紀～西元前2世紀）和笈多王朝（西元4～6世紀）統治，1347年在德干高原建立一個穆斯林獨立王國。後來分裂爲五個穆斯林蘇丹國，17世紀時，德干高原爲蒙兀兒王朝所征服。18世紀這裡是英、法兩國必爭之地，後來英國因反對馬拉塔聯盟而戰。此後一直受英國控制，直到1947年印度獲得獨立。

Decembrist revolt　十二月黨叛變（西元1825年12月）　俄國革命者發動的一次未成功起義。沙皇亞歷山大一世死後，一群自由派的上層階級份子和軍官發動一場叛變，企圖阻止尼古拉一世繼位。但這次組織不夠充分的暴動很快就被鎮壓下來，結果有兩百八十九名十二月黨人受審，五人被處死，三十一人被監禁，其餘的被放逐到西伯利亞。這次殉難事件激勵了後來的俄國異議分子開始行動。

decibel (dB)　分貝　表示兩個電功率或聲功率之間比率的單位，也用作量度聲的相對強度的單位。1分貝（0.1貝爾〔bel〕）的定義是功率比的常用對數的十倍，約等於人耳能聽到的最微弱的聲音。因爲是以對數爲尺度，聲的強度加一倍意味著增加了3分貝多一點。按通常習慣，聲強的描述是某一聲的強度與人耳剛能聽到的強度的比較。例如90分貝的聲比勉強能探測到的聲要強10^9倍。分貝還用於表示兩個電壓或電流的量值之比，這時1分貝等於比值的常用對數的二十倍。貝爾（bel）這一術語是爲了紀念發明電話的貝爾而命名的。

非線性（分貝）和線性（強度）表

分貝	強度＊	聲　音　種　類
130	10	近處的開炮聲（痛感閾值）
120	1	聲音放大了的搖滾樂；附近的噴射發動機
110	10－1	在聽衆席上聽到的大聲交響樂
100	10－2	電鋸
90	10－3	在大客車或卡車裡面
80	10－4	小汽車裡面
70	10－5	街道平時的吵雜聲；大聲的電話鈴聲
60	10－6	一般的談話；業務辦公室
50	10－7	餐館；私人辦公室
40	10－8	家庭中安靜的室內
30	10－9	安靜的講堂；臥室
20	10－10	廣播電台、電視台或錄音室
10	10－11	隔音室
0	10－12	絕對安靜（聽覺閾值）

＊單位爲瓦特／平方公尺

deciduous tree　落葉樹　在一個季節中樹葉全部脫落的闊葉樹。落葉林出現在三個中緯度地區，這些地區屬溫帶氣候，有冬季，全年有降水，如北美東部、歐亞大陸西部和東北亞。落葉林也可沿河床和圍繞水體伸展到比較乾旱的地區。中緯度落葉林的優勢樹種有櫟樹、山毛櫸、樺木、栗樹、白楊、榆、楓樹、北美椴木。其他週期性地掉落葉子的植物也叫做落葉林。亦請參閱conifer、evergreen。

decision theory　決策理論　統計學及相關的哲學次領域中，提出和解決一般決策問題的理論和方法。決策問題可以概述如下：存在著一組可能的環境條件或可能的初始條件；同時存在若干可供選擇的試驗和對應於這些試驗的可能結果，這些試驗可提供有關環境狀態或初始條件的訊息；還存在若干可供選擇的行動（即決策函數），這些行動與試驗及其結果有關；存在有一組可能的行動後果，每一個可能的行動與每一種環境條件對應某一個確定的後果；問題是在選定試驗和決策函數的條件下估計各種後果出現的可能性，同時，按決策者的意圖或某種規則對一切可能出現的後果給出效用函數。所謂問題的最優解就是選擇最優決策函數。最優決策函數使每一個試驗結果對應一個最優行動，而最優行動使效用（或價值）達到極大。同時，問題的最優解還包括選擇一個最優的試驗。亦請參閱cost-benefit analysis、game theory。

Decius, Gaius Messius Quintus Trajanus＊　德西烏斯（西元201?～251年）　羅馬皇帝（249～251）。曾任元老院議員、執政官和地方軍事指揮官。249年繼阿拉伯人腓力爲皇帝。在位期間，抵抗哥德人入侵莫西亞，並在帝國全境展開第一次有組織的迫害基督徒活動（250），結果適得其反，壯大了基督教勢力，他在被哥德人打敗並戰死的前不久才結束迫害行動。

Declaration of Independence　獨立宣言　西元1776年7月4日由大陸會議通過，宣布北美英屬十三個殖民地脫離英國獨立的文件。在美國革命的武裝衝突期間，殖民地人民逐漸意識到必須脫離英國獨立。一些殖民地於是指派代表參加大陸會議，投票贊成獨立。6月7日維吉尼亞代表李於6月7日提交出獨立決議案。會議選出傑佛遜、亞當斯、富蘭克林、雪曼和利文斯頓等人共同起草一項聲明。他們說服傑佛遜，由他撰寫初稿，初稿在6月28日提出時，內容只有幾處遭修改。宣言開頭時宣示了個人權利，然後細數了喬治三世種種暴虐的法令，以致不得不尋求獨立云云。在經過辯論並考慮到各區利益而作修改（包括刪去譴責蓄奴的條文）後，於7月4日以「美國十三州代表全體一致贊成的宣言」而獲得通過。當時由會議主席漢考克簽字、複印後，大聲朗讀給聚集在外面的群眾聽，後來以草體形式書寫在羊皮紙上，由五十六位代表在上面簽字。

Declaration of the Rights of Man and of the Citizen 人權和公民權利宣言　法國國民議會在1789年通過的宣言，包括了激勵起法國大革命的原則。它是關於人權自由的基本憲章之一，是1791年憲法的導言。其基本原則是「人生來在權利上自由平等」，細分為自由、私人財產權和人身不可侵犯以及反抗壓迫的權利。它還建立起了在法律面前人人平等以及宗教和言論的自由權利。這一宣言代表了對大革命前的君主政體的批判。

Declaratory Act　聲明法案（西元1766年）　英國國會在廢除「印花稅法」時發布的一個聲明。其中宣稱它在美洲的徵稅權與在英國無異，並申明英國國會有全權「在任何情況下」制定對美洲殖民地具有約束力的法律的原則。

declaratory judgment　說明性判決　在法律上指司法部門的一種意見，其目的只在於確認或澄清以前尚不肯定或有疑問的有關法律或當事人權利的一個或幾個問題。說明性判決具有約束力，但與其他判決或法院意見不同的是，它沒有執行程序。它僅僅宣告或者說明原告人、被告人或雙方必須尊重的權利或必須避免的錯誤，或者就某一有爭議的法律問題發表法院的意見，而不命令做任何事情。

decolonization　去殖民地化　殖民地脫離殖民國家獨立的過程。對一些大部分是由被放逐者定居的英國殖民地而言，去殖民地化的過程是和平漸進的，但其他地方多是暴力相向的，這些殖民地因民族主義的激發而發動本土的叛亂。第二次世界大戰後歐洲各國大多耗盡財富，也無政治能力來鎮壓邊遠殖民地的暴亂，加上新興強權國家（美、蘇）對殖民主義採取反對的立場，故得不到它們的支持。1945年韓國因日本戰敗而獨立。美國在1946年放棄菲律賓。接著，英國人離開印度（1947）、巴勒斯坦（1948）和埃及（1956），並在1950年代和1960年代撤出非洲殖民地，以及在1970年代、1980年代放棄多個島嶼保護地，1997年歸還香港給中國。1954年法國人離開越南，到1962年已放棄北非各殖民地。葡萄牙也在1970年代放棄非洲殖民地，1999年澳門回歸中國。

decompression chamber　減壓室 ➠ hyperbaric chamber

decompression sickness　減壓病　亦稱潛水夫病（bends）或沈箱病（caisson disease）。自高壓環境驟然轉至低壓環境時，由於體內有氣泡形成而引起的機體生理變化。非增壓座艙式飛機駕駛員、潛水夫和沈箱工人最易罹患。在常壓下人體組織內容有少量與空氣成分相同的氣體，當駕駛員升向高空時，外界壓力降低，這些氣體便脫離溶解狀態。如果上升很慢，則氣體有足夠時間自組織瀰散至血流內，然後進入呼吸道自體內呼出。而下沈得愈快，氣體（主要是氮氣）會在組織內形成氣泡。若氣泡在腦、脊髓或周圍神經形成，便可引起麻痺和驚厥（潛水夫麻痺）、肌肉協調障礙和感覺異常（潛水夫蹣跚）、麻木、噁心、言語缺陷及人格改變。當氣泡在關節積聚時，通常有關節劇痛。若見劇咳和呼吸困難（稱為氣窒），便說明呼吸系統內有氮氣泡。嚴重的話會休克。將患者放在高壓室內先行加壓，然後逐漸減壓常可達到解救目的，但對已形成的組織損害無效。

deconstruction　解構　文學批評的方法，假定語言僅涉及語言本身，而非文本以外的事實，並認為一個文本會有多種相互衝突的詮釋，這些詮釋是以文本的語言使用在隱喻上及哲學上的含意為基礎，而不是以作者的意向為基礎。廣義上，文本的「意義」非從個別作者的主觀中尋得，而在於寫作本身的語言設計（例如隱喻和換喻）和結構。1960年代，解構由德希達首倡，後來成為後現代主義的重要部分，特別是在後結構主義和文本分析中。

Decoration Day ➠ Memorial Day

decorative arts　裝飾藝術　與物體的設計、裝飾有關的藝術，偏重實用性而非純粹美學觀點，主要形式包括陶瓷製品、玻璃器皿、編織工藝、珠寶、金屬製品、家具、紡織品等。現今裝飾藝術已從美術中分出。

deduction　演繹　邏輯中的一種推論，其特點為：如果推論的前提全為事實，那麼就會有結論，而且結論也是對的。這個特點使演繹有別於歸納法。上述的演繹定義只是假設，僅提到演繹中前提與結論的正式關係，並不表示任何演繹的所有前提或結論一定是對的。因此，隨後的推論是演繹的，即使第二前提與結構並不正確，如「奇數除以2都會有餘數，4是奇自然數，所以，4除以2會有餘數」。

deed ➠ escrow

Deep Blue　深藍　IBM公司設計的電腦西洋棋系統。1996年深藍在六次對局的其中一局擊敗世界棋王卡斯帕洛夫而名垂青史，這是電腦第一次在正式比賽中從西洋棋大師手上贏棋。1997年再賽，決定性的第六局深藍只花了19步就獲勝，以3.5比2.5（贏了兩場，三場平手）的點數獲勝而創下新猷，現任世界棋王首度在正式比賽輸給電腦對手。最終的配置是IBM RS6000/SP電腦，使用256個處理器串聯，每秒鐘能夠計算2億個棋步。

deep-sea trench　深海溝　亦稱海溝（oceanic trench）。指大洋底上任何兩壁陡峭的狹長凹陷，裡面出現大洋的一些極深處（深約24,000～36,000呎或7,000～11,000公尺）。已知的這一類最深凹陷是馬里亞納海溝。大部分海溝發生在俯衝消減帶，這裡是一個地殼板塊衝到另一個板塊底下的地方。

deep-sea vent　深海裂口　形成於海底的熱液（熱水）裂口，此處海水流經火山岩，通常位於正在形成的新生海洋地殼。裂口也產生於海底火山。熱液流入冷的海水，沈澱礦物堆積，富含鐵、銅、鋅和其他金屬。這些加熱的水流出，可能占地球流失熱量的20%。現在已知有奇特的生物群落在這些裂口附近生存，這些生態系完全與太陽的能量無關，不靠光合作用，而是靠固硫細菌的化學合成作用。

deer　鹿　偶蹄目鹿科反芻動物；每足具2大蹄、2小蹄；多數種的雄體及某些種的雌體均有角。鹿類主要分布於森林地區，但亦可見於各種各樣的生境，如荒漠、凍原、沼澤及高山的山坡。原產於歐洲、亞洲、北美、南美及北非，現已引入世界各地。鹿類的肩高各異。南美短尾鹿屬的種類肩高約12吋（30公分），駝鹿可高6.5呎（2公尺）以上。鹿類一般體柔軟而結實，尾短。耳大，通常細長。腿一般長而細，具成對的蹄。鹿角實心，骨質，自頂骨生出，每年脫落並新生。鹿類為植食性，以草、嫩枝、樹皮及芽為食。通常為群居，有的種類每年作長距離遷徙。人們獵捕鹿類以取其肉、皮；並取其角為陳列品，在中國以鹿茸入藥。亦請參閱caribou、elk、mule deer、muntjac、red deer、roe deer、white-tailed deer。

兩頭在動情期的雄性歐洲赤鹿（Cerrus elaphus），正為了爭奪雌鹿而打鬥
Stefan Meyers GDT/Ardea London

deer mouse　麋鼠　亦稱白足鼠（white-footed mouse）。齧齒目食鼠科白足鼠屬約六十種小型齧齒動物的統稱，棲息在阿拉斯加到南美洲各種生境。數量很多，時常超過所在地區的其他哺乳動物。眼大，尾長，耳大，體長3～6.5吋（8～17公分）。被毛軟，毛色由近白色、褐色到灰黑色，腹部和腳常為白色。夜行性，白天躲在洞穴或樹上用植物材料築成的窩巢中。白足鼠可終年繁殖，妊娠期21～27天，每窩約四仔。因白足鼠乾淨，易照料，又多育，所以時常用作實驗動物。

Deere, John　迪爾（西元1804～1886年）　美國農具發明家及製造者的先驅。十七歲時做鐵匠學徒，後來自己開店做鐵匠生意，1837年遷居伊利諾州。迪爾在其頻繁的修理工作中發現，美國東部自1820年代以來使用的木質鑄鐵結構的犁不適用於中西部草原的黏重土壤。他開始實驗，到1838年他已售出三具新式鐵犁。他繼續進行實驗改進。到1846年，年產鐵犁約達一千具。1857年迪爾的鋼犁年產量已高達一萬具。1868年正式組成迪爾公司，逐漸開始製造耕耘機和其他農機具。

defamation　破壞名譽　法律上指散佈假的資訊（告訴第三者）以詆毀他人的名聲，企圖使其名譽掃地。文字誹謗（libel）和口頭誹謗（slander）是破壞名譽在法律上的兩種分類。文字誹謗是用印刷品、圖畫或任何其他有形標記來破壞名譽；口頭誹謗是用言詞破壞名譽。文字誹謗的起訴人一般必須證實所申述的誹謗有特別指明他或她本人，並且已對他人發表（第三者），而且已造成某種傷害。美國最高法院規定，公眾人物（如名人或政治人物）提出的受文字誹謗官司只要能證明是受到「眞正蓄意」（亦即明知是錯誤的或輕率地漠視眞相）中傷，就可以要求賠償，例如「紐約時報公司訴沙利文案」（1964）。在控告別人口頭誹謗時，可能提不出所指控或證明造成某種傷害的確切證據，除非供述有明白傷害他人人格的地方，如詆毀原告有犯罪行為、通姦或一種犯罪特徵而影響他或她的生意或工作。在破壞名譽的案件中，辯方通常會想辦法建立所懷疑的供述眞相。

defecation＊　排糞　亦稱bowel movement。將糞便排出消化道的動作。由於結腸的蠕動，將糞便推向直腸，直腸因糞便充盈而擴張，腸壁的伸張感受器受刺激，乃產生便意。直腸縮短，腸壁的蠕動波將腸腔內的糞質推入肛管，肛門部有內括約肌及外括約肌，用以阻留或排出糞便。排糞時胸肌、膈肌、腹壁肌及盆膈肌收縮，均壓迫消化管。若便意持續受到抑制，糞便即變得乾硬。亦請參閱diarrhea、incontinence。

Defense, U.S. Department of　美國國防部　美國聯邦政府的一個行政部門，負責確保美國的國家安全並監督美國的軍事武力。以五角大廈為基地，設有參謀首長聯席會議、美國陸軍、美國海軍、美國空軍等部門，以及各種防禦機關和協同單位。1947年美國國會通過法案（1949年修訂），將戰爭部和海軍部結合成為國防部。

defense economics　國防經濟學　與和平時期、戰時的軍事開支有關的國家經濟管理的一個領域。針對20世紀戰爭的規模迅速擴大和維持武裝力量的數額大為增加，國防經濟學應運而生。為避免戰爭時投入大量的財力和人力（包括傷亡人員所損失的收入，對戰爭中永久傷殘人員所提供的終身醫療照顧，以及將資源從可轉化為未來經濟能力的和平投資項目中轉移出來所導致的經濟損失），多數國家都在探索能調配資源維持最低水準的軍事能力來防止侵略。和平時期的國防經濟最主要關切的問題是資源在軍用和民用部門之間的分配，各兵力的大小和性質，以及各種武器的選擇和設計。

defense mechanism　防衛機制　在精神分析的理論中，防衛機制是指當人遇到不能解決的問題時，能夠在精神上達成某種妥協的一種心理過程。這種過程常常是無意識的，但這種妥協通常表現為人們試圖自我遮抑那些因擔心自己的尊嚴會受到貶抑、焦慮會不斷發生時出現的那種內驅力和情感。這一名詞最早是在1894年由弗洛伊德提出的。主要的防衛機制包括：一、壓抑：即把一種非分有害的想法或衝動意識退縮到無意識部分去。二、反應形成：表現出的一種心理或情緒的反應，但通常與眞正的感覺相反。三、投射：把一種不好的想法、感情或態度（特別是責備、罪過或責任感）轉移到另外一個人身上。四、退化：轉回到早期的心理和行為階段。五、升華：一些本能性的驅動力（通常為性本能）朝一些非本能性方向偏轉。六、否認：指有意識地否認已感知到痛苦事實的存在。七、掩飾：把動機合理化，取得人信賴，來掩蓋眞正的（但受到威脅）的原因。亦請參閱ego、neurosis、psychoanalysis。

deficit financing　赤字財政　政府的支出超過歲入，於是以借款或發行新公債來彌補其差額。赤字財政通常是指有意識地利用降低稅率或增加政府歲出以達到刺激經濟發展的目的。批評赤字財政者通常認為這是一種政府短視的政策。贊同者則認為赤字財政可成功應付經濟衰退或蕭條時期的經濟，他們主張不必像以往那樣追求按年度預算平衡，可代之以在整個經濟週期間保持預算平衡。亦請參閱Keynes, John Maynard、national debt。

definition　定義　在哲學上，指的是釐清語言文字的意義。定義可分為詞彙、實例與約定的定義。詞彙的定義就是以其他已知意義的語詞來表達未知意義的語詞（例如母羊〔ewe〕就是雌性的羊〔female sheep〕）。實例的定義就是以語詞的應用範例來傳達語詞的意義（例如綠色就是草、萊姆果、荷葉與翡翠的顏色）。約定的定義就是直接賦予語詞一個新的意義（或賦予新的語詞一個意義）；這個被定義詞或是引介給該語言的新語詞，或是該語言現有的語詞。

deflation　通貨緊縮　緊縮大量可用的貨幣或信貸而導致價格普遍下跌。有時是為了對抗通貨膨脹並緩和經濟而透過一些手段（如提高利率和縮緊貨幣供給）來引起通貨緊縮。通貨緊縮是經濟蕭條和經濟衰退的指標。

Defoe, Daniel＊　狄福（西元1660～1731年）　原名Daniel Foe。英國小說家、新聞工作者和小冊子寫作者。為受過良好教育的倫敦商人，後來成為觀察敏銳的經濟理論家，並開始針對公共事務撰寫滔滔雄辯、機智和大膽的小冊子。1703年因發表一首諷刺詩而被關進監獄，同時生意也垮了。此後一邊寫作，一邊擔任政府的秘密情報員周遊各地。1704～1713年他一手包辦《評論》週報的稿件，這是一份嚴肅、有影響力的報紙，對後來定期刊物的文章影響很大，如《旁觀者》。在遊歷了幾次蘇格蘭之後，出版了《不列顛全島紀遊》（1724～1726，3卷）。晚年轉寫小說。長篇小說《魯濱遜漂流記》（1719）爲他取得永垂不朽的名聲，這是根據一些航海家和流亡者的經歷來寫的。他也以生動描寫歹徒爲題材的《摩爾．法蘭德斯》（1922）而聞名；還著有非小說《大疫年日記》（1722），描述1664～1665年發生的倫敦大瘟疫；以及《羅珊娜》（1724），是現代小說的原型。

狄福，版畫，古赫特（M. Van der Gucht）據塔弗納（J. Taverner）的肖像畫製於18世紀初期
By courtesy of the National Portrait Gallery, London

defoliant　落葉劑　落葉劑是一種化學粉劑或噴灑劑，施於植物以使樹葉提早掉落，落葉劑有時施用於農作物，例如棉花，以便採收。此外，作戰時亦用來消毀敵人的穀物或除去敵軍的隱蔽區。越戰期間南越人和美軍即曾使用落葉劑於上述軍事用途上，他們所使用的各種落葉劑，許多受到非議，被稱爲「橘劑橙」的化合物即爲其中之一。

deforestation　伐林　清除森林的過程。伐林的速率在熱帶地區特別高，該處土壤質劣，只好採用定期皆伐來獲得新的土壤作爲農耕之用。伐林會導致侵蝕、乾旱，所造成的動植物物種滅絕會讓生物多樣性流失，此外還使得大氣中二氧化碳含量增加。許多國家進行無林地造林或復舊造林計畫來逆轉伐林效應，或是增加可用的林木。亦請參閱greenhouse effect。

deformation and flow　形變和流變　在物理學中，形變是物體在機械力的作用下，形狀或尺寸的變化；流變是物體受力過程中發生的形變連續變化。在正常情況下氣體和液體能相當自由地流動，而固體則受力時發生形變。大多數固體最初發生彈性形變（參閱elasticity），而像金屬、混凝土或岩石等剛性材料能承受大的力而形變卻很小。但若施加的力足夠大，這些材料還是有其彈性的臨界點，脆性材料會突然斷裂，而韌性材料（參閱ductility）會透過內部結構的重排來適應施加的外力，這一結果即是塑性形變（參閱plasticity）。

Degas, (Hilaire-Germain-) Edgar＊　竇加（西元1834～1917年）　法國畫家、圖像藝術家和雕刻家。父爲富裕銀行家。1855年進入巴黎美術學校學畫。他花了很多時間在義大利學習，模仿古代大師的繪畫，並成爲一個技術優良的畫匠，繪製歷史畫和肖像畫。1860年代他受到馬奈的印象主義的影響，放棄了他的學院派理想，把他的繪畫主題轉向巴黎形色匆匆的生活，特別是芭蕾、戲劇、馬戲團、賽馬場和咖啡館。他還受到日本版畫和新攝影手法的影響，他運用動態的人群和不常見的透視畫法來創造那種看起來動作很平常自在的人物群，類似快拍的效果（如《勒皮克子爵及其女兒們》）。竇加出於興趣對芭蕾和賽馬很著迷，他特別喜歡畫那些專注於自己職業的人們。他作了許多粉彩畫，這是他最喜歡用的素材，畫了一系列的女人、浴女、芭蕾伶娜和賽馬。竇加約從1880年開始製造蠟像，這些蠟像後來在他死後鑄成銅像。他是第一個獲得認同的印象派畫家。

degenerative joint disease ➠ osteoarthritis

degree, academic　學位　學院和大學爲了表示學者完成一門學業或表示學者的學術成就的水準而授予的頭銜。中世紀時，歐洲只有兩種學位：碩士（master，藝術和文法學者）和博士（docter，哲學、神學、醫學和法律學者）。學士學位（baccalaureate或 bachelor's degree）原是指邁向碩士學位前的一個階段。現今在英美國家的文學士（Bachelor of Arts，簡稱BA或AB），是授予在學院學習四年的學生；文學碩士（Master of Arts，簡稱MA）是授予那些再讀兩年的學生；哲學博士（Doctor of Philosophy，簡稱Ph.D.）則是授予在那些大學畢業後學習和研究多年的人。20世紀中葉，社區學院開始授予副文學士學位（Associate of Arts ，簡稱AA）。一般專科領域的學位有法學博士（JD）和醫學博士（MD）。榮譽學位是授予有突出貢獻的人，而不考慮其學術成就。在法國，業士學位（baccalaureat）是指完成中等教育的學生，學生在大學學習三年或四年後可獲得「准許證」（licence）。碩士學位（maîtrise）必須通過進階考試才能獲得。博士學位（doctorat）則要完成多年的進一步學術研究才能獲得。在德國，只授予博士學位，對那些不想拿博士學位的人則提供畢業文憑考試。

dehydration　脫水　食品保藏的方法。在加工時除去食品中的水分，以抑制微生物的生長，脫水通常也減輕了食物的重量。爲古老的食物保藏方法之一，史前已用太陽曬乾種子，北美印第安人用日曬保存肉片，還有中國的乾蛋，日本的乾魚和米。第二次世界大戰時，脫水食物用作軍隊配給，後來被露營者和救濟組織發現它的好處多多。脫水設備包括隧道乾燥、窖式乾燥、烤爐、烘箱、眞空設備等。冷凍乾燥在凍結條件下脫水，適於熱敏性食品。冷凍乾燥的肉類製品穩定性好，復水後接近鮮肉。乳製品是最主要的脫水食品，主要採用噴霧乾燥法生產大量脫水全脂奶粉、脫脂乳、酪乳、蛋類等。

dehydration　脫水　指人體內水分的丟失，通常伴隨了鹽分的丟失，是由於喝水太少或大量水分流失所造成。早期脫水症狀是口渴、唾液增加，以及吞嚥減少（當電解質比水分流失得多時，滲透會把水拉進細胞，所以此時患者不渴）。之後，組織開始皺縮，皮膚開始乾燥起皺，眼睛發澀。血容量和心輸出減少，則首先降低皮膚的供血量，使出汗減少直至無汗－－主要散熱通路閉塞，體溫急遽上升。如果脫水持續，尿量開始急遽減少，腎臟就不能把廢物從血液中排出，此時就會不可避免地發生休克。治療時，首先要找出病因，然後以正確的比例補充水分和電解質。

Deinarchus ➠ Dinarchus

Deinonychus＊　恐爪龍屬　具有利爪的獸腳類恐龍屬，在白堊紀早期（1.44億年前～0.99億年前）繁衍於北美洲西部。恐爪龍用兩腳行走及奔跑，儘管13公分長大型鐮刀形爪子獵殺裝置就位於兩腳的第二根腳趾上頭。當恐爪龍用腳砍殺獵物的時候，必須單腳站立。伸展的長尾巴裹著一束從尾部脊椎產生的骨桿，使其十分堅挺。長約2.4～4公尺，重量45～68公斤，腦容量大，顯示是快速敏捷的食肉動物。

Deir el-Bahri　達爾巴赫里　亦作Dayr al-Bahri。埃及底比斯附近的古代廟宇遺址。位於尼羅河西岸，凱爾奈克的對面。有三座與法老王有關的廟宇遺址：門圖荷太普二世的陵廟（約建於西元前1970年）；圖特摩斯三世所建的廟宇（約建於西元前1435年）；以及哈特謝普蘇特王后的梯形廟宇（約建於西元前1470年）。

C
D

Deira＊　德伊勒　英國史中指北方的一個盎格魯－撒克遜王國，位於現今約克郡東部，範圍從亨伯河口灣延伸到蒂斯河。第一個見於記載的國王是艾爾，統治時期爲西元560～588或590年。7世紀末與鄰國伯尼西亞合併，形成諾森伯里亞王國。

Deirdre＊　黛特　在中世紀愛爾蘭文學中，阿爾斯特故事中的忠貞不渝的愛情故事《尤斯內奇諸子的命運》（寫於西元8或9世紀）裡溫柔美麗的女主角。黛特出生時，一個塞爾特巫師預言，許多男子將因她而死。她在與世隔絕中成長，出落得如花似玉。她拒絕國王康納爾（參閱Conchobar mac Nessa）的求愛，而鍾情於尤斯內奇之子諾伊西，他們私奔至蘇格蘭，同行者有諾伊西的兩個兄弟。後來他們被騙回愛爾蘭，尤斯內奇諸子均被殺害，黛特爲免遭康納爾毒手，自殺身亡。20世紀時，這個故事被葉慈和辛格寫成戲劇。

Deism　自然神論　信仰上帝是基於理性而非任何特定宗教的啓示或教義。這是一種自然宗教形式，源起於17世紀初英格蘭，反抗正統基督教。自然神論者主張理性可發現上帝以自然形式存在，上帝創造了世界，然後讓世界按照祂所發明的律法運行。哲學家赫伯特（1583～1648）在《論眞理》（1624）中闡述他的觀點。18世紀末，在歐洲知識分子中自然神論代表了他們對宗教的主要態度，同一時期也被美洲許多上流社會人士接受，包括美國前三任總統在內。

Del Monte Foods Co.　台爾蒙公司　美國最大的罐頭水果和蔬菜製造公司。1899年成立時名爲加利福尼亞水果罐頭協會。1916年該協會又兼併了兩家罐頭公司和一家食品經紀公司，成爲加利福尼亞食品包裝公司，銷售產品以台爾蒙爲商標。該公司是香蕉及菠蘿的主要生產者和銷售者，並擁有眾多的附屬機構。

Delacour, Jean Theodore＊　德拉庫爾（西元1890～1985年）　法裔美籍鳥類飼養家。少年時飼養了一千三百餘種鳥類，這些鳥類及其生境均在第一次世界大戰中被毀。後來他到世界各地考察，在諾曼第克萊爾城堡重新進行收集，規模比第一次大一倍多。他飼養雉，並籠養繁育成功，也發現了許多鳥及哺乳動物的新種及亞種並予命名。1920年創辦一份鳥類飼養雜誌《鳥》。1931年著權威性的《法屬印度支那鳥類》。第二次世界大戰期間，他第二次收集的活的稀有動物又毀於德軍。後赴美，1946年入美國籍。但又回到克萊爾重建鳥園，之後將其贈予法國政府。

Delacroix, (Ferdinand-) Eugène (-Victor)＊　德拉克洛瓦（西元1798～1863年）　法國畫家。年輕時受英國畫家波寧頓、康斯塔伯和透納的影響很大，但他畫的大部分是歷史或當代發生的事件，以及源自文學的場景。1822年展示了《但丁和維吉爾共渡冥河》，是19世紀法國浪漫主義發展的一個里程碑。他在巴黎沙龍舉辦的展覽十分成功，後來受委託爲市政建築作裝飾，並成爲法國藝術史上最傑出的巨幅壁畫畫家之一。他開發了石版畫的新素材，1827年爲歌德的《浮士德》作了一組十七幅石版插圖。1830年畫了《自由領導人民》以紀念7月革命後路易－腓力登基。1832年到摩洛哥旅行，激發了他往後一生運用豐富色調而具異國情調的視覺想像來作畫。他是個多產畫家，死後，在他的工作室中發現有九千多幅畫作、粉彩畫、素描和水彩畫。他對色彩的運用影響了印象主義的發展。

Delagoa Bay＊　德拉瓜灣　莫三比克東南部海岸。長19哩（31公里），寬16哩（26公里）。灣口有旅遊勝地伊尼亞卡島，灣頭附近爲莫三比克首都馬布多港。1544年葡萄牙人首度來此開發，原爲輸出象牙和奴隸的重要口岸，印度洋貿易的中間站，去南非鑽石和黃金產地的門戶，葡萄牙人、荷蘭人、英國人和布爾人皆欲據爲己有，爭論不休。1875年以仲裁方式畫歸葡萄牙。

DeLancey, James　德蘭西（西元1703～1760年）　英國殖民時期紐約殖民地副總督和首席法官。紐約市商人之子，曾在倫敦學習法律。1729年回紐約後，成爲總督的參議。1731年任殖民地最高法院第二法官。1733年任首席法官，曾主審曾格誹謗案。後來反對皇家總督柯林頓，柯林頓因而被召回。1753～1755和1757～1760年任殖民地副總督。

Delano, Jane A(rminda)　德拉諾（西元1862～1919年）　美國護士和教育家。1886年畢業於紐約的護士學校，1887～1888年爲佛羅里達州傑克森維爾市的護士總監督；在人們還不知道蚊能傳播黃熱病時就堅持使用蚊帳以防止該病播散。她在亞利桑那州比斯比建立了一所醫院，爲礦工治療猩紅熱。第一次世界大戰期間曾徵募了兩萬多名護士到海外服役。

Delany, Martin R(obison)　德拉尼（西元1812～1885年）　美國黑人廢奴主義者與外科醫生。生於維吉尼亞州查理城，曾在匹茲堡當醫生的助理。1840年代創辦《神祕》週報，專門報導美國黑人的困苦情況。1846～1849年與紐約州廢奴主義領袖道格拉斯合作，出版《北極星》週報。他是哈佛醫學院的第一批黑人畢業生之一（1850～1851），後來在匹茲堡開業。他對於黑人到外國殖民的想法極感興趣，還到非洲探勘殖民點。1856年遷到加拿大行醫。南北戰爭開始後返回美國，在志願軍中當外科醫生。1865年升爲少校，是第一個獲正規陸軍官階的黑人。

Delany, Samuel R.　德拉尼（西元1942年～）　全名Samuel Ray Delany, Jr.。美國科幻小說家和評論家。出身紐約市一個卓越的黑人家庭，他進入紐約市民大學，並於1962年出版了他的第一部小說。他極具想像力的作品，其中廣泛收納了令人讚揚的重要人物，對種族與社會議題的看法，性，英雄的追尋，以及語言的性質。《達格倫》（1975）是他最受爭議的小說，敘述一位年輕的雙性戀者在一個廣大而腐化的城市中尋找認同的經過。其他的作品包括小說《巴別塔17》（1966，獲星雲獎）、《愛因斯坦的交叉點》（1967，獲星雲獎）、《法螺》（1976）以及《我口袋裡的群星如沙粒》（1984），還有電影、廣播以及漫畫書《女超人》的劇本。

德拉克洛瓦的《自由領導人民》，油畫；現藏巴黎羅浮宮
Giraudon – Art Resource,New York City

Delaunay, Robert＊　德洛內（西元1885～1941年）　法國畫家。早期爲兼職的舞台背景設計師，受新印象主義、野獸主義和立體主義的影響。1909～1911年他的色彩實驗在一系列艾菲爾鐵塔的畫作中達到顚峰，結合立體主義的零碎片斷形式，以及生動的動感和亮麗的色彩。他把明亮的色彩引進立體主義而形成所謂的奧費主義，使他的作品有別於較正統的立體主義畫家，對藍騎士派畫家的作品有直接影響。他的太太桑妮亞是烏克蘭裔的畫家及織品設計師，1937年德洛內夫婦爲巴黎博覽會畫了幾幅引人注目的大型抽象裝飾壁畫。

德洛內的《艾菲爾鐵塔》（1910～1911），油畫；現藏瑞士巴塞爾藝術館
Hoffmann-Foundation in Kunstmuseum Basel, Switz. photograph, Hans Hinz

Delaware　德拉瓦人　亦稱倫尼萊納佩人（Lenni Lenape）。操阿爾岡昆語的北美印第安部落聯盟，居住於大西洋沿岸，約自德拉瓦州南部至長島西部，特別是德拉瓦河流域一帶。主要以農業爲主，輔以漁、獵。德拉瓦人有三個氏族，實行母系制；氏族再分爲家系，家系成員一般共同居住在一長形房屋裡。家系群組組成自治公社。公社內有由各家系首領及其他著名人士組成的議事會，決定公共事務。家系內最年長的婦女有權任免族長。德拉瓦人是印第安部落中對彭威廉最友善的一支，他們所得到的回報卻是臭名昭著的「量步購地」，這是一項剝奪他們的土地並強迫他們遷往原來畫給易洛魁人的土地上定居的條約。西元1690年後他們往西遷移，在法國印第安人戰爭（1754～1763）中支持法國，並幫助他們擊敗英國將領布雷多克的軍隊。1867年殘餘的德拉瓦人已遷往奧克拉荷馬。如今人數約有一萬人。

Delaware　德拉瓦　美國大西洋沿岸中部的一州，人口約732,000（1997）。面積2,057平方哩（5,328平方公里），首府多佛。全州地勢很低，平均海拔僅18公尺，最高點在紐塞的艾爾布萊特路，海拔135公尺。除北部的山前高地外，其餘地區均屬沿海平原。原爲阿爾岡昆部落定居處，1638年瑞典人在克里斯蒂娜堡（今維明頓）建立了第一個白人永久居民點。1655年新阿姆斯特丹的荷蘭人占據了新瑞典殖民地，1664年換英國人占領，後來德拉瓦一直是紐約的一部分，1682年才割讓給彭威廉。雖然在1704年批准它有自己的議會，但在1776年以前受賓夕法尼亞州管轄。該州是最初批准聯邦憲法並加入聯邦十三州中的第一州（1787年12月7日），是全國第二小的州，但也是人口最稠密的州之一。化學製造業是主要工業，其次是食品加工。該州最重要的運輸動脈是乞沙比克－德拉瓦運河，此運河經深挖及修直河道，縮短了費城與巴爾的摩之間的水路。

Delaware, University of　德拉瓦大學　美國德拉瓦州紐華克的一所公立大學，另有維明頓、多佛、米爾福德、喬治城、路易斯等校區。該校擁有十一個學院，所提供的課程有人文藝術、科學、商學、工程、海洋學、教育、護理等。其歷史可回溯到1765年的紐華克學院，後來歷經多次更名與擴張，在1921年取得現今的校名。目前的學生總數超過18,000人。

Delaware Bay　德拉瓦灣　美國東岸大西洋海灣。由德拉瓦河和阿洛韋河匯合處向東南延伸至開普梅與亨洛彭角之間的灣口，灣域長52哩（84公里）。沿灣主要爲低沼地，也是大西洋沿岸水道重要的一段。

Delaware River　德拉瓦河　美國賓夕法尼亞和德拉瓦州境內河流。由東、西兩條支流在紐約州南部匯合之後形成，最後注入大西洋的德拉瓦灣。全長280哩（451公里）。可通航至新澤西州的特稜頓，1974年建成巴里上將橋，長約1,644呎（500公尺）。

Delbrück, Max＊　德爾布呂克（西元1906～1981年）　德裔美籍生物學家。1930年獲格丁根大學博士學位，1937年逃離納粹德國，遷居美國，到加州理工學院任教。1939年發現噬菌體的一步生長過程，即噬菌體經過一小時的潛伏期後，將繁殖產生數十萬個子代。1946年和赫爾希分別發現，不同種類的病毒遺傳物質可以結合形成新類型的病毒（以前認爲這個過程只存在於具備性過程的高等生物中）。1969年與赫爾希，以及他們的同事盧里亞共獲諾貝爾獎。

Delcassé, Théophile＊　德爾卡塞（西元1852～1923年）　法國政治人物。原係新聞記者，1885年選入衆議院。1893年被延攬入閣，1898～1905年連續在六屆政府中擔任外交部長，他與英國達成協議，締結「英法協約」（1904）。被認爲是第一次世界大戰前形成的歐洲聯盟新體系的主要締造者，也爲1907年的英俄條約鋪路。1911～1913年任海軍部長，1914～1915年再次擔任外長。

Deledda, Grazia　黛萊達（西元1875～1936年）　義大利小說家。十七歲時受眞實主義流派的影響，寫了第一本小說。在她的近五十部小說中，包括《離婚之後》（1902）、《埃里亞斯·波爾托盧》（1903）和《灰燼》（1904），多描寫她的故鄉薩丁尼亞的古老生活方式與現代習俗的衝突。後期的小說《母親》（1920）和死後才出版的自傳小說《科西瑪》（1937）廣受人讚揚。1926年獲諾貝爾文學獎。

Deleuze, Gilles＊　德勒茲（西元1925～1995年）　法國哲學家和文學評論家。曾任教於索邦大學（1957～1960）、里昂大學（1964～1969）和樊尙大學（1969～1987）。以詮釋哲學史與哲學文獻著稱。最出名的著作是《反伊底帕斯》（1972，與瓜達里合著）。

Delft　代爾夫特　荷蘭西南部城市，人口約9,3000（1995）。西元1075年建立，1246年設市。16、17世紀爲著名的代爾夫特陶器貿易中心。爲法學家格勞秀斯、畫家弗美爾的出生地。現生產陶瓷、酒精、盤尼西林和機器。古建築有中世紀哥德式古教堂和哥德新教堂、軍機庫（17世紀）。

delftware　代爾夫特陶器　亦稱delft。17世紀早期首先在荷蘭代爾夫特生產的一種藍白或多色錫釉陶器。後來荷蘭陶工將錫釉技術連同代爾夫特的名字一起傳到英格蘭。現在代爾夫特陶器一般指在荷蘭和英國製作的陶器，以便與法國、德國、西班牙和斯堪的那維亞國家出產的彩陶，以及義大利出產的馬約利卡陶器區別開來。

Delhi＊　德里　印度中北部聯邦區，人口約10,865,000（1994）。鄰北方邦和哈里亞納，包括德里（通常稱舊德里）、新德里（印度首都）和鄰近的農業區。從西元1206年起爲穆斯林王朝的首都，1398年被帖木兒棄置。第一個蒙兀兒王朝統治者巴伯爾於1526年征服了德里，雖然蒙兀兒王朝首都大部分在阿格拉，但德里在沙·賈汗的整治下，於1638年開始變得美侖美奐。1803年受英國統治，1857年成爲印度叛變的中心。1912年德里取代加爾各答成爲英屬印度的首都，同時開始建造部分城區爲新德里。1931年首都遷往新德里，1947年成爲獨立後印度的首都。該區的經濟和人口多集中在舊德里，而政府機關集中在新德里。政府是最大的雇主。聯邦區也是印度中北部運輸網的中心。

Delhi sultanate　德里蘇丹國　西元13～16世紀印度北部的主要穆斯林王國。1175～1206年間由古爾的穆罕默德和他的副手艾拜克到處征戰而建立。蘇丹伊爾杜德米什在位期間（1211～1236）以德里爲永久性都城，而與古爾的政治關係並不和睦。1290～1320年在卡爾吉王朝統治下，德里蘇丹國成爲一個強大的帝國。1398～1399年帖木兒侵入德里蘇丹國，勢力才有所減退，但在洛提王朝（1451～1526）又部分恢復霸權。1526年被蒙兀兒首領巴伯爾消滅，雖曾短暫重建，但最後還是臣服於阿克巴的蒙兀兒帝國。

Delian League＊　提洛同盟　西元前478年波希戰爭期間在雅典領導下成立的古代希臘國家聯盟，總部設在提洛島。成員包括愛琴海諸城邦和島嶼，雅典人負責派遣部隊的指揮官，並規定各國應出多少船隻或金錢。約西元前467～西元前466年，同盟取得重大勝利，趕走波斯在安納托利亞南海岸的駐軍。西元前454年同盟金庫遷往雅典以策安全，結果雅典動用同盟的儲備金來重修神廟，並視同盟爲雅典帝國。伯羅奔尼撒戰爭時，大部分同盟國支持雅典，這場戰爭轉移了同盟對波斯的注意力。斯巴達在西元前405年打敗雅典後，次年即解散同盟。西元前4世紀初，因害怕斯巴達勢力壯大，所以又恢復結盟，但因強敵斯巴達日漸勢微，同盟也日見衰微，西元前338年在喀羅尼亞戰役中被腓力二世摧毀。

Delibes, (Clément-Philibert-) Léo＊　德利伯（西元1836～1891年）　法國作曲家。曾在巴黎音樂學院就讀，後來在教堂擔任風琴師，並在巴黎歌劇院擔任伴奏和合唱長。一生作有近三十部歌劇、輕歌劇和芭蕾舞劇，還有許多合唱作品，但現今人們印象最深的作品有三部：芭蕾舞劇《葛蓓莉亞》（1870）、《西爾維亞》（1876），以及歌劇《拉克梅》（1883）。

DeLillo, Don＊　德里洛（西元1936年～）　美國小說家。曾從事廣告文案工作，後專事寫作。他的後現代主義作品描繪了一種美國社會道德淪喪現象，一般人沈溺於物質過剩而被空洞大眾文化和政治所麻痺。《拉特納之星》（1976）以巴洛克式喜劇感和文詞技巧吸引了評論界的注意。後來的觀點變得較隱晦，他的人物變得比較無知而具有破壞性，如《遊戲者》（1977）、《走狗》（1978）、《名目》（1982）和《白色噪音》（1985）。在《天秤座》（1988）中，描繪了刺殺甘迺迪總統的歐斯華，《毛二世》（1991）敘述一位隱居的作家陷入政治暴力的世界，《塵世》（1997）描述了1950年代的美國。

delinquency　青少年犯罪　由一個未成年人所作的犯罪行爲。在所有可得知數據的國家裡，年輕男性佔青少年犯罪人口大部分（美國占80%）。有關青少年犯罪之成因的各個理論，焦點都集中在罪犯的家庭的社會和經濟情況、父母所傳遞的價值觀，以及青少年和犯罪亞文化群（包括幫派）的本質。一般包括了「推力」和「拉力」兩方面的因素。大多數青少年犯似乎並不會將犯罪行爲延續到他們的成年生活中，反而會轉向符合社會標準。緩刑是最常用來處理青少年犯的方法，這種方法是對青少年犯判處緩期執行刑罰，在一位緩刑官的監督之下，青少年犯則必須按照一些規定的規則生活。亦請參閱criminology、penology。

delirium　譫妄　失去判斷力和思維混亂的精神障礙。患者嗜睡、坐臥不安，爲想像中的災難而害怕，有時會有幻覺。譫妄常導因於影響到腦部的疾病（如發燒、中毒、頭部外傷等）。酒精中毒性譫妄的病因不僅是飲酒過量，還包括衰竭、營養不良（特別是缺乏硫胺素）、脫水等。環境的改變可使患者入譫妄狀態，恢復與否不僅決定於毒物的清除，亦決定於腦損害的程度及機體的修復能力。

delirium tremens (DTs)　震顫譫妄　在酒精戒斷嚴重病例（參閱alcoholism）所見的譫妄，併發衰竭、缺食與脫水，通常在之前身體就因嘔吐和不寧而惡化。全身發抖，有時包括痙攣、方向感錯亂與幻覺。震顫譫妄持續3～10日，報告的死亡率1%～20%。幻覺會獨立於震顫譫妄之外發作，持續數日到數星期。

Delius, Frederick (Theodore Albert)＊　戴流士（西元1862～1934年）　英國出生的法籍作曲家。父母爲德國人，曾在萊比錫學習音樂，結識挪威作曲家葛利格，葛利格說服他的父母讓他從事音樂創作。後來到巴黎附近一個村莊定居。第一次世界大戰後因罹患梅毒而逐漸陷於癱瘓和失明。他的作品受德布西的影響，包括歌劇《羅密歐與茱麗葉的鄉村》（1901）與《芬尼莫爾與珍達》（1910）；交響詩《布里格集市》（1907）、《孟春初聞杜鵑啼》；以及管弦樂曲《阿巴拉契亞》（1908）、《生命彌撒曲》（1908）。

delivery ➠ parturition

Della Robbia family　德拉・羅比亞家族　義大利佛羅倫斯藝術家家庭。路加・德拉・羅比亞（1399/1400～1482）的第一批作品是大理石浮雕，其中最有名的是佛羅倫斯大教堂（1423～1437）北面聖器收藏室門上的《聖詩班》。他主要是以發明加釉赤陶作爲雕刻材料而聞名，主要的加釉赤陶作品是布魯內萊斯基設計的巴齊小禮拜堂的《耶穌門徒》圓壁龕（約西元1444年）。當時他的工作坊成爲陶器用品工廠，尤其是以藍底白釉的聖母和聖子形象最出名。安德烈亞・德拉・羅比亞（1435～1525）爲路加・德拉・羅比亞之侄。從小被訓練爲大理石雕刻家，1482年叔父去世後接管家族工作坊。最有名的作品是佛羅倫斯兒童醫院正面的十個圓形棄嬰壁龕（約西元1463年）。喬凡尼・德拉・羅比亞（1469～1529）是安德烈亞・德拉・羅比亞的孩子當中最傑出的。1525年其父死後接管家族工作坊。早期最著名的作品是佛羅倫斯新聖母院的洗手所（1497）和聖保羅教堂涼廊的圓形裝飾，兩者皆與其父合作。

dell'Abbate, Niccolo ➠ Abbate, Niccolo dell'

Delmarva Peninsula　德爾馬瓦半島　美國東部半島。位於乞沙比克灣和德拉瓦灣之間。該半島長約180哩（290公里），寬約70哩（113公里）。範圍包括德拉瓦、馬里蘭和維吉尼亞州部分地區。經濟以漁業和旅遊爲主。商業中心爲馬里蘭州的索爾斯堡。

Delors, Jacques (Lucien Jean)＊　德洛爾（西元1925年～）　法國政治人物。1962年離開銀行的職位，步入政壇，歷任各種官職，包括經濟和財政部長。1985年任歐洲委員會（European Commission，簡稱EC）主席。他使長期停滯的歐洲共同體獲得了新的活力，促進改革，並說服會員國同意建立單一市場，後1993年1月1日起生效，成爲邁向經濟和政治全部一體化的第一步。

Delos＊　提洛　希臘語作Dhilos。希臘基克拉澤斯群島最小的島嶼之一。曾是愛琴海宗教、政治和商業中心。提洛是傳說中阿波羅和阿提米絲的出生地。波斯戰爭結束後，西元前478年建立了以雅典爲首的提洛同盟。西元前166年在羅馬統治下這裡成爲自由港，成爲繁榮的商業中心和奴隸買賣市場。西元1世紀，由於貿易航線改道，提洛島的商業一蹶不振，最後被棄置。目前幾乎爲無人居住的荒島，島上遍布起伏不平的花崗岩山地。考古學家已在該島挖掘出大量的古建築遺址。

Delphi＊　德爾斐　希臘古代神廟所在地，也是阿波羅神諭的發布地點。位於帕爾納索斯山低處陡坡之上，是古希臘宗教中的世界中心。根據傳說，神諭本來是由大地女神該亞發布的，神廟則由她的孩子巨蟒皮松守衛；後來阿波羅殺了皮松，乃自建其神諭於該處。西元前582年皮松運動會每四年在該地舉行一次。人們不僅爲私事求禱於神諭，而且國家大事亦來問卜，如開拓新的殖民地。

delphinium ➠ larkspur

delta　三角洲　三角洲是河流入海時在河口處堆積的低平原，主要由河流沈積物組成。早在史前時期，三角洲就對人類十分重要。洪水氾濫造成的沙石、淤泥和黏土的沈積對農業生產極爲有利。在尼羅河和底格里斯－幼發拉底河的三角洲平原就曾興起了偉大文明。近年來，地質學家所找到的世界大部分石油資源都是蘊藏在古三角洲岩系中。三角洲雖然大部分是三角形（用希臘字母Δ命名），但其大小、外形、結構、組成和成因極爲多樣。

dema deity＊　德瑪神　新幾內亞南部馬林德－阿尼姆的幾個神話中的祖先的任何一個。在他們的神話中，誅戮一位德瑪（祖）神會導致祖先世界過渡到人類世界。在塞蘭人神話中，海努韋萊女神是從椰子花中生長出來，她被德瑪男神肢解，當時她的屍體碎塊被埋葬起來，後來長出新的植物品種，特別是塊莖，這是塞蘭人的主食。這些神話解釋了農業的起源，以及人類的性別和死亡。

deme＊　德謨　希臘語作demos。古代希臘的農村地區或村莊，以區別於城邦（polis）。在克利斯提尼的民主改革中，阿提卡的德謨（雅典周圍地區）在地方和國家的行政機構中具有自己的地位。滿十八歲的男子就可在當地的德謨登記，獲得公民身分和權利。成員集會決定德謨的事務，並且掌握財產紀錄以便徵稅。五百人會議是由各德謨依地區大小按比例選派代表的。德謨一詞在希臘化和羅馬時期仍指地方上小的區域。

dementia＊　失智　因大腦的病理改變而引起的慢性、進行性的智力功能衰退。最常見於老年人，通常最初的症狀是短期記憶喪失，大家曾經以爲是年老的正常現象，但現在才知道是肇因於阿滋海默症。其他的病因有皮克氏病和腦動脈硬化。失智也常發生在患有亨丁頓氏舞蹈病、麻痺性失智（參閱paralysis）和幾種類型的腦炎病患身上。發生在甲狀腺功能減退（參閱thyroid gland）、某些代謝性疾病和某些惡性腫瘤病人身上的失智症是幾種可治療和控制的情況。治療原發病可以控制失智的發展，但不能消除已有的症狀。亦請參閱senile dementia。

Demerara River＊　德梅拉拉河　蓋亞那東部河流。源出中部林區，向北流，在喬治城注入大西洋，全長215哩（346公里）。海輪可上行65哩（105公里）到林登，小船可再上行25哩（40公里）到馬拉利。上游有許多急流。

Demeter＊　蒂美特　希臘宗教中，宙斯的配偶，是農業女神（特別是穀物）。雖然希臘詩人荷馬很少提及她，她也不屬於奧林帕斯山諸神，但她可能是古老的神祇。蒂美特最有名的傳說是在普賽弗妮故事中的角色，在這個故事裡，她因沒注意到收割而導致一場飢荒。除了是農業女神外，她還被人當作健康、生育和結婚之神，以及冥府的神而受到崇拜。

尼多斯的蒂美特，雕像，做於西元前4世紀中期；現藏大英博物館
By courtesy of the trustees of the British Museum

Demetrius I Poliorcetes＊　德米特里一世（西元前336～西元前283年）　外號「圍城者」（the Besieger）。馬其頓國王（西元前294～西元前288年在位）。安提哥那一世之子，爲年輕將領，曾試圖重建父親打下的帝國版圖。原在其父指揮下攻打埃及和納巴泰人嘗到敗績，但後來解放了雅典（西元前307年），並打敗了救星托勒密一世（西元前306年），恢復父親原來占有的部分領土。西元前301年與父親在伊普蘇斯戰役中並肩作戰，結果安提哥那陣亡，他在西元前294年再度占領雅典。德米特里在殺了亞歷山大五世（西元前297～西元前294年在位）後繼位爲馬其頓國王。西元前288年他被人趕出來，西元前285年向塞琉古一世投降。

DeMille, Cecil B(lount)＊　德米爾（西元1881～1959年）　美國電影製片人兼導演。生於麻薩諸塞州艾許菲德鎮，其父爲聖公會會友傳道者。畢業於美國戲劇藝術學院後，1900年開始其戲劇演員生涯。1913年與拉斯基（1880～1958）、高德溫等人合組影片公司，即後來的派拉蒙傳播公司前身。首部西部片《異種婚姻》（1914），這是好萊塢拍攝首批足本劇情長片之一，因此建立了導演名聲。後來拍攝了多部喜劇片，之後開始攝製有關聖經題材的影片，如《十誡》（1923）和《萬王之王》（1927），以豪華壯觀的場面和布景取勝。在他所拍的七十部電影中，包括了《霸王妖姬》（1949）、《戲王之王》（1952，獲奧斯卡最佳影片獎）。1936～1945年間德米爾上電台參加頗受歡迎的每週連續劇－－由當時上演的電影改編的廣播劇的演出。

Deming, W(illiam) Edwards　戴明（西元1900～1993年）　美國統計學家、教育家，提倡工業生產的品質管制法。生於愛荷華州蘇市，1928年在耶魯大學獲數學物理博士學位。後來在紐約大學任教長達四十六年。在1930年代戴明研究用統計分析的方法來達到更佳的品質管制效果，1950年他受邀到日本向該國的總經理和工程師講授新法。他的觀念就是系統地檢查產品的瑕疵，分析缺點的成因並加以修正，以提高改良過的產品的品質，結果使日本產品攻占了世界的許多市場。1951年日本設立戴明獎，以獎勵在嚴格的品管競賽中獲得優勝的公司。1980年代，美國各公司也採納了戴明的觀念，尤其是在全面品質管理的規範下。

Demiurge＊　巨匠造物主　哲學上指製造並安排物質世界的次要神祇。柏拉圖在他的對話體著作《提麥奧斯篇》裡使用了這個名詞，謂巨匠造物主利用原先存在的混沌作材料，生產出世界上一切物質的東西。這個名詞後來被某些諾斯底派人士所採用，他們根據他們的二元世界觀認爲，巨匠造物主是邪惡力量之一，他創造可鄙的物質世界，完全與聖善的至尊上帝相異相疏。

democracy　民主　一種最高權力屬於人民並由人民直接或間接透過代議制（通常包括定期的自由選舉）來行使權力的政體。在直接民主中，公眾直接參與政府事務（如古代希臘城邦和新英格蘭的城鎮會議）。現今大部分的民主是代議制民主，這種觀念大多源自中世紀歐洲、啓蒙運動時代，以及美國獨立及法國革命時期所興起的思想和制度。今天所謂的「民主」就是指普選、競選公職、言論和出版自由以及法治。

Democratic Party 民主黨 美國兩大政黨之一。歷史上是代表勞工、少數民族和進步改革者的政黨。1790年代由一群傑佛遜的支持者創建，他們自稱自己是「民主共和黨人」或「傑佛遜共和黨人」，以表示他們以建立平民政府爲原則，反對君主政權。1830年代，傑克森擔任總統時，才採用今名。1836～1860年間，民主黨幾乎贏得每屆的總統大選，但因奴隸制的爭議而分裂：北方民主黨人由道格拉斯領導，主張人民主權論，在此主義下各地居民可投票禁止奴隸制度；南方民主黨人則堅持保護各地的奴隸制度。結果新成立的反奴隸制的共和黨在林肯領導下，於1860年贏得首次全國性勝利。1860～1913年間，民主黨只有克利夫蘭當選總統；在這段時期，民主黨基本上是保守和以農業爲主的，黨員大都反對保護關稅。1912年民主黨因威爾遜當選總統而重新執政，他透過國會立法，使聯邦政府對銀行和工業界有更廣泛的調節權力。但他的理想經證明其對大衆的吸引力不如共和黨對1920年代繁榮的大商業的率直建議。1932年羅斯福當選，民主黨又重新當政。民主黨後來聯合城市工人、小農、自由分子和其他人，使其一直當政到1952年。1960年甘迺迪當選總統又重新取得政權。1970年代和1980年代民主黨仍是掌握國會的多數派。1992年民主黨柯林頓當選總統，並在1996年再度連任。

Democratic Party of the Left 左翼民主黨 舊稱義大利共產黨（Italian Communist Party）。義大利主要政黨。1921年由義大利社會黨左翼的異議分子成立。1926年墨索里尼的法西斯政權取締所有的政黨，義大利共產黨乃轉入地下。第二次世界大戰期間，參與義大利抵抗運動。戰後加入聯合政府，持續在選舉中獲得民意的支持。1956年史達林的罪行被揭露，陶里亞蒂試圖斷絕與蘇聯的關係。1972～1984年的義大利共產黨領袖貝林格是「歐洲共產主義」的主要倡導者之一。爲了鞏固左翼力量和建立更廣大的基礎以對抗天主教民主黨，義大利共產黨於1991年改用現名。現在它是義大利第二大政黨，也是西歐最大的共產黨。

Democratic Republic of the Congo 剛果民主共和國 ➠ Congo

Democritus＊ 德謨克利特（西元前約460～西元前370年） 希臘哲學家。雖然殘留下來的作品片斷不多，他顯然是第一個描述看不見的「原子」是所有物質的基礎。他的理論是：原子是永恆存在的，不可分割，不能壓縮，且是固定不變的，相互間只有形狀、排列、位置和大小的區別，20世紀的科學家們現在發現他的這些假設居然異常精確。由於常以人類的弱點自我揶揄，故被稱爲「談笑哲學家」。亦請參閱atomism。

demography＊ 人口統計學 對人口的統計學研究，尤其是關於人口的規模和密度，分布以及人口統計（出生、結婚、死亡等）的研究。當代人口統計學所關心的事包括「人口爆炸」、人口和經濟發展的相互影響、節育的效果、城市人口擁擠、非法移民以及勞動力統計等問題。人口統計研究的基礎是人口普查和出生、死亡登記。

demon 魔鬼 亦作daemon。在傳播於全世界的諸宗教中，係指介於超物質及世俗領域中，任何邪惡的精神體、能力。在古希臘，魔鬼（希臘語作daimon）是指一種決定一個人命運的神力或半神力。瑣羅亞斯德教中有魔鬼這一階級，經常與善良之主阿胡拉．瑪茲達作戰。在猶太教中，他們認爲魔鬼居住在廢棄物、廢墟和墳墓中，並加諸人們各種生理、心理和精神上的病害。基督教把撒旦或別西卜視作魔鬼階級的首領。伊斯蘭教的魔鬼統序以易卜劣廝爲首。印度教中的阿修羅是一些與天對抗的魔鬼。佛教則把魔鬼視爲一阻止人達到涅槃（極樂或欲望的消失）的力量。

Demosthenes＊ 狄摩西尼（西元前384～西元前322年） 古代希臘政治人物，偉大的雄辯家。根據普魯塔克所載，他幼時口吃，爲了改善這個毛病，他把一些小石子塞到嘴巴，在鏡子前面練習講話。自小即顯露天分，曾代人撰寫狀紙，猶如後世的律師一樣。終其一生，他擁護民主原則。曾發表多篇《反腓力辭》，號召雅典人起而反抗腓力二世，後來繼續反對腓力的兒子亞歷山大大帝。他並斥責埃斯基涅斯媚敵，埃斯基涅斯認爲腓力是愛好和平的。西元前330年狄摩西尼成功使埃斯基涅斯遭貝殼流放，但後來他也被迫流亡（西元前324年）。亞歷山大死後（西元前323年），他被召回國，但當亞歷山大的繼承人進軍雅典時，他棄城而逃，服毒自盡。

狄摩西尼，大理石雕像，約做於西元前280年
By courtesy of the Ny Carlsberg Glyptotek, Copenhagen

Dempsey, Jack 登普西（西元1895～1983年） 原名William Harrison Dempsey。美國拳擊手。1914年用「黑小子」（Kid Blackie）的名字（意指他曾在銅礦坑做粗活）開始參加拳擊賽。他取得令人注目的戰果，常常在第一回合就把對手擊倒，1919年贏得了與世界重量級冠軍威勒德交手的機會，他在三回合內就把威勒德擺平。此後一直到1926年經過十個回合按得分被判敗給滕尼才失去冠軍頭銜。1927年他兩再次在著名的「長呼數之戰」中相遇，比賽期間，他曾把滕尼打倒在地以後，沒有再走到中立角去，讓滕尼有時間恢復過來擊敗他。登普西的拳擊風格是幾乎連續不斷地進攻。在1930年代期間，登普西在許多表演賽中亮相，1940年退休。後來開餐館十分成功。總共參加過84場比賽，贏62場，其中有51場把對手擊倒在地。

登普西
UPI

demurrer＊ 抗辯 法律上指一方承認對方提出的某些事實屬實，但又主張這些事實尚不足以構成請求救濟理由的一種法律程序。若對抗辯進行裁決，則將就案件在抗辯中提出的法律問題迅速作出處理。刑法上的抗辯通常是以起訴或申請中含有某種缺陷爲依據，即所提供的事實不足以構成重罪或嚴重的犯罪。民事訴訟中的抗辯也往往以起訴有錯誤或者有遺漏作爲依據。一般抗辯所攻擊的是起訴或答辯的全部內容；特殊抗辯所攻擊的是起訴或答辯的結構、形式或其中

的某一部分。

Demuth, Charles＊ 德穆思（西元1883～1935年） 美國畫家。早期在賓夕法尼亞美術學院學畫，1907～1913年幾次去歐洲學習。回國後，把歐洲現代派各藝術運動引進美國，是精確主義繪畫的主要代表。後來畫了一系列以花卉、馬戲團和咖啡館爲題材的水彩畫，這些作品使他成爲當代第一流水彩畫家。晚年把廣告和張貼欄畫進市景畫中，如《蘭開斯特，建築物》（1930）等。在其最有名的作品中是一批他所謂的「海報肖像畫」，如《我看見金色的數字5》（1928），是描繪美國詩人威廉斯的象徵性作品。

德穆思的《我看見金色的數字5》（1928）；現藏紐約市大都會藝術博物館
By courtesy of the Metropolitan Museum of Art, New York City, The Alfred Stieglitz Collection, 1949

Denali 迪納利 ➠ McKinley, Mount

Denali National Park 迪納利國家公園 美國阿拉斯加州中南部保護區。1980年由馬金利山國家公園（1917）和迪納利國家保護區（1978）建立。園內最有名的景觀包括馬金利山、阿拉斯加山脈巨大的冰川和豐富的野生動物。面積5,000,000英畝（2,025,000公頃）。

denaturation＊ 變性 改變蛋白質的構型的一種生化過程。其包含了蛋白質分子內許多弱鍵（如氫鍵）斷裂的現象，這些弱鍵能維持蛋白質高度有序結構。結果造成生物學活性的喪失，如酶變性後即失去催化能力。產生變性作用的方法很多，如加熱，鹼、酸、尿素或洗滌劑處理及激烈震盪等。在去除洗滌劑和恢復有利於天然狀態的條件時，有些蛋白質能回復原來的結構，這種現象稱爲復性。能復性的蛋白質有血清白蛋白、血紅素及核糖核酸酶等。但有許多蛋白質，如蛋白的變性是不可逆的。

Dench, Judi(th Olivia) 茱蒂丹絲（西元1934年～） 受封爲茱蒂女爵（Dame Judi）。英國女演員。1957年首次登台即演出《哈姆雷特》劇中的歐菲莉雅一角，從此莎士比亞的戲劇便成爲她的專業。對於音樂劇中的角色也十分嫻熟，1968年她領銜演出《酒店》在倫敦的首演。在她諸多重要的榮譽中，包括1981～1984年的電視連續劇《一段美好的浪漫史》，以及電影《查令十字路84號》（1986）、《布朗夫人》（1997，她在本片中飾演維多利亞女王）和《莎翁情史》（1998，獲奧斯卡獎），儘管如此，舞台演出仍是她的最愛。

dendrochronology 樹木年代學 分析樹木年輪來做年代測定的科學方法。因爲樹木的環輪寬度會隨氣候情況變化，樹心採樣的實驗室分析使科學家可以重建當時樹木年輪的發展情況。研究者在一個特定地區的不同地點和不同地層採集數千樣本，可建立範圍廣泛的歷史前後關係，而成爲科學紀錄的一部分。考古學家、氣候學家和其他學者會使用這種重要的年表來作研究。

Deneuve, Catherine＊ 凱薩琳丹妮芙（西元1943年～） 原名Catherine Dorléac。法國電影女演員。她十三歲時便出現在電影中，後來以《秋水伊人》（1964）片中的角色打開知名度。她在羅曼波蘭斯基的《反撥》（1965）以及布紐爾的《青樓怨婦》（1967）與《翠絲坦娜》（1970）片中冷酷的金髮美女形象與熟練的演技，使她成爲國際巨星。她其他許多電影包括《最後地下鐵》（1980）與《印度支那》（1992）。

Deng Xiaoping 鄧小平（西元1904～1997年） 亦拼作Teng Hsiao-p'ing。中國共產黨領導人，從1970年代後期起，直到他死亡爲止，是中國最有權勢的人物。1950年代鄧小平擔任中華人民共和國的副總理，以及中國共產黨的總書記。文化大革命期間曾經失勢，但於1973年在周恩來的支持下復職。雖然他被視爲是最有可能接任周恩來總理一職的接班人，但1976年周恩來去世時，鄧小平卻再度遭到四人幫的驅逐。但當毛澤東死於同年稍晚之時，在接連而至的權力鬥爭中，四人幫失勢被捕，鄧小平再度復職。他的擁護者趙紫陽和胡耀邦則分任總理和總書記之職。兩人都熱烈支持鄧小平的改革方案，而這項改革實際上涵蓋中國政治、經濟、社會生活的各個方面，並拋棄諸多共產主義的正統教條，將自由企業的因素帶入經濟之中。1989年鄧小平下令鎮壓在天安門廣場抗議的學生，對於他率領中國轉型爲世界舞台上的重要強權的良好形象造成了永遠的傷害。

dengue＊ 登革熱 亦稱斷骨熱（breakbone fever）或花花公子熱（dandy fever）。由蚊傳播的急性出血熱傳染病，患者短期內臥床不起，但罕有致死者。其他特徵爲關節劇痛、僵直，眼球後劇痛，短暫緩解後體溫再度上升，特殊皮疹等。主要是由一種帶有病毒的斑蚊屬病媒蚊傳染所致，通常是埃及斑蚊，它也會導致黃熱病。登革熱病毒有四種血清型，彼此間無法相互免疫。治療主要在緩解症狀。患者在發病頭三天內要隔離，以免蚊子再次叮咬而傳染他人。根本性的預防措施爲滅蚊及消除其孳生地。

Dengyo Daishi 傳教大師 ➠ Saicho

Denikin, Anton (Ivanovich)＊ 鄧尼金（西元1872～1947年） 俄國將軍。原爲俄國軍隊的職業軍官，第一次世界大戰時，擔任陸軍中將。1917年俄國革命後，他和科爾尼洛夫將軍因合謀推翻臨時政府被捕。後來他們越獄南逃到頓河地區，俄國內戰時擔任南俄白軍司令（反布爾什維克黨）。1919年鄧尼金向莫斯科進軍，但在奧廖爾被紅軍擊潰，乃率殘部撤退。1920年把指揮權交給弗蘭格爾將軍，後來逃往俄羅斯，之後定居法國（1925～1945）。

denim 粗斜棉布 俗稱勞動布。耐用的斜紋組織織物，以彩色（通常是藍色）經線和白色緯線織成，有時也織成彩色條紋。此名據說源於法文「serge de Nîmes」。粗斜棉布通常是全棉織物，雖然也有相當數量由棉與合成纖維混織而成。用於服裝工業，尤其是製造從事粗重工作時所穿的罩衫或褲子，數十年來已證明其耐用性，這種特性使粗斜棉布牛仔褲成爲20世紀晚期極受歡迎的休閒服。

Denis, Ruth Saint ➠ Saint Denis, Ruth

Denis, St.＊ 聖但尼（可能卒於西元258年） 亦作St. Denys。法蘭西主保聖人，巴黎首任基督教主教。可能出生於羅馬，羅馬皇帝德西烏斯曾派遣七位主教到高盧地區傳教，他是其中之一。生平不詳，據說是在羅馬皇帝瓦萊里安迫害基督教徒時殉難。據西元9世紀的一個傳說，但尼被斬首之後，無頭屍體在天使引領下由蒙馬特步行到巴黎東北部的聖但尼修道院教堂。

denitrifying bacteria＊ 脫氮細菌 把土壤中的硝酸鹽轉變爲大氣中的游離氮的細菌，會降低土壤肥力及農作物產量。因硝酸鹽極易溶解於水，所以會不斷從土壤中濾入附近水體，若無脫氮作用，地球上的氮最後會匯集到海洋。亦請參閱nitrifying bacterium。

Denmark 丹麥 正式名稱丹麥王國（Kingdom of Denmark）。丹麥語作Danmark。歐洲中北部立憲君主國。面積16,639平方哩（43,094平方公里）。領土包括格陵蘭和法羅群島，它們是自治領地。人口約5,358,000（2001）。首都：哥本哈根。人口中大多數是北歐人。語言：丹麥語（官方語）。宗教：福音路德宗（國教）。貨幣：丹麥克朗（Danish krone; Dkr）。丹麥位於北海和波羅的海之間，日德蘭半島占全國面積最大部分。此外，還包括東邊的一個島群。兩個最大島嶼爲西蘭島和菲英島，共占全國陸地總面積的1/4。海岸線長達4,500哩（7,300公里）。氣候溫和潮濕。丹麥爲混合型經濟，以服務業和製造業爲主，並誇稱擁有世界最古老和最大的社會福利制度之一。生活水準排在世界最高列。政府形式爲君主立憲議會制國家，一院制。國家元首是丹麥國王，政府首腦爲首相。早在西元前10萬年即有人類在此活動。約在西元6世紀時，條頓族的一支丹麥人定居此地。在維京人時期，丹麥人擴張其領土。到11世紀時，統一的丹麥王國的領土包括現在的德國、瑞典、英格蘭和挪威。1397丹麥統治了斯堪的那維亞地區，直到1523年瑞典獨立。17世紀爲爭奪波羅的海霸權，丹麥與瑞典發動許多次消耗國力的戰爭，因作戰多次失利，最後簽訂「哥本哈根和約」（1660），畫定了現代斯堪的那維亞疆界。19～20世紀，丹麥取得和失去一些領土，包括挪威。1849～1915年通過三部憲法，1940～1945爲納粹德國占領。北大西洋公約組織（NATO, 1949）的發起國之一。1953年通過新憲法。1973年成爲歐洲經濟共同體（今歐洲聯盟）成員。1990年代期間變更其會員資格。1997年一條連接西蘭島（哥本哈根位於該島）和中部島嶼菲英島的鐵路隧道和橋樑建成，結束了一百多年來的渡輪服務，縮短跨越的時間在十分鐘以下。

Dennison, Aaron Lufkin 丹尼森（西元1812～1895年） 美國製錶家，被推崇爲美國製錶業之父。曾在春田兵工廠研究大量生產槍枝的技術。1850年他克服了用機器生產微型零件的技術困難，並建立工廠開始向市場供應第一批工廠生產的、可替換零件的廉價錶。他也把機器生產技術引進製造紙箱和其他紙製品的製造，從而創建丹尼森製造公司。

density 密度 單位體積物質的質量。密度是由物體的質量除以體積而得。在國際單位制中，以及根據所使用的測量單位，密度可用公克／每立方公分（g/cm^3）或公斤／每立方公尺（kg/m^3）來表示。粒子密度則是指單位體積內的粒子數，而不是單個粒子的密度。亦請參閱specific gravity。

density current 異重流 異重流是在兩種密度相差不大的流體（液體或氣體）中，因密度差的重力作用而引起的流動。這種密度差可能存在於兩種流體之間或同一流體的兩部分之間，也可能是因溫度、鹽度和泥沙含量的差別引起的。在自然界，河流、湖泊、水庫、海洋以及鋒面氣象系統均可發生異重流。異重流是造成水污染的因素之一，工廠排出的大量污水或熱水會產生異重流，影響鄰近的人類或動物的生態環境。

density function 密度函數 統計學上，用積分計算來找出連續隨機變數相關機率的函數。圖形是在水平軸上的曲線，定義其與軸之間的總面積是1。在任意兩個值之間的面積百分比，用密度函數描述的觀測結果落在這兩個值之間的機率是一致的。每個隨機變數與一個密度函數相關（例如，常態分布的變數以鐘形曲線描述）。

dentistry 牙科學 與牙、口有關的一種醫學專業。包括齲齒的修補或拔除，咬合畸形的矯正，假牙的設計、製作和安裝，以及其他的鑲補裝置。可用X射線檢查肉眼無法看到的蛀牙情況。治療齲齒時會使用局部麻醉，鑽除染上病菌的地方，然後填補各種材料。蛀蝕到牙根會感染神經，需要根管治療。拔除的牙齒要用假齒冠代替（單顆），多顆牙齒則需裝上全口假牙或部分假牙。牙醫師也要教育患者注意口腔衛生、如何檢查和清潔牙齒，以及塗氟預防蛀牙。

D'Entrecasteaux Islands＊ 當特爾卡斯托群島 巴布亞紐幾內亞的島群，人口約49,000（1990）。位於南太平洋，包括諾曼比島、弗格森島和古迪納夫島，以及許多小島、環礁和珊瑚礁。大部分是火山島，多懸崖峭壁，爲森林覆蓋。總陸地面積1,213平方哩（3,142平方公里）。1793年以法國航海家布魯尼·當特爾卡斯托的姓來命名。主要居民點是多布，位於諾曼比島、弗格森島之間的一座小島上。

Denver 丹佛 美國科羅拉多州首府，人口約498,000（1996）。位於落磯山脈東側，濱臨南普拉特河。海拔5,280呎（1,609公尺）。早期是印第安人和捕獵者的休息站，1859年淘金熱時被拓居。1860年與奧勒里、聖查理鎮合併，1867年後成爲首府。1870年代和1880年代爆發一股銀礦熱潮，1893年結束，但新發現的金礦使它避免了沒落的命運。現爲工商業和交通運輸中心，有美國最大牲畜市場之一。丹佛也是冬季運動中心，附近多滑雪場。美國造幣局丹佛分部（1906年設）生產美國錢幣的約75%，也是美國第二大金庫。

deontic logic＊ 規範邏輯；義務邏輯 模態邏輯的一個分支，研究允許、義務、禁止這些具備義務論形式特徵的邏輯（希臘文deontos，指的是「被綑綁之物」）。它企圖將該領域中，邏輯命題之間那種抽象、純粹概念上的關係系統化，例如：如果某個行爲是義務，則它一定是可允許、而且不能被禁止的。在某種情境下，任何一個行爲若不是義務的，就是可省略的。關於哪些特定的行爲或狀態是應該禁止或可允許的這些具體問題，模態邏輯把它們留給像倫理學和法律之類的實質規範去處理。

deontological ethics 義務倫理學 一種倫理理論，主張一種行爲的道德對錯是根據行動的內在本質而非根據其結果性質來評斷（如結果論所主張）。義務倫理學認爲某些行爲不管其結果如何，在道德上至少本身就是錯誤的，如說謊、破壞約定、懲罰無辜者和謀殺。諸如「爲義務而義務」、「美德是它本身的酬報」和「哪怕天塌下來，也要履行正義」等說法都是描述這種倫理學的。由於它的中心原則在於一個行爲要符合某種規則或規律，所以被稱爲是形式主義的。最有名的傑出義務倫理學家是康德。

Depardieu, Gérard＊ 傑巴狄厄（西元1948年～） 法國電影演員。1965年初次在影片中露面，後來接演一些小角色。直到在《遠行他方》（1974）的表現獲貝托魯奇青睞而請他主演《1900年》（*1900*, 1976）。1980年代成爲法國當紅的男電影明星，也到歐美拍電影。他以在銀幕上塑造男性魁梧雄壯而又溫文爾雅及富於感情的形象著名。電影作品包括：《最後地下鐵》（1980）、《馬丁・蓋雷的歸來》（1981）、《男人的野心》（1986）、《甘泉馬儂》（1986）、《大鼻子情聖》（1990）和《世上的每個早晨》（1992）。

department store 百貨公司 經營多種商品的零售企業。所售商品中通常有成衣及飾品、毛棉布料與家用紡織品、家用小器皿、家具、電器及附件，有時還有食品。商品按類別分放於各個部門，受經理和顧客的監督。此外，還設有推銷、廣告、服務、會計以及預算管理部門。巴黎的廉價市場在19世紀初原爲小規模商店，現在則常被視爲首創的一家百貨公司。在美國，第一批連鎖百貨公司——彭尼公司（參閱Penney, J. C.）和西爾斯－羅巴克公司——起源於1920年代。亦請參閱GUM、Harrods, Ltd.。

dependency 屬地；依賴 在國際關係中，意指較弱小的國家受到較強大的國家支配與統治，但並非被正式併吞。例如美屬薩摩亞群島（美國屬地）和格陵蘭（丹麥屬地）。支配國控制屬地的某些事務，如國防、外交、國家安全等，並允許他們在國內事務上的自治，如教育、公共衛生、公共建設發展等。在1960和1970年代，這個詞（dependency，依賴）也指一種理解第三世界發展的研究取徑，這種觀點強調全球的政治和經濟階序對第三世界國家的壓迫束縛。

depletion allowance 耗減優惠 指徵收公司所得稅時，允許可耗盡的礦藏資源（如石油或天然氣）的投資者從其總收入中扣除礦藏的耗減額。其用意雖在鼓勵投資風險大的產業，但批評者認爲實際礦藏價值往往遠高於投資總額，即使沒有賦稅減讓，高額投資也是值得的。亦請參閱depreciation。

deposit account 存款帳戶 兩種基本存款帳戶的通稱。其一爲活期存款可隨時依需要提領（參閱check）。另一爲定期存款，理論上，定期存款只在固定期限之後才能提取，但實際上，金額較小的帳戶可隨時依需要提領。

depreciation 折舊 會計上對一項資產在其經濟壽命期間價值減少所計算的收費。折舊包括由於使用、年齡和自然力影響（即風吹雨打）的損耗，還包括陳舊——即由於具有同樣目的的更新穎、更有效的某種新產品問世而喪失實用價值；但不包括由於火災、事故或災害所造成的突然的、不可預料的減失。折舊既適用於機械、建築物之類的有形財產，又適用於租賃權、版權之類壽命有限的無形財產。亦請參閱depletion allowance、investment credit。

depression 蕭條 在經濟學上，指經濟週期中經濟活動的嚴重下降。其特徵是工業生產急遽減縮，普遍失業，建築業嚴重衰退或停止增長，國際貿易和資本流動額銳減。它不像經濟衰退，嚴重的蕭條幾乎都是世界性的，如1929年的大蕭條。亦請參閱deflation、inflation。

depression 抑鬱症 一種神經性或精神性疾病，主要症狀是悲傷、沒有活力、有思維和注意力障礙、食欲大增或大減、嗜睡、感覺沮喪和沒有希望，有時伴有自殺傾向。抑鬱症可能是最常見的精神病，人類對此病的認識最早可追溯到希波克拉提斯的時代，他稱之爲「憂鬱症」（melancholia）。患者的症狀因人而異，病程可長可短，可輕可重，可急可緩。女性得病的機率較男性爲高，男性的發病率隨年齡的增長而增高，女性患病的顛峰期在35～45歲。病因可能包括心理（如失去摯愛的人）和生化機能方面（主要是正腎上腺素和血清素等單胺化合物的量減少）。治療方法通常結合心理治療（和藥物治療（參閱antidepressant）。一個人如果交替出現過度高昂或低落的情緒，則是罹患了躁鬱症。

Depression of 1929 1929年蕭條 ➠ Great Depression

Depretis, Agostino＊ 德普雷蒂斯（西元1813～1887年） 義大利政治人物。1848年當選爲第一屆皮埃蒙特議會議員。義大利統一後，歷任內閣大臣職位（1862～1867）。1876年任首相，此後主宰義大利政治，直到1887年。最傑出的成就是簽訂三國同盟，以及充分運用超黨派人事任命策略，穩定了義大利統一初期的紊亂政局。

depth charge 深水炸彈 亦稱depth bomb。由水面上船隻或飛機攻擊水底潛艇之武器。第一次世界大戰時英國發展出第一批深水炸彈，用以對付德國潛艇。深水炸彈乃充滿炸藥的金屬筒，在疑有潛艇處附近，將金屬筒自船尾滾下。深水炸彈極少恰好在潛艇處爆炸，但水中爆炸引起的震波能鬆動潛艇結構，或破壞它的儀器設備，從而迫使潛艇浮出水面，再由水面海軍砲火收拾它。現代深水炸彈可從船上甲板發射攻擊離船2,000碼（1,800公尺）處之潛艇，或由飛機發射。原子深水炸彈配備核子彈頭，因具有極大的爆炸力量，故增大了其攻擊半徑。

Derain, André＊ 德安（西元1880～1954年） 法國畫家、平面藝術家和設計師。曾在巴黎卡里埃學院和朱利昂美術學院學習。因與弗拉曼克和馬諦斯來往密切而發展了早期的風格，此三人成爲野獸主義的主要代表人物。作品多屬風景、人物，用色明亮、隨意、用筆自然、有斷有續。1908年後繪畫風格接近塞尚作品。但到了1920年代後其作品風格轉向新古典主義。他畫了很多書籍插圖，並作過舞台設計，尤以爲佳吉列夫的俄羅斯芭蕾舞團作的設計而聞名。

Derby 達比馬賽 英國傳統馬賽之一。始於西元1780年，每年6月第一個星期三在薩里郡艾普孫唐斯舉行。跑道長約2,400公尺。此後許多馬賽均以達比爲名（如肯塔基大賽），於是達比遂泛指任何類型的馬賽。

Derby, Earl of＊ 達比伯爵（西元1799～1869年） 原名Edward (George Geoffrey Smith) Stanley。英國政治人物。1820年以輝格黨人身分進入議會，後來加入保守派，並成爲保守黨黨魁（1846～1868），1852、1858和1866～1868年三次出任首相。任職期間通過的立法有：在議員中廢除對猶太人的歧視；把印度的行政管理權從東印度公司移交給國王；1867年改革法案。他是英格蘭議會中最出色的演說家之一。

Derbyshire＊ 達比郡 亦稱Derby。英格蘭中部的行政、地理和歷史郡，人口約1,059,000（1995）。北部皮克區爲荒原，南部爲特倫特低地區，南北景色差別很大。郡內有

C
D

許多史前遺跡和羅馬遺跡。17世紀開始大規模地開採東部的鐵礦，18世紀和19世紀初，郡內山谷成爲重要的紡織廠廠區，後來發展成一製造中心。20世紀傳統工業衰落，但該郡仍爲各種類型的鑄鐵件和鑄鋼件的最大生產地，機械製造業和化工工業仍占重要地位。北部地區旅遊業很重要，其鄉間景色迷人。行政中心設於馬特洛克。

derivative 導數 數學中微分學的基本概念，代表函數的瞬間變化率。函數的第一導數是其數值能以切線到原函數圖形某一點之斜率來表示的函數。導數的導數（稱爲第二導數）描述了變化率的變化率，物理上可視爲加速。求導數的過程稱爲微分法。

derivative, partial ➠ partial derivative

derivatives 衍生性商品 金融合約的價値是從其他資產衍生而來，包括股票、債券、貨幣、利率、商品與相關指數。衍生性商品的買主本質上是對這項資產的未來表現下賭注。衍生性商品涵括廣受公認的商品期貨以及選擇權。1994年幾家形象良好的公司發生重大虧損，包括寶僑公司、德國五金公司、美國加州橘郡公司，使得衍生性商品的高風險性質逐漸受到關注，1995年以倫敦爲基地的霸菱商業銀行破產之後，更加重了大衆的焦慮。後來十六個國家一致同意採取安全管理措施加強衍生性商品的管制。

dermatitis 皮膚炎 亦稱濕疹（eczema）。一種皮膚炎症，症狀特點有：暗紅色、稍隆腫、起水泡、有滲出、恆伴瘙癢。接觸性皮膚炎是因皮膚接觸了刺激性物質或讓人產生過敏反應的物質。異位性皮膚炎似有家族遺傳傾向，多發生在嬰兒、兒童和青年身上，症狀是患處皮膚呈暗紅色、增厚、乾燥並呈鱗片狀剝脫、伴瘙癢。鬱滯性皮膚炎的病因爲慢性循環障礙、靜脈淤血，尤其是靜脈曲張，病變多累及雙小腿和雙踝。脂溢性皮膚炎與病變分布和皮脂腺的分布及分泌旺盛一致。神經性皮膚炎是由於患者習慣去撓、去抓皮膚，最後把這塊皮膚抓成炎症。

dermatology 皮膚學 研究有關皮膚疾病診斷和治療的醫學專科。19世紀中期由奧地利醫師黑布拉（1816～1880）建立其科學基礎，他以病理組織切片的方法來闡釋皮膚病變。1930年代才開始強調疾病生化學和生理學的重要性，而使皮膚治療邁入一個比較精細和有效的新境界。皮膚科處理有關黴菌感染的疾病、皮膚癌、銀屑病，以及危及生命的皮膚病，如天疱瘡、硬皮症和紅斑狼瘡。

dermestid (beetle)＊ 皮蠹 鞘翅目皮蠹科昆蟲，約七百種，分布廣，是重要的室內害蟲。通常褐或黑色，有的種色彩鮮豔或有斑紋。蟲體爲長形或卵圓形，長0.05～0.5吋（1～12公釐），密被易擦掉的絨毛或鱗片。似蠕蟲的幼蟲食皮革、毛、角、皮張、羽毛等，有的取食乳酪、乾肉、家具、地毯、毛毯和毛呢服裝。有兩種皮蠹是博物館的害蟲，它們取食剝製的鳥獸標本和昆蟲標本。博物館或收藏家要用防蟲的展覽櫃，或經常用殺蟲藥來進行防治。標本製作者有時也用幼蟲來清除附在動物骨頭上的軟組織。

Dermot Macmurrough ➠ Diarmaid Macmurchada

Déroulède, Paul＊ 德胡萊（西元1846～1914年） 法國政治家與詩人。是個激烈的民族主義者，鼓吹對德國的報復。他協助創立了主張復仇主義的愛國者聯盟，聲援布朗熱，並鼓動反對德雷福斯。1899年他試圖推翻政府，之後於1900年被放逐國外，但是在1905年獲准回國。他的愛國詩作包括《士兵之歌》（1872）等詩集。

Derrida, Jacques＊ 德希達（西元1930年～） 法國哲學家，生於阿爾及利亞。主要在巴黎高等師範學院教授哲學（1965～1984）。他對西方哲學的批判涉及文學、語言學及精神分析學。其思想基礎在於不贊成西方哲學一味追尋形而上的終極確定性或意義的根源，而提出「解構」這種閱讀哲學文本的方式，藉由縝密的語言分析來揭露出這些文本背後的形上假設。德希達有關解構理論與方法的著作包括《聲音與現象》（1967）、《寫作與差異》（1967）、《論文字學》（1967）等。

Derry 德里 亦作倫敦德里（Londonderry）。北愛爾蘭西北部的一個區（1995年人口約103,00）。1984年改名爲德里。也是1609年英格蘭殖民地區一個傳統郡的名字。1973年重組行政區域，把這個地區分成幾個區，包括德里。它與愛爾蘭共和國和福伊爾相鄰，中心在海港城市德里周圍。1969年舊城與鄰近地區在行政上合併。1973年成爲北愛爾蘭26個行政區之一。

Derry 德里 亦作倫敦德里（Londonderry）。北愛爾蘭海港（1995年人口約77,000）及德里區的首府。西元6世紀時聖科倫巴曾在此建修道院，但這個居民點數度被古斯堪的那維亞侵略者破壞。1600年英國勢力占領了德里，隨後詹姆斯一世特准把德里給了倫敦市民，他們帶來了新教徒到此定居。過去的正式名稱是倫敦德里。1850年代開始長爲一個現代城市，當時亞麻襯衫的製作變得重要起來，製衣業仍爲主要的工業。有安立甘宗的和羅馬天主教的兩座大教堂。20世紀晚期發生恐怖份子暴動。1984年正式改名爲德里。

Dershowitz, Alan (Morton) 德蕭維奇（西元1938年～） 美國律師。生於紐約市，自耶魯法學院畢業後，先是擔任戈德堡大法官的辦公室助理，隨後以二十五歲之齡到哈佛法學院任教。他是知名的公民自由律師，曾在許多非常著名的刑事案件中出庭辯護，包括畢羅案及辛普森案等。他的期刊文章和廣爲刊登的報紙文章收錄在《濫用的辯辭》（1994）等書中；他的其他作品包括《合理的懷疑》（1966）、《德蕭維奇法庭回憶錄》（1982）等。

dervish 德爾維希 即托缽僧，指伊斯蘭教蘇菲派教團的成員。這種教團自西元12世紀起相繼成立，其成員必須服從首腦，事奉師長。德爾維希可以集體生活，也可以在俗，他們一般都出身於下層階級。在中世紀地處伊斯蘭世界中央的各國，德爾維希教團在宗教、社會和政治生活中發揮重要作用，但目前他們的寺院常爲政府所控制，他們的教義學主張也不受正統派所重視。然而在20世紀後期似乎有所恢復。亦請參閱Sufism。

Derwent River＊ 德文特河 澳大利亞塔斯馬尼亞州河流。源出中央平原聖克萊爾湖，流向東南，注入斯托姆灣。全長113哩（182公里）。其上游各大支流廣泛用於水力發電。荷巴特市位於該河三角洲，距河口約12哩（19公里）。此河段形成優良的深水港，河上跨有塔斯曼橋。

Derwent Water 德文特湖 英格蘭坎布里亞行政郡湖泊，位於湖區內。長約3哩（5公里），寬0.5～1.25哩（0.8～2公里），深72呎（22公尺）。德文特河自南端注入，從北端的凱西克附近排出。幾處湖岸地屬全國託管協會，常有遊人前往。湖中的動爵島曾是德文特瓦特伯爵的住地。

Des Moines＊ 第蒙 美國愛荷華州首府，人口約193,000（1996）。位於拉孔河和第蒙河交匯處，1843年爲了保護索克和福克斯族印地安人而建立第蒙堡。1845年開放白人定居。東第蒙開始發展起來，到1856年合併第蒙堡，形成目前城市規模。1857年成爲州首府。現爲該州最大城市，是交通樞紐，也是主要的商業製造、行政和出版（尤其是農業刊物）中心。設有德雷克大學（1881年成立）和全國最大的一座劇院（KRNT劇院）。

Des Moines River 第蒙河 美國明尼蘇達州西南部河流，源出派普斯通附近，往東南流入愛荷華州凱奧庫克南面匯入密西西比河。全長845公里。愛荷華州洪堡以上河段又稱威斯特河。從1830年代末到美國南北戰爭結束，第蒙河一直是愛荷華州中部的主要商業動脈。早期曾開發其水力發電，1840～1890年沿岸建有八十座碾粉工廠，現在沒有一座留下來。

Des Plaines River* 德斯普蘭斯河 美國伊利諾州東北部河流。源出威斯康辛州東南部，往南流入伊利諾州，流經芝加哥，匯入坎卡基河。全長150哩（241公里）。1900年修通該河與芝加哥河南支流之間的運河，屬伊利諾水道的一部分（1933），使得現代駁船可穿梭在五大湖和密西西比河之間。

Desai, Anita* 德賽（西元1937年～） 原名Anita Mazumdar。印度小說家及童書作家。她被視爲印度最主要的意象派作家，擅長於透過視覺的形象來描繪人物的性格與心境。她的作品包括《山中火》（1977）、《明亮的白晝》（1980）、《包加納的孟買》（1988）以及最受歡迎的童書作品《海邊的村落》（1982）。

Desai, Morarji (Ranchhodji)* 德賽（西元1896～1995年） 印度總理（1977～1979）。鄉村教師之子，1918年在孟買邦政府當小官吏。1930年加入甘地的非暴力、不合作運動。在1930年代～1940年代爲印度獨立奮鬥期間，曾在英國監獄裡待了十年。1969年成爲反對甘地夫人的派系領袖。1975～1977年因政治活動而被捕。出獄後積極從事人民黨的活動。1977年人民黨在國會選舉中取得壓倒性勝利，德塞出任總理。兩年後，人民黨解散，他隨後辭職。

desalination 脫鹽 亦稱desalting。從海水、內陸海的稍鹹水、富含礦物質的地下水和城市污水中排除鹽分的過程，以使無用的水變得適合於人類使用、灌溉、工業用途和各種其他用途。蒸餾是使用最廣的脫鹽方法，另有冰凍和解凍法、薄膜法、逆滲透法和電滲析法。這些方法都需要大量能量，所以製法昂貴。現今全世界有數千個脫鹽工廠每天生產兩百萬加侖（八百萬立方公尺）以上的淡水。世界最大的脫鹽工廠在阿拉伯半島。

Descartes, René* 笛卡兒（西元1596～1650年） 法國數學家、科學家和哲學家，人稱近代哲學之父。出生於圖爾附近，受教於耶穌會學院，1618年在軍隊中學習數學和軍事建築。1619～1628年笛卡兒在北歐和南歐旅行。1628年定居荷蘭，一直停留到1649年。笛卡兒的理想目標是把數學的嚴密、條理清晰的特點運用到哲學當中。從《沈思錄》（1641）開始，他以方法論對基於權威、感官和推論的知識提出質疑，繼而在直觀中發現必然眞理，這一點表達在他的一句名言「我思，故我在」中。他的工作就是建立在這個基礎上，從這裡再推演出一系列其他的定理，每一種都有相同自明的證據，於是產生一套人們完全認同的哲學體系，就如人們相信歐幾里德的幾何一樣。他還發展了一套二元論體系（參閱dualism），將精神和物質嚴格分開，認爲精神的本質是思維，物質的本質是三維的廣延。笛卡兒的形上學體系是理性主義的（參閱rationalism），而他的物理學和生理學則是以感官知識爲基礎，又是屬於經驗論（參閱empiricism）和機械論的（參閱mechanism）。在數學方面，他創立了解析幾何，並改進了代數的記數法。

descent 宗系遺傳 公認的社會家系體制，各個社會都不相同，一個人可以據此宣稱和另一個人有親屬關係。宗系遺傳制度的實踐意義在於，一個人可以據此申明自己的權利、義務、特權或地位。當以親屬關係決定繼位、遺產繼承或住宅繼承時，宗系遺傳制度具有特殊影響。限制親屬關係之認同的方法之一是僅強調雙親中一方的種種關係。這種所謂「單系」親屬制度有兩種主要類型：父系（或男系）制度強調父親方面的種種關係；母系（或女系）制度強調母親方面的種種關係。單系制度與所謂同族制度大不相同，根據同族制度，每一個人對父系及母系親屬負有同樣的義務及責任，反過來也可以從父系及母系親屬指望獲得同樣權利和特權。在結構上，並從權利及義務上講，同族制度是模糊的，趨向於成爲工業化程度較高的國家的特性，在這些國家，個人的權利及義務日益爲制度及法律所規定。

desensitization 脫敏 亦稱降低敏感作用（hyposensitization）。一種治療方法，對患者連續注射過敏原（如花粉、室塵等），逐漸增大劑量，以消除變態反應（參閱allergy）。脫敏機制爲血清中產生阻抑性抗體，與變應原優先結合，防止了抗體與變應原在皮膚上結合。當一個對青黴素過敏的人需要青黴素治療時，也需要用這種脫敏方法。亦請參閱anaphylaxis、antigen。

desert 荒漠 廣大而非常乾旱的地區，植被也十分稀少。是地球主要的生態系統之一。常用來劃分荒漠區的乾燥度是年平均降雨量等於和少於10吋（250公釐）。荒漠集中分布在高緯度極地周圍地區，以及中低緯度相當乾熱的地帶。荒漠地帶可以是由崎嶇不平的山脈、高原或平原組成，許多占據了廣大山體環繞的盆地。地表物質包括裸露的基岩、卵石和大礫石的平原和流沙的廣大地帶。風成沙通常是荒漠的典型特徵，在北美洲荒漠中它只占2%左右，在撒哈拉沙漠占10%，在阿拉伯沙漠占30%。

desert varnish 荒漠岩漆 亦稱desert patina。荒漠地表卵石和岩石上澱積的暗紅至黑色的礦物薄膜（一般爲氧化鐵、氧化錳和二氧化矽）。隨著露水和毛細水的蒸發，水中溶解的礦物質在表面澱積下來，風磨蝕掉較軟的鹽類，並把岩漆磨出光澤。荒漠岩漆的形成既需要高蒸發率，又需要足夠的降水。

desertification 沙漠化 指由氣候變化、人類影響或兩者共同作用所引起的沙漠環境向乾旱或半乾旱地區延伸或侵入的過程。氣候因素包括有短暫但嚴重乾旱的時期和長期趨向乾燥的氣候變化。人類因素指氣候的人爲改變，如破壞植被、過度耕作、因灌溉或工業用水而耗盡地面和地下水、露天剝採等，使乾旱地區生物環境退化。沙漠化使乾旱或半乾旱地區維持生命的能力逐漸枯竭。在此過程中，地下水位下降，表土層及水分鹽化，地面水減少，侵蝕加劇及鄉土植物滅絕。

Desiderio da Settignano* 狄賽德里奧（西元約1430～1464年） 義大利雕刻家。1453年加入佛羅倫斯木石雕刻師行會。曾受雕刻家多那太羅浮雕的影響。其巧妙、敏銳和高度獨創的風格，最突出地表現在優美動人的婦女和兒童半身像上。其構思和高度精煉的大理石雕刻技巧確立了他作爲淺浮雕大師的地位。最著名的作品是1453年後設計和刻製了佛羅倫斯聖克羅齊教堂中的卡洛．瑪索平尼紀念碑，建築細部豐美，肖像雕刻備受讚揚，在佛羅倫斯壁上紀念碑史上有特別重要地位。

designer drug 設計師藥 管制麻醉藥的合成形式。製造設計師藥是爲了生產執法機構沒有明確列入違禁品的毒品，分子結構與相關的管制物質略微不同。由於是在祕密的化學工廠製造，作業人員通常是外行人，這類毒品十分危險。最著名的是快樂丸（MDMA，學名3,4 methylene-dioxymethamphetamine），是去氧麻黃鹼的變種，市面上俗稱「搖頭丸」。非麻醉藥的合成化合物爲了對抗疾病設計來與特定的蛋白質或酶作用，亦稱爲設計師藥。

desktop publishing (DTP) 桌上排版 使用個人電腦來進行排版工作。桌上排版讓個人可以將文字、資料、相片、圖表和其他圖形元素綜合在一份文件裡，並可以在印表機或相紙輸出機列印出來。典型的桌上排版系統由一台個人電腦、一個監視器、一台高解晰度的印表機以及各種輸入裝置如光學掃描器組成。文字和圖形資料通常使用不同的軟體程式先行創制和處理，然後將它們組合或複製到一個頁面拼版的程式中去，該程式可以讓用戶處置和安排這些資料並最後定稿。功能更強的桌上排版軟體程式可以提供包括文字及圖形處理在內的全部功能。

desmid * 鼓藻 綠藻門雙星藻目一類美麗的單細胞微小綠色藻類，形狀差異很大。典型者細胞對稱地分爲兩半，成爲在中央聯結的兩個「半細胞」。鼓藻廣泛分布世界，通常見於酸沼和湖泊中。由於大多數種都限制在一定的分布範圍，因而專一鼓藻的存在有助於決定水樣的特性。

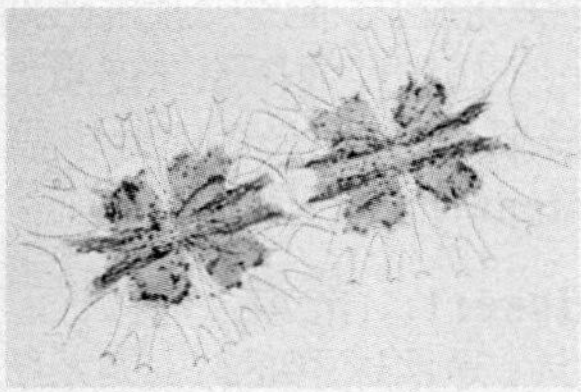

Micrasterias屬鼓藻，高倍放大
Winton Patnode－Photo Resear2chers

Desmond 德斯蒙德 愛爾蘭古代的一個地區。11～17世紀間，德斯蒙德往往指兩個差別很大的地區。蓋爾人的德斯蒙德包括現錫因河以南的凱里郡及現科克郡西部和科克市北部的地方。盎格魯－諾曼人的德斯蒙德則包括錫因河以北的凱里郡、現今的利默里克郡大部、提派累立西南、科克郡東南和沃特福德東部。

Desmoulins, (Lucie-Simplice-) Camille (-Benoist) * 德穆蘭（西元1760～1794年） 法國大革命時期最有影響的新聞記者。原爲律師，因口吃不能順利工作。但在大革命剛爆發時，卻突然成爲一個能激勵人心的演說家，煽動民眾參加巴士底獄暴動。在他所寫的小冊子和報刊言論中，主張廢除國王，建立共和。德穆蘭被選入國民公會，加入山岳派，對抗吉倫特派。後來他和丹敦成爲溫和派領導人。他在抨擊救國委員會實行恐怖統治後，與丹敦等人被送上斷頭台。

despotism, enlightened ➠ enlightened despotism

Dessalines, Jean-Jacques * 德薩利訥（西元約1758～1806年） 海地皇帝。1804年把法國人逐出海地，宣布獨立。早年在聖多明哥（現爲海地）當奴隸，1791年參加奴隸暴動。由於屢建戰功，成爲黑人領袖圖森－路維杜爾的副手。但圖森－路維杜爾在1802年被法國遠征軍推翻。次年拿破崙決定恢復奴隸制，德薩利訥夥同別人再次發動叛變，他們在英國的支持下將法國人趕走。1804年德薩利訥宣布此島獨立，依照阿拉瓦克語定國名爲「海地」，同年自立爲帝。他仇恨白人，不准他們擁有財產，也歧視黑白混血種人。德薩利訥最後在一次黑白混血種人暴動中被殺。

destroyer 驅逐艦 保護其他船隻的快速海軍艦隻。此詞源於1890年代建造來保護戰艦不受魚雷艇襲擊的船隻。到第一次世界大戰時，它們通常都部署於艦隊前方用於偵察敵艦隊，用艦炮擊退敵方驅逐艦，然後發射魚雷，攻擊敵戰艦和巡洋艦。隨著潛艇主要用來發射魚雷，驅逐艦裝備了深水炸彈以保護商船隊和艦隊不受潛艇襲擊。在第二次世界大戰中，又裝備了雷達和高射炮，其護航作用又擴大到了防空。現代驅逐艦的乘員約三百名。裝備包括艦空飛彈、反艦飛彈，一門或兩門大炮。許多驅逐艦載有反潛搜索直升機，有些載有巡弋飛彈。

detached retina 視網膜剝離 一種眼病，大部分因視網膜組織學層次分離引起，主要是指貼附於眼球後、側壁內面的感光組織層和眼球壁中間色素層之間的分離。隨著年齡的增長，視網膜上會出現一些小裂口，玻璃體液就順著這些小裂口向外漏，這是導致眼球壁的中間色素層與內膜感光層之間剝離的基本原因。患有晶狀體後纖維組織增生疾病者和外傷事故也可導致視網膜剝離。本病多進展緩慢，而且無痛。典型症狀是視野中有漂浮的黑斑，病眼有閃光感和進行性視力模糊。沒有立即有效的治療方式，會導致永久失明。從剝離的視網膜後方引流，然後用熱、雷射光或冷凍技術把剝離的視網膜重新焊上，並用焊接瘢痕修復視網膜上的裂口，可防止視網膜再次剝離。

detective story 偵探小說 通俗文學體裁，描寫刑事案件（通常爲兇殺案）的調查和破案過程。第一篇偵探故事是愛倫坡的《莫格街兇殺案》（1841）。此種題材很快從短篇故事擴充到長篇小說的篇幅。福爾摩斯是第一個成爲家喻戶曉的虛構偵探人物，首次出現在柯南道爾的小說《血字的研究》（1887）。1930年代是偵探小說的黃金時代，以漢密特的作品爲代表。1930年代末，由於採用大量發行平裝書，獲得廣大的讀者群，著名的偵探小說家包括：切斯特頓、克莉絲蒂、塞爾茲、錢德勒、斯皮蘭和西默農。

détente 緩和 * 1967～1979年間，美國與蘇聯之間冷戰局勢緩和的時期。在這段期間，美蘇加強了兩國之間的貿易往來與合作關係，並簽署「限武談判」（SALT）條約。而後因蘇聯入侵阿富汗，兩國關係再度僵化。

detergent 洗滌劑 清除固體外表不純物使之成爲懸浮液的多種特別有效的表面活性劑的總稱。洗滌劑也往往用作乳化劑。洗滌劑通常不是指油脂皀化而得的肥皀，而是指一種合成物質。在水中洗滌劑的主要用途是洗杯、碟和衣服。任何一種洗滌劑都具有一個親水端和一個疏水端。在離子洗滌劑中，親水性是由分子的離子化部分而來。在非離子洗滌劑中，親水性是基於多羥群和其他親水殘餘物的存在而產生。洗滌劑除了用在水中洗碗碟或衣服之外，還可用於其他溶劑如潤滑油、汽油和乾洗溶劑以防止沈澱或移除無法去掉的污漬。

determinant 行列式 在線性代數中，與具有相同行、列數的矩陣有關的數值。它在解決（線性）方程式組和研究向量方面特別有用。如在2×2的矩陣中，行列式的解答是左上和右下數字的乘積減去左下和右上數字的乘積。較大的矩陣行列式包含更複雜的各項運算組合，通常要用計算機或電腦來解決。

determinism 決定論 一種哲學理論。主張一切事件，包括人類的決定，完全受先前存在的原因決定。傳統的自由意志問題來自一個疑問：道德責任符合決定論的眞理嗎（參閱compatibilism）？拉普拉斯在18世紀制定了這個題目的經典公式。在他看來，宇宙的現狀，乃是它的先前的狀態的結果，也是隨之而來的狀態的原因。假如一個心靈，在任何特定的時刻，能夠知道在自然界中活動的一切勢力，以及它的所有組成要素的相應地位，它從而就會確然知道每一個東西的將來和過去，不論它的大小。

deterrence 威懾 一種軍事戰略，指一個強權大國以迅速和壓倒一切的報復行動有效地威脅其對手，使其不敢作攻擊行動。核子武器問世後，威懾成了核子大國和其主要聯盟的基本戰略。前提是每個核子強權國家必須保持高度的立即性和壓倒性的破壞能力來對付侵略國。總之，必須具備兩個基本條件：使人信服在它遭到一次突然襲擊之後仍有力量進行報復，使人看到決心進行報復的可能性，雖然不是進行報復的必然性。

Detroit 底特律 美國密西根州最大的城市，人口約1,000,000（1996）。瀕底特律河。1701年由一位法國商人創建，這裡成爲五大湖區的貿易中心。在法國印第安人戰爭中，底特律向英國人投降。1805～1847年成爲密西根地區首府，成長爲該州的一個船運和磨粉業中心。20世紀在福特的協助之下，變成世界汽車之都。該市的工業榮景吸引了衆多移民者，先是歐洲人，再來是南方黑人，到了1990年黑人人口已占有該市人口的3/4。20世紀末該區汽車工業的沒落帶來經濟困境。市內有州立威恩大學（1868年建校），是底特律最古老的大學。

Detroit River 底特律河 美國密西根州東南部河流。形成密西根州和安大略省邊界之一段，連結聖克萊爾湖和伊利湖。該河往南流經底特律和安大略省溫莎，兩市之間有一座橋梁和隧道連接。河中大島有貝爾島（底特律市立公園）、格羅塞島（爲住宅區，有一座機場）和屬於安大略省的法廷島。遊船和五大湖貨船使用該河運輸頻繁。

deus ex machina * 舞台機關送神 古希臘和羅馬戲劇中及時出現的一位天神，由他解開並解決戲中的糾結。這種戲劇性裝置用來表現神從天空出現的傳統，即一種透過起吊機（希臘文作mechane）而達到的效果。在索福克里斯和尤利比提斯的戲劇中有時也需要這種裝置。這個詞現在用來表示一種出其不意的事，對顯然不能解決的難事提供一種人爲的解決方式。

deuterium * 氘 亦稱重氫（heavy hydrogen）。氫的同位素，原子量約爲2。1931年尤列因發現氘並分離出它而獲得諾貝爾獎。氘核由1個質子和1個中子構成，爲穩定原子，在天然的氫化合物中占0.014～0.015%。可用蒸餾液氫或電解水的方法來分離出氘。氘能參與普通氫所特有的各種化學反應，生成相似的化合物。然而，氘的化學反應比普通氫慢，這是區別兩種形式氫的一種判據。因氘有這種性質，在涉及氫的化學反應和生物化學反應研究工作中，廣泛用它作示蹤原子，在氘原子與氘原子或氘與更重的氫同位素氚的高溫核融合過程中釋放出大量能量，這類反應已用於核子武器中。

deuterium oxide 氧化氘 ➡ heavy water

Deuteronomic Reform * 申命改革 《舊約》所載火女國王約西亞（約西元前640～西元前609年在位）所推行的宗教改革。他在亞述控制以色列的力量減弱時，發起反外國宗派的活動，並把異教祭壇與偶像遷出聖殿。他呼籲恢復遵守摩西律法，根據西元前622年左右在耶路撒冷聖殿發現的律法書（據說該書即〈申命記〉第12至第26章所載的律法）。農村異教廟宇禁止崇拜豐產神，耶路撒冷聖殿被確立爲全國崇拜中心。

deva * 天 印度吠陀時期稱神爲天。這些神分爲天神、氣神和地神，有伐樓拿天、因陀羅天、蘇摩天等。在吠陀時期，諸神分爲兩類：提婆與阿修羅。在印度，衆提婆逐漸強於阿修羅，阿修羅最終成爲魔鬼。後來一神論興起，各神都從屬於一個至高之神。

devaluation 貨幣貶值 以金、銀或外幣表示的一國單位貨幣在匯價上的下跌。貨幣貶值目的在於消除持續的國際收支逆差。因爲貨幣貶值具有降低用進口國貨幣表示的、本國出口貨的價格的效果，同時也具有對本國購買者來說提高進口貨價格的效果。如果出口貨和進口貨的需求都是相當有彈性的，則該國來自出口的收入將上升，用於進口的支出將下降。這樣貿易收支就趨於平衡，國際收支有所改善。

devaraja * 提伐羅闍 古代柬埔寨，對「神王」的崇拜，由高棉帝國的締造者闍耶跋摩二世（西元約770～850年）於西元9世紀初創立。這種信仰教化人認爲國王是神聖的萬物統治者，乃印度神濕婆的化身。幾百年間，這種信仰成爲高棉諸王的王權的宗教基礎。

development, biological 生物發育 生物個體在一生中，大小、形態和功能不斷改變的過程，透過發育，生物體的遺傳潛力（基因型）被翻譯爲能行使一定功能的成年系統（表現型）。發育包含成長，但有別於反覆性的化學變化（代謝）或多個世代的變化（演化）。去氧核糖核酸（DNA）主導了受精卵的發育，因此細胞變成特化的結構，以表現特定的功能。人類在出生前就經過胚胎和胎兒的發育階段，而在兒童時期繼續發育過程。其他的哺乳動物也依循類似的過程。兩生類和昆蟲則經過非常不同的發育階段而成長。在植物中，其發育的基本模式是由沿中央的莖排列成簇的分生組織細胞來決定，其形態則決定於分生組織細胞內不同細胞的生長率。動植物的生長都會受到激素（荷爾蒙）的巨大影響，而個體細胞內的因素可能也扮演了一個角色。

development bank 開發銀行 旨在對生產性投資提供中長期資金（常隨帶有技術援助）的全國性或地區性的金融機構。開發銀行可屬國家所有和經營或屬私人所有和經營。許多開發銀行在世界銀行的資助下開辦，其中最大的包括美洲開發銀行、亞洲開發銀行和非洲開發銀行。

developmental psychology 發展心理學 心理學的一個分支。研究發生在人生全過程的認知、動機、心理生理功能和社會功能的變化。在19世紀和20世紀初，發展心理學家主要致力於兒童心理學，到1950年代開始對人格變量與兒童教養之間關係的問題發生興趣。到20世紀後期，發展心理學家對心理發展的所有層面和整個人生過程的變化進行探究。

Devers, (Yolanda) Gail * 狄福絲（西元1966年～）美國徑賽選手，生於華盛頓州的西雅圖。在加州大學洛杉磯分校時有驚人的運動生涯。1988年在美國奧運代表隊受訓期間，她的健康開始惡化，1990年診斷出她罹患格雷夫斯氏病。歷經數個月痛苦的放射線治療之後，她繼續受訓，1992、1996年，她兩度奪得奧運金牌，而且在其他國際性的100公尺、100公尺低欄和400公尺接力賽中，從未掉到第二名之外。

Devi * 黛薇 此詞過去常指印度教的女神。在印度，有時候會爲女性冠上這個尊敬的稱呼，它也可以指整個印度的地方女神。在西元5～6世紀時，印度教的文獻中開始以黛薇來指偉大的女神，以及物質、能量和幻覺的化身。她以各式各樣的形象現身，有善有惡，其中包括美麗又陰險的難近母、具有毀滅性的卡利，還有擁有強大性能力的薩克蒂（參閱shakti）。

devil 魔鬼 邪惡的神靈或力量。雖然有時與「demon」意思相同，但更常用來指邪靈之王。在猶太教、基督教和伊斯蘭教中，魔鬼被視為墮落的天使，曾企圖篡奪上帝的位置。在《聖經》中，稱魔鬼為撒旦、別西卜或路濟弗爾。根據基督教神學，撒旦的主要活動是引誘人拋棄生命與救贖之路而走向死亡與毀滅。在《可蘭經》中，稱魔鬼為易卜劣廝，他引誘除眞正信奉阿拉以外的衆人走向邪惡。

devil ray ➠ manta ray

devilfish 魔鬼魚 ➠ manta ray

Devil's Island 惡魔島 法語作Île du Diable。法屬圭亞那大西洋岸外一個多岩石小島。該島是薩呂群島（含三個小島）中最小的一座島。此島為一狹長地帶，長約3,900呎（1,200公尺），寬約1,320呎（400公尺）。1852年起成為囚犯流放地的一部分，也是痲瘋病人隔離區，直到該島被列為高度設防區為止。因法屬圭亞那對流放地的人十分殘酷而惡名遠播。主要關押間諜和政治犯，包括德雷福斯。1953年監獄才關閉。

Devils Tower National Monument 魔塔國家保護區 美國懷俄明州東北部國家保護區。是美國第一個名勝保護區，西元1906年設立。靠近貝爾富什河。面積1,347英畝（545公頃），該地有著名的天然石塔，是殘留的火山侵入岩受侵蝕形成。塔高865呎（263公尺），頂部平坦。

Devolution, War of 權力轉移戰爭（西元1667～1668年） 法國和西班牙為了爭奪西屬尼德蘭而發生的戰爭。根據土地繼承習慣，首次結婚所生的女兒比以後婚生的兒子有優先權。法王路易十四世即以此為藉口發動這場戰爭，認為該習慣法也適用於擁有國家主權的領土。也就是說，他的妻子瑪麗－泰蕾莎（1638～1683）應該繼承他父親腓力四世在西屬尼德蘭的領土，而不是由她的同父異母弟（西班牙的查理二世）來繼承。法國軍隊在1667年5月成功開進法蘭德斯，輕易達到它的目的。1668年雙方在艾克斯拉沙佩勒締結和約，法國放棄弗朗什孔泰，但保有所征服的法蘭德斯城鎮。

Devon＊ 得文 英格蘭西南部行政、地理和歷史郡。位於康瓦耳、多塞特和索美塞得郡之間，濱臨布里斯托海峽和英吉利海峽。郡內包括達特穆爾花崗岩高地，史前時代即有人居住。1348年諾曼人建起數座城堡。12～17世紀當地有重要採錫業，現已沒落。現今經濟以農業（以畜牧為基礎）為主，也是著名的旅遊地。愛塞特是郡行政中心。

Devonian Period＊ 泥盆紀 距今4.17億～3.54億年的一段地質年代，是古生代的第四個紀。在泥盆紀時期，南半球有一塊龐大的大陸（參閱Gondwana），赤道區域還有其他一些陸塊。西伯利亞和歐洲之間隔著一片廣闊的大洋，而北美大陸是和歐洲連接在一塊的。在泥盆紀期間出現了許多類型的原始魚，它們既在海水，也在淡水環境中繁殖，所以該紀通常被稱為「魚類時代」。蕨類和原始裸子植物的集群生長終於形成了最早的森林。

Devrient, Ludwig＊ 德弗里恩特（西元1784～1832年） 德國演員。在德紹宮廷劇院登台演出，表演個性角色的才能從此得到發展。1814年在柏林首演《強盜》，後來扮演過一些莎士比亞戲劇中的人物，包括福斯塔夫、夏洛克、李爾王、里查三世等，被認為是浪漫主義時期德國最偉大的演員。他的大侄子卡爾·奧古斯特·德弗里恩特（1797～1872），曾在德勒斯登、卡爾斯魯厄和漢諾威（1839～1872）登台演出，主要在漢諾威取得成功，以飾演莎士比亞、歌德和席勒的劇中角色而受人喜愛。卡爾的弟弟愛德華（1801～1877）原是歌劇演唱家，後來在德勒斯登（1844～1852）和卡爾斯魯厄（1852～1870）當演員和舞台導演。他在卡爾斯魯厄時，導演德國古典戲劇，並重新翻譯莎士比亞戲劇。卡爾的另一個弟弟艾米爾（1803～1872）在1821年首次登上舞台，在德勒斯登宮廷劇院表演（1831～1868）；他扮演最成功的角色是哈姆雷特和歌德劇中的塔索。愛德華的兒子奧圖（1838～1894）在多家劇團表演，後來在卡爾斯魯厄和其他城市當導演。他在威瑪導演了其個人版本的《浮士德》（1876），也寫有一些悲劇。卡爾的兒子馬克斯（1857～1929）於1878年在德勒斯登首次登台表演，1882年加入著名的維也納國家劇院。

Devrient, Wilhelmine Schroder- ➠ Schroder-Devrient, Wilhelmine

dew 露 夜間由於水汽蒸發，在露天物體表面上凝結成的水滴。常出現於晴朗無風的夜晚，此時物體表面因輻射而損失熱量，物體溫度通常降到比空氣還要冷。這些冷的表面使貼近地表的空氣變冷，如果大氣中濕度很大，空氣溫度降到露點溫度以下，空氣中的水汽便在物體表面凝結成水滴。亦請參閱frost。

Dewar, James＊ 杜爾（西元1842～1923年） 受封為Sir James。英國化學家和物理學家。1891年製出大量液氧，他發明用來儲存液化氣體的杜爾瓶，這是一種用內、外層隔絕出眞空狀態的雙層壁瓶子，它在低溫現象的科學研究上很重要，此原理也應用到保溫瓶上。杜爾也是第一個把氫液化和固化的人，1905發現用冷卻的活性炭有助於產生高眞空，以後在原子物理學中證明十分有用。

dewberry 露莓 指薔薇科懸鉤子屬的任何一種黑莓，因莖部缺乏木質纖維而匍匐生長。在美國東部和南部，懸鉤子屬的幾個匍匐種，尤其是匍匐枝懸鉤子、貝利懸鉤子、硬毛懸鉤子、恩斯倫懸鉤子以及尋常懸鉤子的果實均佳。已栽培出一些變種，特別是盧克雷蒂亞種。

Dewey, George 杜威（西元1837～1917年） 美國海軍名將。1858年畢業於海軍學院，南北戰爭期間在聯邦海軍中服役。1897年調到美國亞洲海軍中隊。1898年美西戰爭爆發，他從香港駛向菲律賓，在馬尼拉灣戰役中，不費一兵一卒擊敗了西班牙艦隊。由於他的勝利，美國攫取了菲律賓，把勢力擴展到西太平洋。1899年國會授予他海軍上將榮銜。

杜威
Brown Brothers

Dewey, John 杜威（西元1859～1952年） 美國哲學家、心理學家和教育家，是實用主義哲學派的創立者之一，也是實用心理學派的開路先鋒，並且是美國教育促進運動的領袖。1884年獲約翰·霍普金斯大學哲學博士學位。之後到密西根大學執教十餘年，然後轉往芝加哥大學任教。杜威受到霍爾和詹姆斯的影響，發展出一種知識工具論，認為思想是一種工具，用來解決所遭遇到的問題。相信用現代科學的實驗方法可望解決社會和倫理方面的問題，他還把這種觀點應用到民主和自由主義的研究上。他認爲民主提供機會給公民去做極大的實驗，並促進個人成長。教育方面最有名的著作是《學校與社會》（1899）、《孩子和課程》（1902），強調孩子的興趣，並用教室來從思考和體驗之間促進相互影響。他在芝加哥創建實驗學校來測試他的理論。杜威在心理學方面的工作集中在整個有機體努力去適應環境的問題。1904年杜威進哥倫比亞大學任哲學教授。1925年出版其經典之作《經驗和自然》。

Dewey, Melvil(le Louis Kossuth)　杜威（**西元1851～1931年**）　美國圖書館專家。1874年在阿默斯特學院畢業，留校任圖書館代理館長。1876年發表《圖書目錄分類法和分科索引及圖書館圖書的排列法》，文中概述了後來以「杜威十進分類法」而聞名的方法。1877年與人合辦《圖書館雜誌》，也是美國圖書館聯合會（1887）創立人之一。他還創辦第一所訓練圖書館館員的圖書館管理學校。1889～1906年任紐約州立圖書館主任，建立流動圖書館制度和開展圖片收集工作。杜威也和人合辦拼字改革協會（重拼了自己的名字。

Dewey, Thomas E(dmund)　杜威（**西元1902～1971年**）　美國檢察官和政治人物。1931年在紐約擔任助理檢察官，1937年當選地方法院檢察官。由於成功破獲有組織的犯罪案件而使他連任三屆紐約州州長（1943～1955），以政治觀點溫和，辦事效率高而著稱。1944年被提名爲共和黨總統候選人，但敗給羅斯福。1948年再度被提名，但意外敗給杜魯門。1955年退出政壇，但繼續擔任共和黨的行政顧問。

Dewey Decimal Classification　杜威十進分類法　亦作Dewey Decimal System。編制圖書館目錄的系統，根據這種系統把知識劃分爲十大類科，每一科配有一百個數碼。最後再細分爲十進位數，如英格蘭歷史放在942，斯圖亞特時期的歷史就放在942.06，英格蘭國協的歷史則在942.063。這種分類法是美國圖書館學家杜威於1873年第一次編製出來的。許多圖書館還加上一個圖書號碼，這號碼是從卡特或卡特－桑伯恩所編的著者號碼表中採用來的，它可進一步明確書的著者和類型。國會圖書館分類系統在近幾十年來已大部分取代杜威系統。

dextrose　右旋糖 ➠ glucose

Dezhnyov, Cape＊　傑日尼奧夫海角　俄語作Mys Deshneva。俄羅斯東北部楚科奇半島最東端的海角，隔白令海峽（參閱Bering Sea）與阿拉斯加的威爾斯王子角相望。

Dga'l-dan　噶爾丹（**西元1644?～1697年**）　亦拼作Galdan。蒙古人準噶爾部族的首領，他所征服的帝國西南達於西藏，東北達於俄羅斯的邊界。噶爾丹本是權勢強大之準噶爾部首領的幼子，曾被送往西藏培訓爲佛教的喇嘛。噶爾丹因兄長過世而有機會施展政治權力。他爲兄復仇後，並繼續征服了突厥斯坦東部和外蒙古。他率領軍隊朝北京進軍，但被清聖祖（康熙皇帝）親自率領、配備西洋火炮的八萬人部隊所擊敗。

Dge-lugs-pa　格魯派　亦拼作Gelukpa。即藏傳佛教的黃帽派，西藏自17世紀起最主要的宗教。格魯派於14世紀由宗喀巴（1357～1419）所創建。他的改革項目包括嚴守寺院戒律、獨身，並提高僧侶的教育水準。1578年格魯派位於拉薩之主要寺院領袖第一個接受了阿勒坦汗所贈之達賴喇嘛的頭銜；並在他的協助下，格魯派壓倒所謂的噶瑪派（即紅帽派）。格魯派統治西藏直到1950年中國共產黨接管爲止。該派現仍存在，但其多數成員（包括達賴喇嘛）仍流亡在外。

Dhaka　達卡　亦作Dacca。孟加拉首都，人口：城市3,839,000（1991）；都會區約6,501,000（1991）。其歷史可追溯到西元第一千紀，一直到17世紀成爲蒙兀兒帝國孟加拉省首府，地位才開始重要。1765年受英國人統治，1905～1912年被定爲東孟加拉和阿薩姆省首府。後來成爲東孟加拉省省會（1947）和東巴基斯坦首府（1956）。1971年在獨立戰爭期間受嚴重破壞，後成爲新獨立的孟加拉國的首都。包括河港納拉揚甘傑在內，達卡是全國主要的工業中心。歷史建築物包括寺廟、教堂和七百多座清眞寺（歷史可溯至15世紀）。

達卡市內的清真寺及購物中心
Frederic Ohringer from the Nancy Palmer Agency

Dhar＊　塔爾　印度中央邦西部城鎮，人口約59,000（1991）。坐落在溫迪亞山脈北坡。控制通往納爾默達河谷的山口。爲一古鎮，在中世紀的印度時，爲拉傑普特人的首府（西元9世紀到14世紀），14世紀時穆斯林征服之，屬蒙兀兒帝國管轄，1730年落入馬拉塔人手中。長久以來是文化和學術中心，其精美的歷史建築包括火柱清眞寺（1405），建立在耆那教廢墟上。

dharma　法　即達摩。印度教、佛教和耆那教名詞。其含義甚多：根據印度教義，法既是支配個人行爲的宗教倫理規範，也是處在不同等級、不同地位、不同人生階段的人應追求的人生四目的之一。佛教認爲，法是佛陀所揭示的適用於任何時代任何人的普遍原理和眞諦；法、佛陀和僧伽一起構成佛教信仰的要素三寶。在耆那教哲學中，法象徵道德和永恆的生命力量。

Dhiban　濟班 ➠ Dibon

dhow＊　阿拉伯三角帆船　紅海及印度洋上常見的獨桅或雙桅阿拉伯帆船。通常用斜三角帆，大型阿拉伯三角帆船的主帆遠大於後桅帆，船首呈尖形，船尾有的開有窗戶，並加裝飾。

Di Prima, Diane＊　狄・普利瑪（**西元1934年～**）美國詩人。生於紐約市，她在格林威治村安頓下來，並成爲敲打運動中獲得傑出成就的少數女性之一。1961年，她參與創辦了《漂浮的熊》，一份以知名敲打作家作品爲特色的月刊。她的作品集包括《新天堂手冊》（1963）、《爲弗雷迪寫的詩》（1966）、《大地之歌》（1968）、《時間之書》（1970）、《羅巴》（1978）以及《破碎的歌》（1990）。她還創辦了兩家專門出版年輕詩人作品的出版社。

diabase　輝綠岩　亦稱粒玄岩（dolerite）。爲細粒至中粒、深灰至黑色的侵入火成岩。非常堅硬結實，是做紀念碑的極好石料，爲商業上叫「黑花崗岩」的暗色岩石之一。分布廣泛，以岩脈、岩床和其他較小的淺成岩體產出。化學成分和礦物成分同玄武岩極爲類似，但稍粗，含有玻璃。

diabetes insipidus＊　尿崩症　一種內分泌系統疾病，特徵爲煩渴和大量排出低比重尿，病人的每日尿量可達4～5公升，嚴重者可至15公升。本病基本原因爲缺乏抗利尿素（後葉加壓素，能促進腎對水的重吸收和尿的生成過程進行調節），或其作用被阻斷。這種激素由下視丘產生。如果是因爲激素缺少而不是腎小管對這種激素沒有反應的話，可注射血管加壓素的生物製劑或化學合成製劑來治療。下視丘的病變也會造成尿崩症。

diabetes mellitus 糖尿病 一種碳水化合物代謝障礙的疾病，發病機制爲胰島素分泌不足或機體對胰島素的敏感性降低。胰島素在朗格漢斯氏島合成，是代謝葡萄糖所必需的。糖尿病的血糖濃度升高（高血糖；參閱glucose tolerance test），多餘的血糖隨尿液排出，而形成糖尿。症狀包括了症狀包括多尿、尿頻、口渴、疼癢、飢餓、消瘦、軟弱。分二型：幼年型（IDDM），一種自體免疫疾病，需注射胰島素治療。成年型（NIDDM），組織無法對胰島素發生作用，常與遺傳有關，可用限制飲食以控制病情。90%以上的病者都屬於NIDDM。本病不經治療可致酮症，血液內脂肪代謝產物－－酮體堆積、繼之發生酸中毒，致噁心、嘔吐。碳水化合物及脂肪代謝障礙，毒性產物堆積，引起糖尿病性昏迷。所有病例均應限制飲食，以達到及保持正常體重。並需限制碳水化合物及脂肪的攝入量，體內胰島素產生不足的患者應接受正規胰島素注射，成年型糖尿病患者一度普遍採用口服降血糖藥治療。併發症是造成死亡的重要因素，包括了心臟疾病、糖尿病性視網膜病（可致盲）、腎臟病、神經系統疾病（特別是腿和腳）。血糖濃度的控制並不一定是和併發症的發展有關，妊娠糖尿病可治癒。

diagenesis 成岩作用 沈積物在沈積之後，岩化作用之前，所發生的各種作用，特別是化學作用的總和。大多數沈積物都由礦物的混合物組成，所有礦物之間並不都處於化學平衡狀態，間隙水成分的改變，溫度的改變，或是兩者同時改變，往往都會導致其中一種或多種礦物發生化學變化。成岩作用被認爲是相對低溫、低壓的變化過程，而變質作用則被認爲是岩石在相對高溫、高壓下產生的變化過程。

Diaghilev, Sergey (Pavlovich)＊ 佳吉列夫（西元1872～1929年） 俄羅斯藝術促進者，俄羅斯芭蕾舞團的創始人。在聖彼得堡大學學習法律（1890～1896）後，與人共同創辦並編輯（1899～1904）前衛派雜誌《藝術世界》。他後來離開俄羅斯來到巴黎，開始創作俄羅斯的芭蕾舞和歌劇，普獲好評。1909年創立俄羅斯芭蕾舞團，該舞團把音樂、繪畫和戲劇等藝術概念和舞蹈形式結合起來，使芭蕾具有新的活力。專制、善變的性格領導舞團至其去世。佳吉列夫對20世紀的藝術有著深遠的影響。

佳吉列夫，約攝於1916年
By courtesy of the Dance Collection, the New York Public Library at Lincoln Center, Aster, Lenox and Tilden Foundations

diagnosis 診斷 對具體患者所患疾病（或特定生理狀態如妊娠）的原因、性質及程度進行判斷的過程。診斷包括：病史（包括家族史）、身體檢查和特殊檢查（如血液分析、影像診斷）。在找出一連串可能的原因後，再做進一步的檢查來排除或支持某些可能性使範圍更縮小。在收集病史、物理診斷體徵、特殊檢查證據和各項生化指標的過程中，最重要的是準確的觀察、正確的推理和認真的分析。誤診是常有的事，究其原因，多不是因爲證據有誤，而是由於分析失誤造成的。因爲疾病是一個不斷變化的過程，所以診斷也只能是在最大程度上與實際病情相近。

diagnostic imaging 影像診斷 亦稱醫學影像（medical imaging）。用電磁輻射影示人體內部結構，達到準確診斷目的。1895年起X射線就用來影示機體內部結構。如骨等密度較高的組織能吸收更多的X射線，所以在X光片上顯示出來的是較淡的區域。對比劑（又稱造影劑）可用來增加或減少機體對X射線的吸收量。不同的造影方法可以顯示特定的軟組織器官的X射線影像，實際上，人體任何部位的正常結構的生理功能紊亂都可以用X射線分析技術來檢查。X射線動態照相術可以記錄造影劑充盈或排空時的體內狀態。電腦軸向斷層攝影是透過電腦產生的3D影像來觀察通過聚焦X射線在人體內特定平面上的方法所獲取的人體深部結構影像的方法。隨著利用低量的更準確技術和其他造影術，使得曝露在X射線下的風險已逐漸減少。亦請參閱angiocardiography、angiography、nuclear medicine、positron emission tomography、ultrasound。

dial gauge 測定計 一些偏移形式的測量儀器，指示測量的物體偏離標準值的量。偏移通常以測量單位來表示，但是有些測定計只有偏移在特定範圍才會顯示。包括偏向指示器，由指針在刻度盤上轉向移動；擺動指示器，機械技術人員用來對中或對齊機械工具；比較器或目視儀表及氣動量計用來測定不同類型的孔。

dialect 方言 語言的變體。由一群人使用並具有詞彙、語法或發音方面的特徵，從而與另一群體使用的該語言的變體相區別。通常方言的發展是操同一語言的不同人群之間存在語言障礙的結果，這些障礙可能是地理的、社會的、政治的和經濟的。當語言的變體變得互相難以理解，這時方言就其本身條件來說就成爲語言，拉丁語就是這樣，它的不同變體演變成法語、西班牙語、義大利語等各種方言，都屬羅曼諸語言。

dialectical materialism 辯證唯物主義 一種以馬克思、恩格斯和後來的普列漢諾夫、列寧、史達林等人的著作研究現實的哲學方法，爲共產主義的正式哲學。認爲一切現象都是不以人的感覺爲轉移的客觀存在，現實可以歸納爲物質。馬克思和恩格斯認爲，唯物主義意味著可以感覺的物質世界有獨立於思想和精神的現實性。他們不否認思想或精神過程的現實性，但認爲觀念只是物質環境的產物或反應。他們的辯證法概念在很大程度上來自黑格爾。辯證法認爲事物都處在運動和變化中，是互相聯繫和互相影響的。強調人的認識是辯證發展的，是從社會實踐活動的進程中獲得的。人們只能通過他們同事物的實際接觸獲得對於事物的認識，形成與他們的實踐相符合的觀念；而且只有社會實踐才能檢驗觀念（從而檢驗眞理）是否符合實際。馬克思和恩格斯並沒有對辯證唯物主義作系統的闡述，他們主要是在論戰過程中表明了他們的哲學觀點。

dialysis 滲析法＊ 一種化學分離方法，利用通過半透膜微孔時擴散率的不同，分離懸浮的膠態（參閱colloid）粒子和溶於液體的離子或小分子的方法。用滲析法進行分離是個慢過程，快慢決定於粒子大小以及膠粒成分與凝晶質成分的擴散率；加熱和對帶電的凝晶質施加電場，都可以使過程加速。

dialysis 透析＊ 亦稱血液透析（hemodialysis）、腎透析（renal dialysis、kidney dialysis）。對腎功能衰竭的患者，將其血液自體內引出，用透析器（人工腎）淨化後再輸回體內的過程。在透析過程中，許多溶於血液中的物質（如尿素和無機鹽等）通過該膜進入另一側的無菌溶液中。但由於紅血球、白血球、血小板和蛋白質太大，不能通過此膜。人工腎通過透析可以控制血液的酸鹼平衡、血液中的水和各種可溶物質的含度。

diamagnetism 抗磁性 材料磁性的一種。當材料垂直於不均勻磁場放置時，磁場會從材料內部被部分地排斥出來。1778年布魯格曼斯最早在鉍和銻中觀測到這種磁性，法拉第將它定名爲抗磁性。所有物質都具有抗磁性，然而，某些材料的抗磁性或者被弱的磁吸引（順磁性）、或者被很強的磁吸引（鐵磁性）所掩蓋。抗磁性可以在具有對稱電子組態（如離子晶體和稀有氣體）而無永磁矩的物質中觀測到。抗磁性物質包括了鉍、銻、鈉、氯、金和汞。

diamond 金剛石；鑽石 一種由純碳組成的礦物，是已知天然存在的最硬的物質，也是最有價值的寶石。金剛石是因長時期受巨大的壓力和溫度而在地下深層形成的。在金剛石的原子結構中，整個晶體中的每個碳原子都與相鄰的四個距離相等的碳原子鍵合在一起。此種緊密結合的、密集的、牢固連接的晶體結構，使金剛石的性質與石墨（天然碳的另一種形式）大不相同。金剛石的顏色從無色到黑色的都有，而且可以是透明、半透明或不透明的。用作寶石的金剛石大多數是透明無色的，或是幾乎透明無色的。無色或淡藍色的金剛石價值最高，大多數寶石級金剛石都略帶黃色。金剛石由於極硬，所以具有許多重要的工業用途。大多數工業用金剛石呈灰色或棕色，並且是半透明或不透明的，但是質量較好的工業鑽石可逐漸過渡成爲低級的寶石。在象徵意義上，鑽石代表堅定的愛情，是四月的誕生石。

diamond cutting 鑽石的琢磨加工 鑽石雕琢技藝中的一個獨立的和專門的分支，包括五個基本步驟：標線、劈開、鋸開、粗磨和刻面。最流行的樣式是多面形琢型，是加工成帶有五十八個翻光面的圓形鑽石。簡單琢型只有十八個翻光面。除多面形琢型和簡單琢型外，其他任何形式的琢型都是高檔琢型，包括卵形琢型、祖母綠琢型、細長形琢型、心形琢型、梨形琢型和三角形琢型等。

Diamond Necklace, Affair of the 鑽石項鍊事件（西元1785年） 發生於法王路易十六世宮闈中的醜聞，在法國大革命前夕對法國君主制的聲譽造成嚴重打擊。女騙徒拉莫特伯爵夫人陰謀奪取一條極有價值的鑽石項鏈，並欺騙羅昂樞機主教說該項鏈是皇后瑪麗－安托瓦內特非常想擁有的，只要他買下來送給皇后必定會得到她的歡心。當事跡敗露，路易十六世將樞機主教逮捕入獄。在這次醜聞中樞機主教遭蠻橫逮捕，對其審判官所施加的壓力，以及後來對他的羞辱，均加深了人們關於國王軟弱和政府專制的印象。這次事件誠爲導致舊王朝崩解與法國大革命諸因素之一。

Diamond Sutra 金剛經 全名《金剛般若波羅蜜多經》(Diamond-Cutter Perfection of Wisdom Sutra)。大乘佛教經典。大概是十八部短篇般若經中最著名的一部經，廣泛流行於亞洲東部各國佛教界。其形式爲釋迦牟尼當僧眾和菩提薩埵（於未來成就佛果的修行者）之面答弟子問。此經漢文譯本於西元400年前後問世，即廣爲傳頌。《金剛經》闡述現象事物的空幻不實：「一切有爲法，如夢幻泡影，如露亦如電，應作如是觀。」

Dian, Lake 滇池 亦拼作Dian Chih、Tien Ch'ih。中國雲南省中部湖泊。滇池南北長約25哩（40公里），東西寬約8哩（13公里）。這個地區最早在西元前2世紀已有定居的農業民族。此地也是獨立的滇國中心地區，該國在西元前109年以後向漢朝稱臣納貢。

Diana 狄安娜 古羅馬宗教中的女神。司掌野獸與狩獵，兼管家畜。她是化育之神，因此，婦女祈求她保佑懷孕順產。她本來可能是原住民的叢林女神，後來與希臘女神阿提米絲混同爲一。人們又認爲狄安娜保佑低階層成員，特別是奴隸。在羅馬藝術作品中，狄安娜狀如獵女，佩有弓和箭袋，偕獵犬或鹿。

Diana, Princess of Wales 黛安娜（西元1961～1997年） 原名Diana Frances Spencer。威爾斯親王查理之前妻（1981～1996）。奧爾索普子爵史賓塞（後爲史賓塞伯爵）的女兒。與查理訂婚時是幼稚園老師，1981年7月29日與查理結婚，這場世紀婚禮曾全球電視轉播。二人婚後生有二子，威廉王子（1982）和哈利王子（1984）。她作爲王室成員受歡迎的程度無人能及，吸引了大批媒體的注意，成爲世界最出名的最常被拍攝的女人之一。黛安娜與查理的婚姻決裂後，二人於1992年分居，1996年離婚。離婚後，黛妃依舊是高知名度的公眾人物，並繼續進行她早先即已從事的許多慈善活動。1997年她在巴黎的一場車禍意外中身亡，同行的還有她的朋友法伊德（1955～1997）及司機。

Diane de France＊ 法蘭西的迪亞娜（西元1538～1619年） 後稱duchesse de Montmorency dt Angoulême。法國國王亨利二世的私生女，1547年被承認嫡出。1559年改嫁法國陸軍統帥蒙莫朗西的長子弗朗索瓦·德·蒙莫朗西（1530～1579）。在查理九世時代，她幫助丈夫成爲天主教政治派的領袖。1579年再次喪夫，但她對亨利三世的影響變得更大，1582年得到昂古萊姆公爵領地。她竭力使亨利三世與那瓦爾的亨利和解。那瓦爾的亨利成爲國王（即亨利四世）後，對她抱有好感。她聰明、美麗而有教養，透過她遺留下來的書信，可以看出她是一個十分溫厚而又勇敢的女人。

Diane de Poitiers＊ 普瓦捷的迪亞娜（西元1499～1566年） 後稱duchesse de Valentinois。法國國王亨利二世的情婦。最初在宮中給法蘭西斯一世的母后和王后當侍女。1531年起，比她小二十歲的王子亨利（當時爲奧爾良公爵）狂熱地愛上了她，於是她成爲亨利的情婦。亨利在位期間，她始終控制宮廷，使王后卡特琳處於默默無聞的地位。她美麗、活潑而有教養，是詩人（如龍薩）和許多藝術家的朋友和贊助者。

Dianetics 戴尼提 ➠ Scientology

dianthus 石竹 ➠ Caryophyllaceae

diaphragm＊ 膈 哺乳動物體內分隔胸腔和腹腔的由肌肉和膜組成的穹窿形結構。是主要的呼吸肌肉。膈在一些逼出動作中亦起重要作用，這些動作如咳嗽、噴嚏、嘔吐、哭泣、排除糞尿、分娩胎兒等。有許多結構從膈穿過，主要是食道、主動脈和下腔靜脈。偶爾可罹患膈疝。膈肌的痙攣性吸氣動作會產生特殊的聲響，如打呃。

Diarmaid Macmurchada＊ 德莫特（卒於西元1171年） 亦作Dermot Macmurrough。愛爾蘭的倫斯特國王（1126～1171）。他面臨多名敵對者爭奪其父的王位，爲樹立威信，將十七個反叛首領殺死或刺瞎雙目（1141）。1153年因誘拐另一個愛爾蘭王的妻子，因而與其結下深仇，1166年被逐出愛爾蘭。次年德莫特帶領一群盎格魯－諾曼人（包括潘布魯克伯爵）回倫斯特建立據點。1170年攻克都柏林，後將女兒嫁給潘布魯克。他死後，由潘布魯克繼續統治倫斯特。德莫特向諾曼人求援埋下內部不和的種子，後來證明有助於諾曼人征服愛爾蘭。

diarrhea＊ 腹瀉 一種大便稀薄的症狀，因食物殘渣異常迅速地通過大腸所致。發作時可伴以絞痛。病因甚多，如阿米巴性或細菌性痢疾、進食粗糙食物或厚味食物、大量飲酒、中毒（包括食物中毒）、藥物反應、格雷夫斯氏病和精神官能症患者等。症狀較輕的可用次水楊酸鉍治療，嚴重時要補充體液和電解質。在開發中國家旅行，約一半的人會罹患旅行者腹瀉。預防的方法有：服用次水楊酸鉍錠、只飲用瓶裝或罐裝飲料、食用要去皮的水果和罐頭食品、在餐廳食用熱騰騰的食物。嚴重時可服用抗生素。當極度營養不良時，腹瀉也會致命，是未開發國家每年造成數十萬人死亡的原因。

diary 日記 亦作journal。一種自傳性文體，爲作者平常對自己的活動和感想的記錄。日記主要供作者本人回憶往事使用，它不同於出版的書籍，文字簡單明瞭。日記盛行於開始強調個人重要性的文藝復興末期，對記載社會、政治歷史有極其重要的作用。丕普斯是最著名的英語日記作家，其他還有伊夫林、斯威夫特、柏尼、包斯威爾、紀德和吳爾芙。

Dias, Bartolomeu＊ 迪亞斯（西元約1450～1500年） 亦作Bartholomew Diaz。葡萄牙航海家和探險家。1847年率領探險隊沿非洲西海岸南航，成爲第一個繞過好望角（1488）的歐洲人，從而開闢了由歐洲到亞洲的海路。他後來在卡布拉爾指揮的探險隊中擔任船長。船隊深入西大西洋，發現巴西大陸，卻把它當作海島。抵達好望角時，發覺迪亞斯在大海中失蹤。

Diaspora, Jewish＊ 海外猶太人 指以色列以外，散居世界各地的猶太人。根據一般了解，以色列國土與猶太民族之間有特殊關係，因此，此詞除了具體指猶太人的離散之外，還具有宗教教義、哲學、政治和末世論上的含義。大多數支持猶太復國主義，希望回到以色列。而改革派猶太人仍然普遍認爲，猶太人留在美國和其他各地符合上帝的旨意。在經歷了大屠殺後，贊成立國的人們明顯地增加。西元前586年，猶太人被巴比倫人逐出故土，這是第一次重大的外流（參閱Babylonian Exile）。在西元前1世紀，北非亞歷山大里亞40%的居民是猶太人，他們是歷史上人數最多，最受人注意而且在文化上最富於創造性的海外猶太人社群。在西元70年耶路撒冷城被毀之前，海外猶太人大大多於巴勒斯坦猶太人。今天，全世界猶太人約有一千四百萬，其中約四百萬人在以色列國，四百五十萬人在美國，兩百二十多萬人在俄羅斯，烏克蘭及其他前蘇聯的共和國中。

diastrophism＊ 地殼變動 亦稱大地構造作用（tectonism）。指由各種自然作用所引起的地殼的大規模變形，導致形成大陸和大洋盆地、山系和裂谷，並指由岩石圈板塊運動（參閱plate tectonics）、火山堆積重荷或褶皺作用之類機理所引起的其他各種現象。對地殼變動或各種大地構造過程的研究，是地質學界和地球物理學界的一項統一的中心運動。

diathermy＊ 透熱療法 一種利用高頻電流給深部組織加熱的物理療法。有短波透熱療法、超聲透熱療法和微波透熱療法三種。根據產熱量的不同，透熱療法可用以使組織保持溫熱（對減輕肌肉疼痛和治療扭傷特別有效）或給組織造成破壞（作爲手術的輔助手段，通過熱凝防止大量出血並熔封受傷組織）。在眼外科和神經外科特別有效，又用於治療背痛、去除疣和痣、促使細菌感染的組織恢復並使炎症局限。

diatom＊ 矽藻 矽藻門藻類，一個浮游生物大類群，約一萬六千種，單細胞或群體。分布於世界的各種水體。其矽化的細胞壁形成小盒子似的殼體，上有許多複雜細緻的花紋，可用於檢驗顯微鏡的分辨力。這個殼體形狀對稱，花紋美麗，故有「海洋寶石」之稱。矽藻是許多動物直接或間接的食物。矽藻土爲矽藻化石組成，用作過濾劑、絕熱材料、研磨料、油漆充填劑、清漆原料等。

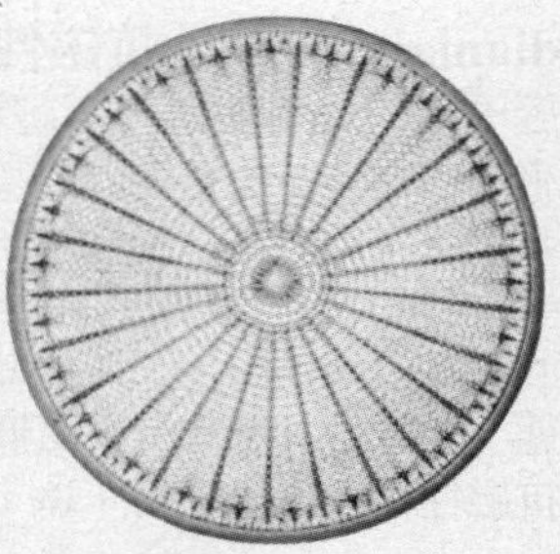

矽藻（放大圖）
Eric Grave – Photo Researchers

diatomaceous earth＊ 矽藻土 亦稱kieselguhr。由矽藻（極其微小的單細胞水生植物）的矽質殼組成的淺色、多孔和易碎的沈積岩。用於所有的工業過濾工作，包括油類、酒精飲料和非酒精飲料、抗菌素、溶劑和化學製品的加工處理。第二個主要的用途是作爲紙、油漆、磚、瓦、陶瓷、油氈、塑膠、肥皂、洗滌劑和大量的其他產品的塡充劑或增量劑。還用於鍋爐、鼓風爐的絕緣和其他保持高溫的裝置。最古老的和最爲人所熟知的商業用途是作爲金屬拋光劑和牙膏中的一種十分柔軟的磨料。在美國的加州、內華達州、華盛頓州和奧瑞岡州有大片的礦床，其他生產矽藻土的國家還有丹麥、法國、俄羅斯和阿爾及利亞。

Díaz, Porfirio＊ 迪亞斯（西元1830～1915年） 墨西哥軍人、總統（1877～1880, 1884～1911）。印歐混血種的梅斯蒂索人，出身寒微。在接受教士訓練後，1846年參軍，開始軍旅生涯。當胡亞雷斯當選總統，他發動了一次不成功的抗議活動。在領導兩次暴動後，在1877年當選總統，在任職期間鞏固了政權，建立起強大的政權運作核心。他採取極權手段統一全國，摧毀了地方勢力。他熱心鼓勵外國人投資。但由於投資條件對外國人過於優越，從而損害了墨西哥產業界和工人的利益。由於墨西哥的經濟衰落，農業工人陷入極度貧困的狀態。故於1910年爆發墨西哥革命，結束了他的獨裁，他的政策亦被撤換。

迪亞斯
By courtesy of the Library of Congress, Washington, D. C.

Dibdin, Charles 迪布丁（西元1745～1814年） 英國作曲家、小說家和演員。教堂詩班團員，迪布丁十五歲就任職一家音樂出版商行，1762年開始舞台生涯。《牧羊人的巧計》（1764）是他的第一部輕歌劇。1778年成爲柯芬園皇家歌劇院作曲家，創作了八部歌劇，包括《掛鎖》（1768）、《船工》（1774）及《貴格會教徒》（1775）等。後來還製作了民謠歌劇《自由大廳》。在名爲「餐桌娛樂」的獨角戲中，他是作者、演唱者又是伴奏者。大部分海洋歌曲都是爲獨角戲而作。共寫各類音樂戲劇近一百部，歌曲約一千四百首。是18世紀英國最受歡迎的作曲家。

Dibon＊ 底本 今名濟班（Dhiban）。巴勒斯坦古城。古代摩押的首都，在約旦阿西邁省阿爾農河以北。1950年開始發掘，發現幾處城牆，一座方堡和大量建築物的遺址。有從青銅早期時代（西元前3200?～西元前2300?年）至阿拉伯早期時代（約西元7世紀）的陶器。1868年發現的所謂「摩押刻石」是一個重大的發現，上面刻有約西元前9世紀摩押王米沙的銘文，共三十四行，爲紀念戰勝以色列人而作。

dice 骰子 供賭博和遊戲用的小立方體，每一面標上了從1～6這六個數的小點子。骰子從手裡或骰子盒裡隨機擲出，停後正面上的點數的組合按比賽規則定勝、負、再擲或換莊。在許多棋盤遊戲中，常用擲骰子來決定玩者的移動。骰子可以回溯到史前時代，原始人用骰子占卜凶吉，以後才用於賭博。今日，骰子多與機會遊戲有關，如克拉普斯。

dickcissel＊ 美洲斯皮札雀 雀科鳥類，學名Spiza americana。雄鳥褐色，有條紋，體長16公分，胸黃色，有一小片圍涎狀黑色羽毛，形似微型的草地鷚。食種子。在美國中部雜草叢生的原野中繁殖，在南美洲北部越冬，有一些在冬天迷路到美國的大西洋沿岸。

美洲斯皮札雀
Thase Daniel

Dickens, Charles (John Huffam) 狄更斯（西元1812～1870年） 英國小說家，普遍被視爲維多利亞時代最偉大的小說家。當他擔任伙計的父親因債務而入獄時，狄更斯被迫輟學而到工廠工作。年輕時從事記者工作。他的創作生涯始於重印的短篇文集《「博茲」特寫集》（1836）。喜劇小說《匹克威克外傳》（1837）使他成爲當時最受歡迎的英國作家。隨後是《孤雛淚》（1838）、《尼古拉斯・尼克爾貝》（1839）、《老古董店》（1841）、《巴納比・拉奇》（1841）。他到美國旅行後，在數週內寫下《聖誕頌歌》（1843），接著是《馬丁・朱述爾維特》（1844）。從《董貝父子》（1848）開始，他的小說表現出對維多利亞工業社會罪惡的高度不安，而在半自傳作品《塊肉餘生記》（1850）和《荒涼山莊》（1853）、《艱苦時代》（1854）、《小杜麗》（1857）、《遠大前程》（1861）、《我們共同的朋友》（1865）中變得更爲強烈。《雙城記》（1859）出現於他極受讀者歡迎的時期。《埃德溫・德魯德》（1870）沒有完成。狄更斯的作品特徵是：攻擊社會罪惡及不足的設施、對倫敦的全面知曉、悲天憫人、令人毛骨悚然的筆觸、仁慈與親切的心胸、源源不絕的人物創造力、角色特有的說辭、高度個人化及獨創的散文風格。

Dickey, James (Lafayette) 迪基（西元1923～1997年） 美國詩人、小說家及評論家。第二次世界大戰期間擔任美國空軍的戰鬥轟炸機駕駛員，戰後在范德比爾特大學取得學位。他的詩集：《進入石中》（1960）、《一起溺斃》（1962）、《盔》（1964）、《男舞者的選擇》（1965）和《黃道帶》（1976），綜合了自然神祕主義、宗教和歷史等主題。以小說《解救》（1970）成名。

Dickinson, Emily (Elizabeth) 狄瑾蓀（西元1830～1886年） 美國詩人，世界抒情短詩的大師之一。祖父是阿默斯特學院的創辦人之一。父親是位受尊敬的律師，曾擔任一屆國會議員。狄瑾蓀曾在阿默斯特學院和曼荷蓮女子神學院求學。終其一生幾乎都隱居在家鄉阿默斯特。1850年代開始寫作；到1860年代，開始在文字與韻律方面有了創新。她常用的詩體是四行詩抑揚格，也常用其他形式，她甚至把最簡單的聖詩的節奏予以變更，以表達自己的思想。她的警句簡練，沒有多餘的辭藻，而是生動、準確。她的詩用平凡親切的詞句描寫了愛情和死亡、自然。她的安靜隱居的家庭生活和她的詩作中深沈和強烈的詞句所形成的對比，引起人們猜測她的性格和她與別人之間的個人關係。1870年後她在家只穿白色服裝，很少會客。遺留下來的一千七百七十五首詩，生前僅發表了七首。去世後的出版品，使她的聲望和讀者大爲增加。1955年她的作品全部出版，從此普遍被視爲美國最偉大的前兩位或前三位詩人之一。

Dickinson, John 迪金森（西元1732～1808年） 美國政治人物。1765年代表賓夕法尼亞州參加「印花稅大會」，並起草會議宣言。因發表《賓夕法尼亞州一農民致英國殖民地人民書》馳名，這封信幫助輿論轉向反對1767年的《湯森條例》。身爲「大陸會議」的代表，曾參加起草《邦聯條例》。但他主張與英和解，故投票反對《獨立宣言》。1787年代表德拉瓦州參加聯邦制憲會議，簽署美國憲法。賓夕法尼亞州卡萊爾的迪金森學院以他的姓氏命名。

dicot ➠ cotyledon

dictator 獨裁官 羅馬共和國中握有非常時期權力的臨時官吏。執政官提名，元老院保舉，由庫里亞大會（人民會議）批准。任期六個月。執政官和其他官吏必須聽從獨裁官的命令。西元前3世紀獨裁官權力一再受到限制，西元前202年以後廢除此職。共和國末年蘇拉、凱撒曾獲得獨裁權，但與獨裁官不同。凱撒在被暗殺前不久才獲得終身的獨裁權。

dictatorship 獨裁 一種由個人或寡頭政治擁有絕對權力而無有效的憲法制約的政體形式。獨裁政體和立憲民主制是今日全世界各國使用的兩種主要的政體形式。在19世紀的拉丁美洲，一些不久以前脫離西班牙殖民統治的新國家中的有效的中央政權崩潰以後，各種各樣的獨裁者上台。這些領導人，或自封的領袖，通常是領導一支私人的軍隊，而且試圖控制一個地區，然後向衰弱的全國政府進軍。20世紀後期的拉丁美洲獨裁者則是全國性的領導人而不是地區性的領導人，而且往往是由民族主義的軍官們推他們上台執政的，例如阿根廷的庇隆。他們通常與某個特定的社會階層聯繫在一起，而且試圖或者維持富人和特權人士的利益，或者實行影響深遠的左派社會改革。20世紀前半期歐洲的共產黨和法西斯黨的獨裁，它們最重要的共同點就是把國家和一個唯一的群眾政黨視爲一體，而且把政黨同它的神奇領袖視爲一體，利用一種官方的意識形態來維持政權和使之合法化，使用恐怖和宣傳的手段壓制不同意見和鎮壓反對派。殖民統治後的非洲和亞洲獨裁者常常在發動軍事政變後，以建立一黨統治來穩固其權力。

dictionary 詞典 按順序列出詞語並附有釋義的工具書，通常是按字母順序排列的。除了基本的釋詞功能，還可能提供諸如發音、語法形態及功能、詞源、句法特徵、不同的拼法、慣用縮略語，以及同義詞與反義詞等方面的訊息。希臘人在西元1世紀編纂詞典來說明廢字豐富的文學歷史。歐洲有許多的語言緊密地並列在一起，因此自中世紀早期起就出現了許多雙語或多語詞典。編纂英語詞典的這場運動，部分原因是受到讓更多人具有讀寫能力這一願望的激發，使得一般大眾也能讀《聖經》；部分原因是受過教育的人士有一種挫折感，覺得英語的拼寫沒有規則。第一本純英語詞典是羅伯特・考德雷編的《單詞表》（1604），收錄了約三千個單詞。1746～1947年間，約翰生從事一項到當時爲止規模最爲龐大的英語詞典編纂工作，共收錄四萬三千五百個英語單詞。韋伯斯特意識到語言內部有變化和變異，促使他在19世紀初編纂了美國英語詞典。《牛津英語詞典》於19世紀末開始編纂。詞典的級別有很大差異，多用途的詞典則最爲常見。像《牛津英語詞典》這樣的學術性詞典則更爲詳盡，包括極完備的詞源方面資料及廢字。專業詞典則適用於狹小的知識領域，但內容還是按字母順序排列的。

Diderot, Denis＊ 狄德羅（西元1713～1784年） 法國文學家和哲學家。受業於耶穌會士，後來獲巴黎大學文科碩士學位。1745～1772年間編纂三十五卷的《百科全書》，爲啓蒙運動時期的重要作品。他的影響深遠的重要著作有：

《給聾啞人的書簡》（1751）討論語言的功能；和《對自然的解釋》（1754）被譽為是探索18世紀哲學的方法，首部偉大的藝術評論作品《畫論》（1765）。他的小說作品有《修女》（1760）、《拉摩的侄兒》（1761～1774）；他還寫了一些劇本和戲劇理論的著作。亦請參閱Alembert, Jean Le Rond d'。

狄德羅，油畫，范洛（Louis-Michel van Loo）繪於1767年；現藏巴黎羅浮宮
Giraudon – Art Resource

Didion, Joan　狄狄恩（西元1934年～）　美國小說家暨評論家。生於加州沙加緬度，1956年畢業於加州大學柏克萊分校，1956～1963為《風尚》雜誌工作。她的作品探索個人的混亂與社會的動盪。第一部小說《奔流》於1963年出版；後來的小說包括《照它的樣子玩》（1970）、《一般祈禱者之書》（1977）、《民主》（1984）以及《他最不想要的東西》（1996）。論文集包括《懶散的朝向伯利恆》（1968）與《白色專輯》（1979）。她與丈夫杜恩一同合寫了許多劇本，包括《巨星的誕生》（1976）。

Dido＊　狄多　希臘傳說中迦太基著名的建國者。她丈夫被殺後，逃往非洲海岸，從當地酋長雅爾巴斯手中買到一塊土地，在那裡建立了迦太基城。城市迅速繁榮起來，後來為了逃避雅爾巴斯的求婚，她便堆築起一高柴堆，當衆用匕首自盡。維吉爾在詩中則把她說成是埃涅阿斯的同時代人，埃涅阿斯的子孫建立羅馬。埃涅阿斯在非洲登陸後，狄多愛上了他。維吉爾把她的自殺歸因於埃涅阿斯奉朱比特之命拋棄了她。人們把狄多看成是迦太基城的保護女神塔妮特。

Didot family＊　迪多家族　法國家族，從事印刷、出版事業。在法國印刷史上具有深遠的影響。創業者弗朗索瓦（1689～1757）於1713年在巴黎開始經營印刷廠和書店。接著三代子孫把事業搞的有聲有色，持續到19世紀。弗朗索瓦的長子弗朗索瓦－昂布魯瓦茲（1730～1804）改進活字設計，發明72點制標準排字計量單位，這項發明沿用至今。他的兒子皮埃爾（1761～1853）和菲爾曼（1765?～1836）分別負責印刷廠和鑄字廠。皮埃爾出版了維吉爾、賀拉斯、拉封丹、拉辛等人的名著；菲爾曼設計迪多活字並發明鉛版，從而降低書價，大量出版了法文、義大利文和英文的書籍。弗朗索瓦的幼子皮埃爾－弗朗索瓦（1731?～1793）從事鑄字業、出版業和造紙業。他的三個兒子和菲爾曼的三個兒子都活躍於家族事業。

Didrikson, Babe ➡ Zaharias, Babe Didrikson

Didyma＊　狄杜瑪　古神殿和阿波羅神諭所的遺址，位於今土耳其米利都以南。西元前494年左右被波斯人劫掠和焚毀，亞歷山大大帝征服米利都（西元前334年）之後，神諭所再度受到尊崇。西元前300年左右，米利都人開始修建一座新神殿但未完成，20世紀初期發掘出全部未竣工的新神殿以及早期神殿和雕像的一些殘部。

die　模具　賦予材料所需形狀或表面粗糙度的工具或裝置。例如拉拔或擠壓金屬（或塑膠）的孔模，加壓使錢幣或徽章上產生圖案的淬火鋼模，以及擠壓金屬或塑膠的空心模。現代的工模具製作出現要追溯到1780年在法國聖卡蒂埃兵工廠工作的洪諾留・勃朗的發明，他的技術被美國發明家伊利・惠特尼和其他人改進及擴大，他們在為美國陸軍大量生產軍火時使用模具和夾具。

Die Brücke ➡ Brücke, Die

die casting　壓鑄　在壓力下將熔融金屬壓注到鑄模中使金屬物體成形。壓鑄技術早期的重要用途是用於生產梅爾甘塔勒萊諾鑄排機的成行字母組合（1884）。直到大量生產汽車裝配線的出現，才給予壓鑄技術眞正的推動力。壓鑄能得到高精度鑄件，其產品範圍從小型縫紉機零件、汽車汽化器到鋁合金發動機組鑄件。

die making ➡ tool and die making

Diebenkorn, Richard＊　狄本孔（西元1922～1993年）　美國畫家。完成史丹福大學學業之後，在卡拉爾茨執教（1947～1950），在畫家斯蒂爾及羅思科的影響下，他在卡拉爾茨發展出一種抽象的風格。到1950年代中期，他已經獲得某種商業上的成功，卻轉向一種表現主義的象徵風格。他創作熟練的人物畫、靜物、風景，以及存在於現代主義者傳統中的內在心靈。終其生涯，交替於具象與抽象之間。他最知名的作品就是《海洋公園》系列，始於1960年代，包括一百四十多幅大型抽象畫作，其中還是保留了風景的暗示。

Diefenbaker, John G(eorge)＊　迪芬貝克（西元1895～1979年）　加拿大總理（1957～1963）。在第一次世界大戰中服兵役，後在薩斯喀徹溫省當律師。1929年為皇家律師。1936年當選為薩斯喀徹溫省保守黨領袖。1940年當選為加拿大衆議員，後成為進步保守黨領袖（1956～1967），1957年任總理。1963年他領導的黨不再是衆議院的多數黨。1969～1979年任薩斯喀徹溫大學校長。

dielectric＊　電介質　電絕緣材料或不良導體。電介質與金屬不同。它沒有束縛得很鬆的或自由的電子，所以沒有電流流動。但可以產生電極化，即電介質內的正電荷順電場方向、負電荷逆電場方向作微小的位移。電荷的這種微小分離或極化，使電介質內的電場減弱。電介質包括了玻璃、塑膠和陶瓷。

Diemen, Anthony van＊　范迪門（西元1593～1645年）　荷蘭殖民地行政官員，他鞏固了荷蘭帝國在遠東的殖民地統治。加入荷屬東印度公司，1618年起在巴達維亞工作，後成為荷屬東印度殖民地總督（1636～1645）。他壟斷了摩鹿加群島的香料貿易，征服錫蘭的肉桂產地，取得了葡萄牙人在印度與中國間商路上的主要據點麻六甲（1641）。1642年荷蘭人趕走西班牙人，占領了整個台灣。在范迪門的總督任期結束時，尼德蘭聯合省已經成為在東印度群島商事和政治的無上權威。范迪門還發起了塔斯曼（1642）和菲斯海爾（1644）兩次探險遠征。

Dien Bien Phu, Battle of＊　奠邊府戰役（西元1953～1954年）　第一次印度支那戰爭（1946～1954）中的決定性會戰。法國軍隊為了切斷越盟的供應線和保持進攻敵軍的據點，1953年底占領了奠邊府城。後來，越盟以四萬兵力包圍奠邊府，並用重炮粉碎法國的防線。儘管法軍得到美國的支援，奠邊府終於在1954年5月7日被越盟攻下。

Dieppe＊　迪耶普　法國北部城鎮和海港。位於巴黎西北，臨英吉利海峽。法國國王意識到該城的戰略重要性，曾授予它許多特權。1668年近萬人死於瘟疫。1694年城鎮幾乎全部被英、荷炮艦轟毀。第二次世界大戰盟軍突擊隊曾企圖在此登陸但不成功（1942）。現迪耶普港為英吉利海峽最安全港口之一，然因水淺難於通現代航運。其漁港為巴黎市場主要供應者之一。建有設備良好的商業港。人口36,600（1990）。

Dies, Martin, Jr.＊ 戴斯（西元1901～1972年） 美國政治人物。眾議院非美活動調查委員會發起人和第一任主席（1938～1945和1953～1959）。原本支持羅斯福的「新政」，但到1937年，他轉而反對它。1938年成爲非美活動調查委員會（「戴斯委員會」）主席，專門進行反共活動。保守派爲他使「顛覆活動」曝光的做法極表讚揚，自由派則稱他這種中傷名譽的方法是欲加之罪。

Diesel, Rudolf Christian Karl 狄塞耳（西元1858～1913年） 德國熱機工程師。1890年代他發明的內燃機就是以他的名字命名。他製作了一系列日益成功的模型，1897年展示的25馬力，4衝程，單缸立式壓縮柴油引擎達到了頂點。柴油引擎的高效率以及較簡單的設計圖樣，使它立即在商業上獲得成功。

diesel engine 柴油引擎 內燃機的一種，其中被壓縮至足夠高溫的空氣，將噴射至汽缸內的燃料點燃，燃氣在汽缸中燃燒同時膨脹推動活塞（參閱piston and cylinder）。柴油引擎將儲存在燃料中的化學能轉換成機械能，可用作貨車、牽引機、機車和船舶的動力。柴油引擎與其他內燃機（如汽油發動機）的區別在於：後者是將空氣和汽化或氣態燃料的易燃混合物引入汽缸並適度壓縮後用電火花點火，而前者不使用點火系統，所以常稱爲壓縮點火發動機。柴油引擎的燃料是等級且未精煉的。它的缺點是初始費用高和單位馬力重量較大，造成空氣污染、運轉噪音和振動等。

Diet 日本國會 亦稱帝國國會（1889～1947）。係日本國家立法機構。依據1889年明治憲法，帝國議會由權力相等之兩院組成，上院稱貴族院，下院稱眾議院。其權力在許多方面主要屬否定性的：它可以反對立法和通過預算。基於1947年憲法，帝國議會改稱國會，國會仍保留兩院型態，設眾議院與參議院，後者取代昔日之貴族院。參議員有250人（100名由全國普選產生，另152名由各縣選出爲代表者），眾議院476人。首相由下院多數黨領袖擔任。

Diet of Worms ➠ Worms, Diet of

dietary fiber ➠ fiber, dietary

dieting 節食 爲改善身體狀況，特別是爲減肥而控制食物的攝取。例如用來減肥的低脂節食、低飽和脂肪和膽固醇節食以預防或治療冠狀動脈疾病、高醣和蛋白質節食以改善肌肉。根據脂肪、醣類和蛋白質不同的需求來減少卡路里的吸收，剛開始會減少一些重量，但常常在幾年後體重又回升。節食除了要注意營養外，還必須有效的配合運動。抑制食欲可能會導致危險的後果。過度的節食可能是神經性厭食的癥兆。

Dietrich, Marlene＊ 瑪琳黛德麗（西元1901～1992年） 原名Marie Magdalene von Losch。德國電影女演員和歌手。1922年加入戲劇導演賴恩哈特的劇團後，參與德國電影的演出，她在斯登堡導演的影片《藍天使》（1930）中飾演性感而厭世的夜總會藝人洛拉－洛拉，一舉確立了她的影星地位。斯登堡把她帶到美國，兩人合作了《摩洛哥》（1930）、《上海快車》（1932）、《玉闕英雄》（1934）和《女人禍水》（1935）等。她那飽經世故、嬌媚倦怠的神情，使她成爲所有影星中最富有魅力的影星之一。第二次世界大戰期間曾爲盟軍軍隊作了五百多場勞軍表演。後來還演了《碧血煙花》（1939）、《國外豔事》（1948）、《控方證人》（1957）和《情婦》（1958）等片。1960年代還在夜總會演出，她的招牌歌曲是〈再陷情網〉。

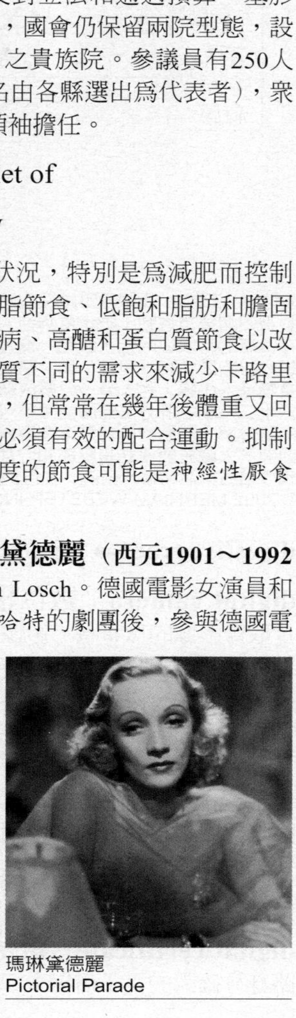
瑪琳黛德麗
Pictorial Parade

Dietz, Howard＊ 迪茨（西元1896～1983年） 美國流行作詞者。畢業於哥倫比亞大學後，進入一廣告公司，在那裡他爲高德溫製片廠（後來的米高梅影片公司）設計了「吼獅」商標。1919年轉入高德溫電影製片廠，不久任廣告宣傳部主任，擔任該職至1957年退休爲止。1923年開始在業餘時間寫歌詞，1929年他與作曲家施瓦茨（1900～1984）合作，兩人以音樂諷刺劇《小戲》成名後，他的才華才得到承認。兩人繼續合作。寫出通俗的百老匯音樂劇和諷刺劇，如《三人成群》（1930）《樂隊車》（1931）、《大獲全勝》（1932）、《以音樂復仇》（1934）、《戶外家庭招待會》（1935）、《美國內幕》（1941）和《快樂的生活》（1961）等。他一共寫了五百多首歌。

Dievs＊ 迪夫斯 波羅的海地區宗教所崇奉的天神。他和命運女神萊馬共同決定人的命運和世間秩序。據基督教傳入以前的波羅的人史料記載，迪夫斯原是鐵器時代波羅的人之王，住在天上農莊。他著銀袍，佩帶飾物和劍，有時騎馬或駕車來到人間，照撫農人，保佑莊稼和家屋。他向太陽女神少勒求婚，婚後生有二子，稱爲天上孿生子，一說即晨星與昏星。現代波羅的人用迪夫斯指基督教的上帝。

Diez, Friedrich Christian＊ 迪茨（西元1794～1876年） 德國語言學家。他最先對羅曼語進行了重要的分析，從而創立了比較語言學的一個重要分支。迪茨以研究普羅旺斯文學開始其學者生涯，1822年起直去世一直在波昂大學教文學。他致力於羅曼語的全面研究，完成兩巨著，即三卷本《羅曼族語語法》（1836～1844）和兩卷本《羅曼族語詞源詞典》（1853），其成就可媲美博普與格林。

difference equation 差分方程式 包含離散變量函數相繼值之間差分的數學等式。離散變量是指這樣的變量，它們是人們規定的或感興趣的一些相差爲常數（通常爲1）的數值。例如，$f(x+1)=xf(x)$ 是差分方程式。解決這類方程式的辦法和一般解決線性微分方程式的方法類似，其差分方程式常使用近似值。

differential 微分 數學中基於函數導數的一種表達式，用以逼近函數的某些值。函數在點x_0的導數，記爲$f'(x_0)$，定義爲當$\triangle x$趨向於0時，差商$\triangle y/\triangle x$的極限，其中$\triangle y=f(x_0+\triangle x)-f(x_0)$，由於導數用極限定義，$\triangle x$愈接近0，差商就愈接近於導數，因此，當$\triangle x$很小時，$\triangle y \fallingdotseq f'(x_0)\triangle x$。

differential calculus 微分學 數學分析的分支，由牛頓與萊布尼茲發明，要找出函數的變化率相對於其相關變數。微分學包含計算導數並用來解析非定量變化率的問題。典型的應用包括找出函數的最大值與最小值，來解決最佳化的實務問題。

differential equation 微分方程式 含有一個或多個導數的方程式。導數表示連續變動量之變化率，這方程式表示這些變化率之間的關係。在物理、工程及其他「定量研究」之領域內最常習見微分方程式。一個微分方程式的解是一個表示某一變量同另一個或多個變量間的函數關係的代數式。此一代數式通常含有原微分方程式所無的常量。微分方程式可分成幾類，其中最重要的是常微分方程式與偏微分方程式。當所給微分方程式之解函數只與一變數有關（此函數之導數爲常導數），稱此方程式爲常微分方程式。當所給方程式之解函數涉及多個獨立變數（自變數）（此函數之導數爲偏導數），稱此方程式爲偏微分方程式。

differential gear 差速齒輪 機動車輛機械學中，能將引擎產生之動力轉至一對驅動輪上之齒輪裝置，其動力平分於二驅動輪上，但於轉彎或於路面不平時，二驅動輪所經之路線長度可不同。直線進行時，二輪轉速相同；轉彎時，外輪所經路線較長，在無阻礙情形下轉速較內輪爲快。自動差速齒輪於1827年發明，原用於蒸汽機車，當內燃機問世後，此種齒輪才廣爲使用。

differential geometry 微分幾何 把微積分用於幾何的一個數學領域。這一類型的幾何稱爲「局部的」，因爲它主要是討論一點附近的限定區域內的性質。微分幾何方法的簡單例子是在一平面曲線上某點處求切線。其步驟等同於在所有通過該點的直線中選擇一條直線，使它的斜率與曲線在該點處的斜率相同。利用解析幾何的方法可寫出曲線的代數方程式和通過曲線上要求的點及其任何鄰近的點的直線代數方程式。利用微積分的方法可找出具有所要求的斜率的直線。同樣的操作可施行於曲線的曲率和弧長的計算以及在任何維空間中曲面的類似性質的計算。

differential operator 微分算子 數學上，應用於函數的導數組合。形式是導數的多項式，像是 $D^2_{xx} - D^2_{xy} \bullet D^2_{yx}$ ，此處D^2是二階導數，下標符號表示偏導數。專門的微分算子包括梯度、散度、旋度與拉普拉斯算子（參閱Laplace's equation）。微分算子提供概括的方式來看微分的整體，還有微分方程理論的討論架構。

differentiation 微分法 數學中，求函數的導數或變化率的過程。與微分學理論的抽象性質不同，微分法的實際技巧可以通過代數過程實現，只需要用到三個基本的導數、四個運算規則以及分解函數的知識。三個基本導數是：一、代數函數的：$Dx^n=nx^{n-1}$（n是任意實數）；二、三角函數的：$D\sin x=\cos x$；三、指數函數的：$De^x=e^x$。對由這些函數組合而成的函數，微分法建立了下面的基本規則（其中函數f（x）與g（x）的導數設爲已知）：

$D(af+bg)=aDf+bDg$（和）；

$D(fg)=fDg+gDf$（積）；

$D(f/g)=(gDf-fDg)/g$（商）

另一個基本規則稱爲鎖鏈規則，是求複合函數導數的方法。這些公式和規則的導出和發現就是微分學的主要內容。亦請參閱integration。

diffraction 衍射 亦稱繞射。波繞過障礙物向四周的擴展。聲和電磁輻射（光、X射線、γ射線）能產生衍射，原子、中子、電子那樣小的運動粒子也有衍射現象，這顯示了這些粒子的類波特性。當一束光照到某物體的邊緣時，光不再繼續沿直線前進，而要在邊緣處少許彎曲，致使物體陰影的邊緣變得模糊。波長較長的波比波長較短的波易形成衍射。

diffusion 擴散 物質由於分子的無規運動從高濃度區到低濃度區的淨流動過程。流體中的熱傳導就是熱能從高溫到低溫的輸運（即擴散）過程。可從裝滿水的玻璃杯，加入食用色素來觀察擴散現象。由於氣體分子隨意的運動，所以花的香味在室內靜空氣中的迅速散播。一湯匙的鹽放入一碗水中，也會很快的散佈到水中。

digestion 消化 將食物粉碎並將其分解的過程，使之能被機體細胞吸收、利用，以供維持機體生命功能之需。食物在口中咀嚼，和唾液混合，分解成澱粉，經舌頭吞下，再由蠕動將食物推入食道和其他消化管。在胃中，食物和酸、酶混合，被進一步分解，混合物稱爲食糜。食糜經胃幽門進入小腸，這是最主要的消化器官。從肝臟、胰臟和小腸黏膜本身分泌的多種消化酶均被排入小腸，並在此進行其消化功能，如消化碳水化合物的澱粉酶，消化蛋白質的胰蛋白酶和水解脂肪的各種脂酶。新產生的小分子營養物質被小腸黏膜上無數個微絨毛吸收，進入血液循環，以供各種生命活動之用。未被消化的物質如纖維素等進入大腸，大腸在吸收水份之後，再將固態的消化廢物排出體外。

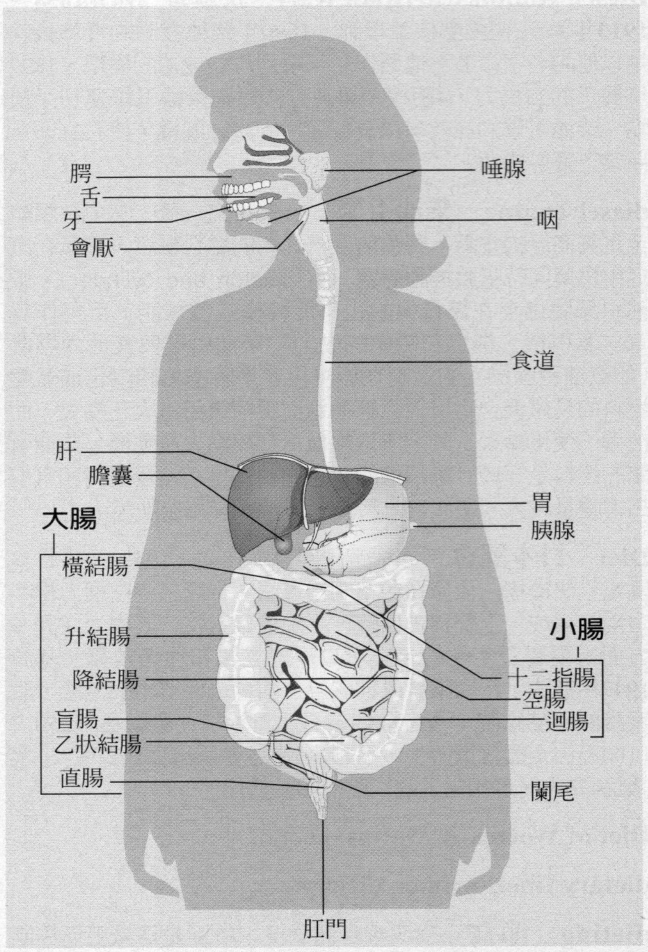

食物進入口中，唾腺分泌唾液使其溼潤。唾液中的酶開始分解澱粉。上顎對著口咽後方運動，防止食物進入鼻腔。會厭是片折疊的組織，避免食物在吞嚥的時候從咽進入喉門。食道壁的肌肉波動狀收縮，將食物送到胃。胃分泌的混合物（包括：酶、鹽酸和黏液）促進食物的分解。部分消化的食物進入小腸，將大分子分解成糖、氨基酸及脂肪酸。胰腺分泌消化酶進入十二指腸。肝分泌的膽鹽讓不可溶的脂肪進入小腸時成為水溶性，容易為酶分解。多餘的膽鹽貯存在膽囊。小分子在經過空腸和迴腸時吸收進入血液。大腸主要任務是壓縮和貯存不消化的物質，從迴腸往盲腸移動，肌肉收縮將排泄物移入直腸，從肛門排出。

digestive tract ➠ alimentary canal

digital camera 數位相機 透過電子方式而不使用底片取得影像的照相機。影像是由一組電荷耦合元件所取得。儲存在相機的RAM（隨機存取記憶體）或是一種特殊的磁碟，再傳送至電腦修改、長期儲存或列印出來。既然這種技術能產生圖形檔，影像就可以透過合適的軟體加以編輯。爲了廣大消費市場而設計和定價的機型——相對於爲新聞攝影與工業攝影師而設計的昂貴機型——最早是在1996年上市的。它們訴求的對象，特別是想要在網際網路上收發照片的人，或者是想要將自己所拍照片加以修剪、組合、提高品質或以其他方式修改的人。

digital certificate 數位認證 用於線上商業交易和網路身分確認的電子信用卡。數位認證由認證機構所核發。數位認證通常包含了持有者的身分驗證資料，包括個人公開金鑰（用來將訊息加密和解密），還有認證機構的數位簽章，讓接收者可透過認證機構確定該認證是否屬實。網站也可以擁有數位認證，讓消費者在購買產品時可辨認該網站是否為可靠的電子商務網站。

digital computer　數位電腦　透過處理離散形式的資訊能解決問題的一種電腦。它所處理的數字、文字和符號都可直接表示為二進位形式的兩個數字0和1（參閱binary code）。數位電腦按其記憶體中的一組指令對這些數字或它們的組合進行計數、比較和處理，從而完成控制工業過程、調節機器運作、分析和組織大量業務數據，以及在科學研究中模擬動力學系統的運動（例如全球天氣模式和複雜的化學反應）等工作。亦請參閱analog computer。

Digital Subscriber Line ➠ DSL

digital-to-analog conversion (DAC)　數位類比轉換　將數位訊號（二進位狀態）轉換成類比訊號（理論上有無窮種狀態）的過程。例如，數據機將電腦數位資料轉換成類比的音頻訊號，才能在電話線上傳輸。

digital video disk ➠ DVD

digitalis＊　洋地黃　從紫花洋地黃的種子和葉中提取的藥物，臨床用以加強心肌收縮力、降低心搏頻率。18世紀首度被使用。本類藥物的致死量僅為有效劑量的三倍，因此用藥時需格外謹慎。其有效成分是一類稱為強心甙的類固醇化合物。

diglossia＊　雙語　在一個言語集團內部，同一種語言的兩種形式並存的現象。通常其中一種形式為標準的或有影響的方言，另一種形式則為大多數人所講的普通方言或是下層階級和教育程度低的表徵。全世界許多言語集團都存在這種情況。許多操阿拉伯語的地區便是使用雙語，現代標準阿拉伯語就存在了十數種地區性的阿拉伯方言；操達羅毗荼諸語言的坦米爾人對於所使用的詞的基本概念，如house（房子）、water（水），會隨著說者的階級或宗教而有所不同。

Dijon＊　第戎　法國中東部城市，勃艮地地區首府和科多爾省省會。四周是富庶的葡萄種植業平原，市內多傑出古建築，有些成於15世紀。1015年成為勃艮地公爵領地首府，在瓦盧瓦王朝（1364～1477）時期繁榮起來。1477年被路易十一世吞併。18世紀最為繁榮，是法國一學術中心。現為主要交通中心和貿易旅遊城市。工業項目有鑄造和汽車、機械、電器製造等。食品名產有芥末、醋和薑餅。有設於1722年的大學。人口151,636（1990）。

dik-dik　犬羚　亦譯迪克－迪克羚。偶蹄目牛科犬羚屬動物，形小，分布於非洲，因受驚時發出的叫聲而稱迪克－迪克羚。肩高30～40公分，體重3～5公斤。吻部長，毛柔軟，背毛灰色或淺褐色，腹部白色。頭頂的毛成豎立的毛冠，可部分遮蔽短而有環紋的角（僅見於雄體）。約四種，常棲息於乾燥多灌叢的地區。

犬羚
Jack Cannon－Ostman Agency

dike　堤　通常為土造的邊岸，用來控制或限定水體。最初，堤是純粹防護的，但後來成為獲得圩田的方法－－建造大致與海岸平行的近海堤，而從水體開拓出帶狀的土地。建堤之後，圩田把水抽出排乾。在土地表面高於低潮線的地方，水門在低潮時把水排入海中，而在高潮時自動關閉以防止海水再度進來。為了開拓出低於低潮線的土地，水必須從堤的上方排出。最著名的圩田構造是荷蘭艾瑟爾湖（須德海）水壩附近的系統。如果尼德蘭失去堤防的保護，國內人口最密的部分會被河海淹沒。

dilemma tale　兩難故事　亦稱judgment tale。典型的非洲短篇故事形式，其結局頗費揣度或在道義上模棱兩可，從而引起聽眾對如何正確解決問題進行思考或評論。典型的事例涉及究竟效忠於誰的內心矛盾。在困難的處境中，抉擇一個公正的處理，並在多方似乎同樣有罪的情形下，斷定應歸咎於誰。兩難故事寓訓誡於消遣之中，有助於在聽眾間樹立社會準則。

Dili　帝力　東帝汶城市和首都。位於帝汶島北海岸臨奧拜海峽，最東端是小巽他群島。是帝汶島東半部的主要港口和商業中心，有一座機場。除第二次世界大戰期間被日本占領外，一直受葡萄牙管轄。東帝汶尋求獨立，使得印尼軍隊於1976年入侵。1999年受聯合國託管的東帝汶獲得獨立，行政中心設在帝力；2002年東帝汶取得完整主權時，帝力成為該國首都。人口約65,000（1999）。

Dilke, Sir Charles Wentworth＊　迪爾克（西元1843～1911年）　英國政治人物。1868年選入議會。原是激進派，後轉為溫和派。1882年成為格萊斯頓內閣的一員，並被視為下屆首相。1886年由於捲入一場緋聞事件，使他如日中天的事業受到影響。迪爾克否認這件事，並努力蒐集證據證明這些指控大都是捏造的。後來重回下院（1892～1911），作為軍事專家和進步的勞動立法的鼓吹者發揮積極作用，直至去世。

dill　蒔蘿　或稱土茴香。繖形科一年生或二年生草本植物，學名Anethum graveolens。似茴香，成熟的乾果和頂枝亦稱蒔蘿，用於食品調味（尤其在東歐及斯堪的那維亞）。原產地中海地區和歐洲東南部，今廣泛栽培於歐洲、印度和北美。植物全株芳香，嫩莖和不成熟花序常用作調味料。氣味強烈而稍刺鼻，整個乾果或其芳香油有驅風之效，用來治療胃腸脹氣所致的疝痛。

Dillinger, John (Herbert)＊　迪林傑（西元1903?～1934年）　美國有名銀行搶劫犯。1924年因搶劫一雜貨鋪被捕，在獄中向一些慣犯學會了搶劫銀行的技術。1933年假釋出獄後，夥同他人在四個月內搶劫了印第安納州和俄亥俄州的五家銀行，被捕後為其同夥救出。又在印第安納州和威斯康辛州搶劫銀行，後南逃佛羅里達州又去亞利桑那州的圖森，被當地警察逮捕，後設計越獄，又另結新夥搶劫銀行。最後聯邦調查局、警察和他認識的妓院鴇母設下圈套，將他誘往芝加哥一戲院，他剛一露面，即遭槍擊喪命。

Dilthey, Wilhelm＊　狄爾泰（西元1833～1911年）　德國歷史哲學家。主要貢獻是發展了研究人文科學的獨特方法論，反對人文科學受自然科學的普遍影響，建立一種在人類自身的歷史中，即按照歷史過程的偶然性和可變性來理解人的人生哲學。主要著作有《人類科學導言》（1883），主張將人文科學建立成闡明性科學。他認為人並非孤立的存在，而是與所處環境緊密聯繫。強調不可能通過內省了解人的本質，而只能通過對全部歷史知識的認識。從文化觀點確立了研究歷史的綜合方法，對文學研究曾有過重要影響。

DiMaggio, Joe＊　迪馬喬（西元1914～1999年）　原名Joseph Paul DiMaggio。美國職業棒球選手。1936年加入紐

約洋基隊，直到1951年退休爲止。是公認的最偉大的中外野手之一。他在外野守備時內行而遲緩的樣子使一些消息錯誤的球迷以爲他很懶散。外號Joltin' Joe或the Yankee Clipper，生涯平均打擊率.325。1941年在大聯盟所創下最了不起的紀錄是連續五十六場擊出安打。狄馬喬協助洋基隊贏得十次美國聯盟冠軍和九次世界賽冠軍。迪馬喬的兩個兄弟文生和多米尼克也是職棒大聯盟外野手。他的第二任妻子是名影星瑪麗蓮夢露。退休後擔任兩支大聯盟球隊的經理，並拍攝電視廣告。

dimension 維數 幾何學用語，在一特定方向中測得的量，例如，沿直徑、主軸或邊緣測得的量。點沒有維，直線有一維的長，平面有二維的長和寬，而立體有三維的長、寬和厚度。由於直線的長度、平面的面積、立體的體積分別由線性、平方、立方代數表達方式來代表，維一詞就被帶到代數中。因此，平方、立方、雙平方代數表達方式或方程式分別被說成是二維、三維、四維（維亦稱次或級）。

dimensional analysis 量綱分析 物理科學和工程學中常用的一種方法，用以把加速度、黏滯度、能量等一些物理性質化歸到它們的基本量詞：長度、質量和時間。這種方法給系統（或系統的模型）的相互關係及系統的性質的研究帶來方便，並能避免不相容的單位所引起的麻煩。例如，加速度在量綱分析中表示爲每單位時間的二次方的距離。這裡的長度單位究竟是英制還是公制是無關緊要的。量綱分析常常是對實際問題構造數學模型的依據。

dimethyl ketone 二甲基酮 ➠ acetone

dimethyl sulfoxide＊ 二甲基亞碸 簡稱DMSO。無色無味有機化合物液體，能以任何比例與水、乙醇及大多數有機溶劑混合。可溶解許多化合物（烴類除外）。二甲基亞碸在聚丙烯腈纖維生產、從石油中提取芳烴、某些農藥生產、工業清洗以及清除漆膜等過程中用作溶劑，也用作醫藥溶劑和局部抗毒劑，最後由於它具有特殊性能還用作動物組織的滲透劑。

diminished capacity 減輕責任 亦作diminished responsibility。指免除患精神病或精神不健全的被告人對其犯罪行爲應負的部分罪責的法律原則。這個原則在被告人的精神病或精神不健全沒有達到能夠完全免除刑事責任的程度的案件中，可以作爲辯護理由。例如處理謀殺案件，通常要了解被告人的精神狀態。如果被告人能證實他的精神狀態不正常，就可按非預謀殺人處理。但只有爲數不多的司法制度下採取減輕責任這一原則。亦請參閱insanity。

diminishing returns, law of 報酬遞減律 經濟法則，表明在其他生產投資固定不變的情況下，增加商品生產的一項投資時終會達到某一點，超過此點，則追加投資所得收益必會漸趨減少。在這個法則的典型範例中，擁有特定面積土地的農人會發現特定數目的勞動者使每人產量達到最大。若他雇用更多工人，每位工人的產量就會下降了。這個法則適用於任何生產過程，除非生產技術也發生改變。

Dimitrov, Georgi (Mikhailovich)＊ 季米特洛夫（西元1882～1949年） 保加利亞共產黨領導人。原爲印刷工人，工會領袖。1919年協助成立保加利亞共產黨。1923年在保加利亞領導共產黨起義，遭到政府的殘酷鎭壓。因宣判死刑，他不得不流亡國外。成爲柏林共產國際中歐地區負責人（1929～1933）。因在對德國國會失火的審判上駁斥納粹的指控而贏得國際聲譽。1935～1943年任共產國際執行委員會總書記，後返回保加利亞，1945～1949年擔任總理。對於政治事務採用獨裁控制的辦法，鞏固了共產黨的權力，乃於1946年建立保加利亞人民共和國。

Dinarchus 狄納爾科斯（西元前約360～西元前292年以後） 亦作Deinarchis。雅典的演說詞職業作家。因寫下控訴狄摩西尼等人盜用寶物的演說詞而聞名於世。他的作品反映出雅典演說術的沒落。從現存的幾篇演說詞的題目可以看出，狄納爾科斯缺乏創造性，用辱罵代替說理，還剽竊其他演說家的詞句。

d'Indy, Vincent ➠ Indy, (Paul-Marie-Theodore-) Vincent d'

Dinesen, Isak＊ 迪內森（西元1885～1962年） 原名Karen Christence Dinesen, Baroness Blixen-Finecke。丹麥女作家。與表兄結婚後同往非洲；她在肯亞的生活記述在非小說體作品《遠離非洲》（1937，電影1985）裡，透露出她對非洲和當地人民有很深的情感。她的短篇小說集主要寫沒落貴族階級引以自豪的傳統，包括《哥德式故事七篇》（1934）、《冬天的故事》（1942）和《草上的陰影》（1960）。她唯一的小說《天使般的復仇者》（1944），是一部諷刺納粹占領下的丹麥的作品。

Ding Ling 丁玲（西元1904～1986年） 亦拼作Ting Ling。原名蔣冰之。中國作家。曾出版三本短篇小說集，故事內容多集中在年輕而不遵守傳統的中國女性身上。1931年出版以無產階級爲導向的短篇小說集《水》，被譽爲社會主義寫實主義之模範。後來對共產黨心生不滿，爲此在文化大革命期間，遭審查與囚禁達五年之久，但最終恢復了黨職。後期作品包括文學評論與小說，其中部分收錄在1989年所出版的英文書《身爲女人》（*I Myself Am a Woman*）。

dingo 澳洲野犬 犬科野生動物，學名爲Canis dingo，爲澳大利亞少數無袋動物之一。大約在5,000～8,000年前從亞洲引進的。身體結實，毛短而柔，有一條毛尾和兩隻豎立的尖耳。長1.2公尺（包括30公分的尾長），肩高約60公分。毛色淺黃或微紅褐色，腹部、腳和尾尖爲白色。單獨或結小群捕食。從前獵食袋鼠，現在主要以兔類或家畜爲食，與袋狼和袋貛的滅絕有關。也能馴養，自幼馴養者成爲玩賞動物。原住民常用作獵犬。妊娠期約63天，一窩四～五仔。

澳洲野犬
G. R. Roberts

Dinka 丁卡人 亦稱竟人（Jieng）。住在蘇丹南部尼羅河盆地的牧牛民族，操蘇丹東部語，屬尼羅－撒哈拉語系沙理－尼羅語支，與努埃爾語關係極近。20世紀晚期人口約三百萬，分爲若干獨立部落，人口各在一千～三萬之間。基本上是季節性游牧民族。某些父系氏族按傳統提出祭司－酋長（使魚叉神手）人選，其權位根據複雜的神話來確定。近年來爲自治權與蘇丹政府軍隊作戰。

dinoflagellate＊ 腰鞭毛蟲 單細胞具有2根異型鞭毛並兼有動植物特徵的水生生物。多爲極小的海生生物。除較冷的海洋外，見於所有海洋，是浮游植物的重要組成部分，是食物鏈的重要環節。在有利的情況下，腰鞭毛蟲種群每立方公升水中可達六千萬個。因爲生長得如此迅速，結果形成赤潮，可使海水變色，毒死魚類和其他海生動物。一般說來，腰鞭毛蟲包括角甲藻屬、裸甲藻屬等。

dinosaur 恐龍 中生代大部分時期在陸地上占優勢的一大批爬蟲類，於中生代結束時滅絕。不同的時間有不同的種出現，且不會重疊。多爲食肉動物，少數爲草食性。恐龍分爲蜥臀類和鳥臀類，兩者的區別主要在於腰帶的構造不同。多數恐龍具長尾，但長尾總是向後伸出並離開地面以保持平衡，而非像以前設想的那樣拖在地面。多數種屬卵生，有的還是溫血動物。每個大陸都有發掘出恐龍化石。在白堊紀末以前，多數類型的恐龍一直很繁盛。在以後的一百萬年間，恐龍完全從地質記錄中消失了。造成它們大批絕滅的一個廣泛接受的說法是白堊紀末地球上出現造山運動的地質週期，恐龍繁盛的低地減少，世界氣候也發生變化，恐龍賴以爲生的植物也發生演化性改變。另一理論是：一顆天體與地球碰撞，產生大量塵埃，使地球處於一片黑暗之中，黑暗持續三年之久。因陽光不能照射大地，光合作用實際上難以進行，食物鏈的中斷使恐龍及許多其他生物體死亡。許多人認爲鳥類是當時存活下來的恐龍的後代。亦請參閱carnosaur、sauropod。

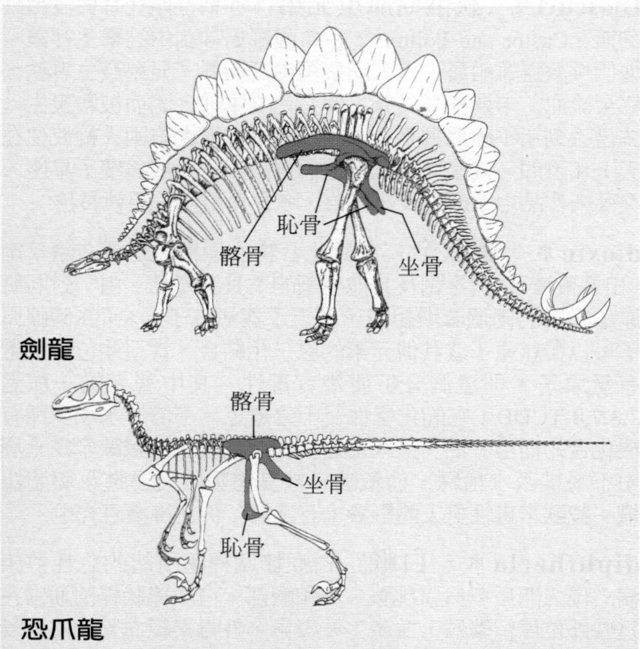

鳥臀目（劍龍）與蜥臀目（恐爪龍）的恐龍骨架。鳥臀目的骨架說明骨盆排列方式類似鳥類，長形的髂骨，恥骨有一片短的骨板向後延伸變成下方長且薄的突起，平行於坐骨。蜥臀目的骨盤腰帶顯示坐骨、恥骨和髂骨構成三角形，是其特徵。

Dinosaur National Monument 國家恐龍化石保護區 美國科羅拉多州西北和猶他州東北部的保護區。1915年畫定32公頃，以保護當地含有恐龍遺骸的豐富化石層。1938和1978年面積兩次擴大至855平方公里，納入美麗的格林河和揚帕河峽谷。谷中有史前印第安人遺跡。境內有化石場、參觀中心、博物館、天然小道和宿營地。

Dinwiddie, Robert＊ 丁威迪（西元1693～1770年） 英國殖民地行政官員。原爲商人，1727年進入英國政府工作。1739～1951年任美國南部歲收總監。在擔任維吉尼亞州代理州長時，1753年委派華盛頓去賓夕法尼亞州西部勸告法國人離開俄亥俄州境，結果引起次年的一場小衝突，導致法國印第安人戰爭的爆發。丁威迪召募軍隊，由華盛頓指揮，保衛邊境，並致信各殖民地官員爭取殖民地之間的合作，後召開奧爾班尼會議。1758年回英國退休。

Diocletian＊ 戴克里先（西元245～316年） 拉丁語全名爲Gaius Aurelius Valerius Diocletianus。原名Diocles。羅馬皇帝（285～305年在位）。他在西元3世紀近乎無政府狀態中重建有效率的帝國政府，暫時遏止了西方帝國的衰落。曾在羅馬皇帝卡里努斯（283～285年在位）手下工作，當時，卡里努斯的兄弟、共治皇帝努梅里安被發現死在御輿中。戴克里先的部下擁護他爲皇帝。在他初即帝位時，他的實權僅限於他的軍隊所控制的地區－－小亞細亞，可能還有敘利亞。卡里努斯攻擊戴克里先（285），但在獲勝前遭到暗殺，使戴克里先成爲唯一的皇帝。他決心使軍隊脫離政治，重新建立國內秩序。實行四帝並治以分散他的影響力和平定叛亂。他改組了帝國財政、行政和軍事組織，爲東方的拜占庭帝國奠定了基礎，暫時遏止了西方帝國的衰落。303～304年頒布四項敕令對基督徒進行迫害，這是最後一次的大規模迫害行動。他於305年退位。

戴克里先半身像，現藏羅馬卡皮托尼利博物館
Alinari – Art Resource

Diocletian window 戴克里先式窗 頂部呈弧形、以青銅作框架的玻璃窗，因3世紀時用於古羅馬皇帝戴克里先在斯帕拉托（現克羅埃西亞斯普利特）的宮殿以及羅馬的戴克里先大浴場（現聖瑪利亞教堂）而得名。16世紀這種形式被帕拉弟奧及其他人重新採用。

diode 二極管 一種電子管，在抽成眞空的密封玻璃容器或金屬容器中安置兩個電極（一個陰極，一個陽極）構成。在無線電和電視接收機等電子線路中用於整流和檢波。當陽極（板極）上加以正電壓時，電子就從受熱的陰極流向板極並通過外電路返回陰極。如果在板極加上負電壓，電子就無法從陰極逸出，也就沒有板極電流流過。因而二極管只允許電子從陰極流向板極，而不允許從板極流向陰極。如果在板極加上交流電壓，那就只在板極爲正時有電流通過。

Diogenes of Sinope＊ 戴奧吉尼斯（約卒於西元前320年） 希臘哲學家。犬儒學派（希臘一哲學派別，它強調禁欲主義的自我滿足，放棄舒適環境）的原型人物。有人認爲他創造了犬儒學派生活方式，但他本人則歸功於安提西尼（西元前445?～西元前365年，他可能受過安提西尼許多作品的影響）。他宣傳犬儒派哲學，與其說是靠完整的思想體系，毋寧說靠個人的榜樣。家庭被認爲是一種不自然的制度，而代之以一種自然狀態。他自己生活貧困，睡在公共場所裡，乞討食物。戴奧吉尼斯所提出的生活綱領從自足開始，第二個原則是「不顧體面」，第三是「坦率」，最後，通過系統的訓練或實行苦行主義，人們可以取得高尙的道德。

Diomede Islands＊ 代奧米德群島 白令海峽中的兩個小島，彼此相距約4公里，在與國際換日線一致的美俄國界線兩側。西邊的大代奧米德島，爲俄羅斯楚科奇自治區的一部分，無常住居民，有一氣象站。東邊的小代奧米德島爲阿拉斯加的一部分，居住著擅長航海的楚科奇人。

Diomedes＊ 狄俄墨得斯 希臘傳說裡特洛伊戰爭中八十艘希臘戰船的統帥和最受尊敬的領袖之一。他的卓著功勳包括打傷愛芙羅黛蒂、殺死瑞索斯和他的色雷斯人、奪取保護特洛伊城的帕拉斯·雅典娜女神神像。戰後，他前往義大利，在阿普利亞建立了阿爾皮，最後同特洛伊人講和。他在阿戈斯和梅塔蓬圖姆被崇拜爲英雄。他的同伴則變成了鳥。

Dionysia 戴奧尼索斯節 ➠ Bacchanalia

Dionysius I 狄奧尼修斯一世（西元前約430～西元前367年） 敘拉古僭主（西元前405～西元前367年在位），曾征服西西里和義大利南部，使敘拉古成爲希臘本土以西最強大的城邦。西元前409年迦太基入侵西西里時，他奮勇抵抗，屢建奇功。西元前405年自稱僭主，以極殘酷的手段鞏固和擴充自己的權力。在第一次迦太基戰爭（西元前397～西元前396年）中，把敵人趕到西西里的西北角。第二次迦太基戰爭於西元前392年結束，訂立了對他有利的條約。他向伊利里亞移民，雅典作家艾索克拉底稱他爲希臘化的先驅。在第三次迦太基戰爭（西元前383～西元前375?年）中，他損失慘重，不得不割地賠款。

Dionysius of Halicarnassus 哈利卡納蘇斯的狄奧尼修斯（活動時期約西元前20年） 古希臘歷史學家、修辭學教師。他於西元前30年移居羅馬。他的羅馬史，從羅馬之初寫到第一次布匿戰爭，站在親羅馬的立場上經過仔細研究寫成的，與李維所寫羅馬史同爲早期羅馬史最有價值的原始資料。這套書共二十卷，西元前7年公布於世，最後十卷已佚失。

Dionysius the Areopagite * 大法官丟尼修（活動時期西元1世紀） 基督教《聖經》所載人物。在雅典由使徒聖保羅施洗入教。（《使徒行傳》第17章34節）。他身後之所以聞名，主要是由於同後世同名的其他基督教徒混淆不清。西元2世紀人們認爲他是第一任雅典主教，9世紀人們認爲他就是法蘭西的聖丹尼斯。西元500年前後，大概在敘利亞，有一位略有基督一性論傾向的基督教新柏拉圖主義者冒他的名著述。

Dionysus * 戴奧尼索斯 亦稱巴克斯（Bacchus）或利貝爾（Liber）。希臘羅馬宗教中豐產與植物的自然神，特別以酒與狂歡之神著稱。等同於羅馬的巴古斯。對他的崇拜長期盛行於小亞細亞，後成爲希臘最重要的神之一，而這種崇拜同對亞細亞的神的崇拜有密切關係。他是宙斯和塞墨勒的兒子，後來被邁納德或巴康特撫養長大。酒的發明者，他四處旅行，廣泛教導製酒的藝術。在他的追隨者當中有豐產的精靈薩堤爾和西勒諾斯、仙女。他確有預言的才能，而在德爾斐，祭司們幾乎把他和阿波羅同等對待。他個人的表徵是一個常春藤的花環，圖爾蘇斯杖（杖端有松果形物）和一種叫康塔羅斯的雙柄大酒杯。在早期藝術中，他被描繪成一個蓄鬚男子，但後來他變成一個有女性味道的青年男子。

Diop, Birago Ismael * 狄奧普（西元1906～1989年） 塞內加爾詩人和沃洛夫族民間故事及傳說的收集家。1930年代發起了黑人自覺運動旨在復興非洲文化價值。他以寫作短小精悍的抒情詩聞名。他的書包含了《阿馬杜・庫姆巴故事集》（1947）和《拉萬斯故事》（1963），這些書中的故事原是他從家族歌舞藝人（把本族的口頭傳說傳下去的說書人）處聽來的。

diopside * 透輝石 輝石類中常見的矽酸鹽礦物，鈣和鎂的矽酸鹽（$CaMgSi_2O_6$）。產於受變質的矽質石灰岩和白雲岩中，產於矽卡岩（富含鐵的接觸變質岩）中，也少量產於球粒隕石中。鮮綠色的純淨透輝石常作爲寶石進行雕刻。

Dior, Christian * 迪奧（西元1905～1957年） 法國時裝設計師。曾受過做外交工作的訓練，因1930年代的財政危機所迫，開始爲時尚週刊繪製時裝插圖。1942年加入了設計師勒隆（1889～1958）的公司。1947年，在法國紡織品製造商布薩克的支持下，推出了革命的「新裝」，引起國際上對裙長降低的爭議。此後十年其設計都異常成功。1950年代鬆身短上衣樣式或H線條，爲他設計所特有的外型。在迪奧與他的支持者布薩克的努力下，巴黎時裝得以行銷全世界。

迪奧，攝於1957年
Popperfoto

diorite * 閃長岩 中粒至粗粒的一種侵入岩，一般由約2/3的斜長石和1/3的深色礦物（如普通角閃石或黑雲母）組成。閃長岩具有與花崗岩同樣的構造特性，但由於閃長岩的顏色較深和供應有限，所以很少做裝飾材料和建築石料使用。閃長岩一種深灰色石料，在商業上當作「黑花崗岩」銷售。

Dioscuri * 狄俄斯庫里兄弟 亦稱卡斯托耳與波呂丟刻斯（Castor and Pollux）。古希臘羅馬神話中的攣生神靈。他們援救遇難船員，受人間祭禮專賜順風。兄弟發生爭執，終至流血。卡斯托耳具有人間必死之本性，因而被殺喪生。波呂丟刻斯不願單獨享受永生，於是宙斯允許兩人輪流住在天上和陰間。後來宙斯又把他們置於天空，成爲雙子星座。在藝術作品中他們是青年兄弟，多騎馬戴盔，手執長槍。

dioxin * 戴歐辛 一類化合物的通稱，是製造除草劑（如藥劑橙）、消毒劑及其他藥劑的不良副產品。由一對同氧原子相聯的兩個苯環組成，環上不與氧原子結合的8個碳原子可以與氯原子或其他元素的原子相結合，當這些位置上帶有氯原子，則這個分子便帶有毒性。其中著名的一種是2,3,7,8-TCDD，它的化學性質十分穩定，不溶於水和多種有機化合物而溶於油。正因爲這些綜合性質，使戴歐辛在土壤中不易被雨水稀釋，而戴歐辛被身體吸收後易進入脂肪組織。戴歐辛毒性對人體影響未有定論，仍在持續研究中。

diphtheria * 白喉 白喉棒狀桿菌引起的急性傳染病。侵入門戶多爲扁桃腺、鼻和咽部，白喉棒狀桿菌通常在這些部位停留繁殖，並產生外毒素，外毒素經血管和淋巴管散播全身，引起其他症狀。包括發燒、發冷、咽痛，若累及心肌和周圍神經組織，引致炎症及脂肪組織退化；較重病例造成心力衰竭及癱瘓，可致死亡。治療方式爲及時注射白喉抗毒素，產生長期的免疫力。許多國家採用白喉類毒素預防接種，以是該病發病率降低許多。

Diplodocus * 梁龍屬 巨大的蜥腳恐龍類的絕滅屬。化石見於北美的上侏羅統。爲迷惑龍屬的近親，是曾經在地球上生活過的最長的陸上動物。已知最長達26.7公尺。異常小的頭骨細長而相當輕，頭骨位於很長的頸上，腦子極小，體重估計接近80噸。該動物可能大部分時間待在水中，只有頭伸出水面。很可能在乾燥區能自由地走來走去，以柔軟的植物爲食料。可能是最常見的恐龍。

diploidy ➠ ploidy

diplomacy 外交 國際交往的公認方法或處理國際關係的技巧。對外政策是主要手段，方法則包括了：由特派使節進行談判（有時政治領袖亦進行談判）、國際協定和法律。有跡象表明史前社會即有外交。外交的目標是爲了在地理、歷史、經濟等方面進一步增加國家的利益。最初是爲了保衛國家的獨立、安全和完整性；其次是使國家保有最大可能的行動自由。此外，外交是未用到武力甚至未招致怨恨，而爲國家尋求最大的利益。

diplomatic service ➠ foreign service

diplopia ➠ double vision

Dipo Negoro, Prince＊　第伯尼哥羅親王（西元約1785～1855年）　印尼民族英雄。他在爪哇戰爭期間（1825～1830），曾經重創荷蘭軍隊。原爲日惹蘇丹阿芒庫．布沃諾三世的長子，但未能繼承王位。1820年代與荷蘭官員發生衝突。1825年成爲日惹地區反荷蘭的貴族的領袖。他對荷蘭人進行三年游擊戰，頗爲成功。但到1828年下半年，荷蘭軍隊終於把印尼人的反帝鬥爭鎮壓下去。1830年第博尼哥羅同意舉行和平談判。但在談判中，荷蘭代表不守信義，竟將他逮捕。他在流放中死去。

dipole ➠ electric dipole、magnetic dipole

dipper　河烏　亦稱water ouzel。雀形目河烏科鳴禽，四種類似鶇鶲的小鳥。分布廣泛，亞洲、非洲、歐洲和南北美洲均可見。能在很多地區的湍急多岩的溪流水下步行獵食昆蟲，並頻繁地從水中浮起。體長約18公分，體豐滿，嘴細長而尖，翼和尾均短，嘴和腿似鶇，羽毛不透水。一般是黑褐色或暗灰色。用苔蘚構成圓頂巢，通常築於瀑布後面的罅隙中。亦請參閱ouzel。

白嘴河烏（Cinclus cinclus）
H. M. Barnfather－Bruce Coleman Inc.

dipteran＊　雙翅類　雙翅目昆蟲的通稱，有八萬五千餘種。特徵是具兩翅：前翅膜質，後翅特化爲平衡棒。世界性分布，見於多種生境，大小爲1公釐（搖蚊）到8公分（食蟲虻）。雙翅類有的幼蟲有助於自然界中腐敗有機物的分解，許多幼蟲、蛹及成蟲又是高等動物的食物，大量人類不熟悉的種在食物鏈中占重要地位。某些種類的雌體吸血。有的種類傳播疾病（如家蠅、蚊、白蛉和舌蠅），還有的種類會造成農作物重大損失。亦請參閱blow fly、crane fly、fruit fly、gnat、horse fly、leaf miner。

Dirac, P(aul) A(drien) M(aurice)＊　狄拉克（西元1902～1984年）　英國數學家和理論物理學家。1926年創造了概括性強而邏輯簡單的量子力學形式，這是他對物理學作出的第一項主要貢獻。大約是同時，他發展了費米的概念，創造了費米－狄拉克統計法。他把愛因斯坦的狹義相對論思想用於量子力學，認爲電子必須繞軸自旋，必須有負能態。由於他的理論導致正電子的發現。1933年和奧地利物理學家薛定諤共獲諾貝爾物理學獎。1932年擔任劍橋大學盧卡斯數學講座教授，牛頓曾經擔任過這個職務。1968年從劍橋退休，1971年成爲佛羅里達州立大學榮譽教授。

dire wolf　懼狼　更新世（160萬年前～1萬年前）狼的絕滅種。學名Canis dirus。可能是在加利福尼亞南部拉布雷亞瀝青坑中發現的一種最常見的哺乳動物。與現代狼不同之處在於：個體較大，有較粗壯的頭骨，較小的腦子，較靈巧的四肢，可能比現代狼的智力差。分布廣泛，骨骼殘餘見於佛羅里達州、密西西比河流域、墨西哥谷地。

direct current (DC)　直流電　方向不變的電流，由電池、燃料電池、整流器和裝有整流子的發電機產生。1880年代晚期，直流電在商業電源方面被交流電（AC）所取代，因爲當時要把它變換爲遠距離輸送所需的高壓電很不經濟。但在1960年代以來，新技術克服了這種障礙，直流電已能輸送到很遠的距離；只是在最後配電時通常還需要把它變換爲交流電。在某些用途上（如電鍍）直流電仍然是不可少的。

direct-mail marketing　直效行銷；DM行銷；郵購行銷　商品買賣的一種形式，賣主大批郵寄傳單或商品目錄，或在報紙、雜誌刊登廣告，買主以郵寄、打電話或透過網際網路發送訂貨單。源於19世紀晚期，當時美國的一些大公司，如西爾斯－羅巴克公司、蒙哥馬利．華德公司等和農場主之間建立大宗生意往來。1960年後隨著電子郵件的使用，郵購業不斷穩健成長，現在已被成千上萬商家採用，可以眞正到達全美每一位顧客的手上。

directing　導演　協調及控制舞台劇、歌劇、電影、電視劇或廣播劇一切演出要素的藝術。19世紀中期以前多由資深演員來指導其他成員。今日，劇場導演採用的要素有劇本、演員的表演、舞台裝飾、服裝、燈光、視聽效果等。導演需深諳表演藝術，選出適合演出該角色的演員。他要讓演員融入布景中，及安排演員的肢體動作。現代電影導演除需負責和劇場導演一樣的要素外，還要監督攝影、剪輯和錄音等技術因素。亦請參閱actor-manager system、auteur theory。

Directoire style＊　執政內閣時期風格　一譯督政府時期風格。1789年大革命後近十年間在法國流行的服裝、家具和裝潢風格。男式服裝兼有古代與當代的成分。最富特徵的是褲子與長靴、馬甲、長開的上衣和大禮帽。女人穿齊胸的長袖V形領上衣，頭戴及耳的折縐包髮帽。家具和裝潢則以線條清晰的單純長方形爲主，少量細節主要取材於剛從龐貝出土的文物。

Directory　督政府（西元1795～1799年）　法語作Directoire。根據法國共和三年憲法而建立的法國革命政體，前後持續四年。督政府有一個兩院制的立法機構：一是立法院（即下議院），又稱五百人院，由三十歲或三十歲以上的議員500人組成；一是元老院，由四十歲或四十歲以上的議員250人組成。元老院從五百人院提出的名單中遴選五個督政官。督政官必須在四十歲以上，以前擔任過議員或部長。督政官任命政府部長、陸軍統率、稅吏和其他官員。督政府大概是法國前所未有的最腐敗的政權。最後被拿破崙發動的霧月十八～十九日政變推翻。

dirigible ➠ airship

Dirks, Rudolph　迪克斯（西元1877～1968年）　德國出生的美國漫畫家。七歲時隨家遷居芝加哥，自學成材，十七歲起在《紐約日報》社作畫，於1897年創作《酗酒少年》，1912年進《紐約世界報》，改題爲《漢斯和弗里茲》，第一次世界大戰時復改爲《船長與少年》。晚年大部時間用於畫海景和風景油畫，漫畫的工作由其子約翰繼續。

Dirksen, Everett McKinley＊　德克森（西元1896～1969年）　美國政治人物。第一次世界大戰中在軍隊服役，退役後回到家鄉從事企業活動。1932～1948年擔任衆議員，除社會保險外，他反對羅斯福新政的絕大多數措施和外交政策。後進入參議院服務（1950～1969），1959年成爲少數黨領袖。但1960年代在若干開明的重要立法案的通過過程中，他起了決定性的作用。這些立法包括：「禁止核試驗條約」、1964年的「民權法」和1965年的「選舉權法」。

C D

dirty sandstone 雜砂岩 ➠ graywacke

disarmament 裁軍 由一國或數國裁減武裝。武裝裁減可能是戰勝國加諸於戰敗國的手段（如第一次世界大戰後戰敗的德國被要求裁軍）。適用於某些特定地區的雙邊裁軍協定（這一協定自1817年以來使五大湖區保持解除武裝狀態）。最常見的是多國的裁減軍備和限制武器協定，特別是在核子武器方面。亦請參閱arms control。

disc jockey (DJ) 唱片音樂節目主持人 亦作disk jockey。負責在無線電廣播、電視節目或夜總會播放音樂的人。這種節目始於1940年代，唱片音樂節目越來越普遍，這類節目是廣播電台的重要支柱。任何一張唱片的成功與否要看它是否得到唱片音樂節目主持人的選擇。爲了贏得這些人的支持，唱片公司開始給他們送去大量的金錢、股票或禮物。1959年，美國聯邦調查局在全國範圍內揭露了這種範圍極廣的商業收買行爲。結果，賄賂之風一時沈寂。但在1980年代中期，新的消息顯示，賄賂的策略在許多地方仍繼續存在。1970年代狄斯可興起，夜總會的DJ成爲創造混錄音樂的高手，使得舞曲和舞曲間可以順暢連接，而不讓舞蹈中斷。

Disciples of Christ 基督會 源起於19世紀美國邊疆地區宗教奮興運動的一個基督教（新教）派別。由湯瑪斯和亞歷山大·甘貝爾父子（1763～1854，1788～1866）和巴頓·斯通（1772～1844）分別建立的宗教運動於1832年合併，成爲基督會。新會派迅速興盛，其目標是將根據《新約》的信仰和習俗統一一切基督教徒。這項目標終歸失敗，而運動本身分成二個派系：較保守的基督之教會（拒絕任何沒有《新約》根據的發明，包括作禮拜時以樂器伴奏）和基督徒教會。1920年代其他的傳教事業從基督徒教會分出，1927年成立北美洲基督教會議。1985年基督會與聯合基督教會在合一運動的旗幟下結成夥伴關係。基督會傳統的唯一組織形式，目前仍然是基督會世界大會。它開創於1930年，每五年開會一次，進行禮拜活動和聯誼。

disco 狄斯可 1970年代中期興起的舞蹈音樂風格，其特色是催眠的節奏、重複的歌詞，以電子形式產生聲音。其名取自狄斯可舞廳，這是一類舞蹈取向的夜總會，最早出現於1960年代。狄斯可最初被廣播電台忽略，反而在以唱片音樂節目主持人（DJ）爲重的地下俱樂部中獲得初露頭角的機會，DJ是狄斯可的一個主要創造力，有助於熱門單曲地位的確立，鼓勵人們注重單曲，爲迎合俱樂部DJ的特殊需要，衍生出一種生產每分鐘45轉、長時間播放的單曲唱片之全新次工業。重要的藝人有唐娜·桑瑪、「時髦」和「比吉斯」創造了許多暢銷曲，隨著電影《週末的狂熱》（1977）的上演達到另一高峰。1980年狄斯可迅速沒落，但對流行音樂仍有其影響力，特別是它連續的電子節拍。

discount rate 貼現率 亦稱再貼現率（rediscount rate）或銀行利率（bank rate）。指中央銀行貸給商業銀行、貼現銀行或其他金融中介用作儲備基金款項的收費利率。貼現率是衡量貨幣政策的一項重要經濟指標。由於提高或降低貼現率會影響到銀行的借款成本，從而會改變其放款利率，因此調整貼現率就成爲控制經濟衰退或通貨膨脹的一種工具。

discovery 先悉權 在法律上，指有關訴訟各方在審判前交換材料的程序。行使先悉權可以通過正式詢問的方式，其中包括一方向另一方提出書面問題，目的是想從這些問題的答覆中獲得重要的事實材料；也可以通過作證來進行，即讓經過宣誓後的證人在雙方律師在場的情況下回答問題。這些程序的書面記錄也叫做證言，並且可以在其後審判案件時援用。其他形式的先悉權包括：要求提供材料和審查的命令（通過此命令可要求對方提供重要的文件或其他證據）和要求由醫生檢查（指對一方的精神或身體狀況有爭論的案件）。

discus throw 擲鐵餅 田徑比賽項目。現代鐵餅爲扁圓形，直徑約220公釐，中心比周圍厚，用木或類似材料製成，邊緣爲光滑的金屬，用銅片嵌平，重量至少是2公斤（男子項目）和1公斤（女子項目）。運動員在直徑2.5公尺的圓圈內投擲，使鐵餅落在從投擲圈圓心畫出的40°角的扇形區域內。古代奧林匹克競技會以擲鐵餅爲五項全能運動之一；現代奧運會上擲鐵餅是一項單獨的競賽項目。

disk, hard ➠ hard disk

disk flower ➠ Asterales

diskette ➠ floppy disk

dislocation 脫臼 一種病理狀態，由於組織破裂，組成關節的骨發生移位。外力的強度大於保持關節穩固的韌帶、肌肉和關節囊的抵抗力時便能使關節脫臼。症狀包括患部疼痛並有壓痛、活動時有摩擦音，患部不能活動等。常見的體徵爲關節畸形、周圍組織腫脹、外覆的皮膚變色。骨頭必須回到其正常的位置（復位），然後保持關節固定不動到完全癒合。復發性脫臼和先天性脫臼常需用關節改建的手術治療。

Dismal Swamp 迪斯默爾沼澤 亦稱大迪斯默爾沼澤（Great Dismal Swamp）。在美國維吉尼亞州東南和北卡羅來納州東北部的沼澤區。雖經大量砍伐和火災，仍有茂密森林。長約48公里，寬約16公里，境內多珍貴鳥類和毒蛇及供漁獵的動物。有迪斯默爾沼澤運河通過，該運河屬大西洋沿岸水道。

Disney, Walt(er Elias) 迪士尼（西元1901～1966年） 美國電影製片人、早期著名的動畫片作家。1920年代和伊渥克一起創造了動畫廣告和卡通影片（參閱animation）。移居好萊塢後，他與兄長羅伊及厄伯·伊沃克合組公司，創造了「米老鼠」。伊渥克畫出歡快、活躍和淘氣的米老鼠，迪士尼爲它配上聲音和音樂，拍攝了第一部有聲動畫片《威利號輪船》（1928），引起轟動。1929年兄弟二人合組迪士尼製作公司（後改名迪士尼公司）。「米老鼠」風靡全國使他又構思出其他動物角色，如唐老鴨、布魯托、高飛狗等，同時又製作了幾部較短的卡通影片，包括了《三隻小豬》（1933）。該公司製作的《白雪公主》（1937）、《木偶奇遇記》（1940）、《小飛象》（1941）、《仙履奇緣》（1950）和《彼得潘》（1953）等經典動畫片。還製作的影片包括了《歡樂滿人間》（1964）和電視節目。迪士尼提出迪士尼樂園的計畫，並開始構築迪士尼世界（參閱Disney World and Disneyland）。

Disney Co. 迪士尼公司 美國娛樂的公司。其前身是動畫片繪製者華特·迪士尼與其商人兄弟羅伊二人成立的動畫工作室，稱爲華特·迪士尼製作公司（1929～1986）。1930年代和1940年代繪了許多短的和長片動畫片，1950年代開始製作自然紀錄片和眞人實景的電影和電視節目。後來進一步擴展，開設了迪士尼樂園（1955）和迪士尼世界（1971）（參閱Disney World and Disneyland）。1966年華特·迪士尼去世後，公司也隨之衰落。然而在1980年代，公司在新的管理人員領導下又獲得生機，隨後其電影和動畫片生產部門都位於美國最成功的部門之列。在改組成迪士尼公司後，擴大其生產部門，並製作了《小美人魚》（1989）、第一部長片電腦動畫片《玩具總動員》（1995）等。《美女與野獸》（1991）和《獅子王》（1994）改編自百老匯的音樂劇。1996年購併ABC電視網，成爲全世界最大的媒體和娛樂公司；還經營有線電視迪士尼頻道。

Disney World and Disneyland　迪士尼世界與迪士尼樂園　迪士尼公司（參閱Disney Co.）設立的兩個主題樂園，這家公司是20世紀最著名的娛樂公司。迪士尼樂園是互動式幻想樂園，適合闔家同遊，1955年在加州安那漢開幕，是迪士尼對典型樂園的回應——典型樂園只娛樂兒童而不及雙親。樂園的建築混雜了未來主義及19世紀的懷舊再現，以特定主題劃分區域。迪士尼世界1971年在佛羅里達州奧蘭多開幕。除了有未來實驗原型社區中心（理想化都市）、迪士尼－米高梅製片廠、魔幻王國與動物王國等主題樂園，迪士尼世界是第一個結合旅館（格雷夫斯設計其中兩棟）與運動等休閒設施到主計畫之中的樂園。

disorderly conduct　妨害治安　在法律上，指用語言或其他行爲故意擾亂公共治安和秩序。妨害治安的包括故意擾亂公共集會、在公共場合打架、占用道路和恐嚇。大多數司法制度懲罰公開酗酒的行爲。通常是處以輕微刑罰。

dispersion　色散　在波動中，隨著許多單個波的傳播而產生的一種現象，這些波的速度取決於波長。例如，海洋波運動的速率與其波長的平方根成正比。從每秒數公尺的漣波到每秒數百公里的海嘯波。光波在透明媒質中的速率與媒質的折射率成反比。任何透明媒質，例如玻璃稜鏡，會使入射平行光束依照玻璃對於各個組分波長（或色光）的折射率分散成扇形。把這種現象稱爲角色散更恰當。

displacement activity　替代活動　動物受到刺激時採取了另一種並不相宜的動作的行爲。當動物陷於兩種互相對立的動因，例如恐懼和進攻之間而處於矛盾狀態時，就會產生替代活動。替代活動常包括種種安慰性動作，如梳理皮毛、搔癢、飲水、攝食。

display behaviour　炫耀行爲　一隻動物用以對其他動物（通常是本種的成員）提出特定訊息的儀式化行爲。最有名的炫耀行爲訴諸視覺，但許多炫耀行爲都摻雜有聲音、氣味甚至觸覺的成分。好戰炫耀行爲對於居住動物來說是一種適應，使它不必費力追逐入侵者，從而可以節省能量。另一類型的炫耀行爲用以欺騙捕食者或將其誘離易受傷害的幼年動物。亦請參閱bird song、courtship behavior。

disposable income　可支配所得　個人、家庭或其他支出單位的所得中，受款者有全權處理的部分。所得包括工資和薪金、來自金融資產的利息和股息以及企業的租金和純利潤。可支配所得還必須進一步調整，扣除直接稅形式的義務付款、社會保險計畫的強制性付款以及其他類似的付款；調整時必須加上來自個人、機構或政府的簡單轉讓性付款，如社會保障福利金、撫卹金和贍養費。間接稅如增值稅和其他營業稅、薪資所得稅、雇主對社會保險的分攤款等，均不應從可支配所得計算中扣除。可支配所得可利用到消費和儲蓄。

Dispur＊　迪斯普爾　印度阿薩姆首府。1972年行政改組後原本是高哈蒂郊區的迪斯普爾成爲阿薩姆首府。

Disraeli, Benjamin＊　迪斯累利（西元1804～1881年）　別名Dizzy。英國政治家和小說家，兩度任首相（1868，1874～1880）。義大利猶太人後裔。幼年便受洗爲基督徒，此舉對他日後的政治生涯有重大影響（1858年以前，猶太教徒被排斥於議會之外）。《維維安・格雷》（1826～1827）是他第一部作品，後來還寫了小說《康寧斯比》（1844）和《西比爾》（1845）。1837年他當選爲保守黨議員。1845年秋英國首相皮爾決定取消對進口穀物收保護性關稅的「穀物法」。爲此，迪斯累利發表了一系列雄辯的演說反對他。迪斯累利三次擔任財政大臣（1852，1858～1859，1865～1868），在1867年改革法案的通過扮演重要角色。1868年短暫出任首相，再次擔任此職務（1874～1880）時則致力於社會改革。他主張強硬的外交政策，解決了蘇伊士運河公司的股份問題，並在柏林召開的歐洲會議上又取得對英國全面讓步。1880年大選中保守黨大敗後，迪斯累利仍擔任該黨領袖，並完成了政治小說《恩迪米昂》（1880）。

dissociation　離解　化學術語。指一個化合物破裂爲若干較簡單的組分的過程，這些組分通常在另一條件下又能再行化合。在電離（又稱離解）過程中，由於加入溶劑或以熱的形式加入能量，使得物質的分子或晶體破裂爲離子（一種帶電荷的微粒子）。大多數能離解的物質是由於與溶劑化合而生成離子的。電離的概念可用來解釋電解質溶液的導電性和其他許多性質。

dissociative identity disorder ➠ multiple personality

dissonance ➠ consonance and dissonance

dissonance, cognitive ➠ cognitive dissonance

distaff　紡紗棒　置於手中旋轉的裝置，從預先處理過的纖維團拉出單根纖維纏在棒上（紡紗棒），絞在一起形成連續的線，纏繞在第二根棒子上（紡錘）。最常用於製作亞麻線，因爲羊毛線不需要紡紗棒（參閱carding）。機械化紡紗第一步是將紡錘水平架置，用手驅動的輪子旋轉帶動，紡紗棒帶著纖維團放在左手，轉輪以右手慢慢轉動紡車。薩克森紡車還加上線軸，連續纏繞紗線，纏繞粗纖維的紡紗棒變成靜止的垂直桿子，紡車由腳踏板帶動，不需要用到操作員的兩手。

distance formula　距離公式　以座標來說，兩點之間的距離用代數表示（參閱coordinate system）。在二維或三維的歐幾里德空間，直角座標點的距離公式以畢氏定理爲基礎。在點（a,b）和（c,d）之間的距離是

$\sqrt{(a-c)^2+(b-d)^2}$ 。

在三維空間，點（a, b, c）和（d, e, f）之間的距離是

$\sqrt{(a-d)^2+(b-e)^2+(c-f)^2}$ 。

distemper　瘟熱　兩種病毒疾病：犬瘟熱與貓瘟熱。犬瘟熱是高度傳染性的急性疾病，侵襲犬、狐、狼、鼬、浣熊及雪貂。未經治療的話大多會致命。受感染的動物最佳治療方法是及時注射血清球蛋白；用抗生素避免合併感染。接種疫苗可以賦予免疫力。貓瘟熱使受感染的貓白血球細胞數目劇降。很少持續超過一星期，但死亡率高。疫苗提供有效的免疫力。

disthene ➠ kyanite

distillation　蒸餾　把一種物質先轉變成蒸氣，再冷凝成液體的過程。蒸餾法用於從不揮發固體中分離出液體（如從發酵物質中分離出醇酒類），或用於具有不同沸點的幾種液體的分離（如從原油中分離汽油、煤油和潤滑油），其他工業應用還有甲醛、苯酚等化學產品的生產和海水淡化等。有許多不同的蒸餾法應用在工業中，其中最重要的是分餾或精餾法。在精餾操作中，蒸餾的餾分按其不同的性質盡量使

其區分開來。在這方面特別重要的是蒸餾頭、分餾柱和能讓某些冷凝蒸氣返回蒸餾器的冷凝器。要保證使上升的蒸氣和下降的液體間有盡可能密切的接觸，使得只有最容易揮發的物質通往接受器，而揮發性較差的物質成爲液體返回到蒸發器中。這種依靠蒸氣和液體逆向流動接觸使較易揮發組分提純的過程稱爲精餾或濃縮。

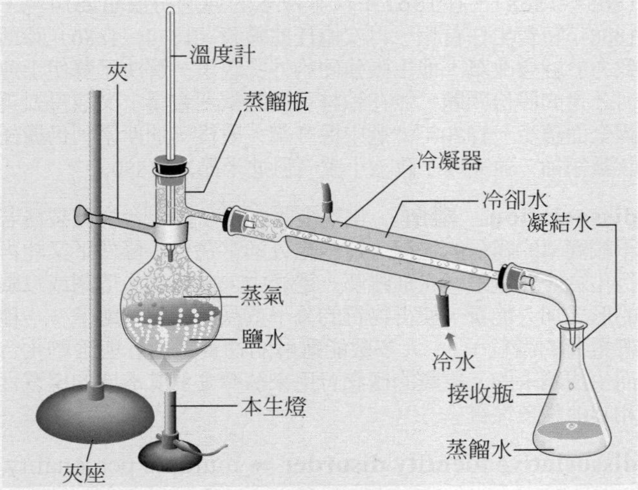

實驗室蒸餾器，示範操作鹽水的淡化。在蒸餾瓶中，鹽水煮沸產生水蒸氣，鹽仍留在溶液之中。蒸氣從燒瓶頂部擠出並進入冷凝器，是有兩層不同大小的管套起來。冷卻水在外部流過，蒸氣在內管冷卻並凝結，純化的液體往下流入接收瓶中。

distilled liquor　蒸餾酒　乙醇濃度高於原發酵產物的各種酒精飲料（如白蘭地、威士忌、蘭姆酒或燒酒）。由葡萄酒、其他發酵的果汁及植物液或先經發酵含澱粉物質（如各種穀粒）蒸餾獲得。生產蒸餾酒的原料一般是富含天然糖分或富含容易轉化爲糖的澱粉質的物質。蒸餾酒的生產原理是利用酒精與水的沸點差，將原發酵液加熱至酒精的沸點（78.5℃）與水的沸點（100℃）之間，餾出沸點低的酒精，收集、冷凝後即獲得酒精含量較高的液體。新蒸餾酒不宜飲用，須經過陳釀使口味圓熟。在裝瓶、銷售前，常需經過數年的陳釀。

distribution ➠ frequency distribution、normal distribution

distributive law　分配律　關於數的運算的一個規律，寫成公式是：a（b＋c）=ab＋bc，就是說單項因子a被分配到或分別應用到多項因子（b＋c）的每一項上便產生乘積ab＋bc。因此，幾個數首先相加然後用某個數乘其和，與首先用這個數分別乘每個數然後把這些積相加是相同的。亦請參閱associative law、commutative law。

District Court, U. S. ➠ United States District Court

District of Columbia　哥倫比亞特區　美國聯邦特區。範圍與華盛頓特區相同，外圍是馬里蘭州和維吉尼亞州。面積原爲259平方公里，1790年國會通過其準州地位，馬里蘭州和維吉尼亞州亦表同意；現占地179平方公里。地點是華盛頓總統選定的，1800年成爲聯邦政府所在地。1847年有一部分區域（亞歷山德里亞）歸還維吉尼亞州。1850年本區開始禁止奴隸買賣，1862年廢除奴隸制。1874年，總統任命的一個委員會基於政府利益而廢除準州政府。1961年，美國憲法第二十三次修正案同意該區居民擁有全國大選的選舉權。特區首長－評議會的政府形式建立於1967年。首長與評議員原由總統任命，1973年改由選舉產生，成爲正式官員，並於1974年獲得地方立法權。

dithyramb＊　酒神讚歌　在西元前7世紀的希臘，人們在筵席上爲崇祀酒神戴奧尼索斯所唱的即興歌。西元前6世紀末，這種讚歌正式被承認爲一種文學體裁。詩人阿里昂和品達爾都作過這類詩作。約從西元前450年起，寫酒神讚歌的詩人們在語言上和音樂方面使用了日益驚人的手法，致使酒神讚歌一詞的形容詞形式對古代文學評論家來說有了「浮誇的」和「過分的」含義。

Dittersdorf, Carl Ditters von＊　狄特斯多夫（西元1739～1799年）　原名Carl Ditters（1773年以前）。奧地利作曲家。童年即是一位技藝高超的小提琴家，1770～1795年擔任布雷斯勞親王兼主教沙夫戈奇伯爵的宮廷樂師。1773年封爲貴族，改姓狄特斯．馮．狄特斯多夫，他似乎拒絕了維也納宮廷樂師職務。寫了許多作品，包括了約一百二十首交響樂、約四十首協奏曲（有許多是爲小提琴而作）、宗教合唱曲和許多室內樂。他最著名的是四十部舞台作品，特別是歌唱劇，包括了《醫生與藥劑師》（1786）、《吝嗇人哈伊羅尼姆斯》（1789）和《紅色小帽》（1790）。

diuretic＊　利尿劑　增加尿量的藥物。用於促進體內多餘的水分、鹽類、毒物及代謝產物（如尿素等）的排出，有助於緩和水腫、腎功能衰竭和青光眼。利尿劑的種類很多，但大多都是通過減少腎元對鹽和水份的重吸收而達到增加尿量的目的。能使身體保存鉀的利尿劑常用來治療高血壓和鬱血性心臟衰竭。

Divali　排燈節　亦作Diwali。印度教在秋季爲期五天的宗教節日。商人最重視此節。此節供奉財富女神吉祥天女，在孟加拉則供奉女神卡利。第四天是排燈節的主要的一天，即毗克羅摩曆的元旦。排燈節也是耆那教的重要節日，該教信徒多爲商人。

diver ➠ loon

divergence　發散　數學中的微分算子，用於三維向量值函數。結果產生一種描述改變比率的函數。向量v的發散表示爲：

$$\text{div } v = \frac{\partial v_1}{\partial x} + \frac{\partial v_2}{\partial y} + \frac{\partial v_3}{\partial z}$$

其中v_1、v_2、v_3是v的向量成分，一般爲流體流動的速度場。

diverticulum　憩室　人體主要器官壁上形成的任何小凹陷或囊。最常出現在食道、小腸和大腸，特別在大腸。隨著年齡的增長，結腸壁肌肉不可避免地變鬆弛，所以中老年人特別易患此病。腸憩室病沒有症狀，但充滿糞便的憩室可以發炎，這種情況更爲嚴重，稱之謂憩室炎；其症狀有左下腹痛或痙攣、寒戰，有時發熱。此時需要作出明確診斷，鋇灌腸後X光檢查可以確定憩室的存在。輕型憩室炎的治療措施包括：臥床休息、抗生素治療、灌腸和進用無刺激性的飲食。嚴重病例可造成結腸憩室穿孔、破裂、潰瘍或出血，最後形成腹膜炎。腸破裂的病人須行結腸造口術。

divertimento＊　嬉遊曲　18世紀的一種輕鬆活潑和娛樂性的音樂體裁，通常由幾個樂章組成，供弦樂器、管樂器或管弦樂器演奏，其中有奏鳴曲、變奏曲、舞曲和迴旋曲。嬉遊曲是四重奏的前身之一。

dividend　股息　公司在股東中按其擁有股票的比例和股票的類別而確定分配的每股業務收益。股息通常以現金支付，但有時也採取增發股票形式來分配。通常優先股東有權按固定股息率優先取得股息；而普通股東，則從發放優先股息後的剩餘部分中領取一部分作爲股息。

dividing engine　劃分機　用來精確標記相同間距的機器，通常用在精密儀器。賴昆巴赫（1772～1826），德國天文儀器製造商，設計出生早期的劃分機。英國精密工具設計先驅冉斯登（1735～1800）設計出精度極高的劃分機，作爲劃分圓和直線之用，並生產出極爲準確的六分儀，經緯儀（參閱surveying），以及天文台的地中經圈。

divination　占卜　用各種超塵世的方法來獲得塵世間事物的情報或預卜吉凶禍福的活動。雖然方法不同，占卜是一種在各個地區和各個時代的文化中都可見到的活動。在西方其主要形式是占星術。占卜術可分成感應占卜、直觀占卜和解釋占卜幾種類型。感應占卜和解釋占卜是根據外部事實進行推理；直觀占卜靠感官或運動器官的不自覺活動或精神感受進行。占卜的哲學基礎反映了人們對自然界和人類的最基本的認識，其各種方法和許多文化因素有關，在傳播過程中又受到有關地區的文明的影響。但直至今日，仍無法拿出科學證據來證明占卜確實能預告未來。亦請參閱tarot、horoscope。

Divine, Father　神聖之父（西元1877?～1965年）　原名喬治・貝克（George Baker）。美國宗教領袖，1919年創立和平傳教運動。1900年前後開始在喬治亞州農村傳教。後移居巴爾的摩，1915年再遷紐約。1919年在紐約長島上塞維爾地方創立「天堂」，即教團總部。該教團信徒主要是黑人，在1930年代、1940年代迅速增加，許多他的信徒自稱「天使」，並尊他爲「上帝」。神聖之父禁止信徒吸煙、飲酒或使用化妝品。該教團於貝克死後衰落。

divine kingship　君權神授　一種宗教－政治概念，視統治者爲神靈之化身、顯靈、調解者或代表。在某些沒有文字的社會，成員認爲他們的統治者或首領承繼著社群本身的神奇力量。統治者可能會出於惡意或善意而行使這個力量，但他通常是負責影響天氣和土地的生產力，以確保生存所需的豐收。在其他社會中，特別是古代中國、中東、南美等社會，統治者被認爲跟某個神明有關，或本身就是神；在日本、祕魯（印加）、美索不達米亞以及希臘羅馬世界，統治者被看作是某個神的兒子。上述兩類例子裡，統治者保護社群免於敵人侵擾，照料他的子民並賜給他們溫飽。君權神授的第三種形式存在於歐洲，其中統治者是某個神明的調解者或執行代表。在這種形式裡，具有神聖性的主要是代表親緣的機構，而非單一一個統治者。

diving　跳水　通常是頭先入水，加上體操和技巧動作的運動。19世紀後期成爲一項競技性運動。1904年跳水成爲奧運會的一部分。比賽時，從水面上方5公尺或10公尺處一個堅固的台上跳下，或者從1公尺或3公尺高富有彈性的跳板上跳下。在奧運會比賽中，只使用10公尺跳台和3公尺跳板。參賽運動員要求做某些規定動作和幾個自選動作。三～十名裁判員對每一跳進行評分。每一跳得分的總和須再加上難度係數。

diving duck　潛水鴨　潛入深水水底取食的鴨類，與用喙在淺水中覓食的鑽水鴨不同。潛水鴨喜棲海水環境，俗稱爲港灣鴨或海鴨。港灣鴨屬於鴨科潛鴨族，包括帆布背潛鴨、美洲潛鴨、拾貝潛鴨和有關種；更常見於港灣或有潮潟湖而不是大海。海鴨指秋沙鴨族和絨鴨族近20種鳥類。經常生活於海上，有些種類也常到內陸水域和海濱。絨鴨族包括絨鴨，秋沙鴨族包括秋沙鴨和海番鴨等。

division of labor　分工　生產過程的專門化。要使複雜工作的成本降低經常可以經由一大群工人分工，每人負責一小部分的專門化工作來達成，而不是由一個人完成整個工作。專門化能夠降低生產成本和商品價格的概念是包括在比較利益的原則中。分工是大量生產系統中構成裝配線的基本原則。

divorce　離婚　終止合法婚姻的行爲，這通常使雙方有再婚的自由。在宗教權威仍居統治地位的地區（如天主教和印度教），離婚很困難，也很少見。在美國近一半的婚姻以離婚告終。離婚的原因最常見的是經常不回家、酗酒、嗑藥、通姦、虐待、犯罪、遺棄、精神異常、未履行撫養義務。亦請參閱annulment。

Diwali ➠ Divali

Dix, Dorothea (Lynde)　迪克斯（西元1802～1887年）　美國社會改革家、人道主義者，致力於精神病患者的福利。1821年在波士頓開辦了一所女子學校，1841年開始在監獄的主日學校教課，在那裡看到精神病患者和男女罪犯關在一起。在以後的十八個月中，她參觀了麻薩諸塞州禁閉精神病患者的公共機構。1843年她給州立法機構寫了報告，揭露所見到的令人震驚的情景。上述情況獲得改善之後，她將注意力轉到其他各州。由於她的努力，促使十五個州和加拿大專爲精神病患者建立了醫院。

Dix, Otto　迪克斯（西元1891～1969年）　德國畫家和雕刻家。曾在德勒斯登和杜塞爾多夫學畫，最後成爲有獨特風格的尖刻的真實派畫家，此派畫家把當代社會現實看作惡夢。他的作品把同情心和表現派的絕望情緒結合在一起，發出20世紀藝術中對社會的一種最強烈的吶喊。在德勒斯登學院被提名爲教授（1927），後又被選入普魯士科學院（1931）。1933年納粹政權撤銷了這些任命，並禁止他展出作品。迪克斯後期轉向宗教神祕主義。

迪克斯的《藝術家的雙親》（1921），油畫；現藏瑞士巴塞爾公共藝術收藏館
By courtesy of the Offentliche Kunstsammlung and the Emanuel Hoffman-Stiftung, Basel, Switz.; photograph, Hans Hinz

Dixiecrat　迪克西民主黨人　亦稱州權民主黨人（States' Rights Democrats）。西元1948年美國總統選舉期間民主黨的一個右翼分裂集團。他們反對民主黨的民權綱領，聲稱後者侵犯了各州的權力。迪克西民主黨人在阿拉巴馬州的伯明罕集會，提名南卡羅來納州長瑟蒙德爲總統候選人，在1948年的大選中獲一百萬多的選票並在四個州領先。

Dixieland　迪克西蘭　爵士樂的一種，屬於紐奧良爵士樂的早期風格。紐奧良的白人樂師們於1920年代初期在原迪克西蘭爵士樂隊中，表演了一種類似紐奧良黑人樂師的風格，它至少對1920年代和1930年代的爵士樂有同樣的影響。雖然這兩種風格之間沒有明顯的區別。但是紐奧良白人樂隊似乎更多藉助於繁拍和歐洲音樂，而不是吸取19世紀紐奧良黑人樂隊的風格。早年由奧利弗、摩頓領導的樂隊，由小號、短號演奏主旋律，單簧管、長號負責和聲部分，不論是快節奏的歌曲或慢節奏的悲傷輓歌常伴有歡樂的非諧音。這類樂團通常還使用了班卓琴、低音號和鼓等樂器。

Dixon, Joseph　狄克森（西元1799～1869年）　美國發明家與製造商。生於麻薩諸塞州馬貝海德，主要是靠自修。1827年率先使用石墨製作鉛筆、爐灶磨光劑和潤滑劑。發現石墨坩鍋能耐高溫，並獲得製作鋼鐵與陶瓷的石墨坩鍋專利。1850年在澤西市建立坩鍋鋼鐵廠。試驗照相與照相平板印刷，發明彩印鈔票的技術，以防止僞造。

Dixon, Willie　威利狄克森（西元1915～1992年） 原名威廉・詹姆斯（William James）。美國音樂家，他對電子藍調及搖滾樂的出現有所影響。1936年威利狄克森從故鄉密西西比移居芝加哥，贏得了伊利諾州金手套拳擊冠軍，同時開始推銷他的歌曲。在加入切斯錄音公司之前，曾經在幾個樂團演奏低音大提琴。他充滿活力的歌曲作品，曾以區區30美元的代價賣出，其中包括〈小小紅公雞〉、〈你讓我心煩意亂〉，以及〈後門男人〉；許多作品後來都被冠上別的作者名字，如沃特斯、貓王艾維斯普里斯萊以及滾石合唱團等。威利狄克森巡迴演出的足跡遍及全美及歐洲。

Djakarta ➠ Jakarta

Djibouti＊　吉布地　正式名稱吉布地共和國（Republic of Djibouti）。舊稱法屬索馬利蘭（French Somaliland, 1885～1967）、法屬阿法爾和伊薩領地（French Territory of the Afars and Issas, 1967～1977）。非洲東部共和國。臨紅海出入口亞丁灣。面積22,999平方公里。人口約461,000（2001）。首都吉布地。一半以上人口是伊薩人及其同源的索馬利人。阿法爾人約占2/5，其餘包括葉門阿拉伯人和歐洲人（法國人居多）。語言：阿拉伯語和法語（均爲官方語）。宗教：遜尼派伊斯蘭教。貨幣：吉布地法郎（DF）。吉布地分爲三個主要地區：海岸平原，中、南部的火山高地，以及北部的高山地帶。其中穆薩山海拔2,028公尺。土地主要是沙漠，熾熱、乾燥且荒蕪，可耕地不足1%。吉布地經濟屬開發中市場經濟，幾乎完全以貿易和服務業爲基礎，以吉布地市爲中心。政府形式是共和國，一院制。國家元首暨政府首腦是總統。西元前3世紀左右，阿法爾人的祖先阿拉伯人定居在此地。後來索馬利的伊薩人居住在此地。西元825年傳教士將伊斯蘭教傳入該地區。阿拉伯人曾控制此地區貿易直到16世紀。1888年成爲法國保護國法屬索馬利蘭。1946年法屬索馬利蘭成爲法國海外領地，1977年獲得獨立。20世紀晚期，該國政府得面對來自衣索比亞和索馬利亞戰區的難民及來自厄立特里亞的國內衝突。1990年代該國的政治狀況普遍不穩定。

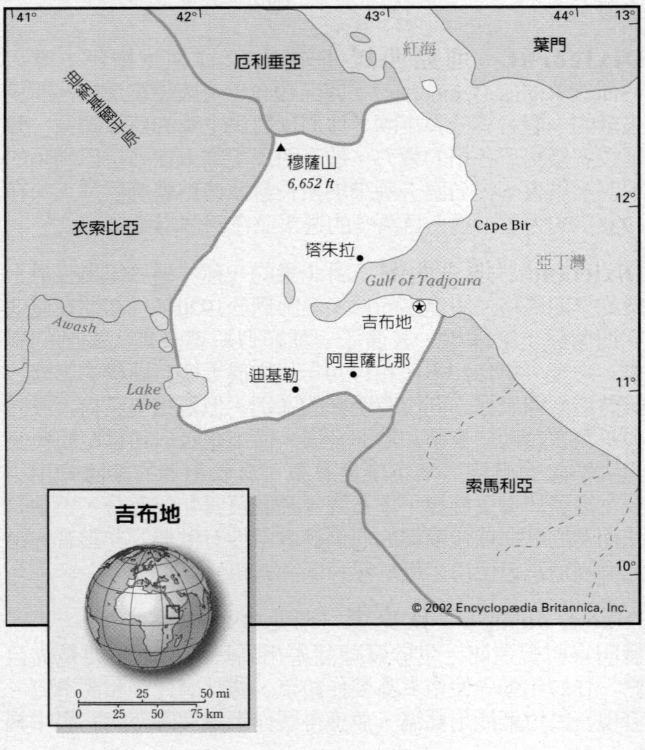

Djibouti　吉布地　吉布地共和國港口和首都。在亞丁灣的塔朱拉灣南岸。1888年左右由法國興建，1892年成爲法屬索馬利蘭首都。1917年有鐵路通阿迪斯阿貝巴，1949年成爲自由港。後成爲全國經濟中心，是衣索比亞與紅海之間貿易的轉運港、加油地和供應站。1980年代和1990年代初由於乾旱及戰爭，大批難民從衣索比亞、索馬利亞湧入吉布地，使得人口大增。人口約383,000（1995）。

Djilas, Milovan＊　吉拉斯（西元1911～1995年） 南斯拉夫政治人物和政治評論家。因從事反帝制的政治活動被捕入獄（1933～1936）。1938年任南斯拉夫共產黨中央委員，1940年當選爲政治局委員。第二次世界大戰時期，他在抗擊德軍的游擊戰中起過重要作用。1953年當選爲國民議會議長，後因與黨內其他領導人發生激烈衝突，被狄托撤銷一切政治職務。由於出書批評共產黨而數次被捕，其中包括了在西方出版的《新階級》（1957）。

Dmitry, False　僞季米特里　亦稱Pseudo-Demetrius。三個不同的爭奪莫斯科王位的人。在混亂時期，他們自稱是伊凡四世之子季米特里・伊凡諾維奇，實際上眞季米特里可能是在戈東諾夫的指使下已在1591年被殺。第一個僞季米特里與戈東諾夫奪權，並於1605年宣布爲沙皇。1606年被舒伊斯基（1552～1612）所殺，並繼承其位。謠傳季米特里並沒有死，第二個季米特里出現，1610年被殺前有大批的擁護者。第三個季米特里於1611年出現，他得到哥薩克人的效忠。1612年5月被人出賣，後在莫斯科處死。

DNA　去氧核糖核酸　全名deoxyribonucleic acid。核酸的兩種形式之一（另一種是核糖核酸）；分子結構複雜的有機化合物，見於所有的原核細胞、眞核細胞及多種病毒中。DNA編碼帶有遺傳訊息，決定著遺傳性狀的傳遞。1953年華生和克里克確定其分子結構爲雙條長鏈相互盤旋形成雙螺旋的聚合物，每條鏈由一長串的單體核苷酸組成。而核苷酸是由一種帶有磷酸的去氧核糖（戊糖）分子和一種含氮鹼基構

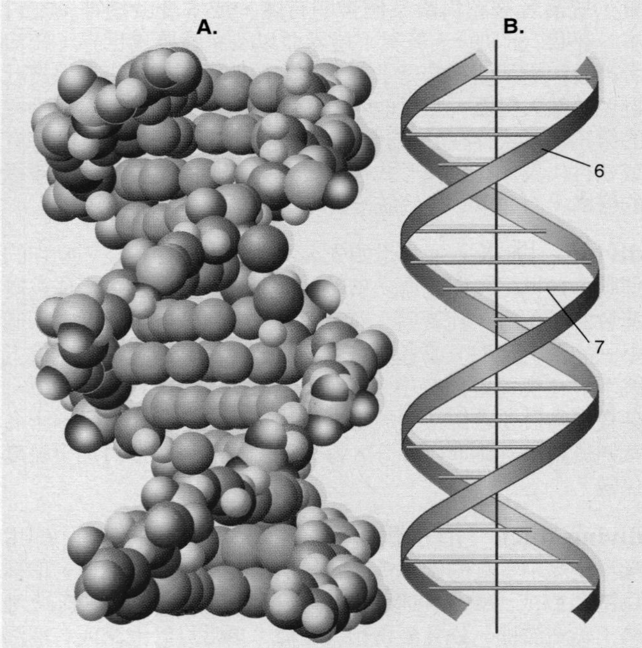

去氧核糖核酸雙螺旋。
A. 去氧核糖核酸分子模型。分子有（1）氫、（2）氧、（3）碳及含氮鹼基上的氮、（4）去氧核糖的碳、（5）磷。
B. 去氧核糖核酸的圖示。扭轉的階狀由（6）含氮鹼基成對以氫鍵結合，建構在（7）糖－磷酸的支柱上。

成。含氮鹼基有四種：腺嘌呤（A）、鳥嘌呤（G）、胞嘧啶（C）、胸腺嘧啶（T）。兩條核苷酸鏈則靠鹼基間的氫鍵相連；這種鍵合的次序是特定的，也就是腺嘌呤只與胸腺嘧啶結合，胞嘧啶只與鳥嘌呤結合。DNA複製時，雙鏈分開，每條單鏈作爲模板，按鹼基間氫鍵配對的規則，將一個新鹼基結合到原有的鹼基上，構成一條新鏈。最後，產生了兩個新的雙鏈DNA分子，每個分子包含一條原有的DNA鏈和一條新鏈，這種形式的複製是遺傳性狀得以穩定繼承的關鍵。所謂「基因」，指的就是DNA的一個片段，它編排了細胞內某種特定蛋白質的合成密碼。DNA是以染色體（稠密的蛋白質－DNA複合體）形式存在於細胞中。眞核細胞的染色體位於細胞核內，但在粒線體和葉綠體中也可發現DNA。有些原核細胞（如細菌）和一些眞核細胞中有一種稱爲「質粒」的染色體外DNA結構，這是一種能獨立自我複製的遺傳物質。質粒現已廣泛用於DNA重組技術中，以研究基因的表現方式。亦請參閱Franklin, Rosalind (Elsie)、genetic engineering、mutation、Wilkins, Maurice (Hugh Frederick)。

DNA computing　DNA計算　利用DNA分子來解析基本且複雜數學問題的計算方式。將生物細胞當成類似複雜的電腦。DNA組成的四個鹽基，習慣上以字母A、T、C、和G表示，將其當成算子，就像電腦使用的位元0與1。將DNA分子依據研究人員的說明加以編碼，然後使其重組（參閱recombination），同時進行億兆次的「計算」。這個領域才剛起步，蘊含的意義還有待探索。亦請參閱quantum computing。

DNA fingerprinting　DNA指紋分析　遺傳學中用於分離去氧核糖核酸（DNA）系列並製作其圖譜的方法，1984年英國遺傳學家傑佛利斯開發了這種技術。製作DNA指紋分析的步驟包括首先取得含有DNA的細胞樣本（如從皮膚，血液或毛髮中），提取DNA，並使之純化，然後用被稱爲限制酶的物質順其鏈在某一點上將DNA切斷，並經過一些程序使它們可以分析。每個個體的片段形式都不相同。DNA指紋分析早期被用於法律糾紛，主要是幫助偵破犯罪和判定身分。現在可用來精確地確定導致遺傳疾病的基因片段，將基因置入人類染色體的特定順序（參閱Human Genome Project），培育耐旱植物（參閱genetic engineering），以及使用作過基因修改的細菌來生產生物製品。

Dnieper River＊　聶伯河　俄語作Dnepr。古稱Borysthenes。歐洲中東部河流。歐洲長河之一，源自俄羅斯莫斯科西部，向南、向西流經白俄羅斯及烏克蘭，然後注入黑海，全長2,200公里。聶伯河流域有三百多個水力發電廠，還有幾座大型水壩利用並控制聶伯河的流水。在每年十個月的河水不凍期間，約有1,677公里（1,042哩）的河道可以通航，是歐洲東部重要的運輸幹道。

Dniester River＊　聶斯特河　俄語作Dnestr。古稱Tyras。歐洲中南部河流。源出喀爾巴阡山脈北坡，向南向西流至敖德薩附近，注入黑海。全長1,352公里。聶斯特河既是烏克蘭的第二大河，也是摩爾多瓦的主要河流。約1,200公里可通航。

Dnipropetrovsk＊　聶伯羅彼得羅夫斯克　烏克蘭中南部城市，臨聶伯河。1783年建立時稱葉卡捷琳娜斯拉夫，至1926年改現名。1880年代隨鐵路的修建和工業起步而發展起來，十月革命（1917）後發展成爲烏克蘭最大工業城市之一，形成大規模鋼鐵工業。該市也是高等教育機構所在，文化設施有劇院、音樂廳。人口約1,147,000（1996）。

Doberman pinscher＊　杜賓狗　19世紀德國阿波爾達地方守夜人路易．多伯曼培育成的狗品種。線條優美，敏捷有力。體高61～71公分，體重27～34公斤。被毛短，黑、藍、紅或淺褐色，喉、胸、尾根和腳帶棕褐色斑點。用作警犬、軍犬、看門犬及盲人領路犬。

Döblin, Alfred＊　德布林（西元1878～1957年）　德國小說家和短論作家。曾在柏林大學和弗賴堡大學習醫，專長是精神病學。《王倫三躍》（1915）是他第一部成功的小說。王倫是一個到處漂泊的革命者，他既受過國家政權的打擊，但他同時揭示了非暴力精神戰勝暴力的可能性。在他最著名和最具有表現主義色彩的小說《柏林，亞歷山大廣場》（1929）中，他把內心獨白同攝影機似的技巧結合起來，創造出一種節奏，把人在一個正在解體的世界中的狀況有力地像演戲似地表現出來。因其猶太裔的出身和社會主義觀點使他在納粹上台後逃至法國（1933），後又來到美國（1940），1950年代初重回巴黎定居。

Dobrovskyý, Josef＊　多布羅夫斯基（西元1753～1829年）　捷克語言學者。1786受按立成爲教士，1791年得到來自貴族的贊助，得以在布拉格致力於學術研究。爲校訂《聖經》而研究古教會斯拉夫語，後來研究斯拉夫語族諸語言，進而遍及斯拉夫文學、語言、歷史和考古所有領域，重要的著作是：《波希米亞語言文學史》（1792），其中包括對許多種因新教內容而長期遭禁的早期著作的研究，《波希米亞語之體系》（1809）爲捷克語語法著作，對捷克語進行系統整理並對文學語言之用法定出規則；另有古教會斯拉夫語語法（1822），曾奠定比較斯拉夫語研究的基礎。

dobsonfly　魚蛉　魚蛉科昆蟲，分布美洲、亞洲、澳洲和非洲，有4個網脈翅。具角魚蛉是一種大型昆蟲，翅展約13公分，翅脈網狀。雄蟲上腭較雌蟲上腭大，可超過2.5公分。雌蟲在河邊產微白色的卵塊。幼蟲孵出後爬到水中，生活在急流的石下。有發達的咀嚼口器，取食其他水生昆蟲和小型無脊椎動物。也會咬人，甚痛。後遷到水邊濕土、苔蘚或腐敗植物中作室化蛹，再羽化爲成蟲。幼蟲有時作爲魚餌。

Dobzhansky, Theodosius＊　多布贊斯基（西元1900～1975年）　原名Feodosy Grigorevich Dobrzhansky。烏克蘭裔美籍生物學家、遺傳學家。1927年移民美國，在哥倫比亞大學和洛克斐勒大學任教。他參與了將達爾文演化論與孟德爾遺傳學結合起來的工作。1937年著《遺傳學與物種起源》，使演化遺傳學成爲獨立的學科。他改變了當時對遺傳、演化的許多觀點，證明雜合子的果蠅生命力及繁殖力更強，雜合子更能保障基因在種群中保存；同一基因位點可有多數基因；無兩個個體有完全相同的基因型；野生型的基因型並不存在；遺傳系統因自然選擇而迅速改變，每一代生物中能適應環境的基因型得以繁殖更多的後裔。

dock　羊蹄　蓼科酸模屬耐寒多年生草本植物通稱，主根長，有時用作調味蔬菜。大部分羊蹄原產於歐洲，但大部分品種在北美洲亦可見。其中包括了羊蹄和大羊蹄。洋鐵酸模的嫩葉可用於沙拉。酸模常被視爲是羊蹄的一種，亦稱爲普通酸模或庭院酸模。

Doctorow, E(dgar) L(aurence)＊　達特羅（西元1931年～）　美國小說家。生於紐約市，曾擔任編輯工作，並在多所學院及大學任教。最暢銷的小說經常以美國勞工階層以及早年無依無靠的人們爲焦點。《但以理書》（1971）是有關羅森堡間諜案的故事。《爵士年華》（1975；1981年拍成電影）體現了20世紀早期美國的眞實人物。《無賴湖》(1980)、《世界博覽會》(1985)以及《強者爲王》(1989;1991年拍成電影)檢證了大蕭條時期及其餘波。《水廠》(1994)則將場景設定在19世紀的紐約。

Doctors' Plot 醫生陰謀案(西元1953年) 並無實據的蘇聯著名醫學專家謀害黨和政府領導人的陰謀。1953年1月13日蘇聯報紙報導有九名曾爲蘇聯主要領導人治過病的醫生被捕,其中至少有六名是猶太人。他們被指控謀殺蘇聯政府和共產黨的官員。這些醫生據說全都承認他們的罪行。由於史達林在3月去世,所以未進行審判。同年4月《眞理報》又報導:這一案件經過重新調查,證明對他們的指控不能成立,他們的供詞是在刑訊下逼出來的。1956年2月,赫魯雪夫在蘇共第二十次黨代表大會上的祕密報告中斷言,此案件是史達林親自命令捏造和誘逼招供的,「醫生陰謀案」是一次新的大清洗開始的信號。

Doctors Without Borders 無國界醫師組織 法語作Médecins Sans Frontières。全世界最大的國際性民間醫療救濟組織,由一群法國醫師於1971年創立。該組織對軍事衝突、傳染病、自然與人爲災害的受害者提供協助,協助對象亦包括那些由於地處偏遠或種族因素而缺乏醫療照護的人;他們的行跡遍及前線醫院、難民營、災難現場、城鎮、鄉村。醫療團隊提供基礎的健康照護,施行手術,爲兒童接種疫苗,重建醫院,進行緊急營養及衛生計畫,訓練在地醫療人員。其運作獨立於各國政府之外,依靠的是志願的醫療專業人員(每年超過2,000人)與私人捐款。該組織於1999年獲得諾貝爾和平獎。

doctrine of the affections ➠ affections, doctrine of the

doctrine of the Mean ➠ Zhong yong

documentary 紀錄片 以教育或娛樂爲目的的、描述和闡釋事實材料的影片。佛萊赫提的《北方的南努克》(1922)被認爲是這類電影的原型。葛里遜的《飄流者》(1929)和羅倫茲的《破土之犁》(1936)影響了1930年代紀錄片的製作。里芬施塔爾在1930年代爲納粹宣傳製作了兼具美學張力的紀錄片。第二次世界大戰所有主要的交戰國都製作了宣傳紀錄片:美國有卡普拉的名爲《我們爲什麼而戰》(1942~1945)的一系列影片;英國則發行了《倫敦堅持得住》(1940)與《沙漠上的勝利》(1943)。1960年代和1970年代,紀錄片在電視上相當盛行,導致之後如柏恩斯《南北戰爭》(1990)之類的電視迷你影集的誕生。亦請參閱cinéma vérité。

documentary theater 文獻劇 ➠ fact, theater of

dodder 菟絲子 菟絲子科唯一的屬菟絲子屬的植物,爲無葉的纏繞性寄生植物。一百五十多種,廣泛分布於世界溫帶及熱帶地區。莖細長,繩索狀,可爲黃色、橙色、粉紅色或褐色。許多種已隨其寄主引進新的地區。菟絲子不含葉綠素,以吸器吸收營養。吸器爲根狀器官,深入寄主組織中,可使寄主致死。菟絲子可嚴重危害車軸草、苜蓿、亞麻、啤酒花及豆類,主要的控制方法爲用手將其拔除及避免無意地將其傳播。

赫羅諾維厄烏菟絲子(Cuscuta gronovii)
Russ Kinne – Photo Researchers

Dodge, Mary Mapes 道奇(西元1831~1905年) 原名Mary Elizabeth Mapes。美國作家。生於紐約市,由於丈夫猝亡,爲維持生計,開始撰寫兒童故事。第一部選集是《阿文頓故事》(1864),接著兒童文學的經典作品《漢斯·布林克:又名銀冰鞋》(1865)問世。1873年受聘爲兒童雜誌《聖尼古拉》的編輯。由於她在文學和道德方面嚴格要求,《聖尼古拉》雜誌吸引了一批當代著名作家,如馬克吐溫、奧爾科特、史蒂文生和吉卜林。

Dodge, William E(arl) 道奇(西元1805~1883年) 全名爲William Earl Dodge。美國商人。早期新英格蘭移民的後代,最初從事綢布業。1833年與岳父費爾普斯組成五金行費爾普斯-道奇公司。不久,成爲美國最大的五金進口商。道奇投資範圍很廣,計有:林地、銅礦、鐵礦。1882年該公司購得皇后銅礦公司在亞利桑那的礦山,這標誌該公司已躋身美國礦業公司的前列。至今該公司仍是世界最大的產銅公司之一。

dodo 渡渡鳥 鳩鴿目(有時畫爲孤鴿目)孤鴿科鳥類,學名爲Raphus cucullatus。原產模里西斯,1507年爲葡萄牙船員發現,1681年因人類及其引進的動物使得絕滅。重達23公斤左右。體羽藍灰色、頭大。嘴長23公分,淡黑色,具淡紅色鞘形成鉤尖。翅小而不能飛。腳強壯,黃色,腳後端高處有一束彎曲的羽毛。留尼旺孤鴿和羅德里格斯島的羅德里格斯孤鴿亦已滅絕,留尼旺孤鴿可能是渡渡鳥的白化變種。部分博物館保存有多少是完整的骨骼,孤鴿的許多骨骼亦被保存下來。

渡渡鳥模型
By courtesy of the Peabody Museum of Natural History, Yale University

Dodoma* 多多馬 坦尙尼亞城市。該市位於人煙稀少的農業區,海拔1,135公尺。爲附近地區農產品集散中心。工業生產有家具、飲料、食品和肥皂等。1974年,該市被選爲新都,政府機構將由達累斯薩拉姆分期遷入。人口約203,833(1988)。

Dodona* 多多納 希臘主神宙斯的古神殿,位於希臘的伊庇魯斯。在那裡舉行的祭儀有許多異常的特點。最早提到它的是荷馬。是神諭的所在地。有一棵樹(或幾棵樹)被認爲能通過樹葉的沙沙聲和其他聲音傳達神諭。多多納的另一個特點是「青銅器」,這是一面大鑼,每有微風吹動,上面小人手中的鞭子就敲動銅鑼作響。

Doe, Samuel K(anyon) 杜(西元1950/51~1990年) 賴比瑞亞軍人,1980~1990年爲國家元首。杜爲克蘭族人。1980年4月,杜領導一群克蘭族士兵對賴比瑞亞行政大樓發動攻擊,殺死了總統托柏特(1913~1980)。杜將憲法暫時中止,直至1984年才由人民複決核准新憲法。1985年舉行總統選舉,他當選總統,但一些觀察指責這是欺騙。他在國內外遭到反對,其政權時常被形容爲殘暴而腐敗。惡化的經濟狀況成了他任期中的沈重負擔,他本人也不斷遭受謀刺與陰謀的威脅,但都被他殘酷鎮壓下去。1989年爆發內戰,杜被俘後遭暗殺。

Doenitz, Karl ➠ Donitz, Karl

Doesburg, Theo van* 都斯柏格(西元1883~1931年) Christian Emil Maries Kupper的筆名。荷蘭畫家、裝

飾家、詩人和藝術理論家。他原擬從事戲劇，後約於1900年轉向繪畫，成爲後期印象派和野獸派畫家。在認識蒙德里安後，才開始以大自然爲題材創作幾何圖形抽象繪畫。1917年創立風格派團體時曾發揮主要作用，並出版前衛派藝術評論《風格》創刊號。他提倡的風格派幾何圖形畫風對現代派建築師科比意、格羅皮厄斯和密斯·范·德·羅厄頗有影響。1926年寫了《風格派》宣言，闡述了其「元素主義畫派」理論，一種基於在幾何圖形抽象繪畫中運用傾斜平面以增加構圖動態效果的美學思想。

dog　狗　食肉目犬科動物，特別指已馴化的種類，學名爲Canis familiaris。有強腭、利齒、健腿，嗅覺和聽覺敏銳，適於主動捕獵生活。狗的近期祖先很可能是狼或似狼的動物。狗是最早的家養動物，大約是同時在世界各地進行馴化。由於人類進行選擇育種，育出了許多品種，可從多方面來區分：大小（小型的吉娃娃狗到大型的獒犬）、外觀的形式（如短腿的臘腸狗和扁臉的鬥牛犬）、毛色和長度（如光滑的杜賓狗和長毛的阿富汗獵犬）及行爲類型（如獵犬、玩賞犬和工作犬）。歐美時常舉行狗的表演、展出和比賽，各國都有養狗者的組織——養狗俱樂部，比如在英國和美國都有著名的肯內爾俱樂部，對狗進行登記、分類和評定，組織各種活動，發行出版物。在這些國家養狗已形成一種產業，狗的飼養已達到很高的水準。

dog salmon ➠ chum salmon

Dog Star　犬星 ➠ Sirius

dogbane family　夾竹桃科　龍膽目的一科。一百五十餘屬，約一千種。喬木、灌木、木質藤本或草本植物。植株含乳狀液，常有毒。葉緣光滑。花叢生，稀單生。果通常爲蓇葖果，成熟後裂開；少數爲漿果狀或肉質，種子有翅或簇生。主要分布於世界熱帶和亞熱帶地區。該科的庭園觀賞植物有蔓長春花屬、夾竹桃屬、黃花夾竹桃屬、雞蛋花屬、假虎刺屬及山辣椒。絡石屬幾個種（尤其是絡石）、曼得藤屬和黃蟬花屬是美觀的木質藤本。羅布麻屬和水甘草屬有時也栽培觀賞。有些種原產非洲，爲肉質植物，葉互生，莖形奇特。箭毒提自多種夾竹桃科植物。有些屬的植物含有毒生物鹼，可供藥用。

doge＊　總督　西元8～18世紀威尼斯共和國的最高官吏，是威尼斯國家主權的象徵。在威尼斯，總督職位始於該城在名義上屬於拜占庭帝國的時代，8世紀中葉始固定下來。總督由威尼斯各統治家族選出，爲終身職，享有廣泛的權力。因個人能力卓越而產生相當政治影響的最著名的總督，有領導威尼斯發起入侵拜占庭帝國的丹多洛（1192～1205年在位）和領導威尼斯第一次征服義大利大陸的福斯卡里（1423～1457年在位）。1797年拿破崙征服義大利北部後，該職位即被廢止。

Dogen＊　道元（西元1200～1253年）　亦稱希玄道元（Kigen Dogen）。日本鎌倉時代（1192～1333）高僧。十三歲出家，在天台宗中心比睿山研究佛經。1223～1227年間留學中國，在如淨禪師指導下悟道。回國廣傳曹洞宗神學。晚年住名古屋西北的永平寺。他的第一部著作《普勸坐禪儀》簡要介紹坐禪方法。

dogfish　狗鯊　角鯊科、貓鯊科、皺唇鯊科幾種小型鯊魚的統稱。角鯊科在兩背鰭前各有一強棘，最有名的是白斑角鯊，盛產於北大西洋及北太平洋沿岸。角鯊體灰色，具白色斑點，體長60～120公分，常集群掠食魚類和各種無脊椎動物。可供食用，並生產魚肝油及肥料。背鰭棘具毒腺，可致傷疼。皺唇鯊科最爲人所熟悉的是玲瓏星鯊，廣泛用於解剖教學和實驗室，也是美國大西洋沿岸最常見的鯊類之一。體細長，可達150公分，淡灰色，牙小且成行，尾下葉不發達。底棲，以魚類及甲殼動物爲食。亦請參閱bowfin。

Dogon＊　多貢人　馬利中部高原地區一個種族集團。其語言是否屬尼日－剛果諸語言尚有疑問。多貢人約有三十萬，大部居住在邦賈加拉陡崖的多山丘陵、山地及高原，多數從事農業，少數工匠大體從事金工及皮革業，構成不同的社會階級。不足半數的多貢人是穆斯林，基督徒則更少。大多數信奉傳統宗教。

dogsled racing　狗橇比賽　狗拉雪橇在雪路上進行越野比賽的運動。源出於愛斯基摩人的運輸方法。現代輕型比賽雪橇重約13.6公斤。狗經專門育種和特殊訓練，有愛斯基摩犬、西伯利亞愛斯基摩犬、薩摩耶德犬和阿拉斯加雪橇犬等。約4～10隻狗爲一組。賽程爲19～48公里，包括伊迪塔羅德小道狗橇賽在內的一些比賽，賽程可能稍長一些。

dogtooth violet　狗牙堇　大約20個物種春季開花的植物，百合科豬牙花屬。除了紫色或粉紅色花的歐洲狗牙堇以外，所有狗牙堇的產地都在北美洲。花低垂，通常是單株或小簇，顏色從白色到紫色。兩片葉子從植物底部伸出，通常有白色或棕色的斑點。常見的北美洲狗牙堇，黃花，棕色斑點的葉子。有幾個物種培育當成假山庭院的觀賞植物。

dogwood　山茱萸；狗木　山茱萸科梾木屬植物，灌木、喬木或草本。原產於歐洲、東亞和北美。多花狗木原產於北美，因其花瓣狀苞片美麗而廣泛栽培觀賞。歐亞山茱萸原產於歐洲，也供栽培觀賞，果可鮮食、製蜜餞或釀酒。該屬少數灌木種有斑葉，枝條有紅、紫、黃等色，栽培供觀賞及作爲狩獵動物的食料。

多花狗木的花
J. C. Allen and Son

Doha＊　杜哈　阿拉伯語作Ad-Dawhah。卡達首都。位於卡達半島東岸。該市人口約占全國人口的3/5，一直是當地重要港口，1970年代建成深水港。長期以來是波斯灣海盜活動的中心。原爲小村莊，1971年末成爲新獨立的卡達的首都。該市已完全現代化，清除了貧民區，建築了現代化商業區和住宅區。深水港能停泊遠洋輪。卡達國家捕魚公司使用現代機械化船舶捕魚，公司總部設此。港內還建有現代化凍蝦廠和包裝廠。城東南有國際機場。人口約339,471（1993）。

Doherty, Peter Charles　多爾蒂（西元1940年～）　全名Peter Charles Doherty。澳大利亞免疫學家和病理學家。在蘇格蘭愛丁堡大學獲博士學位（1970）。他與辛克納格爾合作，發現取自受腦膜炎病毒感染的老鼠的T細胞，只能摧毀同類老鼠受病毒感染的細胞，並指出T細胞必須在受感染細胞上認出兩個信號--一是來自病毒，另一種是來自細胞自體--才能予以摧毀。由於兩人發現身體的免疫系統如何區別正常細胞與受病毒感染的細胞，而共獲1996年諾貝爾獎。

Dole, Robert J(oseph)　杜爾（西元1923年～）　美國政治人物，共和黨國會領袖。第二次世界大戰期間受重傷，雖經治療，右臂及右手還是殘廢。回到堪薩斯州後，取得法律學位。成爲美國眾議院議員（1961～1969）之前，擔任堪薩斯州議員。1969～1996年間擔任參議員，1976年與福特搭檔競選總統。1984年成爲參議院多數黨領袖，1987年則是少數黨領袖。1996年從參議員職務退休投入總統大選工作，雖獲共和黨提名，但最後敗於柯林頓手下。他的妻子伊麗莎白在2000年總統大選角逐共和黨的黨內提名，但未成功。

Dole, Sanford Ballard　杜爾（西元1844～1926年） 夏威夷共和國總統。早年在美國麻薩諸塞州威廉斯學院學習兩年，然後回夏威夷，在檀香山當律師。兩次當選爲夏威夷議會議員。1887年任夏威夷最高法院法官。1893年廢黜夏威夷女王利留卡拉尼，任臨時政府總統。1894年夏威夷共和國成立，他任總統。1900年美國合併夏威夷，建立準州，任他爲州長。

dolerite 粒玄岩 ➠ diabase

Dolin, Anton　多林（西元1904～1983年） 原名Sydney Francis Patrick Chippendall Healey-Kay。英國芭蕾舞者、編舞家。1921年加入俄羅斯芭蕾舞團開始他的芭蕾生涯，後成爲該舞團的一個獨舞舞者。1930年代和1940年代曾協助成立幾個芭蕾舞團，1949年與其搭檔瑪爾科娃成立了瑪爾科娃－多林舞蹈團和倫敦節日芭蕾舞團，由他擔任藝術總監和首席舞者。曾在《藍色列車》（1924）、《約伯》（1931）、《青鳥》（1941）創造主要角色。芭蕾創作有《隨想曲》（1940）、《浪漫時代》（1942）和《四人變奏舞》（1957）。還寫了幾本有關舞蹈的書。

doline 石灰井 ➠ sinkhole

doll　玩偶 模仿人或動物的形狀做成的一種兒童玩具。玩偶可能是人類最古老的玩具。有些古代玩偶可能具有宗教含意，一些權威人士常論述這種宗教玩偶的歷史比玩具早。在埃及、希臘和羅馬的兒童墳墓以及早期基督教墓窨中葬有玩偶。歐洲大約從16世紀開始進行商業生產。玩偶頭部由木材、赤陶、雪花石膏和蠟製成。約在1820年，用上釉瓷器（德勒斯登）和不上釉的陶器做的玩偶頭頗爲流行。1860年代法國朱莫家族做的陶器玩偶頸部可旋轉，身體是木製或鐵線做的，外面包有小山羊皮，或小山羊皮內塞有鋸木屑；這種玩偶製作法一直流行到20世紀被塑膠製品取代時爲止。在日本，玩偶多半不是玩具而是節日的人物。在印度，印度教徒和穆斯林教徒都向年幼的新娘贈送穿戴講究的玩偶。今日，玩偶常被當成古物來收集。

埃及漆木玩偶（西元前2000年）
By courtesy of the trustees of the British Museum

Dollar Diplomacy　金元外交 美國總統塔虎脫（1909～1913年在職）所創的外交政策，以確保一個區域的金融穩定，使該區域的美國商業和金融利益獲得保護和擴充。此一政策源自老羅斯福總統對多明尼加共和國的和平干涉，即美國貸款給多國政府，交換條件是美國對多國海關（多國稅收主要來源）首長有選擇權。塔虎脫的國務卿諾克斯也曾對中美洲（1909）和中國（1910）使用這個政策。1913年，威爾遜總統公開否定金元外交。金元外交成了以不光明手段純爲金融目的任意操縱外交事務的代稱。

Dollfuss, Engelbert*　陶爾斐斯（西元1892～1934年） 奧地利政治人物。在奧地利政界迅速竄起，1932年出任總理。爲反對納粹，與墨索里尼結爲盟友。他推行一種實際上使奧地利變成義大利的衛星國的外交政策。1933年他廢除國會，在保守的天主教和義大利法西斯主義原則的基礎上建立獨裁政權。1934年5月頒布新憲法，他的政權完全成爲一個獨裁政權。同年6月，德國唆使奧地利的納粹分子發動內戰，他被納粹分子刺死。

Dollond, John and George*　多朗德祖孫（約翰與喬治）（西元1706～1761年；西元1774～1852年） 英國光學家。約翰研製了一種消色差折射望遠鏡和一種實用測日儀，後者是用來測量太陽的直徑和天體間角度的望遠鏡。他的孫子喬治一生大都在製造數學儀器的工廠中工作。發明多種用於天文、大地測量和領航的精密儀器。他的由水晶製成的千分尺被用作天文學的測量，還發明了同時測量氣溫、氣壓、風向、風速、水蒸氣和電現象並記錄在紙帶上的大氣記錄儀。

dolmen*　石室冢墓 史前遺物，以數塊巨石植於地上，邊向外傾，上承石板以爲頂，用作墓室，爲新石器時代歐洲典型結構。石室墓葬雖以掩埋形式流行東方，遠到日本，但主要爲歐洲、不列顛諸島及北非之產物。亦請參閱megalith、menhir。

威爾斯達費德（Dyfed）的石室冢墓
By courtesy of the Department of the Environment, London, Crown copyright reserved

Dolmetsch, (Eugène) Arnold*　多爾梅什（西元1858～1940年） 法國出生的英國音樂家。在隨維耶唐（1820～1881）學習小提琴後移居英國，開始他古代音樂的演奏和配器的考證工作。他製造了許多魯特琴、擊弦鍵琴、大鍵琴、豎笛等樂器，並與妻子和孩子一起表演和傳播古代的音樂。所著《如何演奏17和18世紀的音樂》（1915）一書，爲研究古代音樂提供了基礎知識。

dolomite　白雲岩 石灰岩的一類，其碳酸鹽組分以白雲石礦物爲主。白雲岩一般由石灰岩變化而來，石灰岩中的方解石（碳酸鈣）完全被鈣鎂碳酸鹽（$CaMg(CO_3)_2$）取代。礦物白雲石存在於大理岩、滑石片岩以及其他富含鎂的變質岩中。還產於熱液礦脈中和碳酸鹽岩石內的孔穴中，偶爾作爲各種沈積岩的膠結物。在碳酸鹽岩石中，是最常見的一種造岩礦物。

Dolomites*　多洛米蒂山 義大利語作Alpi Dolomitiche。義大利阿爾卑斯山脈北部東段的山群。有許多高峰，其中十八座山峰海拔逾3,050公尺。最高點爲馬爾莫拉達峰（高3,342公尺）。18世紀法國地質學家多洛米厄對該地區及其地質進行過科學研究。山體由淺色石灰岩構成，受侵蝕作用影響，山脊呈鋸齒形，山谷深邃，多陡峭岩崖。受旅遊登山者喜愛，有一些旅遊城鎮。

dolphin　海豚 兩類動物的通稱：海豚科、喙豚科和長吻海豚科等鯨類水生獸類；或是鯕鰍科海洋魚類。獸類海豚是身材小而呈流線型的鯨類，通常有輪廓分明的喙形吻部。（它們常被稱爲鼠海豚，但應是指鈍吻海豚。）熟知的種是海豚和寬吻海豚，這兩種都屬於海豚科，廣泛分布於熱帶和溫帶海洋。海豚科約三十二種，分布於全球海域。大多數是灰色和灰黑色，或背面褐色腹面淺褐色，體長約1～4公尺。

喙豚科有四屬四種，體小，主要棲於淡水水域，生活在南美和亞洲，具細長吻，小眼，視力弱。長吻海豚科有三屬八種。吻細長，棲息在熱帶河流和海洋中；有時列入海豚科。俗稱海豚的魚是一種供食用和娛樂的魚。這種海豚棲息在熱帶和溫帶水域，頭大而鈍，體錐形，末端爲細長的叉狀尾。

寬吻海豚（Tursiops truncatus）
By courtesy of the Miami Seaquarium

Domagk, Gerhard　多馬克（西元1895～1964年）
德國細菌學家、病理學家。曾任烏珀塔爾－埃爾伯費爾德的染料工業托拉斯（拜耳公司）實驗病理學和細菌學實驗室主任。在該處系統地研究新染料及新藥物時，發現一種染料百浪多息紅對感染小鼠的鏈球菌有抗菌作用，後該藥進行了臨床試驗，百浪多息成爲第一種磺胺藥。由於這項發明，多馬克獲1939年諾貝爾生理學或醫學獎，並因受納粹德國政策之阻，直至1947年方接受金質獎章及獎狀。

domain name　網域名稱　在TCP/IP網路如網際網路上，電腦、機構或其他實體的位址。網域名稱通常利用三層格式：「伺服器.機構.種類」。最上層指出機構的種類，例如com是商業網站，edu是教育網站；第二層是最上層加上機構的名稱（例如britannica.com是大英百科全書）；第三層標誌這個位址特定的主機伺服器，如www.britannica.com的www（World Wide Web）主機伺服器。網域名稱最後對應到IP位址，但是兩個以上的網域名稱可以對應到相同的IP位址。在網際網路上網域名稱必須獨一無二，必須由網際網路網域名稱與位址管理機構（Internet Corporation for Assigned Names and Numbers; ICANN）認可的註冊機構分派。亦請參閱URL。

Dombrowska, Maria ➟ Dabrowska, Maria

dome　圓屋頂　房屋建造中由拱發展而成的半球形結構，常用作天花板或屋頂。源於實心的土丘，最早只用在很小的建築上，例如古代中東、印度和地中海地區的圓棚屋和墳墓。古羅馬人創造了大型的磚石半球形穹窿頂，它沿著周邊產生推力，最早的宏偉例子如羅馬的萬神廟，有厚重的支承牆體。拜占庭的建築師發明了在支墩上建造穹窿頂的技術，四面可以採光和通行。從方形基座到半球形穹窿頂間的過渡是採用四個穹隅，即呈三角形球面的砌體。穹隅的頂點支在四個支墩上，將上方的荷載傳遞下去。現代建築所用的多面體圓頂由若干三角形或多邊形的面組成，其應力分布在結構本身內。

Dome of the Rock　岩頂圓頂寺　亦稱歐麥爾清眞寺（Mosque of Omar）。位於耶路撒冷，是現存最古老的伊斯蘭教聖跡。其所在的岩石爲伊斯蘭教和猶太教奉爲神聖。相傳伊斯蘭教創始人先知穆罕默德由此處登霄。按照猶太教的傳說，希伯來人的祖先亞伯拉罕（易卜拉欣）就在這裡準備將其子當作犧牲獻給神。圓頂寺建於685～691年，供朝聖之用，八角形的建築內有許多馬賽克鑲嵌、彩陶和大理石裝飾，其中很多是後來若干世紀中增建的。

Domenichino＊　多梅尼基諾（西元1581～1641年）
原名Domenicl Zampieri。羅馬和波隆那早期巴洛克折衷主義畫家。曾在卡拉齊家族的美術學院學畫。1602年到羅馬。1617～1618年間爲樞機主教博蓋塞繪製著名油畫《狄安娜狩獵》，畫面生動逼眞，與其枯燥無味的古典格調的壁畫不同，表明他是位對色彩敏感的畫家。他成爲羅馬重要畫家，負責幾項重要的裝飾工作。他是位出色的製圖者及肖像畫家；在整個17～18世紀間，唯有他的作品可以與拉斐爾相提並論；他對普桑和克勞德·洛蘭亦影響深遠。

多梅尼基諾的《聖哲羅姆的最後聖餐》（1614），油畫；現藏梵諦岡博物館
SCALA – Art Resource

Domenico Veneziano＊　多米尼科（創作時期西元約1438～1461年）　義大利畫家，15世紀佛羅倫斯畫派的奠基人之一。早年活躍於佛羅倫斯。有兩件署名作品遺存，其一爲已經嚴重損壞的壁畫，內容是寶座上的聖母與聖子（1430年代）；另一爲馬尼約利的聖路加教堂祭壇畫（1445?），祭壇高架上的五幅畫現已拆散。《天使報喜》是他試驗畫室外光最成功的作品。圓形畫《博士朝拜》，把明快的色彩與細膩的寫實主義結合在一起，背景是逼眞的遼闊原野。他的影響可從巴多維內蒂的作品看出。

Domesday Book　末日審判書　征服者威廉一世對英格蘭所進行的調查的原始記錄或提要。調查是在1086年進行的，詳細記載皇家地產和大佃戶情況，可能是中世紀最卓越的政治成就。英格蘭的大多數村和鎮是在《末日審判書》中首見記載的。人們把整個調查稱爲「對英格蘭的描述」，但通常都使用「末日審判書」這一俗稱，以示人們在這次調查記錄面前無可求告。

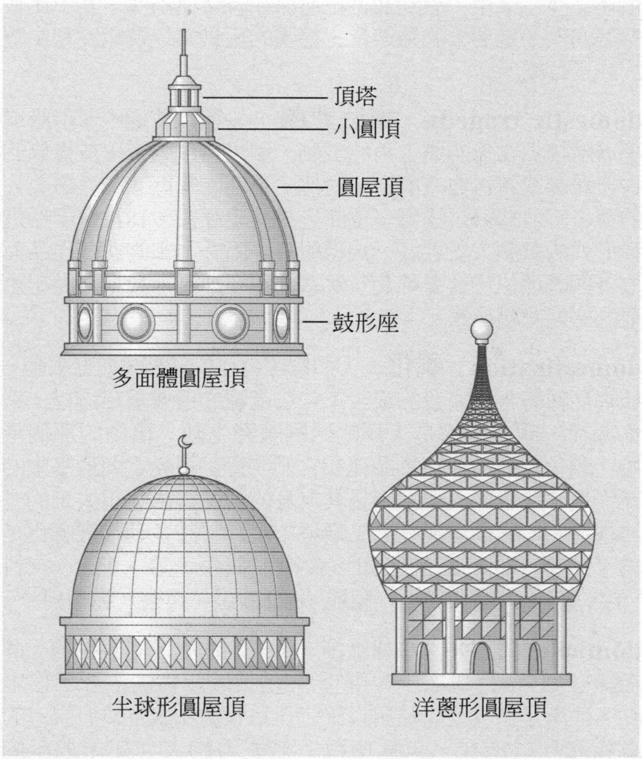

圓屋頂傳統上主要是由圓柱形或多邊形的鼓形座所支撐；頂部可能有小圓頂，頂塔可容納燈火。古典半球形圓屋頂有圓形的基座，斷面則是半圓形；多面體圓屋頂的基座為多邊形，各切面在頂部會合；洋蔥形圓屋頂的底座為圓形，斷面半開。
© 2002 MERRIAM-WEBSTER INC.

domestic cat　家貓　亦稱爲屋貓（house cat）。食肉目貓科中的馴化種，學名爲Felis catus。仍保有大型野貓的特性，但毛及大小與其他大型貓大不相同。品種分短毛（暹羅貓）和長毛（波斯貓），家貓毛色多爲黑色、黃色、灰色、白色或上述顏色的混合。雄者雖可達71公分，雌者通常只有51公分長。一般家貓重2.5～4.5公斤，街貓（無血統證明的家貓）卻可重達13公斤。和家貓最近緣的野生種可能是北非的野貓（包括利比亞貓）。由於貓能捉老鼠以保護農人的莊稼，它們在西元前1500年時的古埃及已被馴化成家貓。根據記載目前有三十七個家貓的品種。

domestic service　家庭服務　私人家庭的雇傭勞動，如：打掃房屋、烹調、照看兒童、收拾庭院和服侍主人。在旅館和供膳寄宿舍及公共機關和工商企業中的類似工作，也屬於家庭服務。古代希臘、羅馬和其他早期文明國家，家庭服務幾乎完全由奴隸承擔。中世紀的歐洲，農奴是這一必要勞動力的主要來源。殖民時期的美洲和內戰前的美國南方諸州盛行契約童僕和黑奴制度。維多利亞時期的英格蘭，許多中高階級的家庭已僱用家僕；而皇室和名門則僱用大批童僕，男女兼有。1920年代初起家庭服務在美洲和歐洲漸趨沒落，造成這種現象的因素有：社會各階層差別縮小、婦女可得到較好的工作機會、節省家務勞動的技術如洗衣店、兒童日托中心等。

domestic system　家庭代工　亦稱包出制（putting-out system）。一種生產制度，曾盛行於17世紀的西歐。根據這種制度，商人兼雇主將原料發給農村的手工工人在家裡工作，製成品交還雇主後，按產品件數或工作時間付給報酬。家庭代工不同於家庭生產的手工業制，承包工人自己不買進原料，也不出賣產品。這種制度破壞了城市行會的限制性行規，而首次在工業中廣泛雇用女工和童工。在產業革命的過程中，這種制度已被雇用工人入廠工作的制度所普遍代替。但在某些行業中，直到20世紀還保存有這種制度，其中比較顯著的例子是瑞士的鐘錶業、德國的玩具業以及印度和中國的許多行業。

domestic tragedy　家庭悲劇　一種以普通中產階級或下層階級人物爲悲劇主角的戲劇，與主角位列帝王或貴族的古典悲劇或新古典悲劇恰成對比。早期的家庭悲劇《對美人的警告》（1599），描寫一位商人被其妻謀殺。18世紀中期這種形式的戲劇大受歡迎，19世紀時才因易卜生的悲劇作品而取得顯著地位。豪普特曼、歐尼爾和亞瑟·米勒是20世紀重要的家庭悲劇作家。

domestication　馴化　人們按照自己的願望，把野生動、植物品種轉化爲家養的或人工栽培品種的遺傳重組過程。嚴格來講，馴化指的是人類開始馴服野生動、植物的那個階段。馴化後的動、植物品種和它們的野生祖先之間最基本的區別是：前者係人類爲滿足其自身的特殊需求，用人工的方法創造的；它們只能在人工環境中生存。許多動物被馴化是爲了各種不同的目的，如：食物（如牛、雞、豬）、衣料（羊、蠶）、運輸和勞動（駱駝、驢和馬）、娛樂（貓和狗）。

domicile　住所　法律上指一個人的住處，同時也指一個組織（如公司）取得許可的所在地或該組織的主要工作地點。住所是個人或組織用以確定司法管轄和確定政府規定的負擔和利益所在，包括徵稅。無能力的人（如未成年的人），通常是以其監護人的住所爲住所。

dominance　顯性　遺傳學術語，在控制同一遺傳性狀的一對基因（等位基因）中，其中一個對表型發揮較爲明顯的影響。一株具有等位基因T和t的豌豆（T=高，t=矮），其高度如果等於具有TT基因的植株，則T等位基因（高性狀）爲完全顯性；如果高度較TT植株矮，較tt植株高，則T等位基因爲部分或不完全顯性（參閱recessiveness）。

Domingo, Plácido　多明哥（西元1941年～）　西班牙歌劇男高音。聲音渾厚，身材魁梧，風度翩翩，爲現代最著名的男高音歌唱家之一。其父母均爲西班牙輕歌劇「薩蘇埃拉」的演員。1949年隨雙親遷居墨西哥。他學習聲樂、鋼琴和指揮。1961年在墨西哥城開始歌劇演唱生涯。1962～1965年成爲台拉維夫的希伯來國立歌劇院的固定演員。1968年在美國大都會歌劇院、1969年在米蘭史卡拉歌劇院演出。透過他那感性、令人印象深刻嗓音，他曾詮釋了八十多種角色。

Dominic, St.　聖多米尼克（西元約1170～1221年）　西班牙語全名爲Santo Domingo de Guzman。西班牙天主教佈道托鉢修會道明會創始人。1196年參加奧斯馬修道院。1203年隨奧斯馬主教狄埃戈出使外國，旅行中注意到法國南部阿爾比派異端所構成的威脅（參閱Cathari）。1206年教宗使節和傳道人抵制阿爾比派失敗，同狄埃戈和多米尼克商議對策。多米尼克指出，爲了爭取人們擺脫這種異端，教士本身必須過嚴格的苦修生活，赤足走路，甘於貧寒，道明會從此誕生。多米尼克在普魯伊勒成立一所女修道院，收容一度受阿爾比派迷惑的婦女。1216年，道明會各領導人在土魯斯開會，決定採用聖奧古斯丁所制訂的隱修戒規，並確立其他制度。他把分別位於巴黎大學和波隆那大學附近的房產獻出創辦神學院。

聖多米尼克，畫板畫，現藏義大利國立巴勒摩考古博物館
Anderson – Alinari from Art Resource

Dominica＊　多米尼克　正式名稱多米尼克聯邦（Commonwealth of Dominica）。加勒比海小安地列斯群島中之共和國。位於法屬瓜德羅普和法屬馬提尼克島之間。面積749平方公里。人口約71,700（2001）。首都：羅梭。居民多爲非洲人後裔或歐非混血人種的後裔。語言：英語（官方語）和法語方言。宗教：主要信奉天主教。貨幣：東加勒比元（EC$）。多山島嶼，山脈中段被一平原隔斷，有萊約河流經。多米尼克爲溫暖的熱帶氣候，雨量充沛。是加勒比海各國中最貧窮的國家之一。主要農作物是香蕉。1975年建立了特魯瓦峰山國家公園，是一個獨具特色的熱帶山林國家公園，發展旅遊業得到幫助。但1979和1980年遭颶風侵襲，該國受到破壞。在英國的經濟幫助下，試著保護該國的海岸線。政府形式是共和國，一院制。國家元首是總統；政府首腦爲總理。1493年哥倫布到達時，加勒比人居住在該島。因爲沿海遍布懸崖峭壁，山脈無路攀援，所以該島是歐洲人最晚開發的一個島嶼。直到18世紀，該島一直由加勒比人占領，接著由法國人定居，1783年最終由英國人獲得。以後殖民者與島上原住民間的相互敵視使得加勒比人幾乎滅絕。1883年合併到背風群島，1940年畫屬爲向風群島。1958年成爲西印度聯邦一員。多米尼克於1978年獨立。亦請參閱West Indies。

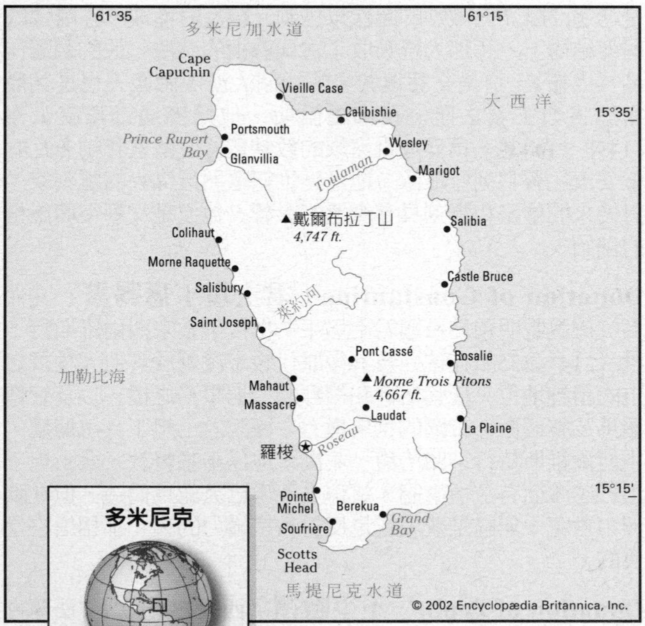

Dominican　道明會　別名黑衣兄弟會（Black Friars）。天主教四大托鉢修會之一。1215年由聖多米尼克創立。他於1206年在普魯伊勒成立女修道院。多米尼克根據奧古斯丁的規章為他的門生制訂規則，開辦第一處教團於土魯斯。1216年獲教宗洪諾留三世批准。道明會從一開始就實行退省默念與積極工作相結合的方針，修士過集體生活。道明會在法國南部地區駁斥阿爾比派，在西班牙等地反對摩爾人和猶太人。在西班牙、葡萄牙以及法國探險家進行「歐洲擴張」的過程中，道明會修士積極帶頭隨行傳教。異端裁判所成立後，教廷委託道明會負責掌握。托馬斯・阿奎那可能是該會最著名的成員。

Dominican Republic　多明尼加共和國　西印度群島共和國。占伊斯帕尼奧拉島東部2/3地區，與海地共有。面積48,322平方公里。人口：約8,693,000（2001）。首都：聖多明哥。居民大多數為歐洲人和非洲人的混血種後裔。語言：西班牙語（官方語）。宗教：主要信奉天主教。貨幣：多明尼加披索（RD$）。該國境內多山，呈西北－東南走向。中部高地的杜阿爾特峰海拔3,175公尺，是西印度群島最高點。北部的錫瓦奧谷地土地肥沃。西部為大片沙漠，較乾旱。是加勒比海各國中最貧窮的國家之一。混合型經濟，大多依賴蔗糖的生產和出口。政府形式是共和國，兩院制。國家元首暨政府首腦是總統。多明尼加共和國原先是伊斯帕尼奧拉的西班牙殖民地的一部分。1697年該島西部1/3的土地（後來成為海地）割讓給法國。1795年該島其餘部分歸法國所有。1809年該島東部2/3的土地歸還西班牙。1821年該殖民地宣布獨立。惟數週內，共和國被海地軍隊占領，直到1844年。此後，除為時短暫的民主政府外，這個國家連續被幾個獨裁者統治。美國時常捲入其事務。1961年終結了特魯希略的獨裁政權，引起1965年內戰和美國軍事干預。1979和1998年該國遭強烈颶風侵襲。

domino theory　骨牌理論　亦稱骨牌效應（domino effect）。第二次世界大戰後美國外交政策的理論，認為一個非共產主義國家「倒」向共產主義會使鄰近的非共產主義政府迅速倒台。最早是由杜魯門總統提出，為其在1940年代向希臘和土耳其提供軍事援助辯護。1950年代艾森豪總統將該理論應用於東南亞，尤其是南越，於是這理論風行一時。1960年代甘迺迪和詹森執政時期美國加深在越戰中的軍事捲入，該理論便是被用來作為辯護的主要論據之一。

dominoes　多米諾骨牌　一種博戲。骨牌呈小方塊狀，木質或用其他材料製成，正面有數量不等的點。每張骨牌的正面有一直線或凸紋，分成兩個方區，並排標出1～6的號碼，有一些方區則空著（用「0」表示）。一副牌有28張。中國骨牌的淵源可追溯至西元12世紀；愛斯基摩人也玩一種類似的骨牌的遊戲。18世紀中期以前歐洲還沒有玩骨牌的紀錄。現代各種多米諾骨牌遊戲原理大致相同，即把尾數相同或相對者相配。

Domitian＊　圖密善（西元51～96年）　拉丁語全名為 Caesar Domitianus Augustus。原名 Titus Flavius Domitianus。羅馬皇帝（81～96年在位）。韋斯巴薌的次子。接替其兄長提圖斯即帝位，他可能是被謀殺的。羅馬貴族對他的統治極為不滿。性情暴戾、好大喜功是他不受歡迎的主要原因。他的軍事和外交政策沒有一項是成功的，但他訂有嚴苛的法律。即使提高軍費開支以維持軍隊的忠心，但在不列顛和日耳曼的戰事仍相繼失敗。89年更是變本加厲，為了排除異己，用所謂「叛逆法」隨意懲治元老院議員。圖密善在財政方面十分困難。他以搜刮來的金錢來供其揮霍。暗殺他的人包括他的妻子，他的繼承人內爾瓦可能也是其中一員。

domovoy＊　家庭主神　在斯拉夫民族的神話中的家庭主神。祂永遠不走出家庭以外。祂也是家庭及財富的守護神，但偏愛正直和勤勉者。如果祂對家庭的行為感到不快，就會作弄家畜或發生奇怪的敲門聲及刺耳的嘎嘎聲。能預見未來，故而祂的呻吟、哭泣或唱歌、跳躍，都可解釋為吉凶的徵兆。任何家庭在遷移新居時，都必須正式請這位主神一同前往。

Dôn＊　多恩　塞爾特神話人物，是互相爭威的兩大神族之一的族長。根據馬比諾吉昂記載，她是魔術師國王馬斯的姐妹，也是格威戴恩（精通魔法、詩歌）和阿蘭羅得的母親。阿蘭羅得生有二子：為海神迪倫和勒・勞・吉菲斯（被認為與愛爾蘭神盧古斯相對應）。

Don Juan　唐璜　一個虛構的人物，浪蕩子的象徵。來源於流行的傳說。在西班牙戲劇家蒂爾索・德莫利納的悲劇《塞維爾的嘲弄者》（1630）中他首次以文學人物出現。通過蒂爾索的悲劇，唐璜成了一個世界性人物，堪與唐吉訶德、哈姆雷特、浮士德媲美。隨後，他變成戲劇、小說、詩歌中的反派角色。17世紀義大利流浪藝人獲悉唐璜的故事，以啞劇的方式帶到法國。19世紀出現許多國外版本。他的傳奇因莫札特的歌劇《唐・喬凡尼》（1787）而確保持久流傳；有關作品有莫里哀和蕭伯納的戲劇；拜倫的長篇諷刺詩《唐璜》（1819～1824）。

Don Pacifico Affair　唐・帕西菲科事件（西元1850年）　英國與希臘的一次爭端。唐・帕西菲科係猶太人，1784年生於直布羅陀，屬英國籍，曾任葡萄牙駐摩洛哥領事，駐希臘總領事，後在雅典經商。1847年，他的住宅在反猶騷亂中被焚，警察坐視不救。帕西菲科要求希臘政府賠償，並得到英國外交大臣帕麥爾斯頓勳爵的支持。帕麥爾斯頓派出一個海軍中隊封鎖希臘沿海。帕麥爾斯頓的政策受到法國和俄國抗議；在國內亦受到上院的指責，但在下院卻得到支持；帕麥爾斯頓認為不論住在哪裡，英國臣民的權利都應受到英國政府的保障。

Don River＊　頓河　韃靼語作Duna。古稱Tanais。俄羅斯西南部河流。源出俄羅斯高地中部莫斯科南部，大致向南流，注入亞速海的塔甘羅格灣。全長1,870公里。在中游，頓河流入齊姆良斯克水庫，此水庫控制頓河的下游。流域大部分為良田及林區。為重要的運輸幹道，自亞速海沿頓河上溯1,590公里，在春季可通航。

Donaldson, Walter　唐納森（西元1893～1947年）　美國歌曲作家。曾在一家音樂出版公司工作，後自己成立出版公司。他在百老匯第一個成功之作是《辛巴達》一劇中的《我的媽媽》（1918），此後他繼續為百老匯小型歌劇寫作二十五年之久。作品有《我的夥伴》、《我的藍天》、《早晨的卡羅來納》、《是的，先生，那是我的孩子》等。他還為電影寫作歌曲、配樂及改編樂曲，包括了《歌舞大王齊格飛》（1936）、《跟在瘦子後面》（1936）和《薩拉托加》（1937）。

donatário　領主　葡萄牙殖民地中轄區內的首領，該轄區既是一塊領土區域，也是授予的皇家土地。1533年國王約翰三世為了鞏固葡萄牙在殖民地的勢力而在巴西引入這一制度。每個領主接受一塊土地，並負責召集和保護殖民者，並促進農業和商業的發展。在一段時期中，巴西殖民地就是靠領主們的成功來維持，但到了1754年，所有的轄區都被廢除了。

Donatello＊　多那太羅（西元約1386～1466年）　原名Donato di Niccolo。義大利雕刻家，活躍於佛羅倫斯。曾隨佛羅倫斯大教堂的雕刻師學習石雕（1400?），1404年加入著名雕刻家吉貝爾蒂的作坊工作。他為佛羅倫斯的教堂作的《聖喬治》（1415?）和《聖馬可》（1411～1413）大理石雕像，首次充分發揮了他的才能，形象富有動態和個性。在浮雕《聖喬治殺死毒龍》（1417?）中首創平雕法，在淺底上顯示出驚人的深度，好像用鑿子在作繪畫，而色調明暗是通過浮雕表面微妙的起伏以控制光線反射而成。在雕像的框架結構上，多那太羅吸收了古代藝術的手法。他的銅雕作品《大衛》，這是文藝復興中第一個大型裸體像，也是其最富於古典主義之作。在佛羅倫斯，他為麥迪奇家族工作（1433～1443），為麥迪奇家族的教堂聖器收藏室和帕多瓦的聖安東尼教堂創作雕像。他是15世紀歐洲最偉大的雕刻家，對後來的繪畫和雕刻具有深遠的影響，他還是文藝復興風格的創始人。

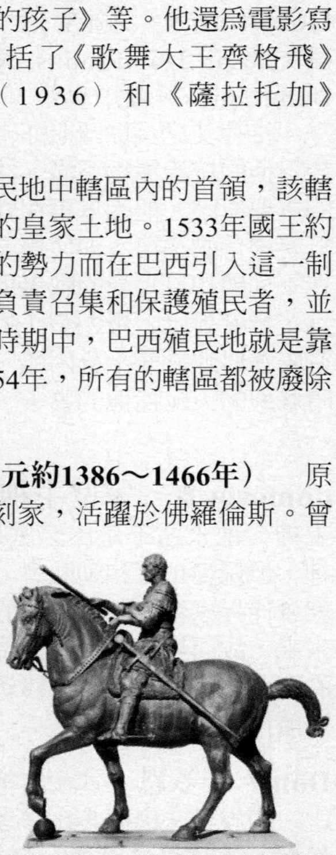

多那太羅的《格太梅拉達騎馬像》（1447～1453），青銅雕像；現藏義大利帕多瓦Piazza del Santo
Anderson – Alinari from Art Resource

Donation of Constantine　君士坦丁惠賜書　文件名，據說載明羅馬帝國君士坦丁一世授予教宗西爾維斯特一世（314～335年在位）及其後歷代教宗凌駕於其他大牧首之上的精神地位、統管信仰和禮拜的一切事務之權，以及管轄羅馬及整個西部帝國的世俗權力。據說君士坦丁身患痲瘋，由西爾維斯特行神蹟治癒，並勸化他信奉基督教，君士坦丁出於感激而有這種惠賜。這份文件現已公認為偽造，但在歐洲中世紀，無論是贊成或是反對教宗權力的人，都相信它是真的。

Donation of Pepin　丕平贈禮（西元754年）　法蘭克國王丕平三世對教宗史蒂芬二世（或三世）所作的允諾——為教宗奪回在義大利被倫巴底人占領的土地。此事於756年具體記載於一個文件中，成為教宗統治義大利中部的基礎，並持續到19世紀。丕平以此來回報教宗在他廢除梅羅文加王朝最後統治者而奪取法蘭克王位時的對他的支持。他經過兩次戰役（754、756）贏得倫巴底國王的土地，並把土地交給教廷。這一贈禮後經查理曼（774）確定並且擴大。

Donatism＊　多納圖斯主義　4世紀時北非基督教的一派。在基督教受迫害時期，就為教會領袖和羅馬政府有牽連而發生爭執。該派領袖為迦太基主教多納圖斯，拒絕這種人來領導教會，堅決反對國家干涉教會。該派於312年就選舉塞西里安為迦太基主教問題與公教會決裂。雖然長期受到迫害，多納圖斯派卻一直存在下來，直到中世紀初期伊斯蘭教在北非興起（7世紀）時為止。

Donbas ➠ Donets Basin

Donders, Frans Cornelis＊　東德斯（西元1818～1889年）　荷蘭眼科專家，19世紀荷蘭最傑出的醫師。因研究飛蠅幻視，後提出東德斯氏定律：眼睛不自覺地圍繞視線而轉動。由於他的研究，改進了對視力缺陷的診斷、手術治療和配鏡矯正。他發現遠視的原因是眼球前後軸變短，使晶狀體折射的光線在視網膜後成像（1858）。發現散光的原因是角膜和晶狀體表面不平，使光線不能集中（1862），這一發現開拓了科學的臨床屈光學的領域。他的研究成果總結於《調節和屈光的異常》（1864）一書中，該書為這個領域的第一本權威著作。

Donen, Stanley＊　杜寧（西元1924年～）　美國電影導演和編舞家。在紐約參加《伙伴喬伊》（1940）的合唱時結識了凱利。後作為助理舞蹈指導，協助凱利設計了《封面女郎》（1944）和《起錨》（1945）等影片的舞蹈場面。1949年與凱利合作導演了《錦城春色》，被譽為歌舞喜劇演化過程中的重要里程碑。他們還合作導演了《萬花嬉春》（1952）。他還獨自導演了多部成功的歌舞片，如《七對佳偶》（1954）、《睡衣仙舞》（1957）、《甜姐兒》（1957）和《洋基佬》（1958）等。

Donets Basin＊　頓內次盆地　別名頓巴斯（Donbas）。歐洲東南部的大產煤區和工業區，位於烏克蘭東南部和俄羅斯西南部。以其豐富的煤、鐵儲量知名。主要開採區爲頓內次河以南23,300平方公里地帶，但煤礦床向西延伸至更大的頓內次盆地內的聶伯河。19世紀初方開始採掘，至1913年頓內次盆地煤產量占俄羅斯總產量的87%。與頓內次連接的克利福洛有豐富的鐵礦蘊藏，1872年頓內次開始發展鋼鐵工業，至1913年，生鐵產量占全俄產量的74%。今日這裡是烏克蘭最大的鋼鐵產地，也是世界主要重工業地區。

Donets River 頓內次河 俄羅斯東南部和烏克蘭東部河流，爲頓河的一條支流。長1,050公里。源出於中俄羅斯高地。流經頓內次工業區的北部，提供大量工業用水，河水嚴重被污染。有一條運河把河水引到頓內次克地區的城鎮。因頓內次河水量不足，於1970年代建了一條運河將聶伯河水引入頓內次河。

Donetsk＊ 頓內次克 1924～1961年間稱史達林諾（Stalino）。烏克蘭東南部城市。1872年威爾斯人約翰・休斯在這裡開辦鐵工廠。爲俄羅斯的鐵路網興建鐵路。頓內次盆地煤、鐵儲量豐富，鋼鐵工業迅速發展。戰後經現代化建設，工業規模擴大。爲烏克蘭最大冶金中心之一。人口約1,088,000（1996）。

Dong-nai River 同奈河 亦稱Donnai River。越南南部河流，發源於中部高地（安南山脈），向西和西南流，在邊和西南匯入西貢河，長約480公里。上游重要支流寧河源出於大叻東北的林園高原。有三段急流和瀑布，其最下一段已治理，用於水利發電。

Dong Qichang 董其昌（西元1555～1636年） 亦拼作Tung Ch'i-ch'ang。中國明末畫家、書法家和藝術理論家。尤以論中國繪畫的著作聞名，他將中國繪畫分爲北宗和南宗。前者旨在掌握眞實，後者則強調頓時、直覺的了解。南宗文人之藝術理想的核心，正爲書法，因爲書法可表現藝術家眞摯的內在，而無需以圖畫的描繪作爲中介。董其昌個人的繪畫強調嚴格的構圖形式，表面上不規則的空間轉化，以及講究用墨與運筆。他的理念持續影響中國的美學理論。

Dong Son culture＊ 東山文化 中南半島重要的史前文化。東山遺址表明：青銅文化是在西元前300年左右從北方傳入中南半島的。東山文化不僅是青銅文化，當時東山人已有鐵器和中國文化的人工製品。青銅製品，特別是用於祭祀儀式的青銅筒鼓的生產具有高度水準。東山人也以宗教性的巨大石築紀念建築物著稱。東山在西元43年被中國的漢朝征服。

Dong Thap Muoi 同塔梅平原 ➠ Reeds, Plain of

Dong Zhongshu 董仲舒（西元前179?～西元前104年） 亦拼作Tung Chung-shu。漢武帝時的重要大臣，他罷黜政府中所有非儒家的學者。西元前136年將儒家學說建立爲帝國統一的意識形態，並設立最高學府，這間學校並有助於後世中國文官制度的建立。董仲舒長於哲思，他將天與人之互動的理論作爲其思考的主題。他將陰陽的概念與儒家學說相融合，並深信皇帝之職責乃是維持陰陽平衡。其著作《春秋繁露》是漢朝時期最重要之哲理著作。

Dongan, Thomas＊ 唐甘（西元1634～1715年） 查理二世和詹姆斯二世時期的紐約殖民總督。天主教徒和王族成員，英國內戰（1642～1652）後被逐出國外。1677年應召回國。在紐約總督任內（1682～1688），曾召開殖民地的第一次代表大會，頒布「自由憲章」，規定在宗教上寬容，並實行與易洛魁聯盟聯合反法的政策。1691年返回英格蘭。

Donbei ➠ Manchuria

Donglin Academy 東林書院 亦拼作Tung-lin Academy。中國宋朝建立的一所書院，1604年因一群學者與官員聚集於此而重新振興，他們批判明朝末年朝廷在道德上的敗壞和智識上的貧弱，已危及公衆生活。東林黨人從《孟子》一書中培養出反專制體制的視野，並抨擊朝廷未能堅守儒家的價值理念。朝廷中的宦官魏忠賢因而迫害該書院的成員與支持者，於1627年幾乎將他們消滅殆盡。但在魏忠賢死後，東林黨人死灰復燃。

Dongting, Lake 洞庭湖 亦拼作Dongting Hu、Tung-ting Hu。面積廣大的淺水湖，位於中國湖南省的東北方。水量隨季節差異極大，平時面積爲1,089平方哩（2,820平方公里），但在河水氾濫季節，面積可達7,700平方哩（20,000平方公里）。洞庭湖近五分之二的水量來自於經由四個水道流入湖區的揚子江（長江）。其他河流如資水、沅江、湘江、澧河等河也注入該湖。湖水最後排入長江。

Dönitz, Karl＊ 德尼茨（西元1891～1980年） 亦作Karl Doenitz。德國海軍軍官。第一次世界大戰期間，他曾任潛艇軍官。1930年代無視《凡爾賽和約》的禁令，受希特勒委託祕密創建一支U－潛艇艦隊，並任命他爲艦隊司令。在第二次世界大戰中擔任大西洋戰爭的指揮官。1943～1945成爲海軍最高統帥。戰爭結束前幾天接管政權，並向盟軍投降。紐倫堡審判時被判處他十年監禁。

Donizetti, Gaetano (Domenico Maria)＊ 董尼才第（西元1797～1848年） 義大利歌劇作曲家。曾受教於歌劇作曲家邁爾（1763～1845）。他第一部成功的歌劇是《博爾加尼亞的恩里科》，但1830年在米蘭演出《安娜・波蓮娜》使他揚名國外。後來成功的作品有《愛情的靈藥》（1832）、《路克雷齊亞・波契亞》（1833）、《拉美莫爾的露契亞》（1835）、《聯隊之花》（1840）和《帕斯夸萊先生》（1843）等。身爲多產作曲家，他可以在數週內完成一部歌劇。一生大約完成七十多部歌劇，一百五十餘首聖樂作品，數百首歌曲。因感染梅毒，生命的最後四年飽受病痛之苦。董尼才第、羅西尼和貝利尼爲19世紀初義大利最著名的歌劇作曲家和美聲唱法風格的大師。

donkey 驢 亦稱burro。馬科動物，非洲野驢後裔。西元前4000年起就作爲馱畜。平均肩高100公分，但不同品種間從61～168公分不等。體色由白至灰或黑，通常由鬃至尾有一條深色的條紋，肩部有一十字形斑。鬃毛短而直立，尾僅在端部有長毛，似牛尾而不似馬尾，耳長，耳根和尖端爲深色。驢的速度比馬慢，但腳步穩健，並能載重行走於不平坦的地面。亦請參閱mule。

Donkin, Bryan 唐金（西元1768～1855年） 英國發明家。最初是造紙學徒，他推廣福德利尼爾造紙機的商業應用，發明了印刷用明膠輥。唐金建立了一座工廠，採用這種方法爲皇家海軍生產罐裝蔬菜湯和保存肉類。一年後他和一個印刷工人研製出原始的轉輪印刷機和明膠輥。1815年以後，唐金在倫敦任土木工程師，曾由藝術學會授予兩枚獎章，並且是土木工程師學會的創建人（1818）。

Dönme 東馬派 亦作Dönmeh。17世紀後期成立於薩羅尼加（今希臘境內）的猶太教派別。猶太人沙貝塔伊・澤維於1648年自稱彌賽亞。1666年初，沙貝塔伊被鄂圖曼帝國逮捕，爲保命而於同年年底改信伊斯蘭教。東馬派相信，他這樣作是爲了實現有關彌賽亞的預言，於是也紛紛改信伊斯蘭教，但祕密舉行猶太教儀式。20世紀初該會移至土耳其，後逐步被異族同化。由於與猶太人隔絕，該派拒絕加入猶太教。

Donnai River ➠ Dong-nai River

Donne, John＊ 但恩（西元1572～1631年） 英國抽象詩派詩人。出生於天主教家庭，十二歲時進入牛津大學，後轉至劍橋大學，接著又學習法律。由於與僱主的女兒祕密結婚，觸犯了法律，遭到社會排斥多年。他改信國教，1615年受按立，不久晉升爲王室牧師。1621年任聖保羅大教堂教長。身爲英國最偉大的玄學派詩人，他寫了許多愛情詩、宗教詩。大部分寫於早年的愛情詩，是他最負盛名的詩。後來的作品便顯得較晦暗，如《週年紀念日》（1611～1612），對十年來這個世界的冥想寫成的兩首長詩。他十九首著名的十四行詩（寫於1607～1613）在他死後出版。《緊急時刻祈禱文》（1624）是他最重要的散文作品。他擅長把激情與機智的辯論融爲一體，戲劇性地描述人的複雜心情。他使用的比喻大膽而不落俗套，能使普通詞彙產生豐富的詩意，而又不歪曲英語習語的本質。對17和20世紀的作家影響巨大。

但恩，油畫，約繪於1616年；現藏倫敦國立肖像畫陳列館
By courtesy of the National Portrait Gallery, London

Donner party 唐納團 受困在前往加州路途中的一群美國的開拓者。1846年末，由喬治·唐納與雅各·唐納所率領的八十七位新移民，因大風雪受困在內華達山脈。這群人中有十五個人出發尋求救援。當留下的人耗盡食物，他們開始食用已死之人。四十七名生還者在1847年2月獲救。加利福利亞的唐納湖與唐納山口，即得名於這群人。

Donostia-San Sebastian ➠ San Sebastian

Doolittle, Hilda 杜利特爾（西元1886～1961年） 別名H. D.。美國女詩人。1911年前往歐洲，一直在國外居住。最初爲意象主義者，受龐德影響很深。她的詩作清晰、優美，結合了古典的主題和現代主義者的技巧。她後來的作品則較顯得鬆散但更熱情洋溢。她的詩集包括了《海花園》（1916）、《婚姻之神》（1921）、《紅玫瑰送給布朗澤》（1929）。她還因譯著、詩劇和散文作品受到讚揚。

Doolittle, Jimmy 杜利特爾（西元1896～1993年） 全名James Harold Doolittle。美國飛行員和將軍。第一次世界大戰中應徵入伍，成爲優秀的飛行員和飛行教官。戰後獲工程博士學位。1930年前一直在陸軍航空隊服役，後進入蜆殼石油公司，負責航空部門，1932年創世界飛行速度紀錄。第二次世界大戰爆發後回到陸軍航空隊。1942年領導突襲東京的任務，爲此而獲得國會榮譽勳章。以後繼續在歐洲、北非和太平洋戰場指揮空戰。自軍隊退役後，仍活躍於航空工業界。1989年獲頒總統自由勳章。

door 門 由木材、金屬、玻璃、紙、皮革或各種材料組合製成的可以轉動、折疊、滑動或捲縮以便關閉房屋出入口的屏障。最早的門僅是皮革或織物。用堅固耐久材料製成的門與紀念性建築同時出現，最重要的門用石料或青銅製成。龐貝城的門看起來和現代的鑲板門很相似，由邊梃和橫檔做成框架承裝心板，在時安上鎖和鉸鏈。西方中世紀的典型木門是用豎直的木板拼成，背後用橫檔和斜撐，用長的鐵鉸鏈加固，並加飾釘。在20世紀，表面光平、上開一個窗洞的木門成爲最普通的形式。其他新類型門包括轉門、折疊門、推拉門（靈感來自日本的障子）、捲簾門和荷蘭門（分成上下兩截，可以各自開啓）等。

Door Peninsula 多爾半島 在美國威斯康辛州東北部，綠灣與密西根湖之間。長約130公里，底寬40公里，向北愈窄成尖形，中部有水道橫貫。17世紀法國的商人和傳教士最早來到這裡。現在是常年休假地，旅遊是主要行業。

dopa 多巴 亦作L-dopa或levodopa。有機化合物（L-3,4－二羥基苯丙胺酸），身體由此製造多巴胺，帕金森氏症患者缺少的神經介質。每日大量服用多巴可以減少疾病的作用。不過隨著時間經過，效用會降低，並造成異常的非自主動作（運動異常）。

dopamine＊ 多巴胺 亦稱羥酪胺（hydroxytyramine）。在酪氨酸代謝過程中，由二羥苯丙氨酸（多巴）生成的一種含氮的有機中間代謝產物。是激素腎上腺素與正腎上腺素的前體。也能作爲神經介質，主要抑制神經衝動的傳遞。多巴胺不足會導致帕金森氏症。

dopant＊ 摻質 爲了改變電導率，特意向半導體摻入雜質。最常用的半導體是元素矽與鍺，它們的晶體點陣都由每個原子與它最鄰近的4個原子共享1個電子而構成。如果這種點陣中有少部分原子爲有5個可成鍵電子的磷、砷等原子所取代，那麼每個雜質原子的多餘電子就用於導電；這種半導體屬於n型半導體。用鎵一類摻雜原子時，它們只有3個可用電子，因而在成鍵排列時增加了1個帶正電的缺陷，或空穴。由這種帶正電的空位在晶體點陣中的徙動可以獲得導電性，這類受主原子摻雜的半導體叫p型半導體。

Doppler effect 都普勒效應 由於觀察者和波源的相對運動，使波（包括光波、音波和無線電波）在到達觀察者時的頻率和波離開波源時的頻率發生差別。1842年奧地利物理學家都普勒（1803～1853）解釋了這一效應。以聲爲例，當聽者向吹響著的喇叭走近時，他聽到的音調變高；在聽者遠離喇叭而去時，聽到的音調變低。從地球上觀察一顆恆星發來的光，如果地球和恆星相互退行，則觀測到光線向光譜的紅端移動（頻率變低）；如果地球與恆星相互靠近，則觀測到光線向光譜的紫端移動（頻率變高）。

Dorchester 多爾切斯特 古稱Durnovaria。英格蘭多塞特行政和歷史郡西多塞特區城鎮（牧區）。臨弗羅姆河。是一座古鎮，保存有新石器時代、鐵器時代遺跡和羅馬時期建築。羅馬－不列顛時期已有相當規模。1086年成爲皇家自治市。12世紀建一城堡。1331年前建立方濟會修道院。1610年獲特許狀。現爲一廣袤農區服務的集鎮。作家哈代出生在本鎮附近，他的小說《嘉德橋市長》即以此爲背景。人口15,037（1991）。

Dorchester 多爾切斯特 舊城鎮，現爲麻薩諸塞州波士頓的一區。其範圍幾乎延伸到羅德島邊界，並包含多爾切斯特高地，華盛頓的砲兵在此高地建立的防禦工事，使英軍在美國革命初始的1776年3月17日撤離波士頓。

Dordogne River＊ 多爾多涅河 古稱Duranius。法國西南部河流。發源於中央高原，向西流至波爾多北面與加倫河匯流形成吉倫特河口灣。全長472公里。後穿越多姆山省兩處礦泉勝地，該河是水力發電的來源。

Doré, Gustave (-Paul)＊ 多雷（西元1832～1883年） 19世紀後期法國插圖畫家。1847年去巴黎，1848～1851年每

週爲《笑》等刊物繪製石版畫。後從事木刻插圖，雇用四十多名木刻工人，出版過九十多種插圖書。最精緻的版本有《拉伯雷作品》（1854）、巴爾札克的《短篇詼諧小說集》（1855）、《聖經》（1866）和但丁《神曲》的《地獄篇》（1861）。此外還畫過許多巨幅的宗教或歷史人物畫。

Doren, Carl (Clinton) van ➠ Van Doren, Carl (Clinton) and Mark

Doren, Mark van ➠ Van Doren, Carl (Clinton) and Mark

Dorgon＊　多爾袞（西元1612～1650年）　諡封成宗（Ch'eng-tsung或Chengzong）。滿族的親王，對於滿族在中國建立清朝有極大貢獻。多爾袞與他先前的敵人吳三桂聯合，將流寇首領李自成逐出北京，當時李自成已迫使明朝的末代皇帝退位。儘管有部分人士企圖推舉多爾袞登上皇位，但他確保其姪兒福臨能登基爲帝（他擔任攝政王）。此一忠誠無私之舉，贏得後世史家高度評價。

Doria, Andrea＊　多里亞（西元1466～1560年）　熱那亞政治人物、雇傭軍首領、艦隊司令，是當時傑出的海軍將領。出身貴族世家，幼年即成爲孤兒，後淪爲雇傭軍人。1552年多里亞轉而受雇於在義大利與查理五世作戰的法王法蘭西斯一世。多里亞後來又轉而投效查理五世，1528年將法軍逐出熱那亞。他成爲新的熱那亞統治者，並將其重組爲一個有效和穩定的寡頭政權。身爲帝國艦隊司令，他指揮了幾次對土耳其人的海上遠征，協助查理五世將支配權延伸到義大利半島。雖然貪婪和獨裁，然而他也是個無畏的和不屈不撓的指揮官，有出色的戰略戰術才能。

多里亞，肖像畫，塞巴斯蒂亞諾（Sebastiano del Piombo）繪；現藏羅馬多里亞宮
Alinari – Art Resource

Dorians　多里安人　古代希臘主要民族的通稱，來自希臘北部和西北部。西元前1100～西元前1000年間征服了伯羅奔尼撒，掃蕩了希臘南部已衰落的邁錫尼和米諾斯文明的殘餘，把這個地區投入黑暗時代，因而使得希臘城邦的出現幾乎推遲了三個世紀。多里安人有自己的方言，分成三個方言群。對希臘文化的貢獻有多里安式建築、希臘悲劇中的合唱詩和軍事獨裁政府。在某些地方他們可以和希臘社會融爲一體，但在斯巴達和克里特他們握有實權且拒絕作文化上的交流。

dormer　屋頂窗　亦稱老虎窗。從坡屋頂上伸出的豎直窗，常用作臥室採光，可以與牆在同一平面，也可以從屋頂中部伸出。哥德式晚期及文藝復興初期，從牆面上升起的石砌屋頂窗較爲複雜，並有豐富裝飾。屋頂窗常與複斜屋頂一起使用以應付巴黎的建築物只能有六層樓高的限制規定：第七層稱爲閣樓。亦請參閱gable。

dormouse　榛睡鼠　齧齒目榛睡鼠科七屬約二十種小動物的統稱。有六屬分布在整個歐亞大陸和非洲北部，有一屬（非洲睡鼠屬）分布在非洲撒哈拉以南地區。眼大，毛柔軟，耳圓，有一條長滿毛、有時是蓬鬆的尾。生活在樹上、灌木叢中和岩壁上，居於用植物材料築成的巢中。以果實、鳥卵、昆蟲和小動物爲食。榛睡鼠以嗜睡聞名，睡眠時間極長，特別是在冬天。可食榛睡鼠是這類動物中最大者，灰色，最大體長約20公分，尾長15公分。

可食榛睡鼠
Schunemann – Bavaria-Verlag

Dornberger, Walter Robert＊　多恩貝格爾（西元1895～1980年）　德國出生的美國工程師。1932年開始和布勞恩一起開始改進火箭引擎。在第二次世界大戰期間曾指導製造德國的V-2飛彈，是戰後各型航天飛行器的前驅。戰後移居美國，任美國空軍導彈顧問。1950年代曾參加空軍以及國家航空暨太空總署所屬的「迪納－蘇爾」工程，該工程後來併入太空梭計畫。

Dorr, Thomas Wilson　多爾（西元1805～1854年）　美國政治人物。1834年起參加州立法會議，企圖改革憲法以增加白種男人的投票權。1841年組織人民黨。人民黨召開代表大會，制定新憲法，舉行選舉，1842年被擁立爲羅德島總督。由於羅德島舊政府不予承認，因而一度出現兩個政府，並發生小規模的武裝衝突。1844年多爾被指控叛逆罪，判處無期徒刑，但一年後即獲釋。

Dorset　多塞特　英格蘭西南部的行政、地理和歷史郡。瀕臨英吉利海峽。境內多新石器、青銅器和鐵器時代遺跡。歷史上曾爲撒克遜王國一部分。小說家哈代曾在其作品中描寫過此地區。多塞特主要是農村地區。所產波特蘭和波白克石爲聞名的建築石料。旅遊業在經濟中日益重要，特別是地理郡的大都市中心，以及波茅斯、浦耳和韋茅斯等濱海城鎮。面積：地理郡2,655平方公里；行政郡2,544平方公里。人口：地理郡約691,200；行政郡約387,300（1998）。

Dorsey, Thomas A(ndrew)　多爾西（西元1899～1993年）　美國流行歌曲作家、歌手與鋼琴家，因創作許多快節奏的藍調福音歌而獲「福音音樂之父」的頭銜。福音傳教士之子，童年在喬治亞州的亞特蘭大地區受藍調鋼琴演奏者的影響；1910～1928年以作曲家、歌曲改編者、鋼琴家、聲樂家身分，從事世俗「噱頭」音樂工作。1920年代，隨雷尼和他自己的樂團巡迴演出。1929年起專門從事宗教配曲，有意識地將藍調旋律與節奏應用到宗教音樂中，其中十二首樂觀、富情感的歌成了福音歌典範。《眞主引導我》（1932）尤爲著名。1930年代初，大量灌錄唱片，出版自己的單張樂譜與歌詞。1932年起任芝加哥浸信會教堂唱詩班指揮。他創辦全國福音唱詩班和合唱團，並擔任該團主席達四十年之久。

Dorsey, Tommy　多爾西（西元1905～1956年）　原名Thomas Dorsey。美國長號演奏家及最受歡迎的大型搖擺樂樂隊的隊長。父親是音樂教員，他的早期教育深受其益，成爲白人爵士樂界顯要人物。1930年時，成爲一位自由職業音樂家，以長號演奏中的甜美音色而著稱。1934年與其擅長薩克管、單簧管的哥哥吉米（1904～1957）合組樂團。後來二人又各自組成樂團並獲巨大成功。他們不知不覺偏離了開始所演奏的爵士樂。1953年又合而爲一。有些評論家認爲他們所演奏的是一種高級流行音樂而不是眞正的爵士樂。

Dortmund＊　多特蒙德　古稱Throtmannia。德國西北部北萊茵－威斯特法倫州城市。885年首見記載。1220年成爲自由城市。後加入漢撒同盟。14世紀極爲繁榮。三十年戰爭後衰落。19世紀煤礦和鐵礦的開發以及運河的完工（1899）又刺激了城市的快速發展。第二次世界大戰中破壞嚴重，戰後已大幅重建。是魯爾地區重要的運輸和工業中心。人口約598,840（1996）。

Dorylaeum, Battle of＊　多利連之戰（西元1097年7月1日）　拜占庭與十字軍的聯軍在安納托利亞擊敗土耳其塞爾柱王朝軍隊的戰役。十字軍後來攻陷安條克。亦請參閱crusade。

Dos Passos, John (Roderigo)＊　多斯．帕索斯（西元1896～1970年）　全名John Roderigo Dos Passos。一個富裕的葡裔律師之子，畢業於哈佛大學。第一次世界大戰時擔任救護車司機，後又擔任記者。這項工作使他見識到了兩個美國：一個是有錢有勢的美國，一個是無錢無勢的美國。他的聲譽得自他是社會歷史學家，對美國生活強烈的批判和第一次世界大戰後美國「失落的一代」的主要小說家之一。他的《美國》三部曲包括《北緯四十二度》（1930）、《一九一九年》（1932）和《賺大錢》（1936），是描寫美國貧富懸殊的長篇小說。在他晚期的作品《哥倫比亞特區》三部曲中，顯示出他創作精力的衰退和思想逐漸趨向保守。

Dostoyevsky, Fyodor (Mikhaylovich)＊　杜思妥也夫斯基（西元1821～1881年）　俄羅斯小說家。生於莫斯科的中產階級家庭，為了寫作，很早就放棄工程師生涯。1849年因隸屬於激進的論政團體而被捕，被判槍決，而在最後一刻被營救出來；被送到西伯利亞勞改四年，在那裡癲癇發作，並歷經了宗教信仰深化的過程。後來，他發行期刊，並為幾種期刊撰稿，也寫出他最好的小說。他的小說特別涉及了信仰、苦難、生命的意義，因其心理深度和處理哲學、政治議題時近乎預言的洞察力而聞名。出版第一本書《窮人》（1846）後，同年又有《雙重人格》。《死屋手記》（1862）以他的坐牢經驗為基礎，《賭徒》（1866）論述自己沈迷於賭博的情形。最著名的作品是中篇小說《地下室手記》和偉大的小說《罪與罰》（1866）、《白痴》（1869）、《群魔》（1872）、《卡拉馬助夫兄弟們》（1880），後者是他的傑作，著重於罪惡問題、自由的本質、人物對某種信仰渴望。到生命末期時，他被譽為國內最偉大的作家，他的作品對20世紀的文學產生深遠的影響。

Dou, Gerrit＊　道（西元1613～1675年）　亦作Gerard Dou。荷蘭巴洛克畫家，萊頓畫派主要美術家，以家庭風俗畫和肖像畫聞名。1628～1631年從林布蘭學畫，沿用大師題材，使用厚塗法，精心構圖和明暗對照法作畫。1631年林布蘭離萊頓後，道繼續在木板上作小幅畫，並把作品裝在特製的裝飾架中，其林布蘭式的肖像畫漸為附加細節的家庭風俗題材所取代。色彩趨於陰冷而技法越發精煉。靜物為其作品主要內容，如廚房常被蔬菜、家禽和用具所塞滿。1650年後，作多幅燭光照耀的夜景畫。

Douala＊　杜阿拉　喀麥隆主要港口。曾為國家首都。瀕臨武里河口灣（大西洋）。與喀麥隆各大城鎮通公路或鐵路，建有國際機場。第二次世界大戰後發展迅速，現為人口最多的城市。作為非洲中部主要工業中心之一，有釀酒、紡織等工廠，生產建築材料、紙張、自行車、玻璃等。當地有天然氣礦。本國外貿貨物大部分在此裝運。人口約1,200,000（1992）。

double-aspect theory　雙面理論　亦作dual-aspect theory。一種心身一元論，與同一論類似，只有一個明顯不同之處：根據雙面理論，現實並非物質的；正確的說，心靈和物質（心理與物理）屬性是一個統一現實的互補雙面。我們可以從波動曲線的類比來理解，它同時有凹有凸，每個面向都是一個整體，卻只是總體現實的一部分表現。亦請參閱mind-body problem。

double bass　低音大提琴　是提琴族裡最低音的樂器，比大提琴的音域還要低一個八度。它的外型主要可分為兩種，其一是模仿古提琴，另一種則是仿照小提琴的外型。低音大提琴彼此之間的體積也有所不同，最大型的全高約1.8公尺。文藝復興晚期歸入提琴族，其形式大小亦不像小提琴族那樣規格化。一般有四根粗弦；爵士樂隊使用的低音大提琴有時會加上一條高音弦，而交響樂團用的低音大提琴有時也會加上第五條弦。弦樂團演奏時使用弓，而爵士樂幾乎完全使用撥奏。在搖滾樂團中，常以電子低音來替代。

double jeopardy　一事不再理　亦譯一事不重複追究。法律上指為防止國家多次起訴而採取的保護措施。一般地說，一個人不能因同一行為而兩次受同一罪行的審判。因此，任何人不得因同一殺人行為而被判謀殺罪和非謀殺罪；但是，卻可以被判犯有謀殺罪和搶劫罪，只要他在搶劫的同時還進行謀殺。一事不再理的辯護理由還足以阻止任何業經宣告無罪釋放的人因同一罪行而受國家的第二次審判。亦請參閱accused, rights of the、due process。

double refraction　雙折射　亦稱briefringence。大多數晶體都具有的一種光學特性：一條非偏振光線（參閱polarization）射入各向異性介質時，被分裂各沿不同方向傳播的兩條光線。一條光線（稱為非常光線）被偏轉（或折射）一個角度而傳過介質；另一條光線（稱為尋常光線）通過介質後無變化。雙折射中的尋常光線和非常光線均為平面偏振光，其振動平面互成直角。尋常光線的折射率沿所有方向都是一樣的。非常光線則依其所取的方向而變，原因是它兼有平行於和垂直於光軸的分量。由於光波在介質中的速度等於光在真空中的速度除以相應該波長的折射率，故而非常光線的傳播可以快於或慢於尋常光線。除立方晶系外，所有透明晶體都顯示雙折射現象：方解石、冰、雲母、石英等。

double vision　複視　亦作diplopia。一種症狀，表現為將一個物體看成兩個影像。最常見的原因為眼肌麻痺。正常的雙眼單視是大腦把來自兩眼的稍有不同的影像融合的結果。兩眼視網膜上的各點有互相對應的關係，眼外肌麻痺時物體投影在兩眼視網膜的非對應點上，即成複視。複視可能是因肉毒中毒、重症肌無力或其他感染，腦部受傷、神經和肌肉疾病所引起的。

Doubleday, Abner　道布爾戴（西元1819～1893年）　美國陸軍軍官，傳說為棒球的發明者。曾參加墨西哥戰爭和塞米諾爾戰爭。他指揮的砲兵是最早參加南北戰爭的北部軍隊之一。經斯波爾丁委員會考證，1839年夏他在紐約州庫珀斯敦制定棒球基本規則，時為該地軍事預備學校教員，因此該地被定為美國棒球名人堂和博物館的地址。斯波爾丁委員會後來又查明，棒球並非起源於美國而與英國的比較古老的圓場棒球有明顯的聯繫。

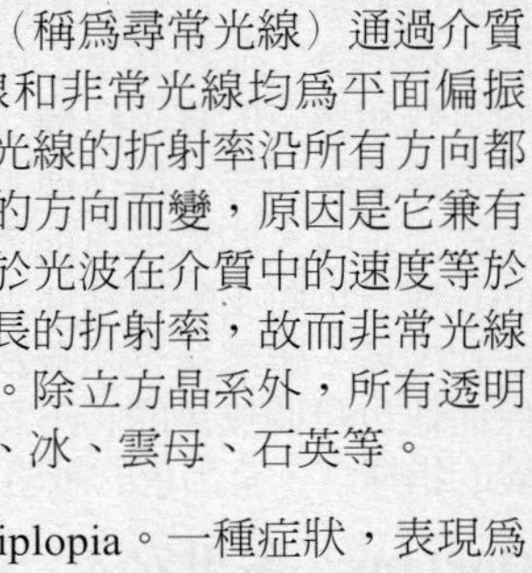
道布爾戴
Culver Pictures

Doubs River＊　杜河　舊名Dubis。法國東部和瑞士西部河流。發源侏羅山地。東北流，形成法瑞邊界。再向東流入瑞士，後急轉回法國，最後注入索恩河。全長430公里（267哩），但離源頭僅90公里。

Dougga 杜加 ➡ Thugga

Douglas, Aaron　道格拉斯（西元1899～1979年） 美國畫家與寫實藝術家。生於堪薩斯州托皮卡，1925年移居紐約市。在此加入了在哈林區發展蓬勃的藝術現場，後來演變成為知名的哈林文藝復興。在他的雜誌插圖與壁畫中，他以取自非洲藝術格式化的幾何圖形合成立體派的形式。最著名的作品或許要算是一組四幅壁畫，整組作品被命名為《黑人生活的觀點》，是為紐約公立圖書館第一百三十五街分館而作。他的插畫以色調的階段變化與裝飾派藝術風格剪影而廣為人知。1939～1966年在費斯克大學任教。

Douglas, James　道格拉斯（西元1803～1877年） 受封為Sir James。加拿大政治人物。英國在加拿大的殖民者，以「不列顛哥倫比亞之父」聞名。1821年加入哈得遜灣公司，負責落磯山脈以西的業務活動。1849年將公司總部從奧瑞岡遷至溫哥華島。1851～1864年任溫哥華島總督。1858年在弗雷澤河流域發現黃金以後，他把所轄區域擴展到大陸上。在英國政府的認可下。他開創不列顛哥倫比亞殖民地，並任該殖民地總督（1858～1864）。

Douglas, Kirk　寇克道格拉斯（西元1916年～） 原名Issur Danielovitch。後名Isadore Demskey。美國電影演員與製片家。生於紐約州的阿姆斯特丹，之前在百老匯演出過幾個小角色，而後演出銀幕處女作《瑪莎·艾佛的奇異之愛》（1946），後來更以主角的身分演出《奪標》（1949）一片。儘管在《玻璃動物園》（1950）與《光榮之路》（1957）二片中有纖細而敏感的演出，他還是被定位為熱情而堅強的戲路，一如他在《惡與美》（1952）、《梵谷傳》（1956）、《OK鎮大決鬥》（1957）以及《五月的七天》（1964）等片中所扮演的角色。他製作並主演了《萬夫莫敵》（1960）。一直到1990年代，他還繼續出現在多部電影中。

Douglas, Michael　麥克道格拉斯（西元1944年～） 美國電影演員與製片家。寇克道格拉斯之子，他出生於新澤西州的新伯倫瑞克。1969年首度演出電影，並以《飛越杜鵑窩》（1975）一片展開了他的製片生涯。他製作並演出的電影包括《大特寫》（1979）、《綠寶石》（1984）、《致命的吸引力》（1987）以及《華爾街》（1987，獲奧斯卡金像獎），另外也在《第六感追緝令》（1992）、《城市英雄》（1993）以及《致命遊戲》（1997）中演出。

Douglas, Stephen A(rnold)　道格拉斯（西元1813～1816年） 美國政治人物。在成為聯邦眾議員（1843～1847）和參議員（1847～1861）之前，曾在伊利諾的高等法院工作，他強烈支持國家領土完整和美國擴張政策。在解決奴隸問題造成的分裂，他主張人民主權論，並影響到1850年妥協案和堪薩斯－內布拉斯加法的通過。因身體矮胖，人稱「小巨人」。林肯和他競選參議員的席次，而引發林肯－道格拉斯辯論。1860年北部的民主黨提名他為總統候選人，但南方的民主黨人則支持布雷肯里奇，使得民主黨敗於林肯。1861年代表林肯到邊疆州和西北部鼓吹聯邦主義精神。

Douglas, Tommy　道格拉斯（西元1904～1986年） 原名Thomas Clement。加拿大（蘇格蘭出生）政治人物。1919年全家遷往溫尼伯。他被任命為牧師，後開始活躍於社會主義傾向的全民合作聯盟，並於1935～1944年間任加拿大國會議員。其後擔任薩斯喀徹溫省省長（1944～1961），是加拿大境內第一個社會主義政府。由於在該省建立醫療保險制度，被視為加拿大的公費醫療制之父。於1961年辭去省長職，擔任新民主黨黨魁，至1971年為止。

Douglas, William O(rville)　道格拉斯（西元1898～1980年） 美國最高法院法官，以保衛個人自由聞名。在哥倫比亞大學法學院學習，畢業後加入華爾街的一家律師事務所，後在耶魯大學任教（1927～1936）。1936年進入證券交易委員會。在任主席（1937～1939）期間，改善證券交易所，制定標準以保護小額的投資者，開始由政府來管理證券交易。1939年羅斯福總統提名他為最高法院大法官，後服務至1975年。他處理了許多複雜的金融方面的案件，但他最著名的是捍衛公民自由。他反對政府限制言論自由，並主張出版自由。道格拉斯也為確保嫌犯的憲法權利而奮鬥。他一生著述甚多，尤其是保護、歷史、政治和外交方面的著作；主要有《人和山》（1950）和《雜亂無章的人權法案》（1965）。

Douglas fir　黃杉 亦稱道格拉斯杉。松科黃杉屬植物。原產北美西部和東亞，約6種針葉常綠材用喬木。其針葉扁長，螺旋排列，直接從分枝上長出，黃綠或藍綠色，上表面具溝，基部有一短梗。北美稱為黃杉的是花旗松，高可達75公尺，直徑2.4公尺，是北美最好的材用樹之一，也常作為觀賞樹和聖誕樹，太平洋沿岸用於人工造林。

花旗松的毬果
Grant Heilman

Douglas-Home, Sir Alec*　道格拉斯－霍姆（西元1903～1995年） 原名Alexander Frederick。受封為霍姆男爵（Baron Home (of the Hirsel of Coldstream)）。英國首相（1963年10月19日～1964年10月16日）。原為下院議員（1931～1945、1950～1951）。1937～1939年任張伯倫首相的議會祕書。1945年在邱吉爾的「看守內閣」中當外交次官。1951～1955年任蘇格蘭事務大臣。1955～1960年任國協關係大臣。1957～1960年任上院議長。1960～1963年任外交大臣。1963年接替麥克米倫任首相，但未能改善英國支付平衡日益惡化的局面。1964年7月任國協總理會議主席。1974年12月封為終身貴族。

Douglass, Frederick　道格拉斯（西元1817～1895年） 原名Frederick Augustus Washington Bailey。美國廢奴主義者。父母親為白人和黑人奴隸所生。他被主人送到巴爾的摩當僕人，他學會閱讀。十六歲回到種植園，後被租借出去，在巴爾的摩當捻船縫工人。1833年逃至紐約，後移居麻薩諸塞的紐柏德福特，改名為道格拉斯。1841年，在麻薩諸塞的南塔克特的反奴隸制大會上，道格拉斯應邀講述他在奴隸制下的感受和遭遇，結果他成為麻薩諸塞州反奴隸制協會的代理人。從那時起，儘管受到責難、嘲笑、侮辱和激烈的個人攻擊，道格拉斯始終不動搖他對廢奴主義事業的忠誠。1845年他寫了自傳，現在被視為經典之作。他前往不列顛和愛爾蘭演說（1845～1847），後創辦他自己的反奴隸制報紙《北極星報》，1847～1860年在紐約的羅契斯特發行。1851年與廢奴主義領袖加里森分道揚鑣，而與伯尼結盟。內戰時期擔任林肯總統的顧問。在重建時期（1865～1877），他為使被解放了的奴隸獲得充分公民權而堅決地戰鬥。並有力地支持婦女權利運動。此後，曾任華盛頓特區幾個政府職務（1877～1886），及美國駐海地公使兼總領事（1889～1891）。

Douhet, Giulio＊　杜黑（西元1869～1930年）　義大利軍事將領、戰略空軍之父。最初爲砲兵軍官，1912～1915年任義大利第一支空軍部隊司令。由於杜黑的努力，義大利於第一次世界大戰時，他因強烈批評義大利統帥部的戰爭指導原則，而遭軍法審判入獄並退役。1917年義軍在卡波雷托戰役中戰敗，證明杜黑的批評是正確的，因而平反，並出任航空部部長。其最著名的著作《制空權論》（1921）一書，某些內容雖因技術發展迅速而顯得過時，但其中戰略轟炸足以瓦解以至消滅敵之戰鬥力這一重要作戰理論受到義大利和美國軍事家的重視。他還主張創建獨立的空軍，削減陸軍和海軍以及統一全部武裝力量的指揮權，儘管人們對這些思想持有異議，但在第二次世界大戰以前及大戰中，這些思想至少爲各大國部分接受。

C
D

Doukhobors　捍衛靈魂派　亦作Dukhobors。18世紀興起於俄國的農村教派。他們主張直接接受上帝的啓示，否定包括《聖經》在內的一切外部權威。信徒大多來自俄國南部，源自於反對正教牧首尼康改革禮拜儀式（1652）和彼得一世的西化政策。他們沒有教士，不行聖事。主張均貧富、保和平，慫恿正教信徒脫離教會，拒絕兵役，因此自1773年以後不斷遭受迫害。經過俄國小說家托爾斯泰的請求，沙皇允許該派信徒出國。到1899年爲止，已有7,500人靠英格蘭公誼宗信徒籌款遷居加拿大。20世紀初因蔑視「土地法」、「賦稅法」和「教育法」，而與加拿大政府發生衝突。1953～1959年間強行將該派信徒的子女從其父母身邊帶走，因質疑這一行動的合法性而於1990年代晚期獲得賠償。

Douris＊　多里斯（活動時期西元前5世紀初）　古希臘陶瓶畫家，以精湛的繪圖技巧和清晰爽朗的線條聞名。其作品有紅黑兩種花式，題材多種多樣。有四十多個容器上的簽名已確認是他的作品。曾爲兩百多個陶瓶繪製了裝飾圖畫，大部分是紅花式，包括了陶杯上的《伊奧斯哀悼其子梅農》。

Douro River＊　斗羅河　西班牙語作Duero。古稱Durius。伊比利半島第三長河。源出西班牙烏爾維翁山脈，穿努曼奇亞高原後折向，流895公里過西班牙和北部葡萄牙，後注入大西洋。葡萄牙境內用作駁船運輸；該河還廣泛開發用於發電和灌溉。

dove　鳩　鳩鴿目鳩鴿科的許多種鳥類。鴿和鳩這兩個名字常可換用，雖然鳩通常是指本科中體型較小而尾長的成員。也有例外：馴鴿是一個比較典型的鴿，卻常被稱爲岩鳩，因此俗名並不表明生物學關係。

Dove, Rita (Frances)　德夫（西元1952年～）　美國作家與教師。生於俄亥俄州亞克朗市，曾在愛荷華大學學習寫作，1977年出版了幾本小詩集中的第一本。她的詩與短篇故事專注於家庭生活與個人奮鬥的細節，最早是以迂迴的方式，大規模大尺度地提出非洲裔美國人的經驗。她的詩集包括《博物館》（1983）、《湯瑪斯與貝烏拉》（1986，獲普立茲獎）、《母愛》（1995）以及《與羅莎·帕克斯在巴士上》（1999）。她是1993～1995年的美國桂冠詩人。

Dover　多佛　舊稱Dubris Portus。英格蘭東南部城鎮及港口。瀕臨多佛海峽。位於著名的白堊質高地峽谷口。羅馬時期爲與歐洲大陸交通線上的要地。4世紀建要塞。11世紀時成爲五港同盟成員之一。英國內戰時期被國會派控制。第一次世界大戰時是一海軍基地；第二次世界大戰時，不斷遭到來自法國的炮擊和空中轟炸。今日該鎮的地標包括了一座城堡、一座羅馬時期的燈塔和古代的教堂。人口34,179（1991）。

Dover　多佛　美國德拉瓦州首府。在本州中東部，臨聖瓊斯河。建於1717年，彭威廉下令設立縣立法院及監獄。1777年成爲州首府。農貿中心，亦有少數輕工業。市內有許多殖民時期建築，包括舊州議會廳（建於1787～1792）。其他著名建築有雷科茲廳、「革命時代作家」約翰·狄金森故居和德拉瓦州立博物館。當地多佛空軍基地現爲重要的軍事物資空運終端站。人口27,630（1990）。

Dover, Strait of　多佛海峽　法語作加萊海峽（Pas de Calais）。舊稱Fretum Gallicum。英－法間的狹窄水道。連接英吉利海峽和北海。寬30～40公里，深35～55公尺。在盛行西風帶，海流一般沿海峽自西南向東北流，但持續的東北風能使海流倒轉。雖然長期以來即爲世界上最繁忙的海上航道之一。主要港口有英國的多佛和福克斯頓以及法國的加萊和布洛涅。定期班輪大部爲氣墊船。歷史上多次著名海戰曾在海峽內進行，包括1588年英國擊敗西班牙的無敵艦隊和1940年盟軍穿越多佛的敦克爾克大撤退。

Dover, Treaty of　多佛條約（西元1670年）　英王查理二世在1670年與法國路易十四世簽定的條約。條約的主要內容是：查理二世支持法國的歐洲政策，法國向查理二世提供資金。「多佛條約」實際上有兩個：一個是關於英國信仰天主教的密約，另一個是關於英、法兩國陸海軍聯合征服尼德蘭聯合省的正約。根據條約，法國付給查理二世二十萬英鎊，支持他宣布自己爲天主教徒。以後每年還要付三十萬英鎊，使他能夠參加對荷蘭的戰爭。

Dow, Herbert H(enry)　道（西元1866～1930年）　加拿大出生的美國發明家和製造商。在克利夫蘭的學院求學。他發明了從鹽水中提取溴的電解法並獲得了專利權。1897年建立道氏化學公司，他在鹽水中提取的產物應用於殺蟲劑和藥物。他對鎂合金的研究最後製成道氏合金。還採用自動程序從海水中製取硫酸鎂（瀉鹽）。在美國他是碘的第一個重要生產者。他的公司已成爲世界上主要化工製造商之一，最終獲得多項專利權。

Dow Chemical Co.　道氏化學公司　亦譯陶氏化學公司。美國的大型石油化學公司，生產化學品、藥品、塑膠、消費品、油漆，以及其他許多工業及家庭用品。1897年化學家赫伯特·道成立，原本是因爲他需要一座漂白廠，以利用密德化學公司在提取溴的過程中所產生的剩餘物。1900年，道氏化學公司合併了密德化學公司和道氏工藝公司。道氏化學公司在美國國內外開辦主工廠，在各大陸設立補助企業，並在全世界銷售產品，除了生產阿斯匹靈、塑膠紙及泡沫塑膠等消費品外，還生產各種工業化學品、金屬材料、塑膠和包裝材料、生物製品，是世界最多元化的石油化學公司。

Dow Jones average　道瓊平均指數　由道瓊公司所計算的股票價格平均數。1882年查理·道（1851～1902）和赫伯特·瓊（1856～1920）成立道瓊公司，1889年開始發行《華爾街日報》，1897年開始每日計算工業股票價格平均數。今日發表的平均指數有：以二十種運輸業股票爲基礎的平均指數、以十五種公用事業股票爲基礎的平均指數、以三十種工業股票爲基礎的平均指數，和以所有六十五種股票爲基礎的綜合平均指數和幾種債券的平均指數。它們是反映美國股票和債券價格總趨勢的最常用的指標之一。亦請參閱NASDAQ、stock exchange。

Dowland, John　道蘭德（西元1562/63～1626年）　英國作曲家，魯特琴演奏家。牛津大學及劍橋大學音樂學士。1594年因皈依天主教而未獲准擔任一宮廷職務爲此，他離英赴歐洲大陸旅行。後接受丹麥宮廷演奏家的職務。1612年當他的作品成名後，終於獲英國宮廷邀請成爲宮廷魯特琴演奏家。他爲魯特琴創作了約九十首獨奏曲和八十八首魯特琴歌曲，包括了：《讓我在黑暗中生活吧！》（1610）及《靜靜的夜晚》。《拉克里梅耶》（1604）是當時最著名的一部作品。

Down　唐　北愛爾蘭東部沿海一區，原屬唐郡，1973年設立。濱斯特蘭福德灣和愛爾蘭海。西部和南部多山：莫恩山脈高達850公尺。爲富庶的農業區，畜牧業亦重要。唐也是一傳統郡的名稱，爲史前居民點。聖帕特里克在愛爾蘭的傳道（432）就是從這裡開始的，區首府唐帕特里克附近仍保存有該聖者的水井和浴室。都鐸時期唐郡部分地區由英格蘭和蘇格蘭的冒險家開拓殖民。面積646平方公里。人口約61,000（1995）。

Downing, Andrew Jackson　唐寧（西元1815～1852年）　美國園藝家、園林美化專家、建築師。出生於園藝之家。在隨父親在苗圃工作時，自學有關園林美化和建築等學科。1850年開始和英國建築師沃克斯合作，兩人在哈得遜河谷和長島規畫出多片地產。唐寧1851年受命爲國會大廈、白宮和華盛頓、史密生學會進行地面規畫設計。但因他不幸於紐約港附近一次汽艇事故中喪生，唐寧的設計方案不得不靠後人實現。他有關園藝和建築方面的著作長期以來一直廣爲人們採用，對美國中產階級的家庭帶來深遠的影響。

Downpatrick　唐帕特里克　英國北愛爾蘭城鎮和唐區首府。位於斯特蘭福德灣附近。爲當地商業中心，設有行政機構。聖帕特里克死後葬於當地的大教堂的墓園。人口10,113（1991）。

Down's syndrome　唐氏症候群　亦稱Down syndrome或21－三體（trisomy 21）。先天愚型，舊稱蒙古型失智（mongolism）。一種先天性疾病，病因是在第21對染色體上多一條額外的染色體，總數爲47條染色體（正常爲46）。症狀和體徵特點如下：面圓而平，頸短，雙眼斜向外上且偶伴有眼裂內角內眦贅皮（此只適用白人，東方人正常也有），雙耳位低，小鼻，厚唇，巨舌外伸，頦下斜平，肌張力低下，智能發育遲緩，心、腎畸形，異常皮紋（手指、手掌、足底）。大部分唐氏症候群患者都能活至成年。但因易於提早出現老年性退行性變化，故其壽命較正常人爲短。因有不同程度的精神發育遲緩，有些終生不能獨立生活，而大部分患者成年後都能學會簡單家務，在受到保護的工作和生活環境中從事勞作。

dowry＊　嫁妝　基於婚姻，妻子或妻子的家庭給予她丈夫的財產。嫁妝在歐洲、印度、非洲和世界其他地區已有悠久歷史。嫁妝的基本功能之一是保護妻子不受丈夫虐待，這種用途的嫁妝實際上是給丈夫的一種有條件的禮物；嫁妝還能幫助一個新丈夫承擔伴隨結婚而來的責任，這種功能使新丈夫能夠建立家庭，否則他便沒有這樣做的經濟資源；在某些社會中，嫁妝的另一種功能是萬一丈夫去世後能爲妻子提供贍養的手段；在許多「前近代社會」，嫁妝成了新娘的家庭對新郎的親屬所納聘禮的一種酬報。在歐洲，嫁妝不僅經常用以提高婦女婚嫾時的優越條件，而且用以建立大家族的權力和財富，甚至用以決定國家的疆界和政策。但是，在工業社會中，從19世紀開始嫁妝的用途已趨於消失。

dowsing＊　魔叉探物　用榛木、花楸木或柳木枝杈、分叉的金屬棒或懸擺探測水、礦藏、財寶、文物甚至屍體等隱藏物體。此種習俗可能始於中世紀。以魔叉探物者在搜尋物件時緊握探桿兩叉，似乎有力自隱藏物傳出，使他的肌肉不自覺地收縮、彎曲或激烈搖撼探桿。有的術士自稱能用魔叉在地圖上探索即知物件所在。

Doyle, Arthur Conan　柯南道爾（西元1859～1930年）　英國作家。以塑造偵探福爾摩斯而聞名。原爲醫生，並執業至1891年；因對第二次南非戰爭時在醫學方面的貢獻被封爲爵士。福爾摩斯這個人物在《血字的研究》（1887）中首次出現，部分是以愛丁堡大學一位擅於推理的教師爲原型。福爾摩斯探案系列故事集始於《福爾摩斯的冒險》（1892），作者後來對福爾摩斯感到厭煩，於是在1893年讓其死去，但迫於公衆的強烈要求，後又巧妙地使其起死回生。他還寫了歷史傳奇小說《白色公司》（1890）。

柯南道爾，肖像畫，蓋茨（H. L. Gates）繪於1927年；現藏倫敦國立肖像畫陳列館
By courtesy of the National Portrait Gallery, London

Drâa River＊　德拉河　在摩洛哥南部。爲間歇河。源出上阿特拉斯山脈的兩條河，南流形成阿爾及利亞－摩洛哥界河，在德拉角附近注入大西洋。全長1,100公里。爲全國最長河。除源頭和上游外，其餘河段經常乾涸。

Drabble, Margaret　德拉布爾（西元1939年～）　英國女小說家。劍橋大學畢業，在開始長期寫作生涯前曾短期從事表演工作。長篇小說有《夏天的鳥籠》（1963）、《黃金王國》（1973）和《象牙之門》（1991）。她還寫了一些文學傳記、一些文學研究及編輯《牛津英國文學手冊》（1985）。

dracaena＊　龍血樹屬　龍舌蘭科一個觀葉植物屬。約五十～八十種。主要原產於東半球熱帶地區。多數種莖短，葉狹，劍形；部分種莖長，喬木狀，具樹冠。花小，紅、黃或綠色。漿果，種子1～3粒。桑德氏龍血樹和香龍血樹常種於室內。加那利群島的觀賞樹種龍血樹，含紅色樹膠，稱爲龍血，曾供藥用；果橙色。

Draco＊　德拉古（活動時期西元前7世紀）　亦作Dracon。雅典立法者，生平不詳。所制訂的法典（西元前約621年）極爲殘酷，規定罪無論輕重，一律判處死刑。西元前6世紀初，梭倫廢除其中的所有條文，只保留有關謀殺的部分。

draft ➠ bill of exchange

draft ➠ conscription

Draft Riot of 1863　1863年徵兵暴動　美國南北戰爭期間，紐約市工人因對徵兵制度不滿而舉行的四天暴動。法律允許交納三百美元即可免役，這筆金額僅極少數人能負擔。1863年7月11日紐約市點名入伍一開始，大批白人（多爲工人）湧上街頭，攻打徵兵總部，燒毀房屋。在紐約市，白人對於解放後南方來的黑人進入勞工市場，特別是許多雇主雇用黑人破壞罷工，又有嫉恨，於是暴動者時常砸毀無辜的黑人家庭和商店。約一百人死亡（多爲暴民）。

drafting　製圖　又稱工程製圖。用圖示表現某種結構、機器和它們的組成部分，用以將工程的工藝設計意圖傳遞給生產這種產品的工匠或工人。投影圖由物體三個相互垂直的座標面，即立方體的正面、側面和水平面（或頂面）構成。工程圖有許多種投影，最通用的是正投影。在正投影圖中，物體的視圖按物體相鄰面對順序畫在圖上。觀察物體時選擇一個位於無限遠的視點，使從眼到物體的所有視線都平行的射到物體上。主要有俯視、前視和右視，也可從其他方向輔助觀察。透視投影是機械製圖中最實用的，視線不是平行投射而是縮聚成一個視點將物體投射到圖面上。製圖原本是用鉛筆、丁字尺、三角板、圓規、量角器和製圖板等器具完成的，現在建築和工程辦公室則使用電腦來製圖。

drafting ➠ drawing

drag　拖曳力　由流體在其路徑的障礙物表面產生的力，或是物體在通過流體所感受到的力。拖曳力的大小與減低阻力的方法對於車輛、船舶、懸吊橋樑、冷卻塔與其他結構物的設計人員是很重要的。拖曳力照慣例是用拖曳係數來描述，而不管物體的形狀。因次分析說明拖曳係數是由雷諾數決定，精確的關係必須用實驗來闡明，並且可以用來預測在其他流體、速度與物體所感受的拖曳力。工程師利用這種動力學相似原理，將一個模型結構物得到的結果來預測其他結構物的行爲。亦請參閱friction、streamline。

drag racing　減重短程高速汽車賽　汽車比賽的一種。競賽者兩車一組，並排從一地出發，賽程1/4哩，跑道平直，先到達終點者勝。要記錄跑完全程時間和終點時速。比賽採用淘汰制，最後決出冠軍。各種機動運輸工具（包括汽艇）都可用於這種比賽，通常用汽車。這種職業性比賽水準較高，按減重程度、燃料種類和其他規格將車分成若干級。這項比賽流行於美國。

dragon　龍　傳說中的一種怪物。通常被想像成一隻巨大的蜥蜴，長著蝙蝠的翅膀、身披鱗片、能噴火；也有人把它想像成一條蛇，有帶刺的尾巴。在中東世界，蛇或龍是惡的象徵；埃及的阿佩皮神就是冥界的一條大蛇。希臘人和羅馬人有時把它看成是邪惡的力量，但有時也把居住在大地深處目光銳利的龍看成是仁慈的力量。在基督教，龍是罪惡和異教的象徵，因而在繪畫中匍匐於聖徒與殉教者足下。龍很早就被用來作爲戰爭的標記，北歐的戰士把他們的船頭刻成龍頭形，中世紀英國以龍爲皇家的徽記。在遠東，龍被認爲是行善的生物。在中國，龍是宇宙論陰陽學說中「陽」的象徵，也是王室的標幟。

dragon worm　龍線蟲 ➠ guinea worm

dragonfly　蜻蜓　蜻蜓目差翅亞目飛行的捕食性昆蟲，極常見於全世界各地的淡水生境附近。有2對網脈交織的狹窄膜翅，翅膀常爲透明狀，棲息時雙翅伸平，而非彼此呈垂直狀（參閱damselfly）。蜻蜓體格比較強健，擁有巨大而突出的雙眼，占著頭的大部分，有些翼展達到16公分。蜻蜓是飛行速度最快的昆蟲之一，也是昆蟲捕食者；它們可以在三十分鐘內吃下與自己等重的食物。蜻蜓的雄性交接器在腹部的前方而非末端，這是昆蟲中少見的。交配時雌雄串聯飛行，有時一直保持到雌蟲產卵。

Libellula forensis，蜻蜓的一種
E. S. Ross

dragoon　龍騎兵　在16世紀後期的歐洲，進攻時騎馬作戰，防禦時下馬成爲普通步兵的一種騎兵。因其所使用的一種名爲龍騎槍的短滑膛槍而得名。龍騎兵由連組成，軍官和士官的軍銜與步兵同。自18世紀普魯士的腓特烈大帝進行的早期戰爭起，龍騎兵一詞就是指普通騎兵。到20世紀，龍騎兵的名稱和職能隨著騎兵的消失而消失了。

Drake, Sir Francis　德雷克（西元約1540～1596年）　英國海軍將領。十三歲就到海船上充當徒工，後成爲一傑出的海員，因入侵西班牙殖民地而致富。1577年他奉伊莉莎白一世之命探索南美洲。他率領五艘船同行，但最後只剩下他所乘的「金鹿號」穿過麥哲倫海峽進入太平洋。他沿著南、北美洲海岸航行，見到今天的加拿大海岸。後改向西航，經過菲律賓群島和爪哇，然後穿過印度洋，繞好望角回到大西洋，1580年回到普里茅斯，成爲環航世界的第一個英國船長。他被賜予爵士頭銜，1581年出任普里茅斯市長。1588年西班牙艦隊來侵，他任英國艦隊副司令。由於他率領艦隊衝擊並提議使用火船，把無敵艦隊打得落花流水，成爲名噪一時的英雄人物。他在最後一次出征西印度群島時，染上熱病身亡，海葬於巴拿馬海域。

德雷克，油畫；現藏倫敦國立肖像畫陳列館
By courtesy of the National Portrait Gallery, London

Drake equation　德雷克方程式　亦稱格林班克方程式（Green Bank equation）。主要在於表出銀河系內高度技術文明的數，作爲其他變因的一種函數，有助於使用科技了解智慧生物的演化。大部分是由美國天文學家法蘭克・德雷克（出生於1930年）設計，1961年在美國西維吉尼亞州格林班克國立無線電天文台舉行的「塞提計畫」中首次討論。在組成星系的所有星球中，只有一些爲系統內生態上適於有生命的星球；在這之中又只有一些星球，不僅有智慧存在，並且這種智慧至少應能夠發明星際無線電通訊技術並能避免科技毀滅。因爲對各個變因的數值了解甚少，所以計算出的數值介於0到1,000,000之間。

Drake Passage　德雷克海峽　南美洲火地島和南謝德蘭群島之間的深水航道，位於南極洲半島以北660公里處，寬約1,000公里，連接大西洋和太平洋。這個地區氣候變化很大，副極地氣候的涼爽濕潤，到南極洲的冰天雪地。19世紀到20世紀初爲重要的貿易航線，由於海域多暴風雨和覆蓋著冰，使得合恩角附近穿過德雷克海峽是段艱辛的航程。

Drakensberg*　龍山山脈　祖魯語作Kwathlamba。非洲南部主要山脈。高逾3,475公尺。從南非北部省與姆普馬蘭加省開始，經賴索托延伸到東部省，綿延1,125公里。多深谷及瀑布。有許多野營場地和幾座國家公園。

Draper, Charles Stark　德雷伯（西元1901～1987年）　美國航太工程師，以設計船舶、飛機導航系統和火箭制導系統聞名。1935年在麻省理工學院任教，後著手研製海軍高射炮瞄準器，在第二次世界大戰中，美國海軍艦隻大多安裝了這種瞄準器。他設計稱爲「空間慣性參考儀」（SPIRE）的飛機慣性導航系統，能使飛機飛往數千哩外的目的地，而不必靠任何機外的無線電設備或天體位置等進行導航。他的實驗室還給「阿波羅」太空船研製了制導系統。

Draper, Ruth　德蕾珀（西元1884～1956年）　美國獨演演員。她以寫短劇描繪她認識的或觀察到的人物，然後在聚會上表演他們而開始其生涯。1917年在紐約初次登台，演出一系列單人劇。1920年在倫敦首次演出自己寫的短劇，確立了她單人劇大師的地位。她到世界各地演出，空蕩的舞台上幾乎沒有道具，她只用一件衣服就變成另一角色，完全憑面部、手勢和聲音的微妙變化表現衆人三五成群或交頭接耳的場面。

Drava River＊　德拉瓦河　德語作Drau。在中歐南部。源出義大利卡爾尼克阿爾卑斯山脈，向東流經奧地利，形成阿爾卑斯山脈最長的縱向河谷。該河從此折向東南流經斯洛維尼亞和克羅埃西亞北部，並形成克洛地亞－匈牙利邊界之一段，全長719公里，爲多瑙河右岸主要支流。該河谷是歷史上入侵阿爾卑斯山諸國的必經之地。

Dravidian languages＊　達羅毗荼諸語言　達羅毗荼語系包括二十三種語言，主要通行於南亞地區。印度南部四種主要的達羅毗荼諸語言有－－*坦米爾語*、*泰盧固語*、*坎納達語*和*馬拉雅拉姆語*－－各有其獨特的字母和文學發展的歷史；他們占達羅毗荼諸語言使用者的絕大多數。其中有許多是梵語的借詞。布拉灰語是達羅毗荼語系中唯一不在印度境內流通的語言，僅在巴基斯坦和阿富汗通行。就文法來說，達羅毗荼諸語言是黏著型語言。在語法上，現行的程序是加後綴，而這些後綴還可以互相添加在一起。雖然沒有證據顯示達羅毗荼諸語言受其他語系有關，但多數學者確認操達羅毗荼語言的人過去一定分布於廣大地區，包括現在以印度－雅利安諸語言爲主的印度北部在內，因爲它有許多借詞是來自早期印度－雅利安諸語言的方言。

drawing　素描　一種正式的藝術創作，以單色線條來表現直觀世界中的事物。通常是利用石筆、炭筆、鐵筆、粉筆、毛筆、鉛筆和鋼筆等在紙上作畫。它不像繪畫那樣重視總體和色彩，而是著重結構和形式。素描是畫家工作的最後成果，也可以作爲複製或臨摹的基礎。根據*瓦薩里*的說法，素描和設計是繪畫、雕刻和建築這三種藝術的基礎。義大利文藝復興以後，素描成爲一種獨立的藝術，特別是和佛羅倫斯藝術有關。

drawing　拉伸　亦稱drafting。在紡紗生產中，將疏鬆的纖維條拉細，用時使其中的纖維伸直並平行排列的工序。在化纖生產中，拉伸是指對塑性纖維束牽引伸長，使之變細並提高取向度。

drawing frame　紡紗機　亦作spinning frame。抽紗、絞紗與捲紗的機器。1730年代由*保羅*與*韋艾特*發明，紡紗機是藉由一對連續的快速捲軸來抽出棉花或羊毛。最後由*阿克萊特水力紡紗機*所取代。

Dreadnought, HMS　無畏艦　1906年下水的英國戰艦，這種戰艦統治世界海軍達三十五年之久。由於海軍兵器學的新發展，「無畏艦」並不用於近戰，故它沒有裝備副炮，所以其配備全部是大口徑火炮。動力裝置爲蒸汽汽輪機，而不是傳統的蒸汽活塞式發動機，最大速度爲21節。無畏艦的排水量1.8萬噸，長160公尺，乘員約八百名。第一次世界大戰時無畏艦已過時了，速度更快、裝備更大口徑火炮的「超級無畏艦」更勝一籌。1919年該艦退役，翌年作廢艦出售，1923年拆毀。

dream　夢　入睡後腦中出現的表象活動。夢雖然常是一種生動的幻視體驗，但也有一些以幻聽體驗爲主的夢。夢的內容五花八門，人們常賦予夢以重要的涵義，但對其來源和意義的理解，卻隨著時代的進步而發生驚人的變化。在古代，人們普遍認爲夢是一種神示，用以宣示前程，救人水火；現代理論則強調夢是覺醒狀態的延伸。做夢還可以給人帶來藝術靈感，解決技術難題，排解情緒障礙。*弗洛伊德*於1899年發表《夢的解析》，可能是最著名的關於夢的研究專著。按照弗洛伊德的說法，夢的內容分成兩類：顯示內容和潛在內容。後者所反映的願望都有些見不得陽光、被壓入潛意識的衝動。他主張用自由聯想的精神分析方法來釋夢，找出夢者受壓抑的心理需要，以治療精神疾患。

Dreaming, the　夢想期　亦稱Dream-Time。澳大利亞原住民神話中有開端但看不到終結的時期，在這一時期自然環境由神祕的存在物被塑造並賦予人性。他們創造人類，並建立起地方社會秩序和它的「法律」。夢想期的神祕存在物是不朽的。雖然在神話中，有些被殺或從人界消失，有些變形爲地貌特徵（如露出地面的岩層，或一個水坑），或變成宗教儀式上使用的器具，他們最主要的質卻並沒有消失。夢想期作爲信仰和行動的並存體系，包括圖騰制度。亦請參閱Australian religion。

Dred Scott decision　德雷德・司各脫裁決　正式名稱爲「司各脫訴桑福德案」（Dred Scott vs. Sandford）。西元1857年美國最高法院使奴隸制在所有準州合法化的裁決。司各脫是一個奴隸。1834年主人將他從密蘇里州（蓄奴州）帶到伊利諾州（自由州），後又帶到明尼蘇達準州（自由準州），最後又回到密蘇里州。1846年司各脫以自由人身分向密蘇里州法院起訴，理由是在自由州和自由準州的居留已使他成爲一個自由人。最高法院在1857年3月6日裁決，認爲黑奴不具有同美國公民一樣要求權利的資格，包括向聯邦法院提出控訴的權利在內。首席大法官坦尼和其他多數法官還宣稱：國會無權在準州禁止奴隸制；奴隸是財產，奴隸主的財產權受憲法第五條修正案保護（參閱states' rights）。這項裁決激起北方反奴隸制人士的情緒，加強了共和黨的力量，終於在1861年爆發爲公開的內戰。

Dreikaiserbund　三帝同盟 ➠ Three Emperors' League

Dreiser, Theodore (Herman Albert)＊　德萊塞（西元1871～1945年）　美國小說家。父母是貧窮的德國移民，他十五歲便離家至芝加哥。曾擔任記者，1894年來到紐約，爲幾家報社工作，並爲雜誌撰稿。他的第一部小說《嘉莉妹妹》（1900），由於書中年輕情婦的「越軌」行爲並沒有受到懲處，而受到抨擊。他接下來的小說更使他成爲美國傑出的*自然主義*實踐者。在《珍妮姑娘》（1911）獲得成功後，他開始全職寫作，作品有：三部曲《金融家》（1912）、《巨人》（1914）和《斯多噶》（1947）、《天才》（1915）及其續集《堡壘》（1946）。《美國的悲劇》（1925）是以一樁著名謀殺案爲基礎寫成的，使他成爲社會改革者的英雄。他還寫了短篇故事、劇本、散文和回憶錄。儘管德萊塞被認爲在作品的文體上有缺陷，但是他的小說成功地積聚了許多寫實主義的細節，還成功地完整刻畫出美國人追逐名利的悲劇觀點。小說《嘉莉妹妹》和《美國的悲劇》無疑是不朽的文學巨著，它們展示了對本世紀初美國人的經歷的深刻理解：無止境的欲望和普遍的幻滅感。

德萊塞
The Granger Collection, New York City

Dresden　德勒斯登　德國東部城市。位於易北河畔。原爲斯拉夫居民點，13世紀初爲邁森的侯爵住地。德勒斯登瓷器工業原肇始於德勒斯登，但在1710年移至邁森（參閱Meissen porcelain）。1813年拿破崙以此城爲軍事行動的中心，在這裡贏得他最後一次的勝利。德勒斯登在1866年被普魯士占領。第二次世界大戰期間，1945年因盟軍轟炸受到嚴重破壞。數座歷史建築得以恢復或重建。該市有許多美術館、博物館和文化機構。工業生產精密和光學儀器。人口約469,110（1996）。

Dresden Codex 德勒斯登刻本 拉丁語作Codex Dresdensis。與馬德里刻本及巴黎刻本並爲前哥倫布時期馬雅象形文字三種古代典範刻本，是歷經西班牙傳教士焚書之劫而僅存於世的珍貴文物。德勒斯登刻本載有計算異常精確的天文數據，如日月蝕預測表及金星會合週期等。馬雅人精於天文曆算的聲譽，大體上都源於這些數字。

C
D

dress 服裝 人體的遮蔽物，或衣服和配件。服裝種類甚多。因性別、文化、地域和時代而異。服裝一詞不只是指習見的衣物如襯衫、裙子、褲子、夾克和外套，也包括鞋襪、帽子、睡衣、運動服、緊身胸衣和手套等；髮式和在不同場合配戴某種鬚、髭及假髮；化妝品、珠寶和其他形式裝飾的使用也是如此。在西方，直到現代服裝款式的作用是反映社會和經濟地位；在20世紀，交通和製造技術有了改進，新的服裝式樣可以更快地從上層社會傳到一般老百姓中去，因而服裝式樣之多勝過任何其他時期。

dressage＊ 花式騎術 對乘用馬進行循序漸進的系統訓練，使其能準確地完成技巧動作，從最簡單的步法，到最複雜的高難度技術和高級階段的特技訓練。最後，馬匹會針對騎師的手、腳和重量的細微動作來做反應，做出慢步、快步和跑步的動作。訓練分成初級和高級兩種。花式騎術競賽已是奧運會的比賽項目，從1912年開始有個人賽，團體賽則自1928年開始。

Dressler, Marie 特雷斯勒（西元1869～1934年） 原名Leila Marie Koerber。加拿大出生的美國女演員。在一巡迴輕歌舞劇團裡開始其表演生涯。《蒂利的失戀》（1914）是她的第一部影片，卓別林也參與演出。在經過一段時間的沈寂，她的事業隨著有聲電影的出現而再次恢復，她以扮演具有堅強的自立精神和幽默感的老年婦人而成爲1930年代初好萊塢最受歡迎的銀幕人物之一。因與華萊士·比利合演《明和比爾》（1931）而獲奧斯卡最佳女演員獎。

Drew, Charles Richard 德魯（西元1904～1950年） 美國黑人內、外科醫師。在獲得哥倫比亞大學博士學位後，研究血漿的特性及儲存。他很快研究出在「血庫」內加工並儲存大量血漿的有效方法。第二次世界大戰他負責美國和英國血液－血漿計畫至1942年。身爲非洲裔美國人，因軍方規定黑人的血液可以接受但必須與白人的血液分開儲存之後，德魯宣布辭去官方職務。後死於車禍。

Drew, Daniel 德魯（西元1797～1879年） 美國鐵路資本家。1844年在華爾街開設德魯－魯賓遜公司，做鐵路股票生意。1866～1868年「伊利之戰」，德魯聯合古爾德、菲斯克反對范德比爾特企圖購買伊利鐵路的控制股權，遭到失敗。1873年經濟恐慌中，他損失很大，1876年宣告破產。

Drew family 德魯家族 美國戲劇世家。露易莎·雷恩（婚後名露易莎·雷恩·德魯，1820～1897）在其寡母將她從英國帶回後，八歲便開始其在費城的舞台表演事業。她經常扮演羅密歐、安東尼等男性角色，但最令人難忘的是馬拉普洛普太太。1850年與愛爾蘭喜劇演員老約翰·德魯（1827～1862）結婚。他在1842～1846年間，初次在紐約登台。後與人共同經營費城牌樓街劇院，1861年雷恩當了劇院經理。約翰·德魯到處旅行，並指導牌樓街劇團至1892年。他們的兒子小約翰·德魯（1853～1927）首次隨其母的劇團演出（1873），後分別加入奧古斯丁·戴利（1879～1892）和查理·弗羅曼（1892～1915）的劇團。他擅長演出莎士比亞的喜劇、社會戲劇和輕鬆喜劇。老德魯的女兒喬琪亞娜·愛瑪·德魯（1856～1893）首次隨其母的劇團演出（1872）。她與莫里斯·巴瑞摩結婚，生了萊昂內爾、埃塞爾和約翰（參閱Barrymore family）。

Drexel, Anthony J(oseph) 德雷克塞爾（西元1826～1893年） 美國銀行家、慈善家。他和兄弟們繼承其父在費城的銀行－－德雷克塞爾公司，將其改爲投資銀行。1871年他們在紐約創辦德雷克塞爾－摩根公司，在巴黎創辦德雷克塞爾－哈吉斯公司。他本人善於經營公債、籌辦鐵路、開發礦山、買賣城市房地產。曾捐款在費城建立德雷克塞爾理工學院，還興辦許多教堂、醫院和慈善機構。聖德雷克塞爾是他的姪女。

Drexel, St. Katharine 聖德雷克塞爾（西元1858～1955年） 美國傳教士。美國金融家和慈善家安東尼·約瑟夫·德雷克塞爾的姪女，她用繼承的遺產從事慈善事業。她資助南達科他、明尼蘇達、新墨西哥、懷俄明等州的教會學校。1887年教宗利奧十三世私下召見了她，要求她成爲一名傳教士。1891年她成立印第安人及有色人種聖事姊妹會（現爲天主教聖事姊妹會），該會是一群獻身於爲印第安人和黑人謀福利的傳教修女團體。她爲少數學生設立幾所學校，還在紐奧良爲黑人女孩創辦了沙勿略大學（1915）。2000年行封聖禮，冊封爲聖人。

Dreyer, Carl Theodor＊ 德萊厄爾（西元1889～1968年） 丹麥電影導演。在1913年作爲一個字幕作者進入電影界前，他是一位鋼琴家、教堂執事、記者和劇評家，最終成爲一位著名的電影編劇和剪輯師。他執導的第一部影片是《大總統》（1919）；在拍了幾部片子後，他拍了他最著名的無聲片《聖女貞德的受難》（1928）。他所獨有的導演風格是以運用逼真的布景和大量的特寫鏡頭爲基礎的。他的其他電影還有：《吸血鬼》（1932）、《憤怒的日子》（1943）、《諾言》（1955）和《日特魯德》（1964）。他被認爲是丹麥電影界最重要的人物。

德萊厄爾
By courtesy of the Museum of Modern Art Film Stills Archive, New York

Dreyfus, Alfred＊ 德雷福斯（西元1859～1935年） 法國軍官、著名的德雷福斯事件的當事人。猶太商人之子，曾在巴黎綜合工科學校讀書，後進入軍界，並升至上尉（1889）。1894年調國防部工作，被指控向德國武官出賣軍事機密。同年12月22日被判處在法屬圭亞那附近著名的惡魔島終身監禁。起初，因爲德雷福斯是個猶太人，由排猶集團領導的法國媒體、社會大眾都相信他是有罪的。1896年，另一法國軍官埃斯特哈齊（1847～1923）的罪被公布於世，但卻獲判無罪。因而引起大眾對德雷福斯案件的注意，認爲他是被誤判的。小說家左拉爲了反對這一判決，曾寫一封題爲《我控訴》的信，發表在克里

德雷福斯，1894年以前攝
H. Roger-Viollet

蒙梭的《曙光報》上。1899年9月一個新的軍事法庭認定德雷福斯有罪，但共和總統爲了消除爭端，實行赦免。1906年民事上訴法院撤銷了軍事法庭的判決，爲德雷福斯恢復名譽，並授予他榮譽軍團勳章，晉升少校。他退居後備役。第一次世界大戰期間被徵召，任中校，指揮一個彈藥縱隊。戰後默默無聞。

Dreyfuss, Henry＊　德賴弗斯（西元1904～1972年） 美國工業設計家。十七歲即爲百老匯一家電影院設計舞台裝置。1929年創辦他的第一個工業設計室。1930年代爲貝爾電話實驗室作設計。其他主要設計包括爲洛克希德飛機公司超巨型星座式客機設計的機艙和爲「獨立號」遠洋航輪設計船艙內部。德賴弗斯的工業設計強調用戶利益的重要性。著有《爲人民設計》（1955年初版；1967年再版）等書。

drill　黑臉山魈 猴科一種大而短尾的猴，學名爲Mandrillus leucophaeus。以前分布於奈及利亞到喀麥隆一帶。由於獵捕和砍伐森林，已瀕臨滅絕。現分布限於喀麥隆邊遠森林地帶。和其親緣動物山魈一樣，有時列入狒狒屬。和山魈相似，是身體健壯的四足猴，臀部色彩鮮明，但體型較山魈小（雄性體長約82公分），臉黑色。下唇緋紅色。臉周的毛和耳後的束毛淺黃白色；其餘毛色均爲橄欖褐。晝行性，雜食，主要地棲，喜群居。怒時性極兇猛。

黑臉山魈
J. Kohler－Bavaria-Verlag

drill　訓練 通過操練和演習規定的動作，訓練士兵在平時和戰時執行任務。操練能使士兵習慣戰鬥隊形並熟悉武器，會產生協作精神、紀律性和自我克制的本能。現代軍事訓練主要有兩種：密集隊形訓練和散開隊形訓練或稱作戰訓練。現代意義的操練則是希臘人創始的，馬其頓的腓力二世和亞歷山大大帝進一步改進了方陣及其操練方法。羅馬帝國統治地中海世界幾乎近一千年，主要歸功於它對軍團的精心訓練。17世紀初，瑞典國王古斯塔夫二世加速了歐洲戰爭技能的恢復過程。

drill　鑽頭 在固體材料上鑽圓孔或擴大圓孔用的圓柱形切削工具。通常由鑽床使之轉動以鑽進工件，亦有其他形式的鑽床，係由固定鑽頭鑽進轉動的工件，或鑽頭與工件互作反向轉動。爲了形成兩個刀刃，以及使冷卻劑可以進入鑽頭的鑽切部位與切屑可以挑出，鑽頭上乃有兩條縱向或螺旋槽溝。其尖端常呈圓錐形，於槽溝末端並有刀刃。尖端錐形邊所形成的角，決定鑽頭每一轉所切得切屑的大小。螺旋槽溝的扭轉程度也影響到鑽頭的割切與切屑的性質。亦請參閱auger。

drill press　直立鑽床 亦稱drilling machine。可在硬物質上鑽孔的裝置。鑽頭裝設於轉軸上，用以鑽入工作物。工作物則通常由固定於桌面的鉗子夾住。鑽頭可被一具有三鉗的夾頭控制，或是鑽的推拔柄正可插入轉軸的推拔孔中。另有各種裝備可改變轉軸速度及使鑽頭自動鑽入工作件中。

Drina River＊　德里納河 流經巴爾幹半島中部的河流。由塔拉河和皮瓦河匯合而成。大致向北流，注入薩瓦河，全長346公里。水電資源豐富。沿河主要城市維舍格勒和茲沃爾尼克建有水力發電站。全河位在波士尼亞赫塞哥維納境內，但部分卻爲其與南斯拉夫（塞爾維亞）的界河。

drive　驅力 心理學概念，要求立即滿足的緊迫的基本需要。一般起源於某些生理上的緊張、缺陷或不平衡（如飢渴），能促使機體進行活動。心理學家將驅力分兩種，一是先天的，與基本生理需要（食物、空氣、水）有關。一是習得的（如懼怕或藥癮）。業經確定的驅力或需要還有成就需要、活動需要、情感需要、交往欲、好奇心、清除欲、探究欲、操作欲、母性、逃避痛苦、性欲和睡眠欲。

driver　驅動程式 作爲作業系統與設備（如硬碟、顯示卡、印表機或鍵盤）之間媒介的電腦程式。驅動程式必須包含設備的詳細資料，包括特殊命令集。獨立驅動程式的存在讓作業系統不用去知道每個設備的細節；作業系統只要發送一般命令給驅動程式，就會依次翻譯成設備專用的指令，反之亦然。

drop forging　落鎚鍛造 打造金屬成形並增加其強度的方法。大多數的鍛造方法，上模具緊壓著加溫過的鍛件，鍛件就擺在不動的下模具上。若是上模具或鎚子落下，此法即爲落鎚鍛造。爲了增加打擊的力道，有時候還加上動力來放大重力。

drop spindle ➡ spindle and whorl

drosophila＊　果蠅 果蠅科果蠅屬昆蟲。約一千種。英語中也常誤稱爲果蠅。廣泛用作遺傳和演化的室內外研究材料，尤其是黃果蠅易於培育。其生活史短，在室溫下不到兩週。用果蠅的染色體，尤其是成熟幼蟲唾腺中最大的染色體，研究遺傳特性和基因作用的基礎。對果蠅在自然界的生物學了解得還不夠。有些種生活以腐爛水果上。有些種則在蕈菌或肉質的花中生活。

Droste-Hülshoff, Annette, Freiin (Baroness) von＊ 德羅斯特－許爾斯霍夫（西元1797～1848年） 原名Anna Elisabeth Franziska Adolphine Wilhelmine Louise Maria, Freiin von Droste zu Hülshoff。德國作家。德國的偉大女詩人之一，主要以吟詠故鄉西伐利亞風景的詩而聞名。出身於天主教貴族家庭。一生多半過著與世隔絕的生活。1829～1839年，寫了一組宗教詩《宗教的一年》（1851），其中的一些詩是19世紀最嚴肅的宗教詩，反映了她的精神生活內在的紛亂和懷疑。中篇小說《猶太人的櫸樹》（1842）對謀殺了一個猶太人的西伐利亞村民作了一番心理研究。主角的命運被描述爲決定於社會環境，這在德國文學中是個創舉。

Drottningholm Palace＊　德羅特寧霍爾摩宮 瑞典斯德哥爾摩附近的皇宮。由建築師泰辛（1615～1681）設計和興建。運用義大利古典時期部件，端部則特別採用北歐的「塞特里」式屋頂，其平面、花園及內部都流露出法國巴洛克式風味。附設的劇院建於1760年代，作爲一個戲劇博物館，保存有其原始布景和舞台機械。德羅特寧霍爾摩宮是昔日瑞典皇室家族的夏季別墅。

drought　乾旱 長時期的缺雨或雨水不足，引起水分嚴重不平衡，因而造成缺水，作物枯萎，河流的流量減少以及地下水和土壤水分枯竭。當蒸發和蒸散（土壤中的水分通過植物進入大氣）長時期超過降水量時，即發生乾旱。世界上的所有地區，乾旱都是農業最嚴重的自然災害。爲了控制乾旱，在進行人工降雨方面作了一些努力，但這些試驗成功有限。

drug　藥物 指能夠影響生物功能的化學物質，可供治療、診斷和預防疾病用。常用藥包括有抗生素、興奮劑、安定劑、抗抑鬱藥、鎮痛藥、麻醉性鎮痛藥、荷爾蒙和各種特定用途藥，如輕瀉藥、強心劑、抗凝血藥、利尿劑和抗組織胺藥。疫苗有時也被視爲一種藥物。醫學藥物的作用有：可保護以對抗入侵的有機體（或殺死它們、或中止其複製，或阻斷其對宿主的影響）；補充體內缺少的物質或將之排出體外；干擾一項不正常的程序。藥物的使用法有口服、肛門塞劑、皮下注射、肌肉注射、靜脈注射和吸入等。已知最古老的藥典是西元前1700年古巴比倫尼亞的一塊石碑；1928年抗生素的發明象徵了現代藥物時代的來臨。今日，多數藥物是由化學法合成，也有許多重要藥物（如許多抗生素和疫苗）是由植物、動物、礦物和微生物中萃取純化而得。使用藥物不止要其反應也要安全；副作用的程度可從輕微到危險（參閱medicinal poisoning）。許多違禁藥物也可以用於醫學上（參閱cocaine、heroin和drug addiction）。亦請參閱drug resistance、pharmacology、pharmacy。

drug addiction　藥物成癮　亦作藥物依賴性（chemical dependency）。服用某種對神經系統有特殊作用的藥物（如麻醉劑、酒精或尼古丁）後，在軀體上和（或）精神上對其產生的依賴，患者雖然明知會造成傷害，但還是繼續使用。軀體依賴性是由於反覆攝入，使機體對該種物質的耐受性和吸收能力愈來愈高，因此患者必須增加服用劑量，方能達到他所期望的效果。如果不增加服用劑量，就會產生戒斷症狀。精神性依賴可能與人的心理性格有較多的關係，有些人可能有遺傳傾向容易成癮。最常見的成癮性藥物是酒精、巴比妥酸鹽、安定劑和苯異丙胺，還有會引起興奮的尼古丁和咖啡因。初期治療必須在醫院的嚴格監督下進行。個人和團體的心理治療也可發揮重要作用。支援團體，如嗜酒者互戒協會，在治療酗酒方面已取得很大成功。實際上，能夠承認自己服用毒品並決心改正，這是保證任何一種解毒治療得以成功的最重要前提。

Drug Enforcement Administration (DEA)　藥物管制局　美國司法部所屬單位，負責執行有關管制藥品之非法交易的法律。成立於1973年，藥物管制局與其他單位共同致力於掌控違禁藥品之栽種、生產、走私及流通。該局大部分精力用於對抗國際毒品走私集團，但也致力圍堵國內各州之間的交易。

drug poisoning　藥物中毒 ➟ medicinal poisoning

drug resistance　抗藥性　致病生物的屬性，使其能夠抵抗藥物療法。在所有傳染媒介的族群，有些突變使其抵抗藥物的作用。接著藥物殺死較多沒有抵抗力的微生物，留下突變種在沒有競爭的情況下繁殖倍增，成爲抗藥品種。在沒有正確服用藥物的情況更可能發生（如抗生素療程沒有完成，抗人類免疫不全病毒藥物劑量不夠），或是沒有正確的藥方（如用抗生素對抗病毒疾病）。抗藥性因子可以在物種之間轉移，傳染給同樣的肉體。人體過度使用抗生素，還有在動物飼料加入抗生素，加速細菌抗藥品種的演化，使得對抗特定的致病生物日益困難。

Druid　德魯伊特　古代塞爾特人中一批擔任祭司、教師和法官等有學識的人。德魯伊特司掌公私祭禮並教育青年；他們審理公私爭執，因罪量刑；他們沒有服兵和納貢的義務。他們學習古詩文、自然哲學、天文學和宗教知識。德魯伊特所傳的主要教義是靈魂不死，人死則靈魂轉投。如有人病危或在戰爭中生命處於危險之下，德魯伊特即爲他獻人祭。其法是把活人裝入人形柳條籠焚燒，一般用罪犯作人祭，但必要時也用無辜者。高盧地區的德魯伊特於西元1世紀時被羅馬政府取締，不列顛地區的德魯伊特則繼續存在一段期間。基督教傳入愛爾蘭以後，該地德魯伊特就不再從事宗教活動而以作詩、記敘史實和斷案爲業。亦請參閱Celtic religion。

drum　鼓　由繃緊的膜振動而發音的樂器（屬於膜鳴樂器）。從大體上說，鼓是一種以木、金屬或陶土製的筒或碗狀物，鼓的一端或兩端鼓面用膜蒙上，通常用槌或手敲擊。鼓的地理分布很廣，摩拉維亞出土的鼓屬西元前6000年。鼓有音樂以外的多種明顯功能，如傳送消息，主要是宗教用具。在一些民族中製造鼓時要舉行儀式。現代印度的達馬魯鼓是一個沙漏形的拍打鼓。中國古代作戰時用巨型大鼓。框鼓在古代的近東（主要由婦女使用）、希臘、羅馬等地流行，在中世紀傳入歐洲，其外形與結構多樣。中亞、北極地區和北美的巫醫宗教儀式中也用框鼓。有滾圓小球的雙面框鼓（在印度和西藏）稱撥浪鼓。扁形鍋鼓最初見於西元600年左右的波斯繪畫中，它最初用陶土製作，隨伊斯蘭文化而傳到歐洲、非洲、亞洲。大型鍋鼓作爲一種樂器用於管弦樂隊中是在17世紀。各種鼓在20世紀的管弦樂隊、軍樂隊、舞蹈樂隊、爵士樂隊、搖擺舞樂隊中都占重要地位。有時，非膜振樂器也稱鼓，如鋼鼓、銅鼓等。

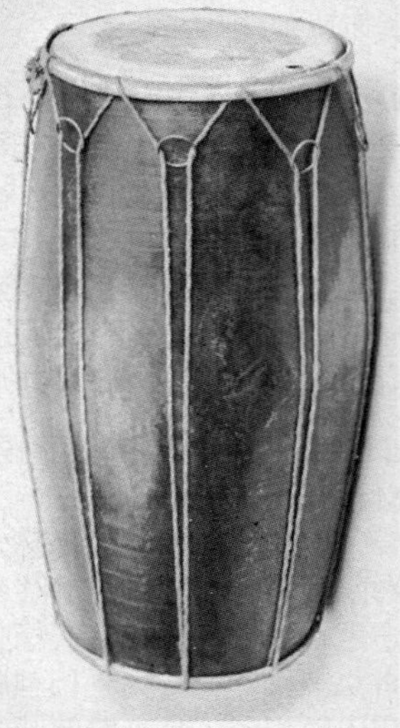

印度繩結構的桶狀鼓；現藏紐約市大都會藝術博物館
By courtesy of the Metropolitan Museum of Art, New York City, gift of Alice E. Getty, 1946

drum　石首魚　亦稱croaker。鱸形目石首魚科約一百六十種魚的統稱。一般爲底棲，肉食性，大部分分布暖海或熱帶沿海，少數生活於溫帶或淡水水域。多數種能藉連在鰾上的強大肌肉的活動而發出聲音，鰾起共鳴室的作用，使聲音擴大，故英文名意爲鼓魚。具二背鰭，一般爲銀白色。弱魚、海鱒及鰾膠魚（狗鰔屬）的口大，下腭突出，犬牙發達，但大多數石首魚下腭不突而且牙小。麥克唐納氏犬牙石首魚是最大的種，可重達100公斤，其他種類都小得多。許多石首魚爲食用魚或遊釣魚。

drupe　核果　一種果實，外果皮薄，中果皮厚，常爲肉質（但有時堅硬，如扁桃；或爲纖維狀，如椰子），內果皮稱爲果核，堅硬如石。核內通常有一粒種子，偶有兩三粒，但其中只有一粒充分發育。核果見於櫻桃、桃、芒果、橄欖、胡桃、山茱萸等。木莓、黑莓（非眞正的漿果）的聚合果由多數小核果聚合而成。

Drury Lane Theatre　特魯里街劇院　倫敦一所至今仍在使用的最古老的英國劇院。由劇作家基利格魯爲其演員組成的劇團所建的皇家劇院（1663）。1672年遭火災，1674年重建，由列恩爵士任建築師。劇院在加立克（1710～1734）和後來的西勃（1747～1776）及謝里敦（1776～1788）經營下日益興盛。一座有防火設施的劇院在1794年開幕，1809年被燒燬。1812年重建，內有兩千個座位。1840年代其歡迎程度逐漸下降，但至1880年代因音樂劇和場面壯觀的歷史劇以及歐文、黛麗等人成功的演出，而再度興盛。近年來許多美國的音樂劇在這裡演出。

Drusus Germanicus, Nero Claudius＊　德魯蘇斯．日爾曼尼庫斯（西元前38～西元前9年）　古羅馬將軍，皇帝提比略之弟。西元前11年成爲行政長官，西元前

9年任執政官。曾與提比略一道出征兩個阿爾卑斯山部落。西元前13年被任命爲高盧三省總督。西元前12年率遠征軍進入日耳曼，三年後抵達易北河。西元前9年不慎墜馬受傷，不久去世。其子克勞狄後來成爲皇帝。

Druze 德魯士教派 亦作Druse。一個較小的中東宗教派別。西元1017年源於埃及，名稱則是從其創始人之一達拉齊的姓名衍生而來的。他們自稱是「穆瓦哈德」（即「一神論者」）。德魯士教派宗教信仰是從伊斯瑪儀派的教義發展而來的。然而，在嚴謹的一神論學說名義下，猶太人、基督徒、諾斯底派、新柏拉圖主義和伊朗人的成分融合在一起。教義體系上的折衷主義，這一信仰體系組成了埃及法蒂瑪王朝第六代哈里發（996～1021）哈基姆的救世神學神性的學說。德魯士教派不容許信仰的改變，而且禁止與外部通婚。他們的宗教體系對外部世界保密；當信徒的生命受到威脅時，他可以對外否認自己的信仰。今日，信徒約一百萬，多集中在敘利亞和黎巴嫩。

dry cleaning 乾洗 用化學溶劑取代水以清洗紡織品的系統。化學藥品通常是鹵化物或有機鹵化物（鹵素原子與碳鍵結的化合物），將纖維中的髒污和油漬溶解出來。四氯化碳曾經廣泛用作乾洗液，但因對健康有害而減少使用，目前比較常用其他的有機鹵化物，特別是四氯乙烯，穩定性高出許多且較不具毒性。

dry ice 乾冰 固態的二氧化碳。緻密的雪花狀物質。-78.5℃時昇華（不經熔化直接變爲蒸氣）。用作冷凍劑，特別適用於在易腐敗肉類或冰淇淋等食品的運輸中作冷凍劑。

dry lake 乾湖 ➠ playa

dry rot 乾腐病 植物眞菌病害症狀，其特徵爲莖、幹、根、根莖、球莖、鱗莖或果實呈堅實海綿狀至皮革狀。眞菌可消耗木材的纖維素，使其剩下外殼，且很容易便化成粉末。

Dry Tortugas National Park 乾龜國家公園 佛羅里達州西南部乾龜群島的國家公園。這些島嶼座落於墨西哥灣入口，佛羅里達州基韋斯西方。1935年設立爲傑佛遜堡國家公園，佔地64,700英畝（26,200公頃）。1992年改爲現名。公園的主要特徵是海洋生物以及1846年建造的堡壘遺址。

dryad* 德萊雅 亦作哈瑪德萊雅（hamadryad）。希臘神話中的樹精仙女。德萊雅原本是橡樹的精靈（drys意爲「橡木」〔oak〕），不過這個名稱後來也適用於所有的樹精。她們是具有年輕美麗女子外型的自然精靈，據信她們的壽命和她們所居住的樹木是一致的。

Dryden, John 德萊敦（西元1631～1700年） 英國詩人、劇作家和文學評論家。鄉村仕紳之子，在劍橋大學學習。他寫詩稱頌王政復辟，贏得查理二世歡心，後被封爲桂冠詩人（1668）；兩年後被任命爲皇家史官。1688年威廉三世繼位，德萊敦桂冠詩人的頭銜被剝奪。以其許多作品成功的支配了文學舞台，其中許多是爲配合政治和公職生活所作。他寫了近三十部的悲、喜劇和歌劇，如：《奧倫－蔡比》（1675）、《一切爲了愛》（1677）等都非常成功。《論戲劇詩》（1668）是第一部內容豐富的近代戲劇評論作品。後來，德萊敦寫詩諷喻時事，成爲英國有史以來最偉大的諷喻詩人。寫了著名的《押沙龍與阿奇托菲爾》（1681）和《獎章》（1682）。他還翻譯許多拉丁語詩作，包括了維吉爾的《伊尼亞德》。

dryopithecine* 森林古猿屬 絕滅的類猿動物的屬。代表廣義的小猿類，其中包括現代猿類和人類二者的祖先。雖然根據歐洲、非洲、亞洲等廣大地區發現的化石碎片命名的森林古猿屬是多種多樣的，但看來所代表的僅僅是一個屬。化石見於中新統和上新統，顯然發源於非洲。已知有幾種不同的類型，包括相當於大、中、小型大猩猩的動物。許多方面同預料一樣，構造相當一般化，缺少區別現代猿類和現代人的大多數特化標誌。

DSL DSL 全名數位用戶迴路（Digital Subscriber Line）。寬頻數位通訊線路，在標準的電話銅線上運作。用戶需要數位用戶迴路數據機，將傳輸分割爲兩個頻帶：較低頻給語音用（一般電話），較高頻給數位資料，特別是網際網路的連線。資料經由數位用戶迴路傳送比起普通撥接數據機服務要快得多，不過數位用戶迴路信號的範圍極小。線路範圍只能在發送站附近幾公里之內。數位用戶迴路和「某某數位用戶迴路」是由許多不同協定和技術的統稱。「非對稱數位用戶迴路」（ADSL）是數位用戶迴路常見的類型，把大部分的線路頻寬用來從網路下載資料，只留下一點連線來上傳資料。「高速數位用戶迴路」（HDSL）和「對稱數位用戶迴路」（SDSL）的資料流是對稱的，也就是說上行和下行的速率相同。「單向數位用戶迴路」（UDSL）和「超高速數位用戶迴路」（VDSL）等還在研發階段，試圖提高資料傳輸速率。

du Barry, comtesse (Countess)* 巴里伯爵夫人（西元1743～1793年） 原名(Marie-)Jeanne Bécu。別稱Madame du Barry。法國國王路易十五世最後一個情婦。她是私生女，父母屬於下層階級。早年曾在修道院中受教育，加斯科涅貴族尙·迪·巴里把她帶進上流社會。1768年引起路易十五世的注意，1769年她進入路易十五世的宮廷，很快就成爲一個貴族圈子的成員。這個貴族圈子使有權勢的外交大臣舒瓦瑟爾公爵倒台。她還支持大法官莫普的司法改革。路易十六世即位後，她被放逐到修道院。1793年巴黎革命法庭宣判她爲反革命，把她送上斷頭台。

Du Bois, W(illiam) E(dward) B(urghardt)* 杜博斯（西元1868～1963年） 美國社會學家，及黑人民權領袖。獲哈佛大學博士學位後，開始深入美國黑人環境領導實地的調查工作。他認爲社會改革只能通過鼓動和反抗來實現，這和當時黑人領袖華盛頓的理論相衝突。其名著《黑人的靈魂》於1903年出版。1905年杜博斯發起組織尼亞加拉運動，即全國有色人種協進會（NAACP）的前身。後擔任NAACP的研究主任和會刊《危機》的主編（1910～1934）。他在亞特蘭大大學教書，並寫了數部著作。1940年代被認爲是前蘇聯的特務，而對美國徹底失絕望。1961年加入共產黨並移居迦納，次年放棄美國國籍。

Du Buat, Pierre-Louis-Georges* 迪比亞（西元1734～1809年） 法國水利工程師，曾推導出計算管道和明渠流量的經驗公式。他搜集了大量試驗數據，並從中得出計算管道和明渠流量的基本代數方程式。雖然這個方程式只在他的試驗數據範圍內才有效，但它卻是當時預測供水系統以及類似工程性能的最好方法。他強調水利工程設計必須達到實用效果的觀點，對18、19世紀實驗水力學的發展有重大影響。

du Cange, Charles du Fresne, seigneur (Lord)* 康熱（西元1610～1688年） 法國17世紀偉大學者之一。康熱由於和藹可親、彬彬有禮，結交同代許多大學者，從而博學多聞，對語言、歷史、法律、考古、古錢幣及地理等學科，造詣很深，俱見於其傑作《中古拉丁語詞彙》（1678）

和《中古希臘語詞彙》（1688）兩書中。他試圖應用歷史觀點考察這兩種語言，亦即試圖把中世紀拉丁語和希臘語詞彙同古典拉丁語和希臘語的相應詞彙區分開來，所以其意義重大。進而言之，因爲他根據文獻和原始資料不僅說明詞彙本身而且說明了這些詞彙所描述的事物，所以與其說這兩部書是詞典，毋寧說是百科全書。現今曾多次重印，說明了這兩部書的具有永恆的學術價值。

Du Fu　杜甫（西元712～西元770年）　亦拼作Tu Fu。中國詩人，公認爲歷代最偉大的詩人。杜甫接受傳統的儒家教育後，未能通過重要的文官考試。此後他人生大部分時間，都在漫遊中度過；即使他不斷嘗試謀取朝廷中的職位，也成敗相半。杜甫成名甚早，早年詩作多頌揚自然的世界，並哀嘆時間的流逝。杜甫曾經歷極爲艱困的人生，而當他對詩韻的掌握趨於圓熟後，他開始流露對人類深沈的同情。杜甫專精於當時的各種詩體，尤以其卓越的古典風格及對詩律的精湛技巧而聞名。杜甫詩藝極其精微，經英文翻譯後所存無幾。

du Maurier, Daphne＊　杜莫里哀（西元1907～1989年）　英國小說家和劇作家。喬治·杜莫里哀的孫女，演員兼劇團經理的杜莫里哀爵士（1873～1934）的女兒。以長篇小說《蝴蝶夢》（1938）聞名，是她一系列浪漫主義作品之一，均以荒涼的康瓦耳海岸爲背景。其他作品還有《牙買加客棧》（1936）、《法國小灣》（1942）、《麗秋表妹》（1951）。她寫的故事《鳥》及《牙買加客棧》、《蝴蝶夢》都被希區考克拍成電影。

du Maurier, George (Louis Palmella Busson)　杜莫里哀（西元1834～1896年）　英國漫畫家和小說家。曾在《笨拙》雜誌上發表許多諷刺畫。他畫技巧妙，善於傳神，1860年開始成名。其漫畫以新興資產階級和王爾德唯美派爲主要諷刺對象，但是謔而不虐。一般認爲，他所作的一些書籍插圖和給《週刊》、《閒暇之時》）雜誌畫的素描是他最好的作品。另外還寫過三部小說：《彼得·伊伯森》（1891）、《軟氈帽》（1894）和《火星人》（1897）。他的孫女達芙妮·杜莫里哀將他的書信編輯成書，於1951年出版。

Du Mont, Allen B(alcom)　杜蒙（西元1901～1965年）　美國工程師。1928年擔任德福來斯特無線電公司的總工程師，開始對電視機產生興趣，研究後得出結論認爲機電系統不能適應實際電視的需要，必須用全電子的系統。1931年建立了一家公司，以後叫作杜蒙實驗室。他改善了陰極射線管，研製成現代示波器。1937年杜蒙開始製造第一批商業電視接收機。第二次世界大戰後，他建立了實驗性電視傳送設備，並把第一批電視接收機供應市場。杜蒙曾在全國電視系統委員會工作。該機構制訂黑白及彩色電視廣播的標準，他還在聯邦電信委員會工作，管理電視頻道頻率分配。

Du Pont Co.　杜邦公司　全名E. I. Du Pont de Nemours & Company。美國公司，主要從事化工產品、塑膠和合成纖維的製造。總公司設在德拉瓦州維明頓，1802年由年輕的法國移民杜邦（1771～1834）創立。20世紀以前，主要產品爲炸藥；20世紀開始產品的多樣化經營。1915年生產硝化塑膠，1931年首創氯丁合成橡膠，1938年首創尼龍，並擴大生產範圍，製造像塑膠、電化學品、照相底片和農藥等各種產品。第二次世界大戰以前該公司都由杜邦家的人管理。今日，杜邦公司包含了電子、汽車和製藥等各個不同的分支機構。

Dual Alliance ➠ Austro-German Alliance、Franco-Russian Alliance

dual-aspect theory ➠ double-aspect theory

Dual Monarchy ➠ Austria-Hungary

dualism　二元論　在哲學中，指以兩類最基本的原則（有時是相互抵觸的，有時是相互補充的）分析認識過程（知識論的二元論），或者解釋所有現實或其主要方面（形上學的二元論）。知識論的二元論包括：存在和思維、主觀和客觀、感覺和事物等。形上學的二元論包括：上帝和世界、物質和精神、身體和心靈、善和惡等。二元論和一元論及多元論都有所不同。一元論只承認一種原則，多元論則援用兩種以上的基本原則。瑣羅亞斯德教和摩尼教是宗教二元論的最佳例子；東亞的陰陽理論也是屬二元論。

Dubayy　杜拜　阿拉伯語作Dubai。阿拉伯聯合大公國中人口最多的成員國，面積3,900平方公里，居第二位。略呈長方形，沿波斯灣長約72公里。首都杜拜城爲聯邦最大城鎮，位於該國東北一小海灣畔。居民90%以上住在首都和附近地區。根據現有資料，已知1799年起就有來自阿布達比的人在此居住。19世紀初期杜拜已是最強的勢力，1930年代前以出口珍珠聞名。今日杜拜因石油而致富，阿拉伯聯合大公國的多數銀行和保險公司都在此設有總辦事機構。人口：城鎮約585,189（1989）；酋長國約737,000（1997）。

Dubček, Alexander＊　杜布切克（西元1921～1992年）　捷克政治人物。第二次世界大戰期間，曾參加地下活動，反抗納粹占領。戰後，他在共產黨內青雲直上，1962年任中央委員會主席團委員。1968年諾沃提尼（1904～1975）被迫辭去第一書記職務，由杜布切克替代。杜布切克上台後曾進行短暫的自由主義改革，史稱「布拉格之春」，最後因蘇聯於1968年8月入侵捷克斯洛伐克而告結束。他被降職，最後於1970年被逐出共產黨。該國共產黨放棄對權力的壟斷並同意參加聯合政府後，杜布切克於1989年12月重又在捷克斯洛伐克國家事務中占據突出的地位，並當選爲聯邦議會主席。

Dubinsky, David　杜賓斯基（西元1892～1982年）　波蘭裔美國勞工領袖。他是俄國統治下波蘭麵包師的兒子。1908年因從事工會活動被流放到西伯利亞，1911年逃跑，移居美國。在紐約當服裝裁剪工時，重新從事工會活動。1919年任國際婦女服裝工人聯合會第十分會主席。十年後任該聯合會財務幹事，1932～1966年任主席。在工會事務及政治方面持獨立態度，效忠於勞聯，也支持1930年代產聯的誕生。1955年勞聯與產聯合併中，他起了重要作用。

Dublin　都柏林　舊名Eblana。愛爾蘭共和國首都和都柏林郡首府。位於利菲河畔。9世紀北歐人在利菲河南岸定居，他們控制這裡直到11世紀愛爾蘭人占領爲止。12世紀時受英國人統治，亨利二世授予特許狀，成爲政府所在地。18世紀時因成爲布料貿易中心及重要港口而繁榮。19～20世紀國家主義者發動了幾次血腥的暴力事件，包括了1867年的芬尼亞運動和1916年的復活節起義。都柏林是愛爾蘭的主要港口，金融和商業中心，也是文化重鎮。健力士公司（生產百威啤酒）是全國最大的私人企業。教育和文化機構有都柏林大學、國家圖書館和國家博物館，倫斯特府邸（1748）現爲愛爾蘭議會所在地。

Dublin, University of　都柏林大學　亦稱三一學院（Trinity College）。1591年伊莉莎白一世設立，都柏林市捐贈。是愛爾蘭最古老的大學。該校長期限收英國聖公會教徒，1873年取消一切宗教上的要求。課程包括了：藝術、古典文學、商業和經濟、工程、醫學和牙科、科學和研究所課程。圖書館藏有許多保存完好的手稿，包括有名的凱爾斯的聖經。

Dublin Bay prawn 都柏林灣匙指蝦 ➠ scampi

Dubnow, Simon Markovich＊ 杜布諾夫（西元1860～1941年） 全名Simon Markovich Dubnow。俄國猶太人史學家。他基本上靠自學成材。1922年因爆發布爾什維克革命而移居德國以前，他已是一位著名的猶太歷史學者。他在文化問題上堅持民族主義，反對猶太人受異族同化，但是認爲政治上的猶太復國主義是不現實的理想。他的著名著作有：《世界猶太民族史》（1925～1930）和《哈德西主義史》（1931）。1933年爲逃離希特勒統治下的德國而避居拉脫維亞境內里加，後仍爲納粹所殺。

Dubos, René (Jules)＊ 迪博（西元1901～1982年） 法國出生的美籍微生物學家。1924年移民美國，從拉特格斯大學取得博士學位。他最先從某些土壤微生物中分離出抗菌物質，從而導致了多種重要抗生素的發現。他以在抗生素獲得性免疫、結核病及胃腸道固有細等方面的研究和著作聞名於世，後研究人類與自然環境的關係。所著《人是動物》（1968）獲普立茲獎。

Dubrovnik＊ 杜布羅夫尼克 克羅埃西亞港市。位於亞得里亞海岸的南部，塞拉耶佛西南方。7世紀時羅馬難民所建，羅馬陷落之後，杜布羅夫尼克受拜占庭統治。1205～1358年間受威尼斯統治，但保留許多獨立性，並成爲一支強大的貿易力量。15～17世紀成爲斯拉夫文學和藝術中心。1808年拿破崙征服了杜布羅夫尼克，1815年的維也納會議將該市給與奧地利；1918年併入南斯拉夫版圖。1991～1992年克羅埃西亞要求獨立的戰爭中，受到塞爾維亞人的轟炸。被中世紀城牆包圍的舊城，內有14世紀建造的女修道院和建於15世紀的教區長宅邸。人口56,000（1991）。

Dubuffet, Jean(-Philippe-Arthur)＊ 迪比費（西元1901～1985年） 法國畫家、雕刻家和版畫家。第二次世界大戰後巴黎派主要畫家之一。1940年代末形成自己的風格，稱爲澀藝術。用清漆和膠將瀝青、砂礫、爐灰、灰燼和沙黏在一起作底子，上面經常用油畫色厚厚地塗上一層，再在這粗糙的表面上刻出孩子般的形象。後來轉向雕刻創作。晚年爲不同的公共場所創作了幾座黑白塗料玻璃纖維的大型雕塑。

Duccio (di Buoninsegna)＊ 杜喬（創作時期西元約1278～1318/19年） 義大利畫家，錫耶納畫派創始人。生平不詳，但有幾個作品留存下來。1285年受託爲佛羅倫斯新聖母堂繪製的祭壇畫《魯塞萊聖母》，及錫耶納主教堂以聖母子進入天國爲主體的主祭壇畫（1308～1311）；二者都是義大利繪畫史的重要作品。杜喬的風格反映出契馬布埃和拜占庭藝術的影響，他的風景、建築、人物性格和姿態等都涉及廣泛的日常生活，組成一個抒情感人的綜合整體。杜喬在14世紀創建抒情風格的錫耶納畫派，不僅在義大利，而且在全歐洲都有重要意義。

Duchamp, Marcel＊ 杜象（西元1887～1968年） 法國畫家。1904年來到巴黎，爲一些娛樂雜誌作漫畫。1913年他的畫作《下樓梯的裸體，第二號》（1912）在軍械庫展覽會造成轟動，該畫綜合了立體派和未來派的要素，表達了杜象通過其內心衝動所見到的人體幻象。後來他拋棄了所謂的「視網膜藝術」，成爲紐約達達藝術的領導人。這一時期他發明所謂「現成取材法」，著名作品是以一個尿器當作現成取材的藝術品，名爲《泉》（1917）。他最著名的「現成畫」是在《蒙娜麗莎》的照片上加上鬍鬚，以嘲諷過去的藝術。他對超現實主義有著深遠的影響，對藝術和社會的態度引導著普普藝術和其他現代及後現代運動。他的一生是個傳奇，被認爲是20世紀藝術的重要人物之一。

duck 鴨 鴨科鴨亞科水禽的統稱，或稱眞鴨。體小，頸短而嘴大。腿位於身體後方（如同天鵝一樣），因而步態蹣跚。大多數眞鴨（包括由於個體大小和體形原因而被不正確地稱爲雁的幾種鳥）與天鵝、雁不同，雄鳥每年換羽兩次，雌鳥每窩產卵數亦較多，卵殼光滑；腿上覆蓋著相搭的鱗片；叫聲和羽毛顯示出某種程度的性別差異。所有眞鴨，除翹鼻麻鴨和海鴨（參閱diving duck），都在頭一年內性成熟，僅在繁殖季節成對。根據其不同生活方式，鴨可分爲鑽水鴨、潛水鴨和棲鴨三個主要類群。嘯鴨不是眞鴨，而與雁和天鵝親緣關係更密切。

duck hawk 鴨鷹 ➠ peregrine falcon

duckbill 鴨獺 ➠ platypus

ductility 延展性 材料由於應力作用而永久變形的能力（例如拉長、彎曲或展開）。例如一般常見的鋼鐵具有相當的延展性，因此可以承受局部應力集中。脆性的材料如玻璃，缺乏延展性，不能承受應力集中，因此容易破裂。當材料樣品加壓，最初是彈性變形（參閱elasticity），超過一定的變形量，稱爲彈性限度，就會變成永久變形。

ductus arteriosus＊ 動脈導管 胚胎的肺動脈與主動脈之間的短血管，繞過肺臟分配透過胎盤從母體血液接收的氧。正常情況在嬰兒一出生且肺臟充氣就會自動關閉，分隔肺循環與體循環。在出生之前關閉造成循環系統問題。如果在出生之後導管繼續開著（開放性動脈導管，早產較常見），含氧與缺氧的血液混在一起。如果只是單獨存在可能並不嚴重；在某些心臟畸形，甚至是生命延續的關鍵。前列腺素可以將導管維持開啓直到手術完成。

Dudley 杜德里 英格蘭西密德蘭都市郡西緣的郡級市。有幾處撒克遜人和諾曼人的防禦工事。中世紀起已產煤、鐵，18世紀始用煤冶煉鐵。19世紀前半葉興建了許多高爐，由於污染嚴重，被稱爲「黑鄉」。現在工業以金屬加工業爲主。境內設有列恩礦巢地理自然保護區，以保護典型的志留紀石灰岩（1924年以前曾大規模開採）。面積98平方公里。人口約311,500（1998）。

Dudley, Dud 杜德里（西元1599～1684年） 英國鐵器製造商，通常把首先用焦炭熔化鐵礦的方法歸功於他。焦炭幾乎爲純炭，是從煙煤製造的蜂窩狀硬塊。在杜德里開始實驗用焦炭（他稱之爲「瀝青煤」）之前，木炭曾唯一地被用於熔化鐵，這使燃料森林遭到迅速破壞。因而實驗受到了英國政府的鼓勵，他的發明於1621年獲得專利。但因品質不佳使得銷售情況也不好。

Dudley, Robert ➠ Leicester, Earl of

due process 正當程序 指按照各個法律制度中制定的規則和原則保護個人權利的行使的訴訟程序。正當程序主要是和美國憲法的基本保證之一聯繫在一起的。在各個案件中，正當程序要求政府按照公認的保護個人權利的保護條款，根據法律的允許和授權行使其權力。美國聯邦憲法的起草人在1791年批准的憲法第五修正案中採納了這一正當程序的措詞，其中規定，「……未經正當法律程序，不得剝奪任何人的生命、自由或財產。」這項權利因憲法第十四條修正案（1868）而擴及各州。正當程序的本質是要限制政府制定會影響到人民的生活、自由和財產權的法律或規章。亦請參閱accused, rights of the、double jeopardy。

duel 決鬥 指按照預定的規則由兩個帶有致命武器的人為了解決爭吵或某種榮譽而進行的格鬥。它是訴諸於通常司法程序之外的另一種選擇。有證據顯示，用司法決鬥或用格鬥作為審判的形式，在中世紀的歐洲就已很普遍。法官可以命令雙方以決鬥來解決紛爭。由於人們相信在這樣訴諸「上帝的裁斷」中，正義的捍衛者是不會被打敗的，如果失敗的一方還活著，則要依法加以處理。榮譽的決鬥是私人為了真正的或想像的被蔑視或受侮辱而引起的對抗。決鬥（後改用手槍）持續在法國盛行直19世紀末，德國則流行至第一次世界大戰。發生在美國最著名的決鬥是漢彌爾頓和伯爾二人的決鬥（1804）。亦請參閱ordeal。

Duero River ➠ Douro River

Dufay, Guillaume＊ 杜飛（西元約1400～1474年） 法國當時最偉大的作曲家，以創作宗教音樂及世俗歌曲而成名。幼時為康布雷大教堂唱詩班一員。1428年成為教宗的歌手之一，這時他的作品使他成名。1440年左右回到康布雷定居，監督大教堂的音樂事務，曾短期離開為薩伏依公爵工作（1451～1458）。作品流傳至今的有：經文歌八十七首、法國歌曲五十九首、義大利歌曲七首、完整的彌撒曲七首及未完成的彌撒曲三十五首。他使「英國風味」的典雅抒情和聲與歐洲大陸音樂匯合，創造了典型的勃艮地樂派作曲家風格，並使中世紀後期音樂與文藝復興後期法蘭西－法蘭德斯作曲家的風格結合在一起。

Dufy, Raoul＊ 杜菲（西元1877～1953年） 法國畫家和設計師，以色彩鮮豔、裝飾性強、場面豪華歡快而著稱。杜菲1900年去巴黎美術學院學習，迷戀印象派和後印象派的生氣勃勃色彩並列的畫法，他採用了這種風格。1904年受馬諦斯的影響而轉向野獸派風格。其獨特風格的特色是在白色的底子上薄薄地塗上一層明亮的裝飾性顏色，簡略地用引起美感的波狀的線條勾勒出物像的輪廓。他還為書籍作木刻插圖、設計紡織品，最後更生產陶瓷和壁毯。

dugong＊ 儒艮 海牛目大型海洋哺乳動物，儒艮科唯一的現存種，學名Dugong dugon。棲息於紅海及非洲東部到菲律賓、新幾內亞和澳大利亞北部一帶沿岸的淺水中。長約2.2～3.4公尺，重達230～360公斤。體圓，從頭端到尾端漸細，尾端為一水平的鰭，分成兩叉，叉的末端尖細。前肢成圓形鰭足，無後肢。頭與軀體緊接，無明顯的頸部。嘴寬呈方形，吻部多硬毛。成對或成群（可達六隻）棲息。可潛水達十分鐘，以綠藻等海生植物為食。休息時直立於淺水，頭伸出水面。肉、油及皮可用。在大多數分布區內受法律保護，但有些種群由於濫捕而趨於絕滅。亦請參閱manatee、sea cow。

duiker＊ 小羚羊 偶蹄目牛科一些體小性怯的羚羊的統稱，包括灰小羚羊（或稱灌叢小羚羊）或小羚羊屬的約十三個種（森林小羚羊）。分布於非洲大部分地區。灰小羚羊肩高57～67公分；雄體有角，角直而尖。森林小羚羊腿短，弓背，棲於森林和濃密的灌叢。肩高36～46公分，從淡褐、淺紅褐到近黑色；雄雌都有短而尖的角。

斑小羚羊（*Cephalophus zebra*）
Kenneth W. Fink from The National Audubon Society Collection/Photo Researchers

Duisburg＊ 杜易斯堡 德國西部北萊茵－西伐利亞州城市。在魯爾河與萊茵河交匯處，經萊茵－黑爾訥運河通北海港口和多特蒙德－埃姆運河。羅馬時代稱卡斯特魯姆德烏托尼斯。740年首見記載，1129年獲特許狀，1290年成為自由城市。三十年戰爭是這裡受到嚴重破壞後，1655～1818年作為新教大學所在地復興起來，現為世界最大內陸港之一。建有美術和歷史博物館及一個動物園（內有德國最大水族館）。作為採煤和鋼鐵業中心，也生產重型機械、化工品等。人口約535,250（1996）。

Dujardin, Félix＊ 迪雅爾丹（西元1801～1860年） 法國生物學家、細胞學家，以研究原生動物和無脊椎動物的系統分類學聞名。初研究纖毛蟲，1834年建議設立根足綱。在有孔蟲族中，他發現一種能穿過鈣質殼孔的無固定形狀的生活物質，他稱為「肉質」（後稱原生質）。根據這項工作，他在1835年反駁了埃倫貝格反覆引用的微觀生物具有與高等動物相同的器官的學說。他還研究了刺胞動物和棘皮動物。他對蠕蟲的研究為後來寄生蟲學的發展奠定了基礎。

Dukakis, Michael S(tanley)＊ 杜凱吉斯（西元1933年～） 美國政治人物。他是希臘移民之子，進哈佛大學法學院學習。之後活躍於麻薩諸塞州民主黨政壇（1962～1970），後三次當選州長，州長任內解除了該州嚴重的預算赤字危機，使該州財政得以復甦；協調了政府的各項政策，從而大大加強了該州的經濟基礎。他在1988年贏得了民主黨總統候選人提名。但敗於共和黨候選人布希。後來於1991年退出政壇，重執教職。

Dukas, Paul (Abraham)＊ 杜卡（西元1865～1935年） 法國作曲家。出生於音樂世家，曾在巴黎音樂學院學習。因創作了《波利猶特》的前奏曲（1892年首演），在年輕作曲家中奠定地位。由於對自己的作品審視甚嚴，所以作品不多。他的聲名主要來自單純一首管弦樂作品《魔法師的門徒》（1897）；其他作品還有歌劇《阿麗安與藍鬍子》（1907）、芭蕾舞劇《仙女》（1912）和《C大調交響曲》（1896）。

duke 公爵 女性為duchess。歐洲的一種貴族稱號，通常是僅次於親王或國王的最高級的貴族，只有那些有介乎王公兩者之間的稱號（例如大公）的國家是例外。羅馬人授予那些負責統治各地區的高級軍事指揮官的稱號dux（公爵），被入侵羅馬帝國的野蠻人所採用，在他們自己的各個王國裡以及在法國和德意志，授予管轄大片地區的統治者。某些歐洲國家，公爵是元首統治著獨立的公國。在不列顛這是個世襲的爵位，1337年以前沒有公爵的稱號。

Duke, James B(uchanan) 杜克（西元1856～1925年） 美國煙草大王和慈善家。杜克和其兄班傑明（1855～1929）一同加入了家族煙草生意。1890年美國幾家主要香煙製造公司合併組成美國煙草公司時，由他出任總裁職位，他控制了整個美國煙草工業，直到1911年美國最高法院命令解散這家壟斷的美國煙草公司為止。杜克擔負起將公司分成幾家單獨的公司的任務，這些公司後來皆成為美國主要的香煙製造商。杜克家族對達拉謨三一學院的建立，貢獻頗多，後改名為杜克大學。

Duke, Vernon 杜克（西元1903～1969年） 原名Vladimir Aleksandrovich Dukelsky。俄裔美國作曲家。十六歲時因俄國革命而逃離，定居君士坦丁堡。1921年赴美，結識蓋希文。但杜克返回歐洲專心寫作古典音樂，為佳吉列夫的俄羅斯芭蕾舞團創作了芭蕾舞劇《和風與花神》（1925）

及兩首交響樂。1929年定居美國，整個1930年代爲電影和戲劇創作配樂插曲。最流行的歌曲有小型歌劇《走快一點》（1932）中的《四月在巴黎》和《齊格飛歌舞劇》中的《我開始不了》。

Duke University 杜克大學 美國北卡羅來納州達拉謨的一所私立男女同校高等學府。該校是聯合衛理公會的一個附屬機構，但不受教會控制。1838年協和學院在北卡羅來納州蘭道夫縣成立。1851年重新組建，改爲三一學院。1892年該校遷往達拉謨。1924年該校又得到新的許可證，因爲得到杜克捐款，改名爲杜克大學。杜克大學一直是男女學生不同校區，直到1970年代。除三一學院（文科）外，該大學還包括研究所、工程、法律、商業、神學、醫學（包括一座醫學中心）、護理、環境研究等學院。

Dukhobor ➠ Doukhobors

Dulany, Daniel＊ 杜拉尼（西元1722～1797年） 美國律師。他曾在英國伊頓公學和劍橋大學受教育，返回馬里蘭後成爲一位律師。1757年被任命爲總督的參議。1765年他爲文批評《印花稅條例》，那是一本反對《印花稅條例》最有影響的小冊子。然而，他反對反抗英國統治的革命行動，在美國獨立戰爭期間始終是一個效忠派，因此於1781年被沒收財產。

Dulbecco, Renato＊ 杜爾貝科（西元1914年～） 美籍義大利病毒學家。1936年獲杜林大學醫學博士學位。1947年移民美國。他與福格特一同創始將動物病毒進行人工培養，又研究病毒控制宿主細胞的機制，證明能使小鼠患腫瘤的多形瘤病毒可將自身的DNA插入宿主細胞的DNA中，並使宿主細胞轉化爲癌細胞（他是在一定的意義上用「轉化」一詞的），已轉化的寄主細胞除產生自身的DNA外又產生病毒的DNA，並繁殖出更多的癌細胞。他認爲，人類的癌症可能也是外來的DNA片斷通過同樣的複製過程造成的。1975年與其兩名學生特明及巴爾的摩共獲諾貝爾生理學或醫學獎。

dulcimer 揚琴 亦稱hammered culcimer。弦樂器，齊特琴的一種。琴弦用小槌敲擊，不用撥奏。歐洲的揚琴和土耳其、波斯的桑爾琴以及中國的揚琴都在每個音上用兩根或更多的金屬弦，張在一個扁平、梯形的音箱上。揚琴約在15世紀由波斯傳入歐洲。鋼琴就是一架用鍵盤裝置牽動槌子的揚琴。

DuLhut, Daniel Greysolon, Sieur＊ 迪呂（西元1639?～1710年） 法國軍人、探險家。1674年以前曾兩次航海去新法蘭西，1675年回到蒙特婁。他與印第安部落談判毛皮貿易協定；從蘇族人手中解救亨內平；協助弗隆特納克伯爵對抗英國人的印第安盟友；還爲法國控制蘇比略湖以西和以北地區起主要作用。美國明尼蘇達州的得盧斯便是以他的名字命名的。

Dulles, Allen W(elsh)＊ 杜勒斯（西元1893～1969年） 美國外交官、行政官員。在與其兄約翰．佛斯特．杜勒斯一同就讀法律系前曾擔任多項外交工作。第二次世界大戰時，杜勒斯到戰略情報局工作。戰後杜勒斯任負責檢查美國情報系統的三人委員會主席。1951年成立中央情報局以後，他擔任副局長。在擔任局長時（1953～1961），在初期許多較大的諜報工作中都有所成功，但U-2事件和豬玀灣入侵古巴導致他辭去局長職務。

Dulles, John Foster 杜勒斯（西元1888～1959年） 美國國務卿（1953～1959）。曾擔任出席凡爾賽和會美國代表團的法律顧問，接著在戰後賠款委員會工作。他協助起草「聯合國憲章」，後任聯合國大會代表（1946～1949）。在簽訂對日和約問題上美國與蘇聯意見相左，他奔走西方各國分別磋商，終於在1951年使日本和48個國家簽字於事先同意的和約。艾森豪總統任命他爲國務卿，杜勒斯的外交政策以極端反對共產主義爲特點。由於他反對蘇聯的行動，因而發展出艾森豪主義。批評者認爲杜勒斯粗暴、僵硬，不是英明的外交政策制訂者。

Duluth＊ 杜魯日 美國明尼蘇達州東北部城市和主要內陸港口。臨蘇必略湖聖路易河口。杜魯日－蘇必略港是聖羅倫斯航道的西部終端。轉運貨物有鐵礦石、煤、糧食和原油。工業種類繁多。17世紀法國商人曾到此。1856年始建，1870年設市。人口：市約83,699（1996）；都會區239,971（1990）。

Duma 杜馬 全稱「國家杜馬」（Gosudarstvennaya Duma）。俄國經選舉產生的立法機構，等同於議會。其對政府大臣和國家預算的控制權及立法權都受到限制。杜馬共有四屆（1906、1907、1907～1912、1912～1917），均未得到大臣和皇帝的信任或合作，他們在非開會期間發布法令使其權力得以保存。在蘇維埃時期，蘇維埃是政府的基本單位。蘇聯解體（1991）後，俄羅斯議會擁有立法權，直到1993年與總統葉爾欽間的衝突造成危機爲止。議會暴動由軍隊制止，在新憲法下產生的新議會包含了聯邦會議（由俄羅斯共和國和地區的89個代表組成，擁有平等的代表權）及杜馬。杜馬有450名經選舉產生的成員。在特殊情況下，總統有權廢除或解散該立法機構。

Dumas, Alexandre＊ 大仲馬（西元1802～1870年） 別名Dumas père。法國劇作家和小說家。以戲劇創作開始文學生涯，獲得好評，包括了《拿破崙．波拿巴》（1831）和《安東尼》（1831）。後來，他把注意力逐漸轉向歷史小說，與別人合寫了許多作品。他在創作中從不顧及歷史的眞實，對人物心理的分析也不完善。他的主要興趣是以豐富多彩的史實爲背景，創作出生動、情節緊張的小說。最著名的作品有《三劍客》（1844），描寫黎塞留出任首相期間四個鬧事英雄的故事；《二十年後》（1845）；《基度山恩仇記》（1844～1845）；《黑色鬱金香》（1850）。他的私生子小仲馬（1824～1895）也是作家，以劇作《茶花女》（1848）聞名，威爾第的歌劇《茶花女》便是改編自該劇本，後來還拍成電影。

Dumfries＊ 鄧弗里斯 蘇格蘭鄧弗里斯歷史郡鄧弗里斯－加羅韋議會區皇家自治市，位於尼思河左岸。爲蘇格蘭西南部最大的自治市和廣大畜牧業地區的主要貿易中心。1186年設爲自治市。在蘇格蘭獨立戰爭期間屢遭蹂躪，也因位置靠近英格蘭邊界而經常被襲。蘇格蘭民族詩人柏恩斯自1791年居此，直至1796年去世。有許多紀念他的文物，柏恩斯墓園（1815）含有其遺物，柏恩斯的家現爲博物館。人口約31,000（1995）。

Dummer, Jeremiah 達默（西元1681～1739年） 美國律師和殖民地代表。1708年去英國，在倫敦從事商業活動。1710年任麻薩諸塞殖民地駐英代表，兩年後又被任爲康乃狄克殖民地駐英代表。他竭力維護自己所代表的殖民地的利益。1715年著《爲新英格蘭憲章申辯》，反對對現行新英格蘭憲章中的權利作任何的改變。

Dummett, Michael A(nthony) E(ardley) 杜梅特（西元1925年～） 受封爲麥可爵士（Sir Michael）。英國哲學家。在《眞理與謎》（1978）、《形上學的邏輯基礎》

（1991）和《語言的大海》（1993）這幾本著作中，他詳細闡述了自己的觀點，認爲思想的本質若要在哲學上獲得釐清，最好的途徑就是好好研究思想如何透過語言表達出來。自然語言的意義理論所具備的恰當形式，就是針對任何人要熟習使用語言時所應該知道的，提出一個明確的理論性陳述。

Dumont d'Urville, Jules-Sébastien-César＊ 迪蒙·迪爾維爾（西元1790～1842年） 法國航海家。1827年航行南太平洋。這次航行的結果，大規模地修訂了南海海圖，將一些島群劃爲美拉尼西亞、密克羅尼西亞和馬來西亞群島。1830年8月運送流放的國王查理十世去英國。1837年航向南極洲，雖遇浮冰無法穿越，但他在麥哲倫海峽進行測量，沿浮冰邊緣向東航行。繼而向西航行，觀察了南奧克尼群島和南謝德蘭群島，並發現了儒安維爾島和路易－腓力地。於1841年末回到法國。

Dumuzi-Abzu＊ 杜木茲－阿卜蘇 美索不達米亞宗教所崇奉的神靈。流行於蘇美人中間的化育之神，是位於南部沼澤地區的拉格什附近城市基尼爾薩城的守護女神。她代表沼澤地區的化育之力。她被認爲是蘇美人崇奉的神坦木茲。

Dumuzi-Amaushumgalana＊ 杜木茲－阿瑪舒姆伽拉那 美索不達米亞宗教所崇奉的神靈。流行於蘇美人中間，特別是南部水果產地，後來傳到中部草原地區。他少年翩翩，是椰棗穗女神伊南娜的丈夫，因此代表椰棗樹內滋育新生之力。他也等同於蘇美人崇奉的神坦木茲。

Dunajec River＊ 杜納耶茨河 波蘭南部河流。源出斯洛伐克邊境的塔特拉山脈，向東北注入維斯杜拉河。全長約251公里。建有多座水電站。1975年捷克和波蘭沿該河調整了兩國邊界，使波蘭得以在喬爾什滕地區修建灌溉水壩。

Dunant, (Jean-) Henri＊ 杜南（西元1828～1910年） 瑞士人道主義者，紅十字會及世界基督教青年會創辦人。在著作中建議在世界各國組織志願救濟團體，以防止和減輕人們在戰時及平時遭受的苦難；主張對不同種族及信仰應一視同仁；還提議訂立一項救護戰爭中傷員的國際協定。1864年創立紅十字會（參閱Red Cross and Red Crescent）時，首批全國性救濟團體以及第一個《日內瓦公約》同時產生。後經營破產，生活貧困，但仍繼續致力於改善 戰俘待遇、廢除奴隸制度、實行國際仲裁、裁軍以及建立猶太人國家。1901年和帕西共同獲得第一屆諾貝爾和平獎。

Dunaway, Faye 費唐娜薇（西元1941年～） 美國電影女演員。生於佛羅里達州的巴斯坎，在她演出銀幕處女作《邁阿密傳奇》（1967）之前，她在外百老匯演出過幾齣戲劇。《我倆沒有明天》（1967）使她成爲國際巨星，後來又演出了《唐人街》（1974）、《螢光幕後》（1976，獲奧斯卡金像獎）、《親愛媽咪》（1981）以及《酒吧蒼蠅》（1987）。

Dunbar, Paul Laurence 唐巴爾（西元1872～1906年） 美國作家。父母都是奴隸。他是第一個以寫作爲生並在國內取得顯赫地位的黑人作家，以用黑人方言所寫詩歌和短篇小說稱譽。他的詩集有《橡樹和常春藤》（1893）、《老老少少》（1895）以及《下層生活抒情詩》（1896）。他的詩的讀者廣泛，在美國及英國舉行過朗讀會。除了寫詩外，他還出版過四本短篇小說集和四部長篇小說，包括了《諸神的娛樂》（1902）。

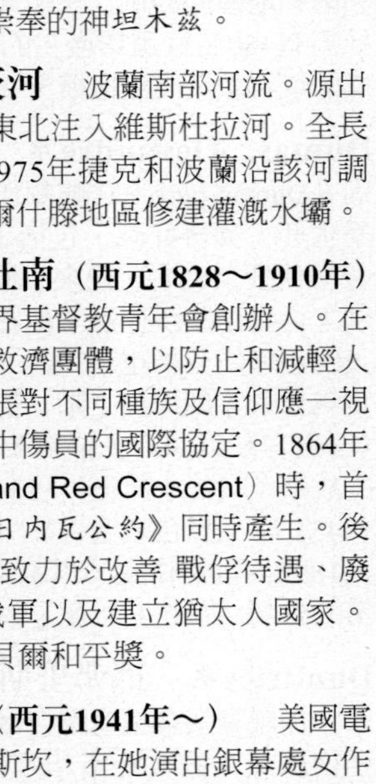

唐巴爾，攝於1906年
By courtesy of the Library of Congress, Washington, D. C.

Dunbar, William 唐巴爾（西元1460/65～1530年前） 蘇格蘭詩人。曾在詹姆斯四世宮廷中服務，是蘇格蘭詩歌黃金時代喬叟派中的首要人物。1511年，陪同王后到亞伯丁，並以韻文讚揚了該城的款待。除少數幾首外，歸屬唐巴爾名下的一百多首詩都是應景短詩，多係個人即興之作或描寫宮廷事件，從最辛辣的諷刺詩到宗教熱情昂揚的讚歌都有。他的較長詩篇包括了《金色的盾牌》、《薊與玫瑰》和《唐巴爾和甘迺迪的爭吵》精彩的表現了他對他的詩壇對手甘迺迪的人身攻擊。

Duncan, David Douglas 鄧肯（西元1916年～） 美國新聞攝影記者，因韓戰期間所拍攝的戲劇性戰鬥照片而聞名。大學畢業後成爲一名自由攝影家。1946年成爲《生活》雜誌的專職攝影家。1950年拍攝韓戰，他的照片（後來收入1951年出版的《這就是戰爭》）有力地傳達普通軍人的生活。1956年遇見畢卡索，使他對這位藝術家產生持久的興趣，這反映在鄧肯的攝影記事《畢卡索的個人世界》（1958）、《畢卡索的畢卡索》（1961）、《再見畢卡索》（1974）和《沈靜的畫室》（1976）中。

Duncan, Isadora 鄧肯（西元1877～1927年） 原名Angela Duncan（1894年以前）。美國舞蹈家，她是最早將詮釋性舞蹈提升至創造藝術地位的舞者之一。她對古典芭蕾的刻板程式反感，而把她的舞蹈奠基於較自然的節奏和靈感來自古希臘雕刻的動作，舞蹈時赤足和只穿著森林女神般的衣服。在美國小有成就後，於1898年移居歐洲。在歐洲巡迴演出受到熱烈的歡迎。她的私生活和她的舞藝一樣使她的名字出現於頭條新聞，原因是她經常反抗現存的禁忌。她還創辦幾所舞蹈學校。她因圍巾捲入她所乘坐的汽車後輪而被絞死。她捨棄做作的技巧限制，依賴自然動作的優雅，有助於從依靠嚴苛公式及燦爛而空洞的高超技巧呈現中把舞蹈解放出來，也間接促成了後來瑪麗·魏格曼、葛蘭姆等人發展出來的現代舞被人接受。

Duncan I 鄧肯一世（卒於西元1040年） 蘇格蘭國王（1034～1040年在位）。國王馬爾科姆二世之孫，約在1034年前不久，斯特拉斯克萊德地區併入蘇格蘭人的王國，馬爾科姆二世破格任命他爲該地區統治者，因而破壞了既定的繼承制，即王位由王族的兩個支系輪流繼承。馬爾科姆死後，鄧肯一世平穩繼位。但很快更有權繼承王位的馬里小邦君主馬克白與他爭奪王位。1039年圍攻達拉謨未勝，翌年被馬克白謀害。後來，他的長子殺死馬克白，成爲馬爾科姆三世。

Dundee＊ 丹地 蘇格蘭東部的主要工業城市、皇家自治市和海港，爲蘇格蘭人口第四大城。南距愛丁堡約64公里，位處北海泰灣的北岸，灣上有泰灣鐵公路橋跨越。最早的歷史記載見於12世紀末或13世紀初設爲皇家自治市（鎮）之時。其後四、五百年間，該城屢遭劫掠，居民慘遭英格蘭人的殺戮。因歷史上屢經動亂，古建築物只保留一座城門（東港口）。市立教堂是在同一屋頂下的三座堂區教堂的合成建築物，現在仍是現代玻璃－混凝土建築的市中心的焦點。19世紀起已是世界重要的黃麻紡織業中心。現該地仍生產紡織品，但第二次世界大戰後，已發展新興的輕工業。市內的丹地大學創於1881年。面積65平方公里。人口約144,430（1999）。

dune ➠ sand dune

dung beetle　蜣螂　即屎殼郎。鞘翅目金龜亞科昆蟲。用鏟狀的頭和槳狀的觸角把糞便滾成一個球。蟲體廠長5～30公釐。初夏時蜣螂把自己和糞球埋在地下土室內，並以之爲食。稍後，雌體在糞球中產卵，孵出的幼蟲也以此爲食。蟲體一般呈圓形，鞘翅短，腹部末端露出。在24小時內吃的食物可超過本身的體重。因爲能加速使糞便轉變爲其他生物能利用的物質的過程，所以對人類有益。

Dungannon＊　鄧甘嫩　北愛爾蘭的區（1973年設立）、區首府和城鎮。區面積911平方公里，瀕內伊湖，西鄰弗馬納區，北達斯佩林山脈，南界愛爾蘭共和國和布萊克沃特河。全區以畜牧業爲主，飼養豬、乳牛和家禽。人口：鎮9,190（1991）；區約46,200（1993）。早期歷史和歐尼爾家族（蒂龍伯爵）關係密切，其主要駐地在此。1782年新教徒在此召開愛爾蘭議會，宣告獨立。現爲集鎮，生產亞麻布和切割水晶。當地皇家學校建於17世紀初。

Dungeness crab＊　首黃道蟹　亦稱鄧傑內斯蟹。可食用的動物，學名爲Cancer magister。分布於阿拉斯加到加州南部的太平洋沿岸。是最大、最有商業價值的蟹類之一。雄蟹寬18～23公分，長10～13公分。背面紅棕色，向後稍淡，足和腹面淡黃。生活於低潮線下的砂底。北美的近緣種有大西洋沿岸的石蟹（即斑黃道蟹）、新英格蘭到加拿大沿海的喬納蟹（即北黃道蟹）、太平洋沿岸的紅蟹（即紅黃道蟹）和太平洋石蟹（即觸角黃道蟹）。以上各種都是食用蟹，但商業價值不同。

Dunham, Katherine　鄧翰（西元1910年～）　美國舞者、編舞家和人類學者，以其對原始舞蹈、儀式舞蹈、種族舞蹈富有革新精神的解釋而著稱。1931年在芝加哥創辦她的第一所學校。1940年組織了一個全部由黑人組成的舞蹈團，演出以她在加勒比海地區作的人類學研究爲基礎編的舞蹈，包括了《熱帶》（1937年編舞）和《爵士熱》（1938）。後來獲芝加哥大學人類學博士。1945～1955年負責一紐約的舞蹈學校，訓練出許多重要的黑人舞者。1950年代率舞團赴歐洲演出。她還爲百老匯的舞台演出、歌劇和電影設計過舞蹈。

鄧翰在《熱帶時事諷刺劇》（*Tropical Revue*, 1945～1946）中的舞姿
By courtesy of the Dance Collection, New York Public Library, Astor, Lenox and Tilden Foundations

dunite＊　純橄欖岩　幾乎全部由橄欖石組成的一種淺黃綠色的侵入火成岩。純橄欖岩內也含有鉻鐵礦、鉻尖晶石和磁鐵礦，在某些情況下還有尖晶石、鈦鐵礦、磁黃鐵礦和鉑。純橄欖岩是商業上的貴重金屬鉻的重要來源。產地有紐西蘭的頓山，這種岩石由此得名；還有南非以及瑞典。

Dunkirk Evacuation　敦克爾克大撤退（西元1940年）　第二次世界大戰中，英國遠征軍和其他聯軍部隊，由於遭德國切斷，乃從法國的敦克爾克港（Dunkirk，法文爲Dunkerque）撤退向英格蘭。這場撤退始於5月26日，徵用了海軍艦艇以及數以百計的民間船隻。當此一行動於6月4日結束，約有198,000名的英軍、140,000名的法軍以及比利時的部隊獲救。這項軍事行動的成功要歸功於英國皇家空軍戰鬥機的掩護，以及希特勒非出於有意地於5月24日下令，德國裝甲部隊停止進入敦克爾克。

Dunmore's War, Lord ➠ Lord Dunmore's War

Dunne, Finley Peter　德昂（西元1867～1936年）　美國新聞工作者和幽默作家。父母是愛爾蘭移民，1884年開始在芝加哥的報社工作，最後專寫政治報導和社論。1892年開始給《芝加哥晚郵報》寫小品文，五年後又給《芝加哥日報》撰稿，在這些小品文中他塑造了一個樸素的哲學家杜利先生的形象。他共寫有七百多篇小品文，約1/3收在八卷集裡，第一卷爲《杜利先生在和平與戰爭中》（1898），最末一卷爲《杜利先生寫遺囑》（1919）。

Dunnet Head　鄧尼特角　蘇格蘭高地議會區一陡峭的圓形砂岩岬角，爲大不列顛大陸的最北端。寬約5公里，伸入大西洋的彭特蘭灣。其構成海拔約30公尺的高地，上面的山峰高129公尺。岬角的北端有一個105公尺高的燈塔，建於1831年。

Duns Scotus, John＊　鄧斯・司各脫（西元1266?～1308年）　中世紀蘇格蘭經院哲學家和神學家。爲純潔受胎說提出權威性答辯，認爲意志優於理智，愛優於知識，宇宙的本質由愛、而不是由上帝的先知構成；在唯實論和唯名論的爭論中，他主張普遍概念以個體的「共同本性」爲基礎的觀點雖然使他成爲奧坎唯名論攻擊的主要目標，但這一觀點後來深刻地影響著美國哲學家皮爾斯；極力捍衛教宗權力，以反對國王的神聖權力；其直覺認識理論使日內瓦改革者喀爾文受啓發。1288～1301年在牛津大學學習神學，1302～1303年在巴黎講課，1307年在科隆任教授。他曾與道明會首領進行一場重大論爭，反對物質是個體性要素的論點。主要作品《體系》和《各種問題》是他死後由學生們完成的。

Dunstable, John＊　鄧斯泰布爾（西元約1385～1453年）　英國作曲家，其恬美而洪亮的作品廣受歐洲大陸同時代人認同，影響中世紀後期與文藝復興早期之間的過渡時期的音樂。關於他的生平，歷史資料很少。他對歐洲音樂的影響在於他的英國情調的流暢、溫和與對稱的節奏，主要是和聲。他是英國傳統中以3度和6度爲基礎的飽滿、響亮的和聲音樂發展到高峰的代表人物。這種英國傳統在整個14世紀中與歐洲大陸的刻板而不協和的音樂風格並駕齊驅。他留下至少五十首作品，幾乎都是宗教音樂，大多爲三或四聲部。他的某些經文歌表現出二重結構，一是固定旋律聲部中的素歌固定旋律，另一是高音聲部中的旋律（帶變奏），這一結構可能是他創用的，在後來的作曲家中盛行一時。

Dunstan of Canterbury, St.　坎特伯里的聖鄧斯坦（西元924～988年）　英國坎特伯里大主教，韋塞克斯王國諸國王的首席顧問。約943年愛德蒙一世任命他爲格拉斯頓伯里修道院院長，在其主持下該修道院成爲著名的學府。伊德雷德在位時期，鄧斯坦成爲國家的首席大臣，致力於建立國王的權威，安撫王國中的丹麥人，剷除異端，改革教會。艾德威格於955年登基後，鄧斯坦的影響和職務暫告衰退，並被放逐到法蘭德斯，在布郎迪尼烏姆的修道院中研究歐洲大陸修道制度。957年國王埃德加召他回國，他利用該研究作爲重新組織英國修道制度的主要根據。959年被指派爲坎特伯里大主教，親自改革、重建了數處著名的修道院。後退隱在主教座堂學校執教。

duodenum＊　十二指腸　小腸的起始段，也是最短的一段（約23～28公分）。呈馬蹄形走向，位於肝臟下方。分上部、降部、水平部和升部四段：食麋和胃分泌物通過胃幽門進入十二指腸上部，刺激腸壁腺體釋放促胰臟分泌的激素；胰管和膽總管開口於十二指腸降部，帶來碳酸氫鹽、胰酶和膽鹽；十二指腸水平部和升部的黏膜層，在食物進入下一部分小腸（空腸）之前，開始吸收營養，特別是鐵和鈣。未被中和的胃酸會使十二指腸，特別是其上部，易患消化性潰瘍，這是影響這部分小腸最常見的健康問題。由於十二指腸水平部位於肝臟、胰臟和大血管之間，可能因被這些結構壓迫，引起痛性擴張、噁心、嘔吐，須手術減壓。

Duparc, (Marie Eugène) Henri＊　杜巴克（西元1848～1933年）　法國作曲家，為波特萊爾、勒孔特．德．利爾、哥提耶和其他作家的詩寫下不朽的歌曲，因而著稱於世。師承法朗克，同時也學法律。其作曲生涯只有十六年左右，三十六歲後因懷疑自己的創作能力而極少創作。出於嚴格的自我批評，他幾乎銷毀了後來的全部作品和草稿，只認可十三首已完成的歌曲，包括〈旅行的邀請〉、〈斐蒂勒〉、〈狂喜〉等。他擴展了法國歌曲，使之形成一種戲劇性的演唱，近似歌劇的一場，並使它帶有音樂詩的韻律和交響樂結構的構思。

Dupleix, Joseph-François＊　杜布雷（西元1697～1763年）　法國殖民官員、法屬印度總督。其父為法屬東印度公司董事，1715年叫他去印度和美洲旅行。他在1720年任法屬印度首府本地治理的高級參事，1742年後任法國在印一切機構的總督。奧地利王位繼承戰爭期間，他在印度與英軍作戰。後來他試圖摧毀英國在南印度的勢力，結果使法國財力耗盡。1754年被召回巴黎。

Dupuytren, Guillaume＊　迪皮特倫（西元1777～1835年）　受封為Baron Dupuytren。法國外科醫師、病理學家。他是第一個進行下腭切除手術、第一個對先天性髖關節脫臼的病理作詳盡描述的醫生，他還對燒傷進行新的分類、設計了子宮頸癌的外科手術方法，並首創人造肛門手術。因描述迪皮特倫氏攣縮（手掌筋膜增厚所造成的手部屈曲性畸形，可累及一指至多指）並研究出減輕攣縮的外科手術而聞名。曾任法王路易十八世和查理五世的外科醫生。其他成就還有鎖骨下動脈結紮、壓迫法治療動脈瘤及外科手術治療斜頸等。

Dura-Europus＊　杜拉－歐羅波斯　敘利亞幼發拉底河畔古城。原為巴比倫村鎮，約西元前300年之際塞琉西王朝將該地重建為屯兵之所；西元165年為羅馬人兼併，改為邊防要塞；256年後不久被薩珊王朝的軍隊占領，破壞殆盡。從杜拉－歐羅波斯出土的遺存物，揭示出當地日常生活的一幅異常詳細的畫面，也提供了希臘文化與閃米特文化之融合現象的豐富資料。

Durance River＊　迪朗斯河　古代稱Druentia。法國東南部河流。主流發源於蒙熱內夫爾大區上阿爾卑斯省，在亞威農以下與隆河匯合。長304公里，流經壯觀的峽谷和多石河谷，第二次世界大戰後沿河建有水電站和水利灌溉工程。

Durand, Asher B(rown)＊　杜蘭德（西元1796～1886年）　美國畫家、雕版師和插圖畫家，哈得遜河畫派的創始人之一。1823年以雕刻杜倫巴爾的繪畫《獨立宣言》初露頭角，此後十年他繼續雕刻複製美國藝術家的繪畫作品。1835年以後主要致力於肖像畫，繪有美國總統和其他政治家、社會活動家的肖像。1840～1841年訪問歐洲，並研究古代大師的作品。返美後以細緻的筆調創作了描繪哈得遜河谷、阿第倫達克山脈及新英格蘭風光的具有浪漫主義色彩的風景畫，是在戶外大自然中作畫的早期美國藝術家之一。杜蘭德還是紐約全國設計學會（1826）的創始人之一，1845～1861年曾任會長。

Durango＊　杜蘭戈　墨西哥中北部州。西部為西馬德雷山脈，礦產豐富；東部為半乾旱平原，用於放牧；納薩斯河為該州最長河流，從馬德雷山東流，全長約600公里，是種植經濟作物的主要水源，下游有著名的拉古納棉花區。最初在1562年被歐洲人開發，殖民時期與奇瓦瓦州同為新比斯開省的主要部分，1823年各自成為單獨的州。首府杜蘭戈市。面積123,181平方公里。人口約1,449,036（1997）。

Durango　杜蘭戈　正式名稱Durango de Victoria。墨西哥中北部杜蘭戈州首府。位於馬德雷山脈的富饒谷地，海拔1,889公尺。城北的塞羅德梅爾卡多山丘有品位極高的鐵礦，是世界最大鐵礦之一。1556年始建，1823年以前是新比斯開省（包括杜蘭戈和奇瓦瓦兩州）政治和教會首府，以療養地和附近溫泉久負盛名。現為重要商業和礦業中心。人口348,036（1990）。

Durant, Will(iam James) and Ariel＊　杜蘭夫婦（威爾與愛儷兒）（西元1885～1981年；西元1898～1981年）　愛儷兒婚前名埃達．考夫曼（Ada Kaufman）。美國夫妻檔作家，所著《世界文明史》（11卷；1935～1975）使兩人廁身通俗哲學和歷史作家之林。1917年威爾發表《哲學和社會問題》，從此開始寫作生涯。第二部書《哲學的故事》（1926）在不到三十年內銷售逾兩百萬冊，並被譯成數種文字。愛儷兒雖自始即參與《世界文明史》的寫作，但直到1961年第七卷《理性開始的時代》才正式署名，被承認為共同執筆者。該書第十卷《盧梭與法國大革命》（1967）榮獲普立茲獎。

Durant, William C(rapo)　杜蘭特（西元1861～1947年）　美國實業家，通用汽車公司的創辦人。1886年開設馬車商行，1903～1904年加入別克汽車公司。1908年購併幾家汽車製造廠，創辦通用汽車公司。1910年因財政困難，失去對該公司的控制權，便與雪佛蘭另組雪佛蘭汽車公司。1915年雪佛蘭汽車公司購得通用汽車公司控制股權，由杜蘭特擔任通用汽車公司的總裁，直到1920年。通用汽車公司在其管理下發展穩定。

Durante, Jimmy＊　杜蘭特（西元1893～1980年）原名James Francis Durante。綽號Schnozzola或The Schnoz。美國喜劇演員，表演各種娛樂節目長達六十多年。十六歲時在紐約鮑厄里的酒吧裡演奏鋼琴，1920年代與歌舞雜要演員傑克森、克萊頓共同開設俱樂部，曾在百老匯參加齊格飛戲劇的演出。1930年首度在電影中亮相，此後三十年在許多影片和音樂節目中大放異彩。他的故意播錯的結束語同他的氈帽、手杖和他的堅持誤用和錯讀詞句以使人發笑一樣地有名，他的特大的鼻子成為他的商標。

Duras, Marguerite＊　莒哈絲（西元1914～1996年）Marguerite Donnadieu的筆名。法國小說家、劇作家、電影導演，因電影劇本《廣島之戀》（1959）和《印度之歌》（1975）而世界聞名。童年大部分在印度支那度過，十七歲返回法國定居，1942年開始寫作。第一部成名作品為《太平洋岸的水壩》（1950），描寫印度支那一個法國窮人之家。《情人》（1984）是半自傳體故事，敘述一個十幾歲的法國少女與一個大她十二歲的中國男子的戀愛故事，為她贏得龔固爾獎，後來改寫成長篇小說《中國北方來的情人》，1992年改編成電影。杜哈絲經常採用一種抽象和綜合的方式寫作，人物不多，劇情和敘述更少，多為實驗性結構劇本，她的名字甚至還與所謂「新小說」運動聯繫在一起，雖然她否認這種聯繫。1975年她根據自己的劇作，自編自導《印度之歌》，頗受好評。其他主要作品有：《安德馬斯先生的午後》

(1962)、《史坦的喜悅》(1964)、《愛情》(1971)、《夏日之雨》(1990)等。

Durban 德班 南非夸祖魯/納塔爾省最大城市和南非主要海港。瀕印度洋納塔爾灣，1824年起爲歐洲貿易站，由殖民地商人命名爲納塔爾港，1835年在納塔爾港建德班，以開普殖民地總督的姓氏命名；1854年設鎮，1935年設市。城市沿海岸伸展，南有布拉夫丘陵，北越烏姆傑尼河延伸到德班北部高原。1855年開始擴建，成爲世界主要商港之一。現爲南非蔗糖業總公司所在地和各種製造業的中心，靠近夸祖魯/納塔爾禁獵區和海灘，旅遊業占重要地位。面積301平方公里。人口：市715,669；都會區1,137,378（1991）。

Dürer, Albrecht＊ 杜勒（西元1471～1528年） 德國畫家和版畫家，被推崇爲文藝復興時期歐洲北部最偉大的藝術家，他的學生和模仿者的數量多得驚人。幼時在父親的金飾作坊學習圖案設計，1486年跟隨畫家和木刻插畫家沃爾格穆特學習。1490年創作了最早的知名作品《父親的肖像》，預示這位藝術大師的獨特風格。約1494年成立自己的工作坊，開始生產木刻及銅版畫。曾兩度到義大利旅行，受到曼特尼亞、波拉約洛兄弟和貝利尼家族等藝術家作品的啓發，隨後十年中他的大部分素描、油畫和版畫，例如《四女巫》(1497)、《亞當與夏娃》(1504)等，都直接或間接地反映出義大利藝術的強烈影響。1506年在威尼斯爲聖巴托羅繆教堂的德國人葬禮教堂完成了他的偉大祭壇畫《玫瑰花冠的宴會》，1507～1513年完成一系列《基督受難》銅版組畫，並於1509～1511年創作《小苦難》木刻；這些作品的特色都是傾向於空間廣闊和寧靜。1513～1514年創作了他最重要的銅版畫：《聖哲羅姆在書齋中》、《梅倫科利亞一世》和《騎士、死神和魔鬼》。1512～1519年在紐倫堡受神聖羅馬帝國皇帝馬克西米連一世聘任爲御前畫師，與幾位當時最傑出的德國藝術家合作爲皇帝的祈禱書畫一套邊緣畫。到1515年，杜勒已成爲具國際聲譽的藝術家，和傑出的文藝復興盛期畫家拉斐爾交換作品。1518年在奧格斯堡結識了馬丁·路德，成爲路德的虔誠追隨者。1526年完成其最傑出、也是最後一幅作品——《四聖圖》。

杜勒的《穿皮大衣的自畫像》(1500)，油畫；現藏慕尼黑舊繪畫陳列館
Alte Pinakothek, Munich; photograph, Blauel/Gnamm – ARTOTHEK

Durga 難近母 印度教神話所傳濕婆的配偶女神薩克蒂（參閱shakti）的多種形象之一。據說梵天、毗濕奴、濕婆和其他較小的神靈口噴火焰，以火焰生難近母，意在使她除掉牛魔摩西娑蘇羅。在大多數繪畫和雕塑中，她騎獅或虎行進，有八或十臂，各持諸神所贈武器。亦請參閱Durga-puja。

Durga-puja 難近母祭 印度教節日。印度東北部地區爲了紀念女神難近母，於每年9～10月舉行盛大慶典。信徒將特製的難近母像供奉九天後沈入水中，此時舉行大規模的遊行和公私慶祝活動。

Durham＊ 達拉謨 英格蘭東北部的行政、地理和歷史郡，瀕臨北海。西部爲本寧山脈石灰岩高地，土壤瘠薄，只有谷地才有畜牧業；東部爲東達拉謨高原，主要從事綜合性農業，特別是乳品業；中間爲冰磧覆蓋的威爾河谷低地，南部則爲蒂斯河谷低地貫穿。古羅馬時代設有軍事哨所，後併入諾森伯里亞的薩克森王國。19世紀以前達拉謨歷史郡的經濟地位一直不具重要性，直到工業革命時煤田的開發使其成爲不列顛工業發展的關鍵地區之一，現爲輕工業中心。1825年斯多克東－達令敦鐵路通車，是世界最早的鐵路客運業務。達拉謨市爲該郡的行政、教會和教育中心。面積：行政郡2,232平方公里；地理郡2,731平方公里。人口：行政郡約506,400；地理郡約880,700（1998）。

Durham 達拉謨 薩克森語作Dunholme。英格蘭東北部達拉謨行政和歷史郡的都市區和城市（區）。位於威爾河灣的半島上。威廉一世（1066～1087年在位）選此地爲抵抗蘇格蘭人的要塞和堡壘，後成爲達拉謨的封建親王兼主教駐地，並擔負國家北方地區的防務。中世紀爲朝聖地，大教堂中有7世紀聖卡斯伯特教士的遺物，當地主教對該城成爲教育中心起了重要作用。古爾本凱厄恩東方藝術和考古博物館是達拉謨大學東方研究院的一部分，收藏有關遠東的各種重要資料。人口：都市區36,937（1991）；城市（區）約90,300（1998）。

Durham 達拉謨牛 ➠ Shorthorn

Durham, Earl of 達拉謨（西元1792～1840年） 原名John George Lambton。英國政治人物，輝格黨改革派。1813～1828年爲下議院議員，1830年格雷組閣時出任掌璽大臣。1838年任加拿大總督和高級專員。面對法裔加拿大人的敵意、下加拿大（今魁北克）的混亂狀態，以及美國向加拿大的擴張，他被賦予幾乎是獨裁的權力，但他採取比較緩和的政策，後因英國首相墨爾本反對他的做法而辭職。返英後向殖民部提出一份報告，建議將上加拿大與下加拿大合併，並給與較多的自治權，以維持加拿大對英國的忠誠。

durian＊ 榴槤 木棉科喬木，學名Durio zibethinus。印尼、菲律賓、馬來西亞和泰國南部都有栽培。樹冠形如榆樹；葉長圓形，漸狹，基部圓形。果球形，亦稱榴槤；外果皮堅硬，表面有粗硬尖刺；內分5室，均呈卵形，其中充滿乳白色奶蛋糊狀果肉，每室含1～5粒種子，大小如栗子。果肉可食，種子可烤食，多種動物常食其成熟果實。果微甜，但帶有腐爛洋蔥或污水的臭味。很少供出口。

Durkheim, Émile＊ 涂爾幹（西元1858～1917年） 法國社會科學家，曾提出一套實驗研究與社會學理論相結合的方法論，普遍推崇爲社會學法國學派之父。先後受聘於波

難近母，17世紀麥華（Mewar）派的拉賈斯坦細密畫
Pramod Chandra

爾多大學和巴黎大學，熟諳多種外語。他很少外出旅行，而且從不作實地調查，他研究的大量資料都是由其他人類學者、旅行家或傳教士蒐集和提供的。他所思考和撰寫的，大多取自1870年代～1880年代目睹的重大事件，這些事件使他確信科學和技術的發展不一定必然導致進步，他察覺到周圍瀰漫著一片失範——他後來對社會普遍不滿現象的概括說法——的氛圍。他的社會學思想第一次發表於其博士論文《社會分工論》（1893）和另一部著作《論自殺》（1897）中。他認爲，倫理和社會結構因技術和機械化的出現而受到威脅和損害，分工使工人們更加疏離而又彼此更加依賴，凡是個人能與他所歸屬的文化更緊密地結合在一起的地方，自殺情況顯然較少。隨著德雷福斯事件的發生，他越來越關心教育和宗教，認爲這是改造人性最強有力的手段，也是塑造社會深層變革所要求的新制度、新風氣的最有效的方法。他的《法蘭西教育學的發展》一書在他死後出版（1938），是法國教育學中最有見識的著作之一。涂爾幹晚年的另一重要著作是《宗教生活之初級形式》（1915），這是一部人類學著作，研究宗教的起源和作用，認爲宗教是社會集體意識的表現，可以促進團結。亦請參閱Mauss, Marcel。

Durocher, Leo (Ernest)＊　杜羅切（西元1905～1991年）　美國職業棒球選手和經理。1928～1938年在好幾個球隊打球，1937年被交易到布魯克林道奇隊，翌年成爲該隊隊長。1939～1946和1948年任道奇隊經理（1947年因行爲粗野被禁賽），1941年該隊獲得聯盟冠軍。1948～1955年任紐約巨人隊經理，率領該隊兩度拿下聯盟冠軍（1951、1954），並在1954年世界大賽中獲勝。1955年他離開巨人隊到電視台擔任棒球評論員。1961～1964年回到洛杉磯道奇隊任教練，1966～1972年他是芝加哥小熊隊的經理，1972～1973年是休斯頓太空人隊的經理。杜羅切是一名鬥志很強的經理，他的名言是：「堅持到底才是好漢。」1994年選入棒球名人堂。

Durrani, Ahmad Shah ➠ Ahmad Shah Durrani

Durrell, Lawrence (George)＊　達雷爾（西元1912～1990年）　英國作家，被廣泛認爲是戰後最獨創的英國小說家之一。一生大部分在地中海地區國家度過，多在外交機構任職。最著名的作品是《亞歷山大里亞四部曲》——《賈斯廷》（1957）、《巴爾瑟札》（1958）、《蒙托利弗》（1958）和《克利》（1960），前三部從不同的角度描繪第二次世界大戰之前發生在亞歷山大里亞的一系列故事，第四部敘述戰爭期間的故事，內容豐富，給人以美的感受，受到批評家高度評價。英國許多批評家認爲達雷爾的詩和地志才是他最不朽的成就，例如詩作《城市、平原和人》（1946）、《聖像》（1966）以及描寫三個希臘海島的《普魯斯佩羅的小屋》（1945）、《對一個海上美女的沈思》（1953）和《苦檸檬》（1957）。最後一部作品《凱撒的大幽靈：普羅旺斯的景色》出版於1990年。

Dürrenmatt, Friedrich＊　迪倫馬特（西元1921～1990年）　瑞士劇作家，他的悲喜劇是第二次世界大戰後德語戲劇復興的主要作品。曾在蘇黎世和伯恩求學，1947年成爲職業作家，其寫作技巧顯然受德國流亡作家布萊希特和荒謬劇的影響。他在1955年寫的《戲劇問題》中，把悲喜劇中的基本衝突描述爲人類試圖擺脫生存境況中存在的悲劇性命運的一種喜劇性嘗試。在他的第一個劇本《立此存照》（1947）和後來的《密西西比先生的婚事》（1952）中，對歷史事實採取滑稽的自由處理手法，後者奠定了他的國際聲譽。《物理學家》（1962）是一部關於科學的現代道德劇，被公認爲是他最好的劇本。迪倫馬特於1970年寫道，他要「放棄文學，專門從事戲劇」，不再創作劇本，而是去改編名作。除劇本外，他還寫偵探小說、廣播劇和評論文章。他的著作已被翻譯成五十多種語言。

Duryea, Charles E(dgar) and J(ames) Frank　杜里埃兄弟（查理與法蘭克）（西元1861～1938年；西元1869～1967年）　美國汽車發明家，發明並製造了美國第一輛實用的汽車。查理原是自行車技師，在俄亥俄州展覽會上看到一台固定式汽油發動機後，開始研究將其用於馬車或貨車的動力。1893年他和兄弟法蘭克組裝出美國第一輛汽車，在春田市大街上行駛成功。1895年法蘭克製成一種改進型的汽車，並在幾次競賽中獲勝。當時曾製造並出售了十三輛該型汽車，但公司倒閉了，兄弟兩人分道揚鑣。法蘭克研製出昂貴的史蒂文斯・杜里埃牌高級轎車，這是早期標準牌號中最出名的一種，一直生產到1920年代。

Dusan, Stefan ➠ Stefan Dusan

Duse, Eleonora＊　杜絲（西元1858～1924年）　義大利女戲劇演員。出身於巡迴劇團家庭，首次登台時年僅四歲，1878年在那不勒斯主演左拉的《黛萊絲・拉甘》獲空前成功。1882年她從法國女演員貝恩哈特的表演中受到啓發，開始演現代劇。1885年後成立自己的劇團，到歐洲和美國演出。1894年她與青年詩人鄧南遮相戀，鄧南遮爲她寫了許多劇本，如著名的《弗蘭契斯卡・達・里米妮》。她還演出挪威劇作家易卜生的作品，並以此聞名。1909年主要由於健康原因退出舞台，1921年又因經濟拮据而復出，後在美國的巡迴演出中過世。杜絲是當時最有影響、最富表現力的女演員，她的才能可與同時代的法國劇壇天才明星貝恩哈特相媲美。她表情豐富，表演逼真，總是竭力爲每個角色注入自己的個性，無論什麼角色都能勝任。

杜絲
By courtesy of the Library of Congress, Washington, D. C.
Duse, Eleonora

Dushanbe＊　杜尙別　1929年以前稱Dyushambe。1929～1961年稱斯大林納巴德（Stalinabad）。塔吉克共和國首都。位於塔吉克西南部瓦爾佐布河畔。蘇聯時期由原有的三個居民點合併建成，其中最大的一個居民點曾是布哈拉汗國的一部分。在1920年蘇聯接管期間受到嚴重破壞，1924年成爲新成立的塔吉克蘇維埃社會主義自治共和國的首都，工業和人口均快速成長。現爲重要交通樞紐，工業產值占塔吉克的很大部分。人口約524,000（1994）。

Dussek, Jan Ladislav＊　杜賽克（西元1760～1812年）　波希米亞鋼琴家、作曲家，教堂管風琴師之子，幼年即已顯露出精湛的鋼琴和管風琴造詣。1782年在荷蘭首次以鋼琴大師身分演出，獲得極大聲譽。後師從巴哈，在歐洲巡迴演出。1792～1799年在倫敦與其岳父合辦音樂商店，但經營失敗，1799年爲避債逃離英國。晚年住在巴黎的塔列朗府第中。作爲鋼琴家，杜賽克具有極嫻熟的技巧，能夠彈出如歌的音色，深得同時代人的讚譽。據說他是第一位把鋼琴放在舞台一側的鋼琴家。爲古典主義和浪漫主義過渡時期的代表人物。所作樂曲包括大批鋼琴奏鳴曲和協奏曲及爲鋼琴和弦樂器而作的室內樂，曾對貝多芬有所影響。

Düsseldorf＊ 杜塞爾多夫 德國西部北萊茵－西伐利亞州首府（1946）。位於萊茵河畔，是萊茵－魯爾綜合工業區的行政和文化中心。1288年由貝格伯爵建制，1609年轉屬巴拉丁－諾伊貝格家族。雖然在三十年戰爭及西班牙王位繼承戰爭時期受到相當嚴重的破壞，但在封建選侯威廉二世統治下得到恢復。1815年歸屬普魯士。1870年代建立鋼鐵工業，貿易與經濟迅速發展。第二次世界大戰中受到大面積破壞，戰後許多古建築物已修復，又建起不少新建築物，威廉－馬克思大廈（1924）是德國第一棟摩天大樓。詩人海涅出生於此。人口約571,030（1996）。

Dust Bowl 塵盆 美國大平原的一部分，大致包括科羅拉多州東南部、堪薩斯州西南部、德州與奧克拉荷馬州鍋柄形突出地帶，以及新墨西哥州東北部。這一帶草地本來主要飼養畜群，第一次世界大戰後變爲耕地，因連年過度耕作及土地管理不善，加上雨量奇缺，因此在1930年代初形成嚴重旱災。原有可固定土壤表層、保持水分的草根全部枯死，土壤表層經春季強風吹襲遂流失殆盡，大風吹起的土壤形成「黑風暴」，遮天蔽日，甚至波及東海岸，數以千計的家庭被迫撤離該地區。美國聯邦政府協助種植防風林後，風害逐漸平息，草地大多復甦，至1940年代初期該地區已大致恢復舊觀。

dusting ➠ spraying and dusting

Dutch East India Co. ➠ East India Co., Dutch

Dutch elm disease 荷蘭榆樹病 廣佈的致死性榆樹眞菌病。首先報導於荷蘭，病原爲榆梢枯長喙黴，可能於第一次世界大戰時從亞洲傳入歐洲。1930年始見於美國，並迅速蔓延至極易感染的美洲榆樹的生長區域，無法遏止。病樹一個或多個枝條的葉片突然萎蔫，變爲暗綠色至黃或褐色，捲曲且早落。因症狀易與其他病害相混，必須進行實驗室培養才能正確診斷。眞菌能從病樹透過自然接根蔓延到15公尺以外的健康樹株。在地面上主要透過歐洲榆小蠹（參閱bark beetle），其次由美洲的榆絨根小蠹傳播。控制方法在於消除榆小蠹，鏟除死樹和弱樹。每年一次於休眠期噴霧、樹表塗刷持久性殺蟲劑可大量殺滅小蠹蟲，殺菌劑邊材注射的保護作用大於治療作用。

Dutch Guiana 荷屬圭亞那 ➠ Suriname

Dutch language 荷蘭語 通行於尼德蘭、比利時北部、法國北部一隅的西日耳曼語，使用人數超過兩千萬；也是蘇利南和荷屬安地列斯的官方語言。雖然英語系的人習慣把在荷蘭通行的稱爲荷蘭語，而把在比利時通行的稱爲佛蘭芒語，但這兩個國家認爲二者是相同的語言，都稱爲尼德蘭語，並努力在拼法和文學用語上尋求統一。許多操荷蘭語的人既使用地方方言，也使用標準荷蘭語，大體是以北荷蘭省和南荷蘭省的主要都會中心的語言爲基礎形成的。佛蘭芒語有它自己的語音和方言詞語。

Dutch Reformed Church 荷蘭歸正會 ➠ Reformed church

Dutch Republic 荷蘭共和國 正式名稱爲尼德蘭聯省共和國（Republic of the United Netherlands）。1588～1795年的國家，疆域約相當於今荷蘭王國。1579年荷蘭北方七個省聯合組成烏得勒支聯盟以對抗西班牙，1581年宣布脫離西班牙獨立（1648年才成功），政權更迭於荷蘭聯省與奧蘭治眾親王之間。17世紀爲世界強國之一，曾奪得許多殖民地，成爲國際金融中心和歐洲文化之都。到18世紀，由於長期進行戰爭，弄得筋疲力竭，作爲殖民帝國，與英國相比已黯然失色。1795年由於國內發生革命和法國軍隊入侵而土崩瓦解。

Dutch Wars 荷蘭戰爭 ➠ Anglo-Dutch Wars

Dutchman's-breeches 兜狀荷包牡丹 荷包牡丹科植物，學名爲Dicentra cucullaria。花白色、尖端黃色，著生於花枝上，隨風搖曳，頗似倒掛著的荷蘭人的馬褲，故俗名荷蘭人燈籠褲。原產於北美東部和中西部開闊林地。葉灰綠色，從白色的地下塊莖生出；花柄高出葉片之上，也從地下莖直接抽出。在蔭蔽無風的荒園內生長良好。

兜狀荷包牡丹
John H. Gerard

Dutchman's-pipe 煙斗藤 亦稱pipe vine。馬兜鈴科攀緣藤本植物，學名爲Aristolochia durior。原產於北美中部及東部。葉心臟形或腎形；花黃棕色或紫棕色，管狀，形似彎曲的煙斗，因而得名。常種作綠籬或裝飾門廊、棚架。

煙斗藤
A. J. Huxley

Duvalier, François＊ 杜華利（西元1907～1971年） 別名Papa Doc。海地總統（1957～1971）。1943年於海地大學醫學院畢業後一直當醫生，1946年埃斯蒂梅總統任命他爲衛生局總局長。1950年埃斯蒂梅被推翻後，他重執舊業，同時開始進行反對新總統馬格盧瓦爾的活動，成爲反對派的核心人物。1956年馬格盧瓦爾辭職，杜華利當選爲總統。爲了鞏固自己的地位，他削減了國家的軍隊，成立一個通稱爲「通頓馬庫特」的祕密武裝組織，以整肅政敵；並利用巫毒教來恐嚇反對他的人，宣揚個人迷信，儼然成爲海地民族半神化的象徵。1964年成爲終身總統。儘管他在外交上陷於孤立，並被梵諦岡逐出教會，但他執政的時間比任何前任都長，他的恐怖統治鎮壓了政府反對派，使海地保持了前所未有的政治穩定。死後其十九歲的兒子尙－克洛德．杜華利（別名Baby Doc）繼任爲終身總統，由其母親及妻子進行獨裁。雖然尙－克洛德．杜華利制定了一些改革，但社會動亂日益加劇，迫使他在1981年逃往法國。

Dvaravati＊ 他叻瓦滴 亦譯墮羅鉢底。東南亞古王國（6～13世紀），也是在今泰國建立的第一個孟王國。位於湄南河流域下游，很早即與印度有商業往來及文化接觸。在雕塑、文字、法律和政府形式方面，印度的影響十分明顯。它依次受過高棉人、緬甸人和泰國人的統治，也將印度帶給它的影響傳給這些征服者。

DVD DVD 全名數位影音光碟（digital video disk）或數位多功能光碟（digital versatile disk）。光碟的類型，代表新一代的光碟科技。就像光碟機一樣，DVD光碟機使用低功率的雷射讀取儲存在光碟上用微小凹洞編碼的數位（二進位）資料。因爲是採用數位格式，DVD可以儲存各種資料，包括電影、音樂、文件和圖像。DVD有單面和雙面的形式，每面有一或兩層。雙面雙層可以儲存的資訊約爲標準光碟的30

倍。DVD除了唯讀記憶體（ROM）格式之外，還有DVD-E（可抹除數位影音光碟）和DVD-R（可記錄數位影音光碟）等格式。雖然DVD播放機通常可以讀光碟，但是光碟播放機不能讀DVD。一般預料DVD最終會取代光碟，特別是多媒體工作站。

Dvina River, Northern＊ 北杜味拿河 俄語作Severnaya Dvina。俄羅斯北部河流。由蘇霍納河和尤克河匯合而成，是歐俄北部最長和最重要的水道之一。流向西北，過阿爾漢格爾斯克市後注入白海的杜味拿灣，全長744公里。大部分河段都可通航，爲早期毛皮獵人及殖民者們所利用，在一些重要的匯合點上建起修道院和城鎮。該河一直保持著經濟上的重要地位，通過蘇霍納河與窩瓦－波羅的海航道相連。

Dvina River, Western 西杜味拿河 俄語作Zapadnaya Divna。拉脫維亞語作道加瓦河（Daugava River）。歐洲中北部河流。源自俄羅斯瓦爾代丘陵，以大弧形分別自南及西南方流入俄羅斯和白俄羅斯，後自西北折入拉脫維亞，注入波羅的海的里加灣，全長1,020公里。西杜味拿河早已是重要的通航水路，其上游與聶伯河、窩瓦河、尼瓦河聯繫便捷，曾是波羅的海至拜占庭和阿拉伯東部貿易通道的一部分。由於險灘多，加上20世紀以來河道上築了一些堤壩，只有局部河段可通航。

Dvořák, Antonín (Leopold)＊ 德弗札克（西元1841～1904年） 第一位得到世界認同的波希米亞作曲家，弘揚了由史麥塔納奠下基礎的捷克音樂民族主義運動。少年時代已是一位技巧嫻熟的小提琴家，1857年他父親把他送到布拉格一所管風琴學校就讀，後在多家小酒館和劇院樂隊拉中提琴。1873年幾場成功的作品音樂會使他在布拉格聲譽鵲起，1875年獲奧地利政府國家獎金。這次獲獎使他與布拉姆斯結爲親密無間的朋友，布拉姆斯不但在技術上給了他寶貴的忠告，而且幫他找到一位具影響力的出版商，出版了《摩拉維亞二重唱》（1876）和鋼琴二重奏《斯拉夫舞曲》（1878），使德弗札克以及他祖國的音樂第一次贏得全世界的注意。他曾十次訪問英國，在英國的成功成了他永遠自豪的源泉。1890年柴可夫斯基爲他安排兩場音樂會，使他得以在莫斯科親嘗成功的滋味。1892年應紐約新成立的國立音樂學院之請擔任院長之職。德弗札克之所以受人喜愛，在於他出類拔萃的旋律天才及其音樂清新可愛的捷克特色，這些音樂和當時較爲滯重的作品形成鮮明的對比。他的嫻熟技巧和豐富和諧的靈感，幫助他創作出大量且多姿多彩的作品。他的九首交響曲都是成熟且高質量的作品，其中《E小調第九交響曲：新世界》（1893）是他最著名的作品；雖然人們認爲它是在黑人靈歌基礎上並受到寓居美國期間的其他影響而寫成，卻帶有典型的波希米亞風格。他的四首協奏曲中，只有《B小調大提琴協奏曲》（1895）可以稱爲經典之作。他的室內樂作品有時雖失之過於緊張，但也都是上乘之作。合唱曲《聖母悼歌》（1877）和《感恩讚》（1892），是同類作品中的佼佼者。歌劇也有十三部之多，卻始終是德弗札克的才華無法駕馭的唯一體裁，其中以《水澤仙女》（1900）一劇最引人矚目。德弗札克的主要缺點是喜歡東拉西扯，翻來覆去，間或趣味不夠高雅，大型作品構思不夠嚴密。但是，同他無比豐富的旋律和爲達目的而採用的單純質樸手法相比，這類缺點實在無傷大雅。

dwarf star 矮星 指質量、半徑和光度都是中等或偏小的恆星。比較重要的是白矮星和紅矮星，還包括大量所謂的主序星（參閱Hertzsprung-Russell diagram），太陽就是其中之一。矮星的顏色可以是從藍到紅的任何一種顏色，相應於溫度從攝氏一萬度以上到幾千度。

dwarfism 侏儒症 生長停滯以致不能達到正常成人身材的一種症狀，由多種遺傳性及代謝性疾病造成。腦下垂體性侏儒因生長激素分泌不足引起，是主要的因內分泌系統疾病引起的侏儒症。遺傳性侏儒症包括：一、軟骨發育不全，軀幹發育正常，但肢體極短，頭較大；二、軟骨發育不良，症狀與軟骨發育不全相似，但頭部大小正常；三、畸形性侏儒症，特徵爲進行性骨骼畸形。以上類型的智力發展大致正常。胎兒期及新生兒期甲狀腺分泌不足可致呆小病，特徵爲生長遲緩，智力嚴重障礙。在生長發育的決定性階段出現營養缺乏亦可致侏儒症，主要有兒童期抗維生素D性佝僂病，患兒智力正常。

dybbuk＊ 附鬼 猶太民間傳說中的遊魂。謂人生前有罪，死後其魂到處飄蕩，最後附在活人身上。關於這種鬼魂的傳說，特別在16、17世紀流行於東歐。當一個人被鬼魂附身，必須帶到美名大師那裡舉行驅魔儀式，才能把附體的鬼魂趕走。神秘主義者盧里亞曾提出靈魂轉世之說，以解釋猶太人相信附鬼的原因，認爲那是靈魂求得「輪回」的一種手段。民俗學家安斯基以意第緒語寫成劇本《附鬼》（1916?），引起世人對這一問題的興趣。

Dyck, Anthony Van ➠ Van Dyck, Anthony

dye 染料 能使其他材料著色的有強烈色彩的複雜有機化合物，用於使紡織品、紙張、皮革和許多其他物質著色。在染色過程中，染料分子由溶液中沈積在材料上，且隨後不會被原來溶解它們的溶劑除去。古人所知的主要染料是由茜草屬植物和能產生靛藍的植物或軟體動物製得，現在一般由煤焦油和石油化工產品合成製得。第一種合成染料苯胺紫是1856年英國化學家珀金發明的，是一種煤焦油衍生物反應的意外產物，結果在19世紀末葉興起了大規模的煤焦油染料工業。染料分子的化學結構已證明易於改動，於是可製得範圍廣泛的煤焦油染料。化學合成的發展導致生產出許多新染料，可牢固地著色在許多不同類型的物質上。染料工業的一個重大進步，是發展了與纖維反應型染料，這種染料分子與它著色的纖維之間形成共價鍵，是將染料分子附著在纖維上的最牢固的方法。對於棉、毛、絲等天然材料，必須合成適合這些材料的獨特化學結構的染料。另一方面，也可以改變合成纖維的化學結構，以改變它們的染色性能。亦請參閱azo dye。

Dylan, Bob＊ 巴布狄倫（西元1941年～） 原名Robert Zimmerman。美國歌手和作曲家，在明尼蘇達州杜魯日和鐵礦城希賓度過遊蕩不定的童年，後以狄倫爲姓（取自詩人狄倫．湯瑪斯之名）到全國各地旅行。他在生活和歌唱方面都刻意模仿民謠歌手格思里，在紐約市格林威治村的咖啡屋中開始其職業演唱生涯。1960年代早期錄製的幾張唱片使他獲得認同，其中〈隨風飛揚〉和〈正在改變的時代〉兩首曲子成爲民權運動之歌。巴布狄倫寫的歌以民謠傳統爲根底，特別是使用簡單旋律方面，許多曲子配上隱喻和寓意的歌詞，顯示一種以往美國民謠音樂中少見的詩藝。1965年巴布狄倫採用與過去社會抗議歌曲和非電子樂器截然有別的許多搖滾樂節奏和電子擴音樂器，具有里程碑意義的專輯唱片有《重訪61號公路》（1965）和《金髮人論金髮人》（1966），奠定了他作爲搖滾樂領導人物的地位，盛名達到頂峰。隨著1966年的摩托車意外和一段時間的離群索居之後，巴布狄倫做了另一次音樂轉向，發表了數張專輯（最有名的是1969年的《納什維爾地平線》），以輕柔、沈思的聲調及使用鄉村音樂要素而出人意表。後期的專輯有《軌道上的血跡》（1975）、《異教徒》（1983）、《被遺忘的時光》（1997）等。可能是同時代美國歌手中最令人讚嘆、最具影響力的。

dynamics　動力學　物理學中力學的分支。研究物體運動的各物理因素如力、質量、動量和能量之間的關係，又分運動學和動理學兩個分支。動力學是16世紀末由伽利略奠基的，他通過用光滑物體沿斜面向下滑動的實驗，得出了落體運動的定律。他還第一個認識到物體運動的慣性以及力是物體速度變化的原因，後來由牛頓於17世紀把這個事實表述爲第二運動定律（參閱Newton's laws of motion）。

dynamite　黃色炸藥　以硝化甘油爲基體，但比單獨使用硝化甘油要安全得多的爆破用炸藥。1867年由瑞典物理學家諾貝爾獲得專利。諾貝爾將硝化甘油和矽藻土按照能形成基本乾燥顆粒的比例混合，製成不怕振動、但受熱或撞擊後易於引爆的固體。後來又用木漿作吸收劑，並加入硝酸鈉作爲氧化劑，以增加炸藥的爆炸力。

dysentery＊　痢疾　以腸道炎症、腹部疼痛緊繃、腹瀉、糞便中常含血液和黏液爲特徵的傳染病。受染者的糞便可污染食物或水，因此常經由受染者未洗手即處理食品而傳播。分成兩個類型：一、細菌性痢疾，又稱爲志賀氏菌病，由志賀氏菌屬細菌引起，輕症者症狀輕微，重者突然發病，症狀嚴重，可致命；常因體液大量丟失而迅速脫水；隨著病情的發展，大腸出現慢性潰瘍。治療以使用抗生素爲基礎，嚴重脫水的病人需要大量補液，某些病例可能需要輸血。二、阿米巴痢疾，又稱腸道阿米巴病，由一種原蟲——溶組織內阿米巴——引起。因病原體可表現爲兩種類型：可活動的滋養體引起急性痢疾，症狀與細菌性痢疾相似；不能活動的包囊引起慢性病程，表現爲間歇性的腹瀉、胃部痙攣或腹痛發作，有時亦可致大腸潰瘍。必須使用專門殺滅腸道內繁榮生長的阿米巴的藥物治療。

dyslexia＊　誦讀困難　其他方面智力正常，但不能學習拼音和閱讀或在這方面發音困難的一種現象。是一種慢性的神經障礙，抑制人的認識和處理書寫符號（尤其是與語言有關的符號）的能力。具有許多不同的症狀，主要是查不出原因的朗讀能力極差，閱讀和書寫單詞和字母時往往顛倒次序。男孩誦讀困難的發生率是女孩的三倍，通常在低年級中更爲明顯。最好的治療方法是在朗讀方面進行長期的、有適當指導的訓練。目前這種病的原因還不清楚，近來的研究指出，大腦左、右半球的各自功能異常，可能就是這種疾病產生的原因。

dysmenorrhea＊　痛經　經前、經期疼痛的一種婦科病。分原發性或繼發性兩種：原發性痛經占大多數，子宮結構無病理學改變，起因於內分泌失調，疼痛程度有很大的差異，一般症狀有易怒、疲乏、背痛、頭痛、反胃及痙攣性疼痛等。長久以來一直認爲心理因素起很大作用，現在確知主要是因爲前列腺素分泌過多，刺激子宮平滑肌收縮，導致痛性痙攣。前列腺素抗拮劑有明顯療效，許多患者在生育後症狀可緩解。繼發性痛經較罕見，可能肇因於生殖道梗阻、炎症或神經組織退行性變、異常的子宮壁分膈或子宮發育異常、子宮慢性感染、瘜肉或腫瘤，或支持子宮的肌肉無力；治療應針對病因。

Dyson, Freeman (John)＊　戴森（西元1923年～）　英裔美籍物理學家和教育家。以其關於地球以外文明的幻想著作聞名。就學於劍橋大學，1947年赴美學習物理學，1951年任康乃爾大學的物理學教授，二年後任高級研究所的物理學教授。長期以來戴森一直是向太陽系內外探索和殖民的鼓吹者，研究了探尋地球以外智力生命跡象的方法。著有自傳《宇宙波瀾》（1979）以及《武器和希望》（1984）、《生命的起源》（1985）。1990年獲不列顛獎。

dysphasia　言語困難 ➠ aphasia

dysphemia ➠ stuttering

dysplasia＊　發育異常　某種身體結構或組織的畸形，一般多指可能發生於身體任何部位的骨骼畸形。有幾種見於人類的發育異常，是已經確知的疾病。骨骺發育異常是在兒童發育期並不罕見的骨骺疾患，患兒骨骺的生長及骨化非常緩慢，常見侏儒症，亦可能只見下肢短小，到中年常發展爲退行性關節疾患。髖部發育異常是犬類的遺傳性疾患，大的犬種如德國牧羊犬、聖伯納犬，特別易患此病，患犬股骨頭及髖臼可表現一系列畸形。

Dyushambe ➠ Dushanbe

Dzerzhinsky, Feliks (Edmundovich)＊　捷爾任斯基（西元1877～1926年）　俄羅斯布爾什維克領導人，蘇聯最初的秘密警察組織的首腦。波蘭貴族之子，1897～1908年多次被俄國警察逮捕，一再從西伯利亞流放地脫逃。1917年俄國革命以後，成爲全俄肅清反革命及怠工特設委員會契卡——俄國祕密警察機構——的領導人，建立了俄國第一批集中營，獲得鐵面無私和狂熱的共產黨人的聲譽。1924年領導最高國民經濟委員會。

E. coli＊ 大腸桿菌 全名Escherichia coli。存在於胃腸的細菌物種。大腸桿菌可經由水、牛奶、食物、蒼蠅及其他昆蟲傳播。突變產生的品種放出毒素造成腹瀉、侵襲腸黏膜或是黏在腸壁上。治療方法主要是補充水分，雖然在某些病例特效藥管用。病情通常自限，沒有長期影響的證據。不過一種具有危險性的品種最嚴重的病例會造成出血性腹瀉、腎臟衰竭與死亡。正確地烹煮肉類、清洗過程與加熱殺菌，可以避免從受到污染的食物來源感染大腸桿菌。

e-commerce＊ 電子商務 全名electronic commerce。藉著網際網路或其他電子網路來進行企業對消費者或企業對企業的商業活動，以及支持這些活動的內部組織交易。電子商務起源於供應者與其企業顧客之間訂單或發票等企業文件的交換標準。這個標準肇始於1948～1949年的柏林封鎖與空運。往後幾十年中，各種不同的工業致力於這個體系，後在1975年公布第一個通用的標準。所產生的國家電子資料交換標準毫不含糊，不仰賴任何特定的機器，而其彈性足以處理大部分簡單的電子交易。電子商務如企業對企業的交易標準形式一樣重要，它包含的活動廣泛得多。例如，確保機密資訊的電子化傳送是使電子交易持續成長的必要條件。企業常會部署私密的網路（企業網路），以在公司內部分享資訊和進行合作，通常以所謂的「防火牆」電腦防護系統隔離周遭的網際網路。企業也經常仰賴外部網路，即公司企業網路的延伸，允許合作企業連線至公司的內部網路一部分。現在流行一種叫做「虛擬公司」的公司組織新興行業，這其實是公司的網路，每一家公司進行產品製造或提供服務所需的程序。

e-mail 電子郵件 全名electronic mail。藉數位電腦透過網路交換資料和訊息。電子郵件系統允許網路上的電腦用戶送出文字、圖像給其他用戶，有時是送出聲音和動畫。大型公司和機構把電子郵件系統當作與雇員之間內部溝通的訊息系統。網際網路服務提供者準備了大量的電子郵件位址給私人使用，導致E-mail發展為一個系統，彌補或取代了用信件溝通的方法。

Ea＊ 埃阿 美索不達米亞宗教所崇奉的水神，與安努、貝勒共為聯立三神。埃阿原為埃利都城的地方神，後來成為主管地下淡水潛流的神靈，且為儀式淨化之神，又為妖術及符咒的倡行者。阿卡德神話將之設定為馬爾杜克之父。其地位在蘇美文化中與天神安基相當。他的徽號是一種半羊半魚的動物，近代占星術的摩羯座即源於此。

eagle 鵰 隼形目鷹科多種體大、喙厚、腳大的猛禽。分布於全世界，比鷹更強壯有力，體型和飛行特徵與禿鷲相似，但鵰的頭上長滿羽毛（常有冠羽），腳健壯，上有大的鉤爪。多數均以活的獵物為食，能出其不意地獵取地面上的動物。自巴比倫時代以來一直被作為戰爭和皇權的象徵。終生單配偶，年年使用同一個巢，築在其他動物無法攀登處。體長24吋至3.3呎（60公分至1公尺）不等。海鵰中以白頭海鵰最有名。亦請參閱golden eagle。

白腹海鵰（*Haliaeetus leucogaster*）
Mary Plage/Bruce Coleman Ltd.

Eagle 鷹式戰鬥機 ➡ F-15

Eakins, Thomas＊ 伊肯斯（西元1844～1916年） 美國畫家，早年在巴黎美術學院受訓（1866～1870），之後在生長地賓州過了大半生。他曾在賓州美術學院深造，並於醫學院研習解剖學。《格羅斯的外科臨床講習》（1875）即為描繪手術進程，對當時的人來說過於寫實，但現今看來實在其傑作之一。1876年始於賓州美術學院任教，但因在男女混合課堂上教授人體繪畫而於1886年被迫辭職。除了數量頗豐的肖像畫外，伊肯斯尚繪有乘船及其他戶外畫作，反應出其對人體動作的著迷。他對肢體動作的興趣引領他進入攝影界，並和攝影師邁布里奇結織，開始了同步創作攝影、雕塑及繪畫的生涯。伊肯斯所為美國19世紀傑出的畫家。

Eames, Charles and Ray＊ 埃姆斯夫婦（查理與蕾依）（西元1907～1978年；西元1916～1988年） 美國設計師，查理生於聖路易，為訓練有素的建築師；蕾依（原名Ray Kaiser）生於沙加緬度，曾隨霍夫曼習畫。兩人於1941年結婚，後遷居加州，為電影設計布景，並從事膠合板家具的研究。1946年查理應現代藝術館之邀，舉行家具設計展，自此米勒家具公司開始大量生產由他們設計的家具，因美觀、舒適及典雅等特性而迅速流傳。1955年起他們攝製教育影片，當中最為人知的為《十的威力》（1969）。他們亦擔任美國大型公司的設計顧問，包括IBM公司。

ear 耳 司聽覺和平衡的器官。人類的耳分為外耳、中耳和內耳三部分：外耳包括耳廓和外耳道。中耳包括鼓膜、鼓室、咽鼓管及聽小骨；鼓膜位於外耳道底部，呈扁錐形；鼓室是一含氣空腔，位於鼓膜與內耳外壁之間，內有聽小骨；聽小骨為錘骨、砧骨和鐙骨，三者相連成聽骨鏈；咽鼓管從鼓室前壁向前、內、下方通向鼻咽側壁，咽口一般呈閉合狀態，吞咽時管口頓開，使空氣進入鼓室以保持鼓膜內外氣壓平衡。內耳深藏於顳骨岩部，迴旋彎曲，故又名迷路，分前庭、半規管和耳蝸三部分。聲波經耳廓收集後由外耳道傳至鼓膜，使鼓膜振動，並產生聽骨鏈的振動，經卵圓窗激動前庭階外淋巴液變為液波，液波振動基底膜，使位於基底膜上的螺旋器受刺激，將衝動經聽神經傳至聽覺中樞而產生聽覺。內耳亦為平衡覺感受器，空間加速運動和身體的旋轉運動可使半規管內的液體出現慣性遲滯，刺激毛細胞感受器；加速或旋轉運動長時間刺激毛細胞後突然停止，會使人

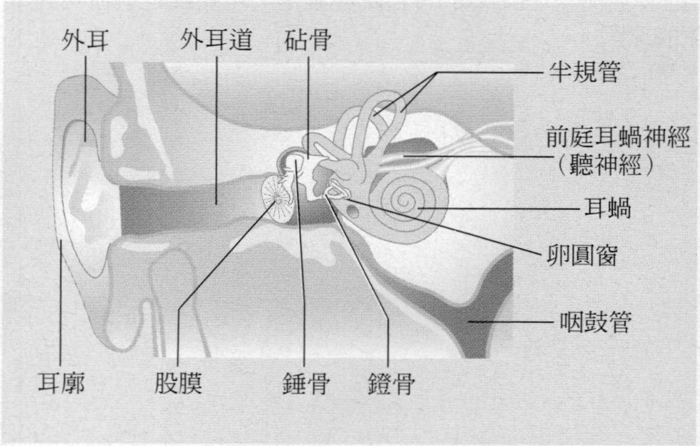

軟骨的耳廓和耳道將聲波導引至中耳。鼓膜在耳到盡頭展開，隨著抵達的聲波一同振動。振動經由三塊小骨（錘骨、砧骨、鐙骨）傳遞至連接中耳與內耳的膜狀卵圓窗。耳蝸是盤繞的管，裡面充滿液體，管的內壁是感覺的細毛。卵圓窗的振動使耳蝸內的液體產生移動，刺激細毛啓動衝動，沿著聽覺神經的分支前往大腦。咽鼓管從中耳到鼻咽，使中耳和外耳的壓力均等。充滿液體的半規管參與身體的平衡作用，管內的細毛回應運動造成液體的改變，啓動衝動前往大腦。

感到頭暈目眩。最常見的進行性失聰的病因是耳硬化，可致卵圓窗上的鐙骨固定，聲波傳導障礙；造成耳硬化的成因不明，但手術治療的效果甚佳。先天性神經性耳聾是常見的內耳疾病，主要原因爲耳蝸神經缺陷，目前尚無法治療。此外，普通感冒會經由咽鼓管從鼻管擴散至中耳，尤常見於新生兒及兒童。亦請參閱deafness、otitis。

Earhart, Amelia (Mary)＊　埃爾哈特（西元1897～1937年）　美國飛行員，第一個單獨飛越大西洋的婦女，生於堪薩斯州亞欽森。第一次世界大戰期間在加拿大任軍隊護士，戰後在波士頓從事社會工作。1928年她作爲第一個女乘客飛越大西洋並因此而出名。1932年她單獨飛越大西洋，成爲第一位女性暨第二位完成此任務人士。1935年她成爲首位單獨從夏威夷飛往加州的人。1937年她和領航員努南一起作環球飛行，當他們完成2/3航程時，飛機在中太平洋附近突然失蹤。關於其命運的臆測至今仍持續著。

earl ➠ count

Early, Jubal A(nderson)　厄爾利（西元1816～1894年）　美國南北戰爭時期的美利堅邦聯南軍將領。生於維吉尼亞洲富蘭克林縣。西點軍校畢業，曾參加第二次塞米諾爾戰爭和墨西哥戰爭。他反對脫離聯邦，但當他的家鄉加入美利堅邦聯時表示支持，並在第一次布爾溯戰役和維吉尼亞戰役中作出巨大貢獻。1864年李將軍命他指揮駐紮在具有戰略意義的謝南多厄河谷的所有南軍，一度直逼首都華盛頓，但最後被謝里敦率領的聯邦軍打敗。美利堅邦聯投降後，他前往墨西哥和加拿大。1869年返回維吉尼亞。

Early American furniture　早期美國家具　移居美國的居民於17世紀後半期製造的家具。最早家具主要是以17世紀英國詹姆斯時期風格爲依據，以花、弧形、卷狀及葉片等雕飾爲裝飾，有時著重於漆色。最常用的材料是橡木和松木。主要在康乃狄克河河谷及麻州沿海的殖民區，有箱子、櫃子、桌子、凳子、椅子和床等。

Early Christian art　早期基督教藝術　從西元3世紀到750年左右的建築、繪畫和雕塑，特別是這一時期義大利和西地中海一帶的藝術。在羅馬帝國東部稱爲拜占庭藝術。能夠確認的最早作品是2世紀羅馬墓穴的壁畫和天頂畫。早期基督教的圖像運用偏重於象徵，如單畫一條魚就足以暗指基督，麵包與酒引起聖餐的聯想，且如同宗教一般與神祕主義及精神性有關。大規模的雕塑當時還不流行，主要的類別及媒介爲墓穴的信仰雕像、象牙刻製品、教堂牆上及地版上的繪畫和馬賽克圖案等。

Early Netherlandish art　早期尼德蘭藝術　14世紀晚期和15世紀在勃艮地公爵兼法蘭德斯伯爵所轄領地創作的雕刻、繪畫、建築和其他視覺藝術。1384年法國腓力二世與法蘭德斯的女繼承人結婚，強大的法蘭德斯－勃艮地聯盟持續至1482年才終止。腓力用雕塑及繪畫美化他的都城第戎，尤其是斯呂特的雕塑品。公爵之孫善良的腓力三世不但繼續資助藝術，而且規模更大，聘用了如艾克、魏登等藝術大師。一直活躍至勃艮地－法蘭德斯政治聯盟結束的大師有康平、赫里斯特斯、包茨、胡斯和梅姆靈等。

Earnhardt, (Ralph) Dale　厄恩哈特（西元1951～2001年）　美國房車賽賽車手，在1980年代和1990年代中，他是全國房車賽協會（NASCAR）中的主要駕車手。1960年代，他的父親拉爾夫・厄恩哈特在美國的東南部比賽房車，培養了他兒子對這項運動的熱情。1975年年輕的戴爾・厄恩哈特在NASCAR溫斯頓杯賽中首次亮相。他在環道上繼續充當兼職的駕車手，直到1979年在溫斯頓杯系列賽中才登上全職的地位。那一年他獲得了17次前十名，並贏得年度新手的稱號。第二年他取得5次比賽的勝利和19次前五名，贏得了他第一個溫斯頓杯頭銜。後來厄恩哈特又贏得6次溫斯頓杯（1986～1987、1990～1991、1993～1994），相當於佩蒂的職業得分。厄恩哈特獲得進攻性駕車手的聲譽，外號「威嚇者」。2001年在代托納500大賽的最後一圈中出了車禍，受傷後不治身亡。他的兒子小戴爾後來也參加NASCAR溫斯頓杯系列賽。

Earp, Wyatt (Berry Stapp)＊　易爾普（西元1848～1929年）　美國邊疆開拓者，生於伊利諾州蒙茅斯。1870年代在維契托、道奇市任警官，並結交霍利德、馬斯特森等槍手。之後在威爾斯－法戈公司當警衛。1881年在亞歷桑納州的湯姆斯通落腳，成了鎮上的賭徒兼酒店保鏢，他的哥哥維吉爾則成爲該鎮警長，其他的兄弟詹姆斯、摩根和華倫購置了些許房地產並擁有部分產業。他與克蘭頓一幫惡徒結仇，雙方在OK牧場（O. K. Corral）進行一場有名的槍戰，克蘭頓幫三人死亡。1882年摩根被殺害，懷特和他的弟弟華倫乃夥同一些朋友殺死了兩個嫌犯。由於被控謀殺，懷特開始逃亡，先到科羅拉多州，後到西部若干新興城鎮，最後在加州定居。雷克在其合作下寫了《懷特・易爾普——邊疆的聯邦警長》（1931）一書，把他塑造成一個大無畏的執法者。

earth　地球　從太陽向外距離算第三遠的行星，據信已有46億年。距太陽約92,960,000哩（149,573,000公里），以每秒18.5哩（29.8公里）的速度繞太陽公轉，繞行一周需365.25日；當地球繞太陽公轉時，也繞自己的軸旋轉，每23小時56分4秒自轉一周。爲太陽系第五大行星，赤道圓周長24,902哩（40,076公里），表面積約197,000,000平方哩（509,600,000平方公里），其中約29%爲陸地。地球的大氣層

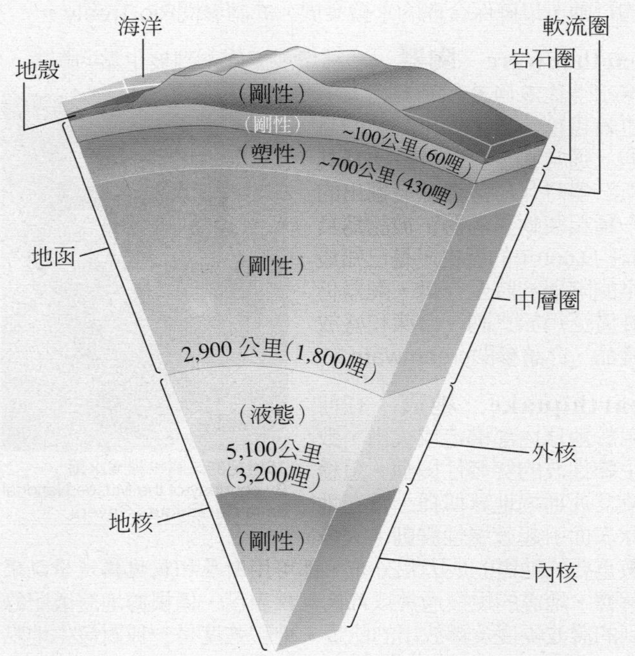

地球的分層可以用兩種不同的方式。以化學成分分層岩石主要有三層（左）：地殼由花崗岩及玄武岩質的岩石構成；地函是矽酸鹽物質；地核主要是鎳和鐵。以物理性質分層將地球分為四層（右）：岩石圈是堅硬（剛性）的外層；軟流圈是薄層的塑性變形材料，在應力作用下流動；中層圈是堅硬的岩層，向下延伸到地核；外殼是黏滯的液體，一般相信地球磁場起源於此；內核是固態。圖中的分層並未遵照實際大小比例。
© 2002 MERRIAM-WEBSTER INC.

由氣體混合物組成，主要是氮和氧。地球只有一個自然衛星——月球，距地球約238,870哩（384,400公里）。地球表面劃分為7個大陸塊：非洲、南極洲、亞洲、澳大利亞、歐洲、北美洲和南美洲，被所謂世界大洋所環繞；世界大洋通常分為三個主要水體，即大西洋、太平洋和印度洋。

earth-crossing asteroid　越地小行星　亦稱阿波羅族小行星（Apollo asteroid）。行進路徑橫越地球軌道的小行星。有些天文學家全力在搜尋這類的小行星，部分是計算這些小行星是否會和地球碰撞，因為早期發現或許可能使其偏向。目前列冊編目超過400個，約有150個大於1公里。地球和直徑1公里的小行星碰撞，一般相信每百萬年會發生幾次。這種碰撞產生的爆炸威力相當於好幾個氫彈，可能造成世界氣候的擾動或毀滅性的海嘯。有些科學家相信，白堊紀末期恐龍的滅絕就是由猶加敦半島北邊的撞擊所引發，這次撞擊的小行星或彗星的直徑約10公里。兩個其他類型的小行星：2026與1221號小行星，體積比阿波羅族小，軌道更大，也可能會近距離遭遇地球。

Earth Summit　地球高峰會議　全名聯合國環境和發展會議（United Nations Conference on Environment and Development）。1992年在巴西里約熱內盧舉行的國際會議，試圖將世界範圍的經濟發展和環境保護協調起來。共有178個國家的代表和117位國家領袖出席，是歷史上集最多世界領袖的最大集會。討論主題包括：生物多樣性、全球暖化、整治環境與合理開發環境，以及熱帶雨林的保護。由於南半球較貧窮的開發中國家（非洲、拉丁美洲、中東和部分亞洲）不同意北半球較富裕的工業化國家（西歐和北美洲）強加於他們的環境限制而抑制經濟成長，阻礙了會議的進行；結果在南半球要求增加對他們的財政援助之下，勉強簽訂了五個國際協議。1997年在紐約聯合國總部舉行地球高峰會議五週年會議，旨在評估自五年前首次地球高峰會議以來的執行成效。雖然全球性的災變尚未迫在眉睫，但仍有必要協調日後的行動，以確保合理的永續發展。亦請參閱Rio Treaty。

earthenware　陶器　一種燒成溫度未到玻化點的陶器，滲水性比石陶器和瓷器稍大，也較粗糙。為了實用和裝飾目的，通常都會上釉。在土耳其新石器時代村落遺址發掘出的一種粗製軟質陶器，被認為具有約9,000年的歷史，是已知最早的陶器。時至今日，陶器仍被廣泛用於烹調、冷凍和盛放食品。亦請參閱creamware。

15世紀的法國鉛釉陶水罐
By courtesy of the Musee National de la Ceramique, Severs

earthquake　地震　任何源於地球內部構造或火山，致生彈性波的突發性擾動。這種地震波通過地球傳播，常在地球表面引起破壞性震動。大多數重要的地震的成因和分布，都可用斷層和板塊構造學說來解釋。地震的規模通常以芮氏規模表示，係根據地震儀記錄到的震波幅度及釋放出的能量。地震強度是一種對發生地點的建築物所造成的傷害量的測量（如從「幾乎感覺不到」到「災難性毀壞」），一般說來隨與震央距離之增加而減小，但地面的地質狀況等其他因素的影響也很大。亦請參閱seismology。

earthquake-resistant structure　耐震結構　建築設計在受到地震或震動防止全面崩潰、保全生命並減少損失。地震產生側向與垂直向的力，要處理這些隨機且突如其來的運動是項錯綜複雜的任務，仍在啓蒙階段。抗震結構利用幾種方法組合來吸收並消散地震造成的運動：阻尼降低結構的振幅；具延展性的材料（例如鋼）只有在可觀的非彈性變形之後才會破壞。超高層大樓要防止太容易彎曲而在地震期間導致較高的樓層產生巨大的擺動，而使內部受損增加。對於一些結構損害必須有內置的限度，藉由加勁材抵抗側向荷重（斜梁拉筋），並讓建築物各區略微獨立運動。

earthshine　地照　地球反射的太陽光，特別是指反射到月球黑暗面的部分。在新月前後的幾天內，這種來回兩次反射的地照很強，足以使人看見整個月面。這時，新月看來像是「新月將舊月擁在懷裡」。

月球上的地照
By courtesy of Yerkes Observatory, Wisconsin

earthworm　蚯蚓　環節動物門寡毛綱1,800餘種陸生蠕蟲，尤指正蚓屬的種。幾乎見於世界各地所有濕度合適並含足夠有機物質的土壤，其中陸正蚓最為常見的美國品種，長約10吋（25公分）；一種澳大利亞蚯蚓可長達1.1呎（3.3公尺）。蚯蚓的軀體分為多數體節，前後兩端漸細。以土壤中腐爛的有機物為食，進食同時吞下土壤、沙及微小的石屑，可使土壤增加氣體、改善排水系統、為植物提供更具養分的土壤。蚯蚓為多種動物的食物。

陸正蚓
John Markham

earwig　蠼螋　革翅目約1,100種昆蟲。特徵為後翅大而膜質，隱藏於短而革質的前翅之下。體長0.2～2吋（5～50公釐），體形扁平，細長，色深，有光澤。咀嚼口器。有幾個品種的腹部腺體分泌一種難聞的液體，能射出4吋（10公分）遠。腹部末端有一對粗硬的鑷狀尾夾，可能用於防衛、捕食、收攏翅膀和求偶時打鬥。

easement　地役權　在英美財產法中，指地產所有人授予他人為特定有限制地使用其土地的權利，諸如穿越其土地或在不妨礙的情況下眺望其土地的權利。設定地役權的方式有：用書面契據明確規定其特定使用權利；或當土地所有人將土地劃分為二的情況確實存在，而顯然另一位所有人也享有合理的持續使用權時（如做為通道），也會有立下明文規定的情況。美國一些州准許通過時效取得地役權，例如可因土地所有人、其先輩或前所有人長期（例如二十年）連續使用他人的土地而產生地役權。公用地役權，例如公路以及由現在和過去的所有人將私有土地的一部分捐獻出來作為公園（稱為捐獻），就不限於私用了。亦請參閱real and personal property。

East, Edward Murray　伊斯特（西元1879～1938年）　美國植物遺傳學家、農藝學家、化學家。十五歲中學畢業，1904年獲碩士學位。對測定和控制玉米中蛋白質和脂肪的含量特別感興趣，兩者對於作為動物飼料的價值有重大影響。在他的遺傳學研究和沙爾的研究基礎上，開發了現今的雜交玉米。在他的學生瓊斯（1890~1963）領軍下，雜交玉米種子開始商業化生產。伊斯特的研究對人類遺傳學領域助益良多。

East African Rift System　東非裂谷系 ➠ Great Rift Valley

East Anglia　東英吉利亞　英格蘭傳統地區。範圍涵蓋諾福克郡、沙福克郡兩歷史郡以及劍橋郡、艾塞克斯郡的一部分，傳統的中心城鎮爲諾里奇。爲英格蘭最東的區域，數千年來均有人居住。科爾切斯特是英格蘭記載最古老的城鎮，在前羅馬時期和羅馬時期均爲要衝。東英吉利亞爲盎格魯－撒克遜英格蘭諸王國之一，9世紀時由丹麥人統治。中世紀時以盛產羊毛及毛織品聞名，現代經濟則以農業爲主，沿岸有重要的漁港和度假勝地。

East Asian arts　東亞藝術　指中國、韓國和日本的音樂、視覺藝術以及表演藝術，而中國是大部分韓國和日本藝術的根源。在中國，繪畫和書法是主要的視覺藝術，韓國著重於石材於建築及雕塑上的使用，且在青綠瓷的創作有傑出表現。日本藝術深受中國繪畫和書法及傳統文化主題、佛教聖像的影響。在東亞諸國，音樂、舞蹈和戲劇通常是聯繫在一起的。亦請參閱Chinese architecture、Chinese art、Japanese architecture、Japanese art、Japanese music、Korean art。

East China Sea ➠ China Sea

East India Co.　東印度公司　或稱英國東印度公司（English East India Co.）。英國特許公司。1600年成立，目的在於發展英國對東亞、東南亞和印度的貿易。成立之初，是壟斷性的貿易團體，在蘇拉特、馬德拉斯（今稱清奈）、孟買和加爾各答設有貿易站。原先主要是爲了分享東印度的香料貿易，後擴展至棉花、絲綢及其他貨物。1708年合併一家競爭公司後，把名稱從原來的英國貿易商聯合公司（United Co. of Merchants of English Trading）改爲東印度公司。後來參與政治，從18到19世紀，成爲大英帝國主義在印度的代理，在多數的次大陸上行使實質權力。19世紀該公司在中國的活動成爲擴展英國影響力的催化劑，他們在茶葉貿易中非法將鴉片夾帶進口，終於導致1839～1842年的第一次鴉片戰爭。18世紀晚期東印度公司逐漸失去了商業上和政治上的控制權，其自治權在兩次國會法案（1773年及1774年）後被削弱，即使該法案授予其在領域範圍內享有高度權限，但他們仍建立起專對國會負責的固定董事會。1873年該公司的法人地位結束。亦請參閱East India Co., Dutch、East India Co., French。

East India Co., Dutch　荷屬東印度公司　原名聯合東印度公司。1602年荷蘭爲保護其印度洋上的貿易並援助自己從西班牙殖民地爭取獨立霸權的戰爭而創立的貿易公司。它是荷蘭在東印度群島強大的商業帝國的工具，荷蘭政府允許它壟斷從好望角到麥哲倫海峽之間航運線上的貿易。在其強有力的總督的管理下，該公司打敗了英國的艦隊，並大大取代葡萄牙人在東印度群島的地位。17世紀末該公司的貿易和海上霸權開始衰落，到18世紀末已負債累累。1799年荷蘭政府終於吊銷其特許狀並接管其債務和資產。亦請參閱East India Co.、East India Co., French。

East India Co., French　法屬東印度公司　1664～1719年稱法屬東印度公司（French Company of the East Indies）；1719～1720年稱印度公司（Company of the Indies）；1720～1789年稱法屬印度公司（French Company of the Indies）。1664年由柯爾貝爾創建的貿易公司，監管法國與印度、東非、東印度群島和印度洋其他領土的貿易。該公司與早先創建的荷蘭東印度公司經常競爭。它所組織的耗費巨大的遠航常受荷蘭人騷擾，1720年法國經濟大崩潰中損失嚴重。至1740年，它與印度的貿易額僅相當於英國東印度公司的一半。它對法國與印度貿易的壟斷於1769年結束。隨後一蹶不振，於1789年法國大革命中銷聲匿跡。

East Pacific Rise　東太平洋隆起　南太平洋洋底的水下線狀山脈，大致平行於南美洲西海岸。隆起的主要部分一般距海岸約2,000哩（3,200公里），比周圍的海底高出大約6,000～9,000呎（1,800～2,700公尺）。表面基本上是平坦的，兩側急劇降低，主要由鹼性火成岩地殼構成，上覆或多或少的平展沈積物。

East Prussia　東普魯士　德語作Ostpreussen。波蘭最北省波美拉尼亞東部的一歷史區，原爲普魯士的一個省。1815年起，東普魯士專指普魯士王國最東的一省，19世紀成爲普魯士年輕軍事貴族的要塞。在第一次世界大戰期間成功抵擋俄羅斯的侵略。戰後該地區土地被波蘭走廊與東普魯士隔開（1919年），直到1939年佔領波蘭才回歸王國。第二次世界大戰末爲俄軍侵擾，1945年被蘇聯和波蘭瓜分。

East River　伊斯特河　美國紐約市連接上紐約灣與長島海峽的通航海峽。它將曼哈頓鎮和與布魯克林區及皇后區分開，長約16哩（26公里），寬600～4,000呎（200～1,200公尺），在曼哈頓島北端經由哈林河、斯派騰戴維爾河與哈得遜河相連。河中有羅斯福（之前名爲幸福）、沃爾茲、蘭多爾斯及里克斯諸小島，當中有多數港口設施。

East St. Louis Race Riot　東聖路易種族暴亂　1917年7月發生於伊利諾州東聖路易市，因一家持有政府合同之工廠僱用黑人工人而引起的暴動。這是第一次世界大戰期間，戰爭工業新僱用的美國黑人遭攻擊的事件中，最嚴重的一次。近6,000名黑人無家可歸；40名黑人和8名白人被殺害。

East Sussex　東薩西克斯　英格蘭東南部郡，人口喲483,000（1995）。瀕臨英吉利海峽。行政中心是路易斯鎮。南唐斯山脈沿海岸線穿過該郡。東南部有被開墾了的沼澤地佩文西平地，在歷史上是外族入侵的重要入口。發現有新石器時代的居民點遺址、鐵器時代的山寨以及羅馬人占據的遺跡。南撒克遜人曾一度統治過該地區，但後來被韋塞克斯人占據。1066年諾曼第的威廉（參閱William I）在佩文西登陸，進行哈斯丁斯戰役。因布萊頓的崛起，現今該郡沿海有許多濱海勝地。

East Timor　東帝汶　亦作Timor Timur。東南亞國家。面積5,641平方哩（14,609平方公里）。人口約897,000

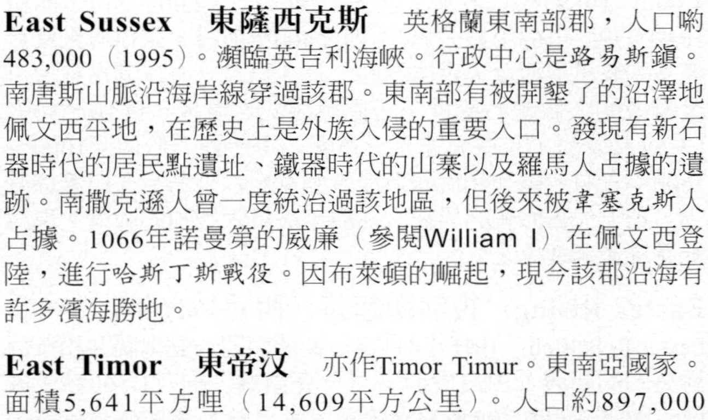

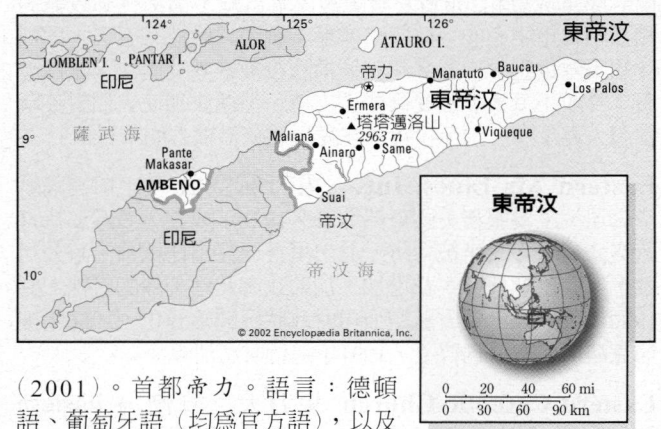

（2001）。首都帝力。語言：德頓語、葡萄牙語（均爲官方語），以及印尼語。宗教：基督教爲主。貨幣：美元（US$）。東帝汶

由帝汶島東半部、坎賓（Kambing）和雅可（Jako）兩小島，以及帝汶西北海岸圍繞歐庫西鎮的前飛地組成。濱臨帝汶海，與帝汶島西半部接壤。1520年葡萄牙人首先到帝汶定居，1860年獲准統治帝汶的東半部。1975年帝汶政黨弗萊提林在葡萄牙人撤軍後宣布獨立。1976年印尼軍隊入侵，1976年被併入印尼的一省。這次行動引起聯合國的爭議，並在之後的二十幾年造成數千名東帝汶人的死亡。1999年舉辦獨立公投，東帝汶獲得壓倒性的勝利，印尼軍隊的「民兵」於是到處殺戮報復，殺了數百名平民。後來印尼議會宣布先前兼併東帝汶的行動無效，東帝汶回復到被兼併以前的無自治領土狀態，不過這次是在聯合國的監管下。2002年東帝汶獲得完全的獨立，並舉行第一次總統大選。

East-West Schism　東西方教會分裂 ➠ Schism of 1054

East York　東約克　加拿大安大略省東南部城市，人口103,000（1991），與北約克、多倫多、斯卡伯勒、約克以及埃托比科克等城市組成多倫多都會區。為一有計畫的工業和居住城市綜合區，1967年與前東約克區（1924年設立）和前利塞德鎮（1819年建制）合併建立。

Easter　復活節　基督教會年的重大節日，紀念耶穌基督釘死於十字架後第三天復活。根據西方教會傳統，應在過了春分見到滿月之後3月22日和4月25日之間的第一個星期日。這一規則是在尼西亞會議（西元325年）之後釐定的。東正教的曆法計算方式稍有不同，通常會稍遲些。復活節為一歡慶及救贖節日，為長期的大齋期的終結。此字源自於德國的春神艾歐斯特，而一些民間習俗（如裝飾彩蛋以象徵新生）則可能源自於異教祖先們的春日慶典。自2世紀晚期開始，復活節也成為洗禮的時機。

Easter Island　復活島　西班牙語作Isla de Pascua。當地稱拉帕努伊島（Rapa Nui）。太平洋東部島嶼，人口約3,000（1989）。位於智利西方2,200哩（3,600公里），面積163平方哩（163平方公里）。西元400年前後，來自馬克薩斯群島的波里尼西亞人定居於此。長久以來一直以其用整塊巨大雕成的人像馳名於世。石像用凝灰岩雕成，高10～40呎（3～12公尺），有些重達五十多噸，可能矗立於西元1000～1600年左右。戰爭和疾病造成幾個世紀以來島上人口急遽減少，島上失去原有的風貌。1888年被併入智利的版圖。現為世界遺產保護區之一。

Easter Rising　復活節起義（西元1916年）　亦稱Easter Rebellion。1916年4月24日復活節週一愛爾蘭共和派反對英國的起義。由皮爾斯、克拉克領導，約有1,560名愛爾蘭志願軍成員和200名愛爾蘭國民軍占領了都柏林郵政總局和都柏林市中心的一些戰略據點。戰鬥只維持了五天，即被英國軍隊鎮壓。十五名起義領袖隨後被審判及處決。雖然起義本身並不受大多數愛爾蘭人支持，但處決卻使人們對英國當局大為反感，預示了英國在愛爾蘭統治權力的末日。

Eastern Air Lines, Inc.　東方航空公司　前美國航空公司，主要服務美國東部地區。1928年成立，名為皮特肯航空公司。1938年被合併，並由里肯巴克出任總裁。該公司數十年間生意興隆，並增加了加勒比海及南美洲的航線。到1980年代中期，東方航空公司財政狀況開始惡化，1986年被德克薩斯航空公司買下，1991年進行財產清算。

Eastern Catholic Church　東方天主教會 ➠ Eastern rite church

Eastern Hemisphere　東半球　大西洋以東的地球部分。包括歐洲、亞洲、澳大利亞和非洲。通常以西經20度和東經160度作為界限。

Eastern Indian bronze　東印度銅像　亦稱巴拉銅像（Pala bronze）。9世紀後在今比哈爾和西孟加拉一帶，延及今孟加拉國內生產的一種金屬雕像。採用八種金屬的合金，經「脫蠟法」工序鑄成，有佛教後期多種佛像（例如濕婆、毗濕奴），小巧，攜帶方便。於大型佛教寺院內製造，在南亞廣為流傳，影響了緬甸、暹羅（今泰國）及爪哇的藝術。

Eastern Orthodoxy　東正教　正式名稱Orthodox Catholic Church。基督教三大主要支派之一。主要集中於希臘、俄羅斯、巴爾幹地區、烏克蘭及中東，在北美洲和澳大利亞也有大批追隨者。東正教包含許多由主教或大主教所領導的自治教會（包括俄羅斯正教會、希臘正教會等），他們以君士坦丁堡（伊斯坦堡）普世牧首為名義上的領袖。造成東正教與西方或拉丁宗教分裂的原因，是由於羅馬帝國在君士坦丁一世的指示下分裂為兩部分，而正式分裂是在1054年（參閱Schism of 1054）。在教義上東正教與羅馬天主教的不同之處，在於他們不接受以教宗為尊，且不接受西方教條所聲明之聖靈源自於聖父（上帝）和聖子（耶穌）。目前東正教擁有信徒超過兩億人，廣佈全世界。

Eastern Rite Church　東儀教會　亦稱東方天主教會（Eastern Catholic Church）。東方基督教會之一。其淵源可溯至古代東方民族或國家，與羅馬教廷（即天主教）建立組織關係或教會法關係，少部分早在12世紀即與羅馬聯合，大部分則在16世紀或稍後加入。該教會承認教宗權威，但這些教會仍保有比東正教更適合於他們的禮拜儀式和習俗，如允許教士結婚及嬰兒接受聖餐。東儀教會包括烏克蘭東正教會、馬龍派教會，以及亞美尼亞派、羅塞尼亞派和麥爾基派（在敘利亞），目前全世界東儀教會共有信徒1,200萬。

Eastern Woodlands Indian　東部林地印第安人　北美原住民，居住在西起密西西比河河谷、東至大西洋海岸線的大部分森林地帶，並延伸至現今之加拿大；南部邊界則包括現在的伊利諾州及北卡羅來納州。這些原住民使用的語言屬於易洛魁、阿爾岡昆以及蘇族語系。包括數個獨立群體：阿布納基人、林地克里人、德拉瓦人、福克斯人、休倫人、伊利諾人、易洛魁人、馬希坎人、梅諾米尼人、邁阿密人、米克馬克人、摩和克人、莫希干人、蒙塔格奈人與納斯卡皮人、奧吉布瓦人、奧奈達人、渥太華人、佩科特人、波瓦坦人、索克人、塞尼卡人、圖斯卡羅拉人以及溫內巴戈人。

Eastman, George　伊士曼（西元1854～1932年）　美國發明家及製造商。生於紐約州華特村。1880年他改進了製作攝影乾板的過程，1889年伊士曼引進透明軟片，1892年將羅契斯特公司重組為伊士曼－柯達公司，他們引介了第一台柯達（這個創造出的名字後來成為商標名）相機，對提升業餘者在拍攝大範圍景象十分有助益。到1927年，伊士曼－柯達公司幾乎獨占了美國攝影工業，並在攝影領域內一直是美國最大的公司之一。伊士曼慷慨捐出遺產予羅契斯特大學，該校中的伊士曼音樂學院即以其姓氏命名。

Eastman Kodak Co.　伊士曼－柯達公司　美國主要的軟片、相機、攝影器材和其他影像產品的大型製造商。是1880年由伊士曼接替，1901年合併的商業公司，開發並完善了製造攝影乾板的方法，1884年推出照相軟片；1888年推出結構簡單、便於攜帶的柯達相機，為第一台可攜式、操作簡易的相機，廣受業餘攝影者歡迎。此外，它還首創家用電影設備及便於使用的彩色幻燈片柯達克羅姆、捲筒式傻瓜照相機、全自動圓盤式照相機等。總部設在紐約州羅契斯特。亦請參閱Polaroid Corporation。

Eastman School of Music 伊士曼音樂學院 美國紐約州羅契斯特的一所音樂學院。成立於1914年的DKG音樂藝術學院不久就被喬治·伊士曼收購，並於1921年將該校及一筆基金捐贈給羅契斯特大學。漢森是此校最重要的校長（1924～1964），他帶領該校成爲一所世界知名的機構。伊士曼每年一度的美國音樂節（1925～1971）由漢森創立，演出過約七百位作曲家的作品，其中超過三分之一被錄製下來。現今約有六百名學生。伊士曼的學生管弦樂團公認具有專業水準。該校師資包括不少世界知名的音樂家，許多畢業生都有傑出的事業。

Eastwood, Clint(on) 克林伊斯威特（西元1930年～） 美國電影演員及導演。生於舊金山。因在電視西部連續劇《生牛皮》（1959～1966）中擔綱而首次引起注意。後在里昂涅導演的3部賣座的「通心粉西部片」（1964～1966）而建立國際影星地位。之後他返回美國，參與動作電影系列的第一集《緊急追捕令》（1971），在其中他飾演寡言的危險英雄人物。之後克林伊斯威特開始了導演生涯，拍攝並演出了《迷霧追魂》（1971）、《蒼白騎士》（1985）、《殺無赦》（1992，獲奧斯卡金像獎）、《強盜保鏢》（1993）、《麥迪遜之橋》（1995）等。此外由於自身對爵士樂的喜好，克林伊斯威特執導並製作了《菜鳥帕克》（1988）一片，講述查理帕克的故事。克林伊斯威特精簡的演出及導演方式漸漸獲得影評的肯定，且成爲票房常勝軍。

eating disorders 飲食失調 異常的飲食形態，像是神經性厭食、暴食症、強迫性過食以及異食癖（pica，愛吃不是食物的東西）。這些病症通常帶有心理方面的成份，可以導致重量過輕、肥胖症或是營養不良。反芻病的嬰幼兒會重複反芻食物。

Eaton, Cyrus S(tephen) 伊頓（西元1883～1979年） 加拿大裔美籍企業家和慈善家。生於加拿大新斯科舍帕格沃什。1907年開始經商，數年內即在加拿大西部建立了幾家發電廠，不久在美國投資興辦其他公用事業、銀行和鋼鐵廠。1930年他將所擁有的幾家鋼鐵公司合併爲共和鋼鐵公司，爲美國第三大鋼鐵公司。大蕭條時期伊頓喪失了大部分財產，但隨後即東山再起。伊頓也是解除核武和改善美蘇關係的活躍鼓吹者，且爲1957年帕格沃什會議創始人之一。

EB virus EB病毒 ➠ Epstein-Barr virus

Ebb, Fred ➠ Kander, John

Ebbinghaus, Hermann＊ 艾賓豪斯（西元1850～1909年） 德國心理學家，首先設計了測量機械學習和記憶的實驗方法，證實了記憶是根基於連結。他著名的「遺忘曲線」將遺忘歸因於時間流逝。主要作品有《論記憶》（1885）、《心理學原理》（1902）。

Ebert, Friedrich＊ 艾伯特（西元1871～1925年） 德國政治人物。爲溫和的社會主義者，1913年任德國社會民主黨主席，在他的領導下，該黨在國家政治中的影響力日益增強。1918年革命爆發後，組成社會黨聯合政府。1919年艾伯特協助制訂威瑪憲法，並被推選爲威瑪共和首任總統。由於新政府面對了數項威脅，艾伯特在自由軍團的協助下發動了內戰，以對抗社會黨和共產黨，鎮壓了卡普暴動。但1923年又發生了魯爾煤礦區占領事件的危機，使得艾伯特威望受損，在希特勒不成功的啤酒店暴動事件後，艾伯特的政黨由聯合政府全面撤出。

Ebla 埃卜拉 今稱泰勒馬爾迪赫（Tell Mardikh）。敘利亞西北部古城。位於阿勒頗以南。鼎盛時期約爲西元前2600～西元前2240年，曾占有敘利亞北部、黎巴嫩及美索不達米亞北部部分地區，其貿易及外交關係可遠達埃及、伊朗和蘇美。1975年考古隊發現了埃卜拉的檔案館，藏品可上溯至前第3千紀，爲研究該地區古代生活方式提供了豐富的資料。

Ebola＊ 伊波拉病毒 能引起嚴重且常常致命的出血熱的病毒。紀錄顯示在靈長類、包括人類中爆發過流行。潛伏期4～16天，發病突然且猛烈。患者有高熱、嚴重頭痛、肌肉疼痛、食欲不振等症狀，幾天內即可出現瀰漫性血管內凝血，進而造成大出血。隨後的症狀有噁心、嘔吐、痢疾等。患者多在病後8～17天死於大出血、休克或腎功能衰竭，死亡率高達50%～90%。目前尙無治療方法。因1976年首次在剛果北部（薩伊）的伊波拉河地區發現而得名。伊波拉病毒爲長長的絲狀體，有時候呈枝杈狀或交織在一起。病毒體（病毒粒子）爲單鏈核糖核酸（RNA），本身無致病性。確切致病機制尙不清楚，可透過接觸體液傳染，不衛生的環境和缺乏醫療設施都是造成擴散的原因。

ebony 烏木 幾種廣佈熱帶的柿科柿屬喬木的木材。最好的烏木僅取自心材，質重，色深黑。因烏木色佳，堅硬、耐用，易於抛光，故用製細木家具、鑲嵌材料、鋼琴鍵、刀把及車削製品。最好的印度和錫蘭烏木取自D. ebenum，廣佈斯里蘭卡亭可馬里以西的平原地區。牙買加烏木、美洲烏木或綠烏木取自Brya ebenus，一種豆科喬木或灌木。

Ebro River＊ 厄波羅河 古稱Iberus。西班牙東北部河流。源出坎塔布連山脈，向東南流，到巴塞隆那和瓦倫西亞之間注入地中海，全長565哩（910公里）。爲西班牙流量最大、流域面積最廣的河流。但僅有從三角洲開始的15哩（25公里）上游河段可供航行。

Eça de Queirós, José Maria de＊ 埃薩·德克羅茲（西元1845～1900年） 亦稱José Maria de Eça de Queiroz。葡萄牙小說家，是一位有地位的地方法官的私生子，原執律師業，後轉而寫作，並擔任數起外交職務。他與一群主張社會改革和藝術改革的青年知識分子建立密切聯繫，被稱爲「七○年代派」。他的小說爲葡萄牙文學引介了自然主義和寫實主義，包括《阿馬羅神父的罪惡》（1875）、《堂兄巴濟利奧》（1878）及《馬伊亞一家》（1888）等，後者是他的傑作，爲揭露葡萄牙社會道德持續淪喪的諷諭之作。埃薩·德克羅茲被認爲是葡萄牙最偉大的小說家。

eccentric and rod mechanism 偏心輪連桿機構 用於從回轉軸得到往復直線運動的一種機構。用途與曲柄滑件機構相同，當要求往復運動行程小於驅動軸尺寸時特別有用。當偏心輪隨軸旋轉時，它將在偏心環內滑動，而使滑件或活塞做直線移動。由於偏心輪可裝於軸的任何部位，不必把主軸作成曲柄。偏心輪摩擦損失大，故很少用它傳遞大的力，一般用來驅動引擎的閥門機構。

Eccles, W(illiam) H(enry)＊ 埃克爾斯（西元1875～1966年） 英國物理學家，發展無線電通信的先驅者。於皇家科學院獲博士學位，他是海維塞理論的較早支持者，該理論認爲高層大氣會反射無線電波。他於1912年提出，以太陽輻射的影響解釋白天和黑夜無線電波傳播的差別。

ecclesia＊ 公民大會 （希臘文作ekklesia，意為「將召開會議者群聚在一起」〔gathering of those summoned〕）古代希臘城邦公民的全體大會。雅典的公民大會在西元前7世紀即已存在。在梭倫立法的過程中，公民大會由十八歲以上的全體男性公民參加，有最終決定政策的權力，並有權在公開法庭聽取上訴，參加執政官的選舉，對個人授予特權。經過討論後，參與者舉手表決，多數贊成的即為其結果。五百人會議中有一個委員會專門負責召集公民大會，所有議案都由五百人會議提出，公民大會不能提出新的問題。希臘大多數城邦都有過公民大會，不過在羅馬帝國時期，它們的權力逐步萎縮。

ecclesiastical heraldry 教會紋章 與教會行政管理團體及神職教士人員有關的紋章，特別是聖公會、天主教和長老宗。大修道院、小修道院及主教轄區各有自己的紋章，而高級傳教士則常把教會紋章繫於其個人紋章之上。亦請參閱arms, coat of。

Ecevit, Bülent＊ 埃傑維特（西元1925年～） 土耳其詩人、新聞工作者和政治人物。於共和人民黨的機關報執筆。1957以共和人民黨黨員身分被選為國會議員。1961～1965年任勞工部長時，他使罷工成為勞工的合法武器，這在土耳其歷史上是首例。1972年任共和人民黨主席，並在1974、1977及1978～1980年間出任總理。在身為政府領導人之際，他在1974年宣佈將所有政治犯特赦，並在希臘人於塞浦路斯主導政變時，批准土耳其軍隊介入該島。

Echegaray (y Eizaguirre), José＊ 埃切加萊－埃薩吉雷（西元1832～1916年） 西班牙劇作家。早年為數學教授，後在政府中任職，擔任過財政部長，並協助建立了。第一部劇作《單據簿》（1874）被搬上舞台時他已四十二歲，但後來他平均每年即寫出兩部劇本。這些通俗劇現多為人所遺忘，但在當時相當受歡迎，他豐富的想像力及舞台效果技巧備受推崇。1904年與米斯特拉爾共獲諾貝爾文學獎。

echidna＊ 針鼴 亦稱針食蟻獸（spiny anteater）。單孔類針鼴科兩種卵生獸類的統稱。體短粗，近乎無尾，皮毛淺棕色，足具強有力的爪，體上部被毛且具棘針；吻窄而敏感，口小，舌能伸長並帶黏性，以取食白蟻和蟻類。新幾內亞針鼴體長18～31吋（45～78公分），形似豬，肉很珍貴，但數量日益減少。澳大利亞和塔斯馬尼亞的針鼴體長14～21吋（35～53公分）。雌針鼴在繁殖季節會出現育兒袋，卵在育兒袋中孵化，幼仔舐吮從乳孔流出的乳汁。亦請參閱anteater、pangolin。

echinacea＊ 紫錐花 錐花屬植物，作為圍籬植物。葉子和根當作草藥，提高免疫系統，治療風寒和流行性感冒。

echinoderm＊ 棘皮動物 棘皮動物門海洋無脊椎動物（棘皮動物門），特徵是內骨骼由鈣化的小骨片組成，成體的體型呈五輻射對稱。現存約6,000種，分成六類：毛頭星和海百合（海百合綱）、海星（海星綱）、蔓星魚、蛇尾（蛇尾綱）、球海膽（海膽綱）、海參（海參綱）和海雛菊（海雛菊綱）。廣佈於各大洋，從潮間帶到最深的海溝都有。大多數棘皮動物具有無數稱為管足的小突起，不同種類的管足形態各異，功能為運動、取食、呼吸、挖掘、抓握和感覺。運動由水管系統控制，藉篩板與外界相通，有5條輻射管，由此伸出側管，輻射管的腹面分支即為管足。大部分棘皮動物以沈積或懸浮的微小生物或有機碎屑（活的或死的）為食，但許多海膽和海星以植物為食。

Echo 厄科 希臘神話中的一個山中仙女，後來變成只聞其聲的形態。根據奧維德記載，由於她不斷與女神赫拉講話，使她無法監視丈夫宙斯的情人。為了懲罰她，赫拉剝奪了她的說話能力，只讓她能夠重複別人的最後幾個詞。她因愛戀納西瑟斯遭到拒絕，憔悴而死，只留下她嘆息的聲音。

echolocation＊ 回聲定位 動物靠著聲波被目標（如捕食對象）反射回到發聲者而定出遠處或不可見物體之位置的生理過程，可用於定位、避開障礙、取得食物及相互聯繫等目的。已知使用回聲定位的動物包括絕大多數蝙蝠、大多數齒鯨（鬚鯨除外）、少數地鼠，以及兩種鳥類（油脂鳥和某些穴居的金絲燕）。回聲定位的脈衝是一些突發的短促聲音，其頻率範圍：鳥類約為1,000赫，鯨類至少2,000赫，蝙蝠大約為30,000～120,000赫。

Eck, Johann 埃克（西元1486～1543年） 原名Johann Maier。德國天主教神學家。1508年受祝聖為司鐸，1510年獲神學博士學位，同年任因戈爾施塔特大學神學教授，開始他一生的教書生涯。原與路德交好，但之後埃克攻擊路德所提出的「九十五條論綱」，將之視為異端。1519年埃克與路德及卡爾施塔特（約1480～1514）進行辯論，其後教宗利奧十世委派埃克將之出版，並強力推行譴責該論綱的教宗訓諭。埃克所撰之《反路德派便覽》（1525）概要列出引起爭論的天主教教義、新教的反對意見以及對爭論的解答。此書成為埃克著作中最著名者，也是16世紀最著名的天主教辯論手冊。

Eckert, J(ohn) Presper, Jr. 埃克脫（西元1919～1995年） 美國工程師。生於賓州，曾於賓州大學就讀。1946年與莫奇利一起製成電子數位積分計算機（ENIAC），它實際上包含了當今高速數位電腦上用的全部電路。1949年他們宣布製成二進制自動計算機（BINAC）。他們設計的第三種機型是為處理商業數據而設計的通用自動計算機（UNIVAC I），在商業上有廣泛的用途。埃克脫共獲得85項專利，1969年獲得美國國家科學獎。

Eckert, Wallace J(ohn) 埃克脫（西元1902～1971年） 美國天文學家。生於匹茲堡，耶魯大學博士。是最早應用IBM打孔卡片機來轉換天文資料並以數值描述行星運動的科學家之一。從1945年起擔任哥倫比亞大學華生科學計算實驗室主任，利用電腦計算精確的行星位置，對月球軌道的研究作出重大貢獻，有一個月坑就以他為名。

Eckhart, Meister 艾克哈特（西元1260?～1327/1328?年） 原名Johannes Eckhart。德國神學家及神祕主義者。十五歲加入道明會，並至科隆及巴黎學習，後來成為受歡迎的傳道者及教師。三十餘歲時被任命為圖林根代理主教。在他的神祕主義著作檢視了上帝和人類間的關係；他指出，靈魂與上帝結合後方臻至完整，並提出某些東西（神性）是超越上帝的。艾克哈特於六十歲時在科隆擔任教授，但旋即因其著作中的數項論點而被指控為異端分子，他於駁斥第二次指控前辭世。

Eckstine, Billy＊ 比利艾克斯汀（西元1914～1993年） 原名William Clarence Eckstein。美國歌手、樂團團長，為最偉大的流行音樂暨爵士藍調樂手之一，生於匹茲堡。1939～1943年與海因斯的大樂團合作，1944年組建自己的樂團。結合了咆哮樂這種新音樂風格，比利艾克斯汀與多位創新者合作，包括迪吉葛雷斯比、查理帕克、莎拉沃恩等人。1947年樂團解散後，他成為普受歡迎的獨唱者，以他深沈、縈繞不絕的男中音詮釋情歌。

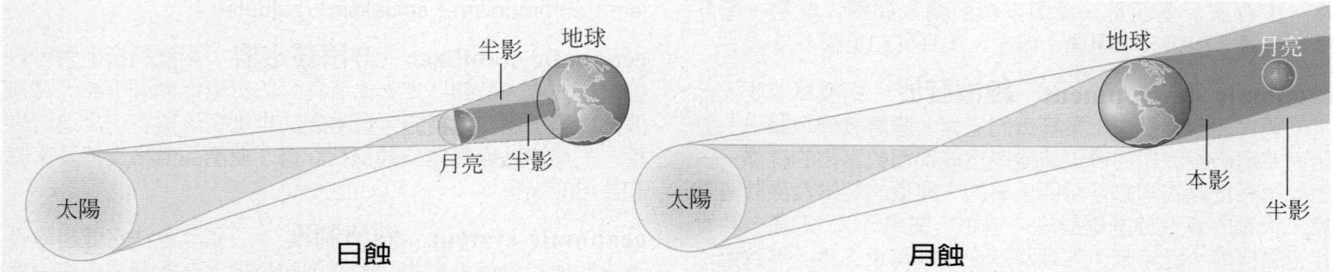

月球位於地球和太陽之間時會發生日蝕。在月球半影觀測，看到部分太陽被擋住；在本影內看見太陽整個被月球蓋住。月蝕是月球通過地球的陰影。在半影內，月球略微變暗；進入本影，整個月球變得極為暗淡，帶點紅色。

eclampsia　子癇 ➠ preeclampsia and eclampsia

eclipse　蝕　當三個天體排成一線時，一個天體被另一個天體全部或局部遮掩的天文現象。一種情形是：交蝕天體進入觀測者和被蝕天體之間，觀測者看到的被蝕天體全部或局部的被交蝕天體遮掩，日蝕即屬此類。月球在繞地球運行的過程中，有時會走到日、地之間，這時若月球的影子掃過地球表面，就會發生月蝕。由於日光不能穿透影子的中心部分（本影），對於本影內的地球上的觀測者，太陽圓面完全被月球遮蔽，稱爲全蝕；而對於位於月影的外圍部分（半影）的觀測者，太陽只有一部分被月球遮蔽，稱爲偏蝕。蝕對古時的人來說是一種令人敬畏的現象，歷史上早有明載，有些居民（如巴比倫、馬雅和中國人）已習得準確地預知蝕發生的時間。全世界每年大約發生二～五次日蝕，可於地球上不同地點觀之，而日全蝕則要好幾年才會出現一次。地球最接近太陽時即爲月球和地球相隔最遠之際，此時月球的影子會全然落在太陽的範圍之內，外圍環繞著可見光環（即爲日環蝕）。日全蝕具有重大科學研究價值，能提供更多有關色球和日冕的知識，通常它們總是隱沒於光球的奪目光芒之中。月蝕的發生頻率和日蝕一般，月全蝕發生時，月球會呈古銅色，這是因爲地球大氣把部分陽光（特別是紅光）折射入地球影錐的緣故。其他恆星或行星的交蝕現象（參閱eclipsing variable star）也可以提供科學家研究該天體的資料。亦請參閱Baily's beads。

eclipsing variable star　蝕變星　亦稱eclipsing binary。在其軌道平面通過地球或非常靠近地球的軌道上繞公共質心旋轉的物理雙星，因此地面上的觀測者將會看到一顆子星週期地在另一子星的前面通過並發生掩蝕而使恆星減光。英仙座中的大陵五就是於1782年證認出的第一顆蝕雙星。現已發現了幾千顆。把觀測得到的交蝕時間和分光方法確定的軌道週期加以比較，天文學家就能求出恆星的直徑和軌道大小比例。亦請參閱variable star。

ecliptic＊　黃道　天文學名詞，指太陽一年在星座中穿行的視軌跡的大圓；也可以說是地球圍繞太陽運行的軌道在天球上的投影，與天赤道有兩個交點，即春、秋二分。黃道帶星座沿黃道排列。

eclogite＊　榴輝岩　成分類似玄武岩的一小族火成岩和變質岩。主要含有綠輝石和紅色石榴石（鎂鋁榴石）以及各種少量其他穩定礦物，如藍晶石和金紅石。榴輝岩是當富含鐵鎂質礦物的火山岩或變質岩受到極高的壓力和中等至較高的溫度時形成。

eclogue＊　牧歌　一種短篇田園詩，通常採取對話形式，題材大多爲田園生活和牧人群（參閱pastoral literature）。最早出現在希臘詩人忒奧克里托斯的田園詩裡。羅馬詩人維吉爾採用了這種詩體，文藝復興時期，義大利詩人但丁、佩脫拉克、薄伽丘等人復興了牧歌和其他種類的田園詩。史賓塞以十二首牧歌構成的組詩《牧人月曆》（1579），被認爲是英語作品中第一首傑出的田園詩。18世紀的英國詩人開始用牧歌體寫非田園題材的諷刺詩。自此牧歌與田園詩之間出現分野，而牧歌尤其爲專指具對話和獨白的體裁。

Eco, Umberto＊　艾科（西元1932年～）　義大利評論家、小說家。1971年起在波隆那大學任教授。在著作《開放的作品》（1962）中提出，有些文學和近代音樂基本是含糊不清的，因而誘使讀者更積極地參與詮釋和創造。他在著作《符號學理論》（1976）、《符號學與語言的哲學》（1984）以及《詮釋的限度》（1991）中，繼續探討傳播和符號學的其他領域。他的小說包括了學術價值極高但內容談的是神祕謀殺案的暢銷書《玫瑰的名字》（1981，1986年改編爲電影），其他作品還有《傅科擺》（1988）、《昨日之島》（1995）。

ecology　生態學　研究生物與其環境之間及生物彼此之間的交互關係的一門學科。生理生態學的重點在研究生物個體與其環境的物理、化學特徵之間的關係。行爲生態學研究生物個體的行爲，包括取食技術、對掠食的生存適應、交配以及對環境變化的應答等。種群生態學，包括種群遺傳學，研究影響動、植物種群分布和多態現象的因素。群落生態學研究動、植物種群的組織和功能。古生態學是研究化石種類的生態學，爲生態學中重要的一支。生態學家常常集中研究某些特定種類的生物，也專門研究某種具體的環境。在應用生態學中，基本的生態學原理可用以管理作物或家養動物的種群，從而提高產量，減少蟲害。理論生態學家的工作促進某些實用問題的研究，如漁業對魚類種群的影響，並設計有關總體的生態學相互關係的模式。

econometrics　計量經濟學　對經濟關係進行統計與數學分析的學科。計量經濟學創造了描述價格和需求變化之間關係現象的等式。計量經濟學者爲企業評估製造和花費效能，爲工業評估補給及需求效能，在經濟上提供收入分配評估，爲決策者提供總體經濟模式及貨幣模式評估，及爲預測商業循環和成長做評估。其所提供的分析資料，可爲私人企業和政府在貨幣政策和財政政策方面做出決策。亦請參閱cliometrics、Ragnar Frisch (Anton Kittil)、macroeconomics、microeconomics。

Economic Cooperation and Development, Organisation for (OECD)　經濟合作暨發展組織　1961年爲促進經濟進步和世界貿易而成立的國際組織。總部設在巴黎，基本上是一諮詢機構及經濟資料的票據交換所，同時協調對開發中國家的經濟援助。現有會員國爲澳大利亞、奧地利、比利時、英國、加拿大、捷克、丹麥、芬蘭、法國、德國、希臘、匈牙利、冰島、愛爾蘭、義大利、日本、盧森堡、墨西哥、荷蘭、紐西蘭、挪威、波蘭、葡萄牙、南韓、西班牙、瑞典、瑞士、土耳其和美國。

economic development　經濟發展　指簡單而收入低下的國民經濟轉變成工業經濟的過程。經濟發展理論——原始而貧窮的經濟如何得以演變成爲成熟而較富裕的經濟——對於第三世界的國家是至關重要的。典型的經濟發展計畫是投入大量的資金於基礎設施（道路、灌溉等）、工業、教育和金融機構。近年來，其實踐造成資本密集工業，導致僱工機會受限而擾亂了經濟其他面向，使得發展中國家興起小規模經濟發展計畫，目的在利用特定資源及先天優勢，以避免因經濟發展而擾亂了自己國家的社會暨經濟架構。亦請參閱economic growth。

economic forecasting　經濟預測　指對未來的經濟活動和發展所作的推斷和預報。經濟預測的範圍從數週到數年間都有，爲商業及政府廣泛使用以助規畫政策和策略。總體經濟預測是爲預報整體經濟和集中變因進程，包括利率、通貨膨脹率、失業率等。此外還包括預測民間消費及投資、政府開支、淨進口值等以供爲財政政策負責的政府決策者使用，例如提出預測改變稅收的經濟效果即爲其政策實施的正當理由之一。個體經濟預測是爲一間工廠或一家企業計畫轉變的效果而設，多數個體經濟預測是由在關注特定利益計畫效果之前的總體經濟爲開端。亦請參閱econometrics、macroeconomics、microeconomics。

economic geoloygy　經濟地質學　研究礦床分布情況、礦床採收中涉及的經濟考慮以及對其有效儲藏量的評定的學科，論述金屬礦石、化石燃料以及其他有經濟價值的礦物，如鹽、石膏和建築石料之類。經濟地質學應用其他多種地質學科的原理和方法，最主要的是地球物理學、構造地質學和地層學。

economic growth　經濟成長　指國家財富隨時間增加的過程。全國貨物與服務總產出的實際成長率（依通貨膨脹調整後的國內生產毛額，或實際國內生產毛額計算）是應用最爲廣泛的標準，國民平均所得、個人平均消費等其他度量也常使用。經濟成長率受自然資源、人力資源、資本資源、技術發展的程度以及政府的穩定影響很大，其他還有世界經濟活動水準和貿易形式等因素。亦請參閱economic development。

economic indicator　經濟指標　同其他指標一起，用以測定總的（特別是未來的）經濟活動形勢的統計數列。超前指標在總的經濟活動發生變化前相當可靠的上升或下降，如建築許可證、普通股票價格、企業存貨額等；重合指標與整個經濟情況發生同時期、同方向的變化；滯後指標在經濟情況變動後發生改變方向的變化。

economic planning　經濟計畫　在資源利用方面，由政府作出經濟決定的過程。在擁有國家計畫機構的共產國家，詳細而嚴格的計畫促成了控制經濟，土地、資本及生產方法皆爲大眾所有並由中央分派，大大小小的決定皆由政府做成。個體經濟決定包括生產什麼貨品和服務、生產之數量、要求之價格、給付之工資；總體經濟決定包括投資比率和對外貿易程度。在大部分的工業化國家，政府藉著貨幣政策和金融政策間接影響它們的經濟。一些關鍵的經濟部門可能是公有的，但在大蕭條和第二次世界大戰後社會化的工業，趨勢一直是朝向民營化。日本是資本主義架構下最值得注意的經濟計畫實例，政府和工業在資本投入、研究與發展、出口策略的計畫模式方面緊密合作。亦請參閱capitalism、communism、socialism、zaibatsu。

economic stabilizer　經濟穩定器　指能夠抵消對可自由支配的收入數額（可支配所得）的影響從而減小經濟週期波動的經濟制度或措施。最重要的自動穩定器有：累進所得稅、失業津貼與其他公共福利計畫、農產品價格支持及家庭和公司的儲蓄。

economic system　經濟制度　一個社會決定並組織經濟資源所有權與分配的一套原則和技術。在通稱爲自由企業體系的極端情況下，全部資源盡爲私有。這個依循亞當斯密的體系奠基於當社會所有成員獲准去追求自身合理利益時共同益處達到最大的信念。在通稱爲純粹共產主義體系的另一個極端，全部資源皆爲公有。這個依循馬克思和列寧的體系奠基於以下的信念：欲使財富不均最小化，並獲得人們同意的其他社會公正，需要生產方法公有化，並由政府控制經濟的每個方面。沒有一個國家實行任何一種極端的經濟制度。當國家從資本主義歷經社會主義到共產主義時，會有更多的生產資源成爲公有，也更倚賴經濟計畫。比較接近政治體系而非經濟體系的法西斯主義是一種混合產物，私有資源被合併爲商業財團並置於中央計畫狀態的掌控之下。

economic warfare　經濟戰　政府在國際衝突中所採取的經濟措施，可能包括進出口管制、海運管制、與中立國簽訂貿易協定等。發生戰爭時，交戰國之間的經濟戰是從封鎖和攔截違禁物品開始的。第二次世界大戰期間，經濟戰曾擴大到對資敵的中立國施加壓力。「冷戰」期間，主要措施之一就是禁運，以防堵潛在敵方的物資輸入而增加其作戰能力。

economics　經濟學　分析和闡述財富的生產、分配和消費的社會科學。經濟學爲研究個體或社會如何選擇、運用資源的一門學科，諸如該生產何種物品及提供何種服務、要如何將之生產及將之散播到社會成員之中。經濟學通常分爲個體經濟學和總體經濟學兩大類。總體經濟學側重於經濟成長率、通貨膨脹率及失業率。特殊領域的經濟調查則爲不同經濟活動提供解決之道，包括農業經濟學、經濟發展、經濟史、環境經濟學、工業組織、國際貿易、勞動經濟學、貨幣供給和銀行業務、公共財政、城市經濟以及福利經濟學等。數理經濟學及計量經濟學的專家提供了所有經濟學家得以利用的工具。經濟學的研究範圍與其他學科交疊的情況經常發生，如歷史、數學、政治學及社會學。

Economist, The　經濟學人　1843年創刊、於倫敦出版的週刊，被公認爲同類刊物中國際信譽最卓著者之一。內容涵蓋甚廣，有一般性新聞，亦有專門針對與世界經濟緊密相連的國際政治發展方面的報導。該週刊主張自由市場，對當代經濟及政府提出最好的建言。其北美洲的讀者群約占全部讀者的一半。

ecosystem *　生態系統　具體空間單位內活生物及與其自然環境及其所有相互關係組成的綜合體。可按其非生物成分（如礦物、氣候、水分、土壤、陽光和其他無生命組分）或生物成分（包括移一切生物種類）來分類。將這些非生物成分聯繫在一起的是兩種力量：通過生態系統的能量流轉和生態系統內部的營養循環。幾乎所有的生態系統都以來自太陽的輻射能作爲基本能源。有機物質和能量即由生態系統的食物鏈而來。到了20世紀下半葉，對生態系統的研究變得越來越複雜，如今在評估農業發展和工業化對環境的影響方面起很大的作用。亦請參閱biome。

ecoterrorism　生態恐怖主義　亦稱生態學恐怖主義（ecological terrorism）或環境恐怖主義（environmental terrorism）。指對環境施以破壞或威脅加以破壞來恫赫、脅迫政府。此詞亦適用於一些試圖阻止或干預據說對環境有害的活動而針對公司或政府機構的犯罪行為。生態恐怖主義手法包括恐嚇將污染水源供應系統、破壞電力設施或使之失效，或是諸如將散布炭疽菌等。生態恐怖主義的另一種形式通常指的是環境戰爭，包括蓄意且非法地將環境加以破壞、開採或改造，使之成為一種戰略或運用於武裝衝突，如美軍於越戰期間使用除葉的藥劑橙，還有1991年波斯灣戰爭時，伊拉克軍隊撤離時大舉破壞科威特油井。某些環境保護活躍份子的活動亦被歸納為生態恐怖主義一類，這類活動包括非法侵用伐木公司與其他公司的資產，並為了阻礙其公司運作，透過破壞活動與環境上無傷害性的改造天然資源手法，使這些資源無法再為商業利用，即所謂的「搗蛋」（monkeywrenching）行為。

Ecstasy　快樂丸　一種能引發欣快感的興奮劑或迷幻藥。屬於苯異丙胺（即安非他命）類的衍生物，與去氧麻黃鹼（即甲基安非他命）這種興奮劑近緣。以藥丸形式服用，與會產生幻覺的仙人球毒鹼藥物有化學關係。1913年開發為胃口抑制劑，原本不得上市。1950年代和1960年代開始用於心理治療。此藥增加了神經傳遞物血清素的製造，阻礙腦中的再吸收，同時也增加了多巴胺這種神經介質的數量。中樞神經系統的刺激讓使用者感覺能量增加而降低了社會壓抑。到了1980年代，以使用快樂丸為號召的派對和舞會流行起來。儘管在美國和世界其他地方被禁，該藥仍然廣為流傳，並在青年的次文化中扮演重要角色，類似1960年代的二乙基麥角酸醯胺（LSD）。

ectopic pregnancy＊　異位妊娠　亦稱extrauterine pregnancy。一種病理產科現象，為受精卵植入子宮腔外的器官而發育（參閱fertilization），任何原因干擾了受精卵向子宮腔內移動均可造成。早期頗似正常妊娠，也會有荷爾蒙改變、閉經和形成胎盤等現象，但隨著胚胎組織的生長，患者會感到腹痛，最後剝離而引起出血，會有生命危險。輸卵管妊娠可能因受精卵在輸卵管內移行受阻所致。卵巢妊娠則是卵從卵巢排出之前即已受精。腹腔妊娠則是胎盤附著於腹膜腔內。

ectotherm＊　外溫動物　所謂的冷血動物，亦即依靠外在來源——像是陽光或者有熱度的岩石表面——來控制體溫的動物。外溫動物包括魚類、兩生動物、爬蟲類和無脊椎動物。水性外溫動物的體溫通常與水溫相近。外溫動物不像溫血動物（內溫動物）那樣需要大量食物作為燃料來產生熱量，但大部分外溫動物還是無法適應寒冷環境。

Ecuador　厄瓜多爾　正式名稱厄瓜多爾共和國（Republic of Ecuador）。南美洲西北部國家。面積105,037平方哩（272,045平方公里），包括加拉帕戈斯群島。人口約12,879,000（2001）。首都：基多。人口中約2/5為印第安人，大部分是克丘亞人，還有2/5為梅斯蒂索（印第安人與西班牙人混血兒），其餘大部分是西班牙人後裔。語言：西班牙語（官方語）。宗教：多數信奉天主教。貨幣：美元。該國地形由太平洋沿岸的海岸低地和將海岸低地與炎熱的亞馬遜盆地隔開的多山高原（安地斯山脈）組成。安地斯山脈從西面陡起，形成兩條大部連續、自北向南延伸的支脈，由山間谷地隔開。欽博拉索火山海拔6,310公尺，是該國最高峰；科托帕希火山海拔5,897公尺，是世界最高的活火山。該國位於地震活動頻繁的地震帶上。全國幾乎一半的土地有

森林覆蓋，大多數熱帶雨林分布於東部低地。由於地當赤道，氣候多樣，從低地的熱帶到高地的溫帶都有。屬於發展中經濟，主要以服務業為基礎，其次是製造業和農業。主要出口產品有原油、香蕉和蝦貝類。政府形式為共和國，一院制。國家元首暨政府首腦為總統。1450年被印加帝國征服，1534年開始受西班牙人統治，建立了一個以大種植園為主的殖民地。原為祕魯總督轄區的一部分，直到1740年後才成為新格拉納達總督轄區的一部分。1822年獲得獨立，成為大哥倫比亞共和國的一部分，1830年成為一主權國家。進入20世紀中葉，繼任的歷屆政府均實行獨裁統治，經濟困難與社會的不安定，促使軍人在政治進程中扮演著強有力的角色。1941年祕魯侵入厄瓜多爾，在有爭議的亞馬遜地區占領了大片土地，此後雙方不時發生戰鬥，直到1998年才協議建立分界線。1970年代，石油的利潤為厄瓜多爾的經濟帶來繁榮，但也大大加速了通貨膨脹與貧富懸殊。1980年代，由於油價降低以及地震災害，為該國經濟帶來一連串的問題。1979年頒布新的憲法。1990年代，社會的不安導致政治的不穩定，國家元首數度更換，然而對於持續惡化的經濟危機，仍然束手無策。2000年為了穩定經濟，在一片爭議中，以美元取代舊有的貨幣蘇克雷（sucre）。

ecumenism＊　普世教會運動　朝向將基督教各派統一或合作的運動。1910年新教一些派別舉行國際宣教會議，為運動的主要第一步。1925召開了生活與工作會議，1927年召開信德和修會會議。二次大戰後世界基督教協進會成立，國際宣教協進會於1961年加入。自第二次梵諦岡會議（1962～1965）以後，羅馬教廷亦展現出改善各教會間關係的強烈意願，而較保守的或信奉正統派基督教者都盡量避免介入。另一個重要因素是，在20世紀成立了不少聯合教會，以消弭各教派間的分裂，例如1957年成立的聯合基督教會、1988年成立的美國福音路德宗等。

eczema　濕疹 ➡ dermatitis

Edda　埃達　古冰島文學作品。見於13世紀的兩部書之中，為現代研究日耳曼神話的最完整和最詳細的材料來源。《散文埃達》（又稱新埃達）斯諾里．斯圖魯松約在1222～1223年間撰寫的一部詩學教科書，為吟唱和埃達詩體的用詞

E F G

及評判做解釋，並述說北歐神話。《詩體埃達》（又稱舊埃達）約完成於1250～1300年之間，是一部神話詩和英雄詩的集子，作者不明，寫作時期很長（約800～1100年）。這些簡樸的詞句是現存最古老的《尼貝龍之歌》傳說的前述詞。

Eddington, Arthur Stanley　愛丁頓（西元1882～1944年）　受封為亞瑟爵士（Sir Arthur）。英國天文學家、物理學家和數學家。在劍橋大學就學時即多次獲數學獎。1906～1913年在皇家格林威治天文台任職，1914年成為劍橋天文台台長。愛丁頓為宗教支持者及反戰人士，宣稱世界的意義無法由科學察得。愛丁頓最大的貢獻是在天體物理學方面，研究範圍包括星球結構、星球能量的亞原子來源、白矮星及星際空間瀰漫的物質等。他的哲學思想使得他深信統一定量定律及一般相對論可以某種宇宙常數納入計算之列。

愛丁頓
By courtesy of the University of Chicago; photograph, Yerkes Observatory, Williams Bay, Wis.

Eddy, Mary Baker　愛迪（西元1821～1910年）　原名Mary Morse Baker。美國宗教領袖、基督教科學派創立人，生於新罕布夏州康科特近郊，1843年成婚，但夫婿隔年即辭世，1853年再婚。愛迪終生為疾病所苦。1860年代早期，她因脊椎患病求醫，遇見了昆比（1802～1866），昆比竟不用藥物就為她醫好疾病，但好景不常，昆比死後她即舊病復發，1866年又嚴重跌傷，對康復完全不抱任何希望，僅藉由閱讀《新約全書》來療傷止痛。她認為就在這段時期她發現了基督教科學，遂花了許多年研究。1875年出版了《科學與健康》，被追隨者視為極具啓發性。愛迪於1873年離婚，1877年下嫁一位追隨者愛迪（1882年辭世）。1879年她在波士頓成立基督教科學第一教會，兩年後又開辦麻州玄學學院。她共創辦了三種雜誌，其中最有名的是1908年創辦的《基督教科學箴言報》。

愛迪
By courtesy of the Library of Congress, Washington, D. C.

Edelman, Gerald Maurice　埃德爾曼（西元1929年～）　美國生化學家，生於紐約市，先後在賓州大學及洛克斐勒大學獲醫學博士學位和博士學位。他與波特因在抗體上的研究共獲1972年諾貝爾獎。藉由全然仿照抗體分子的方式，發現抗體是由1,300多個氨基酸組成的四鏈結構，接著他們又測出抗原結合部位的分子上的確切位置。後來他們的研究集中於組織和器官的形成及分化過程，發現了細胞黏著分子，蛋白質附著於細胞以共同形成組織。埃德爾曼試圖建立一個能解釋神經發育和腦功能的總的學說，並在其著作《神經達爾文主義》（1987）中加以論述。

edelweiss *　火絨草　菊科多年生植物，學名為Leontopodium alpinum。原產於歐洲和南美高山地帶。頭狀花序黃色，2～10個簇生；花簇下有葉6～9枚，披針形，白色，被綿毛，排列成星形，大多可供觀賞。

edema *　水腫　在醫學上，指結締組織細胞間的空隙中不正常積聚水樣液體的病理現象。水腫通常是腎臟、心臟、靜脈或淋巴系統病變的症狀，而影響細胞、組織、血液中的水平衡，而水腫會以凹陷（即當受壓後仍維持壓痕的狀態）或非凹陷的方式呈現。治療方式一般都鎖定在潛在的病因。水腫可能是局部性的（如蕁麻疹），也可能是全身性的（亦稱浮腫或積水）。有時身體某一部分的腫脹也稱為水腫。

Eden, (Robert) Anthony　艾登（西元1897～1977年）　受封為阿文伯爵（Earl of Avon）。英國政治家。第一次世界大戰中曾在軍中服役，1923年選入下議院，1935年任外交大臣，1938年因反對張伯倫首相的「綏靖」政策辭職。1940～1945、1951～1955年再次被任命為外交大臣，參與解決英國與伊朗的石油糾紛，調停了印度支那的戰事。1955年繼邱吉爾之後任職首相，試圖緩和因歡迎赫魯雪夫和布爾加寧前來英國而引發的國際緊張態勢。艾登後來因埃及把蘇伊士運河收為國有，他支持英、法聯合出兵埃及（參閱Suez Crisis）而開始聲望下滑。1957年以健康為由辭職。

艾登，卡什攝
© Karsh from Rapho/Photo Researchers

Eden, River　伊登河　英格蘭北部河流。源出連接湖區和本寧山脈的高地上，向西北注入愛爾蘭海的索爾韋灣。全長90哩（145公里），不能通航。

Ederle, Gertrude (Caroline) *　埃德爾（西元1906年～）　美國游泳選手。為首位橫渡英吉利海峽的女性。生於紐約市。1920年代初期她刷新了女子自由式世界紀錄。1924年在奧運會上獲得金牌。1926年橫渡全程35哩（56公里）的海峽，以14小時31分打破男子紀錄（少1小時59分），這個紀錄直到1950年才被查特威克以13小時20分打破。

Edessa *　埃澤薩　希臘馬其頓地區主要城市，人口約18,000（1991）。位於盧季亞斯河河谷的陡坡上，為重要的貿易與農業中心。原先認為該城市就是古馬其頓的第一個首都艾該，現在根據維伊納的考古發現，已推翻這種說法。歷經保加利亞人、拜占庭人和塞爾維亞人多次攻占，15世紀時落入土耳其之手，1912年才重歸希臘。

Edgar the Aetheling *　埃德加（卒於西元1125?年）　盎格魯－撒克遜王子。在哈斯丁斯戰役（1066）中被指定為英格蘭國王，但他卻為諾曼人國王征服者威廉一世和威廉二世效力。支持埃德加的叛亂一直持續至1069年。1086年埃德加率諾曼軍前去征服義大利阿普利亞。威廉二世時期，他被剝奪了其諾曼領地（1091）。1097年在威廉的示意下，他推翻了對諾曼人不懷好意的蘇格蘭國王唐納德・貝恩。埃德加之後在與亨利一世的王位爭奪戰中失利。

火絨草
Siegfried Eigstler – Shostal

Edgerton, Harold E(ugene)　埃傑頓（西元1903～1990年）　美國電機工程師和攝影家，生於內布拉斯加州佛雷蒙特市。1926年在仍為麻省理工學院研究生期間，即開發了閃光燈管，能產生高強度的發光，持續時間不到百萬分之一秒，至今仍用於攝影的閃光裝置。由於閃光能在固定和非常短的間歇裡重複發光，從而成爲一種理想的頻閃觀測儀。使用這種新的閃光燈，埃傑頓得以用攝影的方法記錄下牛奶滴入茶碟，以及子彈以每小時15,000哩（24,100公里）的速度前進的狀態，所得到的圖像除具有工業和科學價值外，還常兼具藝術之美。

Edgeworth, Maria 艾吉渥茲（西元1767～1849年） 英裔愛爾蘭作家。十五歲時即協助父親管理田產，從中得知農村經濟和愛爾蘭農民的許多實際情況。《雙親的助手》（1796）爲艾吉渥茲的童年縮影，當中的孩童角色是自莎士比亞之後最具信服力者。《拉克倫特堡》（1800）是艾吉渥茲的首部小說，表現了她在社會觀察和對話寫實的才能。其他著名作品尚有：《貝林達》（1801）；《上流社會生活傳聞》（1809～1812）六卷，當中收錄了《缺席者》，描寫英國地主長年在外寄居的生活；《庇護》（1814）和《奧蒙德》（1817）。

Edgeworth-Kuiper belt 艾吉渥茲－柯伊伯帶 ➠ Kuiper belt

Edinburgh＊ 愛丁堡 蘇格蘭首府，人口448,900（1995）。位於蘇格蘭東南部，舊有的自治市，即現在的舊城，11世紀興起，愛丁堡城堡爲麥爾坎三世的皇室宅邸。1329年蘇格蘭國王羅伯特一世頒賜愛丁堡城鎮建制，1437年成爲蘇格蘭王國的首都。1544年在和英格蘭的邊界戰役中被摧毀，其後重建時都改採石質結構。到18世紀，文化和知性活動在蘇格蘭興起，愛丁堡成爲休姆、亞當斯密、柏恩斯、司各脫等著名學者的家鄉，也是《大英百科全書》（1768）、《愛丁堡評論》（1802）的誕生地。18世紀後期愛丁堡以喬治風格發展的新城不斷向外擴展，與舊城以河谷區隔開來。愛丁堡爲蘇格蘭文化暨教育中心，設有愛丁堡大學、英國國立圖書館、英國國立美術館、皇家蘇格蘭博物館等，亦爲蘇格蘭國會所在地。

Edinburgh, University of 愛丁堡大學 蘇格蘭愛丁堡的私立大學。該校建於1583年，在長老會贊助下成立，當時爲學院，約1621年將神學院納入後始升格爲大學。18世紀初成立了醫學院和法學院，其後相繼增設了音樂、科學、藝術、社會科學及獸醫等院系。愛丁堡大學造就了大批文化名人，其中有司各脫爵士、彌爾、卡萊爾、達爾文、史蒂文生以及貝爾等。目前約有18,000名學生。

Edinburgh Festival 愛丁堡藝術節 突顯音樂與戲劇的國際藝術盛會。由賓於1947年發起，在每年夏天持續達三個星期。主要的戲劇表演內容包括國際知名戲劇團體曾演出的戲碼，例如艾略特的《雞尾酒會》（1949）、威爾德的《婚頭轉向》（1954）。愛丁堡週邊的小劇場也發展出許多雋永的小品，如《邊緣之外》（1960）、斯托帕特的《羅森克蘭茨和吉爾登斯特恩已死》（1966）。音樂方面則提供音樂廳、獨奏廳與歌劇院等供國際團體、樂團與表演者演出。

Edirne, Treaty of＊ 埃迪爾內條約（西元1829年） 亦稱阿德里安堡條約（Treaty of Adrianople）。結束1828～1829年俄土戰爭的條約，在土耳其埃迪爾內（舊名阿德里安堡）簽訂。此約開放土耳其海峽予俄船航行，允諾俄國享有部分領土特權，強化了俄國在東歐的地位，相對削弱了鄂圖曼帝國的勢力，預示了鄂圖曼帝國對歐洲均勢的依賴及逐漸喪失巴爾幹半島的領土的狀態。

Edison, Thomas Alva 愛迪生（西元1847～1931年） 美國發明家，生於俄亥俄州米蘭市。所受正式教育極少，十歲時在父親的地下室設實驗室，十二歲時在火車上賣報紙和糖果賺錢，在決定致力於發明和企業經營前從事電報發送工作（1862～1868年）。因努力產生的強烈動力，愛迪生終其一生克服了半聾的缺陷。他爲西方聯合公司研製出一種機器，能夠在單線上發出四份電報，最後卻以超過100,000美元的價錢賣給西方聯合公司的對手古爾德。他在新澤西州門洛帕克創立世界最早的工業研究實驗室。在那裡，他發明了碳鍵傳送器（1877），至今仍用於電話聽筒和麥克風，他還發明了留聲機（1877）和白熾燈泡（1879）。爲了發展這種燈泡，摩根、范德比爾特集團等金融財團預支給他30,000美元。1882年他監督下曼哈頓世界第一座永久性商業中心發電系統的設立。第一任妻子死後（1884），他在新澤西州西奧蘭治建立新的實驗室。首件要務是留聲機的商業化，在這方面，貝爾在愛迪生早先發明之後已將之改進。在新的實驗室中，愛迪生和他的小組也發展出早期的電影攝影機和觀賞設備，還發展出鹼性蓄電池。雖然後來的計畫不像早期那麼成功，愛迪生仍持續工作，即使已經八十多歲。包括獨自發明或合夥完成的物品，他一共獲得1,093件專利，其中約四百件是關於電燈和發電機的。他總是爲了需要而發明，想要設計一些新東西來製造。他爲現代電器界奠定了技術革命的基礎，其成就遠超過其他任何人。

Edmonton 艾德蒙吞 加拿大亞伯達省省會，人口：市616,741（1991）；都會區863,000（1996）。位於該省中部，瀕薩斯喀徹溫河。最初於1795年建爲皮貨貿易站。19世紀末加拿大太平洋鐵路修到附近，大量移民隨之湧進，艾德蒙吞經濟開始繁榮。1905年定爲新成立的亞伯達省省會。1947年在該地區發現石油，刺激了城市發展，經濟以農業和石油工業爲基礎。現爲加拿大西北部的集散中心，有亞伯達大學（1906年成立）等文化、教育機構。

Edmunds, George Franklin 愛德蒙茲（西元1828～1919年） 美國參議員和憲法專家，生於佛蒙特州里奇蒙。曾任佛蒙特州律師和議員，1866～1891年任參議院，期間積極參與彈劾詹森總統，並擔任參議院司法委員會主席（1872～1879、1882～1891）。他也是「雪曼反托拉斯法」（1890）的主要起草人。

Edo period＊ 江戶時代（西元1603～1867年） 日本歷史上的文化期，相當於德川幕府統治的政治時期（參閱Tokugawa shogunate）。江戶（Edo，今東京）被德川家康選定爲日本的新都，進而成爲當時最大的城市之一，也是城市文化興盛的地點。在文學方面，江戶時代見證了松尾芭蕉手中俳句的發展，還有匠心獨具的喜劇式連環詩作及井原西鶴的幽默小說。在戲劇方面，歌舞伎（由演員現場演出）和文樂（由人偶演出）爲鎮民提供了娛樂（被禁止看戲的侍常喬裝赴會）。多色彩印刷技術的發展，使平民能夠取得受歡迎歌舞伎演員或鼓動風潮之廷臣的木刻板畫（參閱ukiyo-e）。旅行見聞錄頌揚了遙遠省份一些地點的風景之美或歷史趣味，而到遠方朝拜或朝聖開始流行起來。在學術方面，國學讓人們注意到日本大部分的古詩和年代最久遠的書面歷史。儘管日本與歐洲的交流極爲有限，卻發展出荷蘭學（對歐洲及其科學的研究）。新儒學也開始流行。亦請參閱Genroku period。

Edom＊ 埃多姆 古代國家，在今死海南方。埃多姆人約西元前13世紀在此居住，雖與以色列人關係密切，但常發生衝突，可能曾從屬於以色列王國（西元前11～10世紀）。地處阿拉比亞和地中海的商道上，以銅業著名。埃多姆人後被納巴泰人征服，移居猶太南部。該地區與附近的摩押市在馬加比和羅馬時期稱爲埃多米亞。

education 教育 發生於學校或類似學校環境中（正式教育）或大千世界裡的學習，以傳承社會的價值觀與所累積的知識。原始文化中鮮少有正式教育，兒童從他們的環境和活動中學習，而他們身邊的成人則扮演著教師的角色。在比較複雜的社會中，有較多知識必須傳遞下去，需要比較精緻而足夠的傳承方式－－學校和教師。正式教育的內容、持續性和受教者，隨著文化和時代而有巨大的差異，因此產生所謂教育哲學。有些哲學家，例如洛克，把個人視爲一張白紙，可在其上書寫知識；另一些哲學家，例如盧梭，則把人性天賦狀態視爲本身可取，所以盡量不加以干預，這個觀點常被非正統教育採用。亦請參閱behaviourism、Dewey, John、elementary education、higher education、kindergarten、lyceum movement、progressive education、public school、special education、teaching。

education, philosophy of 教育哲學 運用哲學方式於教育問題和爭論點上（如學習由何組成及可被教授的實體爲何）。部分哲學家認爲教育哲學應爲教育論述提供理論根據、闡明論點，但建立教育價值判斷和實體目標絕不僅止於單純地分析。

Education, U.S. Department of 美國教育部 美國負責實施政府教育計畫方案的聯邦行政部門。1980年由卡特總統建立，其目標爲確保受教機會與改善全國教育品質。該部掌理初等和中等教育、高等教育、職業及成人教育、特殊教育、雙語教育、民權、教育研究等方面的計畫。

educational psychology 教育心理學 心理學的一分支，涉及與學生的教學和訓練有關的學習過程及心理問題。教育心理學家研究學生的認知發展和影響學習過程的各項複雜因素，如學習能力、學習方法、創作過程、影響師生之間互動機制的誘因等。早期主要的領導人物有霍爾以及桑戴克。亦請參閱school psychology。

Edward, Lake 愛德華湖 非洲東部湖泊，爲大裂谷西部大湖之一。跨剛果（金夏沙）和烏干達兩國邊境，長48哩（77公里），寬26哩（42公里）。東北與喬治湖連接，向北經塞姆利基河注入艾伯特湖。湖中盛產魚。湖區野生動物在維龍加國家公園和魯文佐里國家公園中得到保護。其名是1888～1889年史坦利至該湖時所命名。

Edward I 愛德華一世（西元1239～1307年） 別名長腿愛德華（Edward Longshanks）。英格蘭國王（1272～1307），亨利三世的長子。愛德華協助父親與貴族發生內戰，在路易斯戰役（1264）敗北，但後來成功地平定叛亂。1271～1272年參加第八次十字軍東征，之後返國繼位。在位期間民族意識日益高漲，他加強王室力量，反對舊封建貴族；他助長國會發展，確立英格蘭習慣法。1277年愛德華一世征服威爾斯，粉碎了威爾斯反抗英格蘭統治的數次起義。1296年愛德華一世再征服蘇格蘭，包括擊敗華萊士，但戰爭曠日持久，未能制服反叛。1290年愛德華一世驅逐英格蘭境內的猶太人，直至1655年以前都不予其入境。因羅伯特一世於前一年自封爲蘇格蘭王，愛德華遂展開征戰，但在期間去世。

Edward II 愛德華二世（西元1284～1327年） 別名卡那封的愛德華（Edward of Caernarvon）。英格蘭國王（1307～1327），愛德華一世之子。由於他把康瓦耳伯爵領地賜給佞臣加弗斯頓而引起貴族們的不滿，1311年貴族委員會起草一項法令，限制國王的財政權和任免權，翌年將加弗斯頓處決。1314年愛德華率兵侵入蘇格蘭，但在班諾克本戰役（1314）被羅伯特一世徹底擊敗，自此確定了蘇格蘭的獨立情勢，也讓愛德華只好聽從以蘭開斯特的湯瑪斯爲首的一派貴族的擺佈。1322年他打敗並處決了蘭開斯特的湯瑪斯，終於擺脫貴族的控制，立即廢除了貴族委員會起草的法令。1325年王后法國的伊莎貝拉協助情夫莫蒂默和其他心生不滿的貴族聯手入侵英格蘭，廢黜愛德華，讓他的兒子繼位，稱愛德華三世。愛德華被囚禁，一說於獄中遭殺害。

Edward III 愛德華三世（西元1312～1377年） 別名溫莎的愛德華（Edward of Windsor）。英格蘭國王（1327～1377），其母法國的伊莎貝拉罷黜其父愛德華二世，讓十五歲的愛德華三世加冕爲王。伊莎貝拉和情夫莫蒂默暗中操縱朝政四年，他們說服愛德華承認蘇格蘭的獨立（1328）。1330年將莫蒂默處死後，愛德華成爲英格蘭獨立的統治者。因自稱爲法國國王而揭開了百年戰爭的序幕。1342年，他設立嘉德勳位。1346年在克雷西戰役擊敗法國軍隊，翌年占領加萊。後因財力不濟，被迫停戰。1348年黑死病襲擊英格蘭，戰事仍持續進行。1356年蘇格蘭投降，同年他的兒子黑太子愛德華在普瓦捷戰役獲勝。1360年愛德華放棄對法國王位的要求，以換取亞奎丹，但之後查理五世拒絕接受「加萊條約」時，戰事再度展開；愛德華丟失了亞奎丹，1375年重新與法國訂立停戰協議。愛德華晚年昏憒，完全被情婦佩雷爾斯和兒子岡特的約翰所左右。

Edward IV 愛德華四世（西元1442～1483年） 英格蘭國王（1461～1470、1471～1483），其父宣稱有權繼承王位，於1461年被殺害，愛德華被加冕爲王，主要仰賴堂兄瓦立克伯爵的協助。但兩人的合作關係並不長，在多次密謀和爭執後，愛德華於1470年被罷黜，展開流亡生涯。翌年愛德華返回英格蘭，領導參與薔薇戰爭，擊敗並殺死瓦立克，且幾乎將所有蘭開斯特家族的領袖一併殲滅。在謀害了亨利六世和擊退倫敦的攻擊後，愛德華的帝位始安穩無疑。他企圖率領大軍入侵亨利所繼承、但國土大部分都已喪失的法國，但未果，愛德華遂簽定了條件優渥的協議。他的管理績效造就了他在位時的盛世。愛德華有七名子女，當中的兩個兒子據說在倫敦塔被謀殺，長女則嫁給亨利七世。

愛德華四世，肖像畫；現藏倫敦國立肖像畫陳列館
By courtesy of the National Portrait Gallery, London

Edward VI 愛德華六世（西元1537～1553年） 英格蘭和愛爾蘭國王（1547～1553），亨利八世和簡·西摩的兒子。亨利八世去世後繼承王位，但大權先後爲其舅父索美塞得公爵（1547～1549）及諾森伯蘭公爵所把持。愛德華面臨結核病的死亡陰影，他聽從建議，廢除了他的兩個同父異母姊妹（即後來的瑪麗一世和伊莉莎白一世）的繼承權，而讓諾森伯蘭的兒媳格雷郡主列入繼承之列。

Edward VII 愛德華七世（西元1841～1910年） 原名Albert Edward。英國國王（1901～1910）。維多利亞女王之子，曾在牛津與劍橋大學就讀，1863年與克里斯蒂安九世之女亞歷山德拉結婚。愛德華對賽馬、遊艇比賽尤其感到興趣。由於他生活不拘禮節，有時失於檢點，因此女王一直不許他掌管有關實際朝政的任何事務，直到他年逾五十歲。

女王駕崩後愛德華繼位為王，在位期間大力恢復因女王長期孀居而顯得黯淡的英國君主制度之光榮。身為極受愛戴的君王，1903年他在巴黎的訪問中為「英法協約」奠定基礎。

愛德華七世
The Bettmann Archive/BBC Hulton

Edward VIII　愛德華八世（西元1894～1972年）
原為英國國王（1936），後自願退位。喬治五世之子，第一次世界大戰期間在陸軍服役。戰後代表大英帝國廣赴各地進行友好訪問，深受英國人民愛戴。1930年結識辛普森夫婦，1934年他與辛普森夫人相戀。1936年一月喬治五世駕崩，愛德華繼位為王。在婚姻無法被接納的情況下，同年底愛德華提出退位，成為英國唯一自願放棄王位的國王。愛德華被冊封為溫莎公爵，並於1937年與辛普森夫人完婚，辛普森夫人遂成為溫莎公爵夫人。在首相邱吉爾敦聘下，他於第二次世界大戰期間出任巴哈馬總督，戰後夫婦兩定居巴黎，1967年之前，公爵夫婦始終都未能獲邀參加由王室成員參加的公開儀典。

溫莎公爵（愛德華八世）和溫莎公爵夫人於結婚日，比頓（Cecil Beaton）攝
Camera Press

Edward the Black Prince　黑太子愛德華（西元1330～1376年）　英國威爾斯親王（1343～1376），愛德華三世之子。他的綽號（黑太子）據說源自他總是披戴黑色盔甲。他是百年戰爭期間傑出的指揮官，1356年在普瓦捷戰役大獲全勝。愛德華於1362～1372年被封為亞奎丹親王，但他對亞奎丹的統治卻是失敗的，受到諸多責難。愛德華心力交瘁地返回英格蘭，並正式將自己的公國交還給父親。愛德華亞奎丹親王並無繼承者。雖然他的王位繼承權相當明確，但他從未登基，而是他的兒子達成了這個目標，稱理查二世。

Edward the Confessor, St.　懺悔者聖愛德華（西元1003?～1066年）　英格蘭國王（1042～1066），艾思爾萊二世之子。1016年父王死後，丹麥人控制英格蘭（參閱Canute the Great），他流亡到諾曼第，直到1041年才回倫敦，翌年繼承王位。當政初期的十一年中，由韋塞克斯伯爵戈德溫掌握實權。1051年放逐戈德溫家族。由於他將政府中的高官職位給予外國人（特別是諾曼人）而迅速失去民心，為1066年諾曼第公爵威廉（即後來的威廉一世）征服英格蘭鋪平了道路（參閱Norman Conquest）。1053年戈德溫聚集大量兵力反對他，迫使他放逐許多異族寵臣。同年戈德溫死後，其子哈羅德（參閱Harold II）成為左右王國的人物，正是哈羅德而不是愛德華於1063年征服了威爾斯。愛德華臨死前指定哈羅德為他的繼承人，但諾曼第公爵威廉聲稱愛德華早已答應由他繼承。作為君王，愛德華一生碌碌無為，大權旁落，但以虔誠著稱，遂得其別名。

Edwards, Blake　布雷克愛德華斯（西元1922年～）
原名William Blake McEdwards。美國電影導演、製作人、編劇。生於土桑，1940開始電影演出，進而成為編劇，著名的劇本有《我的姊妹艾琳》（1955）及《邪惡女房東》（1962），並且創造了《彼得·甘》系列電視影集（1958～1960）。他所執導的著名影片有《粉紅色潛艇》（1959）、《第凡內早餐》（1961）、《10》（1979），以及《雌雄莫辨》（1982）；1995年他將《雌雄莫辨》改編為百老匯音樂劇，由他太太茱莉安德魯斯主演。他最為人所知的影片當屬《頑皮豹》系列影集。

Edwards, Jonathan　愛德華茲（西元1703～1758年）
美國神學家，生於康乃狄克州東溫莎市一戒律嚴謹的清教徒家庭，家中共有十一個孩子，排行老五。十三歲入耶魯學院就讀，1727年在祖父於麻州北安普敦的教堂擔任牧師。愛德華茲針對「唯因信而稱義」佈道，結果在康乃狄克河谷掀起了奮興運動（1734），同時也在1740年代影響了大覺醒運動。1750年愛德華茲因與教派理念不合被北安普敦教堂解聘，1751年任斯托克布里奇牧師。愛德華茲在接任新澤西學院（現為普林斯頓大學）校長一職後不久即死於天花。身為堅定的加爾文教派信仰者，他強調原罪、宿命論及皈依的需要。他最著名的佈道為「落在憤怒之神手中的罪人」，生動地喚起地獄中的罪人們不悔的命運。

Edwards, Robert ➠ Steptoe, Patrick (Christopher); and Edwards, Robert (Geoffrey)

eel　鰻　鰻鱺目500餘種魚類的統稱。體細長，一般無鱗，背、臀鰭長且於尾端相連接，見於沿岸到中等深處的所有海區。淡水鰻機敏活潑，掠食性，體上覆小鱗，幼時生活於淡水中，成熟後洄游到海中產卵，產完卵即死亡。幼體在海中孵化，漂流到近岸，在此由柳葉狀體變態為細長的仔鰻，開始上溯江河。淡水鰻是珍貴的食用魚類，體長4吋（10公分）至約11.5呎（3.5公尺）。亦請參閱moray。

eelworm　小線蟲　線蟲的數種，因形似縮小的鰻魚而得名。多數0.005～0.05吋（0.1～1.5公釐）長，分布於世界各地。小線蟲不是自由生長就是呈寄生狀態。自由生長的種類見於鹹水、淡水和濕土中；寄生種類見於多種植物的根部，如馬鈴薯根線蟲，是馬鈴薯的重要害蟲。有的種類可寄生在動物和植物上。

efficiency　機械效率　亦作mechanical efficiency。在力學中指一個系統運作有效性的量度。用系統輸出的功與輸入給它的功之比來表示。由於運動部件之間存在摩擦力，所以實際系統的效率永遠小於1。機械效率為0.8的機器將輸入功的80%轉變成輸出功；剩下的20%用於克服摩擦力。理論上，一個無摩擦力的，或者說是理想的機器，輸入和輸出的功相等，因此效率是1，或者說是100%。

effigy mound　象形丘　美國中北部，特別是俄亥俄河谷一帶，狀似飛禽走獸（如熊、鹿、烏龜、水牛）的土丘。人們對象形丘的了解不多，只知大部分是墳塚。象形丘文化時期起自西元300年，迄17世紀中葉。亦請參閱Hopewell culture。

Effigy Mounds National Monument　雕像古塚國家保護區　美國愛荷華州東北部的國家保護區。位於密西西比河畔，1949年設立，占地1,475英畝（597公頃），包括183座已知古塚，其中有些形狀像鳥或熊。這些古塚建於林地諸文化時期（西元前1000～西元1200年），但象形丘可能是較晚期的文化（約西元400～1200年）所建。許多古塚內出土了源自印第安人的銅器、骨器和石器工具。其中一座熊形古塚長137呎（42公尺）、高約3,5呎（1公尺）。

eft 水蜥 ➠ newt

Egas Moniz, António Caetano de Abreu Freire＊ 埃加斯・莫尼茲（西元1874～1955年） 葡萄牙神經病學家和政治人物。1927～1937年引進腦血管攝影術。1936年與助手利馬進行了前額葉腦白質切斷術。1949年與赫斯因發展腦白質切斷術而共獲諾貝爾獎。但由於會產生嚴重副作用，埃加斯・莫尼茲建議腦白質切斷術僅能在所有其他療法無效時使用。埃加斯・莫尼茲亦曾任葡萄牙議員及部長，並率領葡萄牙代表團參與巴黎和會。

egg 卵 在生物學上，指雌性的性細胞或配子。在動物學上，卵一詞可用於指包括雌性細胞、多種保護膜及營養物質的整個特化結構，而來自拉丁文的卵子一詞常用以指單個雌性性細胞。卵或卵子與雄性配子（精子）一樣，僅具有單倍染色體（單倍體，參閱ploidy）；雌性和雄性配子受精後即結合形成含雙倍染色體（雙倍體）的合子（受精卵）。在人類，卵子在卵巢的卵泡裡生長成熟，然後隨卵泡破裂釋出（排卵），進入輸卵管準備受精；如果卵子排出後約24小時內未能受精就將退化。多種動物的卵含有大量的營養物質（卵黃），其多少取決於幼體能自行覓食的時間；在哺乳動物則取決於幼體從母體循環獲得營養的開始時間。大多數動物的卵都有一或多層膜包繞，昆蟲的卵有一層又厚又硬的卵殼，兩棲類的卵有一層膠凍樣物質。鳥和爬蟲類的卵細胞外有硬殼，這些結構統稱為蛋。

Eggleston, Edward 愛格爾斯頓（西元1837～1902年） 美國小說家和歷史學家，生於印第安納州維維市。十九歲即開始擔任巡迴傳教士，履行了多項任務，並曾主編數種刊物。在《胡齊爾人冬烘先生》（1871）中，愛格爾斯頓眞實地描繪了印第安納州邊遠地區的情況。其他小說有：《世界末日》（1872）、《巡迴傳教員》（1874）、《羅克西》（1878）以及《格雷森一家》（1888）等。之後愛格爾斯頓回頭纂寫歷史著作，著有《國家的創建者》（1896）和《文明從英國移到美國》（1900），對社會歷史的研究發展很有貢獻。

eggplant 茄子 茄科多年生植物，學名為Solanum melongena。需在氣候溫暖的狀態下生長，現在東、南亞（原產地）和美國廣泛生長。為一年生栽培作物，採收其肉質果實。直立莖，灌木狀，有時疏生皮刺；葉大，卵圓形，淺裂；花下垂，紫羅蘭色，通常單生；漿果大，卵狀，可食，色澤多，從深紫色到紅色、淡黃色或白色等，有時具條紋，表面光亮。茄子是地中海地區的主要蔬菜之一。

茄子
Ingmar Holmasen

Egill Skallagrìmsson 埃吉爾・斯卡拉格里姆松（西元910?～990年） 或稱Egill Skalla-Grìmsson。冰島詩人，被認為是最偉大的冰島吟唱詩人（參閱skaldic poetry。他冒險的一生和口頭詩作均保存在據信是斯諾里・斯圖魯松所作的《埃吉爾薩迦》（*Egils saga*, 1220?）中。書中敘述埃吉爾年輕時殺死了血斧埃里克國王的兒子，還對國王下咒。後來他落入埃里克手裡，在一夜之間吟成了《贖頭金》（948?）一詩頌揚埃里克，因而保全了性命。約在961年他的兩個兒子死後，吟成一篇情眞意切的《喪子》詩。

Eginhard ➠ Einhard

eglantine ➠ sweetbrier

Eglevsky, André＊ 埃格列夫斯基（西元1917～1977年） 俄羅斯出生的美國芭蕾舞舞者和教師，被認為是同時代最偉大的男舞蹈家。孩童時即離開俄羅斯到巴黎學習，十四歲時成為蒙地卡羅俄羅斯芭蕾舞團的首席男舞者。1937年移居美國，在許多舞蹈團表演。1951～1958年加入紐約市芭蕾舞團，擔任巴蘭欽的幾個芭蕾舞劇中的主角，包括《蘇格蘭交響曲》和《旋轉》。他也在美國芭蕾舞學校任教。1958年他創辦了一所自己的芭蕾舞學校，1961年成立埃格列夫斯基芭蕾舞團。

埃格列夫斯基，攝於1944年
Fred Fehl

ego 自我 （拉丁文意為「我」〔I〕）精神分析理論中指的是以「自我」或「我」所做的精神體驗的部分，能記憶、評價和計畫，並以其他方式對周圍的自然和社會世界產生反應和行動。根據弗洛伊德的說法，自我與原我（id，精神領域中無意識、本能的部分）、超我（superego，形成所謂的「良心」或社會道德標準的主觀意識）共存，包含人格的執行功能。自我與人格或軀體並非和平共存，它更像是整合人的這部分和其他面相，如記憶、想像、行為等。自我透過建立起所謂防衛機制而成為原我與超我的中介。

egoism 利己主義 倫理學用語，指我們必須這麼做以提昇自身利益的原則。抱持這種態度的一大好處是避免道德與自身利益之間任何可能的衝突；如果我們追求自身利益是合理的，那麼道德的合理性也同樣清楚。倫理學利己主義的規範理論有別於心理學利己主義的描述理論。心理學利己主義是對人類動機的概括，也就是說，每個人總是這麼做以提昇自身的利益。

egret＊ 白鷺 鸛形目鷺科的幾種鳥，尤指白鷺屬的種類。外形似鷺和麻鳽。白鷺是涉禽，常在沼澤地、湖泊、潮濕的森林和其他濕地環境出現，它們捕食淺水中的小魚、兩生類、爬蟲類、哺乳動物和甲殼動物，在喬木或灌木上，或者在地面築起淩亂的大巢。羽衣多為白色，繁殖期有頎長的婚飾羽。由於白鷺的羽毛價值高，被人類濫捕而一度瀕於絕滅，後因服飾潮流改變，加上人們採取了嚴格的保護措施，數量才又所有參加。大白鷺體長約35吋（90公分），其他常見種類平均20～24吋（50～60公分）。

大白鷺
R. F. Head from The National Audubon Society Collection/Photo Researchers

Egypt 埃及 正式名稱埃及阿拉伯共和國（Arab Republic of Egypt）。舊稱聯合阿拉伯共和國（United Arab Republic）。北非共和國。面積386,900平方哩（1,002,070平方公里）。人口約65,239,000（2001）。首都：開羅。人種較單一，兼有含米特和閃米特兩部族的體格特徵。語言：阿拉伯語（官方語）。宗教：伊斯蘭教（國教）；基督教徒占少

數，且多爲科普特人。貨幣：埃及鎊（Egyptian pound）。地處非洲、歐洲和亞洲之間的交叉點。地形由尼羅河決定，大多數土地位於乾旱的西部沙漠和阿拉伯沙漠；尼羅河形成的平底河谷寬5～10哩（8～16公里），至開羅以北呈扇形散開，形成三角洲低地。尼羅河谷（下埃及）、三角洲（上埃及）和稀疏的綠洲爲埃及全部的農業區，居住著99%以上的埃及人口。埃及主要實行的是發展中的社會主義經濟，但兼有企業自由經營成分，主要爲石油工業和農業。政府形式爲共和國，一院制。國家元首是總統，政府首腦爲總理。埃及是世界上延續至今最古老的文明之一。約在西元前3000年上、下埃及統一後，埃及進入了一個文化興盛時期，並持續統治了將近3,000年。歷史學家將埃及的古代史分爲古王國、中王國和新王國三個時期，歷經三十一個朝代，止於西元前332年。金字塔的建造可追溯至古王國時期，精緻的雕刻術和對主神俄賽里斯的崇拜始於中王國時期，而帝國時代和猶太人出埃及（參閱Exodus）則發生於新王國時期。西元前7世紀亞述人入侵，西元前525年波斯人建立起阿開民王朝。西元前332年亞歷山大大帝入侵，開創了馬其頓托勒密時期和亞歷山大里亞城的霸主地位。西元前30～西元395年羅馬人統治著埃及，其後在行政上受君士坦丁堡的控制。313年君士坦丁一世特准基督徒，使正式的埃及教會得以成立（參閱Coptic Orthodox Church）。642年埃及在阿拉伯人控制下，其後數百年內，埃及變爲一個講阿拉伯語的國家，並將伊斯蘭教奉爲主要宗教。埃及曾是伍麥葉王朝和阿拔斯王朝統治地的一部分。969年成爲法蒂瑪王朝的中心，贏得相當程度的獨立和重要地位。1250年馬木路克人在埃及建立起王朝（參閱Mamluk），一直統治到1517年被鄂圖曼土耳其人占領。在馬木路克王朝後期，埃及的經濟已開始衰退，隨之而來的則是文化的衰落。1914年成爲英國的一個保護國。1922年君主立憲制建立後，埃及在名義上獨立。1952年發生政變，君主政府被推翻，納瑟取得政權，他對以色列發動過兩次以失敗告終的戰爭（參閱Arab-Israeli wars）。其繼任者沙達特亦對以色列發動過進攻，並且在西奈半島上立足，最終在中東和平談判中扮演領導角色。繼任者穆巴拉克遵循沙達特的和平倡議，1982年埃及重新恢復了於1967年喪失的西奈半島的主權。波斯灣戰爭期間（1991），埃及加入反對伊拉克的聯盟，戰後開始向該地區國家（包括伊拉克）求和的活動。

Egyptian architecture　埃及建築　古埃及的房屋、宮殿、寺廟、陵墓和其他建築。大多數的埃及城鎮位於洪水氾濫平原，現已消失，但建在較高地面的宗教建築物卻以許多形式被保存了下來。陵墓建築往往宏大壯觀。陵墓不只是安放遺體的場所，而是死者的家，供應物品以保證死後繼續存在下去。泥磚和木材是標準的家居建築材料，不過從古王國（西元前2575?～西元前2130?年）開始，用石塊來建築陵墓和寺廟。埃及的石匠使用石塊來複製出木材和磚塊建築的形式。他們用石室墳墓和梯形金字塔作爲陵墓的上部結構，但古王國最具特色的形式是純正的金字塔。其中最精美的是在吉薩的紀念碑式的古夫（基奧普斯）大金字塔。非皇家的墓地則是簡單的帶有石碑的殯葬室（參閱stele），離皇家墓地有一段距離。在新王國時期（西元前1539～西元前1075年），皇家陵墓的側面砌成峭壁狀以阻礙偷盜；在底比斯的國王谷地中修建了一些精美的陵墓和停屍寺廟的建築群。寺廟主要分爲兩類：拜神用的祭祀寺廟，以及殯葬或停屍用的寺廟。最引人注目的是大石塊砌成的祭祀寺廟；在盧克索、凱爾奈克、阿拜多斯和阿布辛貝等地可看到令人印象深刻的殘留建築。

Egyptian art　埃及藝術　西元前3000～西元前1000年的埃及王朝時期，在埃及與努比亞的尼羅河流域所產生的古代建築、雕刻、繪畫和裝飾工藝品。埃及藝術比其他任何一種藝術更是有權者的宣傳利器，使社會現存的結構得以持續不斷。很大一部分藝術品是由古墓保存下來的。埃及藝術的發展歷程大致與國家的政治歷史平行並進，分爲三個時期：古王國時期（西元前2700?～西元前2150?年）、中王國時期（西元前2000～西元前1670?年）、新王國時期（西元前1550～西元前1070年）。古王國的石墓與神廟都以色彩鮮明的浮雕裝飾，生動而眞實地描繪人民的日常生活；對人像的繪製已有規定，標明正確的比例、姿態及細節的配置，通常均與所闡釋主體的社會地位有關。古王國末期藝術品質衰退，中王國時期政治情況稍爲穩定，藝術隨之復興，特別值得注意的是國王們的雕像，浮雕及繪畫都臻於高水準的藝術境界。新王國時期藝術進入百花齊放期，巨型花崗岩人像及牆上的浮雕爲統治者與衆神歌功頌德；繪畫成爲獨立的藝術，裝飾的手工藝品達於新高峰，圖坦卡門的陵墓所發現的寶藏，是各種奢侈藝術品的典型。亦請參閱Egyptian architecture。

Egyptian language　埃及語　尼羅河谷已亡佚的亞非諸語言。其歷史悠久，劃分爲五個時期：上古埃及語（西元前3000～西元前2000年），主要爲金字塔銘文和古代傳記文獻；中古埃及語（西元前2000～西元前1300年），爲古典文學語言；近古埃及語（西元前1300～西元前700年），主要是些手稿；通俗埃及語（西元前700～西元500年），使用於波斯、希臘和羅馬統治的各個時期，其與近古埃及語的區別主要在語法系統；科普特語（約300～1500），主要用於書寫宗教（基督教）文獻，9世紀被阿拉伯語取代後逐漸形成方言，但一直存在於科普特正教會的祈禱書中。埃及語原來用象形文字，手寫體象形文字發展成僧侶體和通俗體兩種字體，通俗體文字用於通俗埃及語時期，僧侶體文字主要用於抄寫紙莎草紙的宗教文獻及其他傳統文獻。科普特語採用希臘字母，並增加七個借自埃及通俗文字的字母。

Egyptian law　埃及法　西元前約3000～西元前約30年間通行於埃及的法律。沒有一部正式的埃及法典流傳後世，但一些法律文獻（如契據或契約）被保留下來。法老是解決爭端的最後權威，在法老之下擁有最大權力的人是大臣，他領導政府所有行政部門，並開庭審判案件、任命治安法官。在訴訟程序中，當事人各方不是由法律辯護人代理，而是由當事人雙方各自爲自己辯護，並提出任何有關的文件證據，有時傳喚證人。古代埃及的法律賦予婦女與男人同等權利，可以擁有和遺贈財產、提起訴訟及出席法庭作證。儘管對罪犯的懲罰可能是嚴厲的，但埃及法在它支持基本人權這一點上是值得稱讚的，即使對奴隸也予以相當的尊重。埃及法強烈影響著希臘法律和羅馬法。

Egyptian religion　埃及宗教　西元前第四千紀到西元後最初幾個世紀間古埃及的多神信仰體系，包括民間傳統和宮廷宗教。源於尼羅河谷地的地方神祇，同時擁有人類與動物的形體，大約在西元前2925年政治上統一以後，常被合併爲全國性的神祇而崇拜。這些神並非全能或全知的，但其偉大遠超過人類。關於祂們的性格並無清楚地界定，許多地方也有所重疊，特別是那些主神。何露斯是最重要的神祇之一，祂是統治宇宙的衆神之王，代表著俗世的埃及國王。其他重要的神祇還有太陽神瑞、創世之神卜塔和阿頓，以及伊希斯和俄賽里斯。瑪雅特（意謂階級）的概念是基本的：國王在社會與宇宙的層次維持瑪雅特。對往生的信仰與成見瀰漫於埃及宗教，現存的墳墓和金字塔可以證明。人們相信埋葬在國王之旁，有國王作伴，才能順利抵達陰間。棺文及「死者書」中的咒語可以超渡死者。

Egyptology　埃及學　研究從公認的埃及文化開端（西元前4500?年）至阿拉伯征服時代（西元641年）法老埃及的學科。肇始於發現羅塞塔石碑（1799）及拿破崙入侵埃及時隨軍學者出版的《埃及介紹》（1809～1828）。19世紀埃及政府開放歐洲人進入埃及發掘古物，那些古物收集活動中，有很多等於是掠奪。1880年皮特里把有節制的、科學記錄的發掘技術介紹到埃及，使考古方法大有改進。他把埃及文化的起源提前到西元前4500年。1922年圖坦卡門陵墓的發掘，提高了大衆對埃及學的注意。1975年第一屆國際埃及學會議在開羅舉行。目前埃及仍有許多未發掘的遺址。

Ehrenberg, Christian Gottfried *　埃倫貝格（西元1795～1876年）　德國生物學家、探險者，古微生物學（針對化石微生物的研究）的創始人。1818年獲柏林大學醫學博士學位，是到中東（1820～1825）的科學探險隊的唯一倖存者。他鑑定了探險中採集的很多陸、海生動植物和微生物，並進行分類。他證明了眞菌由孢子長成，論證了黴菌和蘑菇的有性生殖。他率先仔細研究珊瑚，證明浮游微生物是海中磷光的成因。他進一步提出（但爲迪雅爾丹所反駁）：所有動物，包括最微小的，都有完整的器官系統。他堅持單一的「理想型式」可以適用於所有動物，因而設計一個綜合的分類法。

Ehrenburg, Ilya (Grigoryevich) *　愛倫堡（西元1891～1967年）　俄羅斯作家和新聞工作者。青年時加入革命活動，後移居巴黎，曾任戰地記者，後返回蘇聯爲幾家報紙撰稿。1922年發表第一部也是最好的作品《胡里奧·胡倫尼多及其門徒奇遇記》。之後愛倫堡擁護蘇維埃制度，最後成爲對西方世界最有影響的發言人之一。1941年出版攻擊西方的《巴黎的陷落》，接著發表《暴風雨》（1946～1947）和《九級浪》（1951～1952）。史達林去世後他發表了長篇小說《解凍》（1954）和自傳《人、歲月、生活》（6冊，1960～1966），轉向批評史達林遺留下的影響。

Ehrlich, Paul *　埃爾利希（西元1854～1915年）　德國醫學家。在早期對身體及細胞養分有所貢獻的外來物質方面的研究後，埃爾利希發現他發明了結核桿菌的染色方法，發現亞甲藍能治療神經病，發現傷寒患者尿中的一種特異性化學反應，試驗過多種解熱藥，研究過眼病的治療，發現不同的組織中氧消耗量不同。1889年從事免疫學研究，提出側鏈理論，發明了測定抗血清效力的方法。後發現血清對有些疾病如原蟲病無效，便致力於化學治療研究。1908年埃爾利希與梅奇尼科夫共獲諾貝爾獎。1910年在秦佐八郎（1837～1938）協助下，發明第一個對梅毒療效甚佳的抗梅毒藥，商品名灑爾佛散。

Ehrlich, Paul R(alph) *　埃爾利希（西元1932年～）　美國生物學家，生於費城。曾在堪薩斯大學就讀，1959年起在史丹福大學任教。雖然他的研究工作主要在昆蟲學方面，但他最關心的卻是未受抑制的人口成長。他最有影響的作品是《人口炸彈》（1968）。1990年與威爾遜共獲瑞典的克拉福德獎。

Ehrlichman, John D(aniel)　埃利希曼（西元1925～1999年）　美國總統助理，水門事件的核心人物（參閱Watergate Scandal），生於華盛頓州塔科瑪市。在1969年加入尼克森的內閣之前執律師業。埃利希曼和霍爾德曼一起組成了所謂的「宮廷禁衛隊」。不久埃利希曼建立「防止洩密」小組，收集政治情報，並阻止情報洩露。當小組成員在闖入民主黨總部被捕時，埃利希曼積極進行掩飾活動。陰謀暴露後，他於1973年辭去政府職務，之後被指控進行陰謀活動、提供僞證和阻礙司法工作。服刑十八個月後獲釋。

Eichendorff, Joseph, Freiherr (Baron) von *　艾興多夫（西元1788～1857年）　德國詩人和小說家。生於貴族家庭，拿破崙戰爭使得艾興多夫家族失去了他們的城堡。之後在普魯士公民部門供職。艾興多夫在柏林唸書時結識了德國浪漫主義運動領導人。1826年發表最重要的散文作品《一個無用人的生涯》，被認爲是浪漫小說的傑作。1830年代他所寫的詩，不僅成爲極受歡迎的民歌，而且吸引了諸如舒曼、孟德爾頌、布拉姆斯、沃爾夫和史特勞斯這些作曲家。敘事詩《羅伯特與吉斯卡爾》（1855）則以法國大革命爲主題。

Eichmann, (Karl) Adolf *　艾希曼（西元1906～1962年）　德國納粹軍官。1932年加入納粹黨，成爲希姆萊近衛隊（SS）組織。第二次世界大戰時，他組織對全歐被占領地區的猶太人進行鑒定、集中和運送至奧許維茲及其他死亡集中營的工作。1945年被美軍俘獲，但成功脫逃，最後在阿根廷定居。1960年在布宜諾斯艾利斯附近被逮捕，送到以色列，以戰犯身分受審。審訊受到全世界的矚目，最後因參與大屠殺而被判處絞刑。

eider *　絨鴨　雁形目鴨科秋沙鴨族（或單獨成爲絨鴨族）數種大型潛水鴨的通稱。體大而圓，喙有隆起。這種鴨是鴨絨的來源，雌鳥離巢時拔下胸部絨羽墊巢蓋卵。鴨絨可作外套、枕頭、被褥、睡袋的充塡物。雌體斑駁呈深褐色，但雄體色型各異，頭上均有獨特的綠色色調。絨鴨生活於極北地區。

艾菲爾鐵塔
Giraudon－Art Resource

Eider River *　艾達河　德國北部什列斯威－好斯敦河流。源出倫茲堡東部，向西注入北海。全長117哩（188公里）。倫茨堡以下河段通航。自查理曼在位時（768～814）

起，艾達河是羅馬帝國疆域的北界。1027年為神聖羅馬帝國的邊界。傳統上是什列斯威－好斯敦因之間的疆界。

Eiffel Tower＊ 艾菲爾鐵塔 巴黎的地標，1889年為籌備法國革命一百週年博覽會而建。由橋梁工程師艾菲爾（1832～1923）設計，為高984呎（300公尺）的露空格構鐵塔，是科技上的傑作。設計方案利用了關於金屬拱和桁架在受力（包括風力）情況下發生變化的先進知識，預示了土木工程和建築設計的一次革命。在1930年紐約市的克萊斯勒大廈建成以前，為世界最高建築。

Eigen, Manfred＊ 艾根（西元1927年～） 德國物理學家。1951年在格廷根大學獲博士學位。1967年由於對極快速化學反應的研究同諾里什（1897～1978）和波特（1920～）共獲得諾貝爾獎。他使用所謂鬆弛技術，包括使能量突然轉入溶液的方法和觀察後續變化率（快速光解），在反應研究專題中有一個是針對水的離解、酮－烯醇的互變異構體現象來研究氫離子的形成。

eigenvalue＊ 本徵值 在數學分析中指Lx = kx形式的方程式中參數k的一組離散值之一。這樣的特徵方程式在解微分方程式、積分方程式和方程式體系時特別有用。在方程式中，L是矩陣或微分算子等線性變換，而x可能是向量或函數（稱為本徵向量或本徵函數）。已知特徵方程式的本徵值的總和構成一個集。在量子力學中，若L是能量算子，本徵值即為能量值。

Eight, The 八人畫派 美國畫家團體，反對國家設計學院的傳統學院派風格。最早的成員有亨萊、希恩（1876～1953）、戴維斯（1862～1928）、勞森（1873～1939）、普倫德加斯特、盧克斯（1867～1933）和格拉肯斯，後來又有貝羅茲加入。1908年在紐約市合辦過一次展覽。沙龍、廉價公寓、簡陋的娛樂廳和貧民窟為他們喜愛的主題，多以粗獷的寫實風格表現。後來朝各種方向發展，沒幾年就被併入垃圾箱畫派。

eighteen schools 十八部派 印度佛教在佛陀死後（約西元前483年）三百年間所分成的部派，部派數量至少有十八至三十之譜。最初的分裂發生在第二次佛教結集大會上，當時阿闍梨部從上座部分離出來，組成大眾部。此後七百年間大眾部又細分出許多支派，包括說出世部、一說部和雞胤部。西元前3世紀，上座部內部又發生分裂，產生說一切有部和分別說部。上座部的其他著名支派還有正量部、犢子部、經量部、化地部、法藏部和以巴利文命名的上座部。

Eightfold Path 八正道 佛陀在印度鹿野苑第一次說法時宣布的教義。八正道又名中道，因為是在縱欲與苦行之間採取折衷。據說遵循八正道可以解脫痛苦，走向涅槃。八正道是：正見（信仰四諦），正思維（決意實行這種信仰），正語（不妄語、不誹謗、不惡語），正業（不殺生、不偷盜、不邪淫），正命（不從事違背佛教原則的職業），正精進（制止惡心、發揚善心），正念（知覺自己的身體、感情與思想），正定（靜坐沈思）。

Eijkman, Christiaan＊ 艾克曼（西元1858～1930年） 荷蘭醫師、病理學家。在企圖找出引起腳氣病的細菌時，他發現在他養的實驗用雞群中爆發了多神經炎，症狀與腳氣病極為相似。最後他證明該病是由於用白米餵雞而引起的，若以丟棄的米糠餵食則沒有這種狀況。他認為該病是由一種毒素引起，但不久有人證明腳氣病是缺乏維生素B_1所致。他的工作導致維生素（維他命）的發現，因此與霍普金斯共獲1929年諾貝爾獎。

Eileithyia＊ 埃雷圖亞 希臘的生育女神，她可以隨意阻礙或促進生育的過程。對她的崇拜的最早證據在克里特的阿姆尼蘇斯被發現，而對她的崇拜從新石器時代一直不斷地延續到羅馬時期。在之後的希臘多神論中，她有時被說成是赫拉的女兒，有時人們又把她和赫拉或阿提米絲混同。

Einaudi, Luigi＊ 伊諾第（西元1874～1961年） 義大利經濟學家和政治人物。1900～1943年在杜林大學任教。1936～1943年任《經濟史雜誌》主編。他堅決反對法西斯主義，1943年逃往瑞士。1945年回國，任義大利銀行總裁（1945～1948）。1947年任預算部部長，遏制住通貨膨脹和穩定了貨幣。後來當選為義大利共和國第一任總統（1948～1955）。

Eindhoven＊ 艾恩德霍芬 荷蘭南部行政區，人口約196,000（1994）。濱多默爾河，位於鹿特丹東南部。1232年由布拉邦公爵亨利一世設市，1900年後由一個小城發展為荷蘭最大工業中心之一。1920年合併鄰近市鎮。市內有科技大學，飛利浦電器公司的總部亦設於此。

Einhard＊ 艾因哈德（西元770?～840年） 亦作Eginhard。法蘭克歷史學家暨學者。曾經是查理曼和路易一世的顧問，艾因哈德被指派擔任幾個修道院的院長，由國王恩賜大片土地。他所著的查理曼傳記約莫在830年間寫成，分析查理曼的家庭、成就、行政管理以及死亡，反映了當時加洛林宮廷的正統派復興。

Einstein, Albert 愛因斯坦（西元1879～1955年） 德、瑞裔美籍科學家。出生於烏爾姆的猶太家庭，在慕尼黑長大，1894年舉家遷居瑞士。1902年他成為瑞士專利局的初級檢驗員，開始進行原創的理論工作，後來為20世紀物理學奠定了許多理論基礎。1905年獲得蘇黎世大學博士學位，同年靠著三篇論文的出版而贏得國際聲譽：一篇論述布朗運動，證實了分子存在；一篇論述光電效應，證實了光的粒子性質；一篇論述他特有的相對論，包括質量與能量的方程式（$E=mc^2$）。他擁有數個教授職位，1914年出任柏林凱瑟・威廉研究所主任。1915年出版了相對論的概論，在1919年一次日蝕中觀察太陽近處光的偏離，獲得實驗上的肯定。1921年因在光電效應方面的工作而獲頒諾貝爾獎，而在相對論方面的工作仍有爭議。他對量子場論有重要的貢獻，幾十年來致力於找出電磁作用與引力之間的關係，他相信這是找到宇宙中統御物體行為之通則的第一步，但這樣的統一場論並未被研究出來。他在相對論和引力方面的理論遠勝過老式的牛頓物理學，對科學和哲學的探討掀起了一場革命。當希特勒掌權時，他辭去普魯士學院的職位，遷居新澤西州普林斯頓，到先進科學研究所工作。雖然長期愛好和平，卻在1939年出面說服羅斯福總統啓動曼哈頓計畫以生產原子彈（他的理論遠遠超過這種技術），雖然他沒有親自參與。身為戰後世界最重要的科學家，他拒絕出任以色列總理，而成為倡導核子限武的有力人士。

Einstein's mass-energy relation 愛因斯坦質能關係 在愛因斯坦狹義的相對論中用公式$E=mc^2$表示的質量（m）和能量（E）之間的關係。式中c為光速，即每秒186,000哩（300,000公里）。在之前的物理學中，質量和能量被看成是截然不同的，但在狹義相對論中，靜止物體的能量按理論等於mc^2。若能量由於這種轉換從物體中釋出，物體的質量將減少（參閱conservation law）。

Eisai＊ 榮西（西元1141～1215年） 將佛教臨濟宗引介到日本的日本僧侶。他原本是一位天台宗僧侶，兩度造訪中國（1168、1187），回國後，以講述公案的方式來傳授嚴密的冥想系統。道元禪師是他的弟子。

Eisenhower, Dwight D(avid)＊　艾森豪（西元1890～1969年）　美國第三十四任總統（1953～1961），生於德州丹尼森市。1915年自西點軍校畢業。1922～1924年到巴拿馬運河區服役，1935～1939年在麥克阿瑟將軍麾下至菲律賓服役。第二次世界大戰時，馬歇爾將軍指派他到作戰計畫處任職（1941）。1942年遴選他為駐歐美軍司令。在計畫入侵北非、西西里和義大利之後，1943年就任盟國遠征軍最高司令官。1944年計畫諾曼第登陸，並在歐洲指揮作戰直至1945年德國投降。1944年晉級為五星上將。1945年總統任命他為陸軍參謀長。1948年任哥倫比亞大學校長，直至1951年被任命為北大西洋公約組織最高司令。當時民主黨和共和黨共同推舉艾森豪為總統候選人。1952年艾森豪代表共和黨參加總統大選，以壓倒性勝利擊敗對手史蒂文生；1956年，艾森豪再度以壓倒性勝利擊敗史蒂文生，獲得連任。任內政績包括致力以「艾森豪主義」法案抑制共產主義的滋長，還曾派聯邦軍隊到阿肯色州的小岩城強制一所市立高中實施無種族差別待遇的政策（1957）。同年當蘇聯發射第一顆人造衛星「史波尼克1號」時，他被人批評發展美國太空計畫失敗，因而在1958年建立美國國家航空暨太空總署（NASA）。在他卸任前幾個星期，美國與古巴的外交關係破裂。

艾森豪，攝於1952年
Fabian Bachrach

Eisenhower Doctrine　艾森豪主義（西元1957年1月5日）　美國總統艾森豪提出的一種外交政策，承諾提供軍事或經濟援助給反共產主義的政府。而當時的情況是共產國家不斷供應武器給埃及，並強力支持其他的阿拉伯國家。杜勒斯把它發展為冷戰時期政策的一部分，以遏制蘇聯影響範圍的擴大。實際上這是杜魯門主義的延續。

Eisenstadt, Alfred＊　艾森施塔特（西元1898～1995年）　德裔美國攝影記者。1929年在柏林成為職業攝影師，受到快照攝影先驅薩洛蒙的影響。1930年代他的作品出現在許多歐洲畫報雜誌上。1935年移民紐約，1936年成為首批受僱於新雜誌《生活》的四名攝影師之一，總共為雜誌拍攝了約2,500幅照片故事和90幀封面照片。曾為國王、獨裁者、電影明星拍攝傑出的人像照，但也靈巧地拍出普通人的日常照片。攝影集包括《時代的見證》（1966）和《艾森施塔特之眼》（1969）。

Eisenstein, Sergei (Mikhaylovich)＊　愛森斯坦（西元1898～1948年）　俄羅斯電影導演和電影理論家。1920年進入莫斯科工人劇院工作，設計服裝與舞台背景。在隨邁耶霍爾德學習舞台指導後，他轉向電影製作。1924年他的第一部影片《罷工》問世，引進電影蒙太奇的觀念（指不拘泥於情節而任意剪輯、組合畫面，不按時間先後次序排列，而以能產生最大心理衝擊為原則），影響很大。1925年由他導演了政宣影片《波坦金戰艦》，至今仍被視為不朽之作。其他的影片包括《十月》（又名《震撼世界的十天》，1928）和《總體路線》（1929）。在好萊塢和墨西哥經過一段失意時期（1930～1933）後，回到俄羅斯拍攝了《亞歷山大・涅夫斯基》（1938）和《恐怖的伊凡》（1945～1946，共兩部）等影片。

Eisner, Kurt　艾斯納（西元1867～1919年）　德國新聞工作者和政治人物。1898年起任德國社會民主黨機關報《前進報》擔任編輯。1917年加入獨立社會民主黨，後為該黨黨魁。1918年11月他領導社會革命推翻巴伐利亞君主政體，建立新巴伐利亞共和，他擔任新政府的總理兼外交部長。1919年2月被一狂熱的反動分子暗殺。

Eisner, Michael (Dammann)　艾斯納（西元1942年～）　美國娛樂事業經理人。生於紐約芒特奇斯科，在擔任派拉蒙電影公司總裁前在美國廣播公司電視台（ABC-TV）工作（1976～1984），並於1984年接掌迪士尼公司。他協助重振迪士尼的電影事業，拍攝如《麻雀變鳳凰》（1990）等片，並且重新編製經典卡通動畫如《美女與野獸》（1991）、《獅子王》（1995）等，成為熱門的百老匯舞台劇。他使公司朝各種領域發展，包括電視、出版、家庭錄影帶及郵輪旅遊事業。

eisteddfod＊　艾斯特福德　威爾斯遊方藝人與吟遊詩人的正式聚會，起源於中世紀宮廷吟遊詩人的傳統。以前的聚會是樂師（特別是豎琴師）和詩人的賽會，由此產生音樂、文學和演說術的新形式。1451年在卡馬森的聚會因確定了至今仍具有權威性的威爾斯詩歌的嚴格格律結構的形式。現代年度全國艾斯特福德在19世紀始得恢復，現已擴大到包括對音樂、散文、戲劇和藝術等授獎，但是授予優勝的詩人仍是大會的高潮。

ejido＊　埃基多　指墨西哥按傳統印第安土地使用制度為社區共有而由個體使用的農村土地，1920年代受墨西哥法律保護。埃基多包括耕地、牧場、其他未耕地和城鎮基地。在多數情況下，耕地是世襲的，不得出售。雖然18世紀中葉的土地改革目的是想打散教堂持有的大量土地，但也強迫印第安人放棄他們的埃基多。1917年恢復農村耕地。1992年薩利納斯・德戈塔里政府廢除埃基多土地的買賣。

Ekaterinoslav ➡ Dnipropetrovsk

Ekron＊　以革倫　位於現今以色列中部。古代迦南和非利士人城市，為非利士五城邦之一。雖然在被以色列征服後被劃規予猶大，但仍為大衛時代的非利士要塞。後來與崇拜別西卜神有關。西元前918年左右被埃及攻占。西元前7世紀臣服於亞述王國。希臘化以後被稱為阿卡龍，至中世紀晚期城市不復存在。

El　厄勒　西閃米特人所信奉的主神。敘利亞境內沙姆拉角發現文獻稱厄勒為萬神之首、阿瑟拉之夫、除巴力以外的眾神之父。厄勒之像多為長鬚老者，生有兩翼。在《舊約》中厄勒既泛指神靈，又專指雅赫維（Yahweh，即以色列之神）。

El Aaiún＊　阿尤恩　亦作歐雲（Laâyoune）。北非城鎮（1982年人口約94,000），1940～1976年為西班牙海外省西撒哈拉的首府。1976年後為國際上未獲承認的摩洛哥歐雲省省會。位於西撒哈拉的北部，距大西洋岸8哩（13公里）。1938年由西班牙人建為行政、軍事和歐洲人居住中心。由附近綠洲供水。

El Alamein, Battles of＊　阿拉曼戰役（西元1942年6月～7月；1942年10月23日～11月6日）　第二次世界大戰期間，英軍與軸心國軍隊在埃及進行的兩次戰役。1942年初軸心國軍隊在德國將領隆美爾的帶領下沿北非沿海往東推進，雖然剛開始時爲英國軍隊阻止，但他們打算在6月30日挺進到阿拉曼。第一次交戰在7月中旬結束，隆美爾所率領的部隊仍被英軍阻住，甚至被迫採取守勢。10月，英軍在蒙哥馬利率領下自阿拉曼發動了一次殲滅性進攻，隆美爾的力被大幅削弱。到11月6日，英軍已將德軍擊退到利比亞。

El Cid ➡ Cid, the

El Dorado　埃爾多拉多　（西班牙語意爲「黃金之物」〔The Golden〕）西班牙探險隊在新大陸追尋的傳說中的黃金城。傳說是一位國王的富裕之地，據說他多次被覆上金粉，所以變成永久金身。許多西班牙和英格蘭探險隊被派到美洲各地尋找這個黃金城。1540年科羅納多往北至堪薩斯尋找錫沃拉的七座黃金城。洛利在南美洲尋找埃爾多拉多未果，1595年率領一支探險隊沿著奧利諾科河往上溯。

El Escorial＊　埃爾埃斯科里亞爾　西班牙馬德里西北部皇家修道院。1563～1584年由腓力二世興建，是歷代西班牙君主陵墓，也是世界最大宗教建築之一。1563年由托萊多的堡蒂斯塔（1530～1567）設計，後來由埃雷拉（1530?～1597）完成，埃雷拉被認爲是負責了整體的建築風格。建築本體爲一巨大長方形，中間爲教堂，側面由宮殿、修道院、學院、圖書館、迴廊和庭院包圍。圍牆高大，只襯以一系列樸素的窗戶和多立斯式壁柱，沒有華麗的裝飾，創造出義大利文藝復興時期所未曾有的肅穆感。

El Greco ➡ Greco, El

El Malpais National Monument＊　埃爾馬爾佩斯國家保護區　美國新墨西哥州西部國家保護區。海拔6,400～8,400呎（1,950～2,560公尺），面積114,716英畝（46,424公頃），包括一大塊85,000英畝（34,400公頃）的熔岩流地區。區內有各種地貌特徵：有17哩（27公里）長的溶流管道系統、若干冰洞、火山灰錐、新墨西哥最大的一座天然拱廊和二十餘個天然氣和熔岩濺錐。1969年被指定爲國家天然地標，名爲格蘭茨熔岩流。1987年成爲國家保護區。

El Morro National Monument　埃爾莫羅國家保護區　在美國新墨西哥州中西部保護區。1906年設立，面積2平方哩（5平方公里）。埃爾莫羅（或稱碑文岩）是突出於河谷地的一塊高約200呎（60公尺）的軟沙岩平頂山，占地數英畝。1605～1774年印第安、西班牙和美國人曾在岩壁上留下鐫刻字。當地有若干1492年哥倫布發現美洲大陸以前的石刻和祖尼人印第安村莊廢墟。

El Niño　聖嬰　在海洋學和氣候學中，指南美洲西海岸的熱帶太平洋表面海水異常升高的現象，每數年發生一次。這種現象對漁業、農業和局部氣候都有不利的影響，其範圍從厄瓜多爾到智利，並在赤道太平洋引起遠場氣候異常，偶爾還波及亞洲和北美洲。El Niño這一名稱（西班牙語意爲「聖嬰」〔the Christ Child〕）原是19世紀祕魯北部的漁民使用的，當時是指每年聖誕節前後出現向南流動的赤道暖流。祕魯科學家後來注意到在正常乾旱的沿海地區每隔數年就會發生持續一年或一年以上的重大變化，與雨量大增有關。到20世紀，幾次更爲反常的聖嬰現象引起世界的關注，原來名稱所具有的每年發生之意也轉爲異常出現的含意。亦請參閱La Niña。

El Paso　厄爾巴索　美國德州西部城市，人口約600,000（1996）。美－墨邊境最大城市。濱格蘭德河，河對面是墨西哥的華雷斯城。從16世紀開始，就有一些傳教團來此定居，1827年建立了第一個村落。1848年屬美國後建有哨所。1859年建城鎮。在1881年以前發展遲緩，之後因四條鐵路通此，十年之間人口劇增十倍多。西班牙語言和文化爲其特點。現爲重要的商業和金融中心，厄爾巴索及布利斯堡（美國陸軍防空訓練中心所在地）設有德州大學分校，附近有白沙飛彈發射場。

El Salvador　薩爾瓦多　正式名稱薩爾瓦多共和國（Republic of El Salvador）。中美洲共和國。面積8,260平方哩（21,393平方公里）。人口約6,238,000（2001）。首都：聖薩爾瓦多。人口大多數是梅斯蒂索人（歐洲人和印第安人的混血種），少數印第安人（多爲皮皮爾人）和歐洲人後裔。語言：西班牙語（官方語）。宗教：天主教。貨幣：薩爾瓦多科郎（Salvadoran colón; ¢）。是中美洲面積最小、人口最稠

密的國家，兩座火山山脈橫跨該國，南部地區有一狹長的海岸地帶和高的中央平原。氣候分布，從低地的炎熱、潮濕，到高地的更爲寒冷、潮濕。高海拔地區布滿雲林。該國的經濟處於開發中狀態，以貿易、製造業和農業爲基礎，咖啡、甘蔗和棉花是主要出口農作物。政府形式是共和國，一院制。國家元首暨政府首腦爲總統。1524年西班牙人來到該區，到1539年征服了皮皮爾印第安人和他們的庫斯卡特蘭王國。西班牙人將薩爾瓦多劃分爲兩個區，即聖薩爾瓦多和松索納特，兩地都附屬於瓜地馬拉。1821年獨立後，聖薩爾瓦多併入墨西哥帝國。1823年帝國瓦解，松索納特和聖薩爾瓦多在中美洲聯邦內組成新的薩爾瓦多國，建國後，經歷了一段政治極爲動亂的時期，1931～1979年被軍事統治，1979年一場政變推翻了政府。1982年舉行大選，建立新政府。1983年通過新憲法，但整個1980年代內戰仍持續。1992年達成的一項協議，帶來不穩定的停火。

Elagabalus＊　埃拉加巴盧斯（西元204～222年）　亦作Heliogabalus。正式名稱Caesar Marcus Aurelius Antoninus

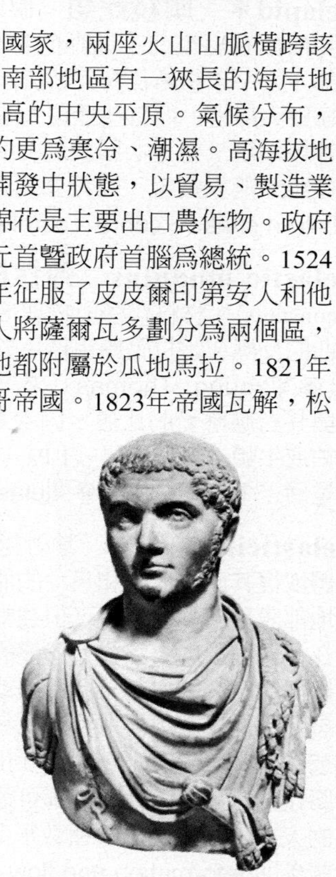

埃拉加巴盧斯，大理石胸像：現藏羅馬卡皮托利尼綜合博物館
Alinari－Art Resource

Augustus。原名Varius Avitus Bassianus。羅馬皇帝（218～222年在位），以其反常的淫亂行爲臭名昭著。謊稱爲卡拉卡拉的私生子，在軍隊擁護下被尊爲帝。即位後將自己所信仰的敘利亞神巴力的宗教強加予羅馬世界，處決了許多異議分子，拔擢許多受寵的親信，又大搞同性戀的放蕩聚會。他宣布立堂兄弟亞歷山大爲養子和繼承人，後來又改變主意，引起禁衛軍叛變，埃加拉巴盧斯被殺，亞歷山大被擁爲帝。

Elam＊　埃蘭　位於現今伊朗西南部的古國，座落於巴比倫尼亞東部的波斯灣頭。蘇薩（Susa）爲埃蘭首都（所以有時埃蘭又稱Susiana）。在史前時代晚期，埃蘭在文化方面與美索不達米亞有密切聯繫，從西元前3000年開始就與蘇美人（參閱Sumer）和阿卡德人（參閱Akkad）發生衝突。西元前13世紀成爲當時的強國之一，範圍包括底格里斯河以東的美索不達米亞大部分地區，幾乎快到達波斯波利斯。但當巴比倫的尼布甲尼撒一世（約西元前1124～約西元前1103年在位）占領蘇薩以後，埃蘭的光輝時期便已告終。後來埃蘭成爲波斯帝國的一個總督轄區，蘇薩成爲其首府之一。

eland＊　大角斑羚　偶蹄目牛科大角斑羚屬2種容易馴化的牛形羚的統稱，成群棲息在非洲中部和南部的開闊平原或有少量樹木的地區。大角羚羊是現存最大的羚羊，肩高6呎（1.8公尺），體重重達2,200磅（1,000公斤）。有黑色短鬃毛，喉部有下懸的肉垂，長角盤扭成螺旋。大角斑羚呈淡褐色，隨年齡增長而變藍灰色，常有垂直窄長的白色斑紋。巨大角斑羚呈淺紅褐色，頸部灰黑色，全身有垂直的白色斑紋，角比大角斑羚的更笨重，分叉更多。

巨大角斑羚
Leonard Lee Rue III

elapid＊　眼鏡蛇類　眼鏡蛇科約200種毒蛇的統稱，上腭前部有短小而不活動的毒牙，產於美洲、非洲、亞洲南部、太平洋諸島及澳大利亞。體修長，行動敏捷。多數體小並對人無害。但有些種體大或能致人於死地。毒液主要毒害神經系統（癱瘓心臟及肺），常破壞體組織或血細胞，被咬後雖然無大痛苦，但可立刻死亡。亦請參閱black snake、brown snake、cobra、coral snake、mamba。

elastic modulus　彈性模數　亦稱彈性常數（elastic constant）。材料科學與物理冶金學上，量化材料對伸縮或撓曲的反應。當拉張應用作用於材料，產生的應變由楊氏模數（參閱Young, Thomas）來決定，此常數定義爲物體的應變與其對應應變的比值。因次是（力）／（長度）2，單位用帕或牛頓／平方公尺（$1 Pa = 1 N/m^2$），達因／平方公分，或是磅／平方吋。亦請參閱elasticity。

elasticity　彈性　當引起物體變形的力撤掉後，變形物體恢復其原來形狀和尺寸的能力。大多數固體材料或多或少地都表現出彈性性狀，但通常有一個極限，稱爲彈性極限，在這個極限內，該材料形變的彈性恢復是可能的。超出彈性極限的應力將引起材料屈服或流變，結果產生永久形變或斷裂。彈性極限主要取決於材料的內部結構。例如，一根鋼棒或鋼絲彈性延伸時只能達到原長度的1%，而相對於某種橡膠類帶材，其彈性延伸率可達1,000%。虎克是率先研究彈性的人之一，發展了一種數學上的張力和外延之間的關係。亦請參閱deformation and flow。

Elba　厄爾巴島　義大利西部第勒尼安海中的島嶼，人口29,000（1991）。面積86平方哩（223平方公里），是托斯卡群島中最大島嶼。1802年法國人從羅馬手中獲得該島。1814年5月拿破崙退位，被放逐於此。該島因拿破崙爲統治者而受承認爲獨立公國，一直到1815年2月拿破崙潛返法國開始發動百日政變。之後厄爾巴島恢復隸屬於托斯卡尼。

Elbe River＊　易北河　捷克語作Labe。古稱Albis。歐洲中部河流，爲歐陸主要河流之一。發源於捷克和波蘭邊境的克爾科諾謝山脈，然後往西南流經波希米亞，折向西北，在德國西北部庫克斯港注入北海。1945～1990年爲東、西德的界線。全長724哩（1,165公里）。與多條運河相連，可通波羅的海、哈弗爾河、柏林、魯爾工業區和萊茵河。1,000噸貨輪可通過伏爾塔瓦河航至上游的布拉格。漢堡距河口有55哩（88公里）。

Elbrus, Mt.＊　厄爾布魯士山　高加索山脈最高山峰，位於俄羅斯西南部。它是高加索地區和歐洲最高峰，由兩座安山岩熔岩火山錐組成，海拔分別爲18,510呎（5,642公尺）和18,356呎（5,595公尺），有許多礦泉和二十二條冰川，總面積53平方哩（138平方公里）。爲高加索地區的主要登山和旅遊中心。

Elburz Mountains＊　厄爾布爾士山脈　伊朗北部山脈。沿裏海南岸綿延達560哩（900公里），呈弧形走向，爲一狹長沿海低地分割。包括伊朗最高山峰達馬萬德山（高18,934呎〔5,771公尺〕）。整個山區天然林面積共800萬英畝（300萬公頃）。一種有名的波斯虎現已很少發現，但豹和猞猁這種其他野貓類仍很多。

elder　接骨木　忍冬科接骨木屬植物。約20～30種，大多原產於溫帶森林或亞熱帶地區。草本、灌木或小喬木。是重要的森林樹種，灌木種是重要的庭園栽培植物。裂葉；花小，淺碟狀，淡黃白色，簇生成球。漿果紅色、藍黑色、黑色或黃色，可製果酒、果凍、餡餅和入藥，也是野生動物的食物。北美洲的美洲接骨木是園藝上最重要的品種。

歐洲接骨木（Sambucus racemosa）
A. J. Huxley

elder, box ➟ box elder

Elder, John　埃爾德（西元1824～1869年）　英國輪機工程師。1854年研製成高、低壓並用的複式蒸汽機，使海輪煤耗減少30～40%，使船舶能進行途中無法增添燃料的遠航。

Eldridge, (David) Roy　埃爾德里奇（西元1911～1989年）　美國小號演奏家，搖擺樂時代最活躍和最有創造力的爵士音樂家之一。生於匹茲堡。其風格受薩克斯風手霍金斯極大影響，他創造出一種快速、靈活的技法，混合了和諧的演奏技巧。1935～1936年與亨德森合奏表演，1940年代先後加入克魯帕和蕭的樂隊，埃爾德里奇的綽號「小爵士」反映了他的風格，此名即出自於與蕭合作的專輯名稱。其樂器主調是搖擺樂風格，對咆哮樂音樂者影響很大。

Eleanor of Aquitaine　亞奎丹的埃莉諾（西元1122?～1204年）　法王路易七世（1137～1152）和英王亨利二世（1152～1204）的王后，是12世紀歐洲最有權勢的女人。她繼承了亞奎丹公爵領地，與法國王儲（即後來的路易七世）結婚。她美麗、任性和意志堅強，1147～1149年隨路易進行第二次十字軍東征，她的行徑令路易心生不滿。雖然與路易生了兩個女兒，他們還是在1152年離婚，之後她嫁給亨利，不久亨利即位，封號爲亨利二世。這次婚姻使英格蘭、諾曼第和法國西部納入亨利的統治範圍。她爲亨利生了五子三女，其中包括英王理查一世和約翰，三個女兒都嫁給其他的歐洲王室。她在普瓦捷的宮廷成爲一個文化中心，遊吟詩人的詩盛行一時。1173年她可能支持諸子反對父王但事跡敗露而被捕、囚禁，一直到亨利過世（1189）。理查一世在位時她又活躍於政壇，在他率領十字軍東征期間執掌朝政，並從奧地利公爵手中贖回理查。1199年理查死後，約翰繼位，她爲約翰擋住了法國的威脅，拯救了安茹和亞奎丹，後來隱退到一所修道院。

Eleanor of Castile　埃莉諾（西元1246～1290年）　英王愛德華一世的王后。卡斯提爾國王之女。1254年與愛德華結婚，帶來加斯科涅這塊領地。1264～1265年間當反對國王的諸侯們在奪取權力時，愛德華爲了安全起見，把她送往法國。1270～1273年她陪同愛德華參加十字軍前往聖地，據說她從創口吸出毒液而拯救了愛德華的性命。她死後，愛德華在她的靈柩運往倫敦途中的每一停留處均豎立了十字架。

Eleatics＊　埃利亞學派　盛行於西元前5世紀的哲學派別。爲前蘇格拉底主要學派之一，取名於義大利南部希臘人聚居地埃利亞城。以激進的一元論爲特色，它的教義爲「一」，認爲世界的本源是「存在」，一切存在必然爲「一」，並且是靜止的，沒有與存在對立或矛盾的事物。因此，所有變異、行動和改變都是虛幻的。後來的經學作家保存的文字資料只剩一些斷簡殘篇（大部分少於十行），有十九篇來自巴門尼德斯，四篇是他的學生芝諾的，還有十篇來自另一個學生墨利索斯，此部分約流傳於西元前5世紀。

Eleazar ben Judah of Worms＊　沃爾姆斯的以利亞撒・本・猶大（西元1160?～1238年）　原名Eleazar ben Judah ben Kalonymos。德意志境內猶太教拉比、神祕主義者和塔木德學者。1196年十字軍殺了他的妻女，但他繼續宣揚博愛。他跟隨親戚猶大・本・撒母耳學習後，於1201年任沃爾姆斯拉比。以利亞撒試圖將喀巴拉的神祕主義和塔木德統一起來。其最偉大的著作是倫理法規《香料商人》（1505）。他相信神自身是不可知的，但從神分離出的管理天使卡沃德則是可知的。他的著作是中世紀哈西德主義的主要訊息來源。

election　選舉　以投票選擇公職人員或接受、拒絕某種政治主張之正式程序。現代世界普遍採用的選舉源自17世紀以來歐洲和北美逐漸出現的代議制政府。定期安排的選舉不僅用來選擇領導人，而且也使得這些領導人對任職期的工作負責，此外，還使管理者與被管理者之間可以互相施加影響。選舉的必要條件是有可供選擇的對象。投票可以是祕密或公開的。亦請參閱electoral system、party system、plebiscite、primary election、referendum and initiative。

elector　選侯　德語作Kurfürst。神聖羅馬帝國時代有權參與德國皇帝選舉的邦君。大約從1273年開始，又經「1356年金璽詔書」確認。選侯有七人：特里爾、美因茲、科隆三大主教；薩克森公爵；萊茵享有王權的伯爵；布蘭登堡侯爵；波希米亞國王。以後增加了巴伐利亞（1623～1778）、漢諾威（1708年起）和黑森－卡塞爾（1803年起）諸選侯，但到了17世紀時，選侯的地位已變得無意義，因爲哈布斯堡王朝產生了事實上的皇帝。選侯的名稱隨著1806年帝國解體而消失。

electoral college　選舉團　美國各州爲選舉總統和副總統而推選的一群選舉人。各州指派的候選人應與該州在國會參眾兩院中的議員人數相等（但美國的參議員、眾議員和政府官員則是沒有投票資格的），哥倫比亞特區則享有三張票權。而各州均施行勝者獲得全部選票的制度，除了緬因州和內布拉斯加州以外。至今僅有三位總統贏得選舉團選舉卻輸了全國普選，即1877年的海斯、1888年的哈利生，以及2000年的布希。一個候選人要在全國538票中贏得270票才算當選。

Electoral Commission　選舉委員會（西元1887年）　美國歷史上爲解決共和黨人海斯和民主黨人狄爾登在1876年總統選舉中的爭端而由國會建立的委員會。狄登在普選中獲得多數，且僅一票之差即可獲勝，但共和黨人爭論有四州計票有問題而指控民主黨詐騙。由於意見不能達到一致，國會指派一個十五人委員會來解決爭端，委員平均分爲兩派，只有一位法官布萊德雷除外，他雖屬共和黨，但公認是心中無黨派。可是共和黨人還是說服了他，結果票數給了海斯，3月2日國會宣布海斯當選。亦請參閱Wormley Conference。

electoral system　選舉制度　計算選票以決定選舉結果的方法和規則。當選人可能由相對多數、絕對多數（多於百分之五十的選票）、嚴格絕對多數（比百分之五十更高的選票比例）或全體一致同意等方式產生。公職候選人可能以直接或間接的方式選出。某些地區使用比例代表制，以確保議會席次能有較公平的分配，因爲相對多數制或絕對多數制可能會讓某些選民族群在議會中沒有任何代表。亦請參閱party system、plurality system、primary election。

Electra　厄勒克特拉　在希臘傳說中，她是阿格曼儂和克呂泰涅斯特拉的女兒。當父親被母親和她的情夫埃吉斯托斯謀害後，她把弟弟俄瑞斯特斯送走，挽救了他的性命。後來俄瑞斯特斯返回時，她幫助他殺死其母與埃吉斯托斯。之後厄勒克特拉與俄瑞斯特斯的友人皮拉得斯結婚。艾斯克勒斯、尤利比提斯及索福克里斯都曾以此故事爲題材。

Electra complex ➠ Oedipus complex

electric automobile　電動車　由電池驅動的機動車。源於1880年代，在城市中用作私人載具、卡車和公共運輸。其速度低，一次充電的行程有限，並不算是缺陷，而低噪音、維修費低使它們特別受歡迎。一直到1920年前後，電動車一直和汽油車競爭，後來因爲電動起動器使汽油動力車變得更具吸引力，再加上大量生產降低了汽油車的成本，電動車便開始減少。在歐洲，電動車一直被用作短程載送貨車。1970年代開始，主要由於覺醒到不應依賴外國石油以及對環境的關懷，電動車重新引起世人的興趣，並使得速度和行車距離有所改進。近來的法律已授權作商業生產，特別是在加州。「雜種」車使用電力和內燃機引擎，並具有這兩種技術的最佳特色，近年來在商業上變得十分有利可圖。實驗車現在已用到太陽燃料電池。

electric charge　電荷　電流中流動的電量，或不同的非金屬物質經過摩擦後積聚在表面上的電量。電荷的固有單位是一個基本物理常數，等於一個電子或一個質子的電荷。電荷不能創生，也不會消滅。電荷分爲正、負電荷，一個正電荷能和一個負電荷結合，其淨荷結合爲零。具多餘同號電荷的兩個物體靠近時互相排斥；具多餘異號電荷的兩個物體靠近時互相吸引。電荷的單位爲庫侖，1庫侖電量包含6.24×10^{18}電荷固有單位。

electric circuit ➠ circuit

electric current　電流　帶電亞原子粒子、離子或空穴等荷電粒子的運動。導線中以電子爲載荷子的電流是單位時間內通過導線任意一點的電荷量的量度。氣體和液體中的電流一般包含正離子流動和負離子的反向流動。爲了表示電流總的作用，通常取正載荷子的流動方向爲電流方向。在交流電中，電荷流動會定時的反向，而在直流電中則不會。電流的單位爲安培（ampere），1安培等於每秒1庫侖電量或每秒內6.2×10^{18}個電子的流動。

electric dipole＊　電偶極　一對大小相等、符號相反、中心不重合的電荷。在外電場作用下，原子外圍負電子雲的中心稍偏離原子核，形成感生電偶極。外電場移去後，原子電偶極性隨之消失。水分子中的兩個氫原子分別向兩側突出，以氧原子爲頂點，從而形成永久性電偶極。分子中氧原子那一側帶負電而氫原子那一側帶正電。

electric discharge lamp　放電燈　亦稱蒸氣燈（vapor lamp）。一種照明器件，由一透明外殼構成，其中的氣體被外加電壓激發而發光。19世紀做出實用的發電機後，許多實驗者對氣體管施加電功率。約從1900年以來，歐洲和美國都在使用著實用的放電燈。放電燈的種類有螢光燈、霓虹燈、水銀燈、鈉燈、複金屬燈等。

electric eel　電鰻　電鰻科的鰻形南美魚類，學名Electrophorus electricus。能產生足以將人擊昏的電流。電鰻不是眞正的鰻，行動遲緩，棲息於緩流的淡水中，不時上浮水面，吞入空氣，進行呼吸。體長，圓柱形，無鱗，灰褐色。長可達9呎（2.75公尺），重49磅（22公斤）。鰭的下緣有一長形臀鰭，依靠臀鰭的波動而游動。尾部具發電器官，能隨意發出電壓高達650伏特的電流，所發電流主要用以麻痺魚類等獵物。

electric eye　電眼 ➠ photoelectric cell

electric field　電場　電荷周圍有電力作用於其他電荷的區域。任意點的電場強度E定義爲該點施加於單位正電荷上的力F，即E=F/q。電場既有大小，也有方向。電場可用電力線表示，電力線從正電荷出發而終止於負電荷。線上某點的切線就是該點電場的方向。電力線密表示電場強，電力線稀表示電場弱。電場值的量綱爲力除以電荷。在國際單位制（SI制）中適用單位爲牛頓/庫侖或伏特/公尺。

electric furnace　電爐　用電能爲熱源取得高溫，使其中的金屬、耐火材料的加熱室。近代的電爐一般是電弧爐或感應爐。在美國，電弧爐生產的鋼約占2/5。在感應電爐中，載有交變電流的線圈纏繞在金屬容器或熔室周圍。在金屬或爐料中感應生成渦流，這些渦流產生極高的溫度，用以熔化金屬和冶煉成分精確的合金。

electric potential　電勢　把單位電荷逆電場方向從一個參考點移到某給定點所作的功。正電荷逆電場方向運動時，位能減少。電勢可比作每單位電荷的位能。因此，將單位電荷從一點移到另一點（如在電路中）所做的功即等於兩點之間的位能差。在國際單位制中，電勢的單位爲焦耳（joule）／庫侖，簡稱伏特（volt）。

electric ray　電鰩　電鰩科、單鰭電鰩科、無鰭電鰩科魚類的統稱，能產生電擊。見於世界熱、溫帶水域。種類多，多棲於淺水，但深海電鰩屬等可生活於3,000呎（1,000公尺）以下的深水。活動緩慢，底棲，以魚類及無脊椎動物爲食。長約1呎（30公分）～6呎（1.8公尺）。體柔軟，皮膚光滑，頭與胸鰭形成圓或近於圓形的體盤。如不被觸及則對人無害，經濟價值微不足道。發電器一對，由變態的肌肉組織構成，位於體盤內，頭部兩側，用於防禦和捕獲獵物。大型電鰩發出的電流可達220伏特，足以擊倒成人。

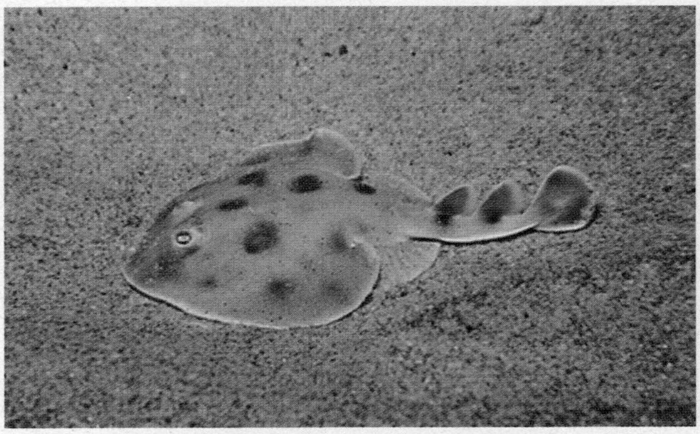

Narcine brasiliensis，電鰩的一種
Douglas Faulkner

electric shock　電擊　電流進入身體引起的可感知的物理效應。從引起不適的靜電放電直到來自電力線路的致命放電，都是電擊，大多數意外事故是在家用電流中發生的。電擊對人體的效應取決於通過的電流強度（即安培數），損害最嚴重的情況是發生在電流進出身體的途徑。造成立即死亡的原因是大腦呼吸中樞麻痺、心臟麻痺和心室纖顫。心肺復甦術對遭電擊者來說是第一時間最佳的急救方法。大多數觸電的人會完全恢復，如果有後遺症，多半是白內障、心絞痛或神經系統疾病。

electrical engineering　電機工程　工程學的一支，涉及電學的所有形式，包括電子學的各種形式的實際應用。電機工程處理的是電燈和電源系統以及各種電氣設備；電子工程處理的是有線和無線通信，貯存著程式的電腦、雷達以及自動控制系統。電學的第一個實際應用例子是電報（1837）。1864年馬克士威以數學形式總結了電學的基本規律，並預言電磁能量的輻射會以一種形式發生，即後來所稱的無線電波，電機工程才形成一個學術領域。但直到發明電話（1876）和白熾燈（1878）後，人們才感到需要電機工程師。

electrical impedance　電阻抗　電路或部分電路對電流的總阻力的量度，包括電阻和電抗。電阻產生於載流帶電粒子與導體內部結構的碰撞；電抗是電荷流動的另一種阻力，它產生於交流電流過電路時磁場和電場的變化。電路中流過穩定的直流電時，阻抗降低到只剩電阻。電路的阻抗量值Z等於電路兩端電勢差或電壓的最大值V（單位伏特），除以電路中電流的最大值I（單位安培），即Z=V/I。阻抗同電阻一樣，以歐姆爲單位。

electricity　電學　與靜止或運動電荷有關的現象。希臘人發現用毛皮摩擦琥珀後，能吸住羽毛類輕物，electric這個字就是源自希臘文elektron（意爲琥珀），稱爲靜電，爲最早研究的電現象。一直到19世紀初靜電和電流才被證明是同一現象的不同表現形式。電子（帶有負電荷）的發現，顯示電的各種表現形式是電子積累或運動的結果。1879年愛迪生發明白熾燈之後，於1881年在紐約市建立第一個中心發電站和配電系統。此後，電力開始迅速地在工廠和家庭中推廣。亦請參閱Maxwell, James Clerk。

electrification, rural ➠ rural electrification

electroacoustic music　電子原音音樂　聲音由電子元件產生或修飾的音樂。在1940年代末，開始使用磁帶來修改自然的聲音（倒帶、變速等），特別是在法國，叉產生的音樂類型稱爲具象音樂。在1950年代初，德國和美國的作曲家運用振盪器、濾波器及其他裝置產生全新的聲音。電壓控制振盪器與濾波器的發展，因而在1950年代出現最早的合成器，將此裝置標準化並使其更具彈性。電子原音音樂不再仰賴磁帶編輯，目前可以即時創作。從1970年代末個人電腦出現以來，就用來控制合成器。利用眞實錄製的聲音對應每個音高的數位取樣通常來自樂器（非電子式）或是人聲，通常用鍵盤演奏，大量取代利用振盪器作爲音源。

electrocardiography＊　心電描記法　一種將心動週期內心肌所產生的電流用心電描記器加以描記成圖（心電圖，ECG）的方法，能提供有關心臟狀況及活動的資料。描記心電圖時要把電極置於四肢和胸壁，以便將微細的心臟電流導至記錄儀上。正常的心電圖顯示一系列典型的向上和向下的波形，反映心房和心室的交替收縮。心電圖中任何一個波形偏離正常，都表明心臟可能有病，如高血壓等。

electrochemistry　電化學　有關電與化學變化關係的一個化學分支。許多自發產生的化學反應釋放電能，其中某些反應已用於蓄電池及燃料電池中產生電流。相反，電流也可引起許多不能自發進行的化學反應。電解即爲一種電化學過程。電化學對冶金學和腐蝕研究相當重要。電透過氣體常引起化學變化，這一課題形成了電化學的一個獨立分支。亦請參閱oxidation-reduction。

electroconvulsive therapy　電擊療法　➠ shock therapy

electrocution　電刑　一種行刑方法，用強烈電流把死刑犯電擊致死。囚犯被綁坐在電椅上，將電極固定在他的頭部和一條腿上，使電流通過全身。一次電擊可能無法致人於死，在醫生未確認其死亡前，囚犯會被施以數次電擊。1890年首次使用電椅。電刑一詞也指其他原因的電擊致死（如意外觸及高壓電線）。

electrode　電極　一種電導體，通常是金屬，用作引導電流通過傳導媒介的兩個端。電極是一種簡單的伏特電池或蓄電池，包含兩個電極，通常是一個鋅極和一個銅極，浸泡於電解溶液中（參閱electrolyte）。當溶液中發生化學反應時，電子在鋅極（或陰極）集結，成爲帶負電。同時，電子從銅極（陽極）被吸引過來，使之帶正電。帶電的差異使兩極之間產生電位或電伏的差異。當它們由一條導線相連時，電子即從陰極流到陽極，產生了電流。

electrodynamics, quantum　➠ quantum electrodynamics (QED)

electroencephalography＊　腦電圖記錄法　記錄及解釋腦電活動的技術。腦的神經細胞能產生有節律地起伏的電脈衝。將成對的電極置於頭皮上，由電極把信號傳送到腦電圖記錄器的記錄槽中，所記錄下來的波型圖稱爲腦電圖。正常與不正常的清醒和睡眠狀態會有不同的波型，有助於診斷如腦瘤、腦部感染、癲癇等。腦電圖記錄法是德國的伯格（1873～1941）在1920年代所發明。

electrolysis＊　電解　電流通過物質而引起化學變化的過程。化學變化是物質失去或獲得電子的過程（參閱oxidation-reduction）。電解過程是在電解溶液中進行的，當中包含離子。電流流進負電極（陰極），陽離子透過它與電子結合；陰離子則遷移到陽極，給出電子。這兩者均變成中性分子。電解廣泛應用於冶金工業中，如從礦石或化合物提取金屬（電解冶金）或提純金屬（電解提純），以及從溶液中沈積出金屬（電鍍）。金屬鈉和氯氣是由電解熔融氯化鈉生成的；電解氯化鈉的水溶液則產生氫氧化鈉和氯氣。電解水產生氫氣和氧氣。

electrolyte　電解質　指由於解離成帶正、負電荷的離子因而能導電的物質。最常見的電解質是酸、鹼和鹽，它們在溶於水或醇等溶劑時發生電離。很多鹽類，例如氯化鈉熔融時雖沒有任何溶劑存在，但也具有電解質的性質，因爲它們有離子鍵。最常被使用的電解質是在蓄電池中溶解金屬鹽以爲電鍍金屬和酸。

electromagnet　電磁鐵　電磁鐵通常含有一個磁性物質構成的鐵心，其外繞以線圈，線圈內通入電流將鐵心磁化；當電流停止時，鐵心即不再具磁性。電磁鐵尤其在需要有可控制的磁鐵時使用，例如用於一些電器，其中之磁場通需要隨時變更大小、反轉方向或開關者。適當設計的電磁鐵可舉起數倍於它自身重量的重物，常用於鐵工廠或廢鐵場。其他利用電磁鐵的裝置有粒子加速器、電話聽筒、揚聲器和電視。

electromagnetic field　電磁場　由於電荷的運動所造成的一種空間特性。靜止電荷只在其周圍空間產生電場；運動電荷則同時產生磁場，磁場的變化也能產生電場。電磁場被認爲是離開電荷或電流在空間獨立存在的。在某些情況下，電磁場可以被描述爲一種輸送電磁能量的波。

electromagnetic force　電磁力　宇宙中四種已知的基本力之一。電磁作用是帶電粒子之間因爲帶電而產生交互作用，以及光子（電磁輻射）放射和吸收的原因。電和磁的現象是電磁力的結果，兩者之間的關係最早是在1860年代由馬克士威描述。電磁現象的物理描述與量子力學結合，進入量子電動力學的理論之中。電磁力約是重力（參閱gravitation）的1036倍，但比起弱力或強力還是相去甚多。

electromagnetic induction　電磁感應　由於同電路耦合的磁通量的變化而在電路中產生的感應電動勢。這種現象是1830～1831年間約瑟夫・亨利和法拉第發現的。當磁鐵周圍的磁場由於接通或斷開電路而出現或消失時，就可在附近的孤立導體回路中測到一個電流，讓永久磁鐵在線圈中進出運動時，在線圈的導線中也會感生出電流。如果使線圈在固定的永久磁鐵附近的區域運動，導線中也會產生電流。

electromagnetic radiation　電磁輻射　以電磁波方式在自由空間或實物媒質中傳播的能量，例如無線電波、紅外輻射、可見光、紫外輻射、X射線和γ射線。電磁輻射具有和其他波動相同的性質，如反射、折射、衍射和干涉，此外，它的特性還可通過隨時間變化的頻率或波長來描述。電磁輻射還有和波動性質相聯繫的像粒子那樣的性質。雖然所有形式的電磁波都以同一速率行進，但在頻率和波長方面各不相同，並與物質有不同的交互作用。眞空是唯一完全透明的媒質，一切實物媒質都強烈地吸收電磁波譜的一些波段。

electromagnetic spectrum　電磁波譜　電磁輻射按其頻率或波長的整體排列。波譜的範圍從長波（低頻）到短波（高頻），以下按漸增的頻率（或遞減的波長）來排序：長波的無線電波、微波、紅外輻射、可見光、紫外輻射、X射線和γ射線。在眞空狀態下，電磁波譜上所有的波以相同的速度（299,792,458公尺/秒）行進。

EFG

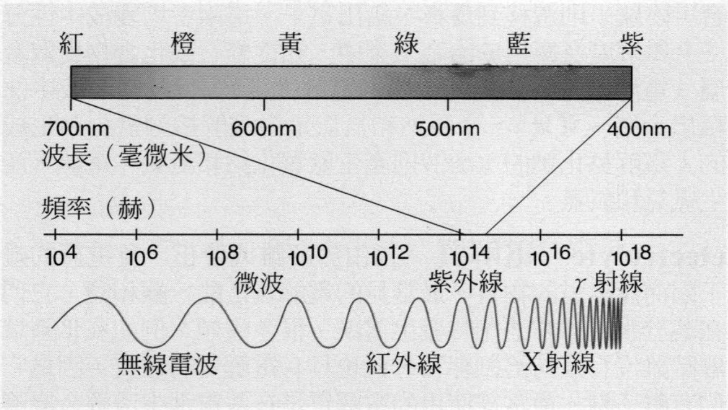

電磁波譜，從低頻的無線電波到高頻的γ射線。人類肉眼可見的波長約在400至700奈米之間，只是波譜的一小部分。

electromagnetism　電磁學　物理學的分支，處理電與磁之間的關係。兩者合成一個觀念是由三個歷史事件結合而成。奧斯特在1820年偶然發現電流產生的磁場，驅策他證明磁場也會感應電流。法拉第在1831年證明，改變的磁場會在電路之中產生電流，馬克士威預測，改變的電場有對應的磁場。這些技術革命是電力與現代通訊的三個里程碑。

electromotive force　電動勢　簡稱E或EMF。電源（如發電機、電池等）給予單位電荷的能量。電荷在電源內部轉移時電源作為作功元件，對電荷作功，這樣在發電機或電池內能量就從一種形式轉化為另一種形式，使一端帶正電，另一端帶負電。對單位電荷所作的功，或每單位電荷從而獲得的能量就是電動勢。電動勢是電源驅動電荷在電路中流動的能力的表徵。一般電動勢的單位是伏特，即焦耳/庫侖，一個單位等於運載1安培的電流導體中兩點間的電壓差異，及兩點間驅散一瓦特的力量。

electromyography＊　肌電描記法　一種用曲線記錄肌肉電活動的方法。在正常情況下，肌肉在活動時（如在收縮或神經被刺激時）就會產生電流，可用陰極線示波器將連續的動作電位記錄下來，在螢光幕上呈現為連續的波狀曲線，即肌電圖，通常還伴有可聽得見的訊號。肌電圖可顯示造成肌肉無力或廢用的原因，一般是支配該肌肉的神經受損（如肌萎縮性側索硬化和小兒麻痺症等），或是肌肉本身的原發障礙（肌病）。

electron　電子　已知最輕的穩定亞原子粒子，帶有一個負的基本電荷。電子的質量小，只有原子質量的0.1%還不到。在正常條件下，電子因正負電荷間的引力，被帶正電的原子核所束縛。電子循有序排布的軌道繞原子核運動，最靠近原子核的軌道上的電子被束縛得最緊。電子是最早發現的亞原子粒子，1897年被英國物理學家湯姆生在研究陰極射線中確認。

electron microscopy＊　電子顯微技術　能夠檢視光學顯微鏡無法看見之細微標本的技術。電子的波長比可見光小得多，因此解析能力較高。為了能夠觀察，標本必須用金屬塗抹或染色做成電子密度。有兩種不同的電子顯微儀器：一種是掃瞄式電子顯微鏡，由一個移動的電子光束掃瞄過由磁透鏡對焦的物體，產生物體表面的影像，類似電視螢幕的影像。照片看起來是3D立體的，可能是小型生物體或其部分，可能是去氧核糖核酸等分子，或者甚至是大型原子（如鈾、釷）；另一種是穿透式電子顯微鏡，電子光束穿過極薄而小心製備的標本，在螢幕或照相板上對焦，呈現出細胞、組織等標本的內部構造。

electron paramagnetic resonance　電子順磁共振 ➠ electron spin resonance

electron spin resonance (ESR)　電子自旋共振　亦稱電子順磁共振（electron paramagnetic resonance; EPR）。在穩定強磁場下某些材料原子結構中的不成對電子對於微波弱電磁輻射的選擇性吸收。由於自旋，非成對電子像一個小磁體，含有這種電子的材料處於穩定強磁場內，則非成對電子或元磁體的磁軸有一部分沿外加強磁場排列並在磁場內旋進，其軸線掃描出一個錐面（如同一自旋陀螺在地球引力場中旋進時一樣）。共振就是當元磁體旋進的固有頻率與微波的弱交變磁場的頻率一致時從磁場吸收能量。當微波頻率與穩定場強二者一個變一個不變時，把被吸收的輻射作為變量的函數來測量，就得到電子順磁共振譜。這樣的譜常用來鑒定順磁物質，並透過鑑別非成對電子及其與環境的相互作用來研究分子內化學鍵的性質。

electronic banking　電子銀行　利用電腦和電子通訊，使金融交易得以透過電話或電腦完成，不必依靠人類互動。其特點包括零購用電子轉帳、自動櫃員機（ATM）、薪資自動入帳、帳單自動扣款等。某些銀行提供家庭銀行服務，擁有電腦的人可以透過直接連線或登入銀行網站來進行交易。電子銀行大大減少了紙鈔和硬幣從甲地到乙地、從某甲到某乙之間的實體交換。

electronic mail ➠ e-mail

electronics　電子學　物理學的一個分支，研究電子的發射、行為和效果，以及電子器件。電子學的研究是從電學實驗開始的。1880年代愛迪生等人觀察抽空的玻璃管中電極間的電流。後來佛來明（1849～1945）製造了一種二極真空管，產生了一種有用的輸出電流。1906年德福雷斯特發明了三極檢波管，接下來產生了重大的改變。1947年貝爾實驗室發明了電晶體，因而促進電子元件朝小型化發展。到了1980年代中期誕生了高密度的微處理器，從而使計算機（電腦）科技和以計算機為基礎的自動化系統取得驚人的進展。亦請參閱semiconductor、superconductivity。

electrophile　親電子試劑　化學術語，指在化學反應中對含有可成鍵電子對的原子或分子有親和作用的原子或分子。親電子物質是路易斯酸（接受電子對的化合物），其中很多也是布侖斯惕酸（給出質子的化合物）。親電子試劑有：水合氫離子（H_3O^+）、三氟化硼（BF_3）、三氯化鋁（$AlCl_3$）和鹵素分子氟（F_2）、氯（Cl_2）、溴（Br_2）、碘（I_2）。亦請參閱acid、nucleophile。

electrophoresis＊　電泳　在電場的影響下帶電粒子在流體中移動的現象。粒子朝向反向電荷的電子移動，通常是發生在覆上膠質的木板或金屬上，有時則在流向紙張的液體裡。電泳可用於分析和分離膠體（如蛋白質），或用於沈積塗層。1930年前後，瑞典化學家蒂塞利烏斯（1902～1971）將電泳用作分析技術。

electroplating　電鍍　利用電流鍍敷金屬的過程。金屬可鍍在導體（如金屬）或非導體（如塑膠、木材、皮革）表面。過程一般是利用電流將一定數量的金屬沈積在陰極上，而陽極則溶解同樣數量的金屬，保持溶液基本上均勻。鍍銀用於餐具、電子接觸器和引擎軸承。用途最廣的是鍍金，用於珠寶和錶蓋。鍍鋅通常是防止鋼件腐鏽，而汽車和家用電器通常鍍有一層鎳和鉻。亦請參閱terneplate、Sheffield plate。

electrostatic force　靜電力　亦稱庫侖力（Coulomb force）。靜電力F的大小，與兩電荷的電量q_1、q_2的乘積成正比，與兩電荷中心之間的距離r的平方成反比。以方程式表示成：

$$F=\frac{1}{4\pi\varepsilon_0}\frac{q_1q_2}{r^2}$$

ε_0是自由空間的電容率。靜電力在兩個帶同性電荷的物體是斥力，相反電荷的物體之間則是吸力。

electrostatic induction　靜電感應　物體受到近處帶電體的影響，其內部電荷分布發生變化。物體在電場中都會產生靜電感應。由於物體內部帶電粒子之間的電力作用，當帶負電物體接近電中性物體時，電中性物體靠近帶電體的一端因感應出現正電荷，遠離帶電體的一端出現負電荷。若將該物體的負端瞬時接地，使負電荷流入地下，這樣電中性物體通過感應就可以變為帶正電的物體。

electroweak theory　電弱理論　表述電磁力和弱力的統一理論。表觀上這兩個力雖很不相同，但這兩種力眞正是同一個更基本力的不同方面。1960年代由格拉肖（1932～）、薩拉姆（1933～）和溫伯格（1926～）分別發現，代表了20世紀科學上的一個里程碑，也使他們獲得1979年的諾貝爾獎。1980年代實驗證實了弱力傳遞粒子——電中性的Z粒子和帶電的W粒子——的存在，這些粒子的質量同理論預言的一致。亦請參閱fundamental interaction、unified field theory。

electrum　銀金礦　亦稱琥珀金，金的天然合金或人造合金，其中至少含有20%的銀，西方已知最早的硬幣就是用它製造的。大部分天然銀金礦含有銅、鐵、鈀、鉍，可能還有其他金屬。顏色為銀黃色至黃銅色，這取決於主要組分的銅所占的比重。西方造幣最早可能由西元前7世紀里底亞蓋吉茲國王開始的，貨幣由不規則的銀金礦錠組成，其上有國王的印記，以保證它按事先規定好的價值流動。亦請參閱coinage。

elegy＊　哀歌　一種沈思抒情詩。在古典文學中，所謂哀歌是指任何用哀歌格律（詩行交替使用長短短格的六音步句和五音步句）寫成的詩。在現代文學中，哀歌一詞只指這種格律，而不是指詩歌的內容。但在英國文學中，自16世紀以來哀歌只指表現哀傷的詩。田園哀歌是另一種截然不同的哀歌形式，如密爾頓的〈利西達斯〉（1638）。18世紀，英國的「墓園詩派」詩人在他們的作品中寫到對死亡和永生所進行的概括性思索，最有名的是格雷的《墓園輓歌》（1751）。

element, chemical　化學元素　構成所有物質的基本材料，已知的化學元素約有115種，構成元素最小的單位是原子。一個元素的所有原子在原子核的電荷（即質子數）和電子數（參閱atomic number）是相同的，但如果它們的中子數不一樣，質量（原子量）就可能不同（參閱isotope）。每一種元素有一或兩個字母的化學符號。元素能互相化合形成多種複雜的化合物。原子序數大於83（鉍）的所有元素和一些較輕元素的同位素都是不穩定、放射性的元素。超鈾元素（原子序數大於92）是在1940年以後被發現，以中子或快速運動的帶電粒子轟擊一種元素而產生的。已知的化學元素中有11種是氣體，2種是液體，其餘都是固體。地殼中含量最豐富的元素是氧（46%）、矽（26%）、鋁（8%）、鐵（5%）。

elementary education　初等教育　亦稱primary education。傳統上正規教育的第一階段，開始於約5～7歲，終止於約11～13歲。在接受初等教育之前往往會進行某種形式的學前教育。初等教育包括初中或國中（11～13歲），雖然有時初中會被畫為中等教育的一部分。幾乎所有的國家承擔某種形式的初等教育的責任，但有許多開發中國家的大部分孩童在五年級就輟學。初等教育的課程旨在加強讀寫能力、算術技巧，以及基本的社會科學和自然科學知識的培養。教學的一個基本方法是讓孩子的學習由身邊的、熟悉的

化學元素週期表

□ 鹼金屬　□ 其他金屬　□ 稀有氣體
□ 鹼土金屬　□ 其他非金屬　□ 鑭系元素
□ 過渡元素　□ 鹵素　□ 錒系元素

IA	IIA	IIIB	IVB	VB	VIB	VIIB	VIII	VIII	VIII	IB	IIB	IIIA	IVA	VA	VIA	VIIA	Zero
1 氫																	2 氦
3 鋰	4 鈹											5 硼	6 碳	7 氮	8 氧	9 氟	10 氖
11 鈉	12 鎂											13 鋁	14 矽	15 磷	16 硫	17 氯	18 氬
19 鉀	20 鈣	21 鈧	22 鈦	23 釩	24 鉻	25 錳	26 鐵	27 鈷	28 鎳	29 銅	30 鋅	31 鎵	32 鍺	33 砷	34 硒	35 溴	36 氪
37 銣	38 鍶	39 釔	40 鋯	41 鈮	42 鉬	43 鎝	44 釕	45 銠	46 鈀	47 銀	48 鎘	49 銦	50 錫	51 銻	52 碲	53 碘	54 氙
55 銫	56 鋇	57 鑭	72 鉿	73 鉭	74 鎢	75 錸	76 鋨	77 銥	78 鉑	79 金	80 汞	81 鉈	82 鉛	83 鉍	84 釙	85 砈	86 氡
87 鍅	88 鐳	89 錒	104 鑪	105 𨧀	106 𨭎	107 𨨏	108 𨭆	109 䥑	110	111	112		114		116		118

鑭系	58 鈰	59 鐠	60 釹	61 鉅	62 釤	63 銪	64 釓	65 鋱	66 鏑	67 鈥	68 鉺	69 銩	70 鐿	71 鎦
錒系	90 釷	91 鏷	92 鈾	93 錼	94 鈽	95 鋂	96 鋦	97 鉳	98 鉲	99 鑀	100 鐨	101 鍆	102 鍩	103 鐒

週期表將元素排列為族（垂直方向）和週期（水平方向）。同族元素共有物理化學特性；每個週期的元素的原子序和子殼層的結構依序漸增。元素110、111、112、114、116、118是實驗產生，還沒有命名。

化學元素表

元素	符號	原子序	原子量	元素	符號	原子序	原子量
錒	Ac	89	227.028	䥑	Mt	109	(268)
鋁	Al	13	26.9815	汞	Hg	80	200.59
鋂	Am	95	(243)	鉬	Mo	42	95.94
銻	Sb	51	121.75	釹	Nd	60	144.24
氬	Ar	18	39.948	氖	Ne	10	20.180
砷	As	33	74.9216	錼	Np	93	237.0482
砈	At	85	(210)	鎳	Ni	28	58.69
鋇	Ba	56	137.33	鈮	Nb	41	92.9064
鉳	Bk	97	(247)	氮	N	7	14.0067
鈹	Be	4	9.01218	鍩	No	102	(259)
鉍	Bi	83	208.9804	鋨	Os	76	190.2
𨨏	Bh	107	(264)	氧	O	8	15.9994
硼	B	5	10.81	鈀	Pd	46	106.42
溴	Br	35	97.904	磷	P	15	30.97376
鎘	Cd	48	112.41	鉑	Pt	78	195.08
鈣	Ca	20	40.08	鈽	Pu	94	(244)
鉲	Cf	98	(251)	釙	Po	84	(209)
碳	C	6	12.011	鉀	K	19	39.0983
鈰	Ce	58	140.12	鐠	Pr	59	140.9077
銫	Cs	55	132.9054	鉕	Pm	61	(145)
氯	Cl	17	35.453	鏷	Pa	91	231.0359
鉻	Cr	24	51.996	鐳	Ra	88	226.0254
鈷	Co	27	58.9332	氡	Rn	86	(222)
銅	Cu	29	63.546	錸	Re	75	186.207
鋦	Cm	96	(247)	銠	Rh	45	102.9055
𨧀	Db	105	(262)	銣	Rb	37	85.4678
鏑	Dy	66	162.50	釕	Ru	44	101.07
鑀	Es	99	(252)	鑪	Rf	104	(261)
鉺	Er	68	167.26	釤	Sm	62	150.36
銪	Eu	63	151.96	鈧	Sc	21	44.9559
鐨	Fm	100	(257)	𨭎	Sg	106	(263)
氟	F	9	18.9984	硒	Se	34	78.96
鍅	Fr	87	(223)	矽	Si	14	28.2855
釓	Gd	64	157.25	銀	Ag	47	107.868
鎵	Ga	31	69.72	鈉	Na	11	22.98977
鍺	Ge	32	72.61	鍶	Sr	38	87.62
金	Au	79	196.9665	硫	S	16	32.07
鉿	Hf	72	178.49	鉭	Ta	73	180.9479
𨭆	Hs	108	(265)	鎝	Tc	43	(98)
氦	He	2	4.00260	碲	Te	52	127.60
鈥	Ho	67	164.930	鋱	Tb	65	158.9254
氫	H	1	1.0079	鉈	Tl	81	204.383
銦	In	49	114.82	釷	Th	90	232.0381
碘	I	53	126.9045	銩	Tm	69	168.9342
銥	Ir	77	192.22	錫	Sn	50	118.71
鐵	Fe	26	55.845	鈦	Ti	22	47.867
氪	Kr	36	83.80	鎢	W	74	183.85
鑭	La	57	138.9055	110號元素	Uun	110	...
鐒	Lr	103	(262)	鈾	U	92	238.029
鉛	Pb	82	207.2	釩	V	23	50.9415
鋰	Li	3	6.941	氙	Xe	54	131.29
鎦	Lu	71	174.967	鐿	Yb	70	173.04
鎂	Mg	12	24.305	釔	T	39	88.9059
錳	Mn	25	54.9380	鋅	Zn	30	65.39
鍆	Md	101	(258)	鋯	Zr	40	91.224

事物轉向遙遠的、生疏的事物，這個方法是由裴斯泰洛齊最先提出的。

elementary particle 基本粒子 ➡ subatomic particle

elephant　象　有蹄類動物，長鼻目象科的兩個種類。特點是身軀高大，具長鼻，腿圓柱狀，耳大，頭巨大。象淺灰至褐色，體毛稀疏而粗糙。象鼻用來呼吸、喝水和取食。象吃草、葉子和水果。非洲撒哈拉以南的非洲象是現存最大的陸地動物，重可達16,500磅（7,500公斤），肩高10～13呎（3～4公尺）。生長於印度次大陸和南亞的印度象重約12,000磅（5,500公斤），肩高10呎（3公尺）。兩者皆生活在茂密的叢林到熱帶稀樹草原，以小的家族群形式活動，由年老母象帶領。大多數雄象離開雌象單獨成群。象隨著可得到的食物和水的情況而進行季節性遷徙。一天消耗的青草和其他植物可超過500磅（225公斤）。印度象被認爲是瀕危種，而非洲象也面臨數量減少的危機。

印度象
E. S. Ross

elephant bird ➡ Aepyornis

Elephant Man　象人（西元1862～1890年）　原名Joseph (Carey) Merrick。英國人，小時候得到一種怪病，在皮膚和骨面多處出現增生，頭變得極大（頭圍達3呎〔0.9公尺〕），條條淡棕色海綿質皮贅懸掛在頭後，甚至垂於面前；腭骨畸形使他說話不清。一隻手臂有12吋（30公分）長，手呈鰭狀。下肢和畸形上肢類似，髖也有缺陷使他藉助枴杖才能行走。二十一歲時逃出濟貧院，加入一個「怪人」表演班，在表演中，他被一位倫敦醫生特里夫斯發現，隨後被收入倫敦醫院。他一直住到二十七歲，一次夜眠時因意外窒息而亡。他可能罹患非常罕見的普洛透斯症候群。他的生平曾被編爲成功的舞台劇和電影。

elephant seal　象海豹　鰭腳亞目海豹科兩種最大的鰭腳類水生哺乳動物的統稱，即：北方小吻象海豹，主要棲於加州和墨西哥下加利福尼亞的沿海島嶼；南方象海豹，棲於整個南極附近地區。群居，兩者均爲無耳海豹。因其身軀碩大，雄獸鼻粗壯能膨脹，因而得名。北方小吻象海豹呈淡黃或淡褐色，南方象海豹則爲藍灰色。兩者的雄性體長均約21呎（6.5公尺），體重約7,780磅（3,530公斤），比雌性大得多。以魚類和槍烏賊或其他頭足類動物爲食。繁殖季節，象海豹互相之間富進攻性。雄獸互相搏鬥以占據領地和擁有四十頭的雌獸群。

Mirounga屬的雄性象海豹
Anthony Mercieca – Root Resources

Eleusinian Mysteries＊　埃勒夫西斯祕密宗教儀式　古希臘最有名的祕密教派儀式。以大地女神蒂美特的故事爲主，她的女兒普賽弗妮被冥王哈得斯拐走。她在尋找女兒時，在埃勒夫西斯停留，蒂美特向王室暴露了她的身分，並教當地人她的膜拜儀式。大祕密宗教儀式在秋天舉辦，儀式開始時，以莊嚴的前進行列從雅典行至埃勒夫西斯的神廟，接下來在海水中作浸浴儀式，連續三天齋戒，然後完成祕密儀式。正式入教後表示獲得拯救，享有某些身後的福祉。

Eleusis＊　埃勒夫西斯　希臘語作Elevsis。希臘東部城市，有一座古代城市廢墟。以埃勒夫西斯祕密宗教儀式的發祥地聞名。位於雅典以西約14哩（23公里）處。原本為獨立的，西元前7世紀被雅典兼併，之後把埃勒夫西斯祕密宗教儀式變成它的一個主要宗教節日。西元395年為哥德人領袖阿拉里克所毀，此後便無人居住。直到18世紀才恢復為今埃勒夫西斯鎮，現為雅典市郊的工業區。這裡已發掘一些廢墟，出土的有入教廳，年代可追溯到3,000年前的邁錫尼時代晚期。

elevator　電梯　在多層建築物豎直升降機井的不同高度之間，用以載送乘客或貨物的起重機械。採用機械提升平台的作法，至少可追溯到羅馬時代。19世紀時，採用了蒸汽和液壓升降機，至該世紀末，已開始使用電動升降機。大多數現代電梯是藉助鋼絲繩和滑輪系統及平衡錘等由電動機驅動的，不過仍有一些低層建築使用液壓升降機。1853年美國人歐蒂斯（1811～1861）採用了一種安全裝置，使乘人電梯成為可能。電梯開闢了通向高層建築之路，因此在開創現代城市所特有的都市布局方面起了決定性的作用。

Elgar, Edward (William)　艾爾加（西元1857～1934年）　受封為艾德華爵士（Sir Edward）。英國作曲家。父親是鋼琴調音師，他便精通小提琴和管風琴。早期作品經常被人演奏，逐漸建立起名聲。管弦樂變奏曲《謎》（1899）為他帶來聲譽，後來成為全國知名人物，被認為是20世紀英國音樂復興的先驅者，自韓德爾死後英國作曲界經過一段長期的黯淡時代開始振興。其主要作品包括：五首《威儀堂堂進行曲》（1901～1907），兩首交響曲（1908,1911），小提琴協奏曲（1910），大提琴協奏曲（1919），神劇《吉倫舍斯之夢》（1900），交響詩《安樂鄉》（1901）及《福爾斯塔夫》（1913）。

Elgin, Earl of＊　埃爾金伯爵（西元1811～1863年）　原名James Bruce。英國加拿大總督。1842年任牙買加總督。1846年任英屬北美總督，負責執行達拉謨勳爵指派的政策及閣員安排。他支持新政府的「暴亂損失賠償法」（1849），對在1837年下加拿大暴亂中所有受損失的加拿大人給予賠償。該立場引起英格蘭的托利黨和蒙特婁法裔加拿大暴民的強烈反對。他協商了加拿大和美國殖民地之間的「互惠條約」（1854）。1857年他離開加拿大，分別至中國、日本及印度外交單位任職。

Elgin Marbles＊　埃爾金大理石雕塑品　倫敦大英博物館收藏的古希臘雕塑品和建築物細部。這些收藏品是在英國駐鄂圖曼帝國大使埃爾金伯爵湯瑪斯・布魯斯的安排下，從雅典巴特農神廟和其他古代建築物上拆下來後，於1802～1811年間運回英國。埃爾金認為他拯救了這些作品免遭土耳其人破壞，因為希臘後來受鄂圖曼帝國統治。他獲得土耳其人的允許，授權他「拿走任何上面有古老碑銘或圖像的石塊」。埃爾金把這些寶物納為私人收藏，逐漸引起強烈的抗議，直到1816年王室購買了他的全部藏品。但爭議一直持續著，希臘政府屢次要求歸還這些收藏品。

拉庇泰惡戰半人半馬怪，取自雅典巴特農神廟排檔間飾；現藏大英博物館
Hirmer Fotoarchiv, Munchen

Elgon, Mount＊　埃爾貢山　肯亞－烏干達邊界上的死火山。位於維多利亞湖東北，火山口直徑約5哩（8公里），有數座山峰，其中瓦加加伊峰最高，為14,178呎（4,321公尺）。班圖語吉蘇人佔領了西坡。

Eliade, Mircea＊　埃利亞代（西元1907～1986年）　羅馬尼亞美籍宗教史學家。曾在加爾各答大學攻讀梵文及印度哲學，後來返回布加勒斯特大學獲博士學位，並任教於該大學，直至1939年。1945年移居巴黎，於索邦任教，1956年在芝加哥大學任教。埃利亞代認為宗教體驗是一種可信的現象，研究了古今全世界所出現的聖兆的種種形式。1961年創辦《宗教史》期刊。著作包括：《關於永久回歸的神話》（1949）、《宗教思想史》（3卷，1978～1985）和《宗教百科全書》（16冊，1987）。

Elijah＊　以利亞（活動時期西元前9世紀）　亦作Elias。希伯來語作Eliyyahu。希伯來先知。聖經上提到他譴責異教，並在卡爾邁勒山同450名巴力的先知辯論。他因此而得罪亞哈國王和王后耶洗別，迫使他逃往郊野，後來乘旋風歸天，留下繼承人以利沙。以利亞強調一神論，宣傳除以色列的上帝外別無真神。伊斯蘭教也承認他是先知。

Elijah ben Solomon　以利亞・本・所羅門（西元1720～1797年）　立陶宛學者和猶太教領袖。曾遊歷波蘭和德意志，後定居於東歐猶太人文化中心立陶宛維爾納。他拒絕出任拉比，而去當隱士，獻身研究和祈禱，三十歲時學者聲譽已傳遍整個猶太世界，深受族人崇敬。他精通聖經註釋、塔木德研究、民族醫學、文法和哲學。以利亞堅決反對哈西德主義，譴責它所主張的神蹟、看法和精神入定狀態，呼籲對上帝的愛要有理智。

Elion, Gertrude (Belle)＊　埃利恩（西元1918～1999年）　美國藥理學家，生於紐約市。埃利恩於杭特學院畢業。因為性別關係，無法覓得研究職位，只得在高中教化學。1944她加入勃羅・韋爾康實驗室，在那裡擔任希欽斯的助手。這兩位科學家以革開新的研究方式開發出一系列新藥，有效治療了白血病、自體免疫病、泌尿道感染、痛風、瘧疾和病毒性疱疹。他們刻意研究正常人類細胞與癌細胞、細菌、病毒和其他病原體等在生化上的不同，再利用這些資訊來製出能消滅特定病原體或抑制其生殖，但不傷害正常人類細胞的藥物。1988年兩人與布拉克共獲諾貝爾獎。

Eliot, Charles William　艾略特（西元1834～1926年）　美國教育家，生於波士頓。曾就讀於哈佛大學，後來在那裡教數學及化學（1858～1863），1865～1869年在麻省理工學院任教。1869年就任哈佛校長，在研究歐洲教育系統後開始一個重大的改革計畫。他認為健全的通才教育計畫必須給予自然科學以與人文科學相同的地位，取消必修課程，代以選修制度。1890年創立藝術和科學研究所，1894年建立賴德克利夫學院，提高專科學院的品質，使哈佛成為世界聞名的學府。他的改革也對美國的高等教育產生廣大的影響。1909年退休後，主編五十卷《哈佛古典作品》（1909～1910），寫了幾部書，並獻身於公共事務。

Eliot, George　艾略特（西元1819～1880年）　原名Mary Ann Evans。後名Marian Evans。英國小說家，生於瓦立克郡。自小受宗教影響很深，為虔誠的福音派信仰者但在二十多歲時與宗教斷然決裂。她專心從事翻譯、評論，1851～1854年擔任《威斯敏斯特評論》副總編輯。之後轉向寫小說，採用男性的筆名，避免大家對女人的偏見，第一部作品是《教區生活場景》(1858)。後續經典之作包括：《亞當·比德》(1859)、《弗洛斯河上的磨坊》(1860)、《織工馬南》(1861)、《羅慕拉》(1862～1863)、《菲利克斯·霍爾特》(1866)和《丹尼爾·狄隆達》(1876)。傑作《米德鎮的春天》(1871～1872)提供了對當地社會各個階層的完整研究。她開創了現代小說通常採用的心理分析的創作方法。她與已婚人士喬治·亨利·路易斯（新聞記者、哲學家和評論家）相戀雖然是醜聞，但他們共享了一段長期的幸福時光，他們的週日沙龍是維多利亞式生活璀燦的一面。

艾略特，伯頓（F. W. Burton）繪於1865年；現藏倫敦國立肖像畫陳列館
By courtesy of the National Portrait Gallery, London

Eliot, John　艾略特（西元1604～1690年）　英格蘭基督教清教派傳教士，爲麻薩諸塞灣殖民地的印第安人傳教。1631年移居波士頓，任該市附近諾克斯巴里教堂牧師。他在信徒和其他教牧人員的支持下向印第安人傳教，1649年創立第一個眞正的傳教團，其經費來源主要是英格蘭。他的方式幾乎爲兩個世紀印第安傳教團的運行模式。他所翻譯的阿爾岡昆語聖經是在北美洲第一部印行的聖經。

Eliot, T(homas) S(tearns)　艾略特（西元1888～1965年）　美裔英籍詩人、劇作家和文學評論家，生於聖路易。1914年遷往英格蘭之前於哈佛大學就讀，自此在英格蘭從1920年代開始擔任編輯，直到去世。第一首重要的詩作和英語文學第一首現代主義傑作是〈阿爾弗烈德·普魯弗洛克的情歌〉(1915)這首前衛實驗作品。《荒原》(1922)以驚人的能力表達了戰後歲月的覺醒，爲他奠定了國際聲譽。其第一部評論集是《聖林》(1920)，爲後來的批評理論引進新觀念，引起許多討論。1915年結婚，後來他的妻子罹患精神疾病，1933年兩人離異（1957年他再婚，婚姻幸福）。1927年改信安立甘宗，影響了後來的作品。最後一部偉大的作品是《四首四重奏》(1936～1942)，這是四首關於精神革新的詩作，連接個人和歷史的現在和過去上演。後來具有影響力的論文有《怎樣才算是一個基督教社會》(1939)、《關於文化的定義的札記》(1948)。他的劇作《大教堂兇殺案》(1935)是以詩來處理貝克特殉教的故事。其他的劇作如《雞尾酒會》(1950)等重要性較不那麼強。從1920年代起，他就已是最有影響力的現代主義英語詩人。1948年獲諾貝爾獎，自此其地位非其他20世紀詩人所能比擬。

Elis　伊利斯＊　今作Iliá。伯羅奔尼撒西北端古代希臘城邦。鄰亞該亞、阿卡迪亞、麥西尼亞西和愛奧尼亞海。以養馬和奧運會所在地而出名。伯羅奔尼撒戰爭期間曾與雅典結盟，喪失了大部分領土。後來強調奧運會的神聖性，在羅馬占領希臘（西元前146年）後甚至保有一些土地及某種形式的獨立。後來隨著羅馬帝國垮台而瓦解。今天這裡有奧林匹亞的考古遺址，即奧運會的比賽場地。

Elisabethville ➡ Lubumbashi

Elisha＊　以利沙（活動時期西元前9世紀）　希伯來人先知，是以利亞的繼承人，他強烈主張保持以色列人的古老宗教文化傳統，力反所有的異教和外來宗教儀式。他鼓動叛變反對以色列統治家族（暗利王朝），結果造成國王全家被殺。舊約聖經的列王紀上和列王紀下有記載以利沙的故事。

Elisha ben Abuyah　以利沙·本·阿布亞（活動時期約西元1世紀）　猶太學者和放棄信仰者。出生於第二聖殿被毀（西元70年）前，後來成爲令人尊崇的拉比，之後卻因蔑視猶太律法並放棄猶太教信仰而惡名遠播。他精通希臘思想，其判教的動機可能是專心研究哲學，他是諾斯底派的一員，或者改信基督教。在塔木德中他未被指名，一般用「阿赫」（意爲別人或另一人）指他。

Elista＊　埃利斯塔　舊稱斯捷普諾伊（Stepnoy, 1944～1957）。俄羅斯西南部卡爾梅克共和國首府。人口約95,000(1991)。1865年建居民點，1930年設市。1944年卡爾梅克人因被指控與德國人勾結而被史達林放逐，共和國被撤銷，該城亦更名爲斯捷普諾伊。1957年恢復原名。雖然也是商業中心，但大部分勞動力仍從事農業。

Elizabeth　伊莉莎白（西元1837～1898年）　奧地利皇后（1854～1898）、匈牙利皇后（1867～1898）。當時被認爲是歐洲最美麗的公主。1853年與堂兄法蘭西斯·約瑟夫結婚。她很受愛戴，但由於她不能忍受宮廷的嚴格禮儀而觸怒了維也納的上流社會。匈牙利人很尊敬她，尤其是因爲她努力促成了1867年協約。後在訪問瑞士期間，被義大利無政府主義者暗殺。

Elizabeth　伊莉莎白（西元1596～1662年）　亦作伊莉莎白·斯圖亞特（Elizabeth Stuart）。英國公主，1619年起爲有名無實的波希米亞王后。爲蘇格蘭國王詹姆斯六世（後爲英王詹姆斯一世）的女兒。1606年進入英國宮廷。因貌美而受人注目，不久即成爲許多詩人筆下讚美的人物。1613年嫁給巴拉丁選侯腓特烈五世。1619年波希米亞人立腓特烈爲波希米亞國王，稱腓特烈一世，但1620年波希米亞軍隊被天主教聯盟擊敗後，夫婦展開流亡生涯，伊莉莎白自此過了四十年這般生活。1661年她的姪子查理二世准許她回英格蘭。她最出名的兒子是魯珀特王子。

Elizabeth　伊莉莎白（西元1709～1761年）　俄語全名Yelizaveta Petrovna。俄國女皇（1741～1762年在位）。彼得一世和凱薩琳一世之女。在逮捕幼皇伊凡六世、其母安娜及主要顧問後，自立爲俄國女皇。即位後，發展教育和藝術，朝政則大部分委由自己的謀士和親信。在她的統治下，宮廷陰謀層出不窮，國家財政惡化，鄉紳貴族獲得剝削農民的更大特權。然而，卻提高了俄國的聲望，逐漸成爲歐洲大國。她採取親奧反普的外交政策，在與瑞典大戰後兼併了芬蘭南部的部分領土，改善與英國的關係，在七年戰爭中擊敗普魯士。之後由外甥彼得三世繼位。

Elizabeth　伊莉莎白　美國新澤西州東北部城市。人口約110,000(1996)。瀕紐華克灣，鄰近紐華克，有橋和斯塔頓島相通。1664年因從德拉瓦印第安人手中購買土地始有居民。第一次殖民會議在此召開（1668～1682）。美國獨立戰爭時，這裡曾四次成爲戰場。19世紀迅速發展，現在已高度工業化，有重要的航運設施。爲普林斯頓大學原址(1746)。漢彌爾頓和伯爾的故鄉均在此。

Elizabeth I　伊莉莎白一世（西元1533～1603年）　英格蘭女王（1558～1603）。爲國王亨利八世與其第二任妻子安妮·布林的女兒。自幼以端莊凝重著稱，她和男嗣一樣接受正規的嚴格教育。在異母弟愛德華六世和異母姐姐瑪麗一世先後繼位期間，所處情況極爲危險。1554年韋艾特爵士的叛亂後，伊莉莎白被捕，但不久即被釋放。瑪麗死後，她繼承王位時受到全國人民的歡迎。她網羅了一批經驗豐富的顧問，其中包括塞西爾和沃爾辛厄姆，但她仍握緊最後的決定權。在位期間發生的大事如下：恢復英國的新教信仰；處決蘇格蘭女王瑪麗；打敗西班牙的無敵艦隊。她一直活在受英格蘭天主教徒不斷地陰謀威脅中。人稱「處女女王」，她嫁給了自己的王國。曾有多個合適的結婚對象，和列斯特伯爵也曾有過情投意合的跡象，但最後她還是抱持獨身，可能因爲不願失去權力。1601年她把第二位追求者艾塞克斯伯爵第二依叛亂罪處死。雖然晚年國家經濟有所衰退，征服愛爾蘭人也遭到軍事挫敗，但在她的統治下，英國晉升爲世界強國，凝聚了國內力量一致對外。她極有智慧而意志堅強，使得人們對她忠心耿耿。在位期間也是藝術蓬勃發展時期，特別是文學和音樂。死後由詹姆斯一世繼承王位。

Elizabeth II 伊莉莎白二世（西元1926年～） 全名Elizabeth Alexandra Mary。大不列顛聯合王國女王，1952年即位。1936年她的伯父愛德華八世退位，讓位給她的父親喬治六世，這時她即成爲假定繼承人。1947年與她的遠房表兄愛丁堡公爵菲利普結婚，婚後育有四子，其中包括威爾斯親王查理。1952年父親去世，伊莉莎白即位。即位後，多次訪問國協內的國家，並去歐洲各國進行國事訪問。女王似乎越來越清楚現代君主政體的作用，素以提倡宮廷生活簡樸聞名。除了傳統的和禮儀上的責任外，她還以關心政府事務並嚴肅對待著稱。1990年代因兩個孩子的一些婚姻問題受公眾高度矚目而使得君主政體受到質疑。

伊莉莎白二世，攝於1985年
Karsh – Camera Press/Globe Photos

Elizabeth Farnese＊ 伊莉莎白・法爾內塞（西元1692～1766年） 西班牙語作Isabella Farnese。西班牙腓力五世的王妃。帕爾瑪的法爾內塞家族成員。1714年成爲腓力的第二任妻子，很快就取得權勢駕馭其懦弱的丈夫。因爲腓力前妻所生的兩個兒子擁有繼承權，她爲她的孩子們，包括查理三世，謀求義大利屬地。這一追求將西班牙捲入戰爭和陰謀活動中長達三十餘年。不過，她選用了富有才幹又忠心耿耿的大臣，推行有益的內部改革，改善西班牙的經濟。1746年腓力死後，她停止施加任何實際影響。

Elizabeth Islands 伊莉莎白群島 美國麻州東南部的一串小島。位於巴澤茲灣和溫亞德灣之間，從科德角尖端向西南延伸16哩（26公里）。1602年英國航海家戈斯諾爾德曾來此在最西端的卡蒂杭克島築一碉堡，並建立一爲期短暫的（三星期）殖民地。此爲「五月花號」運送清教徒抵達普里茅斯前十八年之情事。群島中最大的島嶼諾申島，在1812年戰爭中爲英國海軍基地。群島地勢低窪，面積14平方哩（36平方公里），土地大多爲私人所有。卡蒂杭克島爲公眾娛樂性捕魚基地。

Elizabeth of Hungary, St. 匈牙利的聖伊莉莎白（西元1207～1231年） 匈牙利公主，因一生致力於濟貧而被封爲聖人。她嫁給圖林根的路易四世，但路易在1277年隨第六次十字軍東征時，在軍中死於瘟疫。之後終生服務貧民和病人，爲他們建了濟貧院。根據傳說，她在進行慈善活動途中與亡夫之靈相遇，當時出現奇蹟，她所攜帶的麵包變成薔薇花。

Elizabethan literature＊ 伊莉莎白時期文學 指寫於英國伊莉莎白一世（1558～1603）在位期間的文學作品，這也許是英國文學史上最輝煌的時期，此時的詩壇妍麗多彩，又是戲劇的黃金時代，同時出現了多種多樣的優秀散文。當時的傑出作家如西德尼、史賓塞、馬羅、莎士比亞等等。但17世紀初開始，各種文學作品，尤其是戲劇，突然出現了明顯的衰落。亦請參閱Jacobean literature。

elk 麋鹿 elk一詞又指鹿屬多種大型動物，尤其是歐洲馬鹿、喀什米爾鹿、喜馬拉雅鹿、美洲赤鹿。Alces alces在歐洲通稱麋鹿，在北美稱爲駝鹿。elk一詞亦可適用於已絕滅的愛爾蘭麋。

Elkin, Stanley (Lawrence) 愛爾金（西元1930～1995年） 美國作家。生於紐約市，成長於芝加哥，1960年開始在華盛頓大學教授寫作。在他的作品中擅用悲喜交織的機智與充滿想像的頓悟鋪陳當代的生活。《哭泣者和好事者，好事者和哭泣者》（1966）是一篇有關猶太人議題的經典短篇小說。小說《獲特許的人》（1976）敘述班・弗拉什（愛爾金亦如此）受多種硬化症之苦，對他來說這是一種啓發也是一種負擔。《生之末路》（1979）包含三個錯綜複雜的中篇小說。

Ellesmere, Lake 埃爾斯米爾湖 紐西蘭南島東部沿海潟湖，位於班克斯半島南側，長14哩（23公里），寬8哩（13公里）。湖水微鹹，水深不及7呎（2公尺）。湖中有大群水鳥。

Ellesmere Island＊ 埃爾斯米爾島 加拿大紐納武特省伊莉莎白女王群島中的最大島，位於格陵蘭西北岸外，據說在西元10世紀時維京人曾到過此島。寬約300哩（500公里），長約500哩（800公里）。是北極群島中地勢最崎嶇的島嶼，有聳立的群山和大片冰原。哥倫比亞海角是加拿大國土的最北端。1986年設立埃爾斯米爾島國家公園保護區。

Ellice Islands 埃利斯群島 ➠ Tuvalu

Ellington, Duke 艾靈頓公爵（西元1899～1974年） 原名Edward Kennedy Ellington。美國作曲家、樂隊領隊、編曲家和鋼琴家，美國音樂史上最重要的人物。1924年在故鄉華盛頓特區組織樂隊，到1927年經常在哈林區的棉花俱樂部演出。直至晚年，艾靈頓公爵的樂隊一直在爵士樂界享有極高的職業和藝術評價。首先最出名的是那種加活塞弱音器的咆哮聲而形成的「叢林」風格，艾靈頓公爵還結合藍調成爲他音樂裡恆久的一部分。他按照各樂器演奏者的特殊風格來作曲，許多演奏者都在這個樂團花了大半生的時日，如薩克斯風手霍奇斯和卡尼，貝斯手布蘭頓，低音大喇叭手南頓和布朗，以及小號手邁利和威廉斯。斯特雷霍恩是艾靈頓公爵的好友和音樂上的最佳拍檔。他常作有大型的音樂作品，其中包括舞蹈音樂、流行歌曲、大型音樂會作品、音樂劇歌曲，以及電影配樂。最有名的作品包括〈靛藍色的心情〉、〈絲綢娃娃〉、〈別再奔波了〉和〈複雜的女人〉。

艾靈頓公爵
Down Beat Magazine

ellipse 橢圓 解析幾何中圓錐截線的一條封閉曲線，包含了與兩個定點（焦點）之距離呈等值增加的所有點。焦點之間的中點為中心。橢圓的一個特性是：連自一個焦點的直線邊界反折會通過另一個焦點。在橢圓形房間中，人在一個焦點輕聲說話時能輕易被在另一焦點的人聽到。卵形可能適合或不適合橢圓的定義。

elliptic geometry　橢圓幾何　一種非歐幾里德幾何，它完全排除歐幾里德的第五公設（平行公設），並修改了他的第二公設。它是以黎曼的名字命名的。它斷言，通過不在給定直線上的點的直線，沒有一條會與給定的直線平行。它還說任何有限長的直線可以無限延長，但所有直線都有相同的長度。儘管黎曼幾何中有許多定理與歐幾里德幾何的一樣，但其餘的卻不相同（例如，三角形的3個角加起來超過180°）。它最容易形象地表示為球表面上的幾何學，在球表面，所有的線都是大圓。

Ellis, (Henry) Havelock　艾利斯（西元1859～1939年）　英國性學研究者。原為醫生，後來放棄行醫，獻身科學和文學工作。主要著作是七卷本的《性心理研究》（1897～1928），這是一部涉及人類性生物學、性行為和人們對於性問題的各種態度的百科全書，內容廣博，立論新穎，包括的課題如同性戀、手淫、性行為中的心理狀態等。此書第一卷出版後，銷售人員即被捕，他被控淫穢罪，之後各卷均在美國刊行，1935年之前，這部鉅著只能在醫藥界合法銷售。艾利斯認為性活動是一種健康而自然的愛的表示，而他本人則在盡力消除許多人對人類性活動的恐懼和淡漠心理。他也以支持女權運動而聞名。

艾利斯
The Mansell Collection

Ellis Island　愛麗絲島　美國紐約東南部上紐約灣的一個島，位於紐約市曼哈頓島西南，面積約27英畝（11公頃）。1808年紐約州政府把該島售與聯邦政府。1892～1943年間是美國主要的移民檢查站，之後該站遷往紐約市區。1965年成為自由女神國家紀念地的一部分。島上的主要大廈為愛麗絲島移民博物館。

Ellison, Ralph (Waldo)　埃利森（西元1914～1994年）　美國作家。生於奧克拉荷馬市，在加入聯邦作家計畫之前於塔斯基吉學院學習音樂。他以小說《隱形人》（1952）一炮而紅，以一位無名年輕黑人的故事為主軸，苦澀地反映出美國的種族關係。公認是第二次世界大戰以來美國最傑出的小說之一。後來發表了兩本散文集《影子和動作》（1964）和《進入領土》（1986），並四處演講和教書。他未完成的第二部小說《六一九》（1999）是在他死後由他的版權處理人卡拉漢代為出版。

Ellsworth, Oliver　艾爾斯渥茲（西元1745～1807年）　美國政治人物、外交官和法官，生於康乃狄克州溫莎市。1777～1783年參與大陸會議，起草了關於國會兩院中的代表人數的1787年「康乃狄克州折衷方案」。1789年成為康乃狄克州最早的兩名美國參議員之一，起草了1789年「聯邦法院組織法」，建立了聯邦法院制度。1796年被任命為美國最高法院首席大法官，1800年底，因身體不適而退休。

elm　榆　榆科指榆屬森林及觀賞陰生喬木，約18種，主要原產於北溫帶。榆葉有重鋸齒，基部常偏斜。花無花瓣，先葉出現，成簇生於去年枝的葉腋。果為翅果，呈被毛的翅狀結構。美洲榆樹皮深灰色，具皺紋；葉橢圓形。許多種榆樹易感染荷蘭榆樹病。榆木耐水浸，用於造船和建築，也用於製家具。亦請參閱slippery elm。

美洲榆的葉與果實
Kitty Kohout from Root Resources

Elman, Mischa　艾爾曼（西元1891～1967年）　原名Mikhail Saulovitch。俄裔美籍小提琴家。自十歲起在聖彼得堡追隨著名小提琴家奧爾習琴。十三歲在柏林首次登台，隨後到德國和英國巡迴演出，1908年第一次到美國表演。他與海飛茲和津巴里斯特（1889～1985）建立了「俄羅斯派」小提琴演奏。由於琴音飽滿、富有感情，一些傑出作曲家為他寫了許多作品。

Elsevier family ➠ Elzevir family

Elsheimer, Adam*　埃爾斯海默（西元1578～1610年）　德國畫家和版畫家。曾在法蘭克福習畫。1600年到羅馬，開始以義大利的古典題材、夜景和風景作畫。畫中常飾渺小的人物與大幅的樹葉成為對比。他在銅器上作小和錯綜複雜的銅版畫，也作大而有力的畫，經常畫以火光和燭光為照明的場景。《逃入埃及》（1609）係其首批夜景畫中的一幅。他是17世紀發展風景畫的重要人物之一，對義大利和荷蘭畫派都有重要影響。三十二歲即辭世。

Elssler, Fanny　埃爾絲勒（西元1810～1884年）　奧地利芭蕾舞者。在芭蕾中採用戲劇化的民間舞蹈（性格舞蹈）。在維也納學舞，從小就在歐洲各國演出。1834年在巴黎歌劇院首次登台演出。因為她熱情而自然的舞蹈與當時流行的塔利奧尼的冷漠學院派風格恰好形成鮮明的對比。1840～1842年在美國巡迴演出，博得觀衆高度讚揚並賺了一大筆錢。之後返回歐洲巡迴表演，直到1851年在維也納退休。

Éluard, Paul*　艾呂雅（西元1895～1952年）　原名Eugène Grindel。法國詩人。1919年結識詩人布列東、蘇波及亞拉岡，他們共同開創了超現實主義運動。後來的作品有《痛苦的首都》（1926）、*Les dessous d'une vie ou la pyramide humaine*（1926）、《公共玫瑰》（1934）和《豐富的眼睛》（1936），一般認為這幾部詩集中的詩是超現實主義的最佳之作。西班牙內戰後，艾呂雅放棄超現實主義試驗。在第二次世界大戰期間他寫了一些描述人類苦難和友情的詩，這些詩祕密流傳，鼓舞了地下抵抗運動的士氣。戰後出版的詩集包括《長生鳥》（1951）更為抒情。

eluviation　淋濾作用　在降雨超過蒸發時，水的移動將地層或土層的溶解或懸浮物質移除的作用。這種溶解物質的流失，通常也稱為淋溶作用。淋濾作用會影響土壤的組成。

Elway, John (Albert)　艾爾威（西元1960年～）　美國美式足球員，生於華盛頓州的安吉爾港。在史丹佛大學時有驚人的運動生涯，在1983年加入丹佛野馬隊之前曾短暫的打過職業棒球。他是史上傳球超過45,000碼的三個四分衛之一，他是先發四分衛勝場記錄的保持者（148），傳球次數（6,392）、傳球成功次數（3,633）及總碼數（48,129）都是史上第三高。以最後關頭反敗為勝著名，他有47次在第四節以達陣贏球或打平手，是NFL的記錄。在帶領野馬隊連續兩年贏得超級杯之後，他於1999年宣布退休。

Ely, Richard T(heodore)＊　伊利（西元1854～1943年）　美國經濟學家，生於紐約雷普利。曾在哥倫比亞大學和德國海德堡大學就讀。他的工作主要在研究勞工騷動、農業經濟及農村貧窮諸問題。1881～1892年任約翰．霍普金斯大學教授，因主張學術自由和對勞工運動史的爭論引起保守分子的反對而辭職。他是美國經濟協會（1885）創辦人之一。1892～1925年於威斯康辛大學任教，曾協助擬定威斯康辛州的社會改革立法方案。

Elysium＊　埃律西昂　亦稱Elysian Fields。在希臘神話中原指諸神授以不朽生命的英雄的去處。荷馬曾描述埃律西昂平原在世界的盡頭，是瀕臨俄刻阿諾斯河的一塊福地。從品達爾時代起，只有一生過正直生活的人才能來到這裡。

Elytis, Odysseus＊　埃利蒂斯（西元1911～1996年）　原名Odysseus Alepoudhelis。希臘詩人。出身於克里特一個富裕家庭，1930年代受法國的超現實主義的影響開始發表詩歌，最早的兩部詩集表露了他對希臘美景和愛琴海的眷愛。第二次世界大戰期間，加入反法西斯的抵抗運動，成爲年輕希臘人中稍有名氣的詩人。他最著名的詩作爲*The Axion Esti*（1959），後來的作品有《統治者太陽神》（1971）和《小水手》（1986）。1979年獲諾貝爾獎。

Elzevir family　埃爾澤菲爾家族　亦作Elsevier family。荷蘭世代經營書店、出版業和印刷廠的家族，從1587～1681年共有十五個家族成員負責經營。家族的其他成員在海牙、烏得勒支和阿姆斯特丹設立分支機構。以銷售希臘文本的新約和古典書籍聞名。出版的書籍印刷精美、設計講究，昔日流行於荷蘭，現被收藏家視爲珍品，被認爲是代表了當時荷蘭圖書的高質量。

Emain Macha＊　艾文瓦赫　前基督教時期和基督教早期，阿爾斯特的政治中心。現稱爲納文堡，位於北愛爾蘭阿瑪鎮附近。這個地方是半傳奇性的歷史人物康納爾．麥克．內薩國王的所在地，他和庫丘林及其他偉大的戰士都是愛爾蘭中古時期阿爾斯特故事中的主角。聖派翠克在艾文瓦赫附近建立他的傳教基地，至今該地仍是天主教和新教教會在愛爾蘭的最高總教區。

Emancipation, Edict of　解放宣言（西元1861年）　俄皇亞歷山大二世發布的文件，附有解放農奴的法令。由於克里米亞戰爭的失敗，人心思變，人民暴動的規模和暴力情況日益增多，使亞歷山大二世體認到非改革不可。這項最後的敕令是個妥協方案，沒有令人完全滿意，尤其是對農民而言。根據法令，農奴應該立即獲得自由和分地，但是獲得分地的手續複雜而緩慢，代價又很高。雖然未能創造出在經濟上能養活自己的農民所有人階級，但在心理層面影響很大。

Emancipation Proclamation　解放宣言（西元1863年）　1863年由林肯總統發布的解放美國奴隸的法令。林肯即位之初，他所關注的維持聯邦現狀，只要不要讓奴隸制擴張到西部準州即可；但在南方脫離聯邦之後，已無任何政治理由再容忍蓄奴制了。1862年9月他呼籲分裂的各州重返聯邦懷抱，或放他們的奴隸自由。當沒有一個州回頭時，1863年1月1日他宣布了這項解放宣言。這條敕令在美利堅邦聯沒有效力，但卻鼓舞了北方人的道德勇氣，也打斷歐洲人支持南方的念頭。宣言也也發揮了實質效應，號召黑人踴躍參軍，到1865年爲止，爲聯邦軍招募了十八萬名黑人生力軍。1865年第十三條憲法修正案的批准正式廢除了奴隸制。

embargo　禁運　指扣留商船或其他財物，阻止它們前往一個外國領地。國內禁運是在本國港口扣留本國船隻，敵方禁運是扣留他國的船隻或財物。禁運一詞也指一種合法的禁止商業交易。當國際組織採用禁運爲政治手段時，禁運要發揮效力就需靠非會員國和會員國之間的通力合作。自1960年以來，美國以貿易禁運政策來對付古巴，但並未拖垮其政府。1974年各阿拉伯石油生產國對西方工業化國家實行石油禁運，企圖迫使西方國家改變對以色列的政策，結果同樣失敗。

Embargo Act　禁運法　美國國會1807年批准的法案，針對船運出口物資關閉所有美國港口，並限制從英國進口商品。這是傑佛遜總統針對英法兩國在拿破崙戰爭期間騷擾中立的美國商船所採取的抵制手段。法案使美國農民和新英格蘭的商家及出口商蒙受損失，而對歐洲的影響則很小（參閱Hartford Convention）。在強大的輿論壓力下，傑佛遜終於在1809年解除禁運，但英國騷擾美國船隻的事件依然頻傳，最後導致1812年戰爭。

Embden, Gustav Georg＊　恩布登（西元1874～1933年）　德國生理化學家。1914年美因河畔法蘭克福大學成立時，他就在那裡任教。他研究糖代謝及肌肉收縮的化學，首先發現了糖原轉化爲乳酸代謝過程的各中間步驟，並將各步驟聯繫起來。他著重研究生物體內的化學過程，特別是肝組織的中間代謝過程。在研究一種預防組織損害的技術時，發現肝臟在代謝中起重要作用，從而促進了對正常糖代謝及糖尿病的研究。

Embden-Meyerhof-Parnas pathway ➠ glycolysis

embezzlement　盜用　指受委託持有財物者以欺詐手段侵占財物的犯罪行爲。通常說來，所謂的盜用是指合法持有他人財物，而後予以私吞的行爲。這是盜用與偷竊的不同，偷竊是不經他人同意而取走其財物。最廣爲採用的法規適用於公共基金管理人。許多法律將犯此罪行的公務員課以高額罰金，即使基金遺失的原因爲管理不當而非蓄意的偷竊。亦請參閱fraud、theft。

embolism＊　栓塞　血流被栓子堵塞的一種病理現象。栓子是血流中不應出現的物質，這種物質可能是血塊，也可能是來自遭受擠壓傷的脂肪組織，或其他氣體的氣泡。若向腦供血的血管被堵塞，可引起中風。若栓子堵塞肺動脈或其一分支的血流，會引起呼吸困難，胸骨後不適，還會使一段肺組織壞死（稱爲肺栓塞），引起發燒、心跳加快。冠狀動脈栓塞，可導致心肌梗塞。亦請參閱thrombosis。

embroidery　刺繡　用針和線來裝飾紡織品的藝術。最基本的技巧是十字針鏽和絎縫繡。古波斯人和希臘人即穿戴絎縫繡縫成的盔甲。現存最早的刺繡製品大約是西元前5世紀～西元前3世紀時西徐亞人所製。而尚存的最著名的中國刺繡則爲清朝（1644～1911/1912）的絲質皇袍。在伊斯蘭波斯，保留有16和17世紀的刺繡製品，在風格上墨守成規，其幾何圖形是根據動植物的形狀而來。北歐的刺繡製品直到文藝復興時期大部分是教會式的。17和18世紀北美的刺繡反映出歐洲的傳統和技巧。美洲原住民則在獸皮或樹皮上用染色的豪豬毛鏽製羽毛製

1800～1825年法國刺繡背心圖案；現藏紐約市大都會藝術博物館
By courtesy of the Metropolitan Museum of Art, New Yourk City, gift of United Piece Dye Works. 1936

品，後來用交易來的珠子取代羽毛。中美洲印第安人則生產一種鏽製羽毛裝飾品。拜約掛毯是現存最有名的刺鏽製品。

embryo＊ 胚胎 動物在卵中或母體子宮內發育的早期階段，在這段期間其基本的形式、器官和組織開始發展。在人類指受孕後到第七或第八週爲止的有機體，之後則稱爲胎兒。在哺乳動物中，卵與精子結合而成受精卵，受精卵發生數次細胞分裂（卵裂）後，形成一個中空球形的囊胚。受精之後第二週，原腸胚形成後，胚胎分化爲三個組織類型，這三種組織類型再發展爲不同的器官系統：外胚層發育成皮膚和神經系統；中胚層發展爲結締組織、循環系統、肌肉和骨骼；內胚層形成消化系統、肺以及泌尿系統。以人類來說，在受孕後第四週左右，頭部和軀幹的區分逐漸明顯，腦、脊髓、內部器官開始發育。到了第五週，四肢開始出現，胚胎長約0.33吋（0.8公分）。到第八週結束，胚胎已成長到1吋（2.5公分）長，接下來的變化有限，主要是現存結構的成長和特化。任何的先天性疾病也是在這個階段就開始出現。亦請參閱pregnancy。

embryology 胚胎學 研究胚胎和胎兒的形成和發育的學科。在顯微鏡尚未普及應用和19世紀細胞生物學尚未出現之前，胚胎學只是一門以肉眼形態描述和比較形態學爲基礎的學科。從亞里斯多德時代起，人們就開始爭論胚胎究竟是什麼的問題，「胚胎預存說」、「同比侏儒說」、「逐漸分化說」等等，莫衷一是。直到1827年貝爾發現哺乳動物的卵，才證明胚胎漸成說的理論。德國解剖學家魯（1850～1924）以首創蛙卵的研究（1885年起）而聞名，成爲實驗胚胎學的創始人。

emerald 祖母綠 綠柱石中具有鮮綠色的變種，是非常珍貴的寶石。其物理性質基本上與綠柱石的相同，折射率和色散率都不高（意即其偏離光的能力，以及將白光的組成色彩分解的能力），因此琢磨過的祖母綠的輝度或火彩都不太強。這種寶石所以有異常珍貴的顏色，大概是由於含有少量的鉻。品質最佳的寶石材料產自哥倫比亞，祖母綠也產於俄羅斯、澳大利亞、南非和辛巴威。合成祖母綠可視作天然水晶，其顏色和美麗程度可與之媲美。

emergence 突生 演化論中指無法根據先前的條件加以預測或解釋的一種體系的產生。英國科學哲學家路易斯（1817～1878）對生成物（resultant）和突生物（emergent）加以區別：生成物是可以根據結構成分來預測的現象（如沙和滑石粉的實體混合）；突生物則是無法根據結構成分來預測的現象（如鹽這類化學合成物，看起來跟鈉或氯一點都不像）。演化論把生命看作一部綿延不斷的歷史，在其各個階段中已出現徹底嶄新的形式。生命的每一種新形式只能按照它自己的程序原則去理解，這些就是突生的情況。在心靈哲學中，應對突生特性狀態的主要候選者即爲心靈狀態和事件。

Emerson, P(eter) H(enry) 愛默生（西元1856～1936年） 英國攝影家。愛默生原習醫，最初拍照是用來輔助他對東英吉利亞農民和漁夫所作的人類學研究，後來這些照片刊行於幾本書中。他是最早將攝影當作藝術表現的一種媒介，出版了一本手冊《自然主義攝影》（1889），勾勒出自己的美學體系（他自稱爲自然主義），他強調照片看起來要像照片，不能像繪畫。這本書極受人歡迎，使他被公認爲世界主要的攝影大師，他的觀點對20世紀的攝影界影響很深。

Emerson, Ralph Waldo 愛默生（西元1803～1882年） 美國散文作家、詩人和演說家，生於波士頓。畢業於哈佛大學，1829年任基督教一位論派牧師並開始佈道。三年後，他對自己的宗教信仰和職業產生懷疑，從而脫離教會。1836年發表《論自然》，這本書開創了新英格蘭超驗主義運動，不久他就成爲該運動的領導人物。1834年定居於麻州康科特，這裡是他的朋友梭羅的故鄉。他的演說是有關學者應該扮演的合適角色，以及基督教傳統的衰弱導致相當多的爭論。1840年他和富勒協助創辦了超驗主義雜誌《日規》，藉以廣泛宣揚超驗主義的新觀點。《論文集》（1841, 1844）爲他贏得世界的知名度，其中收有〈論自助〉篇。《代表人物》（1850）包含了歷史人物的傳記。《人生的行爲》（1860）是他最成熟的作品，主要反映了作者全面的人文主義思想，他充分意識到人的局限性。《詩集》（1846）和《五月節》（1867）使他獲得了美國重要詩人的聲譽。

愛默生，平版畫；格羅澤利耶（Leopold Grozelier）製於1859年
By courtesy of The Library of Congress, Washington, D. C.

emery 金剛砂；剛玉砂 由剛玉礦（氧化鋁〔Al_2O_3〕）混合磁鐵礦或赤鐵礦等氧化鐵組成的顆粒狀岩石。金剛砂爲暗色、緻密的物質，外觀上很像鐵礦石。土耳其是世界金剛砂的主要生產國。長久以來用作磨料或拋光材料，尤其是做成砂紙，然而現在已大部分被氧化鋁等人造材料取代。如今其最大的用途是作爲地板、樓梯踏板及路面的止滑物。

émigré nobility＊ 流亡貴族 法國大革命時逃離法國的貴族。他們在流亡時（主要在英格蘭），策劃密謀推翻革命政府，尋求外國援助，以恢復舊政權。法國的革命領袖曾採取措施對付他們的活動，規定在1792年1月仍拒不回國的流亡者得以叛國罪處死刑，且他們的財產爲國家沒收。1802年拿破崙對大部分流亡者給予特赦。在波旁王室復辟以後，他們在法國政界形成一股重要力量。

Emilia-Romagna＊ 艾米利亞－羅馬涅 義大利北部自治區。人口約3,924,000（1996）。濱亞得里亞海，北至波河，西部和南部以亞平寧山脈爲界。區名源出古羅馬建於西元前187年左右的艾米利亞大道。波隆那爲此區的主要城市暨首府。此區以前的範圍包括帕爾馬公國、摩德納公國和教宗轄區羅馬涅。1861年併入義大利王國。1948年始建爲現在的政治區。北部肥沃的艾米利亞平原使該自治區成爲全國主要農業區之一。牧業和乳品業分布廣泛，有大型食品加工廠。

Emin Pasha, Mehmed＊ 艾敏・帕夏（西元1840～1892年） 原名Eduard Schnitzer。德國醫生、探險家和埃及蘇丹行政主管。曾任鄂圖曼帝國軍醫及行政長官，因而取了土耳其名字。1876年在喀土木任英國將軍戈登部隊的軍醫。1878年被指派爲赤道省省長。馬赫迪派運動時，埃及政府曾放棄蘇丹（1884），艾敏陷入孤立，1888年爲史坦利所救。後來在一次遠征赤道非洲途中被阿拉伯奴隸販子殺害。透過他寫的幾篇學術性報告和所採集的標本，他對了解非洲的地理、自然史、人種學和語言學方面貢獻很大。

eminent domain 徵用 指政府不經所有人同意將其私有財產取供公用的權力。多數國家，包括美國（在第五次修憲時加入），其憲法都規定要給予所有人一定的補償。徵用作爲最高統治當局特有的、附有補償義務的一種權力，這一概念來自17世紀的自然法法學家，如荷蘭的格勞秀斯和德國的普芬道夫。亦請參閱confiscation。

emir＊　埃米爾　在中東穆斯林地區，指軍事首領、省長或高級軍官。自稱埃米爾的第一個領袖是第二代哈里發歐麥爾一世，這個頭銜由他的繼承者一直沿用到1924年哈里發制被廢除爲止。10世紀時，巴格達的哈里發軍隊指揮官也用了這個頭銜。後來中亞的一些獨立國家（尤其是布哈拉和阿富汗）的統治者也採用這個稱號。阿拉伯聯合大公國則全由舍赫統治。

Emmett, Daniel Decatur　安梅特（西元1815～1904年）　美國節目主持人和詞曲創作者。父爲俄亥俄州工匠，十七歲參軍，吹軍笛。1843年與三位表演者在紐約組織了維吉尼亞黑人表演團，是最早的黑臉歌舞秀團體之一。1859年安梅特寫了〈迪克西〉這首流浪樂師的曲子，後來成爲美國南北戰爭期間美利堅邦聯和內戰後南方的非正式國歌。所寫的歌還包括Old Dan Tucker和Blue-Tail Fly。他同時也爲斑鳩琴和一些手工樂器譜曲。

Emmy Award　艾美獎　美國電視界每年表揚傑出成就者的獎項。Emmy其名源自映像管一字的別稱immy。艾美獎由全國電視藝術與科學學會設立（1946），由學會會員投票選出劇情類、喜劇類等諸多類型之優秀節目、演員、導演及編劇等。

Emory University　艾莫利大學　美國喬治亞州亞特蘭大的一所私立大學。1836年成立時爲一所學院，由基督教衛理公會所贊助；1915年與一所醫學院合併成爲大學。設有兩個大學部學院（一所是四年制，一所兩年制），一個人文暨科學研究所，一個整合性醫療專業學部，以及法律、商業、神學、公共衛生、護理、醫學等學院。研究設施包括卡特總統中心、耶基斯靈長類中心以及一個癌症中心。學生總數約爲11,000人。

emotion　情緒　一種情感方面的意識，通常被認爲是主觀的感受、行爲的表達和神經化學活動的綜合表現。大部分的研究者主張，情緒是人類演化遺跡的一部分，藉由增加一般知覺和促進社交而逐漸適應的結果。1872年達爾文首度提出非人類的動物也具有情緒。有廣泛影響的早期情緒理論家是美國的詹姆斯和蘭格（1834～1900），他們認爲情緒是人對外在刺激而產生的體內生理反應的一種知覺。甘農質疑這種觀點，並引導人注意視丘可能是情緒反應的一種源頭。後來的研究者把焦點轉向腦幹結構，即網狀結構，它結合了腦部活動和可引發情緒的認知或行動。認知心理學家們已著重研究在情緒形成中比較、相稱性、評估、記憶、屬性所扮演的角色。所有的現代理論家都認同情緒影響了人們的知覺、學習和回憶，以及在個人發展上扮演重要的作用。跨文化研究顯示，許多情緒是全世界一樣的，但它們所表達出的特別含意和風俗卻大不相同。

emotivism　情緒論　後設倫理學（參閱ethics）的一種觀點，主張道德判斷並不是在陳述事實，而是在表達說話者或作者的情緒。根據情緒論者的看法，當我們說「你偷錢的行爲是錯的」，我們只是在表達「你偷錢」這個事實。然而，我們爲了要說明這件事是錯的，便以一種厭惡的語調說出來，以表達我們對此不贊同的感受。情緒論在艾爾的《語言、眞理與邏輯》（1936）中有詳盡的闡述，在史帝文生的《倫理學與語言》（1945）中則有進一步發展。

empathy　神入　亦譯移情或替代經驗。一種能設身處地理解他人的情感、欲望、思想及活動的能力。一位神入的演員或歌手會覺得自己已化身爲所扮演的角色。藝術作品的欣賞者或文學作品的讀者也會有將自己融入於所觀看或凝視的物件中的類似狀態。它也是心理諮商的一個重要部分，由羅傑茲發展而來。

Empedocles＊　恩培多克勒（西元前490?～西元前430年）　希臘哲學家、政治人物、詩人和生理學家。作品現僅留存兩首詩中的五百行字。他認爲一切物質由四種主要成分，即火、空氣、水、土所構成。他和赫拉克利特一樣，認爲愛和爭鬥這兩個力量是相互作用的，以使四種物質結合與分散。他還堅信靈魂轉生之說，要拯救靈魂就要禁食動物的肉，因爲它們的靈魂可能曾一度寄生在人體之內。

emperor　皇帝　古羅馬帝國君主的稱號，並爲後來歐洲各種不同的統治者援用；也用以泛指某些非歐洲的君主。奧古斯都是第一個羅馬皇帝。拜占庭皇帝在君士坦丁堡統治到1453年爲止。查理曼在800年成爲第一個西方皇帝（後來是神聖羅馬帝國皇帝）。962年奧托一世稱帝後，只有德意志國王擁有這個頭銜。在歐洲其他地方，統治多個王國的君主（如阿方索六世統治萊昂和卡斯提爾）有時也採用皇帝這個頭銜。拿破崙自封皇帝，聲稱是查理曼的繼承人，直接威脅到哈布斯堡王室。英國的維多利亞女王採用印度女皇稱號。中國、日本、蒙兀兒、印加和阿茲特克等歐洲以外的國家，其統治者也稱皇帝。

emphysema＊　肺氣腫　亦稱pulmonary emphysema。一種病理狀態，肺臟充氣過度而產生的異常擴張，通常和抽煙、慢性支氣管炎有關。病理變化爲肺的彈性組織消失或變性，毛細血管壁消失，肺組織顯得乾燥而蒼白。因肺泡壁損壞，肺臟因此逐漸充滿大量空氣。臨床症狀如用力時氣急、體重減輕、肢端腫脹、紫紺、胸悶，常有喘鳴。大泡性肺氣囊腫是肺氣腫的一個類型，此時在一側或兩側肺內膨脹的肺泡形成了大的氣囊，有時氣囊破裂，引起肺萎陷（參閱atelectasis），或可用手術將其切除。肺氣腫是沒辦法好轉的，即使在戒煙之後，病況仍繼續惡化，可能導致死亡。亦請參閱pulmonary heart disease。

Empire State Building　帝國大廈　位於美國紐約市曼哈頓中心區的一幢102層鋼框架結構，由施里夫、蘭姆暨哈蒙公司設計，1931年建成。高1,250呎（381公尺），當時超過克萊斯勒大廈成爲世界上最高的建築物（1954年以前）。以採用收進的建築手法聞名。

Empire style＊　帝國風格　法國第一帝國時期（1804～1814）盛行的一種室內裝潢和家具風格。與英國攝政時期風格相呼應。建築師柏西埃（1764～1838）和方丹（1762～1853）爲迎合拿破崙渴求像羅馬帝國時代的風格，以古典的家具和復古圖案來裝飾其寢宮，再加上人面獅身像和棕櫚葉飾物以彰顯他征服埃及的戰績。這種風格影響了藝術（如在繪畫方面影響了大衛，在雕刻方面影響了卡諾瓦，還有凱旋門），變成了流行時尚，並很快傳遍整個歐洲。

empiricism　經驗主義　由兩個密切相關的哲學學說組成，一個是概念，另一個是信念。有關概念（如萬有引力）的學說是：若涉及使用者本身已有或可能有過的經驗（如重量、無支撐物體掉落），概念即能被理解。有關信念（如萬有引力使空間彎曲）的學說是：歸根到底必定由經驗來檢證（如通過太陽附近的光線會偏離直線通道）。兩個學說彼此不相包含。幾名經驗主義者承認有先驗命題，但否認有先驗概念。另一方面，少數（如果有的話）經驗主義者認爲在主張先驗概念存在時，就已否認先驗命題的存在。洛克、柏克萊、休姆是經驗主義的典型代表人物。亦請參閱Bacon,

Francis。

employee training　員工培訓　亦稱在職訓練（job training）或職業訓練（occupational training）。施予受雇員工之職業教導。第二次世界大戰期間首度在已開發國家中普遍實施。與工作有關的培訓是必須的，如新技術、新方法、新工具、新化學合成品、新動力資源和日益增加的自動化已帶來重大改變。聯合國及其專門機構在開發中國家致力於各種培訓計畫。亦請參閱technical education。

Empson, William　燕卜蓀（西元1906～1984年）受封爲威廉爵士（Sir William）。英國詩人和評論家。曾就讀於劍橋大學。後來到日本和中國教書。在《晦澀的七種類型》（1930）中，他認爲用詞意義模糊或重疊可以豐富詩歌的語言而不是缺點，這種論點對20世紀的評論主義影響很大，其細心斟酌詩文的態度幫助奠定了新批評派的基礎。後來的作品包括《田園詩的幾種變體》（1935）和《複雜詞的結構》（1951）。他深受玄學派詩人但恩的影響，所寫詩歌大多抒發個人感情，不問政治，晦澀難懂。

Ems River　埃姆河　古稱Amisia。德國西北部河流。源出萊茵－西伐利亞東北部的條頓堡林山南麓，大致向西北流，最後注入北海。全長230哩（371公里）。河口在荷蘭形成寬廣的河灣。1892～1899年建立多條運河，多特蒙德－埃姆運河爲魯爾工業區提供了出海口，河上交通繁忙。

Ems Telegram　埃姆斯電報　1870年從普魯士埃姆斯拍給俾斯麥的電報，俾斯麥將之修改後公布，故意冒犯法國政府。電報敘述了普魯士國王威廉一世和法國大使會面的事情，威廉禮貌地拒絕了法國要求他承諾其家族成員放棄繼承西班牙王位。此事一經披露，似乎雙方互有凌辱之意，因而爆發了普法戰爭。

emu *　鴯鶓　澳大利亞的平胸鳥。是現存僅次於鴕鳥的第二大鳥類，身高超過5呎（1.5公尺），體重超過100磅（45公斤）。鴯鶓是由殖民者所造成的幾個絕滅類型中唯一的倖存者，體健壯，腿長。兩性體羽均爲褐色，頭和頸暗灰。鴯鶓的跑速每小時可達30哩（50公里），被困時用三趾的大腳踢人。鴯鶓終生配對，成小群取食果實和昆蟲，有時會毀壞莊稼。亦請參閱cassowary。

鴯鶓
V. Serventy – Bruce Coleman Inc.

emulsion　乳液　兩種或多種液體的混合物，其中一種液體以極細的液滴態分散在整個另一種液體中（參閱colloid）。加入某些試劑，使在液滴表面形成膜（如加入肥皂或洗滌劑分子），或給予液滴以機械穩定性（加入膠體碳、膨潤土、蛋白質或糖類聚合物），可使乳液變得更穩定。不穩定乳液最終會分成兩個液層。破壞乳化劑或使乳化劑失活，如加入適當的第三種物質或再冷凍或加熱，均可使穩定乳液遭到破壞。聚合反應常常發生在乳液中。許多熟悉的工業產品是油溶於水（o/w）或水溶於油（w/o）的乳液：牛奶（o/w）、奶油（w/o）、乳膠漆（o/w）、地板和玻璃蠟劑（o/w），以及許多化妝品和個人保養的醫藥用品（兩者皆有）。

Enabling Act　授權法案　德國國會於1933年通過的一項使希特勒取得獨裁權力的法案。納粹黨、德國國家人民黨以及中央黨的國會議員皆投票贊成這個法案，該法案「授權」給希特勒政府，使其得以自行頒佈法令，不受國會及總統的限制。希特勒因之獲得一個基礎，由此初步實現他的國家社會主義革命。

enamelwork　琺瑯製品　把一種玻璃質釉料燒附在金屬表面作裝飾的金屬製品。琺瑯工藝品既富有色彩，又經久不變。最適合作琺瑯製品的是小巧的物品（如珠寶、鼻煙壺、香水瓶和錶），而以銅、黃銅、青銅和黃金等金屬材質來製成。最有名的製作方法是掐絲琺瑯和鏨胎琺瑯。早在西元前13世紀開始就已生產琺瑯製品，在拜占庭帝國達到顛峰，到中世紀和文藝復興時期盛行於整個歐洲。20世紀初，法貝熱製作了一些十分精美的黃金、陶瓷和珠寶的琺瑯製品。亦請參閱Limoges painted enamel。

encephalitis *　腦炎　腦部的炎症，最常見的原因爲傳染性病原體的直接或間接作用。傳染性腦炎最常見的病原爲病毒。其中之一（包括多發性硬化）會攻擊髓鞘，隔絕了神經纖維而非神經元。多數類型腦炎的共同症狀爲發熱、頭痛、困倦、昏睡、昏迷、震顫、頸背僵直。抽搐多見於嬰兒。典型的神經體徵包括動作失調，不隨意動作，臂、腿和其他身體部位無力。腰椎穿刺（即取出髓液來分析的方式）療法也許都會引發這些症狀，但並非是其病因。一般只作對症治療及讓患者充分安靜休息，在復原後仍可能出現各種症狀。

Encke's Comet *　恩克彗星　在已知彗星中公轉週期（約3.3年）最短的一顆彗星，1786年首次被觀測到。它也是第二顆（繼哈雷彗星之後）被算出週期的彗星，由1819年約翰·法蘭茲·恩克（1791～1865）算出來的。他還發現該彗星的週期在每公轉一周減少約212小時，且表示用行星引力的影響無法說明這一效應。恩克彗星的週期還在繼續縮短，但變短的速率在減慢，而這顯然和釋氣效應有關。

enclosure movement　圈地運動　西歐將公有的土地分割或合併成爲近代經審愼規畫、屬私人擁有和經營之農田。在圈地之前，許多農地呈條狀零星散布；一年之中唯有在生長季節至收割完畢期間，始有個別的農人占用。其後，至次一生長季節來臨之前，土地則由社區移作放牧村中之牲畜及其他目的之用。英國圈地運動始於12世紀，並於1450～1640年間迅速進行；迄19世紀末，英國公有土地上圈地的過程實際已告完成。歐洲其他地區在19世紀之前，圈地並不盛行。可耕地的公有權，在大部分地區都已不復存在。

encomienda *　監護徵賦制　西班牙王國政府爲確定美洲殖民地印第安居民的地位而制定的法律制度。按規定，監護徵賦制是由王室將某一地區居住的一定數量的印第安人授予某一征服者、士兵、官吏或其他人員管轄。接受這一職務的人稱「監護人」，可向印第安人徵收貢賦，但必須保護印第安人，並指導他們信仰基督教。監護徵賦制不包括授予土地，但實際上監護人控制了印第安人的土地。其目的雖在減少分派勞役制的濫用，但實際上成爲一種奴役形式。

encryption, data ➠ data encryption

Encyclopædia Britannica　大英百科全書　最古老、最大型的英語綜合性百科全書。1768年12月第一版的《大英百科全書》在蘇格蘭愛丁堡推出，全套三冊於1771年完成。後來在篇幅與範圍不斷擴增，聲譽日隆。最出名版本包括第九版（1875～1889），有「學者百科全書」之稱；第十一版（1910～1911），聘請了全球知名的專家（約1,500名）來撰稿，並將傳統長而詳盡的論文分割成多個逐一敘述的條目；第十四版（1929），開始每年修訂和再版。現今的版本是第十五版（1974），整個架構做了大變動，分爲「詳編」（大條目）和「簡編」（短條目）。現已製成CD-ROM形式，並有線上版本。其公司所有權經過一連串的易手，在1901年由美國出版商購得，1940年代以來已在芝加哥發行。

encyclopedia＊　百科全書　一種包括各門類知識的或全面介紹某一門類知識的工具書。是一種完備的工具書，在內容解釋上較詞典來得仔細。百科全書與曆書（年鑑）不同，曆書的資料只涉及過去；百科全書與教科書也不相同，它易於檢索，並容易爲一般人所理解。雖然百科全書一般寫成許多獨立的詞條，但格式和內容差異很大。通常大家公認錢伯斯的《百科全書》（1728）是現代百科全書的原型，而第一部現代百科全書是法國的《百科全書》（1751～1765）。最大的英語綜合性百科全書是《大英百科全書》。

Encyclopédie　百科全書　18世紀的法文百科全書，由啓蒙哲學家們編纂，是啓蒙運動的主要著作之一。其全名爲《百科全書，或科學、藝術和手工藝分類字典》，此書是因爲錢伯斯所編《百科全書；或藝術與科學通用字典》（1728）大受歡迎而問世的。在狄德羅的指導下，加上達朗伯的幫助，全書十七冊在1751～1765年完成，後來又陸續增加冊數，最後組成三十五冊。剛出書時雖然遭保守的教會和官員的反對，並禁止出版，但此書吸引了當時許多重要的思想家來撰稿，如盧梭、伏爾泰和狄德羅本人，他們被人稱爲「百科全書派」。《百科全書》以其懷疑論、注重科學決定論和對當時政府、司法和教會弊端的批判而產生了廣泛的影響，表達了在法國大革命之前已形成的一種進步思想。

endangered species　瀕危物種　泛指任何受到滅絕威脅的動物或植物物種。若干國際的與國家性的機構都保有瀕臨絕滅品種的項目紀錄，並努力保護和保存其天然棲居地，以及推動多項復育這些品種的計畫。這類機構之一爲「國際自然及天然資源保育聯盟」所屬「孑遺物種服務委員會」，該會發行一系列活頁式資料《紅皮書》，公布有關全世界瀕危物種的訊息。在美國，由內政部的「美國魚類及野生動物署」負責保育和管理魚類及野生動物（包括瀕危物種）的資源與棲居地。至今該署已編列出將近1,200種國內瀕臨絕滅或受威脅的動植物名單，約有兩百個復育計畫正在進行。

endive＊　苣蕒菜　菊科一年生植物，學名Cichorium endivia。認爲起源於埃及或印尼，歐洲自16世紀就有栽培。品種很多，分爲捲葉（或狹葉）品種群和寬葉品種群。前者多用作涼拌沙拉，後者烹調食用。

endocarditis＊　心內膜炎　心內膜的炎症，可伴發生於非感染性疾病（如紅斑狼瘡），也可能因任何一種微生物的感染所引起，感染部位常在心瓣膜的表面。嚴重細菌感染患者病情發展迅速，表現爲發熱、出汗、寒戰、關節腫大、關節痛、衰弱和栓塞等等。亞急性（或慢性）心內膜炎的病原一般不致病。細菌性心內膜炎一般應長期連續投用抗生素。非細菌性血栓性心內膜炎是一種原因不明的炎症，特徵爲血凝塊沿著心瓣膜的關閉線增長。

endocrine system＊　內分泌系統　由無管腺體組成的系統，分泌激素（荷爾蒙）以供身體正常生長、發育、繁殖和自我恆定性之需。主要的內分泌腺體包括下視丘、腦下垂體、甲狀腺、朗格漢斯氏島、腎上腺、副甲狀腺、卵巢和睪丸。分泌不僅由腺體的調節素來調節（偵測一種化學物質的高或低的水準，而抑制或刺激分泌），還由一種複雜的結構來調節（包含下視丘和腦下垂體）。腫瘤產生的荷爾蒙會打亂這種平衡關係。內分泌系統疾病是由於荷爾蒙分泌過量或不足引起，或因對荷爾蒙不正常的反應。

endocrinology＊　內分泌學　研究激素（荷爾蒙）和其他生化介質的生理功能，以及治療內分泌失調疾病的醫學。1841年亨勒首度發現「無管腺體」，能將其產物直接輸入血液中。20世紀初期，這個領域建立了基礎。1902年斯塔林第一次引用了「荷爾蒙」這個名詞，並提出這種化學物質和生理過程的神經調節有關。治療方式是以提純萃取物替代不足的荷爾蒙爲基礎。核子醫學的發展爲內分泌疾病引進了新療法，如以放射性碘治療甲狀腺功能亢進症，大大地降低了甲狀腺手術的必要性。還有一種放射性免疫測定法（參閱radiology），可偵測到極微量的荷爾蒙變化，使早期診斷和治療內分泌疾病成爲可能。

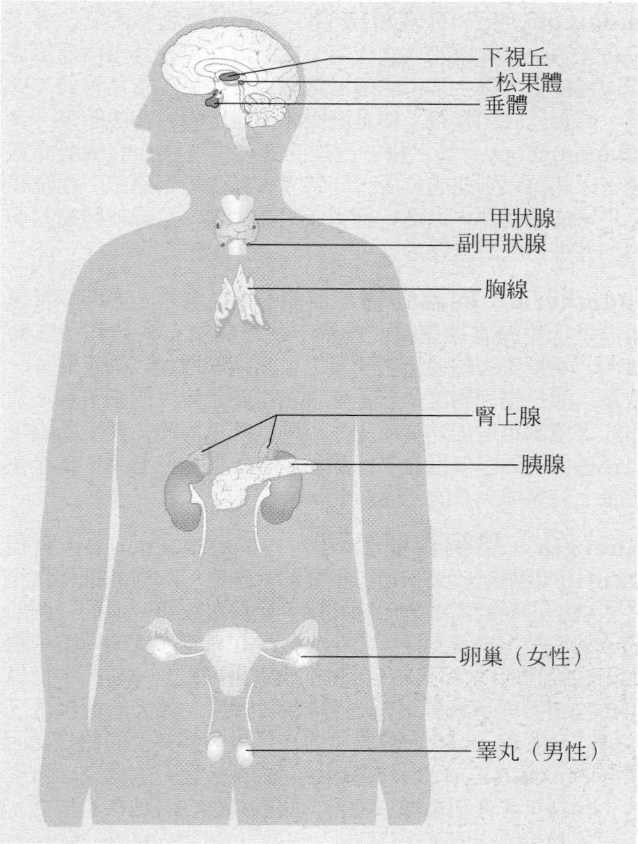

人類的內分泌腺。
© 2002 MERRIAM-WEBSTER INC.

endogamy　族內婚　➡ exogamy and endogamy

endometriosis＊　子宮內膜異位症　女性生殖系統疾病，子宮內膜生長在異常位置。子宮內膜的組織剝落可能在月經時未經陰道流出卻經輸卵管進入盆腔，並埋植於其他盆腔組織中，宮內膜埋植的最常見的部位是卵巢。本病的症狀包括：伴隨月經或恰在經前的進行性嚴重疼痛；性交困難（性交疼痛）；排便疼痛；月經前的輕度出血及經期間的過量出血；排尿困難及尿中帶血；不孕症。這種病最好用腹腔鏡檢查來診斷。治療方式包括手術和用激素抑制排卵6～9個月。

endoplasmic reticulum (ER)＊　內質網　眞核細胞（參閱eukaryote）的細胞質內高度迂迴蟠曲的膜系統，在蛋白質和脂類的生物合成中起重要作用。內質網通常構成細胞內膜系統的一半以上，並與外核膜相連。內質網可分爲兩個完全不同的類型：一爲粗糙內質網（RER），有核糖體附著在膜層的表面，故名。其功能是合成分泌蛋白質、磷脂和膜等。另一種爲光滑內質網（SER），無核糖體附著。其主要功能爲藉萌出運輸泡的方式轉運粗糙內質網（RER）的合成的物質。光滑內質網亦參與脂類的合成及某些有毒化學物質的解毒。

endorphin＊　恩多芬；腦啡　分布於腦內的一群蛋白質，具有像鴉片之類麻醉劑一樣解除疼痛的特性。1970年代發現恩克發靈、β－恩多芬及地諾芬。三者以具有特色的形式分布於整個神經系統。恩多芬參與了疼痛調節過程及針刺止痛過程，它們還與食欲控制、腦下垂體性激素的釋放和休克有關。實驗證明恩多芬與腦內的「快樂中樞」非常有關，用針刺療法似乎可激起它們反應。認識恩多芬的作用將有助於對成癮性和習慣性疼痛問題的治療。

endoscopy＊　內窺鏡檢查　透過身體管腔的開口導入裝有光源的管筒或開放式管筒，從而得以窺視身體內部器官的一種檢查方法。常用的儀器類型有食道鏡、支氣管鏡、胃鏡、直腸乙狀結腸鏡（檢查直腸和下段結腸）和腹腔鏡（參閱laparoscopy）等。由於光纖的進步，使操作的儀器能夠達到以前難以到達的位置，同時大大減少了不適感。內窺鏡上也可加裝附件，以進行細胞或組織採樣、息肉或腫瘤的切除和外來物的清除等。

endotherm　內溫動物　所謂的溫血動物，亦即不管環境溫度而維持常態體溫的動物。內溫動物有鳥類和哺乳動物。若熱量流失超過產生的量，代謝速率增加以補足流失，或是以顫抖提高體溫。若是熱量產生超過流失的話，喘氣或出汗等機制可增加熱量流失。不同於外溫動物，內溫動物可以在極低的外在溫度之下活動與生存，但由於必須不斷產生熱量，就需要大量的「燃料」（食物）。

Energia　恩納吉亞公司　亦稱RKK Energia。舊稱OKB-1。俄羅斯航太公司，重要的太空船、火箭和飛彈生產者。恩納吉亞公司創始於1946年，是蘇維埃研究所的一個部門，掌理長程飛彈工作。十年之後，在科羅寥夫領導下，變成獨立設計處OKB-1。在1950年代研發出R-7（SS-6），世界第一枚洲際彈道飛彈，修改過的R-7將第一顆人造衛星送上軌道（參閱Sputnik）。蘇聯早期在「太空競賽」的領先局面要歸功於OKB-1，不過想要超越美國載人登月的祕密計畫失敗。1974年非營利組織恩納吉亞集團以OKB-1爲核心成立。公司的重點在於研發與運作太空站（參閱Salyut、Mir）。1990年代早期，恩納吉亞公司變成國際太空站俄羅斯部門（該公司供應太空站的「星辰號」居住與控制艙）主要承包單位，但是後來比重逐漸減小。1994年改名爲RKK Energia，部分私有化。蘇聯1991年解體之後，恩納吉亞公司參與多國衛星發射部門，提供布洛克DM上節火箭，將酬載推進到地球同步軌道。

energy　能量　做功的能力。能量有多種形式，其中包括動能、位能、熱能、化學能、電能（參閱electricity）和核能，而且能量可從一種形式轉變爲另一種形式。如用燃料燒熱的引擎把化學能轉爲熱能，電池把化學能轉爲電能。雖然能量可從一種形式轉變爲另一種形式，但它不會創造或毀滅，亦即全部能量在一個封閉系統保持不變。所有形式的能量都與運動有關，如一個滾動的球具有動能，而從地面上把球舉高，即具有位能，如果放開它就有可能再移動。熱和功包含了能量的轉移，熱被轉移可能變成熱能。亦請參閱activation energy、binding energy、ionization energy、mechanical energy、solar energy、zero-point energy。

energy, conservation of　能量守恆　物理學原理。指封閉系統中相互作用的物體或粒子的能量保持恆定，而能量有各種不同的形式（如動能、位能、熱能，或在電流的能量，或儲存在電場、磁場或化學鍵當中）。隨著相對論物理學的出現（1905），質量被看作是與能量等價的。當處理一個高速粒子系統時，其質量會因高速運動而增加，能量和質量的不滅定律變成一個守恆定律。亦請參閱Helmholtz, Hermann (Ludwig Ferdinand) von。

energy, equipartition of　能量均分　統計力學的定律，它指出：一個熱平衡系統的每個獨立的能量狀態具有相等的平均能量。它特別指出：絕對溫度爲T的平衡態的質點系統，沿每個自由度的平均能量是1/2kT，k爲波茲曼常數。例如，氣體原子有3個自由度（3個空間座標），因此平均總能量是3/2kT。

Energy, U.S. Department of (DOE)　美國能源部　美國聯邦執行機構，掌管國家能源政策。1977年建立，推動能源效率以及再生能源的使用。國家安全計畫發展與監督核能資源，環境管理部門監督廢棄物管理以及廢棄設施的清理行動。化石能量部門發展政策與法規，關於天然氣、煤與電力的使用，其地區性的能源管理機構傳送由聯邦水力發電計畫產生的電力。

Engelbart, Douglas (Carl)　恩格爾巴特（西元1925年～）　美國電腦科學家。生於奧瑞岡州波特蘭，從加州大學柏克萊分校獲得博士學位。1960年代在猶他州史丹福研究所設立增強研究中心。發明超文字、多視窗顯示、滑鼠和群組軟體。1968年他在舊金山說明這些功能，開啓了發展進程，導致微軟Windows作業系統的誕生。恩格爾巴特在史丹福研究所的小組是ARPANET四個創始成員之一，這是網際網路的前身。退休之後，領導啓動系統研究所，研究支援電腦合作的方式。1997年獲頒圖靈獎。

Engels, Friedrich＊　恩格斯（西元1820～1895年）　德國社會主義哲學家。父親是紡織廠的廠長，後來他自己成爲成功的生意人，從沒有因他的共產主義原則和批評資本家而干擾到他的公司有利的運作。年輕時對「青年黑格爾派」所闡述的黑格爾哲學開始有興趣，後來被人說服改信共產主義是黑格爾主義和辯證法的合乎邏輯的結論。1844年恩格斯出版《英國工人階級狀況》。他在科隆結識了馬克思，兩人建立了恆久的夥伴關係，一起促進社會主義運動。他們兩人說服倫敦第二次共產黨代表大會接受他們的觀點，大會乃授權他們兩人起草《共產黨宣言》（1948）。馬克思去世（1883）後，恩格斯成爲關於馬克思和馬克思主義的最大權威。除了寫自己的書外，恩格斯還以馬克思未完成的手稿和筆記爲基礎寫成《資本論》第二卷（1885）和第三卷（1894）。

engine　發動機；引擎　將不同形式的能量轉換成機械動力或機械運動的一種機器。工業革命期間發展出的蒸汽機原本是用來啓動固定機械，後來在19世紀被改爲推進機車和船隻，後來併爲蒸汽渦輪機。19世紀末奧托和狄塞耳發展了內燃機。後來在20世紀開始使用燃氣輪機和火箭引擎。亦請參閱diesel engine、gasoline engine、jet engine、rocket、rotary engine。

engineering　工程　應用科學知識使自然資源最佳地爲人類服務的一種專門技術。工程主要建立在物理、化學和數學的基礎上，範圍並擴至材料學、固體力學和流體力學、熱力學、傳遞過程和速率過程，以及系統分析。工程涉及了一個專門知識的龐大體系，要具備專業的能力就需應用這種知識接受廣泛的訓練。工程師所利用的自然資源有兩類：材料和能源。獲得使用的材料反映了其特性：強度、容易製造、輕巧或耐久性；絕緣或傳導能力；以及化學、電子和聲學上的性質。重要的能源包括化石燃料（煤、原油和天然氣）、風、陽光、急流和核分裂。亦請參閱aerospace engineering、civil engineering、chemical engineering、genetic engineering、mechanical engineering、military engineering。

engineering geology 工程地質學 亦稱地質工程學（geological engineering）。將地質知識用於工程問題的學科。這些問題的實例有水庫設計和選址；建築上確定地面坡度穩定性；評定在施工地區如發生地震、洪水或地面沈降時的危險性，再考慮如何建造道路、管道、橋梁、水壩或其他工程。

England 英格蘭 拉丁語作Anglia。大不列顛島的南部，不含威爾斯，人口約48,904,000（1995）。它是大不列顛與北愛爾蘭聯合王國的最大單位。英格蘭常被誤認爲與大不列顛島甚至整個英國同義。儘管政治、經濟、文化的遺產使其名長存，英格蘭卻不再以國家的形式正式存在，在聯合王國內也未享有個別的政治地位。土地屬於低矮丘陵地和高原，海岸線長達2,000哩（3,200公里）。堅實的高地本寧山脈隔離了英格蘭北部，切維厄特丘陵界定了蘇格蘭邊線。科茲窩德山和埃克斯穆爾、達特穆爾高原區位於西南部，唐斯位於東南部，而南部爲索爾斯堡平原。英格蘭的氣候多變，海上氣候通常溫和，但不穩定。面積50,363平方哩（130,439平方公里），被分爲八個地理區，常被指爲英格蘭的標準區域，這些區域並不發揮任何行政功能。東南區以倫敦爲中心，是經濟上的支配性區域。它包含了範圍廣泛的製造業、以科學爲基礎的工業、商業活動。西密德蘭位於英格蘭中西部，屬於多元化的製造區，以伯明罕爲中心。本區也包括莎士比亞鄉間，以阿文河畔斯特拉福爲中心。東密德蘭位於英格蘭中東部，也是一個製造區，還包含煤礦場及英格蘭最好的一些農地。東英吉利亞是英格蘭的最東部分，主要是農業區，但高科技工業亦在此發展。曼徹斯特和利物浦是西北區主要的製造城市，該區以紡織製造業而聞名，而今逐漸讓位給工程工業。亨伯賽德位於東部，以紡織和製鋼業而聞名，也有化學和工程工業，以及廣大的農地。北區延伸到蘇格蘭邊界，包括著名的湖區，還有煤礦場及船塢。包括康瓦耳在內的西南區擁有日益成長的旅遊業，而有些地區逐漸工業化。英格蘭特別因漫長而豐富的文學傳統而聞名，也有著名的建築、繪畫、劇院、博物館、大學（參閱Oxford, University of、Cambridge, University of）。亦請參閱Great Britain、United Kingdom。

England, Bank of 英格蘭銀行 英國的中央銀行，總管理處在倫敦。1694年根據議會法案建立，很快成爲英國最大、最有威望的金融機構。19世紀期間，該行逐漸承擔起中央銀行的職責。該行原爲私有，1946年才國有化。

England, Church of 英國聖公會 英國的國家教會及安立甘宗的母教會。基督教於2世紀傳入不列顛，後幾乎被入侵的盎格魯－撒克遜人摧毀，597年坎特伯里的聖奧古斯丁來此地傳教，才得以恢復。中世紀時教會和英國間的衝突，因宗教改革運動時亨利八世與天主教決裂而達於頂峰。當教宗拒絕宣布亨利與亞拉岡的凱瑟琳的婚姻無效，國王便頒布「至尊法」（1534），宣布英國國王是英國聖公會的首腦。亨利的繼承者愛德華六世在位期間，宗教改革之風傳入英格蘭。瑪麗一世在位的五年裡天主教得以恢復，但伊莉莎白一世即位（1558），重新宣布英國聖公會爲國家教會，以「公禱書」（1549）和「三十九條信綱」（1571）爲禮儀和教義的標準。17世紀清教徒運動興起，終於演成英國內戰（1642～1651）；共和期間政府鎮壓聖公會，但1660年聖公會又恢復。18世紀聖公會中出現福音派，強調新教傳統，19世紀英國又興起牛津運動，強調天主教傳統。20世紀英國聖公會積極參加普世教會運動。英國聖公會保留主教制，首腦是坎特伯里大主教。1992年教會舉行投票以任命女性爲牧師。美國聖公會源自英國聖公會，兩者間仍保持聯繫。

English Channel 英吉利海峽 亦稱海峽（The Channel）。法語作La Manche。大西洋的狹長海灣，分隔英格蘭南部海岸和法國北部海岸。英吉利海峽東端有多佛海峽接北海。法語名（意爲「袖子」），指其形狀，自西向東漸窄，最寬處約112哩（180公里），最狹處21哩（34公里，位於英國多佛和法國加萊之間）。對歷史上由歐洲入侵英國的人來說，英吉利海峽是通道也是障礙，20世紀時成爲全世界海運最頻繁的航道。海底隧道於1994年完工，提供了倫敦和巴黎間的陸上交通路線。

English Civil Wars 英國內戰（西元1642～1651年） 指國會派與王黨支持者之間在不列顛群島進行的戰鬥。查理一世和下院間已對立一段時間。在他企圖逮捕五位議員卻未得逞後，雙方備戰。第一次內戰（1642～1646）：1642年查理一世在諾丁罕豎起他的旗幟，隨後進行了幾次不分勝負的遭遇戰，但最後由克倫威爾領導的國會軍在馬斯敦荒原和內斯比兩次戰役中獲勝。到1646年，王軍終於潰散。1647年查理與一蘇格蘭團體訂立祕約，答應在英格蘭扶持長老派，壓制獨立派，以換取蘇格蘭的援助。因此導致第二次內戰（1647～1649），一連串的王黨暴亂和蘇格蘭人的入侵，但這些都被平定，最後查理於1649年被處死。鬥爭持續著，王黨軍在查理二世的領導下，於1651年入侵英格蘭。同年國會軍在烏斯特徹底將王黨擊敗，查理二世逃往國外，內戰乃告結束。在政治上，內戰的結果是共和國和攝政政體的建立；在宗教上，促成了英格蘭人不信奉國教的傳統。亦請參閱New Model Army、Solemn league and Covenant。

English East India Co. 英屬東印度公司 ➟ East India Co.

English horn 英國管 管弦樂隊用木管樂器。爲大型雙簧管，音高比普通雙簧管低五度，有一個鱗莖樣的喇叭口，頂端有一個金屬彎管，雙簧片就放在裡面，F調樂器。它既不是英國的也不是號角：它的原名爲cor anglais，cor即爲號角之意，指的是它原本像號角般的彎曲形狀，但anglais（意即英國）的來源則仍是個謎。英國管約莫從1750年首度出現，至今仍是基本樂器。

English language 英語 在世界六大洲廣泛使用的語言，屬印歐語系日耳曼諸語言。是美國、英國、加拿大、澳大利亞、愛爾蘭、紐西蘭和加勒比海及太平洋等島國的主要語言，也是印度、菲律賓和許多撒哈拉沙漠以南地區的非洲國家的官方語。以英語爲母語的人數逾3.5億人，居世界第二位。英語是學習人數最多的外國語，也是使用人數最多的第二語言，已成爲20世紀科學和商業方面的國際語言。英語的句子通常以主詞開頭，接著是動詞和受詞（參閱syntax）。以拉丁字母書寫，和弗里西亞語、德語、荷蘭語有很深的淵源。英語的歷史始於西元5和6世紀，朱特人、盎格魯人及撒克遜人自德國和丹麥移入不列顛。1066年諾曼征服將法語引進英語中，希臘字和拉丁字在15世紀亦加入其中，現代英語大約始於1500年。英語向其他語言引進大量詞彙，並且增加許多可反映科技發展的詞彙。

English school　英國畫派　18世紀下半葉至約1850年英國繪畫的主導學派。倫敦畫家兼雕版畫家霍迦斯在1730～1750年間完善了兩種新穎獨特的英國形式的繪畫：一種是風俗畫，也就是「當代道德題材」，以十分情節化的處理方法抨擊當時的生活和世俗；另一種是小型群像畫，或稱「世態畫」。雷諾茲爵士和根茲博羅這兩位畫家振興了英國的等身肖像畫；英國風景畫傳統的創始人則是威爾遜；在歷史畫方面，威斯特和科普利這兩位出生於美國的畫家在英國頗著聲譽。英國浪漫主義藝術的繁榮主要歸功於英國兩位偉大的風景畫家透納和康斯塔伯。這個時期的畫作，其質量是以與歐洲大陸的藝術分庭抗禮，始對歐洲繪畫的發展產生決定性的影響。

English sparrow ➠ house sparrow

engraving　雕版　在金屬或木製的片狀或塊狀物上切割設計圖案的過程。用雕刻刀或推刀在銅、鋅、鋁或鎂的板塊上刻劃，而設計圖是刻在橡皮製的滾筒上。木雕是由木版畫而來，但木雕用的素材是硬的、平順的黃楊木，通常以推刀切割、輔以銅製的雕刻刀，製作出完善、更細緻的影像。與金屬雕刻相較，木雕更適於在片狀或塊狀的形體上雕塑；而在製作中未被印上圖樣的部分則將之切除。亦請參閱etching。

ENIAC＊　電子數值積分電腦　全名Electronic Numerical Integrator and Computer。1945年由埃克脫和莫奇利在美國建造的早期電子數位電腦。ENIAC十分龐大，重達三十噸，塞滿一整個房間，大約用掉18,000個真空管，70,000個電阻器，和10,000個電容器。1945年12月解出第一個問題，爲氫彈做計算。在1946年正式公諸於世之後，用來製作砲彈彈道的表格，並執行其他軍事和科學的計算。

Enigma　謎語機　第二次世界大戰以前和戰爭期間，德國軍事指揮機構使用的、將戰略性文電譯成密碼的裝置。謎語機密碼於1930年代初被波蘭人破解，因此德國在戰爭中所傳達的訊息最後都被聯軍的解碼員所視破（亦請參閱Ultra）。

Enkidu＊　恩奇杜　美索不達米亞英雄吉爾伽美什的朋友與對手。在古代的吉爾伽美什史詩中，恩奇杜是由安努神創造出來的野人。遭吉爾伽美什擊敗後，兩人成爲好友（有些版本爲恩奇杜成爲吉爾伽美什的僕人），並聯手打敗由女神伊什塔爾派來毀滅他們的神牛。衆神殺死恩奇杜作爲報復，並指引吉爾伽美什去尋求永生。

enlightened despotism　開明專制　亦稱柔性專制（benevolent despotism）。18世紀的一種政府形式：專制君主因受啓蒙運動的影響而從事法律、社會和教育上的改革。腓特烈二世、彼得一世、凱薩琳二世、瑪麗亞·特蕾西亞、約瑟夫二世、利奧波德二世等人，都是非常有名的開明君主。他們通常會展開行政改革、宗教寬容以及經濟發展等行動，但並不會去提出一些會削弱其統治權力或是妨害社會秩序的改革方案。

Enlightenment　啓蒙運動　17和18世紀歐洲的一次思想運動，它把上帝、理性、自然、人類等各種概念綜合爲一種世界觀，得到廣泛贊同，由此引起藝術、哲學及政治等方面的各種革命性的發展變化。啓蒙運動的思想重點是對理性的運用和讚揚。對啓蒙運動的思想家來說，一般承認的權威，無論是在科學或宗教方面，都要置於獨立自由的心智的深入探查之下。在科學和數學方面，邏輯歸納法和演繹法的應用，使一種嶄新的宇宙論點產生生成爲可能。爲尋求合於理性的宗教而促使自然神論的產生；還有更爲激進的理性運用的結果，如：懷疑論、無神論和唯物論。啓蒙運動產生了心理學和倫理學上第一批非宗教化現代理論，由洛克、霍布斯等人提出，這些觀點導致各種激進的政治學說的產生。洛克、邊沁、盧梭、孟德斯鳩、伏爾泰和傑佛遜都對獨斷專行的國家體制作過順乎潮流的批判，並根據天賦人權和政治民主構擬出一種更高級的社會組織形式。啓蒙運動所留下來最有價值的遺產是：人類歷史是一部人類普遍進步的紀錄這樣一種信念。

Ennin＊　圓仁（西元794～864年）　日本平安時期初的僧人，十五歲時入京都附近比睿山天台宗延歷寺，拜該寺創建人天台宗祖師最澄爲師。在中國居留九年學習佛法，847年返國，帶回漢文佛教典籍559卷和唱念讚文的樂譜傳，這種樂譜至今仍流行於日本。他將吟誦淨土（Amida，阿彌陀佛〔Amitabha〕）之名的習俗引介予日本佛教界，以爲通往淨土天堂重生的路徑。他亦成立了天台神祕學派。圓仁於854年任天台宗座主，他的教誨影響了世代日本佛教。

Enniskillen＊　恩尼斯基林　亦作Inniskilling。北愛爾蘭西南部城鎮，人口約11,000（1995）。弗馬納區首府。位於厄恩河的島上，爲恩尼湖的戰略交會點。曾於1689年與英王詹姆斯一世併肩擊退詹姆斯二世的軍力，贏得清教徒堡壘的美譽。長期爲駐軍要塞城鎮，其名來自於皇家印尼斯基林軍隊和第六印尼斯基林重騎兵團，兩者均爲英國著名軍團。該城現今爲農業市場。

Ennius, Quintus＊　恩尼烏斯（西元前239～西元前169年）　羅馬詩人、戲劇家兼諷刺作家。爲早期拉丁詩人中最有影響者，公認爲羅馬文學之父。其敘事詩《編年紀》敘述從埃涅阿斯的飄流寫到詩人自己所處時代的羅馬。它也是一部民族史詩，直到羅馬詩人維吉爾寫的《伊尼亞德》出現，才黯然失色。恩尼烏斯擅長寫悲劇。從希臘劇本中改編過來的戲劇有十九個劇目，留存約420行。

ensilage ➠ silage

Ensor, James (Sydney)＊　恩索爾（西元1860～1949年）　受封爲恩索爾男爵（Baron Ensor）。比利時畫家和版畫家。在布魯塞爾學習繪畫，大部分時間在其故鄉奧斯坦德度過。1883年加入一個進步畫家的組織「二十人社」，開始描寫幻想形象，如骷髏、幽靈和可怕的假面具等。其作品《基督降臨布魯塞爾》（1888），以塗抹、炫目色彩繪之，引起憤慨。一些負面的評論使得他變得更爲憤世嫉俗，最後終於使得他成爲隱士。1929年《基督降臨布魯塞爾》第一次公開展出時，國王阿爾貝特晉封他爲從男爵。恩索爾是對表現主義構成影響的人物之一。

enstatite＊　頑火輝石　輝石類中常見的矽酸鹽礦物。是低溫下鎂矽酸鹽（$MgSiO_3$，常含有10%鐵）的穩定形態。鎂矽酸鹽的其他形態是在高溫下出現的原頑火輝石及在低溫下不穩定的斜頑輝石。頑火輝石和原頑火輝石晶體屬斜方晶系；斜頑輝石屬單斜晶系。頑火輝石屬正交晶系。

entablature　檐部　古典建築中緊接柱子之上，非古典建築中緊接類似支承體之上，由橫向線腳或橫帶組成的部分。古典柱式的檐部常分爲三個主要組成部分：最下的額枋，原爲橫跨在兩個支承體上的過梁；中間的檐壁，爲無線腳的平面，有時有裝飾；最上的檐口，由幾條從檐壁面上挑出的線腳組成。檐部的原始形式來自三種主要柱式：多立斯柱式、愛奧尼亞柱式和科林斯柱式。

entamoeba＊ 內阿米巴屬 內阿米巴屬的原生動物。多寄生於脊椎動物（包括人）的腸道內；溶組織內阿米巴引起人類阿米巴痢疾。大腸感染溶組織內阿米巴通常無症狀，而腹瀉、腹痛和高熱可能係源自腸壁穿孔和潰瘍。繼發性感染（阿米巴病）即阿米巴通過門靜脈傳布到肝、肺、腦和脾臟所致，並造成這些器官的潰瘍。溶組織內阿米巴包囊通過蠅和蟑螂沾污的食物和水傳遞。齦內阿米巴見於牙齦邊緣，尤其見於不健康或流膿的口中，但未能證明可致病。

entasis＊ 圓柱收分線 建築中對柱子、尖塔或類似的直立部件的輪廓所作的微凸曲線，以免在直線收分的情況下產生凹陷或薄弱的視覺錯覺。最早的古希臘多立斯柱式建築中過於強調圓柱收分線，西元前5世紀～西元前4世紀中漸趨緩和，哥德式尖塔和較小的羅馬風式柱子中只偶爾有圓柱收分線。

Entebbe incident＊ 恩德比突襲（西元1976年7月3～4日） 以色列的突擊隊營救一架法國噴射客機中103名人質的行動。這架飛機被巴勒斯坦解放組織的成員劫持到烏干達的恩德比機場。劫持者釋放了其中258名乘客，扣留其餘的人作爲人質，以此要脅以色列釋放被羈押的53名巴解成員。以色列派遣運輸機裝載100～200名士兵，由戰鬥機護航，從以色列出發；在這次卓越的營救過程中有7名恐怖分子、1名士兵和3名人質喪命。

Entente, Little ➠ Little Entente

Entente Cordiale＊ 英法協約（西元1904年） （法語意爲「友好了解」〔Cordial Understanding〕）英國與法國締結的協定，目的在解決一系列殖民地爭端，結束了英法之間的敵對狀態。協約中規定：英國在埃及、法國在摩洛哥均可自由行動，同時還解決了一些主權爭端。英法協議降低了每個國家的實際孤立性，亦使德國人遭受打擊，因爲長期以來德國的對外政策是建築在英法對抗的基礎上。此協約使英法兩國在第一次世界大戰前得以進行外交合作，對抗德國，也有助於後來的軍事結盟。

enthalpy＊ 焓 熱力學系統（參閱thermodynamics）中內能E與壓強P和體積V的乘積之和。即H=E＋PV。焓是系統的一種與能量性質類似的態函數，具有能量的量綱，其值完全由系統的溫度、壓強和組分決定。根據能量守恆定律，系統內能的變化等於傳遞給系統的熱量減去它所作的功。如果作的功只是在恆壓下改變體積，焓的改變就等於傳遞給系統的熱量。

entomology 昆蟲學 研究昆蟲的動物學分支學科，包括分類學、形態學、生理學和生態學。昆蟲學的應用和研究層面包括昆蟲對人類的害處和利益衝擊。

entropy＊ 熵 物質系統的不能用於作功的能量的度量。熵是一種廣延量，即它的量值由處於一定熱力學狀態的物質的量決定。熵的概念是德國物理學家克勞修斯（1822～1888）於1850年提出的，孤立系統的熵上能增加不能減少，有時也被說成是熱力學第二定律。根據這一定律，在熱氣體與冷氣體的自發混合、氣體向眞空的自由膨脹以及燃料的燃燒之類的不可逆過程中，熵都是增加的。在多數非科技使用上，熵被認爲是一個混亂和漫無目系統的測量方式。

enuresis＊ 遺尿症 指受過完整排便訓練的正常兒童，反覆地排尿在被褥和衣服上的情形，通常發生在夜裡。分爲原發性和繼發性，有可能是家族性的。緊張的生活經歷、缺乏良好的排便訓練以及常期在社會群中處於不利地位等情況，都可增加遺尿症的發生率。治療包括對家長和患兒進行輔導和安慰，行爲療法，以及在開始遺尿時用鬧鐘叫醒。藥物治療是最後選擇，但並非完全有效。

Enver Pasa＊ 恩維爾・帕夏（西元1881～1922年） 土耳其軍人和政治人物。曾參與1908年青年土耳其黨廢除鄂圖曼蘇丹阿布杜勒哈米德二世的行動。1912年任利比亞班加西行政長官。在第二次巴爾幹戰爭（1913）中任陸軍總參謀長。第一次世界大戰時任國防部長。戰後，是凱末爾的競爭對手。1920年他請求蘇俄幫助他推翻土耳其的凱末爾政權，未能如願以償。但蘇俄仍允許他前去土耳其斯坦協助建立中亞的幾個土耳其和穆斯林共和國。但他參與反對蘇維埃政權的巴斯馬赤暴亂，被紅軍擊斃。

environmental geology 環境地質學 研究利用地質學到基礎知識於土地利用與市政工程的學科。它與城市地質學密切相關，並涉及到人類活動對實質環境造成的影響。其他重要內容包括採礦區的重新開墾，爲建造房屋、核能發電廠和其他設施確定地質上穩定的地點，及圈定建築材料，如砂、礫石的來源地。

Environmental Protection Agency (EPA) 美國環境保護署 美國政府機構，訂定並執行國家污染管制標準。由美國總統尼克森設立（1970），解決各州環境法混淆且效果不彰的混亂局面。早期的成就如禁絕滴滴涕使用（1972），訂定汽油去除鉛的最後期限（1973），建立健康飲用水標準（1974），監督機動車輛的能源效率（1975）。這個單位的存在提高了對全球環境的覺醒與關切。

environmental sculpture 環境雕刻藝術 20世紀一種把觀衆置於藝術品之中的藝術形式，環境藝術雕刻家幾乎可以利用任何中間媒介如泥、石以至聲和光等。室內環境雕刻作品常將雕刻作品與美術館或博物館放置的空間相結合。戶外環境雕刻則著重於大自然和城市的戶外環境。其他人所作的「土方工程」常常大幅度地改變地表面貌，如史密生的「螺旋碼頭」（1970），用推土機在大鹽湖修築了一條延伸1,500呎（460公尺）長的螺旋形土石碼頭。克里斯托的包裝建築物是城市環境藝術作品最著名的一項。

environmentalism 環境論 倡導對自然環境保護或改善的學科，特別是以社會運動來控制環境污染。環境論的其他特殊目的還有控制人口成長、保護自然資源，及限制會有不好影響的現代技術。美國和英國有影響力的環境論學者有：馬爾薩斯、繆爾、瑞秋・卡森、康末納埃爾利希和愛德華・威爾遜等人。環境論還包括社會科學中闡述環境因素在文化和社會發展中的重要性的理論。

enzyme 酶 在活性生物體中起催化劑作用的物質，它調節化學反應中的反應速率而自身不被改變。它減低了開始這些反應所需的活化能；少了它，多數都無法在有用效的速率中發生。在它們參與的催化反應中並不會消耗掉，可以被反覆利用，酶催化一個反應只需要很小的數量。酶催化細胞新陳代謝的各個方面，包括大營養素分子（如蛋白質、碳水化合物和脂肪）被斷裂成較小分子的食物消化過程、化學能的守恆和轉變，以及從較小的前體構成細胞大分子。幾乎所有的酶都是蛋白質。酶有許多酶包含了一個輔助因子，它可能是有機化合物（如維生素），或是無機金屬離子（如鐵、鋅）。它的輔助因子結合了活性構型，通常包括引起適切反應的活性物質。酶的活性可以通過多種途徑抑制。當與基質分子十分相似的分子與酶的活性部位相結合並阻礙酶與實際

E F G

基質的結合時，就會發生競爭抑制。如果酶的構型被改變（參閱denaturation），那麼它就會失去其活性。酶依其反應的形式可分成：一、氧化還原反應酶；二、轉移酶；三、水解酶；四、裂解酶；五、異構（參閱isomer、isomerism）酶；六、連接酶或合成酶（聚合）。一種酶僅與一類或一組被稱爲基質的物質相互作用催化某一種反應，由於這一特點，常常在基質名稱後加上「-ase」來命名酶。工業上利用酶來發酵葡萄酒、麵包，凝結乳酪和釀造啤酒，它在醫藥上的用途有殺死致病微生物、促進傷口癒合及診斷某些疾病。

Eocene epoch＊　始新世　第三紀的一個大的分期，始於大約5,480萬年前，終於大約3,370萬年前。繼古新世之後，在漸新世之前。始新世一名源於希臘文eos（開端），指的是現代生物的開始；在始新世期間，現代哺乳動物的所有大類，即所有的目，全都出現了。氣候溫暖、潮濕，溫帶和亞熱帶森林分布廣泛，但草原範圍有限。

Eochaid Ollathair ➠ Dagda

eohippus＊　始祖馬　已絕滅的馬的種類，爲馬的祖先，一般稱爲曙馬。早始新世（5,480萬～4,900萬年前）時在北美和歐洲繁榮興盛。今和歐洲其他種歸入始馬屬。始祖馬肩高1～2呎（30～60公分），視種類而定。後肢較前肢長，適於奔跑。身軀苗條，四肢細長，腳長，前後足均僅3趾有功能（雖然前肢有4趾）。顱骨的長度從短（爲原始形態）到相對較長（更像現代的馬）各不相同。

Eolie, Isole　埃奧利群島 ➠ Lipari Islands

eon　宙　漫長的地質時間尺度。在正式的用法，宙是最長的地質時間單位（代〔era〕的長度次之）。公認的宙有三個：顯生宙（從現代回溯至寒武紀開始）、元古宙、太古代。在較非正式的場合，宙是指十億年的時間。

eon（諾斯底派） ➠ aeon

Epaminondas＊　伊巴密濃達（西元前410?～西元前362年）　底比斯政治家、軍事戰術家和領袖。西元前371年在留克特拉戰役中以新戰術擊敗斯巴達人，使底比斯成爲希臘最強的城邦。此戰術是在以壓倒性的力量先對付敵軍最強的部隊。他另外四次成功的攻入伯羅奔尼撒。西元前370～西元前369年從斯巴達人手中解放了麥西尼亞希洛人。西元前362年，他率領盟邦的軍隊在曼提尼亞擊敗斯巴達、雅典和他們的盟邦。但是他也在戰場上負傷身亡。

ephemeris＊　星曆表　刊載一個或多個天體位置的表，通常還附有其他補充材料。早在西元前4世紀就已有星曆表，它對天文學家和航海人員都至關重要。現代的星曆表以計算爲主，它牽涉繁複的計算和細心的校驗。許多由國家主辦的星曆表都是定期出版的。美國出版的《美國天文年曆和航海曆書》於1852年首次發行，後來成爲一本最好的國家年曆。

Ephesus＊　以弗所　希臘愛奧尼亞古城，故址在今土耳其西部塞爾柱村附近，位於凱斯特河南方，爲阿提米絲神廟所在地。傳統上是卡里亞人所建，爲愛奧尼亞的十二個城市之一，曾參與波斯戰爭和伯羅奔尼撒戰爭。西元前334年左右被亞歷山大大帝征服，在整個希臘化時代都很繁榮。西元前133年轉到羅馬人手中；在奧古斯都統治下成爲羅馬在亞洲一省的首府。曾是早期基督教的中心，聖保羅曾來此地，也是「以弗所書」的領受地。西元262年哥德人摧毀了該城和神廟；二者後來都沒有恢復。該城的廢墟至今仍在發掘。

ephor＊　掌政官　希臘原文ephoros。斯巴達五名最高級政務官的頭銜，和兩位國王一起構成國家主要行政領導機關。掌政官的名單可上溯到西元前754年。每一個成年的男性公民都有資格參加一年一度的選舉。掌政官主持元老會議和公民議會的會議，並負責貫徹執行兩會的法令。他們擁有極大的警察權力，所以他們每年能向希洛人宣戰一次，並在非常時期能逮捕、監禁和參加審判國王。

epic　史詩　文體莊嚴、歌頌英雄功績的長篇敘事詩，它涉及重大的歷史、民族、宗教或傳說主題。最初或傳統的史詩爲源於英雄時代傳說；其次或文學史詩則是由老練的詩人爲特定的文學和觀念目的而有意識地改寫的傳統史詩。荷馬史詩通常被認爲是首批重要的史詩和西歐非原始史詩的傳統和特徵的主要來源。史詩傳統的內容包含了：以英雄爲中心，這個英雄有時是占有重要地位的半人半神人物；廣闊的、甚至無邊的地理環境；英勇的戰鬥；曠日持久並常常是充滿異國情調的旅程；以及在情節中出現神靈。

epic theater　敘事劇　亦譯史詩劇。不參照傳統戲劇結構來表現一系列偶然事件的戲劇形式，是一次大戰後由布萊希特等人所建立。它常插入與場景不甚連結的直接與觀衆說話的方式進行，提供了分析、爭論和引證的觀點。布萊希特的目的在於要求演員在自己與所飾角色之間保持一定距離，做到不理會內心感覺和感情，專注於作爲社會關係標記的各種程式化外部動作。

epicenter　震央　產生地震的地殼擾動源頭（稱爲震源）正上方的地表處。一般受震最爲嚴重。亦請參閱seismology。

Epictetus＊　愛比克泰德（西元55?～135?年）　與斯多噶派有聯繫的希臘哲學家。原名不詳，epiktetos意爲「獲得」。本身並無著作，其學說由學生阿利安（約卒於180年）在兩部書《愛比克泰德手冊》和《愛比克泰德語錄》中傳述。他認爲眞正的教育在於認識到只有一件事完全屬於個人，即其意志或決心。人們對出現在其意識中的思想不能負責，但對如何利用這些思想，卻要負完全責任。

《穿西徐亞人服飾的蠻族弓箭手》，愛比克泰德繪於西元前6世紀末製作的陶盤；現藏大英博物館

By courtesy of the trustees of the British Museum

Epicureanism＊　伊比鳩魯主義　伊比鳩魯所講授的哲學。在古代的論戰裡以及在後來的一般說法中，這個名詞被當作「快樂主義」的意義用，其宗旨即愉悅或快樂是唯一的內在和善。一般說來，伊比鳩魯主義指的是爲某種優雅風格的愉悅、舒適及高度生活而努力，雖然這些意義大體上僅和伊比鳩魯實際所講授的內容相關。

Epicurus＊　伊比鳩魯（西元前341～西元前270年）　古希臘哲學家。他在雅典設立的學校稱爲花園學校，與柏拉圖的學院及亞里斯多德的萊西昂學園競爭。伊比鳩魯的哲學有幾個基本概念。在物理方面，原子論是一種機械的因果觀，但受原子自發運動或「突然轉向」柬觀念所限制，而打擾了一種原因的必然效果。作爲一種哲學體系的基礎，這個體系最終追求倫理的目的。宇宙的無限性和環繞宇宙現象的各種力量的均衡；神的存在被看作是完全超然物外的具有賜福人類和永存不朽的性質。在倫理學方面：善和快樂是一致的，至上之善和沒有身心痛苦的終極目的相一致。亦請參閱Epicureanism。

Epidaurus＊　埃皮達魯斯　古希臘城鎮。伯羅奔尼撒半島東北部的沿海重要商業中心，以西元前4世紀修建阿斯克勒庇俄斯神廟而著名。經發掘，除神廟外，還有劇場、運動場、醫院。有小部分黏土製的人體雕像和醫療紀錄被發現。埃皮達魯斯原屬愛奧尼亞，後在阿爾戈斯的影響下轉屬多里安人，缺乏宗教忠誠度；政治上保持獨立，直至羅馬時代。

epidemiology＊　流行病學　研究對象爲疾病在人群中的分布及決定這種分布的因素，其方法以統計學爲主。它所關注的是人群而不是個別的人，常表現爲一種回顧性或歷史性的科學。描述性流行病學用人口統計學方法來確定受所研究疾病影響的人群的性質（如年齡、性別、種族、職業），接著於數年的時間內對疾病的發生進行連續觀察，以測定其發生率和死亡率的變化、記錄其地理分布的變異等；有助於辨識新的症候群，或者找出在疾病與危險因子之間尚未被認識的關聯。分析性研究用來檢驗描述性研究或實驗室觀察所得出的結論。流行病學的主要目的是在於找出高危險群，提供疾病病因，提出預防方法，並計畫新的保健措施。

epidote　綠簾石　一種由無色到綠色或黃綠色的矽酸鹽類礦物。一般化學式爲$A_2B_3(SiO_4)(Si_2O_7)O(OH)$，式中A通常爲鈣（Ca），B一般爲鋁（Al）。綠簾石族在低級區域變質岩中作爲次生礦物出現，所以可以作爲變質級別的指示礦物。綠簾石族中有許多礦物也在基性火成岩的退化變質作用過程中產生，在有些情況下，也可作爲斜長石的熱液蝕變產物。

epidote-amphibolite facies＊　綠簾石角閃岩相　變質岩礦物相分類的主要類型之一，此相岩石是在中溫（500～700℉，或250～400℃）、中壓條件下形成的。該相在不太強烈的變質條件下過渡爲綠片岩相，而在較高的溫度和壓力下則成爲角閃岩相。綠簾石角閃岩相岩石的典型礦物包括黑雲母、鐵鋁榴石、斜長石、綠簾石和角閃石。綠泥石、白雲母、十字石及硬綠泥石也可出現。

epigram　警句詩　指任何簡短、精闢的詩歌，特別是犀利並且旨在點出教訓的詩歌。從廣義上講，亦指小說、劇本、詩歌和對話中的名句（通常是似是而非的），以表達一個簡明眞理。以拉丁文寫警句詩的作家有卡圖盧斯和馬提雅爾。這種體裁在文藝復興時期得以復興。後來的警句詩大師包括了：班・強生、拉羅什富科、伏爾泰、波普、柯立芝、王爾德和蕭伯納。

epilepsyepilepsy　癲癇　由大腦神經陣發性失常（發作）引起的神經性疾病。其特徵爲身體一些部分的異常運動或感覺、行爲奇特、情緒紊亂、有時會發生驚厥和暫失知覺。大腦中的大部或全部（全身化）電活動異常，或者某個大腦部位（部分化）的電活動異常都會造成發作。此病的病因包括大腦腫瘤、感染、遺傳性或發育性異常、中風以及頭部損傷，不過在大多數病例中找不到原因。治療方法通常使用抗驚厥藥物；如果藥物不能控制發作，那麼腦部手術可能有用。

epinephrine＊　腎上腺素　亦稱adrenaline。是腎上腺髓質分泌的兩種荷爾蒙（另一種是正腎上腺素）。亦在一些做爲神經介質的神經末梢（參閱neuron）中釋出。兩者的化學結構差別不大，對身體的反應亦類似。兩者都會使心率加快，心臟收縮率增強，因此使心臟血排出量增加，結果血壓上升。腎上腺素可使肝中貯存的肝糖分解爲葡萄糖，結果使血糖升高。兩種激素都能增加游離脂肪酸的流通。當人在緊張或危險時，即可運用這些額外的葡萄糖和游離脂肪酸作爲燃料。腎上腺素可用來治療心跳停止、哮喘、急性過敏症（參閱allergy）。

Epiphany　主顯節　爲1月6日的基督教節日，與復活節和聖誕節共爲基督教歷史最悠久的三大節日。源於東方教會，4世紀時爲西方教會所採用。這個節日紀念耶穌基督第一次顯現給以東方三博士爲代表的非猶太人，以及耶穌在約旦河受洗並在加利利的迦拿實行第一個神蹟。主顯節前夕稱爲第十二夜，被認爲是紀念伯利恆的智者抵達。

epiphyte　附生植物　爲獲得支撐而生長或附著在其他植物或物體上的植物。主要分布於熱帶。因爲它們不與地面或其他明顯的養料源相連接，所以常稱爲氣生植物。它們從雨水中獲得水分和礦物質，也可以從支持它們的植物體上集合的碎屑中獲取。蘭花、蕨和鳳梨科植物是常見的熱帶附生植物，地衣、苔蘚、地錢和藻類是溫帶地區的附生植物。

Epirus＊　伊庇魯斯　希臘西北部古老地區。與伊利里亞、馬其頓、色薩利、埃托利亞和阿卡納尼亞等地區相連，臨愛奧尼亞海。新石器時代，居民多來自巴爾幹半島西南部，他們帶來了希臘語；他們也可能是邁錫尼的創立者。西元前1100～1000年間多里安人從伊庇魯斯入侵希臘。馬其頓的國王腓力二世娶伊庇魯斯公主爲妻；他們的兒子即爲亞歷山大大帝。西元前2世紀，這裡稱爲羅馬的行省，後來成爲拜占庭帝國的一部分。1204年爲一獨立國家，1430年被鄂圖曼土耳其帝國占領。1919年希臘取得該地區南部，北部地區現爲阿爾巴尼亞所有。

episcopacy＊　主教制　由主教建立的教會行政體制。2世紀時已在基督教活動中心逐步確立，負責照撫教區信衆的靈性生活。今日，地方教會由神職人員和助祭來負責，但只有主教可以按立神職人員、主持堅振禮和任命主教。他們的職權和使徒統緒有密切的關係。有些新教教會在宗教改革運動時廢除了主教制度，但天主教、東正教、聖公會和瑞典路德宗以及其他一些教會依然保留主教制。

Episcopal Church, Protestant　美國聖公會　英國聖公會在美國的支系教會。由於美國獨立革命，英國聖公會在美國被廢除（1789），美國的安立甘宗教徒遂將其名改爲美國聖公會。教會同時接受「使徒信經」和「尼西亞信經」，以及修改後的英國聖公會的「三十九條信綱」。總會是最高的神職機構，由一個選舉產生的主教來領導。1873年從主體分裂出歸正聖公會。教會在1976年接受對婦女的授予神職。

episome＊　附加體　細菌細胞中的一種質粒，由去氧核糖核酸組成。有附加體的細菌便具有選擇優勢。附加體與細胞膜相連接，也可整合到染色體中。在和某些細胞進行接合作用時，有附加體的細胞起著類似雄性的作用；無附加體的細胞可接受附加體或其他與附加體相聯結的基因。實驗顯示，來自細胞的基因傳遞物中的附加體在染色體中已被吸收，可用來確認基因在染色體上的位置。

epistatic gene＊　上位基因　遺傳學用語，某一性狀是否顯現出來，爲某一基因所決定。例如，決定人體膚色的基因系，不受導致白化症的基因所支配，或者不受決定膚色發育的基因所支配。這種基因就是上位基因。

epistemology　知識論　對人類知識起源、本質、限制的研究。幾乎每位偉大的哲學家都對知識論文獻有所貢獻。

E F G

一項主要議題爲：是否所有知識皆來自經驗。經驗主義堅持這個觀點，儘管前提是非分析的（參閱analytic-synthetic distinction），理性主義則加以摒棄。其他相關議題包括：經驗無法證明確實或錯誤的信仰是否能被視爲知識。長期以來，哲學家爭議著：知識是不是一種信仰，而知識是否需要心靈上特別的能力或以特定方式行事的意向。柏拉圖把知識描繪爲正當的眞實信仰，而大部分現代的知識論探討是從那裡開始，但不接受那種簡單的描述。

epistolary novel＊　書信體小說　以一個或幾個人物的書信爲敘述手段的小說。它是小說最早的形式之一。書信體小說的長處是能夠表現人物內心深處的思想和感情而不受作者的干擾，並把將要發生的事情陳述得栩栩如生。理查生的《潘蜜拉》（1740）是早期的佳作；後來的作品還有斯摩里特的《亨佛利·克林克》（1771）、拉克洛的書信體小說《危險的交往》（1782）。這類書體直至19世紀仍十分受歡迎。書信體小說依賴主觀見解，因而成爲現代心理小說的先驅。

epitaph＊　墓誌銘　指墳墓上詩體或散文體的銘文；推而廣之，指任何類似墓誌銘的文字。現存最早的墓誌銘可能是埃及人寫在石棺或棺材上的。古希臘的墓誌銘往往有一定程度的文藝性，詞藻豐富多彩，形式簡練。伊莉莎白時期的墓誌銘開始有了更富於文藝性的詞句。許多著名的墓誌銘最初都是悼念性質的文學作品，不一定是爲了碑石。

epithalamium＊　喜歌　亦作epithalamion。在婚禮上爲新娘和新郎唱的歌或詩篇。在古希臘，唱這種歌是爲新婚夫婦祈福的一種傳統習俗，但往往過多使用下流語言。最早作爲文學作品的喜歌，見於莎孚的作品片斷。拉丁喜歌爲卡圖盧斯所作的三首。文藝復興時期喜歌是以義大利、法國和英國的古典範例來寫成的；史賓塞的作品被認爲是用英語寫成的最佳之作。

epoch　世　沈積一個統（series）的岩石的地質時代單位，是地質紀（period）的次級單位。正式使用時，該詞以大寫字母開頭，可加上有關的時間術語，例如早、中、晚，作進一步區分，世的使用通常限於第三紀和第四紀的劃分。

Epona＊　艾波娜　古代塞爾特宗教的馬女神。人們經常把她與王權和繁殖聯想在一起，她在高盧化身爲艾波娜，在威爾斯是里安農，而在愛爾蘭則成爲瓦赫。她的崇拜儀式遍及整個西羅馬帝國，並由羅馬軍隊——尤其是騎兵部隊——加以散播。

epoxy＊　環氧化物　一類熱固聚合物，具有三員環形式的醚單體建構的多醚類。類似的二員環環氧化物黏著劑，是合成樹脂的成分，在其分子的末端帶有環，處理介質是胺或酐。混合之後發生反應，處理後是以醚連接單體構成的複雜網路。環氧化物是穩定、堅韌且抗腐蝕的化合物，優質的黏著劑及用途廣泛的表面塗層。

EPROM＊　可抹除可程式化唯讀記憶體　全名erasable programmable read-only memory。電腦記憶體的形式，切斷電源供應之後內容不會消失，並且可以刪除及重複利用。EPROM通常設計給重複使用的程式（例如基本輸入／輸出系統〔BIOS〕），但是可以將程式升級到較新的版本。

Epstein, Jacob＊　艾普斯坦（西元1880～1959年）受封爲雅可布爵士（Sir Jacob）。美裔英國雕刻家，生於紐約市。曾赴巴黎學習，1905年在倫敦定居。在他的十八個人像作品中著名的斯特朗雕像系列（1907～1908）因是裸體像而引起公眾憤怒；王爾德在巴黎的墳墓（1912）有他做的裸體天使，也在這次事件中遭到波及。1913年成爲漩渦主義的一位創始人，這種風格的特色是形體極端簡化和表面平整，常以石頭爲雕刻素材。《岩鑽》（1913）是這一時期最佳作品。艾普斯坦最著名的作品是在巨石上雕刻的宗教性及寓言性人像，和用泥模鑄成的銅雕。有時也作紀念性銅雕，如爲科芬特里大教堂作的《聖米迦勒和魔王》（1958）。

Epstein-Barr virus＊　艾普斯坦－巴爾二氏病毒　亦稱EB病毒（EB virus; EBV）。由兩位發現者的名字命名的疱疹病毒。主要引起急性傳染性單核白血球增多症。病毒僅感染唾腺細胞和一種白血球。在唾腺細胞現已證明是人體內唯一可載感染性EB病毒的體液。在一些低度開發國家，EB病毒感染幾乎累及全部五歲以下的兒童，而有的患者幾無症狀。若EBV感染發生在青少年或年輕的成人身上時，身體通常會呈不同的反應，起因即爲感染性單核白血球增多症。其他少數病症亦和艾普斯坦－巴爾二氏病毒有關，包括某些癌症。目前EBV感染尙無特定療法，且疫苗尙未發展出來。

equal-field system　均田制　西元485年到8世紀期間中國實行的土地分配制度。646年傳至日本，在那裡延續了約一世紀之久。在此制度下，授予所有的丁男一定數量的田地，根據土地生產的比例課稅。死後土地大部分都歸還政府。但由於人口增長和土地變成永久持有，使得這種制度在中國逐漸瓦解。在日本則因貴族及和尙免繳賦稅和額外分配而消亡。

equal protection　同等保護權　在美國法律上，指憲法保障任何人或團體不得被剝奪類似的人或團體根據法律所享有的保護權。直至1960年代實施範圍仍有限，主要用於歧視黑人的案件。1960年代起，由首席大法官華倫領導的最高法院，引人注目地改變了同等保護權的概念，把它應用到涉及福利、排斥分區制、市政服務和學校經費等案件上。在首席大法官伯格領導下的最高法院大量增加了可以根據同等保護權原則處理的情況，包括性別上的歧視，外僑的地位和權利，以及出生的合法性等。首席大法官雷恩奎斯特領導的最高法院更將同等保護權延伸至同性戀者的權利和對無行爲能力的人的歧視方面。

Equal Rights Amendment (ERA)　權利平等修正案　尙未獲美國國會批准的一項憲法修正案，旨在廢止許多州及聯邦歧視婦女之法律；而其中心基本原則，則是男女的合法權利，不應由性別來決定。權利平等修正案是在婦女獲得投票權後不久，於1923年首次在國會中提出，但遲至四十九年之後（1972）始正式爲參議院批准，但後來僅獲五十州中的三十州的批准。反對權利平等修正案之主要原因爲害怕女性會因此而喪失特權和保護，如免服兵役和參戰，以及免除丈夫對妻子和子女經濟上的負擔。由「全國婦女組織」所領導的支持者認爲，具歧視色彩的州及聯邦法律讓許多女性處於經濟孤立的狀態。

equality　平等　一般而言是指一種理想，希望互相關聯的人能有一致的地位或待遇。通常弱勢者必須迫使既得利益者承認平等權。美國社會的基本信條是機會平等，但事實證明，種族和性別之間的平等在法律上比在現實上容易達成。社會或宗教的不平等深植於某些文化中，因此很難克服（參閱caste）。政府致力於達到經濟平等，包括透過稅制來增強機會平等、訓練及教育補貼、財富與資源的重新分配以及對那些向來受到不公平待遇的族群的優惠。（參閱affirmative action）。亦請參閱civil rights movement、feminism、gay-rights movement、human rights、Universal Declaration of Human Rights。

equation　方程式　說明變數或數字構成的兩個式子相等。本質上，方程式就是問題，數學發展的動力就是嘗試以有系統的方式找尋這些問題的答案。方程式複雜多變，從簡單的代數方程式（只有加法和乘法）到微分方程式、指數方程式（有指數符號）和積分方程式。用來表達許多物理學的定律。亦請參閱system of equations。

equation, algebraic ➠ algebraic equation

equation, difference ➠ difference equation

equation, quadratic ➠ quadratic equation

equation of motion ➠ motion, equation of

equation of state ➠ state, equation of

equations, system of ➠ system of equations

equator　赤道　指圍繞地球的一個大圓。這個圓所在的平面與地軸垂直，與地球南北兩極距離相等。這個地理或大地赤道將地球分爲南半球和北半球，並成爲地球表面上的假想參考線，緯度即由赤道起算。在天文學上，天球赤道是地球赤道面和天球相交的大圓，它與天球兩極距離相等。當太陽位於天球赤道平面時，晝夜是等長的；這發生在春、秋分之時。

Equatorial Africa ➠ French Equatorial Africa

equatorial coordinates ➠ celestial coordinates

Equatorial Guinea　赤道幾內亞　正式名稱赤道幾內亞共和國（Republic of Equatorial Guinea）。舊稱西屬幾內亞（Spanish Guinea）。赤道非洲西海岸的共和國。有一部分在大陸上，包括比奧科島。面積約10,831平方哩（28,051平方

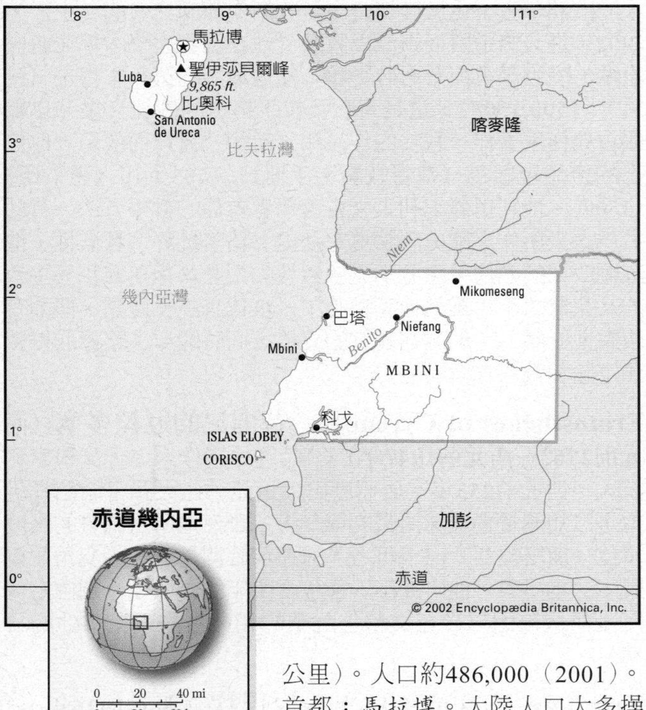

公里）。人口約486,000（2001）。首都：馬拉博。大陸人口大多操班圖語的芳人，還有其他操班圖語的少數部落（參閱Bantu languages）。比奧科島人口大多數爲布比人，他們是從大陸遷移來的班圖人的後裔。語言：西班牙語和法語（均爲官方語）；一般人操洋涇濱英語。宗教：天主教（4/5的人口），布比人仍保持傳統宗教。貨幣：非洲金融共同體法郎（CFAF）。與喀麥隆和加彭爲界。赤道幾內亞的大陸部分——木尼河省，隔比夫拉灣與其西北面的比奧科島相望。大陸沿海平原爲19公里寬，有很長的海灘；南面有低陡崖；東面有丘陵和高原。貝尼托河貫穿大陸區域。比奧科島由三座死火山錐構成，有火口湖和肥沃的熔岩土壤。濃密的熱帶雨林遍布大陸，包括有價值的硬木。由於被大量獵殺，動物數量大爲減少。只有可可、木材和咖啡可出口。政府形式是共和國，一院制。國家元首是總統，政府首腦爲總理。大陸地區的最初居民大概是俾格米人。現今占主要地位的芳人和布比人在17世紀班圖人的遷移中分別來到大陸地區。18世紀末，赤道幾內亞從葡萄牙人手中轉到西班亞人之手；奴隸販賣商以及英國、德國、荷蘭和法國商人常來該地。比奧科島受英國統治（1827～1858）；其後由西班牙正式接管。而大陸部分（木尼河省）則直至1926年才被西班牙人實際占領。1968年宣布獨立後，獨裁總統恩固伊馬實行恐怖統治，造成經濟混亂，在1979年一次政變中被推翻，後被處死。1982年通過新憲法，但政治動亂仍然持續。

eques＊　羅馬騎士　（拉丁語意爲「騎士」〔horseman〕）古羅馬的騎士。最初羅馬騎士（全名equites equo publico，即駕馭由公費支付坐騎的騎士）屬元老階層，他們是最有影響力的百人團人民大會成員。西元前4世紀初，非元老階層若自帶馬匹也可參加。奧古斯都將他們改組成一個軍事階級，解除他們的政治職務；其入選資格是自由民出身、身體健康、人格好並有足夠的錢財。西元1世紀，羅馬騎士進入帝室，並在各省充當帝國的財政代理人。

equilibrium　平衡　物理學中指作用在質點上的所有力的合力（或矢量和）爲零的狀況。在平衡態下的物體，除非受外力擾動，就沒有線加速度或角加速度，會一直處於平衡態。如果平衡態的物體或質點，受到外力而有微小位移後會產生對抗位移並使自身回到平衡態的力，那麼這一平衡就是穩定的；如果最微小的偏移也會產生使位移增大的力，這種平衡就是不穩定的。擺和放在平衡面上的磚就是這種穩定平衡的實例；在刀片邊緣上平衡起來的軸承滾珠就是這種不穩平衡的實例。

equilibrium, chemical　化學平衡　在可逆化學反應過程中，反應物和產物的數量不發生淨變化的狀態。可逆化學反應是一種生成產物的同時又產生原來反應物的反應。在平衡時，兩個相反方向的反應以相等的速率或速度繼續進行，因此反應物和產物的數量沒有淨變化。在特定的反應條件下，由反應物生成的產物達到最大轉化率時，可認爲反應完成了。用統計力學和化學熱力學方法可以證明：平衡常數與伴隨反應的熱力學量即所謂標準吉布斯自由能的變化有關。反應的標準吉布斯自由能$\triangle G^{\circ}$是產物與反應物標準自由能總和之差，等於平衡常數的負自然對數乘以常數R與熱力學溫度T，$\triangle G^{\circ} = -RTlnK$，這個方程式可從測得的或推導的各種物質的標準自由能計算平衡常數或平衡時產物和反應物的數量。

equine＊　馬　哺乳動物的一種，屬於有蹄類動物馬科，包括現代馬、斑馬和野驢，所有均爲馬屬，有60多個化石種。馬的祖先爲曙馬（參閱eohippus）。野馬曾棲息在歐亞大陸北部的大部分地區，與其馴化的後代相比體型較小，腿較短。亦請參閱Przewalski's horse。

equinox　分　天文學名詞，指一年中晝夜等長的兩個時刻，也指黃道（太陽的週年視軌跡）與天赤道在天空相交的兩點。春分象徵北半球春季的開始，大約在每年3月21日，

這時太陽穿過天赤道向北運行。秋分大約在每年9月23日，這時太陽穿過天赤道向南運行。有些天文座標（如天體的赤經和黃經）是從春分點起計量的（參閱celestial sphere）。亦請參閱solstice。

equinoxes, precession of the＊　歲差　地球自轉軸的旋進所引起的春分點沿黃道面（即地球軌道面）的運動。希臘天文學家喜帕恰斯在編製他著名的星表過程中，發現恆星的位置有一個系統的偏移。這說明不是恆星，而是作爲觀測地點的地球有了運動。這種運動稱爲歲差，它是地球自轉軸在空間的方向作週期約爲26,000年的擺動引起的。產生歲差的原因是太陽和月球引力對地球赤道隆起部分的作用。行星對此也有作用，但程度小得多。地球自轉軸在天球的投影在北天極和南天極。由於有歲差，這兩個點在空中描繪出兩個圓。隨著地軸的擺動，地球赤道在天空的投影也產生移動。地球赤道在空中的投影是一個稱爲天赤道的大圓。天赤道和黃道相交於兩點，稱爲二分點（春分點和秋分點）。

equipartition of energy ➠ energy, equipartition of

equistetum ➠ horsetail

equity　權益　財政和會計概念。指三項區分開來但具相關性的價值：資產的金錢價值或超額資產利息亦譯「資產淨值」。經濟學中指爲使大多數人受益、得到公平待遇而對可利用的資源所進行的分配方式。許多經濟學家認爲權益是一種以社會價值爲基礎的「公正」的概念。他們認爲經濟分析不應包括權益，經濟學家應集中考慮獲取最大效能。不過，激進的經濟學家卻批評傳統的經濟學家強調效能而犧牲權益。此詞也指資產或資產股權超過一切債務的淨值。

equity　衡平法　依據公平的正義，尤其有別於普通法之下條例的機械式應用。因應法院的證明和其他要求有漸趨嚴格的規範，衡平法法院（亦稱大法官府）在14世紀興起於英國。衡平法提供了古老的令狀體系中缺乏的法律補救。這些補救常涉及損害以外的東西，例如契約責任的特定做法、信託的加強、拿錯之貨物的歸還、禁令的施行或謬誤文件的更正與取消。衡平法法院最後建立了自己的先例、規則、信條，並開始與掌權的法院匹敵。二個體系在1873年合而爲一。在美國歷史中，衡平法法院也很早發展起來。但到了20世紀早期，大部分權限已與法院結合，成爲單一體系。現代法院同時使用法律及衡平原則，常也提供法律救助和衡平救助。

equivalence principle　等效原理　物理學中用來說明引力和慣性力（參閱inertia）具有同等性質而且常常無法區分的一個原理。愛因斯坦較強烈的看法認爲引力和加速度是不可分的。這個原理是說，引力效應在適當的加度參考架構中被移除，就像電梯的纜線被切斷一樣，在電梯中的人就會感受到自由降落。

equivalence relation　等價關係　數學上，集合元素之間等同概念的一般描述。所有的等價關係（例如由等號的符號化）遵守三個條件：自反律（所有的元素與自己相關），對稱律（元素A對元素B的關係相當於元素B對元素A），遞移律。全等三角形是幾何上的等價關係。集合的成員若有等價關係，稱之爲相同的等價類別。

equivalent weight　當量　亦作combining weight。化學術語，表示某一物質在特定反應中與另一物質的人爲指定量完全反應或化合的量。一種元素的當量就是這種元素與1克氫或8克氧相化合或相置換的量。元素的當量等於它的莫耳原子量除以原子價。所有的氧化劑和還原劑（無論元素或化合物）的當量都相當於失去或得到6.023×10^{23}個電子（亞佛加厥數）時該物質的量，或在電解中通過96,500庫侖電量所析出的此元素的量。在1升溶液中溶解的任意一種物質的當量數稱爲該溶液的當量濃度。

Er Hai　洱海　亦拼作Erh Hai。中國雲南省西部湖泊。位於點蒼山腳下的盆地深處，範圍介於揚子江（長江）上游（又名爲金沙江）與湄公河之間。南北狹長，約30哩（50公里），東西最寬處約6～10哩（10～16公里）。洱海水域的南部與雲南東部、四川省相通，並位於通往西南的緬甸的主要道路上。洱海及其周邊地區在元朝（13世紀晚期）時納入中國的統治。

Er Rif＊　里夫山脈　亦作Rif。摩洛哥北部多山海岸地區。該山脈形成了前西班牙摩洛哥的中部和東部地區，從梅利利亞的東部延伸到休達。山脈長度的大部分環繞地中海，只有少數狹窄的近海谷地適宜農業耕作或供城市居民居住。較高山峰冬季白雪罩頂。1920年代居住在該地區的柏柏爾人部族在阿布杜勒．克里姆領導下起義，抵制了法國和西班牙對該地區的占領。

era　代　很長的一段地質時間；正規使用時是最大地質時間分畫。公認有三個代：古生代、中生代、新生代。由於先寒武紀很難建立準確的年代表，最早的幾個代被單獨畫出來。一個代由一個或更多的地質紀組成。

ERA ➠ Equal Rights Amendment

Era of Good Feelings ➠ Good Feelings, Era of

erasable programmable read-only memory ➠ EPROM

Erasmus, Desiderius＊　伊拉斯謨斯（西元1469～1536年）　荷蘭牧師和人文主義學者，被視爲16世紀最偉大的歐洲學者。生於鹿特丹，是牧師與醫師之女的私生子，1492年進入修道院而奉派爲牧師。他在巴黎大學求學並遊歷全歐，受到摩爾與科利特影響。使他成名的第一本書是《箴言》（1500,1508），這是希臘及拉丁格言的評註合集。以編輯古典作家著作、教父的作品和《新約全書》而成名，他自己的作品包括了《基督教騎士手冊》（1503）和《愚人頌》（1509）。他利用義大利人文主義學者首倡的哲學方法，有助於爲過去所作之歷史評論奠定基礎。藉著批評宗教濫權，他鼓勵改革的熱情，這分別見於新教的宗教改革運動和天主教的反宗教改革。雖然他認爲馬丁．路德有許多優點，他卻有攻擊他的壓力；他站在獨立的立場，同時駁斥了路德的得救預定論和教宗宣稱的權力。

Eratosthenes of Cyrene＊　昔蘭尼的厄拉多塞（西元前276?～西元前194?年）　希臘科學作家、天文學家和詩人。西元前255年定居亞歷山大里亞，任大圖書館館長。他是已知測量過地球周長的第一人，雖然他所用確實的長度單位（斯塔提亞）已不可考。他還精確測量過黃赤交角並編製了一本星表。他研究出一種包含閏年的曆法並企圖確定從特洛伊城被困以後在文學上記載的和發生的政治事件的日期。

Erbakan, Necmettin＊　厄巴坎（西元1926年～）　第一個贏得土耳其大選（1995）的伊斯蘭政黨政治人物。父親是鄂圖曼時代的宗教法庭法官，他主修機械工程，於1969年當選進入國民議會。他在1970年成立一個伊斯蘭政黨，1972年又再度組黨，並兩度擔任副首相。他第三次成立的政黨是福利黨，該黨於1995年選舉時獲得最多席次。他在1996年組成聯合政府，但福利黨於1997年被宣告不合法，同時他本人也被禁止參與政治。

Ercker, Lazarus　埃爾克（西元1530?～1594?年）日耳曼早期冶金學的重要作者。1554年被任命爲德勒斯登的化驗師，以後在薩克森官場歷任許多職務。後來擔任鑄幣控制檢驗師。他在著作中系統地論述了當時對銀、金、銅、銻、汞、鉍和鉛的合金所用的檢驗技術，製取和精煉這些金屬的技術，以及提取酸、鹽和其他化合物的技術。這部著作可以認爲是分析化學和冶金化學的第一部手冊。

Erdös, Paul＊　厄多斯（西元1913～1996年）　匈牙利數學家。證明古典數論原理（1933），與溫特納、卡茨建立機率式數論的研究，與圖蘭證明重要的近似理論，並與瑟爾伯格提出驚人的質數定理的基本證明（1949）。以脾氣古怪聞名，後四十年幾乎馬不停蹄地旅行，與數百名數學家合作無數的問題。

Erech＊　埃雷克　亦稱烏魯克（Uruk）。美索不達米亞古城，在伊拉克烏爾西北，幼發拉底河畔。爲蘇美最大城市之一，圍著該城的磚城牆據說是神話英雄吉爾伽美什所建。在牆內發掘出歷代城市的遺跡，年代始於約西元前5000年史前的歐貝德時期，至安息時代（西元前126～西元224年）爲止。在安息時代（約西元前70年）有古代最後一所培養抄寫員的學校編注楔形文字的文獻。已知都會生活是在埃雷克－詹達特．納瑟時代出現，在埃雷克有比任何美索不達米亞城市都更爲完整的描繪。

Erechtheus＊　厄瑞克透斯　傳說中的國王，也可能是雅典的一個神。根據荷馬史詩《伊里亞德》，他從土地中出生，由雅典娜撫養長大，被她安置在她在雅典的神廟裡。後來人們認爲他是住在神廟裡的巨蛇。在尤利比提斯未保存下來的戲劇中，厄瑞克透斯將女兒克托尼亞作爲犧牲，以求戰爭勝利。但他最後也受到懲罰，被波塞頓或宙斯所殺。

eremite ➠ hermit

Ereshkigal＊　厄里什基迦勒　美索不達米亞宗教所崇奉的女神。她最主要的敵人是其姐妹，司掌戰爭的豐產女神伊什塔爾。死神納姆塔爾爲其後代及侍從。對她的膜拜廣佈於埃及、阿拉伯及小亞細亞。

Eretria＊　埃雷特里亞　古希臘的城市，在埃維亞島海濱。埃雷特里亞約於西元前750年與哈爾基斯在義大利建立移民地庫邁，爲第一個希臘在西邊的殖民地。之後與哈爾基斯一直有爭端，最後終於引發戰爭，直至古典時代哈爾基斯都是埃維亞的首要之都。西元前499～西元前498年埃雷特里亞派了戰船支援愛奧尼亞人對波斯的起義。爲了進行報復，西元前490年大流士一世將埃雷特里亞城夷爲平地，但過了不久又重新建設起來。在馬其頓和羅馬統治下已不再那麼重要了。該城是一廢墟所在地。

Erfurt＊　愛爾福特　德國中部城市，人口約211,000（1996）。西元742年卜尼法斯建立主教區，805年成爲法蘭克帝國東部邊境的重鎮。約1250年獲准享有市政權，15世紀加入漢撒同盟。1802～1945年屬普魯士。1970年東、西德的元首在這裡首次舉行會議。當地名勝古蹟有建於12世紀的大教堂；其他建築物還有奧古斯丁修道院（馬丁．路德曾在此隱修，1505～1508）。愛爾福特是重要公路、鐵路樞紐和商業中心。

ergativity　主動格　將不及物動詞的主詞與及物動詞的受詞配對的語言傾向。相相較之下，主格－直接受格的語言如拉丁語或英語，文法上及物與不及物動詞的主詞都成對，並與及物動詞的受詞區分開來。表現主動格不同程度的語言或語系包括蘇美語、高加索諸語言、愛斯基摩－阿留申諸語言、馬雅諸語言、澳大利亞原住民語言以及美洲印第安諸語言。

ergonomics　人機工程學 ➠ human-factors engineering

ergot＊　麥角病　禾草（尤其是黑麥）的真菌性疾病。耳朵若被麥角菌感染時，會流出一種具甜味、黃色的黏液。麥角又是迷幻藥LSD的來源。服用過量含麥角的藥物或食用含麥角的麵粉，會對人類和牲畜造成麥角中毒（通稱爲聖安東尼之火）。其症狀有：痙攣，婦女的流產，乾性壞疽，甚至死亡。

Ergun River ➠ Argun River

Erhard, Ludwig＊　艾哈德（西元1897～1977年）德國經濟學家和政治人物。在擔任經濟部長期間（1949～1963），是第二次世界大戰後西德經濟恢復的總建築師。他以「社會市場制」解決經濟迅速復甦問題，效果顯著，出現德國的「經濟奇蹟」。以自由市場資本主義爲基礎，但包括了住房、農業和社會綱領等特別條款。1957年他被任命爲聯邦副總理，1963年繼艾德諾擔任總理，他的政府困擾於經濟萎縮和財政赤字，艾哈德身爲領導人卻表現得軟弱，艾哈德遂於1966年被迫辭職。

Eric the Red ➠ Erik the Red

Ericaceae　杜鵑花科　杜鵑花目一科，多爲灌木及小喬木，包括了：映山紅、杜鵑花、山月桂、南方越橘和歐石南屬（參閱heath）的低矮常綠樹灌木。該科約110屬，4,000多種，其中大部分受到栽培。分布廣泛，其範圍可到副極地，並沿各山脈分布到熱帶。大部分植物喜生長在開放、貧瘠的地區，其土壤通常屬酸性且排水不良。

Erickson, Arthur (Charles)　艾瑞克森（西元1924年～）　加拿大建築師。生於溫哥華，他爲賽門．弗雷澤大學所做的規畫（1963～1965）首先給他贏得了廣泛的認可，該規畫是與梅西一起設計的，包括一個巨大的帶天窗的室內廣場，對陰涼多雨的氣候能作出敏感的回應。溫哥華的羅布森廣場（1978～1979）是一個大型市中心，這裡有若干瀑布、屋頂花園、廣場以及結合了若干斜坡的階梯。其他作品還包括不列顛哥倫比亞大學（UBC）的人類學博物館（1976），它承繼了混凝土方柱以及大跨度的玻璃，還有華盛頓特區的加拿大大使館（1989），這是一個當代與新古典主義元素的混合體，與它的周圍環境相呼應。

Ericsson, John　艾利克生（西元1803～1889年）　瑞典裔美國造船工程師和發明家。1826年到倫敦，建造了一台蒸汽機車（1829），後來還設計了熱力引擎和取得螺旋槳的專利權。1939年移居美國。內戰期間自請負責設計和建造了軍艦「監視者號」，在和「梅里馬克號」展現優勢，使得政府當局向艾利克生訂購大量同型軍艦。這款軍艦全部爲蒸汽推動，有螺旋槳和裝甲旋轉砲塔，對美國戰艦而言是嶄新機種，並一直沿用至20世紀。他在晚年還研製一種魚雷，研究太陽能引擎。

Eridu＊　埃利都　古城，臨波斯灣。當時是蘇美和巴比倫尼亞主要的港口，位於烏爾河和幼發拉底河附近，海岸線長120哩（193公里），在現今伊拉克境內。它是蘇美最古老的城市，供奉伊埃阿。約西元前5,000年在沙丘上建立。有許多無文字的歐貝德文明的遺跡，有泥磚砌成的廟宇。但西元前600年該城已失去其重要性。

Eridu Genesis＊　埃利都創世記　蘇美文敘事詩。主要內容是世界和人類的起源、城市的興建和神欲毀滅世界的洪水之災。埃阿不同意此項決定，便把消息透露給謙順的吉烏蘇德拉。吉烏蘇德拉遵照恩奇之囑造大船而得免滅頂之禍。吉烏蘇德拉因行爲虔誠正直而蒙賜永生。

Erie　伊利　美國賓夕法尼亞州西北部城市，人口約105,000（1996）。以伊利印第安人的名字命名。1753年法國人在伊利湖畔建造要塞。當這個要塞被荒廢後，1795年由美國取得。附近有海軍船廠，1812年戰爭的伊利湖戰役中擊敗英軍所用的艦艇大部分建造於此。伊利與匹茲堡之間的運河通航，1850年代鋪設了鐵路，使得經濟開始發展（1844）。伊利是賓夕法尼亞在聖羅倫斯航道上的唯一港口，又是木材、石油、煤等商品的轉運站。早期工業多與農業有關，現在包括電子設備、建築機械等製造業已獲得良好發展。

Erie, Lake　伊利湖　美國和加拿大的湖泊，北美五大湖的第四大湖。界於休倫湖和安大略湖間，並形成加拿大（安大略省）和美國（密西根、俄亥俄、賓夕法尼亞和紐約等州）的界線。長240哩（388公里），最寬處約57哩（92公里），湖面水域約9,910平方哩（22,666平方公里）。底特律河從休倫湖夾帶河水向西流，湖水從東端經尼加拉河排出。是聖羅倫斯航道的重要一段。沿湖地區工業主要依賴水上運輸（鐵礦石、石灰石、煙煤、穀物）。伊利印地安人曾在此居住；法國人在17世紀抵達時發現易洛魁人在此生活。英國人在18世紀是來到這個地區，1796年之後美國的沿岸方有人居住。1812年戰爭的伊利湖戰役便是在這裡發生的。

Erie Canal　伊利運河　北美歷史水道，由紐約伊利湖畔的水牛城直至哈得遜河的奧爾班尼。紐約州長德威特·柯林頓任內開始興建，1825年通航。它將五大湖和紐約市連接起來，對中西部的發展有很大的影響，利用這條運河運送人和物資到中部地區。曾擴建多次，運河全長340哩（547公里），寬150呎（46公尺），深12呎（4公尺）。現今主要是供遊艇娛樂之用。該運河爲紐約州運河系統的一部分。

Erie Railroad Co.　伊利鐵路公司　美國鐵道企業。鐵路連接紐約市、水牛城和芝加哥。該公司於1832年開始修築鐵路而成立，1851年路軌鋪成。19世紀中期，當該公司成爲德魯、古爾德、菲斯克和范德比爾特四人間財務鬥爭的焦點時，伊利成爲衆人皆知的「華爾街的蕩婦」，古爾德和菲斯克亦因炒作股票而聲名狼籍。公司歷經四次破產，1976年被聯合鐵路公司接管。

Erigena, John Scotus＊　艾利基納（西元810～877?年）　拉丁語作Johannes Scotus Eriugena。愛爾蘭出生的神學家、翻譯家和古書評注家。他的哲學系統即爲司各脫主義，試圖以基督教信仰詮釋希臘和新柏拉圖哲學，在《論得救預定說》（851）中將之表露無遺，但受到教會當局的駁斥。又寫了《論自然的區分》（862～866），企圖調和新柏拉圖主義關於宇宙自上帝逸出的說法和基督教關於上帝創造世界的說法，由於這部著作有泛神論的傾向，因而受到教會的譴責。他還將基督教早期教父文學的主要作品由希臘文翻譯爲拉丁文，使它們更能爲西方思想家所接受。他不落俗套的思想爲後人所感念，據說他是在爲了引導學生動腦思考時被學生用筆刺殺。

Erik the Red　埃里克（活動時期西元10世紀末）　原名Erik Thorvaldson。歐洲人在格陵蘭的第一個居民點的創建者（986?），爲萊弗·埃里克之父。挪威人，於冰島長大。約西元980年埃里克啓航至格陵蘭並定居。後來又率領350名殖民者登陸。至西元1000年當地約有1,000名居民。1002年一次疾病使人口大爲減少，埃里克殖民地逐漸消失，但挪威人在當地建立的殖民地則保存下來。埃里克的故事收錄在《埃里克英雄傳奇》中。

Erikson, Erik H(omburger)　埃里克松（西元1902～1994年）　生於德國的美國精神分析學家。原在維也納跟隨安娜·弗洛伊德學習，1933年移民美國，在波士頓從事兒童精神分析並在哈佛醫學院執教。1936年到耶魯大學任教，1938年首次進行文化對心理發展影響的研究，對象包括了蘇族印第安兒童和後來的尤羅克族印第安人。他後來在加州大學柏克萊分校教書；1950年因拒絕在忠誠宣誓上簽字而離開。以埃里克松的觀點來看，他認爲一切社會形成各自的風俗以適應人格的發展，但不同社會在遇到同樣問題時，典型的解決辦法則各不相同。他設想心理社會發展分八個階段。他還研究社會心理學和心理學與歷史、政治、文化的相互作用。他的著作有《兒童時期與社會》（1950）、《青年路德》（1958）、《甘地就非暴力鬥爭的源起所揭示的眞理》（1969）和《生命歷史和歷史的瞬間》（1975）。

Eriksson, Leif ➠ Leif Eriksson the Lucky

Eris＊　厄里斯　在希臘羅馬神話中，爲爭吵的化身，羅馬人稱狄斯科耳狄亞。尼克斯的女兒，阿瑞斯的姐妹。厄里斯以參與挑起特洛伊戰爭而聞名。由於在諸神中只有她沒有被邀參加珀琉斯和忒提斯的婚禮，她便在客人中間投下一個金蘋果，上面刻著「屬於最美者」。赫拉、雅典娜和愛芙羅黛蒂都爭著搶它，宙斯於是委託帕里斯進行裁決。帕里斯把金蘋果判給愛芙羅黛蒂，愛芙羅黛蒂於是幫助他把海倫誘到特洛伊。

Eritrea＊　厄利垂亞　正式名稱厄利垂亞國（State of Eritrea）。非洲東部國家。沿紅海延伸約600哩（1,000公里），包括達赫拉克群島。面積117,599平方公里。人口約

4,298,000（2001）。首都：阿斯馬拉。無國教和官方語。多種族居民，操提格里尼亞語（參閱Tigray）的基督徒約占一半，和操提格里尼亞語的穆斯林及其他各族人民的人數很多。通行阿拉伯語、英語和義大利語。貨幣：納夫卡（Nafka）。厄利垂亞的地形變化多端，從中部的中央高地到沿海沙漠平原，和有稀樹草原及開放林地的西部低地區。經濟以畜牧業和生存農業爲基礎。工業集中在阿斯馬拉，生產食品、紡織品和皮革製品；出口產品有食鹽、獸皮、水泥和阿拉伯樹膠。爲過渡時期政府形式，有一立法機構。國家元首暨政府首腦是總統。由於是阿克蘇姆王國主要港口所在，故該地區與衣索比亞王國早期階段有聯繫，但它仍在很大程度上保持其獨立，直到16世紀才歸鄂圖曼統治。從17～19世紀，對該地區的控制在衣索比亞、鄂圖曼、提格雷王國、埃及和義大利之間爭奪。1890年成爲義大利的殖民地。厄利垂亞在義大利入侵衣索比亞時曾被用作主要基地（1896和1935～1936），1936年成爲義屬東非的一部分。1941年被英國占領。1952年與衣索比亞組成聯邦。1962年厄利垂亞聯邦地位被廢除，爲衣索比亞的一省。此舉導致厄利垂亞的分離主義者叛亂，展開長達三十年的獨立戰爭。1991年終於推翻衣索比亞政府，建立臨時的厄利垂亞政府。1993年正式獨立。1997年新憲法獲批准，1998年開始和衣索比亞軍隊在邊界進行戰鬥，2000年衣索比亞軍隊獲得最後勝利。

Erivan ➠ Yerevan

Erlitou culture＊　二里頭文化　亦拼作Erh-li-t'ou culture。中國北方中部平原的新石器文化（西元前1900～西元前1350年）。是中國第一個出現的國家級社會，其遺存被認爲與夏朝有極大的關聯。遺址發現有宮殿建築、皇陵和鋪好的路面，使人推測此地正是夏朝國都。其社會已採用先進的青銅技術。二里頭文化的青銅與稍早在甘肅省齊家所生產的青銅之間的關係至今仍不清楚。亦請參閱Hongshan culture、Neolithic period。

ermine＊　鼬獾　鼬科鼬屬中幾個種的鼬，尤指其冬季白色色型，這種白色的毛皮就是皮毛業中的鼬獾皮。鼬獾生活在北美洲北部、歐亞大陸和北非。灌木叢、林地，有時半森林地區數量最多。在夏季，其毛皮爲褐色，喉、胸及腹部爲白色。頭和體共長5～12吋（13～29公分），尾長2～5吋（5～12公分）。體重不足11盎司（0.3公斤）。鼬獾食小型哺乳動物、鳥類及卵、蛙等，食無脊椎動物。中世紀時王室所穿的長袍常用白鼬的皮製成。

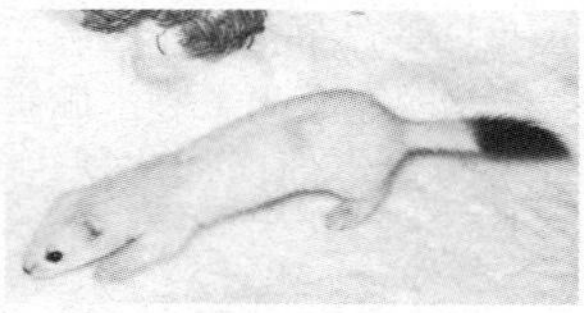

白鼬
Charlie Ott – The National Audubon Society Collection/Photo Researchers

Erne, Lough　厄恩湖　北愛爾蘭弗馬納區境內的湖。平均寬5哩（8公里），包括長12哩（19公里）的上厄恩湖和長18哩（29公里）的下厄恩湖，中間由一10哩（16公里）長的厄恩河的一段相連。湖上多小島，島上有遊樂設施。厄恩河長72哩（116公里），向北流經北愛邊界，注入多納加灣。

Ernst, Max＊　恩斯特（西元1891～1976年）　德裔法國畫家和雕刻家。放棄在波昂大學哲學和心理學的課業，改習繪畫。第一次世界大戰服役後，恩斯特成爲科隆達達主義的領導人（1919），在一所學院工作並從事照片合成。1922年遷居巴黎。兩年後成爲超現實主義創始人之一。他的作品深具想像性和實驗性，且是最早使用摩拓法這個技術。1934年後，其藝術活動越來越集中到雕刻上。1941年遷居紐約，後與佩姬．古根漢結婚，並開始與杜象合作。1953年回到法國，繼續從事奔放且抽象的創作。

恩斯特，卡什攝於1965年
© Karsh from Rapho/Photo Researchers

Eros＊　厄洛斯　希臘的愛神。赫西奧德稱他是混沌的兒子，一位原始的神。但後來傳說他是司性愛和美貌的女神愛芙羅黛蒂的兒子。相當於在羅馬神話中的丘比特。厄洛斯被描述成手持弓箭，長著翅膀的美貌青年。在後來的文學和藝術中則日益年輕，最後變成一個嬰兒。他的主要崇拜中心位於塞斯比，但也在雅典和愛芙羅黛蒂共享聖壇。

erosion　侵蝕　由自然營力將地表物質從地殼上除去並將這種被除去的物質從除去的地點搬走的過程。侵蝕由受風力、流水、海水（海浪）和冰川作用等引起的。侵蝕和堆積或沈積共同作用通過風、流水和冰的各種地貌作用過程改變現有地形創造出新的地形。侵蝕常在岩石通過風化被瓦解或蝕變之後發生。流水是最重要的自然侵蝕營力。海岸的損壞或海岸侵蝕，主要是通過海浪的作用造成的。海浪侵蝕主要是通過海水的水壓力和海浪拍擊海岸的衝力，以及通過受海水無休止攪動的砂子和石礫的磨蝕完成的。河岸的侵蝕是由於帶有沈積物的流水的沖刷所引起。冰川侵蝕主要以通過冰川從地上面磨過時對地表物質的磨蝕（大部分磨蝕作用可歸因於冰川底層內嵌入的碎石）的方式進行。在某些乾旱的荒漠地帶，風通過吹動沙子對造成岩石的侵蝕起著重要作用，所以，未曾黏結在一起的和未受植被保護的沙丘的表面就要遭到侵蝕並通過沙子的吹積而改變。人類的介入，無論是爲了農業或放牧的理由而改變它的自然生長環境，都會造成或加速風和水的侵蝕。亦請參閱sheet erosion。

error　誤差　應用數學中眞值與其估計值或近似值間之差異。在統計中一個常見的例子即爲人口平均值（參閱mean, median, and mode）與人口取樣之平均值間的差異。在數值分析中捨略誤差之一例證即爲無理值 π（pi）與其近似有理化值 $2^2/_7$ 或3.14159間之差異。捨棄誤差則因在無窮級數中僅計算及有限項數而造成。相對誤差即爲前述數值差除以眞值之數。百分率誤差即再將之化爲百分數。

Erskine, Thomas＊　厄爾斯金（西元1750～1823年）　受封爲厄爾斯金男爵（Baron Erskine (of Restormel)）。英國律師。伯爵之子。離開軍隊後於1778年開始擔任律師。在贏得一件重大毀訪案件後開始業務興隆，且在保護個人自由方面做出了重要貢獻。他還爲許多政治家和改革家被控犯有叛國罪行有關的罪行所作的辯護，包括爲當時思想家佩因所作的失敗的辯護（1792），有助於糾正英國政府在法國大革命後採取的鎮壓措施。他爲犯有精神病謀刺喬治三世的被告人作辯護，這對刑事責任法是一個重要的貢獻。厄爾斯金曾兩度擔任議員（1783～1784, 1790～1806），1806年成爲貴族，並在威廉．葛蘭佛的「精英內閣」中擔任大法官（1806～1807）。1820年爲卡洛琳王后辯護，她因通姦而在被送交上議院裁決剝奪她的權利和頭銜之前被喬治四世送審。他的哥哥大衛．史都華．厄爾斯金（1742～1829）和亨利．厄爾斯金（1746～1817）在遴選貴族方面爲捍衛蘇格蘭主權的知名人士，且因爲憲政體制辯護而背負煽動和判國罪名。

Erté＊　埃爾泰（西元1892～1990年）　原名Roman Tertov。後稱Romain de Tertoff。俄裔法國時裝繪圖及設計家。1912年離開故鄉聖彼得堡，來到巴黎。曾暫時爲普瓦雷工作。1916～1937年爲時裝雜誌《哈潑時尚》繪製高度風格化的設計圖，當中是以德科藝術風格的現代室內設置爲背景，模特兒姿態優雅。他還設計舞台布景和爲巴黎貝爾熱遊樂場工作（1919～1930）。1920年代爲美國歌舞劇設計戲服，最著名的是《花團錦簇》。他的設計一直被廣爲複製。

埃爾泰於1924年為《哈潑時尚》設計以黑白綢緞製成的禮服
© Sevenarts Limited

Ervin, Sam　歐文（西元1896～1985年）　原名Samuel James Ervin, Jr.。美國參議員（1954～1974），生於北卡羅來納州摩根頓。在選入美國參議院前任職於北卡羅來納州最高法院（1948～1954）。進入參議院後，隨即以專精於憲法並維護憲法而聞名，曾參與責難麥卡錫參議員的參議委員會，並協助調查勞工恐嚇詐財事件。1960年代，歐文領導南方議員以拖延疲勞轟炸阻扼民權憲法，同時也積極鼓吹公民自由權。在擔任調查水門事件的特別委員會主席之後，他曾堅持搜集各種證據以反對白宮行政特權，且在這件特出的案件上展現智慧和粗俗幽默而成爲傳奇式的英雄人物。

Erving, Julius (Winfield)　爾文（西元1950年～）　美國職業籃球明星，生於紐約州的羅斯福。在加入職業球之前，他在麻薩諸塞大學打了兩年球。身高6呎7吋（200公分）的「J博士」，在ABA聯盟的維吉尼亞護衛隊（1971～1973）、紐約籃網隊（1973～1976）和費城七六人隊（1977～1987）打前鋒，以其快攻、優雅的彈跳和華麗的灌籃聞名。他是職業球員中生涯得分超過3萬分（30,026）的三人之一（其他兩人是賈霸和張伯倫）。

erythema *　紅斑　任何不正常的皮膚發紅。紅斑發生的原因是皮表毛細血管擴張或刺激，加大的血流使皮膚帶紅。多形紅斑的特點是突然連串地發生紅色或紫色扁平的斑點、風團、丘疹或水疱。其嚴重者危及生命，輕者皮疹易復發。荷爾蒙治療有不同程度的療效。結節紅斑常與鏈球菌感染及藥物、結節病有關。特徵爲小腿外側皮膚深層及皮下組織的多數紅色、痛性結節。結節常在數週後自然消退，復發不常見。糙皮病則是另一種形式的紅斑。

Erythrae *　埃利色雷　古里底亞城市，位於愛琴海海岸，與希俄斯島相望，爲愛奧尼亞十二個城市之一。最初的居住點已不可考，但從西元前4世紀開始是位在今伊爾迪爾。有城牆、劇場和城堡的遺跡。西元前5世紀爲希臘統治，曾一度隸屬波斯，西元前334年爲亞歷山大大帝所解放。羅馬時期埃利色雷爲亞細亞省的一個自由城市，以產葡萄酒、山羊以及西比爾、希洛費和雅典預言著稱。

erythroblastosis fetalis *　胎兒母紅血球增多症　亦稱新生兒溶血病（hemolytic disease of the newborn）。因繼承一個來自父親而母親闕如的血液因子，在胎兒和新生兒體內導致抗原－抗體反應而造成的貧血。母體產生之抗體進入胎兒循環，後會破壞其紅血球。Rh陰性婦女（參閱Rh blood-group system）遇上Rh陽性胎兒的ABO血型群（參閱ABO blood-group system）時可能會在懷孕一開始時即發生免疫力反應，會使得母親在胎兒紅血球進入血液時產生敏感症狀，且通常是發生在勞動之時。若血型分類的結果是不相容的，可在母親生產後進行反Rh抗體注射以摧毀胎兒紅血球，預防後續懷孕時會發生的困擾。若羊膜穿刺術發現血液被破壞的情況，則在生產前爲胎兒輸入Rh陰性血液或在胎兒誕生後爲其換血，可以拯救胎兒性命。ABO不相容的情況很常見，但通常不會是嚴重病症。

erythrocyte *　紅血球　亦作red blood cell或red corpuscle。一種血液成分，用來運送氧、二氧化碳、養分和與其他組織交換後產生的廢物。其顏色來自血紅素。紅血球形小而扁圓，中心凹陷，側面呈啞鈴狀，胞體柔軟，細胞內無核。在骨髓中分幾個階段形成，最後儲存在脾臟。正常人紅血球壽命爲100～120天，成人每立方公釐血液中約有520萬個紅血球。在某些疾病會造成紅血球形狀（如：惡性貧血、鐮狀細胞性貧血）或數量（如貧血和紅血球增多症）的改變。

Erzberger, Matthias *　埃爾茨貝格爾（西元1875～1921年）　德國政治人物。1903年成爲國會議員，並逐步成爲中央黨內的左翼領袖。在第一次世界大戰期間，他建議放棄領土要求和締結和約。他率領德國代表團赴法簽署「停戰協定」，並力促政府接受「凡爾賽和約」。1919～1920年間出任副總理兼財政部長。由於是共和民主政治制度的倡導者，他成爲極右分子誹謗運動的受害者。他辭去內閣職務，後被一民族主義份子暗殺。

Esagila *　埃薩吉拉寺　古代巴比倫城中最重要的神廟。專祀該城護城神馬爾杜克。該寺位於埃特梅南奇巨塔之南，最長部分達660呎（202公尺），殿宇相連，圍繞廣闊庭院。巴比倫歷代國王都曾修建此寺，特別是在西元前6世紀尼布甲尼撒二世任內。該神廟因有許多古物而著名，但在1899～1917年間巴比倫城被發掘後已被掠奪一空。

Esaki, Leo　江崎玲於奈（西元1925年～）　日語作Esaki Reiona。日本物理學家。1956年成爲新力公司首席物理學家；1960年他獲得IBM的基金以供進一步研究，並參加了該公司在紐約約克敦的研究實驗室工作。江崎在新力從事量子力學方面的工作，專心於半導體的隧道效應的研究，這一工作使他發明了雙二極管，被廣泛地運用於電腦和其他設備。1973年他與加埃沃（1929～）、約瑟夫森共獲諾貝爾獎。

escalator　自動扶梯　移動式扶梯，用作地鐵、建築物及其他人行場所各層之間的傳送裝置。1900年巴黎博覽會會場的移動扶梯首次使用這個名稱。現代自動扶梯用電力驅動鏈條和鏈輪運轉，通過雙軌保持在適當的平面上。踏板到頂部平台後，通過一個梳狀裝置，如果有物體卡在踏板或梳狀裝置之間，則會自動切斷電源。

escape velocity　逃逸速度　天文學和太空探測名詞。當物體一旦達到這個速度，不再作任何加速也能逃離引力中心的吸引，逃逸速度隨高度的增加而減少，且等於在同一高度作圓軌道運動速度的2的平方根（約1.414）倍左右。在地球表面，如果大氣阻力可忽略不計，則逃逸速度約爲每秒6.96哩（11.2公里）。月球表面的逃逸速度則爲此數據的1/3。

eschatology *　末世論　指關於末日之事的教義。神祕末世論講宇宙（秩序）和混沌（混亂）之間永世之爭，以命定之事的實現爲大自然的完善化。歷史末世論則認爲，命定之事的實現乃是歷史的實現、調整或變化。眞正的歷史末世論見於希伯來係各宗教（猶太教、基督教、伊斯蘭教），而且不完整地見於瑣羅亞斯德教。《舊約》末世論認爲，折磨以色列人而使他們瀕於滅亡的災難，其原因在於猶太人不遵從上帝的律法和旨意。基督教末世論集中在基督這個人物，彌賽亞將會返回重建上帝之國。千禧年論特別強調基督再次降臨，並在世上建立正義王國。伊斯蘭什葉派認爲：救世主馬赫迪降臨進行最後審判，善人將上天堂，惡人則下地獄。

Escher, M(aurits) C(ornelius)＊　埃歇爾（西元1898～1972年）　荷蘭平面藝術家，以運用細部寫實達到特異視覺效果與觀念效果著名，如將樓梯呈現爲同時向上和向

埃歇爾的《偶遇》（1944），平版畫
Collection, The Museum of Modern Art, New York City; gift of the International Graphic Arts Society

下。他的作品被認爲帶有超現實主義者色彩，因他繪出世俗物件預料不到的蛻變。他的作品受到數學家與實證心理學家的注目，也受一般大衆喜愛，1960年代和1970年代尤其普遍被複製。

Escoffier, (Georges-)Auguste＊　埃斯科菲耶（西元1846～1935年）　法國主廚，以創新的高級烹飪得名。因執掌蒙地卡羅大飯店、倫敦凱撒麗池薩伏依飯店（1890～1899）和卡爾登飯店（1899～1922）的廚房而聞名於世。他協助改良偉大烹調藝術，以簡化及精製的方式讓準備食材更有效率。著有《菜譜》（1912）、《烹飪術》（1934）。

Escorial, El ➠ El Escorial

escrow＊　第三者保存的契據　英美法中一種書面證書。這種書面證書（例如土地契據）證明雙方或多方當事人間的債務關係，它由第三者保存，並指定在某項條件發生後方可交出。按照商業上的慣例，這種條件最常見的是由接受證書的一方履行某一行爲，例如償付買價。這種證書也普遍用於處理家庭事務，在發生某個情況（例如某一家庭成員死亡）時，第三者（暫時保存上述契據的人）即將它交付給家庭的另一成員。

Esdraelon, Plain of＊　埃斯德賴隆平原　希伯來語作Emeq Yizreel。以色列北部平原。長約25哩（40公里）。北依加利利丘陵，南鄰撒馬利亞地區。爲埃及和肥沃月彎間的古老通道，自古即爲貿易通道和兵家必爭之地。其西北部爲古城美吉多。由於疏於治理，許多世紀爲人煙稀少的沼地。1920年英國取消地產限制後，開始墾殖和拓居。現今有多處兼營集約農業和輕工業定居點，中心城市爲阿富拉。

Esenin, Sergey ➠ Yesenin, Sergey Aleksandrovich

Esfahan＊　伊斯法罕　亦作Isfahan。伊朗中西部主要城市（1996年人口約1,266,072）。中古世紀城鎮，以阿斯帕達納爲人所知。塞爾柱王朝（11～13世紀）和伊朗薩非王朝（16～18世紀）的重要城市，1598年波斯國王阿拔斯一世（1588～1629年在位）遷都於此，大肆修建，使伊斯法罕成爲17世紀世界上最大的城市之一。阿拔斯大帝在其市中心建立了巨大的皇家廣場，爲一大形的長方形花園，當中包括了著名的國王清眞寺。1722年阿富汗人攻入，城市一蹶不振。20世紀已逐漸恢復，現在是主要的紡織中心，現代工業包括鋼鐵製造和石油精煉等。

Eshnunna＊　埃什南納　今稱泰勒艾斯邁爾（Tell Asmar）。伊拉克東部古城，西元前3000年以前即有人定居。在烏爾第三王朝時期爲地方長官駐地。烏爾王朝瓦解後獲得獨立。後爲漢摩拉比征服。在巴比倫附近發現的「埃什

第二王朝（西元前2775?～西元前2650?年）早期泰勒艾斯邁爾出土的小塑像；現藏芝加哥大學
By courtesy of the Oriental Institute, the University of Chicago

南納法令」石碑，比《漢摩拉比法典》的時間早了約五、六十年，有助於顯示古代法律的發展。漢摩拉比時代之後埃什南納即式微。此處出土的蘇美人手工藝品，包括石碑，均爲西元前3000年之後的古物。

Eskimo　愛斯基摩人　亦稱伊努伊特人（Inuit）。與阿留申人的族源關係最近，兩者共同構成北極地區及近北極地區原住民之主要成分，其範圍自格陵蘭、阿拉斯加、加拿大以至西伯利亞最東端。愛斯基摩人在不同的方言中稱謂各異，如：伊努伊特人、因努皮雅特人、尤皮克人及阿魯提伊特人等等，其意爲「人民」。愛斯基摩一名源出蒙塔格奈語，意爲雪鞋，歐洲人最早用以指稱北極居民，加拿大和格陵蘭的北極居民寧願自稱爲伊努伊特人。愛斯基摩人屬於亞洲民族，與美洲印第安人不同之處如氣候適應、B型血型和語言（愛斯基摩－阿留申諸語言），都表示他們的族源不同。愛斯基摩人的傳統文化模式，完全是爲適應一種極其寒冷的冰雪覆蓋的環境，這裡幾乎沒有植物性食品，樹木極少，食物來源只靠馴鹿、海豹、海象、鯨等肉類，鯨脂，以及魚類。海上捕魚時常使用漁獵標槍和供一人乘坐的海豹皮船或較大的愛斯基摩蒙皮船。愛斯基摩人的衣著以馴鹿毛皮爲主。住房在冬季有兩種：一種是雪塊砌成的圓頂小屋，名爲伊格魯；另一種則是半地下的小屋，係以石頭或草塊鋪在木造或鯨骨的骨架上而製成。夏季他們居住在獸皮帳篷之內。狗拖雪橇是愛斯基摩人的主要陸上交通工具。他們的宗教信仰與崇奉泛靈論的風習相似。現在，雪上摩托車大體上已經替代了狗拖雪橇，同時步槍也用來狩獵，取代了原先的魚叉。許多愛斯基摩人早已放棄他們的流動性很大的狩獵行當，而移入北部的城鎮或都市，在礦井及油田工作。另有一

部分愛斯基摩人，也已組成合作社以兜售他們的手工藝品。愛斯基摩人在格陵蘭和丹麥約有51,000人；阿拉斯加有43,000人；加拿大有21,000人；其餘約有1,600人在西伯利亞。

Eskimo-Aleut languages＊ 愛斯基摩－阿留申諸語言 格陵蘭、阿拉斯加、加拿大以至西伯利亞東部愛斯基摩人和阿留申人所使用的語言。阿留申語和愛斯基摩語有遠親關係，包括東阿留申語和西阿留申語，現今使用者約四百人。愛斯基摩語包含兩個語支：尤皮克語（包含五種語言），通行於西伯利亞的楚克奇半島和阿拉斯加西南部；因努皮雅克－因努克提突特語，通行於阿拉斯加和的北極區至格陵蘭和拉布拉多沿岸。現今使用尤皮克語的人數約13,000，使用因努皮雅克－因努克提突特語的人數則逾100,000，格陵蘭近半數的因努克提突特人均操此語。

Eskimo dog 愛斯基摩犬 產於北極圈附近的獵犬和雪橇犬。有人相信是歷史長達25,000～50,000年的純品種，或認爲是狼的後裔。其身體強壯有力，骨骼粗大。外層被毛長，裡層厚似羊毛。毛色多種。體高約20～25吋（51～64公分），體重65～85磅（30～39公斤）。亦請參閱spitz。

愛斯基摩犬隊
Harry Groom from Rapho/Photo Researchers

esophagus＊ 食道 咽與胃之間的直管，藉由蠕動使食物通過。兩端均爲括約肌所關閉；食物通過括約肌進入食道後，該括約肌立即關閉以防食物向上迴流。食道的疾病有潰瘍和出血、心口因胃液迴流而灼傷、失弛緩症（一端或兩端的括約肌無法開啓）及肌肉痙攣等。硬皮症也和食道有關。

ESP ➠ extrasensory perception

espalier＊ 牆樹；棚樹 沿牆或棚架成片匍匐生長的樹木或其他植物，亦指這種樹木所依附的牆或棚架。這種園藝源自歐洲，初爲促使氣候較冷地區的果樹能多獲得陽光並有所依附。後因其具有裝飾效果而用金屬、鐵絲或木架製成棚架使灌木長成各種形態，或使樹木沿棚架或磚石牆面生長以節省空間。常綠植物如枇杷、火刺木、sweet bay magnolia、直立紅豆杉類、矮蘋果樹及梨樹等均宜作牆樹。

Espanol, Pedro ➠ Berruguete, Pedro

Espartero, Baldomero＊ 埃斯帕特羅（西元1793～1879年） 後稱Prìncipe (Prince) de Vergara。西班牙將軍和政治人物。伊莎貝拉二世即位後加入政府軍隊與唐・卡洛斯（參閱Carlism），協助贏得第一次王位爭奪戰。1840年他成爲政府首腦，1841年任攝政。1843年在一次將領發動的起義中被迫逃往英國。他在英國住到1849年。之後他返回西班牙，後來在退休之前與奧唐奈（1809～1867）將軍共同控制政府。

esparto＊ 灰綠針草 指學名爲Stipa tenacissima和Lygeum spartum的兩種灰綠針草植物，特產於西班牙南部與北非。灰綠針草一詞亦可用作指這種植物所產生的纖維。L. spartum具有堅硬而似燈心草的葉子，長在高原上多岩的土壤中。S. tenacissima則性喜乾燥，生長在陽光充裕的海邊赤褐色的砂質土壤。灰綠針草的纖維十分堅韌，被用來製作草繩、涼鞋、籃子、墊子及其他耐久之物已達數世紀之久。灰綠針草的葉子也可以用來造紙。

Esperanto＊ 世界語 波蘭眼科醫師柴門霍甫（1859～1917）於1887年所設計的一種人造語言，試圖用作國際通用的第二語言。柴門霍甫的《世界語基礎》（1905），提出此種語言的結構和構詞的基本原則。世界語的詞彙大都源自歐洲諸語言，有共同詞根，全部詞的拼寫與發音都一致。語法簡單而合規範。名詞無性的區別，一律用詞尾-o表示。世界語只有一個定冠詞la；無不定冠詞。形容詞以-a結尾。動詞全部都是規則的，每種時態或語氣只有一種形式，沒有人稱或數的變化。國際世界語協會（1908年創立）在83個國家中都擁用會員，人數估計超過100,000。

espionage＊ 間諜活動 以間諜、特工或非法途徑獲取軍事、政治、商業或其他情報之行爲。間諜活動因含非法意義，故與較廣義的情報工作有所不同。反間諜活動效應是直接偵察和阻撓他人進行的間諜活動。

Espiritu Santo 聖埃斯皮里圖 舊名馬里納（Marina）。太平洋西南部萬那杜最大的島嶼。長76哩（122公里）、寬45哩（72公里），面積1,420平方哩（3,677平方公里）。爲火山島。西岸有綿亙的山脈，最高點塔布韋馬薩納峰，高6,165呎（1,879公尺）。森林茂密。山谷寬闊，土質肥沃，水源充沛。以農業爲主，居民主要集中在東南部沿海的盧甘維爾。

Esquire 風尚 1933年由金格里奇創辦的美國月刊。初期是一種供男性閱讀、文風精緻引人且刊登半裸體年輕女子畫像的大開本雜誌。後來放棄了這種性刺激的作用，但繼續保有內容豐富、格調高雅的形象。《風尚》率先探討非傳統主題和故事，並以知名作家的文章吸引一般讀者。1940年代因其早期名聲不好，曾引發是否値得給予該刊郵資優惠的不成功的訴訟。但未成功。近年來，該刊爲寫小說和非小說的新作家提供發表機會。

essay 隨筆 一種分析性、詮釋性或評論性的文學作品，內容爲與主題有關的個人有限的或開放的觀點。體裁相當有彈性和多角度，由蒙田所創造，法文原文爲essai，強調此種體裁是「試圖」表達思想和經驗。隨筆在某些國家是文學和社會評論的媒介，在其他國家則爲半政治、十足國家主義感的文體，且常帶有爭論性、嬉笑或譏諷性。

Essen 埃森 德國西部北萊茵－西伐利亞州城市。人口約615,000（1996）。位於魯爾河畔，爲歐洲最廣闊的鋼鐵工業區。原爲貴族修道院（852）所在地，現仍存有15世紀興建的大教堂。10世紀設市；1802年畫歸普魯士。19世紀發展起鋼鐵廠和煤礦。由於是德國中部重要戰爭工業中心，第二次世界大戰期間受到嚴重破壞。後重建起大型、現代化大樓，包括了音樂廳、經濟研究機構和藝術機構等。

Essene＊ 艾賽尼派 自西元前2世紀至西元1世紀流行於巴勒斯坦的猶太教派。由小型修道院團體形成，會員恪遵摩西律法，嚴守安息日，與世隔絕，在耶路撒冷不採寺廟膜拜，靠自己的勞力支撐。通常將婦女排除在外。「死海古卷」被可能認爲是艾賽尼派所寫成、複製和收集的。

essential oil 精油 高度揮發性有機化合物，由植物萃取出，一般就以植物的名稱來命名（如玫瑰油、薄荷油等）。在古代就是著名的貿易項目。許多精油都含有類異戊間二烯化合物，有的精油如冬綠油和柑橘油僅含一主要成分，一般則多含有數十種甚至數百種成分。這些成分都含有特殊的味道，不論是合成或混合而成的都很難複製。精油有三種主要的商業用途：香水、肥皂、清潔劑和其他產品的香味；烘焙物、糖果、軟飲料和許多其他食品的味道；用於牙科產品和許多藥物上（參閱aromatherapy）。

essentialism　本質論　本體論的一種主張，認爲我們可以將一個物體的屬性區分成兩種：物體可能會缺乏的屬性（偶然屬性），以及物體不可能缺乏的屬性（基本屬性）。物體的本質就是它所有基本屬性的總和。

Essequibo River＊　埃塞奎博河　蓋亞那中東部河流。亞馬遜河和奧利諾科河之間最大河流，也是蓋亞那最長河流。源出巴西邊界的阿卡拉伊山脈，向北流630哩（1,010公里），在喬治城13哩（21公里）處注入大西洋。河口寬20哩（32公里），多島嶼淺灘，小海輪可行50哩（80公里）至巴提卡。

Essex　艾塞克斯　英格蘭東部郡（1995年人口約1,578,000）。沿北海沿岸從泰晤士河口延伸至斯陶爾河口。切姆斯福德爲郡首府所在。爲古郡，向西延伸至米德爾塞克斯，但大倫敦現今已將其西方角併入。至5世紀薩克遜入侵前爲羅馬中心，爲七國時代的盎格魯－撒克遜王國的倫敦中心。9世紀爲丹麥人掌控，之後又爲韋克塞斯所征服。現有大半土地劃歸敦倫，但許多地區仍保持鄉村特色，爲泰晤士河畔的石化業重鎮，有核電廠。

Essex, 1st Earl of　艾塞克斯伯爵第一（西元1541～1576年）　原名Walter Devereux。英國軍人。生於英國有爵位的家庭。1569年鎮壓英格蘭北部的暴動。1572年封爲艾塞克斯伯爵。1573年自願出資向阿爾斯特不聽英格蘭支配的部分殖民。同年秋去愛爾蘭，極野蠻地屠殺了上百居民，導致愛爾蘭對英國的怨懟。1575年伊莉莎白一世之下令他中止這樣的行爲。在再度由英格蘭前往愛爾蘭後不久即因痢疾而死。

Essex, 2nd Earl of　艾塞克斯伯爵第二（西元1567～1601年）　原名Robert Devereux。英格蘭軍人和廷臣。艾塞克斯伯爵一世之子。年少時即爲伊莉莎白一世的寵臣，但兩人時有衝突。1591～1592年指揮在法國的英格蘭軍隊，協助亨利四世對天主教徒作戰。1596年他率領軍隊洗劫西班牙加的斯港。1599年任英王駐愛爾蘭代表。他被愛爾蘭叛亂分子打敗。屈膝言和，1600年6月被伊莉莎白撤銷了一切職務。1601年企圖在倫敦煽動平民反伊莉莎白暴動，但失敗被捕，其師培根曾試圖營救，但仍被斬首。

艾塞克斯伯爵第二，據Marcus Gheeraerts the Younger之畫作繪於16世紀末；現藏倫敦國立肖像畫陳列館
By courtesy of the National Portrait Gallery, London

Essex, 3rd Earl of　艾塞克斯伯爵第三（西元1591～1646年）　原名Robert Devereux。英國陸軍中校。艾塞克斯伯爵二世之子。1620年從軍，爲查理一世指揮軍隊，直到查理的王位被長期國會廢除爲止（1640）。英國內戰爆發，他開始指揮國會軍。1642年在埃奇希爾戰役中勇猛殺敵。1643年他向倫敦進軍。1644年8月他的6,000名將士在康瓦耳郡洛斯特威西爾被包圍，全軍投降，艾塞克斯隻身從海上逃走。1645年辭去軍隊指揮權。

Essex Junto＊　艾塞克斯派　麻州聯邦黨政治領袖的一個非正式集團，成員主要來自於艾塞克斯公司。成員支持漢彌爾頓，反對傑佛遜，要求和英國友好，反對禁運法和1812年戰爭。領導人包括皮克令，試圖在新英格蘭組成另一個聯盟，而參加了哈特福特會議。1814年之後重要性漸失。

establishment clause　設立條款　亦稱設教條款（establishment-of-religion clause）。美國憲法第一條修正案的條款，禁止國會設立國教。這項條款要防止通過任何法律，賦予任何一個宗教優先權，或強制信仰任何一個宗教。它與禁止對自由表達宗教言論加以限制的條款，互相搭配。

estate law　財產法　用來規範個人對其不動產和動產所擁有的權利之性質和範圍的法律。與遺囑認證過程有關時，指的則是規範死者全部財產（無論哪一類財產）之處置的法律。亦請參閱estate tax、property、property tax。

estate tax　遺產稅　對財產在其所有者死亡而改變產權時的資本價值（主要是按財產的總價值）所徵收的稅。一般在遺產評估的價值超過法定的數額時才進行徵稅，遺產稅是按分級稅率徵收的。遺產稅於1989年在美國首度徵收，有助於西－美戰爭的財政支出；1902年撤銷，但1916年再度恢復永久徵收，亦對一次世界大戰的財政帶來助益。許多遺產稅的逃稅方法（如贈與或交付信託基金）在1976年美國賦稅改革法中被大舉絕斷。

Estates-General　三級會議　亦稱States General。法語作États-Généraux。法國大革命前君主制下的三個「等級」代議制議會。三個等級是：教士、貴族（享有特權的少數）和代表人民大多數的第三等級。通常是發生危機時由王室來召開，從14世紀起每次三級會議間隔的時間不一；由於王室通常會和地方等級會議達成協議，所有成效有限。最後一次三級會議召開於法國大革命開始時（1789），因而創立國民議會。

Este family＊　埃斯特家族　文藝復興時期義大利王公世家，是古代倫巴底貴族的後裔。姓氏原爲埃斯坦西，是10世紀奧柏坦吉王朝的一支，起源於距帕多瓦近郊埃斯特鎮和埃斯特古堡。始祖是阿爾貝托·阿佐二世（卒於1097年），其子福爾科一世（卒於1136年左右）爲本族繼承人。曾參與歸爾甫派與吉伯林派的戰爭，而成爲歸爾甫派的領袖。該家族13～16世紀末統治費拉拉。第五代及最後一代費拉拉公爵阿方索二世（1533～1597）去世後，因無子嗣，由教宗直接統治費拉拉（1598），埃斯特家族的主系從此斷嗣。中世紀後期至18世紀末該家族還統治摩德納和雷喬。除了政治成就外，埃斯特家族成員在藝術和文化方面亦扮演重要角色。

Estenssoro, Victor Paz ➠ Paz Estenssoro, Victor

ester　酯　與水反應能生成醇和有機或無機酸的一類有機化合物的總稱（參閱hydrolysis）。由羧酸衍生的酯最爲常見，包括酸的羰基（參閱functional group）；碳的第四個連結物爲醇的氧原子。酯在鹼存在下的水解，即所謂的皂化反應，被用來由脂和油製取肥皂，也用於酯的定量測定。低分子量的羧酸酯是帶有香味的無色揮發性液體，微溶於水。許多酯是花和水果的芬芳和香味的來源。其他如醋酸乙酯和醋酸丁酯用作清漆、塗料和油漆的溶劑。酯還包括許多工業上重要的高分子聚合物。如盧西特（聚甲基丙烯酸甲酯）和滌綸（聚乙烯對苯二甲酸酯）。硫酸、磷酸和硝酸等無機酸也可和醇生成酯。磷酸酯是生物學上重要的物質（核酸即屬於這一類），在工業上廣泛用作溶劑、增塑劑、阻燃劑、汽油和油的添加劑以及殺蟲劑。硫酸和亞硫酸的酯用於製造染料和藥物。

Esterhzy family＊　埃斯泰爾哈吉家族　馬札爾貴族世家。其家族可追溯至15世紀，許多匈牙利外交官、軍官和藝術愛好者出自這個家族。18世紀時，埃斯泰爾哈吉家族已成爲匈牙利最大的地主。他們擁有的私人財富甚至大於他們所支持的哈布斯堡王朝。雄偉的埃斯泰爾哈吉宮建於諾伊齊德勒湖畔的艾森施塔特，海頓大部分的時間在這裡擔任音樂總監。家族的許多成員先後在匈牙利的政府、教會、外交界和軍界中擔任要職直至20世紀。

Estes, William K(aye)＊　艾斯提斯（西元1919年～）　美國心理學家。於1940年代與斯金納共同研究工具性學習，並於1950年引介刺激樣本理論，這是一個描繪數學化學習的模型。他後來的著作專注於「認知結構」。他的著作包括《學習理論與心理發展》（1970）、《行爲研究的統計模型》（1911）以及《分類與認知》（1994）。他曾任教於史丹福、洛克斐勒以及哈佛大學，1997年獲頒國家科學獎。

Esther　以斯帖　《舊約》的巾幗英雄，〈以斯帖記〉的中心人物。以斯帖是個美麗的猶太婦女，波斯國王亞哈隨魯（薛西斯一世）的妻子。她與堂兄末底改勸說國王收回在帝國全境盡殺猶太人的成命。哈曼原定在掣簽決定的日子屠戮猶太人，結果反而是猶太人消滅了以國王寵臣哈曼爲首的敵視猶太人的人們，後來猶太人就定此日爲掣籤節。〈以斯帖記〉可能寫於西元前2世紀。

Estienne, Henri II＊　埃蒂安納（西元1528～1598年）　法國學者兼印刷商。年輕時旅行歐洲，研究古代手稿並訪問學者。之後在父親於日內瓦的印刷公司出版數種希臘文本。1566年他出版了希羅多德著作的拉丁文版，篇末附有辯解性文章和法譯文。在經典學術成就方面，他編著了希臘文本和拉丁文本的普魯塔克的著作（13卷，1572）及《希臘語詞典》（1572）。這部詞典學的不朽傑作，遲至19世紀仍有新版發行。

estimation　估計　數學用語，使用函數或公式來取得解法或進行預測。估計不像近似，它有精確的內涵。例如，在統計學中，它意味著所謂估計值之函數的小心選擇和測試。在微積分中，它通常意指方程式解法的最初猜測，而在產生越來越近之估計值的過程中逐漸變得精確。估計值與精確值之間的差異稱爲誤差。

Estonia　愛沙尼亞　正式名稱愛沙尼亞共和國（Republic of Estonia）。東北歐國家。由大陸地區和波羅的海中的1,500多個大小島嶼組成。面積17,413平方哩（45,100平方公里）。人口約1,363,000（2001）。首都：塔林。人口中近2/3爲愛沙尼亞人，俄羅斯人約占1/3，及少數烏克蘭人、芬蘭人和白俄羅斯人。語言：愛沙尼亞語（官方語）。宗教：愛沙尼亞東正教、路德宗、循道宗。貨幣：愛沙尼亞克朗（EEK）。地形低，有小丘，多湖泊、森林、河流。涼爽溫和，潮濕氣候。經濟以工業爲主，生產頁岩、機械、金屬加工產品以及建築材料。以紡織品著稱。木材加工是該國重要的傳統工業。政府形式是共和國，有一立法機構。國家元首是總統，政府首腦爲總理。9世紀該地區遭維京人侵襲。後來又遭到丹麥人、瑞典人和俄羅斯人的侵略。但愛沙尼亞人都能抵擋住襲擊，直到1219年丹麥人取得控制。1346年丹麥王國政府將其對愛沙尼亞的主權出售予當時占領利沃尼亞（愛沙尼亞南部和拉脫維亞）的條頓騎士團。16世紀中葉，

愛沙尼亞再次被瓜分，愛沙尼亞北部臣服瑞典，波蘭贏得利沃尼亞，1629年利沃尼亞割讓給瑞典。1721年俄羅斯取得利沃尼亞和愛沙尼亞。約一世紀後，農奴制度廢除，1881年開始愛沙尼亞徹底的實施俄羅斯化。1918年愛沙尼亞脫離俄羅斯獨立，直到1940年被蘇聯占領，後被迫加入蘇維埃社會主義共和國聯邦（亦稱蘇聯）。第二次世界大戰期間，德國曾經占領該地區（1941～1944），但1944年蘇聯又恢復了對愛沙尼亞的統治。此後，愛沙尼亞的經濟實行了集體化，成爲蘇聯經濟的一個組成部分。與前蘇聯的其他部分於1991年宣布獨立，隨即舉行大選。愛沙尼亞仍與俄羅斯談判解決他們共有的邊界。

Estremadura ➠ Extremadura

estrogen＊　雌激素　有機化合物，主要影響雌性生殖系統的發育、成熟及其功能的性激素。主要有三種：雌二醇、雌酮及雌三醇。主要由卵巢及胎盤分泌；腎上腺及睪丸亦能分泌少量。雌激素可影響卵巢、陰道、輸卵管、子宮和乳腺，對青春期、月經、妊娠和分娩都扮演重要角色。雌激素又使女性的身體器官組織構造不同於男性。動物實驗表明，缺乏雌激素則交配欲望及其他性行爲均減少。

estrus　動情期　除較高等的靈長類外，雌性哺乳動物性週期中的一個時期。此時雌獸性欲衝動，準備與雄性交配。一些哺乳動物（如狗）具單動情期，在生殖季節僅發情一次。其他動物（如黃鼠）具多動情期，在生殖季節裡若未受孕則反覆發情。發情時雌性動物即分泌費洛蒙，可爲雄性動物嗅出。雌性動物在動情期間，生殖器腫脹，並通過各種信號表示它準備交配。

estuary＊　三角灣　海水與河水相混合的半封閉水體。通常其範圍與其說是由鹽度所決定，倒不如說是由地貌界限所決定。許多海岸地貌雖以其他名稱稱之，實際上就是三角灣（如乞沙比克灣）。某些延續至今的古文明因三角灣環境而繁榮（如底格里斯河和幼發拉底河、尼羅河三角洲、恆河三角洲、黃河下游谷地）。倫敦（泰晤士河）、紐約（哈得遜河）、蒙特婁（聖羅倫斯河）等著名城市都是在三角灣發展成重要的商業中心。

Etana Epic＊ 伊坦納史詩 古代美索不達米亞關於朝代隆替的故事。衆神選中伊坦納，立他爲王。但他的妻子雖已懷孕卻不能分娩，王位將無人繼承。伊坦納祈求太陽神沙瑪什，沙瑪什便指示他前往山上尋找在坑中受傷呻吟的鷹，此鷹是因毀棄聖約而受刑。伊坦納救出此鷹，它爲了酬報他，將他背負上天。由於本文殘缺不全，無法確知伊坦納尋求生育草的結果。一說伊坦納到達天上；另一說法是他跌落地面。西元前第三千紀左右在美索不達米亞南部，有一名爲伊坦納的國王統治者基什。

etching 蝕刻法 用酸液將圖案刻在金屬版（通常爲銅版）上的版畫製作法。當印版壓在微濕的紙張上時便把圖案轉印到紙上。版畫即成。蝕刻法作畫始於16世紀初期，但用蝕刻金屬版製作版畫的方法是從在甲冑上蝕刻圖案的作法演變而來。早期著名的畫家有阿爾特多費爾、杜勒和帕米賈尼諾；最偉大的蝕刻畫家要屬林布蘭。20世紀時，蝕刻法常被用來繪製書本的插畫。亦請參閱aquatint、engraving。

ethanol＊ 乙醇 亦作ethyl alcohol或grain alcohol。是通稱爲醇的一類有機化合物中最重要的一種，分子式爲C_2H_5OH。乙醇是用發酵法生產的酒精飲料的致醉成分。在美國，工業用乙醇是用化學合成的，再以蒸餾法純化。因飲用乙醇在各國都要課稅，工業用乙醇必須使其不適於飲用（變性）以避免納稅。典型變性劑是甲醇、樟腦、苯與煤油。乙醇有毒，危害中樞神經系統，但對某些人是一種嗜好性毒品，導致酒精中毒症。少量能興奮精神，鬆弛肌肉。但大量則損害肌肉運動的協調和判斷力，甚至導致昏迷或死亡。乙醇和巴比妥酸鹽或相關藥物混合服用危險性更大。

Ethelbert I 艾特爾伯赫特一世（卒於西元616年） 亦作Aethelberht I。肯特國王（560～616年在位）。他與信奉基督教的伯撒（巴黎國王的女兒）結婚，當時坎特伯里的聖奧古斯丁和其他傳教團在597年來到了肯特，他竭誠歡迎他們，並把他們安頓在坎特伯里。雖然他後來和許多臣民受洗爲基督徒，但不試圖用法令建立基督教國度。他頒布現存的第一個盎格魯-撒克遜法典（參閱Anglo-Saxon law）。

Ethelred II 艾思爾萊二世（西元968?～1016年） 亦作Ethelred the Unready。別名Aethelred Unraed。英格蘭國王（978～1013；1014～1016）。艾思爾萊二世在異母兄長被刺後即位，且被懷疑涉嫌這起謀殺。他是個不成功的統治者，980年丹麥人入侵，幾乎整個英格蘭都遭到蹂躪。後來他大批屠殺丹麥移民（1002），從而引起了丹麥人的再度侵犯。於1013年，丹麥國王斯韋恩一世被接納爲英格蘭國王，艾思爾萊遂逃往諾曼第。1014年斯韋恩去世，艾思爾萊復位，條件是他死後要由丹麥人克努特來繼位。他的墓誌銘上的Unraed意爲「邪惡顧問」，但曾被錯翻爲「還沒準備好的」。

ether＊ 醚 以氧原子與烴的兩個碳原子相連爲特徵的一類有機化合物，其一般化學式爲R_1OR_2。醚與醇相似，但與醇相比通常密度低、溶解度小、沸點低、比較不活潑。醚常被用作化學加工、提取或分離化合物或溶劑。某些醚的蒸氣用作殺蟲劑、殺蟎劑。醚在醫藥中也很重要，特別是用作麻醉劑。例如，可待因就是嗎啡的甲基醚，而乙醚則是很有名的麻醉劑。醚還用作溶劑、萃取劑和反應介質。

Etherege, George＊ 艾塞利基（西元1635?～1692年） 受封爲喬治爵士（Sir George）。英國劇作家，被認爲是王政復辟時期喜劇的創造者。第一部喜劇作品《桶中之愛》（1664），立即獲得成功，它的新穎之處在於利用當時社會習俗。他還寫了《如果她能，她就肯》（1668）和《摩登人物》（1676）雖然他的戲劇到18世紀便不再演出，他的喜劇風格被後來的劇作家繼承並保持至現代。

Ethernet 乙太網路 1979年全錄公司提出的遠程通訊網路協定。起初是發展作爲低廉的方式，在一個房間或一棟建築物內的連線辦公機器之間傳送資訊，但是它快速成爲標準的電腦互連方法。資料速率從原始每秒10 MB增加到100 MB，這新的標準稱爲高速乙太網路。原始的規格需要同軸電纜作爲通訊媒介，但可採用簡單的雙絞線以降低成本。亦請參閱computer network。

ethical relativism 倫理學相對主義 這種觀點認爲正確與錯誤、好與壞不是絕對的，而是常變的和相對的，依人、事或社會情況而定。這種觀點常常是含糊不清的。它並不簡單地認爲正確的事物是依環境而定，也不是相信一個人認爲是對的，與他的社會環境有關。倫理學相對主義是關於道德原則是否是眞理的看法。根據這種看法，變動的和甚至是互相矛盾的道德原則同樣是眞的，因此沒有任何客觀的方法來證明某一原則對一切人和一切社會都是正確的。這種看法並不爲結果主義者（參閱consequentialism）接受，但和義務論者（參閱deontological ethics）的看法類似。

ethics 倫理學 哲學的分支，探究最終價值的本質和藉以評斷人類行動對錯的標準。倫理學可以分爲規範倫理學、後設倫理學、應用倫理學。規範倫理學致力於爲行爲立下規範或標準，而規範倫理學的重要問題是：行動是否只應根據後果來評斷對錯。那些根據後果來評斷行動的理論稱爲目的論倫理學或結果論，而那些根據本身固有道德性質來評斷行動的理論稱爲義務倫理學。後設倫理學涉及道德語言的邏輯面與語意面分析，而主要的後設倫理學理論包括自然主義、非自然主義（亦稱直覺主義）、情緒主義、規範主義）。應用倫理學是把規範倫理學理論應用於實際的道德問題（例如墮胎、自殺、婦女的待遇、官員的行爲）。亦請參閱deontological ethics。

Ethiopia＊ 衣索比亞 正式名稱衣索比亞聯邦民主共和國（Federal Democratic Republic of Ethiopia）。舊稱阿比西尼亞（Abyssinia）。非洲東部國家，位於非洲大陸最東端的「非洲之角」。面積437,794平方哩（1,133,882平方公里）。人口約65,892,000（2001）。首都：阿迪斯阿貝巴。居民中約1/3是阿姆哈拉人，1/3是奧羅莫人，其餘的則是提格雷人、阿法爾人、索馬利人、薩霍人和阿古人。語言：阿姆哈拉語、奧羅莫語。宗教：衣索比亞正教會（占總人口的3/5）、伊斯蘭教（占總人口的1/4）、泛靈崇拜者（占總人口的1/10）。貨幣：比爾（Br）。衣索比亞爲一內陸國家。北部多山，中部衣索比亞高原，由大裂谷分成東、西高地。高地氣候溫和，主要爲稀樹草原；而乾旱低地則炎熱。因過渡伐木引起嚴重侵蝕，再加上受週期性的旱襲擊，導致食物短缺。經濟以農業爲主，以生產穀物爲主。畜牧業亦重要。咖啡爲出口大宗，其次是獸皮。1995年建立新共和國，採兩院制。國家元首是總統，政府首腦爲總理。《聖經》中稱衣索比亞爲庫施，早在古代有人居住，並曾被埃及人統治。西元前2000年，操吉茲語的農民建立了達阿馬蒂王國。西元前300年後被阿克蘇姆王國取代，根據傳說，阿克蘇姆王國曼涅里克一世是所羅門王與席巴女王所生之子。西元4世紀時基督教傳入，隨即傳佈（參閱Ethiopian Orthodox Church）。與地中海地區繁榮的貿易活動於7～8世紀間因阿拉伯的穆斯林而中斷，該地區的利益轉向東發展。至15世紀晚期葡萄牙來此，才恢復於歐洲的聯繫。1855年特沃德羅斯二世即位，開

E F G

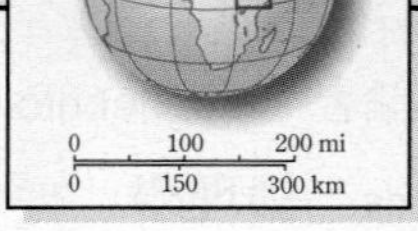

始現代衣索比亞的統一。隨著歐洲人入侵結束，1890年沿岸地區成為義大利的殖民地。皇帝曼涅里克二世擊敗、逐出義大利。在他的統治下，衣索比亞繁榮起來，他的現代化計畫延續到1930年代海爾・塞拉西皇帝。1936年義大利再次取得對該國的控制。並歸屬義屬非洲的一部分。一直到1941年被英國人解放。1974年海爾・塞拉西被廢黜，成立馬克思主義政府，屢遭內戰與飢荒，一直執政到1991年。1993年厄利垂亞獲得獨立，但與衣索比亞和索馬利亞邊界的衝突一直持續到1990年代。

Ethiopian Orthodox Church　衣索比亞正教會　基督教的一派，流行於衣索比亞，組織上是獨立的牧首區。4世紀時由聖弗魯孟提烏斯及兄弟埃德修斯共同設立，並以阿迪斯阿貝巴為基地；教會信奉基督一性論派的教義。以埃及科普特正教會亞歷山大里亞牧首為名譽首腦。從12世紀起，衣索比亞教長一職都由亞歷山大里亞牧首任命，此項人選一向是科普特派修士。至1959年當自治的衣索比亞正教會建立時才由衣索比亞人擔任教長。它的風俗包括割禮、嚴格的齋戒，以及名為德布特拉的普通信徒所參與的活動，德布特拉在當中表演儀式音樂和舞蹈，並扮演占星家、抄寫員及算命仙。其信徒多是北部和中部高地的阿姆哈拉人和提格雷人。亦請參閱Coptic Orthodox Church。

Ethiopianism　衣索比亞主義　殖民時代撒哈拉沙漠以南非洲人之間的宗教運動。始於1880年代，當時南非傳教人員著手組織獨立的純粹非洲人教會，如滕布部族教會和非洲教會。1892年莫科內建立衣索比亞教會，首先使用這個名詞。衣索比亞主義的主要起因之一在於不滿歐洲殖民者的種族隔離，它是近代殖民時期非洲人民最初爭取宗教和政治自由的一種鬥爭形式。非洲信徒也希望有更加非洲化、更加適應當地條件的教會。奈及利亞、喀麥隆、迦納、肯亞都有類似的組織。1906年祖魯戰爭和1915年尼亞薩蘭暴動，衣索比亞宗教運動都有參與。到了1920年代，政治抱負不再與宗教關聯，而與政黨和工會結合在一起。

Ethiopic languages*　衣索比亞諸語言　為衣索比亞的閃米特語。包含了約22種語言，如：衣索比亞教會用的吉茲語、現代官方語言阿姆哈拉語、還有提格雷語、提格里尼亞語、阿爾哥巴語、哈勒利語以及古拉格語。衣索比亞和厄立特里亞約2,500萬人操這類語言。從前有些語言學家把衣索比亞諸語言看作閃米特語族的一個獨立語支，現在一般都把它們和南阿拉伯方言歸在一起，作為西南閃米特語支或南阿拉伯－衣索比亞語支。

ethnic cleansing　種族淨化　藉由驅逐、強制遷徙或滅絕種族等方式，除去不想要的族群群體，以創造一個族群上同質的地理區。種族淨化也伴隨著破壞和褻瀆紀念物、墳墓和宗教崇拜場所，以除去目標群體在該區域內的實體遺跡。儘管有些人對這個用語有所批評，他們認為種族淨化只是滅絕種族的一種形式，然而擁護者指出，滅絕種族政策的首要意圖是屠殺一個族群、種族或宗教群體，而種族淨化的主要目標則是建立同質的地域，這可透過許多方式來達成，包括滅絕種族。1990年代廣泛用這個詞形容南斯拉夫剛解體時，波士尼亞人（波士尼亞穆斯林）、克羅埃西亞庫拉吉納地區的塞爾維亞人、科索沃塞爾維亞人省分裡的阿爾巴尼亞人在種族衝突中所受到的殘酷待遇。

ethnic group　種族集團　由共同的種族的、語言的、民族性的或文化上的紐帶予以維繫，並在更大的社會群體中顯出與其他集團不同的社會集團或居民類型。種族多樣是現代大多數社會中存在的社會複雜性的一種形式，也是政治征服和移民的結果。傳統上，民族國家和種族多樣是互不相容的，民族國家曾多次試圖用消滅或驅逐種族集團的辦法來解決種族多樣問題。今日多數國家均採行多元主義，這種形式通常建築在容忍、互相依存和分離主義相結合的基礎上，是一種更有前景的方式。由於自由學說、自治學說及民主學說流行於全世界，現在種族特點的政治作用較之往昔就更為重要了。亦請參閱culture contact、ethnocentriam、racism。

ethnocentrism　種族優越感　以自己的文化來詮釋評判其他文化的傾向。一般認為人類普遍具有這種傾向，這可以在西方社會非常普遍（尤其是在前幾個世紀）的行徑中得到證明：西方人替非西方人貼上野人或蠻人的標籤，只因為這些社會與西方社會不同。即使是那些應該對文化差異具有敏銳度的人類學家，都有可能將不使用文字的民族視為缺乏宗教信仰（如盧布克），或認為他們的心智處於前邏輯階段（如李維－布呂爾），僅只是因為這些人的思考方式與西歐社會的思考方式並不一致。與種族優越感相對的是文化相對主義，亦即從該文化現象自身的脈絡中來理解此現象。

ethnography*　人種誌　對人類特定社會的描述性研究項目或研究過程。當代人種誌的研究工作，幾乎完全根據實地調查。許多人種誌學者都在調查地區居住一年或更長的時間，學習當地的語言或者方言，而且盡最大的可能投入當地人的日常生活之中。但同時還要保持一個觀察者的不偏不倚的立場。傳統人種誌多強調描述居民中的普通人，而現代人種誌則已注意諸文化系統內變化的重要性。詳細的筆記當然還是調查工作的主要手段，但是人種誌工作者已經使用諸如照相機、錄音機和錄影機等以增加自己筆記的內容。當代人種誌與文學理論交互影響。亦請參閱Bronislaw Malinowski、cultural anthropology。

ethnomusicology　民族音樂學　對音樂以文化層面的角度所做的學術研究。以人類學的方式行之（原稱「比較音樂學」），試圖將焦點放在西部音樂，尤其是口語傳統音樂。此領域起源於19世紀晚期，學者費提斯（1784～1871）及史坦普（1848～1936）有相關作品，有更多作品是被世界音樂研究所引發，在這個假說下，前歷史可被透過探詢現今原初文化而將之研究。此學派認為傳統社會在現代世界的侵略下快速消失，因此收集（藉由田野記錄、使用新的錄音技術）

及抄寫（以新設備記下音譜）成為當務之急。一系列針對比較分析不同音樂的分類計畫已擬定，但自然焦點還是放在差異性。

ethology＊　行為學　研究動物行為的科學，結合了實驗室及田野科學，並和其他學科有密切關聯（如神經解剖學、生態學、演化等）。雖然許多博物學家研究動物行為方面的問題已有幾個世紀，但是現代行為科學之成為一個獨立的學科，通常認為是始於1920年代廷伯根和勞倫茲的工作。行為學家對於行為過程比對特定動物類群更感興趣，他們常常研究一些沒有親緣關係的動物中的同一類行為（例如進攻性行為）。

ethyl alcohol ➠ ethanol

ethylene＊　乙烯　最簡單的烯烴，化學式CH_2=CH_2，為無色、可燃、稍甜而微有芳香的氣體。乙烯是大量生產的石油化學產品，存在於石油和天然氣中，絕大部分是由高級烴經熱處理製得的。乙烯可以高溫高壓或催化的方式聚合生成聚乙烯。乙烯和許多其他化合物混合產生乙醇、溶劑、汽油添加劑、防凍劑、洗滌劑以及其他衍生物。在植物學方面，乙烯是一種植物激素，抑制生長、促進落葉。但對水果則是催熟激素。

ethylene glycol　乙二醇　甘醇中最簡單的一種。亦稱1,2－乙二醇（1,2-ethanediol），分子式$HOCH_2CH_2OH$。為帶有甜味的無色油狀液，氣味很淡，工業上是由乙烯通過中間體環氧乙烷而製得。它廣泛用作汽車中冷卻系統的防凍劑，用於製造人造纖維、低凝固點炸藥和制動液。乙二醇及其某些衍生物有低毒。

ethyne ➠ acetylene

Etna, Mt.　埃特納火山　義大利西西里島東岸活火山。為歐洲最高活火山。海拔10,000呎（3,200公尺）以上；基座周長約93哩（150公里）。數世紀以來有多次噴發紀錄，其中以1669年最為激烈，當時熔岩流摧毀山麓村莊，湮沒卡塔尼亞城西部，破壞十分嚴重。1971年以後的十年裡多次噴發，1983年的噴發持續了四個月，當局曾企圖引爆炸藥使熔岩流轉向。

Etobicoke＊　埃托比科克　加拿大安大略省東南部城市，人口約310,000（1991）。與北約克、斯卡伯勒、約克和多倫多和享有自治權的東約克共同形成多倫多大都會市。面積49平方哩（127平方公里）。1967年合併附近城鎮稱市，包括新多倫多和米米可及長板凳。市名是印第安語，意為「橙木之鄉」。

Eton College＊　伊頓公學　英格蘭最大的、也是最有名望的公學之一，設在伯克郡伊頓。亨利六世建於1440～1441年間，同年，亨利還創辦了劍橋大學的國王學院。按照傳統，國王學院為伊頓的學生保留二十四個獎學金名額。男孩在十三歲時進入伊頓公學。大部分學生來自英格蘭富裕家庭，但每年仍舉辦基本競賽考試，提供七十名獎學金名額。現有一千多名學生。亦請參閱college。

Etosha National Park＊　依托沙國家公園　那米比亞北部國家保護區。涵蓋面積約8,598平方哩（22,269平方公里），以依托沙窪地為中心，依托沙窪地是個鹽份廣布的區域，有綿延不絕的鹽泉，被動物利用來舔取鹽份。這是全世界大型獵物總量最多的地方之一，包括獅子、象、犀牛、旋角大羚羊、斑馬和羚羊。

Etruria＊　伊楚利亞　位於義大利中部的古代國家。它的區域涵蓋現今的托斯卡尼和部分的翁布里亞，由伊楚利亞人所居住。他們在西元前7世紀創建文明。他們的主要聯盟向來包括了12個城市，他們在西元前6世紀將文化發展至巔峰。伊楚利亞人的權勢鼎盛時，曾延申至義大利北部和南部，但伊楚利亞的城市卻在西元前3世紀逐漸被羅馬所併吞。

Etruscan art　伊楚利亞藝術　指的是伊楚利亞國家的人民留下來的藝術（約西元前8～西元前4世紀）伊楚利亞人的藝術可分為三類：陵墓、城市建築、宗教祭典。由於伊楚利亞人對來生充滿嚮往，因此目前僅存的藝術品中大多與陵墓相關。最有特色的藝術成就是壁畫－－都是二度空間的作品－－和陵墓上具寫實主義風格的紅土色肖像。青銅浮雕與雕刻也相當常見。在塞雷出土的陵墓狀似房屋，位於地底下，以柔軟的火山岩雕飾而成。城市建築也是伊楚利亞人擅長的；伊楚利亞是地中海一帶第一個以棋盤格式規畫城市的地區。這項設計後來廣為羅馬人所運用。宗教祭典方面，伊楚利亞神廟有寬深的前檐柱廊，上有佈滿紅土色雕刻的屋頂，與維愛城（西元6世紀晚期）的神廟相仿。伊楚利亞藝術深受希臘藝術影響，消化吸收之後又反過來影響義大利現實主義肖像的發展。

Etruscan language　伊楚利亞語　義大利古代伊楚利亞人通用的語言。它與印歐語系有關聯的說法並未被普遍接受，伊楚利亞語是一種封閉的語言。托斯卡尼地區西元前7世紀到西元1世紀的銘文，是了解伊楚利亞語的主要依據。伊楚利亞語使用的文字也許源於某種希臘字母。

Etruscan religion　伊楚利亞宗教　古代義大利西部伊楚利亞人民的信仰和儀式。伊楚利亞人相信，神明會在自然界各方面顯示祂們的本性和意志，如一隻鳥、一粒漿果，就是神明知識的基本源。他們的神明超過四十位，特徵模糊多變，不過到後來有些就成為希臘和羅馬的神祇。伊楚利亞人的占卜很有名，他們在閃電、祭物的肝臟以及鳥的飛翔中探索未來、尋找神明的徵兆。基於對來世的信仰，他們建造了十分精巧的墓地當作死人的住處。後來羅馬人採用了許多伊楚利亞宗教的特徵。

Etruscans　伊楚利亞人　義大利伊楚利亞地區古代民族，西元前6世紀時都市文明達於頂峰。伊楚利亞人的起源自古以來就有爭議。西元前7世紀時已將全部托斯卡尼置於其統治下，在西元前6世紀中期能夠推進到波河流域並成為羅馬的統治者。伊楚利亞人在羅馬修建多項公共工程，包括了城牆和下水道系統。在西元前6世紀結束時，受到該地區包括希臘、羅馬和高盧等民族的威脅，使伊楚利亞逐漸衰落。西元前509年伊楚利亞人被羅馬人驅逐。伊楚利亞人曾建立了繁榮的商業和農業文明。並留下許多文化遺產，包括從墓葬中發現的壁畫和形態逼真的赤陶雕像的藝術作品。有許多文化亦被羅馬人繼承下來。亦請參閱Etruscan language、Etruscan religion。

eubacteria＊　眞細菌　原核生物中除古細菌外的另一個類群。古細菌與眞細菌不同，兩者又與眞核生物不同。一般認為，眞細菌和古細菌獨立地從出現於地球歷史早期的共同祖先演化而來。眞細菌中，某些類似的細菌會引起疾病（如大腸桿菌、葡萄球菌屬、沙門氏菌屬和分枝桿菌的細菌），有的對食物、農業、生物技術學和其他工業活動（如乳桿菌屬、硝化細菌、脫氮細菌和鏈黴菌屬等）都有其重要性。

Euboea＊　埃維亞　希臘語作Évvoia。愛琴海島嶼，爲希臘最大島之一。長110哩（180公里），寬4～30哩（6～48公里）。該島多山，山嶺之間有利拉斯河流經的肥沃低地，在古代是著名的養馬區。哈爾基季基人曾修築連接波奧蒂亞的橋梁。西元前5世紀受雅典人侵占，兩個主要城市哈爾基斯和埃雷特里亞，加入波斯和伯羅奔尼撒戰爭。從西元前146年起成爲羅馬的馬其頓行省的一部分。1366年受威尼斯人統治，1470年又被土耳其人征服，1830年才歸屬希臘。

eucalyptus＊　桉屬　桃金孃科桉屬，約500餘種。原產澳大利亞、紐西蘭、塔斯馬尼亞及其鄰近島嶼。該屬有多種優良的蔭蔽樹或造林樹種，廣泛栽種於世界溫暖地區。因生長迅速，有的植株是高大種類。許多品種的葉革質，特別是杏仁桉和藍桉的葉因含揮發性芳香油，即爲尤加利油，多用於醫學。在澳大利亞，桉樹主要用作燃料、建材和圍籬。有的樹皮還可造紙和提取丹寧。

Eucharist＊　聖餐　亦稱Holy Communion或Lord's Supper。基督教紀念耶穌基督同門徒共進最後晚餐的聖禮。在最後晚餐上，耶穌掰餅分給門徒時說：「這是我的身體」，又分酒給門徒時說：「這是我的血」。聖餐是基督教的主要禮儀之一。所有基督教徒一致認爲，聖餐是紀念活動，教徒通過吃餅和喝葡萄酒緬懷耶穌基督及其言行；參加聖餐禮是增進並加強信徒與基督之間和信徒相互間的溝通。根據天主教教義，餅和酒「變體」爲基督的身體和血，即餅和酒的本體果然轉變爲耶穌的身體和血；所以聖餐在天主教是一種聖事。安立甘宗和路德宗在聖餐問題上最爲接近天主教；其他教派則認爲聖餐禮僅是有象徵意義的紀念儀式。

Eucken, Rudolf Christoph＊　歐伊肯（西元1846～1926年）　德國哲學家。大部分時間在耶拿大學任教（1874～1920）。他認爲人是自然和精神的會合點，而以積極的態度不斷地追求精神生活以克服其非精神的本質，則是他的義務和特權。作爲自然主義哲學的激烈批判者，歐伊肯認爲人的靈魂使他從自然世界的其餘部分分化出來，但僅僅參照自然的過程並不能對靈魂作出解釋。他是著名的亞里斯多德的闡釋者、倫理學與宗教著作的作者。寫了《社會主義：一種分析》（1921）和《個人與社會》（1923）等書。1908年獲得諾貝爾文學獎。

Euclid＊　歐幾里德（活動時期約西元前300年）　古希臘數學家，著作《幾何原本》對幾何學影響深遠。托勒密一世在位時，歐幾里德在亞歷山大里亞教學並創辦學校。生平不詳，但有許多軼事流傳，當中最著名的即爲在被托勒密問道是否有了解幾何的捷徑、而不需透過他的《幾何原本》時，歐幾里德答道：「沒有皇家道路可以通往幾何的。」《幾何原本》是以早期數學家的作品爲基礎，融合了前人的工作並發明了新的證明方法。該書對理性的思考產生重大影響和許多哲學議題的範本；爲邏輯思考訂下準則，也爲科學證明提供方法。《幾何原本》這個開端不僅是歐幾里德幾何，亦是理性思考的途徑，有時它被認爲是僅次於《聖經》最被廣爲翻譯、出版和研究的作品。

Euclidean geometry　歐幾里德幾何　簡稱歐氏幾何。以歐幾里德的公理爲基礎對點、線、角、面和立體的研究。其重要性不在結果，而在歐幾里德用來發展及呈現的系統性方法。這種公理方法是2,000多年來許多理性思想體系（甚至體系外之數學）的模範。歐幾里德從10個公理和公設中演繹出465個公理或命題，涉及了平面與立體幾何圖形各方面。這項研究工作曾長期進行，以精確地描述實體世界，並爲瞭解幾何提供了充足條件的基礎。19世紀期間，一些歐幾里德公設受到擯棄，因而產生了兩個非歐幾里德幾何，並證實同樣有效而連貫。

Euclidean space　歐幾里德空間　幾何學上，運用歐幾里德幾何公設與公理的二維或三維空間，也用於其他有限數的維度空間，點由座標標示（每個維度一個座標），兩點之間的距離由距離公式可得。將近兩千年之久，歐幾里德空間是物質空間的唯一概念，至今仍是描述我們感受的世界最令人信服與有用的方式。雖然非歐幾里德空間，如橢圓幾何和雙曲幾何展現的空間，讓科學家對宇宙與數學有較佳的理解，不過歐幾里德空間仍是其研究的起點。

eudaemonism＊　幸福論　在倫理學中，這個名詞用來指使幸福成爲人的至善的「本人才能（或性格特點）的充分發揮」這一理論。通常認爲幸福是伴隨某些行爲的一種心理狀態。後世的倫理學家將幸福解釋爲快樂和沒有痛苦。另一些人仍將幸福看作一種心理狀態，試圖把它與樂區別開來，因爲幸福是精神的而不是身體的、是持久的而不是暫時的、是理性的而不是感情的。不過這些區別尚未成爲定論，而現代倫理學家則傾向於避免使用幸福一詞。

Eudocia Macrembolitissa＊　歐多西亞・瑪克勒姆玻利提薩（西元1021～1096年）　拜占庭皇后及攝政，被譽爲當時最有智慧的女性。君士坦丁十世杜卡斯的妻子。1067年丈夫去世後，她成爲三個兒子的攝政。爲遏制塞爾柱土耳其人的威脅，她嫁給卡帕多西亞將軍羅曼努斯（後來的羅曼努斯四世）。羅曼努斯四世在曼贊克爾特戰役失利被俘（1071）後，由歐多西亞與邁克爾共同掌政。不久邁克爾繼承皇位，歐多西亞遂隱退修道院。

Eugene　尤金　美國奧瑞岡州西部城市，人口約124,000（1996）。瀕臨威拉米特河。1846年尤金・史基納至此定居，1853年定名爲尤金城。1870年伴隨鐵路的經過而發展成爲農業和木材業中心。設有奧瑞岡大學（1872）和西北基督教學院（1895）。尤金也是馬更些河娛樂區和威拉米特國家森林的旅遊中心。

Eugene of Savoy　薩伏依的歐根（西元1663～1736年）　原名François-Eugène, prince de Savoie-Carignan。法裔奧地利將軍。生於巴黎，是薩伏依－卡瑞良王室蘇瓦松伯爵跟馬薩林姪女奧林佩・曼西尼（參閱Mancini family）的兒子。路易十四世曾嚴厲抑制他的野心，建議他離開法國爲利奧波德一世工作。他後來爲約瑟夫一世和查理四世服務。他的軍事天才、殊死精神和戰鬥激情使他扶搖直上，二十九歲便成爲帝國陸軍元帥。奧土戰爭期間，在中歐和巴爾幹三度擊潰土軍，大同盟戰爭（1689～1697）和西班牙王位繼承戰爭（1701～1714）時期，兩度與法軍交戰。在朋友馬博羅公爵的協助下，在布倫海姆戰役（1704）贏得重要勝利，並將法國逐出義大利。1718年他大勝土耳其，拿下貝爾格勒。之後他擔任奧屬尼德蘭首長（1714～1724）。他是出色的戰略家，也是懂得激勵人心的領袖，被認爲是當代最偉大軍人之一。

eugenics＊　優生學　研究如何藉助遺傳手段改善人類素質的學科。英國學者高爾頓最早闡述這種觀念，他在《遺傳的天賦》（1869）中建議，安排傑出的男人和富有的女人結婚會產生傑出的後代。美國優生學會成立於1926年，支持高爾頓的理論。美國優生學家也支持限制來自「劣等」民族的國家（如義大利、希臘和東歐國家）的移民，並主張將瘋人、弱智人和患癲癇的公民絕育。在他們的努力下，美國半數以上的州通過了絕育法，被隔離的非自願絕育的事例陸續出現，直到1970年代。優生學家的臆斷從1930年代開始受到尖銳的批評，在德國納粹利用優生學支持其消滅猶太人、黑人和同性戀者之後，優生學更是名聲掃地。亦請參閱genetics、race、social Darwinism。

Eugénie＊　歐仁妮（西元1826～1920年）　原名Eugénia Maria de Montijo de Guzmán。拿破崙三世之妻，法國皇后（1853～1870）。出身西班牙貴族之女，1853年與拿破崙三世結婚，對其夫的對外政策有著重要的影響力。她是虔誠的天主教徒，支持教宗極權。在關於西班牙空缺王位繼承問題的爭執中她支持法國候選人，反對普魯士的候選人，因而加速了普法戰爭的發生。色當一役法國被擊敗後，她同家人一道流亡英格蘭。

Eugenius III＊　尤金三世（卒於西元1153年）　原名Bernard of Pisa。義大利籍教宗（1145～1153年在位）。原為西篤會修士，在羅馬瀕臨無政府狀態時被選為教宗，1146年被迫流亡。在法國時，路易七世率十字軍收復敖得薩，是為第二次十字軍東征，但最後失敗了。1148年尤金返回義大利，但參議院的敵意常讓他無法接近羅馬。1153年尤金與腓特烈一世締結「康士坦茨和約」，規定為這位皇帝主持加冕禮的條件，但尤金未待大典舉行即死。

euhemerism＊　神話史實說　試圖找出神話人物和事件的歷史依據。原文名稱來自希臘學者歐伊邁羅斯（活躍於西元前300年），在《聖史》一書中細究流傳的神話並主張神祇源自於英雄或征服者，受到崇敬之後奉若神明。雖然現代學者並不接受神話史實說為神祇起源的單一解釋，但在某些情況是可信的。

eukaryote＊　眞核生物　細胞中具有一個明確胞核的生物體。細菌和藍綠藻不在其內。眞核生物的細胞有核膜、明確的染色體、線粒體、一個戈爾吉氏器、內質網和溶酶體。除細菌是原核生物外，所有生物體都是眞核生物。

Eulenspiegel, Till＊　歐伊倫施皮格爾　德國民間傳說和文學故事的農夫惡作劇者。歷史上的歐伊倫施皮格爾卒於1350年；有關他的軼事大約在1500年以低地德語、1515年起以高地德語印行。在歐伊倫施皮格爾的形象中，可以看出這個人是在向社會報復；愚蠢而又狡猾的農夫用實際行動表明他要比狹隘、欺詐、帶著優越感的城裡人高明得多，同樣也比修士、貴族高尚得多。這個故事被譯為荷蘭語和英語（約1520年）、法語（1532年）及拉丁語（1558年）。

Euler, Leonhard＊　歐拉（西元1707～1783年）　德國數學家。1733年接替丹尼爾·白努利（參閱Bernoulli family）任職聖彼得堡科學院。這期間，他發展了三角函數、對數函數和高等數學的理論。在腓特烈大帝的邀請，成為柏林科學院院士，在那裡的二十五年中（1744～1766），發展了數學分析中函數的概念，還發現了負數的虛對數。終其一生他的興趣都在數論上。除了啓發運用算術形式於書寫數書和物理學外，歐拉引介了許多後來成為標準的符號，包括Σ為求和、e（自然對數的底）、f（函數）、i（虛數）$\sqrt{-1}$等常用的符號以及π的應用。他對數論也十分關注，發現二次互反律，這已成為近代數論的一個重要內容。他被譽為是最偉大的數學家之一。在數學的許多分支中都有以他命名的公式、常數等等。

Euler's formula　歐拉公式　歐拉的兩個重要數學定理的任何一個。第一個定理是與任何一個多邊形的面、頂角和邊的數目有關的拓撲不變性（參閱topology）。該定理的書寫形式是F+V=E+2，其中F是多面體的面數，V是其頂角數，E是邊數。例如，一個立方體有6個面，8個頂角和12條邊，它們就滿足這個公式。第二個公式用在三角學中，表述為$e^{ix} = \cos x + i\sin x$，其中e是自然對數的底，i是-1的平方根（參閱irrational number）。當x等於π或2π時，這個公式就產生出兩個簡潔的運算式，將π、e和i聯繫在一起，即$e^{i\pi} = -1$和$e^{2i\pi} = 1$。

Eumenes II＊　歐邁尼斯二世（卒於西元前160/159年）　帕加馬國王（西元前197～西元前160年）。繼承了父王阿塔羅斯一世的親羅馬政策。協助擊敗安條克三世，擴大了他的版圖。使自己的小小王國達到鼎盛時期，並成為希臘文化中心。帕加馬衛城的全部主要公共建築及其富麗堂皇的雕塑幾乎都是他營造的。當羅馬抗擊佩爾修斯時他被懷疑不忠，羅馬隨後撤回對他的支持，歐邁尼斯的權力和帕加馬的榮耀即衰落。約西元前160年他的弟弟成為共同統治者。

Eumolpus＊　尤摩爾浦斯　傳說是古希臘埃萊夫西斯城中專司宗教禮儀的尤摩爾浦斯氏族的祖先。他的名字的含意是「甜美的歌手」。存在於傳說中的尤摩爾浦斯的三個不同身分：他是與奧菲斯有密切關係的神話歌手穆賽厄斯的父親、兒子和學生；埃勒夫西斯祕密宗教儀式的創始人；色雷斯的國王和波塞頓的第三個兒子。

eunuch＊　閹人　割去生殖器官的男子。自遠古起，閹人即受僱於中東地區和中國，其職能有二：管理後宮或其他女性聚集場所的衛士和僕役，以及擔任帝王的內侍。閹人身為後宮親信，得以施加重大影響於君主。拜占庭時期的許多君士坦丁堡牧首都是閹人。他們已成為一個社會階層，直到奧斯曼帝國衰亡時才銷聲匿跡。亦請參閱castrato。

Euonymus＊　衛矛屬　衛矛科衛矛屬，約170種，灌木、木質藤本或小喬木，原產於亞洲溫帶地區、北美及歐洲。該屬有很多常見的美化園林的灌木和地被植物。翅錠子樹，又稱翅衛矛或火叢，為灌木，株形優美，具軟木質的莖。普通錠子樹木材用於製作木釘和錠子等；有數個變種可栽培供觀賞。

euphonium＊　次中音大號　亦作tenor tuba。裝有大活塞的銅管樂器，為軍樂隊中奏次中音和低音音域的主要樂器。約1840年在德國，由活塞軍號和短號改製而成。號體寬大呈圓錐形，演奏時喇叭口向上。通常在三個主要閥鍵以外，再加第四個活塞，以便能連續奏出低音譜表以下這段音域。（如不加第四個閥鍵，在兩個可以吹出的最低音之間就會有一缺口）。它也很像上低音號，音域相同，但由於次中音大號管體寬大，奏出的音色有所不同。

euphorbia ➡ spurge

Euphranor＊　尤弗雷諾（西元前約390～西元前約325年）　活躍於雅典的希臘雕刻家和畫家。現存的唯一作品是巨大的阿波羅大理石雕（西元前330年）殘存的部份，發現於雅典一市場的集會地。根據文獻上記載（但已遺失）的作品得知，尤弗雷諾是西元前4世紀中期最重要的雅典藝術家之一。他也發表談論比例與色彩的學術論文。

Euphrates River＊　幼發拉底河　土耳其語作Firat Nehri。阿拉伯語作Al-Furat。西南亞最大河流。發源於土耳其。流向東南，穿過敘利亞和伊拉克南部。由卡拉河和穆拉特河在亞美尼亞高原匯合而成。幼發拉底河以極大的曲折迂迴於托羅斯山脈高大的群山之間，流至敘利亞高原，水面降落至1,000呎（300公尺）。然後流向伊拉克西部和中部，與底格里斯河匯合而成阿拉伯河，注入波斯灣。全長約2,235

哩（3,596公里）。自古以來幼發拉底河廣泛用於灌溉，沿岸有許多古代城市遺址。幼發拉底河與底格里斯河之間的地區，名爲美索不達米亞。

Euphronius 歐夫羅尼奧斯（活動時期約西元前520～西元前470年） 或稱Euphronios。希臘著名畫家兼陶工，活躍於雅典。二十件器物上刻有他的名字，其中八件標明爲畫家，十二件標明爲陶工。他是最傑出的早期紅彩陶器的支持者。在標明畫匠的陶瓶中最著名的作品現藏巴黎羅浮宮，描繪赫拉克勒斯與安泰斯的搏鬥。歐夫羅尼奧斯曾與當時最優秀的一些畫家合作。他的競爭者是歐西米德斯。

Eure River＊ 厄爾河 法國北部河流。源出佩爾什山，主要流經農業區和森林地帶，長140哩（225公里）。穿越沙特爾大教堂下方，大教堂位於厄爾河左岸高地。在盧昂上游匯入塞納河。

Euripides＊ 尤利比提斯（西元前484?～西元前406年） 希臘劇作家。與艾斯克勒斯和索福克里斯爲希臘三大悲劇作家。他與安那克薩哥拉有交往。他對希臘宗教保持疑問的態度在某些劇本中反映出來。西元前455年首次被榮幸選中參加戴奧尼索斯節的比賽，西元前441年贏得第一次勝利。他共參加了二十二次比賽，每次撰寫四部劇本。尤利比提斯編寫出九十二部劇本。流傳至今的有十九部。包括《美狄亞》（西元前431年）、《希波呂托斯》（西元前428年）、《厄勒克特拉》（西元前418年）、《特洛伊的婦女》（西元前415年）、《伊翁》（西元前413年）、《伊菲革涅亞在奧利斯》（西元前406年）和《酒神的伴侶》（西元前406年）。尤利比提斯劇本的主要結構特色是使用序幕和舞台機關送神。在製造人物的悲劇命運方面，尤利比提斯不同於艾斯克勒斯和索福克里斯，他幾乎完全基於人物本身的天性缺陷和難以控制的激情。機遇、混亂、人類的背理和亂倫常常並不是導致一種最終的和解或道德轉化，而是導致一種顯然是毫無意義的受難，連神仙對這種受難也漠然視之。

Euripus ➡ Khalkìs

Euripus Strait ➡ Evripos Strait

euro 歐元 包括德國、法國和義大利在內的歐洲聯盟十二國的單一貨幣。歐元從1999年一月開始採用，以強化歐洲的經濟力量，擴展國際貿易、簡化貨幣交換和歐洲間斷價格平衡。歐元紙幣和硬幣在2002年一月面市，並在次月替換各國原有的貨幣。英國和瑞典決定不立刻採用歐元，而丹麥經過投票拒絕使用歐元。

Eurocommunism 歐洲共產主義 1970年代和1980年代期間在歐洲共產黨中間出現的獨立於蘇聯共產黨教義的傾向。歐洲共產主義一詞創見於1970年代中期，流行於西班牙共產黨領袖卡里略所著《歐洲共產主義與國家》（1977）出版後。歐洲共產主義運動拒絕一切共產黨從屬於統一的世界共產主義運動這一流行一時的蘇聯教義，而代之以各個政黨應將自己的政策建立在本國的傳統和需要的基礎之上。隨著戈巴契夫的慫恿，到1980年代末期，所有共產黨都採取獨立路線。蘇聯瓦解後，大部分的歐洲共產黨趨於衰落。

Eurodollar 歐洲美元 指儲存在外國（尤其是歐洲）銀行的美元存款，在提款時須以美元支付者。歐洲美元大多用於貿易上融通資金，但很多中央銀行也在市場上從事歐洲美元交易。亦請參閱currency、foreign exchange。

Europa＊ 歐羅巴 希臘神話的福尼克斯或腓尼基國王阿革諾耳的女兒。她的美貌引起宙斯的愛慕，於是變作一頭白牛，把她從腓尼基劫到克里特。在那裡，她爲宙斯生了三個兒子，後來她同克里特國王結婚，國王則收養了她的兒子們，長大後成爲克里特國王米諾斯、基克拉澤斯的拉達曼提斯國王和呂西亞的薩耳珀冬王子。在克里特她以赫洛提斯的名字受到崇拜。歐洲大陸以她爲命名。

Europe 歐洲 世界上僅大於大洋洲的大陸，臨北冰洋、大西洋、地中海、黑海與裡海。歐洲大陸東部邊界（由北向南）沿烏拉山脈東麓直抵恩巴河。包括許多島嶼、群島和半島。歐洲大陸海岸線全長約24,000哩（38,000公里），多海灣、峽灣和內海，極爲曲折。面積4,000,000平方哩（10,400,000 平方公里）。人口約542,578,000（1997）。歐洲大部分爲起伏不大的低地，有約3/5的陸地在海拔600呎（180公尺）以下，另有1/3在海拔600～3,000呎（180～900公尺）之間。歐洲大陸以南爲一系列山系，有歐洲最高峰。這些山脈包括庇里牛斯山脈、阿爾卑斯山、亞平寧山脈、喀爾巴阡山脈和巴爾幹山脈。歐洲大陸水量充沛，多河川，但大湖極少。冰川覆蓋面積約爲44,800平方哩（116,000平方公里），大部分在北方。歐洲大約有1/3的土地爲可耕地，大約有一半用於生產穀物，主要爲小麥和大麥。1/3爲森林所覆蓋。歐洲是世界各主要地區中率先發展以商業化農業和工業開發爲基礎的現代經濟地區。它現在仍是世界上的主要工業地區，個人平均收入居世界之首。歐洲人口約占世界總人口的1/7。絕大部分歐洲居民屬歐洲（高加索）地區人種。歐洲有許多獨立的語言和民族。六十種本民族語言絕大部分屬於羅曼諸語言、日耳曼諸語言和斯拉夫諸語言。歐洲居民絕大部分信奉基督教。歐洲大陸在距今約4萬年以前，曾有尼安德塔人散居各處。到西元前2千紀初，人口集團已普遍居有定所，並由此出現了歐洲歷史上的各個民族和國家。歐洲向文明躍進的第一步出自希臘人。古希臘文化與中東更早的先進文化有了接觸，並最終將這些文化的許多特色傳到了西歐。希臘人以其自身的傑出成就，爲歐洲文明奠定了基礎。西元前2世紀中葉，希臘人受到羅馬的統治。羅馬爲其所征服的歐洲部分帶來了希臘人創始的文明，在羅馬帝國統治下，基督教滲入歐洲。西羅馬帝國於5世紀垮台。於是引起西歐古典文明全面崩潰。直到15～16世紀的文藝復興得以復蘇。這個時期是現代歐洲傳統在科學、探險和發現等領域的開始。16世紀的基督教改革運動結束了羅馬教會對西歐和北歐的統治，17和18世紀的啓蒙運動強調理性至上。18世紀末，啓蒙運動的理想推動了法國大革命。這場革命推翻了歐洲最強大的君主政權，擔當起爭取民主、平等運動的先鋒。18世紀晚期，標誌著工業革命的開端，保證了歐洲下個世紀在世界大部分地區的軍事和政治控制地位。到20世紀初，歐洲列強在第一次世界大戰中相互爲敵，結果造成君主政權倒台和在中、東歐領土上一批新興國家的建立。第二次世界大戰卻標誌著世界大權已不再爲歐洲國家所掌握。戰爭的結果使蘇聯得以控制東歐各國，在那裡建立起一些共產黨政權。於是，在歐洲大陸出現了兩個針鋒相對的政治集團。20世紀晚期，蘇聯共產主義的瓦解，許多附屬於該共產集團的國家紛紛獨立。東德和西德統一。亦請參閱European Union、NATO。

Europe, Council of 歐洲委員會 四十個歐洲國家的代表組織。宗旨是促進歐洲聯合、保護人權、促進社會和經濟進步。1949年由十個西歐國家創始，策劃了在人權方面的國際協定和一些特殊體制，並有社會、法律、文化議題的專門委員會。總部設在法國史特拉斯堡。

European Aeronautic Defence and Space Co. (EADS) 歐洲航空國防暨太空公司 歐洲太空公

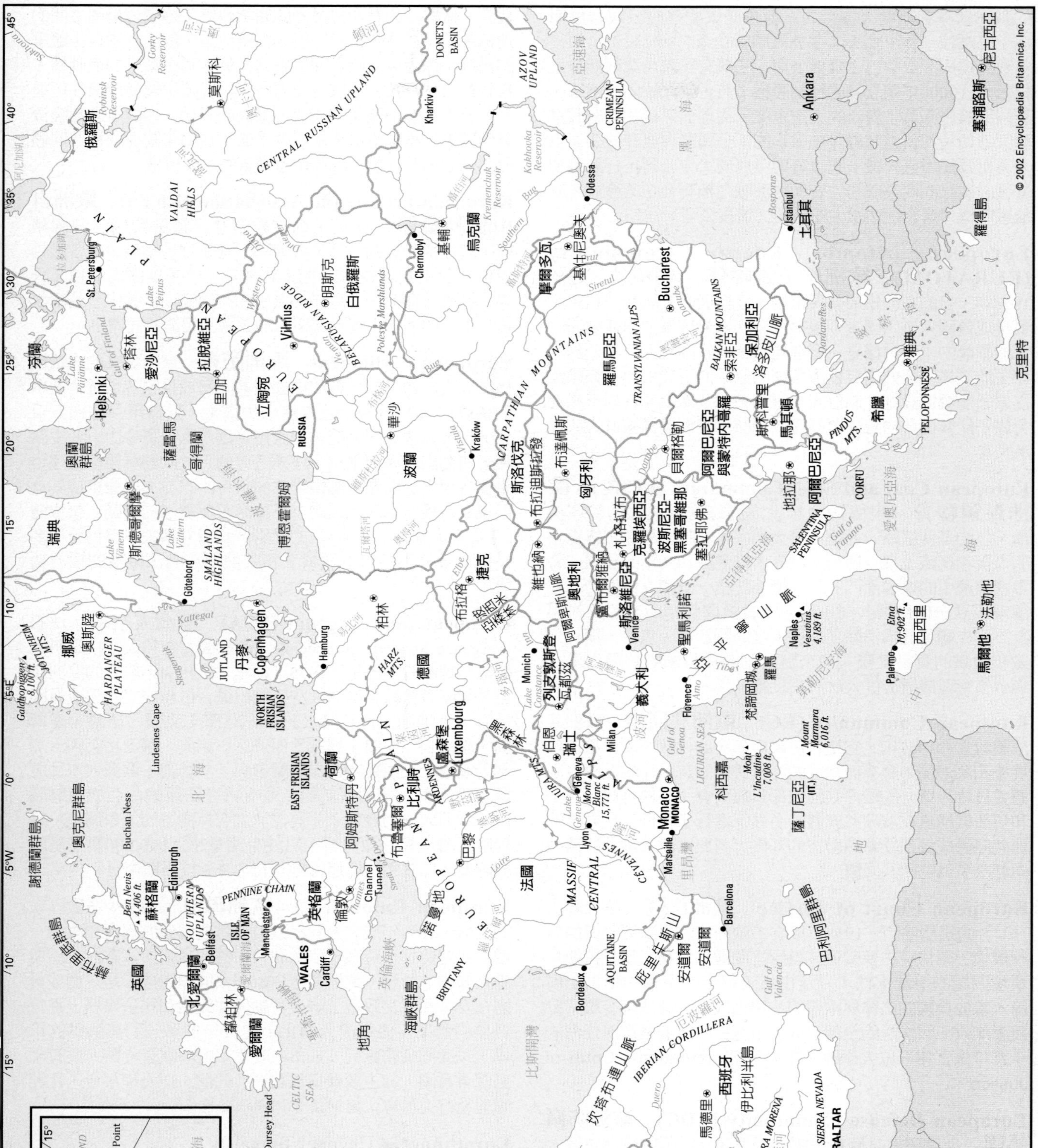
西歐/中歐
© 2002 Encyclopædia Britannica, Inc.
0 100 200 mi
0 150 300 km
俄羅斯
莫斯科
CENTRAL RUSSIAN UPLAND
VALDAI HILLS
PLAIN
St. Petersburg
Lake Peipus
Gulf of Finland
Helsinki
芬蘭
Lake Päijänne
塔林
愛沙尼亞
拉脫維亞
里加
立陶宛
Vilnius
明斯克
白俄羅斯
BELARUSIAN RIDGE
EUROPEAN
RUSSIA
Polesye Marshlands
Chernobyl
基輔
烏克蘭
Kharkiv
DONETS BASIN
AZOV UPLAND
CRIMEAN PENINSULA
Odessa
Kremenchuk Reservoir
Kakhovka Reservoir
Southern Bug
基什尼奧夫
摩爾多瓦
Bucharest
羅馬尼亞
CARPATHIAN MOUNTAINS
TRANSYLVANIAN ALPS
BALKAN MOUNTAINS
Danube
保加利亞
索非亞
洛多皮山脈
Istanbul
土耳其
Bosporus
Ankara
黑海
華沙
波蘭
Kraków
Vistula
布達佩斯
匈牙利
斯洛伐克
布拉迪斯拉發
維也納
奧地利
捷克
布拉格
柏林
德國
HARZ MTS.
Hamburg
丹麥
Copenhagen
JUTLAND
NORTH FRISIAN ISLANDS
EAST FRISIAN ISLANDS
荷蘭
阿姆斯特丹
比利時
布魯塞爾
ARDENNES
盧森堡
Luxembourg
巴黎
法國
MASSIF CENTRAL
CEVENNES
Lyon
Marseille
Monaco
MONACO
Geneva
Mont Blanc 15,771 ft.
瑞士
伯恩
列支敦斯登
瓦都茲
Lake Constance
Munich
阿爾卑斯山脈
Milan
義大利
Venice
Florence
羅馬
梵諦岡城
Naples
Vesuvius 4,189 ft.
Palermo
Etna 10,902 ft.
西西里
馬爾他
法勒他
薩丁尼亞
科西嘉
Mount Marmara 6,016 ft.
Mont L'Incudine 7,008 ft.
LIGURIAN SEA
Gulf of Genoa
聖馬利諾
斯洛維尼亞
盧布爾雅納
克羅埃西亞
札格拉布
波斯尼亞-黑塞哥維那
塞拉耶佛
貝爾格勒
阿爾巴尼亞
蒙特內哥羅
斯科普里
馬其頓
地拉那
CORFU
PINDUS MTS.
希臘
雅典
PELOPONNESE
克里特
羅得島
塞浦路斯
尼古西亞
SALENTINA PENINSULA
Gulf of Taranto
亞得里亞海
第勒尼安海
愛奧尼亞海
地中海
巴利阿里群島
Barcelona
安道爾
庇里牛斯山
AQUITAINE BASIN
Bordeaux
BRITTANY
海峽群島
英倫海峽
Channel Tunnel
Strait of Dover
倫敦
英格蘭
PENNINE CHAIN
Manchester
WALES
Cardiff
ISLE OF MAN
Belfast
北愛爾蘭
都柏林
愛爾蘭
SOUTHERN UPLANDS
Edinburgh
蘇格蘭
Ben Nevis 4,406 ft.
英國
昔德蘭群島
奧克尼群島
Buchan Ness
北海
Dursey Head
CELTIC SEA
地角
比斯開灣
西班牙
馬德里
伊比利半島
IBERIAN CORDILLERA
坎塔布連山脈
SIERRA MORENA
SIERRA NEVADA
GIBRALTAR (U.K.)
直布羅陀海峽
葡萄牙
Porto
里斯本
Cape Finisterre
聖維森特角
大西洋
挪威
奧斯陸
JOTUNHEIMEN MTS.
Galdhøpiggen 8,100 ft.
HARDANGER PLATEAU
Lindesnes Cape
Skagerrak
Kattegat
Göteborg
SMÅLAND HIGHLANDS
Lake Vänern
Lake Vättern
斯德哥爾摩
瑞典
哥得蘭
奧蘭群島
薩雷馬
波羅的海
博恩霍爾姆
冰島
雷克雅未克
Akureyri
Vatna Glacier
Hvannadalshnúkur 6,952 ft.
Arctic Circle
GREENLAND SEA
Fontur Point
Gils Fjord
挪威海
大西洋
50°
45°
40°
35°
30°
15°W
10°
5°W
0°
5°E
10°
15°
20°
25°
30°
35°
40°
45°

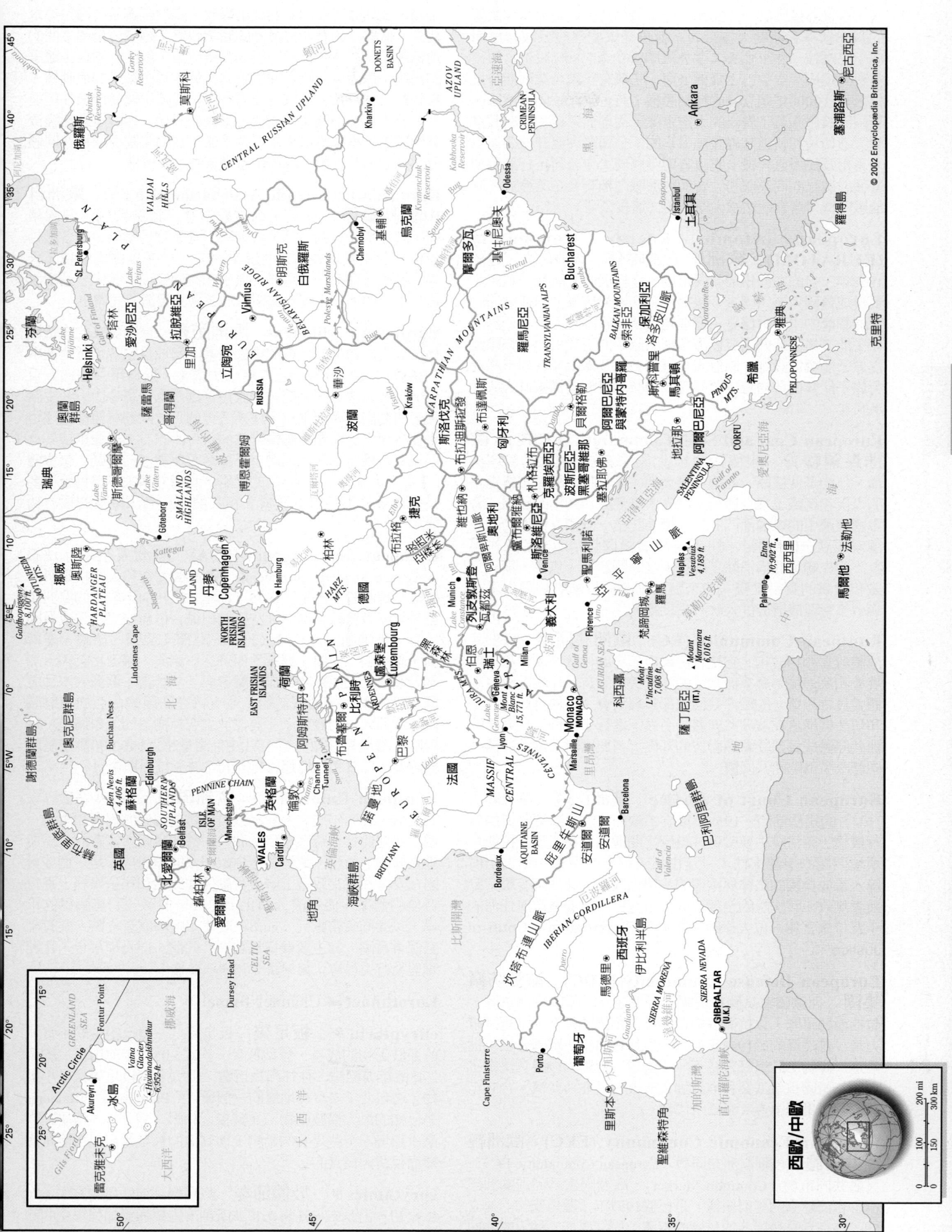

司，居世界最大之列。2000年由法國馬特拉太空公司、德國的戴姆勒克萊斯勒太空公司、西班牙太空建設公司合併而成。它掌控了空中巴士工業公司聯營企業的80%股份，最後並致力組成了空中巴士飛機公司。它擁有三國企業阿斯特里姆公司（2000年創立）的控制股權，該企業在法國、德國、英國的設施涵蓋了廣泛的太空企業，從地面系統和發射載具到人造衛星和軌道基礎設施。它的子公司歐洲直升機公司生產軍用及民用直昇機。它也資助雅利安太空公司，行銷雅利安發射載具的商業服務；資助歐洲戰鬥機聯合企業發展多功能戰鬥機，還資助法國太空公司（達梭公司）。

European Atomic Energy Community (EURATOM) 歐洲原子能聯營 國際組織，建於1958年，目的在於組成共同市場，以發展原子能和平利用。最早成員國只有六國，今包括所有的歐洲聯盟。組織歐洲原子能聯營的主要動機是，促進建立歐洲範圍的而不是一國的原子能工業。此外還有協調各國的原子能研究工作，鼓勵建立原子能發電設施，制訂安全規章，以及籌組一共同市場進行原子能裝備及物資的貿易等。1967年管理機構被併入歐洲共同體。

European Coal and Steel Community (ECSC) 歐洲煤鋼聯營 根據1952年批准的條約而成立的管理機構，目的是使法國、西德、義大利、比利時、荷蘭和盧森堡的煤炭和鋼鐵工業一體化。原先由舒曼於1950年的建議，將本國經濟中的煤鋼部門的管理權委託給一個獨立機構的一些國家成立一個煤鋼共同市場。今會員國包括所有的歐洲聯盟。起先聯營機構消除了成員國之間關於煤、焦炭、鋼、生鐵和廢鐵的貿易壁壘。後來監督削減成員國的超額生產。1967年管理機構被併入歐洲共同體。

European Community (EC) 歐洲共同體 歐洲共同體成立於1967年，它是合併歐洲經濟共同體、歐洲原子能聯營和歐洲煤鋼聯營而組成的。合併後設有單一的歐洲共同體委員會和單一的歐洲共同體部長理事會。其他行政、立法和司法機構也在歐洲共同體的名義下進行了合併。1993年歐洲共同體成為建立歐洲聯盟的基礎。與此同時，歐洲經濟共同體改名為歐洲共同體。

European Court of Jusfice 歐洲法院 歐洲聯盟（EU）的司法部門。1958年成立。歐洲法院對歐洲聯盟的執行機構，該法院主要受理成員國之間關於貿易、反托拉斯和環境問題的爭端案件，以及由私人提出的爭議、損害賠償等。當成員國的法律與歐盟的法律抵觸時，該法院有權裁定前者無效。該法院的全部組成人員有由各成員國政府任命的十五位法官和八位大律師。亦請參閱International Court of Justice。

European Defense Community (EDC) 歐洲防衛集團 西歐國家試圖在美國支持下建立跨國的歐洲軍隊，包括西德軍隊，以抗衡蘇聯在歐洲占壓倒性優勢的常規軍事力量。雖然條約於1952年簽訂，但是1954年法國國會拒不批准這一條約，計畫終告結束。法國這一行動的後果，決定了1955年德國重新武裝和准許加入北大西洋公約組織。1955年歐洲防衛集團由西歐聯盟所代替。

European Economic Community (EEC) 歐洲經濟共同體 後稱歐洲共同體（European Community; EC）。又名共同市場（Common Market）。歐洲國家為促進歐洲經濟聯合而建立的經濟組織。是根據1957年「羅馬條約」建立的。其宗旨是發展各成員國的經濟，使之形成一個大的共同市場，並建立西歐國家的政治聯盟。歐洲經濟共同體也尋求建立一個單一的對非成員國的商業政策；協調成員國之間的運輸系統、農業政策和一般的經濟政策；取消限制自由競爭的措施；保證成員國之間勞動力、資本和企業家的流動性。自1950年代起歐洲經濟共同體所奉行的自由貿易政策在促進西歐貿易和經濟繁榮方面取得很大的成功。1967年歐洲經濟共同體等管轄機構併入歐洲共同體。1993年歐洲經濟共同體改名為歐洲共同體。現為歐洲聯盟的主要機構。

European Free Trade Association (EFTA) 歐洲自由貿易聯盟 冰島、列支敦斯登、挪威和瑞士四國集團，該組織的目的是消除各國間工業品貿易壁壘，但各國仍保持其對集團以外國家的商業政策。1960年由奧地利、丹麥、挪威、葡萄牙、瑞典、瑞士和英國組成。其中一些國家後來退出歐洲自由貿易聯盟，加入歐洲經濟共同體。

European Parliament 歐洲議會 歐洲聯盟的立法機構。成立於1958年，最初由歐洲共同體成員國各國議會選舉的議員組成。1979年起成為立法議會，議員現共超過五百人，在成員國之間分配，由直接普選產生。議會由一名主席和十四名副主席所主持，任期三十個月。歐洲聯盟部長理事會在各種立法問題上應徵求歐洲議會的意見，議會根據其自己規章有權討論任何問題，不論是否與總條約有關。議會隨「馬斯垂克條約」（1993）的通過，其權力擴大，但仍服從部長理事會。不具有美國國會和其他國家立法機構的權力功能。

European Space Agency (ESA) 歐洲太空局 法語作Agence Spatiale Européenne。西歐的太空和太空技術研究組織。總部設在巴黎。1975年創建。由1964年成立的歐洲發射裝置開發組織和歐洲太空研究組織合併而成立的。成員國計有：奧地利、比利時、丹麥、芬蘭、法國、德國、愛爾蘭、義大利、荷蘭、挪威、西班牙、瑞典、瑞士和英國。加拿大簽署了一項專門合作協議參與一些計畫。歐洲太空局發展亞雅利安一系列太空船，並支持在法屬幾內亞的發射裝置。歐洲太空局發射了「喬托」太空探測器的氣象衛星，以對哈雷彗星彗核做考察，另外有測量超過100,000顆星星的經緯度、位置和適切運行方向的希波克拉提斯衛星。

European Union (EU) 歐洲聯盟 西歐大多數國家的組織，1993年成立。旨在致力於這些國家的經濟和政治一體化並對此進行監督。依歐洲共同體成員國所簽署的「馬斯垂克條約」所建。歐洲聯盟由歐洲共同體組成，是一個成員國在安全和外交政策上聯合行動，在政治和司法事務上進行合作的體系，使經濟一體化，形成一個單一的無國界的市場，以共同貨幣歐元（euro）取代了各國原有貨幣。共有十五個會員國。其主要機構為歐洲共同體、部長理事會、歐洲聯盟執行委員會、歐洲議會和歐洲法院。

Eurotunnel ➠ Channel Tunnel

eurypterid＊ 板足鱟 板足鱟目一類已絕滅的不常見的節肢動物的成員，體型似鱟。約在5.05億年前出現，約到2.45億年前絕滅。往往稱為巨蠍，但大多數板足鱟類是小動物，產自北美志留紀地層的一個種－－Pterygotus buffaloenis是已知的最大節肢動物，身長接近10呎（3公尺），棲居在半鹹水環境。有些是食肉動物，而其他的板足鱟類很可能是底棲而以腐肉為食的。

eurythmics＊ 肢體節奏 以音樂訓練幼兒的方法。20世紀初，由雅克－達爾克羅茲所創。主要通過加強學生的節奏意識以增進他們的音樂能力。其方法以身體的節奏性動作、聽覺訓練、聲樂或器樂的即興演奏爲基礎。他的體態律動體系旨在發展注意力的集中和身體的迅速反應。20世紀初期非常受歡迎，近十年來趨於衰落。

Eusebius of Caesarea＊ 該撒利亞的優西比烏斯（活動時期西元4世紀） 主教、早期基督教史學家。在巴勒斯坦該撒利亞受洗並受神職。他可能在羅馬人大迫害時期遭到囚禁。他的聲譽主要來自他那部《基督教會史》（312～324）。大約在313年，成爲該撒利亞的大主教。325年左右，因持阿里烏派觀點被科以暫時開除教籍。不久在尼西亞會議上獲得赦免。他堅決擁護君士坦丁一世將基督教教義統一與標準化的企圖。他的著作還包括《君士坦丁傳》。

euthanasia＊ 安樂死 亦作mercy killing。指讓患者在十分痛苦的不治之症或身體機能完全失調的情況下無痛地死去。在大多數法制中對此看作是他殺，內科醫生可以合法地決定不必拖延其生命（即使他或她也可以執行那個決定）。醫生可以使用藥物減輕病人痛苦，即使醫生明明知道這樣做會縮短病人的生命。促進合法安樂死協會已存在於許多國家。醫學技術雖延長了病患的生命，但也讓他備受煎熬，且患者常陷於昏迷而無法表達他們的意願，這導致了難解的道德問題。亦請參閱living will。

Euthymides＊ 歐西米德斯（活動時期約西元前515～西元前5世紀） 雅典紅彩陶瓶畫家，歐夫羅尼奧斯的同時代人。現存八件器物上刻有他的名字，其中六件標明爲畫匠，兩件標明爲陶工。他在透視縮短法及人物動勢方面均突破了古典風格的局限。其中雙耳細頸陶瓶是後人研究透視縮短法的代表作，現藏慕尼黑古物收藏館。

eutrophication＊ 富養化 即優養化。在逐漸成長的水體生態系統（例如湖泊）中，磷、氮和其他植物營養物質濃度逐漸增加的過程。隨著分解爲營養物的有機物質總量的增加，這種生態系統的生產力或肥沃度也增加。進入生態系統的這類物質主要透過陸地徑流帶來陸地生物的屍體。水體表面常常出現水華，水華妨害水下生物所必需的陽光的透入和氧的吸收。亦請參閱water pollution。

Evagoras＊ 埃瓦戈拉斯（西元前374年） 塞浦路斯的薩拉米斯國王（西元前410～西元前374年在位），實行與雅典友好和促進塞浦路斯古希臘化的政策。曾慫恿波斯支持雅典，打敗斯巴達人。在雅典和埃及的協助下，他控制塞浦路斯大部和安納托利亞的幾個城市。後來與波斯爲敵，西元前381年被波斯擊敗。此後他名義上是薩拉米斯國王，實際上是波斯的一個藩屬。被宦官刺殺。

evangelical church 福音派教會 強調宣傳耶穌基督福音，以《聖經》爲唯一信仰基礎，並積極從事國內外傳教事業的基督教會。18世紀發生於歐洲大陸、英格蘭及美國的復興運動。其中包括歐洲的虔敬主義、英格蘭的循道主義以及美國的大覺醒運動。1846年，分屬基督教不同派別的教會和國家，在倫敦成立福音聯盟。在美國1942年成立全國福音派聯合會。福音派不重視基要主義，而期望於普世。亦請參閱Christian fundamentalism、Pentecostalism。

Evans, Arthur (John) 埃文斯（西元1851～1941年） 受封爲亞瑟爵士（Sir Arthur）。英國考古學家，考古學家約翰·埃文斯爵士（1823～1908）之子。任牛津大學阿什莫爾博物館館長（1884～1908），1899年開始投入數十年時間，發掘克里特島上的克諾索斯古城，揭示青銅時代文明，名之爲米諾斯文明。其著作對歐洲及東地中海史前史之研究影響極大。埃文斯在《米諾斯王宮》（4卷，1921～1936）書中對上述予以論述。

Evans, Bill 比爾艾文斯（西元1929～1980年） 原名William John。美國鋼琴家與作曲家。其華麗的和弦和抒情的即興表演，對現代爵士樂具有重要影響的音樂家之一。他受鋼琴家鮑威爾、西爾弗和特里斯泰諾的影響。他開發了基於調式的爵士樂即興演奏方式，如具有里程碑作用的1959年邁爾斯戴維斯的《泛泛藍調》歌曲集所示。作爲三重奏的領導者，他和他的同僚音樂家之間建立了近乎心靈感的交流。創造了有深度和內省的傑出音樂。他的唱片集中，最著名的是《給黛比的華爾茲》。

Evans, Edith (Mary) 埃文斯（西元1888～1976年） 後稱艾迪絲夫人（Dame Edith）。英國女演員。1912年初登台時，飾演莎士比亞《特洛伊羅斯與克瑞西達》中的克瑞西達。1925年她加入老維克劇團。20世紀最佳女演員之一。她在倫敦和百老匯演出莎士比亞、蕭伯納和科沃德的劇作。在王爾德的《不可兒戲》中扮演布拉克奈爾夫人，並在同名電影中演出（1952）。其他電影作品包括《憤怒的回顧》（1959）、《湯姆·瓊斯》（1963）、《白堊園》（1964）和《竊竊私語的人》（1967）等。

埃文斯，1967年《竊竊私語的人》中飾羅斯太太的劇照
By courtesy of Seven Pines Productions Ltd.; photograph, Pictorial Parade

Evans, Frederick H(enry) 埃文斯（西元1853～1943年） 英國攝影師。最初以受歡迎的倫敦書商和蕭伯納和畢爾茲利作品的推崇者引人注目。1890年左右開始拍攝英國和法國的大教堂照片，1898年他致力於拍攝照片。他認爲只有靜止的具有理想化的美的景物才值得拍攝，與20世紀初期拍攝轉瞬即逝的情景的傾向相衝突。他的建築攝影作品被認爲是世界上最佳的。

Evans, George Henry 埃文斯（西元1805～1856年） 英國出生的美國新聞工作者和社會改革者。1820年移居美國。1829年發行美國第一份勞工報紙《工人擁護者報》。1829年並參加建立勞工黨。他組織全國改進協會，促使會釋出西岸的宅地予以東岸多餘的勞工，以改善他們的生活。之後國會終於通過了「宅地法」。埃文斯主張廢除奴隸制度，還主張婦女與男子享有同等權利。

Evans, Janet 埃文斯（西元1971年～） 美國游泳選手。生於加州的普拉森提亞，四歲時就參加過比賽。1987年十五歲時，在美國國際錦標賽中創下三項世界記錄並奪得四面金牌。她在1988年的奧運會中拿下三面金牌，1992年時奪得一面。

Evans, Lee (Edward) 埃文斯（西元1947年～） 美國短跑選手。生於加州的馬德拉，大學時是聖荷西大學的選手。在1968年的奧運會中，以43.86秒創下男子400公尺的世界記錄（1988年被雷諾〔Butch Reynolds〕打破），他也是創下1,600公尺男子接力世界記錄的美國隊的成員之一。

Evans, Maurice (Herbert) 埃文斯（西元1901～1989年） 英裔美籍演員。1926年首次演出專業戲劇角色。在《旅行的目標》（1929）一劇中首次獲得成功。1935年移居美國，在百老匯上演的一系列非常成功的莎士比亞戲劇中扮演主要角色。第二次世界大戰期間他爲美軍演出《哈姆雷特》簡縮本。戰後他在百老匯重演蕭伯納的四部喜劇，《人與超人》（1947）尤爲著名。在百老匯最轟動的是《電話謀殺案》（1952）。他在電視上重新創造出許多成功的舞台劇，如《馬克白》（1961，獲艾美獎）。演過十七部電影，包括《失嬰記》（1968）。

Evans, Oliver　埃文斯（西元1755～1819年）　美國發明家，生於德拉瓦州新港市。他很早開始專心致力於工業問題。他研製改進了使用於新興的機械化、紡織業中的梳理裝置。1784年創辦了一家糧食加工廠，採用傳送帶、升運機、稱重機等機器連續作業，這是他創造的糧食加工生產線。工廠的全部工序都實現了自動化，僅用人力啓動，然後由水輪機提供動力：一端塡料，由傳送帶和滑槽組成的系統運送經過碾磨和篩淨，另一端則出成品麵粉。他製造了高壓蒸汽機（1790年獲專利），獲得通常僅給予特里維西克的發明信譽。他的兩棲挖掘機爲新型蒸汽機平底駁船，裝上輪子後，它便可在陸地上及水上行駛，這就是美國第一輛機動的公路車。埃文斯的馬爾斯鐵工廠（1806年創辦），製造出一百餘台與螺旋壓力機配合使用的加工棉花、煙草和紙張的蒸汽機。

Evans, Walker　埃文斯（西元1903～1975年）　美國攝影師，生於聖路易。早年受攝影家阿特熱的影響。1934年其新英格蘭建築照片在紐約市現代藝術館展出，這是該館第一次爲攝影家舉辦的個人影展。1935年，開始爲美國政府農業安定局拍攝經濟大蕭條時期的受難農民。這些照片收集在《美國的照片》（1938）一書中。和作家艾傑一起到阿拉巴馬旅行，拍攝南方佃農的生活。其作品以書本形式發表，如《讓我們來歌頌那些著名的人們》（1941）。後任《財星》雜誌編輯（1945～1965）和耶魯大學教授（1965～1974）。

Evans-Pritchard, E(dward) E(van)　埃文斯－普里查德（西元1902～1973年）　受封爲艾德華爵士（Sir Edward）。英國社會人類學家。他對非洲信仰、巫術、宗教、政治和口傳制度的研究仍爲研究非洲社會和非西方思想制度的基礎。自馬林諾夫斯基和芮德克利夫－布朗以來最具影響力的英國社會人類學家。1946年任牛津大學教授，在他的指導下，牛津大學社會人類學院曾吸引了來自世界各地的莘莘學子。他的主要著作：《阿贊德人的巫術及預言》（1937）、《努埃爾人》（1940）和與福蒂斯合編《非洲政治制度》（1940）。

Evansville　埃文斯維爾　美國印第安納州西南部城市，人口約124,000（1996）。爲俄亥俄河上的港口。建於1812年。1853年修通沃巴什運河及伊利運河，使伊利湖與俄亥俄河聯通。周圍地區農田肥沃，有煤和石油，運輸方便，使該市發展成爲本州西南部和鄰近地區的大都市。有多樣化的製造業，生產醫藥、冷凍和空調設備。市內有埃文斯維爾大學（1854）。市東的安赫爾土丘遺址州立紀念館是一處關於史前印第安人的大型考古區。

evaporation　蒸發　物質從液態或固態轉變爲氣態的現象。亦請參閱vaporization。

evaporator　蒸發器　將液體轉變爲蒸氣的工業設備。單效蒸發器由一個容器或蒸發表面和一個加熱單元構成。多效蒸發器利用一個單元產生的蒸氣加熱後一個單元。在蒸氣加熱的工業設備中，要使用二效、三效或四效蒸發器。有些蒸發器在食糖和糖漿等濃縮設備中，用於蒸除水分，濃縮溶液。在脫鹽等淨化過程中，蒸發器將水變爲蒸氣，而剩下礦物質殘渣。蒸氣冷凝後成爲淡水。在冷凍系統中，液體冷凍劑快速蒸發而吸熱產生冷卻效果。

evaporite＊　蒸發岩　由於水的蒸發作用而形成的可溶性鹽類沈積物中的單個礦物之任一變種。典型情況下，蒸發岩沈積出現在蒸發作用超過注入水量的封閉海盆地。最重要的礦物包括方解石、石膏、硬石膏、石鹽、雜鹵石、鉀鹽和鎂鹽，如鉀石鹽、光鹵石、鉀鹽鎂礬和水鎂礬。

evapotranspiration　蒸發散　土壤的水分損失，包括土壤表面的蒸發作用與在上面生長的植物葉子的蒸騰作用。影響蒸發散速率的因素包括太陽輻射量，大氣蒸氣壓，溫度，風，以及土壤含水量。作物生長期間土壤水分的流失大多是因爲蒸發散作用造成，因此估計蒸發散速率對於規畫灌溉系統十分重要。

Evarts, William Maxwell＊　埃瓦茨（西元1818～1901年）　美國律師，生於波士頓。曾擔任詹森總統律師挫敗參議院的彈劾（1868）。1868～1869年任司法部長。代表美國出席「阿拉巴馬號索賠案」的日內瓦仲裁（1872），在海斯－狄爾登總統選舉（1876）的爭執中擔任共和黨首席顧問。1877～1881年任國務卿。他堅定維護美國在巴拿馬運河的利益。1885～1889年爲美國參議員。

Evelyn, John＊　伊夫林（西元1620～1706年）　英國作家。出身於富裕地主家庭。寫有美術、森林學、宗教等方面的著作三十餘部。他的《日記》1818年出版，從1631年寫起到1706年，被認爲是有關17世紀英國社會、文化、宗教和政治生活的珍貴史料。伊夫林的《戈多爾芬夫人的一生》（1847）是17世紀最令人感動的傳記之一。

evening grosbeak　黃昏雀　學名爲Hesperiphona vespertina。北美洲的一種大嘴雀。褐、黃、黑和白色相間。像其他大嘴雀一樣，喙圓錐形而大。以穀物爲食。鬆散成群飛行。

evening primrose　月見草　又稱待宵草。柳葉菜科月見草屬植物，草本，花美麗。尤指二年生月見草，該種廣佈北美，歐洲有引進種；葉互生，花黃色，曾用於研究某些遺傳學原理。英語中primrose一詞指報春花科植物。

Evenki ➠ Siberian peoples

event horizon　視界　標示著黑洞極限的邊界。在視界，逃逸速度等於光速。由於一般相對論指出沒有東西行進得比光快，視界內沒有東西能夠跨越界線而逃逸出來，包括光在內。因此，進入黑洞的東西都無法跳脫出來，或者無法從視界外觀察得到。同樣地，任何視界內產生的輻射都無法跳脫出來。對非旋轉式黑洞來說，史瓦西半徑限定了球形視界。旋轉式黑洞擁有扭曲而非球形的視界。由於視界不是物質表面，而僅是數學上定義的分界，物體或輻射進入黑洞時並不受阻擋，只在跳出時受阻。雖然黑洞本身可能不放出輻射能量，粒子僅能藉著霍金輻射從視界外部放出。

ever-normal granaries　平準法　最早於西元前1世紀建立的價格穩定制度。在清朝統治時，各省設立穀倉保存穀物以補足作物歉收年份的區域糧食短缺。穩定供應穀物並平抑物價，即使在國內未開發的地區也可免於饑荒。

Everest, Mt.　埃佛勒斯峰；珠穆朗瑪峰；聖母峰　西藏語作Chomolungma。尼泊爾語作Sagarmatha。亞洲喜馬拉雅山脈群峰之巔，地球最高點，高達29,035呎（8,850公尺），位於尼泊爾和西藏邊界。自1921年起，不斷有人試圖征服埃佛勒斯峰，直到1953年，由紐西蘭人希拉里和尼泊爾人登京格・諾爾蓋到達峰頂。不論如何，1999年在埃佛勒斯峰山下發現英國探險家喬治・馬洛里的遺體是有爭議的，馬洛里於1924年初登上該峰頂，在下山時遇難。埃佛勒斯峰以往認可的高度是29,028呎（8,848公尺），這是1950年代初期所測量的，在1990年代末期又重新測量。

Everglades　大沼澤地　美國佛羅里達州南部亞熱帶鋸齒草沼澤地區，面積4,000平方哩（10,000平方公里）。水流從歐基求碧湖湖口緩慢地通過該沼澤地流入西臨墨西哥灣和佛羅里達灣的紅樹沼澤。大沼澤地國家公園，於1934年建立，涵蓋整個西南部沼澤區，面積2,354平方哩（6,097平方公里）。是美國最大的亞熱帶荒漠區。氣候溫暖，爲大量鳥類、鈍吻鱷、蛇和海龜提供了一個良好的生存環境。在這片沼澤地進行的排水工程已極度改變了多種動物的棲息地的情況。

evergreen　常綠樹　樹葉可越冬不落並存留到翌年夏天或數年的任何植物。許多熱帶闊葉顯花植物皆屬常綠植物；而寒溫帶和北極地區的常綠植物多爲結毬果的灌木或喬木（參閱conifer），如松和樅。常綠樹的葉通常比落葉樹厚且堅韌，而結毬果的喬木樹葉常呈針狀或鱗片狀。常綠樹上的葉可存留兩年或兩年以上，並可於任何季節脫落。

everlasting　永久花　幾種植物的俗稱，特徵爲乾後花的顏色和形狀不變，可用作乾燥花（花束或插花）。最普通的永久花是菊科，尤其是蠟菊屬的幾個品種。蠟菊屬原產於北非、克里特島和亞洲的地中海沿岸地區，在歐洲許多地方有栽培。原產澳大利亞的蠟菊最爲人熟知。還有許多種長有美麗的羽狀葉或穗狀花序的草本植物，通常也稱爲永久花。

Evers, Medgar (Wiley)＊　埃弗斯（西元1925～1963年）　美國黑人民權運動者，生於密西西比州迪卡圖。第二次世界大戰時，在美駐歐陸軍中服役。後在密西西比從商。與其兄一起組織全國有色人種促進協進會地方分會。1954年任協進會密西西比州第一任外務書記，走遍全州各地，吸收成員，組織經濟上聯合抵制活動。1963年6月，在甘迺迪總統就民權問題向全國發表演說後數小時，他在住家前遭伏襲而被槍殺。被控謀殺的白人種族隔離主義者，1964年經兩次審判後被釋放，其理由是陪審團意見分歧，不能作出決定。1994年舉行的第三次審判判他有罪。埃弗斯的遺孀蜜兒莉・埃弗斯－威廉斯後來擔任全國有色人種促進協進會會長（1995～1998）。

Evert, Chris(ine Marie)　艾芙特（西元1954年～）　舊名Chris Evert Lloyd。美國網球運動員，生於佛羅里達州羅德岱堡。1971年她成爲進入美國錦標賽半準決賽最年輕的選手。艾芙特贏得了六次美國公開賽女子單打冠軍（1975～1978、1980、1982）和獲得溫布頓賽單打冠軍（1974、1976和1981年）、法國公開賽單打冠軍（1974、1975、1979、1980、1983、1985和1986年）及澳大利亞公開賽單打冠軍（1982和1984年）。因此，她總共贏得了十八個「大滿貫」。1989年退出網壇。

evidence　證據　法律用語，指司法或行政程序中被提出的某種東西（例如證詞、文件或實物），目的是爲了確立所指稱事實的眞假。爲了保持法律上的正當程序，並防止陪審團遭到誤導，在處理證據方面興起了浩繁的條例。在美國，所有的聯邦法院與衆多的州法院依循《聯邦證據條例》，涵蓋了證據類型、容許提出、相關性、目擊者作證能力、自白與供認、專家證詞、可信度等元素。審判中所獲得之證據大致是目擊者的口頭陳述形式，其中目擊者接受雙方律師詢問。二類重要的證據屬於直接證據，由對實情具有第一手了解的目擊者（例如看見或聽到的人）和間接證據提供。亦請參閱exclusionary rule。

evil eye　惡目　根據古老的觀念，有些人能以目光傷人。這種信念在古希臘和羅馬以及全球民間文化中廣泛流傳，甚至持續到現代。兒童和動物特別容易受傷。據說這種傷人之力並非自主而發，但大多數人認爲妒忌是其根源。因此根據迷信，本人或本人物品受到誇讚是不祥之事，保護方法有佩戴經文、護身符或符咒。亞洲兒童有時把臉塗黑，作爲一種保護方法。

Evita ➠ Peron, Eva

evolution　演化　一個生物學理論，現代生物學的基本原則之一，認爲各種類型的動物和植物都來自先於它們存在的其他類型，這些明顯的差異是在連續的世代中不斷發生改變的結果。1858年達爾文和華萊士發表有關演化的論文，對日後生物學研究具有革命性的影響。達爾文演化論的核心就是自然選擇機制。存活下來的個體可能具有一些能使它們活得更久並能生殖後代的微小變化（參閱variation），它們會將這些優點傳遞給以後的世代。1937年多布贊斯基將孟德爾遺傳學（參閱Mendel, Gregor (Johann)）應用於達爾文學說，指出自然選擇不斷作用於生物整個種群中的微小遺傳變異，這些作用的累積就是演化。化石紀錄給演化提供了部分證據，證明生物的形態在不斷地變化，直至今日。現存類型之間結構上的相似以及不同物種胚胎發育的相似也表明它們有共同的祖先。分子生物學（尤其是對基因和蛋白質的研究）爲演化改變提供了更詳細的證據。雖然演化論已被科學界絕大部份人所接受，但從達爾文的時代至今，演化論一直引起相當的爭論。大部分反對來自神學家和思想家（參閱creation science）。亦請參閱Vries, Hugo de、Haeckel, Ernst、human evolution、Mayr, Ernst、parallel evolution、phylogeny、sociocultural evolution、speciation。

Evripos Strait＊　埃夫里普海峽　亦作Euripus Strait。愛琴海中一條狹長的海峽，位於希臘埃維亞島和大陸之間，長8公里，寬度從40公尺到1.6公里。埃夫里普海峽有強烈的潮流，水流方向一天之內變換七次或七次以上。其變換原因今天也未能充分理解。海峽的主要港口是哈爾基斯市，這裡自古以來就是主要的貿易中心。一座長40公尺的開合橋在哈爾基斯市橫跨埃夫里普海峽，取代了遠在西元前411年建造的舊橋。

Ewald, Johannes＊　埃瓦爾（西元1743～1781年）　丹麥詩人和劇作家。十九歲時成爲作家。三十歲時，埃瓦爾生活開始變得放蕩不羈、嗜酒無度。後來移居他地，他寫了他的成熟作品，包括《巴爾德爾之死》（1774）。在其作品中，只有小歌劇《漁夫》（1779）至今仍在上演。他的聲譽主要來自頌詩以及一些謠曲，其中有〈克里斯蒂安國王站在高高的桅桿旁〉被定爲丹麥國歌；另外還有丹麥第一篇羅曼詩〈李爾・貢佛爾〉。他被認爲是丹麥最偉大的抒情詩人之一。他的回憶錄（1804）是他最出色的散文作品。

Ewe＊　埃維人　居住在迦納東南部、貝寧南部和多哥南半部，操尼日－剛果語系克瓦諸語言的各種埃維方言。埃維人始終處於若干獨立居民群體的共存狀態，僅在戰時聯合起來，從未組成過權力集中的單一國家。埃維人多數是農民，沿海地區以海上捕魚爲業。紡織、編織、製陶、鍛鐵以及經商爲重要的手工藝。許多人已成爲基督教徒現在人口約

350萬。

Ewing, (William) Maurice＊ 尤因（西元1906～1974年） 美國地球物理學家，生於德州洛克尼。在哥倫比亞大學任教多年（1944～1974），並擔任拉蒙特地－多爾蒂質觀測站負責人（1949～1974）。爲了研究地殼和地函的構造，他在大西洋的各個盆地裡，沿大西洋中脊，以及在地中海及挪威海內進行地震折射測量。1935年他在公海裡取得了第一批地震測量資料。他是提出地震與大洋中央環繞全球的裂谷有關的地球物理學家之一，他認爲海底擴張可能是全球範圍的，並具有間歇發作的性質，1939年他拍攝了第一批深海照片。

excavation 考掘 考古學中，發掘、紀錄並復原被掩埋遺跡的行爲。考掘所採用的技術依遺址的類型而有所不同，但所有考古學的考掘行動都需要高超的技術和仔細的準備。整個流程從確認位址開始－－透過空中攝影、遙測或是建築工人的意外發現（這很常見）。接下來則是仔細的檢測與繪圖，作出遺址模型，以及擬定考掘計畫。實際的挖掘包括移除多餘的塵土，並透過觀察、篩選與其他方式，來對剩下的土壤、器物及其背景進行費心的檢查。常用的工具包括鏟子、小刀以及刷子。考掘階段之後則是對物品進行分類、分析、年代測定以及發表結果。一個位址的考掘可以持續數十年，也可以是短期的緊急搶救措施（若位址受到發展所威脅）。

exchange, bill of ➟ bill of exchange

exchange control 外匯管制 政府對私人外匯（外幣或外幣的債權的票據）交易的限制。居民必須將其持有的外匯按規定的匯率售給中央銀行或專門的政府機構。外匯管制制度的主要作用，是限制外匯購買，以防止或糾正國際收支的逆差。亦請參閱foreign exchange。

exchange rate 匯率 一國對另一國貨幣的價格。匯率可以是固定或變動的。當二國同意藉著貨幣政策的使用來維持固定比率時，匯率即是固定的。歷史上最著名的固定匯率系統是1850年代晚期的金本位制，一盎斯黃金被界定爲價值20美元和4英磅，產生5美元對1英磅的匯率。當二國同意讓國際市場力量藉著供求來決定比率時，匯率即是變動或浮動的。比率會隨著一國的出口和進口而震盪。目前大部分的世界貿易在震盪相當有限的變動匯率中進行。亦請參閱exchange control、foreign exchange。

Exchequer＊ 財務部 英國歷史上負責收取和分配國庫收入的政府部門，12世紀初由亨利一世設立。它實際上是與國庫合在一起的。財務部分上下兩部。下財務部是負責金錢收支的機構。上財務部是每年開會兩次以管理帳目的法庭，後來上財務部發展成爲司法體制，下財務部則變爲國庫。

excitation 激發 在物理學中，加入某一離散値的能量（稱爲激發能）使一個系統（如原子、原子核、原子或分子）從最低能態（基態）轉到較高的能態（激發態）。例如，氫原子中軌道電子由基態提升到第一激發態所需的激發能爲10.2電子伏。儲存於受激原子或核中的激發能通常在返回基態時以紫外輻射的形式釋放；原子輻射可見光，核輻射γ射線。

exclusionary rule 證據排除規則 在美國法律上警察在違反憲法的情況下獲得的證據，不得在審判中用來反對刑事被告人。美國最高法院在「威克斯訴美國案」（1914）中建立了對此規則的正當性。在「沃爾夫訴科羅拉多州案」（1949）一案中擴大到聯邦法院。在「馬普訴俄亥俄州案」（1961），這個規則適用於州刑事法院。在「美國訴利昂案」（1984）中認爲，持有一個後來被裁決爲無效的搜查令狀「誠實地」獲得的證據是可以採納的。

excommunication 絕罰 教會制裁的一種形式，即將某人從信徒團契中排除，不許他參加教會的聖禮，剝奪他作爲教會成員的權利，但不一定剝奪他現有的教會成員身分。

excretion 排泄 處理未消化食物殘渣及代謝之含氮副產物的身體過程，能夠調節水分含量，維持酸鹼平衡，控制滲透壓力，以促進自我恆定性。排泄意指排尿和排糞，也指消化系統與膀胱內發生的過程－－腎和肝從血液中過濾廢物、毒素、藥物，而食物來到消化的最後階段。蛋白質消化所致的氨（主要的排泄物）被轉化爲尿素而從尿中排出。

executive 行政機構 政治中組成政治分支的一人或衆人，負責實施或執行法律並任命官員，擬訂和制定對外政策，並提出外交代表人員。在美國，制約與平衡體系所保有的執行權力或多或少等於司法機關與立法機關。亦請參閱mayor、president、prime minister。

exegesis＊ 聖經註釋 對聖經文字進行考證性的解釋以探討其原意的學科。猶太人和基督教徒在使用過各種不同的解經法。文字考證是對各種不同的早期有用資料進行校勘，盡可能恢復聖經的原文。語言批判是就文法、詞彙和文體等方面研究聖經的語言，以確定譯文是盡可能地忠實。文字批判將不同的聖經本依照其文學類型加以區分。它也嘗試利用內在與外在的證據，以確立不同聖經本的日期、作者和特定的讀者。源流評斷是通過分析聖經資料的各種來源去發現它們所根據的口頭傳說，並追溯其逐步發展的情況。形式評斷在研究特定敘事文的內容並可以看出它的形式，也可以看出它在社團生活中的功能。編輯評斷是檢查一位作者或編者如何把七零八落的傳說最後合成一篇文學作品。歷史評斷是將各種聖經文獻放在它們的歷史背景中，並對照同時代的文獻加以檢查。

Exekias＊ 埃克塞基亞斯（活動時期約西元前550～西元前525年） 希臘陶工和最優秀的黑繪大師。在十三個陶瓶上發現其署名。以高雅的素描聞名；他最大天賦在於不透過隱匿的行動傳達傷感和洞察力。有四十個陶瓶雖未署名，但因其畫風一致，故仍被認爲是他繪製的。他還設計過一套繪有葬儀的陶匾。

exercise 運動 旨在改善身體功能和增進身體健康的訓練方法。不同形式的運動有不同的目的。有氧運動可以改善心血管功能、呼吸功能以及減重，健身增強肌肉力量和增加關節靈活性的運動。負重訓練可增強肌肉力量。伸展運動則有助於增加靈活性。特定的運動要利用物理醫學與復健。運動的益處可降低血壓、高密度脂蛋白、膽固醇，抵抗疾病和身體維持最佳狀態。

Exeter＊ 愛塞特 古稱Isca Dumnoniorum。英格蘭得文城市，人口101,000（1991）。距埃克斯河和英吉利海峽會口處10哩（16公里）。地處渡口，故早期地位就很重要。原爲英國早期部族杜姆諾尼人的聚居中心，後被羅馬人侵占，易名爲Isca Dumnoniorum。阿佛列大帝曾二度領軍反抗丹麥人（877年及約894年），但1003年又被丹麥人占領。1068年後由征服者威廉一世統治。愛塞特的諾曼大教堂約建於1133年。教堂內的「愛塞特詩集」爲現存最大的古英語詩集。爲輕工業中心和所在廣袤地區的服務業中心。

existentialism 存在主義 針對人類經驗分析、人類選擇中心地位二大主題的哲學運動。這樣，存在主義主要的理論能量奉獻給本體論和決定方面的問題。它可以追溯到齊克果和尼采的作品。作爲人類存在的哲學，20世紀最佳的存在主義代表人物是雅斯培；作爲人類決定的哲學，它最極致的代表是沙特。沙特在自由－－自我決定的責任和選擇的自由－－中找到人類存在的基本元素，進而花費許多時間來描述人類「惡信」的趨向，這反映於人們試圖惡意否認自己的責任並拋棄無法逃避之自由的事實。

Exmouth Gulf 埃克斯茅斯灣 西澳大利亞的印度洋內灣。位於西北角和大陸之間。南北長55哩（90公里），入海口寬約30哩（48公里），灣內有捕蝦和珍珠養殖業。附近的蘭奇角國家公園是重要的黃趾岩石沙袋鼠的保護區。

Exodus 出埃及記 《舊約》的一卷。敘述西元前13世紀以色列人在摩西率領下脫離埃及奴役重獲自由之事。第一至十八章述以色列人如何在埃及受奴役，如何在摩西率領下離開埃及到達西奈山。第二部分敘述上帝與以色列人在西奈山立約，並頒賜十誡。在《出埃及記》上帝將他視爲以色列的保護者就救主，並宣誓服從和效忠。

exogamy and endogamy＊ 族外婚與族內婚 規定兩性關係及擇偶的風習。族外婚群體要求其成員在本群體外進行婚配，有時甚至明確規定可通婚的外部群體。族外婚是以親屬的紐帶而不是以政治或地區界線爲基礎的。由於族外婚制常常規定要以單系繼承爲其特徵，其婚配禁忌將只適用於家庭的一方。在族內婚群體與一個群體之外進行婚配會遭到禁止，要在一個群體內部通婚的傾向。在工業化社會裡，族內婚是少數貴族集團、宗教集團和種族集團的一種婚配特徵，而且也是印度種姓的特徵，以及類似東非馬賽人那樣，有階級意識而又無文字社會的特徵。

exophthalmic goiter 突眼性甲狀腺腫 ➠ Graves' disease

exorcism 驅魔 基督教會中驅除附於人身的魔鬼的儀式。據基督教傳統，耶穌曾用言語趕鬼，耶穌的門徒及其他人也都曾「奉耶穌之名」趕鬼。到3世紀，驅魔的任務指派給受特別訓練的低級教士。驅魔人或地方的儀式也存在於其他許多傳統。

expanding universe 宇宙膨脹 河外星系領域中的一種動力狀態。它的發現改變了20世紀的宇宙學。隨著廣義相對論應用於宇宙學，又隨著外星系的紅移，人們在1920年代終於懂得了遠距星系都在退行（參閱Hubble, Edwin P(owell)），宇宙在膨脹。然而，觀測資料迄今不能確定宇宙是開放的（空間無限）還是封閉（空間有限）的，也不能確定宇宙究竟將繼續無限地膨脹下去還是將縮回到大爆炸時的狀態。亦請參閱Friedmann universe。

experimental psychology 實驗心理學 採用實驗方法進行研究的心理學的各個分支。實驗方法應用心理學，是試圖通過可引起行爲反應的操作變量來探討動物（包括人）的活動及心理過程的功能結構，從而揭示出各種內在的規律性。大量依靠實驗方法的心理學研究領域，包括感覺和知覺、學習和記憶、動機，以及生理心理學。可是在很多領域裡均有實驗心理學分支，其中包括兒童心理學、臨床心理學、教育心理學和社會心理學。

experimentalism ➠ instrumentalism

expert system 專家系統 模仿特定學科專家的知識和推理能力的高級電腦程序。編制專家系統的程序員努力重視一個或幾個專家（人）的專門知識，建立一個可以被外行人用來解決困難問題或模棱兩可問題的工具。專家系統與傳統的電腦程序不同。傳統程序的主要功能是數據處理、計算或情報檢索，而專家系統是把事實與說明事實之間關係的規則結合起來，模仿人工智慧，實現初步的推理。現在專家系統的應用擴展到醫學、人事審查和教育等領域。

explanation 解釋 在哲學中，對於某事物之所以爲某事物、某事事之所以會發生或如此表現，所提出的回答。解釋對象的類別有很多種，包括事實、事件、物體、性質、人類行爲以及主張。最常見的解釋形式有因果解釋（參閱causation），是以事件的起因來解釋該事件；還有演繹－規律解釋（參閱covering-law model），它牽涉到符合科學定律的事實、陳述或事件。

Explorer 探險家號 美國無人太空船最大（55枚科學衛星）的一個系列，於1958～1975年之間發射。「探險家1號」是美國第一枚進入太空軌道的衛星。它發現了最內層的范艾倫輻射帶。其他一些有名的有：「探險家38號」（1968年發射），它測量了銀河無線電源並研究太空低頻；「探險家53號」（1975年發射），它被送往探測銀河星系內外的X射線源。

explosive 炸藥 能在極短時間內產生大量氣體而迅速膨脹的物質或裝置稱爲爆炸物。機械爆炸物是由物理作用產生的（如容器超載壓縮空氣）；核爆炸物（參閱nuclear weapon）是由核分裂或核融合產生的，化學爆炸物有兩類基本的炸藥，一爲爆轟（高能）炸藥（如三硝基甲苯和黃色炸藥），能極快分解，造成高壓。二爲爆燃（低能）炸藥（如黑色火藥和無煙火藥）能很快燃燒，但產生的壓力較低。爆轟炸藥又可分初級（引爆）和高級（猛炸）兩種。初級爆轟炸藥要點火起爆，例如用火焰或撞擊產生的熱來引爆，而高級爆轟炸藥需要單獨的引爆劑。現代高級炸藥是用硝酸銨和燃料油或水膠的混合物（與TNT和其他燃料）製成。

exponential function 指數函數 數學中的一種函數，其中的常數基被提升到變數冪。指數函數被用來模仿人口的變化、疾病的擴散、投資的成長。它們也能精確地預測輻射衰變特有的衰變類型（參閱half-life）。指數成長的基本元素和所有指數成長函數的特徵是它們會在一定間隔倍增。最重要的指數函數是e^x，即自然對數（參閱logarithm）函數的反數。

Export-Import Bank of the United States (Ex-Im Bank) 美國進出口銀行 美國政府主要國際金融機構之一。1934年成立。原名華盛頓進出口銀行。其主要業務爲促進美國出口和對國外用戶購買美國貨物和服務者進行直接的融通資金。通常還包括與發展計畫有關的國外銀行及政府信用問題。亦請參閱development bank。

Expressionism 表現主義 一種藝術風格，其中藝術家不描繪客觀事實，而描繪事物所致的主觀感情。這個目標藉著形體的扭曲和誇張以及生動或狂暴的色彩應用而達成。其根源見於梵谷、孟克、恩索爾等人的作品。1905年該運動隨著稱爲「橋社」的一群德國藝術家而興起，他們的作品影響了魯奧、蘇蒂恩、貝克曼、寇勒維茨、巴爾拉赫等藝術家。稱爲「藍騎士」的一群藝術家也被視爲表現主義者。表現主義是第一次世界大戰後德國的主要藝術風格，戰後的表

E F G

現主義者包括格羅茨和迪克斯。其感情品質後來被20世紀其他藝術運動採用。亦請參閱Abstract Expressionism。

extenuating circumstance　減輕情節　亦作mitigating circumstance。指那些可使犯有某項刑事罪的人減輕罪責，從而可以考慮減輕刑罰的情節。英美法系有很多國家，如被告人是被受害人激怒而犯罪，則一級謀殺罪可降爲非預謀殺人罪或二級謀殺罪。在英國，把謀殺罪指控降低爲非預謀殺人罪指控，如果發現被告有減輕責任的情況的話。義大利刑法典列舉了各種減輕情節。在許多民事減輕情節也列爲一個因素。

extinction (of species)　絕滅　絕滅是指某生物種族或屬種的滅亡或消失的現象。某一生物屬種不再能夠繁衍，即發生絕滅。絕大部分絕滅都被認爲是環境變化的結果。環境變化以兩種方式影響種屬生存：絕滅的生物屬種不能適應已經變化了的環境，因此無後而終；某生物種屬在適應環境的過程中，也可能演化爲一全新種屬。人類生存活動－－狩獵、採集、生境破壞等－－對環境的影響已成爲動、植物絕滅的重要原因之一。

extortion　勒索　指透過恫嚇手段非法獲取金錢或財產。勒索包括：威脅將危害人身或財產、控訴其罪行或揭露其穩私等等。有些形式的威脅特別是用書寫的，有時被挑出來另外用敲詐的法令處理。亦請參閱bribery。

extradition　引渡　指一國根據另一國的要求，將在本國以外犯有依照要求國法律應予以懲罰的罪行的人，移交給要求國審判的程序。引渡由各國內部的引渡法令和各國之間的外交條約加以規定。有些引渡原則是許多國家共同遵守的，大多數國家不承擔交出其本國國民的任何義務。各國還普遍承認政治犯有庇護權。然而出於鎮壓犯罪的共同目標，各國通常樂於合作，使罪犯受到應有的懲處。

extrasensory perception (ESP)　超感官知覺　不受已知感覺過程的支配而發生的知覺。通常包括傳心術、千里眼及早知等。ESP的存在沒有任何確實的證據，但人們相信這種現象仍廣佈流傳。有人利用那些自稱具有這種能力的人去尋找失物或查找失蹤的人。亦請參閱parapsychology。

extrauterine pregnancy ➠ ectopic pregnancy

Extremadura　埃斯特雷馬杜拉　亦作Estremadura。西班牙中西部的一個自治地區和歷史區，人口約1,070,000（1996）。範圍包括本國西南部卡塞雷斯和巴達霍斯兩省。面積16,063平方哩（41,602平方公里）。首府爲梅里達。基督徒再度征服伊比利半島時，將摩爾人領土的外圍地區命名爲埃斯特雷馬杜拉。自中世紀後期該地名被用來指大致爲現代地區的區域。鄉村地區仍劃分爲可耕地（大片地區），小麥、葡萄和橄欖爲重要的穀物。

extreme sports　極限運動　以高速或高危險性爲特色的非傳統運動。包括攻擊性的直線滑冰、水上滑板和街上滑橇等有組織性的競賽。許多項目因爲電視的「X Games」而大受歡迎。登山車下坡賽、滑雪板和滑板等先前被視爲極限運動的項目，最近已納入奧運會中。較無組織但同樣極限的活動包括攀爬冰山、冰河滑雪、峽谷泛舟、攀岩和高空彈跳。

extrovert ➠ introvert and extrovert

extrusion　擠壓　迫使金屬或其他材料通過一系列的模具而成形的製程。許多陶瓷是以擠壓製造，因爲這種製程可以有效而連續地生產。在商業螺旋形的擠壓器，螺旋鑽不斷地壓迫柔軟的材料通過孔洞或模子，形成簡單如圓柱形的桿子及管子，方形實心及空心的條，長形的板子。在金屬製造中，擠壓壓迫金屬棒通過孔洞或模子變成均勻截面的長條；鋁很容易用擠壓製作。成形的鋁片可用於不透明帷幕牆和窗框。

extrusive rock　噴出岩　由湧出或噴出的岩漿形成的任何一種火成岩。噴出岩通常可以根據它們的結構和礦物成分而區別於侵入岩。熔岩流和火山碎屑岩（碎屑狀的火山物質）兩者都是噴出岩；它們通常是玻璃質的（黑曜岩）或是細晶質的（玄武岩和霏細岩）。

Exupéry, Antoine de Saint- ➠ Saint-Exupery, Antoine(-Marie-Roger) de

Exxon Corp.　艾克森公司　舊稱標準石油公司（Standard Oil Co.）。全世界銷售量最大的公司之一。其投資和經營範圍包括石油和天然氣、煤、核燃料、化學品，還有銅、鉛、鋅等礦產。它還經營輸油管道和一支包括油輪和其他船隻的船隊（全世界最大的船隊之一）。艾克森公司參與石油工業的每個層面，從油田到加油站無所不包。該公司在1882年由標準石油公司和托拉斯創立。後成爲一個「跨國」公司。它控制了在英國、德國、加拿大、南美洲和中東的石油公司。1926年新澤西公司推出商標名「埃索」，其他標準石油公司對此名稱提出抗爭，新澤西標準石油公司在1972年改名爲艾克森公司。1999年被美孚公司購併，成爲艾克森美孚公司。

Eyasi, Lake＊　埃亞西湖　坦尚尼亞北部的湖泊。該湖海拔3,400呎（1,040公尺），面積約400平方哩（1,050平方公里）。湖底位於碗狀低地的底部，紫色熔岩形成的湖壁，由寬闊的白色鹼淺灘包圍。湖濱有火烈島群棲息。湖附近發現人類化石。

Eybeschutz, Jonathan＊　伊貝徐茨（西元1690?～1764年）　波蘭拉比和塔木德學者，生於克雷庫夫。在歐洲一些城市擔任拉比。他的學識使他得到忠誠信徒。婦女希望他能運用神力使她們免於難產而死。他授給她們護符，據說其中有密寫禱詞，呼求偽彌賽亞沙貝塔伊・澤維救助。一位傑出的德國拉比雅各・埃姆敦（1697～1776）痛斥，護符埃姆敦與伊貝徐茨之間的持續爭吵分隔了歐洲猶太社區。

Eyck, Jan van＊　艾克（西元1395～1441年）　法蘭德斯畫家。1422年任荷蘭伯爵巴伐利亞的約翰的室內侍從和宮廷畫師。後爲勃艮地的善良的腓力三世公爵服務。隨後十年中，不僅任宮廷畫師，並充任祕密使節。艾克的繪畫以肖像和宗教爲主題。他的繪畫提供了表現物體的質、光線和自然界空間效果的技法，達到了寫實主義的高峰。代表作品爲與其兄修伯特・艾克（約1370～1426）合畫的《羔羊受崇敬》（1432），別名「根特祭壇畫」。他通常被認爲是15世紀北歐最偉大的畫家。其作品廣爲複製和收藏。

eye　眼　接收光線和視覺影像的器官。非成像眼或方向眼見於蠕蟲、軟體動物、刺胞動物、棘皮動物和其他無脊椎動物，成像眼見於特定的軟體動物、大部分節肢動物和幾乎全部脊椎動物。節肢動物擁有獨特的複眼，導致它們看見多重影像而在腦中將各部分加以整合。魚等較低級的脊椎動物在頭部兩側有眼，能對環境有最大視界，但產生二個分立的視野。在掠奪性鳥類及哺乳動物中，雙眼視覺是重要的。眼睛位置的演化變遷讓二個視野有較大的重疊，導致較高級哺乳動物有平行的直接視線。人眼大致爲球形。光線通過其中

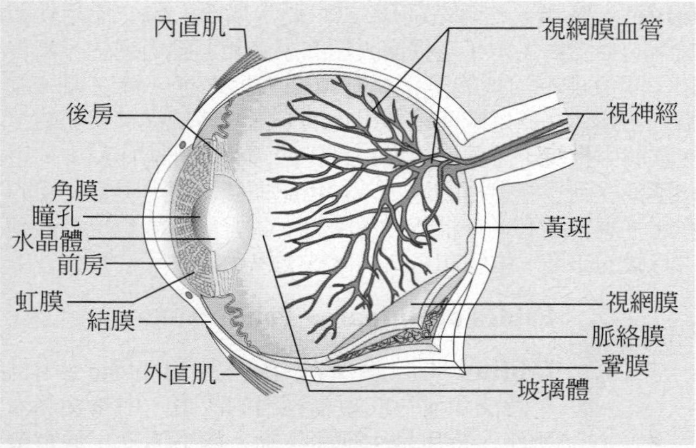

人眼的構造。外層的部份是由白色保護眼球的鞏膜和透明的角膜構成，光線從角膜進入。中間的層包括了供應血液的脈絡膜和不透光的虹膜。光線經由瞳孔進入內部，是由肌肉控制瞳孔的大小來調整。視網膜是第三層，包含感光細胞（桿細胞與錐細胞）將光波轉成神經衝動。位於虹膜正後方的水晶體，將光線聚焦在視網膜上面。位於視網膜中心的黃斑，是視覺高度敏銳與辨識色彩的區域。神經纖維從視神經至大腦的視覺中心。眼球的前房和後房內有水樣的液體，滋養角膜和水晶體。玻璃液有助於維持眼球的形狀。薄層的黏膜（結膜）保護眼球暴露的表面。外部的肌肉包括外直肌和側直肌連接，讓眼球在眼窩裡面移動。
© 2002 MERRIAM-WEBSTER INC.

透明的前部，刺激了視網膜（彩色影像下呈圓錐形，微光黑白視覺下呈長條形）上的接收細胞，進而經由視神經把脈衝送到大腦。視覺疾病包括近視、遠視、散光（可藉眼鏡或隱形眼鏡加以矯正）、色盲、夜盲。其他的視覺疾病（包括視網膜剝離和青光眼）會造成視野缺損或致盲。亦請參閱ophthalmology、photoreception

eyeglasses　眼鏡　鑲入框架、戴在眼前方以提高視力或矯正視力缺陷（參閱ophthalmology和optometry）的透鏡。矯正遠視和近視的用法見於中世紀後期。1784年富蘭克林發明了雙焦點眼鏡：他把鏡片分爲視遠和視近兩部分，用鏡架固定在一起。眼鏡也可以矯正散光。大多數鏡片是用玻璃或塑膠（比玻璃亮和不易碎但容易有刮痕）製成。太陽鏡的鏡片帶有顏色，可以減少透過的光線，防止炫目。亦請參閱contact lens。

Eyre, Lake＊　埃爾湖　南澳大利亞東北部鹽水湖，總面積3,700平方哩（9,300平方公里）。該湖位於澳大利亞大陸的最低部位，最深處達4呎（1公尺）。最低部分低於海平面約50呎（15公尺），分南北兩湖，北埃爾湖長90哩（144公里），寬40哩（65公里）；南埃爾湖長40哩（65公里），寬15哩（24公里）。正常情況下埃爾湖是乾涸的，平均一個世紀內只有兩次注滿了水。湖中滿水後，約經過兩年又完全乾涸。

Eyre Peninsula　艾爾半島　南澳大利亞伸入印度洋的大海岬。呈三角形，每邊長約200哩（320公里）。爲大澳大利亞灣和史賓塞灣之間。半島上產小麥和大麥，養羊。東北部的米德爾巴克山脈開採鐵礦。沿岸有許多旅遊和漁業城鎮。

Ezekiel＊　以西結（活動時期西元前6世紀初）　古代以色列先知和祭司，是《舊約·以西結書》中的主要人物，也是該書一部分的作者。西元前592年左右，他開始說預言。他先對巴勒斯坦的猶太人宣布，上帝必將審判叛教的罪惡之民。他說，耶路撒冷必將爲巴比倫所征服，以色列人必將被流放。以西結沈寂了一段時間後，他預言，以色列國流亡異土的人們必將重歸巴勒斯坦，不再有猶太人淪落異邦。最後說，他在異像中見到了重建的耶路撒冷聖殿。

Ezhov, Nikolay ➠ Yezhov, Nikolay Ivanovich

Ezra　以斯拉（活動時期西元前5世紀～西元前4世紀）　猶太人宗教領袖改革者。他是被巴比倫俘虜的猶太人中的祭司，他在波斯統治耶路撒冷時期回到耶路撒冷，奉波斯王的諭旨頒布法令，猶太人不與異族通婚，嚴守安息日，繳納什一稅和其他供物，在其他方面也遵守摩西律法。由於以斯拉的努力，以律法爲中心的猶太教因以成型；猶太人雖然沒有國家並分散各國，但得以遵行律法而保存宗教、民族特點。他的故事記載於以斯拉和尼希米之書。

F-15 F-15戰鬥機 亦稱鷹式戰鬥機（Eagle）。麥道公司製造的美國雙引擎噴射戰鬥機。F-15戰鬥機在1974～1994年交給美國空軍，也曾賣給美國的中東盟國。F-15戰鬥機的動力來自兩具渦輪風扇引擎，可使飛機加速到音速的兩倍。機翼展11.7公尺，機身長17.7公尺。F-15戰鬥機爲單座機種，配有一門20公釐旋轉火炮，還有一排中、短程空對空飛彈。在戰鬥轟炸機種（稱爲「擊鷹式」飛機）裡，一名武器軍官坐在飛行員後面，控制著若干導彈及炸彈的釋放。波斯灣戰爭期間，「擊鷹式」飛機對伊拉克據點執行了多次精準的夜間轟炸。

F-16 F-16戰鬥機 亦稱戰隼式戰鬥機（Fighting Falcon）。通用動力公司製造的單座、單引擎噴射戰鬥機。1978年首先交付美國空軍，現已賣給十幾個國家。原爲1972年定購的有成本效益的輕型空對空戰鬥機，機身長15公尺，翼展9.45公尺。動力來自單具渦輪風扇引擎，可加速至音速的兩倍以上。武器裝備包括機翼和機身下攜帶的多種炸彈和飛彈，還有一門20公釐旋轉火炮。

E F G

F-86 ➠ Sabre

Fa-hsien ➠ Faxian

Faber, Lothar von＊ 法柏（西元1871～1896年） 德國文具和美術用品製造商。兩兄弟在巴伐利亞接掌祖傳的鉛筆廠，把它發展爲全球性的大公司，他們陸續在歐洲各地和美國設立分廠，1856年與俄國簽定獨家壟斷開採西伯利亞東部石墨的合同。1849年弟弟埃貝哈德移民美國，1861年開辦美國第一家大型鉛筆製造廠，1898年被併購。

Fabergé, Peter Carl＊ 法貝熱（西元1846～1920年） 原名Karl Gustavovich。俄國金匠、珠寶首飾匠人和工藝美術設計家。曾留學德、義、法、英等國。父爲聖彼得堡珠寶商，1870年繼承父業製造裝飾品。不久，其作品爲歐洲各國皇家爭相購買。他專門加工金、銀、翠玉、寶石等珍貴材料，風格大膽革新，創造不少光怪陸離的美術品，具有法國路易十六世時代的藝術風格。他在莫斯科、基輔和倫敦都開設了獨立作坊，雇用了許多名工巧匠，尤以爲亞歷山大三世和尼古拉二世製作的珠寶復活節蛋最有名。1917年十月革命後，他的作坊被迫關閉，他流亡國外，客死他鄉。

Fabian Society＊ 費邊社 1883～1884年成立於倫敦的社會主義團體，其宗旨是在英國建立民主的社會主義國家。費邊社之名來自古羅馬將軍費比烏斯・馬克西姆斯，他沈著避敵鋒芒，不與敵人死爭，終於以弱制強，取得最後勝利。費邊社同人信仰漸進社會主義，不主張革命。他們利用舉辦會議、演講、研究和出版來教育民眾。早期重要成員包括蕭伯納和韋伯夫婦，他們在1906年組成工黨，自此下議院工黨議員中很多都是費邊社員。

Fabius Maximus Cunctator, Quintus＊ 費比烏斯・馬克西姆斯（卒於西元前203年） 羅馬統帥、政治家。曾擔任過執政官（西元前233年；曾當選五次）及監察官（西元前230年）。西元前217年當選爲獨裁官。他在第二次布匿戰爭（西元前218～西元前201年）初期，對漢尼拔的騎兵使用消耗戰略，並不斷地騷擾敵人。這種拖延戰術（Cunctator意爲「拖延者」）爲羅馬爭得恢復力量的喘息時間，但因羅馬人沒耐性而在坎尼戰役（西元前216年）遭到慘敗。西元前205年他反對大西庇阿入侵非洲，但沒有成功。

fable 寓言 一種故事形式，通常以像人類一樣行動和說話的動物爲主角，爲揭露人類的愚蠢和弱點而講述。寓言和民間故事不一樣的是：含有道德教誨之意，把它編入故事，並往往在結尾時明確指出。西方寓言傳統從伊索開始，在歐洲中世紀十分興盛。在17世紀法國拉封丹的作品中，這種體裁達到登峰造極的地步。19世紀期間，隨著兒童文學的興起，寓言找到了一批新的愛護者。寓言的根源也可追溯到古時候的印度、中國和日本的傳統文學和宗教。

F

Fables of Bidpai ➠ Panca-tantra

fabliau＊ 韻文故事 亦作fableau。中世紀時法國流行的短篇押韻的故事，由雜耍藝人所作。特色是：細節生動，觀察眞實，通常帶有諷刺、粗俗和幽默的意味，特別是有關女人的題材。韻文故事雖受到中產階級和市井小民的欣賞，但也帶有一種詼諧作品的意味，從中可了解到相當多的典雅社會、愛情和風俗的知識。現存韻文故事約有150種，由業餘或專職作家所寫。

Fabre, Jean Henri＊ 法布爾（西元1823～1915年） 法國昆蟲學家。主要靠自學成材，他在蜜蜂與黃蜂（膜翅目）、甲蟲（鞘翅目）以及蚱蜢與蟋蟀（直翅目）的研究上有重要貢獻。根據他觀察到的黃蜂對捕獲物刺激區的麻痺作用，他描述了遺傳本能作爲昆蟲的行爲模式的重要性。法布爾寫過許多科普讀物。他雖然從未接受演化論，其研究成果卻受到達爾文的尊重。

Fabriano, Gentile da ➠ Gentile da Fabriano

Fabricius (ab Aquapendente), Hieronymus＊ 法布里齊烏斯（西元1537～1619年） 義大利語作Girolamo Fabrici。義大利外科醫生和解剖學家。曾在帕多瓦大學師從法洛皮奧，1562～1613年繼承其職位。他在《論靜脈瓣》（1603）一書中首次明晰描述了靜脈的半月瓣，爲後來他的學生哈維關於血液循環的論點提供了至關緊要的根據。《論胚胎的發育》（1600）一書首次詳細描述了胎盤，由此創立了比較胚胎學。他還首次詳盡描述了喉的構造；第一個發現瞳孔可因光線強弱而改變大小。

Fabricius, Johann Christian＊ 法布里齊烏斯（西元1745～1808年） 丹麥昆蟲學家。在瑞典烏普薩拉大學師從林奈學習，1775年起在基爾大學不僅擔任博物學教授，還兼任經濟學及財政學教授。他提出當時進步的理論，尤其是新種及變種能透過雜交及環境對結構和功能的影響而產生的觀點。還以根據昆蟲的口器而不根據其翅進行分類而著名。

Fabritius, Carel＊ 法布里蒂厄斯（西元1622～1654年） 荷蘭畫家。1640年代早期追隨林布蘭學畫，後來定居代爾夫特，1652年加入當地的畫家公會。其最早作品《拉撒路之復活》（1645?）受到林布蘭風格的強烈影響，但不久即發展出自己的一套風格，以冷色調、巧妙的光影效果和運用錯覺的透視畫手法爲特色。他的肖像畫，以及風俗畫、敘事畫受到霍赫和弗美爾的影響。除了約十二幅畫作留存下來之外，所有的畫都在一次代爾夫特火藥庫爆炸時炸毀，他也被炸死。

fabula＊ 戲劇 古羅馬戲劇。特別的類型包括「阿特拉笑劇」，是古代義大利最早的本土形式鬧劇；「高跟鞋劇」，是根據希臘模式的羅馬式悲劇；「披衫劇」，是從希臘新喜劇和希臘題材改編而來的古羅馬喜劇；「歷史劇」，是以羅馬歷史或傳說爲主題的古羅馬戲劇：「公民劇」，以希臘模式爲基礎的羅馬喜劇，但以羅馬人生活和服裝爲特色。

face 面 頭的前部，從額頭到下巴，包括眼睛、鼻子、嘴巴和顎。在人類演化過程中，腦容量增加，顎齒部的後縮，臉部側面基本上是垂直的，具備兩個明顯的特徵，即鼻顯著突出和頦界線分明。個體發育中人的面部和腦顱各按不同模式生長變化。六歲時腦和腦顱達到成年大小的90%，而面部生長卻較慢。從側面看，出生時面小於腦顱的1/5；成人時達到將近一半。面部肌肉可牽動臉部表情以表達情緒。

fact, theatre of 紀實劇 亦稱文獻劇（documentary theater）。把社會論題搬上舞台的戲劇運動，著眼於事實資料而非美學觀點。這種形式是1930年代公共事業振興署聯邦戲劇計畫採用現場新聞技巧手法的副產物，1960年代變得很普遍。在德國，霍希胡特的《代理人》（1963）、魏斯的《調查》（1965）和吉普哈特的《關於奧本海默》（1964）等劇透過眞正的文件資料來源（如判決書和統計資料）來檢驗最近的歷史事件。此運動影響了後來的歐美政治劇。

fact-value distinction 事實－價值區別 指在哲學的領域中，實然（事實）與應然（價值）在本體上的區別。休姆有句名言，爲這兩者的區別提供了很好的公式：從「實然」推導出「應然」是不可能的。亦請參閱naturalistic fallacy。

factor 因子 即因數。數學中能整除另一數和代數式的數或代數式。例如，1,2,3,4,6都是12的因子。除了1之外，任何只有2個因子（該數本身與1）的正整數或代數式均被稱爲質數。有2個因子以上的正整數或代數式被稱爲合成數。一個數或代數式的質因數則是本身爲質數的因子。按數學的基本定理，每個整數均可被表達成一個獨一無二的質因數的積（不計質數因子排列的先後順序）。如60可以被寫成2．2．3．5。因式分解在求解許多代數問題時是極爲重要的步驟。

factorial 階乘 數學名詞。指所有小於或等於某一給定的正整數的乘積，並用該數和一個驚嘆號來表示。若n爲一自然數，定義n!＝1×2×3×……×n，稱n!爲n之階乘，但規定0!＝1!＝1。在處理排列和組合和二項展開式各項係數的計算問題時，常要用到階乘。

factoring 財務代理 一家商行按照契約方式將其應收帳款售於專門機構－－財務代理商，以便在帳款到期前取得現金。成交後，財務代理商對欠款戶的資信情況、帳款的收集以及損失承擔全部責任。財務代理多用於季節性強的工業（如紡織和製鞋業），以便將賒欠和收款的職責全部轉讓給專門機構辦理。

factory 工廠 一種建築物，在這裡面，工作被組織起來以符合大規模生產的需求，通常使用動力機械來生產。在17～18世紀之間，歐洲的家庭代工逐漸被更大的生產單位所取代，也開始運用資金來對工業進行投資。人口從鄉村遷移到城市也促成了工作方式的改變。機床工業的發展帶來了大量生產，因而改變了工作的組織形式。透過精密的設備，只需要少量成本與勞動力就可以大量生產相同的部件。裝配線起初廣泛使用於美國的肉品包裝業。福特在1913年設計了一個汽車裝配線。到1914年中，汽車底盤的生產時間已從12.5個工時下降至93分鐘。有些國家，特別是亞洲及南美洲，於1970年代或更晚才開始工業化。亦請參閱American System of manufacture。

factory farming 工廠化飼養 現代化動物飼養系統，目的在最少的時間與空間，儘可能生產最多的肉、奶、蛋。這個詞通常由動物權擁護者使用，描述美國標準的飼養做法。經常餵食動物吃生長激素、噴灑殺蟲劑，並餵食抗生素減輕因爲擁擠的飼養環境而惡化的寄生蟲與疾病問題。雞隻一輩子就擠在窄小的雞籠裡，緊密的程度連轉身都辦不到，雞籠高高堆疊起來。爲了得到最多的蛋，「晝」與「夜」長度由人工控制。小牛終其一生在狹窄的牛棚，幾乎無法移動。這些做法長久以來飽受批評。

Fadhlallah, Ayatollah Sayyid Muhammad Hussayn ＊ 法達拉拉（西元1935年～） 黎巴嫩的什葉派教士與眞主黨（意爲「眞神之政黨」）精神領袖。生於伊拉克，父母爲黎巴嫩人，1966年遷徙至黎巴嫩，很快便在當地建立起名聲，成爲重要的宗教權威。1982年以色列入侵黎巴嫩之後，他便成立了眞主黨，該黨並於1985年成爲衆所皆知的組織。法達拉拉便給的口才使得很多人相信他是眞主黨的領袖，但是他和眞主黨都否認這項說法，不過他在精神上的影響卻是無可否認的。1985年，他成爲美沙聯手以汽車炸彈暗殺的對象，不過衆所皆知的是，這項行動並沒有成功，而美國和沙烏地阿拉伯政府都否認這項行動。

Faenza majolica＊ 法恩札陶器 從14世紀末葉起在義大利法恩札市生產的錫釉陶器。早期的法恩札器皿以綠色和紫色陶罐爲其代表，上面裝飾了哥德體刻字和紋章獅子。第一件有意義的馬約利卡陶器製品是一塊彩陶壁屏，製於1475年。到15世紀，製品上出現了典型的文藝復興時期的裝飾主題，此時採用的色彩有清澈的深藍色、鮮豔的橙色以及銅綠色。帶孔雀羽毛圖案的花瓶和波浪形射線的器皿是法恩札陶器的特徵，球形雙耳罐亦具有這種特色。15世紀最後二十五年至約16世紀中葉，該地生產製品最爲精美。亦請參閱faience。

Faeroe Island 法羅群島 亦作Faroe Islands。北大西洋島群，位於不列顛群島北方，爲丹麥王國內一自治區。由十七個有居民島和衆多小島和岩礁組成，面積1,399平方公里。最大島是斯特倫，首府托沙芬位於此島。地勢高聳崎嶇，海岸線非常曲折，有峽灣。經濟以捕魚和養羊業爲主。約西元700年，愛爾蘭僧侶最早移居這裡。西元800年左右，爲北歐海盜的殖民地。11世紀到1380年受挪威統治，1380年轉歸丹麥。1946年尋求獨立未成，但在1948年獲得自治。人口約45,600（2000）。

Fahrenheit, Daniel Gabriel 華倫海特（西元1686～1736年） 德國物理學家和儀器製造者。出生於但澤，但一生大部分時間在荷蘭度過，從事物理學和精密氣象儀器的研究。以發明酒精溫度計（1709）和水銀溫度計（1714）聞名，並創立了在美國和加拿大至今通用的華氏溫標，發現水在冰點以下仍能保持液態以及液體的沸點隨著氣壓而不同等自然現象。

Faidherbe, Louis(-Léon-César)＊ 費德爾布（西元1818～1889年） 法屬塞內加爾總督（1854～1861、1863～1865），法屬非洲帝國的主要創建者。曾在工兵部隊受訓爲軍事工程師，後來服役於阿爾及利亞，1854年任塞內加爾總督。費德爾布辦事果斷，使用武力確立法國的霸權，曾發動一系列戰役，征服北方的摩爾部落，把伊斯蘭酋長哈吉．歐麥爾趕出塞內加爾河下游，使法國勢力向南擴展至甘比亞。到1861年，已確立法國在西非的統治地位。1857年創建了日後法屬西非首府達卡。

faience＊ 彩陶 法國、德國、西班牙和斯堪的那維亞國家生產的錫釉陶器，類似法恩札陶器（Faenza majolica），此詞就是源自Faenza。彩陶亦指古埃及人製作的上釉陶器，在當地用作首飾、護身符、珠寶以及小動物、人像，最有名的是中王國時期（西元前2000?～西元前1670?年）的藍釉河馬像。在早期王朝時代首度出現的彩陶磚是用來裝飾金字塔地下墓室的牆壁。在新王國時期（西元前1550?～西元前1070?年），繪有植物圖案的彩色磚用於房舍和宮殿中。

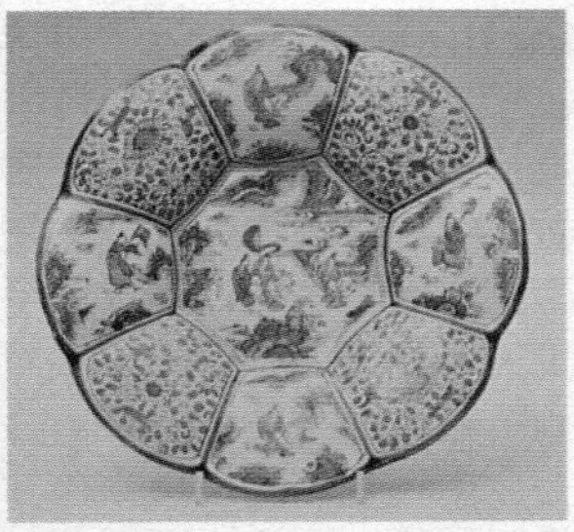

德國瓣狀繪有中國藝術風格圖案的彩陶盤，約1690年製於美因河畔法蘭克福；現藏倫敦維多利亞和艾伯特博物館
By courtesy of the Victoria and Albert Museum, London

fair 集市 買者和賣者聚集在一起進行交易的臨時性市場。集市每隔一定時間舉行一次，一般是在同一地點和每年的同一時間舉行。這是工業革命之前的一種重要商業形式，集市解決了產銷問題，可爲顯示技藝、交流觀念和以貨易貨而提供機會。集市是羅馬帝國和中世紀歐洲的一種固定習俗，常常在一些主要商路的交叉點和靠近宗教慶典的地方舉辦。集市的規則最終也成爲歐洲貿易法的基礎。當城市發展得越來越大，運輸網也日益擴大時，集市就開始沒落，雖然有些集市繼續以宗教節日或娛樂場地的形式存在。在美國、歐洲目前仍然有一些縣的、農業的和牲畜的集市。早年的特種產品集市已演變成現代的交易會。

fair-trade law 公平貿易法 指美國允許有註冊商標產品的製造商（有時是該類產品的經銷商）有權確定實際或最低轉售價格的法律。這種做法在他國稱爲價格維持。在大蕭條時期，許多州制訂了類似的法律，藉以保護獨立零售商免受大型連鎖商店削價危害，並防止銷售行業失業損失。1960年代，價格維持的做法已逐漸消失，美國許多州也廢除了公平貿易法，少數州雖保留該法而1975年卻被國會通過法案所廢除。

Fairbairn, William＊ 費爾貝恩（西元1789～1874年） 受封爲Sir William。蘇格蘭土木工程師和發明家。1835年他在倫敦創辦造船廠，建造了幾百艘船隻，1844年製成雙煙道蘭開郡鍋爐。他最先用熟鐵製造船殼、橋樑、碾磨機軸和結構樑，還試驗了鐵的強度，對鼓熱風和鼓冷風煉鐵的優缺點進行了比較（參閱blast furnace）。1845年與史蒂芬生合作設計了威爾斯的兩座管桁鐵路橋，即不列顛大橋和康維大橋。不列顛大橋上的鉚釘有一部分是用他設計的水力機鉚的，這座橋使用的箱形截面樑後來爲世界各地所採用。

Fairbanks 費爾班克斯 美國阿拉斯加州中東部城市。位於塔納納河和切納河交匯點。1902年在一陣淘金熱後創建，當時名爲查理・費爾班克斯。地當阿拉斯加公路和鐵路的北端，爲阿拉斯加北部石油工業的重要供給中心（參閱Trans-Alaska Pipeline）。有傳統採礦、木材和皮毛貿易業，也有旅遊業和對附近空軍基地的服務業。每年舉辦北美拉雪橇犬冠軍賽和800哩（1,290公里）育空馬拉松小艇比賽。人口33,000（1996）。

Fairbanks, Douglas 費爾班克斯（西元1883～1939年） 原名Douglas Elton Ulman。1910年以前爲百老匯明星，以表情豐富、身手敏捷聞名。他拍的第一部影片是《綿羊》（1915）。1919年與人合創聯美公司，自導自演了一些影片，如：《佐羅的標記》（1920）、《羅賓漢》（1922）、《巴格達之賊》（1924）和《馴悍記》（1929）等。這些影片極受人歡迎，在1920年代人稱「好萊塢之王」。其子小費爾班克斯（1902～2000），是1930年代末和1940年代風流文雅的男主角演員，主演了《凱薩琳大帝》（1934）、《古堡藏龍》（1937）等片。後任電視製作人兼公司的國際發行經理。

Fairchild, David (Grandison) 費爾柴爾德（西元1869～1954年） 美國植物學家和農業考察家。1888年畢業於堪薩斯州立農業大學。1904～1928年擔任美國農業部植物病理學部門主管，曾將許多有用的植物引入美國，如苜蓿、棗椰、芒果、辣根、竹。

Fairfax (of Cameron), Baron 卡梅倫的費爾法克斯（西元1612～1671年） 原名Thomas Fairfax。英國內戰時期國會軍總司令。劍橋大學畢業。內戰爆發後加入國會派，任約克郡騎兵司令。他善用謀略，英勇過人，帶領國會軍打過多次勝仗，包括馬斯敦荒原戰役。1645年任新模範軍總司令，在內茲比戰役中打敗查理一世。1648年不贊成由他的士兵整肅國會，並拒絕擔任委員會委員判決查理死刑。1650年爲抗議入侵蘇格蘭辭職。1658年協助蒙克將軍恢復國會的權威。後來成爲邀請查理的兒子（查理二世）回英格蘭復辟的國會議員之一。

Fairweather, Mount 費爾韋瑟山 加拿大不列顛哥倫比亞省最高峰，海拔4,663公尺。位於加拿大與阿拉斯加的邊界上。坐落在冰川灣國家保護地的西南角。係1778年科克船長於「晴天」航行冰川灣時所見而命名。

fairy 精靈 指民間傳說中一種超自然的存在物，通常是以小人形狀出現，它以奇妙的方式干預人間的事務。「精靈」這個詞在歐洲中世紀首度使用，精靈的傳說在愛爾蘭、康瓦耳、威爾斯和蘇格蘭特別盛行。雖然在現代兒童故事中精靈通常是慈善的，但過去的精靈是法力無邊，有時算是危險的「人」，他們通常隨興所至，可能對人友善、惡作劇或殘酷。人們通常把精靈設想爲特別美麗或英俊，過著和人類差不多的生活，壽命比人類還長，沒有靈魂。他們常常把兒童偷換走而留下一個醜嬰兒。他們也把成人帶到精靈的世界去，被送往精靈世界的人們，如果在那裡吃喝，就不能重返人世。亦請參閱leprechaun。

fairy shrimp 仙女蝦 無甲目甲殼動物。運動姿勢優美，色彩柔和，故名。長約2.5公分。多見於歐洲、中亞、北美西部，以及非洲和澳洲乾旱地帶淡水池塘中。亦請參閱shrimp。

仙女蝦（Eubranchipus vernalis）
William Jahoda－ National Audubon Society from Photo Researchers

fairy tale 童話 談及超自然事物（如精靈、魔法師、巨人或龍）的簡單故事，通常源自民間傳說，爲了取悅小孩而寫或說；或者是一種較複雜的故事，包含超自然或顯然不可能發生的事件、場景和人物，通常帶有一種古怪、諷刺或教訓的意味。此詞也包括受人歡迎的民間故事，如《灰姑娘》、《靴子裡的貓》，以及後來虛構的藝術童話，如安徒生的作品。人們往往很難區分文字和口語來源的故事，因爲民間故事從很早開始就被編成文字，而文字故事通常可溯自口語傳說。

Faisal I＊ 費瑟一世（西元1885～1933年） 阿拉伯政治家和伊拉克國王（1921～1933）。侯賽因・伊本・阿里之子。第一次世界大戰期間協助父親策劃組織阿拉伯愛國人士反叛鄂圖曼帝國的活動。1916年阿拉伯人揭竿而起時，他在對抗鄂圖曼的軍事戰役時扮演了重要角色。1918年阿拉伯軍占領大馬士革，宣布他爲敘利亞國王。1920年法國侵入伊拉克，他前往倫敦避難。英國支持他當伊拉克國王，並在一項條約中應允伊拉克獨立。他於是在1921年加冕爲王。1932年伊拉克獲得完全獨立。

Faisalabad＊ 費薩拉巴德 舊稱萊亞爾普爾（Lyallpur，1979年以前）。巴基斯坦旁遮普省城市和縣。位於雷傑納河間區高地上。1890年確定，爲下傑納布殖民地首府，1898年被併爲一個自治區。爲旁遮普平原中部的銷售中心，生產化肥、合成纖維、紡織和食品業。設有西巴基斯坦農業大學（1961）和旁遮普大學幾所學院。縣面積9,106平方公里。人口：城市1,104,209；縣4,689,162（1981）。

faith healing 信仰療法 藉助於神力治癒精神或肉體上的缺陷而沒有使用傳統的醫療方式。通常由神職人員或通靈的俗人扮演治療的中間人角色。有些地方，如法國盧爾德洞穴中地下水被視爲神水，具有療效。古希臘時代，供奉醫藥神阿斯克勒庇俄斯的神廟就建在療養泉水的附近。在基督教中，信仰療法的例子尤其應推耶穌和他的使徒實行的治病神蹟，據記載耶穌治療過四十個病人。基督教科學派以信仰療法聞名，五旬節派則以更激情的方式來實踐，如透過手握手的習俗。

Fakhr ad-Din ar-Razi＊ 法赫爾・丁・拉齊（西元1149～1209年） 伊斯蘭教教義學家和傳教師。出生於波斯，曾四處旅遊，後來定居於赫拉特（今阿富汗境內）。約有一百種著作（包括醫藥、礦物學和語法等方面），透過辯論的獎金和技巧而享有名望和財富，在辯論中常表達了完全非正統的觀點，在駁倒對手之前占盡上風。雖然因此而被控爲異端邪說，但其中可窺見一些鮮爲人知的教派資料。作品包括：詮釋《可蘭經》的一本主要著作《通往未知之鑰》（或《大註釋》），一部凱拉姆的典籍《古今議論集》。因脾氣暴躁，樹敵甚多，後來可能被毒死。

Falange＊ 長槍黨 西班牙極端的民族主義政治團體。1933年由普里莫・德里維拉創建，並受到義大利法西斯主義的影響，1936年在反對人民陣線政府時一舉成名。1937年佛朗哥將軍根據法令，把長槍黨和其他右翼黨派合併，他成爲長槍黨的絕對領袖。西班牙內戰時，佛朗哥德軍隊裡有十五萬名長槍黨黨員。戰勝後，長槍黨的法西斯主義從屬於佛朗哥政權的保守政策下。1975年佛朗哥去世後，通過一條法律允許其他的「政治聯合」，1977年長槍黨被正式取締。

Falasha＊ 法拉沙人 信奉猶太教的衣索比亞人。法拉沙人自稱系出以色列王室，是席巴女王與所羅門王之子曼涅里克一世的後裔。但實際上他們的祖先可能是衣索比亞當地的阿高人，是阿拉伯半島南部的猶太人使他們改變信仰。4世紀時，衣索比亞強大的阿克蘇姆王國皈依基督教後，法拉沙人仍保持虔誠的猶太教信仰，因此受到迫害，不得不撤至衣索比亞北部的塔納湖周圍地區。他們沒有律法，但信徒嚴格遵守摩西律法並信守猶太教節日傳統。1975年以色列拉比確認法拉沙人是猶太教徒，1980～1992年約有四萬五千法拉沙人逃離旱災和戰爭爲害的衣索比亞，遷徙至以色列，估計只剩幾千人還留在衣索比亞境內。

falcon 隼 隼形目隼科鳥類。近60種，爲晝出的猛禽，主要特徵是翅長而尖，飛行迅速有力。隼這個名稱，有時僅限於有35種以上的隼屬眞隼。體型大小從約15公分到約60公分都有。眞隼的雌鳥個體較大，較凶猛，故鷹獵者喜用雌隼。隼遍布全球，營巢於樹洞內和懸崖的突出部。有些種能在半空中追捕鳥類。另一些種主要以野兔、小鼠、蜥蜴和昆蟲爲食。亦請參閱gyrfalcon、hawk、kestrel、merlin、peregrine falcon。

Falconet, Étienne-Maurice＊ 法爾康涅（西元1716～1791年） 法國雕刻家。初隨一木工學藝，後來到巴黎學雕刻。他發展出親切的風格，喜歡雕刻裸體人物。受龐巴度侯爵夫人的影響，他擔任塞夫爾瓷器廠的指導（1757～1766），他的許多人像被複製到塞夫爾素燒陶器上。1766～1778年到俄國工作，他在那裡創作了雄偉的彼得大帝（彼得一世）騎馬銅像（1782年舉行揭幕禮）。1783年突患中風，他不再從事雕刻，而轉向寫作。其最有名的是把法國巴洛克的古典風格表達爲洛可可式理想。

falconry 鷹獵 鷹獵是使用隼或其他鷹類狩獵的活動。西元前8世紀時在中東地區就已有鷹獵活動。中世紀時，歐洲特權階級都以之爲消遣。在獵槍發明和17世紀開放圈地之後，獵鷹活動開始沒落。如今活動僅限於鷹獵俱樂部或協會。最常用的獵鷹是遊隼，不過也常使用蒼鷹和雀鷹。鳥是從野外抓來的或從一出生就開始養的。訓練時，包括選擇性地使用皮製頭罩和腳帶，讓它在熟悉新環境時能夠加以控制。捕獵時，受過訓練的鳥被釋放出來打倒獵物，然後回到養鷹者身邊或停留在捕殺的現場。

Faldo, Nick 佛度（西元1957年～） 英國高爾夫球手。他於1976年成爲職業球手，從1977年起連續十一年參與萊德盃的比賽。先後拿過三次大師賽（1989、1990、1996）、三次英國公開賽（1987、1990、1992）和其他許多國際巡迴賽的錦標。1990年，他成爲第一位非美國籍的PGA年度風雲人物。

Falk, Peter 佛克（西元1927年～） 美國演員。生於紐約。1955年開始參與外百老匯的劇碼演出，首度出現在百老匯的劇碼是賽門的《第二街的囚犯》（1971，獲東尼獎），後來也在《錦囊妙計》（1961）、《權勢下的女人》（1974）擔綱演出。最爲人所知的角色，是電視影集《神探可倫坡》（1971～1978，三度獲得艾美獎）以及根據此一神探系列拍攝的電視電影中個性古怪的偵探。

Falkland Islands 福克蘭群島 西班牙語作馬爾維納斯群島（Islas Malvinas）。位於南大西洋的英國自治殖民地。在南美洲南端的東北方約480公里。由兩個主要島嶼東福克蘭和西福克蘭以及兩百個左右的小島組成，面積12,200平方公里。首府爲史坦利，位於東福克蘭島上。居民多爲英人後裔，操英語。經濟以牧羊爲主。1764年法國人首先在東福克蘭島建立居民點。1765年英國人是第一批在西福克蘭島定居者，但1770年被西班牙人逐出，西班牙人後來還買下法國居民點的全部產權。英國在以戰爭爲威脅之後，於1771年恢復其西福克蘭島的前哨基地。1820年阿根廷宣稱對福克蘭群島擁有主權，但英國在1833年把阿根廷人逐出。1982年阿根廷入侵福克蘭群島，爆發了福克蘭群島戰爭。十星期後，阿根廷戰敗，英軍重新占領該群島。人口約2,100（1995）。

Falkland Islands War 福克蘭群島戰爭 亦稱福克蘭戰爭、馬爾維納斯戰爭（Malvinas War）。是1982年阿根廷與英國爲管轄福克蘭群島及相關屬島而發生的一場短暫的未經宣戰的戰爭。雙方長久以來就對福克蘭群島的主權問題相爭不下。1982年阿根廷放棄與英國就此事曠日持久的談判，派遣一萬名軍隊入侵福克蘭群島。英國的反應是，首相柴契爾馬上派遣一支海軍特遣部隊去重新占領這些群島，他們在三個月內達成任務。英國損傷250人左右，阿根廷則是700人。阿根廷的慘敗使軍政府的威信掃地，導致該國在1983年恢復文人統治。

Fall, Albert Bacon　福爾（西元1861～1944年）　美國內政部長（1921～1923）。原本在新墨西哥準州擔任律師，後來當選參議員（1913～1921）。他在離開內政部長職位後，被控在職期間收受賄賂，私自把兩塊油田租給石油公司，即蒂波特山醜聞案。1929年定罪，被監禁九個月。

Falla, Manuel de＊　法雅（西元1876～1946年）　西班牙作曲家。曾隨佩德雷爾學作曲，表現出一種強而有力的音樂民族主義風格。第一個主要作品是歌劇《短暫的人生》（1905）。1907～1914年在巴黎生活，結識了德布西和拉威爾等音樂家。1915年寫出節奏強烈的西班牙芭蕾舞劇《愛情魔法師》，使他的名聲更爲響亮。1938年左右因西班牙內戰而遠赴阿根廷，從此一去不回。其他作品包括《西班牙庭園之夜》（1916）組曲、《三角帽》（1919）、木偶歌劇《彼德羅先生的木偶劇》（1923）、《大鍵琴協奏曲》（1926），以及一部未完成的神劇。大家公認他是近幾個世紀以來西班牙最偉大的作曲家。

fallacy, formal and informal　形式謬誤和非形式謬誤　哲學用語。因缺乏用詞或形式而無法建立結論的推理。傳統上，謬誤被分爲形式和非形式兩類。形式謬誤是演繹上無效的論點，在典型情況下犯了顯而易見的邏輯錯誤。非形式類型的謬誤又可分爲物質謬誤和口頭謬誤。物質謬誤亦稱爲假設謬誤，因爲前提「假設」太多，可能是片面假設了結論或規避了可見的議題，「求取問題」的謬誤就是一例，這發生於前提假設了即將被證明之結論的時候。口頭謬誤亦稱含糊謬誤，發生於藉著不當使用文詞而獲得結論的時候，例如一個用語在前提和結論中的意義截然不同。

Fallen Timbers, Battle of　鹿寨戰役（西元1794年8月20日）　美國將領韋恩擊潰西北印第安人聯盟的一次決定性戰役，從此結束二十年的邊界戰爭，保證白人在原印第安人領土（主要在俄亥俄州）的移民安全。韋恩率精銳部隊1,000餘人迎戰2,000多名由英國支援的印第安人，印第安人已躲在莫米河上附近伐木鹿寨內（今托萊多附近），結果英國人未能提供曾承諾的援助，使印第安人的士氣迅速瓦解，潰敗而逃。1795年簽定「格陵維耳要塞條約」，印第安人被迫割地，結束英國人在此區的影響力。

Fallopius, Gabriel＊　法洛皮奧（西元1523～1562年）　義大利語作Gabriel Fallopio。義大利解剖學家。對耳及生殖器官的解剖作出重大貢獻。初爲教士，後入費拉拉大學學醫，並留校教授解剖學。其後在比薩大學（1548～1551）及帕多瓦大學（1551～1562）任教。法洛皮奧解剖了人類屍體，作了詳盡觀察，總結成《解剖學觀察》（1561）一書。他發現了輸卵管、三叉神經、位聽神經及舌咽神經、半規管，並命名了陰道、胎盤、陰蒂、顎及耳蝸。他和維薩里推翻了加倫的許多解剖學觀點，對文藝復興時代的醫學發展卓有貢獻。

fallout　落塵　放射性物質由大氣向地球的沈積。大氣的放射性可能來自宇宙線、原子彈或熱核彈爆炸，以及原子反應堆運轉產生的放射性和分裂產物。核彈爆炸發出的放射性，有三種類型的沈降：局部的、對流層的和平流層的。局部沈降是爆炸地點附近較大的放射性粒子的沈降，這種沈降很強但時間較短；對流層沈降是在較細粒子進入對流層後，隨後在較大面積沈降，一般說來，對流層沈降發生於爆炸後一個月內在爆炸地點的周圍地區出現；平流層沈降由平流層中極細的粒子構成，可能在爆炸後延續多年，而且幾乎遍及全世界。核爆炸時形成許多不同的放射性同位素，但是只有長壽命同位素才在平流層沈降。

Falloux Law＊　法盧法（西元1850年）　授予法國獨立中等學校的合法地位。由第二共和時期的教育部長法盧伯爵（1811～1886）發起，其中一位主要提議者是天主教主教杜龐盧（1802～1878）。他們假借教育自由之名，恢復了天主教的許多傳統勢力。

False Decretals＊　僞教令集　西元9世紀的一部教會法彙編，其中包含僞造文件。又稱《僞伊西多爾教令集》，因爲是假託西班牙百科全書編纂家兼史學家塞維爾的聖伊西多爾的名義。僞造者的主要目的是使教會獨立，結束加洛林王朝的控制。這部教令集包括律法、教宗書信和會議教令，有些是眞的但多數（包括著名的《君士坦丁惠賜書》）是僞造的。到10世紀末此僞造的教令集普爲人們接受，直至17世紀才證明是騙人的。

falsework　鷹架　亦稱centering。在砂漿或混凝土凝固變硬的過程中或鋼構件的連接過程中，支持拱或類似結構的臨時支撐物。工程完工後，要小心地移走鷹架，這個工序叫拆架。

Falun Gong＊　法輪功　亦稱爲法輪大法（Falun Dafa）。頗具爭議性的精神運動，結合身體鍛鍊與靜坐冥想，以追尋更高境界爲目標。法輪功的教義得自佛教、儒家學說與道教，以及西方的新時代運動。法輪功於1992年由李洪志創建於中國，他是前吉林省糧食局的職員。李洪志原本將法輪功登記爲自然療法領域裡的「氣功」，但他後來從中國氣功研究組織退出，並強調法輪功的精神性，而非其健康方面的功效，但其信徒仍聲稱修習法輪功對健康極有助益。法輪功宣稱在全世界擁有一億信衆，其中有七千萬居住在中國。中國官方則宣稱它只有兩百萬到三百萬信徒。中國政府一直將此運動視爲威脅，並於1999年中期開始逮捕其信徒。許多法輪功信徒後來遭到審判與長期監禁。李洪志則於1998年移居美國。

Falwell, Jerry L.＊　法威爾（西元1933年～）　新教牧師。生於美國維吉尼亞州林奇堡，原本攻讀工程，後來轉而研究宗教。1956年，他設立了「湯瑪士道路浸信會」，之後並設立了「自由浸信會教友學院」。他主持的電視節目《古老福音》，更使他的服事工作從他的教會擴展出去。1979年，他組織了「道德多數」這個團體，鼓勵他的信衆參與政治。1990年，他卸下領袖身分，重新回到講壇。他在詮釋聖經上是一位基要主義者，有時也因爲他的極端保守主義而聞名。

Familist＊　家庭派　愛的家庭宗教派別的成員。由16世紀荷蘭商人尼克萊斯首創，目的是結束宗教紛爭，號召所有「熱愛眞理的人」團結在一個偉大的、和平的基督教大團契內。該派信徒以英格蘭最多，其作品也在那裡私下出版。1580年伊莉莎白女王曾頒布一項宣言反對愛的家庭派。1660年英國君主制復辟，該派消失，不過有些人可能加入基督教公誼會。

family　家庭　透過婚姻、血緣或收養關係等紐帶結合起來的一群人，他們組成一個單獨的戶。家庭的本質是親子關係，雖然如此，其輪廓在每個文化中都大不相同。一種主要的家庭形式是核心家庭，即父母和子女單獨住在一個房子內。當有些學者認爲這是現存的家庭形式中最古老的一種時，其他人卻指出在史前時期已廣泛存在另一種家庭形式，如一夫多妻的家庭和大家庭（父母親、已婚子女和他們所生的孩子）。家庭這種制度可撫育和培養子女，照顧老、病或失能者，合法繁衍下一代，以及規範性行爲，它還提供家庭成員生理上、經濟上和情感上的安全感。亦請參閱marriage。

family　族　土壤學中指有相似剖面的一群土壤，包括一個或多個稱爲系列的子群。確定近6,600種可辨識的族的主要特徵是物理和化學性質（特別是它們的結構、礦物組成、溫度和深度）對植物成長很重要。

family planning　家庭計畫　使用既定措施來控制一個家庭的兒童數量和間隔，多是爲了控制人口增長，確保每個家庭都能接近有限的資源。私人團體首次進行提供家庭計畫的服務的嘗試，經常引起強烈的反對。激進主義分子如美國的桑格、英國的斯托普斯、印度的拉奧，最終成功建立起爲家庭計畫和醫療保健服務的診所。今天許多國家建立起國家政策，鼓勵使用公共家庭服務設施。聯合國和世界衛生組織提供技術協助。亦請參閱birth control。

family practice　家庭醫學　亦作family medicine，亦稱一般醫學（general practice）。以家庭爲單位，著重整體醫療照顧而不考慮患者年齡和性別的醫學。開業醫生必須對一些醫學專科有某種程度的了解，尤其要熟悉保健組織，他們通常是第一線的把關者，必要時可把病人轉介給專科醫生。家庭醫學以前曾是唯一的一類醫學，一直被定爲一個獨立的領域，直至醫學的分科日漸細密後，導致家庭醫師的缺乏。1963年世界衛生組織報告強調醫學教育要把病人一生視爲一個整體，導致實施了一些家庭醫學的特別計畫。

family sagas　家族薩迦 ➠ Icelandres' sagas

famine　饑荒　食品的長期極度匱乏，以致造成普遍和持續的飢餓、受害人民身體衰弱以及死亡率的大幅度上升。大饑荒影響食品匱乏國家或地區的所有階級或集團；階級饑荒則影響某些階級或集團遠比其他人嚴重；地區性饑荒只集中於一個國家的某一地區。饑荒的原因通常是天然的或人爲。天然原因包括乾旱、洪水氾濫、天候異常、蟲害和植物疾病等。主要的人爲因素是戰爭，其他原因包括人口過剩、食物配給制度不合理，以及食物價格高昂。20世紀曾發生嚴重饑荒的地區有中國（1928～1929年有500～1,000萬人餓死；1959～1960年有好幾百萬人餓死）、印度（1943～1944年約150萬人）、柬埔寨（1975～1979年約100萬人），以及撒哈拉沙漠以南的非洲地區。

fan　扇　裝飾藝術中，自古以來世界各地全都使用一種硬扇或手摺扇，它用於納涼、通風或典禮，以及作爲裁縫的附屬品。從埃及的浮雕可以推知，古扇全是硬扇型，有一柄或梗連接硬葉或羽毛。中國明朝時流行摺扇，摺扇肇始於遠東，許多中國大畫家把他們的天分用在扇面的裝飾畫上。最早將中國和日本扇子運到歐洲賣的是15世紀的葡萄牙商人。19世紀期間，西方扇子的樣式和大小隨歐洲流行時尚而變化。

Fan Zhongyen　范仲淹（西元989～1052年）　亦拼作Fan Chung-yen。中國學者兼改革家，他的改革爲王安石的革新措施開闢先路。范仲淹嘗試革除官僚組織裡任用親信與貪污的弊端，清查未使用的土地，平均土地所有權，創建強有力的地方軍事體系，降低賦役，並改革文官考試制度。他提倡建立全國性的學校體系，培養人材來解決歷史上根深柢固的與政治上的問題。此一建議於1044年被採納。亦請參閱Neo-Confucianism、Song dynasty。

Fanfani, Amintore＊　范范尼（西元1908～1999年）　義大利總理，建立並領導1950年代後期和1960年代控制義大利政治的中間偏左派聯合政府。原爲經濟史教授，1946年當選參議院議員。1954年短暫組閣失敗後，當選爲天主教民主黨總書記。該黨在1958年大選中獲勝，他再度組閣（1958～1959），其政策強調溫和的社會改革。在公眾普遍反對新法西斯主義活動，他再度出任總理（1960～1963），並再次提出改革計畫。1958年他使義大利選入聯合國安全理事會，1965年被選爲聯合國大會主席。1982～1983年他第四次任總理，1987年4～5月第五次任該職。

Fang＊　芳人　講班圖語的民族。居住在加彭北半部的林區、赤道幾內亞的大陸和喀麥隆南部地區。芳人現在約有360萬人。在殖民統治之下，他們從事象牙貿易，第一次世界大戰後轉向大規模種殖可可。到1939年大部分人信仰基督教，但在1945年後，調合教派（結合萬物有靈論、基督教與貨物崇拜等信仰）在該民族中迅速發展。現在芳人在政治上已很有影響力，特別是在加彭。

Fang Lizhi＊　方勵之（西元1936年～）　中國的天文物理學家和政治異議人士，曾參與並促成了1989年發生在天安門廣場的學生抗議運動。1957年，方勵之因一篇批評馬克思主義對物理學之立場的論文，被中國共產黨開除黨籍。他後來任教於北京的中國科學技術大學（科大）。1966年，被下放到集體農場接受「再教育」。毛澤東死後，方勵之重新恢復黨籍。1985年，方勵之出任中國科學技術大學常務副校長，他決定重新改造這所學校，並革新其教育政策。在1989年天安門廣場示威期間，他向美國大使館尋求庇護，並於1990年與其妻子獲准離開中國。

Fanon, Frantz (Omar)＊　法農（西元1925～1961年）　法國精神分析學家和社會哲學家。第二次世界大戰期間在法軍中服役，後在里昂大學取得醫學學位。之後在阿爾及利亞醫院任精神科主任，並主編民族解放陣線的機關報《聖戰者日報》（1956年起），1960年被反抗法國當局的臨時政府任命爲駐迦納大使。曾發表《大地的不幸者》（1961），廣爲人閱讀，鼓勵殖民地人民用暴力反對歐洲壓迫者以達到「集體淨化」，擺脫屈辱處境。

fantasia＊　幻想曲　一種在曲式上不拘一格，憑靈感自由發揮的音樂作品，通常供獨奏用。大部分的幻想曲試圖傳達即席演奏的印象。第一首幻想曲是義大利魯特琴作品（1530?）。16世紀末時，鍵盤樂幻想曲變得十分普遍，17～18世紀在英國、德國和法國風行管風琴和大鍵琴幻想曲。幻想曲的特色是開頭通常是賦格曲式、模仿的結構，有時覺得十分深奧，還經常以流暢的樂節（作品）和大量半音和弦樂節的自由旋律形式交替出現。重要的作曲家包括史維林克、富雷斯可巴第、弗洛貝格、普賽爾和巴哈。

fantasy　幻想　扭曲現實或與現實脫離的心象或想像的敘事。原初幻想是由無意識中自發浮現，而次要幻想則是有意識地被召喚與追求。弗洛伊德把幻想視爲被壓抑的慾望由之展現的工具（參閱repression）。幻想是兒童生活以及遊戲的重要部分。在成年人的生活中，它對於創造性思考以及藝術的創作影響重大。如果幻想變成了逃避現實世界的庇護所和各種妄想錯覺的來源，就會具有破壞性。

Fante　芳蒂人　亦作Fanti。居住在迦納南部海岸的阿坎人民族，講一種克瓦語支的阿坎方言。在殖民地時代是北部阿善提帝國和南部歐洲人的緩衝地帶，芳人建立了多個獨立王國，17世紀末形成一個同盟。19世紀與阿善提發生戰爭，受英國資助，但1873年在英國施壓下解散同盟。如今芳人約有25萬人。其軍事組織「阿薩弗」還具有政治、社會和宗教的功能。

Fante, John＊ 凡特（西元1909～1983年） 美國作家。生於科羅拉多州，父母爲義大利移民，1930年代早期遷居洛杉磯。第一本小說是《等到春天，班狄尼》（1938），之後則是他最著名的作品《問語塵埃》（1939），這是他第一部以經濟大蕭條時代的加州爲背景的長篇小說。其他著作包括小說集《達戈紅》（1940），長篇小說《充滿活力》（1952）以及《葡萄園兄弟情》（1977）。他也寫過許多劇本，包括《黑湖巨怪》（1954）、《充滿活力》（1956）、《神女生涯原是夢》（1962）。沈寂多年後，1990年代開始重新受到矚目。

Fantin-Latour, (Ignace-)Henri(-Jean-Théodore)＊ 方丹－拉圖爾（西元1836～1904年） 法國油畫家和版畫家。最初隨肖像畫家的父親學畫，後在巴黎美術學校聽課。雖然與當時前衛的畫家（如庫爾貝、德拉克洛瓦和馬奈）交往密切，但他是傳統學院派畫家，以肖像畫、花卉靜物畫聞名。他的人物群像讓人憶起17世紀的荷蘭基爾特肖像畫，描繪了當時的文藝界人士，他的花卉作品在英格蘭特別受人歡迎，也多虧惠斯勒和米雷幫他找到贊助人。後期主要從事石版畫創作。

方丹－拉圖爾的《靜物畫》（1866），油畫；現藏華盛頓特區美國國家畫廊
By courtesy of the National Gallery of Art, Washington, D.C., Chester Dale Collection

Farabi, al-＊ 法拉比（西元878?～約950年） 全名Muhammad ibn Muhammad ibn Tarkhan ibn Uzalagh al-Farabi。拉丁名Alpharabius或Avennasar。中世紀伊斯蘭教偉大的哲學家之一。出生於突厥斯坦，他的父親可能是哈里發的一個貼身侍衛，幼年在巴格達長大。自西元942年起隨賽夫·達夫拉親王任職，終其一生。法拉比的哲學思想受到當時巴格達學術界盛行的希臘哲學影響，尤其是亞里斯多德學說，認爲人的理性優於天啓，宗教是用象徵的方法向他們灌輸眞理。他像柏拉圖一樣認爲哲學家的工作是指引人治國之道。著作超過一百多部，最有名的是《道德城市市民的理念》。

Faraday, Michael 法拉第（西元1791～1867年） 英國物理學家和化學家。鐵匠之子，僅在教堂的主日學校受過基礎教育，但後來擔任德維的助理，從他那裡習得化學知識。他發現了若干新的有機化合物，包括苯，也是把「永久」氣體液化的第一人。其主要貢獻在電學與磁學的領域。他率先指出磁場放出電流的感應。發明第一個電動馬達和發電機，證實了電與化學鍵之間的關係，還發現了磁力對光的效應，並發現和命名了抗磁性。他也爲馬克士威所建立的電磁場理論提供實驗上和許多理論上的基礎。1833年他奉派爲皇家學院的教授。1855年以後退居維多利亞女王賜予他的一棟住宅，但他拒絕接受爵位。

Farah, Nuruddin 法拉赫（西元1945年～） 索馬利亞作家，該國第一位小說家和第一位用英語寫作的作家。第一部出版的長篇小說《一根彎肋骨》（1970），描述一個女人在男人至上的社會裡，決心維護她的尊嚴。其他著作包括三部曲《甜奶和酸奶》（1979）、《沙丁魚》（1981）和《關門咒》（1983），描繪非洲獨特的專政制度下的生活情況。《地圖》（1986）中檢驗身分和國界。由於小說的政治性質，他被迫流亡國外，在歐洲、北美和非洲其他國家任教。

farce 鬧劇 一種戲劇型式。利用一些匪夷所思的情節，套路化了的角色，荒誕的誇張和強烈的喧鬧來演出。由於鬧劇中的角色被塑造得十分粗鹵，劇情也很無稽，所以一般人都認爲它的智慧性和美感程度要遠遜於喜劇。然而鬧劇以其表演的通俗性而獲得大衆的歡迎，因此它才能夠在西方世界流傳至今。

Fargo 法戈 美國北達科他州東部城市。濱臨北雷德河，爲該州最大城市。1871年由北太平洋鐵路公司興建，後來因發展小麥的種植而成爲運輸、銷售和集散中心。設有北達科他州立大學（1890），爲著名農業研究中心。地方工業有農具和化肥製造業。肉類加工裝罐廠及西郊的牲畜圍場規模是全國最大的。人口約83,778（1996）。

Farinelli 法里內利（西元1705～1782年） 原名Carlo Broschi。義大利閹人歌手。在被閹割後，拜作曲家波爾波拉（1686～1768）爲師，學聲樂，1720年初次登台演唱。以清純有力的嗓音和精湛熟練的技巧聞名，1734年波爾波拉說服他前往倫敦發展，他在那裡成爲當時最偉大的歌劇巨星。1737年放棄舞台表演，進入西班牙馬德里的宮廷，每晚爲害病的國王腓力五世演唱歌曲以解其憂。法里內利掌管宮廷音樂的建立，並參與花費高昂的計畫。1759年退休到波隆那，常在他的豪宅內接待顯赫人士，其中包括約瑟夫二世和莫札特。

Farley, James A(loysius) 法利（西元1888～1976年） 美國政治人物。1912年參與紐約州民主黨政治，1928年擔任紐約州民主黨委員會書記，成功組織了使羅斯福當選爲州長的競選活動。1930年再次主持了羅斯福連任州長的競選活動。1932年擔任民主黨全國委員會主席，領導總統競選活動（1932、1936）。1933～1940年擔任郵政部長。1940年因反對羅斯福第三次競選總統而辭去內閣職務和黨主席職位。

farm machinery 農業機械 用於農業耕作中以節省勞力的機械設備，包括牽引機和農具。農業機械範圍很廣：從史前使用的簡單手工農具到現代機械化農業中所使用的複雜聯合收穫機。從19世紀初到現在，農業生產的主要動力已從牲畜轉變爲蒸汽機動力，再來是汽油引擎驅動，最後是柴油引擎。20世紀時，已開發國家的農業勞工人數已不斷減少，同時因使用機械耕種而農產量大增。

Farmer, Fannie (Merritt) 法默（西元1857～1915年） 美國烹飪專家。生於波士頓，1894年成爲波士頓烹飪學校的教務長，1896年出版《波士頓烹飪學校烹飪手冊》。第一本將方法與測量方式標準化的食譜，成爲最暢銷的食譜之一。1902年創立法默女士烹飪學校，課程設計是爲了家庭主婦而非烹飪師傅。

Farmer-Labor Party 農工黨（西元1918～1944年） 美國明尼蘇達州一個小政黨，是從無黨派聯盟分裂出來的，由小農場主和城市工人組成。在1924年的總統選舉中支持拉福萊特、1932和1936年支持羅斯福。1944年該黨與一些民主黨人聯合組成民主農工黨。

Farmer's Almanac 農用年曆 現稱老農用年曆（Old Farmer's Almanac）。美國出版的一種年刊，內容包括長期天氣預測、種植計畫表、天文表、占星學知識、處方、軼事和有關農村的各種趣聞。最初是湯瑪斯在1792年刊印的1793年曆。遠在美國氣象局或其他氣象服務組織成立之前，年曆已經根據祕傳的對自然現象的解釋作出長期天氣預報，農民世世代代按年曆所載進行耕種和收割。現在每年在新罕布夏州都柏林出刊，銷售量約四百萬份。

Farmington River　法明頓河　賴比瑞亞西部河流，是該國唯一具有商業價值的河流。發源於邦山，向西南流經120公里在馬沙爾注入大西洋。從河口到哈貝爾16公里一段可通航，橡膠經哈貝爾轉運至蒙羅維亞出口。

Farnese, Alessandro　法爾內塞（西元1545～1592年）　受封爲duca (Duke) di Parma e Piacenza。西班牙國王腓力二世統治下的尼德蘭攝政（1578～1592）。幼年被送至馬德里宮廷當人質，以證明其父會效忠哈布斯堡王室。他在那裡受教育，1578年腓力二世任命他爲尼德蘭總督，之前是他的母親（帕爾馬的瑪格麗特）擔任攝政。他的豐功偉績是使西班牙恢復在南部各省的統治，並使天主教在那裡屹立不搖。法爾內塞以靈活的政治才幹和軍事能力成功對抗了由威廉一世帶頭反叛的新教諸省聯盟。1586年他繼承帕爾馬和皮亞琴察公爵爵位，但後來一直沒有回到義大利統治過。

Farnese, Elizabeth ➠ Elizabeth Farnese

Farnese family＊　法爾內塞家族　義大利貴族世家，1545～1731年統治帕爾馬和皮亞琴察公國。以族中政治家和軍人輩出而著名，特別是在14、15世紀，也以善用政治聯姻而出名。1545年教宗保祿三世（法爾內塞家族的一員）從教宗領地中把帕爾馬和皮亞琴察獨立出來，建爲公國。第一代公爵皮耶爾・盧伊季・法爾內塞（1503～1547）是他的私生子。其繼承人奧塔維奧・法爾內塞（即第二代公爵，1542～1586）定帕爾馬爲首府，鞏固了家族權力。第三代公爵亞歷山德羅・法爾內塞曾任西屬尼德蘭的攝政，也是唯一名字冠上公爵封號的人。他的兒子拉努喬一世（1569～1622）和孫子奧多阿爾多一世（1612～1646）因在三十年戰爭中參與多次毫無決定意義的戰役而欠下沈重的債務。1649年教宗英諾森十世指責法爾內塞家族的人謀害一位教士，並沒收這塊封地。拉努喬二世（1630～1694）於是宣戰，但被打敗，公國苟延殘喘地留下來。弗朗西斯科・法爾內塞（1678～1727）力圖挽救公國沒落的命運，但唯一獲得重要成功的是把他的姪女伊莉莎白・法爾內塞嫁給西班牙國王腓力五世（1714）。1731年公國自末代公爵安東尼奧・法爾內塞（1679～1731）手中傳給伊莎貝拉的兒子，即未來的西班牙國王查理三世。

Farnsworth, Philo T(aylor)　法恩斯沃思（西元1906～1971年）　美國發展電視的先驅者。讀高中時他就設想了電視的基本條件，兩年後在楊百翰大學時，他開始鑽研傳送圖畫的技術。1927年他成功地傳送了一張由60條水平線組成的圖像（美元標誌），從而獲得第一次電視專利。1929年與人合組法恩斯沃思電視股份有限公司（1938年改名法恩斯沃思無線電和電視公司）。接著他又發明了多種與電視有關的裝置，其中包括把光像轉換成電子信號的放大管、陰極射線管、電掃描器、電子倍增器以及光電材料等，總計約有165項專利。他還對雷達系統、眞空管以及由核融合產生電能的發展作出了貢獻。

faro　法羅　一種古老的紙牌遊戲。名稱可能取自早期牌上的法老像。18～19世紀流行於歐洲，19世紀風行於美國。玩牌時，可以賭順序或數字，牌從發牌盒中取出。現在在一些賭場仍有這種玩法。

Faroe Islands ➠ Faeroe Islands

Farouk I＊　法魯克一世（西元1920～1965年）　阿拉伯語作Faruq Al-Awwal。埃及國王（1936～1952）。福阿德一世（1868～1936）國王之子，曾在埃及和英國求學，1936年即位。施政時受到國內政敵的多方阻撓。他與軍方關係疏離，尤其是在被以色列打敗之後，是導致他垮台的原因。1952年納瑟領導一次軍事政變，迫使他退位。他那尙在襁褓中的兒子福阿德二世繼承了王位。但是不滿一年，埃及就成爲一個共和國。

Farquhar, George＊　法科爾（西元1678～1707年）　愛爾蘭劇作家。牧師之子，早年曾在都柏林演戲，這種經驗有助於他寫出別開生面的對白和抓住演戲的舞台意識，創造出滑稽喜劇的效果。他在倫敦寫的舞台劇有《愛情與瓶子》（1699）、《恩愛夫妻》（1699）和《哈里・威爾代爾爵士》（1701），頗獲好評。眞正對英國戲劇有貢獻的是《招兵官》（1706）以及翌年出版的《兩個紈袴子弟的計謀》，尤其是後者，他寫出了一種具有活力的對白和愛情故事，令人緬懷起伊莉莎白時期的劇作家。

Farragut, David G(lasgow)＊　法拉格特（西元1801～1870年）　美國海軍上將。早年參加1812年戰爭，1824年第一次擔任指揮官。南北內戰期間他指揮北軍封鎖墨西哥灣西部；1862年在紐奧良戰役中奪得該港，切斷美利堅邦聯的補給線。1863年協助取得維克斯堡戰役的勝利，使密西西比河納入北方聯邦控制。1864年在莫比爾灣戰役攻擊成功，率領他的船艦突破水雷的封鎖，直逼灣內要塞。1866年晉升海軍上將。

法拉格特
By courtesy of the Library of Congress, Washington, D. C.

Farrakhan, Louis＊　法拉坎（西元1933年～）　原名Louis Eugene Walcott。美國宗教領袖。生於紐約市，1955年加入黑人穆斯林，有一陣子曾在波士頓協助馬爾科姆・艾克斯。後來馬爾科姆・艾克斯皈依伊斯蘭教的遜尼派，他們因此成爲對敵，而法拉坎也就取代了馬爾科姆・艾克斯，成爲哈林第七號清眞寺的神職領袖。他屢次否認涉入馬爾科姆・艾克斯的暗殺行動，但是從暗殺前幾個月他在穆斯林報上所刊登的文章來看，他是有嫌疑的。直到狄恩・穆罕默德繼任以利亞・穆罕默德，成爲伊斯蘭民族組織的領袖，逐漸將各種組織整合爲正統的穆斯林社群之後，法拉坎才垮台，並於1978年成立他自己的組織，亦稱爲「伊斯蘭民族組織」。他是一位黑人自救自立的強力擁護者，並以大力提倡種族分離主義以及反猶太主義和陰謀理論而著名。他也是1995年在華盛頓舉行的「百萬人踏步走」活動的主導者。

Farrar, Geraldine＊　法拉爾（西元1882～1967年）　美國女高音歌唱家。曾經在紐約、巴黎受過聲樂訓練，1901年首度在柏林皇家歌劇院登台演出古諾的《浮士德》，引起轟動；在該劇團逗留三年，其間師從雷曼（1848～1929）學習，雷曼讓她在1906年初次登上了紐約市大都會歌劇院的舞台，演出美國版的《蝴蝶夫人》，與卡羅素互別苗頭，之後成爲扮演卡門角色的不二人選。1922年退休。

Farrar, Straus & Giroux＊　法拉爾、史特勞斯與吉洛克斯出版公司　位於紐約市的出版公司，以旗下傑出文學家稱著。成立於1945年，創辦人爲法拉爾和史特勞斯，公司因此名爲Farrar, Straus & Co. 後來公司歷經了許多人事與名稱的變動，於1964年加入另一名總編吉洛克斯後，改爲目前衆所熟知的名字。這家出版公司專門網羅第一流的作家，旗下不乏諾貝爾與普立茲獎得主，是出版業界領先的大型商業出版社，因此享用崇高地位。1994年將公司控制股權賣給德國出版商Georg von Holtzbrinck。

Farrell, James T(homas)＊ 法雷爾（西元1904～1979年） 美國小說家。出生於芝加哥，畢業於芝加哥大學。根據自己的經驗，以對芝加哥中產階級下層的愛爾蘭人所作的寫實主義描寫而聞名。其最有名的作品是《斯塔茲．朗尼根》三部曲，包括《少年朗尼根》（1932）、《朗尼根的青年》（1934）和《最後審判日》（1935），描寫一個青年的自我毀滅，既是個人悲劇，也是社會悲劇。後來計畫要完成一部二十五卷系列小說，結果只完成十卷。在所出版的二十五部長篇小說中，《時間的面目》（1953）被認爲是其最好的作品，另外還出版了十七本短篇小說集。

Farrell, Suzanne 法雷爾（西元1945年～） 原名Roberta Sue Ficker。美國芭蕾舞蹈家。曾在美國芭蕾舞團學校受訓，十六歲時加入紐約市芭蕾舞團任群舞舞者，兩年後擔任獨舞舞者。巴蘭欽在一些芭蕾舞劇中專門爲她設計了許多角色，如《幻想曲》、《唐吉訶德》和《十號大街上的殺戮》。幾年後成爲貝熱的20世紀芭蕾舞團台柱。1975年巴蘭欽勸她回到紐約市芭蕾舞團，以後又經常安排她演出，並爲她編導了許多新作。1989年退出舞台，任教於美國芭蕾舞團學校。

Farsi language 法爾斯語 ➠ Persian language

fascism＊ 法西斯主義 一種政治運動，強調國家至高無上的地位和國家榮耀，對國家領袖絕對服從，個人的意志要屈從於國家政權之下，以及嚴厲鎮壓異議分子。他們歌頌軍事美德而詆毀自由民主。20世紀法西斯主義興起的原因部分是出於對下層階級勢力崛起的恐懼，以及與當時共產主義（如史達林實施的）意見相左，因它保護法人和地主權力，並主張一個階級制度。義大利（1922～1943）、德國（1933～1945）和西班牙（1939～1975）的法西斯主義政府都由具有魅力的政治人物統治（即墨索里尼、希特勒和佛朗哥），他們對人民展現了一種可解救國家脫離政經混亂情況的力量。日本的法西斯主義者（1936～1945）所抱持的信仰是：大和精神是獨一無二的，並強調服從國家和犧牲小我的美德。亦請參閱totalitarianism。

fashion 時裝 服裝和服飾的流行式樣，在特定時期或特定地點流行的任何服裝式樣。可能這個時期與下一個時期不同，也可能代代不同。時裝能反映出當時的社會和經濟狀況，也具有一種可解釋整個服裝史上許多樣式受歡迎的功能。在西方，宮廷是流行時裝的主要來源。亦請參閱dress。

Fashoda Incident＊ 法紹達事件（西元1898年9月18日） 英法兩個在非洲的一系列領土爭端達到頂峰的事件，因發生在蘇丹的法紹達（今科多克）得名。爭端起自英國和法國都想把分散在非洲各處的殖民地連成一片。英國的目的是修築一條從好望角到開羅的鐵路，把烏干達與埃及聯結起來。馬爾尙率領的一支法國軍隊首先抵達戰略地位重要的法紹達，不久，英軍在基奇納的統帥下也抵此。兩軍形成對峙的緊張局面，後來法國自動撤離，但繼續叫囂擁有此區其他地點的主權。1899年3月英法兩國同意以尼羅河和剛果河的分水線作爲兩國勢力範圍的界標。

Fassbinder, Rainer Werner＊ 法斯賓德（西元1946～1982年） 西德電影導演、作家、演員。曾加入慕尼黑的一個前衛派劇團。1967年與人合辦「反戲劇」劇團。1969年拍攝了生平第一部大型影片，後來在十分短的時期裡拍攝了四十多部影片，這些影片包括《柏特娜的傷心淚》（1972）、《一年十三個月》（1979）、《梅格的婚姻》（1979）、《洛拉》（1981）、《薇羅尼卡．福斯》（1982）。1980年還拍攝一部長達十五個小時的電視劇《柏林亞歷山大廣場》。他被公認是德國新浪潮運動的一個領袖，爲1970年代和1980年代的德國電影注入了一股活力。他是個大膽的同性戀者和充滿爭議性的人物，生活放蕩，後因嗑藥過量而死。

fasteners 緊固件 建築構件之間的連接物。如果要將兩個元件緊密地結合在一起，會使用螺栓連接物，特別是抵抗切變和撓曲，如柱和樑的連接物。帶螺紋的金屬螺栓總是和螺帽一起使用。另一種帶螺紋的緊固件是螺紋件，用途數不盡，特別是木造建築物。木頭螺絲是在木頭裡面挖出對應的螺紋，確保緊密結合。栓是用來讓兩個以上的元件標齊，因爲栓不帶螺紋，所以元件可以轉動。鉚釘可以抵抗剪力，廣泛用於鋼結構，後來被焊接取代。鉚釘在古老的鐵橋上十分顯眼，金屬栓以一端用鐵鎚敲平變成頭狀，緊固住金屬角板。常見的釘子，對於剪力和拉力抵抗不大，用在櫥櫃和裝潢工作，這些地方的應力不大。

fasting 齋戒 爲了宗教或者道德上的理由而禁絕飲食。在古代宗教中，齋戒是崇拜者或男女祭司爲了接近神靈而進行自我準備的手段。所有世界主要宗教都有齋戒這條規定。猶太教一年之中有幾個把齋日，特別是贖罪日。基督教在復活節前四十天的大齋期要舉行齋戒，其間包括大齋首日和耶穌受難節必須齋戒。伊斯蘭教的賴買丹月是懺悔之月，每日自日出至日沒完全禁食。19世紀的鼓吹婦女參政權者、聖雄甘地和20世紀末期的愛爾蘭民族主義者曾以絕食作爲政治抗議手段。有時人們也會爲了身體健康而採用溫和性的斷食。

Fastnachtsspiel＊ 懺悔節詼諧戲劇 一種狂歡或懺悔節的戲劇類型。出現於15世紀，是基督教改革之前德國最早的眞正世俗戲劇。通常由業餘演員、學生和工匠在露天搭起的戲台上演出，這些劇含有粗俗的鬧劇和宗教成分，反映出迎合當時資產階級觀衆的口味。也常常含有嘲諷的意味，抨擊貪婪的教士及其他德國人民傳統上反感的事物，據認爲也受紀元前德國民間傳統的影響。

fat 脂肪 源自動植物的不揮發、不溶於水而油膩的物質。在化學構造上，動物油和植物油（參閱oil）是相同的，主要由甘油三酯（甘油和脂肪酸反應生成的酯）組成，只有在溶點和物理狀態（固體或液體）上有所不同，全視脂肪酸的飽和情況和碳鏈的長度而定。甘油酯可能只含有少量脂肪酸，也可能多至一百種（在乳脂肪中）。幾乎所有的天然脂肪和油由2碳單位構成，而且僅含碳原子數爲偶數的脂肪酸。玉米油之類的天然脂肪，除了甘油三酯之外，還含有少量化合物，其中包括磷脂、植物類固醇、維生素A、維生素E、蠟、類胡蘿蔔素等，以及許多其他的成分（包括這些東西的分解產物）。在食物中，脂肪來自成熟的種子和水果（玉米、花生、油橄欖和鱷梨），也來自動物的肉、蛋和奶。脂肪的每一單位重量的熱量兩倍於蛋白質和碳水化合物的。在食物中脂肪的消化（通常部分）是由脂酶來進行，被分解的產物從腸子進入血液，脂肪即以肉眼看不見的小滴隨血液運至使用地點或貯藏地點。脂肪容易因水解而被分解（主要化爲丙三醇和脂肪酸），這是應用在許多工業上的第一步驟。

Fatah＊ 法塔赫 Harakat al-Tahrir al-Watani al-Filastini（巴勒斯坦民族解放運動）倒過來的字首縮寫，阿拉伯語意爲征服。阿拉伯巴勒斯坦的政治和戰鬥組織。1950年代末由阿拉法特和其他一些老戰士建立，此運動主要靠游擊戰和零星的恐怖行動來達到解放巴勒斯坦、脫離以色列控制的目的。後來成爲巴勒斯坦解放組織中最大的黨派，並在全世界攻擊以色列人。原本總部設在大馬士革，後來被迫遷移了好幾次，直至1993年與以色列達成一項政治協議。法塔赫內部也出現了派系鬥爭，有些人反對與以色列談和，並脫離這個主要的組織。法塔赫現在所面臨的更大難題是如何從一個解放運動轉型爲一個較普通的政治組織。

Fates 命運 希臘羅馬神話中司掌人類命運的三位女神。通常指的是三位老婦人：紡線的克洛莎，分線的拉凱斯，鐵面無情的阿特羅波斯。克洛莎紡人類命運之線，拉凱斯司分送之責，而阿特羅波斯則負責切斷線（即決定人的死期）。她們主管人的壽命長短及所受的苦難災禍。她們的羅馬名字分別是Nona、Decuma和Morta。

Father's Day 父親節 ➠ Mother's Day and Father's Day

fatigue 疲乏 工程中指固體在週期性加載下逐漸斷裂的現象，例如金屬條反覆地來回彎曲而斷裂。疲乏斷裂開始時，表面出現一條或數條裂紋，在反覆施力的過程中裂紋向內部加深，最後當未斷裂的部分不能經受住載荷時，斷裂就突然出現。亦請參閱ductility、testing machine。

Fatima 法蒂瑪（西元約605～633年） 亦作Fatimah。伊斯蘭教創始人穆罕默德之女，後來受什葉派的崇敬。622年她和父親從麥加遷移到麥地那，在那裡嫁給表兄阿里。什葉派以他們所生之子哈桑和侯賽因爲穆罕默德傳統的合法繼承人。法蒂瑪的婚姻並不幸福，但在先知的調解下和好，她照顧生病的父親直到他去世（632）。她與繼任穆斯林領袖的阿布・伯克爾在遺產問題上發生尖銳衝突，一年後她也過世。後來的伊斯蘭教傳統說她過著莊嚴的生活，法蒂瑪王朝就是取自她的名字。

Fátima＊ 法蒂瑪 葡萄牙中部村莊，聖母瑪利亞顯靈的一個宗教聖地。自1917年5月到10月，有三位村童報告說看見一個婦人幻影，經人確認爲聖母。10月13日，就在那些小孩看見幻影後沒多久，約有七萬人見證到一種驚人的光影現象。1927年舉行首次全國性朝聖儀式，1928年建教堂。教堂兩側爲治療室和醫院，面對建有顯聖小教堂的廣場，這裡曾傳出許多奇蹟病癒的案例。

Fatimid dynasty＊ 法蒂瑪王朝（西元909～1171年） 曾在北非和中東建立的一個政教合一的什葉派王朝。王室成員系出法蒂瑪的後裔。他們是什葉派信徒，拒絕承認遜尼派阿拔斯王朝的哈里發，所以決定取而代之。他們把政治勢力從葉門擴張至北非和西西里，909年他們的伊瑪目進而宣稱成立新王朝。前四代法蒂瑪王朝的哈里發的首都設在突尼斯，969年征服埃及後，修築開羅城建爲帝國新都。王朝在鼎盛時期控制了麥加、麥地那、敘利亞、巴勒斯坦和非洲紅海沿岸。爲了推翻阿拔斯王朝，法蒂瑪王朝在阿拔斯領土內維繫了一個使節和代理人網絡。1057～1059年有一位將軍在阿拔斯首都巴格達宣稱擁護法蒂瑪的哈里發，但法蒂瑪帝國的國運自此走下坡，伊斯瑪儀什葉教派最後還是不見容於遜尼派穆斯林。哈里發的權勢因十字軍、土耳其人和拜占庭人的進攻，以及軍隊內部派系鬥爭而削弱了。阿薩辛派的崛起決定了帝國的命運，1171年最後一個哈里發過世。亦請參閱Saladin。

fatty acid 脂肪酸 一種有機化合物，爲植物、動物和微生物類脂化合物中的重要成分。一般由一條偶數碳原子的直鏈組成，整個長鏈上及其一端都有氫原子，另一端有一個羧基（-COOH），所以是一種羧酸。若分子內的碳－碳鍵均爲單鍵，則稱爲飽和脂肪酸。若有雙鍵或三鍵則稱爲不飽和脂肪酸，並具有較強的反應性。少數脂肪酸具有支鏈，也有一些具環狀結構（如前列腺素）。脂肪酸在自然界不以游離狀態存在，而通常與甘油化合形成甘油三酯。分布最廣的脂肪酸是油酸，在某些植物油（如橄欖、棕櫚、花生、向日葵籽的油）中含量很高，人類脂肪含近一半油酸。許多動物不能合成某些脂肪酸而需從食物中攝取。

fatty tissue ➠ adipose tissue

Faulhaber, Michael von＊ 福爾哈貝爾（西元1869～1952年） 德國宗教領袖，納粹的強力反對者。1892年受神職。1911～1917年任施派爾主教，1917～1952年任慕尼黑及弗賴辛大主教，1921年任樞機主教。1923年希特勒在慕尼黑策劃啤酒店暴動，由於他和其他人的努力，希特勒未能得逞。納粹統治期間，他發表許多講道詞，彙編爲《猶太教、基督教和德國》（1934），強調基督教來源於猶太教，並指出日耳曼各部族接受基督教後才有文化。他甘冒被殺的風險，不斷發表講道詞抨擊納粹主義，直到1945年第三帝國崩潰。戰後西德授與他最高榮譽大十字勳章。

E F G

Faulkner, William (Cuthbert)＊ 福克納（西元1897～1962年） 原名William Cuthbert Falkner。美國小說家。只上過兩年高中和一年大學。但他博覽群書，一生大部分在密西西比州的牛津度過。最有名的是以虛構的約克納帕塔法縣爲背景的一系列小說，這個縣成爲美國南方和其悲劇性的歷史象徵。其第一部大型小說是《痴人狂喧》（1929），以實驗性的創作技巧受人矚目，包括意識流手法。他原本在歐洲的知名度比美國還高，直到出版了《在我彌留之際》（1930）、《八月之光》（1932）、《押沙龍，押沙龍！》（1936）和《去吧！摩西》（1942）之後，在國內的名聲才開始竄高。1946年出版《袖珍本福克納選集》，才打開他的作品銷路，並在1949年獲得諾貝爾文學獎。1950年的《小說集》獲國家圖書獎。他還寫有電影劇本、一部戲劇和兩卷詩集。無論在國內或國外（尤其是拉丁美洲），他是20世紀影響力最大的作家之一。

fault 斷層 在地質學上，指地殼中岩石的斷裂，地殼的擠壓力或張力使斷裂兩側的岩塊發生相對位移。斷層的長度可由幾公分到數百公里，沿斷裂面（斷層面）的位移也可由不到一公分到數百公里。大部分地震是沿斷層的快速運動引起的。斷層在世界各地到處可見到。靠近美國西海岸的聖安德烈亞斯斷層是最有名的例子，在最近幾百萬年期間，沿這條大斷層的總錯距足有數十公里。

fauna 動物群 指一個特定區域、時期、或特別環境中，所有的動物物種。以陸生動物劃分依據，通常可分爲：古北區、衣索比亞區、東洋區、澳洲區、新北區、新熱帶區和南極區。

faunal succession, law of 古生物群演替規律 動植物化石群體隨時間按一定方式互相繼承或演替的現象。地層順序及其所含相應的古生物群配合在一起，構成詳細說明地球歷史的綜合剖面，特別是從寒武紀開始。古生物群的演替是研究地層學的基本手段，也是制定地質年代表的基礎。因爲動植物反映其生存環境，所以可以通過互相演替的各類動植物群來研究整個地球歷史上的氣候和條件。

Faunus＊　法烏努斯　古義大利農神，是與希臘的潘神相對應的羅馬神。他是薩圖恩之孫，形象是半人半羊。起初各地崇拜他的理由是認爲他會保佑農牧各業豐產，後來變成主掌森林的神。法烏努斯祭日每年兩次，屆時人們縱情歡樂。

Faure, (François-)Félix＊　福爾（西元1841～1899年）　法蘭西第三共和第六任總統（1895～1899）。原是勒哈佛爾的成功實業家，1881年選入眾議院。後來擔任一些內閣職位，直至1895年在意料之外當選法國總統，使左派人士大挫。福爾堅決反對重審德雷福斯這個被誣控的陸軍上尉的冤案，成爲其任期內的主要爭議論題，他的地位因左右兩派的夾擊而動搖。1899年2月16日他猝然逝世，他的葬禮成爲支持和反對德雷福斯的兩派衝突的場合。

Fauré, Gabriel (Urbain)＊　佛瑞（西元1845～1924年）　法國作曲家。出生於一個小貴族家庭，九歲入巴黎音樂學校，隨聖桑學習鋼琴，並持續了十一年。曾在聖蘇爾皮西教堂（1871～1874）和聖馬德萊娜教堂（1896～1905）擔任管風琴師，頗負聲望。1896年任巴黎音樂學院作曲教授。他的學生中有拉威爾和布朗熱等。1905年任該院院長，直至1920年。佛瑞不僅擅長歌曲，還創作各種形式的室內樂。他曾爲幾齣戲劇配過音樂，其中包括《普羅米修斯》（1900）、《培涅羅普》（1913）以及《舞台娛樂戲劇》（1919）。此外，寫了許多風格獨特、精巧、細膩的鋼琴曲，其中十三首夜曲、十三首船歌和五首即興曲最爲著名。他雖然極尊重傳統的音樂形式，但喜歡在自己創作的作品中，注入一些個人的特點，即大膽的和聲與非常樸素的創造性結合在一起。這種不引人注意的變革爲現代法國音樂學派作更大的創新開闢了道路。

佛瑞，肖像畫：薩爾金特（John Singer Sargent）繪
Giraudon – Art Resource

Fauset, Jessie Redmon＊　福塞特（西元1882～1961年）　美國小說家、評論家、詩人與編輯。生於新澤西州雪丘，就讀康乃爾大學和賓州大學。擔任*The Crisis*（1919～1926）編輯時，致力於挖掘哈林文藝復興的作家，並鼓勵他們創作，曾提拔休斯、卡倫、麥凱、杜莫爾等作家。她本人也投身創作，最著名的是小說《喜劇：美國風格》（1933），書中大部分描寫的是，中產階級黑人既痛恨自己的命運又面臨種族歧視的困境，在其中掙扎不已的故事。

Faust＊　浮士德　西方傳說中的一個德國巫師或星相家，他把自己的靈魂出賣給魔鬼以換取知識和權力。歷史上有一個浮士德（實際上或許是兩個，兩個都死在1540年左右），他到處旅行表演魔法，把惡魔當作朋友，自己則是惡名昭彰。浮士德死後的名聲應歸功於第一部《浮士德書》（1587）的無名作者，這是一部包括其他一些著名術士如梅林、馬格努斯等的故事集。整個歐洲很快競相翻譯《浮士德書》，馬羅在英國散文譯本的鼓舞下，寫成《浮士德博士的悲劇》（1604），強調浮士德永遠下地獄的命運。出版冠以浮士德名字的魔法手冊成爲一種賺錢的生意，《天然的和人工的魔法》是這類手冊中的佼佼者，歌德曾經過目。歌德和萊辛認爲浮士德對知識的追求是崇高的，於是歌德在其偉大的著作《浮士德》中，使這位英雄獲得救贖。許多藝術家受到歌德的鼓舞，也仿效這種故事題材，其中包括白遼士（創作了合唱劇《浮士德的天譴》）和古諾（他寫了歌劇《浮士德》）。

浮士德，選自馬羅《浮士德博士的悲劇》1616年版扉頁
By courtesy of the trustees of the British Library; photograph, R. B. Fleming

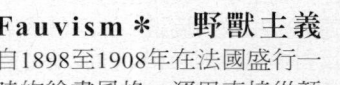

Fauvism＊　野獸主義　自1898至1908年在法國盛行一時的繪畫風格，運用直接從顏料罐擠出的明朗的純色，並以直率、放縱的表現手法在畫布上造成一種迸發感。主要的領導人物是馬諦斯，其他的畫家有德安、弗拉曼克、杜菲、魯奧和布拉克等。其名稱由來是1905年一位批評家在觀賞他們舉辦的巴黎首展後，給這些畫家起了個綽號「野獸」。他們受到後印象主義大師高更、梵谷的影響。野獸主義對這些大多數的畫家而言是個過渡時期，到了1908年，他們已經把興趣轉向塞尚所講求的秩序和結構，放棄野獸主義而就立體主義。只剩馬諦斯依舊固守這塊他所開創的領域，踽踽獨行。

favela＊　貧民窟；棚戶區　巴西的貧民區或臨時棚屋區。貧民窟的形成始於違章戶占領城市邊緣的空地，並用撿來或偷來的物品搭蓋簡陋房屋。由於長期的社區集結，經常會發展出一整套社會和宗教信仰組織，並結成團體以爭取自來水和電力供應。有時候，這些貧民設法獲得了土地的所有權，然後可以改善自己的住所。由於人口稠密、環境不衛生、營養不足再加上污染，較貧窮的棚民常相互傳染疾病，嬰兒的死亡率也很高。

Fawkes, Guy　福克斯（西元1570～1606年）　英國陰謀者。出身顯要，後來改宗天主教，是個宗教狂。1593年參加西班牙駐尼德蘭的軍隊，以軍事才幹著稱。1604年參加了一樁天主教領袖策劃的炸毀國會大廈陰謀，即火藥陰謀，後來風聲洩漏，福克斯被捕，1606年11月5日在國會大廈對面被處決。英格蘭人後來有燃放煙火紀念「福克斯日」（11月5日）的習俗。

fax　傳眞　全名facsimile。用電話線傳送數位訊號並再現文件的裝置。傳眞機先掃瞄印刷文字和圖像資料，然後把這些影像轉爲數位碼：1代表黑區，0代表白區。碼透過電話網路傳輸到相同的裝置，在這裡文件被再製出來，接近它的原貌。雖然在19世紀已發展了傳眞技術的概念，但一直到1970年代才普遍使用，當時採用這種廉價電話線路的數位化資訊變得很普遍。

Faxa Bay＊　法赫薩灣　冰島西南部海灣，瀕臨大西洋，爲冰島的最大海灣，有50公里寬，80公里長。主要港口有阿克拉內斯和首都雷克雅未克。南岸的凱夫拉維克爲美國空軍基地。

Faxian　法顯（西元5世紀）　亦拼作Fa-hsien。原名Sehi。中國佛教僧侶，他開啓中國與印度間的聯繫。法顯因爲熱切想從佛教的根源處學習，於是在西元402年前往印度，並停留十年。這段期間他探訪主要的佛教聖地和佛學重鎮，特別是東印度一帶，如迦毘羅、菩提伽耶和巴達弗邑等地。他藉由和僧侶交談，與搜集當時尚未翻譯爲中文的佛教經典來深化其佛學知識。法顯於412年取海路回中國，途中並在錫蘭停留兩年。他的《佛國記》保留許多當時印度佛教的寶貴資訊。

fayd＊ 流出 伊斯蘭教哲學名詞，指眞主產生萬物的過程。現在《可蘭經》已不用此詞，但西元10世紀法拉比和11世紀阿維森納等穆斯林哲學家在新柏拉圖主義的影響下認爲，創造世界是漸進的過程，由於眞主過於豐盛，於是流出世界。創造世界的過程是從最完善的境界，逐步趨向最不完善的境界即物質世界。11世紀時加札利反駁這種理論。

Faysal I ➠ Faisal I

FDA ➠ Food and Drug Administration

feather 羽 現代鳥類體表和翼面覆蓋的結構。羽是鳥類獨有的，似由鳥的祖先爬蟲類的鱗演化而來。羽的多種不同類型各有專門用途，如隔溫、飛翔、構成體型、炫示和感覺。羽與多數哺乳動物的毛不同，並不覆蓋於鳥的整個皮膚表面，而是按對稱的羽域排列，與裸露的皮膚無羽區相間，後者可能生有小而柔軟的羽稱絨羽。典型的羽，由中心羽軸和連續成對的羽枝，構成扁平而通常略曲的羽瓣－－翮。羽枝具有進一步的分枝－－羽小枝，相鄰羽枝的羽小枝是由鉤相互連接，使翮更堅挺。

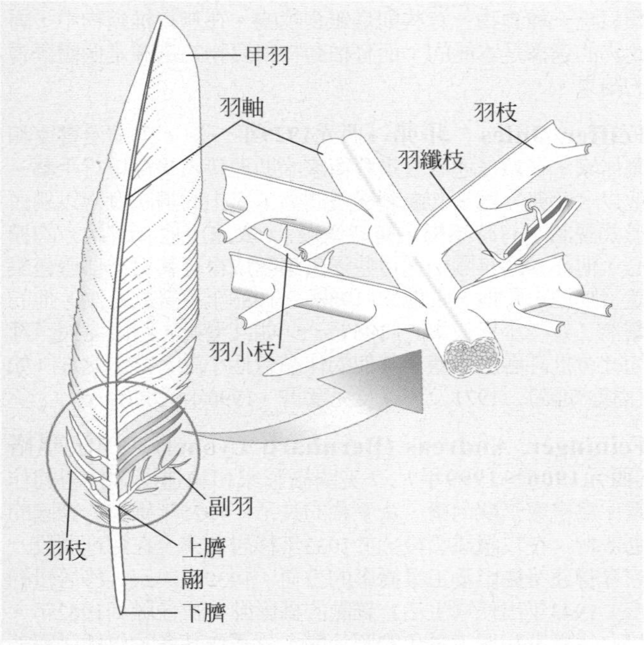

正羽的特徵及局部放大圖
© 2002 MERRIAM-WEBSTER INC.

feather star 毛頭星 棘皮動物門海百合綱海羊齒科海生無脊椎動物之通稱，無柄，有550種。腕數通常爲五條，上生有鬚毛。常將身體附著於物體表面或漂浮物上，以具有黏性的腕溝捕食浮游生物。主要棲於淺海的岩床上，盛產於印度洋和日本之間，現在大西洋也有發現。

Comantheria grandicalyx，毛頭星的一種
Douglas Faulkner

featherbedding 額外雇工 工會要求雇主對他認爲沒有必要的工作或實際上沒有進行的工作支付費用或雇用不必要的工人的習慣做法。有的勞動規則過去很有用，但由於技藝的改進，現已成爲過時，然而現在勞動合同中仍延續使用這類規則，就成了額外雇工條款。工會爲了保障會員的就業，可能仍堅持要求繼續使用這種勞動規則。亦請參閱collective bargaining。

February Revolution 二月革命（西元1848年） 法國暴動事件，導致七月王朝被推翻，預告了1848年革命的來臨。1840～1849年間，由傅立葉、蒲魯東等人倡議的社會主義思想十分盛行，引發都市工人心生不滿。1846～1847年百業大蕭條，群衆心理不安，而國王路易－腓力卻更專斷獨行。結果因一場抗議活動而引起警方採取行動，學生和工人們聚集在街頭與警方衝突。國王曾試圖安撫示威者，但是當一支軍隊殺了四十名示威者時，他只好遜位，沒有面對內戰。

feces＊ 糞便 亦作excrement或stools。身體的固狀排泄物，在排糞時由大腸經肛門排出。正常糞便包含75%的水和25%的固體物質。固體物質中約有30%爲死細菌；約30%爲消化不了的食物，如纖維素；10～20%爲膽固醇和其他脂類；10～20%的無機物質，如磷酸鈣和磷酸鐵；以及2～3%的蛋白質。糞便的顏色和氣味是細菌作用於化學物質的結果。許多疾病和功能障礙都能影響腸道功能而造成糞便異常，如便祕或腹瀉。胃腸道出血會造成血隨糞便排出，可呈深紅、柏油樣或黑色，必須以少量糞便採樣來檢測是否帶有潛血。糞便中過量的脂類通常表示胰線或小腸病變。許多疾病都是因受染者糞便污染了食物而得以散播。

Fechner, Gustav Theodor＊ 費希納（西元1801～1887年） 德國物理學家和哲學家，建立心理物理學的關鍵人物。1834～1840年任教於萊比錫大學，後因健康不佳而離職。他設計的實驗方法在實驗心理學中至今仍用來測量感覺與刺激的物理量間的關係。最重要的是，他設計了一個方程式來表示韋伯氏定律。約從1865年起他鑽研實驗美學，力求用實際測量的方法去確定什麼形狀和尺寸在美學上最令人滿意。主要科學著作是《心理物理學原理》（1860）。

Federal Bureau of Investigation (FBI) 聯邦調查局 美國聯邦政府最大的調查機構。1908年建立，在司法部內成立了調查局。1924年任命胡佛爲局長並下令對該局重新組建，結果胡佛在這個職位上待了四十八年。自1968年起按照法律規定由美國總統徵求參議院的意見和同意後任命，任期十年。現在約有6,000～7,000名特工人員。其職責包括調查違反聯邦刑法的案件（如公民權和有組織的犯罪案件），蒐集民事案的證據（美國是當事訴訟人）以及涉及國內安全的案件。

Federal Deposit Insurance Corp. (FDIC) 聯邦儲蓄保險公司 美國政府的獨立公司，它受權對合格銀行內的存款進行保險，以防銀行破產時存款受損失，並受權管理某些銀行業務。成立於1933年初銀行日後，聯邦儲蓄保險公司試圖藉此來恢復大衆對這種制度的信心。它保障合格銀行的存款，每一筆存款的上限可至十萬美元。所有聯邦準備系統的會員銀行必須加入這種保險，而幾乎所有在美國註冊的商業銀行也都參加了這項保險計畫。

Federal Reserve System 聯邦準備系統 美國具有中央銀行作用的機構。根據「1913年聯邦準備法」建立，由該系統董事會、十二家聯邦準備銀行、聯邦公開市場委員會、聯邦顧問委員會所組成，自1976年起還設有消費諮詢委員會。所有國民銀行必須是聯邦準備銀行的會員；州銀行如符合會員資格，亦可成爲會員。聯邦準備系統負責制定貨幣政策，原始法令規定了固定的準備金以符合美國的部分準備金銀行制度。准許每一區銀行決定自己的貼現率，貼現率是聯邦準備銀行對其會員銀行短期擔保貸款所收取的利率。現代聯邦準備系統是根據1935年的「聯邦準備法」來的，准許委員會決定在要求上限內準備金的多寡，變成要負責批准地區銀行的貼現率。最重要的是，法令創造了聯邦準備公開市場委員會，負責以增減商業銀行準備金的規模大小來指導金融市場的運作，如果聯邦準備系統放鬆貨幣政策，它就會使用公開市場操作，透過購買金融債券而增加準備金的量。相反地，如果要緊縮貨幣政策就要透過賣掉金融債券。

Federal style　聯邦式　美國新古典式的建築和室內設計風格，流行於1785～1820年和以後的政府建築中，主要受到喬治風格和詹姆斯·亞當、羅伯特·亞當兩兄弟的影響。其思想基礎是當時認爲新美國是古羅馬共和國的再現，特別與傑佛遜和拉特羅布有關。其特色包括淺拱、修長的比例、精緻的裝飾和講究對稱性；出入口通常以柱子和山形牆爲架構，門上有一個扇形窗。維吉尼亞大學（1817～1826）是傑佛遜的最大的聯邦方式建築計畫。

federalism　聯邦制　一種政治組織模式，即把分散的邦或其他政治實體聯合在一個總的政治體制中，同時又讓它們保持其本身基本的政治完整性。所有眞正的聯邦制都具有某些共同的特點和原則：一部成文憲法或基本法，明定權力的分配；在若干實質上是自治的中心之間分配權力來反映憲法；利用地區劃分來保證中立和在政治實體內的各種團體和利益中有平等的代表權，以及利用這種劃分來保證地方自治和在同一個文明社會中有不同的團體的代表。任何改變需徵求這些受影響的邦的同意。成功的聯邦體制也需要一種民族團結意識，公民與政府之間要有直線溝通的管道。亦請參閱Federalist, The、Federalist Party。

Federalist, The　聯邦黨人　一系列（共八十五篇）論述美國新憲法提案和共和政府性質的論文，發表於1787～1788年間，係漢彌爾頓、麥迪遜和傑伊爲說服紐約州選民支持批准新憲法而作。論文中有七十七篇最初連載於紐約州的報紙，後來爲其他各州轉載，並於1788年5月結集成書出版；其餘八篇文章在6月14日和8月16日間出現於紐約的報紙。所有文章的作者都署名「帕布里亞斯」。這一系列文章對新聯邦制和擬建的中央政府各主要部門做了精闢的說明。特出之處在於它對實現公平正義、社會福利和個人權利的途徑進行了全面性的分析。

Federalist Party　聯邦黨　美國早期的全國性政黨，提倡建立強大的中央政府，曾在1789～1801年間掌權。聯邦黨人一名始用於1787年，係指新憲法的擁護者。《聯邦黨人報告書》（1787～1788）是一系列八十五篇論文，由漢彌爾頓、麥迪遜和傑伊爲說服紐約州選民支持批准新憲法而作。到1790年代，聯邦黨人制定了以下政策：漢彌爾頓的財政計畫，創立一個中央銀行，維持關稅制度，鼓勵美國海運，在外交事務中保持中立，與英國修好。1796年擁護亞當斯競選總統獲勝，但在1801年以後就不能有效組織。由於反對「禁運法」和1812年戰爭而喪失選民的支持，加上新英格蘭聯邦黨人引起的內部派系紛爭削弱了黨的勢力。1820年代它的死對頭共和黨人反而採納了它的一些原始政綱，聯邦黨逐漸消失。最著名的聯邦黨人有馬歇爾、金恩、皮克令和平克尼。

fee　祖傳不動產　在法律上，指透過繼承取得的完全的保有權的不動產（參閱real and personal property）。此詞源自用於封建法的fief（領地）。現代財產法包括一些不同的祖傳不動產，如無條件繼承的不動產（fee simple，可讓與的和無限期的），指定繼承人繼承的不動產（fee tail，授予一個人和他的直系親屬，但如果佃戶沒有子嗣，不動產就必須歸還），以及終身繼承不動產或終身財產（life fee或life estate，只有在受讓人活著期間才能持有）。

feed　飼料　經選擇與調製，提供豐富營養以維持動物健康並改善其肉、蛋、奶等最終產物品質的家畜、家禽糧料。現代生產的飼料乃經研究、實驗和化學分析，亦爲農業科學家繼續研究的主題。現代飼料衍生自乾草、牧草等飼料作物，人類食品加工的副產物，以及過剩作物。家畜的大部分飲食即含這些來源的混合飼料。飼料一般分成濃縮飼料與粗飼料兩類，前者的特點是含有大量易消化的營養成分，但纖維含量低；後者纖維含量高，但易消化的營養成分含量低。

feedback inhibition　反饋抑制　酶學現象，在一系列反應中，反應產物對參與酶的活性的抑制。當產物在細胞中積聚，超過最適量時，其產生就因有關的酶受抑制而減少。該產物因被利用或降解而濃度下降後，抑制作用便緩和，產物又得以形成。酶催化反應的能力取決於某些分子而不取決於基質，這就是變構調控機制。

feeding behaviour　攝食行爲　亦譯取食行爲。動物爲補給營養物質而進行的活動。每一物種在尋找、獲取和攝取食物方法上不斷演化，以便能成功競爭生存下來。有些種類只吃一種食物，有些則是雜食性的。在無脊椎動物中，對食物的選擇是本能的；而脊椎動物對食物的選擇是個體學習的結果。

Feiffer, Jules　菲弗（西元1929年～）　美國漫畫家和劇作家。在擔任連載漫畫藝術家的助理時，學得這行手藝。他以《菲弗》爲名的諷刺漫畫聞名，畫中的講話者常以獨白形式說話（有時感傷，有時傲慢），表露出他（或她）的擔心。他從1959年開始把這些漫畫集結成書，其第一部漫畫集是《咬他，咬他，咬他》（1958）。1986年獲普立茲獎。他的劇作（如《小兇殺案》〔1967〕）一如其漫畫，將鬧劇與辛辣的社會批評融於一體。其他的作品包括小說、電影劇本（如《肉慾知識》〔1971〕），以及兒童書（1990年代開始）。

Feininger, Andreas (Bernhard Lyonel)＊　法寧格（西元1906～1999年）　美國攝影家和論述攝影技巧的作家。爲畫家李歐內爾·法寧格的長子，1925年畢業於德國的包浩斯。在攻讀建築後，於1933年移居瑞典，在那裡開設一家專營建築攝影及工業攝影的公司。1939年與家人移居紐約市。1943年出任《生活》雜誌的攝影師，並任職到1962年。以自然攝影和城市景色的照片聞名。著作甚多，包括《完美的攝影家》（1965）和攝影集《我眼中的世界：三十週年攝影集》（1963）等書。

Feininger, Lyonel (Charles Adrian)＊　法寧格（西元1871～1956年）　美裔德籍畫家。出生於紐約市，1887年到德國學音樂，結果後來反而學畫，1910年左右受到立體主義的影響，形成自己個人風格，利用絢麗的色彩畫出互相滲透的色面。1913年在柏林曾與藍騎士派一起展出作品。1919～1933年在包浩斯建築學校工作。其作品結合了藝術、科學和技術的表現，最有名的是爲德國表現派帶來新的構圖法則和抒情的著色方法。在納粹掌權後，回到美國。他是攝影家安德烈斯·法寧格的父親。

feldspar　長石　一族含鈣、鈉和鉀的鋁矽酸鹽類礦物，是地殼中最常見的礦物。在地球和月球上以及隕石裡發現的幾乎所有火成岩中，長石都是主要組分；在大多數變質岩中和碎屑沈積岩中，也是常見的。長石的複雜的化學成分和結構特點對於解釋岩石的成因特別有用。天然長石可分爲鹼性長石和斜長石。

feldspar, alkali ➠ alkali feldspar

feldspathoids＊ 似長石類 亦稱副長石。一族鋁矽酸鹽礦物。在成分上類似長石，但含有較少的矽－鹼，或含有氯化物、硫化物、硫酸鹽或碳酸鹽。其物理和化學特性介於長石和沸石之間。最豐富的似長石類礦物是霞石和白榴石。其他重要的變種有方鈉石、黝方石和藍方岩等。似長石類主要分布在火成岩和變質岩內，常用作製造鋁、玻璃和陶瓷的原料。

Feller, Bob 費勒（西元1918年～） 原名Robert William Andrew。美國職業棒球右投手。1936～1956年爲克利夫蘭印第安人隊打球，成爲美國聯盟勝投王和三振王的常客，因此博得「快速羅伯特」（Rapid Robert）之名。1940、1946和1951年共投出三場無安打比賽，是20世紀第一位達到這個成績的投手。1946年的348次三振記錄一直維持了十九年才被打破。1956年退休後組成棒球保險企業。1962年選入棒球名人堂。

Fellini, Federico 費里尼（西元1920～1993年） 義大利電影導演。1938年前往佛羅倫斯，爲一家幽默週刊和科幻漫畫報工作。第二次世界大戰期間，他逃避兵役，1940年成爲一家銷路很廣的諷刺週刊的編輯。後來與導演羅塞里尼在電影編劇上合作拍攝《不設防城市》（1945）和《游擊隊》（1946），1952年第一次獨自執導電影，雖然票房失敗，但他的下一部電影《流浪漢》（1953）卻博得好評。後來拍攝的《大路》（1954；獲奧斯卡獎）、《加比里亞之夜》（1956；獲奧斯卡獎）和《甜蜜生活》（1960）等片爲他贏得國際聲譽。他繼續發展自己與衆不同的典型自傳體影片風格，這是一種詩意的超現實主義風格，營造出一種怪誕但又引人共鳴的感覺，如《八又二分之一》（1963；獲奧斯卡獎），但是他後來轉向製作華麗大場面的電影，如《鬼迷朱麗》（1965）和《愛情神話》（1969）。之後拍攝的最佳影片是《往事》（1974）和《舞國》（1986）。他的妻子瑪茜娜曾在他所拍的幾部影片中擔任主角。1993年獲頒奧斯卡終身成就獎。

費里尼，攝於1965年
Paris Match－Pictorial Parade

felony and misdemeanour 重罪和輕罪 英美法中根據罪行的嚴重程度對刑事犯罪的分類。美國法律按刑罰的等級區分重罪和輕罪，處以一年以上徒刑的罪行爲重罪，只處罰金或在本地短期監禁的罪行爲輕罪。犯有或定爲重罪的人可能喪失某些公民權利。英國把罪行分爲應予起訴罪（可能由一個陪審團審判）和簡易罪（可能由一個法官而非陪審團來審判）。在歐洲法律中，把較大危險性的罪和較輕的罪區分開來。

felsic rock 長英質岩石 以淺色富矽鋁質礦物長石和石英占優勢的火成岩。這些礦物的存在使這種岩石呈特有的淺灰色。有少量暗色鐵鎂質礦物存在使岩石的顏色略有變化。典型的長英質岩石有花崗岩及與流紋岩。

felting ➠ fulling

female circumcision ➠ clitoridectomy

feminism 女權主義 追求婦女平等權利的社會運動。自啓蒙運動開始就有人普遍關心婦女的權益問題，最早表達出這種觀點的是沃斯通克拉夫特的《爲女權辯護》（1792），喚起了斯坦頓夫人、馬特夫人和其他人士要求在法律上完全和男人平等，包括完整的教育機會和平等的薪水，而婦女選舉權運動開始凝聚了動力。女權運動從美國擴展到歐洲。美國婦女在1920年的憲法修正案中獲得了投票權，但她們能工作的地方仍然有限，而先入爲主的觀念趨使婦女局限在家裡。現代女權主義崛起的里程碑包括波娃的《第二性》（1949）、弗瑞登的《女性的神祕》（1963），以及1966年成立國家婦女組織。亦請參閱Equal Rights Amendment、women's liberation movement。

feminist philosophy 女性主義哲學 一種哲學運動，這個思潮批判並試圖矯正如下之現象：將女性及女性的關注點排除於哲學和其他領域的傳統問題、歷史經典與學術訓練體制之外。女性主義哲學注重性別與哲學之關聯性此一極爲重要的問題。女性主義哲學家認爲，諸如理性、客觀性這類傳統的哲學概念，蘊藏了性別偏見，因爲它們代表一種特定的男性觀點，在相同議題上對女性觀點並不公正。女性主義哲學的一個重要議題是，對一些關鍵概念如女性、陰柔、女人等，該如何下定義。

Fen River 汾河 中國北方山西省河流。起源於山西省西北的管涔山麓，向東南流經太原，再向西南穿過山西的中部河谷，於河津附近匯入黃河。全長約340哩（550公里）。由於汾河的水勢洶湧，加上坡度陡峭，只有下游一帶才可通航。汾河河谷是早期中國文明的中心，至今仍爲連結北京地區與戰略要地山西省的主要路線，同時也是從陸路通往中亞的主要路線。

fencing 擊劍 按照規定動作和規則用劍－－重劍、花劍和佩劍－－進行攻擊和防守的一項有組織的運動。雖然劍術起源於古代，但是在中世紀時消失。14世紀時，不管在戰爭中還是在紳士們的日常生活中，嫻熟的劍術就變得至關重要。到了15世紀，歐洲各地紛紛成立了傳授擊劍術的行會。原本各個行會嚴加保密的技法最後都變成正統的擊劍動作。17世紀下半葉，隨著紳士們服裝的變化，劍和劍術都發生了劇變，制定了各種規則和準則。在現代比賽中，要擊中得分點才算分數（除了在佩劍比賽），而且在使用花劍的比賽中，得分點更被限制在身體的某些部位。守方是用劍身來抵擋攻擊。每一次的有效擊中得分多寡，端視擊中對方身體的哪個部位而定。男子擊劍第一次在1896年被現代奧運會列爲比賽項目，女子擊劍則在1924年列入。1936年引進電動計分以彌補人爲判斷常造成的不正確。

Fénelon, François de Salignac de La Mothe-＊ 費奈隆（西元1651～1715年） 法國天主教大主教、神學家和書信作家。出身於貴族家庭，1676年受神職爲司鐸。他根據主持新立公教學院的經驗，撰寫《論女子教育》（1687），觀點雖較保守，但不無創見，他支持教育自由，並反對強迫新教教徒改信天主教。1689年任路易十四世之孫的教師，爲了教學需要他撰寫了最有名的一部作品《泰雷馬克歷險記》（1699），但這部小說的政治觀點似乎觸犯了國王路易，把他趕出了宮廷。後來因傾向寂靜主義（強調靈魂的無爲沈靜）而同樣遭到教會的譴責。費奈隆在政治和教育的自由觀點對法國文化具有長遠的影響。

Feng shui＊ 風水 中國安排布置人與社會世界的傳統方式，其原則是以和宇宙力量（如氣與陰陽）取得協調一致，並調整到最有利的方向。風水發展於漢朝（西元前206

E F G

年～西元220年）期間，稱作「堪輿家」的專家，使用類似羅盤的器具，測定宇宙力量對地點的影響；他們所選擇的優越地點特別與山脈和河流有關。風水對室內設計的影響尤其深遠，近年來亦在英國和美國廣為流行。

fenghuang　鳳凰　亦拼作feng-huang。（英文譯名為西洋神話中的神鳥〔phoenix〕）中國神話中一種極為罕見的生物；其出現乃是重大事件的預兆，或顯示統治者的偉大。象徵女性的鳳凰與象徵男性的龍，乃相應成對。鳳凰的體形如下：鵝胸、雄鹿的後腿、蛇頸、魚尾、鳥禽的額頭、龜背、燕子的顏面和雞的喙嘴。據聞鳳凰高約9呎（2.5公尺）。傳說在西元前3000年黃帝臨死之前，鳳凰曾經現身。

Fenian cycle＊　芬尼亞故事　亦作Fionn cycle或Ossianic cycle。在愛爾蘭蓋爾語文學裡，以傳奇英雄芬恩．麥庫爾和他的作戰隊伍Fianna Éireann的戰績為中心的故事和民歌。這支隊伍是善於賦詩的武士和獵人組成的精銳義勇兵，西元3世紀時，「芬尼亞」（愛爾蘭兄弟會）處於全盛期。西元1200年左右當《老人對話集》這部傑出故事寫成時，使人們對芬尼亞故事產生更大的研究興趣。這個故事現在仍是愛爾蘭民間傳說的重要部分，也包含愛爾蘭許多最受人喜愛的民間故事。

Fenian movement　芬尼亞運動　1860年代在愛爾蘭、美國和英國進行活動的愛爾蘭民族主義社團。團名取自傳說中由芬恩．麥庫爾所率領的一隊愛爾蘭戰士Fianna Éireann。他們計畫在愛爾蘭組織群眾反對英國的統治，但沒有成功。在美國，芬尼亞人曾三次越境襲擊加拿大，均告失敗，不過卻造成美國與英國政府之間的摩擦。愛爾蘭的芬尼亞人亦稱愛爾蘭共和兄弟會，在1870年代芬尼亞主義逐漸消失後，它們繼續活動。亦請參閱Sinn Fein。

fennec＊　聊狐　犬科一種荒漠狐，學名Fennecus zerda。分布於北非、西奈（半島）及阿拉伯半島。其特點是體型小（體長36～41公分，體重約1.5公斤）和耳大（長15公分以上）。毛長而厚，灰白色至沙色。尾長18～31公分，末端黑色。多於夜間活動，炎熱的白天不出地穴。以昆蟲、小動物和果實為食。

聊狐
Anthony Mercieca－The National Audubon Society Collection/Photo Researchers

fennel　茴香　繖形科多年生或二年生芳香草本植物，學名Foeniculum vulgare。原產南歐和小亞細亞，現美國、英國和歐亞大陸溫帶地區多有栽培。全株芳香，可供調味，嫩莖作為蔬菜，種子是傳統的驅風藥。栽培茴香高約一公尺，葉細裂，裂片絨形或鑽子狀。淡灰色的複繖花序有小黃色花。果淡綠色到淡黃褐色，長卵形，長約6公釐，背部有五條明顯的縱脊，嗅、味均似茴芹。果和從中提取的油用製香料和多種食品調味。

Fenrir＊　芬里爾　古斯堪的那維亞神話中的怪狼。魔神洛基和一個女巨人所生的兒子。諸神用一副魔鏈把它綁在岩石上，直到世界末日，到那時它將掙脫鎖鏈，向諸神進攻。一說芬里爾將會吞噬太陽，並吞掉主神奧丁，後來被奧丁的兒子維達爾刺殺。在10～11世紀挪威和冰島的詩歌裡，芬里爾據有顯要的地位。

Fenton, Roger　芬頓（西元1819～1869年）　英國攝影家。1853年協助創辦皇家倫敦攝影學會，1854年被指派為政府的官方攝影師，並被派去記錄克里米亞戰爭。他共拍攝了360張戰爭照片，大部分只拍下戰爭光榮的一面，幾乎沒有把戰爭真實行動或痛苦的一面呈現出來。一回到英國，芬頓的作品即成功地展出於倫敦和巴黎。他的聲譽是建立在靜物和風景照，在維多利亞時代尤其受到歡迎。

fenugreek＊　葫蘆巴　豆科一年生纖弱草本植物，學名Trigonella foenum-graecum。原產於南歐和地中海地區，現栽培於中歐和東南歐、西亞、印度和北非。乾燥種子粉質，生食熟食均可，也可混入麵粉烤製麵包等，還可藥用及調味。有強烈芳香，味濃，甜而帶苦，似燒焦的糖味。植株直立，分枝疏散，高不過一公尺，葉淡綠色，三小葉，花小，白色。莢果細，長15公分，彎曲，鉤形。種子黃褐色，扁平，菱形，具有深溝，其長不及5公釐，含葫蘆巴鹼和膽鹼以及黃色物質等。植株在某些咖哩食品和印度酸辣醬中是獨特成分，並可用以仿製楓糖漿。

fer-de-lance＊　矛頭蛇　蝰蛇科響尾蛇亞科洞蛇屬極毒蛇類，遍布美洲熱帶各種生境，從耕地到熱帶森林。頭寬大，呈三角形，一般體長1.2～2公尺。灰色或褐色，滿布黑邊的稜形花紋，花紋之間的交界處顏色略淡。人被咬傷可能致命。矛頭蛇一名有時泛指中、南美洲的洞蛇屬和亞洲的竹葉青蛇屬的各種毒蛇。

Fer Díad＊　費爾．迪亞德　傳說中愛爾蘭英雄庫丘林的義兄弟。《奪牛長征記》是阿爾斯特故事中最長的神話，描述阿爾斯特與康諾特為爭奪庫萊的著名棕色牛而戰的故事。費爾．迪亞德加入康諾特軍隊，四處遠征探險尋找這隻牛，最後與庫丘林交戰三日，慘遭擊敗。

Ferber, Edna　費勃（西元1887～1968年）　美國小說家。十七歲就開始在威斯康辛州當記者。早期小說收集在《埃瑪．麥克切斯尼及其同夥》（1915）及其他幾本書中。1924年發表的《如此之大》（獲普立茲獎）和1926年發表的《畫舫璇宮》博得評論界的好評，《畫舫璇宮》後來在克恩譜上音樂後，成為美國創先例的一部音樂劇。後來的作品有長篇小說《巨人》（1952；1956年拍成電影）。她的作品對美國中西部中產階級的情況作了同情而生動地描寫。

Ferdinand　斐迪南（西元1793～1875年）　奧地利皇帝（1835～1848）。神聖羅馬帝國末代皇帝法蘭西斯二世的長子。1830年加冕為匈牙利國王。1835年繼承奧地利的皇位，朝政由一群顧問組成的「國務會議」掌管，首相梅特涅在其中起決定性作用。1836年斐迪南加冕為波希米亞國王，1838年又加冕為倫巴底和威尼斯國王。1848年革命期間遜位，由其侄法蘭西斯．約瑟夫繼任。

Ferdinand (Karl Leopold Maria)　斐迪南（西元1861～1948年）　保加利亞國王（1908～1918）。1887年7月當選為保加利亞大公。1908年宣布保加利亞脫離鄂圖曼帝國完全獨立，自立為國王。1912年他帶頭與其他國家結成巴爾幹同盟，後來導致巴爾幹戰爭。保加利亞在第二次巴爾幹戰爭時被打敗（1913），這使他對先前的同盟國家懷恨在心，於是他站在同盟國一方參加第一次世界大戰。1918年戰敗，被迫退位給兒子鮑里斯三世。

Ferdinand I　斐迪南一世（西元1503～1564年）　神聖羅馬帝國皇帝（1558～1564），波希米亞和匈牙利國王（1526年起）。神聖羅馬帝國皇帝查理五世之弟。他領有奧地利（1522～1558），完全執行查理的政策。1526年輕易取得波希米亞，但面臨了匈牙利競爭對手的要求，並幾度與鄂圖曼帝國發生戰爭。最後終於在1562年向蘇丹納貢，與鄂圖曼蘇丹分治匈牙利。他曾幫助查理打敗新教的施馬爾卡爾登同盟，後來在新教問題上妥協，1555年簽署《奧格斯堡和約》，結束德意志的宗教紛爭。1558年查理退位，斐迪南繼其位後把哈布斯堡王室的領土分成奧地利和西班牙兩個部分，實行中央集權制。

Ferdinand I　斐迪南一世（西元1751～1825年）　義大利兩西西里王國國王（1816～1825）。1759年當他的父親查理三世繼承西班牙王位時，他成爲那不勒斯國王（稱斐迪南四世）。他是個弱勢領導者，受其妻子奧地利的瑪麗亞·卡羅萊娜（1752～1814）影響很大。1793年加入奧地利和英國聯盟，一起反對法國大革命。後來法國軍隊入侵那不勒斯，他逃往西西里（1798～1799、1806～1816）。在拿破崙垮台後，他於1816年回到那不勒斯，同時成爲兩西西里王國的國王。他的專制統治導致1820年共和主義者暴動，之後被迫頒布一部憲法。由於奧地利的幫助，他在1821年推翻了立憲政府。

Ferdinand II　斐迪南二世（西元1578～1637年）　神聖羅馬帝國皇帝（1619～1637）、奧地利大公和波希米亞國王（1617～1619、1620～1627），以及匈牙利國王（1618～1625）。查理大公的長子，1617年與西班牙哈布斯堡君主簽訂密約，以出讓亞爾薩斯和義大利封地爲條件，成爲帝位的繼承人。同年，波希米亞貴族會議推選他爲國王，但在一年後又廢黜他，另外推選腓特烈五世爲王，此一事件象徵了三十年戰爭的開始。1620年他殲滅反叛軍後，剝奪議會的大部分權力，並強制波希米亞人民改奉天主教，而且在全國各地鎮壓新教教徒。由於數次擊敗華倫斯坦的軍隊而維持了大部分的權勢，但後來與新教王公達成和解。他在天主教的反宗教改革上是站在第一線的人物，也是在三十年戰爭中最獨裁的統治者。

Ferdinand II　斐迪南二世（西元1810～1859年）　兩西西里王國國王（1830～1859）。繼父親法蘭西斯一世之位爲王，初期頗爲開明，後漸趨獨裁，對自由和民族主義者的暴亂展開嚴厲的鎮壓。1848年他下令猛烈炮擊西西里城市，博得「炸彈國王」之名。由於他的政府逐漸趨向專制，否定了兩西西里王國在復興運動中所扮演的角色，並導致它的瓦解，1860年併入義大利。

Ferdinand III　斐迪南三世（西元1608～1657年）　神聖羅馬帝國皇帝（1637～1657）、奧地利大公（1621～1657）、匈牙利國王（1625～1657）和波希米亞國王（1627～1657）。斐迪南二世和巴伐利亞的瑪麗亞·安娜所生的長子。在三十年戰爭中被否決擔任哈布斯堡軍隊的指揮後，他陰謀推翻了華倫斯坦將軍，取而代之（1634～1635）。他是奧地利宮廷中的主和派首領，曾力促進行簽訂「布拉格和約」（1635）的談判。1637年成爲皇帝時，規定在自己的領土內不容許宗教自由，但卻與歐洲的基督教新教強國妥協，並同意「西伐利亞和約」，結束中歐地區三十年以來的宗教紛爭。

Ferdinand V　費迪南德五世（西元1452～1516年）　別名Ferdinand the Catholic。西班牙語作Fernando el Católico。卡斯提爾國王（從1474年起與王后伊莎貝拉一世聯合統治到1504年），亞拉岡國王（稱費迪南德二世，1479年起），西西里國王（1468～1516），以及那不勒斯國王（稱費迪南德三世，1503～1516年）。亞拉岡國王約翰二世（1398～1479）之子。1469年與卡斯提爾公主伊莎貝拉結婚，爲了壓制兩王國的貴族勢力而與之鬥爭。作爲把卡斯提爾現代化的一部分，他們下令取締天主教以外的一切宗教，設立異端裁判所（1478），逐出猶太人（1492）。1492年征服了格拉納達，從而支持哥倫布橫渡大西洋尋找新大陸。他還把勢力擴張到地中海地區和非洲。1503年征服那不勒斯後，西班牙在義大利戰爭期間，遭逢了歐洲最強大的國家法國。費迪南德藉著統一各王國爲西班牙國家，開始把西班牙帶入帝國擴張的現代時期。

Ferdinand VI　費迪南德六世（西元1713～1759年）　西班牙語作Fernando。西班牙國王（1746～1759）。是腓力五世與第一任妻子所生的次子。腓力五世受第二任妻子伊莉莎白·法爾內塞的影響，在位期間把他排除於政治圈之外。費迪南德在位期間，由於要仰仗父親的大臣實施改革，故盡量不和他們起衝突。這位第二代波旁王室出身的西班牙國王與他摯愛的妻子瑪利亞·芭芭拉是藝術和學術的愛好者和贊助人。死後，王位由異母弟查理三世繼承。

Ferdinand VII　費迪南德七世（西元1784～1833年）　西班牙語作Fernando。西班牙國王（1808、1813～1833）。查理四世之子。1808年法軍入侵西班牙時，曾逼他父親退位，暫時立他爲王。不久，拿破崙立他的長兄約瑟夫·波拿巴爲王，把費迪南德扣留在法國（1808～1813）。後來西班牙老百姓以費迪南德的名義（稱其爲「全名渴望者」）號召人民反抗法國入侵者。1812年獨立的西班牙人採取一部自由憲法，但1813年費迪南德返國當上國王後推翻之，實施獨裁統治。在位時期逐漸喪失大部分的西屬美洲殖民地。後來他廢除薩利克法，允許他的女兒（未來的伊莎貝拉二世）繼承王位，而不是由他的弟弟唐·卡洛斯（1788～1855）繼承，結果導致擁護卡洛斯運動。

Ferdowsi＊　菲爾多西（西元935?～1020/26?年）　亦作Firdusi或Firdousi。原名Abu ol-Qasem Mansur。波斯詩人。雖然關於這位詩人的名字有許多傳說，但對他的眞實生平卻少有人知悉。他所寫的最後一部並永垂不朽的波斯民族史詩《王書》（1010?）是以早年寫的同名散文歷史爲基礎，由近六萬對句組成，以誇耀波斯光榮的歷史爲主。據說他是爲了籌措獨生女的嫁妝，而耗費了三十五年的時間來完成這本巨著。

Ferenczi, Sándor＊　費倫奇（西元1873～1933年）　匈牙利精神分析學家。1894年在維也納大學獲醫學博士學位後曾任軍醫。1908年與弗洛伊德相識，隨即成爲弗氏「核心組織」維也納精神分析學會的成員。1913年他建立匈牙利精神分析學會，1919年在布達佩斯大學開始教授精神分析學。在探索改進治療技術的各種新途徑時，開始背離經典的精神分析方法，如提出爲矯正神經症症狀並無必要讓患者追憶某些創傷性事件，並強調讓治療師建立一種充滿愛心和容忍的氣氛。作品包括《精神分析的發展》（1925；與蘭克合著）。

Fergana Valley　費爾干納盆地　亦稱Fergana Basin。中亞西部廣闊的谷地，位於天山和吉薩爾－阿萊兩大山系之間。大部分在烏茲別克東部，部分在塔吉克和吉爾吉斯兩個共和國境內，面積22,000平方公里。是中亞細亞人口最稠密的地區之一，爲棉花、水果、生絲的主要產區。已開採的礦產有煤、石油、汞礦等。此區曾被阿拉伯人（8世紀）、成吉思汗（13世紀）和帖木兒（14世紀）征服。浩罕的君主從18世紀末開始統治這裡，一直到1876年被俄羅斯所奪。

Fergus　弗格斯　蓋爾語文學阿爾斯特故事中的國王戰士。在《奪牛長征記》中，離開阿爾斯特流亡在外的弗格斯回想庫丘林年少時的豐功偉業。另有一篇故事提到弗格斯鬼魂在7世紀發現《奪牛長征記》。葉慈也曾在詩中以弗格斯爲主題。傳說弗格斯在西元320年左右於北愛爾蘭海岸外發生船難而死，事故發生地點因此命名爲卡里克弗格斯（Carrickfergus，意爲「弗格斯之岩」）。

Ferguson, Maynard　弗格森（西元1928年～）　加拿大小喇叭手兼樂團領隊，以精湛的小喇叭高音技巧稱著。弗格森還是個青少年時，就與兄弟在家鄉蒙特婁組織一個大樂團，由他擔任領隊。1948年搬到美國，與多爾西（1904～1957）、巴尼特、肯頓同台演出，直到1956年創辦自己的大型樂團爲止。1978年他爲電影《洛基》灌錄配樂Gonna Fly Now而一舉成名。他是位多才多藝又活力充沛的演奏家（也擅長多種木管和低音管樂器），他吹奏小喇叭時音色飽滿，技法紮實，數十年來啓發了不少銅管演奏家。

Ferlinghetti, Lawrence (Monsanto) ＊　弗林格蒂（西元1920年～）　原名Lawrence Ferling。美國詩人。曾就讀於哥倫比亞大學和巴黎大學。1950年代中期在舊金山發起敲打運動，創建城市之光書店，成爲早期敲打人士活動的場所。城市之光書店也是最早刊印這一派詩人作品的書店。他的詩－－淺顯、才氣橫溢，而且要大聲朗誦－－在咖啡店和大學校園十分受歡迎。詩集包括《不可救藥的世界的畫面》（1955）、《心中的科尼島》（1958）和《無盡的愛》（1981）。

Fermanagh ＊　弗馬納　北愛爾蘭西南端一區。原爲郡，1973年在同一範圍內設爲區。主要位在厄恩河盆地，地表多山。史前便有人定居，境內散佈史前巨石和錐形石堆，多早期塞爾特基督徒古物。得文尼什島上有一座古老修道院。詹姆斯一世在位時（1603～1625），許多英國聖公會教徒定居於此。此區還是北愛爾蘭最重要的旅遊地點。首府爲恩尼斯基林。面積（包括水域）1,876平方公里。人口約55,000（1995）。

Fermat, Pierre de ＊　費馬（西元1601～1665年）　法國數學家。爲巴斯克人，曾在土魯斯學習法律，後來對外國語言、古典文學、社會科學和數學產生興趣。後來以律師爲業，獨自或與人合作在數學上突破了一些概念。他與笛卡兒同時代，他獨立發現了解析幾何的基本原理，但因爲作品在死後才發表，所以這個領域以笛卡兒的幾何知名。由於所設想的求曲線的切線及其極大、極小點的方法，而被認爲是微分法的創始人。透過同巴斯噶的通信，成爲機率論的共同創立者之一。他在數論方面的研究（尤其是整除性）得到一些重要的定理。由於他很少論證其研究成果，使別人花了好幾世紀之久在求證著名的費馬大定理。

費馬，肖像畫，列夫赫（Roland Lefevre）繪；現藏法國納博訥市政廳博物館
By courtesy of the Musees de la Ville de Narbonne, France

Fermat's last theorem　費馬大定理　在n大於2的情況下，使$x^n+y^n=z^n$成立的自然數x、y、z不存在。對此問題，法國數學家費馬於1637年在他那本巴謝所翻譯的丟番圖《算術》中寫道：「我已發現了一個眞正不凡的證明，但頁邊太小，寫不下。」數學家們長期對這個命題感到困惑，因爲他們不能證明它成立，也不能做反證，雖然已經證實許多n的特定值。英國數學家懷爾斯（1953～）在從前學生泰勒（1962～）的幫助下，完成費馬大定理的證明，終於解決了這個最著名的數學難題。

fermentation　發酵　在無氧情況下因呼吸而產生的過程。在生物學上，指細胞內酶催化產生能量的過程，在這過程中葡萄糖之類燃料分子進行無氧分解。「酵解」（葡萄糖的分解）是發酵的一種形式。酒類發酵是發生在酵母菌細胞把碳水化合物轉化成乙醇和二氧化碳。在肌肉細胞、酵母菌、某些細菌和植物體內，糖轉化過程中生成丙酮酸的反應都是相同的。亦請參閱beer、wine。

Fermi, Enrico　費米（西元1901～1954年）　義大利出生的美籍理論物理學家。畢業於比薩大學。1926年任羅馬大學理論物理學教授，開始從事研究工作（後來由狄拉克發展完備），後來提出著名的費米－狄拉克統計法。他發展β衰變的一種理論，可透過弱力應用到其他的核反應，但這個理論一直到1957年以前還未完善，當時發現弱力不能保持宇稱。費米設想出誘發人工放射性的方法，因此獲1938年諾貝爾物理學獎。他趁赴瑞典受獎的機會永離法西斯主義的義大利，而直赴美國，他在哥倫比亞大學任教，不久成爲實踐核子物理學理論的主要工程師之一。他參與曼哈頓計畫，在發展原子彈方面扮演重要的角色，1942年負責生產可控制的自持鏈式核反應的工作。1946年獲得美國國會勳章。美國原子能委員會還專門設立了費米獎金，1954年他榮獲了首次頒發的費米獎。爲紀念費米的不平凡成就，原子序數爲100的元素被命名爲鐨。

Fermi-Dirac statistics　費米－狄拉克統計法　量子力學中不可分辨的粒子體系在一組能態中所能取的兩種分布方式之一：每一個存在的分立態只能由一個粒子占據。原子的電子組態中每個電子保持各自的分離態而不崩落成一個公共態以及導電性的某些特性，就是這種不相容性造成的。這種統計性狀的理論是由物理學家費米與狄拉克創立的（1926～1927）。但費米－狄拉克統計法僅適用於如電子之類的具有半奇數角動量的粒子，即費米子。

fermion　費米子　具有半奇數角動量（自旋爲1/2,3/2）的亞原子粒子群中的任一成員，因描述其性狀的費米－狄拉克統計法而得名。費米子包括輕子、重子，以及奇質量數的原子核（如氚、氦－3、鈾－233）。費米子遵循絶立不相容原理。費米子是以粒子－反粒子對形式產生和湮沒。亦請參閱boson。

fern　蕨　一類不開花的維管植物，具有眞根、莖、複雜的葉，透過孢子進行繁殖。雖然蕨類一度與原始的木賊、石松歸爲一類，但植物學家此後即將這些鱗片狀、葉具一條葉脈的較低等植物與葉脈複雜的蕨類清楚地區別開來，後者的葉與更高等的產生種子的維管植物更爲近緣。蕨類已知約10,000～12,000種，其大小、形態差異很大。許多蕨類爲小型、脆弱的植物，有些卻呈喬木狀。蕨類的生活週期分爲形態不同的兩個階段（即世代交替）：孢子體及配子體。孢子體世代即人們在溫室及花園中熟見的成熟的多葉的形式，而配子體外形極似苔蘚。配子體世代由孢子萌發而來。孢子由成熟的孢子體所產生，爲極微小的單細胞，通常借風力散佈於遠處。蕨類葉形美觀，又易管理，故爲受歡迎的家庭花卉。

Fernando Póo ➠ Bioko

Ferrara ＊　費拉拉　義大利北部城市。靠近波河。753年史上首見記載，當時倫巴底人從拉韋納手中奪取之。後來成爲文化中心和一個公國首府，但在1598年併入教廷國後，政治、經濟地位下降。從1832年起，爲奧地利軍隊的駐紮要

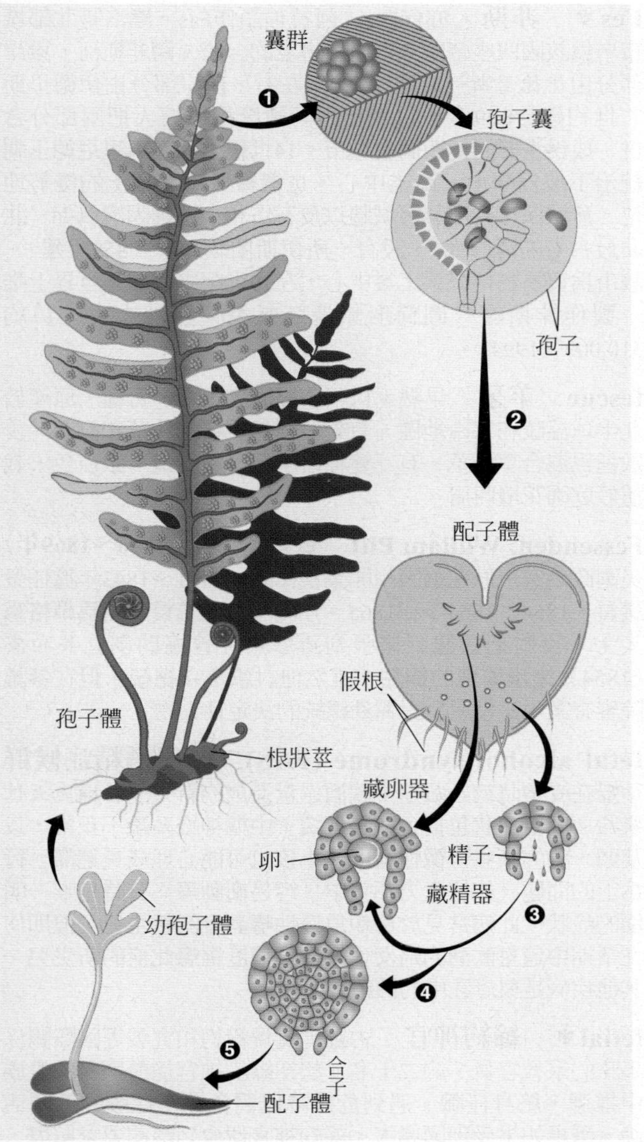

蕨的生命週期。（1）孢子囊的群體（囊群）在成蕨的下葉面生長。（2）單倍體的孢子從孢子囊散出，到地面上發芽形成微小的，通常是心型的配子體（產生配子的構造），用假根（像根的凸出物）附著於地面。（3）在潮溼的條件下，成熟的精子從精子器出發，游泳至配子體下表面產生卵子的藏卵器。（4）受精形成合子，在藏卵器內發育成胚胎。（5）胚胎最後長得比配子體更大，成為孢子體。
© 2002 MERRIAM-WEBSTER INC.

塞，1861年歸屬義大利。第二次世界大戰時遭嚴重破壞。重要古蹟包括埃當斯城堡、聖喬治大教堂和費拉拉大學（1391年設）。人口約135,135（1996）。

Ferrara-Florence, Council of　費拉拉－佛羅倫斯會議　天主教會1438～1445年召開的普世公會議，羅馬教會和希臘教會在會上謀求克服教義分歧以結束分裂。此次大公會議是由教宗尤金四世召開的，東正教的代表是約翰八世．帕里奧洛加斯和其他主教。東正教與會人士由於害怕如果沒有西方國家的支持，就要單獨面對土耳其人的威脅，所以簽下《聯合法令》（1439），但他們回到君士坦丁堡後又反悔，否認這項決議。1452年在聖索菲亞教堂正式宣布兩教會聯合，但次年鄂圖曼帝國占領了君士坦丁堡，主張聯合的一些人逃離。1448年東方主教們曾召開一次會議正式宣告費拉拉－佛羅倫斯會議無效。

Ferraro, Geraldine (Anne)　費拉蘿（西元1935年～）　美國政治人物。1961～1974年在紐約開業當律師。1974～1978年擔任紐約州昆士縣助理地方檢察官，1978～1984年擔任眾議員。1984年民主黨總統候選人孟岱爾選擇她爲競選夥伴，她成爲第一位被主要政黨提名爲副總統候選人的女性，但由於她的丈夫在財務上受到質疑調查而敗選。1992和1998年競選參議員都未成功。

ferret　雪貂　鼬科鼬屬2種獸類的統稱。普通雪貂是一種馴化的歐洲艾鼬，其大小和習性接近歐洲艾鼬，但不同的是毛色（雪貂通常爲淺黃白色）和眼睛（雪貂爲粉紅色）。有些普通雪貂體毛棕色。普通雪貂的體形亦較艾鼬爲小，身長平均51公分，包括13公分的尾長，體重約1公斤。原本飼養雪貂來抓老鼠，現在則是拿來當寵物。北美平原的黑足雪貂的雙眼之間有一塊黑色，腳和尾尖上有淺棕黑色斑紋。由於主要食物來源－－草原犬鼠已幾乎消失，所以被列爲瀕危種。

ferrimagnetism　亞鐵磁性　永磁性固體材料的一種，這種材料加上外磁場後，單個原子就自發地排列起來，有些平行或同向排列（如鐵磁性材料），另一些反平行或成對反方向排列（如反鐵磁性材料）。那些反平行排列的原子的減弱效應，使這些材料的磁化強度往往低於純鐵磁材料（如金屬鐵）。亞鐵磁性主要存在於磁性氧化物，如鐵氧體之中。在溫度超過這種鐵磁材料所特有的居里點後，形成亞鐵磁性的自發排列就完全破壞。當溫度下降到居里點以下時，亞鐵磁性又恢復。

ferroalloy　鐵合金　鐵（含量一般不大於50%）和一種或數種其他金屬構成的合金，是生產合金鋼時各項合金元素的重要來源。鐵合金的熔點通常較純金屬元素爲低，並能較迅速地與鋼水熔合。錳鐵、鎢鐵、鉻鐵、鉬鐵、鈦鐵、釩鐵和矽鐵都是脆性的，不適於直接製造成品之用，但在合金鋼生產中，他們是這些元素非常經濟的來源（從礦石生產這些純金屬元素大都困難而且昂貴）。鐵合金用有色金屬礦石、鐵或鐵礦石、煤和熔劑組成的爐料在高溫下製煉。

ferromagnetism　鐵磁性　某些不帶電材料對別的同類材料具有強吸引力的現象。鐵磁性是與鐵、鈷、鎳和一些含有以上這些元素的合金或化合物相關的一種磁性。磁性是由材料的原子的排列圖案產生，這些原子本身是由電子繞其核運動和電子繞其軸自旋產生的簡單電磁鐵。這種像小磁體一樣的原子會自發地沿同一方向排列，所以它們的磁場彼此增強。鐵磁性材料易於磁化，但當加熱到居里點以上的溫度時，會失去磁性，而冷卻到居里點以下又會變爲鐵磁性。亦請參閱ferrimagnetism。

Ferry, Jules(-François-Camille)＊　費里（西元1832～1893年）　法國政治人物。曾在第三共和初期擔任一些官職，包括巴黎市長（1870）和法國總理（1880～1881、1883～1885）。他最著名的政績是建立免費義務教育（1882），此外還採取其他反教權措施，特別是解散耶穌會和禁止教會人員在任何學校任教。在擴大亞洲和非洲的法國殖民地方面，他扮演了重要角色，但因殖民所需花費太大而激起公憤，1885年被迫下台。最後被一個瘋子槍殺。

Fertile Crescent　肥沃月彎　中東一個地區。此一術語代表了一塊肥沃的新月形地帶，在古代這裡的農業生產力可能比現在高很多。歷史上，這塊區域是從地中海東南部沿岸（阿拉伯半島北部敘利亞沙漠附近）延伸到波斯灣一帶。更擴大一些，人們也往往把埃及尼羅河流域包括在內。最早在肥沃月彎定居的農業村落可追溯到西元前8,000年左右。這裡曾是早期知名民族鬥爭、遷徙的發生地，這些民族包括蘇美人、亞述人、阿卡德人、巴比倫尼亞人、腓尼基人，以及一些閃米特部族。

fertility　生育力　指一個人或一對配偶透過正常性活動能懷孕的能力。健康的婦女在未採取避孕措施條件下一年的規律性交，約有80%都能懷孕。正常生育有賴於男方產生出足量的健康且活動的精子，以及女方要有能生育的卵。首先從男方睪丸產生的精子要經過射精管成功進入女方陰道，穿過子宮進入輸卵管，其中一個精子要能穿入一個正常的卵，而後受精卵要能植入子宮內膜。在這些步驟當中如有任何差錯皆能導致不育。

fertilization　受精　雄性細胞（精子）結合雌性細胞（卵）的生殖過程。在此過程期間，卵和精子的染色體會融合形成一個合子，合子再分裂成一個胚胎。在人類受精過程中，精子從陰道穿過子宮到達輸卵管，在此包圍了一個兩、三天前從卵巢排出的卵。一旦有一個精子融合進卵細胞膜，其外層就會擋住其他精子的進入。亦請參閱cross-fertilization、self-fertilization。

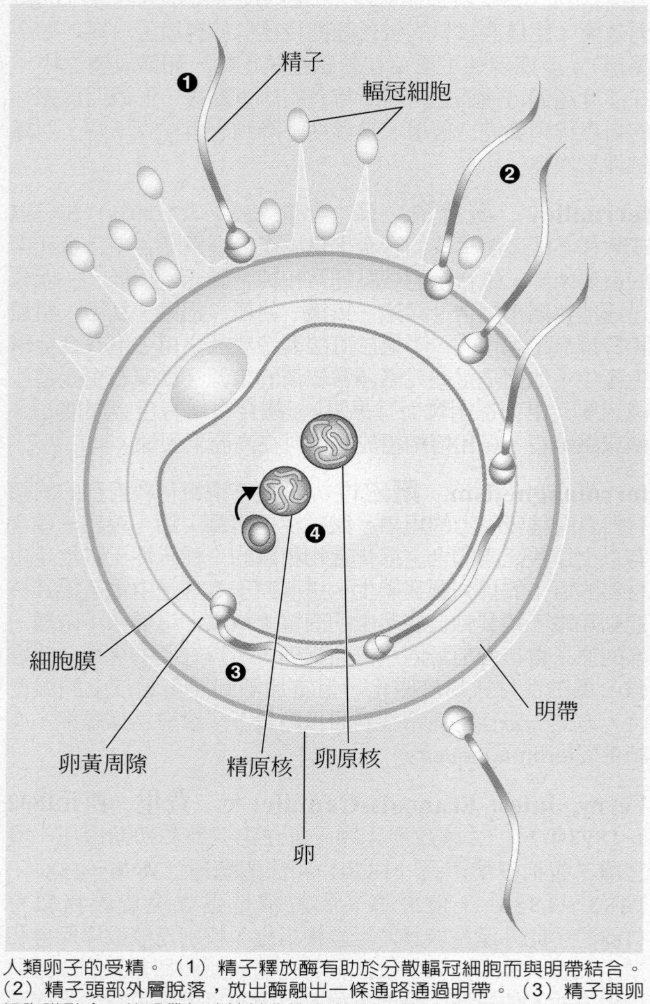

人類卵子的受精。（1）精子釋放酶有助於分散輻冠細胞而與明帶結合。（2）精子頭部外層脫落，放出酶融出一條通路通過明帶。（3）精子與卵細胞膜融合，使明帶無法被其他精子穿透。（4）精子尾部與頭部分離，精原核擴大並向著細胞中央的卵原核前進。染色體結合而形成受精卵。

fertilizer　肥料　含有促進植物生長和增產的化學元素的天然或人造物質。肥料能提高土壤的肥力，或補充土壤中被以前作物吸收的化學元素。糞肥和混合肥料的使用幾乎與農業同樣古老。現代的化學肥料含有作物所需的三大元素——氮、磷、鉀——中的一種或多種，次要元素爲硫、鎂和鈣。

Fès＊　非斯　亦作Fez。阿拉伯語作Fas。摩洛哥北部城市。爲該國四座帝國城市中最古老的一座。跨非斯河，東岸部分由伊德里斯一世建於789年左右，西岸部分由伊德里斯二世約建於809年，11世紀由阿爾摩拉維德人把兩部分合併，成爲主要的伊斯蘭教城市。14世紀中葉在馬里尼德王朝統治下成爲學術、商業中心，也繼續保持宗教上的優勢地位。舊城保存有部分舊城牆以及石塔和卡拉維因清眞寺（北非最古老的清眞寺），設有一所伊斯蘭教大學（859年建）。該市爲貿易和傳統手工業中心，在19世紀末以前是世界上唯一製作非斯帽（圓筒形無邊紅氈帽）的地方。人口約510,000（1994）。

fescue　羊茅　早熟禾科羊茅屬植物，約一百種，原產於北半球溫暖和寒冷地區。有幾個種是重要的牧草和飼草，少數種爲混合草坪草。有一變種藍羊茅草葉光滑，銀白色，栽植於庭園花壇四周。

Fessenden, William Pitt　費森登（西元1806～1869年）　美國政治家。原在緬因州開業當律師，1841～1843年擔任衆議員，1854～1864年和1865～1869年爲參議員。原爲輝格黨人士，反對把奴隸制擴張到新準州，曾協助創立共和黨（1854）來推廣他的觀點。雖然他討厭詹森總統，但在參議院審查案中是投票反對彈劾總統的決定性人物。

fetal alcohol syndrome (FAS)　胎兒酒精症候群　孕婦在受孕時或妊娠期中飲酒過量造成的新生兒各種先天性疾病。主要症狀包括：成長遲緩，中樞神經系統不正常，以及頭、臉的某些特徵性畸形。小孩也可能心理成長遲滯。行爲上的問題（如注意力不集中、容易衝動等）有時是唯一明顯的症狀。此病常見於母親爲慢性嗜酒者的新生兒，但即使在孕期中適量飲酒的婦女也會生出輕度罹患此症的新生兒。其他疾病是與母乳中的酒精有關。

fetial＊　締約神官　古羅馬負責締約和宣戰等國際關係事務的宗教官員，約二十名。起初締約神官從最顯赫的貴族中推選，終身任職。遇到危機時他們會像密探般到敵國活動。羅馬如果受別國傷害，締約神官便會到該國要求賠償。根據元老院的決定，他們也會進行締約或下戰表。到共和後期，締約神官之職逐漸廢棄，奧古斯都大帝（西元前63～西元14年在位）曾在禮儀上一度恢復此職。

fetish　拜物　相信某些物體具有神奇的力量，能夠保護或幫助擁有它的人，尤有甚者，會對某個物體產生迷信或過度的信賴或崇拜。18世紀時西非的護身符就是一個例子；美洲印第安宗教中也有很多這樣的東西。從心理學上而言，拜物是以某個物體來取代對某個人的性渴望。亦請參閱fetishism。

fetishism　戀物癖　心理學名詞，通過某個生殖器以外的、通常與性活動無直接關係的具體對象而得到性興奮和性滿足的一種性偏離。戀物通常是與異性有關的物品，如內衣、鞋或頭髮（尤其是長髮）、腳等異性身體的某些部分，但也可以是戀物癖者所迷戀的任何對象。幾乎均發生於男性。

fetus＊　胎兒　一切脊椎動物，尤其是哺乳動物的未出生的幼兒。以人類來說，指受孕（參閱embryo）後至第八週這段期間。胎兒階段代表著胎兒逐漸長大和器官系統發展完全，而至分娩（參閱pregnancy）。第三個月終止時，人類胎兒的手、腳可移動並開始有運動反應（如吸吮）。受孕後第四個月，胎兒長約13.5公分，重約170公克。第五個月時，身體長出絨毛狀的毛髮，皮膚也變得較不透明。第七個月時，生出一層有保護作用的胎兒皮脂，覆蓋在紅色、多皺紋的皮膚上。第八個月時，脂肪一直留在胎兒的皮膚上，這時胎兒約2.2公斤。一個完整的胎兒期約266天。

feudal land tenure 封建土地占用制 指租地人從領主手中獲得土地的制度。在英格蘭和法國，國王是最高的領主，其下有若干等級的較小領主，一直到占用土地的租地人。他將土地封給小領主，小領主再分給其封臣，如此往下分，最後再分給租戶。分爲自由的和不自由的兩種。在自由的占用制中，一類是騎士占用制，主要是侍從和騎士占用的土地。侍從承擔某些體面的和個人的服務；騎士就要爲國君或領主服軍役。另一類是交租但不服兵役，稱爲農役租佃。不自由的占用制主要是農奴制。亦請參閱feudalism、fief、landlord and tenant、manorialism。

feudalism 封建主義 一種17世紀時已逐漸沒落的制度，它代表了歐洲的經濟、法律、政治和社會關係，起源於中世紀。在這種制度中，封臣以領地的形式從領主手中獲得土地。封臣要爲領主盡一定的義務，並且必須向領主效忠。在更廣泛的意義上，封建主義一詞指「封建社會」，這是特別盛行於閉鎖的農業經濟中的一種文明形式。封建主義的另外一個方面是采邑制或莊園制，在這種制度中，地主對農奴享有廣泛的警察、司法、財政和其他權力。11世紀封建主義把歐洲原本失序的政治恢復原有的秩序，同時也成爲日後形成強大君主勢力的基礎。封建主義也傳到一些非西方社會地區，在那裡可以看到類似中世紀歐洲的組織。儘管封建主義到14世紀末已經不再是一種政治的和社會的力量，但它仍然在歐洲社會中留下了自己的烙印。它對現代形式的立憲政府的形成產生了極大影響。

Feuerbach, Ludwig (Andreas)＊ 費爾巴哈（西元1804～1872年） 德國哲學家。著名法學家保爾·馮費爾巴哈的兒子。曾在柏林隨黑格爾學習，後來放棄黑格爾的觀念論，轉而追求自然的唯物主義。在其第一部作品《論死與不朽》（1830）中，他抨擊個人不朽的概念。繼《阿伯拉德和赫羅伊絲》（1834）和《比埃爾·培爾》（1838）之後，他又發表了《論哲學和基督教》（1839），在書中，他宣稱「基督教事實上不僅早已從理性中消失，而且也從人類生活中消失，它只不過是一個固定不變的觀念」。在《基督教的實質》（1841），認爲人就是他自己的思考對象。將宗教歸結爲對無限的認識。他的某些觀點後來受到馬克思、恩格斯和其他領導勞工反對資本主義的人的贊同。

Feuillants, Club of the＊ 斐揚俱樂部 法國大革命時期保守的政治俱樂部，以在巴黎土伊勒里宮附近的前斐揚修道院集會得名。1791年由一批離開雅各賓俱樂部的議員組成，他們對要求更換國王的請願書表示抗議。這些議員害怕革命持續下去，終將摧毀君主制和私有財產。斐揚派在立法議會中成爲一個有實力的集團，反對民主運動，主張君主立憲。但隨著1792年君主制被推翻，斐揚俱樂部也隨之消亡。

fever 發熱 亦作pyrexia。異常升高的體溫，或以異常升高的體溫爲特徵的疾病。發熱的最常見的原因是感染。從口腔量的正常體熱不會超過37.2℃，超過40.6℃可使病人疲勞虛弱，此時給予病人阿斯匹靈、對乙醯氨基酚或其他解熱的藥。超過42.5℃以上的發熱可以引起驚厥，甚至危及生命。治療發熱首先要查明病因，然後對症下藥。發熱可興奮各種生理活動、增加白血球數量和增強機體免疫功能；此外，對於那些生存溫度範圍很窄的致病微生物來說，發熱直接破壞了它們的生存環境。

Feydeau, Georges(-Léon-Jules-Marie)＊ 費多（西元1862～1921年） 法國劇作家。他是演員兼導演，在1881～1916年間寫了三十九部劇本，所作鬧劇則達到了法國戲劇的新高峰。他更重視複雜的機械道具和精巧的舞台布景的應用，但其鬧劇的成功主要在於情節，代表作均具有構思出人意外的特點，通常靠比較牽強的人物身分的誤會來鋪墊，然後從具體細節上展開，但節奏上不顯拖沓。著名劇作有《馬克西姆家來的貴婦人》（1889）、《惡語傷人》（1907）和《留神阿美莉》（1908）。其鬧劇一直是法蘭西喜劇院的傳統劇目。

Feynman, Richard P(hillips)＊ 費因曼（西元1918～1988年） 美國理論物理學家。自普林斯頓大學取得博士學位。第二次世界大戰期間，參與曼哈頓計畫。1950年起在加州理工學院任教。費因曼圖是他創造的解決問題的工具。由於他在量子電動力學出色的成就，而與美國施溫格（1918～）和日本朝永振一郎（1906～1979）共獲1965年諾貝爾物理學獎。他還擔任1986年「挑戰者號」失事原因的鑑定工作。他是有名的才子，寫了多部關於科學的暢銷書。他的研究工作是在理想的密封實驗裝置中，把光、無線電、電和磁等所有變化的現象聯繫在一起，從而改變了理解波和粒子本性的方法學。

Feynman diagram 費因曼圖 美國理論物理學家費因曼發明的表示基本粒子相互作用的圖解法。他在發展量子電動力學期間，引進了線圖作爲推算電子和光子之間發生的物理過程的輔助手段。費因曼圖包含兩根軸，一根軸代表空間、另一根軸代表時間。用直線代表電子；用波紋線描繪光子。粒子間基本相互作用就以一個「頂點」（即3條線的交會點）的形式出現在費因曼圖上。費因曼圖現在用於描繪所有類型的粒子相互作用。

Fez ➠ Fès

Fezzan＊ 費贊 阿拉伯語作Fazzan。古稱Phazania。利比亞西南部歷史地區，爲撒哈拉沙漠的一部分。近200,000居民居住在綠洲中，費贊南部以生產椰棗著稱。西元前1世紀爲羅馬人征服，至西元7世紀時爲阿拉伯人占領，1842年成爲鄂圖曼帝國的一部分。1912年費贊被義大利人占領，屬的黎波里；後來成爲利比亞聯合王國的一個省（1951～1963）。

Fianna Fáil＊ 替天行道士兵黨 亦譯「愛爾蘭戰士黨」。愛爾蘭主要政黨，有時也稱共和黨。1926年5月正式成立，原由反對1921年愛爾蘭同英國締結條約的人組成，這一條約規定成立「愛爾蘭自由邦」。該黨由德瓦勒拉組織及領導，1932～1973年間還是主要政黨，但從1960年開始，得依靠別的政黨的支持。1980年代和1990年代，它又重掌政權。該黨一直受到愛爾蘭統一黨的反對。

Fiat SpA 飛雅特公司 跨國控股公司和義大利汽車、卡車、工業車輛和部件的大製造商，義大利境內最大的家族企業。總公司設在杜林。1899年由喬凡尼·阿涅利（1866～1945）創建，1906年改組爲其繼承公司，取現名；他一直領導公司至1945年去世爲止。他的孫子喬凡尼·阿涅利（生於1921年）於1966年成爲董事長。1979年公司轉型成控股公司；1986年購得製造跑車的愛快·羅密歐汽車公司。它所生產的汽車牌號甚多，其中有法拉利和蘭吉雅。該公司除製造農場設備、掘土機械和大量各種車部件外，還經營零售、化學品和土木工程的企業。

Fibber McGee and Molly 《菲柏·麥吉與茉莉》
➡ Jordan, Jim and Marian

fiber, dietary 膳食纖維 人類的小腸不能消化而僅在大腸部分消化的食材。飲食的纖維有益身體，因其可以減輕並預防便祕，似乎因此降低結腸癌的風險；降低血漿的膽固醇濃度可減低罹患心臟病的風險。纖維可以延緩胃內停滯，提供飽足感。典型的美國飲食缺乏纖維，近年因醫師極力主張，食用量增加。全穀、蔬菜、堅果及水果都是不錯的來源。亦請參閱nutrition。

fiber optics 光纖 研究讓光經由微細而透明的纖維以傳輸資料、聲音和影像的一門科學。在電子通訊領域中，光纖技術實際上已取代了銅纜用於長途電話，並被用來在區域網路中連結電腦。以數位化的光脈衝代替作爲信號的電流。光纖應用到電信業，通常利用它可使紅外光經由纖維穿越100公里甚至更遠而不用中途經中繼器增強。在內視鏡或工業中使用的纖維內視鏡檢測則採用可見光波長，用一束光纖讓光照亮被檢驗的區域，另一束則作爲伸長的鏡片將影像傳送到人眼或攝影機。

fiberglass 玻璃纖維 亦作glass fiber。纖維狀的玻璃，主要用作絕緣體和塑膠增強材料，1930年代發展而成。爲製作連續不斷的纖維，將液態玻璃注入一個刺有幾百個細小噴嘴的容器，通過噴嘴形成細小的液流。這些液流凝固後被集爲一股，繞上一個線軸。成股的玻璃纖維隨後可以盤繞或搓合成紗，織成布，或切成短段然後編成薦墊。玻璃纖維織物是一種極佳的隔音隔熱絕緣體，常用於建築物、用具或管道設備；還可作爲抗電絕緣體和強化帶而用在汽車輪胎中。

Fibiger, Johannes Andreas Grib* 菲比格（西元1867～1928年） 丹麥病理學家。發現大鼠因吃過感染瘤筒線蟲的蟑螂，使得胃組織發生炎症，而形成腫瘤。後來他用感染瘤筒線蟲的蟑螂飼餵小鼠及大鼠而誘發胃癌。這項工作使他獲得1926年諾貝爾生理學或醫學獎。儘管現已證明，菲比格的鼠致癌的主要原因是維生素A缺乏，而寄生蟲所起的致癌作用微不足道，組織刺激只是多種直接致癌原因之一，但他的發現卻促成了化學致癌物的生產。

Fibonacci sequence* 斐波那契數列 數學中的數列，在植物學和其他自然科學中用處極大。始於兩個1，每個新項出自前兩項的和：1, 1, 2, 3, 5, 8, 13……。13世紀數學家比薩的萊奧納爾多（亦稱斐波那契）發現這個序列，但沒有探索其用途——後來證實是廣泛而多樣的。舉例來說，大部分類型之花朵的花瓣數目和涉及分枝模式、種子形成模式的數目源於斐波那契數列。任何兩個連續項的比率在項數變大時接近黃金比的值。

fibrillation ➡ atrial fibrillation、ventricular fibrillation

fibrolite ➡ sillimanite

Fichte, Johann Gottlieb* 費希特（西元1762～1814年） 德國哲學家及愛國者。受到康德批判哲學及其作品《純粹理性批判》（1788）的激勵，寫了《以認識科學爲基礎的倫理科學》（1798）一書，這是他的重要著作。他從一個最高原理——「自我」——出發，推出一切其他知識，由此證明實踐的（道德的）理性是一切知識和整個人類的絕對基礎。認爲「自我」必須以純思維爲前提。繼承了康德關於純粹理性、實踐理性假設上帝存在的學說，但又試圖將康德的理性信仰造成一種純理論的知識，作爲他的科學理論和倫理學理論的共同基礎。在他著名的《對德意志民族的演講》（1807～1808）文章中，他企圖結合德國國家主義者來對抗拿破崙。他被認爲是一位偉大的先驗的觀念論者。他的兒子伊曼紐爾·赫曼·費希特（1796～1879）也是一位哲學家。

費希特，平版畫：齊默爾曼（F. A. Zimmermann）根據德林（H. A. Daehling）的畫作複製
Deutsche Fotothek, Dresden, Ger.

Ficino, Marsilio* 菲奇諾（西元1433～1499年） 義大利哲學家、神學家和語言學家。他對柏拉圖和其他古典希臘作家的作品的翻譯和注釋促成了佛羅倫斯柏拉圖主義的文藝復興，影響歐洲思想達兩個世紀之久。他認爲柏拉圖的思想是最崇高的精神表現之一，只有基督教的眞理能超過它。柏拉圖的和基督教的關於愛的概念可以並行不悖，人類的愛和友誼的最高形式就是最後以人對上帝的愛爲基礎的神交。他對柏拉圖主義的解釋對後來的歐洲思想產生廣泛的影響。他的重要著作有《柏拉圖的神學》（1482）和《論基督教》（1474）。

fiddler crab 招潮蟹 甲殼亞門十足目招潮屬約65種蟹類的統稱。雄體的一螯總是較另一螯大得多，有點像小提琴，故得其英文名。雌體的二螯均相當小，如果雄體失去大螯，則原處長出一個小螯，而原來的小螯則長成大螯，以代替失去的大螯。在溫、熱帶海灣數量很多。生活於水下的洞穴中，穴深可達30公分，取食藻類和其他有機物。北美的常見種均爲2.5～3公分大小，見於北大西洋沿岸。

Fides* 菲狄斯 古羅馬女神。象徵信義，監督羅馬人的品德，同朱比特關係密切。西元前254年在卡皮托利尼山朱比特神殿旁建有她的廟。她在羅馬時代後期通稱公義女神，祐護條約和其他公文，這些文件都存放在她的廟裡。

fiduciary* 受託人 法律上，指法律要求他專門爲他所代表的人的利益行事而對後者的財產據有相應的權力和受到信任的人，例如代理人、遺囑執行人、遺產管理人、受信託人、監護人和法人的職員均爲受託人。受託人不同於日常商務關係中的當事人，在後一種情況中，各方都可以自由地從他與對方的交易中尋求純屬個人的利益。

Fiedler, Arthur* 費德勒（西元1894～1979年） 美國指揮家。在柏林學習後於1915年加入波士頓交響樂團。1920年代指揮自組的小型樂團及不同的合唱團並灌錄唱片，1929年組織波士頓廣場露天音樂會。1930年起任波士頓大衆交響樂團指揮，享有盛名。

fief* 領地 在歐洲封建社會裡，這是封臣以服役作爲交換條件從他的領主手中得來的土地，爲他收入的來源。領地構成封建社會的中心制度（參閱feudalism）。它通常由附有若干農奴的土地構成。土地能養活封臣並使之能爲領主效騎士之勞。土地之外，榮譽、職司及財物租金也以采邑或領地形式頒發或償還。

field 場 物理中各點受力影響的區域。物體落地是因爲它們受到地球引力場的影響（參閱gravitation）。把一張紙條置於磁鐵圍繞的磁場中，會被拉向磁鐵，而二個類似的磁極在其中一個置於另一個的磁場時，會互相排斥。磁場圍繞電荷；當另一個帶電粒子被置於該區時，它會經受一種吸引或排斥的電力。場的強度也就是粒子區的力量，可用場線來代表：線條越密，場中那一部分的力量越強。亦請參閱electromagnetic field。

Field, Marshall　菲爾德（西元1834～1906年）　美國芝加哥百貨商店的老闆。農家子，十六歲在一布店當小伙計，很快成爲熟練的推銷員。到芝加哥後，先後與人合股經商十多年，1881年成立馬歇爾·菲爾德公司。他主張爲顧客服務，任意其賒購、不二價和包退包換。他的百貨公司是第一家爲顧客設有餐廳的百貨公司。

Field, Sally　莎莉菲爾德（西元1946年～）　美國女影星。出生於加州帕沙第納。從電視起家，曾在不爲人知的電視節目*Gidget*（1965～1966）和《快樂的修女》（1967～1970）中演出，後來進入演員工作室（1973～1975）因而展露演藝才華。在電視電影《西碧兒》（1997，獲葛萊美獎）展露頭角，成爲好萊塢知名實力派演員，才曾在《諾瑪蕊》（1979，獲奧斯卡獎）、《冤家路窄》（1981）、《心田深處》（1984，獲奧斯卡獎）、《鋼木蘭》（1989）等片有吃重的角色。其他作品還包括：《頭條笑料》（1987）、《窈窕奶爸》（1993）、《以眼還眼》（1996）等。

Field, Stephen J(ohnson)　菲爾德（西元1816～1899年）　美國最高法院大法官。與兄長，著名的法律改革者大衛·杜德里·菲爾德（1805～1894）一起在紐約學習法律。1849年移居加州，稍後進入州最高法院工作。1863年被任命爲美國最高法院大法官，一直擔任該職到1897年。他基於保障公民權的憲法第14條修正案（1868），主張用憲法手段使南北戰爭後迅速發展中的美國工業大部分免受政府節制。按照他的解釋，該修正案保障的公民的特權和豁免權包括享有經營企業而不受政府干預的權利，這個觀點從1890年代直到1930年代在法院中占上風。

field hockey　曲棍球　由兩隊進行對抗的戶外球類運動，每隊11人，在長91.4公尺寬55公尺的場地上，用曲棍末端擊打小硬球攻入對方球門。19世紀晚期英國學校開始玩曲棍球，英國軍隊將這種運動帶進印度和遠東地區。1928年成爲印度的國家運動。1908年奧運會將男子曲棍球列入正式比賽項目，女子組則在1980年列入。該運動於1901年引進美國，在女子學校、學院和俱樂部特別受到歡迎。每年都會舉行幾次國際性的錦標賽，其中包括了世界盃。

field mouse　田鼠　亦作wood mouse。泛指棲息於田野的鼠類，但嚴格說專指齧齒目鼠科姬鼠屬約7種鼠類的統稱。體小，尾長，典型鼠形。棲息在歐亞大陸熱帶和溫帶地區的田野、林地和山地草甸。淺灰色、淺褐色或淺紅褐色。體長6～12公分不計尾長）。它們居於洞穴，用草及其他植物作窩。吃種子、根和植物其他部分。常對農作物或幼苗造成傷害。

Field of Cloth of Gold　金縷地　法國加萊附近的一個地點，1520年6月英王亨利八世和法王法蘭西斯一世在那裡會見。在此分別爲兩位國王打造了兩處臨時的行宮，並準備了騎馬比武賽和其他的娛樂。雖然會議的排場不小，其政治效果卻微乎其微。7月，亨利在加萊附近又會見了法王的勁敵神聖羅馬帝國皇帝查理五世，他們達成協議在兩年內不與法國作新的結盟。

field theory　體論　數學上高等代數學的分支，處理特殊類型的系統，由物體（例如數）的集合與兩個結合運算（例如加與乘）構成。這些元素合起來滿足公設規定，物體的集合在加法下構成交換群（參閱group theory），若排除零則集合在乘法也是交換群，且兩種運算滿足分配律a（b + c）= ab + ac。最常見的體是有理數、實數以及複數，與正常的加與乘。對多項式與其解的研究，導致體論的發現。

field trial　獵犬現場追獵選拔賽　各種獵犬在近似或模擬打獵現場的條件下進行的比賽，參加比賽的狗的品種不必相同。獵鳥狗的選拔標準爲奔跑速度、連續奔跑里程、追獵能力、反應力、尋找獵物能力、姿態以及強度，對於獵獸狗的選拔標準則是追獵能力、嗅覺和跟蹤獵物的能力。

Fielding, Henry　費爾丁（西元1707～1754年）　英國小說家和劇作家。曾就讀於伊頓公學。一生共寫了二十五部劇本，全部都是早期的作品，內容均爲諷刺當時的政治腐敗現象；由於語言犀利，後被逐出戲劇界，所以他開始學習法律。1748年被任命爲地方治安法官，他在倫敦地區建立了新的司法傳統和有力地打擊了當地的犯罪活動。他可能寫了《夏美勒·安德魯斯夫人生平的辯護》（1741）以諷刺理查生的小說《帕美勒》，其中嘲笑了理查生的溫情主義和謹小慎微的道德觀。《約瑟夫·安德魯斯》（1742）也是一本嘲笑理查生的小說。《湯姆·瓊斯》（1749）是他最受歡迎的作品，書中刻畫了衆多人物，描寫倫敦和外省上、下層社會鮮明對照的生活。而《阿米麗亞》（1751）這部書主要反映了維多利亞時代和社會的罪惡和弊病。這些作品發展出英國小說的那種全面反映當代社會的寫實主義傳統。

fieldlark ➠ pipit

Fields, Dorothy　菲爾茨（西元1904～1974年）　美國抒情詩人與歌劇作詞家。生於新澤西，家庭成員在劇院相當活躍（父親路易是喜劇演員與主持人，二個兄弟赫伯特和約瑟夫都是歌劇作詞家），菲爾茨教戲劇和寫詩，後來與麥克休合作，爲百老匯與以諷刺劇出名的棉花俱樂部寫歌，包括〈我能給你的只有愛〉、〈街道向陽處〉。後來又與克恩合作，爲好萊塢寫了不少歌曲，包括〈今宵你的容顏〉。回到百老匯後，開始爲許多音樂劇寫書或作詞，代表作有《飛燕金槍》（1946）、《生命的旋律》（1996）。

Fields, Gracie　菲爾茨（西元1898～1979年）　原名Grace Stansfield。受封爲Dame Gracie。英國雜耍場中的女喜劇演員。孩提時即在雜耍場中演出，後在巡迴演出時事諷刺劇《倫敦塔先生》（1918～1925）時因扮演莎莉·珀金斯而成名。1928～1964年應邀作了九次表演。灌製的唱片及在電台、電影和電視中的演唱使其蜚聲國際。

Fields, W. C.　菲爾茲（西元1880～1946年）　原名William Claude Dukenfield。美國演員及電影編劇。原從事輕鬆歌舞雜耍的表演並獲得相當的成就，1915～1921年間他在百老匯的齊格菲時事諷刺劇團表演滑稽雜耍節目。因在舞台劇《罌粟花》（1923）出色的表現，使他得以在該部戲的改編電影《薩利》（1925）中演出。他以擅長諷刺及裝腔作勢的幽默表演而成爲美國最傑出的喜劇演員之一。他的銀幕形象很有特色，一位傲慢但心地善良的空談家，他不喜歡小孩和狗，偶爾還受到一個愛嘮叨數落的妻子的虐待。他演出的電影中，大部分是改編自他的作品，如《你不能欺騙一個誠實的人》（1939）、《我的小山雀》（1940）、《賭場老闆狄克》（1940）和《別跟傻瓜講公道》（1941）。《塊肉餘生記》裡的米卡博先生，是他演出的唯一的嚴肅角色。

Fiesole, Mino da ➠ Mino da Fiesole

Fife　法夫　蘇格蘭東部議會區和歷史郡。占有一個半島，伊登河向東北流經法夫區中部。古代法夫爲一匹克特人的獨立王國，後為蘇格蘭王國七個伯爵領地之一。現代的法夫東北部為農業區，西南為工業區。法夫的工業經濟傳統以來嚴重依賴採煤業，但今日已為製造業和輕工業取代。行政中心設於格倫羅西斯。面積1,323平方公里。人口約349,200（1999）。

Fifth Republic　第五共和　從1959年到現在的法國政府體制。在戴高樂擬定的憲法以及德布雷的協助下，行政權的擴張取代了國民議會。1959年戴高樂當選總統之後開始實施，德布雷則擔任總理。1962年戴高樂推動一個憲法修正案，將總統改為直接民選。1965年他成了法國自1848年以來的第一任民選總統。其後的繼任者分別為龐畢度（1969～1974年在位），季斯卡・德斯坦（1974～1981在位），密特朗（1981～1995年在位），以及席哈克（1995年起在位）。

fig　無花果　桑科榕屬（即無花果屬）植物，尤指Ficus carica（普通無花果）。該種原產土耳其的亞洲部分至印度北部，自然分布於地中海沿岸多數國家，果是有名的商品水果。在地中海沿岸國家，無花果廣泛供鮮食或製乾果。無花果為落葉灌木或小喬木，葉寬，粗糙。世界各地栽培的無花果品種多達數百，是世界最古老的栽培果樹之一。其果實中鈣、磷、鐵含量高。

Figaro, Le　費加洛報　在巴黎發行的晨報，曾是法國及世界重要的報紙之一。1826年創刊，原是刊載有關藝術界的諷刺小品和逸文趣事的單張小報，到1866年已是有法國一流作家參與撰稿及發表政治言論的日報。雖然曾經聲名不佳，但第二次世界大戰時又躋身法國早報的領袖地位。第二次世界大戰後，成為法國中上層社會的代言人，戰後逐漸增加關於醫學等科學、娛樂、藝術世界和文學動態的報導。1960年代和1970年代，因報社內部引發了受雇員工和領導權的衝突。1975年起，報社由保守的布里松領導，直到1996年他去世為止。

fighter aircraft　戰鬥機　主要用在空戰中殲滅敵機以獲取對主要空域控制的飛機。戰鬥機必須具有盡可能高的性能以便在飛行速度和機動性上都超過它的對手，它必須裝備能擊中並摧毀敵機的專門武器。早在第一次世界大戰時，它就用來與別的飛機戰鬥，擊落轟炸機並執行各種戰術任務。這些飛機大部分是雙翼機，用木質機體和布質蒙皮製成，配備加上協調裝置的輕機槍，穿過螺旋槳旋轉的空隙而射擊。在第二次世界大戰中，全金屬的單翼機時速超過725公里。當時著名的戰鬥機有德國的「FW-190」、美國的「P-47雷電式」和「P-51野馬式」及日本的「零式」。戰爭末期發展出噴射機，在韓戰和後來的衝突中曾大量使用，著名的有美國的「F-86」和蘇聯的「米格戰鬥機」。亦請參閱air warfare、F-15、F-16、night fighter。

Fighting Falcon　戰隼式戰鬥機 ➡ F-16

fighting fish　鬥魚 ➡ Siamese fighting fish

Figueres (Ferrer), José＊　菲格雷斯・費雷爾（西元1906～1990年）　哥斯大黎加政治人物，曾任總統（1948～1949、1953～1958、1970～1974）。曾在哥斯大黎加、墨西哥及美國受教育。因批評卡爾德隆的右翼政府而被流放，1948年領導一次暴動，強迫卡爾德隆讓出總統位置給經民主程序選出的烏特拉。菲格雷斯領導的軍政府制訂一份新憲法，除其他改革外，廢除軍隊，給予婦女選舉權。1949年烏拉特再次執政。菲格雷斯於1953年以壓倒多數當選總統；他是個溫和的社會主義者，主張親美，並堅決反對共產黨。1970年再次當選總統，他成為「民主左派」的象徵；在他的主政下，哥斯大黎加也成為該地區最穩定和最民主的國家。

figure of speech　辭格　一種傳情達意或突出效果的表達方法，通常表現為將一物與另一種內涵意義更為讀者或聽眾所熟悉的事物相對比或對照。辭格作為語言的一個主要部分，既見於口頭文學，也見於精雕細琢的詩歌和散文，以及日常語言中。辭格的一般形式包括明喻、隱喻、擬人、誇張、反語、頭韻、擬聲和雙關語。

figure skating　花式滑冰　滑冰者（單人或雙人）以優美姿勢在冰面上滑出規定圖案、表演各種技巧的一項運動。花式冰刀有半弧形淺槽，兩邊有鋒銳刀刃，前端呈鋸齒狀。直到1991年，男女比賽都包括了規定圖形。花式滑冰比賽於1908年和1920年舉行的奧運會中列為比賽項目，並成為1924年開辦到冬季奧運會的正式比賽項目。個人賽項目包括選手在自選音樂的伴奏下的兩次自選動作的表演。短曲部分的技巧性表演要包含一定量度規定動作；長曲的表演則沒有專門的要求，設計應能使選手的技巧和優美得到最好的發揮。雙人滑為男女兩人共同滑行，完成自選項目動作，其特點為托舉。花式滑冰的評分分成技術和藝術印象兩部分來評定。亦請參閱ice dancing。

前蘇聯的戈爾蒂耶娃（Yekaterina Gordeyeva）與格林科夫（Sergey Grinkov）在1988年布達佩斯世界花式滑冰錦標賽中表演托舉
All-Sport USA/Vandystadt

figurehead　船身裝飾　在船舶的某些重要部位如船首的裝飾性表記或圖像。可以是一種宗教的表記，也可以是一種顯示國籍的徽號或是說明船名的圖像。裝飾船舶的習俗大概起源於古代埃及或印度，後來中國人、腓尼基人、希臘人及羅馬人也有這種習俗。早在西元前1000年，藉助於船首及船尾不同的雕刻和繪畫，使船舶有所區別。維京人建造的船隻，其船首較高，伸出的船首有著嚇人的裝飾物，與拜約掛毯上所見到征服者威廉一世的船隻類似。歷史上船身裝飾的大小不一，從45公分到2.5公尺不等。船身裝飾流行於第一次世界大戰之前，此後不再採用。

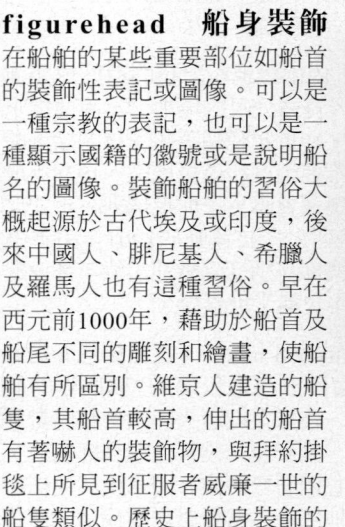

約西元800年維京人在奧斯陸的船隻上之船身裝飾，現藏奧斯陸國家古物博物館
© Universitetets Oldsaksamling, Oslo, Norway; photographer, Eirik Irgens Johnsen

figwort　玄參　玄參科玄參屬植物。約200種，原產於北半球空曠林地。植株高大，花褐色或綠色，生於大的分枝花序上。

Fiji　斐濟　正式名稱斐濟共和國（Republic of Fiji）。斐濟文為Viti。南太平洋的國家和群島。位於萬那杜以東，薩摩亞西南方。面積約18,274平方公里。人口約827,000（2001）。首都：蘇瓦。斐濟人主要以美拉尼西亞人和玻里尼西亞人的混血種族為主。語言：英語和斐濟語（均為官方語）。宗教：衛理公會和印度教（亞洲人中的少數印度人）。貨幣：斐濟元（F$）。位於紐西蘭以北2,100公里，由大約

540個小島和300個島嶼組成，其中約100個島嶼有人居住。主要島嶼是維提萊武島和瓦努阿萊武島。自1881年還包括羅圖馬島，該島位於蘇瓦西北640公里處。兩個最大的島嶼原來都是多山或火山地形，由人口稠密的沿海地區上升至中部山區。較小的島多由珊瑚礁組成。主要河流所形成的海岸三角洲，含有斐濟大部分肥沃的可耕地。屬熱帶海洋性氣候。市場經濟大部分依賴農業（特別是糖製品）、旅遊業和輕工業；也產金、銀和石灰岩等礦產。政府形式是共和國，兩院制。國家元首是總統，政府首腦爲總理。考古發掘顯示，西元前2千紀後期，斐濟即有人定居。約西元前1300年他們已會製陶。16世紀荷蘭人是最早來此的歐洲人；1774年英國的科克船長也到過這裡，並發現了一個美拉尼西亞人和玻里尼西亞人混合的複雜社會體。1835年始有商人和傳教士到達此地。1857年英國派遣領事。1874年斐濟成爲英國直轄殖民地。1970年斐濟終獲獨立，加入國協。1987年經過軍事政變後，宣布成立共和國。1992年恢復文人政府。1997年新憲法獲得批准。

Filarete＊　菲拉雷特（西元約1400～1469年）　原名爲Antonio di Pietro Averlino。義大利建築師和雕塑家。曾在佛羅倫斯隨吉貝爾蒂學習建築。1451年起爲米蘭公爵斯福爾札工作，設計的米蘭麥吉奧醫院（1457～1465）是倫巴底最早的文藝復興建築之一。《建築論說》是他的重要著作，闡述了一座理想的文藝復興城市，名叫斯福青達。其中他所想像的內容之一是十層樓的善惡之塔，底層爲妓院，第十層爲天文台。

filarial worm　絲蟲　線蟲綱動物。幼蟲生活於吸血昆蟲（中間宿主）體內，成蟲生活於被昆蟲叮咬的動物（終末宿主）體內。雌蟲產出大量微小、活躍的幼體（微絲蚴），進入宿主的血流內，當昆蟲叮咬宿主動物時微絲蚴隨血液進入昆蟲體內，在其肌肉內發育成感染性蚴，在昆蟲再吸血時感染性蚴鑽入被叮咬的動物體內，在那裡完成發育。亦請參閱heartworm。

filbert　榛　亦稱hazel(nut)。樺木科榛屬植物及其可食堅果，約15種灌木和喬木，原產於北溫帶。歐洲榛和大榛及其雜交種均產優質堅果。有的品種是珍貴的綠籬和觀賞樹種。歐洲榛的油可供食用或製香料和肥皂，其紅白色軟質木材可製小件物品如工具柄及手杖等。

file　銼刀　金屬加工用淬鋼製工具。呈條狀或棒狀，縱面上隆起許多細小切削刃，用來使製品尤其是金屬製品磨光或成形。其切削或磨光一般是手工操作，在工件上摩擦而成。齒形一般有三種：單刃、雙刃及粗銼。單刃銼工作面上有平行齒列對角排開；雙刃銼工作面上齒列交叉排開；粗銼齒頂稍鈍，齒隙較大。粗銼往往很粗糙，主要用於木材和各種軟材料的加工。

file transfer protocol ➠ FTP

filibuster　阻撓議事　美國參議院中使用的一種會議拖延戰術，即當少數參議員（有時甚至只有一個參議員）試圖在表決前廢除或改變一個議案時，通過冗長的演說方法，使大多數參議員作出讓步或撤銷議案。在眾議院，演說有時間限制，但參議院則容許對一個議案進行無休止的辯論，而發表的演說也可與爭論的問題完全無關。用提付表決來終止辯論，或24小時連續會議使少數議員感到疲憊，這些都是用來挫敗阻撓議事的措施。

Fillmore, Millard　費爾摩爾（西元1800～1874年）　美國第十三任總統（1850～1853）。家境貧寒，十五歲時被送去當梳理羊毛工學徒。後隨一位地方法官學習法律，1823年取得律師資格。1828～1834年支持標榜民主和自由的反共濟黨，追隨他的政治導師威德參加輝格黨，不久即被公認爲該黨北方派的傑出領袖。他擔任眾議員（1833～1835,1837～1843），並成爲參議員亨利·克雷的忠實追隨者。1848年輝格黨提名他爲副總統候選人，後來與泰勒一起當選。1850年7月總統泰勒去世後，他成爲美國總統。費爾摩爾雖然自己對奴隸制深惡痛絕，但支持「1850年妥協方案」，覺得在能夠取消奴隸制而又不破壞國家統一之前，必須容忍奴隸制存在，並給予憲法的保障；堅持聯邦政府要執行逃亡奴隸法。由於這種立場，使他在北方地區極度不得人心，導致他在1852年輝格黨提名大會上被司各脫擊敗，更導致整個政黨的消亡。在整個從政時期，他一直鼓吹美國國內的發展，並且很早就支持向太平洋擴張，1853年派遣海軍准將伯理率美國艦隊前往日本，強迫日本政府改變閉關鎖國的傳統政策，與西方發生貿易和外交關係。1856年一無所知黨提名他競選總統，慘敗後，他退隱水牛城。

費爾摩爾
By courtesy of the Library of Congress, Washington, D. C.

film ➠ motion picture

film noir＊　黑色電影　（法語意爲「黑色電影」〔black film〕）呈現現實的黑暗或宿命的電影類型。此術語用於1940年代末與1950年代初的美國電影，描寫黑社會的醜惡犯罪行爲及憤世嫉俗的角色，通常在夜間或陰暗的室內拍攝。這種類型的電影有約翰休斯頓的《梟巢喋血戰》（1941），柯蒂斯的《北非諜影》（1942），希區考克的《意亂情迷》（1945）及懷德的《雙重保險》（1944）、《紅樓金粉》（1950）。這股潮流到了1950年代中幾乎消失，但仍有幾部傑出的作品，像是羅曼波蘭斯基的《唐人街》（1974）及佛瑞爾斯的《騙徒》（1990）。

film theory　電影理論　解釋電影本質及其對觀眾產生情緒與心理作用的理論。電影理論將電影當成一種藝術形式。亦請參閱auteur theory、documentary film、Eisenstein, Sergei (Mikhaylovich)、film noir、New Wave。

filter-pressing　壓濾作用　在侵入岩體的結晶過程中發生的，靠壓力使岩體內隙間的液體與晶體分離開的一種作用。當晶體在岩漿體中生長並聚集起來時，就可能形成晶體網絡。由位於上面的晶體的重量壓力，或者由外力所施加壓力，可能迫使比較活動的液體從晶體網絡中濾出去，並且還可能使剩下的晶體破裂或破碎。壓濾作用被用來解釋單礦物岩石或具有顯然是奇怪的礦物成分和化學成分的岩石（如斜長岩）的形成。

fin whale　鰭鯨　亦作finback whale、razorback whale或common rorqual。亦稱長鬚鯨。身體細長的鬚鯨，學名Balaenoptera physalus。體長18～24公尺、呈流線型，行動迅速。背鰭三角形，鯨鬚短，喉部和胸部有數十條溝。腹部和下顎的右側灰中帶白。鰭鯨分布於世界上所有的海洋，常以幾隻或數百隻爲一群。夏天生活在兩極海域，以甲殼類動物和小魚爲食。冬季游向溫暖的水域繁殖。有商業捕獵價值，但由於濫捕，數量大爲減少；已列爲瀕危品種。

finance 籌資 爲任何一種開支籌措資金或資本的過程。消費者、工商企業和政府部門在需要開支、還債或完成其他交易時往往沒有現成的資金，而不得不向外借貸或出售產權以獲得所需的資金。而儲蓄者和投資者積累的資金，如投入生產，也能夠賺取利息或股利。籌資是利用信貸、貸款或投資資本的形式，引導這些基金流向那些最需要它們或能使它們用於最有生產效益的經濟實體的過程。這些將基金從儲戶引導到用戶的機構，人們稱之爲金融仲介，包括：商業銀行、儲蓄與放款協會以及非銀行機構的信貸協會。籌資分成三大領域：企業籌資、個人籌資和公共籌資；三者都已發展出各自獨特的機構、程序、標準和目標。亦請參閱corporate finance。

finance company 貸款公司 以向售貨商店買進定期付款的售貨合同或直接向消費者給予小額貸款的方式，對購買消費品和勞務提供信貸的專門性的金融機構。他們亦直接向消費者提供小額貸款，以賺取高額利息。

Financial Times 金融時報 在倫敦發行的日報。1888年創立，多年來一直與其他四家金融報紙競爭，最後終於在1945年合併了其中一家。這家晨報是英國最好的報紙之一，專門報導商業和金融消息，保持獨立的社論觀點，有時攻擊英國政府的金融政策，因而強烈影響政府官員的金融思想。爲世界發行量最大的金融報紙之一。

finback whale ➠ fin whale

finch 雀類 分屬幾個科的數百種喙圓錐形、以種子爲食的小型鳴禽的統稱。包括了：鵐、加那利雀、主教雀、蒼頭燕雀、交嘴雀、加拉帕戈斯地雀、金翅、草雀、大嘴雀、雀和織布鳥。雀類體型小而結實，體長10～27公分。多數雀類用其厚重的圓錐形喙去啄開禾草及雜草的種子；許多種類也兼食昆蟲。許多雀類羽色鮮豔，常有深淺不同的紅色和黃色。在整個北半球溫帶地區、南美及非洲部分地區，雀類都是引人注目的鳴禽。在許多地區雀類無論在個體數和種數方面都是占優勢的鳥類。許多種類被養作籠鳥。

Fine Gael＊ 愛爾蘭統一黨 亦稱United Ireland Party。愛爾蘭主要政黨之一。1933年合併數個黨而成立的，包括了由接受1921年「英國－愛爾蘭條約」條款的議會議員所組成的愛爾蘭協會。該黨執政至1948年，但替天行道士兵黨支配愛爾蘭政治一直到1973年。此後這兩個政黨繼續競爭執政權，愛爾蘭統一黨的聯合政府在1973～1977、1981～1987和19941～1997年執政。

finery process 精煉法 早期將鑄鐵轉換成熟鐵的方法，在高爐普及之後取代吹煉法。將鑄鐵件（參閱pig iron）置於精煉爐上，木炭在充足空氣供應下燃燒，鐵裡面的碳因爲氧化而去除，留下半固結可塑的鐵。從15世紀以來，二階段精煉作業逐漸取代直接製作可塑性的鐵。再來輪到攪煉法加以取代。

Finger Lakes 芬格湖群（地區） 美國紐約州中西部一群狹窄的冰川湖。位於雪城（東）與傑納西奧（西）之間的幾處南北向山谷內。境內擁有二十餘座州立公園，以風景優美見稱，多遊覽勝地，產水果（特別是葡萄）、蔬菜。塞尼卡湖面積最大（174平方公里）。

fingerprinting 指紋採集 採集人類指紋紋印的行爲。指紋是鑑別身分的一種可靠的方法，因爲每個人的每個指頭上的紋理排列各不相同而且不因發育或年齡而改變。利用指紋作爲一種鑑別身分的作法被稱爲指紋鑑定法，是現代執法中的一個不可缺少的輔助手段。標準的指紋分類系統是英國科學家高爾頓和愛德華．亨利發展出來的；這套系統於1901年被正式引入倫敦警察廳，並迅速成爲它的刑事鑑定記錄的基礎。美國聯邦調查局指紋資料庫保存了9,000多萬人的指紋。DNA指紋分析的技術，這是一種分析每個人的去氧核糖核酸的位置各不相同的方法，以此識別屬於一個嫌疑犯的物證（血液、精液、頭髮等等）。

Fink, Mike 芬克（西元1770?～1823年） 美國舊西部龍骨貨船船員和傳奇英雄。年輕時代即以神射手和印第安偵察員著稱。其後，俄亥俄和密西西比河上的貨船成爲主要商船，而有「龍骨貨船船員之王」之稱。他是有名的最佳神射手、好鬧飲者和混戰鬥士優勝者，他的聲名使他成爲美國荒誕不經的傳奇故事的英雄。當時，他的名字成爲西部拓荒者自吹自擂的代名詞。後來成爲一位捕機獵師，在一次落磯山的探險活動被殺身亡。

Finke River＊ 芬克河 澳大利亞中部河流。源出北部地方的麥克唐奈爾山脈，穿格倫海倫峽谷，東南流經米申納里平原，接納帕默河和休河後，在洪水期注入南澳大利亞州的埃爾湖。全長約650公里，流域面積115,000平方公里。沿河主要居民村有赫曼斯堡米申和芬克。芬克河谷國家公園亦位於這裡。

Finland 芬蘭 正式名稱芬蘭共和國（Republic of Finland）。歐洲北部國家。面積338,145平方公里。人口約5,185,000（2001）。首都：赫爾辛基。人口中大多數是芬蘭人，拉普蘭地區有少數的薩米人（拉普人）。語言：芬蘭語和瑞典語（均爲官方語）；另外拉普人操芬蘭－烏戈爾語。宗教：路德宗和芬蘭希臘正教會。貨幣：歐元（euro）。芬蘭長約1,165公里，寬約550公里。約有1/3領土位於北極圈以內。多森林，境內有數千個湖泊、眾多河流和大片的沼澤。除西北端一小片高地外，全境爲海拔180公尺以下的低地。南部天氣溫和，北部冬季酷寒漫長，而夏季很短。經濟屬已

開發的自由市場經濟。只有一些數量很少的重要產業屬於國有，是歐洲乃至全世界最富有的國家之一。伐木業是一個主要行業，製造業已高度發展；服務業亦發達。政府形式是共和國，一院制。國家元首是總統，政府首腦爲總理。最近考古學發現，使一些考古學家認爲，有

人類居住在芬蘭可以追溯到10萬年。拉普人的祖先可能在西元前7000年左右即已在芬蘭定居。今日芬蘭人的祖先於西元前1千紀期間自芬蘭灣南岸遷到芬蘭。自12世紀起，俄羅斯與瑞典開始爭奪在芬蘭的統治地位。1323年瑞典統治該國大部分地區。1721年瑞典割讓了部分地區予俄羅斯。1808年俄羅斯的亞歷山大一世入侵芬蘭，1809年芬蘭正式歸屬俄羅斯。從此，芬蘭的民族主義情緒日漸高漲。俄羅斯在第一次世界大戰中的失敗和1917年俄國革命，爲芬蘭於1917年爭取獨立創造了條件。芬蘭在俄芬戰爭（1939～1940）中被蘇聯擊敗，但隨即在第二次世界大戰中站在納粹德國一方反對蘇聯，收回了失土。由於1944年再次敗於向前推進的蘇聯軍隊，芬蘭簽署了一項和平協定，割讓一些領土以保獨立。芬蘭經濟在第二次世界大戰後恢復，1995年加入歐洲聯盟。

Finlay, Carlos J(uan)＊　芬萊（西元1833～1915年） 古巴流行病學家，發現黃熱病可通過蚊蟲由感染者傳給健康人。雖然在1886年他就發表了這項發現的實驗證據，但未引起注意。他極力主張研究黃熱病的媒介物，以後不久宣稱媒介物即是條紋庫蚊（今稱埃及伊蚊）。1900年美國的列德證實了芬萊的理論，接著戈格斯就在古巴和巴拿馬消滅了黃熱病。芬萊逝世後，古巴政府爲了紀念他，建立芬萊熱帶醫學研究所。

Finley, Charles O(scar)　芬利（西元1918～1996年） 美國保險業董事和職業棒球俱樂部老闆。出身於農家，後來成立保險公司致富。1960年收買美國棒球聯盟堪薩斯城（後爲奧克蘭）運動家隊。該球隊自1972～1974年連續三次在世界大賽中獲勝。他對宣傳的看法常在球員、經理、市民領袖和棒球工作人員間引起爭執。1980年芬利將球隊賣掉。

Finn MacCumhaill　芬恩．麥庫爾 亦稱Finn MacCool。愛爾蘭蓋爾語傳說與芬尼亞故事民謠歌誦中的英雄。是Fianna Éireann這群戰士的領袖，精通作詩、狩獵與作戰，傳說活躍在西元3世紀。當時，國王和人民背叛了Fianna Éireann，雙方展開了加布拉之役，Fianna Éireann遭擊敗，不過芬恩．麥庫爾的兒子莪相逃過一劫。

Finney, Albert　芬雷（西元1936年～） 英國演員。馬票商的兒子，1950年代晚期以演莎士比亞劇作而出名。1960年，在話劇《騙子比利》、電影《年少莫輕狂》中以勞工階級造反者的角色大獲好評。在百老匯的《路德》中領銜演出，後以《湯姆瓊斯》（1963）一片成爲國際巨星。後來的作品有《儷人行》（1967）、《戲劇人生》（1983）、《火山之下》（1984）以及《無名小卒》（1994）。

Finnish language　芬蘭語 屬芬蘭－烏戈爾諸語言，通行於芬蘭，全世界使用人口約600萬人。芬蘭語在16世紀以前仍是無法書寫的語言，阿格里科拉（1509～1557）製作了字母書（1543）並翻譯《新約》（1548）；他被認爲是芬蘭文學語言的創始人。19世紀初葉，由於芬蘭教育、行政及文學作品中使用瑞典語，芬蘭語未取得官方語言地位。1835年根據芬蘭民間傳說而寫成的民族史詩《卡勒瓦拉》，激發起芬蘭人民的民族感情，以後芬蘭語才逐漸成爲行政和教育上的主要語言，1863年獲得官方語言地位。芬蘭語許多詞彙借自印歐諸語言，特別是來自波羅的諸語言、德語和俄語。

Finno-Ugric languages＊　芬蘭－烏戈爾諸語言 烏拉語系兩語族中較大的一個語族。通行於數百萬人民中，分布於西起挪威西部，東到西伯利亞鄂畢河流域，南至歐洲多瑙河下游這片廣大地區。芬蘭－烏戈爾語的烏戈爾語支包括匈牙利語和屬鄂畢－烏戈爾語的曼西語和漢特語。芬蘭語支包括五個分支：波羅的－芬蘭語分支包括芬蘭語、愛沙尼亞語、卡累利阿語（包括奧洛涅茨語）、盧茨克語、維普斯語、因格里亞語、利沃尼亞語和沃提克語；彼爾姆語分支由科米語、彼爾米亞克語和烏德穆爾特語組成；其餘三個分支則是單獨的語言：馬里語、莫爾多維亞語和薩米語（即拉普語）。操薩米語各種方言的人彼此很難相互理解，因此，這些方言有時又被劃分爲各種獨立的語言。借詞中以印度－伊朗語詞最爲古老。現代芬蘭－烏戈爾諸語言的音位學表現出形式變化多，實際上沒有整個語族都具有的共同特點。芬蘭－烏戈爾諸語言的書寫文字，在俄羅斯境內是使用西里爾字母的變體，而在俄羅斯以外地區則是利用拉丁字母書寫。

Finno-Ugric religion＊　芬蘭－烏戈爾宗教 關於居住在斯堪的那維亞半島北部、西伯利亞、波羅的海地區和中部歐洲的芬蘭－烏戈爾諸民族前基督教時期的宗教信仰與儀式。現存民族包括了薩米人（拉普人）、芬人、愛沙尼亞人、匈牙利人、彼爾姆人和窩瓦芬人。這些民族因地理環境和文化上的差異，使得他們的宗教信仰也有很大的不同。「精靈潛水採土造地」的神話是流傳最廣的芬蘭－烏戈爾民族的創世之說，上帝命令精靈潛入海水中，取來沙礫，上帝用這些沙礫就捏成了這個地球；另一個神話則說「世界來自一個大卵」。天帝和地母是兩個最重要的神。日常生活是由守護神負責；它們「統治」一方或「據有」一地，諸如一個文化範疇（如一個家庭），一處自然區域（如森林或湖泊）或一種自然現象（如火或風）。芬蘭－烏戈爾諸民族亦敬奉祖先。宗教權威人士有巫師或卜者、獻祭祭司、寺廟管家、職業泣婦、婚禮司儀。儀式舉行地點有家祠和在林地築以圍欄的公祭場地，也有沿著放牧通路兩邊設置的「獻祭石堆」。

Fionn cycle ➠ Fenian cycle

fiord ➠ fjord

Fiordland National Park＊　峽灣地帶國家公園 紐西蘭南島最南部的公園。建於1952年。面積12,519平方公里，是世界上最大的國家公園之一。包括索恩蘭省的西半部，以其崎嶇壯麗的峽灣、山脈、森林、瀑布和湖泊著名。公園東面爲山，其他三面瀕臨塔斯曼海。園內有石灰岩山洞，有世界上最高瀑布之一的薩瑟蘭瀑布，其三級落差共爲580公尺。

fir　樅 亦稱冷杉。松科冷杉屬喬木，約四十種。許多常綠毬果植物（參閱Douglas fir、hemlock）亦通稱樅。冷杉屬植物原產於北美、中美、亞洲、歐洲和非洲北部。冷杉的葉與松科其他屬植物不同。其葉針狀，直接生於枝上，葉基部形似吸杯，落葉後枝上留下環形葉痕。毬果垂直單生，成熟後鱗片脫落，但穗狀軸在枝上宿存。每片薄而呈圓形的果鱗上著生兩粒具寬翅的種子。原產北美的冷杉有十種，主要分布範圍從落磯山向西。大部分美國西部所產的冷杉，其木材質量不及松或雲杉，但可用作製材及紙漿。美國東部及加拿大有兩種冷杉，最著名的爲膠樅（即香脂冷杉），是常見的觀賞植物，並可作聖誕樹。

Firdusi ➠ Ferdowsi

fire　火 可燃物質的快速燃燒，產生熱量，通常還有火焰。火的最早來源是閃電，人類的祖先最早有控制地使用火可上溯到1,420,000年前。直到西元前7000年，新石器時代的人才學會了用鑽、鋸和其他摩擦生火的器械，或者用火石敲擊黃鐵礦等安全點火的技術。火的最早用途是取暖、烹調，後來才用於狩獵和作戰，以及爲了捕獵而清除下層叢林。隨著石器時代農業的開始，火被廣泛用於燒林開荒。草木灰證明具有使土地肥沃的功效。這種刀耕火種的技術直至今日還在許多地區沿用。從用火烹飪、清整土地、取暖和爲洞穴或茅棚照明開始，火已被用來製陶、煉銅和錫，並將兩者合製成青銅（西元前3000?年），以及煉鐵（西元前1000?年）。現代科學技術史的主要特徵，可說是在於經由火而取得並受人類控制的能量越來越多。

fire ant 火蟻 膜翅目蟻科火蟻屬昆蟲的統稱。紅色或淺黃色，體中小型（長度約1～5公釐），北美常見的幾種具螫刺。巢爲半永久性，用鬆土築成，有裂縫通氣。工蟻是人盡皆知的害蟲，毀壞或偷竊播種的穀物、侵害家禽。

fire escape 太平梯 亦稱安全出口。主要用於大樓發生火災時將人員迅速撤離險境的安全出口設施。其形式分成固定在內牆上的帶結繩索或繩梯，設在室外的露天鐵梯及露天鐵陽台，斜滑道和封閉的防火、防煙樓梯間。沿著大樓外部延伸成鐵陽台，人們可以順著過道從火焰蔓延的房間逃到火情後面或鄰近大樓內的安全處。斜滑道既可以是彎曲的，也可以是密封的，這種通道最適用於醫院建築。

E F G

Fire Island 法爾島 美國紐約州長島南岸外的狹長沙嘴。長51公里，最寬處0.8公里。由於過去多次發生船舶遇難事故，於1858年在其西端建立燈塔。現爲避暑勝地，有兩座橋樑和輪渡連接長島。1908年設州立法爾島公園（現名羅伯特·摩西公園），1964年將島上7,700公頃土地畫爲國家海濱區。

fire walking 蹈火 一種宗教儀式，在熱煤炭、熾熱的石頭和燃燒的木頭上行走。實行於世界許多地方，包括印度次大陸、馬來亞、日本、中國、斐濟群島、大溪地、社會群島、紐西蘭、模里西斯、保加利亞和西班牙。蹈火最普通的形式是在一條淺溝底部鋪一層薄薄的餘燼，然後在上面迅速地行走。蹈火有時用於祈求豐收，有時用於淨化蹈火者。一個被指責犯罪或不誠實的人可能被要求蹈火以求神判，如果此人在蹈火中不受傷害，即被認爲是清白無辜的。虔誠的信徒也用蹈火來履行誓約。

firefly 螢 亦作lightning bug。亦稱螢火蟲。鞘翅目螢科夜出發光的昆蟲，約1,900種，居溫、熱帶區（包含一般的發光蟲）。體扁而軟，成蟲長5～25公釐，在腹部的下方有特殊的發光器。色暗褐或黑，上有橙色或黃色斑點。有的成蟲不取食；有的吃花粉和花蜜。雌雄一般都有翅並能發光。不同種所發閃光的節律不同；它是兩性引誘的信號。

fireplace 壁爐 住宅內燒火取暖裝置，有時也用於炊事。其上有裝飾用的壁爐台。中世紀時用來取暖和炊煮的爐床中心被取代，壁爐有時大到要占據一個安置空間稱爲爐邊。早期的壁爐多用石頭砌成，後來用磚。1624年路易·薩沃特發展出一種壁爐，空氣從爐床下部的通道通過，經由管子傳到房間。至20世紀仍沿用這種設計。

fireproofing 防火 利用建築物中耐火材料防止結構瓦解，在發生火災時讓住戶保有安全逃生通道。不同材料與建物的耐火等級是由實驗室試驗來確立，並且通常以材料或組件預期可以暴露在大火之中維持幾個小時來表示。建築法規需要應用水泥材料或絕緣在結構鋼骨架上，圍住出口四周耐火構造（例如使用混凝土塊），助長火勢的裝飾材料如地毯和牆飾，並利用原本耐火的材料如鋼筋混凝土和不易燃的木料。

Firestone, Harvey S(amuel) 費爾斯通（西元1868～1938年） 美國企業家。1896年建立其輪胎事業並於1900年成立公司銷售橡膠馬車輪胎。1904年開始製造汽車輪胎。費爾斯通賣給福特公司數以千計的輪胎，使他的公司躍升至美國輪胎業的頂峰。他的公司在設計與製造上富於創新，許多新輪胎與輪紋都是由其率先製出。費爾斯通提倡以卡車運貨，並爲建設龐大公路系統而遊說議院。費爾斯通任公司總裁至1932年，後由其子接管。

firewall 防火牆 電腦安全系統，控制電腦或網路之間資料的流動。防火牆主要用來保護私人網路資源，避免來自外部網路的使用者直接存取，特別是網際網路。亦可防止私人網路內部的使用者直接存取外部的電腦。爲了達到這個目的，所有的通訊都必須經由「代理伺服器」，來決定訊息或檔案是否能夠進出私人網路。

fireweed 火草 即狹葉柳葉菜。柳葉菜科多年生野花，學名爲Epilobium angustifolium。在新清理、燒過的地區生長旺盛。花稍白至紫紅色，花穗可高達1.5公尺，於溫帶大草原形成壯觀景色。像其他雜草一樣，種子可休眠許多年，待溫度適宜才發芽。係森林或灌叢火後先驅植物，亦可迅速覆蓋機械清理過的灌叢地或森林地。在天然園中無多大用處，必須小心控制其生長；但柳狀嫩枝與葉可烹食。

fireworks 煙火 觀賞用的炸藥或可燃物。起源於中國古代，顯然是從軍用火箭和火箭彈演變而來，用於五彩繽紛的慶祝活動。中世紀，煙火隨同軍用火藥傳入西方。煙火主要有壓力閃光型和火焰型兩大類。壓力閃光型的組成中採用硝酸鉀、硫磺和細炭末，還有能產生各種類型火花的添加劑。火焰型煙火，如火箭噴發出的火焰，可採用硝酸鉀、銻鹽和硫磺。對於帶色彩的煙火，可由氯酸鉀或高氯酸鉀與確定顏色的金屬鹽配合。火箭式煙火是最流行的煙火，它藉助於煙火燃燒噴火的後座力飛向天空。

first cause 第一動因 哲學上，每一系列動因最終都必須往前回溯到一個非受造的（uncreated）或自造的（self-created）動因，此即第一動因。這個概念由古希臘哲學家所使用，後被基督教傳統採納，成爲證明上帝存在的宇宙論論證的一個說法的基礎。根據這個論證，每個觀察到的事件皆是一連串動因的結果，這一連串動因一定得止於一個第一動因，那就是上帝。托馬斯·阿奎那爲該論證提供了一個經典表述。許多後來的思想家則駁斥這個論證，其中包括休姆和康德。

First Chicago NBD Corp. 第一芝加哥國民銀行公司 美國的銀行控股公司。1969年成立時名爲第一芝加哥公司，1995年將芝加哥第一國民銀行公司併入。該公司監督芝加哥第一國民銀行和底特律國民銀行，經營房地產融資、私人財產租賃、學生貸款、小型企業投資等。1998年與第一銀行（Banc One）購併，新公司名爲Bank One。

First International 第一國際 正式名稱爲國際工人聯合會（International Working Men's Association）。是工人團體的聯合組織，由英國和法國的貿易工會領袖在1864年成立。它的機構是高度集權化的，其基礎是當地一些已經組成全國聯盟的團體。它內部分成許多對立的社會主義思想流派，包括馬克思主義、蒲魯東主義、布朗基主義以及巴枯寧主義等。1872年馬克思的集權制社會主義與巴枯寧的無政府主義發生一場衝突，使第一國際分裂，1876年解體。儘管在當時它被看作是一支擁有幾百萬成員的令人畏懼的力量，好幾個國家都試圖把它列爲非法組織，其實它的成員從未超過兩萬，主要的作用是作爲歐洲勞工的團結力量。

first lady 第一夫人 美國總統的妻子。雖然第一夫人的角色從未規定或正式定義過，但她卻在美國的政治和社會生活中扮演重要的角色。不論是在國內或國外，在官方或各種儀典場合中，她都代表著她的丈夫；由於可從第一夫人身上發現總統的想法與未來行動的線索，所以她受到許多關注。從開國之初，美國的總統夫人就扮演著一個公衆性的角色，但「第一夫人」這個稱謂一直到很後來才開始普遍使用，大約是在19世紀末時。到了20世紀末期，這個稱號被其他語言吸收，也常（在不加翻譯的情況下）被用來稱呼該國領導者的妻子－－即使這些國家的總統夫人鮮少受人注意，也較無影響力，不像美國的第一夫人那樣。雖然第一夫人不支薪也非民選，但她的顯著地位使其得以影響他人行止和觀點。有些第一夫人運用其影響力來影響某些重要議題的立法，例如禁酒改革、住宅改善以及婦女權益等。

FIS ➠ Islamic Salvation Front

fiscal policy 財政政策 政府爲穩定經濟，尤其爲控制稅收和政府開支的水平和配置而採取的措施。經濟不景氣時，政府可以降低個人的稅收，而導致消費增長。興辦公共工程增加政府開支，也會產生類似擴張效果。相反地，如果設有補償措施而降低政府開支或增加稅收，便會有緊縮經濟的效果。財政措施經常配合貨幣政策應用。直到1930年代，財政政策的目標仍是在維持預算的平衡；後來經濟學家凱因斯提出財政政策應該用於反對週期波動的觀念。簡而言之，就是：當經濟活動處於低潮時，應採取赤字預算；當經濟高漲時（常伴有高通貨膨脹），預算應有盈餘。財政政策作爲一項反對通貨膨脹的工具，並不特別奏效。其原因，部分是由於政治上的制約，部分是由於所謂的經濟穩定器在發揮作用。

Fischer, Bobby 費施爾（西元1943年～） 原名Robert James。美國西洋棋國際特級大師。是西洋棋運動史上獲得特級大師稱號的最年輕棋手（1958）。1972年在冰島雷克雅未克擊敗當時世界冠軍斯帕斯基（蘇聯），成爲正式授予西洋棋世界冠軍的第一個美國棋手。常以出人意料的進攻和反攻取勝，不靠積小勝奪冠，但其棋路仍保持工穩。1975年拒絕與蘇聯挑戰者卡爾波夫比賽，國際棋聯以缺席爲由免去其世界冠軍稱號，由卡爾波夫取代。此後，費施爾許久未參加重大比賽。1992年他在南斯拉夫一次由私人舉辦的比賽中再次擊敗斯帕斯基。

費施爾，攝於1971年
AP/Wide World Photos

Fischer, Emil (Hermann) 費歇爾（西元1852～1919年） 德國有機化學家。1874年獲化學博士學位。他證明了尿酸、黃嘌呤、咖啡因、可可鹼和另外一些含氮化合物都與嘌呤這一物質有關，這些使他開始研究蛋白質和氨基酸。他致力於研究葡萄糖、果糖和其他種類糖，並確定了左旋糖、葡萄糖及其他許多糖的分子結構，並合成了這些化合物。他因研究糖和嘌呤類物質而獲1902年諾貝爾化學獎。他對發酵所作的研究，成爲酶化學的基礎。

Fischer-Dieskau, Dietrich＊ 費雪狄斯考（西元1925年～） 德國歌劇男中音。曾參與第二次世界大戰，在義大利淪爲戰犯。1947年開始其職業演出。費雪狄斯考是當時最傑出的歌唱家，不論是藝術歌曲或歌劇都很成功。他的錄音作品很多，包括了大部分藝術歌曲曲目和許多當代的作品；他的首次演出，如布瑞頓的《戰爭安魂曲》（1962）。

Fischer projection 費歇爾投影 在書面上呈現分子之三維結構的方法，由費歇爾所發明。依據慣例，水平線代表靠近讀者這邊的鍵，垂直線代表較遠那邊的鍵。費歇爾投影在描繪對掌分子（參閱optical activity）與分辨光學異構物（參閱racemate）相當方便。最常用來描繪糖的同分異構物。亦請參閱chemical formula。

fiscus 御庫 羅馬皇帝的金庫，獨立於總庫之外，錢款主要來自帝國各行省的納貢、被沒收的財產和無主土地的收入。在韋斯巴薌時代，它控制了帝國的大部分收入。它爲陸、海軍提供軍費，支付官員薪俸，並提供郵政補貼。

fish 魚 見於世界淡水或鹹水的各種冷血脊椎動物的泛稱。從現存的種類，從原始的七鰓鰻和盲鰻、軟骨的鯊、鰩和魟到豐富且多種的硬骨魚。魚體長度從10公釐到20公尺不等。一般認爲，魚類是體滑而形如紡錘、呈流線型、具鰭、用鰓呼吸的水棲動物，但更多的種類不符合此定義。有的魚體極長，有的極短；有的側扁，有的扁平；有的鰭大或形狀複雜，有的退化乃至消化。熱帶的品種常有鮮豔的顏色。多數的魚都有一對鰭和覆蓋在皮膚上的鱗。一般是經由鰓呼吸。大部分硬骨魚有鰾，這是源於消化管的憩室，司控制浮力或爲輔助呼吸器官。多數的種類產卵，有的在體外孵化，有的在體內孵化。最早的魚類於4.5億年前出現。

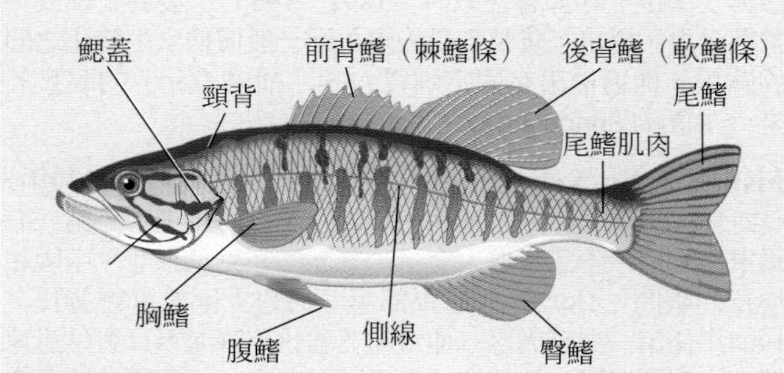

硬骨魚的外貌特徵
© 2002 MERRIAM-WEBSTER INC.

Fish, Hamilton 費希（西元1808～1893年） 美國國務卿（1869～1877）。原爲律師。曾擔任副州長（1847～1848）、州長（1849～1850）和美國參議員（1851～1857）。1869年3月由格蘭特總統任命爲國務卿。處事機敏，緩和了與英國間的爭端，包括了阿拉巴馬號索賠案，及西班牙扣押古巴船隻「維吉尼厄斯號」的事件。他與英國外交官合作，召開簽訂「華盛頓條約」的會議（1871），開創近代歷史上第一個重要的國際仲裁實例。1877年離開政界，餘生從事公益活動。

費希
By courtesy of the Library of Congress, Washington, D. C.

fish duck ➠ merganser

fish farming ➠ aquaculture

fish hawk 魚鷹 ➠ osprey

fish poisoning 魚中毒 因進食各種有毒魚類而引起的疾患。大部分是因三種毒素造成的：肉毒魚類中毒，鮍、笛鯛等魚類是世界其他地區的主要食品，但在加勒比海水域卻產生毒性，其原因尚不明；河豚中毒，因食用某些含神經毒素的河豚；和鯖魚中毒，因食用不新鮮的鯖魚，這些魚身上的細菌作用造成。貝類中毒是由於食用某些貝類所引起的，現已查明毒物的來源是貝類在一定季節賴以為食的浮游生物。

fisher (marten)　漁貂　學名為Martes pennanti。鼬科北美洲北方森林中罕見的食肉動物。體型似鼬，有蓬鬆的毛尾，嘴部前端尖削，耳圓位低。成年漁貂通常體長50～63公分，尾長33～42公分，體重1.4～6.8公斤。漁貂在地面和樹上捕食，追捕各種齧齒類及其他動物。食物還包括肉質果實，有時食堅果。常被誘捕以獲取其貴重的淺棕黑色毛皮。亦請參閱marten。

Fisher, Frederic (John)　費施爾（西元1878～1941年）　美國汽車車身製造商。原本替他的父親（車輛製造商）工作，1902年移居底特律。1908～1916年與他的五個兄弟開辦了若干家製造汽車車身的公司。1916年這些公司合併為費施爾車身公司，那時一年生產約四十萬個車身。1919年通用汽車公司購買了該公司的多數股份，1926年成為通用汽車公司的一個分部，不過所有的兄弟依然擔任管理職務。

Fisher, Irving　費施爾（西元1867～1947年）　美國經濟學家，以其在資本理論方面的研究而著稱。在耶魯大學取得博士學位。在耶魯任教時（1892～1935），發展了現代貨幣數量說，提出了貨幣數量的變化同一般價格水平變化之間的關係。他還提出有固定購買力的「補償美元」的改良計畫。亦請參閱price index。

Fisher, John Arbuthnot　費施爾（西元1841～1920年）　受封為Baron Fisher (of Kilverstone)。英國海軍上將，第一海軍軍務大臣。十三歲進入海軍，經歷了在克里米亞、中國和埃及的戰鬥。1892年任海軍部第三海務大臣兼軍需署長，1904年任第一海務大臣。他重組並強化英國海軍以對付迅速擴大的德國海軍，他建造「無畏號」戰艦，使海軍造艦工作發生根本性的改革。這些改革保證了皇家海軍在第一次世界大戰中的主宰地位。他於1910年退役，1914年應召重任海軍部第一海務大臣，他派遣艦隊在福克蘭群島海戰中消滅了德國海軍上將施佩伯爵的艦隊。因反對邱吉爾領導海軍部工作，於1915年5月辭職。

Fisher, R(onald) A(ylmer)　費施爾（西元1890～1962年）　受封為Sir Ronald。英國統計學家和遺傳學家，是古典統計分析創始人之一。曾擴大了統計學的範疇，並改進了統計學的研究方法，主要貢獻有實驗設計、方差分析、小樣本顯著性檢驗及極大似然解等。曾在一農業研究機構擔任統計員，業餘時進行動物育種試驗。他特別著重研究生物學的一些特徵（樣本小、材料多樣、環境多變等），設計了在上述條件下取得最多訊息的實驗方法。

fishing　釣魚　亦作sport fishing。一種捕魚的娛樂活動，基本工具有魚竿、線和魚鉤。釣魚是人類最早的一種捕魚方法。17世紀晚期18世紀初期，人們發明了一種金屬圈或環，套在魚竿的一端，使釣線成為活動的，可把魚鉤甩到更遠處。整個20世紀魚具發展很快，魚竿越變越短越輕，但力量不變，由木製發展成玻璃纖維製；線圈變得又輕又結實，固定件加多；魚線由馬尾發展到尼龍單絲線。今日釣魚的方法包括了：餌釣法（淡水釣魚），將餌附在魚鉤上，放至水底或任何深度，餌有多種：如將餌繫在魚線底部，無浮標，只憑手感覺魚是否上鉤，此法稱為底餌法。浮標法一般用於深水釣魚。曳繩釣法是把活魚、死魚或其他餌物附在魚具上，在緩緩行駛的小船的拖曳下，餌物不斷翻轉。投餌法或稱旋餌法，是將天然餌物或人工餌物投在水中而使之不斷翻轉，狀如受傷或病弱的魚，食肉類魚往往受其引誘而上鉤。此外還有利用天然的蠅、其他昆蟲或人工蠅狀餌物的蠅餌法。鹹水釣魚也可以使用上述種種方法。

fishing industry　漁業　乃指為行銷市場而自海洋、河流和湖泊中獲取魚類或其他海產生物之意。漁業是極古老的生產事業之一，可能比農業還早。全世界的漁業雇用人口超過500萬人，主要的漁業國有日本、中國、美國、智利、祕魯、印度、南韓、泰國及北歐國家。水產生物包括淡水或海水魚類、甲貝類（水生有殼動物）、哺乳類和海藻等，供人類和動物食用、加工製成肥料和其他商品。

Fisk, James　菲斯克（西元1834～1872年）　美國金融投機商。先後當過馬戲團雇工、餐廳服務員、布店推銷員、證券經紀人等。1866年開辦菲斯克－貝爾登經紀商行。次年聯合德魯和古爾德來對抗范德比爾特，他們合謀用發行假股票的辦法爭奪伊利鐵路公司的控制股權。由於1869年幫助古爾德哄抬市價，壟斷黃金市場，釀成「黑色星期五」大恐慌。他被稱為「華爾街的巴納姆」。菲斯克製作戲劇節目，還與歌舞女郎胡搞；在一次為了事業和情婦等事與人爭吵後，被他的助手刺殺身亡。

Fisk University　菲斯克大學　美國田納西州納什維爾市的私立大學，傳統上是一所黑人大學。1865年成立，與聯合基督教會有密切關係。該校提供人文及科學方面的大學部課程以及數個領域的研究所課程。註冊學生人數約1,000人。

fission-track dating　核分裂痕跡定年法　利用鈾－238（最豐富的鈾同位素）自發分裂所造成的損傷測定年齡的方法。分裂過程導致大量放射性損傷，即分裂痕跡，可以通過用適當的化學試劑使主體物質優先瀝濾而能夠看得到；這種瀝濾過程使分裂痕跡的腐蝕坑可以在普通光學顯微鏡下進行觀察和計數。鈾存在的總量可以通過使鈾－235產生熱中子分裂的輻照度來測定。鈾－235產生另外的痕跡分布，而這些痕跡與礦物內鈾的濃度有關。因此，天然產生的自發分裂痕跡與中子誘發的分裂痕跡的比值是標本年齡的計量標準。

fitnah *　菲特納　按照穆斯林的用法，指異端的暴動，在伊斯蘭教早期歷史一共發生了四次。第一次大鬥爭（656～661），因哈里發奧斯曼被殺，引發遜尼派和什葉派之間的內戰和宗教分裂。第二次同時發生在哈里發耶齊德一世和他的三個繼承人間（680～715）；這是持續的哈里發爭奪戰。第三次（744～750）使得阿拔斯王朝居於支配地位。第四次（833～848）是為了《可蘭經》的本質而生的衝突。亦請參閱Ali (ibn Abi Talib)、Husayn ibn Ali, al-、Muawiyah I。

FitzGerald, Edward　費茲傑羅（西元1809～1883年）　英國作家。自劍橋大學畢業後，即過著鄉紳生活。他最著名的作品《魯拜集》（1859），譯自波斯詩人歐瑪爾·海亞姆的作品，但經過他加工，已成為一部英國文學名著。為使英國讀者容易理解，他採取完全意譯的方法，常用自己的詞句反映詩人思想的實質。他還翻譯了《卡爾德隆的六部戲劇》（1853）。

Fitzgerald, Ella　費茲傑羅（西元1918～1996年）　美國女歌唱家，在美國流行音樂和爵士樂占重要地位的女歌手。1935年在奇克·韋克大樂隊工作。1950年代由於爵士樂節目主持人諾曼·格蘭茲作她的經理，地位陡然上升，多年來一直是格蘭茲爵士樂隊的明星。在她灌錄的「歌曲集」系列唱片中，每一首歌都是該作曲家最受歡迎的作品。她吐字清晰，對歌詞的表達全憑直覺而不加思索。她是有史以來有聲唱片銷路最好的歌手之一。

Fitzgerald, F(rancis) Scott (Key) 費茲傑羅（西元1896～1940年） 美國小說及短篇故事作家。曾在普林斯頓大學學習，但因成績不好被退學。1920年與阿拉巴馬州的法官的女兒姍爾達·賽瑞（1900～1948）結婚。他的作品包括了早期的《人間天堂》（1920）、《漂亮的冤家》（1922）、故事集《爵士樂時代的故事》（1922）和《所有悲傷的年輕人》（1926）。他最傑出的作品《大亨小傳》（1925）是一部描述美國人財富和墮落的故事，被認爲是20世紀最偉大的小說之一。1924年他和姍爾達移居法國，此後，由於妻子得精神病，他本人酗酒過度，生活極爲不幸。1934年發表的《夜未央》。1937年費茲傑羅移居好萊塢從事電影劇本寫作；1939年開始寫作《最後大亨》，一部以好萊塢爲背景，描寫美國生活的希望與理想的故事，但尚未完成，他便因心臟病去世。儘管當時流行的思潮是幻想破滅，實際上這是一個充滿希望與熱情的時代。而費茲傑羅比當時其他一切作家更能反映1920年代的時代精神與思想感情。他是1920年代美國最有代表性的作家。

Fitzroy River 費茨羅伊河 澳大利亞昆士蘭州東部河流，由道生河和馬更些河在東部高地的斜坡上匯成。先向東北，繼轉東南流，注入太平洋珊瑚海的凱佩爾灣。全長480公里，流域面積142,000平方公里。自河口開始的56.3公里河段可通航。

Fitzroy River 費茨羅伊河 西澳大利亞北部的河流。其發源地在慶伯利東部的都拉克山脈，長達525公里，往西南流經崎嶇的利奧波德國王嶺及格基山峽（產淡水鱷魚），折往西北貫穿鄉野及平原，由金恩灣注入印度洋。由於沙洲及暗礁的阻隔致使航運不暢通。費茨羅伊叉乃上游地區的居留區，其豐沛的水源供養大量的野生動物。往上溯則是格基山峽國立公園。

Fiume question＊ 阜姆問題 第一次世界大戰後，義大利與南斯拉夫爲了控制亞得里亞海港阜姆（今克羅埃西亞的里耶卡）而進行的一場紛爭。雖然「倫敦條約」（1915）已將阜姆劃歸南斯拉夫，但在巴黎和會上義大利人又以自決原則爲理由對阜姆的主權提出要求。1919年義大利民族主義詩人鄧南遮曾在第里雅斯特附近糾集一部分人，占領阜姆。義大利政府與南斯拉夫締結「拉巴洛條約」（1920），協議將阜姆建爲自由邦，遂派戰艦把鄧南遮嚇跑。當墨索里尼掌權時，南斯拉夫政府被迫簽定新約（1924），承認阜姆爲義大利所有，而將其郊區蘇沙克劃歸南斯拉夫。第二次世界大戰後，阜姆全部歸還南斯拉夫。

Five, The ➠ Mighty Five, The

Five Articles Oath ➠ Charter Oath

Five Classics 五經 亦以拼音方式拼作Wu jing。五部與孔子有關的古代中國書籍兩千多年以來，五經在中國的社會、政府、文學與宗教中皆被尊爲權威。中國學生在嘗試研讀五經之前，通常先從篇幅較短的四書讀起。五經分別爲《易經》（變化之經典）、《書經》（歷史之經典）、《詩經》、《儀禮》和《春秋》（春、秋年鑑）。西元前136年起，當儒家學說成爲官方的意識形態，從此開始傳授五經，直到20世紀初期爲止。任何想在龐大的政府官僚體系裡謀求職位的學者，都必須精通這些文書。

Five Dynasties 五代 中國歷史上在唐朝滅亡（907）與宋朝建立（960）之間有五個先後建立的朝代（後梁、後唐、後晉、後漢和後周）在中國北方迅速相繼更迭。該時期又稱「十國」，因爲同時期的中國南方有十個政權分別統治不同地域。儘管政治上動盪不安，但此時的文化卻有極大的成就：版畫充分發展；953年首度將完整的儒家經典付印。以「詞」爲形式的抒情詩歌蓬勃發展；先前別具一格的佛教畫派——花鳥畫開始成爲非宗教繪畫的一支。。

Five Pecks of Rice 五斗米道 受到道家所啓發的大衆信仰，興起於中國漢朝（西元前206年～西元220年。）末年，使漢朝政府元氣大傷。五斗米道成爲整個中國歷史上受宗教所啓發，而由民衆時而發動之叛亂的原型。它的創建者——張道陵——被視爲中國第一位道教教團的教祖。張道陵本是一位依信念爲人治療的醫者，而此一信仰運動的名稱——五斗米，來自他的病人每年支付給他五斗米，作爲醫療費用的回饋，或者當作他們加入教團的獻金。在當時民不聊生的年代，張道陵的孫子張魯建立了獨立的神權王國，其領土並逐漸擴充到涵蓋今日四川省的全境。西元215年，張魯被曹操降服。亦請參閱Taoism，White Lotus、Yellow Turbans。

Five-Year Plans 五年計畫 藉著使用配額而在有限時間內進行經濟成長計畫的方法，首先用於蘇聯，後來用於其他社會主義國家。在蘇聯，第一個五年計畫（1928～1932）由史達林推動，把重點放在重工業的發展和農業的集體化，其代價是消費貨品的遽減。第二個五年計畫（1933～1937）承續了第一個計畫的目標。集體化導致駭人的饑荒，尤其是在烏克蘭，造成了數百萬人死亡。第三個五年計畫（1938～1942）強調武器的生產。第四個五年計畫（1946～1953）再次把重點放在重工業與軍事建設，結果激怒了西方強國。在中國，第一個五年計畫（1953～1957）強調工業的快速發展，由蘇聯給予協助，後來證實極爲成功。1958年第二個五年計畫開始後不久，大躍進被提出，其目標與該計畫互相衝突，導致計畫失敗，蘇聯也在1960年撤回協助。

fjord 峽灣 亦作fiord。冰川谷被海水淹沒形成的狹長海灣，通常向內陸延伸很遠。許多峽灣深度極大；人們設想巨厚的冰川在海水淹沒之前足以把冰川谷蝕低到海面下很低的位置。當冰川溶融後，海水即侵入谷地。

紐西蘭南島西岸峽灣地帶的布雷德肖海灣
By courtesy of the New Zealand Geological Survey;photograph, T. Ulyatt

flag 旗幟 展示某一團體、軍隊、機構或個人標誌的一片布或類似材料，通常（但非總是）呈長方形，其一邊附著於木桿或升降索上。旗幟的歷史與人類的文明一樣古老，不過對它的起源並不清楚。中國人可能是最早使用布旗幟的，證據顯示，十字軍返回歐洲時，也將旗幟帶回歐洲的。今日大部分的國旗都是在19到20世紀時設計的。

Flagellants＊ 鞭笞派 中世紀宗教派別，包括爲了懲戒或修行而進行公開的鞭笞。在早期基督教會，鞭笞顯然是懲戒違抗戒律的神職人員。從4世紀起，神職人員和在俗信徒都自行鞭身，作爲最靈驗的苦修手段。中世紀初期，這種虔修方法特別爲在俗信徒所崇尚。13世紀中葉，義大利開始出現由在俗信徒、婦女以及神職人員組成的鞭身團和鞭身遊行隊，這種作法蔓延到歐洲其他地區。14世紀中葉歐洲鼠疫大流行時，信徒大量增加，他們企圖靠自己努力減輕迫於眉睫的天罰。鞭笞的作法後來逐漸衰落，但在16世紀時在俗信徒再度對鞭身發生興趣。

flagellum＊　鞭毛　見於許多生物體的細胞的毛狀結構，主要用作運動小器官。鞭毛是鞭毛亞門原生動物的特徵，又見於藻類、真菌類、苔蘚類、黏菌等的配子上。海綿和刺胞動物藉鞭毛運動引起水的流動，以完成呼吸和循環功能。大部分能運動的細菌都藉鞭毛運動。原核生物與眞核生物的鞭毛，結構和運動方式均不同。亦請參閱cilium。

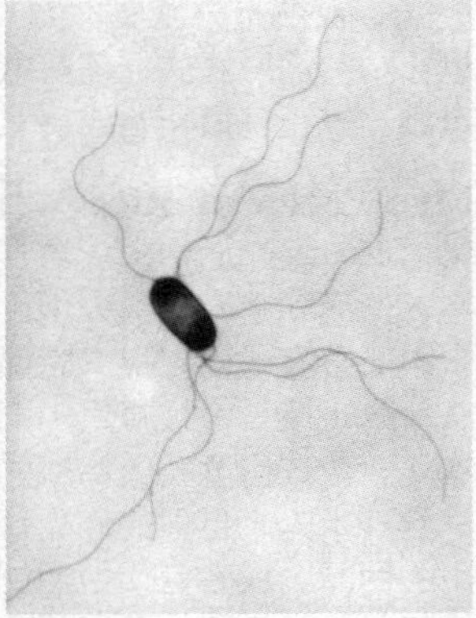
普通變形桿菌（Proteus vulgaris），高倍放大後可見其鞭毛
© Lee D. Simon－Photo Researchers

Flagler, Henry M(orrison)　弗拉格勒（西元1830～1913年）　美國金融家。最初從事穀物買賣。結識約翰·洛克斐勒後，兩人合夥開設石油公司，1870年定名標準石油公司（參閱Standard Oil Company and Trust）。他積極開展公司業務，1911年前一直擔任新澤西標準石油公司董事。率先把佛羅里達州建設成度假中心。他組織並延伸佛羅里達東海岸鐵路線，疏浚了邁阿密海港，興建許多豪華的連鎖旅館。

Flagstad, Kirsten (Marie)＊　弗拉格（西元1895～1962年）　挪威女高音歌唱家。出身於專業音樂家家庭，1913年在奧斯陸首次登上歌劇舞台。1934年受邀在拜羅伊特劇院演出。1935年在紐約市大都會歌劇院登台，被譽爲當代最傑出的華格納歌劇女高音。她以紐約爲基地，開始其廣泛的旅行演唱。1941年返回挪威與丈夫團聚，她的丈夫在吉斯林的政府工作，丈夫去世後又去美、英兩國。雖然最後證明她未與德國人勾結，但她後來在美國的演出頗受爭議。

Flaherty, Robert (Joseph)＊　佛萊赫提（西元1884～1951年）　美國製片家，被稱爲紀錄片之父。在加拿大北部長大，後來遍訪該地區並廣爲攝入鏡頭（1910～1916）。他的第一部影片《北方的南努克》（1922）對愛斯基摩人的生活方式作了生動有趣的介紹，而爲了拍攝他們的生活，他同他們共同生活了十六個月。這部影片蜚聲國際，並爲攝製紀錄片確立了一種優良的模式。他後來的影片有《摩阿拿》（1926）、《禁忌》（1931）、《阿蘭島人》（1934）、《土地》（1942）和《路易斯安那的故事》（1948）。

flake tool　石片工具　石器時代的手執工具，通常是把從燧石（參閱chert and flint）上剝打下來的小石片或者捽打下來的大石片，當作工具使用。史前的人類，都喜歡用燧石或類似的矽質岩石爲原料來製作石器，因爲用這類石頭可以打出薄片的、有鋒利切割刃的石片來，所以都是適合製作石片工具的原料。他們還利用砂岩、石英岩、黑曜岩以及各式各樣的火山岩來製作石器。用叩擊法打製石片，可以用手握住錘子（石錘、木錘或者骨錘）直接叩擊一塊燧石，也可以握燧石向一塊固定的石頭的邊緣撞擊；這後一種方法又稱爲砧擊法。壓製法是用帶尖木棍或者骨頭去壓擠石片邊緣，使其兩側崩裂下小石片。這後一種方法多在最後加工或加工成所需的器形時使用。

Flamboyant style　火焰式風格　15世紀盛行於法國和西班牙的後哥德式建築。從輻射式風格發展而成，更強調裝飾性的形式。其特點是以類似火焰的S形曲線的石窗花格占統治地位。到「火焰式」風格興起的哥德式時期的後期，世俗建築物也受到較大的影響。因此，「火焰式」哥德式的特點在許多市政大廳、行會大廳甚至住宅中都能見到。但完全按照「火焰式」風格建造的教堂並不多，比較引人注意的有馬恩河畔沙隆附近的戴潘聖母院和盧昂的聖馬克盧教堂。「火焰式」哥德風格正因爲有它的局限性（其變化主要是靠複雜繁瑣而取得），所以到16世紀在法國很快爲文藝復興時期的形式所取代。

flamen＊　專神祭司　古羅馬宗教中專門祭祀某一位神靈的祭司，共有十五位。其中以朱比特、馬爾斯和基林努斯的祭司較重要。專神祭司自貴族中遴選，受祭司長統轄，負責主持日常祭禮，生活受嚴格的約束。專神祭司之妻協助祭祀事宜，也必須遵守教規。到了帝國時期，專神祭司專司在羅馬和外省主持對神化皇帝的崇拜。

flamenco＊　佛朗明哥　安達魯西亞吉普賽人的音樂和舞蹈。來源於吉普賽、安達魯西亞、阿拉伯，也許還有西班牙猶太人的民間歌曲，根據一些學者的考證，它還來源於拜占庭和印度的宗教聖歌。佛朗明哥的精華是「歌」，常常有吉他音樂伴奏，同時表演即興舞蹈。這種音樂和舞蹈分爲三類：「深沈的」或「嚴肅的」被認爲是最古老的形式，描寫死亡、痛苦、絕望或宗教信仰的題材；介乎中間的，不很深沈但同樣令人感動的，往往帶有配合音樂的東方色彩的角色；以及「輕鬆的」，描寫愛情、鄉村生活和歡樂的題材。從19世紀起吉普賽人開始在咖啡館裡跳舞，並以此爲業，於是「佛朗明哥」一詞首先用來稱呼他們當時的音樂和舞蹈。儘管早期的「歌」是不用吉他伴奏的，但在咖啡館裡吉他卻成了必備的樂器。傳統的佛朗明哥一定要有「杜安德」——即音樂和舞蹈的遏制不住的情緒控制了表演者。伴隨表演的是「哈列奧」，即拍手、捻指和激動的喊叫。適用於這類歌的節奏同樣也可以作爲「哈列奧」獨奏來表演。舞蹈表演者經常捻動手指彈擊出各種複雜的節奏。

flamethrower　火焰槍　軍隊的突擊武器，可向敵人陣地噴射熾熱燃燒的石油或濃汽油。最基本的組合包括一輛或多輛燃料油車，一個供應推動力的壓縮汽缸，一道連接著油缸、可伸縮自如的油管，及一個可引燃噴射出的燃料的扳動噴射口。可攜帶的火焰槍由地面部隊背著，較大和重的火焰槍則裝置在坦克的炮塔上。現代火焰槍的首次使用是在第一次世界大戰時，第二次世界大戰所有主要強國及後來的戰爭都廣泛使用。火焰槍經常用在密集叢林區，並在近程對付要塞陣地。

flamingo　紅鸛　鸛形目紅鸛科四種高大的涉禽。羽衣粉紅雜以朱紅色。紅鸛具蹼足，體修長，頸細，翅大，尾短。體高約90～150公分。性喜集群；長而彎的飛行隊中和海濱涉水集群中常有數百隻。覓食時步行於淺灘，攪起有機物質特別是微小的軟體動物和甲殼類，用有薄篩似的嘴從渾濁的水中過濾食物。在熱帶和亞熱帶美洲的大西洋海岸及墨西哥灣沿岸，南美洲、非洲、歐洲南部、亞洲、馬達加斯加和印度都有它們的蹤跡。

Flamininus, Titus Quinctius＊　弗拉米尼努斯（西元前227?～西元前174年）　羅馬將軍和執政官（西元前198年）。身爲執政官，他一直努力與馬其頓的腓力五世締結和平條約，但雙方談判破裂，爆發衝突。他在庫諾斯克法萊擊敗腓力五世（西元前197年），並給予希臘人自由（西元前196年），為此，他被推崇為救世主。西元前194年，羅馬軍隊撤出希臘。在溫泉關擊敗安條克三世和埃利托亞人（西元前191年）後，在他的協助下，希臘重獲和平。

Flaminius, Gaius＊　弗拉米尼努斯（卒於西元前217年）　羅馬政治領袖。出身平民，在擔任護民官時（西元前232年），他支持羅馬擴張至義大利北部；促使一項在平民當中分配土地的法律獲得通過，因而獲得廣大人民的愛戴。但他也為西元前225年高盧入侵負責（於西元前223年被擊退），據說與該法律的通過有關。西元前223和217年兩次被當選執政官。在擔任監察官期間（西元前220年），他修建了「弗拉米尼努斯大道」。第二次布匿戰爭時陷入漢尼拔的埋伏，兵敗身亡。

Flanders　法蘭德斯　法蘭德斯語作Vlaanderen。中世紀時歐洲西南部的低地國家；其土地分屬今法國、比利時及尼德蘭。862年博杜安一世統治時，因位居地中海、斯堪的那維亞半島及波羅的海的中樞地帶，很快便發展成商業中心。1384年受勃艮地統治，後又受奧地利的哈布斯堡王朝控制（1477）。到17世紀時，屬尼德蘭的法蘭德斯仍受西班牙統治。經歷了兩次世界大戰。1980年代比屬法蘭德斯獲得有限的自治權，1993年成為比利時新聯邦中三個區之一。

Flandin, Pierre-Étienne＊　弗朗丹（西元1889～1958年）　法國律師和政治人物。1914～1940年任眾議員，在第三共和時期擔任過幾個部長職務。1934年11月～1935年5月任總理。1936年德國侵入萊茵蘭時，弗朗丹任外交部長，他企圖使法國和英國政府採取行動，但失敗了。在維琪政府中擔任外交部長，他拒絕了德國的要求。法國解放後，他被控叛國罪，1946年獲判無罪。

flare star　耀星　這種恆星的亮度在幾分鐘內的變化常可大於一個星等，據認為這是由於恆星上的耀斑爆發造成的，這種耀斑同在太陽上觀測到的耀斑相似，但規模大得多。離太陽最近的半射手座比鄰星也是一顆耀星。

flat　淺灘 ➠ playa

flatfish　比目魚　鰈形目約600種卵圓形扁平魚類的統稱。見於熱帶到寒帶水域，多為海產，生活於沿大陸棚中等深度的海水中，但有些則進入或永久生活於淡水。肉食性，底棲，靜止時一側伏臥，部分身體經常埋在泥沙中。有些能隨環境的顏色而改變體色。比目魚最顯著的特徵之一是，兩眼完全在頭的一側；另一特徵為體色，有眼的一側（靜止時的上面）有顏色，但下面無眼的一側為白色。比目魚的體型各異，體長從10公分到2公尺不等，重量最重可達325公斤（如大西洋的庸鰈類）。許多品種是名貴的食用魚。

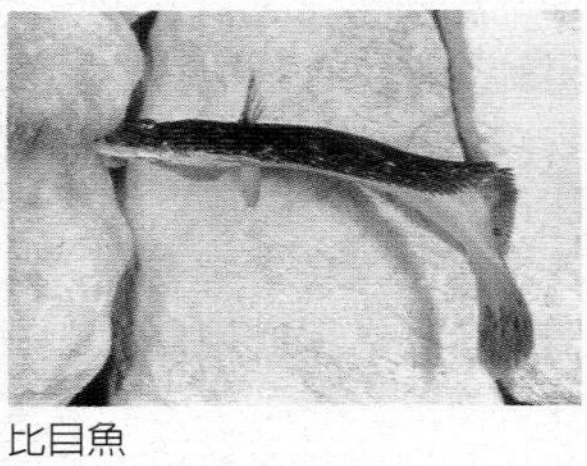

比目魚
Jacques Six

flatfoot　扁平足　先天性或後天性足縱弓平坦的一種外科病。足和足跟向外側旋轉，足弓消失，形成八字腳。在本病早期，由於韌帶牽張變鬆和肌肉軟弱無力，足變扁平，但仍柔軟靈活；在晚期，足骨的形狀改變，足變僵硬。在有些病例似與體重過高或外傷有關。扁平足的症狀甚多，如疼痛、腫脹、肌肉痙攣、足僵硬及步態笨拙等。許多有扁平足的人可全無症狀。治療在於穿用加托或不加托的特製平足鞋來恢復足弓和足跟的正確位置，並加強肌肉的力量，使足弓和足跟保持於改正後的位置。疼痛嚴重或容易疲勞的病例可用扁平足托，但久用可使肌力減弱。少數患者的疼痛十分嚴重，需要手術治療。

Flathead　扁頭人　操薩利什語的印第安部落，原住在現美國蒙大拿州西部地區。薩利什原始部落名稱，扁頭則是一種習俗；他們自己並沒有實行扁頭，而是他們的奴隸中有些是來自實施扁頭的部落。扁頭人是所謂高原文化區最東部的部落，但具有很多落磯山東部大平原印第安人的特徵。曾得到大量馬匹，每年騎馬遠征平原，獵捕野牛，常為此與平原諸部落發生戰爭。平原圓錐形帳篷是平常住所。西扁頭人使用獨木舟，但東扁頭人僅僅使用臨時的野牛皮製的牛船，這是平原印第安人的特色。扁頭人信仰保護精靈，也有巫醫。1872年主要聚居在蒙大拿州弗拉塞德湖畔的居留地。

Flathead River　弗拉特黑德河　源出加拿大不列顛哥倫比亞省東南部，南流進入美國蒙大拿州，在穿過懷特菲什山和冰川國家公園間的地區後，流入弗拉特黑德湖並匯入克拉克河，全長385公里。主要的支流有米德爾河和紹斯河。河谷為遊覽區，經營農業、水果種植、林業和採礦業。

Flatt, Lester　弗萊特（西元1914～1979年）　美國藍草音樂、鄉村音樂吉他手與歌手。生於田納西州歐佛頓郡，原來在紡織工廠工作，直到1930年代晚期與太太格蕾蒂斯組成二重唱後才轉換跑道。1945年，加入門羅的藍草男孩，結識了來自北卡羅萊納州福臨特丘的史古吉（1924～）。史古吉五歲就開始玩五弦琴，十五歲就開始在廣播電台演出。史古吉是速彈法的高手，以姆指、右手食指和中指呈現驚人技法，後來一般稱為「史古吉法」。1948年，弗萊特和史古吉離開門羅的樂隊自立門戶，創了「弗萊特和史古吉的霧山男孩」。1950年代、1960年代間二人灌錄了幾十張唱片，並主持自家電台與電視節目。史古吉的樂器創作曲特別受歡迎，例如〈霧山崩塌〉。1969年史古吉加入兒子蓋瑞、南迪（史提夫稍晚才加入）組成的Earl Scruggs Revue後二人分道揚鑣。

flatworm　扁蟲　亦作platyhelminth。軟體的扁形動物門通常為極扁平的蠕蟲，包括自由生活和寄生的種類。棲於海水、淡水、陸地多種生境，廣佈於世界各地。體長從1毫米的若干分之一到15公尺。有三種主要類型：渦蟲、吸蟲和條蟲。扁蟲的特徵為兩側對稱，通常扁平，無呼吸系統、骨骼和循環系統，無體腔，且不具真體節。渦蟲綱的扁蟲多營自由生活，而吸蟲和條蟲則是體內寄生蟲。

Flaubert, Gustave＊　福樓拜（西元1821～1880年）　法國小說家。曾學習法律，二十二歲開始終身的寫作事業。他的經典作品《包法利夫人》（1857），把一個普普通通的桃色事件寫成了一部充滿人情味的作品，極其客觀地刻畫了人物的心理狀態和他們扮演的角色，從而開創了文學史上一個新紀元。其他作品有《薩朗寶》（1862），描述迦太基雇傭兵的故事；《情感教育》（1869）；《聖安東尼的誘惑》（1874），敘述聖安東尼克服魔鬼種種誘惑的傳奇故事；《三故事》（1877），題材各異，包

福樓拜，素描，李普哈特（E. F. von Liphart）繪於1880年；現藏法國盧昂市立圖書館
By courtesy of the Bibliothèque Municipale, Rouen; photograph, Ellebe

含了古代、中世紀和現代三個時期。他的書信集可能是這類作品中最傑出的，他因石雕體風格而出名。被認爲是法國19世紀寫實主義文學大師。

Flavian dynasty＊ 弗拉維王朝（西元69～96年） 古代羅馬帝國由韋斯巴薌（69～79年在位）及其子提圖斯（79～81年在位）和圖密善（81～96年在位）構成的王朝，屬於弗拉維氏族。韋斯巴薌在王位繼承戰爭中最後獲勝。韋斯巴薌在位時期曾經改組軍隊，加強邊防；擴充元老院的議員名額；增加稅收。提圖斯在位時期很短，但深得民心。圖密善實行暴政，結果被暗殺。繼弗拉維王朝出現的是「五聖主」時代。

flavin＊ 黃素 一組淺黃、綠螢光生物色素，在植物和動物組織中分布很廣，含量少。它們是生命所必需的化合物，就像代謝過程中的輔酶那樣。只有微生物和綠色植物合成黃素，核黃素是這組色素中最普遍的。

flavonoid＊ 類黃酮 亦作flavone。一類不含氮的生物色素，包括花色素苷和花黃色素。類黃酮在植物中存在普遍。因含花黃色素，常常能使花瓣呈黃色。花色素苷是使芽和幼枝呈紅色而使秋季的葉子呈紫或紫紅色的主要色素。類黃酮的生理功能雖然還沒有被確切肯定，但它們可能吸引蜂、蝶和散佈種子。

flax family 亞麻科 亞麻目的一科，約含14屬草本植物與灌木，遍布世界。亞麻屬包含亞麻，係本科最重要的植物，可栽植作亞麻纖維和亞麻籽油，以及供庭園觀賞。黃亞麻屬植物多爲低矮灌木，在氣候溫暖的地區可植於溫室或室外；黃亞麻則在晚秋早冬之際開許多大型黃花，極爲引人注目。

Flaxman, John 福萊克斯曼（西元1755～1826年） 英國雕刻家、插圖畫家、設計家。1775年後爲陶藝家維吉伍德工作，從而加強了原有的線條感。他到羅馬領導維吉伍德的工作室（1787～1794），其藝術信條在此形成。《伊里亞德》和《奧德賽》插圖（1793）和《神曲》插圖（1802），是其著名作品。身爲英國新古典主義藝術家，他成爲皇家學會第一位雕刻教授（1810）。因一些帶有獨立人像群的大型紀念碑而備受稱譽，其名聲不亞於同時代的偉大雕刻家卡諾瓦和托瓦爾森。

flea 蚤 昆蟲綱蚤目所有種類的通稱，約1,600種。分布廣泛，從北極區至阿拉伯沙漠都可見。形小，翅退化消失，以吸血液爲食。解剖學上特殊的構造，使得蚤可以附上哺乳動物或鳥類的皮膚並吸它們的血。雖然家貓和狗是它們重要的宿主，但哺乳動物中與蚤關係最密切的是齧齒類。成蚤體長0.1～1公分，壽命從幾週到一年。足發達，肌肉有力。善跳，能在水平或垂直方向跳出達其身長200倍的距離。蚤類的蔓延會造成嚴重後果；歐洲中世紀時流行的黑死病其主要傳染媒介就是蚤。

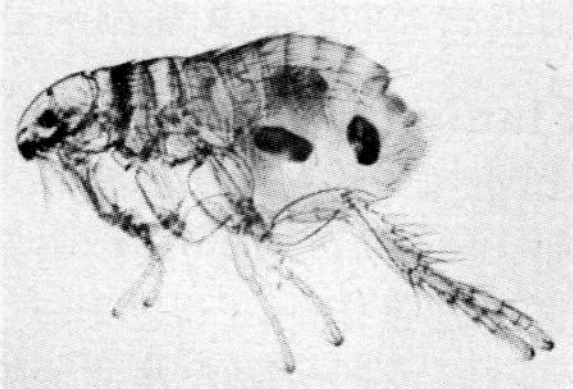

櫛首蚤屬（Ctenocephalides）的一種
William E. Ferguson

flea beetle 跳甲 鞘翅目葉甲科跳甲亞科昆蟲，分布在世界各地。一般小於6公釐，色暗或具金屬光澤。後足膨大，適於跳躍。是重要的作物害蟲，危害的作物包括了：葡萄、黃瓜、甜瓜、番茄、馬鈴薯和煙草。成蟲吃葉，幼蟲吃根。有的傳播植物病（如馬鈴薯早期凋萎病）。

Fleischer, Dave and Max 佛萊雪兄弟（戴夫與麥克斯）（西元1894～1979年；西元1883?～1972年） 美國動畫家。麥克斯出生在納也納，戴夫出生在紐約市。1921年成立工作室並投入動畫卡通前，二兄弟專門幫報紙畫卡通漫畫。1920年代中期他們推出了第一部有聲的電影動畫。後來創造的知名卡通人物有*Betty Boop*（1931～1939），《大力水手》（1929～1942）、《超人》（1941～1942）、長片卡通《格列佛遊記》（1939）。

Fleming, Alexander 佛來明（西元1881～1955年） 受封爲亞歷山大爵士（Sir Alexander）。英國細菌學家。第一次世界大戰時任軍醫，研究對人體無毒的抗菌物質。1928年當他用點青黴的孢子污染了葡萄球菌培養物後，黴菌菌落周圍有一圈無細菌生長，因而發現青黴素。1945年與柴恩及福樓雷共獲諾貝爾生理學或醫學獎，柴恩和福樓雷從1939年起，根據他的發現，進一步分離、純化、試驗並大量生產了青黴素。

Fleming, Ian (Lancaster) 佛來明（西元1908～1964年） 蜚聲國際的英國懸念小說作家，所塑造的代號爲007的英國諜報人員詹姆斯·龐德，乃成爲20世紀通俗小說家競相模仿的一個人物。曾從事各種行業：俄羅斯記者、銀行家、證券經紀人、英國海軍情報機關高級官員，在出版《皇家夜總會》（1953）以前擔任報紙經理。以龐德爲主角的長篇小說共十二部，每一部都充滿驚險、恐怖和國際間諜的陰謀。所有作品包括《俄國來的情人》（1957）、《第七號情報員》（1958）、《金手指》（1959）和《霹靂彈》（1961）在內均拍成電影，轟動一時。

Fleming, Peggy (Gale) 佛來明（西元1948年～） 美國女花式滑冰運動員。她在十五歲是就獲得美國成年女子錦標賽的后冠。1965年在北美洲冠軍賽中獲第二名，1967年獲冠軍。1965年首次參加世界錦標賽，獲第三名；1966～1968年連續三次獲世界冠軍。1968年冬季奧運會獲金牌。同年轉爲職業選手。

Flemish art 法蘭德斯藝術 指法蘭德斯15、16世紀和17世紀初期的藝術，以生氣蓬勃的寫實主義和高超的技術造詣而著稱。法蘭德斯畫派的先驅者一般都住在勃艮地大公國的第一個首都第戎。這些大公在1363～1482年間建立了強大的法蘭德斯和勃艮地聯盟。腓力三世（1419～1467年在位）遷都於布魯日，1425年正式任命艾克（1390～1441）爲宮廷畫師兼侍從。他的畫作代表著早期法蘭德斯繪畫的開端，又象徵著它的全盛時期。15世紀末，艾克後一代的畫家並未一味仿效他，而是面向義大利以求得畫面形象結構的發展。魏登、赫里斯特斯、包茨、胡斯、梅姆靈和戴維等人的畫作雖著重創新，但其視覺藝術效果卻與艾克相去甚遠。16世紀，在博斯的影響下，老勃魯蓋爾將當時的殘酷性反映在他的那些生動地描繪了農民生活的作品裡。17世紀偉大的大師魯本斯精通油畫藝術，他的成熟的寓言風格與巴洛克時期的奢華趣味完全吻合。亦請參閱early Netherlandish art。

Fletcher, John ➠ Beaumont, Francis

Fleury, André-Hercule de＊ 弗勒里（西元1653～1743年） 法國樞機主教，路易十五世時代的首席大臣（1726～1743）。1715年任命他爲五歲的王儲（後爲路易十五世）的私人教師。在國內，他恢復了法國的經濟和財政的穩定；在對外政策方面，努力緩和英國和西班牙之間的日益緊張的關係，以避免引發歐洲的衝突。在波蘭王位繼承戰爭（1733～1738）中，法國被捲入支持路易十五世的岳父斯坦尼斯瓦夫一世的一方，在他的努力下，使衝突範圍減小。

Flexner, Abraham 福勒克斯納（西元1866～1959年） 美國教育家。在高中教書近二十年，他受卡內基基金會的委託對美國和加拿大155所醫學院的品質進行調查。1910年提出報告，立即產生巨大的衝擊作用，許多受到他嚴厲批評的醫學院在報告發表後不久即行關閉，其他的醫學院也開始修改它們的辦學方針和課程設置。在擔任洛克斐勒基金會普通教育委員會祕書時，積極主動地把私人捐獻的五億多美元用於改進美國的醫學教育。1930年創辦新澤西州普林斯頓進修學院，聚集了幾位世界最有名望的科學家來此。

Flick, Friedrich 弗利克（西元1883～1972年） 德國實業家。第一次世界大戰前便建立了他的工業帝國，包括了煤鐵礦、鑄工廠、鋼鐵廠、化工廠、軍工廠以及汽車、飛機和鐵路等各行業，成爲希特勒最大的工業供應商。因在礦區和工廠剝削俄屬斯拉夫民族的勞工而在紐倫堡受審。儘管戰後企業被沒收，後來在返回煤礦與鋼鐵廠後再次聚集了財富，到他死時可能是全德國最富有的人。

flicker 撲動鴷 啄木鳥科撲動鴷屬六種新大陸鳥。大部分時間消磨在覓食地上的螞蟻。唾液黏而呈鹼性，可能用以中和螞蟻的蟻酸。喙比多數啄木鳥更細長並稍下曲。大部分的種的腰多爲白色，頭部斑紋各異，約33公分長。

黃羽軸撲動鴷（Colaptes auratus）
B. M. Shaub

flight recorder 飛行記錄器 俗稱黑盒子。記錄飛機在飛行時操作及情況的儀器。各國政府管理機構要求民航飛機裝置這種儀器，以便能分析意外事件。這種儀器裝在若干層絕緣層內的厚鋼器裡，以抵抗衝擊和火燒。記錄帶也受到保護，不會因疏忽被洗掉或沾染海水。這種裝置可以記錄下各種資料，包括飛行速度、高度、航向、垂直加速度及飛機傾斜度，而駕駛艙錄音器則可錄下飛機內部對話及無線電通訊。飛行記錄器及駕駛艙錄音器，都裝在飛機尾部。

Flinders, Matthew 夫林德斯（西元1774～1814年） 英國航海家。測繪了澳大利亞大部分海岸。在兩次探險航行（1795～1799、1801～1803）中，繞著澳大利亞和塔斯馬尼亞島航行，並測繪其沿岸及海域。《澳大利亞大陸旅行記》（1814）記錄了他的探險經過。澳大利亞幾個地名是以他的名字來命名。

Flinders Ranges 夫林德斯嶺 澳大利亞南澳大利亞州山地。自查維斯角向北延伸800公里。有幾座山峰高900公尺以上，最高的是聖馬利亞峰（1,166公尺）。地質結構具有抗侵蝕性，形成各種奇特景觀。有吉梅因峽谷、威爾皮納低地等風景區，有夫林德斯嶺國家公園和甘蒙嶺國家公園。

Flinders River 夫林德斯河 澳大利亞昆士蘭州最長河流。源出格列哥里山脈西南坡。向西轉西北，再向北流，分爲二支注入卡奔塔利亞灣。全長837公里，季節性流域面積107,700平方公里，僅下游約113公里爲常年河。沿河地區有畜牧業（肉牛、細毛羊）。

Flint 夫林特 美國密西根州東部城市。臨夫林特河。原是一個貿易站，1836年成爲毛皮貿易和農業中心。由於木材供應充裕，馬車製造業得以發展，到1900年年產馬車十萬輛。該市主要廠家合併成通用汽車公司。到1950年代夫林特成爲僅次於底特律的汽車城。1980年代和1990年代許多通用汽車公司的工廠相繼關閉，導致夫林特經濟萎縮。設有通用汽車學院（1919）和密西根－夫林特大學（1954）。人口：市約134,881（1996）；都會區433,729（1991）。

flint 黑燧石 ➠ chert and flint

flintlock 燧發機 火器點火系統。始於16世紀初，取代火繩機和轉輪打火機。19世紀上半葉爲擊發機取代。燧發機的火鐮與藥池蓋連爲一體。扣動扳機時，彈簧機構帶動火鐮打擊燧石。產生火點燃藥池內的火藥，進而引燃槍膛內的主裝藥，將彈丸射出。

Flodden, Battle of 佛洛頓戰役（西元1513年9月9日） 英格蘭人在諾森伯蘭布蘭克斯頓附近打敗蘇格蘭人的戰役。當年8月22日蘇格蘭國王詹姆斯四世爲了實踐他與法國聯盟（1512）的諾言，親自率領30,000大軍，配有炮隊，跨出了國門。英王亨利八世派北方鎮守使霍華德集兵20,000迎拒。雙方於9月9日舉行會戰。戰鬥在傍晚開始。蘇格蘭軍頑強作戰。到天黑時，蘇格蘭軍傷亡慘重。詹姆斯陣亡，軍隊死10,000人以上。

flood 洪水 指高水位期，河水漫出天然堤或人工堤而淹到平時乾燥的陸地上，例如河水淹沒其氾濫平原。無法控制的洪水，可能引起重大損失，起因一般是暴雨，即短時期內的過量降雨；但也可能是由於春汛期間冰的擁塞和海嘯引起的。控制洪水的一般措施是改善河道、修築防護堤和蓄洪水庫等；間接措施是保護土壤和森林的水土保持，以阻滯和吸收來自暴雨的徑流。

floor 地板 剛性的建築構件，將空間水平劃分成樓層。地板構成房間的底部。組成可能是格柵支撐的木條或木板，木樑或鋼樑支撐的底板，地面上的石板或混凝土板，抑或是混凝土樑柱承重的鋼筋混凝土板。地板構件必須能夠支撐自身的呆重加上居住人員、活動與家具的荷重。在頂面下方的水平支撐以及框架的垂直支撐必須足夠，間隔緊密以防止構件彎曲。

floor covering 樓面覆面層 地板上的修飾材料，包括木條、拼花地板、油地氈、乙烯製品、瀝青磚、橡膠、軟木、環氧樹脂、陶瓷磚與地毯。貼在底層合板上的木條地板最常見，特別是住宅。乙烯磚和乙烯板在許多住宅與商業工程取代油地氈。防滑的橡膠及軟木應用於商業與工業方面。水磨石使公共空間擁有堅硬耐用的地面。希臘人早在西元前8世紀就使用礫鑲嵌面。格狀鋪面（用立方體整齊鑲嵌而成）出現於泛希臘化時代，並在西元1世紀在羅馬帝國各處的建築廣泛採用。石塊鑲嵌常見於拜占庭、文藝復興與哥德式建築，現在偶爾應用於大廳及入口處的大空間。

floor exercise 地板運動 體操比賽項目之一。在鋪有地毯的12平方公尺專用場地上進行，不用器械。全套動作須結合柔軟性、用力、跳躍、靜止動作、平衡等因素以及其他技巧，動作要有節奏、協調。運動員必須變換方向，充分利用場地的主要部分。女子地板運動與男子地板運動相似，但比賽應有音樂伴奏。1936年男子組列入奧運會正式比賽項目，女子組則在1952年。

floppy disk 軟碟 亦作diskette。電腦用的磁性儲存媒介。軟碟是以柔軟的塑膠塗上磁性物質，用硬塑膠套封起來。最常見的直徑9公分（3.5吋）。資料排列在表面同心圓的磁軌上。磁碟片插入電腦的軟碟機，一組磁頭和轉動磁碟片的機械裝置進行讀寫作業。小型的電磁鐵稱爲磁頭，以不同方向磁化磁碟片上的小點，把二進位數（1或0）寫到磁碟片上，並檢測小點的磁化方向來讀取數字。隨著電腦與電腦之間電子郵件附件與其他傳送檔案方法的增加，軟碟的使用率大爲減少，不過還仍被廣泛用於重要檔案的備份。

Flora 福羅拉 古羅馬宗教所信奉的女神，司花期。其節日花神節是西元前238年根據《女先知書》的建議確立，其慶祝活動頗爲冶蕩，是娼妓的時機。羅馬共和時代的錢幣上，鑄有福羅拉像，頭戴花冠。

flora 植物群 植物地理學家根據特徵性植物類型而將世界劃分爲六個區域。全球植物群可分爲：泛北區、古熱帶區（包括非洲、印度－馬來西亞和玻里尼西亞等亞區）、新熱帶區、南非區、澳大利亞區和南極區。澳大利亞區最爲孤立隔絕，其次是新熱帶區的南美部分。這兩個地區有大量珍稀而獨特的植物種類。長期與非洲分離的馬達加斯加因其植物區系不同一般，有時被看作是一個獨立的區。

floral decoration 花飾 插戴新鮮或乾燥的植物材料作爲身飾或家庭裝飾，或作爲公共典禮、節慶和宗教儀式的一部分的一種藝術。插花不只是簡單地把花插入高瓶中，線條、型式、顏色、質地、對稱、比率、規模，都是插花藝術的重要方面。西元2世紀時，在蒂沃利哈德良別墅的羅馬馬賽克壁畫上有一籃插花，被認爲是最早的花飾藝術。17和18世紀的歐洲，尤其荷蘭和法國，花卉的靜物畫也顯示了插花的流行以及當時的款式。中國和日本有悠久的插花史，常與宗教信仰和哲學思想有關聯。日本的插花方式，對西方國家影響很大。

Florence 佛羅倫斯 義大利語作Firenze。義大利中部城市，托斯卡尼區首府。人口約379,687（1998）。沿著阿爾諾河兩岸興建，該城歷史悠久，曾作爲共和國、托斯卡尼公國首府和義大利首都（1865～1871）。約西元前1世紀建立，當時爲羅馬軍隊駐紮地。後來相繼被哥德人、拜占庭和倫巴底人統治。12世紀晚期成爲托斯卡尼的主要城市，1434年開始受強勢的麥迪奇家族統治。宗教改革家薩佛那洛拉使佛羅倫斯成爲一共和國，在他失勢後，麥迪奇恢復佛羅倫斯公爵的地位（1531）。西元14～16世紀商業、金融業、學術，尤其是藝術。均達到突出水準。文藝復興便是佛羅倫斯文人、畫家、建築師和手工藝人的才華的產物。佛羅倫斯城已成爲展示他們成就的活博物館。該城最偉大的人物中有達文西、米開朗基羅、布魯內萊斯基、但丁、馬基維利、伽利略。該城的建築物，如：聖約翰領洗教堂、哥德式的大教堂及烏菲茲美術館，這些本身就是藝術作品的建築中，包含了更豐富的藝術作品。重要的宮殿和公園有碧提宮和菩菩利花園。佛羅倫斯大學建於1349年。經濟以旅遊業爲主，但也致力於資訊技術和高級服飾等新行業的發展。人口約379,687（1998）。

Florentine canvas work 佛羅倫斯網形粗布刺繡品 ➠ bargello

Florey, Howard Walter 福樓雷（西元1898～1968年） 受封爲Baron Florey。澳大利亞病理學家。在英國及美國受教育，1935年起在劍橋大學任教。他研究過組織的炎症及黏膜的分泌作用，又成功地分離了溶菌酶。1939年研究自然界存在的其他抗菌物質，最後集中研究青黴素。福樓雷和柴恩一起用人體試驗證明了青黴素的療效，並研究成功其生產方法，因此與柴恩及佛來明共獲1945年諾貝爾生理學或醫學獎。

floriculture 花卉園藝 觀賞園藝的分支，關於種植與銷售花卉與觀賞植物，還包括插花。由於花卉與盆栽植物是在氣候溫暖的植物栽培建築物內大量生產，大多將花卉園藝視爲溫室產業，其實西很多花卉栽種在戶外。栽培在溫室內的花壇植物與切花或室內用觀葉植物的生產通常都當成花卉園藝的一部分。

Florida 佛羅里達 美國東南部一州。位於東南海岸突出的半島上，首府塔拉哈西，位於西北部鍋柄狀地區。遠在一萬年以前，古印第安人便從北部進入佛羅里達。1513年左右龐塞・德萊昂來此探險，1565年西班牙人建立聖奧古斯丁。1763年法國印第安人戰爭後佛羅里達歸英國人所有，美國革命後（1783）這個地區受西班牙控制。1812年戰爭期間，彭薩科拉被英國人當作基地，雇用印第安人和逃亡奴隸不斷騷擾美國的居民點。1819年安德魯・傑克森率軍攻占彭薩科拉，使得佛羅里達被割讓給美國。接著發生與塞米諾爾印第安人的戰爭（參閱Seminole wars）。佛羅里達於1845年成爲美國的州。20世紀晚期成爲美國成長最快速的州，全國約75%的柑桔產於該州，是第二大蔬菜生產州，僅次於加州。旅遊業是主要工業，迪士尼世界（參閱Disney World and Disneyland）是重要景點。電子產業亦重要；以甘迺迪太空中心爲中心的航太工業，雇用了數以千計的員工。該州有許多古巴人，特別是邁阿密，他們對加勒比海區的經濟扮演重要角色。該州還有大沼澤地國家公園。面積151,939平方公里。人口約15,982,378（2000）。

Florida, Straits of 佛羅里達海峽 在美國佛羅里達群島和古巴、巴哈馬之間，連接墨西哥灣和大西洋。長約180公里。佛羅里達洋流（墨西哥灣流起始部分）經此東流，出墨西哥灣。西班牙探險家龐塞・德萊昂於1513年首次來此。

Florida, University of 佛羅里達大學 美國佛羅里達州蓋恩斯維爾市的公立大學。1906年時由一所土地撥贈學院和神學院合併而成。是一所綜合性的研究大學，由許多學院所組成，其中包括法律、醫學、各種醫療專業學科、會計、營造、森林學等學院，以及一所拉丁美洲研究中心，還有一個軍事科學部門。重要的研究設施有大腦科學中心、海洋試驗所、運動科學中心以及一個野生動物保護區。註冊學生人數約40,000人。

Florida Controversy, West ➠ West Florida Controversy

flotation 浮選 亦稱泡沫浮選（froth flotation）。對礦石進行分離和富集的礦物處理方法。其做法是把礦石表面改變成疏水性或親水性的，也就是使表面成爲排斥水的或吸收水的。未被浸濕的顆粒吸附在氣泡上，被帶到礦漿的表面並進入泡沫。含有這些顆粒的泡沫隨後被分析。有些天然疏水性的不需要的礦物在處理後可以使它們的表面被浸濕而下沈。20世紀初，這個方法發展到了具商業價值的規模，用以選出早先以重力選礦廠內進入廢石的極細的礦物顆粒。浮選廣泛用於富集通常在礦石中共生的銅、鉛和鋅的礦物，許多過去沒有使用價值的複雜礦石由於浮選法的使用而成爲某些金屬的一大來源。

flounder　鰈鰈　鰈形目比目魚的統稱，約300種。其形態發育極罕見，出生時身體兩側各有一隻眼，且常在近水面處游泳，數日後一側開始變瘦，使得該側的眼最後達於魚的上側。由於如此發育，致骨骼、神經與肌肉連帶發生若干複雜變化，底棲性比目魚的下側並喪失色彩。成魚臥於水底，有眼側朝上。

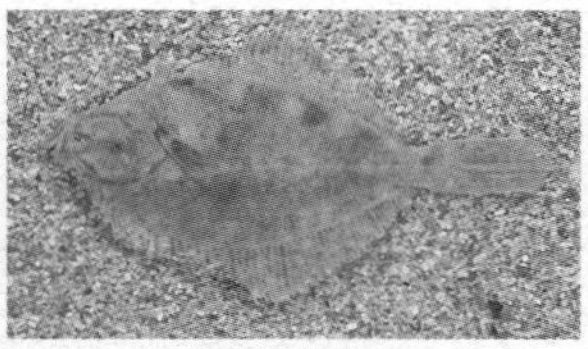

Platichthys屬的鰈鰈
F. Greenaway from Natural History Photograph Agency

flour　麵粉　用穀物研磨而成的粉末。通常是小麥，用於製作各種食品，是焙烤製品的基本原料（參閱baking）。麵粉按篩選後的粗細定等級，全麥粉是指不經篩選、不經精磨的麵粉，常爲褐色粉。白麵粉是將全部麩皮和胚芽除去，因去掉了易使麵粉變質的含油脂胚芽，可延長儲存期。未經漂白的麵粉呈淺黃色，故銷售的麵粉大都經過漂白。麵粉加水揉成麵糰，其中的蛋白質轉化成富彈性的麵筋。它在整個麵糰中形成能封存空氣的網狀結構，使製品經焙烤後變得膨鬆。

flow ➠ deformation and flow、laminar flow、turbulent flow

flow meter　流速計　測量氣體或液體速度的設備。應用於醫學、化工、航空以及氣象，如皮托管、文丘里管、浮子式（削尖畫上刻度的管子內有流體支撐的浮標，高度由流速決定）。超音速流速計裡面去除超聲波導致的都普勒效應（參閱Doppler effect），校正出液體的流速，對於工業用途十分重要，亦用於測量動脈的血流。

flowchart　流程圖　用圖表示生產操作或電腦運轉之類的程序，說明產品沿生產線行進或問題通過電腦運行時所採取的各個步驟。圖表中，可用方塊代表一道道操作或運轉，再用箭頭置於方塊與方塊之間表示所採取步驟的次序。

flower　花　顯花植物（被子植物）的繁殖器官，尤指那些繁殖結構有特色或色彩鮮豔者。花的大小、形態、顏色及解剖結構千差萬別。有的植物花小，並聚生成有特色的簇（花序）。每朵花有一個花軸，上生重要的繁殖結構（雄蕊和雌蕊），和附屬結構（花萼及花瓣）；後者還可吸引傳粉的昆蟲（參閱pollination）和保護雄蕊及雌蕊。典型的花主要由花萼（位於最外層，由萼片構成）、花冠（由花瓣組成，位於花萼內方）、雄蕊和雌蕊構成，緊貼花軸或花托排列。花萼、花冠可具鮮豔的顏色。花的雄性部分是雄蕊，由花絲和花藥組成。花藥產生花粉。一朵花中有多數雄蕊，總稱雄蕊群。雌蕊是花的雌性部分，由子房、長柱形的花柱、花柱頂部接受花粉的柱頭所組成。子房內有胚珠。受精後的胚珠發育成種子，子房膨大發育成果實。在世界上大多數文明中，花一直用來象徵美，贈花仍是最流行的社交禮儀之一。

flowering plant　顯花植物　現代植物中最大的類群，約有250,000種以上，屬木蘭門。有根、莖、葉和發育完好的傳導組織（木質部和韌皮部）。以所產的種子包覆在花的密閉室內（子房）而與裸子植物有所區分，但有些差別並不是那麼清楚。木蘭門包括兩個綱：單子葉綱和雙子葉綱。單子葉植物花的部分基數是3或3的倍數，葉脈多爲平行脈，莖的維管束通常散生，無形成層。雙子葉植物的花各部分爲4～5基數，葉多爲網狀脈，導管在莖中排列成連續不斷的環狀，有一個形成層。被子植物在特性、大小和形狀上有很大的區別，約有300多科，產於世界各大陸，包括南極洲。也很能適應各式各樣的自然繁殖地。大部分的性繁殖是由種子經特化的再生殖器官（所有的花都有）而來。

flu ➠ influenza

flugelhorn　翼號　銅管樂器。用於歐洲軍樂隊。它有三個活塞，管徑比短號粗，通常爲B♭調，偶爾有C調。1830年代在奧地利創造成功。20世紀中葉，常用於某些爵士樂隊中。

fluid　流體　任何液體或氣體，或泛指當靜止時不能承受切向力或剪切力，而當受到這類應力時，會發生持續變形的任何物質。流體會產生一個向外的壓力，無論在哪一點，它都與容器表面相垂直。理想的流體缺少黏度，但真正的流體並非如此。

fluid mechanics　流體力學　研究力和能量對液體和氣體的效應的學科。它細分爲流體靜力學，探討流體在靜止時的情形；以及流體動力學，研究運動中的流體和二者相互關係。液體和氣體因具有相同的運動方程式，而顯示出相同的運動現象，所以都被視爲流體。這門學科應用廣泛，從航太工程、海洋工程，到對血流和游泳動力學的研究。

fluke　吸蟲　亦作trematode。近6,000種寄生性扁蟲的通稱，世界性分布。體長5公釐至10公分。常寄生於魚、蛙和龜體；但也寄生於人體和無脊椎動物（如貝類、甲殼類）。外寄生、內寄生或半外寄生（吸附於口腔壁、鰓或泄殖腔），有的需兩個或兩個以上宿主。多數扁平，葉狀或帶狀，但有的橫切面呈圓形。腹面有吸盤及鉤、刺用以吸附。

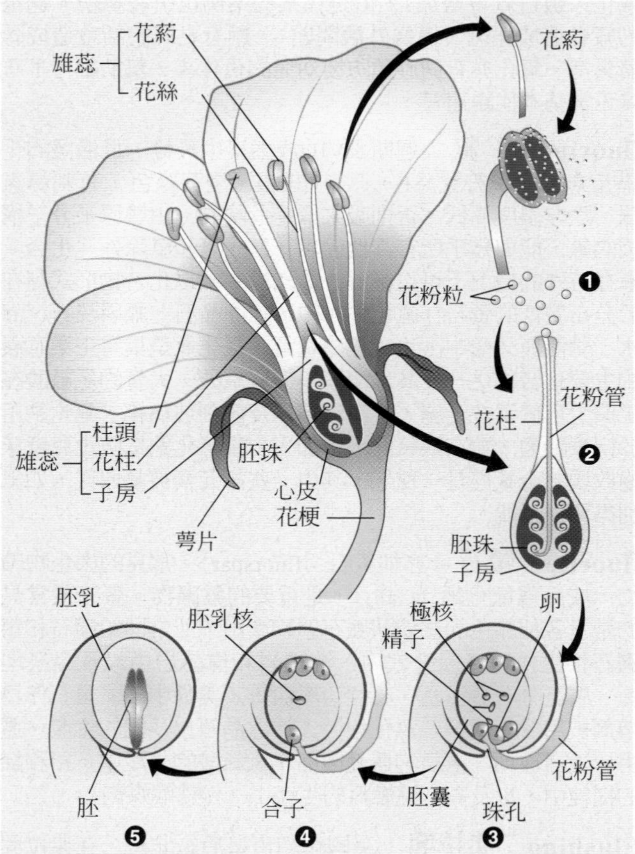

顯花植物的生命週期。（1）花粉從花藥散出，落在柱頭上。（2）花粉管形成並生長，藉由這種方式前往胚珠的孔（珠孔）。（3）胚珠的胚囊內兩個核（極核）向中央移動，形成一個細胞。三個細胞向珠孔移動，一個變大成為卵。花粉粒的生殖細胞經過有絲分裂形成的兩個精子從珠孔進入胚囊。（4）一個精子與卵融合，形成受精卵（合子），發育成胚胎。另一個精子與兩個極核融合形成三倍體核（帶有三套染色體）。（5）核分裂形成胚乳，提供發育胚胎所需的養分。

感染吸蟲會引起疾病（如血吸蟲病），甚至造成人類死亡。

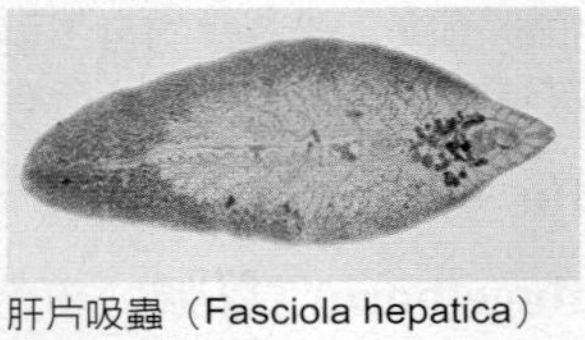

肝片吸蟲（Fasciola hepatica）
Grant Heilman

fluorescence　螢光　由於材料的原子受到激發，幾乎立即（億分之一秒內）就放射出的電磁輻射，通常是可見光形式。最初的激發通常是吸收來自入射光的輻射或粒子的能量，像是X光或電子。由於再放射的發生如此迅速，一旦激發的來源移除，螢光立即停止，不像磷光還會持續一段時間。螢光燈泡是在裡面塗上一層粉末並裝有氣體；電力造成氣體發出紫外線，刺激燈管的塗層發光。電視或電腦螢幕的像素是電子槍的電子打擊而發出螢光。螢光通常用於分析分子，另外在洗衣粉加入射出光譜藍色區域的螢光劑，讓衣物在陽光底下看起來更潔白。X光螢光用於分析礦物。

fluorescent lamp　螢光燈　藉磷光粉塗層所發螢光照明的放電燈。螢光燈由一玻璃管構成，管內充以氬和汞蒸氣，燈管兩端的金屬電極上塗有易於發射電子的鹼土氧化物，當電流通過兩極間的電離混合氣體時，就會發出紫外輻射。燈管內壁塗有磷光粉，磷光粉吸收紫外輻射並發出螢光。較白熾燈省電且發熱少。

fluoridation of water　水的氟化　在水中加入氟或氟化物（百萬分之一）來減少齲齒。這項做法的基礎是在於水有適度天然氟化的地區其齲齒比例較低，且研究顯示健康的牙齒比蛀牙所含的氟化物較多，說明氟化物有助於預防或減少齲齒。氟化減少兒童蛀牙、缺牙和補牙的數目（如果停止氟化，數目就會增加），但是在某些案例也引發糾紛。過量的氟會造成牙斑（僅爲外觀問題），劑量更高的話會造成骨骼異常。氟化亦有助於預防嬰幼兒的佝僂病，幫助維持甲狀腺正常基本代謝速率。

fluorine＊　氟　週期表VIIa族鹵素中最輕、最活潑的化學元素，化學符號爲F，原子序數9。淺黃綠色，有刺鼻氣味。除非濃度極低，否則吸入氟是危險的。由雙原子分子構成的氟，能與幾乎所有其他元素（氦、氖和氬除外）化合。氟在特殊的情況下可以電解方式取得。氟以化合物形式存在於分布廣泛的螢石（氟化鈣）中，在冰晶石、氟磷灰石、海水、骨骼與牙齒中，也存在少量氟。氟化氫是具有工業意義的主要化合物之一，其水溶液叫作氫氟酸，大量的氫氟酸在工業上用於清洗金屬，生產玻璃以及蝕刻玻璃等。氟化鈉用於治療齲齒，並在缺氟飲水中加入少量氟化鈉以防止兒童牙齒敗壞。全氟烴是一種烴，其中一些氫元素被氟取代，如氟利昂和鐵氟龍。

fluorite　螢石　亦稱氟石（fluorspar）。常見的鹵化物礦物，成分爲氟化鈣（CaF_2），是重要的氟礦物。螢石最常見的是呈各種顏色的玻璃狀脈石礦物產出，並常同鉛礦石和銀礦石伴生；也產於孔穴中、沈積岩和偉晶岩中以及溫泉地區。廣泛分布於法國、英國、墨西哥及美國中部。螢石作爲熔劑被用於平爐鋼、氟化鋁、人造冰晶石以及鋁的生產。還用於乳白玻璃、鋼鐵的搪瓷製品、氫氟酸的生產中，鉛和銻的提純中，以及高辛烷燃料的生產中（作爲觸媒劑）。

Flushing　弗拉興　美國紐約市皇后區北段，在弗拉興灣（伊斯特河）頂端。1645年英國反對國家教會的信徒定居於此，後成爲貴格會（參閱Friends, Society of）中心。18世紀末和19世紀初該地以培育苗圃聞名。1898年併入皇后區。1939～1940和1964～1965年曾爲紐約世界博覽會場址的梅多科羅納公園，1946～1949年曾爲聯合國大會臨時總部所在地，1978年成爲美國網球協會的國家網球中心。

flute　長笛　木管樂器。由氣流引向笛的鋒利邊緣，在其上形成漩渦，有規律地交替在邊緣的上下，使封閉在笛內的空氣振動而發聲。西方音樂特有的長笛是橫笛，西元前2世紀的古希臘和伊楚利亞國就知道橫笛。16世紀時歐洲的長笛全用黃楊木製造，有指孔但無鍵。17世紀晚期開始加上鍵。19世紀時長笛演奏者和發明家伯姆的新發明創造了現代的長笛，其優點是每個音均勻，整個音域的力度都能充分表現，技術的靈活性幾乎不受限制。現代伯姆型裝置的長笛（C調，音域爲C－C'）有木製或金屬製（銀或代用品）的兩種。長笛家族還包括了短笛、中音長笛、低音長笛等。亦請參閱shakuhachi。

flux　熔劑　在冶金學中，熔煉礦石時，爲提高流動性和以渣的形式除掉有害雜質而加入的物質。熔煉鐵礦石時，一般用石灰石。用作熔劑的其他材料爲矽石、白雲石、石灰、硼砂和螢石。在焊接時，熔劑用來除掉氧化皮，提高浸潤性，防止加熱時表面再氧化。焊接電子設備時廣泛用樹脂作爲非腐蝕性熔劑。對於其他目的，可用氯化鋅和氯化銨的水溶液作熔劑。

Fluxus＊　福魯克薩斯　國際前衛藝術團體，1962年由美國藝術家馬修納斯（1931～1978）創立於德國。其成員包括博伊斯、凱基、克萊因等人。反對藝術中的傳統和職業作風，該團體把重點從藝術家的創作轉移到藝術家的人格、行動、意見。經過20世紀整個1960年代和1970年代，他們上演了「行動」事件，投身於政治和公開演說，並製造出以非傳統材料爲號召的作品。雖在歐洲影響深遠，該團體的工作卻常與當局發生衝突，並引起許多爭議。

fly　蚊蠅類　雙翅目昆蟲，特徵爲僅用一雙前翅飛行，一雙後翅退化爲球形的平衡棒，其功能即爲平衡。英語中fly一詞又泛指各種會飛的小型昆蟲（小飛蟲）。但昆蟲學上，fly一詞專指約85,000種雙翅目昆蟲，廣佈世界各地（包括亞極帶及高山地區）。英語中，許多其他昆蟲也稱爲fly，但它們的翅與雙翅目昆蟲迥異。亦請參閱dipteran。

Fly River　弗萊河　巴布亞紐幾內亞的河流之一。幾乎流貫全國。源出中部的維克托伊曼紐爾嶺，向南、轉東南注入珊瑚海的巴布亞灣。全長逾1,100公里。有航運之利。

flycatcher　翔食雀　雀形目各種能躍飛空中捕捉昆蟲的鳥類，尤指舊大陸的鶲科和約367種新大陸的霸鶲科鳥類。斑鶲是最常見種類，長14公分，灰褐色，具條紋，生活在開闊林地和園林中，向東分布到亞洲；能發輕微的嗞嗞叫聲，有拍翅膀的習性。大多數霸鶲的頭大，腳短，喙寬扁。

flying buttress　飛扶垛　石造建築結構，從牆的上部延伸的半拱（飛）承重傾斜橫梢往遠端的支柱，並承受拱頂的推力。尖柱（金字塔形或圓錐形的垂直裝飾）通常在柱頂，增加重量與穩定性。飛扶垛在哥德時代從早期較簡單隱藏的支撐發展出來。此設計增加扶垛的支撐力，並產生典型的高天花板的哥德式建築。

flying fish　飛魚　銀漢魚目飛魚科約40種海洋魚類的統稱。廣佈於全世界的溫暖水域，以能飛而著名。體型皆小，最大約長45公分，具翼狀硬鰭和不對稱的叉狀尾部。有些種類具雙翼而僅胸鰭較大，有些則有四翼，胸、腹鰭皆大。飛魚不是飛翔，感覺上好像是在拍打翼狀鰭，其實只是滑翔。飛魚可做連續滑翔；較強壯的飛魚一次滑翔可達180公尺，連續的滑翔（時間長達43秒）距離可遠至400公尺。飛魚的飛動主要是逃離捕食者。

Flying Fortress 飛行堡壘 ➠ B-17

flying shuttle 飛梭 象徵邁向自動化織造重要階段的機械。飛梭是1733年由凱發明。之前的織布機，梭子是用手丟擲穿線，寬一點的布料需要兩個織布工比肩坐著，在兩人之間傳遞梭子。凱將梭子裝置在軌道的輪上，當織布工猛拉細繩利用槳把梭子從這一側射向另一側。利用飛梭，一名織布工就可以編織任何寬度的布料，比以前兩人的速度還快。

flying squirrel 飛鼠 兩類遠緣的齧齒類動物的統稱。它們用身體兩側連接前後肢的降落傘似的皮膜作滑翔跳躍。北美和歐亞大陸的飛鼠組成一類，即松鼠科。松鼠科約有12屬35種，體修長，肢長，林棲。皮毛柔軟，眼大，體長8～60公分，長尾扁平。在樹洞裡築巢，以果實和昆蟲爲食。很少下地。滑翔記錄達到60公尺或更遠。非洲的飛鼠屬鱗尾松鼠科，有4個屬約12種。其毛尾下側長的一排排的鱗片幫助攀緣，並幫助滑翔後依附在樹上。鱗尾松鼠和松鼠科的松鼠外形相似，體長約10～40公分（不計尾長）。住在樹洞中，吃植物和昆蟲。

Flying Tigers 飛虎隊 美國志願飛行團（American Volunteer Group）的別名。即1941～1942年應陳納德上校招募在緬甸和中國對日本人作戰的美國民間志願飛行員。出其不意，機動靈活、飛行精確和戰術獨特，使飛虎隊得以鬥智克敵，重創日本的空軍和地面部隊。

Flynn, Errol (Leslie Thomson) 弗林（西元1909～1959年） 澳大利亞裔美國電影演員。1935年到好萊塢，因身材健美、相貌英俊而受歡迎，主演《俠盜羅賓漢》（1938）、《道奇城》（1939）、《海鷹》（1940）等影片。因醜聞和演出失敗而沈寂一段時間，以《妾似朝陽又照君》（1957）重新受到評論界及大衆的稱讚。

flysch＊ 複理層 頁岩與薄而硬的灰瓦岩狀砂岩呈韻律性互層的層序。總厚度常常在幾千公尺以上，但是單個岩層很薄，厚度僅僅爲幾公分至幾公尺左右。化石罕見，但表明是海相沈積。複理層這一術語最初應用於阿爾卑斯北部地區的第三紀地層；但是現在泛指其他年代和其他地區類似的沈積物。

flytrap ➠ Venus's-flytrap

flywheel 飛輪 裝在旋轉軸上，使發動機的動力平穩地傳給機器的一個很重的輪子。飛輪的慣量能使發動機轉速穩定和儲存斷續使用時的多餘能量。汽車發動機的飛輪降低汽缸內燃燒產生的能量波動，並爲活塞的壓縮衝程提供動能。在沖床上，實際的衝壓、剪切和成形加工只是工作循環的一部分。在較長的非工作期間，由小功率發動機緩慢地增加飛輪的速度。當沖床工作時，所需的大部分能量由飛輪供給。

FM 頻率調制 frequency modulation的縮寫。指改變載波的頻率（通常是無線電頻率）使之符合人口或樂器等所發出的聲頻信號的特點。這種調制方式是1930年代初，美國電氣工程師阿姆斯壯爲了克服干擾和噪音對接受調幅無線電廣播的影響而發明的。較之調幅，調頻信號受雷電干擾和電器干擾的影響較小。噪音信號只影響無線電波的振幅而不影響其頻率，因此，調頻信號可以基本上保持不變。調頻比調幅更適合於傳送立體聲、電視節目的伴音信號。商業調頻電台使用的頻率，分布在88～108兆赫的波段內。

Fo, Dario 富（西元1926年～） 義大利劇作家。他與妻子拉梅成立「富拉梅劇團」（1959），漸漸地發展出了一種具政治宣傳的劇場表演，傾向於謾罵粗鄙的作風，但基本上仍屬於以典型人物作即興表演的傳統義大利戲劇，並且融和了富氏所謂的「非正式左翼主義」。1968年二人又創辦了與義大利共產黨有關的「新劇場」。1970年，兩人發起「集體社區劇場」，到公衆聚集的地點巡迴演出。最受歡迎的劇目有《一位無政府主義者之意外死亡》（1974）與《絕不付帳》（1974）。1997年獲諾貝爾文學獎。

Foch, Ferdinand＊ 福煦（西元1851～1929年） 法國元帥，第一次世界大戰協約國軍總司令。1873年入砲兵學校。1885年進高級軍事學院深造；十年後即1895年，任該院戰術教官，領少校銜。1908年晉升准將，任該院院長。第一次世界大戰爆發後不久，他率領一支陸軍部隊並設計戰術使霞飛贏得第一次馬恩河會戰的勝利。在指揮了伊普爾戰役和第一次索姆河戰役後，他被任命爲法國陸軍總參謀長，並兼任協約國軍顧問（1917）；1918年他被正式任命爲協約國軍總司令。7月18日和8月8日，協約國軍在他的指揮下先後發動兩次攻勢，沈重地打擊了德國名將魯登道夫。8月6日，福煦晉升爲法國元帥。由於福煦的戰術使協約國贏得多次勝利，戰後他享有極高的榮譽，死後葬在拿破崙的附近。

Focke-Wulf 190 (Fw 190)＊ Fw 190戰鬥機 納粹德國的戰鬥機。在第二次世界大戰中是德國空軍僅次於Me 109戰鬥機（或Bf-109）的最重要的戰鬥機。到1941年才服役。在1942～1943年以前，它的性能已超過所有的對手，到第二世界大戰結束前，它仍然是一種成功的戰鬥機和戰鬥轟炸機。Fw 190是下單翼飛機，早期型裝有四挺7.9公釐的機槍。後來由機炮所代替，最後一種用於作戰的型號是1944年服役，最大時速爲690公里。

fog 霧 由接近地面的、密集得足以使水平能見度小於1,000公尺的小水滴構成的雲，也可以指煙粒（煙霧）、冰粒或煙粒與冰粒混合物構成的雲。條件相似，但能見度大於1,000公尺的現象，稱爲靄或霾，取決於模糊不清是由於水滴還是由於固體顆粒。霧是由水蒸汽凝聚在天然大氣中總是存在著的凝聚核上而形成的。當地表或水表面比上面的空氣冷時，也就是說當存在逆溫情況時，就出現最穩定的霧。當冷空氣流經暖而濕的地表或水表面並因下面地表或水表面水分的蒸發而變得飽和時，也能產生霧。不過，對流的氣流往往當霧形成時把霧往上帶，所以看來似乎像是蒸汽或煙從潮濕表面升起來。

Foix＊ 富瓦 法國南部歷史地區，大體上相當於現今的阿列日省。11～15世紀富瓦幾代伯爵曾建立一個半獨立的政權，北邊和東邊與朗格多克交界，南邊與魯西永伯爵和亞拉岡國王的領土接壤，西邊與科曼熱和阿馬尼亞克兩伯爵領地毗鄰。由於家族間聯姻，1484年轉入阿爾布雷家族手中。女繼承人尚娜·德阿爾布雷（1528～1572）嫁給波旁家族的安東尼，於是她的領地就轉給她的兒子、後來的法國國王亨利四世（1589年即位）。

Fokine, Michel＊ 福金（西元1880～1942年） 原名Mikhail Mikhaylovich。俄裔美籍芭蕾舞蹈家和編導。就學於聖彼得堡皇家芭蕾舞學校，十八歲時在馬林斯基劇院首次演出。1904年他以希臘羅馬神話故事爲背景，編寫出第一齣舞劇《達佛尼斯與克洛厄》，但演出未獲成功。1905年爲帕芙洛娃編排獨舞《垂死的天鵝》。1909年擔任佳吉列夫的俄羅斯芭蕾舞團的首席編導，赴巴黎演出，上演了《火鳥》（1910）、《彼得魯什卡》（1911）、《玫瑰仙子》（1911）等名作。1914年返回俄國，1918年又開始巡迴演出，1923年在紐約定居，先後為美國和歐洲一些芭蕾舞團排演舞劇及創作新劇。福金認為，構成舞劇的舞蹈、音樂、布景和服裝設計都應是組成舞劇整體的平等的重要因素，主張在每一部舞劇中採用與音樂的主題、性格和樂段相適應的動作來表現涵義。

福金在《梅杜莎》中的舞姿
By courtesy of the Dance Collection, the New York Public Library at Lincoln Center, Astor, Lenox and Tilden Foundations

Fokker, Anthony　佛克（西元1890～1939年）　原名Anton Herman Gerard。美籍荷蘭飛行員和飛機製造商。他在1910年製造第一架飛機，並自學飛行。1912年在柏林附近創辦小型飛機製造廠，第一次世界大戰期間為德國生產了四十多種型號的飛機。他採用一種齒輪系統，可使機槍子彈穿過旋轉著的螺旋槳槳葉之間的空隙發射出去而不致擊中槳葉。1922年移居美國經營飛機製造廠，集中力量設計和研製民航飛機，這些設計為初創時期的美國民航工業界廣泛使用。

佛克
Ullstein Bilderdienst

fold　褶皺　地質學上指地殼中層狀岩石內的起伏或波狀彎曲。層狀岩石最初是由堆積成平坦的水平層的沈積物所形成，但在許多地方岩層已不再是水平的，而是彎曲的。有時彎曲輕微，岩層的傾斜幾乎難以察覺；有時彎曲很顯著，以致兩翼的岩層可能基本平行，甚至幾乎是平伸的。褶皺的大小差別很大，大褶皺的頂部往往在地面上被侵蝕掉，露出傾斜岩層的剖面。

foliation　葉理　任何類型岩石內的組織特徵或結構特徵的面狀排列，特指由某種區域變質岩的組成礦物顆粒沿平直的或波狀的面排列成行所造成的面狀排列。葉理往往平行於原始層理出現，但可能和任何其他構造方向在外表上並不相關。葉理是由雲母或綠泥石之類片狀礦物最突出地表現出來的。

folic acid＊　葉酸　亦稱folate。一種維生素B複合體，為動物代謝所必需，也是細菌所需要的一種生長因子。葉酸對核酸的合成以及紅血球中血紅素的色素的形成來說是必需的。這種維生素來自人類飲食的各個管道，包括深綠色葉菜、柑橘類水果、穀物、豆類、家禽、蛋黃。葉酸攝取不足有礙新生紅血球的成熟，導致葉酸缺乏性貧血。懷孕婦女如葉酸攝取不足較易早產，或者生下體重偏低或神經管缺陷的嬰兒。

folic-acid-deficiency anemia　葉酸缺乏性貧血　因缺乏成熟紅血球所必需的葉酸而引起貧血的一種疾病，常有白血球和血小板減少、骨髓造血障礙和進行性胃腸道疾狀。引起葉酸缺乏的原因持續達數月以上方致病，其原因有：食物中缺乏葉酸、腸道吸收不良、肝硬化或應用抗驚厥藥物；亦見於妊娠後三個月的孕婦和嚴重溶血性貧血患者。臨床表現的血像類似惡性貧血。口服葉酸後所有症狀迅速改善；由於單純營養不良引起者，應用適當飲食即可治癒。

Folies-Bergère＊　女神遊樂廳　巴黎的歌舞和雜耍演藝劇場。1869年開業，為巴黎最早的歌舞雜耍劇場之一，上演輕歌劇與啞劇等節目。至1890年代，劇場的戲目紛然雜陳，包括歌舞雜耍表演、雜技、芭蕾、魔術等。1894年裸體表演在巴黎的歌舞雜耍劇場風靡一時，女神遊樂廳將它盡情發揮，追求轟動效應的女子裸體表演給這家劇院帶來的聲名使其他的演出相形失色。1918～1966年在德爾瓦爾經營下獲得國際聲譽，成為巴黎主要的旅遊觀光勝地之一。它的每次演出都須經過十個月左右的策劃和準備，要求有四十套不同布景，1,000～1,200套單獨設計的服裝。

folk art　民間藝術　由農人、牧民、海員、工匠以及並不居住在城市中心地區的商人所製作之任何類型的藝術，也指在社會上或種族上居於少數的民族所創作的藝術，這類藝術由於在文化上以及通常在實體上自成一體，因而得以保留其初期的特性。典型的民間藝術主要是以手創作，以實用為目的，僅供製作者本人或一小群人使用，通常使用當地的天然材料和普通的、甚或粗糙的工具。雖然民間藝術也產生了不少掛在牆上的畫像，譬如美國民間藝術中的人像畫與風景畫，不過多數繪畫都是與其他器物相結合的，如鐘錶的外殼、箱匣、櫃子與椅子等器物的彩繪。在雕塑方面，民間藝術的作品有宗教物品、玩具、裝飾品以及一些有用的器物，如瓶子與雕刻的燭台等。木頭幾乎是世界各地民間藝術中使用得最普遍的材料，另外石材與金屬也常是雕刻的材料。住宅與簡單的公共建築物也可被視為建築上的民間藝術，例如東歐的木造教堂與美國邊界地區的小木屋。其他常見的民間藝術尚有木版印刷物、鯨骨雕刻品以及陶器、織物與傳統服裝。

folk dance　民族舞蹈　在沒有編舞指導下發展出來的舞蹈，反映出國家或地區一般民眾的傳統生活。民族舞蹈的名稱開始於18世紀，有時用來分別平民的舞蹈與貴族的舞蹈。16至20世紀的宮廷與社交正式舞蹈通常也從民族舞蹈發展而來；包括嘉禾、吉格、馬厝卡、小步舞、波卡、森巴、探戈與華爾滋。亦請參閱country dance、hula、morris dance、square dance、sword dance、tap dance。

folk music　民間音樂　屬於一個民族或人種團體的音樂類型，在社會各階層中人盡皆知，而通常由口頭傳統保存下來。對於民間音樂的歷史及發展的知識大致是猜測得來的，僅偶爾會在歷史記錄中發現民歌的樂譜和對民間音樂文化的描述，反映出知識階級的漠視甚至敵意。隨著基督教在中世紀歐洲的發展，人們試圖壓抑民間音樂，因為它與異教儀式及異教風俗有關，而未受教化的歌唱風格也受到貶抑。文藝復興期間，新的人文態度鼓勵人們接受民間音樂為質樸古式歌曲的體裁，作曲家廣泛使用這種音樂，民歌曲調常被作為經文歌與彌撒的素材，新教讚美詩也從民間音樂取材。17世紀，民間音樂逐漸從知識階級的意識中消失，但到18世紀晚期再次成為藝術音樂的重要元素。在19世紀，民歌被視為「民族之寶」，地位等同於有教化的詩歌。全國性和地方性的合集出版了，這種音樂成為提升民族意識的一種手段。自1890年代以來，民間音樂一直以機械錄音的方式被搜集和保存下來。出版品和錄音提高了人們的興趣，在傳統民間生活及民俗奄奄一息的時候，民間音樂的復興成為可能。第二次世界大戰以後，田野錄音的檔案在世界各地受到開發。當研究工作通常涉及未受城市流行音樂和大眾媒體嚴重影響的「可靠」（也就是較古老的）題材時，格思里、西格、巴布狄倫等歌手兼歌曲作者發揮了影響力，把這種體裁擴展到大幅保留傳統作品之形式及簡易的原創音樂。

folk psychology 大眾心理學 將我們日常心靈狀態的屬性所蘊含的思維和心靈，以概念化的方式推廣到我們自己和其他人身上。各種受到科學心理學發現所支持的大眾心理學派別，以及從中推廣出來的論點（亦即以意圖來解釋人類行為），已經以不同的方式受到哲學家的採納。有些哲學家認為這是了解人類行為所不可或缺的方式，其他的（排除式唯物論者）則認為，大眾心理學可以、未來也或許會被科學心理學取代。

folklore 民俗 一個民族被保存下來的口頭文學及流行傳統。主題包括神話、歌謠、史詩、民間戲劇、格言、謎語以及音樂、舞蹈、傳統藝術與工藝。對民俗的研究始於19世紀早期，起初把重點放在人們認為未受現代方式影響的鄉村農民等。其目標是探究古代的習俗和信仰。在德國，1812年格林兄弟出版了他們的童話經典集。弗雷澤的《金枝》（1890）反映出民俗被作為重建古代信仰與儀式的工具。民族主義是研究民俗的另一個動機，其中強化了種族認同，並涉及政治獨立的鬥爭。阿恩和湯普生發展出民俗故事和神話的主題系列，鼓勵了不同地區和不同時代裡同一故事或其他項目的變形比較。第二次世界大戰後，民俗學家研究城市和鄉村的人民，並從當代背景中考察民俗藝術。

folly 裝飾性建築 一種不尋常的、通常無實用意義的建築物，用以加強浪漫的景觀效果。裝飾性建築在18世紀和19世紀初期的英格蘭尤為盛行，設計者或業主經常依照他們個人的喜好來修建，可能是模擬中世紀的塔樓、藤葛蔓延的古堡廢墟，或是布滿了頹樑斷柱的坍塌的古典神廟。裝飾性建築雖然有時也能夠充當樓閣亭榭，不過基本上只是用來滿足視覺效果的需求。在美國，該詞經常用來指稱眺台。也可以指任何耗費鉅資或古怪的建築形式。

Folsom complex 弗爾薩姆文化組合 落磯山脈東側的北美洲史前文化遺存。以弗爾薩姆尖狀器為其特徵，這種尖狀器形如葉片，可投擲。最早在新墨西哥州的弗爾薩姆發現，包括各種刮削器、石刀、石葉等，大部分屬於西元前9000～西元前8000年，類似早期的克洛維斯文化組合。弗爾薩姆文化是古印第安人狩獵文化的一種變體，以獵取大型動物為主，這些獸類多已絕跡。

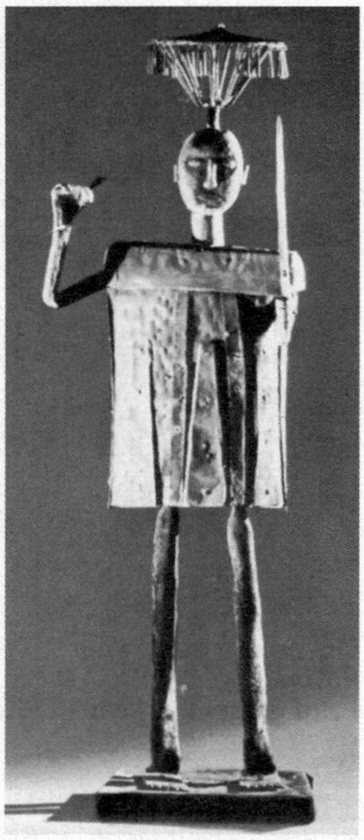

司掌武器及戰爭之神的鐵塑像，貝寧的豐人製；現藏巴黎人類博物館
Marc and Evelyne Bernheim－Woodfin Camp and Associates

Fon＊ 豐人 亦稱達荷美人。居住在貝寧（1975年前稱達荷美）南部和毗鄰的多哥的部分地區，操尼日－剛果語系克瓦諸語言方言。20世紀末人口約200萬。經濟以農業為基礎，手藝人有男鐵工、雕刻工和紡織工以及女陶工。基本社會單位是一夫多妻的家庭，在一個大院內，每個婦女與其子女同住在一幢房舍內。傳統的基層政治單位是世襲村長管理下的村莊。在18及19世紀一度興盛的達荷美王國就是以豐人為主。

Fonda, Henry (Jaynes) 亨利方達（西元1905～1982年） 美國舞台和電影演員。1930年代在百老匯扮演一系列次要角色，後在《農夫娶妻》（1934）中扮演主角，並於1935年在同名影片中初登銀幕。隨後在《少年林肯》（1939）、《怒火之花》（1940）和《龍城風雲》（1943）等影片中樹立獨特的形象，扮演有思想、細心且誠實正直的人物。亨利方達的戲路十分寬廣，風格樸素自然，在浪漫愛情喜劇片《女士之夜》（1941）、懸疑驚悚片《伸冤記》（1957）以及富有社會意義的戲劇片《十二怒漢》（1957）和《華府千秋》（1961）中展現了爐火純青的演技。在1955年《羅勃先生》一片中，他再現了自己在百老匯舞台演出中贏得東尼獎的表演才華。1978年美國影藝學院授予他終身成就獎。1982年因最後一部影片《金池塘》（與女兒珍方達一起主演）中的表演而獲得奧斯卡最佳男主角獎。他兒子彼得方達也是優秀的演員，在《野性天使》（1966）、《旅行》（1967）、《逍遙騎士》（1969）和《尤里的金子》（1997，獲金球獎最佳男主角）中都有出色演出。

Fonda, Jane (Seymour) 珍方達（西元1937年～） 美國電影女演員，並以政治活動著稱。演員亨利方達之女，其銀幕生涯始於電影《金童玉女》（1960）。1960年代在《狼城脂粉俠》（1965）和《裸足佳偶》（1967）等影片中扮演喜劇角色，並在羅傑華汀導演的《太空英雌》（1968）中扮演一個性感而天真無邪的女子。1970年代和1980年代珍方達積極投身於左翼政治活動，直言不諱的反對越戰，在諸如《孤注一擲》（1969）、《柳巷芳草》（1971）、《返鄉》（1978）等具有社會意識的影片中扮演重要角色，並以在《柳巷芳草》和《返鄉》中的表演兩度獲得奧斯卡最佳女主角獎。除演出電影外，她還為婦女設計了一套大眾化的健身操。1991年與美國有線新聞網老闆特納結婚後退出影壇。

Fonseca, Gulf of＊ 豐塞卡灣 中美洲的太平洋水灣，在薩爾瓦多、宏都拉斯和尼加拉瓜之間。長約65公里，寬約80公里，灣口有薩爾瓦多的阿馬帕拉角和尼加拉瓜的科斯圭納角，寬約32公里。西部海岸聳立著孔查瓜火山。

font 字型 亦作typeface或type family。鉛字（用來印刷的文字與數字）的類別或集合，相同風格的字體。在電腦出現之前，字型表示澆鑄的金屬用在印刷的模板。字型現在以數位化的影像儲存，可以調整尺寸並用其他方法調整，在電子印表機或數位照相排版機上列印。典型的字型包括正規字體（羅馬正體）以及斜體、粗體、粗斜體，有時候還有特粗體。亦請參閱typesetting、typography。

Fontaine, Jean de La ➡ La Fontaine, Jean de

Fontainebleau＊ 楓丹白露宮 法國北部著名別墅。位於楓丹白露鎮東南，是法國國王修造的最大行宮之一。最初為中世紀王家狩獵駐留地，法蘭西斯一世時徹底重建（1528年起），大多數的改革顯示出從文藝復興早期轉變至風格主義（文藝復興晚期）的過渡形式。別墅由五個形狀不同的庭院連貫而成，19世紀成為巴黎度假者雲集的勝地。其中最別致的是法蘭西斯一世迴廊，那是一個長而窄的空間，裝飾有石粉壁飾浮雕和菲奧倫梯諾的繪畫。

Fontainebleau, shcool of 楓丹白露畫派 指16世紀一批與楓丹白露宮有關的法國和外來藝術家。1528年法蘭西斯一世開始重建楓丹白露宮，聘請菲奧倫梯諾、普利馬蒂喬和切利尼等藝術家到宮中作壁畫裝飾、灰泥粉飾、雕刻浮雕，當時創作的許多雕版、壁畫、雕塑作品仍保存至今。義大利藝術大師們成功的將他們自己的藝術風格與法國風格熔

字型一般是指一組字樣，像是Bodoni或Helvetica，包括各種粗細（標準、粗體、特粗體等）及樣式（羅馬、斜體或是顯示用如Bodoni Poster）的全部字母。字型設定成大寫、小寫以及小型大寫字。字型的x高度（沒有出頭與伸尾的小寫字母高度）每種字樣均有差異。字型的行間稱為行距（leading），沿用手工排版年代用鉛條來增加間距。圖中的範例代表10/11，基線距離11點的10點字型。
© 2002 MERRIAM-WEBSTER INC.

《狩獵女神狄安娜》（1550?），油畫，楓丹白露畫派；現藏巴黎羅浮宮
Giraudon – Art Resource

於一爐，而形成風格主義的獨特形式。他們把粉飾灰泥與壁畫裝飾合成一體的新作法，對當時的法國藝術影響極大。

Fontane, Theodor＊　馮塔納（西元1819～1898年）　德國作家，被認爲是德國現代寫實主義小說的第一位大師。1848年開始文學生涯，先是當記者，寫過幾本談論英國生活的書和旅行的記述，晚年才轉向寫小說。主要作品有：《風暴之前》（1878），被認爲是歷史小說的傑作；《埃菲・布利斯特》（1898），由於對故鄉布蘭登堡作了高超的特寫和技巧的描繪而著名，書中還談到婦女的社會地位問題。

fontanel　囟門　亦作fontanelle。嬰兒頭顱上的柔軟點，上面覆蓋著堅韌的纖維膜。在顱骨的交界處有六個囟門，功能爲使胎兒娩出時頭部容易通過產道。部分在出生三個月內閉合，其餘的約一年後閉合，最大的前囟要二年才閉合。

Fontanne, Lynn　芳丹 ➠ Lunt, Alfred; and Fontanne, Lynn

Fonteyn, Margot＊　芳婷（西元1919～1991年）　受封爲Dame Margot。原名Margaret Hookham。英國芭蕾舞女舞者。1934年參加維克－威爾斯芭蕾舞團（後來的皇家芭蕾舞團）首次演出，不久即成爲該舞團的主要女舞者，在阿什頓創作的芭蕾舞劇如《算命天宮圖》、《交響變奏》及《翁金娜》中扮演過許多角色。1960年代她和紐瑞耶夫合作演出《天鵝湖》、《雷蒙達》、《海俠》等雙人舞而遠近馳名。1970年代中期她以特邀藝術家身分繼續參與演出。她的音樂才能、精湛舞技以及準確地理解而又能表達出所飾人物的性格特徵的素質，使她成爲第一個由英國舞蹈學校和劇團培養出來的國際知名舞蹈明星，公認爲20世紀最傑出的舞者之一。

Foochow ➠ Fuzhou

Food and Agriculture Organization (FAO)　聯合國糧食及農業組織　聯合國機構。總部設於羅馬，附屬機構遍及全球。致力於協調各國政府與各個技術單位在發展農業、林業及漁業等方面的工作，以改善營養狀況，消滅飢餓，同時也協助各成員國進行科研、提供技術支援、實施教育計畫，並收集世界農產品的生產、貿易及消費等方面的統計資料。其管理機構爲兩年召開一次的糧農組織大會，由各成員國代表組成，大會選舉理事會，由成員國政府代表組成。亦請參閱World Food Programme。

Food and Drug Administration (FDA)　食品和藥物管理署　美國衛生和人類服務部下的一個機構。1927年建立，以便對食品和食品添加物、藥物、化學製品、化妝品以及家用和醫療設備進行檢查、檢驗、批准及制定安全標準。該署被廣泛授權阻止出售未受檢驗的產品，採取法律手段制止顯然有害的產品和對健康及安全構成威脅的產品的出售，但權力僅限於州際貿易。

food chain　食物鏈　生態學術語，指物質和能量以食物形式依次從一個生物體傳遞到另一個生物體的途徑。因爲多數生物能消費一種以上的動物或植物，所以一個局部地區的食物鏈相互纏結而形成食物網或食物環。植物和其他光合生物（如浮游植物）通過光合作用把太陽能轉變爲食物，是初級食物來源。在捕食鏈中，植食性動物被較大的動物所食；在寄生鏈中，較小的生物體消耗較大的宿主的身體部分，本身又可能被更小的生物體所寄生（參閱parasitism）；在腐生鏈中，微生物以死的有機物質爲生。由於能量以熱的形式在每個階段（或營養級）中都有損失，因此食物鏈一般不超過四或五個營養級。

food poisoning　食物中毒　因進食含有毒素的食物而造成的急性胃腸道疾病。毒素主要來自某些動植物含有的天然毒物、污染食物的化學毒物和微生物的毒性產物。大多數急性食物中毒病例是由於細菌（包括沙門氏菌屬和葡萄球菌屬）及其毒性產物（如肉毒中毒）引起。原本在常態下無害的細菌，如大腸桿菌，有時也會轉變成有害的。化學毒物包括殺眞菌劑和殺昆蟲劑中的重金屬（參閱mercury poisoning），以及由於某些容器或炊具加工、盛裝酸性水果（如檸檬）所致。食物添加劑和防腐劑雖然短期使用一般無大害，但長期食用卻可產生累積毒性效應。因爲屍鹼的臭味常讓人聯想起腐壞的食物或分解的屍體，因此也有人把食物中毒稱爲屍鹼中毒，這是不科學的。亦請參閱fish poisoning、mushroom poisoning。

food preservation　食品保藏　保存食品使之免於因氧化、細菌、黴菌或微生物而腐敗、變質的任何方法。傳統的方法有脫水、煙熏、醃漬、發酵、蜜餞等，某些香料長久以來也被用作防腐劑來保存食物。現代食品保藏的主要方法有冷凍、罐藏法、巴氏殺菌法、輻射保藏以及添加化學防腐劑和抑制劑等。

fool　小丑　亦稱弄臣（jester）。喜劇表演者。他那或眞或假、裝瘋賣傻的動作和語言，使他成爲逗人的笑料，並取得貶低或逗弄其主子的特許，甚至對最尊貴的主人亦是如此。從埃及法老時代起直到18世紀，職業小丑一向得寵。小丑常常是畸形的，或爲侏儒，或爲跛子。收養小丑不僅是爲了娛樂，也是爲了運氣；人們相信，畸形能夠擋開罪惡的目光，而謾罵可以將惡運從挨罵者那裡轉移到罵人者身上。有些社會中，小丑被視爲具有詩和預言力量的人物。小丑在文學和戲劇中的地位也非常重要，最著名的是莎士比亞所作劇本《李爾王》中的弄臣。

fool's gold 愚人金 ➠ pyrite

foot 英尺；呎 在英語國家中，古代和現代各種以人腳長度爲依據的長度測量單位，一般爲25～34公分。在大多數國家裡和所有的科學應用中，英尺及其倍數和分數已分別被公制單位的公尺所取代；而在少數國家裡，雖然仍沿用英尺，但還是用公尺來作注釋（美國於1893年開始實施）。美國在1959年將英尺定爲30.48公分。亦請參閱inch、International System of Units、yard。

foot 足 解剖學術語，指陸生脊椎動物腿末端用以站立的部分，包括踝關節以下跟、弓、趾以及其中的跗骨、蹠骨和指（趾）骨，主要功能是行動。靈長類的足類似手，但人類的足不能抓握，這是適應於兩足大步行進而發生的變化。大步行進時，一條腿可以伸至背脊垂直軸之後，這樣可以用最小的能耗跨過較長的距離。跗骨與蹠骨一起形成縱足弓，以減少行走時的震動；橫越跗骨的橫足弓可幫助分散體重。亦請參閱podiatry。

foot, metrical 音步 詩句格律的基本單位，由抑揚（長短）音節的各種固定的組合或群組而成。音步的主要種類和數目決定詩的格律。英文詩最常見的音步是抑揚格，一個非重讀音節之後是一個重讀音節；揚抑格，一個重讀音節之後是一個非重讀音節；抑抑揚格，兩個非重讀音節之後是一個重讀音節；揚抑抑格，一個重讀音節之後兩個非重讀音節。亦請參閱prosody。

Foot, Michael 富特（西元1913年～） 英國工黨領袖（1980～1983）。1937～1974年任報紙編輯和專欄作家，1945～1955和1960～1992年爲議會中的工黨議員。1974～1976年在威爾遜內閣中任就業大臣，負責處理複雜且有爭議的工會立法問題。1976～1979年爲下院領袖。1980年在工黨大會上擊敗右翼候選人希利當選爲黨主席。這次選舉以及黨內的左傾趨勢，使一些右翼工黨分子脫離該黨另組社會民主黨。1983年大選中失敗，宣布不再擔任黨的領袖，由金諾克繼任。富特爲左翼社會主義者，多年來撰寫小冊子和政論支持核裁軍；堅決站在工會一邊，主張大量增加公共開支和工業國有化。著有《貝文傳》（二卷，1962～1973）。

foot-and-mouth disease (FMD) 口蹄疫 亦稱hoof-and-mouth disease。一種具高度傳染性的病毒性疾病，能感染所有偶蹄哺乳動物（如牛、羊、豬），很少感染人類。病毒透過呼吸道或消化道傳播，特徵是突然發熱，繼之在舌、唇、口鼻部其他組織、乳頭和足部出現疼痛的水泡。口蹄疫在許多國家爲地方性傳染病，由於擴散迅速、嚴重影響動物的生產力，因此被認爲是世界上破壞經濟最嚴重的家畜疾病。目前無有效治療，疫苗雖有助於控制疾病流行，但不能消除此病。由於病毒可以存活很長時間，因此必須嚴格監督疫區檢疫，已感染或易感染的牲畜應予屠宰並將屍體焚毀，其他受染物品應予清洗及消毒。北美就是因爲能夠嚴格執行檢疫措施，並迅速消滅病畜，所以自1929年最後一次爆發大規模疫情後，很長時間內未再發生此病。2001年在英國曾爆發流行，不久荷蘭和法國也隨之爆發。

football 足球 亦稱association football或soccer。目前世界上流行最廣、影響最大的球類運動之一。古代中國、羅馬、希臘、墨西哥和日本都有類似足球的遊戲，後來由羅馬士兵傳到歐洲各地。英國劍橋大學等學校於19世紀初出現足球運動。足球協會於1863年成立，英國人將足球傳到歐洲各地、巴西和美國。1904年一些歐洲國家共同成立國際足球聯合會，透過國際足聯主席里梅的努力，世界盃足球賽得以開辦（1930年起每四年舉行一次，與奧運會錯開）。1908年列入奧運會比賽項目。歐洲盃足球賽始於1955年，由參加歐洲足球協會的三十三個國家派隊參加。足球比賽時，各隊隊員力爭設法使球進入對方球門，除不得用手和臂以外，可使用

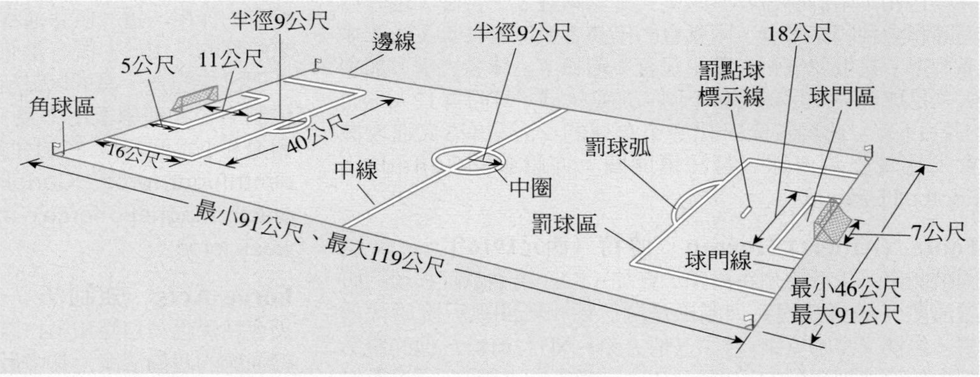

職業足球場。國際規則允許整體球場大小略有差異（球門線：50～100碼／46～91公尺；邊線：100～130碼／91～119公尺），但是邊線的距離必須大於球門線的長度。在中線開球，比賽開始。當球踢出邊線，由對方用手扔進場內繼續比賽。攻方將球踢過球門線而沒有進入球門，則由守方的守門員踢球門球。守方球員在罰球區內犯規，判給攻方罰點球，只剩下守門員防守。在罰球區內，守門員可以用手擋球或持球。
© 2002 MERRIAM-WEBSTER INC.

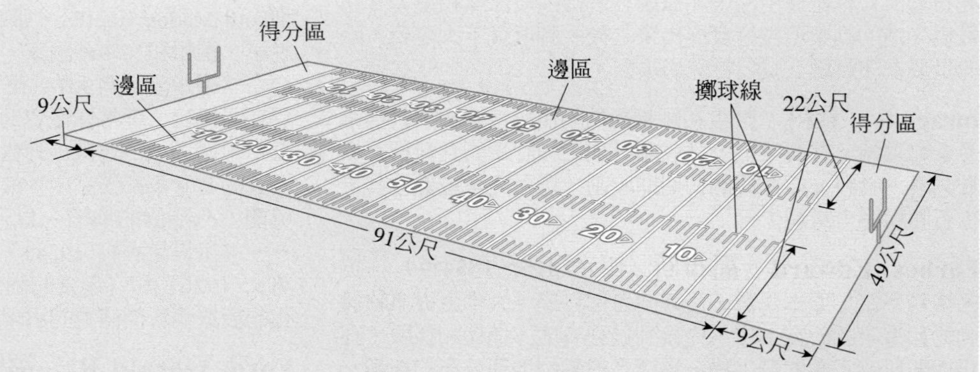

職業美式足球場。標準大學球場除了反彈內線區較寬，幾乎完全相同。每當球落在邊區，下次進攻就將球放在最靠近的反彈內線。標記得分區（在此區可以接球）的線稱為球門線。
© 2002 MERRIAM-WEBSTER INC.

身體任何部位，球入對方球門則本隊得一分，得分多者勝。球圓形，爲充氣橡膠球膽，護以革殼，周長68～71公分，重435～497克。隊員用頭頂或腳踢方法與本隊隊員互相傳球，也可帶球。十一名隊員中，只有守門員可用手，但守門員不得出罰球區。每一場爲九十分鐘，分均等的上、下半場，中間休息五分鐘，交換場地。比賽時有裁判員兼計時員一人，巡邊員二人。亦請參閱Australian rules football、football, gridiron、Gaelic football、rugby。

football, gridiron　美式足球　盛行於美國和加拿大的一種球類運動。在美國，由兩隊（每隊11人）在兩端有球門柱的長方形場地上比賽，每隊藉著持球或傳球給隊友設法使橢圓形的球越過對方得分線達陣或設法將球踢進球門柱之間而得分。在比賽中拿球的一方有4次進攻的機會，必須在4次進攻中將球至少推進10碼，便可再獲得4次進攻機會，否則就換對方進攻。計分方式有：持球或完成傳球越過得分線（達陣成功）得6分，把球踢過球門（射門）得3分；達陣得分後可再加踢一球額外得1分，或持球跑過、傳球越過得分線可附加得2分。美式足球是在19世紀時由英式橄欖球和足球混合演變而成。1869年在新澤西州舉辦第一次校際比賽，參賽的兩隊是普林斯頓大學與拉特格斯學院。1873年訂定最早的校際比賽規則，並組成常春藤聯盟。此後美式足球運動在美國大學間流行起來。1998年起全國大學生體育協會從全國的球隊中選出戰績最好的兩個隊伍舉行季後賽，贏的一隊可以得到全國冠軍獎杯。職業美式足球始於1890年代，但直到第二次世界大戰後才成爲美國主要的運動。1922年美國職業美式足球協會改組爲全國美式足球聯盟（NFL），對立的美國美式足球聯盟（AFL）建立於1959年，但1966年的協議導致1970年兩個聯盟在全國美式足球聯盟名下合併，現分爲美國聯會和國家聯會，兩聯會的優勝者競爭超級盃美式足球賽冠軍。在俄亥俄州的廣州建有美國職業足球名人堂。加拿大式足球與美式足球略有不同：加拿大式足球每隊12人，而不是11人；球場較大，比賽中拿球的一方只有3次進攻機會；比較強調傳球，打法更開闊。亦請參閱Canadian Football League。

Foote, (Albert) Horton　傅特（西元1916年～）　美國戲劇家。生於德州霍爾頓，在加州帕沙第納戲院和紐約研讀演戲。最有名的系列劇碼是關於德州鄉間孤兒院時代故事，包括《寡婦克萊兒》、《情人節》與《1918》。他的電影劇本包括《梅崗城的故事》（1962，獲奧斯卡獎）、《溫柔的慈悲》（1983，獲奧斯卡獎）。《亞特蘭大來的年輕人》（1994）是齣低調、發人深省的劇本，爲他贏得普立茲獎。

footlights　腳燈　位於舞台地板前緣一列燈組，用來照亮布景。17世紀使用油燈和蠟燭，最後換成煤氣和電力。在較爲先進的高架燈技術發展出來之後，腳燈就不大需要，除非是要在演員臉上製造特殊的陰影。

forage＊　食料　野生和馴養動物的植物性食物，包括玉蜀黍和乾草。在農業上，經收割、加工和貯藏的食料稱爲青貯飼料。食料必須在成熟初期即收割，以免完全成熟後其蛋白質和纖維含量減少。

Forbes, Edward　福布斯（西元1815～1854年）　英國博物學家。原本學醫，後轉向自然科學，大半生從事軟體動物和海星的研究工作，先後到過許多地方捕撈和探險。在這期間研究了潮間帶生物，提高了對動物地理分布的興趣。他將大不列顛植物清楚地分爲五群，認爲它們大多數和陸生動物一樣，是經過連接的陸地，在三個不同時期——冰前期、冰期、冰後期——遷至不列顛群島。曾在多個學術機構任職，是建立海洋學、生物地理學和古生態學領域的主要人物。

Forbes family　富比士家族　美國經營出版業的家族。富比士（1880～1954）出生於蘇格蘭，1904年移民至美國。1916年創辦了以商業、金融爲主題的《富比士》雜誌。1917年成爲美國公民。兒子富比士（1919～1990）出生於紐約。第二次世界大戰曾上戰場並獲得勳章，不久後接手出版事業，曾經挫敗，不過後來反敗爲勝。1957年曾競選新澤西州長。逝世後兒子小富比士（1947～）在三位兄長的協助下接管雜誌事業，曾在1996年競選美國總統。

Forbidden City　紫禁城　北京的皇室宮殿建築群，包括數百棟建築物與近九千間房室。紫禁城從西元1421～1911年間作爲皇廷的所在地。庶民和外國人若無特別許可，不得進入其中。紫禁城的屋頂覆蓋著金色的磚瓦，由紅色的柱子所支撐。四週由高牆和深溝所圍繞，牆角並設有塔樓。宮殿由朝外的置有王座的正殿的和內苑所組成，每座宮殿各自構成完整獨立的建築。在正門的北方，巨大的中庭外是五座大理石橋。再向北，高踞於大理石階梯上的是宏大、重簷的太和殿（至高無上的協和大殿），此殿曾是安置皇位之處，也是中國規模最大的木造建築。自從共產黨革命後，皇宮已轉爲公共的博物館。

Forcados River＊　福卡多斯河　奈及利亞南部河流，爲尼日河重要通航水道。在阿博下游32公里處從尼日河分出，西流注入貝寧灣，全長198公里。約自1900年起爲尼日河與幾內亞灣之間的主要連結水道。

force　力　力學中指任何使物體保持或改變位置或使物體變形的作用，這一概念通常是按照牛頓運動定律所用的術語來解釋的。由於力既有量值又有方向，所以是向量。自然界一切已知的力，都可以歸結爲幾種基本相互作用。在國際單位制中，物理學家用牛頓（N）作爲力的量度，使1公斤物體產生1公尺／秒²的加速度所需的力爲1牛頓。亦請參閱centrifugal force、Coriolis force、electrostatic force、electromagnetic force、magnetic force、strong force、weak force。

Force Acts　強制法　亦稱3K黨法。1870～1875年美國國會爲保護第14條和第15條修正案賦予黑人的憲法權利而連續通過的四個法案。其中最重要的條款是授權聯邦當局懲罰任何干涉黑人選民登記、選舉、任職或參加陪審的人。根據該法，整個南部地區有5,000多件起訴案，判決了1,250件。後經最高法院裁決，宣布該法案的許多部分爲違憲。

Ford, Ford Madox　福特（西元1873～1939年）　亦稱Ford Madox Hueffer。原名Ford Hermann Hueffer。英國小說家、編輯和文學評論家。1897年與康拉德結識，此後兩人合寫《繼承者》（1901）和《羅曼斯》（1903）。1908年創辦《英語評論》，經常慷慨資助年輕作家。曾參加第一次世界大戰，中過毒氣，並被炮彈震傷，戰後把姓氏改爲福特。在他發表的七十多部作品中，最著名的是《好兵》（1915），描寫英國上流階層的崩潰；以及四部曲《行進的目的》（1950）——《持異見者》（1924）、《停止行進》（1925）、《鼓起餘勇》（1926）和《最後的崗位》（1928），探究愛德華時期文化的衰退與新價值觀的出現。

Ford, Gerald R.　福特（西元1913年～）　全名爲Gerald Rudolph Ford, Jr.。原名Leslie Lynch King, Jr.。美國第三十八任總統（1974～1977）。幼年時父母離婚，母親再嫁老福特，改用今名。曾在密西根大學求學，1941年在耶魯大學獲法學士學位，第二次世界大戰後在密西根州開業當律師。1948年選入美國衆議院，1965年成爲少數黨領袖。1973年安格紐辭職後，尼克森提名他爲副總統；1974年尼克森因水門事件被迫辭職，由他繼任總統，成爲美國歷史上第一位未經選舉而擔任副總統、總統的人。一個月後他完全赦免尼克森在職時可能「對合衆國犯下的一切罪行」；爲了安撫越來越擴大的憤怒情緒，他主動向國會小組委員會說明理由。他的政府成功的逐步處理了前尼克森政府留下來的高通貨膨脹問題。福特在任內共行使了五十多次否決權，其中有四十多次成立，由此可以看出他與民主黨主控的國會之間的關係。1975年在越戰最後幾天，他下令空運難民，總數達237,000人，大部運至美國。由於對水門事件的處理失當，導致他在1976年競選連任時敗給了卡特。

Ford, Harrison　哈里遜福特（西元1942年～） 美國電影演員。出生在芝加哥，一開始在電視演出，都是不重要的小角色。後來在喬治盧卡斯的名片《星際大戰》（1977）中一炮而紅，接著又參與續集《帝國大反擊》（1980）、《絕地大反攻》（1983）的演出。此外，他也參與冒險片《法櫃奇兵》（1981）及續集（1984、1989）的演出。後來他開始轉型，演出的片子有《證人》（1985）、《愛國者遊戲》（1992）、《迫切的危機》（1994）、《空軍一號》（1997）。他剛毅、英俊的外貌和頑固性格散發出來的魅力使他在某種程度上成爲當代最受歡迎的男演員。

Ford, Henry　福特（西元1863～1947年） 美國實業家和汽車製造業的先驅。他努力工作，從技師學徒爬升至底特律的愛迪生公司的總工程師。1896年他製造出第一部實驗汽車，1903年與幾名夥伴共組福特汽車公司。1908年設計了T型汽車，由於需求量很大，福特發展出新的大量生產方法，包括1913年第一條移動式裝配線。1928年發展出A型汽車以取代T型汽車，1932年引進V-8引擎。他遵守每個工作日工作八小時，付給員工平均水準以上的工資，堅持認爲得到優渥報酬的勞工，會成爲實業家所需的消費者，但強烈反對工會。身爲第一位讓汽車成爲美國大衆皆能擁有的人，他對美國生活產生巨大而永久的影響。亦請參閱Ford Foundation。

Ford, John　福特（西元1586～1639?年） 英國劇作家。早年學法律，曾發表過一首輓歌、一本散文小冊子和一些非戲劇的小型作品，還參與別的一些劇作家的劇本。關於他的生平所知有限，他的許多作品的創作時間也無法確定。他的復仇悲劇洞悉人間激情，用詞詩意高雅，有嚴峻之美。福特的聲譽一直存在爭議，主要是建立在他獨力創作的頭四部作品上，即《破碎的心》、《情人的悲哀》（1628）、《可惜她是妓女》、《珀金・沃貝克》。其中《可惜她是妓女》是敘述一對兄妹的亂倫愛情，爲他最知名的作品。

Ford, John　福特（西元1895～1973年） 原名Sean Aloysius O'Feeney或Sean Aloysius O'Fearna。美國電影導演。1914年從影，後導演西部影片，因《鐵馬英豪》（1924）一片而大獲成功。他具有一種個性鮮明的風格，特點是剪輯得心應手、強調動作性、性格刻畫入木三分、以感傷的格調表現過去，以及渲染氣氛的高超技巧。他最爲人熟知的西部片作品有：《驛馬車》（1939）、《俠骨柔情》（1946）、《黃巾騎兵隊》（1949）、《雙虎屠龍》（1962）。他也導演一些歷史劇，如《瑪麗女王》（1936）、《少年林肯》（1939）。他因執導《告密者》（1935）、《怒火之花》（1940）、《翡翠谷》（1941）、《蓬門今始爲君開》（1952）而獲得奧斯卡最佳導演獎，他的戰爭紀錄片《中途島之役》（1942）、《12月7日》（1943）也同樣獲獎。

Ford, Richard　福特（西元1944年～） 美國小說家和短篇小說作家。生於密西西比州的傑克森，曾就讀於密西根州立大學、華盛頓大學法學院和加州大學歐文分校，後來在若干所學院和大學裡任教。第一部小說《我的一片心》（1976）表現出受福克納的影響。《體育作家》（1986）及其續集《獨立日》（1995，獲普立茲獎）的題材取自他在1980年代爲體育雜誌撰稿的經驗。短篇小說集《石泉》（1987）檢視了孤獨者和疏離者的生活。

Ford, Tennessee Ernie　福特（西元1919～1991年） 原名Ernest Jennings。美國鄉村音樂歌手。生於田納西州布理斯托，在辛辛那提研習音樂。第二次世界大戰後，他在大洛杉磯地區的廣播電台工作，並很快與首都唱片簽下第一張唱片合約。他的Mule Train及Shot Gun Boogie兩首單曲讓他在1951年時已家喻戶曉。他後來成爲大奧普里的常客，並且有橫跨各式曲風的冠軍單曲，包括〈十六噸〉及〈大衛克勞傳〉。後來他專注在福音音樂的創作。1957年發行的唱片《讚美詩》相當暢銷。進入1970年代後仍陸續有作品出爐。

Ford Foundation　福特基金會 美國慈善機構。創建於1936年，基金來源是亨利・福特及其子埃德塞爾・福特的捐贈品和遺產。至2000年，其資產超過一百億美元。它所關注的主要問題是：國際事務（尤其是解決糧食緊缺和人口控制的問題）、通訊（尤其是大衆電視）、人文科學與藝術，近來又涉及資源開發和環境保護等問題。

Ford Motor Co.　福特汽車公司 美國汽車製造公司。1903年由亨利・福特和一群投資人在底特律所創辦，1908年開始生產T型汽車獲得巨大成功，1913年創設了全世界第一條汽車流水裝配線。到1923年，該公司生產的汽車超過全美國汽車產量的一半。1922年購入林肯汽車公司，以便專產林肯牌和大陸牌的豪華汽車。由於銷售量逐年減少，1927年停止生產T型汽車，開始製造新式的A型汽車；其他汽車製造公司（如通用汽車公司）開始趁機侵襲福特的優勢。1919年公司改組，福特和他的家人獲得公司的全部股權，由他的兒子埃德塞爾・福特擔任總經理，直到1943年去世；1945年公司大權移交給其孫亨利・福特二世，直到1979年。1956年公司的普通股上市。1989～1990年購入英國生產豪華汽車的捷豹汽車公司。現在公司的業務爲製造、裝配、銷售轎車、卡車、牽引機及有關的零件和附件，還經營金融業。

foreclosure　取消贖回權 指抵押人（借債人）未能履行對抵押承擔的義務時，可以使抵押人贖回抵押物的權利消滅的法律程序。在該程序中，受抵押人（出借人）可以宣布債款總額和尚未還清的數額，而且可以謀求用取消抵押物的贖回權來抵債。取消贖回權通常是由法院命令將抵押物出售給出價最高的人，往往是受抵押人。亦請參閱mortgage。

foreign aid　外援 爲幫助外國及其人民，而把資金、貨物或服務作國際性的轉移。官方提供的外援主要有兩種方式：資本轉移以及技術協助與訓練。民間援助和軍事援助同樣也是一種極重要的援助。以提供外援作爲國家政策工具的作法可追溯至18世紀，當時腓特烈大帝以資金攏絡某些同盟國，以便得到他們的軍事支援和戰鬥力的保證。第一次世界大戰時，美國提供鉅額貸款給歐洲盟國，但在經濟大蕭條初期，由於歐洲無力償還而形同贈與。有了這次經驗後，第二次世界大戰期間美國對盟國改以「租借」的方式提供重要裝備和補給品，而盟國則以向美國的海外駐軍提供裝備和補給作爲回報。聯合國善後救濟總署（UNRRA）成立後，使「外援如同救濟」的老舊觀念轉變成「外援爲政策的制度化要素」的新觀念，提供他國大部分資金的富有國家，已開始將官方進行的國際性援助視爲戰後重建的要素。國際組織雖然爲受戰爭蹂躪的國家及新獨立的殖民地提供援助，但支援國很少是動機直率或完全利他的。在某些情況下，援助反而剝削和損害了接受援助的國家，例如支援國通常會要求受援國購買支援國的產品。亦請參閱International Bank for Reconstruction and Development、International Monetary Fund (IMF)、Marshall Plan。

foreign exchange　外匯　爲了各種交易人們需要將一國貨幣兌換成另一國貨幣；這種買賣不同國家貨幣的市場叫做外匯市場。外匯使得進口、出口和政府間資金的轉移成爲可能。一個貨幣兌換成另一種貨幣的價值是由匯率來決定。

Foreign Legion　外籍軍團　法語作Légion Étrangère。原指由法國雇傭外國志願者組成的軍團，但現在也包括爲數眾多的法國人。1831年成立，爲一紀律嚴明的職業軍隊，協助控制法國在非洲的殖民地，曾在歐洲、克里米亞、墨西哥、敘利亞和中南半島作戰或駐紮。入伍時應徵者須起誓，不是爲法國，而是爲軍團服務；服役滿一期（五年）、品行優良者，有資格成爲法國公民。由於軍團對志願應徵者的過往保守祕密，小說家往往將軍團傳奇化，把它描繪成罪犯、失戀者、化名服役的失意貴族的天堂。司令部原設在阿爾及利亞的西迪貝勒阿拔斯，1962年阿爾及利亞獨立後，軍團第一次將其司令部轉移到法國本土。

Foreign Ministers, Council of　外長會議　一個由美國、英國、法國以及蘇聯（他們是第二次世界大戰的同盟國）的外交部長組成的組織。1945年至1972年的會議中，他們試圖達成戰後政治協定。他們與義大利、匈牙利、羅馬尼亞、芬蘭以及保加利亞訂定和平條約，並且於1946年解決第里雅斯特問題。1954年召開日內瓦會議討論韓戰議題，並於1955年通過奧地利國家條約。1959年因未能同意德國的統一而休會。1972年他們爲東、西德進入聯合國鋪路。

foreign policy　外交政策　一個國家與其他國家互動時，於這些活動與關係背後所持的方針。影響外交政策形成的因素包括內政考量、他國的政策或態度、發展特定地緣政治版圖的計畫等等。蘭克強調地理形勢與外部威脅在形成外交政策上所具有的重要性，但後來的作者則強調內政需求。外交是外交政策的工具，同時，戰爭、聯盟與國際貿易都可以是外交政策的展現。

foreign service　外事工作　亦稱diplomatic service。屬外交部工作範圍，由外交人員和領事人員組成，代表本國政府在國外利益並提供制定對外政策所必要的情報。大多數國家的外交機構十分相似，通常由一個機構在國內或國外執行外交和領事的職能，該機構有交換領事和外交官員的權力。最初，外交官員都是王室或貴族家庭成員，是君主的私人代表。當政府權力不屬於君主後，外交官員成爲執政政府的代表，長期主要來自貴族或富裕的統治階級。直到20世紀，許多國家才以教育程度和才智作爲選擇外交官員的主要標準，建立嚴格的任職考試制度、晉陞考核制度和退休制度等。外事工作人員享有一些特權，例如他們不必向駐在國交納賦稅。亦請參閱ambassador。

foreign workers　外籍勞工　在外國工作，起初並無意願定居該國，同時也不享有該國公民資格的福利的人。有些人被僱傭國招募來從事短期工作以補足該國勞動力，有些人則是依據合約提供雇傭國所需的技術。有些人直接被私人雇主聘用，雇主可能需要證明該公司無法找到本國籍工作者。僱傭國也可能會引進外籍勞工來從事本國國民不願做的工作。大量引入外籍勞工可能引起仇外心態，尤其是當僱傭國人口在種族與文化方面同質性高，而外籍勞工的文化和外表與其有顯著差異時；或是由於經濟蕭條而加劇民衆怪罪他人的傾向。

Foreman, George　福爾曼（西元1949年～）　美國拳擊手。1968年墨西哥城奧運會中贏得重量級拳擊冠軍。首次贏得職業重量級拳賽是1973年在牙買加京斯敦以兩個回合擊倒弗雷澤。他贏得全部四十次職業比賽，包括連續二十四次擊倒對手，直到1974年在剛果（金夏沙）以八個回合敗給了阿里。1977年退出拳壇，成爲福音傳播者。1987年以三十九歲的年紀重返職業拳壇，1994年在內華達州拉斯維加斯以十個回合擊倒摩爾，第二度贏得世界重量級拳擊冠軍，當時他四十五歲，爲有史以來最年長的世界重量級冠軍。翌年又宣布退休，但在1996～1997年曾出賽幾次。

forensic medicine　法醫學　應用醫學知識解決法律問題的科學。1598年義大利人費德利斯首度有系統地介紹法醫學，然而早在此一千年前便已有法律訴訟採用醫學證詞的記載，在19世紀被承認爲一門專科醫學。屍體剖檢是法醫學的主要工具，通常用於鑑認死者或確定死因，對保險和繼承的審判影響極巨。法醫學有幾個副專科：法醫心理學，用於鑑定即將受審的嫌疑犯的精神是否健全，以決定他是否應負其責；法醫遺傳學，從一個人的血液或組織樣本可以判斷其父系來源（參閱DNA fingerprinting）；法醫毒理學，用於提供有關毒物和藥物的證據，在工業和環境污染問題上的重要性與日俱增。

forensic psychology　法庭心理學　心理學在法律議題上的運用，通常是爲了在法庭上提供專業的證詞。在民事及刑事案件中，法庭心理學家會評估當事人以斷定一些問題，諸如是否有受審之能力、精神失常與意外或罪行的關係、未來發生危險行爲的可能性等問題。除了進行會談和施行心理測驗，他們通常會蒐集一份法庭檔案，其中包括一些相關資訊，例如就醫記錄、警察報告或是證人的陳述。他們也得掌握相關的法律問題。在一個爭取監護權的案件裡，心理學家可能被要求評估其住家環境、父母、小孩的性格等，幫助法官作出對小孩最有利的監護權判決。

forest　森林　以喬木爲主要生物類型的複雜生態系統。在最暖和的月份氣溫高於10℃、年降水量大於200公釐的地方，以喬木占優勢的森林便能存在。在上述氣候範圍內，森林能在多種多樣的條件下發育形成。森林中土壤、植物和動物類型又依環境影響的懸殊而異。在涼爽的高緯度近極地地區，泰加林以耐寒的毬果植物爲主；在較溫暖的高緯度氣候條件下，由針葉樹和落葉闊葉林組成的混合林占優勢；在中緯度氣候條件下，落葉闊葉林占優勢；在赤道帶潮濕的氣候條件下，熱帶雨林得以形成，由於降雨量大，有利於常綠闊葉樹種生存，而不像涼爽地區的森林主要爲針葉樹種。森林屬世界上最複雜的生態系統之列，顯示了多種多樣的垂直分層結構。針葉林的結構最簡單：喬木層高約30公尺；灌木層分布不規則，甚至沒有；地被層覆以地衣、苔和蘚。落葉林的垂直分層結構較爲複雜，其樹冠層分爲上、下兩層，而雨林的樹冠至少分爲三層。生活於森林中的動物具有高度發達的聽力，許多種類因環境而適應於豎向運動。因爲除了地表植物外，食物稀少，許多地棲動物僅將森林當作棲身之所。森林是大自然界最有效率的生態系統，光合作用率極高，這能影響處於一系列複雜的有機聯繫中的動物和植物。

Forest, Lee De ➠ De Forest, Lee

Forester, C(ecil) S(cott)　福雷斯特（西元1899～1966年）　英國小說家和新聞工作者。原本習醫，後棄醫從文。1926年發表第一部小說《舊欠》，一舉成名。1937～1967年共出版十二部小說，塑造了一位在與拿破崙交戰的歷次戰爭中由海軍軍官學校學員擢升至海軍上將並封爲貴族的軍官霍恩布洛爾，因而聞名。他的許多小說經改編後被搬上銀幕，著名的有《非洲皇后》（1935，1951年上映）。

forestry　林學　指林地（參閱forest）的經營以及相關水源、荒地的管理，林木伐植爲其主要目的，兼及自然資源保護和娛樂目的。過去經營森林，目的僅在於生產木材和林副產品，這是單效用觀點。現代林業不僅要考慮生產木材和林副產品的需要，同時還要考慮水土保持、保護野生動物資源以及體育、旅遊和遊憩的需要，即已由單效用觀點變爲多效用觀點。但是林業經營基本上仍以經濟考慮爲主。現代鋸木和紙漿等森林工業的生產效率是建立在持續運轉的基礎上，需要保證原料木材的持續供應，因而產生了永續利用觀點，提出保育、輪伐等概念。現代的林業技術包括森林的培育、火災的預防和控制、防治病蟲害、水土流失的管理以及對狩獵和遊憩等活動的管理。森林經營計畫起源於中世紀早期的歐洲，許多國家都有關於森林的立法，管理林木的砍伐及狩獵活動。19世紀歐洲成立了私立的林業學校，1891年美國政府批准了第一個林地保留區，到了20世紀，許多國家開始從事造林計畫。

forge　鍛鐵爐　一種用來加熱金屬礦石和金屬以便加工和成形的敞口爐。從遠古時代起，鐵匠在鍛鐵爐中加熱鐵並在鐵砧上將其錘鍛成形（參閱smithing）。用手動或腳踏風箱供給強制氣流，以提高火焰溫度，後來用水輪機或獸力帶動風箱，現代鍛鐵爐用機械動力風箱或旋轉式鼓風機。

forgery　僞造文書　在法律上指意圖欺詐而製造的假文件。僞造的文件必須是具有法律效力，或爲商業往來所普遍信賴者。僞造貨幣罪通常被視爲僞造文書的特殊形式。僞造文書不必爲手寫文件，法律上的僞造文書包括印刷、雕刻及打字等，舉凡支票、票據、合約、遺囑及契據等，都可能成爲僞造文件的實例，證據也可能被僞造。但在大多數司法制度中，並不包括藝術品等物件，僞造藝術作品在法律上被認爲是仿冒或欺詐。通常的僞造方式是：僞造一分文件並僞冒他人簽字，或變造他人已簽字的有效文件。但一分記載錯誤的文件，不得視爲僞造。例如，開票人明知在銀行已無存款而仍開立支票時，不能算是僞造文書。代簽他人姓名、塡寫表格或更改眞實文件等行爲，雖然是錯誤的，但如確信他的行爲是得到授權的，則不能算是僞造文書，而必須要有詐欺的意圖才構成僞造文書。假如有這種意圖，即使本人未僞造文書，但有意地使用僞造的文件，亦觸犯相關罪行；明知文件係僞造而仍予以使用者，視爲蓄意詐欺。

林地勿忘我
Ingmar Holmasen

forget-me-not　勿忘我　紫草科勿忘草屬約50種植物。原產於歐亞大陸、北美溫帶及舊大陸熱帶山區，有些種栽作庭園花卉以觀賞其藍色花。林地勿忘我和其他大多數種類一樣，花色會隨成熟程度由粉紅色漸變爲藍色，花冠管狀，裂片5枚。

forging　鍛造　在冶金學中，指用錘擊或壓製的方式使金屬成形並提高其強度的方法。在大部分鍛造過程中，上模或鍛錘向放置在固定下模上的熱工件加壓，稱爲落錘鍛造。爲了增加衝擊力，有時採用動力以增加下落物的重力。操作者要嚴格控制衝擊次數，使模具在最小磨損條件下發揮最大效能。鍛壓採用液壓或機械壓力代替錘鍛的衝擊力。大部分鍛壓機只施加幾百噸壓力，但用於鍛造噴射式飛機零件的巨型鍛壓機，壓力可達五萬噸。亦請參閱drop forging。

form　形式　在柏拉圖和蘇格拉底的哲學中，指在物質世界之外獨立存在而身爲智力結構中心的智力要素。柏拉圖把物質世界與形式之間的關係描述爲一種參與。如柏拉圖所述，有一個「通往智力的地方」，即形式的國度，其中有等級之分，最高的層次爲善的形式。由感官察覺的有形世界是永恆流動的，而從中所獲得的知識是有限而變動的，僅心靈可以理解的形式國度則是永恆不變的。每個形式是這個世界上事物之特定種類的模式，因此有人類、石頭、形狀、顏色、美、正義等形式。不過，這個世界的事物只是這些完美形式的不完美的複製品。

formal system　形式系統　在邏輯中，指從一組公理出發，通過推理而產生的詞項和內含關係的一種抽象的理論結構。每一個形式系統都有一形式語言，由基設符號（初始符號）及作用於這些符號的形成規則與形變規則（使我們能從一組公理進行推演）所組成。簡要說，一個形式系統包括由基設符號藉有限組合而建立的許多公式；公式中合於某種組合形式者就是公理，我們依形變規則由公理進行推演工作。在任何公理系統中，基設符號都是不下定義的，其他所有符號都藉基設符號來界定。例如，在歐幾里德幾何中，「點」、「線」、「介於」都是基設名詞。公式即基設符號所形成的一種良構表式，其中一部分被列爲公理；推演規則被用來從一個或多個作爲前提的公式推演出一個作爲結論的公式。在這樣的系統中，一條定理即是可以通過合式公式的有限序列加以證明的一個公式，這些合式公式中的每一個公式不是公理，就是從前面公式可以推得的公式。

formaldehyde＊　甲醛　亦稱蟻醛（methanal）。最簡單的醛類有機化合物，化學式爲HCHO。通常以福馬林（含甲醛37%的水溶液）形式出售，用於防腐劑、屍體保存以及消毒劑。大量甲醛用於生產各種塑膠，例如甲醛和酚聚合物反應製得酚醛樹脂貝克來特（第一種塑膠），甲醛和尿素聚合物反應製得脲醛樹脂福米加。甲醛與各種蛋白質的反應可用於制革工業及將各種植物蛋白質處理成纖維狀。純甲醛爲無色可燃氣體，有很強的刺激性氣味，對黏膜有強烈刺激性。

formalism ➠ New Criticism

Formalism　形式主義　亦稱俄國形式主義（Russian Formalism）。1914～1928年俄國的一個文學批評流派。採用索緒爾的語言學方式，強調文字、形式和寫作技巧，而不管內容中心理學的、社會學的、傳記的和歷史的因素。該流派雖然受象徵主義運動影響，但他們的分析比象徵派學者更客觀及科學。形式主義儘管一直爲馬克思主義文學批評家們所唾罵，但在1920年代之前，卻一直在蘇聯占有重要地位。形式主義在西方，特別是對新批評派和結構主義，也頗具影響。

Forman, Milos　福曼（西元1932年～）　捷克裔美籍電影導演。起先擔任編劇，後來獨立拍攝紀錄短片，1963年執導第一部劇情片，獲得成功。隨後又拍攝爲他贏得國際聲譽的《金髮女郎之戀》（1965）和《消防隊員的舞會》（1967）。1969年移居美國，導演描寫任性的美國青年及其父母的《逃家》（1971）。他因影片《飛越杜鵑窩》（1975）獲奧斯卡最佳導演獎，並導演了由音樂劇改編的影片《毛髮》（1979）和《爵士年華》（1981），獲得極大推崇。晚期的作品有《阿瑪迪斯》（1984，獲奧斯卡獎）、《維蒙情史》（1989）、《情色風暴1997》（1996）等。

formes fixes＊　固定樂思　14與15世紀法國音樂與詩歌的主要形式。主要有三種形式。迴旋曲遵循ABaAabAB的格式（A (a)和B (b)代表反覆的句子；大寫字母表示疊句的文字反覆，小寫表示新的文字）。三節聯韻詩使用aabC的格式。雙韻短詩的格式是AbbaA。行吟詩人哈雷（約西元1250年～）寫出第一部固定樂思的多聲部樂曲。馬舒以固定樂思同時寫作單聲部及多聲部香頌的文字與音樂。之後的作曲家如杜飛，偏好迴旋曲。

formic acid　蟻酸　亦稱甲酸（methanoic scid）。最簡單的羧酸，化學式爲HCOOH。某些昆蟲，尤其紅螞蟻，在螫咬或螫刺時即分泌出這種物質。工業上用途極廣，尤其在紡織加工和皮革製造中，用作溶劑和媒介物。純甲酸爲無色發煙液體，具有刺激性氣味，會造成黏膜發炎和皮膚起泡。

Formosa ➠ Taiwan

Formosa Strait ➠ Taiwan Strait

formula weight　式量　化學術語，即某一化學式中所有原子的原子量之和。一般說來，它適用於不是由單個分子構成的物質（參閱ionic bond），如離子化合物氯化鈉。這種離子化合物習慣上用表示各組成元素原子數最簡比率的化學式即實驗式來描述。亦請參閱molecular weight、stoichiometry。

Fornes, Maria Irene＊　佛諾絲（西元1930年～）　古巴裔美國劇作家。佛諾絲一家在1945年移民到美國，在1960年代初期開始創作劇本前，她一直是個畫家。寫過約三十五篇劇場作品，亦曾執導自己的作品與一些經典劇作。她新穎的寫作風格讓她的作品成爲外百老匯最成功也最常演出的劇作。她最著名的劇本《費芙和她的朋友們》（1977）探討了女性彼此的關係。

Forrest, Edwin　福雷斯特（西元1806～1872年）　美國演員。1820年在費城胡桃街劇院首次登台，1826年在紐約扮演奧賽羅，獲得好評，並以扮演莎劇主角著稱。1836年首次受聘到英國演出，在一次觀看麥克里迪的演出中，他出於誤會當衆發出噓聲，引起英國觀衆的極大憤慨。1849年當麥克里迪在紐約市阿斯特普萊斯歌劇院表演時，一夥支持福雷斯特的人衝進歌劇院，結果出動民兵隊向肇事者開槍，死二十二人、傷三十六人。他與英國演員的衝突在這場騷亂中達到頂點，聲譽從此下降。兩年後，他提出離婚訴訟失敗，連續上訴達十八年之久，又引起全國轟動。

Forrestal, James V(incent)　佛萊斯特（西元1892～1949年）　美國首任國防部長（1947～1949）。第一次世界大戰期間在海軍航空隊服役，後加入紐約市一家投資公司，1938年任總經理。1940年任海軍部副部長，負責龐大的海軍擴建和採辦計畫。1944年繼任部長。1947年美國國會通過國家安全法，新設國防部，由他任部長。1949年辭職。後因精神錯亂入馬里蘭州海軍醫院，不久跳樓身亡。

Forrester, Jay W(right)　福雷斯特（西元1918年～）　美國電機工程師和管理專家，發明隨機存取磁蕊儲存器，這是在大多數數位電腦中採用的資訊儲存的裝置。先後在內布拉斯加大學和麻省理工學院學習電機工程，並在該學院從事教學和研究工作。1945年創建數位電腦實驗室，參加製造早期的通用數位電腦——「旋風1號」。在製造過程中，感到早期數位電腦中的訊息儲存系統既慢且不可靠，妨礙了電腦的進一步發展。1949年設計一種三維資訊儲存系統，發明用於儲存和轉換的磁性元件。福雷斯特進而試驗把電腦應用於管理問題，終於發明了電腦模擬技術，它把世界事物眞實的聯繫，例如工廠內原料的流程，用一系列相互關聯的可以饋入電腦的數學方程式來表示。1956年起任麻省理工學院的斯隆管理學院教授。

Forssmann, Werner＊　福斯曼（西元1904～1979年）　德國外科醫師，因對心導管插入術的發展有所貢獻而與庫爾南、理查茲共獲1956年諾貝爾生理學或醫學獎。1929年在柏林任外科住院醫師期間，在自己身上做實驗，通過螢光幕觀察心導管的插入進程。這種大膽的實驗在當時被認爲是魯莽冒險的行爲，他在嚴厲的指責之下放棄了心臟病學而從事泌尿科學研究。他的操作法經理查茲與庫爾南略加修改，於1941年應用於醫療實踐，從此成爲極有價值的診斷、治療與研究工具。

Forster, E(dward) M(organ)　佛斯特（西元1879～1970年）　英國作家。出身於中上階層家庭，曾在劍橋大學就讀，約1907年成爲布倫斯伯里團體的一員。他的早期作品，包括《天使不敢涉足的地方》（1905）、《最長的旅行》（1907）、《窗外有藍天》（1908）等，以及成名作《豪華園》（1910），都展現出他對中產階級生活的敏銳觀察。結束印度和亞歷山大里亞的訪問後，寫出了他最好的小說《印度之旅》（1924），描寫印度人和英國人之間難於立即和解，但從不抱成見的少女阿德拉的經歷中揭示了相互了解的可能性。《墨利斯的情人》是以同性戀爲主題的小說，寫於1913年，但直到他去世後才於1971年出版。除了散文及長篇小說、短篇小說外，他還寫過文學評論《小說面面觀》（1927）、歌劇劇本《比利・巴德》等。1946年佛斯特被母校國王學院聘爲榮譽研究員，使他得以在劍橋定居下來，直到去世。

佛斯特
BBC Hulton Picture Library

forsterite-fayalite series＊　鎂橄欖石－鐵橄欖石系列　橄欖石類中最重要的礦物，而且可能是地函中最重要的組分。在許多基性和超基性岩中（參閱acid and basic rocks），這些礦物通常呈綠色到黃色的玻璃狀晶體，在球粒隕石中特別豐富。鎂橄欖石－鐵橄欖石礦物也產出在白雲石質石灰岩、大理岩和變質的富鐵的沈積物中。這些礦物相當難熔，所以常常用來製造耐火磚。

forsythia＊　連翹　亦稱金鐘花（golden bell）。木犀科連翹屬7種觀賞灌木。原產於東歐和東亞。有些種在早春長葉前開花，花沿莖著生，黃色，星狀，4深裂；葉窄，偶3深裂。普通連翹莖彎垂，長達6公尺，花鮮黃色。

Fort-de-France＊　法蘭西堡　西印度群島中馬提尼克島城市。位於島西部沿岸，舊稱羅亞爾堡，1680年起成爲馬提尼克的首府。1918年以前供水未十分充裕，四周大部分爲沼澤圍繞，以黃熱病聞名。1918年以後商業開始發展，成為法屬西印度群島中的最大城鎮、主要港口和繁忙的商業中心，輸出甘蔗、可可和糖酒。長期以來是法國駐在西印度群島的艦隊的避風港。人口約104,000（1995）。

Fort Knox 諾克斯堡 美國的軍事重地，位於肯塔基州北部，路易斯維爾的西南。占地面積44,510公頃，1918年設諾克斯兵營，1932年成為常設軍事基地。1936年為確保美國金庫的安全而修建了一座防彈建築物，裝備了精心製作的安全設施，用以存放國家的大量黃金。1940年以來，它一直是美國裝甲部隊司令部和相關培訓學校的所在地。

Fort-Lamy 拉密堡 ➠ N'Djamena

Fort Lauderdale 羅德岱堡 美國佛羅里達州東南部城市。位於邁阿密以北45公里，臨大西洋。1838年在第二次塞米諾爾戰爭期間築堡，1895年建鎮，後發展成為水運、商業中心和住宅區。該市的大沼澤地深水港通大西洋沿岸水道，市內水道縱橫，多遊船，造船業興旺。人口約151,805（1996）。

Fort Matanzas National Monument 馬坦澤斯堡國家紀念地 美國佛羅里達州東北部國家紀念地。位於北距聖奧古斯丁23公里的拉特爾斯內克島上，1924年建立，占地92公頃。1569年初建時為一木製塔樓，1742年建成城堡。1565年梅嫩德斯·德阿維萊斯率領的西班牙人在附近殺死三百名法國胡格諾派信徒。

Fort McHenry 麥克亨利堡 軍事堡壘及國家紀念地，為1812年戰爭期間勝利的捍衛馬里蘭州巴爾的摩，使其免於英軍攻擊的一些碉堡之一。位於巴爾的摩海港的入口處，是在一舊碉堡的遺址上建立起來的。1814年英軍占領華盛頓特區後，駛往乞沙比克灣，打算攻占巴爾的摩。9月13～14日英軍猛轟麥克亨利堡及其他要塞設施，然而碉堡完好無損，英軍未能攻占巴爾的摩。基在船上目睹了這次戰役的一切；9月14日拂曉他看到美國國旗仍然在麥克亨利堡上空飄揚，這一事件激勵了他，使他在當天稍晚寫下了著名的《星條旗》詩篇。美國南北戰爭期間（1861～1865），麥克亨利堡被用作聯邦監獄，隨後又用作駐軍營地，直至1900年才被棄置不用。1925年被提名為國家公園，1939年被指定為國家紀念地和歷史聖地，占地17公頃。

Fort Stanwix, Treaties of 斯坦尼克斯堡條約（西元1768、1784年） 美國早期歷史中，易洛魁聯盟割讓今賓夕法尼亞州西部、肯塔基州、西維吉尼亞州和紐約州土地的兩項條約，使阿帕拉契山脈以西的大片土地帶向白人開放，任其開發利用和定居。最後一次法國－印第安人戰爭之後，英國當局發表了「1763年公告」，嗣後不久又認識到當時畫訂的西部邊界不能為渴望獲得土地的白人移民和貪婪的皮毛商人所接受。1768年約3,400名易洛魁印第安人齊集於紐約州的斯坦尼克斯堡（今羅馬），與英國政府代表簽訂新的條約，將自斯坦尼克斯堡向南至德拉瓦河、向西向南至阿利根尼河、順流而下至俄亥俄河與田納西河匯合處一線以南和以東的土地割讓。「第二次斯坦尼克斯堡條約」亦稱「與六民族簽訂之條約」，簽訂於美國革命之後。這時強大的易洛魁人已因獨立戰爭期間遭美軍征討而實力大衰，被迫同意重新畫訂1768年建立的東部邊界。1784年同樣在斯坦尼克斯堡，他們被誘勸放棄紐約州西部小部分地區和賓夕法尼亞州西部大片區域（相當於現該州總面積的1/4）。

Fort Sumter National Monument 薩姆特堡國家紀念碑 位於美國南卡羅來納州查理斯敦港入口處沙利文島上的薩姆特堡國家紀念碑。薩姆特堡為1861年美國內戰首次交鋒之地，1829年開始修建，到1861年尚未竣工。這座國家紀念碑於1948年落成，還包括莫爾特里堡－－美國革命期間美軍打敗英軍（1776）的地方，當時名為沙利文堡。塞米諾爾印第安人領袖奧西奧拉就葬在那裡。

Fort Wayne 威恩堡 美國印第安納州東北部城市。曾是邁阿密印第安人的主要城鎮，17世紀晚期為法國的一個貿易站，先後被英國人（1760）和龐蒂亞克領導的印第安人（1763）占領。1794年韋恩將軍在此築了一道原木圍欄，並以他的姓氏為城鎮命名。1830年代隨沃巴什－伊利湖運河的開挖而發展起工業，現有多種機械製造業，生產自動化和電子配備及零件。該市也是有名的高等教育中心，有康科迪亞神學院（1846）、聖弗朗西斯學院（1890）等高等院校。美國水果種植園先驅蘋果佬葬於此。人口約184,783（1996）。

Fort Worth 沃思堡 美國德州北部城市。位於克利爾河與特里尼蒂河西支流匯合處，為達拉斯－沃思堡城市聯合體的西部。1849年建為軍事前哨，以對抗科曼切人的襲擊，後為奇澤姆小徑上驅趕牛隻的中繼站。1876年德克薩斯－太平洋鐵路通過，成為轉運牲畜的新興城鎮。1920年發現石油，煉油業興起；1949年開始製造飛機。現生產飛機、太空和電子設備及機器。設有德州基督教大學（1873）、德州衛斯理學院（1891）等。城內的威爾·羅傑茲紀念中心有阿蒙·卡特西部地區藝術博物館和獨特的帶半圓形屋頂的金貝爾藝術博物館。人口約479,716（1996）。

Fortaleza＊ 福塔萊薩 巴西東北部港口城市。位於帕熱烏河河口，原為靠近一葡萄牙要塞的小村莊，其名稱即取自該要塞之名Villa do Forte da Assumpcao。1810年成為塞阿拉州首府，1823年建市，成為省會。現為紡織製造中心，港口出口多種貨物。人口：市743,335（1991）；都會區2,660,000（1995）。

Fortas, Abe 福塔斯（西元1910～1982年） 美國最高法院大法官（1965～1969）。1933年畢業於耶魯大學法律學院，後留校任助理教授，直至1937年接受聯邦證券交易委員會的任命。1946年後與人合夥經營法律事務所，主顧有很多是美國最大的公司。1963年福塔斯在最高法院就「基甸訴溫賴特案」進行了成功的辯護；該案確認了刑事審判中的被告有由律師辯護的絕對權利，即使他請不起律師（參閱accused, rights of the）。1965年詹森總統挑選他所信賴的老朋友福塔斯作為他第一個任命的最高法院大法官，三年後又提名他接替要退休的首席大法官華倫。但提名遭到了反對派的抨擊，不久福塔斯要求撤銷他的提名，總統同意。1969年眾議院裡出現一種行使彈劾程序的動向，福塔斯遂辭去公職，重新開業當律師。

Fortescue, John＊ 福蒂斯丘（西元約1385～1479?年） 受封為約翰爵士（Sir John）。英國法學家。1442年任王座法院首席法官，是第一位闡述目前仍然作為英、美陪審團制度基礎的倫理原則，即寧肯讓有罪者逃脫也不能讓無辜者受罰。當亨利六世的蘭開斯特軍隊在約克郡的陶頓被擊敗後（1461），他同亨利逃往蘇格蘭。1463～1471年住在法國亨利的王后安茹的瑪格麗特的宮廷裡，教育王子愛德華一旦實現了蘭開斯特王朝復辟後如何統治英國。其著名的法學論文集《英國法律頌》（1470?）即是為了向愛德華王子講授法律而寫的，該書簡明而清晰，是第一部為一般人所能理解的有關法律的書。1471年返回英格蘭，在蘭開斯特軍被最後擊敗時被俘，但獲准告老返鄉。

Forth　佛斯河　蘇格蘭中東部河流。源出彭羅蒙山東麓，向東流187公里，在金卡丁附近注入佛斯灣。河口三角灣自北海向內陸延伸77公里，寬2.4～28公里。高地河段較短，低地河段較長，班諾克本戰役（1314）即發生於此。

fortification　築城工事　指爲了對付攻擊而加強構築的作戰陣地。在現代化武器出現以前，幾乎所有的重要城市和商業中心都有築城工事，包括在城市周圍構築很高的城牆，在城市外圍構築一系列堡壘，在城市中心構築圍有城牆和護城壕的城砦，或者採用三者相結合的其他類似措施。埃及、希臘和羅馬時期城市中出現的城砦，幾乎都是古時候的要塞。古典希臘時期，要塞建築開始將城鎮與防禦工事結合在一起。2世紀時的羅馬要塞多爲正方形或長方形，通常以石塊切塊堆疊而成。在開始使用火炮以前，中世紀的城堡幾乎是難以攻陷的。

FORTRAN　FORTRAN語言　1957年由巴科斯和其他IBM人員發展出的程序電腦程式語言，用於數值分析。名稱的由來是FORmula TRANslation，將數學式翻譯成的電腦語言。在科學與工程計算多年來是最廣泛使用的高階語言。雖然語言如C語言的各種版本，目前在這些用途相當普及，FORTRAN仍舊是數值分析語言的選擇之一。經過多次修改，目前也有管理結構化資料、動態資料配置、遞迴（程序呼叫自身）等等功能。

forum　古羅馬廣場　古羅馬城市中心具有多種用途的露天場地，周圍有公共建築與柱廊，爲公眾集會的場所。仿照古希臘廣場、衛城的形式布置。原指十字路口的空地，多作爲運動與競技場，亦是市場，附近常有神廟、公共建築與店鋪。羅馬帝國時期廣場成爲宗教中心及群眾集會地點，許多寺廟和紀念建築即建於廣場周圍。理想的廣場能容納大批群眾，長度與寬度之比應爲3：2。2世紀初羅馬的圖雷真廣場即按此比例建設，入口是一座三個門洞的凱旋門和柱廊，商場毗連，與入口相對的是一座巴西利卡（長方形教堂），廳後院中立著圖雷真紀念柱。這個廣場優美和諧的空間視覺效果，對後來的城市規畫有很大啓發。

羅馬的圖雷真廣場，西元2世紀初大馬士革的阿波羅多羅斯（Apollodorus of Damascus）設計
Fototeca Unione, Rome

Foscolo, Ugo ＊　福斯科洛（西元1778～1827年）　原名Niccolò Foscolo。義大利詩人、小說家，其作品清楚地表達了許多義大利人在法國大革命、拿破崙戰爭及奧地利重新掌權等動亂時期的心情。約1793年遷居威尼斯，廁身文學界。1797年悲劇《食人者》上演，一舉成名。他膾炙人口的小說《雅科波·奧爾蒂斯的最後書簡》（1802），尖銳抨擊拿破崙將威尼斯割讓給奧地利，評論家認爲是義大利第一部現代小說。他以一首抗議拿破崙禁止刻寫墓碑而作的無韻體愛國主義詩歌《塚》（1807）建立起自己的文學聲譽。拿破崙失敗後，奧地利人重返義大利，他拒絕效忠宣誓，先逃往瑞士，後又逃到英國，最後死於貧困。

Fosse, Bob ＊　鮑伯佛西（西元1927～1987年）　原名Robert Louis。美國戲劇、電影的舞蹈創作者及音樂演奏指揮。爲芝加哥雜耍表演人之子，十三歲即開始作職業舞者。爲百老匯音樂劇《睡袍遊戲》（1954）創作舞蹈而贏得第一座東尼獎，之後又因舞蹈創作獲得六座東尼獎。後來知名的作品包括《討厭的美國人》（1955）、《蠟炬成灰淚始乾》（1966）——兩劇皆由其妻維頓主演——以及《皮平》（1973）、《舞者》（1978）。在電影方面，鮑伯佛西導演了音樂片《酒店》（1972，獲奧斯卡獎）；《爵士春秋》（1979）則帶有一點自傳色彩。

Fossey, Dian　福塞（西元1932～1985年）　美國動物學家，爲世界上研究山地大猩猩的主要權威。起先爲職業治療師，1963年到東非旅行，遇到人類學家利基一家人（參閱Leakey family），而且平生第一次見到山地大猩猩。旅行後她回到美國，但1966年路易·利基說服她回到非洲，在大猩猩的自然生態環境中長期研究這種動物。1967年她建立了卡里索凱研究中心，並開始在盧安達的維龍加山脈過隱居生活，這兒是瀕臨絕種的山地大猩猩的最後堡壘之一。經過不懈的努力，福塞終於能觀察大猩猩，並使大猩猩習慣於她的存在，她收集的資料使當代對大猩猩生活習性、交往和社會結構的知識大爲增長。福塞將觀察結果寫成文章在雜誌發表，並寫成《迷霧森林十八年》（1983）一書。1974年獲得劍橋大學動物學博士學位，同年到紐約州康乃爾大學授課，但仍過問卡里索凱研究中心的工作。福塞爲防止維龍加大猩猩受到偷獵者或周圍的非洲農民的侵害，採取了越來越嚴厲的措施。1985年在營地被人謀殺。

fossil　化石　過去地質年代的動植物保存在地殼內的生物遺存、印痕或殘跡。世界各地化石所含資料的總和稱爲化石記錄，是地球上生命史的原始資料。作爲化石保存下來的僅是古代有機體的很小部分，通常只有具備結實而有抵抗力的骨架的有機體才易於保存。甲殼和骨頭沈積後被迅速掩埋，可以保持這些有機組織，儘管它們經過一段時間後會成爲化石。不變的硬質部分，例如蛤或腕足動物的甲殼，在沈積岩中比較常見。相反的，動植物的軟質部分則很難保存下來。昆蟲嵌在琥珀內和猛獁象的屍體保存在冰層中的現象實屬罕見，卻是軟組織變成化石保存下來的突出例子。有機體的殘跡也有可能是足跡、行蹤，甚至鑽孔。

fossil fuel　化石燃料　取自地殼內部的任何一種有機材料，可作爲能源，包括煤炭、石油、頁岩油等。它們都含有碳，是幾億年前經光合作用的生物遺體在地質演變過程中形成的。所有化石燃料都能在空氣中或從空氣中分離出來的氧氣中燃燒，以提供熱能。此種熱可以直接應用，如家庭用爐灶；也可以用來產生蒸汽，以推動渦輪發動機發電。自18世紀晚期以來，化石燃料的消耗率空前激增，如今全世界工業發展國家所消耗的能源中，約有90%是由化石燃料所提供。

Foster, Abigail Kelley　佛斯特（西元1810～1887年）　婚前原名Abigail Kelley。美國廢奴運動和女權運動鼓動家。1830年代開始投入廢除黑奴制度的運動，1838年協助廢奴運動領袖加里森成立新英格蘭不抵抗協會。她的演說在全國引起轟動，但當時風氣未開，對於婦女在男女雜處的公開場合發表政治演說的作法尙有爭議，因此毀譽參半。1845年與史蒂芬·佛斯特結婚，他也是廢奴主義者，夫婦一同巡迴演說。1850年代以後，佛斯特夫人在演說中增加了禁酒和女權內容。

Foster, Jodie　茱蒂佛斯特（西元1962年～）　原名Alicia Christian。美國電影女演員與導演。生於洛杉磯，她在三歲時已經成爲職業演員，並且在許多家庭電影中擔綱，出身童星的她在《計程車司機》（1976）一片飾演雛妓，及全數由童星演出的《龍蛇小霸王》（1976）中誘惑女神的角色獲得影評人的大力讚揚。成年後，她在許多電影中的演技更獲肯定，如《控訴》（1988，奧斯卡最佳女演員獎）、《沈默的羔羊》(1991，奧斯卡最佳女演員獎)、《大地的女兒》(1994)與《接觸未來》(1997)。她並執導過《我的天才寶貝》(1991)及《心情故事》(1995)。

Foster, Stephen (Collins) 佛斯特（西元1826～1864年） 美國作曲家，所寫黑人表演歌曲與傷感民謠使他在美國音樂界獲得聲譽。雖從未受過正規音樂訓練，但天生具有音樂天分，童年即開始創作歌曲。他的音樂靈感部分來自他隨家裡的傭人去參加的黑人教堂集會，部分來自黑人工人所唱的歌曲。1842年發表歌曲《打開你的窗戶，親愛的！》；1848年以一百美元的代價售出了他的歌曲《哦！蘇珊娜》，在國際間取得成功。1849年與紐約弗思・龐德公司簽訂合同，還受託為克里斯蒂的黑人表演團譜寫歌曲，其中《雙親在家園》(1851)為當世紀最受歡迎的歌曲之一。1857年由於酗酒及經濟拮据，他以約1,900美元的代價將往後所有歌曲的版權賣給了出版商。1860年移居紐約，在窮困潦倒中去世，享年僅三十七歲。他留下了約兩百首歌曲，有《坎普頓賽馬》、《我的肯塔基老家》、《瑪莎在冰冷、冰冷的土地裡》、《老黑爵》和《美麗的夢仙》等。

Foster, William Z(ebulon) 佛斯特（西元1881～1961年） 美國工人運動鼓動家。1894年起積極從事組織工會運動，1909年加入世界產業工人聯盟。在1919年鋼鐵工人大罷工中，他以美國勞工聯合會領袖而聞名全國。1920年建立工會教育同盟，翌年該同盟成為赤色工會國際的美國支部，他也就成為美國共產黨的最高領導人。曾於1924、1928和1932年三次競選總統，提出最後消滅資本主義和建立工人共和國的政治綱領。1932年因患嚴重心臟病，使黨的領導權落入白勞德手中。1945～1956年佛斯特重任黨中央主席，1957年在黨的全國會議上任名譽主席，實質上已離開領導崗位。

Foucault, Jean(-Bernard-Léon)＊ 傅科（西元1819～1868年） 法國物理學家。原學醫，因興趣而轉向物理學。1850年確證光在水中的傳播比在空氣中慢，同年測量了光速，得出的數值與準確值相差不到1%。他發明了傅科擺，為地球繞軸旋轉提供了實驗證明。他還發現在強磁場中運動的銅盤存在渦電流（或傅科電流），1859年發明一種簡單而極精確的方法來檢驗望遠鏡鏡面的缺陷。

Foucault, Michel (Paul)＊ 傅科（西元1926～1984年） 法國結構主義哲學家和歷史學家。以研究社會運作所憑依的觀念與法則，特別是一個社會自我界定所依據的「除外原則」(例如清醒與瘋狂之間的區別）而著稱於世。自1970年直至去世，他都在法蘭西學院擔任思想體系史教授。他提出這樣一個命題：收容所、精神病醫院和監獄這類機構都是社會實行「排除原則」的手段，而通過觀察社會對這類機構的態度，便可以對權力的發展與運用狀況進行考察。著作有：《瘋狂與非理性》(1961)、《事物之秩序》(1966)、《知識考古學》(1969)、《規訓與懲罰》(1975) 等，他的《性史》(3卷，1976～1984)，闡明自古希臘以來西方對性態度的演進，確立了他作為他那個時代法國最著名的學者之一的聲譽。他坦然承認自己是同性戀者，後死於愛滋病。

Foucault pendulum＊ 傅科擺 指一種大型擺，其垂直擺動面不限制在任一特定方向，它就相對於地球表面轉動，這就是傅科擺。為法國物理學家傅科在1851年設計發明，第一次從實驗上證實地球繞軸自轉。在北半球，傅科擺總是順時針旋轉；而在南半球，傅科擺作逆時針轉動（受科氏力影響所致)。擺的轉動速率決定於緯度，越靠近赤道速率越小；在赤道上，也就是緯度為0°處，傅科擺不轉動。

Fouché, Joseph＊ 富歇（西元1758?～1820年） 受封為duc (Duke) d'Otrante。法國警察組織的建立者。法國大革命時當選為國民公會議員，在審判路易十六世時，他投票贊成判處國王死刑。1793年到里昂鎮壓反國民公會的叛亂，大肆屠殺叛亂分子。1799年任警務部長，熱烈支持拿破崙的霧月十八～十九日政變，其後組織祕密警察。雖然拿破崙封他為奧特朗特公爵（1809），他自1807年起即陰謀反對拿破崙。1809年任警務部長和內務部長，由於擅自下令在全國招募國民自衛軍而觸怒拿破崙，不久被免職。拿破崙從厄爾巴島返回以後，他再度任警務部長。百日統治期間，他規勸拿破崙採取開明政策。1816年被宣布為弒君黨人，流寓布拉格、林茨等地。

foundation 地基 結構系統的一部分，支撐固定建築物的上部結構，將重量直接傳遞到地上。為了防止反覆冰凍解凍循環的損害，地基的底部必須在霜線以下（此處的土壤不受地表冰凍的影響）。低層住宅建築物的地基幾乎都是由延伸的基腳來支撐，寬廣的基座（通常是混凝土）支撐牆壁或墩，分散重量到更大的面積。獨立基腳、墩或樁支撐的混凝土樑可能放在地面高度來支撐外牆，特別是沒有地下室的建築物。延伸的基腳也用在高層建築物，形式加以放大。其他用來支撐巨大荷重的系統包括樁、混凝土沈箱柱以及直接蓋在裸露岩石的建築物。在柔軟的土壤，可能採用浮式地基，由堅硬箱形的結構組成，設置的深度是將相當於結構物重量的土壤移除。

foundation 基金會 一種非政府、非營利組織，資產來自於捐贈人，由其幹部自行運作，收入使用在對社會有益的用途上。基金會可以追溯到古希臘時代。19世紀末出現了具有廣泛目的且行事自由的大型基金會，通常是由富有的工業家設立。今日，基金會可以分成社區基金會（由許多人贊助，位於一個特定社區)，企業贊助基金會以及獨立基金會。有名的例子包括史密生學會（1846)、紐約卡內基協會(1911)、洛克斐勒基金會（1913）以及世界上最大的基金會——福特基金會（1936)。

foundationalism 基礎論 一種知識論觀點，認為有些信念可以正當地直接掌握（亦即在感性知覺或理性直覺的基礎上)，而無需經由其他信念推論而來。在這樣的觀點下，其他種類的信念（也就是關於物質對象或科學理論實體的信念）並不被認為是基本或基礎的，而需要由其他信念推論而來。基礎論者的典型特色，就是將自明的眞理、感覺資料與感官材料的呈現視為基本的，在這樣的觀點下，這些東西就無需其他信念的支持。因此這些信念為宏偉的知識體系，提供了正確建構的基礎。亦請參閱coherentism。

founding 鑄造 熔化金屬並澆鑄在具有所需形狀的模具內的工藝，金屬凝固後即可獲得與模具形狀一致的鑄件。許多金屬製品就是這樣鑄造的。大規模生產的現代鑄造廠的特徵是高度機械化、自動化和使用機器人。微處理器可對自動化系統進行精確的控制；使用化學黏合劑，可以獲得更牢固的模具和芯型，從而獲得更精確的鑄件；在眞空條件下，精度和純度都可以得到提高；而在零重力空間中鑄造，能使質量進一步提昇。

fountain 噴泉 園林建築中主要作裝飾用的噴水設施。早在西元前3000年就有以人工噴泉作為庭院點綴的文獻記載。最早希臘、羅馬的噴泉除具有宗教意義外，還有供水的實用功能。歐洲中世紀早期，水井供水代替了噴泉供水，但從12世紀起，公共噴泉又受到青睞，並增添各種裝飾。文藝復興和巴洛克時期，噴泉藝術達於頂峰，常在設計中應用雕

E F G

塑進行裝飾。除公共噴泉外，尚有大量設計獨特而有趣的花園噴泉，其中以法國的凡爾賽宮的噴泉最爲著名。在穆斯林國家，噴泉對飲用和齋戒沐浴極爲重要。常見的噴泉類型是有一個簡單的噴水口水池設在大多裝飾華麗的壁龕或亭子裡。

Fouquet, Jean＊　富凱（西元約1420～1481年） 15世紀法國的傑出畫家。早年生平鮮爲人知，1440年代曾到羅馬旅行，從而接觸義大利的文藝復興藝術，形成了義大利繪畫經驗同法蘭德斯藝術的細節刻畫相結合的新風格。1450～1460年爲查理七世的王室祕書、財務大臣謝瓦利埃畫了最著名的作品：一部包括近六十幅全頁細密畫的大型《祈禱書》，以及梅倫聖母院的雙連畫（1450?）－－－一面是謝瓦利埃肖像，另一面是聖母與索雷爾（國王的情婦）。努昂教堂的大祭壇畫《哀悼基督》是其唯一的巨幅畫。1475年成爲路易十六世的宮廷畫師。他擴展了細密畫的範圍，以涵括大片的建築和全景景觀，使用明亮的透視畫法，色調鮮明。

Fouquet, Nicolas＊　富凱（西元1615～1680年） 法國路易十四世時代初期的財政大臣（1653～1661）。在投石黨運動（1648～1653）的動亂時期，他支持權勢強大的樞機主教馬薩林和王朝政府。1653年任財政總監，進行許多金融投機活動，大發橫財。1661年馬薩林死後，柯爾貝爾極力破壞富凱在國王心目中的聲譽，想取代他成爲財政大臣。1661年富凱被捕，經過三年審訊，被判處流放，路易十四世將其減刑爲無期徒刑。結果他被押送至皮尼內羅爾要塞，在寬大處理的決定公布前去世。

Four Books　四書 亦以拼音方式拼作Sishu（四書）。古代的儒家文書，從西元1313年至1905年，在中國成爲參加文官考試的基本教材。（參閱Chinese examination system）。四書可作爲儒家學說的導論；傳統上，學子在研習較爲艱深的五經之前，多先從四書著學。這四部文書是由朱熹所註釋，並合爲一書，於西元1190年出版；這對儒家學說在中國的復甦頗有助益。這四部文書包括《大學》、《中庸》、《論語》以及《孟子》。《論語》一書據聞包含直接出自孔子的語錄，並被視爲孔子之教誨的最可靠來源。

four-colour map problem　四色地圖問題 拓撲學問題，找出給地圖著色所需用的不同顏色的最小數目，使得沒有兩個相鄰的區域有相同的顏色。最早在1852年由一英國學生格思里提出。美國伊利諾大學的一組數學家，在阿佩爾和海肯的指導下，結合計算機研究和理論探索，才在1976年解決這一問題。他們斷定，一切地圖都可僅用四種顏色繪製，實際上還不曾發現一張地圖不能用四種顏色著色的。

Four Freedoms　四大自由 美國總統羅斯福在1941年的國情諮文中對世界性的社會和政治目標的概括說明。四大自由是：言論的自由、宗教的自由、不虞匱乏的自由和免於恐懼的自由。對於最後一項，羅斯福號召應該通過全世界範圍的裁減軍備，以使任何國家都不能以明目張膽的侵略行爲反對其鄰國。同年，他和邱吉爾將這四大自由納入大西洋憲章。

Four Horsemen　四騎手 體育新聞記者萊斯爲1924年常勝不敗的聖母大學美式足球隊四名後場運動員起的名字。這四名運動員爲斯圖德萊爾（四分衛）、米勒（前衛）、克勞利（前衛）以及萊登（後衛）。在總教練羅克尼帶領下，四騎手所屬的隊自1922～1924年共進行三十場比賽，只輸兩場。

Four Hundred, Council of the　四百人議會（西元前411年） 伯羅奔尼撒戰爭時，因安梯豐與亞西比德所引發的政變而短暫掌握雅典政權的寡頭議會。這個極度反對民主的議會，很快就在雅典艦隊的堅持下遭到撤換，代之以較爲溫和的寡頭政權：五百人議會。新的議會只持續十個月，但完全的民主政體到西元前410年才告回復，並設立了一個委員會避免寡頭政治再度發生。亦請參閱Theramenes。

Four Noble Truths　四諦 佛教用語，指佛陀成道後不久在印度鹿野苑第一次說法時所講教義的精華。四諦是：苦（生存是痛苦）、集（痛苦有原因）、滅（痛苦可消滅）、道（消滅痛苦的方法，即八正道）。雖然對四諦有各種不同的闡釋，但普遍爲佛教各流派所接受。

four-o'clock　紫茉莉 亦稱marvel-of-Peru或beauty-of-the-night。紫茉莉科多年生觀賞植物，學名爲*Mirabilis jalapa*。原產熱帶美洲。生長迅速，高達1公尺，莖節膨大，葉廣橢圓形，柄短。因其在傍晚時開花，並在早上閉合，故英文稱「四點鐘花」，花白色、黃色到不同深淺的粉紅色和紅色，有時有條紋和斑點。

Fourdrinier machine＊　福德利尼爾造紙機 生產紙張、紙板和其他纖維板的設備。由金屬絲或塑膠絲製成的環行篩網帶將紙漿中的水分排出，形成一條連續的薄紙漿，然後通過空吸、加壓、加熱乾燥，再用軋光機（滾筒式或平板式）將紙或紙板表面壓平、軋光，使它具有光澤或其他需要的表面紋絡。1799年法國人羅貝爾發明後在英國得到改進，由亨利．福德利尼爾和西利．福德利尼爾獲得專利。往後幾年陸續有改良，至今仍在使用。

Fourier, (François-Marie-)Charles＊　傅立葉（西元1772～1837年） 法國社會理論家。主張以「法郎吉」爲名的生產者聯合會爲基礎重建社會，後人稱爲傅立葉主義。「法郎吉」是一種農業合作團體，特點是成員的責任不斷輪換交替，每個成員都是根據「法郎吉」的總生產能力得到報酬。他認爲「法郎吉」比資本主義制度更能公平的分配財富，有助於分工合作的生活方式以及個人的自我實現。1812年傅立葉繼承了母親的財產，便專心從事著述。按照傅立葉的學說，法國和美國都建立起了協作移民區，其中最著名的是麻薩諸塞州的布魯克農場。

傅立葉，版畫；薩坦（Samuel Sartain）據吉古（Jean-Francois Gigoux）的畫作複製
Culver Pictures

Fourier,(Jean-Baptiste-) Joseph＊　傅立葉（西元1768～1830年） 受封爲Baron Fourier。法國數學家、埃及學學者。1798～1801年隨拿破崙遠征隊去埃及，就工程和外交決策提供建議，並任埃及研究院的祕書。回法後出版《埃及情況》，介紹其所見所聞。1809年被封爲男爵。主要以關於熱的傳導、利用傅立葉級數解決微分方程式以及有關

傅立葉，平版畫，布瓦利（Jules Boilly）製於1823年；現藏巴黎科學研究院
Giraudon – Art Resource

傅立葉變換的相關概念等研究而聞名。身為科學家和人文主義者，他體現了革命時期法國理智主義的精神。

Fourier series 傅立葉級數 數學上，用來解析特殊類型微分方程的無窮級數。由正弦與餘弦函數的無窮總數構成，因為具週期性（也就是說其值以固定的間隔反覆出現），所以是分析週期函數有用的工具。雖然尤拉等人均有研究，卻以傅立葉命名，因其將此級數的重要性完全展現，包括在工程上的重要應用，特別是在熱傳導方面。

Fourier transform 傅立葉變換 數學分析中的一種積分變換，可用來解決特定類型的偏微分方程式。欲取得一個函數的傅立葉變換，可以在－∞與＋∞的間隔中把該函數與核函數（提升至負複數冪的指數函數）的結果整合起來。函數g的傅立葉變換為：

$$\frac{1}{\sqrt{2\pi}}\int_{-\infty}^{\infty} g(t)e^{itx}\,dt$$

這樣的變換（由約瑟夫·傅立葉發現）在研究電勢的相關問題時特別有用。

Fourneyron, Benoît＊ 富爾內隆（西元1802～1867年） 法國水輪機發明家。1827年他研製了一台6馬力的小型裝置，水從中央管道向外流出，沖擊以一定角度裝在轉軸上的輪葉。1837年製造出一台轉速2,300轉／分、機械效率80%、功率60馬力、葉輪直徑0.3公尺、重量僅18公斤的水輪機。這台水輪機除了比水輪具有許多顯著的優點之外，還能水平安裝使轉軸垂直於地面。它很快就在國際上取得成功，為歐洲大陸和美國的工業，特別是英國的紡織工業提供動力。但是直到1895年，美國在尼加拉瀑布的美國一側安裝富爾內隆的水輪機發電時，這項發明的眞正重要性才充分顯示出來。

Fourteen Points 十四點和平綱領 1918年美國總統威爾遜在向美國國會參、眾兩院聯席會議發表的演說中，系統的闡述了他關於第一次世界大戰戰後和平解決問題的十四點建議。其中最重要的一點是以公開的方式締結公開的和約，以杜絕任何類型的祕密國際協議，使外交坦誠地、公開地進行。其他各點則是關於戰後各國領土調整的概況。最後一點則是呼籲成立一個普遍性的國際組織，促成了國際聯盟的建立。

fourth-generation language (4GL) 第四代語言 第四代電腦程式語言。第四代語言比其他高階語言更接近人類的語言，不需要正規訓練的程式設計人員就可以閱讀。允許執行多重常用運算與程式設計人員輸入的命令。對使用者而言比機器語言（第一代）、組合語言（第二代）以及較老的高階語言（第三代）要容易。

Fourth of July ➡ Independence Day

Fourth Republic 第四共和 1947～1958年的法國共和政府。戰後臨時總統戴高樂於1946年辭職，他期待公眾的支持能夠讓他重新執政並推行其憲政理念。然而，立憲議會選擇由社會主義者古昂來取代他。1946年議會提出兩個憲法草案交付公投，修改版以些微差距獲得通過。第四共和的建制極為類似第三共和。下議院改名為國民議會，是權力的核心。一連串不穩定的聯合內閣接連出現，由於缺乏明確的多數而難以順暢運作。政治領袖包括比多、布魯姆、福爾、孟戴斯－法朗士、普利文以及舒曼。

Fowler, H(enry) W(atson) 福勒（西元1858～1933年） 英國詞典編纂者和語言學家。與其弟法蘭西斯·喬治·福勒合著有《標準英語》（1906）和《牛津當代英語簡明詞典》（1911）。第一次世界大戰期間因服兵役中止著作，1918年法蘭西斯患肺結核去世。主要著作《現代英語慣用法詞典》（1926）是一部按字母順序排列的關於語法、句法、文體、發音法和標點的字典，因其釋義深刻、文體優美、風格幽默，成為英語語言學的經典之作。

Fowler, William A(lfred) 福勒（西元1911～1995年） 美國核子天體物理學家。在加州理工學院獲博士學位，1939年任教授。他提出理論認為：在恆星演化時，先合成輕元素，然後再合成重元素；在核反應過程中，也產生光和熱；更大質量的恆星隨著坍縮，會爆發成為超新星，在此階段也能合成重元素。由於他在這個受到廣泛認同的元素形成理論中所起的作用，而與昌德拉塞卡於1983年共獲諾貝爾物理學獎。福勒還研究無線電天文學，與霍愛爾共同提出：無線電星系的核心是發出強大無線電波的坍縮的「超巨星」，而類星體只是這些坍縮超巨星中規模較大的而已。

Fowles, John (Robert) 福爾斯（西元1926年～） 英國小說家，其作品把心理探索（主要是有關性和愛情的探索）和對社會及哲學問題的關注巧妙地結合起來。第一部長篇小說《蝴蝶春夢》（1963，1965年拍成電影）描述一個羞怯的男人囚禁了一位姑娘，徒勞無功的企圖獲得她的愛情，出版後立即受到讀者歡迎。其後又寫了《占星家》（1966，1968年拍成電影）；《法國中尉的女人》（1969，1981年拍成電影），這是他最著名的作品，對維多利亞王朝時代的社會風俗有詳盡的描述；以及《烏木塔》（1974）、《丹尼爾·馬丁》（1977）、《蛆》（1985）等。

Fox 福克斯人 操阿爾岡昆語的北美印第安部落。傳統上居住在今威斯康辛州東北部的森林地帶，夏季群居耕地近旁的永久性村落，婦女種植玉蜀黍、豆類和南瓜；秋收後多數人離開村落，在草原上共同狩獵野牛。有一平時領袖及長老議事會管理部落事務。氏族由家庭組成，主要是禮儀性組織。主要宗教組織是大藥師會，是一祕密會社，據信其成員能禳災祈福。約自18世紀起，福克斯人先後參與索克人對法國人和英國人的作戰，雖未被征服，但向南撤退至伊利諾州，後又向西撤退至愛荷華州。1832年黑鷹領著一群福克斯人和索克人試圖返回伊利諾州，沒有成功。現今大部分的福克斯人（約1,500人）居住於愛荷華州，他們把本地區視為一個部落，選出的商務委員會管理資金並與政府打交道。

fox 狐 犬科多種動物的統稱。長毛，尖耳，腿相對較短，吻狹長，體型似小或中等而尾蓬鬆的狗，常為了娛樂或取其毛皮而遭人類獵捕。嚴格說來，這個名稱乃指狐屬約10種眞正狐，特別是新、舊大陸的紅狐。亦請參閱Arctic fox、bat-eared fox、fennec、gray fox。

Fox, Charles James 福克斯（西元1749～1806年） 英國政治家，以偉大的自由鬥士為人們所銘記。1768年當選為國會議員，不久加入輝格黨，成為該黨下院領袖。當國會就美洲殖民地問題進行激烈辯論時，他竭力反對首相諾斯勳爵的殖民政策。由於英軍在美洲節節失利，國王不得不召請輝格黨的羅京安勳爵組織內閣，由福克斯出任英國歷史上第一個外交大臣（1782、1783、1806）。福克斯總是處於反對派的地位，長期反對喬治三世以及後來組閣的庇特。他實現了兩項重要改革：一是廢除奴隸貿易；二是1792年促使國會通過「誹謗法」，規定陪審團有權確定構成誹謗罪的範圍和確定被告是否犯有誹謗罪，從而保障了公民的正當權利。

Fox, George 福克斯（西元1624～1691年） 英格蘭傳教士，基督教公誼會創始人。出身於農村紡織工人家庭，十八歲時爲探索個人宗教生活中所面臨的問題而離家出走。他比當時各派清教徒都更加激烈反對英國聖公會。他把得自上帝的「內心之光」（靈感）置於教條和聖經之上，對於某些政治成例和經濟常規持否定態度。他徒步到英格蘭各郡傳教，各地紛紛建立團體，由福克斯和其他男女傳教士召集。到了1650年代，公誼會宣告成立，當時通稱貴格會。他們反對各教會的牧師，不尊重官員，不起誓，不納什一稅，因此他們不僅在宗教上而且在政治上觸怒宗教當局，福克斯和其他領導人經常被捕，他本人在1649～1673年即八次入獄。他曾到愛爾蘭、加勒比海英屬殖民地、北美洲和北歐講道。由他口述、經過整理補充的《憶記》在他去世後發表，爲有關他的生平和貴格會興起的重要資料。

Fox, Vicente Quesada 福克斯（西元1942年～） 墨西哥總統（2000～），他的當選結束了革命制度黨連續七十一年的統治。取得墨西哥市伊比利亞－美國大學的商業管理學位之後，福克斯繼續於哈佛大學商學院修課。後來任職於可口可樂公司，擔任該公司墨西哥地區總裁（1975～1979）。1987年，他加入國家行動黨，隔年當選進入國家衆議院。1995年當選瓜納華托州長，爲專心準備總統大選而於1998年離職。當選總統後，他謀求改善與美國的關係，同時力圖安撫恰帕斯和塔巴斯克地區的民衆騷動。

Fox Broadcasting Co. 福斯廣播公司 美國電視廣播公司。1986年由媒體大亨梅鐸建立，是福斯公司的子公司，總部設在加州比佛利山。由於有梅鐸的雄厚財力作後盾，該公司的廣播網一開始便設有七十九個分台，達及全美國80%的家庭。該公司逐年增加廣播時數，直到每周七個夜晚都有節目播出，並設立更多分台，使全國都可以收視。1990年代還增加兒童、體育和新聞節目。

fox hunting 獵狐 指賓主騎馬驅趕狗群獵殺狐狸的活動。發源於英格蘭，至少在15世紀已有，可能從捕獵雄鹿和野兔發展而來，到19世紀迅速發展成爲英國上層社會的消遣活動。通常用雌雄15～20對獵犬，指揮者可能是主人，另有兩三名僕人協助。可在任何可能有狐狸的地方（如林地、灌叢荒野、原野）舉行，與會者在東道主的家裡集合，通常穿著特別的紅色制服。衆人一起將獵犬放出，一旦發現狐狸的蹤影，狩獵活動即展開，直到狐狸逃脫或被逼到死角獵殺。第一次世界大戰以前，獵狐活動受歡迎的程度達到最高點。雖然大莊園的數目已逐漸減少，並因其殘酷的行爲和自以爲是的優越感而普遍受到批評，這項活動仍持續到20世紀晚期。

fox terrier 獵狐㹴 在英格蘭育成的狗品種，以大膽、精力充沛著稱，善於從窩裡把狐狸驅趕出來。有兩個變種，體型結構相似，但被毛結構不同：一種皮毛捲曲，來自被毛粗糙、黑色與棕黃色相間的㹴；另一種皮毛光滑，祖先爲小獵兔狗、靈猩、鬥牛㹴及一個毛皮光滑、黑色與棕黃色相間的㹴品種。兩個類型均活潑、體壯、嘴尖，耳折呈「V」形，體高37～39公分，體重7～8.5公斤，毛色以白色爲主，帶黑或黑棕褐花斑點。

捲毛獵狐㹴
Sally Anne Thompson

foxglove 洋地黃 亦稱毛地黃。玄參科洋地黃屬20～30種草本植物的統稱，尤指紫花洋地黃。原產歐洲、地中海地區和加那利群島。葉著生於莖下部，互生，卵圓形至長圓形；花序長，頂生，簇向一側；花鐘狀，紫色、黃色或白色，瓣片內面常有斑點。紫花洋地黃亦稱普通洋地黃，是強心藥洋地黃的原料，有栽培。

洋地黃屬植物
Derek Fell

foxhound 獵狐狗 英國和美國的兩個狗品種，數百年來獵狐者均騎馬驅趕成群的獵狐狗出獵。英國獵狐狗體高53～64公分，體重27～32公斤；被毛短，黑色、棕褐和白色混雜。美國獵狐狗外形及大小與英國種相似，但較苗條，是美國最古老的獵犬品種，由1650年及以後引進的英國獵狐狗培育而成。這兩個品種均強壯、敏捷，有多種用途，但很少養在室內供玩賞。

Foxx, Jimmie 福克斯（西元1907～1967年） 原名James Emory。美國職業棒球選手。右手擊球，主要任一壘手。1925～1935年在費城運動家隊，1936～1942年在波士頓紅襪隊。在他的二十季比賽中，有兩季的全壘打數超過五十支。至1945年退休爲止，總成績爲534支全壘打，爲大聯盟史上第二個打出五百支全壘打的人（第一個是貝比魯斯）。1951年選入棒球名人堂。

福克斯，攝於1940年
UPI

Foyt, A(nthony) J(oseph), Jr. 福伊特（西元1935年～） 美國賽車全能運動員。十七歲開始賽車，是第一個連獲四次（1961、1964、1967、1977）印第安納波里五百哩賽冠軍的運動員，也是唯一獲得印第安納波里五百哩賽、代托納比奇五百哩賽和勒芒耐力大獎賽的運動員。他還是1968、1978和1979年房車賽的全國冠軍，在輕型汽車賽和袖珍汽車賽中亦成績出色。

Fracastoro, Girolamo＊ 弗拉卡斯托羅（西元1478?～1553年） 拉丁語作Hieronymus Fracastorius。義大利醫師、詩人、天文學家和地質學家。以《梅毒或法國病》（1530）一書著名，該書以韻文寫成，論述由他命名的疾病－－梅毒。1546年發表《論傳染與傳染病》，概括了他的流行病概念，說明各種流行病均由不同的能迅速繁殖的微小物體引起，而這些微小物體以三種方式－－直接接觸、通過帶菌物（如污染的內外衣）和經由空氣－－由感染者傳給受染者。他的理論在當時受到廣泛的讚揚，但很快被文藝復興時期帕拉塞爾蘇斯的神祕學說掩蓋；在19世紀中葉巴斯德和科赫用實驗證明微生物的致病作用之前，這個理論長期無人相信。他還著有《同中心論或星論》（1538），假定行星在球形運行軌道上圍繞一個恆定的中心旋轉，爲哥白尼創造太陽系模型鋪平了道路。

fractal geometry 碎形幾何 數學上，研究具有自我相似性質的複雜形狀。自我相似物體的組成部分類似於整體，每個部分以及部分的部分，放大之後和物體整體看起來大致類似。這個現象可以在雪片及樹皮上看見。碎形這個詞是1975年由曼德布洛特所創。這種新系統的幾何學對各個領域造成重大的衝擊，像是物理化學，生理學，流體力學。碎形可以描述不規則形狀的物體或空間不均勻現象，這些無法用歐幾里德幾何學來描述。碎形模擬用於繪製星系團的分布，產生精緻不規則自然物的栩栩如生影像，包括崎嶇的山脈以及分支的圖案。亦請參閱chaos theory。

fraction　分數　在算術中指兩個數量的商，寫成a/b的形式。線上的被除數稱爲分子，線下的除數稱爲分母。如果分子和分母都是整數，稱爲簡分數或普通分數；如果分子或分母（或兩者）本身也是分數，則稱爲繁分數。在一個分數中，如果分子比分母小，稱爲眞分數，其值小於1；如果分子比分母大，稱爲假分數，其值大於1，並且可以以帶分數的形式表示，即一個整數加上一個眞分數。任何分數皆可經由除法（分子除以分母）以十進位方式表示，其結果可能是有限小數，也可能是有一個數字或數字節不斷重複的循環小數。

fracture　斷口　礦物學上，不沿著解理面出現的破裂面。斷口有幾種類型：貝殼狀（像貝殼一樣的彎曲凹面，如玻璃的斷口），平坦狀（粗糙，大致呈平面），參差狀（粗糙，不規則的面，最常見的類型），齒狀（銳利的邊緣，鋸齒狀的凹凸），多片狀（部分分開的裂片或纖維）。

fracture　斷裂　在工程學中，指材料由於強度不足以承受所加之力而破裂。金屬中若有瑕疵，會使工件在加工過程中斷裂；這些瑕疵往往是在金屬提煉過程中參雜進來的非金屬，如氧化物或硫化物。重疊是另一類瑕疵，金屬的一部分無意間折疊在它自身上面，而折疊在一起的兩個面又不完全熔融在一起。經受振動和其他周期性負載的結構和機械部件在設計時必須避免疲乏斷裂。亦請參閱ductility、metallurgy、strength of materials、testing machine。

fracture　骨折　由外力引起的骨骼斷折。最常見的症狀有：骨折部疼痛和壓痛、活動時有摩擦感、患肢不能活動等；體徵有：患部畸形、腫脹，表在的皮膚變色，斷骨有異常活動等。骨斷裂後很快即產生跨越骨折線並將骨折端連接在一起的新生組織。主要併發症有：骨折不癒合、在非功能位癒合以及癒合良好卻喪失功能等。關節內骨折是一種非常嚴重的損傷，必須用手法或牽引使關節面恢復正常對線，不然就需要手術治療。亦請參閱osteoporosis。

fracture zone, submarine ➠ submarine fracture zone

Fraenkel-Conrat, Heinz L(udwig)＊　弗倫克爾－康拉特（西元1910～1999年）　德裔美籍生物化學家。在愛丁堡大學獲博士學位，1936年移居美國，曾在美國農業部西部地區研究實驗室工作十年，1958年到加州大學柏克萊分校任教。他在實驗中把煙草花葉病病毒分離成無感染性的蛋白質和幾乎無感染性的核酸兩部分，然後把這兩部分重新組合起來，成功地使它們重新構成有充分感染性的病毒。根據對此種重構反應的研究，他發現病毒的感染性在於病毒的核酸部分，核酸在沒有病毒蛋白質存在時能被核酸酶裂解。

Fragonard, Jean-Honoré＊　弗拉戈納爾（西元1732～1806年）　法國畫家。約1749年在巴黎隨布歇學習，曾獲得羅馬最高獎，1756～1761年到羅馬法蘭西學院深造。其間漫遊義大利，作了許多地方景色的寫生，尤其是蒂沃利艾斯泰別墅的花園。這時期他開始欣賞提埃坡羅的作品。1765年在美術展覽會展出幾幅風景畫和大幅的《科列蘇斯捨身救卡里爾荷》歷史畫，受到路易十五世的賞識，在羅浮宮中賜給他一個畫室，同時被接納爲法蘭西學院院士。不久轉而專心作雷斯達爾風格的風景畫和肖像畫、裝飾畫以及色情的戶外饗宴遊樂圖，他尤其因後者的作品而著名（如《鞦韆》〔1766?〕）。1767年以後他幾乎不再參加官方沙龍而爲私人贊助者作畫。他的作品表現洛可可風格，筆觸輕快、有力、流暢，具有詩意。他曾嘗試採用較流行的新古典主義題材和風格，但是由於他與王室來往密切，使得他的作品在法國大革命期間不被接納，生活陷入困境。

弗拉戈納爾的《鞦韆》（1766?），油畫；現藏倫敦華萊士收藏館

frambesia　熱帶莓疱 ➠ yaws

Frame, Janet　弗雷姆（西元1924年～）　全名Janet Paterson Frame Clutha。紐西蘭小說家、短篇故事作家和詩人。早年生活窮苦，後受訓當教師。曾幾次進出精神病醫院，成爲激勵她寫作的源泉。第一部作品《潟湖》（1951）是短篇小說集，表現那些覺得自己不適應正常世界的人們的孤獨感和不安全感。《貓頭鷹在叫》（1957）是一部實驗性小說，探索個人的價值以及神智正常與瘋狂之間的曖昧界線，既有詩歌，又有散文。她的所有小說，描繪了一個因不願向混亂、非理性和瘋狂投降而失去完整性的社會。其他作品有《盲人的香園》（1963）、《雨鳥》（1968）、《生活在馬尼奧托托》（1979）、《喀爾巴阡山》（1988）等。她的三卷本回憶錄之一《伏案天使》（1984）由珍·康萍改編拍成電影。

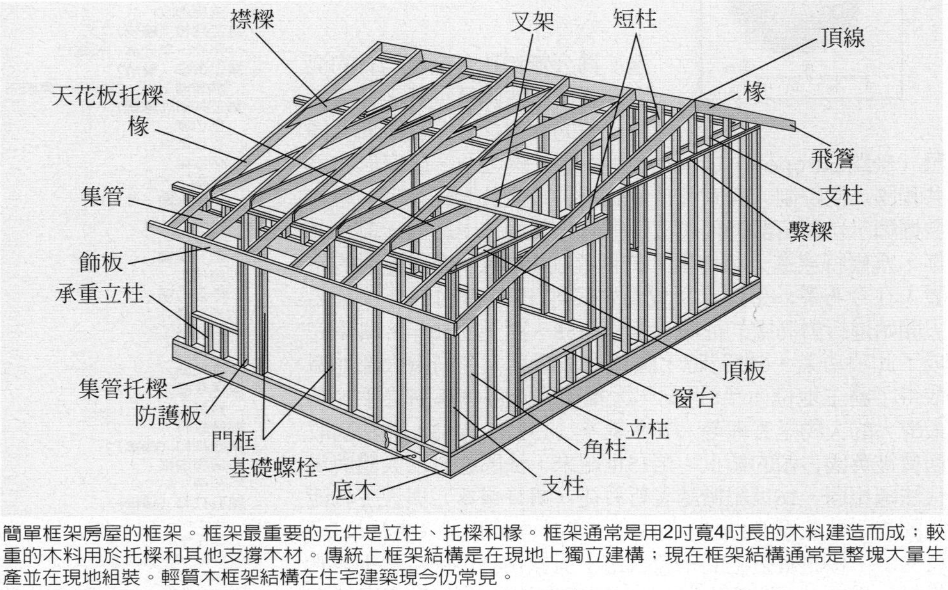

簡單框架房屋的框架。框架最重要的元件是立柱、托樑和椽。框架通常是用2吋寬4吋長的木料建造而成；較重的木料用於托樑和其他支撐木材。傳統上框架結構是在現地上獨立建構；現在框架結構通常是整塊大量生產並在現地組裝。輕質木框架結構在住宅建築現今仍常見。

frame of reference ➠ reference frame

framed structure 框架結構 frame structure。主要由木造、鋼造或混凝土骨架或框架而不由重力牆支撐的結構。堅硬的框架具有固定接點，使框架能夠承受側邊的力量；其他框架需要斜撐或剪力牆和隔板，才能使側面保持穩定。從史前時代到19世紀中期，笨重的木骨架是東亞和北歐最普遍的結構類型，後來被球形框架和平台框架所取代（參閱light-frame construction）。鋼被用於鋼骨架時，其強度使跨距較長的建築物成爲可能。混凝土框架具有較佳的堅硬性和連續性，而剪力牆、滑動模板鋪築有各式各樣的進步，使混凝土能在高層結構中與鋼正面競爭。

framing, timber ➠ timber framing

France 法國 正式名稱法蘭西共和國（French Republic）。面積543,965平方公里。人口約59,090,000（2001）。首都：巴黎。主要人口爲法國人。語言：法語（官方語）。宗教：天主教（3/4）、基督教、新教徒和伊斯蘭教。貨幣：歐元。有大平原、河流和數座山脈，包括庇里牛斯山脈和阿爾卑斯山脈。法國的氣候大體溫和。土地約有3/5適於耕農。森林約占土地面積的1/4左右。法國經濟發

達。爲公營和私營企業均有的混合型經濟。法國是世界上經濟實力最強的國家之一。爲歐洲共同體（參閱European Union）創始會員國之一。政府形式爲共和國，兩院制。國家元首是總統，政府首腦爲總理。考古發掘顯示自舊石器時代起法國即有人類居住。約西元前1200年，塞爾特族進入該地區。約西元前600年，愛奧尼亞的希臘人在今馬賽一帶建立了貿易殖民地。西元前121年，羅馬人開始進行對高盧的征服，西元前58～西元前50年，凱撒完成了此項功業。6世紀時，薩利安法蘭克人在高盧大部地區取得了霸主地位。至8世紀，大權落入加洛林王朝之手，其最偉大的人物是查理曼。百年戰爭（1337～1453）後法國收回曾被英國占領的領土。至15世紀末，法國疆界已大體與現代法國相同。16世紀標誌著新教徒（胡格諾派）與天主教徒之間的宗教戰爭（1337～1453）。亨利四世頒布《南特敕令》（1598），保證實質上的宗教自由，但於1685年被路易十四世撤銷。路易十四世將王權至上制度在法國推向新的高度。

法國國王和總統

加洛林王朝	
查理一世（查理曼，法蘭克王國）	768～814
路易一世（法蘭克王國）	840～843
查理二世（西法蘭克王國）	843～877
路易二世（西法蘭克王國）	877～879
路易三世（西法蘭克王國）	879～882
卡洛曼（西法蘭克王國）	879～884
查理（查理三世，神聖羅馬帝國）	884～887
羅貝爾（卡佩）王朝	
厄德	888～898
加洛林王朝	
查理三世	893/898～923
羅貝爾（卡佩）王朝	
羅貝爾一世	922～923
魯道夫	923～936
加洛林王朝	
路易四世	936～954
洛泰爾	954～986
路易五世	986～987
卡佩王朝	
卡佩	987～996
羅貝爾二世	996～1031
亨利一世	1031～1060
腓力一世	1060～1108
路易六世	1108～1137
路易七世	1137～1180
腓力二世	1180～1223
路易八世	1223～1226
路易九世（聖路易）	1226～1270
腓力三世	1270～1285
腓力四世	1285～1314
路易十世	1314～1316
約翰一世	1316
腓力五世	1316～1322
查理四世	1322～1328
瓦盧瓦王朝	
腓力六世	1328～1350
約翰二世	1350～1364
查理五世	1364～1380
查理六世	1380～1422
查理七世	1422～1461
路易十一世	1461～1483
查理八世	1483～1498
瓦盧瓦王朝（奧爾良旁支）	
路易十二世	1498～1515
瓦盧瓦王朝（安古萊姆旁支）	
法蘭西斯二世	1515～1547
亨利二世	1547～1559
法蘭西斯一世	1559～1560
查理九世	1560～1574
亨利三世	1574～1589
波旁王朝	
亨利四世	1589～1610
路易十三世	1610～1643
路易十四世	1643～1715
路易十五世	1715～1774
路易十六世	1774～1792
路易（十七世）	1793～1795
第一共和	
國民公會	1792～1795
五人執政團時期	1795～1799
執政官政府	1799～1804
第一帝國（皇帝）	
拿破崙一世	1804～1814,1815
拿破崙（二世）	1815
波旁王朝	
路易十八世	1814～1824
查理十世	1824～1830
奧爾良王朝	
路易-腓力	1830～1848
第二共和（總統）	
路易—拿破崙．波拿巴	1848～1852
第二帝國（皇帝）	
拿破崙三世（即路易—拿破崙．波拿巴）	1852～1870
第三共和（總統）	
梯也爾	1871～1873
麥克馬洪	1873～1879
格雷維	1879～1887
卡諾	1887～1894
卡季米爾—佩里埃	1894～1895
福爾	1895～1899
盧貝	1899～1906
法利埃爾	1906～1913
龐加萊	1913～1920
德夏內爾	1920
米勒蘭	1920～1924
杜梅格	1924～1931
杜梅	1931～1932
勒布倫	1932～1940
維琪政權	
貝當	1940～1944
臨時政府	1944～1947
第四共和（總統）	
奧里奧爾	1947～1954
科蒂	1954～1958
第五共和（總統）	
戴高樂	1959～1969
龐畢度	1969～1974
季斯卡．德斯坦	1974～1981
密特朗	1981～1995
席哈克	1995～

1789年法國大革命宣布人權並消滅了古代政權。拿破崙1779～1814年一直統治著法國，之後，有限的君主政體得到恢復，一直延續到1871年，第三共和成立。第一次世界大戰（1914～1918）破壞了法國北部地區。第二次世界大戰期間，納粹德國侵入法國後，在維琪成立了以貝當元帥爲首的傀儡政府。法國在1944年被盟軍及自由法國軍隊解放。第四共和成立後，法國又恢復了議會民主政治。1950年代，法國在印度支那進行鎮壓民族主義游擊隊的戰爭以及其他法國殖民地不斷高漲的民族主義，使第四共和窮於應付。1958年，戴高樂重返政壇。作爲第五共和的總統，他主持解散了大多數法國海外殖民地（參閱Algerian War、French Equatorial Africa和French West Africa）。1981年法國選舉出第一位社會黨總統密特朗。1990年代，法國政府左翼和右翼力量均勢，並朝向鞏固歐洲統一。

France, Anatole＊　法朗士（西元1844～1924年） 原名Jacques-Anatole-François Thibault。法國小說家和評論家。其諷刺和文雅懷疑主義特徵，在他的早期作品中即有所反映，如《希爾維斯特・波納爾的罪行》（1881）和《蹼掌女皇烤肉店》（1893）。他的尖銳諷刺和人道關懷呈現在後來的許多作品中，如四卷集《現代史話》（1897～1901）。其最後一卷《貝日萊先生在巴黎》（1901）反映了他支持德雷福斯。喜劇《克蘭克比爾》（1903）表明他仇視資產階級秩序，這最終導致他擁護社會主義。晚年，終於同情共產主義。1921年獲諾貝爾獎。

France, Banque de＊　法蘭西銀行 法國的國家銀行，1800年成立，旨在法國革命時期的金融動蕩結束後恢復人們對銀行系統的信心。拿破崙爲創辦的股東之一。主要負責制訂和實施金融的信貸政策和銀行系統的正規運作。該行也被特許發行鈔票。亦請參閱central bank。

Francesca, Piero della ➠ Piero della Francesca

Franche-Comté ＊　弗朗什孔泰 法國中東部大區。包括5世紀的勃艮地王國，不同於勃艮地公國，後來成爲勃艮地郡。11世紀爲神聖羅馬帝國的一部分。1384年在大膽腓力二世的控制下。15世紀轉給馬克西米連一世，由他再讓給西班牙哈布斯堡王朝。1678年被西班牙割讓給路易十四世，1789年法國大革命前是法國一省，之後被劃分爲幾個省。

Francia, Francesco＊　佛蘭治（西元1450～1517/18年） 原名Francesco di Marco di Giacomo Raibolini。義大利文藝復興時期藝術家，15世紀晚期和16世紀初期波隆那畫派主要畫家。原爲金匠。早期作品受到費拉拉畫派畫家科斯塔（1460?～1535）等影響極大，但晚期作品顯然受到佩魯吉諾和拉斐爾的影響。他的畫室製作了許多矯揉造作、過分精琢的聖母像。他還專長於肖像畫。

Franciabigio＊　佛蘭治比喬（西元1482/83～1525年） 亦稱Francesco di Cristofano de Giudicis。義大利文藝復興畫家。他受到拉斐爾作品的啓發。與安德利亞・德爾・薩爾托共同主持一個畫室多年。曾同薩爾托的學生蓬托莫一起裝飾卡亞諾小丘上的麥迪奇家族別墅。他是盛期文藝復興風格次於大師的人物。以肖像畫與宗教畫知名。

Francis, James Bicheno　法蘭西斯（西元1815～1892年） 英裔美籍水利工程師。他於1833年移居美國，二十二歲時在羅厄耳一家運河公司任總工程師。四十年來他在該公司工作，並兼任幾家工廠的顧問水利工程師，對羅厄耳發展爲工業中心有重大貢獻。他發明法蘭西斯式低壓水輪機。他積極反對喀爾文派。庇護一世稱他爲作家的守護聖人。他提出的堰流公式和其他關於水力的研究也很有名。被認爲是當時第一流的土木工程師。

Francis I　法蘭西斯一世（西元1494～1547年） 法語作François。法國國王（1515～1547年在位）。路易十二世的堂弟與女婿。1515年繼承王位。加冕後匆匆進軍義大利。收復了米蘭公國。他是文藝復興時期的藝術與學術提倡者，人文主義者，具有騎士風度的國王。經常到全國各地遊歷。在旅途中他大批釋放罪犯，制止貴族濫用司法權，並爲當地人民舉行運動會，並發表演說。1519年當查理五世在選舉中贏得德意志國王王位後，這一切都畫上句點。已經是西班牙國王的查理五世，其領土包圍著法國。法蘭西斯一世在金縷地尋求與亨利八世結盟，未成。隨後，自1521年向查理五世發動一系列戰爭。1525年法蘭西斯一世被俘，在獄中受折磨。他拒絕接受查理五世的過當要求。1526年法國大使締結了條約，法蘭西斯一世獲釋。1536年法蘭西斯一世對查理五世重新開戰，並與土耳其人結成反對查理的同盟。

法蘭西斯一世，肖像畫，迪蒙蒂埃（Pierre Dumonstier）據克盧埃（Jean Clouet）的素描所繪；現藏巴黎法國國家圖書館
By courtesy of the Bibliotheèque Nationale, Paris

Francis I　法蘭西斯一世（西元1708～1765年） 德語作Franz。神聖羅馬帝國皇帝（1745～1765）。洛林公爵之子，1729繼承洛林公國（稱法蘭西斯・史蒂芬）。1736年同查理六世的女繼承人瑪麗亞・特蕾西亞結婚。同意結婚的條件是法蘭西斯一世將洛林割讓給斯坦尼斯瓦夫一世，法蘭西斯一世被授予托斯卡尼大公（1737）作爲補償。與瑪麗亞・特蕾西亞共同攝政（1740～1745）。奧地利王位繼承戰爭時期，他被選爲皇帝。在他統治期間，他的名聲不如他的太太。

Francis II　法蘭西斯二世（西元1544～1560年） 法語作François。法國國王（1559～1560）。亨利二世和卡特琳・德・麥迪奇之子。1558年與瑪麗・斯圖亞特結婚（即後來的瑪麗，蘇格蘭女王）。在位期間受制於權勢強大的吉斯家族。因他體弱多病，意志薄弱，遂成爲吉斯家族的工具。吉斯家族企圖奪取權力，並在國內打擊胡格諾派勢力。他的早死，從而暫時結束了吉斯家族的統治，其弟查理九世繼位。

Francis II　法蘭西斯二世（西元1768～1835年） 德語作Franz。神聖羅馬帝國末代皇帝（1792～1806），奧地利皇帝（1804～1835，稱法蘭西斯一世）。他還是匈牙利國王（1792～1830）和波希米亞國王（1792～1836）。法蘭西斯於1792年繼承其父利奧波德二世的王位。他是一個專制主義者，憎惡任何形式的立憲制度。他支持奧地利發動的第一次反法聯盟戰爭（1792～1797），曾兩度被法國打敗。當拿破崙加冕爲法國國王，他立即提升奧地利爲帝國（1804）。拿破崙命令解散神聖羅馬帝國，法蘭西斯遂放棄神聖羅馬帝國皇帝的稱號（1806）。儘管法蘭西斯瞧不起拿破崙，但由於考慮到國家的利益，他不敢拒絕拿破崙與他女兒瑪麗亞・路易絲結婚。他親自參加1813～1814年的多次戰役，這些戰役最終毀掉了法國皇帝的力量。維也納會議（1815）以後，他支持在德意志和歐洲推行保守的梅特涅政治體。

Francis II　法蘭西斯二世（西元1836～1894年）　義大利語作Francesco。兩西西里王國國王（1859～1860），那不勒斯波旁世系的最後一個成員。1859年，繼承其父斐迪南二世的王位。他就任後對加富爾的提案；即對奧地利的戰爭要與皮得蒙－薩丁尼亞聯合和頒布自由憲法，予以否決。1860年加里波底率領義勇軍攻入西西里，他極爲驚恐，急忙下令恢復1848年憲法，答應給予民眾言論自由和舉行新的選舉。可是爲時已晚，王國軍隊被加里波底擊敗。10月下旬舉行公民投票，他被廢黜。1861年避居羅馬，最後定居巴黎。

Francis de Sales, St.　塞爾斯的聖法蘭西斯（西元1567～1622年）　天主教日內瓦主教。在巴黎學習，1593年受神職。1602年任日內瓦主教。1610年與尙塔爾一起創立聖母往見會。所著《虔修入門》（1609）一書，力言忙於世事的人們也可以達到心靈完美。他積極反對喀爾文派。庇護一世稱他爲作家的守護聖人。

Francis Ferdinand　法蘭西斯・斐迪南（西元1863～1914年）　德語作Franz Ferdinand。奧地利大公，他的遇刺是第一次世界大戰爆發的近因。法蘭西斯・約瑟夫的侄子，1896年成爲皇儲。由於想與宮女索菲結婚，使他與皇帝和宮廷發生了尖銳的衝突。只是在他聲明放棄他未來的子女對皇位的繼承權後，這樁婚事才得到允准。1906年起，法蘭西斯・斐迪南在軍事方面的影響增大。1913年任陸軍總監。1914年6月，他和妻子在塞拉耶佛被塞爾維亞民族主義分子普林西普暗殺。7月奧地利對塞爾維亞宣戰，第一次世界大戰從此開始。

Francis Joseph　法蘭西斯・約瑟夫（西元1830～1916年）　德語作Franz Josef。奧地利皇帝（1848～1916），和匈牙利國王（1867～1916）。1848年革命期間，他的叔叔斐迪南被迫退位，他於同年登位稱帝。他與施瓦岑貝格一起開始恢復帝國秩序。1850年在與普魯士簽訂的「奧爾米茨條約」中，普魯士承認奧地利在德意志的支配地位。但首相在國內的粗暴統治和中央集權制，引發了行刺奧皇的企圖和米蘭暴動。1866年七週戰爭被普魯士打敗。他爲了應付匈牙利，通過了1867年協約，國家繼續不得安寧。他擁護三帝同盟，與普魯士領導的德國結盟，促使結成三國聯盟（1882）。1898年他的太太被暗殺。1889年他的兒子和皇儲魯道夫死於自殺。1914年爲了假定繼承人的被暗殺，他向塞爾維亞發出最後通牒，把奧地利和德國推入第一次世界大戰。

法蘭西斯・約瑟夫，攝於1908年
By courtesy of the trustees of the British Museum; photograph, J. R. Freeman & Co., Ltd.

Francis of Assisi, St.　阿西西的聖方濟（西元1181/82～1226年）　原名Francesco di Pietro di Bernardone。義大利的天主教聖人和方濟會創始人。生於富裕家庭，二十幾歲改宗之前曾爲軍人和戰俘。他變賣家產，將收入奉獻給教會，開始過著清貧虔信的生活。不久就有一些人爲他所吸引而成爲追隨者，他派遣了這些人到歐洲各地傳道，1209年教宗英諾森三世批准成立方濟會。聖方濟戒規強調必須仿效耶穌的生活。聖方濟是個神秘主義者，1212年協助貴族婦女克拉雷成立克拉雷安貧會。1219年去埃及傳教。造訪聖地耶路撒冷。1224年見到耶穌後，他是第一位身上有聖痕的人。他的影響力在於，幫助人們重拾對於因追求財富與政治權力而腐化之教會的信念。

阿西西的聖方濟，濕壁畫，契馬布埃（Cimabue）繪於13世紀末；現藏義大利阿西西的聖方濟教堂
Alinari－Anderson from Art Resource

Franciscan　方濟會　天主教修會，1209年由阿西西的聖方濟創立。方濟會實際上由三個修會構成。第一會包含司鐸以及發願過祈禱、傳信和懺悔的生活的在俗弟兄。第二會（成立於1212年）包含聖克拉雷修會的修女，亦即克拉雷安貧會。第三會的成員是從事教育、社會和慈善事業以效法聖方濟精神的神職人員和男女在俗人員。根據這部戒規，方濟會托鉢修士不得擁有財產，個人擁有或集體擁有（即全修會公有）都不許。修士們雲遊四方，在眾人中間宣講教義，幫助窮人和病人。沿街講道的修士，不出十年人數發展到5,000名。1223年提出一部較爲寬放的戒規。即使是在1226年方濟逝世之前，方濟會內部已經發生衝突，爭論的問題在於如何遵守絕財的誓願。在聖波拿文都拉任總會長期間（1257～1274），他對於絕財戒規提出明智而溫和的解釋。彼時方濟會會士遍布歐洲各地，方濟會傳教人員進入敘利亞和非洲。方濟會三支會在法國大革命期間都遭受損害，19世紀復興。天主教會的許多習俗是由方濟會倡導推廣的。

Franck, César (Auguste)＊　法朗克（西元1822～1890年）　比利時裔法籍作曲家。鋼琴天才。十四歲時去巴黎在巴黎音樂院學習。1858年擔任聖克羅蒂特教堂管風琴師。他在此地度過餘生。1872年任巴黎音樂院管風琴教授。他的作品極其嚴肅，受德國影響以及追求宗教音樂，包括著名的《D小調交響曲》（1888）；交響詩《埃奧利德》（1876）、《可惡的獵人》（1882）和《普西才》（1888）；神劇《八福》（1879）；室內樂包括鋼琴五重奏（1879）、小提琴奏鳴曲（1886）和弦樂四重奏（1889）以及許多管風琴和鋼琴作品。

Franco, Francisco＊　佛朗哥（西元1892～1975年）　全名爲Francisco Paulino Hermenegildo Teódulo Franco Bahamonde。西班牙將軍和西班牙政府的首腦（1939～1975）。十四歲時進入步兵學校，後志願在軍中服役。因其很快展示出統領部隊的才能，贏得了美譽。1935年任西班牙陸軍總參謀長，西班牙內戰時加入暴動，被任命爲民族主義軍隊領袖（1936）。1937年，他重組長槍黨（西班牙法西斯黨）。他在將長槍黨擴大成爲多元組織的同時明確指出，是政府利用黨，而不是相反。在第二次世界大戰，雖然同情軸心國，西班牙仍保持中立。1950年代和1960年代，佛朗哥的國內政策變得有些開朗，西班牙的經濟有很大的進步。戰後新成立的聯合國排斥佛朗哥政府，但隨著冷戰的開始，他的政府與其他國家的關係開始正常化。這時他被視作世界上反對共產主義的主要政治家之一。1947年他通過全民投票，使西班牙成爲君主國，並批准他成爲終生攝政者。1969年指定胡安・卡洛斯王子爲他的繼承人。

Franco-Cantabrian school＊　法蘭西－坎塔布連藝術流派　在法國西南部和西班牙坎塔布連山區北部發現的最古老、最完整的舊石器時代的幾種藝術傳統，大約西元前四萬年至西元前一萬年是其全盛時期。這些藝術品是古代獵人在一些大型山洞中創作的，例如阿爾塔米拉洞窟和拉斯科洞穴。屬於這個藝術流派的小雕刻品和巨幅壁畫、線條雕刻畫以及浮雕品都具有顯著的自然主義風格。

Franco-Prussian War　普法戰爭（西元1870～1871年）　亦作Franco-German War。結束法國在歐洲大陸的霸權，建立普魯士支配下的德意志帝國的一次戰爭。這次戰爭的直接原因是霍亨索倫－西格馬林根家族的利奧波德親王欲繼承西班牙王位，利奧波德是普魯士王室親屬。這一行動導致普西聯合共同反法，普魯士首相俾斯麥發表埃姆斯電報，觸怒法國政府，對普宣戰。德軍由毛奇將軍制訂作戰方案並指揮進攻，取得多次勝利。拿破崙三世在色當戰役失敗後投降。法國組成抵抗政府，宣布廢黜皇帝，建立第三共和，在極不利的條件下抗擊德軍。德軍開始圍攻巴黎，巴黎失陷。和約談判進行當中，激進分子建立了自己的短暫的政府巴黎公社。不久公社被鎮壓下去。苛刻的和約條件：德國併吞整個亞爾薩斯和洛林的大部分，法國賠償巨額賠款，同時在賠款償清之前，德軍占領法國北部諸省的費用亦由法國支付。1871年普魯士國王威廉一世宣告為德意志皇帝。同時成立德意志帝國。自從法國決定收復亞爾薩斯－洛林和德國日益擴張的帝國主義，使得德、法間的和平極不穩定。彼此憎恨迫使把兩國推入第一次世界大戰。

Franco-Russian Alliance　法俄同盟　亦作Dual Alliance。法俄政治、軍事盟約，為第一次世界大戰前歐洲基本結盟之一。法國對德戰爭時，需要支援；俄國對奧匈帝國之爭，亦需援助。1891年兩國達成初步協議，如任何一方遇到外來侵略，則雙方進行磋商。協議又以1892年8月的一項軍事條約而加以鞏固。在德國、奧匈帝國、義大利三國同盟有效期間，法俄同盟將一直生效。法俄同盟於1899和1912年兩次續訂，並得到進一步加強。

Franconia　法蘭克尼亞　中世紀早期德意志公國。根據843年的「凡爾登條約」，加洛林帝國解體，法蘭克尼亞即成為德意志王國的一部分。加洛林一支絕嗣後，成為第一個當選的國王，稱康拉德一世。劃分為萊茵法蘭克尼亞（西部）和東法蘭克尼亞。在12世紀，法蘭克尼亞僅指東法蘭克尼亞。該名稱曾於1806年作廢。1837年巴伐利亞國王恢復舊名，劃分幾個省。現為巴伐利亞州的一部分。

frangipani＊　雞蛋花　組成夾竹桃科雞蛋花屬的灌木或喬木，原產於美洲熱帶地區，廣泛栽種作為觀賞植物；有種香水的香味來自或模仿其中一個物種Plumeria rubra的花香。墨西哥雞蛋花的白邊黃花是夏威夷花環上常用的花。

Frank, Anne(lies Marie)＊　弗蘭克（西元1929～1945年）　德國日記作者。她是猶太少女，其日記記述了她家為逃避德國納粹運動對猶太人的迫害而在阿姆斯特丹隱匿兩年的生活。1944年被蓋世太保發現了他們，全家被送往集中營。安妮被送往貝爾根－貝爾森並在該地死於斑疹傷寒。朋友們在其密室中找到了日記。並將其交給安妮的父親，1947年他發表了她的日記，題名《密室》（即《安妮日記》）。這部少女日記無論在文字或思想上都顯示出作者的早熟，反映出一個生活在逆境中的少女在感情方面的成長過程。為戰爭文學的名著。

Frank, Jacob＊　弗蘭克（西元1726～1791年）　原名Jacob Leibowicz。猶太教的假彌賽亞。生於加利西亞，未受教育，有幻覺，自稱沙貝塔伊·澤維轉世。1751年始自稱彌賽亞。創反拉比弗蘭克派，又稱佐哈爾派。天主教當局認為可以利用該派教義勸誘猶太人改奉天主教，遂予以保護。他和他的信徒在波蘭集體受洗禮，1760年宗教法庭監禁弗蘭克，認為弗蘭克的信徒只信仰弗蘭克而不是上帝。1773年俄軍占領波蘭，將他釋放。他定居在德國，自號男爵。

Frank, Robert　弗蘭克（西元1924年～）　瑞士裔美籍攝影家。1940年代成為巴黎《哈潑時尚》雜誌的時裝攝影師。1947年放棄時裝攝影，後赴美國和南美洲，探索35釐米相機的表現技巧。他的攝影作品集《美國人》（1959），作品構圖大膽，針砭時弊，帶有辛辣的諷刺意味，使他成為一個重要的創造性攝影家。1959年後主要從事電影拍攝。與克洛厄合製的短片《拉扯我的雛菊》為地下電影的名作。後期的主要作品集是《羅伯特·法蘭克：繼續前進》（1994）。

Frankel, Zacharias　弗蘭克爾（西元1801～1875年）　匈牙利裔德籍拉比和神學家。畢業於布達佩斯大學。在幾個德國社區擔任拉比後，任德勒斯登大拉比（1836～1854）。在職期間提出一種理論，他稱之為史證猶太教神學。這種神學不同於正統猶太教義，它贊成研究科學和歷史，並改動禮拜儀式。它力求保持傳統習俗，堅持猶太教的民族性。1854年任布雷斯勞的猶太教神學院院長。弗蘭克爾的觀點流傳中歐，並在美國紮根，稱猶太教保守派。他的著作包括《密西拿導論》（1859）和《巴勒斯坦塔木德導論》（1870）。

Frankenthaler, Helen　弗蘭肯特勒（西元1928年～）　美國抽象主義畫家。中學時從塔馬約學畫，曾在本寧頓學院學習畢業後回紐約，加入第二代抽象表現派的青年美術家團體。她創造出與厚塗畫法強烈不同的、把稀薄油彩吸進畫布使其有透明感的技法，1960年代初，她開始採用壓克力繪畫。即使是抽象派，她的許多作品（如《海洋沙漠》〔1975〕），卻具風景畫風格而以富有詩意著名。她的著色技巧對路易斯和諾蘭德具有重要的影響。於1958年與美國畫家馬瑟韋爾結婚，1971年離異。

Frankfort＊　法蘭克福　1792年起為美國肯塔基州首府。臨肯塔基河。1786年始建。早期設有州議會廳，被火燒兩次。鄰近兩大城市路易斯維爾和勒星頓試圖成為州首府。無論如何，由於該市位於州中心地區，因此仍保留州首府地位。為布盧格拉斯區煙草、玉米和良種馬的貿易中心。設有州立肯塔基大學。人口約29,000（1994）。

Frankfurt (am Main)　美因河畔法蘭克福　德國西部城市。在美因河畔，該地有西元1世紀的羅馬人遺跡。9世紀為東法蘭克加洛林王朝住地。1372～1806年成為帝國自由城市。在拿破崙統治下曾失去地位，1815年恢復為自由城。1816～1866年為德國首都。1866年戰爭之後被普魯士兼併，自由城市地位結束。第二次世界大戰中舊城大部被破壞，但有些地標未受損，有紅砂岩教堂（1239）。自1240年至今，法蘭克福舉辦了許多國際貿易博覽會。該市每年舉辦的書籍博覽會、汽車博覽會和電腦博覽會很受歡迎，現有工業包括機械、化工、醫藥、印刷、製革和食品加工。該市是歌德的出生地。人口約650,055（1996）。

Frankfurt National Assembly　法蘭克福國民議會（西元1848～1849年）　正式名稱為German National Assembly。德意志的國民議會，它試圖在1848年革命期間建立一個統一的德意志國家，但未成功。在美因河畔法蘭克福召開。議會提議實行普選和由一位世襲皇帝執掌行政權。議會向普魯士的腓特烈·威廉四世呈獻皇冠，他予以拒絕。因威廉四世是一位保守的人，除非是其他德國親王，他不願意從別人手中加冕為德意志皇帝。由於得不到普魯士或奧地利的支持，法蘭克福議會被迫解散。

Frankfurt school　法蘭克福學派　德國美因河畔法蘭克福社會研究所的一群研究人員。1923年由韋伊、格倫伯格、霍克海默以及波洛克創建。曾被納粹關閉，1949年重新開放。法蘭克福學派成員力圖以馬克思主義和黑格爾哲學爲基礎，又同時利用精神分析學、社會學以及其他學科的洞察力，創立一種社會理論。他們運用馬克思主義基本概念，分析資本主義經濟制度中的社會關係。法蘭克福學派成員包括阿多諾、班雅明、馬庫色和哈伯瑪斯。亦請參閱critical theory。

Frankfurter, Felix　弗蘭克福特（西元1882～1965年）　美國法學家和公務員。十二歲移民到美國，曾在哈佛大學法學院受教育，以後在法學院執教（1914～1939）。任塔虎脫總統政府的陸軍部長（1911～1913）。弗蘭克福特曾是威爾遜總統出席巴黎和會時（1919）的法律顧問。當羅斯福就任總統時（1933），弗蘭克福特在新政立法（1933～1939）上給他提供意見。協助成立美國公民自由聯盟。他對薩柯－萬澤蒂案的判決作出強烈抨擊，他的朋友布蘭戴斯私下予以鼓勵。他是最高法院（1939～1962）中主張法官自我克制原則的主要代表人物。他認爲法官應該嚴格遵循判例，而不管自己的意見如何，並且只應判斷「立法者是否有理由通過這樣一條法律」。

弗蘭克福特
By courtesy of the Library of Congress, Washington, D. C.

Frankfurter Allgemeine Zeitung*　法蘭克福全德日報　美因河畔法蘭克福出版的日報，是德國最權威、最有影響的報紙之一。由第二次世界大戰前在聲望甚佳的《法蘭克福報》工作過的一些記者創辦。西德政府1949年接管對新聞的管理後，《法蘭克福匯報》開始出版，該報爲第一家面對全國的日報，很快便以其嚴肅負責的報導贏得聲譽，該報編輯政策被認爲保守，因爲它爲私人企業說話。

frankincense　乳香　亦作olibanum。含有揮發油的芳香膠質樹脂。乳香產自橄欖科乳香屬樹木，特別是索馬利亞、葉門和阿曼地區的各種乳香樹。在古代用於宗教祭典和藥用。它是猶太教至聖所中所燃的香的原料之一。在《摩西五經》中常提及乳香。乳香是東方三博士送給嬰兒耶穌的禮物之一。乳香今用於燒香和熏蒸劑中，還用作香水中的防揮發劑。

Franklin, Aretha　艾瑞莎富蘭克林（西元1942年～）　美國流行歌星。兩歲時隨全家自孟菲斯遷居底特律。其父爲著名的奮興佈道家，他所主持的教會和家裡聚集了許多有名的黑人歌星，如傑克森、比比金和華盛頓。她十二歲時灌製了第一張唱片。剛開始她只在福音會和黑人聚集的夜總會演唱。1967年推出一系列歌曲包括〈我從未愛過男人〉、〈尊重〉、〈愚人的鏈子〉、〈思考〉和〈自然婦女〉，其有力和熱情的歌聲風靡全國。後期發行的唱片包括《奇異恩典》（1972）、《火花》（1976）和《上帝、信仰、洗禮》（1989）。她是第一位女性藝人選入搖滾樂名人堂。

Franklin, Benjamin　富蘭克林（西元1706～1790年）　美國政治家、科學家、哲學家、出版商。生於波士頓，十二歲時成爲哥哥（地方的印刷商）的學徒。他自我學習寫字效率，1723年遷居費城，後在那裡創立《費城報》（1730～1748），並爲《可憐理查的年鑑》寫稿（1732～1757），其中的箴言和警句強調謹慎、勤奮、誠實。他開始飛黃騰達，而在費城提供公共服務，包括圖書館、消防隊、醫院、保險公司和後來成爲賓夕法尼亞大學的學院。他的發明包括富蘭克林爐和雙焦眼鏡，而他在電方面的實驗導致避雷針的發明。他擔任殖民地立法局的成員（1736～1751），並成爲奧爾班尼會議的代表（1754）。在英國，他代表殖民地參與土地和稅捐的辯論（1757～1762），1764年以數個殖民地特派員的身分回到英國。他最初信仰英國統治下一個統合的殖民地政府，後來在課稅議題上逐漸改變立場。他協助確立《印花稅法》的廢止。他擔任第二次大陸會議的代表，也是起草《獨立宣言》的委員會成員。1776年他到法國尋求協助美國革命。他受到法國人尊崇，而與之商訂了一個提供革命所需貸款和軍援的條約（1778）。1781年他協助商訂一個與英國之間的初步和約。身爲1787年憲法會議的成員，他在美國憲法獲得採用的過程中扮演一定的角色。他被視爲美國歷史上最超凡而才華洋溢的公僕。

Franklin, John Hope　富蘭克林（西元1915年～）　美國歷史學家。他在菲斯克大學和哈佛大學攻讀後，一直在學校裡執教，包括霍華德大學、芝加哥大學和杜克大學。富蘭克林因出版他的著作《從奴役到自由》（1947）而第一次引起國際注意。他還幫助形成法律辯護狀，導致最高法院宣布公立學校的種族隔離爲非法（1954）。他是美國歷史學會第一位黑人會長（1978～1979）。1995年獲總統自由勳章。

富蘭克林，攝於1990年
Ampix Photography

Franklin, Rosalind (Elsie)　富蘭克林（西元1920～1958年）　英國生物學家。她曾在劍橋大學學習，她對煉焦和原子工業做了重要研究。她利用X射線衍射法研究DNA，因確定DNA的密度、螺旋結構和其他重要特性而受讚譽。在完成對煤和DNA的研究，並著手研究煙草花葉病毒的分子結構。她發現，這種病毒中的核糖核酸（RNA）並不在它的中腔，而是留在它的蛋白質內；還發現這種RNA是單螺旋結構，不同於細菌病毒和高級生物體的雙螺旋結構的DNA。三十七歲時死於癌症，不然她可能與華生、克里克和威爾金茲共獲1962年諾貝爾獎。

Franklin and Marshall College　富蘭克林－馬歇爾學院　美國賓夕法尼亞州蘭開斯特市的私立文理學院。富蘭克林學院（1787年創立），以富蘭克林之名命名；馬歇爾學院（1835年成立），以馬歇爾之名命名。1853年合併爲富蘭克林－馬歇爾學院。註冊學生人數約1,800人。

Franks　法蘭克人　西元5世紀時入侵西羅馬帝國的日耳曼民族的一支。3世紀時生活在萊茵河東岸。受到羅馬文明的影響。於494年征服北部高盧全境。507年又降服南部高盧。新的領袖克洛維一世促使各部族團結爲一個民族。法蘭克人建立了中世紀初最強大的王國之一。他們統治現爲法國北部、比利時和德國西部的地區。法蘭克王國於10世紀解體。

Franz, Robert＊ 富朗次（西元1815～1892年） 原名Robert Franz Knauth。德國作曲家。1843年發表第一批歌曲時，開始耳聾。但他仍在烏爾里希教堂任管風琴師，在該市歌唱學校任指揮，最後任哈雷大學音樂總監。由於耳聾加重及神經失調迫使他退職。1872年李斯特和其他傑出音樂家曾爲資助他而舉行音樂會。譜有歌曲約350首，以細膩的音樂韻味著稱。

Franz Josef ➡ Francis Joseph

Franz Josef Land 法蘭士約瑟夫地群島 俄語作Zemlya Frantsalosifa。巴倫支海東北部191個島嶼組成的群島。是俄羅斯最北端的領土。面積16,134平方公里。85%的地面爲冰雪所覆蓋。氣候嚴寒，動物有北極熊和北極狐，以及大量鳥類。1926年被蘇聯兼併，建有常設氣象站。

Fraser, Dawn 弗雷澤（西元1937年～） 澳大利亞游泳運動員。1956～1964年連續九次創女子100公尺自由式世界記錄。連獲三屆奧運會金牌的第一個女游泳選手。1964年創造58.9秒的世界記錄，保留了八年。她在六種不同距離的自由式創世界記錄（全部記錄後來被打破）。

Fraser, George MacDonald 弗雷澤（西元1925年～） 英國小說家。他受過新聞記者的訓練，並且在格拉斯哥前鋒報（1968～1969）擔任副編輯。他第一本小說*Flashman*（1969）的成功讓他轉行成爲全職作家，本書及其續集充滿了豐富的歷史色彩與細節，休斯的《湯姆．布朗的學生時代》書中惡霸就是他的主角英雄。他最近的作品有*Black Ajax*（1998）以及*Flashman and the Tiger*（2000）。他也創作劇本。

Fraser, Simon 弗雷澤（西元1776～1862年） 加拿大毛皮商和探險家。生於美國紐約州，1784年遷加拿大。1792年入西北公司當辦事員，1801年成爲公司合夥人。1805年負責毛皮業務的商路，他發現弗雷澤河（他誤認爲是哥倫比亞河）。1811年弗雷澤任職於紅河分部，1817年被指控參與七株橡樹大屠殺，遭逮捕。他被釋放後退休，在今安大略省經營農場。西蒙．弗雷澤大學以他的名字命名。

Fraser River＊ 弗雷澤河 加拿大不列顛哥倫比亞省中南部河流。河長1,368公里。源於落磯山脈，近耶洛黑德山口，向西北和南流至美國邊界，之後向西穿過海岸山脈，注入溫哥華南面的喬治亞海峽。卡里布淘金熱始於1858年，發生在弗雷澤河流域。林業爲主要的工業。

Fratellini family＊ 弗拉泰利尼家族 歐洲馬戲家族。以保爾（1877～1940）、弗朗索瓦（1879～1951）和阿爾貝特（1886～1961）三兄弟扮演的丑角而聞名。其父是位雜技演員，擅長高空鞦韆特技。1909年他們的兄死後，組成了獨一無二的三人表演：阿爾貝特採用一種設計得奇形怪狀的新化妝，畫得很高的黑眉、誇張的大嘴和鱗莖狀的紅鼻子（這種化妝形式對後來的小丑裝扮很有影響）。弗拉泰利尼馬戲團曾在歐洲和蘇聯作巡迴演出。他們的才智、魅力和高超的演技廣受讚譽，他們的小孩成爲成功的丑角。著名的有保爾之子維克多（1901～1979）及維克多之孫女阿尼（1932年生）在法國繼承了其家族的傳統，成爲成功的丑角。

fraternity and sorority 美國大學生聯誼會和大學女生聯誼會 美國分別爲男、女學生而設的社會性、專業性或名譽性的協會。絕大多數這類組織主要從學院或大學學生中吸收成員，用希臘文字母組成名字，新的成員要參加入會儀式。主要的榮譽協會如優等生榮譽學會，亦稱大學生聯誼會。只要有一般的學術成就，就可以做它的會員。亦請參閱secret society。

fraud 詐欺 在法律上指蓄意扭曲事實以達到侵占他人財物和合法權利爲目的的行爲。任何忽略或隱瞞事實的手段，使他人受到傷害，或容許一人從他人身上取得非法利益時，都可能構成詐欺罪。刑事詐欺的一般類型是通過開出一張簽字者的帳戶上沒有足夠款項的支票以獲取財物的行爲。另一種類型是假冒他人而進行的欺騙，郵件和電訊詐欺（利用郵政服務或電子工具，如電話，犯下的詐欺）以詐欺爲基礎的侵權行爲法有的時候是指欺騙的行爲。

Fraunhofer lines 夫琅和費線 指太陽或其他恆星光譜中的暗線。這些暗線是由於太陽或恆星大氣中的各種氣體元素按一定波長選擇吸收太陽或恆星的輻射而成的。1802年首先觀測到這種線，以德國物理學家夫琅和費的姓氏命名，他從1814年前後起就繪製了500多條光譜線並把其中一些最明顯的線用字母從A到G表示，這種證認譜線的體系一直沿用至今。現已知在太陽光譜中，從波長2,950～10,000埃的一段中就有約25,000條夫琅和費線。

Fray Jorge National Park＊ 弗萊荷黑國家公園 智利中北部國家公園。設於1941年，涵蓋面積39平方哩（100平方公里），它在雨量稀少地區中，保存一個亞熱帶森林。植物學家推測這個不尋常區域之所以存在，是因爲附近一條相當溫暖的河流注入冰冷太平洋，產生經年不斷的霧氣，爲這個國家公園的植物提供所需的濕氣。

Frazer, James George 弗雷澤（西元1854～1941年） 受封爲詹姆斯爵士（Sir James）。英國人類學家、民俗學家和古典學者，因著作《金枝》（1890）享有崇高聲譽。他進入格拉斯哥大學和劍橋大學，在劍橋大學成爲教授，在那裡度過餘生。《金枝》的基本論點是：人類思想方式的一般發展過程是從巫術到宗教，最後發展爲科學。儘管巫術、宗教與科學這一演化序列的設想不再爲學者所接受，他的作品卻使他能夠更廣泛地綜合比較有關宗教與巫術在人類社會中存在的各種資料，其成果在人類學界堪稱「後無來者」。他還著有《圖騰崇拜和族外婚》（1910）和《舊約中的民間傳說》（1918）。

Frazier, E(dward) Franklin＊ 弗雷澤（西元1894～1962年） 美國社會學家。在哈佛大學和克拉克大學學習。任教於莫爾豪斯學院，並在那裡組建了亞特蘭大大學社會工作學院（爲黑人），在雜誌上發表的《種族偏見的病理》（1927）一文的爭論，他被迫離開莫爾豪斯學院。1931年獲得了芝加哥大學的博士學位。後在菲斯克大學（1929～1934）和哈佛大學（1934～1959）任教。他的著作《美國黑人家庭》（1939），是研究黑人問題並由黑人寫作的最早著作中的一部。

Fredegund＊ 弗蕾德貢德（卒於西元597年） 法蘭克人國王希爾佩里克一世的王后。原爲女侍，希爾佩里克殺害他的太太（568?）後，她成爲國王的情婦。王后之死，引起了布隆希爾德（王后之姐，布隆希爾德的丈夫西吉伯特一世被弗蕾德貢德下令暗殺）與弗蕾德貢德之間深刻而持久的仇恨。希爾佩里克被暗殺（584）後，弗蕾德貢德攫取他的財富，避居巴黎。弗蕾德貢德生性兇惡殘忍，耍弄陰謀詭計。

Frederick I 腓特烈一世（西元1123?～1190年） 別名紅鬍子腓特烈（Frederick Barbarossa）。士瓦本公爵（1147～1190）、德意志國王和神聖羅馬帝國皇帝（1152～1190）。

E F G

他向教宗的權威挑戰，力圖支配歐洲君主國。1153年他迫使教宗尤金三世簽訂「康士坦茨條約」。1154年腓特烈發動對義大利北部的六次戰役中的第一次戰役，1158年發動第二次戰役並征服了米蘭。他支持敵對教宗對抗亞歷山大三世，1160年被亞歷山大三世革出教門。1174年腓特烈進行第五次義大利戰役，敗於倫巴底人。根據1177年「威尼斯和約」，腓特烈承認亞歷山大三世爲眞正的教宗。1183年與倫巴底簽訂和約。1180年征服了呂貝克，並通過諸侯會議廢黜了獅子亨利。他企圖控制諸侯越來越大的勢力，並在諸侯的地區之間建設自己的帝國領地。1189年他號召進行第三次十字軍東征，在土耳其渡河時溺死。

Frederick I　腓特烈一世（西元1657～1713年）　德語作Friedrich。普魯士國王（1701～1713）。1688年繼承其父腓特烈・威廉，爲布蘭登堡選侯（稱腓特烈三世）。爲了實現自己的計畫，聯合奧地利、英國和荷蘭對抗法國。在大同盟戰爭和西班牙王位繼承戰爭中，普魯士軍到處表現得很出色。奧地利與普魯士簽訂祕密條約，允許腓特烈自立爲普魯士國王。奧地利所以這樣做，是在王位繼承問題上和在奧地利軍事上得到普魯士的幫助。普魯士成爲君主國增加了各分散的霍亨索倫王朝領地的凝聚力。腓特烈致力於增加王國的收入。

Frederick II　腓特烈二世（西元1194～1250年）　德語作Friedrich。西西里國王（1197～1250）、士瓦本公爵（1228～1235）、德意志國王（1212～1250）和神聖羅馬帝國皇帝（1220～1250）。紅鬍子腓特烈一世之孫。三歲時加冕爲西西里國王，但直到1212年，國家紛爭解除後，才取得掌控權。1214年擊敗他的對手奧托四世。西西里和德意志的計畫聯盟使教宗不安。對方通過談判訂立妥協方案，腓特烈加冕爲神聖羅馬帝國皇帝。第六次十字軍東征的延期啓程被絕罰（1227），後來他所受的絕罰被赦免。1229年加冕爲耶路撒冷國王。腓特烈返回德意志，然後突然襲擊義大利，擊敗倫巴底聯盟。教宗格列高利九世在宗教和政治問題上極不信任腓特烈，於1239年第二次將他絕罰。他率兵進入教廷國。腓特烈同新教宗英諾森四世開始談判。1244年廢黜了腓特烈皇帝。於是，雙方展開激烈的鬥爭。到腓特烈死時，喪失了義大利中部的大片領土，在德意志也失去了支持。

Frederick II　腓特烈二世（西元1712～1786年）　德語作Friedrich。別名腓特烈大帝（Frederick the Great）。普魯士國王（1740～1786年在位）。腓特烈・威廉一世之子，由於父親的粗暴和任意凌辱，他早年生活過得不愉快。1730年試圖逃跑未成，屈服於父親，但繼續研究學問和學習藝術。1740年腓特烈・威廉一世去世，腓特烈即位。他很快就使大臣們清楚，只有他一人才是決策者。他在奧地利王位繼承戰爭期間占據西里西亞，加強了普魯士勢力。1756年入侵薩克森並推進至波希米亞。腓特烈在七年戰爭（1756～1763）幾乎被擊敗，直到他的崇拜者彼得三世簽訂了俄普條約，局勢改觀。他和俄國締結了一直延續到1780年的聯盟。1772年第一次瓜分波蘭，使普魯士領土擴大。奧普之間的對抗，導致巴伐利亞王位繼承戰爭（1778～1779）。爲結束戰爭而簽訂的條約，對腓特烈是一次外交勝利。對哈布斯堡野心的憂慮繼續纏繞著腓特烈，促使他建立德意志邦的聯盟，成功地反對了約瑟夫二世。在他的領導下普魯士成爲歐洲大國之一，國土大增，軍事力量引人注目。除了軍事現代化外，腓特烈也擁護啓蒙運動的思想，實行行政、經濟及社會改革。

Frederick III　腓特烈三世（西元1415～1493年）　德語作Friedrich。神聖羅馬帝國皇帝（1452～1493），德意志國王（1440年起）。到1439年他是哈布斯堡王朝的高級成員。他統一了爲奧地利所擁有的哈布斯堡王朝的兩個敵對分支（1379年分割）。爲哈布斯堡王朝在歐洲事務中的豐功偉績奠定基礎。腓特烈最大的成就是他的兒子馬克西米連（後爲馬克西米連一世）與勃艮地的瑪麗結婚。這一聯姻使哈布斯堡王朝獲得勃艮地王朝的一大部分領地，也使奧地利躋入歐洲強國之林。他是由教宗在羅馬加冕的最後一位神聖羅馬帝國皇帝。

Frederick V　腓特烈五世（西元1596～1632年）　德語作Friedrich。萊茵的巴拉丁選侯（1610～1623），波希米亞國王（稱腓特烈一世，1619～1620年在位）。新教的波希米亞貴族們對天主教國王腓特烈二世發動暴亂後，加冕腓特烈爲國王。使他成爲三十年戰爭初期與奧地利對抗的基督教新教聯盟的領袖。不久在白山被天主教聯盟軍擊敗。1622年腓特烈流亡海牙，1623年他的選侯權力被剝奪。1628年巴伐利亞併呑了上巴拉丁。

Frederick VII　腓特烈七世（西元1808～1863年）　丹麥語作Frederik。丹麥國王（1848～1863）。1848年繼承王位，任命一個自由黨的內閣；廢棄專制統治，實行代議制政府。他在什列斯威公國的政策，其結果是將公國併入丹麥。此舉在他死後不久，丹麥與奧地利和普魯士發生戰爭（參閱Schleswig-Holstein Question）。腓特烈無嗣，克里斯蒂安九世爲繼承人。

Frederick Henry　腓特烈・亨利（西元1584～1647年）　荷語作Frederik Hendrik。荷蘭共和國第三世襲都統（1625～1647），繼承其兄拿騷的莫里斯任省長。像他的父親沈默的威廉，繼續進行脫離西班牙的獨立戰爭。爲奧蘭治王室建立了都統的繼承權。實行半君主政權。他是一位成功的戰略家。負責聯合省的外交政策，與西班牙談判，促成1648年和平條約的簽署。

Frederick William　腓特烈・威廉（西元1620～1688年）　德語作Friedrich Wilhelm。別名「大選侯」（the Great Elector）。布蘭登堡選侯（1640～1688），他在三十年戰爭後恢復了遭受破壞的霍亨索倫王朝領地，繼父位成爲選侯，他所接管的是一塊被外國軍隊占領和蹂躪的土地。對於瑞典與哈布斯堡之間的戰爭，他小心翼翼地採取中立，開始著手組織自己的軍隊，在西伐利亞和會（1648）上增加了他的領土，第一次北方戰爭（1655～1660）中他取得了在普魯士公國享有充分的主權。自1661年始，在歐洲複雜的權力爭奪中，他轉而效忠較弱的一方，希望能保持權力的平衡。1685年他頒布波茨坦詔書，給予自法國放逐的胡格派庇護。在他任內，實行中央政府管理，改組國家財政，壯大軍隊，這一切措施形成了未來的普魯士君主國的基業。

Frederick William I　腓特烈・威廉一世（西元1688～1740年）　德語作Friedrich Wilhelm。普魯士國王（1713～1740）。腓特烈一世之子。曾參加西班牙王位繼承戰爭。畢生致力於建設普魯士陸軍。使普魯士成爲歐洲大陸軍事強國。由於財源匱乏並眞正關心其臣民，他厲行改革和革新：加強中央集權，採取嚴格的重商主義政策，提倡工業和製造業，實施小學義務教育（1717），及解放自己領地（1719）。他的兒子腓特烈二世繼其位。

Frederick William II　腓特烈・威廉二世（西元1744～1797年）　德語作Friedrich Wilhelm。普魯士國王（1786年起）。腓特烈大帝之侄，他繼承腓特烈大帝王位之後，普魯士的版圖仍得以擴大。波蘭第二次（1793）和第三次（1795）被瓜分時，普魯士取得波蘭大片領土。他參加普奧聯盟，共同反對法國革命。他一心想得到在波蘭的利益，因而於1795年單獨同法國締結條約，退出聯盟。在腓特烈·威廉二世的鼓勵下，普魯士的文化事業尤其是音樂十分繁榮。莫札特和貝多芬都晉見過他。

Frederick William III 腓特烈·威廉三世（西元1770～1840年） 德語作Friedrich Wilhelm。普魯士國王（1797～1840）。腓特烈·威廉二世之子。在拿破崙戰爭的早年，他採取中立政策，使普魯士的國際威望迅速下降。1806年普魯士加入第三次聯盟攻擊法國，在耶納戰役中被擊潰。戰敗使他終於認識到普魯士必須進行徹底的改革。他批准了由普魯士政治家施泰因和哈登貝格提出的改革方案。維也納會議使普魯士獲得西伐利亞和薩克森的大部。腓特烈·威廉三世在位的最後二十五年間，普魯士的國勢日蹙。

Frederick William IV 腓特烈·威廉四世（西元1795～1861年） 德語作Friedrich Wilhelm。普魯士國王（1840～1861年在位）。腓特烈·威廉三世之子。他始終是德意志浪漫主義運動的一個門徒，對藝術很感興趣。其保守政策觸發了1848年革命。1849年他拒絕法蘭克福國民議會擁護他就帝位。他欲建立在普魯士領導下的德意志同盟國，但遭到奧國反對（參閱Olmütz, Punctation of）。1857年因患中風致殘。1858年由其弟威廉一世任攝政。

Fredericksburg, Battle of 弗雷德里克斯堡戰役（西元1862年12月13日） 美國南北戰爭中，在維吉尼亞州弗雷德里克斯堡的一次鏖戰。柏恩賽德率十二萬北軍與李率美利堅邦聯南軍約78,000人，在弗雷德里克斯堡後面的高地上交戰。結果北軍大敗，傷亡達12,500人，而南軍僅傷亡約5,000人。柏恩賽德將軍被免職，南軍士氣大振。

Fredericton 弗雷德里克頓 加拿大新伯倫瑞克省省會。臨聖約翰河。1785年聯合帝國保皇分子所建，建在約1740年法國所建的居住點聖安妮村。1825年成爲英國駐防的城市。當時的兵營重建後，爲聯邦歷史遺跡。現主要爲行政和教育中心。設有新伯倫瑞克大學和聖多馬大學。城市爲該省中部商業和批發中心。人口49,000（1995）。

free association ➠ association

Free Democratic Party 自由民主黨 德國中間派政黨，主張不干涉主義和經濟自由競爭。雖然黨員較少，但通過與較大政黨組成聯盟，曾組織和瓦解了幾屆政府。包括基督教民主聯盟和社會民主黨。1948年，美、英、法三國占領區的自由黨代表建立自由民主黨。

free energy 自由能 自由能從變形、失序或其他內部能量形式（例如電勢）獲得的能量總和。一個體系會自然變遷，以達到較低的總自由能。因此，自由能是趨向平衡狀態的驅力。自由能最初和最後狀態之間的改變可以用來評估特定的熱力過程，也可以用來判定變化會不會自然出現。自由能的形式有赫姆霍茲自由能（參閱Helmholtz, Hermann (Ludwig Ferdinand) von，有時稱爲工作能）和吉布斯自由能（參閱Gibbs, J(osiah) Willard）二種，其定義和應用並不相同。

free-enterprise system ➠ capitalism

free-fall 自由降落 力學名詞，描述物體在引力作用下以任何方式作自由運動的一種狀態。例如，行星可說是在太陽引力場中作自由降落。自由降落的物體是沿一條引力和慣性力的總和爲零的軌道運動。亦請參閱gravitation、Newton's laws of motion。

Free French 自由法國 第二次世界大戰期間法國人於1940年在其本土軍事失利後組織起來繼續抵抗德國的運動。戴高樂以英國爲基地組建一支「自由法國」的武裝部隊。1942年自由法國武裝部隊在法國地下抵抗運動的增強和駐紮在北非的大多數維琪法國軍隊向自由法國倒戈而取得權力。戴高樂與法國駐北非軍隊總司令吉羅將軍的一場權力鬥爭後，1944年戴高樂成爲法國本土外的全部武裝力量的最高統帥。三十餘萬自由法國兵，參加了盟軍進攻法國南部諾曼第（參閱Normandy Invasion）的戰鬥。在勒克萊爾將軍領導下的「自由法國」第二裝甲師開進巴黎，完成了對首都的解放。

free-market economy ➠ capitalism

free radical 自由基 亦作radical。至少包含一個不成對電子的分子。大多數分子都包含偶數的電子，它們的共價鍵通常由共用的電子對組成。斷開這樣的鍵產生出兩個分開的自由基，每個帶一個不成對的電子（除了任何成對的電子外）。它們可以是帶電的，也可以是中性的，有高度的反應活性，通常壽命都較短。它們彼此結合，或者與具有不成對電子的原子結合。自由基也可以與完整的分子反應，從這些分子中抽取一部分電子來完善它們自己的電子結構，同時產生出新的自由基。新的自由基再去與別的分子反應。物質在高溫下分解以及在聚合反應中，這種連鎖反應尤其重要。在身體內，氧化（參閱oxidation-reduction）的自由基會破壞組織。抗氧化的營養品（如維生素C和維生素E、硒）可以減少這些效應。熱、紫外輻射和離子輻射（參閱radiation injury）都會產生自由基。自由基是有磁性的，所以可以用磁化率測量技術以及電子順磁共振測量技術來研究它們的特性。

Free Silver Movement 自由鑄造銀幣運動 19世紀後期美國提倡自由鑄造銀幣的運動。支持者有西部銀礦主、農民和債務人。運動開始時因1870年代中期經濟急遽蕭條而取得格外有力的政治聲勢。1878年通過的法令要求美國財政部每月購買價值百萬美元的白銀，並鑄成銀元。1880年代初期農作物價格升高，但自1887年起土地和農產品價格開始暴跌，農民再次提出自由鑄造銀幣要求。國會於1890年通過，將政府的月購銀量增加。1892年的選舉，自由鑄造銀幣爲平民黨運動的目標。美國國庫黃金儲量銳減，激起了1893年的金融恐慌。國會廢除1890年的法令，激起農民的憤怒。1896年，民主黨的布萊安爲總統候選人，將自由鑄造銀幣列爲政綱的主要條目，但共和黨的馬京利贏得大選勝利。1900年共和黨人占多數的國會通過「金本位制法」。

Free-Soil Party 自由土壤黨 美國南北戰爭前的一個政黨。黨雖小，而影響很大。反對將奴隸制擴張至西部領土。威爾莫特於1846年提出並和其他反蓄奴派形成的黨。1848年提名美國前總統范布倫爲總統候選人。雖然范布倫競選失敗，但許多該黨的支持者獲選進入眾議院。1854年解散後，部分黨員參加了新成立的共和黨。

Free State ➠ Orange Free State

free-tailed bat 游離尾蝠 亦稱犬吻蝠（mastiff bat）。小蝙蝠亞目犬吻蝠科約九十種蝙蝠的統稱。分布遍及溫帶地區。因其尾延伸出附著於後腿的皮膜而得名。其面部似狗，故又稱犬吻蝠、獒犬蝠或鬥牛犬蝠。體短，翼細長，眼小，鼻大，體長約4～13公分，尾長1.5～8公分，耳大，黑毛。以昆蟲爲食，棲息於樹洞、山洞和建築物中。游離尾蝠多群居，有些種類，如墨西哥游離尾蝠可形成數百萬隻的大群。從前這些種群的海鳥糞便開採出來可作肥料和硝酸鈉，後者用於製造黑色火藥。

free trade 自由貿易 政府對進口商品不加歧視，對出口商品也不加干涉的政策。這種政策並不意味著國家放棄對進出口商品的一切控制和徵稅。第二次世界大戰以來，人們為減少各國間關稅壁壘和貨幣限制作了很大努力。同樣具有阻礙貿易作用的還有進口配額、稅捐等其他手段。自由貿易的理論根據是亞當斯密的論點：國際分工導致專業化、高效率和高度集中的生產。

free-trade zone 自由貿易區 貨物可以自由登陸、處裡以及轉出口的地區。設立的目的是為了要移除貿易障礙，同時讓船隻和飛機得以快速裝卸往返。只有當貨品送到該貿易區所在國家的消費者手中時，才會課徵關稅。自由貿易區在大港口、國際機場以及國界附近設置。單是在美國就有超過兩百個這樣的地區。

free verse 自由詩 按照語言的抑揚頓挫和意象模式，而不是按照固定韻律寫出的詩。它的韻律建立在音素、語詞、短語、句子和段落上，而不是建立在音步、詩行和詩節等傳統格律單位上。因此，自由詩消除了很多不自然的成分和詩體的表現的某些審美差距，代之以一種靈活的韻律。20世紀初，在英國詩法中自由詩已經流行。

free will problem 自由意志問題 自然界的因果決定論，跟人類在某些情況下不顧自然、社會或神力的強制而作出選擇或自由行動的力量，這兩者之間明顯不一致所引起的問題。它的意義在於這樣的事實，一般認為自由意志是道德責任的必要先決條件，而決定論卻被看作（至少在量子力學出現之前）是自然科學的必要先決條件。自由意志論論點的基礎是自由的主觀經驗、罪行的情緒、天啓的宗教，以及在法律、獎勵、懲罰和刺激等概念下面的個人行動的責任假設。在神學中，自由意志的存在必須與上帝的先見相一致，與神的無所不知和仁慈相一致（允許人類壞的選擇）以及與神的恩典相一致，據說這是任何值得稱讚的行為所必需的。

Freed, Arthur 佛雷（西元1894～1973年） 原名Arthur Grossman。美國電影製作人與作詞家。生於南卡羅來納查爾斯頓，他曾在輕歌舞劇演出，並在1920年代開始創作歌曲。米高梅影片公司在1929年聘用他為音樂劇寫詞，在1930年代時，他製作了許多耳熟能詳的熱門歌曲如Singin' in the Rain、Temptation及You Are My Lucky Star。在《綠野仙蹤》（1939）擔任副製作人後，獲升製作人。他是米高梅影片公司1940年代與1950年代間許多高品質音樂劇的主要幕後功臣，這些作品包括《相逢聖路易》（1944）、《復活節遊行》（1948）、《花都舞影》（1951，獲奧斯卡獎）、《萬花嬉春》（1952）、《金粉世界》（1958，獲奧斯卡獎）以及《電話皇后》（1960）。

Freedmen's Bureau 被解放黑奴事務管理局（西元1865～1872年） 美國南北戰爭結束後進入重建時期，國會為新獲自由的黑人提供實際援助、使之成為自由民而設立的機構，由霍華德主持。它設立醫院，向一百多萬黑人提供醫藥；並向2,100萬黑人和白人配給。創辦黑人學校1,000多所，訓練師資。但在人權方面，管理局幾乎無所作為。國會受到來自南方白人的壓力，於是撤銷管理局。

freedom of speech 言論自由 人民有發布資訊、表達思想和意見並免於政府基於內容而加以限制的權利，由美國憲法第一及第十四項修正案所確立。如果會引起「明確且立即的危險」、對安全或其他公眾利益造成嚴重且迫切的威脅，則此權利可受限制（所以禁止故意觸動火災警鈴或煽動他人行使暴力）。今日，對言論和出版（出版自由）的限制，以及一般而言對行為的限制（包括藝術表現），比美國歷史上的任何一個時刻都要來的少。許多同言論自由與出版自由相關的案件還牽涉到了破壞名譽、淫穢以及事前限制（參閱Pentagon Papers）。亦請參閱censorship。

freehold 完全的保有權 在英國法律中，指無限期地擁有不動產（參閱real and personal property）實質性權益的所有權。這個術語本來是指按英國「大憲章」享有自由民權利並對土地擁有完全保有權的地產所有人。完全保有的地產有別於非完全保有的地產，後者指規定期限擁有不動產。亦請參閱copyhold、fee、landlord and tenant。

Freemasonry 共濟會 世界上最大的以互助為宗旨的祕密團體共濟會所奉行的信條和實踐活動。共濟會制起源於中世紀的石匠的行會制度。在17和18世紀，吸收了古代宗教團體及騎士兄弟會的儀式及舉行儀式的場面。1717年，共濟會的第一個聯合組織「共濟總會」在英格蘭成立。由於英帝國的向外擴張，共濟會很快的傳播到其他國家。共濟會在美國革命及後來的美國政治上扮演重要的角色。19世紀人們對共濟會影響的畏懼，導致反共濟運動。會員必須是相信上帝的存在並堅信靈魂不滅說的成年男子。使用拉丁語族語言的各國中，共濟會制吸引著自由思想家及反對教權的人士，而在操盎格魯－撒克遜語的諸國，會員多是白人新教徒。與共濟會有關的社會組織如聖地兄弟會。

Freesia＊ 小蒼蘭屬 亦稱香雪蘭屬。鳶尾科的一屬，約20種，原產南非。有球莖，葉禾草狀，穗狀花序堅韌，花鐘狀，具檸檬香味，白色、黃色、橙色或藍色。通常與莖垂直，花水平展開。驟折小蒼蘭花綠黃色、黃色或白色，紅小蒼蘭（即阿姆斯特朗氏小蒼蘭）花淡玫瑰紫色，這兩個種常用來雜交。本屬植物常於室內盆栽，溫帶地區也種於庭園。

Freetown 自由城 獅子山首都（1990年人口約669,000）和最大城市。瀕臨獅子山河口。是西非洲最優良的港口。1787年由英國廢奴主義者沙波為從英格蘭獲得自由的非洲奴隸所建立。後來從新斯科舍來的奴隸和牙買加的逃亡奴隸安置在此地。這些奴隸的後代稱作克里奧爾人，其人數已被從內地移居來的門德人和滕內人超過。1821年為英國西非領地的行政中心，1893年設市。1961年為國家首都。為全國商業、教育和交通運輸中心。

freezing 冷凍 用低溫抑制微生物生長的食品保藏方法。在寒冷地帶久已實行，在19世紀中葉冷凍機未發明前，廣泛應用這種方法。20世紀伯宰發展速凍法。除牛肉與野味需有一個成熟過程外，肉類屠宰後應立即冷凍。水果放在糖漿或裹在乾糖內冷凍，隔絕空氣以防氧化和乾燥。

freezing point 凝固點 液體變為固體的溫度。當液體周圍的壓力增加時，冰點會升高。添加某些固體能夠降低液體的冰點，這個原理應用於以鹽來融化冰凍表面的冰。對純物質來說，冰點等於熔點。在混合物和特定有機化合物中，早期的固態形成物會改變其餘液體的組成，通常使其冰點穩定地降低，這個原理被用於混合物的分離。在標準大氣壓力下，純水的冰點是0℃。在相同溫度下，欲把冰點以下的液體變為固體，必須除去熔化（參閱latent heat）的熱能。

Frege, (Friedrich Ludwig) Gottlob＊ 弗雷格（西元1848～1925年） 德國數學家、現代數理邏輯奠基人，發現了使整個現代邏輯得以發展的基本觀念。1871～1917年執教於耶拿大學，1879年，他發表《概念演算》，首次提供了現代意義下的數理邏輯的一個體系：由於創新了量詞和變項的概念（參閱predicate calculus），他的工作代表了現代邏輯的開端。從而弗雷格創建了一個完整的學科。他對語言哲學也作了重要貢獻，包括了產生重大影響的區別感覺和指涉的理論。

Frei (Montalva), Eduardo＊ 弗雷（・蒙塔爾瓦）（西元1911～1982年） 智利政治人物、總統（1964～1970）。1933年獲法律學位。在1964年的總統競選中，他提出溫和的政綱，主張將美國擁有的銅業股份「智利化」、穩定經濟和公平分配財富。結果，獲得決定性的勝利。他的政府由於工潮和通貨膨脹而困難重重。他的兒子弗雷・魯伊斯－塔勒，自1994年擔任總統。亦請參閱Allende, Salvador。

Freiburg (im Breisgau)＊ 布賴斯高地區弗賴堡 德國西南部城市。在黑森林西麓。1120年設建制，1218年傳至烏拉赫伯爵（後稱弗賴堡伯爵）。1368～1808年由哈布斯堡王朝統治，後傳至巴登。第二次世界大戰中舊城幾乎夷平。重建之後，現為黑森林地區經濟文化中心。設有阿爾貝特－路德維希大學（1457）。人口約199,273（1996）。

Freikorps＊ 自由軍團 德國民間準軍事團體。1918年隨著德國在第一次世界大戰中戰敗而出現。成員有退伍士兵和失業青年，由退役軍官領導。它們事實上包括各種名稱的六十五個以上的軍團。多數是民族主義和激進的保守主義團體，自發而有效地撲滅在德國全國各地的左翼叛亂與起義，起初這些活動受到政府的批准和支持，但最後逐漸被視為騷亂與威脅，他們的活動後由正規軍、警察或由納粹新組織和其他政黨接替。

Freire, Paulo＊ 弗賴爾（西元1921～1997年） 巴西教育家。他的理念從教導巴西農民識字的過程發展起來。他的互動方法鼓勵學生向老師質問，常讓人在三十小時以內的時間能夠讀寫。1963年他被任命為巴西國家識字計畫的主任，但在1964年一次軍事政變後被捕入獄。他流亡國外，1979年回國協助創立工黨。他的重要著作是《教導被壓迫者》（1970）。

Frelinghuysen, Frederick Theodore＊ 弗里林海森（西元1817～1885年） 美國政治人物、律師。出身於政界名流家庭。他是新澤西州共和黨創始人之一，1861～1866年任州司法部長。通過選舉任參議員（1866～1869，1871～1877）。作為國務卿（1881～1885），曾與夏威夷進行談判，使珍珠港成為美國海軍基地。他還開創了與韓國訂立條約的關係（1882）。

Fremont 弗里蒙特 美國加州城市，在舊金山灣東南岸。1797年創建，1956年由森特維爾、歐文頓、奈爾斯、米申聖何塞和沃姆斯普林斯五社區合併成市。通高速公路後，住宅建造和工業有所發展。人口約187,800（1996）。

Frémont, John C(harles)＊ 弗里蒙特（西元1813～1890年） 美國探險家。1838年協助尼科萊（1786～1843）測繪密西西比河上游和密蘇里河。1841年班頓的強烈擴張欲望激發了弗里蒙特勘探荒原的熱情。班頓後來成為他的顧問和保護人，又成為他的岳父。由於班頓在政府中的權威，弗里蒙特得以完成他對密西西比河流域與太平洋之間的大片領土的地圖繪製工作。1845年勘探加利福尼亞後（他可能攜帶祕密作戰指示，以防發生戰爭），他支持熊旗暴動。當美國對墨西哥宣戰時，斯多克東司令委任他為少校營長，一起征服加利福尼亞。不服卡尼將軍的命令，被捕接受軍法審判。後來辭去軍職，在淘金熱潮中成為大富翁。當選為參議員（1850～1851），1856年他被新的共和黨提名為總統候選人，但敗於民主黨候選人布坎南。1870年代從事鐵路建設工作，而失去財富。1878～1883年任亞利桑那州州長。

French, Daniel Chester 佛蘭西（西元1850～1931年） 美國雕刻家。其第一件重要創作是為紀念麻薩諸塞州康科特戰役所做的《民兵》（1875）雕像。他是19世紀末20世紀初美國主要的雕刻家。在波士頓、康科特、華盛頓和紐約設有工作室。其林肯大理石巨型像於1922年完成，立林肯紀念堂，為其最著名作品。其他作品有費城的格蘭特將軍騎馬雕像（1898）、巴黎的華盛頓將軍騎馬雕像（1900）和紐約市海關的「四大洲」（1907）。

French, John (Denton Pinkstone) 佛蘭西（西元1852～1925年） 受封為Earl of Ypres。英國陸軍元帥。1874年從軍。因在南非戰爭中率騎兵攻擊布爾人成名。1907年擔任陸軍總監，1913年成為大英帝國參謀總長。自第一次世界大戰始，作為英國遠征軍的指揮官，他被批評在指揮伊普爾和其他戰役中憂柔寡斷，造成大量英軍傷亡。1915年被迫辭職。1918～1921年任愛爾蘭總督。

French 75 法蘭西75炮 口徑75公釐的野戰槍炮，1894年由法國陸軍設計出來。後座系統有別於當代其他火炮：炮管與後膛經由滑輪彈回，而炮架維持原位，並不跳起或向後滾動。1897年引進，由法國陸軍和盟軍使用，直到第二次世界大戰期間法國陷落為止。

French and Indian War 法國印第安人戰爭 從北美洲階段算起，法、英兩國之間的戰爭（1754～1763）。它決定對殖民地區的統治權。更複雜的是歐洲階段的七年戰爭（1756～1763）。這場漫長的爭奪海外統治權的較量的前期可分為三個階段：威廉王之戰（1689～1697）、安妮女王之戰（1702～1713）、喬治王之戰（1744～1748）。這場戰爭的爭論是：究竟俄亥俄河上游河谷是屬於大英帝國，還是屬於法帝國。這個問題後面隱藏著一個巨大得多的問題：即北美心臟地區將以哪國文化為主。在這個雙方覬覦的地區，英國血統的居民在人數上占優勢，但法國的勘探、貿易及其與印第安人的聯盟領先。1754年，法國人逐走了英國軍隊，華盛頓上校突然發動了一次戰鬥。不久，被包圍在賓夕法尼亞州尼塞雪蒂堡，被迫投降。到1757年法國仍占優勢。1758年英國增加軍隊裝備，在路易斯堡、弗隆特納克堡及迪凱納堡（今匹茲堡）獲得重大勝利。英國在魁北克戰役（1759）取得戰爭的最後勝利。一年以後，蒙特婁和整個新法蘭西失陷。根據「巴黎條約」（1763），法國把北美領地割讓與英國。

French Broad River 佛蘭西布羅德河 源出美國北卡羅來納州西部的藍嶺山區，流向東北轉西北流，在田納西州諾克斯維爾附近與霍爾斯頓河匯合形成田納西河，全長340公里。田納西河流域管理局在河上建有道格拉斯壩水庫。

French Communist Party 法國共產黨 國際共產主義運動的法國支部，由法國社會黨左翼於1920年建立。1936年參加布魯姆左翼人民陣線的聯合政府。自1945至1968年在大選中平均獲近25%以上的選票，在國民議會中擁有很多議席。戴高樂在成為總統後，法國共產黨喪失了很大一部分地盤。1965年，法國共產黨支持其他左翼黨派，成立「民主和社會主義左翼聯盟」。1980年代初期，與社會黨再度結盟。該黨從那以後，失去許多傳統工人階級的支持。

French Community　法蘭西共同體　1958年根據法蘭西第五共和憲法產生的國家聯盟組織，以取代法蘭西聯邦，協調內部各國的對外政策、防務問題、貨幣及經濟政策，以及高等教育等方面的事務。到1970年代末，聯盟已不再存在。

French East India Co. ➠ East India Co., French

French Equatorial Africa　法屬赤道非洲　舊稱法屬剛果（French Congo）。1910～1959年中非四個法屬領地。1960年，其中的烏班吉－沙里（查德在1920年歸屬烏班吉－沙里）成爲中非共和國和查德共和國；中剛果成立剛果共和國；加彭成爲加彭共和國。

French Guiana＊　法屬圭亞那　法語作Guyane Française。法國的海外省，在南美洲的東北海岸。面積86,504平方公里。與巴西、蘇利南和大西洋接壤。首府爲卡宴。人口約165,700（2000）。法屬圭亞那大部分地勢較低。南邊爲高山和沼澤海岸平原，馬羅尼河形成了法屬圭亞那同蘇利南的邊界，法屬圭亞那人口中主要是克里奧爾人。主要語言有法語（官方語言）和克里奧爾語。90%的人口信奉天主教。原由西班牙人、法國人和荷蘭人定居在此地。1667年該地歸屬法國，1877年該地居民成爲法國公民，1852年，法國開始把該地用做罪犯的服刑地，惡名昭著的惡魔島即其例證。1946年成爲法國的一個省。1947年服刑地才被廢除。

French horn　法國號　從1650年左右在法國出現的大型獵號演變而來。現代法國號有兩個主要類型，法國式和德國式。主體管有二公尺長，加上一個分開的盤成環的變音管。變音管插在主體管細的一端，以降低法國號基音的音高。它通過加長管的長度和降低所發音列的音高，而使現代法國號成爲基本調性爲F調的樂器。號嘴略呈杯形。奏者用右手插入喇叭口，左手操作三個回旋式閥鍵。按閥鍵時，空氣便轉向增加的那段管內，把音高降低某些音程；現在普遍採用的德國式法國號的內徑較大，並不用可以拆下的變音管和用回旋式閥鍵。可是F調或高4度的B♭調樂器，更常用的是一種雙調法國號，大約1900年由克呂斯普首先採用。它可以用拇指閥鍵在兩個調性－－F和B♭或B♭和A－－之間立即作出選擇。現代交響樂團一般用四支法國號，雖然不易演奏且發出顯著錯誤，但音調仍廣受歡迎。

French language　法語　屬羅曼諸語言，通行於法國、比利時、瑞士、加拿大（主要在魁北克）及其他從前或現在法屬國家和地區。是二十五個以上國家的官方語言。使用人口約7,200萬。法語書面文獻溯源至西元9世紀。法蘭西島方言即巴黎方言是標準法語的基礎，從16世紀中葉以來就是官方的標準語，在很大程度上取代了曾通用於法國北部和中部的所謂奧依語的其他地區方言。標準法語也大大縮小了法國南部奧克西坦語的使用範圍。但法語若干方言大多只能保存於文化落後的農村地區。語法方面，法語和母語拉丁語相較，變化很多。名詞已無變格。陽性和陰性還有區別，但通常不由名詞表示。動詞變化有三個「人稱」和單、複數形式，可是某些形式仍只是在拼寫上有區別，發音卻完全相同。

French Polynesia　法屬玻里尼西亞　法語作Polynésie Française。舊稱French Oceania。法國海外領地。位於太平洋中南部，由130個島嶼組成，分爲五組：社會群島、土阿莫土群島、甘比爾群島、馬克薩斯群島和南方群島（即土布艾群島）。社會群島的大溪地島最大。面積4,000平方公里。首府是位於大溪地島的帕皮提。人口約234,000（2000）。2/3以上人口居住在大溪地島。1840年代，成爲法國保護地，1880年代成爲法國殖民地。第二次世界大戰後成爲法國的海外領地。1977年允許部分自治。

French republican calendar　法國共和曆　法國大革命時期採用的一種記日系統，始用於1793年。它試圖用一種更科學、更合理的曆法系統來取代格列高利曆，並割斷同基督教的聯繫。曆元定在格列高利曆的1792年9月22日。在法國共和曆的十二個月中，每月都包含3旬（以代替星期），每旬10日，年末是集中在一起的五個增日（閏年是六個增日）。自10月起，十二個月的名稱依次是：葡萄月、霧月、霜月、雪月、雨月、風月、芽月、花月、牧月、收穫月、熱月、果月（所有的名稱取自自然現象）。1806年1月1日，拿破崙政權又恢復格列高利曆。

French Revolution　法國大革命　1787～1799年間震撼法國的革命運動。既表示法國舊秩序已告結束，革命的起因包括不能充分供養的人口太多；將富有的和日益擴大的資產階級排除在政治權力之外；農民不願支持封建制度；法國參加美國革命戰爭，使國家財政徹底破產。1787年增加特權者賦稅，引起了「貴族集團」的叛亂。國王路易十六世召開三級會議，由教士、貴族和第三等級組成。代表們在一個基本問題上發生分歧，第三等級在網球場集合，宣誓如不制訂新憲法，他們絕不離散。國王終於作出讓步，成立國民議會。但國王和貴族陰謀推翻第三等級的消息引起1789年7月的大恐慌。1789年7月14日，巴黎的群眾進攻巴士底獄。國民議會擬訂新的憲法，發表《人權和公民權利宣言》，宣布公民有自由、平等以及反抗壓迫的權利。1791年的憲法意圖建立君主制政權。國民議會將教會地產收歸國有以清償公共債務，並改組教會，實行《教士公民組織法》。路易十六世企圖逃出法國，但在瓦雷訥被截，押回巴黎。新國家主義的法國，在法國革命開始之前，於1792年4月向奧地利和普魯士宣戰。1792年8月，法國革命者把王族關入丹普爾監獄。殺死囚禁在那裡的貴族和教士。1792年9月，新的議會，即國民公會－－分裂成吉倫特派和極端分子的山岳派。宣布廢除君主制，建立第一共和。路易十六世受到國民公會審訊，以叛國罪判處死刑，並於1793年1月21日處決。山岳派奪得權力，他們實行極端的經濟和社會政策，引起了強烈的反抗。但是恐怖統治把反抗分子鎮壓下去。1794年革命政府軍隊大敗奧地利軍隊的勝利使恐怖統治、經濟和社會的限制失去意義，於是力主採取限制措施的羅伯斯比爾於共和2年熱月9日在國民公會中被推翻，次日被送上斷頭台（參閱Thermidorian Reaction）。保王黨想在巴黎奪取，但是共和4年葡萄月13日（1795年10月5日），被拿破崙．波拿巴粉碎。國民公會通過的憲法規定：行政權由五人督政府行使，立法權由兩院行使。戰爭使法國督政府和立法兩院之間的對立日益激烈。後來通過政變（主要是果月十八日政變和霧月十八～十九日政變），才解決了雙方的爭執。波拿巴推翻了督政府，並成爲第一執政官。亦請參閱Committee of Public Safety、Constitution of 1795、Constitution of the Year VIII、Corday, Charlotte、Cordeliers, Club of the、Danton, Georges、Feuillants, Club of the、Jacobin Club、Marat, Jean-Paul、Marie-Antoinette、Saint-Just, Louis de、Sieyes, Emmanuel-Joseph。

French Revolutionary Wars　法國革命戰爭（西元1792～1802年）　1792～1815年發生在法國同歐洲其他強國聯盟之間的戰爭。早期戰役對法國大革命的前途具有決定性的意義，國民議會成立後，1791年奧地利與普魯士呼籲歐洲其他各國和它共同行動，以使路易十六世的君主政體重新建立。法國革命政府認爲這是對它的內政的干涉。1792年，法國對普宣戰，很快的占領了比利時。1793年，法國面臨著由奧、普、西、荷、英所組成的第一次反法聯盟的威脅。此時，法國革命政府組織人民進行全面戰爭。1795年，法軍抵達它的天然國界。這時法國試圖同敵對國家改善關係，與普魯士簽訂了和約，荷蘭成爲巴達維亞共和國。1796年，在義大利戰役中，拿破崙任指揮官。與奧地利簽訂了「坎波福爾米奧條約」（1797），迫使奧地利割讓奧屬尼德蘭和承認法國在義大利北部建立的阿爾卑斯山南共和國和利古里亞共和國。接著拿破崙率軍航行至埃及，征服鄂圖曼帝國，但在尼羅河戰役（1798）中被英國擊敗。同時，其他法國軍隊占領新的領土，並在羅馬、瑞士（赫爾維蒂共和國）和義大利（帕特諾珀共和國）建立共和政權。第二次反法聯盟由英、奧、俄、葡、鄂圖曼帝國和那不勒斯組成。1799年拿破崙被任命爲第一執政。結束了外國侵入的危險。但法國與歐洲盟國之間的戰爭在拿破崙戰爭中仍繼續進行。

French Shore 法蘭西海岸 紐芬蘭沿海的一部分，1713年法國放棄對被英國占領的紐芬蘭島的領土要求後，允許法國漁民在那裡捕魚和曬魚乾。根據1783年的「巴黎條約」，法蘭西海岸係從紐芬蘭北部的聖約翰角起，到島西南部的雷角止。1880年代紐芬蘭開始發展龍蝦漁場，法國提出抗議。1904年法國出售它對法蘭西海岸的所有權。

French Socialist Party 法國社會黨 原爲「工人國際法國支部」（French Section of the Workers' International, 1905～1969）。成立於1905年、支持長遠的經濟國際化的政黨。社會主義在法國起源於19世紀聖西門、傅立葉、布朗基、勃朗等理論學家以及法國馬克思主義者們的理論。該政黨雖然經歷了左翼分子分裂組成法國共產黨（1920），但仍在饒勒斯的領導下迅速發展壯大起來，在1930年代成爲布魯姆的人民陣線政府的核心。第二次世界大戰期間參與抵抗運動，與戴高樂合作，戰後成爲法國的第二大黨。但它的勢力迅速減弱，1969年只獲得了5%的選票。1969年更名爲社會黨，在密特朗的領導下重整旗鼓，但到1990年代又失去主導地位。

French Somaliland ➠ Djibouti

French Union 法蘭西聯邦 根據法蘭西第四共和1946年憲法成立的政治實體。法蘭西聯邦以吸收法國殖民地（海外省和海外領地）的半聯邦實體代替法蘭西殖民帝國，並給予前保護國有限的地方自治權和在巴黎決策時一定的發言權。1958年憲法頒布後，聯邦爲法蘭西共同體所接替。

French West Africa 法屬西非 前法屬西非領地。包括今獨立的貝寧、布吉納法索、幾內亞、象牙海岸、馬利、茅利塔尼亞、尼日以及塞內加爾。首都爲達卡。1895年建立。1958～1959年解散。1960年各殖民地紛紛成爲獨立的共和國。

Freneau, Philip (Morin)* 佛里諾（西元1752～1832年） 美國詩人、散文家和編輯，以「美國革命詩人」聞名。美國革命爆發後開始寫作，以尖刻的筆調抨擊英國人和親英派。在加勒比諸島居住過兩年，寫出《聖克魯斯的瑰麗》和《夜屋》兩首詩。回國後積極參加戰爭。1780年爲英國人所俘，獲釋時寫了一首悲憤的詩《英國囚船》（1781）。

Freon 氟利昂 含氟和有些情況下含氯（氯氟烴）的有機化合物的商品名。不可燃、無毒性、無腐蝕性以及低沸點，使氟利昂用作冷凍劑。1970年代中期，氟利昂廣泛用作冷凍和空氣調節系統、溶劑、滅火劑以及氣溶膠噴霧器。證據顯示分解的氟利昂，在平流層積累起來，會破壞臭氧。因此用氟利昂的大多產品被禁用。大多數的工業國家簽署國際協定，停止使用氯氟烴。

frequency 頻率 物理學中單位時間內通過固定點的波數，也指週期運動中的物體在單位時間內完成的週期數或振動次數。如果一個循環或一次振動所需的週期（或時間間隔）爲1/2秒，它的頻率就是每秒2次；如果週期爲1/100小時，頻率就是每小時100次。一般說來，頻率是週期或時間間隔的倒數，即頻率=1／週期=1／時間間隔。月球繞地球旋轉的頻率稍大於每年12週；小提琴A弦的頻率爲每秒振動440次。頻率常常記作f和希臘字母ν或ω。頻率通常以赫爲單位。1赫等於每秒1週，寫爲Hz；千赫（kHz）爲1,000赫，兆赫（MHz）爲10^6赫。

frequency distribution 頻率分布 統計學上，用有組織的圖形或資料組，表示可重複事件觀測多次每種可能結果出現的頻率。簡單的範例是用百分比排列的選舉報表與考試分數。頻率分布可以用長條圖或圓形圖來作圖。要處理大批的資料，階狀的長條圖經常用來近似頻率函數（在正規化之後稱爲密度函數，曲線下方的面積等於1）的曲線。著名的鐘形曲線或常態分布是這類函數的一種圖形。頻率分布在歸納大批資料與指定機率上特別管用。

frequency modulation ➠ FM

fresco painting 濕壁畫 在壁上作畫的方法，把水基顏料敷在新近塗抹的石灰泥上。當乾粉顏料與水混合時，它會滲入表面而成爲牆壁的永久部分。這種技術也稱爲好濕壁畫或眞濕壁畫，有別於淸壁畫或乾壁畫（在乾的灰泥上作畫）。早期的米諾斯、希臘、羅馬壁畫屬於濕壁畫。義大利文藝復興是最偉大的濕壁畫時期，契馬布埃、喬托、馬薩其奧、安吉利科、柯勒喬等人的作品可以證明。米開朗基羅在西斯汀禮拜堂的濕壁畫和拉斐爾在梵諦岡大教堂的濕壁畫是古往今來最著名的。到了18世紀，濕壁畫已經大致被油畫取代。20世紀早期，里韋拉等人復興了濕壁畫，常作爲政治藝術的媒介。濕壁畫也見於中國和印度。

Frescobaldi, Girolamo* 富雷斯可巴第（西元1583～1643年） 義大利管風琴家和作曲家。1608年在羅馬聖彼得教堂任管風琴師，其後除有六年時間在佛羅倫薩任宮廷管風琴師外，一直留在聖彼得教堂直至去世。富雷斯可巴第以其演奏和多采多姿及巧奪天工的作曲樹立了聲譽。他爲管風琴和撥弦鍵琴作了一些托卡塔、車卡爾和坎佐納。很多是宗教聲樂作品和世俗歌曲。他最著名的作品是《流浪漢音樂》（1635）含有爲做禮拜用的管風琴樂曲。

Fresnel lens* 菲涅耳透鏡 透鏡的一種。它是由多個同心圓環形透鏡結合而成。每個環都是一個單透鏡，把這些環狀透鏡按合適的關係組合在一個平面上。蒲豐最早提出了把一個透鏡表面分成若干同心環以大大減輕其重量的設想，1820年菲涅耳（1788～1827）採納了蒲豐的這一想法，把它用到燈塔透鏡的製作上。菲涅耳透鏡有透鏡厚度和重量都嫌過大的光學性質。單片模鑄的玻璃菲涅耳透鏡適用於聚光燈、探照燈、鐵道和交通信號燈、建築物的裝飾燈具等；用塑膠模鑄的薄菲涅耳透鏡品種繁多，其環的厚度僅千分之幾公分到千分之十幾公分，用在照相機和小投影機。

Fresno* 夫勒斯諾 美國加州中部城市。在聖華金河谷。1872年建爲中央太平洋鐵路線上的一個車站。1880年代發展成爲農業社區。現加工並銷售棉花、穀物、水果、酒、甜菜和乳品。建加州州立大學（1911）。爲謝拉國家森林總部所在地和南華達山脈的遊覽勝地出入口。人口約396,011（1996）。

Freud, Anna＊　弗洛伊德（西元1895～1982年）　奧地利裔英籍心理學家。兒童精神分析創始人。她是西格蒙·弗洛伊德之女，發展精神分析的理論和實踐的先驅。1936年發表《自我與防衛機制》，大大促進了自我心理學的發展。她指出：人類的最重要的防衛機制是壓抑。1938年與其晚年多病的父親一同脫離納粹統治下的奧地利，到倫敦定居。她與同事合著三本書，是關於戰爭對兒童的影響。1968年出版《兒童期的正常和異常精神表現》，全面總結了她的思想。

弗洛伊德，約攝於1970年
Archiv für Kunst und Geschichte, Berlin

Freud, Lucian　弗洛伊德（西元1922年～）　出生德國的英國畫家。心理學家弗洛伊德的孫子。他在十歲時與家人搬到倫敦。他以陰鬱眞實的人物畫著稱，能表現出主角鮮活的肉體特色及內在張力。這種極爲個人化又簡單強烈的風格完全顯現出他通常是裸體畫的人物特性。他的作品影響全球畫家畫風，因爲重新呈現了具象派風格。1993年他獲頒英國功績勳章。

Freud, Sigmund　弗洛伊德（西元1856～1939年）　奧地利神經心理學家，精神分析的創立者，也是20世紀重要的知識分子。弗洛伊德在維也納受神經專科訓練，1885年前往巴黎隨夏爾科學習，後者在hysteria方面的工作讓弗洛伊德歸結出：精神疾病的病因可能純粹是心理因素，而非器官因素。回到維也納後（1886），弗洛伊德與布羅伊爾醫師合作，進一步研究hysteria，導致某些關鍵性精神分析概念與技術的發展，包括自由聯想、無意識、抗拒（後來的防衛機制）、恐懼等。1899年他出版《夢的解析》，在書中分析夢的形成背後複雜的象徵性程序：他提出，夢是無意識期望的僞裝表現。在爭議性的《性論三篇》（1905）中，他描述了心理性別的複雜階段（口腔期、肛門期、性器期），還有戀母情結的形成。第一次世界大戰期間，他寫報告來釐清他對心靈意識部分與無意識部分二者關係的理解，還有原我、自我、超我的作用。弗洛伊德最後把精神分析的洞察力應用於玩笑、口誤、種族資料、宗教與神話、現代文明等各種不同的現象。值得注意的作品包括《圖騰與禁忌》（1913）、《超越快樂原則》（1920）、《錯覺的未來》（1927）、《文明及其不滿》（1930）。1938年當納粹黨併吞奧地利時，弗洛伊德逃到英國，不久在當地死去。儘管人們對他的理念不斷施以（通常是）強勢的挑戰，弗洛伊德生時和身後都是當代思想中最有影響力的人物。

Freyberg, Bernard Cyril＊　弗賴伯格（西元1889～1963年）　受封爲Baron Freyberg (of Wellington and of Munstead)。紐西蘭軍事統帥。1891年隨父母移居紐西蘭，參加第一次世界大戰的多次激烈戰鬥，二十七歲成爲英軍中最年輕的准將。第二次世界大戰期間任紐西蘭武裝部隊總司令。戰後任紐西蘭總督（1946～1952）。1951年被授予男爵爵位。

Freyja＊　弗蕾亞　斯堪的那維亞神話中最重要的女神。豐產之神瓦尼爾神族之一神。其父是海神尼約爾德。她是弗雷的姊妹，掌管愛情、繁衍、戰爭和死亡。她可以從陣亡英雄中選出一半來供她在弗爾克萬加爾的大廳中役使（另一半則被奧丁神帶到瓦爾哈拉）。弗蕾亞既貪婪又好淫，把巫術傳授給埃西爾。

Freyr＊　弗雷　亦作Frey。據古斯堪的那維亞神話，是掌管和平、繁衍、雨和陽光的神。豐產之神瓦尼爾神族之一神。其父爲海神尼約爾德。他的姊妹是弗蕾亞。他在瑞典特別受到崇拜，在那裡他被認爲是王室後裔的祖先。他的妻子是巨人吉米爾的女兒蓋爾德。他的崇拜會帶來好天氣和巨大財富。

Frick, Henry Clay　弗里克（西元1849～1919年）　美國工業家。1870年開始建造與經營煉焦爐，1871年組建弗里克公司。1889年被任命爲世界上最大的鋼鐵焦炭製造商卡內基兄弟公司董事長。他對1892年賓夕法尼亞州霍姆斯特德工廠工會的要求採取強硬態度，因而造成暴力罷工，一名憤怒的無政府主義者槍殺他，幸免於死。1901年成立美國鋼鐵公司時他起過重要作用。以美術品收藏家和慈善家而聞名。臨死前把一座大廈捐給紐約市，建立弗里克美術收藏館。亦請參閱Carnegie, Andrew。

friction　摩擦力　阻礙某固體在另一固體上滑動或滾動之力。摩擦力有時是有益的，如走路時防止滑倒之摩擦力；但也阻礙運動，如汽車引擎之動力便約有20%用來克服運動機件的摩擦力。金屬間之摩擦力主要來自接觸面間之附著力，亦即所謂之黏合力。摩擦力與接觸面積大小無關。動摩擦力存在於相對運動之表面間，靜摩擦則存在於靜止的表面間，滾動摩擦則發生於輪子、球體或圓柱體在表面上滾動之時。

Friedan, Betty＊　弗瑞登（西元1921年～）　原名Betty Naomi Goldstein。美國女權論者。獲史密斯學院心理學學士學位和加州大學柏克萊分校碩士學位。曾在紐約市工作一段時間。結婚後，生了三個孩子。她在擔任家庭主婦的過程中感到不快，遂撰寫《女性的神祕》（1963）一書，進而投入女權運動。1966年與同道共同創立「美國婦女組織」（NOW）。後來的著作有《我的人生轉變》（1976）和《第二階段》（1981）。

Friedland, Battle of＊　弗里德蘭戰役（西元1807年6月14日）　拿破崙戰爭中，拿破崙擊敗俄國並導致他與俄國簽訂《季爾錫特條約》的一次戰役。俄軍在東普魯士的弗里德蘭（今俄羅斯普拉夫金斯克）攻擊孤立的法國兵團。法軍以寡擊眾，當拿破崙聚集軍力的這段時間，與俄軍奮戰九個小時，隨後拿破崙發動主攻，投入65,000人。他把俄軍的南半部趕回弗里德蘭村，在那裡俄軍不是被殺、被俘，就是被趕入河中。

Friedman, Milton＊　弗里德曼（西元1912年～）　美國保守主義經濟學家。弗里德曼在拉特格斯大學和芝加哥大學學習後，於1946年獲得哥倫比亞大學博士學位，同年在芝加哥大學任教。他是美國經濟學界貨幣學派的主要倡導人之一。1980年代雷根總統和英國的柴契爾接受他的理論。他著作有與夫人羅絲合著的《消費函數的理論》（1957）、《資本主義與自由》（1962）、《1867～1960年美國貨幣史》（1963）和《美國和英國的貨幣趨勢》（1981，與安娜·施瓦茨合著）等。1976年獲諾貝爾經濟學獎。

Friedmann universe＊　弗里德曼宇宙　俄羅斯氣象學家與數學家弗里德曼（1888～1925）於1922年發展出來的模型宇宙。他認爲愛因斯坦的廣義相對論需要動態的宇宙理論，與當時科學家所提出的靜態宇宙相反。他假設一個大爆炸，隨後膨脹，之後收縮，最終大崩潰。此模型假定封閉宇宙，但是類似的解包括了開放宇宙（無限膨脹）與平坦宇宙（膨脹無限進行但是逐漸趨近膨脹速率為零）。亦請參閱Hubble, Edwin P(owell)。

Friedrich, Caspar David＊　弗里德里希（西元1774～1840年）　德國畫家。曾在哥本哈根學院學習，1798年後定居在德勒斯登。其以烏賊墨畫簡潔清淡的素描，曾受到詩人歌德的好評。第一幅重要油畫《山上的十字架》（1807～1808），帶有強烈的孤獨感，1824年後，任德勒斯登學院教授。其廣漠而孤寂的風景畫和海景畫，表現出人在自然界威力前的孤立無援。在把悲觀主義和崇高的觀念作為浪漫主義運動的中心課題方面，起過重要作用。他的作品很長一段時間被人遺忘，到20世紀初左右，象徵主義的興起才重新被人們重視。

Friel, Brian＊　弗里爾（西元1929年～）　愛爾蘭劇作家和短篇小說家。生於北愛爾蘭，曾在倫敦德里的學校任教，後遷往愛爾蘭多納加郡定居。在《紐約客》雜誌開始刊登他寫的故事後，他轉向專業寫作。第一部相當成功的劇作是《費城，我來啦！》（1963）。他後來在像是《城市的自由》（1973）和《創造歷史》（1988）等劇中，涉及到愛爾蘭生活的困境和北愛爾蘭的動亂局面。弗里爾有許多劇本處理的是家庭關係和他們跟語言、習俗和土地的關係，其中著名的有《調任》（1980）與《盧納薩之舞》（1990，獲東尼獎；1998年拍成電影）。短篇小說集有《預言者》（1983）等書。

Friendly, Fred W.　弗蘭德利（西元1915～1998年）　原名Ferdinand Friendly Wachenheimer。美國傳播界製作人與記者。生於紐約市，1938年在廣播電台工作，開始了他的職業生涯，後來加入哥倫比亞廣播公司。1950年代時，他與默羅合作，製作了電台新聞《現在請聽》系列與電視節目《現在請看》系列。此外也製作了《CBS新聞》（1961～1971）及許多特別節目。他曾任哥倫比亞廣播公司新聞部總裁（1964～1966），後在哥倫比亞大學新聞學院教書。這位對許多電視節目品質直言批評的人物，後來擔任福特基金會的大眾傳播顧問（1966～1980），並對成立美國公共電視網（PBS）功不可沒。

friendly society　互助會　個人自發組成的互助組織，保護成員免受疾病、死亡或老年造成負債之害。互助會興起於17和18世紀的歐洲和英國，19世紀期間數目最多。可以追溯到希臘和羅馬工匠的葬儀社和中古歐洲的基爾特。為了界定它們護衛過程中所面臨的風險大小，並決定成員必須付出多少來面對風險，互助會使用了現代保險的基本原則。

Friends, Society of　公誼會　亦稱貴格會（Quakers）。17世紀中期興起於英國的新教派別。該運動由稱為「尋覓者」的英國激進派清教徒發起，他們摒棄了安立甘教會和其他當時存在的新教派別。他們的信仰來自福克斯等巡迴牧師，他強調，「內在之光」或對上帝的內在理解是宗教權威之源。貴格會的集會特點是成員在沈默中耐心等待言語的啓發。1650年（一位判官為之取名，因為「我們以上帝之名命令他們顫動」）以後該運動進展快速，但其成員常因摒棄國家教會或者拒絕繳納什一稅或宣誓效忠而遭到迫害或監禁。有些人移民到美國，他們在那裡受到麻薩諸塞灣殖民地迫害，但在賓夕法尼亞的貴格會殖民地和羅德島受到包容，1681年在彭威廉贊助下由查理二世授予特許權狀。後來成為貴格主義特點的其他標誌是：簡樸的語言和穿著、和平主義、反對奴隸制度。該團體也強調博愛，尤其是幫助難民和饑荒受害者；1947年，美國公誼服務委員會和（英國）公誼服務理事會共獲諾貝爾和平獎。

Fries's Rebellion＊　弗賴斯暴動（西元1799年）　美國賓夕法尼亞東部農場主為反抗直接財產稅而舉行的暴動。1798年，聯邦黨人控制的國會通過向所有不動產徵收直接稅的法令，引起全國人民的普遍不滿。約翰・弗賴斯（1750?～1818）領導大批農場主和民兵舉行武裝暴動，亞當斯總統派兵鎮壓。弗賴斯被捕，被判處絞刑，他在1800年4月的大赦中獲釋。

frieze＊　檐壁　建築上，指狹長的水平鑲板或裝飾帶，用來裝飾房間四周的牆壁或建築物的外壁。希臘羅馬建築中，這是一種額枋和檐口之間的水平帶飾，通常飾以浮雕。最有名的裝飾檐壁在雅典巴特農神廟的外牆上，長160公尺，浮雕所表現的是雅典娜節的遊行隊伍。

frigate＊　巡防艦　17～19世紀和第二次世界大戰乃至戰後的兩種不同類型的軍艦。巡防艦是一種三桅全風帆船，載有30～40門火炮。比編隊艦隻小，但能快速航行，可用於執行偵察任務，或護航，保護商船隊；巡防艦本身也能在海上游弋襲擊敵商船。隨著艦船動力裝置由風帆轉變為蒸汽機，巡防艦一詞逐漸被巡洋艦所取代。第二次世界大戰期間，英國將保護商船不受潛艇襲擊的小型護航艦重新定名為巡防艦。裝有聲納和深水炸彈。戰後，巡防艦除反潛裝置外，還裝備了雷達和艦空導彈，用於遂行防空任務。目前巡防艦排水量大於3,000噸，航速在三十節以上，可乘載約兩百人。

1812年戰爭期間，英國皇家海軍巡防艦「香農號」同美國海軍巡防艦「乞沙比克號」在波士頓城海面進行戰鬥；平版畫，雪特基（J. C. Schetky）製
The National Maritime Museum, London

frigate bird　軍艦鳥　亦作man-o'-war bird。鵜形目軍艦鳥科五種大型海鳥。遍布於全球的熱帶和亞熱帶海濱和島嶼。體大如雞。翅極長而細，翅展可達2.3公尺。尾長，深分叉。成鳥雄體一般為黑色，雌鳥腹側白色。軍艦鳥有皮膚裸露的喉嚨。足小，喙長，鉤狀，用以攻擊其他海鳥及掠奪它們的魚。雄鳥的喉囊於求偶期變成鮮紅色，可膨起，大如人頭，除雨燕外，軍艦鳥可能是所有鳥類中最善於飛翔的種類，只有睡眠和抱卵時方停止

大軍艦鳥（Fregata minor）
Jen and Des Bartlett－Bruce Coleman Inc.

飛行。

Frigg＊ 弗麗嘉 亦作Friia。據古斯堪的那維亞神話，弗麗嘉是奧丁的妻子、巴爾德爾的母親。她是婚姻和生育的推動者。某些神話把她描述成哭泣著的慈母，另一些神話又強調她的放蕩。弗麗嘉也為日耳曼民族所共知。她的名字見於英語「星期五」一詞中，沿用至今。

Friml, (Charles) Rudolf＊ 富林（西元1879～1972年） 捷克裔美籍作曲家。拜德弗札克為師。1906年移民美國。1912年應邀代赫伯特譜寫輕歌劇《螢火蟲》（與奧托·哈巴哈合作），深受歡迎。以後的三十餘部輕歌劇獲得重大成功。《露絲·瑪麗》（1924）中的插曲《印第安的愛情呼喚》；《流浪者之王》（1925）中的插曲《只有一朵玫瑰》、《總有一天》；《三劍客》（1928）均極流行。

fringe benefit 小額優惠 雇主付給雇工非工資性的報酬或津貼，如退休金、利潤分享、人壽保險、健康保險和失業保險等。小額優惠屬於雇工補助金項內，免徵公司所得稅。倘若直接以工資形式支付，工人須繳納個人所得稅，從而減少其預期收入。

Frisch, Karl von＊ 弗里施（西元1886～1982年） 奧地利動物學家。行為生理學先驅。1910年獲慕尼黑大學博士學位，後來在該校任教。弗里施以研究蜜蜂聞名。他發現蜜蜂把食物源的距離及方向傳訊給同群蜂係通過兩種有節奏的運動和舞蹈：繞圈及擺動。繞圈舞表明食物在離蜂房75公尺（約250呎）內；而搖擺舞則表明在較大的距離以外。1949年弗里施證實了蜜蜂利用太陽作為羅盤係通過對極化光的感覺。他還發現在不見太陽時蜜蜂也能用這種方法。他也發現魚能辨別顏色及亮度。1973年與勞倫茲及廷伯根共同獲得諾貝爾生理學或醫學獎。

Frisch, Max (Rudolf) 佛利希（西元1911～1991年） 瑞士劇作家和小說家。原先是記者，後擔任建築師。1955年放棄建築而專心從事寫作。以表現主義手法描寫20世紀生活的道德困境而聞名於世。第一部劇本《聖克魯茲》（1946）確立了貫穿他以後作品的一個中心主題：現代社會中複雜和猜疑的個人困境。其他的劇本包括《中國長城》（1946）、《比德曼和縱火犯》（1958）和《安道爾》（1962）。佛利希的小說《斯蒂勒》（1954）、《認為技術決定一切的人》（1957）、《我就用甘滕拜因這個名字吧》（1964）和《霍倫森的人》（1979）。

Frisch, Ragnar (Anton Kittil)＊ 弗里希（西元1895～1973年） 挪威經濟學家。獲奧斯陸大學博士學位。1931～1965年任該校教授。弗里希是計量經濟學先驅，是計量經濟學學會的創始人，他因開發出與經濟計畫和國民所得會計有關的大型計量經濟學模型而享有盛名。1969年與廷伯根共同獲得諾貝爾經濟學獎。

Frisian Islands＊ 弗里西亞群島 北歐海岸外的地勢低平的群島，距大陸5～32公里。沿荷蘭與德國海岸和丹麥的日德蘭半島南部海岸。地理上構成一個單元，但人們習慣分為東弗里西亞群島（屬德國）、西弗里西亞群島（屬荷蘭）和北弗里西亞群島（分屬德國與丹麥）。多數島嶼有漁業、飼養業和農業。沙灘和休養勝地吸引許多遊客。

Frisian language＊ 弗里西亞語 與英語關係最近的西日耳曼語，曾通行於今荷蘭王國北荷蘭省至德國北部什列斯威，現在僅殘留三個小方言區。這些方言是：西弗里西亞語，通行於荷蘭菲仕蘭省；東弗里西亞語，通行於德國奧登堡西部的薩特蘭地區；北弗里西亞語，通行於德國什列斯威西部沿岸。古弗里西亞語文字記載可溯自13世紀末。自16世紀末至19世紀末，弗里西亞語很少用作書面語。現今在西弗里西亞語已再度流行起來，荷蘭政府承認它為官方語言。

fritillary＊ 貝母 百合科貝母屬植物，約80種。多原產北溫帶，多為多年生草本。有鱗莖，葉互生或輪生。花鐘狀，通常單生，下垂。多數種的花具方格斑紋。蒴果，含多粒種子。珠雞斑貝母（即蛇頭花）鱗莖有毒，壯麗貝母有惡臭味，兩者均用作庭園花卉。

珠雞斑貝母
Ingmar Holmasen

fritillary＊ 豹紋蝶 鱗翅目蛺蝶科的某些蝶類。大豹紋蝶，或稱銀點豹紋蝶，屬於Speyeria屬，翅背面帶有銀色斑點。小豹紋蝶，屬於Boloria屬。許多豹紋蝶幼蟲夜間活動，以繭、菜葉為食。

Friuli-Venezia Giulia＊ 弗留利－威尼斯朱利亞 義大利東北部自治區。與奧地利、斯洛維尼亞和亞得里亞海為鄰。第里雅斯特為區首府。古羅馬時代為朱利亞區。蠻族入侵後沿岸地區屬拜占庭，內地部分歸弗留利公爵和戈里齊亞伯爵。15世紀分屬威尼斯和奧地利。1815年後歸哈布斯堡王室。第二次世界大戰後，劃歸南斯拉夫和第里雅斯特自由區。1954年歸還義大利。全國最貧窮、地震活動最頻繁的區之一。火腿和乳品為該區著名特產。第里雅斯特為主要城市之一，工業發展很快。人口約1,189,000（1996）。

Frizzell, Lefty＊ 富列哲爾（西元1928年～1975年） 原名William Orville。美國歌手與歌曲創作家。生於德州科瑟康納，從小就是羅傑斯的歌迷。這位半職業拳擊手（其綽號左撇子〔Lefty〕由此而來）在美國西南方的廉價夜總會及電台駐唱，第一首熱門單曲為If You've Got the Money, I've Got the Time（1950）。接下來兩年內他陸續有幾支金曲作品，例如Always Late (with Your Kisses)，他最後一支而且最為暢銷的作品是Saginaw, Michigan（1963）。他在四十七歲時死於中風。

Froben, Johann＊ 弗羅本（西元約1460～1527年） 亦作Johannes Frobenius。德裔瑞士籍學者，巴塞爾的印刷家。第一部出版物是拉丁文《聖經》（1491）。到1515年擁有四家印刷廠，以後又擴展到七家。他對巴塞爾印刷業的貢獻有：推廣羅馬體活字，引進斜體及希臘字母鉛字，試印小型廉價書，以及聘請霍爾拜因等有才能的美術家擔任插圖工作。他的出版物約有250種列入書目。

Frobisher, Martin 佛洛比西爾（西元1535?～1594年） 受封為馬丁爵士（Sir Martin）。英國航海家和加拿大東北部海岸早期探險家。他找到西北航線通往太平洋，1576年越過了大西洋，到達了拉布拉多和巴芬島，並發現了佛洛比西爾灣。他帶著找到了可能是金礦的報告回到英格蘭，因而獲得皇家資助，於1577和1578年又進行兩次赴同一地區的探險。1585年，他任法蘭西斯·德雷克爵士西印度群島探險隊副隊長，指揮航行。1588年他在抗擊西班牙無敵艦隊的戰鬥中起了顯赫的作用。

Frobisher Bay＊ 佛洛比西爾灣 北大西洋的一個海灣。從加拿大巴芬島東南端向西北伸展，長約240公里，寬約32～64公里，最深處120公尺。1576年佛洛比西爾發現。

海灣頂端的伊卡魯伊特鎮是紐納武特的首府。

Frobisher Bay　佛洛比西爾貝 ➠ Iqaluit

Froebel, Friedrich (Wilhelm August)＊　福祿貝爾（西元1782～1852年）　德國教育家，幼稚園的創始人。受理論家裴斯泰洛齊的影響。1837年開設了一所幼稚園。起初福祿貝爾稱其爲「兒童訓練和活動學校」，後改稱「幼稚園」。他認爲「自我活動」和遊戲是兒童教育的基本因素。教師的作用不是訓練或教訓兒童，而是通過遊戲鼓勵他們自我表現。現代幼稚園和學前教育的方法大多得益於他。

frog　蛙　任何無尾目兩生動物。在嚴格的意義上僅指蛙科動物，但蛙一詞常泛指皮膚光滑、善跳的無尾目動物，別於體肥、皮膚多疣、齊足跳的種類（稱爲蟾蜍）。一般說，蛙類具突出的雙腿；無尾；後足強壯有蹼，適應於游泳和跳躍；皮膚光滑，潮濕。許多種類主要爲水生，但有些種類陸棲。體長不足2.5公分（從吻端至肛門端）。雖然蛙類的皮膚有毒腺，但通常這些毒素不能保護蛙類免遭哺乳動物和蛇類的捕食。可食的蛙類藉僞裝保護，大多數蛙類食昆蟲，另一些食小型節肢動物或蠕蟲，但一些蛙類亦食其他蛙類、齧齒動物和爬蟲類。蛙類通常每年在淡水中繁殖，不同種類所產卵數不同，成團或成片地浮現在水面。有些種類的卵則沈於水底。數天到一週以上蝌蚪孵出，二個月至三年內變態而成爲蛙。在1989年研究人員懷疑氣候因素或眞菌疾病的關係，全球蛙群明顯減少，使研究人員憂慮與日俱增。

哥斯大黎加飛樹蛙（Agalychnis spurrelli）
Heather Angel

froghopper ➠ spittlebug

Froissart, Jean＊　傅華薩（西元1333?～1400/1401年）　法國詩人和宮廷史官。他作爲學者，四處遊歷，生活在若干歐洲宮廷的達官顯貴之中。他的《聞見錄》是1325～1400年間百年戰爭的第一手敘述，還包括在法蘭德斯、西班牙、葡萄牙、法國和英格蘭發生的事件。《聞見錄》是封建時代最重要和最詳盡的文獻材料。他的寓言詩頌讚典雅的愛情。

傅華薩（坐者）正在寫他的《聞見錄》，細密畫；選自15世紀的手稿
By courtesy of the Bibliothèque de l'Arsenal, Paris; photograph, Studio STA Photo

Fromm, Eirch　弗洛姆（西元1900～1980年）　德裔美籍心理學家、社會哲學家。初爲弗洛伊德的追隨者，1920年代加入法蘭克福學派。1934年他離開納粹德國去美國，在美國他與正統的弗洛伊德精神分析學派產生了爭論。他探索了心理學和社會之間的交互作用，以爲將精神分析的原則應用於社會痼疾的治療。1934～1941年在哥倫比亞大學執教，1941年後相繼在墨西哥國立自治大學、密西根州立大學、紐約大學任教授。弗洛姆的著作頗豐，讀者有專業學者，也有普通民眾。主要著作有：《逃離自由》（1941）、《健全的社會》（1955）和《精神分析的危機》（1970），《愛的藝術》（1956）是一本暢銷書。

Fronde, the＊　投石黨運動（西元1648～1653年）　路易十四世未成年期間，在法國發生的一系列內戰。投石黨（得名於巴黎兒童不顧當局的禁令在街上玩耍用的「投石器」）運動是企圖抑制王國政府權勢增長的行動的一個部分；其失敗爲路易十四世親政後的專制獨裁鋪平了道路。巴黎大理院（1648～1649）企圖從憲法上限制攝政太后奧地利的安娜及其首相馬薩林的權力。暴動迫使政府對大理院給予讓步。內戰的第二階段爲「親王的投石黨運動」（1650～1653），貴族的叛亂分子的共同點是反對馬薩林。軍事領袖大孔代（孔代親王）被捕，他的朋友掀起一系列騷亂（史稱第一次親王戰爭），孔代的支持者和巴黎黨人（有時稱爲老投石黨）聯合一致，使孔代獲釋，馬薩林被罷黜。安娜加入老投石黨人一邊，下令對孔代起訴，這一行動使孔代決定發動戰爭——第二次親王戰爭（1651～1653）。孔代被王軍擊敗，離開巴黎。1652年，國王勝利返回巴黎，1653年，馬薩林也隨後進入。在法國大革命以前，投石黨運動是對君主制權威的最後一次嚴重挑戰。

front　鋒　在氣象學中，兩個密度和溫度不同的氣團之間的界面或過渡帶。在鋒區經常伴有低氣壓區（氣壓槽），並有顯著的風向變化和相對濕度變化，以及相當大的雲量和降水。

Frontenac, comte (Count) (de Palluau et) de＊　弗隆特納克伯爵（西元1622～1698年）　原名Louis de Buade。新法蘭西總督（1672～1682, 1689～1698），儘管管理不善，但鼓勵探險，使法國將其帝國擴展到加拿大。他建立毛皮貿易點導致與蒙特婁毛皮貿易商發生衝突。隨後他開發西部貿易點。他又與新法蘭西的官員和牧師發生爭論。1675年以前，易洛魁聯盟與法國保持友好關係，1675年聯盟抗擊法國，使殖民地處於毫無防禦的地位。1682年被路易十四世召回法國。1689年英國對法國宣戰時復職。他在魁北克擊敗英軍，功勳卓著。

Frontinus, Sextus Julius＊　弗朗蒂努斯（西元約35～103?年）　羅馬軍人、不列顛總督，爲《論羅馬城的供水問題》的作者。西元70年任羅馬城執政官，後任不列顛總督。他征服了威爾斯東南的一個宗族志留人（75），並使其他宗族就範。97年他任羅馬城渡槽監督。所著《論羅馬城的供水問題》一書，提供了有關羅馬溝渠的詳盡技術細節，以及溝渠的歷史和規定其使用的各種法規。

frost　霜　這個詞有兩種含義：一、水氣直接凍結在地表或暴露在空中的物體表面上；二、出現0℃以下低溫時，對植物和莊稼所產生的影響。霜的結晶體通常稱作白霜；白霜在形成時由水汽不經過中間液相而直接凍結爲冰晶。當溫度高於凍結點時便融化爲露。有時雖然葉面或果實表面上沒有白霜，但作物也受到破壞。

Frost, David (Paradine)　佛洛斯特（西元1939年～）受封爲大衛爵士（Sir David）。英國電視節目製作人。1961年開始在電視台工作，並在英國及美國主持許多電視節目，包括*That Was the Week That Was*（1962～1963）以及*The Frost Reports*（1966～1967）。他在*The David Frost Show*（1969～1972）節目中，訪問過許多國家領袖，因此贏得兩次艾美獎。他是倫敦週末電視台的創辦人之一，也在1983年協助創辦了英國的TV-AM。

Frost, Robert (Lee)　佛洛斯特（西元1874～1963年）美國詩人。生於舊金山，不久舉家遷往新英格蘭。在達特茅斯學院和哈佛大學輟學及經營農場和教學的困難時期後，他帶領全家遷居英國。在倫敦出版了他的第一本詩集《少年的意志》（1913）和《波士頓以北》（1914）。第一次世界大戰開始後，佛洛斯特返回新英格蘭經營農場，並任教於達特茅斯學院等校。他採用通俗上口的語言、人們熟知的韻律、日常生活中常見的比喻和象徵手法，描寫新英格蘭地區寧靜鄉村的道德風尚。他的其他作品有：詩集《山間》（1916）、《新罕布夏》（1923，獲普立茲獎）、《西去的溪流》（1928）、《詩集》（1930，獲普立茲獎）、《又一片牧場》（1936，獲普立茲獎）、《爲樹木作證》（1942，獲普立茲獎）、《林間空地》（1962）；詩劇《理智的假面具》（1945）和《慈悲的假面具》（1947）。他是20世紀美國詩人中唯一同時廣受大衆和評論家們讚賞的詩人。

佛洛斯特，攝於1954年
Ruohomaa – Black Star

frostbite　凍傷　在冰點下的天氣裡活組織遭到冰凍的情形。強勁的風、潮濕的皮膚、緊身的衣服和飲酒會增加凍傷的危險性。因冷凍和解凍引起的細胞損傷、組織脫水、缺氧會導致血紅細胞瓦解、毛細管內結塊、壞疽。腳趾、手指、耳朵、鼻子通常最早受到影響，會變冷、變硬、變白或缺血。不覺疼痛是危險的。在溫水（46℃以下）中快速解凍之前，基本溫度應該提升至正常情況。建議進行類毒素強化注射。短暫冷凍、快速加溫解凍而擴及終端的大型水泡早期形成時前景最佳。解凍後再度冷凍的組織確定必須切除。凍傷最好的預防方法是穿著乾燥、多層、寬鬆的衣服而保持警覺。

froth flotation　泡沫浮選 ➠ flotation

frottage＊　摩拓法　視覺藝術技法，原義爲「摩擦」，指獲得某種材料（如木頭）表面質感的一種技法。其做法是將紙鋪在材料上，用軟鉛筆或色筆在紙上摩擦。該詞也指以此法獲得的效果。恩斯特是20世紀摩拓法技術的先驅者。

Froude, James Anthony＊　佛路德（西元1818～1894年）　英國歷史學家和傳記作家。受牛津運動的影響。牛津運動旨在尋求英國聖公會內恢復天主教思想和慣例。他以宗教改革爲表現的自由勢力與以天主教爲代表的黑暗勢力進行著鬥爭。因此他所有的著作均具有偏向一方的特點。所著《從沃爾西陷落到擊敗西班牙無敵艦隊的英國史》（十二卷，1856～1870）根本改變了研究都鐸王朝的整個方向。他著作極多，常受到評論的攻擊，但受到大衆的歡迎。他爲他的朋友卡萊爾寫傳記（1882～1884）。

Froude, William　佛路德（西元1810～1879年）　英國工程師和船舶設計師。詹姆斯·安東尼·佛路德的哥哥。1837年成爲布律內爾的助理。他向英國海軍部提出用模型來確定足尺船舶所遵循的物理定律。這種方法對船舶設計產生了影響。早期的空氣動力學家以後也採用類似的技術。他的最後成就是發明測量大船的發動機功率用的測力計。

Fructidor, Coup of 18＊　果月十八日政變（西元1799年9月4日）　法國督政府時期，爲把極端保守分子清除的行動。督政府擔心在國內失去人心，請一名將領率兵守衛土伊勒里宮的立法機構。共和5年果月18日，奧熱羅（1757～1816）率領軍隊把130名王黨分子和反革命分子從議會中清除出去；許多議員、新聞記者以及督政，均被放逐到法屬圭亞那。共和憲法也隨之被推翻。此次政變進一步鞏固了軍隊的勢力，爲拿破崙的軍事獨裁鋪平了道路。

fructose＊　果糖　亦作levulose或fruit sugar。有機化合物。糖（參閱monosaccharide）的一種。化學式爲$C_6H_{12}O_6$。與葡萄糖共存於果汁、蜂蜜、糖漿（尤其是玉米糖漿）及某些蔬菜。果糖和葡萄糖均爲蔗糖的組分。蔗糖水解含「轉化糖」，是50：50葡萄糖和果糖混合物。果糖用於食物和藥品。

fruit　果實　顯花植物中的子房發育而成的器官，肉質或乾燥，內含種子。果實是一個嚴格的植物學定義，因此，杏、香蕉、葡萄，以及豆莢、穀粒、番茄、黃瓜、帶殼的橡樹子、扁桃等都是果實。但按通俗的說法，英語中fruit一詞僅指從子房發育成的味甜肉質的器官（水果）。果實主要的植物學目的是保護並散步種子。果實可分爲兩大類，肉果包括：漿果，如番茄、柑、櫻桃等，全部果皮及附屬部分均爲肉質；聚合果，如黑莓、草莓等，由一朵花內的許多雌蕊發育而成，每枝雌蕊發育爲一個小果；聚花果，如菠蘿、桑，由整個花序中各花的子房發育而成。乾果包括莢果、穎果、蒴果、堅果等。果實是纖維素和維生素（尤其是維生素C）最重要的來源。果實可以鮮吃；可製果汁、果醬及果凍；或以脫水、罐裝、速凍及醃漬貯藏。

fruit bat　果蝠　狐蝠科舊大陸熱帶蝙蝠的通稱。廣泛分布於非洲到亞洲南部和澳大拉西亞一帶。大多數種都依靠視覺，而不是依靠回聲定位避開障礙。有些種獨居，有些種集群。大多數種在樹林中露天棲息，但有些棲息於山洞、岩石或建築物中。毛色各不相同，有些爲紅色或黃色，有些具條紋或斑點。吃果實或花（包括花粉和花蜜）。本科中最小的是小長舌果蝠屬的種類，體長約6～7公分，翼展約25公分。最大的也是蝙蝠中最大的種類是飛狐（狐蝠屬）的種類，體長可達約40公分，翼展1.5公尺。

fruit fly　果蠅　雙翅目果蠅科或果蠅科昆蟲。其幼蟲以水果或其他植物體爲食。果蠅翅上有褐色斑點或條紋。許多種的幼蟲危害果樹，造成嚴重經濟損失。有些種是潛葉蟲；另一些果蠅在莖上挖洞。常見果蠅害蟲包括：地中海果蠅、美國的蘋果果蠅、墨西哥和東方果蠅以及地中海地區的橄欖果蠅。

果蠅科的果蠅
E. S. Ross

Frunze ➠ Bishkek

Frunze, Mikhail (Vasilyevich)＊　伏龍芝（西元1885～1925年）　蘇聯軍官、軍事理論家。1905年參加莫斯科起義。他是俄國內戰時期的傑出指揮官之一。1925年取代托洛斯基任國防人民委員。他由於反對托洛斯基而贏得史達林的信任。他的統一的軍事理論，主張以進攻的精神、意識形態和履行共產黨提出的世界革命任務的決心來哺育和訓練軍隊。他實行和平時期義務兵役制及編隊、操練和服裝的標準化。伏龍芝是紅軍創始人之一。

Fry, Christopher 弗賴（西元1907年～） 原名Christopher Harris。英國詩劇作家。曾任演員、導演和劇作家。1948年發表《不該燒死她》，一舉成名。這是一部諷刺喜劇。以諷刺和對宗教的專心致志聞名。其他劇作有《鳳凰常來》（1946）、《馬車少年》（1950）以及探索宗教主題的《囚徒一眠》（1951）和《天幕未垂》（1954）、《向陽院》（1970）等。他還寫了一些電視劇本，並與人合寫電影腳本，如《本·赫》（1959）和《巴拉巴斯》（1962）。

Fry, Roger (Eliot) 弗賴（西元1866～1934年） 英國藝術家和藝術評論家。他為了在義大利攻讀藝術而放棄科學事業。擔任大都會藝術博物館的館長時（1906～1910），他發掘了後印象派的作品，並在1910年舉辦極為重要的兩個展覽之一，把後印象派引進英國。他與貝爾一起宣揚藝術品內容之「意味形式」的重要性。他聯合了布倫斯伯里團體，並在1913年與幾位團體成員共同創立藝術與工藝的半射手座工作坊。他以才華洋溢的演說而聞名，也是眾多書籍的作者。

Frye, (Herman) Northrop 弗萊（西元1912～1991年） 加拿大文學批評家。曾就讀於多倫多大學及牛津默頓學院。1939年執教於維多利亞學院。《文學批評剖析》（1957）是他最具影響的著作，分析不同模式的文學批評，並強調各種象徵性原型重複出現於文學作品中的重要意義。弗萊的其他文學批評論著包括《極端的對稱：威廉·布雷克研究》（1947）、《好脾氣的批評家》（1963）、《世俗聖經》（1976）、《偉大的記載：聖經與文學》（1982）及《論莎士比亞》（1986）。

FTP 檔案傳輸協定 全名file transfer protocol。允許一部電腦接收另一電腦的檔案或把檔案送至另一電腦的網際網路的協定。檔案傳輸協定和許多網際網路資源一樣，藉著主從架構的方法工作；使用者執行客戶端軟體，以連接網際網路上的伺服器。在檔案傳輸協定伺服器上，稱為精靈的程式允許使用者下載檔案。在全球資訊網被引進之前，檔案傳輸協定是在網際網路上交換資訊方面最受歡迎的方法之一，至今許多網站仍然用它來傳播較大的檔案。

Fuchs, (Emil) Klaus (Julius)＊ 富克斯（西元1911～1988年） 德國物理學家、間諜。1930年加入德國共產黨。1933年納粹上台後被迫逃離德國，後抵英國，在愛丁堡大學獲博士學位。1942年成為英國公民。1943年從事原子彈研製工作，掌握了原子彈理論及全面的設計知識，並將這些知識提供給蘇聯，他的間諜活動至少為蘇聯研究原子彈節省了一年的時間。1950年被捕，被判十四年徒刑。1959年提前獲釋，去東德，取得公民身分並被任命為羅森多夫中央核研究所副所長。

Fuchsia＊ 倒掛金鐘屬 柳葉菜科的一屬，約一百種灌木或喬木，原產中美和南美涼爽地區、紐西蘭和大溪地島。為花壇植物，有的盆栽或種於吊籃中作為室內或溫室觀賞植物。倒掛金鐘屬的花管狀和鐘狀，豔麗，紅色、紫色或白色。

fuel cell 燃料電池 把燃燒的化學能直接轉為電學的裝置（參閱electrochemistry）。本質上，燃料電池比其他大部分能量轉換裝置有效率。電解的化學反應導致一端電極放出電子，電子經由外接通路流向另一電極。在電池中，電極是活性成分的來源，這些成分在反應過程中發生改變而耗盡；而在燃料電池中，氣體或液態燃料（常是氫、甲醇、肼）由外在來源持續供給一個電極，並把氧或空氣供給另一個電極。這樣，只要供給氧化物，燃料電池就不會耗盡，也不需要充電。燃料電池可以用來取代幾乎所有的電力來源。它們特別被發展來用於電動車，希望在污染方面能夠大幅減量。

fuel injection 燃油噴射 用泵而不靠活塞運動產生的吸力將燃油噴入內燃機汽缸（參閱piston and cylinder）。柴油引擎沒有火星塞，它靠壓縮汽缸內空氣產生的熱來點燃用泵噴入的霧束狀燃油。在火花點火式發動機中，有時用燃油噴射泵代替普通的化油器。燃油噴射與用化油器相比，能使燃油在各缸內分配更為均勻，因此能產生更大的功率，並減少不合需要的排放物。在沒有活塞產生泵氣作用的連續燃燒式發動機（像燃氣輪機和液體燃料火箭）中，燃油噴射系統是必不可少的。

Fuentes, Carlos＊ 富恩特斯（西元1928年～） 墨西哥作家和外交官。外交官之子，隨父母遊歷過南北美洲和歐洲。後攻讀法律，進入外交界。第一部長篇小說《最明淨的地區》（1958），嚴厲地指控墨西哥社會，使他聞名全國。《阿爾特米奧·克魯斯之死》（1962）表現了墨西哥革命的倖存者彌留時的痛苦，使他成為國際聞名的大作家。後期作品有《我們的土地》（1975）、《七頭蛇的頭》（1978）、《淵深源遠的家族》（1980）、《老外國人》（1985）。《埋葬鏡子》（1992）是論西班牙文化的著作。

Fugard, Athol (Harold Lannigan)＊ 富加德（西元1932年～） 南非劇作家、演員、導演。《血緣》（1963）之前，曾寫過兩部劇本。這是一部深入剖析種族隔離的作品，為他贏得了國際聲譽。同樣的主題也出現在《你好，再見》（1965）和《鮑斯曼和列娜》（1969；1973年拍成電影，富加德扮演鮑斯曼）。他開始轉向意象派創作方法，如記實劇《希茲尉·班西死了》（1972）和《島》（1972）等。此外，他的《哈羅德老師……及孩子們》（1982）、《通往麥加之路》（1984）和《我的孩子們，我的非洲》（1989）在倫敦、紐約上演時也頗得好評。他的電影作品有《瑪麗戈爾茨在八月》（1980）、《甘地》（1982）和《戰火屠城》（1984）。

Fugger family＊ 富格爾家族 德意志商業和銀行業王朝，曾主導15、16世紀歐洲工商業，家族的創立者漢斯·富格爾（1348～1409），為奧格斯堡的織工。在他的孫子烏爾利希（1441～1510）、喬治（1453～1506）及雅科布（1459～1525）的經營下公司擴大國際貿易，包括香料生意和奴隸貿易，並經由開採銅礦和銀礦建立了財富。富格爾家族給予不同國王和皇帝貸款，並參與教宗免罪罰的販售使家族在歐洲政治具有很大的影響。因而，招致路德的批評。16世紀後家族衰落。20世紀僅存三個家族頭銜。

Fugitive Slave Acts 逃亡奴隸法 在美國歷史上，美國國會於1793和1850年兩次通過的關於捉拿從一個州逃亡到另一個州或準州的奴隸並將其押還原地的法令。1793年的法律授權法官決定一個被指控的逃亡奴隸的地位。這一措施在北方各州遭到強烈反對，其中有些州通過那些對不利於他們的初審決定提出上訴的逃亡者有權要求陪審團審判。早在1810年，個別人士幫助黑奴逃離南方各州，經由「地下鐵道」抵達新英格蘭或加拿大。南方則要求更有效的立法，這就導致1850年通過第二次「逃亡奴隸法」，1850年妥協案之一部。對於拒絕執行此項法律或縱容逃亡者逃跑的聯邦法院執行官科以重刑；對於協助奴隸逃跑的個人也要科刑。由於北方各州的反對，「逃亡奴隸法」屢經修訂，1864年廢除。

fugue＊ 賦格 亦譯遁走曲。以系統性模仿對位中一個或多個主題爲特點的音樂創作。賦格在實際形式方面彼此差異很大。主題在所謂呈示部中受到模仿，也就是在不同音域中由不同的聲部或聲音以類似形式一直重覆。相對主題是主題的延續，在其他聲音中伴隨著主題後面的項目。插曲使用變形主題，常把主題的項目區分開來。13世紀以來，賦格逐漸從模仿性多聲部音樂中崛起。巴哈的鍵盤賦格是古往今來最著名的。巴哈和韓德爾的作品啓發了後來莫札特、貝多芬和其他人的賦格，其中許多人通常將賦格包含在其交響曲、弦樂四重奏、奏鳴曲的最後一個樂章裡。

Fuji, Mt. 富士山 日語作Fujisan。日本最高山，海拔3,776公尺，位於本州中段，接近太平洋岸，是座火山（自1707年處於休眠狀態）。山體呈優美的圓錐形，聞名於世，是日本的神聖象徵。每年夏季數以千計的日本人登至山頂神社朝拜。此山也是富士箱根伊豆國家公園（1936年成立）的主要風景區。

Fujian＊ 福建 亦拼作Fukien。中國東南的省份，西元1996年估計的人口數爲32,370,000人。福建位於東南沿岸，四周圍繞著浙江、中國海、台灣海峽、廣東和江西。省會福州。福建省的疆界是在宋朝（西元1127～1279年）時所劃定，當時福建已成爲造船重鎮以及沿岸貿易和海外商業的中心。福建曾因明朝（西元1368～1644年）實行海上貿易的禁令而沒落。福建省的沿岸城市在第二次世界大戰間爲日本所占領；1949年，共產黨政權接管福建省。福建不只是重要的農業地區，它也在1979年間建設成經濟特區以吸引外商到中國投資。

Fujimori, Alberto (Kenyo)＊ 藤森謙也（西元1938年～） 祕魯總統（1990～2000）。日本移民之子，1961年畢業於國家農業大學。1984～1989年任該校校長，1989年才進入政壇，成爲新政黨「改革90」黨主席。1990年意外當選總統並採行財政緊縮的方式來控制祕魯嚴重的通貨膨脹和負債。1992年他解散國會並採取其他手段以集中總統權力。他於同年稍晚逮捕了反抗團體光輝道路派的領袖，並於1997年成功突擊利馬的日本大使館，當時圖帕克·阿馬魯游擊隊挾持了數十名人質。他於1995年再度當選總統，且儘管被控詐欺，還是於2000年大選中獲勝，但是涉及秘密警察長的醜聞讓他逃往日本。日本政府於2001年宣稱他具有秘魯與日本的雙重國籍。

Fujiwara family＊ 藤原家族 日本歷史上的顯赫家族之一。西元9～12世紀操縱日本皇室。藤原家族的權力取得是將他們的女兒嫁給天皇，這意味著藤原氏的姑娘成爲皇后，藤原氏的外孫是未來的天皇。結果，藤原家族的族長，無論在朝在野，都可以左右朝綱。最能體現藤原家族的權力的是藤原道長（966～1028）。他將三個女兒嫁給天皇，一個女兒嫁給皇太子，這個皇太子後來也成爲天皇。道長在三十餘年的時間裡享盡了榮華富貴。他的府邸比皇宮還要富麗堂皇。日本著名古典小說《源氏物語》（1935）和《榮華物語》（1980）所描寫的正是道長的這種醉生夢死的生活。道長死後，藤原家族開始沒落。到12世紀，在日本朝廷中終於肅清了藤原家族的勢力。

Fujiwara style 藤原式 日本平安時代後期（897～1185）的雕刻風格。該時代初期的很多雕刻仍是貞觀風格的繼續，但到中期出現了截然不同的風格。這同佛教淨土宗的出現有關。淨土宗注重感情，因此雕像雖仍高大而胖碩，但已比較秀美。爲滿足服飾上的圖樣設計，切金技術也有所突破。造型柔媚，與早期威武的形狀完全不同；這是雕刻家定朝發明拼木法的結果。在這種風格中，其他的舊傳統仍繼續保存，但被藤原派提倡的新的裝飾藝術效果所掩蓋。

吉祥天女（梵文作Mahasri，意為幸運女神），藤原式多彩木雕，做於西元12世紀末平安時代後期；現藏日本奈良附近的淨瑠璃寺

Asuka-en, Japan

Fukuoka＊ 福岡 日本城市和港口。它合併了前博多市，位於博多灣南海岸。13世紀博多灣曾降「神風」，使入侵的蒙古艦隊沈沒海中。福岡自古以來爲海港，現爲地區的工商、行政和文化中心。該市有一繁昌的漁港，還有九州大學（1911年創立）。這裡製作博多「人形」（偶人），即在大多數日本家庭中均可見到的施以精美彩色的黏土小人像。人口1,284,741（1995）。

Fulani＊ 富拉尼人 亦稱頗爾人（Peul）或富爾貝人（Fulbe）。穆斯林民族，散居在東起查德湖，西到大西洋沿岸的西非很多地區。操富爾富爾德語（即富拉語），富拉尼人原是牧民，由於與外族交往有時受到很深的文化影響。1790年代，富拉尼教士奧斯曼·丹·弗迪奧領導進行聖戰，結果他得以建立一個帝國，於19世紀衰退，在奈及利亞的許多富拉尼人接受了豪薩人的語言和文化，使本民族成爲一個城市貴族階層。

在奈及利亞北部的賴買丹月，富拉尼人的酋長在穆斯林節慶結束後騎著馬去向卡齊納的統治者致敬

Ken Heyman－Rapho/Photo Researchers

Fulbright, J(ames) William 傅爾布萊特（西元1905～1995年） 美國政治人物。阿肯色大學畢業後，去英國牛津大學深造。回國後在阿肯色大學任教，1939～1941年任該校校長。1942年當選衆議員。1943年支持美國參加戰後的國際組織（即1945年成立的聯合國）。在參議院（1945～1975）通過他提出的建立國際交流計畫傅爾布萊特獎學金。任參議院外交委員會主席（1959～1974）。1966年他所主持的外交委員會舉行關於美國對越南政策的電視聽證會。1974年競選失敗，失去參議員席位。結束對越南轟炸和開啓和平談判的主要提倡者。

Fulbright scholarship 傅爾布萊特獎學金 根據國際交流獎學金計畫而設置的教育資助金，旨在通過教育和文化交流增進美國人民和各國人民之間的相互了解。此計畫由傅爾布萊特提出，而由1946年「傅爾布萊特法」及其後立法付諸實施，以後又因通過1961年「傅爾布萊特－海斯法」而得到了加強和擴大。交流學者多爲學生，但也包括教師、高級研究人員、接受培訓者及觀察員。此計畫由美國國務院執行。

Fulda River 富爾達河 德國中部河流，源出威悉峰，大致向北流，至明登與韋拉匯成威悉河。全長218公里。中世紀時該河谷為南、北日耳曼地區之間商道。現流域有許多遊覽區。

Fuller, J(ohn) F(rederick) C(harles) 富勒（西元1878～1966年） 英國軍事理論家、戰爭史學家。第一次世界大戰時任英國坦克軍團參謀長。1917年11月20日的康布雷戰役中以381輛坦克發動突擊，為戰爭史上首次大規模坦克戰。戰後，他發起一場使英國陸軍機械化和現代化的運動。他的裝甲進攻戰術與仍然墨守第一次世界大戰時的防禦理論的英國軍事戰術家們格格不入。但他的理論在第二次世界大戰中大部分證明是正確的，他的著作有《大戰中的坦克》（1920）、《機械戰》（1942）和《西方世界軍事史》（1954～1956）。

Fuller, Loie 富勒（西元1862～1928年） 原名Marie Louise Fuller。美國即興舞蹈家、現代舞先驅。生於伊利諾的福勒堡，四歲首次登台演出，在固定劇院的劇團表演輕歌舞劇。1892年起，她在巴黎利用舞台燈光照射下數碼長的流動絲綢表演其「蛇舞」，引人矚目。後來加入「火舞」（在一塊燈光流動的玻璃板上跳舞）及其他舞碼，獲得評論界與大眾的好評，特別是在歐洲。

富勒
By courtesy of the Dance Collection, the New York Public Library at Lincoln Center

Fuller, (Sarah) Margaret 富勒（西元1810～1850年） 美國評論家、教師和文學家。因與愛默生的交往，促使她參加超驗主義者（參閱Transcendentalism）的活動，並成為先驗主義作家創辦的《日晷》雜誌編輯。她的《1843年，湖上的夏天》（1844）是研究邊境生活的。1845年發表《19世紀的婦女》，不僅要求婦女在政治上平等，而且呼籲使婦女得到感情和精神文化上的滿足。1846年赴歐洲。她是美國第一個駐外女記者，為《紐約論壇報》寫旅歐通信，1847年在義大利定居，並與革命運動的侯爵結婚。被迫驅逐，與丈夫、孩子乘船前往美國。船在法爾島附近失事，全家遇難。

Fuller, Melville (Weston) 富勒（西元1833～1910年） 美國法學家。畢業於鮑登學院和哈佛大學法學院，1856年起在芝加哥執律師業。以民主黨人的身分當選為伊利諾州眾議院議員。雖然一直不受公眾重視，1888年被克利夫蘭總統任命為最高法院首席大法官，直到去世。他的同僚有小霍姆茲和哈倫。他寫了兩條很重要的意見：一條是對「美國訴奈特公司案」；另一條是對「波洛克訴農民貸款和信託公司案」。他是海牙國際仲裁法院的成員（1900～1910）。

Fuller, R(ichard) Buckminster 富勒（西元1895～1983年） 美國建築師、工程師、發明家和作家。富勒姪孫。曾兩次被哈佛大學開除，未能完成正規教育。他決心投身於一種非贏利的研究，設計能夠最大限度地對世界能源進行社會利用的模式和能夠以最大的速度發展的工業組合的模式。他的發明包括在工廠裝配而由飛機運載建造的設備齊全的住宅和具有能越野，速度大，耗油少，周圍均有保險槓的汽車。他發展了一種幾何學的向量系統，稱為「高能聚合幾何學」。該系統的基本單元為四面體，與八面體聚合後可以成為最經濟的覆蓋空間的結構。這種幾何學應用在建築學上成為多面體圓頂。

fullerene 富勒烯 一類由十二個五角平面、不同數目的碳原子所構成的緊湊而中空的芳香族碳化合物。第一種富勒烯是1985年發現的。最有名的是六十個碳原子（C_{60}，巴克明斯特富勒烯或布基球），其形狀像一個足球。以富勒名字命名，他的多面體圓頂設計與C_{60}的分子結構相似。C_{60}是一種極穩定的化合物，各個碳頂均相同，導致各鍵的張力分配均勻。這種分子可耐高溫和壓力。C_{60}的外表面可與廣泛範圍的原子和分子反應，而其穩定的球形結構不變。在高溫下，某些原子進入C_{60}表面碳鍵的破裂處後，可被捕集在基質分子中。C_{60}的獨特結構和性質可用作超導體、潤滑劑、工業催化劑和投藥系統。

Fullerton 富勒頓 美國加州南部城市。1887年規畫。1888年通聖大非鐵路後作為柑橘種植中心發展起來。第二次世界大戰後迅速發展為住宅和工業區。主要生產運輸設備。人口約120,188（1996）。

fulling 縮絨 亦稱milling或氈合（felting）。把羊毛透過加熱、潤濕、摩擦和壓縮成原來的10～15%，使其更為厚實緊密的過程。經緯織品也可透過壓縮，產生一種平滑、緊實的精巧纖維觸感。

fulmar＊ 暴風鸌 鸌形目鸌科幾種鷗形海鳥。北方暴風鸌棲於北極帶和溫帶的沿海水域。南方暴風鸌棲於南極帶和溫帶的沿海水域。大暴風鸌（又稱巨圓尾鸌）體長90公分，翼展度超過200公分，是鸌科中體型最大的種。營巢於南極圈。雜食性，雖慣食小魚、烏賊和甲殼動物之類，但亦常食船上的食物殘餘及常上岸尋食腐肉。與近緣的窄翅的剪水鸌一樣，常於大海低空逐浪飛行。

Fulton, Robert 富爾敦（西元1765～1815年） 美國發明家、工程師。父母為愛爾蘭移民。隨威斯特學習繪畫。不久轉移到工程上去。1796年設計內陸水運系統後，他提出建造潛水艇「鸚鵡螺號」在法英戰爭中使用的計畫。卻未告成功。1801年得到利文斯頓的許可建造汽船，1807年，一艘四十五公尺長的「汽船」（富爾敦定的名稱）準備下水試航。試航係由紐約駛往奧爾班尼，歷三十二小時。這次航行是一個劃時代的事件，因為帆船走同一水程需時四晝夜。成為美國第一艘達到商業成功的汽船。他後來又設計了數艘其他汽船，其中包括世界上第一艘蒸汽驅動軍艦（1812）。富爾敦是建議興建伊利運河的委員會成員之一。

fumarole＊ 噴氣孔 即蒸氣孔，指火山蒸氣洩出的任何孔道。噴氣孔與間歇泉一樣，為溫泉的一種形式。地殼上部的地下水經由岩漿及岩漿氣體加熱後，經由噴氣孔散發出來。當岩漿開始固化成結晶岩時，其氣體隨剩下來未結晶化液體內壓力的不斷增加而迅速變濃；壓力達到足夠高時，此種液體（主要由熱水和溶液內所含各種氣體及礦物質組成）便被壓入周圍固體岩石裂縫內；若裂縫向上延伸，地面又有出口，則可形成噴氣孔。

Funafuti＊ 富納富提環礁 吐瓦魯首都富加費爾所在地的珊瑚環礁。由太平洋中西部的約三十個珊瑚環礁組成，總陸地面積2.4平方公里。環抱潟湖，後者為優良錨地。1943年建美軍基地。1983年美國放棄對該島的主權。豐阿法萊為主要村鎮，設有一間旅館、一間醫院及一座簡易機場。人口約4,000（1995）。

Funchal＊ 豐沙爾 葡萄牙豐沙爾區首府和城市。豐沙爾區係由北大西洋中的馬德拉群島組成。該市位於馬德拉群島南海岸，由葡萄牙航海家薩爾科建於1421年。曾被西班牙（1580～1640）和英國（1801, 1807～1814）統治。當地風景秀麗，氣候常年溫和，旅遊業在經濟中占重要地位。人口約126,021（1991）。

function 函數 數學中的一種表述、規則或定理，界定了一個變數（自變數）與隨之改變的另一個變數（因變數）之間的關係。大部分函數是數值的，也就是說，一個數字輸入值與單一數字輸出值有關。例如，$A=\pi r^2$的公式把每個正實數r歸於半徑等長之圓的面積A。在典型情況下，f（x）和g（x）的符號用於自變數x的函數。像w＝f（x, y）這樣的多元函數，是從一個以上輸入值獲得單一數值的規則。週期函數在固定間隔內有重覆的值。如果在x代表任何數值時f（x＋k）＝f（x），f即是以長度k（常數）爲週期的週期函數。三角函數是週期性的。亦請參閱density function、exponential function、hyperbolic function、inverse function、transcendental function。

functional analysis 泛函分析 數學分析的分支，處理函數的函數。在20世紀成爲專門的學科，因爲數學家理解到不同的數學過程，從算術到微積分程序存在極爲類似的性質。泛函數就像函數一樣，是物體之間的關係，但是物體可以是數、向量或函數。這類物體的群集稱爲空間。微分就是泛函數的一個例子，因爲其定義函數與另外一個函數（導數）的關係。積分也是泛函數。泛函分析專注於函數的類別，例如那些可以微分或積分的函數。

functional group 官能團 構成分子的一部分，因爲它本身具有特徵性反應，致在許多情況下影響分子其餘部分反應性的多種原子組合的總稱。在有機化學中，官能團的概念是對大量化合物根據其反應性進行分類的基礎。一些常見的官能團有醇和酚中的羥基，酸中的羧基，醛、酮和醌中的羰基以及某些含氮有機化合物中的硝基。

Functionalism 功能主義 建築用語，建築物形式必須由用途、材料、結構方面的實際考量而非設計師心中預想的圖案來決定的信條。雖然不是純然現代的概念，卻與20世紀上半葉後期的現代派建築關係密切。人們爲沙利文、科比意和其他人所代表的「誠實」表現方式進行奮鬥，這是建築技術改變、需要新型建築、對19世紀和20世紀初至高無上之歷史性復興式不滿足的結果。

functionalism 功能主義 一種社會科學理論，強調社會模式與機構的相互倚賴和它們在維持文化及社會統一方面的交互作用。在社會學中，功能主義來自涂爾幹的著作，他把社會視爲承載了必須實行之特定需要的一種「有機體」。類似的觀點被芮德克利夫－布朗的人類學採用，他試圖把社會結構解釋爲適應、融合、統整的持久體系，這種觀點也被馬林諾夫斯基採用，他把文化視爲個人成就及集體成就的總體表現，在此，「每個習俗、物體、觀念和信仰實踐了某種重要功能。」美國社會學家帕森思從社會、心理學、文化成分方面分析了大規模社會，並把重點放在社會秩序、整合、均衡的問題。後來的作家論述：功能主義太死板，無法解釋人類社會生活的廣度、深度和不測事件，也忽略了歷史在塑造社會時的角色。

functionalism 功能主義 亦譯機能主義。19世紀後期在美國興起的一個思想廣闊的心理學派，試圖對抗以鐵欽納爲首的德國的構造主義學派。功能主義者有詹姆斯、米德和杜威。他們強調經驗主義、理性主義思維而不強調實驗哲學和嘗試－錯誤哲學。功能主義運動主要對研究結果的實際應用感興趣（參閱applied psychology），和對早期行爲主義的形式的批評。

fundamental interaction 基本相互作用 物理學中指四種基本力：引力、電磁力、強力和弱力。自然界的一切已知力都可歸結爲這幾種基本相互作用。人類認識引力和電磁力比發現強力和弱力早得多，這是因爲前者對一般物體的影響容易觀察到。一切有質量的物體之間都有引力作用，它使蘋果從樹上掉下，並決定行星繞太陽運行的軌道。電磁力對於同性電荷間恆表現爲相斥，異性電荷間恆表現爲相吸；它闡明了原子的化學性狀和光的本性。強力和弱力是物理學家於20世紀探索原子核時才發現的。強相互作用克服原子核內帶正電的質子間的強斥力而把質子和中子結合在一起。弱相互作用則在特定放射性衰變方式和最輕亞原子粒子（即電子、μ子及其協同微中子）間的反應中顯示出來。

fundamentalism, Christian 基督教基要主義 在美國由19世紀千禧年主義而興起的保守新教徒運動。它強調聖經中字面意義眞理的重要性、基督即將以肉身再度降臨、童女生子、復活以及贖罪。這股思潮就在1880年代和1890年代，新教徒受到肉體操勞、天主教徒移民以及聖經批判學的打擊下播散開來。美國普林斯頓神學院的學者所提供了理性上的論證，並印製成12本小冊子（1910～1915）。1920年代是基要主義的黑暗期，學校教授不符合聖經的演化論，而聖經批判學又對基要主義展開重擊。到了1930年代和1940年代，許多基要主義的聖經研究機構和學院紛紛成立，而浸信會和長老會內部的基要主義團體也脫離母會，成立新的教會。到了20世紀末，基要主義者透過電視媒體來宣講福音，並成爲「基督教右翼」在政治上的聲音。亦請參閱evangelical church、Pentecostalism。

fundamentalism, Islamic 伊斯蘭基要主義 在面對被視爲墮落和無神的西方現代主義時，一種尋求回歸伊斯蘭價值和伊斯蘭律法（參閱Sharia）的傳統宗教運動。即使中東的恐怖份子與西方世界大有關係，但只有少數的伊斯蘭基要主義者是恐怖份子，且並非所有阿拉伯國家的恐怖份子都是基要主義者。1979年，伊朗的革命建立了一個伊斯蘭基要主義國家，而塔利班政權也在阿富汗大部分地區，建立起他們的伊斯蘭基要主義國家。伊斯蘭基要主義運動在北非、巴基斯坦、孟加拉和東南亞的穆斯林國家受到不同程度的支持，但他們代表的卻是伊斯蘭世界脈絡下的少數觀點。

Fundy, Bay of 芬迪灣 大西洋海灣。位於加拿大新斯科舍省（東、南）和新伯倫瑞克省（西、北）之間，縱深151公里，灣口寬52公里。以其迅速漲落的潮汐聞名於世。潮水可上漲21公尺。灣內沿岸岩石巍峨，森林密布，有圍墾沼澤造出的優良農田。沿岸有無數小灣和幾個深水港灣。較大的港口城市包括新伯倫瑞克省境內的聖約翰和聖安德魯斯，新伯倫瑞克省沿岸有面積爲206平方公里的芬迪國家公園（1948年建）。

fungal disease 眞菌病 亦稱mycoses。眞菌侵入組織引起的疾病。表面的眞菌感染（如足癬）只限於皮膚表層；皮下感染會延伸到組織內，有時會波及骨骼或器官等組織，但較罕見，常呈慢性。系統感染時，眞菌通過正常的載體（或更常見的是抑制免疫的載體）傳播。有些眞菌病（如酵母菌感染）可能是表面的，也可能是系統的，都會影響特定器官。

fungicide＊ 殺眞菌劑 亦稱抗眞菌劑（antimycotic）。用於殺死眞菌或抑制眞菌生長的有毒物質，這些眞菌可損害作物或觀賞植物，給人類造成經濟損失，或危害家畜或人類的健康。多以噴霧劑或粉劑的形式應用。種子殺眞菌劑用於種子發芽前作爲保護性覆蓋層。銅化合物和硫可分別地使用在植物上，或者合在一起用。合成有機化合物現在應用更加普遍，因爲它們能保護並控制多類眞菌，並且特異性較高。許多抗眞菌物質天然地存在於植物組織中。

fungus 眞菌 眞菌界腐生或寄生性生物，約五萬種，包括酵母菌、銹菌、黑粉病、黴、蘑菇等，特徵爲無葉綠素，無根、莖、葉等有組織的植物器官。研究眞菌的學科稱爲眞菌學。眞菌有助於有機物的崩解，使碳、氧、氮及磷等從死亡的動、植物體釋出，進入土壤或大氣中。眞菌又可與活的生物構成共生或寄生的關係。眞菌可見於世界所有地區的水、土壤、空氣、植物、動物中，只要該處有足夠的水分可供其生長。眞菌爲許多家庭和工業生產過程所必需，又用於生產酶、有機酸、維生素（維他命）和抗生素。青黴菌是一種綠色的黴菌，能抑制細菌的生長（1928年佛來明首次發明），它只是許多對人類環境有利影響的眞菌種類之一。眞菌又能毀壞莊稼，引起足癬、癬等疾病，又會使衣服、食物等發黴、腐敗。典型眞菌的原植體由菌絲體構成，菌絲體是一團稱作菌絲的有分枝、管狀的絲狀體，細胞質在其中流動。菌絲體通常通過形成孢子進行繁殖，孢子或直接從菌絲生出或在特化的子實體內形成。土壤爲大量眞菌種類提供理想的生境。因爲眞菌不含葉綠素，故不能進行光合作用，必須將酶分泌到它們生長環境的表面，從而獲得所需的碳水化合物。酶將食物消化，然後養分由菌絲的細胞壁直接吸收。腐生的眞菌生活於死亡的生物體上，對有機物質的分解具一定的作用。寄生的眞菌侵入活的生物體內吸取營養，常引起疾病和死亡（參閱parasitism）。眞菌能與其他生物建立共生關係，如眞菌與藻類共生形成地衣，與植物共生形成菌根，又可與昆蟲共生。

Funk, I(saac) K(auffman) 芬克（西元1839～1912年） 美國出版家。1861年任路德會牧師。1872年辭職去歐洲和中東旅行。1877年與瓦格納（1843～1924）在紐約創立芬克公司（1891年以後改名爲芬克與瓦格納公司），出版《標準英語辭典》（1893），後各版名爲《新標準英語辭典》。

fur seal 海狗 海狗科毛皮優質珍貴的幾種有耳的海狗的統稱。因其栗色絨毛而受到珍視。群居，以魚及海洋動物爲食。一度幾乎被捕獵殆盡，今已受到法律保護。海狗（即海熊）是北方海域的移棲動物。成年雄性色深褐，有淺灰色鬃毛，體長約3.1公尺，重300公斤；雌性色暗灰，長達1.5公尺，重60公斤。南方海狗屬（南海獅屬）的八個種分布在南半球和瓜達盧佩島。南方海狗爲灰至褐或黑色，體長平均1.2～1.8公尺。

Furchgott, Robert F(rancis) 福奇哥（西元1916年～） 美國藥理學家，他與伊格那羅和穆拉德發現一氧化氮在心血管系統中充當信號傳導分子，獲西北大學的博士學位。福奇哥證實，血管內皮的細胞產生一種未知的信號傳導分子。這種分子指示血管壁的平滑肌細胞放鬆而使血管膨脹，他稱之爲內皮衍生之舒張因子（EDRF）。後來伊格那羅證實內皮衍生之舒張因子是一氧化氮，穆拉德、福奇哥、伊格那羅所做的研究是發展威而鋼藥物的關鍵。1998年三人共獲諾貝爾獎。

Furies 復仇女神 希臘羅馬神話中的復仇女神。她們生活在陰間，專到世上來追蹤惡人。希臘語作厄里倪斯。由於希臘人害怕說出厄里倪斯這個可怕的名字，所以他們用歐墨尼斯（和善者）來稱呼她們。據希臘詩人赫西奧德的說法，她們是大地女神該亞的女兒們。在艾斯克勒斯的劇作《降福女神》，她們是恐怖的歌唱隊。尤利比提斯第一個指出她們是三個人。

furniture 家具 具有各種不同用途的家庭設備，常用木料、金屬、塑膠、大理石、玻璃、織物和有關材料製作。家具範圍廣泛，從簡單松木箱或鄉村枝條背椅到最精緻的鑲嵌細工櫥櫃或鍍金壁台桌。家具通常是可移動的，但也有固定的，如廚房和書櫥。從風格上說，家具與建築和室內設計緊密相連。整個家具的實用與裝飾歷史是受經濟和流行的影響。14～18世紀家具製造業繼續繁榮，給家具貿易以另一種推動力量。1920年代和1930年代，建築師設計的椅子是採用鋼管和塑膠製作。

Furtwängler, (Gustav Heinrich Ernst Martin) Wilhelm＊ 福特萬格勒（西元1886～1954年） 德國指揮家和作曲家。曾向藍白克（1839～1901）學習作曲。1906年首次登台指揮。他修訂《讚美頌》（1910），從而確立了作曲家的地位。1917年在柏林擔任客座指揮期間，爲他贏得了「福特萬格勒奇蹟」稱號。繼史特勞斯任柏林歌劇院管弦樂團指揮。1922年接替倪基希（1855～1922）而擔任萊比錫布商大廈管弦樂團指揮。其他職位包括柏林愛樂管弦樂團指揮和維也納愛樂等樂團指揮。因納粹執政時期留在德國受到斥責。納粹政權中沒有他的朋友。留在德國期間，繼續演奏現代樂曲，並幫助猶太音樂家逃亡。福特萬格勒捲入1944年暗殺希特勒的陰謀。

furuncle ➠ boil

fuse 保險絲 在電機工程中，保護電路免受過量電流燒燬的安全裝置。通常爲一容易熔化的金屬導電片或導電絲，連接在電路中，當電流超過額定值時，即熔化而切斷電路。

Fuseli, Henry＊ 富塞利（西元1741～1825年） 原名Johann Heinrich Füssli。瑞士裔英籍畫家和藝術作家。肖像畫家之子。最初研究神學以及藝術和藝術史。後因政治上的牽連逃離蘇黎世，先到柏林，後於1764年定居倫敦。在雷諾茲鼓勵下於1770年去義大利學習繪畫。在義大利停留八年時間。回到英國，在皇家學院展出了他的作品，如《惡夢》（1781），是他最著名的作品。爲他贏得了聲譽。其題材主要來自文學作品，其形象描繪出恐怖和荒誕。1790年被選爲皇家學院院士。1799～1805年在皇家學院教授繪畫。

Fustel de Coulanges, Numa Denis＊ 甫斯特爾・德・庫朗日（西元1830～1889年） 法國歷史學家。1860～1870年在史特拉斯堡大學任歷史學教授，教學優異。後接受其他學校的職務。他主張研究歷史要保持完全客觀，不使用不可靠的第二手材料。他堅持使用當代文件，因而使他充分利用19世紀的法國國家檔案。其作品有《古代城邦》（1864）和《羅馬帝國》（1891）；是研究在羅馬帝國時代日耳曼人的入侵情況。

fusulinid＊ 蜓 一大類絕滅的有孔蟲，與現代變形蟲有關的單細胞生物，但具有易成爲化石的複雜殼。最早出現在石炭紀早期（始於3.2億年前），存在到二疊紀末期（2.45億年前）。蜓類不論在哪裡都是對比遠距離不同岩層單位和對細分地質時代單位的極有用的化石。石油地質學家還以其爲線索，探測經濟上重要的石油和天然氣礦床。

E F G

Futabatei Shimei＊ 二葉亭四迷（西元1864～1909年） 原名長谷川辰之助（Hasegawa Tatsunosuke）。日本小說家和翻譯家，最著名的是他的第一部長篇小說《浮雲》（1887～1889）和他最早翻譯的俄國作家屠格涅夫的短篇小說。在這些作品中，他使用了言文一致體，這是用近代口語來取代文言文和文言句法的第一批嘗試之一。後期作品有小說《面影》（1906）和《平凡》（1907）。他的《浮雲》將近代寫實主義引入日本小說。

futhark ➠ runic alphabet

Futuna Islands＊ 富圖納群島 亦作Hoorn Islands。南太平洋島群。此群島（包括富圖納島和阿洛菲島）是法國海外領地瓦利斯群島和富圖納群島的西南部分，位於斐濟的東北部。總陸地面積93平方公里。富圖納島上有一座辛加維山，高760公尺。1888年成爲法國保護領地。兩島水源充沛，阿洛菲島森林茂密。主要村莊分布在富圖納島南岸。阿洛菲島無人居住。人口5,000（1990）。

futures 期貨交易 要求在未來特定日期購買與販賣一種貨物的商業契約。討論中的貨物可能是穀物、牲畜、貴重金屬，也可能是短期國庫券等金融工具。直到契約要求送達貨物的時間爲止，該契約屬於投機。期貨契約源於農業商品的交易，舉例來說，美國穀物農民能夠在芝加哥穀物交易所（一家商品交易所）事先銷售他們的收成。

Futurism 未來主義 馬里內蒂在1909年的開山的概括性宣言之後，自己動筆或參加草擬一系列關於詩歌、戲劇、建築以及其他各種藝術的宣言。他於1905年在巴黎創辦《詩歌》雜誌，後來又創辦同名報紙以發表該派的作品。馬里內蒂前往英國、法國、德國和俄國招兵買馬時，對英國渦紋主義的創始人路易斯的繪畫以及詩人阿波里耐的作品都產生了影響。馬里內蒂的俄國之行爲一種俄國未來主義打下了基礎，這種未來主義遠遠超過義大利的胎模，具有革命的社會和政治觀點。馬里內蒂影響了兩個被認爲俄國未來主義開山祖的俄國作家，一是赫列勃尼科夫，他始終是個詩人和神祕主義者；一是年紀較輕的馬雅可夫斯基，他後來成爲「革命詩人」和代表他那個時代的大受歡迎的發言人。1912年12月，俄國人發表了他們自己的宣言，標題爲《給大衆品味一記耳光》，這是前一年5月的義大利宣言的回聲。俄國的未來主義者主張拋棄普希金、杜思妥也夫斯基和托爾斯泰，拋棄當時流行的俄國象徵派詩歌，號召創立新的實驗性寫詩方法。俄國和義大利的未來主義詩人全都拋開邏輯的句子結構，廢棄傳統的詞法和句法。未來主義詩歌往往是亂七八糟地擺放一些單詞，把它們的意義剝掉，單單採取它們的聲音。未來主義派是全心全意支持1917年布爾什維克革命的第一個藝術家團體，從而企圖控制革命後的文化並創造一種能夠與革命文化的日常活動的各個方面結爲一體的新藝術。他們受到蘇聯第一任教育人民委員盧納察爾斯基的寵愛，並被委派擔任重要的文化工作職位。但是，俄國未來主義者標新立異的文學技巧以及他們的造反和革新的理論前提都顯得太不穩固，難以成爲建立一種比較廣闊的文學運動的基礎。到1930年馬雅可夫斯基去世時，未來主義者的影響已經微乎其微。

Futurism 未來主義 20世紀初期的藝術運動，以義大利爲中心，強調機器的動勢、速度、能量和功率以及一般現代生活的活動、變化和紛擾不寧。未來主義首次出現於1909年，馬里內蒂的一篇宣言中。宣言歌頌汽車的新技術以及它的速度、功率和運轉的美。繪畫和雕塑方面，在馬里內蒂的支持下波丘尼等畫家在1910年發表了幾篇繪畫方面的宣言。未來主義的畫家們採用立體主義的技法，即用片斷的和相互交融的平面的表面和輪廓同時描繪一個物體的幾個邊和景，在物體經過的空間有節奏地重複它的輪廓。未來主義者愛用飛奔的汽車和火車，正在比賽的自行車運動員和熙熙攘攘的城市群衆之類的題材。他們所作的畫在顏色方面要比立體主義者的畫鮮豔活潑。波丘尼的老師巴拉（1871～1958）和塞維里尼（1883～1966）爲這一派最傑出的畫家。波丘尼於1916年死去。第一次世界大戰結束了未來主義運動，對革命後俄國和達達主義產生強烈影響。在文學方面，馬里內蒂在1909年的開山的概括性宣言之後，草擬一系列關於詩歌、戲劇、建築以及其他藝術的宣言。馬里內蒂曾到俄國爲俄國未來主義打下了基礎，這種未來主義遠遠超過義大利的胎模，具有革命的社會和政治觀點。赫列勃尼科夫（1885～1922）和馬雅可夫斯基是俄國未來主義開山祖。俄國和義大利的未來主義詩人拋開邏輯的句子結構，廢棄傳統的詞法和句法。俄國未來主義者企圖創造新的文學技巧因革新的理論前提太不穩固，難以成爲建立一種比較廣闊的文學運動的基礎。1930年未來主義者的影響已經微乎其微。

futurology 未來學 研究當前趨勢以預測未來發展之一門社會科學。其研究法則源自第二次世界大戰快結束時發展出的，並檢討一場核戰爭的潛在後果。1960年代的研究是預測未來社會模式和需求。1972年梅多斯與麻省理工學院的同事聯合發表《成長的極限》一文，報告中以全球各種社會經濟趨勢爲重點，提出一項馬爾薩斯式觀點，認爲人口增加、工業擴張、污染惡化、糧食生產不足、天然資源枯竭的速度如再以當前的趨勢繼續下去的話，勢必導致世界秩序崩潰。有關這些觀點和其他研究的評論，主要是針對所列舉模式的局限性和由此提出的各項規畫的主觀臆斷性。未來學家本身大致上認識到這種種困難，但卻強調其分析技巧已因吸取數學、經濟學、環境研究及電腦學各方面的研究成果而日趨精細。其他重要的未來學基本著作有托夫勒的《未來震撼》（1970）、貝爾的《後工業社會的來臨》（1973）、謝爾的《地球的安危》（1982）和考爾德的《綠色機器》（1986）。

Fuzhou＊ 福州 亦拼作Fu-chou、Foochow。舊稱閩侯（Minhow）。城市，中國福建省的省會，人口數約爲1,057,372人（1999）。福州位於閩江岸邊，在西元前2世紀是越國的都城。福州在西元1世紀時，曾具有軍事上的重要性，後來納入唐朝的統治之下。在宋朝（西元960～1279年）時，福州是海外貿易的中心，同時也是文化重鎮。當西元1839年至1842年的鴉片戰爭結束後，福州成爲對外開放的條約港口，其繁榮也達於極盛。如今，它是工業用化學製品的生產中心。在福州城中以及周圍的山丘上，有許多頗富盛名的典型中國建築，如佛塔和寺廟等。

Fuzulî, Mehmed bin Süleyman＊ 富祖里（西元約1480～1556年） 突厥詩人，突厥古典文學派中最傑出的人物。他無論用突厥語、波斯語或阿拉伯語作詩，都熟練靈巧、高雅流暢。他深刻體現了伊斯蘭古典文學的美感，其作品影響到19世紀的許多詩人。他的成名作有旋律優美和感情細膩的偉大的穆斯林古典作品：《萊伊麗和馬季農》。這個著名寓言故事描繪了人類精神對神聖的美的追求。此外，著有詩集二卷，一爲亞塞拜然突厥語，一爲波斯語，收有他最抒情的詩篇。

fuzzy logic 模糊邏輯 建立在模糊集概念基礎上的一種邏輯形式。在模糊集中，隸屬關係表示爲概率或眞假程度，也就是從0（不發生）到1（確定發生）連續變化的某個值。當附加的數據收集在一起時，許多模糊邏輯系統能連續地調節不同概率的值。因爲有些模糊邏輯系統好像能從錯誤中學習，並能模仿人類的思想過程，所以它們常被稱爲是人工智慧的原始形式。模糊邏輯和模糊集1965年由札德（1921年生）提出的。模糊邏輯系統在1990年代初已取得商業上的運用。如高級的洗衣機能利用模糊邏輯系統來探測和適應洗滌循環中水的運動模式。其他採模糊邏輯系統的產品有手提攝錄影機、微波爐和洗碗機。模糊邏輯的其他應用還有專家系統、自調節工業控制、電腦化言語和筆跡識別程序等。

Fw 190 ➠ Focke-Wulf 190

Fyn＊　菲英　丹麥島嶼。位西蘭島和日德蘭半島間，面積3,486平方公里。行政中心和最大城市爲歐登塞。經濟以農業和水果種植業爲主。有公路、橋和渡船連接丹麥其餘部分。

Fyodor I＊　費多爾一世（西元1557～1598年）　俄語作Fyodor Ivanovich。俄國沙皇（1584～1598年在位），他的駕崩結束了留里克王朝在俄國的統治。伊凡四世之子。因頭腦魯鈍，不問朝政，一切由姻兄戈東諾夫代行。在位期間，將俄國的大都市提升爲主教牧首區（1589）、收復近芬蘭灣的領土（1595）以及對西西伯利亞和高加索地區鞏固俄國的統治權。費多爾死時無嗣，由戈東諾夫繼位。

Fyodor II　費多爾二世（西元1589～1605年）　俄語作Fyodor Borisovich Godunov。動亂時期的俄國沙皇（1605年4～6月在位）。戈東諾夫之子。剛一登基，僞季米特里就出來奪權，費多爾的軍事指揮官轉向支持僞季米特里後，費多爾的母親就試圖掌權。她的行動激怒了波雅爾，於是他煽動莫斯科民衆暴亂，殺死費多爾和他的母親，擁護僞季米特爲沙皇。

Fyodor III　費多爾三世（西元1661～1682年）　俄語作Fyodor Alekseyevich。俄國沙皇（1676～1682年在位），阿列克塞死時登基，但因年少，而且健康不佳，未能積極參與朝政。他的政府起初由一批顧問取代。1681年以後，戈利欽成爲費多爾的行政部門的主要人物。在戈利欽的影響下，曾進行大規模的軍事改革，廢除了貴族按世系等級封官的官位制度。費多爾死時無嗣，由胞弟伊凡五世和異母兄弟彼得大帝（彼得一世）共同繼位。費多爾曾鼓勵俄國發展西方文化，從而使他的繼承者易於推行以西歐模式爲基礎的廣泛改革計畫。

G. intestinalis ➠ Giardia lamblia

Gabar＊　伽巴爾　對伊朗瑣羅亞斯德教教徒的貶稱，此詞的阿拉伯語爲kafir（即異端之意）。自從西元前7世紀信奉伊斯蘭教的阿拉伯人征服伊朗以後，留在伊朗的瑣羅亞斯德教徒成爲無家可歸的少數民族，受到社會和經濟的許多條件所限制。19世紀以後，他們已獲得印度祆教的幫助。1978～1979年伊斯蘭教基要派革命後遭迫害，現人數僅存數千人而已。

gabbro　輝長岩　主要由斜長石和輝石組成的中粒或粗粒岩石。廣泛分布於地球和月球上。有時被開採作爲一定規格的石料（商業上的「黑花崗岩」），但輝長岩的直接經濟價值很小。遠較其重要的是僅同輝長岩或相關岩石伴生的鎳、鉻和鉑等礦物。在輝長岩雜岩體中也曾發現磁鐵礦（鐵）和鈦鐵礦（鈦）。

Gabin, Jean＊　嘉賓（西元1904～1976年）　原名Jean-Alexis Moncorgé。法國電影演員。父親是音樂廳的戲劇演員，1923年他在女神遊樂廳開始舞台生涯。1931年首度演電影，後來在《瑪麗亞．夏普德蓮》（1934）、《莫科爺爺》（1937；又名《卡斯巴的強盜》）、《大幻影》（1937）、《霧的碼頭》（1938）和《日出》（1939）等影片中的表現叫好又叫座，常飾演被社會遺棄的沈默而意志堅強的倖存者。他在幾部影片當中以飾演神探梅格雷聞名，如《論謀殺》（1959）、《錢，錢，錢》（1962）、*The Upper Hand*（1967）等影片。

gable　山牆　雙坡屋頂房屋兩端牆體上部自屋檐至屋頂的三角形部分，有時也指類似形式的建築部件，如哥德式建築中門窗頂上的篷罩。如果山牆伸出屋頂以上形成女兒牆，則其輪廓可作成各種梯級形，上緣還常以各種形式的壓頂石做成裝飾。最早最複雜的高出屋頂的山牆見於中世紀晚期荷蘭阿姆斯特丹的城市住宅。在亞洲，山牆上常裝飾著懸挑的瓦，屋脊和檐口處還有奇形怪狀的動物雕塑。

Gable, (William) Clark　克拉克蓋博（西元1901～1960年）　美國電影演員。1928年在百老匯初次登台演出，1930年前往好萊塢發展。1931年與米高梅電影公司簽約，在一年內盡演浪漫的男主角角色。《一夜風流》（1934）使他一夕成名，獲奧斯卡獎。他帶有嘲諷意味的男子氣和滿不在乎的魅力在當時迷倒眾生，博得「國王」的美名。共拍過七十多部電影，其中包括《叛艦喋血記》（1935）、《火燒舊金山》（1936）、《歡喜冤家》（1937），以及最有名的《亂世佳人》（1939）。他在第三任妻子倫芭過世後，加入美國空軍，在戰時因執行轟炸任務成功而榮獲空軍獎章。後來在一些影片《廣告員》（1947）、《紅塵》（1953）和《亂點鴛鴦譜》（1961）中領銜主演。

Gable, Dan(iel Mack)　蓋伯（西元1948年～）　美國自由式角力選手及教練。生於愛荷華州的滑鐵盧。在高中時代從未輸過任何一場比賽。在愛荷華大學有過一段輝煌的運動生涯之後，於1971年贏得泛美及世界冠軍。1972年的奧運中，他以未失一點的記錄拿下金牌。從這一年開始，他擔任愛荷華大學的教練，連續9次贏得全國冠軍及12次十大冠軍，他也是1980、1984年美國奧運代表隊的角力教練。

Gabo, Naum＊　伽勃（西元1890～1977年）　原名Naum Pevsner。俄羅斯裔美籍雕刻家。曾在慕尼黑大學就讀，1913年在巴黎由他的哥哥安東尼．佩夫斯納帶領他進入前衛藝術的世界。1920年兄弟兩回到俄國，發表「現實主義宣言」，說明了歐洲構成主義的原則。他使用玻璃、塑膠、金屬和鐵絲等非傳統材料來製作抽象作品。1922年離開俄國，在歐洲各地度過一些歲月後，1946年定居美國，1953～1954年在哈佛大學建築研究所任教。他的作品得過許多獎，也受託製作許多公共作品。他是構成主義運動的先鋒，也是最早實驗動態雕刻的藝術家之一。

Gabon＊　加彭　正式名稱加彭共和國（Gabonese Republic）。非洲中部國家。面積267,667平方公里。人口約1,221,000（2001）。首都：自由市。加彭約有四十多個種族，芳人人數最多，居住於奧果韋河以北，河南最大的種族是希拉人、布奴人和恩札比人。語言：法語（官方語）和原住民語言。宗教：基督教，主要是天主教。貨幣：非洲金融共同體法郎（CFAF）。加彭地跨赤道，濱非洲西部海岸。有狹窄的海濱平原，南部和北部多山。主要河流奧果韋河的流域遍布整個國家，約3/4的土地爲茂密的赤道雨林所覆蓋，其中包括了許多種類的動植物。加彭蘊藏了豐富的錳礦，爲世界最大的錳礦之一，還蘊藏大量高品質的鐵礦。爲混合、開發中經濟，以礦物和林木資源開發爲基礎。政府形式是兩院制國會。國家元首是總統，政府首腦爲總理。境內發現舊石器時代晚期和新石器時代早期的人物造品，但構成加彭部族群落的操班圖語的移民遷徙此地的時間卻不得而知。俾格米人可能是最早的居民。18世紀末芳人來到此地，接著法國、荷蘭和英國商人相繼到來。18～19世紀大部分時期的商業以奴隸販賣活動爲主。隨後法國取得控制，加彭接受法屬西非政府管轄（1843～1886）。1886年法屬剛果殖民地建立，範圍包括加彭與剛果。1910年加彭爲法屬赤道非洲內的一個單獨殖民地。1946年成爲法國海外領地。1958年成

爲法蘭西共同體內的自治共和國。1960年宣布獨立。1960年代開始建立一黨專政的體制，但人民對一黨一專制漸生不滿，1989年在自由市引發暴動。反對黨的合法化導致1990年舉行新選舉。1990年代，與鄰國查德的叛亂分子以及剛果共和國之間一直在進行和平談判。

Gabon Estuary 加彭河口 加彭西部幾內亞灣河口。灣長64公里，入海口寬14公里，納入科莫河和姆貝河。長久以來為西非海岸最佳港灣，主要口岸自由市是加彭首都和最大城市。

Gaborone＊ 嘉柏隆里 舊稱Gaberones（1969年以前）。波札那共和國首都。位於波札那東南部，靠近南非邊境。1965年（即波札那脫離英國獨立的前一年）波札那政府從南非馬菲京遷此。位於開普－辛巴威鐵道線上，有政府辦公樓、議會大樓、醫院、教堂、銀行、無線電台、熱電站和機場。設有波札那大學（1976）、國家博物和美術館（1968）。人口約182,000（1995）。

Gabriel 加百列 基督教《聖經》所載一位天使長的名字。在《舊約》中，他是天庭派來的信差，解釋但以理所見的異象。在《新約》中，則向祭司撒迦利亞宣告施洗者約翰即將誕生，向馬利亞宣告耶穌即將誕生。基督教傳統認為他將在審判日降臨時吹奏勝利的號角。伊斯蘭教《可蘭經》中作吉布里勒。

Gabriel 加布里埃爾（西元1775?～1800年） 亦稱Gabriel Prosser。美國奴隸，曾計畫發動美國史上第一次大規模的奴隸暴動（1800年8月30日）。其母在非洲出生，自幼在湯瑪斯．普羅瑟家中當奴隸。他自幼篤信宗教，以聖徒自勉。1800年春夏之間，他制訂了奴隸起義計畫，企圖在維吉尼亞州建立黑人獨立國家，並自立為王。他計畫攻擊里奇蒙，殺掉所有的白人（法國人、循道宗人士、貴格會教徒除外）。8月30日，他在市郊組織了1,000名奴隸軍，但當夜一場暴風雨沖毀了橋樑和公路，也打散了他整編的軍隊。在軍隊還未重整前，州長門羅偵悉這項計畫後，出動該州民兵將加布里埃爾等約三十四人逮捕，處以絞刑。

Gabrieli, Andrea and Giovanni＊ 加布里埃利叔侄（安德烈亞與喬凡尼）（卒於西元1586年；約西元1555～1612年） 義大利作曲家。安德烈亞生於威尼斯，曾在巴伐利亞宮廷教堂任職，1566年成為威尼斯聖馬可教堂的風琴師，後來一直在那裡工作到去世為止。一生寫有兩百多首牧歌，其他大部分是世俗的合唱作品。他的宗教性合唱作品超過一百五十首，包括許多為教堂慶典所作的大規模合唱曲，運用多個分開的唱詩班來唱；死後集結多首樂曲成書，即《合奏曲》（1587）。他的侄子和學生喬凡尼在1584年也擔任聖馬可大教堂的管風琴師。如安德烈亞一樣，他為禮拜儀式寫了大量規模宏大的合唱與器樂經文歌。現在他最出名的作品是器樂曲，尤其是管樂器（如坎佐納、尋求曲、奏鳴曲和觸技曲），採用戲劇性張力和空間的效果。他的學生舒次把這種威尼斯派樂風傳到德國。

Gadamer, Hans-Georg 高達美（西元1900～2002年） 德國哲學家。其哲學詮釋學體系（部分引申自狄爾泰、胡塞爾和海德格的思想）對20世紀的歐陸哲學、美學、神學和文學評論等具有深遠的影響。父為化學教授，高達美在布雷斯勞、馬爾堡、弗賴堡和慕尼黑等大學攻讀人文學科，在海德格的指導下於1922年在弗賴堡大學取得哲學博士學位。後來任教於美因河畔法蘭克福大學（1947～1949）及海德堡大學（1949年起），1968年成為該校名譽教授。《眞理與方法》（1960）是他最重要的著作，在此書中，高達美以藝術體驗為模範，發展出一個有關理解和詮釋的普遍理論。

Gaddi, Taddeo＊ 加迪（西元約1300～1366年） 義大利佛羅倫斯畫家。父親也是個畫家和鑲嵌畫畫家，他是喬托的學生。最知名的作品是佛羅倫斯聖十字教堂的濕壁畫。他主持了一家生意興隆的工作坊約三十年，所生產的畫具有喬托的風格，但更注意色彩的富麗和故事性的細節。他的兒子兼門生阿格諾羅（1350?～1396）是個影響力大而多產的畫家，他在聖十字教堂唱詩班席另外作了一系列十分出名的濕壁畫《聖十字架的傳說》（1388?～1394）。許多現存的畫板畫也是他畫的。他的作品重設計輕表現，受哥德藝術晚期的風格影響，用色冷淡，帶有高雅意味。

Gaddis, William (Thomas) 加迪斯（西元1922～1998年） 美國小說家。曾就讀於哈佛大學，後來開始寫些演講詞和電影劇本。其長篇試驗性小說以一種複雜、暗諷的情節和語言，以及一種黑色（幽默）觀點來描寫當代美國社會的狀況。第一部小說《認可》（1955），語言生動，比喻豐富，對精神崩潰者有多層次的研究，被稱許是一部了不起的傑作。但這本書受到嚴厲的批評，不為人所接受。在出版《JR》（1975，獲國家圖書獎）之前，沒有再寫任何小說。這部小說用大段發音粗糙刺耳的對話描繪了作者所見到的美國商界的貪婪、虛僞和庸俗。後來的小說有《木匠的哥德建築》（1985）和《他自己的狂歡》（1994，獲國家圖書獎）。

E F G

Gadsden, James 加茲登（西元1788～1858年） 美國軍人和外交官。1812年被任命為美國陸軍工兵尉官。1820年奉命在佛羅里達建立軍事哨所，1823年監督把塞米諾爾族印第安人遷往佛羅里達保留區，後來待在西部（1823～1832）。1840～1850年擔任南卡羅來納一條鐵路的總裁。1853年任美國駐墨西哥公使後，他奉命與墨西哥政府談判，締結一項土地買賣條約，從而開闢了一條從南部各州到太平洋的最便捷的鐵路（參閱Gadsden Purchase）。

Gadsden Purchase 加茲登購地（西元1853年12月30日） 美國在墨西哥購買的土地。1848年美國在墨西哥戰爭中征服墨西哥北部大量領土後，有人鼓吹興建一條貫穿南部各州的鐵路，於是贊同購買一塊墨西哥北部約78,000平方公里的土地，即現今美國的亞利桑那州南部和新墨西哥州南部。這項購地案由美國駐墨西哥公使加茲登與墨西哥當局進行談判，以1,000萬美元的代價購得。獲得這塊土地後，重新修訂了後來相連四十八州的邊界。

gadwall 赤膀鴨 常見的羽色單調的小型鴨科鳥類，學名Anas strepera。見於北半球極地附近。是北美最稠密的繁殖種群，見於南、北達科他州和加拿大大草原三省。體褐灰色，翅後的白色塊斑僅在飛行時才顯出來。喜吃水生植物、莖葉、種子和海藻。常到淡水淺塘和沼澤地與赤頸鴨混合成群，但與赤頸鴨不同，很少到陸地覓食。

Gaea＊ 該亞 希臘大地女神。天神烏拉諾斯的母親和妻子。她的兒子克洛諾斯把她和烏拉諾斯分隔開來。根據赫西奧德的說法，她是十二個泰坦的母親，也是復仇女神和庫克羅普斯的母親。該亞最初可能是希臘人在引入宙斯的崇拜以前就奉祀的一位母親女神。

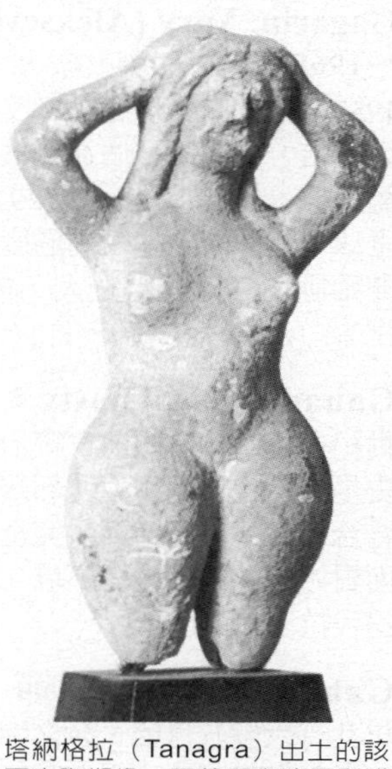

塔納格拉（Tanagra）出土的該亞赤陶塑像，現藏馬賽波黑利博物館（Musée Borély）
Giraudon－Art Resource

Gaelic 蓋爾語 ➟ Irish language、Scottish Gaelic language

Gaelic football＊ 蓋爾式足球 愛爾蘭式足球，中世紀極暴力的混戰球戲的一種。現代蓋爾式足球比賽每方限15人。球不能用手擲，可用手或腳帶，用拳頭擊打或拋球凌空踢球射門。球由門柱之間、球門橫樑上方通過者記一分；球由門柱之間、橫樑下方入網者記3分。比賽進行60分鐘，分上下兩半場。大概只有愛爾蘭和美國玩這種足球。

Gaelic revival 蓋爾語復興 19世紀初期愛爾蘭民族主義的發展使人們重新對愛爾蘭的語言、文學、歷史和民間傳說發生興趣。17世紀時，由於英格蘭人征服和定居愛爾蘭，愛爾蘭語幾乎消失爲一種文學語言。19世紀中葉，從古愛爾蘭手稿翻譯英雄故事在知識分子當中很流行，這些詩人以蓋爾語模式和韻律創作詩篇，反映古代吟遊詩歌形式。蓋爾語復興爲愛爾蘭文學文藝復興運動奠定了學術和民族主義方面的基礎。亦請參閱bard。

Gafencu, Grigore 加芬庫（西元1892～1957年） 羅馬尼亞政治人物。曾在日內瓦和巴黎求學。第一次世界大戰後進入新聞界。1920～1930年代創辦雜誌、報紙和通訊社。他是民族農民黨黨員，1928年選入議會。1938年任外交大臣，傾向西方民主。第二次世界大戰期間，試圖使羅馬尼亞保持中立，但在1940年被免職以靠向軸心國。1941年離開祖國，定居巴黎。

gag rule 禁止發言規則 美國國會爲限制討論問題而想出的方法，尤其是指1836～1840年間由眾議院通過的一系列決議，以達到不討論奴隸問題請願書的目的。贊成奴隸制的國會議員用禁止發言規則來拖延討論這些由美國反奴隸制協會發動的反奴請願書。1844年由於亞當斯和其他議員的努力，廢除了這項規定。

gagaku＊ 雅樂 日本傳統的宮廷和宗教音樂。最早於5世紀由高麗傳入日本，8世紀成爲約定俗成的宮廷傳統。雖然自12世紀以前的樂譜很少留存下來，但大部分後來的音樂體裁都保存在神道教的祭典儀式中。可能伴隨舞蹈（舞樂）或單獨演奏（管弦樂）。有時更被畫爲唐樂，又稱「左方音樂」，或當作高麗樂，又稱「右方音樂」。

Gagarin, Yury (Alekseyevich)＊ 加加林（西元1934～1968年） 蘇聯太空人。父親是集體農場的木匠，他在1957年畢業於蘇聯空軍官校。1961年4月12日搭乘「東方1號」太空船，成爲第一個進入太空的人類。這艘太空船在軌道上繞地球一周，歷時1小時29分。這次太空飛行使他立即馳名全球，在蘇聯更是受到過度崇拜。他沒有再次進入太空，但開始訓練其他的太空人。後來在一次例行的飛行訓練中喪生。

Gahadavala dynasty＊ 伽哈達伐拉王朝 12～13世紀在穆斯林征服前夕統治印度北部的家族之一。此王朝歷史是中世紀早期印度北部政治舞台的縮影——各朝代的分分合合、封建邦國結構、完全依賴婆羅門教的社會意識，以及面對外來入侵的脆弱不堪。13世紀初穆斯林的擴張導致伽哈達伐拉王朝滅亡。

Gahanbar＊ 五日節 瑣羅亞斯德教的重大節日。全年共有六個五日節，各節間隔不等而與季節有關，也可能分別紀念世界創始的六個階段，即造天、造水、造大地、造植物、造動物和造人，每一節日持續五天。祆教慶祝五日節時分兩個階段，剛開始時以禮拜儀式和獻上供品來進行，最後以一個嚴肅的儀式結束。

Gaia hypothesis＊ 蓋亞假說 將生物與非生物的部分視爲複雜互動系統的地球模型，想像成單一生物。約在1972年由英國化學家洛夫洛克與美國生物學家馬古利斯闡述，蓋亞假說以希臘大地女神命名。假定所有生物對地球的環境有調節效果，促進整體生命的發展；地球在支持生命延續條件下維持恆定。此學說備受爭議。

Gainsborough, Thomas 根茲博羅（西元1727～1788年） 英國畫家。十三歲時，離開家鄉沙福克到倫敦學畫。到1750年左右，已在肖像畫和風景畫方面建立了聲譽。1759年他遷往巴茲療養勝地，有更多的人和有錢人欣賞他的作品。1768年成爲皇家美術院的籌建成員。他受到范戴克的影響，發展了一種高雅和嚴整的肖像畫風格，這種影響可見於其著名的《藍衣少年》等類肖像畫中。1774年遷往倫敦，受寵於皇室，地位比正式的宮廷畫師雷諾茲還高。他愛畫風景畫，這是受到17世紀的荷蘭畫家和後來的魯本斯影響，在《飲水處》（1777）裡很明顯可看出魯本斯的風格。他的產量十分驚人，生產了許多用各種媒體作的風景畫，晚年作的畫以海景、田園景物和兒童爲題材。在當代的大畫家中，只有他在風景畫方面貢獻了極大的心力。

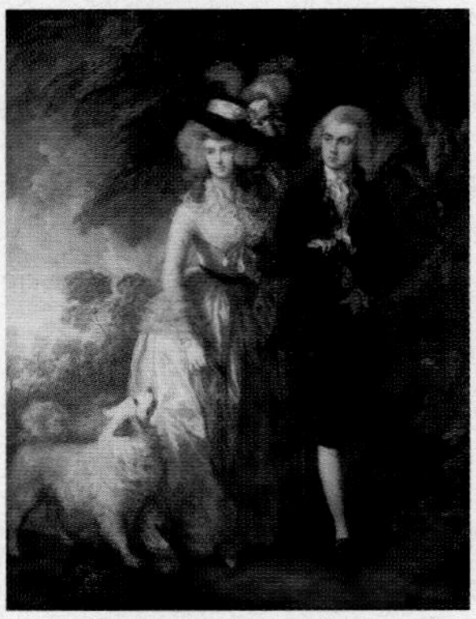

根茲博羅的《清晨漫步》（1785），油畫；現藏倫敦國立美術館
By courtesy of the trustees of the National Gallery, London

Gaitskell, Kugh (Todd Naylor) 蓋茨克（西元1906～1963年） 英國政治人物。曾在倫敦大學講授政治經濟學，第二次世界大戰期間在戰時經濟部工作。1945年當選下院議員，1947年任燃料動力大臣，1950年任經濟事務大臣，同年稍晚改任財政大臣，1951年工黨政府被擊敗後離職。1955年接替艾德禮當選爲工黨領袖。他使工黨重新團結起來，並推行溫和政策，可惜他突然過世。

Gajah Mada＊ 加查·瑪達（卒於西元1364年） 麻喏巴歇帝國的首相，印尼的民族英雄。他出身平民，由於機智、勇敢以及對國王查耶納卡拉（1309～1328）的忠誠而地位迅速爬升。在一次叛亂後，開始大權在握。然而當國王霸占他的妻子以後，他對國王就不再忠心耿耿了，1328年授意他人害死國王。後來由國王的女兒特利波凡納和孫子哈揚·武魯克（1350～1389年在位）繼承王位，他成爲當時帝國最有權勢的人物，控制了整個印尼群島和馬來西亞一部分。在他的指示下，編纂了一部法典，對爪哇歷史產生深遠的影響。當代主要的詩人普拉班札（活動時期14世紀）曾在史詩中頌揚了加查·瑪達（他的贊助人）。

被認定是加查·瑪達的赤陶頭像，現藏印尼的 Trawulan Site Museum
By courtesy of the Trawulan Museum, Indonesia

Gajdusek, D(aniel) Carleton＊ 蓋達塞克（西元1923年～） 美國醫師、醫學研究人員。1946年獲哈佛大學醫學博士學位。1955年開始參與研究僅見於新幾內亞福雷

人的一種中樞神經系統疾病「庫魯」，並首次加以描述。後來發現福雷人的葬儀中有吃死者腦子的習慣，疾病即透過這種方式傳播。他和吉布斯認為此病是由一種作用極慢的病毒引起。雖然日後的研究發現是由「普利子」的傳染性致病因子引起，但他的研究啓發了對多發性硬化、帕金森氏症和其他退行性神經病病因的研究。1976年與布倫伯格共獲諾貝爾生理學或醫學獎。

galactic cluster 銀河星團 ➠ open cluster

galactic coordinate 銀道座標 天文學中，確定銀河系成員相對位置和運動的一種合用的座標系。銀緯由銀河系基本對稱面向南或向北計量。銀經由通過銀河基本平面的一條從地球到銀河系中心方向（在射手座）的假想聯線向東計量。

galactic halo 星系暈 天文學名詞，指包圍漩渦星系（包括地球所在的銀河系）的一個近似球狀的系統，其中稀疏地散佈著恆星、球狀星團和稀薄氣體。據認為銀河系的銀暈半徑為5萬光年，可能主要由黑暗物質組成。

galactic nucleus ➠ active galactic nucleus

galactose＊ 半乳糖 一種天然存在的單醣，化學式為C6H12O6。通常與其他糖結合存在，如乳糖、多醣及糖脂中，後者存在於大多數動物的腦和其他神經組織中。其用途在有機合成和醫藥方面。

galago＊ 嬰猴 懶猴科嬰猴屬六種小型樹棲靈長類的統稱。棲於撒哈拉以南的非洲森林。毛色灰、褐、淡紅或棕黃。眼大，耳大，後腿長，被毛濃密，尾長。夜間活動，以水果、昆蟲和小鳥為食。體型較小的種如灌叢嬰猴格外活躍、敏捷。矮嬰猴體長約12～16公分（不包括18～20公分的尾）；粗尾嬰猴體長約30～37公分，尾長42～47公分。

灌叢嬰猴
George Holton – Photo Researchers

Galahad＊ 加拉哈特 亞瑟王傳奇中的聖潔騎士，他透過聖杯看到上帝顯聖。他是蘭斯洛特和王后艾蓮的私生子，只有他配得起坐上圓桌的那個「危險席」，這個席位就是保留給那個成功取得聖杯的人。不像父親那樣貪圖享樂以及和人通姦，加拉哈特十分純潔並充滿超世俗的熱情。他出現在許多亞瑟王的傳奇故事中，最有名的是馬羅禮的《亞瑟王之死》。亦請參閱Perceval。

Galápagos finch ➠ Darwin's finch

Galápagos Islands＊ 加拉帕戈斯群島 西班牙語作Archipiélago de Colón。太平洋東部島群，行政上屬厄瓜多爾，由十九個島及附屬小島及岩礁組成，位於厄瓜多爾大陸以西1,000公里，跨赤道兩側。陸地總面積約7,994平方公里，散佈在約59,500平方公里的海面上。由火山堆組成，盾狀火山星羅棋布，高高的火山、火山口和巉岩峭壁形成島上崎嶇的地勢。以伊莎貝拉島最大，群島最高點是伊莎貝拉島上的阿蘇爾山，高1,689公尺。1535年由西班牙人發現，1832年厄瓜多爾正式占領該群島。英國博物學家達爾文在1835年曾到島上考察，島上罕見的動物群（包括巨大陸龜）對論證他的自然選擇學說起了很大作用，該群島因而聞名世界。1935年厄瓜多爾把它畫為野生動物保護地，1968年設為國家公園。人口約15,000（1997）。

Galati＊ 加拉茨 德語作Galatz。羅馬尼亞東南部城市。位於多瑙河和錫雷特河匯合處，周圍為沼澤地區。16世紀初至1829年被土耳其人占據，1837～1883年為自由港。第二次世界大戰期間，德軍自蘇聯撤退時大肆破壞該城（1944），屠殺市民半數以上，主要是猶太人。戰後重建，該市現為羅馬尼亞的主要港口之一，有該國最大的造船廠。人口約326,728（1994）。

Galatia＊ 加拉提亞 古代小亞細亞中部的地區。西元前3世紀初被塞爾特部落占領。他們由於追隨塞琉西人反對羅馬，西元前189年受到羅馬人的討伐，從此元氣大傷，西元前85年成為羅馬的保護國。他們雖有強大的文明傳統，但到西元2世紀時，已融入安納托利亞的希臘文明之中。

galaxy 星系 恆星和星際物質組成的系統。幾十億個這樣的系統構成了宇宙。在大小、組成和結構等方面，彼此差別很大，但它們幾乎全都排布成群或團，其每一個的成員星系，少者幾個，多者可達萬個。每個星系均由為數眾多（大多是從幾億個到一萬億個以上）的恆星組成。在許多星系（如銀河系）中，都能檢測到由星際氣體和塵粒組成的星雲。星空中，約70%的亮星系都是旋渦星系。旋渦星系有一個恆星主盤，沈陷在盤結構中的是旋臂，從中心向外旋伸。在旋臂中，最大量地集聚著旋渦星系的星際氣體和塵埃。旋渦星系的中央核周圍是一個巨大的核心隆起結構，大多數情況下均接近於球體。在核球和盤結構之外是由星團、單個恆星或許還有其他物質構成的一個稀疏的、或多或少為球狀的星系暈。橢圓星系是一個由對稱分布的恆星構成的球形或橢球形，這種星系的大小範圍相差很大。雖然沒有一個矮橢圓星系在天上引人注目，但它們卻是星系中最常見的一類。不規則星系（如麥哲倫星雲）是相當罕見的。無線電星系是無線電波很強的來源。塞佛特星系有非常亮的核，常放出很強的無線電波，可能與類星體有關。

Galba＊ 加爾巴（西元前3年～西元69年） 拉丁語全名為Servius Galba Caesar Augustus。原名Servius Sulpicius Galba。羅馬皇帝（68～69）。執政官蓋約・加爾巴之子，早年深得奧古斯都和提比略寵幸，歷任執政官（33）、上日耳曼軍團司令官（39）、阿非利加總督（45）、近西班牙地區總督（60～68）。68年舉兵反對尼祿，尼祿自殺後，元老院正式承認他為羅馬皇帝。他一即位後就殺了許多重要的羅馬人物，包括一些幫助他繼承帝位的人。在他短暫的在位期間，統治嚴酷，他的親信們也都貪污腐化。加爾巴對軍隊毀約背信，當他選擇一個未被禁衛軍接受的繼承人時，他們殺死他和其所選的繼承人。

加爾巴大理石雕像，現藏佛羅倫斯烏菲茲美術館
Alinari — Art Resource

Galbraith, John Kenneth＊ 蓋伯瑞斯（西元1908年～） 美國經濟學家和政府官員。出生於加拿大安大略省，曾就學於多倫多大學，1934年在加州大學柏克萊分校獲博士學位。在新政和第二次世界大戰期間，在政府任多種重要職務。1949～1975年重返哈佛大學教書，依然活躍於公共事務上，擔任甘迺迪總統的顧問及駐印度大使（1961～1963）。其具有影響力的自由派著作（常因文字優美受到讚揚）檢驗

了美國資本主義和消費主義的強弱。在《富裕社會》（1958）中，他要求少強調生產，多注意公用事業。在《新工業國家》（1967）中，他呼籲用知識上和政治上的新措施解決美國經濟競爭衰減的問題，展示了美國「管理的」資本主義和社會主義之間日益增多的相同點。

Galdan ➟ Dga'l-dan

Galdós, Benito Pérez ➟ Perez Galdos, Benito

Galen＊　加倫（西元129～199?年）　拉丁語作Galenus。古羅馬醫師、作家和哲學家。出生於小亞細亞帕加馬，西元157年任角鬥士的醫生，161年到羅馬行醫，成爲羅馬皇帝馬可・奧勒利烏斯的朋友和康茂德的醫生。加倫視解剖學爲基礎科學，以動物實驗爲本，他辨認出七對顱神經，描述過心瓣膜，區分了動、靜脈，認爲動脈中流通血液而無空氣。然而，如果把他的發現擴大到人體解剖學上就常是錯誤的。加倫根據希波克拉提斯的概念，相信有三個相連的身體系統（腦和神經司知覺和思維；心臟和動脈司生命動能；肝和靜脈司營養和成長），以及四種體液（血液、黃膽汁、黑膽汁和黏液），人體健康有賴於這四種體液的平衡。當時很少人有技能來駁倒他這種吸引人的生理學理論。加倫曾寫有三百多部作品，今僅存約一百五十部。隨著作品被人翻譯，他的影響傳至拜占庭帝國、阿拉伯和西歐。16世紀人們對解剖的興趣復燃，導致在解剖學上的一些新發現，推翻了其觀點，當時維薩里發現他在解剖學上的幾個錯誤，而哈維則重新修正了血液循環理論。

galena＊　方鉛礦　亦稱lead glance。一種灰色的鉛硫化物（PbS），鉛的重要礦石礦物。是分布最廣泛的硫化物礦物之一，可產於許多不同類型的礦床和不同地點。在美國，主要產在密西西比河谷地。在許多產地中方鉛礦含銀，經常既作爲銀又作爲鉛的資源進行開採。在其他重要的商業礦物中，常與方鉛礦伴生的有銻、銅和鋅。

Galerius＊　加萊里烏斯（卒於西元311年）　全名Gaius Galerius Valerius Maximianus。羅馬皇帝（305～311），以迫害基督教徒出名。他出身微賤，從軍後發跡。293年3月1日被統治帝國東部的皇帝戴克里先任命爲凱撒。據信是他唆使戴克里先迫害基督教徒。305年他成爲帝國東部的奧古斯都（皇帝），短暫成爲羅馬帝國的最高統治者。他極爲殘暴，曾向城市居民徵收人頭稅和堅持迫害基督教徒。死前不久（311年4月），因染病而頒布敕令，對基督徒實行寬容。

Galicia＊　加利西亞　波蘭語作Halicz，俄語作Galitsiya。東歐歷史地區。面積約79,371平方公里，包括喀爾巴阡山脈的北坡，以及維斯杜拉河上游、聶斯特河、布格河和錫雷特河谷地。1199年加利西亞東部（位置靠近基輔公國和沃利尼亞公國）被沃利尼亞的羅曼大公占領，他統一了沃利尼亞和加利西亞。1349年波蘭國王卡齊米日三世吞併加利西亞。1772年被奧地利兼併，第一次世界大戰後復歸波蘭。第二次世界大戰初期，蘇聯將東加利西亞併入烏克蘭共和國。戰後，東加利西亞仍歸蘇聯（1991年後，歸烏克蘭），西加利西亞則歸波蘭。

Galicia＊　加利西亞　古稱加拉西亞（Gallaecia）。西班牙西北部一自治區和古代王國。西部和北部瀕臨大西洋，面積約29,435平方公里。加利西亞的名稱來自塞爾特族加拉西人，約西元前137年古羅馬軍團征服這個地區時，他們是當地的居民。約410～585年，加利西亞是由斯維比人統治的獨立王國。585年受西哥德人統治，接著是摩爾人，8～9世紀成爲阿斯圖里亞斯王國的一部分。1479年在卡斯提爾和亞拉岡王國合併後，喪失大部分的自治地位。1981年設爲自治區，首府聖地牙哥。農林漁業主導了該區經濟。人口約2,743,000（1996）。

Galilean satellite＊　伽利略衛星　木星的四顆大衛星，爲伽利略於1610年所發現。按距木星由近及遠的順序爲木衛一（太陽系火山活動最頻繁的星體）、木衛二（在冰凍的地表下疑有一片汪洋）、木衛三（太陽系最大的衛星）和木衛四。木衛三和木衛四比冥王星和水星大。

Galilee　加利利　希伯來語作Ha-Galil。古代巴勒斯坦最北部地區，相當於今以色列北部。包括了猶太教四聖城的兩個：采法特和太巴列。這裡是耶穌基督孩童時代的故鄉和主要傳教地點。西元70年在耶路撒冷被破壞之後，成爲猶太教的學術中心。在現代，第一波猶太移民始於1882年。1909年在加利利海岸邊建立第一個基布茲居民點，約旦河流經這裡。

Galilee, Sea of　加利利海　亦稱太巴列湖（Lake Tiberias）。以色列北部淡水湖泊。位於巴勒斯坦東北部，爲約旦河所流貫。湖面呈梨形，南北長約21公里，東西寬約11公里。水面低於地中海面209公尺。此區在千年以前已有人居住。考古遺址可追溯到50萬年以前，是中東最古老的地區。西元1世紀時，此區非常富饒，人口衆多；耶穌在此經歷了許多事件。如今湖水灌溉了四周的農業地區。已發展爲現代療養地，太巴列的溫泉浴是以色列冬季最熱門的休閒地點之一。

Galileo＊　伽利略（西元1564～1642年）　全名Galileo Galilei。義大利數學家、天文學家和物理學家。父親是一位音樂家，伽利略原本習醫，後來把興趣轉向數學。1586年左右發明比重秤，使他蜚聲全義大利。1589年發表的一篇有關固體重心的論文使他獲得比薩大學數學講師的職位。他否定了亞里斯多德認爲「重量不等的物體其下落速度也不同」的論斷，並證明落體遵循所謂「等加速度運動」規律，還研究了拋出的物體沿拋物線軌跡運動的運動規律。伽利略也是用望遠鏡研究星空的第一人，在1609～1610年初發表了一系列天文新發現，即月亮表面是不規則的，銀河系是由衆星組成的，木星有衛星（參閱Galilean satellite）。後來他因這些發現而出任托斯卡尼大公的首席哲學家和數學家職位。1611年伽利略訪問羅馬，他大膽說服教會相信哥白尼體系，結果和亞里斯多德學派教授起爭執，導致教會在1616年宣布哥白尼學說是「錯誤的」。後來獲准撰寫有關哥白尼體系的著作，條件是在討論時不作明確立場表態，1632年他出版了《關於托勒密和哥白尼兩大世界體系的對話》一書。該書雖被讚揚是文學和哲學的傑作，但還是得罪了耶穌會，他未經異端裁判所的審判就被判涉嫌異端罪，並被迫放棄原有的主張。餘生被軟禁，但即使在1637年雙目失明後，他仍努力不懈地寫作和研究。

Galileo　伽利略號　美國國家航空暨太空總署派遣的太空船，探索木星及伽利略衛星，含一個軌道太空船和一個大氣層探測器，1989年10月18日發射。雖然因強力天線嘗試失敗，導致資料回傳地球十分緩慢，但還是傳回很多有價值的資料。在到木星的途中，太空船首度傳回兩小行星清晰的照片。1995年到達木星時，放出探測器，下降至木星大氣中，結果發現了大雷暴。在一連串探測伽利略衛星時，發現木衛一的火山比地球任何一座火山的溫度來得高；木衛二冰層地表下有一片汪洋；環繞木衛三的磁場；以及木衛四地表以下可能有海洋。

Galissonnière, Marquis de La ➠ La Galissonnière, Marquess de

gall 蟲癭 由細菌、眞菌、病毒及線蟲侵染或昆蟲、蟎類刺激引致的植物局部組織異常過度生長或腫脹的現象。常見的植物疾病是根癌病，是由根癌土壤桿菌引致的植物病害，多在根部或莖基部形成蟲癭。

gall ➠ bile

Gall, Franz Joseph 加爾（西元1758～1828年） 德國解剖學家和生理學家，顱相學的創始人。他相信人的心理功能定位於腦的特殊區域，並決定人類的行爲，所以顱骨表面必定能眞正反映出腦的不同區域的相對發育情況。1861年法國外科醫生布羅卡證實大腦有言語中樞，他的大腦功能定位概念才得到確認。另一方面人們也發現，由於顱骨厚度變化不定，因而顱骨表面並不能反映腦的局部解剖情況，所以顱相學學說的基本前提無法成立。他第一個確定腦灰質由神經原構成，腦白質由神經纖維構成。

Galla ➠ Oromo

Galland, Adolf (Joseph Ferdinand)＊ 加蘭德（西元1912～1996年） 德國王牌戰鬥機飛行員。爲法裔不動產管理人之子，二十歲以前就成爲技巧高超的滑翔機飛行員，西班牙內戰期間在德國軍中服役，執行飛行任務數百次。第二次世界大戰時，在不列顛戰役中指揮一支戰鬥機中隊，他一人即摧毀敵機約一百架。1941年擢升爲德國空軍戰鬥機部隊司令。後來負責防禦英、美聯合空襲，但德國空防依然逐漸瓦解，他受到希特勒和戈林的責怪，1945年被解除司令之職。戰末時被俘並送往英國，一度遭到監禁。戰後擔任阿根廷空軍技術顧問，後返回西德，從事航空顧問的工作。

Gallant, Mavis＊ 加朗（西元1922年～） 原名Mavis de Trafford Young。加拿大裔法國作家。生於蒙特婁，1950年搬到歐洲，定居巴黎。她的散文、小說、劇本、特別是短篇小說，均以冷靜的口吻撰寫，充滿睿智，卻又帶著疏離、孤立及恐懼，深刻描繪出移居海外的北美與歐洲人民那種無根的感受。《紐約客》雜誌曾經發表過她超過一百篇故事（比任何作者都多），非小說則發表更多。

Gallatin, (Abraham Alfonse) Albert＊ 加拉亭（西元1761～1849年） 美國第四任財政部長（1801～1814）。出生於瑞士，十九歲移民美國賓夕法尼亞，經商有成。1795～1801年擔任衆議院議員，創設衆議院財政委員會。在擔任財政部長期間，他削減少了公債2,300萬元。加拉亭反對1812年戰爭，1814年致力促成〈根特條約〉。1816～1823年任駐法國公使，1826～1827年任駐英國公使。此後脫離政界，成爲紐約市國民銀行董事長（1831～1839）。

加拉亭，肖像畫，皮爾（Rembrandt Peale）繪於1805年：現藏費城獨立國家歷史公園
By courtesy of the Independence National Historical Park Collection, Philadelphia

Gallaudet, Thomas Hopkins＊ 加拉德特（西元1787～1851年） 美國教育界的慈善家。1805年在耶魯畢業後，在英國和法國遊學，在那裡學到手語交談法。1816年在康乃狄克州哈特福特興建美國第一所免費的聾啞學校，得國會撥地支持。該校作爲聾啞人教師的主要培訓中心達五十餘年。專爲聾啞人和聽覺障礙者而設的加拉德特大學就是以他的名字命名作紀念的。

Gallaudet University＊ 加拉德特大學 美國華盛頓特區一所專爲失聰、重聽學生設立的私立大學。該校源自於一所爲失聰及失明兒童所設立的學校，於1856年由坎德爾所創設，1857～1910年由愛德華·加拉德特擔任校長。愛德華的父親是湯瑪斯·加拉德特，他是美國第一所聽障學校的創建者。加拉德特大學設有一所人文暨科學學院，一所研究生院，以及傳播、管理、教育與人文服務、進修教育等學院。註冊學生人數約2,000人。

gallbladder 膽囊 見於許多脊椎動物的肌性膜性囊，用以貯存及濃縮膽汁。人的膽囊位於肝下部，梨形，可以擴張，容量五十公撮。其內壁黏膜細胞吸收了肝膽汁的水及無機鹽，使之濃縮五～十倍。膽囊收縮，膽汁流入十二指腸以幫助消化脂肪。膽囊罹患的疾病包括膽石和炎症（如膽囊炎）。切除膽囊對身體無不良影響。

Gallé, Emile＊ 加萊（西元1846～1904年） 法國玻璃和家具設計家。父親是一位有名的彩陶和家具製造商，1867年後到南錫，在他父親的工廠工作。他採用幾乎不透明的深色沈重厚玻璃，雕刻或飾刻成植物圖案花紋。他的製品在1878和1889年巴黎博覽會上獲得極大成功，之後廣被模仿。他使用砂輪切割、酸飾、鑲色（各種玻璃層疊），以及金屬箔和氣泡之類的特殊效果，他稱這種製作法爲「玻璃鑲嵌細工」。他的家具設計也以花卉的嵌鑲和雕刻爲特色有時鑲嵌上著名作家的文句。他是新藝術風格的擁護者，曾和許多同僚合作過，著名的有馬若雷爾。

加萊約於1895年做成的飾以浮雕的容器，現藏倫敦維多利亞和艾伯特博物館
By courtesy of the Victoria and Albert Museum, London

gallery 廊道；樓座 在建築上，指長形、一邊開敞的覆頂過道，如柱廊或列柱廊。尤指中世紀後期和文藝復興時期沿牆的狹廊或平台。在羅馬風格建築中，特別在義大利和德國，凸出建築牆外的拱廊稱爲矮廊。廊道爲鄰接建築物的設計，有平台內嵌式壁廊，亦有以支柱及結構體突出部營建的緩升式柱廊。室內廊道則指牆面突出的平台，如樂隊席，或設於二樓高度的看台，如教堂內可加設座位的樓座。在法院內，這種樓座可作爲旁聽席或記者席。在劇院內，則指最高層的樓座，一般票價最低。文藝復興時期的房舍或宮殿多爲狹長形小室，作爲散步和展示藝術作品，現代的「藝廊」一詞即源於此。

galley 槳帆船 主要靠槳來推進的大型遠洋船。古代埃及人、克里特島人等使用有帆的槳帆船作戰和通商。腓尼基人最早使用雙層槳船（西元前700?年），船的兩側各有上下兩層槳。希臘人首先在西元前500年左右製造三層划槳戰船。作戰用的槳帆船成縱隊巡航，通常是幾個縱隊前進，在遭遇敵船時，排列成類似密集方陣的隊形，並把船首朝向敵船，船首裝備了撞角、鉤爪和投射裝置等。斜掛大三角帆和尾舵發明後，商船便不再使用槳帆船，但直至16世紀，槳帆船仍保持其軍事上的重要性。亦請參閱longship。

Galli Bibiena family＊ 比比恩納家族 18世紀義大利建築師和舞台設計師家族。他們的祖先是出生在比比恩納的藝術家喬凡尼．瑪麗亞．加利（1625～1665），其出生地名就成了該家族的姓。他的後裔以設計使人眼花撩亂的舞台布景，以及用複雜的透視手法實現寬廣的空間比例著稱。喬凡尼的兒子費爾迪南多．加利．比比恩納（1657～1743），研究繪畫與建築，爲帕爾瑪公爵工作。他在巴塞隆那和維也納設計了宮廷節日及歌劇布景，也是曼圖亞皇家劇院的設計師。其弟弗朗切斯科．加利．比比恩納（1659～1739），是曼圖亞公爵的設計師，設計建造了維也納、南錫（法國）、維羅納和羅馬等地的劇院。費爾迪南多的兒子朱塞佩（1696～1757）是家族中最顯赫的一員，一直在維也納，成爲宏偉的宮廷慶祝活動和盛大典禮的主要組織者。他的舞台布景設計圖案分成三冊出版（1716、1723和1740～1744年）。1748年他設計了拜羅伊特劇院的內部裝修。他的兄弟亞歷山德羅和安東尼奧也都以建築師和設計師聞名。朱塞佩的兒子卡洛（1728～1787），是這個輝煌家族的最後一名，在歐洲各著名劇院工作。

E F G

Gallia Narbonensis ➠ Narbonensis

Gallic Wars 高盧戰爭（西元前58～西元前50年） 羅馬總督凱撒征服高盧的戰役。凱撒率兵踏遍整個高盧地區，全靠高超的戰略、戰術、訓練和軍事工程技術來戰勝。西元前58年他在羅馬西北邊界打退了赫爾維蒂人，然後征服北部的高盧民族的比利其人（西元前57年），再征服維內蒂人（西元前56年），然後跨越萊茵河襲擊日耳曼人（西元前55年），並跨過英吉利海峽攻擊不列顛（西元前55、54年）。最主要的一次勝利是在西元前52年擊敗韋辛格托里克斯所率領的高盧軍隊。凱撒在《高盧戰紀》曾記述了這場戰爭。

Gallicanism＊ 高盧主義 用來限制教宗權力的法國教會和政府的政策。高盧主義派系較多，但主要有以下三個特點：法國君主的世俗權力不受干預；普世會議高於教宗；教士與國王聯合反對教宗干涉法蘭西內部事務。高盧主義反對擁護教宗權威的越山主義。這種教條在中世紀政教之爭中扮演了重要角色。在經過幾次國王和教宗之間的衝突後，查理七世在1438年頒布〈布爾日國事詔書〉，宣稱教宗應服從會議，教宗權限應由國王決定。

Gallieni, Joseph Simon＊ 加列尼（西元1849～1916年） 法國軍官。1886～1888年擔任法屬蘇丹總督，成功壓制蘇丹軍隊的叛亂。1892～1896年在法屬印度支那服役後，返回非洲，擔任馬達加斯加總督（1896～1905），以賢明和處事圓融的殖民官著稱。他成功地把非洲領土整合爲法國殖民地帝國。第一次世界大戰即將爆發前，被任命爲巴黎軍區司令。1915年10月任陸軍部長，頗有建樹。1916年3月因健康原因被迫退休。1921年死後被追封爲元帥。

Gallienus, Publius Licinius Egnatius＊ 加列努斯（西元218?～268年） 羅馬皇帝。253～260年與父親瓦萊里安共同稱帝，260～268年獨居帝位。當時外敵入寇，帝國日趨崩潰，元老院因此讓父子共執朝綱。加列努斯負責西部邊防，他與哥德人及其他部族多次作戰，贏得一系列勝利。當時波斯人在東部肆虐，他的父親在260年被俘，並死於囚牢中，加列努斯只據有義大利本土和巴爾幹。後來哥德人再度進犯，他在一次鎮壓叛亂時被謀殺。在位時期的改革包括把羅馬軍隊的指揮權從元老院議員手中轉移到貴族職業軍官手中，並且擴大騎兵在戰場上的作用，還在羅馬倡導知性的文藝復興。

gallinule＊ 水雞 鶴形目秧雞科數種分布於沼澤區鳥類的俗稱。溫帶、熱帶、亞熱帶等世界各地均有分布，體型扁實，與近緣的秧雞和蹼雞相近。長約30～45公分，趾細長，故能在水面漂浮植物上奔跑，頭冠明顯，許多種類的羽毛或皮膚上有顏色鮮明的色塊。鳴聲吵雜，性好奇，行動不似秧雞那樣鬼祟；有些種類具遷移性；用燈心草築巢在水上或水邊。

紫水雞（Porphyrula martinica）Ruth Cordner from Root Resources

Gallipoli＊ 加利波利 土耳其語作Gelibolu。史稱Callipolis。土耳其歐洲部分的城鎮和海港。位於一狹長半島上，達達尼爾海峽經此通至馬爾馬拉海，東北方是伊斯坦堡。最初爲希臘人殖民地，後來成爲拜占庭要塞。1356年左右爲鄂圖曼帝國在歐洲的第一個征服地。因是防衛伊斯坦堡的戰略要地，歷來爲強大的海軍基地。在第一次世界大戰的達達尼爾戰役中，該城大部分被毀。今存古蹟有鄂圖曼蘇丹所建的14世紀方形城堡，以及一些被稱爲色雷斯國王墳墓的土崗。新城已發展成漁業和沙丁魚罐頭中心。人口約18,052（1990）。

Gallipoli Campaign 加利波利戰役 ➠ Dardanelles Campaign

Galloway, Joseph 加羅韋（西元1731?～1803年） 美洲殖民地律師、議員。1747年在費城開業當律師。1756年被選入地方議會，1766～1775年任議長。他是個保王派，反對殖民地獨立。1774年致力於與英國和平解決分歧，但以微弱少數未被美洲大陸會議採納。美國革命期間，加羅韋投奔英國將領何奧的部隊。英軍占領費城期間，他重返故地擔任行政長官。1778年大陸軍收回費城，他逃往英格蘭。

gallstone 膽石 在膽囊形成的大量晶體化物質。最常見的形式是發生在肝臟分泌過多含膽固醇的膽汁留在溶液中。肝病、慢性膽囊疾患及膽管癌可引起膽道炎症、膽汁鬱積，從而誘發膽結石症。膽囊結石可無症狀，亦可致急性膽囊炎，膽管結石時阻塞部位上方壓力增加，可致嚴重膽絞痛。結石一般可手術截除膽囊，或可用超音波打碎結石使其排出，能防止結石再度形成。某些病例可行內科治療，如口服膽鹽以溶解結石及降低膽汁中的膽固醇濃度。如果必須截除膽囊，現在多選擇以腹腔鏡手術來移除。

Gallup, George (Horace) 蓋洛普（西元1901～1984年） 美國民意抽樣調查的統計學家。1932年以前，蓋洛普在德雷克大學和西北大學教授新聞學。1932年受雇於紐約市一家廣告公司，爲公司的客戶進行民意調查。他開創了民意測驗要以科學採樣爲準，1936年由於準確預言了羅斯福將會贏得美國總統選舉，而使蓋洛普民意測驗和其他的民意測驗受到人們的信賴。1935年他創建美國民意學會。1936年創建了不列顛民意學會。1939年建立聽眾調查會。

Galsworthy, John＊ 高爾斯華綏（西元1867～1933年） 英國小說家和劇作家。他放棄律師資格，成爲一個作家，許多作品以法律爲主題。在寫《有產業的人》（1906）之前，已出版了一些作品，第一部長篇小說是《福爾賽世家》（1922年完成）。他主要因這個家族記事而聞名，其包含了由兩段插曲連貫的三本小說。他繼續以福爾賽一家的故事爲題材，寫成另外三部小說，合稱《現代喜劇》（1929）。他也是一個成功的劇作家，用自然主義手法剖析一些道德問題或社會問題，作品如《銀匣》（1906）、《鬥爭》（1909）、《法網》（1910）和《忠誠》（1922）。1932年獲諾貝爾文學獎。

Galt, Alexander Tilloch　高爾特（西元1817～1893年）受封爲Sir Alexander。英裔加拿大政治家。1835年從英國移民到下加拿大（今魁北克省），在英屬美洲土地公司工作，1844～1845年任公司高級專員。1849～1850年和1853～1872年擔任聯合省立法會議議員，一直是居少數的英裔加拿大人領袖。1858～1862和1864～1867年兩次任財政部長，他擁護聯邦體制，1867～1868年擔任加拿大自治領政府的第一任財政部長。1872年退出議會後，開始鼓吹加拿大獨立。1880～1883年任加拿大駐倫敦高級專員，此後退隱。

Galton, Francis　高爾頓（西元1822～1911年）受封爲Sir Francis。英國探險家、人類學家和優生學家，以在許多領域的開創性研究著稱。他是達爾文的表弟，在劍橋大學學醫，但沒有拿到學位。年輕時，遍遊歐洲和非洲，對動物學和地理學做出有用的貢獻。他是第一批承認達爾文演化論的人，後來創造「優生學」一詞，指出可用科學方法透過選擇配偶，提高優質人口的比例。他的目的並不在於製造一個貴族名流階層而是在於產生出一大批完全由優秀的男人和女人組成的居民群。他還寫了一些有關人類智力、指紋辨識、應用統計學、孿生子、輸血、犯罪行爲、氣象學和計量方面的重要作品。

高爾頓，油畫，葛雷夫（G. Graef）繪於1882年；現藏倫敦國立肖像畫陳列館
By courtesy of the National Portrait Gallery, London

Galvani, Luigi*　伽凡尼（西元1737～1798年）義大利醫師和物理學家。早年研究放在比較解剖學方面，如腎細管、鼻黏膜、中耳等的構造。他在解剖死青蛙時，發現青蛙被掛到鐵桿晾乾時肌肉會抽動，因此引發了他研究電學的興趣。他開始用電刺激肌肉的實驗，使用一種靜電機和萊頓瓶。自1780年代起，動物電一直是他主要的研究範疇。他的發現導致了伏打電堆的發明，這是一種能產生恆定電流的電池組。

galvanizing　鍍鋅　採用鋅鍍覆層，使暴置於大氣中的鋼鐵不致生銹。如工藝得法，金屬鍍鋅後可在大氣中15～30年或更長時間內不銹。當鍍層形成不連續性或具有微孔時，就會導致電鍍或電解作用；鋼和鐵是由於替換腐蝕（鋅和鐵接觸時，大氣氧化捨棄鐵而作用於鋅）而得到保護。一般有兩種鍍鋅法：熱浸法和電解沈積法。亦請參閱terneplate。

galvanometer*　電流計　根據可動線圈的偏轉量來測量微弱電流或電流函數的儀器。最普通的電流計包括一個小線圈，懸掛在永磁鐵兩極之間的金屬帶上。電流通過線圈產生磁場，與永磁鐵的磁場相互作用而產生轉矩或扭力。線圈上連著一根指針或一面反射鏡。線圈在轉矩作用下旋轉，旋轉一定角度後與支撐部分的扭力相平衡。此角度即可用來度量線圈內通過的電流。角度用指針的轉動或鏡面反射光線的偏轉來測定。

Galveston　加爾維斯敦　美國德州東南部城市和港口。位於墨西哥灣內的加爾維斯敦島東北端，曾是海盜拉菲特的巢穴所在（1817～1821）。該島自那時以後開始有人定居，1834年建爲城鎮。在德克薩斯人反抗墨西哥的暴動期間（1835～1836），曾短暫爲首都。南北戰爭時期爲南部同盟重要的物資供應港。雖然20世紀遭逢幾次大颶風的侵襲，受損嚴重，但現在仍是一個重要的深水港，有航運和煉油業。人口約59,000（1994）。

Gálvez, José*　加爾維斯（西元1720～1787年）受封爲marqués (Marquess) de la Sonora。西班牙殖民地行政官員，以1765～1771年任新西班牙（墨西哥）總視察官而聞名。其主要成就有：整頓稅收制度，實行煙草專賣，占領上加利福尼亞。1775年被任命爲西印度事務大臣，他致力於拓展商業。1786年實施一種監督管轄區制度。他被公認是西班牙最偉大的殖民官員。

Galway*　戈爾韋　愛爾蘭西部一郡。西部濱大西洋。首府戈爾韋鎮，位於戈爾韋灣的灣頭。據說在1230年代阿爾斯特伯爵（第二）曾統治這裡，其跟隨者的後裔以戈爾韋部落聞名。1652年克倫威爾實施的土地政策造就了一批新的地主階級。戈爾韋郡現在仍是一個農業地區。這裡講蓋爾語的人口是全國各郡中最大的一個。面積5,939平方公里。人口179,000（1995）。

Galway, James　戈爾韋（西元1939年～）愛爾蘭長笛演奏家。生於貝爾法斯特，十多歲時前往倫敦學習長笛，並在巴黎跟隨朗帕爾及莫易茲（1889～1984）門下。他是皇家愛樂交響樂團的主要長笛手（1966～1969），後來成爲柏林愛樂交響樂團的成員（1969～1975）。他隨後成爲輕古典音樂及流行音樂方面成功的長笛獨奏家。

Gama, Vasco da　達伽馬（西元約1460～1524年）受封爲conde (Count) da Vidigueira。葡萄牙航海家。1497～1499年進行第一次到印度的航行，他率領四艘船繞過好望角，途中造訪了莫三比克和肯亞的貿易城鎮。葡萄牙國王曼努埃爾一世想要趕快打開與印度的貿易路線，但印度屠殺了留下的葡萄牙人，於是他在1502年派遣達伽馬率領一支艦隊（二十艘船）前往報復，並建立葡萄牙在印度洋上的霸權。達伽馬此時已升任元帥，他沿途逼迫所經過的地方統治者歸順葡萄牙，並攻擊阿拉伯人商船。經過一些戰役後，終於鞏固了葡萄牙的統治地位，他才班師回國。1524年受命爲印度總督，但在到達臥亞不久染疾而死。他到印度的航行打開了西歐到東方的海路。

Gamaliel I*　迦瑪列一世（活動時期約西元1世紀）亦稱Rabban Gamaliel。以色列早期的猶太教律法師和牧首。知名的希勒爾之孫。後來成爲受人崇敬的托拉（律法書）學者和猶太教公會成員。以嫻熟猶太教口傳律法聞名，是第一個被授予列班頭銜的人。據《新約》所載，他是使徒聖保羅的老師，也是早期基督教人士的朋友。

Gamaliel II　迦瑪列二世（活動時期西元1世紀末、2世紀初）亦稱Gamaliel of Jabneh。猶太教公會會長和拉比。迦瑪列一世之孫，在西元70年羅馬軍團困耶路撒冷時，號召猶太人避居賈布奈。西元80年左右成爲以色列猶太社區的牧首。他是當代最偉大的法律學者，常引用「密西拿」中的律法。他統一了猶太教的祈禱儀式和猶太曆。

Gambetta, Léon*　甘必大（西元1838～1882年）法國共和派政治人物。早年赴巴黎學習法律，1859年獲得律師資格。曾協助第三共和的建立，在一次以辯護律師身分發表捍衛共和、譴責第二帝國的演說之後，名噪一時，1869年選入立法會議。在普法戰爭時，指揮法國的國防，而在1870年拿破崙三世被俘後，在成立臨時政府中扮演重要角色。他以出色的口才說服國會批准「1875年立憲法律」，成爲新的議會制共和的基礎。1879～1881年擔任衆議院議長，1881～1882年被任命爲總理。他一直鼓吹民主理念和國家團結的意識。

甘必大，卡雅特攝；現藏巴黎法國國家圖書館
By courtesy of the Bibliothèque Nationale, Paris

Gambia, The　甘比亞
正式名稱甘比亞共和國（Republic of the Gambia）。非洲西部共和國。是塞內加爾境內的一塊飛地，國土從大西洋沿著甘比亞河往內陸延伸達475公里。面積10,689平方公里。人口約1,411,000（2001）。首都：班珠爾。約有2/5的人口是馬林克人，其次是富拉尼人（約占1/5）、沃洛夫人（約占1/7）和其他民族。語言：英語（官方語）。宗教：伊斯蘭教。貨幣：達拉西（D）。甘比亞境內普遍多丘陵，屬亞熱帶氣候。高地爲稀樹草原，低窪地區爲沼澤。甘比亞屬開發中的市場經濟，主要以花生種植和出口爲基礎。然而全國的可耕地面積僅約1/6。甘比亞河是主要的運輸動脈。旅遊業也是重要的歲收來源。政府形式是共和國，一院制。國家元首暨政府首腦是總統。約西元13世紀初，沃洛夫、馬林克和富拉尼人即開始在今甘比亞各地定居，並在該地區建立村落，後來又建立王國。從1455年葡萄牙人發現甘比亞河時起。歐洲人便開始在此地區探險。17世紀英國和法國在該地區設居民點，英國並在距甘比亞河口32公里處的島上建立英屬詹姆斯堡，爲奴隸買賣的重要集聚點。1783年「凡爾賽和約」把甘比亞河劃歸英國。1807年英國廢除奴隸制度後，在甘比亞河

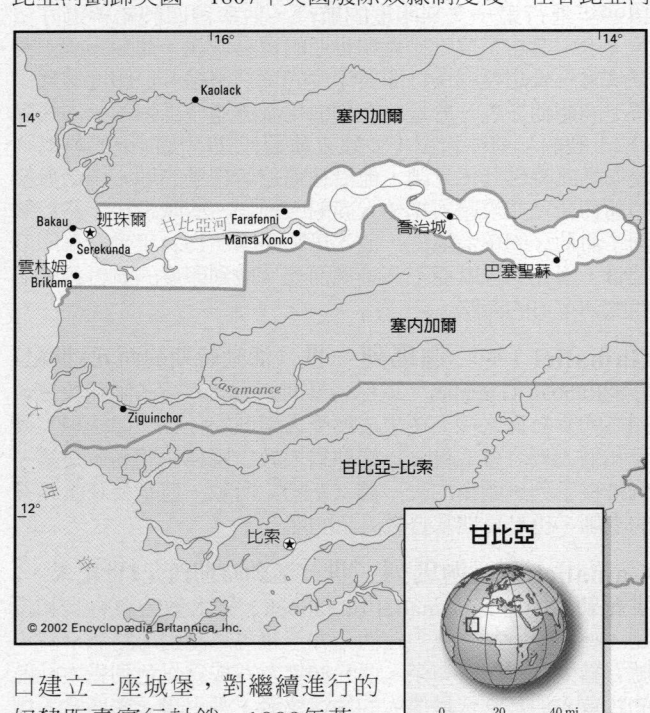

口建立一座城堡，對繼續進行的奴隸販賣實行封鎖。1889年英、法兩國畫定了甘比亞現在的疆界。1894年英國宣布該區爲其保護地。1965年甘比亞宣布獨立。1970年成爲國協內的一個共和國。1982年與塞內加爾結爲有限的聯邦，聯邦於1989年解散。1990年代，政府處在動亂當中。

Gambia River　甘比亞河　西非河流。源出幾內亞，向西北流經塞內加爾，再往西流經甘比亞，注入大西洋。長1,120公里。是西非唯一可以通航海船的河流。自富塔賈隆高地發源後，蜿蜒曲折流向河口，這是淹沒山谷形成的海灣，或稱沈溺河口。中、上游河段平坦，河旁低地種植稻米和花生，人口也比下游地區密集。

Gambier Islands＊　甘比爾群島　法屬玻里尼西亞的島嶼群，爲土阿莫土群島的東南延伸部分，最大島爲馬加萊瓦，長8公里，四周有堡礁圍繞了64公里。杜夫峰和莫科托峰高約440公尺，主要村落是位於島嶼東邊的里基泰阿。1881年法國兼併之。資源有限，居民靠自給農業、椰乾生產和少量漁業爲生。人口620（1988）。

gambling　賭博　爲某種遊戲或未知事件，投以錢物作爲打賭，以預測其結果的一種活動。一般和賭博有關的活動有馬賽、拳擊、各種牌戲和擲骰子遊戲、鬥雞、回力球，以及娛樂性撞球和擲飛鏢遊戲。賓果和樂透也是賭博的另一種表現方式。在絕大多數賭博遊戲中，通常都用「可能性對必勝率之比」亦即「輸贏差額對贏家所得之比」這一術語來表達或然率的概念。娛樂場賭博曾被嚴加禁止，現在許多國家已是合法，許多國家也以發行樂透彩券來增加歲收。亦請參閱bookmaking、casino。

game show　智力遊戲節目　亦稱智力測驗節目／益智猜謎節目（quiz show）。參加測驗的人是從攝影棚或廣播聽衆中挑選出來的。安排這種廣播節目的目的是爲了測驗這些人的記憶力、知識、靈活性或運氣，或者是爲了讓這些人進行智力競賽，爭奪獎品或獎金。早在1950年代初期，美國電視就開始舉辦智力測驗節目，進一步推動了這種節目的普及。電視台舉辦巨額獎金的智力測驗節目是從1955年開始。1958年，智力測驗節目的主持人的不公正作法，使政府對此進行了調查，智力測驗節目很快銷聲匿跡。後來，電視廣播網以遊戲的形式重新舉辦智力測驗節目。

game theory　賽局論　應用數學的一個分支，用來分析可能擁有類似、相反或混合利益的關係者之間存有交互作用的特定情況。賽局論原先由馮．諾伊曼和摩根斯頓在他們的著作《賽局理論與經濟行爲》（1944）中發展起來。在典型的賽局中，做出決定的「局中人」（有各自的目標）試圖預先考慮其他人的決定而打敗另一人，最後，賽局被當作這些決定的後果而獲得解決。賽局的解法指示了局中人應該做出的決定，也描述了賽局的適當結果。亦請參閱decision theory、prisoner's dilemma。

gamelan＊　甘美朗　爪哇和巴里地區原住民管弦樂，而在印尼和馬來西亞更爲普遍，通常由鑼、木琴和金屬擊鳴樂器（由一根木槌敲擊成排的金屬音樂鍵）組成。甘美朗複調音樂是很複雜的，而且是多聲部。在閃爍的、斑斕多彩的錘擊聲下，迴盪著人聲、笛聲或弦樂器發出的流暢而不間斷的旋律。核心主題常擴展至好幾個「小節」（幾乎全用4/4拍子），其他樂器演奏大量獨立的與之形成對比的對立旋律。另一組樂器演奏這個主題的具有節奏性的短句，第四組則以優美的節奏性的音型豐富這個結構。受它影響的音樂家有德布西、梅湘、凱基和格拉斯。

Gamelin, Maurice(-Gustave)＊　甘末林（西元1872～1958年）　法國陸軍總司令。1893年進入陸軍，第一次世界大戰中升爲師長。1931年任陸軍參謀長。他支持以馬其諾防線爲基礎的防守戰略，第二次世界大戰爆發後任西線盟

軍司令。在假戰（Phony War）期間，從沒發動一次攻擊。1940年5月德國穿越亞耳丁高原，切斷盟軍防線，使他措手不及。結果他被撤職，由魏剛接替，但法國在次月即瓦解。曾受維琪政府審判，1943年起被拘留在德國，直到戰爭結束。

gametophyte＊　配子體　某些植物世代交替中的有性世代（或該世代的個體）。與它相互交替的是無性的孢子體世代。在配子體世代中，雄性和雌性器官（配子囊）發育並產生精子和卵子（配子），受精（配子配合）後受精卵（合子）發育爲孢子體，孢子體產生許多單細胞的孢子，然後它們又發育成新的配子體。

gamma decay　γ衰變　放射性的一類，某些不穩定的原子核通過自發電磁過程而耗散過剩能量，最常見的形式叫作γ發射，射出電磁能脈衝，名爲γ射線。γ衰變還包括另外兩種電磁過程：內轉換及內電子偶產生。內轉換是核內過剩能量直接傳給一個軌道電子，從而使原子射出電子。內電子偶產生是過剩能量在核電磁場內直接轉化爲一個電子和一個正電子一起發射。γ發射典型的半衰期大約是約10^{-9}～10^{-14}秒。

gamma globulin＊　γ球蛋白　血液中的一種球蛋白。人類及許多其他哺乳動物體內形成的抗體即存在其中。有些人γ球蛋白缺乏或產生不足（無γ球蛋白血症及低γ球蛋白血症），因此缺乏免疫力，經常反覆感染疾病。

gamma ray　γ射線　穿透性電磁輻射，性質與X射線相同，但波長較短，能量較高，由某些放射性物質（參閱gamma decay和radioactivity）自發發射。γ輻射有時來自某些亞原子粒子（如π介子和Σ粒子）的衰變及粒子與反粒子的湮沒。γ射線可引發核分裂，γ射線光子通過自由電子散射（康普頓效應）而喪失能量，或通過從原子射出電子而完全被吸收（光電效應）。

gamma-ray astronomy　γ射線天文學　研究發射γ射線的天體。γ射線望遠鏡設計來研究高能的天體物理系統，包括日冕、白矮星、中子星、黑洞、超新星殘骸、星系團，以及漫射γ射線的宇宙背景輻射。令人困惑的γ射線爆炸最早在1960年代發現。普遍假設是由銀河系的中子星所產生，但是從其均勻的分布（不像星系內的恆星分布）推斷起源可能是星系外的。在1970年代早期，第一枚γ射線觀測衛星發射升空，在大氣（會吸收γ射線）上方蒐集資料，發現明亮的γ射線源而沒有明顯的可見光對應。在1992年才揭開它的性質，在發現週期性發射的X光和γ射線，認爲這是脈衝星，並已找到最靠近的一個。

Gamow, George＊　伽莫夫（西元1904～1968年）　原名作Georgy Antonovich Gamov。俄國出生的美國核子物理學家和宇宙學家。曾在列寧格勒大學就讀，受業於數學家和宇宙學家弗里德曼，後來他鑽研了反射性的量子論，首次成功地解釋了放射性元素的衰變特性。他提出原子核的「液滴」模型，爲現代核分裂和核融合理論奠定了基礎。1934年他移居美國，與泰勒一起提出關於β衰變的伽莫夫－泰勒理論（1936），以及紅巨星內部結構理論（1942）。1950年代，伽莫夫開始把興趣轉向生物化學，提出遺傳密碼這一概念，後來經證實。他一生寫有許多受人歡迎的科普著作，深入淺出，使非專業人員也能理解像相對論和宇宙論這樣的艱深內容，影響深遠。

Gan River　贛江　亦拼作Kan River。中國東南部河流。主要流經江西省，全長約864公里，它向北流經鄱陽湖後，匯入揚子江（長江）。由於贛江是長江南側的主要支流，因此贛江河谷在中國的傳統歷史上是廣州通往長江河谷及其以北的重要路線。

Gäncä＊　甘賈　1804～1918年稱伊利莎白波爾（Yelizavetpol），1935～1989年稱基洛瓦巴德（Kirovabad）。亞塞拜然西部城市，臨甘賈河。西元5或6世紀時建於今甘賈城東附近。1139年地震中被毀，而在現址重建，成爲重要貿易中心，但1231年又被蒙古人夷平。1606年被波斯人占領，成爲甘賈可汗國中心。1804年被俄國併吞，改名伊利莎白波爾。1935年改名基洛瓦巴德。此後工業發展，成爲亞塞拜然最大的城市之一。該市生產鋁、機械和儀器，也是富饒的農業區中心。古蹟包括建於1620年的朱馬－梅切特清眞寺和12世紀波斯詩人內札米的現代陵墓。人口約292,500（1995）。

Gance, Abel＊　岡斯（西元1889～1981年）　原名Eugène Alexandre Péréthon。法國電影導演和編劇。1909年從影後便自稱印象派。他因《哀痛的母親》（1917）和《第十交響樂》（1918）嶄露頭角。《我控訴》（1918）和《車輪》（1923）被推崇爲經典之作。他最出名的影片《拿破崙傳》（1927）是一部歷時四年拍成的不朽作品，其中包括爲強調電影節奏而進行的快速剪輯、用三架攝影機拍攝大型戰爭場面等技術性試驗。他也是使用立體音響的先驅。這部片子在歐洲上演十分成功，但在美國因被粗糙地修剪而反應很差，不過在1981年終於可播映完整版。後來拍的影片受到影片公司的控制，不能盡情發揮他創造的天分。

岡斯，攝於1954年
H. Roger-Viollet

Ganda　干達人　亦稱巴干達人（Baganda）。居住在烏干達中南部的民族，操貝努埃－剛果語族的一種班圖語。在烏干達是人數最多的民族，干達人傳統上從事鋤耕農作，還種植棉花和咖啡出口，飼養牲畜。19世紀時曾建立布干達中央極權國家。

Gandhara art　犍陀羅藝術　西元前1世紀至西元7世紀盛行在今巴基斯坦西北部和阿富汗東部的佛教視覺藝術。與馬圖拉藝術約同一時期。在阿育王時代，此區是佛教傳教活動最頻繁的地方。在貴霜帝國的統治下，也與羅馬保持著外交和商業關係。爲記述佛教的傳說，犍陀羅派從羅馬古典藝術中汲取了很多圖樣和技法，如葡萄捲草紋、戴花圈的小天使、半人半魚的海神、半人半馬的怪物，和放在拱頂壁龕中的雕像等，然而雕像的基本樣子仍是印度式的。犍陀羅雕刻的材料包括硬綠泥石、灰藍色雲母石和灰泥。雕像最早是著色的並鍍金的。亦請參閱Kushan art。

犍陀羅風格的佛陀宣教片巖浮雕，約做於西元2世紀；現藏孟買西印度威爾斯親王博物館
P. Chandra

Gandhi, Indira (Priyadarshini)＊　甘地夫人（西元1917～1984年）　原名Indira Priyadarshini Nehru。印度總理

(1966～1977、1980～1984)。印度民族主義領袖尼赫魯的獨生女。曾在西孟加拉國際大學和牛津大學求學。1942年與國民大會黨黨員費羅茲·甘地(卒於1960年)結婚。1959年當選爲黨主席,但屬於榮譽性質,1966年才取得實權,當時她成爲國大黨的黨魁,後來成爲總理。她實施了一些改革政策,包括爲控制生育而進行大規模的絕育。1971年12月印度軍隊擊敗巴基斯坦而導致成立孟加拉國。1974年她監管了錫金的合併。1975年因違反選舉法而被宣判有罪,她乃宣布國家進入緊急狀態,把政治對手關入監獄,並通過許多限制個人自由的法律。在1977年的大選中她慘敗,但在1980年重掌政權。1984年爲報復錫克教分離主義者的暴力活動,她派軍攻擊錫克教的重要朝聖中心金寺,造成450多人死亡。後來她被自己身邊的錫克教護衛刺殺身亡。

甘地夫人
AP/Wide World Photos

Gandhi, Mohandas K(aramchand) 甘地(西元1869～1948年) 別名聖雄甘地(Mahatma Gandhi)。印度民族主義最重要的領袖,也是20世紀非暴力運動的先知。出生於宗教氣息濃厚的家庭,他把不殺生和宗教寬容視爲理所當然。他在英國攻讀法律,但想要成爲成功的律師太難,於是轉往南非一家印度公司任職。他在那裡熱心提倡印度人的權利。1906年他首次採行不合作主義運動,即非暴力抵抗的手段。1914年回到印度之前,他在南非的成就已使他在國際上知名,而在印度,他在幾年內即成爲爭取印度自治的全國領袖。到1920年,甘地的影響力已經超越印度其他任何政治領袖。他把印度國民大會黨改造爲印度民族主義的有效政治工具,並在1920～1922年、1930～1934年(包括發動人民到海邊拾鹽以抗議政府壟斷的重要遊行)和1940～1942年進行非暴力抵抗的大型運動。1930年代他也發起反歧視印度賤民的運動,強調教育鄉村印度人民,並提升棉花工業。1947年印度獲得治權,但國家分爲印度和巴基斯坦的事實讓甘地極感失望,因爲長期以來他一直爲印度教和伊斯蘭教的統合而努力。1947年9月他以絕食方式結束加爾各答的暴動。1948年1月他被一名狂熱的年輕印度教徒射殺。甘地贏得數以百萬計人民的衷心愛戴,成爲聖雄,亦即偉大的靈魂。

Gandhi, Rajiv (Ratna) 甘地(西元1944～1991年) 印度總理(1984～1989)。英迪拉·甘地之子,原在劍橋大學讀工程系。1968年開始在印度航空公司擔任機師。1980年弟弟桑賈伊因飛機失事遇難後,他開始從政,1984年10月31日他的母親被刺死後,當天即宣誓就任總理職務。他領導國大黨在該年取得人民院選舉的壓倒多數勝利,任內採取嚴厲措施整頓政府機構,並推行自由化經濟。然而甘地試圖阻止分裂主義活動的計畫卻事與願違,而他的政府也多次捲入財政醜聞。1989年11月他辭去總理職務,但仍擔任國大黨(英迪拉派)的領袖。1991年在國會選舉競選時被刺殺。

Gandhinagar* 甘地訥格爾 印度中西部古吉拉特邦首府。濱薩伯爾默蒂河。位於舊首府艾哈邁達巴德北方。1966年始建,名稱取自民族英雄甘地。1970年第一批州政府辦公室由艾哈邁達巴德遷此,兩城之間通高速公路。人口123,359(1991)。

Gando ➡ Gwandu

Ganesa 象頭神 亦作Ganesa。印度教所信奉的神靈,人身象頭,是濕婆與雪山神女所生之子。也受到耆那教的崇拜,在佛教亞洲的藝術和神話裡是個重要角色。據說祂能排除障礙,在開始禮拜或開創新事業時都首先要祈求他保佑。祂最受印度民族主義者的歡迎,因爲他們視英國殖民主義是一種必須移除的障礙。祂司掌文學和學術,傳說《摩訶婆羅多》就是由廣博仙人口授而由象頭神筆錄的。祂受人歡迎的程度在20世紀有增無減,祂的慶典在印度馬哈拉施特拉邦尤其流行。

跳舞的象頭神,印度北方邦法魯卡巴德的浮雕,做於10世紀;現藏印度勒克瑙邦立博物館
Pramod Chandra

Gang of Four 四人幫 經審判應對文化大革命期間爲毛澤東推行嚴厲政策負責的一個最具權勢的激進政治精英集團。這四個人是王洪文、張春橋、姚文元,以及毛澤東的第三任妻子江青。他們操控年輕的紅衛兵,控制了四個領域:知識教育、科技的基本理論、師生關係和校規,以及同知識分子有關的黨的政策。1969年以後文化大革命的混亂情況逐漸平息了下來,但四人幫繼續掌權到1976年毛澤東去世爲止,當時他們被下獄,1980～1981年受審。

Ganga dynasty* 恆伽王朝 印度有兩個恆伽王朝,即統治邁索爾邦的西恆伽王朝(250?～1004?)和統治羯陵伽的東恆伽王朝(1028～1434/1435)。西恆伽王朝獎勵學術,興建了一些著名的寺廟。並鼓勵人橫跨半島做貿易。東恆伽王朝大力贊助宗教和藝術,此時期的寺廟是印度建築中的佼佼者。兩個王朝都與遮婁其王朝、朱羅王朝有往來的關係。

Ganges Delta 恆河三角洲 或稱恆河－布拉馬普得拉河三角洲(Ganges-Brahmaputra Delta)。位於西孟加拉、印度和孟加拉。這是沿著孟加拉灣綿延廣達220哩(354公里)的一個區域,由恆河和布拉馬普得拉河的河口所形成的流域。在孟加拉,提斯塔河匯入布拉馬普得拉河,從那裡到與恆河交會處,就是賈木納河。主流恆河和賈木納河會合成爲博多河。這條河最西注入孟加拉灣,稱爲胡格利河。這個三角洲的許多較小的支流形成一個沼澤濕地(大約6,526平方哩或16,902平方公里)也就著名的sunderban。這個三角洲在1970年曾遭受史上最嚴重的一次颶風侵襲。

Ganges River* 恆河 印地語作Ganga。印度北部河流。自古爲印度教徒奉爲聖河。源出北方邦,由五條源流形成。長2,510公里,往西南流經比哈爾邦和西孟加拉邦。在孟加拉國與布拉馬普得拉河匯合後稱博多河。博多河接納梅克納河後形成許多分流注入孟加拉灣,並形成一個寬達320公里的三角洲,由印度和孟加拉國瓜分。恆河平原是世界上最肥沃、人口最稠密的地區之一。

Gangetic Plain* 恆河平原 亦稱印度河－恆河平原(Indo-Gangetic Plain)。印度次大陸中北部的肥沃地區,從布拉馬普得拉河谷地和恆河三角洲向西延伸至印度河谷地。包含了爲南亞次大陸最富庶、人口最稠密地區。東部冬季少雨或乾旱;夏季雨量很大,大片土地被水淹沒。向西漸趨乾燥,有塔爾沙漠。

ganglion＊ 神經節 指中樞神經系統外的一群神經細胞體，31對脊神經節沿脊髓排列，是脊神經根上的一群神經元細胞體。背側根有神經節，內含傳入神經纖維（向中樞神經系統傳導衝動）的細胞體。

gangrene 壞疽 血液供應長期受阻所致的動物軟組織局部死亡。容易出現在患有動脈硬化、糖尿病、褥瘡者身上，以及嚴重燒傷或凍傷之後。乾性壞疽的病因是患部的血液供應逐漸減少，常發生於肢端。患部可先變色，局部溫度降低，後來患部變黑發乾。治療方法爲改善到患部的血流。濕性壞疽發生於血液供應突然中斷時，未受損傷的組織開始漏出液體，這些液體又促進細菌的生長。患部腫脹，變色，後來發出惡臭味。主要的治療措施是使用抗生素，輔以清除壞死的組織以阻止感染的蔓延而致死。另有一個惡性類型稱爲氣性壞疽，由梭狀芽孢桿菌屬細菌感染所致，該屬細菌僅生長於無氧的環境中。多見於清創不徹底的深度碾壓傷及穿透傷處（如戰傷），亦可爲施行不當的引產的後遺症。傷口於三～四天內即開始滲出淺棕色、惡臭的液體。細菌釋出毒素，從而導致皮下出現大量氣泡。感染會迅速蔓延，終致死亡。治療包括清除全部死亡的及罹患的組織，並投用抗生素，有時可使用抗毒素。

Gangtok＊ 甘托克 印度東北部錫金邦首府。海拔1,700公尺，往下可俯瞰拉尼普爾河。在錫金王國的君主政體被廢（1975）和被印度兼併之前，一直是其政府所在地。是印度與中國西藏之間貿易路線上的重要地點，1962年此路線封閉。舊皇宮和教堂仍矗立於此。著名的佛教寺廟隆德寺也在附近。爲錫金的文化、教育中心。人口25,024（1991）。

Ganioda'yo 甘尼阿達約 ➠ Handsome Lake

gannet 塘鵝 鵜形目鰹鳥科的三種海洋鳥類。與鰹鳥近緣。是北大西洋最大的海鳥，亦見於非洲、澳大利亞及紐西蘭附近的溫帶水域中。成鳥體羽白色，翼端呈黑色，頭大呈淡黃或米黃色，眼周色黑；喙及尾巴尖細。常潛入海中以獵捕魚及烏賊，雖在陸地行走時搖搖擺擺，但善於飛翔，大部分時間棲於水中。其巢密集築於陡崖上。北方塘鵝體型最大，長100公分。

北方塘鵝
William and Laura Riley

Gannett Co., Inc. 甘尼特公司 美國最大報業集團之一。該公司由報人甘尼特（1876～1957）創辦，他於1906年開始收購紐約州的小報紙。1923年組成公司，1967年股票首度公開上市。1982年開始發行全美第一份行銷全國的一般性內容報紙《今日美國》。如今約擁有七十五份日報，總發行量超出六百萬份。大部分報紙在中小型城市發行，較大的報紙包括《德摩因記事報》，《底特律晚報》總部設在維吉尼亞州阿靈頓。甘尼特公司另外擁有二十幾家電視台。

Gansu 甘肅 亦拼作Kansu。中國華北的省分（1999年人口約25,430,000）。幾世紀以降，甘肅一直是黃河上游區域與中國西部間的交通要道，西元前3世紀成爲中國領土的一部分。甘肅因馬可波羅由此進入中國而聞名。甘肅東部是中國主要的地震帶。1920年一場地震摧毀諸多城鎮，並造成二十萬人罹難。省會是蘭州，主要農作物聖事小麥，因此甘肅當地的主要糧食是小麥製成的麵食，而非米飯。

Ganymede 該尼墨得斯 希臘傳說中，特洛伊國王特洛斯的兒子。由於俊美非凡，被化作老鷹的宙斯掠去作諸神的侍酒童子。其他的說法則是他被其他的神或克里特國王米諾斯誘拐。這個故事長久以來含有同性戀的意味，catamite（孌童）這個字就是源自他的拉丁文名字Catamitus。

該尼墨得斯和化為老鷹的宙斯，古大理石雕像；現藏梵諦岡博物館
Anderson – Alinari from Art Resource

GAO ➠ General Accounting Office

Gao Xingjian 高行健（西元1940年～） 亦拼作Kao Hsing-Chien。移民法國的華裔小說家和劇作家。小說《靈山》（1989）的靈感是來自沿揚子江（長江）徒步旅行十個月的一次精神朝聖。1989年發表劇本《逃亡》（以1989年天安門廣場事件爲背景）後，其作品在中國遭禁。1987年定居法國，後來成爲法國公民。2000年獲得諾貝爾文學獎。

gar 雀鱔 雀鱔科雀鱔屬的大型魚類的統稱，產於北美或中美。與弓鰭魚近緣，在始新世就生活於歐洲和北美。主要棲於淡水，但有的種可降入半鹹水甚至鹹水。常像圓木一般，浮於流動緩慢的水面曬太陽並呼吸大氣中的空氣。兩顎與面部形成一個有尖牙的喙，魚體覆以菱形光亮而厚的硬鱗。它們的卵有很強的毒性。雀鱔是貪婪的掠食者，牙針狀，排成數長行，適於掠獲獵物。產於美國南部的鈍吻鱷雀鱔長約3公尺，是淡水魚中最大的種之一。

Garand, John C(antius)＊ 伽蘭德（西元1888～1974年） 美國槍炮工程師。出生於魁北克，1898年全家移居康乃狄克州。第一次世界大戰期間，他設計了一種輕型的全自動機槍，該設計雖未被美國陸軍採用，卻使他在美國標準局獲得一個槍支設計師的職位（1918～1919），後被調往春田兵工廠。工作了十七年之後，他建議生產一種0.3吋口徑，由一只8發彈匣供彈，長109公分卻僅4.3公斤重的氣動武器。1936年被採用後，M1成爲世界上第一種標準型號的自動裝彈陸軍步槍。第二次世界大戰和韓戰時，這種準確、高效又耐用的武器使美國部隊獲得了強大的火力優勢，巴頓將軍稱其爲「歷來裝備中最偉大的戰鬥武器」。美國約生產了五百多萬支M1。伽蘭德後來將他的發明的全部專利權簽字移交給美國政府。

garbanzo ➠ chickpea

Garbo, Greta 葛麗泰嘉寶（西元1905～1990年） 原名Greta Louisa Gustafsson。瑞典裔美籍女電影明星。在當推銷員時，被人發掘去拍電影小有成就後，激勵她到皇家劇院的演員訓練學校進修。在此期間結識了瑞典著名導演斯蒂勒，被邀在《科斯塔・柏林的故事》（1924）一片中擔任主角，自此成爲她的良師益友。

葛麗泰嘉寶，1936年《茶花女》中的扮相
Culver Pictures

1925年他們一起應米高梅電影公司之聘去美國工作，她美麗的外貌和個人魅力使她在第一部美國電影《急流》（1926）後就一炮而紅。在《聖潔女》（1927）、《安娜·克莉斯蒂》（1930）、《大飯店》（1932）、《安娜·卡列尼娜》（1935）、《茶花女》（1936）和《妮諾基卡》（1939）等電影中，以孤傲、如謎而多愁善感的角色令觀眾著迷。葛麗泰嘉寶在三十六歲時退出影藝界，在紐約市閉門謝客，過隱居生活。1954年被授予奧斯卡特別獎。

García Lorca, Federico＊　加西亞·洛爾卡（西元1898～1936年）　西班牙詩人和劇作家。他曾學過文學、繪畫和音樂，後來創辦了茅屋劇團公司，也兼任導演和音樂作曲，這家公司把古典劇介紹給鄉下觀眾。他是個實驗詩人，1928年出版了《吉普賽謠曲集》，爲他帶來國際聲譽。詩人以令人震驚的手法把古老的西班牙謠曲格式同令人驚異的新形象結合起來。1934年爲朋友創作的〈伊格納西奧·桑切斯·梅希亞斯輓歌〉（1935）是洛爾卡最偉大的詩篇，也被譽爲現代西班牙文學中最優秀的哀歌。他的三幕詩劇包括《血姻緣》（1933）、《葉爾瑪》（1934）和《貝爾納德·阿爾瓦的家》（1936），以最後一部最有名，是其經典之作。後來在西班牙內戰期間，未經審訊即慘遭法西斯主義者槍殺。

García Márquez, Gabriel (José)＊　加西亞·馬奎斯（西元1928年～）　拉丁美洲作家。曾在大學攻讀法律和新聞學。1948年開始記者生涯，在拉丁美洲和歐洲城市擔任了多年的記者，後來在定居墨西哥前也成爲電影編劇和政治評論家。其最著名的小說是《百年孤寂》（1967），描述馬孔多及其奠基人布恩迪亞家族的歷史。該書受到極高的讚揚，影響巨大，帶領了所謂的「魔幻寫實」主義風格運動。後來寫有《家長的沒落》（1975）、《記一樁事先張揚的凶殺案》（1981）、《愛在瘟疫蔓延時》（1985），以及《迷宮中的將軍》（1989）。短篇和中篇小說集包括《落葉及其他故事》（1955）、《沒有人寫信給上校》（1961）。1982年獲諾貝爾文學獎。

加西亞·馬奎斯，攝於1982年
© Lutfi Ozkok

Gard, Roger Martin du ➠ Martin du Gard, Roger

Garda, Lake　加爾達湖　古稱Lacus Benacus。義大利北部湖泊，也是義大利最大的湖泊。長54公里，寬3～18公里，湖岸線長達125公里。緊臨倫巴底、威尼托和特倫蒂諾－上阿迪傑等區。薩爾卡河從北端注入，湖水從南端經明喬河導出，再往南匯入波河。北端夾在兩個高聳的峭壁間，甚窄，向南漸寬，進入一近乎環形盆地。當地因受阿爾卑斯山屏蔽，屬溫和的地中海型氣候，爲著名的遊覽區，環湖有加爾登薩那旅遊公路（1931年開放）。

garden　花園　栽培草本植物、水果、花卉、蔬菜或喬木的一塊土地。現存最早的花園細部計畫屬於埃及，可以追溯至西元前1400年，其中呈現出樹木成行的大道和長方形的水塘。美索不達米亞的花園是可以享受樹蔭和涼水的地方。希臘式花園在陳列貴重材料方面是極盡奢華的，這個傳統由拜占庭花園承接。伊斯蘭花園常在池中使用水，並由類似灌溉溝渠的狹窄水道供水。在文藝復興時期的歐洲，花園反映出人類有能力使外在世界保持井然有序的自信。義大利花園強調住宅與花園的統一。17世紀的法國花園是極講究對稱性的，而法國當時主導了歐洲文化使這種風格普及到下一個世紀。在18世紀的英國，因逐漸增進對自然世界的了解而導致「自然」花園的發展，其中使用不規則而不對稱的布局。中國花園通常與自然景致保持和諧，採用遠方採集來的岩石，作爲共通的裝飾特徵。早期的日本花園仿照中國的原則，後來的發展是可能以沙子和岩石爲主的抽象花園，還有在盤中做成的迷你花園。

garden city　花園城　英國城市設計師霍華德（1850～1928）所提出的一種理想規畫的社區。這將是一個小型城鎮，結合都市和鄉村的舒適環境，其布局緊湊，容納得下成長空間。中央有一座花園，周圍是公共文化建築、一座公園、住宅區和工業區，最外圍則是農業綠帶。交通要道呈輻射形大道和環形公路。1903年在英格蘭萊奇沃思建立了第一座花園城。雖然霍華德這種規畫思想對後來的城市設計有很大的影響，但模仿者往往忽略了他所要求的條件：即城鎮是一種自足的、眞正混用的社區。

Garden Grove　園林市　加州西南部城市（1996年人口約149,000）。位次安那漢南方，一個新興的住宅區。這是著名的水晶教堂所在地，這間教堂以一萬片玻璃窗覆蓋，由約翰遜所設計。

gardenia　梔子屬　茜草科的一個觀賞灌木和喬木屬，多觀賞植物，約兩百種，原產非洲和亞洲的熱帶和亞熱帶。花管狀，白色或黃色。葉常綠，果大，漿果狀，果肉橙色，有黏性。梔子原產於中國，花芬芳，常有出售。

gardening　園藝　布置和管理一座花園。雖然在古時候就有宏偉的花園，但小型的庭園到19世紀才普遍流行。當自有住宅和休閒時間逐漸增加時，園藝被視爲一種消遣娛樂。一座設計良好的花園應呈現各種顏色和形式的混合和對照，還考慮到季節變換的效果。園藝的基本工作有土壤保持、雜草控制，以及保護植物不要染上病蟲害等。化學方法的使用仍然很廣泛，但環保的方法如有機肥料和手工除草已漸爲普遍。

Gardiner, Samuel Rawson　伽德納（西元1829～1902年）　英國歷史學家，畢生研究英國內戰史。曾在牛津受教育，1871～1885年在倫敦國王學院任教。他鑽研國內外收藏的手稿，樹立了這一方面的權威，也成就了其不朽的志業。主要著作有《從詹姆斯一世即位起至內戰爆發的英格蘭歷史，1603～1642》（共十卷，1883～1884）；《大內戰史，1642～1649》（共三卷，1886）；《共和時期和護國時期史，1649～1660》（共四卷，1903）。

Gardner, Alexander　伽德納（西元1821～1882年）　蘇格蘭裔美籍攝影家。1856年應攝影家布雷迪之聘，擔任人像攝影而移居美國。兩年後，伽德納爲布雷迪在華盛頓特區開設一家照相館。1861年美國南北戰爭爆發，伽德納幫助布雷迪拍攝了整個戰爭。但布雷迪卻不讓伽德納在自己的作品上署名。因此，伽德納於1863年離開布雷迪，另外開設一個照相館，並繼續拍攝戰爭照片。1866年出版一本共有一百幅照片的兩卷照片集《伽德納南北戰爭攝影錄》。1867年起，伽德納擔任太平洋鐵路聯合公司的攝影師，主要在堪薩斯州拍攝鐵路建築物和附近的新居民區。

Gardner, Ava (Lavinia)　嘉娜（西元1922～1990年）　美國電影女演員。爲南方的一個貧窮的佃農之女，後來在一些小影片中扮演跑龍套的角色，直到1946年拍攝了《繡巾蒙面盜》，才開始竄紅。她在銀幕上扮演的典型角色是：粗俗的、放蕩不羈的、玩世不恭的和老於世故的女人，如《維納斯的一次觸摸》(1948)、《畫舫璇宮》(1951)、《雪山盟》(1952)、《赤足天使》(1954)等片。但嘉娜不滿足於扮演「性感的象徵」的角色,而她在《紅塵》(1953,獲1953年奧斯卡獎提名)、《在海灘》(1959)、《巫山風雨夜》(1964)等片中對其所飾人物的敏銳的個性表演,令人激賞。

Gardner, Erle Stanley　伽德納(西元1889～1970年) 美國偵探小說家。早年隨父母到處旅行。曾在大學就讀,但中途輟學,後來到加州定居,在律師事務所當打字員。1911年獲律師資格,開始執業。他一方面工作,一方面開始寫低俗小說,描寫法庭的種種和他如何用計要出漂亮的法律手段。在他第一批以律師梅森爲中心人物的小說《絲絨爪案件》(1933)和《拗姑娘案件》(1933)出版獲得成功後,他就放棄律師職業。後來共出版了八十本梅森探案小說。此外他還寫了其他兩種系列的偵探作品,用的筆名是A. A. Fair。

Garfield, James A(bram)　伽菲爾德(西元1831～1881年) 美國第二十任總統(1881)。三歲喪父,生活貧困。1856年畢業於威廉斯學院。然後回俄亥俄中學任教,後任校長。南北戰爭期間任步兵上校,後升少將。1862～1880年爲美國眾議員。在重建時期,是一個激進的共和黨人,在1876年的大選中擔任選舉委員會的委員,1876～1880年爲眾議院領袖,1880年選入美國參議院。在1880年共和黨提名總統大會上支持格蘭特和布雷恩的代表相持不下。後來在第三十六屆決定總統人選的投票中,伽菲爾德被提名爲折衷的總統候選人,阿瑟被選爲副總統候選人,結果以些微差距險勝。在短暫的任期內(僅四個多月),多半與參議員康克林在任命權上爭論不休。7月2日他在華盛頓火車站被一位康克林的支持者槍擊。9月19日去世,在他臥床療傷的十一個星期中,引起全國對憲法中模糊的總統繼任情況產生爭議(後來在第二十和二十五條憲法修正案中釐清)。

伽菲爾德,攝於1880年
By courtesy of Library of Congress Washington, D. C.

Garfunkel, Art ➠ Simon, Paul

Gargano Promontory＊　加爾加諾岬 古稱Garganum。義大利普利亞區伸入亞得里亞海的多山海岬。被稱爲義大利靴形半島的「馬刺」。長65公里,寬40公里,在卡爾沃山海拔高達1,065公尺。北部沿岸有柑橘和橄欖林及葡萄園,南部坡地以產紅葡萄酒聞名。

Gargas　加爾加斯洞穴 法國南部洞穴,其中保存有歐洲石器時代藝術最早階段即奧瑞納文化的壁畫、繪畫和浮雕,是舊石器時代晚期的重要代表作。這座洞穴發現於1887年。在洞內的泥牆或洞頂有用尖狀工具雕刻的野馬、野牛、赤鹿、公牛、野羊、猛獁等,風格雄渾自然,似爲有關狩獵或飼養的魔術造像。但最明顯的特點是在洞壁上有許多人手的輪廓圖畫。這些畫是真正的人手捂在洞壁上的「負像印痕」(把手按在洞壁上,在手周圍及手指之間吹噴上顏料繪成),也有「正像印痕」(把手浸染了顏料,按在洞壁上繪成)。這種類型的人手輪廓圖,是目前已知最早的繪畫形式,年代約可追溯到西元前3萬年。這種人手造型畫在全世界的狩獵－採集社會的藝術當中是很普遍的。

gargoyle　怪獸形排水 建築中用於女兒牆天溝的排水口。原指古典建築檐口的獅頭形排水口或在龐貝城常見的陶製排水口。此詞後來專指歐洲中世紀那些奇形怪狀雕刻的排水口。在哥德式建築後期常作成蹲在檐口上的怪鳥獸形,伸出很長以使滴水遠離建築。

Garibaldi, Giuseppe＊　加里波底(西元1807～1882年) 義大利民族統一運動的著名領袖,復興運動的軍人。出生於漁民家庭,早年當過水手和船長。1834年受馬志尼的影響,參與了試圖在皮埃蒙特引發共和革命的一場叛變,但失敗,逃到法國。1836～1848年流亡南美,曾參加巴西和烏拉圭等國的革命運動,學得游擊戰策略。1848年返回義大利,帶領他的「紅衫軍」在米蘭參加義奧戰爭,維護義大利民族獨立。在教宗庇護九世逃出羅馬後,加里波底暫時防衛羅馬城,以抵抗法軍企圖恢復教宗統治。後來大膽穿越義大利中部撤退,成爲家喻戶曉的英雄。他再次流亡,直到1854年,1859年率領軍隊與奧地利作戰。1860年在沒有政府力量的支持下,召募1,000名志願人員攻打西西里,但戰到最後時,他的軍隊擴增至三萬人,後來奪占那不勒斯城。加里波底控制了整個義大利南部,把它交給維克托·伊曼紐爾二世,並擁戴他爲統一的義大利第一任國王。在維克托·伊曼紐爾的暗助下,他在1862和1867年兩次進攻教廷國,但都未能成功。

加里波底,攝於1866年
Deutsche Fotothek, Dresden

Garland　加蘭 美國德州北部城市。與達拉斯爲鄰,建於1887年。現已工業化,附近的布萊克蘭德地帶兼種農作物。製造業包括電子設備、化工品和科學儀器。人口約190,055(1996)。

Garland, Judy　迦倫(西元1922～1969年) 原名Frances Gumm。美國歌手和電影女演員。歌舞雜耍演員之女,三歲登台演出。後隨其姊(古姆姊妹班)至全國各地巡迴表演音樂節目,直至1936年首次拍攝電影短片《每個星期日》爲止。1937年拍攝音樂喜劇片《1938年百老匯之歌》,成爲熱門人物。後來與影星魯尼搭檔拍攝了九部影片,其中包括《愛情找到了安迪·哈代》(1938)。1939年因拍攝《綠野仙蹤》(1939)一片,使她成爲國際知名的電影明星,並因此而獲得奧斯卡特別獎。隨後演出的轟動一時的音樂喜劇片有:《相逢聖路易》(1944)、《復活節遊行》(1948)和《花間蝶滿枝》(1950)。其甜美有力而富有感情的嗓音使她成爲傳奇的音樂會表演者。在倫敦和紐約的幾次個人歌唱演出打破了票房記錄。後來重返螢光幕,在《星海浮沈錄》(1954)中的傑出表演,大獲成功。後來在《紐倫堡大審》(1961)中的表演也備受讚揚。由於婚姻破裂和染上嗑藥惡習,導致她英年早逝。所生的女兒莉莎·明尼利和蘿娜·魯夫特繼她之後躍上音樂舞台。

迦倫
Brown Brothers

Garland Sutra ➠ Avatamsaka-sutra

garlic 蒜 百合科多年生植物，學名Allium sativum。原產亞洲，在義大利和法國南部也廣泛種植。其鱗莖是許多民族傳統的菜料，味芳香而辛辣。在美國，蒜的廣泛使用是受歐洲移民影響的結果。古代和中世紀，蒜的醫療價值受到重視，人們把它當作護身符帶在身上避邪。現代科學研究證實蒜確有許多傳統認為的特性。其鱗莖含蒜素，一種能抗菌、祛痰、治療腸痙攣的抗生素。今天，還認為蒜有益於循環系統。二十多個可食的小鱗莖外被數層膜質包皮。亦請參閱allium。

Garmo Peak ➠ Communism Peak

Garner, Erroll (Louis) 嘉納（西元1921～1977年） 美國鋼琴家與作曲家，為爵士樂界最紅的鋼琴大師之一。生於匹茲堡，深受大胖子沃勒的影響，完全自學而成。1945年時，他曾在塔特姆的三重奏中代替塔特姆演出，後來更成立了自己的三人樂團，以專輯*Concert by the Sea*（1958）獲致極高的商業成就，這是爵士樂史上賣座最好的唱片之一。正如沃勒與塔特姆，嘉納也擅長單手演奏旋律，以他特有的搖擺風格創造出無比動力。他最有名的作品是Misty。

E F G

Garner, John Nance 伽納（西元1868～1967年） 美國政治人物。1890年取得律師資格。1898～1902年任德州議會議員，後當選美國眾議員（1903～1933），1931年擔任議長。在政治上有實力，特別是為促進通過立法而進行幕後活動的專家。他支持徵收累進所得稅和聯邦準備制度，到1917年已經被公認為國會中最有影響的政治家之一。在1932年與羅斯福搭檔為副總統候選人。1936年兩人再次當選。在羅斯福的新政中，堅持保守觀點，在第二任期時因致力增加美國最高法院的權力，而與羅斯福關係破裂。1941年退休，回到德州農場。

garnet 石榴石 具有相似的晶體結構和化學成分的一組常見的矽酸鹽礦物。最常出現在變質岩中，但也出現在某些類型的火成岩中，還往往少量地出現在碎屑沈積物和沈積岩中。石榴石可呈無色、黑色或各種紅、綠色調。石榴石的硬度及其鋒利的斷口，適合作磨料。較高級的用於木材、皮革、玻璃、五金和塑膠的砂磨和拋光，較低級的則用作噴砂劑和止滑面覆層。石榴石是與一月有關的誕生石。在美國紐約、緬因和愛達荷州皆有蘊藏，美國是世界石榴石主要產國，另外產量較多的國家有澳大利亞、中國和印度。

Garnet, Henry Highland 加尼特（西元1815～1882年） 美國黑人牧師和廢奴主義者。原是黑奴，1824年逃往紐約，受教育後成為長老會牧師。後來加入美國反奴隸制協會，在傳教時鼓動解放黑奴。1843年在有色自由人全國大會上號召奴隸起來殺死主人，但後來放棄這種激烈主張，並在一些講壇上擔任牧師。後來贊成美國黑人移民非洲。1881年被派去賴比瑞亞傳教，到達該國不久即去世。

Garnier, Francis＊ 安鄴（西元1839～1873年） 法語作Marie-Joseph-François Garnier。法國海軍軍官、殖民官和探險家。父為陸軍軍官，後來加入海軍，1861年隨法軍到越南南部，他是個法國帝國主義狂熱分子，曾從西貢前往湄公河探險，參與了第一支歐洲遠征軍從南部進入雲南（1866～1868）。他對湄公河探險的記載，留下了關於1860年代他所經歷的一些國家的政治、經濟形勢的概況，極富參考價值。1873年交趾支那總督企圖打開紅河通道與中國通商，把他從上海召回西貢。他反而企圖在越南北部為法國占領土地，後來被劉永福率領的中國黑旗軍殺死。

Garnier, Tony＊ 加尼埃（西元1869～1948年） 法國建築師。為查理・加尼埃（參閱Paris Opera）之子，1905～1919年他任里昂市的建築師，以具有遠見的工業城規畫和理論而著名。其最驚人的成就是他以簡化的鋼筋混凝土形式來表現，這是受佩雷開創性的作品所啓發的。在里昂最主要的作品是他的工業城規畫中的一個大規模的畜牧場建築群（1908～1924）。

garnishment 扣押財產通知 指提起扣押債務人的財產或其他資財的訴訟，以便使債權人的債能夠得到清償的一種程序。扣押債務人財產的通常做法是：債權人透過雇主扣發受雇人的工資。扣押債務人工資的訴訟若是獲勝，法庭即發出命令要求雇主扣發債務人一定比例的工資並交給債權人直至該債務得到清償為止。扣押財產通知和扣押令這些救濟方法可以溯源於羅馬法，它是中世紀商人公認的一種慣例。

Garonne River＊ 加倫河 古稱Garumna。法國西南部最重要河流。全長575公里，源出西班牙中部庇里牛斯山的兩條冰川源流，向北流後出西班牙進入法國，後向東北穿過法國最大沖積平原之一，經土魯斯迂迴向西北至波爾多，在此有550公尺寬。然後再流經盛產葡萄酒的昂特爾德梅爾半島，在波爾多北部26公里處與多爾多涅河匯合，形成巨大的吉倫特河口灣，注入大西洋。

Garrett, Pat(rick Floyd) 葛瑞特（西元1850～1908年） 美國西部執法人員。原以牛仔和捕獵野牛為業。1879年結婚後定居於新墨西哥州林肯縣，並成為警長。1881年7月他追捕並槍殺脫逃的兇手「比利小子」。後來成為牧場主、多納安那縣警長和埃爾帕索的收稅官。後來在一場牧場租約爭論中被射殺，不過有人懷疑他是被以前當警長期間得罪的一位敵手所殺。

Garrick, David 加立克（西元1717～1779年） 英國演員、戲劇演出人和劇作家。孩童時期曾受教於約翰生，後來定居倫敦，經營酒業。1741年演莎劇《理查三世》一舉成名，他在莎士比亞戲劇中的表演自然、清新，立即受到觀眾歡迎，公認是英格蘭最偉大的演員之一。1747年與人合夥買下特魯里街劇院，並擔任經理（1747～1776），他改革戲劇舞台陋習，以自己改編取代許多王政復辟時期的劇本，並使特魯里街劇院成為倫敦生意最興隆的劇院。他還寫有二十多部劇本。

Garrison, William Lloyd 加里森（西元1805～1879年） 美國新聞工作者和廢奴主義者。二十五歲加入廢奴運動，擔任過多家地方報紙編輯，獻身道德改革。1829年與廢奴運動的先驅倫迪合編《普遍解放精神》。1831年後創辦《解放者報》，以美國最堅決的反奴隸制報紙著稱。1833年他參加建立美國反奴隸制協會，後來協會內部發生分裂，部分是因婦女入會問題（加里森贊成），結果他成為縮小的協會會長（1840～1865）。他是個和平主義者，1844年要求北方和平地脫離南方。當他的影響力漸減時，他的激進論調增加了，他透過《解放者報》譴責1850年妥協案，痛斥「堪薩斯－內布拉斯加法」，反對司各脫裁決，稱揚布朗襲擊擁奴制的居民點是對的。在南北戰爭

加里森
By courtesy of the Library of Congress, Washington, D. C.

中他放棄了自己的和平主義信仰，而把奴隸解放放在第一位，忠實地支持林肯。1865年退休，但繼續支持禁酒運動、婦女平權和自由貿易。

Garson, Greer　葛莉兒嘉森（西元1903?～1996年） 英裔美國電影女演員。從1932年便是英國的劇場女演員，因首部美國電影《萬世師表》（1939）一炮而紅，並在《忠勇之家》（1942，獲奧斯卡獎）受到肯定。她擅長詮釋女性的道德勇氣及美德，曾主演以下電影：《傲慢與偏見》（1940）、《居禮夫人》（1943）以及《帕金頓夫人》（1944）。她在1955年左右退隱，但是又以《坎波貝洛日出》（1960）重返大銀幕飾演羅斯福夫人。

Garter, (The Most Noble) Order of the　嘉德勳位 英王愛德華三世在1348年創立的英國騎士勳位，被視為英國最高的榮銜。據傳，他設立這個勳位是為了紀念一次偶然的事件：當他和索爾斯伯利女伯爵跳舞時，她的襪帶不慎掉到地板上，旁邊的人暗自發笑，但英王卻把它拾起來套在自己的腳上，並以法語斥責他們說：「凡是認為這是壞事的人可恥。」這句話成為騎士勳位的格言。中世紀時獲得勳位者包括英國君主和威爾斯親王，每個人還有二十五名「伴隨騎士」。

garter snake　束帶蛇 游蛇科束帶蛇屬爬蟲類。有十幾種。身具條紋圖案，有如襪帶。代表種的特徵是身上有1或3條縱向黃色或紅色條紋，條紋之間夾著方格斑。條紋不明顯或無條紋的種類通常稱草蛇。束帶蛇為加拿大至中美洲一帶最常見的蛇類之一。體小，一般不足60公分，無害。受驚擾時，將頭藏起，尾部蠕動，同時從肛門腺中排出一種難聞的分泌物。有些種類咬人。主要以昆蟲、蚯蚓和兩生類為食，特別喜吃蛙類。

Garuda＊　迦盧荼；金翅鳥 印度神話中毗濕奴大神所騎之鳥。傳說金翅鳥是太陽神蘇利耶的御者阿樓納之弟。迦盧荼之母受其夫另一妻室及其子衆蛇的奴役；據說形如鷹的鳶與蛇永久為敵就是這個緣故。衆蛇要求金翅鳥為他們取來長生不老藥甘露，作為釋放其母的條件。他在東南亞許多國家被視為忠心耿耿的象徵。

Garvey, Marcus (Moziah)　賈維（西元1887～1940年） 美國黑人民族主義運動領袖。出生於牙買加。1914年成立全球黑人促進協會。1916年移居美國，在紐約哈林區和北部其他貧民窟建立協會支部。到1919年，這位「黑摩西」號稱擁有兩百萬名信徒。他主辦的報紙《黑人世界》（1919～1933）介紹黑人的英雄故事和非洲的文化成就。他鼓吹黑人在白人資本主義的框架下經濟自主，因此建立了黑人經營的事業，包括黑星航運線公司。1920年在紐約召開黑人國際代表大會，以團結黑人力量，並鼓勵非洲和美國之間的貿易。1922年他以詐騙案被控，名聲一落千丈。服刑兩年後，總統在1927年予以減刑，把他當作不受歡迎的外國人驅逐出境。他的運動（美國第一個重要的黑人民族主義運動）就此消聲匿跡。

賈維，攝於1922年
UPI

Gary　蓋瑞 美國印第安納州西北部城市。在密西根湖南端，1906年初建，規畫為美國鋼鐵公司新建大型聯合企業的一部分。曾經十分繁榮，一直到1980年代鋼鐵業沒落，導致工廠紛紛倒閉。1990年代才又注入新的活力。20世紀初期，沃特（1874～1938）在此建立「工－讀－娛樂」學校（即二部制學校），對發展公共教育起了重要作用。人口約110,975（1996）。

Gary, Elbert H(enry)　葛雷（西元1846～1927年） 美國商人，美國鋼鐵公司的主要組織者。1871年開業當律師，成為公司法和保險業的權威，擔任過許多大鐵路、大銀行和大企業公司的法律總顧問和董事。1898年任聯邦鋼鐵公司第一任總經理。1901年聯邦鋼鐵公司併入美國鋼鐵公司後，當選為董事長；在鋼鐵工業飛速發展的二十六年間，始終為公司的主要行政負責人。他促進利潤分享、提昇較高的工資和較好的工作環境，但卻是工會的死對頭。1906年由美國鋼鐵公司投資的葛雷企業就是用他的名字命名，以作紀念。

gas　氣體 物質的三種基本狀態之一。氣體沒有固定形狀且表現為高流動性。它傾向於無限擴展，能很快充滿任何容器。氣體具有易壓縮性，在一般情況下，其密度為液體的1/1000。溫度或壓力稍有變化，一般都會使氣體體積產生顯著變化。已導出氣體的溫度、壓力和體積之間的各種關係，並以相應的氣體定律的方程式表示。隨19世紀氣體分子運動論的發展，描述了氣體是由不斷運動的小粒子（原子、分子或兩者的混合）所組成，所起的作用遠超出我們所能理解的它們的行為。gas一詞也可當作汽油、天然氣或麻醉用的氧化亞氮。亦請參閱solid。

gas, intestinal ➠ intestinal gas

gas chromatography (GC)　氣相色層分析法 亦譯氣相色譜法。色層分析法的一個類型，把一種氣體混合物作為動相。在一個填充圓柱中，填充物或固態支撐物（置於試管中）充當靜相（汽相色譜法〔VPC〕），或由液態靜相包覆（氣液色譜法〔GLC〕）。在毛細圓柱中，靜相包覆著小直徑試管之管壁。有待分析的氣體或揮發性液體的標本被注入閥中，其成分隨著承載氣體（通常是氦、氮或氬）而移動，其頻率受到本身與靜相交互作用的程度影響。可以改變溫度、靜相本質、圓柱長度來改善分離的情況。圓柱末端排出的氣流會通過一個熱傳導偵測器或火燄電離偵測器，在此，其性質被拿來與已知參考物質相比。氣相色層分析法被用來偵測空氣污染物、精油、血液中之氣體或酒精，還有工業過程中的氣流成分。

gas laws　氣體定律 描述氣體的壓力、體積與溫度關係的定律。波以耳定律說明，溫度固定，氣體的壓力P與體積V呈反比，表示成PV ＝ k，此處的k是常數。查理定律說明，在壓力固定，氣體的體積V與絕對溫度T成正比，表示成V/T ＝ k。這兩個定律可以結合構成氣體行為的一般式，稱為狀態方程式：PV ＝ nRT，此處n是氣體的克莫耳數，稱為理想氣體常數。雖然此定律描述理想氣體的行為，十分近似真實氣體的行為。亦請參閱Gay-Lussac, Joseph-Louis。

gas reservoir　氣藏 地質學中，天然存在的氣體儲藏區，通常是褶曲岩層，如能捕集並保持天然氣的背斜構造。氣藏岩石多孔有滲透性，飽含氣體，不滲透的岩頂形成有效的密封，使氣體不能從上方或側方逸出。典型的氣藏岩石為沈積岩，包括砂、砂岩、長石砂岩以及有裂縫的石灰岩和白雲岩。在美國和其他國家的人造氣藏是已採竭的石油和天然氣層（特別是在鹽丘附近和沈積盆地中），在用氣量低時儲氣供以後使用。

Gascony＊ 加斯科涅 法語作Gascogne。古稱Vasconia。法國西南部歷史區。範圍包括庇里牛斯山北麓，東起巴斯克地區，沿法國－西班牙邊界到加倫河上游的土魯斯。在羅馬統治下，這裡屬諾溫波普盧那省。西元5世紀時爲西哥德人所占，507年爲法蘭克人所奪，561年巴斯克人驅逐之。602年法蘭克國王承認加斯科涅爲一公國。1052年亞奎丹征服之，12世紀，公爵稱號連同亞奎丹繼承權均轉移到英格蘭的金雀花王朝手中。在百年戰爭時，加斯科涅始終忠於英格蘭，直至15世紀中葉法國再度征服它爲止。

Gascony, Gulf of ➠ Biscay, Bay of

Gascoyne River＊ 加斯科因河 澳大利亞的西澳大利亞州西部季節河。源出吉布森沙漠西面，向西流經黃金產區和牧羊區，接納萊昂斯河，最後在卡那封注入印度洋沙克灣，全長760公里。

Gaskell, Elizabeth (Cleghorn)＊ 蓋斯凱爾（西元1810～1865年） 原名Elizabeth Cleghorn Stevenson。別名蓋斯凱爾夫人（Mrs. Gaskell）。英國作家。出身牧師家庭，後來也嫁給牧師，中年後才開始寫作。《克蘭弗德》（1853）是她最受歡迎的一部小說。未完成的《妻子與女兒》（1864～1866）被認爲是她最優秀的作品，描寫村民生活。《瑪麗・巴頓》（1848）、《露絲》（1853）和《北與南》（1855）審視了都市勞工階級的社會問題。她也是第一個爲朋友布朗蒂寫傳記的人（1857年出版）。

蓋斯凱爾，粉筆畫，里奇蒙（George Richmond）繪於1851年；現藏倫敦國立肖像畫陳列館
By courtesy of the National Portrait Gallery, London

gasoline 汽油 英國稱petrol。從石油中得到的揮發和易燃的碳氫化合物的混合物，用作內燃機的燃料，也用作油料和脂肪的溶劑。由於汽油的燃燒能高，在化油器中容易與空氣混合，且因原本大量供應而價格低廉，所以成爲人們所樂用的汽車燃料。現在成本已大幅增加，除非有獲補助。汽油最初是經由蒸餾產生的，後來爲了從原油得到更多的汽油，設計了裂化過程，將大分子分裂爲較小的分子。其他方法如異構化法：將直鏈碳氫化合物轉變爲支鏈碳氫化合物。結果是產生數百種不同碳氫化合成的混合物。汽油的抗爆性，說明燃料蒸氣在汽缸中燃燒太快，降低了效率。1930年代開始加入四乙基鉛以延緩燃燒，但由於排出的燃燒產物中鉛化合物具有毒性，在1980年代已不再繼續使用。汽油的其他添加劑包括洗滌劑、防凍劑和抗氧化劑。20世紀中葉以後，汽油排放的廢氣已成爲都市空氣污染的主要污染源。人們開始尋求減少依賴汽油（一種非再生性資源）的方法，包括使用酒精－汽油混合燃料，它是90%無鉛汽油和10%乙醇的混合物。另外還發展了電動車。

gasoline engine 汽油引擎 使用得最廣泛的一種內燃機，見於大部分的汽車和其他許多交通工具。汽油引擎的尺寸、重量功率比和部件安排的變化範圍很大。主要的類型是往復式活塞發動機。在四衝程內燃機裡，每一循環需要活塞的四次衝程（即吸氣、壓縮、動力和排氣），同時曲軸旋轉兩周。在二衝程循環中，只有四衝程循環的壓縮和動力衝程，而沒有進氣和排氣衝程，在活塞的一個上升衝程、一個下降衝程，同時曲軸旋轉一周後完成。因此，每馬力所要求的機器尺寸、重量和價格成本也就降低了，所以二衝程循環發動機多用於摩托車和小型機器（如割草機和動力耙）。亦請參閱compression ratio、piston and cylinder、rotary engine。

Gasparini, Angelo ➠ Angiolini, Gasparo

Gaspé Peninsula＊ 加斯佩半島 加拿大魁北克省東南部半島。從馬塔佩迪亞河畔向東北偏東延伸240公里到達聖羅倫斯灣。位於聖羅倫斯河之南，沙勒爾灣和新伯倫瑞克之北。島上大部分地區都畫入自然保護區，包括加斯佩西省立公園和福里倫國家公園。以雄偉瑰麗景色聞名，也設有良好的狩獵和釣魚設施。主要居民區均在海濱一帶。

Gasperi, Alcide De ➠ De Gasperi, Alcide

Gasprinaki, Ismail＊ 加斯普林斯基（西元1851～1914年） 俄國新聞工作者。出生於克里米亞，曾在莫斯科軍事學校受教育。1871年遊歷到巴黎，與自由鄂圖曼流亡者有所接觸，鼓勵他返回故鄉從事土耳其志業。他擔任俄語報通訊員，撰寫了一系列有關土耳其人的穆斯林文化問題的文章。1883年終於獲准自辦土俄合刊的《譯員報》，該報後成爲俄國最有影響的土耳其語報紙，鼓吹泛伊斯蘭教和泛土耳其運動。

Gastein, Convention of＊ 加施泰因條約 1865年8月14日奧地利與普魯士兩國從丹麥奪取了什列斯威和好斯敦公國後達成的協議。協議規定奧地利皇帝和普魯士國王爲兩公國的共同君主，普魯士治理什列斯威，奧地利管理好斯敦。兩公國均被納入以普魯士爲首的關稅同盟，雖然奧地利並不是同盟的成員，但共同管理導致兩大國頻起爭端，最後以奧地利失利，被排除出德意志（1866）而告終。亦請參閱Schleswig-Holstein Question。

gastrectomy＊ 胃切除術 一種切除全部或部分胃的外科手術，主要用於治療各種消化性潰瘍和胃部腫瘤。因胃組織被切除，胃黏膜中的胃酸分泌細胞數量減少，故可抑制促胃液素的分泌，去除了消化性潰瘍的病因。這種曾經是治療消化性潰瘍的常用技術，如今作爲最後的手段。最常見的胃切除術是胃竇（即胃的下半部分）切除，這是促胃液素分泌的主要部位。然後進行「胃－十二指腸吻合術」。所謂「胃大部切除」是指將包括整個胃竇在內的3/4胃切除。胃切除術的最嚴重的後遺症是全身營養不良，原因是食欲不佳和消化能力減低。

gastrtis＊ 胃炎 胃部炎症。急性胃炎常由飲食不當或感染引起，開始時來得突然，症狀有上腹劇痛、嘔吐、口渴及腹瀉等，但康復得很快。治療僅需短暫禁食，隨後給予無刺激性的飲食、鎮靜藥、止痙攣藥。口服腐蝕性化學藥物造成的化學性胃炎需清空胃部和洗胃。慢性胃炎無典型症狀，包括不正常的不適或疼痛、食欲不佳、脹氣和排便不順暢，病因不明。通常無需治療。飲食應溫和，進食不足者應補充一些營養劑。

gastroenteritis＊ 胃腸炎 泛指發生在胃和小腸黏膜的急性炎症。主要症狀特點爲腹瀉、嘔吐和胃腸痙攣性疼痛。輕者，僅爲急性、短暫性的腹瀉；重者，常可導致重度脫水而危及性命，小孩和老人尤其要注意後者情況。許多致病微生物是透過釋放各種毒素引起水瀉或直接侵犯胃腸壁，引起胃腸組織的炎症。胃腸炎的病因還有食物中毒、霍亂和旅行者腹瀉。治療依病因和症狀嚴重程度而定，包括抗菌素和支持療法。

gastroenterology 消化學 研究消化系統及其疾病的醫學。首度以科學方法研究消化系統的是海耳蒙特（1579～1644），海耳蒙特起初以爲消化作用是一種發酵反應。1833年包蒙發表他觀察的結果。19世紀醫師們發展了洗胃和內窺鏡檢查的技術。1890年代，首度使用X光加上對比劑來觀察胃腸道組織。消化科醫生診斷並治療胃、腸、肝和胰臟疾病，包括潰瘍、腫瘤和發炎（結腸炎和迴腸炎）等疾病，以及直腸疾病。

gastronomy 烹調法 烹調法是對食物選擇、烹飪、供應和享受的藝術。最早的兩個烹調中心是中國（西元前5世紀起）和羅馬，後者以粗獷而奢侈著稱。西方烹調法奠基於文藝復興時期，特別是義大利和法國。法國的偉大烹調藝術以卡雷梅和埃斯科菲耶的作品爲顛峰。不管各區的烹調法有何不同，第一個要考慮到的是食材新鮮。其次才是味道的加重或減輕，紋理並列，以及整體外觀（包括色彩協調和凸顯特色）。亦請參閱nouvelle cuisine。

gastropod 腹足類 腹足綱軟體動物。是最大的一群軟體動物，共約65,000種。腹足類分布於世界各地的海洋、淡水和陸地環境，包括螺、康克螺、蛾螺、帽貝、濱螺、鮑、緩步蟲和海蛞蝓（參閱nudibranch）。典型的腹足類足大，足底扁平，用以爬行，有一個盤曲的殼包住柔軟的身體，頭部有一對眼和觸角。不過，它們的結構千差萬別，有的種類沒有殼，而有一屬動物的殼分成兩半，似雙殼類。大多數以齒舌取食，齒舌上的小角質齒把食物撕成小片。食性多樣，有植食性或肉食性，掠食性或寄生性，也有從水中濾食浮游生物和殘屑的。

Gates, Bill 蓋茲（西元1955年～） 原名William Henry Gates III。美國電腦程式設計師和企業家。出生於華盛頓州西雅圖，高中時代曾協助組建了一個電腦程式設計人員小組，把學校的薪資系統電腦化，並創辦了一家公司向當地政府出售交通量計算系統。十九歲時從哈佛大學輟學，與艾倫（1954～）合夥成立微軟公司。當1980年微軟授權IBM公司在其第一批個人電腦上使用MS-DOS（微軟磁碟作業系統）時，蓋茲在剛萌芽的微電腦業中開始發揮支配的力量。之後，他也開始發展應用軟體，如試算表、文書處理程式，到了1980年代末，微軟已是這種軟體和作業系統的主要供應商。1990年開發出「視窗3.0」（Windows 3.0），很快成爲全世界最普及的作業系統。蓋茲在三十一歲就成爲億萬富翁，現今是世界上最富有的人。1999年他和妻子成立一個美國最大的慈善基金會。

Gates, Henry Louis, Jr. 蓋茲（西元1950年～） 美國學者與批評家。生於西維吉尼亞州凱瑟，曾就讀耶魯大學與劍橋大學。擔任哈佛大學知名的非裔美人研究系系主任多年。在他的作品如*Figures in Black*（1987）與*The Signifying Monkey*（1988）中，他沿用了「轉喻」二字，將非洲與非裔美人的文學歷史結合在一起；其他作品包括*Thirteen Ways of Looking at a Black Man*（1998），並編纂了許多文選，如*Reading Black, Reading Feminist*（1990）、*Norton Anthology of African American Writers*（1997）。他也重建並編纂許多黑人作家的作品。常在報章雜誌上發表文章，特別是《紐約客》雜誌。也曾爲電視影集*Wonders of the African World*（1999）編劇。

Gates, Horatio 蓋茨（西元1728?～1806年） 英國出生的美國將領。在法國印第安人戰爭期間，服役於英軍。1772年移居維吉尼亞，在此站在殖民地利益的一邊。1775年任大陸軍副官長，1777年繼斯凱勒將軍之後任紐約州北部軍司令。他在阿諾德協助下，於薩拉托加戰役（1777）中迫使英軍將領伯戈因將軍投降。國會因而挑選蓋茨擔任戰爭委員會主席。其支持者（包括康韋）企圖擁護他來取代喬治・華盛頓的總司令之位，但計畫失敗，蓋茨回到紐約當司令。1780年被調至南方，他試圖驅趕英國將領康華里所率的軍隊，但在南卡羅來納州康登戰役中敗北。戰後遭到正式徹查追究，但從未加以控訴。他退休回到維吉尼亞，在1790年釋放他自己的黑奴，然後移居紐約。

Gates of the Arctic National Park 北極門國家公園 美國阿拉斯加州北部的國家公園和保護區，全部處於北極圈裡。1978年設爲國家保護地，總面積30,448平方公里，區界經過多次變更，1980年改爲今名。區內包括中央布魯克斯山脈的一部分。南坡森林密布，與北面延伸到阿拉斯加北坡邊緣的荒涼不毛成強烈對比。

Gatling gun 格林機槍 一種手搖的機槍，是第一種可靠的機槍，在美國南北戰爭期間由理查・格林（1818～1903）發明。他把新發明的銅質子彈用在一種十管集束槍，搖動手柄使之旋轉時，每完全旋轉一次，每個槍管就裝彈並射擊一次。裝彈依靠重力和位於機槍正上方的彈箱上凸輪的作用，並將廢彈殼拋出。格林機槍射速可達3,000發／分，這在手搖機槍時代是無與倫比的。1880年代隨著無煙火藥的發明，導致研發出眞正的自動機槍，格林機槍隨即被淘汰。

GATT ➠ General Agreement on Tariffs and Trade (GATT)

Gatun Lake＊ 加通湖 西班牙語作Lago Gatún。巴拿馬的長形人工湖，爲巴拿馬運河系統之一部分。面積430平方公里。因在湖北端攔截查格雷斯河而成。水壩（1921年建成）和洩洪道的主要作用是保持南面的蓋拉德卡特水量充足，保證運河通暢和在旱季向運河水閘供水。位於湖中央的瓜查島是野生動物保護區。

Gauches, Cartel des ➠ Cartel des Gauches

gaucho 高楚人 阿根廷和烏拉圭彭巴草原上的牧民和富有傳奇色彩的騎手，他們以豪勇和藐視律法聞名，一直被當作民族英雄。18世紀中期到19世紀中期曾處於全盛時期。剛開始他們捕獵在安地斯山脈東部大片草原上自由馳騁的大群牛馬。19世紀初期，他們加入軍隊，推翻西班牙殖民政權，獨立後，又與操縱政權的軍閥們對抗。阿根廷作家歌頌他們的事跡，高楚文學是阿根廷文化傳統的重要部分。

gaucho literature 高楚文學 西班牙美洲詩歌的一種類型，模仿阿根廷、烏拉圭的高楚行吟詩人通常在吉他伴奏下唱出的「巴雅多爾」（謠曲）。該詞經過引申，泛指描寫游牧高楚人的生活方式和哲學的拉丁美洲文學。高楚傳說長久以來就是南美洲民間文學的一部分，後來成爲19世紀浪漫主義時期一些詩歌和散文的題材，在散文方面通常描寫了彭巴草原和城市文明之間的新舊文化衝突。

Gaudí (i Cornet), Antoni＊ 高第（西元1852～1926年） 西班牙語作Antonio Gaudí y Cornet。西班牙（加泰隆尼亞）建築師。初期作品的風格實際上是穆迪札爾式（混合伊斯蘭教和基督教形式）的，1902年其獨樹一幟的風格已超越了任何的傳統風格。他開始設計一種「平衡」的結構，沒有支柱也可以自己站著不倒。他的系統採用能承受斜向推力的墩柱，以及疊層瓦的薄殼拱頂。作品如蓋勒公園（1900～1914）、米拉大廈（1905～1910）和巴特羅大廈（1904～1906），以波浪形的外觀和多彩的裝飾（如碎陶片）爲特色。往後大半生都奉獻給修建非凡的聖家堂工程，但到他死後還未完成，他把原本的哥德式風格轉變爲一座流動形式和枝節繁茂的複雜森林，使用螺旋形的墩子、拱頂、塔樓，以及雙曲拋物面的屋頂。

Gaugamela, Battle of＊ 高加梅拉戰役（西元前331年） 馬其頓亞歷山大大帝與波斯大流士三世兩軍交戰的戰役，導致波斯帝國的滅亡。大流士爲阻止亞歷山大侵襲，在伊拉克北部的高加梅拉平原擺好陣勢，等待亞歷山大進軍。他的部隊總數大大超過亞歷山大的部隊，但亞歷山大以出奇的戰略使他的計畫失敗，當他看到大勢已去時，立即逃走，而他的軍隊被擊潰。亞歷山大的勝利使他成爲南亞的霸主。

gauge＊ 量規 在製造業和工程中，用於決定一尺寸大於或小於另一作爲參考標準尺寸的工具。例如，卡規形狀像字母C，具有外「通」、內「止」的量爪，用於檢查直徑、長度和厚度。螺距規是一些帶三角齒的薄片，三角齒的間距與不同螺距對應，或與每公分（或每吋）有多少條螺紋線對應。偏移形式的量規或測定計則指示被測物體偏離標準的大小。

Gauguin, (Eugène-Henri-)Paul＊ 高更（西元1848～1903年） 法國畫家、雕刻和版畫複製匠。出生於巴黎，童年在利馬長大（母親是祕魯克里奧爾人）。約從1872年起他在巴黎是一個事業成功的股票經紀人。1870年代受到印象主義的鼓舞，開始作畫。他在1874年結識畢沙羅，1880年代與印象主義畫家們一起展覽作品。1883年巴黎股市崩盤，他失去工作，成爲專職的畫家。由於對中產階級的唯物主義感到幻滅，1886年遷往布列塔尼的阿望橋村專心作畫，在當地成爲一群畫家（參閱Pont-Aven school）熱衷模仿的對象。在巴黎和梵谷相會（1886），以及到馬提尼克島旅行（1887）後，改變了他的一生：與印象主義決裂，1891年遷居大溪地。他的作品公開抗拒唯物主義，最出名的是一幅巨大的油畫《我們來自何處？我們是什麼？我們向何處去？》（1897），呈現出一種未被文明破壞的夢幻般詩意生活。他是一個具有影響力的創新者；野獸主義在用色方面受他的影響最大，畢卡索也受到他的鼓舞，高更的原始主義和質樸的作風使人們開始欣賞非洲藝術，並促進立體主義的發展。亦請參閱Postimpressionism。

Gauhati＊ 高哈蒂 亦稱古瓦哈蒂（Guwahati）。印度東北部阿薩姆邦西部城鎮。傍布拉馬普得拉河。高哈蒂約在西元400年時是古代印度迦摩縷波王國的首府（當時名爲普拉格傑約蒂薩）。17世紀時，被阿霍姆人占領，1681年成爲下阿薩姆邦阿霍姆統治者的領地。1826年割讓給英國。1874年以前爲阿薩姆邦行政中心。今高哈蒂是一個重要的河港城市，又是阿薩姆邦的主要商業中心。高哈蒂城附近有好幾處印度教朝聖中心和寺廟的遺址。人口584,342（1991）。

Gaul 高盧 拉丁語作Gallia。歐洲古代國家。大致位於萊茵河以西、阿爾卑斯山脈以西和庇里牛斯山以北地區。波河以北的高盧人曾在西元前400年左右蹂躪羅馬，到西元前181年時，羅馬人已經征服和殖民義大利北部地區，稱山南高盧。到了下一個世紀，羅馬人又征服了山外高盧地區。其範圍包括現在的法國和比利時大部分地區，瑞士的一部分，還有德國和尼德蘭。西元前58～西元前50年間，凱撒完成對高盧的征服（參閱Gallic Wars），首府設在魯敦農（今里昂）。高盧整個地區在西元1世紀時被劃分爲幾個行省，其中包括納爾榜南西斯、亞奎丹尼亞、盧格杜南西斯和比爾吉卡。到了西元260年，此區已成爲動亂中心。到6世紀時，羅馬已放棄所有的高盧領土。

Gaulle, Charles de ➠ de Gaulle, Charles

Gaullists 戴高樂派 ➠ Rally for the Republic

Gauss, Carl Friedrich＊ 高斯（西元1777～1855年） 原名Johann Friedrich Carl Gauss。德國數學家、天文學家和物理學家。雙親貧窮，他卻是令人匪夷所思的神童。十幾歲時，他已經做出驚人的證明，也在古代語言方面展現長才。他出版一百五十本以上的書籍，也做出代數學的基本理論（在他的博士論文中）、最小平方法、高斯－喬登消去法（矩陣方程式求解）、鐘形曲線或高斯錯誤曲線（參閱normal distribution）等重要貢獻。在他死後，人們找到他尚未出版的許多重要報告－－只因這些報告沒有達到他的高標準要求。他對非歐幾里德幾何學的發展在幾十年裡不曾受到注意。高斯也對物理學和天文學做出重要貢獻，並率先把數學應用於引力、電力、磁性。他也發展出電位理論和實分析的領域。他與阿基米德和牛頓一樣，是古今最偉大的數學家之一。

Gaussian distribution 高斯分布 ➠ normal distribution

Gautier, Théophile＊ 哥提耶（西元1811～1872年） 法國詩人、小說家、評論家和新聞工作者。一生大多在巴黎度過。曾一度學畫，後放棄繪畫，專門從事文藝創作。他堅持美的至高無上主張，如在小說《模斑小姐》（1835）中所述。他發展了一種準確記錄觀摩藝術作品時所獲得印象的詩法，這類詩見於其最佳詩作《琺瑯和玉雕》（1852）。旅遊激發了他創作最好的詩，多收錄在《西班牙》（1845），以及最好的散文作品《西班牙之行》（1845）。他也寫了很多藝術和戲劇評論。他的作品鼓舞了波特萊爾等詩人，波特萊爾的詩集《惡之華》就是獻給他的。其龐雜多樣的作品對文學意識的影響有好幾十年。

gavotte＊ 嘉禾舞 起源於法國農民的民族舞蹈，據說是加普人跳的舞蹈。17～18世紀在芭蕾舞大師的指導下發展出更加複雜的舞步。舞步爲4/4拍慢行進步法，在音樂上分爲三部分，而且是一種跟隨組曲的隨意動作。

Gawain＊ 高文 亞瑟王的圓桌騎士。他是亞瑟王的侄子，以完美騎士的典範出現於早期亞瑟王傳奇裡。但在後來的傳奇故事裡，他的形象因傲慢和看不出聖杯的重要意義而受損。14世紀時，在中古英文詩〈高文爵士和綠衣爵士〉中，他接受一位神祕綠衣騎士的挑戰，綠衣爵士提議讓高文砍下他的頭，他在一年後會予以還擊。當高文砍下他的頭時，他拾起自己的頭就離開宮殿，高文於是開始到處找他。經過一連串的試煉後，高文遭到綠衣爵士的還擊，不過僅受了一點傷，因爲他的脖子有一條神奇的綠色飾帶保護。

Gay, John 蓋伊（西元1685～1732年） 英國詩人兼劇作家。出身於得文郡一古老的破落家族，曾在倫敦從綢緞商當學徒，但很早就放棄。不久與人合辦《英國阿波羅》期刊。詩集包括《鄉村遊戲》（1713）、《瑣事》（1716）。最有名的敘事歌劇是《乞丐歌劇》（1728），前後共演出六十二場，是當時演出最久的劇目。此劇的音樂是由佩普什（1667～1752）所作，是一篇小偷和攔路強盜的諷刺故事，意在反映社會道德的墮落；此劇的成功象徵了音樂戲劇史上的一個里程碑。後來被布萊希特和韋爾改編成《三便士歌劇》(1928)。死後葬在西敏寺。

Gay-Lussac, Joseph(-Louis) ＊ 蓋－呂薩克 （西元1778～1850年） 法國化學家和物理學家。他證明了所有氣體在升高相同溫度時，體積膨脹係數相同。這個共同的熱膨脹係數可用來建立一種新的溫標，後來由克爾文勳爵確定了它的熱力學意義。他從一個上升到6,000公尺高度的氫氣球中所作的實驗得出結論：地磁強度和大氣的化學組成在他所達到的高度以下是恆定的。後來與洪堡合作，他們做實驗準確測定了氫氣和氧氣化合成水的比例關係。他還以研究氣體行爲和化學分析技術的先驅聞名，也是氣象學的奠基人之一。

蓋伊，油畫，艾克曼（William Aikman）繪；現藏愛丁堡蘇格蘭國立肖像畫陳列館
By courtesy of the Scottish National Portrait Gallery, Edinburgh

gay rights movement 同性戀權利運動 亦作homosexual rights movement。主張男同性戀者、女同性戀者、雙性戀者及變性慾者都應擁有平等公民權利的社會運動。這類運動希望廢除阻礙成年人兩廂同性戀行爲的「雞姦法律」，並呼籲終止對男女同性戀的各種歧視，包括雇用、授信、貸款、租售房屋、公共設備及其他各個生活領域。最早公開出面抗爭的團體，是在1897年由賀許菲（1868～1935）在柏林創立，1922年時已在歐洲成立二十五個地方分會。該團體後來被納粹打壓，在第二次世界大戰期間煙消雲散。在美國最早參與抗爭的團體是1950年成立於洛杉磯的「馬太辛協會」，以及1955年成立於舊金山的女同性戀團體「比莉緹絲的女兒」。另外，在歐洲最普及的團體，則爲總部設於阿姆斯特丹的COC（1966年成立）。美國同性戀運動的風起雲湧，是由1969年的「石牆暴動」引發能量，現在世界各大城市每年舉辦的「同志驕傲之週」，就是在紀念石牆事件。總部設於布魯塞爾的國際同性戀協會（1978年創立），仍持續爲男女同性戀者、雙性戀者及變性者爭取人權、抵抗歧視。

Gaye, Marvin (Pentz) 馬文蓋（西元1939～1984年） 美國歌手與創作家。生於華府，爲五旬節派教會牧師之子，自教會習得音樂。他在1959年與富瓜（1924～）簽下合約，並隨他到摩城唱片公司，在早期的羅賓遜金曲中擔任鼓手伴奏。他自己的賣座金曲（1962～）包括I Heard It Through the Grapevine（1967）。他曾與女歌手泰瑞爾（1946～1970）合唱阿什福德（1943～）與辛普森Valerie Simpson（1948～）的作品。隨著What's Goin' On?（1971），他的歌曲變得更具社會意識。深受個人關係與財務所困，他在1982年以Sexual Healing重出江湖，並在一場爭吵中被自己的父親槍殺身亡。

Gayomart ＊ 迦約馬特 後期瑣羅亞斯德教中人類的始祖，是至高之神阿胡拉．瑪茲達所創造的第一個人。他以靈魂型態存活三千年後，才被阿胡拉．瑪茲達賦予形體。剛開始時，他的存在使邪惡之神阿里曼動彈不得，他曾企圖侵擾創世，但經過三十年的攻擊後才毀滅了迦約馬特。他的軀體變成地下礦物，黃金是他的種子，人類由之產生。

Gaza Strip 加薩走廊 阿拉伯語作Qita Ghazzah。希伯來語作Rezuat Azza。地中海東南部沿海地區。位於西奈半島東北部，占地363平方公里，加薩市也位於此，古代曾是繁華的貿易中心，西元前15世紀時首見記載。曾多次遭到入侵，其中包括以色列人、亞述人、巴比倫尼亞人和波斯人，而在十字軍東征後，地位已不再那麼重要。16世紀起由鄂圖曼帝國統治。第一次世界大戰後，加薩市和加薩走廊爲受英國託管的巴勒斯坦一部分。1948～1949年第一次以阿戰爭時，被埃及占領，加薩市成爲巴勒斯坦國家的總部。這塊占領區後來縮減到40公里長，以加薩走廊聞名於世，仍受埃及控制。1967年六日戰爭中，該區被以色列占領。此區的主要經濟問題出在大批巴勒斯坦阿拉伯難民身上，他們極爲貧困。1987年加薩市巴勒斯坦人的暴動象徵了長期抗暴行動的開始。暴亂不安一直持續著，導致1993年以色列和巴勒斯坦解放組織訂定一項協議，予以加薩走廊和西岸地區的巴勒斯坦人有限的自治權。

gazebo ＊ 眺台 一種觀景樓，形式有塔樓、圓頂小亭等，多設在可供登臨遠望的高地。18、19世紀建造的眺台保存下來的不多，但17世紀建在花園圍牆轉角處的塔樓並不罕見。眺台一詞現在通常指的是一種單獨的有頂建築，典型的是八邊形，周邊空間開放或飾以格狀花樣。

gazel ➡ ghazal

gazelle 羚羊 偶蹄目牛科羚羊屬多種動物的統稱。分布在從蒙古向西到非洲北部大西洋沿岸，以及整個非洲東部和中部赤道地區。肩高60～90公分。常約5～10頭成群，但一群也可能有數百隻。一般爲深淺不同的褐色，腹部和臀部白色，許多種沿身體兩側有一水平黑色條紋，面部兩邊也有淺色條紋。角的長度有短的，也有中等長的，角上有環形圈，形狀各有不同，但在末端會稍微朝上彎。有些種類已列爲瀕危動物。

湯姆森氏羚（Gazella thomsoni）
E. R. Degginger

Gazelle Peninsula 加澤爾半島 南太平洋的半島，是自新不列顛島向東北突出的半島。寬約80公里，但逐漸變窄，到連接該島主體的地峽處寬約32公里。沿海爲平原，中部有貝寧山脈，最高點爲錫內維特山（海拔2,438公尺）。爲活火山區，土質肥沃，沿岸多椰子和咖啡種植園。這裡是該島人口最稠密的地區，19世紀末曾是德國移民的基地。

Gaziantep ＊ 加濟安泰普 舊稱艾因塔布（Aintab）。土耳其中南部城市。位於阿勒頗北方。因位於古代商路附近，古時戰略地位重要，而且早在西元前4000年已有人在此定居。中世紀時稱哈姆塔普，是保衛敘利亞大道的重要堡壘。1183年爲土耳其人占領，後來幾經易手，到了16世紀初，才被併入鄂圖曼帝國，改稱艾因塔布。第一次世界大戰後爲英、法軍所占，當時成爲土耳其民族主義者抵抗歐洲人占據的中心，1922年重歸土耳其，改爲今名，以紀念其英勇的抵抗行爲（土耳其語gazi的意思是「伊斯蘭鬥士」）。人口約730,435（1995）。

Gdańsk ＊ 格但斯克 德語作但澤（Danzig）。波蘭中北部格但斯克省省會。位於波羅的海海岸附近，維斯杜拉河河口。10世紀時以波蘭城鎮首見記載。13世紀爲波美拉尼亞公爵的首府，1308年爲條頓騎士團奪占。1466年卡齊米日四世爲波蘭奪回這塊領地，此時的格但斯克大爲擴展。1793年起主要爲普魯士所控制，第一次世界大戰後成爲波蘭治理下的自由城市。1938年希特勒要求將格但斯克歸還德國，但遭波蘭拒絕，於是他在1939年以此作藉口對波蘭發動進攻，促成第二次世界大戰的爆發。大戰中城市遭嚴重破壞，1945年歸還波蘭。現已全部重建，也更新了港口設施。1980年獨立的勞工聯盟團結工會在此成立。人口約462,800（1996）。

Gdańsk, Gulf of　格但斯克灣　波羅的海南部小海灣。西、南和東南面為波蘭，東面為俄羅斯。南北寬64公里，東西長97公里，最深處超過113公尺。灣區的經濟活動有造船、捕魚和休閒旅遊。

GDP ➠ gross domestic product

GE ➠ General Electric Co.

Ge Hong　葛洪（西元283?～343年）　亦拼作Ko Hung。中國的煉丹術士與道教思想家。葛洪曾受過儒家教育，而後對道教中追求形體長生不死的教派深感興趣。他的著作混合道教中神秘難解的教論，以及儒家學說的倫理思想。其主要作品《抱朴子》（意為堅守純樸之人），論及煉金術、飲食的調節，性行為的保健法、沈思冥想以及倫理原則的重要性。

gear　齒輪　一種機械零件，固定在旋轉軸上的帶齒的輪子。齒輪成對運轉，無滑動地傳遞並改變旋轉運動和轉矩。一個齒輪的齒與配對齒輪的齒齧合。為了平順地傳遞運動，齒輪齒的接觸面必須精加工成特殊齒廓。如果齒輪組中的小齒輪在驅動軸上，則齒輪組有減速和增大轉矩的作用；反之，則齒輪組有加速和減小轉矩的作用。

Geb＊　蓋布　亦稱凱布（Keb）。古埃及宗教中，支撐世界的大地之神。他和其姊妹努特屬於在赫利奧波利斯城的第二代神祇。在埃及藝術中，他通常被描繪為臥在空氣之神舒的腳下，蒼天女神努特則覆在他們之上。他是天上第三世法老，人間法老是他的後裔。

gecko　壁虎　蜥蜴亞目壁虎科所有蜥蜴的通稱，約750種。為小型爬蟲類，多屬夜行性。皮膚柔軟，體肥短，頭大，四肢軟弱且常具趾墊。趾上肉墊覆有小盤，盤上依序被有微小的毛狀突起，末端叉狀。這些肉眼看不到的鉤可黏附於不規則小平面，使壁虎能攀爬極平滑與垂直的面，甚至越過光滑的天花板。大部分體長3～15公分，包括占總長之半的尾。體通常為暗黃灰色，帶灰、褐、濁白斑。棲息於全世界各溫暖地區的沙漠到叢林。有人把壁虎養在房子或公寓裡當寵物，多讓它們自由活動，以不怎麼愛吃的昆蟲為食。

Gedrosia＊　格德羅西亞　南亞歷史地區。位於印度河之西，即今巴基斯坦的俾路支地區。西元前325年亞歷山大大帝的軍隊從印度返國途中，曾在這裡受到慘重損失。他們雖然占領此區，但在亞歷山大死後，其部將塞琉古一世不得不與孔雀王朝議和，他用格德羅西亞和興都庫什山脈以東的所有領土交換五百頭大象。他的離開結束了希臘對印度次大陸事務的干涉。

Geertgen tot Sint Jans＊　海特亨（活動時期約西元1475～1495年）　荷蘭畫家。生平不詳，其名字意為「聖約翰友愛會的小傑拉德」，取自在哈勒姆的宗教會派，他是該會的平信徒。其唯一經證實的作品是一幅為友愛會修道院所作的《釘死於十字架》大型三聯畫。有一些畫也被認為是他作的，其中包括一幅明暗處理得很好的夜景畫《耶穌誕生》（現藏倫敦國立美術館），以及《在荒野中的施洗者聖約翰》（現藏柏林國立博物館）。

Geertz, Clifford (James)＊　吉爾茨（西元1926年～）　美國文化人類學家，他開創了一種強調符號和詮釋人類社會生活重要性的人類學形式。按照他的說法，文化就是「使用各種符號形式來表達一套世代相傳的概念」，文化的功用是把各種事物的涵義加於人世並使之得到理解。其著作包括《爪哇宗教》（1960）、《文化闡微》（1973）、《就地取材：再論釋義人類學》（1983）、《作品與生平：身兼著作家的人類學者》（1988）等，現已對人類學內外產生深遠的影響。1960～1970年在芝加哥大學任教，現任新澤西州普林斯頓大學高級研究所教授。亦請參閱cultural anthropology。

Gegenbaur, Karl＊　格根堡（西元1826～1903年）　德國解剖學家。是達爾文演化論的強力支持者，他以比較解剖學方面的論證來提供演化論的依據。所著《比較解剖學原理》（1859）強調了在不同的動物中組織結構卻相似，為它們的演化史提供了一些線索，尤其是有共同的演化起源的組織（如人的胳臂、馬的前腿和鳥的翅膀）。

gegenschein＊　對日照　亦稱counterglow。在夜空中正好與太陽相反方向的卵形暗弱光斑。它非常暗弱，只在無月的黑夜，觀測者遠離城市燈光並使眼睛適應黑暗環境之後方能察覺。對日照會被淹沒在銀河的光輝裡，最佳觀測時間為2月、3月、4月、8月、9月和10月。對日照和黃道光是沿黃道分布的一條十分暗弱的光帶中最引人注目的部分。

Gehrig, (Henry) Lou(is)＊　格里克（西元1903～1941年）　美國棒球選手，也是一名偉大的左打者，綽號「鐵馬」。在加入紐約洋基隊之前就讀於哥倫比亞大學。1925～1939年擔任紐約洋基隊一壘手，連續出賽2,130場，成為空前記錄，直到1995年才被瑞普肯超越。1932年在一次單場比賽中連續擊出四支全壘打。在大聯盟中有七個球季打點超過150分。在1934和1936年兩個球季均有四十九支全壘打。離開職棒時生涯平均打擊率.340，全壘打總數493支，打點1,990分，在棒球歷史上的成績緊跟於漢克阿倫和貝比魯斯之後。1939年傳出格里克患上一種肌萎縮性側索硬化症而生命垂危（該病因而亦稱魯格里克式症），同年即被選入棒球名人堂。

格里克，攝於1939年
AP/Wide World Photos

Gehry, Frank (Owen)＊　格里（西元1929年～）　加拿大出生的美國建築師和設計家。出生於多倫多，後來在南加州大學（1949～1951；1954）和哈佛大學（1956～1957）就讀。早期所建的建築物多使用廉價材料（如鋼網圍籬、膠合板、波紋網），讓人覺得有未完成而隨心所欲的氣息。其結構通常使用非傳統或歪曲的形狀，具有一種雕刻式的或零碎不全、拼貼似的特質。在設計公共建築物時，他傾向於避免一體成型，偏好在較大空間中群集一些小單元，強調人的比例。其最出名的建築是西班牙畢爾包的古根漢美術館（1997），是一座用鈦金屬作成的形狀極為扭捲、彎曲的微亮大型建築。1989年獲頒普里茲克建築獎。

Geiger, Abraham＊　蓋格（西元1810～1874年）　猶太裔德國神學家。1832年起在威斯巴登擔任拉比，1838～1863年調往布雷斯勞服務。1835年協助創辦一份神學期刊，並擔任編輯。他主張要簡化禮拜儀式，唸禱告文時使用各自的母語，並強調以預言性著作爲猶太教的核心，他還注重猶太人宗教意識的演變過程和成長，這是猶太人改革派的基本思想。

Geiger, Theodor Julius＊　蓋格（西元1891～1952年） 德國社會學家。早期因抨擊納粹主義而逃往哥本哈根，1938年阿爾胡斯大學任教，成爲丹麥第一位社會學教授。他研究社會分層及社會地位變動，對丹麥知識界及阿爾胡斯市民作了調查研究。他的遺著《沒有教條的民主》（1964）表達了對一種社會的觀點：因意識形態而失去人性但會因人際關係而恢復。

Geiger counter　蓋格計數器　亦稱蓋格－米勒計數器（Geiger Müller counter）。用來探測和計量單個粒子輻射的儀器。由德國物理學家蓋格（1882～1945）發明，後來由米勒幫忙改進了缺點。這種裝置是一個充氣金屬管，連接著一條電線穿過其軸心，然後輸入高壓電。當粒子進入金屬管時，在氣體內會造成離子大崩離，然後放電，造成短暫的電脈衝。不同種類不同能量的單個粒子進入計數器會產生大小基本相同的輸出脈衝，於是這一儀器就成爲最優良的計量單個粒子的計數器。因此它比其他形式的探測器更可能偵測到較低的輻射。

Geisel, Theodor Seuss＊　蓋澤爾（西元1904～1991年）　筆名蘇斯博士（Dr. Seuss）。美國作家和插圖畫家。曾就讀於達特茅斯學院，後來在牛津取得博士學位。1927年開始成爲自由創作的卡通漫畫家、插圖畫家和作家。後來他開始用筆名「蘇斯博士」創作了極受人喜愛的一系列童書，書中充斥著他所創造的奇怪動物及沒有確切含義的新詞語。《我在桑樹街看見到這一切》（1937）是他的第一部蘇斯博士系列的書，接下來出版的《霍頓孵蛋》（1940）、《戴帽子的貓》（1957）、《鬼靈精》（1957）、《烏龜大王亞特爾》（1958）和《火腿加綠蛋》（1960）等都爲他帶來極大的成功。這些長年不斷暢銷的書籍加上他的遺作《哦！那就是你要去的地方！》（1993），已使他成爲全世界最暢銷的童書作家。

geisha＊　藝妓　即「藝者」。日本一種專業階層的婦女，傳統營生是取悅男子。除巧言利口外，她們必須具有唱歌、跳舞和彈「三味線」（日本琵琶）的技能。藝妓制度據說是在17世紀出現的，目的是在高級妓女和公娼之外，另設一類受過訓練的表演藝人，雖然如此，她們有時也會和顧客有性交易關係，她們主要是透過才藝來取悅客人。1920年代，日本藝妓有八萬名之多，但是現在的數目減少到一兩千人，而且幾乎全部局限於東京和京都，顧主僅爲最有錢的商人和最有勢力的政客。普通生意人現在找的是酒吧女老闆，她們雖沒受過傳統的歌唱或舞蹈訓練，但像藝妓一樣體貼而能言善道。

Gelasius I, Saint＊　聖基拉西烏斯一世（卒於西元496年）　教宗（492～496年在位）。在位期間與東方教會的阿卡西烏派進行鬥爭，該派主張基督一性論。他維護教宗權力，並建立羅馬教宗有統治教會事務的權力。494年他把異教徒慶祝的牧神節改爲聖燭節。

gelatin＊　明膠　能形成膠凍的動物蛋白質，主要用於食品類。以動物的皮、骨經水煮提取的膠原製成。通常製成顆粒或細粉狀，並添加了一些糖、香料和顏色。浸在液體中，會吸水膨脹。用來作模製甜點、肉凍、羹湯、糖果，也用於穩定乳濁液和泡沫食品如冰淇淋、棉花糖。明膠是一種營養的不完全蛋白質。也用於各種醫藥製品。

Gell-Mann, Murray＊　蓋耳曼（西元1929年～） 美國物理學家。十五歲進耶魯大學，1951年在麻省理工學院獲得博士學位。1955年在加州理工學院任教。1967年擔任米利根理論物理學教授。1953年提出某些核粒子的「奇異性」（一種描述過去難以捉摸的某些介子衰變圖式的量子性質）概念。1961年發表了他與以色列物理學家奈曼（1925～）提出一種分類方案（「八重法」），即依據中子和重子的不同性質把它們分組成1、8、10或27成員的多重態。他推測有可能用一些更基本的粒子或結構單元來說明已知粒子的性質，即後來他所稱的夸克。1969年獲諾貝爾物理學獎。

Geltzer, Yekaterina (Vasilyevna)＊　格爾采爾（西元1876～1962年）　俄羅斯大劇院芭蕾舞團（波修瓦芭蕾舞團）的首席女舞者。1894年畢業於大劇院芭蕾舞學校，隨即加入芭蕾舞團，1901年成爲首席舞者。她特別擅長演戲劇角色，如《紅罌粟花》（1927）的女主角，她在大劇院工作了四十多年。在1917年革命後的混亂時期，她和丈夫季霍米羅夫曾幫助保存和傳授了俄羅斯帝國芭蕾舞團的古典舞技巧和劇目。

Gelukpa ➠ Dge-lugs-pa

Gemara＊　革馬拉　指對於猶太教律法匯編「密西拿」的考證和評注。約在西元200～500年由巴勒斯坦和巴比倫尼亞地區的猶太學者撰寫而成，印在「密西拿」裡的相關段落附近。亦請參閱Talmud。

Gemini＊　雙子座　（拉丁語意爲「孿生子」〔Twins〕）亦稱雙子宮。在天文學上，介於巨蟹座和金牛座之間的一個黃道星座。在占星術中，雙子宮是黃道十二宮的第三宮，被看作是主宰5月21日至6月21日前後的命宮。雙子宮的形象是一對孿生子，此孿生子通常是指神話中的卡斯托耳與波呂丟刻斯兩神（即狄俄斯庫里兄弟），但也指其他有名的孿生子，如羅慕路斯與雷穆斯。

Gemini＊　雙子星號　美國在1964～1967年射入繞地球軌道的雙人太空船系列，共十二艘。在它之前的是「水星號」單人太空船系列，在它之後則是可載三人的阿波羅計畫。其主要目的是試驗太空人手控操縱太空船機動飛行的能力，「雙子星號」系列有助於發展與軌道上某一目標太空船會合和對接的技術，對下一步的「阿波羅號」登月計畫是十分重要的。也讓美國國家航空暨太空總署的工程師們有機會改善太空船的環境控制和電力系統。

Gemistus Plethon, George＊　傑米斯圖斯·普萊桑（西元約1355～1450/52年）　拜占庭哲學家和人文主義學者。1438～1445年他以在俗神學家身分隨拜占庭代表團參加費拉拉－佛羅倫斯會議。他所撰述的《論亞里斯多德不同於柏拉圖》喚起人文主義學者對柏拉圖的興趣，也促成麥迪奇在佛羅倫斯建立柏拉圖學院。他明確區分了柏拉圖與亞里斯多德思想的差異，此觀點對義大利文藝復興的哲學傾向產生決定性的影響。

Gemma Augustea＊　奧古斯都之寶　一塊刻有浮雕的纏絲瑪瑙，雕有超凡入仙的奧古斯都人像。他與羅馬女神並坐，兩者踏著戰敗敵人的甲冑。現藏維也納藝術史博物館，可能是卡利古拉在位時期（37～41）刻製的。是描繪帝王后妃人物的一組羅馬寶石中最動人的浮雕寶石之一。

Gempei War＊　源平戰爭（西元1180～1185年）　日本平氏和源氏兩大武士家族之間爲爭奪統治權的最後一戰，

源氏得勝後創立鎌倉幕府。日本人對這兩大家族興衰的故事（應證了佛教所稱的幻滅及帶有英雄悲劇的色彩）是耳熟能詳的，就如英語系國家的人對亞瑟王傳奇一樣。

Gemsbok National Park＊ 大羚羊國家公園 波札那西南部國家保護區。與南非共和國的喀拉哈里大羚羊國家公園毗連。1932年建爲禁獵區以保護跨越兩國邊界移棲的各種動物。1971年設爲國家公園。其野生動物包括大群的南非長角羚、角馬和跳羚等。

gemstone 寶石 各種因美麗、耐久和稀少而價格昂貴的礦石總稱。少數源於生物的非晶態物質（如珍珠、紅珊瑚和琥珀）也歸入寶石類。在已經鑑定的3,500多種天然礦石中，能作寶石的礦石不足100種，其中只有16種是重要的，它們是：綠柱石、金綠寶石、剛玉、鑽石、長石、石榴子石、玉、青金石、橄欖石、蛋白石、石英、尖晶石、黃玉、電氣石、綠松石和鋯石。這些礦石中有些可提供不只一種寶石，如綠柱石可提供祖母綠和海藍寶石，而剛玉可提供紅寶石和藍寶石。實際上這些礦石均須經琢磨和拋光後才能用作珠寶飾品。

幾種傳統的寶石琢磨法
© 2002 MERRIAM-WEBSTER INC.

gender 性；詞性 語言中的語法類別，表示性別或活動性的區別。詞性的標示可能是自然的，其中詞性的語言學標誌等於眞實世界的詞性，也可能是純語法的，其中詞性的標誌部分基於語意，而部分在語意上是隨意的。在有語法詞性的語言中，名詞被分爲不同的組。屬於某一組的名詞可藉其形式和（或）該名詞所控制的語言其他部分的形式來表示。在語言中，類別體系與詞性體系關係密切，例如在班圖諸語言中，名詞所屬的組別數目大得多，而植物、動物、工具等物體屬於獨特的種類；儘管和歐洲語言中的名詞一樣，大部分名詞所屬的類別在語意學上是隨意的。

gender gap 性別鴻溝 男人和女人在觀點和態度上的不同，尤其是表現在男女對公共或私人議題的不同反應，有時是針對不同的候選人、政黨或政策方案。1980年代以前，這種政治上的差異鮮少受到注意，男人和女人所展現出的投票習慣都頗爲相似。1980年代之後，支持民主黨和一些開明政策的女性人數明顯多於男性，尤其是在工作機會平等、兒童照護以及槍枝管制等議題上。

gene 基因 在染色體上占據固定位置的遺傳單位。基因藉著主導蛋白質合成而達到它們的功效。它們由去氧核糖核酸（DNA）組成，只在某些包含核糖核酸（RNA）的病毒中例外。去氧核糖核酸串上的氮基排序決定了遺傳密碼。在需要特定基因的產物時，會形成包含基因裂片的去氧核糖核酸分子部位和所謂訊息核糖核酸（mRNA）的核糖核酸互補串，接著將之傳遞至核糖體，以合成蛋白質。轉移核糖核酸（tRNA）是第二種核糖核酸，藉著特定的氨基酸而配上訊息核糖核酸，連環結合而形成肽鏈，即蛋白質的構成體。實驗顯示：細胞內的許多基因在大部分時間或所有時間是被動的，但它們能被「打開」或「關閉」。突變發生於基因之基質順序或數目錯亂的時候。亦請參閱genetic engineering、genetics、Hardy-Weinberg law、Human Genome Project、linkage group。

gene flow 基因流動 一個物種的某一種群的遺傳物質被引進（透過雜交）另一種群，而使後者基因庫的組成發生變化的現象。透過基因流動，可引進新的等位基因，增加種群內的變異性，從而有可能產生各種新的遺傳特性。在人類中，基因流動通常發生於人群遷移時。

gene therapy 基因療法 亦稱基因轉移療法（gene transfer therapy）。將正常基因導入基因機能障礙的個體，導入正常傳遞基因的組織細胞（僅治癒該個體）或是早期胚胎細胞（治癒個體及所有後代）。每道步驟的前提是找出基因的最佳輸送系統（通常是病毒），證明轉移的基因在宿主細胞傳送自身，並建立安全的步驟。基因療法研究頗有進展的疾病包括囊腫性纖維化、亨丁頓氏舞蹈病、家族性高膽固醇血症；應用於阿茲海默症、乳癌與其他癌症、糖尿病還在持續研究之中。基因療法的某些方面，包括基因操作與選擇、胚胎組織研究以及人體試驗，都激起道德上的爭論。

genealogy 系譜學 家族淵源和歷史的研究。在世界大部分地方均有發現，在範圍上是國際性的。原本與追溯皇室、貴族或神教士的血統有關，系譜學已因歷經好幾個世紀而在範圍上伸廣許多，現在有許多普通人士也把追查系譜當作一種消遣。在有文字記載以前的文化裡，系譜的形式是用口耳相傳的，通常是一大串的名單，後世記錄了這種資料。國王和英雄人物常被形容是神的子孫。現代系譜學家使用古器物（包括古代記錄、錢幣、契約、織錦畫、繪畫和碑文）來協助其研究。

General Accounting Office (GAO) 審計總署 美國立法部門所屬單位。1921年設立，負責審計、評估政府計畫和活動，以確保政府財源的收支平衡。審計總署爲國會的調查機構，它依照各委員會主席、各委員會少數派領袖、法律或該單位自己的要求而執行覆審的工作。

General Agreement on Tariffs and Trade (GATT) 關稅暨貿易總協定 簡稱關貿總協定。一套多邊的貿易協定，目的在於使締約國之間取消配額並降低關稅。關貿總協定於1947年由23個國家在日內瓦簽定，20世紀後半葉在世界貿易的大規模擴展方面是最有效的工具。1995年關貿總協定被世界貿易組織（WTO）取代之前，有125個國家締結協定，這些協定掌理了全世界90%的貿易。關貿總協定最重要的原則是無差別待遇的貿易，每個會員國皆站在平等地位開放市場。一旦一個國家與其最大貿易伙伴同意降低關稅，該關稅削減自動延伸到關貿總協定中其他所有會員國。關貿總協定也建立統一的關稅條例，並致力於消除進口限額。曾主辦多次削減關稅的談判，最後一次是於1994年在烏拉圭簽定，決定建立世界貿易組織。

General Dynamics Corp.　通用動力公司　美國最大的軍用訂貨承包商。公司前身是「電船公司」，成立於1899年，曾建造「荷蘭號」潛艇，是第一艘出售給美國海軍的潛艇。第二次世界大戰後，從事各種軍機、裝甲車（包括M-1型坦克車）和天然氣運輸船的製造。1952年該公司被購併，改爲現名。1954年「鸚鵡螺號」潛艇下水，它是第一艘核子動力潛艇，後來還生產了三叉戟核子潛艇。該公司也製造太空發射器。1992年已出清它的飛機和飛彈系統生意。

General Electric Co. (GE)　奇異公司　美國的大公司，也是世界上最大和最多樣化的公司之一。其產品有電氣和電子設備、塑膠、飛機發動機、醫學造影設備等，還經營金融服務公司。1892年合併，當時它收購了愛迪生通用電氣公司（前身是1878年愛迪生建立的愛迪生電燈公司）和其他兩家電氣公司的資產。1900年公司組建一個工業研究試驗室，公司後來許多產品都由室內科技人員開發出來的，包括各種家用電器。1986年奇異公司收購了美國無線電公司，包含其擁有的電視廣播網－－國家廣播公司（NBC）。總公司設在康乃狄克州費爾菲爾德。

General Foods Corp.　通用食品公司　前美國包裝食品和肉食產品製造商。成立於1922年，由波斯特創建之波斯塔姆穀類食物有限公司發展而來的。不久開始合併其他的公司和產品：傑爾－歐公司（1925）；天鵝絨牌麵粉和麥紐特木薯澱粉公司（1926）；洛格卡賓公司（1927）；麥斯威爾公司（1928）；卡柳梅特公司（1928）；伯宰公司（1929）；桑卡牌咖啡（1932）、蓋恩斯狗食（1943）、清涼伴侶（1953）、伯比果菜園產品（1970）、奧斯卡・邁耶公司肉食產品（1981）和恩滕曼公司烘烤食品（1982）。1985年被菲利普・莫里斯公司購併。

General Mills, Inc.　通用麵粉公司　美國包裝消費食品的主要生產者，尤以生產麵粉、穀類食物、點心、速食等產品爲主。該公司成立於1928年，當時併進沃什伯恩・克羅斯比公司和其他四家麵粉公司。專門經營穀類和麵粉食品，曾開發出頂好早餐麥片粥、金獎麵粉和比斯奎克什錦點心料，以及貝蒂・克羅克系列產品。1960年代初開始多樣化經營，涉足於玩具和時髦用品領域。至1990年代，公司又開始專營消費性食品。總部設在明尼蘇達州的明尼亞波利。

General Motors Corp.(GM)　通用汽車公司　美國企業，在20世紀大部分時期是世界最大的汽車製造公司。1908年由杜蘭特所創立，合併幾家汽車公司而成立。不久又合併了生產別克、奧斯摩比、凱迪拉克、奧克蘭（後改稱龐帝克）等牌號汽車的公司。1918年兼併出產雪佛蘭和代爾科的汽車公司。到了1929年它已超越福特汽車公司成爲美國汽車製造業的龍頭，並進一步擴張，增加一些海外營運，如建立英國的沃克斯霍爾公司。1984年收購電子資料系統公司，1986年購得休斯飛機公司。1970～1980年代通用汽車公司面臨日本汽車製造商日益激烈的競爭，所以在1984年成立一個新的子公司－－鈺星，以和日本進口車競爭。

general practice　一般醫學 ➠ family practice

General Services Administration (GSA)　美國聯邦總務署　美國政府行政單位，管理聯邦政府的設備及財產。1949年設立，負責採購、分配物資給各政府單位，同時維護重要物資。此外亦負責監督政府建築物的興建，並維護聯邦政府所使用的電腦及通訊系統。1978年該單位因醜聞而大受打擊，一項調查發現各種賄賂、偷竊以及管理浮濫等弊端；爲避免此類弊端，隨後即頒行新的規定和程序。

general staff　參謀部　由軍隊裡的一批軍官組成，他們協助師級以上或較大單位的指揮官制訂作戰和訓練計畫，下達命令並監督命令的執行。但是在性質和功能上，不同於美國陸軍裡的特種兵參謀（由醫療、憲兵、通信、補給等方面的技術專家組成）。參謀部最初於19世紀初葉在普魯士陸軍部裡設立，其他歐洲國家在1870年以後才設立參謀部。美國陸軍則在1903年設立。

general strike　總罷工　許多行業中大多數工人爲了達到經濟或政治目的而進行有組織的停工。總罷工的觀念自19世紀初隨著英國各種工業的發展而明顯開始。它被視作一種集體談判策略，或被更激進的思想家視作社會革命的工具。著名的總罷工事件包括：俄國發生在1905年革命期間；英國是在1926年（由不同的工會支持煤礦工人罷工）；法國則是在1967年（因學生要求教育改革而觸發）。

General Telephone and Electronics Corp. ➠ GTE Corp.

generative grammar＊　衍生語法　亦譯生成語法。會生成一種語言的全部合乎文法句子的限定形式規則。衍生語法的概念是由喬姆斯基首次在他的著作《句法結構》（1957）清楚表達的。理想中，衍生語法的工作不僅要界定在一種特定語言中各個元素的相互關係，也要找出共通的語法－－也就是所有自然語言本身具有的一套法則，這被視爲人類智力的天賦。亦請參閱grammar、syntax。

generator　發電機　任何將機械能轉換成電能的機器，然後把電輸送給家庭、商業和工業用戶。發電機也生產電力供應汽車、飛機、船隻和火車的需要。一台發電機的機械動力通常來自一個轉動軸，相當於軸轉矩乘以迴轉的速度（或角速度）。機械動力的來源可能各有不同：由水、風、蒸汽

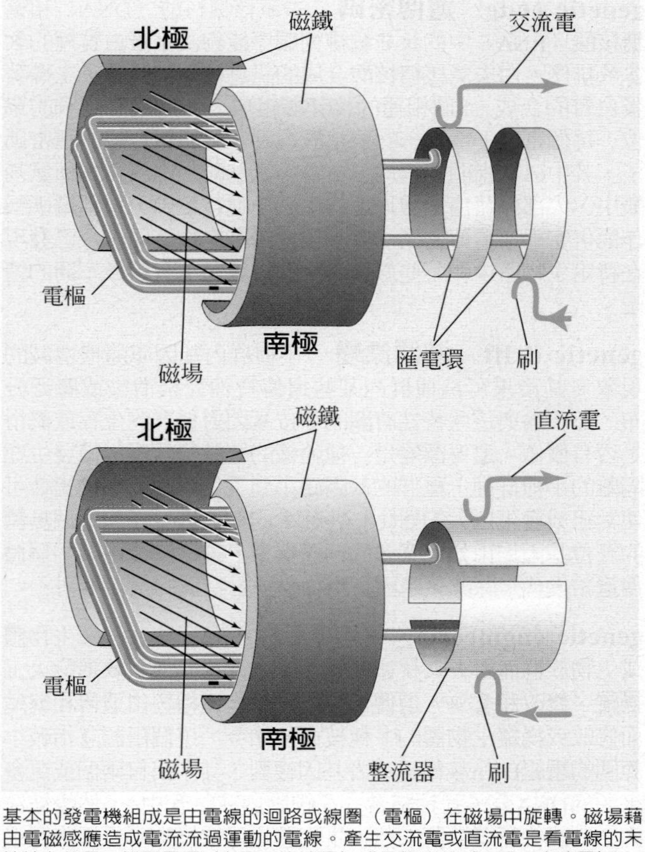

基本的發電機組成是由電線的迴路或線圈（電樞）在磁場中旋轉。磁場藉由電磁感應造成電流流過運動的電線。產生交流電或直流電是看電線的末端接上的是一組匯電環（上圖：交流電）或是整流器（下圖：直流電）。

E F G

或氣體發動的渦輪機；汽油引擎；或柴油引擎。

Genesee River*　傑納西河　美國賓夕法尼亞州和紐約州境內河流。源自賓夕法尼亞州，大致北流，穿過羅契斯特，注入安大略湖，全長254公里。河流中段是寬約40公里的峽谷，有時高度超出河岸245公尺，稱作「東部大峽谷」，爲州立萊奇沃思公園的中心點。

Genesis*　創世記　《聖經》的首卷。卷名取自第一節，意爲「開始」。記述猶太教和基督教創始的故事，以及以色列民族的歷史淵源。除了敘述上帝創造世界外，還包括亞當和夏娃、諾亞和洪水、巴別塔，以及上帝如何應許亞伯拉罕、以撒和雅各的故事，最後以雅各之子約瑟的故事結束。傳統上認爲是摩西所作，但現代學者已驗明書中至少有三種文字語調，年代可溯自西元前950年至西元前5世紀，雖然其中還混雜有更早的資料。此卷是《舊約》的五書之一，它們構成「摩西五經」（參閱Torah）。

Genêt, Citizen Edmond ➠ Citizen Genêt Affair

Genet, Jean*　惹內（西元1910～1986年）　法國小說家和劇作家。是一個被母親遺棄的私生子。十歲即因偷竊被關進監獄，此時開始寫作。他的第一部小說是《繁花聖母》（1944）描述了充斥著兇手、老鴇和騙徒的下層社會。《玫瑰奇蹟》（1945～1946）以他在聲名狼藉的感化院中度過的少年時光爲背景。《竊賊日記》（1949）詳述了他那段淪爲流浪漢、扒手和男妓的生活。他成爲前衛戲劇的主要人物，作品有《女僕》（1947）、《陽台》（1956）和《黑人》（1958）等，都是以表現主義爲手法的大型風格化諷刺劇，以揭露在剝削社會中的僞善和共謀來震撼並暗示觀衆。他受到存在主義者的讚賞，沙特所寫的鉅著《聖惹內》（1952），就是恭維他的一部傳記。

genetic code　遺傳密碼　去氧核糖核酸（DNA）和核糖核酸（RNA）中的核苷酸排列順序能夠決定蛋白質裡的氨基酸排序。由去氧核糖核酸合成的訊息核糖核酸分子主導著蛋白質的合成。3個相連的核苷酸組成一個稱爲密碼子的單位，每個密碼子爲單一的氨基酸編碼。可能組合成64種密碼子，其中61種指明了組成蛋白質的氨基酸。由於在20種氨基酸中，大部分藉由一種以上的密碼子進行編碼，這種編碼稱作簡併密碼。遺傳密碼一度被視爲所有生物皆同，今已發現在特定生物體中和某些眞核生物的粒線體中有稍微不同的情況。

genetic drift　遺傳漂變　小種群內基因庫隨機增減的現象。其後果可爲種群內某些遺傳特性完全消失或廣泛分布，而不論與這些特性有關的等位基因對種群的生存或繁衍是否有價值。遺傳漂變是一種隨機的統計學效應，僅發生在隔離的小種群裡，種群的基因庫小到等位基因的隨機組合可使其組成發生巨大的變化。在較大的種群裡，任何一個具體的等位基因均由如此衆多的個體攜帶，幾乎總能由某些個體傳遞給後代，除非該基因在生物學上對物種的生存不利。

genetic engineering　遺傳工程　爲了修改一種生物體或生物族群而對去氧核糖核酸（DNA）或其他核酸進行人工操縱、修改和重組。遺傳工程一詞原本泛指經由遺傳和繁殖而修改或操縱生物體的多種技術。如今，這個用語意指較小範圍的重組DNA技術，或者基因複製，其中出自兩個或更多來源的DNA分子互相結合（在細胞內或試管中），然後被注入它們能夠藉著繁殖的宿主生物體。這種技術可以用來製造新的基因組合，對科學、醫學、農業或工業具有價值。藉著重組DNA技術，已經製造出能夠合成人類胰島素、人類干擾素、人類生長激素、B型肝炎疫苗和其他醫學有用物質的細菌。重組DNA技術結合了大量製造抗體的技術發展，已經對醫學診斷和癌症研究產生衝擊。植物已有基因上的調整，以進行固氮，並產生自己的殺蟲劑。能對油進行生物降解的細菌已經製造出來，用於油污的清除。遺傳工程也引發了人們對基因逆向操作及其後果的恐懼（如耐受抗生素的細菌或新的疾病類型）。亦請參閱biotechnology、molecular biology。

genetics　遺傳學　研究遺傳的一般規律，尤其是基因的學科。現代遺傳學始自孟德爾的研究工作，他總結出遺傳的基本定律。薩頓提出染色體就是孟德爾的遺傳因子所在地。哈代－魏因貝格二氏定律建立了研究種群遺傳的數學基礎。摩根證明不僅基因就在染色體上，而且在同一條染色體上緊挨著排列的基因構成一個連鎖群，往往一道遺傳。艾弗里證明去氧核糖核酸（DNA）是攜帶遺傳訊息的染色體組分。華生和克里克推論出DNA的分子結構。這些和其他的發展導致DNA分子中遺傳密碼的破譯，使得遺傳工程的重組技術成爲可能。了解遺傳學之後，對於診斷、預防和治療遺傳性疾病十分有用，也可用於動植物育種，以及用來設計利用微生物的工業方法。亦請參閱behavior genetics。

Geneva*　日內瓦　法語作Genève。德語作Genf。義大利語作Ginevra。瑞士西南部城市，日內瓦州首府。位於日內瓦湖西南端，在湖與隆河的匯流處。西元前6世紀時，曾是塞爾特部落阿洛布羅克斯人的中心，後來被羅馬人征服。16世紀喀爾文把日內瓦轉變爲神權政治邦國和新教歐洲的知識分子中心。18世紀，這裡是盧梭的出生地，以及伏爾泰的避難地，吸引了啓蒙運動的精英分子。1814年加入瑞士聯邦。1864年「日內瓦公約」簽署於該市。1919年於此設立國際聯盟。現爲商業和金融業的國際中心，國際紅十字會（1864）和聯合國駐歐洲總部皆設於此地。人口約173,549（1996）。

Geneva, Lake　日內瓦湖　法語作萊蒙湖（Lac Léman）。德語作Genfersee。瑞士西南部和法國東南部之間的湖泊，湖泊面積347平方公里屬瑞士，234平方公里屬法國。隆河從東部注入，再從西端排出，流經日內瓦市。海拔372公尺，長72公里，平均寬8公里。湖水清澈、湛藍。有「靜振」」現象：水面上下波動明顯，湖水自此岸至彼岸有節奏地往返動盪。

Geneva, University of　日內瓦大學　日內瓦高等教育機構。1559年由喀爾文和貝茲（1519～1605）創設的一所神學院，當時稱爲日內瓦學校（後來改爲學院）。後來加入了自然科學、法律以及哲學等課程，19世紀時成立了一所醫學院。1912年成立的一所私立教育學院「盧梭學院」，於1930年代併入日內瓦大學。如今，該校在國際研究、植物學、教育學等領域的聲譽吸引了許多外國學生前去就讀。註冊學生人數約14,000人。

Geneva Conventions　日內瓦公約　在瑞士日內瓦締結的四次國際條約（1864、1906、1929、1949），目的是在建立人道主義原則，簽約國在戰時要如何對待敵國的士兵與平民。第一次公約是由紅十字會的創始人杜南發起的，公約規定，一切治療傷病員的組織及其工作人員有免除被占、被俘或被破壞的權利，一切參與戰爭者應得到公平的待遇和治療，援助傷員的平民應受到保護，公認紅十字作爲識別公約涉及的人員和裝備的標記。第二次「日內瓦公約」對第一次公約作了修改和補充；第三次「日內瓦公約」規定交戰國必須以人道主義精神對待戰俘，允許中立國代表視察戰俘營。

1949年的公約包含保護那些淪於交戰一方管轄之下的人們的詳細條款。1977年通過兩項議定書，將保護範圍擴大至游擊戰士，但美國沒有簽署同意。對於違約者，只有訴諸公共輿論和非難來制裁。

Geneva Protocol　日內瓦公約（西元1924年）　正式名稱「和平解決國際爭端公約」（Protocol for the Pacific Settlement of International Disputes）。國際聯盟爲確保歐洲整體安全而起草之條約。由貝奈斯提出，此約提議制裁侵略國，並提供一個和平解決爭端的機制。簽約國同意將所有爭端提交常設國際法庭，任何拒絕接受仲裁的國家都將被視同侵略國。法國熱切支持此項公約，但英國拒絕接受。

Geneva Summit　日內瓦高峰會（西元1955年）　美國、法國、英國和蘇聯的領導人在日內瓦會面，試圖結束冷戰。日內瓦高峰會討論的議題包括裁減軍備、德國統一以及日益增長的經濟聯繫等。雖然並未達成任何協議，但此項會議會被認爲是朝向降低冷戰的緊張局勢、重要的第一步。

Genghis Khan＊　成吉思汗（元太祖）（西元約1160～1227年）　亦拼作Chinggis Khan。本名鐵木眞。善於征戰的蒙古統治者，他將蒙古的游牧部落凝聚成統一的蒙古帝國。從中國的太平洋岸到歐洲的亞得里亞海都是其部隊的戰場。他爲史上最大的陸上帝國立下根基。鐵木眞原爲一貧困部族的首領，與諸多敵對部族交戰，終於組成蒙古聯盟。該聯盟於1206年推舉他爲成吉思汗（意爲普世的統治者）。同年，統一的蒙古人蓄勢待發，準備跨出大草原，征服其他地區。成吉思汗爲奪取與摧毀城市，調整樂他的軍事戰術，從純粹依賴騎兵，到使用圍攻、投石機、雲梯以及其他適用於此目標的配備與技術。不到十年，他已掌控由女眞所控制之中國的大部分。隨後摧毀穆斯林的花剌子模王朝王朝，同時其將領也劫掠伊朗和俄羅斯。成吉思汗因爲屠城，以及摧毀田地和灌溉系統而惡名昭彰，但其出眾的軍事才能與學習能力，亦倍受讚揚。後在一場軍事遠征途中身亡，帝國版圖由其兒孫瓜分。

genie ➠ jinni

genius　天才　具有超常智力的人物。天才展現出獨創性、創造力，能在從未有人探索的領域中思考和工作。儘管天才人物常常只在某一特殊領域作出傑出貢獻，但研究指出他們的一般智力水準也很高。天才似乎是遺傳和環境兩者共同作用的結果。亦請參閱gifted child。

genius　元靈　古羅馬宗教中，指依附於一人或一地的靈。起初，祀奉的是一家男女主人的元靈，分別體現一家族或氏族的繁衍生殖之力。後來，元靈成爲一種天然守護天使即我體的更高形式，每人都拜自己的元靈，特別是在生日。其他還有地方的元靈和團體的元靈，如軍團、國家和行會。

Genoa＊　熱那亞　義大利語作Genova，古（拉丁）語作Genua。義大利西北部城市和海港。利古里亞大區首府，又是義大利里維耶拉的中心。在羅馬人統治下逐漸繁榮，12～13世紀成爲地中海的一個主要商業城市，只有威尼斯可與之匹敵。與威尼斯爲爭奪黎凡特而僵持一世紀之久後失敗，此後14～15世紀榮景不再。19世紀初爲拿破崙所奪，後來又獲得獨立，再度繁榮，尤其是在義大利統一後。第二次世界大戰期間城市雖遭嚴重破壞，但一些歷史建築倖存下來。熱那亞是哥倫布的誕生地（1451），現仍具有活躍的海運傳統。熱那亞大學（1471年創辦）以經濟和海事研究聞名。人口約659,116（1996）。

Genoa, Conference of　熱那亞會議（西元1922年）　第一次世界大戰後在義大利熱那亞舉行的一次會議，討論戰後中歐及東歐的經濟重建問題，並就改善蘇聯同歐洲資本主義國家的關係尋求方法。由三十個歐洲國家的代表參加，試圖尋求方法提供外資以支持「俄國復興」。但由於法國及比利時這兩個革命前俄國的主要債權國，堅決要求清償全部戰前債務，並要歸還全部蘇聯沒收的外國財產，談判破裂。後來德蘇條約在拉巴洛簽訂，更升高緊張情勢。

genocide＊　滅絕種族　指蓄意和有計畫地消滅一個民族、種族、政治或宗教的團體。此詞是納粹時代（1933～1945）以後所創造出來的，用來指一種預謀消滅一個族群的法律概念（參閱Holocaust）。1946年聯合國大會宣布：滅絕種族是一種應受譴責的罪行，不論它是由個人、團體或政府，甚或是自己的族人所策劃，也不論是在和平時期或戰爭時期（最後一點與「違反人道罪」不同，其其法律界定在戰時）。這些罪犯可以交由國內法庭審判，也可以交由國際刑事法庭審判。

E F G

genotype＊　基因型　一個生物體的遺傳組成。基因型決定著個體從胚胎形成到成年期的發育在進行有性生殖的生物體中，個體的基因型包含遺傳自雙親的全部基因。有性生殖能保證每個個體均有其獨特的基因型（除了來自同一個受精卵的同卵雙生子外）。亦請參閱phenotype、variation。

Genovese, Eugene D(ominick)＊　吉諾維斯（西元1930年～）　美國歷史學家。生於紐約市，在哥倫比亞大學獲得博士學位，並任教於拉特格斯、哥倫比亞、劍橋等大學及其他各大學。他以其論美國內戰與奴隸制的著述而聞名。繼其爭議性作品《走吧，喬丹，走吧》（1974）之後，他還出版了《奴隸主的兩難》（1992）、《南方前線》（1995）、《奴隸制的政治經濟學》（1995）以及《燃燒殆盡》（1999）。他曾經是位馬克思主義者，但近年來漸向右翼靠攏。

genre painting＊　風俗畫　自日常生活取材、一般用寫實手法描繪普通人工作或娛樂的圖畫。「風俗」一詞起源於18世紀的法國，指專門畫一種東西，如花卉、動物或中產階級生活的畫家。到19世紀中葉，此詞增加了褒意，人們也極普遍地使用此詞來指17世紀荷蘭和法蘭德斯畫家的作品，如斯滕、泰爾博赫、奧斯塔德和弗美爾等人。後來的風俗畫大師包括法國的夏爾丹、義大利的隆吉和美國的賓厄姆。

genro＊　元老　日本從「明治憲法」頒布（1889）起到1930年代初控制日本政府的超憲法的寡頭政治集團。在1868年明治維新時，元老扮演了主要角色。他們在官方政府結構之外扮演看管的角色，延續了日本的傳統，即政權只是名義上的，軍隊才握有實權。亦請參閱Fujiwara family、Hojo family、Ito Hirobumi、Yamagata Aritomo。

Genroku period＊　元祿時代　指日本史上1688～1704年間，非武士階級的城市居民的一段文化昌盛時期。此詞也常用於涵蓋1675～1725年左右的時期。當時禁止炫耀自己的財富，但富有的京都、大阪和江戶（東京）人找到其他辦法來展示自己的財富。他們把大部分的時間和金錢都花在娛樂方面，如戲院、妓院和茶館等地方，這種「浮世」現象表現在明亮多彩的木刻版畫（即浮世繪）作品上。元祿時代爲城市文化樹立了榜樣，使其持續繁榮於整個江戶時代。

gens＊　羅馬氏族　古代羅馬的親緣群體，宣稱來自共同的男性祖先。其後裔爲了表示崇敬此始祖，便把他的名字當作自己的第二個名字，表示同出一源。例如Caius Valerius

Catullus這一名裡，Valerius即這個人的族姓。普遍不贊同族內通婚。

gentian family＊　龍膽科　龍膽目的一科。約1,100種。一年或多年生草本或灌木，主要原產於北溫帶。花瓣4～5枚，合生，可深裂，在花芽中裂片覆瓦狀或旋轉狀排列。有些種可入藥或製染料。龍膽屬的花美觀，被栽培爲庭院觀賞植物，常見於潮濕的草地或林地。

Gentile, Giovanni＊　秦梯利（西元1875～1944年）　義大利哲學家，有時被稱爲「法西斯主義的哲學家」。曾在大學教書，1903～1922年與克羅齊合編《批判》雜誌。1922～1924年任墨索里尼的法西斯政府教育部長。他的「現實的觀念論」是受了黑格爾的強烈影響，他不承認個人思想的存在，也不承認理論與實踐、主體與客體、過去和現在之間有任何區別。他計畫並編輯了《義大利百科全書》（1936），並寫了很多有關教育和哲學的書。1943年墨索里尼倒台後，他又支持德國人在撒羅建立的法西斯社會共和國，最後被反法西斯的共產黨人殺死。

Gentile da Fabriano＊　法布里亞諾的秦梯利（西元1370?～1427年）　原名Gentile di Niccolò di Massio。義大利畫家。可能在倫巴底地區受過繪畫訓練。1409年受託以歷史濕壁畫裝飾威尼斯的多傑斯宮，現已失佚。其最重要的作品是羅馬的聖約翰·拉特蘭教堂的一組濕壁畫，也已遭破壞。現存的珍品有佛羅倫斯聖三位一體教堂的《博士朝拜》（1423），其融合自然主義和豐富的裝飾性，在整個15世紀都一直影響著義大利畫家，尤其是安吉利科和戈佐利，也使他成爲國際哥德風格最優秀的典範。他是15世紀前半葉最重要的義大利畫家。

Gentileschi, Artemisia＊　眞蒂萊斯基（西元1597～1652/53年）　義大利畫家。奧拉齊奧·眞蒂萊斯基的女兒，自小跟隨父親和風景畫家塔西學畫。第一幅著名作品是《蘇珊娜和長輩們》（1610），以前卻被認爲是他父親的作品。1616年加入佛羅倫斯繪畫學會，開始發展自己獨特的風格，用色比其父更加鮮豔。她是卡拉瓦喬的主要追隨者，也是風格最爲兇暴的，可能是因曾被塔西強姦，在控告期間，她被迫在痛苦的折磨中親自出庭作證。她喜歡的體裁如猶滴砍掉入侵將軍霍洛費內斯之頭的場面，以及其他女英雄的形象。她在羅馬和那不勒斯工作，並與父親在倫敦待了三年（1638～1641）。她是第一個獲得國際知名度的女畫家，現今因爲她是最早在作品中表現出女性自覺意識而受到推崇。

Gentileschi, Orazio 眞蒂萊斯基（西元1562～1639年）　原名Orazio Lomi。義大利畫家。出生於比薩，1576～1578左右前往羅馬，在各座教堂作濕壁畫（1590～1600?）。其17世紀初的繪畫作品明顯受到卡拉瓦喬強烈的明暗對比和當代人像形式的影響。雖然作品比卡拉瓦喬精緻，但缺乏大師級的力道和不妥協的寫實主義作風。1626年應英王查理一世邀請到英國，並留在英國作宮廷畫師終其餘年。他的女兒是阿爾特米西亞·眞蒂萊斯基。

眞蒂萊斯基的《天使報喜》（1623），現藏義大利杜林薩瓦達美術館
SCALA – Art Resource

Gentz, Friedrich＊　根茨（西元1764～1832年）　德國政治新聞記者。由於受到柏克的強烈影響，他出版期刊和小冊子，從保守的自由主義觀點來分析時事，並認爲法國大革命和美國革命相反。1785～1803年在普魯士擔任文官，之後遷居維也納，成爲外交大臣梅特涅的傳聲筒，1812年起擔任梅特涅的心腹顧問。拿破崙失敗後，在隨後召開的各項會議中擔任秘書長的工作。

genus　屬　介於科和種之間的生物分類階元。多由結構和種系發生上相類似的種構成，單種屬則僅包含一個具有與衆不同的特徵的種。例如，各種薔薇組成薔薇屬，馬、驢和斑馬等組成馬屬。屬名是二名法學名中的第一個字，其首字母恆大寫。

geochemical cycle　地球化學循環　各元素或各類元素在地殼和殼下各帶中以及在地表上所歷經的途徑。此概念包括地球化學分異作用（即元素在地球的各種作用下的自然分離和集中）和熱促成的元素再結合作用。地球化學循環雖在短期內處於穩定狀態，但在長期內則發生著變化，如大陸和大洋就是這樣在地質時期內一直演變著。

geochemistry　地球化學　涉及地球的化學元素及其同位素之相對豐度、分布和遷移的學科。在以前，地球化學一直主要研究的是確定礦物和岩石裡的元素豐度。現代地球化學研究還包括研究岩石裡有機物質的化學變化以及各個元素（及其化合物）在有生系統和無生系統之間的循環流動，以及宇宙學的某些領域。

geochronology　地質年代學　對地球史上地質事件的年代測定和解釋。研究地質年代學的正統方法是地層學，包括古生物群演替規律。自20世紀中葉以來，即運用放射性年代測定法提供了絕對年齡的資料，以彌補得自化石記錄中相對年齡資料之不足。放射性年代測定法所根據的原理是：在地質物質中，放射性同位素以恆久不變的速率衰變爲子體。亦請參閱carbon-14 dating。

geode　晶洞　在石灰岩和一些頁岩中見到的空心礦物體。常見的形狀是稍微扁平的球體，直徑爲2.5～30公分；球體爲玉髓層圍繞，其內襯由許多晶體組成。晶洞的內部空心幾乎經常被向內突出的晶體塡充，新的一層晶體生長在老的一層晶體的頂上。這些晶體通常是石英，但有時是其他礦物。

geodesy＊　大地測量學　關於地球的大小形狀、引力場、定點位置的科學學科。原本所有的大地測量工作是以地面測量爲主。現在可以透過人造衛星，輔以地面測量系統來測量。

geoduck＊　女神蛤　軟體動物門雙殼綱海產無脊椎動物，學名Panopea generosa。棲息於從阿拉斯加南部到下加利福尼亞太平洋沿岸的潮間帶中。女神蛤是已知最大的鑽穴雙殼類，殼長約180～230公釐；水管可伸展1.3公尺，體重連殼可達3.6公斤。肉味美可食，但棲在深穴中難以挖得（其英文名即可能源出印第安語，意爲「深挖」）。世界其他地區也有與女神蛤相似的蛤類。

Geoffrey of Monmouth＊　蒙茅斯的傑弗里（卒於西元1155年）　英格蘭中世紀編年史家。可能一生大部分時間都在牛津教堂工作。著有《不列顛史》（1135?～1139?），大部分是虛構的歷史故事，它追溯英格蘭王族的祖先是特洛伊人。這本書把亞瑟的形象（參閱Arthurian legend）引入歐洲的文學作品，並介紹了巫師梅林，傑弗里曾在《論梅林》（1148～1151?）描述過他的故事。雖然此書一出就受到其他史學家的抨擊，但《不列顛史》是中世紀最流行的一本書，對後來的編年史家也影響很大。

geographic information system (GIS)　地理資訊系統　電腦化系統，從地圖形式的地理材料蒐集資料，加以關聯與顯示。地理資訊系統的功能是以新的資訊覆蓋現存的資料，並以彩色顯示在電腦螢幕上，主要用於進行地質、生態、土地利用、人口統計、運輸及其他領域的分析與決策，大多與人類利用自然環境相關。藉由地理編碼的過程，將資料庫的地理資料轉換成爲地圖的影像。

geography　地理學　研究地球表面的科學，描述和分析發生在地表上自然、生物和人文現象的空間變化，並探討它們之間的相互關係及其重要的區域模式。以往地理學僅指地球的繪製和探勘，現在這個領域的範圍已擴大，地理學家從衆多的學科領域中學得使用各種不同的方法和技巧來作研究。地理學可分爲自然地理學、人文地理學和區域地理學等三大分支，區域地理學的研究範圍可以是全世界，也可以是一個大陸、一個國家，或一座城市。

geologic oceanography　地質海洋學　➠ marine geology

geologic time　地質時間　劃分地球地質史的間隔時期，時間約從39億年前（與已知最古老的岩石年代相當）到現在。實際上，地質時間是記錄岩石地層的地質史的一部分，而地質年表則是根據各個不同的地質和生物特徵的發生時期來分類。這些間隔時期從最長的到最短的持續時間分別是宙、代、紀和世。

geological engineering　地質工程學　➠ engineering geology

geology　地質學　對地球的成分、構造、物理特性和歷史的科學研究。通常被劃分成若干分科：與地球的化學成分有關的分科，包括對礦物的研究（礦物學）和對岩石的研究（岩石學）；同地球的構造（構造地質學）有關的分科，以及關於火山現象的科學（火山學）；關於各種地形以及造成這些地形的各種作用過程的分科（地貌學和冰川學）；涉及地質史的分科，包括對化石的研究（古生物學），對沈積岩層的形成的研究（地層學），以及對行星體及其衛星的演化的研究（天體地質學）；經濟地質學及其各個分支，如採礦地質學和石油地質學。同地質學緊密相聯的一些主要研究領域是大地測量學、地球物理學和地球化學。亦請參閱environmental geology。

geomagnetic field　地磁場　伴隨地球的磁場。地磁場在地球表面上主要是偶極子場（即地磁場有兩個磁極：北磁極和南磁極）。離開地球表面，磁偶極子場就變得扭曲了。大部分地磁學家以發電機理論來解釋地磁場，根據這種理論，地核中的某種能源會產生一個自持的磁場。在這種發電機理論中，地核的流體運動涉及到導電性物質穿過一個現有磁場的運動，從而產生一股電流和一個自我強制的場。

geomagnetic reversal　地磁倒轉　地球磁極的交替現象。地球內部磁場平均約每隔30萬到100萬年會倒轉一次。這種倒轉現象在地質年表上是非常突然的，顯然花費了約5,000年時間。倒轉之間的時間非常地不定，有時不到4萬年，而有的要3,500萬年之久。至今未發現有任何的規律或週期。一個極性在經過一段長時期間隔後可能會接著一段相反極性的短期間隔。亦請參閱polar wandering。

geomagnetics　地磁學　地球物理學的一個分支。研究範圍涉及地磁場的各個方面，包括起源、隨時間的變化和形成磁極的現象、岩石的磁化，以及局部或區域性地磁異常等。

Geometric style　幾何圖形風格　西元前1000～西元前700年在雅典盛行的一種陶瓶彩繪。從風格上來說，陶瓶上畫著各色各樣的水平飾帶，飾帶裡畫滿了各種幾何圖案，如Z字形、三角形和曲臂十字架（卐）形，在淺色的底上畫上深色圖案。這種規則性效果猶如竹籃細工一樣。這種抽象

地質時間表

宙	代	紀和系	世和統	開始時期＊	生物形態
顯生宙	新生代	第四紀	全新世	0.01	
			更新世	1.8	最早的人類
		第三紀	上新世	5	
			中新世	24	最早的人
			漸新世	34	
			始新世	55	最早的禾草類
			古新世	65	最早的大型哺乳動物
	白堊紀—第三紀界限（6,500萬年前）：恐龍滅絕				
	中生代	白堊紀	晚	99	
			早	144	最早的顯花植物；恐龍占優勢
		侏羅紀		206	最早的鳥類和哺乳動物
		三疊紀		248	恐龍時代開始
	古生代	二疊紀		290	
		石炭紀			
		賓夕法尼亞紀		323	最早的爬蟲類
		密西西比紀		354	最早帶翅的昆蟲
		泥盆紀		417	最早的維管植物（包括蕨和苔）及兩生動物
		志留紀		433	最早的陸生植物和昆蟲
		奧陶紀		490	最早的珊瑚
		寒武紀		543	最早的魚類
元古宙	先寒武紀			2,500	最早的峯生藻類和軟體生物
太古代				4,000	開始有生命；最早的藻類和原始的細菌

＊單位：距今百萬年以前

圖案後來發展成形式化的動物和人像，如葬禮、舞蹈和拳擊比賽的敘事性場景。此外，還製作了一些小青銅和黏土雕像，以及別緻的裝飾性釦針和石灰石印章。後來這種圖案仍很流行，而且對以後希臘的藝術影響重大。

geometry 幾何學 ➠ algebraic geometry、analytic geometry、differential geometry、elliptic geometry、geometry, Euclidean、fractal geometry、hyperbolic geometry、geometry, non-Euclidean、projective geometry

geomorphology 地貌學 有關地球地形特徵的描述及分類的學科。現已提出許多地形分類系統。一些分類系統主要是根據形成與改變這些地形特徵的作用過程而對地形特徵進行描述與分類。此外還考慮到一些其他的因素（如地表岩石特徵和氣候變化），並包括作爲這些地形因素在地質歷史時期演化的一個方面的地形發育階段。

geophysics 地球物理學 地球科學的主要分支，用物理學的方法和原理研究地球。研究範圍有地質現象，包括地球內部的溫度分布；地磁場的起源、結構和變化；地球地殼上大規模的特徵，如裂谷、大陸縫合線和海洋中脊。現代地球物理學的研究範圍延伸到地球大氣層外部的現象，甚至延伸到其他行星和其衛星的物理性質。亦請參閱marine geophysics。

geopolitics 地緣政治學 關於國際政治中地理位置對各國相互關係如何影響的分析研究。此詞是由瑞士政治學家克吉倫（1864～1922）第一個提出來的，他探討了地理對國家政策的重要性，尤其是取得自然疆界、控制重要的海上航線和據有戰略要地等。現代因交通運輸的改善，這些因素已不再那麼重要了，此詞現在用於更廣義的方面。

George, David Lloyd ➠ Lloyd George, David

George, Henry 亨利・喬治（西元1839～1897年） 美國土地改革論者和經濟學家。未滿十四歲便輟學當職員，後又去當海員。1858年前往加利福尼亞，在幾家報社工作（也曾短暫創辦自己的報社），並加入民主黨的政治活動。1879年出版《進步與貧窮》，在書中他建議國家應徵收所有的經濟地租（徵收使用有價值土地的收入，但非改良土地），並取消其他稅捐。他猜想政府從這種單一稅所獲得的年度收入，用於擴建公共工程會綽綽有餘。

George, Lake 喬治湖 美國紐約州東北部湖泊。長51公里，寬1.6～6.4公里，經過一連串瀑布連接山普倫湖。喬治湖位於阿第倫達克山脈的山麓。以景色宜人聞名，爲受人歡迎的遊覽地。在庫柏的小說中，以何里肯湖紀念之，這個眞正的湖區曾是法國印第安人戰爭及獨立戰爭中多次交戰的戰場。泰孔德羅加堡位於湖水出口的瀑布處。

George, St. 聖喬治（活動時期約西元3世紀） 早期基督教殉教者和英格蘭的主保聖人。生平事跡不詳，但是從6世紀起就有傳說他是一位聖戰士，據說曾從惡龍爪下拯救了利比亞國王的女兒，他殺了龍後，國王的臣民以受洗信教來回報他。在藝術作品中，這位年輕的聖人通常身著飾有紅十字形的騎士盔甲。他可能在14世紀成爲英格蘭的主保聖人，當時英格蘭國王愛德華三世尊他爲嘉德勳位的主保聖人。

George, Stefan＊ 格奧爾格（西元1868～1933年） 德國詩人。曾旅遊各地，在巴黎與馬拉美、象徵主義運動，在倫敦與前拉斐爾派等均有聯繫。回到德國後，編輯《藝術之頁》刊物（1892～1919），並成爲「喬治圈」的中心人物，身邊聚集了一群年輕詩人，結成一種關係親密的美學團體。他的詩集包括《頌歌》（1890）、《心靈之年》（1897）、《第七枚戒指》（1907）、《聯盟之星》（1914）等。格奧爾格是「純詩」的擁護者，不僅抗議語言品位的下降，也反對唯物主義和寫實主義。雖然他在政治上持保守觀點，但拒絕了納粹政府給予他的金錢和榮銜，因而流亡海外。其作品集還包括翻譯但丁和莎士比亞的十四行詩，以及一些散文小品。

George I 喬治一世（西元1660～1727年） 全名George Louis。德語作Georg Ludwig。英國漢諾威王室第一代國王（1714～1727）。1698年繼其父爲漢諾威選侯。在西班牙王位繼承戰爭中，他奮身作戰，屢立奇功。由於他是英格蘭國王詹姆斯一世的長孫，並根據王位繼承法，他是第三個繼承人，於是在1714年安妮女王去世後繼承英國王位。他組織了輝格黨內閣，把國內政治留給大臣們處理，其中包括斯坦厄普伯爵第一和華爾波爾。他在英格蘭不得人心的主要原因是他的日耳曼人作風和有兩位日耳曼情婦，以及她們涉及南海騙局危機，但他藉由成立四國同盟（1718）來加強英國的地位。後來由兒子喬治二世繼承其位。

George I 喬治一世（西元1845～1913年） 希臘語作Georgios。原名Prins Vilhelm af Danmark (Prince William of Denmark)。希臘國王，丹麥國王克里斯蒂安九世的次子，曾在丹麥海軍服役，1862年在希臘國王奧托被廢黜後，由英、法、俄三國聯合提名擁上希臘王位。1863年獲希臘國民議會認可，登上王位，稱喬治一世。在位期間監督了色薩利和伊庇魯斯的領土併入希臘以及兼併克里克島的事宜。巴爾幹戰爭引起國內不安，他在薩羅尼加被暗殺，由其兒君士坦丁一世繼位。在他長期執政下，希臘逐漸蛻變爲一個現代歐洲國家。

George II 喬治二世（西元1683～1760年） 全名George Augustus。德語作Georg August。英國國王和漢諾威選侯（1727～1760）。他的父親（漢諾威選侯）即英國王位後，稱喬治一世，他在1727年繼承這兩個銜位。即位後，繼續任用華爾波爾爲重要大臣，一直到1742年。後來起用新任大臣加特利（1690～1763），使英國捲入奧地利王位繼承戰爭，喬治曾在德廷根戰役（1743）中英勇奮戰，這是最後一次英王御駕親征。國會和大臣們逼迫加特利辭職，並任命庇特組閣。喬治對政治喪失興趣，而庇特的策略是在七年戰爭中讓英國贏得勝利。

George II 喬治二世（西元1890～1947年） 希臘語作Georgios。希臘國王（1922～1924、1935～1947）。1922年其父君士坦丁一世被廢黜後，他成爲國王。但王室家族並不受人歡迎，1923年他逃離希臘。1924年國民議會宣布成立共和國。喬治繼續流亡海外，直到1935年保守主義的人民黨在軍隊支持下操縱國民議會，並恢復君主政體。1936年在國王的支持下，由邁塔克薩斯掌權。第二次世界大戰時，喬治被迫再度流亡（1941）；共和國情緒使他的王位岌岌可危，但由一次公投表決他還是恢復王位，1946年返國。

George III 喬治三世（西元1738～1820年） 原名George William Frederick。英國及愛爾蘭國王（1760～1820），也是漢諾威選侯（1760～1814）和國王（1814～1820）。喬治二世之孫，七年戰爭期間繼承王位。喬治的主要大臣標得伯爵逼迫了庇特辭職，導致了政府內部陰謀四起，而非穩定。1763年標得辭職，但喬治提名的其他人都遭到批評，直到1770年找到諾斯勳爵當首相。英國因連年戰爭的關係而財政窘困，喬治贊成透過徵收美洲殖民地稅捐來籌募資金的建議，結果導致美國革命。他和諾斯被譴責拖延戰爭，並且喪失了那些殖民地。當諾斯和福克斯聯合計畫控制東印度公司時，他重申了他的王權，喬治逼迫他們辭職，透過任命一個新的「愛國」首相小庇特來鞏固他的控制。喬治一直支持他到與法國的革命政府戰爭（1793），庇特由於害怕愛爾蘭跟著暴動而提出與天主教在政治上和解。喬治強烈反對，庇特因而在1801年辭職。1811年喬治舊病復發（幼年時曾短暫瘋癲過），國會於是擔任其兒（即未來的喬治四世）的攝政。

George IV　喬治四世（西元1762～1830年）　全名George Augustus Frederick。英國國王（1820～1830）和漢諾威國王（1820～1830）。喬治三世的長子。早年生活放蕩，揮霍無度，不得父王的喜愛。曾與一名女子祕密成婚，但國王拒不批准。1811年喬治在父親發瘋後繼位。他繼續任用父親的大臣，而沒指派他的輝格黨朋友；在位期間，英國與其盟友戰勝了拿破崙（1815）。他是建築師納西的贊助人，曾資助修復溫莎城堡。

George V　喬治五世（西元1865～1936年）　原名George Frederick Ernest Albert。英國國王（1910～1936）。愛德華七世的次子。1910年繼承父位，執政早期他面臨了因限制上院權力而導致的憲法爭議問題。第一次世界大戰時曾數次到法國前線視察，使這位新國王日孚眾望。戰後他面臨了嚴重的工業不安問題（勞資糾紛），以及首相勞因病辭職（1923），後來由鮑德溫擔任首相。1931年英鎊大幅貶值，接著產生財政危機之後，他說服麥克唐納留任，並組成一個國民聯合政府。後來王位傳給兒子愛德華八世和喬治六世。

喬治五世
Camera Press

George VI　喬治六世（西元1895～1952年）　原名Albert Frederick Arthur George。英國國王（1936～1952年在位）。喬治五世的次子。在他的哥哥愛德華八世宣布遜位後，他接任王位。在第二次世界大戰期間是英國人民重要的象徵性領袖，支持首相邱吉爾的戰時領導地位，並多次親赴前線視察軍隊。1949年國協各成員國政府正式承認他是國協的元首。他以恪守立憲君主的職責並克服了嚴重口吃而受人民尊敬。死後由女兒伊莉莎白二世繼位。

喬治六世
Keystone

George Washington Birthplace National Monument　喬治・華盛頓出生地國家紀念地　美國維吉尼亞州東部國家紀念地。1930年設置，面積約218公頃，位於波多馬克河岸邊。「威克菲爾德」宅邸是華盛頓三歲以前住的地方（他出生於1732年2月22日），1779年焚毀。現在的紀念館是於1931～1932年改建竣工的，呈現了一座典型的18世紀維吉尼亞種植園住宅，有一老式花園。

George Washington University, The　喬治華盛頓大學　美國華盛頓特區的一所私立大學。1821年獲准成立，在首府地區設立大學的構想源自華盛頓。該校設有一個包含大學部和研究所的文理學院，以及國際事務、法律、醫學暨健康科學、商業與公共管理、工程、教育等學院。此外亦有歐洲、俄國暨歐亞研究中心以及太空政策中心。註冊學生人數約19,000人。

Georges Bank　喬治斯海岸　麻薩諸塞州東部沒入大西洋的沙岸。這裡一直是個重要的漁場，東北部海域有豐盛的扇貝。因為海洋橫流與濃霧使得航行十分危險。1994年為使枯竭的漁源恢復生機而關閉商業性的漁釣作業。

George's War, King ➠ King George's War

Georgetown　喬治城　舊稱斯塔布羅伊克（Stabroek, 1784～1812）。蓋亞那首都和主要港口。位於大西洋海岸，德梅拉拉河河口。1781年由英國人建立，名稱取自英王喬治三世。1784年城市大部分由法國人重建。在荷蘭人占領時期稱斯塔布羅伊克，為埃塞奎博－德梅拉拉河聯合殖民地政府所在地。1812年英國再度控制這裡時，名字又改回喬治城。現為蓋亞那主要的商業和製造業中心。人口約254,000（1995）。

Georgetown University　喬治城大學　美國華盛頓特區的一所私立大學。成立於1789年，是美國第一個天主教（耶穌會）學院。一直以來皆開放給所有不同信仰的人就讀。設有一所人文暨科學學院，一所研究生院，以及外交、法律、醫學、護理、商業、語言暨語言學等學院。重要設施包括一個地震觀測站、伍德斯托克神學中心以及多所醫學研究中心。註冊學生人數約13,000人。

Georgia　喬治亞　美國東部一州。為前英國十三塊殖民地中最晚建立者，面積152,577平方公里，是密西西比河以東面積最大的州。16世紀西班牙傳教團抵此時，此區由克里克人和切羅基人等印第安人居住。1733年英國人開始定居塞

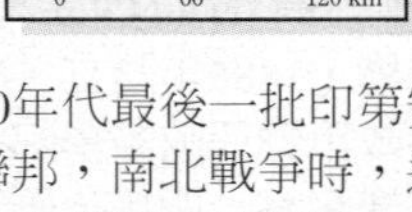

芬拿，當時是由歐格紹普建立為一個債務人的避難所。在美國革命後，歐洲人的住區加速發展，1830年代最後一批印第安人被迫遷離此地。1861年喬治亞脫離聯邦，南北戰爭時，這裡的戰況最是激烈。1870年才獲准再加入聯邦，是最後一個加入的前美利堅邦聯州。其地形北起藍嶺，向南綿延至與佛羅里達州共有的奧克弗諾基沼澤。在19世紀大部分時期是南方棉花帝國的中心，20世紀轉以工

業為主。州的人口在20世紀有所成長，尤其是首府亞特蘭大特別吸引了國家企業進駐。人口約8,186,453（2000）。

Georgia 喬治亞 正式名稱喬治亞共和國（Republic of Georgia）。喬治亞語作Sakartvelo。南亞一共和國。位於高加索山脈地區，黑海的東南岸，包括阿布哈茲和阿札爾兩個自治共和國。面積69,492平方公里。人口約4,989,000（2001）。首都：第比利斯。2/3的人口是喬治亞人，少數是亞美尼亞人、俄羅斯人和亞塞拜然人。語言：喬治亞語（官方語）。宗教：喬治亞東正教。貨幣單位：拉里（lari）。境內大部分是山區，許多山峰海拔超過4,600公尺。高加索山脈構成了一道屏障，抵擋了來自北方的冷氣團，氣候主要是亞熱帶型。靠近黑海岸邊的低地土壤肥沃。已有完好的工業基礎，以水力發電、煤、鐵、機器製造和紡織業聞名。耕地短缺並難以耕作，作物包括茶葉、柑橘類水果、葡萄、甜菜和煙草。政府形式為共和國，一院制。國家元首暨政府首腦是總統。古代喬治亞是伊比利亞和科爾基斯王國所在地，傳說是塊富饒地區，為古希臘人所知。西元前65年屬羅馬帝國，西元337年皈依基督教。此後三百年間捲入拜占庭和波斯帝國之間的鬥爭。654年起，為阿拉伯哈里發控制，他們在第比利斯建立了一個酋長國。8世紀至12世紀歸亞美尼亞的巴格拉提德王朝統治，塔瑪拉女王在位期間是喬治亞的國力鼎盛時期，國家版圖從亞塞拜然拓至切爾卡西亞，形成一個大高加索帝國。13～14世紀蒙古人和土耳其人相繼入侵，分裂了這個王國，而1453年鄂圖曼土耳其人攻陷君士坦丁堡（現在的伊斯坦堡）後，中斷了喬治亞與西方基督教世界的聯繫。其後三百年間喬治亞不斷遭到亞美尼亞、土耳其和波斯人的侵襲。1783年喬治亞轉請俄國人保護，1801年終被俄國吞併。1917年俄國革命後，該區曾短暫獨立，1921年建立一個蘇維埃政權，1936年改名為喬治亞蘇維埃聯邦社會主義共和國，成為蘇聯的正式成員國。1990年一個非共產主義聯盟在喬治亞第一次舉辦的自由選舉中勝出，掌管了政權。1991年喬治亞宣布獨立。1990年代時，總統謝瓦納茲試圖走中間路線，這是因與阿布哈茲共和國之間的衝突導致內部不滿，加上外部對俄羅斯人的不信任感日益加深。

Georgia, Strait of 喬治亞海峽 加拿大西南部與美國西北部之間的太平洋水道。位於溫哥華島、不列顛哥倫比亞省大陸西南部和華盛頓州西北部之間，長241公里，最寬處28公里。海峽北端分布著一群散亂的島嶼，把喬治亞海峽與約翰斯敦海峽、夏洛特皇后海峽分隔開來。南端是華盛頓州的聖胡安群島，通哈羅海峽，在美國華盛頓州西雅圖和阿拉斯加州斯卡圭之間形成內海航道的一段。

Georgia, University of 喬治亞大學 美國喬治亞州雅典市的一所公立大學。1785年成立，是美國的第一所州立學院。該校是喬治亞大學系統的一部分，為一所土地撥贈機構，並享有海洋補助。擁有人文暨科學、農業暨環境科學、商業、教育、環境設計、家庭與消費科學、新聞與大眾傳播、藥學、獸醫等學院，此外也有森林資源、法律、社會工作等學院。校園設施包括一座植物學花園、一所非裔美國人研究中心以及東西方貿易政策中心。註冊學生人數約30,000人。

Georgia Institute of Technology 喬治亞理工學院 美國亞特蘭大的一所公立高等教育機構，1885年設立。該校設有建築、電腦、工程、科學、公共政策暨行政等學院。頒授學士和碩士以上學位。喬治亞理工學院有一所核子研究中心以及其他幾所研究發展中心。註冊學生人數約13,000人。

Georgian Bay 喬治亞灣 加拿大安大略省東南部的休倫湖的湖灣。受馬尼圖林島和布魯斯半島所屏蔽，位置隱密。長190公里，寬80公里，最深點約165公尺。喬治亞灣群島國家公園設立於1929年，包括了海灣東南部和西部的四十多座島嶼。位於海灣東岸的三萬島同是著名的避暑勝地。

Georgian language 喬治亞語 喬治亞共和國的高加索語，全球約有410萬人使用這種語言。喬治亞語擁有古代文學傳統，在高加索諸語言中是獨特的。該語言最早的證物是西元430年巴勒斯坦一棟教堂裡的碑文，其文字是古喬治亞語（5～11世紀）所用文字的始祖。用來書寫現代喬治亞語的平民文字有33個符號，而大、小寫不分，是10世紀最早出現之文字的分支。喬治亞文字的起源不明，雖然據稱是從希臘字母自由改編而來，並有發明新符號來代表喬治亞人特有的聲音。喬治亞語擁有其他高加索語言的典型特徵，包括大型輔音清單（有多達六群的字首輔音）、複雜的黏著性語形學和某些時態系統中的主動格特徵（參閱ergativity）。

Georgian poetry 喬治時期詩歌 20世紀早期產生於英國的抒情詩體裁。這些詩人想要使更多人親近新詩，於是布魯克和馬什策劃出版了五冊《喬治時期詩歌》合集（1912～1922），其中包括格雷夫斯、德拉梅爾、薩松（1886～1967）和其他人的作品。取名「喬治時期」意味隨著1910年喬治五世即位所展開的新詩紀元。但大部分的作品仍依循傳統，「喬治時期」一詞後來成為貶語，意指根植當代且向後看。

Georgian style 喬治風格 英國漢諾威王室前四代喬治當政時期（1714～1830）在建築、室內設計及裝飾藝術上的風格。其包含了帕拉弟奧主義（參閱Palladio, Andrea），後來轉向一種簡樸的新古典主義，再傾向哥德復興式，最後是英國攝政時期風格。此時代據說是英國房屋設計的顛峰時期，其遺風可見於整個倫敦街區整齊對稱的住宅中。這些宅邸的正面採用古典主義風格的壁柱，三角楣飾的門窗和優雅的線腳；內部則比例調和，色彩素雅，飾以衍生自古羅馬的灰泥飾物，裝置齊本德耳式和雪里頓式家具。

geosyncline 地槽 地殼的長條形沈降凹槽，槽裡有大量沈積物堆積。沈積物厚達成千上萬呎，同時還受到褶皺、破碎和斷裂作用。沿這個凹槽軸部發生的結晶火成岩侵入和區域性隆起，完成從地槽轉化為某一褶皺山脈地帶的過程。地槽的概念是美國地質學家霍爾於1859年提出的，是造山概念的基礎。亦請參閱Andean Geosyncline、Appalachian Geosyncline、Cordilleran Geosyncline。

geothermal energy 地熱能 利用地球內部的熱而獲取的動力。多數地熱資源都存在於活火山活動地區。溫泉、間歇泉、沸泥漿池以及噴氣孔是最容易開發的資源。古羅馬人用溫泉來加熱浴池和房屋，在冰島、土耳其和日本等地至今仍保留類似做法。然而地熱能的最大利用潛力在於發電。義大利於1904年首先使用地熱能來發電。現代在紐西蘭、日本、冰島、墨西哥、美國和世界各地都有地熱電站在運作。

Gerald of Wales 威爾斯的傑拉德 ➠ Giraldus Cambrensis

geranium 天竺葵 牻牛兒苗科天竺葵屬約300種多年生草本或灌木的通稱，大多原產非洲南部亞熱帶。係最受歡迎的花壇和溫室植物。近緣的老鸛草屬約含280種一年生、二年生和多年生草本植物，所以它們也通稱天竺葵。家天竺葵的花大，三色堇狀，數朵至成簇。有些種類栽種為室內或戶外吊籃植物，在溫暖地區亦栽作地被植物。有些天竺葵葉子芳香。天竺葵精油味似玫瑰，主要添加於香水、肥皂和油膏中。

花壇天竺葵（Pelargonium x hortorum）
John H. Gerard

gerbil＊ 沙鼠 倉鼠科沙鼠亞科穴居齧齒動物的統稱，約近100種。分布於非洲和亞洲，棲息在乾燥的沙質地區，有些也棲於草原、耕地或森林中。形似小鼠或大鼠，眼和耳大。被毛柔軟，淺褐或淺灰色。多數體長10～15公分（不計尾長），通常尾長而有茸毛，端部有叢毛。許多種後腿長，能跳躍。以種子、根和植物其他部分爲食。有一種叫長爪沙鼠，是受歡迎的寵物。俄羅斯的大沙鼠有時破壞莊稼和堤防。非洲有一屬（沙鼠屬）可能傳播腺鼠疫。

geriatrics 老人醫學 ➠ gerontology and geriatrics

Géricault, (Jean-Louis-André-)Théodore＊ 傑利柯（西元1791～1824年） 法國畫家。他在蓋蘭（1774～1833）的指導下，掌握了古典主義的人物造型和構圖技巧。他還從韋爾內學得捕捉運動中動物形象的能力。傑利柯深受魯本斯的著色和格羅的當代主題內容的影響。1816～1817年旅遊義大利期間，開始欣賞米開朗基羅和巴洛克時期的藝術。回到巴黎後，創作了《梅杜薩之筏》（1818～1819），這是一幅以死亡爲主題並牽扯到政治議題的大型油畫，引起很大的爭議。1820～1822年他前往英國，其間選擇馬和賽馬騎師爲題材，創作了許多石版畫、水彩畫和油畫作品。他熱愛騎馬，後來墜馬而亡。他的作品影響廣大，尤其是對德拉克洛瓦，其對法國浪漫主義藝術的發展也有很大的影響。

germ-plasm theory 種質論 生物學家魏斯曼（1774～1833）提出的遺傳體質概念。根據他的理論，種質與所有的身體細胞（體漿）根本不相關，是生殖細胞（卵和精子）的基本元素，也是代代相傳的遺傳物質。他在1883年首先提出這個理論，這個觀點與當時盛行的拉馬克後天性狀理論不合。雖然種質論的細節已經修改，其中遺傳物質有持續性的前提仍爲現今理解身體遺傳過程的基礎。

germ theory 生源說 認爲某些疾病是由於微生物侵入體內而引起的一個醫學學說。巴斯德、李斯德和科赫對這一理論的發展貢獻很大，19世紀末普爲人接受。巴斯德證明，發酵和食物腐敗起因於空氣中的生物體。李斯德首次使用一種人體消毒劑來消除空氣中的病菌，以防止感染；科赫第一次鑑定了某種特定的生物體與一種疾病有關（如炭疽）。生源說儘管早就被試驗所證實，但是對它的含義直到最近才充分理解。遲至1790年代，外科醫生做手術時還不戴口罩和帽子。

germ warfare 細菌戰 ➠ biological warfare

Germain, Thomas＊ 熱爾曼（西元1673～1748年） 法國金銀匠。童年學過繪畫，1691年到羅馬跟一個義大利銀匠當學徒。1706年回到法國，一直到1720年代都在教堂工作，包括1716年爲巴黎聖母院製造的鍍金的白銀餅盤。1720年他成爲行會中的師傅。1723年路易十五世任命他爲王室金匠。他也受到外國人賞識，其中有西班牙女王、那不勒斯國王與王后，以及葡萄牙宮廷。從1728年起的四十年間，熱爾曼作坊爲里斯本王宮製作的銀器就有3,000件左右。其作品中以刻意浮誇的洛可可式物件最爲著名，但是有一些作品卻簡樸而雅致。

German Civil Code 德國民法典 德語作Bürgerliches Gesetzbuch。指德意志帝國1900年開始施行的成文私法典。這部法典的產生，是由於當時人們渴望有一部眞正的全國性法典來取代往往相互矛盾的德國各地區的慣例和法典。現今的法典已多次修改，法典共分五編，包含自然人權利和法人的概念；買賣和契約、財產、家庭關係和繼承的概念。法典概括了德國的種族、封建和普通法的成分，並與羅馬法並存。亦請參閱Germanic law。

German Confederation 日耳曼邦聯（西元1815～1866年） 維也納會議所建立的中歐國家組織，意在取代滅亡的神聖羅馬帝國。這個鬆散的政治組織是由三十九個日耳曼的邦所組成的，目的在於共同防禦，並沒有中央的行政或司法機關。各邦代表在聯邦議會下會面，而由奧地利所主導。在日漸要求改革與經濟整合的呼聲中，包括梅特涅在內的保守派領導者，說服邦聯的王侯通過高壓的卡爾斯巴德決議，並且在1830年代，他還率領聯邦議會，通過鎮壓自由主義與民族主義的附加措施。關稅同盟的形成，以及1848年革命，都損壞了日耳曼邦聯的基礎。它隨著普奧戰爭（爆發於1866年）以及北德意志邦聯的建立，而逐漸瓦解。

German East Africa 德屬東非 原德意志帝國的屬地，相當於現在的盧安達、蒲隆地、坦尙尼亞的大陸部分和莫三比克的一小部分。1884年德國商人開始進入該地區，1891年德國帝國政府控制了該區行政。第一次世界大戰中被英國人占領。根據「凡爾賽和約」（1919），其大部分委由英國託管（坦干伊喀領地），一小部分交給比利時託管（盧旺達－烏隆迪）。

German historical school of economics 德國經濟歷史學派 19世紀後期主要在德國發展起來的經濟思想的一個流派，該派認爲一國的經濟狀況可以理解爲它的全部歷史發展的結果。他們反對古典經濟學的演繹推理的「法則」，主張考慮整個社會秩序的發展，其中經濟動機和決策只是一個組成部分。他們認爲國家干預經濟是一種積極和必要的力量。早期的創始人羅雪爾和希爾德布蘭德發展了歷史學派的方法，尋求所有國家都要經過的共同的發展過程。後來的學派成員，著名的有施穆勒（1813～1917），進行了更詳細的歷史研究，試圖通過對歷史的調查來發現文化的趨勢。

German language 德語 德國和奧地利的官方語言，也是瑞士三種官方語言之一，使用人數超過一億。屬於日耳曼諸語言的西日耳曼語支。德語的名詞有四種格，三種性（即陽性、陰性和中性）。存在許多方言，其中多屬高地德語方言群或低地德語方言群。現代高地德語使用於德國中部和南部的高地地區、奧地利和瑞士，是目前標準的書面德語，也是低地德語區的行政語言、高等學校教學語言、文學語言、大眾傳播媒體使用的語言。

German measles 德國痲疹 ➠ rubella

German National People's Party 德國國家人民黨 德語作Deutsch Nationale Volkspartei（DNVP）。1919～1933年德意志威瑪共和議會中活躍的右翼政黨，主張恢復君主專制制度和謀求一統的德國。在1929～1930年反對戰爭賠償的風暴中，此黨在胡根貝格的領導下聯合納粹黨要求停止支付戰爭賠款。1933年參與組成聯合內閣，支持希特勒當總理，並通過「授權法」。但三個月後，國家人民黨與其他所有的德國政黨被解散（除了納粹黨之外）。

German People's Party (DVP)　德國人民黨　1918年由斯特來斯曼成立的右翼自由派政黨，組成成員多爲受過教育者及有產者。斯特來斯曼基本上是一個君主主義者，因此當他決定和威瑪共和政府合作時，該黨起初被視爲國家的敵人而被排除在外。1923年斯特來斯曼當上總理時，德國人民黨已經是「大聯合」政府的一部分。大聯合政府是由社會民主黨、中央黨以及德國民主黨的代表組成。這個大聯合政府約於1927年式微，其中大部分的組成分子都轉向極右派。

German shepherd　德國牧羊犬　亦稱亞爾薩斯犬（Alsatian）。在德國由傳統的放牧狗和農家狗培育成的一種工作犬。體壯而長。體高58～64公分，體重34～43公斤。被毛粗糙，外層毛中等長度，內層毛較短而厚。白色或淡灰到黑色，通常是灰黑或黑黃褐色。以聰明、機警、忠實著稱。適於導盲、看家，也可作警犬和軍犬。

德國牧羊犬
Sally Anne Thompson

German-Soviet Nonaggression Pact　德蘇互不侵犯條約（西元1939年）　亦稱Hitler-Stalin Pact。第二次世界大戰爆發前幾天德國與蘇聯締結的互不侵犯條約。蘇聯屢次試圖加入英法兩國反納粹德國的集體安全協議，均未能如願。條約的主要條款有：兩國同意互不進攻；此項條約附有一項祕密議定書，將納雷夫、維斯杜拉及桑河等河流以東的波蘭地區爲蘇聯勢力範圍。議定書還將立陶宛、拉脫維亞、愛沙尼亞和芬蘭畫入蘇聯的勢力範圍。蘇聯希望爭取時間建立其武裝力量以對抗德國的擴張；德國希望在不須擔心紅軍的情況下進行對波蘭及其西部國家的入侵行動。此事一公開後，引起世界的震驚與恐懼。在條約簽訂9日後，德國發動第二次世界大戰。1941年德國進攻蘇聯後，該條約遂成廢紙。

Germanic languages*　日耳曼諸語言　印歐語系日耳曼語族。由幾種源於原始日耳曼語的語言組成。分成西日耳曼語支，包括英語、德語、荷蘭語、阿非利堪斯語、意第緒語；北日耳曼語支，包括丹麥語、瑞典語、冰島語、挪威語、法羅斯語；和東日耳曼語支，現已消亡，僅包括哥德語、汪達爾語、勃艮地語及其他少數部族語言。西元350年的哥德語聖經是現存最早的日耳曼語文獻。西日耳曼語支環繞北海而發展，海外有被殖民化地區。北日耳曼語支，或稱斯堪的那維亞語支，通行地區經過中世紀早期海盜時代的擴張，向東遠及格陵蘭，向西遠及俄羅斯。中世紀晚期大陸斯堪的那維亞語言深受低地德語影響，但冰島語和法羅斯語仍保留許多古斯堪的那維亞語語法。

Germanic law　日耳曼法　各日耳曼民族之法律，從日耳曼民族最初與羅馬人接觸時期起，至部落法演變成國家領土範圍內的法律的歐洲中世紀某一時期止。隨著基督教的傳布，源於羅馬法的教會法亦趨重要，特別是與婚姻和財產有關的。迄12世紀，因應商人之需要而產生的商法甚爲普遍，又進一步降低了地方法的重要性。

Germanic religion　日耳曼宗教　操日耳曼語的民族在皈依基督教以前所發展出來的信仰、儀式和神話，從黑海擴展到中歐和斯堪的那維亞，並進而到冰島和格陵蘭。西元4世紀初期，歐洲大陸徹底皈依基督教，本土的宗教傳統幾乎蕩然無存；但斯堪的那維亞國家則持續到10世紀。中世紀冰島的古諾爾斯語所寫的作品，如《詩體埃達》（1270?）和《散文埃達》（1220?）詳述許多日耳曼諸神的故事。日耳曼諸神可分爲兩群：埃西爾，反映戰士貴族文化的英雄神族；瓦尼爾，參與定居農業社會事務的神族。日耳曼宗教中亦包含許多女性守護神、精靈和侏儒。崇拜儀式常在戶外或樹叢、森林中舉行；祭品是動物或人。世界末日是日耳曼宗教的最後審判日。

Germanicus Caesar*　格馬尼庫斯・凱撒（西元前15～西元19年）　羅馬皇帝提比略的姪子和養子，克勞狄的兄長，卡利古拉和小阿格麗品娜的父親。他是戰功卓著、人民擁戴的名將，平息西方因奧古斯都之死（西元14年）而出現的叛變。14～16年在連續三次進行的戰役中跨過萊茵河，與日耳曼部族交戰。16年5月17日在羅馬舉行凱旋儀式。次年再任執政官。但在就職前又調任東方行省督軍。19年初遊埃及。返敘利亞不久即死。

germanium　鍺　週期表IVa族中矽與錫之間的化學元素，化學符號Ge，常用在半導體裝置中。1886年發現；1945年以後，當人們認識到了鍺的半導體性質在電子學中的價值後，鍺才逐漸成爲具有重要經濟意義的材料。至今，仍是製造電晶體、整流器和光電池的重要材料。鍺還用作合金組分、螢光燈的磷光粉和作照相機廣角鏡頭和顯微鏡物鏡等光學玻璃組分。

Germantown, Battle of　日耳曼敦戰役　美國革命中11,000名美軍向日耳曼敦的英將何奧爵士所率9,000名英軍發動的進攻（以失敗告終），發生在1777年10月4日。華盛頓原來制定一項在拂曉時從四面攻城的大膽的計畫，但因計畫過於繁雜，而且大霧迷茫，美軍自相火拚，奪城之役遂告失利。英軍損失約535人，美軍倍之。日耳曼敦戰役和後來的薩拉托加戰役使法國人對華盛頓的韜略深爲讚佩，促使法國人採取向美軍提供軍援的立場。

Germany　德國　正式名稱德意志聯邦共和國（Federal Republic of Germany）。德語作Deutschland。歐洲中北部國家。面積357,021平方公里。人口約82,386,000（2001）。首都：柏林。人口中大多數是德國人。語言：德語（官方語）。宗教：路德宗、天主教。貨幣：歐元（euro）。地形上，北部多爲平原，東北部及中部多丘陵，巴伐利亞高原沿南部。中部和西部地區主要屬萊茵河流域，其他重要的河流還有易北河、多瑙河和奧得河。德國屬已開發的自由市場經濟，以服務業和製造業爲主；是世界上最富有的國家之一。出口品包括汽車和鋼鐵製品。國家元首是總統，政府首腦爲總理。聯邦的權力集中於兩院制的國會。日耳曼部族在西元前2世紀末，進入德國，趕走了塞爾特人。羅馬人征服該地區，遭失敗。9世紀加洛林王朝解體，該地區僅爲一政治實體。君主政權的統治軟弱，權力遂落入貴族之手，於是組成了封建邦國。在撒克遜人的統治下恢復了君主政權的權威，重振神聖羅馬帝國。其領土集中在德意志和義大利北部。神聖羅馬帝國皇帝與天主教教宗之間的持續矛盾削弱了皇室的權力。1517年馬丁・路德的反動，加速了帝國的分裂，三十年戰爭的爆發達頂點，使德意志分裂，歐洲最後分爲基督教和天主教兩大陣營。德意志的人口和疆域逐漸減少。德意志的眾多封建諸侯取得了實際上的完全主權。1862年俾斯麥逐漸控制普魯士，在未來的十年內統一了德意志帝國。1918年第一次世界大戰後，德國戰敗，帝國被瓦解；被迫割讓一些海外領地和歐洲領土。希特勒在1933年成爲德國總理，並建立獨裁的第三帝國，受納粹黨控制。1939年希特勒入侵波蘭引爆了第二次世界大戰。1945年戰敗後，德國被同盟國分成四個占領區。由於這些占領區的重新統一問題未能與蘇聯一

致，促使1949年德意志聯邦共和國（西德）和德意志民主共和國（東德）的成立。德國前首都柏林仍分為兩個區域。西德成為一個繁榮的議會制民主國家。東德成為在蘇聯控制下的一個一黨專政的國家。1989年東德共產黨政府以平和的方式被推翻。1990年東、西德復歸一統。在慶祝統一之際，西德在政治和經濟上尋求與東德的合作，導致較富裕西德人民沈重的財政負擔。不論如何，由於德國為歐洲聯盟會員之一，該國與西歐就更深一層的政治和經濟持續進行結合。

Germany, East　東德　正式名稱為德意志民主共和國（German Democratic Republic）。歐洲中北部國家（1945～1990），現構成德意志聯邦共和國的東部。1945年德國被同盟國軍隊打敗，從西線進攻的美、英、法三國占領了德國2/3的西部領土，自東線挺進的蘇聯占領了其餘1/3的東部土地。由於各國對這些占領區的重新統一問題未能達成一致的協議，美、英、法三國遂於1949年將占領區合併為德意志聯邦共和國（西德）；同年，在蘇聯占領區也成立了由共產黨領導的德意志民主共和國（東德）。1955年成為一主權獨立國家，並且是華沙公約的創始國之一。在烏布利希與何內克執政期間，實施嚴厲鎮壓。為了阻止人民逃往西方，1961年在柏林邊界建造了柏林圍牆。受到東歐各共產黨政權及蘇聯解體的影響，東德人民於1989年末以和平革命的方式推翻了共產黨政府，1990年東、西德依據憲法合併為德意志聯邦共和國。

Germany, West　西德　正式名稱德意志聯邦共和國（Federal Republic of Germany）。前共和國（1949～1990），位於歐洲中西部，包含了現在德國西部2/3國土。1949年美國、英國和法國將他們在第二次世界大戰末占領的德國地區合併在一起，建立西德。蘇聯占領的地區成為東德。西德在1955年加入北大西洋公約組織，1957年與薩爾合併，1973年加入聯合國。1990年10月與東德統一。亦請參閱Germany。

germinal mutation ➡ mutation

germination　萌發　種子、孢子或其他生殖體發芽的現象，通常發生於一段時間的休眠之後。水分的吸收、時間的推移、加冷、加熱、施用氧及光照等均能誘發這一過程。使大量穀物種子在精心控制的條件下萌芽，能產生出多種酶，以製造酒精性飲料及其他工業品。

Gérôme, Jean-Léon＊　熱羅姆（西元1824～1904年）　法國畫家、雕刻家和教師。金匠之子，在巴黎學習繪畫，他的作品富戲劇情節並常帶有歷史和神話的成份。他既是一位善於運用安格爾嚴謹線條的素描家，又是一位熟練地掌握德拉羅虛手法的插圖家。他最著名的作品含有東方情調，曾數次訪問埃及。晚年專注在雕刻創作上。曾在美術學校任教，其學生有雷東和伊肯斯。由於對印象派畫家持反對態度，1893年曾企圖阻止政府接受卡耶博特印象派作品的遺贈。

Geronimo＊　吉拉尼謨（西元1829～1908年）　印第安人阿帕契族領袖。1874年，美國當局強迫阿帕契族遷往亞利桑那州的不毛之地。當他們為尋求食糧而出去掠奪時，遭到美軍的殘酷鎮壓。於是吉拉尼謨率領族人離開保留地，展開反白人的武裝鬥爭。1882年美軍進行圍剿，他經過多次反擊，於1886年3月被迫投降，因為害怕遭到不測，在邊界地區逃走。此後，被美軍追蹤五個月，行程達2,647公里。他在1886年投降，服苦役。後被安置在奧克拉荷馬州一處保留區中，在那裡完成其自傳《吉拉尼謨：他的故事》。

gerontology and geriatrics＊　老人科學和老人醫學　研究老人健康、疾病和正常老化過程的科學和醫學。老人科學將重點放在研究個體成熟後至死亡期間的變化和影響此些變化的因子。因老年人口漸增而產生的社會和經濟問題；與老化有關的精神問題，如智力表現和心理調適等；研究老人科學必須應用許多其他科學和醫學的方法，其目的是在多了解老化過程以減少老化所帶來的殘缺和不便，老人醫學以老人疾病的治療和預防為其主要目標。亦請參閱aging。

gerousia＊　元老會議　古代斯巴達元老們的議院，是斯巴達兩個主要國家機構之一，另一個是公民議會。元老會議準備議程送交公民議會討論，並且擁有極大的司法權力：能獨自作出死刑或流放的判決。元老會議的成員，即元老（gerontes，意指「年長者」〔elders〕），共三十名，含兩位國王，都是從六十歲（含）以上的候選人中經公民一致歡呼選出的終身職。

Gerry, Elbridge＊　格里（西元1744～1814年）　美國獨立宣言簽署人，麻薩諸塞州州長（1811～1812），美國副總統（1813～1814）。歷任麻薩諸塞州地方議會議員（1772～1773）、美國國會議員（1789～1793）。1797年受亞當斯總統派遣，與馬歇爾和平克尼赴法國談判解決長期爭執，因發生XYZ事件，談判無成果。麻薩諸塞州長任內因不公正地劃分選舉區而出名。1812年當選副總統，在任內病逝。

gerrymandering＊　不公正地劃分選舉區　美國政治中以一種不公正的方式劃分選舉區，使一黨較其對手處於有利地位。這個詞來自麻薩諸塞州州長格里的名字，在他任該州州長的1812年，通過一項法律，在該州重新劃分參議員選舉區。這項法律使聯邦黨的選票僅集中在少數幾個選區，從而使民主－共和黨人的代表不按比例地當選。「不公正地劃分選舉區」這一做法遭到了譴責，因為它違反選區劃分的兩個基本原則——簡便易行和各選區範圍大小相等。美國最高法院於1964年裁決，選區劃分應基本反映出各區的人口比例。

Gershwin, George　蓋希文（西元1898～1937年）　原名Jacob Gershvin。美國最重要、最受歡迎的作曲家之一。出身於俄國猶太移民家庭，約六歲時初次聽到爵士樂現

E F G

蓋希文
Pictorial Parade

場演出。孩提時代就有機會接觸藝術音樂的音樂會，1916年出版第一首曲子。1918年他的《斯萬尼》由歌星喬爾森演出，贏得非凡的成功。《啊呀呀露西爾》（1919）是第一齣完全由他完成的音樂劇。在懷特曼的委託下完成了他的口碑最好的作品之一《藍色狂想曲》（1924）。蓋希文的第一部成功的百老匯力作《女士，發點善心吧！》（1924），是他與其兄艾拉·蓋希文通力合作的第一部作品。此後，他們成爲百老匯戲劇史中主要的歌曲創作組合之一；合作的劇目還有《腳尖》（1925）、《哦，凱！》（1926）、《樂隊奏起來》（1927；1930年修訂本）、《滑稽面孔》（1927）、《瘋狂的女孩》（1930）等。諷刺劇《我爲你歌唱》（1931）是獲得普立茲戲劇獎的第一部音樂劇。蓋希文的歌曲亦用於多部電影。他最成功的大型作品是「民間歌劇」《波吉與貝絲》（1935），海沃德作歌劇劇本，並與艾拉·蓋希文合寫歌詞。他的古典音樂作品包括了一首鋼琴協奏曲（1925）、音詩《一個美國人在巴黎》（1928）。蓋希文三十八歲因腦瘤病逝。

Gershwin, Ira　蓋希文（西元1896～1983年）　原名Israel Gershvin。美國抒情詩人，喬治·蓋希文的兄長。曾在紐約市立學院學習，後應當時已成知名作曲家和音樂家的弟弟喬治的要求寫作抒情詩。他們合作的第一首歌曲是〈眞正的美國民歌〉（1918），刊登在《女士優先》雜誌上。蓋希文早年大都以亞瑟·法蘭西斯發表作品，多年來完成了許多優美的抒情詩，如〈好極了〉、〈我找到了節拍〉、〈可擁抱你〉、〈夏季〉和〈不一定那樣〉。喬治死後，他與多人合作寫電影和舞台劇，與人合寫的歌詞有：與韋爾合寫〈我的船〉（1940）、與克恩合寫〈很久以前和很遠之外〉（1944）及與阿爾倫合寫〈逃脫的那個人〉（1954）。

Gesell, Gerhard A(lden)＊　葛塞爾（西元1910～1993年）　美國法官。生於洛杉磯，獲得耶魯大學法律學位。1967年由詹森總統指派至華盛頓特區的聯邦地方法院。他取消了當地對墮胎的禁令（1969），也准許再度刊行五角大廈文件（1971）。他裁定國家安全並不足以作爲中斷1971年水門事件調查的有效理由（1974）。他也做出許多與水門事件有關的重大裁決。1989年主持諾斯一案的刑事審判。葛塞爾一直擔任法官職位直到過世。

gesneriad＊　苦苣苔科　玄參目的一科。約140屬，逾1,800種。多爲熱帶和亞熱帶草本植物，有的稍木質化。除作爲觀賞植物外，經濟價值不大。用於觀賞的有非洲紫羅蘭及大岩桐。

Gesta Romanorum＊　羅馬人傳奇　拉丁文逸聞故事集，約編纂於14世紀初，是當時最流行的書籍之一。爲後世許多文學家如喬叟和莎士比亞等人，直接或間接地提供了寫作素材。其中有許多故事，有來自古典歷史和傳說的故事，以及許多來自東方和歐洲的故事；許多是關於魔法師和妖魔，處於困境後又脫離險境的貴婦人等的故事，都具有同樣的道德含義，並且由於對自然和日常生活觀察入微，因而描寫逼眞。雖然作者不詳，但每篇故事後面都附有諷諭釋義，說明它原是爲講道者準備的手冊。

Gestalt psychology＊　格式塔心理學　20世紀重要心理學流派，現代知覺理論的基礎。現代德語中Gestalt一詞指事物被「放置」或「構成整體」的方法；在心理學中，該詞常表示「模式」或「完形」。主要信條是無論如何不能通過對各個部分的分析來認識整體。要理解整體的全部性質，就需要「自上而下」地分析從整體結構到各個組成部分的特性。格式塔學說創始於19世紀末的奧地利和南德意志，而韋爾特海梅爾、克勒和科夫卡的研究奠定了格式塔學派的基礎。萊溫後來將格式塔原理擴大，應用到動機、社會心理學、人格及美學、經濟行爲。受格式塔影響的心理治療，目的是在個體和他的環境之間發展一種較有伸縮性的、統一的、可接受的關係，以減輕神經症和精神病行爲（精神分裂、精神紊亂、焦慮和僵硬症狀）。

Gestapo＊　蓋世太保　Geheime Staatspolizei之縮寫。納粹德國的政治警察。1933年戈林將政治與情報單位自常備普魯士警察中分出；同年，更將其改組成蓋世太保，直接聽命於他。同時，近衛隊首腦希姆萊亦以相同手法，將巴伐利亞及其他各邦警察改組。1934年戈林將指揮權交給希姆萊。蓋世太保執行勤務時，不受民法約束；除擁有預防性逮捕權外，其行動且不受制於司法上訴。成千上萬的左派人士、知識分子、猶太人、工會運動者、過問政治的教士及同性戀者，遭其逮捕後便單純地消失於集中營。第二次世界大戰期間，蓋世太保並在占領區內鎭壓游擊活動，及對平民施以報復。其成員還加入機動性的謀殺隊——特別行動隊，隨德國正規部隊進駐波蘭和俄羅斯，殺害猶太人及其他「不良分子」。艾希曼還成立了將各占領國內猶太人流放至波蘭滅絕營的組織。

Gesualdo, Carlo, principe (Prince) of Venosa＊　傑蘇阿爾多（西元1560?～1613年）　義大利作曲家與魯特琴家。貴族出身，熱愛音樂。1590年謀殺妻子及其情夫（一位公爵），使他聲名大噪但未受到懲罰。他後來娶了費拉拉公爵的姪女爲妻。長期以來的憂鬱症均反映在他的音樂中，包括了125首牧歌和約75首聖歌。他的創作處於文藝復興時期的嚴謹風格過渡到更戲劇性的巴洛克時代風格的時期內，因而作品具有強烈的獨特風格，但缺乏眞正的繼承者。

get　離婚書　特指猶太教內的離婚文件，須按規定格式用阿拉米文寫成。正統派猶太教和保守派猶太教人士認爲，離婚書是離婚的唯一合法證件，但以色列以外的猶太人必須先根據民法的離婚手續來辦理。猶太教改革派人士認爲，離婚雙方只須經過法院，不必請領教內離婚書。猶太教律法規定，如有叛教，不能人道、不願同居等特殊情況，男女任何一方則有權強迫對方同意離婚。

Gethsemane＊　客西馬尼園　耶路撒冷城外的橄欖山上的花園。與耶路撒冷隔汲倫溪相望，耶穌曾在被捕的當夜在此祈禱，被捕後不久被害。該園確切地址不可考，但亞美尼亞教會、希臘教會、天主教會和俄羅斯教會都認爲橄欖山西坡的橄欖林爲該園遺址。

Getty, J(ean) Paul　蓋提（西元1892～1976年）　美國石油界億萬富翁。去世時被譽爲世界上最富的人。百萬富翁之子，1913年開始到奧克拉荷馬州買賣的油田租借權。1932年取得太平洋西方石油公司，後來又控制幾家獨立的大石油公司。1956年將其公司改名蓋提石油公司。1949年在沙烏地阿拉伯取得爲期六十年的石油開採權。他的金融帝國實際上包括了近兩百家企業的控股權。狂熱的藝術收藏者，1953年在馬利布附近成立蓋提博物館，以展示他的藝術收藏。

Getty Museum, J. Paul　蓋提博物館　由美國企業家蓋提爲展示他所收藏的大量藝術品而成立的博物館。該博物館原本設在加州的馬利布他的牧場中。由於藏品增加迅速，那裡已不敷使用，於是在1974年移到馬利布一處新的建築物中，這是一棟類似義大利赫庫蘭尼姆附近一座古羅馬鄉間別墅。至蓋提去世爲止，這座博物館有著世界最豐富的收藏。今日，蓋提博物館是蓋提中心的一部分。蓋提中心是位於洛杉磯，由邁耶設計包含六座大樓的複合體，1997年對大衆開放。博物館的收藏包括了：1900年以前的歐洲繪畫、雕塑、圖畫和裝飾藝術；裝飾手稿；照片等。希臘和羅馬的古代文物則仍存放在馬利布的別墅中。這些收藏品反映出蓋提對文藝復興時期和巴洛克時期的繪畫及法國家具的喜愛。

Getty Trust, J. Paul　蓋提信託基金會　蓋提爲成立蓋提博物館，而於1953年設立的私人經營的基金會。總部原設在加州馬利布，現在洛杉磯的蓋提中心中有五棟大樓是屬該基金會。每棟建築物分屬不同的機構。蓋提藝術史資訊計畫開發了藝術史資訊的電腦化資料庫；其他機構則致力於藝術品的修復和保存，藝術史和相關人文科學中各學科間的研究，藝術教育，以及博物館專業人員的培訓。蓋提資助計畫則是贊助全世界有關藝術史和藝術理解以及藝術保護的一切研究計畫。

Gettysburg　蓋茨堡　美國賓夕法尼亞州南部城鎮。是美國南北戰爭紀念地（參閱Gettysburg, Battle of）。該鎮及其附近地區如今是蓋茨堡國家軍事公園，占地1,564公頃，包含了當時的戰場。蓋茨堡國家公墓中的無名戰士紀念碑坐落在當年林肯發表蓋茨堡演說的地方。其中保留有內戰歷史文物1,200多件。人口約9,000（1996）。

Gettysburg, Battle of　蓋茨堡戰役（西元1863年7月1日～7月3日）　美國南北戰爭中，在賓夕法尼亞州蓋茨堡進行的一次戰役，這是南北戰爭的一個轉捩點。1863年5月，美利堅邦聯南軍李將軍在維吉尼亞州錢瑟勒斯維爾擊敗胡克將軍之後，企圖進一步挫傷北軍士氣，促使歐洲各國承認美利堅邦聯政府。他率75,000名大軍北進，命令尤厄爾將軍奔赴蓋茨堡。但北軍在蓋茨堡嚴陣以待。第一天，戰鬥十分激烈。北軍使用新配備的史賓塞卡賓槍，可以連發。第二天，爲了奪取幾個高地，雙方又展開殊死戰。到第三天，李將軍以15,000人進攻有北軍10,000人據守的「墳墓嶺」。南軍前鋒打開缺口，直插山脊，但無法再往前進。他們在進軍途中，備受北軍炮擊。由於三面受敵，南軍只得敗退，遺下十九面軍旗和成百的戰俘。7月4日晚南軍冒傾盆大雨向維吉尼亞撤退，北軍終於贏得關鍵性的勝利。此役雙方損失極大：北軍88,000人中傷亡約23,000；南軍75,000人中傷亡20,000以上。

Gettysburg Address　蓋茨堡演說（西元1863年11月19日）　舉世聞名的演說，林肯總統在賓夕法尼亞州蓋茨堡國家公墓落成典禮上發表。蓋茨堡是南北戰爭期間一場決定性戰役（1863年7月1～3日）的戰場。林肯的簡短演說得到廣泛的傳誦，他在全篇演說最後頌揚陣亡者及他們以死維護的民主和自由的本質。被公認爲不朽的範文和傑出的散文詩。

Getz, Stan(ley)　蓋茨（西元1927～1991年）　美國爵士樂次中音薩克管演奏家。受楊格的影響，後來加入赫爾曼的樂隊，因使用無顫音的「冷」聲而聞名。此後領導自己的小型爵士樂隊，1950年代中期定居斯堪的那維亞，繼續錄音和演出。1960年代初返美，把巴西的新鮑薩音樂加入爵士樂，並介紹給流行音樂的聽衆。此後繼續率領由年輕而有才能的樂師們組成的小樂隊進行錄音和巡迴演出。

Geulincx, Arnold＊　海林克斯（西元1624～1669年）　筆名菲拉列托斯（Philaretus）。法蘭德斯形上學家、邏輯學家。1646年開始在魯文大學任教，可能因爲他同情詹森派（參閱Jansenism），於1658年被解聘。在荷蘭萊頓避難時，成爲喀爾文派信徒。1662年任萊頓大學講師，這時才擺脫貧困。他是機緣論哲學的主要倡導者。主要著作有《雜著》（1653）、《論德行》（1665）和《認識你自己》（1675）。

geyser＊　間歇泉　任何一個斷斷續續地噴出蒸氣和水的一類溫泉。間歇泉一般與近期火山活動有聯繫，由地下水因與岩漿（融熔的岩石）接觸或極爲接近而受熱所產生。間歇泉噴發的高度已經有過噴到500公尺之高的記錄，但最常見的是50公尺（如美國黃石公園的老實泉）。間歇泉的活動多少有些隨時間而變化，大多數間歇泉存在時間極其短暫，只有幾十至幾百年。有時，一個間歇泉會採取一種極爲規律的、可預測的間歇性活動方式，每隔一小時左右噴出幾分鐘。

Gezira＊　傑濟拉　亦作Al-Jazirah。蘇丹中東部地區。位於青尼羅河和白尼羅河交匯處東南，爲世界最大的灌溉工程之一。1925年由英國人開始建設這項工程，透過長達4,300公里的渠道引青尼羅河的河水來灌溉。這項灌溉工程使傑濟拉成爲蘇丹最具生產力的農業區。

Ghadamis　古達米斯　亦作Ghudamis。利比亞西北部綠洲。位於利比亞－阿爾及利亞國界附近，古撒哈拉商隊必經之地。羅馬時代稱爲昔達穆斯（其廢墟仍保存至今），拜占庭統治時是個主教區；教堂的柱子仍保留在清眞寺中。整個19世紀時是阿拉伯奴隸貿易的中心。現在爲通往地中海沿岸的商隊住地。人口約30,000（1981）。

Ghaghara River＊　卡克拉河　舊稱Gogra。尼泊爾語作Karnala。恆河左岸主要支流。與卡納利河（孔雀河）同樣源自西藏喜馬拉雅山脈，東南流入尼泊爾，向南橫切西瓦利克山後分爲兩支，入印度境內復合流爲卡克拉河，於恰布拉下游處注入恆河，全長970公里。與恆河及其支流等共形成比哈爾邦北部廣闊沖積平原。下游亦名薩爾朱河和代奧哈河。

Ghana＊　迦納　正式名稱迦納共和國（Republic of Ghana）。舊稱黃金海岸（Gold Coast）。非洲西部國家。面積238,533平方公里。人口約19,894,000（2001）。首都：阿克拉。有七十五個不同的部族。數量最多的是阿坎人，其次是摩爾－達格巴尼（莫西）人。語言：英語（官方語）。宗教：基督教（新教和天主教）和本土宗教。貨幣：塞地（¢）。全境地勢偏低，以伏塔河盆地爲主。北部以草地平原爲特徵，南部森林茂密。南部沿海平原稱爲黃金海岸，向內陸延伸50～80公里。野生動物有獅子、豹和大象。屬開發中的混合型經濟，以農業和礦業爲基礎。經濟以可可爲主；出口的礦產有黃金、鑽石。政府形式是共和國，一院制。國家元首暨政府首腦是總統。現代迦納係以古代迦納帝國之名命名，該帝國在13世紀前正處於興盛時期，其中心位於今迦納西北約800公里處。後來阿坎人在今迦納建立起他們的第一個國家。14世紀時，尋找金礦的曼德人到達。16世紀時，豪薩人也來到此地。15世紀期間，曼德人在北半部區域建立達貢巴國和曼普魯西諾國。阿善提人爲阿坎人一支，原居住在中部森林地區，後建立起一個強大的中央集權帝國，18和19世紀爲該帝國鼎盛時期。15世紀初期，葡萄牙人登陸黃金海岸，歐洲人遂開始到該地區探險，隨後他們在埃爾米納建立

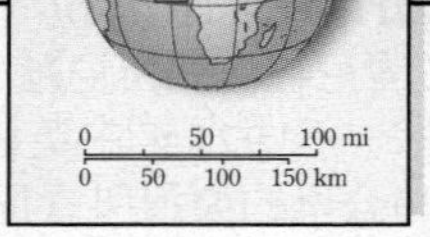

一個居民點，作爲奴隸買賣的大本營。到18世紀中葉，黃金海岸被荷蘭、英國或丹麥商人的幾個碉堡控制著。1874年黃金海岸成爲英國殖民地。1901年英國在阿善提和北部地區建立了保護地區。1957年黃金海岸獨立，改名迦納。自獨立後，發生多次政變。1981年成立的政府一直持續到1990年代。

Ghana empire　迦納帝國　西非中世紀第一個大貿易帝國（興盛時期7～13世紀），位於今茅利塔尼亞東南部和馬利之一部分。居民爲北方阿拉伯和柏柏爾鹽販與南方黃金和象牙生產者的居間人。黃金是與南端黑人默默以貨易貨而得，再轉運到首都，首都旁遂發展成一個穆斯林商業城鎮。黃金在該地可以交換各種必需品，其中最重要的是由北非商旅向南運來的食鹽。迦納逐漸富裕，乃擴張政治控制，併吞南部一些黃金產地以及北部撒哈拉以南的城市。迦納後因穆斯林阿爾摩拉維德王朝崛起而沒落；其領袖阿布·伯克爾於1076年占領迦納首都昆比。1240年首都被曼德皇帝孫迪亞塔所毀，迦納帝國的殘餘部分併入曼德皇帝的新馬利帝國。

Ghannouchi, Rachid＊　葛努希（西元1941年～）　突尼西亞政治運動者，也是「伊斯蘭教傾向運動」（即納達黨）的共同發起人。在大馬士革以及巴黎大學研讀哲學之後，他返家並加入可蘭經保存協會（1970）。1981年組織伊斯蘭教傾向運動，這使他於1981～1984年、1987～1988年兩度入獄。1993年英國提供他政治庇護。

Ghats, Eastern and Western＊　東高止山脈與西高止山脈　印度德干高原的東、西邊緣山地。東高止山延伸約800公里，包括幾個互不相連的丘陵，平均海拔約600公尺。山坡有稀疏森林。西高止山可能爲斷崖，西坡陡立，多深切山溪。由達布蒂河至科摩林角，延伸約1,290公里。平均高度900～1,500公尺。西坡迎西南季風，雨量充沛，林木茂密。一些河流上築有水電站。東坡雨量顯著減少。

Ghazali, al-＊　加札利（西元1058～1111年）　亦作Al-Ghazzali。全名Abu Hamid Muhammad ibn Muhammad al-Tusi al-Ghazali。伊斯蘭法學家、教理學家和神祕主義者。他研究宗教和哲學，1091年成爲巴格達尼札米亞學院首席教授。1095年放棄舒適生活離開巴格達，開始了蘇菲派神祕主義者的生活。1106年被勸說回尼札米亞學院講學。最傑出的著作是《宗教科學的復興》，書中闡述了伊斯蘭教的教義和實踐，並說明它們爲什麼能夠成爲穆斯林虔誠生活的基礎。

Ghazan, Mahmud＊　合贊（西元1271～1304年）　伊兒汗國最著名的統治者（1295～1304年在位，伊兒汗國是1256～1353年統治伊朗的蒙古王朝）。1284年其父即汗位，任命他爲波斯西北部諸省總督，他成功的制止察合台汗國進犯邊界。1295年在即位前皈依伊斯蘭教。他在敘利亞擊敗了宿敵馬木路克，當他班師回波斯，馬木路克又再次占領敘利亞，雖然欲發動第四次敘利亞戰役由於他病逝而未能進行。他通曉多種語言，又熟練手工藝；他派人編寫蒙古史，後來把與蒙古有聯繫的國家亦編進去。

ghazel　厄札爾　亦作ghazal或gazel。伊斯蘭文學中的一種抒情詩。一般爲短篇，筆觸典雅，主要以愛情爲題材。淵源於7世紀晚期的阿拉伯文學。厄札爾有兩種主要形式：一種是希賈茲的厄札爾；一種是伊拉克的厄札爾。哈菲茲的作品被認爲是波斯最好的抒情詩。他豐富的想像和多層次的隱喻使厄札爾恢復生氣，並完善發展成爲一種詩歌形式。

Ghaznavid dynasty＊　伽色尼王朝（西元977～1186年）　突厥人王朝，曾統治呼羅珊、阿富汗和印度北部。創建者賽布克特勤（977～997年在位）原爲奴隸，後被薩曼王朝指派爲伽色尼總督。由於薩曼王朝的衰落，他極力加強自己的地位，將領土擴展到印度邊境。其子伽色尼的馬哈茂德（998～1030年在位）繼續奉行擴張政策，在他統治下，王朝勢力臻於鼎盛。馬哈茂德之子麥斯歐德一世（1031～1041年在位）在位時，帝國的西半部領土全落入塞爾柱人手中。這個王朝在阿富汗東部和印度北部苟全至1186年，後爲古爾蘇丹國所滅。伽色尼以其建築和統治理論著稱，在他們的統治下盛行史詩和韻文的傳奇故事。

Ghent＊　根特　法蘭德斯語作Gent。法語作Gand。比利時西北部東法蘭德斯省城市和省會，在利斯河和須耳德河會合處。是比利時最古老的城市之一，歷史上爲法蘭德斯首府，13世紀前便成爲北歐最大的城鎮之一。驚人的繁榮靠的是織布業；以英國羊毛爲原料的豪華織物曾譽滿歐洲。16世紀晚期，當其所生產的布料無法與英國的布料競爭時，該城市開始沒落。引進棉紡機械（特別是從英國走私進口一種動力織布機）後，根特成爲比利時紡織工業的中心，經濟也得以恢復。根特現在是比利時第二大港口，也是園藝和商品花圃的經營中心。人口約226,464（1996）。

Ghent, Pacification of　根特協定（西元1576年）　低地國家各省結成聯盟和停止宗教戰爭的宣言。爲尼德蘭人民族覺悟的第一次重要表現，這一協定號召驅逐西班牙軍隊，恢復各省和地方的特權以及停止對喀爾文教徒的迫害。西班牙總督採取敵對行動，而低地國家內部由於宗教糾紛發生了分裂。南部各省聯合成爲「阿拉斯同盟」，主張與西班牙和解；北部各省聯合成爲「烏得勒支同盟」，繼續與西班牙對抗。協定的有效期勉強維持到1584年，但它早已名存實亡。

Gheorghiu-Dej, Gheorghe＊　喬治烏－德治（西元1901～1965年）　羅馬尼亞政治人物。1944年任羅共中央委員會總書記，1946～1952年在政府中負責經濟計畫工作。1952年任部長會議主席，逐步採取符合本國利益的經濟和外交政策。1961年任國務委員會主席，奉行更爲堅定的獨立路線。1964年執行具有深遠影響的工業化計畫。1960年代中期，與非共產國家和中國大陸建立親密關係，以擺脫受蘇聯支配的地位。

Gherardo delle Notte ➠ Honthorst, Gerrit van

ghetto　猶太人區　原來指城市中的一條街或一個街區，分出來作爲強迫猶太人居住的法定地區。ghetto是一島名，爲威尼斯猶太人被迫居住的地方。對猶太人強行隔離的做法在14～15世紀遍布歐洲。習慣上，猶太人區用大牆圍起來，設若干座門，夜間或宗教節日期間，門都上鎖。通常猶太人區不能向四周擴大，因此人口越來越多，房子越蓋越高，火災的危險越來越大，衛生條件越來越差。西歐的猶太人區在19世紀徹底廢除了；納粹黨重建的猶太人區（參閱Warsaw Ghetto Uprising）簡直是牲口圈，這是種族滅絕的第一步。最近「猶太人區」這一名稱已泛指城市中專門爲少數民族居住的地方，但其法律性措施不及經濟和社會性壓力作用大。

Ghibelline　吉伯林派 ➠ Guelphs and Ghibellines

Ghiberti, Lorenzo＊　吉貝爾蒂（西元約1378～1455年）　義大利文藝復興早期主要青銅雕刻家。曾受過金匠和畫師的訓練。1402年得到製做佛羅倫斯大教堂洗禮堂青銅雙扉大門的委託，這項殊榮使他得到公認和成名；製門工作延至1424年。1425年受託製作第二組大門，即著名的天堂之門，1452年完成。第一組大門的浮雕作品屬義大利哥德式風格；第二組作品被認爲是義大利文藝復興時期藝術的最佳典範。他的其他作品包括了：聖米什萊教堂的三項青銅雕像（1413～1429）和錫耶納大教堂洗禮堂的兩件浮雕（1417～1427）。吉貝爾蒂的大型作坊裡有許多助手，包括了多那太羅和烏切羅。其著作《評述》（1447?）中流露出其對人文主義的興趣。此書共三篇：古代藝術史、近代有關藝術記載、理論性評論，並附有作者的自傳。

Ghirlandajo, Domenico＊　吉蘭達約（西元1449～1494年）　原名Domenico di Tommaso Bigordi。文藝復興早期佛羅倫斯重要畫家。隨巴多維內蒂學習。1481～1482年繪了幾幅濕壁畫，包括了梵諦岡西斯汀禮拜堂的《召喚聖彼得和聖安德烈》。他最著名的作品是受麥迪奇家族的委託，爲佛羅倫斯聖瑪利亞．諾韋拉詩班席位作的壁畫，但中途病故，後來由包括年輕的米開朗基羅等助手繼續完成。畫中華麗的室內景致和人物細節，爲了解15世紀末佛羅倫斯宮廷擺設和流行服飾提供了重要資料。他和其兄弟合開的作坊，是佛羅倫斯最興盛的作坊之一，他們還作了許多祭壇畫。他最著名的肖像畫是《老人和他的孫子》（1480?～1490）。

ghost　鬼　一個死人的靈魂或幽靈，通常認爲住在陰間而能以某種形式重返人間。信鬼的想法，基於古代人們認爲人的靈魂可與軀體分開，而在軀體死亡之後，靈魂仍可繼續存在這一概念。鬼魂出沒之所，被認爲是出沒幽靈生前有過強烈情感變化的地方，如悔限、恐懼或對暴死之恐怖等等。傳統所說的「顯靈」包括鬼魂幻像、物件易位或出現怪光等視覺怪異，以及無人的笑聲、叫聲、腳步聲等聽覺怪異。

Ghost Dance　鬼舞道門　19世紀末出現的體現美國西部的印第安人欲恢復其傳統文化之企圖的崇拜形式。1889年興起，派尤特人的夢卜巫師沃伏卡（1856?～1932）宣告死者即將重返人間驅逐白人，恢復印第安人的土地、糧食來源及生活方式。人們只要爲他們表演歌舞，同時嚴格遵守類似基督教教義的道德準則，印第安人不自相殘殺，而且不和白人作戰，那麼這些目標就可以提前實現。鬼舞道門迅速傳播；1890年初傳到蘇族印第安人並恰逢1890年底蘇族人暴亂，人們誤以爲這次暴亂是鬼舞道門所發動。這次暴動最後引起南達科他州的傷膝慘案，當時許多印第安人遵沃伏卡之囑著護身鬼衫，竟未能免遭傷害。這種崇拜形式逐漸被淘汰。

Ghulam Ahmad, Mirza＊　古拉姆．阿赫默德（西元約1839～1908年）　印度穆斯林重要派別阿赫默德教派的創立者。生在富貴之家，卻過著冥思與研究宗教的生活。1889年宣稱獲得阿拉啓示，授權他爲衆人之首，衆人應向他誓忠。阿赫默德首先自稱瑪赫迪（即救世主），是穆罕默德重新顯現；後又自稱是耶穌基督和印度教大神黑天復臨人世。他將一些非正統的教義揉進阿赫默德教派的信仰中。他企圖建立類似基督教形式的新的宗教組織，但他無意調和基督教與伊斯蘭教的學說。

GI Bill (of Rights)　退伍軍人法（西元1944年～）　亦稱軍人再調整法案（Servicemen's Readjustment Act）。美國針對第二次世界大戰退伍軍人的福利所立之法。透過退伍軍人管理局，該法案提供中小學及大學學費補助、低利貸款以及小額創業貸款、職業訓練、優先雇用權以及失業補助。此法案的修正案提供全額傷殘補助並興建更多的退伍軍人醫院。後來的立法將福利擴大到所有曾在軍中服役的人。

GIA ➠ Groupe Islamique Armée

Giacometti, Alberto＊　吉亞柯梅蒂（西元1901～1966年）　瑞士畫家和雕塑家。其父是前印象派畫家，其兄弟是著名的家具設計師。曾在日內瓦和巴黎學美術。受立體主義雕刻和非洲及大洋洲藝術的影響，逐漸形成其獨特的風格。約1940年從事火柴棍式的雕刻，1947年以骨架式風格表現自然形象，人物細如豆莖。兩度在紐約舉行展覽會（1948、1950），以及法國存在主義作家沙特所寫有關他的藝術評論之後，聲譽大噪，特別是在美國。1963年爲貝克特作舞台設計。

吉亞柯梅蒂，卡什攝於1965年
© Karsh from Rapho/Photo Researchers

Giambologna＊　詹波隆那（西元1529～1608年）　亦作Giovanni da Bologna或Jean Boulogne。法蘭德斯－義大利雕刻家。在法蘭德斯雕刻家杜布羅克指導下學習，1555年去羅馬，其風格受希臘化時期雕塑與米開朗基羅作品的影響，1557年起定居佛羅倫斯。曾爲麥迪奇家族製作了許多重要作品。在波隆那製作了《尼普頓噴泉》（1563～1566），從此名聲大振。其麥迪奇的騎馬銅像（1587～1594），形態雅致，又剛健有力。他還以園林雕刻家享有盛名，曾爲佛羅倫斯菩菩利花園製作雕刻：《俄刻阿諾斯噴泉》（1571～1576）和《格羅蒂賽拉的維納斯》（1573）。他又是青銅小雕像的多產作者，許多作品還留存至今。詹波隆那是義大利傑出的矯飾主義雕刻家。

Giannini, A(madeo) P(eter)＊　基安尼尼（西元1870～1949年）　美國銀行家。義大利移民後裔，十三歲輟學，在家族的批發商行中工作，於1889年成爲合夥人。1904年他同五位合夥人在舊金山創辦義大利銀行。他違反傳統，貸款給小農和小商，並討好並強拉顧客。1909年他開始在加州各處收購銀行，將其改變成義大利銀行的分支機構。到1918年義大利銀行已是美國首家在全州內建起分行制的銀行。1930年他將義大利銀行和加州美國商業銀行合併成美國商業銀行國民信託儲蓄會。到他逝世時，美國商業銀行有五百多家分行，存款額達60億美元以上。

giant ➠ gigantism

giant order ➠ colossal order

giant sequoia ➠ big tree

giant silkworm moth 巨蠶蛾 ➠ saturniid moth

giant star 巨星 同質量和溫度相比，半徑較大的恆星；由於這類恆星的輻射表面相應也較大，亮度也就較大。巨星的一些次型是：具有更大半徑和亮度的超巨星；溫度雖低但亮度很大的紅巨星；半徑和亮度略小的亞巨星。有些巨星的光度爲太陽的幾十萬倍巨星和超巨星的質量是太陽質量的10～30倍，但體積常比太陽體積大100萬～1,000萬倍。因此，巨星和超巨星都是一些低密度的「瀰漫」恆星。

Giap, Vo Nguyen ➠ Vo Nguyen Giap

Giardia lamblia＊ 蘭布爾吉亞爾氏鞭毛蟲 亦稱腸吉亞爾氏鞭毛蟲，亦作G. intestinalis。雙滴蟲目寄生性原生動物。梨形或甜菜根狀，細胞有兩個核和八根鞭毛。有一吸吮器官以附著在人的腸黏膜上，引起吉亞爾氏鞭毛蟲病。兒童比成人易感染，本病症狀爲腹瀉、腹痛、胃脹，可致吸收不良和腸潰瘍。該生物常見於湖泊、河流、水庫等受污染的水體表面，是引起腹瀉的主要物質。露營時飲用被河貍的排泄物污染的湖水或河水，常會引起吉亞爾氏鞭毛蟲病。

gibbon＊ 長臂猿 長臂猿科長臂猿屬約六種小型類人猿的統稱。棲息於印度－馬來亞的森林中。長臂猿在樹枝間用臂盪著前進。在地面直立行走，臂向上舉或向後伸。以嫩枝、果實和一些昆蟲、鳥蛋和幼鳥爲食。長臂猿長毛無尾，體長約爲40～65公分，毛色從棕褐或有銀光到褐色或黑色不等。具大犬齒，聲音在音量、音色和傳送能力方面都有特點。

長臂猿屬動物
Edmund Appel – Photo Researchers

Gibbon, Edward＊ 吉朋（西元1737～1794年） 英國歷史學家。在牛津和瑞士受教育，他的早期著作主要在法國完成。在倫敦時成爲以約翰生爲首的知識界的一員。在羅馬旅行期間開始產生寫作羅馬帝國興亡史的念頭。他的《羅馬帝國興亡史》（6冊，1776～1788）記述從2世紀起到1453年君士坦丁堡陷落爲止的歷史。該書的結論雖被後來的學者修正，但他的洞察力、對歷史的透徹分析、出色的文學風格，使這部著作成爲英語文學中偉大的歷史著作的聲譽持續至今。

Gibbons, Orlando 吉本斯（西元1583～1625年） 英國作曲家及管風琴樂師。樂師之子，1605年左右成爲皇家禮拜堂的管風琴樂師並終身擔任該職，逝世前兩年還擔任西敏寺的管風琴師。吉本斯是位多才多藝的作曲家，所寫的一些作品仍爲安立甘宗採用，其作品包括了約四十首讚美詩、近五十首鍵盤樂器作品、約三十五首爲室內樂作的幻想曲和十五首牧歌。

Gibbons v. Ogden 吉本斯訴歐格登案 美國最高法院審理的一個案件（西元1824年），在該案中確立了一個原則：各州不得制定法令干預國會管理貿易的權力。紐約州將該州水域上行駛輪船的壟斷權讓出，並獲得州的衡平法法院的確認；但最高法院認爲，輪船業者的競爭應受到聯邦特許從事海岸貿易的條款的保護。這個裁決是在解釋聯邦憲法的貿易條款上的一個重大的發展，並使一切航行擺脫了壟斷的控制。

Gibbs, J(osiah) Willard 吉布斯（西元1839～1903年） 美國理論物理學家和化學家。他是耶魯大學首位工程學博士，1871年起去世爲止均在該校任教。他專心於一些工程技術的發明創造，後轉向理論研究。吉布斯改進了瓦特蒸汽機調節器，在分析平衡時他開始發展一種計算出化學反應平衡的方法。1876年出版了他的最著名的論文「複相物質的平衡」。他把熱力學應用於物理過程，發展出統計力學，它既能應用於經典物理，也能應用於量子力學。20世紀後期的科學界認爲他是美國最偉大的科學家。

Gibbs, William Francis 吉布斯（西元1886～1967年） 美國造船工程師。原學習法律，後轉而從事造船業，與他的兄弟腓特烈．吉布斯合作設計了一艘橫渡大西洋的定期班輪。第一次世界大戰中，爲美國政府設計船隻，戰後吉布斯兄弟得到一項修理「利維坦號」巨輪的合同。他們設計了「馬洛洛號」（1927），船內分爲許多水密艙，能保證高度安全，從此吉布斯的設計就成爲標準設計。1940年吉布斯著手設計適於成批生產的貨輪；他徹底打破造船的常規，把船舶各個部分分散在不同的地方製造，然後再運到一起組裝。結果每隻船的生產週期大大縮短，從長達四年縮短至四天。1952年他設計的「美利堅合衆國號」下水，在橫渡大西洋客運業務上刷新了速度記錄。這艘船是爲了快速、安全並在發生戰爭時能迅速改裝成軍用運輸艦而建造的，它體現了吉布斯的許多最先進的設計思想。

Gibeon＊ 基遍 即今吉卜。古代迦南重要城鎮，在耶路撒冷西北。根據《聖經》，以色列人征服迦南時，其居民自願投降約書亞。1956年考古發掘表明：在部分青銅早期時代和大部分青銅中期時代（西元前3000?～西元前1550年）已有人居住；在青銅晚期時代的後期（西元前1550?～西元前1200年），即約書亞征服迦南之前，仍爲耶路撒冷城邦的屬地。

Gibraltar＊ 直布羅陀 英國殖民地。在西班牙南部地中海沿岸，是英國重兵駐防的海空軍基地，守衛大西洋進入地中海的唯一通道直布羅陀海峽。位於長5公里，寬1.2公

直布羅陀岩
Hans Huber

里的狹窄半島上，通稱直布羅陀岩。以一條1.6公里長的低緩砂質地峽與西班牙相連。面積5.8平方公里。直布羅陀是一大片面海的懸崖峭壁，矗立在半島的東岸，因而戰略地位重要。711～1501年間摩爾人統治該地，1704年被英國人占領，1803年成爲英國殖民地。兩次世界大戰都是重要的海港。至今仍是英國和西班牙主權爭執的中心，即使當地居民已於1967年投票通過繼續爲英國的一部分。人口約27,100（1997）。

Gibraltar, Strait of　直布羅陀海峽　拉丁語作Fretum Herculeum。溝通地中海與大西洋的海峽。位於西班牙最南部和非洲西北部之間。長58公里，最窄處在馬羅基角（西班牙）和西雷斯角（摩洛哥）之間，寬僅13公里。海峽東端，在北部的直布羅陀岩赫丘利斯柱與南部的休達（西班牙在摩洛哥的飛地）正東的阿科山之間，寬23公里。由於海峽具有重大的戰略和經濟價值，早期爲大西洋航海家所利用，至今仍然是經大西洋通往南歐、北非和西亞的重要航路。

Gibran, Khalil＊　紀伯倫（西元1883～1931年）　原名Jubran Khalil Jubran。黎巴嫩哲理散文家、神祕主義詩人、藝術家。1895年隨父母移居波士頓，後定居紐約市。他以阿拉伯文和英文寫作，主題涉及愛情、死亡、自然和對祖國的思念，貫穿在他的抒情詩歌中，表達了他濃厚的宗教神祕主義眞情。英語作品主要有《瘋人》（1918）、《先知》（1923）、《沙與沫》（1926）等。

Gibson, Althea　吉布森（西元1927年～）　美國女子網球運動員。三歲時移居紐約市，後回到南部就讀佛羅里達農業和機械大學。1956年一鳴驚人，獲溫布頓賽雙打、法國錦標賽單打和雙打以及義大利錦標賽單打冠軍，是獲溫布頓賽冠軍的第一名黑人選手。1957～1958年再獲溫布頓錦標賽單打和雙打冠軍以及美國單打冠軍。1957年獲美國混合雙打冠軍和澳大利亞女子雙打冠軍。1958年起成爲職業運動員。1957和1958年連續兩年獲選年度最佳女運動員，爲首位獲此殊榮的黑人選手。

Gibson, Bob　吉布森（西元1935年～）　原名Robert Gibson。美國職業棒球運動員、國家聯盟右投手。善於在不利情況扭轉局勢而取勝。參加九屆世界大賽，七勝兩負。爲聖路易紅雀隊正式隊員（1961～1975）。在其全部經歷中，共有3,117次使對方打擊手三振出局，是1920年代以來，繼華特．約翰遜之後第二個投出超過3,000次三振的投手。1975年退出球壇。1981年選入棒球名人堂。

Gibson, Charles Dana　吉布森（西元1867～1944年）　美國插圖畫家。曾在紐約藝術學生聯合會學習一年，後向《生活》、《哈潑雜誌》、《世紀》等刊物投稿。以自己妻子爲模特兒畫的吉布森少女曾廣爲流傳。其鋼筆墨線條優雅，風格流暢，被廣泛模仿和臨摹。他還出版了幾部諷刺「上流社會」的圖畫書，如《皮普先生的教育》、《一個寡婦和她的朋友們》（1901）等。

Gibson, Eleanor J(ack)　吉布森（西元1910年～）　原名Eleanor Jack。美國心理學家。生於伊利諾州佩歐力亞，曾任教於史密斯學院（1931～1949）和康乃爾大學（1949年起）。主要著作《知覺學習與發展的原理》（1969）提出知覺學習是一個發現如何將先前被忽視的感官刺激潛質，轉換成有用資訊的歷程。在《閱讀心理學》（1975）等書中，她也致力於研究閱讀過程。1992年獲頒國家科學獎章。詹姆士．吉布森是她的丈夫。

Gibson, James J(erome)　吉布森（西元1904～1979年）　美國心理學家和哲學家。生於俄亥俄州麥康納維爾，曾任教於史密斯學院（1928～1949）及康乃爾大學（1949～1972）。他最廣爲人知的是他對實在論的擁護，以及他爲闡述這個觀點而做的許多有關視覺的實驗研究。在第一本重要著作《對視覺世界的知覺》（1950）中，他認爲知覺並不需要聯想或訊息處理作爲中介，而是直接發生的。他主張考察有機體的動態世界，以尋找能闡明該世界之狀態的訊息。他在《感官作爲知覺系統》（1966）以及《生態學取徑的視覺研究》（1979）等書中發展他的觀點。他的追隨者組成了「國際生態心理學協會」。艾琳娜．吉布森是他的妻子。

Gibson, Josh(ua)　吉布森（西元1911～1947年）　美國職業棒球運動員。由於是黑人，終生被不成文法排斥在美國兩大棒球聯盟之外。爲匹茲堡市克勞福斯隊（1927～1929,1932～1936）和賓夕法尼亞州霍姆斯特德市格雷斯隊（1930～1931,1937～1946）的捕手。雖無準確記錄，但可斷定在連續10個球季中爲黑人國家棒球聯盟全壘打王。生涯平均打擊率爲.347。1972年選入美國棒球名人堂。

Gibson, Mel (Columcille)　梅爾吉勃遜（西元1956年～）　出生美國的澳洲電影演員。他十二歲時與家人移居澳洲。1977年首次在大螢幕亮相後，而後在未來動作電影《衝鋒飛車隊》（1979）擔綱演出，並演出其續集《衝鋒飛車隊2》（1981）及《衝鋒飛車隊3》（1985）。他在《加里波利》（1981）、《危險年代》（1983）及《新叛逆巡航》（1984）的演出獲得國際影壇肯定，隨後在《致命武器》（1987）及續集（1989、1992、1998）飾演強悍的警察更讓他聲名大噪。他更往導演之途發展，作品包括《眞愛》（1993）及《英雄本色》（1995，獲奧斯卡最佳影片及最佳導演獎）。

Gibson, William (Ford)　吉布森（西元1948年～）　美裔加拿大科幻小說作家。生於南卡羅來納的康威，就讀加拿大卑詩省大學。他的處女作《神經通靈者》（1984）造成轟動，讓他成爲數位龐克的代表人物與宗師，這派科幻小說以反文化的英雄爲主角，通常深陷毫無人性的高科技未來社會。他的數位空間概念（他創始的觀念）－－電腦模擬的眞實世界－－對此類文體大有貢獻。他後來的著作包括*Count Zero*（1986）、*Burning Chrome*（1986）、*Mona Lisa Overdrive*（1988）、《差分機》（1990；與史特林合著）及*Virtual Light*（1993）。

Gibson Desert　吉布森沙漠　澳大利亞西澳大利亞州內陸的乾旱沙丘地區，位於大沙沙漠（北）、大維多利亞沙漠（南）、北部地方邊界（東）和迪瑟波因特門湖（西）之間。現爲吉布森沙漠自然保護區，有許多沙漠動物。南北長約400公里，東西寬約840公里，以1870年代在這裡失蹤的探險家阿佛列．吉布森的名字命名。

Gide, André(-Paul-Guillaume)＊　紀德（西元1869～1951年）　法國作家。法律教授之子，早年便開始寫作。他早期的作品散文詩《地糧》（1897）反映出紀德更加明白自己同性戀的傾向。《背德者》（1902）和《窄門》（1909）表現了古典作品的結構，並且文體精簡。《梵諦岡的地窖》（1914）他稱之爲傻劇，即一種諷刺劇，以不依慣例、詼諧的敘事方式處理愚笨或瘋狂的人物。這部小說反對教權，因此成爲紀德第一部受到強烈抨擊的作品。1908年他與人共同創辦《法國文學評論》，這是在第二次世界大戰以前將所有的法國進步作家團結起來的一份雜誌。自傳《如果麥子不死》（1926）描繪他從童年到結婚的生活，這是一部偉大的自白式文學作品。爲同性戀辯護的《哥麗童》（1924）

E
F
G

出版後，他受到嚴厲的攻擊。1926年《偽幣製造者》出版，這是一部結構複雜的小說。他擁護受害人和被遺棄的人，一度信仰共產主義；隨著第二次世界大戰的爆發，紀德開始了解傳統的價值，也開始重視過去。1947年獲諾貝爾文學獎。

紀德，油畫，勞倫斯（P.A. Laurens）繪於1924年；現藏巴黎國立現代美術館
© A. D. A. G. P. 1970; photograph, Giraudon – Art Resource

Gideon 基甸 《舊約全書·士師記》中以色列人的士師和救星。他率領部族攻擊游牧部族米甸人；但崇拜所掠獲的偶像。同書另一處又說，基甸拒絕崇拜偶像而崇奉上帝雅赫維，因而雅赫維激勵基甸及其族人擊敗米甸人。

Gielgud, (Arthur) John＊ 吉爾果（西元1904～2000年） 受封為Sir John。英國演員和導演。1921年首次登台演出，1929年加入老維克劇團，因演出莎士比亞的戲劇而成名，特別是哈姆雷特和理查二世等角色。他是一個十分多才多藝的演員，還演出過各種各樣的戲劇作品，如《造謠學校》、《不可兒戲》、《海鷗》、《製陶屋》和《小艾麗絲》等。1940年代他執導過些戲劇。他常在電視裡露面，他拍過多部電影，如《二八佳人花公子》（1981，獲奧斯卡最佳男配角獎）、《甘地》（1982）、《魔法師的寶典》（1991）。吉爾果被認為是他那一代舞台劇和電影，特別是莎士比亞戲劇表演的最偉大演員。

Giers, Nikolay (Karlovich)＊ 吉爾斯（西元1820～1895年） 俄國政治家。亞歷山大三世統治時期（1881～1894）的外交大臣。1882年接替戈爾恰科夫正式任外交大臣。他的主要政策是保持俄國與德意志、奧匈帝國的同盟（三帝同盟），但未能成功。三帝同盟終止後，俄國單獨與德國議定「俄德再保險條約」。當這個聯盟未再續訂（1980），他又與法國結成同盟（1984），成為第一次世界大戰英法俄三國聯合對抗同盟國的基礎。

GIF＊ GIF 全名圖形交換格式（Graphics Interchange Format）。圖像的標準電腦檔案格式。GIF利用資料壓縮減少檔案大小。最初的格式版本是1987年由CompuServe發展。現在的版本支援動態的GIF（可移動的圖像）。GIF和JPEG是網際網路上最常採用的圖形格式。

gift exchange 禮品交換 亦稱禮儀交換（ceremonial exchange）。貨物或勞務的轉換，雖然被視為當事人自願進行的，卻是社會預期行為的一部分。法國人類學家莫斯是最早研究禮品交換這種概念的。禮品交換的循環途徑涉及贈禮、受禮、還禮這三種形式；其互惠性就在於還禮的義務這一環節上，與慷慨大方的表現相關的面子或聲譽便要求人們還禮時，禮品的價值應大致相當於或高於所受禮品的價值。寓於禮物交換中的互惠觀念，已經擴大到禮儀和宗教領域，因此一些祭品可以看作是給神力的一種禮物，而期望得到神的贊助；宗族集團之間交換婦女進行婚配，其中所牽涉到的社會義務關係，與禮品交換是相似的。

gifted child 天才兒童 具有天賦的高度心理能力的兒童。心理學和教育學中，天才兒童一詞一般指高於一定標準的一般能力的兒童。但這個標準主要出自行政管理便利的考慮。辨別天才兒童的最常用的方法是進行標準的智商測驗，智商高於120～135的兒童都可稱為天才兒童，具有學習較高階段的教育課程的資格。亦請參閱genius。

gigantism 巨人症 一種生長異常的症狀，肇因於遺傳、營養或調節生長發育的內分泌腺的功能障礙。雄激素缺乏會造成原本應停止成長的長骨骨骺繼續成長。生長激素分泌過多——通常是腫瘤所致——會導致腦下垂體性巨人症（參閱pituitary gland）。腦下垂體性巨人症患者的生長為激進性、持續性，其體格勻稱，可高達240公分。患者易受感染，易受傷，易患其他代謝性疾病，故其壽命短於正常人。治療包括手術切除腦下垂體或行放射治療。巨人症常伴隨肢端肥大症的情況。

gigue＊ 季格舞 英國吉格舞傳入宮廷後的一種變體，17世紀流行於歐洲貴族社會。真正的吉格舞是一種快速粗獷、沒有一定形式的獨舞，季格舞則是以規定的芭蕾風格成對表演的舞蹈。音樂通常為6/8拍或12/8拍子，季格舞曲的曲式通常用在風格化的舞蹈組曲中作為最後一個樂章。

Gijón＊ 希洪 西班牙西北部比斯開灣港市。位於聖卡塔利娜山麓。8世紀初被摩爾人占據，約737年由阿斯圖里亞斯王國奪回。至791年為該國國都。1395年的內戰期間遭焚毀。16～17世紀更屢遭私掠船的侵擾。1588年曾為無敵艦隊殘餘艦隻泊地。經濟以漁業以及出口鐵和煤為主，亦有鋼鐵、化工、煉油、釀酒和食品加工業。人口約270,867（1995）。

Gil Robles (y Quinoñes), José María＊ 希爾·羅夫萊斯（西元1898～1980年） 西班牙政治人物。為職業律師，曾領導天主教人民行動黨，其後又組織西班牙自治權利聯盟，在1935年3月組成的新政府中任國防部長，是年12月辭職。1936年的選舉中，他領導的自治權利聯盟與其他保守黨派合作，但敗於左翼人民陣線，他成為議會中主要反對黨發言人。西班牙內戰爆發後前往里斯本為叛軍購買軍火，內戰後退出政治舞台。他曾在1936～1953和1962～1964年兩度流亡國外。1975年佛朗哥死後，他東山再起，成為曇花一現的政壇領袖。

Gila Cliff Dwellings National Monument＊ 希拉懸崖住所國家保護區 美國新墨西哥州西南部保護區。在銀城北面48公里（30哩）處，近希拉河河源。1907年設立，占地216公頃。當地45公尺高懸崖上的天然洞穴中有許多保存完好的印第安村民住室。

Gila monster 希拉毒蜥 蜥蜴亞目毒蜥科兩種有毒蜥蜴之一，學名Heloderma suspectum。原產於美國西南部和墨西哥北部，以希拉河谷地得名。體粗壯，可長到50公分左右。體具黑色和淺紅色斑紋或條紋，鱗片為串珠狀。天氣和暖時夜出覓食，以小型哺乳動物、鳥類和各種動物的卵為食。其尾部和腹部可儲存脂肪，以備冬季耗用。毒蜥屬的兩個種，動作皆遲緩，但咬齧有力。多數牙上有兩道溝槽，以便引出下顎的毒腺的分泌物，內含神經毒素，但很少能致人死亡。墨西哥串珠蜥是另一種有毒蜥蜴。

Gila River 希拉河 美國新墨西哥州和亞利桑那州河流。發源於新墨西哥州西南部的埃爾克山脈，向西南流，在尤馬匯入科羅拉多河。全長1,015公里。河上建有柯立芝大壩（1928），與索爾特河上的羅斯福大壩形成的水庫提供灌溉水源。源頭附近有希拉懸崖住所國家保護區和希拉國家森林。

Gilbert, Cass 吉柏特（西元1859～1934年） 美國建築師。曾短期在麻省理工學院學習，後在紐約馬吉姆－米德一懷特的建築事務所作繪圖員。六十層的伍爾沃思摩天樓在鋼框架外面綴以哥德式赤陶土花邊裝飾，是當時美國高層建築的代表作品，亦曾是世界最高的大樓。其他作品還有美國最高法院大廈、華盛頓特區的財政部大樓（1935年完成）以及明尼蘇達州州立大學和德州州立大學的校園規畫等。他的作風嚴謹，作品甚多，但欠創造性，是美國紀念性建築鼎盛時期第一流的建築師。

Gilbert, Humphrey　吉柏特（西元1539?～1583年） 受封爲Sir Humphrey。英國軍人和航海家，使紐芬蘭成爲英國殖民地。華爾特·洛利的同母兄弟。1566年建議進行一次航行，尋找從英國通往遠東的西北航道，遭伊莉莎白一世拒絕，並被派去愛爾蘭（1567～1570），在此殘酷地鎮壓一次叛亂，爲此受封爲爵士。1578年由七艘船組成探險隊啓航，但他缺乏領導能力，有的船漂回英國，其他船改成海盜船。1583年他再度出海，這次他航行到紐芬蘭，宣布該地爲女王所有。

Gilbert, W(illiam) S(chwenk)　吉柏特（西元1836～1911年） 受封爲Sir William。英國劇作家和幽默作家。原欲從事律師業，但1861年開始發表打油詩，自繪插圖，並彙編爲《巴伯歌謠集》。1870年結識沙利文，兩人合作完成喜歌劇《狄斯·比斯》（1871年初演）和《陪審團的審判》（1875）。此後，由卡特導演他們的作品。卡特爲上演其劇作於1881年建薩伏依劇院。這些劇作人稱「薩伏依歌劇」，其中有《日本天皇》（1885）、《禁衛隊》（1888）以及《威尼斯的船夫》（1889）等。吉柏特抒情詩包括一些以英語寫成的最佳打油詩。

Gilbert and Ellice Islands　吉柏特和埃利斯群島 太平洋中西部的前英屬殖民地。這個殖民地包括吉柏特群島、吐瓦魯（原埃利斯群島）、北方的萊恩群島和費尼克斯島。歐洲人到19世紀初才首次造訪此地，這個群島在1892年被宣告爲一個英屬託管地，於1916年變成英國女王管轄地。1979年這個殖民地遭到分割，變成吉里巴斯與吐瓦魯兩個獨立小國。

Gilbert Islands　吉柏特群島 由十六座環礁組成，位在太平洋中西部，係吉里巴斯共和國的一部分。總面積272平方公里，塔拉瓦是最大島嶼。早在16世紀時西班牙探險家即已發現群島中的某些島嶼。1799～1826年間，歐洲人陸續發現了其他各島。1820年代將之命名爲吉柏特群島。1892年英國宣布其爲領地。1941～1943年被日本占領。1979年組成獨立的吉里巴斯共和國。人口67,224（1990）。

Gilchrist, Percy Carlyle＊　吉爾克里斯特（西元1851～1935年） 英國冶金學家，1876～1877年和他聲名較高的表弟吉爾克里斯特·湯瑪斯共同發明基本柏塞麥煉鋼法，用柏塞麥轉爐生產低磷鋼（稱爲湯瑪斯鋼）的方法。在湯瑪斯－吉爾克里斯特法中，轉爐採用鹼性爐襯而不用酸性爐襯。在吹煉歐洲普遍賦存的高磷鐵礦石所煉的鐵水時，爐襯與形成的酸性磷氧化物結合成渣。其後這種方法在歐洲廣泛應用。

Gilead＊　基列 約旦河以東古代巴勒斯坦地區，相當於今約旦西北部。北臨耶爾穆克河，西南接古時稱爲「摩押平原」的地方，東面無明確的邊界。基列一名最先出現在《聖經》關於雅各和拉班最後一次會見的記載中（〈創世記〉第31章第21～22節）。這裡曾是基甸與米甸人交戰的戰場，也是先知以利亞的故鄉。

Gilgamesh＊　吉爾伽美什 阿卡德語故事中最出名的古代美索不達米亞英雄。在古尼尼微城內亞述國王亞述巴尼拔的圖書館中所發現的十二塊殘缺泥版，是現存最完整的文本；在美索不達米亞和安納托利亞所發現的其他殘片足資補充。主要人物吉爾伽美什可能是西元前3000年前半期統治烏魯克的吉爾伽美什。尼尼微本的《吉爾伽美什史詩》開端是序詩，稱吉爾伽美什半神半人，精於土木，勇於爭戰，他拒絕了愛情女神伊什塔爾的求婚。吉爾伽美什得恩奇杜之助將伊什塔爾派來毀滅他的神牛殺死。恩奇杜的死使吉爾伽美什冒險出走尋訪經過巴比倫洪水而仍健在的烏特納庇什廷，請教如何避免一死。他遵照烏特納庇什廷的指示找到返老還童的植物，但被蛇所奪。史詩結尾敘述恩奇杜亡魂重返人間。

Gill, Brendan　布蘭登（西元1914～1997年） 美國作家。生於康乃狄克州哈特福，以在《紐約客》雜誌發表的著作著稱，他在此家雜誌的職業生涯長達六十年，主要是擔任影評人（1960～1967）、劇場評論家（1968～1987）及建築評論家（1992～1997）。他的許多作品包括回憶錄*Here at The New Yorker*（1975）。在坎伯去世後，他譴責這位多年老友，說他頑固又保守。這位首席保育人士成功地拯救了紐約中央車站，讓它不致拆除。

Gilles de Rais ➡ Bluebeard

Gillespie, Dizzy　迪吉葛雷斯比（西元1917～1993年） John Birks Gillespie的別名。美國爵士樂小號手、編曲者、樂隊指揮，是咆哮樂的主要改革者之一。迪吉葛雷斯比受到埃爾德里奇影響，並與卡洛威、海因斯、比利艾克斯汀的大型樂隊一起演奏，後來在1940年代中期領導小型樂團。他與薩克管演奏家查理帕克和鋼琴家瑟隆尼斯孟克是咆哮樂的先驅。1940年代晚期，迪吉葛雷斯比把這種方法帶到大型樂隊，普及了爵士樂中的非洲一古巴節奏。生涯其餘時間在大型和小型樂團之間轉換，他的精湛技巧和喜感（加上他鼓起的臉頰和小喇叭口上揚45度的註冊商標）使他成爲爵士樂歷史上最具魅力而影響最深遠的音樂家。

迪吉葛雷斯比，攝於1955年
UPI

Gilman, Charlotte (Anna) Perkins (Stetson)　吉爾曼（西元1860～1935年） 美國婦女運動理論家、作家和演說家。以發表有關婦女、倫理學、勞工及社會等題目之演說而聞名於世。在其名作《婦女與經濟》（1898）中，她提出：世人對婦女的性角色及母親責任過份強調，有損於婦女的社會能力與經濟才能的發展，婦女唯有經濟獨立，才能獲得眞正的自由。她的其他著作還有短篇故事《黃色的壁紙》（1892）、自傳《吉爾曼生活史》（1935）。

Gilmore, Patrick (Sarsfield)　吉爾摩（西元1829～1892年） 愛爾蘭裔美國著名管樂隊指揮。十九歲移居美國，領導波士頓旅軍樂隊（後稱吉爾摩軍樂隊）。內戰期間，整個樂隊編入聯盟軍。1869年全國和平紀念節和1872年世界和平紀念節中，組織了盛大演出，演奏人員超過10,000人。自1872年領導紐約第二十二軍團軍樂隊，直到逝世；1878年曾在歐洲進行一百五十場的演出。他在配器方面的創新，使軍樂隊擺脫了19世紀早期以來典型的一味依賴銅管樂器的情況，更多的採用簧管樂器，特別是單簧管，就像20世紀音樂會管樂隊常見的那樣。

gin　琴酒；杜松子酒　香料型蒸餾酒，無色。一般用糧食醪蒸餾的酒為酒基，以杜松子和其他香料（如茴芹和葛縷子）調味。最早是由17世紀荷蘭萊頓大學醫學院教授西爾維烏斯發明的。以兩種形式銷售：大麥芽發酵及醇厚的荷蘭式（酒精含量約35%）；乾、純式的英美琴酒（酒精濃度約40～47%）。這種乾式琴酒添加的香料比荷蘭式更多，可單獨飲用或做成雞尾酒。荷蘭琴酒通常是單獨或攙水飲用。

gin rummy　金蘭姆　蘭姆類牌戲的一種。兩人玩時，每人發10張牌，牌面朝下。其後，2人依次拿換牌或者抓底牌最上面一張牌，然後打出一張牌，面朝上擺在換牌堆上。目的是做成牌組，即至少3張的同花色順牌或同點牌組。如果一人手中斷牌加起來不超過10點，且不配對，即可攤牌。如果所有的牌都能配成組即獲勝。先到達100分的人為勝者。金蘭姆1909年傳入紐約。

ginger　薑　薑科多年生草本植物，學名為Zingiber officinale。可能原產於東南亞。其根莖芳香而辛辣，亦稱生薑，用作食品、調味品或藥品。薑味稍苦，乾薑粉用於麵包、醬油、咖哩菜餚、糖果、蜜餞、薑汁汽水。鮮薑用於烹調。植株的花密生，穗狀花序密集毬果形。薑蒸餾製得的精油用於食品及香料工業。

gingerbread　薑餅裝飾　建築與設計上，精巧纖細的裝飾品，不是過於奢華就是多餘。這個詞有時候用於極為精細與裝飾風格如洛可可風格，不過通常是指木工哥德式的手工雕刻或切鋸的木工裝飾品。

ginkgo　銀杏　裸子植物銀杏目唯一的現存種，學名為Ginkgo biloba。原產中國，被稱為活化石。似無野生者，在中國和日本的寺廟花園自古代就有栽培，銀杏樹形優美，抗真菌、抗蟲、抗寒又能適應都市的不良大氣條件，故在世界各地廣泛栽培。樹冠金字塔形，樹幹柱狀而疏分枝。木材色淺，質地疏軟，經濟價值不大。葉扇形，似鐵線蕨小葉革質，多數葉片被中央裂分成2個裂片。種子淡黃色，核果狀，銀白色外被肉質外種皮。種仁可烤食。據研究顯示，銀杏對老年人有增強記憶的功能，可延緩阿滋海默症的發生。

銀杏
Grant Heilman

Ginsberg, Allen (Irwin)　金斯堡（西元1926～1997年）
美國詩人。父親是詩人，在哥倫比亞大學求學時認識克洛厄。他的詩集《嚎叫》（1956）描述了美國社會墮落的現象，是敲打運動的重要作品。無論是這部或後來的作品都受到惠特曼的影響，他讚美精神藥物、同性戀等。《祈禱文及其他詩集》（1961）是一首懺悔詩，詩中哀悼其母的精神失常和自殺。他的文集有《現實三明治》（1963）、《行星新聞》（1968）、《美國的墮落：這個國家的詩1965～1971》（1972）和《心中的喘息：1972～1977年詩集》（1978）。金斯堡的一生就是不停的旅行、讀詩和參加左翼政治活動；在1960年代和1970年代，他成為美國青少年反傳統文化有影響的領袖人物。

Ginsburg, Ruth Bader　金斯伯格（西元1933年～）
原名Ruth Joan Bader。美國法學家。1959年從哥倫比亞法學院以第一名的成績畢業，但因她是婦女而在畢業後被拒絕了很多的工作機會。1972～1980年在哥倫比亞法學院教書，並成為該校第一位終生女教授。她是美國公民自由聯盟的婦女權利計畫的負責人，為該計畫在最高法院審理的有關男女平等的六個劃時代的案件中擔任辯護人。1980年被任命為哥倫比亞巡迴審判區的美國上訴法院法官。她在該法院任職一直到1993年柯林頓總統任命她到最高法院任職為止。她是最高法院第二位女性大法官。身為一位律師，金斯伯格以她首倡維護婦女權利而聞名於世。而當上法官後，她贊成審慎、穩健和克制。

ginseng *　人參　五加科兩種草本植物，西洋參（北美人參）和人參（即亞洲人參）的俗名。自古以來中國人以其根入藥，可用為具興奮性的茶。西洋參原產從魁北克和馬尼托巴向南到墨西哥灣沿岸。人參原產於中國東北和朝鮮，栽培於朝鮮和日本。人參有甜香味。中國人長久認為它的根是治病萬能藥，能改善心智、學習能力、記憶與感覺功能。

Gioberti, Vincenzo *　喬貝蒂（西元1801～1852年）
義大利天主教哲學家、政治人物，他的文章促成義大利的統一。1825年任司鐸，1831年任薩丁尼亞王宮司鐸，因涉及共和派政治陰謀案而被監禁（1833）。後來出走巴黎和布魯塞爾，從事著述。在他的著作中主張創立以教宗為首的義大利聯邦。1847年返回杜林，努力統一薩丁尼亞共和運動，並一度任薩丁尼亞王國首相（1848～1849）。他的哲學是以「ontologism」為其中心概念。

Giolitti, Giovanni *　焦利蒂（西元1842～1928年）
義大利政治人物，1892～1928年間五次擔任首相。1882年進入義大利議會，一生始終為議員。身為政治領袖，他所使用的手法後來稱為「焦利蒂主義」，它強調的是個人決定而非政黨的忠誠或選舉舞弊。身為總理（1892～1893），他進行改革但後來捲入銀行醜聞；他澄清自己的清白但嚴重傷害了他的接任者克里斯皮。擔任內務大臣（1901～1903）和首相（1903～1905、1906～1909），他對罷工採取和平態度，因而一方面受到讚揚，一方面受到批評。在他的第四次總理任期（1911～1914）中，他發起了義土戰爭，後來反對義大利參加第一次世界大戰。他在最後一次總理任期（1920～1921）著手重新建設義大利。他對法西斯黨原採取容忍態度，但1924年時撤銷了他的支持。

Giordano, Luca *　焦爾達諾（西元1632～1705年）
義大利畫家，活躍於那不勒斯。起初受里貝拉作品的影響；遊歷羅馬、佛羅倫斯和威尼斯之後，又受韋羅內塞和科爾托納的彼得羅作品的影響，他們的影響可從他為佛羅倫斯麥迪奇－里卡狄宮（1682～1685/1686）作的大型天頂濕壁畫看出。1692年赴西班牙擔任查理二世的宮廷畫師；在埃爾埃斯科里亞爾所作的壁畫被認為是其最佳作品。1702年經熱那亞回到那不勒斯，完成他最後的傑作，聖馬提諾教堂的寶庫禮拜堂的天頂畫（1704）。他還繪了許多油畫和濕壁畫，大致以宗教和神話為繪畫主題。在那不勒斯的許多濕壁畫於第二次世界大戰中被毀壞。

Giorgione *　喬爾喬涅（西元約1477～1510年）　亦稱Giorgio da Castelfranco。原名Giorgio Barbarelli。義大利畫家，活躍於威尼斯。生平不詳。從他的繪畫技法、色彩與情感的處理顯示出，1490年代他在威尼斯時曾隨喬凡尼．貝利尼學習。喬爾喬涅為公共場所繪製的主要作品是德國交易所外面的壁畫，這些壁畫現已失散，僅留下一些有人物模糊輪廓的殘片。少數畫作被認為是他完成的，但有兩幅是他死後由其他畫家完成的，提香是其中之一。雖然他的作品受到爭議，包括畫作的歸屬、完成日期和與他有關的畫作的解釋，很明顯的一點是他是畫布油畫技法的創始人，他也是創造格調與神祕感的大師，集中體現在《暴風雨》（1505?）中，這是文藝復興時代風景畫的里程碑。他對肖像畫法亦影響深遠；16世紀早期許多畫家都模仿他的風格。亦請參閱Venetian school。

Giotto (di Bondone)＊ 喬托（西元約1267～1337年） 首位義大利偉大的畫家，活躍於佛羅倫斯。曾在阿西西、羅馬、帕多瓦、佛羅倫斯和那不勒斯等地為禮拜堂和教堂繪畫。他在羅馬的作品包括了聖彼得大教堂入口處，已經大量重作的鑲嵌畫《基督在水上行走》，和一幅原為聖彼得大教

喬托的《哀悼基督》（1305?～1306），濕壁畫；現藏義大利帕多瓦的阿雷那小禮拜堂
SCALA/Art Resource, N. Y.

堂所繪的祭壇畫，現存梵諦岡博物館。在帕多瓦，他的《最後的審判》壁畫裝飾了阿雷那小禮拜堂的西牆，小禮拜堂其他牆面則繪滿了關於聖母和耶穌基督的生平的壁畫。後來他為佛羅倫斯的克羅齊教堂的四座小禮拜堂繪壁畫，有兩座保存至今。1334年喬托被任命為佛羅倫斯主教座堂的建設監察官。他設計的鐘塔在他去世後被改建。《榮耀聖母》（1305?～1310）被認為是他繪的最重要的畫板畫。喬托在世時享有很高的聲望。他打破拜占庭藝術的不具人格的形式化風格；引進自然主義和人性，三維空間及三維形式，他被推崇為歐洲繪畫之父。其後，義大利的繪畫被其學生及門徒支配，著名的有加迪、奧爾卡尼亞和洛倫采蒂兄弟。

Giovanni da Bologna ➡ Giambologna

Giovanni di Paolo (di Grazia)＊ 喬凡尼（西元約1399～1482年） 活躍於錫耶納的義大利畫家。一位多產畫家，其著名畫作大多完成於1440年代，著名的有為皮恩札大教堂繪的巨型祭壇畫《基督進殿》（1447～1449）以及十二幅《施洗者約翰的一生》和一幅聖母像祭壇畫（1463）。他還畫了許多小的宗教畫板畫。其刻意追求人物的痛苦神情和過分誇張的表現方法，被認為是預示了16世紀的風格主義和20世紀的表現主義繪畫。

Gippsland＊ 吉普斯蘭 澳大利亞維多利亞州東南部一地區。東起新南威爾士州界，西至西港（墨爾本附近），北接東部高地，南抵南部海岸。面積35,200平方公里。境內土壤肥沃、雨量充沛，是全州乳品生產中心，岸外的巴斯海峽有近海石油和天然氣。東南部地區旅遊業重要。1850年代因發現金礦，有人定居；1887年建成通墨爾本的鐵路後，始有農民來此。

giraffe 長頸鹿 長頸鹿科的反芻動物，學名為Giraffa camelopardalis，是哺乳動物中最高的獸類，總高度5.5公尺以上。腿和頸部極長，體相對較短。尾上有叢毛，頸上有短鬃。兩性都有2～4隻短而有皮膚覆蓋的角。毛淺黃色，有淺褐紅色斑點。主要以金合歡的葉為食，生活在平原和開闊的灌木地區。在東非受到保護，數量依然很多，但在其他地區，由於狩獵過量，致使數量減少或絕跡。獾加狓是該科另一成員。

長頸鹿
©Animals Animals, 1971

Giraldus Cambrensis＊ 吉拉爾杜斯（西元1146?～1223?年） 亦稱威爾斯的傑拉德（Gerald of Wales）。威爾斯布雷克諾克大助祭（1175～1204）及歷史學家。在巴黎受教育，回到威爾斯後，他企望成為聖大衛教區的主教，並使其擺脫坎特伯里獨立自主，但未成功。他向英格蘭國王亨利二世及其子約翰提建言，特別是在威爾斯和愛爾蘭的議題上。12世紀晚期他的生平故事對歷史學家而言是珍貴的史料。

Girard, Stephen＊ 吉拉德（西元1750～1831年） 法裔美國金融家、慈善家。十四歲時開始海上生涯，到1774年時擔任法國商船船長，從事美國沿岸對西印度群島的貿易活動。美國革命時期定居於費城，1783年開始重操舊業。其船隊講求效率，遍訪全球，並因此而致富。1812年，他購進美國銀行的全部產權，改名為史蒂芬・吉拉德銀行，1812年戰爭期間收購政府公債，其數量至1814年已占戰時公債的95%。吉拉德將財產之大部遺贈給社會福利機構，包括為男性孤兒設立的史蒂芬・吉拉德學院（成立於1833年）。

Girardon, François＊ 吉拉爾東（西元1628～1715年） 法國雕刻家。曾在特魯瓦和羅馬學習，1657年成為法國皇家繪畫雕刻學院院士。1666年為凡爾賽宮凡爾賽忒提斯洞室作了《仙女侍伴太陽神》，成為他最著名的作品。在其為凡爾賽所作的其他作品中，最著名者為浮雕《仙女沐浴》（1668～1670），和《普賽弗妮之劫》（1677～1679）。在巴黎的作品包括有路易十四世的騎馬雕像（1683～1692），毀於法國革命；巴黎大學教堂的黎塞留陵墓（1675～1694）。雖然受到貝尼尼作品風格的影響，但其作品較為嚴謹而呆板。

Giraud, Henri(-Honoré)＊ 吉羅（西元1879～1949年） 法國陸軍軍官。第二次世界大戰期間指揮法國北方的軍隊，1940年遭德國人俘擄，1942年逃脫後在北非任法軍總司令。1943年與戴高樂同任法國民族解放委員會主席，1944年因與戴高樂發生分歧而引退。

Giraudoux, (Hyppolyte-)Jean＊ 季荷杜（西元1882～1944年） 法國小說家、隨筆作家及劇作家。從事外交工作，同時以一批早期詩意小說如《蘇珊與和平》（1921）成為知名的前衛派作家。他創立了一種印象主義的戲劇形式，強調對話和風格，而不是寫實。季荷杜從古典的或《聖經》的傳統中尋找靈感，並表現在諸如《厄勒克特拉》（1937）和《雅歌》（1938）等的作品中。他最著名的作品有講述特洛伊之戰的《門口的老虎》（1935）和《沙依奧的瘋女人》（1946）。

girder 大樑 房屋建造中承受垂直集中載荷的大型主承重樑，材質通常以鋼或鋼筋混凝土爲主。在房屋系統中，樑和擱柵將其荷重傳給構成支柱的大樑。

Gironde Estuary＊ 吉倫特河口 法國西南部比斯開灣處的三角灣。由加倫河和多爾多涅河匯成，向內陸延伸約72公里。儘管有沙洲和大潮，仍通行遠洋輪。

Girondin＊ 吉倫特派 亦作Girondist。法國大革命期間，立法議會中溫和的共和派，其中很多人原是吉倫特省人，因是布里索的追隨者，起初稱布里索派。1791～1792年間占議會大多數，他們支持對外戰爭，認爲這是在革命後團結人民的手段。1792年國民公會分裂成吉倫特派和激進的山岳派；1793年吉倫特派被趕出國民公會，由山岳派取得權力。許多吉倫特派分子在恐怖統治中被送上斷頭台。

GIS ➠ geographic information system (GIS)

Giscard d'Estaing, Valéry＊ 季斯卡・德斯坦（西元1926年～） 法國政治領袖、法蘭西第五共和第三任總統（1974～1981）。1956年被選入國民議會。曾在戴高樂總統時期（1962～1966）和龐畢度總統時期（1969～1974）任財政部長；在第一屆任期內，法國達到三十年來第一次收支平衡，但他的保守政策導致經濟衰退而被免職。1974年打敗密特朗當選總統，並幫助歐洲經濟共同體的發展。1981年在一次決勝選舉中被密特朗打敗。

季斯卡・德斯坦，攝於1985年
©1985 Thierry Boccon-Gibod/Black Star

Gish, Lillian (Diana) 基什（西元1893～1993年） 美國電影和舞台劇女演員。五歲登台，後與其妹桃樂西（1898～1968）一起在百老匯演出，並隨巡迴劇團在全國演出。格里菲思聘請姊妹倆在《看不見的敵人》（1912）裡扮演主角，開啓了她們的電影事業。基什以《國家的誕生》（1915）一片而蜚聲國際，並在其他格里菲思的影片《落花》（1919）、《東方之路》（1920）和《孤雛血淚》（1921）中，扮演發光發亮的女主角。在1920年代，桃樂西是頗受歡迎的輕鬆喜劇明星，但她的事業因姊姊的名氣而相形見絀。在賣座片《波希米亞人》、《紅字》（皆爲1926年）之後，基什的電影生涯開始衰落，重回舞台演出《凡尼亞舅舅》（1930）、《哈姆雷特》（與吉爾果合演，1936）、《伴父生涯》（1940）和《豐富之旅》（1953）等作品。重返影壇後拍攝了《獵人之夜》（1955）、《婚禮》（1978）和《八月的鯨》（1987）。

Gislebertus＊ 吉斯勒貝爾（活動時期約西元1120～1140年） 法國雕刻家。其最著名作品是爲歐坦的羅馬式大教堂所作的：西入口門楣中心的雕刻，內容爲末日審判，爲表現主義藝術的傑作之一；教堂北入口的斜倚夏娃裸體大型雕像；以及教堂內部及各個入口雕刻的六十個柱頭，大部分是聖經故事。他豐富深刻的想像力無人能及，他的作品對後來法國哥德式藝術的發展有深遠的影響。

Gissing, George (Robert) 吉興（西元1857～1903年） 英國小說家。雖然有傑出的學術生涯，但私人生活卻不順遂；兩次悲慘的婚姻帶給他貧窮和不斷辛苦工作的生活，如同他在其最爲人知的作品《新格魯勃街》（共三卷，1891）和《亨利・賴伊克羅夫特的私信集》（1903）所描述的。受到巴爾札克的啓發，他寫了二十二部的一系列小說，包括《生而流亡》（1892）和《奇怪的女人》（1893）。他描寫倫敦下層生活的寫實作品，以刻畫細緻入微的婦女社會地位和心理狀態而出名。

Giuliani, Rudy 朱利安尼（西元1944年～） 全名魯道夫・威廉・朱利安尼（Rudolph William Giuliani）。美國律師和政治人物，1993～2001年任紐約市市長。曾就讀於曼哈頓學院（1965年獲文學士學位）和紐約大學（1968年獲法學博士學位）。1970年開始爲美國政府工作，任職於美國辯護律師事務所和司法部。第一次競選紐約市長失敗，1993年獲得成功，成爲二十年來擔任此職的第一位共和黨人。他成功地對該市進行了金融改革，降低了犯罪率，但卻由於讓人覺得器量小以及凡事對立的態度而遭到批評。2000年在披露他患有前列腺癌並正與他妻子辦離婚後，他決定不競選參議員。2001年9月11日世界貿易中心遭到恐怖攻擊後，朱利安尼在組織搜救和恢復工作中的努力受到了高度的讚揚。伊莉莎白二世女王授予他榮譽騎士頭銜以獎勵他所作的努力。

Giulini, Carlo Maria＊ 朱利尼（西元1914年～） 義大利指揮家。朱利尼在羅馬聖塞西利亞音樂學院學習中提琴和作曲，在做了幾年中提琴手後，於1944年成爲指揮家。在擔任史卡拉歌劇院首席指揮數年後，因爲厭煩缺少彩排的時間，1967年在其國際職業生涯高峰時離開歌劇界。其所灌錄莫札特和威爾第的歌劇及合唱作品受到普遍歡迎，隨後在芝加哥（1968～1978）、維也納（1973～1976）和洛杉磯（1978～1986）等管弦樂團中擔任重要職務。

Giulio Romano＊ 朱里奧・羅馬諾（西元1499?～1546年） 原名Giulio Pippi。義大利畫家和建築師。在羅馬追隨拉斐爾學習，並在拉斐爾死後成爲主要繼承人和藝術上的執行者，完成了一批拉斐爾重要的梵諦岡濕壁畫作品。1524年開始定居於曼圖亞，在曼圖亞貢札加王宮中的藝術活動中居首要地位，並發展出有個性的、非古典的繪畫風格。最重要的作品是曼圖亞郊區泰府邸（1526年開始建造），爲刻意嘲弄古典式建築原則的最早風格主義建築之一。朱里奧一生中享有盛名，其作品是巴洛克時代追求視覺逼眞效果的天頂裝飾畫的先例。

Givenchy, Hubert de＊ 紀梵希（西元1927年～） 法國時尚設計師。在巴黎美術學校學畫後，在皮蓋、勒隆、斯基亞帕雷利開設的巴黎幾家大時裝公司當設計師。1952年自己開業，展出的作品以非配套單件女裝、高雅的外衣和華貴的舞會禮服爲特色。1957年和巴蘭西阿加一同展出袋式直筒女裝（沒有腰線的服裝）。他爲赫本在《第凡內早餐》（1961）中設計的戲服使無袖、無腰帶、將托高胸部的服裝大受歡迎。1960年代在多處開設婦女成衣時裝商店，使世界各地婦女都能以低價獲得高級時裝。

Giza＊ 吉薩 亦作Al-Jizah。上埃及的城市（1992年人口約2,144,000）。位於尼羅河的西岸，是開羅的郊區。它是著名的遊樂區，也是埃及電影工業的中心。城西8公里處有獅身人面巨像斯芬克斯以及三個法老的大金字塔，建於埃及的第四王朝期間（西元前2613?～西元前2494?）。

Gjellerup, Karl Adolph＊ 吉勒魯普（西元1857～1919年） 丹麥詩人及小說家。牧師之子，曾攻讀過神學，但因受過達爾文主義和布蘭代斯的思想影響，自命爲無神論者，並表明在《一個觀念論者》（1878）和《條頓的學徒》（1882）兩部作品中。晚年受到佛教和其他東方宗教的影響。其他作品有《米娜》(1889) 和《朝聖者卡馬尼塔》(1906)。1917年與彭托皮丹同獲諾貝爾文學獎。

glacial age ➠ ice age

glacier　冰川　亦稱冰河。任何通過積雪重結晶作用在地面上形成並在其自身重量壓迫下向前運動的大規模冰體。冰蓋這個術語通常用於占有廣大區域的相對水平地面並顯示出自中心向四外流動的一種冰川。冰川出現在冬季降雪量超過夏季融化量之處，這種條件現在主要只存在於高山區和兩極區。冰川只占有地球陸地面積的11%左右，但卻大約持有地球淡水量的3/4，將近99%的這種冰川冰集中在南極洲和格陵蘭。

Glacier Bay　冰川灣　美國阿拉斯加州東南部沿海，太平洋的小灣。約97公里長，有十六條來自聖伊萊亞斯山脈(東) 和費爾韋瑟山 (西) 冰帽的活冰川。有峽灣和許多無樹小島，為數以千計的海鳥棲息地。為冰川灣國家公園的主要景點。

Glacier Bay National Park　冰川灣國家公園　美國阿拉斯加州東南部國家公園。臨阿拉斯加灣。1925年時為國家保護地，1980年改名為國家公園。面積1,305,226公頃。包括冰川灣、費爾韋瑟山西北坡和在美國境內的阿爾塞克河。公園的著名景觀之一為潮水域地區的巨大冰川，其中繆爾冰川高於海面81公尺，近3公里寬。公園內有許多種類的植物和野生動物，如棕熊、黑熊、山羊、鯨、海豹和鷹。

Glacier National Park　冰川國家公園　加拿大不列顛哥倫比亞省境內國家保護區。位於塞爾扣克山脈中心，哥倫比亞河北部大轉彎處。建於1886年；面積1,349平方公里。冰原和冰川旁冰雪覆蓋的高峰形成了高聳的全景。顯著的景點為伊萊西萊韋特冰川和庫佳谷中的納基姆洞穴。

Glacier National Park　冰川國家公園　美國蒙大拿州西北部國家保護區。位在美國境內落磯山脈原野上，與加拿大邊境和加拿大的沃特頓湖群國家公園毗連。兩座公園於1932年組成沃特頓－冰川國際和平公園。冰川國家公園建於1910年，占地410,178公頃，與園內的許多活冰川跨立於大陸分水嶺上。

glaciology *　冰川學　研究大片陸地上冰體一切方面的學科。它研究冰川冰的結構和特性、其形成和分布情況、冰體流動的動力學以及冰的積累與氣候的相互影響。冰川學的研究是用多種多樣的方法進行的，例如雷達測深法、鑽孔、橫向隧道和遙感技術 (使用由人造衛星攜帶的紅外輻射掃描儀和多頻道掃描儀)。

Glackens, William (James)　格拉肯斯 (西元1870～1938年)　美國畫家。曾在費城和紐約的報紙畫插圖。1891年結識亨萊，之後為八人畫派和垃圾箱畫派的成員。格拉肯斯偏好城市中產階級生活多采多姿的街景，如《漢莫斯坦的屋頂花園》(1902)，受印象主義影響頗深。為多產且擅長描繪的美術家，其素描 (如《坐著的女人》〔1902〕)，表現出在他其他畫作中所沒有的優雅風格。1912年為了收藏巴恩斯的作品前往歐洲買畫。1913年協助促成軍械庫展覽會並展出作品。

gladiator　角鬥士　拉丁語原意為「劍手」。古代羅馬以專業格鬥士戰鬥至死的運動。角鬥士最初在伊楚利亞人的喪禮上角鬥，其用意顯然是使死者在陰間有人護衛。在羅馬城，自西元前264年開始，這種演出十分流行。到了凱撒在位期間，單場演出人數已經增到300對。圖雷真在位時期，有不同階級的5,000位角鬥士舉行角鬥。到了羅馬共和國晚期，觀眾如主張令敗者死則伸拇指向下 (或以拇指指胸)，如贊成恩寬則揮手帕 (或根據其他說法為拇指向下)。勝者獲棕櫚枝，有時受金錢。角鬥士多次角鬥勝利後可退役。角鬥士主要是奴隸和罪犯，但有能力或長相英俊者也會受到社會大眾喜愛。由於角鬥士多被雇為衛士，有些因此而成為政治要人。圖密善喜用侏儒與婦人為角鬥士。基督教傳入之後，角鬥演出不再受歡迎，但有可能一直延續至6世紀止。亦請參閱Spartacus。

gladiolus *　唐菖蒲屬　鳶尾科的一屬，約300種顯花植物的統稱。原產非洲、歐洲和地中海地區，廣泛栽培以供插花之用。穗狀花序從球莖上抽出，高60～90公分，有許多漏斗狀的花簇生於花序軸的一側；花被裂片6枚，花瓣狀；葉劍形，稀疏。栽培唐菖蒲花色眾多，大部分源於非洲南部和東部。

Gladstone, William E(wart)　格萊斯頓 (西元1809～1898年)　英國政治家和首相 (1868～1874、1880～1885、1886、1892～1894)。1833年托利黨人身分當選為國會議員，但在擔任多種公職之後，包括財政大臣 (1852～1855、1859～1866)，逐漸傾向自由黨的政策主張並在1866年成為自由黨領袖。在他第一任首相任內 (1868～1874)，監督國家教育改革、選舉改革 (參閱Ballot Act) 和撤銷對愛爾蘭新教教會的支持 (1869)。1875～1876年間他以保加利亞慘案指責迪斯累利政府。在第二任期間，保證1884年改革法案的通過。其內閣授權占領埃及 (1882)，但解救在喀土木的戈登將軍失敗 (1885)，使他大失人心並失去政權。1886年原本可以愛爾蘭自治運動重獲國會控制權，但因「愛爾蘭自治法案」遭議會否決而辭職。此後六年他致力於說服通過「愛爾蘭自治法案」。1892年大選中自由黨贏得多數席次，在第四屆內閣中再次提出「愛爾蘭自治法案」，但遭上院否決。死後葬於西敏寺。

格萊斯頓
Culver Pictures

Glåma River *　格洛馬河　挪威東部河流。為斯堪的那維亞最長的河流，發源於挪威－瑞典邊境附近的一系列小溪流。向南流後折向西注入厄耶倫湖，從此再向南流至薩爾普斯堡，在腓特烈克斯塔注入奧斯陸峽灣。全長610公里。為水力發電的主要來源。從河口上溯至薩爾普斯堡的薩爾普斯瀑布可通航。

gland　腺體　動物體內的細胞或組織，能吸取血液中的特異性物質，並加以改變或濃縮，然後釋放以供身體進一步使用，或將其排出體外。典型的腺體機能細胞附著於膜上，由血管叢或血管網包繞。內分泌腺或稱無管腺 (如腦下垂體、甲狀腺、腎上腺等)，產生激素 (荷爾蒙)，不經導管 (參閱endocrine system) 而直接進入血液。外分泌腺 (如消化腺、乳腺、唾腺、汗腺等) 的分泌物必須經導管排出。

glandular fever　腺熱 ➠ mononucleosis, infectious

Glaser, Donald (Arthur) *　格拉澤 (西元1926年～)　美國物理學家。在加州理工學院獲得博士學位，隨後在密西根大學開始教學工作，在該校時發展的氣泡室，是廣泛應用於觀測亞原子粒子性能的研究儀器，因爲它可以精確測定亞原子粒子的徑跡。獲1960年諾貝爾物理學獎。

Glasgow＊ 格拉斯哥 蘇格蘭中西部城市。跨克萊德河，西距該河大西洋河口32公里。格拉斯哥是蘇格蘭第一大城，格拉斯哥一直到西元550年左右才開始發展，當時聖肯蒂格爾恩來此建立了宗教社區。現在的大教堂（13世紀）就是建在該禮拜堂原址上。1450年設自治市，繁榮於18世紀時，當時拉斯哥商人在美洲的熱帶產品（煙草、糖和蘭姆酒）交易中獲得暴利。其經濟由於美國革命（1775～1783）切斷了煙草貿易和美國南北戰爭棉花的供應被打斷而消退。工業革命帶動採煤、鑄鐵、特別是造船業的興起。目前工業有紡織、食品、飲料和化工業。該城是著名的教育中心，還有許多文化設施。人口約611,440（1999）。

Glasgow, Ellen (Anderson Gholson) 格拉斯哥（西元1873～1945年） 美國小說家，未受完整教育，過著南方小姐的舒適生活。以《維吉尼亞》（1913）完成了一系列五部描繪維吉尼亞州社會歷史的作品（開始於1900年）。以《不毛之地》（1925），得到評論界的讚許，但時已年過半百。《溫室中的生活》（1932）是帶有諷刺性的三部曲小說其中之一。晚期作品包括《在我們的生命中》（1941，普立茲獎）和去世後發表的回憶錄《女人的內心世界》（1954）。她以寫實主義手法描寫維吉尼亞州的生活使南方文學能從多愁善感和懷舊中脫離出來。

格拉斯哥，細密畫；現藏維吉尼亞歷史學會
By courtesy of the Virginia Historical Society

Glasgow, University of 格拉斯哥大學 蘇格蘭格拉斯哥的公立大學。創建於1451年，1577年重新組織。18世紀時，該大學的教師中有許多傑出的人士，如亞當斯密和布拉克；瓦特曾爲該校助教。19世紀該校教師則有李斯德和克爾文勳爵。該校共有六個學院：文學院、神學院、法學院、醫學院、理學院和工學院。校長每三年由學生選舉一次。註冊學生人數約17,000。

Glashow, Sheldon Lee＊ 格拉肖（西元1932年～） 美國理論物理學家。1967年任教於哈佛大學。以電弱理論與溫伯格（生於1933年）和薩拉姆（1926～1996）共獲1979年諾貝爾物理學獎，該理論說明弱力和電磁的結合。爲了擴充溫伯格和薩拉姆早期受到限制的理論以包含更多層次的基本粒子，他提出夸克的一個新的性質（魅數）。

glasnost＊ 開放政策 （俄語意爲「開放」〔openness〕）蘇聯開放討論政治和社會議題的政策。戈巴契夫於1980年代末實施此項政策，因而開啓了蘇聯的民主化歷程。開放政策准許對政府官員進行批評，也允許媒體更自由的傳播新聞和資訊。亦請參閱perestroika。

glass 玻璃 硬的物質，其典型爲無機化合物的混合物，通常爲透明或半透明，堅硬，易碎和不能爲自然元素所穿透（玻璃特性）。由高溫液態快速轉變爲固態製成玻璃，如此可避免形成肉眼可看到的結晶體。是電和熱的不良導體；混合物中含有某些金屬氧化物時，玻璃會呈現出不同的顏色。大多數種類的玻璃容易破碎。黑曜岩是一種自然生成的玻璃。普通玻璃（鈉鈣玻璃、鈉鈣矽玻璃）是以矽（二氧化矽）、蘇打（碳酸鈉）和石灰岩（碳酸鈣）爲原料，加入鎂（氧化鎂）可製成平板玻璃；或加入鋁（氧化鋁）可製造瓶玻璃。熔矽玻璃是極佳的玻璃，但由於純矽的熔點很高，所以製造費用昂貴。硼矽酸鹽玻璃（派熱克斯耐熱硬質玻璃）因爲熱膨脹極小，所以被用於製造廚具和實驗室用具。鉛水晶玻璃則被用於製作高級餐具，不但有沈重的觸感，還因折射率高而光彩奪目。更多種類的特種玻璃還包括有光學玻璃、光敏玻璃、金屬玻璃和光學纖維。由於玻璃沒有明確的熔點，因此大多數種類的玻璃可以在燒熱時使用多種技術來塑形，以吹製和模具澆鑄兩種方法爲主。亦請參閱volcanic glass。

glass, architectural 建築玻璃 用於建築結構的玻璃。在羅馬帝國時期玻璃首先用作窗戶。由於不夠透明和除了只能製造小嵌窗玻璃外所遭遇到的困難，最終導致在12世紀發明了彩色玻璃。在威尼斯人製造出水晶玻璃（參閱Venetian glass）之前，很難製作出透明無色的玻璃。17世紀法國引入了平板玻璃，才使製造大片玻璃成爲可能。一直到19世紀晚期才有了機械化生產的玻璃型材。目前使用的浮式玻璃生產方法是1950年代發明的，此法不需要打磨和拋光。如今，特殊的玻璃產品包括隔熱（多層）組合玻璃、疊層安全玻璃（鐵絲網玻璃），以及玻璃塊和玻璃磚等（參閱masonry）。

Glass, Carter 格拉斯（西元1858～1946年） 美國政治人物。新聞記者，自1888年開始在林斤堡擁有兩家報社。在眾議員任內（1902～1918）支持「聯邦準備法」立法。財政部長任內（1918～1920）支持威爾遜建立國際聯盟的努力。先是被委派、之後競選當上參議員（1920～1946），成爲保守的南方民主黨集團領袖。格拉斯爲金融政策專家，主持起草後來依該法設立了聯邦存款保險公司的法案（1933）。最初曾支持羅斯福的新政，但之後成爲最尖銳的批評者之一。

glass, decotative ➠ Amelung glass、Baccarat glass、Bohemian glass、cameo glass、cut glass、lustred glass、stained glass、Venetian glass、Waterford glass

Glass, Philip 格拉斯（西元1937年～） 美國作曲家。曾在茱麗亞音樂學院和巴黎布朗熱的門下學習，但後來在1966年和塔布拉鼓演奏家香卡一同學習，對他的作曲風格有重大影響。他成爲領導「極限主義」音樂的代表者，堅持使用重複的曲調、和聲、變化微妙的音色和沒有對位聲音引導的旋律進行。以歌劇《愛因斯坦在海灘上》（1975）一夕成名，之後繼續創作了二十多部歌劇，包括《消極抵抗》（1980）、《法老王》（1984）和《旅程》（1992）；五十多部電影配樂，包括《機械生活》（1983）和《正義難伸》（1988）；還有其他作品如《純粹葛拉斯》（1981）和《動盪時代的歌》（1986）。合作者有羅伯．威爾遜、金斯堡、茱辛、大衛鮑伊和保羅賽門。格拉斯的作品吸引了搖滾和流行樂的愛好者，而他也是世界上仍活躍的最出名作曲家之一。

glass fiber ➠ fiberglass

glaucoma＊ 青光眼 因眼內虹膜外緣的水樣液的流動發生梗阻而造成的眼內壓增高的疾病。這個壓力轉移到視乳頭及視網膜上。慢性青光眼的治療可用縮瞳藥使水樣液的外流增加以降低眼內壓。急性發作時治療方法與慢性青光眼相同；但爲根本解決高眼壓問題，需動手術使水漾液有流出的管道。無論是何種青光眼若不治療，會造成視力的損傷或失明。

glaucophane schist facies＊ 藍閃石片岩相 變質岩礦物相分類的主要類型之一。此相岩石由於它們特有的礦物組成，表明是在高壓和相對低溫的條件下形成的；這種條件在地球的正常地熱梯度中不是典型的。這類岩相中出現的礦物有鈉角閃石（藍閃石）、鈉輝石（硬玉）、石榴石、硬柱石和綠纖石，也可以出現石英、白雲母、綠泥石、綠簾石及斜長石。其礦物組成說明，藍閃石片岩相與區域變質作用中的榴輝岩相有密切的聯繫，儘管所表明的溫度較低。這些岩石的含水量明顯低。典型產區是加州西部。

Glaucus＊ 格勞科斯 希臘神話中幾個人物的名字。其中最重要的是：克里特國王米諾斯的兒子格勞科斯；他掉入一蜜罐窒息而死，後來被一神奇藥草救活。海神格勞科斯・彭提烏斯；原爲漁夫和潛水人，一次他吃了神奇的藥草而成爲神。底比斯附近的波特尼埃的格勞科斯；他是科林斯國王薛西弗斯的兒子，英雄柏勒洛豐的父親。一說，他用人肉餵他的母馬，被它們撕成碎片。柏勒洛豐的孫子格勞科斯；他在特洛伊戰爭中幫助特洛伊國王普里阿摩斯。

Glazunov, Aleksandr (Konstaninovich)＊ 葛拉左諾夫（西元1865～1936年） 俄國作曲家。是一位作曲天才，十六歲時因完成《第一交響曲》而獲得成功。受到貝拉埃夫的贊助前往西歐，在那裡建立其國際聲譽。1905年成爲聖彼得堡音樂學院院長。1928年以後大部分時間居於國外。他的音樂既保守又浪漫，作品包括芭蕾舞曲《蕾夢達》（1897）和《四季》（1899）；八首交響曲；鋼琴（兩首）、小提琴和薩克管等協奏曲。

Gleason, Jackie 葛立森（西元1916～1987年） 原名Herbert John Gleason。美國喜劇演員。生於紐約布魯克林，曾在嘉年華會及俱樂部演出，後來也在電影或舞台上飾演小角色。他在電視喜劇系列*Cavalcade of Stars*（1950～1952）、*The Jackie Gleason Show*（1952～1959、1961～1970）與*The Honeymooners*（1955～1956）中嚐到了成功的滋味。隨後在百老匯演出*Take Me Along*（1959，獲東尼獎），並以明尼蘇達胖子（Minnesota Fats）的角色出現在電影《江湖浪子》（1961）、《追追追》（1977）及其後來的兩部續集（1980、1983）中。他是電視上最受人們喜愛的明星之一。

Glendale 格倫德耳 美國亞利桑那州中南部城市。在索爾特河流域。東鄰鳳凰城。1892年始建。1910年設市。爲農貿（水果、蔬菜、棉花）中心。設有格倫德耳社區學院（1965）和美國國際工商管理研究生院。附近有盧克空軍基地。人口約182,219（1996）。

Glendale 格倫德耳 美國加州洛杉磯縣北部城市，位於聖費爾南多河谷東南端。1784年創建，1886年規畫，1904年與洛杉磯通太平洋電氣鐵路後發展成爲住宅區，1906年設建制。生產飛機、光學儀器和醫藥。有福雷斯特勞恩紀念公園和格倫德耳社區學院（1927）。人口約184,321（1996）。

Glendower, Owen＊ 格倫道爾（西元1354?～1416?年） 威爾斯語作Owain Glyndwr。自封的威爾斯親王，領導反對英格蘭群衆暴動，但未成功。在英格蘭受教育，1400年在威爾斯北部觸發一場反對亨利四世的暴動。他很快的控制了威爾斯大部分地區，並成立威爾斯議會。後來，他的英格蘭貴族盟友在舒茲伯利潰敗，法國盟友亦慘遭失敗；他兩次被亨利四世的兒子亨利親王（後來的亨利五世）擊敗。亨利親王已經占領他的一些主要據點，但叛亂者積極進行游擊戰，直至1412年。他發動的暴動是威爾斯最後一次企圖推翻英格蘭統治的重要行動。

Glenn, John H(erschel), Jr. 格倫（西元1921年～） 美國太空人及參議員。1943年加入美國海軍陸戰隊，後任試飛員，曾參加第二次世界大戰和韓戰。1959年參加水星計畫太空訓練。當謝巴德和格里索姆（1926～1967）分別進行最早的兩次亞軌道太空飛行時，格倫是他們的後備駕駛員。1962年2月20日他乘「友誼7號」太空船從卡納維爾角發射，軌道高度約爲159～261公里，飛完三圈後降落在靠近巴哈馬群島的大西洋中。退役後，1974年被選爲美國參議員，連任三次，1984年競選民主黨總統候選人未果。1998年，以七十七歲高齡，進行他的第二次太空飛行（「發現者號」太空梭的工作人員之一），成爲進入太空年紀最大者。

Glenrothes＊ 格倫羅西斯 蘇格蘭東部法夫議會區和歷史郡城鎮。爲蘇格蘭第二座新興城市，建於1948年，當時爲羅西斯科利里附近煤礦工人的住宅區。採煤業衰落後，新興工業開始發展，如製造電子元件、電腦、塑膠製品和採礦機械等。人口約36,000（1995）。

gley＊ 潛育土 地面下方一些泡水的土壤形成的黏土或土層。潛育土是排水不良地區的特徵，含有少量的鐵和其他元素，呈灰色及雜色。

glider 滑翔器 沒有動力能持續飛行的重於空氣的航空器。1853年喬治・克雷建造第一架滑翔器，德國的利林塔爾（1848～1896）研發出第一架載人滑翔器，可以從山坡向下迎風滑跑而起飛。1896年美國工程師夏尼特設計的滑翔器，用方向舵和有活動關節的機翼來操縱。萊特兄弟在1902年製造出最成功的早期滑翔器，採用了能活動的垂直尾舵及水平升降舵，這種完善的操縱機構，使他們能安全滑翔並進一步製造有動力裝置的飛機。第二次世界大戰中滑翔器曾廣泛用於運送軍隊。今日，滑翔器多作娛樂和體育競賽。

gliding 滑翔運動 ➡ soaring

Glinka, Mikhail (Ivanovich) 葛令卡（西元1804～1857年） 俄國作曲家。曾在義大利和柏林學習音樂，1836年第一部歌劇《爲沙皇獻生》演出後，立即爲他贏得俄國重要作曲家的聲譽。歌劇《盧斯蘭與魯密拉》（1842）和弦樂作品《卡瑪林斯卡婭》（1848）將俄國民間音樂成份納入其中。他的作品對以後的作曲家，如柴可夫斯基、林姆斯基－高沙可夫有明顯影響。葛令卡被認爲是俄國民族樂派的奠基人。

Global Positioning System (GPS) 全球定位系統 精確的衛星導航與定位系統，原爲了美國軍事用途而發展，但只要適當的設備就可爲大衆所用。全球地位系統是由二十四個通訊衛星組成，傳送時鐘訊號到全球。用全球定位系統的接收器，就能快速且準確的算出緯度、經度，大多數還能找出高度，或地面上方的距離。單一的全球定位系統接收器可以從衛星訊號在數秒鐘找出自己的位置，精度達到10公尺，若是軍事規格的精密接收器，精度在1公尺以內。如此性能降低了製作地圖所需空間資料的成本，增加製圖的準確度。其他應用如測量極區冰層的移動，或是在已知的地點之間找出最佳的行車路線。

global warming 全球變暖 因空氣污染造成溫室效應，從而導致未來的全球大氣平均溫度增加的可能性。許多科學家預測說，21世紀到來之前就將看到氣候格局方面的重大變化，他們估計，到21世紀中葉，全球平均溫度可能會增高5℃之多。這樣的全球升溫作用勢必促使兩極冰蓋和高山冰川迅速溶融，結果是海岸水位明顯升高。全球溫度的這種上升也理應會產生旱澇的新格局和新的極限值，將嚴重地破壞某些地區的糧食生產。然而，另外一些從事氣候研究的科學家卻堅持說，這種預測言過其實。1992年地球高峰會議和1997年聯合國氣候變化綱要公約都欲提出全球變暖這一議題，但二者已造成國家經濟議程的衝突和富國窮國間爲溫室氣體減量的花費及影響而爭論不休。

globalization　全球化　一種讓世界各地的日常生活經驗逐漸標準化的過程，其特徵是商品與思想觀念的散布普及。促進全球化的因素包括：愈益先進的傳播與運輸科技及服務、大規模的移民以及各民族的遷徙、由於跨國界的產業合併及商業集團化，使經濟活動超越本國市場的層次、降低國外經商成本的國際協定。全球化爲企業和國家提供了巨大的潛在利潤，但也因爲各地的生活水準、文化與價值觀、司法體制、對全球化的期待南轅北轍，以及出人意料的全球因果關係，而令狀況顯得混亂不堪。亦請參閱free trade。

Globe and Mail, The　環球郵報　多倫多出版的日報，是加拿大最具權威、最有影響力的報紙。1936年麥卡拉先後買下自由黨報紙《環球報》（1844年創刊）和保守的《郵政和帝國報》（1872年創刊時爲《郵報》），並將之合併。該報被認爲是「獨立但並非中立」的報紙，因經常發表演講、國會辯論和其他文件的原文，而被稱爲加拿大的「記錄報」。該報的國際新聞報導甚爲出色。

Globe Theatre　環球劇院　倫敦著名的劇院，1599年後上演莎士比亞的戲劇。理查．伯比奇和卡思伯特．伯比奇兩兄弟興建；伯比奇兄弟占有新劇院的一半股份，其餘一半分給莎士比亞和「宮內大臣供奉劇團」的其他重要成員。這座外觀爲O型且中央部分無屋頂的木造劇院，1613年燬於大火，1614年重建；1644年被拆除。後來在原址附近重建，1996年開始正式演出。

globular cluster　球狀星團　星族II（參閱Populations I and II）中對稱且呈球狀的星團。銀河系中已觀測到的球狀星團約130個，所包含的恆星比疏散星團多很多（1萬～1百萬顆），分布在直徑數百光年的範圍裡。由於距離太陽系遙遠，大部分無法以肉眼看到。半射手座ω星團和其他少數星團在不用望遠鏡的情況下，看到的是一團朦朧的光點。

globulin＊　球蛋白　不溶於水並在半飽和鹽溶液（如硫酸銨溶液）中沈澱的蛋白質，種類甚多。在其自然態中，蛋白質鏈被包成球蛋白的形式。球蛋白多含於種子植物中，穀物中亦含少量。見於動物體液中的球蛋白包括了酶、抗體（參閱gamma globulin）、脂蛋白、補體、運輸蛋白和各種纖維蛋白及收縮蛋白。

glockenspiel＊　鐘琴　打擊樂器。最初是一套按音高排列的鐘鈴，後來是一套定音的鋼條（即金屬條琴），用槌敲擊。鋼條排成兩行，第二行相當於鋼琴上的黑鍵。鐘琴可配上鍵盤裝置，用以演奏和弦。音域爲2.5個八度。軍樂隊用的是手提式的，有一個里拉琴樣式的框架，稱里拉鐘琴。

Glorious Revolution　光榮革命　亦稱不流血革命（Bloodless Revolution）或1688年革命（Revolution of 1688）。指英格蘭史上1688～1689年發生的一系列事件，結果廢黜詹姆斯二世，迎立他的女兒瑪麗二世和其丈夫威廉三世。詹姆斯公開信奉天主教，取消不信國教者的合法權力，和可能會有一位天主教的王位繼承者使國民的不滿情緒達到極點。英格蘭七位著名人士聯名致書爲新教徒的奧蘭治的威廉，請他率兵前來解除民困。詹姆斯的支持者已不再支持他，因此不得不逃往法國。國會請求威廉和瑪麗共同當政，並通過「權利法案」。

glossolalia ➡ tongues, gift of

Gloucester＊　格洛斯特　古稱Glevum。英格蘭西南部格洛斯特郡首府。地處塞文河畔，有運河通塞文河口的碼頭。早爲羅馬人殖民地，96～98年建城；681年建聖彼得修道院，促進了城鎮的發展，後成爲盎格魯－撒克遜人麥西亞王國首都。諾曼征服（1066）前已爲自治市，亨利二世（1154～1189年在位）時首度獲頒特許狀，1605年確立城市地位。該市爲一繁榮的貿易中心，工業多樣化，包括製造鐵路車輛、飛機和飛機部件、農具和絕緣材料，還有輕、重型機械廠。面積41平方公里（16平方哩）。人口約107,400（1998）。

Gloucestershire＊　格洛斯特郡　英格蘭西南部行政、地理和歷史郡。位於威爾斯邊界上的塞文河河口頂端。塞文河由北而南把該郡分爲兩部分。史前人類在當地很活躍；後來羅馬人在該郡設軍營，格洛斯特是著名的羅馬城鎮。脫離羅馬人後，撒克遜人占領這裡。整個中世紀當地戰爭不斷。格洛斯特的科茲窩德區經濟地位重要；東部大部爲風景區，有迪恩森林國家公園。格洛斯特是郡首府。面積：行政郡2,655平方公里；地理郡3,122平方公里。人口：行政郡約577,300；地理郡約798,300（1998）。

glove　手套　覆蓋手部用。四指與拇指分開，有時加長到手腕和手臂。在埃及皇帝圖坦卡門的墓葬中已發現亞麻手套；中世紀歐洲貴族戴布手套和皮手套，常飾以刺繡和貴重的珠寶。16世紀由法蘭西亨利二世的皇后卡特琳．德．麥迪奇開始，婦女也流行戴手套。手套製作是一種古老的工藝，因法國發明裁剪沖模，於1834年開始工業化生產。古代手套是用編織的材料製成，而現代手套的材料多是棉、毛料和合成纖維。

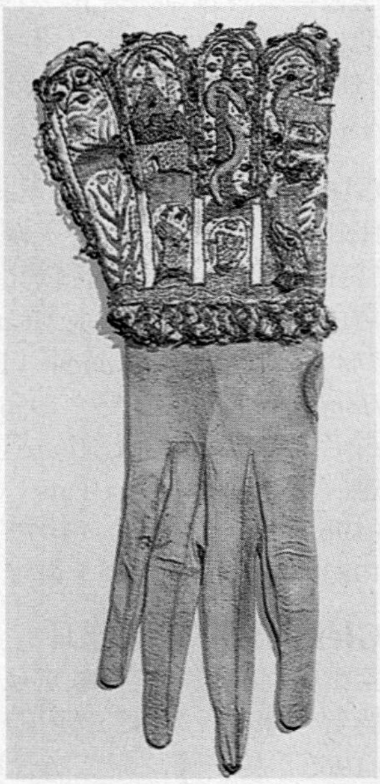

英國兒童的手套，由絲線及金屬線繡成，完成於1600年左右；現藏紐約市大都會藝術博物館
By courtesy of the Metropolitan Museum of Art, New York City, purchase, Rogers Fund, 1953

glowworm　發光蟲　能連續或較長時間發光的爬行昆蟲。與螢短時間發閃光有別。發光蟲包括了螢的幼蟲和雌蟲（常是無翅）及某些光蕈蚊屬的幼蟲。分布廣泛。其生物發光器的大小、數目、位置和構造各不相同，發光能力的演化起源亦不同。

gloxinia＊　大岩桐　苦苣苔科大岩桐屬20種植物的通稱，原產巴西。尤指盆栽觀賞植物大岩桐。花大、直立、鐘狀，通常爲紫堇色或紫色，有天鵝絨般的色澤。同科的格洛克辛氏草屬含6種，無栽培者。

Gluck, Christoph Willibald＊　葛路克（西元1714～1787年）　受封爲葛路克勳爵士（Ritter (Knight) von Gluck）。德國歌劇作曲家。林務官之子，他離家到布拉格攻讀音樂。他四處旅行，爲不同的城市寫作歌劇，1750年定居於維也納，並在那裡度過餘生－－其中僅有一段時間住在巴黎（1773～1779）。1762年與歌劇腳本作者卡爾札比吉（1714～1795）合作，寫下他最著名的歌劇《奧菲歐與尤麗狄西》，其中他借用了法國歌劇的面貌，成就了簡化的歌劇風格，毅然與時興而僵化的義大利風格分道揚鑣。他的《阿爾西斯特》（1767）序文策劃出「革新歌劇」的樂劇原則。他出任皇帝的宮廷作曲家。1773年遷居巴黎，在那裡，先前他的學生瑪麗－安托瓦內特即將成爲皇后。在巴黎，他的《伊菲革涅亞在奧里德》（1774）、《阿爾米德》（1777）、《伊菲革涅亞在陶亞德》（1779）獲得好評。其他歌劇（總數超過四十齣）包括《巴里斯與海倫》（1770）和《厄科與納西瑟斯》（1779）。他寫過五部芭蕾，其中《唐璜》（1761）是他最早獲得成功的情節舞劇之一。

glucose　葡萄糖　亦稱右旋糖（dextrose），亦作grape sugar或corn sugar。是一種單醣。分子式爲$C_6H_{12}O_6$。葡萄糖是植物行光合作用的產物，存在於果汁及蜂蜜中。是高等動物血液循環中的主要的游離糖。是細胞功能的能源。葡萄糖代謝的調節在生理上十分重要（參閱insulin）。葡萄糖和果糖形成蔗糖。葡萄糖結成長鏈形成多醣（如纖維素、肝醣和澱粉）。葡萄糖用於食物、醫學、啤酒釀造和釀酒，也是各種化學有機體的來源。

glue　動物膠　從動物或魚的皮、骨、酪蛋白中提煉出來的明膠狀黏結劑。早在西元前3000年，埃及在木製家具中就已經使用動物膠。合成樹脂膠出現後，在某些用途上代替了動物膠，但動物膠仍廣泛地用作木工黏結劑。砂紙一類磨料的製作也還採用動物膠。

Glueck, Sheldon and Eleanor＊　格盧克夫婦（謝爾頓與艾莉諾）（西元1896～1980年；西元1898～1972年）　艾莉諾原名Eleanor Touroff。美國犯罪學家。謝爾頓在孩童時期便從波蘭來美國，他和艾莉諾於1922年結婚。在擔任哈佛法律學院的研究員時，開創了關於罪犯和少年犯的經歷的研究，並制定了著名的「格盧克式社會預測表」，試圖從六歲甚至六歲以下的兒童中識別出潛在的犯罪者。

glutamic acid＊　穀氨酸　一種非必需氨基酸，和穀氨醯胺有密切關係。大量存在於蛋白質水解產物中（占其他蛋白質重量的10～20%和占某些植物蛋白質重量的45%）。穀氨酸是重要的代謝中間產物，也是中樞神經系統的神經介質分子，穀氨酸用於醫學和生化的研究。穀氨酸鈉（即味精）廣泛用作調味品。

glutamine＊　穀氨醯胺　一種非必需氨基酸，和穀氨酸有密切關係。在蛋白質中含量豐富。是唯一容易通過血腦屏障的氨基酸，因此在動物的細胞代謝中十分重要。常用於醫學和生化的研究及食品添加劑。

gluten　穀蛋白　麥粒等穀物中不易溶於水的混合蛋白質。麵粉中的穀蛋白鏈狀分子形成有彈性的網架，二氧化碳氣體可滯留其中，受熱時網架隨氣體膨脹，所以麵粉能製造發酵的烘焙食物。穀蛋白的來源不同，其組成及性質亦異，因此各種穀類磨成的粉，其烘焙性質各不相同，如不同種的麵粉製得的生麵團有的軟而有延性，有的硬而有彈性，有的介於二者之間。對穀蛋白過敏的人可食用以稻米和思佩耳特小麥做成的食品。

glycerol＊　丙三醇　亦作glycerin。無色、透明、有甜味的黏性液態醇類有機醇，分子式$HOCH_2CHOHCH_2OH$。有3個羥基，可形成3種酯（甘油單酯、甘油二酯、甘油三酯），甘油單酯和甘油二酯是常見的食物添加劑。脂肪和油是甘油三酯；20世紀中期以前，所有丙三醇都是由動植物脂肪和油製造肥皂時的副產品，後來才以工業合成方式生產丙三醇。丙三醇的用途極廣，包括了乳化劑；軟化劑；增塑劑；烘焙食物、冰淇淋、煙草的穩定劑；在藥物和化妝品領域中的用途包括了：潤膚劑、漱口水、咳嗽藥、血清、疫苗和血栓。其他用途還有冷凍紅血球、精子、眼角膜和其他組織的防護介質；用於製取油漆和其他塗料用的樹脂和樹膠；防凍劑的混合物；發酵時的一種營養成份和生產硝化甘油的原料。

glyceryl trinitrate　甘油三硝酸酯 ➠ nitroglycerin

glycine＊　甘氨酸　一種非必需氨基酸。是最簡單的氨基酸，分子式NH_2CH_2COOH，存在於許多蛋白質中，特別是在明膠和絲纖蛋白中含量特別豐富。味甜，用來減少糖精中的苦味。其他的用途包括了有機合成和生化研究；營養素和食品添加物；延遲動植物脂肪酸臭味的產生。

glycogen＊　肝醣　動物貯存碳水化合物的重要形式，主要見於肝臟及靜態下的橫紋肌內。在許多細菌、眞菌和酵母體內亦可見。肝醣是多醣的分支，由許多葡萄糖單位組成，機體需要能源時肝醣可降解爲葡萄糖。

glycogen storage disease　肝醣貯積病　亦作glycogenosis。一組因酶缺陷引起肝醣代謝障礙的疾病。按臨床表現可分兩組，分別累及肝臟或橫紋肌，二者都是肝醣貯存處。肝組的症狀從低血糖伴酮症到無症狀的肝腫大。肌肉組則是從軟弱、肌肉痙攣到致命的心臟擴大。

glycol＊　甘醇　一種醇類有機化合物的總稱。在一個甘醇分子中，有兩個羥基（OH）連接於不同的碳原子。甘醇一詞，通常表示這種化合物中最簡單的乙二醇（亦稱1,2－乙二醇）。丙二醇（亦稱1,2－丙二醇）和乙二醇類似但前者無毒，廣泛用於食品、化妝品和口腔衛生品中作溶劑、防腐劑和保濕劑。其他重要甘醇有：1,3丁二醇和1,4丁二醇，用於製取作增塑劑和其他化妝品；2－乙基－1,3－己二醇，一種有效的驅蟲劑；2－甲基－2－正丙基－1,3－丙二醇，用於製取廣泛使用的鎮靜劑眠爾通。

glycolysis＊　糖解作用　亦作糖酵解作用（glycolytic pathway）或Embden-Meyerhof-Parnas pathway。在大多數細胞內先後發生的10個化學反應，分解葡萄糖，釋放能量，接著捕獲並儲存在腺苷三磷酸之中。一個葡萄糖分子（加上輔酶和無機磷酸）製造出兩個丙酮酸分子及兩個腺苷三磷酸分子。假如有足夠的氧氣，丙酮酸就進入三羧酸循環，若是不足就發酵成爲乳酸或乙醇。因此，糖解作用不但產生腺苷三磷酸供給細胞能量，並提供其他細胞產物合成的基礎材料。亦請參閱Embden, Gustav Georg、Meyerhof, Otto。

glycoside＊　糖苷　或譯糖甙、甙、配糖體。一類自然存在的物質，由糖的部分（一至多個糖分子或一個糖醛酸）與羥化合物部分結合而成，種類很多。由於糖本身是氫氧化物，多醣被定義爲糖苷。其他種類的糖苷有：各種花、果實的色素；數種抗生素（如鏈黴素）和強心苷（如洋地黃）。

GM ➠ General Motors Corporation

Gnadenhütten Massacre＊　格納登徐滕慘案（西元1782年3月8日）　美國革命期間軍官大衛·威廉森上尉和他率領的民兵在格納登徐滕村（在今俄州亥俄新費城以南）對九十六名俄亥俄印第安人（大部分爲德拉瓦族）的報復性殺害。已經改信基督教的印第安和平居民由於在戰爭中保持中立而受到懷疑。威廉森和他的九十名志願兵僞裝友好，解除了部落的武裝。次晨，他們對村民進行大屠殺。有兩個少年逃出虎口，講述所發生的事件。

Gnam-ri strong-btsan＊ 囊日論贊（西元570?～619?年） 吐蕃的贊普（國王）。其祖先是雅礱的統治者，因統一了西藏中部和南部的部族而為隋朝（581～618）所知。他遭暗殺後，其子松贊幹布繼位，繼續其父的武力擴張，統一西藏各部族，後定都拉薩。因641年與唐朝文成公主聯姻使得吐蕃更為強大。

gnat 叮人小蟲 數種叮咬和騷擾人的雙翅類小蟲。搖蚊有時也被稱為叮人小蟲。在北美常指蚋和果蠅及在人和動物眼前盤旋的其他小蟲。

gnatcatcher 蚋鶲 蚋鶲科蚋鶲屬的11種小鳴禽，或列入舊大陸鶯科的一個亞科（參閱warbler），故又稱蚋鶯。藍灰蚋鶲長11公分，尾長而有白邊，似小形嘲鶇；在加拿大東部和加利福尼亞到巴哈馬和瓜地馬拉一帶繁殖，在美國南部及以南地區越冬。黑尾蚋鶲是美國西南部的留鳥。其他種見於中美、南美和古巴。

藍灰蚋鶲
Karl H. Maslowski

Gneisenau, August (Wilhelm Anton), Graf (Count) Neidhardt von＊ 格奈澤瑙（西元1760～1831年） 普魯士陸軍元帥、軍事改革家。他與沙恩霍斯特將被拿破崙擊敗（1806）的普魯士軍隊由以雇傭軍為基礎的武裝力量，改造成為一支能進行現代化大規模戰爭的隊伍。1811～1812年，格奈澤瑙肩負祕密使命與歐洲各國磋商對拿破崙發動一次新戰爭。他在陸軍元帥布呂歇爾麾下任參謀長，負責制定普魯士和俄國的作戰方案。由於他堅持決戰和窮追，才使得滑鐵盧戰役獲得勝利。

gneiss＊ 片麻岩 一種中粒到粗粒，具有平行且有點不規則的帶狀構造的岩石。片麻岩是廣泛出露的變質地帶的主要岩石。正片麻岩是由火成岩受變質形成的；副片麻岩是原來的沈積岩受變質的產物；筆狀片麻岩含有單個的柱狀礦物或聚集在一起的柱狀礦物；眼球片麻岩含有長石和石英的短粗的透鏡體，就像眼球散佈在岩石中一樣。

Gnosticism＊ 諾斯底派 西元2～3世紀盛行於羅馬世界的宗教與哲學運動。諾斯底派一詞以希臘文gnosis（意為「知識」）為基礎，到17世紀才造出字來，當時自由應用於古代基督教異端派別，特別是被正統教徒描述為激進二元論和拒絕世界的派別，他們從神祕啓示和神祕靈性中尋求救贖。19世紀晚期和20世紀早期的研究以幾種歸類取代了諾斯底派的觀點。較少為人知的古基督教變異出現於〈雅各福音〉和〈瑪利亞福音〉（把抹大拉的聖瑪利亞描繪成主要的使徒）。他們強調救贖的關鍵是耶穌的教化，而不是祂的死亡和復活。華倫泰諾斯底派是另一個團體。其他原先被視為諾斯底派的文獻如今被指為屬於獨特的宗教傳統，尤其是赫耳墨斯派（參閱Hermetic writings）、曼達派、摩尼教。塞特教的文獻一直是屬於諾斯底派的最佳證明，其中描述一位至高無上的善良上帝，和次要天神（蘇菲亞）創造出一個自稱上帝的傲慢怪物。這個怪物收回人類的永生和道德知識，但蘇菲亞在人身中植入聖靈以拯救他們。男性及女性救世主（包括耶穌）從天國被派來教導人類關於眞神的知識和人類自身的神性。

gnu＊ 角馬 亦作wildebeest。偶蹄目牛科角馬屬兩種非洲羚羊的統稱。肩高大於臀高，達1～1.3公尺。分布在非洲南部的白尾角馬（即黑牛羚），體深褐色，吻、頦、喉和胸有長的黑色叢毛，還長有黑色的鬃毛和飄垂的白尾。今日，白尾角馬僅保存在國家公園和保護區。斑紋角馬（即藍牛羚）分布在非洲中部和東南部的大部地區（從南非北部至肯亞均可見）。銀灰色，體兩側有垂直的深色條紋，有黑色的鬃毛，尾、臉、兩頰灰白色，頦和喉部有一撮深色毛。兩種角馬的兩性都有角，喜群居，常成大群在草原和開闊地的灌木叢內吃草，並不停地逐水草而徙。

白鬚斑紋角馬（Connochaetes taurinus albojubatus）
Leonard Lee Rue III

Go 圍棋 日本棋戲，由兩人各持黑、白棋子在縱橫各19線的棋盤上對弈。對局時黑方持黑子先著，雙方輪流著子於交叉點上，盡力使己方棋子連成一線，包圍空位以控制地盤。一方所得的空位數減去被吃掉的棋子數即為得分數。圍棋相傳起源於西元前2356年的印度或中國，約西元500年東傳入日本。

Go-Daigo＊ 後醍醐（西元1288～1339年） 日本天皇。因致力推翻鎌倉幕府而導致皇族分裂。後醍醐於1318年即位，當時日本正處於大動亂時期，在京都的天皇和在鎌倉的幕府將軍分別掌握政權，但兩者皆無實權，其地位操縱在幾個強勢家族手中。後醍醐致力於鞏固自己的政權，但他疏遠了足利尊氏（參閱Ashikaga family），沒有指派他擔任幕府將軍，而足利曾對支持天皇有功。1335年足利尊氏自立為將軍，發動叛變，1336年後醍醐逃到京都以南的吉野山區建立自己的朝廷，史稱南朝，與光明天皇的北朝對峙，一直持續到1392年。亦請參閱Hojo family。

Goa＊ 臥亞 印度的一個邦，位於西海岸，與馬哈拉施特拉邦和卡納塔克邦交界，臨阿拉伯海，海岸線長100公里。面積3,702平方公里，包含了臥亞外海的島嶼。首府為帕納吉。1472年以前臥亞受印度各王朝連續統治，1510年被葡萄牙人征服。他們定居的舊臥亞成為葡屬印度的首都。1947年印度獲得獨立之後，政府開始要求葡萄牙將臥亞割讓給印度。經過數年的邊界緊張和游擊戰，印度軍隊於1961年12月入侵並占領臥亞。1962年臥亞併入印度，為臥亞、達曼和第烏領地的一部分。1987年成為邦。經濟以農業為主；當地特殊的建築物和美麗的海灘使其成為觀光客常去的旅遊勝地。人口1,168,622（1991）。

goat 山羊 山羊屬有空心角的反芻哺乳動物的通稱。和綿羊比起來，山羊體較輕，毛較直；它們的角後彎，尾短。公山羊通常有鬚。野山羊包括巨角塔爾羊和捻角山羊。家山羊源於野山羊，可能原產於亞洲。在中國、英國、歐洲和北美的家山羊主要是產奶用。奶的大部分用於製造乳酪。有些品種為毛用，著名的品種有安哥拉山羊和喀什米爾山羊；山羊羔為羔皮的來源。

goatsucker ➠ nightjar

Gobelin family＊ 戈布蘭家族 法國染織師家族。15世紀晚期尙和菲利貝爾．戈布蘭兄弟發明緋紅色顏料，並在巴黎附近開設工廠，一直興盛至16世紀晚期。1601年將工廠租給亨利四世，亨利四世引進法蘭德斯的織工開始生產掛毯。1662年路易十四世將工廠重組，指派勒布倫負責監督，專門爲皇家生產掛毯和室內裝飾品。1694年工廠關閉。1697年重新開廠，18世紀時在烏德里和布歇的監督下僅生產掛毯。在法國大革命期間一度關閉，後拿破崙使之重開。自1826年以來一直生產地毯和掛毯。

Gobi Desert＊　戈壁　中亞的沙漠。世界上最大的沙漠與半沙漠化的地區之一。戈壁跨越中亞，遍及中國與大部分的蒙古地區。呈弧形狀的戈壁沙漠，南北長約1,000哩（1,609公里），東西寬約300～600哩（500～1,000公里），估計面積約500,000平方哩（1,300,000平方公里）。戈壁與一般人對沙漠所聯想的意象相反，它是一個裸露的礫漠，而非砂質沙漠。

Gobind Singh＊　哥賓德・辛格（西元1666～1708年）　原名Gobind Rai。錫克教古魯（即祖師）。特格・巴哈都爾古魯（1664～1675年在位）之子，在旁遮普學習武術。九歲時父親被殺，他繼任成爲錫克教第十代也是最後一代古魯，在位於阿南德普爾的錫克宮廷進行統治。身爲詩人和學者，哥賓德・辛格修訂錫克教法典，創作詩歌，並撰《本初經》。他還創建武裝兄弟會卡爾沙教團（1699），他以此爲核心，重建錫克軍隊，分別對付蒙兀兒帝國和山區部族。後來蒙兀兒帝國和山區部族聯合，於1704年進攻阿南德普爾，他的四個兒子全部陣亡。奧朗則布死後，他支持巴哈都爾・沙爭取王位。在他勸服巴哈都爾・沙准許錫克教徒重回阿南德普爾之前遭到暗殺。

Gobineau, Joseph-Arthur, comte (Count) de＊　戈賓諾（西元1816～1882年）　法國外交官、作家。在擔任外交官（1849～1877）期間，寫了《人種不平等論》（四卷；1853～1855），書中提出了種族成分決定文化命運的理論，說明雅利安人社會只是在沒有黑人和黃種人血緣時才能保持繁榮，而且一個種族的特徵如果經過混血而變得越發不明顯，它的文明就越是容易失去生命力和創造性，並陷入腐敗和道德敗壞之中。該書論點對於瓦格納、張伯倫和希特勒等人的思想有明顯的影響。

goby　鰕虎魚　鱸形目鰕虎魚亞目約800餘種魚的統稱，爲肉食性的小型魚類。遍布全世界，尤以熱帶爲多。大部分爲底棲魚，特徵是具一個由腹鰭癒合而成的吸力不強的吸盤。有700種以上體型爲典型的長形，有些無鱗，見於熱帶和溫帶沿海和岩礁間。特徵是具二背鰭；第一背鰭由幾根細弱的鰭棘組成；無側線（沿頭和體側的成行的小感覺器）；尾鰭一般爲圓形。多數體色鮮豔，有些鰕虎魚身體透明，大多數成魚長10公分左右。

God　上帝　神或是最高的存有。各種主要的一神宗教皆崇拜一位最高的存有，祂是宇宙中唯一的神，是創造萬物的主宰，是全知全能、也是良善的。古代以色列的上帝，名字叫雅赫維（Yahweh）。希伯來聖經中的上帝，後來也就成爲基督教信仰中的上帝，但在一般西方的詞彙中（例如希臘文的theos和拉丁文的Deus），這位上帝都是男的。伊斯蘭教的上帝稱爲阿拉。亦請參閱monotheism。

god and goddess　神和女神　古今多神崇拜宗教中對諸神的通稱。有凡界與天界的神，也有與人類的價值、消遣娛樂和制度習俗相關的神－－包括愛情、婚姻、狩獵、戰爭和藝術。諸神有可能被殺身亡，但通常都是長生不死的；雖然關於諸神的描述往往是借用人類語詞，人類所具備的缺點、思想和情感，諸神也都有，但諸神的力量總是比人類強大。亦請參閱polytheism。

Godard, Jean-Luc＊　高達（西元1930年～）　法國電影導演。曾爲電影雜誌寫評論文章，後來拍了他的第一部劇情片《斷了氣》（1960），這部電影沒有劇本，建立了他的「新浪潮」風格。在後來的作品如《喚醒她的人生》（1962）、《狂人皮埃洛》（1965）、《阿爾伐城》（1965）和《週末》（1968），他開創了另一新技術，利用攝影機生動的表達政治批評。在《人人爲己》（1979）和《激情》（1982）等片中又表現出對世界的關懷；但他的《聖母瑪利亞》（1985）一片震驚了觀眾和教廷。他是一位多產的導演。其政治觀點和美學信念都相當激進，影片儘管很受物議，但對世界電影事業所產生的巨大影響是不容置疑的。

Godavari River＊　哥達瓦里河　印度中部河流。源頭在西高止山，向東流經德干高原，沿馬哈拉施特拉－安得拉邦邊界和穿越安得拉邦，折向東南約320公里分兩支注入孟加拉灣，全長1,465公里。下游三角洲地區已開鑿航運灌溉運河，與南面的克里希奈河三角洲溝通，成爲印度最富饒的產米區之一。哥達瓦里河是印度教的聖河。

Goddard, Robert Hutchings　高大德（西元1882～1945年）　美國發明家，被公認爲現代火箭技術之父。在克拉克大學獲博士學位，後來大部分時間在該校任教。1908年開始研究火箭，他首次證明了眞空中可存在推力。他最先研製用液態燃料（液氧和汽油）的火箭發動機（1926年進行試驗），和最早從數學上探討包括液氧和液氫在內的各種燃料的能量和推力與其重量的比值。1935年發射一枚液體火箭第一次超過了音速；他還獲得火箭飛行器變軌裝置和用多級火箭增大發射高度的專利，並研製了火箭發動機燃料泵、自冷式火箭發動機和其他部件，他設計的小推力火箭發動機是現代登月小火箭的原型。他的研究工作促進了德國布勞恩的研究，直到第二次世界大戰結束，他死後才受到美國政府的注意。

Goddard family　高大德家族　美國新英格蘭地區著名家具工匠家族。英國後裔，高大德家族曾和同是著名的家具工匠家族湯森家族聯姻。木匠之子約翰・高大德（1723/1724～1785）在1720年代從麻薩諸塞州移居羅得島的新港，他和其兄弟爲約伯・湯森工作。1760年代約翰建立了自己的作坊並成爲新港地方的名匠，設計安妮女王式家具。他創造了一種式樣，書桌、寫字台和櫥子的正面呈波形，垂直地分成幾部分，交替地凸出（兩邊）凹下（中間），並具有獨特的貝形雕飾；用產自西印度群島和南美洲的桃花心木做成。高大德家族和湯森家族四代產生了約二十位著名的工匠，高大德－湯森家具是18世紀時北美洲的家具珍品。

Godden, Rumer　歌登（西元1907～1998年）　原名Margaret Rumer Godden Haynes-Dixon。英國作家。在印度長大，到英國求學之後，又回到印度生活了許多年。《黑水仙》（1939；1947年改編成電影）敘述一群喜瑪拉雅山區修女的故事，與她在作品中經常提到的文化衝突及執迷般的愛情不謀而合。她常常在作品中提到孩童，例如《大河》（1946；1951年被雷諾瓦拍成電影）及*The Greengage Summer*（1958；1961年改編成電影），她還撰寫了近二十多本兒童書籍

Gödel, Kurt＊　哥德爾（西元1906～1978年）　奧地利出生的美國數學家、邏輯學家。1930年代初在維也納大學任教，提出了著名的哥德爾證明（參閱Godel's theorem）。1940年移民美國，在普林斯頓高等研究院教書。與愛因斯坦結爲密友，進而接觸廣義相對論的領域，並解出愛因斯坦方程式。哥德爾個性溫和、謙虛，起初並未意識到他的理論的

重要性，到了晚年才爲他帶來許多榮耀。

Gödel's theorem 哥德爾定理 數學基礎的定律。20世紀數學最重要的發現之一，說明不可能定義完全一致（不會造成矛盾）的公設系統。功能強大到足以產生有意義陳述的形式系統（例如電腦程式或一組數學規則或公設），能夠產生意義爲眞的陳述，但不能在系統內證明或衍生。其結果是數學無法處於完全嚴格精確的基礎上。定理以哥德爾命名，他在1931年發表證明，立刻被推演到哲學（特別是邏輯學）與其他領域。原理的旁支還在持續爭論中。

Godey's Lady's Book＊ 歌妮女士之書 女性月刊，這是19世紀美國最成功也最具影響力的期刊。1830年在費城由安東歌妮創辦，它成爲當代禮儀時尚最重要的指標。它也曾刊登如愛默生、朗費羅及霍桑等人的作品。歌妮女士編輯至1836年，後來哈耳女士接手至1877年。它在1898年停刊。

Godfrey, Arthur (Morton) 戈弗雷（西元1903～1983年） 美國廣播和電視娛樂節目表演者。1940年代中他和特別來賓合演的生動活潑、令人喜愛的空中戲謔節目風行一時，因此哥倫比亞廣播公司連續幾年安排他一天兩次和一週一次的節目。後來他又成功地演出電視雜耍節目，成爲1940年代～1950年代最受歡迎的廣播和電視娛樂節目表演者。

Godfrey of Bouillon＊ 戈弗雷（西元約1060～1100年） 下洛林公爵（1089～1100）和第一次十字軍的將領，巴勒斯坦首位拉丁統治者（1099）。1096年參加第一次十字軍東征，1099年從穆斯林手中占領耶路撒冷；他成爲耶路撒冷國王，但不用國王的稱號，而稱爲聖墓保護人。他和附近穆斯林城市達成休戰協議還擊退了埃及的攻擊，但他漸漸和其他十字軍疏遠最後導致王國沒落。

Godfrey of Saint-Victor 聖維克托的戈弗雷（西元1125?～1194年） 法國修士、哲學家、神學家和詩人。1160年左右進入巴黎的聖維克托修道院。二十年後離開那裡，到鄉間一小修道院，完成他的主要作品《小宇宙論》。其中心論點強調人本身是一個小宇宙，包含眞實的物質的和精神的諸要素，這同古典哲學與早期教父的觀點頗爲一致。在他的另一著作《哲學的源泉》（1176?）中，對學術分類提出建議。他的著作被看作是12世紀人文主義的一個傑出範例。

godi＊ 戈第 基督教出現之前，北歐斯堪的那維亞半島的祭司長。古代挪威衆神的崇拜儀式由他們負責組織，而在沒有國王的冰島，戈第便成爲統治階級。他們主導冰島人民集會，制定法律，並且指派法官。約西元1000年冰島成爲基督教國家之後，戈第掌控了新宗教的組織。很多戈第建造了教堂，有些則被任命爲神父。

Godiva, Lady＊ 哥黛娃夫人（活動時期約西元1040～1080年） 盎格魯－撒克遜的貴婦，傳說因裸體騎馬通過瓦立克郡的科芬特里而聞名於世。哥黛娃是麥西亞的伯爵利奧弗里克（卒於1057年）的妻子，他們在科芬特里建立並資助了一處修道院。沒有證據說明騎馬者與歷史上的戈黛娃有關。據云，她的丈夫由於被她無休止地請求減免科芬特里的重稅所激怒，宣稱只要她裸體騎馬通過鬧市，就准其所請。她照辦了，她的頭髮披蓋全身，只露出雙腿。又據載，結果，利奧弗里克免去該城除馬稅外的所有稅捐。哥黛娃要求全城百姓在她騎馬穿過市鎮時全部留在屋內。窺望湯姆指一個從窗口往外看的市民，顯然成了17世紀是此傳說的組成部分，他頓時瞎了雙眼或死去。

Godoy, Manuel de＊ 戈多伊（西元1767～1851年） 西班牙政治人物。1784年參加禁衛隊，得到王儲（未來的查理五世）的妻子瑪麗－路易絲的青睞，不久成爲她的情夫。王儲踐位（1788）後，戈多伊繼續成爲王室的寵臣並成爲阿爾庫迪亞公爵和首席國務大臣（1792～1798、1801～1808）。法西戰爭西班牙戰敗後，1795年戈多伊代表和談，被封爲「和平親王」。1797年與法國結成反英同盟。在聖維森特角戰役中西班牙艦隊受重創，在特拉法加戰役更是全軍覆沒。1808年在得知拿破崙將發動半島戰爭以得到西班牙部分的領土，西班牙王室開始逃走。查理被迫遜位，戈多伊隨他流放。

Godthåb 戈特霍布 ➠ Nuuk

Godunov, Boris (Fyodorovich)＊ 戈東諾夫（西元1551?～1605年） 俄國沙皇（1598～1605年在位）。最初在伊凡四世的宮廷中任職，得到沙皇的寵信。1584年成爲伊凡的傻瓜兒子費多爾一世的主要謀士。當費多爾的弟弟季米特里在1791年神祕死亡後，戈東諾夫被懷疑是他所爲。1598年費多爾卒，無嗣。縉紳會議推舉戈東諾夫爲皇位繼承人。他即位後進行許多改革，但繼續與波雅爾對立，一次普遍的饑荒（1601～1603）降低了他的聲望。僞季米特里領導軍隊入侵俄國，戈東諾夫的突然死亡導致抵抗垮台。俄國從此進入混亂時期。

Godwin, William 戈德溫（西元1756～1836年） 英國作家。曾擔任長老教會的長老，但很快便放棄其信仰。他的著作《有關政治正義和它對一般德行和幸福的影響之研究》迷住了柯立芝、華茲華斯、沙賽和雪萊（後來成爲他的女婿），譴責婚姻制度和其他事情。小說《事物的本來面目：或卡列布．威廉斯歷險記》（1794）是他的傑作。1797年戈德溫與沃斯通克拉夫特結婚，但她在生下女兒雪萊夫人後不久便去世。

Goebbels, (Paul) Joseph＊ 戈培爾（西元1897～1945年） 納粹德國領袖。在海德堡大學取得博士學位後加入納粹黨，1926年被希特勒指派爲柏林地區的領導人。戈培爾擅長演說，他還編輯黨的刊物，竭力神化元首，同時制訂出一套國社黨舉行慶祝活動和示威遊行的儀式，藉以造成氣勢使群衆傾向納粹。1933年納粹當權後，戈培爾掌握全國宣傳機構。第二次世界大戰期間，他持續進行個人宣傳以圖鼓起人們的希望。希特勒在遺囑中任命他爲總理，只有他隨侍希特勒躲在被包圍的地堡裡。希特勒死後一天，戈培爾與妻子殺死自己的六個孩子，然後自殺。

戈培爾，約攝於1935年 Interfoto-Friedrich Rauch, Munich

Goerdeler, Karl Friedrich＊ 格德勒（西元1884～1945年） 德國政治人物。1920～1930年任柯尼斯堡（今俄羅斯加里寧格勒）市副市長，1930～1937年任萊比錫市長。他是德國右翼政黨德國國家人民黨黨員。他既反對威瑪共和的議會民主政治，又同納粹黨的關係也十分緊張，1937年被迫辭去萊比錫市長職務，隨即加入反希特勒的運動。他與以貝克爲首的一些保守派將軍合謀發動政變。1944年七月密謀失敗後，格德勒逃亡國外，但不久就被蓋世太保在波蘭逮捕，五個月後被處絞刑。

Goering, Hermann ➠ Goring, Hermann

Goes, Hugo van der＊　胡斯（西元約1440～1482年） 法蘭德斯畫家。1467年以前成爲根特畫家基爾特的大師前，生平不詳。1475年在根特接受許多委託（遊行用的旗幟、傳令官的盾牌等）。1474年被選爲基爾特的負責人，次年，在其事業的最高峰，他加入布魯塞爾附近的修道院成爲平信徒，不過他仍繼續繪畫和旅行。1481年因精神崩潰企圖自殺，翌年去世。他的傑作及唯一經考證的作品《波提那利祭壇畫》（1474?～1476）是一幅巨型三聯畫，色彩富麗，注重細節，給義大利藝術家留下深刻的印象。利用空間與色彩表現潛在的感情而非抒發性，是其後期作品的特點。其近於風格主義的藝術以及渲染人物痛苦神情的手法，在20世紀受到重視。

Goethals, George Washington＊　戈瑟爾斯（西元1858～1928年） 美國陸軍軍官和工程師。畢業於西點軍校，後編入美國陸軍工兵部隊。被西奧多・羅斯福總統選派主持巴拿馬運河工程，他除了建築大船閘的技術問題以外，還得安排三萬員工的食宿和醫療衛生問題。他在工人中培養的互助精神，被傳爲美談。他被任命爲運河區第一任總督（1914～1917）。第一次世界大戰期間任代理軍需總監，後來負責採購、貯存、運輸以及軍隊的調動工作。1919年起任戈瑟爾斯工程公司董事長。他還擔任包括紐約港務局在內的許多重要工程單位的顧問。

Goethe, Johann Wolfgang von＊　歌德（西元1749～1832年） 德國詩人、小說家、劇作家、自然哲學家。他在萊比錫和史特拉斯堡攻讀法律。1773年他把第一部戲劇大作《格茨・馮・貝利欣根》獻給狂飆運動，1774年獻出《少年維特的煩惱》，這是當時極受歡迎的作品，他在書中塑造出浪漫主角的原型。1775年他接受威瑪公爵宮廷派任，並在那裡終老，而他的出現後來使威瑪成爲文學和知識的中心。他的詩歌包括讚賞自然美景的抒情詩，還有反映民間主題的「魔王」（1782）等歌謠。在義大利逗留期間，他接觸到古典希臘和羅馬文化，有助於塑造他的戲劇，包括《陶里島上的伊菲革涅亞》（1787）、《埃格蒙特》（1788）、《托夸多・塔索》（1790）和《羅馬哀歌》（寫於1788～1789年）中的詩歌。1794年起，他與席勒的友誼成爲一生中重要的事。《威廉・麥斯特的戲劇使命》（1795～1796）常被稱爲第一部教育小說；多年以後出現了《威廉・麥斯特的漫遊歲月》（1821～1829）。他的傑作哲學戲劇《浮士德》（1808、1832）涉及了靈魂爲知識、權力、幸福、救贖所做的奮鬥。他還寫過各種作品（如果說是個人癖好的話），論述植物、光學和其他科學題目。晚年他成爲著名的賢哲，世界名人相繼來訪。身爲德國浪漫主義最偉大的人物，他被視爲世界文學的巨人。

goethite＊　針鐵礦 分布廣泛的鐵的氧化物礦物，也是鐵銹的主要組分，分子式爲α-FeO(OH)。其相對豐度，針鐵礦是在鐵的氧化物中僅次於赤鐵礦（α-Fe_2O_3）的礦物。針鐵礦是黃赭色顏料的來源，也是一些重要鐵礦石，如法國的亞爾薩斯－洛林盆地的礦石之主要礦物。其他針鐵礦重要礦床見於美國阿巴拉契亞山脈南部、巴西、南非、俄羅斯和澳大利亞。

Goffman, Erving　高夫曼（西元1922～1982年） 加拿大裔美國社會學家。生於加拿大亞伯達省曼維爾地區，主要在加州大學和賓州大學任教。主要研究面對面的人際溝通和相關的社會互動儀式。高夫曼在《日常生活的自我表現》（1959）一書中，鋪陳了他的表演藝術的觀點，這在他後來的幾本著作中也有所運用，如《瘋人院》（1961）以及《污名》（1964）。在《框架分析》（1979）和《說話的形式》（《1981》等書中，他的關注點是人們在人際交往的過程中，「框架」或定義社會現實的方式。亦請參閱interactionism。

Gogh, Vincent van ➠ van Gogh, Vincent

Gogol, Nikolay (Vasilyevich)＊　果戈里（西元1809～1852年） 俄國作家。長於描寫俄國生活的短篇小說、戲劇和長篇小說，以諷刺性的幽默、寫實主義與幻想的結合著稱。在聖彼得堡期間曾嘗試表演工作，也曾在政府單位任職。以《狄康卡近鄉夜話》（1831～1832）取得成功。他的悲觀想法表現在《塔拉斯・巴布爾》（1835）《狂人日記》（1835）等故事裡。喜劇《欽差大臣》（1836）無情地抨擊了政府腐敗的官僚主義。1836～1846年間他在義大利居住。他的傑作《死魂靈》（1842年）是以19世紀俄羅斯的寫實主義爲基礎，反映了封建時代俄國保存的農奴制和種種官場醜行；他希望在笑聲中針砭時弊，而且還要向俄國指明在一個罪惡的世界中應該如何正確地生活。果戈里的文集（1842）廣受好評，其中收錄了喜劇《婚事》和短篇小說《外套》等。後來他的創作能力逐漸衰退，他受一個狂熱神父的蠱惑，將大約已經完稿的《死魂靈》第二卷付之一炬。數天後去世，可能是瀕臨瘋狂邊緣而故意餓死的。

Gogra River ➠ Ghaghara River

Goibniu＊　哥伊柏努 古代塞爾特人的鐵匠神。在愛爾蘭的傳統中，是天匠三神中的一員。他具有釀造一種喝的人可獲永生的褐麥啤酒的天賦，他也是天界筵席－－福雷德・哥伊柏奈－－的供應者。在基督教時期，他的名字變爲哥班・席爾，是傳說中的教會建造者。威爾斯神話中與他相對的是出現在《馬比諾吉昂》中的哥凡儂。

goitre　甲狀腺腫 一種臨床徵象，表現爲甲狀腺體積增大，導致頸部前方腫脹。甲狀腺可腫大到正常的五十倍，可產生噎塞的感覺並導致呼吸和吞嚥困難。最常見的甲狀腺腫是由於碘的攝入量不足。甲狀腺腫的原因和類型有多種。嚴重時可投以甲狀腺激素，若腫大極爲嚴重，導致呼吸困難，則可能必須手術切除。甲狀腺組織的功能正常，但其體積亦增大，原因未明。此外，另有一個類型的甲狀腺腫，可產生過量的甲狀腺激素。亦請參閱Graves' disease。

Golan Heights＊　戈蘭高地 阿拉伯語作Al-Jawlan。敘利亞西南端多山地區，俯瞰上約旦河谷地；海拔最高2,224公尺。1941～1947年間歸屬敘利亞，後爲以色列軍事占領區（參閱Six-Day War）。1973年以阿戰爭後，聯合國在高地敘、以之間設緩衝地帶。1981年以色列單方面兼併該地區，2000年初兩個國家開始了解決現況的談判。人口約23,900（1988）。

Golconda＊　戈爾孔達 印度南部安得拉邦的古城堡和廢墟。位於海得拉巴以西8公里處，1512～1687年爲德干高原五個穆斯林蘇丹國之一的首都。1687年爲奧朗則布征服，後被蒙兀兒王朝吞併。城堡有同心石砌城牆，其宮殿、清眞寺均保存完好。歷史上附近丘陵的礫岩中曾以產金剛石著稱。

gold 金 一種金屬化學元素，屬過渡元素，化學符號Au，原子序數爲79。金是一種緻密、有黃色光澤的貴金屬。它以相當純的形式存在於自然界，色澤悅目、耐用、可永久保存、延展性高。數千年來金是精製珠寶飾物和其他裝飾品備受青睞的材料。它被用來製作錢幣，以對廣泛發行的紙幣起保證作用，也是可靠的儲備資產。金稀少而又廣泛地分布於各種火成岩中；自古以來黃金都是從礦石和礦床發現的（參閱cyanide process）。世界的黃金供應一共有三次大變動：1492年哥倫布來到新大陸；加州和澳大利亞（1850～1875）發現大量黃金（參閱gold rush）；阿拉斯加和育空（參閱Klondike gold rush）及南非（1890～1915）發現大量黃金。純金質軟，不耐持續加工，通常用金同銅、銀或其他金屬製成合金以增大硬度。除用來製造錢幣和鑲嵌珠寶外，金因導電性好，故其最大的工業用途是在電器工業和電子工業上用作接線柱、印刷電路並用於電鍍、半導體系統；金膜對紅外輻射反射能力強，已用於太空組件和大樓的窗上；長期以來，金一直用於鑲牙。牙科用的合金約75%是金，外加10%的銀。在珠寶方面，金的含量分爲24個等級，即24開，12開金含金50%，24開金即純金。金的化合物的原子價是1或3，多數用來電鍍和其他裝飾程序；可溶性鹽氯金酸鈉（$NaAuCl_4 \cdot 2H_2O$）用於治療類風濕性關節炎。

Gold Coast 黃金海岸 非洲幾內亞灣一段海岸。從迦納的阿克西姆向東延伸，止於伏塔河。因是重要的黃金產地而得名。17世紀起，對當地的殖民爭奪激烈。19世紀被英國占據，名爲黃金海岸殖民地，1960年獨立成爲迦納共和國。

Gold Coast 黃金海岸 ➠ Ghana

gold reserve 黃金儲備 政府或銀行所持有的金塊或金幣儲備。許多銀行積累起黃金儲備，是要用黃金付給存款人以履行銀行的諾言。商業銀行接受存款必須可應存者要求以黃金償付，發行紙幣也是可應存者要求用黃金兌現。當中央銀行接手發行紙幣的功能，絕大部分的黃金儲備轉移到了中央銀行。1930年代，許多國家政府要求中央銀行將其所持有的黃金的全部或大部分移交給國庫。美國1934年「黃金儲備法」規定：中央聯邦儲備銀行所持有的一切金幣、金塊和黃金券都應歸美國財政部所有，大部分的黃金儲備存放在肯塔基州的諾克斯堡。

gold rush 淘金熱 求發財的人大量湧至新發現的金礦區。北美的第一次大淘金熱於1848年發生在加利福尼亞沙加緬度河附近的薩特磨坊，木匠約翰．馬歇爾正爲薩特建造鋸木廠時發現黃金。一年內約80,000名「四九人」（forty-niners）蜂湧來到加利福尼亞黃金礦區，到1853年人數達250,000。有的礦場形成新的永久居民點，對食物、住房的需求促使該州新的經濟發展。當發現黃金開採困難時，公司和機械採礦的方法取代了個人採礦。小型的淘金熱發生在：科羅拉多州（1859、1892），內華達州（1859），愛達荷州（1861），蒙大拿州（1863），南達科他州（18760），亞利桑那州（1877），阿拉斯加（1898）和許多有人定居的地區；當礦源枯竭，許多居民點便成爲死城。重要的淘金熱也發生在澳大利亞（1851）、南非（1886）和加拿大（1896）。亦請參閱Klondike gold rush。

gold standard 金本位制 通貨本位爲一固定的黃金量或保持爲一固定的黃金量價值的貨幣制度，通貨可按本位的含金量在國內或國外自由兌換成黃金。1821年英國首先實行金本位制；到1870年代，德國、法國和美國也相繼採用金本位制，主要是因爲當時在北美新發現黃金，使黃金的供應更加充足。但實行完備的金本位制的時期並不長，僅延續至第一次世界大戰爆發時爲止；戰時，差不多每個國家都恢復使用不可兌換的紙幣或限制黃金出口。到1928年，實質上又恢復實行金本位制；雖然由於黃金比較稀少，多數國家採用金匯兌本位制，即這些國家可利用按穩定匯率兌換成黃金的通貨（美元和英鎊）補足其中央銀行的黃金儲備。然而在1930年代的大蕭條期間，金匯兌本位又陷於崩潰，到1937年已沒有任何國家實行完備的金本位制。1971年美國的黃金儲備日漸減少，而國際收支中逆差日漸上升，不得不在國際支付中暫停按固定匯率將美元自由兌換成黃金。從此，國際貨幣體系是以美元及其他紙幣爲基礎，而黃金在世界匯兌中的官方作用就此結束。亦請參閱bimetallism、silver standard。

Goldberg, Arthur J(oseph) 戈德堡（西元1908～1990年） 美國法學家。二十歲取得律師資格，在芝加哥執業。1938年芝加哥報業公會罷工期間，擔任該公會的辯獲律師，因而全國知名。1955年促成美國勞工聯合會和產業公會聯合會合併。1961～1962年任勞工部長，1962～1965年任最高法院大法官。在審理案件時持開明觀點，主張嫌疑犯在起訴之前必須有律師幫助。1965年接受詹森總統邀請，放棄了最高法院的職位，轉任美國駐聯合國代表。在任聯合國安全理事會主席期間，他促成了印度和巴基斯坦停火。越戰的逐漸擴大使他深感沮喪，而於1968年辭職，重執律師業。在卡特政府期間，曾二次擔任特使。晚年從事人權問題研究。

Goldberg, Rube 戈德堡（西元1883～1970年） 原名爲Reuben Lucius Goldberg。美國漫畫家。起初學工程，獲理學士學位，在舊金山下水道局設計污水管。旋離職，任報社體育專欄記者和漫畫家（1904～1907）。後去東部，在《紐約晚郵報》任職（1907～1921），創作了三部長篇連載漫畫，並創造了專門以迂迴曲折的發明來做十分簡單的事情的漫畫人物發明家布茨教授。1938年起爲《紐約太陽報》畫社論性漫畫，直到1964年退休。1948年他的作品《今日和平》指出原子武器的危險，以最佳社論性漫畫獲普立茲獎。

Golden Bull of 1356 1356年金璽詔書 1356年神聖羅馬帝國皇帝查理四世頒布的帝國大法，因鈐用金璽，故名。「金璽詔書」的目的是要把德意志統治者的選舉牢牢的置於七名選侯的手中，候選人只要得到多數票即可繼承皇位，不必另行討論，這樣就可以不理睬教宗提出的對競選者進行考察和對選舉進行批准的要求；皇帝空位時，由薩克森公爵和巴拉丁伯爵擔任攝政，這又否定了教宗的攝政要求。

golden eagle 金鵰 鷹科一種深褐色的鵰，學名爲Aquila chrysaetos。特徵爲有金黃色矛尖狀頸羽，眼暗色，嘴灰色，腿生滿羽毛，腳粗大、黃色，爪巨大，翅展達2.3公尺。爲墨西哥的國鳥，分布範圍自墨西哥中部沿太平洋岸，穿過落磯山脈向北至阿拉斯加；少數分布於紐芬蘭至北卡羅來納。也見於北非，但更常見於高緯度地區和東方——穿越俄羅斯到中國南部和日本。於陡崖洞穴或孤樹上築巢。金鵰在美國得到聯邦法令保護。

金鵰
©Alan and Sandy Carey

Golden Gate Bridge 金門大橋 美國加州跨越金門灣的吊橋。自1937年完工後，到1964年紐約市韋拉札諾海峽橋完工前，其跨度（主跨1,280公尺）爲世界第一，而在景象壯麗方面至今仍是無與倫比。由史特勞斯主持建造，施工過程中曾遭到不少困難，如洶湧的海潮、頻繁的風暴和大霧，以及在深海海底爆破岩石以建造抗地震基礎等。

舊金山的金門大橋
George Hall – Woodfin Camp

Golden Horde 金帳汗國 亦稱欽察汗國（Kipchak khanate）。俄羅斯人對蒙古帝國西方部分的稱呼。由成吉思汗之孫拔都經過一系列輝煌的戰役（包括1240年攻克基輔）創建，13世紀中葉至14世紀末盛極一時。據說其名稱起源於拔都的黃金帳篷。幅員廣闊，極盛時期領土涵蓋歐俄的大部分。1346年爆發黑死病，標識著汗國開始衰微。15世紀解體成幾個小汗國。

golden lion tamarin 金獅狨 亦稱金頭獅狨（golden lion marmoset）。狨猴的物種，學名Leontideus rosalia，有一頭濃密像獅子的鬃毛，面黑，金色絲狀長毛。這種外表搶眼的動物出現在南美洲，已列爲嚴重瀕危的物種。

golden ratio/rectangle/section 黃金比例／矩形／分割 古典設計中完美典範的數字比例。與其關聯的是矩形的長寬比，或是將線段分割成兩段，使較短的部分和較長的比值等於較長的部分對全長的比值。結果大約是1.61803比1。以黃金分割（線段用此值）構成的矩形稱爲黃金矩形。

Golden Temple 金寺 旁遮普語作Darbar Sahib。亦作聖堂（Harimandir）。印度錫克教徒最主要的謁師所（參閱Sikhism），也是該教最重要的朝聖中心，位於旁遮普邦阿姆利則市內。由古魯（即祖師）羅姆・達斯（1574～1581）開始興建，到祖師阿爾瓊時代竣工（1604）。金寺四面有門，象徵不分種姓和宗教，凡人都可進入。1760年代阿富汗人入侵時遭到破壞，19世紀初重建，用大理石造牆，並把銅圓頂鍍金，故有金寺之稱。周遭建築物包括一個集會廳、圖書閱覽室和博物館，以及阿卡爾寺。1984年印度政府軍隊與錫克教分離主義者爆發衝突，他們攻擊並重創了這些建築群，但後來再度修復。

goldeneye 金眼鴨 亦作whistler。即鵲鴨。鴨科兩種黃眼的小型潛水鴨，會快速拍動翅膀而發出特殊的嘯聲，故亦稱嘯鴨（whistler）。普通金眼鴨在北半球各處繁殖，巴羅氏金眼鴨的主要繁殖地區在北美西北部和冰島。兩種均在北方岸邊的水域越冬，體長約46公分，背黑色具白斑，兩肋和胸白色，眼前方有明顯的白色塊斑；不過，普通金眼鴨的頭部呈深綠色，巴羅氏金眼鴨的頭部爲紫黑色。於樹洞中營巢，喜食水生無脊椎動物。爲人類狩獵活動中喜愛捕獵的鳥類。

goldenrod 一枝黃花 菊科一枝黃花屬約一百種多年生似雜草的草本植物。多數原產於北美，歐、亞也有少許種。葉通常沿莖互生，葉緣齒裂；頭狀花序，黃色，由管狀花和舌狀花組成。有時栽作庭園觀賞植物，還可製取黃色染料。一枝黃花爲北美東部特有的植物，分布於幾乎各種生態環境——林地、沼澤、山地、田野及路邊，是構成自大平原向東至大西洋的美麗秋色的花卉。雖然花期與豚草相同，但不會引發枯草熱。

goldenseal 白毛茛 亦稱橙根草（orangeroot）或黃色美洲血根草。美國東部林中的多年生草本植物，學名爲Hydrastis canadensis。花單生，稍帶綠的白色，花開時萼片即脫落，細小的紅色漿果成簇生長。有時栽於多蔭的野生植物園，亦有商業性栽培以取用其黃色根莖。根莖中含生物鹼（毛茛鹼），美洲印第安人常拿來藥用，現在普遍作爲藥草，用於減輕輕微的疼痛和感染。

白毛茛
Kitty Kohout from Root Resources

goldfinch 金翅 金翅科金翅屬的幾種鳴禽。尾短，有凹口，羽衣較黃，嘴較大部分雀類纖細銳利。成群地在田間和園林中覓雜草籽爲食。鳴聲高而含糊不清。許多種棲息於歐亞大陸西部和南、北美洲，曾被引入澳大利亞、紐西蘭。一般體長10～14公分。美洲金翅亦稱野金絲雀，遍布北美洲，雄鳥淺黃色，頭頂、翼、尾均黑色。

goldfish 金魚 盆養及池養的觀賞鯉科魚類（參閱carp），學名爲Carassius auratus。原產於東亞，但已引入許多其他地區。在中國，至少早在宋朝（960～1279）即已家養。野生狀態下，體綠褐或灰色，變異甚多，有黑色、花色、金色、白色、銀白相間等顏色。幾個世紀以來，人們選擇和培育不正常的個體，已經育成125個以上的金魚品種，包括常見的具三葉拂尾的紗翅、戴絨帽的獅子頭以及眼睛突出且向上的望天。雜食性，以植物及小動物爲食，在飼養條件下也吃小型甲殼動物，並可用剁碎的蚊類幼蟲、穀類和其他食物作爲補充飼料。在美國東部很多地區，由公園及花園飼養池中逃逸的金魚，已經野化復原本來的顏色。

金魚
W. S. Pitt – Eric Hosking

Golding, William (Gerald) 高汀（西元1911～1993年） 英國小說家，其對社會道德迅速和不可避免的崩潰所作的富於想像的、嚴峻的描寫引起人們廣泛的興趣。在牛津大學受教育，1960年以前在索爾斯堡市任中學校長。第一部長篇小說《蒼蠅王》（1954，1963、1990年被拍成電影）描寫一群被隔絕在珊瑚島上的孩子回到野蠻人狀態的故事，是他最著名的作品。其後的一些小說，例如《繼承人》（1955）、《品徹爾・馬丁》（1956）、《自由墮落》（1959）、《塔尖》（1964）、《看得見的黑暗》（1979）、《航程祭典》（1980，獲布克獎）、《短兵相接》（1987）等，同樣也是描述人類脆弱文明的寓言。1983年獲諾貝爾文學獎。1988年封爵。

Goldman, Emma 戈爾德曼（西元1869～1940年） 出生於立陶宛的美國無政府主義者。1885年移民美國，1889年與俄國無政府主義者伯克曼結交。1892年伯克曼因企圖暗殺企業家弗里克，被判二十二年徒刑；戈爾德曼則由於1893年在紐約市引起一場騷動而入獄一年。1906年伯克曼提早獲釋，他們繼續從事無政府主義活動，發行無政府主義雜誌《大地》，就無政府主義、女權運動、節育及其他社會問題發表評論。直到1917年他們因阻撓徵兵被捕，在監獄服刑兩年。1919年她和其他的無政府主義者一起被驅逐至俄國，在俄國的居留使她感到失望，1921年到英國，後來去加拿大和西班牙，繼續在歐洲巡迴演講。

Goldmark, Peter Carl　戈德馬克（西元1906～1977年）　匈牙利裔美籍工程師。在維也納大學獲博士學位，1933年移民美國，1936～1972年在哥倫比亞廣播公司實驗室工作。1940年首次演示以三色轉盤方法為基礎的彩色電視系統，該系統雖然不久就被可與黑白電視兼容的全電子彩色系統所代替，但是在工廠、醫院和學校的閉路電視中得到廣泛應用，因為它的彩色電視攝影機比商業電視廣播用的小巧、輕便且易於操作和檢修。1948年他研製出能長時間放音的密紋唱片，是唱片工業的一大革新。1950年他發展了一種掃描系統，使美國的月球軌道太空船（1966年發射）能夠從380,000公里外的月球把圖像轉發到地球。

Goldoni, Carlo　哥爾多尼（西元1707～1793年）　義大利劇作家。原為律師，但真正的興趣是編寫劇本，第一部作品為《貝利薩里奧》（1734）。他對義大利傳統「即興喜劇」形式進行改革，以較為真實的人物取代假面人物，以結構緊湊的布局取代結構鬆散和經常重複的動作，以歡快自發的新穎情節取代那些一看便知結果如何的鬧劇場面。由於這些改革，他的作品逐漸向新的風格過渡，例如根據理查生的小說改編而成的《帕梅拉》（1750），就完全摒棄了假面人物。他創作的喜劇《女店主》（1753），至今仍在上演。1762年離開威尼斯前往巴黎導演義大利形式的喜劇，並用法語寫了許多劇本。後來他為了威尼斯的觀眾又改寫成義大利語劇本，其中《扇子》（1763）一劇為他最佳的作品之一。

Goldschmidt, Victor Moritz　戈德施米特（西元1888～1947年）　瑞士出生的挪威礦物學家和岩石學家。1914年被任命為克里斯蒂安（今奧斯陸）大學礦物研究所教授兼所長。第一次世界大戰期間原料的缺乏，使他著手研究地球化學。他在這方面的研究在戰後擴大為更普遍的研究，成為現代地球化學的開端；而他根據研究寫成的八卷本《元素公布的地球化學規律》（1923～1938），成了無機晶體化學的基礎。1930年代期間，他利用地球化學、天體物理學和核物理學方面的數據，對元素的相對宇宙豐度進行了估算，並試圖找出各種同位素的穩定性與它們在宇宙中的分布之間的關係。1942年他從一納粹集中營逃出，前往英國，戰後返回奧斯陸。

Goldsmith, Oliver　哥德斯密（西元1730～1774年）　英國散文作家、詩人、小說家和劇作家。原在都柏林三一學院就讀，後到愛丁堡學醫。定居倫敦後開始寫散文，其中一些作品收錄於《世界公民》（1762）中。1764年成為約翰生著名俱樂部的創始成員，同年發表詩作《旅行者》，獲得詩人聲譽；所作著名的田園哀歌《荒村》（1770），更確立其詩人的地位。小說《威克菲爾德的牧師》（1766）展現出他作為小說家的嫻熟技巧。滑稽喜劇《委曲求全》（1773），是他最成功的劇作。哥德斯密精於各種文體，以其優雅、生動的風格聞名，與同時代的許多文學家為友，公認為當代奇人之一。

哥德斯密，油畫，雷諾茲繪於1770年；現藏倫敦國立肖像畫陳列館
By courtesy of the National Portrait Gallery, London

Goldwater, Barry M(orris)　高華德（西元1909～1998年）　美國參議員。1937年起在家族經營的百貨公司任董事長，大戰期間（1941～1945）服役於空軍任飛行員。在他最初的幾次參議員任期（1953～1964）中，屬於強硬的保守派，要求對蘇聯發展更強硬的外交關係，反對與蘇聯進行限武談判，指責民主黨正將美國建成帶有社會主義性質的國家。1964年被提名為共和黨總統候選人，但因提出極端主義的對外政策，被民主黨候選人詹森擊敗。1968～1987年重返參議院。1974年領導共和黨資深黨員組成的代表團，勸服尼克森辭職。晚年轉向溫和派，成為寬宏大量的保守共和黨人的象徵。

Goldwyn, Samuel　高德溫（西元1879～1974年）　原名Schmuel Gelbfisz。另稱Samuel Goldfish。美國電影製片。十三歲時獨自從波蘭移民紐約，在一家手套工廠工作。1913年他和內兄拉斯基及德米爾共同組成電影公司。1917年他離開公司，與賽爾溫一起創建高德溫影片公司。1924年公司併入米高梅公司後，他成為獨立製片人，聘請頂尖的電影編劇、導演、演員等拍攝電影，因此他製作的影片始終保持高水準，例如《咆哮山莊》（1939）、《小狐狸》（1941）、《黃金時代》（1946）、《紅男綠女》（1955）、《乞丐與蕩婦》（1959）等。

golem＊　有生命的假人　在猶太人的民間傳說中，指一個被賦予生命的偶像。它現在的涵義源自中世紀，那時產生了許多關於術士的傳說，這些術士能夠以一道符咒，或把字母拼成一個神聖的字或神的名字，而賦予一個雕像生命。早期的假人故事中，假人往往是一個完美的僕人，唯一的缺點是在執行主人的指令時，過於死板或機械化。後來假人被賦予猶太人被迫害時的保護人的性格，但仍然是一副嚇人的面孔。

1920年德國影片《假人》（*Der Golem*）中有生命的假人（右）
By courtesy of Friedrich-Wilhelm Murnau-Stiftung, Wiesbaden; photograph, Museum of Modern Art Film Stills Archive, New York

golf　高爾夫球　選手使用特殊球桿（限於14號以內）試圖以最少桿數把表面有無數淺凹的小球依序打進室外球場上的9或18個連續坑洞的比賽。每個球洞包括：一、發球區，最初把球擊向實際坑洞（或球穴）的空地；二、平坦球道，草皮經徹底剪修而常有彎角的長道；三、果嶺，包含球洞的平坦綠地；四、一個或更多的自然或人工障礙物（例如沙坑）。每個球洞有相關的標準桿，通常為3～5桿。高爾夫球發源於蘇格蘭，比賽可以追溯到15世紀，球場原本是成群綿羊以特有之啃食方式把草裁短的草地。高爾夫球最初是木製品，17世紀時改為填入熟羽的皮革，19世紀時採用杜仲膠，到20世紀改為硬橡膠。球桿的傳統名稱是「鐵桿」（主要用於中距離和短程擊球）和「木桿」（主要用於長距離擊球），如今鐵桿大多以不銹鋼製成，而木桿的頭通常由鋼或鈦等金屬製成。主要的男子比賽有美國公開賽、名人賽、英國公開賽、職業高爾夫球協會（PGA）錦標賽，賴德爾盃是重要的國際比賽。

Golgi, Camillo＊　戈爾吉（西元1843/44～1926年）　義大利醫師、細胞學家。他發明了神經組織的硝酸銀染色法，因此發現了一種神經元，現在稱為戈爾吉氏細胞，這種神經元有許多短分枝（樹突）與其他神經元連結。這項發現導致證實了神經元是神經系統的基本結構單位。他還發現了戈爾吉氏腱器（感覺神經纖維在腱內分叉開來的點）和戈爾吉氏體（爲了運輸而包覆大型分子的小細胞器）。1906年與拉蒙－卡哈爾共獲諾貝爾生理學或醫學獎。

戈爾吉，攝於1906年
By courtesy of the Wellcome Trustees

Golgotha ➠ Calvary

goliard＊　遊蕩詩人　中世紀英國、法國及德國的流浪學者及神職人員，以其讚美放蕩生活、批評教會和教宗的諷刺性韻文和詩著名。他們自稱是傳說中的哥利亞主教的門徒，離經叛道，居無定所，放蕩不羈。自1227年起，教會陸續頒布一系列的教令取消他們作爲神職人員的所有特權。「遊蕩詩人」一詞逐漸失去與神職人員有關的色彩，在14世紀已具有雜耍藝人或遊方藝人的意義。《布爾倫詩集抄本》收集了許多13世紀遊蕩詩人所寫的讚美酒及放浪生活的拉丁詩篇和歌曲，其中許多首被辛門茲翻譯爲《酒、女人和歌》（1884）。1937年德國作曲家奧爾夫根據這些詩和歌曲創作了著名清唱劇《布爾倫之歌》。

Golitsyn, Vasily (Vasilyevich), Prince　戈利欽（西元1643～1714年）　俄國政治人物，蘇菲亞的首席顧問。曾任烏克蘭指揮官，後在費多爾三世的宮廷服務，並重組俄羅斯軍隊。1682年蘇菲亞成爲攝政，指派他負責外交事務。1686年他與波蘭締結友好條約，加入反鄂圖曼土耳其神聖聯盟；1687和1689年兩度率兵攻打克里米亞的韃靼人，均遭慘敗；與中國締結「尼布楚條約」。1689年爆發罷黜蘇菲亞、擁立彼得一世的政變後被流放到西伯利亞。

Golitsyn family＊　戈利欽家族　俄羅斯貴族家族，14世紀立陶宛大公格迪米納斯的後裔。該家族有三名成員在彼得大帝（彼得一世）統治期間扮演重要角色。瓦西里·戈利欽是彼得的攝政蘇菲亞的首席顧問。鮑里斯·戈利欽（1654～1714）爲宮廷大臣（1676）和彼得的家庭教師，1689年參與廢黜蘇菲亞、擁立彼得的政變，彼得在位初期所取得的重要成就都與他有密切關係。後來由於他在下窩瓦河地區的暴政引起一場大暴動，被彼得解除職務。季米特里·戈利欽（1665～1737）從1697年開始多次受彼得派任，但他反對彼得的改革，1724年辭去所有職務。1727年成爲最高樞密院大臣，到1730年彼得二世去世前一直左右政治決策。彼得死後他要求最高樞密院把皇位授予安娜，但條件是把皇權轉交樞密院。安娜起初同意，但後來發現帝國警衛軍反對最高樞密院，於是趁機將樞密院解散。1736年季米特里·戈利欽以反對專制制度被捕，判死刑，安娜減爲終身監禁。

Gollancz, Victor＊　格蘭茨（西元1893～1967年）　受封爲Sir Victor。英國出版商、作家、人道主義者。出身於正統猶太家庭，求學期間發展出一套深受基督教倫理影響的個人宗教觀。1928年成立自己的商號維克托·格蘭茨有限公司，出版暢銷書和他所偏愛的活動的作品，包括社會福利、和平主義、廢除死刑等。1936年成立左翼圖書俱樂部；透過這個俱樂部，他動員知識分子和社會大衆對抗法西斯主義。第二次世界大戰後，領導組織各種拯救活動。

Goltzius, Hendrik＊　霍爾齊厄斯（西元1558～1617年）　荷蘭版畫家和畫家。他在哈勒姆建立自己的銅版印刷企業，並成爲荷蘭風格派版畫的首要大師。他早期的作品包括杜勒和路加斯·范·萊登的版畫複製。他最著名的原創性版畫包括版畫《法爾內塞的赫拉克勒斯》（1592?）和明暗對照式木刻版畫《赫丘利斯殺死卡科斯》（1588），還有《羅馬英雄》系列（1586）。他的細密肖像畫是傑出的，而他的風景畫預示了偉大的17世紀風景畫。他在生涯晚期所做的繪畫較不深刻，但他的版畫技巧無人能及。

Gomal Pass ➠ Gumal Pass

Gombrowicz, Witold＊　貢布羅維奇（西元1904～1969年）　波蘭小說家、故事作家和劇作家，以小說《費爾迪杜爾克》（1937）聞名。曾流亡布宜諾斯艾利斯二十四年（1939～1963），後來定居於法國。他的作品常是怪異而諷刺的，探索主題爲施虐與受虐的依存關係以及人類天生不成熟的本性，其散文有時荒誕不經。他的作品在波蘭長期被禁止發行。在國外發表的戰後作品有《橫渡大西洋》（1953）、《情色》（1960）、《宇宙》（1965）和日記（三卷；1957～1966）。

Gomel ➠ Homyel

Gómez, Juan Vicente＊　戈麥斯（西元1857?～1935年）　委內瑞拉獨裁者（1908～1935），據說他去世時是南美洲最富有的人。他幾乎沒有受過正規教育，後來因加入私人軍隊攻占加拉卡斯而崛起。1908年奪取政權，以總統身分或透過傀儡進行統治，直至去世。雖然他是藉由武力和恐怖行動控制全國，但在他執政期間，委內瑞拉取得了一定程度的政治獨立和經濟進步。

Gomorrah　蛾摩拉 ➠ Sodom and Gomorrah

Gompers, Samuel　龔帕斯（西元1850～1924年）　在英國出生的美國勞工領袖，美國勞工聯合會第一任主席。1863年隨家人移民紐約，成爲雪茄工人，並擔任工會幹部。作爲勞工領袖，他以保守聞名，極力使勞聯在政治上保持中立，強調工會只能以罷工、怠工等行動來達成經濟目標，反對激進主義，主張達成有束縛力的書面勞資協議。1886年他領導全國雪茄工人脫離勞動騎士團，另組美國勞工聯合會，並任主席（1886～1924，1895年除外）。亦請參閱AFL-CIO。

龔帕斯，攝於1911年
By courtesy of the Library of Congress, Washington, D. C.

Gomulka, Wladyslaw＊　哥穆爾卡（西元1905～1982年）　波蘭共產黨領導人（1956～1970）。1926年參加祕密的波蘭共產黨，並成爲工會幹部。第二次世界大戰期間在華沙建立共產黨地下組織。蘇聯解放波蘭後，他在黨中晉升迅速，殘酷無情的排除反對共產黨統治的一切黨派。但他反對強迫實行農業集體化，對蘇聯路線提出批評，因而被史達林指責有「民族主義偏向」，1948年被免去總書記職位，1951年被逮捕。1956年赫魯雪夫進行「非史達林化」運動，他才恢復聲譽，重新選入政治局並任黨中央第一書記。起初普遍受到支持，但他的改革不徹底，使人們感到失望，因此聲望急遽下降。1970年由於食品價格上漲，引發工人暴動，哥穆爾卡被撤去第一書記職務，從此退出政壇。

Gonçalves, Nuno＊ 貢薩爾維斯（活動時期西元1450～1471年） 葡萄牙畫家。據記載他曾在1450年任阿方索五世的宮廷畫師，但他爲葡萄牙宮廷所畫的作品都沒有留存下來；他爲里斯本大教堂所作的祭壇畫，也在1755年的大地震中被毀。1882年發現了他唯一尙存的作品——聖維森特女修道院的六聯祭壇畫，被認爲是15世紀葡萄牙繪畫的經典之作，爲非常出色的肖像畫藝術品，以一絲不苟的寫實手法描繪那些姿勢僵硬的人物，類似義大利和法蘭德斯藝術。

Gonçalves Dias, Antônio＊ 貢薩爾維斯・迪亞斯（西元1823～1864年） 巴西詩人。他是一個受尊敬的人種學家和學者，長期住在國外。他的詩分別收錄在《詩歌初集》（1846）、《詩歌二集》（1848）和《詩歌末集》（1851）中，充滿熱情和憧憬，不斷歌頌新世界，譽之爲熱帶樂園。他的《流亡之歌》（1843）爲每一個巴西小學生所熟知，公認爲巴西的民族詩人。四十一歲時死於海難。

Goncourt, Edmond(-Louis-Antoine Huot de) and Jules(-Alfred Huot de)＊ 龔固爾兄弟（埃德蒙與茹爾）（西元1822～1896年；西元1830～1870年） 法國作家。兄弟兩靠著寡母留下的遺產得以專心於寫作，自1854年起發表一系列社會史著作和藝術評論。他們所著的小說中，享譽最久的要數《翟米尼・拉賽特》（1864），這是法國第一本描寫工人階級生活的寫實主義小說。龔固爾兄弟自1851年起開始寫、1870年茹爾死後埃德蒙又繼續寫了二十六年的《日記》，縱橫交織了社會的各個階層，既是暴露性的自傳，又是關於19世紀巴黎的社會生活和文學生活的歷史巨著。龔固爾學會是根據埃德蒙的遺囑以他的遺產作爲基金而建立的，每年遴選一部傑出的法國文學作品的作者頒發獎金。

Gondwana 貢德瓦納古陸 亦稱Gondwanaland。設想的南半球過去的超級大陸，包括現在的南美洲、非洲、歐洲南部、印度、澳大利亞以及中東和南極洲的大部分。德國氣象學家魏根納在1912年首先提出過去曾經存在一個巨大的陸塊——盤古大陸，在三疊紀開始分離。後來的研究者又區別出北方爲勞亞古陸、南方爲貢德瓦納古陸。亦請參閱continental drift。

Góngora (y Argote), Luis de＊ 貢戈拉－阿爾戈特（西元1561～1627年） 西班牙詩人，在他那個時代非常有影響力。他發展出一種繁複、晦澀的詩歌風格，被稱爲貢戈拉主義。由於被缺乏才氣的模仿者過度誇張，他死後聲譽受到損害，到20世紀對他重新評價，聲譽才得恢復。長詩《孤獨》（1613）是這種風格的最傑出的作品。他的短詩，如謠曲、歌謠、十四行詩，都寫得很成功。

gonorrhea＊ 淋病 由淋球菌（即淋病奈瑟氏球菌）引起的性傳染病，伴有生殖泌尿道炎症。男性患者的最初症狀爲排尿時有燒灼感及尿道有膿性排出物，若不治療則感染常蔓延至尿道上部、膀胱頸部，偶見尿血。女性患者的早期症狀多極輕，可出現少量陰道分泌物，伴燒灼感；併發症（嚴重時會蔓延至子宮頸前部）出現前或與之性交的男性受染前，患者或醫生往往未疑及本病。淋病在全世界普遍分布，但許多病例並未上報。因青黴素療效甚佳，發病率一度普遍下降，但由於淋病奈瑟氏球菌對青黴素的耐藥性逐漸增加，又有上升趨勢。病死率極微，多能自癒，但常造成不育。用小劑量青黴素及多數其他足以治癒淋病的抗生素，會掩蓋同時存在的梅毒的早期臨床表現，從而延誤診斷。

Gonzaga dynasty＊ 貢札加王朝 義大利王朝，1328～1707年統治曼圖亞，1536～1707年統治卡薩萊蒙費拉托。王朝歷史開始於1328年盧伊季一世（1267～1360）成爲曼圖亞領主，歷屆統治者很多是著名的軍事和政治領袖，包括焦萬・弗朗切斯科一世（卒於1444年）和費代里戈一世（卒於1540年）。前者不僅是軍事將領，還建立了第一所以人文主義爲原則的學校；後者是教宗軍的指揮官，1530年受封爲曼圖亞公爵。1708年奧地利兼併曼圖亞，貢札加王朝滅亡。

Good Feelings, Era of 好感時代（西元1815～1825年） 美國歷史上的統一和自滿時期。1817年波士頓的一家報紙首先提出這個詞彙，用來形容美國不受歐洲政治和軍事的影響。所謂「好感」源自於1816年麥迪遜總統任內的兩個事件：一、頒行美國第一個保護關稅條款，二、成立了第二個國家銀行。門羅擔任總統期間（1817～1825）的「好感」則是，民主共和黨取得全面勝利而聯邦黨式微。

Good Friday 耶穌受難節 基督教節日，即復活節前的星期五，紀念耶穌基督在十字架上受刑而死。早在2世紀就有史料提到基督徒在此日齋戒告解懺悔之事。在東正教和天主教，會在這天舉行特殊的禮拜儀式，包括讀經、祈禱，以紀念耶穌的受難。新教教會也在這一天舉行特別的儀式。

Good Hope, Cape of (province) ➟ Cape Province

Good Hope, Cape of 好望角 南非西開普省西南沿岸的岩石岬角。葡萄牙航海家迪亞斯確定了非洲大陸的最南端後，在返回葡萄牙的航程中，於1488年發現此岬角。以氣候惡劣、海浪滔天聞名，是來自印度洋的暖流與來自南極水域的寒流匯合之處，現爲1939年建立的好望角自然保護區的一部分。1652年在桌灣建立的第一個荷蘭居民點即位於此岬角。

Good Neighbor Policy 睦鄰政策 美國總統羅斯福政府在1930年代所奉行的拉丁美洲政策的俗稱。睦鄰政策意味著美國離開傳統的干涉主義路線，放棄了拉丁美洲人所憎惡的某些特權：1933年底在蒙特維多會議上宣布放棄干涉他國內政的權利，1934年廢除了1901年的使美國有權干涉古巴事務的普拉特修正案，同年從海地撤回海軍陸戰隊。然而美國自第二次世界大戰以後的反共產主義政策，再次引發北美洲與拉丁美洲之間的不信任，結束了睦鄰政策的不干涉主義。

Goodall, Jane 古德爾（西元1934年～） 英國動物行爲學家，以在坦尙尼亞貢貝溪國家公園內長期對黑猩猩的詳盡研究而知名。自幼對動物行爲極感興趣，高中畢業後不久到非洲旅行，擔任古生物學家和人類學家利基的助理，並受利基鼓勵開始研究黑猩猩。因其研究工作，獲頒劍橋大學動物行爲學博士學位。除短時間離開外，古德爾及其家庭一直居住於她在貢貝設立的研究中心，直到1975年爲止。歷經多年觀察，古德爾已經提出幾項過去對黑猩猩誤解的更正。例如，她發現黑猩猩是雜食性的，而非草食性；它們會製造並使用工具。總之，它們具有一系列至今未被認識的複雜和高度發展的社會行爲。她將多年觀察黑猩猩的記錄編成《活在人類之陰影中》（1971）和《貢貝的黑猩猩：行爲模式》（1986）。

Goodman, Benny 班尼固德曼（西元1909～1986年） 原名Benjamin David Goodman。美國爵士樂單簧管演奏者和搖擺樂時期最受歡迎樂隊的領隊。1934年組建大樂隊，演奏由亨德森改編的樂曲，在1935年從洛杉磯的帕洛馬舞廳開始轟動全國，被視爲搖擺樂時期的開端。主要的成員有喇叭手貝里根、艾爾曼、詹姆斯和鼓手克魯帕，他們後來都建立了自己的大樂隊。班尼固德曼的小型樂隊是最早的不同種族混合的流行爵士樂小組。他那精湛的演奏技巧與受到廣大群衆歡迎的程度，使他贏得「搖擺樂之王」的美稱。

Goodpasture, E(rnest) W(illiam)　古德帕斯丘（西元1886～1960年）　美國病理學家。在范德比爾特大學度過大半生（1924～1955）。1931年發展出用受精的雞蛋培養病毒及立克次體的方法，從而有可能生產出預防天花、流行性感冒、黃熱病、斑疹傷寒、落磯山斑疹熱以及其他由只能在活組織中繁殖的媒介所引起的疾病的疫苗。

Goodson, Mark　葛德森（西元1915～1992年）　美國電台與電視製作人。生於加州沙加緬度，從1939年便擔任電台廣播員。1940年代末期與淘德蔓創造了許多熱門電台節目，如*Stop the Music*（1947）與*Hit the Jackpot*（1948），隨後更有播放時間極久的電視遊戲節目如*What's My Line?*（1950～1967）、*I've Got a Secret*（1952～1967）、*To Tell the Truth*（1956～1967）以及*The Price Is Right*（1957～1964）。1992年榮獲艾美獎終身成就獎。

Goodyear, Charles　固特異（西元1800～1860年）　使橡膠成爲在工業上可應用的硫化法的美國發明家（參閱vulcanization）。他對研究橡膠處理方法很有興趣，想研究出解決橡膠的黏性和易受冷熱影響的問題。1839年他無意中把混有硫的橡膠掉在灼熱的爐子上，就此發現了硫化法，對未來橡膠的使用十分重要。他在1844年取得第一個專利，但由於專利屢遭侵犯，不得不在美國和歐洲提出訴訟。他並未從發明中獲得利潤，死時負債纍纍。固特異輪胎及橡膠公司（1898年創立）即以其姓氏命名，以示紀念。

gooney　笨鳥 ➠ albatross

goose　雁　雁形目鴨科雁屬（稱爲灰雁）和黑雁屬（稱爲黑雁）大型北半球水禽。大小和體型介於大型鴨與天鵝之間，水棲習性不及鴨和天鵝。腿比鴨和天鵝更靠近身體的前部，因而可以快速行走。喙向前漸尖，基部有瘤狀突，嘴板適於咬食草類。兩性羽色相似，雄鳥（稱gander）通常較雌鳥大。飛行或遇險時，兩性均能發出響亮而急促的鳴聲。雁終生配對。遷徙性極強，飛到遠離繁殖地的南方的固定地點越冬，遷徙時排成V形隊伍。亦請參閱barnacle goose、Canada goose、greylag、nene。

gooseberry　醋栗　北半球的灌木果樹，常與茶藨子（穗醋栗）一起劃歸虎耳草科茶藨子屬，有些分類系統則將其單獨畫爲醋栗屬。莖多刺，花綠色或綠帶粉紅色。漿果卵圓形，表皮有刺、多毛或光滑，味酸，成熟後可生食，多用來製果凍、罐頭、餡餅及其他餐後甜食或果酒。醋栗易感染銹病及白粉病，是松疱銹病的轉主宿主，因此在美國種植白松的州禁止種植醋栗。

茶藨屬（Ribes）植物，醋栗的一種
Derek Fell

GOP　老大黨 ➠ Republican Party

gopher　囊地鼠　亦稱囊鼠（pocket gopher）。齧齒目囊地鼠科約四十種體型粗壯的齧齒動物的統稱。分布於北美洲和中美洲。連同少毛的短尾全長約13～45公分，前牙似鑿，前肢具有力的爪，嘴的兩側向外擴張爲兩個頰袋。毛色隨種不同，從近於白色到褐色或黑色。獨棲於寬闊而淺的地洞，有地洞處地面可見圓形土丘。以植物的地下部分爲食，攝食時用前爪和牙齒挖洞取食。

美東囊地鼠屬（Geomys）動物
Woodrow Goodpaster – The National Audubon Society Collection/Photo Researchers

Gorbachev, Mikhail (Sergeyevich)＊　戈巴契夫（西元1931年～）　蘇聯官員及最後一任總統（1990～1991）。1955年獲國立莫斯科大學法學學位，1980年成爲中央委員會政治局正式委員，1985年被推選爲蘇聯共產黨總書記。戈巴契夫開始對蘇聯的經濟和政治制度實施改革，但他的開放政策和重建政策遭到黨政官僚的嚴重抵制。戈巴契夫在1988修改蘇聯憲法，允許多黨選舉，1990年取消一黨專政。在外交方面，他力圖改善與美國的關係。當1989～1990年東歐的蘇聯集團國家陸續由民主選舉的政府取代共產黨政權時，他亦表示支持。1990年戈巴契夫由於在國際關係方面的顯著成就，獲得諾貝爾和平獎。俄羅斯的經濟和政治困境，導致黨中持強硬路線者在1991年發動政變。在總統葉爾欽和其他改革派堅定的抵抗下政變很快就失敗，戈巴契夫恢復蘇聯總統職務，但他的地位已無可挽回地被削弱。戈巴契夫只得與葉爾欽結盟，脫離共產黨，解散中央委員會，將基本政治權力移交各共和國，在葉爾欽領導下成立一個新的聯合政體——獨立國協。1991年12月25日戈巴契夫辭去蘇聯總統職務，同日，蘇聯正式瓦解。

戈巴契夫，攝於1985年
Colton/Picture Search – Black Star

Gorchakov, Aleksandr (Mikhaylovich), Prince＊　戈爾恰科夫（西元1798～1883年）　俄國政治家和外交家。在聖彼得堡歐洲式沙龍和宮廷中長大，1817年進入外交界。1856年繼涅謝爾羅迭伯爵任外交大臣，他立即採取重新確認俄羅斯爲歐洲大國及爭取與法國和普魯士建立友好關係的政策。1866年沙皇亞歷山大二世指定他爲帝國首相。爲提高俄國形象，戈爾恰科夫在1870年利用歐洲專注於普法戰爭的機會，宣布克里米亞戰爭以後不許俄國在黑海保有艦隊及在海岸修築炮台的禁令無效，1873年促成俄國與德國、奧匈帝國建立鬆散的防守同盟（三帝同盟）。他保持三帝同盟與和平的企圖失敗後，他在決定俄國外交政策中的影響力開始降低。1877～1878年俄土戰爭後，他既不能制止將苛刻的「聖斯特凡諾條約」強加於戰敗的土耳其人，亦未能阻止歐洲列強的干預並用對俄國遠爲不利的「柏林條約」替代「聖斯特凡諾條約」的解決辦法。

gordian worm　戈爾迪烏斯線蟲 ➠ horsehair worm

Gordimer, Nadine　戈迪默（西元1923年～）　南非作家。猶太移民之女。第一部作品是短篇小說集《毒蛇溫柔的聲音》（1952），其後的作品有：《天然資源保護論者》（1974，獲布克獎）、《伯格的女兒》（1979）、《朱利的子民》（1981）、《天性使然》（1987）、《我兒子的故事》（1990）、

《沒有人陪伴我》（1994）、《屋裡的槍》（1998）等。她的作品主要以流亡和精神錯亂為主題，表現出鮮明、有節制和不帶感情色彩的寫作手法。她強烈反對南非官方的種族隔離政策，對於黑白種族關係的關心經常在她的小說中出現。1991年獲諾貝爾文學獎。

Gordium　戈爾迪烏姆　古安納托利亞城市。位於今土耳其西北部，其廢墟透露有關古代弗里吉亞文化的重要訊息。近代在這裡發掘出青銅早期時代文化和西台人的居民點，但主要是因為這裡在西元前9世紀～西元前8世紀是弗里吉亞的繁榮首都而著名。據傳說，這個古都是農民戈爾迪烏斯建造的，他發明一種後來被亞歷山大大帝用劍砍斷的無頭結。西元前7世紀初，此城被辛梅里安人焚毀，後雖經波斯人重建，但已無復昔日光輝。

Gordon, Charles George　戈登（西元1833～1885年）　英國將軍，因鎮壓中國太平軍和守衛喀土木時被蘇丹反叛者殺死而出名。克里米亞戰爭期間（1853～1856）任軍官，表現突出。隨後自願參加第二次鴉片戰爭（1856～1860）。1862年太平天國之亂期間到上海協防。這些功勳使他獲得「中國的戈登」之稱。1873年埃及總督伊斯梅爾·帕夏任命他為蘇丹南部的赤道省省長（1874～1876）及蘇丹總督（1874～1880），任內鎮壓叛亂、制止奴隸貿易。因健康不佳辭職返英，1884年受英國政府之命再度出任蘇丹總督，接應英－埃部隊撤離受馬赫迪叛軍威脅的喀土木（參閱Mahdist movement）。他到喀土木不久該城即被圍，數月後叛軍攻入城內，戈登和其他守城者被擊斃。

戈登，肖像畫，阿培克朗比（Lady Julia Abercromby）繪；現藏倫敦國立肖像畫陳列館
By courtesy of the National Portrait Gallery, London

Gordon, Dexter (Keith)　戈登（西元1923～1990年）　美國高音薩克斯風手，現代爵士樂最具影響力的薩克斯風手之一。生於洛杉磯的葛登，1940年代初期在漢普頓與比利艾克斯汀的大樂團演奏，後來也曾與查理帕克、達美倫及高音歌手葛雷在小樂團工作。1950年代初期因持有毒品而入獄，1962年搬到丹麥。在《午夜時分》（1986）中飾演一角讓他的演藝工作重新出發。

Gordon, George, Lord　戈登（西元1751～1793年）　英格蘭反天主教的戈登暴亂（1780）的煽動者。第三代戈登公爵之子，1774年進入國會。1779年組織並領導新教徒聯合會，要求廢除1778年的「天主教徒解救法案」。翌年率領群眾前往國會呈遞請願書，隨後爆發持續一個星期的暴亂，損毀大量財物，死傷近五百人。他因煽動暴亂而以叛國罪被捕，但法院以其沒有叛國意圖宣告無罪。1787年因誹謗法國皇后被判處監禁，死於獄中。

Gordon River　戈登河　澳大利亞塔斯馬尼亞西南部河流。發源於中部高地，流向南再折向西至麥加利港灣注入印度洋。全長185公里，只有下游32公里可通航小輪船。1978年戈登水壩建成後，形成全國最大的淡水水庫戈登湖。

Gordy, Berry, Jr.　戈迪 ➠ Motown

Gore, Al　高爾（西元1948年～）　全名Albert Arnold Gore, Jr.。美國政治家。民主黨國會議員暨田納西州參議員之子，哈佛大學畢業後，曾在神學學校短暫就讀，越戰期間任軍事記者（1969～1971）。1971～1976年在納什維爾當地報紙《田納西人》當記者，這段時間他先在神學學校、後在范德比爾特大學法學院進修。1977～1985年當選眾議員，1985～1993年當選參議員。作為溫和派民主黨人，1992年柯林頓提名他為副總統，1996年連任。在2000年的總統選舉（美國歷史上最具爭議性的選舉之一）中，高爾在全國普選勝過布希，卻在選舉團票小輸，是1888年以來全國普選和選舉團票首次發生相反結果的情況。最後美國最高法院撤銷佛羅里達州法院的重新計票命令，把總統職位頒給布希。

Gorée, Île de＊　戈雷島　亦作Gorée Island。塞內加爾島嶼。15世紀中葉被葡萄牙占領時，島上有萊布人居住；後來被荷蘭人占領，1677年被法國奪占。1848年以前為大西洋上的一個主要奴隸貿易中心，據說有數百萬非洲人經由該島被船運出去，許多人死於此。法國統治該島至1960年塞內加爾獨立，此後隨著聖路易和達卡的興起而衰落。現為世界遺產保護區，有一博物館展示奴隸的工藝品。

Goremykin, Ivan (Longinovich)＊　戈列梅金（西元1839～1917年）　俄國政治人物。1895～1899年任內務大臣，1906年為大臣會議主席。他是保守主義者，支持少數民族俄羅斯化，與拉斯普廷來往密切。1914～1916年再度任大臣會議主席。他在1915年反對大多數大臣支持的政府改革，認為他們企圖破壞獨裁統治。十月革命後被捕下獄，在高加索被布爾什維克黨人謀殺。

Goren, Charles H(enry)　戈倫（西元1901～1991年）　美國定約橋牌權威。在蒙特婁的麥吉爾大學讀法律時就開始打橋牌。他發明了計點叫牌法，並在比賽中屢屢取勝，從而成為世界最著名、最有影響力的橋牌手之一。寫有幾本受歡迎的書，包括已被翻譯成多種文字的《戈倫的橋牌大全》（1963）。

Gorey, Edward (St. John)　葛瑞（西元1925～2000年）　美國作家、插畫家與設計師。生於芝加哥，在哈佛大學唸書，後來擔任插畫家，並在1957年出版第一本兒童書*The Doubtful Guest*。在這本書及後來的*The Hapless Child*（1961）與*The Gashlycrumb Tinies*（1962）中，他淘氣無厘頭的風格與嘲弄維多利亞時代的文筆，更因他穿著愛德華式服裝而面無表情的主角增色。他的主角常因愚蠢而俗氣的事情而有許多不雅的行為。這些特色都呈現在*Amphigorey*（1972）、*Amphigorey Too*（1975）以及*Amphigorey Also*（1983）等作品中。

Gorgas, Josiah　戈格斯（西元1818～1883年）　美國軍官。出生於賓夕法尼亞州多芬縣，1841年起在美國陸軍服役。當南方宣布脫離聯邦時，他和他的妻子（出生於阿拉巴馬州）一樣同情南方，因此辭去軍銜，任美利堅邦聯軍隊軍需主任。當南方建立工廠生產步槍、輕武器、槍彈丸、火藥、火炮，他還到國外張羅武器。1864年晉陞為准將。

Gorgas, William (Crawford)＊　戈格斯（西元1854～1920年）　美國陸軍外科醫生。美利堅邦聯軍隊將領喬賽亞·戈格斯（1818～1883）之子，在美國陸軍服役多年。1898年與軍隊醫療小組到哈瓦那管理衛生設施，在蚊子傳播黃熱病方面進行了許多實驗，有效地消滅此地區的黃熱病。1904年被派往巴拿馬任首席衛生官，消滅了運河區的黃熱病並控制了瘧疾，從而消除了運河工程的兩大障礙。1914～1918年任美國陸軍軍醫署署長。

Gorges, Ferdinando＊　戈吉斯（西元1566?～1647年） 受封爲Sir Ferdinando。英國殖民地開拓者。早期投身軍旅生涯，一心爭取皇家批准在北美洲建立殖民地。他認爲開闢殖民地應是皇家努力之事，必須嚴格控制。1620年獲得擴大新英格蘭議會的特許狀，計畫將該土地分送給議員們作爲領地和采邑，但當普里茅斯和麻薩諸塞灣的合股公司成功的建立欣欣向榮的、中產階級的英國自治殖民地後，他的計畫受到阻撓。因爲這些殖民者均有皇家直接的特許狀，議會已被越過而成爲中間人。1639年獲得緬因的特許狀，但他的美洲夢仍未能實現。

Gorgon　戈爾貢　希臘神話中的三個怪物，最著名的是梅杜莎。根據希臘詩人赫西奧德的說法，這三個戈爾貢是海神福耳庫斯的女兒。另一種傳說則把戈爾貢說成是大地女神該亞所生的怪物，用來幫助她的兒子們反對諸神。在古典藝術作品裡，戈爾貢被描繪爲身上長有翅膀、頭髮都是毒蛇的女人。

戈爾貢，大理石面具雕像，做於西元前6世紀初期；現藏於雅典衛城博物館
Alinari – Art Resource

gorilla　大猩猩　最大的類人猿。爲粗壯有力、原產於非洲赤道地區的林棲動物，屬猩猩科，僅大猩猩一個種。皮膚和被毛黑色，鼻孔大，眉脊突出。成體臂部長而有力，腿短而粗壯，胸部極厚且強壯，腹部突出。雄性成體頭頂有一突出的骨冠，在下背部有一「片」灰色或銀白色毛（故稱「銀背」）；重135～275公斤，約比雌體重一倍，身高可達1.7公尺。主要在地面活動，通常四肢著地行走。在穩定的家庭小組中生活，該小組由6～20頭大猩猩組成，由1～2頭銀背雄體帶領。以植物的葉、柄和幼莖等爲食。大猩猩常被描述成兇猛的動物，但研究表明，它並不愛尋釁，甚至膽怯，除非受到過分的騷擾。與黑猩猩相比，大猩猩更鎮靜且固執；適應能力雖不及黑猩猩，但具有很高的智能和解決問題的能力。因爲人類破壞其森林生境及將其作爲大獵物而獵殺，大猩猩在分布範圍內變得越來越稀少，《紅皮書》中將大猩猩列爲生存受威脅的種，山地大猩猩則列爲瀕危的亞種。

大猩猩
Kenneth W. Fink – Root Resources

Göring, Hermann＊ 戈林（西元1893～1946年） 亦作Hermann Goering。德國納粹黨領導人。第一次世界大戰期間加入德國空軍，1922年參加納粹黨，擔任希特勒挺進隊隊長。啤酒店暴動失敗後逃往奧地利，1927年返回德國，不久被選爲國會議員，1932年當選國會議長。1933年希特勒擔任總理後，戈林的權勢大增。作爲希特勒最忠實的支持者，曾擔任許多職務，包括普魯士的內政部長，他在那裡建立起蓋世太保（祕密警察）；以及納粹德國空軍的首領、經濟部長。納粹德國空軍在不列顛戰役的挫敗，令戈林顏面盡失，後退隱到鄉間莊園，那裡收藏著他自德國占領區的猶太人搜刮而來的藝術收藏品。1946年在紐倫堡大審中被判死刑，執行當天在獄中服毒自殺。

1933年擔任納粹挺進隊隊長時的戈林
Heinrich Hoffmann, Munich

Gorki　高爾基 ➠ Nizhny Novgorod

Gorky, Arshile　高爾基（西元1904～1948年）　原名Vosdanik Adoian。亞美尼亞裔美籍畫家，是直接聯繫超現實主義與抽象表現主義的最重要的橋樑。1920年移民美國，曾在羅德島設計學校學畫；後定居紐約市，在中央美術大學院就讀，1926～1931年任教於該校。他長期研習塞尚、米羅、畢卡索等藝術家的繪畫風格，融會貫通他們的美學觀，直到遇見流亡歐洲的超現實主義畫家，才發展出自己的抽象主義風格，作品常使人聯想到植物或人的內臟漂浮在色彩柔和的無定形背景裡。由於遭到一連串悲劇打擊－－多數作品在畫室失火時被毀、遭遇車禍以致殘廢、罹患癌症、妻子離他而去，使得他以自縊結束自己的生命。

Gorky, Maxim　高爾基（西元1868～1936年）　原名Aleksey Maksimovich Peshkov。俄國作家。童年生活貧困而悲慘，後成爲四處漂泊的流浪者，因此取筆名「高爾基」（意爲痛苦的）。早期作品以同情的觀點描述俄羅斯社會底層人民的生活，這類作品有小說《切爾卡什》（1895）、《二十六個男人和一個女人》（1899）以及著名的劇作《深淵》（1902）等。由於參與革命活動，在國外度過七年政治放逐生涯（1906～1913）。回俄國後，完成最成功的傑作自傳三部曲－－《童年》（1913～1914）、《在人間》（1915～1916）和《我的大學》（1923）。雖然早期常公開批評列寧和布爾什維克黨人，但1919年以後他與列寧的政府合作。1921～1928年因健康不佳移居義大利，後受邀回國，成爲蘇聯作家的不容爭議的領袖。1934年蘇聯作家協會成立，他成爲協會的首任主席，協助建立社會寫實主義的文藝理論和創作方法。他在接受治療期間突然去世，有人認爲可能是史達林下令將他處死。

gorse　荊豆　荊豆屬與金雀花屬的數種相關植物。普通荊豆是多刺、黃花的豆類灌木，原產於歐洲並移植到美國大西洋岸西部各州與溫哥華島。原產於西班牙與義大利北部的西班牙荊豆大型綠刺與綠色嫩枝在冬季長青。這兩個物種的花都是黃色，類似豌豆花，在乾燥的土壤生長良好。

Gorsky, Alexander (Alexeievich)　高斯基（西元1871～1924年）　俄國舞者與編舞家，也是大劇院芭蕾舞團的重要總監。他在聖彼得堡受訓，後來加入馬林斯基劇院，1895年成爲該劇院獨舞者，並且引進斯捷潘諾夫的新舞蹈系統。他在搬到莫斯科成爲大劇院芭蕾舞團的首席舞者及舞台經理前，曾經導演過許多芭蕾舞劇。他重編舞曲，在服裝及佈景上引進了現實主義，讓舞團重新出發，成爲20世紀重要的舞團。

Gortyn＊　戈提那　希臘古城，位於克里特中南部。此城在米諾斯時代雖然不很重要，後來卻取代菲斯托斯成爲主要的城市。曾與克諾索斯分享或爭奪克里特島的控制權，直到西元前1世紀被羅馬兼併，成爲羅馬克里特與昔蘭尼加行省的首府。19世紀在廢墟發現希臘化時代前最偉大的戈提那民事法典的銘文。

goryo＊　御靈　在日本神話中，指復仇心重的亡魂。原本專指在政治鬥爭中被陷害致死的貴族亡魂，藉招致天災、疾病或兵戎爲自己復仇，但一升入神界成爲御靈神，就會安分下來。後來人們逐漸相信，任何人如在嚥氣時發願作御靈，或是在非常情況下橫死，都可以成爲御靈。有各種驅邪祓魔的方法和法術可以驅除他們。

Gosden, Freeman F(isher) and Charles J. Correll 高斯登與科洛（西元1899～1982年；西元1890～1972年） 美國喜劇演員。高斯登生於維吉尼亞里其蒙，科洛則生於伊利諾州佩洛亞。兩人在巡迴綜藝節目中言出，直到爲芝加哥一個廣播節目（1926～1928）創造出兩個黑人角色：山姆與亨利。1929年他們的知名度大幅增加，因爲他們爲一個新的夜間廣播節目*Amos 'n' Andy*創造出更多的角色，第一齣情境喜劇於焉誕生。兩人中一人飾演計程車司機愛模斯，另一人則是他的搭檔安迪，在1930年代成爲家喻戶曉的廣播明星，並就此將廣播界正式定位成大衆娛樂的一種形式。他們的每週節目最後在1954年告終，部分是因爲其中有些笑話被人批評詆毀黑人。

goshawk＊　蒼鷹　鷹科強壯的鶻（鷹屬的鷹）。翅短，林棲，捕食鳥類。最著名的是北方蒼鷹，體長可達60公分，翅展1.3公尺，具細條紋的灰色羽衣。長久以來用於鷹獵，能獵取狐和松雞等大型獵物。見於整個北半球的溫帶森林到北方森林，但在不列顛群島已經罕見，在北美的數量亦在減少，有幾種見於南半球。

北方蒼鷹
Karl H. Maslowski

Gospel　福音書　《新約》的四卷，記敘耶穌基督的生平和受難。即〈馬太福音〉、〈馬可福音〉、〈路加福音〉和〈約翰福音〉四卷，排在《新約》之首，約占全書一半篇幅。前三卷常又稱爲〈同觀福音〉（Synoptic Gospels），因爲敘事內容大同小異。

gospel music　福音音樂　源於19世紀五旬節派教會的禮拜儀式、靈歌和藍調的美國黑人音樂形式。五旬節派教會牧師講道的唱片在1920年代的美國黑人中流傳極廣。五旬節派教會以《聖經》的教義「凡有氣息的，都要讚美耶和華」（《舊約全書．詩篇》第150篇）爲指導，歡迎人們把鈴鼓、鋼琴、班卓琴、吉他和其他弦樂器以及銅管樂器用於禮拜儀式之中，其合唱常以女聲音域兩端的聲音爲特徵，與傳教者的講道作應答式的應對。福音音樂以即興的朗誦式樂段、一字多音的唱法和過分的表現爲特色，其他形式有：街道巡迴傳教士的歌唱與不用電擴音的吉他演奏、聲音和諧的男聲四重唱（演出時伴有舞蹈動作，身穿符合當時風尚的服裝）等。主要的作曲家和演奏家有：多爾西，最早使用這個名稱；廷德利（1851～1933）牧師；戴維斯（1896～1972）牧師，爲盲人巡迴佈道家；撒普修女，在1930年代把福音引進了夜總會和劇場；以及傑克森。福音音樂對節奏藍調和靈魂樂有重要影響，這兩種音樂又轉而強烈的影響著當代的福音音樂。

Gosplan＊　國家計畫委員會　前蘇聯監管計畫經濟各個方面的中央機構。這個名稱是俄語Gosudarstvennyy Planovyy Komitet的縮略語。1921年建立，原爲政府諮詢機構，1928年開始實行第一個五年計畫，要求迅速工業化和集體化，該委員會承擔了更加全面的編制計畫的任務。在整個蘇聯時期，國家計畫委員會負責根據共產黨和政府提出的經濟總目標訂出具體的國家計畫。亦請參閱command economy、Union of Soviet Socialist Republics (U.S.S.R.)。

Gossart, Jan＊　戈薩爾（西元1478～1532年）　亦作Jan Gossaert。以馬比斯（Mabuse）知名。法蘭德斯畫家，於1508～1509年在義大利居住一段期間之後，便將他原本的安特衛普畫派風格轉變爲文藝復興盛期風格。《尼普頓與安菲特里特》（1516）這幅作品反映了他想要融合古典與義大利文藝復興風格的企圖。除了充分發展義大利化的風格之外，他的畫風在裸體畫方面則是充滿了陽剛氣息，並且終生保持類似寶石效果的技法，以及早期尼德蘭藝術傳統特有的細膩觀察。他也是最早把義大利文藝復興風格引進低地國家的畫家之一。

Gosse, Edmund＊　戈斯（西元1849～1928年）　受封爲艾德蒙爵士（Sir Edmund）。英國文學史家和文學評論家。主要從事圖書管理和翻譯（以易卜生的劇作爲主）工作。文學史作品有《十八世紀文學史》（1889）、《現代英國文學》（1897）以及格雷、但恩、易卜生和其他一些作家的傳記，並將許多歐洲大陸作家的作品介紹給英國讀者；文學批評論文大多收集在《法蘭西側影》（1905）一書中；自傳《父與子》（1907）頗受讚譽。

Göteborg＊　哥特堡　亦作Gothenburg。瑞典西南部城市，爲該國主要的海港和第二大城市。位於卡特加特海峽約塔河河口上游約8公里處。1603年建立，在1611～1613年與丹麥的卡爾馬戰爭中被毀，1619年重建。早期居民有許多荷蘭人，他們建有荷蘭式的城市水道，並奠定了市中心布局。第二次繁榮時期始於1832年約塔運河的完工和遠洋運輸業的興起。保存有一些歷史性的建築物，護城河至今還環繞著古城。哥特堡港主要出口汽車（富豪牌）、滾珠軸承和紙張。人口約454,800（1997）。

Gothic, Carpenter ➠ Carpenter Gothic

Gothic architecture　哥德式建築　歐洲的建築風格，從12世紀中期持續到16世紀，特別指以大片牆壁隔開的洞穴式空間、牆壁上鑲飾窗花格爲特徵的磚石建築風格。12～13世紀期間，工程上的技術造就了越來越龐大的建築物。藉著拱頂肋、飛扶垛和尖拱（哥德式），使建造極高結構而盡量保持自然光的問題得以解決；彩繪玻璃窗條造成令人驚訝的室內光斑效果。最早把這些元素合爲單一連貫風格的建築物之一是巴黎聖但尼的大修道院（1135?～1144）。以沙特爾大教堂爲先驅的哥德式盛期（1250?～1300年）受到法國支配，特別是輻射式風格的發展。英國、德國、西班牙產生了這種風格的變體，而義大利哥德式在使用磚塊和大理石而非石頭方面與衆不同。哥德式晚期（15世紀）建築在德國的拱形廳堂式教堂中達到高峰。其他哥德式晚期風格包括英國的垂直式風格和法國、西班牙的火焰式風格。

Gothic art　哥德式藝術　中世紀盛行於西歐和中歐的建築、雕塑和繪畫藝術。脫胎於羅馬式藝術，從12世紀中期開始一直持續到15世紀末期。建築是哥德式建築最重要的表現形式，例如北歐的大教堂。雕塑與建築緊密相關，常用於裝飾大教堂和其他宗教建築的外觀。繪畫擺脫了呆板、平面的形式，更趨向於自然形式。宗教和世俗的題材常見於手抄本裝飾畫中。鑲嵌畫和壁畫至15世紀在義大利發展成文藝復興風格，但在歐洲其他地方，直到16世紀初仍保持著哥德式形式。亦請參閱Gothic architecture。

Gothic language　哥德語　原哥德人所使用的已消亡的東日耳曼語（參閱Germanic languages）。哥德語的文獻記載較其他日耳曼語約早四個世紀，最著名的是西元350年的《聖經》譯本。6世紀時義大利的哥德王國衰亡後，這種語言在東哥德人中已不再使用；而在西哥德人中間，則流行到711年被阿拉伯人征服之時。哥德語在克里米亞持續存在的時間較長些，當地所使用的哥德語形式一直延續到16世紀。

gothic novel　哥德小說　歐洲浪漫的、擬中世紀的小說，充滿神祕和恐怖氣氛。這類小說通常描述建有祕密通道、隱蔽的城垛、暗設的窗戶和活板門等裝置的城堡或修道院，穿插有鬼魂、瘋狂、暴虐、邪教、復仇等情節。華爾波爾的《奧特朗托堡》(1765) 首創這類體裁的流行之風，到1790年代最爲盛行。賴德克利夫的《尤道弗神密事跡》(1794) 和《義大利人》(1797) 爲最佳範例，路易斯創作的《僧人》(1796) 將更恐怖的情節引入英國，在雪萊的《科學怪人》(1818)、斯多克的《吸血鬼》(1897) 以及許多重要作家的作品，乃至今日數以千計的羅曼史廉價小說中，都可以發現哥德小說的特色。

Gothic Revival　哥德復興式　與浪漫主義關係極爲密切的建築風潮 (1730?～1930?)。對哥德式建築的懷舊模仿最早出現於18世紀，當時英國建造了數十棟帶有堡壘風格城垛的住宅，但直到19世紀中期，眞正的哥德復興式才發展起來。當時，哥德式外形及細節的純粹模仿成爲最不重要的一面，因爲建築師著重於在哥德式原則之下所建造出來的原創作品。最早想到把哥德式骨架結構應用於現代建築的是法國建築師，特別是維奧萊－勒－杜克。雖然這個潮流在該世紀末開始失去力量，但進入20世紀以後，英國和美國仍繼續建造哥德式教堂與學院建築。

Gothic script　哥德體字 ➠ black letter

Goths　哥德人　日耳曼民族，分爲東哥德人和西哥德人兩支，曾騷擾羅馬帝國數世紀之久。據說起源於斯堪的那維亞南部，西元2世紀時越過波羅的海南岸，遷移到黑海海岸。在3世紀多次侵擾羅馬小亞細亞和巴爾幹半島諸行省，並在奧勒利安統治時期迫使羅馬人撤離多瑙河的達契亞省。Gothic (哥德的) 是一種帶有貶義的形容詞，後來許多作家拿來形容中世紀的建築是不恰當的。

Gotland　哥得蘭　瑞典東南部島嶼。位於波羅的海，面積3,001平方公里。早在青銅器時代便是商業中心，9世紀時成爲瑞典的一部分。到12世紀，哥得蘭商人控制了俄羅斯與西歐之間的航線。定居於主要城鎮維斯比的德國商人促使其加入漢撒同盟。當它最繁榮的時候，被丹麥占領 (1361)，1645年始復歸於瑞典。19世紀末，由於該島在戰略上的重要性，瑞典大力加強了這裡的防衛。現代經濟以農業、漁業和旅遊業爲主。人口約57,971 (1998)。

Goto Islands＊　五島列島　中國海島鏈，屬於日本長崎縣。位於日本西岸外，由一百多個島嶼組成，其中三十四個島有人居住。主要的五個島是福江、久賀、奈留、若松、中通，首府福江位於福江島。總面積689平方公里，自東北向西南綿延約100公里。爲中國文化傳入日本的門戶。群島北部經濟以漁業爲主，南部以農業爲主。

gotra＊　戈特羅　印度種姓中的家系分支，其成員自認源於一神話中的共同祖先。傳統上同一戈特羅的成員禁止通婚，以避免近親婚配，並透過與其他有勢力的家系聯姻以擴大某一戈特羅的影響力。原指婆羅門種姓的七個源於古代先知的家系，後來數目有所增加，一些非婆羅門的印度種姓也仿照建立各自的戈特羅。

Gottfried von Strassburg＊　戈特夫里德·封·史特拉斯堡 (活動時期約西元1210年)　德國中世紀最偉大詩人之一。生平不詳，其典雅史詩《崔斯坦與伊索德》(1210?) 是這一著名愛情故事的古典文本。這首未完成的作品是根據一個來自塞爾特傳說的盎格魯－諾曼的故事譯本寫成，爲描寫中世紀典雅精神的最完美的創作之一，以內容精煉、語調高雅、詩技精湛而著名。

戈特夫里德·封·史特拉斯堡 (中右)，細密畫，選自海德堡歌曲手稿；現藏德國海德堡大學圖書館
By courtesy of the Universitatsbibliothek, Heidelberg, Ger.

Göttingen, University of＊　格丁根大學　德語全名格丁根喬治－奧古斯特大學 (Georg-August-Universität zu Göttingen)。歐洲傑出的大學。1737年建於德國格丁根，是最早、也是最有影響力的非宗教大學之一。18世紀後期是德國浪漫主義先驅詩人格丁根林苑派的集會中心。19世紀後期，它的數學研究所在不同時期曾先後由高斯、黎曼和希爾伯特等人任所長，吸引了全世界的學生。到20世紀，其物理系教授包括了玻恩、海森堡及勞厄等諾貝爾獎得主。註冊人數約有27,000人。

Gottschalk, Louis Moreau＊　高夏克 (西元1829～1869年)　美國作曲家及鋼琴家。出生於紐奧良，父親是英國人，母親爲法國人。紐奧良是個加勒比海民族和拉丁美洲裔人口混居的城市，因此早年生活精彩豐富。十三歲被送往法國學音樂，很快即成爲名聞全歐的鋼琴名家及富有異國風格的鋼琴作曲家。1853年返國，在新大陸各地巡迴演出，1865年因一件性醜聞而離開美國。他雖寫有歌劇和交響曲，但主要以所作的兩百多首鋼琴曲聞名，包括《班波拉舞》、《香蕉樹》、《班卓琴》及《垂死的詩人》等。他是第一位來自美國的國際級音樂巨星。

Gottwald, Klement＊　哥特瓦爾德 (西元1896～1953年)　捷克斯洛伐克共產黨政治人物和新聞記者。1921年成爲捷克斯洛伐克共產黨的創始成員，1927年成爲該黨總書記，1929年當選爲捷克斯洛伐克國會議員。因反對「慕尼黑協定」，第二次世界大戰期間住在莫斯科，並對捷克斯洛伐克地下運動作了幾次廣播講話。戰後先後被任命爲臨時政府副總理 (1945～1946) 及總理 (1946～1948)。1948年貝奈斯總統辭職後，由他就任共和國總統直到去世。哥特瓦爾德很快鞏固了自己的地位，排除異己，採行史達林模式的政府。

gouache＊　廣告色畫　亦稱poster paint、designer's color或body color。一種不透明水彩畫，與透明水彩畫的差異在於：水彩由稀釋用的液態膠包覆。加入白色顏料後，色調轉亮而變得不透明。廣告色畫乾時表面無光，如果要求效果，也能使刷痕看不見。它可以薄敷，也可以厚塗。有許多不同的顏色可用，包括螢光色和金屬色。許多印度繪畫和伊斯蘭繪畫特有的絨面和輪廓線即由此種媒介製成，它也用於西方的屏飾和扇飾，還被魯奧、克利等現代藝術家使用過。

Goulart, João (Belchior Marques)＊　古拉特 (西元1918～1976年)　巴西改革主義總統 (1961～1964)。出生於富有的大農場主家庭，取得法律學位，成爲瓦加斯總統的黨羽，在他的內閣中擔任勞工、工業和商業部部長。1956～1961年任副總統，夸德羅斯總統辭職後由他繼任。執政期間推行激進的改革計畫，促使通過限制外國公司將利潤出口的法令；試圖進行土地改革，但未能得到大多數支持他的立法計畫。由於通貨膨脹嚴重到令人擔憂的地步，生活費用提高三倍，1964年爆發軍事政變將他罷黜，後在流亡中去世。

Goulburn River＊　古爾本河　澳大利亞維多利亞州中部河流。源出弗雷澤國家公園裡的辛戈爾頓山，向北流，經埃爾登、古爾本和瓦蘭加三座水庫及納甘比湖，後注入墨瑞河，全長450公里。沿河兩岸設有古爾本河國家公園。

Gould, Chester＊　古爾德（西元1900～1985年）　美國的漫畫家。曾在函授學校學習漫畫。其作品《狄克・崔西》是第一部大受歡迎的以警察與強盜爲題材的漫畫系列，以粗獷的手法詳細描繪犯罪與刑事調查的細節，1931年由芝加哥論壇報－紐約新聞報集團首次發行。主角狄克・崔西外形端正、下巴突出，是一群形象醜惡的罪犯難以招架的對頭。1977年退休。

Gould, Glenn (Herbert)＊　古爾德（西元1932～1982年）　加拿大鋼琴家。他原本計畫專心作曲，但首次錄製的巴哈《郭德堡變奏曲》（1955）獲得好評，開啓了他的鋼琴家國際生涯。他對巴哈（有時是其他作曲家）的詮釋在技巧才華和巧妙智性方面奠定了新的標準。他是出了名的怪人，常在演奏時戴著手套，疑病症也極爲嚴重。表演生涯一直不快樂，1964年他永別音樂會舞台，進入錄音室。後來寫下廣播作品《紀實》（包括《北方的信念》），定位在這種體裁與具象音樂的典型範例之間。

Gould, Jay＊　古爾德（西元1836～1892年）　原名Jason Gould。美國鐵路公司總經理、投機者，靠肆無忌憚的掠奪而致富的「強盜大亨」。最初當勘測員，繼而經營一家製革廠，1859年起對小鐵路的證券進行投機買賣，1867年成爲伊利鐵路的一名董事。他和德魯、菲斯克聯手以防止范德比爾特奪去他們對該鐵路的控制，並向紐約州議員大量行賄以使虛股的發售得到法律認可。他和菲斯克又與特威德聯手利用股票進一步投機獲取暴利。1869年他們企圖壟斷黃金市場，導致災難性的「黑色星期五」恐慌。1872年由於公衆的強烈抗議，古爾德終於被迫放棄對伊利鐵路的控制權，其時古爾德已擁有2,500萬美元的財富。1874年獲得聯合太平洋鐵路公司的控制權，到1881年他已擁有全美國鐵路總長的15%。其後他將聯合太平洋鐵路股票出售，轉投資於聖路易西南部的一個鐵路系統，到1890年擁有該地區鐵路總長之半。此外，他在1881年取得西部聯合電報公司的控制權，1879～1883年是紐約《世界報》的所有人，1886年買下曼哈頓高架鐵路。古爾德一向冷酷無情，沒有朋友，直到去世。

Gould, Shane　古爾德（西元1956年～）　澳大利亞（生於斐濟）游泳選手。1972年的奧運比賽中，十五歲的古爾德主宰了整個游泳池，她總共贏得五面獎牌（3金1銀1銅）。她刷新了所有自由式（100、200、400、800和1,500公尺）的記錄。1973年，她以16分59.6秒成爲第一位在女子1,500公尺自由式中游進17分的人。

Gould, Stephen Jay　古爾德（西元1941～2002年）　美國古生物學家和演化生物學家。在哥倫比亞大學獲古生物學博士學位，1967年至哈佛大學任教。他和埃爾德里奇在1972年共同提出間斷平衡學說，這是對達爾文主義的一種修正，認爲通過演化改變成新種的過程並不是以緩慢的均速進行的，而是在幾千年之內快速跳躍式進行，繼之則是長期的穩定狀態。古爾德還是廣爲人知的作家，寫有多篇有關生物學、演化論的著作，還爲《博物》雜誌撰稿，他的文章文風典雅，主要有《熊貓的大拇指》（1980）、《人智的錯誤量度》（1981）和《奇妙的生命》（1989）等。

Gounod, Charles (François)＊　古諾（西元1818～1893年）　法國作曲家。曾在巴黎音樂學院和羅馬研習音樂，也曾攻讀神學，並擔任教堂管風琴樂師，後又轉爲專業歌劇創作，奔忙於劇院及教堂之間。其聲譽主要來自於廣受歡迎的歌劇《浮士德》（1859），其他歌劇作品還有《羅密歐與茱麗葉》（1867）、《屈打成醫》（1858）、《菲利門和巴烏希斯》（1860）、《米勒耶爾》（1864）。他還作有十七首彌撒曲、一百五十多首歌曲以及兩首交響曲。

gourami＊　瓜密魚　鱸形目熱帶淡水迷器魚類的統稱，尤指東印度捕捉或養殖作食用魚的絲足鱸。體結實，卵圓形，腹鰭各具長絲狀鰭條，體重可達9公斤。成魚褐色或灰色，腹部色淡。其他瓜密魚都是不同科屬的亞洲種類，其中一些是家中水族箱受歡迎的觀賞魚。一般體較高，口小，常見的有：條紋密鱸，藍綠及淡紅褐色，長12公分；矮密鱸，長6公分，具紅和藍色鮮豔條紋；吻鱸，淡綠或粉白色，以特殊的「親吻」習性著名。

矮密鱸
Jane Burton－Bruce Coleman Ltd.

gourd　葫蘆類　堇菜目葫蘆科約700種食用或觀賞植物，包括甜瓜、南瓜（小果）、南瓜（大果）等。大部分具捲鬚，匍匐或攀緣。爲一年生草本植物，原產於溫帶和熱帶地區。具重要經濟價值的食用葫蘆類有南瓜（大果）、黃瓜、西瓜、佛手瓜及南瓜（小果）。葫蘆類一般營養價值低，唯一例外的是冬南瓜（筍瓜、南瓜、西葫蘆等的某些栽培品種）。許多葫蘆類的果實具有硬殼，可以製成有用的容器或家庭用具。由於色彩豐富、形狀怪異，常被拿來製成裝飾品。

Gourmont, Rémy de＊　古爾蒙（西元1858～1915年）　法國小說家、詩人、劇作家和哲學家。曾在國家圖書館任職十年，因在他幫助創建的《法蘭西信使》報上發表據說是不愛國的文章而被撤職。後因罹患一種痛苦的皮膚疾病，使他過著半隱居式的生活。作爲法國象徵主義運動中最明智的評論家之一，他在傳播象徵派美學理論上扮演著重要角色。其著作有五十卷，主要是短論集；小說則有《眞正的女人》（1890）、《一個女人的夢》（1899）和《處女的心》（1907）等。

gout　痛風　遺傳性代謝失調，因體內尿酸鹽含量過多，在關節沈積爲針狀結晶而反覆引發嚴重的急性炎症；在正常情況下，尿酸鹽應隨尿液排出。最常見的發作部位是拇趾末端關節。痛風是醫學文獻中所記述的最古老的疾病之一，男性罹患的比例遠高於女性。首次發作通常到中年才出現。症狀有皮膚紅、熱，受累關節疼痛及明顯觸痛，通常一、二週後即消失。秋水仙鹼用於治療急性發作，異嘌呤醇等藥物能抑制尿酸在體內的合成。

government　政府　用來管理和節制一群人的政治體系。在典型情況下，不同層次的政府具有不同的責任。最接近受管轄者的層次是地方政府。地方政府包含了個別的一組社會。名義上，國家政府掌控國際承認之疆界以內的所有領土，擁有次級政府所沒有的責任。大部分的政府行使行政權

（參閱executive）、立法權（參閱legislature）、司法權（參閱judiciary），而以各種不同的方式加以分別或結合。有些政府也控制人民的宗教事務，有些則避免涉入宗教。國家層級的政府形式決定了次級政府所行使的權力，這些形式包括獨裁、民主、法西斯主義、君主制、寡頭政治、金權政治（以財富來治理）、神權政體、極權主義等。

government budget　政府預算　政府為下一會計年度的支出和收入所作的預測。在現代工業化經濟中，預算是執行政府經濟政策的主要方法。由於政府預算可以促進或延緩某些經濟領域的經濟成長，也因為對政府開支的優先順序的看法差異極大，因此成為各政治利益集團相互競爭的焦點。在美國，聯邦預算由總統負責，由行政管理和預算局擬製，但美國國會具有相當大的影響力。國會透過與總統磋商，影響預算的擬制；而最後的細節，還要正式提交國會裁決。

governor　調速器　不隨負載變動、在相當準確的範圍內自動保持發動機恆定轉速的裝置。典型的調速器藉改變燃料或工作流體供給的比率來調整發動機的速度。幾乎所有調速器都與離心力有關，包括一對繞著由原動機驅動的軸旋轉的重塊，並通常用彈簧產生一控制力。隨著轉速的增加，彈簧的控制力被克服，使兩重塊向外移動，並把這一運動傳到發動機工作流體或燃料的供給閥。瓦特曾發明一種調速器，用以控制蒸汽機。現代調速器是用於調整汽油流向內燃機的流率以及蒸氣、水和氣體流向各種渦輪機的流量。亦請參閱flywheel。

Gower, John＊　古爾（西元1330?～1408年）　英格蘭詩人。他的作品繼承了歌頌典雅愛情和道德諷喻詩歌的傳統，對當時的詩壇影響極大。其好友喬叟稱他為「道德的古爾」。《沈思者之鏡》（1734?～1778）以法語寫成，是罪惡與美德的寓言作品；《呼號者的聲音》（1385?）是古爾主要的拉丁語詩篇，深受羅馬詩人奧維德的影響；最著名的英語作品則是《一個情人的懺悔》（約開始寫於1386年），是一部規誡性的愛情故事彙編。

Goya (y Lucientes), Francisco (José) de　哥雅（西元1746～1828年）　西班牙畫家和版畫家。1775年為聖巴巴拉皇家壁毯工廠製作約六十幅漫畫的第一批（畫至1792年），以此作品進入成熟期。1780年獲選進入馬德里皇家學院，1786年被任命為查理三世的御用畫家。1799年在查理四世贊助下，他成為西班牙最成功和最時髦的藝術家，他著名的《查理四世一家》即繪於此時（1800）。雖然他歡慶自己的榮耀與成功，他留給恩主及其社會的記錄卻是尖銳無情的。他著名的《裸體的馬雅》和《穿衣的馬雅》（1800?～1805）蘊含色情，導致他在1815年被召喚到異端裁判所。1790年代病後他從此耳聾，他的作品採用了近似諷刺畫的誇張寫實手法。他的八十幅《狂想曲》（1799）是攻擊政治、社會、宗教濫權的諷刺版畫，成為版畫史上卓越的成就。當拿破崙入侵西班牙時（1808～1815），哥雅製作了八十二幅蝕刻連作《戰爭的災難》（1810～1820）。1824年他定居於法國的波爾多，1826年辭去宮廷畫家之職，並開始製作平印。他異常豐產而多才多藝，完成了約五百件油畫和壁畫、三百件蝕刻畫和平版畫、數以百計的手繪圖、超過兩百件肖像。據說他只承認三位大師：委拉斯開茲、林布蘭、大自然。他沒有即時的追隨者，但他的作品對19世紀歐洲藝術影響深遠。

Goyen, Jan Josephs(zoon) van＊　霍延（西元1596～1656年）　荷蘭畫家和蝕刻畫家。他在萊頓和哈勒姆就讀，後在1632年定居海牙。霍延自我設限於荷蘭風景，在木材畫板上作畫，而繁複細節、低水平線、微妙氣氛效果是其作品的特徵。他擅長於捕捉天空和水、荷蘭城市（例如1643年的《萊頓景觀》）、低地冬景的情境。身為多產的製圖師，他也完成許多風景蝕刻畫。他有眾多的模仿者。他是17世紀荷蘭色調風景畫的傑出大師，與雷斯達爾齊名。

Gozzoli, Benozzo＊　戈佐利（西元1420～1497年）　原名萊塞的貝諾佐（Benozzo di Lese）。義大利文藝復興畫家及蝕刻銅版畫家。早期協助吉貝爾蒂製作佛羅倫斯洗禮堂的第三個門，並與安吉利科合作在佛羅倫斯、羅馬和奧爾維耶托製作壁畫。最著名的代表性傑作是在佛羅倫斯麥迪奇－里卡爾迪宮教堂的一套壁畫《三王行列》（1459～1461）。他的作品整體說來並無特出之處。繪有數幅祭壇畫，1468～1484年為比薩坎波桑托製作的二十五幅舊約故事壁畫系列現已嚴重毀損。

戈佐利描繪洛倫佐·德·麥迪奇的《三王行列》（1459），濕壁畫；現藏佛羅倫斯麥迪奇－里卡爾迪宮
SCALA－Art Resource

GPS ➠ Global Positioning System (GPS)

Graaff, Robert Van de ➠ Van de Graaff, Robert Jemison

Grable, Betty　蓓蒂葛蘭寶（西元1916～1973年）　原名Elizabeth Ruth。美國電影女演員。生於密蘇里州聖路易市，她在1930年代的音樂劇中擔任背景舞者，而後也出現在*Down Argentine Way*（1940）及*Moon over Miami*（1941）等音樂劇。以美腿著稱的她，在第二次世界大戰時成為首席明星，也是美軍最愛的海報明星。戰後她曾出現在《年輕的媽媽》（1947）與《願嫁金龜婿》（1953）中，但是事業在音樂劇電影衰退後逐漸下坡。

Gracchus, Gaius Sempronius＊　格拉古（西元前154?～西元前121年）　羅馬護民官（西元前123～西元前122年）。他參與指控元老謀害其兄長提比略·塞姆普羅尼斯·格拉古的抗爭活動，並協助實現其兄長所提出的農業法。他聯合平民和騎士團的選票順利當選護民官，通過抑制貴族貪污的改革。他試圖將公民權擴大到羅馬的義大利盟邦，並使平民獲得更多的自由，不過並不獲支持。雖然出身於貴族家族，他的政策被極端保守派視為企圖摧毀貴族體制。後在阿芬丁山被圍時自殺。

Gracchus, Tiberius Sempronius　格拉古（西元前163?～西元前133年）　羅馬貴族和護民官（西元前133年）。他倡導農業改革，主張恢復羅馬經濟和軍事所依賴的個體小農階級，雖然這種傳統的土地政策在三十年前即有，元老院中的敵對派仍認爲他過於激進。他的非正統政治策略激怒了元老院的反對派，發動暴亂，他在亂中被暗殺。後來他的弟弟蓋約・塞姆普羅尼烏斯・格拉古執行了他的改革計畫。

Grace 美惠女神 指希臘宗教中一群具有魅力或美貌的女神。原爲豐產女神，經常被人們同愛芙羅黛蒂聯想在一起。在各種傳說中，她們的人數不盡相同，但通常爲三人。據說她們是宙斯和赫拉的女兒，一說是赫利俄斯和宙斯的女兒埃格勒的女兒。

grace 恩典 在基督教神學中，指上帝無條件救贖罪人的恩賜。恩典這個概念，引發了關於人墮落的本性以及個人可能透過自由意志自我救贖的神學爭辯。雖然在原則上功德和恩典是互相抵觸的，但究竟人是因行善而獲得恩典回報，抑或單靠信念即可獲得恩典，在新教宗教改革運動中一直是個重要的問題。此外，對於領受恩典的方式也有所爭論：天主教、東正教和某些新教教派相信，須藉由聖事領受上帝的恩典；而其他新教教派（如浸信會）則主張，只要靠個人的信念即可蒙受恩典。亦請參閱justification、original sin。

grackle 擬八哥 亦稱crow-Blackbird。雀形目擬黃鸝科數種鳴禽。羽衣黑色，有虹彩，尾長。嘴粗壯尖削，用以捕捉昆蟲、從土中挖取蠐螬，以及殺死魚和幼鳥等小型脊椎動物，還可咬碎堅硬的種子。北美的普通擬八哥體長約30公分。船尾擬八哥和大尾擬八哥的雄鳥尾長而有深脊，見於美國西南部到祕魯的乾旱地帶和從新澤西到德州的鹽沼澤地，當地俗稱寒鴉。亦請參閱blackbird、mynah。

普通擬八哥
Thase Daniel

gradient 梯度；斜率 在數學中，將一個微分算子作用到一個三維向量值的函數上產生出一個向量，該向量的三個分量是該函數相對它三個變數的偏導數。梯度的符號是▽。於是，函數f的梯度（寫爲grad f或▽f），也就是$\nabla f = if_X + jf_Y + kf_Z$，其中$f_X$、$f_Y$、$f_Z$都是f的一級偏導數，而向量i、j、k是向量空間的單位向量。例如，如果物理學中的f是一個溫度場（給定空間每一點的溫度），那麼▽f就是場中熱流向量的方向。

Graf, Steffi 葛拉芙（西元1969年～） 原名Stephanie Maria Graf。德國網球選手。十三歲時即成爲曾獲國際排名的第二年輕選手。1987年在法國公開賽中贏得第一個大滿貫賽冠軍，1988年贏得全部四個大滿貫賽（法國、澳大利亞、美國、溫布頓錦標賽）冠軍，還在南韓漢城奧運會中贏得一面金牌。1997年因膝蓋手術表現失常，但在1999年贏得法國公開賽冠軍，重回世界頂尖選手之列，這也是她第二十二次贏得大滿貫頭銜（包括七次溫布頓錦標賽冠軍）。同年稍晚宣布退休。

Gräfe, Albrecht Friedrich Wilhelm Ernst von＊ 格雷費（西元1828～1870年） 德國眼科醫師，被認爲是現代眼科學的創始人。他利用赫姆霍茲的檢眼鏡，設計了幾種對眼病有效的外科療法，包括採用虹膜切除術以緩解青光眼、摘除水晶體以治療白內障等方法；他還證明與大腦失調有關的失明和視力障礙通常與視神經炎有關。格雷費症即眼球向下看時，上瞼不能隨之向下運動，用以診斷格雷夫斯氏病。著有《綜合眼手冊》（7卷；1874～1880）。

graffito 即興刻畫 亦稱塗鴉，義大利語意爲「刻畫」。牆上偶發性塗寫或設計的統稱。歷史上一直有即興刻畫，大量見於古埃及的紀念碑。技術上，這個用語是指一層油漆或灰泥上刻畫的設計，但其意義擴展到其他記號。用噴漆製作的塗鴉在1970年代的紐約市變得聲名狼藉，也曾經出現於美國和歐洲各地的城市。20世紀有了潛意識之偶然表現和其他形式的成見，激勵了這種表現形式，並產生短暫的「塗鴉藝術」時尚。塗鴉有時被視爲一種民間藝術形式。

graft 嫁接 將一株植物的一個部分（如接芽或接穗）移至另一植株（砧木）的莖、根或枝上，使之結合爲一體並繼續生長發育的園藝技術。嫁接技術用於下述情況：修復受

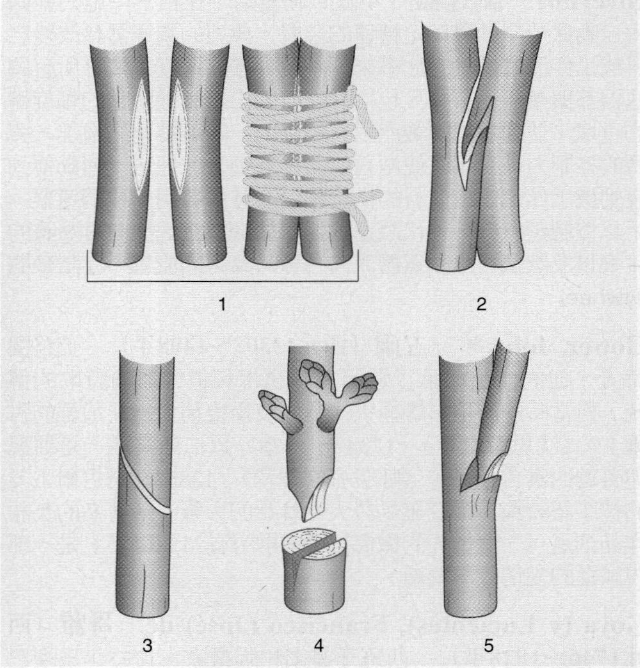

一些嫁接法。（1）簡單疊接，說明植株和接穗的切面，並將切面接合綁縛。（2）舌接。（3）鞍接。（4）劈接。（5）側劈接。
© 2002 MERRIAM-WEBSTER INC.

損傷的樹木、育成矮化的喬木或灌木、加強植株對某些疾病的抵抗力、保持品種性狀、使品種適應於不利的土壤或氣候條件、保證傳粉、培育多果或多花品種、繁殖某些用其他方式不能繁殖的種（如雜種玫瑰）。理論上，兩個近緣的並有連續的形成層的植株均能進行嫁接。種間嫁接常能成功，屬間嫁接偶能成功，科間嫁接幾乎都失敗。

Graham, Billy 葛理翰（西元1918年～） 原名William Franklin Graham, Jr.。美國基督教佈道家，與多位美國總統建立良好友誼關係。酪農之子，十六歲時在一次宗教振興大會上公開宣布「決心依靠基督」，隨即先後進入鮑伯瓊斯學院及佛羅里達聖經學院就讀，1939年受按立成爲南方浸信會牧師，後獲惠頓學院人類學學士學位。因舉辦廣播講道、天幕振興佈道大會獲得許多追隨者而聲譽鵲起，到1950年已被公認爲基要主義的主要發言人。他透過明尼亞波利的葛理翰福音協進會舉行一系列電視國際振興十字軍佈道大會。

Graham, Jorie＊ 格藍姆（西元1951年～） 美國詩人。生於紐約市，她曾就讀於紐約大學及愛荷華大學，目前

仍在該校教書。她抽象睿智的文筆充滿了豐富的視覺意象，複雜的隱喻及哲學性的內涵。她第一本詩集*Hybrids of Plants and of Ghosts*（1980）包含了簡潔細緻的詩篇，探討死亡、美與改變。後來的作品有*Erosion*（1983）、*The End of Beauty*（1987）、*Region of Unlikeness*（1991）、*Materialism*（1993）、*The Dream of the Unified Field*（1995，獲普立茲獎）、*The Errancy*（1997）以及*Swarm*（2000）。

Graham, Katharine　葛蘭姆（西元1917～2001年）　原名Katharine Meyer。美國報刊老闆和發行人。《華盛頓郵報》（1933～1946）老闆和發行人尤金·梅爾與艾格尼絲·梅爾的女兒，就讀於瓦莎學院和芝加哥大學。1940年和菲利普·格雷安結婚，菲利普後來成爲《華盛頓郵報》發行人。1948年尤金·梅爾以很小的金額將《華盛頓郵報》出售給格雷安夫婦。1963年菲利普自殺後，她繼任華盛頓郵報公司（1961年購進《新聞週刊》）總經理。在她的領導下，《華盛頓郵報》成爲全國最有勢力的報紙之一，特別是關於水門事件的報導。1998年以其暢銷自傳《個人歷史》（1997）獲普立茲獎。

Graham, Martha　葛蘭姆（西元1894～1991年）　美國舞者、教師和編舞家，現代舞主要的代表人物。1916年在丹尼斯蕭恩舞蹈學校和舞團跟隨蕭恩學習，1923年離開丹尼斯蕭恩到紐約，在那裡成立她自己的學校（1927）和舞團（1929）。由她編舞的作品超過160部，創造出獨特的「舞劇」，使用各種題材表達人的激情與矛盾衝突，其中許多是以美國生活爲題材，例如《阿帕拉契之春》（1944）；其他作品有《原始的神祕事物》（1931）、《悔罪者》（1940）、《給世界的信》（1940）、《心之洞》（1946）、《克萊頓尼斯卓》（1958）、《菲德拉》（1962）和《濕壁畫》（1978）。曾與音樂指揮霍斯特及野口勇長期合作，後者多次爲她設計舞台布景。她在1970年宣布告別舞台，但繼續從事舞蹈創作和教學。她的舞蹈技巧是異於古典芭蕾的第一種重要的形式，經由編舞和教學，她的影響遍及世界各地。

Graham, Otto (Everett, Jr.)　葛蘭姆（西元1921年～）　美國美式足球員和教練。在西北大學時爲明星殿後後衛球員，後加入克利夫蘭布朗隊，轉任四分衛，以此聞名。在1946～1955年十年之間，該隊共贏得一百零五場，輸十七場，在正規賽程中平手五次，並在十場冠軍賽中打贏七場。他個人取得平均傳球距離8.63碼的最高記錄，一直保持至1980年代。退出球壇後在美國海岸警衛隊軍官學校（1959～1966）及華盛頓紅人隊（1966～1968）擔任教練。

Grahame, Kenneth＊　葛蘭姆（西元1859～1932年）　英國兒童讀物作家。在倫敦的銀行工作期間，常寫文章和故事向雜誌投稿，並彙集出版《黃金時代》（1895）、《夢裡春秋》（1898）等文集。最有名的代表作品是《楊柳風》（1908），書中的動物角色——特別是鼴鼠、大鼠、獾和蟾蜍——兼具可愛的人類性格和眞實的動物習性，1930年由米爾恩改編爲劇本《蟾蜍宮裡的蟾蜍》。

Grail　聖杯　亦稱Holy Grail。亞瑟王傳奇中圓桌武士們所尋找的一只神聖的杯子。聖杯傳說的靈感可能來自記述神奇的鍋子或角狀容器的古代和塞爾特故事，首先賦予它基督教象徵而奉爲神祕聖物的，是12世紀克雷蒂安·德·特羅亞的傳奇故事《伯斯華，或聖杯的故事》。據說這是耶穌基督在最後的晚餐所用的杯子，也是後來聖約瑟（亞利馬太人）在基督被釘在十字架上時用來盛接基督鮮血的杯子。與聖杯有關的最著名人物，是馬羅萊所寫《亞瑟王之死》中的傳奇英雄加拉哈特，他得到了這個聖杯並與上帝取得神祕聯繫。

grain ➠ cereal

grain alcohol ➠ ethanol

grain elevator　穀物升降運送機　儲存穀物的建築，通常由金屬或水泥構架組成，構架很高，內有刮板隔間。亦或是運送穀物至穀倉的裝置。較普遍的穀物升降運送機由漏斗、長方形開口式的穀物餵入槽和一條立式環形皮帶或刮板鏈輸送機構組成，能把穀物升運到糧垛頂部。重力使得提升的穀物能夠輕易而迅速地從泄料槽卸出。

grain mill　穀物磨坊　碾磨穀物的建築物。這類工作最早利用水輪。羅馬帝國時已使用磨盤轉動石磨（參閱gear），但是最完整的發展是發生在中世紀的歐洲，如法國阿爾勒的大穀物磨坊，有十六個小瀑布流過水輪，每個直徑兩公尺，還有木製的傳動裝置，磨出的穀物足夠八萬人所需。風車也是原始動力之一，取代獸力作爲動力來源。水輪和風車在世界各地使用好幾個世紀，在開發中國家工業的重要性仍在。

Grainger, (George) Percy (Aldridge)　葛人傑（西元1882～1961年）　澳大利亞出生的美國作曲家、鋼琴家。在法蘭克福學習音樂之後，以鋼琴家身分在英國巡迴演出，並因爲對民族音樂學的興趣，在英國及丹麥搜集當地民歌。1914年定居美國後，先後在芝加哥和紐約任教，並投注許多心力在墨爾本大學創立民族音樂學中心。雖然在音品、節奏、和聲與和諧統一感的領域中鍥而不捨的探索，他最爲人所知的還是爲管弦樂、鋼琴和樂團所作的優美短篇作品，包括《鄉村花園》、《莫利在岸上》、《莫克·莫里斯》和《林肯郡詩集》。

gram　公克　質量或重量單位，通常使用於公分－公克－秒（CGS）制的測量系統內。1公克等於0.001公斤，約0.035盎斯或15.43喱。1公克極近於體積1cc純水於密度最大時之質量。1公克力則等於1公克之質量在標準重力下之重量。爲求更準確的量度，測量質量時須在重力加速度爲980.655公分／秒^{2}之地點進行。亦請參閱gravitation、metric system。

gram stain　革蘭氏染色　一種應用廣泛的染色技術，使用於細菌的初步鑑定。係丹麥醫師漢斯·克里斯蒂安·革蘭（1853～1938）於1884年發明。革蘭氏染色反映活細胞在生物化學和結構特徵方面的基本差異。在載玻片上塗上一層細菌細胞並加熱固定，先用結晶紫染料將細胞染成紫色，然後將玻片浸入碘液，再用有機溶劑（例如酒精）脫色。由於革蘭氏陽性菌的細胞壁厚，不易爲溶劑透入，故仍保持紫色；革蘭氏陰性菌因細胞壁薄，易爲溶劑透入而失去紫色。

gramadevata＊　村神　印度農村民間廣爲崇拜的神。多爲女神，可能是從農神演化而來，被供以牲畜等祭品以求祛除瘟疫、歉收或其他天災。許多村神純粹是地方性的，爲一地方之神靈（如路口神）或夭折的亡靈。陶偶或者怪石都可用以代表村神，供奉在簡陋的神龕裡，或是樹下高台上。

grammar　語法　說明音系學、形態學、句法和語義學的語言規則，亦指論述上列規則的摘要。最早編寫語法的歐洲人是希臘人，最有名的是西元前1世紀的亞歷山大派。羅馬人將希臘的語法系統應用至拉丁語中。拉丁語法學家多納圖斯（西元4世紀）及普里西安（西元6世紀）的作品，在中世紀歐洲被廣泛使用於教授拉丁語法。至1700年，已編印出六十一種通俗口語語法，主要用於教授和語言規範的標準化。19～20世紀，語言學家開始把研究重點轉至語言的演進過程。描寫語法學家（參閱Saussure, Ferdinand de）經由收集分析語句來研究語言，轉換－生成語法學家（參閱Chomsky, Noam）則研究語言的深層結構（參閱generative grammar）。過去語法被用來教授使能夠正確地說、寫，至今仍然是初等和中等教育的基礎。

Grammy Awards　葛萊美獎　由錄音學會（Recording Academy，正式名稱爲美國國家錄音藝術暨科學學會〔National Academy of Recording Arts and Sciences〕）所頒發的年度獎項，其名爲「小唱機」（gramophone）之意。1958年首度頒發。葛萊美獎由該學會的大量音樂工作者、製作人及其他音樂專業人士等成員票選產生，被認爲可反映音樂品味及製作的多樣性。現今獎項共分爲十數類。

Grampian　格蘭扁山脈　亦作Grampian Hills。蘇格蘭山系。橫跨蘇格蘭中部，成爲蘇格蘭高地與蘇格蘭低地間的自然界限。最高峰朋尼維山是不列顛最高的山。

Grampians　格蘭扁　澳大利亞維多利亞州西部山脈。主要由堅硬的砂岩構成，以幽深的峽谷、風化形成的奇岩怪石和多種野花而聞名。最高峰威廉山海拔1,166公尺。此山脈是以蘇格蘭境內的格蘭扁山脈來命名。

Gramsci, Antonio＊　葛蘭西（西元1891～1937年）義大利知識分子及政治人物。進入杜林大學讀書後，在1914年參加義大利社會黨。1921年脫離社會黨，另組義大利共產黨（參閱Democratic Party of the Left），並至蘇聯旅居兩年。1924年成爲義大利共產黨領導人，並被選入議會。1926年因法西斯政府取締共產黨而被捕入獄，十一年後才因病保釋，享年四十六歲。其最有影響力的著作《獄中札記》（1947）及其他作品描繪出一個共產主義的輪廓，與蘇聯共產主義相比較不教條化。其作品對社會學、政治理論及國際關係皆有影響。

Gran Chaco＊　大廈谷　西班牙語作Chaco或El Chaco。南美洲中南部平原。爲一乾旱低地，四周圍繞著安地斯山脈、巴拉圭河、巴拉那河、玻利維亞的沼澤地和阿根廷境內的薩拉多河。面積約725,000平方公里。該區的主要部分位於巴拉圭河與皮科馬約河岔口處，即1932～1935年廈谷戰爭中玻利維亞和巴拉圭兩國所爭之地。根據1938年的條約，面積較大的東邊區域歸巴拉圭所有，而面積較小的西邊區域歸玻利維亞。廈谷的野生生物種類豐富，至少有60種已知的蛇類生存於此。牧牛業爲主要的經濟活動。

Gran Colombia＊　大哥倫比亞　前南美洲共和國（1822～1830）。疆域爲前新格拉納達總督轄區，大體包括今哥倫比亞、巴拿馬、委內瑞拉和厄瓜多爾。建於1819年欲脫離西班牙的獨立戰爭期間，首都波哥大。玻利瓦爾爲創建人及第一任總統。大哥倫比亞在戰時即存在，1822年正式獨立，1830年隨著委內瑞拉和厄瓜多爾的脫離而解散。

Gran Paradiso National Park＊　大帕拉迪索國家公園　義大利西北部公園。1836年闢建爲狩獵區，1856年成爲帕拉迪索皇家狩獵保留地，1947年升格爲國家公園。面積62,000公頃，沿瓦萊達奧斯塔地區北部向外延伸，包括格雷晏阿爾卑斯山脈的最高峰大帕拉迪索山，海拔4,061公尺。爲典型的高山地形，有許多冰川和一列列針葉樹覆蓋的山坡。

Granada＊　格拉納達　西班牙南部安達魯西亞自治區格拉納達省省會。位於內華達山脈西北坡，爲西元前5世紀伊比利亞人居民點伊利比爾吉及羅馬居民點伊利比利斯所在地。作爲格拉納達的摩爾人王國首都，爲1492年以前西班牙摩爾人的最後根據地。附近有著名的艾勒漢布拉宮及護衛它的艾勒卡札巴城堡。市內有華麗的文藝復興式、巴洛克、新古典主義建築，爲主要的旅遊中心。1493年起成爲大主教轄區，1526年設立格拉納達大學。人口：市約256,200（1992）；都會區273,000（1995）。

Granados (y Campiña), Enrique＊　格拉納多斯（西元1867～1916年）　西班牙作曲家。在佩德雷爾門下學習作曲，並以鋼琴家的身分參與演出。1901年開始在其於巴塞隆納創立的格拉納多斯音樂學院任教。他創作了四部薩蘇埃拉，包括《瑪麗亞·卡門》（1898）、兩齣詩曲（同樣爲舞台作品）和一些歌曲與室內樂作品。最出名的作品是鋼琴組曲《哥雅之畫》（1911），1916年同名歌劇在紐約大都會歌劇院演出成功，但在返回歐洲途中因客輪被德國潛艇擊中而遇難。

Grand Alliance, War of the　大同盟戰爭（西元1689～1697年）　法國路易十四世的第三次重要戰爭，在此戰爭中，其擴張計畫遭到英國、尼德蘭聯省共和國和奧地利哈布斯堡家族所領導的同盟阻撓。掀起這場戰爭的根本原因，是波旁王室和哈布斯堡王朝敵對力量的互相抗衡。路易十四世在1680年代爲了使波旁王室獲得西班牙王位的繼承權而掀起戰爭。爲了對抗他，哈布斯堡皇帝利奧波德一世加入其他歐洲國家組成的奧格斯堡聯盟。雖然最後失敗了，但1690年不列顛、布蘭登堡、薩克森、巴伐利亞和西班牙都擔心路易十四世會成功，而與利奧波德一世組成大同盟。當戰爭在歐洲和海外殖民地（包括美洲）爆發時（參閱King William's War），路易十四世發現他的軍隊準備不足，在海戰中遭到嚴重的挫敗。1695年路易十四世展開祕密和平談判，後來簽訂「賴斯韋克條約」（1697）。然而此條約並未解決法國波旁王朝統治者和哈布斯堡家族間及英法之間的衝突。四年後，這些衝突在西班牙王位繼承戰爭中重新升高。

Grand Banks　大灘　大西洋北美大陸棚的一部分，在加拿大紐芬蘭南和東南部。爲著名國際漁場，南北長560公里，東西寬675公里。拉布拉多寒流和較暖的灣流在附近交會造成濃霧。1498年卡伯特首次發現。1977年加拿大擴大其捕魚權範圍，涵蓋該地區大部分區域，並開始限制其他國家的捕魚作業。

Grand Canal　大運河　中國北方連接杭州與北京的一連串水運航道。全長約1,085哩（1,747公里），爲世上最長的人工河道。興建大運河之目的是要讓中國相繼不斷的政權得以從農業上較爲富饒的長江與淮河流域，運送剩餘的糧作到首都，以及補給糧食給駐守在北方的軍隊。大運河上最古老的河段在南端，可追溯至西元前4世紀。經過數世紀的擴充，大運河至今仍具航行與灌溉的功能。

Grand Canyon　大峽谷　美國亞利桑那州西北部由科羅拉多河切成的峽谷，以其形態奇特、色彩斑斕著稱。寬約0.2～29公里，從亞利桑那州北部延伸到內華達州邊界附近的大瓦士崖，長約446公里。最深的一段在大峽谷國家公園內，長90公里，包括科羅拉多河從鮑威爾湖到米德湖之間的長度。附近高原海拔1,500～2,750公尺，大峽谷的深度超過1.6公里。大峽谷國家公園建於1919年，占地4,931平方公里。1932年建立的大峽谷國家保護區，在1975年和其他鄰近地帶一併列入大峽谷國家公園中。

Grand Canyon Series　大峽谷統　美國亞利桑那州北部先寒武紀時期重要地層單元。厚約3,400公尺，由石英砂岩、頁岩和厚層碳酸鹽岩石組成，在大峽谷中有壯觀的露頭。

Grand Central Station 中央車站 紐約市的鐵路總站，由里德－史登與華倫－衛特摩兩家公司合作設計與建造（1903～1913），後者贏得巨大結構美學的榮耀。中央大廳是當時最大的室內空間之一，在43公尺的拱頂繪上星座。這座總站是美術風格的珍寶，看起來有如從1870年代的法國搬過來的。車站正面的頂上是大型的時鐘，以及美國老鷹、羅馬女神的雕塑。

Grand Falls 大瀑布 ➠ Churchill Falls

Grand Guignol＊ 大吉尼奧爾 一種著重表現暴力、恐怖和性變態的短劇。20世紀時流行於巴黎的卡巴萊，因其駭人聽聞的故事情節多與當時著名的吉尼奧爾木偶戲相似而得名。1897～1962年主要在大吉尼奧爾劇院演出，1908年傳入英國，但仍主要是一種巴黎戲劇形式。

grand jury 大陪審團 調查對嫌疑犯的指控，若結果屬實，則將嫌疑犯交付審判的陪審團。大陪審團並不能決定被告是否有罪，僅依據是否有「合理根據」相信被告有犯罪而選擇要不要起訴。公職人員（檢察官和警察）爲陪審團提供資料和傳喚證人。大陪審團的審查通常是保密的。美國有些州已經廢除大陪審團，而將起訴的職權轉移給檢察官。

Grand National 全國大馬賽 英國每年在利物浦市舉行的障礙跑馬賽。創辦於1839年，因其賽程中的高難度及危險性使得全世界對它的關注多於其他類似的競賽。跑道必須跑兩圈，全程7,219公尺，共有31處障礙，其中一些十分驚險。

Grand Ole Opry 大奧普里 美國田納西州納什維爾的鄉村音樂廣播表演。1925年由杜威海創立，先前他協助組成了芝加哥的「WLS全國穀倉舞」；這個表演原本稱爲「WSM穀倉舞」，1926年才獲得這個持久的名稱。其音樂從1930年代梅肯的歌謠、弦樂隊、牛仔音樂、西方搖擺樂發展出來，還有後來以艾克夫生涯爲特點的傳統音樂。第二次世界大戰以後，塔布和後來威廉斯的夜總會風格、門羅的藍草音樂、阿諾德（1918～）與威爾斯的聲音皆成爲大奧普里的註冊商標，還有喜劇固定節目，特別是珀爾（1912～1996）的節目。1941年大奧普里成爲現場舞台表演。1974年遷至奧普里蘭的露天遊藝場和娛樂中心。大奧普里首倡並推動納什維爾成爲鄉村音樂中心。

Grand Portage National Monument 大波蒂奇國家保護地 美國明尼蘇達州東北角歷史遺址。臨蘇必略湖，靠近加拿大邊界。1951年定爲國家歷史遺址，1958年成爲國家保護地。包括從蘇必略湖北岸起，繞過早期獨木舟航行主要障礙的一條14公里長的陸上小道。這條早期爲探險家所使用的小道，是五大湖航路的終端和通往內地河流航線的起點。小道現穿過明尼蘇達奇珀瓦印第安人大波蒂奇族的保留地。

Grand Prix racing＊ 大獎賽 一種使用方程式賽車（開式車輪、無座艙罩式駕駛艙、後置引擎）在封閉的公路或模擬路況的道路上舉行的汽車賽，使用的車子（稱爲一級方程式賽車）通常比跑道賽（例如印第安納波里五百哩賽）使用的車還要小。大獎賽始於1906年，至今每年在世界各地舉行十五次以上的大獎賽。自1950年代成立世界冠軍賽後，大獎賽成爲國際盛行的一種比賽。

Grand Rapids 大湍城 美國密西根州西部城市，臨格蘭德河。1826年創建時爲貿易站，因爲附近森林提供大量木材，很快即引起木製品工業的發展。1876年在費城百年慶典展覽的大湍城家具，使該城成爲美國家具業的領導城市。第一次世界大戰爆發後，各種產品的製造工業分頭發展，其後金屬製造業凌駕於家具業之上。公共圖書館收藏有重要的有關家具設計的書籍。教育機構有坎德爾設計學院（1928）。該地還是福特總統的童年故居。人口約188,000（1996）。

Grand River 格蘭德河 ➠ Neosho River

Grand Staircase-Escalante National Monument 大梯艾斯克蘭國家紀念遺址 猶他州南部的國家保護區。於1996年設立的紀念區，涵蓋1,700萬英畝（70萬公頃）。它的西半部有懸崖與高原，東半部沿著艾斯克蘭河有峽谷地形。此地曾發現恐龍的足跡。這個區域曾經有阿納薩齊人居住。

Grand Teton National Park＊ 大堤頓國家公園 美國懷俄明州西北部的國家保護區。1950年傑克森侯國家保護區（爲一肥沃的河谷）的大部分區域被納入其中。1929年成立，現占地1,254平方公里。園內堤頓山脈最高峰爲白雪覆蓋，高於鄰近的蛇河河谷約2,100公尺。

Grand Traverse Bay＊ 大特拉弗斯灣 美國密西根湖東北部湖灣，凹入密西根州西北部。位於下半島岸外，灣頭長52公里，寬19公里，被老米申半島分隔成東、西兩部分，特拉弗斯城在其底部。湖灣西面爲利勒諾半島，以全年的釣魚活動出名。該地區爲重要避暑勝地。

Grand Trunk Railway 大幹線鐵路 加拿大早期的鐵路線。1852～1853年決定鋪設一條連接加拿大東部主要城市與美國緬因州波特蘭的鐵路，1853年7月蒙特婁和波特蘭之間完成最後的連接，使得大幹線鐵路成爲北美第一條國際鐵路。1856年加拿大境內的主幹線從蒙特婁至多倫多一段通車，從此大幹線鐵路逐漸成爲魁北克和安大略兩省之間的主要鐵路系統。1882年大幹線鐵路和西部大鐵路合併，1919～1923成爲加拿大國家鐵路公司的一部分。

grand unified theory 大統一理論 亦稱grand unificaion theory (GUT)。嘗試將電弱力（參閱electroweak theory）與強力結合的理論。結合四種基本相互作用的理論有時也稱爲統一場論。這些理論預測質子會衰退成較輕的粒子。迄今爲止，大統一理論仍然沒有被成功地證實。

Grande, Río ➠ Rio Grande

grande école＊ 精英學院 法國幾所特別優異的專業學院之統稱。綜合技術學院成立於1794年，當時的目的是替軍隊招募並訓練工程師。高等師範學院主要是用來培育大學與高級中學的師資。行政管理學院則是培訓最高階的公職人員。享譽全球的法蘭西學院（1530年成立）是一個研究機構，各種傑出學者在此舉辦講座；該機構並不頒授學位或證書。精英學校還包括其他一些專攻社會科學、建築以及藝術等領域的高等研究機構。

grandfather clause 祖父條款 美國南部七個州制定的剝奪黑人選舉權的法律條款（1895～1910）。該條款規定：在1867年以前，享有選舉權者及其直系後裔，其選舉權不受教育、財產或納稅等要求的限制。由於在1870年通過憲法第十五條修正案以前，黑人奴隸並無選舉權，因而黑人在事實上被排斥於選舉之外，而許多貧窮和不識字的白人卻仍享有選舉權。1915年最高法院宣布這些條款違憲。

Grandi, Dino, conte (Count) di Mordano＊　格蘭迪（西元1895～1988年）　義大利政治人物。在1921年法西斯黨全國代表大會上與墨索里尼爭奪領導權沒有成功，但於1924～1943年接任政府高級官員，包括1929～1933年任外交部長。1943年7月擔任法西斯大委員會會議主席時，他批評墨索里尼並提出對其的不信任案，決議通過罷免墨索里尼。不久逃往里斯本，後來移居巴西，最後仍返回義大利定居。

Grandma Moses ➠ Moses, Grandma

Grange, Red　格蘭奇（西元1903～1991年）　原名Harold Grange。美國美式足球員。在伊利諾大學就讀時表現傑出，1924年與密西根大學比賽時，在單場比賽中五次達陣得分。1925年加入芝加哥熊隊，其跑衛的驚人技巧使他贏得「飛毛腿」（Galloping Ghost）的綽號，也大大地激起了大眾對職業美式足球的興趣。1927年因膝蓋受傷，從此再也不是一名具威脅性的持球突進隊員了。1934年退出球壇，其後擔任體育評論員。

格蘭奇，攝於1920年代
The Bettmann Archive

Granger movement＊　格蘭其運動　美國農民（主要在中西部）的聯盟，在1870年代反對壟斷的穀物運輸。美國農業部員工凱利（1826～1193）在1867年創辦「農人協進會」，希望團結農民學習新的農耕方法。到1870年代中期，幾乎每一個州至少有一個分會或「格蘭其」，全國會員超過八十萬。格蘭其運動促使某些州通過一項規定鐵路運輸和穀物儲存最高價格的法案。後來的綠背紙幣運動和平民黨運動，都是從格蘭其運動發展而來。1880年格蘭其開始衰落，約只剩下十萬名會員。20世紀初期一度復興，但之後再度衰落。

Granicus, Battle of the＊　格拉尼卡斯河戰役（西元前334年）　亞歷山大大帝入侵波斯帝國第一次取得勝利的戰役。儘管在格拉尼卡斯河遭遇極大的困難，亞歷山大的軍隊仍打敗了大流士三世領導的波斯軍隊。亞歷山大親自上陣與波斯將領廝殺，並手刃大流士的兩名親屬，但差點就失去生命。據說馬其頓軍僅損失115人。亞歷山大在此次戰役中得到小亞細亞西部，大部分的城市都急著打開城門投降。

Granit, Ragnar Arthur＊　格拉尼特（西元1900～1991年）　芬蘭出生的瑞典生理學家。他的「優勢神經元－調變神經元」學說認爲：除了視網膜的三種錐狀細胞可以感受不同的色彩外，部分視神經纖維（優勢神經元）亦對整個光譜敏感，餘者（調變神經元）只能感受特定色彩。他還證明光線既能抑制、也能刺激視神經所傳導的脈衝；他的其他研究協助判定內部感受體調節、統合肌肉動作的神經傳導路徑及過程。1967年與沃爾德、哈特蘭共獲諾貝爾生理學或醫學獎。

granite　花崗岩　富含石英和鹼性長石的粗粒或中粒侵入岩。是地殼中最常見的岩石，由岩漿冷卻而成。花崗岩過去曾被廣泛用作鋪路石塊和建築石料，今日則主要作爲公路建設中的鑲邊石、建築物的裝飾面料石和砌墓石。花崗岩的特徵是規模變化極大的不規則岩體，從最長面的長度小於8公里到面積通常爲數百平方哩的岩基都有。

granodiorite＊　花崗閃長岩　最豐富的侵入岩之一。爲中粒至粗粒岩石，含有石英，斜長石的含量多於正長石是它與花崗岩不同的地方；其他礦物有普通角閃石、黑雲母和輝石。花崗閃長岩的外觀與花崗岩類似，但顏色較深。

Grant, Cary　葛倫（西元1904～1986年）　原名Archibald Alexander Leach。英裔美籍電影演員。在參加音樂舞台劇演出前，曾在一個英國雜技喜劇團表演。1932年首度在電影《那一夜》中露面，1933年與威斯特合演《她冤枉了他》建立明星地位。他那文質彬彬的魅力和帥氣的外表，加上特殊的嗓音，使他演出優美深奧的喜劇，如《逍遙鬼侶》（1937）、《育嬰奇譚》（1938）、《小報妙冤家》（1940）和《費城故事》（1941）等，受歡迎的程度歷久不衰。他也在希區考克執導的影片中演出，包括《深閨疑雲》（1941）、《美人計》（1946）、《捉賊記》（1955）和《北西北》（1959）。1970年獲頒奧斯卡特別獎。

葛倫，攝於1957年
The Museum of Modern Art/Film Stills Archive, New York City

Grant, Ulysses S.　格蘭特（西元1822～1885年）　原名爲Hiram Ulysses Grant。美國將軍、第十八任總統（1869～1877）。墨西哥戰爭中在泰勒麾下服役，1854年因無法帶全家移居西部而退職。他在西部的孤單日子中酗酒的傳聞影響了他的聲譽，雖然此謠言從未被證實過。曾在密蘇里州經營農場以及在伊利諾州父親開辦的皮革製品商店工作，但不甚成功。美國南北戰爭（1861）爆發時晉升爲准將，1862年攻占田納西州唐奈爾森堡，爲聯邦軍的第一次主要勝利。他在塞羅擊退美利堅邦聯軍隊的突襲，但因聯邦軍傷亡慘重而受到批評。1863年策劃在密蘇里州的維克斯堡戰役將美利堅邦聯軍隊從中分爲東西兩半。隨著1864年查塔諾加戰役勝利，他被任命爲聯邦軍司令。當雪曼進軍喬治亞州時，格蘭特進攻李將軍在維吉尼亞州的軍隊，讓這場戰爭在1865年畫下句點。格蘭特的管理能力和創新的策略是聯邦軍獲勝的主要因素。後代表共和黨競選總統成功，成爲當時史上最年輕（四十六歲）的總統。行政上並無多大建樹，加上內閣閣員涉入政治醜聞，包括信貸公司醜聞和威士忌酒集團，是他兩任任期中的瑕疵；但在國務卿費希的幫助下，他在外交方面較爲成功。他支持赦免美利堅邦聯軍隊將領和保護黑人公民權；他否決了一項增加合法貨幣的法案（1874），因而減低了往後二十五年間發生通貨危機的可能性。1881年移居紐約，由於兒子開設的投資公司因合夥人蓄意詐騙，家庭陷入貧困。他的回憶錄由友人馬克吐溫出版。

格蘭特
By courtesy of the Library of Congress, Washington, D. C.

granulite facies＊　麻粒岩相　變質岩礦物相分類的主要類型之一，此相岩石是在極高的溫度－壓力條件（超過500℃）下形成。在麻粒岩相岩石中出現的礦物有普通角閃石、輝石、黑雲母、石榴石、鈣質斜長石及石英或橄欖石。亦請參閱Amphibolite Facies。

Granville-Barker, Harley 格蘭維爾－巴克（西元1877～1946年） 英國製作人、劇作家和評論家。十五歲成爲演員，1901年導演自己的第一部作品《安・利特的婚禮》。1904～1907年任宮廷劇院經理，上演許多蕭伯納的早期作品，以及易卜生、梅特林克和高爾斯華綏等人的劇作，另外還上演他自己的一些作品，如《沃伊齊的遺產》（1905）和《荒廢》（1907）。在上演莎士比亞戲劇的時候，他採取空曠的舞台、連續的動作，迅速而輕快的對白，頗爲成功，影響了20世紀劇院的形態。第一次世界大戰後移居巴黎，並寫下他的經典作品《莎士比亞序》（1927～1946）。

grape 葡萄 葡萄科葡萄屬60種植物的通稱。原產於北溫帶，包括可以佐餐、乾燥後製成葡萄乾、壓榨後製成果汁或釀成葡萄酒的品種。釀酒葡萄是釀葡萄酒最常用的種。葡萄通常爲木本蔓生植物，藉捲鬚攀緣，在乾旱地區可以長成近乎直立的灌木。果實爲漿果，含鈣、磷等礦物質，也是維生素A的來源。所有葡萄均含有葡萄糖和果糖，含量依品種而異。

葡萄屬（Vitis）植物，葡萄的一種
Grant Heilman

grape-hyacinth 麝香蘭 百合科麝香蘭屬多年生小球根植物，約50種。原產於地中海地區。多數品種的花密集簇生於無葉花莖頂端，呈花壇狀，顏色有藍色、白色或粉紅色。部分種有麝香味。春天開花，常被栽培爲花園觀賞植物。

grape phylloxera＊ 葡萄根瘤蚜 同翅目一種黃綠色小昆蟲，學名爲Phylloxera vitifoliae。嚴重危害歐洲和美國西部的葡萄，吮吸葡萄藤的汁液，在葉上形成蟲癭，在根上形成小瘤，最終植株腐爛。19世紀中期從美國東部傳到歐洲，在二十五年內幾乎摧毀了法國、義大利、德國的葡萄和釀酒業。後來把歐洲葡萄植株嫁接在美國土生抗蚜品種上，才挽救了葡萄園。也可用雜交法和熏蒸劑來防治。

grape sugar ➡ glucose

grapefruit 葡萄柚 芸香科橘屬喬木及其可食用的果實，學名爲Citrus paradisi。可能起源於牙買加，引入西印度群島後再引入美洲大陸。枝葉稠密，葉深綠色，有光澤。花大，白色，單生或簇生。果實成熟後呈檸檬黃色，直徑10～15公分，約爲中等大小柑橘的兩倍；果肉通常爲淡黃色、粉紅色或紅色，鮮嫩多汁，味微酸，是絕佳的維生素C攝取來源，在世界各地爲受歡迎的早餐果品。

葡萄柚
Grant Heilman

graph 圖表 資料組或數學方程式、不等式或函數的圖示，顯示這些公式在符號上和抽象領域僅能蘊含的關係或傾向。雖然直方圖和圓餅圖也是圖表，圖表一詞通常用於座標系的點聯曲線圖。舉例來說，實數與其平方的關係圖表符合了橫座標上每個實數皆對應到縱座標上的平方值。這種情況所產生的一組點是拋物線。不等式的圖表通常是曲線一側爲陰影區，而曲線的形狀不僅要看方程式或不等式，也要看所選擇的座標系而定。

graph theory 圖論 網路的數學理論。一個圖包括結點（亦稱點或頂點）和連接某些對結點的邊（線），連接一個結點回到其本身的邊稱爲環。1735年歐拉發表了關於一個古老謎題的分析，謎題內容爲：河中有兩座島，在島與島及島與岸之間有七座橋，如何才能不重複走過每一座橋再回到起點。歐拉證明這個問題沒有解，並且給出了對解決其他可能的網路問題的判定法則，如今被視爲圖論和拓撲學的起源。

Graphic design 平面設計 選取、安排視覺元素－－如印刷字樣、影像、符號及色彩－－的藝術和專業工作，以傳達訊息予觀眾。平面設計有時被稱爲「視覺傳播」，它是一項集合性的學科：作家創造字、攝影師及繪圖師創造影像，再由設計師統合爲一完整的視覺訊息。雖然平面設計由來已久且形式多元，但它是在19世紀晚期工作專門化過程中成爲一專業而崛起。它的演進與影像製作、印刷術及再造過程的發展有關。

graphical user interface (GUI) 圖形使用者界面 電腦顯示形式，讓使用者利用滑鼠指著螢幕上的圖形標誌（圖示）或是選單列表來挑選命令、呼叫檔案、開啓程式以及進行其他日常工作，而不用輸入文字命令。個人電腦上最早採用的圖形使用者界面是出現在蘋果電腦的Lisa，於1983年推出，這套界面成爲蘋果電腦極爲成功的產品麥金塔（1984）的基礎。麥金塔的圖形使用者界面風格廣爲其他個人電腦及軟體製造商加以改寫。1985年微軟公司推出Windows作業系統，一套給MS-DOS電腦使用的圖形使用者界面（後來成長爲作業系統），許多功能和麥金塔相同。除了用於作業系統的界面，圖形使用者界面也用於其他類型的軟體，包括瀏覽器和應用程式。

graphite 石墨 亦稱筆鉛（plumbago）或黑鉛（black lead）。碳的礦物同素異形現象。石墨爲深灰色至黑色，不透明，極軟，由6個碳原子形成的環排列在間距很寬的水平層中構成，造成石墨滑膩觸感的特性。石墨存在於自然中，與黏土混合被當做鉛筆中的「鉛」使用，也被用於製造潤滑劑、坩堝、上光劑、弧光燈、電池、電動機的電刷以及核反應的堆芯。

graptolite＊ 筆石 已絕滅的水生小型群體無脊椎動物。最早出現於寒武紀，延續到石碳紀早期（3.54億～3.23億年前）。筆石類是漂浮動物，有觸手和堅硬的外部覆蓋物。大多數常以炭質印痕保存於黑頁岩中。筆石類化石顯示出在整個地質時代的逐漸演化，不同類別之間的演化關係已被發現和分析。

grass 禾草類 一群低矮的非木本綠色植物的通稱，分屬早熟禾科（亦稱禾本科）、莎草科（莎草）和燈心草科（燈心草）。只有約8,000～10,000種早熟禾科種類是眞正的禾草類。該科分布極廣，個體數目最多，是營養穀物的來源，並具有水土保持的功用，是所有顯花植物中最具經濟價值的。做爲穀物的禾草類包括小麥、玉蜀黍、水稻、黑麥、燕麥、大麥和小米。禾草類還爲畜養動物提供食料，爲野生動物提供蔽所，還可用作建築材料、家具、用具、人類的食物等。某些種類栽培作花園觀賞植物，或作爲草皮種植於草坪和遊樂場，或作爲控制侵蝕的覆蓋植物。大部分莖稈呈圓形，節間中空，葉片扁平，纖維狀根系發達。

Grass, Günter (Wilhelm)＊　葛拉斯（西元1927年～）德國小說家、詩人和劇作家。曾經歷希特勒青年團運動，十六歲應徵入伍，在戰鬥中負傷被俘。他那非同尋常的第一本小說《錫鼓》（1959），使他成爲全球知名而且爲納粹時代長大、戰後倖存的一代德國人在文學上的代言人。加上之後的《貓與鼠》（1961）和《狗年月》（1963），構成了他的但澤三部曲。他的其他作品都以政治爲主題，包括《比目魚》（1977）、《相遇於泰爾格特》（1979）、《頭腦的產物》（1980）、描述關於波蘭和統一後的德國之間不安定關係的《不祥之聲》（1992），認爲德國統一是個錯誤的爭議性作品《遠方的田野》（1995），以及《我的世紀》（1999）。他也是位雕刻家和版畫家。1999年獲諾貝爾文學獎。

葛拉斯
Authenticated News International

grasshopper　蝗蟲　直翅目蝗科（短角蝗蟲）或螽斯科（長角蝗蟲）善跳昆蟲的通稱。在熱帶森林、半乾旱地區和草原最常見。體色從綠色到橄欖色或棕色，有時有黃色或紅色記號。以植物爲食，會危害農作物。某些種類體長超過11公分。雄蟲能以前翅互相摩擦或以後足腿節的音銼摩擦前翅的隆起脈而發出聲音。是許多鳥類、蛙和蛇喜愛的食物。亦請參閱katydid、locust。

蝗科昆蟲
Earl L. Kubis－Root Resources

Grateful Dead　死之華　美國搖滾樂團，1960年代中於舊金山組團，團員包括吉他手加西亞（1942～1995）、貝斯手雷許（1940～）、鍵盤手麥肯南（1945～1973）、吉他手威爾（1947～）和鼓手克洛伊茲曼（1946～）。死之華樂團由Haight-Ashbury迷幻樂領域崛起，之後因在蒙特里流行音樂節（1967）及伍茲塔克音樂節演出而聲名大噪。之後仍定期發行專輯，但重心擺在現場演唱。他們成爲美國最成功的巡迴樂團之一，尤其著名的是加西亞馬拉松式四小時的音樂盛宴，用以饗如影隨形跟著他們巡迴、自成一氣的歌迷。1980年代晚期，死之華的新生代樂迷將他們列爲世上最成功的巡迴樂團。他們在加西亞於毒品勒戒所心臟病發身亡後即中止巡迴演出。

Gratian＊　格拉提安（西元359～383年）　拉丁語全名作Flavius Gratianus Augustus。羅馬帝國皇帝（367～383年在位）。原先，他與父親瓦倫提尼安一世（364～375年在位）及叔叔瓦林斯（364～378年在位）共治。後來，他與軍隊支持的同父異母四歲兄弟分享權力。叔叔一死，他即成爲東羅馬帝國的統治者，並召請狄奧多西一世與他分享權力。受到聖安布羅斯影響，格拉提安從頭銜中略去最高祭司之名。他在對抗篡位者馬克西穆斯時被殺。

Grattan, Henry＊　格萊敦（西元1746～1820年）愛爾蘭政治人物。1775年進入愛爾蘭議會，不久即以卓越的口才成爲愛爾蘭民族主義鼓動者的主要發言人。他領導的運動越來越壯大，1779年迫使英國政府取消對愛爾蘭貿易的限制，1782年迫使英國放棄控制愛爾蘭立法的權力。1800年帶頭反對英格蘭與愛爾蘭聯合，但未成功。1805年被選入英國下議院，他生命中最後的十五年都在此崗位上爲解放天主教而奮戰。

gravel　礫石　比砂粗（直徑大於2公釐）且多多少少被磨圓的岩石碎屑的集合體。有些地方的礫石層中含有重金屬礦石礦物，例如錫石（錫的主要來源），或自然金屬，例如呈塊狀或片狀的金。礫石沈積物堆集在部分河道內或水流速度快、砂子不能留下的海灘上。由於環境改變，礫石層的分布一般比砂或黏土沈積物更具局限性，粗細、厚度和形狀也比砂或黏土沈積物更多變。在許多地區，礫石階地（或上升的海灘）向內陸延伸很長的距離，表示海面在某一個時期比現在更高。礫石被廣泛當作建築材料使用。

Graves, Michael　格雷夫斯（西元1934年～）　美國建築師及設計師。曾在哈佛大學求學，1962年開始在普林斯頓大學長期任教，同時以傳統的現代主義的抽象簡撲風格建築私人住宅。1970年代末期，格雷夫斯捨棄現代主義的表現手法，開始追求更豐富、後現代主義的表達形式。他設計的奧瑞岡州波特蘭市的波特蘭大廈（1980）和肯塔基州路易斯維爾市的霍曼納大廈（1982）都很有名，因爲這兩大建築都有龐大整體的結構，同時也因爲他以個人和立體主義的手法來處理建築中列柱廊及敞廊等古典結構。雖然看來不甚優美，但它們和格雷夫斯晚期的建築，例如印第安納波里藝術中心（1996），都因其對傳統形式的諷刺而獲得讚許。

Graves, Robert (von Ranke)　格雷夫斯（西元1895～1985年）　英裔西班牙籍作家。第一次世界大戰期間身受重傷，在此段時間首次出版了三卷本詩集，包括被認爲是二十世紀最好的英國情詩。1926年開始與美國詩人藍汀長達十三年的友誼，與她合作成立一間出版社，並以作家的身分短暫發行一份期刊。1929年後定居西班牙馬霍卡。他的一百二十餘本著作中，最出名的是第一次世界大戰回憶錄《向一切告別》（1929）、歷史小說《我－－克勞狄》（1934，1976年改編成電視劇），以及博學且引起爭論的神話學方面的研究，最著名的是《白女神》（1948）。

Graves, Robert James　格雷夫斯（西元1796～1853年）　愛爾蘭醫師。1821年成立帕克街醫學院，並且在那裡讓高年級學生進入病房，在醫師指導下擔起診治患者的責任。授課時使用英語，而非拉丁語。他是《都柏林醫學科學雜誌》的創辦人兼編輯，因發表《臨床講義》（1848）而名垂後世。他採用鐘錶來計數脈搏，並向發熱患者提供飲食而不予禁食。他是愛爾蘭（或都柏林）診斷學派的領導人物，該學派強調對患者作臨床觀察。格雷夫斯也是最先詳細描述突眼性甲狀腺腫（格雷夫斯氏病）者之一。

Graves' disease　格雷夫斯氏病　亦稱toxic diffuse goiter或突眼性甲狀腺腫（exophthalmic goiter）。最常見的甲狀腺功能亢進，表現爲甲狀腺激素分泌過量，常伴有甲狀腺腫和突眼症狀。甲狀腺激素分泌過量可導致心輸出量增加、心動過速，還可能造成心臟衰竭。情緒上的應激狀態會促使甲狀腺風暴的發生，導致血管運動性虛脫和死亡。格雷夫斯氏病被認爲是一種自身免疫性疾病，有時可用藥物控制，嚴重個案則需要切除部分或全部的甲狀腺。

gravitation＊　引力　作用於所有具質量的物體之間的一種普遍的吸引力。雖然是自然界四種已知相互作用力中最弱的一種，但對恆星、類星體以至整個宇宙的結構和發展具有決定性作用。萬有引力定律決定太陽系中天體的軌道和地球上物體的運動，地球上的物體受到地球質量的吸引而被一個向下的引力吸引，引力的大小經實驗證明等於重量。牛頓是第一位導出可以計算的引力理論，指出兩物體間的引力與兩者質量乘積成正比，而與兩者間距離的平方成反比。愛因斯坦提出關於引力的一套全新概念，其中牽涉到四維時空連續統，而引力場的出現導致時空的彎曲。在廣義相對論中，他提出觀測者不能在局部的範圍內分辨出由加速度所產生的慣性力和由大質量物體所產生的均勻引力。

gravitational radius 引力半徑 ➠ Schwarzschild radius

gravity, centre of 重心 物理學上所設想的一個物點，整個物體的重量可看作全部集中在該點。因爲重量與質量是成比例的，這個假想的點也可以稱爲質心，但質心不涉及引力場。由均勻物質構成的形狀對稱的物體，重心與幾何中心重合，但是由質量不同、中空的或形狀不規則的物質構成的不對稱物體，重心很可能離幾何中心有一段距離，甚至是在該物體外的空間某點，例如椅腳之間的重心。

gravure printing＊ 凹版印刷 用於目錄、雜誌、報紙副刊、薄紙板、地板和壁紙、紡織品和塑膠的印刷方法。1878年波希米亞人克利（1841～1926）發明使照相凹版成爲在商業上實用的技術的方法。圖像分解爲大小、深淺不同的凹陷網點，腐蝕在印版滾筒上。在輪轉凹版印刷過程中，印版滾筒在滾動時經過一個裝有速乾油墨的槽，一個很薄的鋼片（醫生刀片）刮過滾筒，把版面的油墨刮去，留下凹痕內的油墨。然後紙張通過印版滾筒，吸出印版凹痕內的油墨。因爲凹坑的深度不同，構成了色調明暗不同的圖文。在複製圖像時，凹版能印出最接近連續色調的效果。彩色印刷時，每種顏色各有一個專用的印版滾筒。亦請參閱letterpress printing、offset printing。

Gray, Asa 格雷（西元1810～1888年） 美國植物學家。在費爾菲爾德醫學院獲得醫學學位，在學時即利用閒暇時間研究植物標本。與托里（1796～1873）一起撰寫《北美植物誌》（1838～1843）。1842年接受哈佛大學的教授職位，在哈佛大學教書至1873年。他向該校捐贈了數千本書籍和許多自己收集的植物標本，促成哈佛大學植物系的建立。在統一北美地區的植物分類方面，他的貢獻最大。他的著作，俗稱《格雷手冊》（1848），被廣泛使用，是這一學科中最權威性的著作。他是美國早期達爾文學說的主要支持者。

Gray, Thomas 格雷（西元1716～1771年） 英國詩人。曾在劍橋求學，後來定居於此，並在這裡寫詩，這些詩充滿依依不捨的哀思，並反映出他用衆所週知的語詞組成鏗鏘有力、琅琅上口的詩句的成熟技巧。雖然作品不多，他卻是當代主要詩人。最爲人熟知的作品《墓園輓歌》（1751）屬於英國最著名抒情詩之列，同時也被認爲是英國墓園詩歌中最好的作品。在《墓園輓歌》獲得成功之後，接下來的兩首詩作反應令人失望，後來停止寫作。

格雷，油畫，艾卡特（John Giles Eccardt）繪；現藏倫敦國立肖像畫陳列館
By courtesy of the National Portrait Gallery, London

gray fox 灰狐 帶灰斑的灰色美洲狐，學名Urocyon cinereoargenteus。棲息於加拿大到南美北部的森林、多岩石和灌叢地區。特點是頸、耳和腿微紅色；體長約50～75公分，不包括30～40公分長的尾巴；體重約3～6公斤。常爬樹，這與其他狐類不同。夜間活動。吃各種食物，包括小型鳥類和哺乳類動物、昆蟲、果實等。

grayhound ➠ greyhound

grayling 茴魚 茴魚屬中幾種像鱒的魚類的統稱。產於歐亞大陸和北美北部清冷的溪流中，體銀紫色，長約40公分。有相當大的鱗片，口小，牙細弱，具帆狀且色彩鮮豔的背鰭。主要以昆蟲爲食。春季在淺水區產卵。由於溪流受到污染，使這種極佳的食用魚數量減少。

graywacke＊ 灰瓦岩 亦稱雜砂岩（dirty sandstone）。由基質爲細粒黏土的砂粒組成的沈積岩。砂粒通常由含多種礦物（例如輝石、角閃石、長石、石英等）的岩石碎屑構成，黏土基質的分量可占體積的50%以上，黏土礦物中以綠泥石和黑雲母的含量最爲豐富。豐富的基質往往把顆粒牢固地黏結起來，形成堅硬的岩石。

Graz＊ 格拉茨 奧地利東南部城市，施蒂里亞（即施泰爾馬克）州首府。爲奧地利第二大城，濱施蒂里亞阿爾卑斯山脈山腳下的穆爾河。原爲堡壘所在地，約1240年建鎮，中世紀時成爲施泰爾馬克州中心，1379年後爲利奧波德哈布斯堡王朝所在地。城防建於15～16世紀，曾多次成功抵禦匈牙利人和土耳其人的圍攻。堡壘在19世紀時闢爲公園。天文學家克卜勒曾在此地的大學教書（1585）。現爲鐵路樞紐和工業中心，農產品交易極爲活躍，旅遊業也相當重要。人口238,000（1991）。

Graziani, Roldolfo, marchese (Marquess) di Neghelli＊ 格拉齊亞尼（西元1882～1955年） 義大利陸軍元帥，墨索里尼的信徒。曾任義大利駐利比亞部隊總司令（1930～1934）、義屬索馬利蘭司令官（1935～1936）和衣索比亞總督（1936～1937）。第二次世界大戰爆發時，指揮利比亞駐軍進攻埃及，卻敗給魏菲爾率領的英國軍隊，因此在1941年辭職。1943年義大利休戰後任國防部長，當時的義大利有德國爲後盾。1950年被判處十九年徒刑，但該年即獲釋。後來成爲義大利新法西斯主義運動的領袖。

Great Atlantic & Pacific Tea Co. (A&P) 大西洋與太平洋茶葉公司 美國公司。主要以A&P名號在美國經營超級市場連鎖店，爲全國最大連鎖商店之一。公司歷史可追溯到1859年在紐約市創建的大美洲茶葉公司，主要經營郵購業務，販賣從快速帆船收購來的茶葉。1869年以大西洋與太平洋茶葉公司爲名組成第一批零售商店，到1925年成爲最大的美國食品雜貨連鎖店。1936年第一家A&P超級市場開業，到1969年已經是美國最大的超級市場連鎖店，但之後走向衰退。1979年德國超級市場巨頭購買了足以控制A&P公司的已發行的股票。1986年收購肖普韋爾公司。

Great Attractor 巨引源 影響包括銀河系在內的許多星系運動的、設想中的質量聚集體（相當於數萬個星系）。1986年一個天文學家小組在觀測銀河系及附近星系的運動時，注意到這些星系的運動速度與按照哈伯的宇宙膨脹理論所預期的明顯不同。一個可能的解釋是存在著一個所謂的巨引源對周圍星系施加的引力拉曳。據估計，其中心位置朝向南天的長蛇座或半射手座，距地球約2億光年。

great auk 大海雀 不能飛行的海鳥，學名爲Pinguinus impennis，1844年後已滅絕。曾成群地繁殖於北大西洋沿岸的岩石島嶼，向南遠到佛羅里達、西班牙和義大利均曾發現其化石遺存。體長約75公分；其翼僅用於水下潛泳，長度不到15公分。能在地上直立。頭和背黑色，額白色，眼和黑喙之間有一塊大白斑。因爲可供食用和作爲誘餌遭大量捕殺而滅絕，大約有80隻大海雀標本保存在博物館中。亦請參閱auk。

Great Australian Bight 大澳大利亞灣 澳大利亞南岸的印度洋海灣。通常認定的範圍是從西澳大利亞州的帕斯利角到南澳大利亞州的卡爾諾角，長1,160公里。灣頭緊鄰乾燥的納拉伯平原，有60～120公尺高的懸崖爲界限。海岸線上靠近尤克拉的地方是紐茨蘭自然保護區。處於冬季西風帶的控制之下，素以風大浪高聞名。

Great Awakening 大覺醒 1720年至1740年代期間在英國殖民時期的北美洲興起的宗教奮興運動。原爲歐洲大陸虔敬主義或寂靜主義以及英格蘭福音派運動的一部分，17世紀末至18世紀初在衛斯理等牧師的領導之下席捲西歐。北美洲的大覺醒運動是新教徒對抗宗教上形式主義和理性主義的福音運動，帶有強烈的喀爾文派。奮興佈道家強調罪人恐懼懲罰和希望從神處得到未獲得的恩典的需要。懷特菲爾德（1714～1770）是最受歡迎的牧師，1739～1740年在整個殖民地向廣大群衆佈道。愛德華茲協助啓動了大覺醒運動，也是最重要的神學家。對印第安人傳教及學院的設立（包括普林斯頓大學），都是大覺醒運動帶來的結果。1790年代在新英格蘭和肯塔基興起另一個奮興運動，稱爲第二次大覺醒。

Great Barrier Reef 大堡礁 連綿一片的珊瑚礁。延伸於澳大利亞昆士蘭東北岸外，爲世界最大的珊瑚聚集區。沿著澳大利亞海岸綿延逾2,000公里，面積207,000平方公里。是數百萬年來由珊瑚蟲的鈣質硬殼與碎片堆積膠結而成。除了有350種珊瑚外，還有豐富的海洋生物，包括海葵、管蟲、腹足類、龍蝦、螯蝦、匙指蝦、蟹和許多魚類。紅藻（參閱algae）分泌的骨骼硬殼形成的帶紫色紅藻脊是珊瑚礁的特色之一。

Great Basin National Park 大盆地國家公園 美國內華達州東部國家保護區。原先是洪堡國家森林的一部分，1986年設爲國家公園。面積313平方公里，包括蛇山南段，此山脈自周圍沙漠平地突然聳起，最高點爲3,982公尺的惠勒峰。公園名勝之一是稱作利曼岩洞的一群石灰岩洞穴。

Great Bear Lake 大熊湖 加拿大西北地方湖泊。跨北極圈，1800年前由西北公司發現，之後以居住在岸邊的熊來命名。湖中有許多小島，大熊湖長約320公里，寬40～175公里，最深處413公尺。爲完全在加拿大境內的最大湖泊和北美第四大湖。湖中多游魚，包括溪鮭。

Great Britain 大不列顛 亦稱不列顛（Britain）。歐洲西部王國。由英格蘭、蘇格蘭和威爾斯組成，包含歐洲最大的島嶼，面積爲228,300平方公里。加上北愛爾蘭組成大不列顛及北愛爾蘭聯合王國（參閱United Kingdom）。大不列顛或不列顛也被用來指整個英國，是較不正式的說法。

Great Dane 大丹狗；丹麥大狗 至少四百年前已在德國培育成的工作犬，當時用於捕獵野豬。爲工作犬種類中最高的，體高71～81公分，重54～68公斤。頭粗大，下顎方形，軀體線條優美。被毛短，黑色、金棕色、棕色帶深色斑、藍灰色或白色帶黑斑。敏捷機警，勇敢，馴順，可信賴。該品種在起源和歷史上與丹麥並無關係。

Great Depression 大蕭條 亦稱1929年蕭條（Depression of 1929）。西方世界所經歷的時間最長和最嚴重的經濟蕭條。開始於在美國紐約發生的1929年股市大崩盤，持續至1939年左右。到1932年末，股價跌到只有之前市值的20%左右；而到1933年，美國25,000家銀行中有11,000家宣告破產，導致需求和產出水平大大下降，造成高失業率（至1932年失業率達25～30%）。由於美國是戰後歐洲的主要債權人和資金融通者，一旦美國經濟陷入蕭條，歐洲的繁榮隨之崩潰，特別是德國和英國。各國均藉由提高關稅、對外貿進口規定配額來保護自己國內的貿易。到1932年，世界貿易總值減少一半以上。大蕭條在政治領域也產生了重大的後果。在美國，經濟危機導致羅斯福當選爲總統，他的新政對美國的經濟結構造成若干重大變革。在德國，經濟災難直接導致了希特勒的崛起，於1933年奪取政權。在歐洲其他國家，大蕭條增強了極端主義勢力，降低了自由民主的威望。在大蕭條以前，各國政府依賴客觀的市場力量去矯正經濟；而在大蕭條以後，政府開始承擔主要的作用，以確保經濟穩定。

Great Dismal Swamp 大迪斯默爾沼澤 ➠ Dismal Swamp

Great Dividing Range 大分水嶺 大致與澳大利亞昆士蘭、新南威爾士、維多利亞三州海岸線平行的一系列山嶺。北起昆士蘭州約克角半島，向南延伸，在新南威爾士和維多利亞兩州交界處的一段稱澳大利亞阿爾卑斯山脈；在維多利亞州折向西，止於格蘭扁；從這裡開始有一支向南的支脈自巴斯海峽浮出，形成塔斯馬尼亞的中央高地。大分水嶺綿亙3,700公里。最先由歐洲人（1813）橫越並定居於澳大利亞內地。現重要經濟活動有農、林、礦業，並設有國家公園吸引觀光客。

Great Fear 大恐慌（西元1789年） 在法國大革命期間，有段時期農民與其他人等，因謠傳國王及特權階級有推翻第三等級的「貴族陰謀」，而引發了恐慌與暴亂。由於巴黎周邊部隊的集結引發暴動，巴黎的底層民衆於7月14日攻占巴士底獄。鄉間的農民則起而反抗領主，攻擊城堡，毀滅封建文書。爲了制止農民，國民制憲大會頒佈廢止封建政權的法令，並制定「人權和公民權利宣言」。

Great Fire of London 倫敦大火（西元1666年9月2～5日） 英國倫敦歷史上最嚴重的一次火災。這場大火摧毀了大部分的城市，包括大多數公用建築、聖保羅大教堂、87個堂區教堂和大約13,000幢民房。起因爲倫敦橋附近普丁巷內的皇家麵包房偶然失火，強烈的東風助長火勢。在第四天，一些房屋被炸藥炸毀以控制火勢。泰晤士河上的船隻擠滿了帶著大包小包的人們，有些人逃到漢普斯特德和海格特等高地，大部分無家可歸的倫敦人棲身穆爾菲爾茲。

Great Fish River 大魚河 南非東部省東南部河流。全長644公里，大部分向東南流，與庫納普河匯合後，在格雷厄姆斯敦東南流入印度洋。19世紀初，大魚河下游河谷成爲自開普往東遷移的英國移民和東北的部族居民之間的戰場。

Great Game 大賭局 英國與俄羅斯在19世紀晚期在中亞的敵對狀態。吉卜林在他的小說《吉姆》（1901）裡使用這個詞，指英國的態度受到官方、半官方以及享受在印度邊界外從事秘密行動之快感的私人探險家的報告所影響。在這些報告的敘述中經常誇飾（甚至發明）俄羅斯的陰謀，以及地方部族領袖觀望不定的忠誠。

great hall 大廳 中世紀莊園住宅、修道院或學院中的主要廳堂和用膳的地方。在較大的莊園住宅中也作其他用途，如審判、宴會，通常夜間會在地板上鋪上燈心草供僕人們就寢。

great horned owl　大角鴞　亦稱大雕鴞。學名爲Bubo virginianus，分布自北極樹限到麥哲倫海峽。強壯，爲斑駁褐色的猛禽，體長60公分以上，翅展幾達200公分。主要食小型齧齒動物和鳥類，但也能捕食比較大型的獵物（如雞）。適應沙漠和森林的生活，僅在食物短缺時才遷徙。

Great Indian Desert　印度大沙漠 ➠ Thar Desert

Great Lakes　大湖　主要位於中非東部大裂谷的大湖群，包括圖爾卡納湖、艾伯特湖、維多利亞湖、坦干伊喀湖和馬拉威湖（尼亞沙湖）。

Great Lakes　五大湖　北美洲中部大湖群。包括蘇必略湖、密西根湖、休倫湖、伊利湖和安大略湖，形成美國與加拿大間的自然邊界，總面積約245,660平方公里，是世界上最大的淡水水域。五大湖連結成單一的水道，流入聖羅倫斯河後注入大西洋。加上聖羅倫斯航道構成約3,200公里的航運路線，貨物運送最遠可至明尼蘇達州的杜魯日。大量的鐵礦、煤、穀物和製成品在各湖港間運送，或運往海外。商業性捕魚一度爲此地主要行業，但污染和其他原因使魚種數量減少導致漁業衰落，其後恢復緩慢並且僅部分的。在五大湖可從事多種娛樂，例如駕駛機動船和帆船。

Great Lakes trout　大湖鱒 ➠ lake trout

Great Leap Forward　大躍進　1958～1960年初中國共產黨從事的失敗的工業化運動。毛澤東希望發展強調人力的勞動密集型工業化方法，而不是逐步購買重型機器，因此利用中國的密集人口而避開累積資金的需要。他不去建造大型的新工廠，而是建議在每個村莊發展後院煉鋼爐。組織農村人口成立公社，農業和政治的決策都強調思想意識的純正而不是專業知識。這項計畫因執行得太倉促和狂熱，造成許多錯誤；而一系列的自然災害和蘇聯技術人員的撤離更加劇了這些錯誤。中國的農業瀕臨崩潰，1958～1962年約有2,000萬人死於飢荒。1960年初，政府開始放棄大躍進，自留地回到了農民手中，專業知識又獲得重視。

Great Mosque　大清眞寺 ➠ Esfahan, Great Mosque of

Great Mother of the Gods　衆神之母　亦稱賽比利（Cybele）。古代地中海地區崇奉的女神。對衆神之母的崇拜起源於小亞細亞弗里吉亞一帶，後來傳到希臘，希臘人將其與瑞亞合而爲一。西元前3世紀時傳到羅馬，成爲羅馬帝國時代最主要的崇拜體系。她在不同地區名稱各異。賽比利被尊崇爲衆神、人類和動物之母。她的情人是豐產神阿提斯。她的祭司稱爲加利，須先自閹以後才能任職。在祭祀她的祭典上，加利必須將自己的血濺於她的祭壇和她神聖的松樹上。

賽比利，赤陶小塑像，西元前5世紀初做於羅德島的Camirus；現藏倫敦大英博物館
By courtesy of the trustees of the British Museum

Great Northern Railway Co.　大北鐵路公司　1890年希爾創立的美國鐵路企業。1878年他收購了明尼蘇達州的聖保羅－太平洋鐵路，並將該鐵路向北延至加拿大邊境，向西抵達太平洋海岸，因而促使數以千計的移民沿著鐵路幹線定居。1901年希爾與北太平洋鐵路公司的摩根一起購進芝加哥－伯靈頓－昆西鐵路公司的控制股權，並成立控股公司管理這三條鐵路。1904年因美國最高法院裁定其違反反托拉斯法而解散，但伯靈頓鐵路仍在大北鐵路公司和北太平洋鐵路公司的控制之下。1970年大北、北太平洋和芝加哥－伯靈頓－昆西三家鐵路公司合併，改名爲伯靈頓－北方公司。

Great Northern War　大北方戰爭 ➠ Northern War, Second

Great Ouse River　大烏斯河 ➠ Ouse, River

Great Plague of London　倫敦大瘟疫（西元1664～1666年）　發生於倫敦的流行瘟疫，在全市總計約460,000人中，造成逾75,000人死亡。早在1625年便有40,000倫敦人死於鼠疫，這一次是最嚴重，也是最後一次流行。受害最慘重的是貧民密集的郊區，疫情迅速擴散到整個國家。但從1667年起到1679年爲止，只有少數零星病例。疫情降低的原因有很多，包括倫敦大火。狄福的《大疫年日記》（1722）是了解當時情況的寶貴資料。

Great Plains　大平原　北美洲中部大陸斜坡。其範圍南起美墨邊境的格蘭德河，北至北冰洋岸的馬更些河三角洲；東爲美國中央低地和加拿大地盾，西達落磯山脈；涵蓋了美國十個州和加拿大四個省，面積約2,900,000平方公里。所謂大平原，實際上是一個廣闊的半乾旱草地高原，是美國和加拿大的小麥主要產區，也是重要的牛、羊畜牧區。部分地區蘊含煤、褐煤、石油和天然氣等資源。

Great Proletarian Cultural Revolution　無產階級文化大革命 ➠ Cultural Revolution

Great Red Spot　大紅斑　位於木星表面南緯約23°處、在經度裡移行的風暴。呈橢圓形的高壓中心南北延伸約14,000公里，相當於地球的直徑，東西寬度約爲南北寬度的兩倍。1665年由卡西尼發現。它的顏色從磚紅色過渡到褐色，可能與雲帶的顏色相混所致，並隨年代的推移而有所變化，其所以呈紅色的原因至今不明。

Great Rift Valley　大裂谷　亦稱裂谷（Rift Valley）或東非裂谷系（East African Rift System）。地球表面最大裂谷的一部分。從約旦向南延伸，穿過非洲，止於莫三比克。總長6,400公里，平均寬度48～64公里。據推測，裂谷形成於非洲和阿拉伯半島分開之時，約有3,000萬年，一些地段同時伴隨有大規模火山活動，形成吉力馬札羅山和肯亞山等山峰。北段爲裂谷系主要分支－－東部裂谷，有約旦河、死海和亞喀巴灣，向南沿紅海進入衣索比亞的達納基勒窪地，繼而進入肯亞的魯道夫湖、奈瓦沙湖和馬加迪湖；坦尙尼亞境內一段東緣因受侵蝕已不太明顯；後繼續向南到達莫三比克貝拉附近的印度洋沿岸。西面分支爲西部裂谷，從馬拉威湖北端呈弧形延伸，經過魯夸湖、坦干伊喀湖、基伏湖、愛德華湖和艾伯特湖。

Great St. Bernard Pass　大聖伯納山口　古稱Mons Jovis。阿爾卑斯山脈山口。海拔2,469公尺，爲阿爾卑斯山脈邊境最高山口之一。在義－瑞邊界白朗峰群東邊，連接瑞士的瓦萊和義大利的奧斯塔。是歷史上跨越阿爾卑斯山脈的最重要路線，過去常為朝聖者前往羅馬和中世紀的軍隊使用。1800年拿破崙率領40,000大軍跨越此山口到達義大利北部。在山口上有一著名的旅客招待所，為11世紀孟松的聖伯納所創立，至今仍由奧古斯丁會的修士和他們養的聖伯納犬為旅行者提供服務。該古道一年只開放五個月，現在已部分為山口底下的一條全年暢通的隧道所取代。

Great Salt Lake　大鹽湖　美國猶他州北部湖泊。為西半球最大的內陸鹹水湖，也是世界上含鹽度最高的湖泊之一。由於蒸發量和注入的河水流量的變動，湖的面積變化極大，面積最大者為1873年和1980年代中期的大約6,200平方公里，1963年時面積小到只有2,460平方公里。中等水量時，深度通常小於4.5公尺。雖然近年來計畫開發湖區的豐富礦產和發展水上體育活動，並建立野生動物保護區，使大鹽湖的地位日益重要；但因為周圍被大片沙丘、鹽鹼地和沼澤所包圍，至今仍處於隔絕狀態。

Great Sand Dunes National Monument　大沙丘國家保護區　美國科羅拉多州中南部國家保護區。位於聖路易山谷東緣，與桑格累得克利斯托山脈西部基地平行約16公里。1932年建立，占地155平方公里，區內有美國最高的內陸沙丘，多變化的丘頂高達215公尺。

Great Sandy Desert　大沙沙漠　西澳大利亞北部荒漠。西起印度洋岸的八十哩灘，向東延伸至北部地方，北起慶伯利丘陵，往南達南回歸線和吉布森沙漠。廣袤的荒漠上有大片鹽沼和沙丘，範圍大致與沈積形成的甘寧盆地相同。1,600公里長的甘寧牲畜路從魏魯納經失望湖到霍爾溪。

Great Schism ➠ Schism, Western

great sea otter　大海獺 ➠ sea otter

Great Slave Lake　大奴湖　加拿大西北地區中南部湖泊，名稱取自斯拉維印第安人。有奴河等數條河流注入，經馬更些河注入北冰洋。面積28,570平方公里，為北美第五大湖。湖長500公里，寬50～225公里，最深處逾600公尺。該湖除了是附近捕魚業的支柱外，也是馬更些河水道的重要部分。

Great Smoky Mountains　大煙山脈　美國阿帕拉契山脈西部山嶺。沿北卡羅來納州和田納西州邊界延伸，東接藍嶺山脈。最高部分在大煙山脈國家公園內，包括高2,025公尺的最高峰克林曼山。為森林所覆蓋，早期由切羅基人占據，現有切羅基印第安人保護區和皮斯加、切羅基國家森林的一部分。現為著名遊覽區，有阿帕拉契國家風景小徑的一部分和藍嶺公路。

Great Smoky Mountains National Park　大煙山脈國家公園　美國田納西州東部和北卡羅來納州西部的國家保護區。寬32公里，從皮金河向西南延伸至小田納西河，約87公里長。1934年為保護美國僅存的大型南方原始硬木林區而建立，面積210,553公頃。區內包含一些阿帕拉契山脈最高山峰，峰頂上為濃密杉林覆蓋，低坡溪間生長著山月桂、杜鵑花和映山紅。本地的第一批移民定居於河谷附近，部分房舍至今仍保存於公園中。1983年定為世界遺產保護區。

Great Society　偉大社會　美國總統詹森於1965年所使用的政治口號，闡明他的國家改革立法綱領。在他的第一次國情諮文中說明建立「偉大社會」的遠景，並宣言要向貧窮「開戰」，內容包括由聯邦政府支持教育，對老年人給予醫療照顧，立法保護那些被某些州法剝奪選舉權的黑人公民。他並提議成立一個新的掌管居住與都市計畫的部門，以統合聯邦的居住計畫。國會幾乎通過了詹森總統提出的所有法案，為自新政以來所通過最大數量的法案。亦請參閱Civil Rights Act of 1964、Medicare and Medicaid。

Great Trek　大遷徙　1835年至1840年代初，12,000～14,000名阿非利堪人因反對英國政策和尋找牧場，而從南非開普殖民地出發的一次大遷移。阿非利堪人認為這次遷徙是南非國家的起源。因為移民們的軍事能力在短期內超越敵對的非洲王國，因此得以進入納塔爾和高地草原定居。此外，這次遷移也使得白人移民向北到達林波波河。亦請參閱Pretorius, Andries。

Great Victoria Desert　維多利亞大沙漠　地跨西澳大利亞、南澳大利亞兩州荒漠。介於北方的吉布森沙漠與南方的納拉伯平原之間，自卡爾古利向東延伸至斯圖爾特嶺。沙漠東端大部分為中央與西北原住民保留地。境內大部分為浩瀚沙丘，有一條拉弗頓－沃伯頓傳教道路橫跨其中，連接沃伯頓嶺上的佈道站和其西南方560公里遠的拉弗頓。有多處國家公園和保護區，包括維多利亞大沙漠自然保護區和納拉伯國家公園。

Great Wall (of China)　長城　亦稱萬里長城。中國北方防禦性的屏障，是人類建造的大規模建築工程之一。東起渤海，向西延伸到中亞深處，若將其支段計算在內，總長約4,000哩（6,400公里）。其中部分堡壘的歷史可追溯至西元前4世紀。西元前214年秦始皇將當時存在的城牆，連結成一整套防禦體系，並設置瞭望台增強其功能。瞭望台既可護衛城牆，並可藉由訊號（白日昇煙、夜晚燃放火光）向位於西安附近的首都咸陽傳遞訊息。長城本來有部分是以石頭和泥土建成，但其東段則以磚塊覆蓋表面。長城於後世續有修建，特別是在15～16世紀。長城的基本高度約為30英尺（9公尺），瞭望台則高達40英尺（12公尺）。1987年長城被列為世界遺產保護區。

great white shark　大白鯊　亦稱白鯊（white shark）。鯖鯊科大型攻擊性鯊魚，學名為Carcharodon carcharias。被認為較其他鯊類對人更有危害性。分布於各大洋熱帶及溫帶區。體碩重，尾呈新月形，牙大且有鋸齒緣，呈三角形。最大者約可達11公尺（36呎）。一般體灰色、淡藍色或淡褐色，腹部呈淡白色，背腹體色界限分明，體型大者色較淡。食量大，食物包括魚類、海龜、海鳥、海獅、海船上所棄雜物等。

Great Zimbabwe　大辛巴威 ➠ Zimbabwe

Greater London　大倫敦　英國都市郡。1986年起已無行政功能，如今只剩下大倫敦這個名字。面積1,637平方公里，由倫敦市和另外32個自治市組成，其中13個自治市構成內倫敦市區，其餘組成外倫敦市區。位於泰晤士河兩岸，其外圍集合城市距離倫敦中心最遠達72公里。為主要的政治、工業、文化和金融中心。人口約7,007,000（1995）。

Greater Manchester　大曼徹斯特　英格蘭西北部都市郡，1986年起已無行政功能，如今只剩下大曼徹斯特這個名字。為英國主要的集合城市群之一，包括曼徹斯特市和數個自治市。面積1,287平方公里。為主要的商業和運輸中心。人口約2,577,400（1998）。

角鸊鷉（*Podiceps auritus*）
Ingmar Holmasen

grebe　鸊鷉　鸊鷉科約18種潛水鳥類。分布於大部分熱帶和溫帶地區，也常見於亞北極區。大多數種類可飛行，有些爲候鳥。喙尖，翅短而窄，尾退化；腿位於身體後部，故步履蹣跚。主要以魚和無脊椎動物爲食。在求偶或面對競爭對手時，會成對表演複雜多姿的水中舞蹈。不同種類體長各異，約21～73公分。

Greco, El　葛雷柯（西元1541～1614年）　原名Domenikos Theotokopoulos。El Greco在西班牙語中意爲希臘人。克里特裔西班牙畫家，西班牙繪畫中第一位大師。關於其早期生活的資料有限，只知約1560～1570年在威尼斯，可能在提香的工作室習畫。1572年爲羅馬聖路加公會成員。他在西班牙（1577）的第一件委任作品是托萊多聖多明哥－安蒂戈教堂的祭壇畫（1577～1579），高壇上的《聖母升天圖》和《三位一體》，反映出提香及米開朗基羅的影響。畫中拉長的人物造型成爲他個人的代表風格。他的傑作《奧爾加斯伯爵的葬禮》（1586～1588），以超自然、半抽象的手法描繪天上充滿高大鬼魂般的人物輪廓，而地上則是平常的世界。自1590年至去世，葛雷柯的畫作數量驚人。主要作品包括替依列斯卡斯德拉卡里達醫院完成的完整祭壇畫（1603～1605），在這項工作中，他也擔任建築師和雕刻師。他還是出色的肖像畫家。現存兩幅風景畫，包括著名的《托萊多風景》（1610?）。他的工作室生產了許多其作品的複製畫，但他的個人風格是如此獨特，因而其追隨者只有他的兒子及一些已被人遺忘的模仿者。

Greco-Persian Wars　波希戰爭 ➠ Persian Wars

Greco-Roman wrestling　古典式角力　一種角力形式，不准用腿將對方摔倒，也不准抱腰以下的部位。古典式角力在19世紀初源起於法國，仿效希臘和羅馬的古典形式的運動，後在各國間受到喜愛。在20世紀末自由式角力被接受之前，古典式角力是奧運會和國際業餘比賽採用的唯一角力形式。

Greco-Turkish Wars　希臘－土耳其戰爭（西元1897年、西元1921～1922年）　希臘人和土耳其人的兩次軍事衝突。第一次又稱「三十天戰爭」，起因於1896年土耳其統治下的克里特島上的基督教徒和穆斯林統治者間爆發叛變，希臘軍隊在翌年占領該島。歐洲列強強制實行封鎖，以阻止對該島的協助。由於無法到達克里特島，希臘派軍襲擊在色薩利的土耳其軍，但被占優勢的土軍擊敗。和約迫使希臘由克里特島撤軍，土耳其軍隊也撤離克里特，該島成爲國際保護領地，之後（1913）劃歸希臘。第二次戰爭爆發於第一次世界大戰結束後。當時希臘人企圖將領土向外擴張，這些地區後來在「塞夫爾條約」（1920）中劃歸希臘。1921年，希臘軍隊在安納托利亞向公然反抗、拒不承認條約的土耳其民族主義者發動進攻，但被凱末爾率領的軍隊趕出安納托利亞。後來在「洛桑條約」（1923）中，希臘被迫將這些引起紛爭的領土歸還給土耳其。

Greece　希臘　正式名稱希臘共和國（Hellenic Republic）。希臘語作Ellás。古稱Hellas。歐洲南部巴爾幹半島國家。面積131,957平方公里。人口約10,975,000（2001）。首都：雅典。人民以希臘人占大多數。語言：希臘語（官方語）。宗教：希臘正教（國教）。貨幣：歐元。地形與海洋緊密相關，有島嶼2,000多個，海岸線逾4,000公里。境內多山，只有不到1/4的地方是低地，大多爲愛琴海沿岸的沿海平原或山谷及河口附近的小平原。內陸地形主要是班都斯山脈，從西北部的阿爾巴尼亞邊界處延伸至伯羅奔尼撒，奧林帕斯山是全國最高峰。主要島嶼有愛琴群島、愛奧尼亞群島和克里特島。屬地中海型氣候。爲進步的開發中經

濟，主要是以農業、製造業和旅遊業爲基礎的民營企業。政府形式爲多黨制共和國，一院制。國家元首爲總統，政府首腦是總理。大約西元前2000年在克里特島上達於頂峰的以宮殿爲中心的米諾斯文明，是希臘最早的城市社會。其後隨著印歐民族的入侵，在西元前1600年左右興起了大陸本土的邁錫尼文明。西元前1200年左右第二波入侵摧毀了青銅時代諸文化，隨之而來的是荷馬史詩中多次提到的黑暗時代。這一時期末，古希臘以一個獨立城邦的聯合體開始形成（西元前750?年），包括伯羅奔尼撒的斯巴達和阿提卡的雅典。這一文明在西元前5世紀初擊退波斯人入侵（參閱Persian Wars）後達於頂峰，但在該世紀末的伯羅奔尼撒戰爭的內戰紛擾中開始走下坡。西元前338年馬其頓的腓力二世占領了希臘諸城邦，其子亞歷山大大帝將希臘文化傳遍整個帝國。西元前2世紀深受希臘文化熏陶的羅馬人征服了希臘諸城邦，羅馬覆亡後，希臘仍是拜占庭帝國的一部分，直到西元15世紀中葉，成爲日益擴大的鄂圖曼帝國的一部分。1832年獲得獨立。第二次世界大戰期間被納粹德國占領，其後內戰爆發，持續到1949年共產黨軍隊戰敗方告結束。1952年加入北大西洋公約組織。1967年發生軍事政變，到1974年才恢復民主制度，同年公民投票廢除了希臘的君主政體。1981年加入歐洲共同體（參閱European Union），是第一個加入的東歐國家。1990年代的巴爾幹動亂，使得希臘與鄰近國家的關係趨於緊張，包括原爲南斯拉夫一部分的馬其頓共和國。

Greek alphabet　希臘字母　約西元前1000年在希臘發展起來的文字體系，是現代歐洲一切字母的直接或間接起源。經腓尼基人從北閃米特字母派生而來，把閃米特字母中所有代表輔音的符號改爲代表元音的符號，而將希臘語中沒有的音符字母變成希臘語字母alpha、epsilon、iota、omicron、upsilon，以表示a、e、i、o、u等元音，大大增進了這種新文字體系的精確度和易讀性。在希臘字母變體卡爾西迪字母可能衍生出義大利伊楚利亞字母，並間接影響後來的拉丁字母時，在西元前403年雅典正式採用了愛奧尼亞字母，此後成爲標準的希臘字母，有24個字母，皆由大寫字母組成，適於製作碑銘；之後數種適合手寫的字體由此派生而來。

字母	英語發音	英文名稱	字母	英語發音	英文名稱
Α α	*a*	alpha	Ν ν	*n*	nu
Β ϐ, β	*b*	beta	Ξ ξ	*x*	xi
Γ γ	*g*	gamma	Ο ο	*o*	omicron
Δ δ	*d*	delta	Π π	*p*	pi
Ε ε	*e*	epsilon	Ρ ρ	*rh, r*	rho
Ζ ζ	*z*	zeta	Σσ, ς	*s*	sigma
Η η	*ē*	eta	Τ τ	*t*	tau
Θ θ	*th*	theta	Υ υ	*y, u*	upsilon
Ι ι	*i*	iota	Φ φ	*ph*	phi
Κ κ	*k*	kappa	Χ χ	*kh*	chi
Λ λ	*l*	lambda	Ψ ψ	*ps*	psi
Μ μ	*m*	mu	Ω ω	*ō*	omega

現代希臘字母與英語發音對照表

Greek Civil War 希臘內戰（西元1944～1945年；1946～1949年） 希臘共產黨試圖控制希臘而失敗的衝突，分為兩個階段。納粹德國的占領一直遭受希臘兩個主要游擊部隊的抵抗，即共產黨控制的民族解放陣線－人民解放軍（簡稱EAM-ELAS）和希臘民主國民軍（簡稱EDES）。衝突起於民族解放陣線－人民解放軍成立了臨時政府，暗示否認希臘國王和他的流亡政府。1944年當德軍自希臘撤軍時，在英國的撮合下，共產黨人與保王的希臘游擊隊共組一個不穩定的聯合政府。由於共產黨成員拒絕解散其游擊隊，1944年末爆發了一場激烈內戰，隨後為英軍鎮壓。希臘大選時，共產黨人和他們的追隨者棄權，希臘國王重新執政。1946年共產黨人再啓全面的游擊戰端，美國負起了保衛希臘的承諾，創造了杜魯門主義為正義的象徵。在山區的小規模戰鬥後，1949年共黨宣告停止公開戰鬥。估計約有50,000希臘人在這次內戰中喪生，留下難以磨滅的痛苦。

Greek fire 希臘燃燒劑 數種古代和中世紀戰爭所使用的可燃混合物的統稱，尤指7世紀拜占庭希臘人首創的石油基混合物。諸如瀝青或硫這類可燃物早在古代就已被用於戰爭中，但眞正的希臘燃燒劑是最致命的。裝入罐內投擲或由發射管發射，顯然它會自燃，而且無法用水撲滅。希臘在673年攻擊君士坦丁堡時，即利用戰艦上的炮管發射希臘燃燒劑，成功地大敗阿拉伯艦隊。希臘燃燒劑在戰爭中的奇效，是拜占庭帝國能存在許久的主要原因。其製法因係密傳，確切成分至今不詳。

Greek Independence, War of 希臘獨立戰爭（西元1821～1832年） 鄂圖曼帝國境內希臘人的起義。由亞歷山德羅斯·伊普西蘭蒂（1792～1828）領導開始，雖然他很快就失敗了，但在此同時，希臘境內和其他數個島上的起義卻取得伯羅奔尼撒的控制權，並宣布希臘獨立（1822）。土耳其曾三次試圖進攻。內部的敵對勢力使希臘人無法擴大控制範圍和鞏固其地位，土耳其人在埃及的支援下，成功攻進伯羅奔尼撒並占領數個城市，但歐洲列強勢力的介入維護了希臘的利益。最後在1830年倫敦會議達成協議，宣布希臘為獨立的君主國。

Greek language 希臘語 主要通行於希臘的印歐諸語言。其發展歷史可分為四個階段：古代希臘語、古希臘共同語、拜占庭希臘語和現代希臘語。古代希臘語又分為邁錫尼希臘語和古典標準希臘語，後期發展出許多方言（例如愛奧尼亞語、阿提卡語）。第二階段的古希臘共同語（希臘化的希臘語）興起於西元前4世紀亞歷山大大帝時期，共同語加上簡化的語法，在希臘化時代廣為傳播。認為古希臘共同語是不標準的阿提卡語而拒絕使用的純粹主義者，成功地提倡使用古代語來寫作，因此書面語體的拜占庭希臘語（西元5～15世紀）仍根植於雅典學派傳統中，口語則繼續發展。現代希臘語從15世紀開始發展，並衍生出許多地方性方言。標準現代希臘語，現為希臘官方的口語和書寫語言，主要根據通俗希臘語（使用於大眾口語）而來，但包含了純正希臘語的元素在內，而其書寫形式過去使用於政府文件與公共生活。

Greek law 希臘法律 古代希臘的法律制度。每一城邦各具有其自訂的法律，其中許多為成文法。嚴峻的德拉古法典和較人道的梭倫法典，是許多法典中最著名的兩本。雖然哲學家們的旨趣在於發掘抽象的公正標準，但是不同於羅馬法，希臘法律只有少量的法理學分析。擔任審判的審理官將判決建立在成文法律字面含義的基礎上，而不是依據含糊的公平概念。個人訴訟與公訴都必須將被告傳至對本案具有裁判權的地方長官，並須向其呈遞書面申訴狀，以便初步審查。仲裁的形式也存在於民事訴訟中。在個人訴訟案中勝訴的原告，通常必須自行執行該項判決。

Greek mythology 希臘神話 口頭或文字上一切有關古希臘人的神、英雄、自然和宇宙歷史的傳說。今日所知的希臘神話或傳說大多來源於希臘文學，包括如荷馬史詩《伊里亞德》和《奧德賽》，赫西奧德的《工作與時日》和《神譜》，奧維德的《變形記》等經典作品，以及艾斯克勒斯、索福克里斯和尤利比提斯的戲劇。神話談到諸神與世界的起源、諸神爭奪最高地位及最後由宙斯勝利的鬥爭、諸神的愛情與爭吵、神的冒險與力量對凡世的影響，包括與暴風或季節等自然現象和崇拜地點與儀式的關係。希臘神話和傳說中最有名的故事有特洛伊戰爭、奧德修斯的遊歷、伊阿宋尋找金羊毛、赫拉克勒斯的功績、特修斯的冒險和伊底帕斯的悲劇。亦請參閱Greek religion。

Greek Orthodox Church 希臘正教會 獨立的希臘東正教教會。有時也被誤用於指東正教。希臘正教會一直到1833年都屬於君士坦丁堡牧首區之下，之後獨立出來。由六十七名都主教治理，統歸一名大主教管轄。

Greek pottery 希臘陶器 古代希臘製造的陶瓷，陶器上的圖飾成為了解希臘繪畫藝術發展過程的主要來源。根據不同用途，大小和形狀也各不相同：大型的器皿主要用於貯藏和運送液體（酒、橄欖油、水），較小的陶罐則用來裝香水和藥膏。最早的風格，即幾何圖形風格（西元前1000?～西元前700年），以幾何裝飾圖案為特色，後來發展出格式化的人物形象描述故事場景。從西元前8世紀末到西元前7世紀初，東方的影響日益增加，形成「東方化」主題（如獅身人面怪、獅身鳥首獸），著名的為科林斯製陶器（西元前700?年），當時的畫家創造出黑彩陶器。雅典畫家採用了這種黑彩陶器風格，從西元前600年開始漸漸成為希臘製造陶器的重鎮，並在西元前530年左右發明紅彩陶器。到了西元前4世紀，陶器圖案已衰退，至該世紀末已在雅典消亡。

Greek religion 希臘宗教 古希臘人的信仰、儀式與神話的統稱。雖然對天神宙斯的崇拜最早開始於西元前第二

希臘神祇與女神

埃俄羅斯	風神
愛芙羅黛蒂	愛、美貌、生育之女神
阿波羅	日光、預言、音樂及詩歌之神
阿瑞斯	戰神
阿提米絲	動物、狩獵、豐產之女神
雅典娜	智慧女神
玻瑞阿斯	北風神
賽比利	眾神、人類和動物之母
蒂美特	果實、穀物、蔬菜之女神
戴奧尼索斯	酒神
厄俄斯	黎明女神
厄洛斯	愛神
該亞	大地女神
哈得斯或普路托	陰間之神
赫柏	青春女神
赫卡忒	魔法、鬼魂、巫術之女神
赫利俄斯	太陽神
赫菲斯托斯	火和工匠之神
赫拉	上天之后，婚姻和婦女之女神
赫耳墨斯	神之使者，商業、豐產、夢之神
赫斯提	灶之女神
伊里斯	神之使者、彩虹女神
莫耳甫斯	夢之神
奈米西斯	復仇女神
奈基	勝利女神
潘	牧神、森林之神
普賽弗妮	陰間女神
波塞頓	海神
瑞亞	眾神之母
塞勒涅	月之女神
烏拉諾斯	天空之神
宙斯	眾神之神

千紀，有確定意義的希臘宗教開始於西元前750年左右，並持續了一千餘年，其影響遍及地中海及其以外的地區。希臘人崇拜很多神，被認爲能主宰種種自然的或社會的力量，例如波塞頓司海洋、蒂美特管收穫、赫拉掌婚姻。不同地區崇拜不同的神祇，但荷馬的史詩爲這些神創立了一個統一的宗教，據信主要的神都住在奧林帕斯山上，受宙斯管轄。希臘人也禮拜鄉間的種種神祇，例如潘，仙女那伊阿得斯、德萊雅、涅莉得，薩堤爾（參閱Satyr and Silenus），以及復仇女神和命運女神；此外，亡故的英雄人物，如赫拉克勒斯和阿斯克勒庇俄斯，也受到崇拜。牲畜祭品相當重要，通常供在神廟中的神壇前。其他禮拜活動包括祈禱、獻酒、遊行、運動競賽和占卜（特別是藉神諭或鳥而作）。大型宗教節慶有在雅典的酒神節和在西伯羅奔尼撒爲宙斯舉行的慶典，包括奧運會。死後的世界是一個充滿怨恨的地方，死者住在哈得斯的國度裡，只有英雄能前往埃律西昂，作惡多端的人在塔爾塔羅斯受處罰。爲了滿足個人想要獲得指引、救贖或永生的渴望，因而有祕密教派的出現。希臘宗教因爲基督教的興起和最大的護持者尤里安在363年去世而消退。亦請參閱Greek mythology。

Greek Revival　希臘復興式　19世紀前半葉，以西元前5世紀希臘神廟爲範本流行於整個歐洲和美國的建築風格，爲當時社會被希臘文化吸引的表現。建築師經常在已存在的建築物正面增加希臘式的柱子，銀行和公共機構模仿多立斯神廟的建築。希臘復興式的房子通常炫耀由大尺度的壁柱和重新裝飾的山形牆組成的大型柱廊。在美國，希臘復興式也被大量採用，包括許多新奇的扭曲手法。倫敦大英博物館（1847）的建築設計使用了大尺度的希臘愛奧尼亞柱式，是希臘復興式在英國的最強有力的表現。亦請參閱Neoclassical architecture。

格里利，水彩畫，納斯特（Thomas Nast）繪於1872年；現藏華盛頓特區國立肖像畫陳列館 National Portrait Gallery, Smithsonian Institution, Washington, D. C.; Gift of the Trustees, National Portrait Gallery, London

Greeley, Horace　格里利（西元1811～1872年）　美國報紙編輯和政治領袖。原在佛蒙特當印刷學徒，後遷居紐約市，在一文學雜誌和輝格黨週刊擔任編輯工作。1841年創辦極有影響力的《紐約論壇報》，致力於各項改革、經濟發展以及人民大眾地位的提高。格里利一直任該報總編輯直到去世，尤其以他在1850年代對美國北方反奴隸觀點而出名。美國南北戰爭（1861）爆發後，他在政治上採取動搖不定的路線。他一生希望擔任公職但未實現的野心在1872年達到頂點，當時自由共和黨提名他爲總統候選人，但競選失敗。

Green, Adolph　格林 ➠ Comden, Betty; and Green, Adolf

Green, Hetty　格林（西元1835～1916年）　原名爲Henrietta Howland Robinson。美國金融家，據說是當時美國最富有的婦女。1865年她的父親和伯母去世，留給她共一千萬美元的遺產。她巧於經營，死時財產達一億美元。

格林，攝於1897年
By courtesy of the Library of Congress, Washington, D. C.

Green, Julian　格林（西元1900～1998年）　亦作Julien Green。美國作家。出生於法國，父母爲美國人，雖然有幾年在美國教書，大部分的時間都住在法國。格林的小說以法文寫成，通常以法國外省或美國南方爲背景。作品塑造出緊張、幽閉恐懼的氣氛，描寫一些神經過敏的人物處於複雜的關係之中，充斥著祕密、犯罪、背叛、激情和暴力。1970年獲頒法蘭西學院文學大獎，表揚他以清晰、精準、簡約著稱的傑出的法式散文體寫作風格。他的作品輯爲《全集》（10卷，1954～1965）。

Green, William　格林（西元1873～1952年）　美國勞工領袖，曾任美國勞工聯合會主席。十六歲開始當煤礦工人，在工會的等級體系中一路提升，最後在1924年被選爲美國勞工聯合會主席，並擔任此職位直到去世。1935年產業工會聯合會的成立，造成他與該會領導人路易斯間的激烈爭吵，結果1936年美國勞工聯合會將產業工會聯合會開除出去。亦請參閱AFL-CIO、trade union。

Green Bank equation　格林班克方程式 ➠ Drake equation

Green Bay　綠灣　美國威斯康辛州東北部城市。位於密西根湖的綠灣，瀕福克斯河。從1634年至1812年戰爭結束時爲法國貿易站，1816年美軍占領該地並建立霍華德堡。隨著皮毛貿易的衰落和伊利運河的開通，發展爲伐木和農業中心。它是五大湖的一個深水港，有大量批發零售業。以職業足球隊「綠灣包裝工隊」聞名，該球隊自1919年開始受到支持。設有威斯康辛大學分校及工學院。人口約102,000（1996）。

Green Berets＊　綠扁帽　亦作特勤部隊（Special Forces）。美國陸軍的精英單位，擅長平定叛亂。綠扁帽（扁帽可能是綠色以外的其他顏色）成立於1952年。他們活躍於越戰，同時也被派到世界各地發生動亂的地區，協助當地受美國支持的政府用游擊戰的戰術對付叛軍。

green manure　綠肥　作物生長並犁進土裡，對土壤及後續的作物有益處，雖然在其生長期間可能還有放牧行爲。這些作物通常都是一年生的禾草或豆類。添加氮到土壤中，增加整體的肥力程度，減少侵蝕，改善土壤的自然條件，並減少淋溶造成的養分流失。通常在秋季種植，在春季翻到土裡，然後播種夏季作物。亦請參閱cover crop。

Green Mountains　格林山脈　美國阿帕拉契山脈系的一部分。延伸穿過佛蒙特州中央，長達402公里，最寬處50公里。許多山峰高度在900公尺以上，最高的曼斯菲爾峰高達1,339公尺。以冬季滑雪設施完善馳名，山間修有供滑雪的長馳道，爲阿帕拉契國家風景小徑的一部分。格林山國家森林占地86,600公頃，成立於1932年。

green revolution　綠色革命　糧食穀物（特別是小麥和水稻）生產大量增加，大多是因爲在20世紀中開始將高產量的新品種引進到開發中國家。早期在墨西哥和印度次大陸獲得重大成就。新的品種爲了高產量，需要大量的化學肥料與殺蟲劑，引發成本與潛在環境危害效應的憂慮。貧窮的農夫無法負擔肥料和殺蟲劑，收穫的穀物量甚至比舊的品種還要低。亦請參閱Borlaug, Norman (Ernest)。

Green River　格林河　美國西部河流。從懷俄明州西部向南進入猶他州，再轉向東進入科羅拉多州西北角，環繞一圈後又進入猶他州向南流，在坎寧蘭茲國家公園匯入科羅拉多河。全長1,175公里。早期被稱爲西班牙河，1824年改名，可能是取自河道中綠色巨石堆的顏色。

Greenaway, Kate　格林納維（西元1846～1901年）　原名Catherine Greenaway。英國藝術家和童書插畫家。爲製圖員和木雕師之女，曾在倫敦學美術。1868年開始展出她畫的圖畫，發表的插圖刊登於雜誌上，並設計聖誕節及情人節卡片。她的第一本書《窗下》（1878），以及接下來的《生日讀本》（1880）、《鵝媽媽》（1881）和其他許多兒童讀物都獲得很大的成功，並強烈地影響當代的流行風尚。她的一系列年鑑（1888～1897）也非常受歡迎。

格林納維為《萬壽菊園》（*Marigold Garden*, 1885）所畫插圖「我們和祖母一起外出時」
Mary Evans Picture Library, London

Greenback movement　綠背紙幣運動（西元1868～1888年）　主要由美國農民發起，希望維持或增加紙幣流通量的運動。爲了資助聯邦從事美國南北戰爭，美國政府發行了沒有黃金儲備、使用綠色墨水印製的紙幣，稱爲綠背紙幣。南北戰爭結束後，財政上的保守派要求政府收回綠背紙幣，但是希望維持高物價的農場主和其他人則反對這樣做。1868年民主黨人支持一項關於發行新綠背紙幣以兌換某些戰爭債券的計畫。1873年的經濟大恐慌以及後來的經濟蕭條，增強了額外發行綠背紙幣或無限制地鑄造銀幣的要求。1875年國會通過「恢復硬幣支付法」，規定綠背紙幣可以兌換成黃金，新成立的綠背紙幣黨就把廢除這一法案當作目標。在1878年的選舉中，綠背紙幣黨有十四人選入國會，1884年後對該黨的支持開始衰退。亦請參閱Free Silver Movement、Populist Movement。

Greenberg, Clement　格林伯格（西元1909～1994年）　美國藝術評論家。自雪城大學畢業後，他回到出生地紐約市，爲《黨派評論》和《國家》等出版品撰寫文稿，推動被稱爲「格林伯格形式主義」的欣賞藝術方式。格林伯格爲1940年代晚期至1950年代美國藝術權威人士，深受抽象表現主義及其首要倡導者波洛克所帶來的奇特影響。他會例行性前往藝廊和藝術創作者的工作室爲他們的作品做推展，當中包括弗蘭肯特勒、羅思科及史密斯等。但他無法苟同後續的藝術活動如普普藝術和觀念藝術，並在1960年代之後寫了一些文章來表明立場。

Greenberg, Hank　格林堡（西元1911～1986年）　原名Henry Benjamin Greenberg。美國職業棒球選手，生於紐約市布朗克斯，1933年加入底特律老虎隊擔任一壘手，開始他的職業生涯。他兩度幫助老虎隊奪得世界冠軍（1935、1940），同時也是這兩年的美國聯盟最有價值球員。1938年他擊出支全壘打。在球場他經常飽受偏見之苦，但他拒絕在猶太人的節日比賽，讓他頗受稱許。第二次世界大戰期間他服役了四年。然後回到老虎隊，之後於1947年交易到匹茲堡海盜隊，1948年退休。直到1957年，他都是克里夫蘭印第安人隊的總經理和老闆之一，1959～1963年擔任芝加哥白襪隊總經理。這位大聯盟第一個猶太明星球員，於1956年獲選進入棒球名人堂。

Greenberg, Joseph H(arold)　格林伯格（西元1915～2001年）　美國人類學家和語言學家。獲西北大學博士學位。他在進行所謂「大量」或「多軌」的比較過程中時，避開了歷史語言學上較正統的研究方法，這些方法涉及尋找同時存在於許多語言中的語音相似的文字。他把非洲諸語言分成亞非諸語言、尼日－剛果諸語言、尼羅－撒哈拉諸語言和科伊桑諸語言四族的分類法（1963年出版）被廣爲接受。然而，1987年的美洲印第安諸語言分類只有兩族－－愛斯基摩人和納迪尼語族（參閱Athabaskan languages），引發了專家們的惡言指責，認爲他的數據和研究方法都是錯誤的。

Greene, Charles Sumner and Henry Mather　格林兄弟（查理與亨利）（西元1868～1957年；西元1870～1954年）　美國建築師。1894年在加州帕沙第納建立合夥關係。他們使用現代主義的方法，把古老的木構式往前推進一步。1904～1911年期間，他們率先建造了影響深遠的加利福尼亞式小平房，這是具有低頂的單層房屋。他們的小平房特點是寬敞而低容積，使用陽台和走廊以使室內和室外空間融爲一體，明白使用加工精緻的木材構件，並使之優雅地伸出山頭邊緣。

Greene, (Henry) Graham　格林（西元1904～1991年）　英國作家。完成在牛津大學的學業後，格林於1926年改信天主教。約1930年開始，在隨後的數十年間，作爲一名自由撰稿的新聞記者，作了廣泛的旅行，同時爲其小說搜尋背景地方。驚險小說《斯坦堡列車》（1932，又名《東方快車》；1934年拍成電影）。這是被他稱爲具有更複雜、更深刻的道德意義的「消遣作品」的一系列小說的第一部，其他包括：《一隻出賣的槍》（1936，又名《此槍出租》；1942年拍成電影）、《密使》（1939，1945年拍成電影）和《第三者》（1949，1949年拍成電影）。格林最好的小說包括：《布萊頓硬糖》（1938，1948年拍成電影）、《權力與榮耀》（1940，1962年拍成電影）、《問題的核心》（1948，1954年拍成電影）以及《愛情的結局》（1951，1999年拍成電影）。全部以宗教爲主題。以一個不同的瀕臨政治動亂的第三世界國家爲背景的作品有《沈靜的美國人》（1956，1957年拍成電影）、《我們在哈瓦那的人》（1958，1959年拍成電影）和《喜劇演員》（1966，1967年拍成電影）。後期的作品有《榮譽領事》（1973，1983年拍成電影）和《人的因素》（1978，1979年拍成電影）。

Greene, Nathanael 格林（西元1742～1786年） 美國將軍。曾任羅德島議員，後當選羅德島軍司令（1775），曾隨華盛頓圍攻波士頓；並在紐約城內和郊區進行戰鬥。1778年任南方軍總司令。他的戰略使英國兵力減弱，康華里將軍不得不放棄征服北卡羅來納（1781）。此後，格林迅速轉入反攻，至6月底，迫使英軍撤至查理斯敦。

Greengard, Paul 格林加德（西元1925年～） 美國分子與細胞生物學家。約翰．霍普金斯大學博士。格林加德發現多巴胺與其他神經傳導物質在神經系統的運作方式。說明緩慢的突觸傳送包括蛋白質磷酸化，因而改變蛋白質的機能。與坎德爾、卡爾森共同獲得2000年諾貝爾獎。由於三人的發現得以研發出帕金森氏症與其他疾病的新藥。

greenhouse 溫室 專爲保護稚嫩或過季植物而設計的建築，使室內溫度不致過熱或過冷。通常是一座圍以玻璃或塑膠片的框架結構，骨架是由鋁、鍍鋅鋼，或諸如紅杉、雪松和柏樹等木材所製成。用以栽培蔬果花卉或任何需要特殊氣溫條件的植物。溫室的取暖部分來自陽光，部分則用人工方法。這種控溫的環境可以配合各種特殊植物的需要。

greenhouse effect 溫室效應 隨大氣中二氧化碳和某種其他氣體增多，地球表面和大氣層下部有增強趨勢的變暖現象。來自太陽的可見光輻射線到達地表並使之加熱。一部分這種熱能又以長波紅外輻射形式被地表反向輻射回去，其中很大部分被大氣中的二氧化碳和水蒸氣的分子所吸收，一部分作爲熱能反射回地表。這大致同溫室窗玻璃所產生的效應類似：溫室窗玻璃能使可見波段的日光透過，但把熱量阻止在室內。這種紅外輻射的被捕獲促使地表和大氣下層變暖，溫度比沒有大氣的情況下要高。由於現代工業社會普遍燃燒化石燃料（煤炭、石油和天然氣）引起大氣中二氧化碳含量升高，使得地球上的溫室效應可能得到加強，亦可能造成長期的氣候變遷。其他微量氣體，如氯氟烴、氧化亞氮和甲烷之類在大氣中濃度增加，可能也會使溫室條件更加嚴重。據估計自工業革命開始，大氣中二氧化碳量增加了30%，同時甲烷量增加了兩倍。今日美國承擔所有人類製造的溫室氣體排放的1/5左右。亦請參閱global warming。

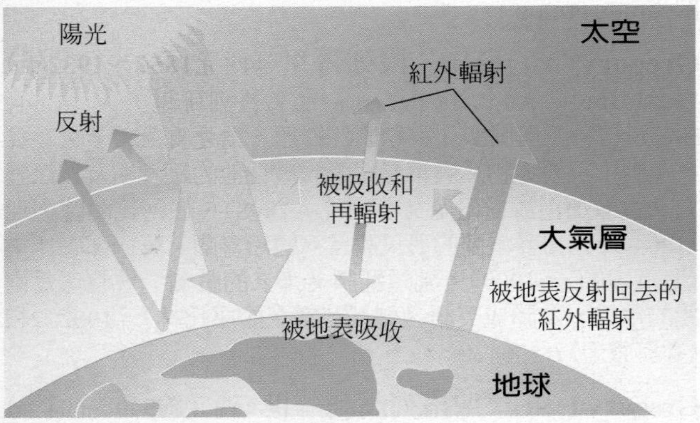

有些射入的陽光被地球的大氣和表面反射，但是大多數由地表吸收，使地表溫暖。然後地表放出紅外輻射。有些紅外輻射逸入太空，有些則由大氣的溫室氣體（主要是二氧化碳、水和甲烷）吸收，往各方向再輻射，有些往太空，有些回到地表，再度將地表與低層大氣加溫。
© 2002 MERRIAM-WEBSTER INC.

Greenland 格陵蘭 丹麥語作Gronland。格陵蘭語作Kalaallit Nunaat。北美洲東北部島嶼。世界最大島（澳大利亞除外），面積2,175,600平方公里，位於北大西洋。丹麥屬地。首府努克。2/3土地在北極圈內，其地貌特徵是廣大厚實的格陵蘭冰原，格陵蘭的經濟基礎爲漁業和採礦業，1989年發現了特大型金礦。格陵蘭人占總人口的4/5以上，大多

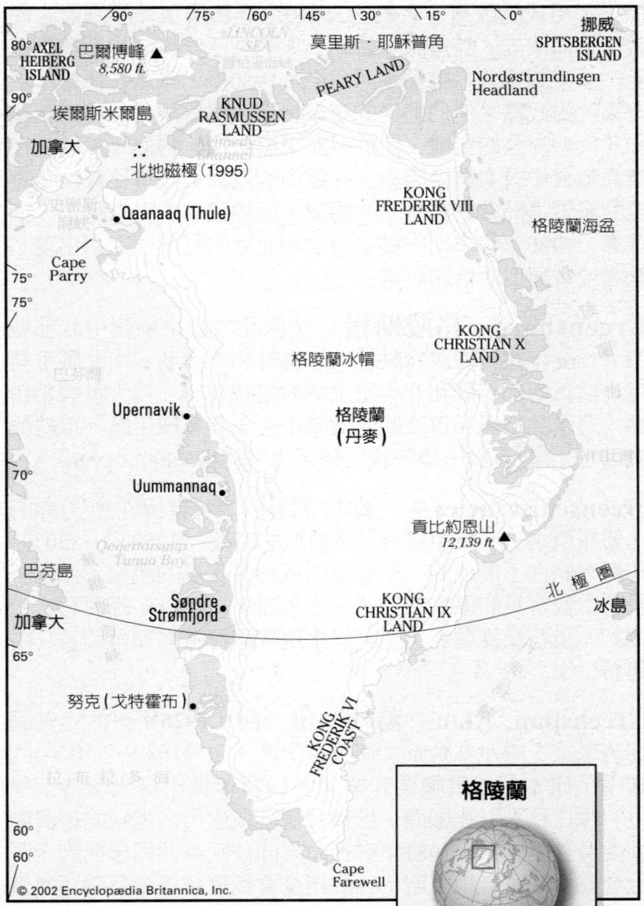

具有愛斯基摩人（或稱伊努伊特人）的血統。據說伊努伊特人以加拿大極地的島嶼作跳板，自北美渡海到達格陵蘭西北部。他們多次遷移，從西元前4000年一直延續到西元1000年。982年，挪威人埃里克來格陵蘭定居。11世紀時，其子埃里克松將基督教傳入格陵蘭。14世紀後期，格陵蘭在丹麥－挪威聯合控制下。原先的諾爾斯殖民地於15世紀消失。1721年，進入丹麥殖民時代。1776年，丹麥政府獨攬了格陵蘭的貿易活動。此後格陵蘭的海岸對外關閉，直到1950年才再度開放。1953年，格陵蘭成爲丹麥王國一部分，1979年獲得內政自治權。人口約57,000（1991）。

Greenland Ice Sheet 格陵蘭冰原 覆蓋格陵蘭島約80%地區的單一冰蓋，爲北半球最大冰體。南北長2,530公里，最寬（北緣附近）1,094公里，平均厚度1,500公尺左右。冰原中央比四周邊緣厚，有兩個升起的冰穹。北邊一個在格陵蘭中東部，海拔3,000公尺，是冰原最厚的地方，溫

度最低。冰原體積占世界冰川水總量的12%，一旦溶化，將使海平面上升6公尺。

Greenpeace　綠色和平　國際環境組織。1971年成立，以反對美國於阿拉斯加進行核試驗。後來擴展組織目標包括保護瀕臨絕滅的動物、防止破壞環境及提高環保意識。該組織專以「直接、非暴力的行動」，成員通常駕駛充氣小艇穿梭於鯨叉炮與獵物之間，獲得大衆傳播媒體的廣泛報導。1985年「綠色和平」船「彩虹戰士號」預定開往大洋洲的摩魯洛亞礁島，抗議法國在該地進行核子武器試驗。該船被法國情報員安置炸彈，炸死一名攝影師。全球有三十多個國家設有綠色和平組織。

Greens, the　綠黨　德語作die Grünen。1979年西德環境保護者組成的政黨。大約由250個生態和環境保護團體之聯合支持而成立。該黨謀求得到公衆的廣泛支持，以期控制核能，並控制空氣污染和水源污染。1980年，綠黨在西德成爲全國性的政黨。他們通過的黨綱包括呼籲解散華沙公約組織和北大西洋公約組織，使歐洲非軍事化等。1983年，該黨在聯邦議會中首次贏得勝利。綠黨中的左翼與該黨比較注重實際的派系之間常有觀念上的衝突。西德建立的綠黨是第一個綠黨。1980年代末期，幾乎西歐和北歐的每個國家都出現了綠黨或有類似名稱的政黨。

Greensboro　格陵斯堡　美國北卡羅來納州中北部城市。1808年建爲縣政府駐地。以格林將軍命名。南北戰爭結束之前爲南部邦聯和北卡羅來納的臨時首府。爲大批發銷售點、農產品市場和重要的保險業中心，有多種工業（以紡織業爲主）。設有數所學院和大學。人口約195,000（1996）。

greenschist facies＊　綠片岩相　變質岩礦物相分類的主要類型之一。此相岩石是在最低的溫度（自250℃～350℃）和壓力條件下形成的，一般是區域變質作用的產物。在這些岩石中較常見的礦物有石英、正長石、白雲母、綠泥石、蛇紋石、滑石及綠簾石；也可以出現碳酸鹽礦物和角閃石（陽起石）。

Greenspan, Alan　葛林斯班（西元1926年～）　美國經濟學家、聯邦準備系統理事會主席。生於紐約，是家中的獨子，原本想成爲職業音樂家。1977年獲紐約大學博士學位。曾任私人財務顧問，於福特總統任內出任總統的經濟顧問委員會主席。於1981年到1983年間任兩黨共同參與的全國社會安全改革會議主席。1987年受雷根總統任命爲聯邦準備理事會主席，布希總統和柯林頓總統執政期間他仍任此職。擔任聯邦準備理事會主席期間，他透過調整貼現率來遏止通貨膨脹。

Greenwich＊　格林威治　英格蘭大倫敦外圍的自治市。在泰晤士河南岸。通過格林威治的格林威治子午線，用作世界標準時區系統的基點。1423年，格洛斯特公爵韓福瑞圍建了格林威治公園，皇家天文台居於此。其他歷史建築包括女王宮，現爲國家海洋博物館之一部。1873年，建成的皇家海軍學院。1990年代興建成的千禧圓頂，曾迎接慶祝千禧年的活動使用。人口約201,000（1991）。

Greenwich Mean Time (GMT)　格林威治平時；格林威治標準時間　英國格林威治前皇家天文台所在經線（0°）平均太陽時的舊稱。這條經線稱作格林威治子午線。使用格林威治平時係爲避免與地方時制（區）爲基準所引起的混亂，從而清楚地標識曆元。傳統上，格林威治平時曆元0000（表示一個太陽日的起始）出現於正午。1925年格林威治平時的記數系統改變，使一天從子夜開始。不過這也引起了一些術語上的混亂。1928年，國際天文聯合會遂將零子午線的標準時改定爲目前通用的世界時。在一些英語國家，格林威治平時一詞仍在如航海等領域中繼續使用。

Greenwich Village　格林威治村　美國紐約市下曼哈頓居民區。原爲殖民時期村莊。1910年後成爲作家、藝術家、大學生、風流名士和騷人墨客匯集之地。1980年代和1990年代建起高層公寓。村中心的華盛頓廣場四周聳立著華盛頓拱門和紐約大學建築群。

Grégoire, Henri＊　格雷古瓦（西元1750～1831年）　法國高級教士。捍衛法國大革命時國家教會（即民族化的羅馬天主教會）。當選爲國民議會議員（1789），從事於教士與第三等級聯合的工作。起初反對「教士公民組織法」，後來成爲盧瓦－謝爾的國家教會主教（1790）。在1793～1794年的非基督化運動中，他仍穿教袍，公開宣布他的信仰。雅各賓俱樂部政權垮台後，爲恢復宗教信仰自由和改組教會的領導者。他反對拿破崙的政權和1801年教務專約結束了國家教會。

Gregorian calendar　格列高利曆　亦稱新曆（New Style Calendar）。即現今普遍使用的陽曆記日系統。它是教宗格列高利十三世作爲對儒略曆的一種改革而於1582年公布的。按儒略曆，一個太陽年包含365.25日，每四年增加一個閏日，以使曆和季節保持一致。但更精確地說，一個微小誤差會使曆上季節的日期幾乎以每一百年一日的速率後移。到格列高利十三世的時代，把1582年10月4日以後的日期提前十日，即緊接著的日子是10月15日。格列高利曆和儒略曆只有一點不同：除了正好能被400除盡的世紀年（如1600、2000）外，其他的世紀年都不置閏。此外，能被4,000除盡的年份也是平年（即非閏年）。這樣就能使格列高利曆在兩萬年內保持誤差不超過一天的精確度。

Gregorian chant　格列高利聖詠　天主教會的禮拜音樂，包含與拉丁詞語齊唱的無伴奏旋律。爲紀念教宗聖格列高利一世而命名，他對聖詠的搜集與編纂有所貢獻，也是傳統上直接從聖靈接獲所有旋律的代表人物。在中世紀五部拉丁禮拜音樂中，它是支配性的曲目，而其名常用來涵蓋全部。顯然，它主要源於猶太吟詠，還有來自東正教會（參閱Byzantine chant）和其他地方的其他元素。傳統上，聖詠一直用在彌撒和聖禱（傳統上修道院中每日舉行的八次祈禱）的時候。其文字主要來自《聖經》的讚美詩、韻文聖歌，還有彌撒、聖禱中特有的文字。旋律被視爲隸屬於八大教會調式。聖詠節奏沒有嚴格的音步，而其譜號並不標出節奏。自第二次梵諦岡會議以來，聖詠的演出已經大大衰微。亦請參閱cantus firmus。

Gregory, Augusta　格列哥里（西元1852～1932年）　原名Isabella Augusta Persse。別名格列哥里夫人（Lady Gregory）。愛爾蘭劇作家和劇院經理。爲愛爾蘭文學文藝復興運動中重要人物。與葉慈相遇，成爲他的終身朋友和保護人。曾參加創辦愛爾蘭文藝劇院（1898），任阿比劇院經理（1904）。她用愛爾蘭的農民語言寫輕鬆喜劇，第一部劇作集《七個短劇》（1909）。她還翻譯莫里哀的戲劇。曾整理愛爾蘭的傳說，並譯成英語，如《苗塞奈的庫丘林》（1902）和《神與戰士》（1904）。

Gregory I, St.　聖格列高利一世（西元約540～604年）　別名Gregory the Great。教宗（590～604）和教會的教義師。身爲羅馬貴族，到三十歲時，他已經擔任長官，即羅馬地位最高的文官。後來，他感到宗教生活的召喚，建造了好幾所修道院，並充當教宗代表，後在590年當選爲教宗而勉強同意。他成爲中世紀教宗制度的建立者。他實行教宗集權以遏止腐敗。598年他與倫巴底人達成暫時的和平，也允許拜占庭篡位者福卡斯在602年與他們達成永久的和平。格列高利一世渴望使俗世人民改宗，他派坎特伯里的聖奧古斯丁出使英格蘭（596）。在格列高利一世統治下，哥德時期阿里烏派（參閱Arianism）西班牙與羅馬達成和解。他爲教廷國奠定基礎。他強烈反對奴隸制度，也對猶太人和異教徒施予更多寬容。他寫下了教會管理指引《神職人員條例》和其他作品。他大幅重修祈禱書和聖詠，導致後來格列高利聖詠取用他名字。對後世而言，他可說是中世紀最偉大的教宗。

Gregory VII, St.　聖格列高利七世（西元約1020～1085年）　原名希爾得布蘭德（Hildebrand）。教宗（1073～1085年在位）。曾在羅馬他的叔叔擔任院長的一修道院受教育。在任樞機主教兼羅馬助祭長期間，整頓聖保祿修道院。1073年繼位爲教宗。格列高利爲中世紀主要改革者之一。他攻擊買賣神職和神職人員結婚，堅持教宗使節擁有的權力高於當地主教。格列高利七世因爲與亨利四世的主教敘任權之爭而著名。格列高利對亨利四世處以絕罰，引起激烈的紛爭。1077年亨利四世在義大利卡諾薩做了令人難以忘懷的要求寬恕，而結束了紛爭。重續的紛爭使格列高利於1080年再度對亨利四世處以絕罰。1084年亨利的軍隊攻陷羅馬。格列高利被羅伯特救出，但是羅馬的破壞迫使教宗撤回卡諾薩，逝於該地。

Gregory IX　格列高利九世（西元約1170～1241年）　原名烏戈利諾（Ugolino di Segni）。教宗（1227～1241年在位）。異端裁判所創立者。腓特烈二世遲遲不如約發動十字軍行動，1227年格列高利對國王處以絕罰，格列高利下令攻擊西西里王國，當時，國王不在。他的軍隊被國王軍隊擊敗。1234年他出版《教令集》，至第一次世界大戰，仍是天主教教典律法的準則。襲擊在法國和義大利北部的異端，加強異端裁判所。腓特烈率軍侵入教宗領地薩丁尼亞，使格列高利重申對腓特烈的絕罰（1239）。格列高利在義大利北部尋求支援，但是在勝負未定之前他死去。

Gregory X　格列高利十世（西元約1210～1276年）　原名維斯康堤（Tebaldo Visconti）。教宗（1271～1276年在位）。他在位期間促成哈布斯堡王朝的魯道夫一世即神聖羅馬帝國皇帝位，從而避免帝國分裂。魯道夫一世爲了答謝格列高利十世的支持，答應率領新的十字軍並放棄神聖羅馬帝國對羅馬和教宗領地的權利要求。1274年格列高利十世發布敕令，規定可由樞機主教祕密會議選舉教宗。通過這次會議再次發動十字軍東征，並在希臘與羅馬教會之間取得一定和解。

Gregory XIII　格列高利十三世（西元1502～1585年）　原名邦孔帕尼（Ugo Buoncompagni）。教宗（1572～1585年在位）。頒布格列高利曆。曾在波隆那大學任教，後被指派爲特倫托會議代表。1565年成爲樞機主教。1572年被立爲教宗。作爲反宗教改革的推動者，他決心執行特倫托會議的改革決議。他核訂《教廷禁書目錄》，創辦多處學院及神學院。他將這些教育機關委託耶穌會管理。在天文學家和數學家的協助下，他改正儒略曆的錯誤，而頒行格列高利曆（1582），即目前世界所通用的公曆。

Gregory of Nazianzus, St.＊　納西昂的聖格列高利（西元約330～389?年）　基督教教父之一。出生於小亞細亞。362年在納西昂受神職。他協助他的朋友聖大巴西勒，同阿里烏派進行鬥爭。372年，雖然被立爲沙西瑪主教，他沒有接受主教職務，反而退隱專心於研究及著述的生活。他在捍衛三位一體及《尼西亞信經》教義而著名。380年格列高利接管君士坦丁堡大教堂，當任命他爲君士坦丁堡主教未果，他再度隱退。

Gregory of Nyssa, St.＊　尼斯的聖格列高利（西元335?～394?年）　基督教神祕主義者。原爲修辭學教師。受其兄巴西勒的影響轉向宗教。372年被立爲尼斯主教。376年被阿里烏派罷黜。378年阿里烏派的皇帝瓦林斯死，他恢復了主教職務。與納西昂的格列高利爲友人。他成爲捍衛三位一體教義的領袖，他的著作包括《教理大綱》，概述正統派神學。他信仰基督教柏拉圖主義，遵循奧利金的主張：人的物質性是人類始祖犯罪墮落的結果，希望最後普世人類獲得救恩。

Gregory of Tours, St.＊　圖爾的聖格列高利（西元538/539～594/595年）　原名Georgius Florentius。法蘭克主教和作家。生於貴族家庭，家族中曾經出現好幾位主教，任職於今法國中部。573年格列高利接替堂兄擔任圖爾的主教之職。當時複雜的政治情勢使他捲入眾多的政治事件，並與國王希爾佩里克一世發生公開的齟齬。他的聲名因《法蘭克人史》而留傳後世，這是關於6世紀法蘭克人羅馬王國的主要知識來源。其他作品包括論述聖徒生活的《教父列傳》，還有七部聖蹟書，爲梅羅文加時期法國生活提供獨特的面貌。

Grenada＊　格瑞納達　屬西印度群島的向風群島。面積345平方公里。人口約102,000（2001）。首都：聖喬治。黑人、穆拉托人及東印度群島人構成島上人口的絕大多數。語言：英語（官方語）。宗教：天主教。貨幣：東加勒比元（Ec$）。格瑞納達爲向風群島最南端的島。位於委內瑞拉以北160公里處。領土包括格瑞那丁群島南部。該島爲火成島，一條森林茂密的山脈由北向南延伸至中央地帶，聖凱瑟琳山海拔高達840公尺。島的南岸犬牙交錯地分布海灘和天然港。島上爲熱帶海洋性氣候；使植被非常茂盛，該國以出

產肉豆蔻、肉桂、香草以及可可等香料著稱。常稱香料島。格瑞納達屬開發中的市場經濟，主要依賴於農業輸出和旅遊業。政府形式爲立憲君主國，兩院制。國家元首是總督（代表英國君主），政府首腦爲總理。

在1498年哥倫布發現該島時，好戰的加勒比印第安人已占據格瑞納達。爲之取名康塞普西翁。在哥倫布之後，加勒比人統治格瑞納達一百五十年。1672年該島成爲法國王室的屬地，1762年英國以武力將其占領。1833年島上黑奴獲得自由。1885～1958年該島一直爲英屬向風群島政府所在地。1958～1962年爲西印度群島聯邦的一員，1967年成爲自治邦。1974年獨立。1979年左翼政府發動不流血政變，由於傾向古巴及蘇聯集團，格瑞納達與親美的拉丁美洲國家的關係趨於緊張。爲了抵制這個趨勢，1983年美國入侵格瑞納達。1984年島上重新建立了民主自治政府。與古巴的關係一度中斷，1997年復合。

grenade 榴彈 近距離使用的小型爆破、化學或毒氣彈。15世紀發明，後來它變得非常重要，以致17世紀歐洲國家的軍隊特別挑選士兵訓練成擲彈兵。大約1750年以後，由於輕武器射程和命中率的提高，減少了近距離戰鬥的機會，榴彈實際上被淘汰了。20世紀榴彈的使用才重新受到重視。第一次世界大戰塹壕戰期間，榴彈在進攻敵人陣地中的有效作用使之成爲步兵制式裝備之一，以後仍持續使用。最常用的是爆炸型榴彈，其彈心通常由TNT或其他高爆炸藥組成，這種榴彈有觸發或短暫延時（通常爲4秒）引信來引爆炸藥。化學和毒氣榴彈，通常是引起燃燒而不是爆炸。

Grenadines, The＊ 格瑞那丁群島 西印度群島中小安地列斯群島東南部的島鏈。約600個島嶼和小島。格瑞那丁群島北部各島屬於聖文森與格瑞那丁，南部各島屬於格瑞納達。屬於聖文森的一組包括貝基亞島、卡努安島、邁羅島、馬斯蒂克島、尤寧島和成片的小島礁。屬於格瑞納達一組中最大的是卡里亞庫島，面積34平方公里。降雨量少，只有很少的島嶼有人定居。

Grenfell, Wilfred (Thomason) 格倫費爾（西元1865～1940年） 受封爲Sir Wilfred。英國醫務傳教士，加入皇家全國遠洋漁民佈道團。起初向拉布拉多的漁民傳教。後致力於改善拉布拉多海岸常住居民的生活條件，他透過巡迴演講後出版書，多方籌集資金。教會停止資助後，他創立了國際格倫費爾協會。在該組織的協助下，拉布拉多設立了六所醫院、四艘醫院船、七個護理站、兩所大規模的學校、十四個工業中心及一家合作木材工廠。

Grenoble＊ 格勒諾布爾 法國東南部城市。臨伊澤爾河。伊澤爾河將城市分成兩部分。舊鎮位於河右岸狹窄地帶。新鎮部分分布在河左岸平原上。多菲內的前首府。第二次世界大戰期間，法國抵抗運動中心。具有意義的遺跡有13世紀教堂、15世紀司法宮以及格勒諾布爾大學（1339年創立）。人口約155,000（1995）。

Grenville, George 葛蘭佛（西元1712～1770年） 英國政治人物。1741年進入國會，在擔任一些政府職務後，1763～1765年，擔任首相。根據他的「稅收法」（1764）和「印花稅法」（1765）而實行的北美殖民地稅收政策，導致了美國革命的一系列事件。他在職期間不受歡迎。他以煽動性誹謗罪起訴威爾克斯；1765年因國王病重而通過了「攝政法」，結果疏遠了國王，導致他的政府垮台。此後他處於反對派地位，並促使通過了「湯森條例」（1767）。

Gresham's law 格雷欣法則 經濟學中「劣幣逐良幣」的現象。以格雷欣爵士（1519～1579）之名命名。格雷欣是英國女王伊莉莎白一世的財務代理人，他首先對它闡釋（哥白尼先於他）。其意爲：如兩種鑄幣面值相同，卻由價值不同的金屬所鑄成，則價值低的貨幣，會使價值高的貨幣退出流通領域。如果某一種貨幣有較大的價值，可貯藏或購買外匯，而不用作國內交易。

Grettis saga 格雷蒂爾薩迦 冰島最晚的冰島家族薩迦，寫於1320年左右。故事敘述出身高貴，爲人勇敢的格雷蒂爾，十四歲時因與人吵架，把對手置於死地，被放逐挪威三年。在挪威度過的歲月裡，經常見義勇爲。回冰島後，他從放牧惡魔格萊姆手中拯救人民。這個惡魔臨死時詛咒格雷蒂爾，預言他將變成害怕黑暗的人。後來，他再次被放逐。雖然他要保全性命就得隱匿獨居，但由於他越來越害怕黑暗，被迫去尋找人類社會的中心。最後，他的敵人用巫術制服了他。格雷蒂爾薩迦長處在於刻劃了主人翁格雷蒂爾的複雜性格，並巧妙地吸納了民間故事中的許多主題。

Gretzky, Wayne (Douglas) 葛里斯基（西元1961年～） 加拿大冰上曲棍球選手，公認是這種運動史上最偉大的球員。1977年參與少年世界盃比賽，是當時最年輕的選手，也是得分王。1979～1988年爲艾德蒙吞油人隊的中鋒和隊長，帶領該隊贏得四次史坦利盃，也成爲第一位單場平均得2分以上的球員。1988年被成功交易到洛杉磯國王隊。1996年跳槽到聖路易藍隊。同年較晚時，又轉與紐約遊騎兵隊簽約，1999年在此隊退休，此時他已保持了全國冰上曲棍球聯盟（NHL）的61項記錄。他在NHL的生涯總成績包括射中得分894分、助攻1,963次、得點2,857，以及相應的季賽記錄是：射中得分92分、助攻163次、得點215。他也是第一個連續七年（1980～1987）贏得NHL得分王頭銜的球員，也是唯一一位連續八年（1979～1987）贏得最有價值球員的選手。他在這種通常很粗暴的運動中表現得謙和有禮，被尊爲運動員精神的最佳楷模。

Greuze, Jean-Baptiste＊ 格勒茲（西元1725～1805年） 法國畫家。曾在巴黎皇家學院學畫。1755年首次參加沙龍的展出的作品《爲孩子們讀經的父親》立即獲得成功。在整個1770年代他以《農村訂婚儀式》（1761）和《傑出的兒子》（1765?）這類感傷的作品贏得讚賞。爲取得學院歷史畫家的許可，他繪了一幅大型歷史畫；但遭拒絕後，此後的三十年裡，他的作品只在自己的畫室展出。他以繪製道德畫和衣冠不整的純貞女子的畫像維生，但此時他的聲望已下降。由於被歸類爲風俗畫家，使得評論界完全忽略了他在素描和肖像畫所展現的高超的技巧天份。

Grévy, (François-Paul-)Jules＊ 格雷維（西元1807～1891年） 法國政治人物。第三共和總統（1879～1887）。曾任律師業，1868年選入立法團，很快成爲自由反對派領袖。後任國民議會的議長（1871～1873）和衆議院議長（1876）。1879年當選爲總統。在職期間，他努力縮小自己的權力，堅持要有一個強大的立法機構。在普法戰爭慘敗後，他抵制向德國復仇的民族主義要求，並反對法國擴大殖民地。1887年因其女婿捲入一場政治醜聞，雖與他本人無涉，卻被迫辭職。

Grew, Nehemiah 格魯（西元1641～1712年） 英國植物學家、醫生和教授。他受過動物解剖學的訓練，這使他對植物解剖學感到興趣。他提出了細胞的存在，並創造了許多術語，如：胚根、羽狀部（初生植物胚芽）、薄壁組織（非特化的細胞）等。他最重要的著作是《植物解剖學》（1682），書中專有一節論述花的解剖，並附有描繪植物組織三維顯微結構的優秀木刻圖版。另外，格魯在書中提出：雄蕊及其花粉是雄性器官，雌蕊是雌性器官。和馬爾皮基同被譽爲植物解剖學的奠基人。

Grey, Earl　格雷（西元1764～1845年）　原名Charles Grey。英國政治人物、輝格黨領袖、首相（1830～1834）。1786年進入議會，很快就成爲由福克斯領導的輝格黨貴族派中的後起之秀，反對小庇特的保守政府。1806年，格雷出任葛蘭佛勳爵政府的海軍大臣。同年福克斯去世，格雷繼承他的位置，擔任外交大臣，並成爲輝格黨福克斯派的領袖。1807年，由於同情天主教徒而被撤職並失去議員席位，無意再任公職。1815～1830年格雷僅僅是陷於分裂的輝格反對派的支持者，而並非其領袖。1830年，格雷依照自己所提出的條件組閣，並推動大衆支持的議會改革。多次爭論和衝突後，他贏得了「1832年改革法案」的通過。

Grey, Sir Edward　格雷爵士（西元1862～1933年）　受封爲Viscount Grey of Fallondon。英國政治家，他是格雷的親戚。1885年進入議會爲自由黨。1905年出任外交大臣。斐迪南大公被暗殺後（1914），他提出，奧匈帝國可以通過占領貝爾格勒來從塞爾維亞那裡得到滿足。當所有和平努力均告失敗後，摩洛哥危機期間（1905，1911），他親法反德，態度曖昧，導致外交糾紛。他使分裂的英國內閣同意干涉第一次世界大戰，他對第一次世界大戰評論道：「全歐洲的燈光都正在熄滅，我們今生將不會看到它們重新點燃。」祕密的「倫敦條約」是他所締結的。

Grey, Lady Jane　格雷郡主（西元1537～1554年）　英格蘭歷史上有名無實的「九日女王」（1553）。亨利七世的曾孫女。1553年5月嫁給諾森伯蘭公爵之子。諾森伯蘭公爵勸說將要死的愛德華六世指定她爲王位繼承人。7月10日宣布格雷郡主爲女王。儘管民衆支持的是愛德華之姊瑪麗·都鐸（參閱Mary I）。19日格雷郡主放棄王位，宣告瑪麗是女王。瑪麗即位之初，格雷及其丈夫被關入倫敦塔。被控犯有叛國罪於1554年判處死刑。刑期被推遲。但其父參與韋艾特的叛亂，決定了她的死亡命運，於是她被斬首。

格雷郡主，油畫；現藏倫敦國立肖像畫陳列館
By courtesy of the National Portrait Gallery, London

Grey, Zane　格雷（西元1872～1939年）　原名Pearl Grey。美國小說家。早年從事牙醫業。1906年探訪美國西部。第一部小說《沙漠的遺產》（1910）在當地完成，並獲得成功。第二部《紫艾灌叢中的騎士們》（1912）成爲他所有小說中最受歡迎的。他的美國西部傳奇小說開創了一個新的文學種類：西部故事。一生共寫有八十多部作品，後來的作品包括《孤獨的明星巡警》（1915）和《西部密碼》（1934）。1918年移居加州，並成立他自己的影片製作公司。他也是釣魚世界冠軍。至今他仍是有史以來最暢銷作家之一。

greyhound　靈猩　亦作grayhound。一種跑得最快的狗，最古老的品種之一。在一處西元前約3000年的埃及古墓中曾發現靈猩的畫像。長期用作貴族的象徵。頭狹，頸長，胸厚，後肢長而肌肉發達，尾細長。被毛短而平滑，毛色多種。體高64～69公分，體重27～32公斤。靈猩體細長而強壯，奔跑速度每小時約72公里。靠視力行獵，主要用於追捕野兔，但也能用以獵鹿、狐和小型獵物。靈猩也常常用來進行賽跑運動。

義大利靈猩
Sally Anne Thompson

Greyhound Lines, Inc.　格雷杭得運輸公司　美國主要的客運公司，以美國和加拿大的城市間長途客運服務而著稱。1926年創立，爲汽車轉運管理公司。在鐵路公司的支持下，公司客運網迅速遍布美國。1930年公司取名爲灰狗公司，到1933年灰狗公司已有65,000公里的運輸線。1980年代初，由於巴士運輸路線的管制解除，使其減少許多區域性路線。1987年，售出公共汽車業務。專門經營城際間的巴士運輸。1999年被加拿大的廢棄物管理公司利萊公司收購。

greylag　灰雁　亦作graylag，亦稱greylag goose。雁形目鴨科雁亞科鳥類。學名爲Anser anser。最常見的歐亞代表種，也是西方家鵝的祖先。營巢於溫帶地區，自英國到北非、印度和中國越冬。體羽淡灰色，腳粉紅色；東方亞種的嘴粉紅色，西方亞種的嘴橙色。

Grieg, Edvard (Hagerup)＊　葛利格（西元1843～1907年）　挪威作曲家。布爾說服其雙親，送他到萊比錫學習音樂。後在哥本哈根隨加代等學習。在那裡曾受挪威民族音樂理想的影響。作爲一個鋼琴家經常演奏，並常爲他的太太在獨唱他的歌曲伴奏。易卜生《皮爾金》（1867）所寫的戲劇音樂，鋼琴協奏曲（1875），可能是他最受歡迎的作品。到他死時，他是全國知名人物。他仍被認爲是挪威最偉大的作曲家。其他作品包括《交響舞》（1897）、《抒情組曲》（1904），一百五十首以上的歌曲以及許多鋼琴作品，包括《六十六首抒情曲集》（1867～1901）和《自霍爾堡的時間》（1884）。

Grien, Hans Baldung ➠ Baldung, Hans

Grierson, George Abraham＊　格利爾孫（西元1851～1941年）　受封爲Sir George。愛爾蘭出生的英國公僕和語言學家。格利爾孫在孟加拉擔任一連串的英國政府職務（1873～1798），並對南亞進行先驅性研究，特別是關於印度－雅利安諸語言。1898年他開始寫作十九冊的《印度語言調查錄》，而在往後三十年中出版了數百種語言和方言的資料。他的工作具有極大的價值，而他的「拉賈斯坦語」、「比哈爾語」、「拉亨達語」等假設性語言建構常被視爲非專家所塑造的眞實語言，掩蓋了南亞人民對自身語言的觀念和其他可能的資料詮釋。

Griffes, Charles T(omlinson)＊　葛利菲斯（西元1884～1920年）　美國作曲家。他在柏林同亨伯定克等學習音樂，後回國。他短暫的生涯中，在紐約塔里敦一所男校任教。他早期作品反映了德國浪漫主義，但他的成熟風格結合了印象主義與東方風格。其主要作品爲鋼琴曲，不過後來有些作品爲管弦樂：《忽必烈的歡樂宮》（1912）、一首鋼琴奏鳴曲（約1912年）和《羅馬素描》（包括〈白孔雀〉）（1915）。

Griffey, Ken　小葛瑞菲（西元1969年～）　原名George Kenneth Griffey, Jr.。美國職業棒球選手，生於賓夕法尼亞州的德諾拉。職業生涯始於1987年。1989年，這位左打者成爲西雅圖水手隊的中堅手。在生涯的前九個球季，每年的打擊率都超過三成，其中有四個球季全壘打數超過40支，1997及1998年更到達56支的佳績。他的父親老葛瑞菲（1950～）也是一位了不起的職業棒球選手。

EFG

Griffin, Merv (Edward)　葛林芬（西元1925年～）　美國電視製作人與企業家。生於加州聖馬提歐，1945～1948年間曾主持電台節目，1948～1952年和弗瑞迪．馬丁交響樂團共同演出，之後製作、主持廣受歡迎的電視節目《莫夫．葛林芬秀》（1962～1963、1965～1972，1972～1986年成為聯播節目），他亦創造了*Jeopardy!*和《命運之輪》這些成功的遊戲節目。之後他的企業範圍包括了飯店、度假中心和賭場。

Griffith, Andy　格里菲思（西元1926年～）　原名Andrew Samuel。美國演員。生於北卡羅來納州艾里山。1955年首度於百老匯登台，演出*No Time for Sergeants*，1957年的強檔片*A Face in the Crowd*為其銀幕處女作，1958年演出*No Time for Sergeants*電影版。他演出過多部電視節目，以其藍嶺地區慢條斯理的說話方式詮釋樸實角色，如廣受歡迎的喜劇影集《安迪．格里菲思秀》（1960～1968）中的警長。之後他在戲劇影集*Matlock*（1986～1991）中演出。

Griffith, Arthur　格里菲思（西元1872～1922年）　愛爾蘭新聞工作者和民族主義者。新芬黨主要創建人之一。年輕時曾編輯過政黨報紙並提倡以消極手法抵抗英國統治。因為沒有參與復活節起義（1916）而失去對激進民族主義者的影響力，但英國人把他和其他新芬黨人監禁在獄中時又重獲其影響力。1918年英國下議院的愛爾蘭議員宣布成立共和國，以德瓦勒拉為總統，格里菲思為副總統。1921年格里菲思領導愛爾蘭代表參加自治條約會議，為第一位同意分離自治的愛爾蘭代表，之後簽訂了「英愛條約」（1921）。愛爾蘭議會在1922年以微弱少數通過此條約，德瓦勒拉因此辭去總統職務，由格里菲思當選總統。由於過度工作導致疲憊，格里菲思在不久後去世。

Griffith, D(avid) W(ark)　格里菲思（西元1875～1948年）　美國電影導演。在巡迴劇團演出後，格里菲思將他的一些電影腳本賣給傳記公司，並受雇為該公司導演（1908～1913）。為該公司執導了四百多部電影，運用特寫、全景鏡頭、交叉剪接等電影表現技巧將電影製作發展為一種藝術，並與電影攝影師皮采爾合作創造了淡出、淡入和軟焦點等攝影技巧。他培育出的明星有畢克馥、基什、賽納特和巴瑞摩。代表作《國家的誕生》（1915）和《忍無可忍》（1916）對後來的電影製片者有深遠的影響。1919年共同成立聯美公司後，導演了《殘花淚》（1919）、《走向東方》（1920）、《雛孤血淚》（1921）等片。其最後作品為《林肯傳》（1930）和《奮鬥》（1931）。被認為是電影史上有重大影響力的人物之一。

Griffith, Emile (Alphonse)　格里菲思（西元1938年～）　美國職業拳擊運動員。1958年開始其職業拳擊生涯。三次獲次中量級世界冠軍（1961、1962、1963）；兩次獲中量級世界冠軍（1966、1967），只有羅賓遜曾以六次冠軍超越其記錄。1977年以85－24－2的記錄退休。

Griffith Joyner, (Delorez) Florence　葛瑞菲斯（西元1959～1998年）　原名Delorez Florence Griffith。美國短跑選手，生於洛杉磯。七歲就開始賽跑，就讀於加州大學洛杉磯分校。1984的奧運會中，她贏得女子200公尺的銀牌，並從此開始以她裝飾繁複的長指甲和拉風炫目的比賽服裝著稱。1987年，她嫁給喬娜的哥哥艾爾．喬納，他也是一位奧運金牌得主。在1988年的奧運會中，她創下女子100公尺的世界記錄（10.49秒），這隻「花蝴蝶」（FloJo）同時還拿下3面金牌（女子100公尺、200公尺和400公尺接力）與1面銀牌（女子1,600公尺接力）。在因腦部疾病去世後，她創下的女子200公尺世界記錄（21.34秒）和先前的女子100公尺世界記錄依然無人能出其右。

Grijalva River＊　格里哈爾瓦河　墨西哥東南部河流。上游源自於瓜地馬拉馬德雷山脈和墨西哥索科努斯科山脈。向西北流經恰帕斯州（在當地被稱為里奧恰帕斯），後大致與恰帕斯和塔瓦斯科州界平行，在比亞埃爾莫薩再轉向北流，最後注入坎佩切灣。全長約640公里。其中一段可通行吃水淺的船隻。

Grillparzer, Franz＊　格里爾帕策（西元1791～1872年）　奧地利劇作家。一生中大多時間投入於公職。早期的悲劇作品有《太祖母》（1817）、《莎孚》（1818）和悲觀主義的《金羊毛》（1821）。格氏對於以拿破崙的一生為基礎描寫的《奧托卡王興衰錄》（1825）一劇所獲得的評價深表失望，該劇並遭到檢查者的異議。《海浪情濤》（1831）常被評為格里爾帕策最偉大的悲劇，另一部傑出作品則是《夢幻人生》（1834），被稱為奧地利的《浮士德》。在其遺稿中發現有另外三部悲劇。他的悲劇後來被視為奧地利舞台劇的最偉大作品。

Grimké, Sarah (Moore) and Angelina (Emily)＊　格里姆凱姊妹（莎拉與安吉利娜）（西元1792～1873年；西元1805～1879年）　美國反奴隸制度，爭取婦女權利的代言人。雖然出生於蓄奴的富裕家庭，但是她們從小就憎惡蓄奴。1820年代中期遷居北部，成為貴格會教徒。1835年她們藉由書信和小冊子激勵南方婦女利用道德力量反對奴隸制度，並說服母親將奴隸以遺產方式分給她們，再解放了自己所分得的奴隸。以美國反奴隸制協會最早的女性代表身分在新英格蘭各地演講宣揚反奴隸，動員婦女參加廢奴運動，是女權運動的先驅。1838年安吉利娜與韋爾德結婚，之後三人一同為反奴隸制度合作。

Grimm, Jacob (Ludwig Carl) and Wilhelm (Carl)　格林兄弟（雅可布與威廉）（西元1785～1863年；西元1786～1859年）　德國民間文學研究者和語言學家。花費一生中大部分時間進行文學研究，並在格丁根大學和柏林大學當圖書管理員和教授。以《兒童與家庭童話集》（1812～1815）而出名，又稱為《格林童話》，童話集中的兩百個故事大部分源自口頭流傳，並幫助了民間文學的建立。不論是一起合作或單獨進行，格林兄弟還有許多其他的學術研究或出版品。主要的個人作品有威廉的《德國英雄傳說》（1829）；雅可布的《德國神話》（1835），該書對研究基督教時代之前的德國信仰和迷信有深遠影響。雅可布具有強大影響力的巨著《德語語法》（1819～1837），內容為德國諸語言的語法，詳盡敘述如今被稱為格林定律的重要語法原則。1840年代時，格林兄弟開始了編纂《德語大辭典》的宏偉計畫，其內容為將歷史上的德語字詞彙集於一本字典當中，是個需要好幾世代才能完成的工作，如今仍被視為是類似作品的權威之作。

雅可布．格林（右）和威廉．格林，油畫，耶里豪－包曼（Elisabeth Jerichau-Baumann）繪於1855年；現藏柏林國家畫廊
By courtesy of the Staatliche Museen zu Berlin

grinding machine　磨床　用旋轉的砂輪改變堅硬物體（通常是金屬）的形狀和尺寸的機床。磨光是許多基本機械處理過程中最精確的一項。多數磨床都使用由人造磨料（碳

化矽或剛玉）製成的砂輪。磨削工件的外圓時，工件旋轉並向砂輪進給。磨削內圓時，把小砂輪安裝成能在工件的內孔中來回運動，工件夾在旋轉的夾具內。在平面磨床上，則是把工件固定在旋轉砂輪下來回運動的工作台上。

Grinnell College＊ 格林內爾學院 美國愛荷華州格林內爾市的一所私立文理學院。是第一所設立於密西西比河以西的學院（1846），也是美國第一個設立政治學系的學校（1883）。大學部有許多不同領域的學科。註冊學生人數約1,300人。

griot＊ 音樂史官（西元1946～1997年） 非洲部落說書人。音樂史官的角色保留了部落的宗譜及口語傳統，音樂史官通常由年長的男性擔任。現存非洲的部分地區文字仍是少數人享有的特權，音樂史官即成為當地的文化導引，例如在塞內加爾，音樂史官在不訴諸幻想的情況下，以自己的靈感來源朗誦詩歌和訴說戰士故事。

grippe ➠ influenza

Gris, Juan＊ 格里斯（西元1887～1927年） 原名José Victoriano González Pérez。活躍於巴黎的西班牙藝術家。曾在馬德里藝術和製造學院學習工程（1902～1904）。1906年遷居巴黎，並開始以新藝術風格替報紙作畫。格里斯開始接觸立體派藝術家，包括了畢卡索等著名的人物，不久後創造了立體主義，比其他立體派更精簡和重視數學計算。其技巧包括在畫面上用紙拼貼。他也替佳吉列夫的俄羅斯芭蕾舞劇製作雕刻、書本插畫、舞台布景和戲服。

grisaille＊ 灰色單色畫 完全用灰色濃淡變化描繪形象，通常多突出立體感，以形成類似雕塑、特別是浮雕的視覺效果的繪畫技法。15世紀的法蘭德斯畫家（例如艾克的根特祭壇畫〔1432〕）和18世紀後期的畫家，在牆壁和天頂裝飾畫中尤多使用，藉以仿效古典雕塑效果。有時也被使用於替半透明的油畫製造單色調的畫底色。16世紀時，純灰色畫琺瑯藝術發展於法國利摩日，此技巧在光和影上達到戲劇性的效果和明顯的三維空間立體感。

玻璃畫，為英格蘭約克郡聖彼得教堂五姐妹之窗的細部；做於13世紀
Copyright Sonia Halliday and Laura Lushington

Grisham, John 葛里遜（西元1955年～） 美國小說家，生於阿肯色州瓊斯波洛，具法學學位，在轉職寫作前曾於密西西比立法機構任職。他的暢銷法律懸疑小說包括《殺戮時刻》（1989）、《黑色豪門企業》（1991，1993年改編為電影）、《絕對機密》（1992，1993年改編為電影）、《終極證人》（1993，1994年改編為電影）、《造雨人》（1995，1997年改編為電影）、《瘋人遺囑》（1999）等。他的作品步調快速、讓人腎上腺素上升，主角均為無辜的受害者，因與政府或企業的腐敗對抗而成為英雄。

grizzly bear 灰熊 熊科大型北美洲棕熊，包括阿拉斯加棕熊，其形體常被認為是棕熊這個種下的亞種。超過80個以上的種類過去曾分布在墨西哥到阿拉斯加的整個北美西部，但現在數量大為減少。灰熊兩肩隆起，前額高聳，毛為淺褐至淺黃色。成年體長約2.5公尺，重約410公斤。其中，科的阿克熊是現存最大的陸生食肉動物，體長超過3公尺，體重為750公斤。灰熊以獸、魚、漿果為食，偶爾甚至吃青草。灰熊會襲擊人，並被視為珍貴的大獵物。

灰熊
Stephen J. Krasemann－Peter Arnold, Inc.

Gromyko, Andrey (Andreyevich)＊ 葛羅米柯（西元1909～1989年） 蘇聯外交部長（1957～1985）、蘇聯最高蘇維埃主席團主席（1985～1988）。雖然他從未明顯地屬於任何派系，但他卻是一位老練的使者與發言人。曾任駐美國大使（1943～1946），駐聯合國安全理事會代表（1946～1948），駐英國大使（1952～1953）。1957年開始長期任外交部長，以其談判才能著稱。戈巴契夫於1985年初成為蘇共的領導人後，葛羅米柯則昇任主席一職——一個很有威信但無實權的職務。

Gropius, Walter (Adolph)＊ 格羅皮厄斯（西元1883～1969年） 德國美籍建築師。建築師之子，曾在慕尼黑及柏林攻讀建築，後於1907年加入貝倫斯建築事務所工作。1919年受聘為威瑪國立房屋建築學院主任。1925年替遷往德紹的包浩斯設計新校舍和教員宿舍。該校舍以他的國際風格構思、不對稱的設計圖、柔白牆壁加上水平放置的窗戶和平坦的屋頂，成為現代主義運動的傑作。1934年自德國流亡到英國，1937年抵達美國，在哈佛大學任教。在包浩斯和任哈佛大學建築系主任期間（1938～1952），他建立了設計教育的一種新典範，結束了兩百年來法國美術學校的優勢地位。他教學的主要原則是：建築師和設計師必須有系統地研究建築項目的要求和問題，熟悉現代建築材料和工作程序，而不是參照過去的形式和風格。

Gros, Antoine-Jean＊ 格羅（西元1771～1835年） 法國畫家。曾接受其細密畫畫家父親的訓練，後來在巴黎追隨大衛學習。1790年代以官方的戰爭記錄畫家身分跟隨拿破崙赴戰場。諸如《拿破崙視察亞弗鼠疫病院》（1804）等畫作表現出的戲劇性力量影響了傑利柯和德拉克洛瓦。拿破崙垮台後，大衛被流放，格羅成為大衛畫室的領導人，試著用新古典主義的風格作畫。1815年後他的最佳作品為肖像畫。受到失敗感的困擾，最後投身於塞納河自殺。格羅為浪漫主義發展過程中的領導人物。

Gros Morne National Park＊ 格洛斯摩恩國家公園 紐芬蘭國家公園。面積458,000英畝（185,500公頃），於1973年設定為國家公園，包含了龍恩山脈，以其格洛斯摩恩峰命名，該峰高2,644呎（806公尺）。公園還包括了海濱、森林、流動沙丘和有潮汐升降的港灣。

Gros Ventres＊ 格羅斯文特人 法語意為「大肚人」。兩支不同的北美印第安部落的稱呼：一是希達察人，又名密蘇里格羅斯文特人；另一是阿齊納人，又名草原（或平原）格羅斯文特人。

grosbeak＊ 大嘴雀 新大陸燕雀科中數種鳥類的統稱。特徵是喙圓錐形而大。多以種籽為食。大嘴雀產於美洲（例如玫瑰胸大嘴雀、黑頭大嘴雀、藍雀和黃昏雀）和歐亞北部（例如松雀）。亦請參閱cardinal。

黃昏雀
Karl H. Maslowski

Gross, Michael　葛羅斯（西元1964年～）　德國游泳選手，生於法蘭克福。身高6呎7吋（200公分）、綽號「信天翁」的葛羅斯，總共拿過6面奧運獎牌（1984年2金2銀，1988年1金1銅），而且是男子200自由式和100公尺蝶式的世界記錄保持人。

Gross, Samuel David　格羅斯（西元1805～1884年）　美國外科醫師、醫學教師和作家。接受正統醫學教育訓練前師事於一當地鄉村醫生。其最著名的著作《病理解剖學原理》（1839），是將該科目的知識有組織地以英文寫成的前衛之作。1859年發表兩卷《從病理學、診斷學、治療學及手術學著眼的外科體系》，對全世界的外科思潮產生深刻影響。1861年應美國政府之請而著《軍事外科手冊》。格羅斯發明了許多外科器械。格羅斯以伊肯斯的傑作《格羅斯的外科臨床講習》中的畫像被後人緬懷紀念。

gross domestic product (GDP)　國內生產毛額　在某個指定時期內，一個國家的經濟所生產的貨物與勞務的市場總值。通常以一年為單位報告國內生產毛額。其定義包括所有最終的貨物和勞務，也就是說，凡是位於該國內部的經濟資源所生產的都包括在內，不管它們的所有權歸誰，而且不以任何形式重新出售的。GDP與國民生產毛額（GNP）不同，後者的定義是包括由該國國民（不論在國內還是在其他地方）擁有的資源所生產的所有最終貨物和勞務。

Grosseteste, Robert＊　格羅斯泰斯特（西元約1175～1253年）　英格蘭主教、學者，將希臘文及阿拉伯文的哲學和科學著作譯成拉丁文，介紹給歐洲基督教世界。在任牛津大學校長（1215?～1221）後，在方濟會任一級神學講師，對該會會士發揮深刻影響。於1235年開始任林肯主教，相信醫治靈魂至為重要、教會體制必須集中化和等級化、確信教會高於國家。

Grossglockner＊　大格洛克納山　奧地利最高山峰，位於上陶恩山脈。海拔3,797公尺。首登在1800年。山上冰川以帕斯泰岑冰川最為壯觀，長8公里，寬5公里。山區秀麗的風景、冬季運動和登山，已使其成為聞名的旅遊地。

Grosvenor, Gilbert H(ovey)＊　格洛斯維諾（西元1875～1966年）　美國地理學家、作家、編輯。就讀於阿默斯特學院，被國家地理學會主席貝爾雇用，成為學會雜誌的編輯助手。1903～1954年《國家地理雜誌》的總編輯，使它從小型學術刊物轉變為有趣而插圖傑出的大發行量雜誌。1920年他獲選為學會主席。他為雜誌提供許多文稿和照片，撰寫了一部學會歷史和其他書籍，也是保育工作和野生動物保護的重要領袖。

Grosz, George＊　格羅茨（西元1893～1959年）　原名Georg Grosz。德國出生的美國畫家、製圖師、插圖畫家。在德勒斯登與柏林就讀後，開始把諷刺畫賣給雜誌。第一次世界大戰期間在德國陸軍服役，1917年因不適合軍隊而退役，遷居柏林一處頂樓工作室，到戰爭結束時已經發展出一種製圖風格，把線條的高度表現性與強烈的社會諷刺結合起來。他描述戰爭與墮落，提供了當代最辛辣的社會批評。1918～1920年他是柏林達達主義團體的重要成員。其《統治階級的面孔》（1921）和《你們看這個人》（1922）等圖集呈現出貪婪的資本家、戰爭獲利者和社會的腐敗，為他贏得國際聲譽。1932年遷居美國，任教於紐約藝術學生聯盟，同時繼續製作雜誌漫畫、裸體畫、風景畫。

grotesque　奇異風格　指在建築、裝飾美術和富有幻想意味的壁畫和雕刻中一種由動物、人物和植物混合組成的裝飾形式。這個詞從義大利語grotteschi演變而來，最早用來指1500年左右在羅馬出土的古代住宅的裝飾風格。文藝復興時期復興這種奇異風格，在16世紀的義大利很快流行起來，並普及到整個歐洲，一直持續到19世紀。此風格常用於壁畫裝飾（繪畫、雕刻或模型）。

Grotius, Hugo＊　格勞秀斯（西元1583～1645年）　原名Huigh de Groot。荷蘭法學家、人文主義者和詩人。出生於代爾夫特。十一歲時進入萊頓大學。青少年時隨奧爾登巴內費爾特出使法國。他留在當地學習法律，並出版了一部政治書（1598）。後擔任荷蘭的史官，記述荷蘭反西班牙的鬥爭。格勞秀斯逐漸捲入政治，他為荷屬東印度公司撰寫一份辯護書，保衛荷蘭的貿易權利，並主張所有國家都擁有自由出入公海的權利。1607年任荷蘭省檢察長。1608年因資助奧爾登巴內費爾特被莫里斯親王逮捕監禁。1621年越獄逃到巴黎（藏在書箱中）。十年後他返回荷蘭，在國際上享有極高的威望。他的法學著作提出國家是由自然法所約束的理念。他的巨著《戰爭與和平法》，對戰爭處理的規定條例，是對現代國際法的最早的偉大貢獻。他也出版了許多古典學術的翻譯和著作。

格勞秀斯，肖像畫，米瑞韋特（M. J. van Mierevelt）繪；現藏阿姆斯特丹國家博物館
By courtesy of the Rijksmuseum, Amsterdam

Grotowski, Jerzy＊　格羅托夫斯基（西元1933～1999年）　波蘭出生的美國舞台導演。1959年他加入弗羅茨瓦夫的波蘭實驗劇院，並在1965年建立永久的公司。波蘭實驗劇院在美國首演《阿克波羅利斯》（1969），隨後是《承負高山》（1977）和《承負大地》（1977～1978），在那個時候，格羅托夫斯基大部分時間住在美國。他以前衛理論家的身分聞名，致力於藉著建立觀眾與演員之間的感情衝擊而創造出戲劇性張力。他的著作《關於差勁的劇院》（1968）強調演員的中性，並倡導最小的舞台道具。他強烈影響了美國實驗劇場運動，特別是生活劇團。

ground squirrel　黃鼠　亦稱地松鼠。齧齒目松鼠科為數眾多腿較短的地棲齧齒類動物的統稱。分布於北美洲、墨西哥、非洲、歐洲和亞洲。此名稱常用於花鼠。黃鼠適用於羚黃鼠屬、非洲地松鼠屬和旱地松鼠屬。黃鼠生活於地洞內，有時集群生活。主要吃植物，有些種類嗜吃昆蟲及其他小動物和腐肉。許多種類收集食物，用頰囊將食物運到地道裡儲存起來。寒冷地區的種類在冬季冬眠；乾燥地區的則在夏天休眠。長17～52公分，包括尾部。

白斑黃鼠（*Spermophilus beecheyi*）
Kenneth W. Fink from Root Resources

groundhog ➠ woodchuck

Groundhog Day　土撥鼠節（2月2日）　美國每年土撥鼠預測春季即將來臨的日子。如果從洞穴爬出的土撥鼠見到自己的影子，將會還有六週以上的冬季，如果見不到影子，表示春季就要來了。這個傳統源自英國在聖母行潔淨禮日看見影子的信仰。

groundnut 園果 亦譯地栗。幾種具有可食果實或其他堅果狀部分的植物的俗稱。有三種莢果：花生（學名爲Arachis hypogaea），其果實（莢果）不是眞正的堅果；野豆又稱馬鈴薯豆，塊莖可食；還有塊莖香豌豆，又稱地栗豆。鐵荸薺是莎草科植物與紙莎草近緣，也有可食的塊莖，尤其是稱爲地扁桃的變種。

groundwater 地下水 亦作subsurface water。埋藏在地表以下的水，它在地下占據了土壤和地層空間。大多數地下水來自降水，它逐漸滲入地面。在典型情況下，降水量的10%～20%進入到含水層。大多數地下水不含致病的有機物，爲了民用和工業用，不需要純化。並且，地下水源不會受短期乾旱的嚴重影響，在沒有可靠的地表水源的很多地區都可以得到地下水。

groundwater table ➠ water table

Group of Seven ➠ Seven, Group of

Group Theatre 同仁劇團 紐約劇團公司（1931～1941），克勒曼、克勞佛和史特拉斯伯格所創建，演出美國具有社會意義的戲劇。該公司運用史坦尼斯拉夫斯基表演法--公司所屬演員和導演還包括伊力卡山、柯布和阿德勒等人--上演的劇作有《成功的故事》（1931）、《穿白色衣服的人》（1933）、奧德茲的《等待老左》（1935）和《有出息的孩子》（1937），歐文．蕭的《埋葬死亡》（1936）以及薩洛揚的《我的心在高原》（1939）等許多其他劇作。

group theory 群論 近世代數中，一組元素及元素組合運算所構成的系統，一起滿足某些公理。這些公理要求群在運算時是封閉的（任意兩個元素組合產生群的另一個元素），就是遵守結合律，並含有單位元（就是結合其他元素而不會改變對方），而每個元素有反元素（與該元素結合產生單位元）。如果群還滿足交換律，稱爲交換群或阿貝爾群。加法底下的整數集合是阿貝爾群，單位元是0，反元素是正負號相反的數。亦請參閱field theory。

group therapy 集體治療 心理治療的一種形式，通常在一名治療者或諮商者在場的情況下，讓一些病人或案主討論他們的個人問題。在集體治療的一種手段中，主要目的是培養一種團體的歸屬感，以喚起成員對孤立的意識、士氣和戰鬥感；嗜酒者互戒協會即是一個傑出的範例。其他主要手段致力於促進自由討論和不受抑制的自我表白；藉著互相檢驗生活中他們對人們（包括其他成員）的反應，幫助成員瞭解自身並達到比較成功的行爲。

Groupe Islamique Armée (GIA)＊ 伊斯蘭武裝集團 1992年成立的阿爾及利亞民兵團體，由於該國政府因伊斯蘭解放陣線可能於1991年的議會選舉中獲勝而取消選舉的舉動而成立。此團體展開一連串針對政府和外國人的暴力武裝攻擊，同時也被控屠殺民衆（不過他們辯稱這些行動都是間諜警察和軍事特勤單位所爲）。對伊斯蘭武裝集團的武力估計差距頗大，估計值從數百名到數千名游擊隊員都有，他們也擁有一些海外援助。

grouper 石斑魚 鱸形目鮨科魚類的統稱。廣佈於暖海中，尤其是石斑魚屬和鼻鱸屬。石斑魚的特徵是口大，體粗壯，有些種類體長可達2公尺，重達225公斤，石斑魚體色一般呈暗綠或暗褐色，有些種類棲居深海的比生活在近海的體色更紅。它們是上好的食用魚，也是游釣魚，亦可用魚叉捕捉。少數種類的肉含有毒物質，食後能引起中毒。亦請參閱jewfish、sea bass。

grouse 松雞類 雞形目松雞科的幾種獵鳥。包括草原雞、雷鳥和沙雞（鳩鴿目）。最著名的舊大陸種類爲黑琴雞，產於威爾斯、蘇格蘭、斯堪的那維亞和中歐北部。雄鳥（黑松雞）體羽藍黑色，尾下覆羽白色，體長約55公分，體重幾乎達2公斤。體型小的雌鳥，羽衣呈斑駁的褐色，有黑色橫斑。松雞類引人注目的是雄鳥常一起進行求偶表演。北美洲的種類中最著名的是流蘇松雞。

黑琴雞
Ingmar Holmasen

Grove, Andrew S. 葛羅甫（西元1936年～） 匈牙利出生的美國企業家。曾於紐約市立大學就讀，1963年在加州大學柏克萊分校獲博士學位。1963～1967年任職於快捷半導體，1968年協助成立英特爾公司。1979～1997年擔任英特爾總裁、1987～1997擔任執行長、1997年起任董事會主席，被認爲是英特爾致勝的關鍵人物。1991年起葛洛夫在史丹福大學授課。他擁有數項半導體設備及科技的專利，亦著有書數冊。1997年他被《時代》雜誌選爲年度風雲人物。

Grove, George 葛羅甫（西元1820～1900年） 受封爲Sir George。英國音樂學家。他接受土木工程訓練，並在牙買加和百慕達建立燈塔。1852年出任水晶宮的祕書，在往後四十年中爲其音樂會撰寫節目說明。他對威廉．史密斯的《聖經辭典》具有重大貢獻，導致他在1865年成立巴勒斯坦探索基金會。1868～1883年他擔任《麥米倫雜誌》的編輯。1873年他開始撰寫四冊的著作《音樂和音樂家辭典》，並在後來的版本中擴充爲二十冊，如今成爲世界最頂尖的音樂百科全書。他出任皇家音樂學院第一任院長（1883～1892），這個機構即大致由他奠定穩固的專業和物質基礎。

growing season 生長期 亦稱無霜期（frost-free season）。指一年之中原生植物和種植作物最適宜生長的時期。生長期通常隨與赤道之間距離的增大而縮短。在赤道和熱帶地區生長期一般爲一年，而在緯度較高的地區（如凍原），生長期可能爲兩個月或不足兩個月。生長期還隨海拔高低而變化，海拔愈高生長期愈短。

growth hormone (GH) 生長激素 亦稱人類生長激素（human growth hormone; HGH）或促長激素（somatotropin）。由腦下垂體前葉所分泌的肽激素。能夠刺激蛋白質合成和脂肪分解（放出能量），以促進骨骼和身體其他組織的生長。生產過量時會導致巨人症、肢端肥大症或其他畸形，生產不足時會造成侏儒症，而在青春期以前給予生長激素，會戲劇性痊癒。如今，遺傳工程技術可以爲此目的大規模生產足量的生長激素。

growth ring 生長輪 木本植物莖幹橫切面上一個生長期內木質部的增長量。在溫帶地區生長期通常爲一年，故生長輪可稱爲「年輪」。在熱帶地區的年輪可能不明顯或非一年輪。即使在熱帶地區的生長輪也偶見缺失，一年內偶可出現第二個輪－－「假輪」（如因昆蟲引起落葉時）。不過，曾利用年輪推算古代的，特別是美國西南部乾旱地區印第安人木質建築的年代；根據年輪間寬度的變動還可了解古代氣候的變化。

Gruen, Victor 格魯恩（西元1903～1980年） 奧地利裔美籍建築師。在維也納學習，1938年到美國，在那裡成立維克托．格魯恩聯合建築事務所，集中工程、建築、規畫等各方面的專家，專注於解決大城市規畫中的各種問題。該公司爲德黑蘭作總體規畫。格魯恩曾在全世界許多城市任規畫顧問。

Grünewald, Matthias＊ 格呂內瓦爾德（西元1475/80～1528年） 原名Mathis Gothardt Neithardt或Mathis Gothart Neithart。德國畫家。早年生活不詳。約1509年格呂內瓦爾德成爲宮廷畫家，後又爲美因茨的大主教的藝術監管人，開創了成功的生涯，其繪畫集中於宗教主題。1510年左右受委託爲畫家杜勒最近完成的祭壇畫《聖母升天》畫兩幅固定的側翼。1515年他接受了最重要的委託，在亞爾薩斯南部的安東尼泰修道院爲伊森海姆祭壇的神龕畫一組側翼畫（現收藏於法國科爾馬的博物館）。此作品被視爲是他的傑作，具有扭曲的人物，極端熱情奔放，深沈色彩和能展開或折褶的衣褶，是他的風格的獨特標記。現存的作品約十幅油畫和約三十五幅素描。他沒有一個知名的學生，而且不同於那個時代的畫家，他不製作木版畫和雕版，但他的繪畫成就仍然是北歐藝術史上令人驚奇的。

E F G

grunion＊ 滑皮銀漢魚 食用太平洋魚類，學名Leuresthes tenuis，見於美國西岸太平洋。暖和月份時，在大潮的滿月或新月期間產卵於沙灘。在二週後下一次大潮時，孵化的仔魚遂隨之入海。滑皮銀漢魚長達20公分。

GTE Corp. 通用電話電子公司 舊稱General Telephone and Electronics Corp.（1959～1982）。美國擁有數家國內和國際電話公司的控股公司。主要向美國農村提供電話服務。它也製造電子設備。1926年由奧蒂加創立聯合電話事業公司。在大蕭條期間該公司破產，後改組成爲通用電話公司。1950年代成爲電子電話設備製造商。1958併購西爾韋尼亞電子公司。2000年通用電話電子公司和大西洋貝爾公司（「小貝爾」公司之一）合併成爲韋佑恩通訊公司。

Gtsang dynasty＊ 藏王朝（西元1565?～1642年） 西藏本土最後的世俗統治王室。藏王朝的國王與佛教宗派噶瑪派聯合，以對抗新近改革的格魯派，後者則獲得蒙古阿勒坦汗的支持。雖然藏王朝出兵攻擊格魯派位於拉薩的總部，但最後該王朝在1642年結束，其世俗權威也移交給由蒙古人所支持的達賴喇嘛。

Guacanayabo, Gulf of＊ 瓜卡納亞沃灣 古巴東南部加勒比海水灣。從卡馬圭省南岸呈寬馬蹄形向格拉瑪省西南岸延伸約110公里。水淺，多珊瑚礁。主要港口爲曼薩尼約（人口約107,700〔1990〕）。

Guadalajara＊ 瓜達拉哈拉 墨西哥中西部哈利斯科州城市和首府。爲墨西哥第二大城市。瀕聖地牙哥大河，海拔1,567公尺。1531年建城。來自印第安人的壓力，曾數次搬遷。1810年被伊達爾戈－科斯蒂利亞短期占領。1940年起成爲主要工業生產中心和廣大農業區。1743年建的總督宮是墨西哥的西班牙建築藝術傑作。設有兩所大學。人口1,629,000（1990）。

Guadalcanal＊ 瓜達爾卡納爾 南太平洋索羅門群島的島嶼，爲島群中的最大者，面積5,302平方公里。經濟上主要倚賴漁業和農業，1990年代開始開採金礦。16世紀西班牙人到此，18世紀晚期英國人來訪；1893年被英國兼併，成爲索羅門保護國的一部分。第二次世界大戰期間，它是美國與日本軍隊之間長期戰鬥的場所（1942～1943），導致同盟國攻下當地一個日本空軍基地。幾次海戰也在該區進行。國家的首都荷尼阿拉位於北部海岸。

Guadalquivir River＊ 瓜達幾維河 阿拉伯語作Wadi al-Kabir。舊稱Baetis。西班牙南部河流，發源於哈恩省山中，向西流657公里，注入加的斯灣，是西班牙第二大河。是歐洲自然環境最豐富多樣的地區之一。擁有歐洲大陸植物種屬的一半，並且有北非亞熱帶地區的所有植物種類。擁有大部分歐洲和北非動物種屬。

Guadalupe＊ 瓜達盧佩 墨西哥東北部新萊昂州中部城市。臨聖卡塔琳娜河，海拔205公尺。在蒙特雷以東，爲農業中心。人口535,000（1990）。

Guadalupe Hidalgo, Treaty of＊ 瓜達盧佩伊達爾戈和約（西元1848年2月2日） 美國與墨西哥之間結束墨西哥戰爭的條約，以簽約地點墨西哥城鄰區爲名。約中畫定美、墨邊界爲格蘭德河與希拉河。美國付出15,000,000美元取得超過1,360,000平方公里的土地，並同意解決美國公民對墨西哥所提出的三百多萬索賠。這個條約爲墨西哥人留下對國家的不確定感，在割讓給美國的大片領土中重新開啓奴隸制度擴張的問題，它是兩國隨後發生內戰的因素。

Guadalupe Mountains National Park＊ 瓜達盧佩山脈國家公園 德州西部國家公園，位於厄爾巴索東方。於1972年建立，占地86,416英畝（34,998公頃）。公園重心主要環繞在兩座山峰，即高8,751呎（2,667公尺）的瓜達盧佩峰，以及高8,078呎（2,462公尺）的艾爾凱普敦峰。這座公園所在區域有相當的地質學重要性，它是一處重要的二疊紀花崗石化石層。

Guadeloupe＊ 瓜德羅普 正式名稱瓜德羅普省（Department of Guadeloupe）。法國的海外省。在西印度群島東部。由巴斯特爾、格朗德特爾以及其他幾個小島組成。面積1,780平方公里。首府巴斯特爾。聖巴泰勒米島和聖馬丁島北部的2/3地區爲瓜德羅普隸屬島，位於其西北方240公里。人口427,000（1996）。茂密的熱帶森林中長有桃花心木、鐵木及其他木本作物，如咖啡，在巴斯特爾島的山上到處生長，甘蔗種植則廣泛地分布在格朗德特爾島上的平原。加勒比印第安人經過數年擊退西班牙人和法國人。1647年瓜德羅普成爲法國領地的一部分。18～19世紀瓜德羅普被英國人短期占領，1815年該島正式歸法國。1946年成爲法國的一省。近十年來旅遊業使瓜德羅普經濟受益。

Guadiana River＊ 瓜地亞納河 西班牙和葡萄牙的河流。它是伊比利半島最長的河流之一，長達778公里，流經西班牙中南部和葡萄牙東南部，形成國界的部分，最後注入加的斯灣。其水源來自西班牙昆卡省的山區，而在代梅爾以西形成沼湖，稱爲「瓜地亞納之眼」，是著名的野鳥保護區。持續向西流後，切過托萊多山脈一連串的峽谷，如今成爲供應水電的幾個水壩的所在地。

Guainía, Rio ➠ Negro River

Guajira Peninsula＊ 瓜希拉半島 位於南美洲西北海岸。與加勒比海和委內瑞拉灣爲界。其餘部分在委內瑞拉。里奧阿查（人口約126,000〔1992〕）是半島主要城鎮，里奧阿查附近天然氣田有管道鋪設至西南的巴蘭基亞。

Guam＊ 關島 密克羅尼西亞馬里亞納群島最大和最南端的島，美國建立組織機構的未合併的領土。面積爲541平方公里。首府阿加納。人口約143,000（1993）。該島分爲兩部分：北部爲珊瑚石灰岩高地，南部爲低矮的火山山脈。居民以查莫羅人爲主，基本上爲馬來－印尼血統，也混有西班牙、菲律賓、墨西哥及其他血統。英語爲官方語言，此外，還有查莫羅語。麥哲倫約於1521年來到該島，1565年西班牙正式宣布對該島擁有主權，在此後的兩個世紀中，關島一直爲西班牙的前哨站。作爲1898年美西戰爭的賠償，該島被割讓給美國。第二次世界大戰該島被日軍侵占（1941～1944），接著成爲美國主要的海、空軍基地。1950年歸爲美國領地，由內政部管轄。該島的軍事基地爲經濟主要來源，其次爲旅遊業。

Guan Hanqing 關漢卿（西元1241?～1320?年） 亦拼作Kuan Han-Ching。中國劇作家，咸認是中國最偉大的古典戲曲作家。關漢卿屬於一個戲曲作家組織，該組織專門爲演出的戲團撰寫雜劇。他的戲曲多涉及日常生活事物，並充滿同情心地描繪社會較低層的女性。他所寫的雜劇超過六十部，其中十四部留存至今，包括《竇娥冤》、《蝴蝶夢》與《趙氏孤兒》。

Guan Yu 關羽（卒於西元219年） 亦拼作Kuan Yü，或稱爲關帝。三國時期（西元3世紀）的軍事英雄，早年擔任劉備（三國之一的創建者）的隨身侍衛，而開展其一生事業。雖然關羽戰敗被俘且遭到處決，但其聲譽持續增長，並逐漸廣受歡迎。後來中國的皇帝不斷授與他更崇高的榮銜，1594年冊封他爲戰神與中國的守護神。數以千計的武廟爲尊崇他而建立，此一崇拜並於17世紀流傳至韓國。當地人相信是關羽解救了韓國，免遭日本人侵略。

guanaco＊ 栗色羊駝 體細長的南美洲駝（參閱alpaca）。學名爲Lama guanacoe。腿和頸均長，尾短，耳大而尖。常由一隻雄體帶領小群雌體共同生活。產於從祕魯和玻利維亞向南到火地島和其他島嶼的整個安地斯山地區，分布範圍從雪線到海平面。成體肩高約110公分；背面淡褐色，腹面白色，頭部淺灰色。栗色羊駝的幼畜的纖維用於紡織業，因產量少、質柔軟而受珍視，毛皮用於毛皮業。

Guanajuato＊ 瓜納華托 墨西哥中部一州。在內地高原，平均海拔1,800公尺。面積30,491平方公里。首府爲瓜納華托州。北部多山，南部爲肥沃平原，大部分用作農業。境內有萊爾馬河及其支流。在殖民地時期爲重要的銀礦區。1824年設州。主要工業爲開採礦產（銀、金、錫、鉛和蛋白石）。人口約4,407,000（1995）。

Guanajuato 瓜納華托 墨西哥中部瓜納華托州城市和首府。海拔2,050公尺。爲典型的西班牙殖民城市。1554年始建。爲16世紀產銀中心之一。該城市的富裕顯示在富麗堂皇的教堂，包括拉巴倫西亞納、聖方濟（1671）和聖地牙哥（1663）。瓜納華托是獨立運動領袖伊達爾戈－科斯蒂利亞於1810年最早占領的大城市。後來城市衰微。直到1930年代，隨著旅遊業的發展和聯邦政府對礦業和農業的扶植，經濟逐漸好轉。設有瓜納華托大學（1945）。人口114,000（1990）。

Guangdong 廣東 亦拼作Kwangtung。中國大陸最南方的省分（1996年人口約68,680,000）。廣東南濱中國海，沿岸有香港與澳門，省會廣州。廣東最早於西元前222年納入中國版圖。16～17世紀經由廣州進行海外貿易，使得廣東省的人口大增。廣東也是英國走私非法鴉片的地方，因此導致1841年第一次的鴉片戰爭。1860年割讓九龍半島給英國，1887年又割讓澳門給葡萄牙。兩地皆於1990年代末期歸還給中國。廣東自1912年起即爲孫逸仙所領導之國民黨的基地，1938～1945年日本占領廣東。由於幾世紀以來與外國的接觸，使其在某程度上能夠自給自足，而與中國其他地區有所不同。

Guangwu di （漢）光武帝（西元前5年?～西元57年） 亦拼作Kuang-wu ti。本名劉秀。中國皇帝，在王莽篡奪漢朝王位、建立新朝（西元9～25年）的插曲之後，重建漢朝。重建後的漢朝常稱爲後漢或東漢。漢光武帝在位期間多花費心力在鞏固政權、降服國內諸多的反叛，其中包括赤眉之亂。

Guangxi (Zhuangzu) 廣西（壯族自治區） 亦拼作Kwangsi (Chuang)。中國東南方的自治區（1996年人口約45,437,000）。鄰接越南北部，境內地形多爲山丘，河谷地則種植稻米，省會南寧。廣西在歷史上的記錄可追溯至西元前45年；元朝統治期間，取爲今名（1279）。廣西和廣東是20世紀初期孫逸仙所領導的國民黨的基地。當地的軍閥後來組成廣西派反對蔣介石，後者在1929年鎮壓了廣西軍閥的反叛。1949年建省，1958年改爲廣西壯族自治區。此地以農業生產聞名，同時也是林業製品的重要來源。

Guangzhou 廣州 亦拼作Kuang-chou。英文稱爲Canton。中國廣東省省會（1999年人口約3,306,277）。濱珠江，離海約80哩（130公里），是中國南方的主要港口。西元前3世紀納入中國版圖，後來在明朝成爲重要的城市。它是中國最早對外國人開放的海港，先有阿拉伯和印度的商人定期造訪；到了16世紀，葡萄牙人也前來探訪。英國人於17世紀抵達，接著是法國人和荷蘭人。中國政府在廣州禁絕英國的鴉片貿易引發了戰爭（1839～1842）；1856～1861年被英國和法國占領。19世紀國民黨在廣州倡導民族主義的觀念。日本曾在1938～1945年占領廣州；1949年爲中國共產黨接管。廣州的工業發展持續成長，並隨著中國共產黨重新與西方恢復聯繫，1984年被指定爲鼓勵外商投資的經濟特區之一。廣州是中國最大的城市之一，它不斷擴張的經濟更造就其持續穩定的成長。

guanine＊ 鳥嘌呤 嘌呤類的有機化合物，常稱爲鹼基，包含二個環，各含氮原子和碳原子，還有一個氨群。在許多重要的生物分子（特別是核酸）中以結合的形式出現，而在各式各樣自然來源中自由或結合存在，包括海鳥糞、甜菜、酵母菌、魚鱗等。在去氧核糖核酸（DNA）中其互補鹼基是胞嘧啶。藉著水解技術，可以從核酸製備鳥嘌呤或相應的核苷或核苷酸。

guano＊ 海鳥糞 亦譯鳥獸積糞。聚積的鳥類、蝙蝠和海豹的糞便和屍體，是一種優質肥料。主要產地爲祕魯、下加利福尼亞及非洲沿岸大量聚居鸕鷀、鵜鶘和塘鵝的島嶼。世界各地的岩洞內均有蝙蝠糞。在祕魯西北海岸外積累著很深的海豹糞層。蝙蝠糞和海豹糞肥料的質量低於海鳥糞。

Guantánamo＊ 關塔那摩 古巴東部關塔那摩省城市和省會。位於戰略基地關塔那摩灣以北34公里的山區。建於1819年。來自海地的法國難民促進了這一地區的殖民化。從建築等許多文化特色中可看出他們的影響。加泰隆人亦爲早期殖民者。以生產甘蔗和咖啡爲主的農業地區中心。人口約208,000（1993）。

Guantánamo Bay 關塔那摩灣 加勒比海一海灣。在古巴東南部。爲世界最大的海灣之一。長約19公里，寬約9公里。在1898年的美西戰爭中顯示了其重要的戰略地位。根據1903年一項條約，這裡建立了一個美國海軍基地。自1959年，古巴政府不時威脅要收回該基地。

Guanyin 觀音 ➠ Avalokitesvara

Guaporé River＊　瓜波雷河　巴西境內稱Iténez。南美洲中西部河流。源出巴西西南部。向西北流經馬托格羅索城，繼續流向西北，爲玻利維亞和巴西界河，於瓜雅拉米林鎮附近注入馬莫雷河。長1,749公里，全年可通航。河水清澈，與渾黃含沙的馬莫雷河恰成鮮明對照。匯流後數公里內，兩水清濁猶明晰可辨。

Guarani＊　瓜拉尼人　南美印第安人。居住在巴拉圭東部以及毗鄰的巴西和阿根廷。原住民瓜拉尼人勇猛好戰，捕捉俘虜用作犧牲（也是捉來吃掉）。刀耕火種的農業，迫使他們每五、六年就要遷移一次。瓜拉尼婦女和西班牙農場主人的混血的後代成了現代巴拉圭的鄉下人。極少數眞正瓜拉尼社區至今還分散在巴拉圭東北部森林中，現代巴拉圭人依然宣稱其具有牢固的瓜拉尼傳統。在亞松森周圍巴拉圭河沿岸生活的一百萬農民中，大多講瓜拉尼語。

Guardi, Francesco＊　瓜爾迪（西元1712～1793年）　義大利風景畫家。他和二個兄弟合作經營威尼斯一個繁榮的工作室兼工坊，而他們的姊妹嫁給提埃坡羅。到1750年代，瓜爾迪著手製作威尼斯的景觀繪畫。他對威尼斯的許多浪漫印象不像卡納萊托的建築物攝影式記錄那樣受到歡迎，他的作品直到印象派興起之後才受到賞識。

guardian　監護人　法律上有權或被指定來照顧並管理另一人（通常是未成年人）的人。自然監護人是有自然親屬關係的監護人（通常是父親或母親）。在法院認定小孩需要監護人時（通常是雙親死亡或失蹤時），監護人可由法院指定。

Guardian, The　衛報　英國倫敦和曼徹斯特發行的有影響力的日報。英國最佳報紙之一。1821年創建時爲週刊，初名《曼徹斯特衛報》。1855年改爲日報。一百年後去掉「曼徹斯特」一詞，成爲享有國際聲譽的全國性報紙。該報由一信託擁有，財政上可獲得保證。衛報始終保持獨立的社論觀點和新聞報導的廣度和深度。

Guare, John＊　葛瑞（西元1938年～）　美國劇作家。生於紐約，曾於耶魯戲劇學院研習。1971年的*The House of Blue Leaves*獲得評論界讚揚。1972年和夏皮洛合著的《維洛那二紳士》爲莎士比亞喜劇的搖滾歌舞樂版，獲東尼獎和紐約戲劇評論學會獎。後續的作品包括*Six Degrees of Separation*（1990，1993改編爲電影）及*Four Baboons Adoring the Sun*（1992）。他的電影劇本作品有《大西洋城》（1981）。

Guarini, (Giovanni) Battista＊　瓜里尼（西元1538～1612年）　義大利詩人。1567年任費拉拉大公阿方索二世的廷臣和外交官。1579年被起用爲宮廷詩人以代替他的朋友塔索。與塔索一起對奠定新文學流派田園劇具有影響力。1582年退休，他寫下著名的田園劇《忠實的牧羊人》，成爲當時最受歡迎、文字翻譯傳播最廣的作品之一。

Guarneri, Andrea＊　瓜奈里（西元1626～1698年）　義大利著名小提琴製造者。瓜奈里於1641～1654年隨阿馬蒂學藝。在克雷莫納建立自己的商店後，除小提琴外，他也製造中提琴和大提琴。他的兒子比埃特羅（1655～1720）和朱塞佩（1666～1740?）與父親一起工作，到1863年比埃特羅已經遷到曼圖亞並建立自己的企業，雖然他所製作的樂器很少。1698年朱塞佩從父親繼承了克雷莫納的企業。在有生之年，他的名聲受到史特拉底瓦里盛名的掩蓋，但他的小提琴和大提琴如今受到高度評價。他的兒子彼得羅（1695～1762）和巴多羅買（1698～1744）也是樂器製造者。巴多羅買被人稱爲耶穌教堂的瓜奈里，是歷史上最佳的製琴師之一，他的小提琴顯示出父親和史特拉底瓦里的影響，以完美的音響而聞名。

Guatemala＊　瓜地馬拉　正式名稱瓜地馬拉共和國（Republic of Guatemala）。中美洲國家。面積108,889平方公里。人口約11,687,000（2001）。首都：瓜地馬拉市。馬雅印第安人約占人口的55%，約占總人口42%的拉迪諾人多爲西班牙人和美洲印第安人混血人種的後裔。語言：西班牙語（官方語）。宗教：天主教。貨幣：格查爾（Q）。瓜地馬拉最廣闊的低地是猶加敦半島的佩滕區和北面加勒比海沿岸。山脈約占全國面積的一半，貫穿該國中部。北部佩滕的熱帶森林有大量優質樹木和橡膠樹。瓜地馬拉的經濟是正處於開發中的市場經濟，主要以農業爲基礎。是中美洲最大的咖啡生產國。政府形式是共和國，一院制。國家元首暨政府首腦爲總統。從西元前2500年的簡單農村開始，瓜地馬拉和猶加敦的馬雅人發展出一種令人印象深刻的文明。其核心在佩滕北部，在那裡建立了最古老的馬雅石柱和蒂卡爾的祭祀中心。西元900年以後，馬雅文明衰敗，而西班牙人在1523年開始征服他們的後裔。1821年瓜地馬拉城的中美洲殖民地宣

布從西班牙獨立，瓜地馬拉被併入墨西哥帝國，直到1823年帝國解體爲止。1839年瓜地馬拉成爲第一批獨裁者統治下的獨立共和國，他們幾乎持續掌權到下個世紀結束。1945年一個自由民主聯盟執政，進行了徹底的改革。政府試圖沒收那些隸屬於美國企業產權的土地，以促使美國政府在1954年支援一次軍事入侵。翌年，瓜地馬拉的社會革命結束，大部分的改革被扭轉過來。此後，長期政治動盪與暴力成爲瓜地馬拉政治的特點，造成約二十萬人死亡，其中大部分要歸咎於政府的軍隊。1991年瓜地馬拉放棄長久以來對貝里斯的主權要求，兩國建立了外交關係。隨著游擊隊試圖掌權，瓜地馬拉繼續受到暴力之害。1996年簽訂和平條約後，該國開始從內戰中慢慢復甦。

Guatemala　瓜地馬拉市　亦作Guatemala City。瓜地馬拉城市和首都，中美洲最大城市。地處中央高地，海拔1,493公尺。建於1776年，以取代1773年受地震嚴重破壞的舊瓜地馬拉市，作爲瓜地馬拉都督管轄區的首府。獨立以後，成爲墨西哥皇帝伊圖爾維德統治下的中美洲省省會，後

成爲獨立的瓜地馬拉共和國首都。爲全國政治、社會、文化和經濟中心。有瓜地馬拉聖卡洛斯大學（1676）、國家考古博物館（藏有稀有的馬雅人的各種手工製品）。今日的現代化城市大部分是在1917～1918年地震後重建的。1976年地震中又遭嚴重破壞。人口約1,130,000（1993）。

Guatimozin ➠ Cuauhtemoc

guava　番石榴　桃金孃科番石榴屬植物，喬木或灌木，原產熱帶美洲。兩個重要種是番石榴和草莓番石榴。番石榴果肉具麝香味，有時具辛辣味。草莓番石榴果肉柔軟，味如草莓。番石榴可製果醬、果凍和蜜餞；鮮果富含維生素A、B和C，可直接食用或切片後加糖和奶油作爲點心。

Guaviare River＊　瓜維亞雷河　哥倫比亞中部和東部的河流。發源於哥倫比亞中面西南部安地斯山脈，上游稱作瓜亞貝魯河。蜿蜒向東，在哥倫比亞－委內瑞拉邊境，注入奧利諾科河。全長約1,050公里。水流湍急，不宜通航。

Guayaquil＊　瓜亞基爾　全名Santiago de Guayaquil。厄瓜多爾最大城市和主要海港，瀕臨瓜亞斯河。距太平洋72公里。1537年西班牙探險家在現址建鎮，經常被海盜騷擾。1822年玻利瓦爾和聖馬丁曾經在此舉行協商會議，會議之後玻利瓦爾成爲南美洲解放運動的唯一領袖。是厄瓜多爾對外貿易和國內商業中心，爲太平洋沿岸主要海港。設有三所大學。人口約1,974,000（1997）。

Guayas River＊　瓜亞斯河　厄瓜多爾西部河流。二大支流道爾河和巴巴奧約河源於安地斯山脈西坡，並在瓜亞基爾上緣會合。在瓜亞基爾市以下，它流過低地三角洲，並注入瓜亞基爾灣。從最長支流的末端算起，河流長度約320公里。其氾濫平原是厄瓜多爾最肥沃的地區，也是幾乎所有香蕉收成的來源。

Guchkov, Aleksandr (Ivanovich)＊　古契柯夫（西元1862～1936年）　俄羅斯政治人物。在尼古拉二世發表十月宣言（1905）之後，古契柯夫協助創立十月黨。身爲杜馬的一員，他試圖通過更多改革法案，但由於政府蔑視憲法，並受到拉斯普廷影響，他對政府的批判漸多。當1917年俄國革命爆發時，他奉派接受尼古拉的退位，後來短期擔任陸軍及海軍部長。同年10月布爾什維克黨掌權後，他遷居巴黎。

Gudbrandsdalen＊　居德布蘭河谷　挪威中南部的谷地。在米約薩湖和利勒哈默爾以上，長約140哩（225公里）。它是第二次世界大戰中的激戰場所，其中挪威和英國試圖阻止德國入侵。它是易卜生戲劇《皮爾金》的場景。

Guderian, Heinz (Wilhelm)＊　古德里安（西元1888～1954年）　德國將軍、坦克專家。他的著作《預備！坦克！》（1937），收錄英國將軍富勒、戴高樂的理論。作爲裝甲戰和閃電戰的主要設計者，對第二次世界大戰初期德國在波蘭、法國和蘇聯的勝利具有決定性的貢獻。1943年任裝甲軍總監，他簡化坦克生產工序，加快了生產的進度。謀殺希特勒的七月密謀以後，他任代理參謀總長（1944～1945）。

古德里安
Ullstein Bilderdienst

Gudrun ➠ Kriemhild

Guelph, University of＊　圭爾夫大學　加拿大安大略省圭爾夫市的一所私立大學。該校是一個重要的農業科學研究中心，由安大略農業學院（1874年成立）與安大略獸醫學院（1862年成立）合併而成（1964），同時也新成立一所文理學院。研究設施包括加拿大毒物研究中心網絡的總部、家畜遺傳學研究中心以及老年學研究中心。註冊學生人數約13,000人。

Guelphs and Ghibellines＊　歸爾甫派與吉伯林派　中世紀期間德國與義大利政治中的敵對派別。在霍亨斯陶芬王朝義大利皇帝腓特烈一世統治時期，歸爾甫派（參閱Welf dynasty）與吉伯林派二個用語最早獲得重要性；他試圖維護義大利北部的帝權，而遭到教宗亞歷山大三世反對。歸爾甫派（站在教宗一邊）與吉伯林派（同情神聖羅馬帝國皇帝）之間的分裂造成13～14世紀義大利北部城市的長期爭鬥，並反映於但丁的《神曲》。

Guercino, Il＊　圭爾奇諾（西元1591～1666年）　原名Giovanni Francesco Barbieri。義大利畫家。受到波隆那畫派強烈影響，1621年由波隆那教宗格列高利十五世召至羅馬，參與裝飾盧多維西別墅等委託工作；天頂濕壁畫《奧羅拉》的畫法使天花板彷彿不存在，以致奧羅拉的馬車看似直接浮在建築物上方。1623年他回到出生地琴托城。1642年雷尼一死，他立即遷到波隆那，而在有生之年一直是當地頂尖畫家。他是當代最卓越的工匠之一，對17世紀巴洛克裝飾的發展具有深遠的影響。

Guernsey＊　根西　英國海峽群島第二大島。位於英吉利海峽，法國諾曼第正西方。面積62平方公里。與奧爾得尼、薩克、赫姆、熱圖以及附近較小島嶼組成根西島管區。首府聖彼得港（人口17,000〔1991〕）。羅馬時期該島名爲薩尼亞。1855～1870年爲雨果的住處。根西種牛來源地。人口64,100（2000）。

Guernsey＊　根西牛　原產於英吉利海峽根西島的一個乳牛品種。和澤西牛（娟姍牛）相似，可能源於法國乳牛品種。較澤西牛體大，根西牛淡黃褐色帶白色斑點，奶色特黃。根西牛於1830年首次輸出到美國，澳大利亞和加拿大也大量飼養。

Guerrero＊　格雷羅　墨西哥西南部一州。臨太平洋，面積64,281平方公里。狹長的沿海平原外，大部分爲南馬德雷山區。山谷狹窄、土壤肥沃，主要河流有巴爾薩斯河。1849年設州。以墨西哥獨立戰爭領袖維森特．格雷羅（1783～1831）的姓命名。奇爾潘辛戈爲州首府，著名的城市有阿卡普爾科和塔斯科（一個殖民時期城鎮）。收入來源是農業和旅遊業。人口約2,917,000（1995）。

guerrilla＊　游擊戰　以小規模的有限的軍事行動襲擊正規軍的一種作戰形式。游擊戰戰術涉及經常性的在轉移中攻擊以及採取破壞活動和恐怖主義。guerrilla（西班牙「戰爭」，爲guerra，意爲「小型戰爭」）一詞首次用於1809～1813年戰役期間，描述西班牙－葡萄牙非正規軍（或稱游擊兵）協助威靈頓公爵驅逐在伊比利半島上的法國占領軍。構成游擊戰基礎的戰略是不斷騷擾敵人直至軍事實力集結到足以摧毀敵人之時，或直至強大的政治軍事壓力迫使敵人尋求和平爲止。中國名將孫子在《孫子兵法》（西元前4世紀）中制定了游擊戰戰術，主張兵不厭詐和出其不意。

Guesde, Jules＊　蓋德（西元1845～1922年） Mathieu Basile的筆名。法國工人運動組織者。1880年和馬克思商量擬定法國工人運動的社會主義綱領，該綱領號召工人們選舉那些決心要「在議會大廳內進行階級鬥爭」。他受到機會主義分子的反對，這些機會主義分子提倡有力的集體談判，並強調工人應選舉主張政治漸進的候選人，而不管他們屬於哪個黨派。他創辦現代社會主義週刊《平等報》（1877）。自1893年起任眾議員，1914～1915年任不管部部長。

蓋德，攝於1906年
BBC Hulton Picture Library

Guest, Edgar (Albert)　格斯特（西元1881～1959年） 英國出生的美國作家。十歲時隨家人到美國。起先在《底特律自由新聞》當小弟後任記者。以日常生活爲題材寫的歌謠，受到讀者熱烈歡迎。結果，他每寫一首歌謠，全國報紙就一起刊載，使他的名字家喻戶曉。第一部詩集《久居》（1916）成爲暢銷書。此後又出版幾部同樣的詩集，也都是以家庭、母親和勞動的美德等爲主題。

Guevara, Che＊　格瓦拉（西元1928～1967年） 原名Ernesto Guevara de la Serna。游擊戰術的理論家和兵法家。古巴革命的傑出人物（1956～1959），出身於阿根廷的中產階級家庭。1953年完成醫科學業。常利用節假日漫遊南美各地，定居瓜地馬拉。目睹阿本斯政府被美國中央情報局支持的政變所推翻，這使他相信，美國總是反對進步的左派政府和只有暴力革命才能解決拉美廣大群眾的貧苦生活，他離開瓜地馬拉去墨西哥，在那裡遇到卡斯楚，格瓦拉參加了他的游擊隊。古巴革命後，爲卡斯楚最信任的助手之一，擔任要職；他英俊、迷人，擔任革命運動的最能打動群衆的代言人。1965年離開古巴。到剛果和玻利維亞組織游擊隊。後被玻利維亞軍隊拘捕、槍殺。他立即獲得國際聲譽和全世界左派分子中受難英雄的地位。

格瓦拉
Lee Lockwood – Black Star

Guggenheim, Meyer and Daniel＊　古根漢父子（邁耶與丹尼爾）（西元1828～1905年；西元1856～1930年） 美國實業家父子。兩人發展了世界範圍的採礦企業，並帶來巨大財富。邁耶於1847年從瑞士移居美國，在費城開設一家專門進口瑞士刺繡的商行。1880年代初，在科羅拉多州購得兩處銅礦的股權，預見到其發展前景，便把全部資財投入，派七個兒子（特別是丹尼爾）去監督冶煉生產。1901年父子購得美國冶煉公司控制股權，它也是美國一些最大金屬加工廠組成的托拉斯。丹尼爾在1919年前領導公司，他把家庭投資發展到全球。最著名的公益事業有：約翰·西蒙·古根漢基金會，提供給藝術家和學者的海外研究獎學金。所羅門·古根漢基金會，監督紐約的古根漢美術館和在威尼斯的古根漢收藏館。

Guggenheim, Peggy　古根漢（西元1889～1979年） 原名Marguerite Guggenheim。美國藝術品收藏家和紐約畫派藝術家的主要贊助人。邁耶·古根漢的孫女。1921年繼承財產。1930年遷居巴黎，過著放蕩不羈的生活。1932年去倫敦。1941年回紐約與恩斯特結婚。1942年在紐約市開設畫廊，許多受她贊助的藝術家（包括波洛克、馬瑟韋爾、羅思科和霍夫曼）首次在該畫廊展出作品。第二次世界大戰後定居威尼斯。展出她最好的立體派、抽象派及超現實主義派的藝術收藏品。佩吉·古根漢收藏館一直對外開放。

Guggenheim, Solomon (Robert)　古根漢（西元1861～1949年） 美國企業家和藝術品收藏家。他成爲其父的瑞士刺繡進口企業的合夥人，也參與家族採礦工業，並領導家族的許多公司。1919年退休。專門蒐集現代派繪畫。他成立所羅門·古根漢美術館（1959）基金。亦請參閱Guggenheim, Meyer and Daniel。

Guggenheim Museum＊　古根漢美術館 紐約市的美術館，存放所羅門·古根漢的現代藝術收藏品。該建築物（1956～1959年興建）是萊特「有機建築」的範例，代表有別於傳統博物館設計的激進分歧，平順的巨大、無裝飾、白色水泥捲體螺旋向上和向外。被批評爲搶盡展示藝品鋒頭的展覽空間包含六層樓高的螺旋坡道，圍繞著開放的中央容積，採光來自不鏽鋼支撐的圓頂玻璃。

Guggenheim Museum Bilbao＊　畢爾包古根漢美術館 西班牙北部畢爾包的美術館。1997年開幕，是古根漢基金會與西班牙西北部巴斯克地方政府之間的合作企業。這個美術館綜合體由格里設計，包含彼此相連的建築物，各建築物具有非凡的自由形式鈦金屬包覆主體，可說是大型的抽象雕塑作品。內部空間由大型迴廊圍繞而成，主要展出現代藝術和當代藝術。

GUI ➠ graphical user interface (GUI)

Guianas, the＊　圭亞那 位於南美洲中北部海岸的地區，臨大西洋與加勒比海。面積468,800平方公里。包括蓋亞那（前英屬圭亞那）、蘇利南（前荷屬圭亞那）和法屬圭亞那。奧利諾科、內格羅和亞馬遜等河流經境內。全區大部分土地爲濃密的熱帶森林所覆蓋，包含許多有價值的林木。墾殖定居大都局限於沿海地區與河谷。早期居民爲蘇利南印第安人。1498年哥倫布發現沿岸地區。16世紀初期，西班牙人探險該地區。約1580年，荷蘭人開始定居。17世紀初期，由法國人、英國人定居。

guide dog　領路狗 亦稱代目狗（Seeing Eye dog）或導盲犬。經過專門訓練能引領和保護盲人的狗。第一次世界大戰期間首先在德國系統地訓練代目狗，以幫助眼盲的退伍軍人。近一歲的狗經三～四個月的訓練，這種狗學會適應套具，行至路邊即止步，根據主人身高領他通過不太低矮及有障礙物的地方。聽到能使主人受到傷害的命令便拒絕服從。最常用的品種是拾獵犬和德國牧羊犬。

guided missile　導彈 脫離發射裝置後能夠變換方向的射彈。幾乎所有現代飛彈的動力裝置是火箭和噴射發動機，都裝有導航裝置，通常包括傳感器，以幫助飛彈找到目標。例如熱尋的飛彈裝有紅外傳感頭，使飛彈能根據噴射機排出的熱氣來「尋的」。

Guido d'Arezzo＊　阿雷佐的桂多（西元991?～1033年以後） 義大利音樂理論家。身爲負責訓練阿雷佐大教堂唱詩班歌手的本篤派修士，他有功於二項重要的進步：發明五線譜，以記下確切的音高；使用不同的音節來唱出每個音，即唱名唱法。在他著名的《旋律進行法》（1026～1033）

中，他描述了至少二線的線譜，並把音節作爲唱出樂音的記憶裝置。著名的「桂多之手」利用手的關節來代表不同的音高，有助於從一個六聲音階轉調至另一個六聲音階，這在他現存的著作中並未提到。

Guienne 吉耶訥 亦作Guyenne。法國西南部歷史區。鄰加倫河和多爾多涅河。自羅馬時代至中世紀，隸屬於亞奎丹的一部分。在中世紀晚期，大多處於英格蘭統治下。在百年戰爭最後階段，法國重新獲取了吉耶訥，1360年，英國又攫取了亞奎丹和吉耶訥。至百年戰爭最後階段，法國又收復了所有這些地區。17世紀至1789年吉耶訥屬於法國吉耶訥－加斯科涅行政區的一部分。

guild 基爾特 亦作gild。爲了互助和保護及促進行業的利益而形成的一種協會。11～16世紀盛行於歐洲。通常有兩種類型：商人基爾特和工匠基爾特。商人基爾特爲某一城鎮或城市的全體商人的協會；工匠基爾特則是職業協會，通常由某一行業的全體工匠組成（例如油漆匠、金工）。基爾特職能包括實行壟斷，制定商品品質和公平買賣標準，維持穩定價格，並及力圖控制城鎮或城市的政府以增進會員的利益目標。工匠基爾特依訓練的水平亦建立工匠的等級制（如雇主、工匠和學徒）。

Guild Socialism 基爾特社會主義 亦譯「行會社會主義」。主張由工人通過以合同關係與公衆相聯繫的全國性基爾特體系支配工業的運動。20世紀最初二十年間，基爾特社會主義運動在英國發展起來，最初是在1906年由彭蒂出版《基爾特制度的恢復》所提出的。1915年成立全國基爾特聯盟。第一次世界大戰期間，左翼行業工會代表運動的興起，大大地促進了基爾特社會主義。1921年經濟衰退後，國家撤回財政援助，該運動垮台。全國基爾特聯盟於1925年解散。

Guillemin, Roger C(harles) L(ouis)* 吉耶曼（西元1924年～） 法裔美籍生理學家。他分離了第一個下視丘激素－－促甲狀腺激素釋放激素（TRH），分離並合成了生長激素釋放抑制因子（下視丘分泌的用以調節腦下垂體及胰臟活動的激素），又發現了一類新的激素樣物質－－恩多芬。與沙利、耶洛共獲1977年諾貝爾生理學或醫學獎。

guillemot* 海鴿 海雀科海鴿屬3種黑白色海鳥。嘴尖、黑色、腳紅色，能潛入深水於底層覓食。最著名的是黑海鴿，體長約35公分。繁殖於北極圈附近，向南到英國、緬因州和白令海峽越冬，形態相似的海鴿繁殖於北太平洋兩岸，向南到日本和加利福尼亞南部。烏海鴿繁殖自日本至千島群島。英國用guillemot，美國泛指海鴉。

guillotine* 斷頭台 處以死刑執行斬首的器械。它由兩根立柱和一根橫樑組成，立柱有槽，供一把斜刃的刀滑動，刀背很重，使刀能有力地落在（和切入）俯臥的受刑者的脖子上。法國大革命期間於1792年引進法國。類似的裝置曾在蘇格蘭、英格蘭和許多其他歐洲國家使用－－常用於執行貴族出身罪犯的死刑。法國醫生和國民議會議員吉約坦（1738～1814）曾致力於通過一項法律，要求對所有死刑都要「用機械」來執行。這項法律的通過使以斬首來執行死刑的特別處理辦法不再限於貴族，並使行刑過程的痛苦減至最低。斷頭台在法國到1977年執行最後一個死刑。

Guin, Ursula Le ➡ Le Guin, Ursula K(roeber)

Guinea* 幾內亞 正式名稱幾內亞共和國（Republic of Guinea）。西非國家。面積245,857平方公里。人口約7,614,000（2001）。首都：康那克立。富拉尼人占多數，其次爲馬林克人及其他部族。語言：法語（官方語）。宗教：伊斯蘭教。貨幣：幾內亞法郎。面臨大西洋。全境分爲四個地形區：下幾內亞包括海岸及沿海平原，均爲沙質，有潟湖和紅樹林沼澤點綴其間。東面的富塔賈隆高地自沿海平原突起，升至海拔900公尺以上；上幾內亞由尼日河平原構成。森林地區爲該國東南部的孤立高地，有海拔1,752公尺的寧巴山，爲全國最高峰。西非三條大河－－尼日河、塞內加爾河和甘比亞河。全境大部分屬熱帶濕潤氣候，有2/5以上土地爲熱帶雨林所覆蓋。幾內亞屬發展中的混合型經濟，主要以農業、礦業和貿易爲基礎。主要經濟作物有稻米、香蕉、咖啡。幾內亞是世界第二大鋁土礦生產國。政府形式是多黨制共和國，一院制。國家元首暨政府首腦爲總統，由總理輔助執政。約西元900年，來自沙漠地區的大批蘇蘇人移民進入幾內亞，將當地最早的居民巴加人趕到大西洋沿岸一帶。13世紀，蘇蘇人的一些小王國的地位日益上升，後將他們的統治範圍擴展到海岸地區。15世紀中葉，葡萄牙人來到海岸地區，開始了販奴貿易。16世紀，富拉尼人控制了整個富塔賈隆地區。一直延續到19世紀。19世紀初期，法國在努涅斯河岸建立了一個居民點，並於1849年宣布沿海地區爲法國保護地。1895年法屬幾內亞成爲法屬西非的一部分。1946年，幾內亞的地位轉變成爲法國的一個海外領地。1958年幾內亞獲得獨立。1984年發生軍事政變。幾內亞開始施行西方政治體系。1991年頒布新憲法。1993年舉行第一次多黨選舉。1990年代幾內亞收容來自鄰近國賴比瑞亞和獅子山的數以萬計的難民。

Guinea, Gulf of 幾內亞灣 位於西非海岸外的大西洋東部海灣。包括貝寧灣和比夫拉灣。主要支流爲卡薩芒斯河、伏塔河和尼日河。天然資源包括近海的石油蘊藏和金屬礦。其海岸線與南美巴西、圭亞那海岸線相對應。大西洋兩岸在地質地貌上的明顯吻合，爲大陸漂移說提供了有力的論據。

Guinea-Bissau* 幾內亞－比索 正式名稱幾內亞－比索共和國（Republic of Guinea-Bissau）。西非國家，包括西南部大西洋海岸的比熱戈斯群島。面積36,125平方公里。人口約1,316,000（2001）。首都：比索。四大種族集團爲巴蘭塔布拉薩人、富拉尼人、馬林克人和曼迪亞科人。語言：葡萄牙語（官方語），但各部族仍使用自己的語言。宗教：

伊斯蘭教，傳統宗教。貨幣：非洲金融共同體法郎。境內大部分爲低地、沼澤和高地。幾內亞－比索屬開發中經濟，以農業爲主。腰果和花生爲主要經濟作物。政府形式是多黨共和國，一院制。國家元首是總統，政府首腦爲總理。早在1,000多年前，幾內亞－比索沿海地區已有使用鐵器的農耕者，他們善於種植水稻和旱稻，並成爲鄰近蘇丹西部地區的主要海鹽供應者。約在同一時期，該地區劃歸馬利帝國的勢力範圍，並成爲其納貢國，稱加布王國。1546年以後，加布王國實際上已自治；該王國的殘部一直延續到1867年。最早跨海來到幾內亞沿海地區的是葡萄牙人。葡萄牙人從幾內亞地區販運奴隸至維德角。葡萄牙人聲稱對整個幾內亞－比索擁有主權，但他們實際能控制的範圍很有限。奴隸貿易的終止迫使葡萄牙人向內陸尋求新的利益。葡萄牙人對內陸的征服進展緩慢，且遭到激烈反抗；直到1915年殖民活動才初告完成，但零星的抵抗一直持續到1936年。幾內亞－比索於1974年宣告獨立。1960年代開始的游擊戰，經過十多次與葡萄牙的交戰，幾內亞－比索終於在1974年宣告獨立。但境內政治動亂不斷，1980年軍事政變，推翻政府。1984年頒布新憲法。1994年舉行第一次多黨選舉。1998年發生激烈內戰，接著1999年軍事政變。

guinea fowl　珠雞　雞形目珠雞科（或歸入雉科）非洲鳥類的統稱。其中普通珠雞廣泛飼以肉用，或作家衛（稍遇驚擾即大聲喧叫）。野生普通珠雞因具大型骨質冠而得名爲盔珠雞。各地有許多變種，廣佈於非洲稀樹草原及灌木叢生的地區，已引入西印度群島及其他地區。體長約50公分，典型類型面部裸露，喙上的肉垂爲紅藍兩色，體羽黑色有白斑點。常將身體彎成弓形。群居，以塊莖和某些昆蟲爲食。

鷲珠雞（Acryllium vulturinum）
S. C. Bisserot－Bruce Coleman Inc.

guinea pig　豚鼠　一種馴養的齧齒目豚鼠科動物，學名爲Cavia porcellus。原產南美洲。體結實，長約25公分，腿短。耳小，無外尾。毛黑、棕黃、奶油色、白色或諸色相間。毛長各不相同。豚鼠主要以青草和其他綠色植物爲食。在印加時代以前即已馴化，16世紀初期，便引進歐洲。爲受人喜愛的玩賞動物和有價值的實驗動物。

guinea worm　幾內亞龍線蟲　亦稱麥地那龍線蟲（medina worm）或龍線蟲（dragon worm）。袋形動物門線蟲綱動物，學名爲Dracunculus medinensis。亞洲和非洲熱帶地區的一種常見的人體寄生蟲，還傳布到西印度群島和南美熱帶地區。雌體長50～120公分；雄體交配後即死亡，長12～29公釐。雌雄兩性均寄生於體內各器官的結締組織內。幼蟲釋入水中，被劍水蚤吞食，則在其體內發育成幼蟲，水被人飲入後患病。麥地那龍線蟲所致疾病即稱麥地那龍線蟲病。病症爲極度衰弱和疼痛。

Guinevere　圭尼維爾 ➠ Arthurian legend

Guinness, (de Cuffe), Alec＊　吉尼斯（西元1914～2000年）　受封爲Sir Alec。英國演員。1934年首次登台。1936年加入老維克劇團，並演出莎士比亞、蕭伯納和契訶夫的戲劇，使他的聲譽高漲。作爲一位多才多藝的演員，扮演的角色衆多，從莎士比亞戲劇角色，艾略特的《雞尾酒會》（1964），爲他贏得紐約評論家和觀衆的讚賞。他拍攝了許多影片，包括喜劇片如《善心與花冠》（1949）、《淡紫色小山上的暴民》（1951）、《船長的天堂》（1953）和《諜海飛龍》（1959）以及劇情片，如《桂河大橋》（1957，獲奧斯卡獎）和《榮譽之聲》（1960）。他在《星際大戰》三部曲中的演出，有了一大批新一代影迷。

Guinness PLC＊　健力士公司　亦譯吉尼斯公司，舊稱Arthur Guinness & Sons PLC（1982～1986）或Arthur Guinness Son and Co. Ltd.（1886～1982）。烈性酒和黑啤酒釀造商。18世紀後期，亞瑟・吉尼斯在都柏林購置一家小釀酒廠而成立健力士公司。起先該公司生產各種啤酒，而1799年決定專門生產一種泡沫多的這種黑啤酒。這種啤酒風行一時，人們視其爲愛爾蘭的國酒。1985年該公司收購了世界最大的蘇格蘭威世忌釀造廠——釀酒有限公司。1955年該公司開始出版《健力士公司紀事》以幫助解決酒館中對瑣事的爭論，此書可能是全世界最暢銷的書（年刊）。1997年與漢堡王的子公司——大都會公司合併，並成立迪亞傑公司，總部設在倫敦。

Guiscard, Robert ➠ Robert

Guise, 2nd duc (Duke) de　吉斯公爵第二（西元1519～1563年）　原名François de Lorraine。法國軍人，吉斯家族的最顯赫的人物。曾爲奧馬爾伯爵，在法蘭西斯一世的軍隊中作戰。在布洛涅戰役（1545）中嚴重受傷，因此得到「疤臉」的綽號。他帶領法國取得了對英國和西班牙的勝利。1559年法蘭西斯二世即位後，吉斯掌握王室大權。波旁家族陰謀策劃推翻吉斯家族。但吉斯被任命爲國王攝政，1560年嚴厲處置了密謀者。卡特琳・德・麥迪奇任攝政後，她支持波旁家族（胡格諾派運動的首領）和宗教自由，反對吉斯家族和天主教的統治地位。第一次宗教戰爭中，吉斯再顯示出他是傑出的軍人。1563年被胡格諾派暗殺。

Guise, 3rd duc (Duke) de　吉斯公爵第三（西元1550～1588年）　原名Henri I de Lorraine。法國宗教戰爭期間天主教派和神聖聯盟公認的首領。他一心想向謀殺其父的胡格諾派海軍上將科利尼進行報復。1572年，卡特琳・德・麥迪奇協助他除掉科利尼。他曾出席策劃聖巴多羅買慘案的祕密會議。亨利三世即位後，對其聲望日增感到恐懼，乃與胡格諾派教徒言和（1576.5）。吉斯公爵組成貴族的神聖聯盟。在三亨利之戰中獲勝後，亨利三世順從神聖聯盟的要求，吉斯被任命爲王國攝政。不久，他陷入亨利三世精心設置的圈套。被國王的侍衛刺死。隔天，其弟吉斯樞機主教路易二世（1555～1588）也被謀殺。

Guise, 5th duc (Duke) de　吉斯公爵第五（西元1614～1664年）　原名Henri II de Lorraine。吉斯家族的首領。這時，他已經繼承吉斯家族的聖職理姆斯大主教。他參加反對黎塞留的密謀（1641）。在被判處斬首後，他逃往布魯塞爾，指揮反法的奧地利軍隊。他爲了實現自己的野心而前往那不勒斯，失敗被俘，再次試圖進攻那不勒斯，又遭失敗。此後在法國宮廷度過餘年。幾次試圖恢復家族權勢，均成泡影。

Guise, House of＊　吉斯家族　宗教改革運動期間，在法國政治中扮演重要角色的法國天主教貴族家族。1527年克勞德・洛林（1496～1550）在替法蘭西斯一世效力時，因守禦法國而被冊封爲吉斯公爵第一。代吉斯公爵第二克勞德之子弗朗瓦與他的兄弟洛林的樞機主教查理（1524～1574），在法蘭西斯二世在位期間，掌握極大的權力。他們在西班牙與教宗的支持下，迫害胡格諾派，導致在1560年發生暗殺吉斯黨的昂布瓦斯陰謀，但並未成功，這些陰謀領導者企圖將權力轉移到波旁家族。由吉斯家族所領導、對瓦西的胡格諾派集會的大屠殺，促成了宗教戰爭。而在這場戰爭中，吉斯公爵第三亨利一世領導出衆。吉斯公爵第四洛林的查理（1571～1640）在位期間，吉斯家族的權力迅速衰落。吉斯公爵第五亨利二世企圖重振家族的權勢，但未成功。這個家族的直系血統，在亨利二世的孫姪於1675年死亡後斷絕。

guitar　吉他　撥奏的弦樂器。通常具有六根弦、弦馬狀的指板、腰身明顯的音箱。吉他可能源於16世紀早期的西班牙。到1800年已有六根單弦，而19世紀的革新使之具有現代形式。現代的古典吉他技巧要大大歸功於塔雷加（1852～1909），而賽哥維亞使這種樂器登上大雅之堂。然而，吉他一直主要是業餘人士的樂器，在許多國家也是重要的民俗樂器。十二弦吉他裝著六組雙弦。夏威夷吉他或鋼弦吉他爲橫式，由金屬板壓住鋼弦，產生一種甜美的滑奏音色。電吉他代表著一種重大的發展。1920年代這種擴音吉他加上了電音板，而很快製造出擴音電吉他。1940年代保羅發明了沒有音箱的實體吉他，僅藉著弦的震動來傳音。有了持續長久的樂音、強力擴音的傾向、產生吶喊式旋律的能力、粗獷的敲擊節奏，它很快成爲西方流行音樂的主要樂器。

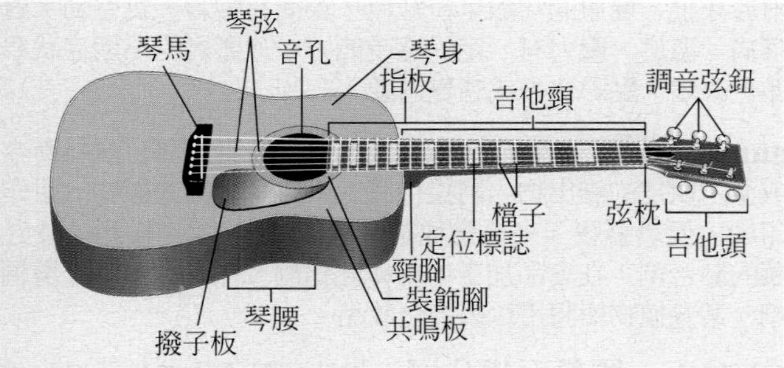

現代感音吉他各部件名稱
© 2002 MERRIAM-WEBSTER INC.

Guitry, Sacha＊　吉特里（西元1885～1957年）　俄裔法籍演員和劇作家。演員呂西安・吉特里（1860～1925）之子。隨其父劇團在俄國登台。寫過一百三十多部劇本，演出了其中九十多部。他還寫過一些嚴肅的劇本，由他父親表演，如《德比羅傳》（1918）、《巴斯德傳》（1919）和《貝朗瑞傳》（1920）。他還編、導、演了許多影片，其中最著名的是《騙子的故事》（1936）。

Guiyang＊　貴陽　亦拼作Kuei-yang。中國貴州省省會（1999年人口約1,320,566）。位於重慶南方。隋朝（581～618）和唐朝（618～907）曾在此建立軍事前哨站，但直到1279年蒙古人入侵中國西南方以後，這座城市才有所發展。隨後中國人陸續移民至此地定居，在明朝（1368～1644）和清朝（1644～1911）期間，貴陽成爲縣城。中日戰爭期間，貴陽加速成長爲重要的省級都市和工業中心。

Guizhou＊　貴州　亦拼作Kuei-chou、Kweichow。中國西南部省分（2000年人口約35,250,000）。因地勢崎嶇，交通不便，因而長久孤立於其他地區。省會貴陽。將近四分之三的人口爲漢人，也有原住民族，如苗族。貴州於明朝（1368～1644）建省，開始受到中國的影響。清朝（1644～1911）期間，少數族群間（特別是苗族）的對抗，相當普遍。在19世紀曾發生多次重大的叛亂。1941～1944年間的叛亂，則可說是地方軍閥剝削的結果。共產黨於1949年接管這個地區。此地的礦物資源甚爲豐富，亦有部分已經開採。

Guizot, François(-Pierre-Guillaume)＊　基佐（西元1787～1874年）　法國政治人物和歷史學家，學習法律。1812年任巴黎大學歷史學教授。作爲七月王朝期間（1830～1848）保守的君主立憲派領袖，是法國最有勢力的大臣。曾任教育和外交大臣。1848年革命，被迫辭職，從此脫離政治。他的著作有《歐洲文明史》（1828）、《法國史，從遠古至1789年》（1872～1876）。

基佐，攝於1855年
Archives Photographiques, Paris

Gujarat＊　古吉拉特　印度的一個邦和歷史區。位於印度次大陸的西海岸，西部和南部臨阿拉伯海，西北部與巴基斯坦接壤。首府爲甘地訥格爾。西元4～5世紀時，歸屬笈多帝國，得名於西元8～9世紀統治該地區的瞿折羅。取得空前的經濟和文化成就的時期後，古吉拉特先後被阿拉伯穆斯林、蒙兀兒人和馬拉塔人統治；1818年，受英國管轄；1857年後，成爲英屬印度的一個省。隨著印度在1947年宣告獨立，古吉拉特的大部地區歸入孟買邦；1960年，孟買邦一分爲二成爲古吉拉特邦。古吉拉特邦是印度的一個重要的工業化邦，主要的石油生產邦。該邦還以它的藝術品和工藝品聞名。面積爲196,024平方公里。人口約44,235,000（1994）。

Gulag＊　古拉格　前蘇聯的勞動營及其附屬的拘留與轉運營和監獄系統，1920年代至1950年代中期關押蘇聯政治犯和刑事犯的機構。古拉格拘禁人數最多時達數百萬人。在索忍尼辛的《古拉格群島》（1973）一書發表前，古拉格這個名字（俄語「勞動改造營總管理局」〔Glavnoye Upravleniye Ispravitelno-Trudovykh LagerEy〕的縮寫）在西方很少爲人知曉。古拉格有幾百個勞動營，由祕密警察控制。囚犯們在其中砍伐樹木，從事公共工程勞動，或者在礦井中工作。由於勞動條件惡劣、食物不足，以及倉促處決等，每年至少有古拉格全部的囚犯人數的10%死去。古拉格裡擠滿囚犯的情況有三次高潮：1929～1932年蘇聯農業集體化的年代裡；1936～1938年史達林的整肅最嚴重的時候；第二次世界大戰以後的年代裡。1953年史達林死後不久，古拉格開始縮減。估計古拉格中的死亡總數約爲1,500萬～3,000萬。

Gulbenkian, Calouste (Sarkis)　古本齊恩（西元1869～1955年）　土耳其裔英國金融家、工業家和慈善家。1911年協助成立土耳其石油公司（即後來的伊拉克石油公司），也是第一個開發伊拉克石油的人；5%的分紅使他成爲世界上最富有的人之一。1948年起，他替美國公司交涉到沙烏地阿拉伯的石油開採權。他收藏了大約6,000件傑出藝術品，現存放於里斯本的古本齊恩美術館。里斯本的古本齊恩基金會贊助世界各地的科學、藝術、社會福利、文化交流、醫療、教育等相關活動。

gulf　海灣　任何大形海岸線的凹進部分。海灣與灣（bay）在形狀上類似，但海灣的面積較大。大多數的海灣都是由更新世冰河冰塊的融化，海平面上升的結果而形成的。一些明顯的海岸凹入是由於地殼的撓曲、褶皺和斷陷而形成的，這些作用使得海岸線大段大段地下降到海平面以下。大多數海灣與海之間可有一條或多條海峽相連。一些海灣可能在其出口處有一群島嶼，其他一些海灣則可能向著反方向的另一海灣開口。海灣可能由於海水性質及沈積作用過程而區別於鄰近的海。

Gulf & Western Inc.　灣西公司　以前的美國公司，1958年由布魯東創設。是美國最爲多樣經營的企業集團之一。於1966年掌控派拉蒙電影公司，1989年將其改名爲派拉蒙傳播公司。1994年被媒體集團維康公司併購。

Gulf Cooperation Council　海灣合作理事會　以波斯灣地區爲主的國際組織，1981年於阿布達比成立。成員國包括科威特、沙烏地阿拉伯、巴林、卡達、阿拉伯聯合大公國以及阿曼。成立目的是促進各會員國之間於國際貿易、教育、航運及旅遊等領域的合作。總部設於沙烏地阿拉伯，每年舉辦兩次大會。其行政架構包括高峰會、外長會議、仲裁委員會以及常務秘書處。

Gulf Intracoastal Waterway　海灣沿岸航道　與美國墨西哥灣沿岸平行的水上航道。從佛羅里達州的阿巴拉契灣向西延伸至德州的布朗斯維爾（墨西哥邊界），全長超過1,770公里。與大西洋沿岸水道相連接形成沿海水道，沿海水道美國南、東部通航水道，全長4,800公里。

Gulf of Tonkin Resolution　東京灣決議案（西元1964年8月5日）　由詹森總統向美國國會提交的決議案，據稱這是對北越魚雷艇在東京灣對美國兩艘驅逐艦進行無故攻擊的反應。決議案同意採取一切必要措施，擊退對美國武裝力量的任何武力進攻。這一決議案成爲以後美國在越戰中軍事捲入大幅升級的主要憲法授權。許多國會議員逐漸看到這一決議案等於給總統以隨意開戰的權力，遂於1970年將其撤銷。

Gulf Oil Corp.　海灣石油公司　美國主要石油公司。1901年，德州波蒙特附近的斯賓特爾托普山噴出大量原油，經在匹茲堡經營銀行聞名的梅隆家族資助開採。1913年海灣石油公司在匹茲堡開設免下車加油站，它是首先進入消費者汽油市場的石油公司。至1923年，海灣石油公司在德州的亞瑟港煉油廠擁有世界最大的鍊油廠。該公司繼續在德克薩斯、奧克拉荷馬和路易斯安那等州開發油田。1984年被雪弗倫公司所兼併。

Gulf Stream　灣流　北大西洋中的溫暖海流。是按順時針方向流動的北大西洋環流的一個組成部分，讓鄰近陸地地區的氣候變暖。在冬季，挪威以西大洋上方的氣溫比同緯度的平均氣溫高出22℃之多。英格蘭西南部居然能夠栽培亞熱帶的檸檬樹，足見灣流對氣候的巨大影響。

Gulf War syndrome　海灣戰爭症候群　參加過波斯灣戰爭（1990～1991）的退役士兵的綜合性疾病症候群。其特徵是多變而非特定性的症狀，如疲乏、肌肉和關節疼痛、頭痛、記憶喪失以及外傷後的緊張反應等。病因不明，這種病看起來不會致命，但會伴隨著相當程度的苦惱和無力。

gull　鷗　鷗科鷗亞科40餘種體粗壯、腳具蹼的海鳥。在北半球繁殖的種類最多。成鳥大多爲灰或白色，頭部有顏色各異的斑點。喙堅硬，略呈鉤狀，有些種還具一個色斑。喙和腿的顏色及翅型是分類的根據。翼展0.6～1.6公分。鷗以海濱昆蟲、軟體動物、甲殼類以及耕地裡的蠕蟲和蠐螬爲食；也捕食岸邊小魚，拾取岸邊及船上丟棄的魚與食物。有些大型鷗類掠食其他鳥（包括其同類）的卵和幼雛。亦請參閱herring gull、kittiwake。

銀鷗（Larus argentatus）
John Markham

Gull, William Withey　葛耳（西元1816～1890年）　受封爲Sir William。英國一代名醫。葛耳最早描述脊髓痨的病理損害（1856）、間歇性血紅素尿（1866）、腎臟的動脈硬化萎縮症及黏液水腫（即葛耳氏病）。主張用藥應採取最小劑量、進行活體解剖及臨床檢查。他的病患包括維多利亞女王。

Gullstrand, Allvar　古爾斯特蘭德（西元1862～1930年）　瑞典眼科專家。古爾斯特蘭德增進了人們對角膜的結構和功能的了解，還對散光進行研究。他改進了白內障摘除術後的矯正眼鏡，並設計了古氏裂隙燈，這是一種極有價值的診斷工具，可幫助醫生對眼進行詳細檢查。1911年獲諾貝爾生理學或醫學獎。

gum　牙齦　亦稱gingiva。附於並環繞牙頸及毗鄰的牙槽骨的黏膜。牙齦與牙齒附著處爲游離緣；兩牙之間的牙齦形成小楔狀，充滿牙間隙，牙周膜有纖維進入牙齦，使之緊密附於牙上。健康的牙齦呈粉紅色，表面有點彩，質堅韌，對疼痛、溫度、壓力有一定的感受能力。牙齦炎的早期症狀爲顏色改變、點彩消失或感覺過敏。

gum　樹膠　植物產生的黏性物質，多得自豆目豆科喬木或灌木樹皮的滲出物。阿拉伯膠（來自金合歡屬植物）用作印刷。西黃蓍膠（來自幾種黃芪屬植物），用作緩和藥及丸藥的黏合劑；在食品加工中用作乳化劑，在醬汁中用作增稠劑。某些植物樹膠用以製造化妝品。

GUM *　國營百貨公司　俄羅斯最大的百貨公司。坐落在莫斯科紅場。其建築物規模宏大，內部裝飾華麗，1889～1893年建成，內安置有一千多家商店，現安置約有一百五十家商店。它出售食品、服裝、家用器具、手錶、照相機以及其他許多商品。該公司與其說是百貨公司，還不如說像西式購物中心，成爲吸引遊客觀光的場所。

gum, chewing ➠ chewing gum

Gum Nebula 古姆星雲 從地球上看，角直徑最大的星雲，位於南天的船尾和船帆座中，角直徑至少達40°。它是一個瀰漫和熾熱氣體的組合體，光度很暗，肉眼難以辨認。發現於1950年代。古姆星雲距地球約1,000光年，可能是古代一顆超新星的遺跡。

gum tree ➠ tupelo

Gumal Pass＊ 古馬勒山口 亦作Gomal Pass。巴基斯坦西北邊境省西南端沿古馬勒河的一條通道。是開伯爾山口與博蘭山口之間的重要山口。連接阿富汗東部的加茲尼與巴基斯坦的丹格和德拉伊斯梅爾汗，實際上是一條長6公里的峽谷，是當地最古老的商道，一直為阿富汗商隊所利用，但現在已禁止他們進入巴基斯坦。

gumbo 強黏土 土壤科學中各種細粒、肥沃的黑色沖積土的統稱，特別是美國中部的土壤，潮濕時變得無法穿透，呈肥皂狀或蠟狀，非常黏。脫水後，「烘乾」的強黏土變得異常堅硬。

gun 槍炮 基本上包含金屬管的武器，子彈或射出物藉著火藥或其他某種推進物而發射。「槍炮」一詞如今常限指所謂的大炮，即大於榴彈或迫擊炮的火炮，也可以用來指稱軍事上的小型武器，例如步槍、機槍、手槍，還可以指獵槍等非軍事火器。雖然從9世紀起中國人即在戰爭中使用火藥，到了13世紀歐洲人取得火藥後，槍炮才發展出來。最早的槍炮（1327?）類似舊式汽水瓶，顯然經由連至頂部火門的紅熱導線而發射。槍管與火藥室分開後產生後膛槍，到17世紀以後還用於海軍迴轉炮和堡壘舷炮。有別於手持式火炮的小型武器直到15世紀火繩機發展出來才得以面世。

gunasthana＊ 德處 耆那教名詞。指人的靈性修練到達解脫境界以前所經歷的十四個階段。其目的是逐漸淨化靈魂，獲得擺脫生死輪迴。第十三個階段為阿羅漢。最後階段靈魂脫離肉身，謂之解脫。

gunite ➠ shotcrete

Gunn, Thom(son William) 岡恩（西元1929年～） 英國詩人，他曾就讀於劍橋大學和史丹福大學。1958～1966年在加州大學柏克萊分校任教，同時作為作家居住在舊金山。第一部詩集《好戰的條件》1954年出版。1957年出版《行動的意義》。1950年代，他的詩更具實驗性。《我的憂愁船長》（1961）、《野草》（1971）、《傑克・斯特勞的城堡》（1976）和《快樂的航程》（1982）討論他的同性戀。《盜汗的男人》（1992）以愛滋病為主題。

gunpowder 火藥 用於槍炮發射藥和採礦爆破劑的各種低級炸藥混合物。最早發明的這類炸藥是黑色火藥，它由硝石（硝酸鉀）、硫磺和木炭混合而成。黑色火藥被認為起源於中國，在10世紀時中國人已將其用於焰火和發信號。歐洲從14世紀開始在火器中使用黑色火藥。黑色火藥廣泛用於點火藥、火帽、引信、空包彈的火藥和煙火。從1860年代開始，火器所使用的黑火藥逐漸被火棉和其他更穩定的硝化纖維所取代。硝化纖維是將棉花或木漿等纖維物質用硝酸和硫酸進行硝化處理而製成的。1880年代，維埃耶（1854～1934）用硝化纖維製成第一個無煙火藥，現代火藥都是單基火藥（即僅由硝化纖維構成）或雙基火藥（硝化纖維和硝化甘油的混合物）。

Gunpowder Plot 火藥陰謀 英國的天主教徒陰謀炸毀國會、炸死國王詹姆斯一世的案件。為首的凱次比（1573～1605）和四個同謀者溫特、柏西、萊特和福克斯都是虔誠的天主教徒。他們對詹姆斯拒絕進一步給予天主教以宗教寬容感到不滿。其中有一個成員是議員蒙蒂格爾勳爵的姻兄弟，他勸告蒙蒂格爾不要參加議會（1605年11月5日）。蒙蒂格爾把這一情況彙報了政府。政府派人在地下室捉住福克斯。地下室可以通到威斯敏斯特王宮下邊，在那裡放了至少二十桶炸藥。經過嚴刑拷打，使他供出同謀者的名字。他們不是拒捕被殺，就是交付審判後處死（1606年1月31日）。這次陰謀使新教徒對天主教徒更為擔心。

Gunther, John 根室（西元1901～1970年） 美國記者、作家。1924～1936年在《芝加哥每日新聞》倫敦分社工作。《歐洲內幕》（1936）一書獲得成功，他辭去報社工作全力著述。出版描繪和解釋世界各個地區社會政治情況的一系列書籍。包括《亞洲內幕》（1939）、《拉丁美洲內幕》（1941）、《今日俄國內幕》（1958）、《今日歐洲內幕》（1961）和《南美內幕》（1967）。他也是戰地記者和廣播網評論員。

Guo Moruo＊ 郭沫若（西元1892年～1978年） 亦拼作Kuo Mo-jo。本名郭開貞。年輕時放棄習醫，改投身於外國文學。1922年翻譯歌德的《少年維特的煩惱》，成為廣受歡迎的譯本。郭沫若擅長各種文學體裁，包括詩、小說、劇本、九卷的自傳、西方作品的翻譯，以及歷史與哲學論文，他對古代文字的研究更具有里程碑的意義。郭沫若最初是一位自由派民主主義者，但在1920年代成為馬克思主義者，其作品也因此遭國民黨查禁。1949年共產黨革命建國之後，出任官方文藝機構中最高的職位，後來並主持中國科學院。

Guo Xiang 郭象（卒於西元312年） 亦拼作Kuo Hsiang。中國新道家的哲學家。曾任政府高官，他採用前人未完成的著作，完成《莊子》（莊子的著作）一書的註釋。他將道詮釋成「無」，並主張道既無法造成「存在」，也不能夠是「第一因」。他的總結是宇宙間的因果關係並沒有起因：萬事萬物都是自發地孕育出自己，萬事萬物都有自己的特性。快樂來自於追隨各自獨特的本性，不平與悔恨則是因為未能依循本性。他也將道家的「無為」詮釋成自發的行為，而非毫無作為。此說與原始道家有所偏差，但符合莊子的思想。

Guomindang 國民黨 ➠ Nationalist Party

guppy 孔雀魚 胎鱂科體色豔麗的胎生淡水魚（參閱killifish），學名為Lebistes reticulatus或Poecilia reticulata。為普通的家養觀賞魚，適應性強，耐活、易養、多產。雄魚較雌魚體色更鮮豔，長約4公分；雌魚稍大，色較黯淡。已經人工培育出許多絢麗多彩的品系，特點表現於顏色或花紋，尾鰭和背鰭的形狀與大小也各不相同。亦請參閱live-bearer。

雄性（上）和雌性（下）孔雀魚
Jane Burton－Bruce Coleman Ltd.

Gupta dynasty＊ 笈多王朝（西元4～6世紀） 統治包括印度北部以及中部和西部部分地區的大帝國。創始人是旃陀羅笈多一世（統治時期320～330年左右）。笈多時代曾一度被認為是印度的古典時代，但新考古證據指定為孔雀帝國。不過，笈多時期產生十進位計數法、偉大的梵文史詩（參閱Kalidasa）和印度教的藝術，並在天文、數學和冶金等方面做出貢獻。

Gur languages＊　古爾諸語言　亦稱伏塔諸語言（Voltaic languages）。尼日－剛果諸語言的一個語支，通行於多哥北部及貝寧與此接壤地區、迦納北部、象牙海岸東北部、布吉納法索的大部、馬利境內尼日河與布吉納法索及馬利邊界之間的地區。在伏塔通用的莫西語是這個語支的最重要語言。

Gurdjieff, George (Ivanovitch)＊　古爾捷耶夫（西元1872?～1949年）　原名George S. Georgiades。亞美尼亞哲學家、神祕主義者。他在青年時代遊歷中東、非洲和中亞。曾任教於莫斯科和聖彼得堡。1919年在第弗里斯（今第比利斯）創立和諧啓智會。該會成員多背景顯赫，卻過著清心寡欲的生活，偶爾舉行飲宴。古爾捷耶夫的基本論點是，一般人生猶如睡眠，要超脫睡眠狀態需要努力，修行成功後，就能達到高超的振奮覺醒水平。和諧啓智會設在楓丹白露的據點於1933年關閉，但古爾捷耶夫繼續在巴黎傳教終生。

E F G

gurdwara＊　謁師所　錫克教的崇拜場所。每個謁師所都放置一份《本初經》，並作為經文吟詠、歌唱、闡述等崇拜活動的集會場所。該建築物附設社區廚房，也常附設學校。在私人家庭中，另外分出作為獻祭的房間也稱為謁師所。人們常到與錫克教古魯生活有關的謁師所朝聖，尤其是金寺。

Gurjara-Pratihara dynasty＊　瞿折羅－普臘蒂哈臘王朝　中世紀印度兩個王朝的名稱。普臘蒂哈臘王朝為中世紀印度北部最重要的王朝。6～9世紀，哈里旃陀羅一系以封臣身分統治曼多爾和邁華爾（今拉賈斯坦邦焦特布爾）。8～11世紀，納伽巴德一系統治烏賈因和根瑙傑。納伽巴德一系一般認為是最重要的一系。其朝達到鼎盛時期（836?～910），疆域範圍可與笈多王朝媲美。普臘蒂哈臘王朝最後一代國王被伽色尼的馬哈茂德自根瑙傑驅逐。還有其他瞿折羅家系，但都不姓普臘蒂哈臘。

Guru　古魯　印度北部錫克教地區最初十名領袖之統稱。錫克教第一代祖師那納克在1539年逝世前指定繼位人選，開祖師承襲制的先例。他的後繼者為安格德（1539～1552）、阿馬爾・達斯、拉姆達斯（1574～1581）、阿爾瓊、哈爾・哥賓德、哈爾・拉伊、哈爾・克里香（1661～1664）、得格・巴哈都爾（1664～1675）以及哥賓德・辛格。古魯除了依舊擔任精神領袖之外，還要執行一部分軍事首腦的職責。第十代即末代古魯哥賓德・辛格1708年逝世，臨終宣布古魯的傳承結束。此後古魯的宗教權力歸於《本初經》。亦請參閱guru。

guru　古魯　印度教中人的心靈教師。在古印度，有關吠陀的知識藉著古魯對學生的口頭教化而傳承下來。守貞專奉運動興起後，進一步增加了古魯的重要性，他們常被視為靈性眞理的化身，也被認定為神祇。他們對信徒規定心靈上的誡律，信徒則在自願服務和服從的傳統中遵守命令。古魯可能是男人或女人，雖然通常只有男人建立世系。亦請參閱Guru。

Gustafson, Ralph (Barker)＊　古斯塔夫森（西元1909～1995年）　加拿大詩人。在牛津大學獲得文學學士學位。第二次世界大戰後定居紐約。後返回加拿大。他的詩顯示了從傳統形式和風格到晦澀的詩的發展過程，這種詩反映了盎格魯－撒克遜詩歌和霍普金斯的韻律實驗的影響。後期作品《落磯山詩篇》（1960）、《春天的衝突》（1981）和《草中影》（1991）。他還著有短篇小說集。

Gustav I Vasa　古斯塔夫一世（西元1496?～1560年）　原名Gustav Eriksson Vasa。瑞典國王（1523～1560），瓦薩王朝的創立者，其父為瑞典元老院議員。古斯塔夫加入反抗丹麥的克里斯蒂安二世，後者控制了大部分的瑞典。他成為起義領袖（1520），並得到富裕自由城市呂貝克軍事和財政上的協助。這項協助使古斯塔夫建立獨立瑞典，1523年當選為國王。為了償付呂貝克的借款，加強王權和土地，古斯塔夫徵收重稅。他沒收教會的財富，推動瑞典成為路德派國家。他是一位獨裁統治者。他把瑞典建立成一個強大的君主國家。

Gustav II Adolf　古斯塔夫二世（西元1594～1632年）　拉丁語作Gustavus Adolphus。瑞典國王（1611～1632年在位）。使瑞典成為一個重要的歐洲強國。查理九世的長子。他繼承其父與西格蒙德三世的糾紛。直到1629年面對波蘭合法入侵。1613年結束了與丹麥的戰爭。但瑞典被迫償付巨額賠款，結束了與俄國的戰爭（1617），吞併因格里亞和凱克斯霍爾摩。國內緊張情勢，由他的親信總理大臣烏克森謝納為之解決。古斯塔夫二世的全面內政改革包括有效率的中央政府和改善教育。1621年同西吉斯蒙德重新開戰。他征服了波蘭、利沃尼亞（拉脫維亞和愛沙尼亞）。他意識到他對波蘭戰役是新教同反宗教改革鬥爭的一部分。1630年參與三十年戰爭，這是防禦策略，以確保瑞典國家和教會的安全。他是位傑出的軍事戰術家，領導一支素質非凡的軍隊。1631年簽訂的「巴爾瓦爾德條約」使古斯塔夫二世的地位得到加強。他用武力逼迫法國、布蘭登堡和薩克森與瑞典結盟。在布賴滕費爾德戰役中一舉擊潰德軍。隨後數月，瑞軍如風掃殘雲，席捲德意志中部地區，1632年在呂岑向華倫斯坦的軍隊發起襲擊，但古斯塔夫二世在率領騎兵衝鋒時陣亡。

Gustav III　古斯塔夫三世（西元1746～1792年）　瑞典國王（1771～1792年在位）。在稱作古斯塔夫啓蒙運動即瑞典啓蒙運動時期，重申控制議會的皇權。阿道夫・腓特烈國王（1710～1771）的長子。1771年繼承瑞典王位。1772年取得對政府的控制權，結束了所謂「自由時代」。他實行許多開明的改革，遭到貴族的反對。由於1788～1790年進行俄瑞戰爭的叛亂活動，和在新憲法增加王室權力。他的地位不斷惡化。古斯塔夫計畫成立歐洲君主聯盟對抗法國大革命。貴族們反對他，後被刺殺。他熱情贊助藝術和編寫劇本。

Gustav IV Adolf　古斯塔夫四世（西元1778～1837年）　瑞典國王（1800～1809）。古斯塔夫三世之子。1792年即位。初由叔父南曼蘭的公爵查理攝政。1805年他使瑞典加入反對拿破崙的歐洲反法聯盟。1807年俄法聯合時，他仍繼續對法國作戰。同年，丹麥和挪威對瑞典宣戰，使瑞典處境更加危險。1809年將古斯塔夫四世推翻，並宣布他的後裔不得繼承王位。後舉家流亡國外，最後定居於瑞士。

Gustav V　古斯塔夫五世（西元1858～1950年）　原名Oscar Gustaf Adolf。瑞典國王（1907～1950）。國王奧斯卡二世（1829～1907）的長子。他參加過陸軍。父王死（1907）後繼位。在瑞典民主主義發展時期，他是一位英明的立憲君主。他在兩次世界大戰期間分別支持協約國／同盟國，但力圖保持瑞典中立。

Gut of Canso ➠ Canso, Strait of

Gutenberg, Johannes (Gensfleisch zur Laden zum) *　古騰堡（西元約1395～1468年）　德國發明家，發明活字印刷術。美因茲一位貴族之子。曾在美因茲和史特拉斯堡從事切削寶石之類的工藝。1438年致力於活字印刷的發明研究。1450年他研製的印刷機已達到相當完善的程度，因此向當地富商富斯特（1400?～1466）借貸巨款，並合夥從事於活字印刷的試製和研究，但於1455年拆夥，兩人對簿公堂，結果古騰堡敗訴。富斯特勝訴後，控制了古騰堡的印刷設備。1455年古騰堡完成了他的傑作《四十二行聖經》，這是最早的活字印刷品。第二部傑作《詩篇》於1457年出版。有若干其他印刷術過去曾認爲是古騰堡發明的，而現在則被認爲是其他名聲較小的印刷商所爲。古騰堡活字印刷術主要組成部分包括鑄字模和沖壓字模、鑄造活字的合金、新式印刷機以及油脂性印刷油墨。這些特徵在當時中國或朝鮮的印刷術、歐洲的美術字壓印技術和木版印刷術中都是不具備的。古騰堡的發明是西方文明發展中最重要的里程碑之一。

Guthrie, (William) Tyrone　格思里（西元1900～1971年）　受封爲Sir Tyrone。英國戲劇導演、製作人。1931年在倫敦導演第一個劇目。他在倫敦老維克劇團和威爾斯劇院的工作使他成爲一位公認的重要導演。1933～1934和1936～1945年期間任莎士比亞輪演劇目劇團導演。導演莎士比亞戲劇和現代劇具有獨創手法聞名。他導演的歌劇，其中最知名的是《彼得・格里姆斯》（1946）和《卡門》（1949）及自編劇《梯子頂端》（1950）。格思里協助創立、參與加拿大的斯特拉福戲劇節，對加拿大的戲劇發展有重大的影響。他在明尼亞波利（後稱蒂龍・格思里）劇院導演劇目（1961～1963）。

Guthrie, Woody　格思里（西元1912～1967年）　原名Woodrow Wilson Guthrie。美國歌手和作曲家。美國民間音樂的傳奇人物之一。十五歲離開家鄉，乘貨車周遊全國。他隨身帶著吉他與口琴，大蕭條時期流浪漢及移民營內受歡迎的人。他寫了1,000多首歌曲，最著名的歌曲是〈再見!認識你眞好〉、〈艱難的旅行〉和〈工會少女〉。第二次世界大戰在商船隊服役後，參加西格等人的阿爾馬雷克演唱小組，繼續爲農民與工人演唱。〈這塊是你的土地〉成爲非正式的國歌。自傳《走向榮譽》（1943）於1976年拍成電影。他的兒子阿羅（1947年生）在作曲和歌唱上也獲得成功。

Guwahati ➠ Gauhati

Guy-Blaché, Alice　姬－布朗雪（西元1873～1968年）　法國、美國電影工業先驅。首位女性導演，亦被認爲是首位執導敘事片的導演。她的第一部作品爲1986年的*La Fée aux chous*，同時展示了她的雇主高蒙所經銷的電影攝影機所能提供的娛樂性。她成爲高蒙電影公司的製片領導人，幾乎執導了高蒙早期的所有作品。1901年姬-布朗雪開始從事較長期、更精緻的拍片計畫，最爲人知的是1905年根據雨果《鐘樓怪人》改編的*Esmeralda*，以及1906年的《基督的一生》。1906～1907年間她以實驗性聲音技術導演了約100部電影。1907年她嫁給布朗雪並隨之前往美國，1910年在美國成立Solax公司。身爲Solax董事長，她導演了約45部電影，監製的電影則近乎300部，但她的作品僅有少數存留下來。

Guyana *　蓋亞那　正式名稱爲蓋亞那合作共和國（Co-operative Republic of Guyana）。舊稱英屬圭亞那（British Guiana，1966年以前）。南美洲東北部的共和國。面積215,083平方公里。人口約776,000（2001）。首都：喬治城。蓋亞那人口約有一半屬東印度人，其次爲黑人（蓋亞那人）。語言：英語（官方語）。宗教：基督教、印度教。貨幣：蓋亞那元。狹窄的大西洋海岸平原向內陸延伸16公里，包括許多由堤壩和排水渠防護的人造陸地。熱帶森林區始於內陸約64公里處，占全國面積的80%以上。森林區西部的帕卡賴馬山脈成爲埃塞奎博河的源頭。蓋亞那的經濟爲發展中的市場經濟，兼有私營和公營成分，出口以糖、水稻及鋁土礦爲主。政府形式是多黨制中央集權共和國，一院制。國家元首暨政府首腦是總統。17世紀初，荷蘭移民控制了這一地區，但在拿破崙戰爭期間英國人占領了荷蘭殖民地，後又購買了德梅拉拉、伯比斯和埃塞奎博。1831年這三個殖民地合併成爲英屬圭亞那。1807年奴隸貿易被廢止時，該地已有約10萬奴隸，這些奴隸直到1838年才被全部解放。從1840年代起，東印度人和華人作爲契約工來到種植園工作。至1917年，幾乎已有24萬東印度人遷移到英屬圭亞那。1928年英屬圭亞那成爲英國直轄殖民地，1953年該殖民地獲准內部自治。各種政黨也開始出現，發展成以東印度人爲主的人民進步黨和以黑人爲主的人民全國大會黨。由人民全國大會黨組成的聯合政府於1966年領導該國獨立，改國名爲蓋亞那。1970年蓋亞那成爲英聯邦內的共和國。1980年頒布新憲法，該國與委內瑞拉的邊界爭端直到20世紀後期仍未解決。

Guyenne ➠ Guienne

Guzmán Fernández, (Silvestre) Antonio *　古斯曼・費爾南德斯（西元1911～1982年）　多明尼加共和國總統（1978～1982）。早年經營商店，參加中左的多明尼加革命黨。1978年以多明尼加革命黨候選人的資格參加總統競選，當計票顯示古斯曼將獲勝時，競選連任的巴拉格爾下令停止計算選票。面對遺留下來的債務，以及由於世界糖價暴跌而加劇的嚴重經濟問題，他組織了專家治國內閣。他的雄心勃勃的農業政策取得成功，實現水稻和豆類兩種主要作物的自給自足。他就職時國家政治經濟局勢動蕩不安，而他去世（他顯然是自殺的）時，國家經濟穩定，建立了保證公民自由的民主制度。

Gwalior *　瓜廖爾　印度中央邦北部城市。以一座要塞爲中心的瓜廖爾，位於一個90公尺陡峭的台地上。爲重要商業與工業中心。約西元525年始見記載。1232年以前受印度人統治。1751年以前，瓜廖爾城曾多次交替落入穆斯林和印度人手中。之後，雖然被英國數次侵占，仍爲馬拉塔人的要塞。要塞內有貯水池、王宮、廟宇及清眞寺，並含有一些印度建築的傑出實例。要塞牆壁正下方有15世紀的耆那教石雕，石雕高達18公尺。人口690,765（1991）。

Gwandu＊ 關圖 亦稱甘多（Gando）。奈及利亞西北部傳統酋長國名。原爲克巴瓦人居民點，聖戰時期（1804～1812）成爲富拉尼重鎮。從1815年起，關圖成爲富拉尼王國兩都城之一。1903年關圖被英國占領，1907年英國將酋長國大片地區讓給法屬西非。然而關圖酋長國的埃米爾現爲奈及利亞第三重要的穆斯林傳統領袖。關圖鎮現爲地方農產品的銷售中心。

Gwent 格溫特 威爾斯東南部歷史地區。其心臟地帶是格溫特平原，包括沿塞文河河口灣的一塊沿海平原。格溫特從以前到現在都一直是英格蘭與威爾斯南部之間的門戶。羅馬人曾在那裡修建了軍事司令部和大堡壘，諾曼人則建蓋了城堡。現爲威爾斯的一個行政郡，首府設在昆布蘭，其經濟仰賴農業和工業。

Gwyn, Nell 貴英（西元1650～1687年） 原名Eleanor Gwyn。英國女演員。曾在特魯里街劇院賣柑橘。後成爲演員查理·哈特的情婦，哈特訓練她成爲演員。1666～1669年成爲國王劇團的主要喜劇演員。她朗讀的開場白和收場白大膽、放肆、別開生面，因而被稱爲「美麗、風趣的尼爾」；她成爲查理二世的情婦（1669～1685）。因其坦白輕率、靈敏機智，與清教徒精神形成生動對比，使她成爲一代寵兒。

Gwynedd 圭內斯 亦作Gwyneth。威爾斯西北部的郡。從諾曼人在卡那封和康維建立的大城堡來看，他們沒有侵入內地。圭內斯於是成爲威爾斯文化的一個據點，操威爾斯語的人口，比威爾斯其他各郡高出甚多。該郡大多是由冰期冰川所切割的硬石山脈組成，包括了大部分的斯諾多尼亞國家公園，公園也占該郡總面積的一大部分。農業包括馬鈴薯種植和乳品業。卡那封是該郡的行政中心。人口約117,500（1998）。

Gymnasium 大學預科 在德國使學生準備升入高等學校的一種國立中等學校。這種類型的九年制學校於1537年創立於史特拉斯堡。學生離校年齡雖通常爲十九或二十歲，但他可在十六歲結束學習而進入職業學校。中等學校、師範學院和商業學院也提供一般中等專科教育。

gymnastics 體操 作爲競技運動同時加強體力、柔軟性、靈敏度、協調性、身體控制能力和對身體的鍛煉。古奧運會的一部分。現代體操實際是由德國人弗里德里希·路德維希·楊（1778～1852）再發明的結果。1896年恢復奧運會，體操被包括在國際比賽項目中。1936年女子項目開始，男子項目包括：單槓、雙槓、橫馬、跳馬、吊環和地板運動。女子項目包括：平衡木、高低槓跳馬、地板運動、韻律體操和全能體操比賽。

gymnosperm＊ 裸子植物 藉種子繁殖，胚珠和種子裸露的種子植物（這點與被子植物不同，被子植物的種子由果實包裹）。包括四個現存的門：毬果門、鳳尾蕉門、買麻藤門和銀杏門。一半以上的裸子植物爲喬木，其餘種類中的大部分爲灌木。裸子植物見於南極以外的所有大陸，尤其是溫帶地區。廣佈於北半球的種類是檜、樅、落葉松、雲杉和松。南半球分布最廣的裸子植物是羅漢松。裸子植物的木材常稱作軟材，不同於被子植物的硬材。許多材用樹及紙漿用樹亦栽作觀賞樹，僅少數裸子植物可供食用。雲杉、松和鐵杉等可提取精油，用於肥皂、空氣清新劑、消毒劑、藥物、化妝品、香料等。雲杉和鐵杉可提取丹寧用於製革。松脂是產自松樹的含油樹脂，加工後可製成松節油及松香。裸子植物是古代植被的主要成分，這些植被壓在地下數百萬年以後變成了煤層。大部分裸子植物爲常綠樹，裸子植物能產生雌、雄生殖細胞（大孢子及花粉粒），分別位於球果狀的雌、雄孢子葉球中。

gynecology ➠ obstetrics and gynecology

gynecomastia＊ 男性乳房女性化 男性乳房增大的現象。多數病例僅表現在一側乳房，其中一些僅表現爲乳頭及乳暈增大達鈕釦大小。偶見整個乳房增大如女性者。眞性男子乳房女性化與雌激素增加有關。睪丸或腦下垂體腫瘤是本病的常見原因。因身體脂肪過多、乳腺炎性疾病、肉芽性病變或腫瘤生長等引起的乳房增大稱爲假性男子乳房女性化。本病的治療包括激素治療、糾正刺激雌激素產生的疾病、或切除造成內分泌失調的腫瘤。

Gypsies 吉普賽人 亦作Roma。深色皮膚的高加索人，原住印度北部，現遍布世界各地，尤以歐洲爲主。大多數吉普賽人講吉普賽語，也講各居住國的主要語言。一般認爲，吉普賽人經屢次遷徙，離開印度，於15世紀到西歐。20世紀，吉普賽人的蹤跡已遍布北美和南美，並到達澳大利亞。由於吉普賽人流動性強，因之很難估計出其總人口數。一般估計到21世紀初人口總數在200萬～300萬之間。有多少吉普賽人仍過著流浪生活，其數字不明。所有游動的吉普賽人都是隨季節按照固定路線遷徙而不考慮國界。他們經常受到迫害和騷擾。納粹在集中營處死約40萬吉普賽人。吉普賽人一向尋求與其流浪生活相適應的生計。過去以販賣家畜、馴獸、卜筮和演技等行當。現代吉普賽人成爲汽車機械師和修理工或在流動馬戲團和娛樂場所工作。酋長由10～100個家庭的集團的名門選出，是終身職，不能世襲。婦女在集團內有成立組織，由本族老婦人作代表，影響力甚強。現代吉普賽文化面臨遭受來自工業化社會的都市的腐蝕。沒有種族界限的居住條件和經濟上的獨立狀態，再加上與非吉普賽人的通婚，一切已使吉普賽人的律法鬆弛無效。

gypsum＊ 石膏 有重要商業價值的、常見的一種硫酸鹽礦物，成分爲水硫酸鈣（$CaSO_4 \cdot 2H_2O$）。美國、加拿大、法國、義大利和英國是石膏主要生產國。天然石膏用來作熔劑、肥料、造紙和紡織的充填物，並在波特蘭水泥中作爲緩凝劑。石膏總產量約有3/4經煅燒成爲熟石膏和建築材料，以用於灰漿、乾固水泥、石膏板和石膏磚。

gypsy moth 舞毒蛾 鱗翅目毒蛾科昆蟲。學名爲Lymantria dispar。對落葉樹和常青樹均造成嚴重危害。歐洲品種約於1869年傳入北美東部，1889年成爲森林和果樹的一大害蟲。雌蛾體粗壯，白色，有「Z」字形斑紋，翅展38～50公釐，不善飛行。雄蛾較小，色暗，善飛翔。幼蟲食量大，幾週內可把樹葉吃光。亞洲舞毒蛾翅展約90公釐，雌蛾能飛，可迅速擴散，幼蟲淡褐色，食毬果樹及闊葉樹的葉；1991年傳入北美西北部。對卵和幼蟲噴殺蟲劑仍然是控制舞毒蛾的有效方法。

Gypsy Rose Lee ➠ Lee, Gypsy Rose

gyrfalcon＊ 白隼 北極的隼科猛禽，世界上最大的隼，學名爲Falco rusticolus。體長達60公分。只在極地繁殖

白隼和獵物
Shelly Grossman – Woodfin Camp

(和某些中亞高原)。缺乏食物時可飛到低緯度地方。羽色從純白綴以黑色條紋到暗灰色具橫斑。腿上長滿羽毛。白隼靠近地面飛翔，以獵食苔原和海濱的野兔等齧齒類和鳥類。在傳統的鷹獵中白隼是鳥中之王。

gyroscope＊　陀螺儀　主要組成部分是安裝在框架內能繞任意軸高速旋轉的轉子。當框架翻轉時，轉子的動量能使轉子保持其姿態。這一特性使陀螺儀在飛機、船舶、人造衛星和火箭等運載器的導航與慣性制導系統中得到了非常有價值的應用。

H-R diagram ➠ Hertzsprung-Russell diagram

Ha-erh-pin ➠ Harbin

Ha Jin　哈金（西元1956年～）　華裔美籍作家。十四歲加入軍隊。後來在美國布蘭戴斯大學取得博士學位。短篇故事集《紅旗下》（1997）談的是文化大革命。長篇小說《等待》（1999）則是有關中國社會，榮獲國家圖書獎，以及美國筆會／福克納小說獎。

Haakon IV Haakonsson＊　哈康四世・哈康松（西元1204～1263年）　別名Haakon the Old。挪威國王（1217～1263年在位）。他成為國王後，其母曾以走熱鐵來澄清大家對他的父親的疑慮。他取得冰島和格陵蘭的統治權（1261～1262），後來為了保護曼島和赫布里底群島與蘇格蘭人作戰而死。他是著名的藝術贊助人，他的統治時期被認為是中世紀挪威歷史的「黃金時代」的開端。

Haakon VII＊　哈康七世（西元1872～1957年）　原名Christian Frederik Carl Georg Valdemar Axel。挪威國王(1905～1957)。他是丹麥未來國王腓特烈八世的次子，原稱丹麥查理王子，1905年挪威恢復獨立後的第一代國王。他於11月18日由國會推選為國王，以古諾爾斯語哈康為名。在第二次世界大戰期間，德國入侵挪威（1940）後他逃往英國。當在德國控制下的挪威國會要求他退位時，哈康七世拒絕讓位，因而鼓舞挪威人民奮起抵抗德軍的占領。

Haarlem　哈勒姆　尼德蘭西部城市。臨斯帕爾訥河，在阿姆斯特丹市西側。12世紀為一要塞城鎮及荷蘭伯爵住宅區。1245年成為特許市，1577年併入尼德蘭聯省共和國。17世紀時臻於鼎盛，成為胡格諾派教徒的避難地和藝術中心。現為工業城市，也是鬱金香栽培中心。重要的遺跡有13世紀的市政廳和14世紀的大教堂。人口：市約147,617（1996）；都會區約214,152（1994）。

Haas, Mary Rosamond＊　哈斯（西元1910～1996年）　美國語言學家，生於印第安納州李奇蒙，和薩丕爾一同就讀於耶魯大學。她的論文探討未再發展的美洲印第安諸語言突尼卡語，一生持續針對美洲印第安諸語言進行田野工作及比較研究，尤其在美國東南部，包括納切斯語和穆斯科格諸語言。1945～1977年她在加州大學柏克萊分校任職時主持加州印第安諸語言調查。她的許多門生完成了珍貴的瀕臨絕滅語言的類型研究工作。

Habakkuk＊　哈巴谷（西元前6世紀或西元前7世紀）　《舊約》中十二小先知之一，傳統上認為是〈哈巴谷書〉的作者。（他的預言書在猶太教正典中是較大的「十二先知書」的一部分。）他可能是聖殿樂師暨先知。他揭發了猶大的罪，認為他們的敵人加爾底亞人（巴比倫尼亞人）是神派來懲罰他們的，但最後正義終將勝利。

habeas corpus＊　人身保護令　在普通法中法庭為保護當事人而發布的幾種令狀的統稱。其中最重要的是人身保護狀，用以矯正那些違反個人自由的行為，做法是指揮司法，調查羈留的合法性。一般獲釋的理由包括：基於非法取得的證據而做成判決；律師的有效幫助遭到否決；由不當選擇或挑選之陪審團做成判決。人身保護令可用於民事，以挑戰個人對兒童的監護權或被宣告無行為能力之個人的收容。

Haber, Fritz＊　哈伯（西元1868～1934年）　德國物理化學家。由於早期對電化學和熱力學的研究，他和卡爾・博施（1874～1940）合作，創立了哈伯－博施法來合成氨。第一次世界大戰期間，全力為政府進行化學武器的研究，從而研究出毒氣。他的多面、廣泛、且重要的研究為他帶來名和利，1918年獲諾貝爾化學獎。1933年他因納粹黨的反猶太人政策辭去威廉皇家物理研究所所長（1911年開始）的職務。

Haber-Bosch process＊　哈伯－博施法　亦稱哈伯製氨法（Haber ammonia process）或合成氨法（synthetic ammonia process）。用氫和空氣中氮直接合成氨的方法。哈伯和卡爾・博施（1874～1940）在1909年左右發明此法，促進氮肥需求急速增加。這是第一個在化學反應中使用高壓（200～400大氣壓）的化工方法。催化劑（通常是鐵）使該反應可在適當的溫度（400～650℃）下進行，而在氨剛形成後即將氨分離出來。哈伯－博施法是最經濟的固定氮方法，是一種化工基本方法應用。

Habermas, Jürgen＊　哈伯瑪斯（西元1929年～）　德國哲學家，屬法蘭克福學派。過去主要任教於法蘭克福大學，亦曾擔任施塔恩貝爾格的馬克思・普朗克研究中心主任（1971～1980）。在《溝通行動理論》（1981）中，他論稱儘管工具理性（instrumental reason，起自於此一假定：一個主體面對一個獨立客體時，試圖理解該客體以便施加控制）主宰著現代社會思想，唯有溝通理性（communicative reason，假設有一個主體社群，這些主體為了普遍解放之目的而進行溝通）才有可能使得真正民主的社會成形。

Habima　猶太劇團　亦作Habimah。亦譯哈比馬劇團。希伯來戲劇團體，1912年在波蘭成立，1917年受史坦尼斯拉夫斯基的鼓勵，在莫斯科又建立演出團。《亡靈》（1922）一劇為劇團樹立起藝術水平高超的聲譽，而猶太劇團也成為莫斯科藝術劇院的演出團之一。在演出《假人》（1925）後，在歐洲和美國巡迴演出。1931年猶太劇團固定設在台拉維夫。猶太劇團繼續奉行上演意第緒語戲劇和聖經戲劇的方針，並不斷增加戲目，其中包括以色列的、古典的和當代的外國劇本。1958年，劇團被官方指定為以色列猶太國家劇院。

habit　習慣　心理學中指那種稍加思考或完全不加思考而規律性地反覆出現的行為，並且是得自後天而非先天的。有些習慣（如綁鞋帶）可能有保護高層次的心理作用，以應付煩苛的事務，但同時它也進一步促使習慣行為更加固定。五種改變習慣的方法為：以新反應取代舊反應；重複舊行為直至疲乏或為不愉快的反應所取代為止；把個人和使之產生某種反應的刺激條件相隔離；習慣化；懲罰法。

habitat　生境　亦譯棲息地。一個生物體或生物體組成的群落所棲居的地方，包括周圍環境中一切生物的和非生物的因素或條件。被寄生物所棲息的宿主生物體與樹叢等陸地生境或小池等水生生境一樣，也是一種生境。小生境指與植物或動物毗鄰的環境條件和生物體。

habituation　習慣化　因動物重複或連續受刺激但未得到強化（報酬）而發生的行為反應減退現象。習慣化通常被認為是一種學習形式，是把動物不再需要的反應形式從全部行為方式中剔除出去。可以根據其持久性將習慣化與其他多種反應減退類型區別開來；已習慣化的動物，在停止刺激一段時間以後，不再恢復它以前對刺激的反應；或者是，雖然正常的反應恢復，但當再受到刺激時，減退得比以前更快。攸關生存的反應（例如逃避捕食者）不會出現真正的習慣化。

Habsburg dynasty＊　哈布斯堡王朝　亦作Hapsburg dynasty。德國王室，15～20世紀歐洲主要的王室之一。無論是公爵、大公還是皇帝，哈布斯堡家族從1218年至1918年統治著奧地利。他們還控制了匈牙利和波希米亞（1526～1918），統治西班牙和西班牙帝國近兩世紀（1504～1506、1516～1700）。哈布斯堡家族中最早掌握政權的是魯道夫一世，他在1273年當選為德意志國王。哈布斯堡王室出身的德意志國王腓特烈四世，在1452年被加冕為神聖羅馬帝國皇帝，稱腓特烈三世，哈布斯堡王室擁有此頭銜至1806年。腓特烈的兒子馬克西米連一世經由婚姻取得尼德蘭、盧森堡和勃艮地。16世紀查理五世在位時，哈布斯堡王室達到權力的頂峰。亦請參閱Holy Roman Empire。

Hachiman＊　八幡　日本神道教所祀諸神之一。常稱為武神，據說在世原為日本第十五代天皇應神。源氏和武士的守護神。第一座奉祀八幡的神社建於725年，今日有一半以上的神道教神社奉祀他。8世紀時八幡被佛教承認為神，稱八幡大菩薩。

hacienda＊　種植園　拉丁美洲國家的大地主莊園。種植園源於殖民時期，一直殘存到20世紀。勞動者大多是印第安人，理論上他們是自由的靠工資生活的人，但實際上控制了地方政府的雇主能把他們束縛在土地上，特別是使他們處於負債狀況。19世紀的墨西哥，約有一半以上的農業人口就這樣被日工制度所束縛。墨西哥革命後許多種植園被分割。種植園在阿根廷稱為 estancia，在巴西稱為 fazenda。

Hackman, Gene　金哈克曼（西元1930年～）　原名Eugene Alden。美國電影演員。生於加州聖伯納底諾。1964年出任百老匯舞台劇*Any Wednesday*主角，使他獲得演出首部電影作品*Lilith*（1964）的機會。金哈克曼在《我倆沒有明天》（1967）和*I Never Sand for My Father*（1970）中的表現贏得激賞，並於演出《霹靂神探》（1971，獲奧斯卡獎）後躋身影星之列。他以擅於詮釋平凡人物著稱，他在《對話》（1974）、《烈血大風暴》（1988）及《殺無赦》（1992，獲奧斯卡獎）中的演出再度獲得讚賞。金哈克曼並曾參與《超人》系列電影的演出（1978、1980、1987）。

Hadar remains＊　哈達爾化石遺存　自1973年起在衣索比亞距阿迪斯阿貝巴約三百公里的阿瓦什河附近發現的一批化石遺存。該遺存代表約三十個個體，包括了露西和稱為「第一家庭」的十三名阿法南猿，他們可能是同時死去，距今約340～290萬年。研究者在中阿瓦什地區的南部發現一些更早（約400萬年前）的人類化石，在附近的戈那地區還發現距今約260萬年的石器。

haddock　黑線鱈　鱈科北大西洋名貴的食用魚，學名為Melanogrammus aeglefinus。底棲，肉食性，以無脊椎動物和一些魚類為食。與鱈相似，同樣具一頦鬚二臀鰭和三背鰭。其鑑別特徵為側線呈黑色而不是淡色，各肩突肩具一明顯黑斑。體上部灰色或淡褐色，腹側色淡。體長約90公分，重11公斤。

黑線鱈
Painting by Jean Helmer

Hades＊　哈得斯　希臘宗教的冥王。又稱普路托（Pluto）；相當於羅馬宗教的狄斯。哈得斯是泰坦克洛諾斯和瑞亞的兒子，宙斯和波塞頓的兄弟。他的妻子普賽弗妮是蒂美特的女兒，他將她從大地劫持到冥界。他被描繪成一個嚴厲和無情的神，不為祈禱或獻祭所動。他監管死後壞人的審判與懲罰。他的名字有時也被用來稱為亡者的住所，後來成為地獄的同義字。

Hadith＊　聖訓　伊斯蘭教名詞，指有關先知穆罕默德、他的家庭和撒哈比所述傳統的記錄。穆斯林以之為教法和道德規範的主要根據。它包含了兩個部分：口述教義正文和伊斯納德，或意為傳述世系。「聖訓」是研究伊斯蘭教初期數百年間教義發展的主要資料。

Hadrian＊　哈德良（西元76～138年）　拉丁語全名作Caesar Traianus Hadrianus Augustus。原名Publius Aelius Hadrianus。羅馬皇帝（117～138年在位）。圖雷真的侄子和繼位人。經過數年的權謀以後，哈德良被圖雷真收為養子並在他去世前指定他為帝位繼承人。他處決了元老院的反對者，放棄圖雷真在亞美尼亞和美索不達米亞的征服地，又出兵鎮壓毛利塔尼亞（今摩洛哥）和安息。他經常旅行，他的許多成就和旅行地有關。他興建哈德良長城，視察阿爾及利亞等地並訓練當地的軍隊。因仰慕希臘文化，他完成雅典的宙斯神廟並建立希臘城市的聯盟。他著手進行德爾斐的建築計畫，加入埃勒夫西斯祕密宗教儀式。在他的年輕同伴安蒂諾烏斯在尼羅河淹死（130）後，他毫不隱瞞他的哀慟；在帝國領域內豎立這個男孩的雕像，並廣泛的舉行禮拜儀式。哈德良接連指定安東尼・庇護和馬可・奧勒利烏斯為其繼承人。

哈德良，胸像；現藏那不勒斯國立考古博物館
Anderson－Alinari from Art Resource

Hadrianopolis, Battle of ➠ Adrianople, Battle of

Hadrian's Villa　哈德良別墅　羅馬皇帝哈德良的離宮，位於羅馬城附近的蒂沃利，約建於125～134年。有公園及花園，大規模的華麗皇家建築體；包括浴場及附屬建築、圖書館、帶雕刻的花園、劇場、室外餐廳、亭榭和住宅。占地約十八平方公里，這些建築物都是根據哈德良在旅行時所見的著名建築重建。建築物隨地形建造，重要部分保存至今。

Hadrian's Wall　哈德良長城　羅馬人保衛不列顛省西北邊疆的一道連綿不斷的屏障，用以防禦蠻族入侵者；西元122年羅馬皇帝哈德良始建。長城由一個海岸延伸到另一個海岸，長118公里，從沃爾森德到鮑內斯。長城上在固定的間隔便有塔、城門及堡壘；城牆的前方有一道溝，其後方則有一道壘牆。哈德良長城曾被捨棄一短時期，而採用安東尼牆，後來哈德良長城又繼續使用，直到約410年。部分城牆仍保存至今。

hadron＊　強子　一些由夸克構成並透過強力而相互作用的亞原子粒子。分成介子和重子兩部分。除結合在原子核中的質子和中子外，所有強子都是短壽命的，並產生於亞原子粒子的高能碰撞中。所有強子都受引力的作用；荷電強子都受點磁力支配；有些強子透過弱力而崩裂（如在放射性衰變中），其餘的則透過強力和電磁力衰變。

Haeckel, Ernst (Heinrich Philipp August)＊ 海克爾（西元1834～1919年） 德國動物學家、演化論者。1857年獲醫學博士學位後，又在耶拿大學取得動物學博士學位，並從1862年開始在該校講授動物學。他的研究著重在海洋無脊椎動物的分類上。受達爾文的影響，海克爾將演化論視爲是統一解釋整個自然界的基礎，也是一個理論基礎。他試圖建立動物界的種系圖，他認爲每個種系均可描繪出本身胚胎發展的演化史。有關他的人類演化理論（有的是錯誤的），使人們注意到一些重要的生物學的問題。透過他大量的作品，使演化理論得以廣爲人知。

海克爾，約攝於1870年
The Bettmann Archive

haematite ➡ hematite

Haemophilus＊ 嗜血菌屬 短小的桿狀細菌屬。所有種類均爲嚴格寄生菌，存在於包括人類在內的溫血動物及某些冷血動物的呼吸道中。革蘭氏陰性（參閱gram stain），需氧或兼性厭氧，不能運動，培養時需要血液中的某種生長因子。有一種嗜血菌引起人類的性病——軟下疳。還有一種嗜血菌是人類流行性感冒患者的繼發感染的病原。

Hafez＊ 哈菲茲（西元1325/26～1389/90年） 亦作Hafiz。全名爲Mohammad Shams od-Din Hafez。波斯詩人。曾受傳統宗教教育（哈菲茲指定一位眞心學習《可蘭經》的人），作爲宮廷詩人，他曾受幾個設拉子（Shiraz）統治者的提攜保護。他使厄札爾（抒情詩）成爲更臻完善的詩體，由6～15個對句構成統一的主題和象徵，但不依靠連貫的邏輯思想。他的詩因語言簡樸著稱，能自然地運用熟悉的意象和格言般的措詞。《迪萬》是他最著名的作品。哈菲茲被認爲是波斯最偉大的抒情詩人之一。

Hafsid dynasty＊ 哈夫西德王朝 西元13～16世紀非洲中北部的柏柏爾人王朝，約1229年由阿爾摩哈德王朝統治者阿布・札卡里亞・葉海亞創立。其子穆斯坦綏爾（1249～1277年在位），使王國的威望臻於頂點。不顧地中海地區持續的海盜活動，哈夫西德王朝仍與義大利人、西班牙人和普羅旺斯維持貿易關係。他們抵擋了馬里尼德人的週期性入侵（參閱Marinid dynasty）。1452年王朝內訌以後，哈夫西德逐步衰弱，後落入阿拉伯人手中。後西班牙和土耳其軍隊爲爭奪控制權而戰，1574年土地被併入土耳其的一個省中。

Hagana＊ 哈加納 猶太復國主義的軍事組織（1920～1948）。建立的目的在於與襲擊巴勒斯坦猶太居民區的巴勒斯坦阿拉伯人進行鬥爭。儘管裝備很差，又遭到英國委任統治當局的取締，這個組織還是有效地保衛了猶太人的居民區。至少在第二次世界大戰結束前，哈加納的活動還是比較克制的。戰後，英國不許猶太人向巴勒斯坦無限制地移民，哈加納開始進行恐怖活動。1947年以後它與英國軍隊公開交戰，並擊敗巴勒斯坦的阿拉伯人及其同盟者的軍隊。以色列建國後，哈加納成爲國家的軍隊。

Hagen, Walter (Charles) 哈根（西元1892～1969年） 美國職業高爾夫球運動員。1910年代中期到1920年代晚期曾贏得許多重要錦標賽，也是1927～1937年賴德爾盃美國隊的隊長。他是一位風趣又有自信的人，堅持職業高爾夫球選手應受到紳士般的待遇。他曾說過：一個人一生中應花點時間「停下來，聞一聞玫瑰的香味。」

哈根，攝於1936年
UPI

hagfish 盲鰻 分屬無顎綱兩個科的約30種海產魚形原始脊椎動物的統稱。盲鰻科見於各大洋；黏盲鰻科見於北大西洋以外各洋區。盲鰻體形似鰻，無鱗，皮膚軟，吻端具粗鬚。長度因種而異，約40～80公分。骨骼爲軟骨性。口呈裂縫狀，吸附力強，具角質牙。分布於冷海水區，約可達1,300公尺深處。生活於軟底上的洞穴中，常全身埋入。以無脊椎動物以及死魚、傷殘魚爲食。有時攻擊漁民釣線上的或漁網裡的魚。鑽入魚體內，食其內臟及肌肉。被抓到時身體分泌大量黏液。亦請參閱lamprey。

Haggadah 哈加達 亦作Haggada。猶太教文獻，在慶祝逾越節的晚餐中指導儀式和祈禱的進行。哈加達重述〈出埃及記〉的故事並提出評論，爲猶太歷史提供宗教哲學，並解答兒童在逾越節家宴開始時所提出的傳統問題。更廣泛地說，哈加達能夠引用與法律無關的拉比文學部分（例如故事、寓言、傳說、歷史、天文）。

Haggai＊ 哈該（活動時期西元前6世紀） 《舊約》中十二小先知之一，傳統上認爲是〈哈該書〉的作者。（他的預言書在猶太教正典中是較大的「十二先知書」的一部分。）生於巴比倫流亡時期，流亡時期結束後他回到以色列，參與動員猶太社區重建耶路撒冷的聖殿。他的書包含了四篇神諭，發表於西元前521年。他認爲，人民經濟困難是因爲聖殿未能及早重建，他還允諾神的新住所將會比原來的大許多。

Haggard, H(enry) Rider 海格德（西元1856～1925年） 受封爲Sir Rider。英國小說家。在南非擔任數個政府職務（1875～1881）後，他開始寫以非洲爲背景的故事。他的三十四部精彩的冒險小說中，最著名的是《所羅門王的寶藏》（1885）；其他還包括了《她》（1887）、《阿蘭・夸特曼》（1887）、《克麗奧佩脫拉》（1889）和《阿伊莎》（1905）。海格德也是個農夫，他寫了《一個農夫的一年》（1899）與《英國鄉村》（二卷；1902）。因曾在有關農業的政府委員會工作而於1912年受封爲爵士。

Haggard, Merle (Ronald) 海格德（西元1937年～） 美國鄉村音樂歌手與作曲者。幼年生活貧困，年少時爲慣竊。1960年由聖昆汀監獄出獄後，便在家鄉加州貝克斯菲爾德成爲一名專業樂手，不久即定期發行暢銷專輯，當中的單曲包括Mama Tried、The Bottle Let Me Down、The Fightin' Side of Me以及Okie from Muskogee（因明顯攻擊嬉皮而引發爭議），之後並與瓊斯和納爾遜共同發行膾炙人口的二重奏歌曲。

Hagia Sophia＊ 聖索菲亞教堂 伊斯坦堡的教堂，後來成爲清眞寺，如今是博物館。爲拜占庭建築傑作，查士丁尼一世在位時，由特拉利茲的安西米厄斯和米利都的伊西多爾設計，原建築物花了將近六年（532～537）的時間才完成。以完全原創的風格把縱向巴西利卡與集中式建築結合起來，擁有一個巨大的主要圓頂（563年重建），兩邊由穹隅和半圓頂支撐。計畫上幾乎是正方形的，有三條被圓柱分隔的通道，上方爲樓台和巨大的大理石扶垛，往上升起以支撐圓頂；樓台上方的牆壁和圓頂基部設有窗戶，射入的光線遮住了支撐物，給予人頂部飄浮在空中的印象。

hagiography＊　聖徒傳記　敘述聖徒生平的文學形式。基督教的聖徒傳包括了殉教者的事跡；著名修士和主教以及虔信宗教的君主或烈女的生平；有關聖徒墓地、遺物、畫像或塑像的神蹟記錄。最早的聖徒傳寫於2世紀，流行於中世紀，聖徒傳記專注在聖人個人的生平或某種聖徒（如殉教者）的故事。

Hague, The＊　海牙　荷蘭語作's-Gravenhage或Den Haag。尼德蘭城市及政府所在地。距北海六公里，爲國家行政首都和法院及政府所在地，其西北方五十三公里處的阿姆斯特丹是該國的法定首都。1248年荷蘭的伯爵在這裡建造了一座城堡作爲他們主要的住所。這些建築形成今日舊城部分，稱爲「賓尼霍夫」，1585年起成爲荷蘭政府所在地。19和20世紀城市發展迅速，爲政府、國際法、公司總部的中心，市內企業多屬貿易、銀行、保險或服務業。聯合國國際法庭設於和平宮（1913）。該市有許多著名的建築物，第二次世界大戰德國占領期間受到嚴重破壞。人口：市約442,503（1996）；都會區約695,217（1994）。

Hague Conventions　海牙公約　一系列在荷蘭海牙簽訂的國際條約（1899、1907）。第一次海牙會議是應俄國的邀請而召開，討論限制軍備擴張和企圖限制武器。會議有二十六個國家的代表參加並通過了幾個建議案，包括了禁止使用窒息性毒氣和成立常設仲裁法院。1907年的第二次海牙會議，雖然由美國總統羅斯福首倡，四十四個國家的代表參加，同樣以限制武器爲宗旨，但也未能達成協議。一項建議在八年內召開另一次會議的協定，使大家認識到，解決國際問題最好的方法是透過一系列連續性會議進行協商。雖然第一次世界大戰延遲了下一次會議的召開，但其精神對國際聯盟和聯合國的成立大有影響。亦請參閱Geneva Conventions。

Hahn, Otto　哈恩（西元1879～1968年）　德國化學家。1912～1944年在凱撒・威廉化學研究所工作，1928年起負責領導放射化學小組。他與奧地利女物理學家梅特勒發現幾個放射性元素。1938年與梅特勒和斯特拉斯曼（1902～1980）首次發現了核分裂產物的化學證據，用中子轟擊鈾所得的產物。他因發現核分裂而獲1994年諾貝爾化學獎。後來成爲普朗克科學促進學會會長；他是個受人尊敬的人物，強烈反對更進一步發展核子武器。1966年他和梅特勒、斯特拉斯曼共同獲得了費米獎。

Hahnemann, (Christian Friedrich) Samuel＊　哈內曼（西元1755～1843年）　德國醫師，順勢療法的創始人。因觀察到治療瘧疾的藥物奎寧在健康人身上卻產生類似瘧疾的症狀，因而主張用使健康人產生該種疾病症狀的藥物來治療該病，並提出其學說確認小劑量藥物即可有效地發揮醫療作用。他的主要作品《合理療法的原則》（1810），將上述原理擴展成爲一個體系，稱之爲順勢療法。他的《純藥論》（六冊，1811）是一部順勢療法藥物目錄，詳述了每一種藥物給健康人應用後所產生的效應。

Hai River＊　海河　中國河北省河流。爲白河的一小段，可恰當地稱爲海河的部分只限於從天津流入渤海這段近43哩（70公里）的河段。然而，海河也用來泛指所有經由此一水道注入海洋的分支河流。因爲注入海河的水量極大，造成它經常氾濫成災。1939年天津曾淹沒於水中一個多月。這條河流如今正在進行是一項涵蓋廣泛的水利整頓計畫。

Haida＊　海達人　居住在夏洛特皇后群島、不列顛哥倫比亞省、威爾斯太子島南部及阿拉斯加的西北海岸區印第安人。分爲兩個半偶族，成員以出生定其所屬分支，以母系爲基礎。每一半偶族保括許多擁有土地所有權的氏族，它們有自己的領袖，可單獨宣戰、講和及舉行典禮（如散財宴），並在經濟上各自獨立。海達人的經濟活動以海上捕魚及狩獵爲主。他們仍以手工藝和藝術著稱，其中包括了圖騰柱。今日，海達人的人口約3,500人。

Haidarabad ➠ Hyderabad

Haifa＊　海法　舊稱Sycaminum。以色列西北部城市和主要港口。臨地中海海法灣。最早見述於塔木德（約西元1～4世紀）。1100年被十字軍征服，1799年被拿破崙攻陷，1839年被埃及將軍易卜拉欣・帕夏占領。1918年被英軍占領，1922年畫入巴勒斯坦委任統治地。以阿戰爭期間，於1948年受以色列控制。市區建於卡爾邁勒山上，港口區則建於海法灣，是一個旅遊勝地和商業中心。海法亦爲巴哈教派的世界總部。人口約255,300（1997）。

Haig, Douglas　黑格（西元1861～1928年）　受封爲Earl Haig。第一次世界大戰英國將軍。陸軍職業軍官，1914年迅速晉昇而領導英國軍隊在法國北部作戰。1915年繼佛蘭西成爲英國遠征軍的總司令。由於戰略錯誤，使得索姆河戰役（1916）和伊普爾戰役（1917）中英軍損失慘重而遭到批評。1916年晉昇陸軍元帥。1918年獲福煦的委任成爲協約國軍隊的指揮官；二人合作良好，由於黑格成功的阻止了德軍最後攻擊，使得協約國於1918年8月取得勝利。

haiku＊　俳句　不押韻的日本詩歌形式，由排列成三行的5、7、5共十七個音節組成。俳句是以簡約的文字抒發豐富的感情和喚起更多的聯想的藝術形式。當松尾芭蕉將它提高成精煉的藝術時，俳句便成爲17世紀重要的形式。此後，一直是人們最喜聞樂見的詩體。意象派詩人（1912～1930）和其他詩人曾模仿俳句的形式來寫英詩和其他語文的詩。

hail　雹　直徑爲5公釐至10公分的落向地面的冰球或冰塊，直徑小於5公釐的小冰雹又稱凍雨或冰丸。雹對建築物和農作物有極大的破壞性；如果雹很大，能危及露天的動物。美國中西部在雷暴時曾降落直徑15公分的雹塊。雹暴在中緯度地區最常見，往往能持續十五分鐘左右，一般出現在中午到傍晚。

Hail Mary　聖母經　拉丁語作Ave Maria。天主教向童貞瑪利亞說的主要祈禱文。第一段是天使長加百列問候聖母和伊莉莎白的話（出自〈路加福音〉）：「萬福瑪利亞，滿被聖寵者，主與爾偕焉。女中爾爲讚美，爾胎子耶穌並爲讚美。」最後一段禱詞，「天主聖母瑪利亞，爲我等罪人，今祈天主，及我等死候。阿門。」於14世紀成爲普遍誦念的禱文。教徒在告解後常被要求覆誦聖母經爲所犯罪行贖罪。

Haile Mariam, Mengistu ➠ Mengistu Haile Mariam

Haile Selassie＊　海爾・塞拉西（西元1892～1975年）　原名塔法里・馬康南（Tafari Makonnen）。衣索比亞皇帝（1930～1974年在位）和塔法里教的彌賽亞。出身貴族，曼涅里克二世皇帝首席顧問拉斯・馬康南親王之子。曼涅里克二世之女札烏迪圖繼皇位時（1917），塔法里因與曼涅里克的曾孫女結婚而成爲攝政，並被確定爲帝位繼承人。札烏迪圖死後（1930），塔法里加冕爲皇帝，稱海爾．塞拉西（意「三位一體的威力」）。他力圖使其國家現代化，並努力介入非洲政治主流中。他使衣索比亞進入國際聯盟和聯合國，並使阿迪斯阿貝巴成爲非洲統一組織的中心。雖然在他執政期間，受到多數基督教徒的歡迎，1974年由門格斯圖．海爾．馬里亞姆領導的軍事政變將他廢黜，並幽囚宮中度過餘年。他似乎是被軍政府的人所殺。

海爾．塞拉西，攝於1967年
AP/Wide World Photos

Hainan 海南 亦拼作Hai-nan。中國一省（2000年人口約7,870,000）和島嶼。位於中國海海域，包括西沙群島和南沙群島，與廣東隔著一條峽窄的海峽。海南省是中國最南端、面積最小的省分。幾世紀以來，隸屬於廣東省，直到1988年才單獨建省，省會是海口。自西元前2世紀即已歸屬中國統治，但直到唐朝（618～907）以前，中國都未施予嚴密的控制。中國於12～13世紀開始移民到海南島上，逐步迫使原住民族遷往海島內陸。1939～1945年日本占領此地，1950年歸共產黨統治。雖然中國政府努力刺激此地的經濟發展，但它仍屬於中國較不發達的地區。

Hainaut＊ 埃諾 法蘭德斯語作Henegouwen。中世紀的郡，今爲比利時西南部一省。該地區一度曾是埃諾省郡的一部分，該郡的面積較現在的省大，並與北部的法蘭德斯相鄰。11～13世紀曾數次聯合法蘭德斯，後來曾多次被統治，包括了勃艮地公爵。17～18世紀逐漸被法國吞併，部分的郡仍屬法國（今諾爾省），其餘部分在1814年轉移至尼德蘭，1831年又轉給比利時。埃諾省大部分是農業區；飼養的動物包括了比利時挽馬。

Haiphong＊ 海防 越南北部港市。地處紅河三角洲，臨東京灣。全國第三大城市，爲首都河內的輸出港，位於河內西方97公里處。1874年建立，發展成商港和鐵路終點站。成爲工業中心後，1954年起靠蘇聯集團國家和中國的援助，興建多種新工業。越戰期間，因美國轟炸而遭到嚴重破壞。人口約783,000（1992）。

hair 毛髮 皮膚上的細長而柔軟的結構。胎毛是一層絨毛狀的細毛，在出生前或出生後不久便脫落。後來嬰兒身上長出短而纖細的毫毛。在青春期和青春期以後，毫毛爲更長、更粗、顏色更深的終毛取代。終毛長於腋窩、外生殖器、軀幹和四肢的某些部位，男性還長於臉部。頭髮、眉毛和眼睫毛是不同的類型的毛。頭髮每個月可長1.3公分，總數平均約10～15萬。除毛根基部的少數生長細胞外，毛是死組織，由角蛋白和有關蛋白質組成。毛髮生長、休止、脫落、再生，形成一個週期。絨毛的壽命僅約四個月，頭髮是三～五年。

hairstreak 燕灰蝶 灰蝶科燕灰蝶亞科昆蟲，灰蝶又俗名紗翅蝶。成蟲體小而纖細、翅展18～38公釐。飛行迅速，翅有閃光。常爲褐或灰色，翅下面有髮狀細紋。幼蟲短寬，蛞蝓狀。有些種食植物；有些殘食同類；有些分泌蜜露，吸引螞蟻類。各洲均有分布，但以新大陸熱帶最多。

hairworm 毛細線蟲 ➡ horsehair worm

Haiti＊ 海地 正式名稱海地共和國（Republic of Haiti）。西印度群島國家，位於伊斯帕尼奧拉島西部，東部爲多明尼加共和國。面積27,700平方公里。人口約6,965,000（2001）。首都：太子港。大多數人口是黑人或黑白混血兒。語言：海地克里奧爾語和法語（均爲官方語）。宗教：天主教和巫毒教。貨幣：古德（G）。海地多山而崎嶇不平，約五分之二的土地高於490公尺。山脈間交錯著富饒但人口過度集中的低地。氣候屬熱帶氣候，但因山脈變得和緩，常有週期性的乾旱和颶風。阿蒂博尼特河是最長的河流。海地是美洲最貧窮的國家，經濟爲發展中的市場經濟，以農業和輕工業爲主；咖啡是主要經濟作物。政府形式爲多黨制共和國，兩院制。國家元首爲總統，政府首腦是總理。有關海地的早期歷史，參閱Hispaniola。在最初的圖森－路維杜爾和後來的德薩利訥領導下發動暴動推翻法國的統治（1791～1804），海地從以前的奴隸之島獲得獨立。新共和國包含了整個伊斯帕尼奧拉島，1809年西班牙恢復了在該島東部的統治。在布瓦耶當政時期（1818～1843）又重新統一；在東半部發生暴動將他推翻後，便成立了多明尼加共和國。由於常發生政變和暗殺，政府變得不穩定。1915～1934年間被美國占領。1957年獨裁的杜華利取得政權，他無視國內經濟蕭條和政局不安，一直統治到1971年他去世爲止。其子尚－克勞德繼承其位，但1986年被迫流亡。1990年海地首次舉行總統大選，阿里斯蒂德當選。1991年軍事政變將他推翻，後來數萬名海地人企圖搭船逃亡至美國。軍事政府在1994年垮台，流亡的阿里斯蒂德返國組織新政府。1995年他的同事普雷瓦爾接管政權，2000年阿里斯蒂德再次取得總統職位。

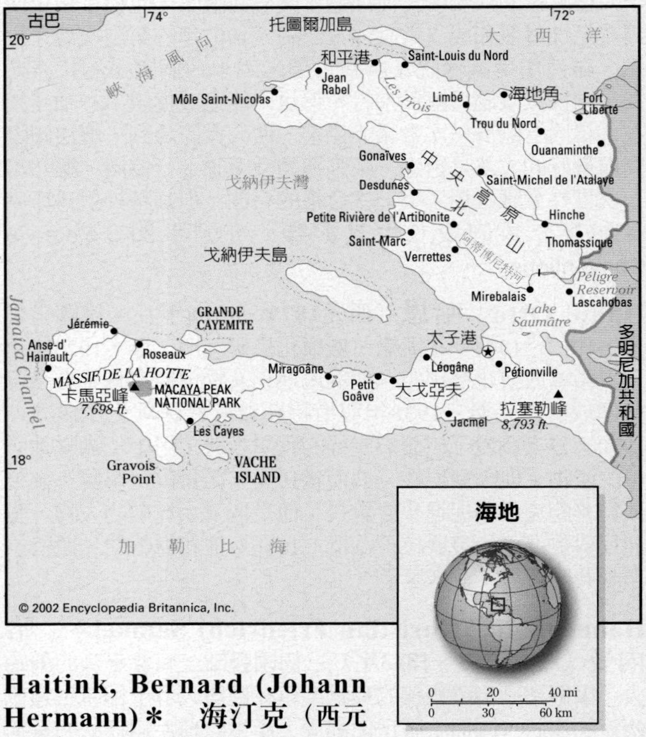

Haitink, Bernard (Johann Hermann)＊ 海汀克（西元1929年～） 荷蘭指揮。原是小提琴家，1956年首次與阿姆斯特丹皇家音樂廳交響樂團聯合演出。1961～1988年爲該樂團常任指揮，留下大量的錄音遺產。由於負責領導格林德包恩藝術節（1978～1988）和柯芬園皇家歌劇院（自1988年起），使他的歌劇事業亦受到注目。

hajj＊ 朝聖 伊斯蘭教規定，凡成年的男女穆斯林一生中都須至少到參加朝聖一次，凡身體健康、有經濟能力者都有朝聖義務。朝聖是五功（穆斯林的基本規範和儀式）之一，傳統上是在伊斯蘭教曆最後一個月的第七天開始，第十二天結束。在麥加，朝聖者需進行幾項儀式，包括了繞天房克爾白行走七遭；必須拜謁麥加城外的聖地，獻祭一隻動物以悼念亞伯拉罕的獻身；最後，他們返回麥加，並再次繞行天房克爾白。

Hajjaj (ibn Yusuf ath-Thaqafi), al-＊ 赫賈吉（西元661～714年） 伍麥葉王朝（661～750）總督，先後擔任麥加和伊拉克總督。692年殘暴的鎮壓麥加的暴動，他以促進伊拉克繁榮和安定著稱，他曾鑄造新的貨幣，改善農業生產，還致力於維修灌溉系統。

hake 無鬚鱈 鱈科無鬚鱈屬幾種大型海產魚的統稱。體長，頭大，牙大而尖。有二個背鰭和一個淺凹刻的臀鰭。肉質雖鬆軟，但可食用。產於南北大西洋兩側及東太平洋和紐西蘭沿岸。在北美洲東岸，hake一詞也用來指幾種與無鬚鱈近緣但屬於長鰭鱈屬的海產食用魚，包括了有重要經濟價值的白長鰭鱈和紅長鰭鱈。

雙線無鬚鱈（Merluccius bilinearis）
Painting by Jean Helmer

Hakka＊ 客家 中國的族群集團。客家的名稱來自於廣東話，意爲「作客之人」。這個名稱也顯示出他們在所居住的中國南方的未能與他族同化的地位。18～19世紀他們經常與鄰近的非客家族群因土地糾紛而引發世仇。太平天國之亂（1850～1864）最初就是在這類區域性的衝突中產生。亂事平定後，許多客家人遷往台灣和馬來西亞。

Hakluyt, Richard＊ 哈克路特（西元1552?～1616年） 英國地理學家及傳教士。曾多次公開演說，後來成爲牛津大學首位地理學教授。結識英國著名的船長和商人，積極參與探險活動。1583年被派往巴黎任英國大使的牧師，努力搜集加拿大皮毛貿易的情報以及法國與西班牙在美洲的企業狀況。他最主要的巨著《英格蘭民族重要的航海、航行和發現……》（1589），敘述英國早期在北美洲的探險活動。他向女王伊莉莎白一世提出有關殖民地的建議，1612年成爲西北航道公司的一個創始人。

Hakuin＊ 白隱（西元1686～1769年） 亦稱白隱慧鶴（Hakuin Ekaku）。日本僧人和藝術家，幫助復興了禪宗的臨濟派。約1700年加入臨濟宗，成爲遊方僧人。當時許多僧侶紛紛尋求德川幕府的提拔，他卻甘於貧困生活，因而吸引一大批追隨者，形成臨濟宗的新基礎。白隱教導人們：所有人皆可獲得第一手的眞理知識，而道德生活必須以宗教信仰爲本。他利用公案來幫助冥想，發明了思考單手鼓掌之聲的著名悖論。他也是著名的藝術家和書法家。

hal 狀態 伊斯蘭教神祕主義蘇菲派用詞，指該派教徒在追求與眞主融合爲一的旅途中所達到的某一種狀態。當人使自己靈魂完全擺脫物質世界之後，眞主的恩惠才能達到。和階段不同的是，它是以功過爲基礎，而狀態無法因個人的努力得到或保有，必須耐心等待眞主施恩，才能獲得新的願望，以便進一步努力修行而追求更加崇高的目標。最常提及的狀態有以下五種：凝視、近主、入迷、陶醉和親密。

Halab 哈拉普 ➠ Aleppo

Halakhah 哈拉卡 亦作Halakha。猶太教名詞，指自《聖經》記事年代以來逐步形成的有關猶太人的宗教儀禮、日常生活和行事爲人的全部律法和典章。哈拉卡與「托拉」所載的律法迥然不同，哈拉卡是一種傳統的口傳材料。這些律法一代代地下傳，至到西元1～3世紀「密西拿」編纂完成爲止。「密西拿」後成爲「塔木德」的基本內容。

Halas, George Stanley＊ 哈拉斯（西元1895～1983年） 美國美式足球教練和球隊東家。生於芝加哥，畢業於伊利諾大學，曾在紐約洋基隊打過短暫時間的棒球。1920年成立美式足球芝加哥熊隊，並在未來五十年的大部分時間擔任該隊教練（1920～1930、1933～1943、1946～1955、1958～1967）。他最著名的是恢復使用T字隊形並增加一名跑動球員，從而更新美國美式足球戰略。在他的帶領下，芝加哥熊隊在全國美式足球聯盟的七個賽季中獲冠軍，並有四年取得地區賽冠軍。擁有芝加哥熊隊直到去世。他協助成立了全國美式足球聯盟。

halberd 戟 一種武器，一側裝斧，另一側有一小鎬頭，杆的端部有一加長矛頭。通常長約1.5～1.8公尺。在15和16世紀初期的中歐，戟是一種重要的武器，它使步兵能同戴盔甲的騎兵作戰，矛頭用於使騎兵離開步兵一定距離，斧子可以猛烈劈砍殺死對手。隨著盔甲的淘汰和火器的發展，戟也遭廢棄不用。

Haldane, J(ohn) B(urdon) S(anderson)＊ 哈爾登（西元1892～1964年） 英國遺傳學家。著名生理學家約翰·司各脫·哈爾登的兒子，八歲開始學科學，充當其父親的助手，後來從牛津大學取得學位。哈爾登、費施爾和萊特都以對突變率、大小、繁殖和其他因素的分析，用不同的數學論據，將達爾文的演化論和孟德爾遺傳理論聯繫起來。哈爾登對酶活動理論和人類生理學的研究貢獻良多。

遺傳學家哈爾登
Bassano and Vandyk Studios

Haldane, John Scott 哈爾登（西元1860～1936年） 英國生理學家、哲學家。創立了幾種研究呼吸、血液生理及分析機體消耗與產生的氣體的方法。他發現呼吸調節取決於血中二氧化碳張力對呼吸中樞的影響。他研究低氣壓的影響，研究造成煤礦工人窒息的氣體及煤礦爆炸後一氧化碳的病理作用（對礦業安全有重大貢獻），還創立了一種分期減壓法，使深海潛水員得以安全浮出水面。哈爾登也試圖闡明生物學的哲學基礎。他是理查·波頓·哈爾登的弟弟和約翰·桑德森哈爾登的父親。

Haldane, Richard Burdon 哈爾登（西元1856～1928年） 受封爲Viscount Haldane (of Cloan)。英國律師和政治家。在擔任陸軍大臣期間（1905～1912）進行軍事改革；1914年英國遠征軍所以能夠迅速動員，主要是他的功勞。後來分別在阿斯奎斯的政府（1912～1915）和麥克唐納的工黨政府（1924）任大法官。

Haldeman, H(arry) R(obins)＊ 霍爾德曼（西元1926～1993年） 尼克森總統任內的白宮幕僚長（1969～1973），因涉入「水門事件」而出名。1949～1968年在廣告公司工作，曾爲尼克森策劃幾個政治活動，包括了1968年的總統競選活動。後出任白宮幕僚長，和埃利希曼同爲尼克森最親近的顧問。發生「水門事件」（參閱Watergate scandal）之後，他參與白宮推卸罪責的活動，極力掩蓋在1972年總統競選中使用的「卑鄙伎倆」。1973年被迫辭去職務，1975年被指控在水門事件發生後作僞證、進行陰謀活動和阻撓司法官的調查工作而被判刑；入獄服刑十八個月。

Hale, George E(llery) 赫爾（西元1868～1938年） 美國天文學家。在哈佛大學和柏林學習和研究，1888年他籌建芝加哥肯伍德天文台。1892年他任芝加哥大學教授並著手籌建葉凱士天文台，任該台台長直到1904年；他爲該台建成現今世界上最大的1公尺折射望遠鏡。1895年創辦《天體物理學雜誌》。1904年籌建威爾遜山天文台並任首任台長直到1923年。在該台主持建造了大型太陽塔以及1.5公尺和2.5公尺的反射式的恆星望遠鏡。赫爾從1928年開始著手籌建帕洛馬天文台的反射望遠鏡；1948年完成，並以他的名字命名之。在研究方面，他最著名的成就是發現太陽黑子磁場。

Hale, John Parker 赫爾（西元1806～1873年） 美國政治人物和改革者。曾當選聯邦衆議員（1843～1845），以反對奴隸制著稱。在擔任聯邦參議員期間（1847～1853、1855～1865），通過廢止海軍中的鞭刑的議案。由於堅持反奴隸，使他在1852年他被自由土壤黨提名爲總統候選人。後來加入新成立的以共和黨重回參議院，並成爲該黨的領袖。後來出任駐西班牙公使（1865～1869）。

Hale, Matthew 赫爾（西元1609～1676年） 受封爲Sir Matthew。英國法理學家。律師之子，五歲時成爲孤兒，原本志在成爲牧師，但後來以法律爲專業。在英國內戰期間支持勞德大主教和其他保王派。曾擔任民事法院法官（1654～1658）和國會議員（1654～1660），在改革法律體系和促使查理二世復辟上扮演重要角色。1660年任財政大臣，1671～1676年任英國御座法庭首席法官。赫爾是研究英國普通法歷史的最偉大學者之一，《刑事訴訟史》（1736）是他最著名的著作。

Hale, Nathan 赫爾（西元1755～1776年） 美國革命時期的軍官。耶魯大學畢業，後成爲教師。1775年在康乃狄克州入伍，曾參加圍攻波士頓的戰役。1776年成爲上尉，在長島協助捕獲英軍的補給船。他志願擔任偵察任務，在深入長島英軍防線搜集情報時被捕，未經審訊即於次日被絞死，死時二十一歲。據傳，他在就義前曾經這樣說：「我唯一的憾事是沒有第二個生命獻給祖國。」

Hale, Sarah Josepha 赫爾（西元1788～1879年） 原名Sarah Josepha Buell。美國女作家和雜誌主編。1822年喪夫後，爲了養家餬口而開始寫作。擔任《婦女雜誌》（1828～1837），後改名《戈迪婦女雜誌》（1837～1877）的主編；身爲首位雜誌女性編輯，她提出許多當時婦女問題的觀點和想法。她的作品包括了詩集《夫人們的花圈》（1837），收集了許多婦女們的詩，銷路很廣；和《婦女紀事》（1853）。她還寫了膾炙人口的兒童詩《瑪麗有隻小羊》（1830）。

Hale-Bopp, Comet 海爾－波普彗星 1994年由業餘天文學家海爾與波普兩人發現的彗星，當時距離地球約7個天文單位，在木星軌道外側，較先前業餘人士所發現的彗星都要遠。天文學家估計彗核的直徑約40公里，比大多數彗星要大上許多。1997年4月最接近太陽的時候，是數百年來實際亮度最大的彗星之一，不過從地球上看還不算最亮。這個彗星引發美國加州聖地牙哥附近的集體自殺，在1997年名爲「天堂之門」宗教團體的39名成員，教主堅稱他們將在彗尾後方的太空船中轉世重生。

Haleakala National Park＊ 海雷阿卡拉國家公園 美國夏威夷州茂伊島東部的國家公園。1960年成立，占地11,597公頃。其中心是海雷阿卡拉火山口，爲世界最大的休眠火山口，深逾762公尺，底面積約49平方公里，有森林、沙漠和草地。設有科學城，爲研究和觀測中心，美國國防部、夏威夷大學和密西根大學在此進行天體物理學研究。

Haley, Alex (Palmer) 哈利（西元1921～1992年） 美國作家。在美國海岸防衛隊（1939～1959）服役，後來成爲一位新聞從業人員。根據他採訪馬爾科姆·艾克斯的記錄，寫成暢銷書《馬爾科姆·艾克斯的自傳》（1965，1992年拍成電影）。哈利的最成功之作是《根》（1976，獲普立茲特別獎），從哈利的非洲先人被奴役一直講到他本人對這段家史的考究，前後涉及七代美國人。《根》後改編成電視影集，成爲美國電視史上最受歡迎的作品之一，並喚起衆人對家譜的濃厚興趣，後來哈利承認書中部分情節是杜撰的。

Haley, Bill 哈利（西元1925～1981年） 原名William John Clifton。美國歌手和吉他手，搖滾樂的先驅。1940年代晚期曾擔任唱片音樂節目主持人，並在幾個鄉村音樂樂團演唱和擔任吉他手。後來他組成自己的樂團「騎馬者」。把鄉村音樂和節奏藍調結合在一起，他將其樂團改名爲「比爾·哈利和彗星」合唱團，並灌錄了一些早期的暢銷曲，包括了〈搖滾時鐘〉（1955）。1970年代他四處旅行緬懷過去。

Haley, William (John) 哈利（西元1901～1987年） 受封爲Sir William。英國新聞工作者和主編。1918年開始學習新聞學，1922年加入《曼徹斯特晚報》編輯部。曾任《曼徹斯特衛報》和《晚報》的理事，後來又擔任英國國家廣播公司總經理（1944～1952）和倫敦《泰晤士報》主編（1952～1966），這是英國新聞界最重要和最有影響的職位。

half-life 半衰期 放射性樣品的原子核衰變（放射性核素通過發射粒子和能量，自發的變成其他核素）一半所需的時間，或每秒蛻變數減少一半所需的時間。半衰期是各種不穩定原子核的特性，是它們衰變的特殊方式。α衰變和β衰變一般比γ衰變爲慢。

halftone process 網目凸版製版法 印刷時，把圖像分解爲許多小點，以重現照片或畫稿上濃淡深淺不同色調的工藝。通常用網屏插入待曝光的印版前對圖像進行分解。格子將圖像分成數百個小點，每個點在暗箱下看到的不是黑色便是白色，若是彩色圖像，則看到的是單一的彩色和白色。完成的圖像稱爲網板，再重新照相用來印刷。網屏的線數視不同用途而定：報紙爲每吋50～85線，雜誌每吋100～120線，高質量的印刷品爲每吋120～150線。

Haliburton, Thomas Chandler 哈利伯頓（西元1796～1865年） 加拿大作家。曾擔任新斯科舍立法議院的議員（1826～1829），後來在最高法院法官（1841～1854）任內，保持強烈的保守政治觀點和社會觀點，這些觀點都反映在他的著作中。1856年移居英國，1859年起成爲國會議員直到他去世。哈利伯頓以創造山姆·斯利克這一人物著稱。斯利克是一個機智多謀的美國鐘錶商和不成熟的哲學家，最初在報刊《新斯科舍人》上連載，出書時名爲《鐘錶商》（1836、1838、1840）和其他書籍。

halibut 庸鰈類 亦稱大比目魚。鰈形目幾種比目魚，特別是庸鰈屬的大西洋和太平洋產經濟價值高的大型魚類的統稱。兩眼一般在體右側，且僅該側有顏色。大西洋庸鰈見於北大西洋兩岸，形大，可長達2公尺，重325公斤；身體有眼側爲褐色、淡黑或深綠色。太平洋庸鰈體較小，且較細長，產於北太平洋兩側。其他食用比目魚有見於大西洋北極和近北極水域的格陵蘭大比目魚和產於加利福尼亞沿海的加利福尼亞大比目魚（鮃科）。

Halicarnassus＊ 哈利卡納蘇斯 今名博德魯姆（Bodrum）。卡里亞南部的古希臘城市，今位於土耳其境內，坐落在愛琴海的半島上。摩索拉斯統治時期爲卡里亞的首府（西元前370?年），他在這裡築了城牆、公共建築、造船廠和運河。他的遺孀爲紀念他而建造了陵墓（西元前350?年），被認爲是古代世界七大奇觀之一，其遺存仍保存在大英博物館。歷史學家希羅多德即出生於哈利卡納蘇斯。西元前129年歸羅馬統治，在早期基督教時代，哈利卡納蘇斯是主教轄區。聖約翰騎士的城堡遺址，約建於西元1400年，在古代占有重要地位。

halide mineral＊ 鹵化物礦物類 天然存在的鹵酸（如氫氯酸）鹽的無機化合物的總稱，並包含了氟、氯、碘或溴的陰離子等鹵素。這類化合物，除石鹽（岩鹽）、鉀石鹽和螢石外，都是罕見的，而且產地都是很局部的。

Halifax 哈利法克斯 加拿大城市，新斯科舍省省會，位於大西洋入口的哈利法克斯港，1749年英國人來此定居，與法國占領的布雷頓角抗衡。爲英國陸軍和海軍基地，直到1906年其防禦工事爲加拿大政府接管爲止。1917年發生軍需補給船爆炸，造成近2,000人死亡。兩次世界大戰時期，爲加拿大最重要海軍基地。哈利法克斯是該省最大的商業和工業中心，爲加拿大最繁忙的港口之一。教育機構有達爾胡西大學（1818）；歷史建築包括了聖保羅大教堂（1750），這是加拿大最古老的新教教堂。人口約121,000（1995）。

哈利法克斯西塔代耳山上的舊城鐘
John de Visser

Halifax, Earl of 哈利法克斯伯爵（西元1881～1959年） 原名Edward Frederick Lindley Wood。英國政治家。1910年進入國會。擔任印度總督（1925～1931）時，與甘地建立良好的互信關係並加速憲法的制定。他出任張伯倫政府的外交大臣期間（1938～1940）是最受爭議的時期，因與張伯倫對希特勒的綏靖政策有關，但哈利法克斯仍在邱吉爾政府留任外交大臣。身爲駐美國大使（1941～1946），在第二次世界大戰期間，他對同盟國事業作出了重大貢獻。1944年封爲哈利法克斯伯爵。

halite＊ 石鹽 天然存在的氯化鈉（NaCl），即食鹽或岩鹽。石鹽在所有大陸上都以礦層產出，礦層厚度由幾公尺至三百多公尺不等。這些礦層被稱爲蒸發鹽礦床，因爲它們是由鹽水在部分封閉的盆地中經蒸發作用形成的，一般都與石灰岩層、白雲岩層及頁岩層伴生。石鹽的大型礦床見於俄羅斯、法國、印度、加拿大以及美國紐約州。

Hall, Charles Martin 霍爾（西元1863～1914年） 美國化學家。在俄亥俄州的奧伯林學院學習，1885年畢業後，很快的便發明電解製鋁法（約和法國的埃魯同時發明），該法使鋁廣泛用於工業。得到梅隆家族的支援，成立匹茲堡還原公司（後爲美國鋁業公司）。因廉價及豐富的電力的需求而將公司遷至尼加拉瀑布，1895年成爲尼加拉瀑布新電廠的首位消費者。

Hall, G(ranville) Stanley 霍爾（西元1844～1924年） 美國心理學家，在美國推動和指導心理學發展的先驅。在德國隨馮特和赫姆霍茲學習，回到美國後取得學位，成爲第一位美國培養的心理學博士（哈佛大學，1878）。在約翰·霍普金斯大學教書後，他幫助建立了烏斯特的克拉克大學（1888），他留在那裡工作並將實驗心理學建成一門科學。他經常被視爲是兒童心理學和教育心理學的奠基人；他還做了很多工作，把達爾文、弗洛伊德等人的思想引入當代心理學思潮。霍爾創辦數本刊物，包括了《美國心理學雜誌》，霍爾也是創建美國心理學協會的主要人物，並是其首任會長（1892）。

hall, hypostyle ➠ hypostyle hall

Hall, James 霍爾（西元1761～1832年） 受封爲Sir James。蘇格蘭地質學家和物理學家，經由在實驗室裡人工製造各種不同的岩石類型而創立了實驗地質學。他發現將礦物熔化後，控制冷卻速度，能夠獲得不同種類的岩石。後來，他將碳酸鈣在壓力下加熱，能造出與天然大理石極爲相似的岩石。他曾以蘇格蘭的各種火成岩做了廣泛的實驗，並指出這些岩石都是由極高的溫度造成的。

Hall, James 霍爾（西元1811～1898年） 美國地質學家和古生物學家。在倫斯勒技術學院教書（1832～1836）時，對聖羅倫斯谷進行了廣泛的考察。1836年任紐約州地質調查所地質師；他的研究收集在巨著《紐約地質》（第四部分）中，這是一部美國地質的經典巨著，介紹了造山運動的地槽理論。1855～1858年任愛荷華州地質師，1857～1860年任威斯康辛州地質師。1871～1891年任紐約州奧爾班尼自然歷史博物館館長。他後來主要的作品是《紐約古生物誌》（十三卷，1847～1894）。

Hall, Peter (Reginald Frederick) 霍爾（西元1930年～） 受封爲Sir Peter。英國戲劇經理與導演。在劍橋大學製作及演出二十餘齣戲劇後，他加入職業劇團。在倫敦的藝術劇場（1955～1956）時推出歐陸重要劇作在倫敦首演。因製作莎士比亞戲劇而出名，1962～1968擔任皇家莎士比亞劇團經理，並長期爲該劇團導戲。接下原由奧立佛爵士擔任的國家劇院經理（1973～1988）。1988年自組劇團。曾爲柯芬園皇家歌劇院和格林德包恩劇院導演過許多歌劇，他還導過多部電影。

Hall, Radclyffe 霍爾（西元1880～1943年） 原名Marguerite Radclyffe-Hall。英國女作家。出身富裕家庭，在倫敦國王學院受教育，以詩歌創作開始其文學生涯，後收集成五冊詩集。她因小說《亞當的族類》（1926）而獲獎，該書敘述一位餐館老闆的生平。後因小說《寂寞之井》（1928）公開並同情同性戀而受到譴責，該書是第一部英語同性戀小說。這部小說後被認爲是淫書，在英國受到禁止；霍爾死後才在英國也獲勝訴而得以解禁。她的其他五部小說，大部分表達的是她強烈的基督教信仰。

hall church 廳堂式教堂 又譯哥德式教堂。兩側堂大致與中堂等高的教堂，與巴西利卡式的教堂不同。由側堂窗採光而不是由中堂側牆上的高側窗採光。廳堂式教堂源於德國，具有哥德晚期的特色。其特點是中堂連拱很高，屋頂龐大。馬爾堡的聖伊莉莎白教堂（1257?～1283）是廳堂式教堂的早期形式。

Hall effect　霍爾效應　載流固體置於與電流方向垂直的磁場中，就會在固體中產生橫向電場。它是美國物理學家霍爾於1879年發現的，這種電場（霍爾場），是磁場施於定向運行的正負粒子的力所形成的。霍爾效應可以用於測量載流子的密度、載流子運動的自由度或遷移率；也可以用於探測磁場中有否電流存在。

Hallaj, al-＊　哈拉智（西元858?～922年）　伊斯蘭教蘇菲主義導師。生長於伊拉克的瓦西特，年輕時沈溺於禁欲主義，並閱讀許多蘇菲派大師的作品。約895年開始到各地傳教並著書，曾三次去麥加朝聖，還收納許多門徒。這些旅行和他廣受歡迎使得他和蘇菲派大師疏遠，其改革的主張也造成非蘇菲派穆斯林與他反目。哈拉智因被懷疑與一場暴亂有關，又曾宣稱「我就是眞主」而遭到逮捕入獄（911?～922），後被釘在十字架上凌虐至死。

Halle (an der Saale)＊　哈雷　德國中東部城市。位於薩勒河畔，其居民點是以當地鹽場附近爲中心形成的，於西元前1000～西元前400年左右繁盛。968年連同珍貴的鹽場一起歸新建的馬德堡大主教管區。1281～1478年該市爲漢撒同盟成員，1952～1990年爲東德哈雷專區首府。爲重要的鐵路交會點火商業及工業中心，也是韓德爾的誕生地。人口約283,000（1996）。

Halleck, Henry W(ager)＊　哈萊克（西元1815～1872年）　美國將軍。畢業於西點軍校。1844年去歐洲考察主要軍事設施後，寫了一部有關戰爭的書（1846），後成爲教材被廣泛使用。1861年負責指揮密蘇里西部戰場，組織並訓練志願軍。1862年擔任陸軍總司令，但因全盤戰略失敗，使得最後勝利歸功於其屬下格蘭特和約翰·波普。爲了對聯邦軍在維吉尼亞的失敗負責，1864年由格蘭特取代他的職務。

Halley, Edmond＊　哈雷（西元1656～1742年）　英國天文學家和數學家。在牛津大學學習，1676年到南大西洋測定南天恆星方位。他的星表（1678）記錄了341顆恆星的精確位置。1684年在劍橋結識了牛頓，對牛頓（與虎克和列恩）發現牛頓萬有引力定律的發展扮演重要角色。哈雷爲牛頓編輯《自然哲學的數學原理》，並於1687年出版。他製作了世界上第一部氣象圖（1686，載有海洋上盛行風的分布）和大西洋和太平洋的地磁圖（1701）。在天文學方面，他描繪出在1337～1698年間出現的24個彗星的軌道。並指出，其中3個彗星很類似可能是同一個彗星的3次回歸，並預言它將於1758年重現（參閱Halley's Comet）。

哈雷，油畫，菲利普斯（R. Phillips）繪於1720年前後；現藏倫敦國立肖像畫陳列館
By courtesy of the National Portrait Gallery, London

Halley's Comet　哈雷彗星　預測出回歸時間的第一顆彗星，這證明至少某些彗星是太陽系的成員。1705年英國天文學家哈雷表明，1531、1607和1682年觀察到的彗星其實是同一顆，並預測該彗星將在1758年回歸。後來的測算認定諾曼征服（1066）時所見並織在當時拜約掛毯上的彗星就是哈雷彗星，由西元前240年起每隔七十六年左右出現的彗星也是。20世紀（1910、1985～1986）兩次接近地球，很容易便觀測到。其核心大小約15公里。

hallmark　金銀純度印記　打在金銀件上，表明符合法定標準的符號或符號組。大不列顛從1300年開始便採用金銀純度印記；金或銀要通過純度試驗和打上國王標記後才得以出售。1363年時製作者的標記作爲金銀純度的印記；開始時，用一條魚、一把鑰匙作爲紋章的圖案，後來製作者逐漸習慣於採用自己的名和姓的第一個字母或同圖案一起使用。一個金銀純度印記是由倫敦的金匠工會作的。在美國，並不要求在金銀物件上打純度印記。18世紀末到19世紀初，紐約市、波士頓、巴爾的摩和其他一些地方建立了地方性規定的慣例；出現了製作者的印記和在銀件上打英文coin或sterling兩種字樣。1906年聯邦慣例規定了英文字的字樣。金件的印記也和銀件類似，都按聯邦慣例的規定行事。

Halloween　萬聖節前夕　10月31日，萬聖節前夕的節日。這些異教的起源可溯至塞爾特人的桑巴因節，古英格蘭和愛爾蘭地區則是慶祝塞爾特人新年的開始。據說，亡者的靈魂將在桑巴因節前夕歸來，而女巫、醜妖怪、黑貓和鬼都會在外面遊蕩。當晚也是占卜婚姻、運勢、健康和死亡的最佳時刻。這些異教的習慣影響到基督教的萬聖節前夕，也在同一天慶祝。19世紀晚期，這個節日逐漸世俗化並引進美國，但仍與邪惡的靈魂和超自然有關。這個節日主要由兒童慶祝，他們了化裝，挨家挨戶按門鈴並喊著「要惡作劇還是要請客」來索要糖果。所謂「惡作劇」即開玩笑和一些破壞行爲，這些都是萬聖節的傳統。

Hallstatt＊　哈爾施塔特　上奧地利的一處遺址，最早發現鐵器時代早期（約西元前1100年開始）的器物。在史前鹽礦附近發現了2,000多座墓葬，保存了器具、部分衣物和礦工的屍體。哈爾施塔特的遺存一般分爲四期（A、B、C、D），各有不同的墓葬方式，有低矮的墳丘或墓冢；還有相當多的銅器和鐵器，以及各式的陶器、武器、飾物和衣服。哈爾施塔特的藝術風格一般來講都是對稱的幾何紋裝飾，且有越來越奢侈的趨向。

在奧地利哈爾施塔特的墳地所發現鐵器時代早期的青銅桶，約做於西元前6世紀
By courtesy of the trustees of the British Museum

hallucination　幻覺　對那些根本不存在的主體、聲音或感覺的感知體驗，通常是由神經系統的疾病和對某些藥物反應（參閱hallucinogen）引起的。在很多方面，幻覺和夢有許多相似之處：這些內容都是來自記憶，可以被大量轉移。因受到極度憂慮、疲勞、興奮或其他原因的刺激而使得注意減弱時，便會產生幻覺。是診斷精神分裂症最重要的要素。

hallucinogen＊　迷幻藥　使人產生只有在夢、精神分裂症或宗教狂熱時才能體驗到的心理感受的藥物。迷幻藥能改變人的知覺（對一個根本不存在的客體產生的錯誤體驗）、思維和情感。其中最引人注意的有二乙基麥角酸醯胺、仙人球毒鹼、裸蓋菇素（從某些蘑菇提取）和蟾毒色胺（蟾蜍皮膚的提取物）；有的還添加大麻。就科學來說其行爲表現方式仍不清楚；血清素、腎上腺素或其他神經介質可能會受到影響。

Halmahera＊ 哈馬黑拉 荷蘭語作Djailolo。印尼馬魯古最大島嶼。島上有四個半島，環抱三個海灣；政治上包含了特爾納特島和蒂多雷島等幾個小島。面積17,780平方公里。四個半島皆有山脈縱貫，山上林木深密，北部半島有三座活火山。島上原住民似是巴布亞人，沿海居民包括從附近諸島遷來的移民後裔。1683年荷蘭人在特爾納特蘇丹的協助下取得山腳下的哈馬黑拉。1949年與馬魯古一起併入印尼。人口93,895（1980）。

halogen＊ 鹵素 週期表VIIa族元素，包括五種化學性質類似的非金屬元素：氟（F）、氯（Cl）、溴（Br）、碘（I）和砈（At）。它們都是很活躍的氧化劑（參閱oxidation-reduction），原子價爲1（僅氟有原子價）。它們易與金屬和許多的非金屬反應形成種類繁多的化合物，在自然界中未發生不能與之結合的情形發生。砈是壽命很短的放射性同位素。鹵素的鹽類和金屬化合後很穩定；最常見的是氯化鈉。鹵素化合物作爲螢光燈的塗料，燈管的磷和燈內部的電流反應而發光（參閱electric discharge lamp）。

halogen lamp 鹵素燈 亦稱鎢－鹵素燈（tungsten-halogen lamp）。具有石英燈泡和內含鹵素之氣室的白熾燈。從緊縮的單位中放出明亮的光。鹵素結合了從熱燈絲蒸發的鎢，形成一種被吸引回到燈絲的化合物，延長了燈絲的壽命。蒸發的鎢也不會凝聚在燈泡上而使之變暗，減少正常白熾燈的光線輸出。1960年代晚期，鹵素燈第一次用於電影製作，如今也用於自動頭燈、水底攝影、住家照明等。

Hals, Frans＊ 哈爾斯（西元1581/1585～1666年） 荷蘭肖像畫家。生於安特衛普，但一生都住在哈勒姆，1610年加入當地的聖路加公會。他的群像畫大多是當地基爾特和軍事社團的成員，較著名的有《哈勒姆聖喬治市民衛隊軍官的宴會》（1616），近似印象派畫法，表現出當時鬆散又獨特的荷蘭藝術。作品中常流露出愉悅精神，令肖像畫發生改革，使他有別於同時代的畫家；主題散發出生活情趣，偶爾暗示著悲傷。1650年以後，他爲神經質地展現生活火花（即使是一閃即逝）的老人作畫，這些肖像都是他的傑作，例如《哈勒姆救濟院的女攝政者》（1664）。他的作品大大影響了馬奈、梵谷、亨萊等人。

哈爾斯的《快樂的酒徒》（1628?～1630），油畫；現藏阿姆斯特丹國家博物館
By courtesy of the Rijksmuseum, Amsterdam

Halsey, William F(rederick), Jr.＊ 海爾賽（西元1882～1959年） 別名Bull Halsey。美國海軍司令官。畢業於馬里蘭州美國海軍學院，第一次世界大戰時指揮一驅逐艦，後成爲海軍飛行員，1940年晉陞爲艦隊副司令。日本偷襲珍珠港時，他的艦隊正在海上；成爲數個月以來唯一出現在太平洋上的美國艦隊，他指揮對日本占領的馬紹爾群島、吉伯特群島進行奇襲。領導航空母艦的重要人物，他因大膽、想像力豐富的戰術而出名。身爲太平洋部隊和南太平洋地區司令，在瓜達爾卡納爾海戰擊敗日本。1944年任第三艦隊司令，率航空母艦特遣隊執行空中打擊任務。在萊特灣戰役中，他掩護和支援美軍陸上作戰，搜捕和消滅日本的艦隊。1945年12月晉陞海軍五星上將。1947年退休。

Halsted, William Stewart 哈爾斯特（西元1852～1922年） 美國科學外科學的先驅。畢業於紐約市的內科和外科醫師學院。1881年發現血液經充氧後能再輸入患者體內。他以自身做實驗，向神經幹內注射可卡因，終於研究出傳導麻醉（1885），但他卻養成藥癮（後治癒）。在約翰·霍普金斯大學建立了美國第一所外科學院。他積極提倡無菌手術，1890年創用薄橡皮手套施行手術。他對保持機體的內環境穩定十分重視，主張在外科手術中對活組織要手法輕柔，對割斷的組織要準確地重新對合。他在培養外科醫生中建立了住院醫師制度。

haltia＊ 哈爾蒂亞 波羅的－芬蘭諸民族大都信奉的家神，監督家室、保護家庭以免受害。在芬蘭，哈爾蒂亞往往是指第一個宣稱某地爲其所有的人的靈魂。哈爾蒂亞是維繫家庭的主要道德力量，保證使道德規範得到遵守。哈爾蒂亞可由原址移往新址，其方式爲或將原址燃燒中的火攜往新址，或將原址的灰燼攜至新址亦可。農莊的其他建築物中，牲口棚的保護神看管牲畜，磨場的保護神使磨工不睡，以便使磨常轉，而打穀房的保護神保證使烘乾穀物的火焰長明。

ham 火腿 新鮮的或經過鹽漬、煙燻和乾燥過程醃製的成豬後腿。爲了保存肉類而添加其他的調味品。加蜂蜜或糖，可以產生特殊香味。火腿是人類最古老的肉食之一，除了宗教因素禁食外，歐亞兩洲普遍食用，也是北美洲農村喜愛的食物。世界各地的火腿，由於各具特點的養豬方法和肉的製作技術而各自享有盛名。例如維吉尼亞火腿用花生、桃子作飼料餵養的家飼野豬種豬肉醃製，再用蘋果木、核桃木煙燻，掛在燻房成熟。火腿含有高級動物蛋白質、鐵質和維生素B_1。

hamadryad ➠ dryad

Hamas＊ 哈瑪斯 正式名稱伊斯蘭教抵抗運動（Harakat-al-Muqawima al-Islamiyya，英譯名Islamic Resistance Movement）。巴勒斯坦軍事組織，以消滅以色列、建立巴勒斯坦人的伊斯蘭教國家爲宗旨。1988年由亞辛所創建，領導班底來自「穆斯林兄弟會」成員。哈瑪斯的任務多爲軍事性活動，基本立場認爲巴勒斯坦不能屈服於非穆斯林。對1993年巴勒斯坦解放組織與以色列簽訂的和平協議，哈瑪斯持堅決反對的立場。

Hamburg＊ 漢堡 德國北部城市和州。位於易北河，是德國最大的港口。它圍繞著9世紀的漢堡城堡發展。13世紀中期與呂貝克簽訂條約，導致漢撒同盟的建立，1810～1814年併入法蘭西帝國，1815年成爲日耳曼聯邦的自由市。第二次世界大戰時的轟炸，造成該約55,000人死亡，城市被毀。戰後迅速重建。漢堡是孟德爾頌和布拉姆斯的出生地，也是漢堡歌劇院所在，在音樂史上占有一席之地。除了是德國最重要的工業城市外，還是德國北部主要經濟中心。人口約1,704,731（1998）。

Hamhung＊ 咸興 北韓中東部城市。李朝（1392～1910）時北韓的商業和行政中心，1920年代已發展成現代化城市。韓戰期間多數工廠被美國飛機炸毀，現已重建。除了是重要的製造中心外，還有幾所學習機構。人口約701,000（1987）。

Hamilton 漢米敦 英屬百慕達首府。位於西大西洋大百慕達島，臨深水港灣。1790年建立，1815年繼聖喬治之後成爲首府。爲了鼓勵企業及工作，於1956年闢爲自由港。經濟以旅遊爲主；主要街道有出租船的船塢。人口1,100（1995）。

Hamilton　漢米敦　加拿大安大略省東南部的城市。位於安大略湖最西端的漢米敦港南岸。美國革命期間英國保王派的人逃至這裡定居。伯靈頓運河開通（1830），連接安大略湖岸的港口，這裡迅速發展成為重要港口和鐵路中心。現爲加拿大重要工業和金融中心，也是麥克馬斯特大學所在地。周圍是廣大水果產區。有加拿大最大的露天集市。人口：市約335,000（1995）；都會區約624,000（1996）。

Hamilton, Alexander　漢彌爾頓（西元1755?～1804年）　美國政治家。1772年來到新澤西。美國革命期間加入大陸軍，在特稜頓戰役中，有英勇的表現。後任華盛頓將軍的中校副官（1777～1781），因法語流利，負責與法國統帥聯繫。戰後，在紐約執律師業。大陸會議時，主張建立強大的中央政府。1786年代表出席亞那波里斯會議，他寫的請願書導致全國制憲會議的召開。與麥迪遜和傑伊聯合，他撰寫了《聯邦黨人》一系列解釋新憲法的論文並尋求它的通過。後擔任首位財政部長（1789），他提出了建立美國銀行和加強中央政府的一系列的綱領。由於他的政策受到傑佛遜的反對，因而導致政黨的組成：漢彌爾頓成爲聯邦黨的領袖，麥迪遜和傑佛遜合組民主共和黨。漢彌爾頓傾向於與英國建立密切聯繫，並促使華盛頓在法國大革命中保持中立的立場。1796年因反對提名亞當斯競選總統，造成聯邦黨失和。1800年他試圖阻止亞當斯連任，於是散發一份攻擊密函，卻讓長期與他不和的伯爾取得並出版。當傑佛遜和伯爾雙雙擊敗亞當斯但得票相同時，漢彌爾頓出面說服下議院的聯邦黨人選擇傑佛遜。1804年他反對伯爾競選紐約州州長。這種侮辱和對伯爾人格的質疑，使得伯爾要求與漢彌爾頓決鬥，漢彌爾頓傷重去世。

漢彌爾頓，油畫，杜倫巴爾（John Trumbull）繪；現藏華盛頓特區美國國家畫廊
Bycourtesy of the National Gallery of Art, Washington, D. C., Andrew Mellon Collection

Hamilton, Edith　漢彌爾頓（西元1867～1963年）　德國出生的美國學者和教育家。在印第安納州威恩堡長大，以教育爲其志業。自布林瑪爾學院畢業，二十九歲時擔任該學院預備學校的校長。和學校行政工作比起來她較喜歡研究古典文學，退休後完成了《希臘的道路》（1930）和《羅馬的道路》（1932）這類歷史著作。她的《希臘羅馬神話》（1943）則被美國各學校廣泛使用。在她九十歲高齡時獲雅典市榮譽市民稱號。

Hamilton, Emma, Lady　漢彌爾頓夫人（西元1761?～1815年）　原名Amy Lyon。英國海軍上將納爾遜的情婦。1786年成爲威廉・漢彌爾頓爵士（1730～1803，當時任英國駐那不勒斯王國公使）的情婦，二人於1791年結婚。因容貌美麗，隆尼常爲她畫像，她成爲那不勒斯交際場中的紅人。1798年成爲納爾遜的情婦，1801年生下女兒荷瑞提亞，漢彌爾頓去世（1803）後便與納爾遜同居。納爾遜戰死後，她因揮霍無度而負債入獄（1813～1814），後死於貧困。

Hamito-Semitic languages　含米特－閃米特諸語言
➠ Afroasiatic languages

Hamm, Mia　漢姆（西元1972年～）　全名Mariel Margaret Hamm。美國足球選手。十五歲的時候，漢姆成爲美國國家足球隊有史以來最年輕的隊員。1989年她進入查珀爾希爾的北卡羅來納大學就讀，到她畢業的1994年，她已經贏得無數的獎項並幫助球隊奪得四次的全國大學運動協會冠軍。該校以退休她的球衣（19號）表揚她的成就。她也在1991、1999年的世界杯中幫助美國隊拿下冠軍獎杯。漢姆成爲分別在1996、2000年贏得奧運金牌與銀牌的美國女子足球隊中最受歡迎的球星。1999年5月16日，在對巴西的比賽中，她踢進了生涯中的第108球，打破了國際足壇（不論男女）的世界記錄。2001年，漢姆加入初創的聯合女子足球聯盟的華盛頓自由隊，開始她的職業生涯。

Hammar, Hawr al*　哈馬爾湖　伊拉克東南部大沼澤湖，位於底格里斯河和幼發拉底河匯流處以南，面積1,950平方公里；湖水經由一短水道在巴斯拉附近流入阿拉伯河。哈馬爾湖一度只是蘆葦叢生的沼澤地，後來用以灌溉三角洲地區。哈馬爾湖和周圍的沼澤地傳統上住著馬丹人，或稱沼澤阿拉伯人，他們是沼澤區半游牧部族。1992年伊拉克政府爲了把藏匿在此的什葉派游擊隊趕出去，開始把南部沼澤地的水排掉。1993年哈馬爾湖有1/3的地方已乾涸，成千上萬的沼澤地居民則已遷入更深處的沼澤地或逃往伊朗。

Hammarskjöld, Dag (Hjalmar Agne Carl)*　哈瑪紹（西元1905～1961年）　瑞典經濟學家、政治家，曾任第二任聯合國祕書長（1953～1961）。其父曾擔任瑞典首相及諾貝爾基金會主席。曾在烏普薩拉和斯德哥爾摩大學學法律和經濟，在斯德哥爾摩大學教書（1933～1936）。後任瑞典文職官員，任財政部工作，隨後成爲瑞典銀行董事長。進入外交部後，成爲瑞典的聯合國代表團團長（1952）。1953年出任聯合國祕書長，1957年再度當選。任期的頭三年尚稱平靜，其後解決了蘇伊士危機，黎巴嫩和約旦間的衝突，及剛果共和國獨立後的內戰（1960）。哈瑪紹在赴非洲訪問時，因飛機失事罹難。後被追授諾貝爾和平獎（1961）。1963年他的日記《痕跡》出版，顯示他是一個信仰堅定的人。

hammer　錘　爲連續敲打或重複衝擊而設計的工具。手錘由一錘把和錘頭組成，錘頭的工作面的尺寸、與手把之間的角度（平行或是傾斜的）、形狀（平的或是凸的）都各不相同。木工錘往往在錘頭有拔鐵釘的卡爪。破石錘的重量範圍從幾克到7公斤不等。蒸汽錘除了靠重力外，還常常利用蒸汽推動活塞產生的向下衝擊力。由空氣驅動的氣錘包括鑽岩石和混凝土的風鑽，風鑽的鑽頭就是錘頭；鉚釘錘主要用於鋼桁架和鋼板結構方面的作業。

Hammer, Armand　哈默（西元1898～1990年）　美國企業家和藝術品收藏家。在取得哥倫比亞大學醫學學位之前，曾參與其父的醫藥公司的經營而首次賺到一百萬美元巨款。1921年到蘇聯旅行，對其受饑饉的災民給予醫藥援助，被列寧勸服留在蘇聯。1920年代末期，他的企業，包括一家鉛筆工廠在內，全被蘇聯收購，他遂滿載無數前羅曼諾夫王室所擁有的名畫、珠寶及其他藝術品返回美國。後因釀造威士忌酒和經營畜牧業積聚大量財富，1956年退休，但投資油井探勘使他成爲另一事業西方石油公司的領袖（1957～1990）。長期以來，他是美蘇貿易往來的主要參與者。1990年他在洛杉磯創建了哈默藝術博物館和文化中心以收存他的大量珍藏。

hammer-beam roof　托臂樑屋頂　英國中世紀木質屋頂系統，用於需要長跨距之時。它不是真的桁架，結構上近似於樑托石塊（參閱corbel），每支樑由其下彎曲的支撐物或撐桿支撐而向上及向內延伸。理查二世的倫敦西敏寺大廳屋頂有70呎（21公尺）跨距，爲其完美範例。

hammer throw　擲鏈球　田徑運動項目，在投擲圈中以雙手擲出鏈球，球重7.26公斤，鏈長121.3公分。運動員以一隻腳爲中心，快速轉體三周後將球拋出。這個運動幾個世紀前源起於不列顛群島；1866年起成爲田徑的比賽項目，1900年列入奧運會項目。

hammered dulcimer ➡ dulcimer

Hammerfest＊　亨墨菲斯　歐洲最北部城鎮，位於挪威西北部克瓦爾島上。1789年設鎮，1891年大部分城鎮毀於大火。在重建時亦興建挪威第一座建於城市中的水力發電站。1940～1944年被德國占領；在撤退時炸毀當地設施並送走居民。該鎮後來重建。雖然位於高緯度，但由於北大西洋暖流的影響，港口終年不凍。每年5月17日～7月29日爲永晝期；11月21日到次年1月21日爲永夜期。旅遊業、魚油加工和家畜飼養是主要經濟項目。人口約7,000（1990）。

hammerhead shark　雙髻鯊　亦稱錘頭鯊。雙髻鯊科快速、凶猛的魚類的統稱。頭寬而平扁，呈錘或鏟形；兩眼及兩鼻孔均各分別位於頭側突出部分的兩端。廣佈於熱、溫帶海洋。以魟、鰩、其他鯊類及其他魚類爲食。一些雙髻鯊可用於製革和煉油。三種雙髻鯊被認爲對人類有危險性：大錘頭鯊（爲最大的雙髻鯊，長可達4.5公尺以上），盧周氏雙髻鯊和平滑錘頭鯊。三種均爲淡灰色，分布遍及所有熱帶。

Hammerstein, Oscar, II＊　漢莫斯坦（西元1895～1960年）　美國抒情詩人、音樂喜劇作家及製作人。歌劇經理人奧斯卡·漢莫斯坦（1846～1919）的孫子。在開始其戲劇生涯前在哥倫比亞大學學習法律。早期的作品有《露絲·瑪麗》（1924；富林編曲）、《沙漠之歌》（1925；龍白克譜曲），以及和克恩合寫的歌舞劇《陽光》（1925）及《畫舫璇宮》（1927），後者說是音樂劇劃時代的作品。1940年代初他開始與羅傑斯共同創作；很快的，二人成爲美國音樂劇最著名的人物，共同創作了《奧克拉荷馬》（1943；獲1944年普立茲獎）、《旋轉木馬》（1945）、《州的集市》（1945）、《快板》（1948）和《南太平洋》（1949；1950年獲普立茲獎）《國王與我》（1951）、《我與茱麗葉》（1953）、《花鼓歌》（1958），和《眞善美》（1959）。他們合組了一家威廉遜音樂出版公司，1949年起還擔任戲劇的製作人。

Hammett, (Samuel) Dashiell　漢密特（西元1894～1961年）　美國偵探小說家。十三歲離開學校。在流行雜誌上發表小說作品前，曾當過八年的偵探。1929年出版長篇小說《紅色的收穫》、《丹恩詛咒》。《馬爾他之鷹》（1930；電影，1940）公認是他的最佳作品，他塑造了山姆·斯佩德這個硬漢偵探的角色。接著還寫了《大陸偵探社》（1930）和小說《玻璃鑰匙》（1931）。《瘦子》（1932）是敘述機智的偵探夫妻尼克·查理和娜拉·查理的故事，後改編成一系列受歡迎的電影。娜拉是以劇作家海爾曼爲原型，1930年起漢密特與海爾曼有段浪漫的親密關係，直到漢密特去世爲止。漢密特後來從事編劇工作。1950年代因拒絕回答有關他加入共產黨的問題及不願出賣同志，而入獄半年。

漢密特
Culver Pictures, Inc.

Hamming, Richard W(esley)　漢明（西元1915～1998年）　美國數學家。生於芝加哥，內布拉斯加大學博士。1945年參與曼哈頓計畫，管理用於第一顆原子彈的電腦。在通訊理論與計算方面做出重大貢獻，特別是在或然率、正交矩陣以及資料儲存與傳送的錯誤偵測與校正等方面。發明漢明碼進行資料校正。大多數研究工作是在貝爾實驗室完成。1968年獲得圖靈獎。

Hammurabi＊　漢摩拉比（約卒於西元前1750年）　巴比倫阿莫里特王朝的第六代國王，也是最著名的巴比倫統治者。他的王國是巴比倫尼亞幾個著名地區之一。爲控制幼發拉底河，而於西元前1787年征服烏魯克（即埃雷克）和伊辛等城市；但他放棄繼續在這個地區進行戰爭，西元前1784年轉而向西北和東方進攻。接下來二十年的和平，及十四年幾乎未曾停過的戰爭，終於統一了美索不達米亞。他藉由控制水道（將河道水位抬高或放水造成洪水災害）來打擊他的敵人。他還致力於建造及修復廟宇、城牆、公共建築及水道。他還頒布了《漢摩拉比法典》，證明他希望成爲一個公正的君主。

漢摩拉比石灰石浮雕；現藏大英博物館
By courtesy of the trustees of the British Museum; photograph, J. R. Freeman & Co., Ltd.

Hammurabi, Code of　漢摩拉比法典　現存的最全面、最完整的巴比倫法律的彙編，漢摩拉比在位時期發展起來的。包含了282條他在法律方面的決定，這是一直到他在位末期所收集得來的，被篆刻在巴比倫民族神馬爾杜克廟內一座閃長岩石柱上。全部以阿卡德文字寫成。儘管該法典還有一些有關家庭團結、區域責任、神明裁判和狹隘的同態復仇（即以眼還眼、以牙還牙）的原始殘餘，但和部落習慣相比卻進步得多，它不承認血親復仇、私人報復和搶婚制度。該法典的主要部分現保存在羅浮宮博物館。

Hampden, John　漢普登（西元1594～1643年）　英國國會領袖，他反對國王查理一世爲裝備海軍而自行徵收造船費。1635年因故意拒繳二十先令造船費而受到稅務法庭的審理。雖然法庭是支持國王的，但拒絕繳稅的情形迅速蔓延。在長期國會開會期間，漢普登抨擊國王的政策，他是1642年逃過國王逮捕的五名國會議員中的一位。造船費引起的爭議也是導致英國內戰的原因之一，漢普登在這場戰爭中傷重死亡。

Hampshire＊　罕布郡　英格蘭中南部行政、地理和歷史郡。臨英吉利海峽。考古表明當地有銅器時代到鐵器時代的史前居民點。錫爾切斯特和溫徹斯特等鎮在羅馬統治時期得到發展。該地區後飽受北歐人入侵之苦，中世紀時尙稱和平，以毛織品著稱。樸次茅斯和哥斯波是重要海軍基地，南安普敦是主要客運港。人口：行政郡約1,238,000；地理郡約1,643,900（1998）。

Hampton　漢普頓　美國維吉尼亞州東南部城市。臨乞沙比克灣，在漢普頓錨地北岸。與南岸的諾福克有橋樑－隧道連接。與新港紐斯、諾福克、維吉尼亞比奇、乞沙比克和樸次茅斯組成都市聯合體。1609年英國人在印第安人村落原址圍繞著一要塞建成。1610～1611年間成爲永久居民點，爲全國最古老且一直有人居住的源於英國的社區。1861年被其聯邦居民燒燬以防止聯盟軍占領；美國南北戰爭後重建。軍事設施和旅遊業在經濟上占重要地位。漢普頓大學（1868）是被解放黑奴事務管理局爲教育過去的黑奴而設立的。人口約138,757（1996）。

Hampton, Lionel　漢普頓（西元1909～2002年）　美國爵士樂顫音琴演奏家和鼓手，爲一支最受歡迎且持久的大樂隊的隊長。1930年該樂隊與路易斯阿姆斯壯一起錄唱片，他成爲第一位用顫音琴錄音的音樂家。在加入班尼固德曼的小型樂團（1936～1940）之前，曾自組樂隊。漢普頓以其演奏的節奏活力和表演才能聞名，也是節奏藍調的前輩之一。

Hampton, Wade　漢普頓（西元1818～1902年）　美國軍事領袖。他經營家族的種植園，並擔任南卡羅來納州議員（1852～1861）。南北戰爭時期組織和指揮南卡羅來納軍隊的「漢普頓軍團」，經歷布爾淵和蓋茨堡戰役，擔任指揮官斯圖爾特的副手。斯圖爾特死後，他很快被升爲少將並領導騎兵隊（1864）。戰後他尋求和解，但反對重建計畫，擔任南卡羅來納州州長（1876～1879）時領導恢復白人優勢的抗爭。1879～1891年擔任聯邦參議員。

漢普頓
By courtesy of the Library of Congress, Washington, D. C.

Hampton Roads　漢普頓錨地　詹姆斯河、伊莉莎白河、楠西蒙德河等流入乞沙比克灣的水道。寬約6公里，深12公尺，從殖民時期起便是重要的軍事基地。1862年這裡發生莫尼特號和梅里馬克號之戰。港市新港紐斯、諾福克和樸次茅斯組成漢普頓錨地，爲美國最繁忙的港口之一。

Hampton Roads Conference　漢普頓錨地會議（西元1865年2月3日）　美國南北戰爭期間，在維吉尼亞州漢普頓錨地舉行的非正式和平談判。林肯總統爲了和平目的同意與美利堅邦聯的副總統史蒂芬斯會面。林肯提出的和平解決辦法是：恢復國家統一，解放黑奴，解散美利堅邦聯南軍。由於史蒂芬斯僅被授權接受獨立，所以談判沒有結果。

hamster　倉鼠　倉鼠科多種短粗的舊大陸齧齒類動物的統稱。尾短、毛軟，以大頰囊運送食物。倉鼠棲居地穴，夜間活動；以果實、穀類和植物爲食，有些也吃昆蟲和其他小動物。棲息在歐洲和西亞的原倉鼠體長20～30公分，尾長3～6公分；毛上體褐色下體黑色，體兩側各有幾塊白斑。產於敘利亞的金倉鼠是最受歡迎的寵物和廣泛用於實驗的動物；毛微紅褐色，腹部爲白色，體長15～20公分（包括尾巴在內）。

金倉鼠
John Markham

Hamsun, Knut＊　哈姆生（西元1859～1952年）　原名Knut Pedersen。挪威小說家、劇作家、詩人。農民出身，幾乎沒有受過正規教育。他的第一部半自傳體小說《飢餓》（1890），描寫一個挨餓的挪威青年作家，顯露出他的激情、抒情的風格。接著，他又寫了《神祕》（1892）、《牧羊神》（1894）及《維多利亞》（1898），建立了他在新浪漫主義反對社會寫實主義運動中的領導者地位。《大地的成長》（1917）和他的許多其他小說都表達了強烈的個人主義和回歸自然的哲學思想。1920年獲諾貝爾文學獎。由於對西方現代文化的反感，使得他在德國占領挪威期間支持納粹；戰後入獄並被判刑，他的聲譽也受到嚴重影響。

han　藩　日本歷史中指江戶時代（1603～1868）由大名管轄的采邑。德川家族把大多數藩拉攏過來，於1603年建立德川幕府。與其敵對的各藩結成聯盟，又於1868年推翻了德川，建立了天皇領導的新政府。1869年日本政府要求各大名把領地交還明治天皇；1871年8月廢藩置縣。

Han dynasty＊　漢朝（西元前206年～西元220年）　中國史上第二個重要的帝國朝代。相較於它所承繼的秦朝而言，漢朝是一個文化繁盛的時期。司馬遷的著作《史記》，爲中國早期最偉大的歷史著作之一；「賦」的詩歌形式也盛極一時，並成爲後世創作的基準。「樂府」（意思是掌理音樂的官方機構）所收集、記錄的歌謠，不限於典禮中的讚歌，還包含一般人民的歌曲與民謠。從商朝開始發展的漆器，其工藝已達到極爲精緻的水準。爲了出口貿易而生產的絲綢，遠傳於歐洲。佛教也於此時傳入中國。漢朝還發明紙，用水鐘和日晷衡量時間，並經常頒布曆法。由於漢朝完整地開創了後來被視爲中國文化的事物，因此在中文裡的中國人即稱作漢人。

Han Gaozu　漢高祖 ➠ Liu Bang

Han Kao-tsu　漢高祖 ➠ Liu Bang

Han River＊　漢江　華中東部的河流。漢江是揚子江（長江）的主要支流，全長750哩（1,200公里）。起源於山西省西南部山脈，在上游有各種不同名稱，直到流經漢中才改稱爲漢江。漢江以12哩（19公里）的河寬穿過這片富庶的盆地，這段距離長達60哩（100公里），後再切出一連串的深峻峽谷，進入湖北省長江流域的中游。漢江的下游形成綿密的水運網絡，遍布華北平原的南半部。

Han Yongun＊　韓龍雲（西元1879～1944年）　亦稱Manhae。朝鮮詩人、宗教和政治領袖。曾參加1894年東學黨叛亂，失敗後逃往俗離山，研究佛教，1905年出家。致力與恢復朝鮮的佛教，並使之成爲國教。1910年日本吞併朝鮮，他參加獨立運動。他參與起草並簽署1919年的《朝鮮獨立宣言》，被監禁三年。1927年倡建民族獨立統一戰線，組織新幹會。詩集《愛人的沈默》是現代朝鮮文學的傑出作品。

Han Yu　韓愈（西元768～824年）　亦拼作Han Yü。中國詩人及散文作家，倡導新儒學的先驅。本是孤兒，後來投身仕途，並出任許多要職。他批判當時影響力正處於顛峰狀態的佛教和道教，力圖使儒家學說回復到其先前的地位。他使《孟子》及其他受忽略的儒家經典重新受到重視。其作品以簡潔的散文風格寫成，與當時流行、重視文藻修飾的作風頗不相同，後人推崇他爲「一代文宗」。

韓愈，肖像畫；現藏台灣台北市國立故宮博物院
By courtesy of the Collection of the National Palace Museum,Taipei,Taiwan,Republic of China

Hancock, Herbie　漢考克（西元1940年～）　原名Herbert Jeffrey。美國鋼琴師、作曲家與樂團團長。生於芝加哥，曾就讀愛荷華州格林尼爾學院。1960年代中曾爲邁爾斯戴維斯頂尖樂團的一員，但他在邁爾斯戴維斯離開後也相繼

離團。1970年代起他開始涉獵放克音樂及迪斯可，並仍持續和爵士樂團巡迴演出，曾合作的對象包括溫頓馬沙利斯。1986年他爲電影《午夜旋律》（獲奧斯卡獎）配樂及演奏。漢考克後期從事的工作已和早期迥然不同。

Hancock, John　漢考克（西元1737～1793年）　美國革命的領袖。1754年隨叔父在波士頓經商。他帶領商人反對印花稅法，而被認爲是個愛國者。1769年被選入麻薩諸塞地方議會，就在英國人搶走了他的船後，他成爲波士頓市政委員會主席，該委員會在波士頓慘案後成立。他成爲地方議會主席（1774～1775），與亞當斯同爲麻薩諸塞愛國者領袖。1775年二人因英國軍隊欲以叛國罪逮捕他們而被迫逃亡。1775～1780年漢考克是大陸會議的一員，1775～1777年擔任主席；他以粗的花體字簽署「獨立宣言」，使得他的名字成爲「親筆簽名」的同義字。擔任麻薩諸塞的州長（1780～1785和1787～1793），於1788年主持該州州制憲會議，批准聯邦憲法。

Hancock, Winfield Scott　漢考克（西元1824～1886年）　美國將軍和政治人物。畢業於西點軍校，後參加墨西哥戰爭。美國南北戰爭爆發時任志願軍准將，後任波多馬克兵團的軍長（1863～1865），在蓋茨堡戰役中立功，是聯邦軍獲勝的關鍵。戰後他指揮路易斯安那和德克薩斯的師，維持了他在軍中的威信。在獲得民主黨的支持後，成爲1880年民主黨總統候選人，但他在大選中敗於伽菲爾德。

hand　手　指臂的末端，由腕關節、手掌、拇指和手指構成。整個手和手指均顯示出很大的活動度和靈活性。人用兩足行走，雙手得到解放，可以用來抓握和操作。利用拇指和手指可以撿拾小東西和抓握物體。據信，人在演化過程中，手靈巧度的發展與腦體積的增加相關。

Hand, (Billings) Learned　漢德（西元1872～1961年）　美國法學家。在哈佛大學學習哲學（隨詹姆斯、羅伊斯和桑塔亞那）和法律。1909年起任聯邦地區法官，1924年起升任第二巡迴區的美國上訴法院法官，1939～1951擔任上訴法院的首席法官。他擔任聯邦法官的五十二年任期是一項記錄。他所作的一些判決，包括美國鋁業公司的案子（1945）和1950年涉及幾項共產黨謀叛罪名的案子，被認爲是劃時代的判決。雖然未能進入美國最高法院，他的聲譽已凌駕某些法官之上了。

handball　壁手球　由二名運動員（單打）或四名運動員（雙打）在一面、三面或四面立有牆壁的場地上進行比賽的運動。運動員一手戴手套擊橡膠球，使球自牆上彈回，企圖使對手難以接住。壁手球在古羅馬和後來的西班牙及法國（如西班牙回力球）已有這種運動。現代壁手球在愛爾蘭發展起來，盛行至今。19世紀晚期在紐約愛爾蘭的移民中流行，後來傳播到整個大陸。壁手球可說是現代回力球的始祖。

Handel, George Frideric 韓德爾（西元1685～1759年）　原名Georg Friederich Händel。德裔英國作曲家。哈雷的理髮師兼外科與牙科醫師（barber-surgeon）家庭出身，他必須努力爭取才得以學習管風琴、小提琴和作曲。1703年移居漢堡，在凱澤（1674～1739）領導的歌劇樂團演奏，1705年在那裡創作了第一部歌劇。一位麥迪奇親王邀請他去佛羅倫斯；在那裡及羅馬期間受到樞機主教和貴族的贊助，他完成了多齣清唱劇、神劇和歌劇。漢諾威選侯請他任宮廷樂長（1710），他要求在出任該職之前准許他前往倫敦訪問。他的歌劇《里納爾多》很快的在倫敦完成（1711）；此後，他一直留在英國，未再回到漢諾威。1714年德國選侯成爲英國的喬治一世；二人間的誤會冰釋，國王是他的贊助人，他成爲英國最著名的歌劇作曲家。韓德爾出任新成立的皇家音樂學會的音樂總監，這是一家歌劇院，原本生意興隆直到大衆對義大利歌劇的興趣減低爲止。1732年他改編後的神劇《以斯帖》公開演出，這是首齣在英國演出的神劇。其後又演出許多成功的英語神劇，包括了他最偉大的創作《彌賽亞》（1741）。漢德爾也是世界著名的管風琴和大鍵琴演奏家。他去世後，聲譽大幅度提高，並支配著英國音樂達一個世紀以上。他的作品有：近四十五部義大利歌劇，包括了《朱利奧．凱撒》（1723）、《奧蘭多》（1733）和《阿爾其納》（1735）；神劇包括了《以色列人在埃及》（1739）、《掃羅》（1739）和《耶弗他》（1752）；教堂音樂包括了《錢多斯讚美歌》（1718）和《喬治二世加冕讚美歌》（1718）；他的管弦樂作品有著名的《水上音樂》（1717）和《皇家火焰音樂》（1749），第三號《大協奏曲六首》和第六號《大協奏曲十二首》及十七首管風琴協奏曲。

韓德爾，油畫，據哈得遜（Thomas Hudson）的畫作所繪；現藏倫敦國立肖像畫陳列館
By courtesy of the National Portrait Gallery, London

handicap　讓步　在運動或遊戲中用以消除各選手在能力或條件上的差異而平衡獲勝機會的方法。例如，賽馬時，跑道裁判員可根據馬的速度記錄規定給某馬增加負重，速度記錄越高加重越多。在高爾夫球比賽中，根據各選手成績記錄，技術後進的選手可以多擊幾次而不計桿數。亦請參閱bookmaking、gambling。

Handke, Peter＊　韓德克（西元1942年～）　奧地利作家。在成爲作家前曾學習法律。早期被認爲是前衛派的一員。他的戲劇作品逐漸缺乏傳統情節、對白、人物結構，包括了：《冒犯觀衆》（1966），劇中演員分析劇場的本質，再輪流羞辱觀衆並稱讚他們的「表現」；和《卡士帕》（1968）。韓德克的小說大都非常客觀，毫無感情流露地描寫處於極端心理狀態的人物，如《罰球時守門員的焦慮》（1970）和《左撇的女人》（1976）。他的作品中最重要的主題就是普通語言、日常事實，以及與其隨之而來的理性秩序起著使人感到拘束和麻木不仁的效果，而其背後是無理性、混亂、甚至瘋狂。

Handsome Lake　美湖（西元1735?～1815年）　亦作甘尼阿達約（Ganioda'yo）。塞尼卡印第安人酋長，原本過著有點放蕩的生活，1799年生了一場大病，康復期間，據他說看到了偉大神靈透露給他的旨意，他於是發展一種叫作「Gai'wiio」（美好訊息）的宗教，結合了基督教和印第安人信仰的觀念成分。他成爲一個巡迴傳教師，鼓勵族人不要通姦、酗酒、懶惰和相信巫術。這種宗教提振了易洛魁人沮喪的士氣。

Handy, W(illiam) C(hristopher)　漢迪（西元1873～1958年）　美國作曲家，短號手和樂隊隊長。他把藍調融合於繁拍樂曲中，從而改變了美國流行音樂的發展方向。世紀交換之際，他在數個樂隊擔任獨奏樂師和指揮，後來成爲一位活躍於孟菲斯（1908）和紐約（1918）的音樂發行人。漢迪的作品包括了：〈聖路易藍調〉、〈比爾街藍調〉和〈孟菲斯藍調〉，後成爲1920年代最受歡迎的歌手和演奏家。他爲藍調旋律加上和聲，有助於以藍調作爲一種和聲框架來進行即興演奏。

Hanfeizi＊ 韓非子（卒於西元233年） 亦拼作Han-fei-tzu。中國最偉大的法律哲學家。關於韓非的生平大略，後世所知有限，只知道他最後以外交使節的身分出使秦始皇的宮廷。雖然秦始皇十分欣賞韓非的著作，但仍下令將他囚禁，並逼迫他飲毒而死。他的作品都收錄在《韓非子》一書中，這本書據推測是在他死後才編纂而成。該書有五十五篇長短不一的文章，是截至當時為止集法律理論之大成的著作。韓非深信的公理是，政治體制必須隨歷史環境的變遷而更動，而且必須適應人類行為的主要模式；而人類的行為不僅決定於其道德情操，同時也受經濟條件的影響。統治者不應企圖讓人民向善，只需做到防止他們為惡即可。

hang gliding 滑翔翼運動 運動員使用形似風箏的滑翔翼從山頂或陡崖上向下滑翔。滑翔翼原是1960年代美國國家航空暨太空總署從降落傘發展出來的，但很快被重新設計成娛樂和競賽運動使用的滑翔器。1976年起，開始舉行世界錦標賽並登記記錄。

Hangzhou 杭州 亦拼作Hang-chou、Hangchow。中國浙江省省會（1999年人口約1,346,148）。位於杭州灣頂點，同時也是大運河南端的終點。杭州以其建築和庭園聞名，部分中國最著名的僧院亦位於附近。1126～1279年為宋朝首都，當時名為臨安。13世紀末，馬可波羅前來造訪，稱它是「天堂之城」（Kinsai），當時杭州已是相當繁榮的商業中心，估計人口約有一百至一百五十萬。後來因港灣淤塞，其港口的重要性有所降低，但仍不失為一商業中心，1896年開放與外國進行貿易。杭州除了在文化上舉足輕重外，同時也是周圍工業區的中心。

haniwa＊ 埴輪 日本古墳時代（250?～500?）墳上或墳的周圍常安置的赤陶塑像。最初的埴輪是桶狀圓柱體，用以標記墳地的邊緣。4世紀時，圓柱體之上置有雕塑像，諸如武士、女侍、舞者、鳥類、走獸及軍事裝備等。後來由於佛教的傳入和實行火葬，使得埴輪的製造隨之減少。

Hanks, Tom 湯姆漢克斯（西元1956年～） 原名Thomas J. Hanks。美國電影演員。生於加州康科特，1980～1982年間即在電視影集《親密伙伴》展現輕喜劇天賦，之後以演出《美人魚》（1984）和《飛進未來》（1988）升格為電影明星。1992年《紅粉聯盟》及1993年浪漫熱門片《西雅圖夜未眠》中的表現備受讚揚，之後湯姆漢克斯參與《費城》（1993，獲奧斯卡獎）、《阿甘正傳》（1994，獲奧斯卡獎）、《阿波羅13》（1995）及《搶救雷恩大兵》（1998），將自己提升為極具深度的戲劇演員。1996年的《擋不住的奇蹟》為其首度導演、編劇的電影作品。

Hanlin Academy＊ 翰林院 中國學術精英的機構，創建於西元8世紀，任務是擔任皇帝的秘書、整理文史檔案以及創作宮廷文學，以及建立儒家經典（參閱Five Classics）的官方詮釋。明朝時期，只有在中國文官制度中成績優異的士人才能獲准進入翰林院。翰林學士的功能是在皇帝身邊提供建言，並充當皇帝所能信賴的秘書。1911年滿清被推翻後，翰林院亦隨之關閉。

Hanna, Mark 漢納（西元1837～1904年） 原名Marcus Alonzo。美國著名實業家，操縱競選運動的實力人物。原是克利夫蘭商人，後投資銀行、運輸和出版業。他相信經營者的幸運乃至國家的繁榮，取決於共和黨的成功，於是他從1880年開始在實業家中活動，為共和黨尋求財政支持。1892年他協助馬京利當選俄亥俄州州長，1986年為馬京利籌募競選經費350萬，擊敗對手布萊安，鞏固了大企業和政黨間的同盟關係。1897～1904為美國聯邦參議員。

Hanna, William (Denby) 漢納（西元1910～2001年） 美國卡通影片繪製家，與巴伯拉（1911～）合作許多影片而知名。在漢納於1937年米高梅影片公司以前，二人都在製片廠擔任故事作者，二人後來共同創造了「湯姆和傑利」的角色。1940～1957年用這兩個卡通角色製作出兩百多部卡通片，其間七次獲奧斯卡獎。1957年創立「漢納－巴伯拉製片公司」，製作出大量的電視卡通片。「摩登原始人」、「瑜伽熊」、「哈克貝瑞狗」都是他們創造出來的著名的卡通人物。

Hannibal 漢尼拔（西元前247～西元前183?年） 迦太基人，古代最偉大的軍事統帥之一。隨其父哈米爾卡爾·巴爾卡（卒於西元前229/228年）到西班牙，他一生與羅馬共和國為敵。其父及姐夫去世後，他負責統帥西班牙的迦太基軍隊（西元前221年）。他保護西班牙，後來越過厄波羅河來到羅馬的領地，最後進入高盧。他翻越阿爾卑斯山進入義大利；因大象和馬的拖累，他受到高盧部落、嚴寒的冬季氣候和自己西班牙軍隊的背叛等阻撓。他擊敗弗拉米尼努斯，但受到費比烏斯·馬克西姆斯不斷的干擾。西元前216年取得坎尼戰役的勝利。西元前203年前往北非協助迦太基軍隊抵抗大西庇阿的勢力。他在札馬戰役中敗於西庇阿的盟友馬西尼薩，但他逃脫了。約西元前202至西元前195年為迦太基領袖；後被迫出走，投奔敘利亞王安條克三世，他受命指揮一支艦隊抵抗羅馬，但慘敗。馬格內西亞戰役（西元前190年）後，羅馬要求將他絞死；他企圖逃走，自知無法逃脫，而服毒自殺。

Hanoi＊ 河內 越南首都。位於越南北部，在紅河西岸。1010年成為李朝首都。阮朝將首都南遷至順化前，曾為許多朝代的都城。在法國統治下，河內再次成為重要行政中心，1902年成為法屬印度支那首府。1954年擊敗法國後又為北越首都。越戰期間，許多紀念建築和宮殿被美軍炸毀。1975年越南統一後，定都於此，已逐步重建，並發展其基礎工業。人口約2,154,900（1993）。

Hanotaux, (Albert-Auguste-)Gabriel＊ 阿諾托（西元1853～1944年） 法國政治人物和歷史學家。1880年成為外交部的檔案員，他升遷迅速，1894年成為外交部長。他任外長期間，極力推行法國殖民地擴張，在法屬西非、馬達加斯加和突尼西亞建立了統治。1898年法紹達事件期間，他主張採取強硬立場。他還成功的組成法俄同盟。他在歷史方面的著作，以研究近代初期外交史和當代外交史為主。

Hanover＊ 漢諾威 德語作Hannover。德國西北部下薩克森州首府。臨萊恩河，1100年首見記載。1386年加入漢撒同盟。1495年開始歸韋爾夫王朝（後來的漢諾威王室）統治。曾是漢諾威王國首都（1815～1866），後被普魯士併吞。1946年成為下薩克森州首府。第二次世界大戰受到嚴重破壞，現已重建。今日是教育、金融和商業中心，有高度發達的各種工業人口約523,147（1996）。

Hanover, House of 漢諾威王室 日耳曼血統的英國王室。第一代為漢諾威選侯喬治·路易，1714年繼承英國王位，稱喬治一世。這個王朝產生過六個君主：喬治一世，喬治二世，喬治三世，喬治四世，威廉四世和維多利亞女王。根據「王位繼承法」（1701）的規定，斯圖亞特王室的安妮就成為推定繼承人；如果她沒有子女，王位就將傳給詹姆斯一世的孫女漢諾威女選侯蘇菲亞（1665～1714）及其子孫。這個王室由薩克森－科堡－哥達王室繼承，1917年改名為溫莎王室。

Hansberry, Lorraine　漢斯貝里（西元1930～1965年）　美國女劇作家。她將幼時的經驗寫成《陽光下的葡萄乾》（1959），這是她第一部劇作，描寫芝加哥一個黑人家庭生活在有敵意的白人鄰居間的故事。這是在百老匯上演的第一部由黑人婦女創作的劇本。該劇廣獲好評，1961年拍成電影。她的第二部作品《西德尼·布魯斯坦窗口的標記》（1964），百老匯上演時反應普通。她的大好前途因罹癌早逝而中斷。

Hanseatic League＊　漢撒同盟　亦作Hansa。中世紀晚期由德意志北部城市和德意志海外貿易集團創立的組織，其宗旨是維護相互間的商業利益。13～15世紀，漢撒同盟是北歐的重要經濟和政治勢力。漢撒同盟以鎮壓劫匪和海盜來保護運輸貨物，並興建燈塔以保障航行安全。更重要的是，該同盟以獲得商業特權來尋求組織和控制貿易和以建立海外貿易基地來貿易壟斷。最嚴重的情況是其成員發動戰爭，1638年漢撒同盟組織軍隊擊敗了丹麥並確保其在波羅的海的霸權。逾150個城鎮和這個同盟有關，包括不來梅、漢堡和呂貝克。

Hansen's disease　漢森氏病 ➠ leprosy

Hanson, Howard (Harold)　漢森（西元1896～1981年）　美國作曲家、指揮家與教育家。1921年獲羅馬大獎並在義大利隨雷史碧基學習。回到美國後，擔任在紐約新成立的伊士曼音樂學院院長（1924），任職四十年，使該校成爲世界知名的機構。漢森對發展美國近代音樂頗有影響，他的音樂屬新浪漫主義；他最著名的作品有七首交響曲，包括了第二交響樂《浪漫交響曲》和第四交響樂《安魂曲》（獲普立茲獎）；以及歌劇《歡樂山》（1934）。

hantavirus　漢他病毒　布尼亞病毒科的病毒屬，造成肺炎與出血熱。由齧齒動物攜帶，直接傳給人類，或是經由吸入，但似乎不會由人傳遞給另一人。1990年代在美國西南部爆發流行，造成類似流行性感冒且經常致命的神祕疾病，原本健康的成人快速呼吸衰竭。元兇就是鼠類攜帶的漢他型，先前在美國與人類疾病沒有關聯。

Hanukka＊　再獻聖殿節　猶太教節日，紀念西元前164年耶路撒冷第二聖殿重新獻給上帝。三年前，亞述國王安條克四世原本將聖殿交付俗用。在馬加比家族領導下推翻敘利亞的統治，再次占領耶路撒冷並將重新奉獻聖殿。傳說聖殿中僅供點一日的油竟然奇蹟似的連燒了八日，所以才有點多連燈燭台的習俗。再獻聖殿節亦稱燭光節（Feast of Lights），每年十二月進行八天，除燃燭外還互贈禮物，兒童作節日遊戲。原本只是個小節日，但因其日期接近聖誕節，所以其慶典越來越盛大。

Hanuman＊　哈奴曼　印度教神話中眾神猴之王、印度偉大敘事詩《羅摩衍那》中的主要角色。是個守護神，林中仙女從風神得孕而生。他著名的英雄事跡是率領群猴援助羅摩救其妻悉多脫離魔王羅波那之手。哈奴曼飛到喜馬拉雅山，取回藥草，醫治羅摩軍中傷兵。哈奴曼以猴的形象受人崇拜，由於他的法力和對羅摩的忠誠，所以是一位重要的神祇。

haplite ➠ aplite

haploidy ➠ ploidy

Hapsburg dynasty ➠ Habsburg dynasty

Hara Kei＊　原敬（西元1856～1921年）　亦稱Hara Takashi。日本首相（1918～1921），爲日本第一個政黨立憲政友會的共同創辦人。原敬降低選舉的財產限制，因而擴大選民範圍，把在政友會影響下的土地所有者也包括了進來。他試圖削弱軍人的勢力，並反對日本出兵西伯利亞。1921年被一個年輕的右翼狂熱分子刺殺。

hara-kiri ➠ seppuku

harai＊　祓　日本神道教自我淨化儀禮，以使個人能接近神祇或神力。鹽、水或火是主要的淨化物質，儀式等級從在寒冷的海中淨身至進入神社前洗手。參與公開儀式的僧侶要經過更長的淨化期，其間他們必須齋戒、沐浴，以調適身、心、境、靈。在日本，每年分別在6月30日和12月31日舉行兩次大祓。

Harald III Sigurdsson　哈拉爾三世（西元1015～1066年）　別名Harald Hardraade或Harald the Ruthless。挪威國王（1045～1066年在位）。挪威酋長之子，1030年參加對丹麥的作戰，失敗後逃離，後加入俄國和拜占庭的軍隊。1045年返回挪威即王位。他企圖從斯韋恩二世手中奪取丹麥王位，但未成功。哈拉爾將挪威領土擴大至奧克尼、謝德蘭和赫布里底等島嶼，1066年又企圖征服英格蘭，但在斯坦福布里奇戰敗被殺。

Harare＊　哈拉雷　舊稱索爾斯堡（Salisbury）。辛巴威首都，位於該國東北部。1890年英國人建立，稱索爾斯堡。曾爲南羅得西亞殖民地的首府、羅得西亞－尼亞薩蘭聯邦（1953～1963）和羅得西亞（1965～1979）的首都。獨立的辛巴威（1980）新政府將之改名爲哈拉雷。該市爲文化和教育中心，有辛巴威大學（1957）。爲全國工商業中心和周圍地區農產品集散中心。附近有重要的金礦。人口1,184,169（1992）。

Harbin＊　哈爾濱　亦拼作Haerbin、Ha-erh-pin。中國東北部城市（1999年人口約2,586,978），黑龍江省省會與最大城市。地處中國東北地方中央位置，濱松花江。隨著19世紀末年俄國建造的中東鐵路抵達哈爾濱，該城便逐漸發展。哈爾濱在日俄戰爭期間，是俄國人的軍事基地；1917年俄國革命後，此地成爲俄國難民的避難所，更是蘇聯境外俄羅斯人口最多的城市。中國共產黨的軍隊於1946年掌控這座城市，並進而由此地揮兵征服東北。1949年起哈爾濱已成爲中國東北主要的工業重鎮，同時也是裝卸農產品的海運中心。

harbor seal　斑海豹　海豹科中不遷徙的無耳海豹，學名爲Phoca vitulina，見於全北半球。初生時灰白或淺灰色，長成後逐漸變灰，帶黑色斑點。成年雄體體長達1.8公尺，重約130公斤；雌體稍小。斑海豹是群居動物，棲於加拿大和阿拉斯加沿海和一些淡水湖中。以魚類、槍烏賊和甲殼類爲食。無經濟價值，有些地區甚至被漁民視爲有害動物。

Harburg, E(dgar) Y(ipsel)　哈伯格（西元1898～1981年）　原名Isidore Hochberg。美國抒情歌曲作家、製作人與導演。生於紐約市，和友人蓋希文一同就讀紐約市立大學。1929年他的電子設備生意宣告破產時便轉而爲百老匯寫歌，包括描繪大蕭條的〈老兄，能賞點錢嗎？〉（與哥尼合寫）。1935年起哈伯格和阿爾倫爲多部電影譜曲，包括《綠野仙蹤》（1939）、《月宮寶盒》（1943）。哈伯格因政治觀點被列入黑名單，於是他又重回百老匯編寫音樂劇，當中著名的是與雷恩合作的*Finian's Rainbow*（1974）。

hard coal　硬煤 ➠ anthracite

hard disk　硬碟　微電腦的磁性儲存媒介。硬碟是由鋁或玻璃作成的平面圓盤，塗上磁性材料。個人電腦用的硬碟可以儲存多達幾十億位元組的資訊。資料儲存在表面同心圓狀的磁軌上。磁頭是小型電磁鐵，磁化轉動的碟片上的小點來記錄位元（1或0），並以偵測小點的磁化方向來讀取。電腦硬碟機是由數個硬碟、讀取頭、轉動碟片的驅動馬達以及少量回路組成的裝置，這件物件都封裝在金屬殼中，防止灰塵沾染硬碟。hard disk一詞除了指硬碟本身，也指整個硬碟機。

hard water　硬水　含有鈣和鎂的碳酸氫鹽、氯化物和硫酸鹽的水，有時也可能含鐵。碳酸氫鈣經煮沸後能變成不溶性碳酸鹽，故由碳酸氫鈣引起的水的硬度稱爲暫時硬度；由其他鹽類造成的硬度稱爲永久硬度。硬水大規模軟化方法是：加入剛好足量的石灰，將鈣沈澱爲碳酸鈣、將鎂沈澱爲氫氧化鎂，然後加入碳酸鈉以除去剩餘的鈣鹽。在硬水地區，人們利用天然沸石或人造沸石的性質製作家庭用水軟化器。

Hardanger Fjord＊　哈當厄峽灣　挪威西南部峽灣。是全國第二大峽灣，從北海向東北伸入內地哈當厄高原，長達113公里，最深處891公尺。瀑布從附近高約1,500公尺的山脈傾瀉而下。遊客絡繹不絕，該地區有許多峽灣的分支。灣口的羅森達爾附近有一建於17世紀的男爵府邸。

Hardee, William J(oseph)　哈迪（西元1815～1873年）　美國軍事領袖。1838年自西點軍校畢業。1855年著《步槍與步兵戰術》，廣受歡迎，在南北戰爭期間爲雙方採用。1861年喬治亞脫離聯邦後，他辭去西點軍校職務，任駐紮在阿肯色東北部的美利堅邦聯部隊司令，在塞羅和查塔諾加等戰役中充分顯示出他的軍事才能。後來任南卡羅來納、喬治亞和佛羅里達軍區司令，並企圖阻止雪曼的軍隊穿過喬治亞。戰後經營種植園。

Harden, Arthur　哈登（西元1865～1940年）　受封爲亞瑟爵士（Sir Arthur）。英國生物化學家。他研究糖發酵二十多年，加深了人們對一切生物體內的中間代謝過程的認識。1929年與奧伊勒－凱爾平共獲諾貝爾化學獎。他還開創了對細菌的酶及其代謝的研究。1936年受封爲爵士。

Hardenberg, Karl August, Fürst (Prince) von＊　哈登貝格（西元1750～1822年）　普魯士政治家，曾在拿破崙戰爭期間維護普魯士的完整。1798年博得威廉三世的青睞，1804～1806年出任外交部長。普魯士在反法戰爭（1806～1807）中失敗，在拿破崙命令下，哈登貝格被迫退出政治生涯。1810年當普魯士必須面對破產和付不出戰爭賠償時，拿破崙同意哈登貝格復職，成爲握有實權的首相。他繼續施泰因提出的國內改革和自由財政、經濟和農業政策。在外交方面，於1813年與俄國建交，1814～1815年他代表普魯士參加在巴黎和維也納舉行的和平談判。

hardening　硬化　冶金學上用鎚擊、軋製、抽拉（參閱wire drawing）或其他物理方法，刻意或附帶地使金屬的硬度增加。利用這些處理方法，最初的少許變形讓金屬變弱，但是持續變形之後，由於金屬的結晶構造使其強度增加。晶體滑過彼此，由於晶體構造的複雜性，滑移的部分越多就越傾向於阻礙將來滑移的位置，不同的錯位線彼此交叉。亦請參閱carburizing、heat treating、tempering。

hardening of the arteries ➠ arteriosclerosis

Hardie, J(ames) Keir　哈迪（西元1856～1915年）　英國工人領袖。煤礦工人，他領導罷工和協助成立工會，後從事新聞工作並創辦兩家報紙。1892年選入議會，參與建立獨立工黨。1906年成爲下院首位工黨黨魁。身爲和平主義者，他極力要求第二國際宣布一旦大戰爆發所有各國都要舉行總罷工。1903年他還擔任由潘克赫斯特夫人領導的好戰的婦女參政權論者的主要顧問。

Harding, Warren G(amaliel)　哈定（西元1865～1923年）　美國第二十九任總統（1921～1923）。在馬里恩成爲報紙發行人，在那兒與共和黨的政治機器聯合。他歷任州參議員（1899～1902）、副州長（1903～1904）、聯邦參議員（1915～1921），支持保守政策。在1920年共和黨全國代表大會上，成爲妥協下的總統候選人。第一次世界大戰後「回歸常態」的誓言，他以超過60%的普選票擊敗考克斯，在當時是最大的差距。根據他的提議，國會建立聯邦政府預算制度，通過保護關稅法、修訂戰時稅法以及限制移民入境法。哈定政府召開華盛頓會議（1921～1922）。他的令人詬病的內閣和酬庸性質的任命，包括福爾在內，導致蒂波特山醜聞和其行政部門的腐化。當在阿拉斯加時，接獲貪污將被揭發的消息便立即趕回。在抵達舊金山時已非常疲累，據說是感染食物中毒和其他疾病，八月二日在不明原因的情況下去世。他去世後，由副總統柯立芝接任總統職務。

哈定
By courtesy of the Library of Congress, Washington, D. C.

hardness　硬度　礦物抗刮磨的能力，用十個礦物作爲標準硬度相對測定，稱爲摩氏硬度計。硬度是礦物鑑定的重要特徵。硬度與化學組成（藉由晶體結構）有一般性的關聯：因此大多數含水礦物、鹵化物、硫酸鹽及磷酸鹽較軟；大多數的硫化物也較軟（兩個例外是白鐵礦和黃鐵礦）；大多數的無水氧化物和矽酸鹽則較硬。亦請參閱hardening。

hardness scale ➠ Mohs hardness

hardpan　硬盤　土壤中常由黏土構成的鈣質層或緻密層，植物的根無法穿透。石灰、石膏、鐵和其他礦物可能經由毛細作用而被帶至土壤表面，並沈積成爲自然的凝固物。在農業條件下，可用特殊裝備來鑿開硬盤，以利作物生長。

hardware　硬體　電腦機械裝置及設備，包括記憶體、纜線、電源供應器、周邊設備與電路板。電腦運作同時需要硬體和軟體。硬體設計決定電腦的功能，軟體則命令電腦做事。在1970年代晚期微處理器出現導致越來越小的硬體組件，加速了電腦的普及。現今的個人電腦功能如同早期的大型主機般強大，然而現在的主機比起早期的機型更小，計算能力更強大。

hardwood　硬材　產自硬材樹種的木材。這些樹種，除熱帶地區以外，均爲落葉樹。硬材約占全世界木材產量的20%。硬材是材料分類上的名詞，原指歐洲的一些硬木樹種如山毛櫸和橡樹的木材，有時也包含一些軟木。硬材有許多種，如烏木、各種桃花心木、楓樹、柚木和美國黑胡桃木。

Hardy, Oliver ➠ Laurel, Stan; and Hardy, Oliver

Hardy, Thomas　哈代（西元1840～1928年）　英國小說家和詩人。鄉村石匠和建築工人之子，在開始寫詩和散文以前曾從事建築工作。從他的第二部小說《綠林蔭下》（1872）開始，他的許多小說都是以假想的英國郡韋塞克斯爲背景。《遠離塵囂》（1874）是哈代第一部成功之作，其後的《還鄉》（1878）、《嘉德橋市長》（1886）、《林地居民》（1887）、《黛絲姑娘》（1891）以及《無名的裘德》（1895），全都表達了作者禁欲的悲觀論及他認爲不可避免的悲劇生命。它們持續受到歡迎（大多已被拍成電影）多數是由於豐富多樣但容易達到的技巧和它們綜合了浪漫的情節和有說服力的人物。哈代的作品漸漸開始與維多利亞時代的道德觀念發生衝突，《無名的裘德》激起了更大的憤怒和抨擊，使得他不在寫小說。他轉而寫詩，先後出版了《韋塞克斯詩集》（1898）、《今昔詩篇》（1901）和《列王》（1910），這是有關拿破崙戰爭的三卷詩劇。

Hardy-Weinberg law　哈代－魏因貝格二氏定律　描述群體遺傳平衡的代數方程式。其內容如下：在一隨機交配的大群體中，顯性基因與隱性基因（參閱dominance和recessiveness）的比例在每一代中均保持恆定，除非受到外界影響使其改變。能干擾這種自然平衡的外界因素有選擇、突變、基因流動以及自然選擇。某些受基因控制的性狀爲與之交配的異性個體所選擇或不選擇。醫學遺傳學家能用本定律來計算人類交配後導致有缺陷子代的或然率。一個群體中，由於工業操作、醫療措施及散落物的輻射會造成有害突變數目的增加，這點也可以用本定律來測定。

hare　野兔　兔科的跳躍動物，與兔不同的是，其新生幼仔被毛，能睜眼，數分鐘後即能蹦跳。普通野兔原產於歐洲中部和南部、中東和非洲；傳入澳大利亞後，大量增殖成爲害獸。傑克兔和雪鞋野兔廣泛分布北美洲。很多其他種自然分布於各大陸，但澳大利亞除外。野兔的後腿發達，耳通常比頭長。體長約40～70公分（尾部除外）。北方高緯度地區的野兔冬季爲白色，夏季通常爲淺灰褐色；其他地區的野兔通常終年爲灰褐色。野兔主要以植物爲食。

加利福尼亞兔（Lepus californius）
© G.C. Kelley/Photo Researchers

Hare Krishna movement＊　國際黑天覺悟運動　正式名稱爲International Society for Krishna Consciousness (ISKCON)。20世紀印度教宗教運動，1965年印度人跋蒂吠檀多（1896～1977）在美國創立。該教派尊查伊塔尼亞（1485～1533）爲祖師，認爲他是黑天的化身。該教派流行於美國和歐洲1960年代到1970年代年輕人反傳統文化中，他們常身著藏紅花色長袍出現在公共場所，吟唱、跳舞及募款。會員都爲素食者，禁止飲酒和吸毒，每日需誦經數小時。跟隨黑天就可以得到平安與喜悅。1977年創辦人去世後，該教派數個公社的會員受一個國際委員會管轄。國際黑天覺悟運動從成立至今經歷數次分裂，其最初的團體受到反崇拜組織的攻擊。

harebell　圓葉風鈴草　桔梗科分布廣泛的細莖植物，學名爲*Campanula rotundifolia*，亦稱蘇格蘭藍鐘花。原產歐亞北部和北美北部及較高的山區部，見於樹林、草地和崖邊。花藍色、鐘狀、下垂。該植物有三十多個已命名的野生變種。莖柔弱，叢生，每莖生1至數朵藍紫色鐘狀花。

harem　哈來姆　伊斯蘭教國家裡指家庭中的婦女住房，亦指女眷本身。哈來姆最早出現在伊斯蘭教以前的中東文明；在伊斯蘭教以前的亞述、波斯及埃及等國的宮廷哈來姆在政治上和社會上都有其重要的作用。20世紀時阿拉伯國家的富裕家庭裡普遍有爲妻和妾設立大型哈來姆；土耳其蘇丹（15～20世紀）所設的哈來姆供數百名婦女一起居住，由太監負責監管。20世紀晚期，完整的哈來姆體系在某些保守的阿拉伯社會仍可見。在中國、日本、印度及東南亞的宮廷中也有哈來姆的設置。

Hargobind＊　哈爾・哥賓德（西元1595～1644年）　印度錫克教第六代古魯（即祖師，1606～1644）。其父阿爾瓊古魯被蒙兀兒帝國統治者處死後，他便繼承其父成爲古魯。在他的統治時期，錫克教成爲一被動且愛好和平的宗教，但哈爾・哥賓德賦予錫克教軍事性，以對抗其敵人蒙兀兒帝國。他建立軍隊，在各城市興建防禦工事，在聖城阿姆利則附近興建防禦營地。爲此他被皇帝賈汗季囚禁十二年。獲釋後，他擊敗沙・賈汗的軍隊，粉碎蒙兀兒不敗的神話。由其孫哈爾・拉伊繼承其位。

Hargreaves, James　哈格里夫斯（西元約1725～1778年）　亦作James Hargraves。英國發明家，發明珍妮紡紗機。他是一位窮困且未受過教育的紡織工人，據說他從一台碰倒在地的紡車得到靈感，當時紗錠在豎立狀態下仍舊轉動，哈格里夫斯由此推論，幾個紗錠也可以這樣轉動。他製造出了一種紡紗機（1770年取得專利權），一個人可以同時紡數條紗線。

Hari Rai＊　哈里萊（西元1630～1661年）　錫克的第七代古魯（1644～1661年在位）。其祖父古魯哈爾・哥賓德任命他爲接班人，在他的領導下，其追隨者的財富出現衰退。由於性好冥想，推卸軍事職責，削弱了錫克人對抗印度蒙兀兒皇帝的力量。他在政治上所犯下的大錯是協助奧朗則布皇帝的兄弟挑動反叛。他的兒子羅姆・拉伊派改動《本初經》的條文，爲他贏得赦免。哈里萊爲懲罰其子的侮慢不敬，不選擇他擔任下一任的古魯。

Haring, Keith　哈靈（西元1958～1990年）　美國畫家與繪圖員，生於賓州瑞丁。哈靈曾於紐約視覺藝術學院就讀，深受塗鴉、卡通及漫畫的影響而發展成自己獨特的風格，並在夜間祕密地將作品畫於市區地下鐵車站的牆上。他的塗鴉風格充滿整個頁面，在無空間、無空氣感的設計中使用信號、對比符號以及扭曲和蠕動的人與動物形體。1980年代他在紐約光明正大地展示壁畫並舉辦國際展，獲得空前商機。哈靈因愛滋病而英年早逝。

Haringvliet＊　哈靈水道　尼德蘭西南部淡水水道。爲荷蘭灣的一個支流。長約32公里，最後注入北海。1953年其沿岸低地被潮汐洪水沖毀。一項塡海築地和防洪的計畫，1971年峽口建成一水壩；還有大型船閘使水道能行駛船隻。

Harlan, John Marshall　哈倫（西元1833～1911年）　美國大法官。出生於肯塔基州博伊爾，1850年代在那裡執律師業。南北戰爭期間領導聯邦兵團，並擔任州總檢察長（1863～1867），後來總統海斯任命他爲最高法院大法官。擔任大法官期間（1877～1911），是該院歷史上最有力的異議者之一。哈倫的最著名的不同意見是在「普萊西訴弗格森案」（1896）和一些保障黑人權利的民權案件（1883）。其他著名的不同意見還有聯邦所得稅的案子（1890）和一些根據1890年的「雪曼反托拉斯法」而引起的許多反對壟斷的案件。他的孫子約翰・馬歇爾・哈倫（1899～1971）後來也當上最高法院大法官（1955～1971）。

Harlem 哈林 美國紐約市曼哈頓島北部一區。位於中央公園北面，商業區集中在第125街。1658年斯特伊弗桑特建立時稱Nieuw Haarlem，後來以荷蘭的哈林爲名。美國革命期間，這裡是哈林高地戰役（1776年9月16日）的戰場。18世紀時哈林是個農業區，到19世紀成爲時髦的住宅區。第一次世界大戰時，哈林是黑人住宅區和商業區，在1920年代爲哈林文藝復興的文化運動的中心。

Harlem Globetrotters 哈林籃球隊 美國黑人職業籃球隊。他們到世界各地作表演賽，顯露其驚人的控球能力和幽默的滑稽動作。他們通常的對手是另一支旅行隊，即華盛頓將軍隊，哈林隊從未讓他們贏過。1927年由薩珀斯坦出資組織了這個球隊，他在去世（1966）之前一直是球隊老闆。

Harlem Renaissance 哈林文藝復興 亦稱新黑人運動（New Negro Movement）。是1920年代黑人文學充滿活力和創造力的時期，其中心在紐約市哈林的黑人住區。領導人物有洛克（1886～1954）、約翰遜、麥凱、卡倫、休斯、赫斯頓、福塞特、圖默（1894～1967）、瑟曼（1902～1934）和邦當。這個運動與爵士樂的蓬勃創作和商業成長同期發生，改變了美國黑人文學的許多特性，把它從方言作品和習慣模仿白人作家之中解脫出來，轉向仔細探討黑人的生活和文化，顯示並激勵黑人重拾自信和種族自豪感。

harlequin＊ 哈樂根 義大利即興喜劇中主要的定型角色。開始出現於16世紀，此種角色是一個狡猾、放肆的滑稽男僕，到17世紀時，他成爲捲入桃色事件的忠實僕從。他的服飾開始時是打了各色補丁的鄉巴佬衣服，後來發展成一種緊身服，上面飾有閃亮的三角形和菱形塊。他手拿一把丑角用的木刀或敲板，頭戴黑色的半面罩。在18世紀中葉的英格蘭，里奇把哈樂根這個角色引入舞蹈童話劇中（參閱mime and pantomime）。哈樂根也是打鬧劇形式的主要角色，稱harlequinade。

Harley, Robert 哈利（西元1661～1724年） 受封爲牛津伯爵（Earl of Oxford）。英格蘭政治人物。1688年首次選入國會，是輝格黨人和不從國教者。1701～1705年任議長，1704～1708年任國務大臣。身爲安妮女王的親信，他改變自己的政治觀點，結合托利黨。1710年任財政大臣，領導托利黨的內閣。1711年封爵。他以烏得勒支條約（1713）確保國家和平。安妮女王逝世後，他被漢諾威家族流放並監禁起來（1715～1717），從此退出政壇。

Harlow, Jean 哈露（西元1911～1937年） 原名Harlean Carpenter。美國電影女演員。原爲編外臨時演員，演一些小角色，1930年演出《地獄天使》（1930），一舉成名。她的淡金黃色的頭髮和俗麗形象成了華納兄弟公司出品的電影物《人民公敵》和《淡金黃色頭髮》（1931）中的性感尤物象徵。她在米高梅影片公司演出的電影顯示出她是個具有資質的演員，如《晚宴》（1933）、《中國海》（1935）、《受誹謗的女人》（1936）和《薩拉托加》（1937）等。在歷經兩次離婚、第二任丈夫自殺，以及公開醜聞後，死於尿毒症，年僅二十六歲。

哈露
Brown Brothers

harmonic ➠ overtone

harmonic motion ➠ simple harmonic motion

harmonica 口琴 亦稱mouth organ。小型的矩形管樂器，以一些金屬活簧片安裝在一個小木框內分隔成一些細長的孔而構成，氣從兩排平行的風道吹進而出聲。交替地吹氣和吸氣可發出連續的音階曲調，不需簧舌封住風道。在12半音階型的口琴中，手指操縱掣子選擇兩套簧片中的一套，調成相隔半音的音階。1821年柏林的布希曼（也是風琴的發明者）借用中國笙的基本原理發明了口琴。口琴廣泛用於演奏藍調音樂以及民間、鄉村音樂。

harmonium 簧風琴 亦稱reed organ。活簧鍵盤樂器，以腳踏風箱產生風而使金屬簧片振動發聲。它沒有風琴管，音高取決於簧片大小。分開安裝的幾組簧片產生不同的音色，而包住每個簧片的音室大小和形狀決定了音質。簧風琴最早是在19世紀初葉至中葉的歐洲和美洲發展起來的，到1930年代在教堂和一般家庭裡十分流行。

19世紀亞歷山大（Jacob Alexandre）所製的簧風琴，現藏巴黎
Behr Photograph

harmony 和聲 同時發出之音符的結合關係，研究一段音樂中個別和聲的結構、關係和進程的學科則稱和聲學。在以對位爲主的較古老音樂中，和聲總是「垂直式」存在；對位法的規則是試圖控制協合音與不協合音，這兩者是和聲的基本要素。然而，約1600年出現的數字低音和持續低音，使和聲的意義變爲支配個別對位線。最具影響力的和聲理論由18世紀的拉摩所提出，運用了數字低音符號。調性主要是一種和聲概念，不僅是以既有的調的7度音符爲依據，也根據以三和弦（traid，即三音符和弦）爲基礎範圍的和聲關係和進程。

Harmsworth, Alfred ➠ Northcliffe (of Saint Peter), Viscount

harness racing 輕駕車賽馬 由標準種馬拉著一輛輕型單座兩輪馬車競駛的運動。其起源要追溯到古代的馬拉戰車。如今使用兩種馬：快步馬和溜蹄馬。前者的步法是處在對角線上的兩條腿成對動作，後者則用同側雙腿同時動作。自從1940年代確立了在燈光照明下比賽的賽馬彩票後，這項運動以驚人的速度增長，變得十分受歡迎。

Harnett, William (Michael) 哈尼特（西元1848～1892年） 美國（愛爾蘭出生）靜物畫家。童年時被帶到費城，接受雕刻訓練，但不久卻在視幻覺法繪畫方面表現出傑出的技能。在旅歐期間，畫出最著名的作品《狩獵之後》（1885）。1886年定居紐約。其他的著名的畫作有《舊小提琴》（1886）和《可靠的自動步槍》（1890）。他的作品深受大衆喜愛，但在畫評家看來通常是不入流的。

Harold I 哈羅德一世（卒於西元1040年） 別名Harold Harefoot。英格蘭國王（1035～1040）。他是克努特大帝的私生子，代他的同父異母兄弟丹麥國王哈迪克努特攝政。1036年他謀殺了王位要求者阿弗列，自立爲王。哈羅德捍衛國土，免受威爾斯和蘇格蘭人的侵犯。死後王位由哈迪克努特繼位。

Harold II 哈羅德二世（西元約1020～1066年） 別名Harold Godwineson。英格蘭國王（1066）。其父是掌握政

治實權的韋塞克斯伯爵戈德溫，1053年他繼承了父親的爵位和權力。1066年1月愛德華去世後，哈羅德的支持者主導了賢人會議（國王的議會），因而選他爲王。他遭到了挪威國王哈拉爾三世的反對，同年9月25日哈羅德在約克附近的斯坦福布里奇擊敗了哈拉爾。然後他揮軍南進，與諾曼第公爵威廉遭遇，在哈斯丁斯戰役中陣亡。

Harold III (Norway) ➟ Harald III Sigurdsson

harp 豎琴 弦樂器。它的共鳴箱或琴腹與弦的平面垂直。形狀大致呈三角形。早期的豎琴和許多民間豎琴中，弦成線索狀從共鳴的琴身排列到琴頸。早期的這些豎琴缺乏前柱或柱子（構成三角形的第三邊），此乃框架豎琴的特徵；前柱可使弦蹦緊，音調提高。原始的小豎琴的發明年代至少可追溯到西元前3000年的古地中海地區和中東地區。豎琴後來在歐洲的塞爾特人社會中變得特別重要。現代大型管弦樂器的豎琴是在18世紀出現的，有47根弦，音域幾乎涵蓋7個八度。豎琴可藉由7個踏板演奏整個半音音階，每個踏板可由兩個半音（透過扭轉叉狀突起物可調緊或放鬆琴弦）來改變音符的音高（在所有的八度音中）；此即現在所稱的複式（雙）豎琴。其巨大的共鳴體可產生相當大的音量。亦請參閱Aeolian harp。

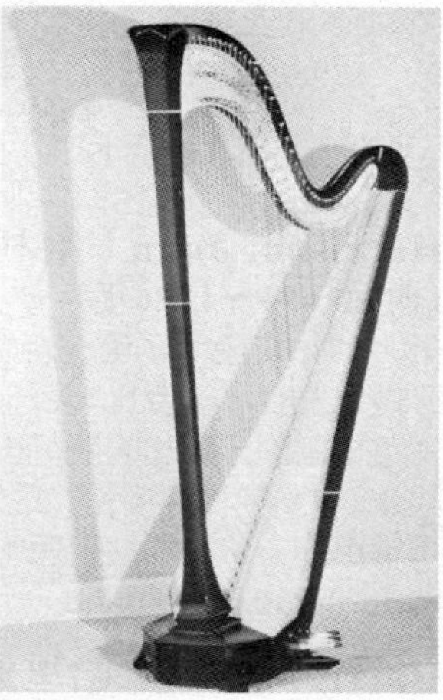
複式踏板豎琴
By courtesy of Lyon-Healy

harp seal 格陵蘭海豹 亦稱鞍紋海豹（saddleback）。棲息在北大西洋和北冰洋的遷徙性、無耳的海豹，學名Pagophilus groenlandicus（或作 Phoca groenlandica）。成年雄性爲亮淺灰或淺黃色，頭部爲褐色或黑色，背部和兩側有一U形有色斑紋；雌性斑紋不明顯。成年海豹體長達1.8公尺，體重約180公斤。善游泳，以魚和甲殼類動物爲食，一年大部分時間都在海上度過。冬末遷至紐芬蘭附近和格陵蘭及白海繁殖。在大塊浮冰上產仔，約二個星期後，幼仔長出白色絨毛，這種絨毛在毛皮商眼中極爲珍貴。由於捕殺新生海豹的方法殘忍（包括活剝毛皮）而激起公憤，於是對紐芬蘭地區獵捕海豹活動加以控制和監督。

Harper brothers 哈潑兄弟 美國印刷出版商。最早的兩名兄弟詹姆斯（1795～1869）和約翰（1797～1875）於1817年建立雙J哈潑公司（J. & J. Harper）；而他們的弟弟約瑟夫・衛斯理（1801～1870）和福萊柴爾（1806～1877）分別在1823和1825年加入。1850年創辦《哈潑新月刊》（參閱Harper's Magazine），從此該公司開始出版期刊。1857年出版《哈潑週刊》。1867年出版《哈潑時尚》雜誌。1900年起該公司不再由哈潑家族控制。哈潑的兩種雜誌現仍發行，國際出版社哈潑柯林斯公司至今仍保留哈潑的名稱。

Harpers Ferry National Historical Park 哈珀斯費里國家歷史公園 美國西維吉尼亞州藍嶺山脈中的國家保護區，位於西維吉尼亞州、維吉尼亞州和馬里蘭州的交界處。1944年設爲國家保護區，1963年該立爲歷史公園，占地772公頃。地處謝南多厄河和波多馬克河的交匯點，主要由西維吉尼亞州的哈珀斯費里鎮（1990年人口約300）組成。這裡是1859年廢奴主義者布朗發起暴動的地方，這是一次預示美國南北戰爭的事件，在戰爭期間該地區還發生了數次戰役。

Harper's Magazine 哈潑雜誌 在紐約市出版的月刊雜誌，是美國最古老和最具聲望的文學和評論性新聞期刊。1850年由哈潑兄弟的印刷出版公司創辦，原名哈潑新月刊，率先發表英美優秀作家的作品。到1865年已成爲美國最成功的期刊。1920年代後期，它改變了版式，成爲公共事務的一個論壇，並採用短篇小說以取得平衡。1960年代起出現財務困窘問題，1980年慈善機構麥克阿瑟基金會出面補助其經費才免於被轉讓一途。1976年以後幾乎由拉普漢（1935～）持續編輯。

harpsichord 大鍵琴 鍵盤樂器，以彈奏機械體而振動其弦。後來的大鍵琴包括以鵝毛（有時是羽毛）製成的琴撥固定於由鍵盤驅動的垂直木柄上，當演奏者放開鍵盤時，由毛織品製成的制音器觸碰琴弦。大鍵琴通常有兩水平排列的鍵盤（或手鍵盤），且通常有兩種或兩種以上的琴弦，而能同步發出高8度或低8度的音調更勝於藉由敲擊不同鍵所發出的音色（由不同材質製造的琴撥彈奏琴弦的不同部位所發出的聲音），並可藉由被稱做音栓的球狀物放開或關閉聲區。音符的音量大小並非是受敲擊鍵盤力量大小的影響，而在放開鍵盤後也無法再維繫音符的聲音。大鍵琴最早出現於15世紀中葉，17～18世紀成爲重要的獨奏、伴奏和合奏樂器。約莫自1750年起功能更強的鋼琴取代了大鍵琴，至1820年大鍵琴大多已消聲匿跡，直至20世紀方由學者、演奏者和琴師將之重現。

大鍵琴及音板，呂克斯（Hans Ruckers）製於1612年
From the National Trust Property, Fenton House, Hampstead, London; by gracious permission of Her Majesty Queen Elizabeth, the Queen Mother

Harpy 鳥身女妖 希臘和羅馬神話中的怪物，爲具有一張女人臉孔的鳥。常被描繪在墳塚上，人們最初可能把它設想爲幽靈。在早期的希臘文學中（包括荷馬和赫西奧德的作品），它們是風靈，但並不醜陋，也不惹人厭。然而在伊阿宋和阿爾戈英雄的傳說中，鳥身女妖卻變成十分醜惡、氣味難聞的具有女人臉孔的鳥，被派去玷污色雷斯的國王菲尼烏斯的腳以示懲罰，但被波瑞阿斯的兒子們嚇退。

harrier 鷂 鷹科鷂亞科約十一種鳥類。體細瘦，體羽單色不鮮豔，腿長，尾長，低飛於草甸和沼澤上，覓食鼠、蛇、蛙、小鳥和昆蟲。體長約50公分。喙小，面上的羽毛呈臉盤狀。營巢於沼澤或高草叢中。最著名的是白尾鷂（英國稱雞鷂，美國稱沼澤鷹），繁殖於整個北半球的溫帶和北方地區。其他常見的種類分布於非洲、南美洲、歐洲和亞洲。

Harriman, Edward H(enry) 哈里曼（西元1848～1909年） 美國金融家和鐵路大王。出生於紐約州亨普斯特德，原在辦公室當小弟，後來成爲紐約證券交易所的經紀人。後在伊利諾中央鐵路公司任高職，開始了其鐵路管理生涯。1898年組織財團收購了聯合太平洋鐵路公司。不久，他使聯合太平洋鐵路公司脫離破產邊緣，進而蓬勃發展。他施展了一些不受人喜歡的商業手段取得一些其他的鐵路公司，其中最有名的是南太平洋鐵路公司。1901年他與希爾爭購北太平洋鐵路公司的控制權失敗，導致了華爾街空前最嚴重的一次危機。1904年他與摩根合組的鐵路信託公司被最高法院宣判解散。

Harriman, W(illiam) Averell 哈里曼（西元1891～1986年） 美國外交家。父爲鐵路大王愛德華・亨利・哈

里曼。1915年起任職於聯合太平洋鐵路公司，1932～1946年擔任董事長。1934年羅斯福總統指派他擔任國家復興署官員。1941年他前往英國以加快租借援助。後歷任駐蘇聯大使（1943～1946）、駐英國大使（1946）、商務部長（1947～1948），以及美國駐歐洲特別代表，負責監督馬歇爾計畫（1948～1950）。後來當選紐約州長（1954～1958），1961年被甘乃迪總統指派為負責遠東事務的助理國務卿（至1963年），並協助談判「禁止核試條約」。後來在詹森總統政府中出任無任所大使，1968～1969年率領美國代表在巴黎與北越進行和談。

Harris, Arthur Travers　哈利斯（西元1892～1984年）
受封爲亞瑟爵士（Sir Arthur）。英國空軍軍官。第一次世界大戰時入伍服役，戰後在皇家空軍中擔任各種職位。綽號叫「轟炸機哈利斯」，因爲在他任皇家空軍轟炸機指揮部總司令和空軍統帥（1942）時，首創了大規模密集轟炸的戰術（集中大批轟炸機對一個城市發動大規模轟擊）。在第二次世界大戰中，應用這個戰術對德國造成極大的破壞效果。

Harris, Joel Chandler　哈利斯（西元1848～1908年）
美國作家。曾在各種報紙發表了不少幽默文章而以幽默大師聞名，其中包括在《亞特蘭大憲政報》擔任編輯期間（1876～1900）。1878年發表《柏油娃娃》，掀起一種對特殊形式方言文學的熱潮。後來哈利斯寫了一些關於民間人物雷默斯大叔的故事，描寫了一個有智慧、和藹的老黑人，把他的生活哲學編寫到兔兄、狐弟以及其他動物等寓言故事裡。

Harris, Roy　哈利斯（西元1898～1979年）　原名LeRoy Ellsworth。美國作曲家。曾經種田和打過各種臨時工以支應學音樂所需花費。第一次世界大戰後，進入加州大學柏克萊分校就讀。1920年代師從法維爾（1872～1952）和布朗熱，以精湛的技巧和主題嚴謹聞名。在已完成的十二部交響曲中，以《第三交響曲》（1937）最著名。他的音樂無疑是現代的，但卻紮根於民歌，常常表現出樸實坦率的風格。

Harris, Townsend　哈利斯（西元1804～1878年）
美國外交家。曾任紐約市教育委員會主席，協助創辦了自由學院（即後來的紐約市立學院）。1847年離開紐約，在太平洋和印度洋上經商。1853年在上海遇見伯理，想要伴隨他去日本，但遭到拒絕。1856年他被派任爲駐日總領事。剛開始時不受人歡迎，但在日本轉變了態度，1958年其不屈不撓的精神終於讓日本點頭簽定了一項貿易條約，打開日本的通商港口，促成對美貿易。

Harrisburg　哈利斯堡　美國賓夕法尼亞州首府。位於賓夕法尼亞州東南部，濱薩斯奎哈納河。1718年前後由約翰·哈利斯始建，爲貿易站和渡口，並命名爲哈利斯渡口。1785年規畫爲市，改名哈利斯堡，1812年成爲州首府。1839年輝格黨第一次全國會議在此召開，提名哈利生爲總統候選人。1847年完成了從哈利斯堡到匹茲堡的賓州鐵路主幹線後，哈利斯堡就發展爲交通運輸中心。州議會大廈爲仿自羅馬聖彼得教堂的圓頂建築（1906年完工）。人口約54,000（1994）。

Harrison, Benjamin　哈利生（西元1833～1901年）　美國第二十三任總統（1889～1893）。出生於俄亥俄州北本德。爲第九任總統威廉·哈利生之孫。1850年代中期遷居印第安納波里執律師業。在南北戰爭中，替聯邦軍打仗，升至准將。1881～1887年擔任參議員，雖然爭取連任失敗，但被共和黨提名爲總統候選人。他打敗當時尋求連任的總統克利夫蘭，不過克利夫蘭贏得的普選票數比他還多。擔任總統期間，國內政績以通過「雪曼反托拉斯法」最具代表。對外方面極力擴大美國在國外的影響。他的國務卿布雷恩曾召開第一屆泛美會議（1889～1890），成立泛美聯盟；他抵制施壓放棄美國在薩摩亞群島的利益；在白令海爭端中，與英國談判，簽定一項條約。1892年再次競選連任，但敗給克利夫蘭，此後回印第安納波里重執律師業。1898～1899年爲委內瑞拉主持一次協調會議，解決其與英國的邊界糾紛。

哈利生，喬治親王攝於1888年
By courtesy of the Library of Congress, Washington, D. C.

Harrison, John　哈利生（西元1693～1776年）　美國鐘錶製造商。他是木匠的兒子，1735年發明了第一台實用的航海時計（天文鐘）。接著又做了三台，一台比一台小，一台比一台精確。1762年經過從英格蘭到牙買加的航行後，發現他的第四台航海天文鐘的誤差只有5秒（經度差1.25分）。天文鐘第一次讓海員們能使用實用的方法從觀察天體中確定他們在海上的位置。亦請參閱Berthoud, Ferdinand。

Harrison, Rex　哈里遜（西元1908～1990年）　原名Reginald Carey。受封爲Sir Rex。英國演員。1930年他在電影和倫敦的舞台上初次露面，後來出現在如《法國人沒有眼淚》（1936）這些戲劇中。第二次世界大戰後重返銀幕，在《快樂的幽靈》（1945）和《名紳》（1945）中扮演溫文爾雅的男主角。1946年第一次在美國電影《國王與我》中飾演。他最著名的角色是《窈窕淑女》（1956，獲東尼獎）中的希金斯教授，該劇拍成電影後，於1964年又贏得奧斯卡獎。在《埃及豔后》（1963）中他演的凱撒給人留下深刻的印象。

Harrison, William Henry　哈利生（西元1773～1841年）　美國第九任總統（1841）。出身於維吉尼亞的一個政治世家。十八歲入伍，在鹿寨戰役中擔任韋恩將軍的副官。1798年任西北地區的部長，1800年任新設的印第安納準州州長。爲了安撫白人移民的情緒，與印第安人簽定條約，從其手中掠奪了數百萬畝土地。1811年特庫姆塞發動叛變，哈利生率領美軍在蒂珀卡努戰役中擊潰他們。從此，美國人把他當作一個英雄人物。1812年戰爭爆發後，哈利生升爲准將，在安大略的泰晤士河戰役中擊敗英軍及其印第安盟軍。戰後，他定居俄亥俄州，很快成爲輝格黨的顯赫人物。歷任美國眾議院議員（1816～1819）、參議院議員（1825～1828）。1836年輝格黨提名他爲總統候選人，但競選失敗。1840年與泰勒搭檔競選總統，以宣傳強調哈利生在開闢疆土方面的豐功偉績，喊出口號：「Tippecanoe and Tyler too.」（即蒂珀卡努勝利，與泰勒合作也會勝利），因而競選成功。1841年3月舉行總統就職典禮時，正值春寒料峭，六十八歲的他脫掉帽子，不穿大衣發表就職演說，因而引起肺炎，一個月後去世，是美國第一個死於任上的總統。

哈利生，油畫，尼科爾斯（Abel Nichols, 1815～1860）繪；現藏麻薩諸塞州賽倫艾塞克斯協會
By courtesy of Essex Institute, Salem, Mass.

Harrods＊　哈羅德公司　英國倫敦著名的百貨商店。1849年麵粉廠主亨利·查理·哈羅德開辦了一家雜貨店。19世紀頭一個十年的末期，這個商店開始擴展，增添許多新的部門。儘管哈羅德還在銷售美味的食品，但他已把重點放在時裝上。哈羅德公司以對顧客服務熱忱著稱，被公認是英國最好的百貨商店。1985年被法耶德（1933～）收購。

Harrow School　哈羅學校　位於大倫敦哈羅的教育機構。創始人萊昂（卒於1592年）是鄰近普勒斯頓的小地主，每年提供20馬克用於教育哈羅的貧童。1571年伊莉莎白一世頒予他建校的特許狀，1611年第一棟校舍正式啓用。長期以來，哈羅學校一直是英國兩、三所最好的公學（即私立學校）之一，傑出校友包括謝里敦、拜倫、皮爾和邱吉爾。

Harsa＊　戒日王（西元約590～647?年）　亦稱Harsavardhana。西元606～647年印度北部一個大帝國的統治者。在印度教時代皈依佛教。戒日王把現在的北方邦以及旁遮普邦和拉賈斯坦邦的一部分納入他的霸權之下，但只滿足於他們的進貢和效忠，從未建立一個中央集權帝國。編年史家（包括中國行僧玄奘）都把他描寫成樂善好施和精力充沛的人。他爲貧、病者設立一些福利機構，並與中國建立了第一次外交關係（641）。他獎勵學術，自己也是個詩人。

Hart, Albert Bushnell　哈特（西元1854～1943年）　美國歷史學家。1883～1926年任教於哈佛大學。其著作包括《聯邦的形成》（1892）、《美國歷史研究導論》（1896，與錢寧合著）、《美國對外政策的基礎》（1901）以及《美國歷史的要素》（1905）。他還主編了若干歷史系列叢書，包括《美國歷史新紀元》（1891～1926）以及《美國國家》（1903～1918）。

Hart, Basil Liddell ➡ Liddell Hart, Basil (Henry)

Hart, Lorenz (Milton)　哈特（西元1895～1943年）　美國歌詞作者。爲德國詩人海涅的後代子孫。出生於紐約市，原從事德文翻譯工作。1918年在哥倫比亞大學結識羅傑斯，那時羅傑斯只有十六歲。他們合力的百老匯歌舞劇包括《加立克的狂歡》（1925）、《一個康乃狄克州的美國人》（1927）、《雪城的小伙子》（1938）和《好伙伴宙伊》（1940）。他們的合作長達二十五年（通常維持得很困難，因哈特酗酒，令人嫌惡），創作了約1,000首歌曲，包括〈藍月〉（唯一沒在舞台劇或電影表演的歌曲）、〈我的有趣情人〉、〈小姐是流氓〉和〈愛情魔咒〉等。四十八歲死於肝衰竭。

Hart, Moss　哈特（西元1904～1961年）　美國劇作家和導演。十七歲開始寫劇本，1930年與考夫曼合作的《一生只有一次》，取得巨大成功。這次成功經驗使他們繼續合作，寫出《你不能拿走》（1936，獲普立茲獎；1938年拍成電影）和《晚餐約定》（1939；1942年拍成電影）等著名喜劇。後來爲伯林的《面對困難》（1932）和波特的《紀念大慶》（1934）寫書，自編自導的音樂劇包括《黑暗中的女士》（1941；1944年拍成電影）、《勝利女神》（1943；1944年拍成電影），以及長期演出的音樂劇《窈窕淑女》（1956，獲東尼獎）和《鳳宮劫美錄》（1960）。電影劇本包括《君子協定》（1947）和《星夢淚痕》（1954）。他曾出版一部暢銷自傳《第一幕》（1959）。

Hart, William S.　哈特（西元1870～1946年）　美國舞台劇和無聲電影演員。1889年首次登台表演，在一些戲劇中扮演一系列的西部英雄，如《娶印第安人作老婆的人》（1905）、《維吉尼亞人》（1907）和《寂寞松徑》（1912）。1914年前往好萊塢，以扮演堅強、沈默寡言的西部人而使他成爲明星，也是第一個牛仔英雄。在他所拍的無數影片中，許多是他自導自演的，包括《雙槍黑克司之死》（1914～1915）、《野蠻比爾－－希科克》（1923）、《點燃火炬的人》（1923）等。

《神槍手》（*The Gunfighter*, 1916～1917）中的哈特
Museum of Modern Art－Film Stills Archive

Hartack, Bill　哈塔克（西元1932年～）　原名William John。美國賽馬騎師。先後五次（1957、1960、1962、1964、1969）在肯塔基大賽中獲勝，是第二個（繼阿卡羅之後）取得這種成績的人。1956年成爲在一年中贏得兩百萬美元的第一個騎師；第二年超過了三百萬美元。1972年成爲共獲勝4,000場比賽的第五位騎師。

Harte, Bret　哈特（西元1836～1902年）　原名Francis Brett Harte。美國作家。出生於紐約州奧爾班尼，1854年離家前往加州。在加利福尼亞礦區過了短期的野營生活後，成爲報紙和期刊的編輯和撰稿人。他的作品有助於美國小說地方色彩派系的建立，作品包括短篇小說《咆哮營的幸運兒》（1868）和《撲克灘的流浪者》（1869），詩集《典型的中國人》（1870）以及劇本《啊！罪惡》（1877；與馬克吐溫合作）。當時正流行西部題材，這些作品使他揚名國際。1870年代他的寫作消沈下來，接受了駐歐領事之職，再也沒有回到美國。

哈特
By courtesy of the Library of Congress, Washington, D. C.

hartebeest＊　麋羚　牛科麋羚屬兩種行動急速、體細長的羚，成群棲息在非洲撒哈拉以南開闊平原和灌木地區。常與斑馬或其他羚羊群混雜。肩高約1.2公尺，背部前半部粗大後半部窄狹，從前向後傾斜。臉長，雌雄都有角，角豎琴狀，有環紋，兩角根部相連。紅麋羚淺褐紅色，臀部色更淺。紅麋羚的兩個亞種（斯韋恩麋羚和托拉紅麋羚）已列爲瀕危動物。

Alcelaphus buselaphus cokii，麋羚的一種
Leonard Lee Rue III

Hartford　哈特福特　美國康乃狄克州首府。位於康乃狄克河河畔，1630年代荷蘭商人在此居住。1639年在哈特福特通過了「康乃狄克州基本法」，後來成爲美國憲法的樣本。該市的主要行業保險業創始於1794年，那年發布了哈特福特第一個火災保險政策。它的州議會大廈（1796）是布爾芬奇設計的。高等教育機構有三位一體學院。美國金融家摩根誕生於此，這裡也是史托和馬克吐溫的故鄉，他們的故居都得到妥善的保存。人口約133,000（1996）。

Hartford Convention　哈特福特會議（西元1814年12月15日～1815年1月5日）　美國聯邦黨的祕密會議，代表們來自新英格蘭的幾個州，他們都反對1812年戰爭。會議採取維護州權的強硬立場，反對麥迪遜總統的重商政策、1807年的禁運法，以及其他禁止同英、法國貿易的措施。1814年12月24日簽訂了結束戰爭的「根特條約」，消息傳來，使會議上新生的分離主義運動信譽掃地，也削減了聯邦黨的影響力。

Hartley, Marsden　哈特利（西元1877～1943年）　美國畫家。在克利夫蘭美術學校學習後，定居紐約，但偶爾也到法國和德國居住。1900年起，他在故鄉緬因畫風景畫，度過了大多數的夏季。1909年首次把這些風景畫在施蒂格利茨的紐約畫廊裡展出。1913年他與「藍騎士」一起在柏林和軍械庫展覽會上展出。早期的抽象作品有粗重的輪廓和明亮的色彩，融入個人對印象主義的詮釋，最明顯的是在緬因風景畫裡的大膽而沈鬱的表現手法。1918～1920年間他創作了新墨西哥的大量系列粉彩畫和油畫，1932年畫了一套墨西哥的波波卡特佩特火山的出色風景畫。

Hartline, Haldan Keffer　哈特蘭（西元1903～1983年）　美國生理學家。他因研究馬蹄蟹而獲約翰·霍普金斯大學醫學博士學位，他也是第一個記錄單根視神經纖維傳導電流脈衝的人。他發現眼內的感受器細胞是互相聯繫的，一個細胞受刺激，其鄰近細胞即受抑制，以加強光的圖案的對比，並使形象的感知更爲清晰。他並說明簡單的視網膜機制如何在視覺訊息的整合中構成極重要的階段。1967年與沃爾德、格拉尼特共獲諾貝爾生理學或醫學獎。

Hartmann von Aue＊　哈特曼·封·奧厄（創作時期約西元1190～1210年年）　中古高地德國詩人。他是士瓦本宮廷的成員，參加過1197年的十字軍。以寫宮廷史詩著名，他的亞瑟王羅曼史《埃雷克》（約1180～1185）和《伊萬因》（1200?）都是根據克雷蒂安·德·特羅亞的作品改寫的。透過《埃雷克》，亞瑟王傳奇第一次進入了德國文學。他最好的一首史詩是《可憐的亨利希》，爲說教性的宗教史詩。他還寫抒情的和帶有喻意的愛情詩。

Hartree, Douglas R(ayner)　哈崔（西元1897～1958年）　英國物理學家、數學家與電腦先驅。1930年代於曼徹斯特大學以布希的機器爲基礎建造微分分析機，用來求取微分方程式的解。二次大戰期間在美國參與電子數值積分電腦（ENIAC）計畫。在劍橋大學推廣美國的電腦並支持英國建造預儲程式電腦。訂定有條理的場近似法作爲大多數原子計算及波動力學主要物理認知的基礎。哈崔法亦稱爲哈崔－佛克法，是由佛克（1898～1974）歸納哈崔的方法，廣泛用於描述原子、分子與固體中的電子。

Hartwell, Leland H.　哈特韋爾（西元1939年～）　美國科學家。生於加州洛杉磯，曾就讀於加州技術學院（1961年獲理科學士學位）和麻省理工學院（1964年獲哲學博士學位）。1968年開始在華盛頓大學任教，1996年加入弗雷德·哈欽生癌症研究中心，1997年擔任校長和主任。他利用酵母研究細胞如何控制它們的生長和分裂，辨認出包含在細胞生命週期控制中的一百多種基因，包括調整每個細胞生命週期第一步的基因。這項工作幫助人們理解癌細胞的發展。2001年哈特韋爾與亨特、諾爾斯共獲諾貝爾生理或醫學獎。

Harun ar-Rashid＊　哈倫·賴世德（西元766～809年）　阿拔斯王朝的第五代哈里發（786～809年在位），在位時期是其所統治的阿拉伯帝國規模最大和最富裕的時期。父親爲阿拔斯王朝第三代哈里發，他的母親和老師葉哈雅（參閱Barmakids）協助他取得權力，在他的兄弟（第四代哈里發）神祕死亡後繼承哈里發位子。雖有局部性的叛亂，其在位期間，工業大爲發展，貿易也擴大，爲這個哈里發王國創造了大量財富，正如《一千零一夜》中所描述的一樣。他把帝國一分爲二，交給兩個兒子繼承，明白顯示了波斯和阿拉伯利益之間的分野。

Harvard University　哈佛大學　美國歷史最悠久的高等學府（1636年建立），大概是美國最具聲望的學校。校名是紀念一位清教牧師約翰·哈佛（1607～1638）而命名的，他將全部藏書和一半資產捐贈給位於麻薩諸塞州劍橋的這所學院。19世紀初相繼開設了神學院、法學院和醫學院。艾略特在長期擔任校長期間（1869～1909），把哈佛辦成了一所具有全國性影響的學府。哈佛已爲美國培養出六位總統、一批最高法院大法官、內閣官員和國會領袖，以及許多的文學、知識界人物。哈佛的本科生學院哈佛學院的學生人數約占全體在校學員的1/3。賴德克利夫學院（成立於1879年）原是和哈佛同等的一所女子學院，1960年開始有女子畢業於哈佛學院和賴德克利夫學院，1999年併入哈佛大學，名稱僅存於賴德克利夫研究所。哈佛大學現擁有醫學、法律、商業、神學、教育、行政管理、牙醫、設計和公共衛生等門類的研究院或專業學院，隸屬於哈佛大學的高級研究機構有比較動物學博物館、皮巴蒂考古學與人種學博物館和福格藝術博物館。哈佛（威德納）圖書館是全世界規模最大和最重要的圖書館之一。學生總註冊人數約18,000。

harvestman　長腳爺叔 ➠ daddy longlegs

Harvey, Paul　哈維（西元1915年～）　美國電台評論員暨新聞評專欄作家。生於奧克拉荷馬州土耳沙。哈維於1940年代爲美國中西部播音員及電台台長，1944年成爲美國廣播公司（ABC）的新聞評論員及分析家，並自1954年起擔任公司所屬的專欄作家。哈維以堅定、字字分明的口吻以及保守派但個人主義色彩的時事評論聞名。他近乎是空前長壽的國家廣播從業人員，並十分樂在其中。

Harvey, William　哈維（西元1578～1657年）　英國物理學家。他在劍橋大學受教育，後來轉到帕多瓦大學——當時被視爲歐洲最佳的醫學院校。在獲得醫師執照後，他被派到聖巴多羅買醫院（1609）。約1618年他成爲詹姆斯一世的醫師，後來繼續當英王查理一世的醫師，並成爲國王的好友。哈維的對血液循環的闡述推翻了加倫的工作，也超越了維薩里和法布里齊烏斯。爲了達成結論，哈維依照自己的觀察和推理、無數的動物解剖檢驗和臨床觀察。他的《動物心臟與血液運動方面的解剖練習》（1628）記錄了他的發現。本書釐清了心瓣膜的功能，證明血液不流經心臟的隔膜，解釋了靜脈瓣膜和肺循環的作用，顯示血液從動脈被泵到心室，然後進入其他循環系統，並證實了脈搏是心臟壓縮的反映。

Haryana＊　哈里亞納　印度北部一邦。這個地區是傳說中的印度教的誕生地，這裡的節慶吸引了許多朝聖者。哈里亞納大部分位於平坦的恆河平原上，從亞歷山大大帝時代起，這個地區經歷過多次移民浪潮。1803年爲英國東印度公司控制，1858年成爲旁遮普邦的一部分，1966年獨立爲一邦。經濟以農業爲主。昌迪加爾市是哈里亞納邦和旁遮普邦共同的行政首府。面積44,056平方公里。人口約17,925,000（1994）。

Harz Mountains＊　哈次山脈　德國中部的山脈。位於威悉河與易北河之間，長100公里，寬32公里。西北部也是最高的部分稱上哈次，較開闊的東南部稱爲下哈次；分開這兩個部分的布羅肯群山歸屬上哈次。最高峰是布羅肯山。10～16世紀期間進行了大規模的採礦開發。最重要的現代產業是旅遊業。

Hasan＊　哈桑（西元624～680年）　全名Hasan ibn Ali ibn Abi Talib。穆罕默德的外孫，穆罕默德的女兒法蒂瑪的長子。他是伊斯蘭教什葉派最受人尊敬的五個人之一。西元661年他的父親阿里被謀殺後，很多人都認爲他是先知的正當繼承人。當穆阿威葉一世反對哈桑繼承並開始備戰時，哈桑召募軍隊以迎戰。然而由於受到生理缺陷的折磨，他在一年內打開了和平談判的大門，並把哈里發之位拱手讓給了他的對手。他在麥地那平靜度過餘年。

Hasan al-Basri, al-＊　哈桑．巴士里（西元642～728年）　全名Abu Said ibn Abi al-Hasan Yasar al-Basri。穆斯林苦行僧，早期伊斯蘭教的主要人物。生於麥地那，年輕時曾參與對伊朗東部的征服軍事行動，後來定居巴斯拉。自684年起，他成爲一個受歡迎的傳道士。他強調實踐宗教的自我檢查，認爲眞正的穆斯林必須生活在一種憂患意識中，擔憂死後的命運。他駁斥決定論，堅持人們應該對他們的行動負完全的責任。因政敵的迫害，使他在705～714年間隱遁起來，但後來他又在巴斯拉公開生活。他是早期伊斯蘭教遜尼派的兩個主要教派的創始人，即穆爾太齊賴派和艾什爾里派。

Hasanlu＊　哈桑盧　伊朗西北部考古遺址。出土文物揭示了該地區的史前歷史情況，尤其是西元前第二千紀末和第一千紀初的情況。約在西元前2100～西元前825年就有人居住，西元前10世紀～西元前9世紀是最鼎盛的時期（常稱爲Mannaean）。遺址包括一座高的城堡，有堅固的城牆環繞。城外是不設防的，主要是普通的民居和一處墓地。已挖掘出許多金屬手工製品，包括一個實心的金碗和兩個馬頭形的青銅容器。

哈桑盧出土的未上釉的鍋，約做於西元前9世紀；現藏紐約市大都會藝術博物館
By courtesy of the Metropolitan Museum of Art, New York City, purchase 1960, Rogers Fund

Hasdeu, Bogdan Petriceicu＊　哈什迭烏（西元1836～1907年）　羅馬尼亞語言學家。他收集古斯拉夫語和羅馬尼亞語並發表在《羅馬尼亞歷史檔案彙編》（1865～1867）和他後來的作品中，開創了對羅馬尼亞歷史的批判研究。1876年任國家檔案館館長，1878年任布加勒斯特大學語文學教授。他的《先人的語言》（1878～1881）是羅馬尼亞第一部關於佚名作品的文學史著作。

Hašek, Jaroslav＊　哈謝克（西元1883～1923年）　捷克作家。第一次世界大戰以前曾發表了十六卷短篇小說集，戰時被俘。獲釋後，他致力於撰寫六卷本的戰爭小說《好兵帥克》，但只來得及完成四卷（1921～1923發表）就去世了。儘管尚未完成，但這部小說還是被公認是世界諷刺小說中的經典之作。

hashish＊　哈希什　從大麻植物的花提取的樹脂，再從中提取出的迷幻藥。大麻植物的產品也稱大麻，它的藥效要低得多。哈希什可吸也可食。其中的有效成分四氫大麻酚（THC）占哈希什的10～15%。

Hasidism＊　哈西德主義　猶太教的一個虔修派和神祕運動，18世紀起源於波蘭猶太人。他們反抗嚴格的律法主義和塔木德（律法）學術，而贊成以一種較歡樂的崇拜方式讓普通人得到精神慰藉。美名大師托夫開始宣揚哈西德主義的教義，他認爲上帝是無所不在的，對神虔敬比作學問來得重要，他的門徒被稱爲哈西德派（即忠誠派）。約在1710年多夫．波爾創立第一個哈西德教團，不久在波蘭、俄羅斯、立陶宛和巴勒斯坦也紛紛成立了許多小社團，每個分社由一個義人（tzaddiq或zaddik）領導。其共同的禮拜儀式包括大聲呼叫、縱情歌舞以達到狂喜入神狀態。1772年正統派猶太教把他們逐出教會，但哈西德派繼續蓬勃發展。到了19世紀，哈西德主義已變成一種極端保守的運動。在大屠殺中，大批哈西德派信徒罹難，但殘存者在以色列和美國仍積極活動。盧巴維徹派以紐約布魯克林爲基地，信徒人數約有二十萬。

Haskala　哈斯卡拉運動　亦作Haskalah。18～19世紀歐洲猶太教的理性運動，致力於加強非宗教性的學科、歐洲語言和希伯來文的教育來補充傳統塔木德（律法）研究的不足。在很大程度上受歐洲啓蒙運動的啓發，所以有時又稱猶太啓蒙運動。起源於一些富裕且有社會地位的「流動猶太人」希望藉由改革能使猶太人擺脫被隔離的生活，而打入歐洲社會和文化的主流。也就是說學校的課程中應加入世俗科目，以各地通用語言代替意第緒語，廢除傳統服裝，改革會堂禮拜儀式。孟德爾頌是領導人之一，他開始復興希伯來文寫作。哈斯卡拉運動以強調研究猶太人的歷史和古希伯來語爲復興猶太民族意識的一種手段，此影響了猶太復國主義，它並要求把宗教儀式現代化，結果產生了猶太教改革派。

Hasmonean dynasty＊　哈希芒王朝　古代猶太王朝，馬加比家族的後裔。其名來自他們的祖先哈希芒尼斯，但第一個統治王朝卻是西蒙．馬加比。西元前143年左右，西蒙．馬加比領導馬加比人反抗塞琉西國王的統治，勝利後成爲猶太人的祭司長、統治者和總督。最後一任哈希芒統治者被羅馬的安東尼罷黜並處死。

Hassam, (Frederick) Childe＊　哈桑姆（西元1859～1935年）　美國畫家和版畫家。出生於波士頓，曾在波士頓和巴黎求學，後來在紐約定居。城市生活是他喜愛的題材，但他所畫的新英格蘭和紐約州農村風景也十分受人歡迎。其畫作如《華盛頓拱門之春》（1890），呈現出清晰、明亮的氛圍，用色鮮豔。也作過約四百幅蝕刻畫和石版畫。1898～1918年與一群紐約和波士頓畫家（稱「十人展」）一起展出作品，他們是美國印象主義最具代表性的人物。

Hassan II＊　哈桑二世（西元1929～1999年）　原名Mawlay Hassan Muhammad ibn Yusuf。摩洛哥國王（1961～1999）。即位後，他採用一部新憲法，並設立一個立法機構，由普選產生，但在1965～1970年實施獨裁統治，1970年再次制定新憲法。他對前西屬撒哈拉提出領土要求，而阿爾及利亞也提出相同的要求，後來摩洛哥強行吞併了它，導致持續敵對的交戰情況。1986年他成爲公開與以色列領袖會面的第二位阿拉伯領袖。1990年譴責伊拉克入侵科威特的行爲。摩洛哥在他的領導下政治達至穩定狀態，經濟和社會情況也有發展，不過人權仍是個爭議問題。亦請參閱Muhammad V、Saharan Arab Democratic Republic。

Hassler, Hans Leo＊　哈斯勒（西元1564～1612年）　德國作曲家和管風琴家。出生於管風琴世家，師從威尼斯的加布里埃利叔侄。1586～1600年左右在奧格斯堡的富格爾家族擔任室內管風琴師。他的作品變得十分知名，1591年皇帝還給予其作品版權保護。他是個新教教徒，最後離開多數信奉天主教的奧格斯堡，而到紐倫堡、烏爾姆和德勒斯登任職。他以創作拉丁合唱聖樂聞名，包括彌撒曲、讚美詩和經文歌，但也作有義大利牧歌、德國無伴奏的世俗合唱曲（一些曲子變成新教的讚美詩），以及器樂音樂。

Hassuna＊ 哈蘇納 伊拉克北部的考古遺址。是美索不達米亞的古城，位於摩蘇爾以南，1943～1944年開始進行挖掘，發現哈蘇納代表了分布在美索不達米亞北部的一種相當先進的村落文化。城內發現六層房屋，一層比一層堅固。還發現了西元前約5600～西元前5350年間的容器和陶瓷製品。在中東其他地區發現的類似器件說明了遠在西元前第六千紀此區就有廣大的貿易網。

Hastings, Battle of 哈斯丁斯戰役（西元1066年10月14日） 英格蘭國王哈羅德二世與諾曼第公爵威廉之間的戰爭，並確立了諾曼人對英格蘭的統治地位。原來英王愛德華無嗣，曾指定威廉爲接班人，但在臨終前又把王位讓給了哈羅德（當時是韋塞克斯伯爵）。威廉率領一批4,000～7,000人的精良部隊跨海入侵英格蘭，沿著海岸一直東進到哈斯丁斯。哈羅德倉卒成軍，率領約7,000人軍隊（大多是未受過訓練的農民）與之交鋒。在長達一天的激戰後，英軍大敗，哈羅德也戰死，威廉後來加冕爲王，稱威廉一世。亦請參閱Norman Conquest。

Hastings, Warren 哈斯丁斯（西元1732～1818年） 英國駐印度殖民官員。1750年起在英國東印度公司當職員，1761～1764年升任孟加拉的理事會理事，1769年爲馬德拉斯（今清奈）的理事會理事。1772～1774年任英國駐孟加拉首長，他把中央政府遷到加爾各答，由英國人直接控制，並改造其司法制度。1777年哈斯丁斯升爲總督，負責監督所有在印度其他地方的英國殖民地。他與一個四人理事會分別握有實權，理事中有人試圖抨擊他濫用英國人職權。1777～1783年他努力穩定搖搖欲墜的蒙兀爾帝國，並試圖維持與鄰邦的和平關係，但還是捲入馬拉塔戰爭。此事件瓦解了公司的貿易，並在英國招致輿論的不滿，也對他從事幾樁可疑的冒險生意而得額外募集資金感到不滿。1785年他在平和的氣氛下離開印度，回到英國過著退休生活。1786年柏克指控他涉及貪污而彈劾他，經過長達八年的審判（1788～1795），哈斯丁斯獲判無罪。

哈斯丁斯，油畫，凱特爾（Tilly Kettle）繪；現藏倫敦國立肖像畫陳列館
By courtesy of the National Portrait Gallery, London

hat 帽 各種樣式的頭部覆蓋物，用以保暖、追求時髦，或是爲了宗教、儀式的目的，通常用來象徵戴帽者的官職或階級。中世紀時，男子戴無邊帽或兜帽，女子戴面紗、兜帽或頭巾。約在1760年絲質高帽出現在佛羅倫斯。英國的圓頂硬禮帽，在美國稱爲常禮帽，創始於1850年。有帽沿的布帽在數十年間成爲工人和男孩的國際標準帽樣式。女帽則經歷了一些非常誇飾的時期，最後的這種階段是發生在第一次世界大戰前幾年。在東方國家，色彩鮮豔的頭巾是傳統頭飾。在地中海東、南岸國家，男子戴圓錐形帽。亞洲人的帽子種類甚多，從中國人簡單的扁平圓錐形苦力帽到日本人精緻的帽形「冠」。在印度普遍用甘地帽、土耳其帽和各種式樣的頭巾。在拉丁美洲和美國西南部流行闊邊帽。約自1960年起，在西方工業化國家中，男女戴帽的風氣已大不如前。

Hat Act 製帽條例（西元1732年） 英國限制殖民地製造並輸出帽子同英國製帽商競爭的法律，並在此行業中限制了學徒人數，以及禁止使用黑人。此爲商業政策的一部分，由殖民者限制其商業並從經濟上制服他們，使得英國的製帽商主宰了原由新英格蘭和紐約製造商供應的市場。

Hatch Act 哈奇法（西元1939年；1940年修正） 美國國會所通過的以消滅全國性選舉中的腐化行爲爲目標的法令。原由新墨西哥州出身的參議員哈奇提出，以反應工程進度管理署（WPA）的官員在1936年選舉時利用其職務關係爲民主黨贏得選票。這一法案禁止威脅或賄賂投票人，並限制聯邦工作人員進行競選活動。在修正案中也嚴格限制選舉經費和個人捐款。

Hatfield and McCoys 哈特菲爾德和麥科伊家族 兩個美國阿帕拉契山山居的家族，19世紀末這兩個家族之間發生了一場粗野的爭執事件。這兩個家族各有至少十三個孩子和一些數不清的其他親友。兩家各住在州界河兩側－－麥家在肯塔基這邊，哈家在西維吉尼亞。世仇可能種因於南北戰爭時，兩家各擁護的對象不同而產生敵對關係。1882年第一次發生流血事件，哈家一員被射殺，接著哈家爲了報復而處決了麥家三個兄弟。從此兩家不斷突擊、報復殺害對方，地方上的警察很少干預。1888年由一個副警長率領的麥家組成的民團逮捕了西維吉尼亞的九個哈家成員，並把他們帶到肯塔基州以謀殺罪起訴和審判。西維吉尼亞控訴肯塔基州官員綁架罪名，全美報紙開始以頭版新聞刊載兩家世仇的故事。最後美國最高法院判肯塔基有拘留被告待審的合法權利，審判定讞，一人判吊死，另外八人坐牢。他們之間的戰事一直到1920年代才逐漸消退。

Hathor＊ 哈托爾 亦稱阿錫爾（Athyr）。古埃及宗教裡，掌管蒼天、女人、生育力和愛情的女神。她的主要動物形象是一頭母牛，象徵母性。在赫利奧波利斯，人們對她的崇拜與太陽神瑞有關，據說她是瑞的妻子或女兒。在上埃及，她與何露斯一起受人崇拜，在底比斯的墓地，哈托爾被奉爲護祐死者之神。

Hatshepsut＊ 哈特謝普蘇特 埃及女王（約西元前1472～西元前1458年）。係國王圖特摩斯一世之女，後來與異母兄弟圖特摩斯二世結婚。繼子圖特摩斯三世登基時，她擔任攝政，但不久自行加冕爲法老。她取得前所未有的大權，擁有法老的全部稱號和王權，還戴上只有法老王才能戴的假鬍子。哈特謝普蘇特把擴大貿易所得的大部分盈餘和貢品都投注在龐大的建築工程上，其中最著名的是興建了宏偉的達爾巴赫里神廟。後來圖特摩斯三世成爲軍隊首腦，並繼承她爲法老，最後她究竟是壽終正寢還是被廢黜後處死，很難確定。

哈特謝普蘇特，石灰岩雕像，約做於西元前1485年；現藏紐約市大都會藝術博物館
By courtesy of the Metropolitan Museum of Art, New York, Rogers Fund and Contributions from Edward S. Harkness, 1929

Hatta, Mohammad＊ 哈達（西元1902～1980年） 印尼獨立運動領袖，曾任內閣總理（1948～1950）。1922～1932年在荷蘭留學，當時擔任印尼留學生所創的民族主義組織的主席。後來因政治活動而被逮捕，關入西新幾內亞的集中營，之後被流放到班達奈拉島。第二次世界大戰時與日本人合作。1948年任內閣總理，該年獲西方國家的支持鎮壓了一次共產黨叛亂事件。哈達協助引導了印尼在1949年完全獨立。1950年在蘇卡諾總統之下擔任副總統，但在1956年請

辭。蘇卡諾垮台後，他出任蘇哈托總統的顧問。

Hatteras, Cape＊　哈特拉斯角　美國北卡羅來納州哈特拉斯島上一狹長、彎曲的沙洲所形成的岬角。沿太平洋和帕姆利科灣之間的外灘群島延伸了113公里。該地區大部分畫入哈特拉斯角國家海濱區（1937年建）。該地建有美國最高的一座燈塔，高63公尺。

Hauhau＊　豪豪　指紐西蘭毛利人馬里雷教（Pai Marire，即善和教）的教徒。1864年由特·瓦·豪梅尼創立，他聲稱見過天使加百列，爲了拯救迷途的毛利人而犧牲自己的小孩。此教派混合了猶太教、基督教和毛利人信仰，主張毛利人是上帝的新選民，並訓示他們趕走歐洲人，恢復祖先的土地。雖然毛利人持續奮戰到1872年，但是努力終歸失敗。該教的一些信仰現仍存在於毛利人之間。

Hauptmann, Gerhart (Johann Robert)＊　豪普特曼（西元1862～1946年）　德國劇作家和詩人。原本學習雕塑，在二十幾歲時才轉向文學創作。第一部劇作是《日出之前》（1889），具有強烈的寫實主義色彩，使他一夕成名，並象徵結束了德國當時非常公式化的戲劇。其以社會現實面和普羅大衆之悲劇爲主題的寫實劇包括《織工》（1892）、《海狸皮大衣》（1893）和《車夫亨舍爾》（1898），讓他成爲當代德國最傑出的劇作家。1912年獲諾貝爾文學獎。在他的小說、故事、史詩和後來的戲劇中，他放棄寫實主義手法而傾向神祕的宗教色彩和神話的象徵主義。

豪普特曼，蝕刻畫，施特魯克（Hermann Struck）製於1904年；現藏德國馬爾巴赫席勒國家博物館
By courtesy of the Schiller-Nationalmuseum, Marbach, Ger.

Hauptmann, Moritz＊　豪普特曼（西元1792～1868年）　德國音樂理論作家。在追隨史博完成小提琴與作曲的學業後，他在一些管絃樂團演奏。1842年起擔任萊比錫一所音樂學校的樂長（巴哈是其前任之一）。1850年與人一起創辦巴哈學社，致力於出版巴哈的全部作品，此後終生一直擔任該社主席，並編輯巴哈全集的前三卷。他在樂理上以強調大、小調的和聲二元論聞名（以黑格爾的哲學爲基礎）。

Hausa＊　豪薩人　奈及利亞西北部及尼日南部的民族，講豪薩語。人數約有3,000萬，爲該地區最大種族集團。14世紀中葉成立一個豪薩邦聯，受馬利帝國下的王國傳播伊斯蘭教的影響。豪薩人的社會傳統上一直是以封建制爲基礎。頭目埃米爾之下設有很多有官銜的人員，他們各據村落爲采邑，有權派人徵收賦稅。傳統上，經濟以農業爲主，不過手工藝和貿易也很重要。豪薩人的社會階級分明，官階和社會階級均遵循禮儀細則行事。

Hausa language＊　豪薩語　通行於西非的查德語族一支（參閱Afroasiatic languages）。在奈及利亞西北部及尼日南部約有3,000萬人把它當作第一語言來溝通。在豪薩蘭之外，豪薩商人族群已帶動豪薩語的使用，成爲非洲薩赫勒和稀樹草原等廣大地區的一種通用語。豪薩語與大部分或其他的查德語一樣是有聲調的，有一套閉鎖音系統（在羅馬字體b、d、k上用打鉤符號作記號），在文法上區分爲兩個詞性，並有習慣上的用語順序（主詞－動詞－受詞）。現在習慣上用拉丁字母來書寫豪薩語，這是從20世紀初開始傳入的，不過以阿拉伯字母書寫的形式已證實比它早約1世紀，現在在《可蘭經》學校和一些其他背景環境下仍有使用。

hausen ➠ beluga

Haushofer, Karl (Ernst)＊　豪斯霍弗爾（西元1869～1946年）　德國陸軍軍官和地緣政治學的主要倡導者。1908～1910年爲派駐日本的陸軍軍官，他研究了日本的亞洲擴張政策，後來寫了一些著作論述日本在20世紀政治中的角色。1919年退役，創辦《地緣政治學雜誌》（1924），並在慕尼黑大學教書（1921～1939）。豪斯霍弗爾在軍界頗有影響力，第二次世界大戰時，他企圖爲德日兩國謀求世界霸權辯護。戰後，被指控犯有戰爭罪行而受調查，他與妻子一起自殺。

Haussmann, Georges-Eugène＊　奧斯曼（西元1809～1891年）　受封爲Baron Haussmann。法國行政官員和城市規畫者。1831年進入法國政府機關工作，1853～1870年任塞納省省長。他開啓了一項改善巴黎都市區的遠大工程計畫，包括建立新的供水和下水道系統，把許多雜亂無章的小街開闢成寬直的道路，建造布洛涅公園的景觀花園，興建巴黎歌劇院及霍爾斯商場。後來其他城市的設計也採用了他的許多規畫理念。

Haüy, Réne-Just＊　阿維（西元1743～1822年）　法國礦物學家，晶體學的創始人之一。他曾研究神學，後來在那瓦爾學院執教二十一年。1802年在巴黎自然歷史博物館擔任礦物學教授，1809年轉到巴黎大學任職。經過多次實驗，他終於推出了一個有關晶體結構的理論。隨後他把這個理論用於礦石的分類。此外，他也以對晶體的熱電性和壓電現象的研究而著名。

Havana　哈瓦那　西班牙語作La Habana。古巴首都，也是一個省。位於古巴島北海岸。它是加勒比海地區最大的城市，古巴的主要港口，也是西半球優良港口之一。1515年由西班牙人建立，1519年遷往現址。1592年設爲古巴首都，是西班牙在新世界的主要海軍基地。1898年在其港口發生緬因號戰艦炸毀事件，不久即爆發了美西戰爭。在1959年卡斯楚掌權之前，哈瓦那是美國人度假的天堂，提供賭博和聲光十色的夜生活。此外，它還是古巴的工商業中心。市內許多建築反映了西班牙殖民時期的風格，包括一座教堂（1704；以前哥倫布的墳墓在此）、總督宮和莫羅城堡。中哈瓦那現在是世界遺產保護區。人口約2,241,000（1995）。

Havel, Václav＊　哈維爾（西元1936年～）　捷克劇作家、政治異議人士，以及捷克共和國第一任總統（1993年起）。1959年在布拉格一家劇團工作，至1968年已升爲駐團劇作家。他的劇作（包括《備忘錄》〔1965〕）多使用荒謬劇和諷刺的手法檢驗官僚體制的僵化作風，探討了生活在極權制度下的人們如何在道德上作妥協。這些作品遭到共產黨政權的查禁，在1970年代和1980年代他一再被逮捕和監禁。1989年爆發大規模的反政府示威活動，哈維爾成爲「公民論壇」聯盟的領袖，該組織是要求民主改革的聯盟。在共產黨認輸退讓（即不流血的「天鵝絨革命」）後，與「公民論壇」共組聯合政府。同年12月哈維爾當選爲捷克斯洛伐克總統，1993年1月當選爲新的捷克共和國總統。

Havel River＊　哈弗爾河　德國東北部河流。由梅克倫堡向南流至柏林的施潘道區，在此與施普雷河匯合，經過波茨坦和布蘭登堡，轉向西北，最後注入易北河。全長343公里。其大部分河段是一條連接易北河和奧得河的運河系統的一部分。

Havelok (the Dane)＊ 哈夫勞克 中古世紀英國約三千行的格律詩傳奇故事，約於西元1300年完成，爲諾曼征服後形成的文學體裁，提供當時日常生活景況第一手觀察。《哈夫勞克》是由林肯郡方言寫成，並包含了許多當地傳統，述說英格蘭公主戈波露和孤兒丹麥王子哈夫勞克的故事，其中哈夫勞克打敗了篡位者而成爲丹麥國王及英格蘭部分統治者。

Haverford College 哈弗福德學院 美國賓夕法尼亞州哈弗福德的一所私立文學院。1833年由貴格會教徒創辦，當時爲男校。1980年成爲男女混合教育的學校。它一直是美國一流的學院之一。與布林瑪爾學院、斯沃斯莫爾學院和賓夕法尼亞大學保持著合作計畫的關係。註冊人數約有1,200人。

Havre, Le ➠ Le Havre

Hawaii 夏威夷 舊稱桑威奇群島（Sandwich Islands）。美國一州，由太平洋中部的一組火山島組成，面積6,471平方公里。首府火奴魯魯（檀香山）東距舊金山3,857公里。主要島嶼從西到東分別是：尼豪島、考艾島、歐胡島、毛洛開島、拉那伊島、卡霍奧拉韋島、茂伊島和夏威夷島，另有120多個小島。州內的活火山有冒納羅亞山和基拉韋厄火山。至少帶有一部分原住民夏威夷人血統者占全州總人口的1/8，僅次於日本後裔（占總人口1/4），該州居民大部分居住在歐胡島上。其原住民是玻里尼西亞人，約在西元400年從馬克薩斯群島遷移到夏威夷。1778年科克船長在夏威夷群島登陸，取名爲桑威奇群島。1796年在酋長卡米哈米哈一世統治下，統一了其族群。美國捕鯨船隊開始駐留在這裡，1820年新英格蘭傳教團抵此，夏威夷人受西方人的影響，文化大爲改觀。1851年卡米哈米哈三世讓夏威夷接受美國的保護，後來因美國蔗糖利益而釀成推翻君主政權的一次政變，建立夏威夷共和國（1893）。1898年新共和國同意和美國合併，1900年成爲美國準州。1941年日本人轟炸珍珠港導致美國捲入第二次世界大戰，夏威夷因而成爲一個重要的海軍基地。1959年成爲美國的第五十州。旅遊業爲經濟主要命脈。夏威夷也是世界天文中心之一，在冒納開亞山頂部設有望遠鏡。人口約1,211,537（2000）。

Hawaii 夏威夷島 美國夏威夷州火山島。位於茂伊島之南，設夏威夷縣，希洛是島上主要的城鎮。又稱大島，爲夏威夷群島最大（面積10,414平方公里）和最東南的島嶼。地質年代最年輕，由五座火山組成，之間連接著熔岩山脊。基拉韋厄火山是世界上最活躍的火山，位於夏威夷火山國家公園內。該島的其他火山高峰有冒納開亞山。製糖、旅遊、養牛、蘭花和咖啡是該島經濟的基礎。

Hawaii, University of 夏威夷大學 夏威夷州的州立大學系統，主要校區位於火奴魯魯（馬諾亞），另外尚有數個校區，部分是二年制的社區學院。主要校區設立於1907年，有綜合性大學部及研究所課程，包括法學院及醫學院等，校內其他較重要的特殊研究機構，有火山觀測中心、海洋研究中心、生化醫學中心等，現有學生人數約20,000人。

Hawaii Volcanoes National Park 夏威夷火山國家公園 美國夏威夷島東南沿岸的國家保護區。1916年設立，面積927平方公里，包括冒納羅亞山和基拉韋厄兩座活火山，兩山相距40公里。其他較出名的景點是考烏沙漠，這是靠近基拉韋厄的一個熔岩岩層地區，還有一片樹－蕨類的森林，這裡的年降雨量接近2,500公釐。

Hawaiian goose ➠ nene

Hawaiians 夏威夷人 夏威夷玻里尼西亞後裔的原住民，夏威夷曾經歷過兩波移民潮：第一次是約西元4世紀從馬克薩斯群島遷來，第二次是9或10世紀從大溪地島遷徙而來。由於沒有金屬、陶器和牲畜可供使用，夏威夷人用石頭、木材、貝殼、牙齒和骨頭製造工具。他們有一種高度發展的口語文化，也有打擊樂器、弦樂器和管樂器。他們的土地基本單位爲「阿胡普阿」，經常從海岸延伸到山頂，土地所有者擁有這些資產去種植和採集一切所需要的東西。他們有四個主神，還有許多小神。夏威夷人的法律（包括一些複雜的禁忌）沈重地約束了一般大眾，尤其是婦女。1820年基督教傳教團抵達以後，才廢除某些苛法和禁忌，但是本土人口卻因染上西方人疾病而銳減。1778年夏威夷人人口約有三十萬，但現在擁有純正血統的夏威夷人已不足一萬人。

hawk 鷹 小型至中型的白晝活動的猛禽，尤指鷹屬的種類。hawk一詞常用來稱呼鷹科的其他種鳥類（如鵟、鷂和鳶），有時包括某些隼類。鷹通常以小型哺乳類、爬蟲類和昆蟲爲食，但有時會捕食小鳥。雌、雄鷹的翅膀並無什麼差異。鷹分布於六個主要的大陸地區。大多數種類營巢於樹上，但有些種類營巢於多草的地面或懸崖上。眞鷹在飛行時十分靈活，其尾長，翅短而圓。條紋鷹一般體長約30公分，背部灰色，腹部具細窄的銹色橫斑，分布於新大陸大部分地區。亦請參閱goshawk、sparrowhawk。

紅尾鵟（Buteo jamaicensis）
Alan Carey

hawk moth 天蛾 亦稱sphinx moth。鱗翅目天蛾科昆蟲。全球分布。體粗壯，前翅狹長，後翅較小，翅展5～20公分。許多種類在吸花蜜時給花傳粉。一些種類喙長，有的達32.5公分。有的種類有遷移習性。幼蟲能發出獨特的爆裂般的聲音。天蛾幼蟲體光滑，有特徵性的尾角，故俗名角蟲。北美的煙草天蛾和番茄天蛾的兩種幼蟲危害煙草、番茄和馬鈴薯。

Hawkesbury River 霍克斯堡河 澳大利亞新南威爾士州河流。源出大分水嶺，向東北流，在雪梨北方注入塔斯曼海。全長472公里。上游稱伍倫迪利河，接納納泰河後稱沃勒甘巴河，在匯合格羅斯河後稱霍克斯堡河。其繼續往下流約160公里，成爲一條鹹水潮汐河川。

Hawking, Stephen W(illiam) 霍金（西元1942年～） 英國理論物理學家。曾在牛津大學就讀，後來在劍橋大學獲得物理博士學位。他主要研究的領域是廣義相對論，尤其是探討黑洞的物理學。1971年提出：在宇宙大爆炸後，可能形成數以百萬計的物體，它們把十億噸物質密集於一個質子大小的空間內。這些「迷你黑洞」非常獨特，由於它們有巨大的質量和引力，故它們由相對論定律來規範，但由於它們微小的尺寸，亦須應用到量子力學的定律。1974年霍金又提出黑洞被現在所稱的「霍金輻射」所蒸發。其研究促使人們努力從理論上勾畫出黑洞的特性。他的研究工作也證明了這些特性同正統的熱力學和量子力學的規律關係。霍金的成就爲他贏得了多項殊榮（雖然他罹患了肌萎縮性側索硬化疾病，幾近癱瘓）。著作包括暢銷書《時間簡史》（1988）。

Hawking radiation　霍金輻射　理論上，從一個黑洞的視界外放出的輻射。1974年由霍金提出，他認爲在視界附近會自然出現一些亞原子粒子對，可能是因黑洞附近的一個粒子逃逸，而另一個（負能量的）粒子被吸進去。負能量的粒子流進入這個黑洞後，會減輕它的質量，直到黑洞發生最後的輻射大爆炸後才完全消失。

Hawkins, Coleman (Randolph)　霍金斯（西元1904～1969年）　美國爵士樂音樂家，是第一個獨奏次中音薩克管的重要爵士樂人物。曾在亨德森的大樂隊工作（1924～1934），表現傑出，當時他汲取了路易斯阿姆斯壯的風格，並發展出平滑不斷音的樂節和強力的音調，樹立了次中音薩克管演奏者的標準技巧模式。1934～1939年在歐洲各地表演，返國後不久即錄製《靈與肉》唱片，結果在銷售上大獲成功，也成爲爵士樂即興演奏大師之一。霍金斯善於接納年輕演奏者在和音上的改進，他們也大都認同他的影響。

霍金斯，攝於約1943年
By courtesy of down beat magazine

Hawkins, Erick　霍金斯（西元1909～1994年）　美國現代舞蹈家，生於科羅拉多州千里達。霍金斯在1938年加入葛蘭姆的舞團之前，曾在1935～1973年與巴蘭欽共事，這些資歷使得他成爲頂尖舞蹈家。之後霍金斯與葛蘭姆結褵（1946～1954），直至1951年組了自己的舞團，他一直在葛蘭姆的舞團工作。霍金斯對運動學相當感興趣，並只以現場音樂搭配表演。

Hawkins, John　霍金斯（西元1532～1595年）　受封爲Sir John。英格蘭海軍行政官和司令官。爲著名航海家德雷克的親戚，原本經營非洲貿易，後來成爲英格蘭第一個奴隸販子。第一次販賣奴隸的航行（1562～1563）成功後，一個集團（包括伊莉莎白一世在內）提供資金促成他第二次航行。但在第三次航行（1567～1569）時與德雷克一起遭到西班牙艦隊的襲擊，是爲英、西之間摩擦的開端，導致他們在1585年開戰。1577年霍金斯任海軍財務官，1589年又兼任審計官。他重建老舊船隻，並設計了一種速度較快的船隻，在1588年擋住了西班牙無敵艦隊的入侵。後來他用海軍封鎖亞速群島，攔截從新大陸運回金銀的西班牙珍寶船隊。他成爲16世紀英國海軍最著名的人物之一，也是伊莉莎白海軍的主要設計師。

Hawks, Howard (Winchester)　霍克斯（西元1896～1977年）　美國電影導演、編劇和製作人。第一次世界大戰時曾擔任飛行員，1922年起開始在好萊塢寫電影劇本，並執導一些影片，第一部重要影片是《海員戀》(1928)。他是個技巧純熟和說故事能手，其影片是從觀眾的角度來進行拍攝而使人感到親切。一生共拍攝了四十多部各種題材的電影（其中有許多是他製作和編寫的）：如冒險片《黎明偵察》(1930)；犯罪片《疤面煞星》(1932)；喜劇片《育嬰奇譚》(1938)；戰爭片《約克軍曹》(1941)；音樂片《紳士愛美人》(1941)；黑色電影驚悚片《夜長夢多》(1946)；科幻片《異形》(1951)；西部片《紅河戀》(1948)和《赤膽屠龍》(1959)。

hawkweed　山柳菊　菊科山柳菊屬雜草，兩百餘種，原產溫帶地區。鼠耳山柳菊、橘黃山柳菊以及習見山柳菊是廣佈的雜草。有些種花簇豔麗，栽培作爲庭園花卉。

Hawr al Hammar ➡ Hammar, Hawr al

hawthorn　山楂　薔薇科山楂屬植物，爲棘刺狀灌木或小喬木，原產北溫帶。許多種原產於北美。單葉，通常具齒或分裂，花白色或粉紅色，通常簇生成團；果紅色，似小蘋果。許多栽培品種供觀賞其豔麗的花和果實。有些種水平分枝，因而更具有觀賞價值。山楂非常適合栽作樹籬，其枝條強壯，木質堅硬，又多棘枝，牛、豬等牲畜不敢靠近。

山楂屬植物
Walter Chandoha

Hawthorne, Nathaniel　霍桑（西元1804～1864年）　美國小說家和短篇故事作家。出生於麻薩諸塞州賽倫的清教徒家庭，深受道德堅定的影響。在寫了幾部表現平凡的作品後，創作出一些非常傑出的短篇故事，如《我的親戚莫里訥少校》(1832)、《羅傑·馬爾文的葬禮》(1832)和《小伙子布朗》(1835)。故事集包括《故事新編》(1837)、《古宅青苔》(1846)和《雪影》(1851)。最出名的小說是《紅字》(1850)，描寫殖民時期新英格蘭的一樁通姦事件，被譽爲美國最偉大的小說之一。《帶有七個尖角閣的房子》(1851)是描述一個世代受到詛咒的家庭故事。晚期的作品包括《福谷傳奇》(1852)和《玉石雕像》(1860)。霍桑是一個寫作技巧純熟的文學巨匠，也是諷喻故事和象徵主義的大師，名列美國最偉大的小說家之一。

霍桑，布雷迪攝
The Granger Collection, New York City

hay　乾草　農業中用作牲畜飼料的乾牧草和其他乾葉子。典型的乾草有梯牧草、苜蓿和車軸草。通常這類原料在田野中趁青收割，然後置於田野中自然乾燥，或用熱風強行乾燥。壓捆機把乾草或禾桿壓成緊實的長方形或圓柱形的草捆，並用鐵絲或細繩捆好。機器也可吸盡鬆散的乾草，然後在穀倉或其他儲存設備吹送成堆。經適當處理後，含水20%以下的牧草，可貯存數月而不變質。

Hay, John (Milton)　海約翰（西元1838～1905年）　美國外交家和作家。在伊利諾州首府春田學法律時，結識林肯。1861～1865年任林肯總統私人祕書。然後在歐洲出任外交官（1865～1870）。在爲《紐約論壇報》(1870～1875)編寫文章後，於1879～1881年任助理國務卿。1890年與人合編十冊的《林肯傳》。馬京利總統時代任駐英大使（1897～1898）。後任國務卿（1898～1905），參加結束美西戰爭的巴黎和平談判，在談判中堅持併吞全部菲律賓群島；力主對中國實行門戶開放政策；1901年與英國進行談判，使美國取得開鑿巴拿馬運河的專利權。

hay fever　枯草熱　一種季節性反覆發作的疾病，表現爲打噴嚏、鼻黏膜充血、流淚、眼癢。病因爲對某些植物，主要爲風媒花（如北美的豚草、英國的梯牧草）的花粉過敏。抗組織胺藥可暫時緩解，用致敏的花粉提取物進行脫敏療效維持最久。如果患者未得適當的治療，約1/3可發生哮喘。

Haya de la Torre, Víctor Raúl＊　陶瑞（西元1895～1979年）　祕魯政治理論家和活動家。出身富裕人家，1924年創立了美洲人民革命聯盟，該黨是中間偏左的改革主義黨。他曾一再參選總統，但常被軍方和保守勢力所挫敗。一生大部分時間不是被關，就是流亡或躲藏，透過其地下活動和著作來影響祕魯政治。亦請參閱Indigenismo。

Hayashi Razan＊　林羅山（西元1583～1657年）　日本新儒學派學者。最初學佛，後篤信新儒學。1607年入仕德川幕府。他使朱熹的新儒學學說成爲德川幕府的官學，強調忠誠和階級倫常。他還用朱熹的哲學解釋神道，奠定儒化神道的基礎。1630年第三代德川幕府賜予其一塊江戶的土地，他在那裡建了一座書院。

Haydarabad ➠ Hyderabad

Haydn, Franz Joseph＊　海頓（西元1732～1809年）　奧地利作曲家。原本想當神職人員，但在八歲時就被維也納聖史蒂芬大教堂選入唱詩班，學習演奏小提琴和鍵盤樂器。離開唱詩班後，他開始靠教學和演奏小提琴爲生，同時艱苦研究對位及和聲方面的理論。後來獲得梅塔斯塔齊奧的注意，把他引薦給作曲家波爾波拉（1686～1768），他幫波爾波拉處理雜務，波爾波拉則以教他音樂來抵換。海頓開始打入上流社會，1761年成爲埃斯泰爾哈吉家族大宮廷裡的音樂總監，此後一直爲他們工作。在這個藝術發展較爲孤立但擁有優越資源的職位上，海頓享受了自由創作實驗之樂，也不得不成爲原創作曲家。到了晚年，他已是當代國際公認的偉大作曲家。他的重要作品幾乎涵蓋了所有的音樂體裁，其優雅動人心絃的作品兼具了風趣與嚴肅、通俗與創新。他是第一個偉大的交響樂作曲家，作有一百零八首交響樂，其中包括最後十二首「倫敦交響曲」（1791～1795）。他是實際發明弦樂四重奏的人，共作有六十八首弦樂四重奏，奠定了四重奏藝術的基礎。和唱作品包括十五首彌撒曲和神劇《創世記》（1798）、《四季》（1801）。他也作有四十八首鋼琴奏鳴曲，以及一百多首爲類似大提琴聲的上低音號作的優美曲子。海頓是塑造古典音樂風格的重要人物，他的朋友莫札特和學生貝多芬都深受其影響。

Hayek, Friedrich (August) von＊　海耶克（西元1899～1992年）　奧地利出生的英國經濟學家。1931年移居倫敦，在倫敦大學和倫敦經濟和政治學學院任職。1938年入英國籍。1950～1962年在芝加哥大學任教。在其作品中，反對凱因斯的理論，並批評政府干預自由市場，認爲這樣會破壞個人價值，而對通貨膨脹、失業、衰退之類的經濟失調終究會不靈光。著作有《通向奴役的道路》（1944）、《自由的憲章》（1960）和《自由民的政治秩序》（1979）。他的觀點在保守主義者之間產生很大的影響，包括柴契爾。1974年與瑞典經濟自由派米達爾共獲諾貝爾經濟學獎。

Hayes, Bob　海斯（西元1942年～）　原名Robert Lee Hayes。美國短跑與美式足球員，生於佛羅里達州的傑克森維爾。在佛羅里達A&M大學時期，他就是一位明星短跑選手及明星跑衛。從1960～1968年，他與其他九位跑者共同保有男子100公尺的世界記錄（10秒）。在1964年的奧運會中奪得兩面金牌（男子100公尺及400公尺接力）之後，他加入職業球隊，成爲達拉斯牛仔隊的外接員（1965～1976），在傳接球和接踢球回跑這兩項中都創下球隊記錄。

Hayes (Brown), Helen　海絲（西元1900～1993年）　美國女演員。五歲開始舞台生涯，九歲在百老匯首次登台表演。她開始了一個輝煌燦爛的演藝生涯，在一些百老匯劇中擔任要角，如《凱撒與埃及豔后》、《每個女人知道的事》（1926）和《動物王國》（1932），以「美國戲劇的第一夫人」聞名。她嬌小的身軀搭配舞台的莊嚴表現令人印象深刻，如《蘇格蘭的瑪麗》（1933～1934）和《維多利亞女王》（1935～1939）。也曾在一些重編的舊劇如《九死一生》（1932）、《玻璃動物園》（1932）和《長夜漫漫路迢迢》（1971）主演。她還接演過無數的廣播劇和電視劇，而以《戰地情天》（1931）和《機場》（1970）電影贏得奧斯卡獎，並三次獲得東尼獎和總統自由獎章。她的丈夫是劇作家麥克阿瑟。

Hayes, Rutherford B(irchard)　海斯（西元1822～1893年）　美國第十九任總統（1877～1881）。曾在辛辛那提當律師，在幾次逃亡奴隸案件中代表被告進行辯護，並加入新成立的共和黨。在參加聯邦軍作戰後，當選眾議院議員（1865～1867），其後當選爲俄亥俄州州長（1868～1872、1875～1876），以堅決主張發行有黃金儲備可以兌現的通貨而引起全國的注意。1876年他被提名爲共和黨總統候選人。他的對手民主黨候選人狄爾登贏得較多的普選票數，但海斯的競選經理爭議有四州的計票有問題，後由一個特別選舉委員會裁定，海斯就任總統。上台以後，信守在和解談判期間對南方溫和派所作的祕密保證（參閱Wormley Conference），把聯邦軍隊撤出南方地區，結束了重建時期，並答應不干涉那裡的選舉，還確保回到白人民主黨的優勢地位。他以考績爲依據改革了文官制度，結果引發康克林與共和黨內保守頑固派之間的爭論。在1877年鐵路大罷工中，海斯應州長們的請求，曾派聯邦軍隊鎮壓罷工者。1880年拒絕再次被提名爲總統候選人，退休後熱心從事人道主義工作。

海斯，攝於1877年
By courtesy of the Library of Congress, Washington, D. C.

Haymarket Riot　秣市騷亂（西元1886年5月4日）　發生在美國芝加哥市的警察和勞工抗議者之間的暴力衝突，這場衝突使勞工爭取官方承認的運動受到重視。這次暴動是因激進分子宣稱將在秣市廣場舉行大規模集會，以抗議警察在一次罷工運動中的暴行。一枚炸彈突然丟入群眾當中，炸死了七名警察，並造成六十人受傷，警察和工人相互開槍射擊。事後在群情激憤中，逮捕了八名無政府主義者，他們被判犯有謀殺罪，處以死刑；四人先行處決，另一人自殺身亡；其餘三人保全了性命，於1893年被伊利諾州州長阿爾特吉爾德赦免。

Hayne, Robert Young　海恩（西元1791～1839年）　美國政治人物。1812年起開始執律師業。1823～1832年擔任參議員，以南方代言人和維護州權主義聞名。1830年他和韋伯斯特就憲法問題進行了一次著名的辯論，提出「否認原則」。1832年作爲南卡羅來納州拒絕執行聯邦政府法令的會議成員，他協助通過一項法令，宣布聯邦關稅法在該州無效。海恩於1832年離開參議院。此後歷任南卡羅來納州州長（1832～1834）、查理斯敦市市長（1834～1837）。

Hays Office　海斯辦公室　舊稱美國電影協會（Motion Picture Producers and Distributors of America）。美國的一種傳播電影道德的組織。1922年出現一些關於好萊塢名人的醜聞之後，電影業的領導人成立該組織，以阻礙政府審查的威脅，並提高電影業的公衆形象。在律師海斯（1879～1954）的領導下（他在政治上很活躍），協會製作了一張黑名單，在演員的契約中插入道德條款，1930年發展為「製片規範」，詳列銀幕上的道德要求。「製片規範」於1966年為一個自律體制所取代。

Haywood, William D(udley)　海伍德（西元1869～1928年）　美國勞工領袖。十五歲當礦工，1905年主持世界產業工人聯盟成立大會，並負責組織工作。1907年因涉嫌謀殺愛達荷州一名反勞工的前州長斯圖恩伯格（1861～1905）而被起訴，宣判無罪後。「大比爾」海伍德開始了一趟為社會黨宣傳的巡迴演說，並支持數次罷工。後來因鼓吹暴力而被逐出該黨。1917年因反對美國加入第一次世界大戰而被控犯有叛國罪，處以二十年徒刑。1921年他趁保釋之機，逃往俄羅斯。

Hayworth, Rita　海華絲（西元1918～1987年）　原名Margarita Carmen Cansino。美國電影女演員。十二歲起在夜總會與父親搭檔表演舞蹈，1935年起在電影中擔任小角色。在《只有天使有翅膀》（1939）、《梅娘》（1941）和《碧血黃沙》（1941）等影片中，塑造一個充滿魅力的形象。在歌舞片《你永不會成富翁》（1941）、《你從來沒有像現在這樣動人》（1942）和《封面女郎》（1944）中，使她成為明星和美國軍中情人。海華絲在《吉爾達》（1946）中的充滿風塵、性感的表演，奠定了她在好萊塢的地位，被稱為「美國的愛神」。之後的影片包括《上海小姐》（1948）、《帕兒・喬伊》（1957）、《分開的席位》（1958）。海華絲去世前大約與阿滋海默症搏鬥了十五年。

hazel ➠ filbert

Hazeltine, (Louis) Alan＊　哈澤泰（西元1886～1964年）　美國電機工程師和物理學家。1920年代初期，他發明中和式接收電路，從而使無線電商業化成為可能，這種線路把當時干擾無線電收音機的噪音中和掉。1927年採用這種新裝置的無線電收音機在1,000萬台以上。以後幾年哈澤泰任政府顧問，第二次世界大戰期間任美國國防研究委員會委員。

Hazlitt, William　海斯利特（西元1778～1830年）　英國散文家。原本學習當牧師，但為擺脫貧窮而成為多產的評論家、散文家和演講人。他開始為一些刊物撰稿（尤其是亨特的《檢查者》），出論文集，以《圓桌》（1817）最出名。還將一些講稿收集成書如《有關英國詩人的講演》（1818）和《英國喜劇作家》（1819）等。另外還寫了許多優美的散文，最有名的兩部是《席間閒談》（1821）和《直言者》（1826）。1825年發表最打動人心的作品《時代的精神》。

H.D. ➠ Doolittle, Hilda

Head, Bessie　黑德（西元1937～1986年）　原名Bessie Amelia Emery。南非－波札那女小說家。出生於南非一個非法的邦，母親是白人，父親是黑人，早年受人排擠和疏遠。她在一些含有道德教訓意味的小說和故事裡，描述了非洲社會在殖民前後的矛盾和缺失，其中包括《雨雲四合》（1969）、《馬魯》（1971）、《權力問題》（1973）、《珍寶搜集者》（1977）、《風雨的村落－－塞羅韋》（1981）、《徬徨十字路口》（1984）和《樞機主教》（1993）。

Head, Edith　海德（西元1898～1981年）　美國服裝女設計師。出生於加州聖伯納底諾。1933年以後相繼成為派拉蒙影片公司和環球影片公司的首席服裝設計師。她是當時好萊塢最紅的設計師，以所設計的服裝款式衆多聞名（從高雅簡單到精細華麗的風格都有）。她獲有八次奧斯卡服裝設計獎，其中的影片包括《彗星美人》（1950）、《羅馬假期》（1953）和《老千計狀元才》（1973）等。

head louse　頭蝨 ➠ louse, human

head rhyme ➠ alliteration

headache　頭痛　頭顱上部的疼痛。陣發性緊張型頭痛最為常見，一般為頭顱兩邊輕度到中度的疼痛。肇因於面部和頸部肌肉的持續緊縮，通常是因過度勞累、壓力和挫折而產生。可用阿斯匹靈、對乙醯氨基酚或其他的非類固醇類消炎藥（NSAID）治療。慢性日間型頭痛的症狀和陣發性緊張型頭痛類似，但更具規律性。通常是心理因素造成，或對某種抗抑鬱藥的反應，也可能是過度服用止痛藥所致。偏頭痛和叢集性頭痛是血管型頭痛。頭痛也可能由於發燒、宿醉或突然高血壓病發而導致顱底的動脈膨脹，頭痛可能是腦膜炎、出血性的中風或腫瘤的徵兆。

Heade, Martin Johnson＊　海德（西元1819～1904年）　美國畫家，生於賓州倫伯村。海德曾於歐洲和英國研習，回國後從事肖像及風景畫的創作。他是名熱切的自然主義者，曾於1836～1870年間遊歷中、南美洲和加勒比海區，創造出明亮、精細的熱帶森林和風景影像（如約完成於1865年的《蘭花與蜂鳥》）；而新英格蘭海岸和紐約喬治湖的岩岸亦激發他創作出著名畫作（如約完成於1863年的*Salt Marshes, Newport, R.I.*）。海德為光亮主義的倡導者。

headhunting　割頭俗　砍除、展示和保存人頭（在某些情況下）的習俗。割頭俗起源於某些相信在頭內或多或少存有實質靈魂的文化。獵人頭者試圖藉由砍下敵人頭顱，來把這種靈魂之物轉移至自己及其族群。在食人俗和人祭的某些形式中有時也發現有割頭俗。割頭俗在世界各地都存在過，甚至可追溯到舊石器時代。在紐西蘭的毛利人當中，他們把敵人的頭晒乾和保存起來，皮膚上的刺花和臉部特徵都清晰可認。在南美洲，他們去掉人頭的顱骨，然後把頭皮塞滿熱沙子，頭部變小。

health　健康　人的體力、情緒、精神及社交能力等方面可持續適應其所處環境的程度。健康良好比健康不佳（可視同存在著疾病）較難定義，因為它必須比全然無病還要表達出一種更明確的概念，而在健康和疾病之間存在著未定的變數。一個人可能身體情況很好，但可能有感冒或心理異常。有的人外表看起來很健康，但已病情嚴重（如癌症），只能透過身體檢查和診斷分析，或不只這些檢查來查出毛病。

health insurance　健康保險　一種預先籌措醫療費用的制度，其透過繳納保費或稅金到一個共同基金中，以支付在保險政策或法律規定內的全部或部分醫療服務費。健康保險中的關鍵性因素是：預先給付保費或稅金，匯集基金，以分攤保費或以就業而不考核其收入或資產為基礎的享受保險利益的合格條件。健康保險的範圍可能限定某些醫療項目或全部的醫療項目，對那些特定的醫療項目有的可全部償付其費用，有的是部分給付。健康保險所享有的利益包括被保險人有權享有某些醫療服務或獲得某些規定的醫療費用補償。私人健康保險是由保險公司或其他私人機構來組建或管理；公共健康保險則是由政府經營（參閱social insurance）。上面兩種健康保險形式與社會化的醫療、政府的保健計畫是十分不同的，在這些計畫中，醫生是由政府直接或間接雇用，政府也擁有這些醫療設備（如英國的國民保健署）。亦請參閱insurance。

HIJK

health maintenance organization (HMO)　保健組織　爲自願參加者提供綜合性醫療服務的組織，分公立或私營，參加者須預先付款，並簽訂契約。保健組織將多種多樣的醫療機構組織起來，按事先商定的、固定的標準向這些機構支付酬金。保健組織有兩種主要類型：一、預先付款聯合診療型。由醫師們組織起來，聯合開業，並包含一家保險公司。二、醫療基金會（MCF），或個人開業醫師組成的鬆散的組織，通常還有一些保險公司參加。醫療基金會採取按勞付酬的辦法，酬金從參加者預付的費用中支付。原本視保健組織是一種可以控制醫療成本和迎合公衆對醫療服務需求的方法，但因有某些醫療項目的限制，拒絕給付醫生所建議的檢驗或治療的費用，使保健組織爲人詬病。

Healy, T(imothy) M(ichael)　希利（西元1855～1931年）　愛爾蘭政治領袖。1880年進入議會，不久在1881年通過「土地法」，其中的「希利條款」使他名滿愛爾蘭，該條款保護佃農的土改利益，免受地主調漲租金之苦。曾與巴奈爾關係密切，1886年與他決裂。1916年復活節起義後，希利對自由黨與愛爾蘭民族黨都不滿，1917年起轉而支持新芬黨。1922年被英國和愛爾蘭政府推舉爲新成立的愛爾蘭自由邦的總督，一直任職到1928年。

Heaney, Seamus (Justin)＊　黑尼（西元1939年～）　愛爾蘭詩人。在貝爾法斯特的皇后大學畢業後，擔任教師和講師。他對故鄉北愛爾蘭的暴力活動十分驚駭，於1972年遷居愛爾蘭共和國。後來在哈佛大學、牛津大學和劍橋大學任教。他的作品（根植於北愛爾蘭的鄉村生活）喚起人們對愛爾蘭歷史事件的記憶，並引用愛爾蘭神話，但也反映了近幾十年來在這塊土地的動盪不安情況。詩集包括《一個自然主義者之死》（1966）、《通往黑暗之門》（1969）、《北方》（1975）、《史泰訓島》（1984）、《號令燈》（1987）和《明見諸事》（1991）和《酒精水平儀》（1996）。《先人之見》（1980）包含了對詩和詩人的評論。1995年獲諾貝爾文學獎。

hearing　審訊　在法律上即審理，尤其是指在法官面前依據國家的法律對案件進行正式的審問。按一般習慣，常常是指隨著受理案件以後，經治安法官進行的正式訴訟程序——特別是指預審，即治安法官或法官判定是否有充分的證據證明此案的訴訟是正當的。

hearing　聽覺　亦作audition或sound reception。感受聲音的生理作用。聽覺必須將聲音的振動轉換成神經脈衝，送往腦部並解讀爲聲音。有兩個動物門的成員可以接收聲音，節肢動物與脊椎動物。聽覺讓動物察覺危險、找到食物、尋找伴侶，更複雜的生物還用來溝通（參閱animal communication）。所有的脊椎動物都有雙耳，通常在裡面的腔有聽覺毛細胞（乳突），外面的鼓膜接收並傳遞聲音振動。聲音的定位是取決於聲音在兩隻耳朵到達時間與強度的細微差異分辨。哺乳動物的聲音接收通常發展極佳、高度特化，例如蝙蝠和海豚利用回音定位，鯨與象可以聽見數十甚至數百公里之外的求偶呼喚。犬科動物同樣能夠聽見遠方的聲音。人耳可以聽見的頻率介於20至2萬赫茲；最敏感的頻率是介於1000與3000赫茲之間。脈衝沿著中樞聽覺通路前進，從耳蝸神經由延髓到大腦皮質。聽覺可能因爲疾病、受傷或年老而受損；有些聽覺障礙如耳聾，可能是天生的。亦請參閱hearing aid。

hearing aid　助聽器　使傳入耳的聲音響度增加的裝置。主要組成部分爲：傳聲器（麥克風）、擴大器及耳機。現在的助聽器體積越來越小，也不會那麼顯眼，安裝在耳後或插入耳道內。它們各有不同的特點，由每個戴助聽器的人把講話聲音的不同成分放大到最大範圍。有的還可以組裝於眼鏡框架內。能自動控制音量的助聽器，可透過輸入的自動調節來改變其放大率。

Hearn, (Patricio) Lafcadio (Tessima Carlos)　赫恩（西元1850～1904年）　日本名小泉八雲（Koizumi Yakumo）。日本作家、翻譯家和教師。長於都柏林，在英國和法國上學，十九歲移居美國，曾任記者和翻譯，寫作題材廣泛。1890年以雜誌記者身分到日本旅遊，不久即擔任教師，娶了日本女人，改日本姓名，並成爲日本國民。他開始發表一些有關日本風俗、宗教和文學的文章和著作，如《陌生日本的一瞥》、《異國情調和回顧》（1898）、《在鬼神出沒的日本》（1899）、《陰影》（1900）、《日本雜記》（1901），以及《怪談》（1904），包括一些神鬼故事和他翻譯的俳句。赫恩可能是最熱衷於向西方介紹日本廣博文化的人。

Hearst, William Randolph＊　赫斯特（西元1863～1951年）　美國報紙發行人。1887年接掌財政困難的《舊金山觀察家》報紙，他成功把它改造爲混合了深入報導和通俗投合時尚風格的報紙。1895年購買《紐約晨報》（後來改名《紐約美國人日報》），與其他家報社展開激烈的競銷戰，並帶頭進入「黃色新聞」時代，所採用的提高發行量策略對美國的報業產生深厚的影響。赫斯特的報紙用歪曲誇大的報導煽動反西情緒，挑起了美西戰爭。後來當選衆議員（1903～1907），但在謀求其他更高的政治地位方面並不成功。1920年代在加州聖西米恩興建了一座富麗堂皇的城堡。1935年在其鼎盛時期，擁有二十八家大報、十八種雜誌、數家廣播電台、電影公司和新聞社。由於生活過度奢侈，以及經歷了大蕭條時期的不景氣，使他的財務狀況一落千丈。到1940年他對自己所創立的新聞王國已完全失去控制。晚年生活完全與世隔絕。

赫斯特，繪於1906年
By courtesy of the Library of Congress, Washington, D. C.

heart　心臟　抽壓血液使之循環身體各部分的器官（參閱circulation）。人類的心臟是一個四室的雙泵，左、右邊由隔膜完全分離，兩邊再被分爲上方的心房和下方的心室。心臟右側從較高和較低的腔靜脈獲得靜脈血，並將之推進肺循環。心臟左側從肺靜脈接獲血液，並將之送至體循環。從自然心律調節器產生的電子信號導致心臟肌肉收縮。心臟裡的瓣膜使血液往同一方向流動，每次收縮後，它們的閉合產生了聽起來像是心跳的聲音。

heart attack　心臟病 ➡ myocardial infarction

heart clam　心蛤 ➡ cockle

heart disease　心臟病　心臟的異常或失調，如冠狀動脈心臟病、心臟畸形與肺原性心臟病，還有風濕性心臟病（參閱rheumatic fever）、高血壓性心臟病（參閱hypertension）、心肌發炎（心肌炎）或是內外膜發炎（心內膜炎、心外膜炎），以及瓣膜性心臟病。心臟自然節律點或是引導其脈動的神經的異常會造成心律不整。有些結締組織疾病（特別是全身性紅斑狼瘡、類風濕性關節炎及硬皮症）會影響心臟。這些疾病很多會造成心臟衰竭。

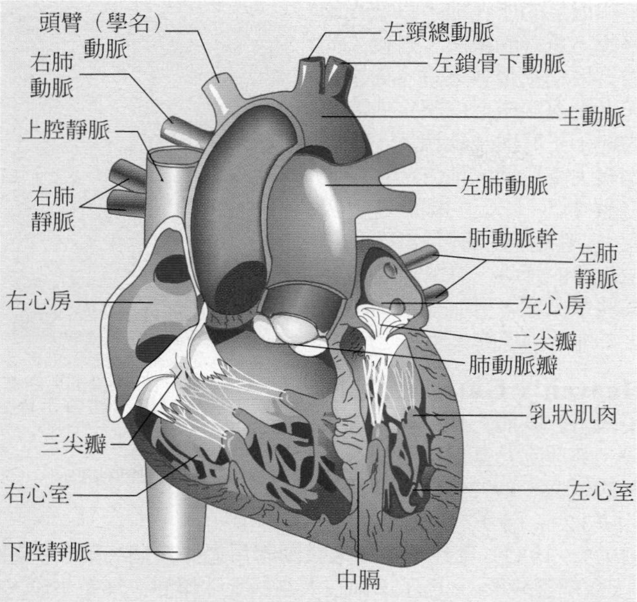

人類心臟的構造。富含氧的血液從肺臟經由肺靜脈進入心臟，通過左心房並向上到左心室。左心室的肌肉收縮，迫使血液進入主動脈。僧帽瓣防止血液在收縮時回流至左心室。從主動脈分出各種動脈，供應血液到身體各處。缺氧的血液從身體排出進入上腔靜脈與下腔靜脈，流入右心房，穿過三尖瓣進入右心室。當右心室收縮，缺氧的血液穿過肺動脈瓣進入肺動脈，到肺臟接收氧。

heart failure　心力衰竭　左心和（或）右心無力排出足以適應身體需要的血液量。心力衰竭的原因包括肺原性心臟病、高血壓、冠狀動脈粥樣硬化（參閱arteriosclerosis）。左心衰竭的症狀爲活動後氣短、平臥時呼吸困難、夜間陣發性呼吸困難及肺靜脈壓異常升高；右心衰竭的症狀爲體循環靜脈壓的異常升高、肝腫大和下肢水腫；雙心室衰竭者心臟擴大、出現奔馬律。治療包括臥床休息、給予洋地黃（強心劑）、限制鈉的攝入，增加鈉排出，排除心力衰竭的病因等。亦請參閱congestive heart failure。

heart malformation　心臟畸形　亦稱先天性心臟病（congenital heart disease）。先天性的心臟構造異常。此症包括房間隔缺損（介於心臟之間的瓣膜開啓，嚴重程度視大小和位置而定）；一個或多個瓣膜閉鎖或狹窄；法洛氏四聯症（包括室間隔缺損、肺動脈狹窄、右心室肥厚及接受來自左右兩心室血液的主動脈右移）；以及一些大血管的運送血液（如此肺循環和體循環會從心臟錯誤的一邊接受血液）。這些缺損可阻擾足夠的氧氣到達組織，所以皮膚會呈現青紫色。許多心臟畸形症如果在出生後沒有馬上手術矯正會致死（或還沒出生前就已偵測到，這種情況較罕見），大血管的畸形通常不會太嚴重（參閱ductus arteriosus）。

heart transplant　心臟移植　一種治療措施：將患者已無治癒希望的心臟切除，代之以剛死亡者的健康心臟。1967年巴納德首次進行人體心臟移植手術取得成功。手術程序爲：切除患者除某些心房組織外的心臟（以保留到竇房結的神經聯繫）；新的心臟移植時縫在患者體內原來心臟的位置，接通患者的血管。雖然努力使患者及供體的血型和其他免疫指標能相配，但仍需抑制身體的天然免疫機制以防發生移植排斥。一項成功的移植手術可使病患多活好幾年。

heartwood　心材　樹幹中心的死材。其細胞常含有單寧或其他物質，故顏色較深，或具芳香。質地堅硬，能抗腐蝕，比起其他的木材型式而言，木材防腐劑亦難滲透。每個生長週期都有一或多層活的邊材細胞轉變成心材。

heartworm　心絲蟲　寄生哺乳動物特別是犬類的絲蟲物種，學名Dirofilaria immitis。犬的心臟內心絲蟲成蟲數目可達500隻，每隻的長度可達15～30公分，幼絲蟲進入血液。蚊子在犬隻之間傳送遭到寄生的血液。成蟲和幼絲蟲都會增加心臟的負擔，限制送往肺、腎及肝的血液流動。此時會出現明顯的症狀（咳嗽不停、呼吸困難、倦怠、心臟衰竭），要治療可能爲時已晚。預防藥物與治療方法是存在的，包括外科手術。

heat　熱　因溫度差引起的由一物體傳遞給另一物體的能。當兩個物體靠近時，熱就會從較熱的物體傳遞到較冷物體。這種能量傳遞的結果通常是較冷物體的溫度升高，較熱物體的溫度下降。但有時候物體在吸熱後溫度並沒升高，只是從一種相（或物理狀態）轉變爲另一種，如熔化或沸騰。熱（一種形式的能）和溫度（一種測定能量的方法）之間的區別一直到19世紀才由傅立葉、基爾霍夫和波茲曼等科學家釐清。

heat capacity　熱容　物質所吸收的熱量與溫度變化的比值。通常按物質的實際總量以每度若干卡來表示。熱容及其隨溫度的變化由原子的能級之差來決定。熱容可用一種量熱計來測定，對於確定不同材質的熵有重要意義。

heat exchanger　熱交換器　亦稱換熱器。一種將熱從熱流體傳遞到冷流體的裝置。在許多工程應用中，需要加熱一流體，而冷卻另一流體，這一雙重作用可藉助熱交換器有效地達成。在套管式熱交換器中，一種流體在管內流動，而另一種流體通過外管和內管之間的環狀空間流動。而在管殼式熱交換器中，把許多管子封裝在一個殼內，一種流體在管子內流動，另一種流體則在殼內、管子外的間隙流動。特殊用途的裝置如鍋爐、蒸發器、過熱器、冷凝器和冷卻器都是熱交換器。熱交換器廣泛用於化石燃料廠和核能廠、燃氣渦輪機、冷暖氣機、冷凍和化工業等。亦請參閱cooling system。

heat exhaustion　熱衰竭　亦作heat prostration。身體對過熱的反應。身體溫度緩緩上升，並持續大量出汗。原因是水和鹽攝取得不夠，可導致脫水或虛弱。如果沒有馬上把患者帶到陰涼地方躺下和補充液體（最好是加鹽的水），就有可能變爲中暑。亦請參閱temperature stress。

heat pump　熱泵　將處於某一溫度的物體或空間的熱量，轉移到處於較高溫度的另一物體或空間的裝置。它由壓縮機、冷凝器、節流閥或膨脹閥、蒸發器，以及一種工作流體（冷凍劑）組成。壓縮機將處於高溫高壓下的氣化冷凍劑送到位於受熱空間內的冷凝器。在那裡，較冷的空氣使冷凍劑冷凝，並在此過程中變熱。隨後，這種液態制冷劑流入節流閥，經膨脹，以較低溫度的壓力的液－氣混合物流入蒸發器，液體與較高溫度的空間接觸而被氣化。隨後，蒸氣又流過壓縮機，重複上述循環。熱泵一般用於建築物的供暖與冷卻的雙向系統。它如同冷凍一樣在相同的熱力學原理下運轉。

heat treating　熱處理　通過加熱過程來改變諸如金屬或玻璃等材料的性質。熱處理用來硬化、軟化或更改材料的其他性質，這些材料在低溫和高溫下具有不同的晶體結構。轉變的類型取決於材料加熱的溫度、加熱的速度、加熱的時間、冷卻時首先達到的溫度以及冷卻的速度。例如，淬火使鋼硬化，把鋼加熱到高溫，然後快速地把它浸入室溫的油、水或鹽水裡將新的晶體結構「凍結」起來；在低溫處理中，製冷浴池的溫度範圍從180～70℃，常常用來處理高碳鋼和高合金鋼。軟化金屬（恢復它的延展性）的兩種主要方法是退火和回火，退火是讓溫度慢慢升高，保持一段時間，然後慢慢冷卻；回火是在油中慢慢加熱，並保持若干小時。

heath　歐石南　杜鵑花科歐石南屬植物，約500種，多爲低矮灌木，大部分原產於南非。一部分產於地中海地區及北歐，有些種已引種到北美。葉片狹小，緊密輪生。有些美洲種類爲大的灌木叢或喬木。白歐石南（即喬木狀歐石南）也稱brier。有些南部非洲種在北美西南部栽培於露天或玻璃涼房內。

Heath, Edward (Richard George)　奚斯（西元1916年～）　受封爲艾德華爵士（Sir Edward）。英國政治人物，1970～1974年擔任英國首相。1950年選入議會後，曾擔任一些政府官職。1964年保守黨失敗後，他成爲反對黨的主要人物。1970年擔任首相，面臨了與北愛爾蘭暴力衝突的危機，1972年他強制英國直接統治北愛爾蘭，並贏得法國同意接納英國加入歐洲經濟共同體。但是他無力改善英國逐漸攀高的經濟問題，主要是通貨膨脹和失業率上升，以及因工人罷工而經濟陷於癱瘓，他在1974年舉行的普選敗給工黨的威爾遜。翌年柴契爾取代他爲保守黨領袖。

Heathcoat, John　希思科特（西元1783～1861年）　英國發明家。1809年取得機器花邊機的註冊專利，是當時最複雜的紡織機，它透過模仿梭結花邊工人雙手操作梭子的動作，生產仿眞梭結花邊。1816年盧德派分子搗毀了他的花邊工廠。後來他還研製了生產裝飾花邊網、絲帶、打褶花邊網和編織花邊網用的機械裝置，發明了改進的精紡機，最後創造了從蠶繭捲繞生絲的方法。

heather　帚石南　亦稱Scotch heather。杜鵑花科常綠低矮灌木，學名Calluna vulgaris，廣佈於歐洲西部及亞洲、北美以及格陵蘭。它是歐洲西部及北部許多荒地的主要植被。帚石南與眞正的歐石南（有時也叫帚石南）不同，其區別是花萼裂片遮蓋著花瓣，而歐石南則花瓣蓋著萼片。帚石南莖紫色，小枝綠色，葉片密生，花序羽狀，花鐘狀。帚石南用途很廣，大枝可製掃帚，短枝可紮刷子，蔓生的長枝可編籃筐。

heating　供暖　提高一個密閉空間的溫度的過程。熱氣可由對流、輻射和熱傳導來傳遞。除古羅馬人（他們發展了一種集中供暖方式）之外，大多數文化均仰賴直接供暖法，如壁爐、火爐。集中供暖法在19世紀又獲採用，這是一種間接的供暖方式，熱源地遠離住所，然後再把熱氣傳送到這些住所。在熱風供暖中，爐中的熱氣通過管道傳送到房間的上方，熱氣在那裡經由節氣門散發。在熱水系統中，爐中的水經泵送到一個管道系統循環，將熱水送入房內的散熱器或運流器。在蒸汽系統中，由鍋爐產生蒸汽，經由管道將蒸汽導入散熱器。但由於蒸汽的高溫難以控制，現在大多廢棄不用。電熱系統的一種普通方式是用電阻器把電流轉爲熱，放出輻射能。亦請參閱radiant heating、solar heating。

heatstroke　中暑　因曝露在濕熱環境下（通常是連續好幾個小時）而引起的身體虛脫現象，直接受日曬引起的中暑稱爲日射病。此時體溫達41～43℃，甚至更高，這是因爲幾乎停止排汗，因而導致溫度急速上升、虛弱、昏迷。用冰水浴或冰袋，輔以按摩以促進循環，爲搶救患者生命的急救方法。有些人甚至在體溫下降後可能因循環障礙和腦部損傷而死。亦請參閱heat exhaustion。

heaven　天堂　上帝或其他神靈的居所，也是受上帝祝福的人在離世後的住處。此詞也指天球，即太陽、月球、行星和恆星的所在地，以及光的來源，是善的象徵。對後來的猶太教和基督教來說，天堂是死者大復活後信仰堅定者的目的地，正好與地獄相反，地獄是壞人受懲罰的地方。在中國宗教中，「天」指的是「天意」，其指導了所有自然和道德規律的運轉。在大乘佛教的某些宗派裡，天堂是西方極樂世界即蒙佛恩的人所去之處。

〈天使為約翰介紹天堂的耶路撒冷〉，選自《聖約翰啓示錄》(1020?)
By courtesy of the Staatsbibliothek Bamberg, Germany

Heaven's Gate　天堂門　美國宗教團體，1997年集體自殺，其成立乃基於對不明飛行物的信仰。1972年由艾波懷特（1932～1997）與奈托斯（1927～1985）創建，多年來該團體用過好幾個名稱，例如「人類個體變形」。爲了準備在太空船上「轉變」爲新生命，它提倡棄絕自我甚至到去勢的程度。1996年該團體定居聖地牙哥地區，以製作全球資訊網的網站維生，默默地爲末世作準備。天堂門成員相信，一艘太空船將跟在海爾－波普彗星之後來到，把他們載向一個更好的地方。1997年3月26日，彗星接近地球之際，留下來的三十九名成員以精心安排的方式服毒自盡。

Heaviside, Oliver＊　海維塞（西元1850～1925年）　英國物理學家。1902年就預言電離層的存在。肯涅利（1861～1939）在他之前已作出類似的預言，因此電離層多年來就稱爲肯涅利－海維塞層。他對電話理論的貢獻促使長距離通話得以實現。在《電磁理論》（1893～1912）中，提出電荷將隨其速度的增加而增加質量，預示了愛因斯坦狹義相對論的一種概念。他還發展了數學上的變換系統，稱海維塞微積分。

heavy hydrogen　重氫 ➠ deuterium

heavy metal　重金屬音樂　搖滾樂的一種類型，以電吉他、有力的節拍、重低音和通常是晦澀陰鬱的歌詞組成的高度擴大音量的「強力和弦」。1960年代晚期在英國和美國，從「史蒂芬野狼」樂團、吉米罕醉克斯等激烈的、源於藍調的音樂演化而來，後來透過「齊柏林飛船」、「黑色安息日」、「大放克鐵路」和「史密斯飛船」等樂團才自成一種風格。經過一段時期的沈寂後，新一世代的樂團如「鐵娘子」、「克魯小丑」，以及許多老前輩（包括奧斯朋在內）的出頭，在1980年代復興了這種風格。

heavy spar ➠ barite

heavy water　重水　亦稱氧化氘（deuterium oxide）。由二個氘原子和一個氧原子組成的水，化學式爲D_2O。大多數來自天然水源的普通水約含有0.015%的氧化氘，可透過蒸餾、電解或化學過程來提高或去除其含量。重水可用作核電廠的減速劑，減緩快速運動的中子以使它們能和反應爐的燃料一起反應。在實驗研究中，可用作化學過程和生物化學過程的同位素示蹤劑。含有氚（T_2O）的水也可稱爲重水。

Heb-Sed festival　赫卜塞德節　埃及最古老的節日之一。自國王在位三十週年紀念日開始，每三年慶祝一次。西元前3000年左右可能是一種紀念法老美尼斯統一埃及的儀式。在節慶一開始獻上犧牲給神後，國王被戴上代表上埃及的白色王冠，再來是代表下埃及的紅色王冠。之後在儀式性的跑道跑四次，然後被帶到何露斯和塞特的禮拜堂。

Hebbel, (Christian) Friedrich　赫伯爾（西元1813～1863年）　德國詩人和劇作家。早年生活窮困潦倒，根據《聖經》故事寫成的詩劇《猶滴》使他一舉成名。後來寫的悲劇包括：《瑪麗亞·瑪格達萊娜》（1843），是中產階級下層社會的生動寫照；《吉格斯和他的指環》（1854），也許是他最成熟、最精巧的作品。這些作品都是運用黑格爾的歷史觀念和道德價值寫成的寫實心理悲劇。在神話的《尼貝龍三部曲》（1862）裡，誇大描寫了異教徒和基督教徒之間的衝突。

Hebe＊　赫柏　希臘青春女神，宙斯和赫拉的女兒。她是眾神的侍酒者，在赫拉克勒斯痛苦地死後升天成神時，她嫁給了他。通常她和母親一道受人崇拜。

赫柏攜帶瓊漿玉液與神的食物，瓶畫；現藏義大利魯沃迪普利亞亞塔博物館
Alinari－Giraudon from Art Resource

Hebei＊　河北　亦拼作Hopeh。舊稱直隸（Chihli）。中國北部省分（2000年人口約67,440,000）。北京市是位於河北省中央的一塊飛地。在歷史上河北是防禦北方入侵的主要屏障，中國的長城即有部分建於河北省境內。1644～1912年清朝統治此地。1937年日本占領河北，1949年落入中國共產黨手中。河北省省會在1958年以前皆位於保定，而後轉至天津，1967年再遷往石家莊。就文化與經濟而言，河北是中國北方最先進的省分。橫跨河北南部的華北平原自數千年前即有人類定居，北京猿人即發現於此。

Hébert, Anne　埃貝爾（西元1916～2000年）　加拿大詩人和小說家。出生於詩人和評論家家庭，以寫詩開始其寫作生涯。然而，在1950年代中期遷居巴黎後，她開始創作多部小說，對暴力、叛亂和追求個人自由作了心理上的剖析。曾三次獲得總督獎（加拿大最高榮譽的文學獎），一次是因《詩集》（1960）獲獎，另兩次是因小說《卡摩爾斯卡》（1970）、《夢想的包袱》（1992）得獎。

Hébert, Jacques(-René)＊　埃貝爾（西元1757～1794年）　筆名杜歇老爺（Pere Duchesne）。法國大革命期間的政治新聞工作者，巴黎「無褲黨」（極端激進的革命分子）的主要發言人。他以筆名寫了一些政治諷刺作品，他的《杜歇老爺報》廣為人所閱讀。埃貝爾成為科德利埃俱樂部裡的有力人士，追隨他的人叫作埃貝爾派，1792年協助推翻了君主政體。埃貝爾將巴黎聖母院和其他約2,000座教堂改為崇拜理智。埃貝爾成為「無褲黨」的喉舌，他壓制了雅各賓政權以制定恐怖統治。到1794年，他被視為危險的極端分子，公安委員會將埃貝爾逮捕，後被送上斷頭台。

Hebraic law　希伯來律法　古代以色列人的法典，見於《舊約》的許多章節。通常區分為三部各自獨立的法典：約書或約典、申命法典、祭司法典。約書見於〈出埃及記〉第20章至第23章，和比它更早的巴比倫人《漢摩拉比法典》相似。申命法典見於〈申命記〉第12～26章，是對較早的以色列律法的重新解釋或修正，並用於脫離迦南和其他地方的影響而崇拜雅赫維（神）。祭司法典載於〈出埃及記〉的許多章節、〈利未記〉全部及〈民數記〉大部分，多記載祭典時的儀規。

Hebrew alphabet　希伯來字母　用來書寫希伯來語的文字，也用來書寫猶太人作為當地方言的其他若干語言，包括拉迪諾語和意第緒語。如今使用的22個現代字母的字母表僅稍微有別於西元前數世紀猶太文獻所採用的文字——用來書寫皇家阿拉米語的方塊文字。採用這種文字之前，希伯來文是最後從腓尼基人借來的線條文字，可以追溯到西元前9世紀；雖然線條文字逐漸不受猶太人喜愛，堅信猶太教古代分支的撒馬利亞人卻持續使用到現代。希伯來文從右到左書寫，字母形狀（至少在最初）僅代表輔音，後來某些輔音被用來表示特定位置的母音，到了西元600年左右，一種辨別系統或「點」被用來呈現《聖經》文字中所有的母音。

Hebrew calendar　希伯來曆 ➠ calendar, Jewish

Hebrew language　希伯來語　屬閃米特語西北支，為猶太教的祭祀語言和現代以色列的國語。如阿拉米語（與它關係密切）一樣，經考證的希伯來語歷史近3,000年，最早完全證實的希伯來語階段是聖經希伯來語：較早的部分（標準聖經希伯來語）溯自西元前500年以前，甚至包括較古老的詩經文字；較晚的部分（晚近聖經希伯來語）約形成於西元前500～西元前200年。後聖經希伯來語（又稱密西拿希伯來語或拉比希伯來語）具有早期（希伯來語可能在某種程度上還算是一種國語時）及晚期（西元前200年之後，當阿拉米語成為南亞猶太人的日常用語時）的特色。6～7世紀象徵過渡到中古希伯來語的時期。希伯來語再度復興為以色列國語與18世紀的哈斯卡拉運動和20世紀的猶太復國主義有密切關係。在以色列和國外講現代以色列希伯來語的人數約有五百萬人。其發音在整體上與德系猶太語和西班牙系猶太語有很大的差別（參閱Ashkenazi和Sephardi）。亦請參閱Hebrew alphabet。

Hebrew University of Jerusalem　耶路撒冷希伯來大學　耶路撒冷的私立大學，創立於1925年。是以色列最重要的大學，吸引了國外的許多猶太學生，也有阿拉伯人學生就學。設有人文科學、自然科學、社會科學、法律、農業、牙科和醫科等院系；教育、社會工作、藥學、家政學和應用科學技術等學院；以及一所圖書館學研究院。註冊人數約有23,000人。

Hebrides＊　赫布里底群島　亦稱西部群島（Western Isles）。舊稱Ebudae。蘇格蘭西部群島，分為內赫布里底群島、外赫布里底群島（設建制為西部群島議會區），中間相隔著小明奇海峽。由四十多個島嶼和無數荒島組成，其中大多無人居住，原始居民是塞爾特人。古代北歐人在西元8世紀以後就開始侵襲此地（因此曾統治過這裡），並一直持續到1266年該群島割讓給蘇格蘭之時。經濟以耕種、捕魚和編織為主，後者以生產哈利斯花呢最為有名。人口約31,000（1991）。

Hebron＊　希伯倫　阿拉伯語作Al-Khalil。耶路撒冷西南部城市，因為是亞伯拉罕的故鄉和埋葬地（麥比拉洞）而被尊為猶太教和伊斯蘭教的聖城。約西元前10世紀，大衛王曾短暫定都於希伯倫。從西元635年到第一次世界大戰後（除1100～1260年被十字軍占領外），希伯倫一直在穆斯林統治下。1923年起為巴勒斯坦一部分，1948年被約旦併吞。在1967年「六日戰爭」期間以色列占領此城，成為受以色列管轄的西岸地區之一部分。1997年以色列和巴勒斯坦解放組織協議從希伯倫撤出部分以色列人。人口約117,000（1995）。

Hecate＊　赫卡特　在希臘宗教中司魔法和符咒的女神。可能源自小亞細亞。赫西奧德認為她是泰坦佩爾塞斯的女兒，把她描述成是財富和日常生活一切福祉的賞賜者。她親眼看到普賽弗妮被冥神哈得斯所誘拐，並幫忙四處找她。有一種稱作赫卡特式柱被裝設在門口和三岔路口以嚇阻惡神。有時被描繪為三頭三身，背靠背站著，因此能在三岔路口同時看到各個方向。

Hecatompylos＊ 赫卡通皮洛斯 伊朗呼羅珊西部古城。曾是安息王國的國都，位於東部厄爾布爾士山脈的南麓。約西元前300年是塞琉西王國的軍事前哨。到了西元前200年左右，成為伊朗阿薩息斯王朝的都城。已知曾位於近東與中國之間的「絲路」上，可能位於伊朗城市達姆甘和沙赫魯德之間，但確切地點已無從查考。

Hecht, Ben＊ 赫克特（西元1894～1964年） 美國新聞工作者、小說家、劇作家和電影編劇。出生於紐約市，1910～1922年任職於芝加哥的幾家報社。在《芝加哥每日新聞》時，他擅長撰寫一種富有人情味的小品文，後來廣被仿效。此後，他一半時間在紐約，一半時間在好萊塢度過。1928年與麥克阿瑟合寫了幾部劇本：《滿城風雨》，影響了大眾和報紙業對報導世界的觀點；喜劇《二十世紀》（1932年上演）；以及《女士們，先生們》（1939年上演）。他的電影劇本（通常和麥克阿瑟合寫）包括《根嘉丁》（1938）、《咆哮山莊》（1939）、《螺旋梯》（1945）和《美人計》（1946）。

Heckman, James J. 赫克曼（西元1944年～） 美國經濟學家，對研究個人與家戶經濟行為的分析方法貢獻卓著，2000年與麥克法登共同獲頒諾貝爾經濟學獎。赫克曼生於芝加哥，1965年畢業於科羅拉多大學數學系，1968、1971年在普林斯頓大學取得經濟學碩士及博士，然後任教於哥倫比亞大學（1970～1974）及芝加哥大學（1973～）。他最有名的學術成果是「赫克曼修正」，這是一種兩步驟的統計程序，為統計抽樣的偏誤提供了表述工具。他也是1983年美國經濟學會的克拉克獎得主。

Heckscher, Eli Filip＊ 赫克謝爾（西元1879～1952年） 瑞典的經濟學家和經濟史學家。1909年開始在斯德哥爾摩經濟學院任教，後來參與創建斯德哥爾摩經濟史研究所，並任所長。他的著作主要是經濟史方面，作品有《大陸體系》（1922）《重商主義》（1931）。他提出限制紙幣波動的「商品點」概念和對自由貿易表示支持，並主張生產要素不同會造成國家之間貿易商品優勢的不同。此種假說為其弟子奧林（1899～1979）所採用，現稱「赫克謝爾－奧林理論」。

Hector 海克特 希臘傳說中，特洛伊國王普里阿摩斯和王后赫卡柏的長子。他是安德洛瑪刻的丈夫和特洛伊軍隊的主要戰士。在荷馬的史詩《伊里亞德》中，他不僅驍勇善戰，也以高貴情操聞名。他還是阿波羅神的寵兒，阿波羅幫他在打仗時殺死阿基利斯的朋友帕特洛克羅斯，後來阿基利斯替朋友報仇，在戰鬥中刺死海克特，並拖行他的赤裸屍身環繞特洛伊城牆一圈。

Hecuba＊ 赫卡柏 希臘傳說中，特洛伊國王普里阿摩斯的妻子，海克特的母親。特洛伊戰爭結束時，她隨之被俘。據尤利比提斯的說法，她的小兒子波呂多洛斯曾託付給色雷斯國王波林涅斯托耳照管。當她抵達色雷斯時，發現兒子已被謀殺，就弄瞎國王雙眼，並殺死他的兩個兒子作為報復。其他版本的說法是後來她變成了一隻狗，她在赫勒斯滂的墳墓成了航海船隻的陸標。

hedgehog 猬 猬科十四種舊大陸哺乳動物的統稱。喜以動物為食，但也吃植物。刺猬類有九種，背部有短而無倒鉤的刺，體形圓，頭小，臉尖，尾小或無。體長10～44公分。原產於英國、北部非洲和亞洲，有一種已被引進紐西蘭。毛猬有5種，產於亞洲，有粗糙而具防衛性的毛，但沒刺，體臭難聞。毛猬一般體長46公分，尾長30公分。亦請參閱porcupine。

hedgerow 樹籬 一排密集的灌木或矮樹形成的籬笆或界線。樹籬圍住或分隔農地或牧場，保護土壤不受風的侵蝕，圈住牛隻或其他牲畜。為了鋪設籬笆，樹幹緊密的樹苗物種適合作為樹籬（如山楂），切出一塊作為通道，並將樹苗鋪在地面。新長出的部分垂直上升，構成無法通過的樹枝網。英國從圈地運動開始之後，樹籬一直是鄉村的特色，提供給無數的鳴禽與小型動物棲息地。當大型機械化農業逐漸抬頭，去除樹籬將小片農地結合成更大的一塊。

hedging 套頭交易 一種減輕因價格波動造成損失的風險的方法。方法是：在兩個不同的市場中大約同時買進和賣出等量同樣的或類似的商品，以期在一個市場中未來價格的變動能從另一市場中相反的價格變動來抵銷。例如，一個穀物儲存商在鄉間買進小麥的同時，賣出等量小麥的期貨。當他將小麥賣出時，再買回期貨。如果穀物價格下跌，他可用低於其售價的價格買回期貨，由此所得的收益可以補償其儲存穀物跌價而蒙受的損失。套頭交易在證券和外匯市場上也很普遍。亦請參閱stock option。

Heeger, Alan J. 希格（西元1936年～） 美國化學家。生於愛荷華州秀城，1961年加州大學柏克萊分校博士。希格與麥狄亞米德、白川英樹確認有些塑膠經過化學處理，可以像金屬一樣導電。此發現導致其他導電聚合物的發現，並為新興的分子電子學奠下基石。希格在數個機構執教，在1990年創立UNIAX公司。與麥狄亞米德、白川英樹共同獲得2000年諾貝爾化學獎。

Hefei＊ 合肥 亦拼作Ho-fei。舊稱廬州（Luchow）。中國華中地區城市（1999年人口約1,000,655）。自1949年起為安徽省省會，目前的城址可追溯至宋朝（960～1126）。因為合肥通往揚子江（長江）的水路運輸相當便利，再加上重要的陸路交通線經過此地，所以成為天然的交通中樞。興建於1930年代的鐵路，輸出大部分的生產品。設有中國科學與技術大學。

Hefner, Hugh (Marston) 海夫納（西元1926年～） 美國雜誌創辦人與企業家，生於芝加哥，曾於伊利諾大學就讀。1953年他為男性創辦了《花花公子》雜誌，當中所蒐羅的文章頗具智慧且直接了當地表明享樂主義哲學，使得《花花公子》為1960年代性革命帶來創新性影響。海夫納之後將企業拓展至夜總會及其他娛樂媒體和產品行銷業。

Hegel, Georg Wilhelm Friedrich＊ 黑格爾（西元1770～1831年） 德國哲學家。曾擔任教師，後來成為紐倫堡高級中學的校長（1808～1816），接著在柏林大學任教（1818～1831）。他的工作承接康德、費希特、謝林之後，象徵了後康德時期的德國觀念論的發展顛峰。黑格爾是一個絕對觀念論論者，他受到重新審視基督教的啓發，並根據自己廣博的知識，在辯證架構下為萬物——邏輯的、自然的、人類的、宗教的——找到歸屬，這個架構一再從肯定命題擺盪到反命題，然後又回到更高更豐富的綜合結論。他的全面體系把哲學置於歷史和文化的所有問題範疇內，其中沒有一樣可再被視為與自身能力無關。同時，它剝奪了所有隱含的要素和問題的自主性，將之減化為一個過程的象徵性表現，即絕對精神對自我的追求與征服。主要作品有《精神現象學》

(1807)、《哲學全書綱要》(1817)、《法哲學原理》(1821)。黑格爾主義在它所引起的反應——見於齊克果、馬克思、摩爾和維也納學圈——與其正面影響同樣豐富。黑格爾被視爲最後一位偉大哲學體系的創建者。

Hegelianism＊　黑格爾主義　從黑格爾思想體系發展出來的龐大哲學運動。其發展可分爲四個階段：第一個階段包含1827～1850年期間德國的黑格爾學派，這個學派又分爲三派：（1）右派（或老黑格爾派），致力於標舉黑格爾主義對福音正統信仰和保守政策的兼容性。（2）左派（或青年黑格爾派），詮釋黑格爾以革命意識將理性與眞實合而爲一。（2）中派偏向於恢復黑格爾體系在創造與重要性方面的詮釋。第二個階段（1850～1904）通常稱爲新黑格爾主義，中派的著作扮演著吃重的角色。20世紀初，在狄爾泰發現黑格爾年輕時未發表的文章之後，德國掀起另一個運動，這第三個階段稱爲黑格爾復興，強調重建黑格爾思想的來源。第四個階段是在第二次世界大戰後，歐洲馬克思主義的研究再興，終於使黑格爾派遺產對馬克思主義的價值凸顯出來。

Hegira　希吉拉　亦作Hejira。指622年先知穆罕默德自麥加遷移到麥地那以避迫害之事，並找到一群忠心的信奉者。伊斯蘭教紀元自此開始。第二代哈里發歐麥爾一世開始以遷居的那一年事件爲穆斯林曆的起點，現在年份以希吉拉紀元（AH，拉丁文Amo Hegirae的縮寫）來表示。當年隨穆罕默德一起遷到麥地那的那批門徒稱撒哈比。

Heh　赫 ➠ Hu, Sia, and Heh

Heian period＊　平安時代（西元794～1185年）　日本歷史上的一個時代，因將國都從奈良遷至平安京（今京都），故名。主要以宮廷貴族文化繁榮而有名，當時他們競相附庸風雅，這種情形反映在詩歌和書法上。同時期的小說如紫式部的《源氏物語》生動描述了這種生活情況。另一部描寫平安時代的著作是《今昔物語》，爲民間故事集，但沒有描寫得那麼精細。眞言宗和廣納各家思想的天台宗亦強調風雅，它們取代了早先的奈良佛教支派勢力。到平安時代晚期虔敬主義受到歡迎，導致法然創建了淨土宗。平安時代的政治一直由文官把持到1156年，那年武士們受徵召以平息政治紛爭，之後就沒再離開了。亦請參閱Fujiwara family、Gempei War、Sugawara Michizane、Taira Kiyomori。

Heidegger, Martin＊　海德格（西元1889～1976年）　德國哲學家。曾在馬爾堡大學（1923～1927）和弗賴堡大學（1927～1944）任教。1927年出版鉅著《存在與時間》，對沙特和其他的存在主義者影響非常大。雖然海德格本人並不贊同，他還是被歸爲無神論派存在主義者的領導人物。其揭示的目的在喚起人們對人的存在意義問題的重新關注。他用現象學的方法來初步分析人的存在（Dasein）。1930年代初期，在他的思想發生轉折後，看得出他在某些方面已放棄《存在與時間》裡的問題。1933年他加入納粹黨，並支持希特勒的政策，因而當上弗賴堡大學校長（1933～1934），但在戰爭近尾聲時不再那麼活躍。由於海德格與納粹爲伍（他從未公開否認過），有人開始爭論他的哲學是否承襲了「極權主義」的色彩。海德格的著作也對聖經詮釋學和後結構主義的影響十分巨大。

海德格
Camera Press

Heidelberg＊　海德堡　德國西南部城市，濱臨內卡河。1196年首見記載。後爲萊茵－巴拉丁的首府，1720年以前一直是巴拉丁選侯的住地。16世紀時是德國喀爾文派的中心。曾在三十年戰爭期間遭到破壞（1622），之後是法國人（1689、1693）。市內有13世紀的海德堡城堡，爲觀光勝地，以及海德堡大學（1386），是德國最古老的大學。人口約139,000（1996）。

Heidelberg, University of　海德堡大學　德語全名Ruprecht-Karl-Universität Heidelberg。位於德國海德堡的一所自治大學。1386年仿照巴黎大學建立。第一所學院爲西篤會創立。17～18世紀曾經沒落一時，但在19世紀初經過一次重整後恢復聲望，成爲科學、法律和哲學的中心，而其精彩的學生生活成爲許多浪漫派故事的主題。目前註冊人數約有28,000人。

Heiden, Eric (Arthur)　海登（西元1958年～）　美國冰上競速運動員。他是第一個贏得冰上競速世界冠軍的美國人，連續獲得三屆冠軍（1977～1979）。在1980年冬季奧運會上是第一個囊括五項冰上競速金牌的人。後轉向自由車運動。他的妹妹貝絲也是世界級的溜冰選手。

Heidenstam, (Carl Gustaf) Verner von＊　海登斯塔姆（西元1859～1940年）　瑞典詩人和小說家。第一本詩集《朝聖和漫遊年代》（1888）描寫了那段在南歐和中東地區生活的日子，使他一舉成名。他在論文「文藝復興」（1889）中，他成爲反對自然主義的領導人物，提倡復活以幻想、美、民族主義爲主題的文學。他根據這種脈絡所寫的許多首詩被翻譯收錄在《瑞典桂冠詩人》（1919）。他也寫歷史虛構小說，包括《查理國王的人馬》（1897～1898）及《福爾孔世家》（1905～1907）。1916年獲諾貝爾文學獎。

Heifetz, Jascha＊　海飛茲（西元1901～1987年）　俄羅斯出生的美國小提琴家。五歲開始跟著父親學琴，八歲時演出孟德爾頌的協奏曲。雖因猶太人非法身分不能住在聖彼得堡，但在1909～1914年進入聖彼得堡音樂學院就讀，師從知名的小提琴家奧爾（1845～1930）。1917年遷居美國，與魯賓斯坦和皮亞蒂戈爾斯基（1903～1976）組成三重奏，一起演出多年。雖然台風冷漠，但演奏技巧和音樂才華無懈可擊，使他成爲可能是世界最有名的小提琴家。1959年開始在洛杉磯的南加州大學任教，1972年退休。

Heilong River ➠ Amur River

Heilongjiang＊　黑龍江　亦拼作Heilungkiang。中國東北部省分（2000年人口約36,890,000）。以黑龍江爲邊界，是中國最北端的省分，省會哈爾濱。過去隸屬於昔日稱爲滿洲的地區。19世紀末以前，此地的開發非常有限。俄國一直統治此地，直到1917年才納入中國控制。1931年日本奪取黑龍江，但到1945年又被蘇軍奪下，後來才歸中國共產黨掌控。1960年中蘇分裂之後，黑龍江的邊境成爲屢次發生衝突的地點。如今該省的工業化正逐漸擴張。

Heimdall＊　海姆達爾　古斯堪的那維亞神話中諸神的守護神。被稱爲光照之神，以皮膚白皙聞名。住在阿斯加爾德入口處，守護著通往人間的虹橋。他天賦異稟，具有非凡的眼力和聽力，隨身帶著一支號角，無論天上、地下都可以聽到。據說，當世界末日迫近時，海姆達爾就會吹起號角，在那天和敵人洛基相互廝殺。

H I J K

Heimlich maneuver＊ 海姆利希氏手法 從窒息者咽部除去異物的急救法，是由美國外科醫師亨利·海姆利希發明出來的。這種手法只有在窒息者呼吸道完全被阻塞而不能說話或呼吸的情況下才能使用。施救者站在窒息者後方，用兩臂圍著他的上腹，兩手在肋廓下相連，然後用力向內上方推壓窒息者腹部多次，目的在壓出肺中的空氣，把咽部異物推出。如果窒息者已無意識，就要使他仰臥在地，由蹲或跪的急救者從上方推壓其腹部。

Heine, (Christian Johann) Heinrich＊ 海涅（西元1797～1856年） 原名Harry Heine。德國－法國詩人。父母爲猶太人，後來因職業關係皈依新教，但在工作上並不認眞。他的《歌集》（1827）使他獲得國際的文學聲譽，這是一部苦樂參半的愛情詩集。他的四卷散文作品《旅行記》（1826～1831）爲後世作家競相模仿。1831年以後定居巴黎。他針對社會和政治事件評論的文章和研究中有許多是批判德國的保守主義的，結果在德國被查禁，德國還派間諜到巴黎監視他。第二本詩集《新詩集》（1844）反映了他參與社會的狀況。第三本詩集《羅曼采羅》（1851）充滿了令人心碎的哀嘆和對人類狀況所作的悲觀解釋；其中有許多首現在被認爲屬於他最傑出的詩篇。他被認爲是德國最偉大的抒情詩人之一，他的許多詩詞被一些作曲家如舒伯特、舒曼和布拉姆斯編成歌曲。

Heinlein, Robert A(nson)＊ 海因萊因（西元1907～1988年） 美國科幻小說家。曾獲得物理學和數學學位，1930年代開始在粗俗的冒險動作雜誌《科幻小說大驚奇》撰稿。第一本書是《伽利略號火箭》（1947），隨後是大量小說和故事集。《異鄉陌生人》（1961）是他最出名的作品，吸引了一大群崇拜者。其他的書包括《雙星》（1956）、《瑪士撒哈的兒女》（1958）、《星艦戰將》（1959）、《月球是個粗暴的婦人》（1966）和《不畏邪惡》（1970）。他贏得四次雨果獎，這是史無前例的，其作品複雜的結構大大促進了這種體裁的發展。

Heinz, H(enry) J(ohn) 亨茲（西元1844～1919年） 美國企業家，大型加工食品企業創辦人。生於匹茲堡，後來進入父親的磚廠工作，並同時創辦一家商號，將匹茲堡當地製造的雜貨產品，配送給地區經銷商。1876年他和弟弟及堂弟共同開辦一家食品工廠，製造醃漬食物、蕃茄醬、烘焙豆類及調理食物，取名F. & J. Heinz Co.，1888年工廠重組更名爲H. J. Heinz公司，1905年再改爲股份有限公司，亨茲自任總裁，1919年在任內逝世。

heir 繼承人 指繼承死者財產的人，或者根據血統或親屬關係有權繼承遺產的人。在大多數司法制度下，如果沒有遺囑指定的遺產承受人，則根據血統的法令來決定財產權的轉移。在財產所有人在世期間，一個人或者是確定繼承人或者是推定繼承人。確定繼承人的財產權利不容剝奪或無效，除非有正當手續的遺囑把他排除之外。推定繼承人的權利則可能因血緣更近的親屬誕生而改變繼承的順序。在英國，君王的確定繼承人是長子。如果沒有子嗣，長女就是推定女繼承人。亦請參閱primogeniture。

Heisei emperor 平成皇帝 ➠ Akihito

Heisei period＊ 平成時代 日本統治時期，始於1989年，明仁在他父親裕仁死後繼任爲天皇。對日本人來說平成時代是一個嚴肅的時代，這一時期政治動盪不安（頭九年裡就換了九位首相）、經濟成長遲緩，金融界發生多次危機。破壞性的神戶大地震以及奧姆眞理教用神經毒氣攻擊東京地鐵線（都發生在1995年）在這一時期的黑暗畫面上又塗上兩筆。正面的事件有皇子的婚禮和1998年冬季奧運會由長野主辦。亦請參閱Obuchi, Keizo、Showa period。

Heisenberg, Werner (Karl)＊ 海森堡（西元1901～1976年） 德國物理學家。曾在慕尼黑和格丁根求學。1927～1941年任教於萊比錫大學，1942～1976年在馬克思·普朗克物理學研究所任教。1925年他解決了非諧振盪器的穩定（分立）能量狀態問題，這個解答開啓了量子力學的發展。1927年他發表了著名的測不準原理。他也對流體力學的湍流理論、原子核理論、鐵磁性、宇宙射線、亞原子粒子的理論做出重要貢獻。1932年因量子力學的工作而獲頒諾貝爾獎。

Heisenberg uncertainty principle 海森堡測不準原理 ➠ uncertainty principle

Heisman, John (William) 海斯曼（西元1869～1936年） 美國大學美式足球教練，爲該項運動的偉大革新者。曾爲布朗大學和賓夕法尼亞大學美式足球球員。1906年向前傳球打法獲得承認，主要是出於他的主張，後來他又提出中場快速傳球、前衛指揮開球信號、隱球打法（後被取消）、以前衛作爲防守最後方的後衛、雙傳球打法、旋轉衝入對方陣地和海斯曼換位戰術等。1892～1927年由他擔任教練的各球隊共勝185場、負68場、平18場。海斯曼盃就是因紀念他而設立的獎杯。

Heisman Trophy 海斯曼盃 每年授予由體育記者投票選出的美國最佳大學美式足球員的獎杯。1935年由紐約鬧區運動俱樂部設立，次年以所聘請的第一個運動指導教練海斯曼爲正式的獎杯名稱。

Hejaz＊ 漢志 阿拉伯語作Al-Hijaz。沙烏地阿拉伯西部地區。北起約旦邊境，沿阿拉伯半島的紅海海岸延伸，南止於阿西爾地區。該地北部早在西元前6世紀即有人居住。西元7世紀時，伊斯蘭教誕生於此區的城市麥加和麥地那，後來這兩座城市一直是伊斯蘭教的聖城。1258年落入埃及人手裡。1517年歸屬土耳其。1916年侯賽因·伊本·阿里率衆叛亂，並在此稱王。1926年內志蘇丹伊本·紹德稱漢志王，1932年將漢志、內志和其他地區合併爲沙烏地阿拉伯王國。

Hejira ➠ Hegira

Hel 海爾 在古斯堪的那維亞神話中，原指冥界，後成爲死亡女神的名字。她是洛基的女兒。她的王國叫作尼弗爾海姆或黑暗世界，分成幾個部分。這裡有一座城堡，裡面盡是蛇毒，殺人犯、姦夫、僞誓者都要在這裡受折磨，一條叫尼德霍格的龍從他們身上把血吸走。據說，上戰場陣亡者不入海爾，而是去瓦爾哈拉。

Helen 海倫 希臘神話中最美麗的女人，特洛伊戰爭的間接起因。她是宙斯同麗達或奈米西斯所生的女兒，狄俄斯庫里兄弟的姊妹。她還是阿格曼儂之妻克呂泰涅斯特拉的姊妹。海倫嫁給阿格曼儂的弟弟米納雷亞士。根據傳說，宙斯要求帕里斯（特洛伊國王普里阿摩斯之子）決斷三個女神中誰最美，他選擇了愛芙羅黛蒂，她以助其贏得世界上最美麗的女人來回報。在女神的幫助下，他誘拐了海倫，帶她逃到特洛伊，希臘人派軍追捕他們。戰爭結束時，帕里斯已負傷去世，海倫隨米納雷亞士重返斯巴達。

Helena＊ 赫勒拿 美國蒙大拿州首府。靠近蒙大拿州中西部密蘇里河。路易斯和克拉克遠征（1805）曾到此區探查。1864年發現金礦後開始有人定居（即現在的主街最後機會峽谷街)。1875年成爲準州首府,1889年升爲州首府。除了州政府活動外,赫勒拿是農業和牲畜交易中心,還有一些輕工業。州議會大廈的圓形銅頂上裝了一個複製的自由神像。人口28,000(1995)。

Helena, Saint　聖海倫娜(西元248?~328?年)　羅馬帝國君士坦丁一世的母親。嫁皇帝君士坦提烏斯一世,後因政治因素被棄。海倫娜在兒子的影響下信奉基督教。西元326年涉及媳婦被處死的事件,她乃前往聖地朝聖,並在耶路撒冷和伯利恆的耶穌誕生處和升天處分別興建教堂。到西元4世紀末,有人認爲海倫娜早已發現處死耶穌的十字架。

Helga, Saint ➠ Olga, Saint

helicon ➠ sousaphone

Helicon, Mount　赫利孔山　希臘中東部山峰。是較高的帕爾納索斯山的延伸部分赫利孔山脈的一部分。位置靠近科林斯灣,海拔1,749公尺。因古希臘人視這裡爲繆斯女神的故鄉而聞名,附近有阿加尼佩泉和希波克林泉,即傳聞中詩詞靈感的來源。

helicopter　直升機　一種航空器,由一副或幾副水平螺旋槳(亦稱旋翼)發動,可垂直起落、懸停空中或朝任何方向飛行。直升機是一種旋翼飛機,與習見的固定翼飛機不同。直升機是人類最早的飛行構想之一,中國人和文藝復興時期的歐洲人已製有直升機玩具,後來達文西也曾設計了這種飛行器。1907年法國人科爾尼研製了第一架載人直升機。1939年西科爾斯基首度成功生產出原型直升機,接著在美國和歐洲開始迅速發展起來。在韓戰和越戰期間直升機被軍方廣爲使用,以運載或救援軍隊。現在也用在民間救災工作和各種商業用途。

heliofiagellate*　太陽鞭毛蟲　動鞭毛蟲綱淡水原生動物。太陽鞭毛蟲因爲具有細長的放射狀孢質團(稱作僞足),有時被認爲與太陽蟲(具僞足,但無鞭毛)有親緣關係。某些屬的僞足蕊均從細胞中心的一個顆粒輻射出去,這點和太陽蟲一樣。生活週期包括鞭毛蟲和太陽蟲兩個階段的交替。有些個體呈球形或卵形。

Heliogabalus ➠ Elagabalus

heliopause　日球層頂　亦譯太陽風層頂。日球層的邊界,這個淚滴狀區域是太陽周圍充滿太陽磁場和向外運動的太陽氣體,是到達星際物質的過渡地帶。其尾部距離太陽估計約有50~100個天文單位。所有大行星的軌道全都在日球層頂以內。其形狀有起伏變化,受到太陽在星際氣體中運動所產生的星際氣體風的影響。

Heliopolis*　赫利奧波利斯　《聖經》作安城(On)。埃及古代聖城,現在的廢墟主要在開羅的東北部。該城曾是埃及太陽神瑞的崇拜中心。大瑞神廟的規模僅次於底比斯的阿蒙神廟,其祭司發揮了很大的影響力。新王國時期,神廟成爲保管皇室檔案的庫藏地。現存最古老的碑文是塞索斯特里斯一世的方尖碑。圖特摩斯三世在那裡豎立的一對方尖碑(稱克麗奧佩脫拉方尖塔),現在一個立在倫敦泰晤士河畔,另一個在紐約市中央公園。

Helios*　赫利俄斯　古希臘太陽神。每天乘著一輛四輪馬車從東方到西方在天空運行;每夜乘著一只巨杯環繞北洋流。在羅得島尤其受到崇拜,至少在西元前5世紀初已被視爲統治該島的主神。在希臘,他的地位後來爲阿波羅所取代。羅馬人把他當作太陽神索爾來崇拜。

heliotrope*　天芥菜　紫草科天芥菜屬植物,約250種,分布於全球熱帶和溫帶地區。多爲草本植物,有許多種成爲雜草。最熟知的香水草多年生,灌木狀,花序長而頂端捲曲,花芳香,似勿忘我,花裂片5枚,紫色至白色。

香水草
Walter Dawn

helium　氦　化學元素,化學符號He,原子序數2。一種稀有氣體,無色、無臭、無味,完全不起化學反應,而且無毒。1868年從觀察太陽周圍的大氣光譜中被人首度發現。氦是宇宙中僅次於氫的第二大豐度、第二個最輕的元素。在地球大氣層中只占一小部分,但在天然氣中就占有7%之多。氦是由放射性衰變(參閱radioactivity)形成的,可用於氦年代測定法。還可當作一種惰性氣體應用於電弧焊接、火箭推進、氣球飛行、高壓室、深海潛水(參閱nitrogen narcosis)、氣相色層分析法、發光訊號和低溫技術。液體的氦僅存在於-268.9℃(在絕對零度之上約4℃),是一種「量子流體」(參閱fluid mechanics),具有獨特的性質,包括超流性、超導電性和近於零的黏度。

helium dating　氦年代測定法　根據放射性同位素鈾和釷在衰變期間產生的氦而測定年代的方法。由於這種衰變在礦物或岩石的生存期內氦含量將會增加,氦與其放射性原始粒子的比值就成了地質年代的計量單位。化石也可以透過該法確定時代。岩石中所產生的相當大量的氦,使得有可能將氦年代測定法推廣到用於年齡只有幾萬年的岩石和礦物上。

hell　地獄　宗教用語,指死後惡人或受罰亡靈所在之處或所處狀況。多數宗教都有善、惡或生、死分處兩地的概念(如希臘宗教中哈得斯管轄的黑暗地下冥府,以及古斯堪的那維亞神話中尼弗爾海姆或海爾的寒冷黑暗的地下世界)。瑣羅亞斯德教、猶太教、基督教、伊斯蘭教這些宗教都認爲地獄是亡靈經過最後審判而受處罰的最終所在。猶太教認爲地獄是懲罰惡人的火焚谷,基督教據此認爲地獄是撒旦及其邪惡的使者的烈火之境,那些死不悔罪的人死後會在那裡永受刑罰。印度教認爲地獄只是靈魂投胎轉世的一個階段。佛教各派有各種不同的地獄觀,通常使人永久處於某種懲罰或煉獄中。耆那教認爲地獄是惡魔折磨罪人的地方,直到罪人一生的積惡全然清除才罷休。

hellbender　阿勒格尼隱鰓鯢　又譯美洲鯢。有尾目隱鰓鯢亞目蠑螈類,學名Cryptobranchus alleganiensis。見於美國東部和中部的湍流中。體粗壯,長約63公分,頭扁,尾鰭寬,體側有縱膚褶。多爲淡褐灰色,帶黑色斑點。成體用肺呼吸,但在頭後兩側仍保存幼體階段的鰓裂。軀幹及四肢有許多明顯的肉垂以增加表皮面積來透過皮膚呼吸,這是吸入氧氣的主要呼吸方式。晝伏石下,夜出捕食螯蝦、小魚、蠕蟲等。

hellebore*　鹿食草　鐵筷子屬和藜蘆屬兩個有毒草本植物屬的通稱,某些種類是庭園觀賞植物。鐵筷子屬原產於歐亞大陸,約有20種多年生草本植物,多數幾乎無莖,具粗根和長柄的裂葉,花美麗。藜

綠鹿食草(Helleborus viridis)
G. E. Hyde from the Natural History Photographic Agency

薹屬約45種，以稱爲假鹿食草爲宜，原產於北半球廣大潮濕地區。單葉，花小成簇。

Hellenistic Age 希臘化時代 指地中海東部和中東自亞歷山大大帝逝世（西元前323年）迄羅馬征服埃及（西元前30年）之間的歷史時期。亞歷山大和他的繼承者們建立的各個希臘君主政權控制了從希臘到阿富汗的遼闊地區。馬其頓的安提哥那王國、中東部的塞琉西王國和埃及的托勒密王國散佈了希臘文化，融合了希臘人和非希臘人，也混合了希臘要素與東方要素。他們產生了有效的官僚體制，以及以亞歷山大里亞爲基地的一種通俗而有創造力的文化。西元前280～西元前160年這段期間，藝術、文學和科學尤爲蓬勃發展。當羅馬逐漸強盛時，希臘化各國便開始衰微，羅馬人打敗馬其頓、米特拉達梯六世的軍隊，把這些王國和他們的聯盟併爲羅馬行省。在埃及捲入安東尼和屋大維（奧古斯都）之間的內戰後，成爲最後落入羅馬人手裡的國家。

Heller, Joseph 海勒（西元1923～1999年） 美國作家。第二次世界大戰時擔任投彈手，執行過六十次轟炸任務。後來在哥倫比亞大學和牛津大學就讀，然後擔任幾家雜誌的廣告文案。其諷刺小說《第二十二條軍規》（1961）是根據戰時經驗寫成，爲戰後「抗議文學」最重要的一部作品，並博得評論界和廣大讀者的好評。後來寫的小說有《出了毛病》（1974）、《像黃金一樣好》（1979）、《上帝知道》（1984）和《老兵不死，只是慢慢搞笑》（1994）。

Heller, Yom Tov (Lipmann ben Nathan ha-Levi) 海勒（西元1579～1654年） 波希米亞猶太宗教學者。曾在摩拉維亞和維也納任拉比，1627年被召回布拉格任大拉比。三十年戰爭期間，受神聖羅馬帝國皇帝斐迪南二世所迫，負責監督課徵猶太人重稅，因而猶太人社團中名譽受損。後來任沃利尼亞拉比，因禁止買賣拉比職位而得罪富有的猶太人。1643年起擔任克拉科夫大拉比。他最著名的著作是密西拿注解《我的補充》（1614～1617）。

Hellespont 赫勒斯滂 ➡ Dardanelles

Hellman, Lillian (Florence) 海爾曼（西元1905～1984年） 美國女劇作家。曾寫過書評，當過宣傳人員，後來開始寫劇本，自己扮演讀者角色。第一部成功的作品是《孩子們的時間》（1934），描寫有關兩位女老師被誣告有同性戀關係。在熱門小說《小狐狸》（1939）中，檢視了家庭的對抗意識。《守望萊茵河》（1941）則揭發政治上的不公平現象。1952年被傳喚到衆議院非美活動調查委員會作證，但爲她所拒絕。她曾把伏爾泰的《憨第德》改編成音樂劇，由伯恩斯坦作曲。她的《頂樓的玩具》（1960）也曾拍成電影。後來撰有一些回憶錄，並幫她的長期伴侶漢密特編輯作品。

Hells Canyon 地獄谷 美國蛇河峽谷。構成愛達荷州和奧瑞岡州邊界的一部分。全長200公里，中間有一段（約64公里）的深度超過1,600公尺。最深處2,400公尺，爲北美大陸最深的河谷。1975年將峽谷和四周268,000公頃的地區闢爲國家娛樂遊覽區。

Helmand River 赫爾曼德河 亦作Helmund River。古稱Etymander。阿富汗西南部與伊朗東部河流。發源於阿富汗中東部，往西南流過阿富汗大半國土，再折往北部，有一小段經過伊朗境內，最後注入阿富汗－伊朗邊境的赫爾曼德（錫斯坦）沼澤。長1,400公里，爲阿富汗最重要河流之一，已廣爲開發，用於灌溉。伊朗要求分享赫爾曼德河水是阿富汗與伊朗之間長期爭議未決的問題。

Helmholtz, Hermann (Ludwig Ferdinand) von* 赫姆霍茲（西元1821～1894年） 德國科學家，爲19世紀最偉大的科學家之一。他在接受醫學訓練後，先後到德國幾所大學教授生理學和物理學。他的興趣持續變換到新的學科，其中他把早期的洞察力應用於他所檢視的每個問題。他對生理學、光學、電力學、數學、聲學、氣象學做出重要貢獻，但以他對能量保留原則的論述（1874）最爲聞名。在許多科學家抱持精神觀念的演繹時，他的方法是極憑經驗的。他發明了幾種測量儀器，包括肌動描記器、檢眼鏡、檢眼計。他曾描述體能與體熱、神經傳導和眼睛生理方面。他對液體旋渦的數學分析（1858）是一項壯舉。他在電力學方面的工作爲法拉第、馬克士威鋪路，但最後被愛因斯坦的工作超越。

Helmont, Jan Baptista van 海耳蒙特（西元1580～1644年） 比利時化學家、生理學家和醫生。雖然傾向於神祕主義，但他是一個細心的觀察者和實驗家。最早發現氣體和空氣是不同的，他發明了「gas」一字，並認爲「自然精神」（即二氧化碳）是因燃燒木炭而形成的，這和製造葡萄酒的原理是一樣的。在消化和攝取營養的實驗中，海耳蒙特是第一個以化學原理去研究生理學上的問題，因此被稱爲「生物化學之父」。其論文集出版於1648年。

helots* 希洛人 斯巴達征服和控制的拉科尼亞和麥西尼亞地區原始住民。他們是國有的農奴或奴隸，替斯巴達人耕田，供養其食物和衣物，他們的人數衆多。主人既不能釋放也不能販賣他們。由於斯巴達人在數量上居於劣勢，經常懼怕希洛人暴動。每年斯巴達人都會對希洛人宣戰，以武力脅迫他們要安分。在戰爭期間，希洛人伴隨主人參加戰鬥，擔任輕裝部隊，有時亦充任艦隊中的划手。約在西元前370年時，麥西尼亞的希洛人被釋放，但希洛人制度在拉科尼亞仍繼續實施，迄西元前2世紀時爲止。

Helper, Hinton Rowan 赫爾珀（西元1829～1909年） 美國反奴作家。出生於南卡羅來納州戴維縣。1857年出版《如何應付南部即將面臨的危機》一書，在書中抨擊奴隸制，因爲這種制度不但使黑奴受壓迫剝削，而且損害不蓄奴隸的白人，阻礙南部經濟的發展。他的著述對北方的反奴運動產生了廣大影響，在南方則引起一次大騷動，並爲幾個州所查禁。爲了安全起見，他遷居紐約。南北戰爭後寫過三本帶有濃厚種族主義色彩的小冊子，主張將黑人放逐到非洲或拉丁美洲。

Helpmann, Sir Robert (Murray) 赫爾普曼（西元1909～1986年） 澳大利亞芭蕾舞者、編舞家、演員和導演。在澳大利亞跳舞和表演後，1933年前往倫敦學習，不久加入維克－威爾斯芭蕾舞團（即今皇家芭蕾舞團），後來成爲芳婷的經常舞伴。他自己設計的芭蕾舞包括《哈姆雷特》（1942）、《全球奇蹟》（1944）、《亞當・芝洛》（1946）。他還在電影《紅菱豔》（1948）和《霍夫曼的故事》（1950）中表演舞蹈，他還演出許多莎翁的戲劇，也曾導演過一些戲劇。1965～1976年任澳大利亞芭蕾舞團的藝術指導之一。

Helsinki 赫爾辛基 瑞典語作Helsingfors。芬蘭首都。位於芬蘭南部一個半島上，此半島有很多天然良港，它是全國主要港口。市內建築多用當地淺色花崗岩建成，有「北方白色城市」之稱。1550年由瑞典人創建，1640年南遷至現址。1808年與芬蘭一起淪爲俄國人統治。1812年俄國沙皇亞歷山大一世把芬蘭大公國的首府遷至赫爾辛基，此後一直是芬蘭的首都。1917年芬蘭宣布脫離俄國獨立，這裡曾發生一場短暫但血腥的內戰。此後幾十年間，赫爾辛基不斷發展，成爲重要的貿易中心。第二次世界大戰期間遭到俄國的大量轟炸（參閱Russo-Finnish War），現已重建。1975年一項國際會議在此召開（參閱Helsinki Accords）。人口約532,000（1997）。

Helsinki Accords　赫爾辛基協議　1975年簽訂的國際協議，主要是謀求蘇聯與西方集團共同承認第二次世界大戰後的歐洲現狀（包括德國分爲兩個國家）來緩和雙方間緊張的局勢。協議由所有歐洲國家（除阿爾巴尼亞外）以及美國和加拿大簽署，此協議沒有約束力，不具有條約的地位。蘇聯的主要興趣在於獲得國際上對它戰後在東歐霸權的默認。相對地，美國和其西歐盟國則促其尊重人權，並在經濟、科學、人道主義和其他領域進行合作。後續會議分別於1977～1978年在貝爾格勒，1980～1983年在馬德里，1985年在渥太華舉行，只見各國強烈抨擊蘇聯濫用人權，而蘇聯則反控他們。1990年在巴黎舉行一次會議，正式結束了冷戰時代，並認可德國統一。

Helvetic Republic　赫爾維蒂共和國　在法國革命戰爭時，瑞士被法國征服後成立的共和國（1798年3月），範圍包括瑞士大部分領土。其政府模式仿照法國的督政府。由於派別爭端迭起，代表們紛紛要求拿破崙進行調解，拿破崙於是在1803年以新的瑞士聯盟取代了共和國，迫使它和法國的關係更加密切。

Helvétius, Claude-Adrien ＊　愛爾維修（西元1715～1771年）　法國哲學家、辯論家，以及啓蒙哲學家的資助者。他以享樂主義、抨擊倫理學宗教基礎，以及他的教育理論聞名於世。其哲學名作《論精神》（1758）一出版立刻聲名狼藉，因爲它攻擊以宗教爲基礎的一切形式的道德。他認爲人人都具有同樣的學習能力，這一信念使他不同意盧梭的著作《愛彌兒》，並宣稱教育有解決人類問題的無限潛力。

Hemacandra ＊　月天（西元1088～1172年）　原名Candradeva。印度耆那教聖人。他的誕生被添加了一些吉祥之兆，受教於耆那教祭司。1110年受聖職，1125年任國王鳩摩羅波羅的顧問。因勸化這位國王信奉耆那教，於是鞏固了耆那教在古吉拉特的地位。撰有許多著作，介紹了印度各哲學派別和科學門類，此外還有文學方面的著作，如梵文史詩《六十三位大人物傳》。晚年按照耆那教傳統絕食而死。

hemangioma ＊　血管瘤　一種新生血管構成的先天性良性皮膚腫瘤。毛細血管血管瘤（亦稱焰色痣或葡萄酒色痣），是由毛細血管在頭部、頸部和臉部異常聚集所引起的皮膚損害，表面光滑，呈粉色至深藍紅色。大小形態不等，隨年齡增長，變得較不明顯或消失不見。發育不全的（未成熟的）血管瘤（亦稱單純性血管瘤或草莓狀痣），是由擴張的小血管聚集而成的紅色小腫塊，損害一般在嬰兒六個月左右達到最大，有時破潰，一歲後可逐漸縮小。海綿狀血管瘤，較少見，由較大的血管組成，紫紅色，隆起，外有結締組織網和脂肪組織包繞。最多見於皮膚，有時亦見於黏膜、腦及內臟。一般出生後即有，且很少繼續發展。爲了美容，可考慮手術切除。

hematite　赤鐵礦　亦作Haematite。重而較硬的氧化物礦物，即氧化鐵（Fe_2O_3）。因含鐵量高、產量豐富，所以是最重要的鐵礦石。大部分赤鐵礦分布於鬆軟、細粒、土狀的赭石。赭石可用作顏料；鐵丹是精煉而成的形式，用於拋光厚玻璃。澳大利亞西部的哈默斯利嶺是世界最大的赤鐵礦產地。

hematology ＊　血液學　醫學科學的一個分支，研究血液的性質、功能及血液疾病。其研究範圍包括血液中的細胞和血清成分、凝血過程、血細胞形成、血紅素合成，以及所有的這些相關疾病。17世紀時，馬爾皮基是第一個研究紅血球的人。18世紀，英國的生理學家休森（1739～1774）研究了淋巴系統結構和凝血過程。19世紀，骨髓已被確認是血細胞形成的所在，也驗明了貧血、白血病等血液疾病。20世紀初，發現了ABO血型系統，也研究了在血液形成中營養素所扮演的角色。第二次世界大戰後，血液學的研究更加深入到血液疾病的性質和改進治療方式等方面，並查明了血紅素合成和在凝血過程中血小板的作用。

hematuria ＊　血尿　尿內含血的一種病理狀況，表明腎或泌尿系統其餘部位有損傷或病變（男性尿內出現血液可能來自生殖系統）。可能因爲來自感染、發炎、腫瘤、腎石或其他疾病造成。小便中血液看起來的樣子和何時出現可看出是否是尿道、膀胱或腎出了問題。

Hemingway, Ernest (Miller)　海明威（西元1899～1961年）　美國小說家。中學畢業後開始當記者。第一次世界大戰時，在擔任救護車司機時受傷。後來成爲僑居巴黎的一批著名美國作家之一，不久他開始過著旅行、滑雪、釣魚和打獵的生活，這些都可在他的作品中看出來。1925年出版短篇小說集《在我們的時代》，翌年即接著出版小說《妾似朝陽又照君》。後來的小說包括《戰地春夢》（1929）和《有的和沒有的》（1937）。他畢生喜愛西班牙（包括著迷於鬥牛運動），在西班牙內戰時，他還以記者身分前往工作，這段經歷促其寫成小說《戰地鐘聲》（1940）。其他短篇故事集包括《沒有女人的男人》（1927）、《勝者一無所獲》（1933）和《第五縱隊》（1938）。約自1940年起，他開始定居於古巴，即中篇小說《老人與海》（1952，獲普立茲獎）的背景地。1954年獲諾貝爾文學獎。1959年古巴革命後，海明威離開古巴，一年後，精神沮喪和生病，最後用獵槍自殺。死後出版了他早年在巴黎練習寫作的《流動的饗宴》（1964）。此後幾十年，許多英美作家深受其早期簡潔精煉的詩詞風格的影響。

海明威，卡什攝於1959年
By courtesy of Mary Hemingway; photograph, © Karsh from Rapho/Photo Researchers

hemispheric asymmetry ➠ laterality

hemlock　鐵杉　松科鐵杉屬10種常綠喬木。原產北美、中亞及東亞。有些種爲重要材用樹，許多種是受歡迎的觀賞樹。此外，hemlock一詞又指許多其他植物，如平地鐵杉、鉤吻和毒芹。眞正的鐵杉是高大喬木，樹皮淡紫色或紅棕色；枝條細，水平或下垂；葉短，先端鈍，生於小枝，葉基下有一木質墊狀結構。

hemodialysis　血液透析 ➠ dialysis

hemoglobin ＊　血紅素　多種動物血液中的一種蛋白質，其從肺部運送氧氣到組織，然後帶回二氧化碳。脊椎動物的血紅素存在於紅血球內。血紅素與氧結合後呈鮮紅色，缺氧時呈紫藍色。血紅素的每個分子是由一個珠蛋白（蛋白質的一種）分子和四個血紅素基因構成。血紅素（一種複雜的雜環化合物）是來自中心含鐵原子的卟啉的一種有機分子。異常的血紅素（參閱sickle-cell anemia和hemoglobinopathy）有助於追溯人類過去的遷移情況，並有助於對人群中遺傳關係的研究。

hemoglobinopathy＊　血紅素病　由基因異常的血紅素分子導致的一組疾病。最重要的血紅素病是鐮狀細胞性貧血及地中海貧血，表現症狀從無到致命的貧血都有的一組疾病。

hemolytic disease of the newborn　新生兒溶血病 ➠ erythroblastosis fetalis

hemophilia＊　血友病　一種遺傳性出血性疾病，因先天性缺乏某種凝血因子而引起。在典型的血友病中缺乏的是凝血因子VIII；其他的血友病是因缺乏凝血因子IX或XI。前兩種是由性連鎖遺傳來傳遞，第三種具有主導的遺傳性質，發生在女性和男性的機率一樣高。可能發生自然的出血現象，即使是普通的受傷也可能造成威脅到性命的大出血。服用藥物可止血。嚴重出血時，需輸血補充。

hemorrhage＊　出血　血液從血管流出進入周圍的組織。血管受傷時，只要血管敞開且內部的壓力超過外面的壓力的話，出血就會持續。通常凝血封閉血管且停止出血。抗凝血藥療法、血友病或者嚴重的血管傷害會造成出血失控，導致出血過多及休克。

hemorrhagic fever＊　出血熱　伴隨高熱、體內器官出血、皮膚出現小點、低血壓與休克的疾病，有時還有神經方面的影響。由數種病毒（最著名為伊波拉病毒）造成，有些是由壁蝨或蚊子攜帶，有些似乎是動物。其子型流行性出血熱會造成頭、肌肉、關節與腹部疼痛；噁心、嘔吐；發汗、口渴；以及類似感冒的症狀。出血熱突如其來並會造成嚴重的腎臟損害。

hemorrhoid＊　痔　亦稱pile。肛管黏膜下或齒狀線以下的皮下靜脈網擴張形成團塊。起因於肛門感染或腹內壓增高（如妊娠、提攜重物）。輕症者可用栓劑、無刺激性的緩瀉藥及洗浴等法治療。若痔內形成血塊、流血或疼痛，則可行手術切除。內痔因為沒有什麼神經，所以可不經麻醉用幾種方式切除。外痔形成於皮膚底層，可局部麻醉切除。

hemp　大麻　大麻科粗壯、芳香和筆直的一年生草本植物，學名Cannabis sativa，為大麻屬唯一的種類，其纖維亦稱大麻。大麻發源於中亞，現已廣植於北溫帶地區。一種高大而類似甘蔗的品種是栽種來取用其纖維；短而較多分叉的品種被珍視為大麻較豐富的來源。大麻纖維牢固耐用，多用於製作繩索和人造海綿，以及粗織物如麻袋布（粗麻布）和帆布。大多數國家主要為獲取纖維而種植大麻。

大麻
John Kohout from Root Resources

Henan　河南　亦拼作Honan。中國華北東部省分（2000年人口約92,560,000）。省會鄭州。在此發現了中國早期文明遺址，最早可追溯至商朝（西元前18～西元前12世紀），後來以該地為統治中心的朝代則一直延續到西元936年左右，北宋以開封為首都。當蒙古人在1127年推翻宋朝後，他們設鄭州為首府。河南主要的農作物是小麥，並蘊含煤、石油和天然氣等礦藏，供應其主要城市發展經濟。河南同時也是鐵路運輸的輻輳地。

henbane　天仙子　茄科天仙子屬植物，學名Hyoscyamus niger。原產英國，野生於荒地和垃圾堆上；現也見於歐洲中部、南部和亞洲西部，並一直延伸到印度和西伯利亞，在美國歸化已久。整個植株都有一股強烈難聞的氣味。天仙子的乾葉（有時包括埃及的鈍天仙子的乾葉）在商業上可生產出三種危險的藥物：阿托品、東莨菪鹼和莨菪鹼。這些成分經提純後可治療平滑肌痙攣、神經興奮、歇斯底里等。

Henderson, Fletcher (Hamilton)　亨德森（西元1897～1952年）　美國鋼琴家和編曲家，也是爵士樂歷史上影響最大的樂團之一的指揮。1923年在紐約組成一個舞蹈團，該團很快即藉由兩種方式成名：由路易斯阿姆斯壯擔任主奏樂師後，進一步把重點放在搖擺樂即興演奏；亨德森與雷德曼的編曲定下樂團裡樂段的角色，取代了早期爵士樂團體的集體即興演奏。幾乎所有的大型樂團都跟隨著他們的腳步。身為貧窮的企業家，他被迫數度解散自己的樂團，但他的編曲在1930年代班尼固德曼的成功中扮演關鍵性角色，也為搖擺樂時代的許多音樂樹立典範。

Henderson, Rickey　亨德森（西元1958年～）　全名Rickey Henley Henderson。美國棒球選手。生於伊利諾州芝加哥，1979年他隨奧克蘭運動家隊首次參加大聯盟。第二年他成為盜了100個壘的僅有三個選手之一。這是連續七個賽季亨德森成為美國聯盟盜壘王的第一次，1982年他盜壘達130個，創下了大聯盟的記錄。他被認為是棒球運動最偉大的帶頭打擊手，1990年獲有「美國聯盟最有價值球員」的頭銜。第二年他偷盜了其職業生涯中的第939個壘，超過了布羅克的成績。2001年為聖地牙哥教士隊打球，打破了貝比魯斯走步的終身紀錄（2,062）和柯布跑步的職業紀錄（2,245）。1989和1993年，亨德森分別幫助運動家隊和多倫多藍鳥隊贏得了世界大賽。

Hendricks, Thomas A(ndrews)　亨德里克斯（西元1819～1885年）　美國政治人物。原在印第安納州當律師，後來當選眾議院議員（1851～1855）、參議院議員（1863～1869）和印第安納州長（1873～1877）。1876年曾被提名為民主黨的副總統候選人（與狄爾登），1884年再次獲提名，當時他與總統候選人克利夫蘭一起當選。但不久死於任上。

Hendrix, Jimi　吉米罕醉克斯（西元1942～1970年）　原名James Marshall Hendrix。美國藍調和搖滾吉他手（參閱rock music）。出生於西雅圖，是印第安切羅基人和黑人的混血兒。左撇子的他自學吉他，把吉他倒過來拿。曾在軍中擔任傘兵，後來為小理查和其他樂團擔任吉他手，巡迴各地演出。1966年前往倫敦，組成了「吉米罕醉克斯實驗小組」樂團，他們立刻在歐洲備受歡迎。1967年在加州蒙特里「國際流行音樂節」中的動人演出，以及同年出版《你有經驗嗎？》唱片的成功，頓時使他躋身搖滾巨星之列。接下來出版了幾張專輯都是1960年代最具影響力的搖滾唱片。二十七歲即過世，顯然是由於意外過度服用巴比妥酸鹽（一種鎮靜劑）而去世。

Henie, Sonja＊　赫尼（西元1912～1969年）　挪威出生的美國女花式滑冰運動員。曾受過芭蕾舞訓練，1927～1936年連續十年獲世界女子業餘花式滑冰錦標賽冠軍。

1928、1932和1936年三屆冬季奧運會上均獲金牌。由於受過舞者訓練，她在把原本是一連串平淡無奇的運動改變爲場面壯觀和受人歡迎的表演方面貢獻很大。後來因成爲職業滑冰運動員和好萊塢女演員而知名度更高。1941年入籍美國。

赫尼
Pictorial Parade

Henle, Friedrich Gustav Jacob＊　亨勒（西元1809～1885年）　德國病理學家和解剖學家。他最先描述了人類上皮組織的結構和分布以及眼與腦的細微結構。亨勒也接受了弗拉卡斯托羅的不受人歡迎的微生物理論。其著作《解剖學總論》（1841）是第一本有系統的組織學論述。《理性病理學手冊》（二卷；1846～1853），該書描述了患病器官與其正常生理功能的關係，象徵現代病理學的開始。

Henlein, Konrad＊　亨萊恩（西元1898～1945年）　蘇台德－德意志政治人物。1933年擔任蘇台德－德意志人祖國陣線的領袖，後來該黨成爲捷克議會中的第二大黨。1938年蘇台德發生一次暴動後，政府以意圖謀反罪取締該黨，他於是逃到德國。在「慕尼黑協定」把蘇台德割讓給德國後，德國政府任命他爲這一地區的長官。第二次世界大戰末，他被盟國拘留時自殺。

Henley, William Ernest　韓里（西元1849～1903年）　英國詩人、評論家和編輯。因兒時患結核病而截去一條腿，住院期間（1873～1875）開始寫作吟詠醫院生活的自由詩，後來收集在《詩集》（1888）中。他的一首名詩《不可戰勝的》（1875）也是這一時期所寫。後來自己編輯了幾種期刊，辦得最出色的是《蘇格蘭觀察家》（後來改名《國民觀察家》），曾刊登哈代、蕭伯納、威爾斯、巴利、吉卜林等英國作家的早期作品。

henna　散沫花　熱帶灌木或矮樹，釋戰草科，學名Lawsonia inermis，原產於非洲北部、亞洲與澳大利亞，從葉子獲取紅棕色的染料。這種植物有小型對生的葉子以及小型芳香白至紅的花。除了種植作爲染料之外，還當作觀賞植物。

Hennepin, Louis＊　亨內平（西元1626～1701?年）　法國傳教士和探險家。爲方濟會教士，1675年隨探險家拉薩爾前往加拿大，1680年他們探勘了五大湖區，建立克雷夫科爾堡（今伊利諾州皮奧利亞）。當拉薩爾回頭尋求給養時，亨內平則與其他人員前往探測密西西比河上游地區。後來爲印第安民族蘇人所俘，曾被帶到一處瀑布，他稱之爲聖安東尼瀑布（今明尼蘇達州明尼亞波利）。幾個月後被法國人迪呂救出。1682年返回法國，後來發表著作記述此次的探險旅程。

Henri, Robert＊　亨萊（西元1865～1929年）　原名Robert Henry Cozad。美國畫家。曾在費城和巴黎學畫。後來返美，在費城任美術教師。1900年定居紐約後，成爲一群年輕畫家們的領袖，他們組成了「八人畫派」。1908年「八人畫派」聯合展出作品，後來在軍械庫展覽會（1913）上展出作品。他是個肖像畫畫家，用筆流暢、著色生動，以及善於捕捉瞬息動作和表情的才能。亨萊還是個出名的老師，1915～1928年主要紐約市藝術研究會教學，成爲當時美國最有影響力的美術老師之一，他強力扭轉青年畫家脫離學院派主義，以現代城市生活豐富面貌爲題材。他認爲藝術家是一種社會驅動力，導致垃圾箱畫派的形成。

Henri I de Lorraine ➠ Guise, 3rd duc (Duke) de

Henri II de Lorraine ➠ Guise, 5th duc (Duke) de

Henrietta Maria　亨麗埃塔·瑪麗亞（西元1609～1669年）　法語作Henriette-Marie。法國出生的英格蘭王后，查理一世之妻，查理二世和詹姆斯二世的母親。她原是法國國王亨利四世和瑪麗·德·麥迪奇所生的女兒，精於政治權謀。她在宮廷中公然從事天主教活動，離間查理的許多下屬。英國內戰即將爆發時，她曾策動一場軍事政變，企圖推翻議會派人士，未成。後來爲了查理而更進一步向羅馬教廷、法國和荷蘭爲國王尋求支援，結果更激怒了許多英格蘭人。後來保王派的地位日漸衰退，使她在1644年逃往法國，自此未再見過丈夫，查理在1649年被處死。

Henry, Cape　亨利角　美國維吉尼亞州東南部海岬，位於乞沙比克灣的南面入口處。位置在維吉尼亞比奇城內，即查理角的對面，與之通有乞沙比克灣橋隧道。爲亨利角紀念碑所在地，紀念1607年第一批登陸美國的英國移民。紀念碑現爲科洛尼爾國家歷史公園的一部分，包括一座舊燈塔（1792），是美國最早的燈塔。舊燈塔附近有座新燈塔，發出的亮光從岸外32公里處可見，爲世界最亮燈塔之一。

Henry, Joseph　亨利（西元1797～1878年）　富蘭克林以後美國一位偉大科學家。他幫助摩斯發展了電報，並發現幾條重要電學原理，包括自感應現象。在法拉第發表電磁感應之前一年，他就已觀察到這種現象。亨利改進電磁體的設計，發現了變壓器工作所依據的基本定律，還研究了放電現象，並指出太陽黑子輻射的熱比太陽一般表面小。1846年任史密生學會的第一任祕書和會長，組織了一個志願氣象觀察隊，後來催生了美國氣象局。南北戰爭期間，擔任林肯總統的主要技術顧問，還是國家科學院的主要組織者。1893年用他的姓henry作爲電感的標準單位。

Henry, O.　歐·亨利（西元1862～1910年）　原名William Sydney Porter。美國短篇小說作家。銀行出納員。他曾爲報社撰稿，後來在德州當銀行出納員，後因挪用公款被判入獄，在獄中以「歐·亨利」爲筆名開始寫文章。出獄後遷居紐約，在他的故事裡常以浪漫筆調描寫了這塊普通地方，尤其是一般紐約人的生活，通常安排了巧合的情節和令人意想不到的結局，非常受讀者歡迎。他的短篇小說集包括《白菜與國王》（1904）；《四百萬》（1906），內含〈麥琪的禮物〉；《華燈》（1907），內含〈最後一片葉子〉；《生活的陀螺》（1910），內含〈紅酋長的贖金〉。

Henry, Patrick　亨利（西元1736～1799年）　美國革命時期的領袖。原爲律師，其出色的演說技巧在1763年的「牧師案」中展露無遺。後來在維吉尼亞移民議會擔任委員時，反對英國「印花稅法」，並成爲激烈反對英國政府的領袖。他曾擔任通訊委員會的創始委員，並擔任代表出席大陸會議。1775年在一次維吉尼亞國民大會上發表了捍衛自由的演說，說出了最有名的一句話「不自由，毋寧死」，並要求武裝維吉尼亞民兵，以便與英軍作戰。他參加了起草第一部州憲法，後來當選爲州長（1776～1799、1784～1786）。他曾給予華盛頓將軍有力的支持，還批准克拉克的遠征。1788年反對批准美國憲法，因爲他認爲憲法沒有保障個人自由，他還幫忙草擬了「人權法案」。

Henry I　亨利一世（西元1069～1135年）　別名Henry Beauclerc（意爲「優秀學者」）。英格蘭國王（1100～1135）

和諾曼第統治者（1106～1135）。威廉一世的幼子。在哥哥威廉二世突然去世後，接掌了王位。他的長兄羅貝爾‧居爾托斯（即羅伯特二世）從第一次十字軍東征回國後，在1101年提出王位要求，亨利以給予諾曼第來安撫他，但他不會治理，情況很糟，1106年亨利奪回諾曼第，把他的哥哥囚禁起來。亨利與坎特伯里的聖安瑟倫因主教敘任權問題而發生爭吵（參閱Investiture Controversy），後來雙方在1107年妥協。雖然遭到羅貝爾之子的攻擊，他仍維持控制諾曼第，並指定女兒瑪蒂爾達爲繼承人。

Henry II　亨利二世（西元1133～1189年）　別名安茹的亨利（Henry of Anjou）或金雀花王室的亨利（Henry Plantagenet）。諾曼第公爵（1150年起）、安茹伯爵（1151年起）、亞奎丹公爵（1152年起）和英格蘭國王（1154年起）。瑪蒂爾達的兒子，亨利一世的外孫。1152年與亞奎丹的埃莉諾結婚，獲得了法國大片領土。後來入侵英格蘭，英王史蒂芬以同意他爲繼承人來和解戰爭。亨利繼承王位後，把領土擴張到英格蘭北部和法國西部，加強王室管理，並改革宮廷制度。他企圖在教會的開支上重申王權（參閱Clarendon, Constitutions of），導致與老朋友坎特伯里大主教貝克特發生嚴重齟齬，後來因貝克特被殺害而結束紛爭，亨利後來在坎特伯里懺悔（1174）。在位期間，王室家族成員的紛爭不斷，尤其是他的幾個兒子爲了繼承優先權而一再發生鬩牆之爭，其中包括三子理查一世（獅心王理查）和幼子約翰之間的爭鬥。理查最後聯合法國的腓力二世在1189年把亨利趕下台。

Henry II　亨利二世（西元1519～1559年）　法語作Henri。原稱奧爾良公爵（duc (Duke) d'Orléans）。法國國王（1547～1559）。法蘭西斯一世的次子，他與父親差異極大，在位期間因王后與情婦之間爭風吃醋，還有因他倚重廷臣蒙莫朗西公爵（1493～1567）而國運日衰。雖然他承襲父親的許多政策，但亨利偏袒信奉天主教的吉斯家族，並嚴厲鎮壓新教徒。他實施了一些行政改革。在外交事務上，亨利繼續他父親對抗查理五世的戰事直到1559年簽下「卡托－康布雷齊和約」。此條約因他把女兒嫁給西班牙的腓力二世（查理五世之子）而加以鞏固。他在一次節日慶典中頭部被刺傷，後因傷重而死。

Henry II　亨利二世（西元973～1024年）　亦稱聖者亨利（St. Henry）。德語作Heinrich。巴伐利亞公爵（稱亨利四世，995～1005）、德意志國王（1002～1024）和神聖羅馬帝國皇帝（1014～1024），是薩克森王朝的最後一個統治者。他發動了對波蘭的一系列軍事戰爭，1018年才締和。1021年爲了保護教宗而與希臘人、義大利的倫巴底人作戰。他力促教會和國家合作，並任用一些德意志主教爲世俗統治者，而神職人員被封爵。

Henry III　亨利三世（西元1207～1272年）　英格蘭國王（1216～1272）。九歲就已即位，但一直到法國暗中支持的叛亂被平定（1234）後才開始執政。由於他行事有違傳統，並同意金援英諾森四世以換取西西里王位，因而與諸侯關係不和。這些貴族後來迫使他接受牛津條例（1258），但亨利在1261年廢棄這項協議。1264年他以前寵信的孟福爾發動一次叛變，打敗並活捉了他。長子愛德華在一年後才扭轉情勢，此時亨利已年邁體衰，於是讓愛德華接掌政權。

Henry III　亨利三世（西元1551～1589年）　法語作Henri。亦稱安茹公爵（duc (Duke) d'Anjou）。法國國王（1574～1589）。亨利二世和卡特琳‧德‧麥迪奇所生的第三子。他曾奉命在宗教戰爭中指揮王軍與胡格諾派教徒作戰。1574年他的哥哥查理九世過世，他被加冕爲國王。在位期間，法國的宗教戰爭仍在繼續進行，後來與胡格諾派妥協，導致天主教形成神聖聯盟。1584年當新教徒那瓦爾的亨利（即後來的亨利四世）被指定爲王位繼承人時，天主教徒更加惶恐。亨利三世試圖安撫神聖聯盟，但在一次暴動中逃離巴黎。1588年他差人暗殺了天主教領袖吉斯公爵第三和洛林大主教路易二世。1589年被雅各賓修道院一個狂熱的修士刺死。

Henry III　亨利三世（西元1017～1056年）　德語作Heinrich。巴伐利亞公爵（稱亨利六世，1027～1041），士瓦本公爵（稱亨利一世，1038～1045），德意志國王（1039～1056）和神聖羅馬帝國皇帝（1046～1056）。他獲得了波希米亞、摩拉維亞的統治權，並安排了克雷芒二世當選教宗，他替亨利三世加冕。他是能控制教宗的最後一個皇帝，亨利在後來幾年任命了三位教宗。他竭力支持克呂尼和戈爾澤修道院倡導的宗教改革運動。1054～1055年一場暴亂差點推翻亨利。在他統治的後期，帝國陷入分裂狀態，他又失去了德意志東北部、匈牙利、義大利南部和洛林。

Henry IV　亨利四世（西元1366～1413年）　原名Henry Bolingbroke。英格蘭國王（1399～1413），15世紀蘭開斯特王室三位君王的第一個。岡特的約翰之子，他原本支持理查二世，反對格洛斯特公爵，但在1398年被放逐後，轉而與理查作對。1399年入侵英格蘭，迫使理查投降並退位。在篡奪王位後，他對抗了強勢貴族的再三叛亂，成功地鞏固政權。不過，他未能馴服格倫道爾帶領的威爾斯人暴亂，並被蘇格蘭人打敗，也無力克服財政和管理上的弱點，終於造成蘭開斯特王朝的沒落。後由兒子亨利五世繼位。

Henry IV　亨利四世（西元1553～1610年）　別名Henry of Navarre。法語作Henri de Navarre。法國波旁王朝的第一個國王（1589～1610）和那瓦爾國王（稱亨利三世，1572～1589），在法國史上是最受歡迎的人物之一。從小受新教的洗禮，並在宗教戰爭中從胡格諾派領袖科利尼那裡接受了軍事教育。1572年與瓦盧瓦的瑪格麗特結婚，此椿婚姻在六天後即引發聖巴多羅買慘案。1572～1576年被禁錮在宮中，後來逃脫出來加入反對亨利三世的勢力。他在三亨利之戰中奮戰，並取得優勢成爲無可匹敵的領袖。1589年亨利三世逝世，亨利四世登上王位，當時被迫與神聖聯盟作戰，花了九年時間才平定自己的王國。1593年改信天主教以杜絕想反抗他統治所找的藉口。1594年在一片歡呼聲中進入巴黎，但他又得馬不停蹄地和西班牙作戰（1595～1598），因爲西班牙人暗中支持法國殘餘的勢力來反抗他。1598年亨利簽定「南特敕令」，終於結束了長達四十年的內戰。由於大臣的輔佐（包括蘇利公爵），亨利帶給法國秩序和新的繁榮景象。其早期的婚姻被宣布無效，1600年他同瑪麗‧德‧麥迪奇結婚。1610年被一個天主教狂熱分子刺殺。

Henry IV　亨利四世（西元1050～1106年）　德語作Heinrich。巴伐利亞公爵（1055～1061），德意志國王（1054～1061）和神聖羅馬帝國皇帝（1084～1105/1106）。六歲繼承王位，由脫離世俗的母后攝政到1062年。1065年才開始掌控了政府。他重申王權的主張引起了薩克森人的反叛（1073～1075）。曾與教宗聖格列高利七世就主教敘任權問題進行長期的鬥爭（參閱Investiture Controversy）。格列高利後來開除亨利的教籍，解除臣民對國王的效忠誓約。亨利爲求解決問題，被迫在冬天翻越阿爾卑斯山，並根據傳統在卡諾薩堡前赤足站在雪地中三天，向格列高利七世賠罪，因而得以重新取得教籍。但德意志諸侯在1077年廢黜亨利，推舉魯道夫爲國王。1080年格列高利再次開除亨利教籍，承認魯道夫爲國王，亨利因此憤而征服羅馬（1084），立了一個新的教宗。晚年，他的兒子康拉德和亨利（五世）相繼叛亂。

Henry V 亨利五世（西元1387～1422年） 英格蘭國王（1413～1422），屬蘭開斯特王室。亨利四世的長子。1403～1408年與威爾斯叛亂分子作戰。繼承王位後，他嚴厲鎮壓一次羅拉德派叛亂（1414）和一起約克派陰謀（1415）。他提出在法國的大片領土要求，並發動入侵（1415），亨利在阿讓庫爾戰役取得驚人的勝利，使英國成爲歐洲的強權之一。由於連連告捷，逼使法國簽訂「特魯瓦條約」（1420），根據這一條約，他成爲法國王位的繼承人和攝政。同時，他與法國公主卡特琳結了婚，但還沒等他回國就因斑疹傷寒去世。

Henry VI 亨利六世（西元1421～1471年） 英格蘭國王（1422～1461、1470～1471）。亨利五世之子，在襁褓中就繼承了王位，是一位虔誠而好學的遁世者，並患有間歇性的精神病，國事爲一批勾心鬥角的權臣（蘭開斯特和約克家族）掌管，亨利的治國無能是引起薔薇戰爭的一個原因。1461年一個約克派分子被擁立爲國王，稱愛德華四世。亨利六世逃往蘇格蘭，1464年回英格蘭，支持蘭開斯特家族起事，結果被俘，並關入倫敦塔。在約克派發生一次爭吵後，他在1470年復位。愛德華四世逃往國外，但不久即捲土重來，擊敗並殺死瓦立克伯爵，再度取得王位。亨利的繼承人愛德華王子後來在戰鬥中死亡，註定了亨利的命運，不久即在倫敦塔中被害死。

Henry VI 亨利六世（西元1165～1197年） 德語作Heinrich。德意志國王（1165～1197），霍亨斯陶芬王朝的神聖羅馬帝國皇帝（1191～1197），他還透過聯姻而取得西西里王國。1189年他的父親腓特烈一世率十字軍進攻聖地，亨利接管了帝國政權。加冕後不久就面對了德意志的獅子亨利和西西里的坦克雷德發動的叛亂，但他在1194年成功地與他們談和。他曾努力要把帝國王位世襲化，未成，不過其兒腓特烈二世在他之後接掌了帝位。

Henry VII 亨利七世（西元1457～1509年） 亦稱Henry Tudor, Earl of Richmond。英格蘭國王（1485～1509），都鐸王朝的創建者。因身爲里奇蒙伯爵和蘭開斯特王室的近親，在1471年約克派勢力得勝後，他流亡到布列塔尼。後來返回英格蘭，糾集反對理查三世的勢力，在博斯沃思原野戰役中擊斃理查三世。1486年與約克的伊莉莎白結婚，並結束了薔薇戰爭，不過約克派的陰謀仍然層出不窮。他先後與法國（1492）、尼德蘭（1496）和蘇格蘭（1499）締結和約，並利用孩子們的婚姻來與歐洲國家結盟。他還締結商約和促進英格蘭的貿易，使英格蘭變得十分富強。死後由兒子亨利八世繼承。

Henry VII 亨利七世（西元約1270～1313年） 盧森堡伯爵（稱亨利四世），德意志國王（1308～1313），以及神聖羅馬帝國皇帝（1312～1313）。他是出自盧森堡家族的第一位德意志國王，亨利爲其子取得波希米亞王位以加強家族的地位。1311年成爲倫巴底的統治者，但面對了歸爾甫派與吉伯林派之間的衝突。雖然他在羅馬加冕爲王，但卻無法征服佛羅倫斯和那不勒斯，因而未能將義大利牢牢地繫在帝國手中。

Henry VIII 亨利八世（西元1491～1547年） 英格蘭國王（1509～1547）。亨利七世之子，1509年踐祚，不久與寡嫂亞拉岡的凱瑟琳結婚。其第一任首相是沃爾西，1515～1527年間的政策幾乎完全由他掌控。1527年亨利想與凱瑟琳離婚，再娶安妮·布林，但教宗克雷芒七世拒不批准他的婚姻無效。由於沃爾西未能幫他解決這件事，因而被一腳踢開。新任首相克倫威爾決定英國教會應脫離羅馬獨立，因而在1532年開始了一場革命，允許亨利在1533年迎娶安妮。新任主教克蘭麥則宣布第一次婚姻無效。不久，安妮爲亨利產下一女，即後來的伊莉莎白一世。亨利因而成爲英國教會的首腦，代表了他最大的成就，但也帶來很大的後遺症。因爲亨利之前曾對教宗十分地忠實，還被冠上「信仰的捍衛者」的頭銜，結果現在被開除教籍，他因此不得不平撫各新興獨立教派的改革情緒。1530年代他的權力大增，特別是把修道院的財產收歸王室所有和徵收新的教士稅後，但他早期溫文的學者形象已被血腥的殺戮者惡名永久掩蓋。許多人因拒絕這種新秩序而被殺，如摩爾。亨利後來對安妮逐漸厭倦，1536年以通姦罪將她處死。他很快地又和簡·西摩結婚，她爲他產下一子（愛德華六世），但因分娩而死。三年後，在克倫威爾的唆使下，他與克利夫斯的安妮結了婚，但他很討厭安妮，很快就離了婚，1540年把克倫威爾送上斷頭台。此時的亨利已變得十分偏執，還變得很胖，身體情況很糟。1540年他與凱瑟琳結婚，她在1542年因通姦罪被斬首。1542年英格蘭與蘇格蘭開戰，在財政上耗費巨大。1543年他娶了凱瑟琳·帕爾，她存活了下來。亨利死後由他的兒子愛德華繼承。

Henry Beauclerc ➡ Henry I（英格蘭）

Henry of Anjou 安茹的亨利 ➡ Henry II（英格蘭）

Henry Plantagenet 金雀花王室的亨利 ➡ Henry II（英格蘭）

Henry the Navigator 航海家亨利（西元1394～1460年） 葡萄牙語作Henrique o Navegador。原名Henrique, infante (Prince) de Portugal, duque (Duke) de Viseu, senhor (Lord) Covilha。葡萄牙王子，探險家的贊助者。1415年隨父約翰一世遠征，占領摩洛哥城市休達，並任該地總督，後來改任阿爾加維省總督。他在薩格里什建立自己的小宮廷，航員在其資助下沿非洲西岸航行探險，發現了馬德拉群島。他被教宗授予教廷在葡萄牙的最高勳位，由勳位獲得的基金資助了他的航海探險事業，目的是使異教徒皈依天主教。在他的贊助下，發展了葡萄牙多桅快帆船，並改進了航海儀器和製圖技術。

Henslowe, Philip 亨斯洛（西元約1550～1616年） 英國劇場經理。1577年之前他顯然已定居倫敦，因與富孀結婚，財產甚豐，名下有好幾家劇院，其中包括玫瑰劇院（他在1587年建立）。1600年爲海軍大將供奉劇團建立的命運女神劇院是他所建劇院中最豪華的一座，海軍大將供奉劇團是莎士比亞劇團的主要對手。該劇院率先演出許多伊莉莎白時期的重要戲劇。其著名的《亨斯洛日記》爲當時最重要的戲劇史資料之一。

Henson, Jim 亨森（西元1936～1990年） 原名James Maury。美國木偶戲演員和製作人。在大學就讀時，就在一家電視台舉辦了一個木偶戲節目，創造「布偶」（Muppet）這個詞（提線木偶和木偶的混合體）。1960年代他製作電視廣告。1969年兒童電視製片廠的節目《芝麻街》開始播出一些布偶角色，受到國人的歡迎。在英國製作的《布偶節目》於1976年首映後，贏得了全世界觀衆的喜愛（在約一百個國家中放映）。他也製作、編導了影片《布偶電影》（1979）及續集。他因罹患肺炎而過世，打斷其事業。

Henze, Hans Werner* 亨策（西元1926年～） 德國出生的義大利作曲家。曾師從福特納（1907～1987）和萊博維茨（1913～1972）習樂。早年在達姆施塔特受萊博維茨的影響，與前衛派走得較近，後來從福特納那裡接受較傳統的作曲基礎訓練。1953年遷居義大利。他以創作歌劇聞名，作品包括：《鹿王》（1955）、《情侶悲歌》（1961）、《少爺》（1964）、《酒神的伴侶》（1965）。還作有許多首大型交響曲和協奏曲。許多作品反映了他長期信奉的馬克思主義觀點。雖然在美國沒什麼知名度，但公認他是20世紀後期重要的作曲家之一。

heparin＊　肝素　一種抗凝血藥，用於手術中及手術後併用於多種心、肺和循環系統疾病，以預防危險的血栓形成，在這些情況下血栓形成的風險增加。肝素是複雜的碳水化合物分子（黏多醣）的混合物，天然存在於肝和肺的組織內。1922年被發現，原本是用於實驗室抽血化驗時加入肝素以防血液凝固。

hepatitis　肝炎　肝臟的炎症。已知有七種病毒型肝炎（A～G型）：A型肝炎主要經由受糞便感染的食物傳播。B型肝炎藉著性行爲或注射傳遞，導致黃疸或感冒般的徵狀。C型肝炎大部分因靜脈藥物注射共用針頭而擴散，經漫長潛伏期後會導致肝硬化；直到最近才有血液測試可以檢驗出肝炎，許多人是經由輸血才驗出。D型肝炎僅在B型肝炎出現的情況下才變得活躍，會導致嚴重的慢性肝臟疾病。E型肝炎類似A型肝炎，經由受感染的食物或水傳遞，其徵狀比A型肝炎嚴重，可能致死。F型肝炎病毒（HFV）首先在1994年見於報導，傳播途經類似A型和E型肝炎。G型肝炎病毒（HGV）在1996年被分離出來，人們相信它造成了由性行爲傳遞和血液載送的許多病例。G型肝炎病毒有急性和慢性兩種類型，原本已經罹患C型肝炎的人常會受到感染。已有A型和B型肝炎的疫苗（後者也能預防D型肝炎），B型和C型肝炎的藥物治療不是每次都有效，其他類型可以不需要藥物治療。慢性的活動性肝炎會導致蛛網般和條紋的皮膚瘢痕，以及粉刺和毛髮的異常生長。當病程進展到肝硬化時，會造成肝臟組織死亡（壞死）。酒精性肝炎起因於長期酗酒，藉著停止喝酒或喝酒量劇減等早期治療，能夠使情況逆轉，並防止肝硬化。其他藥物也能夠導致非感染性肝炎。另有一種自動免疫肝炎，主要影響年輕女性，可藉由皮質脂酮紓解症狀。

hepatolenticular degeneration　肝豆狀核變性 ➠ Wilson's disease

Hepburn, Audrey　奧黛莉赫本（西元1929～1993年）
原名Edda van Heemstra Hepburn-Ruston。比利時裔美籍電影女演員。第二次世界大戰期間於納粹占領區荷蘭度過，奧黛莉赫本之後在倫敦研習芭蕾與表演課程。她被科萊特發掘，科萊特堅持起用她在百老匯領銜主演歌舞劇《金粉世家》（1951）。1953年奧黛莉赫本演出首部美國電影《羅馬假期》（獲奧斯卡獎）之後她再度回到百老匯演出*Ondine*（1954，獲東尼獎）。奧黛莉赫本接連在《龍鳳配》（1954）、《戰爭與和平》（1956）、《甜姊兒》（1957）、《第凡內早餐》（1961）、《窈窕淑女》（1964）及《盲女驚魂記》（1967）中展現光芒四射、仙女般無邪又高雅的容貌。之後奧黛莉赫本致力於慈善工作，並成爲聯合國兒童基金會親善大使。

Hepburn, Katharine (Houghton)　凱薩琳赫本（西元1907年～2003年）　美國女演員。1928年首次在百老匯登台演出。《離婚賬單》（1932）是她拍攝的第一部影片，該片使她成爲電影明星。接著在如下一些影片中飾演個性獨立堅強的角色：《早晨光榮》（1993，獲奧斯卡獎）、《小婦人》（1933）、《育嬰奇譚》（1938）。1939年在百老匯舞台演出《費城故事》（1939，1940年該劇搬上銀幕）。其他著名的影片有《非洲皇后》（1951）、《豔陽天》（1955）和《夏日痴魂》（1959）。與親密戀人屈賽曾合作八部電影，其中包括《小姑獨處》、《不是冤家不聚頭》（1952）和《誰來晚餐》（1967，獲奧斯卡獎）。《冬之獅》（1968）及《金池塘》（1981）使她再次兩度獲得奧斯卡獎。

凱薩琳赫本
Brown Brothers

Hephaestus　赫菲斯托斯
亦作Hephaistos。希臘宗教中的火神。原來是小亞細亞及其附近諸島（尤其是利姆諾斯）的神；羅馬人稱他爲伏爾甘（Vulcan）。因爲天生瘸腿，被父母親赫拉和宙斯從天上拋下來。他的妻子是愛神愛芙羅黛蒂。他是鍛冶之神和工匠的保護神，常被描繪爲在鍛爐上打鐵。火山被認爲是他的作坊裡的火。

Hepplewhite, George　海普懷特（卒於西元1786年）
英國家具工匠。曾在蘭開斯特隨一家具工匠學藝，後至倫敦開設一家店鋪。所著《家具製造和室內裝潢指南》（1788）一書使他獲得崇高的聲望，書中有三百多幅設計圖。其設計品具有優雅的新古典主義風格，以簡潔、優美和實用爲特色，如椅腿直呈錐形，椅背多作卵圓形等。雪里頓和法伊夫常取材於他的設計。

heptathlon　七項全能運動　女子運動競賽中，與賽者參加七種不同的田徑比賽項目，包括100公尺低欄、推鉛球、跳高、200公尺、跳遠、擲標槍及800公尺。這種兩天賽程的運動比賽在1981年以後取代了原奧運會中的女子五項全能運動。

Hepworth, (Jocelyn) Barbara　赫普沃思（西元1903～1975年）　受封爲Dame Barbara。英國女雕刻家。其最早的作品是自然主義的，至1930年代成爲抽象派藝術家，製作出直邊、光潔、無斑的嚴格幾何圖形。當她的作品漸臻成熟時，她的雕刻逐漸增加了孔洞，以強調內部空間感。到了1950年代，她已國際知名，接受委託製作了許多有名的作品，如紐約聯合國大廈紀念哈瑪紹的作品《簡單形式》（1963）。她與摩爾成爲英格蘭現代運動的領袖，也是20世紀中葉最具影響力的雕刻家之一。

Hera　赫拉　希臘諸神的王后，宙斯的姊妹和妻子。在羅馬她與朱諾混同。她被當作天后和婚姻、婦女的保護神來崇拜。她還具有埃雷圖亞的頭銜，即生育女神。赫拉也是阿戈斯和薩摩斯島的守護神，在這些地方有紀念她的節慶遊行活動。她的聖畜是母牛。在文學中，她常被描繪成一個心懷嫉妒的妻子，對宙斯拈花惹草的對象施以報復。

Heracleitus　赫拉克利特（西元前約540～西元前480年）　亦作Heraclitus。希臘哲學家。生平不詳，有一本顯然是他寫的書已遺失，其觀點保存在被認爲是他寫的斷簡殘篇中。在他的宇宙觀中，認爲火是保持宇宙秩序的基本物質要素，他把世界秩序稱作是「永恆的活火，適當地燃燒，也適時地熄滅」。他將火的各種現象加以擴大，包括大氣上層的以太。爲了說明變化之中仍然有統一，他有一個著名比喻，將生命比作河流：「踏入同一河流裡的人們，流過他們的水是不同的，永遠是不同的。」

Heracles＊　赫拉克勒斯　拉丁語作赫丘利斯（Hercules）。希臘羅馬傳說中最著名的英雄。以力大無窮著名，是宙斯和阿爾克墨涅（即伯修斯的孫女）所生的兒子。宙斯善嫉妒的妻子赫拉差使兩條毒蛇去殺在搖籃裡的嬰兒赫拉克勒斯，卻被他扼死。赫拉克勒斯長大後與一位公主結婚，但在一次因赫拉造成的發瘋時殺死了其妻，被迫成爲希臘國王歐律斯透斯的奴僕。歐律斯透斯命他完成以下十二件苦差，其中包括：在一天之內打掃乾淨奧吉亞斯國王的牛圈；取回在世界盡頭由赫斯珀里得斯們看守的金蘋果；把看守冥界大門生有三個頭的惡狗刻耳柏洛斯從冥界帶來。赫拉克勒斯之後與得伊阿尼拉結婚，這位妻子後來送給她丈夫一件她誤以爲具有愛情魔力的長袍，結果長袍上塗有劇毒。他的遺體被放在柴堆上焚燒，他的靈魂升上天庭，成爲不朽之神，與青春女神赫柏結爲夫婦。

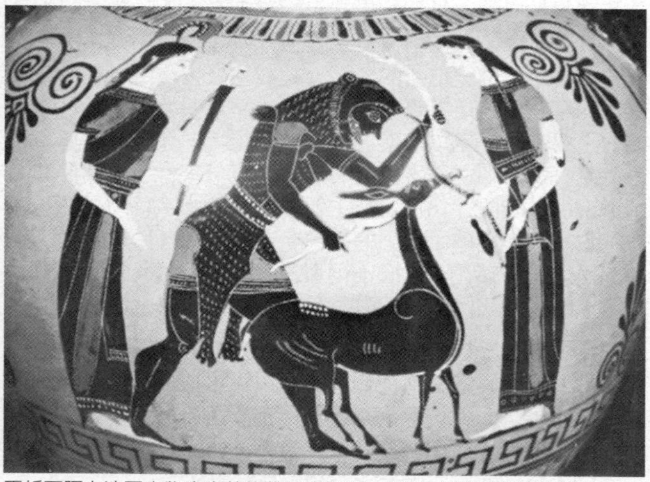

正折下阿卡迪亞赤牝鹿鹿茸的赫拉克勒斯，兩旁為雅典娜和阿提米絲，希臘花瓶上的繪畫，約做於西元前540年；現藏大英博物館
By courtesy of the trustees of the British Museum; photograph, The Hamlyn Group Picture Library

heraldry　紋章學　研究有關遺贈、展示和賜予的紋章徽飾的藝術與科學，也是用來追溯和記載系譜的科學和藝術。13世紀歐洲貴族中流行用象徵性的紋章來識別身分。紋章的主要表現形式是盾形紋。14世紀時出現一種置於頭盔頂上的次要紋章稱爲頂飾。在圖像中，帶紋章的盾形紋上方是頭盔和頂飾。盾形紋章是世襲的，所有的男性長嗣都被賜予佩戴這種紋章。紋章是榮譽的徽章，因而在歐洲君主國家（如愛爾蘭、瑞士），以及南非、辛巴威受到法律的保護。亦請參閱arms, coat of、ecclesiastical heraldry。

herb 香草 ➡ spice and herb

herbal　草藥誌　古代鑑定草藥的工具書。古代印度、中國、希臘和中世紀的歐洲已發現好幾百種或好幾千種草藥。16世紀後期，歐洲草藥誌開始涵括西半球的植物。其精確性差異很大，但草藥誌上的許多植物後來變成藥物的來源（如洋地黃）。

拉丁的一種阿茲特克草藥，水彩插圖，選自*Badianus Manuscript*，Juan Badianns及Martinus de la Cruz繪於1552年；現藏梵諦岡圖書館
By courtesy of the Vatican Library, Vatican City

herbarium　植物標本室　蒐集乾燥的植物標本，裱貼在紙面上，由專家鑑定，標明正確的學名以及其他資訊（採集地點，生活形態等）。這些標本依據科和屬歸檔放入盒子裡，隨時提供參考。就像植物園與樹園一樣，植物標本室是植物界的「字典」，參考標準對未知植物的正確命名是必要的。

Herbert, George　赫伯特（西元1593～1633年）　英國玄學派詩人。1620年在劍橋大學被選爲講演員，這個職位使他與王室的關係親近。後來被任命爲教區長，之後成爲一個鄉村堂區的牧師，在此慷慨地奉獻了一生。死後才出版《聖殿》（1633）詩集，內容除了個人抒懷以外，尙收有教義詩和宗教儀式，以工於格律聞名，善用諷喻和比擬的技巧，並充滿宗教的熱忱。有些是形像詩，以詩句形成主題的形狀。

Herbert, Victor (August)　赫伯特（西元1859～1924年）　愛爾蘭出生的美國作曲家和大提琴家。在其寡母嫁給一位德國醫生以後，他在斯圖加特被撫養長大，並在當地的音樂學校就讀。1886年與女高音弗爾斯特結婚後一起赴美，弗爾斯特在新成立的大都會歌劇院唱歌，他則在管弦樂團演奏。不久即擔任指揮、大提琴手、作曲家和老師。他紮實的訓練、管弦樂編曲技巧和旋律優美的天分在四十多部輕歌劇中自然地展現無遺：《玩具國歷險記》（1903）、《莫迪斯特小姐》（1905）、《紅磨坊》（1906）和《淘氣的瑪麗埃塔》（1910）。

Herbert, Zbigniew　赫伯特（西元1924～1998年）　波蘭詩人和隨筆作家。十七歲開始寫作，但在1956年以前所發表的文章很少。他的詩以自由詩體形式表現了一種諷刺、說教的意味，並充滿了古典文學和其他的歷史典故。他最著名的詩集是《死亡的輓歌》，出版於1990年。

herbicide　除草劑　用來殺死或抑制不想要的植物（如雜草）生長之物，常爲化學藥劑。現代的除草劑可分爲兩類：選擇性的（僅對特定的植物有效）及非選擇性的（作用及於各種植物）。這些又可再分爲葉面施用及土壤用除草劑。接觸型除草劑（如硫酸、大刈特及巴拉刈）只殺死接觸到除草劑的植物器官。移轉型除草劑（如殺草強、毒莠定及二・四地）是經由地面上受噴灑的表面（如土壤）吸收後轉移至根部或其他器官以發生效用。亦請參閱defoliant。

herbivore＊　食草動物　單以植物組織爲生的動物。包括範圍甚廣，從昆蟲（如蚜蟲）到大型哺乳動物（如象），但該詞最常指有蹄類動物。對植物性食物的適應變化包括：反芻動物的四室胃，齧齒類不斷生長的切牙，牛、綿羊、山羊和其他牛科動物的特化的用以磨食的磨牙。某些食草動物爲單食性，如無尾熊，但絕大多數食草動物至少食幾種食物。

Herblock　赫布洛克（西元1909～2001年）　原名Herbert Lawrence Block。美國漫畫家。最初的作品於1929年發表在《芝加哥每日新聞》上。1933～1943年爲報業協會工作，1946年進《華盛頓郵報》。是美國自由主義在漫畫界的一位主要代言人，對當代政治、大企業、工業、勞工和經濟等方面的不公正現象進行抨擊。其最出名的漫畫作品是1950年代初對參議員麥卡錫的抨擊。他於1942、1954及1979年三次榮獲普立茲漫畫獎，並在1994年獲頒總統自由獎章。

Herculaneum＊　赫庫蘭尼姆　義大利坎佩尼亞區古城，位於維蘇威火山西北麓。西元79年維蘇威火山爆發，該城與龐貝城、斯塔比伊城同時被毀。它被埋在一塊多孔凝灰岩層下，深達15～18公尺，這雖爲發掘工作造成很大困難，卻使該城的許多脆弱文物得以保存下來。18世紀開始挖掘，發掘了無數的古代器物，包括繪畫和家具。後來又發現了一座角力場（運動場），中心是一大型游泳池。

Hercules 赫丘利斯 ➠ Heracles

Herder, Johann Gottfried von 赫爾德（西元1744～1803年） 德國評論家和哲學家。他受過神學和文學教育，原本在里加擔任老師和牧師。後來在比克堡當宮廷牧師時，著有一些作品，如《形象性》（1778）、《論語言的起源》（1772），這使他成為文學上狂飆運動的領導人物。1770年他結識了歌德，後來曾與他共事多年，他們一起奠定了德國浪漫主義的基礎。1776年他遷居歌德所住的威瑪，在威瑪時撰寫的著作有《散論集》（1785～1797）以及未完成的《人類歷史哲學大綱》（1784～1791），在書中試圖證明自然和歷史服從於一個統一的規律體系，象徵了他在歷史哲學上的革新，也是早期的「以共同的文化而不是政治疆界來界定一個民族」的思想擁護者。晚期與歌德的關係漸行漸遠，乃至對整個德國詩歌和哲學界的古典學派運動都極為仇視。

heredity 遺傳 雙親藉著基因把身體和精神特徵傳遞給後代。孟德爾從他在19世紀晚期的研究中，得到一些基本遺傳法則，最後成為現代遺傳學的基礎。雙親世代中每位成員只把一半的基因傳給後代，而相同雙親的不同後代獲得了基因的不同組合。許多特點屬於多基因，也就是受到超過一個基因的影響。在整個人群中，許多基因以無數的變異形式存在（等位基因）。許多特徵的多基因本質和複等位本質，使遺傳特點中的變異性具有巨大的潛力。基因型（個人的遺傳組合）決定了個人可能發生的特點極限，而真正發展出來的特點（表現型）視基因與環境之間的複雜互動而定。

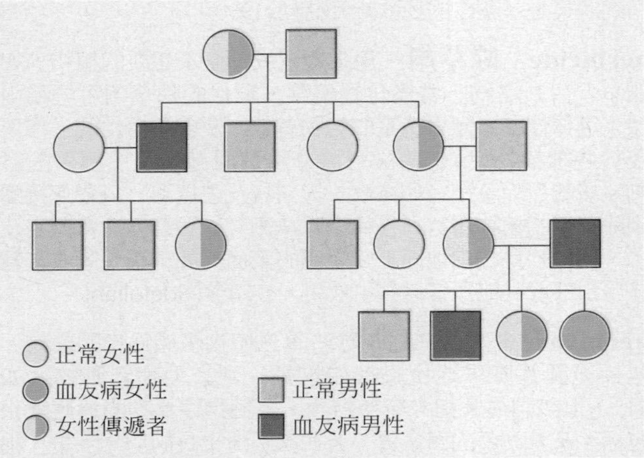

追蹤血友病遺傳的譜系圖。血友病是性連性狀，貫穿三代。血友病的隱性基因由X染色體攜帶。男性從母親遺傳到一個患病的X染色體就會發病；女性要從父親和母親雙方都遺傳到患病的X染色體才會發病，比較少見。女性從父親或母親身上遺傳到一個患病的X染色體，變成這種疾病的攜帶者。圖中的第一代，正常的男性與女性攜帶者生育出一對正常的兒女，一位罹患血友病的兒子和一位攜帶者女兒。

Hereford＊ 赫里福德牛 英格蘭赫里福德郡（今赫里福德－烏斯特郡）育成的流行的肉牛品種。體毛紅色，臉白色，有白色標誌斑，品種特徵固定為時尚短。突出的特點是毛色一致、早熟及能夠在不利條件下成長。1817年引進美國，成為北美洲地區（北自加拿大南至墨西哥）的主要品種。

Hereford and Worcester＊ 赫里福德－烏斯特 英格蘭一郡，西起威爾斯邊界，東迄工業區密德蘭。郡首府是烏斯特。該郡是1974年由赫里福德和烏斯特兩舊郡合併而成的。該郡的地形包括了低地平原、迪恩森林高原、布拉克山脈和塞文、阿文河肥沃的谷地，以及科茲窩德山。舊赫里福德郡、烏斯特郡的馬耳威恩丘陵將此兩平原一分為二。郡內有諾曼人的要塞遺址、本篤會修道院和一座保存完好的小修道院。經濟以農業為主，還有一些重工業。人口約694,000（1995）。

Herero＊ 赫雷羅人 南部非洲（那米比亞中部、波札那東部和安哥拉南部）操班圖語的族群，其族源關係很近。從前，赫雷羅人主要靠牛奶和牛肉為生，但在19世紀中期與歐洲人接觸後，少數部族也開始以園藝為生。1904～1907年為了反抗德國的殖民入侵，爆發一連串的起義，導致四分之三的族人被屠殺，殘存者大部分被重新安頓在喀拉哈里沙漠西部荒涼的沙地草原上。如今人數約二十萬。

heresy＊ 異端 指經教會當局判為謬誤的神學教義。在基督教中，教會的正統神學被認為是根據神授啓示而來的，異端被視為頑固拒絕教會的引導。西元2世紀起出現了許多基督教異端，早期的異端包括阿里烏主義、基督一性論派、貝拉基主義和多納圖斯主義。一些異端（如孟他努斯主義）表現了信仰一位新的先知，其被基督聖靈所附身。諾斯底派的某些形式是基督教的異端支派。早期教會用以打擊異端的主要手段是處以絕罰。12～13世紀時，教會成立異端裁判所來打擊異端。經審訊後異端分子若仍不肯放棄其信仰，則通常加以處決。16世紀時，新教的宗教改革運動瓦解了西方基督教國家先前已統一的教義。在基督教各派教會中，異端的概念雖仍存在，但已不再那麼受到重視了。在猶太教、佛教、印度教和伊斯蘭教中也存在著異端概念。

herm 赫耳墨頭柱 希臘宗教中，與豐產之神赫耳墨斯的崇拜有關的一種石造聖物。它們用作崇拜對象、里程碑或界石。後來這些聖物逐漸為石柱或神的雕像所取代，石柱上面常安放赫耳墨斯的頭像。羅馬雕刻中也有這種頭柱，不過頭像是森林神西爾瓦諾斯或主神朱比特。

Herman, Jerry 赫爾曼（西元1933年～） 原名Gerald Herman。美國歌曲作家。曾在邁阿密學習戲劇，並為電視編劇，但不久轉向舞台劇發展。在外百老匯闖出一點名堂後，他的《牛奶與蜂蜜》（1961，獲東尼獎）在百老匯開演。《我愛紅娘》（1964；1969年拍成電影）獲得巨大的成功，贏得10項東尼獎。後來寫的音樂劇包括《歡樂梅姑》（1966）和《一籠傻鳥》（1983）。

Herman, Woody 赫爾曼（西元1913～1987年） 原名Woodrow Charles Herman。美國豎笛、薩克管演奏家和歌手，也是最受歡迎的爵士樂大樂團之一的指揮。1936年組成自己的第一個樂團，稱為「演奏藍調的樂團」，1939年即興演奏樂段的〈伐木者的舞會〉成為熱門單曲。1940年代他的樂團「轟隆的牛群」轉型為多彩多姿而力道強勁的合奏團，把輕鬆節奏段落聲音與爆炸性的進步編曲方式結合起來。他幾乎持續帶領樂團五十年以上，許多著名的爵士音樂家在那裡獲得職業首演的機會。

hermaphroditism＊ 雌雄同體 同時具有雄性和雌性生殖器官之狀態。在多數顯花植物和無脊椎動物中，雌雄同體是正常現象。同時具有睪丸和卵巢兩種性腺的雌雄同體，在人類中極為罕見（稱作兩性畸形），患者的外生殖器可能兼具兩性的特徵，而且同時具有男性XY和女性XX兩種性染色體。性別的選擇必須在出生時就決定，通常以外生殖器官形似何性為準，決定後，以手術除去另一性的性腺。一個人如果照一個性別長大，在青春期卻傾向發展另一性的特徵時，需根據他們習慣的性別認同角色來施以外科手術和施打激素來幫助他們。

hermeneutics * 聖經詮釋學；詮釋學 聖經詮釋的一般原則的學問。主要目的在於顯示《聖經》的眞理和價值，《聖經》被視爲神的啓示錄。四種主要的聖經詮釋學派分別是：照字面詮釋派，主張聖經應根據直接意義來詮釋；道德詮釋派，致力於建立詮釋的原則，以便從這些原則中推演出倫理教訓；寓意詮釋派，將《聖經》記述中明確提及的那些人、物、事件，解爲另有所指；神祕詮釋派，將《聖經》中的事件解爲關係到或預示未來的生命。在現代，這個詞也指那些對文學與哲學文本的深層解讀。

Hermes * 赫耳墨斯 希臘神祇，宙斯和邁亞的兒子。該神最早的奉祀地大概是阿卡迪亞，在那裡他被當作豐產神來崇拜。他也常被認爲是畜牧的保護神。但荷馬的《奧德賽》裡，他主要是神使和引領亡靈給哈得斯的接引者。由於身爲使者，他還成爲道路和門洞之神，且是旅行者的保護神。常常與羅馬的墨丘利相混同。

帶領羊人合唱團的赫耳墨斯，多里斯於西元前5世紀所製的花瓶；現藏大英博物館
By courtesy of the trustees of the British Museum

Hermetic writings 赫耳墨斯祕義書 有關神學和哲學的祕義作品，據稱由埃及神透特撰著，即希臘的赫耳墨斯·特里斯美吉斯托斯。該神傳爲文字的發明者。這些作品用希臘文和拉丁文寫成，始出現於約1世紀中葉到3世紀末之間，採用對話式體裁，綜合了近東宗教、柏拉圖主義、斯多噶哲學和其他的哲學。它也廣泛反映了早期羅馬帝國在天文學、煉金術和法術的思想和信仰。祕義作品的目的是透過對於一個超驗的神的認識（靈知）而求得人的神化。

Hermeticism * 隱逸派 亦作Hermetism。義大利語作Ermetismo。20世紀初發端於義大利的現代派詩歌運動。其作品的特點是非正統的結構、不合邏輯的順序，以及高度主觀性的語言。隱逸派的形式主義手法，部分地衍生自未來主義。但隱逸派詩人那種隱約的簡潔、晦澀和錯綜複雜，乃是兩次世界大戰之間法西斯統治對文學嚴加控制所造成的結果。翁加雷蒂、夸齊莫多和蒙塔萊是這個運動的主要的領袖。隱逸這個詞是根據赫耳墨斯·特里斯美吉斯托斯的名字命名的，此神是祕義象徵性作品的有名作者（參閱Hermetic writings）。

hermit 隱士 亦稱eremite。通常是指出於宗教動機而脫離社會隱居的人。最早的基督教隱士於3世紀末出現在埃及，當時許多信徒遭迫害而紛紛遁入曠野，他們發展了一種祈禱苦修的生活方式。第一位隱士可能是底比斯人保羅，他約在西元250年逃到曠野。其他著名的隱士包括埃及的聖安東尼，他在4世紀時建立了基督教修行的早期形式，以及柱頭修士聖西門。後來修道院的集體生活改變了隱士的嚴峻生活方式。隱士在西方教會已消失，但在東方教會仍存在。

hermit crab 寄居蟹 寄居蟹科和陸寄居蟹科所有蟹的通稱。寄居在空螺殼或其他中空物體內。呈世界性分布，生活在沙底、泥底水中，偶爾也在陸上或樹上。具兩對觸角和四對足。第一對足爲螯，右螯較大，體縮入螺殼時它擋住殼口。身體長大時，會離開舊殼，另覓新殼寄居。分布於北美洲大西洋沿岸水域的有淺紅褐色的大寄居蟹（10～12公分長）和小寄居蟹。

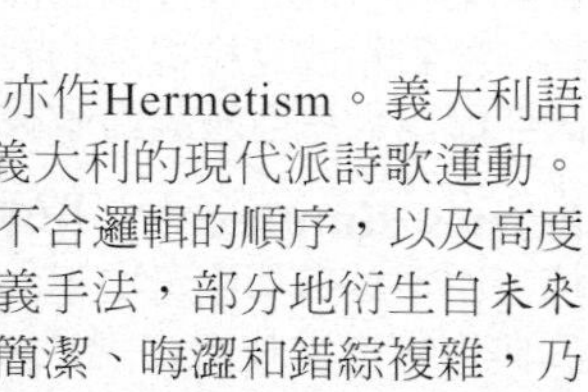

Pagurus samuelis，寄居蟹的一種
Russ Kinne – Photo Researchers

Hermitage (museum) * 愛爾米塔什博物館 俄羅斯最大的一座博物館，也是世界最重要的博物館之一。坐落於聖彼得堡，名稱取自毗連於冬宮的「愛爾米塔什」建築物，建於1764～1767年，是凱薩琳二世收藏其私人珍品的畫廊。1796年這位女沙皇過世時，皇室的收藏品估計約有四千多幅畫。1837年冬宮被火焚毀後，重建了愛爾米塔什，並在1852年尼古拉一世准予對外開放。布爾什維克革命後，藏品轉爲公共擁有。此座博物館現在由五棟相連的建築物構成，包括冬宮、小愛爾米塔什、舊愛爾米塔什和新愛爾米塔什。此博物館不單收藏了西方繪畫的傑出作品，還另藏大量來自中亞、印度、中國、埃及、前哥倫布時期的美洲、希臘和羅馬的藝術品。可從考古文物中了解俄羅斯自史前時期以來的歷史。

Hermon, Mt. 赫爾蒙山 阿拉伯語作Jabal ash-Shaykh。黎巴嫩－敘利亞邊界上頂部積雪的山脊，位於大馬士革以西，海拔2,814公尺，爲地中海東岸最高點，有時被認爲是前黎巴嫩山脈最南端部分。該山在西台、巴勒斯坦和羅馬時期被尊爲聖山，顯示了這是在摩西和約書亞征服以色列人的西北界限。1967年以阿戰爭後，西、南坡約一百平方公里地域畫入以色列管轄的戈蘭高地。

Hermonthis * 赫爾門斯 上埃及古城，位於尼羅河西岸底比斯附近，現爲考古遺址。它是太陽神崇拜中心和舉行國王加冕禮之處。這裡還是西元前2130～西元前1939年重新統一埃及的底比斯統治者的故鄉。經過1929～1938年的發掘，發現比奇斯黑公牛葬地和各王朝時期的墳墓，以及部分舊城遺址，還有戰神門圖的廟宇。

Hermosillo * 埃莫西約 墨西哥索諾拉州首府。位於沿海平原，索諾拉河和聖米格爾河匯合處，即美、墨邊界的諾加利斯南方。除了是行政中心外，它還是附近灌溉農業區的商業和製造業中心。市內設有索諾拉大學（1938）。爲冬季旅遊勝地。人口449,000（1990）。

Herne, James A. 赫恩（西元1839～1901年） 原名James Ahearn。美國劇作家。曾經在巡迴劇團當了幾年演員，1879年發表了第一部劇本《橡樹心》（與比拉斯可合寫），獲得很大成功。雖然其最受歡迎的劇本是《海邊的地產》（1892），但人們認爲《瑪格麗特·弗萊明》（1890）是他最好的一部。他的作品是19世紀通俗情節劇和20世紀思想劇之間的橋樑。

hernia 疝 一種器官或組織從正常位置突入其他部位的疾病。此詞通常指先天性或後天獲得的腹部疝氣。組織可突入在鼠蹊部、大腿股骨或臍部等薄弱部位。結果血液循環被阻斷，導致炎症、感染和壞疽。如果組織不能推回原位，就需手術用疝帶把組織固定在原部位。其他一般的疝有食道裂孔疝（部分或全部的胃突入橫膈膜上方）和椎間盤突出症（組織從脊柱的盤中脫出外層）。

hero 主人翁；英雄 神話或傳說人物，常是神的後裔，具有很大的力氣或能力，如早期史詩《吉爾伽美什》、《伊里亞德》、《貝奧武甫》、《羅蘭之歌》所歌頌的英雄人物。這些英雄通常是優秀的戰士或冒險家，常要完成一次遠征（如維吉爾的《伊尼亞德》的埃涅阿斯建立了羅馬國家，或貝奧武甫爲他的人民驅逐了敵人）。他們通常擁有一些特質，如生得非常俊美、早慧和多才多藝等。他們多半自負而蠻勇，經得起痛苦和死亡的考驗而名垂千古，其所創造的光榮業績永遠活在後世子孫的心目中。

Hero and Leander＊ 希羅與李安德 希臘傳說中一對受人稱頌的情侶。希羅是愛芙羅黛蒂女神純貞的女祭司，在一個節日裡，她與阿拜多斯的李安德認識並相愛。他每夜泅過赫勒斯滂與她相會時，她都在塔樓上高擎火把為他引路。在一個暴風雨的夜晚，火把熄滅了，李安德溺水而死。希羅看到他的屍體悲痛萬分，跳水自殺身亡。奧維德的作品裡提到了這個故事，後來英國詩人馬羅的戲劇《希羅與李安德》和拜倫的《阿拜多斯的新娘》也採用這個故事。

Hero of Alexandria 希羅（活動時期約西元62年） 亦作Heron of Alexandria。希臘數學家和發明家，以求三角形面積的希羅公式和發明汽轉球（第一台蒸汽機）而著名，他的設計是噴射發動機的先驅。在他的衆多論文中，包含了一個數的平方根的近似法。他的機械學著作曾論述五種簡單機械、日常生活中的機械問題，以及各種機器的構造。

Herod 希律（西元前73～西元前4年） 別名希律大帝（Herod the Great）。羅馬人任命的猶太國王（西元前37～西元前4年）。為虔誠的猶太教徒，具有阿拉伯人血統。他被批評為羅馬帝國控制了猶太，雖然他早期曾支持安東尼，但羅馬皇帝仍擴增其領地。在他統治之初，猶太國欣欣向榮，他增加貿易，建立城堡、渠道和劇院，但並不敢放手大有作為和促進繁榮，因為怕法利賽派（猶太教的主要派系）掣肘。由於日益粗暴，並顯然謀害其妻子、兒子和其他親戚而失去民心。當他逐漸心智失常、身體衰弱後，放鬆了控制王國的力量。死前不久，殺死長子和伯利恆的嬰兒，後來自殺未遂，不久去世。

Herod Agrippa I＊ 希律・亞基帕一世（西元前約10～西元44年） 原名Marcus Julius Agrippa。猶太國王（41～44）。希律之孫，希律・安提帕之侄。先後與羅馬皇帝提比略和卡利古拉成為好朋友。卡利古拉封他為國王，治理叔父在巴勒斯坦東北部和加利利的領地。卡利古拉被暗殺後，他因擁戴克勞狄即帝位而成為猶太國王，在那裡贏得猶太人的支持，並鎮壓基督教徒。他在貝魯特建造公共建築，為歡迎克勞狄曾在凱撒城舉行盛大的競技大會。在競技大會舉辦期間突然過世。

Herod Antipas＊ 希律・安提帕（西元前21～西元39年） 希律之子，耶穌基督在世時的加利利郡守（西元前4年～西元39年）。他要為施洗者聖約翰之死負責（應其妻希羅底和繼女莎樂美的要求殺死他），但在後來當彼拉多向他施壓去審判耶穌時，他拒絕合作。後來捲入敘利亞和納巴泰人之間的陰謀中。在抨擊希律・亞基帕一世之後，被卡利古拉流放到高盧。其最有名的成就是創建了太巴列城。

Herodotus＊ 希羅多德（西元前484?～西元前430/420年） 希臘歷史學家。可能出生於小亞細亞的哈利卡納蘇斯，曾在雅典居住，然後遷居義大利南部的圖里。他曾遊歷了波斯帝國的大部分地區。所著關於波斯戰爭的《歷史》是古代第一部記敘體的偉大史書。這是一部自成一體的藝術傑作，雜有許多離題較遠的啓發性事物和軼聞的技巧記敘。作品雖有許多誤謬之處，卻是西元前550年和西元前479年間那段希臘歷史的原始資料的主要來源，也是同時期西亞史與埃及史原始資料的主要來源。

heroin 海洛因 雜環化合物，一種從嗎啡衍生而來的高成癮性生物鹼，為非法販運麻醉性鎮痛藥中之大宗。易從嗎啡中製得，最初它是被研發為鎮痛藥使用，後發覺其副作用遠超過它的價值，因此許多國家目前都嚴禁其使用。海洛因經靜脈注射後會有飄飄欲仙的反應，然後有一股暖流流過全身，接著導致一種朦朧恍惚的鬆弛感和滿足感。成癮後若不每天注射兩次即會產生不舒服的戒斷症候，也會渴望愈多。海洛因的耐受性亦極高，故施打者必須不斷提高劑量才能達到相同的欣快感，導致藥物成癮。街頭上非法販賣的海洛因常只有2～5%的純度，癮者如果意外注射了相當純的海洛因便會導致過量，其主要症狀為重度呼吸抑制，嚴重者甚至會昏迷而死亡。

heron 鷺 鷺亞科大約60種長腿涉禽，如白鷺和麻鳽。鷺分布全球，熱帶最常見。通常安靜地涉行淺水（如池塘、沼澤、濕地）中覓食蛙、魚和其他水生動物。於近水邊樹林或灌叢中以枝條築成簡陋的平台狀的巢。鷺站立時頸通常呈S型，飛行時腳拖在後面，而頭靠近身體。翅寬，喙長而直，尖端銳利。可分為典型的鷺（包括體長130公分的北美洲大藍鷺）、夜鷺和虎鷺3類。典型鷺白天覓食。

Heron's formula＊ 希羅公式 以邊長來求三角形面積的公式。式中，a、b、c代表邊長

$$\text{Area} = \sqrt{s(s-a)(s-b)(s-c)}$$

s是邊長總和之半，即½（a+b+c）。

Herophilus＊ 希羅菲盧斯（西元前335?～西元前約280年） 亞歷山大里亞的醫師，常被稱為解剖學之父。他公開進行人體解剖；研究腦室，認為腦是神經系統的中心，探索了硬腦膜上靜脈竇的走向，找出它們的結合點（希羅菲盧斯氏竇匯），已能將神經幹與肌腱、血管加以區分，並將神經幹分為運動神經及感覺神經。詳細描述了眼、肝、唾腺、胰及兩性生殖器官；描述並命名了十二指腸及前列腺。他也是最先測量脈搏的人。他信仰希波克拉提斯的理論，並強調藥物、飲食及運動的治療作用。其著作至少有九部，包括一部對希波克拉提斯的評注及一本關於助產術的書，但均因亞歷山大里亞城圖書館被毀而失傳。

herpes simplex＊ 單純疱疹 亦稱感冒瘡或發熱性疱疹。由單純疱疹病毒引起的感染疾病。第一型單純疱疹病毒的典型特徵為皮膚出現成簇的小水疱（有刺痛及灼熱感），常發生於唇或臉部，亦可感染眼部。第二型單純疱疹病毒多經性交傳染，導致生殖器起水疱，皮損後會劇烈灼痛。口交會使這兩種類型有機會感染他人常用的部位。此病毒也會感染神經。在這兩種類型中，即使症狀結束後病毒仍存在，並會再度復發，導致水疱一再出現。患活動性生殖器疱疹感染的孕婦分娩時，胎兒可能受到感染，因此最好進行剖腹生產。目前無根治方法，但服用藥物可減輕嚴重症狀及避免病情的移轉。

herpes zoster ➠ shingles

Herrera, Francisco＊ 埃雷拉 兩位西班牙畫家的名字。老埃雷拉（Francisco Herrera the Elder，西元約1590～1654年）早期作品遵從風格主義傳統，在蘇巴朗影響下，他發展了自然主義風格，見於四幅描繪聖波拿文都拉生平的風景圖（1627）。1650年左右遷往馬德里。經考證的最後一幅作品是受到范戴克影響的聖約瑟圖（1648），以細長的形式和精細的衣紋為特色。他在塞維爾獲得相當大的名氣，委拉斯開茲曾短暫當過他的學生。他的兒子小埃雷拉（Francisco Herrera the Younger, 1627～1685）是一名畫家與建築師。其宗教作品帶有羅馬巴洛克藝術的矯飾風格，他把這種風格引進塞維爾。1660年任塞維爾新建美術學院副院長（院長為牟利羅），但不久去馬德里，以繪製濕壁畫和祭壇畫活躍於當

地。1672年任國王查理二世的畫師，1677年任王室總監督。其最偉大的建築作品是薩拉戈薩的紀念柱教堂。

Herrick, James Bryan　赫里克（西元1861～1954年）　美國醫師和臨床心臟病學家。曾獲拉什醫學院醫學博士學位。曾發表論文，報告一例黑人患者，患貧血已三年，其紅血球呈鐮刀狀，後來這種貧血遂被稱爲鐮狀細胞性貧血。他也是最先確認和描述冠狀血栓形成的人。

Herrick, Robert　赫里克（西元1591～1674年）　英國詩人。畢業於劍橋大學，後來擔任牧師，1620年代已成爲有名的詩人，到了1620年代末，擔任得文郡地區牧師。他是班·強生的弟子，他恢復了古典抒情詩的精神，以詞句清新及完美的形式和風格而打動人心。唯一出版的書是《西方樂土》（1648），共收詩約1,400首，大多數極短，其中多屬警句詩。以名句「採擷玫瑰花苞當及時」（Gather ye rosebuds while ye may）爲人所追懷。

赫里克，版畫，馬歇爾製；選自《西方樂土》扉頁
By courtesy of the trustees of the British Museum; photograph, J. R. Freeman & Co. Ltd.

Herriman, George (Joseph)　赫里曼（西元1881～1944年）　美國漫畫家。因從鷹架上跌下受傷不能再作房屋漆工，才開始作漫畫。第一部諷刺漫畫是《拉里亞特·皮特》，1903年刊登在舊金山《記事報》上，此後幾年發表一些短篇漫畫。其最有名的漫畫《瘋貓》從1910年起在赫斯特的報紙上連載三十多年。《瘋貓》在想像力、繪畫和對白等方面都有高度的原創性，被認爲是歷來最優秀的漫畫。

herring　鯡　鯡形目鯡科體形側扁的北方魚類，既指大西洋鯡，也指太平洋鯡，兩者曾被認爲是兩個種，現則僅作爲兩個亞種。鯡魚頭小、體呈流線形，體側閃亮銀色，背部深藍金屬色。herring也指鯡科的其他成員。成魚長20～38公分，是世界上數量最多的魚類之一，成大群游動，以浮游的甲殼動物和魚類幼體爲食。在歐洲被加工並製成燻魚來賣。在加拿大東部和美國東北部，供食用的鯡魚大部分是幼魚，製成沙丁魚罐頭。在太平洋捕到的鯡魚主要用於製造魚油和魚粉。

herring gull　銀鷗　最普遍的大西洋鷗類，學名*Larus argentatus*，分布北半球。翕灰色，腿和腳呈肉色，翅尖具黑色和白色斑點；爲腐食性，以沿海水中的垃圾和污物爲食，因食物來源增加，其種群數也在增多。

Herriot, Édouard＊　赫里歐（西元1872～1957年）　法國政治人物和作家。1905年當選爲里昂市長，此後一生皆任此職。1919年以激進黨黨員身分選入眾議院，1924年他帶領左翼聯盟對抗民族集團。擔任總理（1924～1925）時，他迫使總統米勒蘭辭職，領導法國接受道斯計畫，並承認蘇聯。1926年再次組閣，但僅上任三天即下台，1932年才又當選總理。1940年在維琪當國民議會賦予貝當完全的權力時，他投票棄權，後來被捕，並被送往德國（1947～1945）。戰後當選爲新國民議會議長（1947～1954）。在他的長期任內，曾經歷了九次組閣。

Herriot, James＊　哈利（西元1916～1995年）　原名詹姆斯·阿佛列·懷特（James Alfred Wight）。英國獸醫、作家。懷特到英國約克郡德祿加入兩個獸醫兄弟的執業行列，五十歲時在妻子的勸說寫下生平趣聞。幽默且想像力豐富的回憶錄，以吉米·哈利的筆名出版《鳥獸能言》（1970）及《非關獸醫》（1972），在美國則以《大地之歌》（1972）之名發行，立刻成爲暢銷書，開啓一系列大受歡迎的作品，後來改編成兩部影片以及長期播映的電視連續劇。

Herrmann, Bernard　赫曼（西元1911～1975年）　美國作曲家。生於紐約市，曾就讀於紐約大學及茱麗亞音樂學院，並在1930年代成爲艾伍茲等年輕作曲家團體的一員。赫曼自1930年開始活躍於電台，他和威爾斯的合作引領他踏入電影界。他爲威爾斯的《大國民》（1941）和《安柏森大族》（1942）配樂，其他參與的電影尚有*All That Money Can Buy*（1941，獲奧斯卡獎）。赫曼爲希區考克配了八部電影音樂，包括《迷魂記》（1958）、《北西北》（1959）及《驚魂記》（1960）。

Herschel family＊　赫瑟爾家族　英國天文學家家族。出生於德國的威廉·赫瑟爾（1738～1822）在1757年移民英格蘭，原本靠音樂謀生。後來爲了研究遙遠的天體，開始自己動手研製鏡面，終於成功製造了當時最好的望遠鏡。四十三歲時，發現了天王星，使他一舉成名。他提出所有的星雲都是由恆星組成的，並發展了一套有關星系的革新理論。他還發現紅外輻射。1816年封爵。他的妹妹卡羅琳·盧克雷蒂亞·赫瑟爾（1750～1848），對她哥哥的研究貢獻很大，她完成許多必要的計算工作，也用望遠鏡觀察到三個星雲和八顆彗星。1787年國王支付她年金以酬庸她的研究工作。威廉去世後她仍繼續工作了幾十年。威廉的兒子約翰·赫瑟爾（1792～1871）原本在劍橋大學學數學，1816年開始協助其父的研究工作。1833年出發到南半球研究那裡的星空，1838年返國時，已記錄了68,948顆恆星的位置。他也是一位很有成就的化學家，發明了感光紙照相法（同時塔爾博特也發明此法）。1831年封爵。他的兒子亞歷山大·史都華·赫瑟爾（1836～1907）和約翰·赫瑟爾（1837～1921）也成爲天文學家。

Hersey, John (Richard)　赫西（西元1914～1993年）　美國小說家和記者。1937～1946年曾在遠東、義大利和俄國擔任駐外記者。早期小說《給亞達諾鎮的鐘》（1944），描寫第二次世界大戰時在盟軍占領下的一個西西里島城鎮，獲得了1945年的普立茲獎。小說《廣島》（1946），客觀地敘述生還者在原子彈爆炸時的經歷；《牆》（1950），描寫華沙猶太隔離區叛變的小說，都是結合了事實和杜撰的故事。後來的小說包括《萬里長江》（1956）、《小孩買主》（1960）和《陰謀》（1972）。

Hersh, Seymour (Myron)　赫許（西元1937年～）　美國新聞記者。生於芝加哥，1954年畢業於芝加哥大學。1959年擔任警界記者開啓了赫許的記者生涯，之後他任職於合眾國際社和《紐約時報》，並成爲《大西洋月刊》的國家通訊記者。赫許的美萊村事件報告爲他在1970年贏得普立茲獎，他撰寫了關於中央情報局對國內的監視的報導，亦製作了許多相關偵查報告。他的著作*The Dark Side of Camelot*（1997）以具爭議性的負面觀點來看待甘迺迪；*Against All Enemies*（1998）則是探討波灣戰爭退伍軍人所受的病痛之苦。

Hershey, A(lfred) D(ay)　赫爾希（西元1908年～）　美國生物學家。曾在華盛頓特區的卡內基研究院工作。他和盧里亞分別證明了噬菌體及其寄主中的自發突變。後來他和德爾布呂克分別在噬菌體中發現了基因重組。德爾布呂克錯

H
I
J
K

誤解釋了結果，但赫爾希查明這個遺傳學過程相當於高等生物細胞中觀察到的相似染色體間的部分交換，因而證實德爾布呂克發現的也是重組過程。他查明噬菌體DNA是侵染時進入寄主細胞的基本成分，從而證實噬菌體的遺傳物質是DNA，而不是蛋白質。1969年與德爾布呂克、盧里亞共獲諾貝爾生理學或醫學獎。

Hertford＊ 赫特福德 英格蘭赫特福德郡東赫特福德區城鎮（堂區）。在倫敦北緣。西元672年以塔爾蘇斯的西奧多主持的一次主教會議舉行地而首見記載。現存最古老的建築是一些15世紀的木架房舍。除了是郡行政中心外，還有輕型機械工業，以及許多與農業相關的工業。人口23,000（1995）。

Hertfordshire＊ 赫特福德郡 英格蘭南部行政和歷史郡，鄰大倫敦北緣。郡內有兩座早期的「花園城」，即萊奇沃思（1903）和韋林（1920）。第二次世界大戰後倫敦八個新建衛星城有四個位於該郡。有一排筆直的公路和鐵路通往倫敦，設有一些輕工業、辦公機構、電影公司，近年來遷入數千名遠郊居民。郡首府是赫特福德。人口約1,033,600（1998）。

Hertz, Heinrich (Rudolf)＊ 赫茲（西元1857～1894年） 德國物理學家。1885～1889年任卡爾斯魯厄工業學院物理學教授時，在實驗室產生了無線電波，測量了波長和速度。他指出無線電波的振動性及它的反射和折射的特性，與光波和熱波相同。結果他確鑿地肯定：光和熱都是電磁輻射。他也是最早播出並接收無線電波的人。1889年任波昂大學教授，在該校繼續研究稀有氣體中的放電。頻率單位hertz（Hz，等於每秒周數）即是以他的名字命名。

H I J K

Hertzog, J(ames) B(arry) M(unnik)＊ 赫爾佐格（西元1866～1942年） 南非聯邦總理（1924～1939）。他的政治主張是「南非第一」和「並行政策」，即要求組成南非白人國家的英國人和阿非利堪人彼此不受對方的支配。1910～1912年參與波塔的內閣，但因不滿波塔的妥協遷就政策而與他決裂，另組南非國民黨。擔任總理時，為南非聯邦制定國旗，規定以阿非利堪斯語為官方語，提倡種族隔離政策，確立在聯邦制度下英國人和阿非利堪人享有平等權利。1933年被迫接受與斯穆茨聯合組閣。1939年因主張在第二世界大戰中保持中立遭到反對而辭職下台。

Hertzsprung-Russell diagram＊ 赫羅圖 亦稱H-R diagram。一種表示恆星的絕對星等（恆星固有亮度）和光譜型的關係圖。對恆星演化理論極為重要，為丹麥天文學家赫茨普龍（1873～1967）和美國天文學家羅素（1877～1957）各自於1911年創制。在圖上的恆星是按絕對星等的增加（亮度減小）從上到下，按溫度（光譜型）的降低從左到右排列的。恆星傾向於群集在赫羅圖的某一特定區域，特別是沿著一條對角線，稱為主序星，這裡是不同團塊的燃氫恆星的所在地。

Hervey Bay 赫維灣 澳大利亞昆士蘭州東南部一海灣和城鎮。1770年由科克船長取名，1804年開始勘查地形。灣長89公里，寬64公里。該鎮由一些灣畔遊覽地組成，為附近甘蔗和鳳梨種植園地區的服務中心。城鎮人口約33,000（1993）。

Herzegovina 赫塞哥維納 ➠ Bosnia and Herzegovina

Herzen, Aleksandr (Ivanovich)＊ 赫爾岑（西元1812～1870年） 俄國作家和政治活躍分子。在莫斯科大學就讀時，他參與了一個社會主義團體，因而被流放到鄉下地方工作（1834～1842）。回到莫斯科後，他立即加入西歐派陣營，但不久轉向無政府社會主義。在繼承一筆可觀的財富後，他離開俄國。在巴黎，他宣布西方制度已「死」，並發展了一種獨特的俄羅斯方式的社會主義理論，即農民民粹主義。1852年他遷居倫敦，創辦自由俄羅斯出版社，並在1857年創立具有影響力的報紙《鐘聲》。這份報紙偷偷被夾帶回俄國，讀者群包括改革者和革命家。1861年當解放農奴法令制定時，他抨擊這個法令背叛了農民。之後轉而把精力放在寫作《往事與沈思》（1861～1867）上，這部散文著作被公認是俄羅斯最偉大的作品之一。

Herzl, Theodor＊ 赫茨爾（西元1860～1904年） 匈牙利猶太復國主義的創始人。在匈牙利長大，他認為要對付排猶主義的最佳策略是同化。他在巴黎擔任記者採訪德雷福斯事件時，已成為猶太復國主義者。1897年他組織了一個世界猶太復國主義運動代表大會，出席者約兩百人，而後擔任大會建立的世界猶太復國主義組織的第一屆主席。赫茨爾不屈不撓地組織、宣傳，以及他的外交手腕，對猶太復國主義擴展為一種世界性的重要政治運動貢獻很大。雖然英年早逝未能見到以色列國成立，但他的遺體在1949年已移葬到耶路撒冷的一座山丘，現在名為赫茨爾山。

Herzog, Werner＊ 荷索（西元1942年～） 原名Werner H. Stipetic。德國電影導演。第一部劇情片《生命的訊息》（1967）贏得了兩次獎項，其劇情帶領人進入瘋狂的主題情境，這種題材在他之後的影片中曾一再出現，其中最動人的包括《天譴》（1972）、《吸血鬼》（1979）和《陸上行舟》（1982）。《陸上行舟》是在亞馬遜雨林中拍攝，並應他的要求將一艘大船拖過山丘，這種對電影極度執著的態度在拍攝這部片時表現無遺，令人稱奇。其超現實和具有異國風味的電影在戰後西德電影界獲得高度的評價。

Heschel, Abraham Joshua＊ 赫歇爾（西元1907～1972年） 波蘭出生的美國猶太教神學家、哲學家。曾就讀於柏林大學，後來在德國教授猶太教研究直到1938年被納粹趕出來。移民美國後，他先後在希伯來聯合學院和猶太教神學院任教。他的目標是根據古代和中世紀猶太教傳統來開創現代宗教哲學，並強調猶太教的警世性和神秘性。他認為社會活動是虔誠信徒表現倫理信念的手段，赫歇爾還替黑人爭取民權，並反對越戰。其著作包括《人並不孤獨》（1951）和《上帝在找人》（1956）。

Heshen 和珅（西元1750～1799年） 亦拼作Ho-shen。中國史上惡名昭彰的廷臣，他濫用其對乾隆皇帝（清高宗）的影響力，以獲取內閣高層的官位，控制歲收的支出以及晉用人事的權力。和珅侵吞用來鎮壓白蓮教叛亂的款項，導致戰事延長，並迫使帝國軍隊以掠奪維生，從而削弱清朝政府的威信。和珅最後遭乾隆皇帝的繼承者逮捕，並被迫自殺。

Hesiod＊ 赫西奧德（創作時期約西元前700年） 希臘詩人。是希臘最早的詩人之一，常被稱為「希臘教訓詩」之父。為希臘中部波奧蒂亞地方人士，可能是一個專業的吟誦詩人。現存兩首完整的史詩是：《神譜》，記述了諸神的歷史：《工作與時日》，描述農民的生活，並表達了對人的適當舉止的觀點。這些作品透露了他原本對生活的嚴肅態度，對世界的描述也不若荷馬引人入勝。在世期間他的詩就已出名，其聲名之大使得其他人寫的史詩後來也歸到他的名下。

Hess, (Walter Richard) Rudolf 赫斯（西元1894～1987年） 德國納粹領袖。1920年加入新成立的納粹黨，很快成為希特勒的密友。在參與啤酒店暴動（1923）後逃脫，但又自動回國入獄，他在那裡記錄和整理了希特勒口授的《我的奮鬥》一書。後升任希特勒的私人祕書，1933年成爲副黨魁。第二次世界大戰初期，其權勢趨於衰落。1941年赫斯製造了一次轟動世界的行動，他偷偷跳傘著陸蘇格蘭，自行提出英德媾和的建議未果。英國政府把他當作戰俘，希特勒也駁斥他這種先斬後奏的作法。戰後，赫斯在紐倫堡大審中被判無期徒刑。他在柏林施潘道監獄服刑，1966年後成爲那裡唯一的犯人。

Hess, Victor Francis　赫斯（西元1883～1964年） 奧地利出生的美國物理學家。1906年在維也納大學取得博士學位。他的主要研究在放射性和大氣電學方面。他的實驗證實了長期的猜想：一種來自地球外的、滲透力極強的輻射瀰漫了大氣。對這種輻射（1925年命名爲宇宙線）的進一步探索，使安德生發現了正電子，並爲現代物理學研究開闢了新領域。他們兩人因而共獲1936年諾貝爾物理學獎。

Hess, Walter Rudolf　赫斯（西元1881～1973年） 瑞士生理學家。1917～1951年在蘇黎世大學工作。主要的興趣在研究控制自主功能（如消化、排泄）的神經，以及相應於這種複雜刺激所引起的一組器官的活動，如壓力。他用小電極刺激或破壞貓和狗腦的某些特定部位，把每一種功能的控制中心定位得極精確，只要刺激貓下視丘的某一固定點，就能使貓表現出遇到狗時那樣的行爲模式。1949年與埃加斯·莫尼茲共獲諾貝爾醫學或生理學獎。

Hesse＊　黑森 德語作Hessen。德國中西部一州。面積21,113平方公里。1945年合併了幾個以前的普魯士省份而成。首府威斯巴登。黑森人被認爲是法蘭克部族卡蒂人的後裔，8世紀初，聖卜尼法斯使他們皈依基督教。15世紀曾分裂兩次，但菲利普統一了這個地區。如今此區廣佈小型農地，同時德國工業集中在萊茵－美因河地區。威悉河兩岸有許多古城堡、教堂及宮殿遺址。人口約6,016,000（1996）。

Hesse, Eva＊　赫塞（西元1936～1970年） 德國出生的美國雕塑家。1939年爲逃離納粹政權而和家人抵達紐約。她曾於普拉特學院、庫柏學院及耶魯大學就讀。1964年赫塞成婚，短暫移居德國，並開始她的雕塑工作，她以舒適線條和不尋常的材質（包括橡皮管、合成樹脂、繩子、布料和電線）樹立起自己的風格。1960年代在全美舉辦展覽，獲得部分評論界的讚許。1969年她因腦瘤而進行危險性極高的手術。赫塞的影響在她過世後才廣爲散佈。

Hesse, Hermann＊　赫塞（西元1877～1962年） 德國小說家和詩人。曾在神學院讀書，但因難以適應那裡的生活而離開。第一部小說是《鄉愁》（1904），接下來作有《車輪下》（1906）、《生命之歌》（1910）和《藝術家的命運》（1914）。他反對軍國主義，在第一次世界大戰爆發時，移居瑞士，並永久定居下來。後來的作品多是關於個人追求精神層次方面，通常以神秘主義的手法表現。《徬徨少年時》（1919）是受到他研究心理分析的影響，這部書使他一舉成名。小說《流浪者之歌》（1922）描述了佛祖早年生活，反映了他之前訪問印度的經歷。《荒野之狼》（1927）、《知識與愛情》（1930）和《玻璃珠遊戲》（1943）等作品探討了人的雙重性格，以及冥想和積極生活之間的衝突。1946年獲得諾貝爾文學獎。他的神祕主義色彩和呼籲自我實現，使得他死後成爲青年人所崇拜的人物。

赫塞，攝於1957年
Wide World Photos

Hestia　赫斯提 希臘的女灶神。奧林帕斯山十二神之一。瑞亞和克洛諾斯的女兒。阿波羅和波塞頓都曾向她求婚，但她立誓永不嫁人。宙斯於是賜予她掌管一切祭儀的榮譽。雖然主要是以家族和家庭的女灶神地位被崇祀，但有時也被當作公共建築的市民灶神來供奉。

Heston, Charlton　卻爾登希斯頓（西元1924年～） 原名John Charlton Carter。美國演員。生於伊利諾州埃文斯頓，1947年首度登台百老匯，演出《安東尼與克麗奧佩脫拉》，首部電影作品則爲*Dark City*（1950）。在演出*The Greatest Show on Earth*（1952）後，晉升影星之列，並以強健、莊嚴堅定的形象於《十誡》（1956）、《賓漢》（1959，獲奧斯卡獎）及*The Greatest Story Ever Told*（1965）。卻爾登希斯頓之後演出了*Airport 1975*（1974）、《大地震》（1974），並自導自演了《安東尼與克麗奧佩脫拉》及*Mother Lode*（1982）。卻爾登希斯頓爲銀幕演員公會主席（1966～1971），身爲坦率的保守人士，他於1998年被選爲美國國家來福槍協會主席。

Hesychius of Alexandria＊　亞歷山大里亞的赫西基奧斯（活動時期西元5世紀） 希臘學者和語言學家。編有《詞彙大全》，是自古聞名的最完備的希臘語詞典。雖然此書現在僅存15世紀一個威尼斯編者輯成的節略本，但因其仍然保存了古代碑銘、詩文及希臘教會神父所用的方言和詞彙（參閱patristic literature），所以依舊被珍視爲基礎的權威性典籍。

heterocyclic compound＊　雜環化合物 一類有機化合物的統稱，其分子包含一個或更多的原子環，其中至少有一個原子（雜原子）是碳以外的元素，通常是氧、氮或硫。就像在烴中，其化學鍵可以是飽和的、不飽和的或芳香的（參閱aromatic compound），而這種化合物可能包含單環，或者具有接合的環（其中相連的環共有兩個碳原子）。五種成分的雜環化合物有葉綠素、血紅素、靛藍、色氨酸和特定的聚合物。六種成分的雜環化合物則有吡啶、吡哆醇（維生素B_6，參閱vitamin B complex）、維生素E、尼古丁、奎寧、嗎啡和吡喃核，後者見於糖和花青色素。另一類重要的雜環化合物是嘧啶，出現於巴比妥酸鹽和嘌呤，這些又見於咖啡因和相關的化合物；嘧啶和嘌呤是生成核酸的化合物。

heterosis＊　雜種優勢 亦稱hybrid vigor。雜種生物體在體型、生長率、繁殖力及產量方面表現的均優於親本的一種現象。植物或動物育種家常使兩個具有某些所需性狀的不同的純系進行雜交。子一代大部分均表現出兩親的優良性狀，但雜種相互交配，這種優勢將減弱。所以必須保存親本種系，並使之相互交配以育成所需要的每一代作物或禽畜。

heterozygote　純合子 ➠ homozygote and heterozygote

Heuss, Theodor＊　豪斯（西元1884～1963年） 德國政治人物和作家。在威瑪共和時期，他以德國民主黨黨員資格於1924～1928年和1930～1933年擔任聯邦下院議員。希特勒上台後，他的政治論著因「反德」而遭到焚毀。第二次世界大戰後，他幫忙創立了自由民主黨，1948～1949年在議會任職，參與了西德憲法的起草工作。1949年9月當選西德總統，1959年卸任。

Hewish, Antony 休伊什（**西元1924年～**） 英國天體物理學家。1967年他判定貝爾·波內爾觀測到的具有規則圖樣的無線電信號（脈衝）既不是來自地球上的干擾，也不像是宇宙中別處的生物爲與遙遠的行星進行通信聯繫而發來的信號，而是從某些恆星上發出的能量輻射。他因發現了新型脈衝星，與賴爾共獲1974年諾貝爾物理學獎。

Hewitt, Abram S(tevens) 休伊特（**西元1822～1903年**） 美國實業家和政治人物。1845年與愛德華·庫柏、彼得·庫柏在紐約市合營煉鐵廠；後來協助創辦庫柏學院（1859）。南北戰爭時供應聯邦政府鑄造炮筒槍管的鐵。1870年生產出美國第一批商品級的鋼。1871年幫助狄爾登打擊特威德集團。1875～1879年和1881～1886年擔任眾議員。1887～1888年任紐約市長，他開始了大刀闊斧的改革，打破坦曼尼協會的影響力。

Hewitt, Don S. 休伊特（**西元1922年～**） 美國電視製作人。生於紐約市。休伊特曾於二次大戰時擔任戰地記者，1948年進入哥倫比亞廣播公司，1948～1962年與愛德華茲共同擔任首次晚間新聞播放的導播。休伊特爲《克朗凱CBS新聞》的執行製作，且在1968年製作了廣受歡迎的《六十分鐘》節目。

Hewlett-Packard Co. 惠普公司 亦譯休利特－帕卡德公司。美國製造商，生產電腦、電腦印表機、分析和度量儀器。1938年由休利特（1913～2001）和帕卡德（1912～1996）創立，總公司設在加州帕洛阿爾托。第二次世界大戰後隨著美國國防工業的電子部門的發展而成長，1966年該公司首次發展出自己的電腦，1968年製作出最早的一台桌上型電腦。1980年以「惠普85型」電腦切入個人電腦市場，1980年代以惠普雷射印表機支配了印表機市場。到1990年代惠普公司已成爲商業和研究機構的迷你電腦主要製造商之一，也是雷射及噴墨印表機領域的領導者。

hexachord 六聲音階 音樂中特定模式下的六個音群，特別是「全音－全音－半音－全音－全音」的音程模式（例如G-A-B-C-D-E）。六聲音階的產生，顯然是在阿雷佐的桂多注意到教會調式的音階可被視爲與自身音程模式重疊時，他的階名唱法體系給每個六聲音階相同的音節（ut-re-mi-fa-sol-la），而藉著六聲音階重疊，理論家能夠表示完整的音高「範圍」。雖然與八聲思維的現代音樂家的直覺相反，六聲音階的概念卻是整個中世紀和文藝復興時期基本的音樂理論。

Heydrich, Reinhard (Tristan Eugen)＊ 海德里希（**西元1904～1942年**） 德國納粹政府官員。1931年從海軍退役，加入近衛隊（SS）。1934年升任柏林近衛隊頭子，1939年擔任帝國中央安全局主席，並成爲希姆萊的副手。以殘酷毒辣的手段對付「國家敵人」而惡名昭彰，第二次世界大戰初期，他在德國占領區大量處決人犯，因此博得「劊子手」之惡名。1942年主持萬塞會議。後來被指派爲波希米亞和摩拉維亞的代理行政首長，最後遭遇捷克愛國志士伏擊而死，蓋世太保爲了報復而將利迪策村毀了，並處決兩百多名男子。

Heyerdahl, Thor＊ 海爾達爾（**西元1914年～**） 挪威人類學家和探險家。在一次到玻里尼西亞的航行之後，讓他堅信玻里尼西亞文化源自南美洲文化。他建造了一艘木筏「康－提基號」，1947年從南美駛往玻里尼西亞，證明玻里尼西亞人的祖先可能是南美人。這次航程曾載於《康－提基號》（1950）這本暢銷書中。1969年，他乘坐一艘模造的古埃及蘆葦船「拉神號」，從摩洛哥橫渡大西洋到達加勒比海，顯示地中海人民已先哥倫布到達新大陸。1977年海爾達爾搭乘「底格里斯號」蘆葦小船，自伊拉克底格里斯河出發，經阿拉伯海，到巴基斯坦，又回頭駛回紅海，目的在於證明古代的蘇美人文化可能透過兩種貿易路線向東或向西南傳播。他的理論至今並未全部爲學術界的考古學者所接受。

海爾達爾
Pierre Vauthey－Gamma/Liaison

Heyse, Paul (Johann Ludwig von)＊ 海澤（**西元1830～1914年**） 德國作家。爲獨立研究的學者，帶領慕尼黑一圈作家朋友致力於保護傳統的藝術價值，使之免受政治激進主義、實利主義和實在論的侵犯。他受人讚賞的短篇、中篇小說收錄在幾冊書中，他也出版長篇小說，如《世界的孩子們》（1873）和《梅林》（1892），以及許多不成功的劇作。在其最好的作品當中包括了翻譯萊奧帕爾迪和其他義大利、西班牙詩人的作品；還有許多作品被沃爾夫製作成音樂。1910年獲諾貝爾文學獎時，他的聲譽已滑落。

Heywood, John 海伍德（**西元1497?～1575年以後**） 英國劇作家。其機智而又具有諷刺意味的詩文幕間劇幫助英國戲劇在伊莉莎白時期高度發展了喜劇。他的幕間劇是描寫日常生活和風尚以取代《聖經》寓言，作品包括《氣候劇》、《愛情劇》和《智多星與愚人》（皆作於1533），以及《遊方僧、贖罪券推銷員、藥劑師和小販》（1544?）。他還寫警句詩、敘事詩和諷喻詩《蜘蛛和蒼蠅》。

Hezbollah ➠ Hizbullah

Hezekiah＊ 希西家（**活動時期西元前8世紀末～西元前7世紀初**） 耶路撒冷猶大國王。他的在位時期不詳，但一般記載爲約西元前715～西元前686年左右。他是個改革者，在位時正當亞述帝國稱霸時期，他企圖發揚希伯來宗教傳統以對抗外來的崇拜。西元前703年左右巴勒斯坦爆發了一場可能由希西家率領的叛亂，雖然他堅守了耶路撒冷，但其他猶大城市紛紛淪陷，西元前710年叛亂被平定。亞述人要求獻上重金來交換耶路撒冷，但據說當時發生了一場瘟疫摧毀了亞述軍隊，耶路撒冷倖免於難。

Hialeah＊ 海厄利亞 美國佛羅里達州東南部城市。1910年由航空業先驅布萊特和寇蒂斯創建，城名取自塞米諾爾印第安人的用語，意爲「美麗草原」。現在主要爲邁阿密城郊住宅區。有海厄利亞公園賽馬場（1925）。人口約205,000（1996）。

Hiawatha＊ 海華沙 北美印第安人的奧農達加族傳說中的酋長（1450?）。據說是易洛魁聯盟的創立者。其故事見於朗費羅受人歡迎的詩集《海華沙之歌》（1855），不過他沿用斯庫克拉夫特的錯誤資料，把海華沙當作中西部的印第安人。

hibernation 冬眠 某些動物爲適應惡劣的冬季環境而代謝活動極度降低和體溫下降的狀態。真正冬眠的動物包括冷血動物和少數的哺乳動物（如蝙蝠、猬等），他們幾乎接近死亡狀態，體溫接近冰點，呼吸非常緩慢，心跳極輕緩。哺乳動物如熊在洞穴中冬眠時體溫僅稍低於平常，很容易清醒，所以不算是眞正的冬眠動物。冬眠動物需要事先在體內貯存脂肪，巢內貯藏食物。在冬眠時每隔數週便甦醒一次和攝食，然後又回到蟄伏的狀態。冷血動物在氣候降到冰點以下時必須冬眠。在溫暖氣候下冬眠的同義詞是夏眠。

Hiberno-Saxon style　愛爾蘭－撒克遜風格　一種裝飾藝術風格，由愛爾蘭僧侶前往英格蘭（635）時產生的。它混合了塞爾特人的裝飾藝術傳統，即以曲線風格和喇叭形式、旋渦形花紋和雙曲線爲特色，並交織著獸形模式和異教的盎格魯－撒克遜鮮明色彩。當坎特伯里的聖奧古斯丁的傳教團從羅馬回來時，加入了地中海藝術成分，引進了人物描繪，但愛爾蘭－撒克遜藝術的基本特徵仍保留下來：側重幾何圖案，交織的圖案設計和明亮色塊，如「林迪斯芳福音書」和「凱爾斯書」裡所見的。此種藝術由愛爾蘭和撒克遜基督傳教團傳到歐洲，其對加洛林王朝藝術影響很大。亦請參閱Anglo-Saxon art。

hibiscus＊　木槿　錦葵科木槿屬約250種草本、灌木及喬木的統稱。原產於溫帶及熱帶地區，其中數種植物花朵美麗，可供栽培觀賞用。熱帶地區產的朱槿花大，略呈鐘形，淺紅色。裂瓣朱槿爲灌木，枝條下垂，常栽培於室內吊籃中。木槿屬的其他種植物包括秋葵、木槿，以及許多通稱爲錦葵的顯花植物。

朱槿
Sven Samelius

hiccup　打嗝　膈肌（分隔胸腔與腹腔的肌肉）的痙攣性收縮，造成突然的吸氣，吸氣被聲門（聲帶之間的開口）不自主的閉合所中斷，因而產生一個特殊的聲響。打嗝得原因包括胃過度膨脹、胃受刺激和神經痙攣等。有各種民間療法可阻斷膈肌痙攣的節律而中止打嗝，最常用、有效的方法是盡可能長地摒氣。打嗝常在幾分鐘內停止，但也可以持續幾天到幾週，或更長。可用手術擠壓支配膈肌的膈神經以治療持續的嚴重打嗝。

Hickok, Wild Bill　希科克（西元1837～1876年）　原名James Butler。美國西部拓荒者。出生於伊利諾州特洛伊格羅夫，後來遷往堪薩斯種田，之後曾在堪薩斯的蒙提薩羅鎭擔任警官。1861年駕駛驛站馬車時，曾射殺不法之徒麥克坎爾，開始了他的神槍手傳奇故事。南北戰爭時期參加聯邦軍隊，擔任偵察兵和間諜，後來被派任爲美國聯邦法院代理執行官（1866～1867）。之後又擔任了海斯市的警長（1869～1871）和阿比林的執行官（1871），以鐵腕統治馴服這些堪薩斯城鎭。1872～1874年隨水牛比爾的西大荒演出團在巡迴演出。當他抵達達科他準州的黑山金礦時，在酒店打牌被陌生的醉漢用槍打死。

希科克
Culver Pictures

hickory　山核桃　胡桃科山核桃屬約十八種落葉喬木的統稱。其中約十五種原產於北美洲東部，三種原產於東亞。果卵形，核果狀，包在肉質外果殼內。某些種類有甜味可食的大種子，如粗皮山核桃、細條裂山核桃、茸毛山核桃和美洲山核桃。美洲山核桃的經濟價值最大，果味別有風味，木材淡色。其他山核桃的木材可作燃料、工具柄、運動設施、家具及地板。

Hicks, Edward　希克斯（西元1780～1849年）　美國自然派畫家。早年曾爲儀禮馬車作彩畫並作廣告畫，中年才開始畫田園景色和風景畫。雖害怕藝術創作有違其貴格會宗教信仰，但認爲藝術可帶來生命的意義，故常在畫面上寫有帶教誨意義的詩句。作品以《寧靜的國度》最爲聞名，共約一百幅，約二十五幅留傳至今。在這些動人的貴格會盛大場景中，彭威廉出現在畫面左方，正在與印第安人談判，同時畫面右側聚集了一些動物，小孩玩耍於其間。

希克斯的《康乃爾農場》（1836），現藏華盛頓特區美國國家畫廊
By courtesy of the National Gallery of Art, Washington, D. C., gift of Edgar William and Bernice Chrysler Garbisch

Hicks, John R(ichard)　希克斯（西元1904～1989年）　受封爲Sir John。英國經濟學家。曾在幾所大學任教，最著名的是牛津大學，1964年封爵。最優秀的著作爲《價值與資本》（1939），他解決了景氣循環理論和經濟均衡理論的基本矛盾處，主張經濟力量並非單純反映循環趨勢而是趨於互相平衡。1972年與阿羅共獲諾貝爾經濟學獎。

Hidalgo＊　伊達爾戈　墨西哥中東部一州。原本只是墨西哥州的一部分，1869年單獨設置爲州，以紀念革命愛國志士伊達爾戈－科斯蒂利亞。爲全國最多山的地區之一，有大片礦藏，如銀礦、金礦。在前哥倫布時期是托爾特克人文化中心。在州首府帕丘卡以西的圖拉曾是托爾特克人的首府，現爲考古地點。州內有大型金屬加工廠，也是農產地。面積20,813平方公里。人口1,888,366（1990）。

Hidalgo (y Costilla), Miguel＊　伊達爾戈－科斯蒂利亞（西元1753～1811年）　被譽爲「墨西哥獨立之父」的天主教神父。1789年受神職，早年生活平靜，對改善教區居民的經濟福利不遺餘力。他在拿破崙入侵西班牙之際，在多洛雷斯（今多洛雷斯伊達爾戈）參與了脫離西班牙獨立的計畫。1810年9月16日，由於計畫洩漏，他敲響多洛雷斯教堂的大鐘，召集教區居民，以「多洛雷斯口號」呼籲他們起而革命。數千名印第安人和梅斯蒂索人投奔他，他成功占領了瓜納華托和其他城市，不久逼近首都墨西哥城。但是他猶豫不決的態度導致失敗，並落入敵手遭槍決。殉難的伊達爾戈成爲獨立運動最有力的象徵，獨立運動也終獲成功。9月16日被定爲墨西哥獨立紀念日，每年總統都會在國家宮殿露台上帶領大家呼喊「多洛雷斯口號」。

Hidatsa＊　希達察人　亦稱密蘇里格羅斯文特人（Gros Ventres of the Missouri）。蘇族大平原印第安人，住在密蘇里河上游的半永久性村落。種植玉蜀黍、豆類及南瓜，並捕水牛。社會組織包括按年齡劃分的軍事會社，還有多種氏族會社和部落會社，採用母系制。太陽舞是主要儀式。在文化上，他們與曼丹人相似，這是兩百餘年間持續和平交往的結果。他們以當地物產與歐洲商人交換槍支、刀及其他製品。19世紀中葉因疾病以及與達科他人（蘇人）交戰而大批死亡。如今只剩約1,200人居住在北達科他州保留地內。

Hideyoshi ➡ Toyotomi Hideyoshi

Hierakonpolis＊　希拉孔波利斯　上埃及古城。位於底比斯之南，爲史前時代上埃及國王駐地。現爲埃及歷史初期最重要的考古遺址。約西元前3400年至古王國初期（西元前2575?年）最興盛。圖特摩斯三世後來完全重建了一座古廟。在新王國時期，河對岸的卡卜在經濟上地位更加重要，但希拉孔波利斯一直是宗教和歷史中心。

Hierapolis＊　希拉波利斯　亦譯赫拉波利斯。敘利亞古城，在阿勒頗東北方。爲敘利亞女神阿塔迦蒂斯的崇拜中心，因而成爲希臘人的聖城。3世紀時爲敘利亞一大城市，以後沒落。8世紀末，哈倫・賴世德加以重建，12世紀被十字軍占領，1175年被薩拉丁奪回，後成爲蒙古人大本營，繼之被徹底毀掉。

hieroglyph＊　象形文字　幾種文字體系的書寫符號。本質上近似圖畫，但讀出時不必如此。這個術語原本用於古埃及最古老的文字體系（參閱Egyptian language）。埃及象形文字的讀法可依循圖形（住宅區的表示方式代表著pr一詞，即房屋）、語音（房屋的記號可有pr的讀音）或相互關係（代表一物的記號可以代表另一個同音異義詞）。和當代楔形文字不同，語音式象形文字代表輔音而非音節，所以沒有書寫母音的正規方式；傳統上，埃及學家爲了讀出埃及文字，會把母音e插在輔音之間。中王國時期（西元前2050～西元前1750年）標準化的拼字法運用了約750個象形文字。在西元紀年的最初幾個世紀裡，象形文字的使用變少——此種文字最後的標示日期是西元394年，而記號的意義亡佚，直到19世紀早期被解讀出來爲止（參閱J.-F. Champollion、Rosetta Stone）。「象形文字」一詞一直用於相似的書寫體系，特別是用來書寫古安納托利亞諸語言中的盧維語的文字，還有馬雅人使用的文字（參閱Mayan hieroglyphic writing）。

hierophant＊　昭聖者　古希臘埃勒夫西斯祕密宗教儀式的主祭司，主要工作是神祕宗教慶典中呈上聖物，並對初入教者解釋祕義。昭聖者必須出身尤摩爾浦斯氏族（埃勒夫西斯的原始氏族之一），通常都是年高德劭、聲音宏亮的獨身男子。就職時，要象徵性地把原先的名字拋入海中，此後只稱昭聖者。

hieros gamos＊　聖婚　亦譯「神婚」。神話和宗教儀式中指繁衍之神相互的性關係，是以穀物農業爲本的社會（如美索不達米亞、腓尼基和迦南）的特殊信仰。每年至少一次，聖者（如代表繁衍之神的人）進行性活動，以確保土地的豐產。聖婚的形式開始是送裝扮神的人參加婚禮的隊伍；交換禮品；雙方的潔身禮；結婚宴席；新房和新床的備置；以及夜間祕密的性行爲等。

Higgs particle　黑格斯粒子　亦稱黑格斯玻色子（Higgs boson）。一種假設的遍及各處的基本場的載體。該基本場，透過與基本粒子相互作用，可作爲賦予基本粒子質量的一種手段。此場和粒子按愛丁堡大學的黑格斯（1929年生）的姓氏命名，他是首先提出這一假設的物理學家之一。黑格斯機制能闡明爲什麼弱力的載體是重的，而電磁力的載體的質量爲零。然而，迄今還沒有黑格斯粒子的實驗證據，能直接指出黑格斯粒子或黑格斯場的存在。

high blood pressure ➡ hypertension

High Commission, Court of　高等宗教事務法院　英國亨利八世設立的教會法院，以實施「至尊法」（1534）。它被用來對付那些拒不承認英國國教教會權威的人士，成了具爭議性的鎮壓工具。其主要職能和最具爭議的是司掌宣誓，同意宣誓的人，必須回答對他提出的任何問題。拒絕宣誓的人就被立即交付可怕的星法院。最終摧毀宗教事務委員會的反對力量主要來自清教派、普通律師以及普通法法官，1641年法院被廢除。亦請參閱prerogative court。

High Court of Admiralty　海事高等法庭　英國所設原由海軍元帥的代表主持審訊的法庭。約於1360年成立，原先僅處理有關英國艦隊中軍紀方面事務，以及有關海盜與擄獲物（在海上俘獲之船隻與貨物）方面的案件，但是後來亦擁有商業與航運案件的民事裁判權。海事高等法庭於1875年與英國其他各大法院合併成英國高等法院。

high-definition television (HDTV)　高解析電視；高畫質電視　電視螢幕影像解析度大於普通525條掃描線（歐洲625條）的系統。傳統電視以類比形式傳送訊號。相對地，數位高解析電視系統是以數位資料的形式傳送影像和聲音。這些數值資料利用載送類比電波相同的無線電波頻率來廣播，接著由數位電視機裡面的電腦處理器將資料解碼。數位高解析電視可以提供更銳利清晰的影像和音效，干擾雜訊極少。重要的是數位電視機除了接收影像之外，還可能傳送、儲存及運用影像，藉此結合電視機與電腦的功能。

high-energy physics　高能物理學 ➡ particle physics

high jump　跳高　在田徑比賽中跳起越過一定高度的橫竿的運動專案。該運動的設備包括一個半圓形的助跑區，至少要有15公尺的助跑距離，有一根可上下升降的橫竿和它的垂直支援架，還有一個鋪了軟墊的著地區。跳高者必須單腳離地起跳。早期的跳高方式，包括近乎直體過竿的剪式跳高以及面朝下的西方俯臥式過竿方式，自1968年以來都已被「福斯伯里跳躍」超越並替代，這是一種背向下的騰躍，以它的發明人，美國的跳高運動員福斯伯里（生於1947年）的名字命名的。

high place　高地　希伯來語作bama。是古代以色列人或迦南人在一塊高地上修築的神龕。對於迦南人來說，這些神龕是用來供奉豐產之神巴力或者閃米特人的女神阿瑟拉的。這些神龕常常包括一個祭壇和一件聖物，諸如一根石柱或者木樁。目前已知的最古老的高地之一位於美吉多，約建於西元前2500年。以色列人還把高地與神的存在聯繫在一起。在征服了迦南人以後，他們就利用迦南人的高地來禮拜雅赫維（上帝）。後來，只有錫安山上的耶路撒冷聖殿被認作爲高地。

high-rise building　超高層建築　超過人們願意走上去的最大高度的多層建築，需要有垂直上下的機械運輸設備。由於有了安全的載人電梯才使得超過四、五層高的建築得以實現。第一個高層建築出現於1880年代的美國。後來又採用了鋼結構框架和玻璃帷幕牆系統，這就使進一步的發展有了可能。超高層建築用於居民的公寓、賓館、辦公樓，有時也用於零售商場和輕工業製造以及教育設施等。亦請參閱skyscraper。

high-speed steel　高速鋼　1900年推出的鋼合金。高速鋼是以碳鋼（切割動作的摩擦產生溫度大於攝氏210度會磨損刀刃）的兩倍或三倍的速度來運轉機械工具，因而使機械工廠的生產力增加二或三倍之多。常見的高速鋼類型含有18%的鎢，4%的鉻和1%的釩，僅含0.5～0.8%的碳。亦請參閱heat treating、stainless steel。

high school　中學　在美國，任何以十四～十八歲的學生爲物件的三到六年制的中等教育都叫中學。至今最普通的是四年制的學校，其中分成1（九年級）、2（十年級）、3（十一年級）和4（十二年級）四個級別。綜合性中學提供普通的學科以及專業性的像商業、貿易和技術等科目。大多數的美國中學都是不收學費的，由州政府提供資金。私立的中學通常分爲教會教育或預備學校兩類。

high seas　公海　海事法規定，不屬於任何一國領海或國內水域的全部海洋爲公海。在中世紀，一些海洋國家宣稱對大面積公海享有主權。1609年，格勞秀斯首先建議在和平時期公海應向所有國家開放，但直到19世紀，這個建議才成爲國際法上一條公認的法則。允許在公海上的活動包括航行、捕魚、鋪設海底電纜和管道以及飛機可以飛越上空等。

higher education　高等教育　指高於中等教育的各類教育。高等教育的機構不僅包括學院和大學，還包括法律、神學、醫學、商學、音樂和藝術等領域的專業學校。它們還包括培訓教師的學校、社區學院和技術學院。結束了規定的學習課程後，就可以得到學位、畢業證書或者結業證書。亦請參閱continuing education。

Highland Games　高地運動會　原爲蘇格蘭高地舉行的運動會，現指世界各地舉行的類似運動會，通常都是由當地的蘇格蘭社區贊助舉行。比賽專案包括賽跑、跨欄賽跑、跳高、跳遠、投擲、鏈球以及拋桿等。拋桿用的桿由杉木製成，一頭粗，一頭細，長約五公尺，重約四十公斤。拋時要讓桿翻轉，使桿著地時另一端指向前方。風笛演奏和高地舞蹈的比賽也組成運動會的一個重要部分。

布雷馬運動會中的拋桿比賽
Aberdeen Journals Ltd.

hijacking　劫持　用暴力或暴力威脅從別人手裡奪取或控制車輛的犯罪行爲。儘管到20世紀後期，劫持大多是指奪取飛機並強迫改變航線飛往劫持者選擇的目的地，但這個詞是在1920年代的美國創造出來的，當時這個詞是指在公路上盜竊卡車上裝運的私酒，或者類似地在海上劫奪酒類走私船隻。劫持飛機也叫做空中劫持。第一起這樣的劫持案件發生在1931年的祕魯。就在1968到1970年之間就發生了大約兩百起劫持事件。參與者往往是出於政治動機的巴勒斯坦人或其他的阿拉伯人，他們指揮飛行中的飛機並威脅乘客和機組成員的人身安全，條件是要釋放被關在以色列或其他地方的監獄裡的他們的同志。在1980年代和1990年代裡繼續發生著飛機劫持事件，儘管由於飛機安全措施的改進以及國際反恐怖公約的簽訂可能已大大減少了這類事件的數量。至今最致命的一次空中掠奪行爲發生在2001年9月，自殺性的恐怖分子在美國同時劫持了四架飛機，其中兩架飛入紐約市的世界貿易中心兩座大樓，一架飛入華盛頓特區的五角大樓，第四架墜落在賓夕法尼亞州匹茲堡市的郊外。這幾起撞機事件造成機上266人以及大樓和地面幾千人的死亡。亦請參閱piracy。

Hijaz, Al-　希賈茲 ➠ Hejaz

Hijra ➠ Hegira

hiking　徒步旅行　常常指在山丘間步行的一種娛樂性運動。它是一種體現個人需要的活動，以背包徒步越野、野營、狩獵、登山運動以及越野定向運動爲特徵。青年團體和其他一些組織如美國的野外活動協會都能提供徒步旅行的活動計畫。美國大多數聯邦和州屬的公園裡都保留著人行小徑。許多歐洲的城市在城外也有供徒步旅行的小徑。美國最長的徒步旅行小徑之一是阿帕拉契國家風景小徑。

Hilbert, David　希爾伯特（西元1862～1943年）　德國數學家。他的工作目標是要建立數學的公式化基礎。1884年他在柯尼斯堡大學獲得博士學位，1895年轉到了格丁根大學。1900年在巴黎舉行的國際數學家大會上，他列舉了二十三個研究問題，向20世紀提出挑戰。從那以後，許多問題已經解決了，每解決一個問題都受到誇耀。希爾伯特的名字突出地與一個叫做希爾伯特空間的無限多維空間聯繫在一起（參閱inner product space），這是一個在數學分析和量子力學中很有用的概念。

Hildebrand, Joel Henry　希爾德布蘭德（西元1881～1983年）　美國的教育家兼化學家。他主要在賓夕法尼亞大學和加州大學伯克萊分校執教。1924年出版的他的關於非電解質的溶解度的專著《溶解度》，在幾乎長達半個世紀內都作爲經典參考書。他寫了許多科學論文和化學教科書，包括《分子運動論導論》（1963）和《黏滯性和擴散性》（1977）。1918年他獲得卓越服務獎章，1948年又獲得國王勳章（英國）。

Hildegard von Bingen *　希爾德加德（西元1098～1179年）　德意志女修道院院長和有幻覺的神祕主義者。1136年她成爲迪斯伯登堡的本篤會修道院的副院長。自幼就屢見異象，最終讓她寫出《西維亞斯》（1141～1152）一書，書中記錄了二十六種異象，有預言、有象徵、還有天主的啓示。以後又出過兩本這樣的集子。1147年，她在魯珀茨堡建立了一個女修道院，在那裡她繼續發布預言。人們都稱她爲「萊茵河的女預言家」，歐洲最有權勢和最著名的人物都來徵求她的建議。她的其他著作還有一個道德教育的劇本、一本聖徒們的傳記、關於醫藥和自然歷史的多篇論文以及大量的通信。她的《上天啓示的和諧旋律》一書中包含了七十七首抒情詩，全部配有專門的音律。很明顯，她是西方傳統中第一個其音樂爲人所知的女作曲家。雖然在很長時間內人們都把她看做聖徒，但她卻從未被正式追認。

Hill, David Octavius, and Robert Adamson　希爾和亞當森（西元1821～1848年；西元1802～1870年）　希爾最初是個畫家，後來成爲蘇格蘭皇家學會的創始人，並擔任學會祕書之職達四十年之久。1843年，希爾要給出席蘇格蘭自由教堂奠基儀式的代表們照相，他就請亞當森幫忙，因爲亞當森是一位有照相經驗的化學家。他們使用了卡羅式照相法，該法用相紙的負片顯出像來。他們照的人像從形態到構圖都給人以巧妙的感受，還顯示出對光線和層次的完美利用。他們五年的合作創作出了約三千張照片，包括愛丁堡和許多小漁村的大量景觀。

Hill, James J(erome)　希爾（西元1838～1916年）　加拿大籍美國金融家和鐵路建築家。他在聖保羅開始他監督蒸汽船運輸的職業。1873年他重組了一條破產的鐵路，開辦了聖保羅－明尼亞波利－馬尼托巴鐵路公司，1882年起他擔任這家公司的總經理。1890年大北鐵路公司吸收了聖保羅鐵路後，希爾先後成爲該公司的總經理（1893～1907）和董事長（1907～1912）。希爾還控制了北太平洋鐵路公司和芝加哥－伯靈頓－昆西鐵路。1901年，哈里曼試圖從希爾手裡奪取北太平洋鐵路公司的控制權，引起了華爾街的恐慌。希爾還擔任北方證券公司的總經理，但在1904年他的金融活動被宣布爲違反了雪曼反托拉斯法。亦請參閱Harriman, Edward Henry。

Hill, Joe　希爾（西元1879～1915年）　原名Joel Emmanuel Hägglund。瑞典出生的美國流行歌曲作曲家，世界產業工人聯盟（IWW）的組織者。希爾於1902年移民美國，1910年加入IWW。他的那些表達抗議和團結的歌曲變得非常流行，其中有一首〈傳教士和奴隸〉，唱詞中有「天上的餡餅」，用來挖苦那些等待下輩子獎賞的逆來順受者。1914年他在鹽湖城被捕，罪名是在搶劫過程中殺害了一名雜貨商及其兒子。不顧大量有利於他的現場證據而還判他有罪，希爾被槍決了。他的死使他成爲激進的美國勞工運動的烈士。

Hill painting ➠ Pahari painting

Hillary, Edmund (Percival)　希拉里（西元1919年～）　受封爲艾德蒙爵士（Sir Edmund）。紐西蘭的登山者和探險家。生於奧克蘭，是一個職業的養蜂人。但他喜歡在紐西蘭的阿爾卑斯山脈登山，與登京格·諾爾蓋一起首先登上埃佛勒斯峰的頂峰（1953），這個成就使他揚名天下。1958年他參加了第一批乘車穿越南極的探險活動。從1960年代開始，他爲居住在當地的雪巴人開辦了不少學校和醫院。

希拉里，攝於1956年
UPI

Hillel　希勒爾（活動時期約西元前1世紀～西元1世紀）　猶太哲人，拉比猶太教的締造者。他生在巴比倫境內，後前往巴勒斯坦，從師法利賽派而完成學業。他成爲以他的名字命名的學校裡受尊敬的領導，他那種謹慎的注釋方法也被稱爲希勒爾的七條規則。他把經文從死板的逐字逐句的解釋中解放出來，設法讓所有的猶太人理解經文和律法的眞意。他的律法寫作對「塔木德」的編輯有著重大的影響，該書中也包含了關於他的許多故事和傳說。他被推薦爲模範學者和公共的領袖，所有拉比人都竭力仿效他的才華、耐心和善良。

Hilliard, Nicholas＊　希利亞德（西元1547～1619年）　英國畫家。他是一個金匠的兒子，被培養成爲一個珠寶匠。從年輕時候起就開始畫細密畫。1570年，指派爲伊莉莎白一世畫細密畫。他畫了女王以及她宮廷中一些人，像德雷克和洛利等人的許多肖像。1603年詹姆斯一世繼位時，希利亞德還保持著他的職位，同時他還從事金匠和珠寶匠的工作。他是文藝復興時期英國第一位本土出生的偉大畫家，他把細密畫的藝術推向了發展的頂峰，並一直影響到17世紀早期的英國肖像畫。

Hillman, Sidney　希爾曼（西元1887～1946年）　原名Simcha。立陶宛裔的美國勞工領袖。1907年他移民到美國，成爲一個製衣工人。1914年當選爲美國服裝工人混合工會主席。在他的領導下，該工會會員人數大增。他爲會員爭取到了失業保險，還開設了兩家銀行。他在各種新政勞工組織裡服務過，包括國家復興署。他幫助建立了產業組織代表大會，並一直爲它積極活動直到生命最後。亦請參閱AFL-CIO、Lewis, John L(lewellyn)。

Hillquit, Morris　希爾奎特（西元1869～1933年）　原名Morris Hillkowitz。拉脫維亞裔的美國社會黨領袖。1886年他移民到美國，參加社會主義勞工黨，並在1888年幫助建立聯合希伯來行業。社會主義勞工黨分裂後，他領導溫和的一派組成了社會民主黨，1901年改稱社會黨。作爲黨的主要理論家，在第一次世界大戰中他爲該黨制定了和平主義的政策，並在法庭中爲許多社會主義者作辯護。他曾兩次（1917, 1932）作爲黨的候選人競選紐約市的市長，但未獲成功。

Hilton, Conrad (Nicholson)　希爾頓（西元1887～1979年）　美國商人，世界上最大的旅館業組織之一的創始人。幼年時就幫助父親把家裡的磚坯房改造成供過路海員用的小旅館。1918年他的父親去世後，他買下了德州的幾家旅館。到1939年，他在加州、紐約州、伊利諾州以及其他地方興建、租用和收購旅館。1946年組織起了希爾頓飯店聯營。1948年隨著業務向海外發展，又把它變成了希爾頓國際公司。後來經營多樣化了，包括了一個信用卡公司和一個汽車租賃企業。1966年由他的兒子巴倫接手經營。

Hilton, James (Glen Trevor)　希爾頓（西元1900～1954年）　英國小說家。他在劍橋大學受的教育，後來寫了許多小說，其中最著名的是三本改編成風靡一時的電影的暢銷書：《失去的地平線》（1933年出書，1924年拍成電影）、《萬世師表》（1934年出書，1939年拍成電影）以及《鴛夢重溫》（1941年出書，1942年拍成電影）。最後他搬到加州從事電視劇寫作。

Himachal Pradesh＊　喜馬偕爾邦　印度北部的一個邦，位於喜馬拉雅山脈的西部，面積55,659平方公里，首府是西姆拉。該地區的歷史可追溯到吠陀教時期，後來雅利安人同化了當地的各原住民。若干世紀以來，該地區連續遭受外來人的侵略，最後在19世紀英國人統治了這個地區。從1948到1971年它成爲印度的一個邦這段時期，它在所轄的領土範圍和行政體制方面經歷了多次變動。它是印度都市化程度最低的一個邦，大部分人口都是處於溫飽線上的農民。人口約5,530,000（1994）。

Himalayas＊　喜馬拉雅山脈　亦稱the Himalaya。是亞洲南部的山系。它在北面的西藏高原和南面的印度次大陸平原之間築起了一道屏障。它組成了地球上最大的山系，擁有三十座海拔超過7,300米的山峰，包括埃佛勒斯峰。山脈東西長達2,400公里，總面積約595,000平方公里。傳統上從北到南把它分成四個平行區域：橫喜馬拉雅山脈、大喜馬拉雅山脈（包括主峰）、小喜馬拉雅山脈（包括2,000～4,5000公尺的次峰）以及外喜馬拉雅山脈（包括最低的那些山峰）。在寬廣的喜馬拉雅弧區的東西兩端之間有幾個印度的邦以及尼泊爾和不丹王國。這個山脈就像是一條巨大的氣候分界線，在印度一側產生大量的雨雪，而另一側西藏卻很乾燥。在該山脈的許多地方實際上是不可逾越的，即使飛機也飛不過去。山脈的冰川和積雪是十九條主要河流的源頭，包括印度河、恆河和布拉馬普得拉河。

Himera＊　希梅拉　西西里北部沿海的古希臘城市。約西元前649年爲敘拉古流亡者和贊刻爾（參閱Messina）的哈爾基迪斯的居民所建。西元前480年，哈米爾卡死于希梅拉戰役，伽太基人對西西里的入侵以失敗告終。西元前409年，該城終於被哈米爾卡爾的孫子漢尼拔摧毀。現在地面上唯一可見的遺跡是一座多里安式神廟（西元前480年），神廟上有許多獅頭形的噴水嘴，現陳列在巴勒摩博物館內。

Himmler, Heinrich　希姆萊（西元1900～1945年）　德國納粹政治人物、行政官吏、第三帝國的第二號權勢人物。他於1925年參加納粹黨並升任爲希特勒的近衛隊首腦。1933年以後，他指揮大多數的德國警察局。1934年成爲蓋世太保的頭目，在達豪建立起第三帝國的第一個集中營。他很快把近衛隊建成強大的全國性恐怖網路，到1936年他就掌握了帝國警察力量的全部指揮權。在第二次世界大戰中，他擴張了武裝近衛隊的力量使之與軍隊抗衡。1941年後他在東歐組織起若干座死亡營。在戰爭的最後幾個月裡，他陰謀策劃讓德國向盟軍投降。希特勒命令將他逮捕，當他試圖逃跑時被英軍抓獲，最後他服毒自殺。

希姆萊
Camera Press

Hims ➡ Homs

Hinayana＊　小乘　佛教信徒對堅持正統教義的保守派的稱呼。它是梵文中的一個詞，意思是「較小的車」（因爲它只關心個人的自救）。開始時它是對大乘（「較大的車」，因爲他們關心的是救世）傳統的那些較開放的信徒們所建立的佛教派別的貶稱。西元1世紀大乘佛教興起後古老的小乘派繼續發展，但在13世紀印度佛教衰落後小乘派中只有上座部佛教還保持著較強的位置。

Hincmar of Reims＊　理姆斯的辛克馬爾（西元806?～882年）　法國基督教主教和神學家，是加洛林時代影響最大的教會人物。他曾任法蘭克帝國皇帝路易一世和查理二世的廷臣，845年被選爲理姆斯主教。他不顧洛泰爾一世對他的敵意，繼續發揮影響，並設法使查理繼承神聖羅馬帝國的皇帝。他的神學寫作包括關於宿命論的論文，其中他提出上帝不會預定罪人滅亡的論點以及基督教反對離婚的立場。

Hindemith, Paul＊　亨德密特（西元1895～1963年）　德國作曲家。早年就顯示出了他的天才，後又接受了中提琴、小提琴、單簧管和鋼琴的系統訓練。二十歲時任法蘭克福歌劇院樂團團長，並在現代音樂節上成爲人們注意的作曲家。由於他的妻子是猶太人，他的音樂又被納粹視作是「墮落的」，因此他在1938年離開德國，1940年來到美國，投入到「實用音樂」的創作。他爲標準的交響音樂樂器寫了許多獨奏曲和協奏曲。他的六部歌劇裡最著名的是《畫家馬西斯》（1935），據此創作的交響樂以及《韋伯主題交響變奏曲》（1943）曾被廣泛演出。他的擴大傳統調性的和聲理論表現在（但不見得提高）他對自己早期作品的改寫中。

Hindenburg, Paul von　興登堡（西元1847～1934年）　全名爲Paul Ludwig Hans Anton von Beneckendorff und von Hindenburg。德國陸軍元帥，威瑪共和的第二屆總統（1925～1934）。他出生於普魯士貴族家庭，1911年他以普魯士軍隊的將軍身分退休。第一次世界大戰中又應召入伍，指揮東普魯士的德國軍隊，在坦能堡戰役（1914）後成爲國家英雄。主要依靠魯登道夫的幫助，戰爭結束前他一直只是名義上指揮著全部德國軍隊，1919年再一次退休。在保守集團的支援下，1925年他當選爲德國總統。當時發生的大蕭條導致了政治危機，他被迫使政府從議會的控制下更多地獨立出來。1930年，他讓總理大臣布呂寧去解決國會縱火案的問題，然後在新的一次選舉中納粹就作爲第二大黨出現了。1932年，納粹的反對派又推選他爲總統，然而，他的顧問們認爲納粹是有用的，於是說服他在1933年任命希特勒爲內閣總理大臣。

興登堡
Culver Pictures

Hindenburg disaster　興登堡號飛船災難　有史以來建造的最大的可操縱硬式飛船興登堡號爆炸。它於1936年在德國升空，開始第一次跨越北大西洋的商業飛行，先後完成了十次成功的往返飛行。1937年5月6日，當它在新澤西州雷克赫斯特降落時，它的氫氣爆炸起火，燒毀了飛船，船上的九十七人中有三十六人罹難。這場災難記錄在膠片和磁帶上，有效地終止了硬式飛船在商業上的應用。

Hindi language　印地語　印度的印度－雅利安諸語言，全國人口中有超過30%能講或能聽懂這種語言。現代標準的印地語是印度北方幾百萬人的一種通用語，也是印度共和國的官方語言。它有效地繼承了由克里波利方言發展來的印度斯坦語，16到18世紀屬於蒙兀兒的德里的某些階層和地區講的就是這種方言。穆斯林作家使用的帶有很重的波斯變型的克里波利語組成了烏爾都語的基礎。英國人在加爾各答的威廉堡學院整理了印度斯坦語。18世紀後期和19世紀早期，印度的知識分子在那裡用天城體文字創立了印度斯坦語的一種梵文形式（參閱Sanskrit language），它成爲印度作者使用的現代書面印地語的先驅。在印度獨立運動期間，印度斯坦語被看做是一個國家團結的因素，但是在1947年分開後這個態度就改變了，這個名字實際上不再使用，而是喜歡用印地語或烏爾都語。語言學家們，尤其是格利爾孫，也都把印度平原北方所有方言以及地區的書寫語言都統稱爲印地語（參閱Indo-Aryan language）。印地語已經大大簡化了舊的印度－雅利安語的複雜語法，同時還保留著某些發聲的特點。

Hindu-Arabic numerals　印度－阿拉伯數字　10個符號的集合：1、2、3、4、5、6、7、8、9、0，代表十進位數字系統的數字。起源於西元6或7世紀的印度，大約在12世紀透過阿拉伯數學家傳入歐洲（參閱al-Khwarizmi）。象徵從先前的計數方法（如算盤）破繭而出，爲代數學的發展鋪路。

Hindu Kush＊　興都庫什山脈　拉丁語作Caucasus Indicus。亞洲中部的大山脈。全長約950公里，是它西北部的阿姆河與東南部的印度河之間的分水嶺。它起自東面靠近中巴邊境的帕米爾高原，流經巴基斯坦而進入西部的阿富汗。該山脈的各個隘口在歷史上都曾有過重要的軍事意義，提供通向印度北方平原的通道。它約有二十四個海拔超過7,000公尺的高峰，最高的蒂里傑米爾山海拔7,699公尺。

Hinduism　印度教　世界最古老的主要宗教。它從古印度的吠陀教演變而來。儘管各種不同的興都教派都有他們自己的經文，但他們都尊重古代的吠陀，那是在西元前1200年以後由雅利安入侵者帶進印度的。富有哲理的吠陀書籍稱爲「奧義書」，書中鑽研探求那些能讓人類逃脫轉世迴圈的知識。印度教最根本的是相信最終現實的宇宙法則，叫做婆羅門以及它以各個人的靈魂（我）區分的表現。所有的生靈都要通過再生的迴圈，或者叫輪迴，這只能通過精神的自我實現來打斷，然後就達到了解放，或者叫解脫。業的原理決定著再生迴圈中的生存狀態。最高的興都神是梵、毗濕奴和濕婆。其他許多興都的神大都被視爲主神的化身或顯靈，雖然其中有些是先雅利安時代傳存下來的。經典神話學的主要來源是《摩訶婆羅多》（它包括最重要的印度教經文《薄伽梵歌》）、《羅摩衍那》和《往世書》。在印度教裡，種姓制的等級社會結構是重要的，它得到法的原則的支援。印度教的主要分支爲毗濕奴教和濕婆教，每一個還包含許多不同的分支。在20世紀裡印度教已經與印度的民族主義混合而變成一個潛在的政治勢力。

印度教主要節日

日期	名稱	代表的意義
制怛歲月（3、4月間）新月後第9日	羅摩誕辰節	慶祝羅摩的誕生
吠舍去月（4、5月間）		
逝瑟吒月（5、6月間）		
阿沙陀月（6、7月間）新月後第2日	乘車節	印度奧里薩邦的布里的寺廟著名的札格納特神的慶典
室羅伐那月（7、8月間）滿月後第8日	黑天誕辰節	慶祝黑天的誕生
婆達羅缽陀月（8、9月間）新月後第4日	象頭神祭	印度馬哈拉施特拉邦為榮耀象頭神所舉行的特殊慶典
阿濕縛庚者月（9、10月間）新月後第7～10日	難近母祭	孟加拉特有，以榮耀女神難近母的慶典
阿濕縛庚者月（9、10月間）新月後第7～10日	十日節	慶祝羅摩戰勝羅波那
阿濕縛庚者月（9、10月間）新月後第15日	吉祥天女祭	商業簿記結帳之日，新年度的開始
迦利底迦月（10、11月間）滿月後第十五日及新月第一日	排燈節	從月虧到月盈的兩星期間不間斷的持續點燈
末伽始羅月（11、12月間）滿月後第13日	濕婆祭	在該月最黑暗的夜裡榮耀濕婆的慶典
報沙月（12、1月間）新月後第15日	那納克誕辰日	錫克教創立者那納克誕辰
磨伽月（1、2月間）		
頗勒窶那月（2、3月間）新月後第14日	歡悅節	慶祝豐產及交換角色的慶典，可以盡情的開長者玩笑。
頗勒窶那月（2、3月間）新月後第15日	搖神節	印度奧里薩邦著名的搖神慶典

Hindustan　印度斯坦　歷史地區，指北印度，而南印度稱德干高原。它包括的區域北面以喜馬拉雅山脈爲界，南面則是溫迪亞山脈和納爾默達河，包含了從旁遮普到阿薩姆的恆河流域。這個名字也用於恆河上游流域的一個小區域。

Hine, Lewis (Wickes)　海因（西元1874～1940年）　美國攝影家。他被培養成爲一個社會學家。1904年他開始拍攝愛麗絲島上的移民以及他們生活和工作的住房和血汗工廠。1911年他受聘於全國童工委員會來記錄童工的狀況。他走遍了美國東部，拍攝出了受剝削兒童的令人吃驚的許多照片。在第一次世界大戰中，他在紅十字會任攝影師。回到紐約後，他拍下了帝國大廈的建造過程。在以後的日子裡他拍攝了政府的許多專案。

Hines, Earl (Kenneth)　海因斯（西元1905～1983年）　美國鋼琴家和樂隊領隊，對爵士音樂的發展有重大的影響。他是一位技術精湛和不知疲倦的鋼琴家。他打破傳統，用右手模仿像小號那樣的單音樂器奏出音律的變化。1928到1948年海因斯成功地領導了芝加哥的一個大樂隊。他受到路易斯阿姆斯壯的影響，在他們的職業生涯中兩人經常一起演出。從1920年代以後他們合錄的唱片，特別是《候鳥》，成爲爵士音樂的經典之作。

Hipparchus　喜帕恰斯（卒於西元前127年以後）　亦作Hipparchos。希臘天文學家和數學家。他發現了二分點的旋進、計算了一年的長度，誤差在6.5分鐘之內、編輯了第一份已知星表、還制定了早期的三角學公式。他的觀察是非常艱苦也是非常準確的。他摒棄占星術，也不接受宇宙的日心觀。他的觀點對托勒密有很深的影響。他的星表採用天體座標來記錄星體的位置，列出了大約850個星體，並且使用類似於今天用的六個大小等級的系統來描述各個星體的亮度。他確定月球的軌道是有點不規則的橢圓。他對幾何學的主要貢獻是把嚴格的數學原理應用於確定地球表面上任意點的位置，他也是第一個用緯度和經度來這樣做的人。

Hippias　希庇亞斯（卒於西元前490年）　西元前528/527～西元前510年的雅典僭主。他繼承了他的父親庇西特拉圖而成爲僭主。他是詩人和手工藝者的保護人。在他的統治下雅典繁榮起來了，但在他的兄弟喜帕恰斯（西元前514年）被刺殺後，他採取了許多狂暴的鎮壓措施。西元前510年他被斯巴達人推翻，他流亡到小亞西亞。有個斯巴達人試圖讓他復位，但失敗了，他就去尋求波斯人的幫助。他隨波斯軍隊進攻雅典，西元前490年他建議大流士一世在馬拉松（參閱Marathon, Battle of）登陸，結果波斯人大敗。

Hippocrates＊　希波克拉提斯（西元前460?～西元前377?年）　被譽爲醫學之父的希臘醫生。與他同時代的柏拉圖兩次提到他，暗示他是個著名的醫生。亞里斯多德的一個學生米諾說，希波克拉提斯相信疾病是由不消化的食物所分泌的蒸汽造成的。他的哲學是要把人體看成一個整體。很明顯，他走過希臘和小亞西亞的許多地方，行醫並授業。據說《希波克拉提斯文集》屬於一所醫學院的圖書館（可能在他的出生地科斯），後來轉到亞歷山大里亞圖書館。現在還留下大約六十篇手稿，其中不知道那些眞正出自他手，最早的是在10世紀發現的。文集的內容涉及解剖、臨床、婦幼疾病、預後、藥物療法、手術以及醫學道德等。希波克拉提斯誓言（實際上非他所寫）也是希波克拉提斯文集的一部分。

希波克拉提斯，仿希臘原作的羅馬胸像，約做於西元前3世紀
By courtesy of the Soprintendenza Alle Antichita Di Ostia, Italy

hippopotamus　河馬　偶蹄目河馬科，是非洲最大的有蹄類動物，學名爲Hippopotamus amphibius。曾經在非洲撒哈拉附近都能發現，而現在只局限在非洲的東部和南部。它的身體呈桶形，嘴很大，四肢短，每個腳上有四指。身長可達4.6公尺，肩高1.5公尺，體重達3,000到4,500公斤。它的皮很厚，幾乎沒有毛，上部爲灰棕色，下部顏色較淺並帶粉紅色。當身體浸沒在水中時，耳朵和鼻孔突出在水面上。河馬生活在靠近河流、湖泊、沼澤或者其他永久性的水體附近，通常以七到十五個爲一群。白天它們在水裡或者在水邊睡覺和休息。夜晚它們走上陸地用它們角質的嘴唇吃草。在水裡，它們可以很快地游泳，可以在水底步行，也可以潛在水裡（合上耳朵和鼻孔）達十分鐘之久。

Hira＊　希拉赫　阿拉伯語作al-Hirah。南亞的古代王國。占據幼發拉底河下游和波斯灣上部的地區，受波斯的薩珊王朝屬國萊赫米王朝的統治（西元3世紀到602年）。它的主要城市名字也叫希拉，是一個外交、政治和軍事的中心，也是波斯－阿拉伯商隊路線上的重要一站。相傳，阿拉伯的書法在那裡得到發展。它還是基督教聶斯托留派主教的管區，它促成了阿拉伯半島上的基督教一神教。7世紀初，希拉開始衰落，633年穆斯林取得了這個城市。

Hirata Atsutane＊　平田篤胤（西元1776～1843年）日本復古神道教的領袖。他生於秋田，二十歲時落戶江戶（現在的東京），變成本居宣長的門徒。平田篤胤尋求發展神道教的神學體系，爲社會和政治活動提供理論基礎。他宣稱日本有天然的優越性，擁護歷代天皇。由於他抨擊了德川幕府，降低了天皇的威信，結果被逐回他的出生地過其餘生。他的理論幫助了倒幕派，他還影響了20世紀的神道教以及日本的民族主義。

Hirohito＊　裕仁（西元1901～1989年）　統治時間最長的日本君主（1926～1989）。他的統治與20世紀日本的軍國主義、日本對中國和東南亞的侵略以及第二次世界大戰中在太平洋上的戰爭是一致的。雖然明治憲法賦予天皇最高的權力，實際上他做的只是批准由他的大臣和顧問們所制定的政策。歷史學家們爭論裕仁是否把日本從它的軍國主義路上拉了回來，爭論他對戰爭期間他的政府和軍隊的所作所爲應負什麼樣的責任。1945年8月，他打破了先前皇家的沈默，在全國電台廣播宣布日本投降。1946年他第二次廣播宣布放棄日本天皇傳統的准神化地位。

Hiroshige Ando＊　安藤廣重（西元1797～1858年）別名歌川廣重（Utagawa Hiroshige）。原名安藤德太郎（Ando Tokutaro）。日本藝術家，彩色木版畫大師。1811年他在江戶（現在的東京）成爲浮世繪大師歌川豐廣的學生。1833～1834年間，他的五十五幅風景畫系列《東海道五十三驛》確立了他作爲有史以來最受歡迎的浮世繪畫家之一的地位。由於對他的人物與風景設計要求太多，過多的創作降低了畫的質量。他創作了五千多幅畫，還從他的一些木刻作品上複製出了一萬幅。他的天賦最先被西方的印象派和後印象派畫家認同，廣重對他們有很大的影響。亦請參閱Edo period。

Hiroshima＊　廣島　日本本州西南的城市。16世紀建立時爲一城堡鎮，1868年以後成爲軍事中心。1945年它成爲第一個受到原子彈攻擊的城市，那是美國爲了結束第二次世界大戰而投擲的。1950年開始重新建設，現在廣島是該地區的最大工業城市。它已經成爲禁止原子武器的和平運動的精神中心，修建了和平紀念公園來紀念那些死於轟炸的人們，爆炸中僅剩的建築遺址現在是原子彈紀念穹地。

日本廣島和平紀念公園中的紀念碑，從拱門看過去可見到後面的原子彈紀念館
Bob Glaze – Artstreet

Hirsch, Samson Raphael＊ 希爾施（西元1808～1888年）　德國的猶太學者。他先後在奧登堡、埃姆登、尼科爾斯堡和緬因河畔的法蘭克福等地任拉比。在他的《于齊耶的十九封信》（1836）一書中，他闡述了他的新正統系統，這幫助了19世紀的正統派猶太教能在德國生存下來。他致力於把猶太經文的嚴格教育與現代非宗教的世俗教育結合起來，他還提出正統的猶太人應該與更大的猶太社會隔離以保護他們的傳統。他的許多著作包括對基督教《舊約》前五卷的注釋以及關於猶太教的正統教科書。

Hirschfeld, Al(bert)　希爾施費德（西元1903年～）美國漫畫藝術家。他大部分時間生活在紐約。他在歐洲學習藝術。在遠東旅行時，他的繪畫風格受到了日本和爪哇藝術的影響。從1929年起以後的幾十年中，他最著名的是在《紐約時報》上發表的描繪娛樂界人物的漫畫，在這些漫畫裡，讀者久久地樂於搜尋他女兒的名字尼娜。希爾施費德還爲許多書作插畫，他還有水彩畫、版畫、蝕刻畫和雕塑。

His, Wilhelm＊　希斯（西元1863～1934年）　瑞士心臟病學家，與他的父親（1831～1904）同名。他首先認識到每根神經纖維都出自單個神經細胞，並發明了切片機，這是一種將生物組織切成薄片以供顯微鏡檢測的設備。1893年，年輕的希斯發現左右心室的間隔內有特殊的心肌纖維（希斯氏束）。他發現是這些纖維幫助把心臟收縮的節律傳到心臟的各個部分的。他也是第一個認識到心跳起源於心肌的個別細胞的人。

Hispaniola＊　伊斯帕尼奧拉島　西班牙語作Española。是西印度群島的第二大島，位於西印度群島的中部，處於古巴的東面。它分爲東西兩部分，西面是海地，東面是多明尼加共和國。島長約650公里，最寬處的寬度約241公里。1492年哥倫布登陸此島。後來西班牙人掃除了原住民，與非洲奴隸一起在島上安下身來。18世紀後期在圖森－路維杜爾和德薩利訥的領導下奴隸起義成功，1804年獨立而組成海地共和國。1843年東部又反叛而建立多明尼加共和國。

Hiss, Alger　希斯（西元1904～1996年）　美國政府官員。他進入哈佛大學法學院，當了小霍姆茲的職員。1930年代他在美國國務院工作，作爲羅斯福的顧問參加了雅爾達會議，任剛建立的聯合國的臨時祕書。1946～1949年任國際和平卡內基基金會主席。1948年錢伯斯向美國衆議員非美活動調查委員會指控希斯在1930年代曾是共產黨間諜網的成員。在沒有得到國會的豁免而公開了這一指控後，希斯控告錢伯斯誹謗罪。但當錢伯斯交出希斯交給他去送給蘇聯人的國務院文件後，希斯被判僞證罪。1949年對他的第一次審判由於陪審團意見不一致而懸而未決。1950年第二次審判確定有罪。1954年他被釋放，仍然堅持抗議他是無罪的。1992年新開放的俄國檔案沒有發現希斯是蘇維埃間諜的證明，但1996年美國的安全文件還認爲他可能曾經是蘇聯代理人「阿切赫」。希斯的案件在麥卡錫時代是很轟動的，它也給尼克森帶來了國會調查員的名聲。

histamine＊　組織胺　在幾乎所有的動物組織、微生物以及某些植物中都能發現的一種有機化合物。它的釋放會引起血管擴張並更具滲透性，造成流鼻涕、流眼淚以及枯草熱引起的組織腫脹，還有其他一些過敏反應。組織胺還影響胃液的分泌和平滑肌的收縮，甚至引起過敏性休克（參閱anaphylaxis）。蕁麻和某些昆蟲動物毒液中含有組織胺。人體中的組織胺是由組氨酸裡除去了羧基後形成的。可以用抗組織胺藥來抵消它的作用。

histidine＊　組氨酸　一種基本的氨基酸，1896年首先被分離出來。它大量存在於血紅素中，可以從血球細胞中分離出來。它可以作爲飲食的補充和食品添加劑而用於醫藥和生化研究中。

histogram　直方圖　亦稱條形圖（bar graph）。利用垂直或水平線條的長度代表量的圖表。直方圖與圓形圖是最常用來表示統計數據的格式。優點是清晰顯示最大與最小的類別，也可立即得到數據分布的印象。事實上，直方圖是頻率分布的一種表示法。

histology＊　組織學　研究植物和動物組織與它們的專門功能相關的組成和結構的生物學分支學科。它的目的是要確定從細胞、細胞間的物質到各個器官的所有結構層次是如何組織起來的。組織學家們在顯微鏡下考察極薄的人類組織切片，使用染料來提高各細胞成分之間的對比度。

histone　組蛋白　任何一種存在於細胞核內或者與去氧核糖核酸結合成核蛋白的相當簡單的蛋白質。它們可以從植物以及動物內得到。與大多數蛋白質不同，它們很容易溶解於水。它們是在1884年發現的。

historical school of economics ➠ German historical school of economics

historiography＊　歷史編纂　指撰寫歷史。尤其首先要嚴格審查資料來源，然後從那些資料裡擇取特定的史實，再把它們綜合成經得起批評的記敘文字。西方修史的傳統自始就有兩大趨勢：一種認爲歷史是史料記錄的積累，另一種則認爲歷史是解釋因果關係的故事敘述。西元前5世紀希臘歷史學家希羅多德以及後來的修昔提底斯強調在敘述當代發生的事件時必須要獲取第一手資料。到了4世紀，基督教的歷史編纂成了主流，他們的觀點是：世界歷史是神涉入了世人生活的結果。這個觀點在中世紀盛行不衰，反映在像比得這樣的史學家的著作中，人文主義以及逐漸世俗化的批判思想影響了早期的當代歐洲歷史編纂。19和20世紀看到了科學歷史的近代歷史研究方法，以使用原始來源的資料爲基礎。現代的歷史學家以描述過去的較完整的圖畫爲目的，試圖重新建立關於普通人的活動和實踐的記錄。在這方面法國的年鑑學派是有影響力的。

history, philosophy of　歷史哲學　哲學的分支，涉及關於歷史之意味深長與歷史解釋之本質的議題。傳統上認爲歷史哲學是第一階的探究，以整個歷史過程爲主題，總目標是全面闡釋歷史進程。作爲第二階的探究，歷史哲學則集焦於從事歷史研究者用以探討人類過去歷史的方法。第一階意義的歷史哲學，通常名爲思辨性（speculative）歷史哲學，歷時久遠，有各式各樣發展；第二階意義的歷史哲學，名爲批判性（critical）或分析性（analytical）歷史哲學，20世紀時才嶄露頭角。

history play ➠ chronicle play

Hitchcock, Alfred　希區考克（西元1899～1980年）
後稱阿佛列爵士（Sir Alfred）。英裔美籍電影導演。從1920年起，他在一家美國電影公司的倫敦辦事處工作，1925年被提升爲導演。他的電影《房客》（1926）寫的是一個普通人在一次非常事件中被抓獲，這樣的主題在他的許多電影中都有表現。他著迷於觀淫辟和罪行，他用《擒兇記》（1934）、《國防大祕密》（1935）和《貴婦失蹤案》（1938）等電影證明了他自己是恐怖片的大師。他用一部愛情小說改編創作出了一部心理懸疑劇，拍出了他的第一部美國電影《蝴蝶夢》（1940）。以後他的許多電影像《救生艇》（1944）、《意亂情迷》（1945）、《美人計》（1946）、《後窗》（1954）、《迷魂記》（1958）、《北西北》（1959）、《驚魂記》（1960）、《鳥》（1963）和《狂凶記》（1972）都證明了他那非凡的技巧。

Hitchings, George Herbert　希欽斯（西元1905～1998年）　美國藥理學家。取得哈佛大學的博士學位。在近四十年的時間裡，他與埃利恩一起設計了許多新藥，這些藥有效地抑制了某些病原體或其他的生命功能的複製，包括治療白血病、嚴重的類風濕性關節炎以及其他的自體免疫病（對抑制身體對移植器官的排斥也有用）、痛風、瘧疾、泌尿道和呼吸道感染以及病毒性皰疹等疾病的新藥。1988年，他與埃利恩和布拉克一起分享了諾貝爾獎。

Hitler, Adolf　希特勒（西元1889～1945年）　納粹德國的獨裁者（1933～1945）。生於奧地利，在維也納的藝術生涯並不成功，1913年遷居慕尼黑。在第一次世界大戰中他是德國軍隊中的士兵，受過傷，也遭到過毒氣。戰後，他對戰敗與和平條款很反感，加入了慕尼黑的德國工黨（1919）。1920年他成爲更名後的國家社會黨（或叫納粹黨）的宣傳部長，1921年成爲該黨的領袖。他開始使用不斷的宣傳來發起群眾運動。該黨快速成長，在1923年的啤酒店暴動時達到了高潮，而他爲此在監獄中服刑九個月，在獄中他開始撰寫惡毒的自傳《我的奮鬥》。他把種族之間的不平等視爲自然的制度，他高抬「雅利安族」，同時提出反猶太主義、反共產主義和極端的德意志民族主義。1929年的經濟衰退又恢復了他的權力。在1930年的國會選舉中，納粹黨變成全國第二大黨，到1932年就成爲最大的黨了。1932年希特勒競選總統失敗，但他通過陰謀獲得了合法權力。1933年興登堡邀請他擔任總理大臣。採用「領袖」頭銜後，他藉「授權法案」獲取了獨裁的權力，並在希姆萊和戈培爾的幫助下壓制反對派。希特勒還開始採取反猶太的措施，導致了一場大屠殺。他的侵略性的外交政策促成了「慕尼黑協定」的簽訂。他與墨索里尼結成羅馬－柏林軸心。1939年簽訂的「德蘇互不侵犯條約」使他能夠放心地入侵波蘭，揭開了第二次世界大戰的序幕。在戰爭初期得勝後，他常常會忽略將領們的意見而遭到頂撞。1945年面臨戰敗時，他在柏林的一處地下室掩體裡與愛娃・布勞恩結婚。第二天，兩人雙雙自殺身亡。

Hitler-Stalin Pact ➠ German-Soviet Nonaggression Pact

Hitler Youth　希特勒青年團　德語作Hitler-Jugend。1933年由希特勒建立的一個組織，旨在用納粹主義教育和訓練十三到十八歲的男青年。在希拉赫（1907～1974）的領導下，到1935年這個組織幾乎包括了60%的德國男青年。到1936年，它變成一個希望所有的德國「雅利安」青年都參加的國家機構。青年團員們過著斯巴達式的生活，要有獻身精神、良好的夥伴關係以及對納粹的信仰，幾乎沒有家庭教育。與希特勒青年團平行的一個組織是德國女青年團，對女孩子進行家政和母道方面的培訓。

Hito-no-michi＊　人道教　禦木德一（1871～1938）創建的日本宗教派別。其前身是金田德光（1863～1919）建立的宗教運動。德光教導說，他的信徒們的苦難可以通過神的調停而轉移到他的身上，這樣他就能夠代替他們來承擔。雖然政府強迫把人道教與神道教合併，但是人道教仍然繼續它的非正統的說教，到1934年已聚集了六十多萬名教徒。1937年受命解散，禦木德一和他的兒子禦木德近被捕入獄，第二年禦木德一就死了。1945年禦木德近獲釋，他以完全自由教團的名義又使人道教復活了。

Hitomaro ➠ Kakinomoto Hitomaro

Hittite＊　西台人　古印歐語系的民族，他們的帝國（約西元前1700～西元前1500年爲老的王國，約西元前1500～西元前1380年爲新的帝國）位於安納托利亞和敘利亞北部。老的王國記錄了詳細的西台領土擴張；新的帝國文件包括與埃及人交戰的卡疊什戰役（參閱Kadesh），這是古代世界最大的一場戰役。西台國王擁有絕對的權力，是天神的代表，死後就變成天神。西台社會是封建農耕的，已經發展了鐵工技術。該帝國是突然垮掉的，可能是由於大規模來自海上民族與弗里吉亞的移民所致。

HIV　人類免疫不全病毒　全名作human immunodeficiency virus。與愛滋病相關的反轉錄病毒。HIV病毒攻擊並逐漸破壞免疫系統，導致受體不能抗禦感染。它不會通過偶然的接觸傳播，而主要通過血液和血製品（例如共用皮下注射的針頭或者偶然被感染過的針頭刺中）、精液和婦女的陰道分泌液或者乳汁來傳播。懷孕的婦女可以通過胎盤將病毒傳給胎兒。病毒首先在接近感染部位的淋巴結中繁殖起來。通常約十年後，病毒擴散到全身，這時就會出現症狀，標誌著愛滋病的開始。多種藥物合成的「雞尾酒」可以推遲症狀的發生，但是劑量不足會導致抗藥性。像其他的病毒一樣，HIV病毒也需要一個主體細胞來繁殖。它攻擊輔助T細胞並感染其他的細胞。一次快速的突變率可以幫助它既擊垮免疫系統又對抗藥物治療。還沒有疫苗或治癒的方法。在性方面不要濫交，使用安全套或其他的手段來避免通過性來傳播疾病，還要避免共用針頭，在有些地區採取這些措施後已經降低了感染率。

hives　蕁麻疹　亦作urticaria。過敏反應引起的皮膚病，特徵是突然出現輕微隆起的、頂部平滑的、非常癢的小腫塊。急性的大多在6～24小時後消退，而由於情緒和精神緊張造成的慢性蕁麻疹則會歷時很久。急性蕁麻疹也可能由藥物引起，特別是青黴素。吸入花粉一類的過敏原或者毒素，或者某些疾病也會引起蕁麻疹。治療包括確診和避免過敏原。腎上腺素和抗組織胺藥可以幫助消退急性的皮膚症狀。

Hiwassee River＊　海沃西河　美國東南部的河流。源於喬治亞州北部的藍嶺，流經213公里進入北卡羅來納州和田納西州的東南部，在奇克莫加水庫匯入田納西河。河上有三座田納西河流域管理局修建的水壩。1970年代，瀕危的蝸牛鏢鱸被移殖到了海沃西河。

Hizbullah　真主黨　亦作Hezbollah。（阿拉伯語意為「真神之政黨」〔Party of God〕）穆斯林軍事組織，在以色列入侵及伊朗戰爭（1979）的時代背景下，於1982年成立於黎巴嫩南部。宗旨是將以色列逐出黎巴嫩，並在黎巴嫩推動伊朗式的什葉派共和政體。他們在政治上主張「反西方」，曾被懷疑策動1980年代黎巴嫩境內多起恐怖活動，包括綁架、炸彈、劫機等。1990年代真主黨推舉候選人參加國會選舉，並贏得數個席位。亦請參閱Fadhlallah, Ayatollah Sayyid Muhammad Hussayn。

HMO ➠ health maintenance organization

Hmong＊　苗族　亦拼作Miao。居住在中國、越南、寮國和泰國山區的民族，使用漢藏語系方言。苗族人在這整片區域主要以農業維生，種植玉米和稻米，並種植鴉片販賣。苗族人對於神靈、邪魔、祖靈等非常崇敬，以動物獻祭亦頗為普遍。苗族人的家戶乃多代同堂。在中國，許多苗族人採用中國的習俗來安排婚姻。

Hmong-Mien languages＊　苗傜諸語言　亦作Miao-Yao languages。中國南方、越南北方、寮國及泰國北方的語族，使用者逾九百萬人。苗族被分為西部、中部和北部三種方言群。18世紀初西部方言使用者遷徙至印度支那北方。1975年終在印度支那戰爭餘波盪漾之際，許多苗人從寮國逃往泰國。有些西部方言使用者最後移居美國，人數約有150,000。緬（傜）有三個主要方言，最大宗約占了85%。雖然結構上與其他語言相似，但已證實多數知名的中國民族語言與苗傜諸語言並沒有血源關聯。

Ho Chi Minh　胡志明（西元1890～1969年）　原名阮必成（Nguyen Sinh Cung）。越南民主共和國主席（1945～1969）。他是一個在農村長大的貧苦學者的兒子。1911年他在一條法國輪船上找到一份工作並航行世界。然後在法國生活了六年，在那裡他成為社會主義者。1923年到蘇聯，次年又到中國，他把流亡在中國的越南人組織起來。1930年他建立印度支那共產黨以及後來的越盟（1941）。1945年日本侵占印度支那，推翻了法國的殖民統治者。當日本向盟軍投降後，胡志明和他的越盟勢力取得了河內並宣布越南獨立。法國拒絕撤出它以前的殖民地，1946年爆發了第一次印度支那戰爭。1954年其力量在奠邊府擊敗了法國，從此這個國家就分隔成北越和南越。其統治著北方，但很快捲入了與美國支援的南方吳廷琰政權的紛爭，這變成了一場越戰。胡志明死後六年，北越力量取得了勝利。

Ho Chi Minh City　胡志明市　舊稱西貢（Saigon）。越南南方的城市。瀕臨西貢河，位於湄公河三角洲北側。17世紀越南人開始進入這個區域，當時它是柬埔寨王國的一部分。1862年包括該鎮在內的這塊地方割讓給了法國。第二次世界大戰後，越南宣布獨立，但法國軍隊抓住控制權不放，於是開始了第一次印度支那戰爭。1954年的日內瓦會議將這個國家一分為二，西貢就成為南越的首都。在越戰中這裡是美軍的作戰司令部。1975年它被北越軍隊占領，為紀念胡志明而改名。戰後的重建促進了它的商業重要地位。

Ho Chi Minh Trail　胡志明小道　以前的山林小路網，從北越通向南越。1959年開放，在越戰中北越把它作為軍隊的主要補給線。小道的主幹從河內的南部開始，一路穿過寮國和柬埔寨到達南越，需要步行一個多月。沿線地下有不少支援設施，包括醫院和藏武器的地窖，在1975年它是進入南越的主要路線。

Ho-fei ➠ Hefei

Ho-shen ➠ Heshen

Hoar, Ebenezer R(ockwood)　霍爾（西元1816～1895年）　美國政治人物，以直言表達反奴隸制觀點而聞名的律師。以反奴隸制的輝格黨黨員（或稱「良心派輝格黨人」）身分選進州參議院，後來在麻薩諸塞州幫助建立自由土壤黨和共和黨。1859～1869年任職於州高等法院，1869～1895年任美國司法部長，1873～1875年當選美國眾議院議員。

Hoar, George Frisbie　霍爾（西元1826～1904年）　美國政治人物。原為律師，曾在麻薩諸塞州協助創立自由土壤黨。後與兄長埃比尼澤・霍爾及父親塞繆爾・霍爾（1778～1856）一起組織共和黨。1869～1877年任美國眾議院議員，1877～1904年任參議院議員。他致力於行政機構的改革，公開反對美國保護協會。

Hoare, Sir Samuel (John Gurney)　霍爾（西元1880～1959年）　受封為天普伍德子爵（Viscount Templewood (of Chelsea)）。英國政治人物。1931～1935年任印度事務大臣，在議會辯論中擔負著制定和維護新印度憲法的重任，是「印度政府法」（1935）的主要締造者。任外交大臣期間（1935），由於參與制定遭到譴責的「霍爾－拉瓦爾協定」而被迫辭職。1937～1939年任內政大臣，協助策劃了「慕尼黑協定」，這使他成為一個姑息妥協分子而聲譽掃地。第二次世界大戰期間（1940～1944）出任駐西班牙大使。

Hoare-Laval Pact 霍爾－拉瓦爾協定（西元1935年） 這項祕密計畫提出把大部分的衣索比亞（當時稱爲阿比西尼亞）讓給墨索里尼，以交換義衣戰爭停戰。這項協定是由英國外相霍爾與法國總理拉瓦爾所促成。他們企圖讓法國與義大利恢復國家之間的友好關係，但仍告失敗。當消息走漏，這項協訂引來立即與廣泛的指責。

Hobart 荷巴特 澳大利亞塔斯馬尼亞州首府和主要港口。位於威靈頓山下的德文特河三角洲，爲塔斯馬尼亞最大的城市，也是澳大利亞最南端的城市。建於1803年，後來成爲南部海域捕鯨船隻的主要港口。因缺乏自然資源因而限制了它的發展。現在有一個深水港、幾條鐵路線和一座機場，這些使它成爲交通和貿易中心。市內有聖公會和天主教教堂，以及澳大利亞第一所猶太教會堂（建於1843～1845年）。

Hobbema, Meindert＊ 霍貝瑪（西元1638～1709年） 原名Meyndert Lubbertsz(oon)。荷蘭風景畫家。主要在阿姆斯特丹工作，專畫一些安靜的鄉村風光，其間點綴著樹木、質樸的建築、平靜的溪流以及水力磨坊等。1689年完成傑作《密德哈尼斯林蔭道》。儘管他在世時默默無聞，但到19世紀，他的作品在英國變得很流行並有很大的影響力。

Hobbes, Thomas＊ 霍布斯（西元1588～1679年） 英國哲學家和政治理論家。爲牧師之子，但他父親遺棄了家庭，霍布斯是由叔父撫養長大。畢業於牛津大學，後當家庭教師，並與他的學生一起到歐洲旅行，在那裡他忙於與伽利略討論關於運動性質的哲學問題。後來轉向政治理論，寫作支持專制主義，在當時正處於上升期的反君主思想潮流中，他可說是一個異類。1640年他逃往巴黎，在那裡擔任未來的英國國王查理二世的教師，並寫成他最著名的著作《利維坦》（1651）。在這本書裡，他再次宣稱他是個專制主義者，反對政教分離。查理一世死後他回到英國（1651），1666年議會威脅要以無神論者來調查他。他被看做是功利主義（他爭辯說「服從道德法則是過和平、舒適生活的手段」）、現代政治學和理性主義的先驅。

霍布斯，油畫，萊特（John Michael Wright）繪；現藏倫敦國立肖像畫陳列館
By courtesy of the National Portrait Gallery, London

Hobby, Oveta Culp 霍比（西元1905～1995年） 原名Oveta Culp。美國出版商和政府官員，1925～1931年任德州衆議員。她與《休斯頓郵報》的發行人威廉・霍比結婚，後來成爲這份報紙的執行副主席（1938）。1942～1945年任陸軍婦女輔助隊（後改爲陸軍婦女隊）隊長。1953年任聯邦社會保險署署長，同年該署改組爲衛生、教育和福利部，由她擔任部長（1953～1955），是美國第二位擔任內閣成員的婦女。1965年任《休斯頓郵報》董事長。

Hobhouse, L(eonard) T(relawny) 霍布豪斯（西元1864～1929年） 英國社會學家，以對社會發展的比較研究聞名。他力圖把社會的變革與變革對社會總體進步的影響聯繫起來，尤其注意變革的知識、道德和宗教因素。先後任教於牛津大學和倫敦大學。著作有《道德的演化》（1906）、《論理性的善行》（1921）和《論社會公正之要素》（1922）等。

Hobsbawm, Eric J(ohn Ernest)＊ 霍布斯邦（西元1917年～） 英國歷史學家。1949～1955年就讀於劍橋大學，獲得博士學位。1982年起擔任倫敦大學的經濟學名譽教授。著作包括《工業和帝國》（1968）和《傳統的創造》（1983），但最著名的作品是四卷本的西方史，年代從1789年到1991年，包括《革命的年代》（1962）、《資本的年代》（1975）、《帝國的年代》（1987）和《極端的年代》（1994）。

Hockney, David 霍克內（西元1937年～） 英國畫家、製圖師、版畫家、攝影師和舞台設計師。曾在布拉福美術學院和倫敦皇家藝術學院學習，1960年代中期任教於愛荷華、科羅拉多和加州等大學，1978年定居洛杉磯。他的肖像畫、自畫像、靜物畫以及描繪朋友們平靜的日常生活場景的畫作，都具有普普藝術率真、寫實及色彩明亮的特點。加州的游泳池是他最喜歡的主題之一，例如《大水花》（1967）。他也是一位卓越的製圖師和版畫家，曾發表一系列蝕刻畫，包括爲《格林兄弟童話集》作的插畫（1969）。1970年代他爲一組歌劇和芭蕾舞做舞台設計，因此而出名。後來又從事攝影，其後還涉足電腦技術和印表機。

Hodges, Johnny 霍奇斯（西元1907～1970年） 原名John Cornelius。美國爵士樂中音薩克管最好的演奏家之一。1920年代中期，霍奇斯遇到了比切特並受到他的影響。1928年加入艾靈頓公爵的樂團，很快成爲該團最優秀的獨奏演員。除了有一段時間帶領自己的一個小組（1951～1955）外，霍奇斯一直留在艾靈頓公爵的樂團。他的無可比擬的、深情的音調和充滿韻律的典雅風格，使他成爲抒情曲和藍調的詮釋大師，艾靈頓公爵和斯特雷霍恩特地爲他譜寫了許多曲子。

Hodgkin, Dorothy M(ary) 霍奇金（西元1910～1994年） 原名Dorothy Mary Crowfoot。英國化學家。在牛津和劍橋學習後，在牛津大學工作。1942～1949年進行青黴素的結構分析，1948年與同事拍出第一張維生素B_{12}的X光照片。維生素B_{12}是最複雜的蛋白質化合物之一，他們終於完全確定了它的原子排列。1969年對胰島素完成類似的三維分析。這些研究爲她贏得1964年的諾貝爾化學獎。1970～1988年任布里斯托大學校長。她對和平及國際科學合作所做的努力爲世人稱道。1965年成爲有史以來第二位獲得功績勳章的婦女。

Hodgkin's disease 霍奇金氏病 亦稱淋巴網狀細胞瘤（lymphoreticuloma）。一種常見的惡性淋巴瘤。早期表現爲淋巴結處局部無痛腫大，有時也發生在脾、肝或其他組織上；隨之出現消瘦、乏力和疲勞等症狀。必須藉由活檢才能確診，通常要從淋巴結上提取活組織。目前病因未明。治療方法有化療、輻射或雙管齊下，取決於病的進程。早期診斷的病人90%以上都能治癒，即使晚期病人也有許多可以治癒。

Hodna, Chott el- 霍德納鹽湖 阿拉伯語作Shatt al-Hodna。阿爾及利亞中北部淺鹹水湖。位於霍德納平原一乾枯窪地底部，爲內陸排水盆地。由於蒸發強烈，面積變化不定，經常是乾涸的。史跡表明在羅馬時期和中世紀前當地就有人定居，然而到了現代卻沒有什麼發展。

Hoe, Robert and Richard (March) 何歐父子（羅伯特與理查）（西元1784～1833年；西元1812～1886年） 英裔美籍發明家。1803年移民到美國。羅伯特在紐約創辦印刷設備公司，1827年引進鑄鐵架，取代印刷機上的標準木架。經他改良後的納皮爾滾筒印刷機性能非常優越，取代了在美國的所有英制印刷機。1827年理查加入公司，並在他父親去世後負責該公司。他用第一個成功的輪轉印刷機（1847年取得專利）取代平台印刷機，接著又發明捲筒紙印刷機（1865）和捲筒紙雙面印刷機（1871）。這些革命性的改良使大發行量的日報的印刷成爲可能。

Hoff, Jacobus van't ➠ van't Hoff, Jacobus H(enricus)

Hoffa, Jimmy　霍法（西元1913～1975?年）　原名James Riddle。美國勞工領袖。生於印第安納州巴西城，1924年隨家遷居底特律，十四歲輟學當倉庫管理員。1930年代成爲勞工組織者，在以後的兩個年代中，他在卡車司機工會一直升到主席之職（1957～1971）。他在卡車駕駛行業中是出了名的談判能手，在制定第一個全國貨運協定方面起了關鍵的作用，並使卡車司機工會成爲美國最大的工會。他與黑社會人物久有聯繫，1967年以賄賂陪審團、詐騙和陰謀破壞等罪名被捕入獄。1971年尼克森總統宣布爲他減刑。1975年他在底特律附近一家餐館失蹤，人們認爲他是被謀殺的，以防止他重新控制工會。1999年他的兒子（生於1941年）當選爲卡車司機工會主席。

Hoffman, Abbie　霍夫曼（西元1936～1989年）　原名Abbott Hoffman。美國政治激進分子。生於麻薩諸塞州烏斯特，曾就讀布蘭戴斯大學及加州大學柏克萊分校，在公民權運動期間成爲激進分子。1968年組織青年國際黨（Youth International Party，俗稱易皮Yippies），主張反對越戰、反對美國政治體系。霍夫曼曾因干擾1968年民主黨（芝加哥）年會而遭逮捕，並在世稱「芝加哥七君子」的審判中因爲叛逆行徑而廣受媒體注目。1973年販售毒品被逮捕後，開始隱姓埋名，並且動了整型手術，化名「巴利．佛利德」，以環保人士的身分在紐約公開活動。1980年再度現身，在入獄服刑一年後，重新從事環保活動。後因抑鬱消沈而自殺。

Hoffman, Dustin　達斯汀霍夫曼（西元1937年～）　美國演員。1965年起在外百老匯戲劇演出，1967年在票房極佳的電影《畢業生》中初次亮相。此後在許多電影中扮演多種性格明顯不同的角色，諸如《午夜牛郎》（1969）、《小巨人》（1970）、《大陰謀》（1976）、《克拉瑪對克拉瑪》（1979，獲奧斯卡獎）、《窈窕淑男》（1982）、《雨人》（1988，獲奧斯卡獎）以及《搖擺狗》（1997）等。1984年重返百老匯舞台，參加重排話劇《推銷員之死》演出，並在電視上再次扮演這個角色（1985，獲愛美獎）。1989年在倫敦、1990年在紐約參與《威尼斯商人》演出，擔任夏洛克一角。

Hoffman, Samuel (Kurtz)　霍夫曼（西元1902～1995年）　美國推進技術工程師，一生投注於航空工業。1949年進入北美飛機公司，大大提高了火箭發動機的推力。他還完成了木星C號火箭的模型機，該火箭發射了第一顆美國衛星，並把第一位美國太空人送入太空。他的工作對洲際彈道導彈和中程彈道導彈（參閱ICBM）的發展非常重要。自1958年起，他負責研製土星號運載火箭的發動機，就是這個運載火箭把美國太空人送上了月球。

Hoffmann, E(rnst) T(heodor) A(madeus)＊　霍夫曼（西元1776～1822年）　原名Ernst Theodor Wilhelm。德國作家和作曲家，德國浪漫主義的主要人物。最初爲司法官員（在他的許多小說裡可以明顯看到理想的藝術世界和日常的官僚生活之間的矛盾），後來轉向寫作和音樂，這兩項是他常常追求的。故事集《卡羅特式的幻想篇》（1814～1815）建立了他作家的聲望。後期的暢銷書《夜間偶成》（1817）和《謝拉皮翁兄弟》（1819～1821），把豐富的想像力和對人性的鮮明描述結合在一起。他還是樂隊指揮、音樂評論家以及劇院的音樂指導。他初期的許多音樂作品裡，最成功的是芭蕾舞劇《曙光女神》（1811）和歌劇《水中仙女》（1816年首演）。四十六歲時死於全身癱瘓。他的故事激勵了奧芬巴赫（《霍夫曼的故事》）、德利伯（《葛蓓莉亞》）、柴可夫斯基（《胡桃鉗》）和亨德密特（《卡爾迪拉克》）等人寫出著名的歌劇和芭蕾舞劇。

Hoffmann, Josef＊　霍夫曼（西元1870～1956年）　奧地利建築師和設計師。在維也納師從瓦格納，但在1899年他協助成立維也那分離派，打破瓦格納的古典主義。他與人合作建立作爲藝術和手工藝中心的維也納工作室，並擔任領導達三十年（1903～1933）。布魯塞爾的斯托克萊宅邸（1905）是他的傑出作品，這個豐富結構的外表華美壯麗，不是通常用的直線、白色方塊和矩形的設計所能實現的。他還設計了1914年在科隆舉行的德意志製造聯盟博覽會和1934年威尼斯博覽會中的奧地利館。1920年被任命爲維也納市建築師。

Hofmann, Hans　霍夫曼（西元1880～1966年）　德裔美籍畫家和藝術教師。1898年起在慕尼黑學藝術，1904年移居巴黎，深受馬諦斯和德洛內影響。1915年在慕尼黑開辦第一所繪畫學校。1930年移居美國，在紐約市藝術研究會任教。1933年開辦漢斯．霍夫曼美術學校，對德庫寧、波洛克等1930年代和1940年代的年輕抽象派畫家具有很大影響。他的風格發展成完全的抽象主義，同時他也是採用波洛克滴彩技巧的先驅。1958年他關閉了學校，餘生全部投注於繪畫中。他是20世紀最有影響的藝術教師之一，也是抽象表現主義發展中的重要人物。

霍夫曼，紐曼攝於1960年
© Arnold Newman

Hofmannsthal, Hugo von＊　霍夫曼斯塔爾（西元1874～1929年）　奧地利詩人、劇作家和散文作家。出身於貴族銀行家家庭，因寫抒情詩（第一首發表於十六歲時）和詩劇《提香之死》（1892）、《傻子和死神》（1893）而成名。在1902年的一篇散文中他放棄抒情詩的形式，以後就轉向寫劇本，作有《克里斯蒂娜的歸來》（1910）、《每個人》（1911）、《難以對付的人》（1921）和《鐘樓》（1925）。1906年與作曲家史特勞斯開始了馳名的合作，第一部作品爲著名歌劇《厄勒克特拉》（1908），接著又有《玫瑰騎士》（1910）、《納克索斯島的阿里阿德涅》（1912，1916年修改）、《失去影子的女人》（1919）、《埃及的海倫娜》（1928）、《阿拉貝拉》（1933）以及《達娜厄的愛情》（1940）。1920年與賴恩哈特一起籌辦薩爾斯堡音樂戲劇會演節。

Hofstadter, Richard＊　霍夫斯塔特（西元1916～1970年）　美國歷史學家。曾就學於水牛城大學和哥倫比亞大學，1946年起在兩校任教直到去世。他所寫的關於美國歷史的著作常常是暢銷書，書中包含了許多社會學思想。主要著作有《美國的政治傳統》（1948）、《改革的時代》（1955，獲普立茲獎）、《美國生活中的反知識分子傾向》（1963，獲普立茲獎）和《美國的暴行》（1970）等。

hog　成豬　19世紀末20世紀初美國培養的一種體重很重、多脂肪的家豬。隨著人們越來越普遍使用較便宜的植物油，豬油作爲脂肪的一種來源的重要性就降低了。肉品加工業者尋求有更多瘦肉而較少脂肪的肉類，養豬人（大多是歐洲人）開始利用雜交培育出瘦肉型、強壯的動物。如今成豬這個詞常常用於任何體重超過54公斤的豬。

hog cholera　豬霍亂　亦稱豬瘟（swine fever）。歐洲、北美洲和非洲一種常致死的豬的病毒性疾病，藉由運送豬隻的車輛、工作人員以及飼料中未煮過的泔水傳播。症狀有食欲減退，視力和消化器官受到影響，呼吸困難，皮疹、口腔和咽喉紅腫。患豬不願動，步態蹣跚，其後不能站立，然後昏迷。抗血清很少有效。倖存豬隻長期表現病態，並能傳播病毒。這種病必須通報，被感染的動物要屠宰，進行檢疫隔離。疫苗可以控制這種疾病。非洲的豬瘟會導致更快的死亡，而且沒有有效的預防和治療辦法。

hogan　泥蓋木屋　美國亞利桑那州和新墨西哥州印第安族納瓦霍人的住屋。泥蓋木屋是一種近乎圓形的木結構，將圓木逐漸堆成一個圓頂，再用泥土和草皮覆蓋起來，只在屋頂留一個出煙的圓孔。入口一般朝向太陽升起的方向。

Hogan, Ben　霍根（西元1912～1997年）　原名William Benjamin。美國高爾夫球運動員。1929年成爲職業運動員，曾獲得兩次美國職業高爾夫球協會錦標賽冠軍（1946、1948）、四次美國公開賽冠軍（1948、1950、1951、1953）、兩次名人賽冠軍（1951、1953）以及英國公開賽冠軍（1953）。1949年車禍受重傷，所以這些勝利中有幾次是在他受傷以後取得的。他對自己要求極嚴格，他那堅韌的毅力以及擊球的非凡準確性都是出了名的。

Hogarth, William　霍迦斯（西元1697～1764年）
英國畫家和版畫家。十五歲時在一銀匠店裡當學徒，二十二歲開設自己的版畫和繪畫作坊。他一方面靠從事圖書插畫的雕版印刷爲生，一方面到私人素描學校學習。第一件主要作品《化妝舞會與歌劇》，抨擊了當時的藝術鑒賞並向藝術機構提出質疑，使他樹敵頗多。1728年創作第一幅油畫，取材於《乞丐的歌劇》中的一個場景，表現出他對戲劇和喜劇主題的興趣。他還爲有錢的顧客畫了《對話》（非正式的群體肖像）。他的關於當代道德主題的雕版畫，常常以漫畫形式出現，是給廣大民眾看的。這些畫的成功奠定了他經濟獨立的基礎。爲了防止盜版以保證他的生活，他努力爭取爲保護藝術家的版權立法。1735年通過了英國的第一個版權法，就在這一年他發表了諷刺挖苦的八幅《浪子生涯》系列畫；其他諷刺系列有《妓女生涯》（1730～1731）和《時髦婚姻》（1743～1745）。他建立的教學學會促使在1768年成立皇家美術院。

霍迦斯的《藝術家和他的哈巴狗》（1745），油畫自畫像；現藏倫敦泰特藝廊
By courtesy of the trustees of the Tate Gallery, London

Hogg, James　霍格（西元1770～1835年）　蘇格蘭詩人。早年牧羊，幾乎完全自學成材。當霍格爲司各脫的《蘇格蘭邊境歌謠集》提供素材時，司各脫就發現了這個「埃特里克牧羊人」的天賦。霍格隨著早期浪漫運動的謠曲復興而名盛一時。作品有詩集《女王的賽詩之夜》（1813）、小說《一個被開釋的罪人的個人回憶錄和自由》（1824）等；後者描寫一個精神變態的宗教狂，爲現代心理恐怖小說的先驅。

Hoggar Mountains　霍加爾 ➡ Ahaggar Mtns.

hognose snake　豬鼻蛇　游蛇科豬鼻蛇屬三或四種北美無害蛇類的統稱，因吻端朝上可用於拱土而得名。受驚時頭部會變扁，然後發出很響的嘶嘶聲以示攻擊，但很少咬人。如果恫嚇失敗，則會翻轉、扭擺，最後張口吐舌裝死。主要以蛙類和蟾蜍類爲食。體粗壯，有斑紋，一般體長約60公分。雖然不是寬蛇，但有時也稱鼓腹寬蛇或噴氣蛇。

Hohe Tauern＊　上陶恩　奧地利南部東阿爾卑斯山脈的一段。西起義大利邊境蒂羅爾，向東延伸113公里。高峰林立，有奧地利最高點大格洛克納山。以登山和滑雪聞名。

Hohenlohe-Schillingsfürst, Chlodwig (Karl Viktor), Fürst (Prince) zu＊　霍恩洛厄－希靈斯菲斯特（西元1819～1901年）　德意志帝國總理大臣兼普魯士首相（1894～1900）。1846年起在巴伐利亞政治中積極活動，在普魯士於七週戰爭中擊敗巴伐利亞後擔任首席大臣（1866～1870）。他主張聯合德國，1871年進入德國帝國議會。1894年他出任德國首相。他雖然有豐富的經驗以及與皇帝威廉二世親如父子的關係，卻阻止不了君主的狂熱。1897年比洛親王任外交大臣後，他的影響力基本上結束了。

Hohenstaufen dynasty＊　霍亨斯陶芬王朝　神聖羅馬帝國統治下的德國王朝（1138～1208，1212～1254）。由構築斯陶芬城堡的腓特列伯爵（卒於1105年）創立，1079年皇帝授予他士瓦本公爵，稱腓特烈一世。歷代皇帝有腓特烈一世（1155～1190年在位）、亨利六世（1191～1197年在位）和腓特烈二世（1220～1250年在位）等。霍亨斯陶芬王朝繼承前代繼續與教宗抗衡。亦請參閱Guelphs and Ghibellines。

Hohenzollern dynasty＊　霍亨索倫王朝　歐洲歷史上著名的王朝，爲布蘭登堡－普魯士（1415～1918）以及德意志帝國（1871～1918）主要的統治家族。第一位有記載的祖先是布林夏德一世，11世紀時爲索倫伯爵。後來形成兩個主要分支：一支是法蘭克尼亞系（包括紐倫堡世襲城主、布蘭登堡選侯、普魯士國王和德意志皇帝）；另一支爲士瓦本系（包括索倫伯爵、霍亨索倫－西格馬林根邦君、羅馬尼亞邦君及後來的國王）。法蘭克尼亞一支在宗教改革中成爲路德派，1613年又改奉喀爾文派，並在15～17世紀提出領土要求。第一次世界大戰末，普魯士和德意志都喪失了主權。士瓦本系在宗教改革中保持信奉天主教，並統治羅馬尼亞直到1947年。歷代君主有普魯士的腓特烈・威廉一世、腓特烈二世、腓特烈・威廉二世和腓特烈・威廉三世；德意志的威廉一世、腓特烈二世；羅馬尼亞的卡羅爾一世和卡羅爾二世。

Hohhot＊　呼和浩特　亦拼作Hu-ho-hao-t'e、Huhehot。蒙古語作Kukukhoto。中國北方城市（1999年人口約754,749），內蒙古自治區首府。這座由蒙古人所建的都市，本爲西藏佛教（喇嘛教）重要的宗教中心，後來成爲穆斯林的商業交易區。在第二次世界大戰後，呼和浩特發展爲製造羊毛織品、煉糖以及生產鋼鐵的工業中心。1957年內蒙古的第一所大學成立於該地；呼和浩特也是周圍地區的文化中心。

Hohokam culture＊　霍霍坎文化　西元前300年～西元1400年的北美印第安人文化，他們生活於今亞利桑那州的索諾蘭沙漠地區，主要是沿希拉河和索爾特河一帶。霍霍坎印第安人開發了複雜的運河網用於灌溉，這是前哥倫布時代北美最偉大的農業工程，這個成就在當時是不可逾越的。現在一些14世紀的運河已經恢復使用。玉米是主要的糧食作物，與阿納薩齊文化接觸後又引進了豆類和瓜類。15世紀初霍霍坎文化中斷了，其因不明。皮馬人和帕帕戈人可能是他們的後裔。

Hojo family　北條家族　日本鎌倉幕府世襲攝政家族，爲1199～1333年日本的實際統治者。北條時政（1138～1215）與源賴朝一起反抗當時的日本統治者平清盛，他們取得了成功，源賴朝成爲日本新的統治者，稱爲將軍。時政的女兒嫁給了源賴朝，1199年源賴朝去世，時政成爲源賴朝的後裔、他自己的外孫的攝政。而後這種幕府的攝政位置變成世襲的，監管幕府設在每個省的警察和稅收人員。13世紀前半葉，這個體制工作得不錯，但因爲抵抗蒙古人的兩次入侵而消耗了資源，再加上最後一個北條攝政者的個人弱點，使得這個體制衰落了。後來足利尊氏以當時後醍醐天皇的名義占領了京都，北條的統治就此結束，由足利家族取得幕府的稱號。亦請參閱Kamakura period。

Hokan languages＊　霍卡諸語言　北美洲印第安人語言的假設性超語系，包括美國西部和墨西哥諸語言聯合體和語系。這個假設是1913年由狄克森和克羅伯首先提出來的，後經薩丕爾完善。正如佩紐蒂諸語言一樣，它試圖在世界上語言最混雜的地區中減少那些不相關的語系數目。主要是由通行於美國加利福尼亞和西南部地區的原住民語言以及墨西哥索諾拉和瓦哈卡等周邊地區的原始語言組成。至20世紀末，除了某些尤馬語（使用於加州南部、亞利桑那州和下加利福尼亞地區）外，其餘的要不已經消亡，要不幾乎只有老人還在使用。

Hokkaido＊　北海道　舊稱蝦夷（Yezo）。日本北方島嶼和省。爲日本四主島中最北面者，四周環繞日本海、鄂霍次克海和太平洋，面積77,978平方公里，行政首府札幌。島上有幾座高山，包括旭岳（海拔2,290公尺）；石狩川是日本最長的河。在很長時期裡是原住民蝦夷人的領地，1869年以後吸引大批日本人來此定居。經濟多樣化，主要依賴鋼鐵，也是日本最大的煤礦儲藏地。1988年完工的海底隧道橫跨津輕海峽以連接本州。人口約5,700,000（1998）。

Hokusai＊　北齋（西元1760～1849年）　全名葛飾北齋（Katsushika Hokusai）。日本畫家、製圖家、版畫家和圖書插畫家。十五歲開始學習木刻，1778年成爲浮世繪大師勝川春章的學生。第二年發表第一批作品，是關於歌舞伎演員的版畫。不久轉向歷史和風景題材以及關於兒童的版畫。他發展出一種折中的風格，在圖書插畫和摺物（一種爲特殊場合製作的印刷品，例如卡片、信箋等）、繪畫書籍和中篇小說、色情書以及相冊、油畫和水墨速寫等方面都取得了成功。他還實驗過西方的透視法和著色，後來著重武士和中國主題。其《富嶽三十六景》（1826～1833）在創意和技術上都達到不可逾越的頂峰。他有許多追隨者，但沒有一個達到他的能力和多樣性。

Holbein, Hans, the Elder＊　霍爾拜因（西元約1465～1524年）　德國畫家，1493年前後在奧格斯堡確立其畫家地位。1501年在法蘭克福爲道明會修道院畫祭壇畫。最著名的作品是那大而多面的祭壇畫，但最好的一些作品是其富有洞察力的肖像，著名的是銀點肖像畫。1502年爲埃赫施塔特大教堂和奧格斯堡、施特勞賓的教堂設計彩色玻璃窗。他的兒子小霍爾拜因（1497/1498～1543）也很傑出，在奧格斯堡接受他父親的培訓，約1515年移居巴塞爾，1519年進入畫家公會，1521年創作重要的壁畫。他也爲出版商設計圖書插畫和木刻，著名的有描繪諷刺中世紀的《死亡之舞》中的四十九個場景的系列畫（1523～1526）。其肖像畫，包括伊拉斯謨斯的肖像（1523），具有色彩鮮明、有心理深度、細節豐富以及輪廓分明等特點。1526年前往英國，在那裡畫了德國商人和法官的肖像。1533年爲亨利八世服務。在他最後的十年裡，畫了大約一百五十幅皇室和貴族的肖像，有的大如真人，有的則可袖藏。他還爲國王設計在宮廷裡和在正式場合穿的服裝。他是有史以來最偉大的肖像畫家。

Holberg, Ludvig＊　霍爾堡（西元1684～1754年）　受封爲Friherre (Baron) Holberg。挪威出生的丹麥文學家。在丹麥和英國受教育，曾周遊歐洲許多國家，後在哥本哈根大學任教，並開始創作一種新的幽默文學。他的既莊嚴又詼諧的史詩《彼得・鮑斯》（1719），滑稽地模仿了維吉爾的《伊尼亞德》，是丹麥語最早的經典之作。不久又完成一系列喜劇作品，包括《政治工匠》（1723）、《風信標》（1723）、《法蘭西的尙》（1723）、《山上的耶柏》（1723）、《挑剔的人》（1731）和《伊拉斯謨斯・孟塔努斯》（1731）等，其中不少至今還在演出。其他作品有諷刺小說《尼柯萊・克里姆地下之行》（1741）。他是斯堪的那維亞啓蒙運動的傑出文學人物，挪威和丹麥兩國都宣稱他是他們的文學奠基人。

Hölderlin, (Johann Christian) Friedrich＊　賀德齡（西元1770～1843年）　德國詩人。雖然有資格擔任神職，但他發現自己對希臘神話比對基督教教條的興趣更大。1793年結識席勒，席勒幫助他出版了他早期的一些詩歌。他的作品熱情洋溢，包括唯一的一部小說《希佩里恩》（1797～1799）、未完成的悲劇《恩沛多克勒斯之死》以及不少頌詩、挽歌和翻譯詩。在這些作品中，他把古典希臘詩文形式移植到德語中，哀悼失去理想的古典希臘世界。後來他的行爲變得古怪起來，1805年罹患無可救藥的精神分裂症，他生命中的最後三十六年是在精神錯亂的狀態下在一間木匠屋裡度過的。他生前很少得到賞識，死後幾乎被遺忘了近一百年，直到20世紀才被譽爲德國最好的抒情詩人之一。

賀德齡，粉彩畫，希莫爾（Franz Karl Hiemer）繪於1792年；現藏德國巴爾巴赫席勒國立博物館
By courtesy of the Schiller-Nationalmuseum, Marbach, Ger.

holding company　控股公司　握有一家或幾家公司足夠的股份從而可以控制它們的企業組織。控股公司提供了用最小的投資來集中控制幾家公司的方法。獲得控制權的其他方法，如兼併或聯合，法律上都更爲複雜，花費也更大。控股公司的責任限於它所持有的股權數額，但可以獲得子公司的商譽和聲望。聯合企業的母公司通常都是控股公司。

Holi＊　歡悅節　亦譯好利節、灑紅節。印度教的春節，在頗勒窶拿月（公曆2、3月間）的望日。在這天，人們縱情狂歡慶祝，不分種姓、年齡、性別和社會地位，互相潑灑彩粉，街道上人聲鼎沸，萬頭攢動，常有騷動發生。這個節日與對黑天的膜拜聯繫在一起，認爲是模仿他與牧牛郎的妻子、女兒一起玩耍的情景。

Holiday, Billie　比莉哈樂黛（西元1915～1959年）　原名Eleanora Fagan。美國傑出的爵士樂女歌手。1933年在哈林區夜總會演唱時被發掘，1935～1942年與班尼固德曼、艾靈頓公爵一起錄製一系列出色的小合唱唱片，楊格（他幫她起了個綽號叫「戴夫人」）和威爾遜這兩位音樂家也參與。她和貝西伯爵（1937）及蕭（1938）的大樂隊的登台演出更是吸引了大衆目光。她原本可以保持最好的爵士歌手的名望，但個人生活的危機以及吸毒和酗酒毀了她的事業，1947年被控施用毒品而入獄。她的聲音甜美，在抒情中常常表現出性感或不安的痛苦。她那清楚的情緒表達唱法是個人表演的一個里程碑。

比莉哈樂黛，攝於1958年
Reprinted with permission of down beat Magazine

Holiness movement　聖潔運動　19世紀美國基督教會發起的原教旨主義的宗教運動。特徵爲聖化教義，宣稱經過轉化信徒們可以過完美的生活。起源於循道主義創始人衛斯理的教義，號召「完美」基督徒（即通過上帝的調解使罪人轉變爲聖人）。1843年一群聖潔派牧師成立了美國衛理公會，流行於中西部和南部的鄉村。這時期的另一個聖潔派教會是成立於1860年的北美自由衛理公會。1880年到第一次世界大戰期間，出現許多新的聖潔派團體，包括爲城市的窮人設立的拿撒勒會以及上帝會。

Holinshed, Raphael*　何林塞（卒於西元約1580年）　英國編年史學家。約從1560年起在倫敦生活，受雇於當時正在著手編寫一部通史的渥爾夫，擔任翻譯工作。渥爾夫去世後，他出版了縮編本《英格蘭、蘇格蘭、愛爾蘭編年史》（1577），而爲人所知。該書的史料來源衆多，可靠程度不一，編輯時也未經審核選擇，但很暢銷，成爲伊莉莎白時期許多劇作家的寫作來源，尤其是莎士比亞，他從這部書的第二版（1587）中取材，寫出了《馬克白》、《李爾王》、《辛白林》及其他許多歷史劇。

holism*　整體論　社會科學哲學中的一種觀點，否認下述看法：所有大規模的社會事件與條件，最終都可從參與其中、在其中享樂或在其中受苦之個人的角度得到解釋。方法論的整體論，主張至少有某些社會現象，我們對它們的研究是必須在其特有的自主與宏觀的分析層次上進行；主張至少有某些社會「全體」，是不可約簡爲個人行爲或者從個人行爲的角度獲致完全解釋（參閱emergence）。語義學的整體論，否認下述主張：所有跟大規模社會現象有關的富含意義的陳述（例如「工業革命導致都市化」），都能毫無保留地轉譯成跟男性及女性個體的行動、態度、關係與境遇有關的陳述。

holistic medicine*　整體醫學　預防和治療醫學的一個學說，強調必須全面看待一個人，包括軀體、思想、情緒和環境，而不是只看單一功能或器官。該學說提倡採用多種保健措施和治療方法，包括針灸、順勢療法和營養，並用傳統的基本常識加強「自我保健和治療」。極端的整體醫學把衆多的保健和治療方法都等同起來，有的是互相不能調和的，有的還是不科學的。它並不否認主流的西方醫學實踐，但也不把它們看作是唯一有效的療法。亦請參閱alternative medicine。

Holland　荷蘭　尼德蘭歷史區，位於這個現代國家的西北部。最早在12世紀時是神聖羅馬帝國的采邑，1299年與埃諾統一。到1433年爲止，一直由維特爾斯巴赫家族的成員擔任荷蘭、澤蘭和埃諾伯爵，同年他們把頭銜讓給勃艮地公爵腓力三世。1482年落入哈布斯堡王朝手中，1572年成爲反西班牙起事的中心。1579年荷蘭和尼德蘭北部其他六個省份宣布從西班牙獨立。其首都阿姆斯特丹成爲18世紀歐洲頂尖的商業中心。1806～1810年拿破崙的荷蘭王國占據這片領土。1840年被分爲北荷蘭省和南荷蘭省。

Holland (of Foxley and of Holland), Baron　霍蘭（西元1773～1840年）　原名Henry Richard Vassall Fox。英國輝格黨政治家。福克斯的侄子和信徒，曾在上議院闡述福克斯的思想。1806～1807年在葛蘭佛勳爵組成的「精英內閣」中任掌璽大臣，協助促成廢除英國殖民地中的奴隸買賣。後出任蘭開斯特公爵領地大臣（1830～1834，1835～1840）。

Holland, Brian and Eddie　霍蘭兄弟（布萊恩與艾迪）　艾迪原名艾德華（Edward）。美國詞曲作家與製作人。1962年這對底特律出生的兄弟檔布萊恩（1941～）與艾迪（1939～）和都齊爾（1941～）共同組團，持續創作的單曲幾乎出現在摩城唱片公司每位歌手的專輯裡，有助於該公司透過福音音樂和節奏藍調加以精心混音爲其產品特色定義。他們所寫的歌曲包括Baby Love、Stop! In the Name of Love（這是他們爲至上合唱團所做的七首冠軍單曲中的兩首）、Heat Wave、Baby I Need your Loving等，亦爲摩城旗下的馬文蓋和誘惑合唱團等藝人寫了數十首暢銷單曲。

Hollerith, Herman　霍勒里思（西元1860～1929年）　美國發明家。就學於明尼蘇達州哥倫比亞大學，後來參與1880年的美國人口普查。到1890年人口普查時，他發明了記錄統計資料的機器，用電學方法閱讀並整理打孔的卡片。有了這種機器後，只用了1880年普查的1/3時間就得出了普查結果。1896年成立列表機公司（Tabulating Machine Co.），後來成爲IBM公司。他發明的用機電方法來傳感和打孔的設備，成爲日後電腦輸入／輸出單元的先驅。

Holley, Robert William　霍利（西元1922～1993年）　美國生物化學家。在康乃爾大學取得博士學位，與他人一起證明了轉運RNA在氨基酸合成蛋白質的過程中起作用。他是確定核酸中核苷酸順序的第一個人，而這個過程是酶消化蛋白質分子所需要的，也是鑒定各片斷所需要的。確定了這個順序後，就可以明白它們是怎樣互相配在一起的，由此證明所有轉運RNA都有相似的結構。1968年與尼倫伯格、科拉納共獲諾貝爾生理學或醫學獎。

Holliday, Doc　霍利德（西元1852～1887年）　原名John Henry。美國賭徒和槍手。生於喬治亞州格利芬，1872年畢業於牙醫學校，因患肺結核而遷居到較乾燥的西部地區。不久即放棄牙醫工作，開始賭博並四處遊走，最後在亞利桑那州的湯姆斯通落腳。在那裡他聯合易爾普和他的兄弟參與著名的歐凱卡羅槍戰（1882）。他獲得了槍手的名聲後，再度在西部遊走，直到三十五歲時死於肺結核。

Hollweg, Theobald von Bethmann ➠ Bethmann Hollweg, Theobald von

holly　冬青　冬青科冬青屬約四百種有紅色或黑色漿果的灌木或喬木的統稱，包括普受歡迎的聖誕冬青。英國冬青的葉子發亮，帶刺，顏色深綠，終年常青；美洲冬青的葉子呈長圓形，多刺。這兩種通常都有紅色的果實，但也有不帶刺、果實爲黃色的品種。

美洲冬青
© Noble Proctor from the National Audubon Society Collection/Photo Researchers

Holly, Buddy　霍利（西元1936～1959年）　原名Charles Hardin Holley。美國歌手與詞曲作家。生於德州拉巴克。高中時代即與友人合組鄉村音樂樂團，後轉向搖滾樂領域。1957年組成蟋蟀合唱團，暢銷單曲有That'll Be the Day、〈佩姬．蘇〉和Oh, Boy!。霍利二十二歲時，與歌手華倫斯（1941～）及The Big Bopper（原名理察生，1930～）死於空難。他的作品在其身後仍持續發片，使得他很快成爲傳奇人物；他是第一個被列入搖滾樂名人堂的樂團的成員之一。

hollyhock 蜀葵 錦葵科草本植物，學名爲Althaea rosea。原產於中國，因花朵美麗而被廣泛栽培。有一年生、二年生和多年生若干變種，株高約1.5～2.7公尺，葉5～7裂。花白色、粉紅色、紅色或黃色，沿莖上段著生。

蜀葵
Lefever/Grushow from Grant Heilman Photography Inc.

Hollywood 好萊塢 洛杉磯市內的一個區，其名稱是美國電影業的代名詞。1887年禁酒黨黨員威爾科克斯按照他的宗教原則把這塊地方設計成一個社區。1910年與洛杉磯合併，1915年成爲電影業的中心。到1960年代，它還是許多美國電視網節目的主要製作地。

Hollywood 好萊塢 美國佛羅里達州東南部城市，瀕大西洋海岸。1921年開發者楊格把這塊地方規畫爲鎮的時候，這裡還是一片矮棕櫚樹林，現在主要是旅遊度假和日常居住城市，有一些分散的工業。附近有大沼澤地港口（有碼頭和倉庫設施）和塞米諾爾人保留地。人口約128,000（1996）。

Hollywood Ten 好萊塢十人 美國十位電影製片、導演和劇本作者，1947年他們在眾議院非美活動委員會面前拒絕回答關於他們是否參加共產黨的問題。這十個人是：貝西、比伯曼、科爾、德米特里克、拉得諾、勞森、馬爾茨、奧尼茨、斯科特和特朗博。他們被扣上蔑視國會罪，處以六個月到一年的監禁。出獄後，他們被列入黑名單，不能在好萊塢工作，有的人則用假名編寫劇本。直到1960年代初黑名單才不復存在。

Holm, Hanya 霍爾姆（西元1898?～1992年） 原名Johanna Eckert。德國出生的美國現代舞和百老匯音樂劇編舞家。在德國受訓後，成爲維格曼中心學院舞者和教師，後任主任教師。1931年在紐約開辦維格曼學校，1936年該校成爲霍爾姆舞蹈工作室。除了自己公司的作品外，她還設計了一些音樂劇，如《窈窕淑女》（1956）、《鳳宮劫美錄》（1960）。她提倡使用舞譜，所設計編舞的《吻我，凱蒂》（1948）是第一部獲得版權的音樂劇。

霍爾姆，攝於1929年
By courtesy of the Dance Collection, the New York Public Library at Lincoln Center, Hanya Holm Collection

Holmes, Larry 荷姆斯（西元1949年～） 美國重量級拳王。生於喬治亞州的刻士伯特。轉入職業拳壇之前，他在23場業餘比賽中贏得19場。1973～1978年間，荷姆斯從諾頓的手上重新奪回拳王寶座，讓他的連續28場勝利達到最高潮。1978～1983年間，他成功衛冕了17次，其中一次（1980）的對手是阿里。1985年，他輸給史賓克斯，讓出拳王寶座。只有路易斯在重量級拳王寶座上坐得比荷姆斯久。

Holmes, Oliver Wendell 霍姆茲（西元1809～1894年） 美國醫生、詩人和幽默作家。1847年在哈佛執教，後任哈佛醫學院院長。詩作〈老鐵壁〉（1830）引起全國轟動。1857年起在《大西洋月刊》上發表〈早餐桌上〉系列散文，後來重新輯集出版爲文集《早餐桌上的霸主》（1858）和《早餐桌上的教授》（1860）。其他作品還有詩歌《鸚鵡螺》和小說《埃爾西．文納》（1861）。小霍姆茲是他的兒子。

Holmes, Oliver Wendell, Jr. 小霍姆茲（西元1841～1935年） 美國法學家、法學史家和哲學家。霍姆茲的兒子，母親傑克森是麻薩諸塞州高等法院法官的女兒。美國內戰期間任軍官，曾三次受重傷。1867年起開始在波士頓從事法律工作，1882～1899年任副法官，1899～1902年任麻薩諸塞州最高法院首席法官。在所著《普通法》一書裡，他提出了「法律是積累的經驗而非科學」的論點。1902年羅斯福總統任命他爲美國聯邦最高法院大法官。霍姆茲主張：立法是立法機關的事，而不是法院。在「申克訴美國案」（1919）中，他闡明了關於限制言論自由的基礎是「明顯而現實的危險」的概念。他的許多強硬和明晰的觀點，包括那些反對的意見（被稱爲偉大的異議者），都成爲法律的經典詮釋，被視爲當代最前衛的法學家之一。他一直服務到1932年。

Holocaust 大屠殺 希伯來語作Sho'ah。1933～1945年納粹黨對猶太人及其他少數民族的迫害，特點是德國統治下擴張領土的方法越來越野蠻，而在企圖消滅歐洲猶太人的「最後解決」中達到最高潮。希特勒出任首相後不久，即開始迫害德國境內的猶太人。在「紐倫堡法令」（1935）之下，猶太人失去了公民資格。而在1938年的「水晶之夜」計畫中，德國境內的猶太會堂幾乎全部被毀，此後猶太人被囚禁於集中營。第二次世界大戰最初幾年德國戰勝，使歐洲大部分猶太人處於德國及其附屬國的統治之下。隨著德軍東進波蘭、巴爾幹半島和蘇聯，被稱爲特遣部隊的行刑隊開始圍捕、殺戮猶太人、吉普賽人和眾多非猶太裔斯拉夫人，其他被納粹黨鎖定的團體包括同性戀者、心智遲緩者、身體失能者以及精神異常者。萬塞會議（1942）後，歐洲各占領區的猶太人被有系統地撤至集中營與滅絕營。地下抵抗運動在幾個國家展開，而在波蘭的猶太人聚居區爆發了反抗占壓倒優勢的強敵的起義（參閱Warsaw Ghetto Uprising）。瓦倫貝里等人則以一己之力拯救了成千上萬的人，但各同盟國政府卻無法爲猶太人提供有效的援助。到戰爭結束爲止，約有六百萬猶太人被殺。

Holocaust Remembrance days 大屠殺紀念日 國際間紀念因納粹德國種族滅絕政策而喪生的數百萬受害者。不同的國家在不同的日子裡都有此一紀念活動，它通常在彰顯受害者抵抗的努力，以及集中在對抗當前的仇恨與反閃主義的努力上。自1951年起，猶太人依據猶太曆，將逾越節後沒多久的猶太教尼散月的第27天定爲大屠殺紀念日。以色列國會並宣佈該日爲「紀念大屠殺與道德勇氣之日」，所彰顯者，不只是毀滅，更是抵抗。

Holocene epoch＊ 全新世 舊稱最新世（Recent epoch）。地球地質史上的最後階段，時間從10,000年前到現在。爲構成第四紀的兩個世中年代較晚的一個，在更新世最後一個冰期之後，特點是氣候條件比較溫暖。這時期，人類技術有所精進，逐漸導向現代文明水準。

holography＊　全像攝影　藉著使用雷射光束所產生的干涉模式來記錄或複製三維影像或全息圖的方法。欲做出全息圖，須將連續光束（雷射）分開，一半的光束原封不動地落在記錄媒介（例如攝影板）上，另一半光束先從被攝物體反射出去，兩束光一起在板上產生帶狀和渦形的干涉模式。感光的板即是全息圖。當光線照射於全息圖時，原本物體的三維影像即由記錄的干涉模式產生。有些全息圖需要雷射光來複製影像，其他全息圖可在一般白光下觀看。全像攝影是匈牙利裔英國物理學家伽柏於1947年發明，他因這項發明而在1971年獲得諾貝爾物理學獎。

Holst, Gustav(us Theodore von)　霍爾斯特（西元1874～1934年）　英國作曲家。管風琴手之子，童年就開始演奏管風琴並任指揮。在皇家音樂學院遇到佛漢威廉士，成為終生朋友。原先靠演奏長號為生，後當教師。由於身體虛弱，在1923年一次暈倒後放棄了教職，而把餘生奉獻給作曲。最受歡迎的作品是生動的管弦樂組曲《行星組曲》（1916），其他作品有迷人的《聖保羅組曲》（1813）、《耶穌的讚美詩》（1917）和《合唱幻想曲》（1930）。

Holstein 好斯敦 ➠ Schleswig-Holstein

Holstein＊　好斯敦牛　亦作好斯敦－菲仕蘭牛（Holstein-Friesian）。亦稱黑白花牛或荷蘭牛。大型乳牛品種，原產於荷蘭北部和菲仕蘭地區。主要特點是體型大，有邊界清晰的黑白花斑。約在兩千年前人們就因為它的乳質好而加以培育，長久以來在歐洲大陸的肥沃低窪地區廣為分布。在美國，這種牛的數量已經超過其他所有乳牛品種的總和，產乳量占總供乳量的90%，且乳脂率較低。

Holstein, Friedrich (August) von＊　霍爾施泰因（西元1837～1909年）　德國外交家。1876年起在德國外交部工作，雖從未擔任過外交部長，但在幕後發揮極大的影響力，而有「灰衣顯貴」的外號。他主張與奧地利、英國結成堅固的聯盟，但俾斯麥親俄，於是二人發生分裂。1890年俾斯麥下台，霍爾施泰因建議不與俄國續簽「俄德再保險條約」。他在卡普里維、霍恩洛厄－希靈斯菲斯特和比洛親王等首相手下都擔任過重要職位，但還是無力反對皇帝威廉二世的政策，1906年被撤職。

Holy Alliance　神聖同盟　歐洲大多數主權國家參加的鬆散組織。在打敗拿破崙後，由俄國的亞歷山大一世、奧地利的法蘭西斯一世和普魯士的腓特烈・威廉三世於1815年發起成立。該同盟所宣稱的目的是促進基督教教義對國際事務的影響，但實際上幾乎沒有兌現，反而成為中歐和東歐國家保守和壓迫的象徵。亦請參閱Congress of Laibach。

Holy Communion ➠ Eucharist

Holy Cross, College of the　聖十字學院　私立高等教育學院，位於麻薩諸塞州烏斯特。1843年創立，奉行基督教耶穌會教義。原只招收男生，1972年才首次有女生入學。學校只開設傳統的人文學科課程，而與其他大學合作，提供學生選修工程及商學課程。現有學生人數約2,600人。

Holy Grail ➠ Grail

Holy Island 霍利島 ➠ Lindisfarne

Holy League　神聖聯盟（西元1576～1598年）　法國宗教戰爭期間天主教國家組成的聯盟。最早是在吉斯公爵第三的領導下組成，目的是反對亨利三世對新教徒胡格諾派的妥協。1584年胡格諾派的領袖那瓦爾的亨利（後來的亨利四世）成為王位繼承人，聯盟就在西班牙的幫助下推出另一個候選人。亨利三世為了結束向他的權威挑戰的聯盟，派人暗殺了吉斯公爵（1588）。但這個行動不僅沒有破壞聯盟，反而導致亨利本人在1589年遭暗殺。聯盟反對亨利四世即位，但當他在1593年成為天主教徒後，聯盟的勢力就衰退了。

Holy of Holies　至聖所　古代耶路撒冷聖殿中最裡面也是最神聖的地方，只有祭司長方可入內，而且一年只有一次，在贖罪日那一天。至聖所在聖殿的西端，入口處有一座鍍金的雪松木祭壇。第一聖殿的至聖所裡藏有法櫃。

Holy Roman Empire　神聖羅馬帝國　德語作Heiliges Römisches Reich。中世紀時期範圍變化很大的政治實體，領土大致在現代西歐和中歐。原本由法蘭克國王統治，後來為德意志國王接手，存在時間從西元800年教宗利奧三世加冕查理曼開始到1806年法蘭西斯二世廢棄神聖羅馬帝國皇帝稱號為止。德意志國王奧托一世在位時，大為擴張帝國版圖，繼而掌控他的盟友，所以有時被視為神聖羅馬帝國的開端時期，此帝國名稱（一直到腓特烈一世才採用）反映了查理曼所宣稱的：神聖羅馬帝國是羅馬帝國的繼承者，而藉由他在世俗領域上的地位－－神的主要代理人（與教宗在精神領域上是並行的）使這種世俗權力擴大了。帝國的核心由德意志、奧地利、波希米亞和摩拉維亞組成。瑞士、尼德蘭和義大利北部有時構成帝國的一部分；法國、波蘭、匈牙利和丹麥是原始成員，英國和西班牙是名義上的一部分。從11世紀中期起，神聖羅馬帝國皇帝們開始與教宗為了統治權問題而展開一場大爭奪戰，尤其是在勢力強大的霍亨斯陶芬王朝時期（1138～1254），他們與教宗爭奪義大利的控制權。1273年魯道夫一世成為第一個哈布斯堡皇帝，自1438年開始，哈布斯堡王朝一直掌控了帝位。1356年以前皇帝是從德意志諸侯中選出來的，之後從選侯中正式選出。皇帝在其所繼承的領土之外，與帝國議會分權治理。在宗教改革運動時期，德意志諸侯大部分叛教加入新教陣營，反對信奉天主教的皇帝，1562年以後皇帝不再受教宗加冕。三十年戰爭結束後，「西伐利亞和約」承認帝國內各邦的個別主權，神聖羅馬帝國自此成為鬆散的國家聯盟，皇帝的頭銜主要是尊稱。18世紀時，帝位的繼承爭議問題導致奧地利王位繼承戰爭和七年戰爭。拿破崙的勝利使得勢力大衰的帝國加速滅亡。亦請參閱Guelphs and Ghibellines、Investiture Controversy、Worms, Concordat of。

Holy Spirit　聖靈　亦稱Holy Ghost或Paraclete。基督教教義中三位一體的第三位。雖然《舊約》裡多次提到耶和華（上帝）之靈，基督教所謂的聖靈主要源自〈福音書〉。〈使徒行傳〉中提到，耶穌受洗時聖靈降在他的身上，當聖靈顯靈時，就有了治病、預言、驅邪和用各種口音說話的能力。在聖靈降臨節期間，聖靈還會來到門徒們的身上。西元381年在君士坦丁堡會議上確定了聖靈是有神性的一位，本質上等同於聖父和聖子。

Holy Synod＊　聖議會　沙皇彼得一世於1721年建立的教會管理機構，以領導俄羅斯正教會，取代了莫斯科牧首管轄權。聖議會代表都是聽命於彼得一世的神職人員，創建的目的是使教會臣服在國家之下，彼得一世另任命一名世俗官員為總檢察官，監督議會活動。聖議會迫害所有異議份子並檢查出版品，彼得一世還隨己意處置教會資產與收入為國家所用。1917年的一次教會評議會重建了牧首管轄權，但新蘇維埃政府隨即將教會持有的所有土地國有化。

holy war　聖戰　遵照神的旨意或主要出於宗教目的而進行的任何戰鬥。聖戰的概念出自《聖經》（例如〈約書亞

神聖羅馬帝國皇帝

加洛林王朝	查理曼（查理一世）	800～814
	路易一世	814～840
	內戰	840～843
	洛泰爾一世	843～855
	路易二世	855～875
	查理二世	875～877
	空位	877～881
	查理三世	881～887
	空位	887～891
斯波萊托王朝	居伊	891～894
	蘭貝特	894～898
加洛林王朝	阿努爾夫	896～899
	路易三世	901～905
法蘭克尼亞王朝	康拉德一世	911～918
加洛林王朝	貝倫加爾	915～924
薩克森王朝	亨利一世	919～936
（利烏多爾夫家族）	奧托一世	936～973
	奧托二世	973～983
	奧托三世	983～1002
	亨利二世	1002～1024
薩利安王朝	康拉德二世	1024～1039
	亨利三世	1039～1056
	亨利四世	1056～1106
	對立朝廷的皇帝	
	魯道夫	1077～1080
	赫爾曼	1081～1093
	康拉德	1093～1101
	亨利五世	1105/1106～1125
蘇普林堡王朝	洛泰爾二世	1125～1137
霍亨斯陶芬王朝	康拉德三世	1138～1152
	腓特烈一世（紅鬍子）	1152～1190
	亨利六世	1190～1197
	菲利普	1198～1208
韋爾夫王朝	奧托四世	1198～1214
霍亨斯陶芬王朝	腓特烈二世	1215～1250
	對立朝廷的皇帝	
	亨利（七世）	1220～1235
	亨利·拉斯佩	1246～1247
	荷蘭的威廉	1247～1256
	康拉德四世	1250～1254
大空位期	理查	1257～1272
	阿方索	1257～1275
	（卡斯提爾的阿方索十世）	
哈布斯堡王朝	魯道夫一世	1273～1291
拿騷王朝	阿道夫	1292～1298
哈布斯堡王朝	阿爾貝特一世	1298～1308
盧森堡王朝	亨利七世	1308～1313
哈布斯堡王朝	腓特烈（三世）	1314～1326
維特爾斯巴赫家族	路易四世	1314～1346
盧森堡王朝	查理四世	1346～1378
	瓦茨拉夫	1378～1400
維特爾斯巴赫家族	魯珀特	1400～1410
盧森堡王朝	約布斯特	1410～1411
	西吉斯蒙德	1410～1437
哈布斯堡王朝	阿爾貝特二世	1438～1439
	腓特烈三世	1440～1493
	馬克西米連一世	1493～1519
	查理五世	1519～1556
	斐迪南一世	1556～1564
	馬克西米連二世	1564～1576
	魯道夫二世	1576～1612
	馬提亞	1612～1619
	斐迪南二世	1619～1637
	斐迪南三世	1637～1657
	利奧波德一世	1658～1705
	約瑟夫一世	1705～1711
	查理六世	1711～1740
維特爾斯巴赫家族	查理七世	1742～1745
哈布斯堡王朝	法蘭西斯一世	1745～1765
	約瑟夫二世	1765～1790
	利奧波德二世	1790～1792
	法蘭西斯二世	1792～1806

記〉)，在各種宗教裡都起過作用，十字軍就是歐洲最好的例子。在伊斯蘭教中，這個概念稱爲「jihad」（聖戰）。宗教起次要作用或強化作用的戰爭一般不稱爲聖戰。

Holyfield, Evander　何利菲德（西元1962年～）　美國拳擊手。生於阿拉巴馬州的亞特摩爾。除了阿里，他是唯一在三次不同的期間贏得重量級拳王頭銜的人。他的第一次拳王頭銜是在1990年從道格拉斯的手中奪下的。1992年他輸給鮑伊，1993年再度奪回；1994年被摩爾打敗，1996年從泰森的手上奪回。在1997年與泰森對陣的衛冕賽中，泰森因咬了何利菲德的耳朵而喪失比賽資格。

Holzer, Jenny＊　侯哲爾（西元1950年～）　美國概念藝術家。曾於杜克大學、芝加哥大學及羅德島設計學院就讀。1970年代晚期她成爲觀念藝術和「藝術與語言」團體的藝術家，以展示文字和文本的「文字藝術」取代視覺影像。「天經地義之事」是她對抗現況的標語和信念，最初寫在牆上，後來演變爲展示於其他象徵廣告科技的樣式中（如1990年的《電子告示牌》）。

Home, Alec Douglas- ➠ Douglas-Home, Sir Alec

home page　首頁 ➠ Web site

Home Rule, Irish　愛爾蘭自治運動　爭取愛爾蘭在大英帝國內部實行自治的運動。1870年當地方自治協會（後稱愛爾蘭自治同盟）要求成立一個愛爾蘭議會時，“Home Rule”的口號到處可見。1878年起由巴奈爾領導，其在英格蘭議會運用妨礙議事的策略公開表達了其國民的不滿情緒。1885和1893年英國首相格萊斯頓曾兩次提出愛爾蘭實行自治法案，但都遭議會否決。1914年第三次提出的自治法案通過，成爲正式的法律，但受到好戰的阿爾斯特聯邦主義者和愛爾蘭共和主義者的反對。1920年類似愛爾蘭自治運動的制度在阿爾斯特（北愛爾蘭）六個郡中建立。1921年剩餘的南方二十六個郡達到自治的地位，但與國協的關係在1949年切斷。

Homel ➠ Homyel

homeopathy＊　順勢療法　1796年哈內曼提出的一種治療學方法。其基本原理是「以毒攻毒」，即對患者施予在健康人身上會引起類似該待治病症的物質。哈內曼進一步指出，當這種物質被稀釋後，其治療的效果增加。順勢療法是一種溫和的、受歡迎的治療法，用以代替像放血這類劇烈的療法，但也有人批評它只注意症狀而忽視病因。另類醫學興起後，順勢療法又復興起來。

homeostasis＊　自我恆定性　生物或機械系統藉由調節來改變情況以維持穩定的自我調整過程。動態平衡中的系統透過反饋控制過程，讓系統內部連續改變以補償外部條件的變化，以保持情況相對一致，從而達到平衡。例如溫度調整，利用恆溫器對室溫作機械式的溫度調節；或身體內部透過下視丘控制複雜系統對體溫作生物調整，包括調節呼吸和代謝率、血管膨脹、血糖高低，來回應由環境溫度、激素和疾病等因素引起的變化。

Homer　荷馬（活動時期西元前9世紀或西元前8世紀）　希臘詩人，是當時最偉大和最具影響力的作家。有關荷馬的生平幾乎一無所悉，但他可能是愛奧尼亞人，據傳是個盲人。古希臘人認爲《伊里亞德》和《奧德賽》這兩部偉大史詩的作者就是他。現代學者一般認爲荷馬創作了《伊里亞德》，但大概不是以文字記述，而十分有可能是用口頭傳述的，而且對《奧德賽》的創作有所影響。《伊里亞德》記述的是特洛伊戰爭期間，希臘最英勇的戰士阿基利斯報復的故事；《奧德賽》則描述奧德修斯在戰後返鄉途中的種種遭遇。這兩部史詩在古典時期提供了希臘教育和文化的根基，並形成人文教育的骨幹，往後一直影響到羅馬帝國和基督教的傳播。

Homer, Winslow 荷馬（西元1836～1910年） 美國畫家。曾在波士頓一家石版商行作畫工，後來遷居紐約，成爲自由插圖畫家。1860年在國家設計院舉辦畫展，1865年被遴選爲國家設計院委員。1866年旅居法國一年，深受法國自然主義和日本版畫的吸引，但對其明亮和洋溢著幸福的作品風格（如《拉動》〔1872〕）甚少影響。他成爲水彩畫大師，油畫作品也十分純熟，焦點逐漸擺在孤僻的人物上。1881～1882年荷馬到英國泰恩茅斯的濱北海漁村居住，這裡的沿海環境、大海和性格堅毅的人們是其豐富想像力的主要來源。1883年回到美國，定居於緬因州普羅茨耐克，作品主題變成大海，以及表現人與大自然永無止盡的搏鬥情形。晚年仍維持旺盛的創作力，但幾乎過著完全與世隔絕的生活。雖然生前已是美國公認的傑出畫家，但在死後才受到極大的推崇。

Homestead Movement 宅地運動 19世紀中葉美國中西部、大平原和西部地區爭取自由獲得土地的運動。開始於1830年代，勞工們和改革派與農民聯合要求把公有土地無償地給予定居者。1848年自由土壤黨提出宅地的建議，遭到工業雇主和南方奴隸主反對，一直未形成法律。1860年在大選中獲勝的共和黨支援宅地議案。1862年通過「宅地法」，免費提供65公頃的土地給在當地生活五年以上的每個成人公民或家長。到20世紀初，共有3,237萬公頃的土地分給六十萬要求得到土地的定居移民。

Homestead National Monument of America 美國移民宅地遺跡 美國內布拉斯加州東南部的紀念地。1936年爲紀念艱苦的開拓生活而設立，是第一個按照1862年「宅地法」提出分地要求的原址，展出宅地運動發展的經過。占地66公頃，內有宅地圓木小屋。

Homestead Strike 霍姆斯特德大罷工 1892年7月美國一次勞方大罷工，發生地點在卡內基鋼鐵公司位於賓州霍姆斯特德的廠區。大罷工起因於鋼鐵工人聯合會抗議資方的減薪行動，而後又因鋼鐵工廠經理弗里克雇請鎮暴人員及平克頓偵探社調查員來反制罷工，終於發生流血事件，造成多人死傷，賓州州長後來調派軍警支援資方鎮壓。這次罷工的破裂，被認爲是日後勞工運動發展的一大挫折。

homicide 殺人 泛指一人被他人所殺害。殺人是廣泛的詞彙，包含謀殺（murder）、非預謀殺人（manslaughter）以及其他犯罪及非犯罪性的致人於死。謀殺，是有意圖且不合法地殺害他人，其中，一級謀殺是指計畫預謀或過程殘酷（例如綁架）的殺人，二級謀殺或三級謀殺的意圖性程度則相對較低。非預謀殺人一般區分爲蓄意（一級）殺人及過失（二級、三級）殺人，蓄意殺人指的是有意圖、但沒有仇恨及預謀的殺人行動，而且多是在情緒高亢或突然煽惑的情況下殺人。過失殺人因不同的司法制度而有不同的界定，但通常有個基本要素：是一種法律不允許的不注意或疏忽而造成的殺人。非犯罪性殺人，則指因爲防衛自己或他人而致人於死，也包括一個人在合法行爲下的意外而導致他人死亡。

hominid＊ 人 靈長目人科所有種類的統稱，如今只剩下一種——智人（Homo sapiens），就是我們人類。這個科中已滅絕的種可見於化石遺存，其中有些現在已爲人們所熟知，例如拉密達猿人、南猿屬各種、巧人和直立人。現今與人科關係最近的是猩猩科，或稱類人猿，包括大猩猩、黑猩猩和猩猩。據信它們是從五百萬～八百萬年以前的共同祖先分化出來的。區別人類與類人猿的身體特徵是：人類採直立姿勢，兩足行走，頭蓋骨圓形，腦大，牙齒小（包括不特殊化的犬牙），以及以語言來溝通等行爲特徵。

Homo 人屬 靈長類人科的一屬。特徵是頭蓋骨（腦容量）相對較大，四肢結構適於直立姿勢和兩足行走，拇指發育完全並可與其他手指相對動作，手有力且能準確抓握，並有製造精密工具的能力。本屬包括現代人（智人）、已滅絕的巧人和直立人，以及智人中已滅絕的兩種類型：尼安德塔人和克羅馬儂人。

Homo erectus 直立人 早期人類已絕滅的種，一般認爲是現代智人的直屬祖先。直立人活動時間大概從160萬年前到25萬年前，範圍從非洲（該種的起源地）到亞洲，再到歐洲幾個部分。直立人和智人在解剖上的差異大部分是頭骨和牙齒，直立人的頭蓋骨較低而深，腦容量約有800～1,100立方公分，眉毛部位凸出，寬鼻，上、下顎連接著大牙，在在顯示是人類的特徵，而非類人猿。四肢骨骼類似智人，顯示直立人身高中等，能直立行走。直立人與阿舍爾文化期工藝有關，也是第一個會用火和穴居的人類。亦請參閱human evolution、Java man、Zhoukoudian。

Homo habilis＊ 巧人 早期人類已絕滅的種。居住於撒哈拉沙漠以南的非洲地方，活動時間約在250萬～150萬年前，通常被視爲人屬的最早成員。巧人化石遺存是於1959和1960年在坦尙尼亞北部的奧杜威峽谷首度發現，之後陸續在肯亞北部圖爾卡納湖地區和南非的斯泰克方丹（具爭議性）也發現了一些化石遺存。巧人的腦容量約600～800立方公分。四肢骨骼顯示巧人已會用雙腳行走，而有一隻手部的化石顯示巧人已能精確地操作物體。伴著巧人化石遺存出土的粗製工具提供了更進一步的證據說明巧人能打造石器。亦請參閱human evolution、Oldowan industry。

Homo sapiens 智人 （原意爲「有智慧的人」）智人是現代人在生物學分類上的屬種（Homo sapiens sapien智人科／現代人種）。根據已知的化石證據，並含括年代古老所包含的變異量，智人的起源約爲12萬年前，但最久遠也可能到40萬年前。「智人」與較早的人種「原人」（hominid）已有許多不同的體質特徵及生活習性，例如兩足直立行走、腦容量可達1,350 cc、前額較高、牙齒及顎骨較小、下巴內縮、能夠發明及使用工具和符號等。很多學者主張現代人種的發展是始自15萬年前的非洲，並且在10萬年前向近東地區擴散，然後在4、5萬年前到達歐亞大陸（這種說法稱爲「單一起源模型」），而有些學者則認爲擴散發生的時間較上述說法爲晚（5萬至6.5萬年前）。另一派則主張現代人是25萬年前由散布在歐亞大陸不同地區的古老智人發展而成的（這種說法稱「區域連續性模型」）。在單一起源模型的理論中，世界上不同人種之間的差異，發生的年代不會太久遠；而區域連續模型的理論中，不同人種的差異明顯可推溯到更久遠的年代。但不論何者，都認爲11,000年前現代人已遍佈全地球。亦請參閱Cro-Magnon、culture、human evolution、Neanderthal。

homology 同源 不同物種的生物體因在演化上來自共同的祖先，而在結構、生理或發育上表現出相似性的現象。同功與同源不同，是指結構在功能上相似，但演化來源不同，只是用途上的相似性。例如人、蝙蝠和鹿這些差別極大的哺乳動物的前肢是同源的，其結構的形式和骨骼的數量幾乎一樣，說明它們共同遠祖的前肢經歷了適應性的變化。而鳥和昆蟲的翅膀爲同功，都是用來飛行，並沒有共同的祖先起源。

homosexual-rights movement ➠ gay-rights movement

homosexuality　同性戀　對其他同性別者有直接性欲傾向者的人格特質或狀態。女同性戀經常被稱爲lesbianism（來自於愛琴海島嶼Lesbos之名，即莎孚〔Sappho〕教書的地點）。至於gay，雖然可以專指「男同性戀者」，但也經常用於泛指「同性戀者」（homosexual）或「女同性戀者」（lesbian）。在不同的時代與文化背景，同性戀行爲可能被認可，也可能被凌虐、懲罰或嚴禁。在古希臘和羅馬時代，成年和青少年男性之間的同性戀並不罕見；而在猶太教－基督教文化和回教文化裡，都把同性戀普遍視爲罪惡，雖然很多宗教領袖都曾表示他們的教義是禁止同性戀行爲，而不是禁止同性戀性向。1970年代以前，美國精神病學會仍把同性戀界定爲精神疾患的一類，在1973年才將之刪除。傳統對同性戀的觀點（相信同性戀都有固定的類型，例如男同性戀都是娘娘腔，女同性戀都是男人婆）慢慢在式微，這是因爲社會逐漸變得無所不談，個人的性偏好和性生活成爲可以公開討論的事，同性戀聚居地區也開始被他人所接受，同性戀被視爲只是人類性慾的變異形式。同性戀傾向來自於遺傳和生理因素，以及環境和社會影響，同性戀傾向經常與異性戀感情共同存在，在不同的個人身上呈現不同程度的差異。雖然在21世紀的歐洲和北美，同性戀的社會環境已大幅改善，但在世界其他地區，同性戀受到攻擊的事件仍不斷發生。

homozygote and heterozygote　純合子和雜合子　一個受精卵的兩種可能基因。如果在受精期間兩個性細胞（配子）結合，攜帶某一特定性狀的相同基因形式，這種生物體就叫作純合子。如果兩個配子攜帶不同的基因形式，則結合產生的生物體稱爲雜合子。由於基因可爲顯性，亦可爲隱性，因此生物體的基因型並不總能透過其外表（表現型）來決定。

Homs＊　荷姆斯　亦稱Hims。古稱Emesa。敘利亞中部的城市，臨奧龍特斯河。像埃姆薩一樣，城內有太陽神埃爾格伯爾的大廟。它也是教王埃拉加巴盧斯的出生地，西元218年埃拉加巴盧斯成爲羅馬的皇帝。272年奧勒利安皇帝在這裡擊敗了巴爾米拉的芝諾比阿女王。636年它被穆斯林攻占，改名爲荷姆斯。1516年它又轉到了鄂圖曼手裡，直到第一次世界大戰後劃歸敘利亞。荷姆斯是一個繁華的農產品貿易中心，還有煉油和製糖業。它是內地城市與地中海沿岸之間的交通樞紐。人口約644,000（1994）。

Homyel＊　戈梅利　亦作Gomel或Homel。白俄羅斯東南部戈梅利省首府。1142年首見記載，稱Gomy。14世紀時屬立陶宛，後歸波蘭，1772年被俄國兼併。19世紀末成爲重要的鐵路樞紐，工業開始發展。該城市位於索日河畔，現在是一個重要的港口，通過河流與聶伯河上的城鎮連接；同時也是一個工業中心。

Honan ➠ Henan

Honda Motor Co.　本田技研工業公司　日本摩托車和汽車製造商。1946年工程師本田宗一郎創辦，製造高效率的小型發動機。1948年改組爲本田技研工業公司。1953年研製出本田C-100小發動機摩托車，到1959年已成爲世界銷售量最好的摩托車。同年在美國設立分公司。1963年開始生產汽車，現在該公司的銷售額大部分來自汽車，最著名的是輕型、省油的客車，如喜美和雅歌。現爲世界上最大的汽車公司之一，總部設在東京。

Honduras　宏都拉斯　正式名稱宏都拉斯共和國（Republic of Honduras）。面積112,088平方公里。人口約6,626,000（2001）。首都：德古斯加巴。人民以梅斯蒂索人（歐洲人和印第安人的混血種）。語言：西班牙語（官方語）。宗教：天主教占多數。貨幣：倫皮拉（L）。爲中美洲第二大國家，北部濱加勒比海的海岸線長達645公里，南部濱太平洋的海岸線則只有72公里。3/4以上的國土爲山區和森林。東部低地包括蚊子海岸的一部分。大部分人居住在內陸山區間的孤立地區，那裡的氣候炎熱而潮濕。經濟以農業爲主，種植香蕉、咖啡、蔗糖以出口，玉米則是國內糧食作物。政府形式是多黨制共和國，一院制。國家元首暨政府首腦是總統。宏都拉斯屬馬雅人文明的一部分，此文明盛行於西元第一千紀期間，科潘古城遺存了一座西元465～800年左右使用的典禮中心的建築和雕刻。1502年哥倫布抵此，接著設立了永久居留地。1537年西班牙人和印第安人之間爆發了一場大戰，後來印第安人因疾病和淪爲奴隸而人口銳減。1570年以後成爲瓜地馬拉總督轄區的一部分，直到1821年中美洲國家取得獨立。之後加入中美洲聯邦，1838年退出，宣布獨立。20世紀時，該國在軍事統治下不斷發生內戰，有時美國加以干預。1982年選出一個文人政府，但軍方仍在幕後操控政局，而左翼游擊隊活動日益頻繁。1998年颶風帶來水災，造成數千人死亡，成千上萬人無家可歸。2001年又遭遇嚴重的旱災。

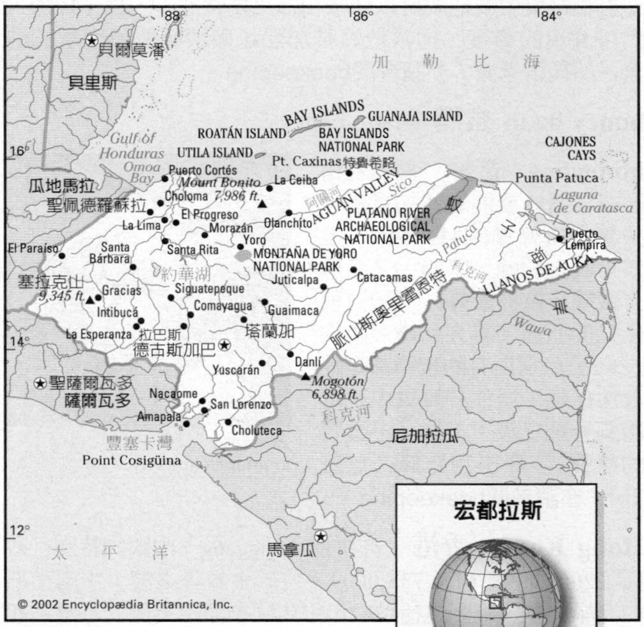

Honecker, Erich＊　何內克（西元1912～1994年）　德國共產主義首腦，東德統一社會黨書記（1971～1989）和國務委員會主席（1976～1989）。作爲德國共產黨黨員，1935～1945年被納粹逮捕入獄。1946年在東德建立並領導自由德國青年聯盟，1961年負責監督修築柏林圍牆。後繼烏布利希成爲東德首腦，在他的統治下，東德成爲蘇聯集團國家中最壓制但又是最繁榮的國家。他准許與西德發展某些貿易和旅行往來，以換取經濟援助。1989年共產主義瓦解後被迫辭職。

Honegger, Arthur＊　奧乃格（西元1892～1955年）　法國作曲家。父母都是瑞士出生的法國人，曾在蘇黎世和巴黎的音樂學院就讀。爲六人團成員之一，儘管他對這個團體的目標並不贊同。神劇《大衛王》（1921）第一次贏得國際聲譽；充滿激情的管弦樂曲《太平洋231號》（1923）生動的描寫一個火車頭，引起轟動。一生作品豐富，創作了五部交響樂（包括爲第二次世界大戰結束而寫的第三交響曲）、神劇《火刑堆上的貞德》（1938）以及爲芭蕾舞、戲劇和電影創作的大量配樂（包括岡斯的《拿破崙傳》）。

Honen＊　法然（西元1133～1212年）　原名勢至丸（Seishimaru）。日本佛教領袖。十五歲時往天台宗中心比叡山受業，在此接觸到中國佛教的淨土教義（參閱Pure Land Buddhism），宣稱專念阿彌陀佛即可往生西方淨土，後來成爲日本淨土宗的創始人。他認爲佛陀相信人的內性，指示人持戒、禪定、追求智慧以超脫現世並到達長安境界。但人實際上不可能靠己力解悟聖道，唯有按照淨土宗之教義：篤信淨土之佛阿彌陀佛普度衆生的本願，誠念南無阿彌陀佛。法然後來在京都定居，並收受門徒（其中包括親鸞）。後來被其他佛教徒陷害，於1207年被逐往四國，但在1211年重返京都。

honey　蜂蜜　蜜蜂吸取的各種花蜜透過蜂的蜜囊而製成的甜而黏的液體食物，顏色爲深金黃色。自古以來，在供給人類營養方面扮演相當重要的角色；大約兩百五十年以前，蜂蜜幾乎是唯一的甜味添加劑。具商業價值的蜂蜜通常產自家養蜜蜂所採的車軸草蜜。花蜜的主要成分蔗糖轉化爲果糖和葡萄糖，除去多餘的水分，即變成蜂蜜。蜂蜜貯存在蜂箱裡，或工蜂用蜂蠟和蜂膠營造的等邊六角形的雙層蜂巢裡。幼蟲和蜂巢中其他成員以蜂蜜和蜂巢爲食過冬。爲了提煉人們可食用的蜂蜜，通常把蜂蜜加熱以破壞發酵所引起的泡沫，然後再過濾。亦請參閱beekeeping。

honey bear　蜜熊 ➠ sun bear

honeybee　蜜蜂　廣義地指蜜蜂科蜜蜂族能釀蜜的昆蟲；狹義指蜜蜂屬的4種昆蟲，尤其指義大利蜂（家蜂，又名西方蜜蜂或歐洲家蜂），另外3種僅見於亞洲。義大利蜂一般約長1.2公分。所有的蜜蜂都是社會性昆蟲，居住於蜂巢中。群體劃分爲三級：工蜂（不發育的雌蜂）、蜂王和雄蜂（無螫針）。亦請參閱beekeeping。

義大利蜂
Ingmar Holmasen

Hong Kong　香港　亦拼作Xianggang。中國的特別行政區（2002年人口約6,785,000）。位於中國海之濱，中國南部的海岸之外，範圍包括1842年由中國割讓給英國的香港島和鄰近的小島，以及英國向中國承租99年（1898～1997）的九龍半島和新界。全部地區於1997年歸還中國。面積1,031平方公里；位於九龍半島北方的新界，占香港總面積十分之九以上，形成中國廣東省境內的一塊飛地。香港島西北岸邊的維多利亞行政中心，也是經濟活動的中心。香港擁有優越的天然港灣，是世界上主要的貿易與金融中心。也設有許多教育機構，包括創立於1911年的香港大學。

Hong Kyong-nae Rebellion＊　洪景來之亂　1812年爆發於韓國北部的農民暴動，這場暴動的組織者是洪景來，他出身於沒落的兩班家族。這場暴動是在農作歉收引起的大饑荒時期因政府逼稅與強制徵役而爆發。叛亂蔓延數月，直到採取一場行動一致的軍事戰役後方告平定。1860年代也發生了另一場類似的反叛。

Hong Xiuquan　洪秀全（西元1814年～1864年）　亦拼作Hung Hsiu-ch'üan。中國的宗教先知，太平天國之亂的領導人。出生於一貧窮的客家人家庭，才智能力極高，但卻三次未能通過文官制度裡最初級的考試。洪秀全在承受情緒上的崩潰後，心中遂有了被指派來解救世界脫離邪魔的意年。洪秀全倡導他自創的基督教信仰，要求廢止吸食鴉片與娼妓，並許諾其信徒將獲得最終的報酬。1850年他開始策畫叛亂。隔年，他自稱爲太平天國的天王。軍隊超過百萬，由男女士兵聯合組成，他們奪下南京，立爲首都。在他將國家事務託付給無能的兄長後，權力鬥爭達於頂點。洪秀全從中退出，在久病不癒後，於1864年自殺。

Hongli　弘曆 ➠ Qianlong emperor

Hongshan culture　紅山文化（約西元前4000年～西元前3000年）　亦拼作Hung-shan culture。中國遠北地區的史前文化，時間約在西元前4000～西元前3000年。紅山文化的精英階層似乎可以分成三個等級，其成員以繁複的葬儀來顯示尊榮。紅山文化中所發現的彩繪陶器，可能與仰韶文化有關，但其精美的玉器製品則與其他位於東部海岸的製玉文化，如良渚文化（西元前3300年～西元前2200年）有關。亦請參閱Erlitou culture、Longshan culture。

Hongshui River　紅水河　亦拼作Hung-shui River。中國南部河流。發源於雲南東部，先向東流，形成貴州和廣西兩省間的邊界，而後再向南流。紅水河長約700哩（1,125公里），與湘江在桂平匯流後形成西江。

Hongtaiji＊　皇太極（清太宗）（西元1592～1643年）　或稱Abahai、天聰（Tiancong）。滿清帝國的創建者。在皇太極統治期間，內蒙古和韓國相繼成爲滿洲的附庸國。他接受漢人謀士的建議，著手征服中國。一直到他死後一年，滿洲人才完全征服中國。在他的統治之下，滿洲政權的基礎更爲強化；他也成爲清朝的首任皇帝。亦請參閱Dorgon、Nurhachi。

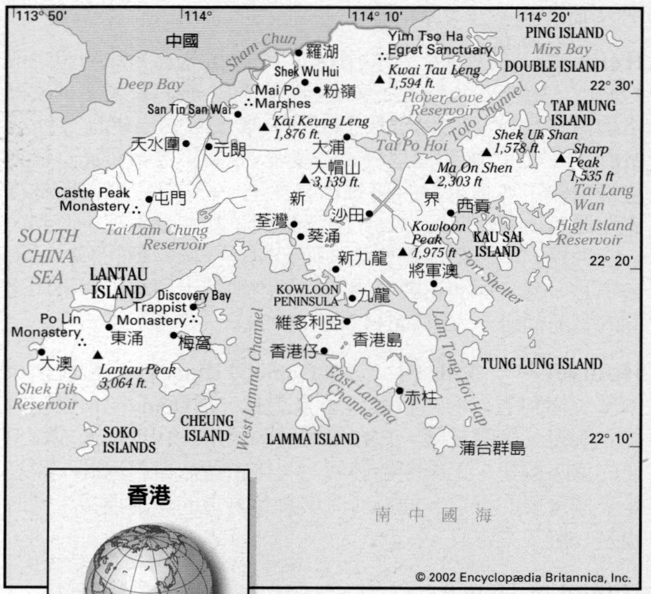

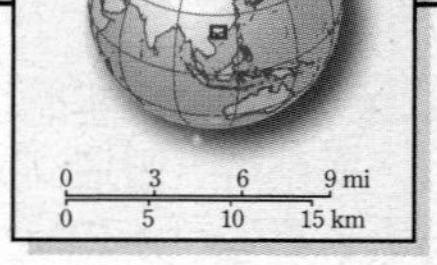

Hongwu emperor　洪武皇帝（明太祖）（西元1328～1398年）　亦拼作Hung-wu emperor。本名朱元璋（Zhu Yuanzhang）。中國明朝的創建者。出身貧困農家，16歲成爲孤兒後，加入寺院的僧團維生。朱元璋後來成爲叛亂領袖，開始與受教育的士人接觸；他除了從士人身上接受教育外，並聽取政治上的指導。士人建議他不應以民衆叛亂自居，而是要以民族領導者的姿態現身，對抗來自域外的蒙古人。當時，蒙古人所創建的元朝正搖搖欲

墜。朱元璋在擊敗其他國內敵手後，於1368年自立爲帝，定都南京，年號洪武。同年，他將最後一位元朝皇帝逐出中國，並於1382年重新統一中國。朱元璋的統治極爲專制，他廢除丞相以及中書省的職位，讓次級的行政單位直接向他報告。他禁止宦官參與朝政，並任用文官主管軍政事務。

Hongze Hu　洪澤湖　亦拼作Hung-tse Hu。中國東部湖泊。位於江蘇和安徽兩省間的淮河河谷，目前的湖面面積爲502平方哩（1,300平方公里），但它在7～10世紀時的面積遠較今日爲小。11世紀時由於興建運河，將洪澤湖納入介於開封與楚州間的運河水系，洪澤湖於是和淮河相連。1194年黃河改道，迫使淮河河水注入洪澤湖，此後洪澤湖才擴張成現在的規模。19世紀此區域的洪水氾濫相當嚴重，1930年代，在洪澤湖的東岸掘出新的水道（1950年代續有改進），讓河水直接注入海洋。

Honiara＊　荷尼阿拉　南太平洋索羅門群島首府。位於瓜達爾卡納爾北岸的馬塔尼科河河口，爲港口和交通中心，貿易以椰子、木材、魚類和一些黃金爲主。第二次世界大戰期間在美軍司令部周圍發展起來，1952年成爲首府。

Honnecourt, Villard de ➠ Villard de Honnecourt

Honolulu　火奴魯魯；檀香山　美國夏威夷州首府和主要港口。位於歐胡島上，爲橫貫太平洋的海、空運輸線的交點、島際交通樞紐和該州工商業中心。面積1,545平方公里，包括周邊的一些小島，組成夏威夷和太平洋群島國家野生動物保護區。人口約占全州人口的80%。根據夏威夷人的傳說，大約在1100年前後這個地區就有人定居，19世紀開始繁榮，成爲貿易中心，特別是捕鯨業者。1898年與夏威夷的其餘部分一起置於美國控制之下。1941年12月日本人轟炸了這個城市以及鄰近的珍珠港。在第二次世界大戰後一階段，以及後來的韓戰和越戰，檀香山成爲主要的備戰地區，軍費一直是主要收入來源。港口有許多製造業工廠，附近的懷基基海灘是主要旅遊勝地。

Honor, Legion of ➠ Legion of Honour

Honorius III＊　洪諾留三世（卒於西元1227年）　原名Cencio Savelli。義大利籍教宗（1216～1227年在位）。即位後著手執行前代教宗英諾森三世的教會改革政策，並恢復聖地，1215年發動十字軍以奪回耶路撒冷。他加冕腓特烈二世爲神聖羅馬帝國皇帝（1220），但威脅他如果不加入十字軍行列就會被處以絕罰。1218年洪諾留也曾組織十字軍進攻西班牙境內的摩爾人。1223年平息英格蘭的諸侯戰爭。洪諾留還繼續組織阿爾比派十字軍進攻法國南部地區的異端派。他支持道明會、方濟會和加爾默羅會，並批准通過第一部正式的教會法典。

Honshu＊　本州　日本島嶼。日本四個主要島嶼中最大的一個，海岸線長達10,084公里，面積227,898平方公里。被視爲日本的大陸，這個國家的早期歷史大都發生於該島南部地區。太平洋沿岸是日本的主要經濟中心，與東京－橫濱和大阪－神戶等都會區相連。島上有日本最高的山富士山，以及最大的湖琵琶湖。

Hontan, Baron de La ➠ La Hontan, Baron de

Honthorst, Gerrit van＊　洪特霍斯特（西元1590～1656年）　別名夜景的傑拉德（Gherardo delle Notti）。荷蘭畫家。約1610～1620年旅居義大利的十年期間，受到貴族的贊助，畫風類似卡拉瓦喬。早期畫作採用人工光線的戲劇效果，如在《晚宴》（1620）的那種夜景，爲他博得「夜景的傑拉德」的別名。1637～1652年成爲海牙的宮廷畫師。他的明暗法曾啓發了林布蘭的早期一些作品。他和泰爾布呂亨都是烏得勒支畫派的領導人物。

Hooch, Pieter de＊　霍赫（西元1629～1684年）　亦作Pieter de Hoogh。荷蘭風俗畫家。他在哈勒姆學畫，1655～1657年爲代爾夫特畫家行會的成員。作品在風格和主題上同弗美爾的作品近似，以小尺寸的室內畫和光亮的露天景色聞名，在靜謐簡樸的背景中常安插幾個忙於日常瑣事的人物。在其最好的作品中，如《庭院裡的女人和她的女僕》（1658）和《備膳室》（1658?），他注重光線的明暗、色調的變化和線條透視畫法的周邊效果。在他遷居阿姆斯特丹以後（1661?），作品數量是增加了，但在質量上卻差了。最後死於瘋人院。

Hood, Mt.　胡德山　美國奧瑞岡州西北部山峰。位於喀斯開山脈，海拔3,424公尺。是一座死火山，最後一次噴發大約在1865年。峰頂積雪，是該州最高的山，也是旅遊勝地胡德山國家森林的中心點。

Hood, Raymond M(athewson)　胡德（西元1881～1934年）　美國建築師。先後在麻省理工學院和巴黎美術學院就讀。1922年他和豪爾斯參加芝加哥論壇報大廈舉辦的設計競賽，獲得首獎；他們的設計是受到吉柏特的伍爾沃思摩天樓的影響，是將來其所設計的許多新哥德式摩天樓的一種。後來他不再重複過去的設計形式，在紐約設計的每日新聞大樓（1930，與豪爾斯合作）和麥格羅－希爾大樓（1930～1931，與富尤合作），線條較爲簡潔，成爲未來洛克斐勒中心建築群的雛型。

hoof-and-mouth disease ➠ foot-and-mouth disease (FMD)

Hooghly River ➠ Hugli River

Hooke, Robert　虎克（西元1635～1703年）　英國物理學家。1665年起在牛津大學任教，在各領域的成就和理論貢獻卓著。1660年提出重要的彈性定律－－虎克定律，說明固體的伸長量與所受的力成正比。他是最早製作和使用反射望遠鏡的人之一。提出木星繞自己的軸旋轉，他對火星的詳細描繪後來被用來確定火星的旋轉速度。他還提出利用擺可以測量重力，並試圖證明地球和月球沿橢圓軌道繞太陽轉動。他發現衍射現象，建議用光的波動理論來解釋這一現象。他也是最先提出演化論的學者之一。首先指出，一般而言所有物質在受熱時都會膨脹，空氣是由一些彼此分得很開的粒子組成。他發明了海洋氣壓計，並改良鐘錶、象限儀以及萬向插頭，還參與蒸汽機的改進工作。

Hooker, Joseph　胡克（西元1814～1879年）　美國陸軍將領。西點軍校畢業，曾參與墨西哥戰爭。南北戰爭爆發後任志願軍准將，參與了幾次重要的戰役，贏得「戰鬥喬伊」名聲。在弗雷德里克斯堡戰役（1862）慘敗後，他繼柏恩賽德將軍爲波多馬克兵團司令。他重整了軍隊，但在錢瑟勒斯維爾戰役中仍敗給李將軍，造成聯邦軍嚴重的傷亡。他在蓋茨堡戰役（1863年7日）發生之前辭職，但後來在查塔諾加

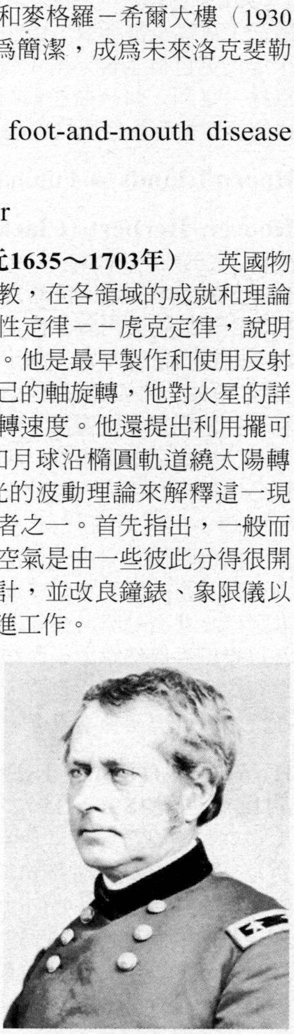

胡克
By courtesy of the Library of Congress, Washington, D. C.

戰役（1863年11日）又協助聯邦軍取得勝利。

Hooker, Richard　胡克（西元1554?～1600年）　英格蘭牧師和神學家。就讀於牛津大學，1577年成爲基督聖體學院的一員，1581年授神職。1585～1591年任譚普爾教堂牧師，後任德雷頓．博尚、博斯庫姆和比肖普伯恩等教區牧師。當英國聖公會受到天主教和清教主義雙重威脅期間，他創立了與眾不同的安立甘宗神學。他在主要著作《論教會體制的法則》（1594～1597）中極力捍衛聖經、教會傳統和人類理智這三重權威。

Hooker, Thomas　胡克（西元1586～1647年）　英格蘭出生的美洲殖民地傳教士。1620～1630年在英格蘭任牧師，由於傾向清教而受到攻擊。他逃往荷蘭，1633年移民麻薩諸塞海灣殖民地，成爲一批清教徒的牧師。1636年率領信徒遷往康乃狄克州哈特福特。1639年協助創立「基本法」，爲後來康乃狄克州憲法的基礎。

Hooper, Franklin Henry　胡珀（西元1862～1940年）　美國編輯，《大英百科全書》發行人賀拉斯．愛維萊特．胡珀的弟弟。1899年加入《大英百科全書》編輯部，在往後的三十年裡參與了五版的編輯工作，1932～1938年任總編輯。

Hooper, Horace Everett　胡珀（西元1859～1922年）　美國出版商。十六歲輟學當書店店員，後來成爲圖書推銷員。他和倫敦的《泰晤士報》合作，成功地銷售了重印的《大英百科全書》第九版（1875～1889）。1901年他和傑克森購買了百科全書版權，1920年再賣出。胡珀先後計畫和出版了《大英百科全書》第十版（1902～1903），他的弟弟富蘭克林．亨利．胡珀擔任編輯；第十一版（1910～1911），以內容全新和學術性風格著稱；以及第十二版（1922）。

Hoorn Islands ➠ Futuna Islands

Hoover, Herbert (Clark)　胡佛（西元1874～1964年）　美國第三十一任總統（1929～1933）。原爲採礦工程師，1895～1913年在四大洲管理工業工程項目，後來在英國和比利時指揮協約國援救工作。第一次世界大戰期間，他被任命爲全國糧食行政長官，制定計畫供應協約國和歐洲饑饉地區食糧。1921～1927年擔任商業部長，除了改組部務外，還新設一些管理無線電廣播、商業航空的司局。他還監督建造頑石壩（後來稱胡佛水壩）和聖羅倫斯航道。1928年被共和黨提名爲總統候選人，擊敗史密斯而當選。上台後，他原本希望開闢一個「新時代」，但不久即因碰上經濟大蕭條而破滅。他信奉個人自由，否決了設立聯邦失業救濟所和投資公共工程計畫的法案，而支助私人的慈善機構。1932年終於批准透過復興金融公司來救濟農人。同年的總統大選，被羅斯福以壓倒性優勢擊敗。此後他繼續直言反對救濟措施，並抨擊新政計畫。第二次世界大戰後投入歐洲的饑饉救災工作，並被指派領導胡佛委員會。

Hoover, J(ohn) Edgar　胡佛（西元1895～1972年）　美國聯邦調查局局長（1924～1972）。原在美國司法部擔任律師，後來在驅逐可疑的布爾什維克分子的案件中擔任司法部長帕麥爾的助手。1924年任調查局局長，他建立了銓敘和培訓工作人員的嚴格制度。1930年代胡佛以逮捕匪徒成績斐然而成功地打響調查局的名號，後來還擴編調查局，改名FBI。他獲有特權調查共產黨和法西斯主義分子的活動，並進而監視所有的激進派人士和活動家，其中包括3K黨和金恩。他很少關注組織性的犯罪案件，卻建立了許多政治人物的祕密檔案，他利用這些把柄使總統和其他人不敢對他的工作和行爲有所批評。雖然還是有來自各方的批評聲浪，但他仍穩居局長職位四十八年直至去世。

胡佛
AP/Wide World Photos

Hoover Commission　胡佛委員會（西元1947～1949年、西元1953～1955年）　美國前總統胡佛組成的諮議團，用以檢討美國行政部門的組織架構。第一次委員會的正式名稱是「美國行政部門組織委員會」，由杜魯門總統）任命，任務是精簡聯邦政府部府門的員額；後來又有艾森豪任命第二次委員會。兩次委員會提出的建議都被廣泛採行，一些機構被裁併，另外也有幾個新的部門成立，例如健康教育暨福利部及聯邦總務署。

Hoover Dam　胡佛水壩　舊稱頑石壩（Boulder Dam）。美國最高的混凝土拱壩。建於亞利桑那－內華達州邊界的科羅拉多河上，攔水蓄成米德湖。水壩完成於1936年，用於防洪和控制淤積，還能發電、灌溉、供給家庭和工業用水。壩高221公尺，頂長379公尺，發電功率1,345兆瓦，蓄水量336萬立方公尺。

hop　葎草　大麻科葎草屬兩種植物。一年生或多年生纏繞草本。原產於北美、歐亞大陸及南美溫帶。普通葎草（即啤酒花、忽布）的乾燥雌花穗（毬花）用於啤酒工業，爲壽命很長的多年生草本植物，具粗糙的纏繞莖。啤酒花使啤酒帶有一種芳醇的苦味和特有的芳香，並有助於啤酒的保存。日本葎草是一年生速生種類，用作圍籬。

普通葎草
Grant Heilman

hop, step, and jump ➠ triple jump

Hope, Bob　鮑伯霍伯（西元1903～2003年）　原名Leslie Townes Hope。英國出生的美國演員。四歲時跟隨家人遷移到俄亥俄州，靠唱歌和滑稽表演起家，1933年首次在歌舞劇《羅伯塔》中扮演有分量的角色。後來在無線電廣播節目中竄紅，使他接演第一部電影《1938年大廣播》，在裡面他演唱了主題曲《感謝回憶》。他所主持的無線電廣播節目《鮑伯霍伯秀》（1938～1950），收聽率很高，後來還主持並出現在電視許多受歡迎的特別節目。1940年與歌星平克勞斯貝、蘭莫爾合作拍了《通向新加坡之路》及其他一系列「通向」世界各地的通俗喜劇片（共七部），還拍了《脂粉雙槍俠》（1940）、《我最喜愛的間諜》（1951）和《七對佳偶》（1955），贏得許多影迷的喜歡。他爲美國海外駐軍舉辦各種勞軍表演，持續了四十多年之久。

Hope diamond　希望鑽石　產自印度的藍色鑽石，是已知最大的藍色鑽石之一。名稱取

希望鑽石，現藏華盛頓特區史密生學會
Lee Boltin

自倫敦銀行家霍普，他在1830年購得這顆鑽石。這顆45.5克拉的鑽石現陳列於史密生學會。

Hopeh ➠ Hebei

Hopewell culture 霍普韋爾文化 舊稱土塚建造者（Mound Builders）。北美洲中部及東部最著名的古印第安文化。在西元前200年至西元500年之間，發展於伊利諾河與俄亥俄河谷的文明（霍普韋爾之名得自他們所開發的第一個農場）。霍普韋爾印第安人已經懂得堆高土塚，用以劃分土地、進行墓葬宗教儀式以及自我防衛。霍普韋爾的村落都濱河川而建，居民種植玉米，也可能種植一些豆類和瓜類，不過主要還是依靠狩獵及採集維生。他們也製造陶器及金屬製品，並有證據顯示已有發達的貿易路線。在西元400年之後，霍普韋爾文化即逐漸消失。亦請參閱Woodland cultures。

Hopi＊ 霍皮人 普韋布洛印第安人最西部居民集團，住在亞利桑那州東北部的保留地上，周圍有納瓦霍人保留區。使用語言屬猶他－阿茲特克諸語言。大多數傳統居所位於高的方山上，用石塊和磚坯築成階梯形的普韋布洛結構。確切起源不明，通常認為是阿納薩齊人的後裔。母系社會。種植玉米、大豆、南瓜和甜瓜為生，並放牧羊群。霍皮人熱衷於宗教儀式生活，最引人注目的是在半地下的地下禮堂（坑屋）裡舉行的祕密儀式，以及戴面具裝扮成卡奇納（kachina，祖靈）。今人數約有6,000人。

Hopkins, Anthony 安東尼霍普金斯（西元1937年～） 英國男演員。安東尼霍普金斯於1965年加入倫敦國家劇院演出莎士比亞劇。他是極敏銳的演員，能藉由細微的肢體動作傳達爆發性情緒。1974年他首度在百老匯演出《戀馬狂》，廣受好評，之後便在美國從事表演工作，主演了《象人》（1980）等電影及The Bunker（1981，獲艾美獎）等電視影集。安東尼霍普金斯在國家劇院成功地演出《李爾王》及《安東尼與克麗奧佩脫拉》等劇目。之後安東尼霍普金斯的電影作品計有《沈默的羔羊》（1991，獲奧斯卡獎）、*Howards End*（1992）、《長日將盡》（1993）及*Amistad*（1997）。

Hopkins, Esek 霍普金斯（西元1718～1802年） 美國海軍將領。1754年就擔任大型商船隊隊長。在法國印第安人戰爭期間，成為私掠船船長。1775年被任命為第一支大陸海軍艦隊司令。他銜命進攻英國在乞沙比克灣的艦隊基地，但沒有遵令辦事，而率領艦隊駛往巴哈馬群島，奪取英國在新普洛維頓斯島的哨站。艦隊返回羅德島後按兵不動，1776年國會對他不服軍令一事展開調查。那支艦隊依舊無所行動，於是他在1777年被停職，1778年被解除海軍職務。

Hopkins, Frederick Gowland 霍普金斯（西元1861～1947年） 受封為弗雷德里克爵士（Sir Frederick）。英國生物化學家。1901年發現色氨酸，並證明色氨酸和其他幾種氨基酸必須從食物中取得，而不能在體內由其他物質生成。因發現維生素（維他命），與艾克曼共獲1929年諾貝爾生理學或醫學獎。他還證明肌肉收縮時會產生乳酸。1922年分離出三肽（參閱peptide）穀胱甘肽，並證明它在細胞的氧化過程中是不可或缺的。1925年受封為爵士。

Hopkins, Gerard Manley 霍普金斯（西元1844～1889年） 英國詩人。在牛津大學學習後，轉奉天主教，最後成為耶穌會司鐸。他認為寫詩與神職不相稱，於是燒掉年輕時期的詩稿。1875年又開始寫作，但因對宗教的天職與追尋感觀快樂相互矛盾，而陷入緊張困擾。他是最個性化的維多利亞時代作家之一，以豐富的語言、精煉的句法以及對韻律（包括跳韻）的創新著稱。最著名的詩作有〈德意志號的沈沒〉、〈雜色之美〉、〈上帝的偉大〉和〈風鷹〉。四十四歲死於傷寒。其作品雖然直到1918年才由他的朋友布立基收集成冊出版，但還是影響了許多20世紀的詩人。

Hopkins, Harry L(loyd) 霍普金斯（西元1890～1946年） 美國新政時期官員。1920年代在紐約市從事社會工作，1931年起任該州緊急救濟署署長。羅斯福擔任總統後，霍普金斯成為聯邦緊急救濟署署長。1934年設立工程進度管理署，1938～1940年任美國商務部部長。辭職後，代表總統數度出使倫敦和莫斯科，討論援助問題和軍事戰略，後主持租借計畫。在第二次世界大戰期間，他是羅斯福最親密的私人顧問。

Hopkins, Johns 霍普金斯（西元1795～1873年） 美國商人和金融家。起先與叔父一起從事雜貨批發，1819年與兄弟一起創立霍普金斯兄弟批發商店，很快在若干個州發展起來。他接受以威士忌酒付貨款，而把酒作為最好的貨品賣出。1847年退休時已是富翁，仍繼續投資巴爾的摩的房地產以及巴爾的摩和俄亥俄鐵路。他在遺囑中留下七百萬美元作為建立約翰．霍普金斯大學和霍普金斯醫院的資金，並捐款給一黑人孤兒院。

Hopkins, Mark 霍普金斯（西元1814～1878年） 美國企業家。出生於維吉尼亞州里奇蒙，後來在北卡羅來納州長大。1851年移居加利福尼亞開採金礦，在無利可圖後，開始經營起食品雜貨業，並開辦了該州最興隆的商行之一。他與其他三位合夥人計畫修建一條橫跨大陸的鐵路，1861年成立中太平洋鐵路公司。1869年該鐵路幹線全部竣工，在猶他州普羅芒托里與聯合太平洋鐵路接軌。

Hopkins, Pauline (Elizabeth) 霍普金斯（西元1859～1930年） 美國小說家與劇作家。生於波特蘭，在完成第一本小說*Contending Forces*（1900）之前一直在參與家族合唱團的演出。她的後續作品有*Hagar's Daughter*（1902）、*Winona*（1902）、*Of One Blood*（1903）和*Topsy Templeton*（1916），這些作品反映了杜博斯的影響，並以傳統浪漫小說形式披露種族和社會主題。她也曾為《有色美國雜誌》擔任編輯。

Hopkins, Sarah Winnemucca 霍普金斯（西元1844?～1891年） 亦稱Sarah Hopkins Winnemucca或Thocmectony。美國教育家、演說家、部落領袖及作家。生於墨西哥洪堡坑（現位於美國內華達州境內）一個北派尤特印第安人家庭。她童年時曾與一個白人家庭共同生活，並進入修道會女校就讀，後來加入陸軍擔任通譯員及偵察員。她在1880年代於美國東岸展開演說生涯，公開宣誓捍衛部落文化，並抨擊美國官方的原住民政策。她最知名的著作是《派尤特的生活》（1883），書中有族人描述的印第安生活，以及他們對白人拓荒影響的觀點，在當代為數甚少的美國原住民著作中，尤具價值。

Hopkinson, Francis 霍普金森（西元1737～1791年） 美國政治領袖和作家。出生於費城，在新澤西州從事法律工作。1774年被任命參與總督參議會，寫了一些反對英國的政治諷刺作品。1776年代表新澤西州出席大陸會議，簽署「獨立宣言」。後來又寫了一些文章，促使美國憲法獲得批准。1779～1789年任費城海事法庭法官，1789～1791年任美國地區法官。他還以音樂作曲及為政府和組織設計圖章而為人所知。

hoplite＊ 甲兵 古代希臘披掛重型甲冑的步兵，以密集隊形進行戰鬥。最早可能出現於西元前8世紀末。全身佩戴新而笨重的盔甲，包括金屬頭盔、胸鎧和盾牌；各有一把劍和一支用來刺殺而不是投擲的二公尺長的矛。自從有了甲兵後，戰場上已不再以個人武力決勝負，而是依靠大批甲兵方陣來衝破敵人的隊形。雖然方陣不便調度，裝備沈重，希臘的甲兵還是地中海世界最好的戰士。

Hoppe, Willie＊ 霍佩（西元1887～1959年） 原名William Frederick Hoppe。美國撞球好手。他的撞球啓蒙老師是開旅館的父親。他精通開侖式撞球（或稱法式撞球），成爲所有運動比賽冠軍中最持久的一位，1906～1952年贏得五十一次世界冠軍。1940年在芝加哥錦標賽中，參加二十次比賽均獲勝。1952年退休。

Hopper, Edward 霍珀（西元1882～1967年） 美國畫家。最初學插畫，後隨亨萊學繪畫。1913年在軍械庫展覽會上展出，主要從事廣告插圖和銅版畫插圖，1920年代中期轉向描繪城市生活的水彩畫和油畫。《鐵路旁的房屋》（1925）和《布魯克林的一間房》（1932）描繪幾何建築中靜默的無名人物，產生一種揮之不去的孤寂感，正是其特色所在。他善於運用光來把人物和客體分隔開，就像在《星期日清晨》（1930）和《夜鷹》（1942）中所表現的那樣。其風格在1920年代已臻於成熟，後期更精益求精，用光技巧更熟練。1960年代和1970年代的普普藝術和新寫實主義畫家都受到他很大的影響。

Hopper, Grace Murray 霍柏（西元1906～1992年） 原名Grace Brewster Murray。美國數學家、海軍少將。生於紐約市，1934年耶魯大學博士，1931～1944年在瓦莎學院執教。在擔任海軍軍官期間（1943～1986），她參與哈佛Mark I（1944）和Mark II（1945）電腦，1949年協助設計改進編譯器，將程式設計師的指令轉成電腦碼。協助設計UNIVAC I，第一部商用電子電腦（1951），並爲了海軍發展出COBOL語言。1991年獲得國家技術獎章。

Horace 賀拉斯（西元前65～西元前8年） 拉丁語全名爲Quintus Horatius Flaccus。拉丁抒情詩人和諷刺作家。其父曾爲奴隸，他在羅馬受教育。凱撒被刺後他在叛亂中爲布魯圖作戰，後來得到布魯圖的征服者屋大維（後來的奧古斯都）的賞識，取得眞正的桂冠詩人地位。早期作品有《諷刺詩集》和《長短句集》，但他的名聲主要得自抒情詩《歌集》和散文《書札》，後者包括論文《詩藝》，爲詩的寫作確立了一些規則。《歌集》和《書札》的主題大多是愛情、友誼和哲學，對文藝復興到19世紀的西方詩歌產生重大影響。

Horbat Qesari 該撒利亞廢墟 ➠ Caesarea

Horeb, Mt. ➠ Sinai, Mount

horizon 土層 土壤學上，清晰可辨的土壤層次，構成土壤剖面的垂直序列的一部分。每個土層在顏色、化學組成、質地與結構和上下的土曾有所差異。土層由於環境隨深度改變而在土壤發育期間產生差異。已知的土壤剖面通常有三個主要土層，從地面往下命名爲A、B、C層。A層通常比其他層含有較多有機物質，也是風化與淋溶最嚴重的土層。B層則有澱積作用（積聚），因爲從A層以溶液形式搬運下來的礦物質，可能全部或部分沈澱在這層。C層的材料主要是A層和B層的來源，稱爲母質，僅有輕微變質，通常沒有受到土壤形成作用（成土作用）。

horizontal bar 單槓 男子體操比賽項目之一，在一根離地約2.4公尺高的鋼質橫槓上做各種擺盪、翻滾動作。運動員手戴護掌，完成15～30秒鐘的例行動作，包括大回環和各種騰越動作（例如分腿騰越）。自1896年第一屆現代奧運會以來，一直是奧運會的比賽項目。

horizontal integration 水平整合 ➠ vertical integration

Horkheimer, Max 霍克海默（西元1895～1973年） 德國哲學家與社會理論家。與阿多諾與馬庫色一起工作，霍克海默成爲法蘭克福學派主要人物，並擔任社會研究所所長，該研究所是馬克思主義導向的研究中心。納粹掌權時（1933）他隨同研究所遷往紐約，1949年重返法蘭克福。著作包括《啓蒙的辯證》（與阿多諾合著，1947）、《逃避理性》（1947）以及《批判理論》（1968），詳細闡述了法蘭克福學派的基本原則。

hormone 激素；荷爾蒙 在多細胞生物某個部分製造的有機化合物（通常是類固醇或肽），前往另一個部分產生作用。激素調節生理活動，如脊椎動物的生長、生殖及自我恆定性；昆蟲幼蟲（參閱larva）的蛻皮與維護；植物的生長、芽休眠及落葉。大多數脊椎動物的激素來自於專門的組織（參閱endocrine system、gland），透過循環帶往目的地。哺乳動物有許多激素，像是促腎上腺皮質激素、性激素、甲狀腺素、胰島素與腎上腺素。昆蟲的激素有蛻皮素、胸激素與青春激素。植物激素有脫落素、植物生長素、赤黴素與細胞分裂素。

Hormuz＊ 荷姆茲島 舊稱Ormuz。伊朗南部島嶼和城鎮。位於荷姆茲海峽內，離海岸八公里。荷姆茲村是唯一居民點。在被阿拉伯人征服後，荷姆茲鎮成爲重要的市場，至1200年左右壟斷了與印度、中國的貿易。馬可波羅曾兩次造訪該島。1514年葡萄牙人占據該島，1622年爲波斯人奪占。該鎮在被取消與大陸的阿拔斯港貿易後開始沒落。人口3,817（1986）。

Hormuz, Strait of 荷姆茲海峽 舊稱Strait of Ormuz。連接波斯灣（西）和阿曼灣與阿拉伯海（東南）的水道。寬55～95公里，在伊朗（北）和阿拉伯半島（南）之間。峽中有格什姆島、荷姆茲島和亨加姆島。是往來波斯灣各港的油輪必經之地，具有重要的戰略意義和經濟意義。

Horn, Cape 合恩角 南美洲最南端的岬角，位於火地島群島南部的合恩島上，凸入德雷克海峽。以1616年繞過此角的荷蘭航海家斯豪滕的出生地霍恩命名。合恩角洋面波濤洶湧，航行危險，終年強風不斷，氣候寒冷。

Horn of Africa 非洲之角 非洲東部地區。位於印度洋和亞丁灣之間的非洲陸地最東端，範圍包括衣索比亞、厄利垂亞、索馬利亞和吉布地，其文化與它們冗長的歷史有關。

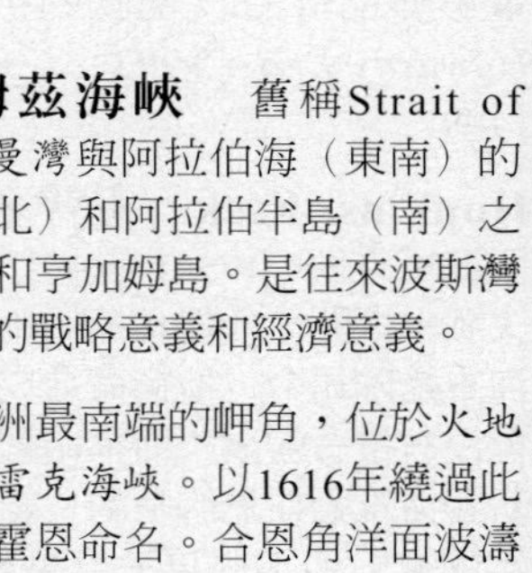

Tockus erythrorhynchus，犀鳥的一種
Mark Boulton-The National Audubon Society Collection/Photo Researchers

hornbill 犀鳥 舊大陸犀鳥科四十五種熱帶鳥類的通稱，以有些種類生有角質的大嘴聞名。體長40～160公分，通常頭大，嘴突，頸細，翅寬，尾長，羽毛褐色或黑色，通常雜有白色斑紋。在洞穴中

營巢，通常是大樹的洞。大部分種類的雄鳥會將孵卵的雌鳥用泥封於樹洞內，僅留一個小孔供餵食用，幼雛孵出後，雌鳥破泥而出，但幼雛又被封於洞內。

hornblende　普通角閃石　角閃石礦物的一個亞族。富含鈣、鐵、鎂，晶體結構爲單斜晶系，一般化學式爲 $(Ca,Na)_2(Mg,Fe,Al)_5(Al,Si)_8O_{22}(OH)_2$，廣泛存在於變質岩和火成岩中。常見普通角閃石的顏色一般爲深綠到黑色，多見於在中等溫度和壓力的條件下形成的中級變質岩中。含有大量普通角閃石的變質岩稱爲角閃岩。

Hornblower, Jonathan Carter　霍恩布洛爾（西元1753～1815年）　英國發明家。他和他的父親強納森（1717～1780）曾爲瓦特工作。他研究改善瓦特的蒸汽機的設計，發明第一台往復式混流蒸汽機，1781年取得專利。霍恩布洛爾的蒸汽機有兩只汽缸（參閱piston and cylinder），對提高機械效率有重大貢獻。1799年被判侵害到瓦特的專利權。

Hornbostel, Erich (Moritz) von＊　霍恩博斯特爾（西元1877～1934年）　奧地利民族音樂學家。出生於維也納一音樂家庭，十幾歲時就成爲技藝精湛的鋼琴家和作曲家。取得化學博士學位後從事心理學的研究，其對音調感受的研究使他成爲民族音樂學的創始人之一。他協助規畫研究所需的場地和方法的計畫，包括現場錄音。1912年與薩克斯一起提出樂器分類的交叉文化體系，至今仍在使用。

Horne, Lena (Calhoun)　雷娜賀恩（西元1917年～）　美國歌手與女演員，生於布魯克林，年少時在哈林區的棉花俱樂部當舞者，十八歲開始和流行樂團搭擋演唱。雷娜賀恩的電影作品頗豐，包括《月宮寶盒》、*Stormy Weather*（1943）、*Death of a Gunfighter*（1969）及*The Wiz*（1978）。她於1957年演出歌舞劇《牙買加》時推出的專輯*Lena Horne at the Waldorf-Astoria*（1957）極爲成功；她的獨角戲*Lena Horne: The Lady and Her Music*（1981）被譽爲經典之作。雷娜賀恩一直到1990年代仍持續推出戲劇和音樂作品。

Horne, Marilyn　霍恩（西元1934年～）　美國次女高音歌唱家。曾師從雷曼（1888～1976），1954年首度爲電影《卡門．瓊斯》裡的主要角色配音。1960年在舊金山和芝加哥演唱貝爾格的歌劇《伍采克》。1962年她開始長久投入美聲唱法的戲劇，並對之產生影響，在韓德爾和羅西尼所編的歌劇中扮演重要角色。她的聲調獨特，音域寬廣，在調控呼吸和音調方面已達爐火純青之地步。2000年退休，結束了漫長的音樂生涯。

horned owl　角鴞　鴟鴞科鵰鴞屬有角狀羽束的鴞類，尤指大角鴞。其他的角鴞都是猛禽，分布於歐、亞和北非（鵰鴞），以及非洲、印度、緬甸和印尼群島。它們通常以齧齒動物爲食。

大鵰鴞（*Bubo virginianus*）
E. R. Degginger－Van Cleve Photography

horned toad　角蜥　亦稱homed lizard。鬣鱗蜥科角蜥屬約十四種蜥蜴的統稱。通常有匕首樣的頭棘（角），身體扁平呈卵形，兩側有尖形襯邊鱗片。體長8～13公分不等。分布於從加拿大不列顛哥倫比亞向南至瓜地馬拉，以及從美國阿肯色州和堪薩斯州向西至太平洋沿岸一帶。一般棲息於沙漠或半沙漠地區，主要取食螞蟻。會改變體色或鑽入沙中只露出頭部以求隱蔽，防禦方式有迅速膨脹身體，少數可從眼睛噴出血來。

Horney, Karen＊　霍爾奈（西元1885～1952年）　原名Karen Danielsen。德國出生的美國精神分析學家。取得碩士學位後跟隨亞伯拉罕學習精神分析，1920～1932年在柏林開業，並在柏林精神分析研究所任教。1934年定居紐約市，開始在社會研究新學院任教。她摒棄弗洛伊德的某些基本原則，反對他的陰莖羨妒概念，強調應幫助病人找到並正視造成焦慮狀態的具體原因，而不是著重於兒童時期的創傷和幻覺。1941年被紐約精神分析研究所除名後，自己組織了一個新的團體－－精神分析促進協會。著作有《當代的神經質人格》（1937）、《精神分析新法》（1939）等。

Hornsby, Rogers　霍恩斯比（西元1896～1963年）　美國棒球選手。大部分的棒球生涯中擔任二壘手。1915～1926年爲聖路易紅雀隊出賽，其生涯打擊率.358僅次於柯布的.367。1921～1925年這五年中的打擊率平均爲.401，1924年的打擊率平均爲.424，是20世紀最高的記錄。他和威廉斯是唯一兩個曾兩度在全壘打、打點和打擊率方面雄居全國聯盟之首的棒球選手。退休後擔任棒球隊的經理。

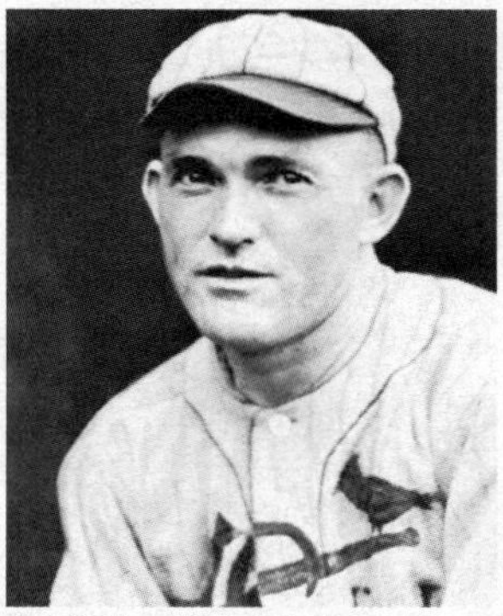
霍恩斯比，攝於1926年
UPI Compix

hornwort　角蘚　角蘚綱4～6種一年生或多年生匍匐植物的統稱。通常生長於熱帶和暖溫帶地區的潮濕土壤裡或岩石上。典型的配子體爲扁平結構，覆蓋著小而不規則的葉狀體；孢子體爲一端漸細的圓柱形（參閱alternation of generations）。假根（似根的結構）在地表下固定植株。配子體的腔洞中有時含藍綠藻（參閱Nostoc）。孢子體基部有一個不斷生長的區域，並有一個大而不規則的基足，但沒有其他蘚類有的蒴柄（連接基足和孢蒴的莖）。

horoscope　天宮圖　占星術士使用的圖，顯示太陽、月亮和行星在某一時間與黃道帶相對應的位置。用於分析出生於某個時間的人的個性，以提供目前生活狀態的訊息，並預卜未來。天宮圖是基於相信每個天體都有它自己的個性，但在某一特定時刻與其他天體的相對位置會有所變化。以天宮圖占卜時，會把天空分成十二個區塊，稱爲「宮」，這些「宮」會影響人類各方面的生活，諸如健康、財富、婚姻、友誼或死亡。亦請參閱astrology。

Horowitz, Vladimir　霍洛維茨（西元1903～1989年）　俄羅斯鋼琴家。曾在基輔音樂學院學習，1921年首次演出。他那令人陶醉的技巧使他馳名國際，長期在外巡迴演出，單是在美國，一年就舉辦了一百場音樂會。1933年與托斯卡尼尼的女兒汪達結婚。由於長期處於神經緊張狀態，1953年決定退出公開表演。1965年重新回到音樂會舞台，受到極大的歡迎。他偏好浪漫主義作品，諸如舒曼、蕭邦、李斯特以及他的朋友拉赫曼尼諾夫的作品。有時也有人批評他過於炫耀技巧而對作品的詮釋深度不夠。

horror story　恐怖故事　以製造恐懼感爲重點的故事。這類故事遠古時代即存在，並成爲民間文學的一種流傳形式。它們常具備超自然元素如鬼魂、女巫、吸血鬼，或描繪更為逼真的心理恐懼。在西方文學裡，恐怖故事將恐懼感和好奇心深植其中始自於18世紀的哥德小說。典型的恐怖和哥德式作者有華爾波爾、雪萊、霍夫曼、愛倫坡、勒法努（1814～1873）、柯林斯、斯多克、畢爾斯、勒弗克拉夫特（1890～1937）及史蒂芬・金。

horse　馬　馬科物種，家馬的學名Equus caballus，長久以來人類將馬當作運輸及拖曳的牲畜。馬最早的祖先是始馬（dawn horse，參閱eohippus）。現生的馬不是承襲家馬血統的只有普爾熱瓦爾斯基氏野馬。馬似乎是在西元前三千年最早由中亞的遊牧民族馴養。有數百年之久，馬主要用於戰爭。馬鞍在1世紀在中國開始採用。美洲的野馬約在一萬年前滅絕，西班牙人在16世紀重新引進。成年的雄馬稱為牡馬，若用於繁殖則稱為種馬；成年的雌馬稱為牝馬。閹割的雄馬稱為閹馬。馬的高度以10.2公分為單位，或稱掌寬，從背部最高點（馬鬐）到地面。品種依照大小與體型來分類：拖曳馬（重型馬，例如比利時馬、佩爾什馬）四肢壯碩，高達20個掌寬；小型馬（如謝德蘭小型馬，冰島馬）小於14.2個掌寬；輕型馬（如阿拉伯馬、純種馬）介於其間，很少高於17個掌寬。

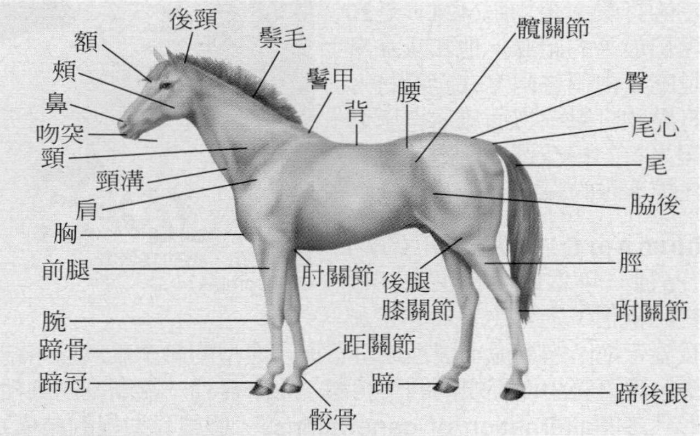

馬的外貌特徵
© 2002 MERRIAM-WEBSTER INC.

horse-chestnut family　馬栗科　即七葉樹科，包括鹿眼樹和馬栗。最有名的是普通馬栗，或稱歐洲七葉樹（學名為Aesculus hippocastanum）。歐洲七葉樹原產於歐洲東南部，現廣泛栽培為大型遮陰的樹木和行道樹。巴黎香榭麗舍大道的兩旁種有成排的馬栗樹。

horse racing　賽馬　跑馬競速的運動，主要是由騎師跨騎純種馬或由標準種拖著一位駕駛者駕駛的載具。儘管賽馬古來有之，但第一次真正有組織的全國性賽馬，是在英格蘭的查理二世（1660～1685在位）時代創辦的，北美的第一次比賽則於1665年在長島舉行。早期的賽馬是二或三匹馬的競賽，每匹馬都至少要跑兩個賽次才能評斷出獲勝者。到18世紀中葉，較大的賽馬場和一次定勝負成為比賽的標準。讓步賽也在此時加入，賭博也成為賽馬必備的一部分。賽馬彩票的下注方式始於20世紀。在平坦、橢圓形、一哩長的跑道上競賽的純種馬賽跑，吸引了最多觀眾的荷包，輕駕車賽馬和美國四分之一哩賽馬次之。在美國，最重要的純種馬賽馬有肯塔基大賽、普利克內斯有獎賽和貝爾蒙特有獎賽。亦請參閱steeplechase。

horsefly　虻　雙翅類虻科昆蟲，尤指虻屬。體粗壯，小者如家蠅，大者似熊蜂。有時稱綠頭蠅，眼金屬色或有虹彩。成蟲是快速、有力的飛行能手，常見於溪流、沼澤和林區，是炭疽、圖萊里菌病和錐蟲病等多種動物疾病的傳播媒介。雌虻吸血，被叮咬後會感覺疼痛，一群雌虻在一天中可以從一隻動物身上吸取約90毫升的血。雄虻以花蜜、蜜露和植物汁液為食。斑虻屬的虻俗稱鹿蠅，體形較小，翅膀上有深色斑紋。

horsehair worm　鐵線蟲　亦稱hairworm或gordian worm。袋形動物門線形綱的細長蠕蟲，約250～300種。幼蟲寄生在節肢動物體內，成蟲在海水或淡水中自由生活。其髮絲般的身體有時可長達一公尺左右。

horsemanship　馬術　馴馬、騎馬和控馬的藝術。高超的馬術要求騎手盡量輕鬆而有效地控制馬的行進方向、步法和速度。自然的輔助指揮是靠騎手的平衡、雙手、聲音和雙腿來控制，副輔助則包括銜鐵、韁繩、馬鞍和馬刺。馬術對騎兵和牧人來說很重要，也是花式騎術的基本要素。

horsepower　馬力　功率的通用單位，表示做功的速率。在英制中，一馬力等於每分鐘做33,000呎－磅的功，也就是在一分鐘內把33,000磅的重物舉起1呎所需的功率。這個數值是18世紀末瓦特用強壯的拉車馬進行實驗後採用的，實際上比普通馬在一個工作日內的持續功率約大50%。1馬力的電功率以國際單位制表示為746瓦特，熱當量為每小時2,545BTU（英制熱單位）。公制馬力（參閱metric system）為每分鐘4,500公斤－公尺，或0.9863馬力。

horseradish　辣根　十字花科多年生耐寒植物，學名Armoracia lapathifolia。原產於地中海地區，現廣泛栽培於溫帶。根肉質，辛辣，用作調味劑，也是傳統藥物。在許多寒冷潮濕地區已成為麻煩的雜草。花小，白色，角果小，長圓形，基生葉大而粗糙，亮綠色，有長柄，從粗大的白色冠狀根頂生出。

horseshoe crab　鱟　又稱馬蹄蟹。有螯亞門劍尾目海產的4種已絕滅的節肢動物。分布於亞洲和北美東海岸。雖然其英文名稱中有crab（蟹）一字，但它們不是蟹，反而和蠍比較有關係。鱟化石的年代可追溯到5.05億年前。在河口灣地方數量最多。北美洲種類的鱟可成長至60公分長。鱟的身體分為以關節相連的三部分：寬闊馬蹄形的頭胸部；小得多的分節的腹部；一根長而尖的尾刺。春、夏季在沙灘上繁殖。成體以海生蠕蟲為食，幼體則以小生物為食。

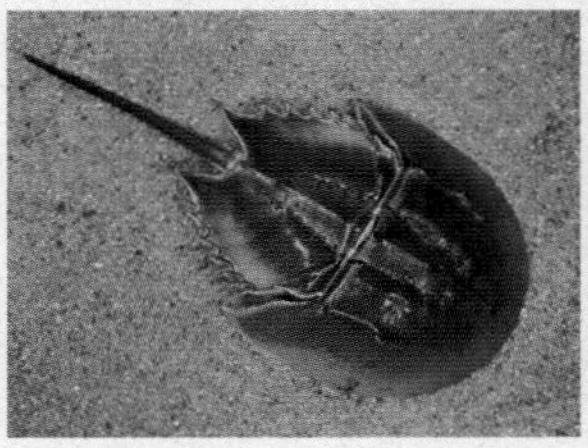

鱟
Runk/Schoenberger from Grant Heilman

horseshoe pitching　擲蹄鐵　由二人或四人一起玩的遊戲，各人將蹄鐵擲向標樁，使之套住或盡量接近標樁。套住標樁的蹄鐵稱一個套環，得分最高。此遊戲可能源自投環，在美國和加拿大十分流行。正式比賽有一家滿50分即為一局，非正式比賽有一家滿21分即為一局。

horsetail　木賊　木賊屬三十種燈心草狀分節明顯的多年生草本植物的統稱，亦稱擦洗燈心草。除澳大利亞外，在世界各地的潮濕、肥沃的土壤裡都有生長。有些終年常綠，有的則每年長出新的嫩枝。莖中含豐富的矽酸鹽礦物和其他礦物質，葉退化成包裹嫩枝的鞘。木賊是古老的植物，親緣種可追溯到石炭紀。普通木賊廣泛分布於北美和歐亞的河岸和草甸。木賊雖然對牲畜有毒，但人類常用為民間草藥。有些種的莖有研磨作用，可用於擦洗器具。

Horta, Victor, Baron　奧太（西元1861～1947年） 比利時建築師。1892年起在布魯塞爾設計了多棟建築，成爲新藝術風格的傑出代表人物。他設計的塔塞爾飯店（1892～1893）是此一新風格最早的範例。其代表作是「人民之家」（1896～1899），是比利時第一個運用大型的鐵和玻璃組成立面的建築。1912年任美術學院院長，後來設計了古典風格的美術宮（1922～1928）。

Horthy, Miklós (Nagybányai)＊　霍爾蒂（西元1868～1957年） 匈牙利海軍軍官和攝政者（1920～1944）。第一次世界大戰中任海軍司令，表現優異，1918年晉升爲海軍上將。1919年領導軍隊對抗庫恩的共產黨政權，翌年匈牙利國會投票決定恢復王政，推選他爲攝政，但他力排衆議，挫敗了查理四世恢復王位的企圖。第二次世界大戰時期他支持德國，但努力使匈牙利脫離戰爭，導致1944年被迫退職，並被德國人拘捕。1945年獲釋，退隱至葡萄牙。

horticulture　園藝業 農業的一個分支，主要是庭園植物——通常指水果、蔬菜、花卉及園林觀賞植物——的栽培（參閱landscape gardening）。繁殖是最基本的園藝實踐活動，目的在保證植物長存，增加植株的數目，並保持植物的重要特性。繁殖可以是有性的，即通過種子繁殖；也可以是無性的，利用插枝、嫁接和組織培養等技術進行。成功的園藝業取決於對環境的全面調控，包括光、水、溫度、土壤結構和肥料，以及蟲害。整形（改變植物的造型）和修剪（謹慎去除植物的某些部分）是兩種重要的園藝技術，用以改善植物的外觀或用途。亦請參閱floriculture。

Horus　何露斯 古埃及神祇，頭似隼，雙目爲太陽和月亮。埃及國王被視爲何露斯的活化身。在第一王朝期間，何露斯主要作爲塞特的對手而爲人所知；但到西元前2350年後，人們普遍崇拜俄賽里斯，而把他當作俄賽里斯的兒子。他擊敗了殺害俄賽里斯的兇手塞特，成爲全埃及的統治者。他的左眼（月亮）被塞特所傷，但被透特治癒。托勒密時期，何露斯戰勝塞特成爲埃及戰勝侵略者的象徵。

何露斯，青銅雕像，埃及第二十二王朝（西元前800?年）製；現藏巴黎羅浮宮
Giraudon – Art Resource

Horyu-ji＊　法隆寺 亦作Horyu Temple。日本奈良附近的佛教寺院，裡面有世界上已知最古老的木結構建築。西元607年（飛鳥時代）由聖德太子建立，670年毀於大火，約680～708年重建，保留了有屋頂的封閉式長方形迴廊的中門、五層佛塔和金堂（大殿）。

Hosea＊　何西阿（活動時期約西元前8世紀） 《舊約》中十二小先知的首位，傳統上認爲是〈何西阿書〉的作者。（他的預言書在猶太教正典中是較大的「十二先知書」的一部分）。何西阿在以色列國王耶羅波安二世在位期間開始預言，其活動一直延續到以色列國滅亡之時（西元前721年）。此書的主題是先知以娶了一個妓女或蕩婦爲妻來隱喻耶和華憐憫以色列人。這種混亂關係表示以色列人背棄了上帝，他們「玩弄了妓女」等於蔑視了迦南的宗教。

hosiery　襪類 以編織或紡織製成，穿在鞋內、覆蓋腳和腿的織品。西元前8世紀赫西奧德指的是鞋子裡的襯墊；羅馬人則用長條狀的皮或織品來包裹腳、腳踝和腿；編織的襪子則在西元3～6世紀於埃及墓穴中發現。第一部針織機是16世紀由所英格蘭發明。合身的長統襪則是先以平面方式編織，再由手工定型、縫合背面。19世紀的無縫長統襪多由棉製成，是以環型機器織成，但並不合身；無縫短襪則是到了1940年代以尼龍取代絲之後才廣受歡迎。緊身襪則於1960年代生產。

hospice　末期病人安養所 專爲解除臨終病人身體和精神上的痛苦而設立的居所或醫院。對於只能再活幾個月或幾週的病人，安養所提供與積極延長生命的措施不同的辦法，因爲那些措施常常只會增加病人的不舒服和孤獨感。安養所提供的是富有同情心的和諧環境，最重要的是免除（不只是控制）身體上的痛苦，同時還提供病人感情和精神上的需要。在保健中心、門診室或病人家中，都可以獲得此類護理。

hospital　醫院 診斷與治療疾病或傷害的機構，在治療與檢查病患期間予以收容，還有照顧孕婦分娩。治療後即可離去的門診病人，來到醫院是爲了急診或是一些私人診所無法提供的診斷服務。醫院有公立（政府所有）和私立（營利或非營利）；除了美國以外，大多數國家以公立醫院爲主。有接受各種醫療或手術病患的綜合醫院，或者僅限一種病患或疾病的專門醫院（如兒童醫院、精神病院）。不過，綜合醫院通常也有專科，且專門醫院傾向於隸屬於綜合醫院。

Hospitallers　醫院騎士團 ➠ Knights of Malta、Teutonic Order

hosta＊　玉簪花 百合科玉簪花屬約40種多年生耐寒草本植物的統稱，原產東亞。喜稍陰暗處，但可在各種情況下生長。因其引人注意的葉子而被頻繁栽種，其葉顏色爲淺至深綠、黃、藍或雜色。具羅紋的葉成簇基生，自葉片處生出的白色或藍紫色管狀花簇生於莖頂。

hot rod　減重高速汽車 自行改造或變更設計的汽車，以求得速度加快、起動加速或輕便外觀。減重高速汽車種類繁多，包括有些用於減重短程高速汽車賽的汽車，以及用於巡迴表演的車。可用各種類型新舊汽車的部件構成，有些主要是用於展示。

hot spot　熱點 地球上部地函上湧，熔融穿透地殼形成火山形貌的區域。無法歸類於隱沒帶或中洋脊海底擴張的火山大多數歸屬於熱點。世界已知的火山有5%與板塊邊緣沒有緊密關聯（參閱plate tectonics），當成熱點火山。夏威夷火山是這類火山最著名的範例，發生在太平洋板塊北半部的中間附近。一連串的死火山或火山島（及海底山）如夏威夷島鏈，是岩石圈板塊從熱點上面移動數百萬年而形成。活火山全都位於島鏈或洋脊的一端，島或洋脊的年代隨著遠離這些火山活動位置而增加。

hot spring　溫泉 亦稱熱泉（thermal spring）。水溫明顯高於周圍地區空氣溫度的泉水。大多數溫泉是地下水與岩漿或已經固態化但仍然很熱的火成岩相互作用的結果。然而有些溫泉與火山活動無關，而是地層深處的水循環作用使水下滲到地殼較深的部分，那裡岩石的溫度極高，從而形成溫泉。

Hot Springs National Park　溫泉城國家公園 美國阿肯色州中部國家公園。建於1921年，面積2,365公頃。

中心處有四十七處溫泉，每天流出一百多萬加侖的泉水，平均溫度62℃。印第安人長期以來都使用這些溫泉。1541年德索托可能到過這裡，引來了18世紀初期的西班牙和法國旅客前來療養。溫泉城（人口約36,000〔1995〕）在1807年開始有人定居，1876年設建制，現在是療養和旅遊勝地。

hotel 旅館 提供住宿、餐飲等各項商業性質服務給旅客的建築物。人類社會自古代就有客棧（inn）的存在，用以服務商人及其他旅行者（例如羅馬帝國時代的道路系統沿線）。中古歐洲的修道院在危險地區也會經營客棧，以保障來往旅客有個避難休息之處。18世紀馬車旅行漸多，加上後來的工業革命，大幅刺激了客棧的發展。到了鐵路時代，以享樂爲目的的旅行開始流行，才造成了現代旅館的出現，大型旅館通常也都蓋在火車站附近。1889年開幕的倫敦薩伏依旅館，使用了獨特的電氣化設備及服務，爲現代旅館奠下新標準；而1908年開幕的美國紐約州水牛城史特勒旅館，提供了更高等級的商務客房服務，則是旅館發展的另一個里程碑。第二次世界大戰之後，新設的旅館普遍大型化，很多並設在機場附近。連鎖式旅館也開始普及，使得採購、銷售及預約都更有效率。現在的旅館大致有三種類型：過境式旅館；休閒式旅館，主要是供度假旅客使用；以及住宿型旅館，是一種提供餐宿服務的公寓式建築。亦請參閱motel。

Hottentots 霍屯督人 ➠ Khoikhoin

Houdini, Harry＊ 胡迪尼（西元1874～1926年） 原名Erik Weisz。美國魔術師。可能生於匈牙利，一歲起就與家人生活於美國威斯康辛州。開始時表演空中飛人，1882年起在紐約表演雜耍，大約1900年開始，即以大膽的絕技贏得國際聲譽，例如戴著手銬、腳鐐從封鎖著的（常常還是浸沒於水中的）箱子裡逃出來。其成功取決於他那超人的體力和敏捷，以及非同尋常的操縱各類鎖的技能。他在七部電影（1916～1923）中展示了他的技能。曾著書揭穿魔術師的把戲，提醒讀者不要相信超自然的力量，包括羅貝爾－胡迪的魔術，而胡迪尼這個藝名正是取自他的名字。

胡迪尼
Pictorial Parade

Houdon, Jean-Antoine＊ 烏東（西元1741～1828年） 法國雕塑家。原在巴黎隨畢加爾學習，1761年獲羅馬獎。在羅馬期間（1764～1768），以所作男子人體解剖研究模型立像（1767?）而成名，並爲各美術學院廣泛採用。1777年創作斜躺著的《莫耳甫斯》，從而被巴黎皇家美術學院接納爲院士。他還製作了許多宗教和神話的作品，但主要的精力還是放在他最感興趣的人物半身像上，這類作品有狄德羅、凱薩琳二世、富蘭克林、拉斐德侯爵和伏爾泰等名人的半身像。在美國，他製作了華盛頓的大理石雕像（1788）。他製作的半身像容貌和個性都生動、逼真，使他居於歷史上最偉大的肖像雕塑家之列。

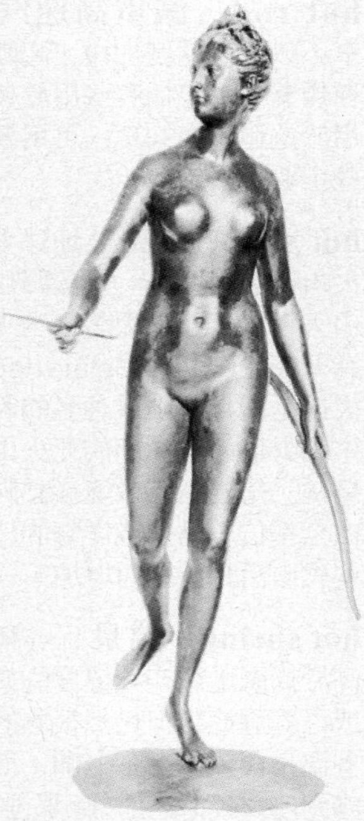
烏東的《狄安娜》，青銅雕像，現藏巴黎羅浮宮
Giraudon – Art Resource

hound 獵犬 獵犬的分類，包含雪達犬、尋回犬、指示犬或其他槍獵犬等犬類。大多數的獵犬培育並訓練用嗅覺或視覺追蹤獵物。嗅覺獵犬（如尋血獵犬、臘腸狗）是訓練追蹤空氣或地面的氣味。視覺獵犬（如薩盧基狗、阿富汗獵犬）發展出長距離追蹤獵物的本事。獵犬如米格魯犬、短腳獵犬及獵狐狗成群奔跑；阿富汗獵犬、俄國狼犬、薩盧基狗等則單獨奔跑。

Houphouët-Boigny, Félix＊ 烏弗埃・包瓦尼（西元約1905～1993年） 象牙海岸總統，自象牙海岸獨立後一直任職到去世（1960～1993）。原爲鄉村醫生，兼營種植園。1940年代進入政界，1950年代末任法國國家議會議員和內閣成員，同時也是領地議會議長和阿必尙市市長。作爲總統，他推行開明的自由企業政策，發展強大的經濟作物農業，與法國緊密合作。在他的統治下，象牙海岸成爲非洲次撒哈拉沙漠地區最繁榮的國家。但在他任期的最後幾年，發生了經濟逆轉、內部騷亂以及對他在出生地亞穆蘇克羅修建龐大的天主教堂的批評，都是美中不足之處。

House, Edward M(andell) 豪斯（西元1858～1938年） 別名豪斯上校（Col. House）。美國外交家。原爲富商，後來從政。1892～1904年任德州州長的顧問，其中一位州長贈予他上校的榮譽軍銜。威爾遜競選總統期間他積極活動，1912～1919年成爲威爾遜總統的顧問。第一次世界大戰期間，他是總統與盟國之間的首要聯絡官，協助起草十四點和平綱領和國際聯盟盟約，還是參加巴黎和會的代表。

豪斯，攝於1920年
By courtesy of the Library of Congress, Washington, D. C.

house cat 屋貓 ➠ domestic cat

house mouse 家鼠 鼠科常見的小鼠種類，學名Mus musculus，常見於人類建築物中。已由人類從歐亞大陸帶到世界上所有有人居住的地方，通常鑽到人們屋內居住和找食物吃。棕色或灰色，可長達20公分，包括10公分長的尾巴。能食一切能吃的東西，甚至樣品肥皂、漿糊及膠水。性成熟很快，生後2～3個月即可交配。在溫暖的地區或有取暖設備的建築物中，終年繁殖。

house sparrow 家麻雀 亦稱英國麻雀（English sparrow）。人們最熟悉的一種小鳥，學名Passer domesticus，可能是世界上數量最多的小鳥。有時歸入織布鳥科，或分立爲麻雀科。世界各地的城鄉都有分布，由歐洲人把它從原產地（歐亞大陸和北非）帶到世界各地。1852年引進北美，在一個世紀內散播到整個美洲大陸。體長約15公分，淡黃褐色，雄鳥有黑色圍涎。溫暖地區幾乎全年繁殖。亦請參閱sparrow。

家麻雀
Eric Hosking

House Un-American Activities Committee (HUAC) 衆議院非美活動委員會　隸屬美國衆議院的一個委員會，成立於1938年，首任主席是戴思，在1940年代和1950年代對各項疑與共產黨有關的活動進行調查。許多藝術界及娛樂界人士當時都被調查過，包括好萊塢十人、伊力卡山、西格、布萊希特以及亞瑟・米勒。1940年代晚期的調查委員會中，尼克森是最積極的人物，希斯一案可能是委員會最著名的一起調查案。很多被調查者因爲拒絕回答政治立場問題，而被裁定藐視國會並列入黑名單。非美調查政策後來引起了高度的爭議，並被認爲違反美國憲法第一修正案「賦予人民爲言論而言論的自由」之權利。該委員會的影響力在1960年代之後逐漸衰微，在1969年更名爲「內部安全委員會」，1975年解散。

housefly　家蠅　蠅科常見的雙翅類昆蟲，學名Musca domestica。在人類住所中家蠅約占全部蠅類的90%。成蟲深灰色，腹部有污黃色的區域。體長約5～7公釐。複眼顯著，約有4,000個小眼面。口器不能叮咬，只能舐吸。目前在有腐敗的有機廢物和垃圾的地方仍是個擾人問題。家蠅的足上帶有千百萬病菌，有的會導致疾病，如霍亂、痢疾和傷寒。有些殺蟲劑對蠅有效，但有的蠅對一些殺蟲劑已產生抗藥性。

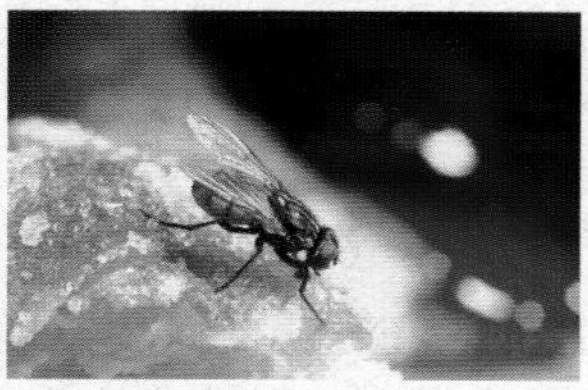
油炸圈餅上的家蠅
Avril Ramage – © Oxford Scientific Films Ltd.

Houseman, John　豪斯曼（西元1902～1988年）　原名Jacques Haussmann。美國製片和演員。生於羅馬尼亞，在英國受教育，1924年移民美國。1934年導演歌劇《三幕四聖人》，1937年與威爾斯一起組建墨丘利劇院。第二次世界大戰中，他負責戰爭資訊室的無線電操作。後來製作了十九部電影，包括《一位陌生女子的來信》（1948）、《他們生活在夜間》（1949）和《生活欲望》（1956）；還製作、導演百老匯的話劇和電視專輯（曾贏得三次艾美獎），指導美國莎士比亞戲劇節。他飾演的最著名的角色是電影《紙上的追逐》（1973，獲奧斯卡獎）以及後來電視連續劇裡的角色。

houseplant　室內植物　指適於室內生長的植物，一般是一些只能在溫暖氣候中自然生長的品種。有非常多種植物可以當作室內植物栽培，成功的條件在於：必須容易照料，必須能夠忍受大多數屋內陽光和濕度都不夠充足。選擇室內植物主要是根據它們的葉或花，或者二者都值得觀賞。要使室內植物生長良好，必須注意其生長環境，包括光線、溫度、濕度、土壤、水和營養等。

Housman, A(lfred) E(dward)　霍斯曼（西元1859～1936年）　英國學者和詩人。在專利局工作期間，他學習拉丁文教科書並爲雜誌寫文章，使他得到倫敦大學學院教授之職，後到劍橋大學任教。主要的學術成就是編輯馬尼利烏斯的詩集（1903～1930）。他的第一本詩集《什羅普郡一少年》（1896）是在古典和傳統的模式基礎上寫成的，該抒情詩以簡潔的風格表達一種浪漫的悲觀主義。他逐漸有了知名度，第二本作品《最後的詩》（1922），也取得極大的成功。其他作品有講稿《詩歌的名稱和性質》（1933）和身後出版的《集外詩作》（1936）。他的弟弟勞倫斯是位小說家和劇作家，著名的劇作有《天使和大臣》（1934）、《聖方濟短劇》（1922）以及《維多利亞女王》（1934）。

霍斯曼，素描，羅森斯坦繪於1906年；現藏倫敦國立肖像畫陳列館
By courtesy of the National Portrait Gallery, London

Houston　休斯頓　美國德州南部城市。爲內陸港口，有休斯頓航道連接墨西哥灣和在加爾維斯敦的海灣沿岸航道。1836年建立，地名取自休斯頓，1837～1839年爲德克薩斯共和國的首都。現爲該州最大城市和主要港口，也是石油、石油化工中心，以及航太科技研究和發展中心（參閱NASA）。此區出產稻米、棉花和牛。高等院校甚多，其中有萊斯大學和貝勒大學醫學院。休斯頓還擁有一支交響樂團和芭蕾舞團、歌劇院和一些劇團公司。人口約1,744,000（1996）。

Houston, Charles H(amilton)　休士頓（西元1895～1950年）　美國律師及教育家。生於華盛頓特區，阿默斯特學院畢業，在霍華大學教書兩年，於第一次世界大戰期間入伍服軍官役。在哈佛法學院就讀時，他成爲《哈佛法學評論》首位黑人編輯。後來他成與父親共同執業（1924～1950），並爲全國有色人種促進協會（NAACP）提供法律諮詢（1935～1940）。他在1939年最高法院的「州根據蓋恩斯告發訴加拿大案一案中，對於某地區的公立學校未提供「雖有區隔但必須平等」的設備，成功地質疑其具有種族歧視。這個案件的判決，也成爲後來1954年布朗訴托皮卡教育局案的先鋒。休士頓是美國第一位黑人大法官馬歇爾的良師益友。

Houston, Sam(uel)　休斯頓（西元1793～1863年）　美國政治人物。出生於科羅拉多、維吉尼亞的石橋，年輕時與切羅基人住在田納西。1812年戰爭在傑克森的麾下作戰。後來在納什維爾擔任律師，1823～1827年任職於衆議院，1827～1829年擔任州長。在婚姻失敗後，辭去職務，再度與切羅基人生活在一起。他揭發政府代表們所捏造、不利於印第安人的騙局，因而在1832年獲傑克森總統派遣至德克薩斯與印第安人協商條約，後又至墨西哥州進行相同工作。1835年開始爆發武裝叛亂時，臨時政府選擇他來指揮軍隊，他在聖哈辛托擊敗墨西哥人，德克薩斯取得獨立。曾於1836～1838年、1841～1844年兩度出任德克薩斯共和國的總統，並於1845年協助德克薩斯取得州的地位。之後在1846～1959年擔任參議員。1859年當選爲州長，但他親聯邦的觀點遭到民主的州領袖的反對，他們於1861年投票退出聯邦。在他拒絕向南部邦聯宣示效忠後，遭到罷黜。休斯頓市即是爲紀念他而取名。

休斯頓，布雷迪攝
By courtesy of the Library of Congress, Washington, D. C.

Hovenweep National Monument＊　霍文威普國家保護區　美國科羅拉多州西南和猶他州東南部的國家保護區。建於1923年，面積318公頃，內有六處前哥倫布時期印第安人的遺跡群，其中的塔樓是1100～1300年普韋布洛印第安人建築的傑作。Hovenweep是猶他人印第安語「荒谷」的意思。

hovercraft　氣墊船 ➠ air-cushion vehicle

Hovhaness, Alan＊　霍瓦內斯（西元1911～2000年）　原名Alan Hovhaness Chakmakjian。美國作曲家。孩童時就開

始作曲，後就讀新英格蘭音樂學院，使他發展出對非西方音樂的興趣。1943年在一堂作曲課上他的早期作品受到批評，他憤而將它們銷毀，從此非西方的興趣開始影響他以後的作品。他寫了四百多件作品，包括六十多部交響樂和許多管弦樂。由於受到亞美尼亞血統和神秘主義的影響，作品中常表現出神聖的主題，有時也加進一些試探性的或自然的聲音，例如《神造出大魚》（1970）。

Howard, Catherine　凱瑟琳（卒於西元1542年）　英格蘭國王亨利八世的第五任妻子。愛德蒙・霍華德勳爵之女，王后克利夫斯的安妮的女侍。1540年亨利八世與安妮離異，就與凱瑟琳結婚。1541年他得知凱瑟琳婚前曾與多人私通，婚後也與她的秘書關係曖昧，十分憤怒。1542年他讓國會通過一項剝奪權利法案，宣布不貞潔的女子與國王結婚是叛逆行為。兩天後凱瑟琳在倫敦塔被斬首。

Howard, Henry ➠ Surrey, Earl of

Howard, Leslie　霍華德（西元1893～1943年）　原名Leslie Howard Steiner。英國演員。先在倫敦、後在百老匯成為受歡迎的舞台演員，在《她的卡片紙情人》（1927）、《化石林》（1935）和《哈姆雷特》（1936）中的表演普獲讚揚。他的演技有一種安詳動人的英國式魅力，並以此著稱。參加演出的第一部美國電影是《遠航他鄉》（1930），其後又主演了《人性的枷鎖》（1934）、《賣花女》（1938）、《寒夜情挑》（1939）和《亂世佳人》（1939）。1943年從里斯本飛往倫敦途中，飛機被擊落而遇難。

Howard, Oliver O(tis)　霍華德（西元1830～1909年）　美國軍官。畢業於西點軍校。擔任南北戰爭緬因志願軍上校團長，曾參加布爾淵戰役、安提坦河戰役、錢瑟勒斯維爾戰役和蓋茨堡戰役。後任田納西兵團司令（1864）。與雪曼經喬治亞向大海進軍。重建時期任命為被解放黑奴事務管理局局長。他協助創辦霍華德大學（1867），該校就是以他的名字命名的。1869～1874年任該大學校長。他辭職後返任軍職，與印第安人作戰（1877）。後任西點軍校總監（1880～1882）。

霍華德
By courtesy of the Library of Congress, Washington, D.C.

Howard, Ron　朗霍華（西元1954年～）　美國演員與導演。生於奧克拉荷馬州鄧肯，朗霍華為童星起家，參與電影*The Music Man*（1962）和電視節目*Andy Griffith Show*（1960～1968）、*Happy Days*（1974～1980）。1973年他重返電影界演出《美國風情畫》，並執導首部電影*Grand Theft Auto*（1977），他之後拍了多部賣座影片，如*Splash*（1984）、《魔繭》（1985）、《溫馨家族》（1989）和《阿波羅13》（1995）。朗霍華有自己的製片公司。

Howard family　霍華德家族　英格蘭著名家族。創立於1295年，首腦諾福克公爵是大公爵，也是英格蘭世襲王室典禮大臣。沙福克伯爵、卡萊爾伯爵、埃芬漢伯爵和格洛索普勳爵、斯塔福勳爵為家族中較年輕一代的代表。諾福克公爵第三在亨利八世統治下身居高位，亨利八世還娶了他的兩名姪女：安妮・布林和凱瑟琳。諾福克公爵第四因密謀反對伊莉莎白一世而遭到處決，但埃芬漢勳爵（第二）（1536～1624）是伊莉莎白手下的高級海軍上將，曾指揮擊敗西班牙無敵艦隊的英國艦隊。該家族的天主教信仰使之在某些時期無法嶄露頭角。

Howard University　霍華德大學　華盛頓特區的一所以黑人為主的大學。是美國最著名的黑人教育機構。該大學雖由美國政府提供資金，但由私人控制。建於1867年。對任何人和種族的學生開放，但其特定職責是教育黑人學生。該校設有文學院、文理兼容的研究所以及商業與公共行政學院、工學院、人類生態學院、醫學院、牙科學院和法律學院等。該校圖書館是研究美國黑人歷史的主要圖書館。入學人數約10,000人。

Howe, Earl　何奧（西元1726～1799年）　原名Richard Howe。英國海軍上將。法國革命戰爭期間，在六一海戰（1794）中指揮英國海峽艦隊。作為中將（自1775年），1776～1778年任駐北美海軍司令。他挫敗法國占領羅德島新港的企圖。返回英國後，任英吉利海峽艦隊司令。與法國和西班牙人作戰。1783～1788年擔任海軍大臣。1793年，他再次被任命為海峽艦隊司令。1794年6月1日對法國作戰取得的勝利，提供給他的後繼者（包括納爾遜）戰術傑出的實例。

Howe, Elias　何奧（西元1819～1867年）　美國發明家。為威廉・何奧的侄子。他開始的工作為機工。1846年取得了第一台商用性的縫紉機的專利。最初這種縫紉機無人問津。後赴英國繼續完善他的縫紉機，使其能縫紉皮革和其他類似的材料。隔年他回到美國後，發現他的專利權被侵犯，縫紉機被廣泛製造和出售，1854年他的專利權獲得確認。他的發明很快推動了工廠縫紉技術的革命。亦請參閱Singer, Isaac Merrit。

Howe, Frederick W(ebster)　何奧（西元1822～1891年）　美國發明家和製造商。鐵匠之子，二十多歲時就作了若干機床的經典設計：壓型機、槍筒鑽孔和製造槍管膛線的機器，以及第一台商業上可行的通用磨床。他在佛蒙特的羅賓斯和勞倫斯工廠監督一整套機床的構建，使英格蘭的恩菲爾德兵工廠得以機械化生產。他用可替換零件製造步槍，使得他在1856年於新澤西州紐華克建立自己的兵工廠。在美國南北戰爭期間，他在普洛維頓斯工具公司改良了春田步槍，後來擔任布朗和夏普公司的總裁，創造出新的縫紉機、磨床、車床以及其他機具。

Howe, Gordie　何奧（西元1928年～）　原名Gordon Howe。加拿大出生的美國冰上曲棍球運動員，被視為古往今來最偉大的選手之一。五歲開始打曲棍球。在全國冰上曲棍球聯盟的二十六個球季（1945～1970）中，有二十五個球季擔任底特律紅翼隊的右翼，創下聯盟史上得分（801）、助攻（1,049）、得點（1,850）的生涯總積分記錄。他的記錄後來被葛里斯基打破，助攻記錄也被卡菲打破。何奧也為全國冰上曲棍球聯盟以外的球隊出賽或經營。1980年退休。

何奧，攝於1969年
By courtesy of the National Hockey League

Howe, Irving＊　何奧（西元1920～1993年）　美國評論家、教育家。在紐約較貧困的公共住宅區長大。自紐約市立學院畢業後，任教於布蘭戴斯大學、史丹福大學以及紐約市立大學。1953年與人合作創辦左翼雜誌《異議》。寫有專文評論安德生（1951）、福克納（1952）和哈代（1968）。在《政治與小說》（1957）中綜合了他對政治和文學的興趣。《我們父輩的世界》（1976）主要論述猶太移民在紐約的專著。他還編輯過意第緒語文學集。

Howe, James Wong　黃宗霑（西元1899～1976年） 原名Wong Tung Jim。美國電影攝影師。五歲隨其家人由中國遷居美國。1917年起在好萊塢工作，並任德米爾的攝影助理。1920年代他對布光做過探索，首先使用了廣角鏡頭、縱深鏡頭和手提攝影機。他的低調電影攝影可在《王侯世家》（1942）、《靈與肉》（1947）、《野餐》（1956）、《玫瑰夢》（1955，獲奧斯卡獎）和《原野鐵漢》（1963，獲奧斯卡金像獎）中看到。

Howe, Julia Ward　何奧（西元1819～1910年） 原名Julia Ward。美國廢奴主義者和社會改革者。早年即參與廢奴主義運動，並以勵志愛國詩歌〈共和國戰歌〉（1862）聞名。因有感於南北戰爭中寡婦的困境，投身爲婦女平權奮鬥，成爲新英格蘭婦女選舉權協會的創立者之一，也是第一任主席（1868～1877；1893～1910）。她還寫作旅記、傳記、劇本、詩歌、童謠，編輯《婦女期刊》（1870～1890）。1908年成爲第一位被選入美國藝術與人文學院的女性。1843年嫁給撒姆爾·格里德利·何奧，即珀金斯盲人學校的第一位校長（1832～1876），他爲造福盲人、聾子、精神病患、精神障礙兒童的立法強力遊說。

何奧，攝於1902年
By courtesy of the Library of Congress, Washington, D. C.

Howe, William　何奧（西元1729～1814年） 受封爲Viscount Howe。英國軍事指揮官。海軍上將理查·何奧的兄弟，1746年入伍，在法國印第安人戰爭中以將領才華而聞名。美國革命期間接替蓋奇擔任北美洲的英軍最高指揮官（1776）。他很快攻下紐約市和周圍地區，1777年帶領英國軍隊贏得布蘭迪萬河戰役和日耳曼敦戰役。移師費城後，他把軍隊留給紐約州脆弱的伯戈因，造成英軍在薩拉托加戰役中敗陣。1778年辭職，由柯林頓接任。

Howe Caverns　何奧洞 美國紐約州中東部石灰岩洞群。奧爾班尼以西。以萊斯特·何奧之名命名，他於1842年發現。內有奇形怪狀岩石多組和地下水道。有電梯和小舟可蕩遊。第二個岩洞群－－「幽洞」，內有地下瀑布和海洋生物化石。

Howel Dda ➠ Hywel Dda

Howells, William Dean　豪爾斯（西元1837～1920年） 美國小說家和評論家。他爲林肯撰寫競選傳記（1860），林肯政府期間擔任威尼斯領事。作爲《大西洋月刊》（1871～1881）主編，他成爲19世紀後期美國文壇泰斗，爲寫實主義文學奠基人。他是第一位認識到馬克吐溫和詹姆斯的天資。他自己的小說（自1872年）描繪美國社會的巨大變化，即由一個只要走運並且勇於嘗試便能成功的平等而單純的社會變成社會和經濟鴻溝不可逾越、人生完全由偶然機會來主宰的社會。最著名作品《塞拉斯·拉帕姆的發跡》（1885）寫一個白手起家的人怎樣千方百計打進波士頓的上流社會。他冒著生活受損的危險，爲被判有罪的秣市騷亂的無政府主義者請求寬大處理，他深刻的對美國社會的幻想破滅，反映在後期的小說《安妮·基爾本》（1888）和《新財富的危害》（1890）。

howler monkey　吼猴 捲尾猴科吼猴屬動物，包括幾種移動緩慢美洲熱帶猴類，因其吼聲而得名，吼聲可傳3～5公里以外。有5種是最大的美洲猴，體長一般達40～70公分，尾長50～75公分。身體強壯，具髯毛，駝背，毛厚，尾能纏捲。其體毛厚而長，黑、褐或紅色，依種類而定。吼猴成群生活於其領域內，領域的界限由與鄰近種群的吼叫競賽畫定。主要以樹葉爲食。

Hoxha, Enver＊　霍查（西元1908～1985年） 阿爾巴尼亞領導人，第一位共產黨首領。曾任教師。在第二次世界大戰他反對阿爾巴尼亞法西斯主義者。1941年幫助建立阿爾巴尼亞共產黨，由他控制，直至去世。1944～1954年任總理。1946年他迫使索古一世退位。在霍查的統治下，阿爾巴尼亞經濟發生了革命性變化。他將該國從鄂圖曼帝國半封建的遺跡，改造成具有工業化經濟的國家。霍查爲實施其激進計畫，採取了史達林式的野蠻策略，使阿爾巴尼亞成爲在歐洲社會控制最嚴的國家。霍查是熱誠的民族主義者，1961年與蘇聯決裂，1978年又與中國決裂。宣稱阿爾巴尼亞將獨自成爲一個模範的社會主義共和國。

Hoyle, Edmond　霍愛爾（西元1671/72～1769年） 英國牌的著作家。早年生活不詳。1742年撰《惠斯特牌戲淺說》。1760年制訂一套惠斯特牌規則，在1864年以前一直通用。1743年爲西洋雙陸棋所訂的規則大部分現仍流行。「根據霍愛爾」一詞以紀念他。在各種遊戲規則書的書名上有他的名字以示權威。

Hoyle, Fred　霍愛爾（西元1915年～） 受封爲Sir Hoyle。英國數學家和天文學家。受教於劍橋大學，1945年在該校任講師。根據愛因斯坦的相對論，霍愛爾爲穩恆態理論奠定了數學基礎，並建立宇宙膨脹同物質創生之間的相互關係。穩恆態理論在1950年代末和1960年代初曾引起一場爭論。由於觀測遙遠星系和其他天象所獲得的新發現都有利於「大爆炸」學說而不利於穩恆態理論，從此一般逐漸不相信穩恆態理論。霍愛爾雖被迫修改他的部分結論，但仍一直力圖讓自己的理論與新證據相符。他也以撰寫科普作品和小說著稱。

Hrabanus Maurus ➠ Rabanus Maurus

Hrosvitha　赫羅斯維塔（西元約935～西元約1000年） 亦作Roswitha。德國作家，被認爲是第一位德國女詩人。她出身貴族，一生大部時間在本篤會修道院裡當修女。在那裡她用拉丁文寫了六部喜劇（960?），以泰倫斯的作品爲依據，卻表現出基督教的主題，旨在教化其他修女。其他著作包括據基督教傳說寫成的敘事詩和兩部詩體年代記。

Hrozný, Bedrich＊　赫羅茲尼（西元1879～1952年） 捷克考古學家和語言學者，他是第一位破譯楔形文字西台語的人，開闢了近東古代史的重要研究途徑。在《西台語與印歐語系之關係》（1915）一書中，他爭辯西台語（參閱Anatolian languages）屬於印

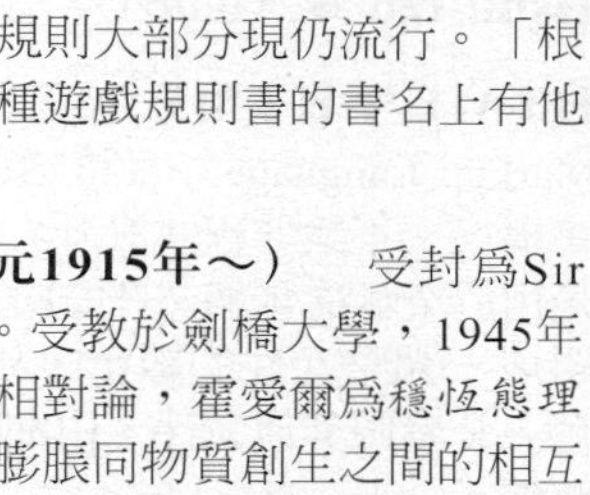

赫羅茲尼
CTK

歐諸語言之一。他堅持其主張翻譯許多西台文獻。1925年率領考古隊赴土耳其，發掘了卡尼什古城。

Hsi-an ➠ Xi'an

Hsi Hsia ➠ Xi Xia

His-ning ➠ Xining

Hsi River ➠ Xi River

Hsi Wang Mu ➠ Xi Wang Mu

Hsi-tsang ➠ Tibet

Hsia dynasty ➠ Xia dynasty

Hsiang River ➠ Xiang River

Hsiang Yü ➠ Xiang Yu

hsiao ➠ xiao

Hsing-K'ai Hu ➠ Khanka, Lake

Hsiung-nu ➠ Xiongnu

Hsüan-hsueh ➠ Xuanxue

Hsüan-tsang ➠ Xuanzang

Hsüan Tsung ➠ Xuanzong

Hsün-tzu ➠ Xuanzi

HTML　HTML　全名超文字標記語言（HyperText Markup Language）。源於SGML的標記語言，用於編寫超文字檔案。不論非程式設計人員乃至專家都容易上手，HTML是用於全球資訊網文件的語言。文字辨別由括號<>內的命令組成，調整元件的顯示，如主題、標題、文件、字型、顏色，及參照其他文件，由網際網路瀏覽器依據樣式規則加以解讀。

HTTP　HTTP　全名超文字傳輸協定（HyperText Transfer Protocol）。全球資訊網上用於交換檔案的標準應用層協定。HTTP在TCP/IP協定上運作。網頁瀏覽器是HTTP的用戶端，送出檔案請求到網頁伺服器，而由其利用HTTP服務處理這些請求。HTTP最初是1989年由伯納斯－李提出，亦是規格1.0的作者之一。HTTP的1.0版是無國界的，從用戶端來的每個請求會建立新的連線，而不是透過特定的客戶端和伺服器的相同連線處理類似的請求。1.1版包括固定連線，用戶端瀏覽器解壓縮HTML檔案，相當IP位址的多重網域名稱共享。

Hu-ho-hao-t'e ➠ Hohhot

Hu Shi　胡適（西元1891～1962年）　亦拼作Hu Shih。中國學者、外交家。他與國民黨保持適當的距離，並協助將白話文建立為官方書面語言。在哥倫比亞大學求學時追隨杜威，深受他的哲學和實用主義的方法論所影響。回到中國後，開始以白話中文寫作，白話文的應用遂迅速傳播開來。雖然胡適不同意以馬克思主義或無政府主義的教條來解決中國問題而遭到共產黨人的反對，但國民黨也並不信任他。1937年對日戰爭爆發，他和國民黨妥協，出任駐美大使。最後在台灣的中央研究院院長任內逝世。

Hu, Sia, and Heh＊　胡、夏、赫　古埃及宗教傳說中的神，是創造和維持宇宙的原動力。他們分別代表獨創性的指揮、智力和永恆。胡和夏為太陽神瑞（Re）行駛太陽船，埃及人認為每個國王都應具備這兩神所代表的品質。赫是無限空間的化身，其形象為一坐著的男子，頭頂上有一太陽圓盤。

Huai River＊　淮河　中國東部河流。淮河向東流約660哩（1,100公里）後，注入江蘇省的洪澤湖。由於淮河擁有眾多的支流，因此很容易發生大範圍的洪災；目前控制洪患的工程仍在持續進行中。由於淮河與大運河相連，因此淮河提供向北通往黃河、向南通往揚子江（長江）的水路運輸。

Huainanzi　淮南子　亦拼作Huai-nan-tzu。中國道家經典，在淮南王的贊助下，約於西元前139年撰成。這部作品涉及宇宙論、天文學與治國之術。此書主張，道源於虛空，道創生出宇宙，最終並產生物質性的力量。這些物質性的力量結合，形成陰陽，陰陽再生成繁複多樣的萬事萬物。《淮南子》書中的許多見解，被道家思想家以及儒家學者奉為圭臬。亦請參閱Taoism。

Huallaga River＊　瓦亞加河　祕魯西部和北部河流。發源於安地斯山脈，流向北方，穿過中科迪勒拉山脈和阿蘇爾山之間的峽谷，進入亞馬遜河盆地，匯入馬拉尼翁河。全長約1,100公里，大部分河段不能通航。

Huang Chao　黃巢（卒於西元884年）　亦拼作Huang chao。中國的叛亂領袖。他起兵反抗唐朝，雖然最後失敗，但仍使朝廷元氣大傷，不久唐朝也告覆亡。黃巢本是走私鹽販，在轉為叛軍後，於879年奪下廣州，並於881年攻陷唐朝首都長安。黃巢在此地自立為帝，但政府軍隊與游牧的突厥部族聯手，又將他逐出長安。907年黃巢的部將推翻唐朝，並創建了為時短暫的五代第一個王朝。

Huang Hai ➠ Yellow Sea

Huang He　黃河　亦拼作Huang Ho。英文為Yellow River。橫貫中國北部和東部之北的河流。是中國第二長河，長約3,395哩（5,464公里），從西藏高原向東流，最後注入黃海。黃河在其下游流域，經常淹過隄防，淹沒數百萬畝豐饒的農田，而這些地方正是中國的穀倉。黃河的出海口每經過一定年月就會改道，它在離黃海還有500哩（800公里）之遠就開始淤積氾濫。幾世紀以來，中國都在持續維護黃河的灌溉與防洪工程；1955年開始興建水壩，利用黃河的潛在水力來發電。

Huang-Lao＊　黃老學派　一種政治的意識形態，奠基在歸屬於黃帝的教義，以及老子的道家學說之上。這種治國之術，強調和諧與不干涉的原則，在西漢早期（西元前206年～西元25年）成為主導帝國朝廷的意識形態。主張黃老思想的大師認為，老子的《道德經》完美描述了統治的藝術，他們並尊崇傳說中的黃帝，視為黃金時代的創建者。他們的學說形成了最早的、有清楚的歷史證據的道家信仰運動。亦請參閱Taoism。

Huangdi　黃帝　亦拼作Huang-ti，英文為Yellow Emperor。中國古代三位神話中的皇帝之一，道教的守護神。據傳，黃帝生於西元前2704年，在西元前2697年成為皇帝。後人把他視為完美的智慧典型，他締造黃金時代，尋求建立一個理想王國，讓人民的生活符合自然的法則。中國傳統認為在他統治之下，發明木造房屋、用輪車、舟船、弓箭、文字與政府組織等。他的妻子則以教導婦女養蠶織絲而聞名。

Hubbard, Elbert (Green)　哈伯德（西元1856～1915年）　美國編輯、出版商和作家。曾任報紙自由撰稿人，也自己作過生意。1892年退休後，次年創辦羅伊克羅夫特出版社，仿照莫里斯的凱爾姆斯科特出版社。1895年起發行《人生旅程小記》月刊，內容爲著名人物小傳，這些短篇敘議交織，膾炙人口。還發行前衛派雜誌《庸人》，其最有名的說教性文章〈致加西亞的一封信〉就刊在1899年的一期上。他在搭乘英國班輪「盧西塔尼亞號」時被炸沈遇難。文集有：《人生旅程小記》（1915）和《選集》（1923）。

哈伯德
By courtesy of the Library of Congress, Washington, D. C.

Hubbard, L(afayette) Ron(ald)　賀伯特（西元1911～1986年）　美國小說家和山達基教會創始者。生於內布拉斯加州提耳坦，成長於蒙大拿州赫勒拿。於華盛頓大學修習工程學，1930年代和1940年代他成爲成功的科幻小說家。第二次世界大戰期間在海軍服役後出版了《戴尼提》（1950），於當中闡述了自己的人類心智理論。戴尼提的精神成分對賀伯特日形重要，致使他在1954年創立了山達基教會以更完整地探索精神層面。賀伯特爲一爭議性人物，教會財富累積後經常與稅務當局不和；他長年住在遊艇上，在世的最後六年過著隱居生活。

Hubble, Edwin P(owell)　哈伯（西元1889～1953年）　美國天文學家。出生於美國密蘇里州馬什菲，在芝加哥大學獲得數學與天文學的學位，稍後短時間進入法律界，再回到天文界。在獲得博士學位之後，開始在威爾遜山天文台工作。1922～1924年他發現含有造父變星的一些星雲，測定其在數十萬光年之遙（在銀河系之外），星雲所在的位置顯然是在其他的星系裡面。研究這些星系得出第二個重大的發現（1927），這些星系離銀河系遠去，後退速率隨距離而增加。這意味著宇宙正在膨脹，雖然長久一直認爲宇宙是不變的；更驚人的是，星系速率相對於距離的比值是常數（參閱Hubble's constant）。哈伯計算的常數並不正確，結果使銀河系比其他星系都要大，整個宇宙的年齡小於地球推測的形成年代。後來天文學家確定星系更加遙遠，解決了上述的矛盾。

Hubble Space Telescope (HST)　哈伯太空望遠鏡　置於地球軌道上最精密的光學天文台。因爲是在地球大氣干擾的上方，所以它可以得到比地面望遠鏡更加明亮、清晰、細緻的影像。名稱是爲了紀念哈伯，由美國國家航空暨太空總署（NASA）監督建造，在1990年的太空梭任務中展開部署。巨大的反射望遠鏡的反射鏡以光學聚集來自天體的光，轉往兩部相機和兩部攝譜儀（參閱spectroscopy）。剛開始時主反射鏡的瑕疵造成影像模糊；1993年另一次太空任務修正此瑕疵及其他問題，此後這座望遠鏡傳回了各種宇宙現象的壯觀照片。

Hubble's constant　哈伯常數　證明遙遠星系的速度同它們和地球的距離之間有關係的一個常數。記作H，以紀念哈伯，表示宇宙膨脹的速率，其值大約爲每一百萬光年15～30公里／秒。哈伯利用斯里弗（1875～1969）測量遙遠星系的紅移以及他自己估算的這些星系的距離，確立了宇宙學上的速度－距離關係（哈伯定律），即：速度＝H×距離。根據這個定律，星系的距離越遠，退行得越快。哈伯定律雖是從理論上推導出來，但已經觀察證實，肯定了宇宙膨脹這個概念。

Hubei　湖北　亦拼作Hupeh、Hu-pei。中國中東部省分（2000年人口約60,280,000）。位於揚子江（長江）以北，省會武漢。西元前1000年隸屬於周朝所統治的王國；漢朝統治期間，併入中國。在清聖祖（康熙皇帝）統治之前，湖北和湖南同屬一省，直到17世紀中葉，才分離建省。湖北在1850年太平天國之亂發生後，淪爲戰場。1911年的革命（參閱Nationalist Party）也是在此地發動。湖北在中日戰爭期間，曾遭日軍猛烈轟炸。在共產黨接掌中國後，開始重建工作。湖北省除農業生產之外，也是重要的重工業生產區。

Hubel, David (Hunter)＊　休伯爾（西元1926年～）　加拿大出生的美國神經生物學家。在麥吉爾大學學習醫學，1959年到哈佛醫學院任教。因對視覺系統的研究，1981年與維厄瑟爾、斯派里共獲諾貝爾生理學或醫學獎。他們的成就之一是分析了神經脈衝從視網膜傳輸到大腦的感測器和運動中樞的過程。

Hubertusburg, Peace of＊　胡貝圖斯堡條約（西元1763年）　結束在日耳曼境內七年戰爭的條約，由普魯士與奧地利雙方簽定。這項條約在「巴黎條約」締結後的五天簽定，它許諾腓特烈大帝可以保留他在西里西亞的領地，並肯定普魯士成爲歐洲主要強權的地位。

huckleberry　美洲越橘　杜鵑花科美洲越橘屬多分枝結果小灌木，與英國的歐洲越橘近緣，習性也相似。美洲越橘結肉質果，內含10粒堅果狀種子，在這一點上與南方越橘不同。漿果美洲越橘爲美國北部常見種，亦稱黑美洲越橘或高灌木越橘。花商美洲越橘（或稱常綠美洲越橘）實際上是南方越橘。美國南部的紅美洲越橘通常叫作南方蔓越橘。

Hudson, Henry　哈得遜（西元1565?～1611年）　英國航海家和探險家。曾爲穆斯科維公司遠航尋找通往遠東的東北航道，中途被冰原阻擋。1609年乘「半月號」爲荷屬東印度公司尋找類似的通道，但爲暴風雨所阻，轉而尋找自其他探險者處聽到的西北航道。他沿著大西洋海岸航行，上溯哈得遜河。1610年再次代表穆斯科維公司和英國的東印度公司出發，結果發現了哈得遜灣。由於找不到通往太平洋的出口水道，被困在大西洋中過冬，他和船員們發生爭吵。回航中船員發動叛變，把哈得遜放在一條小船上任其漂流，從此再也沒有見到他。他的發現爲荷蘭占據哈得遜河殖民地區奠下良好基礎，也爲英國取得加拿大大部分地區作好準備。

Hudson, Rock　洛赫遜（西元1925～1985年）　原名Roy Harold Scherer　美國電影演員。生於伊利諾州溫內特卡，在拍銀幕處女作*Fighter Squadron*（1948）之前一直都靠零工謀生。他具男子氣慨、健美的外形讓他廣受喜愛，接連演出*Magnificent Obsession*（1954）和《巨人》（1956），並與桃樂絲黛在一系列喜劇電影中展現長才，包括《枕邊細語》（1959）、*Come September*（1961）和《名花有主》（1964），之後他並參與電視影集*McMillan and Wife*（1971～1977）。洛赫遜因愛滋病辭世，但大大增加了衆人對該病的認知。

Hudson, W(illiam) H(enry)　哈得遜（西元1841～1922年）　阿根廷出生的英國作家和博物學家。父母爲美國人，青年時代在當時的化外地區研究當地的動、植物，觀察自然的變遷和人間的悲歡。1869年定居英國，完成一系列鳥類研究；後來寫了一些關於英國鄉村的書而出名，包括《罕布郡的日子》（1903）和《英倫漫步》（1909），對1920年代和1930年代的「回歸自然」運動具有促進作用。以帶有異國情調的浪漫小說《綠色公寓》（1904）聞名。

Hudson Bay　哈得遜灣　伸入加拿大中東部的內陸海。面積1,243,000平方公里，四周是紐納武特、馬尼托巴、安大略和魁北克。經哈得遜海峽與大西洋連接，經福克斯海峽與北冰洋相接。1610年亨利．哈得遜航行到東海岸，故以其姓氏命名。1821～1869年，海灣及周圍地區稱爲魯珀特蘭德，由哈得遜灣公司控制。海灣相當淺，平均深度100公尺，沿岸大部爲沼澤低地。灣中島嶼行政上是屬紐納武特領地的一部分。出於保護的目的，加拿大政府把整個哈得遜灣盆地劃爲「封閉海區」。

Hudson River　哈得遜河　美國紐約州境內河流。源出阿第倫達克山脈，最後流至紐約市入海，全長約507公里。河名取自英國航海家亨利．哈得遜，他在1609年探勘了此河。1629年荷蘭移民開始在哈得遜河流域定居。在美國革命中是一條具有重要戰略地位的河道，也是許多戰役的發生地。哈得遜河與五大湖、德拉瓦河和聖羅倫斯河下游之間有運河相聯繫，現在是一條主要的商業航道，南端河段形成紐約和新澤西州的州界。

Hudson River school　哈得遜河畫派　美國幾代風景畫畫家，約活躍於1825～1870年。第一代是受到紐約州哈得遜河河谷和卡茲奇山脈的自然美景的啓迪而有了創意。主要人物有柯爾、杜蘭德和道蒂（1793～1856），其他如丘奇、因奈斯等，都曾經在歐洲學習，受到透納宏偉壯觀的風景畫的激勵。到19世紀中期，他們都以壯麗秀美的美國自然風光爲主題，受到廣泛的讚揚。這個作爲歷史性回顧的名稱，已經擴展到持同樣觀點的所有藝術家們，描繪落磯山脈、大峽谷及優勝美地山谷的壯麗景色。他們是美國第一個本國畫派，在整個19世紀領導風景畫。

Hudson Strait　哈得遜海峽　位於加拿大東北部魁北克省北部和巴芬島之間的大西洋灣內。連接哈得遜灣、福克斯灣與拉布拉多海。長約800公里，寬65～240公里。僅夏末秋初可通航，但用破冰船破冰即可以通航一整年。1578年英國航海家佛洛比西爾部分探勘了此區，1610年哈得遜駛船通過該海峽，爲哈得遜灣公司船隻主要航道之一。

Hudson's Bay Co.　哈得遜灣公司　加拿大經濟政治史上一家重要的商業公司。1670年5月2日在英國設立，目的是找尋歐洲通往太平洋的西北航道，以運送商業貨品。哈得遜灣公司承受的土地，也就是所謂的「魯珀特蘭德」，占哈得遜灣的鄰近土地，東起拉布拉多西岸，西到落磯山脈，南起加拿大南端邊境的紅河源頭，北至哈得遜灣切斯菲爾德入口。哈得遜灣公司最初從事毛皮貿易，並且在哈得遜灣四周廣設驛站，後來在1783年出現競爭對手西北公司，雙方展開了長期的武裝鬥爭，直到1821年兩家公司合併。哈得遜灣公司原本享有獨家毛皮貿易權，但在1858年這份壟斷契約更新，其他獨立公司也獲准參與毛皮貿易。1870年哈得遜公司將領地賣給加拿大政府，換取三十萬英鎊、驛站周圍採礦權以及加拿大西部的肥沃區域。哈得遜灣公司在1991年以前都還是大型的毛皮採集及銷售商，後來事業版圖才漸漸擴張到房地產及百貨業。

Hue＊　順化　越南中部城市。西元前200年前後爲中國在南越王國設的軍事據點。約西元200年歸屬占人，1306年割讓給大越（越南）。從16世紀中葉到20世紀中葉爲王室城堡所在地，由阮朝家族在此統治。1940～1945年被日本占領。1947年4月成爲非共產主義越南的一個委員會的所在地，但在1949年失去了這個地位，當時新宣部成立的國家－－越南－－選擇西貢（參閱Ho Chi Minh City）作爲首都。在越戰中的1968年新年攻勢期間受到嚴重破壞，現已重建。人口約219,000（1992）。

Hueffer, Ford Madox ➟ Ford, Ford Madox

Huerta, Victoriano＊　韋爾塔（西元1854～1916年）　墨西哥總統（1913～1914）。生於印第安農民家庭，迪亞斯統治期間在軍隊裡一直晉升到將軍。後推翻迪亞斯的繼承人自由主義者馬德羅，建立壓迫式的軍事獨裁。立憲派團結起來反對他，並得到美國威爾遜總統的支援，出兵幫助起義。1914年韋爾塔被打敗，逃往西班牙，後移居美國。因被指控在墨西哥煽動叛亂而遭到逮捕，死於獄中。

Hugenberg, Alfred＊　胡根貝格（西元1865～1951年）　德國實業家和政治領袖。1909～1918年任克魯伯家族企業董事長，建立龐大的報紙和電影帝國，並在威瑪共和期間對德國的輿論有重大影響。1928年起任德國國家人民黨的領袖，幫助希特勒取得權力。1931年組織民族主義分子和保守分子的聯盟，推翻威瑪政府。這個努力雖然失敗了，但德國的實業家們爲納粹黨的成長提供極大幫助。1933年在希特勒的內閣短期任職，同年他領導的黨被解散。

Huggins, Charles B(renton)　赫金斯（西元1901～1997年）　加拿大出生的美國外科醫生和泌尿科專家。在芝加哥大學就讀，其後在那裡任教幾十年。他發現使用雌激素來阻止男性荷爾蒙分泌可以減慢前列腺腫瘤的生長。他還證明對於某些乳腺癌，切除產生雌激素的卵巢和腎上腺會使腫瘤縮小。對於這類情況，目前可以用藥物來阻止雌激素的產生。1966年與勞斯（1879～1970）共獲諾貝爾生理學或醫學獎。

Hugh Capet＊　于格．卡佩（西元938?～996年）　法蘭西國王（987～996年在位），卡佩王朝的奠基人。法蘭克公爵之子，繼承巴黎和奧爾良的大批財產，成爲法蘭西最強大的諸侯之一，對加洛林國王洛泰爾構成很大的威脅。到西元985年，于格實際上已是法蘭西的眞正統治者，兩年後被選爲國王。他立刻爲自己的兒子加冕以保證其繼位，這個方式一直持續到路易七世時代。他善於調解法國貴族間的爭端，使得他得以從把他出賣給奧托三世的陰謀中活下來。

Hugh of St.-Victor　聖維克托修道院的于格（西元1096～1141年）　經院神學家，在巴黎創立聖維克托奧祕神學派的傳統。因受聖奧古斯丁和大法官丟尼修的影響，獻身於自然神學。他的神學被收錄於托馬斯．阿奎那的著作中。

Hughes, Charles Evans　休斯（西元1862～1948年）　美國法官及政治家。生於紐約州格蘭佛爾市，1905年任紐約州議會委員會顧問，負責調查人壽保險及資源工業的濫用問題而成爲知名人物。他曾贏得兩次州長選舉（1906～1910），任內並進行大幅改革而被傳誦，1910年獲任命爲最高法院法官，在1916年辭職爭取共和黨黨內總統候選人提名。不過卻以些微的差距輸給威爾遜，於是又重新執業當律師。他後來出任州務卿（1921～1925），任內策畫了華盛頓會議（1921～1922）並擔任主席。他也曾擔任海牙法庭（1926～1930）及國際司法永久法庭（1928～1930）的成員，1930年被胡佛總統任命美國最高法院大法官。羅斯福總統推動新政期間，即是由休斯領導最高法院處理相關的立法爭議。雖然他曾在「謝克特家禽公司訴美國政府案」中發言反對新政的重要法條，但一般說來，休斯較傾向國家應該擁有較多的行政權力。另外，他也曾抨擊羅斯福總統1937年提出的「法院改造方案」，並對瓦格納法陳述意見支持集體談判的作法。他在1941年去職。

Hughes, Howard (Robard)　休斯（西元1905～1976年）　美國製造商、飛行家和電影製片商。十七歲輟學並接管其父在休斯頓的休斯工具公司，這是一家擁有鑽探石油工具專利權的公司，爲他未來致富的基礎。1930年代初創立休斯飛機公司。1935年駕駛一架自己設計的飛機締造了每小時567公里的世界記錄。1938年駕駛飛機作環球飛行，又締造了只花費九十一小時的記錄。1942年著手設計一種八具引擎的木質飛船「雲杉鵝號」，1947年駕駛該飛船進行了唯一的一次飛行。1930年代在好萊塢攝製了一些影片，1950年代初買下整個雷電華影片公司。他控有環球航空公司大部分的股票，1966年被法令所迫，售出自己的持股。1950年代左右開始刻意隱藏行蹤，死後爆發其回憶錄和幾份遺囑是僞造的醜聞。

Hughes, (James Mercer) Langston　休斯（西元1902～1967年）　美國詩人和作家。十九歲即發表詩作〈黑人談說江河〉，曾短期在哥倫比亞大學就讀，後在航行非洲的貨船上工作。當他在餐館裡當服務員時，他寫的詩被前來用餐的林賽看到，從此他的生涯發生了戲劇性的變化。著有詩集《疲倦的黑人傷感歌》（1926）和《綏夢蒙太奇》（1951）。後來的《黑豹與鞭子》（1967）反映黑人的憤怒和戰鬥精神。其他作品有短篇故事（《白人的行徑》〔1934〕）、自傳、許多舞台作品（例如爲韋爾的《街景》寫的抒情詩）、選集以及加西亞·洛爾卡和米斯特拉爾的詩的譯本。他還在報紙專欄上塑造著名的喜劇人物森普爾。

休斯，德拉諾（Jack Delano）攝於1942年
By courtesy of the Library of Congress, Washington, D. C.

Hughes, Samuel　休斯（西元1853～1921年）　受封爲Sir Samuel。加拿大軍人和政治人物。1885～1897年爲一安大略報紙業主及主編，1892～1899、1902～1921年任加拿大眾議院議員。南非戰爭中任指揮官，1911年任加拿大國防部長。第一次世界大戰爆發後，他負責組織、訓練和裝備加拿大的歐洲遠征軍。

Hughes, Ted　休斯（西元1930～1998年）　原名Edward James Hughes。英國詩人。店主之子，就讀於劍橋大學，1956年與美國女詩人普拉斯結婚。第一批詩集有《雨中鷹》（1957）和《牧神記》（1960）。1963年普拉斯自殺後，三年間幾乎沒有寫作。以後又開始頻頻發表作品，常以附插畫或照片的集子形式出現。詩集有《深林中的野蠻人》（1967）、《烏鴉》（1970）、《洞中鳥》（1975）、《天使之音》（1977）和《觀狼》（1989）。其作品最大的特色是句子艱澀，有時不連貫，通常著重描寫動物的機敏和殘忍。他爲兒童寫了許多詩集，包括《鐵面人》（1968）。主編雜誌《現代詩譯》。1984年成爲英國桂冠詩人。去世前不久發表《生日信件》（1998），透露他與普拉斯的關係。

Hughes, Thomas　休斯（西元1822～1896年）　英國改革家和小說家。爲基督教社會主義者，1865～1874年任法官和國會議員，參與創辦工人學院並任院長。最著名的作品是《湯姆·布朗的學生時代》（1857），描寫一所英國男生寄宿學校的生活，創造了典型的公立學校男學生的形象，並普及了阿諾德的「強身派基督教」的信條。《湯姆·布朗在牛津》（1861）是該書續集。

Hugli River　胡格利河　亦作Hooghly River。印度東北部河流。爲恆河最西邊、也是商業上最重要的河道，提供從孟加拉灣到加爾各答的通道。由帕吉勒提河與傑倫吉河匯合而成，向南流約260公里後入海，途中經過高度工業化的地區，人口占西孟加拉邦總人口一半以上。加爾各答以上河段已淤積，但遠洋客輪可航抵該市。注入孟加拉灣處的河口寬5～32公里，其上架有兩座橋樑。

Hugo, Victor(-Marie)　雨果（西元1802～1885年）　法國詩人、劇作家和小說家。將軍之子，二十歲以前已是嫻熟的詩人。詩劇《克倫威爾》（1827）使他成爲浪漫主義的重要人物。詩歌悲劇《候拿尼》（1930）的上演，是浪漫派對傳統古典派的一次著名的勝利。後來的劇本包括《逍遙王》（1932）和《呂伊·布拉斯》（1938）。最著名的小說有：《鐘樓怪人》（1831），描述中世紀生活；《悲慘世界》（1862），關於罪犯尚萬強的故事。這兩本書受到極大歡迎，使他成爲世界上最成功的作家。晚年爲政治人物和政治作家，因持共和觀點，而在1851～1870年流亡在外。這段時間創作了範圍最廣泛，也最具原創性的作品，包括政治諷刺詩集《懲罰集》（1853）、《沈思錄》（1856）、《街道與林木之歌》（1865）和《歷代傳說》（1859,1877,1883）。1876年任參議員。死後以民族英雄葬於先賢祠。

雨果，納達爾攝
Archives Photographiques

Hugo Award　雨果獎　科幻成就獎（Science Fiction Achievement Award）的別稱。由專業機構每年頒發數項獎座，以表揚科幻小說或科學想像方面的卓越成就。該獎於1953年成立，是爲了紀念創設第一本科幻專門雜誌*Amazing Stories*的蓋恩斯貝克。雨果獎分爲五大寫作類別——長篇小說（novel）、中篇小說（novella）、言情小說（novelette）、短篇小說（short story）以及非小說（nonfiction），有時亦頒發新作家和特別獎。

Huguenots＊　胡格諾派　16～17世紀法國新教徒，其中許多人因自身信仰而遭受嚴重迫害。第一個法國胡格諾派團體建立於1546年，1559年首次集會中起草的信仰告白受到了喀爾文理念的影響。胡格諾派成員的數量迅速增多，成爲一股政治力量，由科利尼領導。跟羅馬天主教政府、吉斯家族等的衝突，造成宗教戰爭（1562～1598）。爲爭取宗教與公民自由，一個胡格諾派政黨於1573年成立。1576年，強勢的反胡格諾派組織神聖聯盟成立。1593年，亨利四世放棄新教，改信天主教，終結了內戰，但1598年他頒布「南特敕令」，授予新教徒權利。1620年代內戰再起，胡格諾派喪失政治勢力，繼續遭受折磨並被迫改宗。1685年，路易十四世廢除南特敕令；接下來數年，有超過四十萬名的新教徒離開法國。

Huhehot ➠ Hohhot

Hui＊　回族　中國的穆斯林。回族人的祖先是7～13世紀從伊斯蘭化的波斯與中亞來到中國的商人、士兵、工匠和學者。他們與中國的漢族和各地民族通婚。回族人如今已徹底中國化，並住在中國各地，但多集中在西部。

Huineng＊　慧能（西元638～713年）　中國宗教領袖，禪宗佛教的第六代宗師。慧能本來只是一位年輕、不識字、以販賣木柴爲生的小販，他在聽聞《金剛經》後，跋涉五百英里來到中國北方，向禪宗的第五代宗師弘忍問學。慧能於676年回到廣州家鄉，剃度爲僧。他宣稱所有人的本性都是純淨的，並且具有「佛性」。他認爲如果人追尋自己的本性，並涵養平靜的工夫，那麼將會頓悟而無需外在協助。他所創建的「南宗」在中國與日本兩地成爲具優勢地位的禪宗教派。

Huitzilopochtli＊ 維齊洛波奇特利 阿茲特克人信奉的太陽和戰爭之神。其形象或爲蜂鳥，或爲頭戴羽盔手持綠松石蛇形杆的武士，可以變裝成老鷹。他的母親是大地女神，南天群星都是他的兄弟，妹妹則是月亮女神。某些神話裡說他曾帶領阿茲特克部落長途跋涉移居到墨西哥谷地。阿茲特克人在教曆十五月供奉維齊洛波奇特利，向他奉獻人祭，相信他要以人的血和心臟作爲日常營養。

Huizinga, Johan＊ 赫伊津哈（西元1872～1945年） 荷蘭歷史學家。1905～1915年擔任格羅寧根大學歷史教授，後來到萊頓大學任教（到1942年）。1942年被納粹扣作人質，關押至死。他的第一部著作是研究印度文學和文化，但使他名聞國際的著作是《中世紀的衰落》（1919），此書生動描繪了14～15世紀法國與荷蘭的生活狀況。其他著作有《伊拉斯謨斯》（1924）、《明日即將來臨》（1935）和《遊戲的人》（1938）等。

Huizong （宋）徽宗（西元1082～1135年） 亦拼作Hui-tsung、Song Huizong。本名爲趙佶（Zhao Ji）。中國北宋亡國前倒數第二位皇帝。宋徽宗擅長書法與繪畫，他對藝術的興趣高於政府的事務。他敦促其畫院裡的畫家，必須在表現上力求纖微不失。他個人的花鳥畫非常精細、用色精準，並且構圖完美。當宋徽宗想要新建一座富麗堂皇的宮苑時，結果引起政治上的紛爭，難以平息。而他所寵信的宦官，則在政府中取得前所未有的權力。他與滿洲的金朝（女眞）部族結盟以對抗遼國，導致金朝入侵，推翻了北宋。

Hukbalahap Rebellion＊ 虎克暴動（西元1946年～1954年） 菲律賓呂宋島的農民暴動。豐饒的呂宋平原是由大批的佃農在大莊園上所耕種。此一情勢導致農民不時地發生叛亂。這個地區在1930年代成爲共產主義組織者關注之地。一個名爲虎克的共產黨組織在第二次世界大戰成爲成功的反日游擊隊。在戰爭結束前，這個組織也奪取了呂宋大部分的莊園，建立政府，徵收賦稅。當菲律賓於1946年宣布獨立時，虎克黨員爲避免已當選的政府職位被奪，開始發動叛亂。他們在前四年相當成功，1950年幾乎奪取馬尼拉。但因遭到美國武器和廣受歡迎的麥格塞塞的崛起所擊敗，虎克的領導人塔魯克（1913～）於1954年投降。虎克運動一直持續到1970年代。

hula 草裙舞；呼拉舞 動作柔軟優美的波里尼西亞舞蹈。將臀部扭動和模仿的手勢結合在一起，通常伴隨著歌聲或樂曲（如尤克萊利琴）表演。最初是一種頌揚酋長的宗教舞蹈。當代草裙舞則是透過舞蹈來講述一個故事或描繪一個地方，舞者都是女子。典型的服飾是用拉菲亞樹的樹葉纖維製成的裙子，頸部戴花環。

Hull 赫爾 全名赫爾河畔京斯敦（Kingston upon Hull）。英格蘭亨伯賽德首府（1998年人口約262,000）。位於亨伯河口灣北岸與赫爾河匯合之處，距北海35公里。有一個中世紀時代的羊毛港，1293年讓給了愛德華一世。在過去四百多年中，一直是亨伯河上內陸水道的主要航運港口。1897年獲准設市，是主要的國家海港，能容納大型遠洋輪船。城市的中世紀部分保留了一些歷史建築，市內的語法學校建於1486年。

Hull, Bobby 赫爾（西元1939年～） 原名Robert Martin。加拿大冰上曲棍球運動員。1957～1972年爲芝加哥黑鷹隊中鋒和前鋒，擊球有力，滑速快，爲隊上領袖人物，創下五個賽季進球50次以上。到他從全國冰上曲棍球聯盟退休爲止，共進球609次，協助進球555次，得分1,164分。1972～1981年在世界冰上曲棍球協會（現已解散）繼續打球，此後結束運動生涯。

赫爾，攝於1969年
Canada Wide – Pictorial Parade

Hull, Clark L(eonard) 赫爾（西元1884～1952年） 美國心理學家。生於紐約州亞克朗，1918～1929年任教於威斯康辛大學，1929～1952年爲耶魯大學人類關係研究所研究員，他致力於三個獨特的研究主題，有關心理測量的研究收錄於1929年的《態度測驗》；有關催眠的研究，後來集結在1933年的《催眠與暗示性》；而最常被徵引的學術成就是有關密集學習的保存效果，並成爲1940年代和1950年代最具支配性的學習理論。赫爾1940年出版重要作品《反覆學習的數學演繹理論》，1943年緊接著又出版影響力深遠的《行爲原理》。後來他結合桑戴克及華生的成果，試圖發展出一套更基礎的學習理論，期望可以解釋所有人與動物的行爲。他和他的門生大量產製了實驗成果及理論概念，並在實驗心理學文獻占有支配性地位，時間長達二十年。不過，他們的地位最後仍被較能解釋心智感受的認知心理學派所取代。

Hull, Cordell 赫爾（西元1871～1955年） 美國政治人物和外交家。原爲律師，後選入美國眾議院（1907～1921、1923～1931），起草第一份所得稅法案（1913）和遺產稅法（1916）。1931～1933年短期任參議員。在羅斯福總統任內擔任國務卿（1933～1934），提出互惠貿易計畫，降低關稅，拓展世界貿易。他推行睦鄰政策，改善美國與拉丁美洲國家的關係。在1941年的談判中，他支援中國，敦促日本放棄對大陸的軍事占領。第二次世界大戰中，他很早就計畫了一個戰後的國際維和機構，因此羅斯福稱他爲「聯合國之父」。這些貢獻使他獲得了1945年的諾貝爾和平獎。

Hull, Isaac 赫爾（西元1773～1843年） 美國海軍軍官。威廉·赫爾的侄子，十九歲時成爲船上的大副。1798年被任命爲美國「憲章號」的中尉，參與的黎波里戰爭，1810年晉升爲「憲章號」艦長。1812年戰爭初期遇上英國驅逐艦「蓋里埃號」，經過激烈的戰鬥後將它擊沈。他的勝利使美國更加團結作戰，「憲章號」也因此被稱爲「老鐵甲艦」。曾先後指揮美國太平洋艦隊（1824～1827）和地中海艦隊（1839～1841）。

Hull, William 赫爾（西元1753～1825年） 美國軍官。獨立戰爭期間參與康乃狄克、紐約和新澤西等州的戰鬥。1805年被任命爲密西根準州州長。1812年戰爭爆發後，被任命爲陸軍准將，負責保衛密西根並進擊加拿大。因爲沒有作好對加拿大的進攻計畫，迫使他撤退到底特律，未經抵抗即投降。他受到軍事法庭審判，被判怯懦和怠忽職守之罪，麥迪遜總統念於早期的功績而赦免其死刑。

Hulse, Russell Alan　赫爾斯（西元1950年～）　美國物理學家。在麻薩諸塞大學取得博士學位，後與他的教授泰勒一起發現了幾十顆脈衝星，並證明其中一顆編號爲PSR 1913+16的脈衝星是雙星。這兩顆星體之間巨大的相互作用引力，提供了檢測引力波的第一種方法：愛因斯坦在他的廣義相對論裡曾預言這種引力波。由於他們發現了PSR 1913+16，1993年共獲諾貝爾物理學獎。

human being　人類 ➠ Homo sapiens

human evolution　人類演化　從非人類、原人進展到現代人類的演化型態。發生學的證據指出，活在500萬～800萬年前非洲大陸的巨猿（巨猿科），與現代人之間存在著系譜關係。現存已知的最古老原人，大約生活在400萬年前，考古學家只在非洲發現過，將之分類爲南猿屬。南猿的分支，例如南方粗猿和南方小猿，在距今150萬年以前的非洲撒哈拉以南地區，可能就促成了次一個演化階段的「巧人」出現。後來，巧人又被更高大、更接近人類的「直立人」取代，直立人的存活約爲200萬年前到25萬年前，後來漸漸遷移到亞洲及歐洲部分地區。智人的原始型態在直立人身上已可看到，現代人的型態約是在40萬年前出現在非洲及亞洲部分地區，但完整的現代人型態，則是在25萬年到15萬年前才出現，推測可能是由直立人遞變而來的。

human-factors engineering　人體工學　亦稱人類工程學（human engineering）或人機工程學（ergonomics）。設計機器、工具和工作環境以最好地適應人們的操作和行爲的專業。目標是改善人在單個機器或設備（例如使用電話、駕駛車輛或操作電腦終端）上工作時的實用性、效率和安全性。設計工具時，使用者一直是考慮的一部分。比如長柄大鐮刀是最古老和最有效的人類工具，其設計即明顯符合人類工程學。人體工學上設計不良的常用工具有雪鏟、電腦或打字機的鍵盤。

Human Genome Project　人類基因組計畫　由美國能源部及國家健康研究所從1990年發動的研究，分析人類的DNA。計畫預計十五年完成，預計確認出每個人類基因的染色體位置，測定每個基因精確的化學結構，爲了說明其在健康與疾病的作用，並測定整組基因（基因組）的核苷酸精確序列。另一個計畫則處理這些資訊在道德、法律與社會相關層面的問題。蒐集到的資訊將成爲研究人類生物學的基本參考依據，將能提供人類疾病的遺傳基礎。計畫過程中發展的新技術將可應用於許多生物醫學領域。2000年美國政府與私人公司瑟雷拉基因公司共同發表聲明，計畫已近完成，提前了五年。

human growth hormone　人類生長激素 ➠ growth hormone

human immunodeficiency virus ➠ HIV

human nature　人性　人的基本傾向與特性。每一個文化都有一些關於人性的理論。在西方，傳統上的爭論焦點在於人是自私的與競爭性的（例如參閱Hobbes, Thomas、Locke, John），還是社會性的與利他的（馬克思、涂爾幹）。遺傳學、演化生物學與文化人類學最近的研究指出，人可能兼具上述兩類性質，而且在先天遺傳繼承的因素（「天性」〔nature〕）跟後天發展與社會的因素（「教養」〔nurture〕）之間有著繁複的互動。與其他靈長類共有的基本驅力包括食物、性欲、安全感、遊樂以及社會地位。性別差異的一個例子是，女性投注較多心力於生殖和孩子的養育，因而較少冒險；相對的是，男性投注較少心力，因而較多冒險。亦請參閱behavior genetics、Homo sapiens、personality、philosophical anthropology、sociobiology。

human rights　人權　個人與生具來的權利。此詞在第二次世界大戰後廣泛使用，取代早先使用的「自然權利」，後者據說源於自然法和斯多噶哲學。依照現今的理解，人權的範圍廣泛且連續，反映人類環境、歷史和價值的多樣性。人權被視爲普世、通俗而根本的。有些理論家把人權局限於生活的權利，或者生活與機會自由的權利。在17～18世紀的歐洲和美國，洛克等思想家強調公民權利和政治權利（包括言論自由、宗教自由，以及免於被奴役、虐待、隨意逮捕的自由）。19世紀時，人權的重點轉移到經濟及社會權利，包括工作權和維持生活最低水準的權利。1948年通過的「世界人權宣言」是一項里程碑。20世紀晚期，這個概念有時被延伸到自決、和平及健康的環境等領域。

human sacrifice　人祭　將人的生命奉獻給神。在某些古文化中，殺害一個人，或者以一隻動物替代人，是意圖與神交談，並參與神的生活。有時也意在安撫神，救贖人的罪行。在農業民族（例如古代近東地區的民族）中尤其盛行，他們希求的是土地肥沃多產。阿茲特克人每年獻祭數千人（通常是奴隸或戰俘）給太陽神，印加人則在統治者就任時獻祭。在古埃及與非洲某些地方，人祭跟祖先崇拜有關，國王死後奴隸與僕役被殺害或與國王屍身一起活埋，以便在來世中提供服務。中國也有類似的傳統。歐洲民族中施行活人獻祭的有塞爾特人與日耳曼民族。

humanism　人文主義　歐洲文藝復興時期的文化潮流，特點是古典文學的復興，著重個人主義和批評的精神，並把注意力從宗教轉移到世俗。其起源可以追溯到14世紀詩人佩脫拉克，雖然有些更早的人物有時也被稱爲人文主義者。拉丁文的普遍使用及活字印刷的發明，促進了人文主義的傳播。其意義越來越狹隘，後來等同於在課堂上講授古典文學；現在則廣義的指強調以人爲中心而不是以神爲中心的世界觀。

humanistic psychology　人文心理學　20世紀心理學的運動。主要是在與行爲主義和精神分析的對抗中發展起來，強調個人價值、意向和內涵的重要性。大多數人文心理學家都以「自我」爲中心研究課題，其研究方法的構建者有馬斯洛，羅傑茲和梅（1909～1994）等。人文心理學的治療類型有：喚醒感知、會心團體、存在分析、格式塔療法、意義治療法以及超個人心理學、人類潛能、整體健康、成癮－復原等學派。

humanities　人文學科　研究人類、人類文化和自我表現的學科。與物理學和生物學不同，與社會科學也有些不同，包括語言和文學、藝術、歷史和哲學等研究。現代人文學科的概念起源於古典時期希臘的「派地亞」，原指西元前5世紀所設立的一門普通教育課程，目的是培養年輕人具備公民的素質。另一個起源是西元前55年西塞羅提出的「人性學」（humanitas），爲訓練辯論家的基本課程。文藝復興時期的人文學家將「人性之學」（studia humanitatis; studies of humanity）與「神性之學」（studies of the divine）相對比。到19世紀，這種區別延伸至人文學科與自然學科之間。

Humanities, National Endowment for the ➠ National Endowment for the Humanities

Humber Estuary　亨伯河口灣　亦稱亨伯河（Humber River）。古稱Abus。英格蘭東海岸北海的河口海灣。由烏斯河與特倫特河匯流而成，長64公里，河口處寬逾

11公里。1981年修建的亨伯橋是世界上最長的懸索橋之一（主跨度1,410公尺），主要用於促進河口兩岸的經濟發展。沿岸有赫爾等幾個主要港口。

Humberside　亨伯賽德　英格蘭東部舊郡，範圍從夫蘭巴洛岬的北海海岸往南延伸到亨伯河口灣。地勢非常起伏不平的約克郡山地起自夫蘭巴洛岬白堊岩峭壁。赫爾是此區最大城市和商業中心。史前時期有羅馬人、盎格魯－撒克遜人和斯堪的那維亞人先後居住於此。

Humboldt, (Friedrich Wilhelm Heinrich) Alexander, (Baron) von　洪堡（西元1769～1859年）　德國博物學家和探險家。1792年加入普魯士政府的採礦部，發明一種安全燈，並為礦工們設立技術學校。1799年起到中美洲和南美洲探險，遊歷亞馬遜叢林和安地斯山高地。旅程中他發現亞馬遜河系與奧利諾科河系是相通的，並推測高山病起因於缺氧。他研究了南美洲西部海岸外的洋流，就是原先以其姓氏命名的洪堡洋流，現在稱為祕魯洋流。1804年回到歐洲。他的研究為比較氣候學奠下基礎，找出地區的地理情況同其動、植物的關係，並有助於對地殼發展的了解。在巴黎，他用自己的資產幫助阿加西等人發展事業。1829年到俄國和西伯利亞旅行，考察中亞地區的地理、地質和氣候。1830年代曾對磁暴現象進行調查研究。他生命中的最後二十五年，主要從事《宇宙》一書的寫作，敘述當時所知的宇宙結構。

洪堡，油畫，懷區（Friedrich Georg Weitsch）繪於1806年；現藏柏林國立博物館
By courtesy of the Staatliche Museen zu Berlin

Humboldt, (Karl) Wilhelm　洪堡（西元1767～1835年）　受封為Frieherr (Baron) von Humbolt。德國語言學家和教育改革家。亞歷山大·馮·洪堡的哥哥，在普魯士政府擔任教育部長（1809）、駐維也納大使（1812）等職。他提升了初等教育的標準，並在柏林指導創辦腓特烈·威廉大學（後改稱洪堡大學，即柏林大學）。他對語言的哲學也有很大的貢獻，認為語言的特性和結構表現出說話人的文化和個性，人類透過語言的媒介來了解世界。他也對巴斯克語和加維語（古爪哇語）進行了研究。

Humboldt River　洪堡河　美國內華達州北部河流。發源於埃爾科縣，西轉西南流，注入洪堡湖（亦稱洪堡坑），全長467公里。由弗里蒙特為紀念洪堡而命名。為移民從鹽湖城前往加利福尼亞中部金礦地帶的重要通道。

Humboldt University of Berlin ➠ Berlin, University of

Hume, David　休姆（西元1711～1776年）　蘇格蘭哲學家、歷史學家和經濟學家。首部著作是重要的《人性論》（1739～1740），是他想表述一個全面的哲學體系的一次嘗試，可惜最初反應冷淡。《道德和政治論集》（1741～1742）則受到歡迎，對友人亞當斯密的經濟思想具有強烈影響。《政論集》（1752）出版後，接著又出版了五卷本巨著《英格蘭歷史》（1754～1762）。他把哲學設想為對人性的歸納、實驗科學，以牛頓的科學方法為模型，而以洛克的經驗主義為藍本，嘗試描述求知的心理狀態。他歸結出：形上學是不可能的，經驗以外沒有其他知識。並歸結出：人是感情的動物，而非理性的動物。進而質疑物質概念及原因必然性的客觀根據，也質疑歸納法的客觀根據。他的影響廣泛，康德認為自己的批判哲學直接源於休姆，而休姆在帶領孔德轉向實證主義方面也扮演了重要的角色。在英國，休姆的正面影響見於邊沁，他因休姆的《人性論》而轉往功利主義，而休姆對彌爾的影響力更大。

Hume, John　休姆（西元1937年～）　北愛爾蘭社會民主工黨（SDLP）領袖，1998年與川波共獲諾貝爾和平獎。原為學校老師，1960年代成為北愛爾蘭民權運動的天主教徒領袖。1969年被選入北愛爾蘭議會，1979年當上社會民主工黨黨魁。他是個溫和派分子，譴責愛爾蘭共和軍（IRA）使用暴力手段的方式。1980年代末期，他企圖說服愛爾蘭共和軍放棄暴力手段反抗英國人，並進入民主政治。他曾多次冒著生命危險與新芬黨（愛爾蘭共和軍的一個派系）領袖祕密對談，在1998年4月簽定「耶穌受難節和約」中扮演關鍵角色，這是統一派和民族主義派之間達成的多黨和平協議。

humidity　大氣濕度　空氣中水蒸氣的含量。是大氣最易變化的特性之一，也是氣候和天氣中的重要因素：它吸收來自太陽和地球的輻射，從而調節空氣溫度；與產生暴風雨的潛在能量成正比；為一切形式的凝結和降水的最終來源。由於空氣持水的能力取決於溫度，所以濕度會有變化。當在給定溫度下的一定量空氣中包含著最大可能的水蒸氣含量時，就說這部分空氣是飽和的。相對濕度是指空氣中水蒸氣含量與飽和時的含量的相對比值。飽和空氣的相對濕度為100%，接近地面的相對濕度很少低於30%。

Humiliation of Olmütz ➠ Olmuütz, Punctation of

Hummel, Johann Nepomuk*　洪梅爾（西元1778～1837年）　奧地利作曲家、鋼琴家和指揮。為鋼琴神童，八歲時移居維也納，他父親在那裡任指揮。曾隨莫札特學習兩年。經過五年的旅行後，他回到維也納繼續深造，放棄公開演出。後代替海頓在埃斯泰爾哈吉宮任音樂指導，但靠教學和為劇院作曲為生。1814年重新演出，取得巨大成功，去世時已是富人。寫有許多協奏曲和室內樂。

Hummert, Anne and Frank　洪默特（安妮與法蘭克）（西元1905～1996年；西元1890?～1966年）　美國電台製作人。安妮（原名舒馬赫〔Anne Schumacher〕）於1927年起為法蘭克與友人合開的芝加哥廣告商擔任撰稿人，在電台進入黃金時代時，兩人開始為電台編寫肥皂劇。他們所寫的*Just Plain Bill*（1932～1955）、*The Romance of Helen Trent*（1933～1960）、*MaPerkins*（1933～1960）和*Backstage Wife*（1935～1959）紅極一時，便順勢創立了洪默特電台製作公司。先立下基本佈局，然後由一群作家分工組合完成劇本，他們以此方式製作了超過四十部廣播劇，包括肥皂劇《史特拉恨史》（1938～1955）及*Young Widder Brown*（1938～1956）；悲劇*Mr. Keen, Tracer of Lost Persons*（1937～1954）、Mr. Chameleon（1948～1951）；音樂節目《美國熟稔音樂專輯》（1931～1951）和《曼哈頓旋轉木馬》（1933～1949）。

hummingbird　蜂鳥　蜂鳥科約320種新大陸鳥類，毛羽色澤鮮明，並特別漂亮細緻。在南美洲種類極多，約有

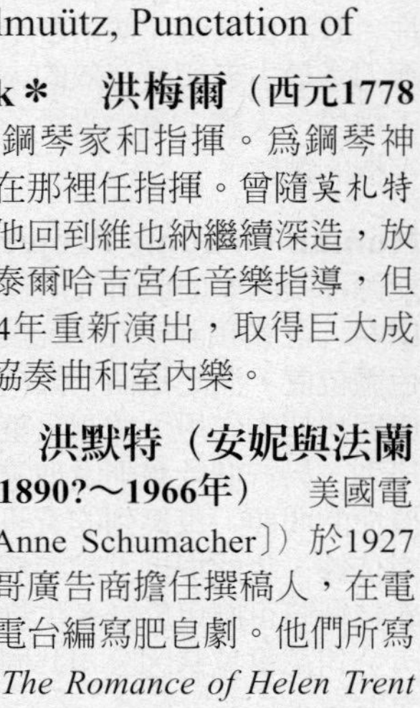

Selasphorus sasin，蜂鳥的一種
Arvil L. Parker

12種常見於美國和加拿大。體長約5～20公分，重約2～20公克，嘴細長。古巴的蜂鳥是現存最小的鳥類。蜂鳥能敏捷地上下飛、側飛和倒飛，還能原位不動地停留在花前取食花蜜和昆蟲。有的小型蜂鳥在1秒內可快速拍動翅膀80下。

humor　體液　亦作humour，拉丁語意為流體（fluid）。根據古代和中世紀廣為接受的生理學理論，幽默是決定一個人氣質和特徵的四種體液之一。據加倫假設，四種主要體液是血液、黏液、黃膽汁和黑膽汁。這些體液的各種混合，決定每一個人的「體質」或氣質，以及精神和生理的質量。理想的人體內具有這四種體液的完美比例組合；某種體液的量若是不恰當，那麼此人的個性就會由一組相關的情緒來控制，例如膽汁型的人容易發怒、驕傲、有野心和報復心重。

humpback whale　駝背鯨　亦稱座頭鯨、鋸臂鯨、巨臂鯨或子持鯨。一種粗壯的鬚鯨，學名Megaptera novaeangliae或M. nodosa，棲息在所有主要大海洋的近海，偶爾游近海岸，甚至進入港灣和游入河道。體長達12～16公尺。背黑色，腹白色，鰭肢極長，頭部和下顎兩側各有一排球形突起。夏天移棲兩極水域，而冬天洄游至熱帶或亞熱帶的繁殖場。食蝦樣的甲殼動物、小魚及浮游生物。駝背鯨可能是最善發聲的鯨類（可連續發出5～35分鐘的各種聲音），也是最善於耍特技的鯨類（會表演翻筋斗）。由於濫捕，數量大為減少，1960年代中期起在全世界受到保護，但仍列為瀕危種。

Humperdinck, Engelbert　亨伯定克）（西元1854～192年）　德國作曲家。曾隨希勒（1811～1885）學鋼琴、風琴、大提琴和作曲。作品曾多次獲獎，1879年在那不勒斯結識華格納，打入他的生活圈。後來協助華格納準備歌劇《帕西法爾》的首演事宜，其中包括複製樂譜、排練合唱等，有些人因而認定他是華格納挑選的接班人。現今留傳的作品中以歌劇《漢澤爾和格蕾泰爾》最為膾炙人口；後期的作品包括歌劇《國王的孩子們》（1897）。

Humphrey, Doris　韓福瑞（西元1895～1958年）　美國舞者及近代舞編舞。1917年加入丹尼斯蕭恩劇團，1928年離開，與魏德曼一起創辦直到1944年仍很活躍的學校和舞蹈團。她編的舞表現出對平衡與不平衡、跌倒和恢復之間的矛盾的創新運用，作品有《水的研究》（1928）、《震顫教派》（1931）和《新舞》（1935）。1945年告別舞台，但繼續擔任利蒙公司的藝術指導，創作了《塵寰一日》（1947）和《廢墟與幻影》（1953）等作品。

韓福瑞
Culver Pictures

Humphrey, Hubert H(oratio)　韓福瑞（西元1911～1978年）　美國政治人物。早年為藥劑師，1944年任羅斯福總統在明尼蘇達州的競選總部經理，大力促成該州民主黨和農工黨的合併。1945年當選明尼亞波利市市長，開始公職生涯。1949～1964年任美國參議員，是一位很能幹的議會領袖。他提出的「禁止核試驗條約」和「民權法」（1964）贏得兩黨的支持。1965～1969年任詹森的副總統，為美國參加越戰辯護。早期被貶譽為自由派的「空想改革家」。1968年贏得民主黨總統候選人提名，但以些微之差輸給尼克森。1971～1978年再次任參議員。

humus＊　腐植質　土壤中無生命的、細小的有機物質。由動、植物遺體經微生物分解而成，顏色從褐色到黑色。主要成分是碳，也有氮和少量的磷和硫。分解時，各組分轉化成植物可以利用的形式。根據腐植質與礦物質土壤的結合程度、分解作用中所含的有機物類型以及原有的植被，腐植質可區分為幾個類型。它對農民和園丁很有價值，因為它為植物的生長提供了必不可少的養料，提高土壤的吸水能力，並改善土壤的耕作性能。

Hunan＊　湖南　中國華中地區省分（2000年人口約64,400,000）。位於揚子江（長江）之南，省會長沙。西元前3世紀是楚國屬地，而後併入秦朝；在漢朝（西元前206年～西元220年）時成為中國領土。直到17世紀中葉，湖南省的範圍一直都包括現代湖北的部分土地。1852年太平天國的叛軍曾攻略此地；1934年毛澤東所率領的長征從此地出發。中日戰爭期間，這裡是兩軍激鬥的戰場；1949年湖南納入共產中國的領土。湖南境內多山地；中國的聖山之一——恆山，即位於此。該省經濟以農業為主，是中國盛產稻米的地區之一。

Hundred Days　百日統治　法語作Cent Jours。法國歷史上指從拿破崙自厄爾巴島逃回巴黎到路易十八世返回巴黎的這段時間。拿破崙於3月1日登陸法國，3月20日抵達巴黎。奧地利、英國、普魯士和俄國迅速結成反拿破崙聯盟，發動一系列軍事行動，導致滑鐵盧戰役。6月22日拿破崙第二次退位，被送到聖赫勒拿島；7月8日路易返回巴黎。

Hundred Years' War　百年戰爭（西元1337～1453年）　英國和法國間因領土主權和法國王位繼承等問題所發生的長期武力衝突。始於1337年英格蘭國王愛德華三世為其對法國王位的要求而入侵法蘭德斯。愛德華在克雷西戰役（1346）贏得勝利；隨後其子黑太子愛德華在普瓦捷戰役（1356）虜獲約翰二世，法國在「布雷蒂尼條約」和「加萊條約」（1360）兩條約下被迫放棄領土主權。當約翰二世死於監禁中，其子查理五世拒絕履行條約，衝突再起，並使英國採取守勢。1380年查理五世去世後，兩國都忙於國內的權力鬥爭，而獲得暫時的和平。1415年英格蘭國王亨利五世決定在法國境內發動戰爭以堅持英國對法國王位的主張（參閱Agincourt, Battle of）。1422年英國和其勃艮地盟友控制了亞奎丹和整個法國北部的羅亞爾河流域，包括巴黎。1429年是一個轉捩點，聖女貞德解除了英國的奧爾良圍城。法國國王查理七世征服了諾曼第，後來又於1453年奪回亞奎丹，使英國的勢力僅存加萊一地。這場戰爭使法國國力嚴重消耗並造成巨大痛苦；它實際上將封建貴族摧毀並帶來新的社會秩序。由於英國在歐洲大陸的勢力終結，導致其擴張及發展成海上強權國家。

Hung Hsiu-ch'üan ➠ Hong Xiuquan

Hung-shan culture ➠ Hongshan culture

Hung-shui River ➠ Hongshui River

Hung T'ai-chi ➠ Hongtaiji

Hung-tze Hu ➠ Hongze Hu

Hung-wu emperor ➠ Hongwu emperor

Hungarian language　匈牙利語　匈牙利的芬蘭－烏戈爾諸語言，在斯洛伐克、羅馬尼亞的特蘭西瓦尼亞和西伯利亞北方仍有少數使用者。全球約有1,450萬人使用匈牙利語－－這比任何一種烏拉爾語都來得多－－當中包括了北美的400,000～500,000人。目前已知匈牙利語文獻最早出現於

12世紀末，後續的文學傳統資料則始自15世紀。雖然它受歐洲諸語言的影響更勝於烏戈爾語，但仍保有一些烏戈爾語典型特質，如母音和諧（母音特色跨越音節形成和音）、複雜的名詞系統、以後綴詞態表達所有格、動詞具備明確或不明確所指物時及物動詞連接詞的明顯區別。匈牙利語與土耳其語、伊朗語和斯拉夫語間亦有關聯，而諸多外來語是來自高地德文方言和拉丁語。

Hungarian Revolution　匈牙利革命（西元1956年）　匈牙利在赫魯雪夫發表演講痛斥史達林的統治後所發生的群眾暴動。由於匈牙利受到新近的討論與批評的自由所鼓舞，興起了一股動盪與不安的潮流，並於1956年10月年爆發成主動的對抗。反叛者在革命的第一階段獲勝，納吉出任首相，並同意建立多黨體制。11月1日，他宣佈匈牙利中立，並求助聯合國。西方強權未能給予回應，而就在11月4日，蘇聯入侵匈牙利，中斷這場革命。儘管如此，史達林式的宰制與掠奪並未重回匈牙利，日後這個國家經歷了一些內部自主的緩慢進展。

Hungary　匈牙利　正式名稱爲匈牙利共和國（Republic of Hungary）。歐洲中部國家。面積93,030公里。人口約10,190,000（2001）。首都：布達佩斯。匈牙利人在種族上稱爲馬札兒人，還有斯拉夫、土耳其和日耳曼等不同民族。語言：匈牙利語（馬札兒語，官方語）。宗教：天主教、新教。貨幣：福林（Ft）。匈牙利大平原占全國總面積的一半，爲肥沃的農土；兩條最重要的河流是多瑙河和提蘇河；巴拉頓湖位於外多瑙高地，是歐洲主要大湖之一。近1/5土地爲森林覆蓋。匈牙利是東歐較繁榮的國家之一，也是世界主要的鋁土礦生產國。1980年代末開始自社會主義經濟轉變爲自由市場經濟。政府形式是多黨制共和國，一院制。國家元首是總統，政府首腦爲總理。西元前14世紀時，匈牙利的西部併入羅馬帝國。西元9世紀末，匈牙利人的一支游牧民族在匈牙利大平原定居。西元1000年史蒂芬一世加冕，推動匈牙利的基督教化，並將王國建成一個強大的國家。蒙古人和鄂圖曼土耳其人於13、14世紀大舉入侵，蹂躪了國家。到1568年現代匈牙利的領土被劃分爲三個部分。皇家匈牙利歸哈布斯堡王朝；特蘭西瓦尼亞於1566年取得在土耳其宗主權下的自治；中部平原仍由土耳其控制，直到17世紀末由哈布斯堡王室取得統治。1849年匈牙利宣告脫離奧地利而獨立。1867年建立了二元君主制的奧匈帝國。第一次世界大戰中奧匈帝國戰敗，導致匈牙利被分解，只保留了以馬札兒爲主的那些地區。爲了收復一些失土，匈牙利於第二次世界大戰期間同德國合作，對抗蘇聯。戰後，建立親蘇的臨時政府，由1949年匈牙利人民共和國成立。1956年爆發了反對這個史達林主義政權的行動，但被蘇聯鎮壓（參閱Hungarian Revolution）。不過，在1956～1988年共產主義的匈牙利成爲東歐蘇聯集團國家中最爲寬容的一個。1989年東歐蘇聯集團國家獨立後，很快吸引大量金額的直接外國投資在歐洲中東部。1999年匈牙利加入北大西洋公約組織。

Hunkar Iskeilesi, Treaty of ➡ Unkiar Skelessi, Treaty of

Hunkers and Barnburners　守舊派和燒倉派　19世紀美國紐約州民主黨的兩個派別。1840年代民主黨在奴隸制的問題上發生分裂，保守的守舊派（因他們的對手認爲他們對政府官職相當渴望而得名）由馬西領導，贊同併吞德克薩斯，譴責反對奴隸制的煽動；激進而主張改革的燒倉派（因他們的對手以爲驅趕老鼠而燒毀穀倉的故事嘲笑他們而得名）由范布倫領導，反對把奴隸制擴展到新的準州。在1848年的民主黨全國代表大會上，燒倉派加入自由土壤黨，提名范布倫爲總統候選人。1850年代一些燒倉派黨員回到民主黨，其餘則加入新成立的共和黨。

Huns　匈奴人　西元370年入侵東南歐的游牧族群。4世紀中期出現在中亞，最初入侵阿蘭尼族的土地，占領伏爾加河和頓河之間的平原，後來並驅逐居住在頓河和聶斯特河一帶的東哥德人。約在376年，他們又打敗居住在今羅馬尼亞附近的西哥德人，並到達羅馬帝國境內的多瑙河流域。匈奴人是優秀的戰士，當時橫掃歐洲幾乎未遇敵手；他們騎射十分精準，加上快速、殘酷的戰術，因此幾乎攻無不克。他們的勢力後來也擴張到中歐日爾曼人地區，並與羅馬人勢力結合。432年之前，匈奴各族被魯亞王（亦稱魯吉拉王）統一，434年魯亞王死後，王位由兩名侄兒繼承，即布雷達和阿提拉。其後他們與東羅馬帝國締結和平條約，羅馬同意撥付兩倍的補貼金給匈奴；後來由於羅馬未能付出約定的金額，因此阿提拉在441年對羅馬多瑙河流域發動大型攻擊，也使他們的勢力得以控制希臘和義大利。阿提拉死後，他的子嗣爭權造成帝國分裂，並開啓內戰戰火。匈奴人後來在潘諾尼亞戰役中，遭到格庇德人、東哥德人及赫魯利人等族組成的聯軍擊潰，東羅馬帝國收回封給匈奴人的領地，匈奴人也慢慢分解，成爲一般性的社會及政治單位。

Hunt, H(aroldson) L(afayette)　亨特（西元1889～1974年）　美國石油界人物。1930年購買了德克薩斯東部的一片土地，後來證明那是美國儲量最豐富的油田之一。他透過亨特石油公司（建於1936年）繼續精明地投資，使該公司成爲美國最大的獨立石油和天然氣生產公司。1960年代在利比亞開發大量石油資源。他還投資出版、化妝品、山核桃種植和保健食品。1950年代他在自己的無線電電台節目和報紙專欄中宣傳極端保守的政治觀點。1980年他的兩個兒子邦克和赫伯特，企圖壟斷世界的白銀市場，雖未成功，但幾乎造成銀價崩潰。

Hunt, (James Henry) Leigh　亨特（西元1784～1859年）　英國散文作家、評論家、新聞記者和詩人。他是幾家有影響力的雜誌的編輯，特別是改革主義的週刊《檢察者》（1808～1821）全盛時期，也是其朋友雪萊和濟慈的第一個出版商。由於在《檢察者》上攻擊攝政王而在1813～1815年被捕入獄。〈阿布·本·阿德罕姆〉和〈珍妮吻了我〉是他最著名的詩，他的自傳（1850）生動的描繪出他的那個時代。

Hunt, R. Timothy　亨特（西元1943年～）　英國科學家。1968年從劍橋大學獲得博士學位後，在紐約的愛因斯坦醫學院從事研究工作，1990年加入倫敦的帝國癌症研究基金（現稱英國癌症研究所）。1980年代早期，亨特用海膽發現了細胞週期蛋白，這是一些在調整細胞生命週期的不同階段中發揮關鍵作用的蛋白質。他的工作導致發現人類的細胞週期蛋白，並已證明在腫瘤的診斷方面有重要意義。2001年亨特與哈特韋爾、諾爾斯共獲諾貝爾生理或醫學獎。

Hunt, Richard Morris　亨特（西元1827～1895年）　美國建築師。1843～1854年在歐洲求學，成爲巴黎美術學院第一個學建築的美國學生，回國後建立了美術風格（參閱Beaux-Arts style）。他的建築風格屬於折中主義，同時擅長華美的早期法國文藝復興時期的裝飾風格、雄偉莊嚴的古典風格以及景色如畫的別墅風格。曾參與美國國會大廈的擴建工程，設計紐約市的論壇報大廈（1873，後被毀）和大都會藝術博物館的立面（1900～1902）。爲新商業貴族設計的宅邸有爲范德比爾特設計的位於羅德島新港的布雷克爾斯豪宅（1892～1895），具有豐富的文藝復興時期風格。爲美國建築師協會創辦人之一。

Hunt, William Holman　亨特（西元1827～1910年）　英國畫家，前拉斐爾派創始人之一。曾在皇家美術學院附屬中學學習。1854年首次展出《世界之光》取得了成功。畫作特色是顏色對比強烈，細節處理細膩，強調道德和社會的象徵意義。在維多利亞時代的英國，這種道德上的眞摯獲得極大的推崇。他在敘利亞和巴勒斯坦花了兩年時間來畫聖經裡的場景，例如《代罪羔羊》（1855），描繪死海之濱一隻無家可歸的羔羊。其自傳《前拉斐爾派與前拉斐爾派兄弟會》（1905）是關於文藝復興運動的基本原始資料。

Hunter, John　杭特（西元1728～1793年）　英國外科醫生。起初從未想過要當醫生，只是幫忙教解剖學的兄長威廉·杭特準備課程。1770年代初開始自己開課，講授關於外科手術方面的課程。1776年被任命爲喬治三世的御醫。他在比較生物學、解剖學、生理學和病理學等方面做了許多廣泛而重要的研究，被認爲是英國病理解剖學的創始人。對金納有重要影響。

Hunter, William　杭特（西元1718～1783年）　英國產科醫師、教育家與醫學作家。約翰·杭特的哥哥，在格拉斯哥大學研讀醫學，1756年在倫敦獲得開業許可。引進法國的做法到英國，提供每個習醫的學生屍體解剖。在1756年之後，主要醫療業務爲產科，是當時最成功專科醫師，1762年破例爲夏洛特皇后診療。他致力於將產科學去除助產士的偏見，建立成醫學界公認的分支。

Hunter River　杭特河　澳大利亞新南威爾士州東部河流。發源於東部高地的羅亞爾山脈，流向西南，穿過格倫邦水庫，在登曼與主要支流古爾本河匯合後轉向東南，在新堡注入塔斯曼海。全長462公里。其河口灣形成本州最大的港灣。

Hunters' Lodges　獵人小屋　加拿大起義者與美國冒險家所組成的祕密組織，旨在使加拿大擺脫英國的殖民統治。1837年的起義失敗後成立，集中於美國北部邊境各州。1838年兩次試圖入侵上加拿大（今安大略省），都被當地的英國加拿大民兵阻擋住。小規模的邊境騷擾持續不斷，直到范布倫總統按照美國的中立法律下令解散爲止。

hunting　狩獵　追捕獵物的活動，主要作爲一種運動。對於早期的人類，狩獵是必須的，直到近期在許多地方還是如此。在現代，狩獵者已知道要限制使用的方法，並建立了一些法規，給予獵物逃跑的看似公平的機會，避免已受傷獵物不必要的痛苦。現在的遊戲規則著重於保護獵物和限制狩獵。使用的武器有步槍和弓箭，方法包括潛步靠近、伏擊（趴下等待）、循跡跟蹤、圍趕和模擬鳥獸叫聲加以引誘。有時也會利用狗來跟蹤、驚嚇或捉拿戰利品。

hunting and gathering society　狩獵和採集社會　任何以狩獵、捕魚或採集野生植物爲生的人類社會。直至約8,000年前，人類均靠捕獵野生動物或採集野生植物爲生。至20世紀仍有許多狩獵爲生的人們以傳統的方式來維生，但今日這些種族已與定居族群發展更密切的聯繫。在傳統的狩獵和採集社會中，社會團體本身必須規模很小，通常由一個家庭的成員組成，或由幾個有親屬關係的家庭組成一個宗族。食物供應非常充足可靠，且是共享的。通常男人進行狩獵而女人採集植物並負擔大部分家務。殘存至今的僅是社會和宗教活動。

Huntington, Collis P(otter)　亨丁頓（西元1821～1900年）　美國鐵路大王。當過走街串巷的商販，後成爲紐約奧尼塔昂富裕的商人。在淘金熱的1848年移居沙加緬度並與霍普金斯向礦工們銷售物品。1850年代後期，他對用鐵路把加利福尼亞與美國東部聯結起來的計畫產生興趣。1861年他與霍普金斯、史丹福、查理·克羅克（後號稱「四巨頭」）共組中太平洋鐵路公司。在興建時期（1863～1869），亨丁頓爲了籌措資金和獲得有利的立法而向國會進行遊說。1865年四巨頭組成南太平洋鐵路公司。1869年他買下乞沙比克－俄亥俄鐵路公司，與南太平洋鐵路相連，形成第一條橫貫美國大陸的鐵道。1890年任該公司總經理。

Huntington, Samuel P(hillips)　杭廷頓（西元1927年～）　美國政治學者。在哈佛大學取得博士學位，生涯大部分時間也都任教於哈佛大學，專長是國防及國際事務，曾獲多個政府組織聘任爲顧問。他曾出版衆多著作，1996年的《文明的衝突與世界秩序的重建》，預言後冷戰時代的世界衝突必是發生在不同文明之間。

Huntington Beach　亨丁頓比奇　美國加州西南部城市。位於太平洋沿岸，最初稱謝爾比奇（Shell Beach），1901年分區後稱太平洋城。後爲鼓勵發展爲海濱旅遊勝地而改今名，以紀念鐵路大王亨利·亨丁頓。主要經濟資源是油井和煉油廠。人口約191,000（1996）。

Huntington's chorea　亨丁頓氏舞蹈病　一種罕見的遺傳性疾病，預後不良。發病年齡多在三十五～五十歲，且隨年齡增長，病情逐步惡化。最初的症狀是肌肉痙攣或多動、共濟失調。這些舞蹈病樣動作進展雖不快，但經年累進，成爲一種無目的、不能控制的而且常常是劇烈的痙攣性抽搐；而後病人無論做什麼事，都無法控制住這種抽搐。精神症狀有：淡漠、倦怠、煩燥、不安、情緒不穩、喪失記憶、失智、狂燥型抑鬱或精神分裂症。這些只在睡著時才停止的舞蹈病樣肌痙攣最終將導致病人生活不能自理。從發病到死亡，大約經過十～二十年。目前尚無有效療法，吩噻嗪等安定劑只能緩解部分症狀。

Huntsman, Benjamin　亨茨曼（西元1704～1776年）　英國發明家，發明了坩堝法。原是鐘錶和儀器製造工，1740年左右在雪菲耳開設工廠，生產鐘錶發條用的鋼。用他發明的新方法生產出來的鑄鋼比以前任何一種方法生產的鋼種成分更均勻，雜質也更少。雪非耳的鋼鐵製造商們使用坩堝法生產的工具和其他的優質鋼材在全世界取得優勢。

Huntsville　亨茨維爾　美國阿拉巴馬州北部城市。最初稱特威克納姆（Twickenham），1811年成為該州最早設市的社區；1819年當地召開首次州制憲會議，曾短期作為州首府。居民點在大斯普林（至今仍用作水源）周圍，為乾草、棉花、玉米和煙草的貿易中心。設有馬歇爾太空飛行中心和阿拉巴馬亨茨維爾分校（1950）。人口約170,000（1996）。

Hunyadi, János＊　匈雅提（西元1407?～1456年）匈牙利將領。騎士之子，他為國王西吉斯蒙德監督軍隊。在義大利時隨斯福爾札學習新兵法；回到匈牙利南部，成功的抗擊土耳其人的進攻（1437～1438），並成為特蘭西瓦尼亞行政長官。在威尼斯和教宗的協助下，發動對土耳其人的戰爭（1441～1443），瓦解了鄂圖曼帝國對巴爾幹國家的控制，雖然他在瓦爾納戰役（1444）遭鄂圖曼蘇丹擊潰。1446年匈雅提成為幼主拉茲洛五世的攝政。1446～1452年成為匈牙利王國的總監。1456年解除土耳其人對貝爾格勒的包圍，後染病而亡。他打敗了難以征服的土耳其軍隊，被認為是匈牙利的民族英雄。

Huon River＊　休恩河　澳大利亞塔斯馬尼亞州南部河流。發源於韋奇、鮑恩和安妮等山地，向南流，然後向東在休恩峽谷與威爾德、皮克頓兩支流匯合。經過休恩維爾後部分可通航，最後進入寬闊的河口，注入丹特爾卡斯托海峽。全長170公里。下游河谷廣泛開墾耕作，有島上主要的蘋果產區，也是著名的旅遊區。

Hupeh ➡ Hubei

Hupei ➡ Hubei

hurdling　跨欄賽跑　田徑運動項目。在快跑過程中依次跨越按規定距離放置的欄架的一種障礙賽跑。運動員在整個比賽中必須在指定的跑道內跑，跨欄時可以腿或腳碰倒欄架，但不可用手。現代跨欄賽跑是一種在欄架間的短距離賽跑，雙臂式前衝，跨欄時身體儘量前傾，再將腳抬高至幾乎與身體成直角，在連續跨欄時才不會推倒欄架。跨欄賽跑的距離分成男子110公尺和400公尺，女子100公尺和400公尺。

hurdy-gurdy　搖弦琴　梨形弦樂器，由琴端的柄轉動塗有松香的木輪邊摩擦發音。有一排鍵用來阻止一或兩根弦的振動從而產生旋律；餘下的弦發出單調的嗡嗡聲。西元12世紀時歐洲已有類似的樂器，13世紀開始形成現在的樣式。長久以來都與街頭藝人和乞丐連在一起，現在在歐洲還是一種民間樂器。這個名稱也常用於手搖風琴，用手柄轉動箱內的圓筒，圓筒上有編好碼的曲調，轉動時自一個小管風琴發出音樂。

演奏搖弦琴的法國女子，繪於18世紀
H. Roger-Viollet

Hurley, Patrick J(ay)　赫爾利（西元1883～1963年）美國外交家。1929～1933年任美國國防部長，第二次世界大戰期間升為准將，被派往菲律賓試圖解救困在巴丹島上的美軍，還到東部前線、中東、中國和阿富汗等地執行外交任務。1944～1945年任駐中國大使，試圖促成國民黨與共產黨和解，但沒有成功。

hurling　愛爾蘭曲棍球　愛爾蘭的一種娛樂活動，類似曲棍球和曲棍網球，每隊各15人。西元前13世紀的愛爾蘭手稿上即曾提到這種活動。所用球棍圓錐形、稍微有點彎曲，頂端有一杯形擊板，稱作hurley。球從對方球門橫樑上方通過記1分，從橫樑下方通過記3分。為愛爾蘭民間業餘活動。

Hurok, Sol(omon Israelovich)＊　胡魯克（西元1888～1974年）　俄國出生的美國劇場主。1905年來到美國，1913年展開一系列大眾音樂會，從此許多著名的東歐藝術家到國外巡迴演出時，都由胡魯克作他們的代表，包括夏里亞賓、艾爾曼、帕芙洛娃和魯賓斯坦等人。他是當時最有名的劇場主，曾在冷戰高峰時期安排俄國的歌劇和芭蕾舞劇團到美國訪問，對和平貢獻卓著。

Huron＊　休倫人　操易洛魁語的北美印第安人，居住在喬治亞灣和安大略湖間的休倫。休倫人聚成村落，有時設柵，村落由大型的樹皮覆蓋的房屋組成，每所房屋由若干具備母系親屬關係的家庭居住。農作物有玉蜀黍、豆類、南瓜、向日葵及煙草。漁、獵則不甚重要。村落分成許多氏族，各族長組成議事會。婦女在休倫人事務中頗有影響，氏族女族長有權遴選政治領袖人物。休倫人是易洛魁聯盟的死敵，雙方在皮毛貿易中競爭激烈。1648～1650年間易洛魁人入侵該部落被摧毀，殘部被迫西移。今日休倫人（又稱懷恩多特人，在美國是這麼稱呼的）的人口約2,000人。

Huron, Lake　休倫湖　美國和加拿大湖泊。北美五大湖中的第二大湖，與密西根州和安大略省接界，長約330公里，面積59,570平方公里。湖水來自蘇必略湖、密西根湖及許多溪流，自南端出口排出注入伊利湖。湖中有許多島嶼，包括參基諾島以及密西根州沿岸鋸齒形的薩吉諾灣。為聖羅倫斯航道的一部分，4～12月都可以支援繁忙的商業運輸。該湖是歐洲人看到的五大湖裡的第一個。1615～1679年法國人在此考察，以印第安族休倫人之名命名。

hurricane　颶風 ➡ tropical cyclone

Hurston, Zora Neale　赫斯頓（西元1903～1960年）美國民俗學家和作家。起初參加一個巡迴劇團，最後來到紐約，在哥倫比亞大學隨鮑亞士學習人類學，並參與哈林文藝復興。她與休斯合作寫了劇本《米爾．博恩：關於黑人生活的三幕喜劇》（1931）。繼第一部小說《約拿的葫蘆藤》（1934）之後出版《他們的眼睛注視著上帝》（1937），既引起爭論，又受到廣泛的讚揚。寫有自傳《公路塵土飛揚》（1942）。

Hurt, John　赫特（西元1940年～）　英國演員。1962年首次演出電影和舞台劇，是領悟力極佳的演員。演出的影片包括*A Man for All Seasons*（1966）、《象人》（1980）和《傲骨豪情》（1995）；舞台劇作品則有《侏儒》（1963）和《嘲弄》（1974）；另外在電視影集《赤裸公僕》（1975）中扮演作家克里斯普、在《克勞狄烏握》（1977）中飾演卡利古拉皇帝。

Hus, Jan＊　胡斯（西元約1370～1415年）　亦作Jan Huss。波希米亞宗教改革家。他先在布拉格大學學習，後留校任教，在那兒受到威克利夫的影響。1402年成為大學的牧師，他成為批評天主教教士腐敗的改革派運動的領導人。當威克利夫學說受到教會的譴責時該運動亦受到影響，胡斯在兩派教宗勢力爭權時的選邊使他的地位受到影響。1411年被處以絕罰，但仍可講學。胡斯批評偽教宗若望二十三世重新發售贖罪券，為此，他再次成為被批為異端。胡斯獲邀至康士坦茨會議解釋他的觀點；雖得到安全保證，但仍遭逮捕，被控為異端而處以火刑。他的著作對捷克語的發展和教會改革理論有重要影響。他的追隨者稱爲胡斯派。

Husak, Gustav＊　胡薩克（西元1913～1991年）　捷克斯洛伐克領袖（1969～1989）。曾參與領導1944年斯洛伐克反法西斯民族起義，戰後開始黨政官員生涯，並成爲共產黨負責人。杜布切克當政時，由他擔任捷克斯洛伐克的副總理。當杜布切克被蘇聯勢力罷免後，胡薩克擔任共產黨第一書記（1969）。他逆轉了杜布切克的改革措施，整肅黨內的自由分子。1975年任總統，1989年共產黨統治瓦解後辭去總統之職。

Husayn ibn Ali, al-＊　侯賽因・伊本・阿里（西元626～680年）　先知穆罕默德的外孫和第四代哈里發阿里的兒子。其父被刺殺後，他接受伍麥葉王朝第一代哈里發穆阿威葉一世的統治，但拒絕承認穆阿威葉的兒子耶齊德一世。曾受邀參加反對伍麥葉的叛亂，但被伊拉克軍隊截住，並被殺。他在卡爾巴拉戰役中的犧牲激發了什葉派穆斯林的復仇精神，並在伊斯蘭教教曆第一個月的前十天裡紀念他。亦請參閱fitnah。

Husayn ibn Ali, Sharif　侯賽因・伊本・阿里（西元約1854～1931年）　鄂圖曼指定的麥加的謝里夫和埃米爾（1908～1915），1916～1924年自立爲阿拉伯國家國王。1924年宣布爲哈里發，引發與伊本・紹德的戰爭，結果伊本・紹德獲勝，侯賽因被放逐到塞浦路斯。他的一個兒子阿布杜拉成爲外約旦（現在的約旦）國王。另一個兒子成爲敘利亞國王和伊拉克的國王，稱費瑟一世。

Husayni, Amin al-＊　侯賽尼（西元1897～1974年）　耶路撒冷大穆夫提（1921～1937）。1921年英國指派他爲新近成立的最高穆斯林理事會終身主席和穆夫提。1936年一直爲瑣事爭論不休的阿拉伯集團組成阿拉伯最高委員會，由侯賽尼擔任主席，要求停止猶太移民入境。1937年英國迫使他離開而前往黎巴嫩，第二次世界大戰期間滯留德國，戰後逃往埃及。

Husaynid dynasty＊　侯賽因王朝　1705～1957年突尼西亞的統治王朝，由鄂圖曼任命的官員侯賽因・伊本・阿里建立。後鄂圖曼允許他自治統治，並與歐洲列強締結條約。在歐洲列強施壓下，侯賽因王朝的統治者們鎮壓了海盜（1819），廢除奴隸制，並放鬆對猶太人的限制（1837～1855）。1883年突尼西亞成爲法國的保護國，侯賽因王朝的統治者成爲名義上的首領。1957年突尼西亞取得獨立後，該王朝遂告結束。

hussar＊　輕騎兵　歐洲用於偵察的輕騎部隊，仿照15世紀匈牙利輕騎部隊的模式。匈牙利輕騎兵的制服色彩鮮豔，其他歐洲國家的軍隊群起效法。其制服包括高頂軍帽（高聳的圓柱形布帽）、佩有很多飾帶的上衣以及土耳其式戰袍（斜掛於左肩的寬鬆外套）。19世紀時，英國軍隊的幾個輕騎兵團是從輕龍騎兵改編而來的。亦請參閱cavalry。

Hussein, Saddam　海珊（西元1937年～）　伊拉克總統（1979年起）。1957年加入復興黨，1963年復興黨取得政權後，他進入開羅法律學校和巴格達法律學院學習，復興黨被推翻後被捕入獄。後逃出，於1968年協助該黨重掌大權。1972年領導石油工業的國有化。就任總統後，致力於取代埃及人成爲阿拉伯世界的領袖，取得波斯灣地區的霸權，並提高伊拉克人民的生活水平。爲了實現這些目標，他發動反對伊朗（1980～1988）和科威特（1990～1991）的戰爭，但都以失敗告終。1980年代建立起蠻橫的獨裁政權，全面鎮壓伊拉克內部的少數派，特別是庫爾德人。美國擔心他發展大規模毀滅性武器，導致西方國家對伊拉克實行長期制裁。亦請參閱Pan-Arabism。

Hussein I＊　胡笙（西元1935～1999年）　全名Hussein Ibn Talal。約旦國王，在英國受教育，青少年時期即繼承其父塔拉勒國王的王位。他的國家處於不安定的地理和經濟位置，並且許多住在那兒的巴勒斯坦人（就像其他阿拉伯統治者一樣，胡笙使他們成爲公民並擁有護照）強迫他對國際關係制定一套計畫。雖然他持續與比金以外所有的以色列領導人密商，他在六日戰爭亦加入其他阿拉伯國家作戰。這次衝突失利後，以約旦爲基地的巴勒斯坦解放組織威脅到他的統治，他遂將之逐出該國（1971）。後來他在不與以色列和美國對立的情況下尋求與巴解組織改善關係。1988年胡笙將約旦對有爭議的西岸領土的要求及擔任住在約旦的巴勒斯坦人代表的任務交給了巴解組織。1994年胡笙與以巴雙方簽署和平條約。

胡笙國王
Gamma

Husserl, Edmund＊　胡塞爾（西元1859～1938年）　德國哲學家，現象學的創始人。1886～1901年任哈雷大學講師。1900～1901年發表《邏輯研究》，書中應用了他稱之爲「現象學的」分析方法，目的是想解決經驗主義與理性主義之間的對立，藉由追蹤所有哲學和科學的體系和理論發展，追溯其純經驗的來源。1901～1916年轉至格丁根大學任教，這段時間對現象學運動的發源起了重要作用。在《觀念》（1913）一書中，胡塞爾提出現象學是一種普遍的哲學科學。1916年到弗賴堡大學，這是一個新的開始。在《第一哲學》（1923～1924）中，他提出現象學及其還原法是實現人類倫理道德自主的途徑。其著作具有很大的影響力，特別是對他在弗賴堡的繼承人海德格。

胡塞爾，約攝於1930年
Archiv für Kunst und Geschichte, Berlin

Hussite＊　胡斯派　15世紀波希米亞宗教改革者組織成員，胡斯的追隨者。1415年胡斯死後，胡斯派與羅馬斷絕關係。除了主張聖餐是同時領受餅與酒之外，胡斯派還提倡傳道自由、教士清貧、對惡行招彰的罪人處以世俗刑罰以及徵收教會資產。許多胡斯派成員是貴族與騎士，1431年教宗發起十字軍予以征討，但失敗。1433年和平協商期間，胡斯派分裂爲兩支，溫和的聖杯派與激進的塔波爾派。1434年的利帕尼之役中，聖杯派加入天主教徒一方聯手擊敗塔波爾派。1467年另一個胡斯派系弟兄會建立獨立組織，一直存活到反宗教改革運動。1722年一群胡斯派逃往摩拉維亞，定居在親岑多夫伯爵（1700～1760）位於薩克森的土地，建立黑恩胡特社區，並創設摩拉維亞教會。

Huston, John＊　約翰休斯頓（西元1906～1987年）　美國電影導演和電影劇本作家。演員華特・休斯頓的兒子。在從事劇本寫作以前曾短暫擔任拳擊手、墨西哥騎兵軍官、記者及演員。他首次執導的電影是《梟巢喋血戰》(1941)，開始了他輝煌的電影事業，其他經典影片還有：《碧血金沙》(1948，獲奧斯卡最佳導演獎和劇本獎)、《蓋世梟雄》(1948)、《夜闌人未靜》(1950)、《非洲皇后》(1951)、《青樓情孽》(1952)、《蠶蜥之夜》(1964)、《大戰巴墟卡》(1975)、《現代教父》(1985)和《死者》(1987)。約翰休斯頓所導的電影其劇本大多是自己撰寫，其他還有《紅衫淚痕》(1938)、《華雷斯》(1939)和《高山》(1941)。他還繼續其表演事業，最著名的是《唐人街》(1974)。其女安潔莉卡（生於1951年）在下列電影中證明自己是個優秀演員：《現代教父》(1985，獲奧斯卡獎)、《死者》(1987)、《敵人，一個愛的故事》(1989)和《致命賭局》(1990)，同時她也參與電視影集《來自卡羅來納的私生女》(1996)的導演工作。

Huston, Walter　休斯頓（西元1884～1950年）　原名Walter Houghston。加拿大出生的美國演員。1902年在家鄉多倫多首次登台演出，1905年首次在紐約演出。他與其第二任妻子組成歌舞雜耍表演團(1909～1924)。《榆樹下的欲望》(1924)和《多茲沃思》(1934，1936年拍成電影)中的演出使他在百老匯獲得聲譽，在《紐約人的節日》中演唱的「9月歌」風行一時。他曾演出五十多部電影，包括了《林肯傳》(1930)、《雨》(1932)和由其子約翰休斯頓導演的《碧血金沙》(1948，獲奧斯卡獎)。

Hutchins, Robert Maynard　哈欽斯（西元1899～1977年）　美國教育家和基金會主席。曾為耶魯法學院院長，後任芝加哥大學校長(1929～1945)和名譽校長(1945～1951)，鼓勵文科教育，以學習西方傳統「巨著」為基礎，感歎任何職業教育的傾向，並取消院校之間的體育活動。後來領導各種基金，包括福特基金會。1943～1974年任《大英百科全書》編輯委員會主席，並編輯了五十四卷《西方世界偉大著作》(1952)。他在《美國的高等教育》(1936)中闡述了自己的教育觀點。

Hutchinson, Anne　哈欽生（西元1591～1643年）　原名Anne Marbury。英國出生的美國宗教領袖。1612年嫁給威廉・哈欽生，1634年跟隨科頓到麻薩諸塞灣殖民地。她組織波士頓婦女的每週宗教聚會，批評清教徒狹隘的正統律法，信奉「寬厚的契約」。反對她的人們指責她把對上帝仁慈的信仰變成讓基督徒們無須遵從已經確立的道德戒律的藉口，後以試圖「背叛教長」判處流放。她拒絕認錯，因而被逐出教會。1638年與丈夫在阿基德奈克島建立移民區，後成為羅德島的一部分。

Hutchinson, Thomas　哈欽生（西元1711～1780年）　美洲殖民地行政官員。波士頓富商之子，原本從事商業投資，1737～1749年在地區和省級立法機關工作，還是奧爾班尼議會代表。1758～1771年任副總督，兼任州最高法院首席法官(1760～1769)。1771～1774年任總督，嚴格強化英國的統治。人們將「印花稅法」歸咎於他，一群暴徒憤而洗劫他家。由於他堅持一船茶葉在波士頓卸貨，導致波士頓茶黨案。後被蓋奇將軍取代。

Hutchinson family　哈欽生家族　美國歌唱團體，以發揚本土流行音樂為宗旨。哈欽生家族生長於新罕布夏州米爾福德，是由賈森(1817～1859)、約翰(1821～1908)、艾沙(1823～1884)及么妹艾比(1829～1892)組成的四重唱，1841年開始在新英格蘭一帶舉辦演唱會。相較於當時盛行感性和唱遊歌謠，他們的作品涉及政治議題，包括婦女投票權、禁酒令和反墨西哥戰爭。哈欽生家族曾於許多反奴隸運動中獻唱，有一次在波士頓甚至吸引了兩萬人次。之後團員中的數位由其他家族成員取代，但仍持續進行巡迴演唱活動至1880年代。

Hutterite＊　胡特爾派　基督教再洗禮派中的一派。其名得自創始人胡特爾，他是奧地利人，於1536年被認定為異端，受酷刑後被燒死。他的追隨者仍按照初期耶路撒冷教會的模式把教會建成聖善者的集體。因為逃避迫害而遷離摩拉維亞和蒂羅爾，他們東移至匈牙利和烏克蘭。1870年代許多人移民至美國，後定居南達科他州。該派現仍存在，主要分布在美國西部和加拿大西部地區，他們每60～150人聚居一地，經營集體農場。胡特爾派信徒不與社會相通，不參與政治。

Hutton, James　赫頓（西元1726～1797年）　蘇格蘭地質學家、化學家和博物學家。曾短期從事法律和醫學工作，由於對化學的興趣，他發明了一種生產氯化銨的廉價方法。1768年定居愛丁堡，追求科學生活。1785年在愛丁堡提出兩篇論文（1788年出版），詳細闡述他的「均變論」理論。該理論不依據聖經而解釋地球的地質過程，強調風化、分解、沈積和火山噴發都是漫長的週期性過程，這些都具有革命性的意義。

Hutu　胡圖人　操班圖語的盧安達和蒲隆地民族，在剛果（薩伊）有大量的難民。人數約950萬，占這兩個國家人口的絕大多數，但傳統上卻隸屬於圖西人，在德國和比利時殖民統治時已培養成主僕關係。這兩種文化深深地相互交錯在一起，他們都講盧安達語和隆地語，有相似的宗教信仰（傳統的和基督教）。1961年以前圖西人在盧安達一直占優勢，1961年胡圖人趕走大部分圖西人，取得政權。1965年蒲隆地的胡圖人試圖發動政變，但沒有成功，仍服從於圖西人占優勢的軍事政府。1972、1988、1993年在蒲隆地以及1990、1994～1996年在盧安達，先後發生多起暴力衝突，包括一場由胡圖人開始的大屠殺，導致一百多萬人被殺害，另有一百萬～兩百萬人被迫逃到薩伊（今剛果）和坦尚尼亞的難民營。

Huxley, Aldous (Leonard)　赫胥黎（西元1894～1963年）　英國小說家和評論家。為湯瑪斯・亨利・赫胥黎之孫，朱利安・赫胥黎的弟弟，孩童時起就部分失明。作品以優雅、風趣和悲觀的諷諷著稱，包括《克隆・耶洛》(1921)、《滑稽的黑伊》(1923)、《針鋒相對》(1928)等，前兩部奠定了他作為主要小說家的地位。著名的《美麗新世界》(1932)是對未來社會的夢魘般的看法，表達了他對政治和技術發展趨勢的不信任。從《加沙盲人》(1936)開始，顯示出對印度哲學和神祕主義的興趣日益濃厚。後期作品包括《盧丹的魔鬼》(1952)和《感受之門》(1954)，講述他服用迷幻藥物的體驗。

赫胥黎，攝於1959年
Robert M. Quittner – Black Star

Huxley, Julian (Sorell)　赫胥黎（西元1887～1975年）　受封為Sir Julian。英國生物學家、哲學家和作家。湯瑪斯・亨利・赫胥黎之孫，阿爾道斯・赫胥黎的兄長。他關於荷爾蒙、發育過程、鳥類學及生態學的研究影響到現代胚胎學、分類法、行為及演化研究的發展。他應用科學知識來解決社會和政治問題，訂定了「人文主義的演化」這個倫理學的理論。他爲一般大衆寫了許多著作，包括《生命科學》（1931；與威爾斯合著）。他還是聯合國教科文組織首任祕書長（1946～1975）。

Huxley, T(homas) H(enry)　赫胥黎（西元1825～1895年）　英國生物學家。教員之子，取得醫學學位。1846～1850年擔任一考察隊的隨隊外科醫生去南太平洋，對海洋生物作了大量研究。回國後在倫敦皇家礦工學校任教多年（1854～1885）。1850年代發表許多關於動物個性、某些軟體動物、古生物學方法、科學與科學教育方法和原理、神經的結構和功能以及脊椎動物顱骨等論文，由此建立起聲譽。他是達爾文最早、也是最有力的支持者，1860年與韋爾伯佛思主教的辯論廣受矚目。1860年代赫胥黎在古生物學和分類學方面做了很有價值的研究，尤其是對鳥的分類。後來轉向神學，據說「不可知論」一詞是他獨創以表達自己的觀點。在他那一代人中，很少有科學家能像他那樣對如此寬廣的科學發展領域產生影響，也很少有人能像他那樣有效地推動思想和實踐的總體運動。

Huygens, Christiaan＊　惠更斯（西元1629～1695年）　亦作Christian Huyghens。荷蘭數學家、天文學家和物理學家。他最早將單擺作爲時鐘的調節器（1656）。惠更斯發明研磨望遠鏡透鏡的方法，並利用這種改良的望遠鏡看清土星的光環（1659）。他發展對反射和折射爲基礎的二次波陣面的解釋，今稱爲「惠更斯原理」。他還創立了光的波動理論（1678），對動力學作出最早的貢獻。他對旋轉體的研究使得擺的振動和等速圓周運動等相關的問題得以解決。惠更斯還是第一位認爲等速運動是萬有引力造成的。

惠更斯，肖像畫，內徹（C. Netscher）繪於1671年左右
By courtesy of the Collection Haags Gemeentemuseum, The Hague

Huysmans, Joris-Karl＊　于斯曼（西元1848～1907年）　原名Charles-Marie-Georges Huysmans。法國頹廢派作家。受到當時自然主義的影響，早期作品多是傾向於個人和暴力的作品。《浮沈》（1882）是他的第一部作品。他最著名的作品《逆流》（1884）描寫一位無聊貴族的頹廢的經驗。其最受爭議及自傳性的小說《在那兒》（1891）描寫的是19世紀一位撒旦崇拜者的故事。他最後的小說都與他重回天主教有關。他還寫了一些藝術評論的作品。

于斯曼，油畫；佛韓（Jean-Louis Forain）繪
J. E. Bulloz

Hwange National Park＊　萬基國家公園　舊稱Wankie National Park。辛巴威西北部國家公園。位於波札那邊界，1928年建爲獵物保護區，1930年成爲國家公園。占地14,651平方公里，大部是平地，有安哥拉紫檀、柚木等落葉樹林。爲非洲最大的大象禁獵區之一，可從台地上俯瞰水坑，觀察豐富的野生動物。

Hwarangdo＊　花郎徒　西元6世紀左右在古朝鮮新羅國中興起的有獨特軍事和哲理意義的代號。原本是將貴族青年訓練成年輕武士稱爲花郎，他們在新羅王朝（668～935）統一朝鮮半島的過程中起了輔助作用。他們的道德觀念來自儒家學說和佛教教義，它強調：事君以忠、事親以孝、交友以信、臨戰無退、殺生有擇。朝鮮王朝時正式解散花郎，但20世紀晚期重新對花郎徒發生興趣，現代朝鮮軍事藝術的形式之一就是所謂花郎徒。

hyacinth　風信子　百合科風信子屬約三十種觀賞植物的統稱，原產地中海地區和熱帶非洲。常見花園栽培品種由風信子選育。多數種葉窄，基生，全緣。花芳香（通常藍色，栽培變種有粉紅色、白色等），簇生於無葉的花葶頂端。亦請參閱grape-hyacinth。

Hyacinthus＊　雅辛托斯　希臘傳說中的年輕男子，他的美貌吸引了阿波羅的喜愛，但阿波羅在一次教他投擲鐵餅時誤殺了他，血流出處生出貝母類的花（不是現代的風信子），花瓣上有AI, AI（悲嘆聲）的標記。在他斯巴達的家鄉阿米克萊，人們以初夏的一個節日雅辛托斯節來紀念其死亡，標誌從春天轉向夏天。

Hyades＊　畢星團　由數百顆恆星組成的疏散星團，位於金牛座中。亮星畢宿五像是該星團的成員，實際上比距地球約130光年的畢星團要近得多。星團中有五個實際成員肉眼可見。

hyaline membrane disease　透明質膜病 ➠ respiratory distress syndrome

hybrid　雜交種　遺傳特性不同的親代產生的後代（參閱genetics）。親代可能是兩個不同的物種，不同屬，甚至不同科（極少見）。通常使用「雜種」（mongrel）及「混血」（crossbreed）來談論兩個種族、品種、品系、或相同物種的變種雜交而得的動植物。因爲基本生物學不相容，不育的雜交種（無法生育幼體）如騾（公驢和母馬的雜交種）經常是物種之間的雜交。不過有些物種的雜交種是能夠生育的，形成新物種的來源。許多經濟或觀賞的栽培植物（如香蕉、咖啡、花生、大理花、薔薇、麵包小麥、苜蓿等）起源於自然或人工的雜交。雜交在生物學上很重要，因其增加物種內必需的遺傳變異。

hybrid vigor ➠ heterosis

Hyde, Edward ➠ Clarendon, Earl of

Hyder Ali＊　海德爾·阿里（西元1722～1782年）　印度南部邁索爾的穆斯林統治者。他組織第一支由印度人控制、配備西式武器的印度部隊，取得邁索爾軍隊的指揮權後，終於推翻邁索爾國王。他征服了鄰近地區，並與尼查姆·阿里汗及馬拉塔人結盟，一起對抗英國人。與英國作戰十多年後，海德爾終於承認無法打敗英國人，臨終囑咐其子與英國人講和。

Hyderabad＊　海得拉巴　舊稱Haidarabad或尼札姆自治領（Nizam's Dominion）。前印度中南部土邦。原爲戈爾孔達古王國的一部分，1687年成爲蒙兀兒帝國的一部分。1724年尼札姆·穆爾克建立獨立的海得拉巴王國，1798年該王國被置於英國的保護之下，雖然尼札姆王朝仍繼續統治這個國家。1947年印巴分治時，尼查姆王朝試圖維持自己的獨立地位，但在翌年被印度占領，並取得控制權。該地區現在分屬於安得拉邦、卡納塔克邦和馬哈拉施特拉邦。

Hyderabad　海得拉巴　印度南部安得拉邦首府。16世紀戈爾孔達蘇丹建立，1685年被蒙兀兒帝國侵占，遭到劫掠破壞，1724年成為獨立的海得拉巴王國首都。四周圍有城牆，有許多兼具印度和穆斯林風格的建築。附近的塞康德拉巴德由英國營區發展而成，與海得拉巴有一條1.6公里長的隄防相連。為奧斯曼尼亞大學（1918）及海得拉巴大學所在地。人口3,146,000（1991）。

Hyderabad　海得拉巴　亦作Haydarabad。巴基斯坦信德省城市。位於印度河東岸，1768年古拉姆·沙·卡爾霍拉建立，1843年屈服於英國之前一直是信德省省會，後省會移至喀拉蚩。現為交通、商業和工業中心。著名古蹟有舊時統治者的陵墓和王宮。民宅屋頂上普遍裝有「巴德吉爾風斗」，用以在熱季吸入海風，為該城一大特色。人口795,000（1981）。

hydra　水螅屬　刺胞動物門水螅綱的一屬的淡水無脊椎動物，約20～30種。水螅體的身體細管狀，通常透明，長可達25公釐。體上端開口，食物和殘屑均由此進出。一般雌雄同體，經常進行無性的出芽生殖。不同的種主要區別在於顏色、觸手長度和數目、生殖腺的位置和大小。以小型無脊椎動物（如甲殼類）為食。

hydrangea＊　繡球花　繡球花科繡球花屬約23種直立或攀緣木本灌木的統稱。原產於西半球和東亞。有些種的花美觀，聚成一個花球，故栽培於溫室或花園觀賞。法國繡球（H. macrophylla，即繡球）許多變種的球形花簇大，花玫瑰、淡紫或藍色，稀為白色等。

hydraulic jump　水躍　水位突然改變，有如波浪撞擊，通常在堰和水閘下方可見，平順的水流在前端起泡處突然上湧。實際上，水波速度的波長隨著振幅改變，導致各種不同的效應。在某些河口灣看到的怒潮澎湃，是大尺度的水躍。亦請參閱Bernoulli's principle。

hydraulic press　液壓機　由裝有活塞的圓柱形缸筒（參閱piston and cylinder）組成的機械。用泵將液體壓入缸筒內，使受壓的液體對固定的鐵砧或底板施加壓力。工業中廣泛使用液壓機使金屬成型，或用在其他需要巨大力量的工作上。有各種類型和大小，產生的壓力可從0.9公噸以下到9,000公噸以上。亦請參閱punch press。

hydraulics　水力學　關於流體（主要是流動的液體）實際應用的學科。與流體力學有關，後者在很大程度上為它提供了理論基礎。水力學研究諸如管道、河流和溝渠中的液體流動，以及水壩、貯水池的攔蓄等問題。它的一些原理也能用於氣體，通常是應用於氣體密度變化相對較小的情況下。水力學的範圍已擴展到諸如傳動裝置和控制系統等機械設備。亦請參閱Bernoulli's principle、Pascal's principle、pump。

hydride＊　氫化物　氫與另一種化學元素的無機化合物。按照它們的化學鍵可分成三種常見的類型：一、鹽型或離子型氫化物（參閱ionic bond），在這類氫化物中，氫以陰離子H－存在，性質類似鹵素；例如氫化鈉（NaH）和氫化鈣（CaH_2），與水反應猛烈，放出氫氣（H_2），適於用作便於攜帶的氫氣源。二、金屬型氫化物，例如氫化鈦（TiH_2），是類合金材料（參閱alloy），具有光澤、導電等金屬特性。三、共價型氫化物（參閱covalent bond），大部分是氫與非金屬元素的化合物，包括水、氨、硫化氫（H_2S）和甲烷。在聚合型氫化物中，氫構成其他原子之間的橋樑（例如硼和鋁的氫化物），這類氫化物燃燒時會釋放大量的能量，可用作火箭燃料。

hydrocarbon　烴　只含碳和氫兩種元素的有機化合物。碳原子形成化合物的骨架，氫原子附著在骨架上。烴是石油和天然氣的主要成分，可用作燃料、潤滑劑以及生產塑膠、纖維、橡膠、溶劑、炸藥和化工產品的原料。若氧足夠且完全燃燒，則可生成二氧化碳和水；氧不足時就生成一氧化碳。烴主要的兩種類型是脂肪類和芳香類（參閱aromatic compound）。脂肪烴中的碳原子排成直線或分支的鏈，或者結成非芳香族的環。脂肪族化合物可以是飽和的（石蠟）；如果任何一個碳原子間連有二價或三價鍵，則稱為不飽和烴（例如烯烴、鏈烯烴、炔）。除了最簡單的烴外，烴都有同質異能素（參閱isomerism）。乙烯、甲烷、乙炔、苯、甲苯和萘都是烴類。

hydrocephalus＊　腦積水　腦脊液（CSF）積存於腦室中的一種病理現象，病因可為使腦脊液引流受阻的先天性畸形（參閱neural tube defect）、複雜的頭部外傷或感染的後遺症等。正常情況下，腦脊液循環整個腦部和脊柱並將之排至循環中。在嬰兒和幼童造成腦積水的原因是腦部和頭骨擴大，由於囟門尚未癒合造成的。若未經手術將積水轉至血液或腹部，過多的液體會壓迫腦部，引起驚厥、精神發育遲鈍及死亡。

hydrochemistry　水化學 ➟ chemical hydrology

hydrochloric acid　鹽酸　亦稱muriatic acid。氣態無機化合物氯化氫（HCl）的水溶液。鹽酸是一種強酸，可以完全離解成水合氫陽離子（H_3O^+）和氯陰離子（Cl^-），具腐蝕性和刺激性。鹽酸與大多數金屬反應產生氫和金屬的氯化物，還能與氧化物、氫氧化物及許多鹽起反應。工業上廣泛使用鹽酸來處理金屬和提煉某些礦物，或用於鍋爐除垢、食品加工、金屬清潔和酸洗，還可作為化學中間體、實驗室試劑以及酒精變性劑（參閱ethanol）。胃的消化液中也有鹽酸，分泌過多會造成消化性潰瘍。

hydroelectric power　水力發電　用水輪機將瀑布或快速流動的水的勢能轉換成機械能，推動發電機發出電來。高處的水通過粗管道或隧道（水渠）向下流動，下泄的水推動水輪機，水輪機再帶動發電機，將水輪機的機械能轉換為電能。比起用化石燃料發電和核分裂發電，水力發電的優點是持續可用，沒有污染。挪威、瑞典、加拿大和瑞士等國的很大一部分電皆來自水力發電，因為它們有不少工業化地區靠近雨量豐富的山區。美國、俄國、中國和巴西等國水力發電所占總電量的比例就小得多。亦請參閱tidal power。

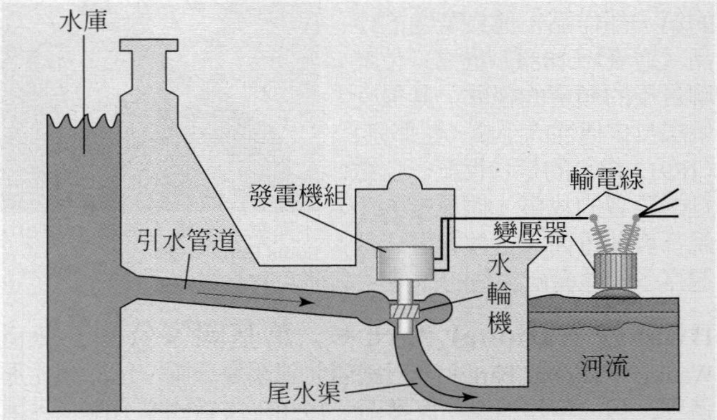

在河流築壩形成水庫，水力發電廠控制水庫的放水來發電。流動的水轉動渦輪，推動發電機產生電力。變壓器加高電壓以利長程電力輸送。
© 2002 MERRIAM-WEBSTER INC.

hydrogen　氫　一種輕的化學元素，化學符號H，原子序數1。一種無色、無臭、無味的可燃性氣體物質，氫原子很活潑，可以彼此結合成對，形成分子式為H_2的雙原子氫分子。其原子含有一個質子和一個電子；其同位素氘和氚分別多出一和二個中子。雖然氫在地球上的豐度只占第九位，但占宇宙中所有物質質量的75%。氫過去用於塡充飛船；無味的氦已取代它。氫氣主要用於氨、乙醇、苯胺和甲醇的合成；石油燃料的脫硫；也是一種還原劑（參閱reduction）和補充減少中的大氣；製備氯化氫（參閱hydrochloric acid）和溴化氫；還用於有機化合物的氫化。液態氫（沸點-252.8℃）用於實驗室以產生極低的溫度，用於氣泡室中，和用作火箭燃料。燃燒氫和氧可產生水。大多數酸尤其是在水溶液中的酸，其各種性質都是因存在氫離子（H^+，亦可產生水合氫離子H_3O^+，因此任何水的環境都可發現氫離子）而產生的。亦請參閱hydride、hydrocarbon。

hydrogen bomb 氫彈 亦作H-bomb，或稱熱核彈（thermonuclear bomb）。這種武器由氫的同位素在高溫下融合而生成氦，從而產生巨大的爆炸威力。反應所需的高溫透過引爆一個原子彈（由核分裂而不是核融合得到能量）來產生。這種炸彈爆炸所產生的衝擊力可以破壞掉其半徑數公里以內的任何建築物，熾烈的白光會使人失明，而所產生的熱量足以引起風暴性大火。它還會產生能污染空氣、水和土壤的落塵。氫彈的威力可能比原子彈高上數千倍，其體積卻可以小到能放進洲際彈道飛彈（ICBM）的彈頭中，這種飛彈能在20～25分鐘之內飛越半個地球。泰勒及其他科學家一起研製出第一枚氫彈，1952年11月1日在埃尼威托克環礁進行試驗。1953年蘇聯首次試驗氫彈，接著是英國（1957）、中國（1967）和法國（1968）。到1980年代末，在全世界的軍火庫中約儲存了四萬枚氫彈，自從蘇聯解體後這個數字有所下降。

hydrogen bonding 氫鍵 相鄰分子的成對原子的交互作用，比離子鍵或共價鍵弱，但是比范德瓦耳斯力強，排列分子並使其聚在一起。成對的其中一個分子（施者）有氫原子與氮或氧原子共價鍵結（-NH或-OH）；另一個分子（受體）有北極性或氧原子或負電粒子。施者分子有效地將氫與受體共用，將其電子與受體的氮或氧原子共用。水是離子化合物和許多其他物質的良好溶劑，因其極易在溶質與溶劑之間形成氫鍵。蛋白質內氨基酸之間的氫鍵決定其三級結構。去氧核糖核酸（DNA）兩條鏈上的核苷酸中氮基之間的氫鍵（鳥嘌呤與胞嘧啶，腺嘌呤與胸腺嘧啶）掌握遺傳訊息傳遞的關鍵。

hydrogenation＊ 氫化 通常在有催化劑的情況下，氫分子（H_2）與其他元素或化合物之間的化學反應。反應中，氫分子可能簡單的加在二價或三價鍵（參閱bonding）的位置上，變成單價鍵（即令不飽和的化合物變成飽和）；也可能加在芳香族化合物上，成爲環烴。含不飽和脂肪酸的食油在室溫下是液體，食品製造商利用氫化過程使一部分不飽和脂肪酸轉換爲飽和脂肪酸，以生產更固化的產品。第二類氫化過程是將化合物分解（稱爲氫解或破壞性氫化），在石油工業裡具有非常重要的意義，生產汽油和石油化學產品的許多過程都要以它爲基礎。

hydrologic cycle＊ 水分循環 地球－大氣系統中水的連續循環。海洋中的水通過大氣被帶到大陸，經由蒸發、蒸騰、降水、截留、滲透、地下穿流、地面流動、徑流以及其他複雜過程又回到海洋。儘管在循環中水的總量基本保持不變，但在各種過程中的分布卻是不斷地變化。

hydrology 水文學 研究地球上的水的科學，包括水的起源、分布、透過水分循環的流動以及與生物的相互作用等，還研究處於各種相態的水的化學和物理性質。

hydrolysis＊ 水解 一種化學反應，其中水與另一個反應物交換官能團而形成兩個產物，一個含H，另一個含OH。大多數水解都包含有機化合物，其他的反應物和產物都是中性的；例如，酯可以水解爲羧酸和醇。這種反應往往可以藉由酶來加速，例如在許多消化和代謝過程中；也可以用其他催化劑來加速。在帶離子鍵的化合物的水解中，參與離解反應的非水反應物是鹽、酸或鹼。

hydrometallurgy 濕法冶金學 將礦石中的金屬溶解（例如用它的一種鹽），再從溶液中回收金屬的提取方法。整個過程通常包括浸取（溶於水中），通常用添加劑；分開廢料並純化浸取液；用化學或電解的方法使金屬或其純化合物從浸取液中沈澱。濕法冶金開始於16世紀，在20世紀獲得重大發展。現在透過離子交換、溶劑萃取及其他一些方法，使七十多種金屬元素可以用濕法冶金來生產，包括大部分的金、許多銀以及大噸量的銅和鋅。

hydroponics 溶液栽培 亦稱水耕、無土栽培或桶箱農業。在營養豐富的水中栽培植物的方法，可以用或不用像沙或砂礫這類惰性培養基作爲機械的支撐，定期泵入肥料溶液。隨著植物生長，溶液的濃度和泵入肥料的頻率相應增加。很多種蔬菜和花卉都可以在砂礫中生長得很好。自動添水和加肥可以節省勞力，但裝置的成本很高，還要經常測試肥料溶液。產量與土壤栽培的作物產量差不多。

hydrosphere 水圈 地表或接近地表的不連續水層。包括所有液態和凍結的地表水、土壤和岩石中持有的地下水以及大氣中的水蒸氣。透過水分循環，這些水一直處於循環流動中。儘管水圈的各別組分不斷地改變狀態和位置，但總水量是保持平衡的。現代社會的水污染情況，已嚴重影響水圈的成分。

hydrostatics 流體靜力學 物理學的分支，處理流體在靜止狀態的特性，特別是在流體中或流體（氣體或液體）作用在浸沒物體的壓力。流體靜力學的原理應用於深水（壓力隨著深度而增加）及高層大氣（壓力隨著高度降低）的壓力相關問題上。

hydrotherapy 水療法 將水作用於人體表面以治療疾病和創傷的方法。熱水療法有助於減輕疼痛、改善循環、促使肌肉鬆弛催眠。冷水療法能降低體溫，使血管閉合，導致血流量減少，因此能減輕疼痛。水下體操用於加強無力的肌肉，恢復受傷關節的活動能力，使燒傷的肌膚保持清潔並促進其癒合，幫助腦血管意外患者的肌肉恢復功能，並可治療關節炎等疾患中出現的畸形和疼痛。亦可使用漩渦浴槽和淋浴等方式。水療法通常是由物理醫學與復健的專業人員來進行。

hydrothermal ore deposit 熱液礦床 由飽含礦物質的熱水（熱水溶液）中析出固態物質而形成的金屬礦物集中地。在大多數情況下，這些溶液可能是地下深部環流水被岩漿加熱形成的。另一種可能的加熱源是放射性衰變所釋放的能量。

hydroxide 氫氧化物 包含一個或幾個由一個氫原子和一個氧原子組成的官能團的化合物，氫和氧原子鍵合在一起以氫氧基團或氫氧陰離子（OH^-）的形式起作用。氫氧化物包括實驗室和工業過程中常用的鹼。鹼金屬（鋰、鈉、鉀、銣和銫）的氫氧化物是最強的鹼，也是最穩定、最易於溶解的；鹼土金屬（鈣、鋇和鍶）的氫氧化物也是可溶性的強鹼，但穩定性較差。大部分其他金屬的氫氧化物都只微溶於水，但可以中和酸；有些則是「兩性的」，與酸和鹼都能發生反應。

hyena 鬣狗 鬣狗科三種粗毛犬形食肉動物的統稱，分布於亞洲和非洲。事實上，鬣狗與貓的關係比與狗的關係更為密切，它們每足四趾，前腿頗長，爪不能縮入，顎和牙極為有力。單獨或成群出沒，可能在夜間或白天活動。一般相當膽小，但當屍肉和小獵物很少時，也會攻擊不能自衛的動物。斑鬣狗亦稱笑鬣狗，因其叫聲似悲號和笑聲，故名；分布在非洲撒哈拉以南大部分地區。毛色為淺黃或淺灰，帶深色斑點；長約1.8公尺，包括30公分的尾長；體重約80公斤。以會攻擊人甚至刁走幼兒著稱。

Hyksos＊ 西克索人 西元前18世紀居住在埃及北部的一支閃米特－亞細亞混血族群。西元前1630年左右西克索人奪得政權，此後，統治埃及一百零八年。他們在表面上已埃及化甚至沒有影響到埃及文化。崇奉塞特，他們把塞特與一個亞洲的風暴之神視為一體。西克索人曾把馬匹、戰車、弓弩、改良的戰斧和先進的防禦技術傳入埃及。西克索人法老試圖平定底比斯的暴動，但他們的王朝於西元前1521年為雅赫摩斯推翻。

hylomorphism＊ 形質論 形上學觀點，認為每一個自然體都包含兩種本質：潛在的（potential，亦即元質〔primary matter〕）與實在的（actual，亦即實形〔substantial form〕）。形質論是亞里斯多德自然哲學的中心學說。他主要是依據對變化的分析來論證形質論。如果一個存有（being）發生變化（例如從冷變熱），某種恆久之物必定存在著，在整個變化過程中維持不變；再者，必定有個實在本質使得先前狀態與後來狀態區別開來。恆久本質即質料（matter），實在本質即形式（form）。

hylozoism＊ 物活論；萬物有生論 認為所有物質，或者就其自身而言，或者藉由參與一個世界靈魂或某個類似本質的運行，都是有生命的。物活論在邏輯上必然有別於泛靈論的早期形式（將自然擬人化），也有別於泛心論（panpsychism，將某種意識或知覺的形式賦予一切物質）。此詞是寇德華斯在17世紀時創造的，他跟摩爾（1614～1687）一起提及「可塑性」，亦即一種無意識的、無實體的本質，作為神操縱變化的工具，來控制、組織著物質，因而產生自然事件。

Hymen 許門 希臘神話中的婚姻之神。通常被認為是阿波羅和繆斯之一卡利俄珀所生的兒子。還有一說是為戴奧尼索斯和愛芙羅黛蒂所生。據阿提卡傳說，他是一個英俊少年，從一群海盜手中救出幾個姑娘，其中有一位是他所愛戀的。受到的回報是得到了這個女孩並娶她為妻，後來人們由於他們生活美滿，都在結婚歌中向他祈求。

hymn 讚美詩 基督教徒用來崇拜上帝的歌曲，通常由會眾歌唱，以有韻律和節拍的詩節寫成。此詞源自希臘語hymnos（意為「讚美之歌」），但各文明都有崇敬上帝或諸神的讚美詩。基督教的讚美詩源自耶路撒冷聖殿的詩篇。保存下來完整基督教最早歌詞約作於西元200年。從初期開始讚美詩便在拜占庭的禮拜儀式中居重要地位，讚美詩在西方教堂中原本由會眾演唱，中世紀時改由唱詩班演唱。宗教改革運動時才又改由會眾演唱，馬丁・路德和其追隨者創作了許多讚美詩，而喀爾文派較喜歡將詩篇配上音樂。瓦茲和衛斯理創作了許多著名的英文讚美詩。反宗教改革使得許多天主教的讚美詩作品出現，而在1960年代第二次梵諦岡會議後，恢復了由會眾來演唱讚美詩。

Hyndman, Henry M(ayers)＊ 海因德曼（西元1842～1921年） 英國馬克思主義政治領袖。就讀於劍橋大學，原為新聞記者，後創辦社會主義民主聯盟。所著《英國是全體英國人民的英國》（1881）為五十年來英國第一本社會主義書籍，他在書中闡述了馬克思的思想。他引導英國的許多社會主義者走向馬克思主義，但不喜歡他的恩格斯鼓勵許多人與海因德曼決裂而組成社會主義聯盟。第一次世界大戰期間，海因德曼採取愛國和親法路線，因而被社會黨開除，1916年另組國家社會黨，後改稱社會民主聯盟。

hyperactivity 過動 ➠ attention deficit (hyperactivity) disorder (ADD or ADHD)

hyperbaric chamber＊ 高壓室 亦稱減壓艙（decompression chamber）或復壓艙（recompression chamber）。提供高壓大氣的密閉空間。吸入高壓空氣可以提高組織中的含氧水平，如此就可以抑制厭氧細菌（如破傷風桿菌和氣性壞疽桿菌）的生長；一些患有心臟病的嬰兒可以因此而提高手術後的成活率；或者使氣泡（如在栓塞或減壓病中發生的）重新分解，帶到肺部，隨著壓力逐漸恢復正常，氣體就可以排出。

hyperbola＊ 雙曲線 有兩個分支的曲線，一種圓錐截線。就歐幾里德幾何而言，可以定義成平面與正圓錐體的截面，當平面平行於圓錐的軸線。如果圓錐的線條延伸到頂點之外，形成第二個翻轉過來的圓錐，截面就是雙曲線的兩個弧。在解析幾何上，雙曲線是點的集合，所有點相對於兩個固定點（焦點）的距離差為定值。雙曲線有許多重要的物理學特性，對設計透鏡與天線有幫助。

hyperbolic function＊ 雙曲線函數 數學上，一組與雙曲線有關的函數集合，就像三角函數相關於圓。雙曲線函數有雙曲正弦、餘弦、正切、正割、餘切與餘割（寫成sinh，cosh等等）。基礎三角性質的雙曲等價式為$\cosh^2 z - \sinh^2 z = 1$。雙曲正弦與餘弦，在尋找特殊種類的整數特別管用，可以定義為指數函數的形式：

$$\sinh x = (e^x - e^{-x}) \div 2 \text{ and } \cosh x = (e^x + e^{-x}) \div 2$$

hyperbolic geometry 雙曲幾何 非歐幾里德幾何學，用於建立星際空間模型，去除平行公設，提議通過已知直線外任一點至少有兩條直線平行該直線。雙曲幾何的許多定理等同於歐幾里德幾何學，但有些不同。例如，兩條平行線在一個方向漸近，另一個方向則漸遠，三角形的內角總和小於180°。

hypernephroma 腎上腺樣瘤 ➠ renal carcinoma

hypertension 高血壓 亦作high blood pressure。血壓偏高的病症。隨著時間經過會傷害腎臟、腦、眼睛和心臟。高血壓加速動脈硬化，增加心肌梗塞、中風與腎功能衰竭的風險。在年長及黑人較為常見，通常沒有症候，只能定期血壓檢查及早發現。繼發性高血壓是由其他疾病造成（腎臟疾病或激素失衡最常見），約占10%。其他90%沒有特別的病因（本態性高血壓）。低鹽飲食，減重，戒煙，限制酒精攝取，運動可以預防或治療高血壓，或是在證明藥物療法不可少時減少藥物。惡性高血壓是嚴重快速發展的形式，須用藥物擴大血管的緊急治療。

hypertext 超文字 亦稱超連結（hyperlink）。指透過電子聯繫將相關的資訊片斷連接起來，以便用戶可以方便地取用。1945年布希提出這個概念，1960年代由恩格爾巴特發明實現。超文字是某些電腦程式的特點，允許用戶選擇一個詞並得到附加的資訊，例如關於這個詞的定義或相關資料。在網際網路的瀏覽器中，超文字的連接通常用不同的字體或顏色把詞或短語凸顯出來。超文字連接創設了一種分支的或網狀的結構，可以直接地、無須中間的步驟就得到有關的資訊。超文字最成功的應用是作爲全球資訊網（參閱HTML、HTTP）的一個主要特色。超文字還可以包括文字以外的物件，例如選擇一幅小圖片就可以連接到同一圖片的放大圖像。

HyperText Markup Language ➠ HTML

HyperText Transfer Protocol ➠ HTTP

hypnosis　催眠　類似睡眠的狀態，由人（催眠師）誘導進入，其暗示催眠對象立即接受。受催眠的個體似乎以一種毫無判斷力、無意識的方式做出回應，忽略催眠師沒有指明的四周狀態（如景象、聲音）。即使是受催眠者的記憶和自覺都可以用暗示來修改，暗示的效果可能延伸（催眠後暗示）到受催眠者其後的清醒活動。催眠術與巫術、魔術一樣古老。18世紀由梅斯梅爾推廣普及，19世紀由蘇格蘭外科醫師布雷德（1795～1860）研究。弗洛伊德藉以探索無意識，最後受到醫學與心理學認可，有助於安撫或麻醉病患，緩和有害的行爲，並揭露壓抑的記憶。催眠仍舊沒有廣泛接受的解釋，不過重要的學說集中在分離的解題狀態影響意識部分的可能性。

hypochondriasis＊　疑病症　一種精神官能症，表現爲過分關心自己的健康，把一些無關緊要的身體表徵看作是嚴重疾病的證明。疑病症者即使完全沒有症狀，也相信自己是有病的，或者將輕微的疼痛誇大，害怕得了威脅生命的疾病，醫生的反覆保證只能稍微或暫時減輕疑病症者的焦慮。疑病症通常在剛進入成年時期時開始表現出來，男性和女性的比例相近。在某些情況中，疑病症可能是一種心理上的處理機制，病人藉以應付緊張的生活境遇。

hypoglycemia＊　低血糖　血清中葡萄糖濃度降低到正常水平以下的現象，快速口服與靜脈注射葡萄糖可減輕病人的症狀。甚至血清中葡萄糖水平短暫的下降，也會產生嚴重的腦功能障礙。快速的低血糖可對生命造成威脅；常由於糖尿病病人未按時注射胰島素或未進食。另外，產生胰島素的腫瘤、飢餓或其他代謝性疾病亦會有低血糖發生。當體內製造過多胰島素而致低血糖發生時可直接口服糖來因應。低血糖的症狀是由中樞神經系統能量不足引起的，包括情感障礙、精神錯亂、嗜睡和癲癇發作，嚴重時可引起昏迷和死亡。

hypophosphatemia＊　低磷酸鹽血症　血清中磷酸鹽濃度降低的現象。低血磷常與其他代謝障礙並存，可破壞人體的能量代謝，減少經血流向組織的氧氣供應。急性低磷酸鹽血症可產生神經症狀（如無力、針刺感、反射減弱、震顫和精神錯亂）；慢性低磷酸鹽血症，由於長期磷酸鹽缺乏，減少了體內正常的磷貯存，產生全身虛弱、無力及厭食。二者的治療均爲糾正引起低血磷的代謝失調，提供磷酸鹽以補充人體必需的磷酸鹽貯存。家族性低磷酸鹽血症是一種性連鎖的遺傳疾病，這是已開發國家中發生佝僂病的主要病因。亦請參閱adenosine triphosphate。

hyposensitization　降低敏感作用 ➠ desensitization

hypostyle hall＊　多柱廳　建築中主要由柱子支承屋頂的大廳。這種設計使即使沒有拱也可建造大面積的建築物。這種建築在埃及（凱爾奈克的阿蒙神廟如）和波斯應用很廣泛。雖然數量甚多的大柱占去室內大量面積，但因在柱上刻有英雄或宗教事跡而形成獨特風格。在近代，由於屋頂有了更好的支承方法，這種多柱廳已很罕見。

hypotension　低血壓　亦稱low blood pressure。血壓低於正常的一種病理現象。原因爲血容量減少（如大量出血或大面積燒傷而丟失血漿）或血管容量增加（如暈厥）。直立性低血壓－－因站立過久而造成血壓降低－－是因站立無法使肌肉和血管可反射性地收縮以抵消重力造成的。低血壓也是小兒麻痺症、休克和巴比妥酸鹽中毒的一個發生因素。

hypothalamus＊　下視丘　腦的一個區域，包含了一個自主神經系統眾多功能的控制中心。與腦下垂體間有複雜的關係，所以下視丘也是內分泌系統的重要部分。由於是身體兩個控制系統間的聯繫，下視丘調節自我恆定性。神經和激素的通路經下視丘聯繫腦下垂體，經由它刺激腦下垂體釋放各種激素（荷爾蒙）。下視丘還影響食物的攝取，體重的調節，液體的攝入量及平衡，口渴感，體溫和睡眠週期。下視丘疾患會引起腦下垂體功能障礙、尿崩症、失眠和體溫的異常波動。

hypothermia　體溫過低　體溫異常降低的一種現象，伴有生理活動普遍減慢。在進行某些外科手術時，在控制某些癌症時，均可人工降低體溫（常採用冰浴）以降低對氧的需要。浸在冰冷的水中，或嚴冬季節在雪地逗留時間過長，可引起急性體溫降低。不過這種情況發生前，即存在有腦血管疾病或中毒時，會增加其危險性。體溫低於35℃，情況即十分嚴重。體溫降到32.2℃，正常的顫慄反應即停止，這時需要急救處理。由於生理過程減慢，脈搏、呼吸減慢、血壓下降。有時患者看似死亡，但治療恰當，仍可復甦。亦請參閱frostbite、temperature stress。

hypothesis testing　假設檢定　統計學上檢驗數學模型精確程度的方法，模型基本上是以一組資料來預測其他以相同過程產生的資料特性。假設檢定源自於品質管制，整批製品接受與否是基於少量樣品的試驗。例如原始的假設（無效假設）可能預測整批製造的精密零件的寬度對假設的平均值（參閱mean, median, and mode）符合正態分布。新的一批樣品符合或者反駁，用這些結果反覆琢磨假設。

hypoxia＊　低氧　身體組織缺氧的狀態，最嚴重的情況是缺氧（完全得不到氧氣）。有四種類型：一、低氧血型，即血液裡含氧量低，如高原病；二、貧血型，血液攜氧能力低，如一氧化碳中毒；三、鬱積型，血流量低，又分爲全身型（見於休克）及局部型（見於動脈硬化）；四、組織中毒型，由於中毒（如氰化物）使細胞不能利用氧。如果不盡快治癒，缺氧會導致壞死（組織死亡），例如心肌梗塞。

hyrax＊　非洲蹄兔　蹄兔目三個屬的小型有蹄獸類的統稱。原產於非洲和亞洲的西南邊緣，外形像齧齒動物。頭部粗圓，頸、耳和尾均短，腿短而細，身體短粗。成獸體長30～50公分，體重4～5公斤，主要爲草食性動物。動作敏捷，善用腳上特有的爪墊攀緣。它們和有蹄類動物的親緣關係仍不明。亦請參閱cony。

岩蹄兔屬（Heterohyrax）的非洲蹄兔
Leonard Lee Rue III

hyssop＊　海索草　唇形科庭園草本植物，學名爲Hyssopus officinalis，原產南歐到中亞地區，現已在北美歸化。花和常綠葉用於多種食品、飲料和烹飪調味，以及作爲家用藥物。味甜帶苦辛，其葉加蜂蜜配製的濃茶是治療鼻咽和肺等疾病的傳統藥物。海索草適於用作甜的、酸辣食物及苦艾酒這類飲料的調味品，用海索草花粉釀成的蜂蜜非常佳美。

海索草
Walter Dawn

hysterectomy＊ 子宮切除術 切除全子宮（子宮全切）或切除子宮保留子宮頸（子宮次全切除）的手術。用於治療惡性腫瘤、良性纖維瘤及生長較快、體積較大、引起大量出血從而影響機體健康的良性肌瘤等。剖腹產時，如果發生不能控制的出血、嚴重感染或子宮頸癌等併發症，亦需行子宮切除術。曾因有人認爲切除子宮（通常連帶卵巢）可以控制不當的性衝動和欲望而被濫用，現在仍被視爲最低劣的非必要性手術。

hysteresis＊ 磁滯現象 鐵磁材料（例如鐵，參閱ferromagnetism）的磁化落後於磁化場變化的滯後現象。當鐵磁材料置於通電的線圈中時，電流所產生的磁場會迫使材料中的原子沿磁場的方向排列。當所有的原子都排列整齊後，磁場達到最大值；在這過程中，總磁場落後於磁化場。當磁化場的強度減小到零時，材料中還保留一些磁場，如果磁化場倒轉方向，總磁場也會倒過來，但還是落後。一個完整的迴線稱爲磁滯回線，當磁化反向時，會以熱的形式消耗能量。

hysteria 歇斯底里 以前在心理學上是指一種精神官能症，表現爲情緒亢奮，心理、感覺、血管收縮及內臟功能都發生紊亂。20世紀上半葉常用這個概念來解釋各種各樣的症狀和行爲，尤其指女子；hysteria一詞即源自希臘語「womb」（子宮），顯示希臘人相信這些情況都是因爲子宮功能失調所造成的。後來在《精神障礙病人的診斷和統計手冊》中把這個詞刪除了，因爲其所涵蓋的範圍太過廣泛。其障礙症狀類似傳統歇斯底里發作的症狀，包括轉化症、僞病症、解離症及人格障礙（劇化型）。

Hywel Dda 豪厄爾達（卒於西元950年） 亦作Howel Dda或好人豪厄爾（Hywel the Good）。威爾斯酋長，被稱爲「全體威爾斯人的國王」。他原本繼承了塞西爾沃格，並藉由婚姻取得達費德地區，因而創建了德赫巴思王國。最後圭內斯和波伊斯也納入他的統治範圍。到西元942年，其王國版圖比先前威爾斯任何一位統治者的領土大得多。在天下太平時期，他編定威爾斯法典，並接受僅次於韋塞克斯的盎格魯－撒克遜人國王的老二地位。

I Am movement　眞神自有永有派　美國的宗教派別。1930年代由蓋伊·巴拉德（1878～1939）及其妻埃德娜（1886～1971）共同創立。他們把"Mighty I Am"解釋爲萬物力量之源，任何人都可透過一些升天大師（包括耶穌在內）而獲得這種神力。另一個重要的升天大師是聖熱爾曼，他在加州北部的沙斯塔峰對巴拉德透露他的許多前世。1939年蓋伊去世，此派一時頓挫，而在1940年時有人控告巴拉德母子騙取信徒錢財，該派再度勢衰；雖然在1946年撤銷告訴，但該派已喪失活力。

I-ch'ang ➠ Yichang

I ching ➠ Yi jing

I-pin ➠ Yibin

Iacocca, Lee＊　艾科卡（西元1924年～）　原名Lido Anthony。美國汽車公司主管。曾受聘於福特汽車公司任工程師，但不久就轉往銷售部門。一路晉升很快，1970年被任命爲福特公司總裁。但因性情急躁而於1978年被亨利·福特二世解雇。翌年，艾科卡爲克萊斯勒汽車公司所聘用。1980年他說服國會借給克萊斯勒汽車公司15億美元的貸款，並暫時解雇員工、減薪和關閉工廠，以使公司更有效率，然後將公司的重點放在生產省油型的汽車上面，同時積極展開廣告宣傳。短短不到幾年公司已開始轉虧爲贏，而他也以暢銷自傳《反敗爲勝》（1984）而名聞全國。1992年退休。

Iao Valley＊　艾奧　亦稱Wailuku Valley。美國夏威夷州茂伊島西北部普庫庫伊山東坡谷地。因浸蝕而成，長約8公里，1,200公尺深。火成岩石柱「艾奧石針」從谷底拔地而起，高達686公尺。

Iasi＊　雅西　德語作Jassy。羅馬尼亞東北部城市（1994年人口約340,000）。位於布加勒斯特東北方，靠近摩爾多瓦西部邊界，瀕臨巴赫盧伊河。早在7世紀就有人居住。15世紀爲沿著普魯特河河谷的一條貿易路線上的關稅站。1565～1862年爲摩爾達維亞首府，曾先後遭韃靼人（1513）、土耳其人（1538）和俄羅斯人（1686）焚毀。市內有一座大學、16世紀的聖尼古拉教堂和一座國家劇院。

Ibadan＊　伊巴丹　奈及利亞西南部城市（1996年人口約1,432,000）。位於拉哥斯東北，是該國第二大城。現代城市是從1829年伊費、伊傑布和奧約部族所建的兵營發展起來的，1893年爲英國人奪占。現爲重要的商業中心，市內有六座公園，其中包括阿戈迪花園。設有伊巴丹大學。

Ibagué＊　伊瓦格　哥倫比亞中部城市（1997年人口約419,883）。位於中安地斯山脈東麓。1550年建於印第安人村落上，由於遭到印第安人襲擊才遷到現在的位置。1854年短暫成爲共和國首府。位於連接亞美尼亞和波哥大的公路線上，使它成爲繁忙的商業中心。市內設有托利馬大學（1945）。

Ibáñez (del Campo), Carlos＊　伊瓦涅斯·德爾·坎波（西元1877～1960年）　智利軍人和總統（1927～1931、1952～1958）。在軍界供職三十年後，1924年參與推翻總統亞歷山德里·帕爾馬，並握有控制智利的實權一直到1931年。在軍隊的支持下，他把所有的反對派流放或監禁，雖然在美國資金的援助下企圖挽救硝酸鹽工業，但宣告失敗。當經濟隨之崩潰時，人們對他的獨裁統治的不滿也日趨明顯，1931年他逃出智利。後來在智利納粹分子支持下曾發動兩次暴亂，均告失敗。1952年因迎合貧苦工人的要求而當選總統，並超乎意外地成爲民主派總統。亦請參閱Peron, Juan。

Ibara Saikaku ➠ Ihara Saikaku

Ibarra, José Velasco ➠ Velasco Ibarra, José (María)

Ibárruri (Gómez), (Isidora) Dolores＊　伊巴露麗（西元1895～1989年）　別稱La Pasionaria。西班牙共產黨領袖。爲貧窮礦工的女兒，年輕時思想變得激進。1918年第一次使用筆名（「熱情之花」）發表文章。1920年加入西班牙共產黨。幾經風雨之後，她成爲共和國議會中的共產黨議員之一。1936年西班牙內戰爆發時，她已因在街頭發表激烈（甚至暴力的）演說而成爲家喻戶曉的人物，並創造了共和國的戰鬥口號「不准他們得逞!」1939年佛朗哥取得勝利後，她乘飛機逃往蘇聯。在佛朗哥去世和共產黨合法化後，她於1977年回國。同年她重新當選爲西班牙議會的議員，後因健康狀況不佳而辭職，不過一直擔任該黨的榮譽主席直至去世。

Iberian Peninsula　伊比利半島　亦作Iberia。歐洲西南部半島，屬於西班牙和葡萄牙兩國。以希臘人所稱的古代居民伊比利亞人得名，而Iberian可能源自厄波羅河（Ebro (Iberus) River）。東北的庇里牛斯山脈形成與歐洲其他部分的天然分界，南端以直布羅陀海峽與北非隔開。西岸和北岸接大西洋，東臨地中海。葡萄牙的羅卡角是歐洲大陸的最西點。

Iberians　伊比利亞人　西班牙南部和東部的史前民族。西元前8世紀以來塞爾特人遷移到西班牙北部和中部，他們大部分未受到影響。從文化上看，他們受希臘和腓尼基人貿易殖民地的影響很大。在東部沿海，部落似乎已形成獨立的城邦，在南部還出現過君主國。經濟以農業、採礦和冶金業爲主。伊比利亞語不屬於印歐語系，到羅馬時代仍然通行。

Iberville, Pierre Le Moyne d'＊　伊貝維爾（西元1661～1706年）　法裔加拿大海軍英雄和探險家。父親是蒙特婁皮草商，曾在哈得遜灣參與多次侵略英國貿易據點的戰役。後來指揮遠征軍攻占英國居民點，到1697年已拓展了新法蘭西所控制的地區。之後往南到密西西比河三角洲建立要塞。1699年在比洛克西灣進行殖民，並在現今紐奧良（1700）附近和莫比爾河（1702）建立要塞，導致後來殖民路易斯安那地區。

ibex＊　巨角塔爾羊　偶蹄目牛科山羊屬幾種步履穩健、強壯的野山羊的統稱，棲息在歐洲、亞洲和北非洲山區。一般肩高約90公分，毛淺褐灰色，腹部顏色更深。雄羊有鬚，還有半圓形大角。

Ibibio＊　伊比比奧人　奈及利亞東南部民族。操伊比比奧語，屬尼日－剛果語系貝努埃－剛果語支。人數約有三百萬人，大都在雨林中從事耕種。家系頭目守衛祖先祠廟。祕密會社在村莊中是頗爲重要的。伊比比奧人以雕刻祖先人物的精湛木雕著稱。

奈及利亞伊比比奧人男舞者頭飾上的木雕人像；現藏紐約市大都會藝術博物館
By courtesy of the Metropolitan Museum of Art, New York City, The Michael C. Rockefeller Memorial Collection, gift of the Matthew J. Mellon Foundation, 1960

ibis＊　鸛　鸛亞科約20種中等體型的涉禽（鸛亞科亦包括琵鷺）。除了南太平洋島嶼之外，分布於所有溫暖地區。涉行於淺瀉湖、湖泊、海灣和沼澤，用細長、下彎的嘴尋找小魚和軟體動物爲食。體長55～75公分。飛行時頸和腳伸直，交替地拍動翅膀和滑翔。常聚成大群繁殖。

Ibiza＊　伊維薩島　西班牙巴利阿里群島第三大島。位於地中海西部，馬霍卡島西南方，面積572平方公里。島上首府是伊維薩市。自古爲繁榮的居民點，最早的居民有腓尼基人和迦太基人，並以考古遺址聞名。島上地形多山，北部海岸崎嶇不平，有懸崖高達245公尺。島上有海灘，冬天氣候宜人，成爲熱門旅遊中心。人口約70,000（1995）。

Iblis＊　易卜劣廝　在伊斯蘭教中，魔鬼的名字。原來是阿拉身邊的天使，拒絕聽命於阿拉創造的人類始祖阿丹（即亞當）。他和一批跟隨他的人被趕出天國，以待最後審判日予以懲處。在此之前，他可以引誘除眞正信奉阿拉以外的衆人走向邪惡。易卜劣廝潛入伊甸園引誘好娃（即夏娃）吃永生樹的果實，因而使阿丹和好娃夫婦失去天國。

IBM Corp.　IBM公司　全名國際商業機器公司（International Business Machines Corp.）。美國主要電腦製造公司，總部設在紐約州阿蒙克。1911年由三家製造辦公用品的小公司合併，組成計算－列表－記錄公司（Computing-Tabulating-Recording Co.）。1924年在華生的領導下改爲今名，他把公司建設爲美國主要的打孔卡片表列系統製造商。1933年IBM購入電動打字機公司，很快地成爲主要企業。1950年代初期，投入電腦工業，大量投資於開發。IBM的專長產品是主機，1981年生產首台個人電腦，即IBM個人電腦（IBM PC）。IBM很快在該領域居於領導地位，但嚴苛的競爭逐漸影響到其市場占有率，迫使它於1990年代縮減規模。1995年IBM購入一家主要的軟體生產企業蓮花軟體公司。

Ibn al-Arabi＊　伊本・阿拉比（西元1165～1240年）　伊斯蘭教神祕主義學家和神學家。出生與西班牙，他廣泛遊歷過西班牙和北非，追隨蘇菲主義大師學習。1198年開始前往近東地區朝聖，造訪了麥加、埃及和安納托利亞地區，最後在1223年定居於大馬士革。他以精神導師聞名和受人崇敬，餘生精力放在冥想、教書和著述。其偉大的著作《麥加的啓示》是一部個人百科全書，範圍包括伊斯蘭教中所有的奧秘科學和其個人內心世界的剖析。他也寫了另一部在伊斯蘭教的神祕哲學中占有重要地位的作品，即《智慧之刃》（1229）。

Ibn Aqil＊　伊本・阿齊爾（西元1040～1119年）　伊斯蘭教神學家。受教於罕百里派（參閱Ahmad ibn Hanbal），此派是伊斯蘭教法最傳統的一派，他因力爭把自由派神學思想併入該傳統派而惹怒老師們。他致力於用理性和邏輯探究來解釋宗教，並受到哈拉智的教義影響。1066年擔任巴格達曼蘇爾清眞寺大師，但遭到保守神學家的忌恨，不久即被迫辭職，1072年被迫公開表示悔過。

Ibn Battutah＊　伊本・拔圖塔（西元1304～1368/1369年）　全名Abu Abd Allah Muhammad ibn Abd Allah al-Lawati al-Tanji ibn Battutah。中世紀阿拉伯旅行家。在丹吉爾受過傳統的法律和文學教育。1325年到麥加朝聖後，決定盡可能地探訪全世界，而且誓言「決不走重複的路線」。他在二十七歲已漫遊過非洲、亞洲和歐洲，旅程長達十二萬公里。在返途中開始撰寫回憶錄《遊記》，成爲歷史上著名的旅遊書之一。

Ibn Gabirol＊　伊本・蓋比魯勒（西元1022?～1070?年）　全名Solomon ben Yehuda ibn Gabirol。拉丁語作Avicebron。西班牙的猶太教詩人和哲學家。接受過希伯來文學和阿拉伯文學遺產的熏陶，十六歲就以用希伯來文寫宗教讚美詩聞名。後來被延攬爲格拉納達大臣的宮廷詩人。現殘存的世俗詩約有兩百餘首，使他成爲摩爾西班牙王國內蓬勃發展的希伯來詩學派最傑出的人物。其他作品包括新柏拉圖主義哲學的著作和一部阿拉伯諺語集。

Ibn Hazm＊　伊本・哈茲姆（西元994～1064年）　全名Abu Muhammad Ali ibn Ahmad ibn Said ibn Hazm。伊斯蘭教學者和神學家。出生於西班牙，早年身處於內戰中，此內戰結束了西班牙伍麥葉王朝，後來他因支持伍麥葉哈里發，以致數次身陷囹圄。他是法學的札希里學派領袖，他主張僅按《可蘭經》和傳統字面含意去解釋法律。他的信仰常受人攻擊，也有人公開焚燒他的書。他的學問淵博，涉及的領域不只法學和神學，還包括邏輯學、文學和史學。他也以精通阿拉伯文聞名，著作約四百部，殘存至今的不足四十部。

Ibn Ishaq＊　伊本・伊斯哈格（西元704?～767年）　全名Muhammad ibn Ishaq ibn Yasar ibn Khiyar。阿拉伯人，穆罕默德的傳記作者。他的父親和兩個叔父收集和轉述先知在麥地那的事跡，他很快就成爲有關先知征戰方面的權威。他最初在亞歷山大里亞學習，後移居伊拉克，在這段期間許多人都爲他的傳記提供了大量資料，使這部傳記成爲穆斯林世界最受歡迎的穆罕默德傳記。

Ibn Janah＊　伊本・傑納赫（西元990?～1050?年）　亦稱傑納赫拉比（Rabbi Jonah）。西班牙學者，爲知名的希伯來語語法學家和詞典編纂家。曾當過醫生，也是虔誠的猶太教徒，他奠定了希伯來語句法的研究，建立《聖經》注釋的規則，並闡明許多深奧的章句。所有的作品用阿拉伯語寫成，並把希伯來語與阿拉伯語作廣泛比較研究。

Ibn Khaldun＊　伊本・赫勒敦（西元1332～1406年）　全名Abu Zayd Abd al-Rahman ibn Khaldun。阿拉伯歷史學家。出生於突尼斯，曾在突尼斯、非斯和格拉納達的統治者宮廷擔任官職，撰寫了他的傑作《歷史導論》，書中研究了社會性質和社會變遷，發展了一種最早的非宗教性的歷史哲學。他也寫了一部有關北非穆斯林的權威性歷史《訓誡書》。1382年前往開羅，被指派爲教授和宗教法官。在帖木兒掠奪該城之前負責協調釋放市民，但1400年被帖木兒捉到大馬士革囚禁。他被視爲中世紀最偉大的阿拉伯歷史學家。

Ibn Rushd　伊本・路世德 ➠ Averroës

Ibn Saud, Abdulaziz＊　伊本・紹德（西元1880?～1953年）　現代沙烏地阿拉伯國家的創建者。雖然紹德家族在1780～1880年統治了阿拉伯一段時期（參閱Saud dynasty），但伊本・紹德在襁褓時，他家就被敵對的拉希德人趕走，流亡到科威特。1901年伊本・紹德率領敢死隊突襲拉希德人，重新奪回沙烏地首都利雅德。但1904年伊本・紹德被土耳其人打敗，不過不久他就重組軍隊，繼續奮戰，利用宗教號召遊牧部族人民加入他的事業。1920～1922年打敗拉希德人，所獲的領土兩倍於前。1924年征服漢志（參閱Husayn ibn Ali）。1932年正式成立沙烏地阿拉伯王國，建立絕對的獨裁統治。1933年他簽署了第一項石油和約，但到

伊本・紹德
Camera Press

1950年代為止，分毫未賺。不久之後，石油收入才開始暴增。他的兒子們繼承其位。

Ibn Sina 伊本・西拿 ➠ Avicenna

Ibn Taymiya＊ 伊本・太米葉（西元1263～1328年） 伊斯蘭教教義學家。出生於美索不達米亞，在大馬士革受教育，並在那裡加入虔修派。他力主伊斯蘭教回歸其最初的教義根據：《可蘭經》和遜奈，並摒棄他認為違反法律的習俗，包括崇拜聖人。在他大肆批評而冒犯宗教當局後，屢次被關。暮年在大馬士革生活十五年，被提升為經學院院長，聚集門生多人。死於獄中。他的著作是瓦哈布所創建的瓦哈比教派運動的源頭。

Ibn Tibbon, Judah ben Saul＊ 伊本・提本（西元1120～1190?年） 猶太醫師和翻譯家，出生於格拉納達，但因西班牙人迫害猶太人，1150年乃逃到法蘭西南部，在那裡定居和行醫。中世紀時，他的譯著由講阿拉伯語的猶太人把阿拉伯和希臘文化傳到歐洲各地。他的兒孫也是知名的學者和翻譯家。

Ibn Tulun Mosque＊ 伊本・圖倫清眞寺 876年由土耳其駐埃及和敘利亞總督興建的宏偉壯麗的紅磚建築群。寺址即在今日的開羅，有三重庭院圍繞禮拜殿。裝飾和設計頗有阿拔斯王朝時代伊拉克建築遺風。此清眞寺於1890年列為古蹟，徹底重建。

Ibo 伊博人 ➠ Igbo

Ibrahim Pasha＊ 易卜拉欣・帕夏（西元1789～1848年） 埃及總督。在他協助培訓新埃及軍後，在敘利亞贏得軍事聲譽，打敗一支鄂圖曼軍隊，敘利亞和阿達納最後都割讓給埃及，1833年他升任行政長官。他的作法開明，創立一個諮詢會議，並廢除封建制度。蘇丹馬哈茂德二世（1808～1839年在位）後來調派一支鄂圖曼軍隊入侵敘利亞，1839年當鄂圖曼艦隊叛逃到埃及時，易卜拉欣贏得重大勝利。然而，歐洲各大國害怕鄂圖曼帝國解體，故而逼迫埃及人撤出占領區。1948年在易卜拉欣死前不久，曾擔任幾天的總督。

Ibsen, Henrik (Johan)＊ 易卜生（西元1828～1906年） 挪威劇作家。在二十三歲時在卑爾根一所新的國家劇院裡謀得編導和常駐劇作家的職位，負責創造一種「民族戲劇」。1857～1863年易卜生在挪威劇院執導，1863年劇院破產。自那時起，他開始遊歷歐洲，過著一種自我放逐的生活，一直到1891年。在義大利他撰寫了道德劇《布朗德》(1866)和輕快的《皮爾金》(1867)。在寫完諷刺劇《社會支柱》(1877)後，他開始找到知音，而《傀儡家庭》(1879)、《群鬼》(1881)、《人民公敵》(1882)、《野鴨》(1884)和《羅斯默莊》(1886)這些情節簡明有力的中產階級道德劇，為他贏得國際聲譽。他更具象徵主義的劇本有《海達・加布勒》(1890)、《建築師索爾尼斯》(1892)、《小艾友夫》(1894)和《當我們死而復甦時》(1899)，大部分寫於1891年他返國以後。易卜生在劇本中強調人物特性重於情節鋪展，提出像政治腐敗和女人角色變化的社會問題，以及從挫敗的愛情和破壞的家庭關係產生的心理衝突。他對歐洲的戲劇影響很大，公認是現代詩劇的締造者。

易卜生，攝於1870年
Universitetsbiblioteket, Oslo

ibuprofen＊ 伊布普洛芬 鎮痛藥，非類固醇抗發炎藥的一種，對治療痛經、牙痛和類風濕性關節炎特別有效。因具有抑制前列腺素合成的功能，故能減輕疼痛、發燒和發炎症狀。本藥具胃腸刺激性，對阿斯匹靈過敏者不能服用，服用抗凝血藥者也不能併服此藥。本藥的商品名為Advil、Motrin和Nuprin。亦請參閱integrated circuit (IC)。

IC ➠ integrated circuit (IC)

Icarus 伊卡洛斯 ➠ Daedalus

ICBM 洲際彈道飛彈 全名intercontinental ballistic missile。射程超過5,300公里的導彈。著名的MX和平守護者飛彈射程超過9,600公里。洲際彈道飛彈如裝置在發射井的義勇兵飛彈及海底發射的三叉戟飛彈。第一枚洲際彈道飛彈是蘇聯1958年發展，但是不到四年美國就取得明顯的領先優勢。

ice 冰 水蒸氣或水凝固後的固態物質，當氣溫降至0℃(32°F)以下時，地面的水氣便結成霜而空中的雲則變成雪片。水不像大部分的液體，水在結冰時會膨脹，所以冰的密度比液態的水小，故可漂浮於水面上。冰由許多晶體(六邊形對稱)緊密聚集而成，但水結成冰時並沒有正常的結晶面。晶體內的分子是藉氫鍵結合而成(參閱hydrogen bonding)。冰具有相當高的介電常數，它的電導率遠大於大多數非金屬晶體。在非常高的壓力下，至少會產生五種其他的冰晶體形式。

ice age 冰期 亦稱冰川期(glacial age)。大面積陸地被巨厚冰層所覆蓋的地質時期。大規模冰川作用可以持續數百萬年，並且可以使整個大陸的面貌發生劇烈改變。在地球的整個歷史上出現過多次大冰期。最近的一次是更新世（1萬～160萬年前）。

ice cream 冰淇淋 冷凍乳製品。由乳脂、牛奶、糖及若干調味品製成。冰蛋奶凍及法式冰淇淋中都加蛋。冰凍水果（非乳製的水果風味冰凍甜點）是馬可波羅在其遊記第一次提到後不久，從東方傳至歐洲的。18世紀末托尼在巴黎開的咖啡館首先製成了冰淇淋。1904年在密蘇里州聖路易城世界博覽會上首創能攜帶的甜筒。商品冰淇淋是將所有的配料攪拌和加熱而成的混合物，而後經殺菌及勻和等工序，存冰箱中數小時。在冰凍過程中予以攪拌使進入適量空氣以控制正在形成的冰晶體的大小。現在的冰淇淋沒有成千也有好幾百種口味。

ice dancing 冰上舞蹈 穿冰刀隨著音樂節奏在冰上跳舞的運動，類似社交舞。裁判是根據其難度、舞蹈的獨特性、對音樂的詮釋、節奏和協調性來評定分數。冰上舞蹈不

世界冰上舞蹈錦標賽的法國選手
©Duomo Photography

像花式滑冰，不准引入與舞蹈不協調的力量或技巧動作（特別是托舉、跳躍和超過一圈半的旋轉）。自1976年以來，冰上舞蹈一直是奧運會的比賽項目。

ice formation　結冰　指地球陸地上或地表水面出現之任何冰塊。只要有相當多的液態水凍結，而且某段時間內保持固體狀態，就會有冰塊形成。常見的例子包括冰河、冰山、堆冰和永凍土所含的底土冰。

ice hockey　冰上曲棍球　由兩隊（每隊6人）人在冰上玩的遊戲，球員的目標是用球棍把一個橡皮圓盤擊打到對方球門裡，才算得一分。1875年在蒙特婁麥吉爾大學，兩個學生隊按規則打了第一場眞正的冰上曲棍球賽。1917年在美國和加拿大組建全國冰上曲棍球聯盟（NHL）。1920年冰上曲棍球正式成爲奧運會的比賽項目。冰上曲棍球是一項極富攻擊性的遊戲，球員常用擊打對方身體來搶奪圓盤，很多擊打方式是犯規的，犯規動作要受罰。每場比賽分三局，每局20分鐘。亦請參閱Stanley Cup。

iceberg　冰山　從冰川或極地冰蓋臨海一端破裂開的漂浮的大塊淡水冰，通常見於廣海上，尤其是在格陵蘭和南極洲周圍。冰山大多在春夏兩季內形成，那時較暖的天氣提高了格陵蘭冰蓋、南極洲冰蓋以及冰蓋範圍以外的較小冰川的邊緣上產生（分裂出來）冰山的速率。在北半球，每年從格陵蘭西部的冰川大約產生出一萬座冰山，平均有375座漂進北大西洋航道，成爲那裡航海的障礙，尤其是因冰山只有約10%的體積浮出海面。

Iceland　冰島　正式名稱冰島共和國（Republic of Iceland）。冰島語作Ísland。北大西洋島國，位於挪威和格陵蘭之間。面積102,819平方公里。人口約284,000（2001）。首都：雷克雅未克。人民幾乎都是北歐人種。語言：冰島語（官方語）。宗教：基督教路德派新教（國教）。貨幣：冰島克朗（ISK）。冰島是世界上火山最活躍的一個地區，包括兩百多座火山，熔岩流占有全球的1/3。1/10的陸地覆蓋了冰冷的熔岩床和冰川，其中包括瓦特納冰原。海岸線崎嶇，長達6,000公里。經濟以漁業和魚製品爲主，不過水力發電、畜牧和鋁加工業也很重要。政府形式爲共和國，一院制。國家元首是總統，政府首腦是總理。西元9世紀時挪威海員就在冰島定居，1000年冰島已基督教化。930年創立的立法機構艾爾辛是世界上歷史最悠久的立法機構之一。1262年冰島併入挪威，1380年併入丹麥。1918年爲丹麥一個獨立的州，1944年始斷絕這些關係，成爲獨立的共和國。1980年芬博阿多蒂爾任冰島總統，爲世界上第一位民選的女性國家元首。1990年代經濟上大部分的成長是靠鋁製品的生產量擴增。

Icelanders' sagas　冰島家族薩迦　亦稱家族薩迦（family sagas）。英雄散文故事中的一類，約寫於13世紀，敘述930～1030年間住在冰島的大家族。家族薩迦代表了冰島古典時代薩迦作品的鼎盛時期，這些作品的特點是寫實，技巧純熟，人物刻劃生動，以及充滿悲劇性的莊嚴精神，使之遠勝於中世紀的任何文學作品。他們在藝術上的完整、詳盡和複雜性，使大部分現代學者確信，這些故事是個別作家寫下來的作品而非口語流傳下來的作品。公平正義（而不是勇氣）是它經常主要提到的美德，如最偉大的一部家族薩迦《尼雅爾薩迦》中所述。

Icelandic language　冰島語　冰島國語。日耳曼諸語言的一支。由9～10世紀挪威西部移民用的諾爾斯語發展而來。古冰島語（通稱古諾爾斯語）是「薩迦」及其他中世紀詩歌所用的語言。在語法、詞彙和拼法上，現代冰島語是斯堪的那維亞諸語言中最保守的語言。冰島人現在仍在讀古諾爾斯語寫成的薩迦。冰島語曾借用丹麥語、拉丁語、塞爾特語、羅曼語的語詞，可是絕大多數借詞自19世紀初以來都已被純粹的冰島語形式所代替，這是語言純化運動發展的結果。

Iceman, The　冰人　1991年在蒂羅爾的厄茲塔爾阿爾卑斯山脈的冰川發現的男性屍體，年代測定爲西元前3300年。此重大發現提供了證據，讓人們瞭解新石器時代日常生活的細節。冰人（亦稱錫米朗人或厄茲人，取自被發現的冰川和山谷）身上一部分有紋身，頭髮有修剪過，足見先前認爲歐洲人紋身和理髮的時間開始得很晚是錯誤的。他的衣

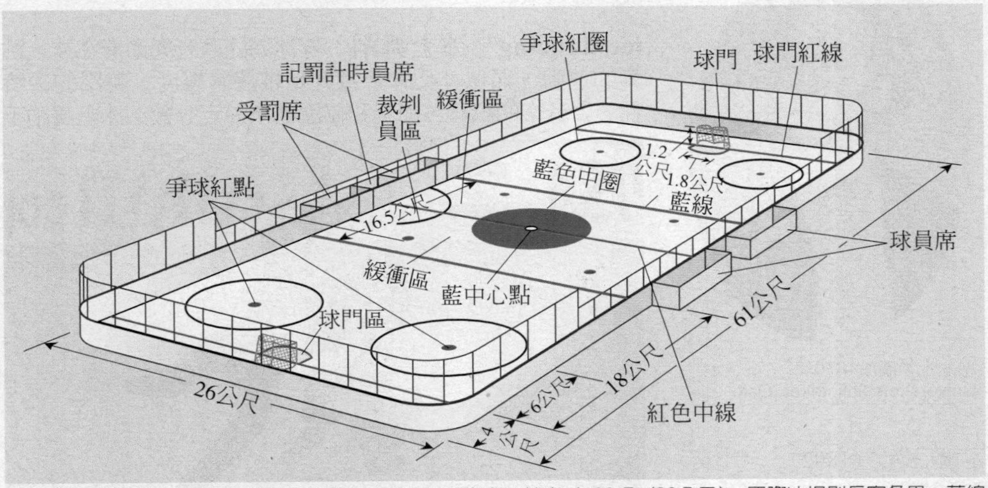

北美洲典型的職業冰上曲棍球場。美國大學的冰場通常會比較寬（100呎／30公尺），國際冰場則長寬各異。藍線標記各自的越位區；在兩條藍線之間稱為中立區。把橡皮圓盤丟到在開球位置的兩位球員之間，比賽開始；除了開球的球員之外，所有的球員必須站在開球區外面。主要的處罰是要球員到受罰席待上五分鐘，讓他所屬的球隊以寡敵眾。
©Duomo Photography

服是無襯裡的皮袍，由羊皮和鹿皮縫綴而成，還披有一件草編的斗篷，腳上穿著皮製的鞋，裡面塞著草。他在皮帶上掛著兩個蘑菇（可能是用作醫療），一個木盒中裝有食物。其他裝備還有一把小銅斧，一把燧石短劍，一個皮製的箭囊裝有精製的箭。雖然原先以爲他是凍死的，但在2001年的X光檢查時發現，他的左肩膀裡留有一個箭頭，因而推測他可能是中箭後流血致死。

Ichikawa, Kon　市川崑（西元1915年～）　日本電影導演。畢業於大阪的市岡商業學校。原服務於J. O.電影製片場的動畫部門，1942年隨J. O.併入東寶影片公司而進入東寶影片公司。1946年拍攝其第一部影片《道成寺娘》。《三百六十五夜》（1948）則是他最叫座的第一部影片。早期多部影片的電影腳本係與其妻電影劇本作家和田納都合寫。1950年代將玩世不恭的西方喜劇引進日本，後來轉而注重反戰情緒和現代人對本身價值的探索這類較嚴肅的題材。

ICI ➟ Imperial Chemical Industries PLC

icon　聖像　在東正教中，以壁畫、鑲嵌畫或畫板畫等形式表現神靈、聖者及聖跡的藝術作品。8、9世紀間聖像破壞之爭時，有人對這種宗教功能和聖像的意義提出意見，其後，東方教會正式宣告贊成拜像理論：既然上帝可以透過耶穌基督的身體取得物質形象，當然也可以在藝術作品中呈現耶穌和其他聖人人像。聖像通常描述的是耶穌或聖母馬利亞，但有時是聖人，端視以何人爲崇拜對象或作爲導的工具。

《天使報喜》，君士坦丁堡雙面畫板聖像畫的反面，繪於14世紀早期；現藏馬其頓斯科普里博物館
Hirmer Fotoarchiv, Munchen

iconoclasm　破壞聖像主張　搗毀宗教雕像的主張。在基督教和伊斯蘭教中，破壞聖像主張是根據《舊約》誡令，禁止製作與偶像崇拜有關的雕像。早期基督教教會也反對製作耶穌和聖人的肖像，但到了6世紀末時，在基督教崇拜中聖像已變得很普遍，捍衛聖像崇拜者強調聖像的象徵意義。726年利奧三世反對崇拜聖像，導致聖像破壞之爭，此爭議在東方教會繼續延燒了一個多世紀，直到聖像再度被接受爲止。在西方教會中也常見到聖人和宗教人物的雕像和肖像，不過有些新教教派最後拒絕了崇拜聖像。伊斯蘭教仍然禁止崇拜所有的聖像，破壞聖像主張在印度的穆斯林和印度人之間的衝突中扮演了重要角色。

iconostasis＊　聖像屏　設在遵守拜占庭傳統的東方教會教堂中的屏壁，常立於至聖所與中殿之間，或木或石或金屬結構。聖像屏中部有正門，門有帷幕，至聖所即在其後，兩側各有一側門。正門左側繪「道成肉身像」，顯示聖母及聖嬰，右側繪「基督復臨圖」。正門門板上分別繪有四位傳福音使徒像，還有「天使報喜圖」和「最後晚餐圖」。

id　原我　弗洛伊德的精神分析學說中，與自我（ego）、超我（superego）一起構成人類人格的三個基本力量之一。原我是本能衝動（尤其是性和攻擊）之源，也是與生俱來的原始需要。原我是完全非理性的，它是根據苦樂原則運作，每逢衝動就要尋求立即的滿足。對成人來說這完全是無意識的，但原我爲有意識的精神生活提供能量，它在非理性因素的表達模式中所扮演的角色特別重要，如藝術創作。根據弗洛伊德的說法，揭露原我的內容的主要方法是對夢的分析和自由聯想。

Ida, Mt.　伊達　指土耳其的一座山和希臘克里特島最高的山。土耳其的伊達山位於古代特洛伊舊地附近，是古典神話傳說中的聖地，據說帕里斯曾在這裡評判過比美的女神們。最高峰約1,800公尺，據說衆神曾在峰頂觀看特洛伊戰爭。希臘的伊達山在克里特島中部，最高峰2,456公尺，也是一個古典神話聖地，據說宙斯被撫養長大的洞穴即在此處。

Idaho　愛達荷　美國西北部一州，面積216,43平方公里。首府博伊西。主要地形是落磯山脈，此山脈自加拿大邊境延伸至愛達荷中南部，以及懷俄明州邊界。州內大部分廣闊的山谷位在蛇河河谷周圍，蛇河流經北美洲最深的峽谷地獄谷。此區原由美洲印第安人居住，1805年路易斯和克拉克遠征到此探勘。原屬奧瑞岡地區，1846年當英國簽訂條約放棄領土要求時，爭議性的奧瑞岡地區歸屬美國。1860年發現黃金帶動了移民熱潮。1863年成爲愛達荷準州，1890年加入聯邦，成爲美國第四十三州。1890～1910年經常發生勞工抗議事件，與世界產業工人聯盟牽扯上關係。20世紀末，發展農業和工業，並促進其建立自然生態保護區。人口約1,293,953（2000）。

Idaho, University of　愛達荷大學　愛達荷州公立大學，主校區在莫斯科市，另有幾個分部校區設在科達倫湖、博伊西及愛達荷福爾斯。愛達荷大學提供綜合性的大學部課程，並是州內研究所教育的基礎中心。愛達荷大學創設於1889年，是一所聯邦土地補助型大學，最著名的學科是環境、自然資源及相關管理方面。現有學生人數約11,000人。

ideal gas ➟ perfect gas

idealism　觀念論　形上學的一種觀點，在世界的組成和人類對經驗的詮釋中強調觀念（ideal）或心靈的中心角色。觀念論堅持：基本上，世界或眞實以精神或意識的形式存在；抽象概念和法則在眞實性方面比感覺性事物重要，或者，至少存在的任何事物對人類知識來說主要是精神方面的——也就是精神上的信念。形上學觀念論主張眞實的理想性，知識論觀念論則堅持心靈在知識過程中僅能把握住自身的內容。因此，形上學觀念論與唯物主義完全相反，而知識論觀念論與實在論完全相反。純粹觀念論（參閱Hegel, Georg Wilhelm Friedrich）包括以下的準則：一、日常人事物的世界並非眞正的世界，而只是非批判範疇中的樣貌；二、世界最佳的想法是半意識心靈的形式；三、思想是每個特別經驗與表達形式之無限整體的關係；四、眞理存在於思想之間的連貫關係，而非思想與外在實物之間的關聯。亦請參閱coherentism、Berkeley, George。

Idelsohn, Abraham (Zevi)＊　伊德爾松（西元1882～1938年）　拉脫維亞音樂家。在德國學習音樂後，擔任猶太教會堂樂長（自1903年起），後來前往約翰尼斯堡、以色列、美國，1934年中風後回到約翰尼斯堡。他對世界許多地方的猶太教音樂進行了龐大的比較研究，確證了音樂傳統歷久不變，也提出猶太教聖詠與格列高利聖詠的起源之間有密切關係。他創作了第一部希伯來歌劇《耶弗他》（1922）及歌曲〈讓我們跳舞吧！〉。

Identity Christianity　認定基督教　北美洲基督教運動，將盎格魯－撒克遜人及其他歐洲民族認定爲失蹤的以色列支派。反猶太人的、種族主義的認定基督教，斷言上帝的約其實是跟歐洲民族約定的，猶太人則是夏娃與撒旦的後代，而且將黑人描繪成次等人類。此運動想說服「白色以色列人」相信自己眞正的身分，但至今大都失敗，不過還是有一些小型教會持續活動著（主要是在美國西北部），並透過出版品、錄音帶與網際網路勸誘人們皈依。

identity of indiscernibles　不可區分之同一性　萊布尼茲提出的原則，否定兩個事物共用所有屬性的情況下，還能做出數字區別的可能性。更正式地說，這個原則說明若x不等同於y，就有屬性P隸屬於x且不屬於y。換言之，若x與y共用所有屬性，則x等同於y。反轉過來，同一性之不可區分（稱爲萊布尼茲法則）說明，若x等同於y，則x的每個屬性都是y的屬性，反之亦然。延伸到邏輯上，同一性之不可區分原則不言而喻，是邏輯學上重要的法則。

identity theory　同一論　回應身心二元論的一種哲學觀點，這種觀點認爲心與物儘管在邏輯上可能加以區別，但在現實中不過是屬於物質的一個單純實體的不同表現。它強調經驗證實了這樣的論題：「思想歸原於頭腦運動」。

ideology　意識形態　試圖解釋世界並改變世界的思想體系。1796年法國作家德斯蒂·德·特拉西（1754～1836）首創這個用語來稱呼他的「思想的科學」。其思想的某些特點後來大致證實爲正確的意識形態，包括某種程度上綜合的社會理論、政治計畫、執行該計畫所需奮鬥的預測（因而需要忠誠的追隨者）、知識領袖。德斯蒂·德·特拉西的理念被法國督政府在建立自身民主、理性、科學的社會版本時加以採用。拿破崙對他所謂的空想家表示輕蔑，首先賦予該詞負面的意涵。意識形態常被不當地拿來與實用主義對比。意識形態的重要性見於以下的事實：沒有某些理念或信仰來支撐，力量很難發揮出來。

idiopathic respiratory distress syndrome　特發性呼吸窘迫症候群 ➠ respiratory distress syndrome

idiot savant　白痴天才　智力低於常人、或情緒表達有嚴重缺陷，但在某些領域卻擁有驚人天賦者。數學、音樂、藝術、醫學領域，經常可見白痴天才展現特殊能力。例如一組複雜數字的快速心算，對只聽過一次就可背誦出長串句子，或是從未受過訓練即可修理複雜機械等等。大約百分之十的自閉症患者是這類白痴天才；心智障礙者也可能是白痴學者，不過機率較低。亦請參閱autism。

Iditarod (Trail Sled-Dog Race)＊　伊迪塔羅德（小道狗橇賽）　每年3月在美國阿拉斯加的安克拉治與諾姆之間舉行的狗拉雪橇賽。起源於1967年的一次90公里短距離賽。到了1973年，發展成現在1,855公里的比賽，路線就是沿著1910年開闢的一條古郵道。伊迪塔羅德這個名字是爲了紀念1925年白喉病流行期間一個著名的急救隊向諾姆輸送藥品的事跡。通常要花9～14天才跑完全程。亦請參閱dogsled racing。

idol　偶像　用作崇拜之物的雕像。在猶太教中，嚴格禁止製作任何代表神的肖像形式，如時興的任何雕像。伊斯蘭教也遵循這個原則。在基督教中，現已普遍接受耶穌、聖人或神（有時）的畫像或雕像，也因此基督教常瀕臨這種迷信偶像崇拜的危險。在耆那教、印度教和佛教中，神像和聖人像是極爲平常的，他們通常是迷信之物。在印度教中，雕像在禮拜過程中可被視爲神，但在過程結束後，就失去其特殊的地位（參閱Durga-puja和puja）。

Idris I＊　伊德里斯一世（西元1890～1983年）　全名Sidi Muhammad Idris al-Mahdi al-Sanusi。利比亞國王（1951～1969）。1902年繼其父任昔蘭尼加的伊斯蘭教賽努西教團領袖，但到1916年才開始親政。他首先與控制利比亞沿海的義大利人談和，訂立和約確認他的權力（1917），並在1919年建立議會。但拒絕解除他的部族支持者的武裝，義大利人於是在1922年入侵的黎波里塔尼亞。他亡命埃及直至第二次世界大戰後才回利比亞。1949年領導一個合併昔蘭尼加和其他兩個利比亞省的立憲君主政體。1951年宣布獨立。1969年格達費發動軍事政變推翻他。他流亡埃及，最後卒於那裡。

Idrisid dynasty＊　伊德里斯王朝　789～921年統治柏柏爾地區的阿拉伯穆斯林王朝。締造者伊德里斯一世（789～791年在位）是阿里的後裔，在摩洛哥確立謝里夫的傳統，他聲稱是穆罕默德之後，是以建立君主統治之原則。其子伊德里斯二世（802～828年在位）在808年定非斯爲首都。它是第一個合併柏柏爾人和阿拉伯人的王朝。後來這個小王國四分五裂，最後被另一個柏柏爾人王朝－－阿爾摩拉維德王朝取代。

idyll　田園詩　亦作idyl。文學名詞，有各種不同的意思。它可以指描寫田園或農村生活的短詩（參閱eclogue）；各種簡單題材的作品（詩或散文），其中描寫了田園生活、景色，或只是提到一種平和恬淡的心境；又或是敘事詩（如但尼生的《國王田園詩》），論述一種史詩式的、浪漫的或悲劇的主題。

Ifat＊　伊法特　衣索比亞中部的穆斯林國家（1285～1415）。在肥沃的高地上繁榮昌盛，由13世紀的瓦拉什馬統治者征服而建立。它是異教的達墨特王國和基督教的衣索比亞王國之間的緩衝地帶。1328年被衣索比亞國王阿姆達·錫安征服，成爲其附庸國。歷經一連串的暴亂後，1415年被衣索比亞併吞。

Ifni＊　伊夫尼　摩洛哥西南地區。位於大西洋沿岸，面積1,500平方公里。1476年加那利勳爵埃雷拉首先定居於此，成爲西班牙的捕魚、販奴和貿易活動地點。該地於1524年因疾病流行和摩爾人的敵意而被捨棄，1860年根據西班牙－摩洛哥條約又重新開拓。直到1934年才眞正被西班牙人再次占領。1946年該地成爲西屬西非的一部分。1969年伊夫尼被割讓給摩洛哥。

IG Farben　法本化學工業公司　從創始於德國到第二次世界大戰後被聯軍解散爲止，世界最大的化學卡特爾。該公司由德國一批化工廠、製藥廠和染料廠合併而成。其主要成員即今日名爲巴斯夫公司、拜耳公司、赫希斯特公司、阿克發－吉伐集團和卡塞拉染料公司等公司。1916年只是一個鬆散的聯合企業，1925年才正式合併，總部設在法蘭克福。在1920年代末期和1930年代，法本化學工業公司擴展爲國際性機構。第二次世界大戰期間，法本化學工業公司在奧斯威辛建立一合成油和橡膠廠，以利用廉價的奴役勞動；該公司還用活犯人作藥物實驗。戰後一些公司高級職員被判戰爭罪，而法本公司分散爲三個獨立的單位。

Igbo＊　伊格博人　亦稱伊博人（Ibo）。奈及利亞東南部民族，操尼日－剛果語系貝努埃－剛果語支的伊格博語。歐洲人殖民之前，伊格博人生活在自治的地方社區之內。但到20世紀中葉，一種強烈的民族認同感得到發展。1966年發生衝突期間，許多在奈及利亞北部的伊格博人被殺，或被迫回到東部的傳統家鄉。1967年奈及利亞東部的伊格博人想脫離奈及利亞獨立，組成比夫拉國家，結果有成千上萬人被殺或死於饑荒。如今人數約有1,860萬。多數伊格博人是農民，但他們在商業、地方工藝和雇傭勞力也占有重要地位，很多伊格博人擔任公職或經營商業。

igloo　伊格魯　加拿大和格陵蘭伊努伊特人（即愛斯基摩人）臨時的圓頂式冬季之家或狩獵場住所，以雪塊築成。營造者選擇一個雪很細密而緊湊的厚雪堆，用雪刀把它切成許多塊。在一塊平展的雪地把這些雪塊先擺一圓圈，然後將雪塊的頂面削出一個傾斜角，以便形成螺旋的第一梯階。往螺旋上加雪塊時內收，直到構成圓頂，僅在頂端留一通風孔。

Ignarro, Louis J(oseph) 伊格那羅（西元1941年～） 美國藥理學家。1966年獲得明尼蘇達大學的藥理學博士學位。由於發現一氧化氮在心血管系統中充當信號傳導分子，1998年與福奇哥、穆拉德共獲生理學或醫學獎。伊格那羅最後確認福奇哥稱爲內皮衍生之舒張因子的東西是一氧化氮。這件工作揭露了體內血管鬆弛和擴張的全新機制。這是人們首次發現氣體能在生物體內扮演信號傳導分子的角色。成功抗無能藥威而鋼背後的原理即以這個研究爲基礎。

Ignatius of Antioch, St.＊ 安提阿的聖依納爵（卒於西元110?年） 基督教早期的殉教者。可能是敘利亞人士，在改信基督教之前可能是異教徒，曾經迫害過基督徒。他後來繼使徒聖彼得爲安提阿主教。在圖雷真統治期間，羅馬當局逮捕依納爵，押送羅馬審判並處決。途中寫了一些著名的書信，企圖鼓勵受迫害的基督教同伴們。他在書信中譴責兩派異端，一是猶太派，他們堅持基督教徒應繼續遵守猶太教律法；另一派是幻影派，他們認爲基督的受苦和被害都是幻影。

Ignatyev, Nikolay (Pavlovich), Count＊ 伊格那替葉福（西元1832～1908年） 亦譯伊克那提業福、易納學。亞歷山大二世在位時的俄羅斯外交官和政治人物。1860年強迫清政府簽訂「中俄北京條約」，允許俄國建立海參崴市，使俄國成爲北太平洋的強權國家。後來任外交部亞洲司司長，並獲有俄國和鄂圖曼帝國之間的裁決權，1864年任駐君士坦丁堡大使。他提倡泛斯拉夫主義，在一次暴動中煽動塞爾維亞人和保加利亞人，但並不成功。1878年俄土戰爭後，俄國獲得勝利，代表俄國締結有利的「聖斯特凡諾條約」。但西歐強權國家以「柏林條約」取代之，對俄國來說獲利較少，結果他被迫辭職。

igneous rock 火成岩 亦稱岩漿岩。由熔融地球物質冷卻凝固而形成的各種各樣結晶質或玻璃質岩石之任何一種。火成岩構成主要三大類岩石之一，另外兩種是變質岩和沈積岩。雖然火成岩的成分變化很大，但大部分的火成岩包含了石英、長石輝石、閃石、雲母、橄欖石、霞石、白榴石和磷灰石等礦物。火成岩也可被歸爲侵入岩或噴出岩。

ignition system 點火系統 在汽油引擎中，用來產生電火花以點燃燃料－空氣混合氣的全部裝置，使混合氣在汽缸內燃燒產生動力。點火系統的基本部件是蓄電池、感應線圈、使感應線圈產生定時高壓放電的分電器和一組火星塞。蓄電池供給低壓電流（通常是12伏），由這個系統將它轉變成高壓電流（約4萬伏）。分電器將相繼突發的高壓電流，按點火次序，分別配送到各個火星塞。

iguana＊ 大鬣鱗蜥 鬣鱗蜥科約13種大型蜥蜴的統稱。最有名的是普通鬣鱗蜥，產於墨西哥至巴西一帶。體長達1.8公尺。棲於樹上，特別是垂落水面的樹木，以便它一聽到風吹草動就鑽進水裡。身體綠色，尾部有棕色規則的圈形以紋。以嫩葉和水果爲主食，但也吃小鳥和甲殼類動物。美國西南部和墨西哥的大鬣鱗蜥種類包括叩壁蜥和沙鬣鱗蜥。

Iguazú Falls 伊瓜蘇瀑布 亦作Iguaçu Falls。舊稱維多利亞瀑布（Victoria Falls）。伊瓜蘇河上大瀑布，靠近阿根廷與巴西邊界。1541年努涅斯・卡韋薩・德巴卡第一個發現這個馬蹄形瀑布。瀑布高82公尺，寬4公里，比尼加拉瀑布寬四倍，約分爲275股急流或瀉瀑。爲了保護壯麗的景色和動植物生態，巴西和阿根廷各建立了一個伊瓜蘇國家公園，皆成立於20世紀初期。

阿根廷和巴西邊界伊瓜蘇河上的伊瓜蘇瀑布
R. Manley/Superstock

Iguazú River 伊瓜蘇河 亦作Iguaçu River。巴西南部和阿根廷東北部河流。大致向西穿過高地，在阿根廷、巴拉圭和巴西三國交界處注入巴拉那河。該河雖有部分河段可以通航，但主要因壯麗的伊瓜蘇瀑布而著名。靠近瀑布的主要河段突然陷落到一個裂口，稱「魔鬼之喉」，被形容是「入地獄之海」。

Iguvine tables＊ 伊古維翁銅表 1444年在伊古維翁鎮（現義大利古比奧城）發現的鐫有翁布里亞語的七塊青銅銘表。有的採用翁布里亞字體，其餘則全用拉丁字母。年代可追溯至西元前3世紀～西元前1世紀。銘文刻的是天主教阿梯地兄弟會的禮拜儀式和會務規章，對於研究古代義大利語和宗教有很大意義。

Ihara Saikaku＊ 井原西鶴（西元1642～1693年） 亦作Ibara Saikaku。以西鶴（Saikaku）知名。原名可能是平山藤五（Hirayama Togo）。日本詩人、小說家。17世紀日本文藝復興時期最有才華的作家之一。早先以作俳句（由17個字音組成的詩）的速度聞名，曾在一天寫出23,500字。不過卻以寫小說著稱，其中包括《好色一代男》（1682）和《好色五人女》（1686），描述好色男女之淫亂生活，以及商人階級和娼妓之間的金錢交易。

Ii Naosuke＊ 井伊直弼（西元1815～1860年） 日本大名和政治人物，是最後一個企圖恢復幕府的傳統政治角色的人。1853年爲了回應美國伯理准將的要求：日本放棄鎖國政策，井伊贊成與西方發展關係。德川幕府簽訂了「伯理公約」，開放兩個港口給美國船隻停靠，日本將曝露在西方勢力的影響下，並開始與哈利斯就貿易問題談判。幕府以一種不尋常的動機促請天皇同意條約，當反對派阻撓時，井伊直弼授權談判代表不待天皇批准就在條約上簽字。此激怒了許多大名，當井伊直弼不理睬他們時，最後被襲擊者割去頭顱。亦請參閱Meiji Restoration。

IJssel River＊ 艾瑟爾河 荷蘭河流。萊茵河主要支流。在阿納姆東南離開下萊茵地區，向東北流113公里後注入艾瑟爾湖。沿河重要城市有聚特芬、代芬特爾和茲沃勒。

IJsselmeer＊ 艾瑟爾湖 英語作Lake Ijssel。荷蘭中北部的淺淡水湖。其引入艾瑟爾河河水，在須德海南部築堤而成，堤壩使它與瓦登海、北海隔開。因排水開墾計畫使荷蘭增加了1,620平方公里的土地，湖水面積（3,440平方公里）

已縮小。水閘可調節湖水，從艾瑟爾河引入的淡水已取代以前的含鹽湖水，也建立了鰻魚養殖業。

ijtihad＊ 伊智提哈德 在伊斯蘭教中，指對《可蘭經》、「聖訓」和公議都沒有論及的問題所作的分析。在早期的穆斯林社團，每個教法學家都有權提出這種獨立判斷的想法。但隨著各法學派的成長，促使遜尼派穆斯林當局宣布主要的法律爭端在10世紀已完全底定。而什葉派穆斯林通常還是承認伊智提哈德，法學家被認爲足夠博學來分析這類問題，具有很大的權力。20世紀時，遜尼派試圖恢復伊智提哈德，以幫助伊斯蘭教適應現代世界。

Ike no Taiga＊ 池大雅（西元1723～1776年） 原名又次郎（Matajiro）。日本畫家。自幼習書法和中國的經籍。他建立了源自中國風格的文人畫畫派。作品包括風景畫和肖像畫，其中包括《佛教五百個弟子》屏畫，以及一系列的插畫《十便、十宜帖》（1771），是根據清朝李笠翁的詩而作。池大雅是江戶時代的一大書法家。

ikebana＊ 插花 日本編排花枝的古典藝術。插花在6世紀由中國高僧傳入日本，他們把對佛獻花定爲正式儀式。最早的花道流派建立於7世紀初。插花藝術是以簡單線條構成的協調感以及對花朵、天然材料（花枝、花梗）的精緻美感的鑒賞爲基礎。一些主要的流派（各有不同的歷史和不同的藝術風格理論）流傳至今。插花的最高表現形式在本質上是具有精神和哲學的意義，但在現代日本適婚的年輕女性或較老的婦人大都把插花當作高雅風尚。

Ikhwan＊ 易赫旺 阿拉伯語意爲「兄弟」。阿拉伯一個宗教和軍事幫會的成員，他們幫助伊本·紹德統一了阿拉伯半島。1912年開始組織，他們定居在綠洲附近地區，致力於打破部族忠誠關係，並迫使貝都因人放棄他們的游牧生活方式。他們也奉行瓦哈布的極端傳統派伊斯蘭教教義。自1919年起，他們在阿拉伯和伊拉克贏得多次勝利，包括征服了麥加和麥地那。到了1926年，易赫旺變得無法控制，他們攻擊伊本·紹德引進電話和汽車等新技術。他們發動流血暴動，直到1930年靠英國人的幫忙才平定。那些效忠於伊本·紹德的易赫旺後來參加了沙烏地阿拉伯國民警衛隊。

Ikhwan al-Safa＊ 精誠兄弟會 阿拉伯祕密宗教團體。10世紀時創立於伊拉克的巴斯拉。此團體的信仰與正統的伊斯蘭教截然不同，它結合了新柏拉圖主義、諾斯底派、占星術和玄學。這個兄弟會還以出版一部哲學宗教百科全書《精誠兄弟會論文集》聞名，旨在啓蒙知識以使靈魂擺脫謬誤而了解實在的本質，以便死後幸福。

ikki＊ 一揆 日本從足利幕府時代到德川幕府時代發生的農民暴動。雖然城市居民的福利在江戶時代有所增進，但貧窮農民的福利卻更爲惡化：過多的稅賦與日漸增長的飢饉迫使農民先採取和平手段，而後是暴力的示威活動。他們有時會接受針對特定災難的補償，但他們的代表會因他們的冒犯行爲而喪命。

Il Rosso ➠ Rosso, Giovanni Battista di Jacopo

ilang-ilang ➠ ylang-ylang

ileitis＊ 迴腸炎 小腸或大腸的慢性炎症，嚴格來講，是指迴腸。那種病情更爲嚴重的、同時累及大腸和小腸的特殊性炎症則稱爲「克隆氏病」，即節段性迴腸炎。基本症狀是慢性、間斷性腹瀉，有時帶血，並伴痙攣性腹痛；比較常見的症狀有發熱、體重下降、貧血等。克隆氏病患者常伴有進行性體衰，而且腸梗阻和相鄰腸管間的腸瘻也不在少數。單純的急性迴腸炎發病急驟，多數病人可完全康復。克隆氏病則被認爲是一種自身免疫功能缺陷性疾病，症狀緩解、復發交替，並可持續多年，導致腸壁增厚、腸管變窄和黏膜潰瘍形成。腹部X光片可診斷出這些症狀，藥物治療可能有幫助，但無特效藥，實在嚴重時，就必須手術切除病變的腸管。

ileum＊ 迴腸 小腸最後和最長的一段，主要擔負維生素B_{12}（參閱vitamin B complex）的吸收和結合膽汁鹽約90%的重吸收。迴腸約4公尺長，從空腸（小腸的中段）延伸到迴盲瓣，後接結腸（大腸）。迴腸的疾病可造成維生素B_{12}缺乏症，並有劇烈腹瀉（膽汁鹽干擾了大腸吸收水過程的結果）。

Iliamna Lake＊ 伊利亞姆納湖 美國阿拉斯加州最大湖泊，也是美國第二大淡水湖泊。長129公里，寬40公里，面積2,600平方公里。位於阿拉斯加州西南部的科克灣西面。湖水從西南排出，注入白令海布里斯托灣。湖區東北部有伊利亞姆納活火山（3,053公尺）。其名稱是由塔奈納印第安人取的，他們的神話傳說這裡住著一隻巨大的黑魚，能把獨木舟咬出好幾個洞。

Ilium ➠ Troy

Illinois 伊利諾 美國中西部一州。密西西比河爲該州西界，俄亥俄河和沃巴什河構成其東南界，伊利諾河橫貫該州。芝加哥位於其東北邊界處，是美國第三大城市。大約西元前8000年就有印第安人居住於此。約西元前1300年密西西比文化以霍基亞爲中心。在歐洲人殖民時，所有居住在伊利諾州的部落均爲阿爾岡昆部族。1673年法國探險家馬凱特和若利埃進入伊利諾地區。法國一直控制此區到1763年法國印第安人戰爭後，才歸屬英國人管轄。1783年成爲西北地區的一部分，1800年畫爲印第安納準州一部分。1809年成立伊利諾準州，而1818年加入聯邦，成爲美國的第二十一州。雖然在南北戰爭時政治處於分裂狀態，但仍是聯邦的一員。20世紀以來共和黨和民主黨之間的激烈競爭成了伊利諾州政治生活的特色，該州的大量選舉人票也使它成爲總統選舉中的主要戰場。伊利諾州是美國最大的工業中心之一，以非電子類機械的產量最高。同時它也是主要的保險業中心。首府春田。面積149,885平方公里。人口約12,419,293（2000）。

Illinois, University of 伊利諾大學 伊利諾州州立高等教育體系。主校區創立於1867年，位於厄巴納－香檳城；第二校區創立於1946年，設在芝加哥。兩個校區都接受聯邦土地補助成立教學及研究機構，包括大學部、研究所及在職學位課程，設有法學院、醫學院。主校區並有著名的飛行研究實驗室，以及國家超級電腦應用中心；芝加哥校區則有珍·亞當斯社會工作學院。大學總圖書館擁有全美第三大的學術藏書量。現有學生人數約62,000人。

Illinois Central Gulf Railroad Co. (IC) 伊利諾中央海灣鐵路公司 美國的鐵路企業，由伊利諾中央鐵路公司和海灣－莫比爾－俄亥俄鐵路公司合併組成。伊利諾中央海灣鐵路公司於1851年設立，第一條修建的鐵路是從加利納到伊利諾州的開羅。在取得聯邦土地准許狀後，修建了一條到芝加哥的支線。最後吸收了一百條以上的小型鐵路，範圍橫跨中西部，南至墨西哥灣。1972年與海灣－莫比爾－俄亥俄鐵路公司合併後，鐵路蜿蜒十三州。1985年該公司賣出了由芝加哥西延到愛荷華和內布拉斯加州一段路線。除鐵路貨運外，它還爲全國鐵路客運公司營運載客火車。伊利諾中央海灣鐵路公司現在是IC工業公司（成立於1962年）獨家占有的子公司，1999年爲加拿大國家公司（CN）所併購。

Illinois River　伊利諾河　美國伊利諾州東北部河流。由德斯普蘭斯河和坎卡基河匯流而成。流向西轉南，匯入密西西比河。全長440公里，流域面積約65,000平方公里。河道偶爾會變得很寬闊，如皮奧利亞湖。

illuminated manuscript　手抄本裝飾畫　用金、銀、鮮艷的色彩、精心的設計或用細密畫裝飾的手抄本書籍，使書本給人以金碧輝煌之感。在中世紀時，用「歷史圖案裝飾的」（historiated，插圖文本）與那些「用金色裝飾的」（illuminated，以金葉或金粉來裝飾首字母）手抄本是有所分別的。現代，這個詞泛指早期手抄本的插圖和裝飾，而不論是否用金飾。15世紀後半葉，歐洲印刷術發展以後，手抄本裝飾畫遂爲版印插圖所取代。

〈耶利米書〉中“Uerba”（即“Verba”）字首U的插畫（12世紀），選自英語版溫徹斯特《聖經》；現藏英國溫徹斯特大教堂圖書館
By permission of the Dean and Chapter of Winchester; copyright The Warburg Institute, the University of London

Illustrated London News　倫敦新聞畫報　在倫敦發行的新聞與藝術圖畫雜誌。1842年創辦時爲週刊，1971年改爲月刊。它是使用各種平面藝術的開路先鋒，是倫敦第一家採用插圖的刊物，也是首度定期廣泛使用木刻和版畫並首次採用照片的刊物。1912年成爲第一個定期採用輪轉凹版印刷來出版一種整合圖文的刊物。起初著重於報導英國社會生活，後來擴大其視野，涵蓋了一般新聞與文化活動。

illuviation　淀積作用　溶解或懸浮的土壤物質積聚在一個地區或土層，成爲他處淋溶（滲濾）而來的結果。通常將黏土、鐵或腐植質洗掉，並形成硬度與顏色不同的線。這些線對於研究岩層的組成和年代很重要。

Illyria＊　伊利里亞　巴爾幹半島西北部古國。約從西元前10世紀起，印歐民族的一支伊利里亞人就居住在這裡。後來專門打劫羅馬人船隻。經歷了與羅馬一連串的戰爭後，西元前168年被打敗，建爲羅馬行省。西元395年羅馬帝國分裂時，德里納河以東的伊利里亞成爲東羅馬帝國的一部分。6世紀起爲斯拉夫人占領。8～11世紀名稱改爲阿爾貝里（Arberi），最後改稱阿爾巴尼亞。

Illyrian Provinces＊　伊利里亞行省　達爾馬提亞沿岸地區。1809年法國戰勝，奧地利被迫割讓一部分南部斯拉夫人土地給法國。拿破崙將卡尼奧拉、西卡林提亞、戈茲、伊斯特拉半島、克羅埃西亞和達爾馬提亞的一部分以及拉古薩合併組成伊利里亞行省，併入他的帝國。1814年結束法國的統治，伊利里亞行省歸還奧地利帝國。

ilm al-hadith＊　聖訓學　伊斯蘭教傳統派在西元9世紀所開創的分析學，旨在考證鑑別各家所傳「聖訓」的眞僞。「聖訓」是記述穆罕默德的言行錄，各家所撰的可能不一致，有的是僞造或資料可疑。學者們根據仔細審閱伊斯納德來辨別眞僞，伊斯納德透過世代相傳的故事詳述了憑據的牽連關係。

Ilmen, Lake＊　伊爾門湖　俄羅斯西北部湖泊。位於伊爾門平原的中部，爲一冰川低地，約有五十條河流注入，其中包括姆斯塔河、波拉河和洛瓦特河。此湖反成沃爾霍夫河的源頭。湖面積隨水位變化，約爲733～2,090平方公里。夏季可通航，有一條平均深度10公尺的航道。

ilmenite＊　鈦鐵礦　很重的鐵黑色金屬氧化物礦物，由鐵和鈦的氧化物（$FeTiO_3$）構成，是鈦的主要來源。呈浸染狀或脈狀產生在輝長岩、閃長岩或斜長岩中，例如在魁北克、紐約州及挪威。鈦鐵礦也可形成大塊體，如懷俄明州的鐵山和俄羅斯的伊爾門山脈（此山名稱即得自該礦物）。也有少量出現於銅礦脈、偉晶岩、黑色海灘砂和砂礦床中。

Iloilo＊　伊洛伊洛　菲律賓班乃島城市。西班牙人來到之前，居住地已很廣大，但港口一直很小，到1855年開放外貿才擴大。有段時期該市與米沙鄢群島的主要港口宿霧市相互競爭。爲主要漁港，也以生產生絲和鳳梨纖維織物著名。人口約302,200（1994）。

Ilorin＊　伊洛林　奈及利亞西部城市。瀕臨尼日河的一條小支流。18世紀末由約魯巴人創建，1800年左右爲約魯巴王國首都。1897年受英國管轄。城市由一道泥牆圍繞。現居民以信奉伊斯蘭教的約魯巴人爲主。該市現在是工商業和教育中心。人口約476,000（1996）。

Ilumquh＊　伊倫庫赫　阿拉伯人信奉的月神。其重要性超過與太陽有關的諸神和金星之神。此神護祐城市，是阿拉伯半島南部主要城市的守護神。有人專門到祂的神廟作朝聖之旅，崇拜者常求神諭來作指引。他還有不同的名字和綽號，如瓦德（Wadd）、阿姆（Amm）和辛（Sin）。

image processing　影像處理　分析、增強、壓縮與重建影像的一組電腦技術。主要的元件是匯入由掃描或數位攝影捕捉的影像，利用各種專業應用軟體來分析與運用影像，再予以輸出（送到印表機或顯示器）。影像處理在許多領域的應用廣泛，包括天文學、醫學、工業機器人學以及衛星遙測。亦請參閱pattern recognition。

imaginary number　虛數　形成a+bi的任何數，其中a和b是實數，i是-1的平方根，且b不爲0。如果a爲0，這個數就稱作純虛數。亦請參閱complex number。

Imagism＊　意象主義　英國和美國的詩歌運動，強調寫詩時使用具體的語言和語法格式、現代話題事物、自由的詩韻，並迴避浪漫或神祕的主題。意象主義是從象徵主義運動發展而來，約於1912年由龐德率先發起，並明確地陳述了這個主義的信條，他是受到休姆（1883～1917）的評論影響；杜利特爾也是創始人之一。1914年左右羅厄爾大致接管了這個團體的領導權。艾玟、艾略特、摩爾、勞倫斯和史蒂文斯等人的作品也受到意象主義的影響。

imam＊　伊瑪目　伊斯蘭教社會的首腦。在遜尼派中，伊瑪目等同於哈里發，是穆罕默德的指定政治繼承人。遜尼派認爲伊瑪目也可能犯錯，但仍要服從他，以讓他維持伊斯蘭教的教法。在什葉派中，伊瑪目成爲擁有絕對宗教權力的人，只有伊瑪目能洞悉《可蘭經》的奧祕，他是眞主選派的，不會犯罪。隨著歷史上最後一位伊瑪目的消失，興起了一種隱藏的伊瑪目的信仰，被視作馬赫迪。此外，在清眞寺領導祈禱者的穆斯林也稱伊瑪目，伊瑪目又可用作一種榮譽稱號。

Imam Bondjol＊　伊瑪目邦佐爾（西元1772～1864年）　分裂了蘇門答臘米南卡保人的一場宗教戰爭的領袖。他是改信瓦哈比派伊斯蘭教（在蘇門答臘稱比達里派）的改革分子，他建立了邦佐爾村社，加強了防禦工事，並以此爲中心開始領導人們進行聖戰。世俗的政府向荷蘭人求援，但荷蘭人當時正捲入爪哇戰爭（1825～1830）中，伊瑪目邦佐爾趁機擴大了自己的地盤。當荷蘭人把注意力轉回到比達里派時，他們戰敗，伊瑪目邦佐爾投降（1837），米南卡保地區於是併入荷蘭人的殖民地。

imamis ➡ Ithna Ashariyah

IMF ➡ International Monetary Fund (IMF)

Imhotep＊　伊姆霍特普（活動時期西元前27世紀） 希臘語作Imouthes。古埃及聖賢、占星家，後世埃及人和希臘人尊他為醫神。希臘人把他與希臘醫神阿斯克勒庇俄斯混為一人。伊姆霍特普是埃及法老左塞的宰相，以醫術高明和設計了孟斐斯的塞加拉陵墓的階梯式金字塔而聞名。西元前525年波斯征服埃及時，伊姆霍特普才被尊為真正的神明，據說他是卜塔和女戰神塞赫邁特所生的兒子。在希臘－羅馬時代對他的崇拜達到頂盛階段，當時病人睡在他的神廟裡，以祈求祂在夢中治癒他們的病。

Immaculate Conception　無原罪始胎 天主教會信條，謂聖母瑪利亞不受原罪的影響。早期擁護這種論點的是殉教士聖查斯丁和聖伊里奈烏斯；聖波拿文都拉和托馬斯·阿奎那則持反對意見。1439年巴塞爾會議表述此信仰符合天主教的信念。1709年教宗克雷芒十一世訂定無原罪始胎是應紀念的聖日。1854年教宗庇護九世發布教宗昭書，宣布無原罪始胎是正式的教會信條。亦請參閱Virgin Birth。

immune system　免疫系統 身體細胞、細胞產物、器官及構造，察覺與摧毀外來入侵的細菌、病毒及癌細胞。免疫力是基於系統發動對抗入侵者的防衛能力。要讓系統運作正常，必須能夠分辨身體自己的物質（自身）和外界來源的物質（非自身）。分辨失效會造成自體免疫疾病，免疫系統對沒有害處的物質（如花粉、動物皮屑）產生過大或不適當的反應，會造成過敏。系統主要細胞像是辨別抗原的淋巴球，以相關的附屬細胞（如巨噬細胞將外來物質吞掉並殺死）。淋巴球是在骨髓從幹細胞產生，T淋巴球（T細胞）移動到胸腺而成熟，B淋巴球（B細胞）則是在骨髓中成熟。成熟的淋巴球進入血流，許多與附屬細胞寄宿在身體各種組織之中，包括脾臟、淋巴結、扁桃腺及腸黏膜。在這些器官和組織之內，淋巴球受限於結締組織的纖細網狀系統，四處輸送去接觸抗原。T細胞與B細胞受到適當的刺激，會在淋巴組織進一步成熟與倍增繁殖。淋巴組織排出的體液（淋巴液）透過淋巴管搬運到血液。淋巴結沿著淋巴管分布，過濾淋巴，找出裡面所含的巨噬細胞和淋巴球有無抗原存在。脾臟有類似的功能，抽取血樣檢查有無抗原。淋巴球可以在淋巴組織、血液與淋巴之間穿梭，是免疫系統機能的重要元素。亦請參閱immunodeficiency、immunology。

immunity　免疫力 抵抗入侵微生物或較大寄生蟲攻擊或克服感染的能力。以身體的免疫系統的正常運作為基礎，在自然免疫或天生免疫中，出生時就有的免疫機制對眾多不同的微生物發生作用，不管先前是否遭遇過。後天的免疫反應（適應後對特定微生物或其產物發生作用）受到先前該種微生物出現的刺激。先前受到特定病原體感染或接種疫苗時，會產生這類的免疫。天生免疫的機制包括物理障礙（如皮膚）和化學障礙（例如唾液中出現的殺菌酶）。穿透身體自然障礙的微生物會遭遇到抑制其生長與繁殖的物質（例如干擾素）。噬細胞（吞噬粒子的細胞）包圍並摧毀入侵的微生物，而自然殺手細胞會刺穿微生物的細胞膜。天生免疫並不賦予身體永久的抵抗力或免疫力。後天免疫以B細胞和T細胞對於抗原的辨識為基礎，在天生機制不足以遏止抗體進一步入侵時活躍起來。殺手T細胞或毒害T細胞摧毀受感染的細胞和外來的細胞。助手T細胞把受抗體出現而遭到刺激並增殖的B細胞變為分泌抗體的細胞，也就是漿細胞。漿細胞所產生的抗體附著於產生抗體的細胞，標示毀滅的記號。後天免疫仰賴致敏記憶B細胞和T細胞的長期存活，它們能在同一病原體再度感染時快速繁殖。亦請參閱immunodeficiency、immunology、leukocyte、reticuloendothelial system。

immunity　豁免 在法律上，指免除責任或不必負責。根據國際條約，外交代表不受當地的民事或刑事管轄。在許多國家中，法官、立法官和政府官員（包括國家元首），在本國享有有限或絕對的豁免權以保護他們為錯誤的行為免除個人責任，或不履行起因於他們完成職責的法律責任。檢察官對被懷疑有犯罪活動的證人，有權免予起訴，作為對他作出不利於其他嫌疑犯的證詞的獎勵。

immunodeficiency　免疫不全 免疫力的缺陷削弱身體抵抗感染的能力。免疫系統的機能喪失可能有很多原因。由遺傳缺陷造成的免疫疾病通常在生命早期就可看出。其他可能是經由感染（如愛滋病）或是免疫抑制而來。免疫反應會影響淋巴球、白血球、抗體與補體。嚴重複合免疫不全症是由幾個不同的遺傳缺陷造成，因而全面瓦解。免疫不全的治療取決於病因，可能要使用免疫球蛋白、骨髓移植或是對造成免疫不全的疾病作根本治療。

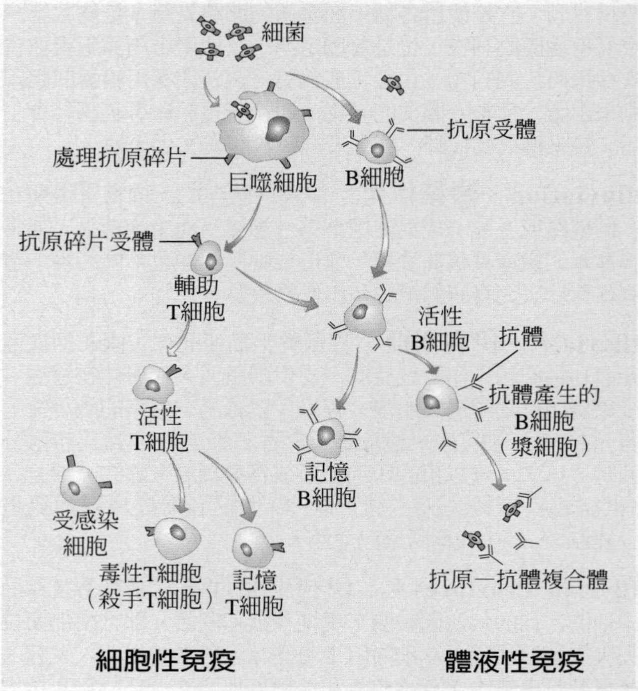

後天性免疫取決於T與B淋巴細胞（T和B細胞）的活動。體液性免疫噬後天性免疫的一環，牽涉到B細胞生成抗體。另外細胞性免疫是T細胞的作用。當抗原（例如細菌）進入體內，受到巨噬細胞的攻擊與吞噬，處理並在表面顯現。輔助T細胞確認顯現的抗原，啟動另一種T細胞的生成與增殖。發展出毒性（殺手）T細胞並攻擊外來及受感染的細胞。B細胞因為輔助T細胞分裂活動而受到抗原存在的刺激，形成抗體生成細胞（漿細胞）。釋出的抗體與抗原結合，標記要消滅的細胞。輔助T細胞也誘發記憶T與B細胞的發展，未來在相同的病原體重複感染時啟動免疫反應。
©Duomo Photography

immunology　免疫學 研究身體抵抗致病微生物及相關疾病的醫學。自1796年金納使用疫苗來預防天花後，人們才開始對免疫學有了全面而深入的認識，了解到它在疾病微生物中，以及抗體和抗原反應性細胞的形成、運動、作用和互動所扮演的角色。免疫學的範圍涵蓋了治療過敏性疾病、器官移植後的抑制免疫以避免排斥現象，以及自體免疫疾病和免疫不全症的研究。愛滋病（AIDS）已促使了對後面這些疾病的徹底研究。

immunosuppression　免疫抑制　用藥物抑制免疫力，通常是爲了防止器官移植的排斥作用。目的是讓接受移植的身體永久接受器官而無不良副作用。有些病患的劑量可以減低，甚或沒有產生排斥作用就可停用。其他用途是治療某些自體免疫疾病，以及爲了預防胎兒母紅血球增多症。主要缺點是在治療期間會增加感染的風險，長期免疫抑制的病患可能罹患淋巴瘤。

impact test　衝擊試驗　測試材料承受衝擊的試驗，工程師用來預測材料在實際狀況下的行爲。許多材料在衝擊之下會突然破壞，產生裂隙、破裂或產生凹痕。最常見的衝擊試驗是利用晃動的擺錘去撞擊刻有凹口的棒，撞擊前後的高度用來計算打破材料棒需要的能量（參閱strength of materials）。夏丕試驗的試體水平置放，由兩根垂直的棒子夾住，很像門上的樑。易佐試驗中的樣本則垂直置放，就像門柱。亦請參閱testing machine。

impala＊　黑斑羚　奔跑疾速而姿態優美的羚，學名Aepyceros melampus。常大群棲息在非洲中部和南部草原和開闊林地，靠近有水的地方。善跳躍，受驚時跳著逃跑，一躍能達9公尺遠，3公尺高。體輕巧，肩高75～100公分。毛金黃色至淺褐紅色，腹部白色，大腿上有垂直的黑色斑紋，後蹄後側有黑色簇毛。雄羚有豎琴狀長角。

肯亞奈洛比國家公園的雄黑斑羚群
James P. Rowan

Impatiens＊　鳳仙花屬　鳳仙花科的一個大屬，草本植物，約900種。廣佈於亞洲、非洲和北美。有些似雜草，有些是廣爲栽培的園藝植物。成熟果實一經觸動即將種子彈出。鳳仙花原產於亞洲熱帶地區，在美國是最受喜愛的鮮艷園藝花卉，一年生；花不整齊，單生或簇生，除藍色外幾乎各色均見。北美東部常見的類似雜草是具斑點的二花鳳仙花、好望角鳳仙花以及蒼白鳳仙花。大部分鳳仙花的莖薄弱、中空，需要很多的水分。近緣種類是天竺葵和旱金蓮。

impeachment　彈劾　指立法機關爲反對某個政府官員而提起的一種刑事訴訟程序。在美國，總統、副總統和其他聯邦官員，包括法官，都可能被衆議院彈劾。衆議員起草了彈劾的條文，詳列其罪狀和確實的依據。一旦經大多數的衆議員通過，這些罪狀條文就會提交參議院審核，付諸審判。在總結時，每個議員依每條罪狀投票贊成或反對定罪，定罪需要2/3的議員同意。被判有罪的官員可能被免職。美國憲法規定對「犯有重大罪行和品行不端」的官員要彈劾；權威人士贊同對無罪的行爲不當也可加以彈劾（如違憲）。美國史上有兩位總統（即詹森和柯林頓）曾經被彈劾但獲判無罪。1974年衆議院起草了彈劾尼克森的罪狀條款，但他在正式訴訟之前就辭職了。在英國，由下議院充當檢察官，上議院則充當法官；在以前，彈劾是議會免除不受歡迎的大臣職務的一種手段，這些大臣往往是受君王保護的宮廷寵臣。19世紀初當內閣大臣改爲對議會而不是對國王負責時，就不再使用彈劾訴訟。

Imperial Chemical Industries PLC (ICI)　帝國化學工業公司　亦譯「卜內門公司」。英國主要的化學公司，1926年合併英國四大化工公司而組成。在兩次世界大戰期間，德國法本化學工業公司是它主要的競爭對手。現今生產化學品、顏料、炸藥；生產藥劑、殺蟲劑和特製化學品的營業部門已另外成立爲捷利康公司（1933）。總公司設在倫敦。

Imperial Conferences　帝國會議　在大英帝國，及日後的國協內的自治區，在1907年至1937年間所舉行的定期會議。召開這項會議的目的在討論共同的安全與經濟議題，通過的決議並不具有約束力。然而，威斯敏斯特條例將1926年和1930年會議所作的決議付諸實施，將自我管理的領地，如加拿大、澳大利亞、紐西蘭、南非、愛爾蘭以及紐芬蘭等，敘述成「大英帝國內自主的共同體」。在第二次世界大戰後，各國首相間的會晤取代此一會議。

Imperial Valley　帝王谷　美國谷地，範圍從加州東南部延伸入墨西哥境內。構成科羅拉多沙漠的一部分。1901年開鑿帝王運河，引科羅拉多河河水灌溉了大片地區。1905～1907年洪水氾濫，灌溉渠道被毀並形成索爾頓湖。現在谷地的水來自胡佛水壩和泛美運河。灌溉渠總長4,800公里，受益的耕地灌溉面積約200,000公頃。

imperialism　帝國主義　國家擴張權力與領土的政策、行爲或主張，特別是指經由直接占領土地或藉由政治與經濟手段控制其他地區的手段。由於帝國主義通常與強權連在一起，無論是用武力或使詭計，因此人們通常認爲在道義上應予譴責，在20世紀時這個詞常被用來公開譴責或詆毀敵對國家的外交政策。經濟學家們也曾對帝國主義是否有利和誰從中獲利方面討論過。像馬基維利、希特勒的理論是，天生優越的民族註定要統治所有其他的民族。有些觀點與戰略及安全有關，認爲帝國主義是基於各種安全上的理由而產生的。第二次世界大戰後，透過直接征服的帝國主義已被所謂的政治、經濟和文化帝國主義所取代。亦請參閱colonialism、influence, sphere of。

impetigo＊　膿疱病　細菌感染性炎症性皮膚病，是兒童最常見的皮膚病。初發損害爲一個淺在性水疱，水疱破裂乾燥後結痂。本病由葡萄球菌屬細菌或鏈球菌引起，新生兒中常見傳染，隨著年紀增長而越少見。環境不衛生、擁擠、潮濕和天氣太熱可能助長這種皮膚病的散播。廣譜抗生素對無併發症的膿疱病療效不錯。若膿疱病延及身體較大面積（特別是嬰兒患者），則應早期全身應用抗生素。

Imphal＊　因帕爾　印度東北部曼尼普爾邦首府（1991年人口約199,000）。位於加爾各答東北部偏東處，地處曼尼普爾河河谷，海拔760公尺。在英國統治之前，爲曼尼普爾國王的駐地。1944年是英－印部隊戰勝緬甸邊境上日本軍的地方。現爲重要的貿易中心，以織布、黃銅和青銅器著稱。

implication　蘊涵　在邏輯中，指兩個命題被歸爲眞實條件命題的前因與後果時二者之間的關係。邏輯學家將蘊涵分成實質的和嚴格的兩種主要類型。p命題實質蘊涵q命題，若且唯若實質條件p⊃q（讀作若p則q）爲眞；如果p爲眞而q爲非，則命題p⊃q爲非；在其他三種情況下－－p爲眞、q爲眞，p爲非、q爲眞，p爲非、q爲非－－亦爲眞。其所遵循的規則是：一但p爲非，p⊃q自動爲眞。這是讓實質條件不足以詮釋普通英文條件句的一個特性。另一方面，p命題嚴格蘊涵q命題，若且唯若在q不爲眞的情況下p不可能爲眞（也就是說如果p且非q是不可能的）。

impotence＊　性無能；陽痿　指男性陰莖無法勃起或維持陰莖勃起狀態，因此而無法在性交過程中全程參與。不能勃起可能導因於生理因素（如酗酒、內分泌疾病）或心理因素（如厭惡或害怕性伴侶）。不能射精的患者能勃起，但在高潮時卻無法射精，他們能夠維持長時間的勃起，這種形態的性無能幾乎全是心理因素所導致。亦請參閱Viagra。

Impressionism 印象主義 19世紀末期在法國興起的一個藝術流派。在繪畫方面，這個流派包括了一群藝術家約於1867～1886年間所創作的作品，他們有著相似的取向和技巧，也同樣對學院教法不滿。這批人最初包括莫內、雷諾瓦、畢沙羅、西斯萊、摩里索等。後來馬奈（他的早期畫風對其中幾人有強烈影響）和加薩特與其他人也採用了印象派的風格。這些人的作品有一個共同特徵：力圖精確客觀地記錄風景或現代都市生活場景實際上的視覺影像，把捉光線對色彩和質地所造成的各種瞬息效果。因此他們放棄了傳統的較黯淡的褐色、灰色和綠色，而偏好更鮮活明亮的色調；不使用灰色和黑色來處理陰影；以一塊一塊的小色片來塑造出形體。他們採取布丹直接觀察的方式，完全在戶外作畫。由於法蘭西學院的藝術沙龍一直拒絕他們的大部分作品，這批畫家在1874年自己辦了一個畫展，後來又陸續辦了七次。一位藝評人語帶嘲諷地稱他們爲「印象派」，他們卻覺得這個稱呼很精準的道出他們的意旨，而以印象派自稱。該團體雖在1880年代晚期消散，但他們已爲西方繪畫帶來一場革命。亦請參閱Postimpressionism、Salon des Indépendants。

Impressionism 印象主義 音樂用語，指19世紀末德布西所倡導之風格。類比於當代法國繪畫的嶄新形式，這個音樂用語（德布西本身並不喜歡）是有點語意不清的。常稱爲印象主義的元素包括：靜態和聲；強調樂器的音色，而創造出「顏色」的輝映；缺乏方向性動作的旋律；掩蓋或取代旋律的表面裝飾奏；避免傳統音樂形式。印象主義可被視爲反浪漫主義修辭的反應，打斷了標準和聲進展的前進動作。最常與印象主義相關聯的另一位作曲家是拉威爾。印象主義樂段常見於蕭邦、李斯特、華格納等人早期的音樂，也見於後來的艾伍茲、巴爾托克、蓋希文等作曲家的音樂中。

impressment 強徵入伍 用粗魯甚至暴力的方法強迫不願當兵的壯丁到軍隊服役。在19世紀初期以前，世界各港口城市都盛行這種做法。「應徵者」大多是從城市中濱水地帶的小客店、妓院與小旅館抓來的。這些人往往是流浪漢甚至是囚犯，他們被迫在暴力或威壓之下服役，並依循殘忍的紀律而固守職務。19世紀初葉，英國皇家海軍往往攔住美國的船隻，搜查逃兵，這種作法是1812年戰爭爆發的原因之一。19世紀期間，各國逐漸採用了有組織的徵兵制度，強徵入伍逐漸減少。

imprinting 銘印 亦譯銘記、印隨。一種學習形式：幼小動物把注意力集中於它所看到、聽到、接觸到的第一件對象上並追隨這一對象。在自然狀態下這個對象幾乎總是父母，在實驗條件下可爲其他動物或無生命物體。人們僅對鳥類的銘印現象作過深入的研究，但許多哺乳動物、魚和昆蟲幼體顯然也有銘記過程。雞、鴨、鵝的銘印過程數小時即可完成，但孵出約三十個小時後對銘印刺激的感受性即消失。

improvisation 即興演奏 現場的音樂創作。即興演奏通常需要在事前作一些準備，特別是當表演者超過一人的時候。儘管居於西方傳統記譜音樂的中心，即興演奏卻常扮演特定角色，從最早的奧加農到數字低音（持續低音）的實現。採用的形式包括：在舞曲低音線上創造旋律、在詠嘆調的重複樂段中加入繁複的裝飾法、流行歌曲的鍵盤變奏、協奏曲華彩段、自由的獨奏幻想曲。19世紀即興演奏可謂處於最低潮，而在「實驗」創作和較古老音樂的「可靠」演出中重回音樂殿堂。其最重要的當代形式是爵士樂。

in vitro fertilization (IVF)＊ 人工受精 亦稱試管受精（test-tube conception）。自婦女體內取出卵，在體外與來自男性的精子結合使之受精，再將其移入同一婦女或另一婦女子宮內經歷正常妊娠過程的醫學技術，主要用來治療不育。1978年首次誕生了第一位試管嬰兒。人工受精的施行步驟包括抽取成熟的卵，收集精子，在培養液中受精，而後在8細胞期植入婦女子宮。如果操作成功，胚胎會在子宮壁上著床，於是妊娠開始。最常見的問題是胚胎植入失敗。人工受精從一開始研究就引起道德、倫理和宗教方面的爭論。

Inari＊ 稻荷 日本神話中的護稻神和財神。特別受到商人和工匠的崇拜，也受兵器匠人、妓院和藝人的奉祀。稻荷的形像有時是長鬚老人騎白狐，有時則爲手執稻捆的披髮婦人。那隻白狐有時被當作是他的使者。京都附近的伏見稻荷神社是稻荷神社中最著名者。

稻荷，木雕像，做於德川時代（1603～1867）；現藏巴黎吉梅博物館
By courtesy of the Musee Guimet, Paris

inbreeding 近交 親緣關係較近的個體間的交配，而遠交是遺傳上不相關的個體間的交配。近交可用以保留某些所需要的性狀，或淘汰某些不需要的性狀。因爲父本和母本有害的隱性基因可能結合（參閱recessiveness），所以近交常可使子代的生活力、體型、生育力下降。親緣關係最近的近交是自交，或稱自體受精。品系繁育是一種近交方法：從某個具優良性狀的祖先的後裔中，選擇親緣關係較嫡親稍遠的個體進行交配。回交（把一個第一代雜交種與親本種雜交）是一種常用的近交方法。

incandescent lamp 白熾燈 靠適當材料加熱到高溫而發光的燈。電子白熾燈（即燈泡）中的鎢絲是被罩在一個玻璃殼內，內部抽空空氣或灌滿惰性氣體。當藉助於電流而加熱時，就會發出亮光。斯旺和愛迪生兩人分別在1870年代末獨立製成第一個白熾燈。愛迪生占有大部分的功勞，因爲他還發展出實用照明系統中安裝白熾燈所需的電力線和其他設備。同螢光燈和放電燈相比，白熾燈的效率不高，現今主要還是家用電燈。亦請參閱halogen lamp。

Incarnation 道成肉身 基督教的中心教義，謂永恆的上帝之道即上帝的兒子、三位一體眞神中的第二位成爲肉身，是爲耶穌基督。耶穌的神人二性是聯合爲一，任何一種性質都沒有減弱，兩者也沒有相混。這種艱深的教義造成異端的興起，有些否認耶穌的神性，有些則否認他的人性。對正統教徒來說，這種衝突在尼西亞會議（325）和卡爾西頓會議（451）中已獲得解決。

Incas 印加人 南美印第安人，曾統治著一個帝國，其幅員沿太平洋海岸及安地斯高原自北而南延伸，約爲今厄瓜多爾北境以至智利中部這一片土地。根據傳說（印加人沒有留下書寫資料），印加王朝的開國者率領族人到庫斯科，即後來的首都。在第四代皇帝時開始擴張，而在第八代皇帝時，他們已開始計畫永久性的征服，在征服地區建立衛戍部隊。在托帕．印加．尤潘基和他的繼承者統治下，帝國的版圖伸張到南北端極限。16世紀初約統有1,200萬子民。他們建造了大片的道路網，這一道路網最終爲西班牙人征服印加帝國（1532）開了方便之門。印加人的建築高度發達，在整個安第斯山區至今還能看到他們的灌溉系統、宮殿、寺廟和碉堡。印加人的社會等級森嚴，主要是貴族官僚體系。他們的萬神廟裡以高度組織的國教祭祀著一個太陽神、一個造物神和一個雨神。印加人的後裔是今安地斯山脈操克丘亞語的農民

H I J K

（參閱Quechua），可能占祕魯人口的45%。他們大部分是農民和牧人，生活於以鬆散的親屬關係爲基礎的社區。他們的天主教混合了異教神靈的信仰。亦請參閱Andean civilization、Atahuallpa、Aymara、Chimu、Pizarro, Francisco。

incense　香　用樹脂製成的顆粒，有時摻有香料，焚燒時發出香味。大多是奉神時才使用香。在歷史上，當作香的物質主要是乳香、沒藥等樹脂，加以芳香的木、樹皮、種子、根和花。

incest　亂倫　亦稱血親婚配。因親屬關係而爲法律或習俗禁止婚配的人們之間的兩性關係。亂倫禁忌爲人類社會普遍遵循，只是不同社會各有不同的實施範圍。一般說來，兩人之間的遺傳關係越近，阻止或妨礙他們之間性關係的禁忌就越發嚴格而更具有強制性。有些生物社會學家認爲，近親繁殖的群體已降低了其優生率而變成遺傳障礙的基因庫。有些文化人類學家提出，某一群體中的亂倫禁忌及其相應的族外婚制要求男性到外面的集團去找尋婚媾伙伴，因而建立有效的聯盟。其他理論則強調，亂倫禁忌有助於維護核心家庭之正常存在而免於因性妒忌而釀成的不和睦氣氛，或有調節兒童性愛衝動的功用，使他們步入成人社會之後具有克制精神。對於亂倫似乎沒有一個完滿的解釋，導致有人懷疑亂倫是否應被視爲一種單純的現象。大部分呈上刑事法庭的亂倫案例是涉及父親與年輕女兒之間的性交關係。亦請參閱child abuse。

inch　吋　測量長度之單位，等於1/36碼，1959年起，正式制定1吋爲2.54公分（參閱meter）。約1150年蘇格蘭王大衛一世把吋定義爲一個男人拇指指甲底邊的寬度。爲了維持吋的一致，乃以身材大、中、小三個男人指甲寬度之和的平均值爲準。英格蘭國王愛德華二世在位時，把吋定義爲「三個乾而圓的大麥粒頭尾相接的長度」。後來，吋也曾被定義爲十二粒罌粟種子並排的長度。亦請參閱foot、International System of Units、measurement、metric system。

Inchon＊　仁川　舊稱Jinsen或濟物浦（Chemulpo）。南韓西北部港口城市，靠近漢城。14世紀起爲一小漁港，1883年成爲三個通商口岸之一。日本占領前（1910～1945）已成爲國際性商貿港口。韓戰期間，聯合國部隊曾成功地在仁川登陸（1950）。現在是特別市，其行政地位相當於道。工業包括鋼鐵、玻璃、化學製品和木材等。人口2,308,000（1995）。

inchworm ➠ looper

incidental music　戲劇音樂　亦譯配音音樂或配樂。爲伴隨戲劇表演而作的音樂。來源可追溯到儀式性的希臘戲劇，因此現在與其他類型儀式的使用音樂有關。有時僅限於開場或幕間插曲（如營造一種氣氛和交代一段歷史時期）。電影和電視音樂也可稱作戲劇音樂。

Inclán, Ramón María del Valle- ➠ Valle-Inclán, Ramón María del

income statement　損益表　會計名詞，指商業登錄的收支活動導向之財務報表。損益表是在一段特定時間內（一季或一年）收入與支出的總計。損益表也載列因其他交易而產生的盈餘或虧損，例如資產買賣或清償債務。依據標準會計規則製表者須對每一項目逐一登錄。

income tax　所得稅　公共當局對轄區內個人或公司之收入所徵收的稅賦。在具有私人企業進步體系的國家，所得稅是政府歲入的主要來源。對個人或家庭單位所徵收的所得稅稱爲個人所得稅。1799年英國立法批准綜合所得稅，以資助拿破崙戰爭。在美國，所得稅最早在南北戰爭期間試辦，1881年最高法院堅持它是合憲的，但在1894年宣布另一種所得稅違憲。1913年憲法「第十六條修正案」使個人所得稅成爲永久的。個人所得稅的公平性乃基於一個人的收入是個人貢獻以支持政府的最佳單一指數這個前提，大部分個人所得稅的理論基礎是：當人們的資金環境不同時，他們的納稅責任也會不同。因此，美國所得稅是累進稅，賺錢越多的人負擔越重，而個人所得稅獲准扣除的項目包括家庭抵押債務所支付的利息、不尋常的醫療支出、慈善捐助、州及地方所得稅和財產稅。強制措施已經施行，即從工資和薪水中直接扣稅。亦請參閱capital-gains tax、capital levy、corporate income tax、regressive tax、sales tax、value-added tax。

incomes policy　收入政策　指政府通常採用限制工資和價格上漲的辦法，以達到控制勞動收入與資本收入的目的。這個詞常用以指爲控制通貨膨脹所採取的對策，但也可用以指改變工人之間、行業之間、地方或職業團體之間收入分配的措施。亦請參閱wage-price control。

incontinence　失禁　無力控制排泄。排尿的開始與結束要靠骨盤及腹部肌肉、橫膈與控制神經正常運作。幼兒的神經系統發育不完全沒辦法控制排尿。以後的失禁可能代表罹患疾病（如神經管缺陷造成「神經性膀胱」），泌尿系統肌肉麻痺，長時間膀胱膨脹，或是某些泌尿生殖畸形。骨盤肌肉無力會在咳嗽或打噴嚏時少許漏尿（應力性失禁）。排糞失控可能是由脊柱或身體受傷、年老、極度恐懼，或是嚴重腹瀉造成。亦請參閱enuresis。

incubus and succubus　夢淫妖和女夢淫妖　趁人們在睡夢中與之交合的妖魔（有男有女）。中世紀歐洲傳說，人與這種妖怪交合會生出女巫、妖精或畸形人。據說梅林的父親就是一個夢淫妖。

incunabulum＊　搖籃時期出版物　指1501年以前印刷的書籍。這個限定日期雖合適但不甚明確，因印刷術的發展與之無關。這一術語最早可能出現在1650年左右，用於早期的印刷物。15世紀歐洲印刷的出版物，總數約在35,000種以上。此外還有相當數量的曇花一現的印刷品（例如：活頁、廉價故事書、民歌、宗教傳單），它們有的早已絕跡，有的只留下碎片殘頁，爲人們所祕藏。

Indépendants, Salon des ➠ Salon des Indépendants

Independence　獨立城　美國密蘇里州西部城市。1827年始有人定居，爲聖大非小道和奧瑞岡小道的起點，在加利福尼亞淘金熱時期，曾是運貨馬車的集結地。1831～1833年爲摩門教教徒聚居地，現在是重整耶穌基督後期聖徒教會的世界總部。南北戰爭時爲北方軍隊占領，也是與美利堅邦聯南軍發生兩次前哨戰的地方。這裡也是杜魯門總統的故居所在，現在闢建爲杜魯門圖書館和博物館。有農業和製造業。人口約110,000（1996）。

Independence, Declaration of ➠ Declaration of Independence

Independence Day　美國獨立紀念日　亦稱七月四日（Fourth of July）。美國第二屆大陸會議通過「獨立宣言」的週年紀念日，是美國最重大的非宗教節日。在1812年戰爭以後，才普遍每年一度舉行紀念活動。熱心公民事務的團體致力於把民主理想、公民權同這個獨立紀念日的愛國熱忱結合起來。

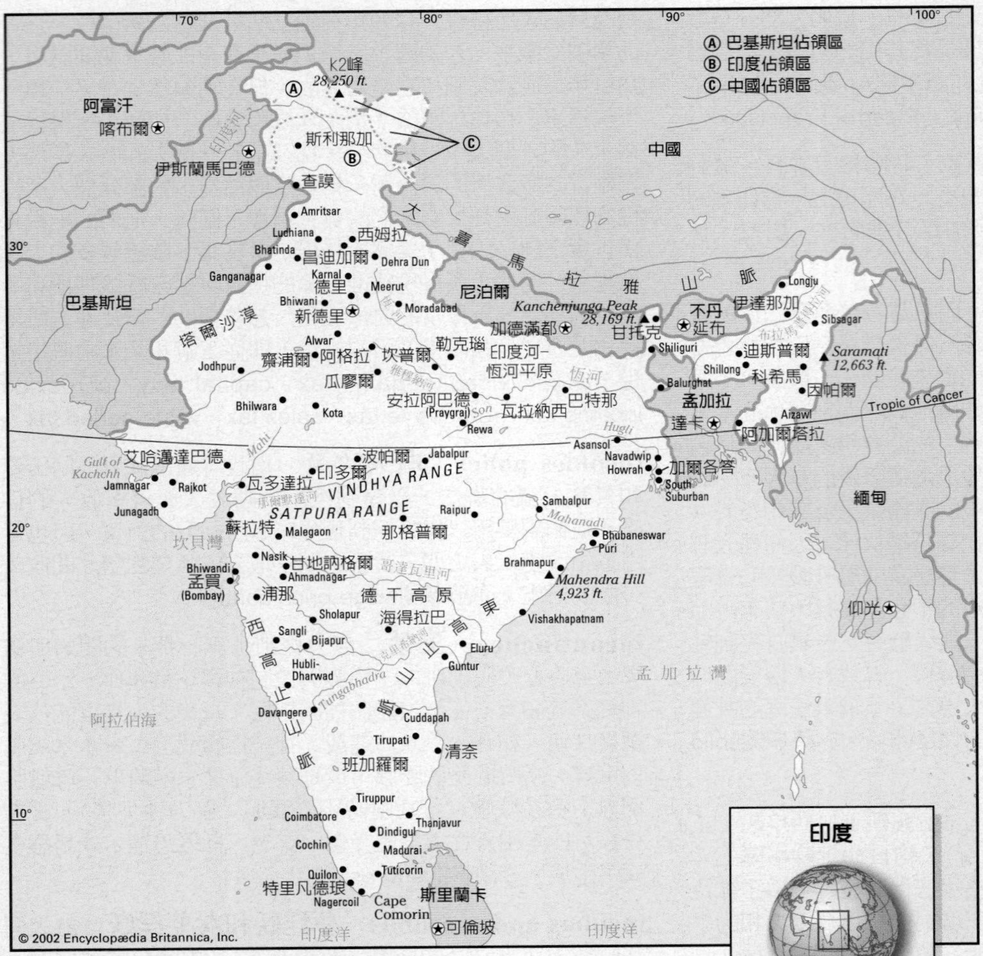

independent counsel　獨立委員會　舊稱特別檢察官（special prosecutor）。對政府高層官員、國會議員或總統選舉主要參選人，經美國檢察總長調查後發現的證據認爲可能涉嫌犯罪行爲，即由檢察總長提出聲請、法院正式指派設立委員會，以進行調查及起訴其犯罪行爲。委員會的用意，是確保一個公正調查的情境，迴避檢察總長可能面對的利益衝突。設置獨立委員會的法條通過的時機，是在水門事件期間，尼克森總統將特別檢察官考克斯解聘而引發的。在「伊朗軍售事件」以及「白水案」的調查中，獨立委員會都扮演了重要的角色。但在1999年，由於柯林頓總統的「陸文斯基醜聞案」的調查中，檢察官對自由心證的濫用引起爭議，因此美國國會獨立委員會對更新的法律效力予以否決。

independent school　私立學校 ➠ public school

Independent States, Commonwealth of ➠ Commonwealth of Independent States

indeterminacy principle　不確定性原理 ➠ uncertainty principle

Index librorum prohibitorum＊　禁書目錄　一份曾被天主教會當局列爲對天主教徒的信仰或道德有危險的禁書的目錄。禁書目錄由官方檢查員編製，但它從來不是一份完全禁讀的書目，它還包含教會當局想要影響的作品。雖然教會在很早以前就開始擔憂書籍問題，但第一版禁書目錄一直到1559年才發表。1966年開始停止刊行這種禁書目錄。

indexation　指數化　長時期物價水準的比較。在財經政策中，是用來抵銷通貨膨脹或通貨緊縮對社會保險金和稅收的影響的一種方法。它以一個固定的參考點（通常是物價指數）來衡量貨幣的「實質價值」。沒有這種指數，則社會保險金的受益人在通貨膨脹期間，如保險金仍按固定費率不變，將會蒙受損失。某些國家採用指數化的目的是要抵銷「納稅級別的偷偷爬升」，避免累進稅系統中的通貨膨脹把納稅人推向更高的納稅等級。國內生產毛額（GDP）緊縮指數用於調節通貨膨脹，是衡量經濟實際產量的標準。

India　印度　正式名稱印度共和國（Republic of India）。印度語作Bharat。南亞共和國。東南臨孟加拉，西南瀕阿拉伯海。面積3,166,414平方公里。人口約1,029,991,000（2001）。首都：新德里。印度人民構成廣泛，來自各個人種的不同混合，他們有的在史前時期已定居於次大陸，有的是入侵者。語言：印度語、英語（均爲官方語）；以及許多其他語言，包括孟加拉語、喀什米爾語、馬拉塔語、烏爾都語，以及達羅毗荼諸語言和其他分屬若干語系的數百種語言。宗教：印度教、佛教、耆那教、錫克教、伊斯蘭教及基督教。貨幣：盧比（Re）。印度有三個主要的地理區：喜馬拉雅山構成北方邊界；恆河平原由三大河系的沖積土沈積而成，其中包括恆河；南部地區，以德干高原著稱。農產品包括稻米、小麥、棉花、甘蔗、椰子、香料、黃麻、煙草、茶葉、咖啡和橡膠。製造業多種多樣，擁有高技術重工業。政府形式是共和國，兩院制。國家元首是總統，政府首腦爲總理。印度已有人居住數千年之久。農業在印度的出現可以追溯到西元前7千紀，而印度河流域的城市文明創於西元前2600年。佛教和耆那教興起於西元前6世紀，主要是爲了抵制種姓社會，這一社會乃是從吠陀教及其後繼宗教發展而來的。穆斯林的入侵始於西元1000年左右。1206年，歷時頗長的德里蘇丹國建立，1526年蒙兀兒王朝建立。1498年，達伽馬航至印度，延續數世紀的葡萄牙、荷蘭、英國和法國之間的商業競爭就此肇端。18和19世紀英國征服了印度，致使英屬東印度公司的統治，1858年始由大英帝國直接管理。1947年在甘地協助下結束了英國的統治後，尼赫魯成爲印度首任總理。此後除少數幾年外，他的女兒甘地夫人、外孫拉吉夫·甘地（參閱Gandhi, Rajiv）始終引導著民族的命運，直到1991年。1947年次大陸被分割成兩個國家——印度（印度人占多數）和巴基斯坦（穆斯林占多數）。最後一次與巴基斯坦的衝突導致1971年孟加拉國的建立。在1980年代和1990年代，錫克人力圖在旁遮普建立一個獨立國家，而在其他地方，種族和宗教的衝突也曾不斷出現。

India rubber plant ➠ rubber plant

Indian architecture　印度建築　印度次大陸過去和現在的建築傳統。印度建築的歷史至少始於西元前第2千紀，主要具宗教的功能。印度最早的建築物是佛教和印度教的廟宇，初爲木造，後用磚造。到了西元前4世紀，石頭成爲一般通用的建築材料；此後一系列的印度文化在刻鑿和營造石材建築物方面獲得了高度的技巧。建造了大型窣堵波，在硬質山岩中刻鑿出廟宇和寺院。笈多王朝時期（西元4～6世紀）寺廟建築發展迅速，常有雕刻精美的帶形裝飾。北印度建築的特色在於，廟宇都有一座裝飾豐富的塔（參閱sikhara），7～11世紀這種風格達到了頂峰。11和12世紀，伊斯蘭教傳入印度，從而引進典型的穆斯林建築形式（圓頂、尖拱）和裝飾。「泰姬・瑪哈陵」便是16～18世紀穆斯林蒙兀兒王朝統治的結果（參閱Mughal architecture）。歐洲殖民以及後來英國統治印度引進了歐洲風格的建築藝術。

Indian buffalo 印度水牛 ➠ water buffalo

Indian law 印度法 印度法律的執行和制度。印度法源於若干出處，首先是古代吠陀的習俗，後來添加了印度教律法，其中大致涉及婚姻和繼承等社會事務。8世紀阿拉伯人入侵以後，伊斯蘭法律（參閱Sharia）被引進某些地區，尤其是北部。在英國殖民控制下，英國普通法成爲司法中殘留的法律，而葡萄牙人和法國人在其殖民地中使用他們自己的法律。自從獨立（1947）以來，印度一直想要發展出統一的民法，並更新自己的刑法。

Indian licorice 印度甘草 ➠ rosary pea

Indian music 印度音樂 印度次大陸的音樂。儘管印度擁有廣大區域和多種文化，其音樂傳統卻牽涉到獨特的主要線索。由於印度早期音樂理論進步，傳統有了連續性；又因印度是佛教的誕生地，其音樂勢力也擴展到其他國家。最早的資料來源是5世紀一本論述戲劇的著作，包括論述音樂和舞蹈的段落。當時已有八度22音的體系，從中獲得了兩個基本的7音音階。兩個音階中的任何一音皆可作爲首音，總共產生十四個音階；這篇論文也強調不同音階的感情性格。稱爲拉格的調式概念是印度音樂的核心。印度音樂中的節奏類似音階的構造，是附加的。西方音樂的節奏從節拍的脈絡中理解，而印度音樂節奏的建立是從較小的區塊累積爲較大的結構，這個概念對20世紀的西方作曲家產生影響。其基本節奏模式稱爲塔拉。印度音樂基本上是單音的，包含低音部上的單一旋律，雖然鼓聲部分可能幾乎取代另一個聲音。音樂通常用於娛樂，但也與印度教發生密切關係。雖然印度音樂擁有繁複的理論並使用記譜法，其傳統卻是口頭的，從大師到門徒是唯一權威的傳遞。人聲是傳統印度音樂的核心。印度弦樂器包括西塔琴、薩羅德琴、塔姆布拉琴、維那琴，而最重要的敲擊樂器是塔布拉鼓，吹奏樂器的重要性低於西方音樂。

Indian Mutiny 印度叛變（西元1857～1858年） 亦稱士兵叛變（Sepoy Mutiny）。由爲英屬東印度公司服役的印度士兵發動的普遍而未能成功的反對英國統治的起事。起因是士兵拒絕咬掉新槍支所使用塗了以豬油、牛油混合的潤滑劑的子彈殼。英國人把他們關進牢獄；這種懲罰激怒了他們的伙伴。他們擊斃英國軍官，並向德里進軍。後來的戰事雙方都十分兇殘，最後印度敗戰。此次兵變最直接的結果是東印度公司被撤銷，由英國政府直接統治印度，另外，英印間開始有了協商的政策，英國強加的社會標準與印度教社會產生對立（如，解除印度教婦女再婚合法障礙的法令）。

Indian National Congress 印度國民大會黨 別名國大黨（Congress Party）。基礎廣泛的印度政黨，1885年成立。該黨原是溫和的改革黨，直到1917年黨內「極端主義」的自治派接管了黨的領導權（參閱Tilak, Bal Gangadhar）。1920年代和1930年代在甘地的領導下發起多次不合作運動，以抗議1919年憲改的無力。第二次世界大戰期間，國大黨宣布：在沒有獲得完全獨立之前，印度不支援作戰。1947年一項印度獨立法案通過；1950年1月印度成爲獨立國家的憲法生效。尼赫魯自1951年至1964年逝世爲止一直領導國大黨。自印度獨立後印度政府幾乎都是由國大黨主政；但在20世紀末一次聯合導致中立的印度教－國家主義政黨合組政府。

Indian Ocean 印度洋 位於亞洲、大洋洲、非洲和南極洲之間的鹹水體。面積73,440,000平方公里，約占地球面積的1/7，是世界三大洋中最小的一個（參閱Atlantic Ocean和Pacific Ocean）。最深處（7,450公尺）在爪哇海溝。主要的緣海有紅海、阿拉伯海、波斯灣、安達曼海、孟加拉灣和大澳大利亞灣。主要島嶼和島群包括了馬達加斯加島、斯里蘭卡和馬斯克林群島。

Indian paintbrush 火焰草 亦作paintbrush。玄參科火焰草屬植物，約200種，寄生或半寄生，從其他植物的根中吸收營養。花小、管狀、二唇形，花簇被色彩鮮豔的葉片或葉尖圍繞，宛如插在紅色、橘黃、黃色、粉色或白色的花盆中。

Indian philosophy 印度哲學 印度次大陸上發展起來的眾多哲學體系的統稱，包括正統體系——正理、勝論、數論、瑜伽、彌曼差、吠檀多等哲學派別，以及非正統體系，例如佛教和耆那教。印度哲學的歷史可分爲三期：前邏輯期（到基督教紀元之初）、邏輯期（西元1～11世紀）和後邏輯期（11～18世紀）。達斯古普塔所稱的前邏輯期涵蓋了印度歷史上的前孔雀帝國時期和孔雀帝國時期（西元前321?～西元前185年），邏輯期大致始於貴霜時期（1～2世紀），而在笈多王朝時期（3～5世紀）和根瑙傑帝國時期（7世紀）發展到最高峰。

Indian pipe 水晶蘭 學名爲Monotropa uniflora的腐生性草本植物。產於亞洲及整個北美，常見於潮濕陰蔽處，植株從成團的細根上長出，從死植物遺體上獲取營養。株高15～25公分，花單生於枝頂，杯狀，下垂。葉無葉綠素，不能行光合作用，退化成鱗片狀。Inian pipe一名反映出該植物的外觀就像是長在地上的縮小的印第安和平煙斗。

Indian Removal Act 印第安人移居法（西元1830年5月28日） 違背美國尊重印第安人權利的政策的第一部重要立法。該法規定，各州境內的印第安部族須遷出，前往西部草原定居，主要是東南部地區。有些部族拒絕放棄他們的土地，美國軍隊便以武力強迫這些部族遷居，特別是切羅基人沿著哭泣之路西進（1838～1839）。佛羅里達州的塞米諾爾人拒絕離開家園，發動塞米諾爾戰爭（1835～1842）。

Indian Reorganization Act 印第安人重新組織法（西元1934年6月18日） 美國國會通過的法令，目的在減少聯邦對印第安人事務的控制，加強印第安人的自治與責任。這項法案鼓勵以成文的憲法來加強部落的組織；不再根據「道斯土地分配法」將部落公有土地分配給個人，並將多餘的土地歸還給印第安人部落而非開墾的人。該法給與印第安人管理其部族內部事務的權力和設立周轉信貸計畫的基金，用以協助印第安人購買部落的土地和改善教育情況。它保留了有關印第安事務的基本法律。

Indian sculpture 印度雕塑 印度次大陸諸文明的雕塑傳統、形式和風格。印度雕塑的主題幾乎一律是抽象化了人形，用以向芸芸眾生曉喻印度教、佛教或耆那教的教義。印度雕塑幾乎完全壓抑個性，這是因爲他們所構思的形象要比在人類典範的僅僅曇花一現的外形中所能尋求的任何形態都更加完美無缺。印度雕塑的傳統可追溯至西元前2500～西元前1800年的印度河流域文明，當時製作了小的赤陶人像。在隨後的若干世紀裡，印度各地紛紛興起各種各樣的風格和傳統。但是到了西元9～10世紀期間，印度雕塑發展成一種長久固定的形式，迄今無大變化。從10世紀起，這種雕塑主要用作建築裝飾的一部分，並爲此目的大量製作較小的人像。亦請參閱Amaravati sculpture、Bharhut sculpture、Mathura art、South Asian arts、Western Indian bronze。

Indian Territory 印第安準州 美國西部的舊領地，包括今奧克拉荷馬大部分地區。1830～1843年間喬克托人、克里克人、塞米諾爾人、切羅基人和奇克索人等印第安部落被強制遷居至此，1834年通過法案畫定爲印第安人居住地。1866年印第安準州的西半部併入合眾國，合眾國政府於1889年向白人開放這一地區。1890年這一部分土地稱爲奧克拉荷馬準州。1907年印第安準州與奧克拉荷馬準州合併，改爲奧克拉荷馬州。

Indiana 印第安納 美國中西部一州（2000年人口約6,080,485），首府印第安納波里。沃巴什河和俄亥俄河分別形成該州東南方和西方的界河。印第安納州的原住民是操阿爾岡昆語的印第安人，包括邁阿密人、波塔瓦托米人和德拉瓦人。1679年拉薩爾發現這個地區，並宣布爲法國所有，1763年轉爲英國人的領土，1783年又轉到美國人手中，1800年成爲準州。1811年的蒂珀卡努戰役中美軍擊敗印第安人取得最後勝利。後於1816年加入聯邦，成爲第十九州，其人口開始迅速成長。1850年起農業發展迅速，美國南北戰爭後發展工業。在20世紀大部分時間裡，鋼鐵製造（參閱Gary）是最重要的經濟項目。面積94,309平方公里。

Indiana, Robert 印第安納（西元1928年～） 原名Robert Clark。美國畫家、雕塑家與平面藝術家。生於印第安納州新堡，曾就讀芝加哥藝術學院，之後移居紐約，成爲普普藝術先鋒。他的繪畫和平面設計都有鮮明色彩的幾何圖案標示。1964年印第安納與沃荷於電影《吃》中合作，之後受委託爲當年的紐約世界博覽會的紐約展覽館製作「吃」的符號。他最著名的影像創作爲《愛》，是1965年於帆布上畫成的，後來成爲普普藝術世代的普遍象徵。

Indiana Dunes 印第安納沙丘 美國密西根湖南端的州立公園和國家湖濱區。在印第安納州北部。州立公園（1925年設立）面積883公頃。內有湖岸地帶、沼澤、沙丘和樹林。公園東端有著名的「大捲風」奇觀：湖風形成的沙丘覆蓋了樹林，形成一片「樹林墓地」；移動性沙丘有的高達60公尺。國家湖濱區（1966年設立）從三面圍繞州立公園，今占地逾5,205公頃，包含了沙灘和多林木深谷。

Indiana University 印第安納大學 印第安納州州立高等教育體系。主校區設在布盧明頓，另有其他多個分校及學院，其中一部分與普度大學合作經營。所有的分校都提供大學部課程，大部分並設有碩士班課程，布盧明頓及印第安納波里兩個分校，則設有博士班。醫學院設在印第安納波里分校，商學及法律學院設在布盧明頓。布盧明頓分校在音樂及美術方面的表現聲譽卓著，並且是美國民俗音樂研究的重鎮。其他著名的機構還有金賽性、性別暨再生產研究所。現有學生人數接近86,000人。

Indianapolis 印第安納波里 美國城市，印第安納州首府。位於州的中心附近，瀕臨懷特河。1821年建立，1825年正式成爲州。地處公路、鐵路和空運的中心。該市還是一個主要的穀物交易市場及工業中心，主要工業產品的醫藥、機械、運輸與電器設備。每年舉行的印第安納波里五百哩賽是著名的國際性汽車賽會；有賽車名人堂博物館。該市還有數所學院和大學。人口：市約746,737（1996）；都會區1,249,822（1990）。

Indianapolis 500 印第安納波里五百哩賽 1911年以來每年在美國印第安納波里汽車跑道舉行的汽車賽，選手先在長2.5哩（4公里）的鋪磚或瀝青橢圓形跑道上逆時針方向駕車跑四圈，是爲預賽。這項比賽賽程500哩（805公里），參賽者是國際知名賽車手，使用特別設計的方程式賽車進行比賽。傳統上是在陣亡將士紀念日（5月30日），或接近該日舉行。這場比賽是世界知名的國際賽事，吸引大量觀眾（約30萬人），其獎額高達150萬美元以上。

Indic writing systems 印度諸文字體系 過去或現在用來書寫南亞和東南亞許多語言的數十種文字的統稱。除了約西元前4世紀到西元3世紀使用的佉盧文字外，該地區所有現存文字皆源於婆羅米文字，中世紀阿育王的印度－雅利安石刻（西元前3世紀）是最早的證明。在阿育王以後的六個世紀裡，婆羅米文字分化爲北方和南方兩種變體。北方形式發展爲所謂的笈多體文字（4～5世紀），最後發展爲天城體文字（現用來書寫梵語、印地語、馬拉塔語、尼泊爾語）、孟加拉文、奧里雅文和果魯穆奇文（錫克教經籍文字）的前身，也用於印度的現代旁遮普語。南方形式則發展爲僧伽羅語、泰盧固語、坎納達語的文字體系以及帕那瓦文字，後者形成其他無數文字的基礎，包括坦米爾語和馬拉雅拉姆語、許多東南亞文字（例如那些用來書寫孟語、緬甸語、高棉語、泰語、寮語的文字）及若干南島諸語言。

indicator, economic ➠ economic indicator

indictment 起訴書 刑法上，指正式的書面控告狀，由大陪審團批准並提交法院，以便對被告人進行審判。在美國，起訴書只是指控罪行的三種主要方法之一，其他的方法是：告發書（類似起訴書的書面控告，由檢察單位準備及提交法庭），和被害人或警官對輕微罪行的指控。在同一起訴書中可以包括幾項罪狀。

Indies, Laws of the 西印度法 16～18世紀西班牙王國政府爲治理歐洲以外、主要是美洲殖民地而頒布的法律的總稱。這套法令彙編包含了教會管理和教育、高級法院和低級法院、政治和軍事機構、印第安人、財政、航海、商業。1681年頒布，共收入法律6,377條；雖被批評爲前後矛盾，剝奪殖民者在政府中應扮演的角色，這是一個殖民帝國所曾有的最全面的一部法典，並用在對待印第安人方面確立了一些合乎人道的原則（儘管這些原則經常被忽視）。

indigenismo * 原住民主義 在拉丁美洲印第安人居多數的國家裡，主張讓他們在社會和政治中占統治地位的運動。原住民主義嚴格區分印第安人和歐洲人後裔（他們從16世紀西班牙和葡萄牙征服這裡後便統治著占多數的印第安人）。該運動對1910～1920年的墨西哥革命影響深遠；特別是總統卡德納斯主政時期（1934～1940），他重組國家以配合印第安人的權利。在祕魯，這一運動稱爲美洲人民革命聯盟運動。

indigo * 靛藍 藍色還原染料，約在1900年以前，一直是從木藍植物獲得。栽培木藍和提取靛藍曾是美洲殖民地經濟的重要部分，直至20世紀初葉仍是印度的一項重要產業。天然靛藍逐漸爲合成靛藍所取代；經化學反應可把它還原成可溶靛白，後者施於紡織品上，然後再氧化成靛藍。

indigo plant 木藍 豆科（參閱legume）木藍屬植物。主要產於溫帶，通常被毛。葉常分裂成數枚小複葉。花小、粉紅色、紫色或白色，聚生成總狀花序。莢果。有的種，尤其是蘇門答臘木藍和直立木藍曾是靛藍染料的重要原料。

indigo snake 靛青蛇 亦稱森王蛇。游蛇科爬蟲類，學名爲Drymarchon corais。馴良，無毒，分布在美國東南部至巴西一帶。爲美國最大的蛇類（最長的達2.8公尺），也是游蛇科中最長的蛇之一。美國的靛青蛇藍黑色，美國以南地區的種類身體前部分爲褐色，熱帶地區的種類被稱爲褐蛇。以小型脊椎動物（包括毒蛇）爲食。取食方法爲用上下顎咬死或將身體盤起來壓死獵物，而不靠身體的縊縮。自衛時發出嘶嘶聲，擺動尾部，但不進攻。可與沙龜同居一洞，常稱沙龜蛇。到1970年代末期，生存的數目很少，被列爲瀕危種。

靛青蛇
Leonard Lee Rue III

indiscernibles, identity of ➠ identity of indiscernibles

individualism 個人主義 一種政治和社會哲學，高度重視個人自由。現代個人主義始自英國亞當斯密和邊沁的觀點，而托克維爾認爲這個概念是美國人氣質的根本。個人主義包含一種價值體系，一種人性理論，一種對於某些政治、經濟、社會和宗教行爲的總的態度、傾向和信念。個人主義者一切價值均以人爲中心；個人本身就具有最高價值，在道德上是平等的。個人主義反對權威和對個人的各種各樣的支配，特別是國家對個人的支配。他們都認爲政府干預人們生活應保持在最小限度；政府主要職能以維持法律和秩序。個人有權在沒有政府的干涉下選擇自己的生活方式和管理財產。在19世紀後期和20世紀初期，隨著大規模社會組織的興起，個人主義思想的影響有所削弱。其後果之一，就是產生了各種提倡按照與個人主義截然相反的原則組織社會的理論，如共產主義和法西斯主義。但在20世紀後期因幾乎全事件都實行民主使得個人主義又重獲支配地位。亦請參閱libertarianism。

individuation 個體性 限定一個以某種方式指認的個體，在數值上等同於或相異於一個以另一種方式指認的個體（例如金星，早上稱作「晨星」〔the morning star〕，黃昏時稱作「昏星」〔the evening star〕）。一個個體之概念，似乎有賴於在一些可能狀況下它可被如實辨識爲它自身，因此個體性的問題在本體論與邏輯中非常重要。一個存在於兩個不同時間中之個體的指認問題（跨時指認），是個體性問題衆多可能的出現形式之一：什麼使得毛毛蟲等同於蝴蝶？什麼使得現在的你這個人等同於十年前的那個你？在模態邏輯中，跨世界個體性（或說跨世界指認）問題頗重要，因爲模態邏輯系統的理論語義學標準模式假設了，同一個體存在於一個以上可能世界中的說法是合理的。

Indo-Aryan languages 印度－雅利安諸語言 亦稱印度諸語言（Indic languages）。印歐語系印度－伊朗語支的主要次語族。使用人口超過8億，主要分布於印度、尼泊爾、巴基斯坦、孟加拉和斯里蘭卡。古印度－雅利安時期以梵語爲代表。中印度－雅利安時期（西元前600?～西元1000年）主要爲普拉克里特諸方言，包括巴利語。現代印度－雅利安語言大致是分布於完整地理空間的單一方言統一體，因此語言與方言之間的分界是有點人爲的。使情況益形複雜的因素是：具有古老文學傳統的語言之間的競爭性區別；操母語者的地方語言認同（例如在人口調查中）；現代標準印地語和烏爾都語語等超地區的語言；語言學家（特別是格利爾孫）所引進的標示。在涵蓋印度北部並往南延伸到中央邦的印度－雅利安語區（「印地語」帶）核心，最普遍的行政與教育語言是現代標準印地語。印度北部平原重要的地方語言是哈里亞納語、高拉維語、布拉吉語、阿沃提語、切蒂斯格爾語、波傑布爾語、摩揭陀、彌濕羅語。拉賈斯坦的地方語言包括馬爾瓦里語、通德哈里語、哈拉提語、馬爾維語。在喜馬偕爾邦的喜馬拉雅山腳是格利爾孫所稱的帕哈里諸語言。在印地語帶周圍，最重要的語言依順時針方向爲尼泊爾語（東帕哈里語），阿薩姆語，孟加拉語，奧里雅語，馬拉塔語，古吉拉特語，信德語，巴基斯坦旁遮普省南部、西北部、北部語言（格利爾孫稱爲西旁遮普語或拉亨達語），旁遮普語，多格里語。在查謨和喀什米爾以及巴基斯坦遙遠的北部是達爾德諸語言，其中最重要者爲喀什米爾語、科希斯坦語、辛納語、科瓦爾語。阿富汗西北部的努里斯坦諸語言（舊稱卡菲爾語）有時被視爲印度－伊朗諸語言的分支。僧伽羅語（用於斯里蘭卡）、迪韋希語（用於馬爾地夫群島）、吉普賽語也屬於印度－雅利安諸語言。

Indo-European languages 印歐諸語言 使用人口最多的語系，用於歐洲大部分地區、歐洲拓殖區以及亞洲南部和西南部許多地區。源於沒有記錄的單一語言，據信使用於超過5,000年前的黑海北部乾草原區，而到西元前3000年已經分裂爲若干方言。這些語言被遷徙的部族帶至歐洲和亞洲，逐漸發展爲分立的語言。主要的分支有安納托利亞諸語言、印度－伊朗語支（包括印度－雅利安諸語言和伊朗諸語言）、希臘語、義大利諸語言、日耳曼諸語言、亞美尼亞語、塞爾特諸語言、阿爾巴尼亞語、已滅絕的土火羅語、波羅的諸語言、斯拉夫諸語言。關於印歐諸語言的研究始於1786年瓊斯爵士的論點，他指出希臘語、拉丁語、梵語、日耳曼語、塞爾特語都可追溯到一個「共同的來源」，而語言學家在印歐語系中加入其他語言，拉斯克等學者則建立了語音的對照體系。原印歐諸語言一直經由後裔同一根源的認同和共有語法模式的分析而部分重建起來。

Indo-Gangetic Plain 印度河－恆河平原 ➠ Gangetic Plain

Indochina 印度支那；中南半島 亦稱法屬印度支那（French Indochina，至1950年）。亞洲東南部半島，包含了緬甸、泰國、寮國、柬埔寨、越南和西馬來西亞。印度支那一詞表示該地區文化受到印度和中國的影響。1858年以後法國控制半島東部地區，1893年法國人建立第一個印度支那聯邦。西部和南部則被英國人統治。第二次世界大戰時部分地區被日本占領（1940～1945），1945年成立越南自治國。日本投降後，胡志明領導的越盟立即宣布成立越南民主共和國。法國重新占領寮國和柬埔寨，並建立印度支那聯邦。不久爆發第一次印度支那戰爭，法國人分別與越南、寮國和柬埔寨訂立條約，承認它們爲法蘭西聯邦內的獨立的、自治的國家。1954年日內瓦會議以後，中南半島各國才獲得眞正的獨立。

Indochina wars 印度支那戰爭 20世紀在越南、寮國、泰國和柬埔寨境內進行的戰爭。法國印度支那戰爭（或稱第一次印度支那戰爭）法國捲入，它統治越南並成立殖民

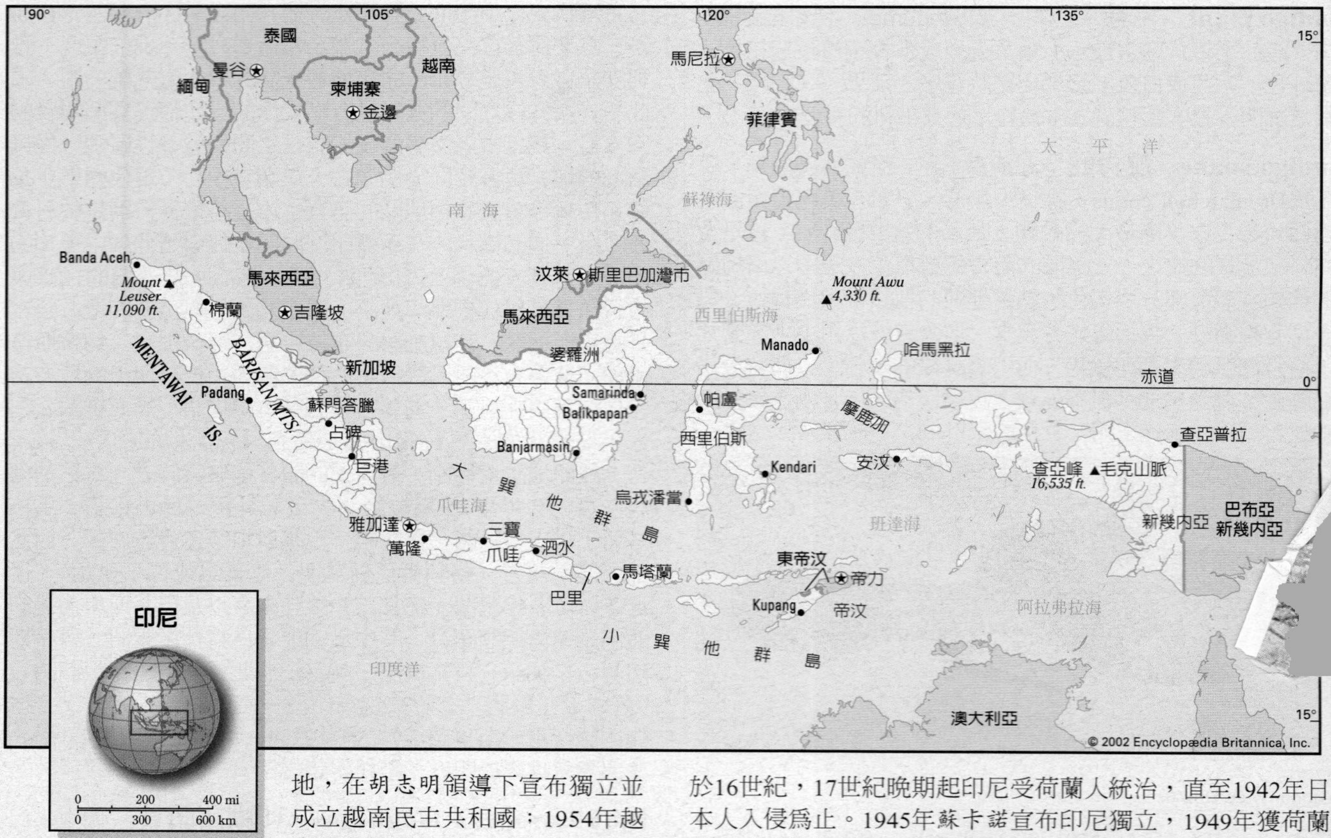

地，在胡志明領導下宣布獨立並成立越南民主共和國；1954年越南獲勝結束戰爭。越南後來分成兩部分：共產黨統治的北部和美國支持的南部；很快的在二者間爆發戰爭。北越獲得第二次印度支那戰爭（或稱越戰）的勝利，雖然美國強力介入，越南於1976年統一。這時期柬埔寨經歷了共產黨和非共產黨間的內戰，1975年赤棉獲勝。經過數年波布的恐怖統治，越南於1979年入侵柬埔寨，設立傀儡政府。赤棉與越南間的戰爭持續整個1980年代；1989年越南撤出大部分的軍隊。1993年在聯合國調停下，成立一臨時政府，及恢復柬埔寨王室政權。在寮國，因北越戰勝南越使得共產黨的巴特寮完全控制寮國。

Indonesia　印尼　正式名稱印尼共和國（Republic of Indonesia）。舊稱荷屬印度群島（Netherlands Indies）。群島國家，位於東南亞大陸海岸之外。約有島嶼13,670餘個，其中逾7,000個是無人島。面積1,922,570平方公里。人口約212,195,000（2001）。首都：雅加達（位於爪哇島）。約有300個不同的人種粗分成三個群體：爪哇及其鄰近島嶼的中稻的穆斯林；沿海的穆斯林，包括了蘇門答臘的馬來人，以及達雅克人等其他人種。語言：印尼語（官方語）；另外有約250種語言，分屬各個不同的種族。宗教：一神論派（國教）、伊斯蘭教（信徒逾4/5）、印度教和佛教。貨幣：盧比（Rp）。印尼國土西起蘇門答臘，東至新幾內亞，長約5,100公里。其他主要島嶼有：爪哇（全國逾半數的人口聚居於此）、巴里、龍目、松巴哇、帝汶的西半部、婆羅洲（部分）、西里伯斯（蘇拉維西），和摩鹿加北部。島嶼的特徵是崎嶇的火山和熱帶雨林。地質不穩定，該國地震頻繁及有220座活火山，其中包括了喀拉喀托。僅十分之一的土地可供利用，稻米是主要農作物。石油、天然氣、林業產品、服裝和橡膠是該國主要輸出品。政府形式為共和國，兩院制。國家元首暨政府首腦是總統。西元前1000年原始馬來人從亞洲大陸移居印尼，約西元1世紀左右與中國建立商業關係，並受到印度的印度教和佛教文化影響的支配。13世紀時印度的貿易商引進伊斯蘭教；除巴里島仍維持印度教的信仰及文化外，整個群島都受它支配。歐洲人的影響始於16世紀，17世紀晚期起印尼受荷蘭人統治，直至1942年日本人入侵為止。1945年蘇卡諾宣布印尼獨立，1949年獲荷蘭的同意，僅維持名義上與尼德蘭的聯盟關係；1954年印尼解散這個聯盟。1965年為鎮壓一場政變造成逾三十萬人死亡，這些人被政府認為是共產黨人，1968年蘇哈托將軍掌權。他的政府於1975～1976年強行將東帝汶併入印尼，造成多人喪生。1990年代該國受政治、經濟及環境問題所苦，1998年蘇哈托被廢黜；副總統哈比比代之。穆斯林領袖瓦希德於1999年當選總統但在2001年因受到醜聞牽連而遭政府撤換，由副總統蘇哈托的長女梅嘉瓦蒂繼任。1999年東帝汶的人民舉行公投脫離印尼而獨立，並獲得認可。東帝汶在聯合國監督下成為非自治領地，後於2002年獲得完全獨立。

Indonesian language ➠ Malay language

Indore＊　印多爾　印度中央邦西部城市。位於孟買東北方，1715年由當地地主建為一市集，他們還興建印德爾什沃爾廟，該城的名字便是從此廟而來。後為屬於馬拉塔人荷爾卡王朝的印多爾王國的首都。英國統治時期為英屬印度中央機構總部。印多爾為中央邦最大城市，是重要的商業和工業中心。人口：都會區約1,639,044（2001）。

Indra　因陀羅　印度古代吠陀主要神明，也是戰士的守護神。他以雷電為武器，飲用祭禮中所奠蘇摩汁，從而有大力以完成這些功績。他征服人間和魔界無數敵手，降服太陽、殺死延續季風雨的天龍弗栗多。後來印度教因陀羅被降為雨神和眾天神的助手。他是《摩訶婆羅多》中的英雄阿周那的父親。因陀羅也出現於印度耆那教和佛教神話。

Indre River＊　安德爾河　法國中部河流，是羅亞爾河左岸的支流。源出中央高原北麓，沿途流經農業區後注入羅亞爾河。全長265公里。

inductance　電感　導體（經常為線圈狀）的一種性質，用導體中感生的電動勢（emf）或電壓與產生這電壓的電流變化率之比來量度。穩定變化的電流會產生變化的磁場，這變化的磁場又反過來使處於這磁場的導體感生電動

阿富汗

阿爾巴尼亞

阿爾及利亞

安道爾*

安哥拉

安地瓜與巴布達

阿根廷

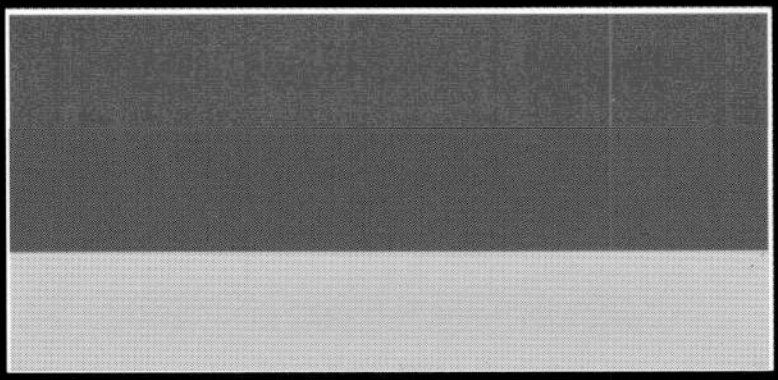
亞美尼亞

澳大利亞

奧地利*

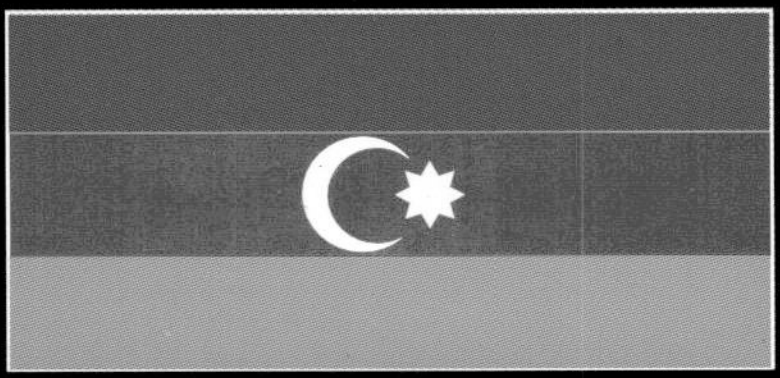
亞塞拜然

巴哈馬

巴林

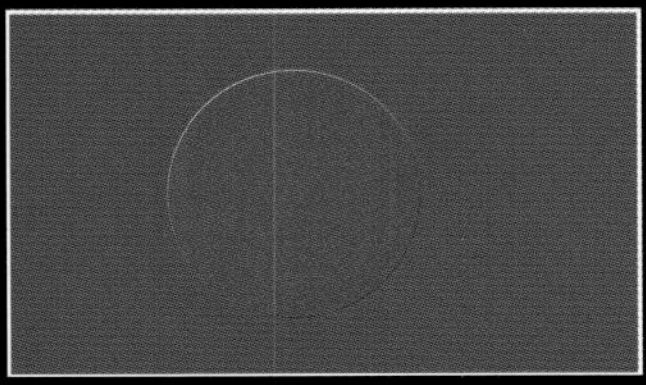
孟加拉

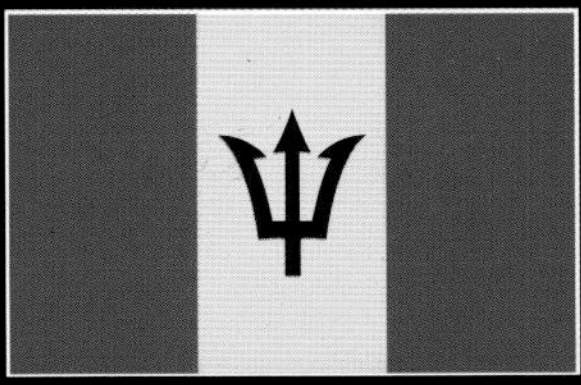
巴貝多

白俄羅斯

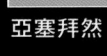

比利時

貝里斯

貝寧

不丹

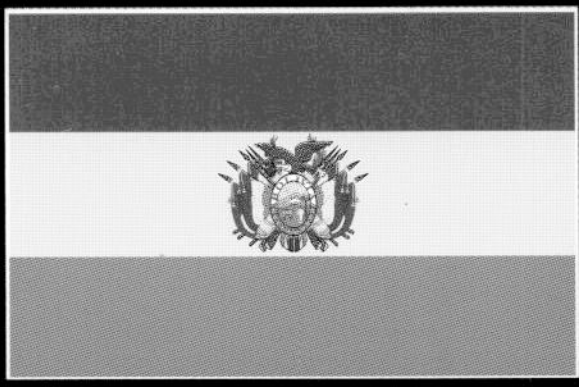
玻利維亞*

不帶星號＊的是民間旗幟；帶星號的則是政府旗幟，表現出象徵物。兩者皆為官方國旗。

波士尼亞赫塞哥維納

波札那

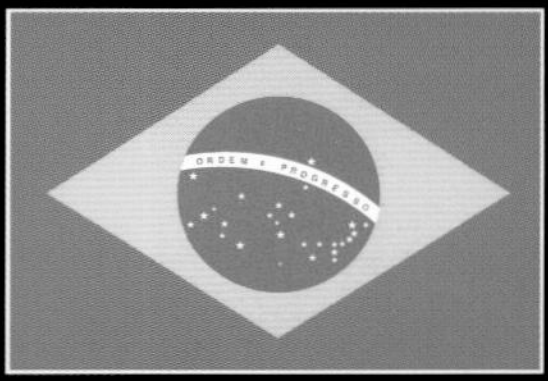
巴西

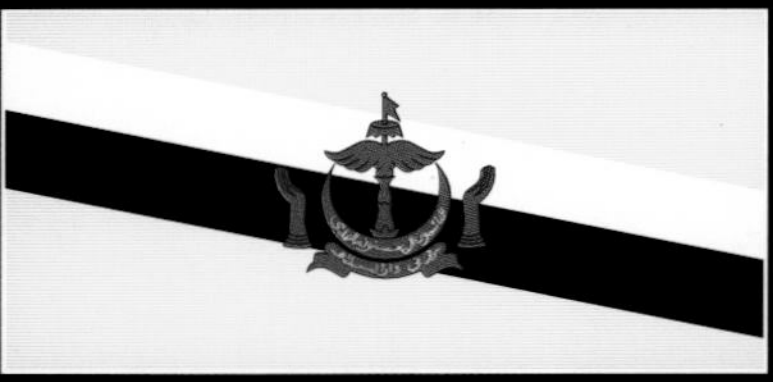
汶萊

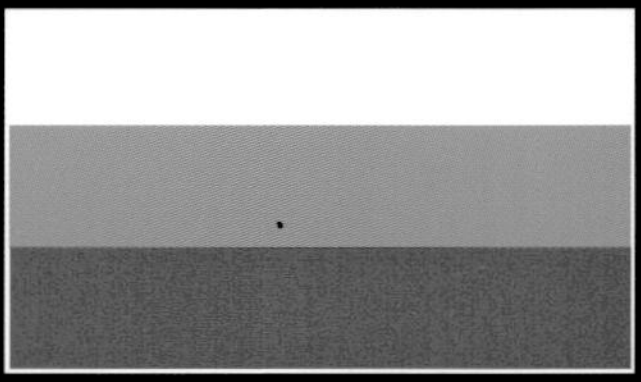
保加利亞

布吉納法索

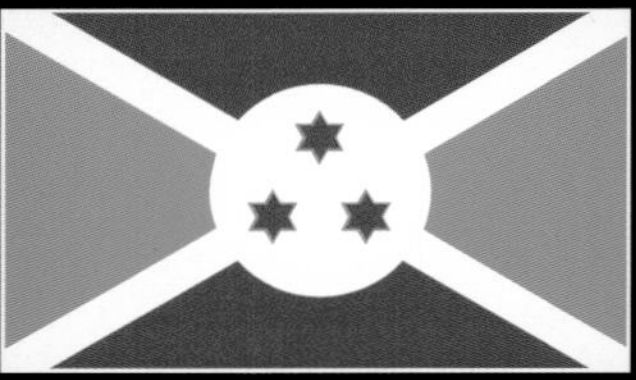
蒲隆地

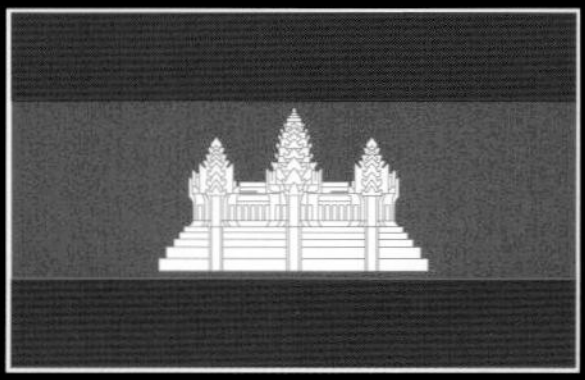
柬埔寨

喀麥隆

加拿大

維德角

中非共和國

查德

智利

中國

哥倫比亞

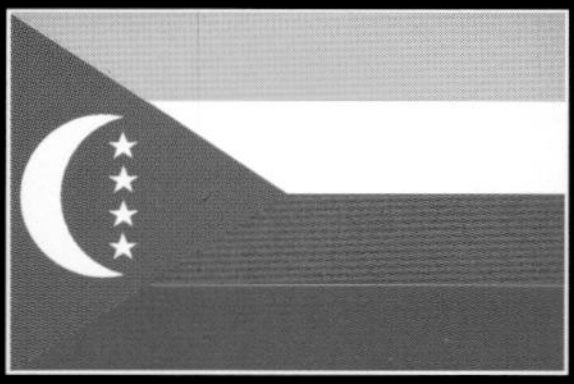
科摩羅

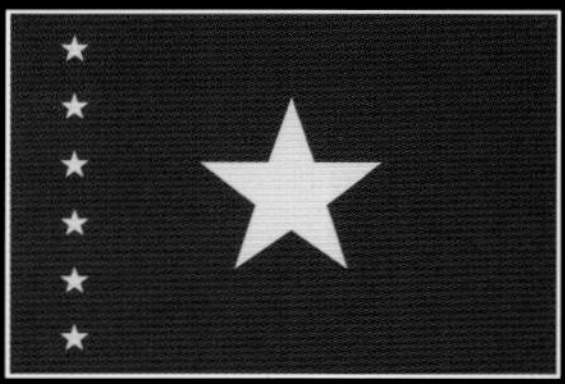
剛果民主共和國

剛果共和國

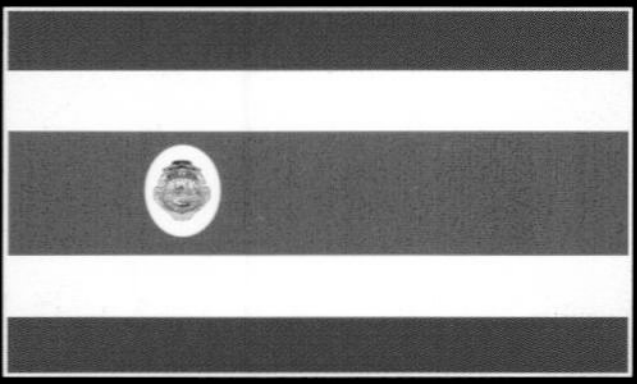
哥斯大黎加*

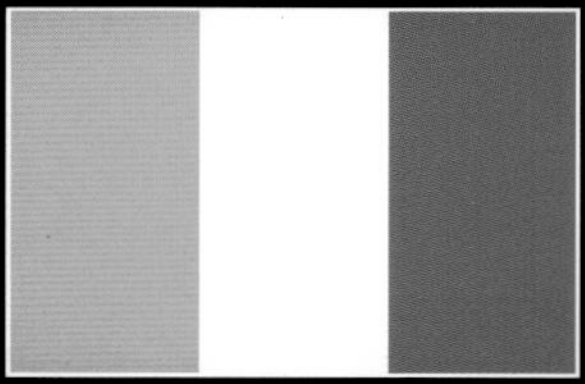
象牙海岸

克羅埃西亞

不帶星號＊的是民間旗幟；帶星號的則是政府旗幟，表現出象徵物。兩者皆為官方國旗。

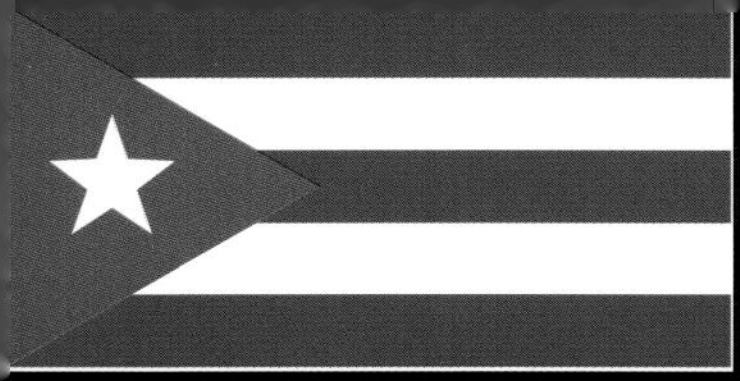
古巴

塞浦路斯

捷克共和國

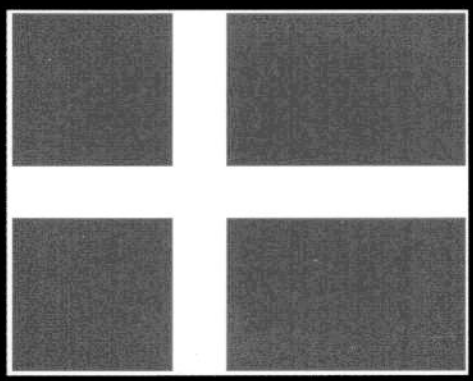
丹麥

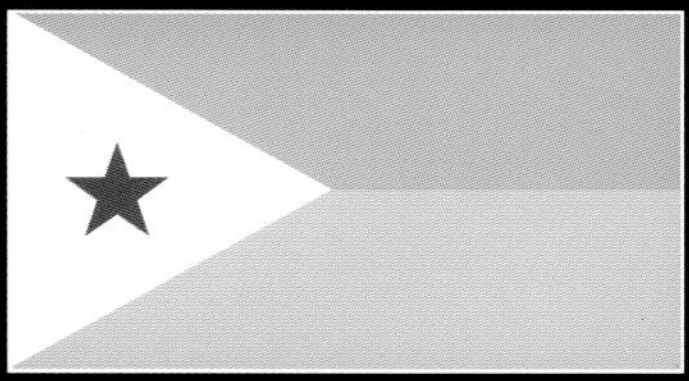
吉布地

多米尼克

多明尼加共和國*

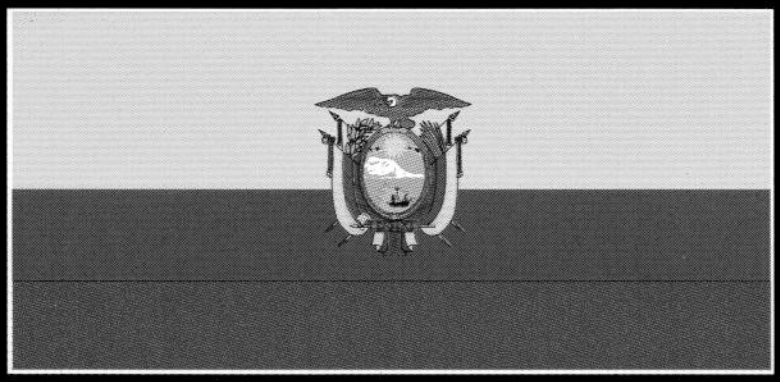
厄瓜多爾*

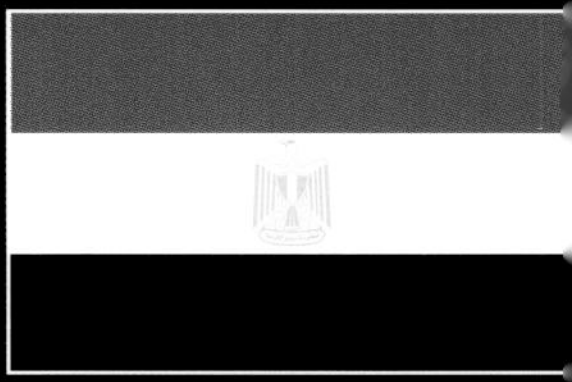
埃及

爾瓦多

赤道幾內亞

厄利垂亞

衣索比亞

斐濟

芬蘭*

法國

加彭

甘比亞

喬治亞

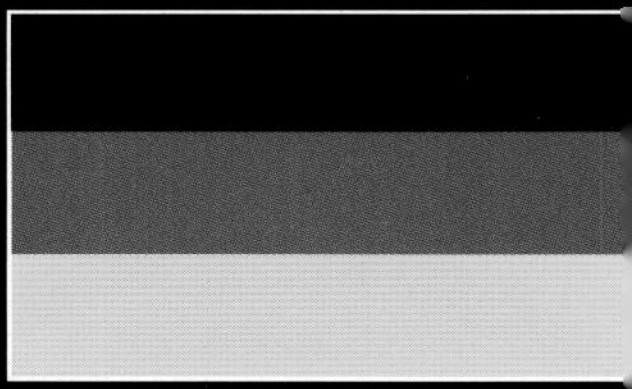
德國

不帶星號*的是民間旗幟；帶星號的則是政府旗幟，表現出象徵物，兩者皆為官方國旗。

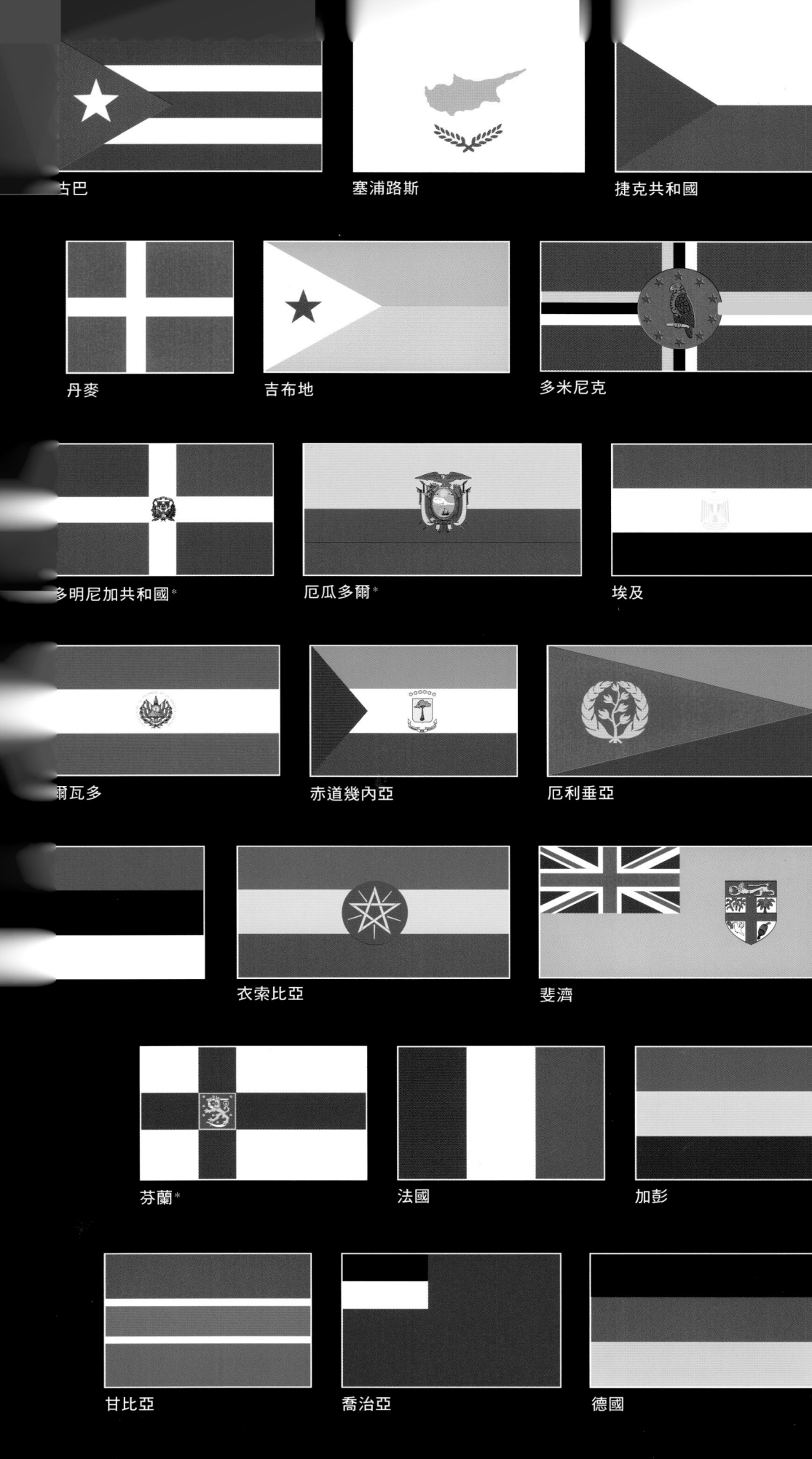

加納

希臘

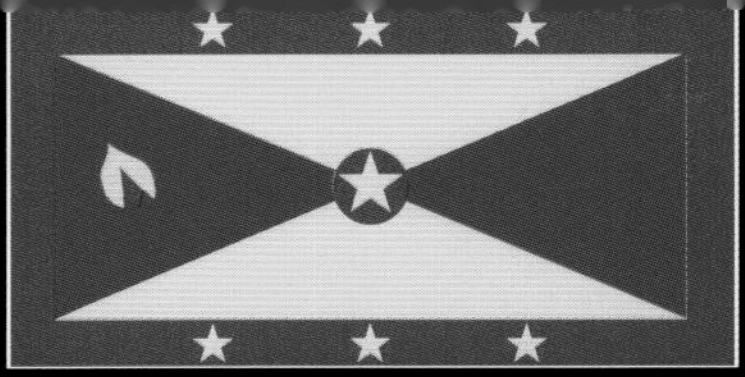
格瑞納達

瓜地馬拉*

幾內亞

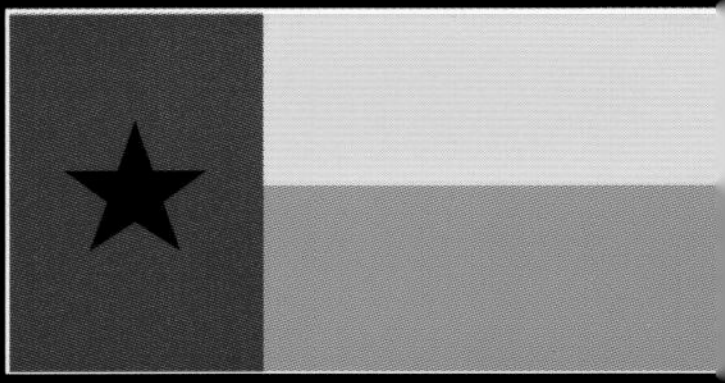
幾內亞—比索

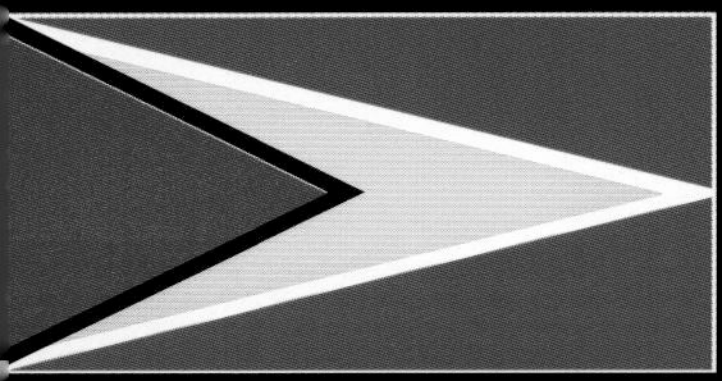
蓋亞那

海地*

宏都拉斯

匈牙利

冰島

印度

印尼

伊朗

伊拉克

愛爾蘭

以色列

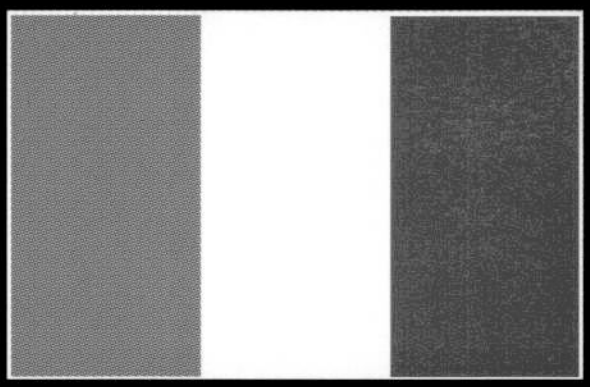
義大利

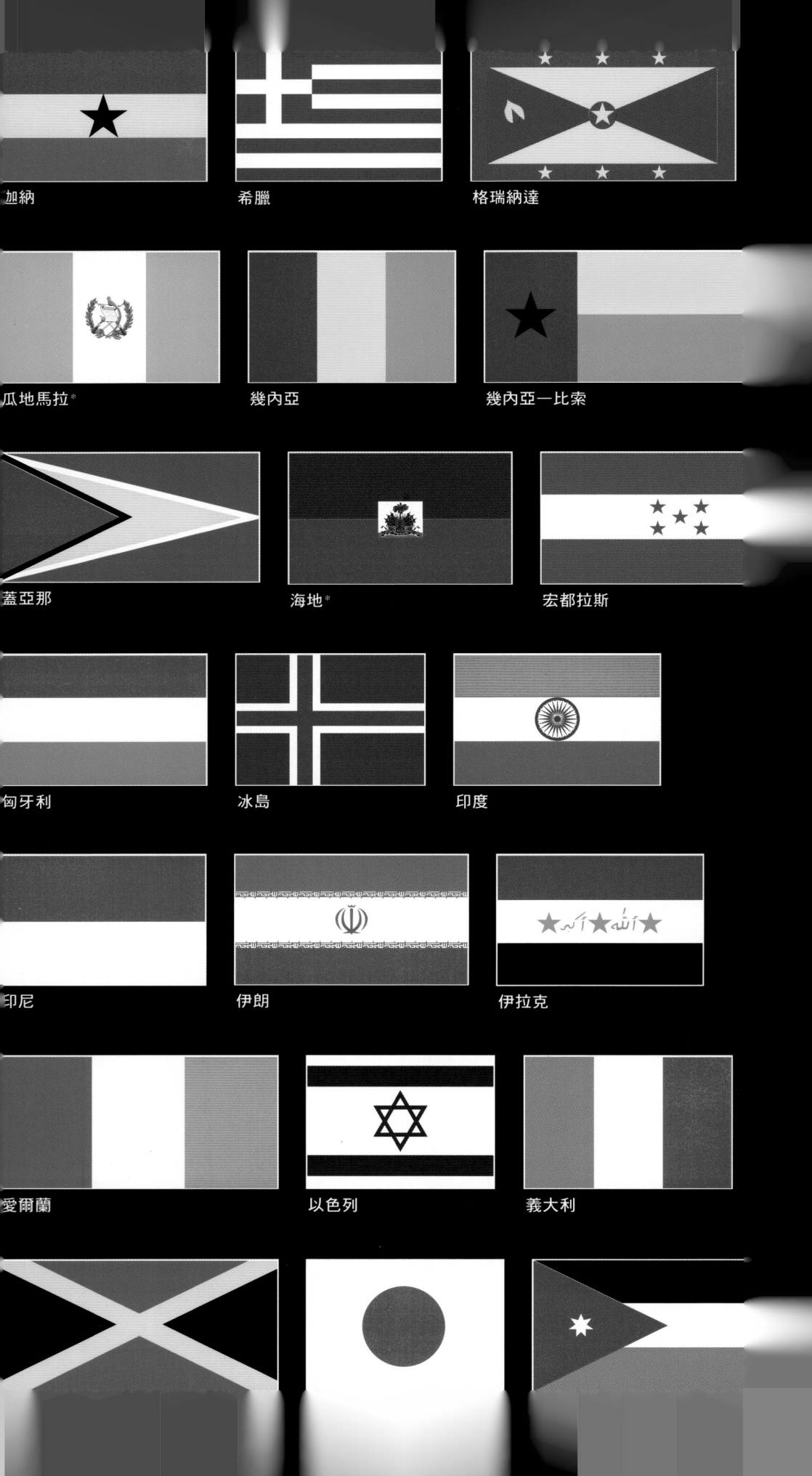

哈薩克

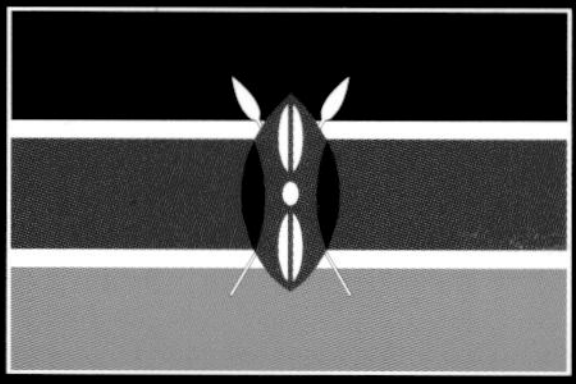
肯亞

吉里巴斯

北韓

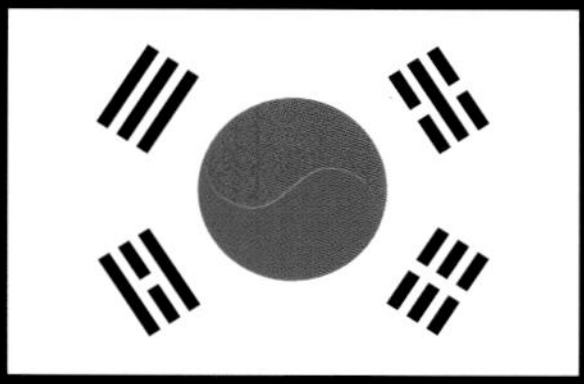
南韓

科威特

吉爾吉斯

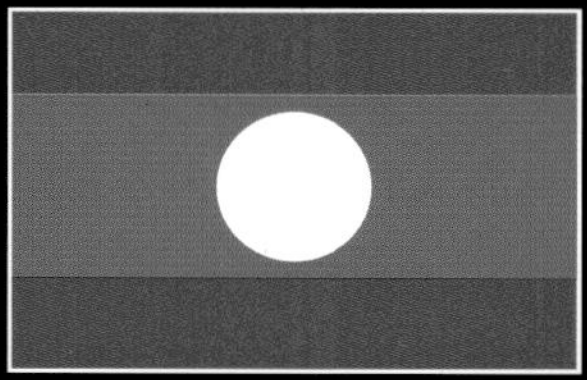
寮國

拉脫維亞

黎巴嫩

賴索托

賴比瑞亞

利比亞

列支敦斯登

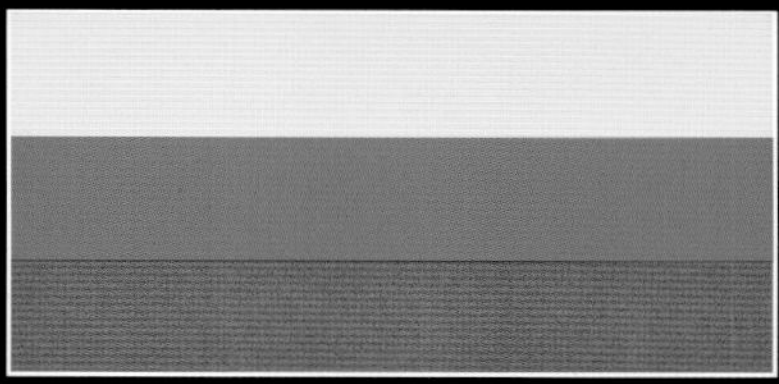
立陶宛

盧森堡

馬其頓

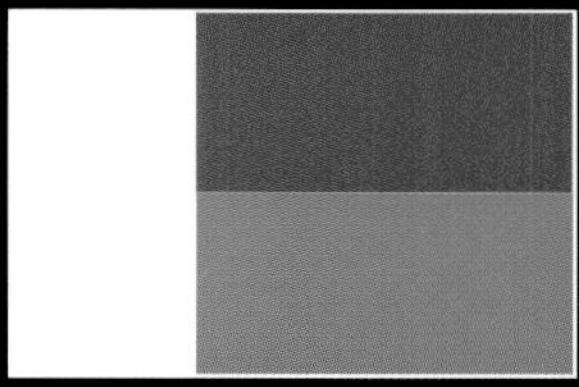
馬達加斯加

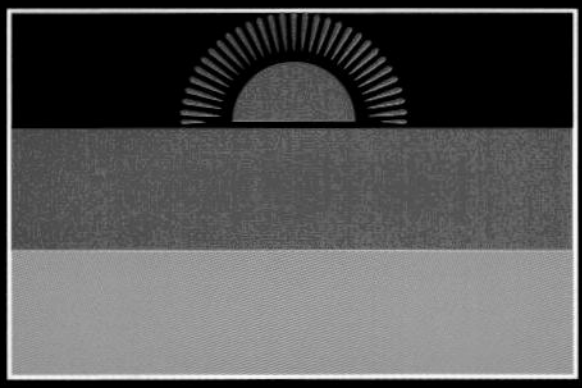
馬拉威

馬來西亞

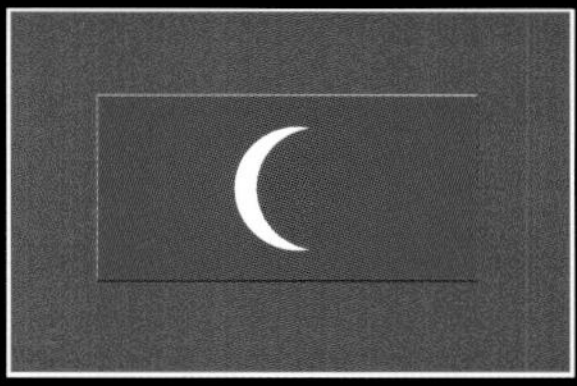
馬爾地夫

不帶星號＊的是民間旗幟；帶星號的則是政府旗幟，表現出象徵物。兩者皆為官方國旗。

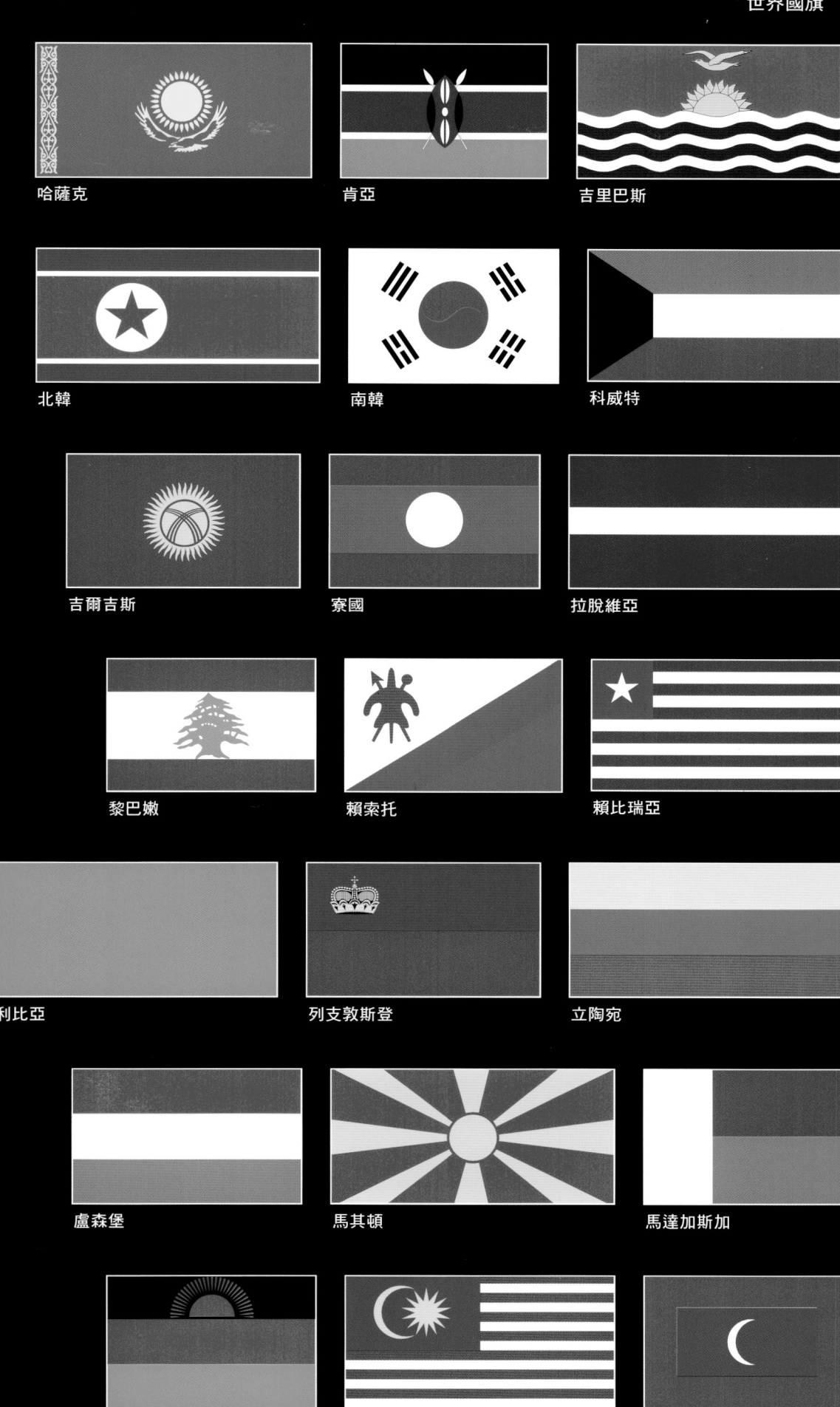

馬利

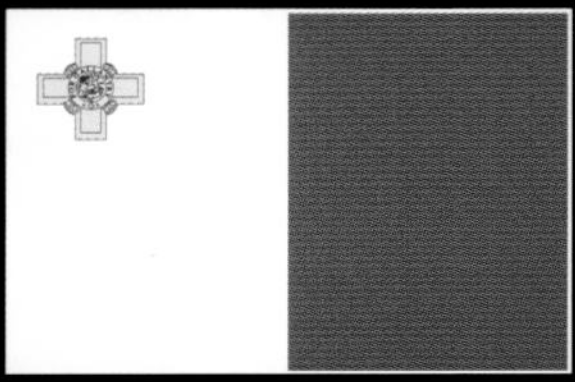
馬爾他

馬紹爾群島

茅利塔尼亞

模里西斯

墨西哥

密克羅尼西亞聯邦

摩爾多瓦

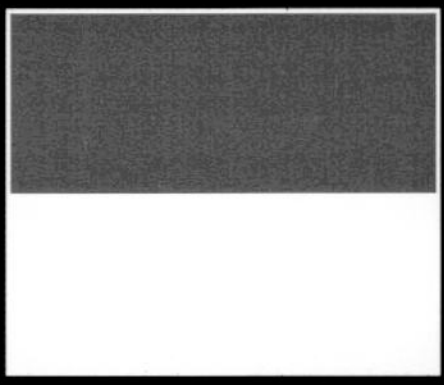
摩納哥

蒙古

摩洛哥

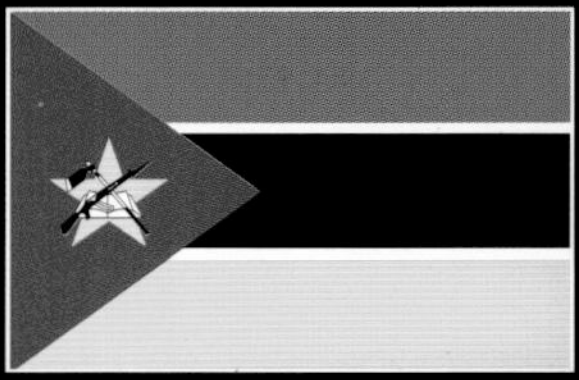
莫三比克

緬甸

那米比亞

諾魯

尼泊爾

尼德蘭（荷蘭）

紐西蘭

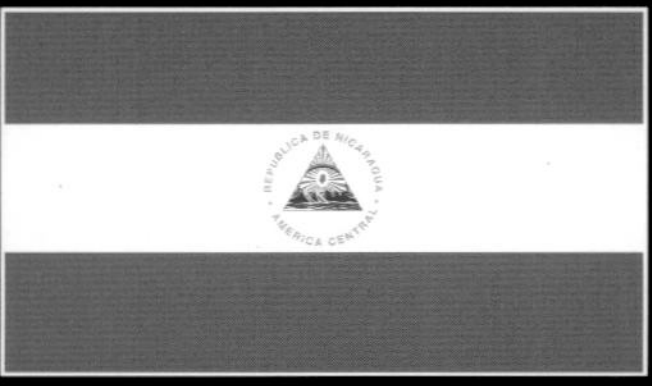
尼加拉瓜*

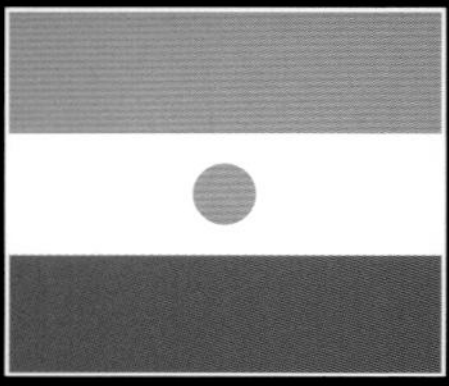
尼日

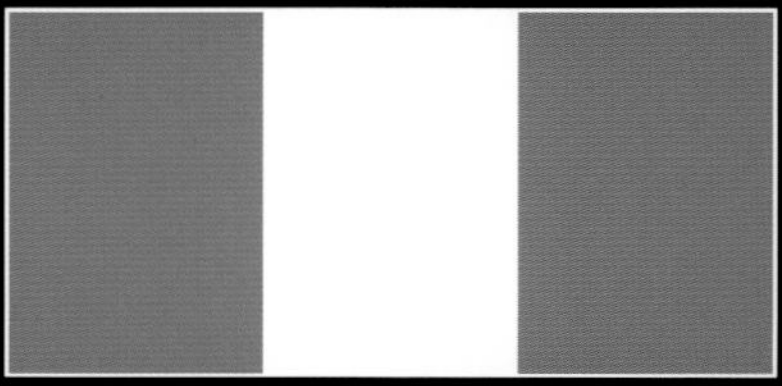
奈及利亞

不帶星號*的是民間旗幟；帶星號的則是政府旗幟，表現出象徵物。兩者皆為官方國旗。

挪威

阿曼

巴基斯坦

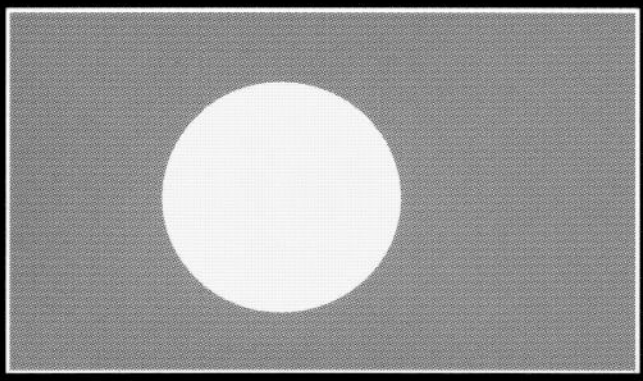
帛琉

巴拿馬

巴布亞紐幾內亞

拉圭

秘魯*

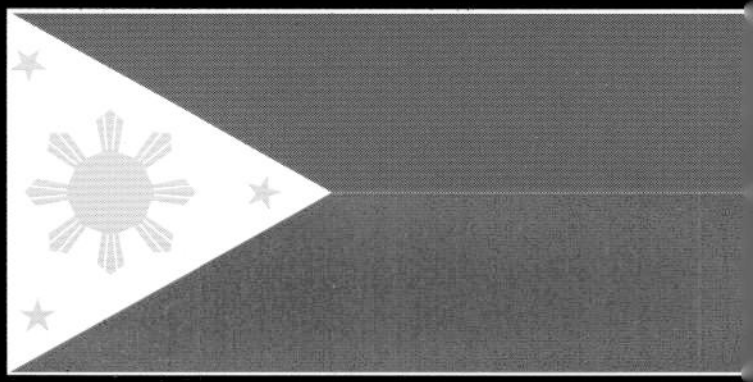
菲律賓

葡萄牙

卡達

羅馬尼亞

俄羅斯

盧安達

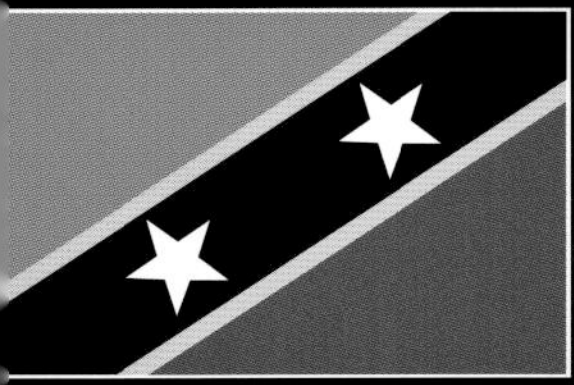
聖基斯與尼維斯

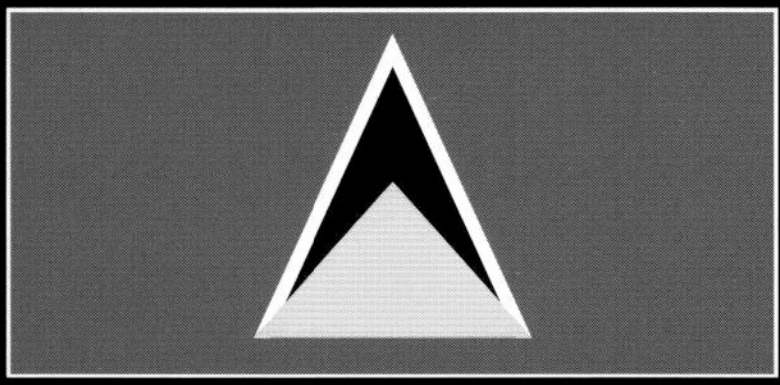
聖露西亞

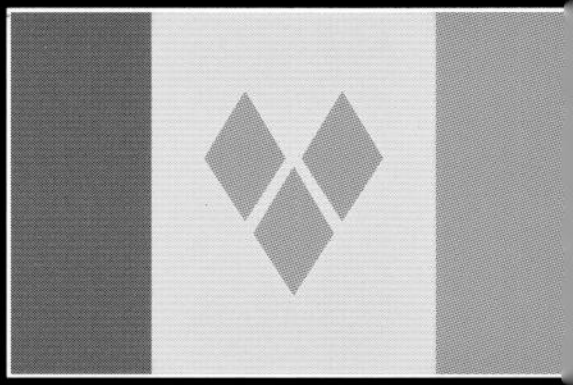
聖文森與格瑞那丁

亞

聖馬利諾*

聖多美與普林西比

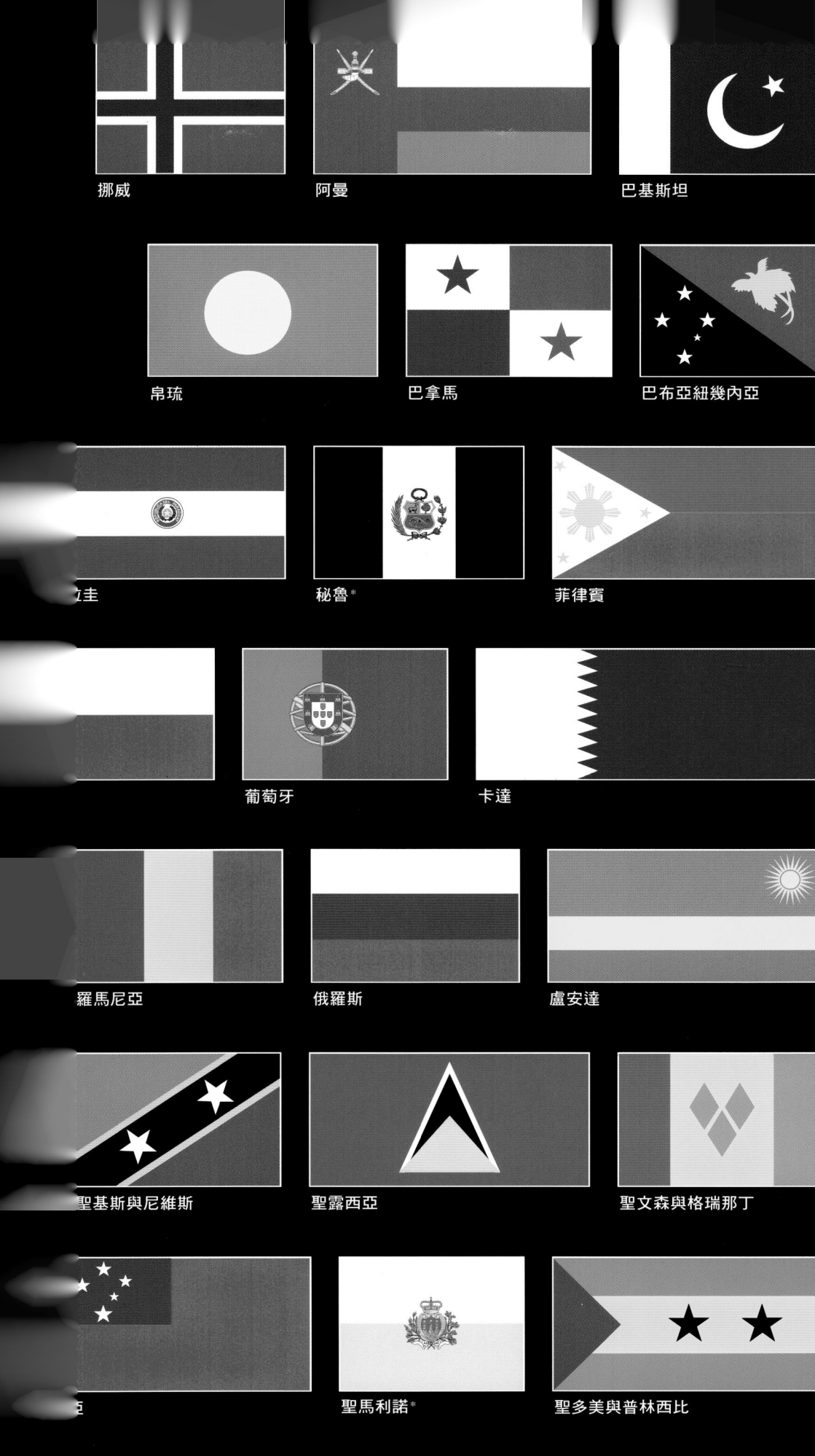

沙烏地阿拉伯

塞內加爾

塞席爾

獅子山

新加坡

斯洛伐克

斯洛維尼亞

索羅門群島

索馬利亞

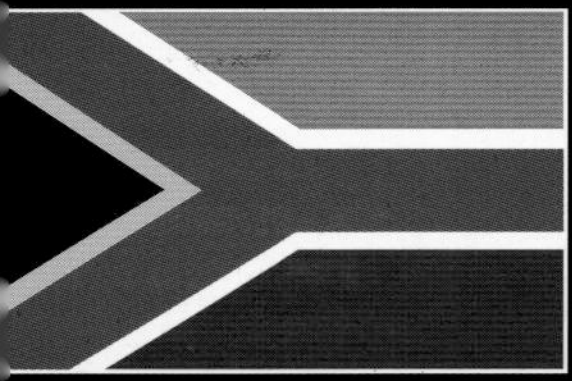
南非

西班牙

斯里蘭卡

蘇丹

蘇利南

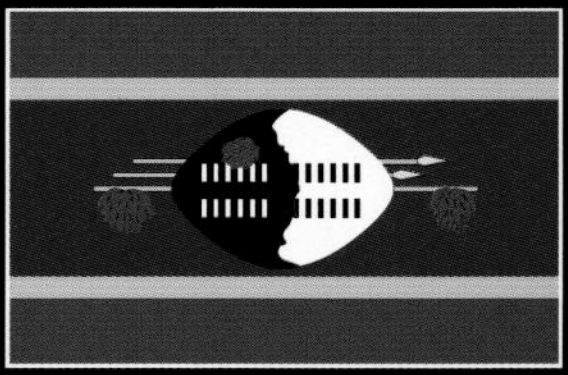
史瓦濟蘭

瑞典

瑞士

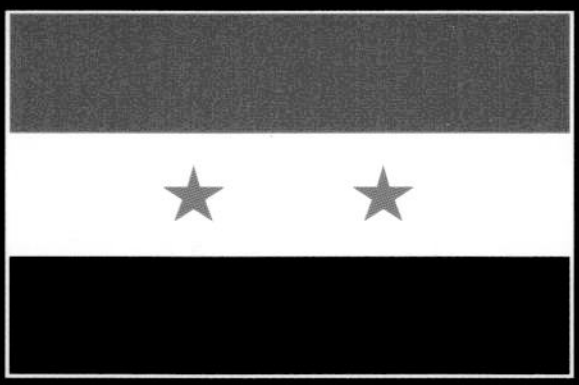
敘利亞

中華民國

塔吉克

坦尚尼亞

泰國

不帶星號*的是民間旗幟；帶星號的則是政府旗幟，表現出象徵物，兩者皆為官方國旗。

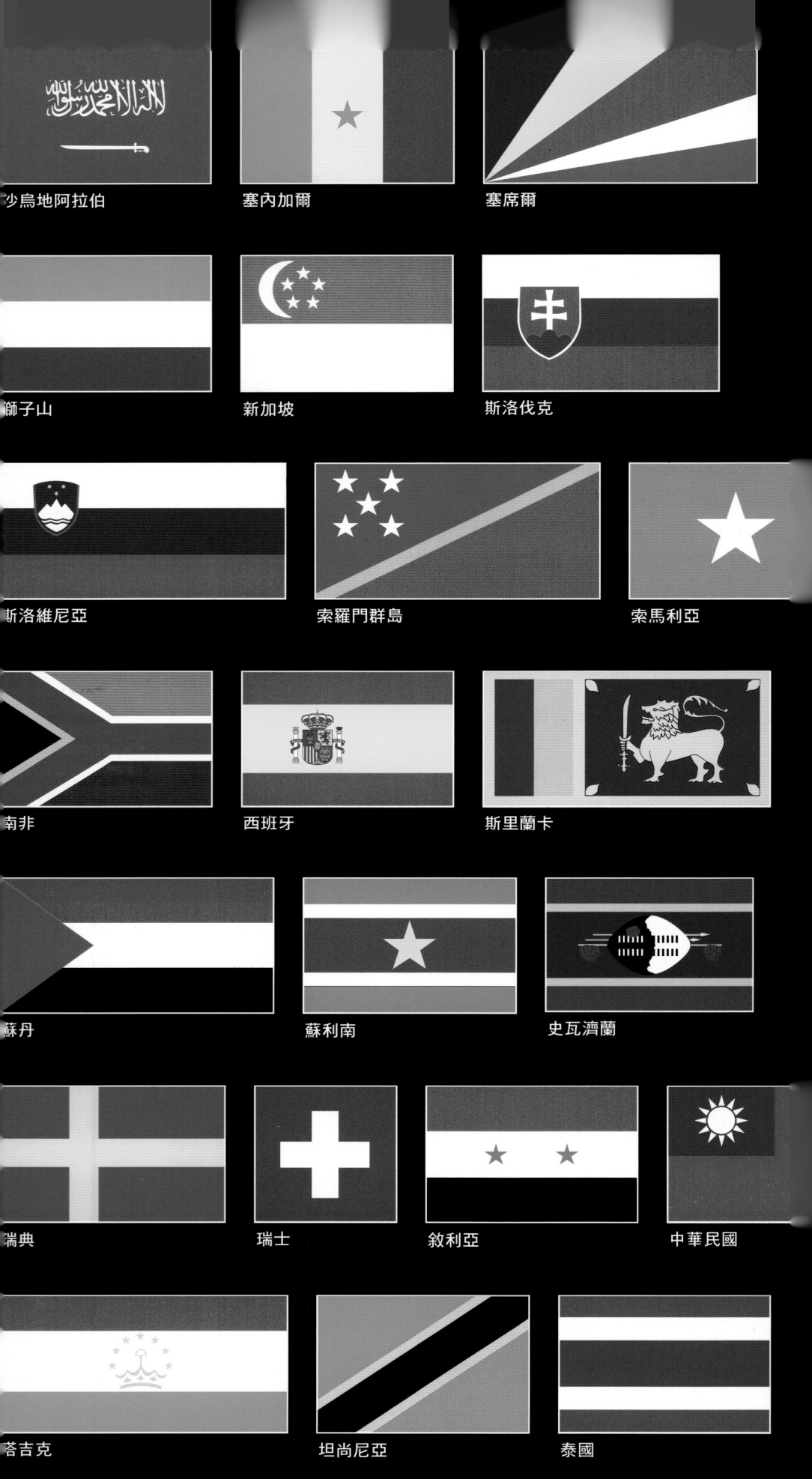

多哥

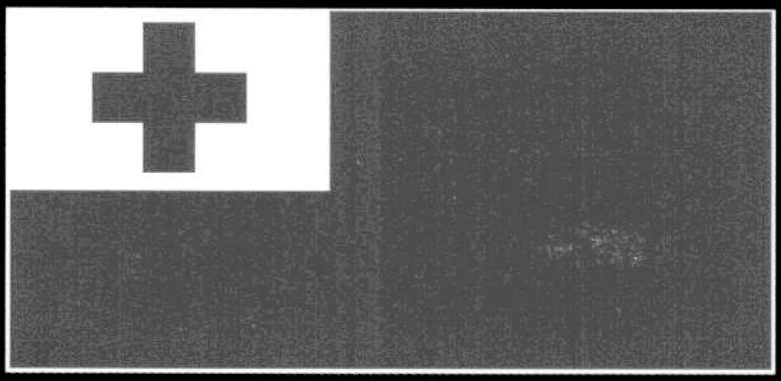
東加

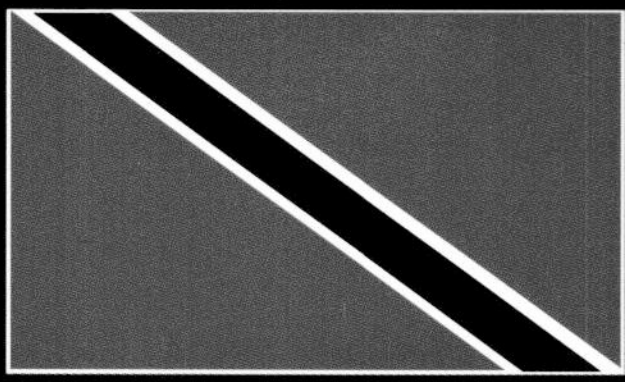
千里達與托巴哥

突尼西亞

土耳其

土庫曼

吐瓦魯

烏干達

烏克蘭

阿拉伯聯合大公國

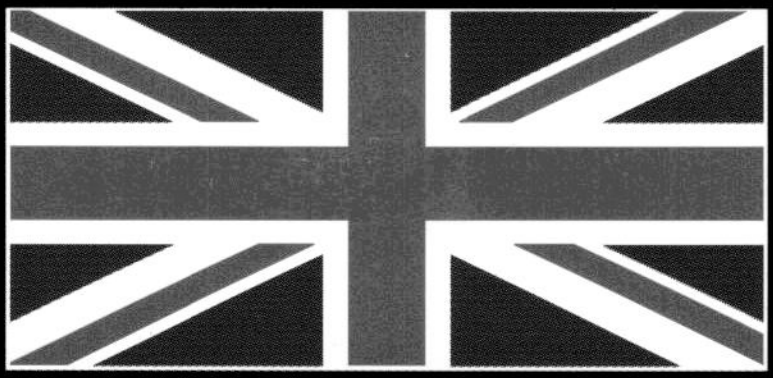
英國

美國

烏拉圭

烏茲別克

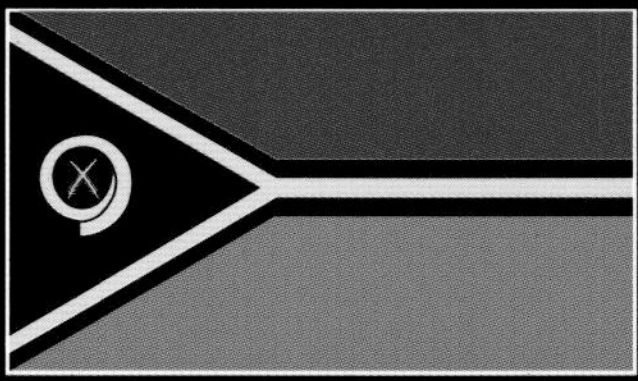
萬那杜

梵諦岡

委內瑞拉*

越南

葉門

塞爾維亞與蒙特內哥羅

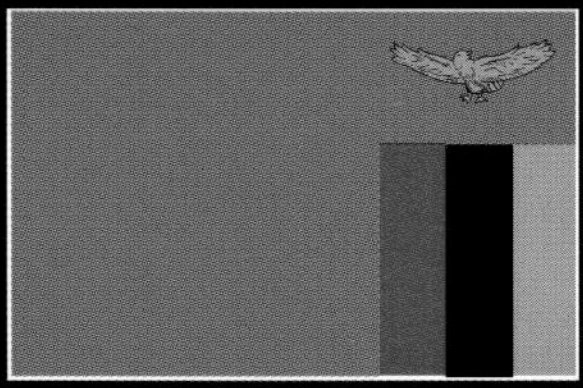
尚比亞

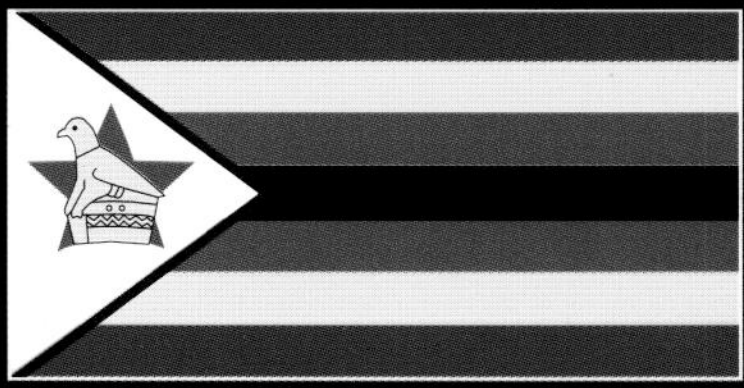
辛巴威

不帶星號*的是民間旗幟；帶星號的則是政府旗幟，表現出象徵物。兩者皆為官方國旗。

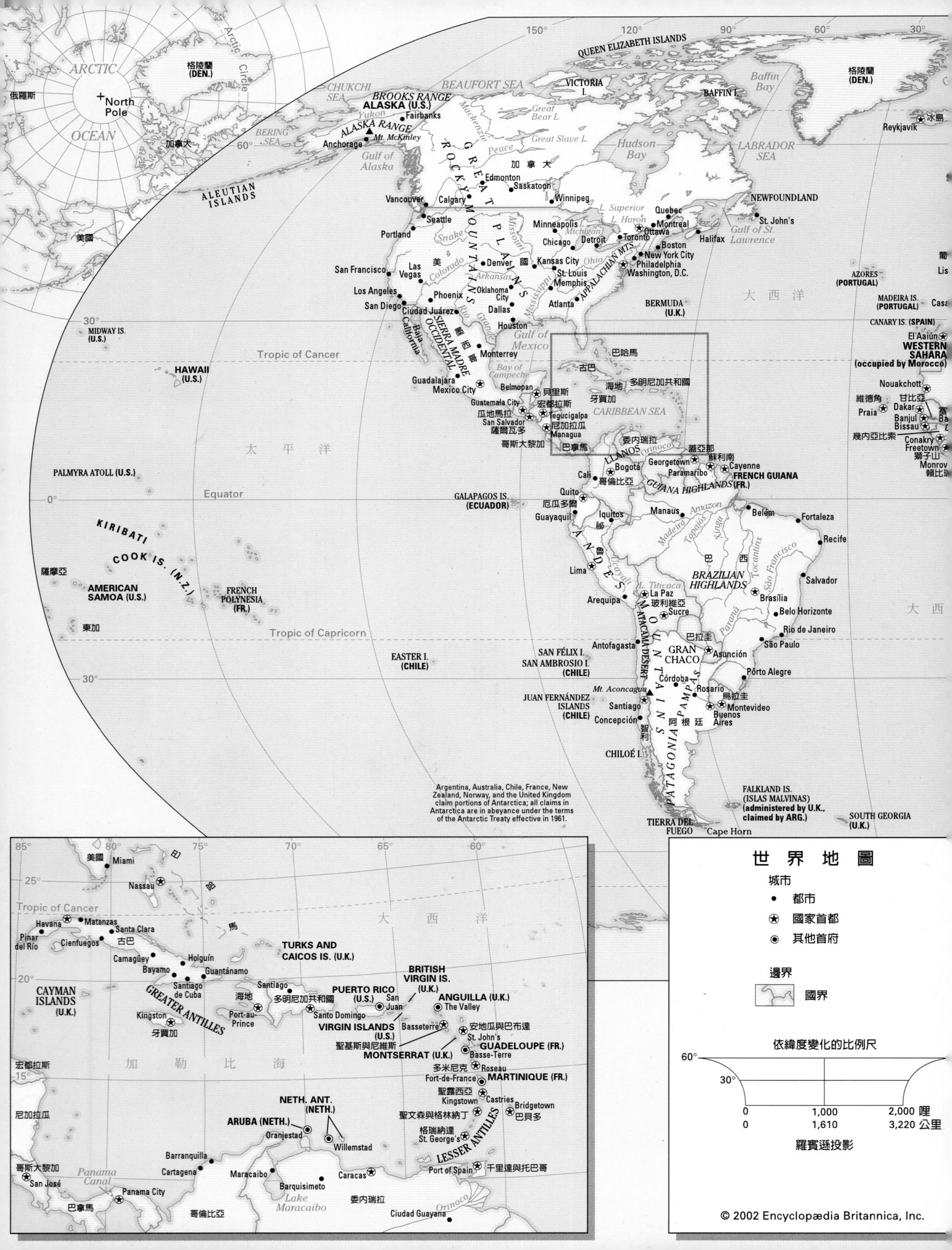
世界地圖
城市
都市
國家首都
其他首府
邊界
國界
依緯度變化的比例尺
60°
30°
0
1,000
2,000 哩
0
1,610
3,220 公里
羅賓遜投影
© 2002 Encyclopædia Britannica, Inc.
ARCTIC
OCEAN
North Pole
Arctic Circle
格陵蘭 (DEN.)
俄羅斯
加拿大
美國
ALEUTIAN ISLANDS
BERING SEA
CHUKCHI SEA
BEAUFORT SEA
BROOKS RANGE
ALASKA (U.S.)
Yukon
Fairbanks
ALASKA RANGE
Mt. McKinley
Anchorage
Gulf of Alaska
QUEEN ELIZABETH ISLANDS
VICTORIA I.
BAFFIN I.
Baffin Bay
Great Bear L.
Great Slave L.
Hudson Bay
LABRADOR SEA
Mackenzie
Peace
加拿大
GREAT PLAINS
ROCKY MOUNTAINS
Edmonton
Saskatoon
Winnipeg
Vancouver
Calgary
Seattle
Portland
NEWFOUNDLAND
St. John's
Quebec
Montreal
Ottawa
Toronto
Halifax
Gulf of St. Lawrence
L. Superior
L. Huron
L. Michigan
Minneapolis
Chicago
Detroit
Boston
New York City
Philadelphia
Washington, D.C.
APPALACHIAN MTS.
Snake
Missouri
Ohio
Mississippi
Arkansas
Colorado
美國
San Francisco
Las Vegas
Los Angeles
San Diego
Phoenix
Denver
Kansas City
St. Louis
Memphis
Oklahoma City
Dallas
Atlanta
Houston
Ciudad Juárez
Rio Grande
Baja California
SIERRA MADRE OCCIDENTAL
墨西哥
Monterrey
Gulf of Mexico
Bay of Campeche
Guadalajara
Mexico City
Belmopan
貝里斯
Guatemala City
瓜地馬拉
宏都拉斯
Tegucigalpa
San Salvador
薩爾瓦多
尼加拉瓜
Managua
哥斯大黎加
巴拿馬
巴哈馬
古巴
海地
多明尼加共和國
牙買加
CARIBBEAN SEA
委內瑞拉
Orinoco
LLANOS
蓋亞那
蘇利南
Georgetown
Paramaribo
Cayenne
FRENCH GUIANA (FR.)
GUIANA HIGHLANDS
Bogotá
Cali
哥倫比亞
Quito
厄瓜多爾
Guayaquil
GALAPAGOS IS. (ECUADOR)
Iquitos
祕魯
Manaus
Amazon
Belém
Fortaleza
Recife
Madeira
Tapajós
Xingu
Tocantins
São Francisco
巴西
BRAZILIAN HIGHLANDS
Salvador
Brasília
Belo Horizonte
Rio de Janeiro
São Paulo
Paraná
ANDES
Lima
Ucayali
L. Titicaca
La Paz
玻利維亞
Sucre
Arequipa
ATACAMA DESERT
Antofagasta
巴拉圭
Asunción
GRAN CHACO
Pôrto Alegre
Córdoba
Rosario
烏拉圭
Montevideo
Buenos Aires
PAMPAS
Mt. Aconcagua
Santiago
Concepción
智利
阿根廷
MOUNTAINS
PATAGONIA
CHILOÉ I.
TIERRA DEL FUEGO
Cape Horn
FALKLAND IS. (ISLAS MALVINAS) (administered by U.K., claimed by ARG.)
SOUTH GEORGIA (U.K.)
SAN FÉLIX I.
SAN AMBROSIO I. (CHILE)
JUAN FERNÁNDEZ ISLANDS (CHILE)
EASTER I. (CHILE)
Argentina, Australia, Chile, France, New Zealand, Norway, and the United Kingdom claim portions of Antarctica; all claims in Antarctica are in abeyance under the terms of the Antarctic Treaty effective in 1961.
MIDWAY IS. (U.S.)
HAWAII (U.S.)
Tropic of Cancer
太平洋
PALMYRA ATOLL (U.S.)
Equator
KIRIBATI
COOK IS. (N.Z.)
薩摩亞
AMERICAN SAMOA (U.S.)
FRENCH POLYNESIA (FR.)
東加
Tropic of Capricorn
大西洋
BERMUDA (U.K.)
AZORES (PORTUGAL)
MADEIRA IS. (PORTUGAL)
CANARY IS. (SPAIN)
El Aaiún
WESTERN SAHARA (occupied by Morocco)
Nouakchott
維德角
Praia
甘比亞
Dakar
Banjul
Bissau
幾內亞比索
Conakry
Freetown
獅子山
Monrovia
賴比瑞
Reykjavík
冰島
格陵蘭 (DEN.)
150°
120°
90°
60°
30°
0°
美國
Miami
Nassau
巴哈馬
85°
80°
75°
70°
65°
60°
25°
20°
15°
Tropic of Cancer
Havana
Matanzas
Santa Clara
Pinar del Río
Cienfuegos
古巴
Camagüey
Holguín
Bayamo
Guantánamo
Santiago de Cuba
TURKS AND CAICOS IS. (U.K.)
CAYMAN ISLANDS (U.K.)
GREATER ANTILLES
Kingston
牙買加
海地
Port-au-Prince
Santiago
多明尼加共和國
Santo Domingo
PUERTO RICO (U.S.)
San Juan
BRITISH VIRGIN IS. (U.K.)
VIRGIN ISLANDS (U.S.)
ANGUILLA (U.K.)
The Valley
Basseterre
聖基斯與尼維斯
安地瓜與巴布達
St. John's
MONTSERRAT (U.K.)
GUADELOUPE (FR.)
Basse-Terre
多米尼克
Roseau
Fort-de-France
MARTINIQUE (FR.)
聖露西亞
Castries
Kingstown
聖文森與格林納丁
Bridgetown
巴貝多
格瑞納達
St. George's
LESSER ANTILLES
Port of Spain
千里達與托巴哥
大西洋
加勒比海
宏都拉斯
尼加拉瓜
NETH. ANT. (NETH.)
ARUBA (NETH.)
Oranjestad
Willemstad
Barranquilla
Cartagena
Maracaibo
Barquisimeto
Caracas
Lake Maracaibo
委內瑞拉
Orinoco
Ciudad Guayana
哥斯大黎加
San José
Panama Canal
Panama City
巴拿馬
哥倫比亞

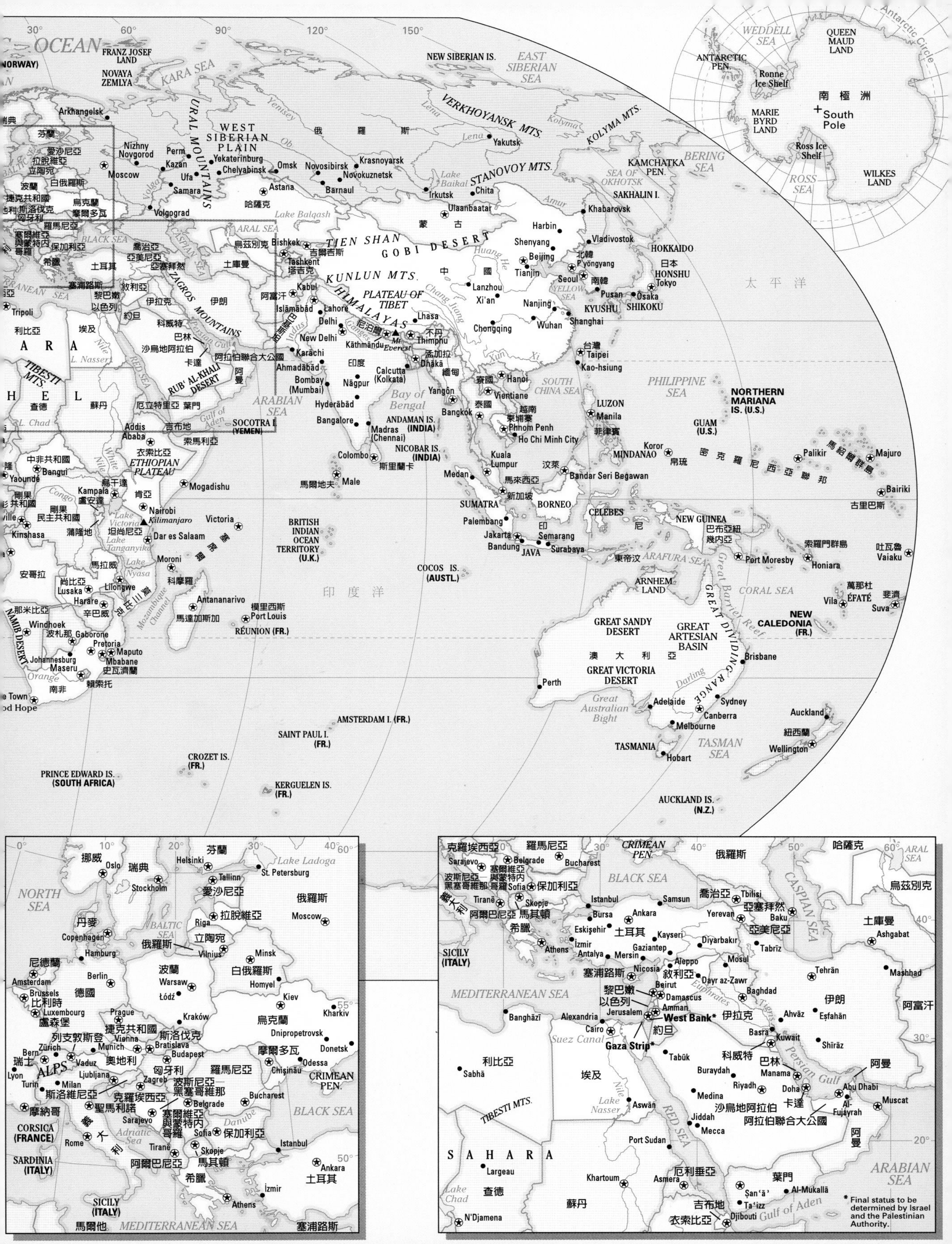
OCEAN
(NORWAY)
30°
60°
90°
120°
150°
FRANZ JOSEF LAND
NOVAYA ZEMLYA
KARA SEA
NEW SIBERIAN IS.
EAST SIBERIAN SEA
VERKHOYANSK MTS.
KOLYMA MTS.
BERING SEA
KAMCHATKA PEN.
SEA OF OKHOTSK
SAKHALIN I.
STANOVOY MTS.
WEST SIBERIAN PLAIN
URAL MOUNTAINS
Arkhangelsk
芬蘭
愛沙尼亞
拉脫維亞
立陶宛
波蘭
白俄羅斯
捷克共和國
斯洛伐克
匈牙利
烏克蘭
摩爾多瓦
羅馬尼亞
塞爾維亞
與蒙特內哥羅
保加利亞
希臘
土耳其
塞浦路斯
Moscow
Nizhny Novgorod
Perm
Kazan
Ufa
Samara
Volgograd
Yekaterinburg
Chelyabinsk
Omsk
Astana
哈薩克
Novosibirsk
Barnaul
Krasnoyarsk
Novokuznetsk
俄羅斯
Yakutsk
Lena
Yenisey
Ob
Volga
Lake Baikal
Irkutsk
Chita
Amur
Khabarovsk
Vladivostok
HOKKAIDO
日本
HONSHU
Tokyo
Ōsaka
SHIKOKU
KYUSHU
Ulaanbaatar
蒙古
Harbin
Shenyang
Beijing
Tianjin
北韓
P'yŏngyang
Seoul
南韓
Pusan
YELLOW SEA
太平洋
Lake Balqash
ARAL SEA
CASPIAN SEA
BLACK SEA
Bishkek
吉爾吉斯
Tashkent
塔吉克
烏茲別克
土庫曼
喬治亞
亞美尼亞
亞塞拜然
TIEN SHAN
GOBI DESERT
KUNLUN MTS.
PLATEAU OF TIBET
HIMALAYAS
Huang He
Chang Jiang
中國
Lanzhou
Xi'an
Nanjing
Wuhan
Shanghai
Chongqing
敘利亞
黎巴嫩
以色列
約旦
伊拉克
伊朗
阿富汗
Kabul
Islāmābād
巴基斯坦
Lahore
Delhi
New Delhi
尼泊爾
Kāthmāndu
Mt. Everest
Lhasa
不丹
Thimphu
孟加拉
Dhākā
ZAGROS MOUNTAINS
科威特
巴林
沙烏地阿拉伯
卡達
阿拉伯聯合大公國
阿曼
RUB' AL-KHALI DESERT
Persian Gulf
Karāchi
Ahmadābād
Bombay (Mumbai)
印度
Nāgpur
Calcutta (Kolkata)
Hyderābād
Bangalore
Madras (Chennai)
Indus
Ganges
緬甸
Yangôn
寮國
Hanoi
Vientiane
泰國
Bangkok
越南
柬埔寨
Phnom Penh
Ho Chi Minh City
SOUTH CHINA SEA
台灣
Taipei
Kao-hsiung
PHILIPPINE SEA
LUZON
Manila
菲律賓
MINDANAO
NORTHERN MARIANA IS. (U.S.)
GUAM (U.S.)
Koror
帛琉
密克羅尼西亞聯邦
Palikir
馬紹爾群島
Majuro
Bairiki
吉里巴斯
Tripoli
利比亞
埃及
SAHARA
SAHEL
L. Nasser
Nile
TIBESTI MTS.
RED SEA
查德
蘇丹
L. Chad
厄立特里亞
葉門
Gulf of Aden
吉布地
SOCOTRA I. (YEMEN)
ARABIAN SEA
Addis Ababa
衣索比亞
ETHIOPIAN PLATEAU
索馬利亞
Mogadishu
中非共和國
Bangui
Yaoundé
剛果
剛果民主共和國
Kinshasa
Congo
烏干達
Kampala
盧安達
肯亞
Nairobi
Kilimanjaro
Lake Victoria
蒲隆地
坦尚尼亞
Dar es Salaam
Lake Tanganyika
安哥拉
馬拉威
Lake Nyasa
尚比亞
Lusaka
Lilongwe
Harare
辛巴威
莫三比克
Mozambique Channel
Moroni
科摩羅
塞席爾
Victoria
Antananarivo
馬達加斯加
模里西斯
Port Louis
RÉUNION (FR.)
那米比亞
NAMIB DESERT
Windhoek
波札那
Gaborone
Pretoria
Johannesburg
Maputo
Mbabane
史瓦濟蘭
Maseru
賴索托
南非
Orange
Cape Town
Good Hope
Bay of Bengal
ANDAMAN IS. (INDIA)
NICOBAR IS. (INDIA)
Colombo
斯里蘭卡
Male
馬爾地夫
BRITISH INDIAN OCEAN TERRITORY (U.K.)
COCOS IS. (AUSTL.)
印度洋
Medan
Kuala Lumpur
馬來西亞
新加坡
SUMATRA
Palembang
Jakarta
Bandung
JAVA
Semarang
Surabaya
印尼
汶萊
Bandar Seri Begawan
BORNEO
CELEBES
東帝汶
NEW GUINEA
巴布亞紐幾內亞
Port Moresby
ARAFURA SEA
索羅門群島
Honiara
吐瓦魯
Vaiaku
CORAL SEA
萬那杜
Vila
ÉFATÉ
斐濟
Suva
NEW CALEDONIA (FR.)
ARNHEM LAND
Great Barrier Reef
GREAT SANDY DESERT
GREAT ARTESIAN BASIN
GREAT DIVIDING RANGE
澳大利亞
GREAT VICTORIA DESERT
Brisbane
Perth
Darling
Great Australian Bight
Adelaide
Canberra
Sydney
Melbourne
TASMANIA
Hobart
TASMAN SEA
Auckland
紐西蘭
Wellington
AMSTERDAM I. (FR.)
SAINT PAUL I. (FR.)
CROZET IS. (FR.)
PRINCE EDWARD IS. (SOUTH AFRICA)
KERGUELEN IS. (FR.)
AUCKLAND IS. (N.Z.)
WEDDELL SEA
QUEEN MAUD LAND
Antarctic Circle
ANTARCTIC PEN.
Ronne Ice Shelf
南極洲
South Pole
MARIE BYRD LAND
Ross Ice Shelf
ROSS SEA
WILKES LAND
0°
10°
20°
30°
40°
60°
55°
50°
挪威
Oslo
瑞典
Stockholm
芬蘭
Helsinki
Tallinn
St. Petersburg
Lake Ladoga
愛沙尼亞
NORTH SEA
丹麥
Copenhagen
BALTIC SEA
Riga
拉脫維亞
俄羅斯
Moscow
立陶宛
Vilnius
Minsk
白俄羅斯
尼德蘭
Hamburg
Amsterdam
Berlin
德國
波蘭
Warsaw
Łódź
Homyel
Brussels
比利時
Luxembourg
盧森堡
Prague
Kraków
Kiev
烏克蘭
Kharkiv
捷克共和國
斯洛伐克
列支敦斯登
Munich
Vienna
Bratislava
Dnipropetrovsk
Donetsk
Bern
Zürich
瑞士
Vaduz
奧地利
Budapest
摩爾多瓦
Odessa
Chişinău
CRIMEAN PEN.
Lyon
ALPS
Ljubljana
匈牙利
Zagreb
波斯尼亞—黑塞哥維那
羅馬尼亞
Turin
Milan
斯洛維尼亞
克羅埃西亞
Sarajevo
Belgrade
Bucharest
Danube
摩納哥
聖馬利諾
塞爾維亞與蒙特內哥羅
BLACK SEA
CORSICA (FRANCE)
義大利
Adriatic Sea
Rome
Sofia
保加利亞
Tiranë
Skopje
Istanbul
SARDINIA (ITALY)
阿爾巴尼亞
馬其頓
Ankara
土耳其
希臘
İzmir
SICILY (ITALY)
Athens
馬爾他
MEDITERRANEAN SEA
塞浦路斯
克羅埃西亞
羅馬尼亞
CRIMEAN PEN.
俄羅斯
哈薩克
ARAL SEA
Sarajevo
Belgrade
Bucharest
塞爾維亞
波斯尼亞—與蒙特內哥羅
黑塞哥維那
Sofia
保加利亞
BLACK SEA
烏茲別克
義大利
Tiranë
Skopje
阿爾巴尼亞
馬其頓
Istanbul
Samsun
喬治亞
Tbilisi
亞塞拜然
CASPIAN SEA
土庫曼
Ashgabat
Bursa
Ankara
Yerevan
Baku
希臘
Eskişehir
土耳其
Kayseri
亞美尼亞
Athens
İzmir
Antalya
Mersin
Gaziantep
Diyarbakır
Tabrīz
SICILY (ITALY)
Nicosia
塞浦路斯
Aleppo
敘利亞
Mosul
Tehrān
Mashhad
MEDITERRANEAN SEA
黎巴嫩
Beirut
Damascus
Dayr az-Zawr
Euphrates
Baghdad
Tigris
伊朗
以色列
Jerusalem
Amman
West Bank*
伊拉克
阿富汗
Banghāzī
Alexandria
Cairo
約旦
Ahvāz
Eşfahān
Suez Canal
Gaza Strip*
Basra
Kuwait
Shīrāz
利比亞
Sabhā
Tabūk
科威特
巴林
Manama
Persian Gulf
阿曼
埃及
Buraydah
Riyadh
Doha
卡達
Abu Dhabi
Muscat
Lake Nasser
Nile
TIBESTI MTS.
Medina
沙烏地阿拉伯
阿拉伯聯合大公國
Al-Fujayrah
Aswān
RED SEA
Jiddah
Mecca
Port Sudan
SAHARA
Largeau
Khartoum
Asmera
厄立特里亞
葉門
Şan'ā'
Ta'izz
Al-Mukallā
ARABIAN SEA
Lake Chad
查德
蘇丹
吉布地
Djibouti
Gulf of Aden
衣索比亞
N'Djamena
* Final status to be determined by Israel and the Palestinian Authority.

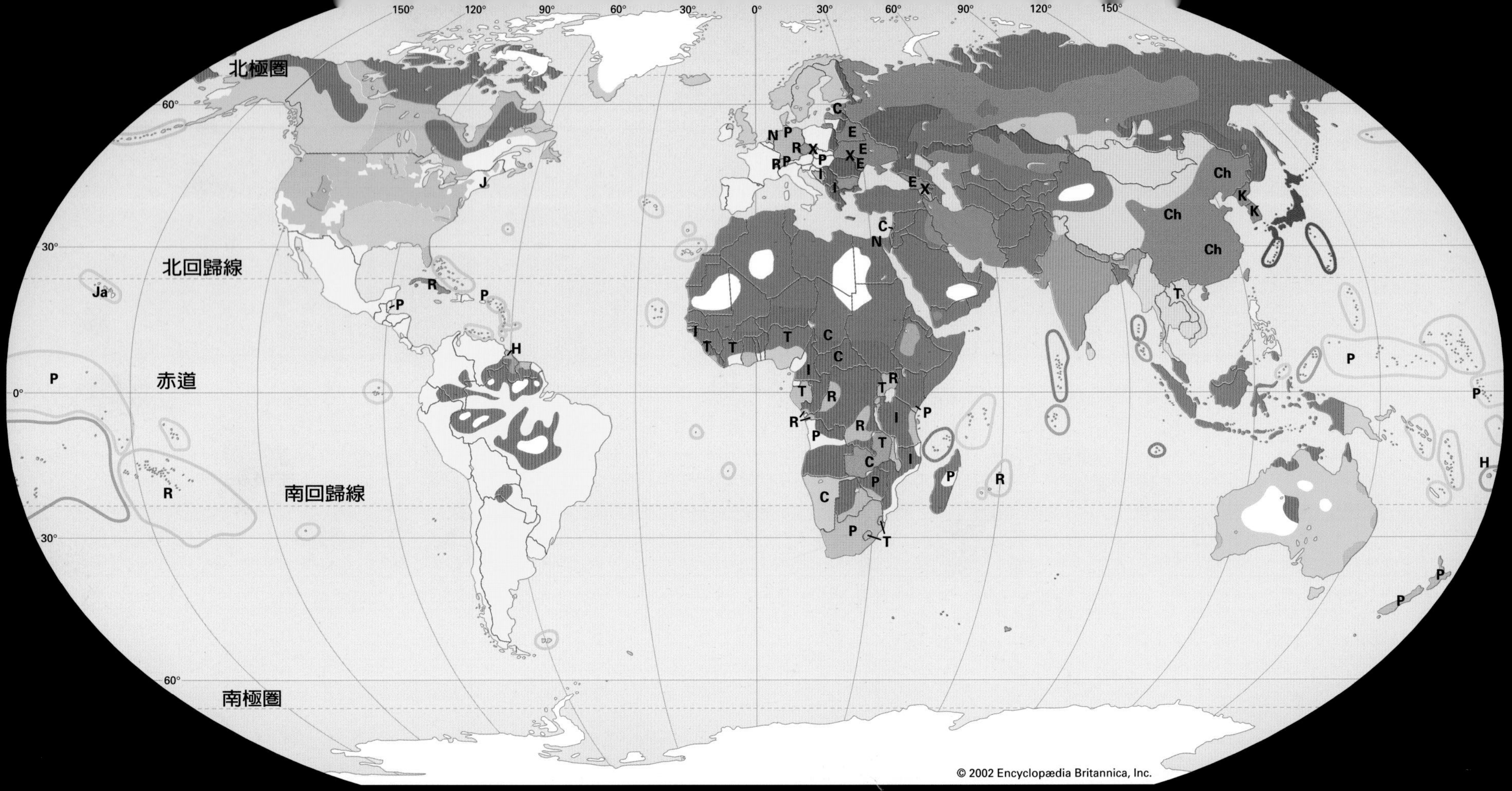

- 佛教
- Ch 中國宗教[1]
- C 不分宗派的基督教
- E 東正教[3]
- H 印度教
- N 東方教會的獨立教會[4]
- T 原住民宗教
- 以遜尼派為主的伊斯蘭教
- 以什葉派為主的伊斯蘭教
- Ja 日本宗教[1]
- J 猶太教
- K 韓國宗教[1]
- 摩門教
- 錫克教
- P 新教
- R 羅馬天主教
- X 無宗教
- 無主要宗教
- 無人居住

註 解：

1.在東亞某些地區，許多人具有多重宗教信仰。中國和韓國宗教包括佛教、道教、儒教和民間崇拜。日本宗教包括神道教和佛教。

2.主要是新教和天主教的混合，皆無支配性。

注 意：

地圖上每個色區的大部分居民擁有如圖所示的共同宗教傳統。字母符號

世界人口密度

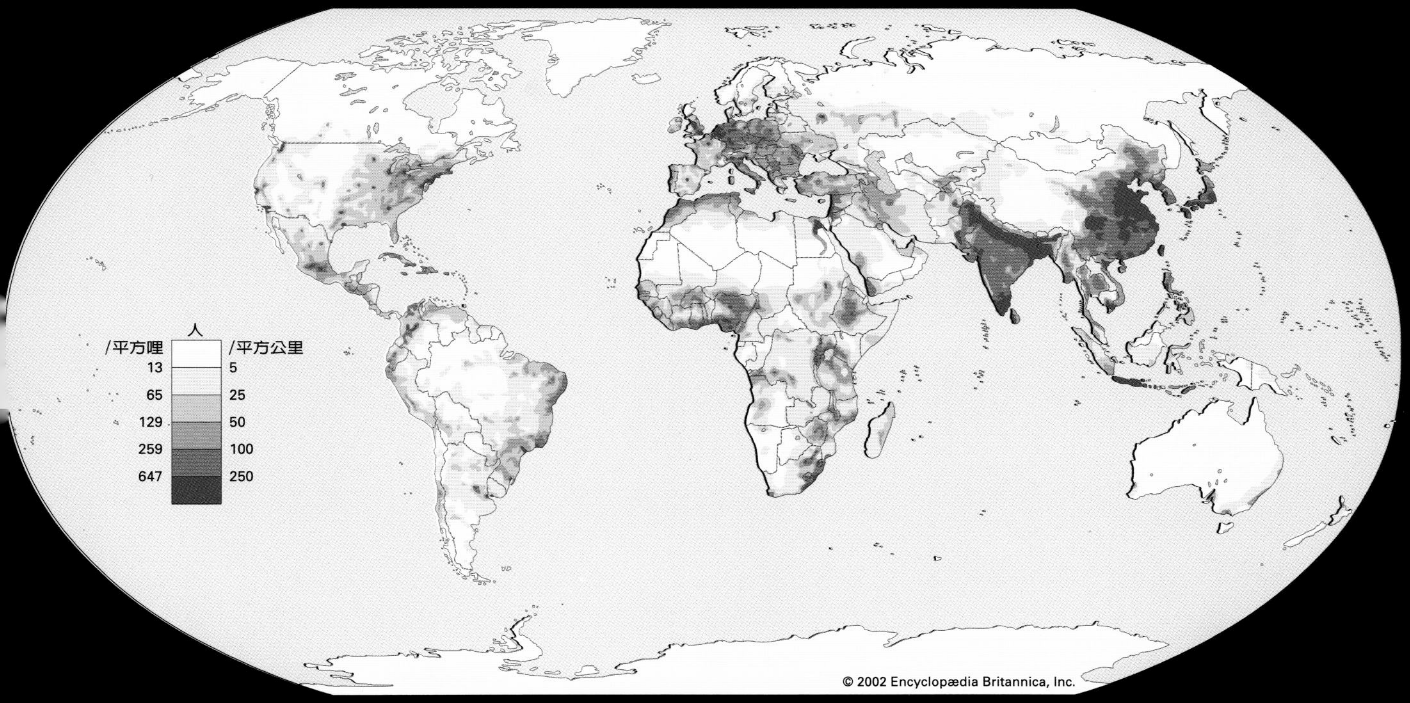

原住民人口的膚色

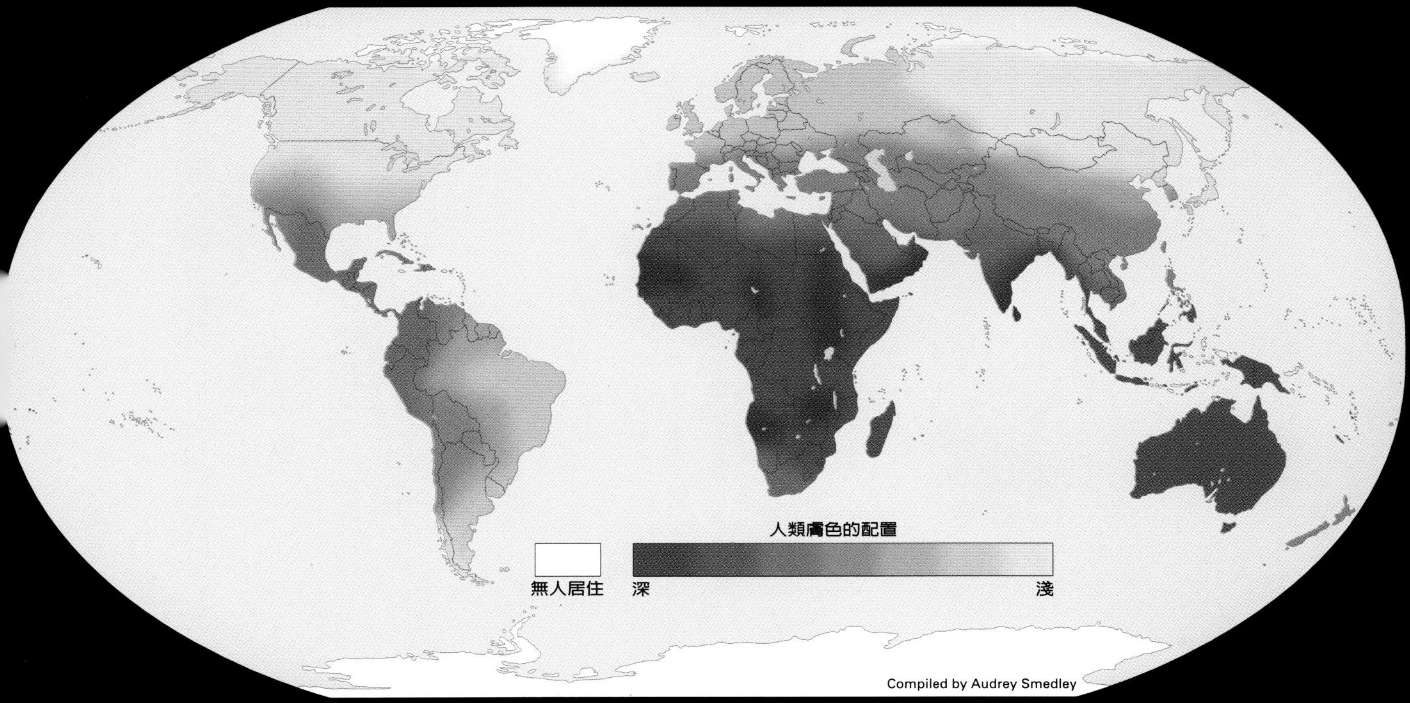

洲人殖民時期以前原住民人口的膚色變異分布

圖代表了以若干資料來源為基礎的人口重建。在某些情況下，地區特色取自最早進入該區的歐洲人與之接觸的描述（或手繪圖）。在其他情況下，歐洲人與之接觸極少，或關於原住民（例如亞洲內陸的人民）的資料不足，膚色從周圍人種及地理、氣候資訊評估而來。在這種衡量標準的地圖上，很難給予現有理解之外的表述。還必須注意，許人種甚至在現代以前其膚色就相當異質，而這種異質難以在任何衡量標準上加以精確描述。在世界上原住民人種稀疏分布的地區（例如澳大利亞），地圖的顏色濃度可能會導。尤有甚者，塔斯馬尼亞人（已經瀕臨滅絕）、毛利人（與歐洲人廣泛混血）等有些人種在歷史上僅代表著「非混合」個體的一些例子。

①印度北部阿格拉的泰姬・瑪哈陵
Dale Hoiberg

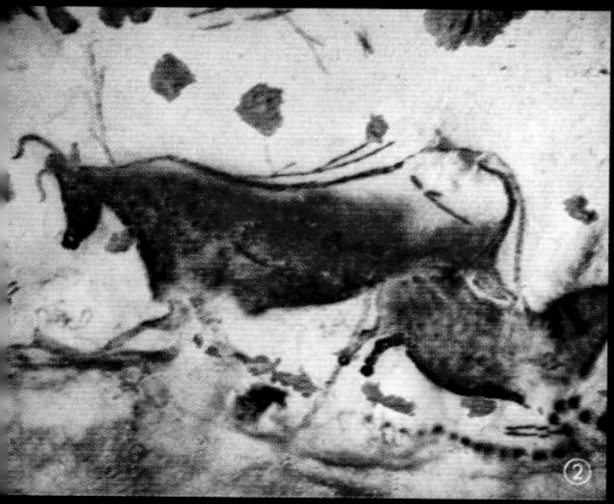

②法國蒙蒂尼亞克附近拉斯科洞穴中，奧瑞文化期末期畫著一頭牛與一匹馬的洞穴繪
Hans Hinz, Basel

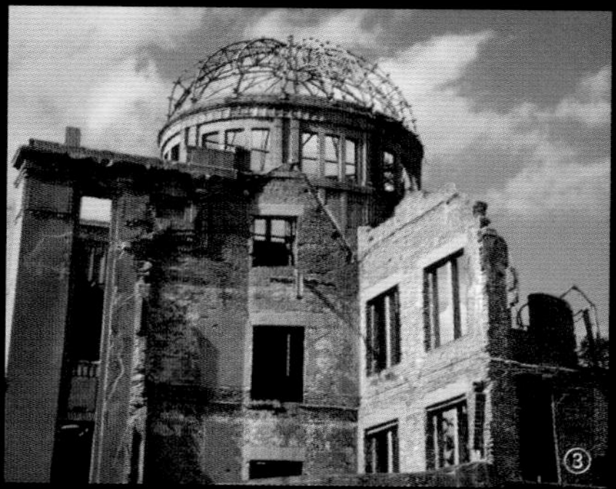

③日本廣島和平紀念公園內的原爆圓頂館
K. Nakamura

④智利復活島上以火山岩雕成的人像
Ernest Manewal/Shostal

⑤美國紐約灣自由島自由女神像細部
©Getty Images

⑥中國的長城
©Corel

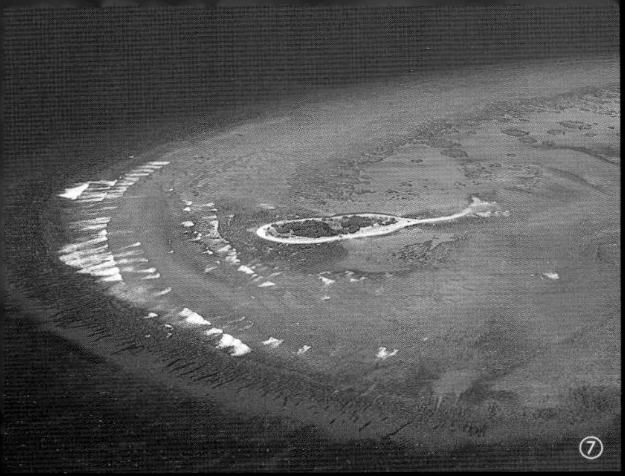

⑦澳大利亞昆士蘭大堡礁的珊瑚礁
Richard Woldendorp/Photo Indes

⑧加拉帕戈斯群島之一的聖巴多羅梅島，位於厄瓜多爾大陸以西600哩（1,000公里）
Andrea Toback

⑨英格蘭威爾特群索爾斯堡附近的巨石陣
©Corbis

⑩美國亞利桑那州西部，大峽谷國家公園東北端大理石峽谷中的科羅拉多河
©Gary Ladd

⑪埃及吉薩的金字塔
Perry Toback

⑫從尚比亞眺望尚比西河的維多利亞瀑布
G. Holton/Photo Researchers

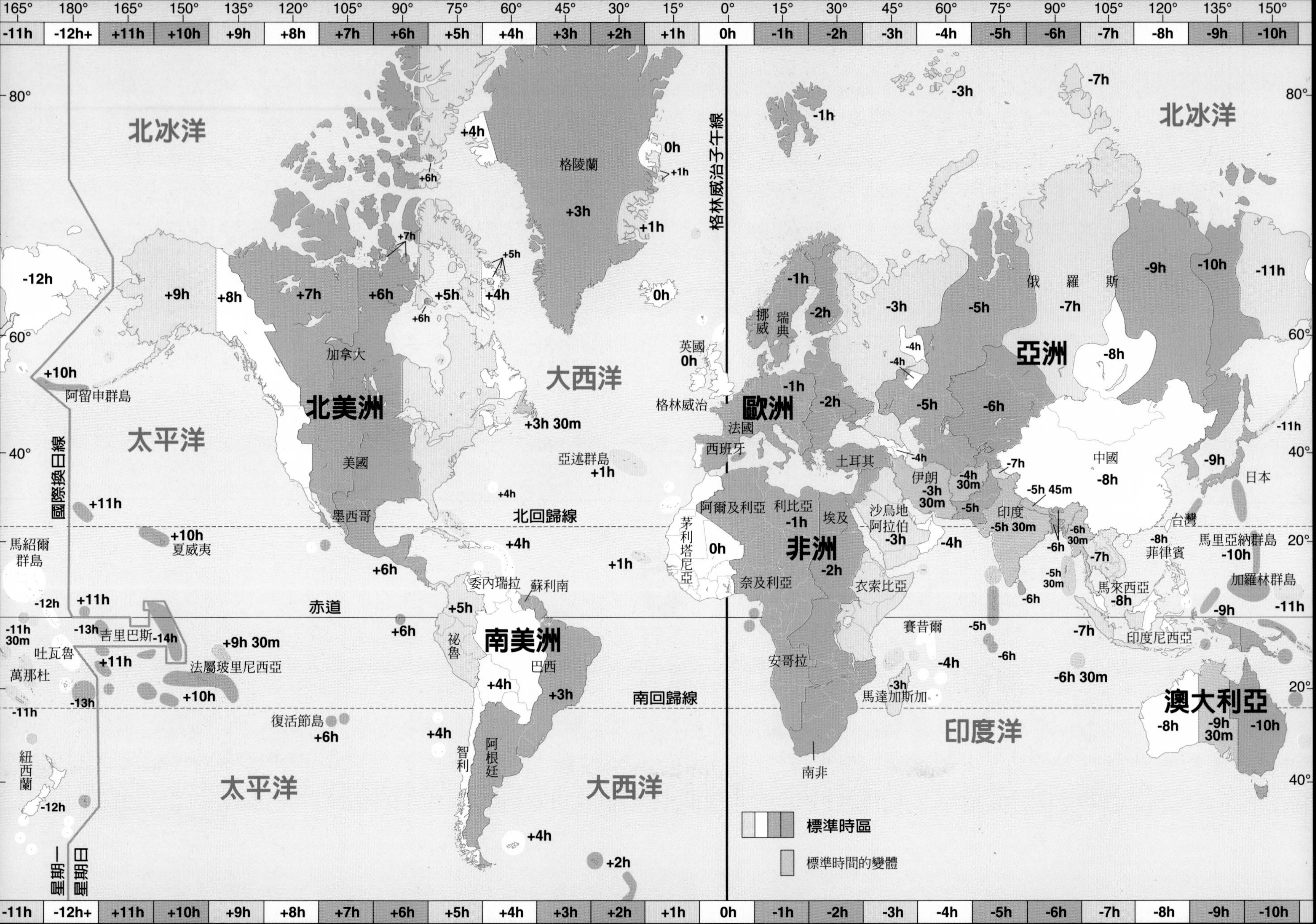

時間從英國格林威治子午線估算。零時區的中央通過格林威治子午線時，其東、西極限每邊為7°30'。初始時區東、西方每個15°區代表一小時。小時數和分鐘數必須從當地時間加減以表示格林威治時間，這呈現於地圖上與所在時區擁有

勢。感生電動勢的大小與電流的變化率成正比。比例因數稱爲電感，其單位是亨利，以紀念首次認識到自感現象的19世紀美國物理學家約瑟夫・亨利；1亨利等於1伏特除以1安培／秒。

induction 歸納法 邏輯學名詞。是由部分推到總體，由特殊推到普遍，或由個別推到一般的推理方法。傳統上，邏輯學家將演繹法（參閱deduction）與歸納法區分開來，但早期的歸納法所研究的問題通常是與自然科學有關的方法學，且邏輯學一詞通常指的是演繹法。亦請參閱induction, problem of、Mill, John Stuart、scientific method。

induction ➠ electromagnetic induction、electrostatic induction

induction, problem of 歸納法問題 從一個普遍概念的已被觀察到之事例所具有的特性，推論出該概念的尙未被觀察到之事例，關於證明此一推論爲合理的問題。舉例來說，如果我曾見過的翡翠都是綠色的，若說我過去的觀察並不全然導出（或演繹上蘊含）所有翡翠都是綠色的話，我有何資格推論所有翡翠都是綠色？我們能推論說從部分人口樣本的特性就是全部人口的特性嗎？一位品管工程師檢視由特定製造程序生產出的一組一百枚燈泡樣本，發現其中五枚有瑕疵，可能會結論說同一程序過去及將來生產的所有燈泡有5%的瑕疵品。爲證明工程師的推論合理，必須滿足下述兩個判準：（一）樣本的取得是隨機的（亦即一百個燈泡一組的每一組被選來檢視的機率相同），（二）樣本的數量要夠大（就數學精確計算來說）。亦請參閱statistics。

induction heating 感應加熱 把導電材料置於交變電磁場中使之升溫的方法，與電源絕緣的物體中感生的電流以熱的形式產生功率消耗。感應加熱在金屬加工中用得最廣，焊接、回火和退火時都用它來加熱金屬。這一方法還用於感應爐以融化和加工金屬。感應加熱法的原理類似於變壓器的升溫。用一個水冷線圈或電感線圈纏繞待加熱工件，前者類似於變壓器的初級繞組，後者爲次級繞組。當初級線圈中通以交流電時，就會在工件中產生渦電流，使工件變熱。渦電流對工件的穿透深度和工件內熱的分布均取決於初級交流電的頻率以及工件材料的磁導率和電阻率。

indulgence 免罪罰 天主教名詞，指所犯之罪經過告解聖事獲得赦免之後免除應得的一部分現世懲罰。關於免罪罰的神學理論所依據的觀念認爲，罪總是邪惡的，罪行和永世的懲罰固然在告解聖事中獲得赦免，但一部分懲罰還有待在今世或煉獄中執行。最初免罪罰是爲了減短補贖期，其方式有齋戒、特別念經、施捨和繳納用於宗教目的的錢財。12世紀以後免罪罰更常被使用，教堂或貪得無厭神職人員濫用免罪罰斂財。胡斯反對免罪罰，而馬丁・路德所列的「九十五條論綱」（1517）中，有些也是反對免罪罰。1562年召開特倫托會議後，與免罪罰有關的濫用權力情事才停止，但免罪罰有關的教義並未廢除。

Indus civilization 印度河文明（西元前2500?～西元前1700?年） 印度次大陸已知的最早的城市文化，亦是世界上範圍最廣泛的三個古文明之一。西至今日阿拉伯海的伊朗－巴基斯坦邊界附近，東至德里附近，向南延伸800公里，向東北延伸1,600公里。其中有兩座大城市，哈拉帕和摩亨約－達羅（在今巴基斯坦境內），由其規模可推測是兩個大邦的政治中心或是一個大帝國輪流以兩地爲京城，但也可能是哈拉帕繼摩亨約－達羅之後成爲京城所在地。印度河文明是個有文字、語言的文明；其語言被歸入達羅毗荼語族。種植小麥和大麥，已馴養許多動物（包括貓、狗和牛），也已栽培棉花。最著名的工藝品是圖章，通常雕刻了一些眞實或想像的動物。印度河文明何時結束及爲何結束仍未能確知；西元前第二千紀摩亨約－達羅受到攻擊及洗劫而滅亡，但在南部，仍然可見晚期印度河文明與銅器時代文化間的實際文化銜接，此種文化銜接也是西元前1700～西元前1000年印度中、西部文化的特徵。

Indus River 印度河 南亞地區一條橫貫喜馬拉雅山的大河，是世界上最長的河流之一，全長2,900公里。年流量約2,070億立方公尺，是尼羅河的一倍。發源於西藏西南部，然後沿喜馬拉雅山麓向西北流，越過喀什米爾西部邊界後轉向南流進入巴基斯坦。進入旁遮普平原後接納了傑赫勒姆、傑納布、拉維、貝阿斯和蘇特萊傑等五條支流。此後印度河的河道便明顯變寬，流速減緩。很久以來，印度河水提供的灌溉爲半乾旱的巴基斯坦平原的農業豐收打下了基礎。

industrial and organizational relations 工業與組織關係 亦稱組織關係（organizational relations）。指對工作場所中人的行爲的研究，著重研究這類關係對企業生產力所具有的影響。古典經濟學把工人當作生產工具，就如同原材料和製成品一樣受供求經濟規律的支配。勞資關係一直未受到學者的注意，直到1920年代後期，艾爾頓・梅歐（1880～1949）研究了西方電氣公司霍桑工廠的生產力。他發現僅因某些工作被選出作實驗卻提高了生產量（霍桑效應），梅歐成爲第一位研究工人受到心理刺激所表現出來的反應的學者。勞資關係還包括了人力資源的管理，其中包含了工作項目和組織架構的開發；招考、訓練和監督員工；代表受雇者參與談判，規畫未來和研究管理的風格。

H I J K

industrial design 工業設計 對大規模的工業爲大量銷售而生產地產品所作的設計。產品設計首先規畫產品的構造、作用和外觀，然後對產品能有效的適應生產、批發和零售程序做出規畫；外觀是工業設計主要考量的部分。國際工業設計協會理事會於1957年在倫敦成立，二十五年來共有四十多個會員國。至今仍存在的兩個重要趨勢：一是流線型的設計，這是1930年代洛伊和其他人首先提出的；另一趨勢是有計畫的廢棄，設計的改變有意的使消費者在因正常磨損或根據已有的習慣需要更換前，頻繁的購買新的替換商品。

industrial ecology 工業生態學 追蹤能量與物質流動的學門，從自然資源，經由製造，產品使用，以及最後的再循環或處置。工業生態學的研究開始於1990年代早期。生命週期分析追蹤物質的流動；規畫環境作業將能量使用、污染與廢棄物減到最少。工業生態學家的目的是創造出產業，讓所有廢棄物都是另一項產品的原料。

industrial engineering 工業工程 應用工程原理和科學管理技術，使工業機構在最適當的成本下保持高水準的生產力。現代工業工程之父的泰勒爲對工作進行科學測量的先驅，而法蘭克（1878～1924）和莉蓮（1878～1972）・吉爾布雷思夫婦則致力於改進其時－動研究。結果是，簡化生產過程，可使產量提高。工業工程師負責選擇材料與工具，使公司的生產成本最低效率最大；可能也要決定生產的次序及廠房設施或工廠的設計。亦請參閱human-factors engineering。

industrial espionage 產業情報 從企業競爭對手那裡獲得行業機密資料。它是許多企業爲了在設計、藍圖、方案、製造工序、研究工作和未來計畫方面保守機密所產生的一種反應。商業機密可以有好幾條渠道進入公開的市場，透過不忠誠的雇員或其他管道。雇主發覺其行業機密已被競爭對手使用時，常採取法律步驟以防止其商業祕密受到進一步侵犯。亦請參閱patent。

industrial medicine　工業醫學　亦作職業醫學（occupational medicine）。醫學科學中的分支，包括維護工人的身體健康、預防和治療各種工傷、勞動事故及職業環境所致疾病。工作場所的危險包括了曝露在危險物質之下，如石綿和粉塵；放射性物質的曝露；及機械造成的傷害，重則可威脅到生命。工業醫學計畫規定了機器移動部分的防護裝置，工作場所的通風情形，使用毒性較低的材料，嚴格操作程序，保護的裝備和工作服。完善的工業醫學計畫可改善勞工和管理階層的關係，增進工人的健康和生產力，減少保險費用的支出。

industrial melanism＊　工業黑化　生活在環境為煤煙所燻黑的工業地區內的動物種群皮膚、羽毛或毛皮變黑的現象。動物種群黑化增加了其成員存活與生殖的概率，這是一種掩護的形式；發生在許多世代中，是自然選擇的結果，因掠奪者將淺色的、目標明顯的個體捕食。

industrial-organizational psychology　產業與組織心理學　亦作I-O psychology。將實驗心理學、臨床心理學和社會心理學的概念和方法應用於產業的心理學分支。產業心理學者主要關心的是產業中個人的評價及安置，工作分析，工人與管理階層的關係（包括士氣和工作滿意度），人力的訓練和開發（包括領導人的訓練），以及生產力的改進。他們可能與企業經理人、工業工程師和人力資源的專業人員在工作上有較密切的接觸。

Industrial Revolution　工業革命　指從農業和手工業經濟轉變到以工業和機器製造業為主的經濟的過程。始於18世紀的英國。技術上的改變包括了鋼鐵、新能源的使用，發明新機器以提高產量（包括珍妮紡紗機），工廠體系的發展，運輸及通訊重要的發展（包括蒸汽機和電報）。其他的改變還有：農業上的改進，財富廣泛的分配和政治變化反映出經濟力量的轉變，並造成激烈的社會變化。1760～1830年期間，工業革命大體上僅發生在英國；後傳到比利時和法國。其他國家則延遲許久才發生，但德國、美國和日本一旦開始工業革命，其得到的成就遠超過英國內部的成功。東歐國家遲至20世紀才開始，且至20世紀中期工業革命才傳播到中國和印度。許多分析證據指出，20世紀晚期發生第二次工業革命，或稱新工業革命，即新物質和新能源的利用、自動化工廠、生產工具所有制和自由放任主義管理的轉變。

Industrial Workers of the World (IWW)　世界產業工人聯盟　別名the Wobblies。1905年美國在芝加哥組成的激進的勞工組織。這一組織反對美國勞工聯合會的溫和政策，其創辦人包括西部礦工聯合會的海伍德、社會勞工黨的德萊昂及社會黨的德布茲。1908年該聯盟分裂，由海伍德領導的主張採取激進行動的占優勢。為達成勞工取得生產工具的控制權的目的，而鼓吹發動總罷工、杯葛和怠工等行動。雖然採礦和伐木等工業因罷工取得輝煌的勝利，但世界產業工人聯盟的戰術導致有人遭到逮捕，也受到公衆的反對。該聯盟反對美國參加第一次世界大戰，一些領導人甚至受到迫害。1920年代其成員數目大量縮減。

industrialization　工業化　轉變為以工業為主的一種社會經濟體系的過程。在18世紀後期和19世紀在英國發生的工業革命為西歐和北美等初期工業化國家帶來影響。工業化過程及其同步的技術引發意義深遠的社會發展。把勞動力從封建和傳統的束縛中解放出來，創造了一個勞動力自由市場，其中企業家是個關鍵角色。城市吸引許多人，使他們離鄉背景聚集在新的工業城鎮和工廠中。以後實行工業化的人企圖運用這些因素中的一部分：例如蘇聯消滅了企業家；而日本鼓勵和支持企業家的作用；丹麥和紐西蘭實現工業化的方式是首先使農業商業化和機械化。

industry　產業　指各種製造或供應貨物、勞務或收入來源的生產性企業或組織。經濟學中通常將其劃分為第一產業、第二產業和第三產業，第二產業又劃分為重工業和輕工業。第一產業包括農業、林業、漁業、採礦、採石等。第二產業亦稱製造業，以加工第一產業所提供的原料使其成為消費品，或為其他第二產業製造產品而提供生產資源的部門；第二產業也包括能源生產工業和建築業。第三產業亦稱服務業，包括了銀行、金融、保險和投資不動產等業務；批發、零售和轉售貿易；運輸、訊息和通訊服務；自由職業、諮詢、法律和個人服務；旅遊、旅館、飯店和娛樂；維修服務；教育和教學；保健、社會福利、行政管理、警務、安全和保衛等服務。

Indy, (Paul Marie Theodore) Vincent d'＊　丹第（西元1851～1931年）　法國作曲家和教師。在管風琴和作曲方面受過訓練。通過與德國的音樂傳統作比較，他摒棄盛行的法國風格，認為那是一種膚淺、浮誇的音樂。他寫了幾部重要的舞台作品，包括《費爾瓦爾》（1895）和《聖克里斯托夫傳說》（1915），但像《法國山歌交響曲》（1886）、《夏日山間》（1905）和《伊斯塔爾》（1896）等交響樂作品則較為人們熟知。1894年他成為巴黎聖歌合唱學校的創辦人之一，法國許多第一流的作曲家和音樂家都會在這裡接受培訓。

inequality　不等式　兩個數，或者兩個代數運算式之間次序關係——大於、大於或等於、小於、小於或等於——的數學陳述。不等式可以以兩種形式表示：一種以問題方式提出，很像方程式，而且解決它們所用的技巧也類似；另一種則是以定理的形式作為事實陳述出來。例如，三角形不等式的陳述是：一個三角形的任兩邊長之和一定大於或等於第三邊的長度。在證明數學分析一些最重要的定理的過程中要依靠許多這樣的不等式（譬如施瓦茨不等式）。

inert gas ➠ noble gases

inertia＊　慣性　物體的一種本性，表現在對抗可能改變它的運動的任何一種力。靜止或運動著的物體都會對抗可能產生加速度的力。物體的慣性有兩種測量方法：一是用它的質量，質量決定著物體對力的作用的阻抗；一是用物體對指定軸的轉動慣量，它決定著物體對同一軸上的力矩作用的阻抗。

inertia, moment of　轉動慣量　物體轉動慣性的定量量度。當一個轉動著的物體繞一個外部的或內部的軸（可以是固定的，也可以是不固定的）旋轉時，它會反抗可能由轉矩引起的轉動速度的任何變化。轉動慣量的定義是：物體中每個質點的質量與它們離開轉動軸距離平方的乘積之總和。

infancy　嬰兒期　人類從出生到一～兩歲會講話的這段時期。新生嬰兒的平均體重為3.4公斤，體長約51公分。出生時，嬰兒表現出一些遺傳的反應，像吮吸、眨眼和抓握等動作。他們對亮暗的視覺反差很敏感，並且明顯地喜歡注視人臉；他們還能較早地辨認人的聲音。到四個月大的時候，大多數孩子都能坐起；七～十個月時，開始會爬；到十二個月時，大多數能開始走動。在他們第一次講出有意義的詞之前幾個月，所有的嬰兒事實上都已經能夠理解一些詞的意思了。

infanticide 殺嬰 指殺死新生嬰兒。殺嬰常常被解釋爲是控制生育的主要方法，也是擺脫病弱的和不想要的孩子的原始手段。但是，大多數的社會都歡迎兒童，只有在例外的情況下－－例如完全沒有可能向他們提供支援－－才會讓他們死去（或讓他們自然死亡）。18世紀以前的歐洲一些國家裡，人們還把不要的嬰兒扔掉或遺棄。從聖經以及埃及、希臘、羅馬和印度的歷史裡知道有「第一胎祭獻」的說法，即把人們最珍貴的東西獻給諸神。

infantile paralysis 小兒麻痺症 ➠ poliomyelitis

infantry 步兵 徒步作戰的軍隊。步兵一詞既用於古代手持矛和劍這類武器的士兵，也用於現代配備著自動步槍和火箭筒等武器的軍隊。步兵的目標始終是奪取並固守土地，必要時要去攻占敵人的領土。除了在封建時期騎兵曾一度占過優勢外，自古以來步兵在西方軍隊裡一直占最大的比例。

infection 感染 各種病原體－－包括細菌、眞菌、原生動物、病毒和蠕蟲－－對機體的侵入以及機體對它們和它們產生的毒素的反應。在感染還沒有明顯影響健康之前叫做亞臨床的（臨床症狀不明顯的），在發展成感染疾病時就影響健康了。感染可以是局部的（例如膿瘡），局限於一個機體系統（如肺炎局限在肺內）；也可以是總體性的（如敗血症）。感染病原體可以通過吸入、攝入、性傳播、懷孕或分娩時傳給胎兒、傷口污染、動物或昆蟲叮咬等渠道進入體內。機體作出的回應有：讓白血球去攻擊入侵者；產生抗體或抗毒素；常常還會提高體溫。抗體會造成短期的或終身的免疫。儘管在防止和治療感染疾病方面已經取得了重大的進步，但感染還是疾病和死亡的一個主要原因，特別在衛生條件差、營養不良和人口密集的地方更爲突出。

infectious mononucleosis 傳染性單核白血球增多症 ➠ mononucleosis, infectious

inferiority complex 自卑情結 對於個人自卑的敏銳感覺，常造成膽小或（由於過度補償）過分的強勢。雖然一度是標準心理學概念，特別是那些阿德勒的追隨者，今日「自卑情結」一詞被人濫用誤用，已失去其有效性。

infertility 不育 指一對配偶沒有懷孕生殖的能力，指未採取避孕措施條件下一年的規律性交而未懷孕的情況。生育（參閱reproductive system, human）的任何一個階段中有缺陷都會導致不育。每八對夫妻就有一對不育。多數與女性有關，約30～40%是由於男方的關係，10%則原因不明。造成女性不育症的原因包括了排卵或激素的問題、輸卵管的疾病和化學平衡對精子不適宜；男性方面，則包括了性無能、精子數低和精子缺陷。若精子在男性或女性體內運行的道路受阻，則在大多數情況下可以手術解決。生育藥可刺激排卵（常造成一次排出數卵而引起多胞胎生產）。若男性精子數不足，就要減少性交次數並把性交時間安排在女性最富生育力的時期（即女性排卵期）。配偶還可以經由人工授精、人工受精、義母代孕法或領養等方法得到孩子。

infinite series 無窮級數 對無窮個有次序的數進行求和的一種數學概念，它們的關係基本上可以一公式或函數來表示。一個無窮級數可求得和便稱爲收斂級數（參閱convergence），若否，則稱爲發散級數。數學的分析常被當作研究形成收斂無窮級數的和的給定函數的條件。有的級數（如傅立葉級數）用來解微分方程式特別有用。

infinity 無窮 亦稱無限。數學中，指無限次重複某種動作的一個有用的概念。其表示符號是∞，常被誤認爲是最大的數或實數線的某點。實際上，這是極限的想法，在 $x\to\infty$式子中，表示可變的x無限制的增加。例如，函數f（x）＝1/x，或x的倒數，當x的值無窮大時其值接近於零。這個近似的過程影響到對導數的定義和微積分的積分，也影響到數學中關於分析的許多其他概念。

inflammation 炎症；發炎 泛指活組織（尤其是小血管、血液和血管周圍組織）對損傷的局部反應，包括燒傷、肺炎、痲瘋、結核和風濕性關節。主要的徵象是熱、紅、腫、痛。其過程始於組織受損的鄰近小動脈（參閱artery）的收縮。接著是膨大，微血管變紅，含有血漿蛋白和白血球的組織液流經受傷組織，造成受傷部位腫大。急性的炎症到最後會有四種結果：消散（恢復正常）、機化（建立新組織，參閱scar）、化膿（參閱abscess）或轉爲慢性。有的治療－－包括以抗生素消除細菌，或外科手術除去異物－－可除去病因。如果無法消除時，可使用抗炎症藥物（如cortisone和aspirin）或簡單對症療法（如冷敷或熱敷）來減輕炎症的症狀而不影響病因。

inflation 暴脹 天文學上，假設在大爆炸後不久宇宙以指數膨脹的時間。可以說明目前宇宙觀測到的一些特性，例如能量與物質的分布。自然力的大統一理論提出暴脹可能是在宇宙最初之後的10^{-32}秒，此時強力（強交互作用）正從弱力與電磁力解耦合。在這段時間，宇宙大小膨脹超過100次方。暴脹是廣義相對論的效應，此時宇宙受限於非零能量密度的狀態（假眞空）。

inflation 通貨膨脹 經濟學名詞，指價格上升的程度。通貨膨脹通常被認爲是一般物價水準的過度上漲。解釋通貨膨脹的理論有四種。貨幣數量學說是第一種也是最古老的一種，18世紀大衛·休姆提出，認爲物價提高貨幣供應亦跟著提高。20世紀中期弗里德曼改進了數量學說，他認爲根據預估的經濟成長速度，以相同的速度定期增加貨幣供給，可以達到穩定物價的目的。第二種基本學說是凱因斯的所得決定論，認爲當對財貨和勞務的需求大過供應時便會發生通貨膨脹。要求政府以調整支出和稅收的水準，提高或降低利率來控制通貨膨脹。第三種理論是成本推動論。價格－工資螺旋這種現象可能造成通貨膨脹，勞動者要求提高工資使得雇主提高價格以反映更高的成本，因此又種下下次要求提高工資的種子。第四種基本學說是經濟結構論，它強調經濟結構的失調，當開發中國家的進口趨勢較出口快速時，會使得該國通貨的國際兌換價值遭到持續下跌的壓力，這種貶值在國內市場的反映是物價持續上漲。亦請參閱deflation、price index。

inflorescence * 花序 花在枝上排列的方式。花序可按花在主軸（花序梗）上的排列方式或開花的時間順序來區分。在有限花序中，最後開的花位於花序梗的基部或其外側（如洋蔥的花）。在無限花序中最後開的花在長花序梗的頂端或短花序梗的中心（如醬龍花、鈴蘭和蔥屬植物）。其他無限花序有櫟樹的雄性和雌性下垂的葇荑花序，大麥的總狀花序和蒲公英的頭狀花序。

influenza 流行性感冒 亦作flu或grippe。一種上呼吸道或下呼吸道的急性病毒感染。流行性感冒病毒A（最常見）、B和C型三種形成的症狀類似，但它們的抗原性之間卻毫無共同之處，故無交叉免疫。突發寒戰、疲勞、肌肉酸痛；體溫迅速升至38～40℃，伴隨著頭、肌肉、扁桃腺及關節疼痛。三～四天後，病情逐漸好轉；但呼吸道炎症的相關症狀，如咳嗽和流鼻涕卻變得更明顯。臥床休息，服用阿斯匹靈和其他解熱鎮痛藥是標準的治療法。A型的流行週期是二～三年；B型四～五年；在世界上的流行大致呈波浪狀。

流行性感冒死亡率低，但1918～1919年流行性感冒大流行是有史以來最具摧毀性的一次，也算是最嚴重的一次疾病浩劫。多數死於肺炎、支氣管炎。

Influenza Epidemic of 1918-19　1918～1919年流行性感冒　亦稱西班牙流行性感冒（Spanish Influenza Epidemic）。20世紀爆發最嚴重的流行性感冒。流行性感冒每隔三十至四十年發生大流行，異常嚴重且散播極快。此次流行似乎是從1918年3月初開始於美國陸軍營區，病毒類型還算溫和。部隊前往參加一次大戰，病毒散播到西歐之後出現更爲致命的品種。幾乎世界各個角落都爆發疫情，順著運輸路線從港口散播到城市。經常迅速發展成肺炎，在兩天之內奪走人命。這可能是歷史上最致命的一次傳染病，估計有三千萬人死亡；不尋常的是死亡人口有一半介於二十至四十歲之間。

information processing　資訊處理　對資訊的獲取、記錄、組織、檢索、顯示以及傳輸的過程。今日，此一名詞特別應用於以電腦爲基礎的操作。它包含了資訊的來源和截取，利用特殊軟體將訊息轉換成適合傳送的形式，及傳送訊息。網路搜尋引擎即是一種資訊處理的工具，這是一個複雜的資訊擷取系統。亦請亦請參閱data processing。

information retrieval　資訊擷取　資訊的取得，特別是從儲存於電腦的資料庫之中取得。有兩種主要的方法：對照資料庫的索引查詢符合的字詞（關鍵字搜尋），或是利用超文字或超媒體鏈結穿梭資料庫。關鍵字搜尋從1960年代早期至今一直是文字擷取最重要的方法；到目前爲止超文字大多局限於個人或公司的資訊擷取應用。開發中的資訊擷取技術，例如最新的網際網路搜尋引擎的發展，結合自然語言、超鏈結和關鍵字搜尋。其他技術追求較高層次的擷取精確度，正由人工智慧專家研究中。

H
I
J
K

information science　資訊學　研究資訊儲存與傳遞方法的一門學科。它試圖把圖書館學、電腦學、語言學、工程學、心理學及其他應用科學的概念和方法結合起來，以便發展有助於資訊處理的技術與裝置。1960年代，資訊學在早期階段主要涉及當時新穎電腦技術應用於文獻的處理。後來，資訊學的電腦應用技術及較近的理論研究則滲入許多其他學科。電腦學和工程學傾向於吸收該領域以理論及技術爲目標的諸課題，管理學則傾向於吸收有關資訊系統的課題。

information theory ➠ communication theory

infrared astronomy＊　紅外天文學　經由觀察天體所發出的紅外輻射而作的天體研究。許多各類天體都發出波長在電磁波譜紅外區的能量，許多這類天體發出光學波長的亮光被星際塵粒所阻隔，因此地球上的觀測人員無法偵察到它們，但紅外天文學的技術可以幫觀測人員找到。紅外天文學開始於19世紀初，赫瑟爾家族研究太陽光時發現紅外輻射的存在。最早有系統作紅外觀測是在1920年代；現代技術如加裝在地面望遠鏡上的特殊干涉濾光器等，都是1960年代初期才開始採用。由於大氣層的水氣吸收了紅外輻射，使得從太空船裡觀測會更有效果。紅外天文學使得在行星體系和矮棕星等特定的星球附近有固粒雲的存在。

infrared radiation　紅外輻射　電磁波譜的一部分，從微波到可見光的紅端的一段。波長約0.7～1,000公忽。大部分中等受熱表面對輻射是紅外輻射，產生的是連續譜。分子激發也產生大量的紅外輻射，呈分立的線狀或帶狀光譜。紅外波長常用於夜光設備、熱導彈、分子光譜學和紅外天文學，及其他事務上。大氣捕獲紅外輻射也是溫室效應形成的基礎。

Inge, William (Motter)＊　英吉（西元1913～1973年）　美國劇作家及電影劇本作家。曾任教職（1937～1949），晚上在密蘇里州聖路易的《明星時報》兼任戲劇版編輯（1943～1946）。他的第一部劇作《遠離天堂》（1947）後被改編成百老匯舞台劇《琴瑟怨》（1957，1960拍成電影）。他最著名的作品有《蘭閨春怨》（1950，1952年拍成電影）、《野宴》（1953，獲普立茲獎；1956年拍成電影）和《巴士站》（1955，1956年拍成電影），及原著劇本《天涯何處無芳草》（1961，獲奧斯卡獎）。他是第一位以中西部小鎮生活爲寫作題材的劇作家。

Inglewood　英格爾伍德　美國加州西南部城市。位於洛杉磯西南方。丹尼爾·佛里門於1873年在此定居，1887年由桑提內拉－英格爾伍德土地公司規畫，1908年設建制。後隨洛杉磯大都會區發展而發展。設有好萊塢公園賽馬場。人口約111,040（1996）。

ingot＊　鑄錠　鑄造成一定尺寸和形狀（如棒、板、薄板）以便於儲存、運輸和加工成半成品、成品的金屬。特別是金、銀和鋼通常先鑄成模具，再進一步加工。鋼錠規格可從數磅（或數公斤）重的矩形小錠塊直到超過五百噸有錐度的八角形大鑄錠。

Ingres, Jean-Auguste-Dominique＊　安格爾（西元1780～1867年）　法國畫家。來到巴黎後曾隨大衛習畫，後進入美術學院，並獲得一等羅馬獎。他的首批公共作品之一，肖像畫《戴皇冠的拿破崙》（1806）被批評爲生硬且仿古，但這是他有意創造出來的風格之一。在義大利期間（1806～1824）他因肖像畫和歷史畫出名，他的小型肖像素描線條堅實明確。回到巴黎後，他以《路易十三世的宣誓》（1824）一畫，終於受到評論界的讚美，並獲得美術院的認可。1825年接替大衛成爲法國新古典主義繪畫的領導人，並成立畫室，教授學生。該畫室後來成爲巴黎最大的畫室，1840年代中期他是法國最重要的上流社會的肖像畫家。他的晚期著名作品有女裸體畫。他的眾多學生中無人學到他的特質，但竇加、雷諾瓦、畢卡索等人的繪畫發展似乎都有受到他的影響。

inhalation therapy　吸入療法 ➠ respiratory therapy

inheritance　遺產繼承　由於財產所有者的死亡，而使得財產變更到繼承人的移轉。在民法上的名稱是「繼承」。遺產的概念之所以成立，立基在社會私有財產權觀念的普遍接受。然而在某些社會體系下，土地被認爲是公共所有的財產，並認爲共同體成員死亡後，他所擁有的土地不能遺贈子孫，而必須由共同體重新分配。不過大多數國家都規定死者土地一部分可保留給在未亡的配偶及子孫。無遺囑法，也就是處理未留遺囑的死者之財產分配的法律，普遍都以死者與受益人之間的血緣關係來認定繼承順位。遺產通常都須課徵遺產稅。亦請參閱intestate succession、probate。

inheritance tax　繼承稅　某人死後，對接受其遺產的各受益人所徵收的稅。繼承稅較遺產稅執行困難，因爲分給各受益人的遺產價值必須確定，而確定這些價值常需複雜而精確的計算。繼承稅可上溯到羅馬帝國。在美國，繼承稅一向由各州徵收，而聯邦政府則徵收遺產稅。1826年賓夕法尼亞州最早開始徵收繼承稅。

inhibition　抑制作用　一種酶學現象，結構上多與底物類似的抑制劑跟酶起作用而形成一種複合物，該複合物或不能像通常那樣起反應，或不能形成通常的產物。抑制劑可以在底物常常結合的位點上與酶結合而起作用（競爭性抑制劑）。或者在另一些位點上起作用（非競爭性抑制劑）。亦請參閱allosteric control、feedback inhibition、repression。

inhibition 抑制 自覺或不自覺的限制或取消某種過程和某種行爲，尤其是取消那些衝動和欲望的心理學現象，包括了已內在化的社會控制。就某些社會功能來說，抑制可用來限制和防止某些不顧後果的盲動和克服動不動就沾沾自喜、得意忘形。極度缺乏抑制和過度抑制對個人來說都不好。抑制在學習中亦扮演重要角色，一個人想要學會新的行爲模式，就必須學會克制某些本能動行爲方式或是節制舊的行爲習慣。在生理心理學中，抑制一詞指的是壓抑神經生物電活動。

initiation ➠ passage, rite of、secret society

injunction 禁令 在民事訴訟中，指法庭要求一方當事人作或不作某個或某些特定行爲的命令。當法律並無適當的規定時，這是一種彌補損失的衡平法。所以禁令是一種預防對未來造成傷害的行動（如：洩露機密，發起全國性工人罷工，或侵犯團體的公民權）而不是補償已造成的傷害。當對金錢損失的補償不滿意時，禁令也可以將傷害減輕。當被告違反禁令可能會以藐視法庭罪被傳喚。亦請參閱equity。

ink 墨水；油墨 各種顏色（通常是黑色或深藍色）的液體或糊狀物，用於書寫和印刷。由一種顏料或染料溶解或擴散在稱作載體的液體中而成。早期的墨水是利用燈黑（一種碳的形式）或各種顏色的汁液、萃取物和懸浮液製成。現代寫字用的墨水通常包括了硫酸亞鐵（參閱iron）和少量的酸；寫在紙上，顏色會越來越深，且能保持永不褪色。現代彩色墨水和可洗墨水，以含有可溶性合成染料作爲唯一的著色物質。印刷油墨內基本上會含快乾溶劑，爲各種不同的要求（包括了色彩、阻光度、透明性、無氣味等）調製，適用在膠印、凸版印刷、絲網印刷、噴墨、雷射和其他不同的印刷方式上。

Inkatha Freedom Party* 英卡塔自由黨 南非黑人政治組織，主要獲得祖魯人的支持。原是1924年迪尼祖魯酋長領導的文化運動，他的孫子布特萊齊在與非洲民族議會（ANC）決裂後，於1974年將其恢復並組成一政黨。在布特萊齊的領導下，英卡塔致力於對抗種族隔離政策，在無法實行多數統治的情況下，願意接受權力分配的安排。1980年代晚期，英卡塔和非洲民族議會的追隨者經常在強大種族間（祖魯人與非祖魯人）發生流血衝突。1991年南非白人政府承認曾祕密資助過英卡塔。

Inland Passage ➠ Inside Passage

Inn River 因河 多瑙河右岸主要支流。全長510公里。源出瑞士，向東北流穿過奧地利西部和德國南部。在瑞士的部分稱爲恩加丁。在奧地利流經因斯布魯克，並沿著巴伐利亞阿爾卑斯山脈進入德國的巴伐利亞，後向東北流。形成奧地利－西德一段邊界，在德國的帕紹與多瑙河匯合。

inner ear 內耳 亦稱耳迷路（labyrinth of the ear）。耳的一部分，包含聽覺與平衡器官。骨質迷路有三部分（半規管、前庭、耳蝸），每個構造內皆有膜質迷路的相關部分（半規導管、前庭中兩個囊狀結構、耳蝸管）。聲音震動從中耳經過覆膜的卵圓窗，傳到蝸殼形耳蝸內的流體，其動作刺激了耳蝸內的毛細胞；毛細胞啓動神經脈衝傳遞到大腦，大腦將之解讀爲聲音。前庭和半規管也有具備毛細胞的器官，前庭內的毛細胞指出頭與身體其他部位的相對位置（參閱proprioception）。三條半規管位於彼此的右側角落，指示三維空間裡頭部的動作。動作停止後連續的刺激會導致視覺輸入不符，表現爲暈眩或暈動病。

Inner Mongolia ➠ Nei Monggol

inner product space 內積空間 數學上，結合明確且有一定性質的兩個向量或函數運算（結果稱爲內積）的向量空間或函數空間。這類空間是泛函分析與向量理論的必要工具，容許函數類別的分析而非個別的函數。數學分析上，最爲重要的內積空間是希伯特空間，可以表示成座標的無限序列或是有無限多分量的向量。兩個這種向量的內積是對應座標的積。當內積爲零，這些向量稱爲正交（參閱orthogonality）。希伯特空間是數學物理學的必要工具。亦請參閱Hilbert, David。

Innes, Michael ➠ Stewart, J. I. M.

Inness, George 因奈斯（西元1825～1894年） 美國風景畫家。主要靠自學成名，早期作品受哈得遜河畫派的影響。曾花許多時間在歐洲研究巴比松畫派的作品，約1855～1874年間發展出外光、氣氛的風景畫繪畫技巧而著名。從其畫作表現出廣闊的內容是受柯洛的影響。他晚期的作品如《秋天的橡樹》（1875?）帶有重色彩、輕造型的傾向。他一直有很強烈的神祕色彩，其畫作易於化成發光的顏色且沒有草圖或正式的構圖。亦請參閱Luminism。

Inniskilling ➠ Enniskillen

Innocent III 英諾森三世（西元1160?～1216年） 原名塞尼的洛泰爾（Lothair of Segni）。義大利籍教宗（1198～1216年在位）。他使中世紀的教宗的威望及權力達於鼎盛。他爲奧托四世加冕，稱神聖羅馬帝國皇帝，但奧托欲聯合德意志和西西里的舉措激怒了他，1212年轉而支持腓特烈二世。英格蘭的約翰王因拒絕承認蘭敦是坎特伯里大主教而被處以絕罰，約翰王被迫屈服並宣布英格蘭是教宗的領地（1213）。英諾森發動第四次十字軍和阿爾比派十字軍，批准聖多米尼克和阿西西的聖方濟成立的托鉢修會，還召開第四次拉特蘭會議。

Innocent IV 英諾森四世（卒於西元1254年） 原名Sinibaldo Fieschi。義大利籍教宗（1243～1254年在位）。他和神聖羅馬帝國皇帝腓特烈二世間的衝突是教廷和帝國間的鬥爭的重要一章。腓特烈要新選出的教宗解除其絕罰，但爲英諾森中止談判並逃離羅馬至法國（1244）；他後來譴責腓特烈，並另選新皇帝。他關心東方基督教化的情形，他說服法蘭西國王路易九世發動十字軍東征，並派使節團至蒙古。1253年回到羅馬將西西里的王位授予英格蘭國王亨利三世的兒子愛德蒙，但1254年腓特烈二世的私生子曼弗雷迪擊敗教廷國的軍隊。

innovation 革新 在技術上對現存事物所做的改進。區分新事物與發明的不同仍是專利法的重點。文藝復興時期造就不凡的革新，達文西製作巧妙的設計，像是潛水艇、飛機、直升機，繪製詳盡的傳動裝置與流體流動的形態。技術提供科學儀器大爲強化其能力，如伽利略的望遠鏡。新科學也會對技術有所貢獻，如理論爲蒸汽機的發明作好準備。在20世紀，半導體技術的革新使電子材料與裝置的性能增加，成本降低以百萬倍計，是技術史上空前的成就。

Inns of Court 律師學院 亦譯律師協會。指英國四個有法律系學生和開業律師組成的團體，分別是林肯律師學院、格雷律師學院、內殿律師學院和中殿律師學院，它們各自的主管機構擁有正式批准律師開業的專屬權利。都位於倫

H I J K

敦，並可上溯至中世紀。至17世紀，當衡平法學院獲得發展（訓練擬定衡平法院所使用的令狀和其他法律文件）後，律師學院獨占法律教育。19世紀時併入現代法律學校。

Innsbruck 因斯布魯克 奧地利西部因河畔城市，位於薩爾斯堡西南方。12世紀時是位於因河的一座橋畔的小集市，1239年獲特許狀，1363年轉移到哈布斯堡王室，1420年成爲蒂羅爾的首府。1806年拿破崙將該城市給了巴伐利亞，1809年發生蒂羅爾愛國志士反抗巴伐利亞和法國的暴動。舊城狹窄的街道有許多中世紀的房屋和拱門。爲冬季運動中心，1964和1976年冬季奧運會在這裡舉行。人口118,112（1991）。

Inönü, Ismet＊ 伊諾努（西元1884～1973年） 土耳其軍官及政治家。鄂圖曼帝國投降（1918）後，他擔任國防部副部長。1923年出任總理，1938年凱末爾去世後成爲土耳其總統及其政黨的終身主席。1950年拜亞爾接替他成爲總統，他領導反對黨並成爲捍衛民主的重要人物。1960年的軍事政變後，他三次組成聯合政府，但在1965和1969年大選中他的政黨遭到慘敗。

inorganic compound 無機化合物 由兩個或更多的碳以外的化學元素組成的化合物，幾乎總是對稱的（參閱bonding），某些化合物含碳但缺少碳－碳化學鍵（如，碳酸鹽和氰化物）。無機化合物可根據元素或其所屬的族（如氧化物和硫酸鹽）來分類。無機聚合物可分成矽酮、矽烷、矽酸鹽和硼酸鹽（包括硼砂）。配位化合物是有機化合物的重要附屬物質，包含了中心的金屬原子（通常是一個過渡元素）和一個或多個非金屬配位體（無機，有機或二者）鍵合，通常有很強烈的特質。亦請參閱organic compound。

inosilicate＊ 鏈狀矽酸鹽 亦作chain silicate。舊稱偏矽酸鹽（metasilicate）。由矽酸鹽四面體（四面體角上的四個氧原子圍繞著一個中心矽原子）排成鏈狀結構的化合物。每個四面體都同其他四面體共用兩個氧原子，形成一種可能爲無限延伸的鏈。礦物實例有輝石（單鏈）和角閃石（雙鏈）。

Inoue Enryo＊ 井上圓了（西元1858～1919年） 日本哲學家。在淨土宗重要的寺廟學習後，他獲得東京帝國大學哲學學位。他反對日本西化和政府首腦改信基督教。1887年創立哲學館，提倡研究佛學。爲了破除日本民間迷信，在東京創立妖怪學會。

input-output analysis 投入－產出分析 20世紀俄羅斯出生的美國經濟學家列昂捷夫所創立的經濟分析方法。通過把各個生產部門的產品視爲最終消費所需要的商品，同時也視爲生產本商品及其他商品的要素，來觀察某一經濟各生產部門間的相互依存關係。例如，投入－產出分析可以分析一個國家卡車的總產量，表明用作農業的數量，用作造房屋的數量等等。一項投入－產出分析表中通常可概要說明不同的工業產品買進和賣出的相互關係。

Inquisition 異端裁判所 亦譯宗教法庭。中世紀和近代初期天主教的司法機關，用以鎭壓異端和巫術和法道。爲因應清潔派和韋爾多派等異端的散佈，教宗格列高利九世於1231年設立。異端嫌疑犯被逮捕後，受宗教法庭審判；1252年教宗英諾森四世批准用刑以使犯人懺悔告解。量刑範圍從禱告禁食到監禁；被認定爲異端分子的人如拒絕改變信仰，就要轉交世俗司法當局判處死刑。中世紀異端裁判所主要是在義大利北部和法國南部活動。1478年西克斯圖斯四世設立西班牙異端裁判所，辦案極爲嚴酷。教宗後來曾嘗試限制裁判所的權力，但因西班牙國王拒絕放棄而失敗。宗教公判大會是一項宣布判決的公開儀式，後成爲一精心計畫的慶祝會，大法官托爾克馬達曾以火刑燒死近2,000名異端分子。西班牙異端裁判所還傳至殖民地墨西哥、祕魯和西西里（1517），以及尼德蘭（1522），直到19世紀初期才在西班牙受到取締。

insanity 精神錯亂 在刑法上，指免除一個人對其行爲所應負的刑事責任的精神失常或精神不健全狀態。精神失常的檢驗並不是有意要作出醫學診斷，而是要決定他（或她）的行爲是否應負刑事責任。英美法系中有關於精神錯亂最早的定義，由科伯恩提出（1843）。美國許多州和一些法院採用美國法學會提出的檢驗標準：如果被告在實施行爲時，由於精神不正常或精神缺陷，「實際上不能認識其行爲的犯罪性質，或者不能使他的行爲符合法律的要求」，即可作爲刑事控告的一個辯護理由。有的州已廢除這個主張，認爲它是「有罪但精神失常」的藉口。亦請參閱diminished capacity。

insect 昆蟲 昆蟲綱所有種類的通稱。是動物界中最大的節肢動物門中最大的一綱，已知約100萬種（約占已知動物種類的3/4），估計還有約500～1,000萬種未被描述。昆蟲的身體分成三部分：頭、胸（有三對足，通常還有一或兩對翅）和多節的腹部。許多種已完全變態。昆蟲綱有兩個亞綱：無翅亞綱（原始且無翅的種類，包括了衣魚和纓尾蟲）和有翅亞綱（較進化，有翅或第二對無翅的形式）。有翅亞綱的27個目都是有翅的種類，包括了：鞘翅目（甲蟲）、雙翅目（雙翅類）、膜翅目（小蟲）。昆蟲見於幾乎所有陸地和淡水生境或少數海洋生境。

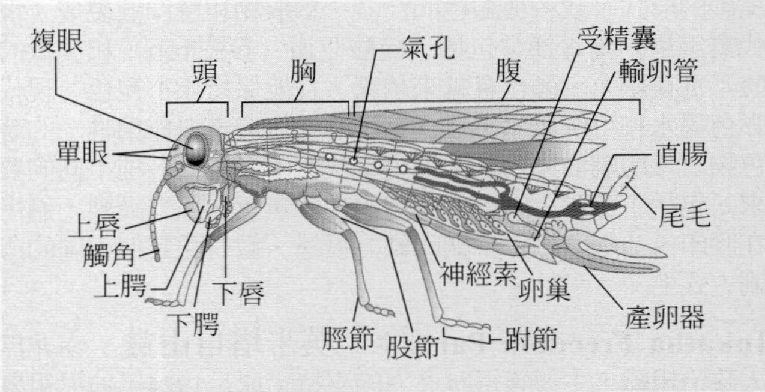

一般昆蟲的平面圖。身體通常分為頭、胸、腹三部分。頭上的附肢改為口器及觸角，具有感覺器官。口器包括鋸齒狀的上顎和刀刃般的下顎，位於上唇的後方。第二對下顎，部分融合形成下唇。成蟲通常同時具有單眼和更複雜刻面的複眼，在胸部有一對翅膀。腳上有節，跗節通常帶爪，爪上帶有黏性，讓昆蟲可以停在光滑的表面。有些昆蟲如蟋蟀和蟑螂，帶有感覺器官的一對觸角位於頭部後方。胸和頭有小孔（呼吸孔），讓氧進入內部充滿空氣的氣管，並放出二氧化碳。雄性的精子貯存在雌性的受精囊內，直到卵子從卵巢經過輸卵管。雌性可能有產卵器來下蛋。

insecticide 殺蟲劑 用來殺死昆蟲的有毒物質。主要用於控制侵擾作物的害蟲或者在特定地區消滅傳染疾病的昆蟲。無機的殺蟲劑包括了砷、鉛和銅的化合物。有機的殺蟲劑可能是天然的，如魚藤酮、除蟲菊和尼古丁（參閱toxin）；或是合成的，如氯代烴類（例如，滴滴涕、狄氏劑、林丹）、氨基甲酸酯，與尿素有關（如氨基甲醯、滅多蟲和卡甲呋喃）、巴拉松、有機磷酸鹽（或酯）。昆蟲的激素被認爲是另一種不同的種類。殺蟲劑可影響到神經系統，抑制重要的酶或防止幼體成熟（例如保幼激素）。有的是胃毒劑，有的是吸入性的毒劑，而其他則是接觸性的毒劑。類似機械用的油可阻斷呼吸孔。殺蟲劑造成的改變不止是對特定的昆蟲（可能會早造成抗藥性），同時也會毒害非特定的昆蟲和對環境造成影響；最壞的殺蟲劑（如DDT）便遭禁用。

insectivore＊ 食蟲類 食蟲目的哺乳動物，包括了猬、鼴和一些鼩鼱（有的專家將它歸爲靈長類），更簡單的說，就是主要以昆蟲爲食的動物。食蟲類一般體小、活躍，屬夜行動物。南極洲、澳大利亞和南美洲外，幾乎廣佈全世界。多數種喜獨居且壽命短。

insei　院政　（日語意爲「退隱的政府」）已許下佛教誓約退隱的天皇統治國政。11世紀末至12世紀，日本的統治權，由長期與天皇家族通婚而掌握實權的藤原家族手中，移轉回到退隱的天皇。當時的幾位天皇，其實是爲了擺脫藤原家族的掌控而退隱，他們退位後就在非藤原家的其他貴族保護下隱居。因此，院政是指某一段中央權威逐漸崩潰的時代，天下聽令於退隱天皇的律令，而不是聽令於當朝天皇的律令。亦請參閱shoen。

inside contracting　內部轉包　一種介於外包制度與完全工廠生產之間的製造體系。工廠經營者先找到一個技工，技工可在與工廠經營者契約許可下，再依需求雇用工人來完成特定部分。內部轉包制度在19世紀時曾在美國大量採用。

Inside Passage　內海航道　亦作Inland Passage。美國華盛頓州西雅圖和阿拉斯加州斯卡圭之間的海上天然航道。長逾1,600公里，包含了沿途水道、海峽因有兩側島嶼（包括加拿大溫哥華島）及大陸作爲屏障，可免受太平洋風暴侵襲。途經城鎮有加拿大的維多利亞、溫哥華、魯珀特王子港；和阿拉斯加的克奇坎、蘭格耳、彼得斯堡和朱諾。

insider trading　內線交易　在金融交易中使用不合法的內線資訊牟利。1934年，美國證券交易委員會明文禁止在實質而未公開之資訊下進行的交易。亦請參閱arbitrage、Milken, Michael R.。

insolvency　資不抵債　指個人或企業的全部債務超過其資產總值以致不足以清償債權人的財務狀況。這是一種財務狀況，常較破產先發生。衡平意義的資不抵債，是指在平常的營業過程中債務人無力償還到期的債務。資產負債表上的資不抵債，是指債務人的全部債務超過他的資產總值。

insomnia　失眠　得不到充分睡眠的一種症狀。其原因可能包括了睡眠條件差、循環系統或腦部疾病、呼吸系統疾病（如呼吸暫停）、精神憂慮（緊張、抑鬱）或心理不安。輕度失眠可用改善睡眠條件、睡前洗熱水浴、喝些牛奶或全身鬆弛療法等方法治療。呼吸暫停和其所致失眠可能要以外科手術或呼吸裝置來治療。嚴重或慢性失眠，則需暫時應用巴比妥酸鹽類、安定藥，但這些藥物長期服用會產生有害的作用，機體會產生耐藥性，甚至成癮。其他治療方法還有催眠和心理治療。

instinct　本能　動物對外界刺激作出的無意識的反應，表現爲一種可預見的、相對固定的行爲模式。本能行爲是一種遺傳機制以維持動物或物種的生存。以格鬥和性行爲最爲常見。反射活動是最簡單的形式。所有動物都具有，但一般來說，越是高等的動物，行爲就越靈活。在哺乳動物中，習得的行爲常超過固定的行爲範型。

Institut Canadien＊　加拿大學會　19世紀法屬加拿大的一個與天主教會發生衝突的文學和科學團體。1844年在蒙特婁建立，是一個討論時事問題的論壇和免費開放圖書館。在加拿大的所有法語區都設立了分會。它批評魁北克教會的現行教會優越論，並公開陳列教會認爲「不良」的書籍。包括1840～1876年蒙特婁主教布爾熱在內的教會領袖，攻擊該會，後更得到羅馬教廷的支持。1869年教會譴責這項運動，許多成員退出。

institutional economics　制度經濟學　1920年代和1930年代期間盛行於美國的經濟學派，它把經濟制度演變看成是文化發展廣大進程的一部分。威卜蘭以其對傳統經濟學理論的批判奠定了制度學派的基礎，他試圖用更現實的人類形象代替一般的人類的概念，即人是受不斷變化著的習慣和制度的影響，而不是經濟決策者。康蒙斯強調經濟中不同團體的集體行動，並觀察其在逐漸演變的制度與法律體系中的作用。其他美國制度經濟學家還有米契爾和特格韋爾。亦請參閱classical economics、German historical school of economics。

Institutional Revolutionary Party (PRI)　革命制度黨　從1929年成立至2000年，壟斷墨西哥政治七十一年的唯一政黨。該黨體現了墨西哥革命（1910～1920）後出現的新權力機構的制度化，是全國各地區和地方的軍政要人與勞工、農民領導人組成的聯盟。至1990年代晚期以前，革命制度黨提名的公職候選人總贏得選舉，但1997年墨西哥市首次選出非革命制度黨的市長。在國家層級方面總統即該黨領導人，傳統上，提名該黨的下任總統候選人，實際上就是選出該黨自己的繼任者。1999年塞迪略總統打破了這項傳統，次年，代表國家行動黨的文森特·福克斯贏得總統選舉，雖然革命制度黨仍在數州執政。

instrumentalism　工具主義　亦稱實驗主義（experimentalism）。杜威所提出的一種哲學。這種學說認爲事物或觀念中最重要的是它作爲行動工具的價值；一個觀念的眞理在於它的效用性。杜威喜歡將其教育觀點所根據的哲學稱爲工具主義或實驗主義而不願稱爲實用主義。這一學派主張認識的展開不是爲了思辨的或形上學的目的，而是爲了達到成功的調節之實際目的。

instrumentation　儀器儀表　在技術上，用於測量、分析和控制的精密設備。已知最早用於測量的儀器是渾天儀，這是古代中國和希臘所使用的天文儀器。羅盤是更進步的航海儀器，發明於11世紀左右。18世紀發明的經緯儀使確實的位置判定成爲可能。工業革命時儀器儀表發展迅速。製造業需要精確的儀器，例如，螺紋件千分尺需能夠測量0.0025公釐。工業對電力的應用，需要有能夠測量電流、電壓和電阻的儀器。今日大部分生產過程皆依賴儀器儀表來監測化學、物理和環境特性。正如同工業上的情形，儀器儀表也用於醫學和生物醫學研究。亦請參閱analysis。

insulator　絕緣體　能阻止或延緩電流或熱量流動的物質。絕緣體是不良導體，因爲它是對電流的通過呈高電阻的物質。電絕緣體可用來使導體的位置固定；使導體彼此隔開並同周圍的構築物隔開。電絕緣體包括了橡膠、塑膠、陶瓷和雲母。熱絕緣體以對熱輻射的阻隔性來阻斷熱量的流通路徑，包括了玻璃纖維、軟木和石綿。

insulin　胰島素　一種調節血液中葡萄糖的激素（參閱peptide）。當血糖升高時（如飯後），胰臟的朗格漢斯氏島便會分泌出胰島素，它可促進葡萄糖轉移至細胞內，使細胞得以氧化葡萄糖而產生身體所需的能量或轉化及儲存脂肪酸和肝醣。血糖降低時，胰島素分泌停止，且肝臟釋放葡萄糖至血液中。胰島素對肝、肌肉和其他組織有不同的功能，控制血糖和相關化合物的平衡。和胰島素有關的疾病有：糖尿病和低血糖。班廷和貝斯特因發現胰島素而共獲1923年諾貝爾生理學或醫學獎。桑格因確定胰島素的分子結構而獲1958年諾貝爾化學獎。

Insull, Samuel＊　英薩爾（西元1859～1938年）　英裔美籍公用事業巨頭。1881年赴美國任愛迪生的私人祕書，1892年成爲芝加哥愛迪生公司的總經理。1907年，他的公司

H I J K

可供應芝加哥的全部電力。1912年他的大型電力系統因購併而擴大，包含了有數百座發電廠。他又組織一些持股公司，供電網又迅速擴大。1932年這些公司因大蕭條而倒閉，他逃至歐洲；1934年被迫回到芝加哥，因詐欺、違反破產法和侵占罪而三次受審，但都獲判無罪。

insurance　保險　透過對大量人口的風險再分配，以降低個人遭逢意外所生之損失的契約。透過收取一定金額的費用（保險費），保險人承諾當被保險人在某事件中遭逢保險契約（保單）所載之傷痛或損失，即給付被保險人或受益人一定數量的金錢。透過財務分配及大量保戶風險分擔的原則，保險人在某段時間承擔損失的能力，基本上強於個人。保險人可以提供任何種類的保險給有能力付保費的個人，也可以提供團體保險給某個團體的成員（例如工廠員工）。海上保險（包括船體和航程）是最古老型態的保險，源自古代時期若借貸給船東，只有在航程安全返回才能獲得支付，這種習慣在中古歐洲並有明文規定。火險最早起於17世紀，其他種類的產物保險則是19世紀工業化浪潮變得普遍之後才出現。現代幾乎所有種類的財產都可以投保，包括房屋、企業、汽車、健康以及運送中的物品。亦請參閱casualty insurance、health insurance、liability insurance、life insurance。

intaglio＊　凹版　在寶石、玻璃、陶器、石塊或近似金屬上刻或切的方式在表面向下刻劃，形成凱米奧浮雕寶石及浮雕的反方向圖形。凹版是寶石雕刻最古老的方式，已知最早是運用在西元4000年前巴比倫圓柱的封印上。凹版亦被用於統稱印刷過程中在銅、鋅或鋁的印刷表面的切割、刻劃或蝕刻的工作，完成後沾上油墨後油墨便滲透於凹槽中，將表面拭淨，再以滾筒施壓把紙按於刻線上。凹版處理過程是印刷方法中變化最多樣的，因此可創造出各式不同效果。

intarsia＊　印塔夏　木材鑲嵌的方式。義大利印塔夏或鑲嵌馬賽克木材的工藝大抵來自於東方的象牙和木材鑲嵌術，義大利文藝復興時期（約西元1400～1600年）發現此項工藝能傳達豐富的意境。印塔夏多用於唱詩班席位背面、私塾和禮拜堂的鑲板上。

integer　整數　完整數值的正負數或零。整數是由計數的1、2、3……以及減法運算的集合而產生。當數字減去自身，結果就是零。較小的數減去較大的數，結果是負的整數。以此類推，每個整數都可以從計數衍生而得，結果是以減法運算下的數字封閉集合（參閱group theory）。

integral　積分　微積分的基本概念，涉及函數所圍成的區域的面積與數量。定積分產生了函數圖表與區間終點之垂直線間水平軸線之間的面積。也能算出區間上一個系統的淨改變，因而導出相異力量或物體在相異速度下移動距離的工作公式。根據微積分基本原理，利用不定積分或函數的反導數可以算出定積分。積分藉著重積分擴展到較高的維數。求定積分或不定積分的過程稱為積分法。亦請參閱line integral、surface integral。

integral, line ➠ line integral

integral, surface ➠ surface integral

integral calculus　積分學　微積分的分支，處理積分的理論與應用。微分學集中探討過程中的改變率，積分學則處理過程在一定區間內改變的總量。例如速率函數的積分得出事物在某個時間區間前進的距離。這兩個學門以微積分的基本原理結合，說明利用反導數計算定積分的原理。結果，大多數的積分學在處理找出反導數（不定積分）的公式推導。積分學的應用像是找出由曲線畫出的面積、長度與體積，以及與隨機變數相關機率的精確數值。

integral equation　積分方程式　數學中，含有未知函數的積分號的方程式。例如：

$$f(x)=\int_{-\infty}^{\infty}\cos(xt)\varphi(t)dt$$

其中f(x)是已知的而φ(t)是未知，給予f在特定的情況下。這種方程式有助於解微分方程式。

integral transform　積分變換　數學用語，已知函數乘以所謂核函數時所產生的函數，而這個產物在適當的極限之間積分化（參閱integration）。其值視簡化為無多項式算法之微分方程式（符合特殊的邊界條件）的能力而定，方法是把導數和邊界條件變換為易解之代數方程式的項。所得的解必須被轉為使用逆變換的解。幾種積分變換依引進它們的數學家而命名，例如傅立葉變換、拉普拉斯變換。

integrated circuit (IC)　積體電路　亦稱微電路（microcircuit）、晶片（chip）或微晶片（microchip）。積合電子元件所製成的單體（其中包含了電晶體、電阻、二極管、電容器）和它們的連接物，一起裝配在一片半導體材料上，稱為襯底（最常用的材料是矽）的小晶片沒有連接外部電路的。1950年代早期的積體電路是在一塊3公釐見方的晶片上包含了近10個分立元件。大規模積體電路（VLSI）更大的增加了微處理器的電路密度。第一個成功的商業用積體電路晶片（英特爾，1974）有4,800個電晶體；英特爾的奔騰（Pentium, 1993）有3,200萬個；至今已完成了逾十億個。

integrated pest management　有害生物綜合管理　農業疾病與有害生物的防治技術，以生態和諧的方式利用許多可行的有害生物防治方法，將蟲害維持在可控制的限度內。有害生物綜合管理是用來克服強力化學殺蟲劑廣泛使用造成的嚴重生態問題。將使用量減到最低，結合生物學的有害生物防治，包括培植抗蟲害的作物品種，發展抑制有害生物增殖的作物種植方法，釋出有害生物物種的天敵或寄生生物，放置有害生物本身的性誘劑（費洛蒙）作成的陷阱。化學殺蟲劑通常只當作最後手段。

Integrated Services Digital Network ➠ ISDN

integration　積分法　微積分中求導數為已知函數之函數的過程。這個用語有時與「反微分」交互使用，以積分符號∫來表示（微分dx通常接著指出x是變數）。積分法的基本規則是：

(1) ∫（f+g） dx=∫fdx+∫gdx（其中f和g是變數x的函數）；

(2) ∫kfdx = k∫fdx（其中k是常數）；

(3) $\int x^n dx=\left(\frac{1}{n+1}\right)x^{n+1}+C$（其中C是常數）。

應注意的是，任何常數的值可以加入不定積分，而不改變它的導數。因此，2x的不定積分是x^2+C，C可以是任何實數。定積分是區間上的不定積分值。結果不受C值選擇的影響。亦請參閱differentiation。

integument＊　外皮　被覆生物外表面的界面組織及其衍生物，主要起保護及感覺作用。人類和其他哺乳動物是指皮膚（包括了外在的表皮和內部的真皮）和其他相關的結構，如毛髮、指甲、皮脂腺和汗腺。

Intel Corp.　英特爾公司　美國半導體電腦電路製造商。英特爾公司1968年創立時名為諾摩電子公司，由諾伊斯和摩爾共同創立，二人曾發明積體電路，後又生產大型積體電路（LSI）。1970年代初期引進最強的半導體晶片，很快的取代了之前使用的磁心記憶體。IBM公司選擇英特爾8088型微處理器（1978年引進）。用在該公司最早的個人電腦中；後來英特爾的微處理器成爲所有個人電腦的標準配備。英特爾後來發展迅速，微處理器越來越強，最著名的是奔騰（Pentium）處理器（1993），每秒可執行1億次以上的指令。

intellectual property 智慧財產權 因爲心靈或智力活動之成果而產生的財產。最先是認爲藝術家創作成果必須受到法律保護，因而假定一種作者權的概念，但智慧財產權則將這種概念加以擴張、超越。早期的著作權法主要是在保護書籍出版商的經濟利益，而不是在保護作者的智慧權。現在的著作權法則在保護構思創意的勞動力，而不是創意本身。關於智慧財產權，「發現」（discovery）的概念扮演了重要角色：專利就是用來獎勵那些能夠展示他們發明（invent）前所未知之事物的人。關稅暨貿易總協定時代，智慧財產權的原則及規定，比之前的世界智慧財產權組織時代更推進一大步。

intelligence 情報 指政府和軍事運作系統內經過評估的資訊，通常（但不一定是）涉及敵國或對手的實力、活動和國際人物的可能行動路線。情報這個詞亦指相關資訊之蒐集、分析與分類，以及祕密干預他國政經事務（一種通稱爲「隱形行動」〔covert action〕的活動）。情報是國家權力的重要組成部分，在考量國家安全、防禦和外交決策時是一個基本要素。情報分成三個層面來行動：戰略、戰術和反情報。儘管公眾心目中的情報工作者通常都是從事間諜活動的祕密探員，多數的情報工作其實都是針對「公開」資源如電台廣播和各種出版物等做冷靜的研究分析。祕密情報的來源則包括來自空中和太空偵察的影像情報，來自電子竊聽和破解電碼的信號情報，以及由祕密探員進行典型的間諜交易得來的人員情報。頂尖的國家情報組織有美國的中央情報局（CIA）、俄羅斯的聯邦安全局、英國的MI5與MI6和以色列的摩薩德等。

intelligence 智力 面對全新或具挑戰性情境所具有的學習、理解或處理能力。心理學上，這個詞彙特定指稱應用知識來操弄環境或抽象思考的能力，是可以用客觀標準測量的（例如智商測驗）。智力通常被認爲受先天遺傳特質與後天環境（發展或社會）因素的混合影響。不過這個主題仍有劇烈爭議，很多學者試著要去論證生物（尤其是基因）或是環境（尤指社會經濟條件）的其中一方對智力發展具有絕對的影響力。特別有爭議的是指出種族和智力之間有關聯的研究，這些研究至今都未能被學術界接受。一般智力被認爲是由多種特定能力（如語言表達能力、邏輯解決問題的能力等）所構成，但批評者主張這些並不能反映認知的本質，並主張其他模型（如資訊處理能力）的必要性。（經由測量判定的）高智力有時會與社會成就出現相關，但大多數的學者則相信其他的因素更重要，智力並不是成功的保證（智力較差也不保證一定失敗）。亦請參閱artificial intelligence、creativity。

intelligence quotient ➠ IQ

intensive care unit 加護病房 亦作critical care unit。醫院照顧危急病患的場所，比起其他病患更爲密集的護理層次。配置專門人員，加護病房裡面設有各種複雜的監視裝置，以及在性命攸關的情況保命的生命維持設備，像是成人呼吸窘迫症候群、腎功能衰竭、多重器官衰竭與敗血症（參閱septicemia）。

intention 意向 經院哲學與心理學的概念，用以描述「心靈及對象物之間的存在或關係狀態」。當我在「認識」某事物時，我們的心靈被認爲是「意向」（intend）或「指向」（tend toward）該對象物，而被認識的事物，或在認識的心靈中，則有「意向性的存在」，就像「化圓爲方」（squaring the circle，希臘數學難題）一樣，即使不可能，卻能作爲意向的對象。但行動理論提出的解釋則是有相關但不相同。他們把「意向」界定爲要完成某個特定目的之有意向的動作。但行動理論在此有一個重要的問題待解，亦即「在做某事時有特定意向」以及「有意向去做某事」，二者間如何區別，意向性的行動，是否一定需要有意向？如果是，那它是這個行動的原因，或只是行動的其他基礎？

intentionality 意向性 被導向目標的性質。顯現於各式各樣的精神現象，如果一個人經歷了傾向目標的感情，他對目標即有意向性態度。目標意向性態度的其他例子是尋找、信仰、思慕。意向性態度也包括命題態度。意向性的一個特點是「不存在」，一個人可能在意向上牽涉到不存在的目標。因此，一個人所尋找（和意向上尋覓）的東西可能不存在，而他（或她）相信會發生的事可能根本不發生。另一個特點是意義上的晦澀。眞正把意向狀態歸於一人的句子，會在該狀態下物體的某種替代性描述取代它時變爲錯誤。假設我的鋼筆是今年生產的第一百萬支，所以「我的鋼筆」和「今年生產的第一百萬支鋼筆」具有相同的意義。我可能處於尋找它作爲我的鋼筆的意向狀態，而非處於尋找今年生產的第一百萬支鋼筆的狀態；同樣地，我可能相信這是我的鋼筆，卻不相信這是今年生產的第一百萬支鋼筆。

Inter-American Development Bank (IDB) 美洲開發銀行 國際性組織。1959年由二十七個美洲國家政府所創建，目的是資助西半球的經濟發展與社會進步。是最大和最早的區域性多邊發展組織。過去最大的認股者是阿根廷、巴西、墨西哥、委內瑞拉、美國和加拿大；後來又加入了三個美洲國家，兩個亞洲國家和十四個歐洲國家。美洲開發銀行集團也包括了美洲開發公司和多邊開發基金。

interaction, fundamental ➠ fundamental interaction

interactionism 互動論 社會學的一個理論觀點，認爲社會過程衍生自人類的互動。最早是由德國思想家齊默爾提出，他說「社會只是一個名號，代表一組因爲互動而連結起來的個體。後來在美國由杜威、庫利，以及最重要的米德發展爲符號互動學派，主張心靈和自我並不是人類天生就有的機制，而是透過社會互動而形成的，也就是說，是透過符號與他人溝通而得來的。符號互動論者認爲，透過不斷與他人接觸，個人才能將自己的心靈、角色、和行爲加以社會化及修正化。後來又有其他理論家加以推演，例如舒茲把現象學的概念加進來，致力研究人類了解意義的行爲，而出現社會語言學及俗民方法論的新領域。亦請參閱Erving Goffman。

interactionism 身心交感論 精神哲學中，一種身－心二元論學說，主張心靈與身體儘管是分離的、有區別的實體，但都是互爲因果地交相感應的。身心交感論者斷言，一個心理事件（例如，當某人想踢磚牆），便能夠成爲一個身體行動（他用腳去踢牆）。反之，他的腳踢牆的身體事件也能夠成爲他感覺到劇痛的心理事件的原因。笛卡兒給身心交感論作了經典式的陳述，但他對於交感如何發生，卻未作出令人滿意的說明。這個問題直接引來了馬勒伯朗士和海林克斯所主張的機緣論以及其他身－心關係的學說－－包括萊布尼茲主張身與心之間有一種上帝在創世時所預先設定的和諧的理論，以及斯賓諾莎的身和心是一個潛在本體的兩種屬性的單子論觀點。

interchangeable parts 可替換零件 成份相同、可以用來相互替換的物件，對製造業具有高度重要性。大量生產

H I J K

造成了工業組織轉型，而大量生產的基礎，來自19世紀一連串發明而帶動的機械工業發展，透過精準的儀器，相同規格的大量零件於是能以很少的勞動量、很低的成本被製造出來。亦請參閱American System of manufacture、armory practice、automobile industry、factory、Ford, Henry、Leland, Henry Martyn。

intercolumniation　柱距　支承拱或檐部的柱子的間距。在古典建築及文藝復興式和巴洛克式建築中，柱距以西元前1世紀羅馬建築師維特魯威制訂的規則爲根據。柱距以柱子的直徑（D）爲單位來計算和表示，而每單位的實際尺寸則隨使用的不同柱式和不同的建築而變化。

intercontinental ballistic missile ➠ ICBM

interest　利息　用以支付使用信貸或貨幣的價格。通常是一筆借貸金額的某個百分比，並且是由電腦依期限自動計算。利息是由貸方向借方收取，作爲某段時間不能使用該筆金錢的損失。利率反映借貸的風險，高利率代表高風險，這即是一般常說的「風險／歸還」取捨關係。就像支付財貨或服務的代價，利率也是「供給／需求」的反映。學者解釋利息需求的理論，包括「時間偏好論」，認爲利息是消費某段時間以獲得更高生產力的誘因；另一種是凱因斯提出的流動性偏好論，認爲利息是犧牲某種流動性而換取不能流動之契約義務的誘因。利率可以用作貨幣政策的工具（參閱discount rate）。高利率對消費者、商業、房貸戶都不利，因而減緩經濟活絡，而低利率則可刺激經濟、鼓勵投資及消費。

interference　干涉　物理學中，行進在相交或重合的路徑上的兩列或以上的波聯合而產生的淨效應。如果這兩列波有相同的頻率和相位，它們就發生相長干涉；波的振幅加強。當兩列波的位相相差半個週期（參閱periodic motion）時發生相消干涉；如果它們的振幅相等，則彼此抵銷。行進在同一個方向但頻率稍有不同的兩列波以一定的間隔發生相長干涉，結果產生叫做「拍」的脈動頻率。行進在相反方向但頻率相等的兩列波在某些地方發生相長干涉，而在另一些地方發生相消干涉，結果得到駐波。

interferon＊　干擾素　脊椎動物體內都會製造的幾種相關蛋白質，有些無脊椎動物可能也有。干擾素是身體抵禦感染重要的一環，身體對病毒最快速產生且最重要的防衛機制，同樣會對抗細菌和寄生蟲（參閱parasitism），抑制細胞分裂，刺激或抑制細胞的分異。干擾素的作用是間接的，與敏感的細胞反應使其抗拒病毒的繁殖；抗體則是直接與特定的病毒結合而見效。目前依據蛋白質特性及生成細胞區分出不同種類的干擾素。有些目前由遺傳工程製造。最初希望干擾素像仙丹妙藥般能治癒各種疾病，但由於嚴重的副作用而作罷，只有一些罕見的疾病反應良好。

interior design　室內設計　對人造空間的規畫與設計，和建築有密切關係，有時還包括內部的美化。設計者的目的是創造一個協調與和諧的整體，把室內的建築、位置、功能與觀感統一起來，使人身心舒暢，並能在這些空間內從事各項活動。設計的準則包括了色彩、材質、照明、比例的調和。家具必須與它們所占空間以及與人類的需要相稱。對於非居住空間，如辦公室、醫院、商店和學校等空間的設計，必須先妥善安排室內空間的功能，然後考慮審美方面的問題。

interleukin＊　介白質　一類自然生成的蛋白質，對於調節淋巴球功能很重要。幾種已知的種類是身體免疫系統（參閱immunity）的重要組成。抗原與微生物刺激介白質的生成，以複雜的反應序列誘發不同種類的淋巴球生成，確保有充足的T細胞對抗特定的傳染媒介物。

intermediate goods　中間貨物 ➠ producer goods

intermediate-range nuclear weapons　中程核武　核子武器的一種類型，射程介於1,000至5,500公里之間。蘇聯研發的一些多彈頭飛彈可以在十分鐘之內攻擊數個西歐的任意目標。美國可以在十分鐘之內從中歐發射單一的核子彈頭飛彈抵達莫斯科。一般認爲兩者屬於攻擊型的第一波攻擊武器。美蘇武器管制談判（1980～1987）達成中程核武協定，由戈巴契夫與雷根簽署，徹底移除並拆除上述與較短程的武器。

internal-combustion engine　內燃機　將燃料與空氣混合物完全在內部燃燒的發動機，讓燃燒的熱氣產物直接作用在運動零件的表面，如活塞（參閱piston and cylinder）或渦輪機葉片。內燃機包括汽油引擎、柴油引擎、氣渦輪機、純噴射發動機、火箭發動機與電動機，屬於熱發動機的一類。通常區分爲連續燃燒發動機與間歇燃燒發動機。前者（例如噴射發動機）的燃料和空氣不斷流入發動機，穩定的火焰維持連續燃燒。後者（例如汽油往復活塞發動機）不連續的燃料和空間週期性點燃。亦請參閱automobile industry、machine、steam engine。

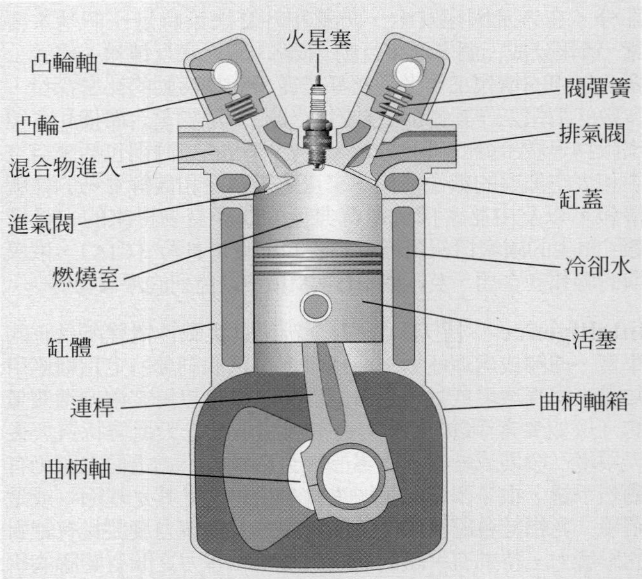

四衝程（四行程）內燃機的汽缸剖面圖。第一衝程（圖示），凸輪（左）壓縮閥彈簧開啓進氣閥，讓燃料與空氣的混合物進入汽缸。接著兩個閥都關閉，混合物受到活塞壓縮，將電流送入火星塞。火星塞點火，燃料燃燒將活塞推下，產生動力轉動曲柄軸推動汽車。另外一個凸輪（右）打開排氣閥，讓燃燒完的廢氣排出。

internal medicine　內科醫學　處理成人病人整體而不是某個器官系統的醫學專業，包括診斷和藥物（而不是動手術）治療。17世紀時在西德納姆的疾病概念基礎上開始發展起來，但直到20世紀專科疾病治療方法發展以前，內科醫生實際上對疾病起不了太大作用。隨著越來越多專門療法的出現、醫學知識的提高，以及專攻某個器官疾病的專科確立後，內科醫學也被視爲一門專科。

internal reflection, total ➠ total internal reflection

Internal Revenue Service (IRS)　國稅局　美國財政部轄下局處，主管聯邦稅法之執行，但不包含酒類香菸槍炮及爆裂物之稅收。國稅局須簽署規則及辦法，用以補充「國內收入法」的法條，並且決定、評估及課徵聯邦稅，另也決定豁免組織狀態。

International, Communist　共產國際 ➠ First International、Second International、Comintern

international agreement　國際協定　國家間及國際組織對其相互間有關之事做出規定的文件。它們是受國際法規範，其目的包括了國際法的發展和編纂，國際實體的建立，解決實際或潛在的國際衝突。條約是國際關係典型的文件；其他還包括公約（如日內瓦公約）、憲章（如「聯合國憲章」）和公約（如「凱洛格－白里安公約」），這些是較不正式及主要是出於善意而簽定的。協定可能是根據國與國間、組織與國家間、組織間或以上任何一個與非政府組織進行的談判所簽定的。

International Atomic Energy Agency (IAEA)　國際原子能機構　成立於1957年的國際組織，旨在促進核能的和平利用。總部設在維也納，它的活動項目有：研究核能在醫學、農業、尋找水資源以及工業中的應用；提供技術援助；關於輻射防護的研究開發以及公共關係專案等。波斯灣戰爭後，國際原子能機構的調查人員應召去伊拉克調查證明該國沒有生產製造核子武器。

International Bank for Economic Cooperation (IBEC)　國際經濟合作銀行　根據1963年由保加利亞、匈牙利、東德、蒙古、波蘭、羅馬尼亞、捷克斯洛伐克和蘇聯等國共同簽署的一項協定而成立，旨在促進各成員國的經濟合作，加速它們的發展。後來古巴和越南也加入。它的功能包括：用可轉帳的盧布進行多邊結算；為成員國預付信貸，以彌補因暫時的貿易不平衡造成的資金短缺；接受可轉帳的盧布、黃金和可兌換貨幣的存儲業務；處理套匯和其他金融業務。蘇聯解體後，它變成一家有新執照的俄國銀行。

International Bank for Reconstruction and Development (IBRD)　國際復興開發銀行　世界銀行的主要組成組織。它把資金借給中等收入的、有信譽的較貧窮國家。資金大部分來自在國際資本市場上發行債券。目前該行擁有160多個成員國。每個成員的表決權與它的經濟實力相關；美國擁有該行17%的股權，對於改變銀行的任何建議都有否決權。亦請參閱International Monetary Fund (IMF)、United Nations Development。

International Brigades　國際縱隊　西班牙內戰（1936～1939）中支援共和軍與國民軍作戰的外國部隊。由於其成員是來自大約五十個國家，故稱為國際縱隊。由總部設在巴黎的第三國際徵集、組建和領導。美國的代表稱為美國林肯營。大部分年輕的應召者在參戰前就是共產黨員，另外一些人在戰爭過程中加入共產黨。整個志願軍人數約六萬人。1938年末國際縱隊正式撤出西班牙。

《國際組織和西班牙人聯合起來打擊侵略者》（1936～1937），國際縱隊印製，由帕里維亞（Parrilla）設計的海報
By courtesy of the Abraham Lincoln Brigade Archives, Brandeis University Library

International Court of Justice　國際法庭　亦稱世界法院（World Court）。聯合國的主要司法機構，總部設在海牙。其前身是國際聯盟的常設國際法庭。1946年在海牙首次開庭。其管轄權僅限於承認其為國際法方面權威的國家間的爭端。其判決有約束力，但沒有強制力；上訴必須由聯合國安全理事會決定。國際法庭由十五位法官組成，任期九年，由聯合國大會和安理會選舉，其中不能有兩名是同一國家的國民。亦請參閱European Court of Justice。

International Date Line　國際換日線　聯結地球南北極的假想線，它把每個曆日同次日分開。國際換日線的絕大部分同經度180°線相合，只在通過白令海峽處向東偏，以免把西伯利亞分為兩部分，接著又向西偏，以便把阿留申群島和阿拉斯加合在一起。在赤道以南，也有一處向東偏，以便使某些群島和紐西蘭有相同的日子。換日線是使用世界時系統的產物，該系統使各地的地方時正午與太陽過當地子午線的時間基本一致。亦請參閱standard time。

international exchange ➠ foreign exchange

International Harvester Co.　國際收割機公司 ➠ Navistar International Corporation

International Herald Tribune　國際前鋒論壇報　法國巴黎出版的日報，是歐洲的美國移民和商人主要的英語新聞來源。該報最初的前身是《巴黎前鋒報》（創立於1887年）；1924年其母報《紐約前鋒報》和《紐約論壇報》合併組成了《紐約前鋒論壇報》和《巴黎前鋒論壇報》。1966年其母報轉讓後，《巴黎前鋒論壇報》因《紐約時報》、《華盛頓郵報》和《惠特尼通訊》的聯合投資，《巴黎前鋒論壇報》保留了下來，並更名為《國際前鋒論壇報》。今日它利用衛星傳送的方式在世界十六個城市同時印刷。

International Labor Organization　國際勞工組織　聯合國專門機構。根據「凡爾賽和約」而成立於1919年，隸屬國際聯盟，其宗旨在於促進全世界勞動條件的改善和生活水準的提高。1946年劃歸聯合國，成為聯合國第一個專門機構。其活動包括了編纂勞動統計資料，保護國際性工人移民，保障工會權利及其他人權。國際勞工組織的功能是發展並推動各國勞工立法標準，以保護並改善工作條件及生活水準。其代表來自政府人士（50%）、工人（25%）和雇主（25%），今日約有一百五十個會員國。國際勞工組織於1969年獲諾貝爾和平獎。

International Ladies' Garment Workers' Union (ILGWU)　國際女裝工人聯合工會　原是美國和加拿大的女裝工業工人的產業工會。1900年成立時，大多數的成員都是在血汗工廠裡工作的猶太移民。1909到1910年間該工會組織了幾次成功的罷工，爭取到了較高的工資和縮短了勞動時間。在杜賓斯基（1932～1966年間的主席）的領導下，工會從45,000人發展到了近五十萬人。他們積極努力要把大量生產工業工人組織起來，1937年被開除出勞聯，但1940年又重新加入。1970年代開始，美國的企業把服裝生產移到了國外，該工會的會員人數就縮小了。1995年國際女裝工人聯合工會與服裝及紡織工人聯合工會合併，組成針織業、工業和紡織雇員聯合工會。亦請參閱AFL-CIO。

international law　國際法　基於習慣、條約、立法而形成的法律、規定或原則的母體，但其管轄或影響的權利與義務涉及到其他國家。國際法的重要元素包括主權、承認（recognition，允許一個國家許可另一國的主張）、同意（consent，允許一個國家根據其習慣修正國際條約）、公海自由原則、自衛（保證若發生侵犯主權國家的非法行為得採取處分）、商務自由以及保護海外僑民等。國際性法庭的設置即為解決上述爭端及其他國際事務（如戰爭罪），其中國際法庭是最著名的。亦請參閱asylum、immunity。

International Monetary Fund (IMF) 國際貨幣基金會 隸屬聯合國體系的特殊機構。最先構想來自1944年的布雷頓森林會議，而於1945年正式成立，是一個自願性質的合作機制，用以協助保障國際貨幣買賣能運作順暢。IMF對面臨金融危機的國家提供短期抒困資金，但性質與開發銀行是不同的。IMF現有180個會員國，各會員國根據國際貿易總額、國民所得、外匯存底，按比例捐納運作基金，並擁有等比例的投票權；其中美國擁有18%的投票權，是其他任何會員國的兩倍以上。IMF對會員國並無強制力，不過對於拒絕遵行政策者可採取停止貸款的手段，最嚴格的處分，則是要求退出會籍。亦請參閱International Bank for Reconstruction and Development。

international organization 國際組織 由兩個以上的主權國家提供人員並繼續保持關係而組成的機構。1850年前只有很少幾個，而到了2000年有上千個這樣的組織在活動著。有些是政府之間的（例如聯合國），有些則是非政府的（例如國際特赦組織）。有些有世界性或地區性的多重目的（如歐洲聯盟），而有些只有單一的目的。它們的激增表明了人們更強地意識到要相互依存，而這種依存反過來又刺激人們認識到需要系統的國際合作來避免國際危險，解決國際問題以及利用國際機會。

International Organization for Standardization (ISO) 國際標準化組織 關於所有科技與非科技領域內的標準化工作的組織。1947年在日內瓦成立，其成員包括一百多個國家。每個國家都是該國最具代表性的全國性團體，如美國國家標準協會（ANSI）。標準化的實施範圍包括：度量衡的單位；文字的字母化及音譯；零件、材料、表面、處理程序、工具、檢定方法及機械的規格；甚至這些規格的說明書格式也包括在內。該組織將其處理結果彙編成《國際標準》（IS）出版，ISO標準每五年便加以斟酌、覆審（必要時加以修訂）一次。

international payment 國際收支 爲清償貿易債務，如爲資本投資的單方面資金轉移，或爲其他某一目的而進行的國與國之間收支。這類收支的起因、方法和會計都是經濟學家和國民政府甚感關切的事情。清償國際債務的方式有：從外匯積累餘額中扣除，債務人向債權人貸款，向國際貨幣基金會提款，或利用黃金移動。國家平衡其國際帳戶的方式是其國際收支平衡表中最重要的問題之一。

International Phonetic Alphabet (IPA) 國際音標 作爲記錄語言發音的通用系統的一套符號。推廣和更新國際音標是1886年在巴黎設立的國際發音協會的主要目的。1888年公布了第一個國際音標表。國際音標主要採用拉丁字母，作了部分修改，並使用了一些附加的符號，其中有些是在更早的音標中已經使用過的。最初使用發音字母是來表示各種次級發音的。

International Refugee Organization (IRO) 國際難民組織 聯合國系統的一個臨時的專門機構（1946～1952），用來幫助難民，安置第二次世界大戰後歐洲和亞洲那些不能回家或不願意回家的人們。它接管了它的主要前身聯合國善後救濟總署的工作，對於原政府間難民委員會所做的爲難民提供法律保護以及重新安置等事項，國際難民組織也負責辦理。後來它被聯合國難民事務高級專員辦事處所取代。

international relations 國際關係 研究國家與他國、國際組織及某些次國家實體（如官僚及政黨）之間的關係的一門學科。國際關係與其他數種學科有關，包括政治學、地理學、歷史學、經濟學、法學、社會學、心理學及哲學等。20世紀初這個領域始出現，大多集中在西方國家，尤其是影響力日益強大的美國。國際關係研究總是被合於規範的想法所影響，如減少武裝衝突、增加國際合作的目標。21世紀初，國際關係研究的課題著重於恐怖主義、宗教與種族衝突、次國家及非國家實體的出現、大規模殺傷性武器擴散、反對核能激增和國際機構的發展等。

International Space Station (ISS) 國際太空站 泰半由美國和俄羅斯在地球軌道建造的太空站，由多國聯合提供協助與元件。計畫開始是美國單獨奮鬥的成果，因爲經費與技術的問題而延宕許久。最早在1980年代雷根總統命名爲「自由號」，1990年代重新設計，降低成本並擴大國際參與，並於此時重新命名。軌道建設開始於1998年下半年，俄羅斯控制艙「曙光號」和美國的「同心號」連接節點發射升空，由太空梭的太空人在軌道上串連起來。在2000年中，居住與控制中心的「星辰號」艙加入，當年稍後國際太空站接受第一批常駐的乘員，兩名俄羅斯人和一名美國人。緊接著將其他的元件加入太空站，整個計畫需要組裝綜合實驗室和居住空間，交錯在綿長的構架支撐四片大型太陽動力陣列。太空站最後至少有十六個國家參與，包括加拿大、日本、巴西以及歐洲太空總署十一個會員國。國際太空站早期的作業集中在無重力環境下長期生命科學與材料科學研究，希望至少在21世紀最初的四分之一世紀，作爲人類在地球軌道活動的基礎。

International Standard Book Number (ISBN) 國際標準書號 一本書或一個版本在出版之前所取得的、用以代表它的編號。它以十位數字分別代表國家地理的或語言的區劃，以及出版人、書名、版次和卷號。它是國際標準化組織（ISO）規定的國際標準書目（ISBD）的一部分，各國代表於1969年通過了這一編號體系。國際標準書號由相應的國家標準書號部門來分配的，如美國是鮑克公司、英國是標準書號公司。

International Style 國際風格 1920年代和1930年代在歐洲和美國發展起來的建築風格，該風格在20世紀中期成爲西方建築的主導趨勢。「國際風格」一詞爲希區考克和約翰遜於1932年所創，見於兩人合著的《國際風格：1922年以來的建築》，該書是現代藝術博物館舉辦的建築展覽會中的手冊。最普遍的特徵爲：直線形、毫無圖案裝飾的光平表面、寬敞的室內空間、大量採用玻璃、鋼鐵及鋼筋混凝土。主要人物包括德國和美國的格羅皮厄斯、密斯·范·德·羅厄和法國的科比意。亦請參閱Bauhaus。

法國普瓦西的薩准安大廈（1929～1930），科比意所建國際風格建築
Pierre Belzeaux – Rapho/Photo Researchers

International System of Units 國際單位制 亦作Système International d'Unités或SI制（SI system）。由公制導出

並延伸的國際十進位度量衡制。19、20世紀，爲了滿足科學和技術的快速發展，發展出幾個交疊的計量單位制。爲了改進這個狀況，1960年第十一屆國際計量大會通過採用國際單位制。基本單位包括長度單位公尺（m）、質量單位公斤（kg）和時間單位秒（s），導出的單位則有力的單位牛頓（newton, N）、能量單位焦耳（joule, J）及功率單位瓦特（watt, W）。

International Telecommunication Union (ITU)　國際電信聯盟　聯合國專門機構，總部設於日內瓦。其起源可追溯到1865年，當時組成萬國電報聯盟以統合國際間的電報發展。1934年取現在的名稱，1947年成爲聯合國專門機構。活動包括維持無線電頻率分配的秩序、訂立技術和操作事項的標準、協助各國發展各自的電信系統。

International Telephone and Telegraph Corp. (ITT)　國際電話電報公司　原美國電信公司，1920年由索斯特尼斯・貝恩和赫南德・貝恩建立，是以加勒比海地區爲基地的電話和電報公司的控股公司。該公司擴展到歐洲電話市場，使公司成爲主要電信製造者。1960年代和1970年代，國際電話電報公司成爲跨行業聯合企業，收購的公司包括喜來登公司和哈特福特火險公司等。1987年該公司將其電信業務停業。1995年售出金融服務企業，1995年ITT公司分解爲三家公司：國際電話電報哈特福特集團（保險）、國際電話電報工業公司（國防電子和汽車零件）、「新」國際電話電報公司；1998年該公司被仕達屋集團併購。

international unit　國際單位　測量諸如質量、長度和時間等物理量使用的幾個精確的標準（參閱International System of Units），另外還有發光系統、輻射過程以及藥理學方面的標準。光的發光強度或者稱燭光強度用新燭光表示。秒是根據銫－133原子發射的輻射頻率確定的。在放射性衰變中，國際單位是樣品中每秒內的衰變數。在藥理學

國際單位制＊（基本單位）

長度

單位	縮寫	公尺數	美國度量衡近似值
公里	km	1,000	0.62哩
公引	hm	100	328.08呎
公丈	dam	10	32.81呎
公尺	m	1	39.37吋
公寸	dm	0.1	3.94吋
公分	cm	0.01	0.39吋
公釐	mm	0.001	0.039吋
公忽	μm	0.000001	0.000039吋

面積

單位	縮寫	平方公里數	美國度量衡近似值
平方公里	sqkm或km^2	1,000,000	0.3861平方哩
公頃	ha	10,000	2.47囟
公畝	a	100	119.60平方吋
平方公分	sqcm或cm^2		0.0001 0.155平方吋

體積

單位	縮寫	立方公尺數	美國度量衡近似值
立方公尺	m^3	1	1.307立方碼
立方公寸	cm^3	0.001	61.023立方吋
立方公分	cucm或cm^3及cc	0.000001	0.061立方吋

容量

單位	縮寫	公升數	美國度量衡近似值		
			體積	乾量	液量
千公升	kl	1,000	1.31立方碼		
百公升	hl	100	3.53立方呎	2.84蒲式耳	
十公升	dal	10	0.35立方呎	1.14配克	2.64加侖
公升	l	1	61.02立方吋	0.908夸脫	1.057夸脫
立方公寸	dm^3	1	61.02立方吋	0.908夸脫	1.057夸脫
分升（公合）	dl	0.10	6.1立方吋	0.18品脫	0.21品脫
釐升（公杓）	cl	0.01	061立方吋		0.338液盎斯
毫升（公撮）	ml	0.001	0.061立方吋		0.27液特拉姆
微升	μl	0.000001	0.000061立方吋		0.00027液特拉姆

質量和重量

單位	縮寫	公克數	美國度量衡近似值
公噸	t	1,000,000	1.102短噸
千公克（公斤）	kg	1,000	2.2046磅
百公克（公兩）	hg	100	3.527盎斯
十公克（公錢）	dag	10	0.353盎斯
公克	g	1	0.035盎斯
分克	dg	0.10	1.543喱
釐克	cg	0.01	0.154喱
毫克	mg	0.001	0.015喱
微克	μg	0.000001	0.000015喱

＊美國度量衡單位，參閱度量衡表。

中，國際單位是按照國際接受的步驟測試得出指定的效果所需要的物質（維生素、激素或毒素）的量。

Internet 網際網路 公衆存取的電腦網路，由來自世界各地許多較小的網路連接而成。產生於美國國防部計畫，稱爲ARPANET（高等研究計畫署網路），建造於1969年，連接加州大學洛杉磯分校、史丹福研究所、加州大學聖塔巴巴拉和猶他大學的電腦。ARPANET目的在於研究電腦網路在戰爭的情況下提供安全無虞的通訊系統。當網路快速擴張，大學院校與其他領域研究人員也加以利用。1971年發展出第一個在分散網路傳送電子郵件的程式，1973年建立ARPANET的國際線路（從英國及挪威），電子郵件占去ARPANET大多數的流量。1970年代還見到郵件名單、新聞群組及電子布告欄及TCP/IP通訊協定的發展，後者在1982～1983成爲ARPANET的標準協定，導致網際網路的廣泛使用。1984年引進網域名稱定址系統。1986年美國國家科學基金會建立NSFNET，足以處理更大流量的分散式網路，不到一年就有超過1萬主機連上網際網路。1988年由於網際網路中繼聊天協定（參閱chat）的發展，在網路上即時交談成爲可能。1990年ARPANET結束，留下NSFNET，第一家商業撥接存取網際網路的公司出現。1991年全球資訊網公諸在世人面前（藉由FTP）。Mosaic瀏覽器在1993年發行，隨著它的普及導致全球資訊網的網站與使用者激增。1995年NSFNET回歸研究網路的角色，將網際網路的流量留給網路提供者傳遞，而不用國家科學基金會的超級電腦。這一年全球資訊網變成網際網路最受歡迎的部分，流量超越FTP協定。1997年時網際網路上有1000萬個以上的主機，註冊的網域名稱超過100萬。網際網路存取現在可以藉由無線電波信號、有線電視、衛星、光纖線路，雖然大多數的流量還是利用公衆電信（電話）網路。一般認爲網際網路對於人類文化與商業的各個層面都有重大的影響，但其機制仍有待釐清。

Internet Protocol address ➠ IP address

Internet service provider (ISP) 網際網路服務提供者 提供給個人或機構網際網路連線與服務的公司。網際網路服務提供者按月收費，提供電腦使用者連線到他們的網點（參閱data transmission），並登入名稱與密碼。另外還提供套裝軟體（例如瀏覽器）、電子郵件帳號以及個人網站或首頁。網際網路服務提供者還會幫企業設置網站的主機，以及建立自己的網站。所有的網際網路服務提供者透過網路存取點，網際網路骨幹的公用網路設施彼此連接。

Interpol 國際刑警組織 正式名稱爲國際刑事警察組織（International Criminal Police Organization）。國際組織，目的在藉由促進各成員國警力的相互協助，以及發展控制一般犯罪的方法，共同打擊國際犯罪。1923年成立於奧地利，當時有20個成員國；第二次世界大戰後，總部遷往巴黎，至今成員國已超過175個。國際刑警組織追捕的對象主要是在一個以上國家作案的罪犯，例如走私犯；或者雖不外出，其罪行卻影響其他國家的罪犯，例如僞造其他國家貨幣的僞造犯；以及在一個國家犯罪後逃往另一個國家的罪犯。

interpolation 內插 數學上兩個已知的資料點之間的估計。一個簡單的例子是計算相隔十年的兩次人口普查之間的平均值（參閱mean, median, and mode），從而估計第五年的人口。對兩個數據點以外的估計（例如預測第二次普查後五年的人口）稱外插。如果有兩個以上的資料點，那麼用曲線來擬合這些點比用直線要好。最簡單的擬合曲線是多項式曲線。任何給定級數的多項式（內插多項式）能正好通過任意多數目的資料點。

interrogation 訊問 刑法上，爲了誘導犯罪嫌疑人作出回答而正式且系統地提問的過程。這個過程在很大程度上不受法律管轄，雖然在美國，爲了保護被告人權利，警察訊問期間要有一些相對仔細的保護措施。

interstate commerce 州際貿易 美國州與州之間的商業、交通、運輸和交流。州際貿易的政府管理條例開始於重建時期執行的立法。從1887年起，州際貿易委員會監督所有的州際地面運輸。20世紀時法院的判決把州際貿易的範圍解釋得很寬，允許國會管理影響它的國內或地區活動。例如，牛群跨越州界去吃草，還把污染物帶了過去，聯邦法院爲了支援國會的管理裁決權而認爲這是一種州際貿易。

Interstate Commerce Commission (ICC) 州際貿易委員會 美國成立的第一個管理機構，是獨立的政府管理機構的原型。爲美國運輸部機構，負責州際地面運輸，包括鐵路、卡車運輸公司和長途客運汽車線路。給車主發牌照，管理車速，監督合併者，批准鐵路建設等。1995年州際貿易委員會解散，其鐵路和非鐵路方面的功能交給了新成立的地面運輸委員會，發照和某些不發照的機動車輛方面的功能交給了聯邦公路管理局。

interstellar medium 星際物質 恆星間空間中的物質，包括大量的瀰散氣體雲及細小的固體粒子。銀河系中這種稀薄的星際物質占了銀河系總質量的5%，決不是完全的眞空。星際物質主要包含氫氣，還有較小量的氦以及相當大量的成分不定的塵埃粒子。原始的宇宙線也穿過星際空間，磁場更是擴展於星際空間的大部分。大多數星際物質都以與雲類似的濃度存在，它們可能濃縮密集成恆星。反過來說，恆星通過星風（參閱solar wind）而不斷失去質量。超新星和行星狀星雲也向星際物質發送質量，與尚未形成恆星的物質混合（參閱Populations I and II）。

interval 音程 指音樂上兩個聽起來具關聯性的音，尤其指它們在音樂空間中的距離。在西方音樂中，音程通常依音域中所涉及的調的數量而命名，因此，自C攀升至G（C-D-E-F-G）即爲5度，因爲音程中有5個音域程度（必須包括頭尾兩個音）。而C-E-G和弦則是由兩個音程所形成，即C到G的5度和C到E的3度。一個音程除了可以簡單的數字表示以外，它還有更精確的名稱，例如C-E即爲一個大3度（因爲它包括了4個半音），C升E則爲一個小3度（具2個半音），C-E降半音亦爲一個小3度（具3個半音），C-E升半音是一個增大的3度（具5個半音），C升半音E降半音則爲減小的3度（有2個半音）。3度和6度音程被歸爲3度音程之列，而第4和第5音程則屬於完全音程（一個完全4度音程包括5個半音，而完全5度音程則有7個半音），增大則是由一個半音所擴增，同理減小亦爲由一個半音所縮減。

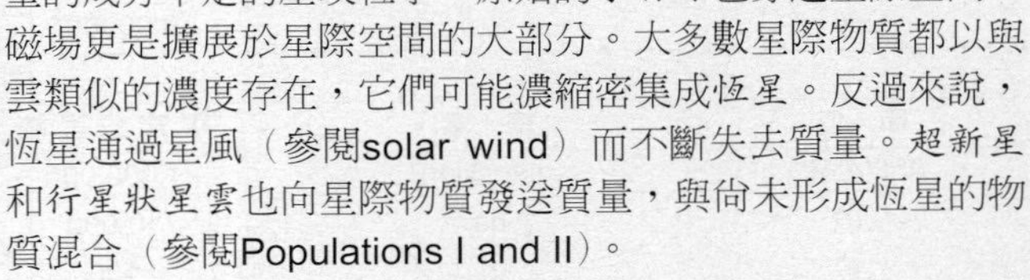

簡單音程範例

intestate succession 無遺囑的繼承 在遺產繼承上，由法律提供的死者的財產或財產利息的轉讓，與按照死者遺囑的轉移不同。現代關於無遺囑繼承的法律儘管很不相同，但都有一個共同的原則，即財產應交給與死者有某種親屬關係的人；現代的做法傾向於尊重未亡配偶的權利。

intestinal gas 胃腸道內氣體 消化道內的揮發性物質（大部分是嚥下的空氣，部分是消化過程的副產物），通常包含150～500立方公分的氣體。胃內的空氣通過打嗝排出或壓入腸道，其中的氧氣一路上被血液吸收，同時還加入消化產生的二氧化碳。主要成分氮是惰性氣體，通常僅從消化管通過。小腸阻塞會把氣體積聚在膨脹的氣袋裡，造成劇烈的疼痛。在大腸中又會加入細菌發酵的產物，主要是氫氣，也有甲烷、硫化氫、氨以及含硫的硫醇。結腸內氣體積聚較多時通過肛門排出。

intestinal obstruction 腸梗阻 小腸或大腸的阻塞，由缺乏蠕動或機械性阻塞（例如腸道狹窄、腸內異物或疝）引起。小腸起端的梗阻往往造成嘔吐；小腸末端附近或大腸裡的梗阻，使堆積起來的廢物和下嚥的空氣引起腸道膨脹，增加的壓力會造成腸道壞死（腸壁組織死亡），毒性物質可能進入血液。症狀和治療方法取決於腸梗阻的性質和位置。

intestine 腸 ➠ small intestine、large intestine

intifada＊ 抗暴行動 （阿拉伯語意爲「搖動」）專指1987年至1993年發生在巴勒斯坦的群眾暴動事件，起因是反對以色列占領加薩走廊和西岸。最初原只是對以色列占領二十年及經濟惡化的單純抗議事件，發生後不久即由巴勒斯坦解放組織接手指揮，整體策略包括罷工、杯葛以及迎戰以色列部隊。根據國際紅十字會的估計，在1991年即有800名巴勒斯坦人被以色列軍隊擊斃，其中至少有20人未滿十六歲。該次群眾暴動的壓力後來促成1993年的以巴和談，簽署巴勒斯坦自治的協議。但以巴的協議在2000年有進一步突破進程時，卻導致另一次暴動事件，而演變成著名的阿克薩抗暴行動——耶路撒冷阿克薩清真寺爲事件起始地。亦請參閱Arafat, Yasir、Fatah、Hamas。

Intolerable Acts 不可容忍法令（西元1774年） 亦稱強制法令（Coercive Acts）。英國國會爲報復美洲殖民地的四項懲罰性措施。即：在對波士頓茶黨案的破壞付出賠償之前封鎖波士頓港口；廢除麻薩諸塞州殖民地的特許狀，建立軍事統治；英國官員犯了大罪，可以到英國受審；恢復英軍在美國私宅居住的安排。此外，在這些壓迫性的措施中還增加了「魁北克法」。這些法令被殖民地人民稱爲是「不可容忍的」，而成爲召開第一屆大陸會議的起因。

intonation 語調 語音學術語，指話語的旋律模式。語調主要是音調的高低變化（參閱tone），但在像英語這樣一類語言中也包括重讀和節奏。語調傳達言語所表示的意義差別（例如驚奇、發怒、警惕）。在很多語言中（包括英語在內）語調也具有語法功能，可以區分不同類型的短語或句子。因此，像"It's gone"當以降調結尾時它是肯定句，若說時尾音升高則表示疑問的意思。

introvert and extrovert 內傾與外傾 按照精神病學家容格的理論確立的基本人格類型。內傾者把自己的想法和感情藏在心裡，往往害羞、沈思、有所保留。外傾者直接向他人及外部世界傾訴自己的意圖，通常很開朗、負責、積極進取。現在認爲這種分類過於簡單，因爲幾乎沒有一個人可以被描述成是完全內傾或完全外傾的。

intrusive rock 侵入岩 地殼中的岩漿在深處擠入較老的岩石之中，在地底下緩慢固結形成的火成岩，然後可能因爲侵蝕而露出地面。亦請參閱extrusive rock。

intuition 直覺；直觀 在哲學上，指獲得那些並非或無法從推論或觀察得來之知識的能力。據此，既然直覺是被設想來解釋其他來源所不提供的那些知識，它就被認爲是一種原初的、獨立的知識來源。關於一些必然眞理與基本道德原則的知識，有時便以此方式解釋。康德使用直覺這一術語的意義，是指對個別實體的立即知覺；在這意義上，直覺（德語爲Anschauung）可能是經驗的（例如對於感覺與料〔sense-data〕的意識），或是純粹的（例如對於先驗而作爲所有經驗直覺之形式的時間與空間的意識）。斯賓諾莎與柏格森認爲，直覺乃是將世界認作一個互相聯繫之整體的具體知識，對比於經由科學與觀察而得的片段的、「抽象的」知識。

intuitionism 直覺主義 荷蘭數學家布勞爾（1881～1966）開啓的數學思想學派。直覺主義堅決主張數學論述的主要目的是心智的建構。直覺主義人士挑戰許多數學最古老的定律，若沒有建設性就不具數學意義。例如直覺主義人士在涉及無限集合的數學證明之中不容許使用排中律（參閱thought, laws of）。在後設倫理上（參閱ethics），直覺主義是一種認知論，堅持有客觀存在的道德眞理，用合理的直覺可以去理解，正如在數學上確認的一些不言而喻的眞理。寇德華斯、摩爾（1614～1687）與克拉克（1675～1729）等人說明在事件與行動之間的恰當與否的道德判斷是來自理智的直覺。倫理學的直覺主義由一些著名的思想家支持，例如普來斯（1723～1791）；在20世紀則與普里查德（1871～1947）和羅斯的研究聯想在一起。

Inuit 伊努伊特人 ➠ Eskimo

Invar 因瓦合金 一種鐵合金（含64%的鐵和36%的鎳）的商標，受熱時膨脹極小。以前因瓦合金用作長度測量的絕對標準，現在用作捲尺、手錶及其他對溫度敏感的裝置。其名稱表示它加熱時尺寸的不變性。由1920年的諾貝爾物理學獎得主紀堯姆（1861～1938）發明。

inventory 存貨 商業上指企業貯存的任何財產，包括待售的成品、生產過程中的物品、原材料以及在生產商品過程中將被消耗掉的物品。在公司的資產負債表上，存貨是作爲資產出現的。存貨的周轉率表示商品轉換成現金的速度，是評價企業財務情況的關鍵因素。存貨可以用成本或者用市場價格來定價。

Inverness＊ 因弗內斯 蘇格蘭西北部城市。位於內斯河和喀里多尼亞運河河畔。長久以來一直是蘇格蘭高地的中心，也是高地議會區首府所在。6世紀時是布呂德國王的匹克特王國的首都，12世紀成爲馬爾科姆三世城堡附近的自治市。現爲教育和旅遊中心，隨著沿海石油工業的發展，當地製造業也在擴展。人口約63,000（1991）。

inverse function 反函數 抵消另一個函數效果的數學函數。例如將攝氏溫度轉換成華氏溫度的公式是華氏轉成攝氏的反函數。應用其中一個公式，接著用另一個，會得到原來的溫度。反程序在解方程式是不可或缺的，讓數學運算反過來（例如對數是指數函數的反函數，用來解指數方程式）。每當提出一個數學程序，最重要的問題就是如何反算。例如，有了三角函數就出現反三角函數。

invertebrate 無脊椎動物 一切沒有脊椎的動物的統稱，包括原生動物、環節動物、刺胞動物、棘皮動物、扁蟲、線蟲、軟體動物和節肢動物。現存動物90%以上都是無脊椎動物，分布於世界各地，從細小的原生動物到巨大的魷魚。除了都沒有脊椎以外，無脊椎動物並沒有太多共同之處。一般身體都很柔軟，但常有一個外骨骼，用於附著肌肉並保護身體。亦請參閱vertebrate。

Investiture Controversy　主教敘任權之爭　教廷與神聖羅馬帝國之間關於神職人員的統治代表象徵究竟屬誰的問題的爭論。1075年教宗聖格列高利七世譴責安排主教敘任權是世俗當局對教會的不公平的主張；這個問題不僅是他與亨利四世皇帝爭論的關鍵，也是教廷與帝國之間更大的權力之爭的關鍵。英格蘭的亨利一世放棄安排主教敘任權，但交換條件是在受神職之前要先向國王表示敬意。1122年簽訂的「沃爾姆斯宗教協定」在亨利五世與教宗加里斯都二世之間也達成了類似的諒解。

investment　投資　指在一定時期內期望在未來能產生收益而將收入變換爲資產的過程。投資者放棄當前的消費以期獲得更多的報酬。在整個資本主義歷史中，投資主要是私人企業的職能；但在20世紀，實行計畫經濟的政府和各開發中國家已成爲主要的投資者。投資可能受到利息比率的影響，當利率降低，投資率就會升高，但其他難以估計的因素卻更爲重要——如，企業者對未來需求及利潤的期望，生產技術的變化，以及預期勞動力與資本的相關成本。投資必會產生儲蓄，它提供了資金。投資能增加一國經濟生產的能力，它是反映經濟成長的因素。

investment bank　投資銀行　指發起、認購與分銷公司企業和政府機構新發行證券的商號。1933年的「銀行法」規定了投資銀行和商業銀行不同的功能。投資銀行以某價格買進一公司全部新發行的證券，再以包括有其推銷費和利潤的價格將小額新證券轉售給投資大眾。投資銀行可估訂利率及收益，以負責確定銷售給大眾所出的價格。爲了分擔風險，在認購和分銷發行證券中，大多會組織一個投資銀行集團。亦請參閱bank、central bank、savings bank、security。

investment casting　熔模鑄造　金屬成型的精密澆鑄技術。澆鑄青銅或貴重金屬鑄件的流程包括幾個步驟：在雕塑好的原型上澆一層模具；取下模具（分成兩個或多個部分）；在模具內側塗上一層蠟；沿蠟殼外表面用耐熱黏土作成第二個模具，蠟殼內部也填充黏土的實芯；烘烤組件（黏土硬化，蠟層熔化後從外層模具的開孔流出）；在蠟層留下的空間中注入熔融的青銅；打碎模具，留下青銅鑄件。現代用翻砂、塑膠、有時還用凝固的水銀來代替蠟。亦請參閱lost-wax process、die-casting。

investment credit　投資減稅　稅收減免的一種，它允許企業除享有折舊的正常優惠外，還可從應繳納的稅款中減除某些投資成本的一定百分數。投資減稅與投資優惠相類似，後者是允許企業從應納稅的收入中減除某些資金成本的一定百分數。二者的差別在於購進一筆資產時給與一定百分數減免的加速折舊。實際上，他們是對投資者的補貼。1962年美國爲保護本國企業免受外國競爭，曾採用投資減稅和投資優惠，但爲對付日漸嚴重的通貨膨脹，而於1969年「稅務改革法」均予以廢除。

investment trust　投資信託公司　亦稱「股份固定信託公司」（closed-end trust）。它是集中本公司股票持有者的基金，將其投資於多樣化的有價證券的金融組織。它與共同基金不同。後者發行代表其所擁有的多樣化財產的股票（單位），而不是發行公司本身的股票。股份固定信託公司發行有固定數額的可在市場買賣的股票；股票價格既取決於有關證券的市價，也取決於這類股票的供求。現代第一個投資信託公司早在1860年代就已在英格蘭和蘇格蘭成立，早期許多美國這類公司在1929年股市崩盤時破產，倖存下來的公司在聯邦新法規管理下迅速發展。

Io＊　伊俄　希臘神話中河神阿戈斯的女兒。由於宙斯愛上了她，引起赫拉的嫉妒。宙斯爲了保護她而把她變成一隻白色的小母牛。赫拉讓百眼巨人阿耳戈斯看守這頭母牛，但宙斯派赫耳墨斯去把阿耳戈斯哄睡後殺死。於是赫拉又送出一隻牛虻去追擊伊俄，她逃越歐洲，跨過後來稱爲伊俄海的水域和博斯普魯斯海峽（「牛之渡」）。最後到達埃及，恢復了原形。後來人們認爲她就是埃及女神伊希斯。

iodine　碘　非金屬化學元素，化學符號I，原子序數53。是最重的非放射性鹵素，爲幾近黑色的晶體（雙原子分子I_2），昇華後爲深紫色刺激性的蒸氣，在自然界從不以元素狀態存在。其來源（大部分在海水和海草中）和化合物通常都是碘化物，也有碘鹽（硝石中含有少量）和高碘酸鹽。食用碘對甲狀腺功能很重要，所以食鹽中通常都加有碘化鉀（化學式KI），以防止碘缺乏。元素碘用於醫藥、合成有機化學物、製造染料，以及在分析化學（參閱analysis）中測量脂肪飽和（參閱hydrogenation）和檢測澱粉，還用於攝影術。放射性同位素碘－131的半衰期爲8天，在醫學（參閱nuclear medicine、thyroid function test）和其他應用中都很有用。

iodine deficiency　碘缺乏　碘攝入不足或碘代謝不當，直接影響甲狀腺的分泌，從而影響心臟功能、神經反應、生長速度以及新陳代謝。最常發生的單純性甲狀腺腫在不易接近鹽水的地區最爲普遍，而在沿海地區較少見。嚴重或長期碘缺乏會造成黏液水腫，嬰兒期碘缺乏會引起呆小病。經常食用海產品或使用加碘的食鹽可以預防碘缺乏，因此有些國家強制要求在食品中加入食用碘添加劑。

ion　離子　帶有一個或多個正電荷（陽離子）或負電荷（陰離子）的原子或原子團。在中性分子或其他離子中加入或取走電子後即形成離子，例如鈉（Na）原子與氯（Cl）原子反應生成Na^+和Cl^-。離子與其他粒子結合後也會生成離子，如氫陽離子（H^+）與氨分子（NH_3）結合成銨基陽離子（$NH4^+$）。兩個原子間的共價鍵斷裂時，如果兩部分都帶電，則也生成離子，如水分子（H_2O）離解爲氫（H^+）和氫氧根離子（OH^-）。許多結晶物質（參閱crystal）都由排列成規則幾何圖型的離子組成，藉帶相反電荷的粒子彼此間的吸引力聯繫在一起。在電場中，離子向相反電荷方向移動。在電解質電池（參閱electrolysis）中，離子是電流的導體。能形成離子的化合物稱爲電解質。當氣體中發生放電時，也會形成離子。

ion-exchange resin　離子交換樹脂　帶有正電荷或負電荷的合成聚合物的統稱，能與周圍溶液中帶相反電荷的離子發生作用。爲輕而多孔的顆粒狀、珠狀或片狀固體，能吸收溶液，吸引目標離子後會膨脹；耗盡後，可以從溶液中取出，用廉價的海水或碳酸鹽溶液再生。一種稱苯乙烯－二乙烯基苯的聚合物往往附著於磺酸或羧酸根，用來吸引陽離子；固體陣列上的四價銨基用來吸引陰離子。工業上用這些樹脂來軟化硬水、提煉糖以及從礦石中富集有價值的元素（如金、銀、鈾）。實驗室裡用於離子成分的分離或富集，有時也用作催化劑。沸石是一種具有離子交換性質的礦物。

Ionesco, Eugène＊　尤涅斯科（西元1912～1994年）　原名Eugen Ionescu。羅馬尼亞裔法國劇作家。在布加勒斯特和巴黎學習，1945年起定居巴黎。他的獨幕「反戲劇」《禿

尤涅斯科，攝於1959年
Mark Gerson

頭女高音》(1950)引起了戲劇技巧中的一場大革命，幫助了荒謬劇的產生。接著他又完成其他的獨幕劇，其中「反邏輯」的事件中創造了喜劇和怪誕的氛圍，包括了《功課》(1951)、《椅子》(1952)和《新房客》(1955)。他最受歡迎的多幕劇是《犀牛》(1959)，敘述法國一個城鎮的居民都變成犀牛的故事。其他的劇作還有《國王死去》(1962)和《空中行人》(1963)。1970年被選入法蘭西學院。

Ionia*　愛奧尼亞　古代一地區，在小亞細亞(今土耳其)西岸臨愛琴海的地區。這一海濱狹長地帶從赫爾莫斯河延伸至哈利卡納蘇斯半島，全長160公里。西元前8世紀起，有十二個希臘重要城市在此地區，包括了大陸上的福西亞、埃利色雷、科洛豐和米利都，及在島嶼的希俄斯和薩摩斯。這裡是個繁榮的地區，到西元前500年時愛奧尼亞當哲學和建築及愛奧尼亞方言已高度影響希臘。西元前6世紀中期它敗於里底亞和波斯人。西元前334年開始一短期的獨立，後成為塞琉西王朝。西元前133年政權轉移到羅馬人手中，並成為羅馬的亞洲行省的一部分。在土耳其人征服小亞細亞後被荒廢。

Ionian Islands*　愛奧尼亞群島　古稱七島(Heptanesos)。愛奧尼亞海上由七個島嶼組成的希臘島群(1991年人口約191,003)。分別是科孚島、凱法隆尼亞島、札金索斯島、萊夫卡斯島、伊薩卡島、基西拉島和帕克索斯島，陸地面積約2,307平方公里。15～16世紀受威尼斯人控制，1799年又被俄羅斯人和土耳其人勢力征服。1815年「巴黎條約」將此地區歸於英國；1864年英國將其歸還希臘。

Ionian revolt　愛奧尼亞叛變　西元前499～西元前494年一些小亞細亞的愛奧尼亞城邦反抗波斯宗主國的叛變。這些城邦在獲得雅典的協助下，罷黜他們自己的僭主，企圖擺脫波斯的宰制，但並未成功。波斯的大流士一世利用雅典的介入當作他於西元前490年入侵希臘的藉口，從而引發了波斯戰爭，導致雅典在安納托利亞西部發揮更強大的影響力。

Ionian school　愛奧尼亞哲學學派　西元前6世紀～西元前5世紀時希臘的哲學學派，包括米利都人泰利斯、阿那克西曼德、阿那克西米尼、赫拉克利特、安那克薩哥拉、阿波羅尼亞的戴奧吉尼斯、阿基勞斯和希蓬。雖然他們最初的活動中心是愛奧尼亞，但他們各自的結論卻差別很大，因此不能說他們代表一個特定的哲學學派。不過他們共同關心的是用物質或物理的力來解釋現象，這使他們有別於後來的思想家。

Ionian Sea　愛奧尼亞海　地中海的一部分，在希臘、西西里島和義大利之間。雖然曾經把它看作亞得里亞海的一部分，因為它們之間透過奧特朗托海峽相連，現在則把它看作是獨立的水域。在希臘以南的愛奧尼亞，深度達到4,900公尺。東海岸有愛奧尼亞群島。

Ionians　愛奧尼亞人　自邁錫尼文明消沈後，居住於古希臘愛奧尼亞的人。西元前700年前後，愛奧尼亞城市占據了義大利的南部，並打開黑海的通道。他們對希臘文化的影響包括荷馬史詩以及最早的哀歌體和抑揚格詩歌。6世紀時，他們開始研究地理、哲學和編史工作。在亞歷山大大帝以後的年代，他們的文字語言成為希臘共同語的基礎，實際上至今仍為所有希臘語著作採用。

ionic bond　離子鍵　亦稱電價鍵。帶相反電荷的離子之間的靜電吸引作用，電子從一個中性原子(通常是金屬，失去電子而成陽離子)轉移到另一個中性原子(非金屬元素或基團，得到電子而成為陰離子)。在固體中，這兩類離子通過靜電作用力而聯繫在一起。固體中不包含它們的分子，而是在一個有序的整體結構中，每個離子都與帶相反電荷的離子為鄰。例如，把普通的鹽($NaCl$)溶解於水中後，就離解為兩種離子：陽離子鈉(Na^{+})和陰離子氯(Cl^{-})。亦請參閱bonding、covalent bond。

ionization　電離　在電中性的原子或分子中取走或加入帶負電的電子，使它們轉變為帶電的原子或分子(離子)的過程。這個過程是輻射轉換成物質能量，從而檢測輻射的主要方法之一。一般來說，只要有能量足夠的帶電粒子或輻射能量穿過氣體、液體或固體，都會引起電離。由於地球的大氣不斷吸收來自太空的宇宙線和太陽的紫外輻射，所以大氣中存在很小量的電離。

ionization potential　電離電勢　亦稱電離能(ionization energy)。從孤立原子或分子中移去一個電子所需要的能量。相繼移去每一個電子都有一個電離電勢，但通常指的是移走第一個(束縛最小的)電子所需的能量。為元素參與取得離子形式或移出電子的化學反應能力的量度，也與元素形成化合物中的化學鍵的性質有關。亦請參閱binding energy、ionization。

ionosphere*　電離層　地球大氣層的一段區域，其中離子或帶電粒子的數目大到足以影響無線電波的傳播。電離層開始於距地面約50公里處，在80公里以上最為明顯。造成電離的原因主要是來自太陽的X射線和紫外波長的輻射。電離層能夠反射短波段和廣播波段的無線電信號，使它們能夠遠距離傳播。

Iowa　愛荷華　美國中西部一州，首府第蒙。第蒙河由西北向東南流貫該州。密西西比河為其東部邊界，密蘇里河和大蘇河形成部分西部邊界。1673年法國探險家若利埃和馬凱特來到時，這裡居住了索克人、福克斯人、愛荷華人和蘇人等印第安民族。1803年美國在路易斯安那購地時取得愛荷華。1830年代黑鷹戰爭後和從索克人及福克斯人購得東部的土地後，白人定居者使這裡迅速發展。1838年成為準州，1846年成為第二十九州。美國南北戰爭後，鐵路的發展帶來大批東部和歐洲的移民潮。第一次世界大戰後人口成長緩慢。經濟以農業為基礎，愛荷華州生產的畜產品在全國居領導地位。面積145,752平方公里。人口約2,926,324(2000)。

Iowa, University of　愛荷華大學　位於愛荷華市的公立大學。1847年創校，是全美第一所開放男女平等入學的大學，也是第一所提供高等學位以獎勵創意藝術的大學。愛荷華大學設有人文、商業管理、牙醫、法律、醫學、護理、藥學、教育、工程、新聞、音樂、社工等學院。該校另有「作家工作室」及「國際寫作計畫」，均享有盛名。現有學生人數約28,000人。

Iowa State University　愛荷華州立大學　位於愛荷華州艾姆斯市的公立大學。1858年創校，是第一個設有獸醫學院的州立學術機構。愛荷華州大設有農業、商學、設計、教育、工程、家庭及消費研究、人文藝術等學院，學校另設有幾個重要的農業研究中心。學生人數約25,000人。

IP address　IP位址　全名網際網路協定位址(Internet Protocol address)。在網際網路上，辨識電腦主機的專屬數字。主機利用網際網路協定(參閱TCP/IP)與其他電腦主機通訊，指定將資料訊息分解成封包的方式，在網路上傳遞到目標位址。亦請參閱domain name、URL。

ipecac*　吐根　亦作ipecacuanha。兩種茜草科的熱帶美洲植物(Cephaelis acuminata、C. ipecacuanha)乾燥的地下莖或根。從古代就有使用，特別是當作藥物的來源，利用噁心嘔吐來治療中毒。藥名同植物名稱。

Iphigeneia＊ 伊菲革涅亞 希臘神話中阿格曼儂與克呂泰涅斯特拉的長女，厄勒克特拉和俄瑞斯特斯的姐姐。當亞該亞人的艦隊因無風而滯留奧利斯港時，她父親把她作爲犧牲奉獻給阿提米絲，以求得有利的風向把船隻帶回特洛伊。後來她母親謀殺阿格曼儂爲她報仇。艾斯克勒斯、索福克里斯和尤利比提斯等人寫的劇本裡都有伊菲革涅亞的故事。按尤利比提斯的說法，伊菲革涅亞沒有死，而是被阿爾忒彌斯留下。她來到陶里斯，成爲女術士。當俄瑞斯特斯殺死他們的母親逃到那裡時，伊菲革涅亞把他從瘋狂和死亡中救了出來。

Ipoh＊ 怡保 馬來西亞西部城市，全國的礦都。其名稱源自當地的一種樹，當地原住民曾用其有毒的樹脂來打獵。城市歷史可追溯到1890年代，當時英國人在這裡建起錫礦，吸引許多中國移民來此採錫，他們的後代成爲現在這座城市人口的大多數。人口383,000（1991）。

Ipsus, Battle of 伊普蘇斯戰役 這場戰役標誌著安提哥那一世及其兒子德米特里一世在弗里吉亞的伊普蘇斯，敗給色雷斯的利西馬科斯、巴比倫的塞琉古一世、埃及的救星托勒密一世以及馬其頓的卡山得。結果安提哥那被殺，喪失了他的亞洲領土，但德米特里保住在希臘和馬其頓的領土。這場戰役是亞歷山大大帝帝國中兩派繼承者的領土之爭。

Ipswich 易普威治 英格蘭沙福克行政和歷史郡首府。位於倫敦東北，1200年設建制。從中世紀到17世紀一直是繁榮的港口，出口東英吉利亞紡織品。現在是地區農業市場。歷史性建築有16世紀的基督教教堂以及狄更斯小說《匹克威克外傳》中提到的大白馬大車店，還是沃爾西樞機主教的出生地。人口約114,000（1998）。

IQ 智商 全名智力商數（intelligence quotient）。一組測量「相對智力」所得到的數字，分數高低是根據受測者回答一系列測驗題的能力而判定。IQ的最原初測量方法，是將受測者的心智年齡與實際（生理）年齡計算成比值，再乘上100；但因心智年齡的概念，在應用上經常出現不連續性，因此後來的IQ就改採統計分配的概念來推估將測量分數。最廣爲使用的是「史丹佛－比奈測驗」（1916），原始設計是用於測量兒童智力；另一個常用的是「韋氏測驗」（1939），原始設計雖爲測量成人智力，但後來也被用於兒童測驗。一般商數得分在130以上，會被判讀爲「天賦優良」；得分若在70以下，則會被判讀爲「心智缺損」或「心理遲滯」。智力測驗的作法具有高度爭議性，尤其是有關什麼樣的能力才算智力？智力商數能否適切反映這種能力？另外，在測驗題目的建構和標準化程序下，文化和階級的偏誤也是一大問題。

Iqaluit＊ 伊卡魯伊特 舊稱佛洛比西爾貝（Frobisher Bay）。加拿大紐納武特地區首府。位於巴芬島東南部，是加拿大東部北極圈內最大的社區。1914年建爲貿易站，第二次世界大戰中作爲空軍基地，後來是雷達站遠程預警線的建設營地，另外還有一個氣象站和一家醫院。1999年成爲紐納武特首府。

Iqbal, Muhammad＊ 伊克巴爾（西元1877～1938年） 受封爲穆罕默德爵士（Sir Muhammad）。印度詩人及哲學家。他的聲譽來自其以古典風格寫成的詩歌，這些詩爲大衆背誦後來甚至在不識字者間亦廣爲流傳。他對日益增強的泛伊斯蘭的希望，都揭露在他的長詩《呼諦的祕密》（1915，意即自我的祕密）中，爲了說服整個伊斯蘭教世界該詩以波斯文寫成。爲了復興伊斯蘭教，他致力於將伊斯蘭教徒從印度分離出來，單獨立國，可能導致1947年巴基斯坦的建立，他死後被尊爲巴基斯坦的國父。《永恆之歌》（1932）是他的著名詩作。伊克巴爾被認爲是20世紀最傑出的用烏爾都文創作的詩人。

iqta＊ 克塔 伊斯蘭哈里發帝國賜給軍官一定時期內的土地收入權，以代替常規的薪餉。9世紀時由於稅收不足，政府難以支付軍餉，爲緩解國家財政困難而設立這一制度。這些土地原來屬於非穆斯林，他們需要付專門的財產稅；現在由軍官們得到這項稅收權，而土地還是保留於原地主手中。在伊朗的塞爾柱王朝和伊兒汗王朝時期（1256～1353）以及埃及的阿尤布王朝時期，這個制度以不同的方式發展。

IRA ➡ Irish Republican Army

Iran 伊朗 正式名稱伊朗伊斯蘭共和國（Islamic Republic of Iran）。舊稱波斯（Persia）。南亞國家。面積1,643,510平方公里。人口約63,442,000（2001）。首都：德黑蘭。伊朗人（波斯人）占人口的45%；其他民族還包括了庫爾德人、盧爾人、巴赫蒂亞里人和俾路支人。語言：法爾斯語（波斯語；爲官方語）。宗教：伊斯蘭教（國教）；多數是什葉派。貨幣：里亞爾（Rls）。伊朗位於海拔460公尺以上的高原，四周山脈圍繞。全境一半以上的地區是鹽漠和荒蕪之地。約十分之一的土地爲可耕地，其他四分之一的土地適於放牧。伊朗有豐富的石油，儲量占世界的9%，亦爲該國的經濟基礎。政府形式爲伊斯蘭教共和國，一院制。總統是國家暨政府首腦，但最高政治和宗教權威是宗教領袖。伊朗在西元前100,000年便有人居住，但歷史記載始於西元前3,000年左右的埃蘭人。西元前728年左右米底亞人在此繁盛，但後爲波斯人推翻（西元前550年），西元前4世紀時又爲亞歷山大大帝征服。西元前247～西元226年間安息人（參閱Parthia）建立了一個操希臘語的帝國，其後控制權轉至薩珊王朝手中。640年阿拉伯穆斯林征服這裡，統治伊朗850年。1502年薩非王朝建立，並持續到1736年。1779年開始受

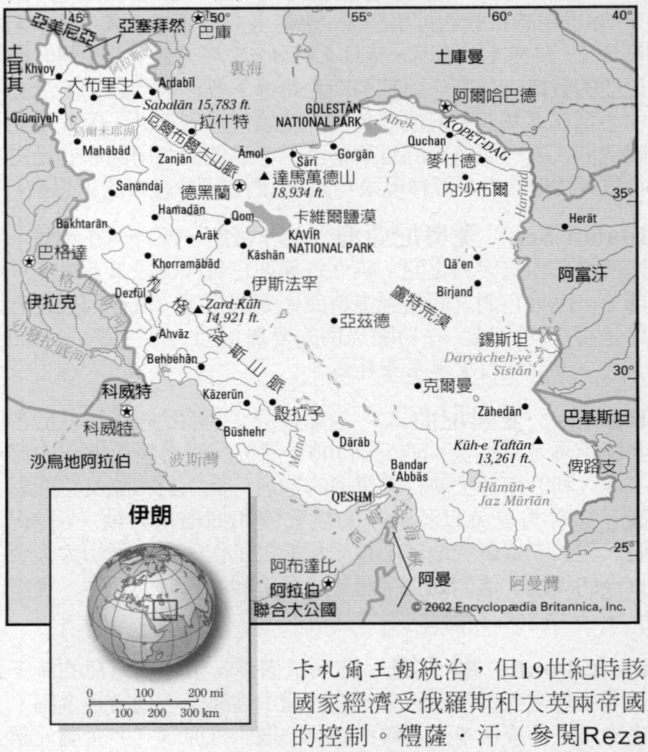

卡札爾王朝統治，但19世紀時該國家經濟受俄羅斯和大英兩帝國的控制。禮薩．汗（參閱Reza Shah Pahlavi）在一次政變中取得政權（1921）。其子穆罕默德．禮薩．沙．巴勒維因計畫現代化和西化而於宗教領袖失和，於1979年被推翻；什葉派教士何梅尼後來建立了一個

伊斯蘭教共和國，壓制了西方的影響。1980年代毀滅性的兩伊戰爭因陷於困境而停止。1990年代政府已逐漸以較自由的方式領導國家事務。

Iran-Contra Affair　伊朗軍售事件　1980年代中期進行祕密武器交易活動的美國政治醜聞。1985年，國家安全會議領導麥克法蘭著手將武器出售給伊朗，以爲這將使被親伊朗的恐怖主義組織在黎巴嫩扣押的一些美國公民獲得釋放。這次軍售違反了美國政府與恐怖主義分子交易和軍事援助伊朗的政策。國家安全會議將伊朗購買武器支付的4,800萬美元的一部分在波因德克斯特海軍少將和諾斯的協助下轉移給尼加拉瓜反政府軍。這些活動違反1984年通過的禁止軍援尼加拉瓜反政府軍的法律。該事件爲數月的主要新聞報導，使雷根政府受到嚴重的損害。

Iran hostage crisis　伊朗人質危機（西元1979～1981年）　美國與伊朗發生於1979～1981年間的衝突。因爲不滿穆罕默德·禮薩·沙·巴勒維的專制政權，及其與美國緊密關係逾三十年，致使伊朗國內出現反美情緒。1979年1月，反對巴勒維統治的聲浪高張，終於導致巴勒維流亡海外；11月美國准許巴勒維入境治療癌症，引發伊朗革命分子攻擊美國駐德黑蘭大使館，綁架了六十九名美國人質，並要求將巴勒維引渡回伊朗；當時的美國總統卡特拒絕讓步，並進而凍結所有伊朗人在美國的資產。伊朗方面12月釋放了十六名女性及非裔美國人質，但1980年4月美國突擊救援行動失敗，反使伊朗軍方將人質移置他處，直到7月巴勒維去世，雙方才開始談判人質釋放問題。分析家認爲卡特連任失敗，應與這次處理人質危機造成流失選票有關。其餘人質經過444天的拘禁，終於在1987年1月20日獲釋，而這一天，正好就是繼任卡特成爲美國總統的雷根就職之日。亦請參閱Iran-Contra Affair。

Iran-Iraq War　兩伊戰爭（西元1980～1990年）　伊朗與伊拉克之間的戰爭，始於1979年伊朗革命結束後不久。伊拉克一心要攫取油產豐富的伊朗邊界領土，並控制阿拉伯河兩岸。還擔心什葉派在伊朗的勝利對伊拉克的什葉派多數的影響。伊拉克得到沙烏地阿拉伯、美國和蘇聯的支持，伊朗得到敘利亞和利比亞的支持。雙方攻擊波及在波斯灣的第三者運輸油輪。伊拉克在初期取得伊朗的領土後（1980～1982），又失去地盤，並宣布與伊朗進行和平談判，但被拒絕。軍事膠著狀態持續到1988年，伊朗同意停火。1990年，伊拉克入侵科威特，伊拉克同意了伊朗的和解條件。兩伊戰爭蹂躪了兩邊。亦請參閱Hussein, Saddam、Khomeini, Ruhollah。

Iranian languages　伊朗諸語言　印歐諸語言家族中印度－伊朗語分支的主要次族群。伊朗諸語言在西南亞和南亞約有八千萬人使用。阿維斯塔語和古波斯語爲已知的兩種古伊朗諸語言。中古伊朗諸語言（約西元前300年至西元950年）目前已知分爲西部和東部兩個族群。現代伊朗諸語言則分爲四個族群，西南族群包括現代波斯語（法爾斯語）、達利（位於阿富汗北方）、塔吉克位（於塔吉克和其他中亞共和國）、盧爾語、巴克提爾利語（於伊朗西南部）和塔特語；西北族群則有庫爾德語（於庫爾德斯坦使用）、俾路支語（於巴基斯坦西南方、伊朗東南方和阿富汗南方使用）；東南族群有普什圖語（於阿富汗和巴基斯坦西北方使用）和約十種帕米爾諸語言（於塔吉克東方、阿富汗和中國毗連區使用）；東北族群有生活於高加索山的奧塞特人使用的奧塞特語、帕米爾高原區之前所使用的雅格諾比語。幾乎所有現念伊朗諸語言都以阿拉伯字母書寫。

Iranian religions　伊朗宗教　古代伊朗高原民族的宗教。米底亞人與波斯人由強勢教士部族梅格斯所統治。梅格斯負責頌揚關於諸神緣起與承繼的故事，他們也可能是二元論——後來伊朗宗教中最著名之瑣羅亞斯德教的特徵——的始作俑者。瑣羅亞斯德教以前之泛神論的主神是阿胡拉·瑪茲達，萬物的創造者以及宇宙與社會秩序的維持者。密斯拉則是第二位最重要的神祇，聖約的保護者。其他重要神祇包括阿娜希塔，戰爭女神；拉什努，正義之神；以及等同於天狼星的提盧特里厄等星神。古代伊朗人不建造神廟也不爲諸神塑像，他們偏好戶外公開禮拜。主要儀式是雅茲納，其中有項祭宴，由禮拜者獻祭動物，邀請神祇入席作客。火被視爲一種神聖元素。含有致幻麻藥的神聖飲料侯瑪，用來激發禮拜者對眞理的洞察力，也用來激勵戰士參戰。

Iraq　伊拉克　正式名稱伊拉克共和國（Republic of Iraq）。中東國家，位於波斯灣西北端。面積435,052平方公里。人口約23,332,000（2001）。首都：巴格達。伊拉克的人口主要由多數阿拉伯人和少數庫爾德人組成。語言：阿拉伯語（官方語）。宗教：伊斯蘭教（國教）；60%爲什葉派，30%爲遜尼派。遜尼派掌握政府。貨幣：伊拉克第納爾（ID）。該國可分爲四個主要的地區：伊拉克中部和東南部底格里斯－幼發拉底河流域的沖積平原；北部底格里斯河與幼發拉底河之間的傑濟拉高地；西部和南部是沙漠（約占全國土地面積的2/5）；東北部爲高地。伊拉克已探明的石油藏量爲世界第二，天然氣儲藏量也很可觀。農產品使用了1/8的勞動力。政府形式爲共和國，一院制。國家元首暨政府首腦是總統。伊拉克傳統以來被稱爲美索不達米亞，該地區誕生了世界上最早的文明，包括蘇美、阿卡德和巴比倫。西元前330年，被亞歷山大大帝征服。後來該地區淪爲戰場，先是羅馬人與安息人相鬥，再是薩珊人與拜占庭人互爭。西元7世紀被阿拉伯穆斯林征服，統治它，直到1258年爲蒙古人取得。16世紀鄂圖曼人占領了伊拉克，統治它直到1917年。第一次世界大戰期間，爲英國人占領，於1921年建立了伊拉克王國。第二次世界大戰期間，

英國又占領了伊拉克。戰後恢復了王國，但1958年一場革命結束了君主制度。此後軍事政變不斷。1968年復興社會黨在海珊領導下掌權，並實行極權統治。1980年代的兩伊戰爭和波斯灣戰爭（1990年伊拉克入侵科威特，促發戰爭），造成大量傷亡和擾亂了經濟。1990年代該

國經濟混亂。

Irbid 伊爾比德 約旦北部城鎮。該鎮建立在青銅器時代早期的居民點。可能是聖經中古代德卡波利斯的貝阿貝爾和阿爾比拉的城市。現代伊爾比德爲約旦工業地區之一和農業中心。該地區的許多泉水和耶爾穆克河爲農作物的灌溉提供了水源。設有耶爾穆克大學。人口208,201（1994）。

Iredell, James＊ 艾爾代爾（西元1751～1799年） 美國法學家（出生於英國）。他的家人移居美國北卡羅來納伊登頓。艾爾代爾於十七歲時被任命爲伊登頓海關的主計員。他協助起草和修訂了新的北卡羅來納州的法律。曾擔任州檢察長（1779～1781）。在爭取批准聯邦憲法的運動中，他是北卡羅來納州聯邦派的領袖。他那些爲憲法辯護的信件（以「馬庫斯」之名簽署），被認爲是促使華盛頓總統任命他爲最高法院大法官（1790）的原因。他寫了數個著名的異議，包括「奇索姆訴喬治亞案」（1793，確認州政府隸屬聯邦政府），和「韋爾訴希爾頓案」（1796，堅持美國的條約優先於州的法令）。他在「考爾德訴布爾案」（1798）中發表的意見有助於確立司法審查原則，五年後該原則在「馬伯里訴麥迪遜案」中做實驗。他任職法官至1799年。

Ireland 愛爾蘭 愛爾蘭語作Éire。共和國，占據英國西部島嶼大部分地區，唯一鄰邦是北愛爾蘭。面積70,285平方公里。人口約3,823,000（2001）。首都：都柏林。愛爾蘭雖然在歷史上曾先後受到塞爾特人、北歐人、諾曼人、英格蘭人和蘇格蘭人入侵和殖民，但民族和種族差異在今日的共和國卻幾乎並不存在。語言：愛爾蘭語和英語（均爲官方語）。宗教：天主教（95%）、愛爾蘭聖公會、長老會、循道宗、猶太教。貨幣：歐元（euro）。愛爾蘭爲廣闊的低地區，有香農河流經。沿海爲山緣。全國人口中幾乎有3/5居住在城市。農業雇用了很小百分比的勞動力。採礦、製造業、建築業、公用事業、高科技業和旅遊業是重要的工業。政府形式爲共和國，兩院制。國家元首是總統，政府首腦爲總理。約西元前6000年，開始有人類在愛爾蘭定居。塞爾特人的遷入始於西元前約

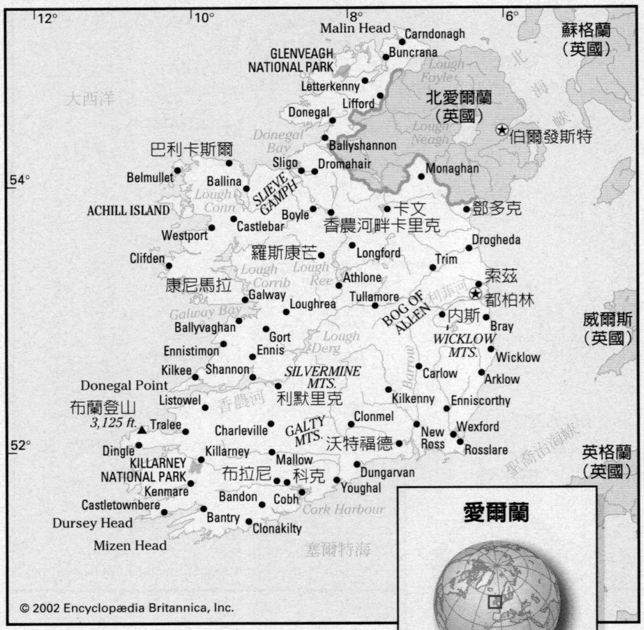

300年。聖派翠克於5世紀將基督教傳布到全國，深受當地人崇敬。795年，挪威人統治愛爾蘭，1014年挪威人敗於布萊安而告終。1171年當英格蘭國王亨利二世自稱是整個愛爾蘭島的最高君主時，蓋爾人愛爾蘭的獨立隨即告終。16世紀始，愛爾蘭天主教地主被英國宗教迫害而逃離，取而代之的是英格蘭是蘇格蘭的新教移民。1840年代的大饑荒導致兩百萬人移民他國和愛爾蘭自治運動的成立動力。復活節起義（1916）其後內戰（1919～1921）在天主教多數的南愛爾蘭爆發，他們支持完全獨立，在新教多數的北愛爾蘭支持繼續與不列顛聯合。南愛爾蘭被授予自治地位，1921年成爲愛爾蘭自由邦，1937年改名爲愛爾蘭，成爲自治獨立國家。第二次世界大戰中保持中立。1949年不列顛承認了愛爾蘭的地位，但是宣稱未經北愛爾蘭議會的同意，六個郡（參閱Northern Ireland）不得割讓。1973年加入歐洲經濟共同體（後來的歐洲共同體），現爲歐洲聯盟的會員。20世紀後期，主要是島內的天主教與新教教派之間的戰鬥。

Ireland, Northern 北愛爾蘭 由大不列顛和北愛爾蘭組成的聯合王國（英國）的一部分。位於愛爾蘭島東北部，四周爲愛爾蘭共和國、愛爾蘭海、北海峽及大西洋。常被稱作阿爾斯特省。面積14,120平方公里。人口：約1,663,200（1998）。首府貝爾法斯特。人口是當地愛爾蘭人的後代以及來自英格蘭和蘇格蘭的移民。語言：英語（官方語）。宗教：新教（大部分）和天主教（少數）。貨幣：英鎊。工業有工程、造船、汽車製造、紡織、食品與飲料加工、服裝；服務業雇員約占員工總數的2/3，製造業員工則不到總數的1/5。農業具有舉足輕重的地位，大部分農場收入來自畜牧業。北愛爾蘭的歷史大部分與愛爾蘭共和國融爲一體，不過16～17世紀移民進入的英格蘭和蘇格蘭新教徒更願意在阿爾斯特地區定居。1801年的「合併法」產生了聯合王國，將大不列顛與愛爾蘭連爲一體。爲了應對風起雲湧的愛爾蘭自治運動，1920年通過的「愛爾蘭政府法」規定在愛爾蘭成立兩個部分自治的地區：北部六個縣組成北愛爾蘭，南部縣則組成現在的愛爾蘭共和國。1968年與新教徒之間的暴力衝突導致天主教徒的人權抗議，英國在1970年代初派軍隊進駐。愛爾蘭共和軍隨之開始長期的恐怖活動，試圖迫使英國軍隊撤出，以實現北愛爾蘭與愛爾蘭的統一。1972年北愛爾蘭的憲法和議會被中止，該地區被全面置於英國的管制之下，此後衝突一直持續了三十多年。1998年英國政府與愛爾蘭共和軍談判獲得一項和平協議，在該地區實行廣泛的國內法。1999年地方權力已轉移至一個經選舉產生的國民代表大會，不過不斷發生的新的教派衝突以及愛爾蘭共和軍始終不願交出武裝，令國民代表大會的前景蒙上了陰影。

Irenaeus, St.＊ 聖伊里奈烏斯（西元120/140～200年） 主教和神學家。父母爲希臘人。在被任命爲呂格敦農（今法國里昂）主教之前是高盧傳教士。他的包括《反異教》在內的主要著作都爲批判諾斯底派而作。爲了抵消諾斯底派的影響，他大力推進權威經典《新約》的發展。他堅決捍衛基督教上帝與舊約中的上帝是同一人的信仰，這就發展了使徒信條。因爲他在批駁諾斯底派論點之前首先對他們的觀點進行了概括敘述，所以他的著作被認爲是瞭解諾斯底派資訊的寶貴資料。

Ireton, Henry＊ 艾爾頓（西元1611～1651年） 英格蘭政治人物。英國內戰時期議會派領袖。內戰爆發後加入議會軍，他參與的戰役多次獲勝。1645年當選爲議員。1646年與克倫威爾之女結婚。1647年他提出君主立憲方案，被查理一世拒絕後，艾爾頓爲攻擊君主制提供了思想基礎。他將查理送審，爲查理一世死刑令的簽署人之一。作爲英王駐愛爾蘭代表和代理總司令（1650），他在愛爾蘭鎮壓天主教徒叛亂。死於利默里克之圍。

Irgun Zvai Leumi＊ 伊爾貢・茲瓦伊・盧米 希伯來語，意爲「國民軍組織」。巴勒斯坦猶太右翼地下運

動，其政策是號召在必要時使用武力，在約旦河兩岸建立一個猶太國家。反對英國和阿拉伯人。其活動包括1946年造成91人死亡的大衛王酒店襲擊事件和1947年對一個阿拉伯人村莊的屠殺，造成了全部254名村民的死亡。1943年比金成爲該組織領袖。以色列獨立建國後，該機構解散。在政治上，它是希路特（Herut，自由）黨的先驅。亦請參閱Likud。

Irian ➠ New Guinea

Irian Jaya　伊里安查亞　印尼一省，今稱西巴布亞（West Papua）。包括新幾內亞島之西半部及其近海島嶼，以及斯考滕和拉賈安帕特島群。島上毛克山脈在查亞山海拔高達5,030公尺。1511年葡萄牙人首先發現了該島，1828年荷蘭人聲稱對其擁有主權。1963年主權移交給印尼，1969年成爲一個省，首府查亞普拉。1990年代末叛亂者在那裡領導了一場分離主義者運動。人口1,650,000（1990）。

iridium＊　銥　金屬化學元素，爲過渡元素的一種，化學符號Ir，原子序數77。銥是一種非常稀有、珍貴、銀白色、質地堅硬而易脆的金屬，甚至能抗大部分的酸腐蝕，它還是地球上密度最大的物質之一。自然界中可能不存在純銥，通常和其他貴金屬共生於天然合金中（化學活性不活躍或遲鈍）。純金屬銥由於太硬而不能作任何重大的用途：鉑－銥合金用於製造珠寶、鋼筆尖、外科手術針、樞軸、電氣接觸點和發火點，以及擠壓模具。國際標準質量千克的原型就是由90%鉑和10%銥的合金製成的。在岩石中發現有非比尋常高含量的銥，年代測定可追溯到白堊紀和第三紀，已引起一種爭議性的假說：曾有一顆含銥的隕石撞擊地球，導致災難性的連鎖事件，其中包括恐龍和許多其他的生命形式。

Irigaray, Luce＊　伊希迦黑（西元1932?年～）　法國女性主義精神分析學家與哲學家。她在她的著作中檢視了跟女人有關的語言使用與誤用，例如《另一女人的反射鏡》（1974）一書，論稱歷史與文化都是以父權語言書寫並且以男人爲中心，而弗洛伊德的思考是基於他對女人的厭惡。其他著作包括《性別差異倫理學》（1984）、《我，你，我們》（1990）。

Irigoyen, Hipólito＊　伊里戈延（西元1852～1933年）　亦作Hipólito Yrigoyen。阿根廷政治家、總統（1916～1922, 1928～1930）。曾先後任律師、教員、農場主和政界人士，1896年成爲激進黨領袖，爲自由選舉改革努力不懈，1912年成功地保障了不記名投票的通過。1916年當選總統，他批准了改善勞動條件的措施，但推行不力。1919年政府武力鎮壓了一次嚴重的罷工。腐敗和推行民主改革的失敗使他在1928年重掌政權後再度失去支持。大蕭條更是進一步削弱了他的地位。一場幾乎沒有流血的軍事政變結束了他的政治生涯。

iris family　鳶尾科　鳶尾科植物，大約1,700個物種的多年生草本植物及一些灌木所組成，約有80個屬。著名的觀賞植物如鳶尾花（鳶尾屬）、唐菖蒲（參閱gladiolus）、藏紅花、小蒼蘭。鳶尾花有像劍一般平滑的葉片，在光滑的莖上長出豔麗的花朵，各種顏色和大小。非洲的數量與種類最多，幾乎全世界溫帶、副熱帶與熱帶地區都可發現。地下莖可能是根莖（如美洲鳶尾物種）、鱗莖（如歐洲西南部的鳶尾物種）或是球莖（如唐菖蒲）。

Irish elk　愛爾蘭麋　已絕滅的大角鹿屬的巨麋。化石通常見於歐洲和亞洲的更新統（160萬年前至1萬年前）。大小約如現代駝鹿，具有已知鹿類中最大的角（有些個體中寬4公尺）。大角鹿可能殘存到西元前700～西元前500年。

Irish Free State ➠ Ireland

Irish Home Rule ➠ Home Rule

Irish language　愛爾蘭語　或稱愛爾蘭蓋爾語（Irish Gaelic language）。愛爾蘭的塞爾特語，以拉丁字母書寫，約於西元5世紀由基督教引入。愛爾蘭語的發展大致分爲三個時期：古愛爾蘭語（西元前7世紀至西元950年）、中古愛爾蘭語（約西元950～1200年）和現代愛爾蘭語（約自西元1200年開始）。歐甘文字較古愛爾蘭語早。古愛爾蘭語和中古愛爾蘭語爲傳遞散文和詩等豐富文學的工具。古典現代愛爾蘭語在愛爾蘭和蘇格蘭蓋爾登爲高等文學媒介，且一直延續至現代。（參閱Scottish Gaelic language）。愛爾蘭語的辨識在英文規則影響下式微，至1800年成爲無書寫形式的語言，這般消逝和轉變起因於愛爾蘭馬鈴薯饑荒，以及之後大幅提升英語而急遽削減了愛爾蘭語使用者的數量。愛爾蘭語在19世紀晚期、20世紀初期被正身爲文學用語，而在1921年獨立之時成爲官方語言。雖然愛爾蘭西部沿海確實存在著一小群人所使用的社群語言，成千上萬的愛爾蘭國民和其後裔亦或多或少地參具備完整愛爾蘭語使用能力，此舉的可貴之處在於將文化識別能力傳承下去，幾乎可以肯定愛爾蘭語文化仍能在21世紀中存留著。

Irish Literary Renaissance　愛爾蘭文學文藝復興　19世紀末至20世紀初愛爾蘭文學人才輩出的時期，它與政治上強烈的民族主義和對愛爾蘭蓋爾語文學遺產重新燃起的興趣有密切關係。愛爾蘭文學文藝復興是受到蓋爾語復興產生的民族自豪感所激勵，如在奧格雷迪所著《愛爾蘭史》（1880）、海德所著《愛爾蘭文學史》（1899）等書中重述了古代英雄傳說，以及受到爲復興愛爾蘭語和文化而成立的蓋爾學會（1893）的鼓舞。該運動發展成爲一支生氣勃勃的文藝大軍，其中心人物是葉慈；其他的重要人物是格列哥里夫人、辛格和歐凱西。亦請參閱Abbey Theatre。

Irish Potato Famine　愛爾蘭馬鈴薯饑荒　1845～1849年因馬鈴薯連年歉收而發生在愛爾蘭的饑荒。1840年代初期，愛爾蘭近一半人口（主要是鄉村窮人）幾乎完全依靠馬鈴薯度日。由於對一兩種高產馬鈴薯品種的依賴，使作物對於疾病（包括晚疫病眞菌）沒有抵抗力，因而破壞了作物。當時英國政府對飢餓的愛爾蘭人提供極少的救助，僅限於建立施粥所及提供貸款。這次饑荒成爲愛爾蘭人口史上的分水嶺：約110萬人死於飢餓或饑荒造成的其他疾病，在饑荒期間移居北美和英國的愛爾蘭人可能達150萬。此後愛爾蘭人口繼續下降，到1921年愛爾蘭獲得獨立時，其人口竟不足饑荒前人口（840萬）的一半。

Irish Rebellion ➠ Easter Rising

Irish Republican Army (IRA)　愛爾蘭共和軍　以愛爾蘭共和國爲基地的非官方的半軍事組織，1919年成立，當時是爲了脫離英國而奮戰。愛爾蘭共和軍以使用武力達到和新芬黨一樣的目標，但兩派始終是各自獨立運作。1922年愛爾蘭自由邦建立後，他們拒絕接受與北愛爾蘭分裂，暴力活動持續。1931年愛爾蘭共和軍被宣布爲非法，愛爾蘭的議會通過不需經過審判就可拘留其成員。1960年代獲得廣泛的支持，當時在北愛爾蘭的天主教徒開始一場爭取民權的運動，反對再受到占多數的新教教徒的差別待遇。1969年愛爾蘭共和軍分爲兩翼：馬克思主義官方派，避免使用武力；臨時派，阿爾斯特天主教徒堅決主張使用恐怖手段來對付阿爾斯特新教徒和英國士兵，其中包括1979年暗殺蒙巴頓，以及他們在1994年停火前殺死了3,000多人。

H I J K

Irish Sea 愛爾蘭海 北大西洋屬海，隔開愛爾蘭島和大不列顛島。經北海峽和聖喬治海峽通大西洋。長約210公里，寬約240公里。總面積約100,000平方公里。最深處約175公尺。曼島和安格爾西島爲兩個主要島嶼。

Irish terrier 愛爾蘭㹴 最古老的㹴品種之一，在愛爾蘭培育而成。體高41.5～46公分，體重10～12公斤。被毛捲曲，金紅色至紅棕色。綽號「義勇狗」，適應能力強、忠實、活潑、勇敢。在第一次世界大戰中曾作通信狗和放哨狗。可用於打獵和尋取獵物遊戲。

愛爾蘭㹴
Sally Anne Thompson

Irish wolfhound 愛爾蘭獵狼狗 身材最高的狗品種。視力敏銳的獵犬，在愛爾蘭用以獵狼和其他一些遊戲運動，以其速度和力量聞名。是一種古老的品種，最早記錄見於西元2世紀。體形與靈猩相似，但遠較靈猩強壯。雌性比雄性體形小得多，體高至少76公分，重50公斤或以上。被毛粗糙，眉和下頜有長毛，毛色包括灰色、帶深色斑紋的灰色、紅棕色、黑色和白色。性馴順，可與人作伴。

Irkutsk＊ 伊爾庫次克 俄羅斯中東部的城市。位於安加拉河邊，1652年建成爲一個過冬營地。很快成爲毛皮貿易的商業中心和俄羅斯通往中國和蒙古的商路基地。1898年西伯利亞大鐵路通達後更爲興盛。今爲東西伯利亞和俄羅斯遠東地區的工業和文化中心。設有國立伊爾庫次克大學和科學院西伯利亞分院。人口約585,000（1995）。

iron 鐵 金屬化學元素，爲過渡元素的一種，化學符號Fe，原子序數26。鐵是最常使用和最便宜的金屬，在地殼中，其豐度在金屬中居第二位，在所有元素中排在第四位。地殼中游離鐵很少見，而通常存在於合金（特別是隕石）及數百種礦物中，包括赤鐵礦、磁鐵礦、褐鐵礦和菱鐵礦。人體平均含鐵約4.5克，大部分存在於血紅素和它的前身中。鐵在飲食中對健康至爲重要。鐵在常溫下具有鐵磁性，也是唯一可被回火的金屬。其用途廣泛，用於打造各式各樣的鋼，以及用於鑄鐵和熟鐵（統稱「含鐵金屬」）中。用雜質（尤其是碳）來改變其性質是製鋼的基礎。化合物中鐵的原子價爲2（亞鐵）或3（三價鐵）。氧化亞鐵和三氧化二鐵用於製作顏料，後者還用作寶石匠的紅鐵粉。鐵銹是三氧化二鐵含水分而形成的；鐵氧體是從一種中間的氧化物製得，廣泛用於製造電腦記憶體和磁帶。硫酸亞鐵和硫酸高鐵，以及氯化亞鐵和氯化高鐵在工業應用上均十分重要，如用作媒染劑、還原劑、絮凝劑或原料，還可用於製造墨水、肥料。

Iron Act 制鐵條例（西元1750年） 英國國會法案，旨在限制美洲殖民地的鋼鐵工業。爲滿足英國的需要生鐵和鐵棒可免稅出口到英國。禁止殖民地進一步發展精緻鐵製品生產，不准向其他國家出口鐵。

Iron Age 鐵器時代 石器－青銅器－鐵器時代序列（或三時代體系）中的最後技術與文化階段。在這一階段，大量地使用這種鐵代替青銅製造用具和武器。鐵器時代的開始隨地理環境的差異而有所不同，中東和東南歐約始於西元前1200年左右，中國則遲至西元前600年左右才開始。隨著鐵製品的大規模生產帶來了比較固定的新型居民點，利用鐵製造武器，民衆第一次擁有兵器。引發歷經兩千年尚未結束的一系列大規模的移動和征服活動，使歐洲和亞洲的面貌發生變化。亦請參閱Bronze Age。

Iron Curtain 鐵幕 第二次世界大戰後蘇聯設置的政治、軍事和意識形態上的屏障，以把自己及依附於它的東歐同盟國封鎖起來，不同西方和其他非共產黨地區公開接觸。1946年邱吉爾在美國密蘇里州富爾敦作的演說中運用了這個詞語。1953年史達林去世後鐵幕的限制和嚴格程度有所放鬆，但是1961年柏林圍牆的建造又予恢復。1989～1990年共產黨放棄了在東歐的一黨統治，鐵幕在很大程度上已不復存在。

iron-deficiency anemia 缺鐵性貧血 最常見的貧血類型，原因可能是特定時期內鐵丟失過多或貯存減少（如生長迅速時期、妊娠期、月經期），飲食中鐵攝入不足或同化效能較差（如饑餓、腸道寄生蟲病、胃切除術引起）。在美國約20%的幼兒、5～10%的十五～四十五歲的婦女患有缺鐵性貧血。症狀有精力不足，有時面色蒼白、呼吸短促、四肢發冷、舌痛及皮膚乾燥。隨病情進展，紅血球變小，顏色變淺，血紅素低，血液內鐵量降低及體內貯存鐵減少。給以鐵劑治療可使症狀迅速改善。

iron ore, bog ➠ bog iron ore

iron pyrite ➠ pyrite

ironclad 裝甲艦 19世紀中期歐洲和美國研製的一種軍艦，其特點是有鐵裝甲炮台保護船身。在克里米亞戰爭（1853～1856）中，法國和英國用「水上炮台」，即裝有重炮的裝甲駁船，成功地攻擊了俄國的防禦工事。法國於1859年造成第一艘鐵甲艦「光榮號」，鐵甲厚約11公分，後面有大肋木支撐。英國和美國緊隨其後。美國內戰爆發後，北方聯軍在密西西比河上使用了裝甲炮艦。1862年這樣的一艘小艦隊攻下了亨利堡。「莫尼特號」和「梅里馬克號」之戰（1862）是第一次裝甲艦之間的交戰。後來經過多次改進裝甲艦演變成戰艦。亦請參閱monitor。

法國裝甲艦Gloire，版畫，斯邁思（Smythe）據威頓（A. W. Weedon）之作品複製
By courtesy of the trustees of the British Museum; photograph, J. R. Freeman & Co. Ltd.

Irons, Jeremy 艾朗（西元1948年～） 英國男演員。舞台劇處女作爲1973年的《福音》，1984年於百老匯登台演出*The Real Thing*（獲東尼獎）。在首部銀幕作品《舞王》（1980）大受好評後，艾朗於《法國中尉的女人》（1981）的表現受到矚目，並由於演出熱門電視影集*Brideshead Revisited*（1980～1981）而廣受歡迎。後續的作品有《雙生兒》（1988）、《親愛的，是誰讓我沈睡了》（1990，獲奧斯卡獎）、《水之鄉》（1992）以及《洛麗塔》（1997）。

Ironside, William Edmund 艾隆賽（西元1880～1959年） 受封爲艾隆賽男爵（Baron Ironside）。英國特級上將。

曾參與南非戰爭第一次世界大戰期間指揮聯軍在北俄羅斯（1918）及北波斯灣（1920）作戰，後來成爲派駐印度（1928～1931）及中東的聯軍統帥。第二次世界大戰初期，他是英國參謀總長（1939～1940），1940年升爲特級上將並爲三軍統帥。

ironweed 斑鳩菊 菊科斑鳩菊屬植物，約500種，其多年生小草本種廣佈世界，灌木和喬木種主要原產於熱帶地區。披針形，葉緣齒裂。頭狀花序簇生，僅具盤花，苞片單層，覆瓦狀排列。一些種秋季開花，花簇豔麗，白色、紫色或粉紅色。

Vernonia fasciculata，斑鳩菊的一種
Dan Morrill

ironwood 鐵木 爲數衆多的喬木及灌木，出現在世界各地，異常強韌或堅固的木頭，當成木材、籬笆樁與工作把手。物種包括美國鵝耳櫪，伊朗北部的小型喬木波斯鐵木，以及錫蘭鐵木。雖然這三種喬木隸屬不同的植物目，都是亮麗的黃色到橙色，秋季葉片轉爲深紅色。

irony 反語 一種語言寫作方式，其真正的意圖被文字或情境的字面意義隱藏或牴觸。口頭上的反語不論是用說的或用寫的，都是因事件是什麼樣子或該是什麼樣子之間的對比意識而產生。戲劇反語則是在戲劇作品裡被期待和該發生事件之間的不一致，這仰賴戲劇結構更勝於其所使用的文字，通常由觀衆對結局預設立場所創造，但這跟角色自身並不一致。亦請參閱figure of speech。

Iroquoian languages＊ 易洛魁諸語言 約十六個北美印第安諸語言家族所使用的原住民語言，約分佈於五大湖東、大西洋中部分州和美國南方。除了易洛魁邦聯的語言（摩和克語、奧奈達語、奧農達加語、卡尤加語、塞尼卡語都分佈於紐約州，以及北卡羅來納州的突斯卡洛拉語）和切羅基語（分佈於阿帕拉契山南麓），易洛魁諸語言已亡佚，而除了休倫語和韋安多特語以外，關於亡佚的易洛魁諸語言的記載更是少之又少。易洛魁諸語言的鮮明特色爲錯綜複雜的文法，許多句子的語義內容是以口語爲根基，因此會形成極難發音的複雜且冗長的單字。

Iroquois＊ 易洛魁人 用於稱呼易洛魁聯盟，或泛指全部操易洛魁語。操易洛魁語的人半定居生活，經營農業，遇必要時將其村落圍以柵欄。住長形房屋，每所可容幾個家庭，奉行母系制的群體中，婦女在田間耕作，有助於確定村莊議事會的組成。男人建築房屋、狩獵和捕魚，參加戰鬥。易洛魁人神話執迷於超自然的侵犯和殘暴；巫術、拷打和同類相食。正式宗教活動有農業節慶。易洛魁人生性好戰，常常拷打戰將數日，並將戰將轉爲永久奴隸。今日各個易洛魁部落約有20,000名成員。

Iroquois Confederacy 易洛魁聯盟 亦作League of the Iroquois。紐約州五個（後來六個）印第安人部落組成的聯盟。它在17～18世紀英國和法國爭奪北美的戰爭中具有重要作用。這五個易洛魁部落是摩和克人、奧奈達人、奧農達加人、卡尤加人和塞尼卡人。圖斯卡羅拉人於1772年加入。據傳，1570～1600年由出生於休倫的迪卡納維達成立。實現奧農達加人海華沙的早期觀念。最初聯盟勉強地阻止了休倫人和馬希坎人的進攻。到1628年摩和克人打敗馬希坎人建立由他們自己支配的部落地區。1648～1650年易洛魁人摧毀休倫人後，他們被休倫人的法國聯盟攻擊。美國革命期間，奧奈達人和圖斯卡羅拉人支持美國，由布蘭特率領的其他部落則爲英國人戰鬥。1779年效忠派易洛魁人在紐約州埃爾邁拉附近被打敗，聯盟走向消亡。該聯盟以聯合抗拒入侵的願望爲基礎，以部落和五十名酋長組成的公共會議爲形式，每部落一票，以全體一致爲準則。

irrational number 無理數 在實數中，無法以整數的商數表示的數。以十進位的形式，表示成無止盡、不重複的小數。例如質數的平方根以及超越數如π和e。

Irrawaddy River＊ 伊洛瓦底江 緬甸河流。向該國中部流貫2,170公里。注入孟加拉灣。是緬甸最重要的商品運輸水道。由恩梅開江和邁立開江匯流形成。在中部乾旱地區，該河與它的主要支流親敦江匯合。主要港口是曼德勒，稍埠、卑謬和興實達。

irrigation 灌溉 人工供水至田地，維持或增加糧食作物的生產，現代農業的一個關鍵要素。灌溉可以補償自然降雨速率與體積的多變。水從天然的池塘、湖泊、河流或井抽取出來；貯水系統與水壩擋住較大的河流與年洪水。在水壩底下，打開混凝土築成的渠道閘門，藉由重力流江水輸送到田地上。更複雜昂貴的渠道從人工建構的巨大水庫流出，保有一整年的供水。現在移動式輕型鋁管灌溉系統廣泛使用。新的滴水灌溉方法，用細小的管子直接供水的每棵植物的底下。農業灌溉、水塔以及發明汲水與分水的機器都是古代的創新。古埃及人在西元前5000年就引尼羅河水灌溉，其他古代文明如巴比倫和中國似乎也以灌溉爲基礎的農業而大規模發展。

Irtysh River＊ 額爾齊斯河 哈薩克語作Ertis。中國的河流，發源於新疆維吾爾自治區的阿爾泰山。向西流過中國邊界，再向西北穿越哈薩克，進入俄羅斯的西伯利亞，在這裡成爲鄂畢河最大的支流。全長約2,640哩（4,248公里），大部分河段皆可航行，主要河港包括托博爾斯克、塔拉、鄂木斯克、巴甫洛達爾、塞米伊和奧斯克門。

Irvine 歐文 蘇格蘭斯特拉斯克萊德大區的皇家自治市和海港。瀕臨大西洋。爲蘇格蘭新建立的五城之一。1967年劃爲接納格拉斯哥的過剩人口，並振興該地區的經濟和工業。18～19世紀，因其他城鎮的競爭和港口淤塞，地位下降。現爲工業中心，生產化學品、機械、電器和服裝。人口155,000（1990）。

Irving 歐文 美國德州東北部城市，1903年建立。1914年建市。1950年代該市發展成爲工業中心。爲達拉斯的郊區，建達拉斯大學和德夫賴理工學院以及德州體育館，該球館爲美式職業足球隊達拉斯牛仔隊的本部。人口約177,000（1996）。

Irving, Henry 歐文（西元1838～1905年） 受封爲亨利爵士（Sir Henry）。原名John Henry Brodribb。英國演員。隨劇團巡迴演出了十年。1866年在倫敦取得首次成功。他在《鐘樓》（1871）一劇的成功，使他成爲貝特曼劇團（1871～1877）的主要演員。作爲蘭心劇院（自1878年）的演員和經理，他使該劇院成爲倫敦最成功的劇院。他與黛麗組成一個傑出的演出搭檔，兩人合作一直到1902年劇團解散。他們以飾演莎士比亞作品的角色而著名，在英國和美國吸引了大批觀衆。

Irving, John (Winslow) 歐文（西元1942年～） 美國小說家。生於新罕布夏州愛塞特，在1970年代成爲全職作家前曾於數所大學任教。他早期三本小說之中的*Setting Free the Bears*（1969）引發了後續的暢銷作《蓋普眼中的世界》（1978，1982年改編爲電影），這部名作和他其餘作品相仿，均有動人的敘事線、鮮明的角色、駭人的幽默感以及對當代議題的檢視。之後的小說有《新罕布夏飯店》（1981，1984改編爲電影）、*The Cider House Rules*（1985，1999改編爲電影）、*A Son of the Circus*（1994）以及*A Window for One Year*（1999）。

Irving, Washington　歐文（西元1783～1859年）　美國作家。有「美國文壇第一人」之稱。起初從事律師業，不久成爲團體的領導者，並出版《雜燴》（1807～1808），是一本想入非非的詩文期刊。諧謔的《紐約外史》（1809）出版後，他的寫作較少，一直到他最成功的作品《見聞札記》（1819～1820）問世。該作品包括了其著名故事「睡谷傳奇」和「李伯大夢」。接著他寫了《見聞札記》的續編《布雷斯布里奇田莊》（1822）。他出使馬德里擔任外交職務，在該地他的寫作（包括《阿爾罕伯拉》〔1832〕）反映了他對西班牙的過去發生了興趣。他晚年大部分時間在哈得遜河畔的寓所「向陽居」度過。

歐文，油畫：賈維斯（John Wesley Jarvis）繪於1809年
By courtesy of Sleepy Hollow Restorations

Isaac II Angelus　伊薩克二世・安基盧斯（西元1135?～1204年）　拜占庭皇帝（1185～1195）。君士坦丁堡暴民殺死其堂兄安德羅尼卡一世皇帝，擁立他即位。他將諾曼人趕出希臘（1185）。不過，他未能從叛亂中收復塞浦路斯。他被迫協助第三次十字軍東征（參閱Crusades）領袖紅鬍子腓特烈一世。他擊敗塞爾維亞人（1190）。不過，他正準備進攻保加利亞人前，突被其兄弟推翻，被監禁並刺瞎雙眼（1195）。其子亞歷克賽使第四次十字軍調轉矛頭進攻君士坦丁堡，以使其父重新掌權（1203）。父子並爲皇帝，一度治理國家。後被廢黜，在一次革命中被殺。

Isaac of Stella　斯特拉的以撒（西元1100?～1169?年）　修士、哲學家和神學家。在克萊爾沃的聖貝爾納推行的改革中加入了西篤會。他的學術著作運用了邏輯的論證，並受到聖奧古斯丁的新柏拉圖主義的影響。他的代表作〈致阿爾歇論靈魂〉（1162）結合了亞里斯多德和新柏拉圖派的心理學理論與基督教神秘主義。作爲他那個時代的人文主義思想領袖，他認爲人類的智力可以及時捕捉終極的思想並使人類可以通過直覺體會上帝的存在。

Isaac the Elder ➠ Israeli, Isaac ben Solomon

Isaac, Heinrich　衣沙克（西元1450?～1517年）　法蘭德斯作曲家。大多數時間在義大利度過。尤以佛羅倫斯爲主。以尼德蘭風格的首要代表人物而知名。作爲馬克西米連一世皇帝的宮廷作曲家，他被允許旅行。他有許多學生，其中包括有森夫爾（1486?～1543?）。他在德國歷史上的重要性是北方風格在那裡的主要傳播者。他的作品優美、高級，其中包括一百首以上彌撒曲、許多經文歌和世俗歌曲。使有些人認爲他是他的同時代中僅次於若斯坎・德普雷。

Isabela Island　伊莎貝拉島　厄瓜多爾加拉帕戈斯群島中最大的島嶼。位於東太平洋。面積5,825平方公里。北端的阿爾伯馬爾，赤道橫穿。島上有獨一無二不會飛的鸕鶿和企鵝，以及大群的鬣鱗蜥和一群紅鸛。

Isabella I　伊莎貝拉一世（西元1451～1504年）　別名天主教徒伊莎貝拉（Isabella the Catholic）。西班牙語作Isabel la Católica。卡斯提爾女王（1474～1504年在位）和亞拉岡女王（1479～1504年在位）。她是卡斯提爾－萊昂國王約翰二世的女兒，1469年與費迪南德結婚。伊莎貝拉在內戰的烽火中度過即位最初的幾年（1474～1479）。1479年卡斯提爾王國和亞拉岡王國便以君主個人的結合合而爲一。然而兩個王國仍然各行其是，各有一套治理國家的機構。在長期戰鬥（1482～1492）中，伊莎貝拉與費迪南德成功地征服了穆斯林在西班牙的最後據點格拉納達王國。1492年伊莎貝拉核准支持哥倫布的新大陸探險。同年在異端裁判所的說服下，伊莎貝拉參與驅逐不願信奉基督教的猶太人。同她的宗教顧問，她改革了西班牙教會。

伊莎貝拉一世，肖像畫：現藏馬德里雷亞爾歷史研究院
Archivo Mas, Barcelona

Isabella II　伊莎貝拉二世（西元1830～1904年）　西班牙語作Isabel。西班牙女王（1833～1868）。她是費迪南德七世之女，發布由她繼承王位，引發第一次卡洛斯戰爭（參閱Carlism）。伊莎貝拉未成年時期（1833～1843），由其母及埃斯帕特羅攝政。1843年埃斯帕特羅被軍官們廢黜，伊莎貝拉宣布成年。專制制度的自由主義反對派日益擴大，私生活醜聞迭起，及對朝政專權跋扈，導致1868年的革命，迫使她流亡國外。她宣布退位，由長子阿方索十二世繼承王位。

Isabella Farnese ➠ Elizabeth Farnese

Isaiah＊　以賽亞（活動時期西元前8世紀）　古代以色列先知，《舊約》中的〈以賽亞書〉即以其名命名。據說該書前39章是他所著；其他部分的作者不詳。西元前742年左右以賽亞受應召成爲先知，當時亞述開始向西擴張，稍後便侵略以色列。與阿摩司同時期，以賽亞揭發了猶太人經濟和社會的不公，並敦促他們遵守律法否則將承擔取消與上帝約定的風險。他正確的斷言以色列北部撒馬利亞於西元前722年毀滅，他還宣布亞述人將是行使上帝的懲罰的工具。基督教〈福音書〉引用〈以賽亞書〉比其他先知書多，它的「將刀打成犁頭」至今仍爲人們所傳誦。

ISBN ➠ International Standard Book Number (ISBN)

ischemic heart disease　缺血性心臟病 ➠ coronary heart disease

Ischia＊　伊斯基亞島　義大利南部島嶼，位於第勒尼安海加埃塔灣與那不勒斯灣之間。周長34公里，面積47平方公里，幾乎全部由火山岩構成。埃波梅奧死火山海拔788公尺，該島著名的葡萄酒即以此山命名。島上氣候溫和，有衆多礦泉，是著名療養度假勝地。包括伊斯基亞在內的主要城鎮都位於島的北部。

ISDN　ISDN　全名整體服務數位網路（Integrated Services Digital Network）。數位電信網路，在標準電話銅線或其他介質上運作。利用ISDN線路提供各種數位服務給消費者，包括數位語音電話、傳真、電子郵件、數位視訊以及存取網際網路。提供較寬的資料傳輸速率，速率可達每秒128 KB。ISDN比起普通的撥接連線（約每秒56 KB）要快，但比起纜線數據機或DSL連線（一般都超過每秒1 MB）要慢多了。

Ise Shrine　伊勢神宮　亦作Grand Shrine of Ise。本州南部伊勢灣邊日本最早的神道教神社。內神社（據說建於西元前4世紀）祭祀太陽神天照大神；外神社（5世紀）與內神社相距6公里，祭祀主司食物、衣服和房屋的豐收大神。兩座神社的主體建築都是日本古式的茅頂屋，用不上彩的日本柏木建成。神道教建築與衆不同的特色是千木（chigi），即前後屋頂的末端呈剪刀形。自7世紀以來，這些建築每二十或二十一年修繕一次。

Iseo, Lake＊　伊塞奧湖　義大利北部湖泊。位於阿爾卑斯山脈南麓。奧廖河自湖北端洛韋雷附近注入，從湖南端薩爾尼科流出。長25公里，面積62平方公里。伊索拉山爲湖心的大島，山頂有座教堂。

Isère River＊　伊澤爾河　法國西南部河流。發源於義大利邊境薩伏伊阿爾卑斯山脈，流向西南，在瓦朗斯上游與隆河匯合，全長290公里。不能通航，但可用於水力發電。

Isfahan ➠ Esfahan

Isherwood, Christopher　伊塞伍德（西元1904～1986年）　原名Christopher William Bradshaw-Isherwood。英裔美籍作家。就讀於劍橋大學，與奧登結爲摯友，二人一起旅行，合作出版了三部詩劇，包括《攀登F6》（1936）。1929～1933年住在柏林；關於這個時期的兩部小說，後來集結爲《柏林故事集》（1946）出版，爲劇本《我是相機》（1951，1955年拍成電影）以及音樂劇《酒店》（1966，1972拍成電影）提供靈感。他是個和平主義者，第二次世界大戰開始時移居南加州，在那裡教書和寫電影劇本。後來的小說和回憶錄反映出他是個同性戀者。他還是普拉布哈瓦南陀的追隨者，寫作並翻譯了一些關於印度吠檀多的作品。

Ishikari River＊　石狩川　日本北海道河流。發源於北見山地中部附近，西南流注入日本海的石狩灣。全長442公里，爲日本第二長的河。名稱得自蝦夷人用詞ishikaribetsu（河上大型水利工程）。

Ishim River＊　伊希姆河　哈薩克語作Esil River。哈薩克中北部以及俄羅斯中南部秋明和鄂木斯克兩州河流。爲額爾齊斯河支流，發源於哈薩克高地北部的尼亞茲山地，流向西北，在烏斯季伊希姆注入額爾齊斯河。全長2,450公里。

Ishmael ben Elisha＊　以實馬利．本．以利沙（活動時期西元2世紀）　猶太教賢哲。生於富裕的教士家庭。西元70年耶路撒冷第二聖殿被毀時，他被俘往羅馬，其以前的老師替他付了贖金並送回巴勒斯坦學習。以實馬利設立拉比學校，寫了有關塔木德的註釋，將通稱希勒爾七條準則的解經原子加以擴充爲十三條。他爲人平易可親，受人愛戴，對猶太教習俗抱靈活態度，解釋律法講求變通。常被認爲與阿吉巴．本．約瑟爭論，因阿吉巴解釋律法書嚴格依照字面意義，以實馬利則不拘泥於詞義。

Ishtar　伊什塔爾　美索不達米亞宗教中司掌戰爭和性愛的女神。在阿卡德稱爲伊什塔爾，西閃米特人稱爲阿斯塔特，蘇美人稱爲伊南那。在早期的蘇美，她是倉庫之神，也是雨水、雷暴之神，還曾是生育之神，具有多種互相矛盾的性質，既快樂又悲哀，既公平遊戲又充滿敵意。在阿卡德，她與維納斯有關，是妓女和酒館的保護神。在古代中東地區普遍信奉，被稱爲宇宙女王。

Ishtar Gate　伊什塔爾城門　約西元前575年在巴比倫城用燒製磚砌築的巨大雙重入口通道。門樓高逾12公尺，飾有釉面磚的浮雕。門道用石和磚鋪成，稱爲「行列道」。道路兩旁排列著120個磚獅，門樓上飾有約575條龍和牛，排成13行。

Isidore of Seville, St.　塞維爾的聖伊西多爾（西元560?～636年）　西班牙高級教士和學者，最後一位西方教父。約西元600年任塞維爾大主教，支援幾個掌管教會政策的委員會，包括第四屆托萊多會議（633）。他還勸化西哥德人放棄阿里烏主義而接受正統基督教教義。其最有名的著作《語源學》是一部百科全書，爲中世紀的標準參考書籍。還寫有神學著作、傳記以及關於自然科學、宇宙學和歷史等方面的論文。1598年被封爲聖徒，1722年宣布爲教義師。

isinglass　白雲母薄片 ➠ muscovite

Isis＊　伊希斯　古埃及主要女神之一，是俄賽里斯的妻子。俄賽里斯被塞特殺害後，伊希斯把他的遺體碎塊拚在一起，爲他哀悼，並使他起死回生。她瞞著塞特藏起他們的兒子何露斯，直到何露斯長大成人，可以爲他父親報仇。人們把她當作保護神膜拜，她有強大的法力，能治癒疾病或保護死者。希臘－羅馬時期，她在埃及諸女神中居於優勢地位，對她的狂熱崇拜成爲一種祕密教派，傳播於羅馬世界的大部分地區。

ISKCON ➠ Hare Krishna movement

Isla de Pasqua ➠ Easter Island

Islam　伊斯蘭教　世界主要宗教之一，西元7世紀初期穆罕默德在阿拉伯半島所創。「islam」一詞意指「服從」（submission），特別是服從唯一上帝之意志，阿拉伯語稱這唯一上帝爲阿拉。伊斯蘭教是嚴守一神論的宗教，其信徒穆斯林認爲先知穆罕默德是上帝使者中最後一位且最完美者，其他使者包括亞當、亞伯拉罕、摩西、耶穌等人。伊斯蘭教的聖典是《可蘭經》，載有上帝對穆罕默德的啓示。遜奈所詳述的先知穆罕默德的言行舉止，也是伊斯蘭教信仰與儀式的一項重要來源。所有穆斯林都須履行的義務，總結爲五功。伊斯蘭教中的根本概念是伊斯蘭教法，即「法」，包含了上帝所指示的整體生活方式。遵守教規的穆斯林一天祈禱五次，星期五在清眞寺參加伊瑪目帶領的集體禮拜。每一位信徒一生至少必須到聖城麥加朝聖一次，但貧困者與身障者除外。賴買丹月定爲齋戒月。伊斯蘭教禁酒與禁食豬肉，亦禁賭博、高利貸、詐欺、毀謗與塑像。除了慶祝賴買丹月齋戒結束之外，穆斯林還慶祝穆罕默德的誕辰（參閱mawlid）

伊什塔爾和她的獅子以及崇拜者
Courtesy of The Oriental Institute of The University of Chicago

與升天（參閱miraj）。「犧牲節」的慶典開啓了麥加朝聖期。穆斯林奉命要以聖戰護衛伊斯蘭教免於異教徒侵犯。由於哈里發繼承問題的爭議（參閱caliph），伊斯蘭教很早就出現分裂。大約90%的穆斯林屬於遜尼派。西元7世紀伊斯蘭教分裂出什葉派，此派後來又產生一些支派，例如伊斯瑪儀派。伊斯蘭教的另一項重要特質，是以蘇菲主義爲名的神祕論。19世紀開始，伊斯蘭共同體的概念鼓勵穆斯林拋開西方殖民統治，20世紀晚期的基本教義運動（參閱fundamentalism, Islamic），還威脅到或動搖了中東地區一些非伊斯蘭教政府。

Islam, Nation of ➠ Nation of Islam

Islam, Pillars of　五功　每個穆斯林必須履行的五項義務。第一項是發誓忠於眞主阿拉和先知穆罕默德。另四項是：一天祈禱五次，救濟貧民，賴買丹月中守齋，以及朝聖。

Islamabad＊　伊斯蘭馬巴德　巴基斯坦首都，位於拉瓦平第東北。1959年取代喀拉蚩建爲首都，被設計成現代與傳統伊斯蘭建築的混合體。城市本身很小，面積僅65平方公里，但規畫的首都區面積有910平方公里，包括城市周圍的自然階地和草地。設有伊斯蘭馬巴德大學（建於1965年）。人口約558,000（1990）。

Islambuli, Khalid al-＊　伊斯蘭布里（西元1958年～1982年）　刺殺沙達特的埃及激進份子。出身鄉間望族，曾就讀於埃及的軍事學院，並被派遣至炮兵軍團擔任尉級軍官。他的兄弟因領導反沙達特的伊斯蘭教派而遭到逮捕，他在憤怒之下加入激進的「聖戰」組織，並決意要在1981年沙達特紀念1973年以阿戰爭的閱兵典禮上刺殺他。經過公開審判後，他於1982年遭到處決。

Islamic architecture　伊斯蘭教建築　西元7世紀以來，中東和其他地區的穆斯林人口的建築傳統。伊斯蘭教建築在宗教建築上找到它的最高表現形式，如清眞寺和馬德拉沙。早期的伊斯蘭教建築如耶路撒冷的岩頂圓頂寺（691）和大馬士革的大清眞寺（705），都吸取了基督教的建築特色，如圓頂、立柱拱門和馬賽克，不過還包含了一些容納聚集祈禱者的大庭院和一個米哈拉布。從早期起，就採用了別具特色的半圓形馬蹄狀拱門以及豐富而非具象主義的表面裝飾。在伊拉克和埃及創造出多柱式的清眞寺（參閱hypostyle hall）後，才眞正有了自己的宗教建築。伊朗的清眞寺平面設計包括4個朝向中央庭院的拱頂大廳。這些磚造清眞寺也結合了圓頂和跨越房室各個角落的裝飾性內角拱（參閱Byzantine architecture）。波斯的建築特色傳播到印度，在泰姬·瑪哈陵以及蒙兀兒王朝的宮殿都能找到它的影響。鄂圖曼建築是從伊斯蘭和巴比倫傳統衍生而來的，以土耳其埃迪爾內的謝里姆清眞寺（1575）爲例，其特點是巨大的中央圓頂和一些細高的宣禮塔。艾勒漢布拉宮是最偉大的世俗伊斯蘭教建築之一。

Islamic arts　伊斯蘭藝術　指信奉伊斯蘭教地區的大衆從7世紀以來所創造的文學、音樂和視覺藝術。伊斯蘭視覺藝術富於裝飾作用，色彩鮮豔，就宗教藝術來說，是非具象的。典型的伊斯蘭裝飾圖案稱爲阿拉伯裝飾風格。從西元750年到11世紀中葉，是陶器、玻璃製品、金屬製造品、紡織品、手稿插圖和木工興盛的時期；虹彩玻璃是伊斯蘭對陶瓷藝術最偉大的貢獻。手稿插圖也是一門重要而備受尊敬的藝術，而細密畫爲伊朗在蒙古入侵（1220～1260）以後的時期最偉大也最具特色的藝術。書法藝術不僅被用在手抄經書上，同時也是建築和其他裝飾中重要的特色。伊斯蘭的詩及散文以阿拉伯語、波斯語、土耳其語和烏爾都語四種語言寫成。阿拉伯語作爲揭示伊斯蘭教和《可蘭經》的語言，居絕對重要的地位。伊斯蘭音樂爲一種單音音樂，沒有和音，其特色在於節奏和旋律是兩個不同的系統；以單線進行的旋律爲主展開各種裝飾，並且重視音樂名家的即席表演。伊斯蘭音樂通常由一個小型合奏團演奏，即一名歌手和數名樂器手以獨唱和樂器的演奏交替表演。樂器包括了打擊樂器、管樂器和弦樂器等，其中最具特色的是烏德琴。亦請參閱Islamic architecture。

Islamic calendar ➠ calendar, Muslim

Islamic caste　伊斯蘭種姓　印度和巴基斯坦的穆斯林中的社會分層單位。其發展歷史可追溯到印度教的種姓制度，從印度教改宗的穆斯林仍保持社會差別的傾向。最高一級爲穆斯林阿拉伯移民，稱阿什拉夫人。這一級又分成幾個亞群，最高的亞群自稱是穆罕默德的女兒法蒂瑪的後代。非阿什拉夫穆斯林種姓則分爲三個等級：高級印度種姓改宗者、手藝人種姓以及不可接觸者。

Islamic law ➠ Sharia

Islamic philosophy ➠ Arabic philosophy

Islamic Salvation Front (FIS)　伊斯蘭解放陣線　阿爾及利亞宗教政治團體，領導人爲貝勒哈吉、哈丹以及馬達尼等人。伊斯蘭教解放陣線曾在1990年的地方選舉贏得多數席次，在1991年的國會選舉第一輪投票更贏得絕對多數席次，但當局卻取消第二輪投票，並且逮捕陣線領導人。自此，伊斯蘭教解放陣線即與其他伊斯蘭極端組織聯手展開反政府的內戰，雙方均以殘暴手段相互對抗。伊斯蘭教解放陣線被認爲是暗殺總統布迪亞夫的主謀，但也有人駁斥這種說法。亦請參閱Groupe Islamique Armée、Zeroual, Liamine。

island　島嶼　面積比大陸小並且完全被水包圍的陸地，分布於大洋、大海、湖泊或河流中。成群島嶼稱作群島。大陸型島嶼簡單地說就是大陸陸塊被水包圍而未被淹沒的部分，世界最大的島格陵蘭就是大陸型島嶼。海洋型島嶼由火山活動產生，岩漿不斷堆積到很高的厚度，最後終於露出洋面而成爲島嶼，例如形成夏威夷的岩漿堆即高出洋底9,700公尺。

island arc　島弧　由一群海洋型島嶼組成的曲線形長島鏈，伴隨著強烈的火山和地震活動以及造山過程，例如阿留申－阿拉斯加島弧和千島－勘察加島弧。大多數島弧都由兩排平行的島列組成，內列是一串火山，外列則由一群非火山島嶼組成。在單弧的情況裡，許多島嶼都有活動的火山。典型的島弧在其內凹的一側有陸地塊或者部分封閉、通常較淺的海。沿島弧突出的一側，通常有一條長而狹窄的深海溝。

Islands, Bay of　群島灣　南太平洋的海灣，位於紐西蘭北島的東北海岸。海灣是由海水淹沒一個古老的河谷系統後形成，此灣有800公里的海岸線和約一百五十座島嶼。透過布雷特角和威威基角之間的通道連接到廣闊的海洋。進入該海灣的第一個歐洲人是1769年的科克船長。1840年英國人與本地的毛利人在這裡簽訂了「懷唐伊條約」。現爲療養勝地。

Islas Baleares ➠ Balearic Islands

Isle of Man ➠ Man, Isle of

Isle of Wight ➠ Wight, Isle of

Isle Royale National Park　羅亞爾島國家公園　島嶼國家公園，位於蘇必略湖西北方，密西根州西北部。設於

1931年，占地571,790英畝（231,575公頃），包括蘇必略湖最大的島嶼羅亞爾島，長45哩（72公里），直徑9哩（14公里）。它林內以及溪流和內陸湖棲息的野生動物，包含超過兩百種的鳥類。旅行只可能採用步行或划獨木舟，從陸地地區的密西根州和明尼蘇達州則有遊艇可資利用。

islets of Langerhans ➠ Langerhans, islets of

Ismail I＊　伊斯梅爾一世（西元1487～1524年） 伊朗國王（1501～1524年在位）和薩非王朝的締造者。生於什葉派家庭，十四歲時就成為什葉派軍隊的首領。1501年占領大不里士，自立為伊朗國王，將整個國家以及現代伊拉克部分地區置於他的控制之下。1510年他以少勝多，打敗烏茲別克遜尼派。由於他宣布什葉派為國教，激怒鄂圖曼土耳其人而於1514年入侵。伊斯梅爾戰敗，但鄂圖曼軍隊發生叛變迫使他們撤離。此後薩非王朝與他們的遜尼派鄰邦之間的衝突持續了一個多世紀。

Ismail Pasha＊　伊斯梅爾·帕夏（西元1830～1895年） 埃及總督（1863～1879）。曾在巴黎求學，後赴歐洲執行外交任務。被任命為總督後，便投入蘇伊士運河（1859～1869）工作。他計畫通過創立一個新的南埃及省來統一尼羅河流域，雖然未能實現，但成了民族主義感情的一個重要元素。在他任職期間，埃及國債增加了十倍以上，最後蘇丹罷免了他。

Ismaili＊　伊斯瑪儀派 伊斯蘭教什葉派的一個支派。伊斯瑪儀派是在西元765年第六代伊瑪目加法爾·伊本·穆罕默德去世後出現的。其子伊斯瑪儀只被少數人承認為是其繼承者，這些人後來被稱作伊斯瑪儀派人。伊斯瑪儀派教義形成於西元8～9世紀之交，在一般穆斯林和經傳授教義的伊斯瑪儀派人之間作出相應的區別。其隱密智慧只有透過以伊瑪目為首的教階組織才能獲得。哈里發的繼承產生數個支派。卡爾馬特派一支9～11世紀在伊拉克、葉門、尤其是在巴林確立了地位，法蒂瑪一支在969年征服了埃及，並建立了法蒂瑪王朝。法蒂瑪一個支派尼查爾派在11世紀晚期控制了伊朗和敘利亞，稱為阿薩辛派。在阿迦·汗的領導下得以延續至現代的尼查爾派，於1840年從伊朗遷至印度。於11世紀初從伊斯瑪儀派主體中分離出來的德魯士教派，他們建立了自己一套特殊的封閉式宗教信仰。

Ismay, Hastings Lionel＊　伊斯梅（西元1887～1965年） 受封為伊斯梅男爵（Baron Ismay (of Wormington)）。英國軍人。為職業軍官，曾在印度和非洲服役。1940～1946年任邱吉爾的參謀長和最親密的軍事顧問，參與同盟國大多數重大決策，尤其是決定以德國為盟國第一優先的打擊目標，以及計畫1944年的法國入侵。戰後任北大西洋公約組織祕書長（1952～1957）。

isnad＊　伊斯納德 伊斯蘭教用語，傳述穆罕默德、他的家人或撒哈比的教誨和行為的權威人士名單。每次這樣的傳述（稱為「聖訓」）包括傳下來的一串權威人士的名單，使用的格式是：「『據某甲對某乙說，某乙對某丙說，某丙對某丁說，某丁又對我說，穆罕默德說：『……』」。亦請參閱ilm al-hadith。

ISO ➠ International Organization for Standardization (ISO)

Isocrates＊　伊索克拉底（西元前436～西元前338年） 雅典作家、修辭學家和教育家。他創辦的學校與柏拉圖的哲學性質的學園大不相同，他的學校提供社會實際需要的教育；他幾乎完全放棄了修辭學。他造就了希臘以君主政體為基礎的政治和文化精英，並致力於聯合希臘各邦打擊在馬其頓的腓力二世領導下的波斯，以確保希臘的統一及和平。當希臘在喀羅尼亞戰役喪失獨立後，伊索克拉底絕食而死。

isolationism　孤立主義 一個國家採取杜絕與他國政治及經濟接觸的政策。雖然「孤立主義」在美國歷史上反覆出現，但這一詞彙現在通常專指1930年代美國國內的特殊情緒。當時由於威爾遜總統的國際主義失敗、加上自由主義式反戰情緒高張，以及美國到處充斥著大蕭條的傷痛，使得美國人不願多去關注在海外逐漸興起的法西斯主義。1934年「詹森法」和1935年的「中立法」，更有效阻止美國提供經濟及軍事援助給捲入歐洲爭端（後來演變成第二次世界大戰）的任何國家。對於納粹德國的攻擊，美國的孤立主義造成了英國的綏靖政策和法國的無力抵抗，但在1930年代美國最終還是跨出步伐，出面動員西半球力量以對抗經濟大蕭條及抵禦德國的進逼。亦請參閱neutrality。

Isole Eolie ➠ Lipari Islands

isoleucine＊　異白氨酸 基本氨基酸的一種，存在於大多數常見的蛋白質裡。1904年首先從與凝血有關的纖維蛋白中分離出來。用於醫學和生化研究，也可作為營養增補劑。

isomer＊　同分異構體 亦稱異構體。分子式相同但構型不同的兩種或兩種以上的物質，其差別只在於組成原子的排列不同。通常指立體異構體(而不是同分異構體現象或互變異構體現象)，其中還分為兩類：旋光異構體，亦稱對映異構體（參閱optical activity），以鏡像成對地產生；幾何異構體往往因分子結構的剛性而形成，在有機化合物中，這種剛性通常是由雙鍵（參閱bonding）或環狀結構引起的。在兩個碳原子之間為雙鍵的情況中，如果每個碳原子還鍵合著兩個其他的基團，而且都嚴格固定在同一平面上，那麼相應的基團可以在C＝C鍵的同一側（順式）或彼此分布於C＝C鍵兩側（反式）。對於都在同一平面上的環狀結構也可以作類似的區分，即組分基團在同一側的同分異構體和組分基團在平面兩側的同分異構體。不是對映異構體的非對映異構體也屬於這一類。大多數的順－反式同分異構體都是有機化合物。

isomerism＊　同分異構體現象 兩種或兩種以上的物質具有相同分子式（參閱chemical formula），但構型不同的現象。1830年貝采利烏斯最先認識並命名。在組成（結構）同分異構體現象中，分子式和分子量都相同，但化學鍵不同。例如，乙醇（CH_3CH_2OH）和甲基乙醚（CH_3OCH_3）的分子式均為C_2H_6O。彼此間很容易相互轉換的組成異構體稱為互變異構體現象。第二種類型是立體同分異構體，具有相同原子的物質以相同的鍵合方式結合，但它們的三維構型不同。亦請參閱isomer。

Isonzo, Battles of the＊　伊松佐河之戰（西元1915～1917年） 第一次世界大戰時期，在義大利東部前線沿伊松佐河發生的十二次戰役。僅流入奧地利的伊松佐河，兩岸多懸崖峭壁。1915年義軍參戰之前，奧地利人已在山上構築工事，據有利地位。卡多爾納將軍（1850～1928）領導所有對奧地利發動的攻擊，但義軍都無法突破這個強大的天然障礙。最後他們被51師和遭驅逐的奧地利人擊敗，但德國派軍增援並接手攻擊行動，以卡波雷托戰役結束此次行動。

isoprenoid＊　類異戊間二烯化合物 亦稱萜烯（terpene）。由兩個或多個異戊間二烯單元組成的一類有機化合物。異戊間二烯是含有5個碳原子的烴，有分支的鏈狀結構和兩個二價鍵（參閱bonding）。類異戊間二烯化合物在植

H I J K

物和動物的生理過程中起著廣泛且不同的作用。精油帶有味道和香味，諸如天竺葵醇（來自天竺葵油）是玫瑰香料的一個成分、薄荷醇（來自薄荷油）、檸檬醛（來自檸檬草油）和寧烯（來自檸檬油和橙油），還有松油烴（來自松脂）和樟腦）都有兩個異戊間二烯單元。有多個異戊間二烯單元的例子有葉綠醇，是葉綠素的前體化合物；鯊烯，是類固醇和三萜烯的前體化合物；番茄紅素，是番茄裡的紅色色素和重要的光化學物質；還有胡蘿蔔素，是胡蘿蔔裡的色素和維生素A的前體化合物。天然橡膠和相關的杜仲膠為聚異戊間二烯，含有成千上萬的異戊間二烯單元。

isospin＊　同位旋　亦稱isobaric spin或isotopic spin。表徵主要具有不同電荷值的有關亞原子粒子族的特性，這些族稱為同位旋多重態。原子核的組分（即中子和質子），形成同位旋二重態，因為它們只有在電荷和某些次要性質的不同，可視為同一物體（核子）的不同形式。核子的同位旋值為1/2。

isostasy＊　地殼均衡　指地殼所有巨大部分之間理論上的平衡狀態，彷彿這些部分是漂浮在地下約110公里處的一個密度較大的下墊層上似的。根據這個理論，海面以上的質量是受海面以下支撐的，因此高山是位於地殼較薄的地區，而其山根也必定延伸至地函。這與浮在水上的冰山情況類似，冰山的更大的部分在水下。

H I J K

isotope＊　同位素　一種化學元素的兩個或多個類型，它們的原子核具有相同的質子數，而中子數卻不同。它們有相同的原子序數，因此化學行為幾乎完全一樣，但原子量不同。自然界裡的大多數元素都是幾種同位素的混合；例如錫，有十種同位素。在大多數情形下，自然界中只能找到穩定同位素。放射性元素以自發地衰變成不同的元素（參閱radioactivity）。所有比鉍還重的元素的同位素都是放射性的；有些存在於自然界中，是因為它們的半衰期很長。

Isozaki, Arata＊　磯崎新（西元1931年～）　日本前衛派建築師。就讀於東京大學，1963年成立自己的工作室。第一個著名的建築是大分縣立圖書館（1966），具有代謝派的影響。後來的作品往往把東西方的建築要素結合在一起，使用大膽的幾何造型，經常還包含著歷史的引喻。其創新的建築有洛杉磯當代美術館（1986）以及日本水戶的藝術塔（1990）。

ISP ➠ Internet service provider (ISP)

Israel　以色列　正式名稱以色列國（State of Israel）。地中海東端共和國。面積20,425平方公里。人口約6,258,000（2001）。首都：耶路撒冷。猶太人約占總人口的4/5，阿拉伯人約占1/5。語言：希伯來語和阿拉伯語（均為官方語）。宗教：猶太教、伊斯蘭教（主要是遜尼派）、基督教。貨幣：新以色列西科爾（NIS）。以色列可分為四個主要地區：西部為地中海沿岸平原；丘陵區北部邊界伸入到以色列中部；東部為大裂谷，包含約旦河；乾旱的內蓋夫地區幾乎占了以色列的整個南半部。主要水系是約旦河形成的內陸流域，加利利海向全國大約一半的農田供水。以色列經濟屬混合型，主要以服務業和製造業為基礎，出口包括機械和電子、鑽石、化學、柑桔類水果和蔬菜，以及紡織。以色列的人口9/10居住於城市，主要集中在地中海沿岸平原一帶和耶路撒冷周圍地區。政府形式為共和國，一院制（克奈賽）。國家元首為總統，政府首腦是總理。以色列（巴勒斯坦）有人類居住的歷史至少已有十萬年（參閱Palestine：歷史）。19世紀末猶太人開始在那裡建立國家。英國支持猶太復國主義，並在1927年承擔了當時巴勒斯坦的政治責任。德國納粹時期對猶太人的迫害，使猶太人移居巴勒斯坦，導致該地區的猶太人與阿拉伯人的關係惡化。1947年聯合國投票通過將該地區分割為猶太人和阿拉伯人兩個國家，這個決定被阿拉伯國家反對。1948年以色列國宣布建立，埃及、外約旦（後改稱約旦）、敘利亞、黎巴嫩和伊拉克等國家向以色列宣戰，以色列獲勝（參閱Arab-Israeli wars）。1967年的六日戰爭中以色列又獲勝，並占領了西岸和加薩走廊。1973年以色列與鄰近的阿拉伯國家之間的戰事又起，1979年大衛營協定使以色列與埃及媾和。1982年以色列入侵黎巴嫩，企圖驅逐巴勒斯坦解放組織（PLO）的游擊隊。1987年後期，以色列面臨了西岸和加薩走廊占領區的巴勒斯坦人暴動（參閱intifada）。1992年以色列、阿拉伯國家和巴勒斯坦的代表開始面對面的和平談判，翌年以色列和巴解組織就占領區實行巴勒斯坦人自治的五年過渡安排達成協議。1994年以色列與約旦簽訂全面和平條約。整個1990年代，以色列士兵和黎巴嫩民兵組織真主黨一再發生衝突。2000年以色列軍隊突然自黎巴嫩撤退。2000年後期，以色列和巴勒斯坦之間的進一步談判破裂，其間雙方的暴行奪去了數百人性命。

Israel, tribes of　以色列支派　《聖經》中記載，古希伯來人的十二支派中，有十支是以雅各的兒子的名字命名的（其中包括：流便、西緬、猶大、以薩迦、西布倫、迦得、亞設、但、拿弗他利、便雅憫），另外兩支是以雅各的孫子，約瑟的兒子的名字命名的（以法蓮和瑪拿西）。雅各的另外一個兒子是利未，他統治一個宗教性支派。有別於其他的十二個支派，利未族並未在以色列人征服迦南之地時獲得一塊屬於他們的土地。以色列歷史上，猶大族和便雅憫後來合為南方的猶大王國，而北方的十個支派合為以色列王國。西元前721年，北方十派被亞述古國征服後便消失了，這就是所謂的失蹤的以色列十支派。猶大與便雅憫成為僅存的兩個支派，被認為是今天的猶太人的祖先。

Israel Labour Party　以色列工黨　1968年成立的以色列政黨，由三個社會主義－勞工政黨合併而成。1948～1977年工黨和它的前身連續領導聯合政府；自1977年起該黨與保守的聯合黨競爭。工黨的主要人物有本－古里安、戴揚、梅爾、裴瑞斯和拉賓。

Israeli, Isaac ben Solomon　以色利（西元832/855～932/955年）　亦稱老衣沙克（Isaac the Elder）。埃及出生的猶太人醫師、哲學家。他的醫師事業始於在開羅擔任眼科醫師，後來成爲在北非創建法蒂瑪王朝的馬赫迪的宮廷眼科醫師。以色利用阿拉伯文撰寫數部醫學著作，後被譯成拉丁文並在歐洲流傳。受過古典學識教育，他也寫了關於哲學的著作，包括《釋義書》，這是混合了猶太教和新柏拉圖神祕主義的著作。

Israeli law　以色列法　指現代以色列的法律慣例和法律制度。古代以色列人創立在自己的法律托拉和密西拿（後者後來併入塔木德）。在20世紀以色列法反映出兩種法律遺產，它是以歷史上的猶太法和猶太人過去居住過的國家的法律爲基礎。現代以色列法出自土耳其和英國的法律及判例、宗教法庭的觀點、以色列國會通過的法令。法院由職業法官組成；無陪審團。猶太法本身在教會法院管轄個人身分案件的範圍內繼續適用，同時在民事法院就審理涉及猶太人的這些問題時也同樣適用。

Israelite　以色列人　指早期猶太歷史上以色列十二支派成員。西元前930年在巴勒斯坦建立了兩個猶太人王國（以色列和猶大），只有組成以色列王國的十個北方支派稱爲以色列人。西元前721年以色列被亞述人征服，其人口中吸收了其他民族，「以色列人」是指保持民族特徵的猶太人，即猶大王國的後裔。在猶太教禮儀習俗中，以色列人既非祭司，亦非利未人（參閱Levi），而是猶太人。

Issus, Battle of　伊蘇斯戰役（西元前333年）　在伊斯肯德倫灣（今土耳其南部）附近的伊蘇斯平原上發生的戰役，攻方亞歷山大大帝擊敗了波斯人阿契美尼德王朝的統治者大流士三世。據說馬其頓僅損失450人，大流士脫逃。這場勝利促使亞歷山大大帝對腓尼基和埃及的勝利。

Issyk-Kul＊　伊塞克湖　吉爾吉斯坦東北部湖泊。位於天山北部，爲世界最大的山地湖泊之一，面積6,280平方公里，深度達702公尺。湖泊名字（出自吉爾吉斯語，意爲熱湖）表示這是一座冬季不結冰的湖。爲了保護湖區的野生動物，1948年建立了伊塞克保護區。

Istanbul　伊斯坦堡　舊稱君士坦丁堡（Constantinople）。古稱拜占庭（Byzantium）。土耳其城市和海港。處於進入黑海的半島上，是土耳其最大城市，位於博斯普魯斯海峽兩岸，亦同時分占亞洲和歐洲。拜占庭於西元前8世紀時被建成希臘殖民地。西元前512年轉爲波斯帝國統治，後來的亞歷山大大帝，西元1世紀成爲羅馬人治下的一個自由城市。330年君士坦丁一世將該城定爲羅馬帝國的首都，後更名爲君士坦丁堡。它一直都是拜占庭帝國的首都，直到5世紀晚期羅馬帝國衰落爲止。6～13世紀常被波斯人、阿拉伯人、保加爾人和俄羅斯人圍攻。第四次十字軍時被占領（1203），並受拉丁基督徒的統治。1261年重歸拜占庭統治。1453年成爲鄂圖曼帝國的都城，稱爲伊斯坦堡。1923年土耳其將首都移到安卡拉，君士坦丁堡於1930年正式更名爲伊斯坦堡。該城許多歷史古蹟在中世紀城牆圍到的城內（斯坦布爾）。伊斯坦堡偉大的建築包括了聖索菲亞教堂、蘇萊曼清眞寺和布魯清眞寺。其教育機構有伊斯坦堡大學（1453年成立），爲土耳其最古老的大學。面積254平方公里。人口約8,260,438（1997）。

Isthmian Games＊　地峽運動會　古希臘爲紀念海神波塞頓而舉行的體育和音樂比賽會。每屆奧運會後的第二年和第四年的春天在科林斯地峽傳說中的波塞頓海神殿舉行。西元4世紀基督教占優勢時，這項慶祝活動便消失了。

Istria　伊斯特拉半島　伸入亞得里亞海東北部東半島。面積3,160平方公里。北半部屬斯洛維尼亞，南半部屬克羅埃西亞。在西北方第里雅斯特有一狹長的海岸屬義大利。伊斯特拉古代的原住民伊利里亞人在西元前177年被羅馬人推翻，斯拉夫人於西元7世紀時來此定居。曾在地中海強權中多次轉手，最後在1797年由奧地利取得控制權，並將之建設成海港。1919年伊斯特拉被義大利占領；1947妳南斯拉夫占領該半島。南斯拉夫的伊斯特拉在1991年克羅埃西亞和斯洛維尼亞獨立後分屬這兩國。

Itagaki Taisuke＊　板垣退助（西元1837～1919年）　日本第一個政黨自由黨的創立者。1860年參加藩政，主管軍事，領導土佐藩，後並加入明治維新。他偶而在新政府任職，但由於不滿而創立第一個政治俱樂部，後又成立愛國公黨以支持更大的民主。1881年成立自由黨。雖然於1900年退休，他仍是該黨象徵性的領袖。亦請參閱Ito Hirobumi、Meiji Constitution、Meiji period。

Italian Communist Party ➠ Democratic Party of the Left

Italian language　義大利語　通行於義大利、西西里、薩丁尼亞、法國（包括科西嘉島）及瑞士的羅曼語（參閱Romance languages）。全世界包括美洲，特別是美國、加拿大及阿根廷大多數義大利移民及其後裔在內，約6,600萬人操此語。書面文獻溯源自10世紀。標準文學形式是以佛羅倫斯方言爲基礎寫成，但許多義大利人並不使用此語，而用當地的方言。其中包括了上義大利方言（又成高盧－義大利語）；義大利東北部的威尼托方言；托斯卡尼方言；馬爾凱方言、翁布里亞方言和羅馬方言等方言群；阿布魯其方言、普利亞方言、那不勒斯方言、坎佩尼亞方言和盧卡尼亞方言等方言群；卡拉布里亞方言、奧朗托方言和西西里方言方言群。語音系統與拉丁語和西班牙語極相似，在語法上，名詞和形容詞有一致關係，使用定冠詞和不定冠詞，表示名詞格的詞尾已消失，但分陰性、陽性，動詞有複雜的完成式和進行式體系。亦請參閱Italic languages。

Italian Liberal Party (PLI)　義大利自由黨　溫和保守的義大利政黨，在統一（1861）後的幾十年裡一直支配著義大利政壇，第二次世界大戰後成爲少數黨。1848年由加富爾作爲議會團體建立，加富爾的追隨者們主張中央集權政府、有限制的投票權、遞減稅率以及自由貿易。1876年左翼自由黨人控制了該黨，第一次世界大戰後勢力一落千丈，1944年再次崛起，成爲大多數天主教民主黨聯合政府中的少數黨。

Italian Popular Party (PPI)　義大利人民黨　義大利中間派政黨，其幾個派系靠天主教教義和反共產主義聯合在一起。1919年成立，是1943年成立的天主教民主黨的前身。從第二次世界大戰到1990年代中期，天主教民主黨在大部分時間裡支配著義大利的政治。在該黨部分領導人捲入經濟醜聞和政治貪瀆後，掙扎中的天主教民主黨於1993年又回復原先的名字。在翌年的議會選舉中，義大利人民黨失勢。亦請參閱Christian Democracy。

Italian Socialist Party (PSI)　義大利社會黨　義大利具有全國規模和現代民主體制的最早政黨之一。1893年由工會和社會主義者組成，20世紀早期該黨左翼與改革派爭奪控制權，1921年左翼分裂出去組成義大利共產黨。1934年義大利社會黨與共產黨結成聯盟，1950年代中期蘇聯入侵匈牙利，社會黨對蘇聯進行譴責，導致聯盟結束。自1963年起，該黨爲中間偏左政府的組成部分或支持者。1983年克拉西成爲第一位社會黨總理，但在1990年代的政治醜聞後，社會黨淪爲少數黨。

Italian Somaliland　義屬索馬利蘭　前義大利在東非的殖民地。從阿西爾角向南延伸至肯亞邊界，面積461,585平方公里。義大利占領至1889年，1936年併入義屬東非成爲其一省。1941年英國入侵，它一直受英國控制，直到1950年成爲聯合國託管地由義大利治理爲止。1960年與英屬索馬利蘭聯合組成索馬利亞共和國。

Italian Wars　義大利戰爭（西元1494年～1559年）　1494～1559年爲了取得義大利統治權的一系列戰役。交戰者主要是法國和西班牙，但歐洲各國幾乎都捲入，戰爭結果使得西班牙哈布斯堡王朝取得義大利的統治權，並將勢力由義大利移到西北歐和大西洋世界。戰爭起於1494年法國國王查理八世入侵義大利。查理八世攻下那不勒斯，但卻被馬克西米連一世、西班牙以及教宗的聯軍趕出義大利。1499年法王路易十二世又入侵義大利，並攻下米蘭、熱那亞及那不勒斯，但不久費迪南德五世領導的西班牙軍隊就將路易七世逐出那不勒斯，另外教宗尤里烏斯二世也在1508年組織康布雷聯盟攻下威尼斯，1511年又組神聖聯盟將路易七世逐出米蘭。但1515年法蘭西斯一世又在馬里納諾戰役大勝，法西雙方才在1516年達成和平協議，法國擁有米蘭，西班牙則得到那不勒斯。1521年查理五世和法蘭西斯一世又起戰端，法蘭西斯一世遭擄，並被迫簽下「馬德里和約」（1526），宣布放棄法國在義大利的所有權利；但法蘭西斯一世獲釋之後即撕毀和約，並與英王亨利八世、教宗克雷芒七世以及威尼斯和佛羅倫斯組成新聯盟，不過查理五世則攻陷羅馬並強迫教宗加盟，後來法蘭西斯一世在1529年「康布雷條約」宣布放棄在義大利的一切權利，直至1559年締結「卡托－康布雷齊和約」，戰爭才完全結束。

Italic languages＊　義大利諸語言　西元前1千紀通行於亞平寧半島（義大利）的印歐諸語言，該時期以後的僅存者爲拉丁語。傳統上雖然是相關語言的亞語族，這些語言實際代表印歐諸語言的三個獨立的語系：拉丁語、奧斯坎－翁布里亞語和維內蒂語。拉丁語是拉丁姆區和羅馬城的語言，西元前3世紀始已是義大利主要語言。至西元100年即排擠了西西里和阿爾卑斯山之間的所有方言（希臘除外）。奧斯坎語是亞平寧半島通行最廣的一組方言；義大利中部的翁布里亞語與奧斯坎語有很深的關係。維內蒂語主要通行於現在的威尼斯地區。這些語言所用書寫體系，包括希臘字母、拉丁字母以及伊楚利亞字母所衍生的字母文字。

Italic War　義大利戰爭 ➠ Social War

Italo-Turkish War　義土戰爭（西元1911～1912年）　義大利通過征服土耳其的的黎波里塔尼亞和昔蘭尼加（今利比亞）兩省以獲得北非殖民地的戰爭。這場衝突打亂了第一次世界大戰前夕動盪的國際勢力間的平衡，揭示了土耳其的軟弱，同時宣洩了義大利內部民族主義者－擴張主義者的情緒，這種情緒在以後的幾十年裡引導著政府的政策。土耳其在和平條款裡將它在所爭奪兩省的權利讓與義大利。

Italy　義大利　義大利語作Italia。正式名稱義大利共和國（Italian Republic）。中南歐的多山國家，國土東南延伸至地中海，包括西西里和薩丁尼亞兩大島。面積301,277平方公里。人口約57,892,000（2001）。首都：羅馬。義大利各個地區的人民多少都有些不同，尤其是南方與北方。語言：義大利語（官方語）。宗教：天主教。貨幣：歐元（euro）。義大利境內多山和高地。阿爾卑斯山脈從東到西環繞義大利北界，亞平寧山脈向南貫穿義大利全境，境內平原（或低地）約占國土總面積近1/4；約有2/3的平原位於波河河谷。三大構造板塊造成整個義大利南部和西西里島一帶地質不穩定狀況。義大利南部四座活火山，包括維蘇威火山和埃特納火山。經濟以服務業和製造業爲主。主要出口商品爲機械及運輸設備、化學品、紡織品、服裝、靴鞋和食品（橄欖油、葡萄酒和番茄）。政府形式爲共和國，兩院制。國家元首是總統，政府首腦爲總理。義大利在舊石器時代即有人居住。約從西元前9世紀，伊楚利亞文化開始興起。西元前4世紀～西元前3世紀之間，羅馬人打敗伊楚利亞人（參閱Roman Republic and Empire）。西元4～5世紀蠻族入侵，西羅馬帝國終於滅亡。若干世紀以來，義大利雖然在政治上一直處於分崩離析的局面，卻於13～16世紀成爲西方世界的文化中心。在西方歷史上，義大利文藝復興時期是藝術成就最偉大的時代之一。自15～18世紀義大利先後被法蘭西、神聖羅馬帝國、西班牙和奧地利統治。1796年的拿破崙入侵於1815年結束時，義大利成爲一個大大小小獨立國家構成的國度。1861年復興運動將義大利的大部地區統一，包括里和薩丁尼亞。1870年，整個義大利半島完全統一爲一個國家。第一次世界大戰結束後，義大利在墨索里尼領導下，法西斯主義開始抬頭。第二次世界大戰並與納粹德國結成同盟。1943年被盟軍擊敗。1946年共和國宣布成立。義大利爲歐洲共同體和北大西洋公約組織（1949）中的主要成員國。1970年完成設立有限權力的地方議會的程序。自第二次世界大戰，義大利政府變化迅速，但保持社會穩定。與其他歐洲國家合作並成立了歐洲聯盟。

Itami, Juzo＊　伊丹十三（西元1933～1997年）　日本電影導演與編劇。伊丹在冒險踏入導演行列前從影長達二十年，這段輝煌歲月中的作品包括《北京五十五日》（1963）。他初執導筒之作是對社會習俗大肆諷諭的《葬禮》（1984），爲日本電影新興之作。之後兼具藝術性和娛樂價值的《蒲公英》（1986）和《女稅務員》（1987）讓伊丹享譽全球。譏諷日本犯罪企業的《民暴之女》（1992）觸怒了幫派分子，而對伊丹進行了一次幾乎致死的攻擊。

Itanagar＊ 伊達那加 印度東北部阿魯納恰爾邦首府。位布拉馬普得拉河以西。爲工業區。設有阿魯納恰爾大學。

Itasca, Lake＊ 艾塔斯卡湖 美國明尼蘇達州西北部湖泊。面積4.7平方公里，海拔450公尺。斯庫克拉夫特認爲艾塔斯卡湖是密西西比河的源頭，這一理論已被廣泛接受。通常認爲是斯庫克拉夫特首先將這湖命名爲艾塔斯卡，但是在印第安人的傳說中就已經提到過艾－特斯－卡（I-tesk-ka）這個名字，傳說中她是海華沙的女兒，被擄到陰間，憤怒的淚水就成了密西西比河的源頭。

itching 癢 亦稱搔癢（pruritus）。游離神經末梢（通常爲在皮膚）受到刺激時產生的想抓撓的感覺。癢可引起一系列的感覺，從易於解除的輕微癢感到病理性的搔癢（通常表明有皮膚病或全身性疾病）。表皮細胞中組織胺的釋放常常被認爲是引起大多數搔癢的主要因素。無皮膚損害的全身搔癢可發生於全身性疾病，如代謝病、內分泌疾病，惡性腫瘤、藥物反應以及腎病、血液病和肝病。皮膚乾燥可致搔癢。治療由病因而定。

Iténez River ➠ Guapore River

Ithna Ashariya＊ 十二伊瑪目派 亦稱伊瑪目派（imamis）。英語作Twelvers。伊斯蘭教什葉派中的主要支派。該派相信，從第四代哈里發、先知的女婿阿里開始，十二代伊瑪目逐代相傳。第十二代伊瑪目於873年失蹤，據說仍然活著，只是隱遁而已，他將在最後審判日復臨。他們認爲這十二代伊瑪目是信仰的衛護者，有資格解釋律法和教義的奧義，足以左右世界的未來。伊朗薩非王朝（1501～1736）以十二伊瑪目派爲國教。該派在伊拉克和巴林居多數。其他回教國家居較大的少數。

Ito Hirobumi＊ 伊藤博文（西元1841～1909年） 日本政治家、首相、明治憲法的起草者。在明治維新中初露頭角，認識了木戶孝允和大久保利通。1878年大久保利通被暗殺後，他繼任內相。他說服政府採用一部憲法，然後出國考察憲制。1889年天皇頒布了總憲法。此後，伊藤作爲首相與英國達成了協定，取消了英國在日本的治外法權。其他西方國家也隨後效仿。這是西方開始以平等地位對待日本的信號。受挫於政黨能夠在國會阻礙政府計畫，他於1900年建立了自己的政黨，立憲政友會黨。這一冒險行動使他喪失了對元老們的控制權，但卻使得高級官僚與政黨政治家之間的合作爲人所接受。1906年伊藤任駐朝鮮總督，1909年在任上被一名朝鮮民族主義者暗殺。

Ito Jinsai＊ 伊藤仁齋（西元1627～1705年） 日本漢學家，開創日本古義學的學者之一，主張研究儒家原典，反對德川幕府的新儒學。與長子在京都合辦古義堂，這所學校到1904年才併入公立學校。伊藤仁齋所著《語孟字義》（1683）是對孔孟語錄的評注，他主張道德標準和追求幸福的活動都應以理性爲基礎。

ITT ➠ International Telephone and Telegraph Corp. (ITT)

Iturbide, Agustín de＊ 伊圖爾維德（西元1783～1824年） 亦稱阿古斯丁一世（Agustín I）。墨西哥獨立運動中保守派領袖，短期任墨西哥皇帝（1822～1823）。1810年獨立運動時任軍官，加入保皇派。1820年，作爲對西班牙自由派政變的反應，墨西哥保守派（前保皇派）隨之立即主張獨立。伊圖爾維德使其反動軍隊和激進派義軍結成同盟，贏得1821年墨西哥的獨立。1822年，他自立爲墨西哥皇帝。他的專斷和奢侈，受到所有黨派的反對。1823年退位，被判處死刑。墨西哥的保守派把他視作墨西哥獨立運動的偉大英雄。

Ivan III＊ 伊凡三世（西元1440～1505年） 別名伊凡大帝（Ivan the Great）。莫斯科大公（1462～1505）。繼承父位之後決定擴大國家版圖，先後在南部（1458）和東部（1467～1469）成功地打敗韃靼人。伊凡兼併了諾夫哥羅德共和國（1478），並在1485年控制了大俄羅斯剩餘的土地。他還拒絕臣服於金帳汗國之下（1480），1502年打敗汗的兒子，贏得最後一次勝利。他剝奪了波雅爾的大部分權力，奠定了中央集權的俄羅斯國家基礎。伊凡四世（恐怖的伊凡）是他的孫子。

Ivan IV 伊凡四世（西元1530～1584年） 俄語全名Ivan Vasilyevich。別名恐怖的伊凡（Ivan the Terrible）。莫斯科大公（1533～1584），俄國第一代沙皇（1533～1584）。在經過一段長期的攝政後（1533～1546）才被加冕爲沙皇（1547），以大刀闊斧改革爲施政特色，其中包括行政集權化，設立教會會議整頓教會事務，並成立第一個國會（1549）。他還制定限制波雅爾權力的改革。在征服喀山和阿斯特拉罕後，與瑞典、波蘭展開一場奪控利沃尼亞的戰爭（1558～1583），但卻失敗了。伊凡在戰敗和一些俄羅斯波雅爾涉嫌謀叛以後，成立一塊沙皇禁苑領地，與國家其他地方隔絕，置於他的私人控管下。由於擁有一大批貼身護衛，他撤銷自己的隨從，把俄羅斯的經營權交給其他人。同時，他還制訂一套恐怖統治政策，處死數千名波雅爾，並掠奪諾夫哥羅德的城市。1570年代期間，他在九年內娶了五個妻子，1581年在一次暴怒之下，殺了唯一的繼承人伊凡。

伊凡四世，聖像圖（16世紀）；現藏哥本哈根國家博物館
By courtesy of the National Museum, Copenhagen

Ivan V 伊凡五世（西元1666～1696年） 俄語全名Ivan Alekseyevich。俄國有名無實的沙皇（1682～1696年在位）。身心均有缺陷。與同父異母兄弟彼得一世共爲沙皇，由姊蘇菲亞攝政。1689年，蘇菲亞被推翻後，獲准保留官職，直至逝世。他從不過問朝政。

Ivan VI 伊凡六世（西元1740～1764年） 俄語全名Ivan Antonovich。俄國沙皇（1740～1741）。安娜女皇內侄。伊凡六世年僅八歲時，安娜女皇指名爲皇位繼承人，由其母爲攝政。1741年被彼得一世之女伊莉莎白一夥廢黜。此後二十年單獨監禁不同的牢房。1764年一軍官試圖釋放他，使其重新掌權，並除去凱薩琳二世（1762年奪取王位），伊凡爲獄卒所殺。

Ivan Asen II＊ 伊凡·阿森二世（卒於西元1241年） 第二保加利亞帝國沙皇（1218～1241）。他推翻他的堂兄鮑里爾，並把他的眼睛弄瞎而自立。伊凡文武兼備，恢復國內秩序，控制波雅爾。1230年，取得阿爾巴尼亞、塞爾維亞、馬其頓和伊庇魯斯的大片土地。他透過他的女兒婚姻結成同盟，依約使他成爲拉丁皇帝的攝政。但拉丁人對日益強盛的保加利亞有戒心，拒不承認皇帝的婚約，此後，伊凡·阿森二世將保加利亞教會從羅馬分裂出來。

Ivanov, Lev (Ivanovich)＊ 伊凡諾夫（西元1834～1901年） 俄國芭蕾舞者和編導。1852年加入帝國芭蕾舞團。1869年成爲首席男舞者。1885年擔任首席編舞家佩季帕的編舞助手。他是當時最早把舞蹈作品建立在音樂的結構和感情內容的基礎上的編舞家之一。他擅長通過集體動作的圖形造成幻覺（如《胡桃鉗》中的雪花舞），除《胡桃鉗》（1892）外，他還爲《天鵝湖》（1895）編舞。

Ivanov, Vyacheslav Ivanovich＊　伊凡諾夫（西元1866～1949年）　俄羅斯哲學家、學者及詩人。大部分時間居住在國外，特別是在義大利，他在該地改信奉天主教。第一部抒情詩集《舵手之星》（1903），使他立刻成爲俄國象徵主義運動的主要人物。後續各卷爲《透明度》（1904）、《厄洛斯》（1907）和《科・阿登斯》（1911），後者是他最重要的詩作成就，加強了他在這個運動中的地位。他還寫了詩劇、論文集、評傳以及翻譯著作。

Ives, Burl (Icle Ivanhoe)　艾伍茲（西元1909～1995年）　美國歌手與演員。生於伊利諾州，四歲即開始表演，並跟隨祖母學蘇格蘭、英格蘭與愛爾蘭歌謠。大學輟學，以搭便車的方式遊歷美國，從無業遊民和流浪漢處蒐羅歌曲。不久艾伍茲在戰後於紐約舉辦首場演唱會，他被桑德堡譽爲「本世紀甚或有史以來最有力量的歌謠樂手」。他的專輯超過一百張，暢銷單曲有I Know an Old Lay (Who Swallowed a Fly)、The Blue Tail Fly、Big Rock Candy Mountain、Frosty the Snowman和A Little Bitty Tear等。艾伍茲亦曾演出多部電影，計有《天倫夢覺》、《榆樹下的慾望》（1958）和《錦繡大地》（1958，獲奧斯卡獎）等，並參與了十三部百老匯作品，包括《朱門巧婦》（1955，1958年改編爲電影）。

Ives, Charles E(dward)　艾伍茲（西元1874～1954年）　美國作曲家。生於康乃狄克州丹伯瑞，從小接受極富想像力的前聯軍樂隊指揮的父親喬治・艾伍茲（George Ives）的嚴格調教，他具備了穩固的古典樂基礎，很早便開始作曲和表演工作，曾和派克（1863～1919）一起就讀耶魯大學，並在這段期間寫了首部交響曲。艾伍茲深受超驗主義的影響，決定放棄音樂這項職志，於1907年創設了一家成功的保險公司，將音樂列爲副業，這使得他得以自在地繼續音樂這項不尋常的興趣，縱使他因業餘者之姿和被評爲缺乏領悟力而備感艱辛。1918年艾伍茲心臟病發，所有活動被迫取消，約自1926年起即不再譜曲。儘管他的音樂充滿著諸多不協調，但很有氣氛和懷舊氛圍，從感性到怪誕的幽默方式以激發音調詩韻（《七月四日》，1913）和沈重冥思（《協和奏鳴曲》，1915）。艾伍茲顯然做了很多音調革新，即使他後期作品的誤導印象引發了一些質疑。艾伍茲的音樂到了晚年才被再次探究，他四部交響曲中的第三部於1947年獲普立茲獎。

IVF ➡ in vitro fertilization (IVF)

ivory　象牙　白色堅硬物質，是構成諸如象、海象和保存完好的猛獁象的獠牙的多種牙質類型。因其美觀、耐用且適宜雕刻而備受珍視。在古代，象牙與黃金和寶石一樣珍貴。大多數商業用的象牙一度來自非洲，到了20世紀，隨著非洲象的數量猛減，對處於危險中的象群的世界性的關注，使象牙進出口貿易被禁止，一度繁榮的歐洲象牙市場轉移到南亞，那裡熟練的工匠用象牙雕刻一些雕像和其他藝品，經常進行非法交易。

Ivory, James (Francis)　艾佛利（西元1928年～）　美國電影導演。生於加州柏克萊，在1960年代拍攝印度紀錄片時與當地製片默臣（1936～）結識，開始了長期、持續的電影合作關係。他們在首部獲國際矚目的作品《莎士比亞劇團》（1965）問世前，即已拍了數部由艾佛利和賈布瓦拉所寫的劇本。之後他們又推出了一系列高品質、優質表演的作品，並以豐富的攝影畫面著稱，包括了《歐洲人》（1979）、《波士頓人》（1984）、《窗外有藍天》（1986，獲奧斯卡獎）、《墨利斯的情人》（1987）、《此情可問天》（1992）、《長日將盡》（1993）和《狂愛走一回》（1996）等。

ivory-billed woodpecker　象牙嘴啄木鳥　鴷形目啄木鳥科動物，學名爲Campephilus principalis。羽色黑白相間，冠閃亮（雄鳥冠紅色），嘴稍白而長。到1980年代已滅絕或瀕於滅絕，在美國南部或尚有倖存者。以原始森林中枯枝上的昆蟲爲食。其消亡與原始森林的砍伐恰好一致。近緣種墨西哥的帝啄木鳥可能已滅絕。一個亞種古巴象牙嘴啄木鳥仍有小量存在於古巴東部松林中。它們的生存環境都需要大樹和不受干擾。

象牙嘴啄木鳥
Kenneth W. Fink from Root Resources

ivory carving　象牙雕刻　將象牙製成裝飾品或實用性器物，象牙的使用可追溯到史前時代。石器時代象牙大部分在法國南部出土。早期實品所採取的形式爲小尊裸女像和動物雕刻。早期的埃及牙雕傑作中是古夫小雕像，即吉薩金字塔的建造者之像。中國的象牙雕刻品已經在商朝（西元前16世紀～西元前11世紀）帝王陵墓中被發掘出來。在日本，象牙雕刻的主要藝術用途是在於製作形似墜子的「根付」，這種物品爲男性服飾中不可或缺的佩飾。早期愛斯基摩人將海象牙製作不同的實用物品，如桶柄、魚叉柄和針盒等。他們在這些物品上蝕刻由細線條組成幾何或彎曲優美的圖形。亦請參閱scrimshaw。

《大象》（有時稱為《蘭斯洛和圭尼維爾》），法國哥德式象牙鏡盒，約製於14世紀
By courtesy of the Liverpool Museum, England

Ivory Coast ➡ Côte d'Ivoire

ivy　常春藤　亦稱爬牆虎。五加科常春藤屬約5種常綠木質藤本（稀爲灌木）的通稱。尤指藉助莖生氣根的吸盤攀緣的洋常春藤。不育枝上的葉3～5裂。莖攀緣到支持物頂部後即水平伸展或下垂。有些與常春藤無親緣關係的植物也稱爲ivy，包括爬山虎，葡萄科攀緣木質藤本植物，葉秋季變爲鮮紅色；及毒葛。

Ivy League　常春藤聯盟　美國東北部一批在學術上和社會上享有盛名的八所高等學府。原來指這些學校聯合組成的美式足球和其他運動組織。這些學校是哈佛大學、耶魯大學、賓夕法尼亞大學、普林斯頓大學、哥倫比亞大學、布朗大學、達特茅斯學院和康乃爾大學。

Iwo Jima　硫磺島　日本三個火山列島的中間一個島嶼。位於太平洋西部。約8公

1945年2月美國海軍陸戰隊員在硫磺島折鉢山上豎起國旗
Joe Rosenthal-AP/Wide World

里長，760公尺到4公里寬，面積爲20平方公里。1945年以前被日本控制，當年的硫磺島戰役是第二次世界大戰中最爲慘烈的戰鬥之一。在經過美軍飛機全面的轟炸（1944年12月到1945年2月）後，終被美海軍攻陷，到3月中旬完全占領。爲美國飛機飛往日本途中的戰略基地。1968年歸還日本。

IWW ➠ Industrial Workers of the World (IWW)

Izabal, Lake＊ 伊薩瓦爾湖 瓜地馬拉最大的湖泊。位於境內東北部的低地。湖水由波洛奇克河補給，經杜爾塞河排入加勒比海。海拔僅8公尺。面積590平方公里。湖區主要居民點爲埃爾埃斯托爾，爲聯合果品公司最初的貿易前哨站。

Izanagi and Izanami＊ 伊奘諾尊和伊奘冉尊 日本創世神話中的主要神祇，是天地渾沌初開後出現的第八對兄妹。他們創造第一個大陸。兄妹所生長子是畸形兒蛭兒惠比須。後來兄妹產生衆島和諸神。伊奘冉尊在生火產靈時，被燒傷而去黃泉。伊奘諾尊隨她到黃泉，她周身腐爛生蛆，而伊奘諾尊卻仍燃起篝火坐視不救，兩人隨即離異。伊奘諾尊即入海淨身，於是諸神紛紛出生，包括太陽女神天照大神、月神月夜見和風神素戔嗚。他的淨身依神道教淨化禮。

Izmir＊ 伊士麥 舊稱Smyrna。土耳其西部城市（1995年人口約2,018,000），位於愛琴海伊士麥灣的頂端。爲該國第三大都市和最大港口之一。建於西元前3千紀。西元前1000年間希臘人在此定居。約西元前600年爲里底亞占領。西元前4世紀由亞歷山大在新址重建。不久成爲小亞細亞主要城市之一，先後被十字軍和帖木兒征服，西元1425年左右被鄂圖曼帝國吞併。1945年後伊士麥發展迅速。有大型工業經濟，旅遊業不斷發展。

Izrail＊ 阿茲拉伊來 伊斯蘭教的死亡天使。爲四大天使長之一（另外三個是吉布里勒、米卡伊來和伊斯拉非來）。他體大無邊，生有4,000個翅膀，身上遍布無數眼與舌。爲了給上帝帶回造人材料，他是唯一敢於降到人間並面對易卜劣廝的天使。爲此他被奉爲死亡天使，掌管人類的登記簿，其中列出了一切受保佑者與被詛咒者。

Izu Peninsula＊ 伊豆半島 日本本州中南部半島。長60公里，伸入太平洋。全境處在火山帶，溫泉衆多，冬季氣候溫和，且爲富士－箱根－伊豆國家公園之一部，吸引著大批遊客。

Izumo shrine＊ 出雲神社 日本最古老的神道教神社（目前的建築據說是1346年所建）。位於本州出雲市西北。寺廟綜合體面積16公頃。藏有有價值藝術品。寺廟三面環山，蒼松夾道。目前的建築物多建於19世紀。

Izvestiya＊ 消息報 舊稱全名蘇聯人民代表會議消息報（Izvestiya Sovetov Deputatov Trudyashchikhsya SSSR）。莫斯科出版的俄語日報，1991年前一直爲蘇聯政府的官方全國性報刊。1917年創刊。發行量迅速增加。第二次世界大戰時期及在史達林統治下，由於有各種限制，發展較慢，但在赫魯雪夫的女婿任總編輯時，《消息報》成爲一份生動活潑、可讀性強的日報。蘇聯解體後，《消息報》成爲其員工所有的獨立出版物，其自由的編輯方針使得它經常與頑固守舊的共產黨人和俄羅斯民族主義者發生爭執。

Izvolsky, Aleksandr (Petrovich), Count＊ 伊茲沃爾斯基（西元1856～1919年） 俄國外交官。1906年他由一名職業外交官升任外交部長。爲了俄國軍艦使用達達尼爾海峽的權利，1908年他取得奧地利的支持，他以勉強支持奧地利吞併波士尼亞赫塞哥維納來回報。然而在奧地利成功實現了吞併後（參閱Bosnian crisis），俄國卻並沒有得到達達尼爾海峽的通行權。伊茲沃爾斯基對俄國的外交失敗負有責任，而這一失敗加劇了第一次世界大戰前俄國與奧匈帝國之間的緊張關係。1910年被免職，後任駐法國大使，直到1917年。

Jabotinsky, Vladimir＊　亞博廷斯基（西元1880～1940年）　俄羅斯猶太復國主義領袖。出生於敖得薩，他成爲廣受歡迎的記者和社論主筆。1903年開始闡揚猶太復國主義。1920年他組織和領導一個巴勒斯坦的猶太人自衛運動哈加納，觸怒了英國人。他是修正派猶太復國主義者，竭力鼓吹往約旦河以東拓建猶太人國家。亦請參閱Irgun Zvai Leumi。

Jabrail ➠ Jibril

jacaranda＊　藍花楹　紫葳科藍花楹屬植物的統稱，尤指藍花楹和尖葉藍花楹這兩種觀賞喬木。由於花豔麗，呈藍色或紫羅蘭色，以及十分吸引人的對生羽狀複葉，而廣泛栽培於溫暖地區與溫室。藍花楹屬約有五十種，原產中美洲、南美洲和西印度群島。此一詞又指豆科Machaerium和黃檀屬中數個喬木種（參閱legume），這些喬木種是具商業價值的紫檀木的來源。

jack　千斤頂　在應用力學中，指攜帶方便、以手操作的裝置，可將重物稍微抬高，能施加巨大壓力，或將裝配好的物件牢固地支撐在原地。用齒輪或螺紋件調節向上的伸張力，可使負載的重量與施於把手的力量之比達到很高的程度。棘輪可在簡短連續的步驟內就把一個重物抬高。爲了符合易於攜帶和用手操作的條件，其功率不免受到限制，然而，千斤頂仍足以舉起好幾噸的重量或施加好幾噸的力量。常見的例證是汽車千斤頂，用來抬高汽車的一端以更換輪胎。

jack　鰺　超過一百五十種魚類的統稱（鱸形目鰺科），見於大西洋、太平洋和印度洋的溫帶與熱帶區域，偶也見於淡水或半鹹水中。此類魚的身體大小和形狀差異很大，但大多是鱗片小而給人體表光滑之感，身體側扁，接近尾鰭處的側身有數排大型稜鱗，尾鰭深叉。體色多具淺藍綠色、銀色或淺黃色光澤。具重要商業價值，也是最受歡迎的遊釣魚。

jack-in-the-pulpit　三葉天南星　北美洲天南星科植物（學名Arisaema triphyllum），以花形奇特著名。美國東部與加拿大春末時期最著名的多年生野花之一，生長在從新斯科舍至明尼蘇達州並南至佛羅里達州和德州的潮濕林地和灌木叢。花朵掩蓋在兩支長柄三岔葉下，花序具明顯綠紫相間條紋的結構，稱爲佛焰苞（spathe，即"pulpit"），有單獨的柄。佛焰苞彎曲成兜帽狀，覆於棒狀肉穗花序（spadix，即"jack"）之上，靠近花序基部處長出小花。夏末成串鮮紅漿果成熟，對人類具有毒性，但很多野生動物以它爲食。

Jack the Ripper　開膛手傑克　1888年8月7日至11月10日期間，在倫敦白教堂區內或附近殺死至少七名妓女的兇手假名。受害者均被割斷喉管，屍體通常遭到肢解，手法顯示兇手頗具人體解剖學知識。有關當局收到署名「開膛手傑克」自稱兇手者一連串的奚落信。有關當局雖竭盡全力識別和誘捕兇手，兇手還是逍遙法外。這一無頭公案深深烙印在人們心中，成爲電影與一百多部書籍的主題。

jackal　胡狼　犬屬三個犬種的統稱。胡狼棲息在開闊地帶，單獨、成對或集群生活。夜間出獵，以小型動物、植物或腐肉爲食。結群時能獵捕到較大獵物。金色胡狼，即亞洲胡狼，體色淺黃，分布區域從歐洲東部、北非到南亞。黑背胡狼（赭紅色，背部黑色）與側紋胡狼（淺灰色，尾尖白色，身體兩側各有一條不甚清晰的條紋），則分布在非洲南部和東部。胡狼體長可達34～37吋（85～95公分），其中尾長12～14吋（30～35公分的），而體重爲15～24磅（7～11公斤）。

黑背胡狼
Leonard Lee Rue III

jackdaw　寒鴉　亦稱daw。像烏鴉的黑色鳥類（學名Corvus monedula），項灰色，眼似珍珠。身長約13吋（33公分），在樹洞、峭壁和高聳建築上成群繁殖；成隊在周圍翱翔。聲如其名：chak。分布自不列顛群島到中亞。亦請參閱crow、grackle。

jackrabbit　傑克兔　北美洲常見數種大型野兔的統稱（如湯森氏兔及加利福尼亞兔）。有很長的耳朵和後腿。分布廣泛，尤其是西部，但更常見於北美洲大草原和平原環境。

Jackson　傑克森　美國密西西比州首府，人口約193,000（1996）。位於該州中西部，瀕臨珠江。1792年法國裔加拿大商人勒佛勒爾在此定居，在1820年移民開始到來之前爲一貿易站，稱作「勒佛勒爾斷崖」。1822年設爲州首府，以美國總統傑克森爲名。美國南北戰爭期間遭聯邦軍焚毀（1863）。爲該州最大城市，也是鐵路和產銷中心。設有州立傑克森大學（1877）和其他一些教育研究機構。

Jackson, A(lexander) Y(oung)　傑克森（西元1882～1974年）　加拿大風景畫家。生於蒙特婁，傑克森遊遍了加拿大每個角落，包括北極。1921年起，他每年春天都會回到最喜愛的聖羅倫斯河的一個景點，在那兒他創作出後來爲其上色的素描圖案（如《魁北克早春》，1926）、《勞倫琴山脈早春》，1931）。長久下來，傑克森成爲加拿大頂尖藝術家，他早年的風格具備漸次節奏感和豐富色彩，對加拿大風景畫派有深遠影響。

Jackson, Andrew　傑克森（西元1767～1845年）　美國第七任總統（1829～1837）。出生於南卡羅來納沃克斯華移民區，曾在故鄉附近短暫參與美國革命，他的家人爲英軍所殺。後來勤學法律，1788年擔任北卡羅來納州西部地區檢察官。此區改爲田納西州後，當選爲衆議院議員（1796～1797）與參議院議員（1797～1798）。之後任職於田納西州最高法院（1798～1804），1802年被推選爲田納西州國民兵司令。1812年戰爭開始時，他徵召五萬名志願軍服役。但他被派去與密西西比準州的英國人聯合對抗克里克印第安人。歷經漫長戰鬥（1813～1814），在馬蹄鐵彎道之役中打敗克里克人。在從英國－西班牙聯軍手中奪得佛羅里達的彭薩科拉後，又揮師向西攻打路易斯安那的英軍。在紐奧良戰役中獲得決定性勝利，成爲國家英雄，報界暱稱「老頑固」（Old Hickory）。美國取得佛羅里達後，被任名爲該區首長（1821）。1824年總統大選，四名候選人中他贏得最多選舉人票，但衆議院裁決亞當斯當選。1828年經過一番激烈選戰後，他打敗亞當斯當選爲總統，成爲第一個來自阿帕拉契山以西的總統。他的當選被視作政治民主的一大勝利。他撤換許多聯邦官員，錄用其擁護者，此一作法以分贓制聞名。他

傑克森，油畫，賈維斯繪於1819年左右；現藏紐約市大都會藝術博物館
By courtesy of the Metropolitan Museum of Art, New York City, Harris Brisbane Dick Fund, 1964

推行一項把印第安人遷至西部的政策，即「印第安人移居法」。在否認原則運動上，他與副總統卡爾霍恩的意見相左因而決裂。1832年再次當選總統，部分原因在於他反資本主義的財政政策，以及受爭議的否決發給美國銀行特許狀案（參閱Bank War）。擔任總統期間，他的聲望持續累積。任內民主黨開始茁壯，導向充滿活力的兩黨制度。

Jackson, Charles Thomas　傑克森（西元1805～1880年）　美國醫師、化學家、地質學家與礦物學家。生於麻薩諸塞州普里茅斯，1829年畢業於哈佛醫學院。以好爭論、好訴訟知名，在他提供過意見的一次牙科手術中，史上首次成功使用乙醚麻醉，他自認居功厥偉，還聲稱曾將電報的基本原理告訴摩斯。在美國地質研究所任職多年。

Jackson, Glenda　傑克森（西元1936年～）　英國舞台和電影女演員。爲布魯克所發掘，在其殘酷劇場的時事諷刺劇中演出，不久在魏斯著名的《馬哈／薩德》（1964；1967年拍成電影）中扮演瘋狂的夏洛蒂．孔代一角。她以善於詮釋內心複雜之女性的神經質聞名，電影《戀愛中的女人》（1969，獲奧斯卡獎）使她名揚國際，後來在《血腥星期天》（1971）和《金屋夢痕》（1973，獲奧斯卡獎）以及電視影集《伊莉莎白R》中的演出也十分成功。她的螢幕生涯一直持續到1992年當選英國下議院議員。

Jackson, Jesse (Louis)　傑克森（西元1941年～）
原名Jesse Louis Burns。美國民權領袖。生於南卡羅來納州格林維爾，後來改姓養父姓氏。大學時代即投身於美國民權運動。1965年到阿拉巴馬州塞爾馬參加金恩領導的示威遊行，接著爲南方基督教領袖會議工作。1966年協助創建該會經濟組織「麵包籃行動」的芝加哥分支機構，並於1967～1971年擔任該組織的全國總指揮。1968年被任命爲浸信會牧師。1971年建立「聯合群衆爲人類服務行動」。他是黑人的主要代言人與擁護者，1983年在芝加哥發動選民登記運動，促成華盛頓當選該市第一位黑人市長。1984年和1988年兩度進入民主黨初選，成爲第一個競選總統的黑人；1988年得票數有670萬張。1989年移居華盛頓特區，獲選爲該市無給職「州級地位參議員」，負責遊說國會通過州級地位。

傑克森，攝於1988年
©Dennis Brack/Black Star

Jackson, Joe　傑克森（西元1889～1951年）　原名Joseph Jefferson Jsckson。以赤腳喬．傑克森（Shoeless Joe Jackson）聞名。美國棒球選手。生於南卡羅來那州的皮肯斯郡，1908成爲芝加哥白襪隊的外野手，開始職業棒球生涯。這位傑出的打擊手，在美國職業棒球史上打擊率排行高居第三。他受到黑襪醜聞的波及，儘管後來宣告無罪，蘭迪斯還是判他終身不得再涉入棒球。

Jackson, John Hughlings　傑克森（西元1835～1911年）　英國神經學家。他發現患有失語症的右利人，大多有大腦左半球的疾病，證實了布羅卡的發現。1863年他發現傑克森氏癲癇（身體出現痙攣），查明其病因是大腦皮質的運動區受損。1873年他對癲癇所下的定義：大腦細胞「突然、過多而迅速的放電」，已爲腦電圖學所證實。

Jackson, Mahalia　傑克森（西元1911～1972年）　美國福音歌手。童年時，即在父親傳教的紐奧良小教堂唱詩班唱歌。她學習聖歌，但也接觸到貝西史密斯和考克斯的藍調唱片。在芝加哥時，她打打零工，並隨一個巡迴五重唱團演出，後來還作了一些小生意。其溫暖人心、飽滿有力的嗓音，在1930年代逐漸獲得廣大聽衆的注意，那時她參加一個在全國各地旅行演出的福音演唱團，演唱諸如〈整個世界在祂手中〉等歌曲。她與多爾西交往密切，演唱了許多他作的歌曲。Move on up a Little Higher（1948）一曲銷售了一百萬張以上，後來成爲1950年代和1960年代最暢銷的歌手之一。1950年首度在卡內基音樂廳登台。1955年起積極參與民權運動，1963年在劃時代的華盛頓民權示威大會上演唱。亦請參閱Gospel Music。

傑克森，攝於1961年
The Bettmann Archive

Jackson, Michael (Joseph)　麥可傑克森（西元1958年～）　美國歌手和歌曲作者。生於印第安納州蓋瑞，九歲就成爲父親所組的家族合唱團「傑克森五兄弟」的主唱。摩城唱片公司幫他們出的熱門單曲有〈我要你回來〉、〈ABC〉等。1970年代他們在自己的系列電視節目中演出，也成爲卡通影集的主要人物。雖然在1984年以前麥可仍是傑克森樂團成員，但1971年時已開始用個人名義出唱片。個人專輯《牆外》（1979）在全世界賣出數百萬張。下一張專輯《顫慄》（1982），賣出四萬張以上，是史上最暢銷的專輯。他出高價向保羅麥卡尼和大野洋子購買兩百五十多首保羅麥卡尼和約翰藍儂所作歌曲的出版權。後來還發表了個人專輯《飆》（1987）、《危險之旅》（1991）和《歷史》（1995）。1994年與一名十四歲男童的父母達成和解才撤銷這樁兒童性騷擾訴訟案。他的幾個兄弟姊妹，尤其是妹妹珍娜傑克森（1966～），單飛後也十分成功。

Jackson, Reggie　傑克森（西元1946年～）　原名Reginald Martinez。美國棒球選手。生於賓夕法尼亞州溫科特，高中時代精通徑賽、美式足球和棒球。在大聯盟時，左手打擊，並擔任外野手，協助三支球隊（奧克蘭運動家隊，1968～1975）；紐約洋基隊，1976～1981；加州天使隊，1982～1987）贏過五場世界大賽，六場聯盟優勝賽，十場分區季後賽。他是著名的全壘打手，常在季後賽和世界大賽中有優異的表現，故有「十月先生」（Mr. October）綽號。生涯全壘打記錄是563支，一直名列排行榜第六。

Jackson, Robert H(oughwout)　傑克森（西元1892～1954年）　美國法學家。生於賓夕法尼亞州春溪，首次爲案件進行辯護時，仍是個副修生，二十一歲取得律師資格。後來成爲紐約州詹姆斯敦各個市政機構的法律顧問。擔任美國國內稅務局的總法律顧問時（1934），對梅隆逃避所得稅進行了成功的起訴。擔任過美國司法部副部長（1938～1939）以及司法部部長（1940～1941）。1941年羅斯福總統任命他爲美國最高法院大法官，一直任職到1954年。其措辭優美的意見，融合了自由主義和國家主義。1945～1946年，傑克森擔任紐倫堡大審的美國首席檢察官。

Jackson, Shirley (Hardie)　傑克森（西元1919～1965年）　美國小說家與短篇小說作家。生於舊金山，以短篇小說〈樂透〉(1948)和《猛鬼屋》(1959；1963、1999年拍成電影)聞名；〈樂透〉是個令人戰慄的故事，在第一次出版時引起公憤。這些作品和其他五部小說－－包括《我們一直住在城堡》(1962)－－奠定了她身爲哥德式恐怖和心理懸疑劇大師的地位。

Jackson, Stonewall 傑克森(西元1824～1863年) 原名Thomas Jonathan。美國南北戰爭時期美利堅邦聯南軍將領。生於維吉尼亞州克拉克斯堡，只受極少教育，但被選派進入西點軍校。墨西哥戰爭期間表現優異。美國南北戰爭開始不久，他將維吉尼亞州志願人員編成一個訓練有素的旅。在第一次布爾淵戰役時，率所部一個旅的兵力組成堅強防線，抵擋了北軍的強烈攻勢，贏得「石牆」(Stonewall)的綽號，並因此晉昇少將。1862年在謝南多厄河谷和稍後的七日之役中再度獲勝。李將軍運用他的部隊包圍北軍，因而贏得第二次布爾淵戰役，傑克森還在安提坦和弗雷德里克斯堡協助李將軍作戰。1863年4月在錢瑟勒斯維爾襲擊北軍側翼時，遭己方流彈誤傷，不治身亡。

Jackson, William Henry 傑克森(西元1843～1942年) 美國攝影家。生於紐約州基士維，幼時就在紐約州特洛伊的一家照相館工作。美國南北戰爭以後，他前往西部，在奧馬哈開設照相館。他是美國地質與地理調查局的官方攝影師(1870～1878)，他的相片促成了三座國家公園：黃石國家公園、大堤頓國家公園和弗德台地國家公園。

Jacksonville 傑克森維爾 美國佛羅里達州東北部城市，人口約680,000(1996)。1564年在當地建立了該州最早的歐洲人(法國胡格諾派)殖民地。取名自傑克森，1822年提出建制請求，1832年正式建制。1901年大部分遭火焚毀。1968年與迪瓦勒郡大半區域合併；占地841平方哩(2,178平方公里)，成爲美國面積最大的城市之一。擁有深水港口和數座大型船塢，爲佛羅里達州主要的運輸和商業中心。設有傑克森維爾大學、北佛羅里達大學和瓊斯學院。

Jacob 雅各 希伯來人牧首，以撒之子，亞伯拉罕之孫，以色列人傳統上以他爲祖先。其事跡記載於〈創世記〉。他是以掃的孿生弟弟，雅各以欺騙的手法，從父親那裡獲得祝福和以掃的長子名分。在一次前往迦南的旅途中，他跟一位天使搏鬥了一整晚，最後這位天使賜福給他，並把他的名字改爲以色列。雅各共有十三個子女，其中十個創立了以色列支派。他最寵愛的兒子約瑟，被兄長們賣到埃及當奴隸，但後來一場饑荒迫使約瑟的兄長們到埃及尋找糧食，家族因而重聚。

Jacob, François* 雅各布(西元1920年～) 法國生物學家。獲博士學位後，到巴黎的巴斯德研究所工作。1958年開始，他和莫諾一起研究細菌酶合成的調節。他們發現了調節基因，此名稱來自於它們控制了其他基因的活性。雅各布和莫諾還提出有某種訊使核糖核酸(RNA messenger)存在，這是去氧核糖核酸(DNA)的部分複製品，可把遺傳訊息攜帶到細胞其他部分。1965年兩人和利沃夫同獲諾貝爾獎。

Jacob ben Asher 雅各・本・亞設 1269?～1340?。猶太法學家。可能生於科隆，1303年全家遷居西班牙，他的父親在托萊多擔任大拉比。據信雅各以放高利貸爲生。他把猶太法律分門別類，彙編爲《四類書》法典，成爲15世紀受歡迎的猶太神學作品。許多拉比斷案以該書爲據，直到16世紀卡洛的著作取代它以前，它一直是猶太法律標準。

Jacobean age* 詹姆斯時期 英國國王詹姆斯一世(James I，「James」的拉丁文爲「Jacobus」)統治時期(1603～1625)的視覺和文藝風尚。詹姆斯時期的建築，把源自哥德時期晚期的主題跟古典風格的細節、都鐸風格的尖拱、內部鑲嵌結合了起來。詹姆斯時期的家具，以橡木製成，其特徵爲粗壯的結構和球莖形的腿腳。瓊斯依據帕拉弟奧的理論和建築作品，將充分體現文藝復興時期建築的古典風格引入英國。詹姆斯時期的肖像畫家與雕塑家多爲外國人或受外國影響的人，他們的成就在詹姆斯的繼承者查理一世時代逐漸褪色，當時英國出現了諸如魯本斯和范戴克等一些法蘭德斯畫家。亦請參閱Jacobean literature。

Jacobean literature* 詹姆斯時期文學 英國國王詹姆斯一世統治時期(1603～1625)的寫作文體。此期文學承自伊莉莎白時期文學，由於對社會秩序的安定提出質疑，因而通常帶有灰暗色彩；莎士比亞一些最偉大的悲劇作品約創作於此時期之初，而其他的劇作家，包括韋伯斯特在內，則熱衷於罪惡題材。喜劇的代表作有班・強生辛辣尖利的諷刺作品，以及包蒙和弗萊契爾的各式各樣作品。詹姆斯時期詩歌包括強森的優雅詩詞和騎士詩人的作品，但也含括但恩等人具有理智之複雜性的形上詩。在散文方面，培根和柏頓等作家顯示了一種剛柔並濟的新風格。這一時期散文的不朽成就是英王詹姆斯欽定本《聖經》(1611)。

Jacobin Club* 雅各賓俱樂部 或稱雅各賓派(Jacobins)。法國大革命時期的政治團體，以極端激進主義和暴力聞名。1789年成立時以憲政之友社爲名，但以雅各賓俱樂部知名，因爲會議是在過去的一所道明會修士(在巴黎稱作雅各賓派)女修道院舉行。原由國民議會的代表組成，旨在保護法國大革命成果，免受可能發生的貴族反動的侵害。雅各賓俱樂部在1792年並未直接參與推翻君主政體，但後來俱樂部改名爲雅各賓自由與平等之友社。它接受國民公會中左翼山岳派代表，並煽動人民處決國王、推翻吉倫特派。到了1793年，全國約有八千個俱樂部，會員約有五十萬人，雅各賓派成了恐怖統治的工具。巴黎的雅各賓俱樂部支持羅伯斯比爾，但1794年羅伯斯比爾下台後，它就關閉了。雖然官方正式禁止雅各賓俱樂部活動，但一些地方性俱樂部仍持續到1800年。

Jacobite 詹姆斯黨 英國歷史上，擁護1688年光榮革命後流亡在外的斯圖亞特王室詹姆斯二世(James II，「James」的拉丁文爲「Jacobus」)及其後裔的支持者。他們在蘇格蘭、威爾斯和愛爾蘭的勢力很大，包括了天主教徒和英國國教徒托利黨人。詹姆斯黨人，尤其是在威廉三世和安妮女王在位時，曾提出一種可行的王位輪替計畫，並曾幾次企圖恢復斯圖亞特王朝。1689年詹姆斯二世率兵登陸愛爾蘭，但在伯因河戰役中戰敗。在第十五次叛亂(1715)時，由馬爾伯爵六世厄斯金(1675～1732)率領，詹姆斯黨人試圖爲老王位覬覦者詹姆斯・愛德華・斯圖亞特奪取王位。在第四十五次叛亂(1745)時，小王位覬覦者查理・愛德華・斯圖亞特占領了蘇格蘭，但在可洛登戰役(1746)中詹姆斯黨軍隊被擊潰。

Jacobs, Helen Hull 傑克布茲(西元1908～1997年) 美國網球選手。1924～1925年全美少年網球冠軍。1928年在紐約的福雷斯特希爾網球賽中第一次敗在威爾斯手下，威爾斯後來一直是她的勁敵。雖然威爾斯在球場上總是贏球，但傑克布茲較討人喜歡。她唯一一次贏得比賽是因爲威爾斯中途棄權。雖然處在威爾斯的陰影下，傑克布茲仍在1932～1935年贏得四次美國公開賽單打冠軍，三次雙打冠軍(1932、1934～1935)，以及混合雙打冠軍(1934)。1928～1940年名列世界前十大網球選手。1933年在溫布頓是第一個打破傳統穿上男式運動短褲的女子。自傳《比賽之外》出版於1936年。

Jacobs, Jane　傑克布茲（西元1916年～） 原名Jane Butzner。美國裔加拿大都市學家。生於賓夕法尼亞州斯克蘭頓，與從事建築師工作的先生住在紐約市時，積極投入社區活動。在《建築論壇》擔任編輯達十年之久。她深具影響力的《美國大城市的死亡與生活》（1961）一書，針對現代都市地區的多重需求，作了一番急切、激昂並且頗富原創性的重新詮釋。《城市經濟》（1969）討論多樣性對於都市繁榮的重要性。之後的著作有《城市與國富》（1984）和《帝國邊緣》（1996）。亦請參閱urban planning。

Jacopo da Pontormo ➠ Pontormo, Jacopo da

Jacopo della Quercia*　雅可波 原名Jacopo di Piero di Angelo。約1374～1438。義大利雕塑家，活躍於席耶納。父親為金匠和木刻家。最早的主要作品是盧卡大教堂內的伊拉莉亞・卡列多之墓（約1406～1408）。他受席耶納委託所做最重要的作品是田野廣場的快樂噴泉（1408～1419）。與多那太羅、吉貝爾蒂一起，為席耶納洗禮堂的聖水盆製作浮雕（1417～1430）。最後也是最偉大的作品，是波隆那聖白托略教堂正門周圍的雕刻（1425～1430）。1435年被任命為席耶納大教堂的主建築師。他提升了席耶納的雕刻水準，也影響了後來的席耶納畫家。他是15世紀最偉大的非屬佛羅倫斯派雕塑家，對年輕的米開朗基羅影響很大。

Jacquard, Joseph-Marie*　雅卡爾（西元1752～1834年） 法國發明家。1801年他實際展示了採用革命性新技術的自動化織布機；1806年這種織布機被宣布為公共財產，他獲得終生年金和每台機器的權利金作為報酬。他的織布機利用可交替的穿孔卡來控制布料的織法，如此可自動織出任何想要的樣式。雅卡爾織布機的技術成為現代自動化織布機的基礎，也是現代電腦的先驅。他的穿孔卡被巴貝奇改造用在其所構想的分析機的輸入－輸出媒介中，霍勒里思則改造穿孔卡用來把資料饋入其人口普查的機器，而早期的數位電腦也利用穿孔卡輸入資料。

Jacquard loom*　雅卡爾提花織布機 採用特殊裝置以控制個別經線的織布機。可織出樣式錯綜複雜的織品，如壁毯、織錦緞、花緞，也曾被改良用以生產有圖案的針織品。1804～1805年在法國由雅卡爾開發出來，這種織布機利用可交替的穿孔卡控制布料的織法，如此可自動織出任何想要的樣式。他的織布機激起紡織工人的強烈反彈，他們害怕這種節省勞力的機器會使他們失業，里昂的織工不僅燒毀機器，還襲擊雅卡爾本人。但因為它的優點很多，終於被普遍接受，到1812年法國已有一萬一千台。1820年代這種織布機傳到英國，再從英國傳到全世界。

Jacuí River*　雅庫伊河 巴西南部河流。全長450公里。發源於帕蘇豐杜東面山地，然後往南流，再轉向東流至阿萊格里港與其他四條河流匯合成瓜伊巴河，在這條河的淺水河口注入大西洋。可通航至南卡舒埃拉，為巴西貨運量最大水系之一。

中國清代（可能是乾隆年間）玉雕雲中龍大徽章（或圓形飾物），現藏倫敦維多利亞和艾伯特博物館

By courtesy of the board of trustees of the Victoria and Albert Museum, London, Wells Legacy

jade　玉 兩種堅韌、質密的寶石，典型呈綠色，極易拋光。從最早有記錄的時代起，這兩種礦物就被雕琢為珠寶、飾物、小雕塑或實用物品。價值較高的一種玉石是硬玉，另一種是軟玉。兩種玉石都可能呈白色或無色，但可能出現紅、綠、灰等顏色。

jadeite*　硬玉 亦稱翡翠。輝石族中屬於寶石級的矽酸鹽礦物，是玉的一種形式。硬玉的成分為鈉、鋁的矽酸鹽（$NaAlSi_2O_6$），可含一些雜質而使它有多種顏色：白、翠綠、蘋果綠、紅、褐和藍等色。價值最高的是祖母綠。硬玉只產在變質岩中，最常產在地下深處受到高壓的變質岩中。緬甸北部的莫岡市附近地區長期以來是寶石級硬玉的主要產地。

未雕琢的硬玉（左）和雕琢過的硬玉

Runk/Schoenberger－Grant Heilman

jaeger*　獵鷗 賊鷗科賊鷗屬的3種海鳥。掠奪性鳥類，形似鷗，具一向前傾的黑頂和中央突出的尾羽。有兩種色型：全褐色或上體褐色下體白色（較常見）。營巢於北極凍原，而後飛向大海，許多遠至澳大利亞和紐西蘭。在海上自己捕捉魚類，但在沿海濱營巢時會迫使燕鷗和三趾鷗吐出食物，也傷害其他海鳥卵和幼雛，並捕捉陸地鳥類和齧齒動物。體長35～50公分。在英國，獵鷗也稱作賊鷗。

長尾賊鷗（Stercorarius longicaudus）

©Alan Williams/NHPA

Jafar ibn Muhammad*　加法爾・伊本・穆罕默德（西元700?～765年） 伊斯蘭教什葉派第六代伊瑪目，也是最後一代受什葉派各支派共同承認的伊瑪目。他是阿里的曾孫。由於可能有繼承哈里發的資格，對伍麥葉和阿拔斯王朝是潛在威脅。762年遷居巴格達以示無心謀取王位，然後又回到故鄉麥地那，在那裡的學生包括阿布・哈尼法。加法爾死後，什葉派分化。一支是伊斯瑪儀派，追隨他的長子伊斯瑪儀。另外一支是十二伊瑪目派，他們從加法爾開始追溯世系到第十二代伊瑪目，等候最後審判日降臨。

Jaffa　雅法 ➠ Tel Aviv-Yafo

Jagannatha*　札格納特 亦作Jagannath。印度教大神黑天的化身之一，在奧里薩邦的布里受崇拜，這裡是印度的著名宗教中心。布里的札格納特寺廟可溯至12世紀。慶祝他的乘車節在每年的6或7月舉辦，屆時將此神之像置於車上，由於車身很重，所以由數以千計的信徒曳引著，要花幾天才到達城外的神廟。狂熱的朝聖者根據傳說有時置身於輪下以祈獲得立刻的拯救，所以Jagannatha的英文字義又可引申為盲目的偶像崇拜。

Jagiello I　亞蓋沃一世 ➠ Wladyslaw II Jagiello

Jagiellon dynasty*　亞蓋沃王朝 波蘭－立陶宛、波希米亞和匈牙利的王族，在15和16世紀時是中東歐一個最有權勢的家族。王朝由立陶宛大公亞蓋沃創建，1386年他與波蘭女王雅德維加（1373?～1399）結婚後，同時成了波蘭國王弗瓦迪斯瓦夫二世。弗瓦迪斯瓦夫三世（1424～1444）時王朝擴大了勢力，1440年還成了匈牙利國王。卡齊米日四世繼承其位為王，他把兒子捧上了波希米亞的王位（1471）和匈牙利王位。然而在卡齊米日的兒子約翰・阿爾貝特（1459～1501）和亞歷山大（1461～1506）統治時期，亞蓋沃王朝的統治者在波蘭已被貴族奪去了不少權力。1506年西格蒙德一世繼承亞歷山大之位時，他加強政治管理，並使條頓騎士團轉變爲世俗的普魯士公爵領地（1525），且成爲波蘭的封地。1526年路易二世死後，結束了亞蓋沃王朝在波希米亞和匈牙利的統治。1561年西格蒙德二世把利沃尼亞併入波蘭，但他死後無嗣，亞蓋沃王朝遂告結束（1572）。

jagirdar system＊ 札吉爾達爾制度 13世紀初從德里早期的一些蘇丹引進印度全國的土地占有形式，他們把土地交給國家官員去收租和管理。官員死後，土地就歸還國家，但其繼承人可繳納一筆費用重新獲得。札吉爾達爾制度具有封建制度的性質，它建成一些類似獨立的大莊園，因而削弱了中央政府權力。曾幾度被廢除，但往往又恢復。印度獨立後，採行廢除產權遙領制。

jaguar 美洲豹 新大陸最大的貓科動物，學名Panthera onca或Leo onca。曾分布於美國－墨西哥邊界以南到巴塔戈尼亞的森林地區。現在數量已減少，只有在中南美洲偏遠地區才有發現。公豹體長1.7～2.7公尺（包括60～90公分長的尾巴），體重100～160公斤。典型的色澤是橘棕黃色帶有黑色斑點組成一簇簇的玫瑰花結，其中心尚有一黑斑。是獨棲的食肉動物，常捕食齧齒類、鹿、鳥類和魚等動物，也吃牛、馬和狗等家畜。

Jaguaribe River＊ 雅瓜里比河 巴西東北部河流。由卡拉帕特羅河和特里西河匯成，往東北流到阿拉卡蒂注入大西洋。全長約560公里。枯水期長，大部河段乾涸；洪水期氾濫時，下游沿河城鎮常被淹。

H I J K

Jahangir 賈汗季（西元1569～1627年） 亦作Jehangir。印度蒙兀兒皇帝（1605～1627）。雖然已被指定爲王位繼承人，但沒有耐心的賈季汗等不及就開始叛亂（1599）；雖然如此，其父阿克巴還是確認他爲繼承人。他如父親一樣，在次大陸上用心經營靈活的外交關係，對非穆斯林相當容忍，也贊助藝術活動，並推崇波斯文化。賈汗季的波斯妻子（努爾．賈汗）、岳丈與兒子胡拉姆親王（即後來的沙．賈汗）相互勾結，1622年以前一直把持朝政。

Jahn, Friedrich Ludwig＊ 楊（西元1778～1852年） 德國教育家，德國體操協會的發起人。1809年起在柏林任教，在那裡他開始推行學生戶外運動，發明雙槓、吊環、平衡木、跳馬和單槓，這些全成了現代體操的標準設備。1819年因宣揚強烈的民族主義觀點，對青年影響很大而受到懷疑，政府下令逮捕他，入獄幾近一年才獲釋；而他的體操協會被迫關閉，全國取締體操的法令到1842年才解禁。

jahrzeit ➠ yahrzeit

jai alai＊ 回力球 類似手球的場地球類運動，由2位或4位球員比賽，用一個柳條編成、綁在手臂上的長勺形球拍來接住和投擲一個硬橡皮球。起源於巴斯克地區，這是從西班牙回力球發展而來的球戲，1900年傳入古巴時，才取名回力球。投擲的長勺形球拍可使球速達到每小時240公里。球場設有三面牆，長約53.3公尺。比賽規則是球員對著前牆發球，而球必須落在指定的落球帶內。單打賽中的對手或雙打賽中的其中一位對手必須在球第二次落地之前將其捕捉並擲回。美式比賽獲准採用賽馬彩票的賭博方法。

Jaina vrata＊ 誓願 耆那教僧尼和在家信徒所發的各種誓願。前五大願是：一、不害；二、不妄語；三、不偷盜；四、不淫欲；五、不蓄產。這些誓願對在家信徒的解釋較僧尼的寬鬆，例如：在家信徒在性方面只需對配偶忠實，而僧尼必須僅守獨身。其他的誓願是設計來幫助遵守前五大願的規則。最後一個誓願是發誓在自我絕食中死於瞑想，此時已不再可能遵奉其他的誓願。

Jainism＊ 耆那教 西元前6世紀由筏馱摩那（大雄）創立的印度宗教。其信仰的核心是不能傷害所有的生物（即不害）。因反對吠陀教而創立，吠陀教需奉獻動物牲禮給神。耆那教認爲沒有創世之神，但在生活上有各類的小神。信徒相信他們的宗教是永恆不朽的，並認爲在各個階段透過一些「勝利者」來顯現，大雄就是這些勝利者的第二十四代。大雄過著禁欲的生活，他訓誡教徒必須以嚴格的苦行和克己方式爲手段，才能使人性完善，逃脫生死輪迴，並獲得解脫。耆那教徒視業爲與解脫有關的、看不見的物質實體，只能透過禁欲主義才能解決。到西元1世紀時，耆那教分爲兩派：天衣派和白衣派（較溫和）。天衣派主張信徒應該捨棄一切，一無所有，甚至連衣物也不要；女人必須再世爲男人，才能獲得解脫。後來這兩派各自發展了自己的聖典教規。耆那教徒一直恪守著虔敬的生活原則，以熱心慈善工作聞名，包括搭建棚舍收容動物。耆那教也教人寬容，不強求別人改變信仰皈依自己的門派。

Jaipur＊ 齋浦爾 印度西北部拉賈斯坦邦首府。這座圍有城牆的城鎮四周爲山丘環繞（南部除外），1727年由大王薩瓦伊．查伊．辛格建立，取代安伯爲齋浦爾親王邦的首府。以美景著稱，有獨特的直線規畫；建築物多爲玫瑰色，故有「粉紅城市」之稱。爲受歡迎的觀光勝地；歷史建築有市府公館、溫德斯市政廳、蘭巴格宮殿和納哈爾噶爾（或稱虎堡）。人口約1,458,000（1991）。

Jakarta 雅加達 舊稱Djakarta（1949～1972）。印尼的首都和全國最大的城市。位於爪哇島西北海岸，在萬丹的蘇丹打敗葡萄牙人之後在該址建城（1527）。1619年受荷蘭人控制，改名巴達維亞（Batavia），把它建立成荷屬東印度公司的總部。1949年改名，並設爲印尼首都。該市爲重要的商業、工業和金融中心，設有一些大學。人口約9,161,000（1995）。

Jakobson, Roman (Osipovich)＊ 雅科布松（西元1896～1982年） 俄羅斯出生的美國語言學家。出生於莫斯科，並在那裡受教育。1920年遷往布拉格，1938年因歐洲政治情況迫使他逃往斯堪的那維亞。1941年轉往美國。1949～1967年在哈佛大學任教。其研究範圍廣泛，從民族史詩、斯拉夫文化史到一般的音系學、斯拉夫語的語形學和語詞的探究。他專注於用對比、對照的方法來研究語言，反映在俄羅斯語格的系統分析（1938）、對俄羅斯語動詞系統的出色分析（1948），以及在音系學上各方面的傑出作品。

Jalal ad-Din ar-Rumi ➠ Rumi, Jalal ad-Din ar-

Jalapa (Enríquez)＊ 哈拉帕 墨西哥中東部韋拉克魯斯－拉夫州首府。位於東馬德雷山脈，海拔1,427公尺。爲當地生長的咖啡、煙草的交易市場，在殖民時期以一年一度的集市盛會聞名，這場集市是要賣掉從西班牙加的斯帶來的貨物，而這些貨是由西班牙運銀艦隊回程時載來的。市內有宏偉的西班牙－摩爾式建築，讓人緬懷了總督時代那段日子。人口279,000（1990）。

Jalisco＊ 哈利斯科 墨西哥中西部一州。西馬德雷山脈縱貫全州，分隔了太平洋沿海平原和高原區。山區大部分是爲火山帶，常發生地震。湖泊眾多，其中包括墨西哥最大的湖泊－－查帕拉湖。1526年西班牙人首度入侵，哈利斯科被併入新加利西亞。1889年因把特皮克區（即今納亞里特州）畫出沿海地帶而面積大爲縮小。經濟以農業、畜牧業、林產品和採礦業爲主。首府瓜達拉哈拉。面積80,836平方公里。人口約6,161,000（1997）。

jam ➠ jelly

Jamaica　牙買加　西印度群島島國，位於古巴南面，該島東西長約235公里，南北寬約56公里。爲加勒比海第三大島。面積10,991平方公里。人口約2,624,000（2001）。首都：京斯敦。大部分人民是非洲奴隸的後裔。語言：英語（官方語）；廣泛通行克里奧爾語。宗教：基督教；精神教派塔法里教。貨幣：牙買加元（J$）。牙買加主要分爲三個區：沿海低地，環繞整個島嶼，已開發過度；石灰岩高原，覆蓋一半的島嶼面積；內陸高地，山區森林茂密，其中包括藍山山脈。農業雇用1/4的勞力，主要的農業出口產品是粗糖，以及其副產品蘭姆酒和糖蜜。工業以鋁土礦、氧化鋁的生產爲主，此外還有服裝工業。旅遊業也很重要，有半數人民從事這行。政府形式爲君主立憲政體，兩院制。國家元首是代表英國君主的總督，政府首腦是總理。約西元600年時，阿拉瓦克印第安人定居於此。1494年哥倫布曾瞥見它；16世紀初，西班牙人來此殖民但並不重視它，因爲牙買加沒有金礦。英國在1655年獲得控制權，到了18世紀末，因奴工生產了大量的糖，已成爲價值甚高的殖民屬地。1830年代廢除奴隸制度，種植園體制隨之瓦解。1959年獲得內部完全自治權，1962年成爲英國國協內的獨立國家。20世紀末，在曼利的領導下，把許多企業收歸國有。

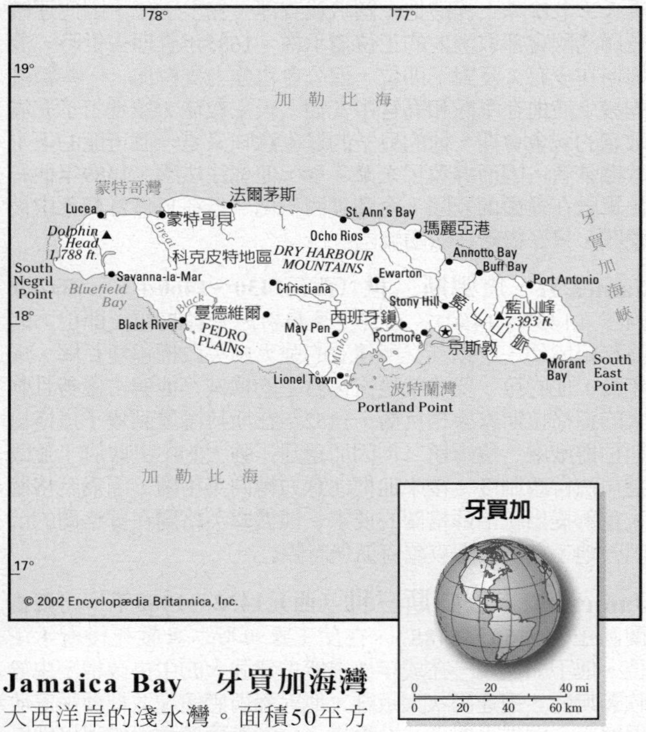

Jamaica Bay　牙買加海灣　大西洋岸的淺水灣。面積50平方公里，位於美國紐約東南，長島西南岸，爲紐約港之一部分。南有洛克威半島屏蔽，通過洛克威海峽和大西洋連接。科尼島位居入口道附近。東北岸的愛得懷爾德設有甘迺迪國際機場。

Jamal al-Din al-Afghani＊　哲馬魯・丁・阿富汗尼（西元1838～1897年）　穆斯林政治人物和新聞工作者。取名「阿富汗尼」被認爲是要隱藏他出身波斯什葉派的身分。1866年起居住於阿富汗，一年後成爲汗（君王）的顧問。改朝換代後，他也被免職，於是前往伊斯坦堡，1871年轉往開羅。他在那裡以群衆煽動家和異教徒出名，1879年被驅逐出境。1883年到巴黎，他擁護伊斯蘭文化，與歐洲優勢文化相對抗。在俄國（1887～1889），他似乎從事反英宣傳活動。此後又去伊朗，1892年再次被當作異端分子驅逐出境。四年後，他唆使人謀殺沙阿以報復。他在不能使蘇丹關注他的泛伊斯蘭教思想後，死於伊斯坦堡。

James, C(yril) L(ionel) R(obert)　詹姆斯（西元1901～1989年）　千里達作家與政治運動者。年少時移居英國，1929年推出首部作品《西普里亞尼船長傳》。1938年的《黑人雅各賓》爲其對圖森－路維杜爾的研究，爲一部創新之作。1938～1953年詹姆斯首度停留美國期間與羅伯遜結識，但詹姆斯最終因馬克思主義和勞工運動主義的思想而被驅逐回英國。他曾爲《衛報》纂寫關於板球的文章。詹姆斯的《超越疆界》（1963）爲自傳、政治與運動評論的混合體。1970年他再度來到美國，但最後還是在英國永久居留。

James, Harry (Haag)　詹姆斯（西元1916～1983年）
美國小喇叭手，是搖擺樂時代一個最受歡迎的大樂隊領隊。1937年加入班尼固德曼的樂隊，成爲主要的獨奏者之一，1938年末組成自己的樂團。在透過法蘭克辛那屈演唱、輯成音樂名家作品，以及以其註冊商標式的寬廣顫音來演奏民謠之後，在商業上取得極大的成功。1943年與電影演員格萊寶結婚，並開始在好幾部電影中亮相。他是一個極有才藝、技巧十分純熟的即興演奏者，1940年代末起，從他的音樂中可看出對爵士樂重新燃起興趣，他繼續與他的樂團一起演出了四十多年。

James, Henry　詹姆斯（西元1843～1916年）　美國出生的英國小說家。出身紐約市一個顯赫家庭，哥哥是威廉・詹姆斯，受私人教育。童年開始就經常到歐洲旅遊。作品的基本主題是新大陸的鄉土氣和旺盛生機同舊世界的腐敗和精明之間的衝突。《黛西・米勒》（1879）使他獲得國際聲譽，接著相繼出版《歐洲人》（1879）、《華盛頓廣場》（1880）、《貴婦的畫像》（1881）。《波士頓人》（1886）和《卡薩瑪西瑪公主》（1886）的主題是社會改革者和革命家。在《波音頓的珍藏品》（1897）、《梅西所知道的》（1897）和《碧廬冤孽》（1898），這些小說中，他開始運用複雜的道德和曖昧的心理手法。《鴿翼》（1902）、《奉使記》（1903）和《金碗》（1904）是他晚年寫的最後幾部偉大小說。在《虛構小說的藝術》評論中可看出他對小說灌注了十分的熱情，把它當作一種藝術形式；他還爲自己所有的選集作品以及多部文學評論寫序。他的主要技巧革新也許是把焦點聚集在中心人物的個人意識，反映出他感受到那個時代大衆和集體價值的衰微。

詹姆斯，攝於1905年
Smith College Archives

James, Jesse (Woodson)　詹姆斯（西元1847～1882年）　美國的不法之徒。美國南北戰爭期間，與哥哥弗蘭克（1843～1915）一起加入南方聯邦游擊隊。1866年組成一個搶匪集團，搶劫了一些銀行，不久開始攔劫火車和驛馬車。1876年傑西在密蘇里州的諾斯菲爾德企圖搶劫一家銀行失敗，其兄弟逃脫，但匪幫的殘餘分子被殺或被捕。1881年密蘇里州政府懸賞一萬美金逮捕他們，1882年傑西正在家中掛畫時，被一名想獲得賞金的同夥匪徒開槍擊中後腦，隨即斃命。弗蘭克後來受審，三次被判無罪，後來退居自家農場，過著平靜的生活。詹姆斯兄弟的冒險事跡被一些低俗小說作家和電影所浪漫化。

James, St. 聖雅各（卒於西元44?年） 亦稱大雅各（James the Great）。耶穌基督的十二使徒之一。雅各和他的兄弟使徒聖約翰是加利利海的漁夫，是最早受耶穌感召的門徒。雅各是使徒中的核心圈內人物之一，他見證過耶穌的一些重大事跡，如主顯聖容和耶穌在客西馬尼園中憂傷祈禱。西元44年猶太國王希律．亞基帕一世下令把他斬首。據傳，雅各的遺體被運到西班牙的聖地牙哥，該地的聖雅各祠長久以來是一個朝聖地。

James, William 詹姆斯（西元1842～1910年） 美國哲學家和心理學家。哲學作家亨利．詹姆斯（1811～1882）的長子，其弟是小說家亨利．詹姆斯。他出生於紐約市，在哈佛大學修讀醫學，1872年開始在那裡任教。第一部重要著作是《心理學原理》（1890），他把思想和知識視爲生活奮鬥的工具。最出名的作品是《宗教經驗的種種》（1902）。在《實用主義》（1907）中，他把皮爾斯的實用主義作了一番歸納，指出任何一個觀念的意義最後必然體現在這一觀念所經歷和導致的順序而來的經驗性後果中；眞理和謬誤端視這些後果來評斷。他把實用主義應用於變化與偶然的觀念、自由、變異、多元性以及新奇的觀念上。他也用實用主義來反對一元論、「宇宙板塊論」、內部關係的非現實理論和一切表示現實是靜止的觀點。他也是功能主義這一心理學運動的領袖。

詹姆斯
By courtesy of the Harvard University News Service

James I 詹姆斯一世（西元1208～1276年） 西班牙語作Jaime。別名征服者詹姆斯（James the Conqueror）。亞拉岡和加泰隆尼亞國王（1214～1276）。是中世紀最有名的亞拉岡國王，受聖殿騎士團教育，1218年以前由叔祖攝政。他曾協助平定貴族叛亂，1227年親政。他一再征服巴利阿里群島（1229～1235），以及瓦倫西亞王國（1233～1238），但放棄了對法國南部地區的領土要求。他也曾協助阿方索十世壓制莫夕亞的摩爾人叛變（1266），並發動十字軍前往聖地（1269），不過失敗了。

James I 詹姆斯一世（西元1566～1625年） 蘇格蘭國王（1567～1625，稱詹姆斯六世）和英格蘭斯圖亞特王朝第一代國王（1603～1625）。1567年起統治蘇格蘭，稱詹姆斯六世。爲蘇格蘭女王瑪麗和達恩里勳爵的獨生子，一歲就繼承瑪麗的蘇格蘭王位，由大貴族相繼攝政，成爲相互鬥爭的陰謀家－－天主教派（他們想讓他的母親復辟）和新教教派－－手中的傀儡。1583年才開始親政，他竭力與英格蘭保持良好關係。伊莉莎白一世死後，他以亨利七世的玄孫資格繼承了英格蘭王位。他很快就結束與西班牙的戰爭（1604），取得和平及繁榮。1604年1月主持了漢普頓宮會議，拒絕了清教徒所提的改革聖公會的要求，但同意重新翻譯《聖經》，即後來的詹姆斯欽定本《聖經》。他因偏袒天主教而導致火藥陰謀。1611～1621年逐漸專制，常與日趨強硬的國會發生衝突，並導致他解散國會。大臣塞西爾（即索爾斯伯利伯爵）死後，朝政落入一些無能的寵臣手中。

James I 詹姆斯一世（西元1394～1437年） 蘇格蘭國王（1406～1437）。羅伯特三世之子和繼承人。1406年被英格蘭人俘擄，送往倫敦監禁，1424年才獲釋。在眞正統治蘇格蘭的十三年期間（1424～1437），他建立了第一個強大的君主政體，蘇格蘭人受此影響近一世紀之久。詹姆斯削弱了貴族權力，但沒有完全壓制蘇格蘭高地的貴族。他爲平民大刀闊斧改革司法。後來在道明會修道院被一群敵對的貴族暗殺，導致一場擁護他的遺孀和六歲兒子（繼承其位爲詹姆斯二世）的暴亂。

James II 詹姆斯二世（西元1264?～1327年） 西班牙語作Jaime。別名公平者詹姆斯（James the Just）。西班牙的亞拉岡國王（1295～1327）和西西里國王（1285～1295，稱詹姆斯一世）。1285年父親死後繼承了西西里王位，1291年他的兄弟過世，又繼承了亞拉岡王位。1295年放棄西西里王位，並爲了與安茹人和解而與那不勒斯國王之女結婚。他獲得了薩丁尼亞和科西嘉島以補償西西里的損失，但到1324年只占領了薩丁尼亞。

James II 詹姆斯二世（西元1633～1701年） 英國國王（1685～1688）。是哥哥查理二世的繼承人。英國內戰期間逃往尼德蘭（1648）。1660年查理二世復辟後回到英格蘭，任海軍大臣，在英荷戰爭中指揮艦隊作戰。1668年左右改信天主教，1673年因不願按宗教考查法宣誓而辭去所有職務。1678年他對天主教的支持使得人心惶惶，以致發生了一場天主教陰謀，揑造他企圖暗殺查理，登上王位，因此連續幾屆的國會都取消他的王位繼承權。1685年查理去世時，詹姆斯在少有人反對下即位，聖公會也強力支持他。一些叛亂的發生使他在軍隊和高官中安插了天主教徒，並延宕了充滿敵意的國會會期。他的兒子的誕生意味又是一個可能的天主教繼承者，因而導致了光榮革命，他逃往法國。1689年他率領軍隊在愛爾蘭登陸，企圖奪回王位，但在伯因河戰役中被擊敗，只好繼續在法國流亡。

James II 詹姆斯二世（西元1430～1460年） 蘇格蘭國王（1437～1460）。在父王詹姆斯一世被暗殺後即位。因爲年紀尚幼，所以其父所建立的強大中央政權迅速瓦解。成年後，他的第一要務就是恢復君主的權威。他與占優勢且強大的道格拉斯家族相抗衡，1452年在斯特凌堡刺殺了道格拉斯伯爵威廉。詹姆斯二世因而重建了強大的中央政府，並改進司法行政制度。後來他把注意力轉向英格蘭，因爲英格蘭人重新提出統治蘇格蘭的要求。他襲擊英格蘭在蘇格蘭的前哨營地，在一次圍攻羅克斯堡時陣亡。

James III 詹姆斯三世（西元1452～1488年） 蘇格蘭國王（1460～1488）。在父王詹姆斯二世戰死後繼承王位。他不如父親，在成年後未能重建強大的中央政權。由於軟弱無能，遭逢兩次大叛亂。他對藝術感興趣並把藝術家收爲寵臣，顯然得罪了一批貴族。1488年兩個強大的邊境地區家族發動叛亂，並爭取到他的兒子（即未來的詹姆斯四世）的支持，詹姆斯三世在三十六歲時被俘並被殺死。

James IV 詹姆斯四世（西元1473～1513年） 蘇格蘭國王（1488～1513）。他統一了蘇格蘭，到1493年已控制了蘇格蘭整個北部和西部地區。詹姆斯四世支持一位英格蘭王位覬覦者，與英格蘭在邊境上發生了幾場小衝突（1495～1497）。1503年與英格蘭國王亨利七世的長女瑪格麗特．都鐸結婚，有助於兩國關係的穩定，但在1512年與法國結盟對抗英格蘭。1513年支持法國而入侵英格蘭，在佛洛頓戰役中陣亡。

James Bay 詹姆斯灣 加拿大魁北克省與安大略省北部之間的淺海灣，爲哈得遜灣向南延伸部分。平均深度爲60公尺不到，長443公里，寬217公里。灣內有許多島嶼，最大島嶼爲阿基米斯基。注入海灣的河流甚多（包括穆斯河），故海水含鹽量低。1610年哈得遜抵達此地，地名取自1631年探勘此地的湯瑪斯・詹姆斯船長的姓氏。

James River 詹姆斯河 亦稱達科他河（Dakota River）。美國河流。發源於北達科他州中部，東南流進入南達科他州，在揚克頓以下約8公里處匯入密蘇里河。全長1,140公里。沿河主要城市爲詹姆斯敦（北達科他州）和休倫（南達科他州）。

James River 詹姆斯河 美國維吉尼亞州河流。由傑克森河以及考帕斯徹河匯合而成。向東流經藍嶺，穿過里奇蒙，又蜿蜒流向東南，在流過漢普頓錨地後注入乞沙比克灣。全長550公里。下游的詹姆斯敦是英國第一個永久性殖民點所在地。

James the Conqueror 征服者詹姆斯 ➠ James I（亞拉岡）

James the Just 公平者詹姆斯 ➠ James II（亞拉岡）

Jameson, Leander Starr 詹姆森（西元1853～1917年） 受封爲里安德爵士（Sir Leander）。南部非洲的英國行政長官。他代表羅德茲成功地透過協商取得在馬塔貝萊蘭和馬紹納蘭（今辛巴威）的礦產開採權，後來在1893年成爲新的羅得西亞殖民地第一任首長。1895年他和羅德茲聯合威特蘭人（即英國人）在特蘭斯瓦密謀推翻克魯格領導的布爾人政府；原計畫雖被拖延，但詹姆森仍實行他的入侵計畫，結果與所有的自己人立刻被捕。在英格蘭監禁幾個月後因病重獲釋，後來重返南非參與政治活動。

Jamestown 詹姆斯敦 北美洲英國第一個永久性殖民點所在地，建於1607年5月，位於維吉尼亞州詹姆斯河一半島上。城市名稱取自當時的英國國王詹姆斯一世，早先種植煙草，建立了大陸上第一個代議制政府（1619）。1699年維吉尼亞州首府遷往威廉斯堡後，開始衰敗。因土壤沖蝕，至19世紀中葉時已變爲河中島嶼，1936年併入科洛尼爾國家歷史公園。

Jami＊ 賈米（西元1414～1492年） 原名Mowlana Nur od-Din 'Abd or-Rahman ebn Ahmad。波斯學者、神祕主義者和詩人。當代許多伊斯蘭統治者都願捐助他的生活，但他寧可過著簡僕生活，一生大多住在赫拉特。他的散文題材十分廣泛：從《可蘭經》注釋到論蘇菲主義和音樂的論文都有。他的詩作表達了他的倫理學的哲學理論，文詞清新優美。最著名的詩集是《七寶座》。常被稱爲伊朗末代偉大的神祕主義詩人。

Jamison, Judith＊ 詹米森（西元1943年～） 美國舞蹈家與編舞家。生於費城，1965年加入艾利的美國舞團直至1980年，她充滿活力的優雅舞姿、引人入勝的舞台表演激發了艾利的許多新舞步。詹米森曾於百老匯歌舞劇《高雅仕女》（1980）中演出，1980年代她開始世界巡迴演出，並爲許多舞團編舞。1988年成立自己的舞團「詹米森事業」，翌年她回到艾利的舞團擔任藝術指導。

Jammu＊ 查謨 印度西北部城市查謨和喀什米爾邦冬季首府，傍達維河，位於斯利那加的南方。曾是拉傑普特人的多格拉王朝首都，19世紀成爲蘭季特・辛格的領地一部分。現爲鐵路與製造業中心。重要地點有一座城堡、一座國王的宮殿，以及查謨大學（1969建）。人口約206,000（1991）。

Jammu and Kashmir 查謨和喀什米爾 亦作Kashmir。印度西北部一邦。位於印度次大陸喀什米爾區南部。該邦以山脈爲主要地形，包括喀喇崑崙山和喜馬拉雅山脈的片斷。喀什米爾的拉達克區大半位於此邦內。另有兩塊低地區：查謨平原和肥沃而人口稠密的喀什米爾谷。該邦人民大多數是穆斯林，不過，查謨區東南部主要是印度教，拉達克區東北部人民大多信仰佛教。以前就是一個王邦（1840年代創建），甚至在印度和巴基斯坦爲爭奪控制整個喀什米爾地區的控制權時，仍在1947年成爲印度一邦。1949年建立停火線，此後與巴基斯坦行政區都定爲國家界線。現今此區的緊張情緒依舊高張，1965和1999年曾發生包括意外在內的邊界戰鬥事件。夏季首府是斯利那加，冬季首府是查謨。面積101,387平方公里。人口約10,069,917（2001）。

Janáček, Leoš＊ 楊納傑克（西元1854～1928年） 原名Leo Eugen。捷克（摩拉維亞）作曲家。父親是教堂樂師，直至四十歲之前都在教書和擔任合唱團指揮。1887年婚姻破裂後，開始撰寫第一部歌劇，並在次年著手收集民歌。1894年開始進行第一部成熟歌劇《耶奴發》的創作，具有民歌風格；1904年在布爾諾首演時十分成功，之後他退休下來專心作曲，成爲音樂界罕見的大器晚成型音樂家。最後二十幾年的主要作品包括《節日彌撒曲》（1927），以及歌劇《卡塔・卡班諾娃》（1921）、《狡猾的小狐狸》（1924）、《馬克羅普洛斯案件》（1925）、《死者之房》（1928）。晚年韻事激發他創作了「克羅采」和「熟悉的樂章」弦樂四重奏（1923, 1928）。

楊納傑克
Eastfoto

Janissary 禁衛軍 亦作Janizary。14世紀晚期至1826年間鄂圖曼帝國常備軍中一支精銳部隊。原本這些士兵是巴爾幹地區的基督教徒，被徵召後改信伊斯蘭教。早期嚴守軍規，後來廢棄（包括獨身條款）。當得知政府正在組織西化新軍以後，他們於1826年發動叛亂。蘇丹馬哈茂德二世下令一律格殺，他們的軍營被炸平，殘存者也遭處決。

Jansen, Cornelius Otto＊ 詹森（西元1585～1638年） 荷蘭天主教詹森主義改革運動的領袖。在盧萬大學就讀時，吸取聖奧古斯丁的教義，特別是有關原罪和需求恩典部分。1611～1614到法國巴約訥主持教區學院。在鑽研神學三年後，返回盧萬，1635年擔任盧萬大學的校長。1636年任伊普爾主教。1638年死於鼠疫。主要著作是《奧古斯丁論》，出版於1640年；1642年教宗烏爾班八世發出通諭，禁止信徒閱讀此書。

Jansenism 詹森主義 由詹森的著作引發起的天主教改革運動。詹森受到聖奧古斯丁的作品影響，特別是奧古斯丁攻擊貝拉基主義和自由意志的教義部分，他採用奧古斯丁的得救預定論及上帝恩典的必需論點，這種立足點被羅馬教會當局視爲接近喀爾文派而覺得不快，所以在1642年禁止信徒閱讀他的書《奧古斯丁論》。1638年詹森去世後，他的信徒在法國的波爾羅亞爾女修道院建立基地。最著名的詹森主義者巴斯噶曾寫過《給外省人》（1656～1657），捍衛他們的教理。1709年路易十四世下令解散波爾羅亞爾女修道院。1723年詹森的追隨者創立了一座詹森派教堂，一直持續到20世紀晚期。

Jansky, Karl (Guthe) 央斯基（西元1905～1950年） 美國工程師。畢業於威斯康辛大學，後來在貝爾電話實驗室工作，任務是搜索並鑑別電話通訊中各種形式的干擾。1931年第一個發現了地外無線電源的無線電波，並經證實來自射手座。此發現證明天體可放射無線電波，由此開創了無線電天文學的新紀元。

Janus＊ 雅努斯 羅馬的門神和拱門神，1月（January）原拉丁文名稱即由他的名字衍化而來。通常被描繪爲兩面人，是象徵肇始的神。對雅努斯的崇拜可追溯到羅馬城創立初期，該城設有許多獨立的儀式性拱門，稱作jani，用來象徵好兆頭的出入口。最出名的是雅努斯．吉米納斯門，戰時此雙門打開，羅馬和平時則關閉。雅努斯的節日稱阿戈尼昂姆節，於1月9日舉行。

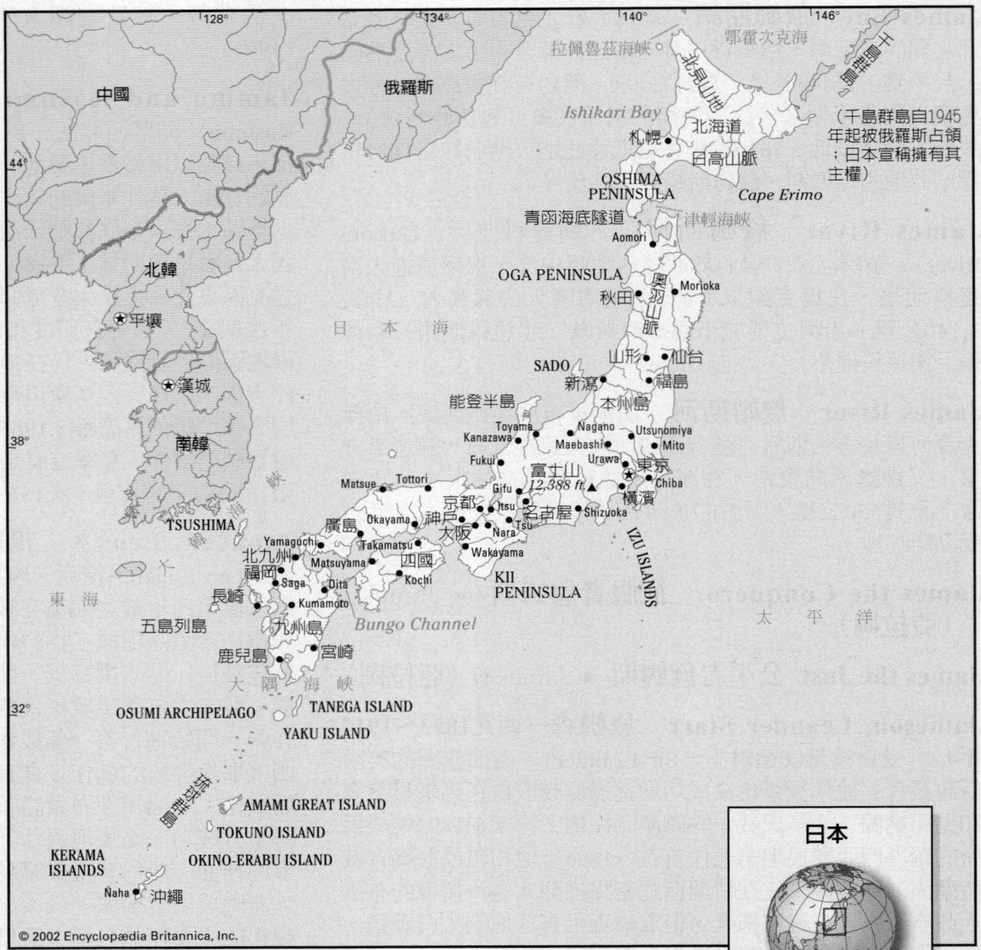

Japan 日本 日本語作Nippon或Nihon。亞洲大陸東岸外的島國，位於太平洋西部。包括四個主島：北海道、本州、四國和九州。西南與中國隔著東海，西與俄羅斯、北韓、南韓隔著日本海。面積377,835平方公里。人口約127,100,000（2001）。首都：東京。日本人是非常單一的亞洲民族。語言：日語（官方語）。宗教：神道教、佛教和基督教。貨幣：日圓（¥）。日本位於地球地質最活躍的地帶，所以地震、火山活動頻繁。山脈占有全國3/4的土地，最高峰是富士山。日本是世界經濟大國之一，以製造業和服務業爲主，出口電子和電子設備、機動車輛、化學品，以及鋼鐵製品。由於政府干預銀行業導致公共和私人部門之間的獨特合作關係。它也是世界主要的航海業國家，海洋漁業占重要地位。政府形式爲君主立憲政體，兩院制。國家元首是天皇，政府首腦是首相。根據傳統說法，日本開國於西元前660年，第一位天皇爲神武。西元4～5世紀大和朝廷建立了日本最早的統一國家。在這段時期，佛教經由朝鮮傳入日本。此後數百年間，日本大量吸收中國文化，但到了9世紀開始斷絕了與中國大陸的聯繫。藤原家族在11世紀擅權。1192年源賴朝建立了日本第一個幕府（參閱Kamakura period）。足利幕府（1338～1573）時期是幾個強大家族相互征戰的時代。到16世紀末才在織田信長、豐臣秀吉和德川家康等人的領導下統一日本。在德川幕府（1603～1867）時期，實施孤立政策。後來在明治天皇（1868～1912）的領導下，頒布一部憲法（1889），並開始實行現代化和西化政策。日本的帝國主義使它發動了中日甲午戰爭（1894～1895）和日俄戰爭（1904～1905），並吞併了朝鮮（1910）和中國東北（即滿洲，1931）。第二次世界大戰時期，日本襲擊駐防夏威夷和菲律賓的美軍（1941年12月），並占領了歐洲人在東南亞的殖民地。1945年美國在廣島和長崎投下原子彈，日本不久就向盟軍投降。戰後美國占領日本，並促其在1947年頒布一部新的民主憲法。在重建日本殘破的工廠時，他們在各個主要工業引進了新技術。繼之而來的是經濟快速復甦，日本到1990年代仍能維持良好的貿易平衡。

雅努斯神，羅馬錢幣：現藏巴黎法國國家圖書館
Larousse

Japan, Sea of 日本海 亦稱東海（East Sea）。西太平洋邊緣的海，西至亞洲大陸的俄羅斯和朝鮮，東至日本和庫頁島。面積約978,000平方公里。平均深度1,752公尺。最深處3,742公尺。是個相當溫暖的水域，對形成日本溫和的氣候影響很大。與東亞國家漸增的貿易使它日漸成爲一條商業水道。

Japanese architecture 日本建築 日本傳統建築。早期的日本建築風格是約出現於西元前400年、由草舖成屋頂的矮房或以茅草爲頂的穀倉，以及由土堆成的墓穴。佛教寺院則是依中國及韓國的樣式修改而成，講求對稱、繁複的邊緣裝飾，有蜿蜒的迴廊，有時會有佛塔、金堂、鐘樓及住宿區。瓷磚、石頭和木材爲屋頂的必要建材，屋體結構則以石頭爲基底的木柱支撐，平面結構則複雜程度不一。法隆寺以不對稱的設計和輪廓則爲日式建築中的異數。家居建築的則以中規中矩的鄉村建物爲其特色，有簡潔的觀賞庭院、走廊及推開後即可遠觀自然景緻的拉門，而改良的茶室及書房則是爲了符合沈思的需求而製。由於19世紀晚期快速吸收西方科技，日本建築亦開始以磚塊、石塊和強化水泥取代木材。戰後日本最大的建築成就即在傳統形式的當代詮釋。亦請參閱shinden-zukuri、shoin-zukuri、sukiya style。

Japanese art　日本藝術　日本的繪畫、書法、雕塑以及其他美術和裝飾藝術品之統稱。日本視覺藝術品以其色彩濃重而富於生命力見長。它深受中國視覺藝術和佛像畫法的影響。中國單色的水墨畫與書法作品對日本繪畫的發展扮演了重要作用。日本人醉心於從自然中作出抽象的喜好，在16～18世紀的屏風畫中表現得淋漓盡致。約在同一時期，還出現了木刻版畫，以後發展成爲大眾所喜愛的彩色浮世繪。日本最早的雕塑作品是小泥人像（稱作「埴輪」），後來以木雕佛像爲主題。自8世紀起，中國的柱桁架構營造風格較本土建築形式更受歡迎（參閱Chinese architecture）。日本人還以裝飾藝術聞名，尤以陶器、景泰藍和漆器的花飾更享盛名；不過顯然受大陸影響之處頗多，發展了獨特的本土陶器風格。亦請參閱Fujiwara style、Hiroshige Ando、Hokusai、Ike no Taiga、ikebana、Jocho、Jogan style、Kaikei、Ogata Kenzan、Okumura Masanobu、paper folding、scroll painting、Tempyo style、Tori style、Unkei、Utamaro。

Japanese beetle　日本麗金龜　鞘翅目金龜科麗金龜亞科昆蟲，學名Popillia japonica，爲植物的主要害蟲。1916年左右在無意中傳入美國，已知以逾200種的植物爲食。幼蟲以地下植物的根爲食，成蟲則以植物的花果和葉爲食。分布範圍從緬因州至南卡羅來納州，但北美其他地區顯然也已受其蹂躪。成蟲長約10公釐，金綠色，色澤明亮，鞘翅銅褐色。美國已盡力防止其擴散，如噴灑毒劑、利用甲蟲芽孢桿菌的生物防治方法，以及引入天敵（捕食其幼蟲的生蜂、寄生蠅）。

Japanese crab　日本蟹 ➠ king crab

Japanese language　日語　日語是包括琉球群島在內的日本列島1.25億多人的語言。在日本列島中唯一他種語言在蝦夷（參閱Ainu），雖然曾一度傳播開來，但現今在北海道只有一小撮人講這種語言。日本語與任何一種語言都沒有近緣的關係。但是現在有的學者認爲它可能跟朝鮮語有一點親屬關係，甚至可能跟阿爾泰諸語言有親屬關係。西元8世紀時，首度證實有日本語，當時日本人完全採用古漢字作爲語音讀法，以書寫其本土文字。日本語保留相當多的漢語借詞而長久與本土的語音搭配。從類型上看，日本語是一種以主詞－受詞－動詞爲順序基礎的黏著（膠合）語，修飾片語按規則置於要修飾者前面。

Japanese law　日本法　在日本發展形成的法律。8世紀時，日本借用並採用了唐朝的中國法律制度。隨著武士階級的興起，發展出一些氏族法典，規範了武士家族的行爲舉止。在明治維新（1868）之後，日本開始借重歐洲的法律系統，尤其是德國民法典。第二次世界大戰後，日本把美國各方面的立法制度融入自己的法律體系，包括各種民事程序、勞動法和商業法要素。但日本至今仍用傳統的、法律以外的方法來解決爭議，訴訟情況不像美國那樣普遍。

Japanese music　日本音樂　日本的傳統音樂。日本人吸收中國、印度（透過佛教傳入）和西方音樂的影響，在經歷一段與外界隔離的時期，濃縮並萃取其精華而發展成自己的獨特風格。日本最早時期的音樂顯然具有宗教色彩，到6世紀這種音樂被編成一種叫做「御神樂」的樂體，與神道教有關。日本建立帝國時，開始接納外來文化的影響，612年雅樂從中國經由朝鮮傳入日本。平家琵琶在宮廷樂因宮廷權力衰微時逐漸變得重要，這種音樂是由吟遊詩人（通常是瞎子）以琵琶伴奏吟誦稗官野史。江戶時代（1615～1868）重建中央政府時，這種受歡迎的敘事形式音樂演變爲戲劇形式。新興商人階級贊助的流行娛樂包括歌舞伎和文樂，同時，貴族則獎勵能樂（雖然是演化自同樣的通俗來源）。在這段時期，與某種獨奏樂器相關的樂體也開始興起，尤其是爲了尺八、日本古琴和三味線（一種三絃樂器）所作的音樂。19世紀日本開放門戶後，西方音樂躍爲主流，幾乎取代了傳統的音樂形式，不過在20世紀初民族主義抬頭，日本人也開始致力於保存傳統音樂。

Japanese philosophy　日本哲學　自6世紀初以來，表現日本文化觀念的思想。日本哲學一般而言並不是本土性的，其思想家通常有技巧地吸收外國哲學範疇，再發展成自己的體系。日本有兩個主要思想流派，其中之一起源於佛教，因而帶有濃厚的宗教色彩而且是玄奧的；另一個流派起源於儒家學說，因而基本上是一種道德哲學體系。自明治維新（1868）以後，西方哲學大量引入。最初是英美哲學占優勢，可是到了20世紀，德國哲學的影響越來越大。主要的日本哲學家都深受德國觀念論、現象學和存在主義的影響。爲了區別西方哲學和佛教、中國的思想，創造了「哲學」（tetsugaku）一詞，現在已普遍使用。

Japanese writing system　日本文字　修改中文字以用來書寫日語的文字體系。日本人發展了這個混合文字，部分爲標誌圖案（依據中國文字），部分爲音節。西元9世紀或10世紀左右漸次發展爲兩套音節符號：平假名（hiragana）爲中文字的簡化手寫體；片假名（katakana）則是依據中文字的構成元素而成。現代日本文字即以這兩種音節和中文字書寫。

Japurá River＊　雅普拉河　南美洲西北部河流。發源於哥倫比亞西南部中科迪勒拉山，稱卡克塔河。蜿蜒流經哥倫比亞東南部，至巴西邊境接納阿帕波里斯河，始稱雅普拉河。再往東流，匯入亞馬遜河。全長約2,820公里（包括卡克塔河在內）。水流湍急，在巴西境內可航行小船。

Jaques-Dalcroze, Émile＊　雅克－達爾克羅茲（西元1865～1950年）　瑞士音樂教師和作曲家。曾師從布魯克納、佛瑞和德利伯。1892年在日內瓦音樂學院任和聲學教授。20世紀初實驗用新的音樂教育方式，涉及肢體節奏。1914年離開音樂學院，在日內瓦建立了雅克－達爾克羅茲學校，以教導和推廣他的新方法。

Jari River　雅里河　亦作Jary River。巴西北部河流。大致向東南流，在博卡．多雅里匯入亞馬遜河。全長560公里。該河形成帕拉、阿馬帕州的州界，下游可通航。1960年代末，該河谷已成爲大規模發展木材產品的中心。

Jarrell, Randall＊　賈雷爾（西元1914～1965年）　美國詩人和評論家。1947年開始在北卡羅來納大學任教，直至去世。以在1950年代重新肯定佛洛斯特、惠特曼和威廉斯三位作家的地位著稱。他的文學評論文章收在《詩歌與時代》（1953）、《超級市場上一顆悲哀的心》（1962）和死後出版的《文學評論第三集》（1969）裡。他的詩收入在《小朋友，小朋友》（1945）和《喪失》（1948）兩本選集裡（兩本都是描寫戰時經歷），以及後來的選集《七聯盟支柱》（1951）和《華盛頓動物園裡的女人》（1960）。後因車禍喪生。

Jarrett, Keith 賈勒特（西元1945年～） 美國鋼琴家、作曲家和樂隊領隊。1965～1966年與布萊基一起演出，1970～1971年與戴維斯的爵士－搖滾樂團合作，後來錄製一系列的獨奏唱片，打開了知名度。1966年起，他與低音提琴手黑登（1937～）和鼓手莫蒂安（1931～）組成三重奏，後來擴爲四重奏（1971～1976），獲得極高的評價。在1970年代出完一些評價很高的唱片後，專心作曲，並錄製古典音樂作品。

Jarry, Alfred＊ 雅里（西元1873～1907年） 法國作家。雅里於十八歲時抵達巴黎，靠一小筆遺產度日。其財產不久即揮霍殆盡，遂墮入一渾噩而無規律的生活狀態之中。鬧劇《烏布王》（1896）被認爲是荒謬劇和超現實主義之先驅，故事以一個古怪角色烏布爲主人翁，後來他卻當上波蘭國王。雅里爲《烏布王》寫了兩部續集，一部在死後才出版。雅里也寫過一些短篇小說、小說和詩，但這些作品中炫目的想像與智慧常陷於支離破碎，並且淪爲一種無謂的、同時也常是粗鄙乏味的象徵主義。他是個酗酒者，死時年僅三十四歲。

Jaruzelski, Wojciech (Witold)＊ 賈魯塞斯基（西元1923年～） 波蘭陸軍將領、政府首腦（1981～1989）和總統（1989～1990）。原在軍中服役，後來加入波蘭共產黨，在黨和軍隊中不斷升遷，當波蘭受到團結工會運動越來越大的壓力之際，賈魯塞斯基於1981年被選爲總理和第一書記。1981～1983年實行戒嚴法，大肆逮捕異議分子。在推動恢復波蘭停滯經濟的努力失敗後，1988年賈魯塞斯基開始和團結工會談判，他們終於達成協議，對波蘭的政治體制進行改革。1989年當選爲總統，接著辭去共產黨的所有職務。1990年華勒沙當選總統後，賈魯塞斯基將共產黨的最後一點權力交給了反對派。

jasmine＊ 茉莉 木犀科茉莉屬植物，約300種。熱帶和亞熱帶灌木，芳香，開花，木質，攀緣的矮灌木。原產於除北美外的各大陸。普通茉莉（或稱詩人茉莉）原產伊朗，花芬芳，白色，用於香水和芳香療法。阿拉伯素馨（即茉莉花）乾燥後可用來製茉莉花茶。其他科芳香的植物也通稱「茉莉」。

迎春（*Jasminum nudiflorum*）
Valerie Finnis

Jason 伊阿宋 希臘神話中阿爾戈英雄的領袖。他是色薩利伊奧爾科斯國王埃宋的兒子。在他的叔父珀利阿斯奪取了伊奧爾科斯後，伊阿宋被送給半人馬怪喀戎，由他撫養長大。伊阿宋返國時已成爲一個青年人，珀利阿斯答應他歸還國土，但條件是爲他取回金羊毛。經歷種種艱難曲折之後，伊阿宋終於在巫女美狄亞的幫助下取到金羊毛。他娶美狄亞爲妻後回到伊奧爾科斯，後來美狄亞謀殺了珀利阿斯，但兩人卻被珀利阿斯的兒子逐出國境，他們逃到科林斯，尋求國王克瑞翁庇護。後來伊阿宋愛上了克瑞翁的女兒而拋棄了美狄亞，結果美狄亞殺死了與伊阿宋所生的孩子。

jasper 碧玉 一種常見的、不透明的細粒或緻密的矽氧礦物燧石的變種。呈現各種顏色，但主要是磚紅色到褐紅色。長期來被當作寶石和裝飾品的碧玉具有暗淡光澤，需要細磨。碧玉的其他物理性質與石英相同。碧玉分布廣泛，見於烏拉山區、北非、西西里、德國等地。幾千年來，黑色碧玉用來檢測銀金合金中的金含量。將合金在一個叫做試金石的石頭上磨，就會產生一條色痕，判斷條痕的顏色就能鑒定出黃金的含量，精確度在百分之一以內。

Jasper National Park 賈斯珀國家公園 加拿大亞伯達省西部國家公園。建於1907年，面積約10,878平方公里，包括阿薩巴斯卡河河谷及其周圍群山。包含哥倫比亞大冰原的一部分，其融水爲許多河流提供了豐富的水源，這些河流注入了大西洋、太平洋和北冰洋。野生動物有熊、麋鹿、駝鹿、北美馴鹿、美洲豹。

Jaspers, Karl (Theodor)＊ 雅斯培（西元1883～1969年） 德國出生的瑞士哲學家和精神病學家。身爲研究型精神病學家，他有助於把精神病理學建立在嚴格、科學描述的基礎上，特別是在他的著作《普通精神病理學》（1913）中。1921～1937年他在海德堡大學教授哲學，1937年納粹政權禁止他工作。從1948年起，他居住於瑞士，並在巴塞爾大學授課。在他的巨著《哲學》（三卷；1969）中，他闡述了其觀點，認爲哲學的目標是實用的；哲學的目的是人類存在（existence，德語作Existenz）的實現。對雅斯培來說，哲學啓發來自界定人類狀態——衝突、犯罪、受苦、死亡——的極限處境經驗，也來自人類面對其中達到存在人性的這些極端。身爲最重要的存在主義哲學家之一，他從人類對自身存在的直接關心探究這個主題。

Jassy ➡ Iasi

Jassy, Treaty of＊ 雅西條約（西元1792年1月9日） 在摩達維亞的雅西（今羅馬尼亞的雅西）簽訂的條約，結束了俄土戰爭。此約鞏固了俄國在黑海的優勢，使其邊界向前推進到聶斯特河。條約也讓比薩拉比亞、摩達維亞和瓦拉幾亞回歸俄圖曼土耳其人手中。

jaundice 黃疸 血流及組織內膽色素積聚過多的一種病理現象，導致皮膚、眼白和黏膜變爲黃色、橙色乃至綠色。膽紅素可能因肝臟分泌過多或未能完全清除，或清除後又大量反流入血（回流性黃疸），或直接從受損的膽管反流入血（阻塞性黃疸）。可致黃疸的疾病有貧血、肺炎和肝臟異常（如感染或肝硬化）。膽紅素過多通常不會造成任何傷害，但出現黃疸就說明肝功能受到嚴重損害。

Jaurès, (Auguste-Marie-Joseph-)Jean＊ 饒勒斯（西元1859～1914年） 法國社會主義運動領袖。曾擔任幾屆眾議員（1885～1889、1893～1898、1902～1914），是第一個採用米勒蘭思想的人。1899年社會主義者分裂爲兩派時，他領導了法國社會黨，鼓吹與國家協調一致。1904年與人合創《人道報》，擁護民主的社會主義，但當第二國際代表大會（1904）駁斥其見解時，他也只能默認。1905年法國的兩大社會主義黨統一，他的威信日益增長。第一次世界大戰前夕，他主張透過仲裁來維持和平，並擁護法德友好關係，結果被法國民族主義分子所憎惡，1914年被一位年輕的狂熱分子所殺。曾撰寫過幾部書，其中包括具有影響力的《歷史社會主義者論法國革命》（1901～1907）。

饒勒斯
H. Roger-Viollet

Java 爪哇 亦作Djawa。印尼島嶼，位於馬來西亞和蘇門答臘東南，係印尼共和國的第四大島，但擁有全國人口的一半以上，而且在政治上和經濟上均處支配地位。面積為132,187平方公里（51,038平方哩，包括近海的馬都拉島）。雅加達既是國家首都，也是爪哇首府。島上最高點是活火山塞梅魯山，海拔3,676公尺。島上住有三個主要的種族集團，即爪哇人（占總人口的70%）、巽他人和馬都拉人。島上曾發現直立人，或稱「爪哇人」的化石，表明早在八十萬年以前爪哇島已為人類活動的場所。約在西元1世紀印度商人來到爪哇，帶來印度教的影響。1293年在東部爪哇建立了麻喏巴歇王朝，16世紀初逐漸消亡，此時穆斯林王國開始興起。1619年荷屬東印度公司迅速控制了雅加達，並把勢力範圍擴大。荷蘭人持續統治到1940年代爪哇被日軍占領為止。1950年成為新獨立的印尼共和國的一部分。人口約105,560,200（1988）。

Java　Java語言　昇陽微系統在1995年專為網際網路發展的模組化物件導向程式設計語言。Java的基本理念是相同的軟體要在許多不同種類的電腦、消費產品及其他裝置上運作，程式碼在執行時根據機器需要轉譯。最常看見的Java軟體是互動式的程式稱為「小程式」（applet），賦予網站活力，Java是全球資訊網的標準創作工具。Java提供了HTML的界面。

Java man　爪哇人　1891年在爪哇特里尼爾發現的直立人化石。是直立人這個種最早發現的化石（不過原本把這些化石定名為直立猿人），與沿索羅河發現的一些其他化石一起證明了直立人約在100萬年前就出現在亞洲東部，並一直存在了至少50萬年，甚至可能長至80萬年。爪哇人的時代比北京猿人要早，因此通常被認為更原始些。

Java Sea　爪哇海　爪哇島和婆羅洲島之間太平洋西部的一部分海域。東西長約1,450公里，南北420公里，面積433,000平方公里。屬淺海，平均深度46公尺。第二次世界大戰中曾在此發生海戰（1942），聯軍在此遭挫敗，日本得以入侵爪哇。

Javanese　爪哇人　印尼爪哇島上最大的種族集團。爪哇人是穆斯林，然而恪守伊斯蘭教戒律的人相當少。傳統的爪哇社會組織結構不同，有比較平等的農村社會，也有等級分明的城市社會；言語根據說話人的社會地位不同而有俗語、敬語和最敬語等之分。爪哇的農村是由一家一家的住宅密集而成的，通常種有竹子，圍繞一個中庭廣場。稻米是主要的糧食作物。大城市的成長產生了一批來自農村的城市無產階級，他們住在住宅區附近的臨時棚舍中。

JavaScript　JavaScript語言　網景公司在1995年為了HTML網頁使用發展出的電腦程式語言。JavaScript是文本語言（或稱為解譯語言），速度不如編譯語言（如Java語言或C++語言），但是容易學習和使用。JavaScript與Java相關性不高，並非純正的物件導向語言（參閱object-oriented programming(OOP)），可以馬上加入純粹的HTML網頁，提供動態的功能，例如自動計算現在的日期或驅動動作。JavaScript程式的解譯和執行是由瀏覽器讀入網頁時，或是在網路伺服器傳送網頁給瀏覽器之前。

javelin　標槍西貒 ➠ peccary

javelin throw　擲標槍　田徑運動項目，即以木桿或金屬桿標槍比賽擲遠，運動員先經過一段助跑後再將標槍擲向前方，槍尖必須先著地。原是古希臘奧林匹克競技會五項全能運動之一，現在則是奧運會的比賽項目（1896年開始）。1932年加入女子標槍項目。亦請參閱decathlon、heptathlon。

jaw　顎　構成脊椎動物嘴的框架的骨骼，包括一個能活動的下顎和固定不動的上顎。這些顎骨支撐牙（齒），用於咬合、咀嚼和說話。下顎後面的垂直部分形成能活動的屈戌關節，和顱骨的顳骨關節腔相連接。弓正中央厚而凸出，形成頦。上顎骨牢固地連接著鼻樑、眼窩、口腔頂部的骨骼，以及顴骨或頰骨，還包括大的上顎竇。

Jawlensky, Alexey*　亞夫倫斯基（西元1864～1941年）　原名Aleksei Iavlenskii。俄國出生的德國畫家。他放棄軍事生涯去學畫，1896年遷居慕尼黑，結交了藍騎士派。1905年在法國與野獸派畫家馬諦斯一起作畫。回慕尼黑後，創作出如《圖倫多夫人》（1912）等作品，用簡略粗壯的輪廓線在生氣勃勃的野獸派平塗的色塊上進行勾勒，產生豐富大膽的色彩調和。第一次世界大戰期間，亞夫倫斯基在瑞士用從他窗口看到的景色為題材創作了名為《變化》的組畫。這種寧靜沈思的意境在如《透過夜幕》（1923）畫中的半抽象面容達至顛峰，其神祕感讓人憶及俄羅斯的聖像畫。1924年他與康丁斯基、克利和法寧格成立了「四藍者」團體，他們一起展出作品幾年，直到亞夫倫斯基因病被迫放棄繪畫。

jay　松鴉　鴉科鳥類，約35～40種，棲居林地，其儀態顯得魯莽和喧鬧。多見於新大陸，但有數種見於歐亞大陸。多為雜食性，有幾種竊食鳥卵，許多種會貯藏過冬吃的種子和堅果。在樹上用細枝築杯狀巢。多數種在繁殖期後群居。藍松鴉（即冠藍鴉）長30公分，羽色藍白相間，頸有一條窄黑絨；見於北美落磯山脈以東；斯特勒氏松鴉（即斯特勒氏藍鴉）分布於落磯山脈以西，深藍色，冠黑色。灌叢松鴉遍布北美西部和佛羅里達，也是數量很多的種類。

藍松鴉
John H. Gerard

Jay, John　傑伊（西元1745～1829年）　美國法學家，為美國最高法院的第一任首席法官。為紐約市著名律師，原本贊同與英國和解協商，但是不久即堅決支持革命。1777年當選為紐約州第一任首席法官。1778年當選為大陸會議主席。他協助富蘭克林與英國磋商和平條約，之後擔任外交事務的祕書（1784～1790）。他認為需要一個強大的中央政府，故促請修訂美國憲法。他以Publius的筆名與麥迪遜、漢彌爾頓一起在報紙上發表了「聯邦黨人」論文，以解釋憲法的重要。1789年被任命為美國最高法院第一任首席法官後，他建立了司法判例，確立州政府應服從聯邦政府的判決。1794年赴英談判一項協調英美眾多商務糾紛的條約，即「傑伊條約」。此約避免了英美重啓戰爭，但被傑佛遜共和黨人斥為太過親英。1795年辭去法官職務，但後來又當選為紐約州長（1795～1801）。

Jaya, Puncak　查亞峰　亦稱Mount Jaya。舊稱蘇卡諾山（Mount Sukarno）。印尼伊里安查亞省山峰。位於新幾內亞島，海拔5,030公尺，是南太平洋最高峰，也是世界上最高的島峰。

Jayavarman VII*　闍耶跋摩七世（西元1120/1125?～1215/1219?年）　古代高棉（柬埔寨）吳哥的國王（1181～約1215年在位）。出身吳哥皇族，在青壯年時期定居於占婆王國（今越南中部），並參加過多次軍事戰役。快六十歲時，率領族人爲獨立奮戰，以脫離占人的統治。六十一歲成爲重建的高棉國國王，在位三十餘年，帝國達至鼎盛，領土擴張，皇室建築金碧輝煌。他控制了占婆、老撾南部、馬來半島的一些地方以及緬甸。另一方面，他大興土木，建造大批佛寺、醫院和旅店，還重建吳哥城（今吳哥窟）。他在精神和物質方面滿足了人民的需要，使他成爲現代柬埔寨的民族英雄。

Jayewardene, J(unius) R(ichard) * 賈亞瓦德納（西元1906～1996年） 斯里蘭卡總理（1977～1978）和總統（1978～1989）。父爲最高法院法官，1948年錫蘭（1972年起改爲斯里蘭卡）獨立後出任財政部長。後來擔任總理時，修改憲法賦予斯里蘭卡總統行政實權。1978年成爲第一個選舉產生的總統。他的政策是要讓國家擺脫社會主義，使私營企業重新活躍起來，並精簡政府的官僚機構。當該國占多數的僧伽羅佛教徒與占少數的信奉印度教的坦米爾人之間爆發種族衝突時，賈亞瓦德納不能平息這場暴亂。在他辭職並去世後，暴力活動仍繼續。

Jazairi, Abdelqadir al- ➠ Abdelqadir al-Jazairi

Jazari, al- ➠ al-Jazari

Jazeera, Al- 半島電視台 亦作al-Jazirah。阿拉伯語的有線新聞網，1996年在卡達成立。它是由卡達的埃米爾建立，從卡達的首都杜哈以及全世界各分部傳送新聞。1999年開始連續播送節目。半島電視台的編輯自由在中東地區是獨一無二的，其播送有時會遭其他阿拉伯國家封殺。在2001年美國主導的阿富汗戰爭中，它是唯一從喀布爾播送的新聞網。

Jazirah, Al- ➠ Gezira

jazz 爵士樂 在美國發展的音樂，通常結合即興作曲和切分節奏律動。雖然其確切的起源不詳，但主要是從19世紀末、20世紀初紐奧良的音樂文化發展成的一種混合體。爵士樂在特別加上藍調和繁拍的成分後，形成了和聲及節奏結構，便於即興作曲。音樂的社會功能在這種結合中扮演了重要角色：是用於跳舞或遊行？還是用於慶典或正式典禮？音樂是隨場合的不同來編製。樂器的演奏技巧結合了西方調性觀念並模仿人聲。路易斯阿姆斯壯跳脫原來以合奏爲主的紐奧良爵士樂（參閱Dixieland）風格，成爲第一個偉大的爵士樂獨奏者；此後，爵士樂變成個人透過即興演奏和作曲表現深厚功力的形式。在搖擺樂（1930?～1945?）時代，獨奏者在當時大小合奏團方面努力經營的成果出現了，艾靈頓公爵的音樂尤其表現了結合作曲和即興演奏的因素。1940年代中期，查理帕克開創了咆哮樂的複雜技巧，成爲精緻搖擺樂的一種副產品：其激烈的節拍及和聲的複雜性不僅挑戰了表演者，也考驗了聽音樂的人。邁爾斯戴維斯在1950年代領導樂團建立了一種輕鬆唯美、詞句抒情的酷派爵士樂，後來加上調式和電子樂成分。科爾特蘭的音樂在1960年代開啓了爵士樂在各方面的探索嘗試，其中包括擴展咆哮樂的和弦進行法及實驗性的自由即興創作。

Jeans, James (Hopwood) 傑恩斯（西元1877～1946年） 受封爲詹姆斯爵士（Sir James）。英國物理學家和數學家。他在劍橋大學和普林斯頓大學執教後，到威爾遜山天文台任研究助理（1923～1944）。他提出宇宙中不斷有物質產生（參閱steady-state theory）。他曾寫了許多有關各種現象的文章，但可能還是以天文學方面的通俗讀物作家最出名。

Jeddah ➠ Jidda

jeep 吉普 第二次世界大戰中著名的輕型車輛，由美國陸軍軍需部研製。重1.25噸，四缸引擎，採用四輪驅動，且底盤距地面高，所以可以攀登60°的陡坡，並能在崎嶇不平的陸地上行駛。它的名字來源於它的軍事設計："vehicle, GP"（即多功能車輛）。戰後，吉普車已普及於大衆。

Jeffers, (John) Robinson 傑佛斯（西元1887～1962年） 美國詩人。出身匹茨堡富裕家庭，曾攻讀文學、醫學和林學。他的抒情詩表達了對人性的蔑視，也表達了對自然的永恆美的熱愛，最著名的是他對卡梅爾（1916年搬遷此地）附近加利福尼亞海岸風光的謳歌。他的第三本書《泰馬及其他詩篇》（1924）使他一舉成名，也顯示了他的獨特風格和怪誕的想法，這些特點在他以後的詩集《考多》（1928）、《瑟索著陸》（1932）和《生太陽的氣》（1941）中得到了發展。他還成功地把尤利比提斯的《美狄亞》改編成劇本（1946）。

Jefferson, Thomas 傑佛遜（西元1743～1826年） 美國第三任總統（1801～1809）。出生於維吉尼亞州夏德威爾，1767年成爲一個種植園園主及律師，也是一個反對奴隸制度的蓄奴主。1769～1775年擔任移民議會委員，他與李、亨利創辦了通訊委員會（1773）。1774年撰寫了具有影響力的《英屬美利堅權利概觀》，陳述了英國議會根本無權爲殖民地立法的論點。後來代表出席第二屆大陸會議，被指派爲起草「獨立宣言」的委員會成員，並成爲主要的起草人。1779～1781年擔任維吉尼亞州州長，但在1780～1781年冬英軍入侵維吉尼亞時，傑佛遜未能有效地抵抗。他因受到批評而辭職，決心離群索居以終老。但在1783～1785年再度擔任維吉尼亞代表出席大陸會議，他所提的土地條款後來被併入1787年的「西北法令」。後來出使歐洲，成爲美國常駐法國政府公使（1785～1789）。1790年華盛頓請他擔任國務卿（至1793年），不久因對憲法的詮釋不同而與財政部長漢彌爾頓發生爭論。此導致了黨派之間的分裂，傑佛遜代表了民主共和黨。1797～1801年成爲副總統，但他反對總統約翰·亞當斯制定的「客籍法和鎮壓叛亂法」（1798）。根據這種反對的立場，他起草了「維吉尼亞和肯塔基決議」之一。1800年傑佛遜和伯爾一同代表共和黨競選總統獲勝，但當初並未說明誰當總統，因而相持不下。1801年衆議院決定由傑佛遜當總統，伯爾爲副總統。就任後，開始緊縮財政和簡化總統在儀式上的職務。他也致力於清還公債。傑佛遜指導了路易斯安那購地案，並授權路易斯和克拉克遠征。他爲了避免捲入拿破崙戰爭而簽署了「禁運法」。退休後，到蒙提薩羅的種植園過著隱居生活，追求他在科學、哲學和建築方面的廣泛興趣。1797～1805年曾擔任美國哲學協會的主席，1819年建立並設計了維吉尼亞大學。2000年1月，湯瑪斯·傑佛遜紀念基金會接受一項根據DNA檢測的證據所下的結論，傑佛遜與他的黑奴管家莎莉·海明斯至少生了一個孩子（可能多至六個孩子）。傑佛遜在與亞當斯交惡一段長時期後，於1813年和解，並常交換對國家議題的看法，對許多創始人的人生觀有所啓發。他們一同在1826年7月4日過世，正逢美國簽署「獨立宣言」的五十週年慶。

Jefferson City 傑佛遜城 美國密蘇里州首府。濱密蘇里河，接近州的中央，1821年被選爲州首府所在地，以紀念傑佛遜總統而命名。1825年設鎮，1839年建市。在美國南北戰爭期間對國家的忠誠不再，但它還留在聯邦中。1918年竣工的州議會大廈裡有班頓作的壁畫。該城是周圍農地的貿易中心，有多種製造業。林肯大學由聯邦軍的黑人退伍軍人於1866年建立。人口約37,000（1994）。

Jeffreys, Harold 傑佛利斯（西元1891～1989年） 受封爲哈洛德爵士（Sir Harold）。英國天文學家和地球物理學家。在天文學方面，他確立了四大外行星（木星、土星、天王星和海王星）都是非常冷的，並提出了這些行星結構的模型，還研究了太陽系的起源和緯度的理論。在地球物理學方面，他研究了地球的熱歷史，還是標準的地震波傳播時間表的作者之一（1940），並最先提出地核液態假說。他解釋了季風和海風的成因，並論證了氣旋對一般的大氣環流有決定性的作用。傑弗利斯還研究過機率論和基礎數學物理方法。

Jehangir ➠ Jahangir

Jehovah's Witness　耶和華見證人　1872年由羅素在賓夕法尼亞州匹茲堡創立的國際性宗教運動的成員。這種運動原本名爲萬國讀經會，後來由羅素的後繼人拉塞福（1869～1942）改爲現稱。見證人會是千禧年主義教派，這種信仰主要根據《聖經》中的啓示部分，特別是〈但以理書〉和〈啓示錄〉。他們不服兵役或向國旗敬禮，這種行徑使他們與全世界的政府直接發生衝突。他們還以挨門傳道和反對輸血聞名；他們相信可根據聖經爲他們所有的行爲和信仰作辯解。其目標是在地球上建立上帝之國，主張耶穌（爲上帝第一個創造出來的，而不是三位一體中的其中一位）是這個計畫的上帝代理人。總部設在紐約的布魯克林，主要刊物是《守望塔》和《覺醒！》，用八十幾種語言發行。亦請參閱millennium。

Jekyll, Gertrude　傑凱爾（西元1843～1932年）　英國園林建築師。原本她把主要興趣放在繪畫上，1891年轉向園林設計。她幫助園林設計師羅賓遜（1838～1935）撰寫有關天然花園的書，還成功地寫了幾本自己的書，包括《樹林與花園》（1899）和《住宅與花園》（1900）。後來她與勒琴斯緊密合作，發展出一種現代的、非正式的花園風格，其特色是規律性地運用色彩和形式。

Jellicoe, John Rushworth　傑利科（西元1859～1935年）　受封爲傑利科伯爵（Earl Jellicoe）。英國海軍上將。1872年加入皇家海軍，一路升遷，在第一次世界大戰期間（1914～1916）成爲艦隊司令。1916年在日德蘭半島之戰中取得了決定性的勝利，後被提升爲海軍部首席大臣（1916～1917）和艦隊的上將司令（1919）。1920～1924年出任紐西蘭總督。

Jellinek, Elvin M(orton)*　傑利內克（西元1890～1963年）　美國生理學家。出生於紐約市，就讀於萊比錫大學，曾在布達佩斯、獅子山和宏都拉斯等地工作，後回到美國，研究酒精中毒。他是酒精中毒的疾病論之早期倡導者，以極具說服力的論點提出酗酒者應被當作病人來治療。在權威性的著作《酒精探究》（1942）和《酒精中毒的疾病觀》（1960）中，他收集並總結了自己以及其他人的研究成果。

jelly and jam　果凍與果醬　半透明糖食。將一種或多種水果或蔬菜榨濾的汁液加糖煮沸後，徐徐煨燉，再加些果膠或明膠製成。果醬與果凍不同的是果醬包含了果肉或整顆果粒；整顆果粒的果醬有時叫做蜜餞。水果和漿果的果凍用於早餐時塗麵包和製作三明治，或在英國下午茶時間塗在圓餅和其他烤餅上吃。蔬菜或香草凍通常作爲羔羊肉或其他肉食品的佐料。

jellyfish　水母　鉢水母綱和立方水母綱海洋刺胞動物，已知約有200種，許多種呈鐘形。此詞通常也指其他類似的刺胞動物（如僧帽水母）和不相干的種類（如櫛水母和海樽）。在鉢水母綱的水母種類中，自由游泳的水母體形式是主要的形態，固著的水螅體形式只出現於幼蟲發育時期。自由游泳的水母見於各海洋，包括常見的沿海岸線漂流的盤形動物（如甲殼動物）。直徑一般2～40公分，但有的直徑可達1.8公尺。多以具刺絲胞的觸手捕食小動物，有的種類則濾食水中的微型動、植物；人類如不小心觸及會產生過敏現象，有時很危險。立方水母綱的水母約有50種；體球形，但邊呈方形，故俗稱箱水母。直徑約2～4公分。

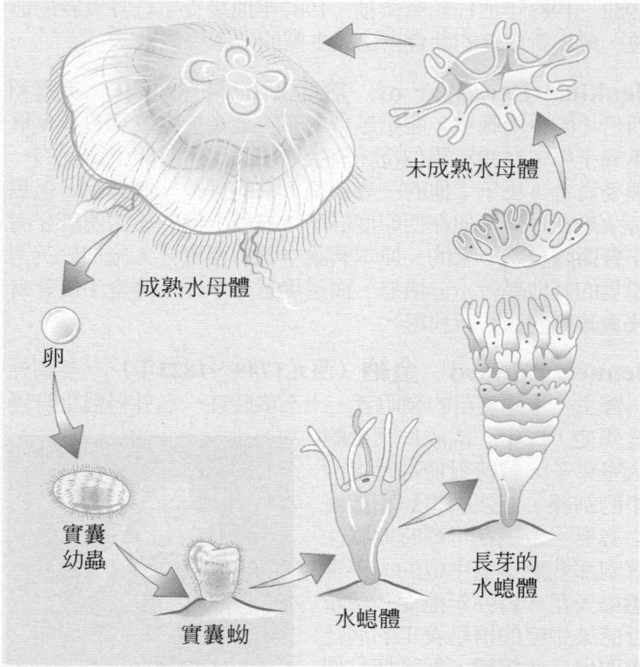

常見海月水母的生命循環。卵由雌性釋出通過口並暫住在觸手的凹處。雄水母放出的精子使卵受精，在早期發育仍然留在觸手上。受精卵發育成實囊幼蟲、實囊蚴，定居並附著於基質（如岩石）上，發育成具有口和觸手的水螅體。水螅體利用芽無性生殖出碟狀的未成熟水母體，發育成爲成熟有性生殖的形式。

Jemison, Mae (Carol)　傑米森（西元1956年～）　美國醫師與太空人。生於阿拉巴馬州第開特，從康乃爾大學獲得醫學學位，接著到非洲的維和部隊服務。1988年接受美國航空暨太空總署的太空人計畫，成爲第一位黑人女性太空人。1992年在「奮進號」太空梭上待了一個星期以上。從1993年起在達特茅斯學院教授環境學科。

jen ➠ ren

Jena and Auerstedt, Battle of*　耶拿－奧爾施泰特戰役（西元1806年）　在拿破崙戰爭中，法國軍隊與普魯士－薩克森軍隊之間的一場軍事交鋒。1806年普魯士的腓特烈・威廉三世與俄國簽訂了祕密結盟的協定，並參加了反對拿破崙的第三聯盟。當普魯士軍隊穿過薩克森要與俄國盟友會合時，遭到了法國人從背後的攻擊。普魯士人在奧爾施泰特和耶拿之間分散了軍隊力量，10月14日，拿破崙把耶拿戰場上的普魯士軍隊掃蕩殆盡。同時，達武率領的第二支法軍在奧爾施泰特擊敗了多過其兩倍人數的普魯士軍隊。拿破崙只花了六個禮拜時間就徹底征服了普魯士。

Jenkins, Fergie　詹金斯（西元1943年～）　原名Ferguson Arthur Jenkins。加拿大裔美國棒球投手，生於安大略省的查坦。他是一位卓越的業餘棒球、籃球和冰球選手。他打過芝加哥小熊隊（1966～1973、1982～1984）、德州遊騎兵隊和波士頓紅襪隊（1974～1981），在連續六個球季（1967～1972）中都至少有20勝，並創下好幾個球季的記錄。1971年，他以24勝13負、防禦率2.77的成績拿下賽揚獎。

Jenkins, Roy (Harris)　詹金斯（西元1920年～）　受封爲詹金斯男爵（Baron Jenkins (of Hillhead)）。英國政治家。1948年選入國會，1964～1970、1974～1976年兩度在工黨政府裡任職。他是北大西洋組織和歐洲共同體的有力支持者，1976～1981年出任歐洲共同體的執行機構主席。1981年退出工黨，並與其他持不同意見者一起組成社會民主黨，1982～1983年他任該黨領袖。1987年他接受了終身貴族的爵位，成為新成立的社會自由民主黨的上議院領袖。

Jenkins' Ear, War of　詹金斯的耳朵戰爭　英國和西班牙的一場戰爭，開始於1739年，最後扯進奧地利王位繼承戰爭中。1738年羅伯特·詹金斯船長出席英國下議院的一個委員會，出示了他的一隻被割下來的耳朵。據他說，這隻耳朵是在1731年他在西印度群島時被登上他的船的西班牙海岸警衛隊員割下來的。原本輿論早就對西班牙人施加於英國船隻的其他暴行十分憤怒，而這場意外事件被國會中反華爾波爾政府的派系所利用。

Jenner, Edward　金納（西元1749～1823年）　英國外科醫生，牛痘疫苗的發明者。十三歲時在一名外科醫生身邊當學徒，二十一歲成為杭特的入室弟子。杭特對他進行進一步的訓練，並強調實驗和觀察之必要。金納在年輕時期就注意到那些感染過牛痘的人不會感染天花。1796年他從一個新近感染牛痘的擠奶女工的病灶處取出一些組織，然後把它們注射到一個小男孩身上。這個男孩也感染了牛痘，但接著給他注射天花後，卻不受感染。儘管早期遇到不少困難，但是這種方法還是傳播了開來，天花的死亡率下降了。金納獲得全世界的公認（儘管他也受到攻擊和誹謗）。1815年他妻子死後，金納退出公職生活。

金納，油畫，諾思科特（J. Northcote）繪於1803年：現藏倫敦國立肖像畫陳列館
By courtesy of the National Portrait Gallery, London

Jensen, Georg＊　傑生（西元1866～1935年）　丹麥銀匠和設計師。十四歲時為一名金匠的學徒，1904年他在哥本哈根開辦了自己的工作坊。他在國外重要的展覽會上展出銀器和首飾，因作品傑出而具原創性，很快就建立了名聲。他是第一個從現代銀器製作中獲利的人，也是第一批用鋼鐵製作美觀耐用的流行刀叉餐具的人。到了1935年，他的分店遍布全球，銷售的樣式達3,000多種。死後事業由其兒索倫·喬治·傑生（1917～）繼承。

Jensen, Johannes V(ilhelm)＊　傑生（西元1873～1950年）　丹麥小說家、詩人和散文作家。原本攻讀醫學，後來轉向寫作。他首先給人的印象是一位童話故事作家，包括一百多篇以「神話」為題的故事。早期的作品還包括一部歷史三部曲《國王的下台》（1900～1901），描寫丹麥國王克里斯蒂安二世。他最著名的作品是《漫長的旅行》（1908～1922），為六本一套的小說，從人類的原始時期敘述到哥倫布到達美洲。1944年獲諾貝爾獎。

Jephtha＊　耶弗他　古代以色列的一位法官。據〈士師記〉載，他信奉唯一真神雅赫維，是以色列人的典範。父為基列人，與娼妓生下耶弗他。耶弗他被父親的嫡子們逐出故鄉後，成為匪首。當基列人不堪亞捫人的迫害時，懇求耶弗他幫助他們。耶弗他克敵致勝，但他先前曾答應上帝，把離開家時第一個看見的任何東西當作犧牲獻祭，結果碰巧看見的是自己的女兒。他在〈士師記〉的重要意義是以色列人忠於上帝的典範。

Jeremiah　耶利米（西元前650?～西元前570?年）　希伯來人先知和改革者，《舊約·耶利米書》的作者。出生於耶路撒冷附近的一個祭司家庭，約在西元前627年開始傳道活動，勸告那些從事不法活動和錯誤崇拜的同胞，並要求他們洗心革面。耶利米準確預言了猶大國將會被巴比倫尼亞滅亡。西元前586年耶路撒冷陷落後，許多猶太人流亡，但他在新任總督保護下繼續留在耶路撒冷。後來總督被暗殺，一部分猶太人擔心被報復，故挾持耶利米逃往埃及，他在埃及一直待到過世。耶利米最重要的預言是上帝將要與以色列人立新約。

耶利米，米開朗基羅壁畫作品細部，約做於1512年：現藏羅馬西斯廷禮拜堂
Alinari – Art Resource

Jericho　傑里科　阿拉伯語作Ariha。約旦河西岸的城鎮。大約在西元前9000年就有人居住。在聖經中提到，傑里科是約書亞率領以色列人渡過約旦河後攻打的第一個城鎮，因此而出名。它曾數次被棄或被毀，後又在同一地區重建。1918年被英國占領，成為英國託管地巴勒斯坦的一部分。1950年併入約旦，成為來自以色列的阿拉伯難民居住的兩大難民營的所在地。在六日戰爭（1967）中被以色列占領，許多難民被驅離。1994年根據以色列－巴勒斯坦人自治協定，它又回到巴勒斯坦人手裡。人口約14,674（1997）。

Jerome, Chauncey　傑羅姆（西元1793～1868年）　美國發明家和製造鐘錶者。1824年他設計了一個受歡迎的裝有銅鏡的鐘，後來創辦了公司，很快躍居鐘錶製造業的龍頭地位。他發明了能走一天的銅製時鐘，對以往的木鐘是種改進。他應用大規模生產的技術，使廉價的黃銅時鐘充斥了美國市場，並很快傳入歐洲，使英國人大感驚異，於是有"Yankee ingenuity"（美國佬的機靈）這一綽號。

Jerome, St.　聖哲羅姆（西元347?～419/420年）　教會教父和翻譯家。父母為達爾馬提亞富有的基督徒，他在當地和羅馬受教育。約366年受洗，此後二十年到各地旅行。他曾在哈爾基斯的沙漠裡度過兩年的隱士生活。377～379年他在安條克研究聖經經文，並翻譯奧利金和優西比烏斯的作品。382～385年間返回羅馬，但因在神學問題上產生爭論和有人反對他的禁欲主義，使他離開羅馬，前往聖地，之後定居伯利恆，直至去世。傳統上認為他是最博學的拉丁神父，他寫有許多聖經評注，以及評論貝拉基主義和其他異端的論文。406年他完成拉丁文《聖經》的翻譯工作，包括他自己將希伯來文《舊約》譯成拉丁文，哲羅姆的拉丁文《聖經》以通俗拉丁文本《聖經》（Vulgate）聞名。

Jersey　澤西　英國海峽群島最大和最南端島嶼。1204年脫離諾曼第統治，但保持了諾曼人法律和當地的習俗，只是由一位行政長官為英國國王效力。1771年獲得了立法權。現在它由一個普選的議會管理，受一個皇家指派的最高長官監督。澤西織物和澤西牛都是由此島而得名。首府是聖赫利爾。面積115平方公里。人口約88,900（2000）。

Jersey　澤西牛；娟姍牛　小型短角的乳牛品種，起源於英國海峽群島中的澤西島，據說含有法國牛的血統。毛色通常是淡黃褐色或奶油色，但以較暗的色調為普遍。1811年前後大批引進英格蘭，1850年引進美國。它們能適應各種環境，因而分布於世界各地。澤西牛的奶中脂肪異常豐富，在主產奶油的地方（如紐西蘭和丹麥），澤西牛是很重要的一個品種。

Jersey City　澤西城　美國新澤西州東北部城市。與紐約市相望。1618年荷蘭捕獸人首先在此落戶，當時稱保盧斯胡克，是從德拉瓦印第安人那裡買來的，1660年建成永久居住區。1779年美國革命期間，李將軍在此打敗英國人，贏得一場勝利。1836年改名澤西城，現為製造業中心。人口約229,000（1996）。

Jerusalem　耶路撒冷　希伯來語作Yerushalayim。阿拉伯語作Al-Quds。以色列首都（1999年人口約633,700）。位居全國靠近中央的位置，死海的西部，地中海的東部。是猶太教、基督教和伊斯蘭教的聖城。猶太人之所以稱它是聖城是因為它是希伯來人的古都和所羅門聖殿所在；基督徒則是因為這裡是耶穌基督一生活動和釘死於十字架的地方；穆斯林是因為據說穆罕默德是從這裡升天。西元前1000年大衛王占領耶路撒冷，並把它設為以色列首都；他的兒子所羅門在西元前10世紀建造了聖殿。西元前63年羅馬人奪占了耶路撒冷。後來穆斯林阿拉伯人（637）和十字軍（1099）先後占領了此地。1917年英國人占據耶路撒冷成為英國託管下的巴勒斯坦首都。在以阿戰爭期間，耶路撒冷被外約旦（後為約旦）和以色列瓜分。前者兼併舊城和東耶路撒冷其餘地區，後者占據西耶路撒冷。1967年的六日戰爭以色列奪得東耶路撒冷，此後該城的地位一直是爭論的主要焦點：國際社會大部分不予承認，使得最後的領土權歸屬問題懸而未決。城內猶太教的聖所包括第一、第二聖殿和西牆；伊斯蘭教的聖地包括岩頂圓頂寺和阿克薩清真寺（遠寺）。

Jerusalem, Council of　耶路撒冷會議　西元50年左右，基督教使徒們在耶路撒冷舉行的會議。會議決定，非猶太人的基督徒不必遵守猶太教的摩西律法。這次會議是因爭論非猶太人改信基督教後是否必須行割禮而召開。由使徒聖彼得和聖雅各領導的這次會議作出了有利於使徒聖保羅和非猶太人基督徒的決定，這有助於早期基督教脫離猶太教。

Jerusalem, Temple of　耶路撒冷聖殿　古代以色列人崇拜上帝的中心，也是其民族象徵，歷史上前後共有兩座。大衛攻下耶路撒冷後，將法櫃移置該城。大衛選擇了莫里亞山（或稱聖殿山）為殿址，據說那裡是亞伯拉罕建造祭壇準備犧牲以撒的地方。第一座聖殿是大衛之子所羅門在位時所建，西元前957年竣工，分成三間大堂：其中門廳是舉行禮拜的主要場所，另外兩間分別是聖所和至聖所。從約西亞時代開始，這裡成為猶大國唯一指定的獻祭場所。西元前586年聖殿毀於巴比倫人征服之時。流亡的猶太人在西元前538年歸來後，重建了第二聖殿。西元前167年敘利亞人褻瀆了聖殿，激起馬加比家族的暴亂，之後重新淨化聖殿，才再開放。西元前54年克拉蘇掠奪聖殿寶物。猶太國王希律重修並擴建了聖殿，耗時四十六年之久。西元66年猶太人叛亂導致羅馬軍團出兵鎮壓（西元70年），聖殿又毀。目前第二聖殿僅存西牆一段，成為朝聖地。聖殿山上現在有一座阿克薩清真寺（遠寺）和岩頂圓頂寺。

Jerusalem artichoke　菊芋　菊科向日葵屬植物，學名Helianthus tuberosus。因其塊莖可食而種植。這種植物的地上部分很粗糙，通常分枝很多，是不耐霜的多年生植物，高達2～3公尺。頭狀花序數多，美觀；邊花黃色；盤花黃色、棕色或紫色。地下塊莖有各種不同的形狀、大小和顏色。在歐洲，菊芋普遍作為蔬菜來烹調食用，在法國則很早就栽培它來作飼料。美國很少種植。

Jervis Bay　查維斯灣　南太平洋的一個海灣，位於澳大利亞新南威爾士州。面積73平方公里。1770年由科克船長發現並命名為長鼻子（Long Nose），但在1791年為紀念約翰・查維斯而改名。1915年管轄權從新南威爾士州轉到澳大利亞聯邦手中，以提供澳大利亞首都直轄區一個出海通道。這個海灣是個度假區，也是澳大利亞皇家海軍學院（1915）的所在地。

Jespersen, (Jens) Otto (Harry)＊　耶斯佩森（西元1860～1943年）　丹麥語言學家。他領導了一場運動，目的是把外語教學的基礎放在會話上而不是語法和辭彙教科書的學習上，在歐洲促使了語言教學的改革。耶斯佩森是英語語法的權威，對語音學和語言學理論的貢獻很大。他發表了許多著作，包括《現代英語語法》（共7卷，1909～1949）、《語言的性質、發展和起源》（1922）和《語法哲學》（1924）。他還發明了一種叫Novial的國際語言。

jester　弄臣 ➠ fool

Jesuit＊　耶穌會　天主教修會。1534年由羅耀拉在巴黎大學創立，1540年經教宗保祿三世批准。該會不再奉行中世紀宗教生活的許多規矩，如必須苦修和齋戒、穿統一制服等，而主張軍隊式的機動靈活，並知所變通。其組織特色是中央集權，在發最後的誓願之前需經過多年的考驗，並對教宗特別順從。耶穌會會士主要從事傳教、教育，並組成傳教團，積極宣傳反宗教改革，1556年羅耀拉去世後，其勢力已遍布全世界。其在事業上的成功和過於擁護教宗使他們在宗教和政治上的敵人更懷敵意。1773在法國、西班牙和葡萄牙的壓力下教宗克雷芒十四世不得不廢除該會，但在1814年由教宗庇護七世恢復。此後耶穌會成為最大的男修會。

Jesuit Estates Controversy　耶穌會會士地產爭論　加拿大在重新建立了耶穌會後，基督教新教與天主教之間的一場爭論。1773年教宗發令取締了耶穌會，耶穌會在加拿大的大片土地都歸英國政府所有。1814年教宗又恢復了耶穌會，1842年一些耶穌會會士回到加拿大。對償還其土地的問題爭論多年，1888年通過「耶穌會會士地產法」，給予他們四十萬美元的補償費。

Jesus　耶穌　在基督教中，指上帝之子，三位一體的第二位。基督教教義認為他被釘死於十字架和復活，是替人類所犯的罪受罰。在《新約》的四卷〈福音書〉中詳述了他的生平事跡。耶穌出生於伯利恆的猶太人家庭，時間在西元前4年猶太國王希律去世之前，而死於羅馬的猶太總督彼拉多在位時期（28～30）。他的母親瑪利亞嫁給拿撒勒的木匠約瑟（參閱Joseph, Saint）。〈馬太福音〉和〈路加福音〉中對他出生後的童年時期描述甚少，僅曾提到他和雙親造訪過耶路撒冷。他原本為木匠，約三十歲才開始他的宗教事業，成為一個傳教者、老師和醫治者。耶穌在加利利地區廣收門徒（包括十二個使徒），並宣傳上帝之國即將來臨。他的道德教義在〈登山寶訓〉可見其梗概，而他講述的神蹟吸引了越來越多的信徒，他們相信耶穌就是上帝所應許的彌賽亞。他在逾越節時進入耶路撒冷，與他的使徒們共進了最後晚餐後，被加略人猶大出賣，給羅馬當局通風報信。耶穌因而被捕、受審，以政治煽動者的罪名被判處死刑，他被釘死於十字架上，之後埋葬。三天後，有人到他的墳上探看，結果發現是空的。根據〈福音書〉的說法，他在升天之前曾幾次在門徒面前顯靈。

jet engine　噴射發動機　內燃機的一種，從大氣中吸入空氣，與燃料混合燃燒，最後把燃氣噴出而產生推力的推進裝置。噴射機依據的是牛頓第三運動定律（作用和反作用相等而方向相反，參閱Newton's laws of motion）。第一架以噴射機爲動力的飛機是德國在1939年發明的。噴射發動機由氣體－渦輪系統組成，大大地簡化了推進器，並大爲提高了飛機的速度、大小和飛行高度。現代噴射發動機類型有渦輪噴射發動機、渦輪風扇發動機、渦輪螺旋槳發動機、渦輪軸式噴射發動機和衝壓式噴射發動機等。亦請參閱drag、gasoline engine、lift。

jet lag　時差　在前往另一個時區之後，生物律動調整，感覺疲累、效率降低的期間。時差反應血液的皮質醇濃度跟著地區日夜運行改變同步化的延遲。皮質醇是腎上腺皮質生成的重要類固醇（參閱adrenal gland）。時差持續多久與嚴重程度要看花了多久跑了多遠。坐噴射客機之後可能會持續幾天，最早讓人注意到這個現象，因此才有「噴射延遲」的名稱。

jet stream　急流　在平流層或對流層上部，一般在水平地帶內向東流動的各種長而窄的高速流動氣流。急流的特徵是產生強的垂直切變作用的一種風的運動，飛機在清澈的空氣中會遭到渦流就是因爲這個緣故。它們也會影響天氣型態。急流以曲折的路徑繞地球轉動，隨季節的變化而改變位置和速度。在冬季它們更靠近赤道，速度也比在夏季的時候更高。在南北半球上，常常各有兩個，有時是三個急流系統。

Jew　猶太人　信奉猶太教的人。廣義上來說，是指分布於全世界的一個繼承古代希伯來人的種族和文化集團，他們在傳統上奉行猶太人的宗教，希伯來名詞Yehudi，翻譯成拉丁文是Jedaeus，翻譯成英文則是Jew，原指猶大支派（以色列人十二支派之一）。在猶太傳統上，由猶太婦女所生者即爲猶太人，而猶太教改革派則認爲，雙親中有一人是猶太人者即爲猶太人。

Jewel Cave National Monument　朱厄爾洞穴國家保護區　美國南達科他州西南部國家保護區。成立於1908年，占地面積5平方公里。因有一些石灰岩山洞而出名。這些山洞之間有一系列狹窄通道相連，通道長度至少有124公里。

jewelry　珠寶　人體裝飾用的飾物。多以黃金、白金，通常鑲上寶石或半寶石。史前時期原始人取動物的牙、殼和其他物體等裝飾自己。經過好幾百年的演變，珠寶成爲社會和宗教階級的一種象徵。至文藝復興時期，義大利人把珠寶製造提升到精美藝術的地位，許多義大利雕刻家都是從金匠出身。17世紀起，珠寶的裝飾功能再度領先，超過它的象徵意義。到了19世紀，工業化把珠寶普及到中產階級。法貝熱和蒂法尼等珠寶匠所開設的珠寶公司也大發利市，因爲他們專爲有錢人設計精美的珠寶。珠寶在各國歷史上曾扮演過重要的角色：16世紀時，西班牙建立帝國，從前哥倫布時期的墨西哥和祕魯獲取黃金和珍貴的寶物。

Jewett, (Theodora) Sarah Orne　朱艾特（西元1849～1909年）　美國作家。出生於緬因州南貝威克，父爲醫生，她從未離開過這個州。爲了捕捉正在消逝的鄉土生活文化，她以寫實主義的手法描寫了緬因州老年人的生活方式和語言習慣，用辛辣幽默的筆觸記錄下其中的精髓。在她出版的二十本書中，最著名的有《深港》（1877）、《白鷺》（1886）和《尖尖的樅樹之鄉》（1896）。

jewfish　大石斑魚　鮨科若干大型魚的統稱（參閱sea bass）。尤指產於熱帶美洲大西洋沿岸的大石斑魚，體長可達2.4公尺，重約320公斤。成魚體呈暗橄欖棕色，帶淺色斑點與條紋。一般獨棲。南太平洋大石斑魚，體長可達3.7公尺。華沙石斑魚和固鱗鱸魚有時亦稱jewfish。在澳大利亞，jewfish則指產於東岸的南極叫姑魚、雙刺叫姑魚及西岸的青葉鯛。

Jewish calendar ➡ calendar, Jewish

Jewish philosophy　猶太哲學　由被視爲猶太人的人參與研究而反映的各種思想。中世紀時，此意味了由猶太人探究的任何有系統的或學科方面的思想，不論是否特別針對猶太教的題材。在現代，通常把那些不討論猶太教的哲學家不列爲猶太哲學家。猶太哲學起於受希臘影響的猶太教，雖然從早期猶太宗教作品中可能找出一種哲學方法顯然不受希臘人的影響。從《聖經》開始，中世紀哲學家特別喜愛的作品是〈約伯記〉和〈傳道書〉。〈箴言〉所介紹的智慧（Hokhma）概念對猶太的哲學和神學思想具有根本的重要意義，而〈所羅門智訓〉對基督教神學的影響也相當大。猶太哲學的主要人物包括斐洛、薩阿迪亞·本·約瑟和斯賓諾莎。

Jezebel＊　耶洗別（卒於西元前843?年）　見於《舊約》，以色列國王亞哈之妻。耶洗別是提爾和西頓國王兼祭司謁巴力的女兒，她勸亞哈把對提爾神巴力的崇拜引進以色列，因而阻撓了希伯來人對雅赫維一神的崇拜。〈列王紀上〉第一章記載了先知以利亞如何反抗她。亞哈死後，耶洗別的兒子約蘭繼位，但先知以利沙擁戴將軍耶戶起而叛亂，結果約蘭被殺，耶洗別則被丟出窗外摔死。她的屍體後來被狗群吃掉大半，應驗了以利亞的預言。在歷史和文學上，耶洗別是邪惡女人的原型。

Jhabvala, Ruth Prawer＊　賈布瓦拉（西元1927年～）　原名Ruth Prawer。德裔英、美小說家與電影編劇。生於德國的波蘭裔猶太家庭，1939年與家人移居英格蘭。在獲得碩士學位後她與印度建築師成婚並遷往印度， 1975年搬到紐約。她的許多小說都在印度寫成，包括《熱與塵》（1975，獲布克獎）；她曾爲電影編寫原著劇本，如《莎士比亞劇團》（1965），著作亦多被改編爲電影，如《波士頓人》（1984）、《窗外有藍天》（1985）、《此情可問天》（1992）等。賈布瓦拉後續的小說計有《詩人與舞者》（1993）和《記憶的碎片》（1995）。

Jharkhand　切里肯德　印度東北部一邦（2001年人口約26,909,428）。面積74,677平方公里，首府爲蘭契。主要位於喬塔納加布爾高原上，爲一連串高原、丘陵和河谷地形。許多原住民住在那裡。目前組成切里肯德邦的地區在1947年印度獨立之後，曾是比哈爾邦的一部分，直到2000年才成立一個獨立的邦。這裡礦產豐富（尤其是銅礦），不過大多數人務農維生。

Jhelum River＊　傑赫勒姆河　印度和巴基斯坦河流。印度旁遮普邦「五河」中最西的一條，發源於印度查謨和喀什米爾邦的喜馬拉雅山脈。在巴基斯坦的查謨和喀什米爾部分它蜿蜒流向西北，後來朝南注入傑納布河，全長約725公里。據說它就是亞歷山大大帝時代的歷史學家阿利安所提到的希達斯皮斯以及托勒密所提到的比達佩斯。

Jhering, Rudolf von＊　耶林（西元1818～1892年）　德國法學家。生於漢諾威，曾在維也納大學（1868～1872）和格丁根大學（1872～1892）教授法律。在《羅馬法的精神》（1852～1865）一書中他詳細論述了法律與社會變革的關係；在《法的目的》（1877～1883）中又論述了個人利益和社會利益之間的關係。有時人們稱他爲「社會法學之父」。

Jiang Jieshi ➠ Chiang Kai-shek

Jiang Jinguo ➠ Chiang Ching-kuo

Jiang Qing　江青（西元1914?～1991年）　亦拼作Chiang ching。毛澤東的第三任妻子，激進的四人幫一員。江青與毛澤東於1930年代結婚，但她直到1960年代才涉足政治。江青身爲文化大革命的頭號代表，取得了廣泛而深遠的權力，影響中國的文化生活；在其監督之下，傳統文化活動中廣泛的各種內容都遭到完全的壓制。江青在毛澤東死後被逮捕，被控以使整個社會陷入不安的罪名，而這也正是文化大革命的特色。江青拒絕認罪，但接受死刑的緩刑，換來終生監禁。最後自殺而死。

Jiang Zemin＊　江澤民（西元1926年～）　中國共產黨總書記（1989～2003）和國家主席（1993～2003）。江澤民曾在國外受訓爲工程師，而他的事業正始於在上海從事這方面的工作。此後他在中國共產黨內逐步晉升。1985年他被任命爲上海市長，並在1989年擔任中國中央軍事委員會主席。江澤民支持政府，強力鎮壓1989年學生擁護民主的示威運動，因此獲得當時中國領導人如鄧小平和李鵬等人的扶持。江澤民不但堅信要持續進行市場自由化改革，同時決意維持中國共產黨獨占政治權力的傳統。

Jiangsu　江蘇　亦拼作Kiangsu。中國東部省份（2000年人口約74,380,000），省會南京。位於一片廣闊的、以揚子江（長江）的河口分爲兩部分的沖積平原上。江蘇是中國面積最小、人口最密集的省之一，但同時也是最富庶的地區。曾是古代吳國的一部分，此地在明朝（1368～1644）時屬於南京省。1667年分離建省；1853～1864年成爲太平天國之亂的叛軍大本營。江蘇也是中國國民黨的重要基地，他們於1928～1937年定都南京，而後於1946～1949年再度以南京爲首都。中日戰爭（1937～1945）期間，江蘇曾遭日本占領；1949年歸共產黨掌控。此地是重要的農業生產區，並擁有生產鋼鐵和電子器材的工廠。

Jiangxi　江西　亦拼作Kiangsi。中國華中地區南部省份（2000年人口約41,400,000）。省會南昌。位於贛江沖積盆地上，是中國最富裕的農業省之一，同時也以可追溯至10世紀的瓷器工業聞名。唐朝（618～907）開鑿的大運河，使江西位居中國南、北的主要貿易路線上。元朝（1206～1368）期間江西的範圍包括部分的廣東，現有的邊界則是在明朝時確立。1926年蔣介石奪下此地，國民黨與共產黨並曾在此地交戰。1938～1945年日本占領此地；1949年歸共產黨掌控。該省爲農業產區，木材工業發達，對經濟亦有貢獻。

Jibril　吉布里勒　亦稱Jabrail。伊斯蘭教中的大天使，在上帝與人之間扮演媒介，將神的啓示傳達給穆罕默德和以前的先知們。在聖經中他的分身是加百列。吉布里勒在危急時候幫助穆罕默德，並幫他升天。根據穆斯林的傳說，阿丹被驅逐出天堂後，吉布里勒就來到他的面前，教他如何書寫、種植麥子和製作鐵器。他還幫助摩西把以色列人從埃及解救出來。

jícama＊　豆薯　豆科豆薯屬藤本植物，學名Pachyrhizus erosus或P. tuberosus，亦稱薯豆。原產墨西哥以及中、南美洲。根可食用，塊根呈不規則球形，皮褐色，肉白色，脆而多汁。有兩個變種，汁液分別爲無色透明和白如乳汁。兩種都有淡淡的味道，都可以生食或煮食。有時還吃它的幼嫩莢果，但成熟的種子毒性很大。

Jidda　吉達　亦稱Jeddah。沙烏地阿拉伯西部城市。瀕臨紅海，是主要港口，也是國家的外交首都。它的名字（意思是「女祖先」或「祖母」）取自當地的夏娃墓，1928年夏娃墓被沙烏地政府摧毀。吉達一直是穆斯林朝聖者到聖城麥加和麥地那的入口。以前屬於土耳其，1916年被迫割讓給英國。1925年被穆斯林領袖伊本．紹德占據，1927年被併入沙烏地阿拉伯。人口約1,500,000（1991）。

jigs and fixtures　夾具與固定器　機床裝置零件，專爲定位工作部件、穩固地夾在適當的位置，並引導動力工具（例如銑床）的動作。夾具也可以作爲工具或模板的指引，例如在家具工廠。專用的夾鉗保證呈方形豎立，如衣櫃只要動力驅動的撞錘一次作業就可以黏合起來。亦請參閱assembly line、interchangeable parts、mass production。

jihad＊　聖戰　伊斯蘭教用語，指一條中心的教義，號召信徒們與他們的宗教敵人作戰。根據《可蘭經》和「聖訓」，可以用四種方法來完成聖戰的義務：用心、用舌、用手和用劍。第一種方法（蘇菲主義稱「大聖戰」）包含對邪惡欲望的鬥爭。用舌和手的方法是指言辭辯護和正確的行動。用劍的聖戰是指與伊斯蘭教的敵人進行戰爭。死於戰鬥的信徒就成爲烈士，保證能在天堂占一席之地。在20世紀裡，聖戰的概念有時已經用作一種意識形態的武器，用來與西方的影響和非宗教的政府作鬥爭，建立一個理想的穆斯林社會。

Jili, al-＊　吉里（西元1365～1424?年）　伊斯蘭教神祕主義者。關於他的生平無據可查，儘管傳說他在1387年曾經訪問過印度，還在葉門學習過（1393～1403）。他受到伊本．阿拉比的影響，發展了他的「完人」學說，反映在他的著作《學貫始終的完人》中。他斷言道德完美的個人可以與眞主融爲一體，穆罕默德和其他的先知們已經體驗了這種神人合一，故而成爲一個通道，整個社會都能通過這個通道來享受與神的接觸。

Jilin＊　吉林　亦拼作Kirin。中國東北部省份（2000年人口約27,280,000）。是中國都市化程度最高的省份。省會長春，第二大城爲吉林市。境內主要河流是黑龍江之支流松花江。1907年建省。1931年日本軍隊進占此地，成爲日本的傀儡政權滿洲國（1932～1945）的屬地。中國共產黨的軍隊於1948年將它從國民黨手中奪取過來。20世紀晚期的工業化程度相當快速。

Jim Crow Laws　吉姆．克勞法　從1877年到1950年代這段時間內，在美國南方實施的種族隔離法。吉姆．克勞原是黑人劇團的一個保留劇目的名字，後來變成對黑人的貶義詞。重建時期以後，南方的立法機構通過法律要求在公共交通工具中白人與有色人種隔離開來。後來這種隔離還被推廣到了學校、餐館以及其他的公共場所。1954年，美國最高法院在布朗訴托皮卡教育局案中宣布，公立學校中的種族隔離是違反憲法的；後來的裁定擊倒了其他方面的「吉姆．克勞法」。

Jiménez, Juan Ramón＊　希梅內斯（西元1881～1958年）　西班牙詩人。他早期的詩歌反映了達里奧的影響；1917年前後，這種高度情緒化的風格讓位於更嚴肅、簡潔的格調。他寫了關於一個人與他的驢子的散文故事《小毛驢與我》（1917），使他在美洲出了名。西班牙內戰期間（1936～1939）他站在共和勢力一邊。共和勢力失敗後他移居波多黎各，在那裡他度過了餘生。他是個多產的詩人。1956年獲諾貝爾文學獎。

Jiménez de Quesada, Gonzalo＊　希梅內斯・德克薩達（西元1495?～1579年）　西班牙殖民地征服者。他去新大陸任殖民地行政長官，1536年領導一個九百人的探險隊沿馬格達萊納河向上進入新格拉納達（現在的哥倫比亞）的中心平原，打敗了奇布查人而為西班牙贏得了這塊土地。1538年另外兩名征服者與他爭功，他把此事呈交給在馬德里的國王，卻沒有得到決定性的裁決，但希梅內斯成了新格拉納達最有影響的人物。1569年他帶領五百人去尋找神話中的埃爾多拉多。1571年他只帶了二十五人回來。

Jimmu＊　神武　傳說中的日本第一代天皇和帝國王朝的奠基人。西元前660年他在大和平原上建立了他的國家。（大和平原上一個真實的國家從西元3世紀開始。）據說神武是瓊瓊杵尊的後代，而瓊瓊杵尊又是太陽神天照大神的孫子。

Jin dynasty　晉朝　亦拼作Chin dynasty。中國史上兩個以晉為名之重要朝代的第一個。晉朝可分為兩個明顯不同的時期，西晉（265～317）和東晉（317～420）。後者又被視為在漢朝衰亡（220）到隋朝建立（581）之間統治中國的六朝之一。晉朝的開國皇帝司馬炎重新統一中國，但在他死後，帝國迅速瓦解。北方的游牧部族匈奴侵入晉朝的首都洛陽，並再度於長安擊潰晉朝軍隊。其後兩個世紀，中國分裂成兩個社會：遭受野蠻部族肆虐的北方以及南方。東晉是由一位司馬氏的親王在南京所開創，但這個朝代飽受內亂、宮廷密謀以及邊境上的戰亂，不過當時佛教在中國愈趨繁盛，並孕育了中國第一位偉大的畫家——顧愷之（344～406?）。亦請參閱Juchen dynasty。

Jina ➠ Tirthankara

Jinan　濟南　亦拼作Tsinan。中國東北城市（1999年人口約1,713,036），山東省省會。其歷史至少可追溯至周朝（約西元前11世紀～西元前3世紀）時期；自西元前8世紀起，此地即為行政管理中心。濟南附近的泰山是中國最神聖的山脈之一，4～7世紀濟南城南方的丘陵上建有許多佛教的洞窟寺廟。明朝（1368～1644）時設濟南為山東省首府。1904年開放對外通商，1912年鐵路通過濟南後，更有進一步的發展。現為主要的行政和工業中心，以及山東省最重要的文化中心，市內設有農業、醫療和工程方面的學院，以及一所大型大學（1926年建）。

jinja　神社　日本神道教祭神或參神的場所。最初是在鄉村風景優美的地方，現在還包括城市裡的神殿。它們大小不一，有路邊的小祈禱場地，也有像伊勢神宮這樣大的建築複合體。日本有97,000多個這樣的神廟。

Jinnah, Mohammed Ali　真納（西元1876～1948年）　印度穆斯林政治人物、巴基斯坦國家締造者及第一任總督（1947～1948）。他在孟買和倫敦受教育，十九歲成為律師。回到印度後，執律師業並於1910年選入帝國立法會議。致力於印度自治和維持印度教徒－穆斯林間的和諧，1913年加入穆斯林聯盟並確保印度國民大會黨和穆斯林聯盟間的政治聯合。他反對甘地的不合作運動並退出國大黨和穆斯林聯盟。1920年代晚期到1930年代初，一些穆斯林認為他太溫和，而國大黨人則認為他太像穆斯林。從1937年開始，國大黨拒絕與穆斯林在各邦中組聯合政府，真納於是開始為分割印度及建立穆斯林國家而努力。1947年巴基斯坦成為一獨立國家，真納成為首位國家元首。1948年去世時，被尊為國父。

jinni　鎮尼　亦稱傑尼（genie）。阿拉伯神話名詞，即精靈，是低於天使和惡魔的超自然靈物。鎮尼是用火或氣造成，能變成人形或動物，可以附於地下、空中或火中的石、木、廢墟等一切無生物體上。與人一樣，他們有肉體需求，甚至可以殺死，但不受肉體的限制，人往往有意無意地傷害鎮尼，鎮尼則最喜報復。據說許多疾病和災禍都是鎮尼作祟，然而，能以魔法制伏鎮尼的人可以役使鎮尼。鎮尼常是民間故事的主角，最著名的是《一千零一夜》裡的阿拉丁。

Jinsha River　金沙江　亦拼作Kinsha River、Chin-sha River。中國的河流。是揚子江（長江）最西邊的主要源流，發源於青海省西部、崑崙山的南邊。先向南流，構成四川省西部的邊界，這部分的河段長約250哩（400公里），而後流入雲南省，再轉向東北，在宜賓與岷江匯流，成為長江。

jito＊　地頭　日本封建時代，由中央軍事政府任命的莊園（整個鄉村分割成許多莊園）總管。地頭負責徵稅和維持治安，他自己也有獲得部分所收稅款的權利。這個職務是由源賴朝創設的，是世襲的。隨著時間的推移，地頭與地方領導的關係比與中央政府的關係還要密切，這是導致鎌倉時代衰弱下來的原因之一。

jitterbug　吉特巴舞　兩步的舞蹈變體，對對舞者以搖擺、彼此忽即忽離和旋轉等標準舞步隨著4/4拍子，有切分節奏的音樂起舞。原本包括了雜技式的托舉和搖擺動作，後修改成較保守的交際舞。原創於1930年代的美國，1940年代成為國際流行舞蹈。其步法變化大，並包括其他舞步如林蒂單足跳和搖擺舞。

Jiulong ➠ Kowloon

jiva＊　命　在耆那教裡指靈魂或活的精神。認為命是永恆的並且在數目上是無限的。許多命都是通過業而被束縛在地球上的生命上，需要通過再生輪回而進入下一個身體。命最終可以得到解脫，只要能從最低級的命中提升一個替身上來。小得看不見的靈魂叫做尼哥達，它們充滿著世界的整個空間。

jizya　吉茲亞稅　亦作jizyah。早期的伊斯蘭教統治者對非穆斯林者徵收的人頭稅。這種稅特別加在猶太教、基督教和瑣羅亞斯德教的教徒身上，因為這些是「有經人」，所以在他們的宗教實踐中能夠容忍。最初的意圖是要把這項稅款用於慈善事業，但卻成了統治者的私人財富，鄂圖曼蘇丹還用這項收入來支付軍事開支。為了逃避這項稅，許多人就轉為穆斯林。

Joachim, Joseph＊　姚阿幸（西元1831～1907年）　奧地利－匈牙利小提琴家。他是天生的奇才，幼時在布達佩斯學習，後來在維也納和萊比錫繼續深造，在那裡與孟德爾頌合作。1850到1852年他在李斯特領導下的威瑪樂團任首席小提琴手，但他們對音樂的鑑賞標準有根本的不同。他與布拉姆斯友善，布拉姆斯還為他的小提琴協奏曲徵求過姚阿幸的意見。在很長時間內（1868～1905）他擔任柏林高等音樂學院院長，他把它發展成一個培養音樂人才的第一流的音樂學校。

Joachim of Fiore＊　菲奧雷的約阿基姆（西元1130?～1201/1202年）　義大利神祕主義者、神學家、歷史哲學家。在赴聖地朝聖後，他加入西篤會，1177年任西西里境內科拉卓修道院院長。約1191年他擺脫繁瑣行政職務隱居山中祈禱修行，1196年在菲奧雷成立聖喬治會。他的《舊約和新約的對照書》描述了歷史的理論和追蹤《舊約》及《新約》的共通點。在《啓示錄評注》中他檢示敵基督的象徵，在《薩泰利琴的十根弦》中詳細說明了他的關於三位一體的學說。約阿基姆是個想像力豐富的人，他既被認爲是先知又被宣布是異端。

Joan, Pope　女教宗若安　傳說中的女教宗，據說她自855～858年在位約二十五個月，稱若望八世。傳說她是一個英國女子，與一個本篤會教士相戀，女扮男裝後參加了他的團體。在獲得了豐富的知識後她移居羅馬，成爲樞機主教然後成爲教宗。在最早版本的故事中說，在選舉時她已懷孕。登位時，在列隊向拉特蘭宮行進的過程中分娩，遂即被拖到羅馬城外被亂石擊死。17世紀以前，這段傳說一直被信以爲眞，從那以後已經證明是沒有根據的。

Joan I　瓊一世（西元1326～1382年）　亦稱喬瓦娜一世（Joanna I）。義大利語作Giovanna。普羅旺斯女伯爵和那不勒斯女王（1343～1382）。她屬於安茹家族，嫁給匈牙利國王的弟弟目的在於與匈牙利和解，安茹取得那不勒斯。她丈夫被暗殺後她受到懷疑，逃往亞威農（1348）。她把亞威農賣給教宗，換取清洗罪名，然後於1352年回到那不勒斯。1378年她承認僞教宗的克雷芒七世，1381年教宗烏爾班六世給都拉斯的查理加冕爲那不勒斯的國王。當查理占領那不勒斯後，他囚禁了瓊，並把她殺死。

Joan of Arc, Saint　聖女貞德（西元1412?～1431年）　法語作Jeanne d'Arc。法國軍事女英雄。她是農家女孩，從年幼起即相信自己聽到米迦勒、凱瑟琳、瑪格麗特等聖徒的聲音。當她將近十六歲時，她內在的聲音開始催促她幫助法國王子，並從英法百年戰爭中把法國從英國的征服嘗試中拯救出來。穿著男人的衣服，她拜訪王子並說服他、他的顧問和教會當局來支持她。有了她令人信服的話，她把法國軍隊團結起來，1429年解除了英軍的奧爾良之圍。不久，她又在巴泰打敗英軍。王子在理姆斯加冕爲查理七世，貞德隨侍在側。她的巴黎之圍沒有成功，1430年被勃艮地人俘獲，並被賣給英國人。她遭查理放棄，被遞解到盧昂的宗教法庭（受支持英國人的法國教士把持），被判行巫和異端。她激烈地自我辯護，但最後放棄而被判終生監禁；當她再度指出她受到聖啓時，她被燒死於樁上。直到1920年，她才被追諡爲聖徒。

Job＊　約伯　《舊約》中〈約伯記〉的中心人物，即使遭遇許多不幸他還是敬畏上帝。最初，約伯是位富裕且擁有龐大家族的人。撒旦作爲坐探提出，認爲應當考驗約伯。不久，他遭受了喪失財富、子女、乃至個人健康等可怕的厄運。他的三位朋友前來安慰他；他和三位友人辯論，並和上帝對談。約伯始終自稱無辜，是無端遭難，自信忠誠公義，他與上帝的對話結束了這次緊張的爭論，但是並未解決遭難的難題。該書寫於西元前6～4世紀。

Jobim, Antônio Carlos＊　裘賓（西元1927～1994年）　巴西詞曲作家與作曲家。裘賓在成爲音樂殿堂唱片的音樂總監前是在里約熱內盧的俱樂部演奏吉他和鋼琴。1959年他和彭法爲《黑人奧爾菲》合寫〈嘉年華會的早晨〉一曲，國際知名度不久旋即打開。他將森巴音樂轉化、融入巴薩諾瓦（bossa nova，意即新點子、新浪潮），這種音樂有些許森巴律動（悄靜的打擊樂器、以不加大音量的吉他彈奏敏銳、複雜的節奏）、溫和的唱腔，源自美國流行音樂發展已久的酷派爵士的旋律及高雅和聲。裘賓曾與法蘭克辛那屈、蓋茨和吉柏托合作，亦爲古典樂和電影配樂譜曲。裘賓所寫的歌逾四百首，計有〈單音森巴〉、〈冥想〉和〈來自依帕內瑪的女孩〉等。

Jobs, Steven P(aul)　賈伯斯（西元1955年～）　美國企業家。幼年被領養，成長於加州洛沙圖斯。後來就讀瑞德學院，未畢業即赴阿達利公司就業，工作是設計電視遊戲。1976年與沃茲尼亞克合創蘋果電腦公司。賈伯斯二十一歲時製造出的第一部蘋果電腦，改變了世人的刻板印象：電腦不再是只供科學使用的龐大機器，而是每個人都能使用的家電用品。蘋果的麥金塔電腦誕生於1984年，引進了圖形使用者界面（GUI）和滑鼠，這兩項創舉後來都成爲所有應用程式的技術標準。1980年蘋果電腦第一次股票公開上市，賈伯斯擔任總裁；1985年因爲經營理念的衝突，賈伯斯離開蘋果電腦，並自組NeXT電腦公司，但在1996年又重回蘋果電腦，並在1997年獲聘爲執行長。他任內推出全新風潮的iMac電腦（1998），是蘋果電腦轉虧爲盈的重要轉捩點。

Jocho＊　定朝（卒於西元1057年）　日本佛像雕刻家。他是一位雕刻家的兒子和學生，主要爲藤原家族工作。由於爲京都的法成寺和奈良的藤原家族廟製作了許多雕刻品，因而獲得前所未有的榮譽。他幫助提高佛像雕刻家的社會地位，組織了一個行會，完善了所謂的「木寄法」，或者叫連接的木技術。他唯一尙存的作品是放在宇治平等院的一個雕刻的阿彌陀佛像（1053?）。

Joel　約珥　《舊約》中十二小先知的第二位，〈約珥書〉的作者。（他的預言書在猶太教正典中是較大的「十二先知書」的一部分。）他在耶路撒冷第二聖殿住過一段時間（西元前516～西元70年），但生平不詳。他首次預言是關於蝗蟲的災害，這是一則對無信仰的人的災難的寓言。他的神諭很簡單：唯有人們眞正依靠雅赫維，救贖才會降臨猶大支派。〈約珥書〉最後期待世界末日的來臨，屆時所有以色列人都認識了上帝。

Joffre, Joseph(-Jacques-Césaire)＊　霞飛（西元1852～1931年）　第一次世界大戰中西線的法軍總司令。對於1914年反德戰爭中法國軍隊開始作戰而遭到毀滅性失敗的那場戰役，霞飛是要負責的。但是，他轉移了他的力量，創建了一支直接在他指揮下的新法國軍隊，在第一次馬恩河會戰（1914）中取得了巨大的勝利。作爲總司令（1915～1916），他命令法國軍隊去突破德軍的陣地，卻付出了毀滅的代價。他的威望下降了，加上法軍對凡爾登戰役（1916）缺乏準備，他終於被奪去指揮權並辭職。1916年升任法國元帥。

霞飛，肖像畫；雅奎爾（H. Jacquier）繪於1915年
H. Roger-Viollet

Joffrey, Robert　喬弗里（西元1930～1988年）　原名Abdullah Jaffa Bey Khan。美國舞者、編舞家，喬弗里芭蕾舞團的創辦人兼總監。父親爲阿富汗人，他先後在西雅圖和紐約學習舞蹈。1953年創辦芭蕾舞學校並成立了幾個團體，1956年與阿爾皮諾（1928年生）一起成立羅伯特・喬弗里（後簡稱喬弗里）芭蕾舞團，廣泛巡迴演出並贏得國際聲譽。1965年該團併入「紐約市中心」組織。喬弗里芭蕾舞團的舞碼包括了：《冥后》（1952）、《阿斯塔爾特》（1967）、《回憶》（1973）及《明信片》（1980）等。喬弗里去世後，阿爾皮諾成爲該團總監；1995年他將舞團移至芝加哥，改名爲芝加哥喬弗里芭蕾舞團。

Jogan style＊　貞觀式　日本平安時代初期的雕刻風格，主要（但不全是）表現在佛像雕刻上。用單一木塊雕刻成的巨像呈圓柱形、直立、對稱、臉大而圓、唇大、鼻寬、眼寬，幾何形態上幾近粗拙。由大小波紋交錯組成的衣飾是它最易被識別之處。在阿富汗的巴米安大佛像的衣飾上首先看到這種技術，後來中國人和日本人帶回了一些神像，把它們用作樣本來製作自己的聖像。

jogging　慢跑　以輕鬆的步伐跑步的一種有氧運動。由鮑爾曼和哈利斯開始（1967）而引起了流行的慢跑熱。慢跑可以健身、減肥和消除緊張。許多醫學權威也贊同慢跑，但也有人警告說慢跑對腳、脛、膝和背可能造成傷害。每隔一天慢跑一次，要做好準備動作，還要穿著設計得很好的鞋，加上適當的慢跑技術，就可以降低傷害的危險性。

Johanan ben Zakkai＊　約翰蘭・本・撒該（活動時期西元1世紀）　巴勒斯坦猶太教哲人。他是法利賽派的主要代表人物，在耶路撒冷第二聖殿被毀（西元70年）後，他幫助保留和發展猶太教。據說他躲在棺材裡逃出了被圍困的城市，去拜訪了羅馬營地，說服未來的皇帝韋斯巴薌允許他在靠近猶太濱海地區的雅姆尼亞成立一個學院。他在那裡樹立起了一位權威性的猶太法學博士的形象，後轉成一名優秀的教師和學者。

Johannesburg　約翰尼斯堡　南非共和國東北部城市。爲該國最大的城市之一，位於維瓦特蘭高地區的西坡。1886年因其附近發現金礦而設立的，1900年南非戰爭期間爲英國占領。1991年以前一直是合法隔離的城市，非白人的種族被限制住在外圍稱爲鎮的地區，包括了索韋托。大約翰尼斯堡延伸了500平方公里，包含了五百多個郊區和鎮。爲工業和金融中心。其文化和教育機構包括了約翰尼斯堡畫廊、市立劇院、維瓦特蘭大學和蘭德阿非利堪斯大學。人口：市712,507；都會區1,916,063（1991）。

Johannsen, Wilhelm Ludvig　約翰森（西元1857～1927年）　丹麥植物學家和遺傳學家。他支持德弗里斯的發現，即認爲遺傳的變型可以突變地發生。與從最初形態經過自然選擇不同，是突變後的新物種然後再去經受自然的選擇。約翰森的《遺傳學原理》（1909）成爲有影響的教科書，他提出的「表現型」和「基因型」這些辭彙現在已經成爲遺傳學語言的一部分。

Johansson, Carl E.　約翰遜（西元1864～1943年）　瑞典機械工程師。在步槍工廠任職時，研究大量製造所需的精密測量的問題，想出標準塊規的方法，並發明製作這些塊規的技術。約翰遜的系統1910年由凱迪拉克車廠採用，接著福特也採用，成爲20世紀大量生產技術的基本構成要素。

John　約翰（西元1167～1216年）　別名約翰・拉克蘭（John Lackland）。英格蘭國王（1199～1216年在位）。亨利二世的幼子，在一次反對亨利的叛亂（1189）中他加入其兄理查（後來的理查一世）。約翰後被封爲愛爾蘭公爵。當第三次十字軍東征結束，理查在回國的途中被德意志被拘留時，他趁機奪取王位未成（1193）。理查回國後，約翰被放逐（1194），但二人後來和解了。1199年成爲國王，在與法國國王腓力二世的戰爭中約翰失去了諾曼第（1204）和大部分在法國的領土。他因拒絕任命蘭敦爲坎特伯里大主教，而被教宗英諾森三世處以絕罰，他不得不宣布英國是教宗的領地（1213）。1214年進軍法國，但一無所獲。由於他橫征暴斂，濫用特權以增加政府收入，國內怨聲載道，終於引發內戰（1215）。貴族們強迫他簽署大憲章，但內戰仍持續到他去世。

John　約翰（西元1250?～1313年）　亦稱約翰・德巴利奧爾（John de Balliol）。蘇格蘭國王。他是十三位王位繼承人之一，但最後把王位給了長子。約翰向英格蘭的愛德華一世效忠，但很快又拒絕愛德華要他向加斯科涅提供援助的要求，反而與法國人締結了一項條約。1296年愛德華入侵加斯科涅，蘇格蘭人就襲擊英格蘭的北部。愛德華的軍隊在幾個月之內就占領了蘇格蘭許多有戰略價值的城堡，約翰被迫把他的王國出讓給愛德華。他被關進倫敦塔直到1299年。

John, Augustus (Edwin)　約翰（西元1878～1961年）　威爾斯畫家、肖像畫家、壁畫家和手工藝家。二十歲時就因他那才華橫溢的繪畫技術而得名。他是一個多姿多彩的人物，他漫遊英國、與吉普賽人共同生活並學習他們的習俗和語言；他的畫《在達特穆爾高地上宿營》（1906）就是根據他的這些生活經驗創作的。他的最主要的肖像畫包括喬伊斯的和蕭伯納的肖像。

John, Elton (Hercules)　艾爾頓強（西元1947年～）　原名Reginald Kenneth Dwight。受封爲艾爾頓爵士（Sir Elton）。英國搖滾歌手、作曲家和鋼琴家。他年幼時即表演鋼琴，並獲得皇家音樂學院的獎學金。1960年代晚期他與作詞家托平（1950～）開始了極爲成功的合夥關係，兩人合作了暢銷專輯如《再見黃磚路》（1973）和〈火箭人〉、〈班尼和噴射機〉、〈費城自由〉等歌曲。二人在1980年代還作了多首暢銷曲，包括了〈我想這就是他們所謂的憂鬱〉。1997年強重新詮釋了1973年的作品〈風中之燭〉，以悼念他的朋友威爾斯王妃黛安娜；他的錄音版本立刻成爲歷史上最成功的流行單曲。

John, St. ➡ John the Apostle, St.

John I　約翰一世（西元1357～1433年）　葡萄牙語作João。別名阿維什的約翰（John of Aviz）。葡萄牙國王（1385～1433年在位），阿維什王朝的建立者。國王佩德羅一世的私生子。1385年不顧卡斯提爾候選人的抗爭而當選國王，並維持了葡萄牙的獨立。他與英格蘭結盟（1386），但聯合出兵萊昂未成功。1389年和卡斯提爾簽訂十年停戰協定，但邊界的戰爭直到1411年仍偶有發生。1415年約翰與兒子們（包括最年幼的，後來的航海者亨利在內）占領齡摩洛哥的休達，開啓了葡萄牙的探險時代。

John II　約翰二世（西元1319～1364年）　法語作Jean。別名好人約翰（John the Good）。法國國王（1350～1364年在位）。常與英國和那瓦爾起爭執，曾試圖與那瓦爾國王查理二世維持友好關係，後於1356年將查理二世下獄。英國愛德華三世的兒子黑太子愛德華領兵入侵法國南部，在普瓦捷戰役（1356）中法軍大敗，約翰被俘擄。他被迫簽訂「布雷蒂尼條約」（1360）和「加萊條約」（1360），確定約翰的贖金，並將法國西南部大部地區割讓予愛德華。亦請參閱Hundred Years' War。

John II Comnenus＊　約翰二世・康尼努斯（西元1088～1143年）　拜占庭皇帝（1118～1143年在位）。亞歷克賽一世・康尼努斯皇帝之子，即位後努力收復被阿拉伯人、突厥人和十字軍奪去的拜占庭領土。他曾取消威尼斯人在拜占庭的貿易特權以增加國家歲收，但1122年作戰失敗又被迫恢復這種特權。他於德意志皇帝結盟以對抗西西里的羅傑二世。約翰再次征服西利西亞（1137）和贏得安條克的效忠，但在對敘利亞的突厥人作戰時失利。

John III Ducas Vatatzes＊　約翰三世・杜卡斯・瓦塔特澤斯（西元1193～1254年）　尼西亞皇帝（1222

～1254年在位）。1223年繼承狄奧多一世成爲皇帝並打敗了爭奪王位者。兩年後戰勝了支持其他皇家競爭者的拉丁勢力，進而控制了小亞細亞。他與伊凡・阿森二世結盟對抗伊庇魯斯（1230）和君士坦丁堡（1235），迫使阿森與其開戰（1235～1237）。他兼併了保加利亞（1241）和伊庇魯斯（1242），還支持其尼西亞首都文化的文化復興運動，爲日後拜占庭帝國的重建鋪平道路。死後被正教會追諡爲聖徒。

John III Sobieski＊　約翰三世・索別斯基（西元1629～1696年）　波蘭語作Jan Sobieski。波蘭當選國王（1674～1696年在位）。因擊敗韃靼人和哥薩克人，被任命爲波蘭軍隊總司令（1668）。他因聲譽顯赫，而在以哈布斯堡候選人優先的情況下當選爲國王。1683年與利奧波德一世締約共同對抗鄂圖曼土耳其人。同年，土耳其軍隊接近維也納時，他匆匆前往率軍前往，指揮整個援軍，並大獲全勝。他最後一次嘗試重建波蘭－立陶宛王國。他企圖把摩達維亞和瓦拉幾亞從鄂圖曼帝國的統治下解放出來，而對匈牙利作戰（1683～1691），但不成功。後來，他的家人與貴族間因爭吵而導致叛亂，使得波蘭在18世紀終至衰敗。

約翰三世・索別斯基，版畫；艾拉特（Carel Allardt）製
By courtesy of the trustees of the British Museum; photograph, J. R. Freeman & Co. Ltd.

John V Palaeologus＊　約翰五世・帕里奧洛加斯（西元1332～1391年）　拜占庭皇帝（1341～1391年在位）。其父安德羅尼卡三世去世時繼位，年僅九歲，由父皇的首相約翰四世・坎塔庫澤努斯攝政及同朝皇帝（1347～1354）。約翰以結束拜占庭教會和拉丁教會分裂狀態爲回報條件，要求西方協助對抗鄂圖曼土耳其人（1354），但沒有軍隊馳援。因戰爭耗盡拜占庭國庫，在訪問威尼斯時，因爲是破產債戶而被捕（1369）。1371年約翰被迫承認土耳其人的宗主權，在他被其子廢黜後，土耳其人幫助他復位（1379）。

John VI Cantacuzenus＊　約翰六世・坎塔庫澤努斯（西元1292～1383年）　拜占庭皇帝（1347～1354）、政治家、歷史學家。曾任安德羅尼卡三世的首相，負責制定內外政策。曾擔任約翰五世・帕里奧洛加斯的攝政。在有條件的情況下得到土耳其人幫助戰勝了約翰的母親，薩伏依的安娜。從1347年他成爲約翰五世的同朝皇帝，但1354年他又加冕其子作同朝皇帝。在威尼斯人幫助下，約翰五世強迫他退位。後來隱居修道院，撰寫回憶錄。

John VIII Palaeologus＊　約翰八世・帕里奧洛加斯（西元1390～1448年）　拜占庭皇帝（1421～1448）。曼努埃爾二世之子，1421年被其父加冕爲同朝皇帝，因帝國支離破碎，其統治僅限於君士坦丁堡周圍地區。1422年君士坦丁堡遭到土耳其的圍攻，當帖撒羅尼迦被土耳其人攻陷（1430），約翰向西方求援。他促成拜占庭同拉丁教會的聯合，但是西方阻遏土耳其人的努力失敗，因此拜占庭人拒絕使他們的教會從屬於羅馬教宗。約翰心灰意懶，鬱鬱而終。

John XXII　若望二十二世（卒於西元1334年）　原名杜埃茲（Jacques Duèse）。教廷被迫遷往法蘭西南部亞威農的第二代教宗（1316～1334年在位）。克雷芒五世的繼任者，他在亞威農成立教廷以爲久駐之計（參閱Avignon papacy）。他譴責方濟會關於守神貧的理論，根據《聖經》力證基督和眾使徒都擁有財產。他挾著教宗權力高於君權來反對神聖羅馬帝國皇帝路易四世。當若望將路易處以絕罰，路易則頒布敕令廢黜若望，並支持選出一位僞教宗。若望關於蒙福信徒死後面見上帝問題發表自己的見解，被指控爲異端（1331～1332）。他爲教廷聚斂大量財富並對教會加強集中管理。

John XXIII　若望二十三世（西元1881～1963年）　原名隆卡利（Angelo Giuseppe Roncalli）。義大利籍教宗（1958～1963年在位），在羅馬研究神學，1904年受神職，曾擔任各種不同的教會職務。1944年擔任教廷駐新成立的自由法國的大使，他成功的恢復了對梵諦岡的同情。1953年成爲樞機主教，1958年庇護十二世去世後他被選爲教宗。由於他年事已高，原本認爲他不會積極做事，但他卻是20世紀主要的改革教宗。急於領導教會進入現代，1962年召開第二次梵諦岡會議，並邀請東正教和新教領袖參加天主教的會議。他也極欲與猶太人恢復關係。雖然會議結束前若望便去世，但主要對天主教的儀式和行政部門進行改革。若望致力於世界和平，他是史上最受歡迎的教宗。

若望二十三世，攝於1963年
Keystone

John Birch Society　約翰・伯奇社　美國民間組織，1958年由退休的糖果製造商小韋爾契創建，旨在反對共產主義，提倡極端的保守主義。它的名字取自一個1945年被中國共產黨人殺害的美國教士和軍隊情報官員，該社把他看作是冷戰時期的第一個英雄。1960年代，它的成員達到七萬多。它的許多出版物都警告美國政府要防止共產主義的滲透，號召檢舉控告像華倫這樣的官員。

John Day Fossil Beds National Monument　約翰代化石床國家保護區　奧瑞岡州中北部國家保護區。占地5,676公頃，位於約翰代河沿岸（是以1811年阿斯托越野探險隊的一名維吉尼亞偵察隊員命名的）。公園主要特色在於化石的年齡至少在三千萬年以上，提供新生代中五個世代的古生物化石記錄。

John de Balliol　約翰・德巴利奧爾 ➠ John（蘇格蘭）

John Lackland　約翰・拉克蘭 ➠ John（英格蘭）

John Maurice of Nassau　拿騷的約翰・莫里斯（西元1604～1679年）　荷蘭語作Johan Maurits van Nassau。荷蘭的殖民地總督和軍隊司令。1621年以後，他參加反西班牙戰爭，與他的表兄弟奧蘭治王子腓特烈・亨利作戰。在剛從葡萄牙人手裡奪取的巴西任殖民地總督，從1636到1644年期間爲荷蘭西印度公司牢牢地控制了這大塊土地，把在拉丁美洲的荷蘭帝國推到了它權力的頂峰。1641年他發起奪取安哥拉和非洲西海岸的幾個主要港口，爲巴西的種植園提供奴隸，1665年在英荷戰爭中他領導一支荷蘭軍隊。

John of Aviz　阿維什的約翰 ➠ John I（葡萄牙）

John of Brienne＊　布列訥的約翰（西元1148?～1237年）　原是布列訥（法國東北部）伯爵，後爲耶路撒冷國王（1210～1229年在位）、君士坦丁堡拉丁皇帝（1231～1237年在位）。他是法國伯爵埃拉爾二世幼子，支持法國國王腓力二世，1210年與耶路撒冷女王瑪麗結婚。瑪麗死後，他成為他們襁褓中的女兒的攝政。在攝政期間，他勸說羅馬教宗英諾森三世發動第五次十字軍去支持他女兒的王國。1218年，他參加十字軍遠征埃及港口達米埃塔。1220年離開埃及，1221年返國。1228年去君士坦丁堡任鮑德溫二世的攝政。

John of Damascus, St. 大馬士革的聖約翰（西元675?～749年） 亦稱St. John Damascene。希臘教會和拉丁教會的修士和教義師。他把畢生置於穆斯林的統治之下。作為讚美詩和神學的作者，他對東、西方的教會都有很大的影響，特別通過他那本《闡明正教信仰》，該書是希臘教士們教學的總結。他還寫了一些反對那些「反崇拜聖像論者」們的文章（參閱iconoclasm）。

John of Gaunt 岡特的約翰（西元1340～1399年） 受封為蘭開斯特公爵（Duke of Lancaster）。英格蘭親王。愛德華三世的第四個兒子。另有名「岡特」（他的出生地根特的訛誤），在他三歲後便未再使用，但是在莎士比亞的《理查二世》一劇中用了這個名字，因而被廣泛接受。約翰在英法百年戰爭中任司令官，然後回來在他父親任國王的最後一年裡以及在他侄子理查二世的統治裡成為有重要影響的人物。通過他的第一個妻子，1362年約翰得到了蘭開斯特的公爵領地，立即成為15世紀蘭開斯特王室的三個君主亨利四世、亨利五世和亨利六世的祖先。

John of Paris 巴黎的約翰（西元1255?～1306年） 亦稱Jean de Paris、John the Deaf或John Quidort。道明會修士和托馬斯・阿奎那的信徒。他在巴黎大學任講師，就教會與政體分離以及限制教宗權力等問題提出見解。他對聖餐的性質所發表的引起爭論的觀點（1304）遭到了譴責，被判終身不得發表言論。他的申訴還沒有裁決他就去世了。

John of Salisbury* 索爾斯堡的約翰（西元1115/1120～1180年） 英格蘭高級教士和學者。他是著名的拉丁語學者，先後任坎特伯里大主教西奧博爾德和貝克特的祕書。他寫了《教廷史》（1163?）、《論政治》（1159）和《元邏輯》（1159）。他擁護教會獨立，這觸怒了亨利二世而把他放逐到法國（1163）。亨利與貝克特和解後他回到英格蘭，貝克特被暗殺時他在坎特伯里大教堂。1176年任沙特爾主教，在第三次拉特蘭會議上起積極作用。

John of the Cross, St. 十字架的聖約翰（西元1542～1591年） 西班牙語作San Juan de la Cruz。原名Juan de Yepes y Álvarez。西班牙基督教奧祕神學家、詩人、教義師。改革修道院制度，1563年在西班牙境內坎波城加入加爾默羅會，1567年任司鐸。協助女奧祕神學家阿維拉的聖特雷薩恢復加爾默羅會的第一處修道院，1568年他參與建立赤足加爾默羅會。次年在杜羅洛成立第一處赤足加爾默羅會的修道院，但因改革使該會內部發生摩擦，使得他在托萊多身陷囹圄。1578年他越獄逃走，後來在赤足加爾默羅會中任高職。包括了「靈魂的黑夜」在內的重要神祕詩作，他隨著靈魂上升的步伐與上帝結合。

John o'Groat's 約翰奧格羅茨 蘇格蘭的村莊。位於鄧尼特角附近，1793年約翰・德格羅特和他的兩個兄弟定居於此。它曾被認為是英國最北的端點，因而有「從地角到約翰奧格羅茨」的說法。

John Paul II 若望・保祿二世（西元1920年～） 原名沃伊蒂瓦（Karol Wojtyla）。波蘭籍教宗（1978年起），為四百五十六年間第一位非義大利籍教宗。第二次世界大戰期間，為了獻身神職，在克拉科夫一所隱密的神學院學習；1946年受祝聖，成為司鐸。他在羅馬取得哲學博士學位（1948），回到家鄉後在教區工作，後又在公教大學獲得神學博士學位（也是1948年）。1964年成為克拉科夫大主教，1967年成為樞機主教。在若望・保祿一世（1912～1978）去世不久便被選為教宗，他精力旺盛、領導能力強、有智慧，同時持保守的神學觀點和強烈反對共產主義。1981年若望・保祿在聖彼得大教堂遭到土耳其恐怖分子的暗殺，康復後繼續他的工作，並寬恕了自稱是刺客的人。有時他出國訪問吸引許多民眾。他的非暴力行動主義，助長了1989年蘇聯和平解體。他為開發中國家爭取經濟和政治上的公平對待。他任命五大洲四十四位樞機主教（2001年2月），若望・保祿接觸到世界各地的文化。他還追封多位聖人，他們來自世界各地。他為全基督教會所作的努力包括了與猶太教、伊斯蘭教和東正教的領袖們會面。

若望・保祿二世，攝於1979年
Lochon-Francolon-Simon-Gamma-Liaison Agency

John the Apostle, St. 使徒聖約翰（活動時期西元1世紀） 亦稱傳福音的聖約翰（St. John the Evangelist）或聖者約翰（St. John the Divine）。耶穌的十二位使徒之一，傳統上認為是《新約》中第四部〈福音書〉和〈使徒行傳〉的作者。〈啟示錄〉傳統上也認為是他的作品。其父是漁夫西庇太，約翰與兄弟雅各（參閱James, Saint）同屬最早蒙耶穌召喚的諸門徒之列，耶穌復活後約翰在早期教會占一重要地位。約翰以後經歷不詳。據說他死後葬在以弗所，他的墓地成為朝聖地。〈約翰福音〉與其他三部〈福音書〉不同處是，它表達了成熟的神學觀點，可與聖保羅的書信媲美。在一篇序言中他以文字確認上帝（參閱logos）後，他提出了從耶穌生平和聖職人員選出的一些事件。他的神學主題分析如：偉大的上帝之子，對基督教教義的發展產生重大的影響。

John the Baptist, St. 施洗者聖約翰（活動時期西元1世紀初葉） 猶太人先知，早期基督教會以他為耶穌基督的先驅。關於他的生平來源於四部〈福音書〉、〈使徒行傳〉和史學家約瑟夫斯。其母名以利沙伯，可能是耶穌之母瑪利亞的親屬；其父是祭司撒迦利亞。約翰的成長時期在猶太境曠野中度過，當時艾賽尼派和其他各派隱修人員在那裡根據自己的理想教育青年。大約西元28年成為約旦河谷聞名的先知。他宣講上帝的最後審判即將來臨，為悔改者施洗禮。他為耶穌施洗，耶穌受洗後立即開始傳教活動。由於他批評希律・安提帕的婚姻不合法而被捕入獄，後來因希律的繼女撒羅米要求得到約翰的首級作為她為賓客跳舞的代價，約翰因而被處死。

John the Good 好人約翰 ➠ John II（法國）

Johns, Jasper 約翰斯（西元1930年～） 美國畫家、雕刻家和版畫家。他最初的職業是商業藝術家，為紐約的商店櫥窗生產擺設用品。1958年舉行了他的第一次個人作品展，取得轟動性的成功。與他的朋友勞申伯格一起，被認為是普普藝術流行的起源。他的圖像用簡單的顏色描繪平常的二維物件（例如旗幟、地圖、靶、數字、字母等）。他的畫作主題樸實，拒絕情緒化的表達方式，與當時在美國藝術界占主流地位的抽象表現主義有根本的不同。他最著名的作品中有《著色青銅器》(1960)，是用兩個啤酒罐做成的鑄塑品。1961年起他把他的眞實物件放到油畫上去。1970年代他作出的畫由一些他稱爲「交叉陰影線」的平行線的集合組成。他是如今活著的最成功的藝術家之一。

Johns Hopkins University　約翰・霍普金斯大學　設在馬里蘭州巴爾的摩的一座私立大學。1876年由巴爾的摩商人約翰・霍普金斯（1795～1873）捐款創設。1893年一群婦女給它提供資金創辦醫學院，從此它就成爲男女合校的高等學府。如今，它的醫學院和附屬的約翰・霍普金斯醫院組成了全國最好的醫學研究中心之一。除了醫學院以外，這所大學還有藝術和科學、工程、公共保健、護理、音樂、國際研究和連續教育等學院。學生總數約六千人。

Johnson, Andrew　詹森（西元1808～1875年）　美國第十七屆總統（1865～1869）。生於北卡羅來納州，但長於田納西州。他自學成材，最初是一位裁縫師。他組織工人黨，當選爲市議員（1835～1843）時成爲少數農民的代言人。後來他成爲聯邦眾議員（1843～1853）和田納西州州長（1853～1857）。1857～1862年擔任參議員時，反對禁奴宣傳的主張，但1860年他又反對南方脫離聯邦，1861年6月田納西州脫離聯邦時，他是唯一留職並拒絕加入美利堅邦聯的南部參議員。1862年被任命爲田納西州（當時已處於聯邦控制下）軍事長官。1864年參選副總統，與林肯搭檔；林肯被暗殺後由他接任總統職務。在重建時期，採取溫和政策，允許南方州可重新加入聯邦而只附帶有限改革或僅給予獲得自由的奴隸以極少的公民權利。1867年激進派共和黨在國會通過民權立法及建立被解放黑奴事務管理局。總統對同一天通過的「任職法」（規定總統未經參議院同意不得撤換某些聯邦官員）也採取漠視態度，貿然將陸軍部長斯坦頓（激進派的盟友）撤職。眾議院決定彈劾他，這是美國史上第一爲受到彈劾的總統。但在決定性投票時卻以一票之差不足定罪所需2/3票數。然而，詹森從此失去作爲政治領袖的作用。回到田納西州後，重新當選爲參議員，不久去世。

詹森
By courtesy of the Library of Congress, Washington, D. C.

Johnson, Eyvind＊　雍松（西元1900～1976年）　瑞典小說家。他有一個嚴酷的童年，幼時就從事艱苦的體力勞動。他早期的小說就顯示出挫折失意的感情。《博比納克》（1932）一書揭露了現代資本主義的黑幕；《在黎明時刻下的雨》（1933）攻擊了現代辦公室的單調乏味。《返回伊塔卡》（1946）和《公爵大人活著的時候》（1960）都已被翻譯成多種文字。雍松的以工人階級爲題材的小說給瑞典文學帶來了新的主題，並實驗了新的形式和技巧。與馬丁松共獲1974年的諾貝爾文學獎。

Johnson, Frank (Minis), Jr.　強森（西元1918～1999年）　美國法官。生於阿拉巴馬州哈樂鎭，在阿拉巴馬大學取得法學士，第二次世界大戰期間進入陸軍服役。戰後他先擔任地方檢察官，1955～1979年出任聯邦地方法院法官，因爲一些支持民權運動的判決而廣爲傳誦，最著名的是1955年的帕克斯案及1965年阿拉巴馬州塞馬市爭取投票權遊行案。他判決阿拉巴馬州的學校及公共場所廢止種族歧視，後來也成爲第一位判決立法席次重新分配的聯邦法官。1979～1992年服務於聯邦上訴法庭，1995年獲頒總統自由獎章。

Johnson, Jack　約翰遜（西元1878～1946年）　原名John Arthur。美國中重量級拳擊冠軍，是第一位獲此頭銜的黑人選手。他的事業最初受到種族歧視的影響。1908年擊倒柏恩斯獲全國重量級的頭銜，並持續到1915年，該年他在哈瓦那被威勒德在激戰了26回合後被擊倒。他獲得冠軍後，社會上興起關於樹立「白人偉大希望」的呼聲，又使他遇到許多敵手。他兩次與白人婦女結婚，遭到報界抨擊。他曾攜帶未婚妻越過州界，因此於1912年被控違犯「麥恩法」，判處一年徒刑。他逃至加拿大後轉赴歐洲，以流亡者的身分繼續比賽，1920年投案服刑。共參加114場比賽，後死於車禍。

約翰遜
UPI Compix

Johnson, James P(rice)　約翰遜（西元1894～1955年）　美國鋼琴家與作曲家，爲將繁拍轉化爲爵士樂的主要人物。生於新澤西，自少年時代起即在沙龍和紐約黑人團體的派對中演奏。約翰遜爲鋼琴演奏技巧開創了極大的進展，將繁拍發展爲以左手的兩種拍子節奏和右手的廣域音域，如曲目〈卡羅來納呼喊〉和〈哈林行走〉。他並爲輕鬆的舞台劇譜寫音樂，包括與門生沃勒合作的《繼續曳行》（1928）。約翰遜所寫的曲子有〈查理斯敦〉（1920年代舞蹈時尚的主要代表）和〈老式愛情〉。他的大規模作品有《哈林交響曲》（1932）。

Johnson, James Weldon　約翰遜（西元1871～1938年）　美國作家。他先在佛羅里達州從事法律工作，後與他的作曲家兄弟（1873～1954）一起移居紐約，兄弟二人在那裡爲百老匯舞台共同創作了約兩百首歌曲。他在委內瑞拉和尼加拉瓜都擔任過外交職務，還擔任過全國有色人種促進協會的執行祕書（1920～1930）。1930年起，他在菲斯克大學任教。他的作品包括小說《一個曾被叫做有色人的自傳》（1912）、《五十年及其他詩》（1917）以及他最著名的作品《上帝的長號》（1927），是以詩體寫的黑人方言的佈道詞。兄弟兩合作首編了詩集《美國黑人詩歌集（1922）》和《美國黑人靈歌集》（1925、1926）。他們最著名的原創歌曲〈提高聲音高聲唱〉變成一首民權運動的頌歌。

Johnson, John H(arold)＊　約翰遜（西元1918年～）　美國雜誌和書籍出版商。與家人移居芝加哥並決定從事新聞出版業。1942年他引進黑人期刊《黑人文摘》，三年後他模仿《生活》雜誌而創辦《黑檀》，到1990年代該雜誌的發行量達到約兩百萬份。通過約翰遜出版公司他還出版了面向黑人的書籍和其他的雜誌，後來他又加入無線電廣播、保險和化妝品製造業等領域。

Johnson, Lyndon B(aines)　詹森（西元1908～1973年）　美國第三十六屆總統（1963～1969）。早期在休斯頓的中學任教，1932年到華盛頓特區擔任議會助理。他與雷伯恩結爲好友，因此詹森的政治事業迅速發展。他在新政推行期間受到保守派的攻擊，而贏得聯邦眾議院席次（1937～1949）。他的忠心令羅斯福總統印象深刻，他將詹森納爲黨羽。1949年在一次有缺陷的競選，包括雙方在決定性的民主黨初選中都有舞弊行爲，被選入參議院。在擔任民主黨黨鞭（1951～1955）和多數黨領袖（1955～1961），他發揮了他的長才，利用機智但又常常是無情的手段，在參議院建立起紀律嚴明的民主黨黨團。在1957和1960年對通過人權法案發揮了主要作用，這在20世紀尚屬首次。1960年被選爲副總統；在甘迺迪被刺殺後他成爲總統。在他上任的最初幾個月中，這位新總統竟能使國會通過了以前拖延不決的有關人權、減稅、反窮困計畫和資源保護等極爲重要的立法。1964年的選舉中以空前多的選票擊敗高華德，並宣布他的「偉大社會」的計畫。他制定法律以擴大美國在越戰中的軍事捲入程度，始於東京灣決議案。他的政策受到左右兩派的批評。他受支持的程度顯著減少，使得他宣布不再尋求1968年的總統連任。退休後住在其在德州的牧場。

Johnson, Magic　魔術強森（西元1959年～）　原名Earvin Johnson。美國職業籃球選手。1981年時帶領密西根州立大學贏得全國大學生體育協會（NCAA）冠軍，1980年代帶領洛杉磯湖人隊贏得五次全國籃球協會（NBA）冠軍。身高206公分，他是一名全能球員，在投籃、搶籃板球、防守方面樣樣在行，爲比賽注入新的活力，並成爲第一批國際級籃球明星之一。他的不看人傳球使他成爲NBA史上最佳的助攻球員（助攻10,141次，這個記錄後來被約翰·史塔克頓超越）。1991年11月強森宣布他已感染愛滋病，即將從職業籃球界退休，這個消息讓人們感到遺憾與震驚。強森接著短期擔任湖人隊總教練（1994），在他退休的時間裡大部分是進行有關青年和愛滋病的工作。

Johnson, Michael (Duane)　強森（西元1967年～）　美國短跑選手，生於達拉斯。在1989年就讀於貝勒大學時就打破了男子室內200公尺世界記錄。在整個1990年代，他在200公尺與400公尺的比賽中幾乎沒有吃過敗仗。1992年的奧運會中，他和隊友以打破世界記錄的成績拿下金牌；1996年，他成爲第一位同時奪得200公尺與400公尺金牌的男子選手，而且以19.32秒寫下200公尺的世界記錄。1999年，他又創下男子400公尺43.18秒的世界記錄。在2000年的奧運會中，他再度贏得兩面金牌。

Johnson, Philip (Cortelyou)　約翰遜（西元1906年～）　美國建築師和評論家。在哈佛大學學習哲學和建築。他是《國際風格：1922年以來的建築》（1932）一書的作者之一，也是現代藝術博物館中建築部的主任（1932～1934、1946～1957），爲讓美國人熟悉現代歐洲建築，他做了很大的努力。他爲自己設計的住宅「玻璃屋」（1949）給他帶來了聲譽。這個建築衝擊了密斯·范·德·羅厄（後來在設計西格拉姆大樓時是他的合作者）的影響與經典引喻之間的平衡。在爲紐約的美國電話電報公司的總部（1982）所做的設計中，他的風格有了明顯的轉變，是引起爭議的後現代的里程碑。1979年約翰遜成爲獲得普立茲建築獎的第一人。

Johnson, Rafer (Lewis)　強生（西元1935年～）　美國十項運動的運動員。1955年他還是洛杉磯加州大學的學生的時候，就在泛美運動會上贏得十項運動的金牌。1960年的奧運會上他僅以58分的優勢贏得了金牌，他是在奧運會的行進隊伍中舉著美國國旗的第一個黑人運動員。

強生，在奧運十項全能比賽中投擲鉛球；攝於1960年
AP/Wide World Photos

Johnson, Richard M(entor)　約翰遜（西元1780～1850年）　美國政治家。在肯塔基州從事法律工作，後被選入美國衆議院（1807～1819，1829～1837）。在1812年戰爭中他是陸軍上校，在泰晤士河戰役中他光榮地殺死了特庫姆塞，而自己也受了傷。他重回國會，後又當選爲參議員（1819～1829）。他忠誠地支持傑克森總統，而在1836年的選舉中，傑克森也提名約翰遜爲范布倫的競選夥伴。四位副總統候選人都沒有取得選票的多數。最後由參議院決定結果，這是美國歷史上唯一的一次，約翰遜擔任了一屆副總統之職。

Johnson, Robert　約翰遜（西元1911?～1938年）　美國藍調吉他手、歌手和作曲家。出身佃農之家，可能受到他個人接觸的三角洲的藍調歌唱家的一些人（如豪斯和巴頓）的影響，他學習口琴和吉他。足跡遍布南方各地，曾遠達北方的芝加哥和紐約，常在家庭舞會、小型舞廳和伐木營區裡表演。1936～1937年間，他演唱豪斯和其他人創作的歌曲並錄製成唱片，其中有像「我與魔鬼藍調」、「魔犬追尋我的蹤跡」和「徒然的愛」等原創歌曲。據說他死於二十七歲，是在一個小型舞廳裡喝了攙有馬錢子鹼的威士忌酒（可能是一個嫉妒的丈夫做的）之後死的。他那怪異的假嗓唱腔與熟練的、富於節奏感的滑弦吉他技巧對同期藝人及後繼的藍調與搖滾樂歌手都有深遠的影響。

Johnson, Robert Wood　約翰遜（西元1845～1910年）　美國製造商。最初的職業是藥劑師和藥物中間商。1885年他和他的兄弟們合作開辦了約翰遜公司（嬌生公司），任公司總裁直到去世。約翰遜是李斯德教學的早期支持者，他要使他的產品盡可能地做到無菌。已經證明，該公司生產的高品質而又廉價的醫學用品，包括防腐的繃帶和敷料，在外科手術中有很大的價值。約翰遜基金會是一個大型的慈善機構。

Johnson, Samuel　約翰生（西元1709～1784年）　以約翰生博士（Dr. Johnson）知名。英國文人，18世紀英國傑出的人物之一。書商之子，他短期在牛津大學讀書。在他與妻子興學失敗後，他遷居倫敦。他爲期刊撰稿，並受雇爲牛津伯爵的大圖書館編目。在辛勞八年之後的1755年，他發表劃時代的《英語辭典》（1755），是第一部偉大的英語辭典，也爲他帶來聲譽。他繼續爲《紳士雜誌》、《世界編年》等期刊寫稿，並且幾乎獨自寫作並編輯雙週刊《漫步者》（1750～1752）。他也寫作戲劇，其中沒有一部獲得演出的成功。1765年他發表莎士比亞的評註版，其中的序文大大有助於確立莎士比亞在文學界的中心地位。他的旅行文章包括《蘇格蘭西部群島之旅》（1775）。他的《英國詩人傳》（10卷，1779～1781）是重要的評論作品。其他重要作品包括長詩《人類欲望的虛幻》（1749）和哲學故事《拉塞拉斯》（1759）。身爲有才氣的談話者，他協助文學俱樂部的創立（約1763年），其中以傑出的成員而聞名，包括加立克、柏克、哥德斯密、雷諾茲。他的格言有助於使他成爲最常被引用的英國作家之一。他的同伴包斯威爾寫出約翰生的傳記，爲古今最受讚賞的傳記之一。

Johnson, Virginia ➡ Masters, William H(owell); and Johnson, Virginia E(shelman)

Johnson, Walter (Perry)　約翰遜（西元1887～1946年）　美國職業棒球投手，他可能發展了最有效率的棒球；他保有的記錄有：完封110場；獲勝場次416次，僅次於塞揚；三振3,508次（此記錄1983年被打破）。1907～1927年爲美國聯

約翰遜
UPI

盟華盛頓元老隊投手，後來成爲棒球隊經理。由於他令人無法抵抗的投球方式，因而有「大火車」（Big Train）的綽號。

Johnson, William　約翰遜（西元1715～1774年）　受封爲威廉爵士（Sir William）。英國殖民地官員。1737年他從愛爾蘭移居到紐約州的摩和克流域，成爲英屬北美洲最大的土地所有者。他鼓勵與印第安人友好往來，1746年被任命爲易洛魁聯盟的上校。在法國印第安人戰爭中，他在紐約州的喬治湖擊敗了法國（1755），奪取了尼加拉城堡（1759）。他被任命爲六個易洛魁部落的督察專員（1756～1774），鎮壓了稱爲龐蒂亞克戰爭（1763～1764）的印第安人暴動，並參加了第一個「斯坦尼克斯堡條約」（1768）的談判。

Johnston, Joseph E(ggleston)　約翰斯頓（西元1807～1891年）　美國軍官。畢業於西點軍校，在墨西哥戰爭中服役。南北戰爭開始後，他辭職而參加了美利堅邦聯。被任命爲陸軍准將，他在第一次布爾溯戰役爲美利堅邦聯贏得首次的勝利。他被晉升爲上將，但與戴維斯一直不和。在半島戰役中他保衛了里奇蒙，但在七松戰役中受重傷（1862）。1863年他被派指揮維克斯堡戰役。他下令撤離該市，但戴維斯卻命令堅守，維克斯堡失陷後約翰斯頓卻遭到指責。後來他受命指揮田納西的軍隊，當美利堅邦聯軍隊向亞特蘭大推進時，他避免了失敗，但卻因爲未能擊敗入侵者而遭撤換。1865年復職後，被迫向雪曼投降。

Johnstown Flood　約翰城洪水　美國賓夕法尼亞州約翰城的水災（1889）。約翰城位於康內摩河和史東尼溪的匯流處，水災發生當時是美國最重要的鋼鐵製造中心。在5月31日下午3點10分，上游一座缺乏維護的土壩在上游攔成水庫，這座南福克壩在豪雨之後崩潰，發出的水牆從康內摩河谷河谷以時速30至60公里奔馳而下。9公尺高的水牆在4點7分衝進約翰城，造成2,209人死亡。

Johore Strait＊　柔佛海峽　新加坡海峽的北部水道，在新加坡共和國和馬來半島南端之間。長50公里，寬1.2公里。它的東北部有深水道通往新加坡東北部海岸上的章宜海軍基地。1942年在日本入侵新加坡期間，這裡發生過激烈的戰鬥。

joint　節理　在地質學上，指岩石中的脆性斷裂面。沿這種斷裂面岩石沒有或幾乎不發生位移。在幾乎所有地表岩石中，節理向各個方向延伸，但一般垂直方向比水平方向更多一些。節理可有平整光滑的表面，可因有擦痕而粗糙不平。節理不會延伸到地殼深處，因在約12公里深處，即使是剛性岩層，在應力作用下，也只作塑性流動。

joint　關節　連接兩個或多個骨頭的結構。包括動關節（中有關節液）和那些介於脊椎間的關節在內，大部分的關節都與骨盤結合，可移動。不動關節包括了頭顱的骨縫（參閱fontanel）。韌帶組成連接各骨的關節，但肌肉使它們固定。關節方面的疾病有各種的形式的關節炎、受傷（如扭傷、骨折和脫臼）、先天性疾病及維生素（維他命）缺乏。

joints and joinery　接頭和細木工　建築上建材的連接部位。所有的接合處都是由建築師依強度、移動性、穿透性和不協調狀態做細部設計。細木工尤其專指木匠業。接合處的類型通常包括在右角或抽屜將兩片木板扣住的鳩尾榫；圓榫接合處則是用於增加機械強度；榫孔及榫頭上的凸出物則是爲了與凹槽接合，以連結水平和垂直結構。

Joinville, Jean, Sire de＊　儒安維爾（西元1224?～1317年）　法國編年史作家。香檳省一個不太顯赫的小貴族，儒安維爾參加了第七次十字軍東征（1248～1254），成了路易九世的朋友。1309年前後完成的《聖路易史》是一部散文編年史，對東征作了最好的說明，生動地描述了經濟的困難、海上航行的危險、疾病的折磨、十字軍中的混亂和缺少紀律，以及穆斯林的習俗等。回來後他成爲香檳省的執事，同時還在王室任職。

Joliba River ➠ Niger River

Joliot-Curie, (Jean-)Frédéric＊　約里奧－居里（西元1900～1958年）　原名Jean-Frédéric Joliot。法國物理化學家。1926年與居里夫人的女兒伊雷娜．居里（1897～

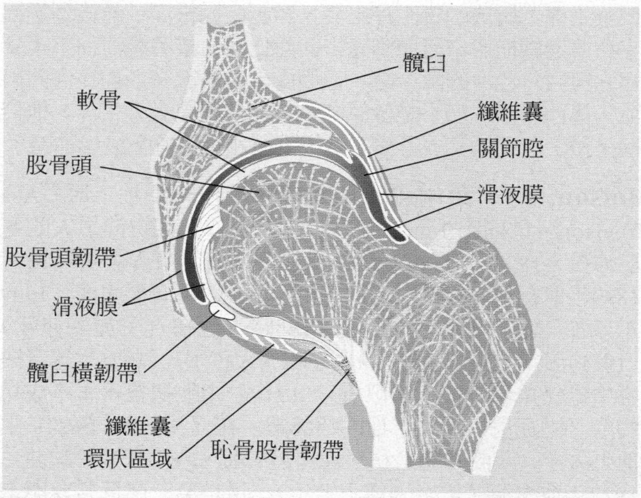

髖關節的剖面圖。髖關節是滑液關節，球窩型式，股骨的頭部與杯狀的髖臼接合。關節腔是由纖維囊圈住，內部是連接組織（滑液膜）產生液體（滑液）潤滑骨頭兩側軟骨覆蓋的表面。纖維囊由內輪狀纖維與外長纖維組成，由韌帶強化，肌肉覆蓋。

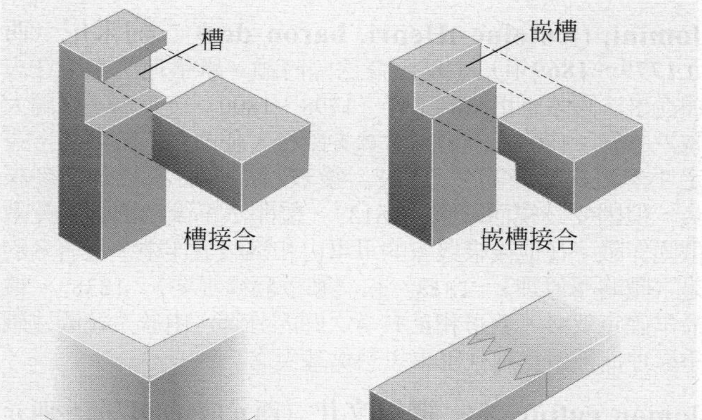

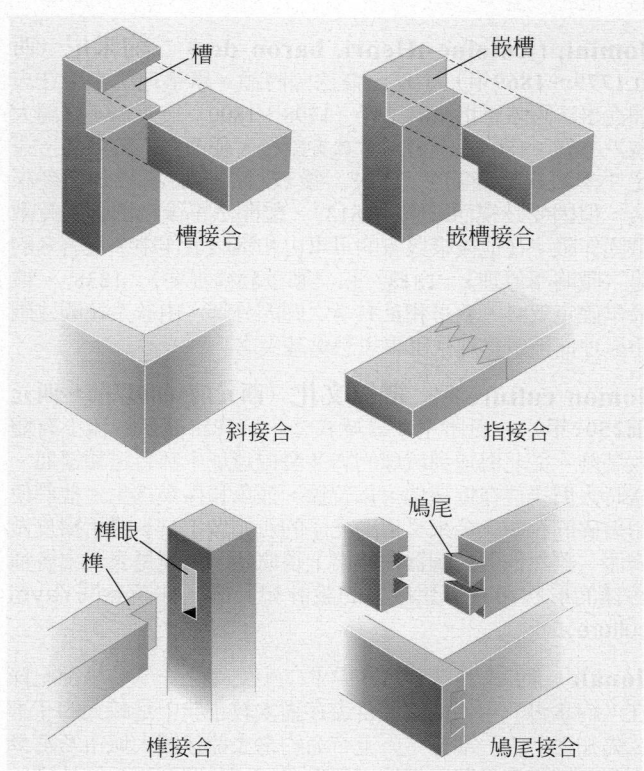

一些常見的木工接合。槽接合是將工件的一端插入另一個工件的長方形槽中。嵌槽是在一個或兩個工件邊緣的嵌槽加以結合。斜接合將兩個工件末端切角對接。指接合利用指狀的凸出物交錯來延伸木板。榫接是將凸出物（榫）插入另一件的凹口（榫眼）。鳩尾接合由一個以上的扇形榫緊密地安裝於對應的榫眼之中。

1956）結婚；他甚至冠上她的姓。1932年首次發現電子－正電子對的產生。夫妻二人較爲人知的是發現新的合成放射性元素，並因此獲1935年諾貝爾化學獎。第二次世界大戰期間加入抵抗運動，後成爲共產黨員；戰後大部分時間擔任原子能領域的政府高級官員，後因其政治理念被除職。1946～1956年伊雷娜領導鐳研究所，早在1918年她就曾在那裡工作；弗雷德里克後接替她的職務。兩人後來的死因都與長期曝露在放射性物質下有關。

Jolliet, Louis＊　若利埃（西元1645～1700年）　法裔加拿大探險家。1669年他領導了在大湖地區的探險。後來指派他與馬凱特和另外五人一起去考察密西西比河。1673年他們乘坐樺木製成的獨木舟出發，穿越密西根湖，然後通過福克斯河與威斯康辛河而到達密西西比河。接著順河而下，到達它與阿肯色河的匯合處。他們得出結論說密西西比河向南流入墨西哥灣，而不是像原來希望的那樣流入太平洋。他們回來後，若利埃又去考察了哈得遜灣和拉布拉多沿岸地區。

Jolson, Al　喬爾森（西元1886～1950年）　原名Asa Yoelson。俄國出生的美國歌手、歌曲作家和扮演黑人的喜劇演員。1893年喬爾森全家來到美國，定居在華盛頓特區。1899年他在華盛頓首次登台亮相，參加歌舞雜耍表演。1909年參加一個黑臉歌舞秀。在紐約時，他在《美麗的佩莉》（1911）、《蜜月快車》（1913）和《大孩子》（1925）等音樂劇中擔任角色。在《辛巴達》（1918）中他把蓋希文不成功的歌〈史瓦尼〉唱成了他的招牌歌。在《邦博》（1921）中他引入了〈我的媽咪〉和〈加利福尼亞，我來了〉等歌曲。1927年他主演了電影《爵士歌手》，這是第一部把對白與畫面同步播放的故事片。後來他拍的電影還包括《唱歌的傻瓜》（1928）、《媽咪》（1930）和《史瓦尼河》（1940）。《喬爾森的故事》（1946）和《喬爾森又唱了》（1949）兩部電影描寫了他的一生。

Jomini, (Antoine-)Henri, baron de＊　約米尼（西元1779～1869年）　瑞士裔法國將領、軍事理論家。在志願從事法國陸軍指派的工作（1798～1800）後，寫了《論大戰》（5卷；1805）一書。拿破崙讀後，任命爲上校參謀。簽定「季爾錫特條約」（1807）後被封爲男爵。後升任參謀長，但因受歧視而辭職（1813），離開法軍後爲法國的死敵俄國作戰。在他後來眾多的軍事史和戰略著作中，最著名的是《戰略學原理》（1818）和《戰爭藝術提要》（1838）。他最早確定戰略、戰術和後勤學之間的分野。由於系統闡述戰爭原理而被尊爲現代軍事思想奠基人之一。

Jomon culture＊　繩紋文化（西元前5000以前～西元前250?年）　日本中石器時代文化，其特徵是陶器上有繩紋裝飾。從北海道到琉球的許多發掘遺址中都有這類器皿。當時人們居住在低窪地，以狩獵、捕魚和採集爲生。他們使用敲碎的石頭，後來又用磨光了的石頭做工具，還用樹皮做衣服。雖然他們的陶器在技術上很原始，但還是表現出各種各樣的形狀和富有想像力的設計和裝飾。亦請參閱Yayoi culture。

Jonah　約拿　《舊約》中十二小先知之一，其事跡記錄在〈約拿書〉中（他的預言書在猶太教正典中是較大的「十二先知書」的一部分。）上帝命約拿去亞述國大城市尼尼微宣告該城將遭災難，但他不認爲居民如此罪惡深重的外國城市應得解救，所以將船朝反方向駛離。當這艘船受到暴風雨威脅將被摧毀時，他懺悔自己的過錯並要求船員將他丟出船外。他被大魚吞吃，但他因禱告求救，被魚吐到旱地上。約拿來到尼尼微傳達上帝的教誨，這個罪惡城市的人民悔改。〈約拿書〉可能寫於西元前5或4世紀。

Jonathan　約拿單（約西元前10世紀）　《舊約》所載以色列國王掃羅的長子，大衛的朋友。以色列軍人，初次被提到是他在格巴戰勝非利士人。大衛加入掃羅的家族後，他和約拿單成爲摯友。掃羅妒忌大衛企圖除掉他，約拿單試圖從中調解。二人最後一次碰面，他們計畫大衛作王後由約拿單任宰相，但掃羅和約拿單在基利波山對非利士人作戰時陣亡。

Jones, Bill T.　瓊斯（西元1952年～）　原名William Tass。美國舞蹈家與編舞家。生於佛羅里達州邦奈爾，於紐約州立大學接受舞蹈和劇場訓練，1982年和伙伴贊恩（1948～1988）共創比爾．瓊斯／阿尼．贊恩舞蹈公司。瓊斯所有的演出都是自己編舞或與伙伴共同進行，他們的作品有《快跑人之夢》（1978）及《開放空間》（1980）。瓊斯的作品通常明確地反映社會議題，而引起爭論的《平靜／今世》（1995）談的是罹患愛滋之苦，是以瓊斯自身感染經歷改編，但這齣戲卻導致贊恩走向死亡。

Jones, Bobby　瓊斯（西元1902～1971年）　原名Robert Tyre。美國業餘高爾夫球運動員。1923～1930年獲十三次主要錦標賽的冠軍，這種記錄保持到1973年才爲人打破。1930年連獲英國和美國公開賽及業餘高爾夫球錦標賽冠軍，成爲唯一在一年內囊括這四項主要比賽冠軍的選手。1930年連獲英國和美國公開賽及業餘高爾夫球錦標賽冠軍，成爲唯一在一年內囊括這四項主要比賽冠軍的選手。二十八歲從競賽中退休，並未成爲職業選手。瓊斯協助成立名人賽。

瓊斯
UPI

Jones, Chuck　瓊斯（西元1912～2002年）　原名Charles M.。美國動畫家。生於華盛頓州斯波堪，1933～1962年瓊斯擔任華納兄弟公司的漫畫家，這段期間創造了兔寶寶、嗶嗶鳥及土狼這三個以速度和動作聞名的卡通人物，爲他贏得奧斯卡獎。瓊斯是米高梅公司（MGM）1960年代的首席動畫師，之後他成立自己的公司，執導了《幻象天堂》（1971）（1971）等劇情片和數部電視節目。1996年獲奧斯卡終身成就獎。

Jones, Deacon　瓊斯（西元1938年～）　原名David Jones。美國美式足球員。生於佛羅里達州的伊頓維。他身高6呎5吋（196公分），體重250磅，100碼的衝刺只要9.7秒。他非常善於在列隊爭球時擒抱對方的四分衛（他創以此造了「擒殺」〔sack〕一詞）。1961～1972年，作爲洛杉磯公羊隊（現移至聖路易）的防守邊鋒，他被認爲是美式足球最佳的防守者之一，而且連續六年都入選明星隊（1965～1970）。之後他還打過聖地牙哥電光人隊（1972～1973）和華盛頓紅人隊（1974）。

Jones, (Alfred) Ernest　瓊斯（西元1879～1958年）　英國精神分析學家。在成爲倫敦皇家內科醫師學會會員後，他的興趣逐漸轉移至精神病學。與容格一起組織了第一次精神分析大會（薩爾斯堡，1908），在那裡認識了弗洛伊德。瓊斯將精神分析引進北美洲和英國；1919年成立英國精神分析學會，1929年創刊《國際精神分析雜誌》，並任編輯至

1939年。納粹接管奧地利後，他協助弗洛伊德及其家人逃至倫敦。他的關於弗洛伊德的傳記（3冊，1953～1957）是多年來最具權威性的傳記。

Jones, George (Glenn)　瓊斯（西元1931年～）　美國鄉村音樂歌手與詞曲創作者。生於德州薩拉托加一窮困家庭，十一歲時舉家遷徙至波蒙特。瓊斯自孩提時代開始即在街頭演唱，1950年代早期開始錄製唱片。他的暢銷單曲衆多，有〈爲什麼！寶貝，爲什麼〉（1955）、〈她認爲我仍然在意〉、〈他自今日起不再愛她了〉等等。1957年瓊斯加入大奧普里。至1980年代他仍持續推出暢銷單曲，當中有許多是與前妻溫尼特合作。瓊斯跌跌撞撞的人生和演藝職涯更加深了歌迷對他永恆的鍾愛。

Jones, Inigo　瓊斯（西元1573～1652年）　英國畫家、建築師和設計師。成衣匠的兒子，在義大利學習繪畫，得到了丹麥國王的惠顧，爲國王設計了兩座宮殿，然後回到英國。1605年開始，他爲班・強生及其他人的假面劇設計布景和服裝。1615～1642年間，他擔任國王的工程總監。他的第一項重要任務是王后在格林威治的居所（始於1616年），這是英國第一座帕拉弟奧風格的建築。他最大的成就是在懷特霍爾的宴會大廳（1619～1622），包括一個宏偉的大廳，對著牆有一排廊柱，支撐著平的，上了樑的房頂。瓊斯爲倫敦的第一座廣場柯芬園（1630）所做的設計，使人們公認是他將城鎮規畫引進英國。

Jones, James Earl　瓊斯（西元1931年～）　美國演員。在紐約學習表演，1957年首次在百老匯的舞台劇中演出。以在《奧賽羅》（1964）和在紐約莎士比亞戲劇節（1961～1973）的演出受到讚賞。曾主演《拳王血淚》（1969，獲東尼獎；1970年拍成電影）。以《保羅・羅伯遜》（1978）和《藩籬》（1985，獲東尼獎），他曾演出電視影集《帕里斯》（1979～1980）和《黑街硬漢》（1990～1991，獲艾美獎）。曾演出多部電影：他在《星際大戰》（1977）及其續集、《獅子王》（1994）和《梅林》（1998）中宏亮低沈的嗓音吸引人。

Jones, Jennifer　瓊斯（西元1919年～）　原名Phyllis Isley。美國電影女演員，生於土耳沙。瓊斯自1939年開始主演一些小衆電影，之後獲塞茨尼克青睞，安排她演出《聖女之歌》（1943，獲奧斯卡獎）。之後塞茨尼克持續爲她選角，出演了包括《情書》（1945）、《太陽浴血記》（1946）和《生死戀》（1955）。1949年瓊斯嫁給塞茨尼克，但仍參與電影演出直至1960年代。1965年塞茨尼克過世後，瓊斯改嫁工業家賽門。

Jones, Jim　瓊斯（西元1931～1978年）　原名James Warren Jones。美國邪教的領袖。原是印第安納布利斯的一名傳教士。建立了福音集團人民聖殿教，並宣布自己是彌賽亞。1971年這個集團遷到舊金山。有些教徒指控他欺詐，1977年帶著集團去蓋亞那，並成立了一個農業公社，名爲瓊斯敦，以此來威脅和操縱控制他的信徒。當由國會議員李奧・瑞安帶領的調查委員會來到瓊斯敦時，信徒們殺死了瑞安和其他四個隨從人員。第二天，瓊斯命令信徒們喝下摻了氰化物的飲料；他自己則死於槍傷，可能是他們內部衝突引起的。瓊斯敦大屠殺的死亡人數達到913人，其中有許多兒童。

Jones, John Paul　瓊斯（西元1747～1792年）　原名John Paul。蘇格蘭裔美國海軍英雄。他十二歲上船，二十一歲成爲船上的大副。1775年在維吉尼亞加入其兄弟。美國革命開始時，他加入了霍普金斯領導的新大陸海軍。1776年他指揮「普洛維頓斯號」沿著大西洋海岸航行，俘獲了八艘船隻，還擊沈了另外八艘。1777～1778年間，奉命去法國攻擊英國船隻，奪取數艘戰利船。1779年他指揮「老好人理查號」截擊了一個海商船隊。他與護航船隻「塞拉比斯號」交手，儘管彈藥用盡，仍繼續激戰要對方投降。在回答對方要他投降的挑釁時，他回答「我還沒有開始打呢！」不久他的船沈沒了，他帶了兩艘英國的戰利船去了荷蘭。1790年因病退休而去了法國，四十五歲逝世。

瓊斯，肖像畫；皮爾繪於1781年
By courtesy of the Independence National Historical Park Collection, Philadelphia

Jones, Mary Harris　瓊斯（西元1830～1930年）　原名Mary Harris。以瓊斯媽媽（Mother Jones）知名。美國勞工組織者。生於愛爾蘭，1835年被帶到美國。1867年孟斐斯流行黃熱病時她失去了孩子和丈夫（一個鐵工）；四年後在芝加哥的一場大火中她又失去了全部家產。她向勞動騎士團請求幫助，而就是這個組織使她成爲美國勞工運動中最受矚目的人物。她走遍全國各地，組織美國聯合礦工工會，哪裡有罷工，她就去那裡支援。九十三歲時她依舊爲西維吉尼亞州的煤礦工人罷工奔波。她積極支持禁止童工的立法。她是社會民主黨（1898）和世界產業工人聯盟（1905）的創始人之一。1925年出版了她的自傳。死時已百歲高齡。

Jones, Quincy　昆西瓊斯（西元1933年～）　原名Quincy Delight Jones, Jr.。美國作曲家、樂團團長與製作人。生於芝加哥。年少時加入友人雷查爾斯的小型爵士樂團，之後至西雅圖和波士頓研習音樂。1950年代早期他和漢普頓一起演奏小號，之後他爲迪吉葛雷斯比等人擔任混音師，最後組了自己的大樂團並與貝西伯爵、莎拉沃恩及華盛頓等名歌手合作。1960年代早期開始爲電影配樂，共數十部之譜，包括《走路，不要跑》（1966）、《冷血》（1967）和《紫色姊妹花》（1985）等。1970年代中期他主要從事製作人的工作，創立了魁斯特製作公司，爲傑克森、法蘭克辛那屈等歌手製作了相當多精良的專輯。昆西瓊斯之後亦創辦了《共鳴》音樂雜誌。

Jones, Spike　瓊斯（西元1911～1965年）　原名Lindley Armstrong。美國樂團團長，以其創新錄音作品聞名。生於加州長灘，1930年代晚期在電台的樂團擔任鼓手，很快便以加入無俚頭聲音如汽車喇叭、牛鈴、鐵砧等方式而聲名大噪。1942年他組成「史派克・瓊斯和他的城市鄉巴佬」樂團，很快地推出暢銷單曲〈希特勒的面目〉。瓊斯持續創作富喜感的歌曲直至1950年代，當時他亦有自己的電視秀。之後他的作品由喜感型轉化爲迪克西蘭爵士樂，樂團亦持續發片至1960年代。

Jones, William　瓊斯（西元1746～1794年）　受封爲威廉爵士（Sir William）。英國東方學家、語言學家和法學家。1771年他完成了一部權威性的《波斯語文法》。由於經濟的原因，他轉向學習並從事法律。1782年發表的《懸詩》，是七首著名的阿拉伯頌詩的譯本。翌年被封爲爵士，然後前去加爾各答任最高法院法官。他創立了孟加拉亞洲學會，鼓勵亞洲研究，並發表關於印度教和穆斯林法律的學術著作。1786年他提出從塞爾特語到梵語的各種語言都出自同源的假設，這個假設使得印歐諸語言語系得到了認可。

jongleur＊　雜耍藝人　法國中世紀時期的職業說書人或賣藝人。他們的角色包括奏樂、雜耍、吟誦韻文故事、武功歌、短詩，以及他們自己創作的韻文傳奇。每逢節日必在市集上、大修道院中、貴族的城堡裡表演，有時亦受到貴族長期雇用。13世紀其影響達到頂峰，14世紀因其角色被取代而逐漸衰落。亦請參閱goliard、trouvere。

jonquil　長壽花　石蒜科球根狀草本植物，為一種常見的園藝花卉（學名Narcissus jonquilla），產於地中海地區。多年生，葉子長線形，花黃色或白色，味芳香，短管，花簇集，因而廣泛栽培。萃取的油可用作香精。亦請參閱narcissus。

Jonson, Ben(jamin)　班．強生（西元1572～1637年）　英國劇作家、詩人和評論家。作為一個巡迴演出的演員學習了演藝技巧後，他為亨斯洛的劇院寫劇本。1598年他的喜劇《人人高興》使他一舉成名。他為詹姆斯一世寫了幾齣假面劇，還創造出「反假面劇」來領先假面劇這個專有詞。他的經典劇《沃爾波內》（1605～1606）、《煉金術士》（1610）和《巴托羅繆集市》（1614）以諷刺挖苦的手法來暴露他那個年代的愚蠢和墮落，攻擊了貪婪、欺騙和宗教的虛偽，還嘲弄那些成為犧牲品的傻子。被公認為繼莎士比亞後該年代最重要的劇作家。他影響了後來的劇作家們，特別是對王政復辟時期喜劇人物的性格描寫最為突出（參閱Restoration literature）。他也是一位抒情詩人，作品包括為他的兒子和女兒寫的兩首著名的輓歌。

H I J K

Jooss, Kurt＊　約斯（西元1901～1979年）　德國舞者、教師和編舞家。他的舞劇結合了現代舞芭蕾舞的技藝。隨拉班學習舞蹈（1920～1924）後，他成立了學校及舞團。1930年成為埃森歌劇院芭蕾大師，他在這裡編了首齣芭蕾舞劇《綠桌》（1932）。1934年被迫離開德國而將其學校和舞團移至英國，改名為約斯芭蕾舞團並進行世界巡迴演出直到1947年舞團解散為止。1949年回到埃森，他繼續編舞工作，他的舞蹈屬印象主義風格，結合了芭蕾舞和現代舞。

約斯在《綠桌》中的演出，約攝於1935年
H. Roger-Viollet

Joplin, Janis (Lyn)　珍妮絲賈普林（西元1943～1970年）　美國搖滾樂與藍調歌手。生於德州亞瑟港的中產階級家庭，十七歲逃家，展開演唱生涯，剛開始是在奧斯汀，之後則在洛杉磯。她於1966年加入舊金山的「大兄弟與控股公司」樂團，以她原始、強而有力且充滿感情的藍調風格迅速成名。專輯《廉價刺激》（1968）收錄了一些她最為人所熟知的曲目。離開樂團後珍妮絲賈普林持續推出暢銷單曲，包括〈我和鮑比．麥吉〉。二十七歲時因服用過量海洛因身亡。

Joplin, Scott　喬普林（西元1868～1917年）　美國鋼琴家和作曲家，繁拍音樂的傑出詮釋者。喬普林是一位經過古典音樂訓練的鋼琴家和作曲家。他寫的作品包括《楓樹葉雷格》（1899），是第一首繁拍的暢銷曲，還有《娛樂者》（1902），表現出一種尖銳的邏輯，不時地超越流派的機械範圍。他還寫了一部芭蕾舞劇和兩部歌劇，包括《特里莫尼沙》（1911），還有幾個說教性的作品。1911年他精神崩潰，1916年被送入精神病院。

Jordaens, Jacob＊　約爾丹斯（西元1593～1678年）　活躍在安特衛普的法蘭德斯畫家。1615年被接納進畫家公會，到1620年代有了一個欣欣向榮的畫室和許多學生。受魯本斯風格影響，在魯本斯死後，便成了法蘭德斯的重要畫家。其畫作中擠滿了健壯的人物，光暗的強烈對比以及在粗魯周圍的一種活力氣氛是他的畫引人注目的特點。他也繪宗教畫和肖像畫。他最重要的兩項任務是為海牙附近名為豪斯登堡的皇家住所繪製的兩幅巨大壁畫。他後來的作品趨於平庸，經常由助手來完成。

Jordan　約旦　正式名稱約旦哈希姆王國（Hashemite Kingdom of Jordan）。阿拉伯語作Al-Urdun。南亞阿拉伯國家，位於約旦河東岸。鄰敘利亞、伊拉克、沙烏地阿拉伯和以色列。有臨亞喀巴灣19公里的海岸線。面積88,946平方公里。人口約5,132,000（2001）。首都：安曼。多數人民為阿拉伯人，約60%是巴勒斯坦阿拉伯人，他們大多是以阿戰爭後從以色列和西岸移民至約旦的。語言：阿拉伯語（官方語）。宗教：伊斯蘭教（國教），逾90%的人口信奉遜尼派。貨幣：約旦第納爾（JD）。約旦4/5的領土是沙漠，低於1/10的土地是可耕地。該國最高點是拉姆山（海拔1,754公尺），位於約旦河東岸的丘陵區。約旦河谷地區包含了死海。約旦經濟主要仰賴製造業和服務業（包含旅遊業）；出口品有磷酸鹽、鉀鹼、藥物、水果、蔬菜及肥料。政府形式為君主立憲政體，兩院制。國家元首暨政府首腦是國王，由總理輔佐。約旦與以色列共有許多相同的歷史，因為兩者均曾占領了史稱巴勒斯坦的這個地方。今日約旦東部許多地區在西元前1000年左右是受以色列的大衛和所羅門統治。西元前330年淪入塞琉西王國手中，西元7世紀受穆斯林阿拉伯人統治。1099年十字軍將耶路撒冷王國擴大至約旦河東部。16世紀時約旦臣服於鄂圖曼土耳其的統治。1920年包含約旦的地區（當時稱為外約旦）與英國託管的巴勒斯坦結合。1927年外約旦成為獨立國家，雖然英國的託管直到1948年才結束。與以色列的敵意到1949年中止，約旦包含了約旦河的西岸地區，這個地區的統治權在1967年六日戰爭後由以色列取得。1970～1971年約

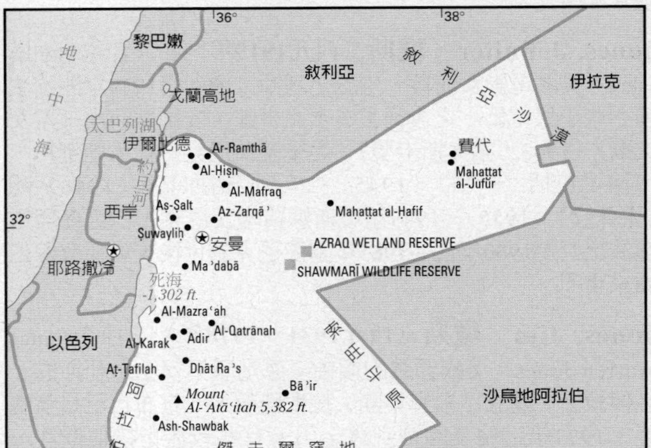

旦因政府與巴勒斯坦解放組織（PLO）游擊隊的戰事而國力日弱，經過一番奮鬥，約旦將巴解組織逐出。1988年國王胡笙重新對所有約旦人宣布西岸歸巴解組織所有。1994年約旦和以色列簽署全面的和平條約。

Jordan, Barbara C(harline) 朱爾敦（西元1936～1996年） 美國女律師、政治人物。1959年獲法學學位，曾在德州參議院工作（1966～1972），後選入聯邦眾議院（1973～1979），是南方第一位黑人女性當選者。1974年她在國會因水門事件彈劾尼克森總統的演說在電視上播放後才成爲全國著名人物。1976年她在民主黨全國代表大會上發表演說，證明她是當時最有威望和有說服力的演說家之一。從國會退休後在德州大學教書。

Jordan, David Starr 朱爾敦（西元1851～1931年） 美國教育家、魚類學者。在康乃爾大學學習及在印第安納的大學任教至1885年成爲印第安納大學校長爲止。1891年成爲史丹福大學首位校長，並擔任此職至1913年。他曾作廣泛的野外實地考察，爲1,085屬的2,500種以上的魚類命名。他與埃佛曼合著《北美和中美魚類》（1896～1900）及獨自完成《美國北部脊椎動物手冊》（1876）等著作。後半生主要致力於和平事業，任世界和平基金會總會長。

Jordan, Jim and Marian 喬登夫婦（吉姆與瑪莉安）（西元1896～1988年；西元1898～1961年） 吉姆原名James Edward。瑪莉安原名Marian I. Driscoll。美國廣播劇喜劇演員。兩人都生於伊利諾州皮奧利亞，他們是在教堂相識，1918年結縭，原於綜藝節目中演出，1924年開始將他們的喜劇改編爲廣播劇。他們在地方電台的演出極爲成功，因而有機會和昆恩共同製作每週播出的喜劇連續劇《菲柏．麥吉與茉莉》（1935～1957），這齣描寫麥吉家和其鄰里的節目爲充滿連串笑料的單元劇，深受大眾喜愛，是1940年代最受歡迎的節目之一。

Jordan, Michael (Jeffrey) 喬丹（西元1963年～） 美國籃球選手，有人認爲他可能是籃球運動歷史上最偉大的球員。生於紐約市的布魯克林，他成長於北卡羅來納並就讀於北卡羅來納大學，在大一新鮮人時就在NCAA的冠軍賽中投進致勝的一球。1984年被芝加哥公牛隊選上，在該年年底打了他的職業籃球處女秀。在公牛隊的時代，他總共拿下10次得分王頭銜和5次最有價值球員。1987年他成爲NBA史上單季得分超過3,000分的第二（在張伯倫之後）。「飛人喬丹」（Air Jordan）的綽號，來自他非凡的跳躍能力以及將防守球員耍得團團轉的過人上籃技藝。他帶領公牛隊拿下六次NBA冠軍（1991～1993、1996～1998），並帶領隊友奪得1984和1992年的奧運籃球金牌。1993年他曾短暫的退休，希望能加入職業棒球隊，但在1995年重回公牛隊打球，直到他1999年退休，在當時，他已經是美國及全球最著名的運動員了。2000年他買了一些華盛頓巫師隊的股份，之後被任命爲球隊的籃球營運總裁。然而2001～2002球季開始之前，喬丹宣布他將以巫師隊球員的身分重返NBA，同時放棄對該球隊的所有權與管理權。

Jordan River 約旦河 南亞的河流。源於敘利亞，穿越加利利海，接著納入其重要的支流耶爾穆克河。後注入低於海平面400公尺的死海，全長223公里。該河受到許多宗教的崇敬，在基督教，該河因施洗者聖約翰在這裡爲耶穌基督施洗禮而著名。

joruri 淨瑠璃 ➠ bunraku

José Bonifácio ➠ Andrada e Silva, José Bonifácio de

Joseph 約瑟 《舊約》中，牧首雅各與其妻拉結之子。約瑟最得父親寵愛，他獲贈一件耀眼的「彩衣」（coat of many colors，原字面意義爲「長袖外衣」〔coat with flowing sleeves〕），令兄長們十分嫉妒。兄長們將約瑟賣往埃及當奴隸，但跟雅各說約瑟遭野獸所害。在埃及，由於解夢的能力，以及取得穀物補給讓埃及度過饑荒，約瑟受到了法老賞識且擔任高官。當饑荒迫使雅各派遣兒子們到埃及購買穀物，家族與約瑟和解，並定居埃及。約瑟的故事，記載於〈創世記〉第37～50章，描寫了以色列民族的留存，開啓以色列人在埃及的歷史，〈出埃及記〉繼續了這段歷史。

Joseph, Chief 酋長約瑟夫（西元1840?～1904年） 內茲佩爾塞人首領。1877年美國試圖迫使內茲佩爾塞部落遷到愛達荷州的保留區去。約瑟夫酋長開始同意了，但最後決定帶領他的伙伴們長途跋涉去加拿大。歷時三個月，行程1,600多公里，他一路智勝和擊敗聯邦軍隊，並且由於他的人道行爲而博得了許多白人的讚揚。最後內茲佩爾塞人在接近加拿大邊境的地方被包圍了，接著被轉移到一個印第安人的領地（奧克拉荷馬州）。1885年又被安置到華盛頓州的保留區內。

Joseph, Father 約瑟夫神父（西元1577～1638年） 原名François-Joseph le Clerc du Tremblay。法國奧祕神學家和宗教改革者。1599年加入嘉布遣會。他強烈的抱負是要讓歐洲的新教徒改奉羅馬天主教，而樞機主教黎塞留則懷有讓法國稱霸歐洲的計畫，二人一拍即合，1611年約瑟夫成了黎塞留的祕書。人們稱他爲「灰色的顯貴」（因爲他穿灰色的嘉布遣斗篷），他與黎塞留（紅色顯貴）的緊密合作給了他類似於外交大臣的權力，特別在黎塞留爲三十年戰爭籌措經費的活動中，約瑟夫的各項政策幫了他許多忙。

Joseph, St. 聖約瑟（活動時期西元前1世紀～西元1世紀） 《新約》裡記載的瑪利亞的丈夫和耶穌基督的世俗父親。他是大衛的後裔，是拿撒勒的一個木匠。他與瑪利亞訂了婚，當他發現瑪利亞已經懷孕時，有位天使來到他的面前告訴他說，未來的孩子是上帝的兒子。他和瑪利亞一起去到伯利恆，羅馬的人口普查把他們統計在內。他們在那裡時，孩子降生了。〈路加福音〉裡最後一次提到約瑟，是在他和瑪利亞帶著十二歲的耶穌去耶路撒冷的時候。

Joseph II 約瑟夫二世（西元1741～1790年） 神聖羅馬帝國皇帝（1765～1790）。他承繼了他的父親法蘭西斯一世，開始時與他的母親瑪麗亞．特蕾西亞（1765～1780）共同執政。母親死後，他試圖繼續她的改革工作。他是開明專制的擁護者，主張廢除農奴制，確立宗教在法律面前平等，准許出版自由，並解放猶太人。由於試圖把國家的控制強加給教會，因此與羅馬天主教會發生了衝突。一些傳統保守的國家像奧屬尼德蘭和匈牙利也反對他的改革。他的外交政策逐漸失敗了，他試圖用奧屬尼德蘭換取巴伐利亞，但被普魯士制止了。與俄國凱薩琳二世的聯盟使奧地利軍隊捲入了與土耳其的戰爭，但約瑟夫必須回來對付在匈牙利和奧屬尼德蘭發生的革命騷亂。

神聖羅馬帝國皇帝約瑟夫二世，巴托尼（Pompeo Batoni）繪於1769年；現藏維也納藝術史博物館
By courtesy of the Kunsthistorisches Museum, Vienna

Joseph Bonaparte Gulf 約瑟夫．波拿巴灣 澳大利亞北部帝汶海的海灣。它從東到西跨越360公里，伸進澳大利亞海岸160公里。1644年一位丹麥航海家到過此地。1803年法國人波丹訪問這裡，並以拿破崙兄弟的名字爲這個

海灣命名。

Joséphine 約瑟芬（西元1763～1814年） 原名Marie-Josèphe-Rose Tascher de la Pagerie。拿破崙之妻，法國皇后。1779年嫁給軍官博阿爾內子爵亞歷山大（1760～1794）。在法國大革命中亞歷山大被送上了斷頭台，約瑟芬也被短期監禁。1796年作爲巴黎上流社會的一員，她嫁給了拿破崙，舉行了世俗婚禮。她是一個冷漠而放蕩的妻子，但在執政府裡，她利用其社會地位，幫助丈夫取得政治利益。成爲皇后（1804）後，她說服丈夫與她再行一次宗教婚禮。1810年拿破崙設法使他們的婚姻無效，這樣他就能在政治上很方便地與瑪麗－路易絲結婚。

約瑟芬，油畫，熱拉爾（François Gérard）繪；現藏巴黎馬爾邁松國立博物館
Giraudon – Art Resource

Josephson, Brian (David) 約瑟夫森（西元1940年～） 英國物理學家。自劍橋大學獲博士學位並開始根據IBM公司的江崎玲於奈和奇異公司的加埃沃（1929～）的研究開始其初期研究工作。他的貢獻就是發現了約瑟夫森效應。1970年被選爲皇家學會會員，1974年成爲劍橋大學教授。東方玄學可能有助於對科學的了解，這曾是他的研究課題。他和江崎玲於奈、加埃沃共獲1973年諾貝爾物理學獎。

Josephson effect 約瑟夫森效應 用一薄層絕緣材料隔開的兩片超導材料（參閱superconductivity）之間的電流流動。1962年約瑟夫森根據BCS理論（參閱Bardeen, John）預言了這種流動。按照約瑟夫森的預言，電子對可以從一個超導體跨越絕緣層（穿越隧道）而移動到另一個超導體中去。發生這種穿越的地方就叫做約瑟夫森結。只有在兩個導體上不加電池的時候才有約瑟夫森電流的流動。這一發現的主要應用是在電腦中用作高速開關器件，它比通常的半導體電路要快十倍。

Josephus, Flavius＊ 約瑟夫斯（西元37/38～100?年） 原名Joseph Ben Matthias。猶太教士、學者和歷史學家。出生於耶路撒冷的一個高級教士家庭，曾加入法利賽派。出使羅馬時對羅馬的文化和軍事力量留下了深刻的印象，西元66～70年猶太人反羅馬人起義中，他最後才自殺以便向羅馬人解釋。他在韋斯巴薌、提圖斯和圖密善等皇帝的宮廷都受到歡迎，寫了頗有價值的歷史著作。他的《猶太戰爭史》（西元79年）其中對西元66～70年的大起義作了詳盡的敘述，對羅馬軍隊的戰術及戰略著墨甚多。《上古猶太史》（西元93年）是他最偉大的著作，循著猶太教從猶太人的起源一直記錄到起義。《對抗阿皮翁》書中爲保護猶太教而攻擊希臘文化。

Joshua 約書亞 摩西死後以色列部族的領袖。根據《舊約》中的〈約書亞書〉記載，他帶領以色列人民越過約旦河入侵迦南。在他的領導下以色列人征服了迦南人並控制了該地。〈約書亞書〉一開始記錄了各次戰役，包括了著名的傑里科城牆遭破壞。約書亞將迦南分給十二支的以色列人，告別了他的人民後去世。該書記錄了許多日後發生的事，可能寫於西元前6世紀巴比倫流亡期間。

Joshua Tree National Park 約書亞樹國家公園 美國加州東南部的國家公園。位於莫哈韋與克羅拉多沙漠之間的邊界上，面積3,214平方公里。1936年設計成爲國家保護區，1994年成立國家公園。它以各色沙漠植物著稱，包括有約書亞樹、能提煉木餾油的灌木叢以及短葉絲蘭等。它的動物群包括叢林狼、紅貓和塔蘭托毒蛛等。

Josiah＊ 約西亞（西元前640?～西元前609年） 猶大國王及宗教改革者。其父阿蒙被暗殺後他於八歲之齡繼任國王。亞述帝國崩潰後，猶大取得某種程度的獨立。約西元前621年，約西亞開始一項復興民族的計畫。他將外國的崇拜儀式逐出，廢除地方的聖所，對雅赫維的崇拜集中在耶路撒冷聖殿舉行。他的改革正在進行的時候，部分〈申命記〉的手稿在聖殿被發現，使他更致力於恢復遵守摩西律法。約西亞希望猶大和以色列能重新統一，但他在一次對埃及的戰役中被殺。

Jospin, Lionel 喬斯潘（西元1937年～） 法國社會黨政治人物，1997年出任法國總理。1963年進入法國國家行政學院就讀，以頂尖成績畢業。畢業後參加國際服務，然後在巴黎塞奧科技大學教經濟學。1977年獲選爲國會議員，並獲密特朗總統指名成爲黨魁。後來出任教育部長，1995年參加總統大選，以小幅差距輸給席哈克。之後社會黨與盟友在國會選舉獲勝成爲多數黨，喬斯潘於是在1997年被席哈克提名出任總理。

Josquin des Prez＊ 若斯坎・德普雷（西元1445?～1521年） 法國北部作曲家。人們對他早年的生活一無所知。1459年在米蘭大教堂當詩班歌手。可能他是奧克岡的學生，在義大利他把時間都用在唱歌上，不斷改變職務，包括教宗禮拜堂（1486～1494）。1504年回到了孔代，在那裡終其餘生。他能夠把模仿的多聲部複雜性與永不疲倦的旋律天賦很好地達到平衡。他留下了六十首經文歌（包括輓歌）和大約十八首完整的彌撒曲（包括小舌彌撒），及許多義大利和音風格的非宗教歌曲。第一個音樂作品出版商彼得魯奇（1466～1539）把整冊書都用來刊登若斯坎的作品，這是其他作曲家都得不到的榮譽。正如馬丁・路德和其他人所證實的那樣，身後被認爲到他那個年代爲止他是最偉大的作曲家，在16世紀裡，他的作品廣爲他人模仿。

Jotunheim Mountains＊ 尤通黑門山脈 挪威中南部的山脈。綿延130公里，是斯堪的那維亞最高的山脈。最高峰是格利特峰（2,452公尺）和加爾赫峰（2,470公尺）。古代挪威的薩迦中提及尤通黑門，但在19世紀早期以前一直沒有徹底考察過。

Joule, James (Prescott)＊ 焦耳（西元1818～1889年） 英國物理學家。在道耳吞指導下學習後，1840年他描述了「焦耳定律」，該定律描述了，導線中通過電流而產生的熱與導線的電阻和電流平方的乘積成正比。1843年發表了他測得的產生單位熱量所需要做功的量，叫做熱的機械當量，並確立了熱是一種能量的形式。他確定各種能量形式根本上都是相同的，可以從一種形式轉換到另一種形式，這一發現奠定了熱力學第一定律，即能量守恆定律的基礎。以他的名字命名的熱的機械當量的值通常用字母J表示，功的標準單位稱焦耳。

journalism 新聞業 指透過手冊、新聞通訊、報紙、雜誌、廣播、電影、電視與書籍等媒體，將新聞、特稿與相關性評論，加以採集、整編與分銷。新聞業原指將報導時事的文字印刷出來，特別是指報紙，但隨著20世紀廣播與電視的發明，新聞業已擴展到涵蓋所有處理時事的印刷與電子傳播藝術。這些報導有時是直接根據陳述來寫，有時是未經證實的事件陳述。

jousting　乘馬比武　中世紀時歐洲的一種類比戰，讓兩名騎士平執長矛互相對刺，力圖把對方擊落。它可能起源於11世紀法國的混戰球戲，取代兩名武裝騎士之間的肉搏戰。在12到15世紀，這種比武在歐洲的許多地方流行起來。雖然用的矛頭是鈍的，但騎士們往往會嚴重受傷甚至死亡。只有皇室或貴族才能舉行比賽；宮廷裡的貴婦們會資助個別的騎士，對這些騎士來說乘馬比賽就成了典雅愛情的儀式。以全副華麗的盔甲武裝爲特色，乘馬比賽代表了騎士團的卓越風采。

Jove ➠ Jupiter

Joyce, James (Augustine Aloysius)　喬伊斯（西元1882～1941年）　愛爾蘭小說家。在一個耶穌會學校（雖然他不久就反對天主教）和都柏林的大學學院裡受的教育，他很早就決定要當作家。1902年他移居巴黎，原本想把家安置在巴黎，但在第里雅斯特和蘇黎士待了幾年後，情況發生了變化。此後由於經濟拮据、使他完全失明的慢性眼疾、審查問題以及他女兒露琪亞的精神病，使得他的生活一直很困難。著名的小說集《都柏林人》（1914）和自傳體小說《青年藝術家的肖像》（1916）把新的技巧帶進了英國小說以及他後來要進一步發展的短篇小說中去。在得到朋友們和支持者們（包括龐德和哈麗葉．韋弗）的經濟援助後，他花了七年的時間寫了《尤里西斯》（1922），這是一部引起爭議的經典之作（先後在美國和英國被禁），現在被廣泛承認是20世紀英語小說中最傑出的作品。它包含了對語言運用的高度實驗性以及對一些新的文學方式的探索，如內心獨白和意識流的解說。在他的最後作品，另類的《爲芬尼根守靈》（1939）他花費了十七年，此書以它的複雜性和對語言鑑賞力的要求著稱。他還發表了三本詩集——《室內樂》（1907）、《潘伊奇詩集》（1927）和《詩集》。

喬伊斯，弗洛恩特（Gisele Freund）攝於1939年
Gisele Freund

Joyner, Florence Griffith ➠ Griffith Joyner, Florence

Joyner-Kersee, Jackie　喬娜（西元1962年～）　原名Jacqueline Joyner。美國運動員，有人認爲是有史以來最偉大的女性運動員。生於伊利諾州的東聖路易，她連續贏得全國大三女子七項全能四次冠軍，而且是加州大學洛杉磯分校（UCLA）籃球及田徑的多棲明星。1986年，她成爲第一位在女子七項全能運動比賽中拿下超過7,000分的選手。她六度打破這個障礙，四度改寫世界記錄。在1988、1992年兩屆奧運會中她都拿下金牌，成爲在奧運女子七項全能比賽中連續奪得金牌的第一人。她最拿手的項目是跳遠（世界記錄，1987；奧運金牌，1988）、100公尺低欄、200公尺和跳高。

JPEG＊　JPEG　全名聯合圖形專家小組（Joint Photographic Experts Group）。標準電腦檔案格式，以壓縮形式儲存圖像做一般用途。JPEG影像是以數學算法壓縮。採用不同的編碼程序，端看使用者是想要最高的影像品質或最小的檔案大小。JPEG和GIF格式是網際網路上最常使用的圖檔格式。

Juan Carlos I　胡安．卡洛斯（西元1938年～）　即胡安．卡洛斯一世。自1975年起的西班牙國王。他是阿方索十三世的孫子，1947年以前一直生活在流亡中。在佛朗哥廢除了共和政體，宣布西班牙爲代議制的君主政體後，他就準備讓胡安．卡洛斯來出任未來的國王，特別看重他受過的軍事教育。1969年胡安．卡洛斯被指定爲王，佛朗哥死後兩天他就登上了西班牙的王位。雖然他曾宣誓效忠佛朗哥的「國民運動」，但事實上他是相當開明的，他幫助恢復了議會民主。1981年他排除了一場潛在的軍事政變的危險，保住了民主制度。他是訪問美洲國家的第一位西班牙國王，也是正式訪問中國的第一位加冕的君主。

Juan de Austria＊　奧地利的胡安（西元1547～1578年）　神聖羅馬帝國皇帝查理五世的私生子。西班牙國王腓力二世的異母兄弟。查理五世去世後，腓力命名他爲奧地利的唐．胡安（1559）。他出任西班牙軍隊的指揮官，1571年被指派領導神聖同盟的海軍對鄂圖曼土耳其作戰，在勒班陀戰役取得勝利。1576年任命爲尼德蘭總督，後來開啓了反對西班牙統治的暴動。當他的外交政策失敗時，他繼續進行戰爭。

Juan de Fuca Strait＊　胡安．德富卡海峽　北太平洋的海峽。位於美國華盛頓州的奧林匹克半島和加拿大的溫哥華島之間，寬18～27公里，長130～160公里。它的名字來自一個希臘人，1592年他爲西班牙航行海上，可能來過這個海峽。它歸溫哥華和西雅圖的船隻使用。它沿岸的城市包括不列顛哥倫比亞省的維多利亞和華盛頓州的安吉利斯港。

Juan Fernández Islands　胡安．費爾南德斯群島　南太平洋裡的一組島群。位於智利西面650公里，由兩組群島和一個小島組成。1563年由西班牙航海家胡安．費爾南德斯發現。1704年蘇格蘭水手塞爾扣克到達並獨自留在這裡直到1709年；據說他的冒險經歷啓發了狄福創作了《魯賓遜漂流記》。從19世紀早期以來該群島一直歸智利所有，常被用作罪犯的流放地。

Juan José de Austria＊　奧地利的胡安．何塞（西元1629～1679年）　西班牙貴族，是腓力四世的私生子中最著名的一個。1647年起任軍事指揮官，1651年率領皇家軍隊包圍巴塞隆那。1656～1658年間任尼德蘭總督。1665年後在圍繞新國王（他的同父異母兄弟查理二世）的各種政治陰謀中他扮演了積極的角色。1677～1679年間任查理的首相。

Juárez　華雷斯城　亦作Ciudad Juárez。墨西哥奇瓦瓦州北部的城市。位於格蘭德河畔，與美國德州的厄爾巴索隔岸相望，舊稱北厄爾巴索，1865年班尼托．華雷斯在此設指揮部，所以1888年改名爲華雷斯城。現今它是一個重要的邊境城市，是棉花產區的貿易中心。城內有瓜達盧佩教堂，建於1659年。人口789,522（1990）。

Juárez, Benito (Pablo)＊　華雷斯（西元1806～1872年）　墨西哥民族英雄和總統（1861～1872）。薩波特克印第安人。原本學習當教士，後來取得法學學位而成爲議員、法官和內閣部長。他領導了革新運動，1855年自由勢力取得了國家政府的控制權後，他就能夠把理想付諸實施了。1856年「土地改革法」打破了大塊土地資產，迫使天主教會出賣它的土地。1857年公布了一個自

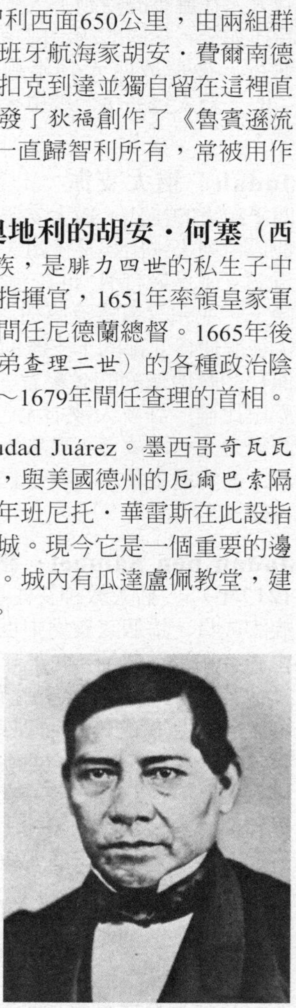

華雷斯
By courtesy of the Library of Congress, Washington, D. C.

由的憲法。1858年保守派驅逐了總統，但華雷斯成功地恢復了自由政府。1861年他當選總統，並兩次連任。拿破崙三世時的法國入侵並占領了墨西哥，把奧地利的馬克西米連推上權力的寶座，但當拿破崙撤走了他的軍隊後，華雷斯再一次取得優勢，處決了馬克西米連。他的最後幾年由於失去了大眾的支持以及個人的悲劇而被毀壞了。他死於辦公室裡。

Jubayl ➠ Byblos

Jubba River＊　朱巴河　索馬利亞的河流。發源於衣索比亞南部，向南流經875公里後，在索馬利亞的三個主要港口之一基斯馬尤南面注入印度洋。它是該地區唯一的河流，是可靠的灌溉資源。

Juchen dynasty＊　金朝（西元1115～1234年）　亦拼作Jin dynasty。由滿洲的通古斯女眞部族所建立之帝國的朝代，金朝的領域包括中亞大部分和中國北方全境。金朝與早先的中亞王朝遼朝頗爲相似，都維持中國式的官僚組織以統治其南方的征服區，同時保留部落國家的型態以統治中亞。金朝非常有意識地保存其種族特色，他們維持自己的語言、發展出自己的文字，並在軍隊中禁止中國式衣飾與習俗。

Judaea　猶太　亦作Judea。古代巴勒斯坦三個傳統區劃的最南一段，連續受波斯、希臘和羅馬統治。北連撒馬利亞，西瀕地中海。這裡被巴比倫人摧毀後，繼續建立了猶大王國。復興的猶太王國是由馬加比家族建立的，他拒絕在羅馬統治下鎮壓猶太教。西元前63年該家族的爭執導致羅馬人介入。在羅馬的控制下，希律於西元前37年成爲猶太國王。希律死後，王國的統治由希律的後代和羅馬的行政長官共同執行。後造成西元66年猶太人的起義，耶路撒冷被摧毀（70）。猶太這名字仍被用來粗略地表示與今以色列相同的區域。

H I J K

Judah　猶大支派　以色列人十二支派之一，雅各的第四子猶大的後代。猶大支派進入上帝所應許之地迦南，和其他以色列人逃出埃及後定居在耶路撒冷以南地區。實際上，這個支派是最有勢力的一派，相繼產生了大衛和所羅門兩位國王，並預言彌賽亞將從該支派產生。因西元前721年亞述人征服使得北部的十支派消失後，猶大支派和便雅憫支派是僅存的摩西聖約的後繼者。猶大國繁盛至西元前586年，亡於巴比倫，許多人被迫流亡。居魯士大帝於西元前538年允許猶太人返回故土，耶路撒冷聖殿得以修復。此後猶太人和猶太教的歷史基本上就是猶大支派的歷史。猶大王國後由猶太繼承。

Judah ben Samuel　猶大・本・撒母耳（卒於西元1217年）　猶太教神祕主義者和學者。他是卡洛尼摩斯家族的成員，這個家族爲中世紀的德國提供了許多猶太教神祕主義者和精神領袖。1195年前後，他居住在雷根斯堡，在那裡他成立了一個授業座，聚集了像沃爾姆斯的以利亞撒・本・猶大這樣的信徒。他是12世紀德國哈西德主義的創始人，這是一種超虔誠的運動，與18世紀的哈西德主義沒有直接的關係。他的書《虔誠之書》是他的父親以及沃爾姆斯的以利亞撒等人作品的彙編，向嚴守教規的猶太人提供詳細的行爲方式；是中世紀猶太教最重要的資料之一。

Judah ha-Nasi＊　猶大・哈－納西（西元135?～220?年）　巴勒斯坦猶太教學者。是大賢哲希勒爾的後裔，任巴勒斯坦猶太社團的家長兼猶太教公會首領，在早期的拉比猶太教裡也是一個重要人物。他花了五十多年時間研究口傳律法，據說是他把它們按主題分別編纂成六個部分，於是就創作出密西拿。他在密西拿編纂工作中的確切作用並不清楚；可能還有其他的學者像梅伊爾和阿吉巴・本・約瑟等人也參與了。

Judaism＊　猶太教　猶太人的宗教信仰與實踐。猶太教是世界三大一神教之一，最初是古代希伯來人的信仰，其神聖文獻是希伯來文《聖經》，特別是托拉。猶太教的信仰基礎是：以色列人爲上帝的選民，他們必須充當其他民族的明燈。上帝與亞伯拉罕立約，然後與以撒、雅各、摩西另立新約。從大衛王的時期開始，耶和華（上帝）的崇拜即集中於耶路撒冷。耶路撒冷聖殿被巴比倫人毀壞（西元前586年），後來猶太人流亡，導致人們期望在一位彌賽亞領導下重建國家。後來，波斯人允許猶太人返鄉，但針對羅馬統治的不成功叛變造成第二聖殿在西元70年被毀，而猶太人散佈於世界各地的海外猶太人區。拉比猶太教崛起，取代了耶路撒冷的聖殿崇拜，同時猶太人藉著學術和嚴格遵守的手段而傳承自己的文化與宗教。大部頭的口傳法律和評註被託付於塔木德與密西拿的文字。儘管在許多國家受到迫害，猶太教仍然保存下來。中世紀猶太教出現了二個分支：西班牙系猶太人以西班牙爲中心，在文化上與巴比倫系猶太人相關；德系猶太人以法國和德國爲中心，與巴勒斯坦和羅馬的猶太文化相關。神祕主義的要素也出現了，特別是18世紀喀巴拉的神祕文字，該運動稱爲哈西德主義。18世紀也是猶太啓蒙運動（哈斯卡拉運動）的時期。保守派猶太教和猶太教改革派出現於19世紀的德國，試圖改變正統派猶太教的嚴苛。到19世紀末，猶太復國主義成爲改革的產物。歐洲猶太教在大屠殺期間有了恐怖的歷經，當時數百萬人被納粹黨處死，而巴勒斯坦越來越洶湧的猶太移民潮導致1948年以色列國宣布成立。

猶太教節日

提市黎月（9～10月）	1～2日	歲首節
	3日	基大利齋日
	10日	贖罪日
	15～21日	住棚節
	22日	聖會節
	23日	慶法節
基色勒夫月（11～12月）	25日	再獻聖殿節（亦稱燭光節）開始
太貝特月（12～1月）	2日或3日	再獻聖殿節結束
	10日	齋日
舍巴特節（1～2月）	15日	植樹節
阿達爾月（2～3月）	13日	以斯帖齋日
	14～15日	掣籤節
閏阿達爾月插在阿達爾月之前，閏年時阿達爾月應守的宗教節日便改在閏阿達爾月。		
尼散月（3～4月）	15～22日	逾越節
依雅爾月（4～5月）	5日	獨立紀念日
	18日	學校假日
息汪月（5～6月）	6～7日	七七節
塔慕次月（6～7月）	17日	齋日
阿布月（7～8月）	9日	齋日

Judas Iscariot　加略人猶大（卒於西元30?年）　耶穌的十二使徒之一，是出賣耶穌的叛徒。他和猶太人當局勾結背叛耶穌，將他監禁；以三十塊銀子的代價帶兵到耶路撒冷附近的客西馬尼園搜捕耶穌，並以親吻耶穌來確認身分。他後來後悔自己的所爲而自殺；根據〈馬太福音〉第27章記載，他在自殺前將錢退還祭司。Iscariot一字可能與激進的猶太教恐怖分子西卡里派有關。

Judas Maccabaeus＊　猶大・馬加比（卒於西元前161/160年）　反敘利亞暴動的猶太人領袖。他原是一位年長祭司之子，當安條克四世企圖強迫猶太人信奉希臘宗教時他在山區發動暴動。父親死後他成爲抗爭的領袖，西元前

166～西元前165年間多次擊敗敘利亞人。西元前166年他淨化耶路撒冷聖殿，這就是再獻聖殿節的由來。西元前164年安條克去世，塞琉西王國給予猶太人信仰的自由，但猶大繼續發動戰爭，希望得到政治自由。不久之後被殺，但他的兄弟繼續抗爭。關於這段歷史在外典的《馬加比傳》有記載。

Judd, Donald 賈德（西元1928～1994年） 美國雕塑家。生於密蘇里州艾克歇西斯普陵。賈德曾於哥倫比亞大學及藝術學生聯盟研讀。賈德的首次個展於1957年舉行，1959年開始爲《藝術新聞》和《藝術雜誌》撰稿。1960～1962年間由繪畫轉移至雕塑領域，並成爲極限主義的先驅。他的諸多作品均包含簡單的立方體或一些幾何形狀，並以不銹鋼、金屬或普勒克西玻璃爲素材，有時會上色，這些作品多立於地上或懸掛於牆上，常以成堆式的水平系列呈現。

Judea ➠ Judaea

judge 法官 對移送到法庭的司法案件擁有聽證、裁決、宣判之權威的公務官員。在陪審制的案件中，法官只負責宣讀陪審團的選擇及引導案件合法進行，在訴行開始前或進行中，法官也對動議做出處分。大部分的聯邦法官都是由總統提名經參議院同意的終身職，最高法院大法官是美國司法體系中最高等級的法官。亦請參閱judgment、judiciary、magistrates' court、Missouri Plan。

judgment 判決 法律名詞，指法庭對某事實或案子做出正式裁決。判決可分爲對人的、對物的或者準對物的三類。法院作出的最通常的判決，是對人的判決，它強制某個人或某個團體對別的個人或團體承擔個人責任或義務。對物的判決就不是強制某人承擔義務，而是宣判各方在某一特定事物或財產中的權益處於法院的監管下，或者是要受法院司法管轄權的支配。準對物的判決指的是某一特定當事人而不是所有當事人的權益處於法院控制或管轄下的某一事物或財產。法院有充分的權力對藐視法庭罪施加懲罰，以保證法院命令得以執行。亦請參閱appeal、declaratory judgment、demurrer。

Judgment, Day of 最後審判日 基督教中，指歷史終結之時上帝對所有人類的最後審判。發生在基督再次降臨之際，屆時所有死人都復活。這在那些千禧教派中尤其重要（參閱millennialism）。伊斯蘭教有關「最後審判日」的描述，在《可蘭經》與「聖訓」中。有轉世說法的宗教（如印度教）則無「最後審判日」；一個人如何再生，取決於對該人此世功績的特別審判（參閱karma）。

judgment tale 判斷故事 ➠ dilemma tale

judicial review 司法審查 指由國家的法院行使的審查政府的立法、行政和管理部門的權力活動，並保證使這些活動符合憲法規定的權力。不符合憲法的活動就是違憲的，因而是無效的。司法審查被認爲是始於美國最高法院在「馬伯里訴麥迪遜案」（1803）的裁決中提出的。第二次世界大戰後，在歐洲和亞洲起草的許多憲法都寫入各種形式的司法審查條款。在美國一些特別主題的研討包括了公民權利（或公民自由）、法律上的正當程序和同等保護權、宗教自由言論自由和隱私權的保有。亦請參閱checks and balances。

judiciary 司法機關 政府的一個執法部門，主要工作是對爭訟作出裁決。在裁決爭訟時，有一套規則規定哪些當事人可被准許出庭，哪些證據可被採納，哪些審判程序必須遵守，和可能作出哪些類型的判決。雖然法官是中心人物，但與爭訟的當事人各方和代表他們的律師，及其他的一些個人：包括證人、書記員、執達員還有陪審員，如果程序中有陪審團參加的話。雖然法院的明確的任務是按照立法部門通過的規則執法，但不可避免的法院本身也立法。例如，在決定怎樣將法律條文適用於未來的案件的規則時，法院就是在立法，稱爲判例法。

Judith 猶滴 傳奇故事中猶太女英雄，是外典之一的《猶滴傳》的中心人物。（該書未未列入猶太教正典。）猶滴是美麗的猶太寡婦她居住的城市被亞述將軍荷羅孚尼的軍隊圍困，她假扮成逃出該城的難民，並告訴荷羅孚尼他必勝。荷羅孚尼邀她進帳，猶滴在他醉後沈睡時取下他的頭顱。最後猶太人戰勝無人領導的亞述人。此書可能是杜撰的，大概完成於西元前2世紀，馬加比暴動結束後。

judo 柔道 一種強調以快速移動和摔倒對手爲手段的武藝。通用技巧是因對手之力而利導，不與對方直接較力。對手必須乾淨俐落地摔倒，或藉對方臂部關節或頸部使用壓力的方法壓制或制服對方。柔道現在主要是體育運動。1964年成爲奧運會比賽項目；1992年加入女子比賽項目。19世紀晚期從日本的柔術發展而成的。

juge d'instruction＊ 預審推事 法語意爲審查法官。在法國，指負責在刑事審理之前進行調查性審訊的地方法官。主要證據的收集和提供，證人的詢問，以及證詞的製作，都在這種審訊中進行。如果在預審結束時，預審推事並未確信已有足夠罪證證明應交付審判，就不得進行審判。這種程序不同於英美法系中的大陪審團聽審。

Jugendstil＊ 青年風格 大約在1890年代晚期出現於德國、奧地利的一種藝術風格。它的名稱源自一本在慕尼黑出版、專門刊載「新藝術」設計作品的《青年》雜誌（1896年創刊）。它初期階段主要以花卉爲特色，源自英國新藝術和日本的版畫；1900年以後的階段就較抽象。主要是建築和裝飾藝術，其重要畫家包括了奧地利著名畫家克林姆。

juggler 雜耍演員 擅長表演平衡和靈巧技藝，如拋接球、盤、刀等物件的賣藝人。這種藝術在古代已有。18世紀時玩雜耍的人在集市和廟會上謀生，直到19世紀，玩雜耍的人才躋身於馬戲團和音樂廳。在這些新的訓練場地才使得該藝術在技術上更加完美，產生出像恩利科．拉斯特里這樣技藝高超的表演者，他能同時拋接十個球。現代雜耍演員要求在表演雜耍技藝時更加驚險，例如蒙著雙眼騎在馬背上、在高架鋼絲上、或在獨輪腳踏車上作表演。

Jugurtha＊ 朱古達（西元前160?～西元前104年） 羅馬統治下北非努米底亞國王（西元前118～西元前105年在位）。在叔父米西普薩死後繼承王位，朱古達和其堂弟共同執政。他殺死一位堂弟後又占領另一位堂弟的首都。羅馬派兵干預，朱古達成功的擊退羅馬人直到西元前105年被逮捕爲止。亦請參閱Marius, Gaius、Sulla (Felix), Lucius Cornelius。

Juilliard School＊ 茱麗亞音樂學院 紐約市一所享譽國際的表演藝術學院。該校源於音樂藝術學院（1905年設立）和研究所（1924），這是利用金融資本家奧古斯塔．茱麗亞（1840～1919）遺贈的基金設立的。現爲林肯表演藝術中心的職業教育部門。該校授予音樂、舞蹈和戲劇等學士學位及研究所的音樂方面的學位。茱麗亞弦樂四重奏（1946年成立）對美國室內樂的發展具有重要作用。約有九百名學生。

jujitsu＊ 柔術 以抓、摔、拋和打使對手致殘或致死的武藝。約起源於17世紀前後日本的武士階級。這是一個兇狠的打鬥方式，它的技術包括了以自身堅硬部位（如指節、拳、肘和膝蓋）攻擊對方軟弱部位。19世紀中期柔術逐漸沒落，但其概念和方法爲柔道、空手道、合氣道所吸收。

Julia 尤莉亞（西元前39～西元14年） 羅馬皇帝奧古斯都唯一的女兒。和馬塞盧斯之短暫婚姻（西元前25～西元前23年）後，又與奧古斯都的主要副手阿格里帕結婚（西元前年21）。他們的兩個兒子成爲奧古斯都的繼承人（西元前17年）。阿格里帕去世（西元前12年）後，奧古斯都之妻說服奧古斯都寵愛她與前夫所生之子德魯蘇斯和提比略，使他們成爲可能的繼承者。奧古斯都強迫提比略離婚再娶尤莉亞（西元前11年）。不快樂的尤莉亞開始縱欲無度，而提比略則自我放逐。奧古斯都發現尤莉亞的行爲後，遂將她放逐坎佩尼亞岸外的島上（西元前2年），後移至雷吉爾恩。在成爲皇帝後，提比略中斷了她的津貼，最後她死於營養不良。

Julian 尤里安（西元331/332～363年） 別名叛教者尤里安（Julian the Apostate）。拉丁語作Julianus Apostata。原名Flavius Claudius Julianus。羅馬最後一位異教皇帝（361～363年在位）。君士坦丁一世的侄子，他被教養成基督徒但後來改信神祕異教。在擔任西方的凱撒（副皇帝）時，他恢復了萊茵的邊界，又被部下推戴爲「奧古斯都」。雖然君士坦提烏斯二世最初反對尤里安成爲其繼承人，但在臨終前又同意將帝國傳給尤里安。361年，尤里安在君士坦丁堡宣布信仰異教和基督教的自由；他鼓勵異教信仰，以暴力、迫害行動來對付基督教。他提倡簡樸的生活，減少宮廷支出，並整治宮廷的財政。爲重整羅馬在東方的霸權而出兵波斯；此舉失敗，他在自巴格達附近撤退時被殺。

尤里安，大理石雕像；現藏巴黎羅浮宮
Giraudon－Art Resource

Julian, George W(ashington) 朱利安（西元1817～1899年） 美國政治人物。在成爲聯邦眾議員（1849～1851）以前，執律師業並寫反奴隸的文章。1852年受自由土壤黨提名爲副總統候選人，1856年協助建立共和黨。後又再次選入國會（1861～1871），並促使廢奴成爲北方進行南北戰爭的目標。1867年他幫忙寫文章主張彈劾總統安德魯．詹森。後來又針對改革議題寫書及文章，包括了婦女選舉權的問題。

Julian Alps 尤利安阿爾卑斯山脈 阿爾卑斯山脈東段山嶺。自義大利東北部卡爾尼克阿爾卑斯山脈向東南延伸至斯洛維尼亞的盧布爾雅那市。主要是由石灰岩構成。最高峰特里格拉夫峰（海拔2,864公尺），也是斯洛維尼亞最高峰。

Julian of Norwich 諾里奇的朱利安（西元1342～1416年以後） 亦稱Juliana of Norwich。英格蘭女神祕主義者。在大病痊癒後（1373），她寫了兩本書描述她所見到的幻象；所著《神恩的啓示》是英國宗教著作中出衆之作，她觀察深入明確，在神學上闡述確切，文筆愷切雅致。晚年隱居諾里奇。

Juliana (Louise Emma Marie Wilhelmina) 朱麗安娜（西元1909年～） 尼德蘭女王（1948～1980年在位）。第二次世界大戰期間流亡渥太華，其夫婿貝恩哈德親王則留在威廉明娜女王在倫敦的政府。1945年回到尼德蘭，在威廉明娜生病期間任攝政，母親遜位後成爲女王。1980年退位將王位交給她最鍾愛的女兒貝亞特麗克絲。

Julio-Claudian dynasty 朱利亞－克勞狄王朝（西元14～68年） 指羅馬第一代皇帝奧古斯都的四個繼任者：提比略、卡利古拉、克勞狄和尼祿。四人只是鬆散的定義爲同質關係而非直系血統。其中最能幹的是提比略，但他晚年成爲暴君。卡利古拉脾氣暴躁，喜怒無常。克勞狄兼併所屬國家，征服南不列顛，在羅馬和義大利興修許多公共工程。尼祿以惡行和荒淫而遺臭後世。這個王朝在叛亂和內戰中滅亡。

Julius II 尤里烏斯二世（西元1443～1513年） 原名Giuliano della Rovere。羅馬教宗（1503～1513年在位）。西克斯圖斯四世的侄子，1494年逃至羅馬以躲過亞歷山大六世的陰謀殺害。1503年被選爲教宗，尤里烏斯以復興教廷國爲首要任務，征服佩魯吉亞和波隆那（1508），和康布雷同盟聯合擊敗威尼斯（1509）。他企圖排除法國在義大利北部的勢力，但失敗了；但1512年一次群衆暴動終將法國勢力趕走，帕爾馬和皮亞琴察併入教廷國。尤里烏斯是所有教宗中最重要的藝術贊助人，他是米開朗基羅親密的朋友，曾委託後者作摩西雕像和在西斯汀禮拜堂繪畫。他也委託拉斐爾在梵諦岡作壁畫。

Julius Caesar ➠ Caesar, Julius

July Days 七月危機 指1917年俄國革命中彼得格勒工人和士兵舉行反對臨時政府的武裝示威的時期。原本是一次和平示威，後成爲武力衝突事件；其結果是布爾什維克的影響暫時減小以及改組臨時政府，由克倫斯基出任總理。爲削弱布爾什維克的聲望，政府製造列寧與德國政府勾結的假象。爲此大衆起而反對布爾什維克，列寧逃至芬蘭，托洛斯基和其他領導人均被捕入獄。十月時布爾什維克將重組的政府推翻。

July monarchy 七月王朝 法國歷史上路易－腓力統治時期（1830～1848），始於七月革命以後。新的政權亦稱「中產階級君主政體」，倚賴以富裕中產階級爲中心的廣大社會基礎。下議院有二派興起。由基佐領導的中右派與國王的政治信條相同，由梯也爾領導的中左派偏愛限制國王的角色。1830年代政治上不穩定，特色是君主派與共和派對政權的挑戰，還有暗殺國王的企圖。有幾次勞工暴動發生，而路易－拿破崙（後稱拿破崙三世）二度試圖取得王權不成。約1840年起有一段明顯穩定的時期。基佐獻身於國王並致力維持現狀，成爲內閣中的關鍵人物。他施行高度保護性關稅，造成經濟繁榮，開啓了法國的工業社會轉型。在外交事務方面，政府與英國保持友善關係，並支持比利時獨立。然而，1848年的全面騷動導致二月革命，七月王朝結束。

July Plot 七月密謀 亦稱拉斯滕堡暗殺事件（Rastenburg Assassination Plot）。一次失敗的暗殺行動。1944年7月20日一批德國高級軍官企圖暗殺希特勒，以便在與同盟國的和談中獲得更有利的條件。根據計畫，施陶芬貝格伯爵將藏有炸彈的公事包放到東普魯士拉斯滕堡「狼穴」大本營的會議室裡，準備在希特勒與高級軍事助手開會時炸死他們。但公事包被推到桌腳後面，所以希特勒僅受輕傷。同時，在柏林的同黨亦行動失敗。主謀者包括了施陶芬貝格、貝克將軍、隆美爾將軍及其他高級官員，他們都被處決或被迫自殺。接下來的幾天裡，希特勒的警察逮捕了近兩百名密謀者，他們不是被槍殺、絞死就是被勒斃。

July Revolution　七月革命（西元1830年）　擁戴路易－腓力登上法國王位的起義。這次革命是由於查理十世公布違反1814年憲章的限制性法令（7月26日）而激起的。繼抗議和示威遊行後，發生了三天的戰鬥（7月27～29日）。結果查理十世退位（8月2日），並宣布路易－腓力爲「法國人的國王」（8月9日）。在七月革命中，中產階級上層取得了政治和社會方面的支配地位，成爲「七月王朝」時期的特徵。

jump rope　跳繩　亦作skip rope。兒童遊戲，一人或數人一起玩。起源於19世紀，傳統上玩者手握繩的一端掄繩，每當繩子到了最低點時便跳躍起來。是女孩在遊戲場或人行道上玩的遊戲，邊跳邊唸唱或計數。現有許多跳躍的方式，包括：單腳跳、雙腳併跳、倒退跳、交叉腳跳、雙腳空中前後與左右分跳、急速短跳、側轉身跳、半轉身跳、全轉身跳等。荷蘭式雙繩跳用兩根繩同時向相反方向掄。單人跳繩已成爲職業拳擊手用來鍛鍊氣力和腿力的方法。

Junayd, Shaykh＊　祖乃德（西元1430?～1460年）　神祕主義薩非教團第四代教主，於1447年其父死時繼位，企圖把教團的精神轉變成政治權力。由於該教團軍隊的活動，使他與伊朗西北部亞塞拜然統治者傑漢・沙發生衝突，結果於1448年被迫率信徒撤出薩非教團傳統根據地阿爾達比勒。他繼續在今敘利亞和土耳其進行他的軍事行動，最後被信奉基督教的切爾克斯人作戰時身亡。其子海達爾繼續執行他的政策，其孫伊斯梅爾一世在伊朗建立薩非王朝和什葉派支派十二伊瑪目派。

junco　燈草鵐　燕雀科燈草鵐數種小雀的統稱，體長約15公分，分布於美國和加拿大。燈草鵐一般略帶灰色；飛行時白色的外尾羽閃閃發光，與發出的咯嗒或嘰喳鳴聲相和。它們多爲冬鳥，喜棲於混生林或針葉林，惟亦常出現於田野、灌叢和城市公園。

灰藍燈草鵐（*Junco hyemalis*）
Steve and Dave Maslowski

June beetle　六月鰓角金龜　亦作May beetle或June bug。鰓角金龜亞科六月鰓角金龜屬以植物爲食的昆蟲。這些紅褐色的甲蟲一般見於北半球暖春的夜晚，趨光。體厚實，長1.2～2.5公分，鞘翅閃亮。夜出吃葉和花，有時爲害嚴重。幼蟲生活在土中，毀壞穀類作物，因以植物的根爲食進而破壞草地和牧場；這些幼蟲是最佳的魚餌。

六月鰓角金龜（*Phyllophaga rugosa*）
Harry Rogers

June Days　六月事件（西元1848年6月23～26日）　法國第二共和初期發生在巴黎的短暫流血暴動。新政府進行許多激進的改革；但主要由溫和與保守的人組成的新的國民議會，致力於降低支出及結束這類風險如提供工作機會給失業者的公共工程計畫。在巴黎，數千名突然被國家解雇工人加上激進的同情者，很自然的上街頭抗議。國民議會授權卡芬雅克將軍鎮壓暴動，他使用槍炮來對付反對者的阻撓。至少1,500名暴民死亡，逮捕了12,000人，還有許多被流放到阿爾及利亞。亦請參閱Revolutions of 1848。

Juneau＊　朱諾　美國阿拉斯加州城市及首府。位於州東南部，1880年喬・朱諾和理查・哈里斯在附近發現金礦才開始有人定居。1944年阿拉斯加－朱諾金礦關閉以前其經濟一直以礦業爲主。1959年成爲州首府。現經濟主要仰賴漁業、林業和公共事業，並發展旅遊業。1970年與水道對岸島上的道格拉斯合併，成爲全國面積最大的城市（8,050平方公里）。人口約30,000（1995）。

Jung, Carl Gustav＊　容格（西元1875～1961年）　瑞士心理學家。幼時廣泛閱讀有關哲學和神學的書籍。在取得醫學學位（1902）後，在蘇黎世隨布洛伊勒研究精神疾病。這個研究與容格複雜的主張結合，或許多與情感指令（多是無意識的）的聯想。1907～1912年間他是弗洛伊德關係密切的同事，幾乎可說是他的接班人，後來因他反對弗洛伊德堅持以性欲爲神經症病因的主張，而中斷合作關係。接下來的數年，他創立了分析心理學，以回應弗洛伊德的精神分析。他進一步研究外傾型性格、內傾型性格、原始意象及集體無意識（一代傳一代的人類經驗）等概念。他制定了一套心理治療的技術，可重新認識一個人和他或她獨有的「故事」，這個故事可能屬集體無意識，而在夢或想像中表現出來。他的工作有時被批評是虛僞的宗教和缺乏可核實的證據，但他的研究影響到宗教、文學和精神病學。容格的重要著作包括了《無意識心理學》（1912，修訂後改爲《轉變的符號》）、《心理類型》（1921）、《心理學與宗教》（1938）和《記憶、夢境和反應》（1962）。

jungle fowl　原雞　雞形目雉科原雞屬4種亞洲鳥類的通稱。雄鳥有肉質冠和懸掛在喙下方的葉狀肉垂，尾高高隆起如拱形。紅原雞（即原雞）是家雞（參閱chicken）的祖先。雄鳥有光亮絲狀羽毛，頭、背紅色，身體其餘部分羽毛黑、綠黑色；雌鳥銹褐色，有斑駁的頸和小的肉質冠。

junior college　初級學院 ➠ community college

juniper　檜　亦稱刺柏。柏科刺柏屬植物，約60～70種芳香常綠喬木或灌木，廣泛分布北半球。幼葉呈針狀，成熟葉呈錐狀，成對或3葉輪生。歐洲刺柏爲蔓生灌木，味香辣的果實用於食品和酒精飲料調味，特別是杜松子酒。氣味芳香的東方紅柏用於製造家具、圍籬和鉛筆。北美東部所產的平鋪刺柏是常見的觀賞種，腓尼基檜的木材可用製焚香。

歐洲刺柏
Ingmar Holmasen

junk　中國式帆船　中國古代帆船，起源不詳，但至今仍廣泛使用。這種船高尾、船首伸出，安裝多達五根船桅，桅上裝幾面用竹片夾平的亞麻布或蓆片做的橫帆。每面帆都像百葉窗那樣，一拉就能張帆或收帆。巨大的舵位在龍骨的位置。中世紀初中國式帆船就在印尼及印度水面航行。

現代中國式帆船，具有傳統蓆片做的橫帆以及歐式三角帆
BBC Hulton Picture Library

junk bond　垃圾債券　評等在BBB等級以下的債券。垃圾債券雖然持有的風險很高，但提供的利率則會比安全債券優厚甚多。供給美國公司多數資金的大型投資機構（存貸行庫、年金基金、保險公司、共同基金），多認爲垃圾債券的風險

過高，這些債券通常是由較小、較新的公司所發行。

Juno 朱諾 羅馬宗教所信奉的主要女神，其地位與朱比特相當。她與希臘女神赫拉極其相似。朱諾與朱比特和密涅瓦一同在卡皮托利尼山受奉祀，據說崇拜他們的習俗是由伊楚利亞人引進的。朱諾與婦女生活特別是婚後生活的各個方面有關。她被認爲是一個女性的守護精靈，就像男人都有自己的元靈，所以每位女子都有她自己的朱諾。她在羅馬的寺廟實際上就是羅馬鑄幣場，她還被認爲是國家的拯救者。孔雀是她的聖鳥。

朱諾雕像，現存那不勒斯國立考古學博物館
Alinari – Art Resource

Jupiter 朱比特 亦作Jove。古羅馬和義大利的主神，相當於希臘的宙斯。是天空的主宰。同廟祀奉的尚有朱諾和密涅瓦，三神同祀這種傳統顯然是伊楚利亞人傳入羅馬的。朱比特和締約、結盟及誓言有關；他是共和國和後來的皇帝的守護神。卡皮托利尼山上的神廟是羅馬最早供奉他的廟宇。對他的崇拜遍及整個義大利，凡被雷擊之處都歸他所有。櫟樹是他的聖樹。

Jupiter 木星 太陽的第五個行星，太陽系中最大的非恆星物體。質量是地球的318倍，體積則超過1,400倍。巨大的質量使它在大氣頂部有地球2.5倍的引力，對太陽系的其他成員產生強烈的影響。它造成了小行星帶的柯克伍德縫和彗星的運動改變；它可以充當「哨兵」，牽引那些可能撞擊其他行星的物體。木星至少有16個衛星，還有一個不到1公里寬的漫射環系統，這是「旅行者號」太空船在1979年發現的。這個行星是氣體巨物，主要包含氫和氦，其比例與太陽接近，並以7.78億公里的平均距離每12年繞日一週。自轉速度很快（一圈9小時又55.5分），所產生的電流使它具有行星中最大的電場，並造成強烈的雷暴，包括一個已經持續千百年的雷暴（大紅斑）。人們對其內部所知極少，但推測它有固態核心。中心溫度估計爲25,000℃，輻射熱大於從太陽接收的熱量，可能肇因於行星形成時殘留的熱量。

Jupiter Dolichenus* 朱比特・多利刻努斯 羅馬的一種祕密祭禮所崇拜的神。原是在土耳其東南部多利刻閃米特－胡里人崇拜的一個豐產與雷霆之神。他也被認爲是瑣羅亞斯德教的神祇阿胡拉・瑪茲達，這樣他就變成一位主宰宇宙之神。在羅馬的神祕宗教中，他不僅是一位主神，同時還被認爲能掌管軍事勝利和安全，通常被描繪爲手持雙刃斧和雷霆而立於牛背。

Jura 侏羅山脈 歐洲中部山脈，沿著法國和瑞士邊境延伸了230公里。最高峰內日峰（海拔1,723公尺），位於法國境內。其西坡是法國境內的杜河和安河的發源地。

Jurassic Period 侏羅紀 距今2.08億～1.44億年的一段地質年代，是中生代三大分段之一，前爲三疊紀，後爲白堊紀。侏羅紀時期，盤古大陸開始解體成今日我們熟知的大陸。海生無脊椎動物十分興旺，較大的爬蟲類已經在許多的海洋生長環境中處於支配地位。在陸地上，蕨、苔、鳳尾蕉以及毬果植物都很茂盛，有些在毬果的部位發育成了花狀的結構。恐龍在陸地上已上升到至高的優勢，到侏羅紀末，最大的種已經演化形成。最早的原始鳥－－始祖鳥（參閱Archaeopteryx）出現在侏羅紀結束以前。最早的哺乳類－－像在三疊紀接近結束時出現的鼩鼱樣的小動物，好不容易存活下來並在整個侏羅紀時期演進發展。

Jurchen dynasty ➠ Juchen dynasty

jurisdiction 管轄 法院的審理和判決案件及訴訟事件的權威。司法管轄權的例子有：上訴管轄權，高等法院有權去糾正低級法院所作的法律上的錯誤判斷；共同管轄權，指一個案件可能由兩處或多處法院審理；和聯邦管轄權。一個法院也可以被賦予審理某一地理區域內的案件的權力。簡易審判權僅限於美國且是針對小型案件而設的，指一個治安官或法官有權變更程序不經陪審團審判便做出判決。

jurisprudence 法理學 有關法律的科學或哲學。法理學可區分爲三個支派：分析的、社會學的、理論的。分析派專研公理、定義的名詞及研究方法，以使人們將法律秩序視爲內在一致的邏輯系統。社會學派則是在社會之中檢視法律的實際影響，以及檢視社會現象如何影響法律的實質面及程序面；理論派則對法律假定的理念及目的進行評估及提出批判。

jury 陪審團 法律名詞，指一批非專業人員經過挑選並宣誓就案件的事實提出問題，並根據證據作出裁斷。即使美國聯邦陪審員通常會被限制對事實提出問題，現代陪審員除了對事實提問外也可對法律提出問題。現代陪審團人數的多寡視程序而定，但通常是六或十二人。美國法律規定，不論是聯邦大陪審團或小陪審團都必須是「在該地區的法院召集經公平的交叉選擇所隨意選出的團體」。美國最高法院對陪審團作出一系列的決定，規定陪審團的成員必須是「同等」的人，並且有系統的將在陪審審判中會違背同等保護權條款和影響被告權利的特殊階級排除（例如，性別、種族或祖先）。被告並沒有選擇陪審員的權利。亦請參閱grand jury、petit jury、voir dire。

just-in-time manufacturing (JIT) 及時製造 一種生產控制系統，由豐田汽車公司首先開發，並推廣到西方世界，在某些產業造成製造方法的革命。大部分的原料都仰賴每日配送供給，有效減少了過度生產的浪費，也降低了倉儲的成本。供給線受到嚴密的監控，並且能快速應變，以應付隨時改變的需求量，因此也需要小型而精準的供給配送系統。因爲沒有備料，所以成品也必須零缺陷。完全採用及時製造概念的工廠，需要有一組後勤人員爲生產編排時程，並使工廠輸入的產能效能與產出的需求量，能達到均衡狀態。在汽車工業身上及時化實行得最有效，他們要供應數千個零件到一百家零件裝配工廠，再送到二十條輸送生產線。

just war theory 正義戰爭 歐洲中古時期的概念，意指統治者通過正式宣告並抱有正當動機，可以派武裝部隊到轄區以外去保衛權利、糾正錯誤和懲罰犯罪。這個概念早在4世紀已由聖奧古斯丁倡導，到17世紀，荷蘭法學家格勞秀斯還接受它，此後即不甚流行，但到20世紀，它又以某種新的形式抬頭，主張國家可以利用武裝部隊進行自衛，也可以利用武裝部隊履行集體義務，以維護國際和平。

justice 正義 哲學上，關於一個人的功過（應受賞或受罰），跟降臨他／她身上或配予他／她的好事壞事，兩者之間的適當比例之概念。西方世界解釋正義概念時，幾乎都是以亞里斯多德對正義此一德行的討論爲起點。亞里斯多德認爲，正義的關鍵要素是以類似方式處理類似事例，這一觀點使得後來的思想家致力於釐清哪些相似點（需求、功績、天賦）與正義相關。亞里斯多德區分兩種正義，一是分配財富或其他物品的正義（分配的正義〔distributive justice〕），一是賠償的正義，例如某人因做錯事而受罰（報應的正義〔retributive justice〕）。正義觀念也是正義國家觀念——政治哲學的一個中心概念——的基本成分。亦請參閱law。

justice of the peace　治安（法）官　在英美法系中，指受權主要審判輕微刑事或民事案件的地方治安法官。在美國，治安（法）官是選舉或任命的，他們在最低一級的州法院開庭，審理細小的民事案件和輕微的刑事案件，通常是輕罪案件。他們主持婚禮、發布逮捕證、處理交通肇事罪和進行偵訊。

justification　稱義　在基督教神學中，指個人脫離罪惡而進入恩典的道路。當其他人將它解釋為獲得恩典的罪人的改變時，有的神學家已將該詞用來指懺悔的罪人蒙上帝恩赦而取得義人的身分。使徒聖保羅利用該詞來解釋人如何才能在上帝面前算為義人？他的回答是，人們經由耶穌基督的死亡和復活才能從罪人變成義人，而不是經過任何人的努力。聖奧古斯丁將它視為上帝使罪人變得正直的行為，而馬丁·路德則強調因信稱義。

Justin II　查士丁二世（卒於西元578年）　拜占庭皇帝（565～578）。571年以前對基督一性論派採取寬容政策，後來對其追隨者進行迫害。除了與法蘭克人結盟外，568年查士丁喪失了義大利部分地區給倫巴底人。他被阿瓦爾人擊敗又拒絕向他們納貢（574），而克里米亞又被西方的突厥人奪取。572年他入侵波斯，不但被擊退，波斯人還入侵拜占庭的領土，於573年占領德拉。為此他精神失常，574年以後他的將軍提比略（他的養子）在成為帝國實際的統治者。

Justin Martyr, St.　殉教士聖查斯丁（西元100?～165?年）　基督教早期神學家。生於巴勒斯坦的異教徒，132年改奉基督教之前可能在以弗所研究哲學。在後來的幾年裡擔任巡迴的傳教士和教師。為基督教第一位護教士，他第一次把基督教義與希臘哲學結合起來。他寫了兩篇《護教文》給羅馬皇帝，文中主張基督教義可與人的理性和諧，所以基督教是真理的化身，而異教的哲學只是其一鱗半爪。在他的《與猶太人特里風談話錄》中，他試圖向有學位的猶太人特里風證明基督教是真理。住在羅馬時以陰謀破壞罪被判處死刑。

Justinian, Code of　查士丁尼法典　指拜占庭皇帝查士丁尼一世主持下於529～565年完成的法律和法律解釋的彙編。嚴格說來，它並不構成一部新法典，只不過是查士丁尼法學家委員會搜集過去法律的彙編和對羅馬大法學家意見的摘錄；此外還有法律基本綱要以及查士丁尼自己所立新法的彙編。

查士丁尼一世，6世紀馬賽克畫；現藏拉韋納聖維塔萊的教堂
Alinari–Giraudon from Art Resource

Justinian I　查士丁尼一世（西元483～565年）　原名Petrus Sabbatius。拜占庭皇帝（527～565年在位）。致力奪回在蠻族入侵時失去的羅馬各省，他征服了汪達爾人的北非（534）並擊敗義大利的東哥德人（540）。直到562年他才完全控制義大利，但他無法控制保加爾人、斯拉夫人、匈奴人和阿瓦爾人在帝國北部發動戰事。他還對波斯發動間歇式的戰爭直到561年。他重組政府，贊助著名的《查士丁尼法典》的編纂工作。他掃除貪污的努力引起532年君士坦丁堡爆發了不成功的暴動；他的妻子狄奧多拉協助他平定這場暴動。聖索菲亞教堂是他最重要的公共工程之一。

jute　黃麻　椴樹科黃麻屬圓果種白黃麻和包括黃麻纖維和長果種長蒴黃麻兩種植物及其纖維。黃麻植株高3～4公尺；葉長，呈淺綠色，邊緣呈鋸齒形，末端收尖；開小黃花。從古代起印度（以及現在的孟加拉國）的孟加拉地區便種植黃麻，其最大用途就是製成袋、包，麻袋用於運輸和儲存農業產品。高級的麻布主要用作栽絨地毯，以及鉤編地毯（即東方地毯）的底襯。黃麻纖維也用於製作麻繩和粗纜索。

Jutland　日德蘭　丹麥語作Jylland。北歐一半島，構成丹麥王國的大陸部分和德國的什列斯威－好斯敦，西和北以北海為界。政治上僅指丹麥大陸部分。面積29,775平方公里，分成七個行政區。第一次世界大戰時日德蘭半島之戰便是在這裡的海岸爆發的。

Jutland, Battle of　日德蘭半島之戰（西元1916年5月31日～6月1日）　第一次世界大戰中，英國與德國艦隊唯一的一次主要遭遇戰。發生於丹麥日德蘭半島北海岸外的斯卡格拉克海峽。該役的勝負無從判定，雙方均宣稱獲得勝利。德國擊沈、擊傷艦隻多艘，致敵傷亡；英方則說北海仍在其控制之下。英國海軍上將傑利科的戰術曾受到批評，但他戰略上的成功使得德國高級戰艦變得無用武之地。

Jutra, Claude＊　朱塔（西元1930～1986年）　加拿大電影導演。生於蒙特婁，原為電視編劇，1954年加入國家電影委員會。在拍了一部劇情長片紀錄片後，他執導了備受稱許的《帶走所有的東西》（1964，獲加拿大電影獎），接下來的作品為《我的舅舅安東尼》（1971，獲加拿大電影獎），一致公認為其傑作。但後續作品並不突出。在被診斷出罹患阿茲海默症後，於聖羅倫斯河投河自盡。

Juvenal＊　尤維納利斯（西元55?～130年）　拉丁語全名Decimus Junius Juvenalis。羅馬詩人。可能來自殷實家庭，作過軍官，但得不到升遷，而心生不滿。他寫詩發牢騷，結果被放逐，財產被沒收。他主要因十六首《諷刺詩》而成名，諷刺人類的愚蠢和殘暴，特別羅馬皇帝圖密善及其仁慈的繼承者內爾瓦、圖雷真和哈德良治下腐敗的羅馬社會。他的詩歌寫得逼真、優美，5世紀時受到稱讚及模仿，許多他寫的句子及警語成為通俗的用法。

juvenile court　少年法院　指處理違法兒童、無人管教兒童或虐待兒童的問題的專門法院。少年法院受理兩類案件：民事案件，通常涉及一個被遺棄兒童或父母無力供養的兒童的照顧問題；刑事案件，由兒童的反社會行為引起。大多數法律規定，所有在一定年齡以下的人（在很多地方是十八歲）必須先由少年法院受理，然後由該法院自行斟酌決定是否將案件移送普通法院。第一個少年法院於1889年在芝加哥建立，這種趨勢很快遍及全世界。

K2　K2峰　亦稱達普桑峰（Dapsang）。喀喇崑崙山（喜馬拉雅山）的一部分。爲世界第二高峰，海拔8,611公尺；部分位於中國境內，部分位在巴基斯坦控制的喀什米爾地區。1856年爲蒙哥馬利上校發現並進行測量，以K2作爲標號，表明該峰爲喀喇崑崙山第二個經過測量的山峰。1954年義大利人康帕諾尼與拉切德利成爲首次攀登頂峰的人。

Kaaba　克爾白　麥加大清眞寺內靠近其中央部分的一座小殿，穆斯林視之爲最神聖的處所。所有穆斯林每日五次面向克爾白方向禮拜。這個方形建築物以灰色石塊和大理石建成，四角分別大致對準東西南北四方。殿內僅有三根支撐屋頂的柱子和若干懸吊著的金銀燈盞。參加朝覲的每個穆斯林被要求繞行克爾白七周，在這過程中他親吻和撫摸克爾白東角黑石。傳統的說法是亞伯拉罕和以實馬利建造了克爾白。西元630年穆罕默德清除了這裡的異教徒畫像。從那以後，克爾白成爲伊斯蘭教虔敬的中心。

Kabalega National Park＊　卡巴勒加國家公園　烏干達西北部的國家公園。設立於1952年，1,483平方哩（3,840平方公里）的草地。中心特徵是位於維多利亞尼羅河下游的卡巴勒加瀑布。這個瀑布約20呎（6公尺）寬，分爲三階，第一階高130呎（40公尺）。

Kabbala　喀巴拉　亦作Cabbala。猶太教神祕主義體系，發展於12世紀以後。本是口述傳統，是口述托拉（上帝透過亞當、摩西啓示給人類）的神祕智慧。它爲猶太人直接接近上帝的方式，正統派猶太教認爲這是異教及泛神論的主張。完成於12世紀的《光明之書》是重要經籍，書中提到猶太教的靈魂輪迴的觀點，並提供喀巴拉更廣的神祕象徵意義。13世紀西班牙的傳統包括了《隱喻之書》，主張歷史每個輪迴都有其托拉；《光輝之書》則討論創造的奧祕。16世紀時，加利利的采法特已成爲喀巴拉的中心，這裡是最著名的喀巴拉大師盧里亞的故鄉。盧里亞派喀巴拉提出的基本理論是：經由極度神祕的生活和不懈的與邪惡作鬥爭，猶太人成功的達到了宇宙復興。該派的理論也影響到現代哈西德主義的發展。

Kabila, Laurent (Désiré)＊　卡比拉（西元1939～2001年）　剛果（薩伊）反叛軍領袖，後來成爲總統。求學生涯都在海外，曾在中國就讀軍事學校，在1960及1970年代回到薩伊參加馬克思主義抗爭活動，後來做起精密礦石及象牙的貿易生意。盧安達內戰期間，卡比拉與盧安達的卡甘姆合作，攻擊薩伊境內的胡圖族游擊隊及薩伊政府軍。1997年他率領的軍隊推翻蒙博托政權，自任總統並更改國號爲剛果。但他上台後厲行高壓政策，因而又導致多場更大的戰端。他後來被刺身亡，一般認爲策動暗殺者就是他手下官員。卡比拉死後，總統遺缺由他的兒子約瑟夫（1971～）繼任。

Kabir＊　迦比爾（西元1440～1518年）　印度神祕主義者、詩人。印度貝拿勒斯的織工，他鼓吹一切宗教本質同一，並批評印度教和伊斯蘭教無意義的宗教儀式和愚蠢的背誦經文。他從印度教接受了再生和業的律法，但反對偶像崇拜、禁欲主義和種姓制度。從伊斯蘭教吸收了信奉獨一天神和人本質平等的觀念。迦比爾同受印度教及伊斯蘭教的推崇，他還被認爲是錫克教的先驅，他的部分詩作亦成爲本初經的內容。他的觀點導致許多教門的成立，包括了迦比爾潘特，尊迦比爾爲其古魯或神。

Kabuki＊　歌舞伎　日本通俗文娛節目，一種綜合了音樂、舞蹈和默劇等高度形式化的表演方式。在現代日語中，此詞用三個漢字寫成：「歌」（讀ka，「唱歌」）；「舞」（讀bu，「跳舞」）；「伎」（讀ki，「技藝」）。歌舞伎形式起源於16世紀末，從著名的能樂發展而來，並成爲供老百姓欣賞的戲劇。早期給人放蕩和淫穢的印象；持續禁止婦女和年輕男孩演出，使得今日所有角色全由成年男子扮演。歌舞伎與能劇不同之處在於易於了解。抒情、動人甚至誇張的戲劇，以其華麗的布景、精巧的服裝和醒目的面具著名，這些都是演員們用以顯示種種不同的做功和唱功的手段。歌舞伎有兩個音樂劇團，一是在舞台上，一是舞台內部。其劇目許多是來自文樂。

Kabul＊　喀布爾　阿富汗首都和最大城市。瀕臨喀布爾河，坐落在兩山之間的三角形谷地中，有戰略價值，建城已3,500多年。16世紀時成爲蒙兀兒王朝的首都，一直受蒙兀兒保護至1738年受伊朗控制爲止。1776年以後成爲阿富汗首都。1979年蘇聯入侵阿富汗，在喀布爾建立軍事指揮部。1989年蘇聯撤出後，阿富汗游擊隊仍繼續零星的戰鬥，該城受到廣泛的破壞。1996年塔利班占領喀布爾，受伊斯蘭教基本教義派的統治。人口約700,000（1994）。

Kabul River　喀布爾河　阿富汗東部、巴基斯坦西北部河流。發源於喀布爾西方，向東流入巴基斯坦，全長700公里，在伊斯蘭馬巴德西北方與印度河匯合。喀布爾河谷爲阿富汗、巴基斯坦間天然通道；西元前4世紀，亞歷山大大帝利用它入侵印度。喀布爾的交通因該河不利航運而受阻。

Kabyle＊　卡比爾人　阿爾及利亞的柏柏爾人。大部分是穆斯林，其他的是基督徒。以農業爲主，種植穀物和橄欖，還畜養山羊。傳統上每一村莊，都由男丁會議治理。村莊分成彼此對立的氏族，社會分成若干等級。目前人口約兩百萬。亦請參閱Er Rif。

Kachchh, Rann of　卡奇沼澤地　亦作Rann of Kutch。印度中西部、巴基斯坦南部鹽鹼泥灘地。卡奇大沼澤面積約18,000平方公里幾乎全部在印度古吉拉特邦境內。東段的卡奇小沼澤地在古吉拉特邦內，面積約5,100平方公里。原爲阿拉伯海的一部分，數世紀以來的淤塞，終於與海分離。1965年印巴兩國因大沼澤西部邊界的爭執結束，國際法庭將邊境地區約10%劃歸巴基斯坦，約90%劃歸印度。

Kachin＊　克欽人　居住在緬甸東北部和毗鄰的印度（阿魯納恰爾邦和那加蘭）以及中國（雲南）的部族。人數逾七十萬，操不同的藏緬語族的各種語言。傳統的克欽社會風習實行輪墾耕作，以山稻爲主，也以搶劫和世仇宿怨互相殘殺所得財物作爲補充。傳統信仰是拜祖，並需以牲畜獻祭。約10%的克欽人是基督教徒。

霍皮人的卡奇納（1950?），現藏紐約市美洲印第安人博物館
By courtesy of the Museum of the American Indian, Heye Foundation, New York City

kachina＊　卡奇納　普韋布洛印第安人崇拜的卡奇納神。現已知道各族有五百多個

這樣的神，被認爲是溝通人和神的媒介。每個部落有其自己的卡奇納神，據信每年在部落中居留半年，只要人們戴上卡奇納面具並舉行一種傳統的儀式，神是允許大衆瞻仰的。人們認爲面具上所畫的神能使表演者暫時變幻，神實際上是同表演者一起出現的。卡奇納亦被製作成一種有裝飾的木刻小人像，這種木偶由部落的男人們製作。

Kaczynski, Theodore＊　卡辛斯基（西元1942年～）　以大學炸彈客（the Unabomber）知名。美國犯罪分子。生於伊利諾州常青公園市，就讀哈佛大學，在密西根大學取得數學博士學位，1967～1969年執教於加州大學柏克萊分校，而後突然離職，搬到明尼蘇達州鄉間一棟孤立的小木屋隱居。在後來的十七年間，他寄送郵件包裹炸彈給一些他認定是「人文主義之死敵」的人，收件人大多數是科學及技術領域的教授和研究員，並造成三人死亡，二十三人受傷。他的宣言在1995年公開刊登，1996年因爲他弟弟提供線報而被逮捕，被判處終身監禁。

Kádár, János＊　卡達爾（西元1912～1989年）　原名János Czermanik。匈牙利總理（1956～1958、1961～1965），並爲匈牙利共產黨第一位總書記（1956～1988）。1931年加入當時仍屬非法的共產黨，1945年進匈牙利政治局。1950年和史達林主義者衝突，被逐出黨，並被捕入獄（1951～1953）。1954年恢復黨籍，並加入納吉的短命政府。1956年蘇聯軍隊占領該國後，卡達爾在蘇聯支持下組成一新政府，並採取鎮壓措施來平定叛亂。他後來說服蘇聯撤軍並允許匈牙利有一些內部自主權。

Kadare, Ismail　卡達雷（西元1936年～）　阿爾巴尼亞小說家及詩人。郵局職工之子，卡達雷後成爲新聞工作者。因不喜歡阿爾巴尼亞的政治環境，實際上長住巴黎。最著名的作品有小說《陣亡部隊的將軍》（1963），關於第二次世界大戰後阿爾巴尼亞的故事；《城堡》（1970）則是探討阿爾巴尼亞人的國家主義。故事集《科索沃的輓歌》（1999）是關於14世紀的巴爾幹的領袖和鄂圖曼帝國間的戰役的故事。他是20世紀唯一在國際上有衆多讀者的阿爾巴尼亞作家。

Kaddish＊　卡迪什　猶太教哀悼者的祈禱文，父母親或近親逝世之後，哀悼者要背誦這段祈禱文爲期十一個月又一天之久。以阿拉米語背誦，而不是希伯來語。爲祝禱上帝的讚美詞，亦有祈求盡速實現彌賽亞時代。原本是希伯來語學院教義研習結束時背誦，後來逐漸變成禮拜儀式中固定的內容。由於與死者的復生與彌賽亞的來臨相關，卡迪什後來也成爲哀悼者的祈禱文。

Kadesh＊　卡疊什　敘利亞西部古城。位於荷姆斯西南，西元前15世紀曾被埃及國王圖特摩斯三世入侵。它一直是埃及勢力的前哨，直到西元前14世紀中期才爲西台人統治。埃及國王塞提一世曾占據該城，於西元前1275年是拉美西斯二世與西台的穆瓦塔利斯之間的一次著名戰役的戰場。西元前1185年左右受到海上民族的入侵，該城從歷史中消失。

Kadesh-barnea　卡德斯巴尼亞　亦稱卡德斯（Kadesh）。古巴勒斯坦城市。精確的位置不可考，但它位於亞美勒克提斯這個國家，也就在死海西南方及錫安荒野的西陲。它過去的光景曾經有以色列人居住地的兩倍大。

Kadet ➟ Constitutional Democratic Party

Kaduna River＊　卡杜納河　奈及利亞中部河流，爲尼日河主要支流。源出喬斯高原，向西北流至卡杜納城東北35公里處後，轉向西南，在穆雷吉注入尼日河。全長550公里。卡杜那河（豪薩語意爲「鱷魚」）每年僅部分時間有航運之利。

Kael, Pauline＊　凱爾（西元1919～2001年）　美國電影評論家。凱爾在柏克萊經營一家放映藝術片的電影院（1955～1960），同時爲其他期刊和雜誌寫影評，這些影評也在廣播電台播出。她的電影評論和短評集合成書《我迷醉於電影之中》（1965），使她受到廣泛的重視。她遷往紐約市，後來成爲《紐約客》的電影評論員（1968～1991）。凱爾是一位詼諧而苛刻的評論家，她的評論富有見地（後來又出版五本影評集），但固執己見，使她成爲當代最具影響力的影評家。

Kafka, Franz＊　卡夫卡（西元1883～1924年）　捷克的德語作家。出生於布拉格（當時是奧匈帝國的一部分）一個猶太的中產階級家庭，取得博士學位後，1907年起在一個政府的保險單位工作，他工作得很成功卻不愉快，直到1922年因肺結核而被迫退休，四十歲時死於該病。他多愁善感，神經過敏，一生中只勉強發表了幾個作品。作品有象徵派小說《蛻變》（1915）、寓言性幻想小說《在集中營裡》（1919）以及小說集《鄉村醫生》（1919）。在卡夫卡死後違反他本人意願而出版的未完成的小說《審判》（1925）、《城堡》（1926）和《美國》（1927）表達了20世紀人類的焦慮和疏離感。卡夫卡的寓言故事混合了怪誕艱澀的常態和幻想，引起人們對它們有各種各樣的解釋。卡夫卡身後有很大的名望和影響力，是20世紀歐洲偉大的作家之一。

卡夫卡
Archiv für Kunst und Geschichte, Berlin

Kafue National Park＊　卡富埃國家公園　尚比亞中南部的國家公園。位於路沙卡之西，成立於1950年。占地面積22,400平方公里，由沿著卡富埃河的大片高原組成。它以茂盛的植被和大量的野生動物著稱，包括河馬、斑馬、大象、黑犀牛和獅子等。可以在這裡進行步行狩獵活動。

Kafue River　卡富埃河　發源於薩伊－尚比亞邊境的河流。它蜿蜒向南，然後流向東南在辛巴威的奇龍杜附近匯入尚比西河，全長960公里。它穿越尚比亞中部的高原，卡富埃國家公園就處在它的流域裡。它是尚比亞的主要河流之一，河水用於灌溉和水力發電。

Kagame, Paul　卡甘姆（西元1957?年～）　圖西族主導的「盧安達愛國陣線」領導人，在1994年的軍事勝利，奪下胡圖族占多數的盧安達統治權。爲圖西族後裔，自幼即被放逐到烏干達，並於1986年在烏干達協助政變逼使奧博特下台。1990年他在盧安達協助策動軍事政變未果，而後在1994年內戰，他控制了圖西與胡圖兩族聯合反抗勢力。但對胡圖族與圖西族團體以種族淨化的方式進行戰爭，他則拒絕原諒這種族群暴行。新政府成立後，卡甘姆後來被提名爲副總統兼國防部長。在1997年鄰國剛果（薩伊）驅逐蒙博托下台的政變中，他也曾助卡比拉一臂之力，但後來又轉而與卡比拉交惡。

Kaganovich, Lazar (Moiseyevich)＊ 卡岡諾維奇（西元1893～1991年） 蘇聯政治領袖。1911年參加布爾什維克，1920年成爲塔什干蘇維埃政府主席。作爲莫斯科地區黨組織的領導（1930～1935），他將該組織牢牢地置於史達林的控制之下，並與莫洛托夫一起組成了史達林的「後整肅時期」政治局的核心。1953年以前他主要負責蘇聯的重工業。在赫魯雪夫時期擔任行政職務，但他反對赫魯雪夫的非史達林化，參加了1957年企圖撤換赫魯雪夫的行動。行動失敗後，他失去了一切職務。

Kagera River＊ 卡蓋拉河 坦尙尼亞西北部的河流。是尼羅河最長的源頭河，也是維多利亞湖最大的支流。它發源於蒲隆地境內，坦干伊喀湖的北端附近。它向北流動，形成了坦尙尼亞和盧安達之間的邊界。然後轉向東，形成坦尙尼亞和烏干達之間的邊界，最後注入維多利亞湖。全長690公里。

kagura＊ 神樂 神道教用於宗教祭典的傳統風格音樂及舞蹈。神樂舞蹈是用來取悅本土女神，古代神話中描述她在山洞裡引誘了天照大神。一千五百年以來神樂的變化不大，在舞蹈表演時搭配詠唱和鼓、銅鑼以及長笛演奏。音樂分爲兩種：其一爲讚頌神靈或祈求協助，另一種則是娛樂神所用。

Kahlo (y Calderón de Rivera), (Magdalena Carmen) Frida＊ 卡洛（西元1907～1954年） 墨西哥畫家。德國猶太攝影師的女兒。兒時患小兒痲痺症，十八歲時又在一次大客車車禍中嚴重受傷。前後她經受了大約三十五次手術，在手術的恢復期中她自學繪畫。1929年她與里韋拉結婚，婚後經常吵鬧，但這場婚姻在藝術上對她有益。她以色彩強烈、古怪、鮮明的自畫像著稱，許多作品都反映了她身體上所受的折磨。作品中包含了各種原始純樸的要素，而手法、技巧又很精細。超現實主義畫家布列東和杜象曾幾次爲她的作品在美國和歐洲展出幫過忙。雖然她否認自己與超現實主義有關，但她還是常常被看作是個超現實主義者。死於四十七歲。她在科約阿坎的住宅現設爲弗里達・卡洛博物館。

《迪戈和我》，卡洛自畫像（前額有里韋拉像），油畫，繪於1949年；現藏紐約市瑪麗－安娜・馬丁美術館
Courtesy Mary-Anne Martin/Fine Art, New York City

Kahn, Albert 卡恩（西元1869～1942年） 德國出生的美國工業建築師。1904年卡恩接受了帕卡特汽車公司的設計任務。他的設計採用了鋼筋混凝土框架，突破了傳統的磚石結構的廠房建築，代表了一次革新。他開創了現代工廠建築的模式，一種能快速而廉價地建起來的框架結構，裡面有無障礙的地面、大玻璃窗和天窗，全部生產過程都在一層裡進行。卡恩擔任大多數美國大汽車公司的主要設計師達三十年之久。到1937年，他的事務所設計了美國全部建築設計師所設計的工業建築的五分之一。

Kahn, Herman 康恩（西元1922～1983年） 美國物理學家和戰略家。就讀於加州理工學院，後加入蘭德公司，在那裡他研究把諸如勝算理論、作戰研究以及系統分析等新的分析技術應用於軍事戰略上去。他以《論熱核大戰》（1960）一書贏得公衆的注意，書中他堅決主張熱核戰爭與常規戰爭只有程度上的區別，應該用同樣的方法去分析和計畫。1961年他成立哈得遜研究所，研究國家安全和公衆政策等問題。

Kahn, Louis I(sadore) 卡恩（西元1901～1974年） 愛沙尼亞出生的美國建築師。童年時隨父母移居美國，畢業於費城賓夕法尼亞大學。20世紀最富創意的建築師之一。他放棄了國際風格，轉向喚起古代廢墟永恆的、優雅的樸野主義。他設計的理查茲醫學研究大樓（1960～1965），將「服務」空間（包括了樓梯間、電梯、排風口和管線）集中在四個塔內，而與「被服務」空間（試驗室和辦公室）分開。在爲孟加拉達卡設計的類似城堡的國民會議大樓（1962～1974），卡恩利用幾何形狀的洞，引入光線至內部的圓頂清眞寺。正如富勒那樣，卡恩關心自然資源使用的浪費；他的都市計畫提出超高大樓和大型車「青貯窖」的建議。他分別在耶魯大學（1947～11957）和賓夕法尼亞大學（1957～1974）任教，在這裡，他的才識使他在建築界的地位提高。

Kaibara Ekiken＊ 貝原益軒（西元1630～1714年） 日本哲學家、遊記作家和植物學家的先驅。早年學醫，1657年他棄醫而研究朱熹的新儒學著作。他寫了近百種哲學作品，強調社會的等級本性，並把孔子的學說翻譯成日本各階層的人都能理解的語言。他寫的小冊子《女大學》講的是三從四德，在很長時間內都被看作是日本婦女最重要的倫理教科書。被尊爲日本植物學之父。

Kaieteur Falls＊ 凱厄土爾瀑布 蓋亞那中西部波塔羅河上的瀑布。經過226公尺的垂直落差後進入8公里長的峽谷，在那裡再下降25公尺。該瀑布頂部寬爲90～105公尺，是凱厄土爾國家公園（建於1930年）的中心景觀。

Kaifeng 開封 亦拼作K'ai-feng。中國河南省北方城市（1999年人口約569,300）。西元前4世紀時，此地是魏國的首都，並興建了該國最早的河渠。西元前3世紀末，這座城市遭秦朝摧毀；此後直到西元5世紀，此地不過是座交易市鎮。7世紀時，由於大運河沿線的交通運輸極爲繁忙，從而推動開封成爲重要的商業中心，並成爲五代和宋朝的首都。12～15世紀是中國唯一的大型猶太人聚居地。

Kaikei＊ 快慶（活動時期西元1183～1223年） 幫助建立傳統佛像的日本雕刻家。他的技術稱爲安阿彌樣，以優美、雅致著稱。他與他的老師康慶和同事運慶一起爲日本古都奈良的興福寺和東大寺雕刻塑像。後來他出家爲僧，法號安阿彌陀。

Kairouan＊ 凱魯萬 突尼西亞中北部城鎮（1994年人口約103,000）。是伊斯蘭教聖城之一。建於西元670年。800年左右定爲馬格里布首府。後成爲伊斯蘭教行政、商業、宗教和知識中心之一。11世紀遭貝都因人的進犯，後爲突尼斯首府，四周圍有土牆的聖城內有大清眞寺。現爲穀物和牲畜貿易、氈毯及手工業中心。

Kaiser, Henry J(ohn)＊ 凱澤（西元1882～1967年） 美國實業家。他第一次承擔的公共建築工程開始於1914年，最後建成加州的一些大壩、密西西比河上的一些堤壩以及古巴的幾條公路。1931～1945年間，他合組一些建築公司建造胡佛、博納維爾和大古力等水壩以及其他大型公共工程。第二次世界大戰期間，他開辦了七家造船廠，在他自己的聯合鋼廠裡生產鋼鐵，在裝配線上不到五天就能造出一艘船來。他爲他的船廠雇員成立了第一個保健組織凱澤計畫，這個組織爲一百多萬人服務，成爲以後聯邦計畫的一個範本。戰後他經營獲利較大的鋁、鋼鐵和汽車等行業。

Kakinomoto no Hitomaro＊ 柿本人麻呂（卒於西元708年） 以麻呂（Hitomaro）知名。日本詩人。他進入皇宮任職，後來成為省級官員。他所生活的年代正是日本從前文明社會轉向文明社會的時期，他是第一個傑出的文學人物。他寫作的主題很廣，把民歌的家庭性質與動人的趣味以及文學技術融合在一起。有七十七首詩可以肯定是他所作，還有許多也認為是他寫的，都收錄在《萬葉集》中，這是日本最早的、也是篇幅最大的民族詩歌集。

Kalacuri dynasty＊ 卡拉丘里王朝 印度歷史上幾個王朝的名稱。除了朝代的名稱一樣以及可能有共同的祖先之外，他們的源頭還有什麼關聯就不得而知了。最早知道的卡拉丘里王朝在大約西元550～620年間統治印度的中部和西部，其勢力隨著遮婁其人的一個分支的興起而衰微。另一個卡拉丘里王朝（1156～1181）主要在卡納塔克，其興起與印度教的林伽派的興起幾乎是同時的。最有名的卡拉丘里家族統治印度的中部，以古城特里布里為基地；源於8世紀，11世紀時達於頂峰，12～13世紀逐漸沒落。

Kalahari Desert＊ 喀拉哈里沙漠 非洲南部的沙漠地區。面積930,000平方公里，占據了波札那大部分以及那米比亞和南非的一部分。1849年英國探險家李文斯頓和奧斯韋爾橫穿喀拉哈里沙漠。雖然除了博泰蒂河外該地區沒有永久性的地表水，但它還能生長樹木、低矮的灌木和草叢，同時還有許多野生動物。區內有喀拉哈里大羚羊國家公園和大羚羊國家公園。

Kalahari Gemsbok National Park＊ 喀拉哈里大羚羊國家公園 南非喀拉哈里沙漠裡的國家公園。1931年成立，處於那米比亞和波札那之間，毗鄰波札那大羚羊國家公園。占地面積9,591平方公里。內有角馬、獅子、胡狼、獵豹和鴕鳥等野生動物。

kalam＊ 凱拉姆 伊斯蘭教思辯教義學。伍麥葉王朝時期興起。對《可蘭經》及其所引起的問題（包括了宿命、自由意志、上帝的本質等）作不同的解釋。早期最著名的是8世紀的穆爾太齊賴派，主張至高無上的眞理，擁護自由意志，反對將神賦予人的性格。10世紀時艾什爾里派取代穆爾太齊賴派，並移除凱拉姆回到傳統的教義和解釋，例如，《可蘭經》永久自存的本質及其自義上的眞理。

Kalamukha 黑臉派苦行僧 ➠ Kapalika and Kalamukha

kalanchoe＊ 高涼菜 景天科高涼菜屬肉質植物的通稱，因在室內容易成活而受歡迎。盆栽的布洛斯費爾第安那高涼菜在冬天能開出色彩亮麗的紅色和橙色的花朵，而且保鮮期長達八週，所以這種植物在市場上很暢銷。與其他肉質植物一樣，高涼菜也不需要太多的照料，只是需要較多的直射陽光（或者至少要有明亮的散射光）和偶爾給它澆澆水。有些品種的幼苗可以插在母本植物葉子的凹口裡生長，然後置於土裡開始長出根來而自己長大。

Kalaupapa Peninsula＊ 卡勞帕帕 美國夏威夷州毛洛開島北部的海角。占據26平方公里的高原，有高600公尺的懸崖將它與島的其餘部分隔開。現在已經廢棄的卡拉瓦奧村原是由國王卡米哈米哈五世在1866年所建的痲瘋病人的隔離區，1873～1889年達米安神父在那裡為痲瘋病人服務。現在整個地區為州立痲瘋病院所在地。由夏威夷衛生部管理。

Kalb, Johann＊ 卡爾布（西元1721～1780年） 德國軍官。1743年在法國步兵的德意志軍團中服務。1768年法國人把他送往美洲殖民地執行一項祕密任務，去探聽這些殖民地對英國的態度。1776年他得到大陸軍的委任，在福吉谷戰場上與華盛頓並肩戰鬥。在加拿大的康登鎮，他與蓋茨將軍一起代表英軍發動了一次不成功的進攻。當蓋茨被趕下戰場後，卡爾布繼續作戰，受到致命重傷。

kale 羽衣甘藍 十字花科植物，學名為Brassica oleracea。甘藍的葉鬆散的一個變種。常見的普通（或蘇格蘭）羽衣甘藍和布達羽衣甘藍莖長60公分，有蓮座狀葉叢，葉長，色深藍綠，呈波狀或帶褶邊。在秋季和冬季收穫，對於這種耐寒蔬菜，寒冷可以改善它的口味。羽衣甘藍常用於烹煮，營養價值高。亦請參閱collard。

kaleidoscope 萬花筒 像望遠鏡一樣的視覺玩具。它的管筒裡鬆散地裝著一些彩色材料（如玻璃或塑膠）的小片，放在兩塊平板和兩塊平面鏡之間。當小片的位置改變時（通過旋轉或晃動）就可以反射出變化無窮的彩色圖型。由布魯斯德在1816年前後發明。

Kalevala＊ 卡勒瓦拉 芬蘭民族史詩。蘭羅特根據芬蘭民間口頭傳下來的民歌、民謠彙編而成，1849年出版完整的版本。卡勒瓦拉是詩中主要人物的居住地，也是詩中稱呼芬蘭的名稱，意為「英雄之國」。史詩包含一個創作的故事和傳奇英雄們的奇遇。主角是韋伊奈默伊寧，是位音樂家和有超自然能力的先知。其他的人物還有鐵匠伊爾馬里寧，創世時的「天蓋」鍛造者之一；還有無憂無慮的冒險勇士和迷惑女人的能手萊明凱伊寧；北方強國波約拉的女統治者路希；以及由於命運所迫，自幼淪為奴隸的悲慘英雄庫萊沃。雖然卡勒瓦拉描寫的是史前的情況，不過看來它也預告了古老宗教的衰落。

H I J K

Kalf, Willem＊ 卡爾夫（西元1619～1693年） 亦作Willem Kalff。荷蘭畫家。他是最著名的荷蘭靜物畫家之一，在巴黎時受到影響才選擇了靜物這個主題。他的早期作品描繪了廚房內部的景物，像灑落在地上的葫蘆和鍋等。他後來畫的都是奢侈、貴重的東西，像威尼斯的玻璃器皿和中國的陶瓷，畫作具有嚴謹和豐富的結構。像《帶一個鸚鵡螺杯的靜物畫》（1660?）這類作品在阿姆斯特丹的富人圈裡很受歡迎。

Kali 卡利 有破壞性和貪婪的印度教女神。是黛薇可怕的一面，黛薇也可以以和平與慈善的另一種形式出現。卡利一般都與死亡、暴力和性聯繫在一起，但荒謬的是，她還與母愛聯繫在一起。在她的四個手裡分別握著劍、盾、從巨人身上割下的頭或者悶死後割下的鼻子。她赤身裸體，胸掛髑髏環、腰束斷手串成的帶。她常常表現出站在她丈夫濕婆的身上，或者在他身上跳舞。因殺害了惡魔，所以被形容成嗜血。直到19世紀印度的惡棍們都禮拜卡利，並把他們殺害的犧牲者獻給她。

卡利，印度中央邦賈巴爾普爾附近佩拉克德的沙岩浮雕；做於10世紀
Pramod Chandra

Kalidasa＊ 迦梨陀娑（活動時期約西元5世紀） 印度詩人、劇作家。生平事跡不詳；在他的詩中提到他是位婆羅門（教士）。許多作品傳統上都認為是他所作，但經學者確認僅六部是他所作，一部可能是出自其手。梵語劇作《沙恭達羅》是他最著名的作品，傳統上被認為是印度文學重要

作品，迦梨陀娑被視爲最偉大的印度作家。

Kalinga　羯陵伽　印度東北部古代和中世紀的王國。它相當於現代的安得拉邦北部、奧里薩的大部以及中央邦的一部分。西元前4世紀被難陀王朝的奠基人摩訶坡德摩征服。西元11世紀中葉開始，由東恆伽王朝（參閱Ganga dynasty）控制。在卡納拉克的太陽神廟是由那羅希摩一世在13世紀修建的。1324年德里蘇丹從南方入侵羯陵伽後，東恆伽人的王朝滅亡。

Kalinin, Mikhail (Ivanovich)＊　加里寧（西元1875～1946年）　蘇聯共產黨領導人和政治家。他早期支持布爾什維克，參加了1905年俄國革命並與人合作創辦了眞理報。1917年俄國革命後，他出任彼得格勒（聖彼得堡）的市長。1919年他成爲全俄蘇維埃代表大會中央執行委員會主席，即蘇維埃國家元首，直到逝世前一直保有這個位置。1925年他又當選政治局委員，在關鍵的選舉中他支持了史達林，這樣就保有了他在黨的機構裡的高地位。

Kaliningrad＊　加里寧格勒　舊稱柯尼斯堡（Königsberg）。俄羅斯西部城市，位於Pregolya河畔。建於1255年，名爲柯尼斯堡，是普魯士公國（後來的東普魯士）的首都。1724年它合併了鄰近的城市洛本尼希特和克內波夫。在第二次世界大戰中被蘇軍毀壞，後成爲蘇聯的領土。1946年重建，改名加里寧格勒。它是加里寧大學的所在地，也是康德的出生地。人口約419,000（1995）。

Kalliope ➠ Calliope

Kalmar, Union of＊　卡爾馬聯合　由挪威、瑞典和丹麥三個王國組成的斯堪的那維亞聯盟，受單一君主的統治。1387年瑪格麗特一世成爲這三個王國的統治者；1397年她選擇她的孫子波美拉尼亞的埃里克做它們的國王，他在瑞典的卡爾馬加冕。每個國家都保留他們自己的法律、風俗和行政管理。1523年，在古斯塔夫一世的領導下瑞典反叛而宣布獨立，1536年挪威變成了丹麥的一個省。

Kaloyan　卡洛延　亦作Kalojan。保加利亞沙皇（1197～1207年在位）。從教宗那裡取得王位，他領導巴爾幹半島的保加利亞－希臘暴動，在阿德里安堡擊敗十字軍（1205）並且擄獲了拉丁皇帝鮑德溫一世。卡洛延的盟友希臘瓦解後，他在塞薩洛尼基受到圍攻而死。

Kama　伽摩　印度神話中的愛神。在吠陀時代，他體現宇宙之欲或創造的衝動，是原始混沌的最初產物。後來他常常被描繪成英俊少年，由衆多天上仙女陪伴，她們用甘蔗弓向他發射產生愛情的花箭。有一次當濕婆在山上沈思時被他打斷，激怒了濕婆，就把他殺死。後來大天神憐憫伽摩而讓他復活。

Kama River　卡馬河　俄羅斯中西部的河流。窩瓦河最大的支流。源於烏德穆爾特，流經1,805公里後在喀山下面流入窩瓦河。約1,535公里可以通航。它是俄國最重要的河流之一，歷史上是前往烏拉山區和西伯利亞的通道，經濟上是大窩瓦河水路系統的組成部分。

Kamakura shogunate＊　鎌倉時代　日本歷史上的一個時代。因源賴朝於1185年擊敗競爭的武士家族平家（參閱Taira Kiyomori）以後，在鎌倉建立幕府，故名。爲建立其威權，源賴朝指派地頭來管理所有的莊園，負責徵稅；在一或數個地區設守護，以便在戰時得以領導他們。賴朝死後，幕府實權落到北條家族手中，對這個體系做了修正。鎌倉幕府的建立標誌著日本中世紀或封建時代的開始，其特徵是關於義務、忠誠和禁欲的武士倫理。許多與日本西部有關的事務均源於這個時期，如禪宗、武士、切腹和茶道。當以描寫著名武士英雄業績的軍紀物語成爲娛樂的來源時，佛教的分支淨土眞宗和日蓮宗強調因信得救，則爲大衆提供慰藉。亦請參閱bushido。

Kamchatka＊　勘察加半島　俄羅斯東部的半島。西臨鄂霍次克海，東臨太平洋和白令海。長1,200公里，最寬處約480公里，總面積370,000平方公里。山脈沿半島延伸，有二十二座活火山，包括克柳切夫斯克火山（高4,750公尺），是西伯利亞的最高峰。

Kamehameha I＊　卡米哈米哈一世（西元1758?～1819年）　原名Paiea。別號卡米哈米哈大帝（Kamehameha the Great）。夏威夷征服者、夏威夷國王，統一夏威夷諸島。他的出生時間與1758年哈雷彗星的出現相符，爲占卜者預示將有個偉大的領袖將要誕生。年輕時與堂兄弟爭奪夏威夷諸島的控制權；1795年擊敗堂兄弟並征服了兩個島嶼之外的所有島嶼，1810年這兩個島嶼亦被他征服。在法律和懲罰上他保留了傳統上極爲嚴苛的制度，但也保護百姓免於受強權酋長的蹂躪，並廢除了以活人做犧牲的舊制。通過政府壟斷檀香木貿易和徵收外國商船入港稅，爲王國聚集了大量財富。儘管他身處歐洲向外擴張開發島嶼的時代，仍能維護王國的獨立。他建立了夏威夷歷時最久、史實最詳的王朝。

卡米哈米哈一世，彩色平版畫的局部：韋爾沃德（D. Veelward）據喬里斯（Louis Choris）之版畫（1816）製於1822年
Bernice Pauahi Bishop Museum, Honolulu

Kamehameha IV　卡米哈米哈四世（西元1834～1863年）　原名Alexander Liholiho。夏威夷君主。自幼過繼給他的叔父卡米哈米哈三世（1813～1854），受新教傳教士的教育。即位後他竭力限制美國傳教士的勢力。他與其他國家擴大貿易來平衡美國的影響，邀請英國聖公會在島上修建教堂。他是一個受歡迎的仁慈的君主，他改善港口以適應夏威夷日益增長的捕鯨業，並爲夏威夷居民提供免費醫療。

卡米哈米哈四世，攝於1862～1863年左右
Bernice Pauahi Bishop Museum, Honolulu, photograph H.L. Chase

Kamenev, Lev (Borisovich)＊　加米涅夫（西元1883～1936年）　原名Lev Borisovich Rosenfeld。俄羅斯政治領袖。1903年即成爲布爾什維克的一員，1909～1914年間在歐洲與列寧共事，回到俄國後被逮捕及流放到西伯利亞。1917年俄國革命後，於1919～1925年出任莫斯科蘇維埃的領袖。1922年當列寧病重時，加米涅夫和史達林、季諾維也夫合組臨時政府，一起攻擊托洛斯基。1925年史達林轉而攻擊加米涅夫及季諾維也夫，並撤去加米涅夫莫斯科黨領導的職務。1926年在他與托洛斯基和季諾維也夫聯合反對史達林後被開除黨籍。1936年在第一次清黨審判中，爲了救其家人，他承認編造的罪名。他被處死；他的妻子，托洛斯基的妹妹，後死於古拉格。

Kamerlingh Onnes, Heike＊　昂內斯（西元1853～1926年）　荷蘭物理學家。1882～1923年執教於萊頓大學，1884年建立低溫實驗室（現在以他的名字命名），使萊頓大學成爲低溫物理的世界主要研究中心。他第一個製作出液態氦（1908），並發現了超導現象。他還在很寬的溫度和壓力的範圍內研究了描寫物質狀態和流體的一般熱力學性質的方程式。他獲得1913年諾貝爾物理學獎。

kamikaze＊　神風特攻隊　第二次世界大戰中的一批日本飛行員，他們駕駛飛機自殺性地衝向敵方目標，通常是船隻，同歸於盡。這個詞的意思是「神風」，原指1281年將進逼日本的蒙古艦隊吹垮的一股颱風。這種行動在戰爭的最後一年裡最爲盛行。大部分的神風特攻隊飛機都是原來的戰鬥機或輕型轟炸機，在自殺性的下衝之前機上通常滿載炸彈或加裝了汽油箱。這類攻擊擊沈了三十四艘船，還擊傷了另外的幾百艘。在沖繩之戰中，美國海軍蒙受了單次戰役中最大的損失，近5,000人喪生。亦請參閱Zero。

Kammu＊　桓武（西元737～806年）　日本天皇（781～806）。爲了抑制奈良的佛教寺廟的權力，784年他把首都從當時的平城京（奈良）遷到了長岡京，隨後又遷到平安京（京都）。在平安京建都標誌了平安時代的開始。

Kamo no Chomei＊　鴨長明（西元1155～1216年）　日本詩人和評論家。他的《方丈記》（1212）最爲著名。這本詩歌體的日記描寫了他離開宮廷遁入佛門變成隱士後的隱居生活。他的詩是那個產生許多一流詩歌的最好年代的代表。他的《無名抄》（1208/1209）是一本極有價值的評論集和詩歌集。

Kampala＊　坎帕拉　烏干達首都。是這個國家的最大城市。位於烏干達南部，維多利亞湖的北面。1890年盧加德選定此地爲大英帝國東非公司的總部。1905年以前，在奧德坎帕拉山上的盧加德城堡一直是烏干達殖民政府的所在地，1905年遷到了恩德比。1962年坎帕拉成爲獨立後的烏干達的首都。大部分的烏干達大企業都在此設立總部，它也是馬凱雷雷大學和烏干達博物館的所在地。人口約954,000（1995）。

Kampuchea ➠ Cambodia

Kampuchean　柬埔寨人 ➠ Khmer

Kan River ➠ Gan River

Kanarese language　卡納拉語 ➠ Kannada language

Kanawa, Kiri Te ➠ Te Kanawa, Dame Kiri (Janette)

Kanawha River＊　卡諾瓦河　美國西維吉尼亞州的河流，由紐河和高利河匯合而成。它向西南流經156公里，在普萊森特角注入俄亥俄河。沿河有水壩和船閘，可通航到位於西維吉尼亞州查理斯敦上游的卡諾瓦瀑布。卡諾瓦河谷有豐富的鹽水沈積物、天然氣和油井。

Kanchenjunga＊　干城章嘉峰　喜馬拉雅山脈的一個山峰。高8,586公尺，是世界第三高峰。位於尼泊爾和印度錫金的邊境，大吉嶺的西北。19世紀的探險家南格亞爾繪製了此峰的第一張地圖。1955年埃文斯領導的英國探險隊第一次成功登上此峰。

Kandel, Eric　坎德爾（西元1929年～）　美國神經生物學家。生於奧地利，獲得紐約大學醫學學位。坎德爾的研究揭露突觸傳導在學習與記憶的角色。說明微弱的刺激讓突觸產生特定的化學變化，形成短期記憶的基礎，較強的刺激造成不同的突觸變化，結果造成長期記憶。與格林加德與卡爾森共同獲得2000年的諾貝爾獎。三個人的發現造成帕金森氏症等疾病的新藥研發。

Kander, John　康德爾（西元1927年～）　美國詞曲作家。生於堪薩斯市，曾於歐柏林學院和哥倫比亞大學就讀，之後爲戲劇編曲。他和填詞家艾伯（1932～）合作，艾伯爲道地紐約客，亦爲哥倫比亞大學學生，曾爲小型歌舞劇填詞。在這樣的聯手情況下，康德爲百老匯極成功的音樂劇配樂，包括《酒店》（1966，1972年改編爲電影）、《希臘左巴》（1968）、《芝加哥》（1975）及《蜘蛛女之吻》（1992），電影配樂則有《俏佳人》（1975）與《紐約，紐約》（1977）。

Kandinsky, Vasily (Vasilievich)＊　康丁斯基（西元1866～1944年）　俄羅斯畫家，現代純抽象繪畫創始人之一。原本學習法律，在大學任法律教授，後來毅然選擇繪畫生涯，遠赴德國。在慕尼黑時期研習藝術後，稍有成就，這時期最重要的作品是一系列《構圖、即興曲和印象》（1909～1944）畫作。1911年他和馬爾克共創一個頗具影響力的「藍騎士」社團。1914年返回俄國。布爾什維克革命後，他被蘇維埃政府捧爲名人，但在1921年政府捨棄抽象派作風朝向社會主義的寫實主義時，他又回到德國。1921～1933年在威瑪的包浩斯學校任教，後來在納粹關閉包浩斯時移居巴黎。在這些年間，康丁斯基的作品從流暢、有系統的形式演變爲幾何形式，最後變成象形符號形式。晚期的巴黎作品似乎把在慕尼黑時期的系統風格結合進包浩斯時期的幾何風格中。著作《論藝術中的精神因素》（1912）解釋了他對表現形式和色彩的理論，其中他運用聲音的特質來比擬色彩，如將黃色比作塵世上的號角聲，將藍色比作天空裡的管風琴聲。他對20世紀藝術的影響十分深厚。

Kändler, Johann Joachim＊　坎德勒（西元1706～1775年）　德國巴洛克派雕刻家。1731年他奉命改組邁森瓷器廠的製模部；從1733年起在那裡擔任主模具師直至去世。大部分是靠他的天分使邁森瓷器贏得了世界聲譽。他最著名的作品是即興喜劇小塑像，大部分在1736到1744年間完成。

喜劇丑角，即興喜劇小塑像中的邁森硬質瓷器，坎德勒做於1738年前後；現藏倫敦維多利亞和艾伯特博物館
By courtesy of the Victoria and Albert Museum, London

Kandy　康提　15世紀末期錫蘭（斯里蘭卡）重要的獨立君主國，也是最後一個被殖民勢力征服的僧伽羅人王國。康提與荷蘭人結盟逃脫了葡萄牙人的吞滅，後又尋求英國人的幫助而避免了荷蘭人的統治。1796年英國人接管了錫蘭，康提還保持獨立。1803年英國人第一次進攻康提以失敗告終；1815年康提的酋長們請求英國人來推翻他們專制的國王，而當1818年這些酋長們反叛英國人時，他們又被鎮壓了下去。

Kane, Paul　肯恩（西元1810～1871年）　愛爾蘭出生的加拿大畫家。1819年舉家遷往加拿大，多半時間在多倫多工作，但曾旅行遠至太平洋沿岸，以風景、美國印第安人、毛皮商和傳教士爲題作畫，並在1895年出版的《一位藝術家的漫遊》，將大部分成品收錄於其中。肯恩的作品有大半是肖像畫，因爲將主角的服裝和飾品詳細地描繪下來而具有高度歷史價值。他擅於創作大批人物畫，風格近似於當代歐洲的風俗畫。

Kanem-Bornu＊ 卡內姆－博爾努 非洲古帝國，位於查德湖附近。在9到19世紀期間由塞夫王朝統治。其領土在不同時期包括現在的查德南部、喀麥隆北部、奈及利亞東北部、尼日東部和利比亞的東南部。可能建於9世紀中葉，11世紀末成爲伊斯蘭教國家。由於所處的地理位置，使它成爲非洲北部、尼羅河流域以及撒哈拉沙漠以南地區之間的貿易中心。從16世紀起，卡內姆－博爾努（有時簡稱博爾努）帝國開始擴張並統一。1846年塞夫王朝滅亡。

Kang Youwei 康有爲（西元1858～1927年） 亦拼作Kang Yu-wei。中國學者，現代中國知識發展史上的關鍵人物。1895年康有爲率領數百位來自各省的考生，抗議中國在中日戰爭後對日條約的屈辱條件，同時請願要求改革以增強國力。1898年清朝皇帝發動一項改革計畫，包括調整政府組織，加強軍事作戰能力，提高地方自治，並創建北京大學的前身。結果慈禧太后取消這些變革，並處決六位革新的領導人，康有爲被迫逃離中國。在流亡期間，他反對革命，並看好藉由科學、技術和工業來重建中國。康有爲於1914年返國，並參與一項終歸失敗的皇帝復辟計畫。由於他擔憂國家分裂，導致他反對孫逸仙在中國南方所領導的政府。康有爲也以重新評價孔子聞名，他認爲孔子是一個改革者。

kangaroo 袋鼠 袋鼠科約47種澳大利亞有袋獸類的統稱。爲陸生動物，均以草爲食，大部分放養於澳大利亞平原上。一般有長而有力的後腿和足部，一條尾基粗壯的長尾衡。後腿可使它們跳躍得很高，也用來自衛；尾巴則用來平衡。頭較小，耳大而圓，毛柔軟像羊毛。母袋鼠通常每年產一仔，袋鼠幼仔在育兒袋內發育，爲時六個月，之後也常回到育兒袋內和母獸生活。灰袋鼠是最有名、也是第二大的袋鼠，可跳躍9公尺高。紅大袋鼠是最大的一種，雄袋鼠站立有1.8公尺高，重達90公斤。樹袋鼠棲息於樹上，它們在樹上攀爬，跳躍於樹枝間。人類殺死袋鼠以取用其肉和毛皮，也因爲它們與牲畜爭食糧草，數目已大爲銳減。亦請參閱wallaby、wallaroo。

灰袋鼠
Warren Garst－Tom Stack and Associates

Kangaroo Island 坎加魯島 澳大利亞南澳大利亞州的島嶼。位於阿得雷德西南方，聖文森灣的出海口處，長145公里，面積4,350平方公里。1802年英國探險家夫林德斯探查了該島，以島上有許多袋鼠而取名。尼平灣是該州的第一個殖民點（1836）。人口約2,000（1986）。

kangaroo rat 更格盧鼠 更格盧鼠科更格盧鼠屬約25種齧齒類動物的統稱。它們用後腿跳躍前進，生長在北美洲的乾旱地區。頭大，眼大，前肢短，後肢長，有在嘴旁張口的帶毛的外頰囊。體長10～16公分（不包括長尾），尾端通常有叢毛。背部爲淺黃到褐色，腹面爲白色，臀部兩側各有一條白色條紋。它們夜出覓食種子、樹葉和其他植物，把採集到的食物放在頰囊裡帶回地穴儲藏，但很少喝水。

更格盧鼠屬動物
Anthony Mercieca from Root Resources

KaNgwane＊ 卡恩格瓦尼 南非特蘭斯瓦東部以前的黑人飛地區。1977年在種族隔離政策下，爲那些不住在史瓦濟蘭的史瓦濟人設立的家園。1994年南非的憲法廢除了在這種種族隔離制度下設立的黑人飛地，現在它是姆普馬蘭加省的一部分。

Kangxi emperor 康熙皇帝（清聖祖）（西元1654～1722年） 亦拼作Kang-his emperor。清朝第二任皇帝。本名玄燁（Hsuan-yeh），是中國史上極有才能的統治者。統治的時間從1661～1722年，奠立長期的政治穩定與繁榮的基礎。在其統治下，中國與俄國簽署「尼布楚條約」，部分外蒙古的領土納入中國版圖，中國的控制權延伸至西藏。在內政方面，康熙政權興建公共工程，如修復大運河以輸運南方稻米來供應北方人口，以及疏浚黃河並築堤，以避免災情慘重的洪水氾濫。康熙多次削減賦稅，並開放四個港口與外國商船交易。雖然康熙是位新儒學的熱切擁護者，但他對耶穌會傳教士也表示歡迎，而這些傳教士的成就也讓康熙准許天主教會在中國傳教。他委託文人學者撰述許多書籍，包括《康熙字典》和明朝的正史。亦請參閱Dga'l-dan、Manchuria、Qianlong emperor。

Kaniska＊ 伽膩色伽（活動時期西元1世紀） 貴霜王朝最偉大的國王。他統治了印度次大陸的北部和阿富汗，可能還有中亞的喀什米爾北部地區。據傳於西元78到144年間在位，前後統治了二十三年。他曾召集了一次佛教會議，象徵大乘佛教的開始，因此而出名。他是一位寬容的國王，看待瑣羅亞斯德教、希臘、婆羅門諸神如同對佛陀一樣尊重。在他統治期間，王國與羅馬帝國的貿易大大增加。他在中亞與中國人的接觸可能促使了佛教傳布到中國。

Kannada language＊ 坎納達語 舊稱卡納拉語（Kanarese language）。屬達羅毗荼諸語言，是印度卡納塔克邦的官方語言。卡納塔克邦約有3,300多萬人操這種語言，另有1,100萬的印度人以它爲第二種語言。最早的文獻可溯至6世紀，書寫的字體與泰盧固字體接近。如其他主要的達羅毗荼語一樣，坎納達語有許多地域和社會方言，並標誌著正式與非正式用語之分。

Kannon 觀音 ➠ Avalokitesvara

Kano＊ 卡諾 奈及利亞北部城市。傳說創城者是加亞部落的鐵匠卡諾，他在古時候來到達拉丘陵尋找鐵礦。12世紀初，成爲豪薩人所建的卡諾王國首府。19世紀時，是一個酋長國的首府，1903年英國人奪占此地。現代的卡諾是英國主要的商業和工業中心。舊城四周有15世紀建造的厚實城牆包圍著，中央的清真寺是奈及利亞最大的清真寺。人口約674,000（1996）。

Kano school 狩野派 日本的一個宗族畫派，其畫風是在15～19世紀之間發展起來的。這個畫派主要爲將領武士們服務，包括足利幕府、織田信長、豐臣秀吉和德川幕府。在當時的城堡中當作空間分隔物的屏風和活動板面上製作的畫作風大膽，且是大規模的設計。他們把中國風的水墨畫混入多彩的大和繪（yamato-e），一些藝術家還用金葉子作背景以達到更金碧輝煌的效果。

Kanphata Yogi 乾婆陀瑜伽師 印度教內崇拜濕婆神的苦行僧。他們是喬羅迦陀的信徒，喬羅迦陀是12世紀或更早些時候的瑜伽師。他們的思想是從印度教和佛教的祕傳系統中吸收的神祕主義、巫術和煉金術的混合體。他們把注意力放在攝取超自然力而非遵循更正統的坐禪和祈禱教規。他們最特殊的地方是耳朵穿洞帶個大耳環。

Kanpur＊ 坎普爾 亦稱Cawnpore。印度北部北方邦的城市。1801年英國人占領該市，把它變成英國人的前哨站。1857年印度叛變期間，這裡成爲本土軍隊屠殺英國軍隊和平民百姓的殺戮戰場。坎普爾是印度大城市之一，爲公路和鐵路運輸中心，也是主要的商業和工業中心。教育機構包括一所大學和印度技術學院。人口約1,874,000（1991）。

Kansas 堪薩斯 美國中部一州。爲大平原的一部分，從東部的草原延伸到西部高原，海拔約915公尺。在歐洲人殖民前，坎薩人、奧薩格人、波尼人和威奇托人等印第安部族就已居住於此。第一個到堪薩斯探險的歐洲人是科羅納多，他在1541年自墨西哥北來，尋找傳說中的黃金城。1682年拉薩爾宣布這塊領土爲法國所有。1803年作爲「路易斯安那購地」的一部分，堪薩斯遂歸屬美國。19世紀初，聯邦政府重新安置了被放逐的東部印第安人到堪薩斯。1854年的「堪薩斯－內布拉斯加法」成立了堪薩斯準州，並對白人居民開放。這裡是奴隸制問題衝突的所在地，包括一次由布朗引發的衝突（參閱Bleeding Kansas）。堪薩斯於1861年成爲美國第三十四個州，鐵路的到來促使運牛市鎮的成長，德州牛仔把牛群趕到威奇托和阿比林以搭上鐵路運往各地販賣。農人在大平原上耕作，使農業變得很重要。第二次世界大戰期間和之後，飛機製造業大爲拓展，農產品也仍占優勢地位。首府托皮卡。面積213,096平方公里。人口約2,688,418（2000）。

Kansas, Bleeding ➟ Bleeding Kansas

Kansas, University of 堪薩斯大學 創於1866年的公立大學，位在勞倫斯市。設有人文及科學等學院，重要學科包括法律、工程、商學、建築、藥學。在堪薩斯市設有一座醫學中心，著名研究機構還包括生命史研究中心，以及兒童研究、環境衛生、石油回收、太空科技。現有學生人數約28,000人。

Kansas City 堪薩斯城 美國密蘇里州西部城市，濱密蘇里河。與堪薩斯州的堪薩斯城相鄰。1821年一些法國皮毛商首先在此落腳，當時稱作威斯特波特蘭丁，由於是河港，而且是聖大非小道和奧瑞岡小道的終點，因而繁榮起來。1850年設爲堪薩斯鎮，1853年建市。1889年更名堪薩斯城，以別於堪薩斯準州。它是密蘇里州第二大城市，也是一個鐵路中心，有牲畜圍場、肉類包裝和糧食儲存等設施。城內有密蘇里大學和拿撒勒會的世界總部。人口約441,000（1996）。

Kansas-Nebraska Act 堪薩斯－內布拉斯加法（西元1854年） 根據人民主權論的觀點來組織堪薩斯和內布拉斯加準州的一項立法。由參議員道格拉斯提出該法案，旨在抑制各派在奴隸制問題上的分歧。反對奴隸制的團體則批評這項法案是向親奴隸論者投降。兩派及他們的擁護者們都急於要解決堪薩斯準州的問題，導致了堪薩斯內戰的一段混亂時期。法案的通過也促使了共和黨的成立，該黨是標榜反對把奴隸制擴展到美國任何地方的政黨。

Kansas River 堪薩斯河 亦稱Kaw River。堪薩斯州東北部河流。其往東流到堪薩斯城而匯入密蘇里河。全長272公里，流域面積158,770平方公里，範圍包括堪薩斯州北部、內布拉斯加州南部及科羅拉多州的東部幾個部分。

Kant, Immanuel＊ 康德（西元1724～1804年） 德國哲學家，啓蒙運動最重要的思想家。馬具商之子，生於科尼斯堡（今俄羅斯加里寧格勒），在當地大學讀書，1755～1797年並在那裡任教。他的生活平淡無奇。康德許多作品是關於形上學（在人們的理解中是無法感受的東西）不可能存在的議論。不過，他認爲可以把形上學（在人們的理解中是預測經驗的學問）置於「科學的確定道路」上；對上帝、自由和不朽保持確定的信仰也是可能的，也真的有所需要。但是，不管這些信仰建立得多好，它們卻無法累積爲知識：憑著人類的能力，完全無法認識純概念的世界。雖然他在鉅著《純粹理性批判》（1781）中把上帝的理念、自由、不朽作爲人類永不可知的事物，因爲它們超越人類的感覺經驗，他卻在《實踐理性批判》（1788）中論述：它們是道德生活的基本假設。他的《道德形上學的基礎》（1785）是史上最重要而影響最深遠的著作之一。他最後一部偉大作品是《判斷力批判》（1790）。康德是古今最偉大的哲學家之一，他造出了笛卡兒理性主義和培根經驗主義以降的新趨向。他在知識論、道德、美學方面的綜合性和系統性工作大大影響了往後所有的哲學，特別是康德主義和觀念論各種不同的德國派別。亦請參閱analytic-synthetic distinction、metaphysics。

Kantianism＊ 康德主義 由康德創立的哲學體系，還有研究康德著作所衍生的哲學。康德主義包含了與康德同樣想要探索自然及人類知識之限制以將哲學提升至科學層次的各種哲學。康德主義的每個支派都傾向於著重自己對康德議題的選擇和解讀。1790年代，德國出現一個所謂的半康德派，他們把康德體系特徵中認爲不足、不清、甚或錯誤的部分加以修改，其中成員包括席勒、布特韋克（1766～1828）、弗里斯（1773～1843）。1790～1835年期間是後康德派觀念論者（參閱idealism）的時代。康德哲學的重大復興約始於1860年。亦請參閱Fichte, Johann Gottlieb、Hegel, Georg Wilhelm Friedrich、Neo-Kantianism、Schelling, Friedrich Wilhelm Joseph von。

Kantorovich, Leonid (Vitalyevich)＊ 坎托羅維奇（西元1912～1986年） 蘇聯數學家和經濟學家。1934～1960年在列寧格勒大學任教時，發展了線性規畫模型，成爲經濟計畫的工具。他以此種數學方法來顯示，計畫經濟中決策的劃分，終將仰賴於一個價格相對於資源的缺乏而變動的經濟體系。他對蘇聯經濟政策做非教條主義的批判性分析，常使他與那些奉行正統馬克思主義的同事們發生衝突。他最著名的作品是《經濟資源的最佳利用》（1959）。1975年他與庫普曼斯（1910～1985）由於在稀少資源的最佳分配方面所做的貢獻而共獲諾貝爾獎。

Kanuri＊ 卡努里人 非洲民族。是奈及利亞東北部博諾爾州的主要居民（四百萬），也有不少住在尼日的東南部。卡努里語是尼羅－撒哈拉諸語言中的一種。卡努里人發展了強大的博爾努帝國，16世紀時達到顚峰狀態。自11世紀起他們信仰伊斯蘭教。卡努里人的經濟基礎是種植小米作物的農業，以及與富拉尼人和阿拉伯牧人的貿易。

Kao-hsiung＊ 高雄 台灣西南部港市，人口約1,509,350人（2003年12月）。是台灣最主要的港口與重要的工業中心。明朝末年即有移民墾殖，1863年成爲通商港埠，1864年設立海關。日本占領期間（1895～1945），高雄的重要性逐漸增加，成爲主要的南北鐵路幹線的南端終點。日本人將這座城市命名爲「打狗」（Takao），並於1920年立爲市。高雄在1945年回歸中國統治。

kaolinite＊ 高嶺石 常見的一族黏土礦物，爲含水的鋁矽酸鹽，是高嶺土（瓷土）的主要成分。這族礦物包括高嶺土、迪開石、珍珠石、埃洛石和水鋁英石。它們都是長石、似長石和其他矽酸鹽的天然蝕變產物。

Kapalika and Kalamukha ＊　髑髏派和黑臉派苦行僧　8～13世紀活躍於印度的兩個講求極端苦行的印度教僧侶集團。他們是從濕婆教的一個支派分化出來的，最惡名昭彰的是他們實行人祭。他們把婆羅門和社會階級高的人士當作犧牲後，發願堅守十二年的誓願，包括以髑髏爲食器，並有裸體、吃死人肉和用骨灰塗身抹面等習俗。髑髏派的現代繼承者是阿戈羅派。

Kapila＊　迦毗羅（活動時期約西元前550年）　印度吠陀哲學的數論派的創始人。傳說他是最早的人類摩奴的後代，創世主梵天的孫子。也有人把他當作毗濕奴的化身。根據佛教的資料來源，他是一位知名的哲學家，他的學生們建立了迦毗羅，即佛陀喬答摩的出生地。他過著隱士生活，據說他的苦行僧般的生活方式使他體內積聚了巨大熱量，足以使六萬人化爲灰燼。

Kaplan, Mordecai Menahem　卡普蘭（西元1881～1983年）　立陶宛出生的美國神學家。1889年他與他的家人一起來到美國。在美國猶太教神學院受神職，並在那裡執教五十年。1916年他在紐約組織了以猶太教徒爲核心的世俗社區猶太人中心。1922年他成立了猶太教促進會，日後成爲文化重建主義的核心。他否定聖經的字面準確性，提倡上帝的新概念，試圖使猶太教適應現代世界。1935年他創辦了《文化重建主義》雜誌，還著有《視猶太教爲文明》（1934）和《沒有迷信的猶太教》（1958）。

kapok＊　木棉　從高大、生長於熱帶的絲光木棉樹（或叫木棉樹）充滿纖維的種子中取得的纖維。這種樹主要生長在亞洲和印尼。有時稱爲絲光木棉或爪哇木棉，它們不吸濕、易乾燥、彈性好並能浮於水面，故被用於救生和其他的水中安全用品。木棉也用於塡充枕頭、床墊和室內裝璜中，也用於絕緣和隔熱，並在手術中當作棉花的替代品。然而它易燃，纖維強度低而不宜紡紗。隨著泡沫橡膠、塑膠和人造纖維的發展，它的重要性已經下降。

Kapoor, Raj　卡普爾（西元1924～1988年）　印度電影演員與導演。1930年代爲孟買有聲電影公司擔任場記，且身兼布里特維劇場的演員，這兩個機構皆爲其父所有。卡普爾首次擔任要角的電影作品爲《火》（1948），他同時亦負責監製和導演工作。1950年成立自己的孟買電影工作室RK，翌年即以《浪子》（1951）躍登影星之列。卡普爾編寫、製作、導演和演出了相當多成功的電影。他在早期作品裡的形象是浪漫式的，但他最爲人所熟知的角色卻是仿卓別林的流浪漢。他的性感形象常挑戰了印度電影的傳統嚴格標準，而他所演出的電影中的歌多數都成爲流行歌曲。

Kaposi's sarcoma＊　卡波西氏肉瘤　通常是一種致命的癌症，表現爲在皮膚和其他組織上出現多個紅紫色或藍棕色的斑點。它與一種疱疹病毒有關，如何將它歸類仍在爭議中。1872年卡波西首先描述了此症。此病非常罕見，局限在地中海和非洲地區的某些族群中。約自1980年起，普遍出現在愛滋病病人之間。在男同性戀者的人類免疫不全病毒（HIV）病人中（約25%）發展最快，多於異型戀的使用靜脈注射藥物者的HIV病人（3%）。目前已有緩解的治療方法，但無法根治。

Kapp Putsch＊　卡普暴動　在德國發生的一次政變，企圖推翻剛成立的威瑪共和。其直接的起因是政府想要解散自由軍團的兩個旅。其中一個旅與柏林軍區指揮官合作，占領了柏林。德國國會的反動派人士卡普（1858～1922）與魯登道夫等人合作建立了一個政府，逼使合法的共和國政權逃往德國南部。但在四天之內，勞工聯盟發動了大罷工，公職人員也拒絕聽從卡普的命令，導致這次政變失敗。

Kara Koyunlu　黑羊王朝　亦稱Oara Qoyunlu。1375～1468年統治亞塞拜然和伊拉克的土庫曼部族聯盟。他們的第二個領袖卡拉優索福（1390～1400年和1406～1420年在位）奪取了賈拉伊爾人的首都大不里士，確保了他們的獨立。後來卡拉優索福被帖木兒的軍隊擊敗，但在1406年重新奪占了大不里士。1410年占領巴格達。1466年在與敵對的土庫曼聯盟（白羊王朝）交戰中，他的繼承人傑漢沙陣亡，1468年該王朝滅亡。

Karachi＊　喀拉蚩　巴基斯坦南部城市。位於印度河河口西北部，濱臨阿拉伯海。18世紀早期商人們來到這裡時還是個小漁村。1839年被英國人占領，到1914年成爲大英帝國的主要港口。1936年起爲信德省省會，1947～1959年也是巴基斯坦的首都。它是巴基斯坦的主要海港和重要的工商業中心。市內有喀拉蚩大學，喀拉蚩也是巴基斯坦鐵路系統的終端。人口約9,269,265（1998）。

Karadžić, Radovan＊　卡拉季奇（西元1945年～）　波士尼亞境內之塞爾維亞裔政治人物。原爲精神科醫師，並且是詩人及童書作家。1990年他參與創建「波境塞裔民主黨」，1992年宣布波境塞爾維亞爲獨立國家，卡拉季奇出任總統。在南斯拉夫總統米洛塞維奇的支持下，卡拉季奇波境塞裔軍事領袖姆拉迪奇將軍進行了一場「種族淨化」的戰役，將非塞裔人民逐出波士尼亞。1995年他被聯合國戰犯法庭起訴，1996年被迫簽下達頓和約，並辭去總統及黨魁職位。但是，對波士尼亞赫塞哥維納境內的塞裔政黨，他仍在遠離塞拉耶佛的山上遙控指揮。

Karadžić, Vuk Stefanović＊　卡拉季奇（西元1787～1864年）　塞爾維亞語言學者和民俗學者。是一位主要靠自學成材的作家。在塞爾維亞人反抗土耳其的統治失敗後，他乃流亡維也納（1813），在斯拉夫主義者柯皮塔爾的引領下進入正式的學術界。1814年他發表了一部塞爾維亞語法（參閱Serbo-Croatian language）著作，1818年出版一本字典。這兩本著作都傳播了一種革新的西里爾字母以及一種新文學語言（以塞爾維亞口語而非當時流行的文學語言爲基礎），當時流行的文學語言是把古塞爾維亞語與俄國教會的斯拉夫語混合在一起（參閱Old Church Slavonic language）。經過了幾十年的反對和爭論，復興後的塞爾維亞接受了他的改革觀點，這項改革對克羅埃西亞文字的標準化也有很強烈的影響。

Karaganda　加拉干達　亦作Qaraghandy。哈薩克中部城市。1856年始有人定居，次年開始出現小規模的採煤業。1930年代初，採礦業迅速擴張，1934年設市。現在是哈薩克第二大城，包括舊城（從二十多個煤礦居民區周圍隨意發展起來），以及新城（文化和行政中心，其中有大學、醫學院和工程技術學院）。人口約573,700（1995）。

Karageorgevic dynasty＊　卡拉喬爾傑王朝　塞爾維亞－克羅埃西亞語作Karadordevic。繼承塞爾維亞反叛領袖卡拉喬爾傑（1762～1817）的歷代統治者。19世紀時，它與奧布廉諾維奇王朝爭奪塞爾維亞的控制權，並在1842～1858年和1903～1945年期間統治塞爾維亞以及後繼的國家塞爾維亞－克羅埃西亞－斯洛維尼亞王國（後來的南斯拉夫）。亦請參閱Alexander I、Peter I、Peter II。

Karaism　卡拉派　亦作Qaraism。猶太教派別，不承認口傳律法的權威性，主張一切教義和習俗都應以希伯來《聖經》爲唯一根據。起源於8世紀的波斯，因爲阿南・本・大衛制定了一部獨立於「塔木德」之外的生活法典，故當地的追隨者被稱爲阿南派教徒。後來這些信徒採用了希伯來文qara（讀）一詞而改稱卡拉派人，以強調他們依靠個人對《聖經》的閱讀理解。這派別擴大到整個埃及和敘利亞，但信徒不多，還發生多次內部分裂。現在以色列約有一萬名卡拉派教徒。

Karajan, Herbert Von＊　卡拉揚（西元1908～1989年）　奧地利指揮家。出生於薩爾斯堡，先在莫札特音樂學院學習，然後到維也納繼續深造。他是一位鋼琴奇才，1929年在烏爾姆第一次任指揮。1933年加入納粹黨，在第三帝國中他的聲譽日隆。第二次世界大戰後，原本不再讓他擔任指揮，但到了1947年他開始與維也納愛樂樂團一起錄製唱片，先後共錄製了大約八百張唱片。由於他在納粹時代的活動而在1955年於美國首演時引起了極大的爭議。同年他繼福特萬格勒之後擔任柏林愛樂樂團的總監。從1964年起任薩爾斯堡音樂節的首席指揮直到去世。

Karak　駕洛 ➠ Kaya

Karakoram Range　喀喇崑崙山　中亞山系。從阿富汗東部到喀什米爾地區綿延480公里，是世界上最高的山系之一，最高峰是K2峰。喀喇崑崙山脈周圍都是陡峭的山峰，雖然在1978年完成了喀喇崑崙公路，改善了這個地區的交通，但還是險峻難達。由於環境險惡，少有人居住。

Karakorum＊　喀喇崑崙　古代蒙古帝國的首都。其遺址位於蒙古中央北方的鄂爾渾河上游。最早約在西元750年即有人定居此地。成吉思汗（元太祖）於1220年在此建立他的大本營。1235年成吉思汗的兒子和繼承人窩闊台興建城牆環繞這座城市，並建立宮殿。馬可波羅約於1225年造訪此地。1388年中國軍隊入侵蒙古，並摧毀了喀喇崑崙。雖然後來有部分重建，但在16世紀時遭到廢棄。

karakul＊　卡拉庫爾羊　起源於亞洲中部或西部的綿羊品種，主要爲獲取羔羊毛皮而飼養，這種羔羊皮的毛緊密捲曲，黑色而有光澤（皮草業稱之爲「波斯羔皮」）。成年卡拉庫爾羊的羊毛適合製作地毯，這種羊毛混雜了粗、細的纖維，15～25公分長，毛色從黑色到棕色和灰色不等。

Karakum Desert　卡拉庫姆沙漠　亦作Kara-Kum Desert。中亞沙漠地區。位於土庫曼，東部以阿姆河河谷爲界。可分爲三個主要區域：北部是高聳的、風蝕過的外溫古茲；中央是低地平原；東南部是一系列的鹽沼地。居民是土庫曼人，以前是遊牧民族，現在靠在裏海捕魚或飼養家畜爲生。

Karamanlis, Konstantinos＊　卡拉曼利斯（西元1907～1998年）　亦作Constantine Caramanlis。希臘首相（1955～1963）、總理（1974～1980）和總統（1980～1985、1990～1995）。第二次世界大戰後擔任過各種內閣職務（1946～1955），協助重建了被戰爭破壞的希臘經濟。1955年當選首相，他組成政府和一個新的保守黨（國民激進聯盟）。1960年他在塞浦路斯島建立一個獨立共和國，以緩解與英國、土耳其在這個島上的緊張關係。1963年辭職，隱居巴黎，直到1974年被召回擔任希臘總理。他把軍隊置於文人政權之下以恢復民主，在塞普路斯問題上避免與土耳其發生衝突，並監督通過一部加強總統權力的新憲法。1975年他舉辦公投，結果廢除了君主制。1980年他辭去總理職務，並當選總統。1981年協助希臘加入歐洲經濟共同體。1985年辭去總統職務，1990年再次當選。

karaoke＊　卡拉OK　播放歌曲的伴奏裝置，通常具有可調整的主唱音軌以供使用者帶頭唱出歌曲，亦可做爲練歌伴唱用。卡拉OK（日本語意爲「無人交響樂團」）首度出現於日本神戶的娛樂區，1970年代在商人之間蔚爲風尚，1980年代晚期在美國快速散佈。它通常設在酒吧裡，讓顧客們站在舞台上，藉由讀取螢幕上顯示的歌詞盡情表現、演唱流行歌曲。而在演唱中通常都會搭配影片。

karate　空手道　一種武藝，以拳腳或打或踢來制服攻擊者。要領是把全身力量盡可能集中於打擊點和打擊瞬間。攻擊用的部位包括手（特別是指關節和掌外側）、拇趾根、腳跟、前臂、膝和肘。在運動比賽（賽程通常約3分鐘）和業餘賽中，拳擊和腳踢都是點到爲止，由一組裁判評分。空手道在東方已有幾個世紀的歷史，到17世紀在沖繩首度形成體系。1920年代傳入日本，再從日本散播到其他國家。亦請參閱tae kwon do。

Karbala, Battle of＊　卡爾巴拉戰役（西元680年）　伍麥葉王朝第二代哈里發耶齊德一世與侯賽因・伊本・阿里兩派勢力之間的一次戰役。侯賽因應邀到庫法，準備在那裡宣布他爲哈里發，就在他路過伊拉克的卡爾巴拉鎮時，遭到巴斯拉的伍麥葉總督所派軍隊的襲擊並被殺。什葉派把這場戰役發生的日子當作哀悼侯賽因的聖日，並把他的墳墓視爲世界上最神聖的地方。亦請參閱Ali (ibn Abi Talib)、fitnah、Muawiyah I。

Kardelj, Edvard＊　卡德爾（西元1910～1979年）　南斯拉夫革命者和政治人物。1926年加入非法的共產黨組織，1930～1932年被監禁，1934年逃往蘇聯。1937年回到南斯拉夫，在第二次世界大戰中協助組織抵抗德國占領的活動，在多次黨派鬥爭中他支持狄托。1946年狄托任總理後，他起草了由蘇聯授意的憲法，並指導制定了所有後繼的憲法。他是「社會主義者自我管理」的總工程師，使南斯拉夫的政治和經濟體制都與蘇聯不同。在外交方面，他是南斯拉夫不結盟政策的先驅。

Karen＊　克倫人　緬甸南部各種不同的部落民族。從種族上來看，他們不是個統一族群，在語言、宗教和經濟等方面都有所不同。更確切地說，他們是依據對緬甸（克倫人在緬甸是第二大少數民族）的政治統治所共有的不信任感來劃歸他們的種族，這是他們從緬甸（1948）獨立以來一直堅持的一點。

Karisimbi, Mt.＊　卡里辛比山　非洲中東部維龍加山脈的山峰，也是最高峰，海拔4,507公尺，位於盧安達和剛果民主共和國（前薩伊）之間的邊界處，在維龍加國家公園內。這裡是大猩猩的棲息地，並以生長奇異的植物而聞名。

Karkar　甲加　亦作Qarqar。敘利亞西部奧龍特斯河河畔的古代城堡。爲一戰略前哨，西元前853年遭亞述人攻擊。大馬士革的本・哈達德一世領導的阿拉米人和他們的盟軍（包括以色列國王亞哈）曾一起據守此地。西元前720年亞述的薩爾貢二世占領並焚毀了甲加。

Karl Franz Josef ➠ Charles I（奧地利）

Karl-Marx-Stadt　卡爾・馬克思城 ➠ Chemnitz

Karlfeldt, Erik Axel＊　卡爾弗爾特（西元1864～1931年）　瑞典詩人。他與農村家鄉農民文化的緊密聯繫對他的寫作生涯影響極大。他的地方性和以民間傳說爲基礎的詩作極受讀者歡迎，有些用英語發表在《北方世外桃源》（1938）中。1904年被選入瑞典學院，1912年擔任瑞典學院的終身職秘書。1918年拒絕領取諾貝爾文學獎，但在他去世後仍把獎頒給了他（1931）。

Karloff, Boris　卡洛夫（西元1887～1969年）　原名William Henry Pratt。出生英國的美國演員。1909年從英格蘭移民加拿大，在前往好萊塢發展前，跟著一家巡迴劇團四處表演，1919年起在好萊塢一些電影公司飾演小角色。他主演的第一部好萊塢經典恐怖片《科學怪人》（1931，惠爾導演），因演技精湛而一夕成名。一生演出過一百多部電影，特別是在如《木乃伊》（1932）、《傅滿州的面具》（1932）、《科學怪人的新娘》（1935）和《科學怪人的兒子》（1939）等恐怖片中擔綱，使人一想到恐怖片就會聯想到他。後來重返百老匯舞台，演出《老處女與毒藥》（1941）和在《彼得・潘》（或《小飛俠》，1950）中飾演虎克船長，佳評如潮。

卡洛夫
AP/Wide World Photos

Karlovy Vary＊　卡羅維發利　德語作卡爾斯巴德（Karlsbad或Carlsbad）。捷克共和國西部城市（1994年人口約55,900）。爲富有帶硫化物的礦泉療養勝地，1358年由神聖羅馬皇帝查理四世在此開發溫泉。1819年的卡爾斯巴德決議是在這裡起草的。

Karlowitz, Treaty of＊　卡爾洛夫奇條約（西元1699年）　結束1683～1699年鄂圖曼帝國與神聖同盟（奧地利、波蘭、威尼斯和俄國）之間敵對狀態的和約。在貝爾格勒附近的卡爾洛夫奇（今斯雷姆斯基卡爾洛夫奇）簽約，從而大大削弱土耳其在東歐的勢力，使奧地利成爲這一地區的霸主。奧地利獲得匈牙利、特蘭西瓦尼亞、克羅埃西亞和斯洛維尼亞。威尼斯獲得達爾馬提亞的大部分。波蘭獲得波多利亞和烏克蘭部分土地。土俄兩國則締結一項兩年停戰協定，但在1700年又簽訂一項條約，土耳其將亞速割予俄國，1711年土耳其又收回亞速。

karma　業　印度哲學中，指一個人的過去行爲對他的未來或轉世的影響。「業」所依據的信念是：今生只是生命鎖鏈（即輪迴）中的一環。一個人一生累積的道德能量可決定來生的性格、階級和氣質。這個過程是自動的，不受神的干預。在生命輪迴中，一個人可以改善自己，直至達到梵天的地位；否則貶損自己，以致轉生爲動物。「業」的觀念來自印度教，也融入佛教和耆那教中。

Karma-pa　噶瑪派 ➠ Dge-lugs-pa

Kármán, Theodore von＊　卡門（西元1881～1963年）　匈牙利出生的美國工程師。1912～1930年在德國亞琛航空學院任院長，後來移民美國，執教於加州理工學院（1930～1944），1951～1963年帶領了北大西洋公約組織（NATO）的「航空研究和發展顧問團」。他在航空和航太領域的先驅性工作包括了對流體力學、湍流理論、超音速飛行、工程數學以及飛機結構等方面都作出了重要的貢獻。他的噴射輔助起飛（JATO）火箭是現今遠程火箭所用的發動機的原型。他的貢獻有：第一次用固體和液體燃料推進的火箭來幫助美國飛機起飛；單獨使用火箭推進器的飛機；開發自動點火的液體燃料推進器（後來成爲「阿波羅號」的組成部分）。1963年他榮獲美國第一枚國家科學獎章。

Karnak　凱爾奈克　上埃及的村落，指尼羅河東岸底比斯（西元前3200?年）遺址的北半部。在這裡的許多宗教建築中有埃及最大的神廟阿蒙廟。阿蒙廟是個神廟建築群，曾經擴建和改建多次，反映了埃及帝國的盛衰起伏。塔門不下十座，由庭院和廳堂隔開。最驚人的特色是由拉美西斯一世（西元前14世紀）所建的巨大的多柱廳，面積達4,850平方公尺。有十四根24公尺高的巨柱，把大廳中間部位的天花板抬高而形成高側窗。

Karnali River ➠ Ghaghara River

Karnataka＊　卡納塔克　舊稱邁索爾（Mysore）。印度西南部一邦（1994年人口約48,150,000）。濱阿拉伯海，範圍包括德干高原南部的高原地區和西高止山脈丘陵地區。古時爲印度一系列王朝所統治，直到1831年英國人取得了控制權。1881年邁索爾回歸本地人統治，爲一王公邦國。1973年更名爲Karnataka（意爲「高聳的土地」）。現在約有80%的人口從事農業。沿海平原種植稻米和甘蔗，丘陵地區則種植咖啡和茶樹。人口中大部分是達羅毗荼人，廣泛通行的語言是坎納達語。首府是班加羅爾。面積191,791平方公里。

Karo, Joseph ben Ephraim＊　卡洛（西元1488～1575年）　西班牙出生的猶太學者。1492年當猶太人被逐出西班牙時，卡洛和他的父母移居土耳其。1536年前後他又遷往巴勒斯坦的釆法特，他在那裡研究「塔木德」，並系統整理了後塔木德時期作家們撰寫的大量資料。他是猶太教律法最後一本編纂巨著《約瑟之家》的作者，後來再編寫成簡明通俗的《布就筵席》，仍是正統猶太教的權威之作。

Károlyi, Mihály, Count＊　卡羅伊（西元1875～1955年）　匈牙利政治家。貴族富家出身，1910年進入國會，試圖在一個保守的國家裡推動激進的思想，他提倡普選、與匈牙利的非馬札兒人妥協，以及與德國以外的其他國家建立友好關係等政策。第一次世界大戰以後他擔任首相（1918～1919），試圖從同盟國那裡得到有利的和平解決條件，但失敗了。1919年在短暫的匈牙利共和國當了兩個月的總統後辭職，由庫恩接替。他流亡國外，1946年回到匈牙利。1947～1949年任駐巴黎大使。

Karpov, Anatoly (Yevgenyevich)＊　卡爾波夫（西元1951年～）　俄羅斯西洋棋大師。爲小神童，四歲開始學棋。1975年世界冠軍賽時，費施爾要求他依照其條件比賽未果而拒賽，卡爾波夫於是成爲世界冠軍。1984～1985年期間與卡斯帕洛夫的對抗賽中（48場比賽）他保住了冠軍頭銜，但後來在1985年輸給了卡斯帕洛夫。1993年由於卡斯帕洛夫組織了一個新的西洋棋聯合會而被取消了冠軍頭銜，卡爾波夫又重獲冠軍寶座。1999年拒絕參加在內華達州的拉斯維加斯舉行的世界冠軍淘汰賽，當時由俄國的哈里夫曼贏得冠軍。

卡門
By courtesy of the California Institute of Technology, Pasadena

Karsavina, Tamara (Platonovna)＊　卡爾薩溫娜（西元1885～1978年）　俄羅斯出生的英國芭蕾舞者。1909～1922年擔任俄羅斯芭蕾舞團的首席舞者，頗享聲譽。曾在聖彼得堡的皇家芭蕾舞學校接受訓練，1902年加入馬林斯基劇院劇團。1909年加入剛成立的俄羅斯芭蕾舞團，與尼金斯基搭檔演出至1913年，在福金的新浪漫派舞劇中扮演了大部分的主要角色，其中包括《仙女們》、《狂歡節》、《玫瑰花魂》、《火鳥》、《達菲尼與克羅埃》等。後來定居倫敦，曾協助創建了皇家舞蹈學校（1920）和卡瑪戈學會（1930），還指導過芳婷。

Karsh, Yousuf　卡什（西元1908年～）　土耳其出生的加拿大攝影家。他是住在土耳其的亞美尼亞人，在那裡受到迫害，十六歲移民加拿大，投奔他的攝影師叔叔。1928～1931年爲波斯頓的一個人像攝影師所聘，後來回到加拿大，不久就在渥太華開辦了自己的照相館。1935年被派任爲加拿大政府官方人像攝影師。卡什爲邱吉爾所拍的肖像（1941）使他名聞國際。「渥太華的卡什」繼續爲很多的世界名人拍攝肖像，其中包括皇室成員、政治家、藝術家和作家等。他用光細緻精巧，拍出的人像維妙維肖，十分理想化。

卡什，自攝於1988年
© 1988 Karsh of Ottawa/Woodfin Camp & Assoc.

Karter　卡爾特爾（活動時期西元3世紀）　亦稱Kartir。瑣羅亞斯德教的高級教士。在幾代波斯國王的保護下，他恢復了瑣羅亞斯德教的純潔性，並整肅國內其他所有的宗教。他的主要對手是摩尼教的創始者先知摩尼。在卡爾特爾的挑唆下，摩尼被關進了監獄，最終死於獄中。卡爾特爾死後，波斯又逐漸恢復了對宗教的寬容政策。

karting　小型賽車運動　駕駛一種叫做卡丁車（kart或GoKart）的骨架式後引擎的小型汽車，或用這種汽車競賽的活動。這種運動起源於1950年代的美國，當時出現了第一輛用廢棄的割草機零件組裝成的卡丁車。之後在歐洲發展爲國際性的體育運動。時速常超過160公里。

Karun River＊　卡倫河　伊朗西南部河流。爲阿拉伯河的支流，源出巴赫蒂亞里山脈，在山區蜿蜒穿行，全長829公里。986年開挖的哈發爾水道改變了它的河道，引起伊朗和鄂圖曼帝國之間的邊界糾紛。1847年訂立條約，伊朗獲得這段水路的航權。

卡倫河上的水壩
Dennis Briskin－Tom Stack & Associates

Kasai River＊　開賽河　非洲中部河流。爲剛果河主要的南部支流，從在安哥拉的源頭算起，到與剛果河匯合爲止，共長2,153公里。上游向東流400公里，然後折向北，構成安哥拉與剛果民主共和國（前薩伊）之間的邊界。河北段不能通航，但從金夏沙到伊萊博這一段的水上運輸十分繁忙。與寬果河匯合後就稱爲夸（Kwa）河。

Kasanje＊　卡桑傑　非洲歷史上的一個王國，位於現今安哥拉境內寬果河上游。1620年由來自隆達的一個族群所創建，這些人被稱爲因班加拉人。到17世紀中期，它與內陸諸國以及葡萄牙商人的貿易往來已十分密切。其對內陸的葡萄牙－非洲貿易的壟斷地位一直保持到1850年，當時奧文本杜人打開了別的通路和市場。1910～1911年間被葡萄牙占領，被併入葡萄牙所屬的安哥拉。

Kasavubu, Joseph＊　卡薩武布（西元1910?～1969年）　獨立的剛果共和國（後來的薩伊）的第一任總統（1960～1965）。在同意到盧蒙巴的政府擔任總統之前，曾擔任過各種行政職務。獨立後沒幾天，沖伯領導的喀坦加省就鬧分裂，卡薩武布支持沖伯，與蒙博托一起罷黜了盧蒙巴。四年後，卡薩武布與沖伯決裂，蒙博托乘機掌握了政權。

卡薩武布
AP/Wide World Photos

Kashmir　喀什米爾　印度次大陸西北部一個地區。東北和東部與中國接壤，南與印度相連，西與巴基斯坦爲鄰，西北與阿富汗交界。該區多山，其中包括喀喇崑崙山脈的K2峰和其他山峰。自1947年印度分治以來，該地區成爲印度和巴基斯坦之間的爭議地區。北部和西部地區被巴基斯坦占據，印度控制了大部分領土，南部和東南部地區組成查謨和喀什米爾邦。此外，中國自1962年以來占據了東北部地區。

kashruth＊　飲食教規　猶太教關於飲食的規定，一方面禁止食用某些食物，另一方面規定用特殊方法處理某些食物。飲食禁忌多見於《舊約》中的〈利未記〉、〈申命記〉、〈創世記〉和〈出埃及記〉。概略地講，謹守飲食教規的猶太人的飲食範圍，在魚類爲有翅有鱗者，在鳥類有分別規定，在肉類則爲反芻分蹄者。可食用的鳥獸魚等必須按教禮屠宰，否則不宜食用。動物的血不可食，因此按教禮屠宰後，須經過浸泡和鹽漬以清除血液。在食用和烹飪方面，都必須把肉食與乳類嚴格分離。對於蔬菜和水果沒有禁忌。極端正統派猶太教徒不飲有非猶太人參加釀造的酒。過逾越節時食物不得含有酵母。

Kaskaskia River＊　卡斯卡斯基亞河　美國伊利諾州河流。源出厄巴納附近，流向西南，最後注入密西西比河，全長515公里。卡斯卡斯基亞村位於此河與密西西比河的匯合處附近，距離1703年由耶穌會傳教士所建的一個小鎮不遠。1809年爲伊利諾準州首府，1818～1820年成爲伊利諾州首府。曾遭遇數次洪災的嚴重侵害。

Kasparov, Garry＊　卡斯帕洛夫（西元1963年～）　俄羅斯西洋棋大師。出生於亞塞拜然巴庫，十七歲就成爲國際大師級人物。1984～1985年在一次48場對抗賽中敗給了當時的世界冠軍卡爾波夫，後來在1985年捲土重來，奪得冠軍寶座。1993年他因組織了一個新的西洋棋聯合會而被取消了冠軍頭銜。1996年卡斯帕洛夫在一場引起全世界注意的比賽中擊敗IBM公司所設計名爲「深藍」的強力西洋棋電腦。1997年與「深藍」再次交手，但這次「深藍」已升級，結果電腦獲勝。2000年時，卡斯帕洛夫在一次16場冠軍賽中敗給了俄羅斯棋手克拉姆尼克。

Katagum＊　卡塔古姆　奈及利亞北部世襲酋長國。1903年該酋長國成爲英國統治下的卡塔古姆省一部分，其首府所在地亦稱卡塔古姆，1916年轉屬阿札雷世襲酋長國。1926年該酋長國成爲包奇州一部分。

Kathiawar＊　卡提阿瓦半島　印度中西部古吉拉特邦西南部半島。面積60,000平方公里，西南部濱臨阿拉伯海。

石器時代即有人在此定居，西元前第三到第二千紀時，哈拉潘人居住於此。曾被許多大王朝統治過，第一個是西元前3世紀的孔雀帝國。13世紀時這塊地區受穆斯林的控制，16世紀變成蒙兀兒帝國的一部分。1820年後，有許多它的小王公封地都成爲英國的保護國。1960年成爲古吉拉特邦的一部分，半島上的一座國家公園裡有印度僅存的野獅。

Kathmandu　加德滿都　亦稱Katmandu。尼泊爾首都。鄰近巴格馬蒂河與維什努馬蒂河的交匯處，海拔1,324公尺，建於723年。它的名字與一座寺廟有關（kath指「木頭」，mandir指「寺廟」），據說是在1596年用一棵樹的木頭建成的。1768年起成爲廓爾喀人統治家族的所在地。該市是尼泊爾最重要的實業和商業中心，設有特里布萬大學。人口約535,000（1993）。

Katmai National Park and Preserve＊　卡特邁國家公園和保護區　美國阿拉斯加州西南部國家公園，位於阿拉斯加半島頂端。面積1,655,000公頃。1912年諾瓦拉普塔火山噴發後，於1918年宣布成立卡特邁國家紀念區。那次火山噴發將山谷變爲滿目瘡痍的萬煙谷，火山口後來形成火口湖。公園內野生動物種類繁多，包括爲數甚多的棕熊和灰熊。

Katowice＊　卡托維治　波蘭中南部城市。位於上西里西亞煤田的中央，1598年就有人定居。1865年因開始採煤而設市。1922年成爲波蘭的一部分，此後與周圍的村莊合併。該市是採礦和重工業的中心，也是個重要的鐵路樞紐。人口約354,000（1996）。

Katsina＊　卡齊納　奈及利亞北部城市。可能建於1100年前後，是最早的豪薩諸邦之一——卡齊納王國的首都，也是古代的一個學術中心。該市的富拉尼人埃米爾保持世襲和顧問的地位。卡齊納是當地農產品的市場，也是傳統手工藝和工業的中心。人口約207,000（1996）。

Katsura Imperial Villa＊　桂離宮　位於日本京都西南郊的一組建築物（1620～1624年建）。結合了平安時代的風格與由茶道激發的建築革新理念，是個傑出的嘗試。精心鋪設的曲折小徑在花園中穿梭，連接著各個中心結構，花園裡點綴著各式小亭和茶室，在那裡可以欣賞那些精緻如畫的景觀。景區中的主要建築包括三個典型的書院造風格的銜接成套結構。

Kattegat　卡特加特海峽　在瑞典和丹麥日德蘭之間的北海海灣。最大寬度爲142公里，與北海和黑海相連。沿岸的主要港口有瑞典的哥特堡和哈爾姆斯塔德以及丹麥的阿爾胡斯。它是一個重要的貿易航道和避暑勝地。

katydid　樹螽　螽斯科數個亞科的昆蟲，具有長的觸角。樹螽一般爲綠色，帶長翅，生活在樹上、灌木叢或草叢裡，許多品種長得與樹葉相像。它們的跳躍能力很強，許多品種不會飛，只是在跳躍時振動翅膀。主要以植物爲食，有一些也吃其他的昆蟲。北美洲東部的眞正樹螽被認爲是最好的歌手。每個品種都有自己的重復的歌聲，但只在夜間鳴叫。

叉尾灌叢樹螽（Scudderia furcata）
E. S. Ross

Katyn Massacre＊　卡廷屠殺案　第二次世界大戰中，蘇聯對波蘭軍官的集體處決事件。1939年「德蘇互不侵犯條約」簽定後，德國打敗波蘭，蘇聯軍占領了波蘭東部，扣留了數以千計的波蘭軍人。1941年德軍入侵蘇聯後，波蘭流亡政府同意與蘇聯合作共同對抗德國，組織這支新軍隊的波蘭將軍要求把被拘留的波蘭人交給他來指揮，但卻找不到他們。1943年德國在俄羅斯西部的卡廷樹林裡發現了大批墳墓，挖出了4,000多具屍體，後來確認是波蘭軍官。蘇聯宣稱是入侵的德軍殺害了他們，但拒絕波蘭所提的委請紅十字會調查的要求，於是兩國中斷了外交關係。1992年政府公布了證明蘇聯祕密警察應對這次屠殺事件負責的文件。

Kauffmann, (Maria Anna) Angelica (Catharina)＊　考夫曼（西元1741～1807年）　出生於瑞士的義大利畫家。自幼在義大利學習藝術，表現十分早熟。1766年她的朋友雷諾茲把她帶到倫敦，她與如亞當之類的建築師一起做裝飾工作，因而聞名。考夫曼的田園式構圖中結合了對男神和女神優美和雅致的描繪，雖然她的畫在色調和手法上是洛可可式的，然而她所畫的人物卻都是新古典主義的。其女性坐姿肖像畫是她絕佳作品中的一種。她與畫家祖基（1726～1795）結婚後，於1781年返回義大利。

考夫曼自畫像，現藏柏林國立博物館
By courtesy of the Staatliche Museen Preussischer Kulturbesitz Gemaldegalerie, Berlin-Art Resource

Kaufman, George S(imon)　考夫曼（西元1889～1961年）　美國劇作家和新聞工作者。1917～1930年間擔任《紐約時報》戲劇評論員。以機智和諷刺的批判聞名，他與一些作家合寫了多部劇作。如與康內利合寫的《達爾西》（1921）、《電影界的默頓》（1922）、《馬背上的乞丐》（1924）。與賴斯金德（1895～1985）爲蓋希文的音樂劇《我爲你歌唱》（1931，獲普立茲獎）所合寫的書；與費勃合寫的《皇室家族》（1927）、《八點鐘的晚餐》（1932）和《土地是光明的》（1941）；以及與哈特合寫的劇本，如《一生只有一次》（1930）、《你不能拿走》（1936，獲普立茲獎）和《來赴宴的人》（1939）。馬克斯兄弟的電影《椰子》和《動物餅乾》即是根據他與別人合編的劇本拍攝的。

Kaunas＊　考納斯　俄語作Kovno。立陶宛南部城市。1030年在此地建城堡，在第三次瓜分波蘭後，1795年劃歸給俄國。1920～1940年爲獨立的立陶宛首都，然後又被蘇聯兼併。在舊城中還保留著許多歷史建築。該市除了是重要的工業中心外，還是一個教育和文化中心，設有工程技術、醫學和農業等學院。人口約411,000（1996）。

Kaunda, Kenneth (David)＊　卡翁達（西元1924年～）　尚比亞政治人物，領導尚比亞獨立，並擔任該國總統三十年（1961～1991）。他在1959～1960年的運動中表現傑出，成功地阻止了英國建立一個南羅得西亞、北羅得西亞和尼亞薩蘭聯邦。當選爲獨立的尚比亞第一任總統後，在1960年代末協助避免了一場內戰的發生，但也強制推行一黨專政。1970年代起，領導非洲南部其他各國反對羅得西亞和南非的白人少數政府。他增加了尚比亞對銅的出口和國外援助的依賴，這些政策使得尚比亞越發貧困，失業增加，農業、

卡翁達
Camera Press

教育和其他社會服務日漸衰退。1980年代初，幾起試圖顛覆他的政變均被敉平。1990年被迫給予反對黨以合法地位，1991年在選舉中敗北而下台。

Kaunitz, Wenzel Anton von＊　考尼茨（西元1711～1794年）　後稱Fürst (Prince) von Kaunitz-Rietberg。奧地利國務大臣（1753～1792）。1740年他進人奧地利外交界，負責哈布斯堡君主國的對外政策，並爲瑪麗亞·特蕾西亞和她的繼承人服務。1748年他代表奧地利到艾克斯拉沙佩勒出席和談會議，1750～1752年任駐巴黎大使。一生敵視普魯士，他在七年戰爭期間設法拆散奧地利的同盟，拉攏了與法國、俄國的關係，以孤立普魯士。法國大革命使他所建立的聯盟體系告終，1792年辭職下台。

Kautsky, Karl＊　考茨基（西元1854～1938年）　德國馬克思主義理論家和領導人。他是「愛爾福特綱領」的起草人，1891年德國的社會民主黨採用這個綱領，使該黨被視爲是既反對盧森堡的激進主義，又反對伯恩施坦的修正社會主義的馬克思主義修正派。1883年創立並主編了馬克思主義的評論刊物《新時代》，在歐洲各大城市發行直到1917年。他還寫了幾本關於馬克思的學說以及有關摩爾的書。後來加入獨立社會民主黨以反對第一次世界大戰。

kava　卡瓦酒　亦稱kava kava。一種不含酒精、黃綠色、帶點苦味的飲料，以南太平洋多數島嶼所產的胡椒樹（主要是卡瓦胡椒）的根爲原料製成。傳統上在舉行卡瓦慶典時喝這種飲料，慶典包括調製和飲用卡瓦酒的儀式和宴會。卡瓦酒可以緩解緊張和焦慮，還可以提神。

Kavaratti Island＊　卡瓦拉第島　拉卡夫群島之一島。位於阿拉伯海，南印度克拉拉岸外海，長3.5哩（5.6公里），最大寬度0.75哩（1.2公里），它唯一的城鎮卡瓦拉第（1991年人口9,000）是印度領地拉克沙群島的行政中心。這個城鎮以其清眞寺精雕的廊柱與寺頂著稱。

Kaveri River＊　高韋里河　亦作Cauvery River。印度南部河流。源出喀拉拉北部，往東南流，最後注入孟加拉灣，長約765公里。在卡納塔克邦邊境形成錫沃瑟穆德勒姆島，兩邊是高韋里瀑布群，落差約有515公尺。該河是廣大的灌溉水源，也是印度的聖河之一。

Kaw River ➠ Kansas River

Kawabata Yasunari＊　川端康成（西元1899～1972年）　日本小說家。他的寫作風格反映出古代日本的散文形式，受到第一次世界大戰後法國文學潮流如達達主義和表現主義的影響。最著名的小說是《雪國》（1948），描寫一個可憐藝妓的故事。另外的重要作品（1952年一起發表）有《千羽鶴》和《山之音》。在他成熟期的許多作品中籠罩著的孤獨感和死亡陰影可能源自他從小就失去所有的親人。1968年獲諾貝爾獎。死於自殺。

Kawasaki＊　川崎　日本本州港口城市。濱東京灣，位於東京和橫濱之間。在第二次世界大戰中幾乎完全被毀，戰後已重建。現爲機械製造和化學工業的主要中心，還有一些造船設施。市內有一座12世紀的佛寺。人口1,203,000（1995）。

Kawatake Mokuami＊　河竹默阿彌（西元1816～1893年）　原名吉村芳三郎（Yoshimura Yoshisaburo）。日本劇作家。他師從歌舞伎劇作家鶴屋南北五世，後來成爲河原崎劇院的主要劇作家（1843）。以寫普通人生活的「市民劇」和寫盜賊生活的「白浪物」劇著稱。1868年後他改寫歷史劇，強調史實的正確性。他還開創了一種新的市民劇，描寫明治時代初期社會的現代化和西方化。1881年退休，但繼續寫舞劇。一生寫有360多部劇本，作品占了目前歌舞伎庫存劇目的半數。

Kay, Alan　凱伊（西元1940年～）　美國電腦科學家。生於麻薩諸塞州春田市，猶他大學博士。1972年加入全錄公司的帕洛亞托研究中心，並繼續研究第一種物件導向程式設計語言（名爲Smalltalk）作爲教育應用。在乙太網路、雷射印表機與主從架構的發展都有所貢獻。1983年離開全錄，1984年成爲蘋果電腦的一員。他設計的圖形使用者界面用於蘋果的麥金塔，後來用於微軟的視窗作業系統。

Kay, John　凱（西元1704～1764?年）　英國機械師和工程師。1733年獲得「新的鬆毛梳毛機」的專利，其中還包括他的飛梭，是邁向自動紡織的重要一步。凱的發明大大增加了紗的消費量，從而刺激了紡紗機（包括珍妮紡紗機和走錠紡紗機）的發明，而眞正的重要性在被動力織布機採用後才顯現出來。

Kay, Ulysses (Simpson)　凱（西元1917～1995年）　美國作曲家。他是短號演奏家奧利弗的侄子。自幼就是全能的音樂家。在就讀亞利桑那大學時，史替爾鼓勵他成爲作曲家，於是他就到伊士曼音樂學院和耶魯大學（師事作曲家亨德密特）攻讀音樂。後來主要在紐約市立大學任教，以教學優秀聞名。他的音樂在風格上是新古典主義的，特點卻是溫馨而充滿活力。他多次得獎，大多數是管弦樂和合唱方面的，包括五部歌劇和幾部電影、電視的配樂。

Kaya　伽倻　亦作Karak。日語作任那（Mimana）。西元3世紀在朝鮮南部形成的部落聯盟，直到6世紀才被新羅征服。據說伽倻人與比他們更早一或兩個世紀從朝鮮跨海到日本來的那些部落有關，而且在他們與近鄰新羅、百濟的世仇鬥爭中，伽倻人常求助於日本。伽倻人還發明了一種獨特的樂器，即帶十二根弦的伽琴。

kayak＊　海豹皮船　一種獨木舟，除艉艄（划槳者座位）外，其餘均密封。船的頭尾呈尖形，無龍骨。槳手面向前方，手握雙葉槳，雙葉交替地插入兩邊的水中。通常只供一人乘坐，也可以設計成供二或三人使用。愛斯基摩人傳統上用它來捕魚和狩獵，他們把海豹或其他動物的皮張鋪在浮木或鯨骨的骨架上，然後在皮上塗以動物脂肪來防水。槳手穿有一種折疊型保護物，當船翻轉時能恢復平穩而不會進水。現在的海豹皮船通常是用塑膠或玻璃纖維模壓製成，廣泛用於娛樂活動。

Kaye, Danny　丹尼凱（西元1913～1987年）　原名David Daniel Kominski。美國演員和喜劇明星。出生於紐約市，十三歲起就在卡茲奇娛樂場擔任跑龍套角色的喜劇演員，後來在各地歌舞雜耍表演和夜總會中演出。在這段時期發展了具有個人特色的默劇、連珠炮似的而無甚意義的歌曲，以及滑稽的肢體動作。丹尼凱在百老匯舞台上很快的成功，以《草帽歌舞劇》（1939）及《黑暗中的女人》（1940）爲始。銀幕處女作是《準備作戰》（1944），隨後主演《華特米提的祕密生活》（1947）、《巡按大人》（1949）、《安徒生傳》（1952）和《白色聖誕》（1954）。1963～1967年丹尼凱主持電視綜藝節目《丹尼凱秀》。他所表演的大部分喜劇資料是由他的妻子希爾維亞·法恩所寫的。

Kaysone Phomvihan＊　凱宋（西元1920～1992年）　寮國革命家，後來擔任寮國總理（1975～1991）及總統（1991～1992）。母親是寮國人，父親是越南人。凱宋在越南河內攻讀法律學位時，曾與胡志明會面，後來返回寮國，擔任寮國戰線黨主席，從事反對法國干政的革命活動。1975年寮國戰線黨推翻六百年傳統的寮國王室統治，成立人民民主共和國政體，凱宋出任總理，仍與越南保持緊密關係，拒不接受西方影響。直至冷戰結束，寮國才放棄孤立，開始尋求法國與日本的經濟援助。凱宋出任總統後，開始放鬆政府高壓統治，並釋放大部分的政治犯。

Kazakhstan 哈薩克 正式名稱哈薩克共和國（Republic of Kazakhstan）。亞洲中西部國家。面積2,717,300平方公里。人口約14,868,000（2001）。首都：阿斯塔納。人民以操土耳其語的原始住民哈薩克人爲主，約占總人口的1/2；其他還有同數的俄羅斯人和少數德國人、烏克蘭人住在那裡。語言：哈薩克語（官方語）和俄語。宗教：伊斯蘭教（遜尼派）。貨幣：鄧吉（T）。哈薩克的地勢從西部和中部的草原及沙漠，逐漸向東南部沿著塔吉克和中國邊界的高山升高。最高點是汗騰格里峰，海拔6,995公尺。爲密集農業形式，但大部分地區都用來畜牧，綿羊和山羊是主要牲畜。製造業包括鑄鐵和軋製鋼；採礦和鑽油亦很重要。政府形式爲共和國，兩院制。國家元首暨政府首腦是總統，由總理輔佐。哈薩克的國名得自其早期的住民哈薩克人，13世紀是受蒙古人統治。哈薩克人在15～16世紀建立了一游牧帝國。19世紀中期起受俄國的統治，後成爲蘇聯在1920年成立的吉爾吉斯自治共和國的一部分，1925年更名爲哈薩克自治共和國。1991年蘇聯瓦解後獨立，在1990年代努力穩定其經濟。

Kazan＊ 喀山 俄國西部韃靼共和國的首府。位於窩瓦河與卡贊卡河的匯合處，由金帳汗國的蒙古人在13世紀建立，15世紀時成爲獨立汗國的首府。1552年，伊凡四世占領了喀山並征服了汗國。這個城市在一場叛亂（1773～1774）中被焚毀，重建後它成長爲一個重要的貿易中心。到了1900年，喀山成爲俄國主要的製造業城市之一。人口約1,100,000（1996）。

Kazan, Elia＊ 伊力卡山（西元1909～2003年） 原名Elia Kazanjoglous。希臘出生的美國舞台劇和電影導演。四歲時隨家人移民美國。1932～1939年爲同仁劇團演員，他以《千鈞一髮》（1942）、《我所有的兒子們》（1947）、《慾望街車》（1947，1951年改編成電影）、《推銷員之死》（1949）、《熱錫皮屋頂上的貓》（1952）、《J.B.》（1958，獲東尼獎）、《春濃滿樓情痴狂》（1959）等劇成爲百老匯著名的導演。1947年與人成立演員工作室。他的電影以其自然主義風格而受到讚美，包括了《長在布魯克林的樹》（1945）、《君子協定》（1947，獲奧斯卡獎）、《岸上風雲》（1954，獲奧斯卡獎）和《天倫夢覺》（1955）。因1950年代初期，與非美活動委員會的合作受到嚴厲的攻擊，1999年獲奧斯卡終身成就獎的殊榮。

Kazan River＊ 卡山河 加拿大中部河流。發源於紐納武特，流經數個湖泊，最後經過455哩（732公里）長的河道注入貝克湖。它是北大荒最主要的溪流之一，此地是哈得遜灣西北的一個區域，此區只有無樹的平原，平原上有許多的沼澤和湖泊。

Kazantzákis, Níkos＊ 卡山札基斯（西元1885～1957年） 希臘作家。他攻讀法律和哲學，廣泛遊走各地，第二次世界大戰後定居在埃伊納島。最著名的是他那些被翻譯成多種文字的小說，包括《希臘左巴》（1946, 1964年改編成電影）、《基督再上十字架》（1954）和《基督最後的誘惑》（1955, 1988年改編成電影）。他的作品還包括散文、遊記、悲劇以及像但丁的《神曲》和歌德的《浮士德》等的翻譯本。他也寫抒情詩和史詩《奧德賽：現代續篇》（1938），是荷馬史詩的續篇。

Kazembe＊ 卡曾貝 中非隆達帝國最大也是組織得最好的王國（參閱Luba-Lunda states）。卡曾貝在它權力的高峰時期（1800?），曾占領了大片領土，包括現在的剛果民主共和國（薩伊）的薩巴地區和尚比亞的北部地區。1740年左右由來自隆達西部的探險者們建立，通過兼併鄰國的領土而變得強大起來，成爲非洲內陸與葡萄牙人和阿拉伯人在東海岸地區的重要貿易中心。1850年開始內戰，1890年前後該王國被毀。

Kazin, Alfred＊ 卡津（西元1915～1998年） 美國文學評論家。入紐約市立大學學習。他對現代美國文學總括性的歷史研究產物《植根故土》（1942）使他一舉成名。他的許多評論文章都出現在《黨派評論》、《新共和國》和《紐約客》上。他寫的書有《始於1930年代》（1965）、《描寫生活的光輝著作》（1973）、《紐約的猶太人》（1978）、《美國隊列》（1984）、《美國作家》（1988）和《上帝與美國作家》（1997）。

Kazvin ➡ Qazvin

kea＊ 啄羊鸚鵡 啄羊鸚鵡亞科的一種大型的、粗壯的鸚鵡，學名爲Nestor notabilis，產於紐西蘭。它有時會攻擊綿羊去吃它腎臟附近的脂肪。生活在山上的棲息地裡，個性好奇和頑皮。

Kean, Edmund 基恩（西元1789～1833年） 英國演員。1805年起，他在一個巡迴演出公司當演員。1814年由於在《威尼斯商人》一劇中創造性地成功扮演了夏洛克而受到倫敦的喝采。他繼續在莎士比亞的其他劇中扮演反面角色，包括理查三世、埃古和馬克白。他也擅長扮演奧賽羅和哈姆雷特，還有《馬爾他的猶太人》裡的巴拉巴。雖然人們讚

基恩，鉛筆畫，卡曾斯（Samuel Cousins）繪於1814年；現藏倫敦國立肖像畫陳列館
By courtesy of the National Portrait Gallery, London

賞他那些熱情和激動人心的舞台形象，但由於他在台下的放縱行爲，像酗酒和通姦行爲而自殺（1825），故而並不受歡迎。他的兒子是一個演員經理，因復興莎士比亞的戲劇而聞名。

Kearny, Stephen Watts＊　卡尼（西元1794～1848年） 美國軍官。曾參與1812年戰爭，後來在西部執行邊防任務。墨西哥戰爭開始時，命令他去奪取新墨西哥和加利福尼亞。他使用外交手段說服墨西哥軍隊撤退，順利開進聖大非，1846年他宣布在該省成立文官政府。他去加利福尼亞，但那裡已經被斯多克東和弗里蒙特征服。1847年他們聯合起來擊敗了墨西哥人的叛亂。雖然開始遭到弗里蒙特的反對，但後來還是建立了一個穩定的政府。後來卡尼受命去墨西哥，死於黃熱病。

Keaton, Buster　基頓（西元1895～1966年） 原名Joseph Francis Keaton。美國電影演員及導演。與父母一起在歌舞雜耍表演中演出（1899～1917），他發展出其特有的喜劇式的跌倒、精確的掌握時間，其永無笑容的臉相則成了他終生的標誌。他在電影《屠夫的兒子》（1917）演出後，便與「胖子」阿巴克爾合拍了多部短片（1917～1919）。在成立自己的製作公司（1920～1928）後，他自導自演了幾部經典的默片，如《航海家》（1924）、《小福爾摩斯》（1924）、《將軍號》（1926）和《船長二世》（1928）。他爲米高梅公司製作了《攝影師》（1928），但由於他拒絕技術的控制他的電影使得他的事業開始走下坡。他後來參與《落日大街》（1950）、《舞台春秋》（1952）等影片演出。從1940年代晚期他的喜劇演出重受歡迎，迄今他仍被認爲是默片時代最偉大的喜劇演員之一。

Keaton, Diane　黛安基頓（西元1946年～） 原名Diane Hall。美國電影女演員，生於加州聖安那。曾演出百老匯舞台劇《毛髮》（1968），並與伍迪艾倫一同演出《呆頭鵝》（1969），並再度參與該劇1972年的電影版本。她在《教父》（1972）及其續集中擔任配角，並演出多部伍迪艾倫的電影如《傻瓜大鬧科學城》、《安妮霍爾》（獲奧斯卡獎）、《我心深處》（1978）和《曼哈頓》等。黛安基頓其他的電影作品尚有《尋找顧巴先生》（1977）、《烽火赤焰萬里情》（1981）、《鐵窗外的春天》（1984）及《大老婆俱樂部》（1996）等。

Keats, John　濟慈（西元1795～1821年） 英國浪漫主義詩人。一個馬車行經理的兒子，受正規教育不多。當了幾年外科醫生的徒弟和助手，二十一歲時完全投入了詩歌創作。他的第一件成熟的作品是十四行詩〈初讀查普曼譯荷馬史詩〉（1816）。二十五歲時差點死於肺結核，同年，他寫成了長詩《恩底彌翁》（1818）。在1819年緊張的幾個月裡，寫了許多他最好的作品：幾首很好的頌歌（包括〈希臘古甕〉、〈夜鶯〉和〈秋頌〉）、關於巨人許佩里翁的故事的前兩章以及〈無情的美人〉。大部分發表在里程碑式的詩集《萊米亞》、《伊莎貝拉》和《聖阿格尼斯之夜和其他詩歌》（1820）中。他的作品裡充滿了逼眞的意象、極大的感性美以及對失去的古典世界的光輝的渴望，他的一些最佳作品已列於最偉大的英國傳統文學中。他的書信是所有英國詩人所寫的書信中最好的部分。

濟慈，油畫，塞文（Joseph Severn）繪於1821年；現藏倫敦國立肖像畫陳列館
By courtesy of the National Portrait Gallery, London

Keb ➠ Geb

Kediri＊　諫義里 印尼東爪哇的城市。位於泗水西南的布蘭塔斯河畔。11～13世紀，它位於強大的印度王國的中心，亦稱諫義里，1830年後，它成爲荷蘭管理下的居民區的首府。如今這個城市是當地農產品，包括白糖、咖啡和水稻的貿易中心。人口約261,000（1995）。

Keeling Islands　基林群島 ➠ Cocos Islands

Keen, William (Williams)　基恩（西元1837～1932年） 美國第一位腦外科醫生。在傑佛遜醫學院獲得碩士學位。他是首先成功摘除腦瘤（1888）的醫生之一，並幫助切除克利夫蘭總統長了惡性腫瘤的左上顎（1893）。除了教學和醫務工作外，他還主編了八卷《外科原理和實踐》（1906～1913）。

Kegon＊　華嚴 日本8世紀時從中國傳入的佛教哲學宗派。華嚴一名（「花飾」）源自梵語的avatamsaka的漢譯名稱。該宗以《華嚴經》爲主要典籍，探討以毗盧遮那佛爲中心的一眞法界。該派是6世紀晚期由華嚴在中國創立，740年左右傳到日本。華嚴宗主張，認識的最高境界是萬物成爲一個和諧的整體，互相關聯，互相依存，並以毗盧遮那佛爲中心。現今華嚴宗已不被看作是有特殊教義的活躍宗教信仰派別，但奈良東大寺至今仍由此宗主持。

Keillor, Garrison (Edward)＊　凱勒（西元1942年～） 美國電台娛樂演員及作家。生於明尼蘇達州阿諾卡，大學時代即爲《紐約客》撰稿，之後成爲專職作家直至1992年。1974年製作、主持公共廣播電台幽默且多姿多彩的節目《與草原家庭爲伴》，談的是明尼蘇達州一處虛構的憂愁湖。著作包括暢銷書《夢迴憂愁湖》（1985）、《離家》（1987）、《矽底管弦樂團》（1994）及《我》（1999）。

Keino, Kip＊　基諾（西元1940年～） 原名Hezekiah Kipchoge Keino。肯亞的長跑選手。原本是牧羊人，後來在多丘的鄉間訓練長跑。1968年，奧運會在高海拔的墨西哥市舉行，他在5,000公尺比賽中贏得一面銀牌；並且在1,500公尺比賽中，跌破專家眼鏡的擊敗美國的萊恩，拿下金牌。1972年的奧運會中，基諾奪得1,500公尺的銀牌和3,000公尺障礙的金牌。

Keita, Modibo＊　凱塔（西元1915～1977年） 馬利的第一任總統（1960～1968）。在爭取馬利（那時稱法屬蘇丹）從法國殖民統治下獨立出來（1960）的過程中他是起過作用的。成爲總統後，他使重要的經濟部門國有化，並與共產主義國家建立緊密的關係。在1967年的一場經濟危機中，他發動了一場不受歡迎的毛澤東式的文化大革命，1968年被推翻，在監獄中度過餘生。

Keitel, Harvey＊　哈維凱托（西元1941年～） 美國電影演員。生於紐約布魯克林，曾爲船運公司工作，之後在演員工作室研習。銀幕處女作爲史科席斯導演的《誰在敲門？》（1968），之後他便常與馬丁史柯西斯合作。哈維凱托以強烈的表演方式著稱，曾以領銜主演或擔任配角的方式參與多部電影，包括《殘酷大街》（1973）、《計程車司機》（1976）、《都市狂情》（1980）、《豪情四海》（1991）、《末路狂花》（1991）、《霸道橫行》（1991）及《鋼琴師和她的情人》（1993）等。

Keitel, Wilhelm ＊ 凱特爾（西元1882～1946年） 德國陸軍元帥。參加了第一次世界大戰。1918～1933年期間他擔任過多個行政職務，然後在1935年成爲陸軍部長，1938年任德國武裝部隊最高統帥部的長官。儘管他是希特勒最信任的將領之一，但一般人還是把他看作是一個軟弱無能的軍官，主要充當希特勒的走卒。1945年他簽署了德國的軍事投降條約。戰後，他在紐倫堡大審中被判定爲戰犯而處以死刑。

Keizan Jokin ＊ 瑩山紹瑾（西元1268～1325年） 日本僧人和總持寺的奠基人，總持寺是禪宗的分支曹洞宗的兩大主廟之一。他十二歲出家，得法後他傳授曹洞宗教義達十年之久。後任諸岳寺主持，1321年他把該寺附屬於曹洞宗。1898年諸岳寺毀於大火，後來在橫濱現在的位置上重建。瑩山一生致力於建造寺廟和把曹洞宗的教義傳播到日本各地。現在人們稱他爲大宗，被尊爲曹洞宗的復興者。

Kekri ＊ 凱克里節 古代芬蘭的宗教節日，標誌農業季節的結束，也是牲畜進舍過冬之時。此節原來定在9月29日，後來改到11月1日，或稱萬聖節。這一天是祖先們的靈魂來拜訪他們以前的家的時候，活著的人們舉行這個節日來紀念死者。通常舉行家庭慶祝歡宴，有時也有全村人宰殺羊來共祭。

Kekule von Stradonitz, (Friedrich) August ＊ 凱庫勒（西元1829～1896年） 原名Friedrich August Kekule。德國化學家，爲有機化學的現代結構理論奠定了基礎。他早期在建築方面的訓練可能幫助他構思出他的理論。1858年他提出碳有4個原子價，碳原子能相互連接成長鏈。據說他在1865年做了個夢，夢見苯分子像一條咬著自己尾巴的蛇，於是就形成由6個碳原子組成苯環的概念，這個概念完全符合當時已經知道的有機化學的事實。在汞化合物、不飽和酸和硫代酸等方面他也做了有價值的工作。他還寫了四卷教科書。

Keller, Helen (Adams) 凱勒（西元1880～1968年） 美國作家和教育家。早在十九個月大時凱勒就因病而失去了視覺和聽覺，不久又變啞。五年後沙利文（1866～1936）開始教導她，在她的掌心按手語字母。最後，凱勒學會了用布拉耶盲字來讀和寫。她寫了幾本書，包括《我的一生》（1902）。威廉・吉布森把她的童年生活寫成劇本《創造奇蹟的人》（1959，1962年改編成電影）。

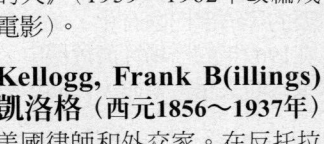

六十六歲的凱勒
By courtesy of the American Foundation for the Blind

Kellogg, Frank B(illings) 凱洛格（西元1856～1937年） 美國律師和外交家。在反托拉斯訴訟案中他代表美國政府，後來進入美國參議院（1917～1923），1923～1925年任駐英國大使。柯立芝總統任命爲國務卿（1925～1929），參加了凱洛格－白里安公約的談判，1929年獲諾貝爾和平獎。1930～1935年間任常設國際法庭法官。

Kellogg, John Harvey and W(ill) K(eith) 凱洛格兄弟（約翰與威爾）（西元1852～1943年；西元1860～1951年） 美國穀類食品製造商。約翰是位醫師及素食主義者，1786年協助基督復臨安息日會在密西根州巴特克里成立一所療養院。在那裡他研製了各種堅果和蔬菜製品，其中包括了麥片等穀類食品，以豐富病人的食物，療養院的一位患者波斯特也建立了後來非常著名的穀物公司。約翰的幼弟威爾於1906年創辦凱洛格公司以製造早餐用的穀類乾製食品，初期只生產玉米片。很快的居於美國這類食品和其他簡易食品製造商的龍頭地位；目前其一年銷售額超過七十億。凱洛格基金會是全國最大的慈善機構之一。

Kellogg-Briand Pact ＊ 凱洛格－白里安公約 亦稱「巴黎公約」（Pact of Paris）。一項國際協定，主張不使用戰爭作爲推行國策的工具。這是由白里安構想出來的，他希望把美國拉入一種防禦同盟體系來對付死灰復燃的德國的侵略。美國國務卿凱洛格建議一個普遍的多邊公約，法國同意了。大多數國家都簽署了這個公約，但公約缺乏可行性，而且它的和平誓言有許多例外不受約束，這都使公約成爲無用的空文。亦請參閱Locarno, Pact of。

Kells, Book of 凱爾斯書 約在8世紀後期～9世紀早期四部〈福音書〉帶手抄本裝飾畫版本。它是華美的愛爾蘭－撒克遜風格的一個傑作，特點是用幾何設計而不是自然主義的重現，彩色的平面和複雜的交錯圖型。可能在蘇格蘭的愛奧那島上的愛爾蘭修道院裡開始繪製。經維京人襲擊後，很明顯這本書被拿到了米斯郡的凱爾斯修道院，在那裡完成了許多部分。亦請參閱Lindisfame Gospels。

Kelly, Ellsworth 凱利（西元1923年～） 美國畫家和雕刻家。1960年代他成爲油畫中「硬邊」風格的主要倡導者，在這種風格的畫中，明晰和精確地定出抽象的輪廓。他在畫中摒棄錯覺手法，典型地說就是用一成不變的幾種原色、相鄰的一些矩形平面組成畫面。由於受到阿爾普的生物形態的抽象藝術和馬諦斯的剪紙的影響，在他的畫好後再剪裁的金屬薄片塑像中使用了他油畫中的清晰的幾何線條。

Kelly, Gene 凱利（西元1912～1996年） 原名Eugene Curran Kelly。美國舞者、演員、編舞家和電影導演。在匹茲堡，其母主持的舞蹈學校學習後，於1938年前往紐約，參與百老匯音樂劇的舞蹈演出，1941年在歌舞劇《伙伴喬伊》中的表演引起觀眾讚揚。1942年進入電影界，他的自然的、健美的風格－－如《起錨》（1945）、《錦城春色》（1949）、《花都舞影》（1951）、《萬花嬉春》（1952），在這些片中他也協助編舞和導演－－成爲音樂片的保證。他於1951年獲得影藝學院奧斯卡金像獎特別獎。後來參與許多片子的編舞和導演工作，並爲巴黎歌劇院創作了一齣芭蕾舞劇（1960）。

Kelly, George 凱利（西元1895～1954年） 原名小喬治・凱利・巴恩斯（George Kelly Barnes, Jr.）。以「機關槍凱利」（Machine Gun Kelly）聞名。美國匪徒。他因爲在美國中西部一連串的搶劫與殺戮而惡名昭彰。1933年，他綁架百萬富烏爾舍；隨後遭到逮捕，並在監牢裡渡過餘生。雖然他被指定爲「頭號通緝要犯」，但他並不是當時最危險的罪犯。

Kelly, Grace 凱利（西元1929～1982年） 後稱摩納哥葛麗絲王妃（Princess Grace of Monaco）。美國電影女演員。凱利出生於費城富有的愛爾蘭天主教家庭，曾學習表演並於1949年首次在百老匯演出。銀幕上的首次演出是《十四小時》（1951），其後演過《日正當中》（1952）、《紅塵》（1953）和《鄉下姑娘》（1954，獲奧斯卡金像獎）。以其端莊、美麗著稱，她參與了希區考克的電影的演出，有《電話情殺案》（1954）、《後窗》（1954）和《捉賊記》（1955）。拍完《上流社會》（1956）之後，嫁給摩納哥雷尼爾親王。

她在法國蔚藍海岸區開普－達伊的彎曲道路上駕車時突然中風，後因車禍傷重不治。

Kelly, Walt(er Crawford)　凱利（西元1913～1973年） 美國漫畫家。1935年起他爲迪士尼電影製片廠製作動畫。1940年代在紐約當商業藝術家。他的最著名的人物「波戈」首先出現在1943年前後的一本漫畫書上。1948年《波戈》開始作爲連載的漫畫每天發表在《紐約明星報》上，並很快出現在許多其他的報紙上。畫的技巧很高，加上機智易懂的文字說明，描寫了波戈和他的那些生活在奧克弗諾基沼澤地裡的可愛的動物朋友們。這些動物常常用來諷刺那些著名的政界人物。

Kelly, William　凱利（西元1811～1888年） 美國製鐵業者。他購買了肯塔基州埃德維爾的煉鐵爐，開始實驗用鼓風的辦法來將生鐵轉變成熟鐵。由於他的裝置與柏塞麥的第一種轉換機形式（參閱Bessemer process）相似，所以他獲得了氣吹煉鋼法的美國專利。沒有證據能夠證明在他的任何一次試驗中製造出了鋼。

kelp　大型褐藻 海帶目大型海草（褐藻），約有30屬，在較冷的海域裡見到。太平洋沿岸和英國許多小島上豐富的海帶屬藻類是商用碘的來源。它的柄（類似莖的結構）有1～3公尺長。巨藻屬是已知的最大褐藻，長65公尺。它的主體部分有個大的根狀固著器固著於海底、一個中空的柄以及有中空氣囊的分支出去的葉片，很像是更高等的植物。它富含礦物質和褐藻膠。褐藻膠是一種碳氫化合物，可用作乳化劑，在製作霜淇淋時防止冰晶的形成。在東亞廣泛食用各類褐藻。

Kelvin (of Largs), Baron　克爾文（西元1824～1907年） 原名威廉·湯姆生（William Thomson）。受封爲克爾文勳爵（Lord Kelvin）。英國物理學家。十歲時進入格拉斯哥大學，十七歲時出版二篇報告，二十一歲時從劍橋大學畢業。翌年，他被授予格拉斯哥大學自然哲學教職，並在那裡待到1899年退休。他協助發展出熱力學第二定律（參閱thermodynamics），1848年發明了以其姓氏命名的絕對零度量表（參閱absolute zero）。他擔任大西洋電纜放置時的首席顧問（1857～1858）。他爲接收電報信號而申請之鏡式電流計專利（1858）使他致富。他在電和磁方面的工作最後促成馬克士威的電磁理論。他也對判定地層年代和水力學的研究有所貢獻。1892年晉升爲貴族。他出版了六百種以上的科學報告，並獲得數十項榮譽學位。

Kemal, Yashar　凱末爾（西元1922年～） 土耳其小說家。爲庫德族後裔，因五歲時在清真寺眼見父親被殺害而自己將一眼弄瞎，後因身爲政治積極分子而數度入獄。他的鄉居生活點滴及坦然鼓吹剝奪利益的行徑廣爲人知。其小說《梅梅德，我的老鷹》被譯成二十種語言，並於1983年改編成電影。

Kemeny, John G(eorge)＊　科美尼（西元1926～1992年） 美國（出生於匈牙利）數學家與電腦科學家。十四歲隨著家人移民美國。在普林斯頓大學就讀時，離開一年參與曼哈頓計畫，之後擔任愛因斯坦的研究助手。1949年獲得博士學位，1953年取得達特茅斯學院的教職，在此研究並發展數學系。在1960年代中期與庫爾茨（1928～）發展出BASIC電腦程式語言。推動「新數學」及電腦應用於教育的前衛人士。1970～1991年擔任達特茅斯的校長。

Kemp, Jack (French)　坎普（西元1935年～） 美國政治人物。生於洛杉磯，年輕時在水牛城比爾隊打過美式足球。1971～1989年擔任眾議員，支持保守派政策，也支持民權法案。1989～1993年出任住宅暨發展部長，後來一度面臨醜聞，但處置得當，重振聲望。1996年被提名爲副總統參選人，與杜爾搭檔參加大選。

Kempe, Margery＊　肯普（西元1373?～1440?年） 英國神祕主義者。育有十四個孩子。1414年她開始去耶路撒冷、羅馬、德意志和西班牙等地作一系列的朝聖。顯然她是個文盲，她口授了她的自傳《肯普之書》（1432?～1436），以樸實無華的風格描述了她的旅途見聞和她對宗教的迷醉，是英國文學上最早的自傳之一。

Kempton, (James) Murray　坎普頓（西元1917～1997年） 美國記者。生於巴摩的爾，曾就讀約翰·霍普金斯大學，1940年代起先後爲《紐約郵報》擔任記者及專欄作家。他的政治和社會評論以特別豐富、高雅的格調聞名，具備道德洞察力及正義感，所探討的主題廣泛，尤其專門針對當下事件。坎普頓曾兩度離開《紐約郵報》，但最後仍爲其效力至1981年。1985年他的著作《新聞日報》獲普立茲獎，作品尚有以1930年代美國種族運動爲主題的《當代的一部分》（1995），以及論述黑豹黨的紐約起訴事件的《荊棘地》（1973，獲國家圖書獎）。

Kenai Fjords National Park＊　基奈峽灣國家公園 阿拉斯加南部的國家公園。位於基奈半島的南岸，1978年建立國家保護區，1980年成爲國家公園。面積271,100公頃，包括了哈丁冰原和從它流出的冰川，還有沿海的峽灣。公園裡的野生動物有海獺、海獅和各種海鳥。

kendo　劍道 日本的一種使用竹劍的擊劍運動。源於古代武士的格鬥方法，於18世紀引入。參賽者穿著傳統的保護服裝，雙手握劍。刺中上體的很多不同部位都可以得分。先得兩分的擊劍者獲勝。

Kendrew, John Cowdery　肯德魯（西元1917年～） 受封爲約翰爵士（Sir John）。英國生化學家。他在劍橋大學獲得博士學位，後成爲劍橋的研究員（1947～1975）繼續研究蛋白質的結構。他測定了肌紅蛋白質的結構，這種蛋白質能儲存氧氣以供肌肉使用。利用X射線衍射技術和電腦，他提出了肌紅蛋白質中氨基酸單元排列的三維模型。由於這項成就，他與佩魯茨共獲1962年諾貝爾化學獎。

Kennan, George F(rost)　肯南（西元1904年～） 美國外交官和歷史學家。普林斯頓大學畢業後即進入美國外交界（1925），在柏林大學學習俄語及俄國文化（1929～1931），後被派任美國駐莫斯科的外交官（1933～1935）。曾在維也納、柏林、布拉格和里斯本工作，第二次世界大戰期間及結束後都在莫斯科任職。1947年以筆名發表一篇文章，闡述他對圍堵政策的觀點，他的主張隨後成爲美國對蘇聯政策的核心。在結束國務院的顧問職務後，他成爲普林斯頓大學高等研究所的歷史研究教授（1956～1974）。所著《俄國脫離戰爭》（1956）和《1925～1950年回憶錄》（1967）曾同時獲得普立茲獎和國家圖書獎。

Kennebec River　肯納貝克河 美國緬因州中西部的河流。源於穆斯黑德湖，向南流經約240公里後注入大西洋。1604～1605年間由探險家山普倫發現。與它的主要支流安德羅斯科金河匯合後形成梅里米廷灣，它延伸26公里後進入大西洋。

Kennedy, Anthony M(cLeod)　甘迺迪（西元1936年～） 美國最高法院大法官。畢業於哈佛大學法學院，後在舊金山和沙加緬度從事律師業務。1975年被任命爲聯邦上訴

H I J K

法院法官。1988年雷根總統提名他爲美國最高法院大法官，他的工作記錄反映了他的保守觀點，他一貫投票反對諸如反歧視行動和墮胎權利等政策。

Kennedy, Edward M(oore)　甘迺迪（西元1932年～）　別名Ted Kennedy。美國參議員（自1963年起）。是約瑟夫·甘迺迪的兒子，約翰·甘迺迪和羅伯·甘迺迪的兄弟。1962年被選入美國參議院，數十年來致力於自由事業和社會福利的立法工作。1969年的一個晚上，他駕車在麻薩諸塞州的查帕奎迪克（漫沙文雅）的一座橋上墜落，車裡的一位年輕婦女淹死了。這個事故可能毀了他被提名爲民主黨總統候選人的機會。

Kennedy, John F(itzgerald)　甘迺迪（西元1917～1963年）　美國第35任總統（1961～1963）。約瑟夫·甘迺迪的兒子。哈佛大學畢業，第二次世界大戰時加入美國海軍，並獲得英雄勳章。先後選入美國眾議院（1947～1953）和參議院（1953～1960），他支持社會政策的立法，並將更多的民法法案交付委員會。他支持杜魯門的政策，但譴責美國國務院企圖強迫蔣介石和毛澤東合作。1960年獲民主黨提名競選總統；在經過其父約瑟夫財務支援、其弟羅伯·甘迺迪策劃的一連串競選活動後，他以些許的差距擊敗尼克森。他是美國有史以來最年輕的總統，也是第一個天主教徒總統。他在就職演說中呼籲美國人「不要問你的國家能爲你做些什麼，要問你能爲你的國家做些什麼。」他提出稅法改革和民權立法，但僅得到極少數的國會議員的支持。他設立和平隊和進步聯盟。其外交政策始於豬玀灣入侵（1961）的失敗，他大膽的使蘇聯將飛彈從古巴移出，解除了古巴飛彈危機。1963年成功的簽訂「禁止核試條約」。同年11月，他乘坐敞篷車，車隊緩緩通過達拉斯時，遭歐斯華暗殺身亡。這次事件被認爲是20世紀最著名的政治暗殺事件。甘迺迪的年輕、有活力和迷人的家人使他陷入諂媚的世界並爆發出當代的理想主義，他的甘迺迪白宮成爲著名的「卡默洛特」（Camelot）。關於他強勢的家族和其私人生活的細節，特別是關於他的婚外情，都使他的形象受到影響。

甘迺迪，攝於1961年
AP/Wide World

Kennedy, Joseph P(atrick)　甘迺迪（西元1888～1969年）　美國商人和金融家。畢業於哈佛大學，二十五歲當上銀行總裁，三十歲就成爲百萬富翁。他作股票的投機生意獲得大量財富，是民主黨的重要捐助者。曾任證券交易委員會主席（1934～1935），把曾經使自己致富的投機手段宣布爲非法。他是第一個出任駐英國大使的愛爾蘭裔的美國人（1937～1940）。他與妻子蘿絲一起，鼓勵他的孩子們——包括約翰·甘迺迪、羅伯·甘迺迪和愛德華·甘迺迪——要努力競爭，爭取成爲公眾的領袖。

Kennedy, Robert F(rancis)　甘迺迪（西元1925～1968年）　美國政治家。約瑟夫·甘迺迪的兒子。他參加了第二次世界大戰，還獲得了法律學位（1951），並在1952年爲其兄約翰·甘迺迪成功當選美國參議員籌謀策劃。1957～1960年間他是參議院特設委員會的首席法律顧問，負責調查勞工的勒索敲詐行爲。1960年爲其兄統籌競選總統的活動，1961年被任命爲美國司法部長（1961～1964）。他領導了一場運動來對付有組織的犯罪，並將霍法定罪。在他哥哥被刺殺後，他辭去了內閣的職務，後當選紐約州的參議員（1965）。他成爲自由民主黨的發言人和對詹森的越戰政策的批評者。1968年他在洛杉磯競選民主黨的總統提名時遭暗殺，兇手是來自巴勒斯坦的移民舍罕。

Kennedy, William　甘迺迪（西元1928年～）　美國小說家與記者。曾在紐約和波多黎各擔任記者，1963年回到出生地紐約奧爾班尼，因他認爲這是自己文學靈感來源所在。他於奧爾班尼完成的小說計有《永不妥協》（1969）、《匪徒輓歌》（1975）、《比利·費南的偉大遊戲》（1978）及《紫苑草》（1983，獲普立茲獎）。他亦爲電影《棉花俱樂部》（1984）及《紫苑草》撰寫劇本。

Kennedy Center for the Performing Arts　甘迺迪表演藝術中心　1971年開幕的華盛頓特區大型文化綜合體，共有六個舞台，由史東設計。外部表面以大理石砌成，正面有裝飾性的銀幕。三個主要的劇院由面對波多馬克河的大廳進入。音樂廳是最大的廳，被設計成國家紀念館；它的傳音系統極其優良，並有令人讚嘆的雕飾天花版和水晶吊燈。

Kenneth I　肯尼思一世（卒於西元858?年）　亦稱肯尼斯·麥卡爾平（Kenneth MacAlpin）。達爾里阿達的蘇格蘭人與匹克特人組成的聯合王國的第一代國王。他從他的父親阿爾平手裡繼承了（834?）達爾里阿達的蘇格蘭王國，據說他父親是被匹克特人殺死的。肯尼思繼位後還獲得了皮克塔維亞的統治權。從843年起，這兩個王國就逐步實行聯合，在形成統一的蘇格蘭的過程中邁出了重要的一步。聯合可能是通過聯姻和征服兩個方面來實現的。

Kent　肯特　英格蘭行政、地理和歷史郡。位於不列顛群島東南端，瀕英吉利海峽。肯特郡在西元43年被羅馬人征服，以坎特伯里爲基地。5世紀時被朱特人和撒克遜人侵占；後成爲盎格魯－撒克遜人的王國。597年肯特王迎入聖奧古斯丁所派遣的基督教傳教團；1170年貝克特在坎特伯里大教堂被殺。一直以來被稱爲「英格蘭的花園」，廣泛栽種蘋果、櫻桃、大麥和小麥。人口：行政郡約1,332,000；地理郡約1,574,600（1998）。

Kent, Earl of ➠ Odo of Bayeux

Kent, James　肯特（西元1763～1847年）　美國法學家，他幫助制定了美國的普通法。1785年起從事法律工作。他在哥倫比亞大學教法律（1793～1798、1823～1826），擔任紐約州最高法院的首席法官（1804～1814）和該州衡平法法院的大法官，是當時紐約州的最高級的司法官員（1814～1823）。據說他在擔任大法官期間使美國的衡平法法理第一次生效。他的《美國法律評論》（1826～1830）一書不論在美國或是英國都有其影響力。

Kent, Rockwell　肯特（西元1882～1971年）　美國油畫家和插圖畫家。在哥倫比亞大學學習建築，但後來選擇跟隨蔡斯和亨萊學畫畫。他做過各種不同的工作，有建築的製圖師、漁夫，在緬因州當過造船的木匠，到火地島、紐芬蘭、阿拉斯加和格林蘭等地遊覽，爲他的畫和遊記搜集材料。他的鮮明的鋼筆畫很像木刻，出現在當代和古典作家的許多書籍中。人們儘管惱怒他極左的政治觀點，但他的畫還是使他成爲美國最受歡迎的藝術家之一。

Kenton, Stan(ley Newcomb)　肯頓（西元1912～1979年）　美國鋼琴家、作曲家、改編者和最流行也是最有爭議的大爵士樂隊之一的領隊。1941年肯頓組成了他的第一個樂隊。樂隊表現出倫斯福德精確的銅管樂的影響，得到了「誇張的管弦樂處理」的名聲。他們經常演奏盧戈洛的改編樂曲。他的演奏人員中有薩克管手佩柏、小號手弗格森、鼓手曼以及歌手佩戴和克利斯蒂。他組織訓練那些有音樂才能的學生，這種努力代表了正規爵士教育的一些最早期的例子。

Kentucky　肯塔基　美國中南部一州。面積104,659平方公里；首府法蘭克福。其地理景觀，東有阿帕拉契山脈，包含布盧格拉斯區和豐饒的密西西比河沿岸低地在內的內陸低地。在白人移民到來前，這裡是肖尼人、易洛魁人和切羅基人等印第安部落的狩獵地。布恩於1769年來到這裡，是最早來此定居的白人；美國革命後有一波移民潮。定居點原屬維吉尼亞，但1792年肯塔基加入聯邦，成爲第十五州。美國南北戰爭期間這裡是個分裂州，雖仍屬聯邦，但仍派軍爲雙方作戰。19世紀晚期連接東部煤礦產區的鐵路完成，及煙草的引進都刺激了該州的成長。1970年代全國性的能源短缺造成煤的需求增加，肯塔基因而繁榮，但至1980年代這種需求減少，工作機會也減少許多。製造業是主要的經濟來源，而農產品以煙草爲主。肯塔基還以波旁威士忌和養馬聞名；肯塔基大賽每年在邱吉爾唐斯舉行。人口約4,041,609（2000）。

Kentucky, University of　肯塔基大學　肯塔基州公立大學。位於勒星頓市，1865年獲得特許權，是一所聯邦土地補助大學。肯塔基大學系統的主要校區，還包括醫學中心及十四個社區學院。各學院提供農業、商學、經濟、工程、法律等課程，重要研究機構另有機器人中心、馬類研究中心以及分子加速器。主校區註冊人數約24,000人。

Kentucky Derby　肯塔基大賽　美國傳統馬賽之一。1875年設立，每年五月第一個星期六在肯塔基州路易斯維爾市邱吉爾唐斯舉行；與每年五月中旬舉行的普利克內斯有獎賽及六月初舉行的貝爾蒙特有獎賽合稱美國馬賽中的三冠王賽。限用三齡馬。賽程大約2,000公尺。

Kentucky Lake　肯塔基湖　肯塔基州西部和田納西州西部的水庫。是世界最大的人工湖之一，長296公里，湖岸線長達3,700餘公里。1944年在田納西河上築起肯塔基大壩後就形成了這個湖。該大壩是田納西河流域管理局系統中最大的一個，它調節著田納西河到俄亥俄河的水流量。

Kentucky River　肯塔基河　位於肯塔基州中北部的俄亥俄河的支流。它由發源於坎伯蘭山脈的北、中、南三條源流匯合而成。通過船閘的方式可以在它417公里長的河身上航行。它在卡羅爾頓注入俄亥俄河。

Kenya　肯亞　正式名稱肯亞共和國（Republic of Kenya）。非洲東部共和國。鄰衣索比亞、蘇丹、索馬利亞、印度洋、坦尚尼亞和烏干達。面積582,646平方公里。人口約30,766,000（2001）。首都：奈洛比。肯亞的人民中，有一小部分是歐洲移民的後代；有30～40個民族，包括了基庫尤人、盧赫雅人、盧奧人、坎巴人、卡蘭津人和馬賽人。語言：斯瓦希里語和英語（均爲官方語），以及班圖語、尼羅語和庫施特語。宗教：基督教、萬物有靈論、伊斯蘭教和印度教。貨幣：肯亞先令（K Sh）。肯亞分成五個地區：西南角的維多利亞湖盆地；肯亞東部的大片高原；印度洋沿岸長400公里的海岸帶；馬烏陡崖位於肯亞西部的大裂谷以西；裂谷東部的高地和阿伯德爾山，包括了肯亞山。著名的野生動物有：獅、豹、象、水牛河馬、斑馬、犀牛和鱷。全國僅約4%的土地是可耕地，其中約7%用於飼養牛、山羊和綿羊。農業人口占全國勞動人口的4/5，茶葉和咖啡是主要輸出品。政府形式是共和國，一院制。國家元首暨政府首腦是

總統。沿岸地區原是阿拉伯人居住地直到16世紀葡萄牙人占領爲止。馬賽人原在北部占支配地位，18世紀時南移至肯亞中部，當基庫尤人從他們的故鄉肯亞中南部向外擴張時。19世紀歐洲傳教士在該國內陸探險。當英國控制該國後，在肯亞建立了一個英屬保護地（1890）和一個殖民地（1920）。1950年代爆發的茅茅運動是對歐洲殖民主義直接的反擊。1963年肯亞獨立，一年後共和國政府選出肯雅塔爲總統。1992年肯亞總統莫伊同意三十年以來第一次多黨選舉，雖然選舉被暴力和欺騙行爲破壞。接下來幾年不斷發生政治動亂。

Kenya, Mt.　肯亞山　斯瓦希里語作Kirinyaga。肯亞中部死火山。位於赤道之南，爲肯亞最高的山，海拔5,199公尺。第一個發現這座山的歐洲人是克拉普夫（1849年發現）。肯亞山國家公園占地718平方公里，有許多大型獵物保護，包括大象和野牛。位於西北山腳下的納紐基是主要的登山基地。

Kenyatta, Jomo*　肯雅塔（西元1894?～1978年）
肯亞獨立後的首任總理（1963～1964）和總統（1964～1978）。基庫尤人後裔，1920年離開東非高地到奈洛比謀得公職，並成爲政治活躍分子。他反對組成一個肯亞、烏干達和坦干伊克的英國殖民地聯盟。1945年曾參與組織第六屆泛非大會，當時參與的領袖人物還有杜博斯、恩克魯瑪（參閱Pan-African movement）。1953年因指揮「茅茅運動」而被判刑七年。1962年他參加了促使肯亞獨立的立憲談判。成爲肯亞領袖後，他領導了一個強有力的中央政府，拒絕了財產國有化的主張，使肯亞成爲非洲國家中最穩定的也是經濟最有活力的國家之一。批評者則抱怨他操控了肯亞非洲民族聯盟（KANU）和創造了一個掌控政治、經濟的集團。他的繼承者莫伊繼續奉行他的大部分政策。

肯雅塔
John Moss – Black Star

Kenyon College 肯陽學院 私立文理學院，位於俄亥俄州甘比亞市。創於1824年，附屬於基督教聖公會，提供藝術、社會科學、人文、生物及物理等課程，並與三所大學合作，供學生選讀工程學分。知名的文學期刊《肯陽評論》，是於1939年由蘭塞姆創辦。學生人數約1,600人。

Keokuk＊ 基奧卡克（西元1790?～1848?年） 美國索克印第安人（參閱Sauk）演說家和政治家。他一生都在與抵抗白人入侵部落土地的黑鷹爭權。由於基奧卡克拒絕對抗美國勢力，所以美國政府在1837年立他為索克族的酋長。他不斷出讓土地，直到索克族和福克斯族不得不定居於堪薩斯的保留區內。基奧卡克儘管有權有勢又有錢，卻在他的族人之間不光彩地死去。

Kepler, Johannes 克卜勒（西元1571～1630年） 德國天文學家。出身貧窮，他獲得獎學金到圖林根大學就讀。1594年獲得碩士學位，此後在奧地利擔任數學教師。他發展出一種神祕理論，認為宇宙由五種規律的多面體包成球形而造成，每對多面體之間有一個行星。他把這個主題的報告寄送給第谷，他乃邀請克卜勒加入自己的研究小組。為了理解大氣中光的折射，他成為正確解釋眼睛如何見物、眼鏡如何改善視力、望遠鏡中光線如何作用的第一人。1609年發表了他的發現：火星軌道為橢圓形，而非正圓形，因此他假設所有天體的軌道都是這樣。這個事實成為克卜勒第一個行星運動定律的基礎。他也確定，行星在靠近太陽時會移動較快，1619年他表示由一個簡單的數學公式可以得出行星距日遠近的軌道週期。1620年因母親被控行巫而辯護，其實也是為了維護自己的名譽。

Kerala＊ 喀拉拉 印度西南部的邦。瀕臨阿拉伯海，面積38,863平方公里，首府特里凡德琅。西元前3世紀期間是獨立的達羅毗荼王國，稱喀拉拉普特拉。9～12世紀傑爾王朝統治這個地區，當時說的是馬拉雅拉姆語，現在還是該地區的主流語言。1498年葡萄牙人入侵，接著是荷蘭人在17世紀的統治。1741年特拉凡哥爾王國驅逐了荷蘭人，然而到了1790年代，這個王國自己也成為英國的保護國。1956年改為現名，是印度人口最密集的邦。人口約30,555,000（1994）。

keratin＊ 角蛋白 毛髮、指甲、蹄、羊毛、羽毛和皮膚裡的纖維性結構蛋白質。角蛋白的氨基酸中，1/4是胱氨酸，能形成很強的架橋鍵（二硫鍵），因此角蛋白十分穩定。它不溶於冷水或熱水，也不易蛋白質水解。角蛋白纖維的長度與它的含水量有關，最大含水量（約16%）時的長度比乾燥時要長出10～12%。可從燃燒時的硫磺味識別出角蛋白。

keratitis＊ 角膜炎 角膜的炎症（參閱eye）。結膜也會發炎（角膜結膜炎）。起因有眼睛乾燥（由於淚水分泌不足或不能閉眼）、化學或物理損傷或者某些疾病。取決於不同的病因，角膜炎或者會或者不會造成疼痛、視野缺損（包括失明）和眼睛損傷。

Kerensky, Aleksandr (Fyodorovich)＊ 克倫斯基（西元1881～1970年） 俄國政治領袖。是位傑出的律師，參加社會革命黨，被選入第四屆杜馬（1912），成為著名的演說家。1917年俄國革命爆發後，他兼任彼得格勒蘇維埃和省政府的職務，成為最孚眾望的人物。同年5月成為軍事部部長，7月任總理。克倫斯基是個溫和的社會黨人，竭力想把各派團結起來，但因為將軍隊總司令科爾尼洛夫撤職，而失去溫和派和軍官們的支持；他又拒絕實施左翼提出的激進綱領，因此也得不到左翼的信任。當布爾什維克在十月革命中奪取政權時，他已不能集結力量來保衛他的政府，只得隱藏起來。1918年移民歐洲，1940年移居美國，在一些大學裡講課，並寫一些有關革命的書。

Kerguelen Islands＊ 凱爾蓋朗群島 南印度洋島群，由凱爾蓋朗島（亦稱德瑟萊申島）以及約三百個小島組成，合計面積約6,200平方公里。凱爾蓋朗島長約160公里，有活動的冰川以及一些海拔高達1,965公尺的山峰。1772年由法國航海家凱爾蓋朗－特雷馬克發現，1893年附屬於法國，1955年成為法屬南方和南極洲領地的一部分。主島上的弗朗西斯港是一個科學研究基地。

Kermadec Islands＊ 克馬德克群島 南太平洋中的火山島群。位於紐西蘭奧克蘭東北，包括拉烏爾、麥考利、柯蒂斯諸島和埃斯佩朗斯岩礁，陸地總面積34平方公里。18世紀後期英國人和法國人考察發現，1887年附屬於紐西蘭。1937年在最大的拉烏爾島上建了一個氣象通信站，但不鼓勵設立永久居民點。

Kern, Jerome (David) 克恩（西元1885～1945年） 美國作曲家，美國音樂劇的主要創始人之一。原在紐約學習音樂，1903年去海德堡學習，後在倫敦獲得舞台作品經驗。1905年返回紐約後任鋼琴師，並為幾家音樂出版商當推銷員，同時為歐洲式輕歌劇譜寫了許多新曲。1912年創作《紅裙》，是第一部他獨力完成的含有音樂劇形式的音樂。1915年《好埃迪》的成功超過前者。後來作的音樂劇包括《好傢伙！》（1917）、《莎莉》（1920）、《陽光》（1925）。1927年根據費勃的小說，並找漢莫斯坦填詞而創作了《畫舫璇宮》，成為美國第一個從文學著作改編的嚴肅音樂劇，為音樂戲劇史上的一個里程碑。接著發表了《貓與提琴》（1931）、《空中的樂聲》（1932）和《羅伯特》（1933）。1933年以後開始為好萊塢電影作曲，經典歌曲有〈這首歌就是你〉、〈你是我的一切〉、〈墜入情網〉及〈老人河〉等。

kerogen 油母質 亦稱油母頁岩（kerogen shales）或kerogenites。主要含碳和氫，但也包含氧、氮和硫的大分子化合物的複雜混合體，是油頁岩的有機成分。蠟質，不溶於水，加熱時像石油一樣分解成各種可以回收的氣態和液態物質。含有壓實的有機物，例如藻類及其他低等植物、花粉、孢子和孢衣，還有昆蟲。

kerosene 煤油 亦作kerosine。無色透明、油狀、有強烈氣味的極易燃液體，是從石油蒸餾出來的一種有機化合物（占原油總量的10～25%）。煤油是由大約十種不同類型的相當簡單的烴組成的混合物，這些組分的多少取決於煤油的來源。揮發性比汽油小，沸點在140～320℃之間。可用於燈盞、取暖器或爐子，也可以用作柴油引擎、拖拉機、噴射發動機及火箭的燃料或燃料成分，也可作為油脂的溶劑和殺蟲劑。

Kerouac, Jack＊ 克洛厄（西元1922～1969年） 原名Jean-Louis Lebris de Kerouac。美國詩人和小說家。生於麻薩諸塞州羅厄耳的加拿大法語家庭，就讀於哥倫比亞大學。第一本書出版以前，在商船上當水手，漫遊美國和墨西哥。在哥倫比亞大學時遇到金斯堡和其他志趣相投的人，而成為所謂「敲打運動」（他杜撰出來的名稱）的發言人。在他的《在路上》（1957）一書中，他讚美貧困和自由；這是他最著名的小說，是以他提倡的一氣呵成、不經編輯的作風寫成的第一本書，在年輕人之間獲得極大的成功，成為年輕人心目中浪漫的英雄。他所有的小說，包括《達摩流浪漢》（1958）、《地下之人》（1958）和《孤獨的天使》（1965），都是自傳體的。後因酗酒死於四十七歲。

Kerr, Deborah＊　黛博拉寇兒（西元1921年～）　原名Deborah Jane Kerr-Trimmer。蘇格蘭女演員。演過如《芭芭拉少校》（1940）和《黑水仙》（1947）之類的英國電影後，就搬到好萊塢。在好萊塢，她常飾演端莊正經的角色，不過在《亂世忠魂》（1953）裡所演的角色卻背離淑女形象。晚期的電影包括《國王與我》（1956）、《茶與同情》（1956）、*Heaven Knows, Mr. Allison*（1957）、《分離的桌子》（1958）、《遊牧客》（1960）以及《大蜥蜴之夜》（1964）。黛博拉寇兒於1969年息影，並在1994年獲得奧斯卡終身成就獎。

Kertanagara＊　格爾達納卡拉（活動時期西元13世紀）　爪哇新柯沙里王國的末代國王（1268～1292）。他的出生使原本分成兩半的爪哇王國重新復合，其名字的意思即爲「國土秩序」。爲了抵抗忽必烈（元世祖）的侵略，他開始擴張勢力範圍，娶占婆（越南中部）的公主爲妻，派遣使臣去摩羅游（蘇門答臘），並征服巴里。1289年忽必烈派遣特使去爪哇索貢，遭到他的拒絕。忽必烈大怒，興兵討伐。但未待蒙古大軍到達，格爾達納卡拉已被藩王殺死。早期的兩部爪哇年代誌對這個國王的形象有兩種截然不同的描述：一個形容他是個酗酒者和無能昏君；另一個則稱他是個賢明國王，篤信佛教密宗。迄今他仍被推崇爲爪哇的偉大君王之一。

貌似格爾達納卡拉的訶里訶羅神石刻雕像（約14世紀初期），1865年為柏林民族學博物館所得

Kertész, André＊　柯特茲（西元1894～1985年）　匈牙利裔美籍攝影家和攝影記者。1925年從布達佩斯移居巴黎以尋找機會，成爲歐洲許多插圖期刊、報紙的主要撰稿人。1936年到紐約，以一年爲期在一家商業攝影棚工作，後來留了下來，大部分時間爲幾家主要的美國雜誌做時裝攝影。1962年前後他又回復他的創作風格，1964年現代藝術博物館舉辦了他的作品展。他那些自然的、不故作姿態的照片，對雜誌攝影帶來很大的影響。

kerygma and catechesis＊　宣示福音與教理傳授　在基督教神學中，字面上指的是傳道和教授。宣示福音意即宣示〈福音書〉，主要內容是《新約》所載的使徒教義。在早期教會中，教理傳授指的是對那些已接受救贖訊息的人在受洗前給予口頭上的指導（配合一般文字所缺乏的）。當嬰兒受洗禮逐漸普遍時，轉而對那些已受過洗而準備成人的人傳授教理，而教會已發展了一種基本教條的論述，稱爲教理問答。

Kesey, Ken (Elton)＊　凱西（西元1935～2001年）　美國作家。生於科羅拉多拉洪塔，曾就讀於史丹佛大學，其後並曾擔任藥物實驗受試者和醫院研究助理，他將這些經驗融入所寫的小說《飛越杜鵑窩》（1962，1975改編爲電影），這部小說成爲1960年代最廣爲閱讀的反傳統文化書籍。隨後並著有《心血來潮》（1964）和《水手之歌》（1992）。他隨著一夥朋友——「歡樂搞怪族」（Merry Pranksters）——自1960年代開始駕著漆成五顏六色的巴士遊遍全美，並且成爲渥爾夫《令人振奮的興奮劑實驗》（1968）的題材。

Kesselring, Albert　凱塞林（西元1885～1960年）　德國陸軍元帥。1936年任德國空軍參謀總長，早期指揮了對波蘭、法國、英國和蘇聯的空襲。1941年被任命爲南線德軍總司令，支援義大利在北非作戰，並進攻馬爾他。他與隆美爾共同指揮軸心國在北非的戰役。1943年盟軍攻入西西里和義大利後，他採取有效的防禦戰術，阻止了盟軍在那個地區的勝利步伐，直到1944年爲止。1945年任西線德軍總司令，但未能阻止盟軍長驅直入德國，同年5月率南線德軍投降。1947～1952年因戰爭罪行而入獄。

kestrel＊　紅隼　隼屬幾種小型猛禽的統稱，以獵食時有翱翔習性著名。捕食大型昆蟲、鳥類和小動物。雄鳥的顏色比雌鳥更鮮豔。紅隼主要是舊大陸的鳥類，但有一種美洲隼，在美國常被稱作雀鷹，普遍分布於南、北美洲。體長約30公分，下部白色或淡黃色，上部紅褐色和石板灰色，頭部有彩色斑紋。舊大陸的普通紅隼比較大，顏色不太鮮豔。亦請參閱falcon。

雄性普通紅隼
Werner Layer – Bruce Coleman Ltd.

Ket　凱特人 ➠ Siberian peoples

ketone＊　酮　一類包含羰基（－C＝O；參閱functional group）的有機化合物，其羰基連接著兩個碳原子。酮可以參與許多化學反應，雖然它的活性低於與它相關的醛。許多更複雜的有機化合物都有酮作爲結構單元。主要的工業用途是作溶劑，並用於製作炸藥、油漆、塗料和紡織品。丙酮是最重要的一種酮，有幾種糖和一些自然的或合成的類固醇都是酮。在酮症中，類脂化合物代謝所產生的酮過多地積聚在血液和尿裡，通常是由飢餓或糖尿病這類代謝疾病造成的。

Kettering, Charles F(ranklin)　克德林（西元1876～1958年）　美國工程師，1904年研製出第一台電子收銀機。約1910年與迪茲一起創辦代爾科牌汽車公司，1916年成爲通用汽車公司的子公司，1920～1947年克德林擔任通用汽車公司的副總裁兼研究主任。他的許多發明對現代汽車的發展起了重要的作用，包括第一個電動起動器（1912）、防爆燃料、加鉛汽油、快乾拋光漆（與米奇利一起發明）、高速二行程柴油引擎，以及具革命性意義的高壓縮比發動機（1951）。後來他與人合作在紐約市成立了從事癌症研究的斯隆－克德林癌症研究所。

kettledrums　鍋鼓 ➠ timpani

Kevlar　克拉　一種類似尼龍的分子聚合物「聚對次苯基對苯二醯胺」（poly-para-phenylene terephthalamide）的商標名稱，1971年由杜邦公司研發問世。克拉可以做成強硬、堅韌、不易斷裂、而且可溶解的纖維，它的每單位強度是鋼鐵的五倍。現在廣泛用於輻射輪胎、防火抗熱的紡織品、防彈衣物，以及使用於飛機翼板、輪船船體、高爾夫球桿、超輕型自行車的強化纖維複合材料。

Kevorkian, Jack　凱沃金（西元1928年～）　美國病理學家，提倡並從事醫師協助自殺。生於密西根州龐帝克，早年興趣在死囚實驗，讓他們變成無意識狀態，而不是處決；其想法給予他醫學生涯負面影響。1980年代發明「自殺機器」，人只要按下一個鈕就可以自殺，1990年代他幫助一百位以上末期病患死亡。他的行爲激起強烈的爭議，延燒至立法與公投；他遭到審判，兩次判處有罪，監禁，撤銷醫學執照。1998年判決謀殺罪成立，因其親自提供致命的注射劑，判刑監禁十至二十五年。

Kew Gardens　基尤植物園　正式名稱為基尤皇家植物園（Royal Botanic Gardens, Kew）。位於倫敦泰晤士河畔里奇蒙自治市前皇家產業基尤舊址的植物園。1759年威爾斯親王遺孀、喬治三世的母親奧古斯塔劃出她的部分地產闢為植物園。在班克斯的非正式領導下，植物園變成一所出色的科學機構。1840年植物園捐獻給國家，在胡克（1785～1865）爵士的領導下，成為世界上最好的植物園。如今園內共有五萬多種植物，有一個擁有五百多萬種乾樣本的植物標本室，還有一個藏書超過十三萬冊的圖書館。三個陳列館主要展出經濟作物產品，有植物遺傳學和分類學實驗室。

key　調　由七個樂音音階所產生的音高與和聲系統，每個樂音皆位居主要地位。調子是調性的基本元素，意味著中古教會音樂自然發展的結果（參閱church modes）。當看到一篇註明為「C調」的樂曲時，C即為其「主音」或主要音調。1600年之後的西洋音樂，大多數的樂曲不是用大調就是用小調來編寫。大調音階由音程的型態全音－全音－半音－全音－全音－全音－半音所組成。小調音階不同於大調音階之處在於其開始的型態為全音－半音－全音，並且其主音比大調主音小三度而不是大三度。

key, cryptographic　密鑰　電腦用複雜算法去加密與解密訊息時所採用的祕密數值。由於機密訊息在公共網路上傳輸或行進時可能遭到攔截，為了維持機密需要加密讓第三者看不出其中的意涵，只有預期的收件者能夠解密。如果有人用密鑰加密訊息，只有另一人有相符的密鑰可以解密訊息。亦請參閱data encryption。

Key, David M(cKendree)　基（西元1824～1900年）　美國政治人物。從事法律工作，積極參與民主黨的政治活動。南北戰爭期間他反對脫離聯邦，但在美利堅邦聯軍隊中任職。1875～1877年在美國參議院任職。在1876年的競選辯論中，海斯曾承諾在他的內閣裡會有一個南方人（參閱Electoral Commission），為了實現這個承諾，海斯總統任命基為郵政總局局長。1880～1894年任田納西州地方法院法官。

Key, Francis Scott　基（西元1779～1843年）　美國律師，〈星條旗〉的作者。1802年起從事法律工作。1812年戰爭華盛頓特區被燒後，他奉命赴乞沙比克灣從一艘英國船上救出一位朋友。1814年9月13～14日的夜間，他目睹英軍猛轟麥克亨利堡；第二天早上，當他看見美國國旗仍迎風飄揚時，寫下了〈麥克亨利堡保衛戰〉這首詩。當時發表於《巴士的摩愛國者報》上，後以英國祝酒歌〈獻給天國裡的阿那克里翁〉配曲。1931年被定為美國國歌。

Key West　基韋斯　美國佛羅里達州西南部城市。為美國大陸最南的城市，位於佛羅里達群島西部的一個島上，島長6.5公里，寬2.4公里。其名稱是英語Cayo Hueso（骨島）的訛誤，因西班牙探險者在這裡發現人骨而得名。1822年在基韋斯島上建立美國海軍兵站，作為對付海盜的基地。現為冬季度假區，旅遊業發達。許多作家和藝術家曾在這裡居住過，海明威和奧都邦的故居都得到很好的保存。

Keynes, John Maynard＊　凱因斯（西元1883～1946年）　受封為凱因斯男爵（Baron Keynes (of Tilton)）。英國經濟學家，以針對長期失業原因而提出革命性經濟學說而知名。父親是傑出經濟學者約翰・內維爾・凱因斯（1852～1949）。第一次世界大戰時，在英國財政部任職，後來參加凡爾賽和會，因抗議「凡爾賽和約」的內容而辭職，後來在《凡爾賽和約的經濟後果》一書中譴責了其條款內容。之後回到劍橋大學教書。1920年代、1930年代的國際經濟危機促使他撰寫了《就業、利息和貨幣通論》（1935～1936），為20世紀最具影響力的經濟論文。他反駁自由放任的經濟理論，並主張應付經濟蕭條的對策是擴大私人投資，或是創造公共投資取代私人投資。在輕度經濟萎縮之中，利用較寬鬆的信貸和低利率的貨幣政策就可能刺激投資。在較嚴重的經濟蕭條時，需要利用公共工程或補助窮人、失業者的周詳的公共赤字（參閱deficit financing）的嚴厲補救措施進行醫治。許多西方民主國家實施了凱因斯的理論，美國尤其在新政時期推行了他的理論。第二次世界大戰近尾聲時，凱因斯致力於規畫新的國際金融機構，1944年活躍於布雷頓森林會議中。

凱因斯，水彩畫，雷福瑞（Gwen Raverat）繪；現藏倫敦國立肖像畫陳列館
By courtesy of the National Portrait Gallery, London

KGB　格別烏　俄語全名國家安全委員會（Komitet Gosudarstvennoy Bezopasnosti）。負責間諜、反間諜和國內安全的蘇維埃機構。該機構可追溯到1917年成立的契卡（Cheka），任務是對反革命和破壞行為的初步調查。契卡後來被國家政治保安局（GPU，後改名國家政治保安總局〔OGPU〕）所代替，這是新蘇聯的第一個祕密警察機構（1923）。它還管理集體勞動營，並監督強迫性的集體化俄羅斯農場。到1931年它還擁有自己的軍隊和間諜，而密告者到處都是。1934年併入新的內務人民委員部（NKVD），帶動了大規模的整肅運動。1941年將國家安全和諜報活動的職能分出，另立國家安全部（MGB）。1954年成立了格別烏。在它最風光的時期，曾是世界最大的祕密警察單位和間諜組織，後來在戈巴契夫的治下喪失權力，特別是在1991年領導一次未遂政變後。在蘇聯解體後改名，其國內安全的職能已與間諜活動、反間諜活動分離出來。

Khabur River＊　哈布爾河　土耳其東南部和敘利亞東北部的河流。發源於土耳其東南部山區，東南流入敘利亞，接納傑格傑蓋河；然後蜿蜒向南，注入幼發拉底河。全長320公里。為敘利亞東北地區重要的灌溉水源。

Khachaturian, Aram (Ilyich)＊　哈恰圖良（西元1903～1978年）　蘇聯（亞美尼亞）作曲家。師從葛黎亞（1875～1956）和米亞斯科夫斯基（1881～1950）。當普羅高菲夫推薦一件作品給巴黎音樂會時，他贏得國際的矚目。因活躍於這個作曲家聯盟（與蕭士塔高維奇、普羅高菲夫）而遭到中央批判有「形式主義者傾向」，不過實際上他的音樂作風通常是保守而容易體會的。1953年史達林逝世後，他公開要求給予藝術家更大的創作自由。他的芭蕾舞劇有《假面舞會》（1944）、《斯巴達克》（1954）；《加雅涅》（1943）包含了知名的〈馬刀舞〉。其他受歡迎的作品包括他的一些鋼琴和小提琴的協奏曲。

Khadafy, Muammar al- ➠ Qaddafi, Muammar al-

Khafaje　卡法賈 ➠ Tutub

Khalkís＊　哈爾基斯　或稱Chalcis。舊稱Euripus。希臘埃維亞州首府（1991年人口約51,482）。濱臨埃夫里普海峽，此海峽隔開了埃維亞和希臘陸地。早在西元前7世紀時就已是重要的商業中心。曾在馬其頓、義大利和西西里建立殖民地，西元前411年之前一直是反抗雅典戰役的一個基地。西元前322年亞里斯多德死於此。1830年該市成為希臘的一部分。現為雅典附近的療養勝地和農貿中心。

Khama III　卡馬三世（西元1837?～1923年）　南非國王。1885年他宣布貝專納蘭（現在的波札那）為大英帝國的保護國，1893年向英國遠征隊派送增援力量以擊敗羅本古拉。他的孫子塞雷茨・卡馬（1921～1980）是獨立的波札那的第一任總統（1966～1980在位）。

Khambhat, Gulf of＊　坎貝灣　亦稱Gulf of Cambay。阿拉伯海一喇叭形小海灣，位於印度西北海岸，卡提阿瓦半島東南部。灣口寬190公里，最窄處24公里。注入該灣的有默希和達布蒂等河流。潮水高達12公尺，沙洲與沙岸不利於航行，所有港口都有淤塞問題。布羅奇與蘇拉特為東岸港口，坎貝港位於灣頂，馬可波羅曾提到它是當時印度最重要的海港之一。

khan　汗　歷史上指蒙古部落的統治者或君主。在更早一些時候，汗這個頭銜是與可汗或大汗有區別的；後來塞爾柱王朝和花剌子模王朝採用汗這個稱號作為貴族的最高頭銜。逐漸地，任何擁有資產的穆斯林都可以在名字後面加上汗這個稱號。現在通常當作姓來使用。

Khanka, Lake＊　興凱湖　亦拼作Xingkai Hu、Hsing-K'ai Hu。位於西伯利亞與中國之邊境上的湖泊。大部分位於俄羅斯境內，而其北岸卻在中國的黑龍江省。面積變化不定，從1,500至1,700平方哩（4,000至4,400平方公里）不等，湖濱大多為沼澤地。出口為烏蘇里江的一條支流。

Khanty　漢特人 ➠ Siberian peoples

kharaj＊　哈拉吉　7、8世紀時伊斯蘭教要求新加入的教徒繳納的一種稅。在伊斯蘭教的領地上，不改宗伊斯蘭教的猶太教徒、基督徒和瑣羅亞斯德教徒都要繳納吉茲亞稅，許多人因此改宗伊斯蘭教，以免除這項課稅或避開對非穆斯林擁有土地的禁令。後來伍麥葉的統治者們面臨了經濟問題，於是強行向新入教的教徒徵收哈拉吉作為財產稅。此舉引起廣泛不滿，導致747年爆發叛亂，加速了伍麥葉王朝的覆滅。

Kharijite＊　哈瓦利吉派　伊斯蘭教中歷史最悠久的派別，出現於7世紀中期教內就哈里發的繼承問題所產生的糾紛時。哈瓦利吉派（即分裂派）站在反對阿里（穆罕默德的女婿，他的追隨者後來組成什葉派）的這一邊，並領導一連串的叛亂，謀殺阿里，也一再攻擊阿里的勁敵穆阿威葉一世。後來他們更進一步瓦解了伍麥葉王朝的哈里發勢力。他們不斷地攻擊穆斯林政府，是基於實踐他們的信仰，他們認為哈里發應由全體穆斯林以民主方式選舉出來。他們要求從字面上詮釋《可蘭經》，並恪遵嚴格、清苦的宗教生活。此運動的易巴德葉支派今仍存在於北非、阿曼和桑吉巴等地。

Kharj, Al ➠ Al Kharj

Kharkiv＊　哈爾科夫　烏克蘭東北部城市。1655年建為軍事要塞以保護俄國的南部邊境，1732年成為省政府所在地，1921～1934年為烏克蘭蘇維埃社會主義共和國的首都。為烏克蘭第二大城市及重工業中心，生產農業機械和電子設備。人口約1,555,000（1996）。

Khartoum＊　喀土木　蘇丹首都。位於青尼羅河與白尼羅河交匯處南側，最初是一個埃及軍營（1821），1885年被馬赫迪起義軍包圍並摧毀，還殺死了英國總督戈登。1898年重新被英國占領，成為英－埃政府的首府，1956年成為獨立的蘇丹共和國首都。為主要的貿易和交通中心，還是幾所大學的所在地。人口925,000（1993）。

khat＊　阿拉伯茶　衛矛科細長、筆直的東非喬木，學名Catha edulis。高達25公尺，葉大，卵形，葉緣具細齒，味略為苦澀。最有名的親緣種是裝飾用的衛矛屬植物和苦甜藤。葉含興奮物質，可嚼碎食用，在一些國家社會生活中是一種重要藥物。

Khatami, Muhammad al-＊　卡塔米（西元1943年～）　伊朗總統（1997年起）。1961年庫姆神學院畢業後，進入伊斯法罕大學修習哲學並參加政治活動。伊朗革命期間他在德國領導一個伊斯蘭教機構（1979），1980年回到伊朗參選國會議員。兩伊戰爭期間出任政府公職，擔任總統拉夫桑賈尼的文化顧問，並任國家圖書館館長（1992～1997）。1997年他以69%的得票率當選總統。

Khayr al-Din ➠ Barbarossa

Khayyam, Omar ➠ Omar Khayyam

Khazars＊　哈札爾人　突厥語部落聯盟的成員，6世紀後期在歐俄建立了一個商業帝國。哈札爾人居住在北高加索地區，7世紀時與拜占庭人結盟以對抗波斯人，並與阿拉伯人交戰直到8世紀中葉。他們沿著黑海向西擴張他們的帝國，控制相鄰部落的貿易路線，並強迫他們納貢。統治階級信奉猶太教，與拜占庭各代皇帝保持密切的關係。10世紀哈札爾帝國開始衰落，965年被基輔摧毀。

Khensu ➠ Khons

Khidr al-＊　黑德爾　伊斯蘭教傳說中的人物。他長生不死，是聲譽甚高的聖者，特別受海員和蘇菲神秘主義者的崇敬。關於他的傳說源出於《可蘭經》，講一個「阿拉的僕人」幫助摩西找魚，一路上做了些似乎很沒意義的事情，比如鑿沈一條船、殺死一個年輕人等。摩西質問他，因而失去了他的護衛。阿拉伯注釋家們對這個故事加以潤色，稱那個僕人為黑德爾（意為「綠」），說他潛入生命之泉後全身變綠。在巴基斯坦，人們把他視為保護海員和河上航行者的水神。

Khíos ➠ Chios

Khitan　契丹 ➠ Liao dynasty

Khmelnytsky, Bohdan (Zinoviy Mykhaylovych)＊　赫梅利尼茨基（西元1595?～1657年）　烏克蘭哥薩克人首領（1648～1657）。雖然他在波蘭受教育，並在波蘭軍隊裡服役，但在1648年還是流亡到札波羅熱的哥薩克城堡，並組織了一場叛亂。在贏得了心懷不滿的烏克蘭農民和鄉鎮人民的支援後，他進軍波蘭。經過數年的戰爭，1654年他尋求俄國的幫助，他們相繼入侵波蘭，把烏克蘭的土地轉到了俄國人的控制之下。他原想保護哥薩克人的自治權，結果卻是屈服於俄國的統治。

Khmer＊　高棉人　亦稱柬埔寨人（Cambodian或Kampuchean）。柬埔寨人口中數量最多的種族語言集團。少數高棉人住在泰國的東南部和越南南方湄公河三角洲地區。傳統上是農業人口，以稻米和魚類為食，生活於農村。手工藝包括紡織、製陶和金屬製品。信奉上座部佛教，與前佛教時期的萬物有靈論信仰並存。從歷史上看，印度文化對高棉文化有很大的影響。

Khmer language 高棉語 亦稱柬埔寨語（Cambodian language）。柬埔寨、越南南部和泰國部分地區七百多萬人使用的孟－高棉語言，是柬埔寨的國語。高棉書寫文字是相互分開的，就像緬甸文、泰文和寮文的書寫系統一樣，源於南亞的帕拉瓦文字（參閱Indic writing systems）。最早的古高棉文刻印文字始於7世紀。在吳哥時期（9～15世紀），高棉語的大量詞彙被泰語、寮語和該地區的其他語言所借用（參閱Tai languages），而其本身也從梵語和巴利語借用許多字詞。

Khmer Rouge＊ 赤棉 1975～1979年統治柬埔寨的激進共產主義運動。在波布領導下的赤棉，反對受歡迎的施亞努國王政府。1970年龍諾推翻了施亞努國王，以及1970年代初美國轟炸柬埔寨的農村後，赤棉得到了支持，在1975年驅逐了龍諾。他們極端野蠻的統治導致多達兩百萬人死於飢餓、困苦以及死刑。1979年被越南人推翻，撤退到邊遠地區，繼續為柬埔寨的權力而鬥爭。1998年最後一名赤棉游擊隊員投降。

Khnum＊ 赫努姆 亦作Khnemu。古埃及的豐產神，與水和生育有關。早在西元前2800年就受到人們的膜拜。其像為公羊，兩角彎曲；或是羊頭人身。據說他用泥土創造人，就像製陶工那樣。主要的神廟在埃利潘蒂尼，靠近現在的亞斯文。赫努姆與薩蒂和阿努琪絲兩位女神一起組成三聯神。赫努姆在底比斯以南的埃斯納也頗受崇拜。

H I J K

Khoikhoi＊ 科伊科伊人 亦作Khoikhoin。舊稱霍屯督人（Hottentots）。第一批歐洲探險者發現的非洲南部原住民，他們操一種與科伊桑諸語言有密切關係的語言。在歐洲人接觸他們之前，以遊牧為生，飼養大批的牛羊。到了1800年，在開普敦橘河以南的科伊科伊人社群已被疾病和戰爭破壞殆盡，殘存者不是當白人農業主的契約勞工，就是融入邊界的混合人種社區，如格里夸人。在那米比亞橘河以北地區，納馬人是現存最大的一支科伊科伊種族，人數約有145,000。

Khoisan languages＊ 科伊桑諸語言 約有二十多種語言的語族，現在南部非洲大概有數十萬的科伊科伊人和桑人講這種語言。開普科伊科伊方言現已滅絕，一些桑語現在不是滅絕就是很少人使用。科伊桑諸語言最明顯的特徵是使用吸氣音。雖然吸氣音在許多語言中是用來發聲，但它們和鄰近的班圖諸語言（如豪薩語、祖魯語）一樣完全把吸氣音結合到輔音系統。科伊桑諸語言起源的一致性至今仍有爭議。

Khomeini, Ruhollah＊ 何梅尼（西元1900～1989年） 原名Ruhollah Musawi。伊朗宗教領袖和革命者。曾受宗教教育，1920年代初定居於庫姆，在那裡他被公認為什葉派學者，是伊朗統治者穆罕默德・禮薩・沙・巴勒維的反對者。1960年代初接受大阿亞圖拉稱號。由於他公開發表批評政府的言論而於1964年入獄，然後被流放。後定居於伊拉克，1978年又被迫離開，移居巴黎附近。他從流放地向他的夥伴們傳送他錄在磁帶上的資訊，以此來激勵他們的革命情緒。伊朗騷動日增，直到1979年國王被迫出走。兩個星期後何梅尼回到伊朗，成為伊朗政治和宗教的終身領袖。他的極端保守的國內政策，奠基於對伊斯蘭教原教旨主義的解釋；而他的對外政策既反西方又反共產主義。在他統治的頭幾年裡，發生了六十六個美國人被挾持的事件（1979～1981），這個人質事件大大激怒了美國，也是災難性的兩伊戰爭（1980～1990）的開始。他至死都保持著權力，對他的思想體系堅信不移。

Khons＊ 柯恩斯 亦作Khensu或Chons。古埃及的月神。他是阿蒙神和穆特女神的兒子。其像多為青年男子，頭戴月盤和翹首的眼鏡蛇。柯恩斯還與狒狒有關，有時等同於另一個月神透特。新王國末期（西元前1100?年）在底比斯的凱爾奈克為柯恩斯建了一座大廟。

Khorana, Har Gobind＊ 科拉納（西元1922年～） 印度裔美籍生物化學家。出生於印度貧窮家庭，在英國利物浦大學獲得博士學位。後來在加拿大、美國教書，1970年起在麻省理工學院任教。1968年因研究細胞核內遺傳物質控制蛋白質合成的機制而與尼倫伯格、霍利共獲諾貝爾生理學或醫學獎。他的貢獻是合成精確結構已知的小核酸分子，再將所合成的核酸分子加入適當的物質中便可合成蛋白質，就像在細胞裡面的一樣。將這些蛋白質與核酸的結構加以比較，便可知蛋白質中各部分的「密碼」位於核酸的哪一片斷，1970年他首次人工複製成酵母基因。

Khorasan＊ 呼羅珊 亦作Khurasan。伊朗東北部省，首府麥什德。早期在阿拉伯統治下幅員廣闊，包括現在的土庫曼南部和阿富汗北部。650年前後被穆斯林征服，大約1220年被成吉思汗（元太祖）占領，約1380年又被帖木兒征服。現在的邊界線是1881年確定的，面積315,687平方公里。由於幾百年來遭到無數次侵犯，所以人口由許多種族集團組成，使用的語言有土耳其語、波斯語和庫爾德語。手工藝品呼羅珊地毯即得自省名。

Khorram-dinan＊ 快樂派 亦作Khorramiyeh。盛行於9～11世紀的伊斯蘭教支派。雖然都是穆斯林，但這派教徒相信靈魂轉世以及瑣羅亞斯德教（祆教）的善惡神宗教二元論。他們像什葉派一樣，在哈里發繼承問題中是阿里的黨羽，並主張伊斯蘭教應該由穆罕默德的後裔領導。後來他們與什葉派不同的是堅持領導權應該由阿布・穆斯里姆個人繼承。他們的領袖巴巴克聲稱是阿布的後裔，領導了一次反對巴格達阿拔斯王朝哈里發的叛亂，直到838年他被捕、處決後才平定。11世紀此派逐漸消逝。

Khosrow I＊ 霍斯羅夫一世（卒於西元579年） 別名靈魂不朽的霍斯羅夫（Khosrow Anushirvan）。薩珊王朝的波斯國王（531～579在位）。他改革稅制，重組軍隊，並發動對嚈噠人（一中亞部族）的軍事進攻，以及在亞美尼亞、高加索和葉門等地作戰。據說他還引入梵文作品並加以翻譯，從印度引入象棋，天文學和占星術也很繁榮。在伊朗，幾乎任何不知起源的前伊斯蘭建築物都歸到他的名下。

Khosrow II 霍斯羅夫二世（卒於西元628年） 別名勝利的霍斯羅夫（Khosrow Parviz）。波斯薩珊帝國國王（590～628年在位），宮廷政變時得到拜占庭的幫助而取得王位。當新的拜占庭皇帝繼位時，他發動戰爭入侵亞美尼亞和小亞細亞中部，以對抗拜占庭帝國。613年攻占大馬士革，614年攻陷耶路撒冷。但是當拜占庭軍隊收復失地，他的大將被殺後，他的命運開始逆轉，後來在皇室家族革命中被殺。在他統治時期，銀器製造和地毯業達到頂峰，並有證據顯示石雕藝術再次復興。他死後，帝國迅速衰落，640年被阿拉伯人併吞。亦請參閱Sasanian dynasty。

Khrushchev, Nikita (Sergeyevich)＊ 赫魯雪夫（西元1894～1971年） 蘇聯領袖。父親是礦工。1918年加入共產黨。1934年被選入中央委員會，1935年升任莫斯科黨委第一書記。曾參與了史達林整肅黨內領導人的活動。1938年擔任烏克蘭的第一書記，1939年成為政治局委員。1953年史達林逝世後，他經歷一番苦鬥後才成為共產黨總書記，而布爾加寧擔任部長會議主席。1955年第一次離開蘇聯出國訪問，顯示他富有彈性，而倉促、輕率的外交作風成爲他未來的獨特商標。1956年在第20屆俄共黨代大會上，發表祕密演說，揭露了史達林的「不容異己、殘忍和濫用權力」。結果有數以千計的政治犯獲釋。波蘭和匈牙利運用反史達林化來改革政權，赫魯雪夫允許波蘭人擁有相當程度的自由，但當1956年納吉想要退出華沙公約組織時，他派軍粉碎了匈牙利革命。1957年黨內形成一股反對勢力，但他安穩地把政敵打散，1958年自任總理。由於主張與資本主義國家和平共存，1959年訪美，但原本預定在次年與艾森豪在巴黎舉行高峰會議卻因U-2事件而取消。1962年他企圖在古巴安裝蘇聯飛彈，接下來發生了古巴飛彈危機，他才打消念頭。因爲意識形態的歧異和簽署了「禁止核試條約」，導致蘇聯和中國的關係破裂。1964年因農業政策的失敗而需從西方進口小麥，加上與中共的紛爭，以及行政上的專斷作風導致他被迫下台。

赫魯雪夫，攝於1960年
Werner Wolf－Black Star

Khuddaka Nikaya＊　小部　佛教經籍（巴利文意爲「短集」）集，是上座部佛教最神聖的巴利文經藏的第五部，也是最後一部。寫於西元前500年到西元1世紀之間，內容包括佛陀說法以及對教義和倫理方面的論述，還收錄了巴利文正典中的全部主要詩歌作品（參閱Tripitaka）。

Khulna＊　庫爾納　孟加拉西南部城市。位於印度加爾各答東北，是重要的河港和貿易中心，有鐵、公路通恆河三角洲南部主要城市。1884年設自治市，有一所大學。人口731,000（1991）。

Khurasan ➟ Khorasan

Khuriya Muriya, Jazair＊　庫里亞穆里亞　亦作Kuria Muria Islands。阿曼島群。位於阿拉伯海，在阿曼東南海之外，包括五個無人居住的主要島嶼，陸地總面積73平方公里。其中最大的哈拉尼耶島上有少數居住人口。1854年阿曼蘇丹把該群島割讓給英國，1937年成爲英國亞丁殖民地的一部分，1967年歸還給阿曼。

Khwarezm-Shah dynasty＊　花剌子模王朝（西元1077?～1231年）　統治中亞和波斯的王朝。原先是塞爾柱王朝的附庸，後來獨立。創始人加拉恰伊原是廚房的奴隸，由塞爾柱委派任總督。最盛時期，領土從印度一直擴展到安納托利亞。1231年敗於成吉思汗（元太祖）。

Khwarizm＊　花剌子模　亦作Khwarezm。阿姆河沿岸歷史區，在今土庫曼和烏茲別克。西元前6世紀～西元前4世紀是波斯阿契美尼德帝國的一部分，西元7世紀被阿拉伯人占領，隨後幾個世紀被許多入侵者統治，包括蒙古人、帖木兒人，直到16世紀初成爲希瓦汗國的中心。1873年被俄國征服，成爲俄國的保護國。1917年俄國革命後，該汗國被蘇維埃共和國取代，後來解體併入蘇聯。

Khwarizmi, al- ➟ al-Khwarizmi

Khyber Pass＊　開伯爾山口　阿富汗與巴基斯坦邊界上薩菲德山脈的山口。長約53公里，歷史上是西北方印度次大陸入侵的入口，波斯人、希臘人、蒙古人、阿富汗人和英國人都曾穿越過這個山口。開伯爾地區的普什圖－阿夫里迪人長期抵抗外國的控制，但在1879年第二次英－阿戰爭期間，開伯爾部落落入了英國人的統治。現在爲巴基斯坦控制。

Kiangsi ➟ Jiangxi

Kiangsu ➟ Jiangsu

Kiarostami, Abbas　基亞羅斯塔米（西元1940年～）
伊朗電影導演。1969年受雇於「青少年心智發展協會」成立電影部門。該機構曾發行他執導的第一部抒情短片《麵包與小巷》（1970），這部短片也描寫出他拍片的要素：即興表演、紀錄片題材和眞實生活的律動。他第一部影片《旅人》（1974）在描述一個青少年的煩惱。1980年代，基亞羅斯塔米創作設計考察伊朗學童生活的紀錄片。基亞羅斯塔米透過1990年代如《特寫鏡頭》（1990）之類的影片，揭開電影和眞實生活之間的重疊部分。他的電影《白氣球》（1995）便是透過一位七歲小女孩的觀點來看德黑蘭的生活，並獲得國際影評家的讚賞。

kibbutz＊　基布茲　以色列的集體居民點，在那裡，所有的財富都是公有的，所得的利潤也都再投資於居民點裡。第一個基布茲建立於1909年，到近代大約有兩百個，總人口超過十萬。成人有私人住所；兒童一般住在一起，集體照料。集體做飯，大家一起吃。定期召開會議討論事務，當需要作出決策時大家投票表決。工作的分配方式有輪流的、選擇的，或者由個人的技能決定。近幾十年來，基布茲運動逐漸衰退。亦請參閱moshav。

Kiche ➟ Quiche

Kickapoo　基卡普人　操阿爾岡昆語的北美印第安人，與索克人、福克斯人關係較近，從前居住在今威斯康辛州中南部。基卡普人是令人生畏的武士，劫掠活動遠達美國南部和東北部。1765年前後伊利諾印第安人被消滅後，他們在伊利諾州的皮奧利亞附近定居下來，但後來在白人移民的壓力下又遷移到密蘇里、堪薩斯、奧克拉荷馬、德克薩斯等州和墨西哥。到19世紀，部落的中央權威崩潰，各支系酋長各自爲政。基卡普人拒絕同化，堅持保持自己的生活方式。今日剩下來的基卡普人（約2,500人）生活在墨西哥州北部、奧克拉荷馬州和堪薩斯州的保留區內。

Kidd, Michael　基德（西元1919年～）　原名Milton Gruenwald。美國舞者、編舞者和導演。生於紐約布魯克林，曾習舞於美國芭蕾學校，1973年時爲該舞團的舞者，隨後便加入美國芭蕾舞團，並自編《舞台上I》（1945）舞碼。他編過很多百老匯音樂劇的舞碼，其中包含四齣連續奪下東尼獎的百老匯劇：《紅男綠女》（1953）、《康康舞》（1953）、*Li'l Abner*（1956）和《重現江湖》（1959）。他成功的作品還包括《樂隊花車》（1953）、《七對佳偶》（1954）和《我愛紅娘》（1969）。

Kidd, William　基德（西元1645?～1701年）　別名基德船長（Captain Kidd）。英國劫掠船船長和海盜。1695年受命搜捕騷擾東印度公司船隻的海盜，成爲英國合法的劫掠船船長。航行途中，他自己也成了海盜，劫掠了幾艘船隻，並在盛怒中將自己的炮手摩爾打成重傷致死。1699年在紐約投降，曾得到寬恕的允諾，後被送往英國接受審判，被控犯殺害摩爾及五次海盜行爲等罪行，被處絞刑。在加德納斯島（長島附近）上發現了他的部分財物，但顯然還有更多未被發現。他死後成了半傳奇性的人物，被浪漫地描述成一個勇敢的冒險家。

Kidder, Alfred V(incent)　基德爾（西元1885～1963年）　美國考古學家，是當時考察美國西南部和中美洲最著名的學者。因首創與美國西南部史前考古有關而且有效的陶器類型學，1914年獲哈佛大學博士學位。後來他把這些興趣擴展到對普韋布洛文化發展的精湛研究（1924），1927年創立被廣泛採用的西南部考古分類系統（貝可斯系統）。他還組織了一個多學科的研究規畫（1929），對墨西哥和中美洲的舊馬雅帝國和新馬雅帝國的文化史作了大量深入的調查。先後在安多弗菲利浦斯學院（1915～1935）及哈佛大學（1939～1950）任教，並在卡內基學會領導各種專案（1927～1950）。

Kiddush＊　聖日前夕祝禱　猶太教禮儀。在安息日或重要節日前夕的晚餐前舉行，舉起酒杯誦讀祝詞和禱文，宣告聖日開始。通常由家長誦讀，家裡所有成員都可以參加，誦讀後每人從杯中啜飲一口酒。在德系猶太人的傳統中，桌上要放兩條麵包，象徵當年以色列人在曠野遷徙時期上帝所賜予的嗎哪（manna）。

Kiderlen-Wächter, Alfred von＊　基德倫－韋希特（西元1852～1912年）　德國外交家。為職業外交官，1910年任外交部長，實行強硬好戰的外交政策，致力於透過三國同盟而使德國成為歐洲的領導力量。在第二次摩洛哥危機（1911）中，他拒絕法國政府派來的調解官員，並把英國從談判中排除出去。儘管德國的擴張主義者們譴責和平條約過於寬容，但在危機期間基德倫的粗暴和強硬態度還是加劇了國際間的緊張關係，從而導致了第一次世界大戰。

kidnapping　綁架　以武力或欺騙手段劫持、拘禁、誘拐或帶走他人的罪行，常常逼迫被綁架者從事苦役，其目的是要得到贖金，否則就採取進一步的犯罪行為。大多數國家都認為綁架是一項嚴重的罪行，必須處以長期監禁或死刑。

kidney　腎　維持水的平衡和排除代謝廢物的一對器官。人類的腎器官為豆形，長約10公分，位於人體腰線凹進去的地方。每45分鐘能過濾血液中4.5公升的水分。葡萄糖、礦物質和所需的水分會在重吸收後回到血液。剩下的液體和廢物通過集合小管流入輸尿管和膀胱成為尿。每個腎含有1,000,000～1,250,000個腎元（腎單位），在過濾和重吸收的過程中發揮作用。腎還會分泌腎素，這是一種調節血壓的酶。腎的疾病包括腎功能衰竭、腎結石和腎炎。亦請參閱urinary bladder。

kidney failure　腎功能衰竭　亦稱renal failure。腎臟功能部分或全部喪失的一種病理狀態。急性腎功能衰竭導致少尿，血內化合物失衡，包括尿毒症。患者通常於六週左右恢復。造成各種腎結構的損壞的病因包括曝露於化學藥劑下、大量失血、擠壓傷、高血壓、嚴重燒傷、腎臟嚴重的細菌感染、糖尿病、腎動脈阻塞、尿路梗阻，以及肝病等。偶爾腎功能衰竭可無明顯症狀。腎功能衰竭的併發症包括心力衰竭、肺水腫及血鉀過多。慢性腎功能衰竭通常為腎臟疾病遷延所致。表現為酸中毒、骨骼脫鈣，亦可發生神經退化性變。腎臟在腎功能喪失約90%，仍能維持生命。若切除一側腎臟，另一側的腎臟則會變大，功能增強以適應其過重的負擔。腎功能衰竭通常需要用透析法或腎移植來治療。

kidney stone　腎結石　亦稱renal calculus。礦物質及有機物在腎內沈澱形成的堅硬如石的物質。尿內溶解著多種鹽類，若其濃度過高，過剩的鹽類即沈澱為固體顆粒，稱為結石。較大的腎結石能造成尿路梗阻，促成感染並引起腎小管痙攣－腎絞痛。結石亦可在各點引起泌尿系統的梗阻。腎結石的治療包括處理任何潛在的問題（如感染或梗阻），試用藥物或超音波溶解結石，體積較大的結石則需手術取出。

kidney transplant　腎移植　亦稱renal transplant。用健康的腎來替代患病或損傷的腎臟手術，被移植的腎可取自活的親屬或合法捐贈的死者，前者的組織形式較容易吻合，減少排斥的機率，患者在手術前可有更多的時間接受透析治療，以便控制已有的腎病。但手術切除活人的腎會使捐贈者冒有很大的風險，而死者捐贈的腎比較容易獲得。新腎被移植時，其血管和輸尿管需與原有部分縫合。手術後可能需要兩個月的時間才能恢復正常生活，但仍需持續服用藥物以避免排斥，不過這種藥會降低機體對感染的抵抗力。

Kido Takayoshi＊　木戶孝允（西元1833～1877年）　亦作Kido Koin。1868年日本明治維新三傑之一，另兩人是西鄉隆盛和大久保利通。他是長州藩政府的首領，代表長州藩與西鄉隆盛和大久保利通會商，共同領導推翻德川幕府。在新政府裡，木戶孝允負責把京城從京都遷到江戶（後改名

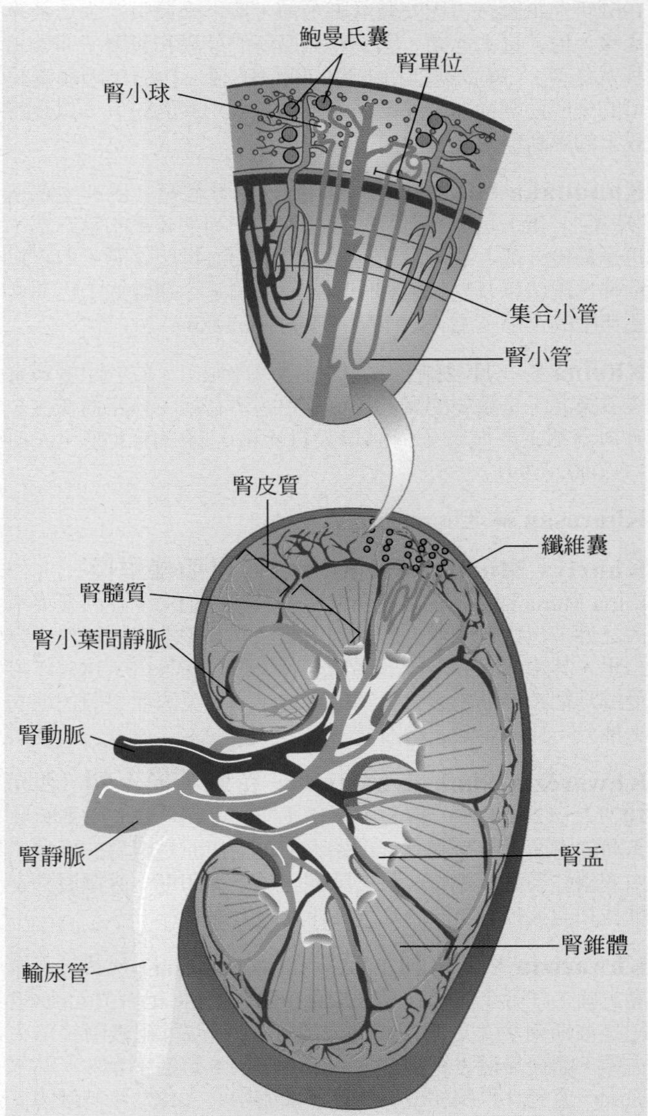

腎的剖面圖。腎的組成，外部是腎皮質，中間是腎髓質，內部是腎盂。血液經由腎動脈進入，分支為更小的血管，每條血管終止在一簇腎小球。血液中的液體被迫離開腎小球進入周圍的鮑曼氏囊加以過濾。腎小球、鮑曼氏囊與腎小管一同組成腎單位。血液的所有重要物質（葡萄糖、礦物質和大量的水）過濾之後由腎小管再吸收之後重新回到血液之中。腎髓質分為三角形的組織（腎錐體），裡面的導管收集沒有再吸收進入血液的液體（尿）。當尿液經過收集導管進入漏斗狀的腎盂時，還會進一步去除水分，接著通到輸尿管。

爲東京），並說服各大藩的首領把他們的地盤還給天皇。1871年訪問歐洲，回國後及時阻止侵略朝鮮的計畫。1870年代後期著手制定一部西方模式的憲法。

Kiefer, Anselm＊ 基費爾（西元1945年～） 德國畫家，20世紀後期新印象主義最傑出的人物之一。1970年隨概念派藝術家博伊斯學習。在諸如《德國神聖英雄》（1973）這樣的大型繪畫作品裡，他使用各種視覺抽象圖形、陰沈憂鬱的顏色以及粗糙單純的構圖，對德國悲劇性的過去作了諷刺和挖苦。1980年代，在他的許多作品中，採用了透視手法和不平常的結構，表現出強烈的實體感。

Kiel＊ 基爾 德國北部什列斯威－好斯敦州首府。爲基爾運河東端港口，建於1242年。1284年加入漢撒同盟，1773年成爲丹麥的一部分。1866年什列斯威－好斯敦劃歸普魯士，1917年基爾成了它的首府。爲一重要的海軍基地，第二次世界大戰期間成爲盟軍轟炸的目標。有聖尼古拉教堂（1240?）、公爵宮（1280?）和基爾克里斯蒂安－阿爾布雷希茨大學。人口約246,000（1996）。

Kienholz, Edward＊ 金霍茲（西元1927～1994年） 美國雕刻家。生於華盛頓州費爾菲德，原先從事繪畫工作，直到搬遷至洛杉磯之後才開始創作大型木頭壁雕（1954）。他具爭議性的環境雕刻－－始於1950年代後期－－是精心雕琢的三度空間組合，這類雕作很嚴厲地暗指美國社會。他最有名大得可供人走進的場景雕刻有《羅西妓院》，是1943年洛杉磯一家妓院的擬眞雕作，以及一間老舊酒吧的複製*The Beanery*，爲逼眞效果，在其中放置十七個人像雕刻，用管子導進酒吧所應有的各種味道，還有自動點唱機播放音樂和背景交談聲。他所雕塑殘酷的謀殺、性、死亡和腐敗的形象，被評爲令人反感或色情的藝術。

Kieran the Younger ➠ Ciaran of Clonmacnoise, St.

Kierkegaard, Søren (Aabye)＊ 齊克果（西元1813～1855年） 丹麥宗教哲學家和理性主義的批判者，被認爲是存在主義哲學的創始人。年輕時在哥本哈根大學主修神學。他以對自成體系的理性哲學的批判馳名，攻擊黑格爾企圖將整個存在體系化，他宣稱不可能建立一套存在的體系，因爲存在是不完全的，它在不斷地發展。在《總結非科學的後記》（1846）一書中，他主張「在最熱情的獻身精神中堅持客觀的未定性就是眞理，對存在著的人的最高眞理」，亦即主觀性爲眞理。他採取這一立場的目的是爲充分研究信仰和宗教（特指基督教）而掃除障礙。其最有名的著作包括《非此即彼》（1843）、《恐懼和戰慄》（1843）和《對死的厭倦》（1849）。晚年他堅決徹底地攻擊有組織的教會，因而耗盡了心力，死時年僅四十二歲。直到20世紀人們才感受到齊克果的強大影響力，他對巴特、雅斯培、海德格和布伯等思想家影響很大。

齊克果，肖像畫；克里斯蒂安．齊克果繪於1840年左右
By courtesy of the Royal Danish Ministry of Foreign Affairs

kieselguhr ➠ diatomaceous earth

Kiev＊ 基輔 烏克蘭語作Kyyiv。烏克蘭首都。位於聶伯河畔，始建於8世紀，到9世紀後期，當地親王們擴大了他們的領土，建立基輔羅斯國。1240年被金帳汗國的韃靼人摧毀，重建後陸續處於立陶宛人、波蘭人和哥薩克人的統治之下。1793年併入俄國，1934年成爲烏克蘭蘇維埃社會主義共和國的首都，1991年烏克蘭獨立後仍是該國的首都。爲重要工業城市，也是教育和文化中心，設有烏克蘭國立大學和烏克蘭科學院。人口約2,630,000（1996）。

Kievan Rus＊ 基輔羅斯 第一個斯拉夫國家。由諾夫哥羅德的統治者維京人奧列格（約西元879年開始統治）所建，他曾奪取斯摩棱斯克和基輔（882），基輔後來成爲基輔羅斯的首府。他擴張版圖，聯合當地的斯拉夫人與芬蘭部落，擊敗哈札爾人，西元911年與君士坦丁堡達成貿易協定。10～11世紀基輔羅斯在弗拉基米爾一世和雅羅斯拉夫的統治下，國勢達到顛峰，當時基輔變成東歐主要的政治與文化重心。在雅羅斯拉夫於1054年死後，他的兒子們鬩牆相爭使這個帝國四分五裂，13世紀蒙古人決定性的征戰結束這個帝國政權。

Kigali＊ 吉佳利 盧安達首都。位於該國中部，德國殖民統治時期（1895年後）爲貿易中心，比利時殖民時期（1919～1962）是地區中心，1962年成爲獨立後的盧安達的首都。1990年代這個快速成長的城市受到該國政治動亂的負面影響。人口233,000（1991）。

Kikuyu＊ 基庫尤人 居住在肯亞中南部靠近肯亞山的高原地區講班圖語的人。人數超過六百萬，是肯亞最大的族群。傳統上他們各自住在自己的家庭宅院內，但在茅茅運動時期，英國殖民政府出於安全目的把他們遷到村莊裡，這項安排後來成了永久性的措施。傳統經濟以鋤耕農業爲主，種植小米和其他作物，主要的現代經濟作物有咖啡、玉米以及水果和蔬菜。許多基庫尤人在政府中任職。

Kilauea＊ 基拉韋厄 美國夏威夷火山國家公園內冒納羅亞山東側的火山口。是世界最大的活火山口，長約5公里，寬3.2公里，深150公尺，海拔1,250公尺。底板上有稱爲哈勒冒冒坑的排放口，是傳說中女火神佩利的家。基拉韋厄頻繁的噴發通常限於排放口的範圍內，形成一個沸騰的熔岩湖，有時熔岩會溢流出去。自1983年以來，一系列的噴發形成一條熔岩河，一直流到48公里外的大海。

Kilburn, Thomas 凱本（西元1921年～） 英國電腦科學家。著作《二進位數位計算機的儲存系統》（1947）影響所及，數個美國與俄羅斯機構都採用其技術。與威廉斯（1911～1977）設計「弗蘭提．馬克1號」，是英國製造的最早預儲程式電腦之一（1951），另外還設計最早的商用電腦。1964年成立英國第一個電腦科學系，成爲該系第一位教授。

Kilby, Jack (St. Clair) 基爾比（西元1923年～） 美國發明家。生於密蘇里州傑佛遜市，曾就讀於威斯康辛大學。1958年加入德州儀器公司，想像出由矽製作，將全部的電路元件整合在一個面上，導致電腦晶片的發明。他還想出裝有熱感式印表機的手持計算機，用於可攜式資料終端機。擁有六十個以上的專利，獲得國家科學獎章（1970）、京都獎（1993），2000年與克洛莫（1928～）、阿伏洛夫（1930～）共獲諾貝爾物理獎。

kilim＊ 開立姆地毯 安納托利亞、巴爾幹國家和伊朗部分地區依照壁毯工藝用手工編織的無絨毛地毯，也指各種織錦、刺繡、表面翹曲或其他平面編織的小地毯和提袋。共同的特點是，圖案中凡是在兩種顏色的垂直交接處都有一道裂縫。最精緻的例子是16～17世紀來自伊朗卡尙的絲綢製品。最大的開立姆地毯是土耳其生產的，他們也生產尺寸較小的祈禱毯；土耳其的織工常用棉線編織白色部分，細部則是織錦。巴爾幹南部的開立姆地毯最初是仿照土耳其的模式，後來才逐漸發展出自己獨特的風格。隨著離土耳其的距離越來越遠，開立姆地毯在顏色和圖案上也越來越偏離東方色彩。

Kilimanjaro＊ 吉力馬札羅 坦尚尼亞東北部火山。位於吉力馬札羅國家公園（1973年成立）內，包括三個死火山峰：基博、馬溫西和希拉。最高峰是基博峰，海拔5,895公尺，也是非洲的最高點。第一批看到吉力馬札羅的歐洲人是德國的傳教士（1848）。1889年首次測量基博峰，1912年測量馬溫西峰（5,150公尺）。

吉力馬札羅火山口黎明景色
Gerald Cubitt

killdeer 雙領鴴 鴴形目鴴科的美洲濱鳥，學名Charadrius vociferus，有時作Oxyechus vociferus。常出現於多草泥灘、牧場和田野，英文名字得自其響亮而連續的鳴叫聲。體長約25公分，背部褐色，腹部白色，胸部有兩條黑帶。繁殖於整個北美洲及南美洲的西北部，遷徙只是為了避雪，比大多數鳴禽更早飛回繁殖地。以甲蟲、蝗蟲類、蜻蜓和其他昆蟲為食。為了保護幼鳥，親鳥會假裝受傷，艱難地拍打翅膀離巢而去，好像很容易被吃掉的樣子以引開掠奪者。

killer whale 虎鯨；殺人鯨 亦稱orca。分布於從北極到南極所有海洋裡的一種齒鯨，學名Orcinus orca，是海洋海豚中最大的一種。雄性可長達9公尺，體重超過4,500公斤。體黑色，腹部、雙眼上方和兩脅白色；吻鈍，有力的上下顎上長有40～50顆大而尖的圓錐形牙齒。通常幾條到50條左右成群生活，以魚類、頭足類、企鵝及各種海洋哺乳動物為食。儘管它們是海豹甚至其他鯨類的兇猛捕食者，但尚無殺人的記錄。人們常常捕捉它們後豢養起來，訓練為大型水族館裡的表演明星。

虎鯨；殺人鯨
Miami Seaquarium

killifish 鱂 鱂科數百種卵生頂游米諾魚（參閱guppy）的統稱，廣泛分布於世界各地的半鹹水、鹹水和淡水中，包括沙漠地區的溫泉。有些品種能長到15公分長。以水面上的動、植物為食。許多品種（如琴尾鱂）有誘人的顏色，常被養在家庭水族箱裡。也可用作釣餌及控制蚊子。鱂屬棲息於加州沿岸和某些西部鹽湖岸邊。有些內華達鱂已被列入瀕絕物種，特科帕鱂（長0.6公分）已於1981年宣布滅絕。

Fundulus chrysotus，鱂的一種
Gene Wolfsheimer

Killy, Jean-Claude＊ 基利（西元1943年～） 法國滑雪運動員。在阿爾卑斯山的一個滑雪勝地長大，1965年獲歐洲冠軍，1966年獲世界混合滑雪（滑降、曲道和大曲道）比賽冠軍，1967年贏得第一屆男子滑雪世界盃，1968年再度獲勝。在1968年的冬季奧運會上，他是繼奧地利選手札伊勒（1956）之後第二位囊括高山滑雪各項比賽冠軍的選手。1968年退休，1972年轉任專業運動員。

kiln 燒窯 通過部分熔化而將礦物、金屬或合金中的各種組分分開的技術。當材料加熱到一定溫度時，金屬中的某一種組分開始熔化，而其他組分仍保持固態，熔化了的液態組分就可以流出來。以前這種技術用來從礦石中提取銻礦物，或用鉛作溶劑把銀與銅分開，也用於煉錫。

kilt 短褶裙 男人穿的長及膝蓋的裙狀服裝，為蘇格蘭傳統民族服裝（亦稱高地服裝）。以打褶定型的毛料製成，穿時圍在腰上，讓褶子集中在背後，兩端平的部分重疊在前面。通常穿著時還要配上一塊披在左肩上的長方形衣料，稱為方格呢披肩；短褶裙和披肩上都織有花格圖案。整套服裝是在17世紀發展起來的，可以在平常日子穿著，也可以在特殊場合穿著。高地服裝是英國軍隊中蘇格蘭軍團的制服，甚至在第二次世界大戰的戰鬥中士兵們都還在穿著。

Kilwa (Kisiwani)＊ 基盧瓦島 以前的伊斯蘭城邦，位於現在的坦尚尼亞南部海岸外的一個島上。10世紀後期由阿拉伯和伊朗的移民建立，為非洲東岸最活躍的商業中心之一。16世紀被葡萄牙人占領後，其重要性逐漸下降，最後被廢棄。現有大面積廢墟，包括不少清眞寺、一座葡萄牙的堡壘以及13～14世紀的宮殿。今坦尚尼亞沿海的基盧瓦現代城鎮，可能是由該島的移民在19世紀早期建立的。

Kim Jong Il＊ 金正日（西元1941年～） 亦作Kim Chong Il。金日成之子。1980年被指定為他父親的接班人，1994年他父親死後立即成為北韓事實上的領袖，在北韓被稱為「永遠的國家主席」。他很少在公眾場合露面，而且有關他的一些事實都很難證實。在他的治理下，北韓遭受嚴重的食物短缺。

Kim Dae Jung＊ 金大中（西元1925年～） 南韓政治人物和第一位成為總統的反對派領袖。1954年首次進入政界，反對李承晚的政策，但直到1961年才在政府中占有一席之地。1970年代屢遭逮捕，曾因煽動和陰謀罪被判死刑，後被減免到二十年監禁。1985年短期流放到美國後，他又恢復成為政治反對派的領袖。1997年當選南韓總統。2000年獲諾貝爾和平獎。

Kim Il Sung＊ 金日成（西元1912～1994年） 從1948年直到去世，他一直是北韓的共產主義政黨領袖。第二次世界大戰末期，朝鮮被分割為蘇聯占領的北半部和美國支援的南半部，金日成幫助建立一個共產主義的臨時政府，並任第一任總理。他入侵南韓企圖重新統一國家，但韓戰結束後並沒有實現統一。戰後，金日成引進一套自力更生的哲學，根據這套哲學，北韓試圖在幾乎沒有外國幫助的情況下發展自己的經濟。對他的無所不在的個人崇拜，使他能夠不受挑戰地統治一個世界上最封閉、最壓抑的社會達四十六年之久。亦請參閱Korea, North。

Kim Young Sam＊ 金泳三（西元1927年～） 南韓溫和的反對黨領袖，在他的黨與執政黨合併後成為總統（1993～1998）。1954年首次選入南韓國會，直到1979年被朴正熙總統驅逐出國會，這一行動激起了騷亂和示威，並導致朴正熙被暗殺。1980年全斗煥以軍事力量接管政府，金泳三被軟禁到1983年。1990年他把他的黨與執政的民主正義黨合併，促使他登上了1992年的總統寶座。他實行改革以結束政治腐敗，執政時期是韓國繁榮向上的時期之一，直到1997年韓國捲入了亞洲經濟危機。

Kimberley 慶伯利 南非城市。1871年在該地區發現金剛石後不久建立，1873～1880年為西格里夸蘭首府，後成為開普殖民地的一部分。南非戰爭中被布爾人包圍了四個月

（1899～1900）。現在仍是金剛石開採中心，郊區布滿礦坑和土堆，都是採礦作業遺留下來的。德比爾斯聯合礦業公司和慶伯利礦就在附近。人口170,432（1996）。

kimberlite 慶伯利岩 亦稱藍地（blue ground）。一種深色、沉重、通常帶碎片的火成岩，母岩中可能含有金剛石。慶伯利岩是一種雲母橄欖石，爲礦物組成複雜且多變的超基性岩。產於南非慶伯利地區、澳大利亞慶伯利和阿蓋爾湖地區以及美國紐約州綺色佳附近。

kimono 和服 日本男女從奈良時期（645～724）早期到現在一直穿著的服裝。基本的和服是一種齊踝長的、有寬大長袖和V形領的袍服，在胸前將左襟覆蓋在右襟上，腰部用一根寬腰帶束緊。現代的寬腰帶是從18世紀開始使用的。雖然和服起源於中國，但它的優美還要歸功於17～18世紀的日本設計師。

kindergarten 幼稚園 招收四～六歲兒童的學校或班級，是學前教育的重要部分。始創於19世紀初，是英國的歐文、瑞士的裴斯泰洛齊和他的學生德國的福祿貝爾（「幼稚園」一詞即由他所創）以及義大利的蒙特梭利等人的思想和實踐的產物。幼稚園一般強調兒童在社會和感情方面的成長，藉由遊戲和更大的自由來促使兒童自我了解，而不是強迫他們接受成人的思想。

Kindi, al- 金迪（卒於西元870?年） 全名Yakub ibn Ishaq al-Sabah al-Kindi。第一位著名的伊斯蘭教哲學家。在伊朗馬蒙和穆阿台綏姆兩位哈里發手下工作。是希臘哲學家們的第一個阿拉伯學生，他把重要的希臘著作翻譯成阿拉伯文，並試圖把柏拉圖和亞里斯多德的觀點納入一個新的體系中。他的一些短篇論文論及新柏拉圖主義所提出的一些哲學問題，還寫了270多篇有關占星術、印度算術、製劍以及烹飪方面的科學論文。

kinematics＊ 運動學 物理學的一個分支，只從幾何上考慮一個物體或者物體系可能的運動，而不考慮其中所包含的力，描述物體或物體系的空間位置、速度和加速度。亦請參閱dynamics。

kinesiology＊ 運動學；運動療法 對人類運動的力學與解剖學的研究，以及它們在增進健康與減少疾病方面扮演的角色。運動學已經直接運用在體適能和健康方面，包括：爲一般人和失能者發展運動計畫，保持老年人的獨立性，避免因創傷或忽略造成罹病，以及幫助生病或受傷初癒的人復健。運動治療師也會爲行動受限的人發展出容易使用的設備，或尋找可以提高個能或團隊體能的方法。運動學研究的範圍包括：肌肉收縮與組織體液的生物化學、骨質礦化、對運動的反應、身體的各種技巧是如何發展的、運作的效率，以及比賽的人類學。

kinetic energy＊ 動能 物體由於運動而具有的能量形式。運動可以是平移（沿著一條路徑從一個地方到另一個地方）、繞軸轉動、振動或者幾種運動聯合。物體或物體系的總動能等於每種運動方式的動能之和，取決於質量和速度。例如，平移運動的動能KE，等於質量m和速度v的平方的乘積之半，即$KE = \frac{1}{2}mv^2$，只要速度低於光速時都可以成立。在較高的速度下，相對論會改變這個關係。

kinetic sculpture 動態雕刻 動（如發動機驅動的部分或改變電子的想像）是這類雕刻的最基本要素。在20世紀動態藝術已成爲雕刻藝術的一個重要方面。先驅人物如伽勃、杜象、莫霍伊－納吉和考爾德以水、機械裝置和氣流（如考爾德的）等方法來產生動態。新達達主義者的作品，如丁格利的自毀作品「向紐約致敬」（1960），具體表現出一件雕刻品的概念就是它同時作用在物體和發生的事件上。

kinetic theory of gases 氣體分子運動論 基於對氣體作簡化描述的一種理論，從中可以導出氣體的許多特性。該理論主要由馬克士威和波茲曼創立，在近代科學中是最重要的概念之一。最簡單的運動學模型基於如下的假設：一、氣體是由大量在隨機的方向上運動的分子組成，分子之間的距離比它們的大小大得多；二、分子之間以及分子與容器壁之間發生完全彈性（不損失能量）碰撞；三、分子之間動能的轉換就是熱。這個模型描述的是理想氣體，對於眞實氣體只是一種合理的近似。科學家們利用運動論可以把氣體分子的獨立運動與氣體的壓力、體積、溫度、黏滯性和熱傳導等聯繫起來。

king 國王 一個國家或領土的男性統治者，其地位僅次於皇帝而高於任何統治者。與國王相等的女性統治者稱女王（queen）。有些國王是選舉產生的，如中世紀的德國，但大多數是世襲的。一個社會的全部精神和政治權力，可以完全集中於統治者手裡，也可以透過立憲而與其他政府機構分享。有些國王是國家的首腦，但不是政府的首腦。在過去，有些國王被看作是上帝在地球上的半神化的代表；有些則自稱是神，或是死後會變爲神的超自然存在（參閱divine kingship）。17世紀以來，人們普遍認爲君主的權力來自人民。亦請參閱constitutional monarchy、czar、khan、monarchy、pharaoh。

King, B. B. 比比金（西元1925年～） 原名Riley B. King。美國藍調吉他手。長於密西西比河三角洲，早期受福音音樂影響。曾在孟菲斯擔任DJ工作一段時間，當時得一綽號"B. B."（「比爾街的布魯斯小伙子」）。他的第一首暢銷曲「三點鐘藍調」（1951），受到許多人的模仿，包括「每日都有布魯斯」和「感動已逝」。由於其本身狂熱嗓音的魅力，比比金彈奏單弦吉他配上其獨特的顫音，這個風格是受到三角洲藍調吉他手和莱因哈特的影響。1960年代後期搖滾樂吉他手受到他的影響，並將比比金及其吉他露西兒介紹給白人聽衆。他一直是藍調音樂家中最成功的一位。

比比金，攝於1972年
By courtesy of Sidney A. Seidenberg, Inc.

King, Billie Jean 金恩（西元1943年～） 原名Billie Jean Moffitt。美國女子網球運動員。她在公衆網球場學習網球。1961年首次贏得溫布頓錦標賽雙打冠軍，她是隊裡最年輕的球員。後來從1960年代中期到1970年代中期又獲得二十次溫布頓的冠軍（單打、女子雙打、混合雙打）。她還數次贏得美國錦標賽單打冠軍（1967、1971～1972、1974）、澳大利亞（1968）和法國（1972）冠軍頭銜。她七度被選爲美國最佳選手，五次被選爲世界最佳選手。1973年她在號稱「兩性之戰」的比賽中擊敗了五十五歲的前男子冠軍選手里格斯。她後來公開宣稱其

金恩
Colorsport

H I J K

爲同性戀者，使她再度受到注意。金恩夫人與丈夫賴瑞・金恩於1974年成立「女子網球協會」，並擔任首任會長（1974），她還組織世界網球隊，並自任指導。金恩夫人還與人創辦《女子體育》雜誌。

King, Larry 賴利金（西元1933年～） 原名Lawrence Harvey Zeiger。美國訪談節目主持人。生於紐約布魯克林區，曾在邁阿密作廣播音樂主持人、訪談節目主持人、自由播報員和作家（1957～1978）。他主持一個全國播出的非常受歡迎的訪談節目《賴利金秀》（1978～1994），然後，自1985年開始在CNN電視台主持訪談節目《賴利金現場》。迄2000年爲止，他在自己的兩個節目中已經主持超過30,000場訪問。

King, Martin Luther, Jr. 金恩（西元1929～1968年） 原名Michael Luther King, Jr.。美國民權運動領袖。生於亞特蘭大，他在神學院念書時便信奉非暴力哲學。1954年按立爲浸信會牧師，成爲亞利桑那蒙哥馬利教堂的本堂牧師。1955年自波士頓大學獲博士學位。他被選蒙哥馬利改進協會領袖，由於該會的努力，很快的結束該市在公共運輸上的隔離政策。1957年他組成南方基督教領袖會議，並發表全國性演說，積極倡導以非暴力來改善黑人的民權。1960年他回到亞特蘭大，與他的父親一起成爲埃比尼澤浸信會教堂本堂牧師。他因反對百貨公司餐檯的種族隔離政策而被逮捕，並被監禁；這個案子引起全國注意，在民主黨總統候選人甘迺迪的調停下獲釋。1963年他協助組織「向華盛頓進軍」，這次集會召集了逾200,000名抗議者，他還發表了名爲「我有一個夢想」的演說。這次行動影響到1964年「民權法」的通過，金恩亦於1964年獲諾貝爾和平獎。因號召大軍前進亞利桑納州的塞爾馬的民權運動他屈服於州的軍隊，及改變芝加哥住房隔離政策的失敗，使他在1965年受到批評。他發誓其關注將擴大到各種族的貧窮及反對越戰。1968年他前往田納西州孟菲斯，去支持清潔工的罷工行動；4月4日他遭雷伊暗殺身亡。1989～1990金恩的博士頭銜成爲爭論焦點，有證據顯示他的論文是剽竊來的。爲紀念他，美國將一月的第三個星期一定爲國定假日。

金恩
Julian Wasser

King, Rufus 金恩（西元1755～1827年） 美國外交家。爲大陸會議（1784～1787）代表，在會上要求制定新憲法。後協助構建美國憲法，並促成取得麻薩諸塞州的批准。1788年移居紐約州，當選爲該州第一批參議員（1789～1796、1813～1825）。他是聯邦黨人的堅強領袖，在1787年提出一項決議案，引入反奴隸制條款，爾後成爲「西北法令」的一部分。1796～1803、1825～1826年出任駐英國大使。

King, Stephen (Edwin) 史蒂芬・金（西元1947年～） 美國小說家和短篇小說作家。生於緬因州波特蘭，在緬因大學就學，後在該州過著平靜的生活。他有許多受歡迎作品，使他成爲暢銷作家，這些書融恐怖、死亡、幻想和科學小說於一爐。《嘉莉》（1974）是他的第一部小說並立即獲得成功，接著相繼出版了《吸血鬼復仇記》（1975）、《鬼店》（1977）、《末日逼近》（1978）、《死亡地帶》（1979）、《燃燒的凝視》（1980）、《狂犬庫丘》（1981）、《克麗斯汀》（1983）、《它》（1986）、《戰慄遊戲》（1987）和《人鬼雙胞胎》（1989），《黑塔》系列（1992～1997）、《玫瑰紅》（1996）、《綠色奇蹟》系列（1996）、《一袋骨頭》（1998），及其他許多作品。其中許多被改編拍成賣座的電影。

King, W(illiam) L(yon) Mackenzie 金恩（西元1874～1950年） 加拿大總理（1921～1926，1926～1930，1935～1948），麥肯齊的孫子。1900～1908年任勞工部副部長，1909～1911年被任命爲加拿大第一位勞工部長。1919年重新選入加拿大議會，任自由黨領袖。後出任總理，在自由黨和進步黨聯盟的支持下領導政府，致力於在國協國家與英國之間建立更獨立的關係。第二次世界大戰期間及戰後，他把這個經常區分爲英國公民和法國公民的國家統一了起來。

King, William Rufus de Vane 金恩（西元1786～1853年） 美國政治人物。出生於北卡羅來納州桑普森縣，1811～1816年在美國眾議院任職，後移居阿拉巴馬州，成爲該州第一批美國參議員之一（1819～1844、1848～1852）。1844～1846年被任命爲駐法國公使，說服法國政府不干涉美國吞併墨西哥的德克薩斯。1852年當選美國副總統（總統是皮爾斯），但尚未上任就去世了。

King Cotton 棉花國王 美國南北戰爭前用來表示南方棉花生產經濟霸主地位的用詞。最早出現於《棉花是國王》（1855）一書中，得到南方政治人物的回應。他們相信如果脫離聯邦會引發戰爭的話，棉花的經濟和政治力量會爲他們帶來勝利。南方原本預期會得到棉花的主要進口國英國的支援，但是英國卻在帝國的其他地方另闢棉花來源。完全依賴單一作物的經濟，使南方在戰後處於弱勢地位。

king crab 勘察加擬石蟹 亦稱阿拉斯加王蟹（Alaskan king crab）或日本蟹（Japanese crab）。海生十足類可食用蟹，學名Paralithodes camtschatica。見於日本和阿拉斯加沿岸的淺水中，也棲息於白令海。爲最大的蟹類之一，體重常達4.5公斤以上。體大味美，是一種很有價值的食物，每年都有大量商業性捕撈。

King George Sound 喬治王灣 印度洋海灣。位於澳大利亞西澳大利亞州南岸，面積91平方公里，有奧伊斯特港和羅亞爾公主灣港（奧爾班尼市的港口）。1791年溫哥華船長把它標示在海圖上，首先用作捕鯨基地。

King George's War 喬治王之戰（西元1744～1748年） 英、法爲爭奪北美洲的控制權而進行的一場不分勝負的戰鬥。亦稱奧地利王位繼承戰爭的美洲階段，包括新斯科舍和新英格蘭北部的邊界爭端以及俄亥俄流域的控制權之爭。在他們各自的印第安盟友的幫助下，雙方經過多次血戰，最後簽署了「艾克斯拉沙佩勒條約」（1748），各自收復被占領的土地，但仍未能解決殖民地問題。亦請參閱French and Indian War。

King Philip's War 菲利普王戰爭（西元1675～1676年） 17世紀在新英格蘭地區發生的美洲殖民者與印第安人之間最激烈的衝突。1660年不再依靠印第安人生存的英國移民大批湧入麻薩諸塞、康乃狄克和羅德島的印第安人領地。爲了保護自己的土地，萬帕諾亞格人的首領菲利普王（米塔科姆）組織了部落聯盟，於1675年摧毀數個邊境移民點。出於報復，殖民地民軍焚燒印第安人的村莊和作物。1676年菲利普死後，印第安人的抵抗瓦解。在這場衝突中，估計有600名移民和3,000名印第安人喪生。

king salmon 王鮭 ➠ chinook salmon

king snake 王蛇 游蛇科王蛇屬7種蛇的統稱，見於加拿大東南部到厄瓜多爾的多種生境。以纏絞方式殺死獵物，因也吃其他蛇類而得名，還取食小型哺乳動物、兩生動物、鳥類和鳥蛋。主要生活於陸地上，行動緩慢。身上有醒目的斑紋，鱗片光滑，頭小，身長通常不到1.2公尺，有些品種可以長達2公尺。普通王蛇遍布美國和墨西哥北部，通常爲黑色或深褐色，帶有各式各樣的黃色或白色環圈或斑紋。

普通王蛇
Jack Dermid

King William's War 威廉王之戰（西元1689～1697年） 威廉三世領導的英國與法國之間爲爭奪北美洲領地而發生的戰役。爲大同盟戰爭在北美洲的延伸，法屬加拿大人、新英格蘭的殖民者和他們的印第安盟友都捲入這場戰爭中。英軍占領了阿卡迪亞（後稱新斯科舍）的羅亞爾港，但未能攻克魁北克；法軍在弗隆特納克伯爵的領導下，贏得了紐約州斯克奈塔第和新英格蘭地區的小規模戰鬥，但在進攻波士頓時失利。這場不分勝負的戰爭最後以簽訂「賴斯韋克條約」（1697）結束。亦請參閱French and Indian War。

Kingdom of God 上帝之國 亦稱「天國」（Kingdom of Heaven）。基督教用語，上帝以王者身分統治或最後實現上帝對世界之意志的神靈國度。上帝之國一詞常用於《新約》，也是施洗者聖約翰與耶穌佈道過程的中心主題。對於耶穌意指王國隨祂而來或被預期爲未來事件，神學家們持不同意見。如今，基督教正統派堅持：王國藉著世界上教會的出現而部分實現，而最後審判之後將會完全實現。

kingfish 王馬鮫；王魚 許多種魚類的統稱，包括幾種鯖和石首魚。王馬鮫產於大西洋西部，長約170公分，重36公斤或更重。王魚，或稱大西洋牙鰃，是以無鰾聞名的石首魚。

kingfisher 翠鳥 翠鳥科約90種鳥類的統稱，大多以魚爲食。獨棲，廣泛分布於世界各地，但主要在熱帶地區。頭大，喙長而窄，體結實，腿短，大多數尾短或適中。體長10～45公分，多數羽衣鮮豔，有鮮明的斑紋，許多種類有羽冠。會發出咯咯聲或尖叫聲，鑽入水中捕捉小魚和其他水生動物。唯一一種分布廣泛的北美洲品種帶翠鳥，背部呈藍灰色，腹部白色。森林裡的翠鳥（如笑翠鳥）的喙較寬。

Kings, Valley of the 國王谷地 埃及底比斯西部峽谷，是第十八到二十王朝（西元前1539～西元前1075年）從圖特摩一世到拉美西斯十一世的幾乎所有法老的墓地。谷地中有六十座陵墓，事實上所有陵墓都已被盜過，只有圖坦卡門的陵墓逃過掠奪，其中的財寶現存放在開羅的埃及博物館裡。最長的陵墓是哈特謝普蘇特的，從墓室到入口處約有215公尺。最大的則是拉美西斯二世的兒子所建造的，共有六十七個墓室。

Kings Canyon National Park 金斯峽谷國家公園 美國加州中南部內華達山脈的國家公園。占地1,870平方公里，與鄰近的紅杉國家公園屬同一管理機構。1940年建立，園內有巨大的紅杉樹林。最雄偉的景觀是金斯河上受冰川作用切割而成的金斯峽谷。

Kings Mountain, Battle of 金斯山戰役（西元1780年10月7日） 美國革命中革命軍與效忠派之間的一場戰役。美軍集合了約2,000名邊境居民阻止英軍進軍北卡羅來納，在接近北卡羅來納邊界的南卡羅來納一側包圍了金斯山上的1,100名士兵，主要都是來自紐約和南卡羅來納的效忠派。邊境居民幾乎殺死或俘擄了所有的效忠派軍隊，這次戰役爲美國反英戰爭轉敗爲勝的開始。

kingship, divine ➠ divine kingship

Kingsley, Charles 金斯利（西元1819～1875年） 英國牧師和小說家。劍橋大學畢業後任堂區牧師，後來擔任維多利亞女王的牧師、劍橋大學近代史教授以及西敏寺教士。他熱情信奉基督教社會主義，發表了幾本關於社會問題的小說，其後寫了非常成功的歷史小說《希帕蒂亞》（1853）、《向西方》（1855）和《蹤跡至此》（1866）。因擔心聖公會會趨向於天主教，他與紐曼展開一場著名的辯論。他全心全意接受達爾文的演化論，並啓發他寫出受歡迎的兒童讀物《水孩兒》（1863）。

Kingston 京斯敦 牙買加城市（1991年市區人口104,000；都會區人口588,000）、首都和主要港口。位於本島東南海岸，1692年羅亞爾港毀於地震後建立，不久即成爲牙買加的商業中心，1872年成爲政治首都。歷史建築有一座17世紀的教堂、一個四周挖有深溝的堡壘以及18世紀的司令部。設有西印度群島大學。

Kingston, Maxine Hong 湯婷婷（西元1940年～） 原名Maxine Hong。美國作家。出生於加州斯托克頓的移民家庭，於好幾所學校和大學教書。她的小說和非小說類的作品探討社會迷信觀念、現實、中國和美國家庭的文化認同和在中國文化裡的婦女角色。她頗被讚賞的小說《女戰士》（1976）和《中國男人》（1980）混合事實與幻想來述說她本身家族歷史的觀點；另外，《猴行者》（1988）一書爲關於年輕旅美華裔的故事。

Kingstown 金斯敦 西印度群島聖文森與格瑞那丁首都（1995年人口約16,000）和主要港口。位於聖文森島西南端，俯瞰金斯敦港灣。有趣的景點有植物園（建於1763年），是西半球同類中最古老的；1787年布萊船長乘坐「邦蒂號」從大溪地島引進麵包果樹植入園內。

Kinnock, Neil (Gordon) 金諾克（西元1942年～） 英國政治人物。1970年選入議會，在工黨中青雲直上，1978年進入工黨全國執行委員會。1983年工黨遭受四十八年來最慘重的失敗後，他當選爲黨魁，是工黨歷史上最年輕的領袖。1989年金諾克說服工黨放棄其在裁軍和大規模國有化方面的激進政策。雖然工黨在議會裡的席位增加了，卻在1992年的大選中輸給了保守黨，金諾克辭去黨魁職務。

Kinsey, Alfred (Charles)＊ 金賽（西元1894～1956年） 美國動物學家和人類性行爲專家。1920年取得哈佛大學博士學位，在印第安納大學教授動物學，1942年在該校建立性研究所並任所長。他把對人類性行爲所作的調查寫成《男人的性行爲》（1948）和《女人的性行爲》（1953），這些在18,500次個人面談的基礎上寫出的報告，揭露了當代的性道德習俗和行爲，因而非常受歡迎，但也因爲統計樣本的不規則性而受到批評。

Kinsha River ➠ Jinsha River

Kinshasa＊ 金夏沙 舊稱利奧波德維爾（Léopoldville）。剛果民主共和國（薩伊）首都和最大城市。位於剛

H I J K

果河南岸，1881年由史坦利建立，當時稱利奧波德維爾。1920年代成爲比屬剛果的首都。第二次世界大戰後發展成非洲次撒哈拉地區最大的城市，1960年成爲獨立的共和國的首都，1966年改今名。爲主要的河港和商業中心，也是金夏沙大學所在地。人口約4,655,000（1994）。

kinship 親屬關係 經由生物學上的聯繫或藉由婚姻、收養及其他儀式而形成的一種身分。親屬關係範圍很廣泛，可以生而有之，也可以後天形成。每個人都屬於生長家庭（如母親、父親、兄弟和姐妹）；每個成年人也屬於生殖家庭（包括一對夫妻、或夫妻及子女）。宗系遺傳和婚姻的親屬關係可從家系譜來追查，這是以書面或口述的方式將家族中個人的名字和他們與他人的親屬關係列出。遺產繼承和繼承（指社會上權力和職務的轉移）通常根據親屬關係來決定。亦請參閱exogamy and endogamy、incest。

kiosk＊ 涼亭 亦譯基奧斯克。原爲伊斯蘭教建築中的露天圓亭，用幾根柱子支撐著頂蓋；也指土耳其的夏季花園亭閣以及早期的波斯清眞寺。現在這個詞泛指城市裡各種小建築場所，可以是報攤、問訊室或售票處。

Kiowa＊ 基奧瓦人 北美印第安民族，操基奧瓦－塔諾安語系語言，生活於大平原南部，是最後一個向美國投降的平原部落。他們騎在馬背上獵捕水牛，住在大型的三柱圓錐帳篷裡。有若干武士會，成員按戰功序級。相信夢境和幻覺能賦予他們超自然的神奇力量，舉行太陽舞慶典活動。基奧瓦人還以用圖畫式文字記事著稱，有記錄重要部落事件的「曆書歷史」。現在約有5,000名基奧瓦人與科曼切人一起生活於奧克拉荷馬州的保留區內。

Kipling, (Joseph) Rudyard 吉卜林（西元1865～1936年） 英國短篇小說作家、詩人、小說家。生於印度，博物館館長之子，他在英國長大但又回到印度擔任新聞工作者。他很快的因幾本故事集成名，首先是《山中的平凡故事》（1888；包括了「將成爲國王的人」和後來的詩集《軍營歌謠》（1892；包括了「貢嘎丁」和「曼德勒」）。在美國居住期間，他出版了《消失的光芒》（1890）；兩本《叢林故事》（1984和1985），關於印度叢林中長大的野蠻男孩毛格利的故事，被認爲是兒童讀物的經典著作；冒險故事《勇敢的船長們》（1897）；和《吉姆》（1901），這是有關印度的最佳小說之一。他另外還寫了六本短篇故事集和其他詩集。他的兒童讀物還包括了著名的《原來如此的故事》（1902）和童話故事集《普克山的帕克》（1906）。《斯托基公司》（1899）書中將他在寄宿學校讀書的情形都寫進去。他的詩歌常有強烈的韻律，大部分是故事性的歌謠。吉卜林於1907年獲諾貝爾文學獎。因在第一次世界大戰時他被普遍視爲帝國主義侵略分子，戰後他作爲嚴肅作家的名聲衰落。

吉卜林
Elliott and Fry

Kirchhoff, Gustav Robert＊ 基爾霍夫（西元1824～1887年） 德國物理學家。1845年發表基爾霍夫定律，可用於計算電路中的電流、電壓和電阻（他第一個證明了電流以光速通過導體），並總結出以三個量綱描述電導體電流的方程式。他和本生一起證實了每種化學元素在加熱時都會發出特定波長的彩色光來，成爲光譜分析的基礎。他們利用這個新的研究工具發現了銫（1860）和銣（1861），而當他們應用到太陽光譜的研究上後，開啓了天文學的新時代。

Kirchhoff's circuit rules＊ 基爾霍夫電路定則 亦稱基爾霍夫定律（Kirchhoff's laws）。由基爾霍夫發展出來的兩條關於複雜電路的陳述，包含了電荷守恆定律和能量守恆定律（參閱conservation law），可確定電路的每個分支中的電流數値。第一則定律是：流入電路中某一節點的電流之和，等於從該節點流出的電流之和。第二則定律是：繞電路中的每個回路一周，電動勢的總和，等於回路中各元件上所有電勢降（電壓的改變）的總和。利用這兩條定則，可以寫出代數方程組來求出電路的不同回路中的電流值。

Kirchner, Ernst Ludwig＊ 基爾希納（西元1880～1938年） 德國畫家、版畫家和雕塑家，表現派團體橋社的創設人之一。其高度個性化的風格受到杜勒、孟克以及非洲和玻里尼西亞藝術的影響，以表現心理緊張和色情著稱。他使用簡單、有力的作畫方式，常用眩目的顏色來創作出緊張、有時是恐嚇性的作品，就像他的兩幅《柏林街頭》（1907，1913）所表現的那樣。由於高度緊張加上經常憂鬱，當納粹宣布他的作品「頹廢」後，他自殺身亡。

基爾希納的《柏林街頭》（1913），油畫；現藏紐約市現代藝術博物館
Collection, The Museum of Modern Art, New York City, Purchase

Kiribati＊ 吉里巴斯 正式名稱吉里巴斯共和國（Republic of Kiribati）。中太平洋的獨立國家，包含了三十三個島嶼。有三個主要島群：吉柏特群島、費尼克斯島和萊恩群島（三個萊恩群島的島嶼除外，它們屬美國的領土）；吉里巴斯還包括巴納巴島，前吉柏特和埃利斯群島殖民地的首府。（陸地）面積811平方公里。人口約94,000（2001）。首都：拜瑞奇，位於塔拉瓦環礁上。人民多爲密可羅尼西亞人。語言：英語（官方語）和吉柏特語。宗教：天主教、新教和巴哈教派。貨幣：澳大利亞元（A$）。除巴納巴外（爲珊瑚島且較高），所有島嶼都由沈在水裡的火山錐爆發形成的低矮珊瑚礁，且被環礁包圍。僅二十個島嶼有人居住；95%以上的人口住在吉柏特群島。經濟以自給農業和漁業爲基礎。政府形式是共和國，有一立法機構。國家元首暨政府首腦是總統。西元1世紀時操澳斯特羅尼西亞語的人們來此定居。斐濟人和東加人在14世紀左右來此。1765年英國指揮官布萊恩發現尼庫瑙島；1837年首批歐洲永久定居者抵達。1916年吉柏特和埃利斯群島和巴納巴島成爲英國殖民地；費尼克斯群島於1937年加入。萊恩群島的大部分亦於1972年加入殖民地，但埃利斯群島分出另成立吐瓦魯。1977妳這個殖民地成立半自治政府，後於1979年組成吉里巴斯這個獨立國家。1995年該國曾引起鄰近島嶼的爭執，因它改動了國際換日線的計算，使得吉里巴斯是1999年12月31日最早迎接新世紀到來的國家。

Kirin ➡ Jilin

Kiriwina Islands 基里維納群島 ➡ Trobriand islands

Kirkland, (Joseph) Lane　柯克蘭（西元1922～1999年）　美國工會領袖。原在美國商船上工作，1948年成爲美國勞工聯合會的在職研究員。1969年當選爲美國勞聯－產聯的秘書兼財務長，1979年接任米尼爲主席。在他任內的十六年間（1979～1995），由於美國製造業裁減雇員，使得勞聯－產聯的會員人數減少，政治影響力下降。

Kirkland, Samuel　柯克蘭（西元1741～1808年）美國牧師。作爲公理會傳教士到易洛魁聯盟的印第安部落傳教，學會幾種印第安語言。美國革命期間任殖民地軍隊的牧師，並與奧奈達人結爲聯盟。後被授予紐約州的土地作爲褒獎，他在那裡創辦了漢米敦－奧奈達學校（後來的漢米敦學院），招收印第安人和白人學生。

Kirkuk＊　基爾庫克　伊拉克東北部城市。位於巴格達北面，是20世紀第一個發現石油的阿拉伯地區。第二次世界大戰期間阿拉伯勢力奪取了這個城市（1941），後來被英國奪回。爲貿易和出口中心，也是伊拉克石油工業的中心，有輸油管連接到的黎波里和土耳其沿岸的尤穆爾塔勒克。人口419,000（1987）。

Kirkwall　柯克沃爾　蘇格蘭奧克尼群島皇家自治市（城鎮）和海港。位於蘇格蘭北端近海的波姆那島上。有證據證明直到12世紀建立聖馬格納斯大教堂之前，一直受到北歐的影響。現爲奧克尼群島的服務業中心，也是群島地區議會所在。北海石油開發後，發展了近海石油工業服務和供給業。人口約7,000（1995）。

Kirkwood gaps　柯克伍德縫　小行星分布中出現的一些斷區，當小行星的軌道週期與木星軌道週期成簡單分數時，就會出現這種斷區。約1860年丹尼爾·柯克伍德（1814～1895）即注意到在小行星分布帶中有幾個低密度區（縫），他把產生這些縫的原因解釋爲木星引起的攝動。任何在這些區域中轉動的天體，都會受到木星引力有規則的擾動，最終將移到另一條軌道上去。

Kirov, Sergey (Mironovich)＊　基洛夫（西元1886～1934年）　原名Sergey Mironovich Kostrikov。蘇聯政治領袖。他加入布爾什維克後，把共產黨的控制擴展到整個外高加索地區，1926年史達林任命他爲列寧格勒黨組織的首領。他實施城市工業的現代化，1930年選入政治局，取得了幾乎與史達林分庭抗禮的地位。1934年被一年輕黨員尼古拉耶夫暗殺，後來尼古拉耶夫和十三名涉嫌同謀者都被槍決。史達林聲稱發現了一個反史達林共產黨人的大陰謀，企圖暗殺整個蘇聯領導集體，他以此爲藉口發動一場清黨審判。1956年赫魯雪夫指出，正是史達林策劃了基洛夫的暗殺事件。

Kirov Theater　基洛夫劇院 ➠ Mariinsky Theater

Kirovabad　基洛瓦巴德 ➠ Gäncä

Kirstein, Lincoln (Edward)＊　柯爾斯坦（西元1907～1996年）　美國實業家、舞蹈權威和作家。自哈佛大學畢業時出版了文學雜誌《獵犬和號角》。經濟獨立後，其重心集中在對芭蕾這類藝術愛好上，1933年說服巴蘭欽來美國，成立芭蕾舞學校和舞團。1934年美國芭蕾舞學校成立；1940～1989柯爾斯坦自任校長。他和巴蘭欽一起成立許多芭蕾舞團，最重要的是紐約市芭蕾舞團（1948），由他擔任該團的總監至1989年。他寫了數本與芭蕾舞有關的書籍，包括了經典的歷史著作《舞蹈》（1935）。他對美國芭蕾舞的成長的影響是無可言喻的。

Kisangani＊　基桑加尼　舊稱史坦利維爾（Stanleyville，1966年以前）。剛果民主共和國（薩伊）東北部城市，該國僅次於金夏沙的第二大內陸港。位於剛果河畔博約馬瀑布下游，1883年歐洲人建立，原稱瀑布站，後改稱史坦利維爾（以紀念史坦利）。自19世紀末以來，一直是剛果北部的主要中心城市。設有基桑加尼大學（1963）和其他高等教育機構。人口約418,000（1994）。

Kish　基什　美索不達米亞古城邦，在今伊拉克中南部巴比倫東方。在幼發拉底河尚未改道以前，基什位於該河河畔。城市廢墟可追溯到西元前第4千紀和索馬利亞文化，還發現有薩爾貢一世的宮殿及尼布甲尼撒二世的廟宇等考古證據。

Kishinev ➠ Chisinau

Kishon River ➠ Qishon River

Kissinger, Henry A(lfred)＊　季辛吉（西元1923年～）美國（德國出生）外交政策顧問（1969～1976）。1938年隨全家移民美國，後在哈佛大學任教，1959～1969年任該校國防研究計畫主任。1968年尼克森總統任命他爲國家安全事務助理，並任國家安全委員會執行秘書（1969～1975），後任國務卿（1973～1977）。他提出對付蘇聯的「緩和」政策，促成限武談判協議。他還促成了與中共的第一次官方接觸。他參與結束越戰的停火協定的談判，爲此在1973年與黎德壽（拒絕接受）一起獲得諾貝爾和平獎。後來成爲國際性的顧問、講演家和作家。

Kit-Cat Club　基特－卡特俱樂部　18世紀初英國輝格黨領袖在倫敦成立的一個協會。其成員主要有斯蒂爾、艾迪生和康格里夫及一些政治人物如華爾波爾和馬博羅公爵。他們首次聚會是在克里斯多福·卡特的酒館，該酒館的羊肉派就稱爲kit-cat。四十二名成員的肖像都由內勒（1646～1723）繪製，其爲肖像畫採用的特殊畫布尺寸（36吋×28吋）後來亦稱爲kit-cat。

Kitaj, R(onald) B(rooks)＊　基塔伊（西元1932年～）在美國出生的英國畫家。先後在紐約、維也納、牛津和倫敦學習。1960年代他是英國普普藝術運動的著名人物，儘管他對大眾傳媒文化幾乎沒有興趣。他從竇加的粉彩畫作品受到啓發，發展出一種能引起想像的圖像語言，充滿著對歷史、藝術和文學主題的高度知性，並用明亮的色彩、半抽象的風格表現出來。曾在國際間舉辦畫展，並在英國的許多美術學校任教。

Kitakami Mountains＊　北上山地　日本本州東北部山嶺。平行於太平洋海岸，延伸約250公里，止於牡鹿半島。最高峰海拔1,914公尺。常被稱爲「日本的西藏」，是本州文化上最封閉的地區，直到20世紀中期仍沿用舊農業生產方式，包括農奴制（日本稱名子）。

Kitakyushu＊　北九州　日本九州城市（1995年人口約1,020,000），1963年由幾個城市合併而成。該市有很長的海岸線，部分劃歸內海國家公園。爲日本幾個居領先地位的製造業中心之一，有海底隧道連接北九州和本州的下關。

Kitami Mountains＊　北見山地　日本北海道東北部山嶺。沿鄂霍次克海岸延伸290公里，平均高度750～950公尺，最高處達1,980公尺。

Kitchener　基奇納　加拿大安大略省東南部城市（1991年人口約168,000）。位於多倫多西南格蘭德河谷，1807年前

HIJK

後由埃比主教建立，德國移民定居於此；1912年設市。先後稱爲桑德赫爾、埃比鎭、柏林，1916年爲紀念基奇納而改爲今名。金恩的童年故居現在保存於伍德賽德國家歷史公園內。

Kitchener, H(oratio) H(erbert)　基奇納（西元1850～1916年）　受封爲基奇納伯爵（Earl Kitchener (of Khartoum and of Broome)）。英國陸軍元帥、皇家行政長官。原本擔任皇家工兵軍官，後在中東和蘇丹任職，1892年被指派擔任埃及陸軍總司令。1898年在恩圖曼戰役中，擊潰馬赫迪派運動的暴動分子；並強迫法國在法紹達事件讓步。1899年加入南非戰爭擔任參謀長，一年後成爲總司令。戰爭最後的十八個月期間，他爲了對抗游擊隊，不惜採取一切手段，諸如焚燒布爾人的農莊及趕布爾人的婦孺進集中營。後來被派至印度，重新整編軍隊。和印度總督寇松間的失和導致後者於1905年辭職。1911年回到喀土木擔任埃及和蘇丹的總督。第一次世界大戰時出任戰時國務大臣，他組織軍隊，其規模在英國史上是前所未有的，並使之成爲英國獲勝的象徵。基奇納在前往俄國途中，遭德國水雷擊沒，慘遭溺斃。

kite　風箏　將紙或布糊在一個輕框架上，常帶有一條平衡尾，下繫長線，任由風將它托起而飛於空中。其名稱來自鷹科一種稱爲鳶的鳥。亞洲自古以來就有風箏，某些慶典性的放風箏活動還與宗教意義有關。1752年有一個著名的實驗：富蘭克林把一個金屬鑰匙掛在風箏線上，在雷雨中引電。在氣球和飛機出現之前，風箏被用來把氣象記錄設備帶上天空。如今普遍使用的風箏類型有六角形（或三個尖角）、馬來式（修改過的菱形）以及1890年代發明的箱型風箏。較新式的翅型風箏有一對控制繩，可以非常靈活地操縱風箏。

kite　鳶　多種體型輕巧的猛禽的統稱。頭小，臉部分裸露，嘴短，翅和尾部狹長。見於世界各地的溫暖地區。有些捕食昆蟲；另一些種類主要食腐肉，但也吃齧齒動物和爬蟲類；還有少數幾種只吃蝸牛。飛行時先慢慢拍動翅膀，然後翅向後收縮成一定角度滑翔。分屬於鷹科的3亞科：鳶亞科（眞鳶和蝸牛鳶）、白尾鳶亞科（包括白尾鳶，是少數幾種數量在增長的北美攫禽之一）和蜂鷹亞科（包括新大陸的燕尾鳶）。亦請參閱hawk。

燕尾鳶（Elanoides forficatus）
James A. Kern

kithara＊　琪塔拉琴　古代大型的里拉琴，是希臘人及後來的羅馬人的主要弦樂器。有一個箱形共鳴箱，從共鳴箱裡伸出兩個平行的琴臂，用一根橫木連在一起，橫木上裝了3～12根弦。垂直放置，以撥子彈奏，用左手來停止或減弱弦的振動。希臘史詩歌手常彈奏它來伴唱，後來也用於專業伴奏和獨奏。

kittiwake　三趾鷗　亦稱黑腳三趾鷗（black-legged kittiwake）。白色的海洋鷗類，學名Rissa tridactyla。翕呈珍珠灰色，翅尖黑色，腳黑色，喙黃色。在北大西洋和南大西洋沿岸狹窄的懸崖上築巢。紅腳三趾鷗見於白令海地區。

kiva＊　地下禮堂　美國西南部美洲普韋布洛印第安人村莊中發現的供作宗教儀式和社會活動用的地下禮堂，以壁畫著稱。在地下禮堂的地板上（有時在一塊厚的木板上）開一個小洞，作爲部落起源地的象徵。地下禮堂雖主要爲舉行宗教儀式的場所，但政治性集會或偶然召集的村民大會，也在這裡舉行。婦女幾乎總是被排斥於地下禮堂之外。早期的地下禮堂是傳統的圓形坡，這和其他普韋布洛人正方形和長方形的建築是明顯不同的，這些恢復史前編織文化時期的圓形地下房子的部落，主要是霍皮人和祖尼人的後代。

Kivu, Lake＊　基伏湖　東非中部湖泊。位於盧安達和剛果民主共和國（薩伊）之間，面積2,700平方公里，長90公里，寬48公里，最大深度475公尺。湖中有許多島嶼，它原是一個更大的水體的一部分，後來火山的噴出物堆積在它的北岸，形成一道水壩而把它與愛德華湖分開。

kiwi　幾維　紐西蘭產的3種不能飛行的幾維屬鳥類。大小如家雞，是灰褐色的平胸鳥。它們的毛利名字與雄鳥的尖利刺耳的叫聲有關。幾維的翅膀已退化，被羽衣覆蓋；鼻孔長在長而柔韌的嘴尖（而不是嘴的基部）；羽毛柔軟如毛髮；腿部肌肉結實。四趾上都有大爪。幾維生活在樹林裡，白天睡覺，夜間出來覓食，捕捉蠕蟲、昆蟲及其幼蟲，還吃漿果。它們奔跑迅速，被逼時會用爪防衛。

普通幾維（Apteryx australis）
Pictorial Parade

kiwi fruit　奇異果　即獼猴桃。獼猴桃科的藤本植物，學名爲Actinidia chinensis，果實可食。原產中國和台灣，現在紐西蘭和加州都作商業性栽培。在1970年代的新烹飪法中它很受歡迎。味略酸，富含維生素C。奇異果可以生吃也可以煮食，其汁液有時可用作肉類嫩化劑。

Kiyomori　清盛 ➠ Taira Kiyomori

Kizil Irmak＊　克孜勒河　土耳其中部和中北部的河流。是全程都在土耳其境內的最長河流，也是小亞細亞的最大河流，發源於土耳其的中北部，向西南流，再轉向北而注入黑海，全長1,182公里。它不適合航運，是該地區的灌溉和水力發電的資源。

KKK ➠ Ku Klux Klan

Klaipeda＊　克萊佩達　德語作梅梅爾（Memel）。立陶宛城市和港口，瀕臨連接涅曼河和波羅的海間的一條水道。13世紀初建成一要塞，1252年間被條頓騎士團所毀，後來又建一新的要塞，稱梅梅爾堡。17世紀受普魯士統治，德國人開始來此鎭（梅梅爾）定居。1923年歸立陶宛，改稱今名，經擴建後成爲重要貿易港口。1939年又割讓給德國，1945～1991年間爲蘇聯所有。1991年成爲新獨立的立陶宛的一部分。現代的城市有重要的造船廠和大型深海捕魚船隊基地。人口約202,000（1996）。

Klamath＊　克拉馬斯人　領地位於現今奧瑞岡州南部的喀斯開山脈南段一大槽形地帶、操佩紐蒂諸語言的高原地區印第安人。他們主要是捕魚和捕獵水禽。克拉馬斯人部落分成相對自治的村落，各有其領袖和巫醫；戰時各村落會結成同盟。不同村落的成員經常互相通婚。冬天家庭居住在泥土覆蓋的小屋裡，夏天則住在圓頂的木柱草蓆房子中。「汗房」的大小爲普通小屋的兩倍，是社區宗教活動的中心。與克拉馬斯人具有緊密聯繫的是鄰近的莫多克人。

Klamath River＊　克拉馬斯河　美國奧瑞岡州南部和加州西北部的河流。源出奧瑞岡州的克拉馬斯湖，就在克拉馬斯瀑布的上方，它流向南方和西南方，穿過加州的克拉馬斯山脈注入太平洋，全長400公里。

Klausenburg ➠ Cluj-Napoca

klebsiella＊ 克雷伯斯氏菌 克雷伯斯氏菌屬的任何一種桿狀細菌。呈革蘭氏陰性反應（參閱gram stain），在沒有氧氣的情況下生長得較好，且不能運動。肺炎克雷伯斯氏菌又稱弗里德蘭德氏芽孢桿菌，會感染人類的呼吸道而導致肺炎，這種菌與其他一些細菌也會感染人類的尿道和創傷傷口。

Klee, Paul＊ 克利（西元1879～1940年） 瑞士畫家。他在德國和義大利學習後，定居慕尼黑，結交了「藍騎士」（1911）。他先後在包浩斯（1920～1931）和杜塞爾多夫學院任教。1933年納粹上台後，他失去了工作，就回到了瑞士。克利是20世紀第一流的藝術家，他不是一個追逐潮流的人，不過還是吸收甚至加入了他那個年代一些主要的藝術趨勢。他既採取表現派，也用抽象派手法，共有九千多幅各種風格的油畫、素描和水彩畫。他的作品趨向於小尺寸，所用線條、顏色和色調的精細是很突出的。在克利高度精緻的藝術中，嘲弄和荒謬感的結合，強烈召喚了自然的神祕和美麗。他在晚年所作的一些油畫都是些最令人難忘的作品。

克利，攝於1939年
Aufnahme Fotopress

Kleiber, Erich＊ 克萊伯（西元1890～1956年） 奧地利指揮家。1911年在布拉格首演後，在數家德國歌劇院擔任指揮。1923年成為柏林國家歌劇院音樂總監（1923～1934）。他在那裡指揮了一些初演的重要音樂作品，如貝爾格的《伍采克》（1925）和楊納傑克的《耶奴發》。當納粹政府禁止貝爾格的歌劇《露露》公開首演時，他想辦法在他的最後一場音樂會中演奏了歌劇中的組曲。後來移民到布宜諾斯艾利斯，1937～1949年在科隆劇院擔任德國歌劇的首席指揮。其兒卡洛斯（1930～）也是國際知名的傑出指揮家，特別擅長歌劇指揮，與父親一樣以講求完美主義而聞名。

Klein, Calvin (Richard) 克萊（西元1942年～） 美國時裝設計師。曾就讀於紐約時裝工藝學院。1968年開辦了自己的公司，當時流行的是非正式的、嬉皮式的奇裝異服，但他卻走向不同的方向，設計出簡單、保守但高雅的服裝。他是第一個三次連獲寇蒂女裝獎（1973～1975）的設計師，以設計服裝、化妝品、床單、桌布以及其他設計師的收集品著稱，不過他的色情廣告照片也是出了名的，其中有些已經引起公衆的抗議。

Klein, Melanie 克萊因（西元1882～1960年） 原名Melanie Reizes。奧地利出生的英國精神分析家。二十一歲結婚，有三個孩子。第一次世界大戰前，她在布達佩斯隨費倫奇學習精神分析。她研究幼兒的精神分析，加入柏林精神分析研究所（1921～1926），後來移居倫敦。在《兒童精神分析》（1932）和《兒童精神分析紀事》（1961）這兩部著作中，她認為遊戲是兒童控制自己焦慮的象徵性途徑，觀察兒童自由玩弄玩具是確定早期心理衝動的一種方法。

Klein, Yves 克萊因（西元1928～1962年） 法國畫家、雕刻家和表演藝術家。雖然沒有受過正規的美術訓練，他在1950年代中期就開始舉行抽象畫展，其畫布上一致地覆蓋著單一色調，通常為藍色；他也會運用雕刻人像和浮雕的技巧。在1958年他創造了一幅名為《空》的畫作，此幾近繽紛色彩的畫作陳列在一個「虛空的展場」——一座空蕩的、漆成白色的畫廊裡。他用各式非正統的方法作畫，如用人體在紙或畫布上壓印（稱作anthropométries）。他的作品也刻意地表現極端和實驗性質。身為福魯克薩斯國際團體的一員，他對極限主義的發展也具有深遠的影響。

Kleist, (Bernd) Heinrich (Wilhelm von)＊ 克萊斯特（西元1777～1811年） 德國作家。曾有七年時間在普魯士軍隊服役，當他被控為間諜而入獄時，作品首度引起注意。情節冷酷、感情強烈的劇作《彭忒西勒亞》（1808）包括了一些他最動人的詩作，而《破甕記》（1808）是一部喜劇傑作；接下來寫有的劇作包括《海爾布隆的小凱蒂》（1810）、《赫爾曼戰役》（1821）和《洪堡王子弗里德里希》（1821）。1811年曾出版了一部八篇技巧精湛的中篇小說集，其中包括《米夏埃爾．科爾哈斯》、《智利地震》和《O侯爵夫人》。克萊斯特因作品得不到世人的賞識而感到痛苦，後來與一位年輕婦人一同自殺，結束了不快樂的一生，年僅三十四歲。如今他被公認是19世紀德國第一個偉大的劇作家，他所寫的令人不安且高深難懂的小說為作家們普遍讚賞。

Kleitias ➠ Cleitias

Klemperer, Otto 克倫貝勒（西元1885～1973年） 德國指揮家。曾隨費慈納（1869～1949）作曲，1905年他結識了馬勒。在馬勒引薦下擔任一些職務，其中包括漢堡歌劇院的首席指揮（1910）。1927～1931年短暫擔任柏林的克羅爾歌劇院音樂總監，指揮了柏林許多當代作曲家初次公演的重要作品。1933年他逃到美國，在洛杉磯擔任指揮（1933～1939），並隨荀白克學習。1939年因罹患腦瘤使他輕微中風。1950年代起，他雖然坐在指揮台指揮，仍和倫敦愛樂管弦樂團錄製了令人激賞的經典唱片。

Kleophrades Painter ➠ Cleophrades Painter

klezmer music 克雷茲姆音樂 猶太人和東歐德國猶太地區的人所彈奏的傳統音樂，特別指在婚禮或其他慶典上所彈奏的傳統音樂。克雷茲姆的傳統以蘇聯敖得薩為中心。在意第緒語裡基本上意指「職業音樂家」，而這類音樂家所彈奏的音樂不但包括典禮式的音樂，也包含熱鬧喧嘩的舞蹈音樂。克雷茲姆的合奏曲頗富變化；1980年代克雷茲姆開始在美國復甦，今天美國一般典型的樂團通常會專攻其舞蹈音樂，而且可能會由四到六個音樂家吹奏豎笛、小喇叭、伸縮喇叭、低音號和打擊樂器。

Klimt, Gustav 克林姆（西元1862～1918年） 奧地利畫家。當了一段時間的學院派壁畫家後，1897年他的藝術風格趨於成熟。他反對學院派藝術而追求類似新藝術的裝飾風格，他創建了「維也納分離派」（參閱Sezession）。他後來壁畫的特徵是精確的線性素描和彩色的平面裝飾圖案。他最成功的作品有《吻》（1908）以及一系列的肖像畫，在這些肖像畫中，他把人物處理得沒有陰影，周圍是講究的裝飾平面塊，從而傳達出肌膚的性感。他對考考斯卡和席勒有很大的影響。

Kline, Franz 克蘭（西元1910～1962年） 美國畫家。在倫敦學習美術，後定居紐約市。他成為抽象表現主義運動的領導者之一，他的出名之處在於用廉價的商用顏料和粉刷房子用的刷子在白色的背景上構築黑色粗線條的圖形網路。在像《馬洪寧河》（1956）這樣的巨型作品裡，他實現了莊嚴肅穆、氣勢宏偉的效果。1950年代末，他在畫作中加入了彩色。

Klinefelter's syndrome 克蘭費爾特氏症候群 一種染色體疾病，500名男性活產嬰兒中出現1例。由於在每個細胞中額外多出一條X染色體，即XXY，患者外表看起來是男性，但睪丸微小，不能形成精子，也可能胸部、屁股變大，四肢修長。患者的睪丸固酮低，腦下垂體分泌的生殖激素高。智力通常是正常的，但社會適應能力可能會有困難。較罕見的變種會導致另外的異常症狀，包括心智發展遲緩。在XX男性症候群中，Y染色體物質已被轉移到另一個染色體，引起克蘭費爾特氏症候群的基本形式的改變。可用雄激素來治療所有的變異。

Klinger, Max 克林格（西元1857～1920年） 德國畫家、雕刻家和版畫家。他使用符號象徵、幻想和似夢的情景來反映19世紀晚期心靈深處的覺醒。他生動的、經常是病態的想像以及他對恐怖和怪誕的興趣可以從他的哥雅風格的蝕刻組畫裡看出來。他對許多藝術家都有很深的影響，包括孟克、寇勒維茨、恩斯特和希里科。

Klondike gold rush 克朗代克淘金熱 1890年代在加拿大發生的淘金熱。1896年8月17日在西部育空地區克朗代克河和育空河交匯處附近發現了金礦。消息傳得很快，1898年末就有三萬多名探礦者蜂擁而至。1900年的黃金產量達到顛峰，年產量高達22,000,000元。不久，探礦者把熱度延燒到阿拉斯加。到1966年才停止採礦，此區黃金創造了250,000,000元的收益。

Kluane National Park＊ 克盧恩國家公園 育空西南方的國家公園。座落在阿拉斯加邊界，建於1972年，涵括範圍大約5,440,000英畝（2,203,000公頃）。景觀焦點是加拿大的最高峰洛根山。克盧恩也是一個龐大的冰河系統，並有豐富的野生動物。

Kmart Corp. 凱馬特公司 舊稱克力司吉公司（S. S. Kresge Co.，1977年以前）。美國主要的零售連鎖公司，主要通過廉價商店和雜貨店來銷售普通商品。最初是由克力司吉和一個合夥人在1897年開辦了兩家五分一角商店。克力司吉的店首先把商品的價格限制在不得超過10美分，但最後變成不超過1美元。1962年克力司吉的店進入了大規模的廉價零售市場，在底特律郊外建立了第一個凱馬特。由於這次的成功，公司就大膽地進行擴張，在以後的二十年裡，每年平均開張八十五家廉價店。1977年成為美國第二大的零售店。1990年代中期在與沃馬特商店（參閱Walton, Sam(uel Moore)）的激烈競爭中幾近破產，但又逐漸復原。亦請參閱Sears, Roebuck and Co.、Woolworth Co.。

Knesset＊ 克奈賽 希伯來語意爲「議會」。以色列的一院制國家立法機關。第一次克奈賽於1949年召開。它的名字和它的席位數（120）是根據經文中的聚會次數確定的；它的傳統和組織是從猶太復國主義者代表大會（在以色列立國前巴勒斯坦的猶太社團的政治體系）那裡來的，比英國下議院更爲鬆散。它的成員是四年一期按比例選舉出來的代表；候選人由其政黨選出。

knight 騎士；爵士 法語作chevalier。德語作Ritter。在中世紀的歐洲，正式授職的專業騎兵，通常是掌有領主贈與的領地的附臣（參閱feudalism）。選定要當騎士的孩子，在七歲左右開始當學習騎士，十二歲時成爲侍從，接下來是持盾扈從，或者叫紳士。經審查合格後，就在一個隆重的儀式上由他的領主授與他騎士的頭銜。基督教的騎士行爲（參閱chivalry）理想講求尊重教會，忠於軍事上級和封建尊長，爲人占尊占重。到了16世紀，騎士頭銜變成一種榮譽而失去了軍事或封建的意義。

Knight, Frank H(yneman) 奈特（西元1885～1972年） 美國經濟學家。1916年在康乃爾大學獲博士學位。1927～1952年任芝加哥大學教授，弗里德曼是受他影響的許多學生之一。1921年發表《風險、不確定性和利潤》，將風險區分爲可保的和不可保的兩種，他認爲利潤就是在不確定環境中作出決策的企業家承擔不可保風險所獲得的代價。其專論《經濟組織》已是個體經濟學理論性經典名著。他被公認是芝加哥經濟學派創始人。

Knight Templar ➠ Templar

Knights of Labor 勞動騎士團 美國勞工組織。1869年由史蒂芬斯建立，當時定名爲「高貴勞動騎士團」，既包含了技工與非技工二類，提出用工人合作社制度來代替資本主義。爲了保護它的成員不受雇主的報復，開始時它是個祕密組織。在鮑德利當了該組織的領袖（1879～1893）後，就主張公開的管理仲裁，不鼓勵罷工。1886年全國成員達到七十萬。由於好鬥集團的多次罷工以及秣市騷亂引起了反聯合的呼聲，騎士團的影響急劇下降。剩下一個很小的集團組成美國勞工聯合會（後來成爲美國勞聯－產聯）。

Knights of Malta 馬爾他騎士團 亦稱醫院騎士團（Hospitalers）。正式名稱耶路撒冷、羅得島和馬爾他的聖約翰獨立軍事醫院修士團（Sovereign Military Hospitaller Order of St. John of Jerusalem, of Rhodes and of Malta，1961年起）。11世紀成立於耶路撒冷的天主教醫院修會，以照顧朝聖的病患。1113年獲教宗正式承認，此騎士團在前往聖地沿途設立休息站。它取得財富和地產，並且開展活動，兼顧照料病者及對伊斯蘭教作戰，最後成爲十字軍的一支主力。在十字軍所建國家紛紛陷落後，醫院騎士團乃遷到塞浦路斯，後來再遷到羅得島。他們統治到1523年羅得島才落入土耳其手中，之後遷到馬爾他，1798年拿破崙強占馬爾他島，結束騎士團的統治。1834年馬爾他騎士團以羅馬爲總部。

knitting machine 針織機 生產紡織品與衣物的機器。由手工操作或動力驅動的平台機器，可選擇顏色、針法的種類、花紋設計及雅卡爾的裝置（參閱Jacquard loom），幾乎有無限種變化。現代的圓形機器的給線機多達一百口，讓每根針轉一圈就可以取得一百根線。鬚針（約於1589年發明）和舌針均有使用，以後者較爲常見。小型的槳狀元件（鉛錘）加入兩根針之間，接合並支撐整個織物。機器也可能有圖案輪，控制織針的動作產生特殊的針法，雅卡爾機械裝置亦然。亦請參閱Lee, William。

Knopf, Alfred A.＊ 諾夫（西元1892～1984年） 美國出版商。曾短期任職於出版公司，1915年與他的妻子一起開辦了他們自己的企業諾夫公司。得益於他對當代文學的鑑賞力和與文學界的廣泛接觸，這家公司以出版高素質的文學作品而出名。到他去世時爲止，在他公司出版過作品的作家中共贏得十六次諾貝爾獎和二十七次普立茲獎。1966年諾夫公司成了藍燈書屋的子公司。諾夫公司還出版過《美國信使》（1924～1934），是他與孟肯和納珍合作創辦的一份很有影響的期刊。

Knossos＊ 克諾索斯 古代克里特的皇家城市。它是米諾斯王的首府，也是米諾斯文明的中心。西元前7000年來自小亞細亞的移民在此定居，成長起來一種精緻的青銅時代文化。約在西元前1720年，一場地震夷平了這個城市後，在米諾斯時期的中期建立了兩座宏大的宮殿。1580年前後米諾斯文化開始向希臘大陸擴張，大大影響了那裡的邁錫尼文明。約在西元前1400年一個宮殿毀於一場大火後，它就降到了城鎮的地位，愛琴世界的政治焦點便轉移到了邁錫尼。克諾索斯是傳說中的代達羅斯迷宮的所在地。

knot　結　把一條或多條繩、纜或其他柔韌材料的一段繞束起來而形成的紐結，通常是用於綑綁物件。太古時代人利用藤蔓和如繩索一樣的纖維把石頭捆縛在木柄上製成斧，從那時起就有了結。直到出現了早期帆船而用索具操縱風帆時，結才眞正成爲複雜的技術，打結成了海員的專門技術。如今野營者、徒步旅行者、登山者、漁人、織工以及其他人士仍依賴結來捆綁東西。

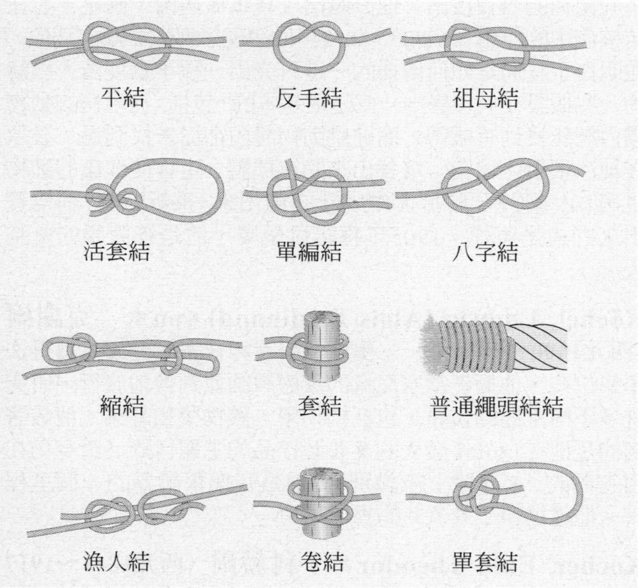

幾種常用的繩結

Know-Nothing party　一無所知黨　亦稱美國黨（American Party）。1850年代美國的政治黨派。由1840年代的反移民和反羅馬天主教運動發展而來，1849年在紐約成立祕密的星條旗騎士團，不久在其他大城市也建立起了分會。成員被告知在有人問到他們的團體時要回答「我一無所知」。這個團體後來正式成爲美國黨，要求限制移民和公民歸化。許多地方的和州一級的候選人在1852年的選舉中獲勝，到了1855年共有四十三名一無所知党的議員。在1856年的代表大會上，由於在奴隸制問題上的不同意見而造成該黨分裂；擁護奴隸制的黨員留下來參加了民主黨，而反對奴隸制的則參加了共和黨。到了1859年，這個黨只有在邊境地區的一些州裡還有影響力。

Knowles, John＊　諾斯（西元1926年～）　美國作家。生於西維吉尼亞費爾蒙，就讀耶魯大學，第一本小說《一個人的和平》（1959）是關於兩個私立學校學生互相競爭的友誼，初試啼聲便很引人注目。他大多數的小說在檢視小說中人物因人格特質而引起的渴望與現實之衝突的心理，其中包括《愉快的晚年》（1966）、《蔓延的火》（1974）和《和平爆發》（1981）。

Knox, Henry　諾克斯（西元1750～1806年）　美國革命中的將領。活躍在殖民地人民占衛隊中。參加了大陸軍後，華盛頓派他去提運在泰孔德羅加戰役中獲取的英國大炮。正值隆冬季節，他用牛車和馬車在冰雪中跋涉了480公里，將55,000公斤重的大炮押送到了波士頓。昇爲將軍後，他在蒙茅斯和約克鎮的戰役中指揮砲兵，1783年他接替華盛頓任陸軍司令。1785年在根據「邦聯條例」成立的政府中任陸軍部長（1785～1789），1789年成爲美國第一位陸軍部長（1789～1795）。

Knox, John　諾克斯（西元1514?～1572年）　蘇格蘭神職人員，蘇格蘭宗教改革領袖，以及蘇格蘭長老派的創始人。可能在聖安德魯斯大學受神職訓練，1540年任司鐸。他後來加入新教，他們在聖安德魯斯城堡築成防禦工事，但在1547年還是被法國天主教徒逮捕，並被押去當奴隸。1549年由於英國人出面干涉，諾克斯才獲釋，往後四年在英格蘭傳教，影響了英國聖公會的發展。信奉天主教的瑪麗一世繼承王位後，他逃往歐陸。1554年在美因河畔法蘭克福和日內瓦任牧師，1559年返回蘇格蘭。當時伊莉莎白一世與蘇格蘭長老派合作，以免讓法國人控制英格蘭而支持天主教君主蘇格蘭女王瑪麗。諾克斯在與瑪麗衝突中倖存下來，餘生致力於建立長老教會。

諾克斯，版畫；貝札（T. Beza）繪於1580年
By courtesy of the trustees of the British Museum; photograph, J. R. Freeman & Co. Ltd.

Knox, Philander Chase　諾克斯（西元1853～1921年）　美國律師和政治人物。曾任企業的律師，幫助組織了美國鋼鐵公司。1901～1904年間任司法部長，在羅斯福總統的指導下處理了幾起反托拉斯案件。1904～1909年任美國參議員，然後由塔虎脫總統任命爲國務卿（1909～1913），協助制定擴大美國在外投資的對外政策，這個政策被批評爲「金元外交」。1917～1921年回到參議院，他反對國際聯盟。

Knoxville　諾克斯維爾　美國田納西州東部城市（1996年人口約166,000）。1785年與切羅基印第安人簽訂的一項協定向移民打開了這個地區的大門，懷特船長建立了一個前方要塞稱懷特堡壘。1791年爲紀念諾克斯而更名爲諾克斯維爾。1796～1812年以及1817～1819年，它是田納西州的首府。在美國南北戰爭期間它被聯盟軍占領，直到1863年。市內設有田納西大學和諾克斯維爾學院，田納西河流域管理局總部也設在這裡。

Knudsen, William Signius＊　努森（西元1879～1948年）　原名Signius Wilhelm Poul。丹麥出生的美國實業家。1900年移居美國。1914年他開始監理福特汽車公司的各裝配廠，並主管該公司爲第一次世界大戰製造潛水巡邏艇和其他戰爭裝備。1922年加入通用汽車公司，1937年任該公司總裁。他被任命爲國防研究委員會工業生產組組長，並以美國生產管理局局長的身分領導戰略裝備的生產。

Knut ➠ Canute the Great

Knuth, Donald E(rvin)＊　高德納（西元1938年～）
美國電腦科學家。出生於美國威斯康辛州密爾瓦基市，在凱斯理工學院（現爲凱斯大學）攻讀數學，在此第一次接觸到電腦。1963年獲得加州理工學院的博士。電腦科學的先驅，運用數學與程式設計的知識去設計字體與排版，發展處理文件處理，讓電腦首次擁有能力去控制印刷文字版面，以鉛字品質來列印。他的程式系統公認是從印刷機發明以來最重要的成就，而且沒有註冊著作權。獲得許多獎章和榮譽，包括京都獎（1996）、圖靈獎（1974）、國家科學獎章（1979）。持續書寫中的多卷著作《電腦程式設計的藝術》廣受讚揚。

Ko Hung ➟ Ge Hong

koala 無尾熊 結趾鼴科有袋哺乳動物，學名爲Phascolarctos cinereus，澳大利亞東海岸的樹棲動物。身長約60～85公分，無尾，身體肥碩，淺灰或淺黃色；臉寬；鼻堅韌如皮革，大而圓；眼小而黃；耳上有絨毛。腳上有強爪，有幾個可相對的趾。無尾熊只以桉樹（亦稱尤加利樹）葉爲食。幼熊（每胎生一個）在向後開口的育兒袋內一直生活到七個月大。過去是由於爲取它們的毛皮而遭人捕殺及疾病的侵襲，現今因失去棲息地及疾病繼續蔓延，而導致無尾熊的數量已大大減少。

無尾熊
Anthony Mercieca from The National Audubon Society Collection/Photo Researchers

koan＊ 公案 日本佛教禪宗裡的一條規矩，在冥想中用的似是而非的短句或問題。目的是讓信徒把注意力集中在解釋公案上面，消耗掉他們分析的智慧和願望，讓頭腦空出來回應直覺。約有1,700條傳統的公案，出自古代禪師的軼事。廣爲人知的例子有「雙手擊掌時會發出聲音；傾聽單手擊掌的聲音。」

kobdas＊ 喀博達思 薩滿用於降神和占卜的鼓。在木架上覆蓋一層繃緊的馴鹿皮；皮上繪有代表精靈或神的圖像。占卜的時候，用馴鹿角製成的錘子擊鼓，使一塊稱作阿帕的三角形骨片或金屬片沿鼓面移動。薩滿從這種移動中推測出疾病的性質或者得知丟失或被竊物品的位置。

Kobe＊ 神戶 日本本州中南部的城市。位於大阪灣，占據山脈和海洋之間的一塊狹長陸棚地。與大阪和京都兩個城市爲鄰，是一個工業地帶的中心。明治維新前它只是個漁村，但在19世紀後期快速發展起來。在第二次世界大戰中它受到猛烈的轟炸，1945年以後完全重建。1995年遭受大地震。神戶是日本重要的港口，也是造船和鋼鐵生產的中心；市內有神戶大學。人口1,424,000（1995）。

Koblenz 科布倫茨 亦作Coblenz。古稱Confluentes。德國西部城市。位於萊茵河和摩澤爾河的匯合處，西元前9年由羅馬人創建。西元6世紀時是法蘭克王室駐地，1214年建市。1794年被法國占領；1815年轉到普魯士手裡。第一次世界大戰後，它是萊茵蘭監督委員會的所在地（1919～1929）。在第二次世界大戰中荒廢，戰後又恢復。它是德國酒類貿易的中心；其他的產業有旅遊、家具製造、服裝和化工產品。人口約109,000（1992）。

Kobo Daishi 弘法大師 ➟ Kukai

Kobuk Valley National Park＊ 科伯克河谷國家公園 美國阿拉斯加州西北部的國家公園。位於北極圈的北部，1978年建立國家保護區，1980年建國家公園。占地面積708,920公頃，保留了科伯克河谷，包括科伯克河和薩蒙河、林地和大科伯克沙丘。考古發現人類在此活動已有一萬年以上的歷史。它保護了馴鹿遷徙的路線；其他野生動物還有灰熊、黑熊、狐狸、麋和狼等。

Koch, Ed(ward Irving)＊ 郭德華（西元1924年～） 美國政治人物。生於紐約市，第二次世界大戰期間曾在陸軍服役。畢業於紐約大學法學院，1968年當選美國國會議員。1978年當選紐約市長，總共當了三個任期。他的最大貢獻，是將紐約市由瀕臨破產邊緣拯救成財政穩定的程度，並爲法官建立功績選拔制度。他急切而且說到做到的施政風格，使他贏得親民而且受歡迎的形象，不過他說話的禮節和措辭，則被認爲近於刻薄且製造族群分裂，最後也導致他敗選下台。後來成爲一名專欄作家及脫口秀主持人。

Koch, (Heinrich Hermann) Robert＊ 科赫（西元1843～1910年） 德國醫生。他首先分離出炭疽病菌，觀察它的生命週期，並研究出對它的預防接種疫苗，他還首先證明了細菌與疾病之間的因果關係。他根據巴斯德的概念完善了純菌種的培養技術。他分離出了結核病病菌，確定了它在結核病中的作用（1882）。1883年他發現了導致霍亂的病原，並明白了它們是如何傳播的，還研究出一種牛瘟疫苗。科赫的一些假設在病理學中一直是很基本的，包括：在生病的動物體內總能找到有機體，而健康動物體內卻從未找到過；必須在純淨環境中培養；培養出來的有機體一定會使健康的動物生病；必須從剛得病的動物身上分離出來，重新培養，而培養出來的還是原樣。1905年獲諾貝爾獎，他是細菌學的奠基人。

Köchel, Ludwig (Alois Ferdinand) von＊ 克謝爾（西元1800～1877年） 奧地利學者和音樂研究家。獲得法學學位後，他擔任富家兒童的家庭教師並到各地旅行，研究許多不同主題的書籍，包括植物學、礦物學和音樂。他最著名的是他在1862年發表的莫札特作品的主題目錄（至今仍在用它們的「K序號」來識別），這是音樂學術界的一個里程碑。他還編輯了貝多芬的書信集。

Kocher, Emil Theodor＊ 科赫爾（西元1841～1917年） 瑞士外科醫師。1876年首次動手術切除了甲狀腺以治療甲狀腺腫。後來發現完全切除甲狀腺會引起類似呆小病的症狀，但若保留一部分甲狀腺組織，則會短暫出現這種現象。他還發明一種手術方法減少肩膀脫臼，以及一些新的手術技巧、器具和裝備。以其姓氏命名的鉗和膽囊手術切口一直沿用至今。在外科手術過程中採用李斯德倡導的完全無菌的操作原則。1909年獲諾貝爾生理學或醫學獎。

Kodak Co., Eastman ➟ Eastman Kodak Co.

Kodály, Zoltán＊ 高大宜（西元1882～1967年） 匈牙利作曲家、民間音樂家，也是一位音樂教育家。孩童時就會演奏多種樂器，後來同時在大學和布達佩斯音樂學院就讀，獲得作曲文憑，並開始教書，還成爲匈牙利民歌的權威。他與終身摯友巴爾托克合編了重要的作品《匈牙利民歌集》（1906），並繼續作田野調查，直到第一次世界大戰爆發不可能再進行爲止。在發表《匈牙利詩篇》（1923）及歌劇《吹牛大王》（1926）時引起國際的矚目。其以民間音樂爲基礎的作品顯然受到如德布西之類音樂家的強烈影響。高大宜把一生大半的精力放在發展學校音樂課程以啓發兒童的音樂才能，「高大宜教學法」如今仍廣受使用。

Kodiak Island 科的阿克島 美國阿拉斯加州阿拉斯加灣的島嶼。長160公里，寬16～96公里，面積9,293平方公里。科的阿克野生動物保護區占據該島的75%，是科的阿克熊的棲息地。1763年被一名俄國皮毛商發現，當時稱基克赫塔克，1784年成爲美洲的第一個俄國殖民地。1867年俄國的統治結束；1901年更名爲科的阿克。1964年一場破壞性的地震使該島降低了1.5～1.8公尺。

Koehler, Ted 寇希勒 ➟ Arlen, Harold

Koestler, Arthur ＊ 凱斯特勒（西元1905～1983年） 匈牙利出生的英國小說家、新聞記者和評論家。他最著名的是《中午的黑暗》（1940）：這是一部政治小說，考查了一個完全犧牲掉達成目的的手段的極權制度的道德危機，反映了一些使他與共產黨決裂的事件，以及他在西班牙內戰時期擔任記者而被法西斯分子監禁的經歷。在他的散文集《失敗的上帝》（1949）中他也寫了對共產主義幻想的破滅。他後來的著作主要關心的是社會和哲學問題，包括《創造的行動》（1964）和《機器裡的鬼》（1967）。按照約定他與他的妻子雙雙自殺身亡。

Koguryo ＊ 高句麗 西元668年以前，古朝鮮三個王國中最大的一個。過去一直認爲它建於西元前37年，但現代的歷史學家則認爲這個部落國家成立於西元前2世紀。最終，朝鮮半島北半部、中國遼東半島及中國東北的很多地方都在高句麗的統治之下。佛教、儒家和道教都對這個王國有影響，668年它敗於中國唐朝和南部朝鮮的新羅王國的聯合勢力手下。遺存下來的許多古墓中的繪畫充分反映了堅強的、馬背上的北方民族高句麗人民的生活、思想和性格。亦請參閱Parhae。

Koh-i-noor ＊ 科－依－諾爾鑽石 著名的印度鑽石，其歷史可回溯到14世紀。最初是一塊191克拉的缺少火彩（彩色的閃爍光）的石頭，1852年試圖增強它的火彩和光亮，把它重新切割到109克拉。1849年科－依－諾爾鑽石（印度語的意思是「光之山」）被英軍獲取，成爲維多利亞女王御寶的一部分。後來把它鑲嵌在王冠上，爲喬治六世的妻子伊莉莎白皇后在1937年她的加冕典禮上增添光彩。

kohen ➟ cohen

Kohima 科希馬 印度東北部城鎮，那加蘭邦首府。地處那加丘陵，曼尼普爾北部邊境附近。它是第二次世界大戰中日軍入侵英屬印度的最遠點。1944年曼尼普爾戰役期間它被日軍短期占領，但很快被英軍奪回。人口53,000（1991）。

Kohl, Helmut ＊ 柯爾（西元1930年～） 西德總理（1982～1990），以及統一後的德國第一任總理（1990～1998）。柯爾在海德堡大學獲政治學博士後，就被選入萊茵蘭－巴拉丁州議會，1969年當選爲州總理。1973年當選爲基督教民主聯盟的主席。1982年當選爲西德總理，領導一個聯合政府。他採取中間政策，包括適度削減政府支出和大力支持西德對北大西洋公約組織的許多承諾。1989年柏林圍牆倒塌後，柯爾與東德締結了統一兩國經濟制度的條約。但要收拾東德殘破的經濟經證明是一件很困難的事，柯爾的政府在統一後必須加重課稅和削減政府支出來負擔。1998年他的聯合政府被施洛德的社會民主黨擊敗，不久爆發了其在職期間發生的幾次嚴重財政醜聞，使他的名譽大損，並削弱了他的政黨勢力。

Kohler, Kaufmann 柯勒（西元1843～1926年） 德裔美國拉比。生於巴伐利亞，在正統派猶太教環境中成長，但不久就受到改革領袖蓋格的影響。他早期的作品用批評的態度對待經文，這使他不能再留在德國繼續當拉比。1869年他移居美國，在底特律、芝加哥和紐約市等地的改革派教會中服務。1885年他推動制定「匹茲堡綱要」。1903～1921年間他擔任辛辛那提市希伯來協和學院院長。他的主要作品是《猶太教神學》（1918）。

Köhler, Wolfgang ＊ 克勒（西元1887～1967年） 德國心理學家。他對黑猩猩解決問題的能力的研究發表在《類人猿的智力》（1917）一書中，書中把黑猩猩看作一個有組織的整體，考察它們學習和理解的能力，研究的結果導致現有理論的重大修正，克勒也就成爲格式塔心理學發展中的關鍵人物。1920年代和1930年代初期，他在柏林大學繼續研究，出版了《格式塔心理學》（1929, 1947年修訂），但在納粹上台後他移民美國，1935～1955年間在斯沃斯莫爾學院任教。他另外的著作有《心理學中的動力學》（1940）、《價值在一個事實世界中的地位》（1938）和《格式塔心理學的任務》（1969）。

kohlrabi ＊ 球莖甘藍 芥科甘藍的一種，學名爲Brassica oleracea，起源於歐洲。它最顯著的特點是剛出土的莖突然長成粗大、稍扁的球形。其味似蕪菁，但較甜和溫和。球莖甘藍的熱量低，是抗壞血酸、礦物質和節食食品的極好來源。雖然未被廣泛地商業栽培，但在某些地區還是普遍地把它用作日常蔬菜。它的嫩葉可作綠色蔬菜食用；球莖可生吃或烹食。

球莖甘藍
W. H. Hodge

koine ＊ 共同語 新形成的折中語言，通常產生於一些基準特色，這些特色能把有共同基礎語言的幾種方言區分開來，或者把緊密相關的幾種語言區分開來。因此新語言就不再是地區化的，不反映任何一個語言集團的社會或政治的主流。共同語的古典例子（也是這個詞本身的來源）是希臘化希臘語，它是從阿提克希臘語發展來的，用愛奧尼亞或其他方言的特色取代了那些差別最大的阿提克特色而形成的。共同語可以用作通用語，並常常構成一種新的標準語言的基礎。

Koizumi Jun'ichiro 小泉純一郎（西元1942年～） 日本第三代政治家，2001年擔任首相。小泉的父親和祖父都在日本議會中任職。1969年父親去世時他競選議員，但失利，於1971年成功當選。1988～1989、1992～1993和1996～1998年曾擔任過各種內閣職務。1995和1998年他競選自由民主黨（LDP）的總裁沒有成功；2001年4月終於獲勝，不久就被提名爲首相。小泉以非常規的改革主張著稱，他組成的內閣破例啓用了五名女性。他的經濟政策包括將國家的郵政儲蓄系統民營化、減少政府的開銷、終止對破產企業的支援。

Kokand ➟ Quqon

Koko Nor ➟ Qinghai（湖泊）

Kokoschka, Oskar ＊ 考考斯卡（西元1886～1980年） 奧地利畫家和作家。曾就讀於維也納美術工藝學校，後來成爲該校老師，但他對學校忽視人物畫的訓練而感到不滿，而他最有興趣的就是畫人物。其初期肖像畫作品使用精細而活潑的線條勾勒人物輪廓，施以相對自然主義的彩色。約1912年以後變爲表現主義的主要倡導者，畫風逐漸轉爲顏色變化較多，筆觸大膽，且加重輪廓線。他在第一次世界大戰中負重傷，在療傷期間寫了三部劇本：他的《奧菲斯和歐里狄克》（1918）後來被德國作曲家克任乃克改編成歌劇（1926）。此後十年，他一邊教書，一邊旅遊各地，作了一系列風景畫，創造了其藝術生涯的第二春。第二次世界大戰前不久，他逃往倫敦，此時作品日漸反映出政治和反法西斯主義的觀點。1953年移居瑞士後，繼續從事政治性的藝術創作。

Kol Nidre ＊ 柯爾・尼德里 指猶太教信徒在贖罪日前夕會堂禮拜開始時所唱悔罪祈禱曲。這篇禱文開端是爲一年之內沒有實踐向上帝所發誓願表示懺悔。這篇禱文最早在西元8世紀即已採用，可能是基督教徒迫害猶太人時逼他們發誓，猶太人就用此表示誓願無效。德系猶太人使用這種曲調，作曲家布魯赫把它譜寫成大提琴曲《柯爾·尼德里》（1880），因而聞名。

kola nut　可樂果　亦作cola nut。梧桐科兩種常綠樹（漸尖可樂果和光亮可樂果）的堅果，含咖啡因。原產熱帶非洲，在新大陸的熱帶地區廣泛栽種。樹高18.3公尺，葉呈橢圓形，堅韌如革，花黃色，果實呈星形。堅果曾用於藥物和軟飲料中，但現在美洲的「可樂」用的是模仿其味道的合成添加劑。在產地可樂果也是一種交換品，或者用來咀嚼，可消除飢餓和疲勞的感覺，幫助消化，並用於解酒，減輕酒後的不適感，還可以治療腹瀉。

光亮可樂果
W. H. Hodge

Kola Peninsula　可拉半島　俄國北部的海角。它把白海與巴倫支海隔開；面積10萬平方公里，延伸到北極圈內。它所包含的岩石有逾5.7億年的歷史。冬季氣候嚴寒；最大的城鎮是在北部海岸的不凍港莫曼斯克。它有世界上最大的磷灰石礦，是生產肥料的原料。

Kolbe, St. Maksymilian Maria＊　科爾比（西元1894～1941年）　原名Rajmund Kolbe。波蘭天主教方濟會神父，被納粹殺害的殉難者。1918年受神職，後創立宗教中心無原罪瑪利亞城（1927），並任負責人，還是波蘭的天主教會的主要出版企業的主管。1939年被德國蓋世太保逮捕，1941年再次被捕，罪名是幫助猶太人和波蘭的地下活動。他先被關押在華沙，後被押解到奧斯威辛，在那裡他自願代替一名被宣告有罪的難友受死。1982年科爾比被追諡為聖人。

Kolchak, Aleksandr (Vasilyevich)＊　高爾察克（西元1874～1920年）　俄國海軍官員和政治領袖。1917年俄國革命開始後，他被迫辭去黑海艦隊司令之職。1918年鄂木斯克發生軍事政變後他在反革命的白俄羅斯人中獲得了權力，1919年被他們認作俄國的最高統治者。在取得反對紅軍的初步勝利後，1919年他的軍隊被擊潰了；第二年被布爾什維克俘獲並處決。

Kolkata　加爾各答　舊作Calcutta。印度東北部城市（2001年人口約13,216,546）。是西孟加拉邦的首府，前英屬印度的首都（1772～1912），現在是印度第二大都會區。位於胡格利河畔，距河口145公里。1690年設為英國的貿易中心，1707年成為孟加拉管轄區。孟加拉的訥瓦布占領了加爾各答，1756年把英國人投入那裡的監獄（後來稱為加爾各答黑洞）；在克萊武領導下英國人重新奪回了這個城市。19世紀它是個極端繁忙的商業中心，1912年首都遷往德里後便開始逐漸沒落。由於1947年印度和巴基斯坦的省份劃分及1971年孟加拉國的建立，使得加爾各答的沒落更形加劇。這些政治動亂造成的大量難民湧入加爾各答，嚴重地加劇了它的貧困，而這正是泰瑞莎修女以及其他一些人試圖要改變的情況。但儘管有許多問題，加爾各答還是印度東部的一個重要的城市，也是主要的教育和文化中心。

Kollontay, Aleksandra (Mikhaylovna)＊　柯倫泰（西元1872～1952年）　原名Aleksandra Mikhaylovna Domontovich。俄國行政官員和外交官。作為布爾什維克政府裡的第一個公共福利人民委員（1917），她主張簡化結婚和離婚手續，並提高婦女的地位。她被委任為駐挪威公使（1923～1925, 1927～1930），是駐外國公使裡的第一名婦女；後來又任駐墨西哥公使（1926～1927）和駐瑞典公使（1930～1945）。1944年主持蘇聯和芬蘭的和談，結束了兩國在第二次世界大戰中的敵對狀態。

Kollwitz, Käthe＊　寇勒維茨（西元1867～1945年）　原名Käthe Schmidt。德國版畫家和雕刻家。曾在柏林和慕尼黑學習繪畫，但主要投入了蝕刻、素描、版畫和木刻。她的丈夫是醫生，在柏林開了一家診所，使她對於城市貧民悲慘的情況有了第一手的認識。她成了德國表現主義的最後一位偉大的實踐者，也是反映社會抗議的傑出藝術家。早期的兩組系列畫《織布工人暴動》（1895～1898）和《農民戰爭》（1902～1908）採用高度的簡化和大膽的強調形式描繪了受壓迫者的困境，而這些形式也就成了她的專有特色。她的兒子在第一次世界大戰中陣亡，她以母愛為主題創作了一組版畫。她是被選入普魯士藝術學院的第一名婦女，在學院任版畫工作室主任（1928～1933）。納粹禁止她的作品參加展覽。在第二次世界大戰中，她的住宅和工作室被炸，毀壞了她大部分的作品。

寇勒維茨的《自畫像：手拄前額》（1910），蝕刻畫；現藏華盛頓特區美國國家畫廊
B-7792 "Self-Portrait with Hand on Forehead," Käthe Kollwitz, National Gallery of Art, Washington, D. C., Rosenwald Collection

Köln ➠ Cologne

Kölreuter, Josef Gottlieb＊　克爾羅伊特（西元1733～1806年）　德國植物學家。研究植物雜交的先驅，他首先對植物性別這項發現（1694年由卡梅拉里烏斯發現）的科學應用作了研究開發。他栽種植物來研究它們的繁殖和發展，進行了許多實驗，特別對煙草植物。他引入了人工受精和種間雜交來得到可繁衍的新品種。他的實驗結果為孟德爾的研究工作開闢了道路。克爾羅伊特認識到昆蟲和風作為傳粉媒介的重要性。他把林奈的性系統分類法應用於較低等的植物。直到他去世後很久，他的工作才得到承認。

Kolyma River＊　科雷馬河　俄羅斯遠東地區西伯利亞東北部的河流。發源於科雷馬山脈，注入東西伯利亞海，全長2,129公里。逆水向上可航行到上科雷木斯克，但只有從6～9月才是解凍期。在史達林統治時期，科雷馬河上游流域的採金礦場地有許多勞改營，1932～1954年間有一百多萬囚徒死於這些營中。

Komarov, Vladimir (Mikhaylovich)＊　科馬羅夫（西元1927～1967年）　蘇聯太空人。十五歲參加蘇聯空軍，1949年成為飛行員，1964年駕駛「上升1號」太空船，這是第一艘可以把多人帶上太空的太空船。1967年他登上「聯合1號」太空船，成為第一個作兩次太空飛行的蘇聯人。在第18圈軌道飛行期間，他試圖著陸；報導說，在離地面10公里左右的高度上，太空船被它的主降落傘纏住而墜落地面，他也不能免難。

Komodo dragon＊　科莫多龍　蜥蜴亞目巨蜥科現存種類中最大的蜥蜴，學名為Varanus komodoensis。它們生活在印尼的科莫多島以及鄰近的幾個島上，瀕於絕種，現已列為保護對象。科莫多龍的體長可達3公尺，體重可達135公斤，壽命可達一百年。它們挖深約9公尺的洞穴。主要以腐肉為食，但成龍也吃同類幼體。它們跑動迅速，偶而也會攻

科莫多龍
James A. Kern

擊和傷害人類。

Komsomol＊ 蘇聯共青團 前蘇聯十四～二十八歲的青年政治組織，旨在傳播共產主義思想，培養未來的共產黨員。1918年成立。成員們參加衛生保健、體育運動、教育和出版等活動以及各項工業建設。共青團員在就業、獎學金以及其他類似方面常常比非團員享受優待。1970年代和1980年代初，團員人數達到最高峰，約4,000萬人。1990年代初，隨著蘇聯共產主義的瓦解，共青團也就解散了。

Konbaung dynasty 貢版王朝 ➠ Alaungpaya dynasty

Kondratev, Nikolay (Dmitriyevich)＊ 康得拉季耶夫（西元1892～1938?年） 俄國經濟學家和統計學家。1920年代他協助制定蘇聯的第一個五年計畫，為這個計畫分析了將會刺激蘇聯經濟成長的各種因素。在批評了史達林的農業全盤集體化的計畫後，1928年他被解除了經濟活動研究所所長的職務。1930年被捕入獄；1938年重新審查了對他的判決，結果被判死刑，可能就在同一年執行。康得拉季耶夫波動是他最著名的理論，這是以五十年為經濟週期的分析理論。亦請參閱Gosplan。

Konev, Ivan (Stepanovich)＊ 科涅夫（西元1897～1973年） 第二次世界大戰中的蘇聯將領。1941年德國入侵蘇聯時，科涅夫領導了這場戰爭的第一次反擊戰。1942和1943年，他擊退了古德里安對莫斯科的進軍，並牽制了大量的德國軍隊。1944年他的軍團是最早踏上德國領土的；與朱可夫的軍團一起攻克了柏林。戰後他任蘇聯陸軍總司令（1946～1950），後任華沙公約部隊總司令（1955～1960）。

Kong River 公河 寮國和柬埔寨的河流。發源於越南中部順化的西南，它流向西南，穿過寮國南部，全長480公里。進入湄公河以東的柬埔寨境內，繼續流向西南越過柬埔寨高原北部，最後與湄公河匯合。

Kongo 剛果人 亦稱巴剛果人（Bakongo）。生活在剛果（薩伊）、剛果（布拉薩）和安哥拉諸國大西洋沿岸操班圖語的諸民族。他們種植基本的糧食作物和一些經濟作物（包括咖啡、可可和香蕉）；許多人在城鎮生活和工作。他們按母系繼嗣，大多數村莊與他們的鄰居不相往來。從14世紀起就存在一個剛果王國；它的財富來自象牙、毛皮、奴隸和貝類錢幣的貿易。1665年該王國分裂成一些相互交戰的酋長國。

Königgrätz, Battle of＊ 克尼格雷茨戰役 亦稱薩多瓦戰役（Battle of Sadowa）。普魯士和奧地利間的七週戰爭中決定性的戰役，發生在波希米亞的克尼格雷茨附近的薩多瓦（今捷克共和國境內）。奧地利軍隊由貝內德克騎士（1804～1881）領導，裝備著前裝步槍，主要依靠白刃戰。普魯士軍隊由毛奇領導，裝備著後膛裝彈的步槍；他們用鐵路運送軍隊，是歐洲戰事中的第一次。普魯士人取得了勝利，把奧地利排除在普魯士人占優勢的德國之外。

Königsberg 柯尼斯堡 ➠ Kaliningrad

Konkouré River＊ 孔庫雷河 西非幾內亞中西部的河流。它向西流經303公里後注入大西洋，是水力發電的資源。曾經是康那克立與博法和博凱兩個城鎮之間交通的主要障礙，現在在瓦蘇建有橋樑。

Konoe Fumimaro＊ 近衛文麿（西元1891～1945年） 日本政治領袖和首相（1937～1939、1940～1941），他試圖限制軍方的勢力，不讓日本與中國的戰爭擴大為世界性的衝突，但沒有成功。1941年他與蘇聯簽訂互不侵犯條約，並參加了美國參與調解的談判，試圖解決與中國的衝突問題。同年稍晚，由於與東條英機政見不合而辭職。戰爭中他被迫離開政治中心；後來在東久邇內閣中任副國務大臣。在接到戰犯嫌疑逮捕令後，他自殺身亡。

Konya＊ 科尼亞 古稱伊康（Iconium）。土耳其中部城市。西元前第三千紀已有人居住，是世界上最古老的城市中心。從西元前3世紀開始受到希臘文明的影響，西元前25年科尼亞人生活在羅馬人的統治下。西元1072年前後被塞爾柱土耳其人奪取。更名為科尼亞後，成了13世紀主要的文化中心，也是稱為「德爾維希」的神祕主義者們的居住地。後來受蒙古統治，1467年前後併入鄂圖曼帝國。在鄂圖曼統治時期衰落下來，1896年伊斯坦堡－巴格達鐵路開通後得以復興。它是重要的工業中心，也是周圍農業地區的貿易中心。人口約585,000（1995）。

kookaburra 笑翠鳥 亦作laughing jackass。澳大利亞東部翠鳥科的一種食魚鳥，學名為Dacelo gigas，因其鳴叫聲似狂笑而得名。清晨和日落時分能聽到它們的鳴叫聲。是一種灰褐色、棲息於樹林中的鳥，體長可達43公分，喙長8～10公分。它們在其原始居住地，以無脊椎動物和小型脊椎動物為食，包括毒蛇。在被引進澳大利亞西部和紐西蘭後，發現它們也攻擊雞和鴨。

笑翠鳥
Bucky Reeves from The National Audubon Society Collection/Photo Researchers

Koolhaas, Rem＊ 庫哈斯（西元1944年～） 荷蘭建築師。在倫敦攻讀建築，然後前往紐約工作，之後在鹿特丹和倫敦成立屬於自己的事務所（1975）。他首先以《生生不息的紐約》（1978）得到認同，該書述說曼哈頓的建築發展，提出透過多元種族文化力量自然創造而成。他最知名的企畫為規模的構造，包括鹿特丹的康斯塔爾美術館、里耳的「大皇宮展覽廳」以及整體規畫及開發計畫的洛杉磯環球影片公司用地。他的書*S,M,L,XL*（1996）提出規尺度大小的思考主軸。1998年贏得美國伊利諾理工學院新學生活動中心中心的設計競圖，並於2000年時獲頒普里茲克建築獎。

Kooning, Willem de ➠ de Kooning, Willem

Kootenay National Park 庫特內國家公園 加拿大不列顛哥倫比亞省東南部的國家公園。位於庫特內河周圍，占據了落磯山脈的西坡，與班夫國家公園和約霍國家公園爲鄰。1920年設爲國家公園，面積1,406平方公里。從史前開始，這個地區就是主要的南北交通要道。古代的石壁畫表示，11,000～12,000年以前人類就在溫泉附近居住。公園的特色景觀有白雪覆蓋的山峰、冰川、瀑布、峽谷和青翠的河谷。野生動物有美洲赤鹿（麋鹿）、駝鹿、鹿、大角羊和山羊。

Kootenay River＊　庫特內河　北美洲西部的河流。發源於加拿大艾伯特省的落磯山脈，向南穿過不列顛哥倫比亞省。繼續流向蒙大拿州，然後轉向北進入愛達荷州再返回不列顛哥倫比亞省，在那裡匯入哥倫比亞河，全長780公里。

Köprülü, Fazll Ahmed Pasa＊　柯普律呂（西元1635～1676年）　鄂圖曼帝國蘇丹穆罕默德四世的大維齊（首相，1661～1676）。原以當學者爲業，但在他父親擔任大維齊後就到政府任文職。在使軍隊變得更精銳有效後，他成功地發動了對奧地利（1663）、克里特（1669）和波蘭的進攻。由於精疲力竭和大量飲酒的結果，他在最後一次戰役中死去。

Koraïs, Adamántios＊　科拉伊斯（西元1748～1833年）　希臘學者。曾在法國學醫，但棄醫從文，一生大都在巴黎從事文學工作。他提倡復興古典主義，目的是喚醒民族的志氣，要國民認識近代希臘文中的遺產，從而激起新的力量和團結，他的這些主張都大大地影響了希臘語言和文化。他的選集有《希臘文學叢書》（1805～1826，共17卷）和《希臘文學叢書續編》（1809～1827，共9卷）。他編著的《阿塔克塔》（1828～1835）是第一部近代希臘文字典，通過這部字典科拉伊斯把本地語言（通俗語言）中的精華與古典希臘文結合起來，創造出了一種新的希臘文學語言。

Koran ➠ Quran

Korbut, Olga (Valentinovna)　科爾布特（西元1956年～）　蘇聯女子體操運動員。1969年她十三歲時首次參加比賽。她體型嬌小，臉帶迷人的微笑，在平衡木上首次完成了後滾翻的動作。在1972年的奧運會上，她贏得了三面金牌（平衡木、地板運動和優勝的蘇聯女子隊的成員）和一面銀牌（高低槓）。在1976年的奧運會上她贏得團體金牌和平衡木的銀牌。

Korda, Alexander　科達（西元1893～1956年）　原名Sándor Laszlo Kellner。受封爲亞歷山大爵士（Sir Alexander）。匈牙利出生的英國電影導演和製片人。曾在布達佩斯當記者，後來在那裡創辦一份電影雜誌。1917年成爲科文電影製片廠的經理。1919年科達離開匈牙利，先後在柏林拍攝了幾部影片，之後前往好萊塢發展，他執導的影片中有《木馬屠城情史》（1927）。1931年遷居英國，建立倫敦電影公司。他協助英國電影工業的發展，導演並製作了幾部成功的影片，如《亨利八世》（1933）、《凱薩琳大帝》（1934）、《劍俠唐璜》（1935）、《一代畫家》（1936）、《第三者》（1949）、《夏日時光》（1955）和《理查三世》（1955）等。

Kordofan＊　科爾多凡　亦作Kurdufan。蘇丹中部地區。位於白尼羅河的西邊，最早由操努巴語的民族居住。西元900～1200年間處於克里斯蒂安·通古爾王朝的統治之下，後來被阿拉伯人奪得，17世紀時建立了蘇丹王國。1820年代開始由埃及人統治。奴隸貿易在這一地區的經濟中一直占重要地位，直到1878年被戈登明令禁止才取消。1882年馬赫迪領導的起義結束了埃及的統治。1899年成爲蘇丹的一個省。

kore＊　少女立像　自由站立的少女雕像（與男性的少年立像對等），開始與希臘的紀念性雕像一起出現（西元前700?年），後來一直延續到古風時期末（西元前500?年）。少女立像用大理石雕刻，稍加塗色，是披著衣服的女性形象，雙腳併攏站立，或者一腳稍往前伸。一臂常伸直，手持貢物；另一臂下垂，通常抓住服飾的褶襞。像所有的希臘藝術一樣，少女立像的形式有高度風格化的，也有更自然的。在埃及和美索不達米亞的藝術中能找到它的原型。

Korea　朝鮮　朝鮮語作Choson。亞洲大陸東岸朝鮮半島上的歷史王國。1948年分裂爲兩個共和國：北韓和南韓。根據傳說，西元前第三千紀時可能由來自中國北方的民族建立了朝鮮古王國。西元前108年被中國征服，後來發展爲三個王國：新羅、高句麗和百濟。新羅於西元7世紀時征服其他兩國，一直統治到935年，當時高麗王朝勢力開始突起。1231年蒙古人侵略高麗。1392～1910年建立了朝鮮王國，首都在漢城，由李朝統治（參閱Yi Song-gye）。1637年實施鎖國政策，不與外人接觸，但在1876年被迫對日本開放港口。爲了爭奪朝鮮，引發了日俄戰爭，戰後朝鮮成爲日本的保護國。1910年正式被日本併吞，1945年才脫離日本控制。第二次世界大戰後，被劃分爲兩個占領區，俄國占據北方，美國占據南方。1948年各自成立共和國。亦請參閱Korean War。

Korea, North　北韓　正式名稱朝鮮民主主義人民共和國（Democratic People's Republic of Korea）。東亞朝鮮半島北半部國家。面積122,762平方公里。人口約21,968,000（2001）。首都：平壤。在人種上，幾乎全是朝鮮人。語言：朝鮮語（亦稱韓語，官方語）。宗教：儒家學說、佛教、薩滿教（以前很普及，但現在被禁），以及天道教。第二次世界大戰期間外國傳教團皆被逐出。貨幣：韓元（won）。北韓4/5的土地是山脈和高地，最高峰是白頭山高2,750公尺，是一座死火山。實施中央計畫經濟，以重工業（鋼鐵、機械、化學和紡織業）和農業爲基礎。合作農場種植作物包括稻米、玉米、大麥和蔬菜。礦產資源也很豐富，包括煤、鐵礦和錳。政府形式是共和國，一院制。國家元首是國家主席（總統），政府首腦是總理。早期歷史參閱朝鮮。第二次世界

大戰日本戰敗後，蘇聯占領北緯38°線以北的韓國，而美國則占據38°線以南的地方。朝鮮民主主義人民共和國於1948年建立，成爲共產國家。北韓想藉武力統一朝鮮半島，1950年發動對南韓入侵，引爆了韓戰。聯合國

軍隊加入南韓這一邊，戰時中國士兵被徵召支援北韓，1953年才簽署停戰協定。北韓在金日成領導下，成爲世界上最嚴格組織化的社會之一，實施國營經濟制度，不能生產足夠的糧食和消費物品以供應人民所需。1990年代末期，在他的兒子金正日的統治下遭遇了一次大饑荒，估計最多有一百萬人餓死。2000年（韓戰爆發後五十年），兩韓領袖舉行了一次高峰會議，北韓可望結束長期的孤立狀態。

Korea, South　南韓　正式名稱大韓民國（Republic of Korea）。東亞朝鮮半島南半部國家。位於日本西北方，包括北距朝鮮半島97公里遠的濟州島。面積99,274平方公里。人口約47,676,000（2001）。首都：漢城。在人種上，幾乎全是朝鮮人。語言：朝鮮語（亦稱韓語，官方語）。宗教：佛教、基督教新教、儒家學說（普遍），以及天道教。第二次世界大戰期間外國傳教團皆被逐出。貨幣：韓元（won）。近3/4土地是山地，人口十分稠密的低地地區以種植水稻爲主。洛東江和漢江是該國主要河川。南韓經濟大部分以服務業和工業（包括石化產品、電子物件和鋼）爲基礎。政府形式爲多黨制中央集權共和國，一院制。國家元首是大統領（總統），政府首腦是國務總理。早期歷史參閱朝鮮。1948年在朝鮮半島南部成立大韓民國，第二次世界大戰後曾被美軍占領。1950年北韓入侵南韓，陷入韓戰。聯合國軍隊幫助南韓，而北韓有中共撐腰，1953年才簽署停戰協定。戰後此殘破的國家在美國援助下重建，並繁榮起來，發展了一種以出口爲導向的強大經濟。1990年代中葉經歷了一次經濟衰退，在亞洲區受到許多經濟的衝擊。2000年南、北韓領袖舉行一次高峰會談，燃起統一的希望。

Korea Strait　大韓海峽　南韓和日本西南部之間的通道。它連接東海和日本海，寬195公里，被它中心處的對馬島分開。向東的通道爲對馬海峽，是對馬海峽之戰（1905）的戰場；向西的通道就稱西通道。

Korean art　朝鮮藝術　朝鮮半島的視覺藝術。通常具有簡潔、質樸及自然主義的特色。從一些器物上可看出早期的朝鮮藝術深受中國影響，時間始於西元前108年中國在朝鮮北部設郡之後。西元372年佛教經由中國傳入，導致藝術的蓬勃發展，直到15世紀，佛教仍是朝鮮藝術靈感的主要泉源。在高句麗（西元前37～西元668年）、百濟（西元前18～西元660年）和新羅（西元前57～西元668年）三國鼎立時期，朝鮮藝術以花崗岩式佛塔、裝飾性珠寶、未上釉的粗陶器和雕刻爲特色。後來的高麗時期（918～1392）則以青瓷爲獨一無二的特色。李朝（1392～1910）時期，藝術復興，受當時儒家學說普遍流傳的影響，盛行自然風格的裝飾藝術。李朝末期，西方及日本影響日趨明顯，可能歸因於日本占領朝鮮（1910～1945）的緣故。

Korean language　朝鮮語　亦譯韓語。南、北韓的官方語言，約有7,500萬人使用朝鮮語，其中包括世界各地相當多的韓國人社區。朝鮮語和其他任何一種語言都沒有近緣的關係，但有一些學者提出它和日語有較遠的親屬關係，甚至可能屬於阿爾泰諸語言的一支。朝鮮語最早在12世紀就以漢語書寫，以表示朝鮮語的各種意義和發音，不過一直到1443年發明一個獨特的發音字體，文獻上才開始明顯大量採用。這種字體現在稱作「諺文」，以代表每個音位的排列簡單符號作爲音節組，組成像漢字一樣的方塊字。在文法上，朝鮮以主詞－受詞－動詞的基本排列順序爲主，在要修飾的詞語前加上修飾片語。

Korean War　韓戰（西元1950～1953年）　北韓和南韓之間爆發的衝突。第二次世界大戰末期，蘇聯軍隊在北緯38°線以北接受日軍投降，美軍則在該線以南受降。後來在協商兩半地區統一時失敗，北半部在蘇聯支持下建立起一個共產主義國家（北韓），南半部（南韓）則由美國在背後支持。聯合國安理會後來刪除缺席的蘇聯代表權，通過一項決議要求所有聯合國成員幫助制止北韓的侵略，美國總統杜魯門於是下令美國軍隊支援南韓。剛開始北韓軍隊勢如破竹，把南韓軍隊和聯合國部隊一路進逼到朝鮮半島的南端，但麥克阿瑟將軍成功地運用戰略扭轉了聯合國部隊的劣勢，甚至把聯合國軍隊推進到北韓與中國交界處附近。中國此時開始參戰，並把聯合國部隊逼退到南部。戰線最後沿38°線穩定下來。此時麥克阿瑟要求轟炸中國的東北基地，但杜魯門拒絕了該項建議，麥克阿瑟不服，因而被解除了指揮權。艾森豪當選總統後，與北韓締結了停戰協定，前線被接受爲北韓與南韓事實上的分界線。韓戰的死亡人數如下：南韓約130萬人，中國100萬人，北韓50萬人，美國約37,000人，以及聯合國軍隊裡的少數各國人士。

Kornberg, Arthur　科恩伯格（西元1918年～）　美國生化學家和醫生。曾就讀於羅契斯特大學。1959年到史丹福大學任教。他在研究活組織如何製造核苷酸的過程中產生了如下的問題：這些核苷酸是如何串在一起而形成DNA分子的？在從大腸埃希氏菌的培養物中製備出來的酶的混合物中加入帶放射性同位素的核苷酸，他發現了在酶的催化下發生一種反應的證據，這種反應把核苷酸帶入原來就存在的DNA鏈中去。他首先實現了DNA的無細胞合成。他與奧喬亞共獲1959年諾貝爾生理學或醫學獎。

Korngold, Erich Wolfgang　康果爾德（西元1897～1957年）　奧地利出生的美國作曲家。父親是一位樂評家，幼時就會作曲，作品受到馬勒和史納白爾的讚賞。以傑出歌劇《死城》奠定名聲。1934年赴好萊塢發展，以製作電影音樂聞名，其無拘無束的浪漫主義風格證明非常適合如《安東尼·艾德弗斯》（1936，獲奧斯卡獎）《俠盜羅賓漢》（1938，獲奧斯卡獎）這類神氣活現的故事，其他十七部電影也是如此。作有一首小提琴協奏曲（1946），經常被灌製成唱片。

Kornilov, Lavr (Georgiyevich)＊　科爾尼洛夫（西元1870～1918年）　俄國將軍。他是個職業軍官，第一次世界大戰時任師長。1917年俄國革命後，克倫斯基任命他爲俄軍總司令。但對政治和對軍隊作用的看法與克倫斯基有分歧，二人之間發生了矛盾，當科爾尼洛夫把軍隊帶向彼得格勒時，克倫斯基認爲他企圖政變，就截住了他的隊伍，並把他解職。被捕後他又逃出去指揮反布爾什維克的白軍，在戰鬥中被擊斃。

Korolyov, Sergey (Pavlovich)＊ 科羅寥夫（西元1907～1966年） 蘇聯導彈、火箭和太空船的設計者。1933年他和璨德爾一起發射了蘇聯第一枚液體推進劑火箭。在第二次世界大戰中，科羅寥夫爲軍用飛機設計和測試了液體燃料火箭助推器。戰後，他改進了德國的V-2飛彈，並監督指揮俘獲來的飛彈的點火試驗。他的工作使得蘇聯發射了第一顆洲際彈道飛彈（ICBM）。他還負責蘇聯運載火箭和太空船的系統工程，包括設計、試驗、製造和發射載人和不載人的太空船，是蘇聯太空飛行計畫的幕後領導天才。

Koror＊ 科羅爾 帛琉的島嶼和城鎮，亦是帛琉共和國首都。位於巴伯爾圖阿普島的西南方，陸地面積8平方公里。1921～1945年是日本在太平洋中所有託管島嶼的行政首府。第二次世界大戰中遭荒廢，後來又發展成一個商業和旅遊中心。人口：島嶼10,000（1990）。

Korsakoff's syndrome 科爾薩科夫氏症候群 亦稱科爾薩科夫氏精神病（Korsakoff's psychosis）或科爾薩科夫氏病（Korsakoff's disease）。是一種神經障礙病，表現爲嚴重的失憶症，儘管知覺清楚、意識正常。病因有慢性酒精中毒、頭部受傷、腦部疾病或者缺乏硫胺素等。患者典型的症狀是記不住近期發生，甚至剛剛發生的事情；有些只能保持幾秒鐘的記憶。也可以忘掉更長的一段時間（可以長到二十年）。有時會同時出現虛構症（列舉一些從未發生過的事件的細節和令人信服的「記憶」），這種情況可能是暫時的，也可能是長期的。

H I J K

Korsakov, Nicolai Rimsky- ➠ Rimsky-Korsakov, Nikolay Andreyevich

Koryo＊ 高麗王朝 935～1392年統治高麗王國的同名王朝。在這段時間內，高麗形成了特有的高麗文化。該王朝由後高句麗的王建將軍建立，它擊敗了新羅王朝和後百濟王朝，936年統一了朝鮮半島。10世紀後期，中央集權的官僚體制取代了舊的貴族部落體制。該王朝時代藝術繁榮，尤其是陶瓷製品（高麗青瓷），佛教和儒家思想對它有很大影響。13世紀時，高麗遭到蒙古的一系列侵略，1392年李成桂推翻了這個搖搖欲墜的王朝並建立了朝鮮王朝。

Kosala＊ 科薩拉 印度北部的古王國。差不多相當於歷史上的阿約提亞地區，也就是現在北方邦的中南部，它一直伸展到現在的尼泊爾。西元前6世紀它上升爲印度北部最重要的邦之一。西元前490年前後，摩揭陀征服了科薩拉，它就被稱爲北科薩拉，以區別於南方那個較大的王國，後者則有各種名稱，像科薩拉、南科薩拉或者大科薩拉。佛陀就在那裡出生。

Kosciusko, Mt.＊ 柯斯丘什科山 澳大利亞新南威爾士州東南部，澳大利亞阿爾卑斯山脈中的雪山山脈的山峰。是澳大利亞大陸上的最高峰，海拔2,228公尺。位於科修斯古國家公園內，公園的面積爲6,469平方公里。它鄰近湯森山、特懷納姆山、北拉姆謝德山和卡拉瑟斯山，熔融的雪水注入江河和水庫，共同組成雪山水力發電規畫。1840年爲紀念柯斯丘什科而爲此山峰命名。

Kosciuszko, Tadeusz＊ 柯斯丘什科（西元1746～1817年） 參加美國革命的波蘭愛國者。他在巴黎學習軍事工程，1776年到美洲，參加了殖民地軍隊。他在費城和紐約西點幫助構築防禦工事。作爲總工程師，他兩次指揮渡河而挽救了格林將軍。他還指導了南卡羅來納州查理斯敦的封鎖設施。戰爭結束時他被授予美國公民資格，並擢升爲准將。1784年回到波蘭，在波蘭軍中任少將。1794年他領導軍隊對抗入侵的俄國和普魯士，保衛華沙達兩個月之久，指導市民構築工事。1794～1796年間他被囚禁在俄國，1797年返回美國，然後又去了法國，繼續爲保衛波蘭的獨立而努力。

kosher ➠ kashruth

Kosi River＊ 戈西河 尼泊爾和印度北部的河流。它由幾條發源於尼泊爾東部的支流匯合而成，向南流經印度北部的大平原。共經724公里後注入恆河。

Košice＊ 科希策 斯洛伐克東部城市。9世紀時有人定居，1241年設市，中世紀後期它是一個貿易點。1920年成爲捷克斯洛伐克的一部分後，迅速發展起來。1938年被匈牙利人占領，1945年獲得解放，成爲戰後捷克斯洛伐克政府的第一所在地。從1992年起是獨立的斯洛伐克的一部分，是斯洛伐克東南部的政治、經濟和文化中心。人口約241,000（1996）。

Kosinski, Jerzy (Nikodem)＊ 柯辛斯基（西元1933～1991年） 波蘭裔美國作家。他宣稱自己身爲猶太人，在第二次世界大戰期間波蘭和蘇聯造成他童年大多數的時間沈默無言的恐怖經驗。於1975年移居至美國前，他曾攻讀政治學並成爲社會學教授。他的小說《彩繪鳥》（1965）爲一平面的藝術作品，超現實的故事在描述置身於戰爭中的戰慄感。其他成功的小說有《步伐》（1968），和諷刺性的寓言故事《在那兒》（1970；電影改編譯名爲《傀儡人生》，1979）。在柯辛斯基自殺身亡後，卻揭露很多他過去的經歷是杜撰的。

Kosovo＊ 科索沃 塞爾維亞與蒙特內哥羅的塞爾維亞共和國內的自治省。面積10,887平方公里，省會是普里什蒂納。1999年前少數民族阿爾巴尼亞人（其中大多數是穆斯林）占了它總人口的十分之九，其餘的是塞爾維亞人（大多數是基督徒）。1980年代後期當塞爾維亞人取得科索沃的行政控制權後，阿爾巴尼亞人就抗議反對，1992年他們投票表決要退出南斯拉夫。塞爾維亞人對此的反應是加緊對科索沃的控制，而導致科索沃衝突。人口1,950,000（1991）。

Kosovo, Battle of＊ 科索沃戰役 在科索沃的塞爾維亞省發生的兩次戰役。第一次（1389年6月13日）是發生在塞爾維亞人和由蘇丹穆拉德一世領導的鄂圖曼土耳其人之間，其結果是塞爾維亞人瓦解及由於土耳其軍隊的包圍使拜占庭帝國崩潰，雖然塞爾維亞人採用狡猾的手段暗殺了穆拉德一世。這場戰役使塞爾維亞人在三個世紀內都俯首稱臣，對塞爾維亞民族主義者來說一直是件重要事件。第二場戰役（1448年10月17～20日）是在鄂圖曼人和匈牙利－瓦拉幾亞聯軍之間進行的，該戰役終止了基督教十字軍想把巴爾幹人從鄂圖曼的統治下解放出來的最後一次重要努力。亦請參閱 Ottoman Empire。

Kosovo conflict 科索沃衝突（西元1998～1999年） 發生於塞爾維亞與蒙特內哥羅科索沃的族群內戰。1989年塞爾維亞總統米洛塞維奇取消科索沃的憲法自治權，並對占科索沃省境內九成人口的阿爾巴尼亞裔展開大規模鎮壓。科索沃人民另外組成影子政府，開始進行非武力對抗。1998年緊張情勢升高，演變成警察與科索沃解放軍（KLA）的武裝衝突。調解團體（美、英、德、法、義、俄）提出統一政策，要求雙方停戰、塞爾維亞特種警察及軍隊無條件撤退、釋放難民、以及無限期接受國際監管。米洛塞維奇同意了大多數的要求，但是卻未履行承諾。聯合國安理會嚴厲譴責塞國不當使用武力，包括所謂的「種族淨化」（屠殺及驅逐其他族群），並提出一分武器全面禁運案，但暴力鎮壓卻仍有增無減。各國後來在法國朗布耶舉行外交調停時，米洛塞維奇方面的軍隊和坦克卻又出現攻擊行動。談判因此破裂，塞爾維爾再次出動軍隊進行新的殺戮，北大西洋公約組織軍隊也開始轟炸以防止人道悲劇。由於塞爾維亞殘酷殺人的消息不斷傳出，科索沃的難民乃大量湧向鄰國阿爾巴尼亞及馬其頓。北約進行了11週的轟炸，轟炸點並延伸到貝爾格勒，塞爾維亞的基礎建設受到明顯的破壞。在北約和南斯拉夫於1999年簽署合約後，轟炸行動才停止，合約規定塞爾維亞撤軍，並讓一百萬名阿爾巴尼亞裔難民、以及五十萬被迫遷移到其他省份者，都可以重返家園。

Kossuth, Lajos＊　科蘇特（西元1802～1894年）　匈牙利愛國者。他是一位貴族家庭出身的律師，1832年被派去參加全國等級議會，在會上顯現出激進的政治和社會哲學觀。1837～1840年間被判政治罪而入獄，後來他爲一份改革派雜誌撰稿，贏得不少熱情的追隨者。重新被選入議會（1847～1849）後，他領導了「民族反對派」。二月革命（1848）後，他說服代表們投票贊成脫離奧地利而獨立。被指定爲臨時總督後，他成爲匈牙利實際的獨裁者。1849年俄國軍隊代表奧地利出面干涉，迫使科蘇特辭職。他流亡土耳其，在那裡他被扣留了兩年。釋放後他到美國和英國講演，後來從他在杜林的家中，眼看匈牙利向奧地利君主妥協和解。在1867年協約後他退出政治生活。

科蘇特，平版畫；製於1856年
By courtesy of the trustees of the British Museum; photograph, J. R. Freeman & Co. Ltd.

Kosygin, Aleksey (Nikolayevich)＊　柯錫金（西元1904～1980年）　蘇聯政治家，部長會議主席（1964～1980）。他1927年參加共產黨，1939年成爲中央委員會委員。1957年後，在經濟事務方面他與赫魯雪夫緊密合作，1964年赫魯雪夫被迫辭職後，柯錫金取代了他當上部長會議主席，成爲蘇聯政府首腦。他是一位有能力、講求實效的經濟管理人員，引入使蘇聯經濟現代化的改革措施。1960年代末和1970年代初，他與布里茲涅夫和波德戈爾內分享權力，但隨著布里茲涅夫的權威提高他的作用下降，1980年宣布退休。

koto　日本古琴　日本樂器，是十三根弦的長齊特琴，琴馬可移動。琴身平放在地上或矮桌上，用戴在右手指上的撥子撥弦，左手按壓或操縱每個琴馬另一邊的弦來改變每根弦的音調或裝飾其聲音。它可以用於獨奏、室內樂（尤其與尺八和日本三弦一起演奏）和雅樂中。古琴是日本的一種民族樂器。

Kotzebue, August (Friedrich Ferdinand) von＊ 科策布（西元1761～1819年）　德國劇作家。他幫助推廣詩劇，在詩劇中注入了情節劇的轟動手法以及感情化的哲理。他多產（寫了兩百多部劇本）而又敏捷，著名的作品有戲劇《陌生人》（1789）和《印第安人在英國》（1790）；喜劇《捕獵》（1798）和《德國小城居民》（1803）。他被政治激進分子斥責爲間諜，被刀刺死。

Kou Qianzhi　寇謙之（卒於西元448年）　亦拼作K'ou Ch'ien-chih。中國的道教改革者。寇謙之很可能是以道教醫者的身分展開其事業。西元415年他心中出現神祕的意象向他表示，道教已經被謬誤的教義所扭曲。於是他開始清除那些和道教掛鉤的縱慾儀式與謀利的意圖，轉而強調養生保健的儀式與善行。他的努力獲得皇帝的注意，進而使道教被立爲中國北魏朝廷的官方宗教。寇謙之也成功地禁絕佛教、讓佛教的信徒深陷迫害之中。然而他的改革終究爲期短暫，不久後佛教再度復興。

Koufax, Sandy＊　庫法克斯（西元1935年～）　美國職業棒球選手。出生於紐約市，1955年加入布魯克林道奇隊（即後來的洛杉磯道奇隊），爲左投球手，球速極快且擅長投擲急劇變化的曲球。曾在一些季賽中打破好幾次三振記錄（包括1965年所創的382次三振），生涯平均記錄是平均一局使一個人三振出局，成績罕見。1965年投出個人第4場無安打比賽，從當時到1981年間是一項大聯盟記錄；而這次無安打比賽也是一場完投比賽（無打者上一壘）。雖因關節炎而於1966年提早退休，他仍是棒球史上最偉大的投手之一。

庫法克斯，攝於1966年
AP/Wide World Photos

kouros＊　少年立像　古希臘表示男子站立的雕像。約西元前700年希臘就出現這種大型的石頭人像，與埃及的那種堅硬的幾何像關係密切。以後的形式反映了希臘對人類解剖學增加了認識，表現得更自然了。少年立像有時代表阿波羅神，但通常作爲奉獻物或墓碑。亦請參閱kore。

Koussevitzky, Sergey (Aleksandrovich)＊　庫塞維茨基（西元1874～1951年）　俄裔美籍指揮家。他是個低音提琴演奏家，自學作指揮。在他岳父的經濟資助下，1908年首次登台指揮柏林愛樂管弦樂團。在以後的幾年裡建立了自己的管弦樂團，乘船沿窩瓦河一路演出。1920年離開蘇聯，在巴黎組織了庫塞維茨基系列音樂會，然後任波士頓交響樂團永久指揮（1924～1949）。在波士頓他指揮了約一百次首演，包括受委託指揮的史特拉汶斯基作品《聖詩交響曲》和許多美國作曲家的作品，以他個性的魅力激起了他手下的音樂人員完成具有傳奇色彩的表演。在波士頓任職期間，在麻薩諸塞州的萊諾克斯建立了坦格爾伍德音樂中心。

Kovacs, Ernie　高華斯（西元1919～1962年）　原名Ernest Edward。美國電視喜劇演員。他設計電視喜劇綜藝節目《高華斯秀》（1952～1953, 1956），並以他滑稽可笑的喜劇性短鬧劇而聞名。之後曾主持益智遊戲節目《看清楚了》（1959～1961），並在死於車禍前曾演出如《混球行動》（1957）和《諜海飛龍》（1960）這類影片。

Kovno ➠ Kaunas

Kowloon＊　九龍　亦拼作Jiulong。中國大陸南端的半島，位於香港北部。面積3平方哩（8平方公里），是個工業中心和旅遊勝地，屬於香港行政區的一部分。九龍市（2001年人口約2,025,800），向北延伸至新界，並包含新九龍及九龍市。該地爲重要的商業中心，境內多爲現代化的建設。

Koxinga　國姓爺 ➠ Zheng Chenggong

Koyukuk River＊　科尤庫克河　美國阿拉斯加州中部河流。源於布魯克斯山脈的南坡，向西南流經800公里後匯入育空河，它是育空河的主要支流。名字來自當地的印第

H I J K

安部落庫尤克。

Kpelle＊　克佩勒人　居住在賴比瑞亞中部和幾內亞部分地區的民族。人數約四十萬，講尼日－剛果諸語言中的曼德語。主要生產稻米；經濟作物有花生、甘蔗和可樂果。以他們精心組織的祕密社團（如男人的「波羅會」和女人的「桑德會」）著稱，這些社團有各種各樣的社會和政治功能。

kraal＊　柵欄村莊　在南非，牲畜圍欄或繞著牲畜圍欄的一群房屋，或居住在這些房屋的社會整體。柵欄村莊這個詞已被更廣泛地用來描述與之相關的生活方式。在某些祖魯人中，傳統的柵欄村莊由圍著畜欄的一圈草屋組成。那裡實行一夫多妻制，每個妻子通常都有自己的草屋。柵欄村莊也指東非馬賽人的臨時營地。

Kraepelin, Emil＊　克雷佩林（西元1856～1926年）　德國精神病學家。他在海德堡和慕尼黑大學任教，研究出一種有影響的精神疾病分類系統《精神病學綱要》（1883～1926，共9卷）。他是區分躁鬱症和早發性失智（精神分裂症）的第一人，他還區分了精神分裂症的三種臨床類型：緊張型、青春型及類偏執狂型。

Krafft-Ebing, Richard, Freiherr (Baron) von＊　克拉夫特－埃賓（西元1840～1902年）　德國神經精神病學家。在德國和瑞士受教育，在史特拉斯堡、格拉茨和維也納教授精神病學，他從事的研究範圍很廣，從癲癇和梅毒到精神錯亂和性偏離的遺傳功能。他還做了催眠實驗。最讓如今的人們記住的是他的《性精神變態》（1886），這是一本關於性迷亂的開創性著作。

Kraft Food, Inc.　卡夫公司　美國食品製造商和銷售商。卡夫公司脫胎於1903年由卡夫在芝加哥創立的乳酪批發送貨店。1909年合組卡夫兄弟公司，在第一次世界大戰中向美軍提供經過防腐處理的乳酪，公司由此發展起來。1930年被全國乳品公司收購，1980年代與達特實業公司合併，1988年卡夫公司由菲利普·莫里斯公司接管。總部設在伊利諾州的格倫維尤。

kraft process　硫酸鹽製漿法　生產木漿的一種化學方法，用苛性鈉和硫酸鈉作爲溶液，把紙漿原料放在裡面煮，使其纖維鬆釋。這種方法（來源於德文kraft，意思是「強」）特別用於生產強韌和耐用的紙張；另一個優點是可以煮解松木碎片；樹脂溶解在鹼性溶液中，可作爲浮油回收，是一種有價值的副產品。鈉化合物的回收在這種方法的經濟效益中起重要作用。在近代的硫酸鹽製漿廠中，操作過程是全封閉的；廢液經回收處理後重複使用，消除了對水的污染。

Krakatau＊　喀拉喀托　亦作Krakatoa。在爪哇和蘇門答臘之間巽他海峽中心一個島上的火山。1883年的噴發是歷史上最災難性的一次。澳大利亞、日本和菲律賓都能聽到爆炸聲，大量的火山灰灑落到80萬平方公里的地區。它引起海嘯，浪高36公尺，造成爪哇和蘇門答臘36,000人死亡。1927年再次噴發，至今還在活動。

Kraków　克拉科夫　亦作Cracow。波蘭南部城市。位於維斯杜拉河上游兩岸，1138年時是個公國的首府。1241年蒙古人入侵但倖存下來，1320年成爲重新統一後的波蘭的首都。1609年首都遷往華沙後，它的重要性就減弱了。1846年它受到奧地利人的統治。1918年回到波蘭，第二次世界大戰中被德國占領。戰後重建，現在是一個工業中心，市郊有大型鋼鐵企業。還是個文化中心，1364年成立克拉科夫大學。人口約745,000（1996）。

Kramer, Jack　克雷默（西元1921年～）　原名John Albert。美國網球運動員和倡導者。1939年被選入美國台維斯盃隊。他贏得溫布頓賽單打冠軍（1947）和男子雙打冠軍（1946～1947）、美國單打冠軍（1946～1947）、男子雙打冠軍（1940～1941、1943、1947）和混合雙打冠軍（1941），還是1946年台維斯盃團體冠軍的成員。1947～1952年間他是職業運動員，大力促成網球公開賽，讓業餘的和專業的運動員在大的錦標賽中一起競爭。他幫助建立了職業網球協會。

Krasner, Lee　克雷斯納（西元1908～1984年）　原名Lenore Krassner。美國畫家。爲生於紐約市的蘇聯移民，1937年開始拜師於霍夫曼，霍夫曼讓她接觸到畢卡索和馬諦斯的作品。克雷斯納綜合這些歐洲畫家對她的影響，發展出屬於自己的幾何抽象畫風——在底色打上花紋的基本圖形和律動的姿態。1940年她開始和其他美國已知的抽象表現主義畫家聯合展出作品。在1945年嫁給畫家波洛克之後，克雷斯納和波洛克皆有大量的畫作問世，各自皆受到對方的影響。在整個1970年代期間，克雷斯納始終持續地在繪畫。

Krasnoyarsk　克拉斯諾亞爾斯克　俄羅斯中北部城市（1995年人口約869,000）。位於葉尼塞河上游，1628年由哥薩克人創建。17世紀後期，經常受到韃靼人和吉爾吉斯人的攻擊。1890年代西伯利亞大鐵路爲它帶來了快速增長時期。它有世界上最大的水電站之一，建於1960年代。現在它是個商業和工業中心。

Kraus, Karl＊　克勞斯（西元1874～1936年）　奧地利新聞工作者、評論家、劇作家和詩人。1899年他創辦了《火炬》，是一份文學和政治評論期刊，到1911年克勞斯成爲這份期刊的唯一作者；但他繼續出版直到他死的那一年。克勞斯相信語言具有重要的道德和美學意義，他用非常精確的語言寫作，作品產生了廣泛的影響。他的作品中用了許多習慣用語，幾乎不可翻譯。作品有《道德與犯罪》（1908，散文集）、《警句與矛盾》（1909，警句集）和《人類的末日》（1922，一部長的諷刺劇）。

Krebs, Edwin (Gerhard)　克雷布斯（西元1918年～）　美國生化學家。從華盛頓大學得到醫學學位。由於發現蛋白質可逆性磷酸化過程而與費施爾（生於1920年）共獲1992年諾貝爾生理學或醫學獎。他發現的是一種生化過程，能調節細胞中蛋白質的活性，並控制生命必需的無數種過程。在蛋白質磷酸化過程中發生的錯誤關係著一些疾病的發生，如糖尿病、惡性腫瘤和阿滋海默症等。

Krebs, Hans Adolf　克雷布斯（西元1900～1981年）　受封爲漢斯爵士（Sir Hans）。德國出生的英國生化學家。1933年他逃離納粹德國去到英國，在雪菲耳大學和牛津大學任教。他是描述尿素循環（1932）的第一人。他和李普曼一起發現了在活組織內的一系列化學反應，稱爲三羧酸循環（亦稱枸櫞酸循環或克雷布斯氏循環），這個發現對理解細胞的新陳代謝和分子生物學有決定性的意義，爲此，他們二人共獲1953年的諾貝爾生理學或醫學獎。

Krebs cycle　克雷布斯氏循環 ➠ tricarboxylic acid cycle

Kreisler, Fritz＊　克萊斯勒（西元1875～1962年）　原名Friedrich Kreisler。奧地利小提琴家和作曲家。七歲時入維也納音樂學院，十二歲完成音樂學習。十幾歲時就在國際上巡迴演出，後停止演出而攻讀醫學。之後重拾小提琴，在柏林和維也納演出獲得很大成功（1898）。他在歐洲和美國巡迴演出，直到第一次世界大戰開始，其間在1910年他首次公演了艾爾加的小提琴協奏曲。從戰爭創傷中恢復過來後，他繼續巡迴演出（1919～1950）。他的那些極具魅力的小品包括《中國花鼓》和《愛之悲》，至今仍被要求重奏。

kremlin 克里姆林 中世紀俄國城市的中心城堡，通常坐落在河畔的戰略據點，四周有圍牆、壕溝和城垛與城市的其餘部分隔開。幾個公國的首府均建立在古城堡的周圍，城堡內一般都有大教堂、宮殿、政府機關和軍火庫。1712年前和1918年後莫斯科的克里姆林（建於1156年）一直是俄國政府的中心。它的雉堞狀的磚牆和二十座塔樓是15世紀的義大利建築師建造的。大牆內的宮殿、教堂和政府建築包含了各種風格，包括拜占庭式、俄羅斯巴洛克式以及古典式的。

Krenek, Ernst 克任乃克（西元1900～1991年） 奧地利裔美國作曲家。從十六歲開始隨施雷克（1878～1934）學習作曲，首先以他的無調的《第二交響曲》（1923）引起了人們的注意。經過一段短暫的新古典主義階段後，他又以有爵士影響的諷刺歌劇《容尼奏起樂隊！》（1926）重新建立起他的基本特徵，該劇引起了轟動。出於對荀白克12音方法的興趣，他修改了歌劇《卡爾五世》（1933）自己的版本（包含一組「轉動」），這是第一部十二音的歌劇作品。1937年他移居美國，在幾所高等學府任教，但在歐洲，他的許多作品還是備受尊重。

Kresge, S(ebastian) S(ering)＊ 克力司吉（西元1867～1966年） 美國商人。原本從事旅行推銷員，1897年與人合夥在孟斐斯和底特律開設兩家五分一角商店。後來在中西部的幾個大城市又開辦了另外幾家，1907年建立了克力司吉公司（1912年成爲股份有限公司）。第二次世界大戰後，該企業擴展到美國、波多黎各和加拿大等地成爲大型廉價商店，最終達到近千家。1924年克力司吉成立了一個重要的慈善基金會。亦請參閱Kmart Corporation。

Kretschmer, Ernst 克雷奇默（西元1888～1964年） 德國精神病學家。在他最著名的著作《體格與性格》（1921）中，他試圖把體格和體型與性格和精神疾病聯繫起來。他認爲有三種體型：矮胖型（圓筒形）、運動員型（肌肉發達）和虛弱型（高而瘦）。克雷奇默聲稱，不同的精神障礙病人分別與某一種體型相關聯。他的理論體系後來被美國的心理學者威廉・謝爾登（1899～1977）採納，他把這三種體型更名爲內胚層體型、中胚層體型和外胚層體型，並把注意力集中在它們與個性的關係上。這兩位理論家的工作都進入了大衆文化，並引起進一步的研究。

Krieghoff, Cornelius＊ 葛利霍夫（西元1815～1872年） 荷蘭裔加拿大畫家。在杜塞爾多夫求學完之後，於1837年左右移居紐約，後轉往加拿大居住。在蒙特婁及魁北克工作，他創作超過兩千幅美國印第安人和法裔加拿大人的生活畫像，還有色彩豐富的風景畫，精緻、手法浪漫、軼事類型的畫風讓當代藝術家無人能出其右。所以他變成非常受歡迎的畫家，他的作品還成爲臨摹的榜樣，並出現很多僞品。

Kriemhild＊ 克里姆希爾特 亦稱谷德倫（Gudrun）。在《尼貝龍之歌》中的溫柔的公主，齊格飛曾向她求婚。齊格飛死後，她的悲痛讓她變成了一個「女鬼」；她嫁給匈奴人阿提拉並殺死了他的兄弟（是他下令處死齊格飛的）作爲報復。她自己也被殺。在北歐的傳說中把她稱作谷德倫，出現在一些復仇的故事裡。克里姆希爾特的故事可能是對歷史人物阿提拉生活中的各種事件混雜在一起的結果。

krill 磷蝦 磷蝦亞目的甲殼動物，由棲息在開放海域的似蝦動物組成。該詞也指磷蝦亞目磷蝦屬的動物，有時單指南極磷蝦一種。磷蝦類長8～60公釐，已知有82種。多數在下側有生物發光器，在夜間可見。它們是許多魚類、鳥類和鯨（特別是藍鯨和鰭鯨）的重要食物來源。在海洋表層或2,000公尺以下深處集結成大群。由於數量龐大，營養豐富（尤其可提供大量維生表A），被認爲是人類潛在的食物來源。

Krishna 黑天 印度教諸神中最廣受崇拜的一位神祇，被視爲毗濕奴的第八個化身，是諸神之首。關於黑天的神話主要源出於《摩訶婆羅多》及《往世書》。出生時有人預言黑天將殺死昏惡的秣菟羅（即馬圖拉）國王，其父母爲躲避國王的報復，帶他偷偷逃到格庫拉，黑天就在那裡長大，成爲牧牛人。幼年頑皮出衆，惹人喜愛，屢行神蹟，滅除惡魔。最後，黑天回到秣菟羅殺死昏君，建宮廷於德瓦勒格，娶魯格米尼公主和其他婦女爲妻。黑天後來因獵人誤以他爲鹿，一箭射中他的足跟，使他斃命。在藝術上，黑天通常被描述爲藍黑色皮膚、身纏腰布、頭戴孔雀羽毛王冠的人。他代表極具魅力的情人，因而常以在一群女性愛慕者簇擁下吹笛的牧人形象出現。

Krishna River 克里希納河 舊稱吉斯德納河（Kistna River）。印度南部的河流。發源於馬哈拉施特拉邦，流向西南再向東，越過卡納塔克邦和安得拉邦，最後注入孟加拉灣，全長1,290公里。

Krishnamurti, Jiddu＊ 克里希那穆提（西元1895～1986年） 印度精神領袖與神智學家。他在貝贊特夫人門下接受神智學教育，貝贊特夫人宣告他是下一位「世界導師」，亦即將教化世界的如彌賽亞般的人物。他後來成爲教師與作家，1920年代起大都待在美國與歐洲。1929年與正統神智學決裂，拒絕「世界導師」之稱呼，但仍是受歡迎的演講者。自稱他的願望是讓人類自由，而唯有經由無所畏懼的自覺，人類才能達此目標。他在美國、英國與印度成立了一些克里希那穆提基金會來推動其計畫。著有《生命之歌》（1931）、《生活註記》（1956～1960）。

Kristallnacht＊ 水晶之夜 亦作Crystal Night或Night of Broken Glass。1938年11月9日到10日的夜間，德國納粹黨成員發起反猶太人的暴行，暴行後到處是破碎的玻璃，故而得此名。這場暴行是戈培爾煽動的，造成91名猶太人死亡，數百人嚴重受傷。大約7,500家猶太商店被洗劫一空，約177座猶太教會堂被毀。蓋世太保逮捕了3萬名富有的猶太人，釋放的條件是移居國外和奉獻他們的財產。這次事件標誌著納粹迫害猶太人計畫的一次大升級，預示著下一步的大屠殺。

Kristeva, Julia＊ 克麗絲提娃（西元1941年～） 保加利亞裔的法國心理學家、評論家和教育家。巴黎第七大學語言學教授，因結構主義語言學（參閱structuralism）、精神分析、符號學和女性主義方面的著作而聞名於世。在巴特的提攜下，她的論述融合思想家拉岡、傅科和巴赫汀的特色。她的小說包括《武士階級》（1990）、《老人與狼群》（1991）。

Kritios ➠ Critius and Nesiotes

Krivoy Rog ➠ Kryvyy Rih

Kroc, Ray(mond Albert) 克羅克（西元1902～1984年） 美國餐館業者，速食行業的先驅。他在當攪拌器的推銷員時，發現加州的聖伯納底諾的一家麥當勞兄弟開的餐館，採用裝配線的方式來製備和銷售大量的漢堡、炸薯條和奶昔。1955年克羅克在伊利諾州的德斯普蘭斯開辦了他第一家顧客不用下車的麥當勞餐館，向麥當勞兄弟支付總收入的一定百分比。不久他開始出售新餐館的特許權，設立了一個針對店主和經理們的培訓計畫，強調自動化和標準化。在他去世的時候，全世界約有7,500家麥當勞餐館；如今已有25,000家餐館，麥當勞成爲世界最大的飲食服務零售商。

Kroeber, A(lfred) L(ouis) * 克羅伯（西元1876～1960年） 美國人類學家，對美洲印第安人人種學、新大陸的考古學以及對語言學、民俗學、親屬關係和文化的研究都作出了寶貴的貢獻。他在鮑亞士的訓練指導下，於1901年取得博士學位，後來在加州大學柏克萊分校任教。克羅伯一生的工作時期正好是美國出現科學的、專業的人類學的時期，他對這門學科的發展作出了重大的貢獻。他最有影響力的著作是《人類學》（1923）和《文化的性質》（1952）。

Kroemer, Herbert 克羅默（西元1928年～） 德國物理學家。生於威瑪，格丁根格奧爾格奧古斯特大學（簡稱格丁根大學）博士（1952）。後來移居美國，在幾個機構任教。1957年完成理論計算，證明幾種不同材料製作的異質電晶體比傳統只用一種材料製作的電晶體要來得優越。這個理論稍後經過證實，因而開發出無數的電子元件，對通訊科技與電腦產生重大影響。他與艾菲洛夫、基爾比共同獲得2000年諾貝爾物理獎。

Kronos ➠ Cronus

Kronshtadt Rebellion * 喀琅施塔得叛亂（西元1921年3月） 俄國內戰後，反對蘇維埃統治的內部暴動，由喀琅施塔得海軍基地的水兵發動。這些水兵在1917年俄國革命中支持布爾什維克，但在內戰後對政府的幻想破滅，對食品供應不足而心生不滿，導致他們要求經濟和勞動的改革以及政治的自由。由托洛斯基和圖哈切夫斯基率兵鎮壓了叛亂，倖存者則槍決或入獄。但這場叛亂加上另外幾起大的內部暴亂，表現出了大衆對共產主義政策的普遍不滿，終於導致新經濟政策的實行。

Kronstadt ➠ Brasov

Kropotkin, Peter (Alekseyevich) * 克魯泡特金（西元1842～1921年） 俄國革命者和地理學家，無政府主義的前衛理論家。親王之子，1871年拋棄了貴族繼承權。儘管他在諸如地理學、動物學、社會學和歷史學方面都取得了聲望，但還是迴避了物質上的成功而追求革命者的生活。他因政治罪而入獄（1874～1876），但越獄逃往西歐。在法國，因捏造的煽動罪而再次入獄（1883～1886）。1886年他定居英國，直到1917年俄國革命才讓他回歸故里。在流放期間，他寫了幾本有影響的書，包括《一個革命者回憶錄》（1899）和《互助論》（1902），在這些書中，他試圖把無政府主義置於科學的基礎上，提出物種演化的主要因素是合作而不是衝突。克魯泡特金回到俄國後，對布爾什維克用獨裁主義而不是自由主義的方法來革命感到非常失望，從此退出政治界。

克魯泡特金
Brown Brothers

Kru 克魯人 賴比瑞亞和象牙海岸的種族群，包括巴薩人、格雷博人、克勞（克魯）人、巴克維人和貝特人，他們都講尼日－剛果諸語言中的克魯語。克魯人族群，尤其是克勞人、格雷博人和巴薩人都是整個非洲西海岸著名的碼頭工人和漁民，在從達卡到杜阿拉之間的大多數口岸都有他們的僑居地，最大的在蒙羅維亞。

Kruger, Paul 克魯格（西元1825～1904年） 原名Stephanus Johannes Paulus。南非士兵和政治家，以建立阿非利堪人國家而著名。十歲時便參加了大遷徙，對布爾人反對敵對部落保衛自己，並建立一個有秩序政府的能力留下深刻的印象。1877年英國吞併特蘭斯瓦，在爭取重新獨立的鬥爭中，克魯格被他的人民公認爲鬥士。他領導了一連串武裝攻擊，取得了有限的獨立，當選爲恢復後的共和國總統（1883～1902）。1895年他阻擋住了羅德茲和詹姆森試圖終止布爾人對共和國的控制的活動。在南非戰爭期間，被迫逃往尼德蘭，後死在瑞士。

Kruger National Park 克魯格國家公園 南非的國家公園。位於南非東北部與莫三比克的邊界上，創建於1898年，當時作爲禁獵區。1926年成爲國家公園，爲紀念克魯格而取名。面積19,485平方公里，包含六條河流。有多種野生動物，包括大象、獅子和獵豹。

Krupa, Gene 克魯帕（西元1909～1973年） 美國樂團團長，爵士樂中第一位大鼓獨奏者。在其故鄉芝加哥他與康敦一起工作，1929年移居紐約，1935年加入班尼固德曼的大樂團。他很快成爲當時最著名的鼓手，出名在他有一些吸引觀衆的竅門，加上他那持續的擊鼓獨奏技術，例如在〈唱吧，唱吧，唱吧〉中所表現的那樣。1938年他組織了自己的成功的樂團，包括了小號手埃爾德里奇和歌手歐黛。克魯帕充滿活力的演奏成爲搖擺樂時期許多鼓手的模仿對象。

Krupp family * 克魯伯家族 德國鋼鐵製造業王朝。1811年弗里德里希·克魯伯（1787～1826）在埃森建立了一家鋼鐵廠。死後，其十四歲的兒子阿佛列·克魯伯（1812～1887）全權接管了企業。阿佛列供應鐵路和製造大炮所需的鋼鐵，從而發了財；在1870～1871年的普法戰爭中，克魯伯大炮的性能使該企業獲得了「德國的兵工廠」之稱。在阿佛列去世時，該企業已武裝了四十六個國家。德國海軍的崛起以及對裝甲板材的需求使得在他兒子阿爾弗里德·阿佛列（1854～1902）領導下的企業進一步壯大起來。到他的大女兒貝爾塔（1886～1957）繼承了控制權後，該企業的員工已經超過四萬人。她的丈夫古斯塔夫·馮·波倫－哈爾巴赫（1870～1950）把克魯伯加在他名字的前面；他是個堅定的納粹分子，經營克魯伯帝國至1943年爲止，然後傳給了他的兒子阿佛列·克魯伯（1907～1967）。在第二次世界大戰中，克魯伯企業使用奴隸勞動力，是納粹戰爭機器的一個主要部分。後來在紐倫堡起訴了阿佛列的戰犯罪行。1953年盟軍下令拆散這家公司，但由於沒有買家而擱置下來，最後還是由阿佛列重振了克魯伯。亦請參閱Thyssen Krupp Stahl。

Krupp GmbH 克魯伯公司 ➠ Thyssen Krupp Stahl

Krupskaya, Nadezhda (Konstantinovna) * 克魯普斯卡亞（西元1869～1939年） 俄國革命者，列寧的夫人。從1890年代起就是一位馬克思主義的活動家，1894年結識列寧。1898年被判流放三年，允許她與列寧一起在西伯利亞服刑，他們在那裡結婚。1901年後，她與列寧在歐洲的幾個城市居住，幫助建立布爾什維克黨分部。1917年回到俄國，革命開始後致力於布爾什維克的宣傳工作，後來在教育部門擔任過不同崗位。列寧逝世（1924）後，她遠離了黨內鬥爭。

krypton＊　氪　一種化學元素，化學符號Kr，原子序數36。它是一種稀有氣體，無色、無臭、無味且相當穩定，只有在十分嚴格的條件下才只與氟化合。在大氣和岩石中只有極微量的氪，可以通過液態空氣的分餾來得到它。氪用於螢光管、閃光燈、雷射以及示蹤研究。

Kryvyy Rih＊　克利福洛　俄語作Krivoy Rog。烏克蘭東南部城市。17世紀時哥薩克人在此建村莊，它逐漸成長。1884年修通了到頓內次盆地的鐵路，不久它就成為重要的鐵礦城市。1941年被德國占領，1944年被蘇聯收復。1969年並入該市的喬爾內伊有一座大鈾礦。現在克利福洛是個工業中心和礦業中心，有冶金廠、鑄造廠、麵粉廠和化工廠。人口約737,000（1993）。

Kshatriya　剎帝利　亦作Ksatriya。印度的印度教中，四個瓦爾納（即社會階級）中居第二等的階級，傳統上為武士或統治階層。在古代種姓制度為建立前，剎帝利（意即掌握權力者）被視為第一級，其次才是婆羅門（或僧侶階級）。傳說毗濕奴化身以懲罰他們的暴虐而將之降級，此反映了歷史上僧侶與統治者之間長期爭奪高位。現代剎帝利包括地位高低懸殊的許多種姓集團，由在政府或軍隊中任官，或擁有土地的地主結合而成。

Ksitigarbha＊　地藏菩薩　佛教的菩薩，在中國和日本廣受崇拜。早在西元前4世紀印度人即祀奉他，後來才盛行於中國和日本。他超度受壓迫者和垂死者，誓要盡度地獄亡魂。中國佛教徒認為他是地獄之主，而在日本人心中，祂對死者十分仁慈，特別是死亡的孩童。地藏菩薩之像多為削髮僧人，頭部有光輪，執法杖以開啓地獄之門，並帶有一個火珠以照亮黑暗。

Ktesibios of Alexandria＊　克特西比烏斯（活動時期約西元前270年）　亦作Ctesibius of Alexandria。希臘物理學家和發明家，埃及亞歷山大里亞古代工程傳統的第一位巨匠，由他奠基的工程傳統在希羅和斐洛的工作中達於巔峰。據傳他發現了空氣的彈性，研製出幾種使用壓縮空氣的器械，包括壓水唧筒和以空氣為動力的弩砲。最著名的一項發明是一種改良的滴漏計時器－－水鐘，以恆速滴落的水滴使一個帶指針的浮子上升，藉以指示時間的推移。另一項著名的發明是一種水風琴，靠水的重量代替下落的鉛砝碼，以推動空氣通過風琴管。克特西比烏斯的著述已經失傳，他的發明是由於維特魯威和希羅的援引始為世人所知。

Ku Klux Klan (KKK)　3K黨　美國兩個恐怖組織的名稱。第一個由美利堅邦聯退伍軍人組織，開始時為社交俱樂部，後來成為對抗重建時期的祕密手段，目的是要恢復白人對新近解放的黑人的優勢地位。3K黨人身穿長袍，頭戴面罩，在夜間攻擊或殺戮獲得自由的黑奴和他們的白人支持者。到1870年代，他們在很大程度上實現了目的，達到鼎盛時期，後來逐漸衰退。第二個3K黨興起於1915年，部分出自對老南方的懷舊，部分則是對俄國革命和美國社會正在改變種族特性的恐懼。他們把天主教徒、猶太教徒、外國人和工會都列為敵人。1920年代成員數達到頂峰，有四百多萬人，但在大蕭條時期衰退。美國民權運動期間再次活躍起來，發生爆炸、襲擊和槍擊等事件，但由於日益增長的種族容忍情緒以及政府的制裁，使成員減少到只有幾千人。

Kuala Lumpur＊　吉隆坡　馬來西亞首都。1857年建為錫礦營地，1895年成為馬來州聯邦首府，1957年成為獨立的馬來亞聯合邦首都，1963年成為馬來西亞首都，1972年被指定為自治市。為馬來半島上最重要的馬來人城市，是一個商業中心，有世界最高的建築國油雙子塔。教育機構有馬來亞大學和馬來西亞國民大學。人口1,145000（1991）。

Kuan Han-ch'ing ➠ Guan Hanqing

Kuan-yin　觀音 ➠ Avalokitesvara

Kuan Yü ➠ Guan Yu

Kuang-chou ➠ Guangzhou

Kuang-wu ti ➠ Guangwu di

Kuban River＊　庫班河　俄羅斯西南部河流。發源於喬治亞共和國境內的厄爾布魯士山，先向北再向西注入亞速海。全長906公里。河水大量用於灌溉。

Kubitschek (de Oliveira), Juscelino＊　庫比契克（西元1902～1976年）　巴西總統（1956～1961）。原學醫學，後進入政界，擔任貝洛奧里藏特市市長，後選入國會。在總統任職期間，他推動快速發展水電、鋼鐵和其他重工業，修建了18,000公里的公路，並把首都從里約熱內盧遷到距海岸1,000公里的巴西里亞，目的是加速巴西廣大內地的拓殖和發展。這些雄心勃勃的發展所付出的代價是急劇且持續的通貨膨脹，再加上協助東北部乾旱災區需要大筆開銷，使這個問題雪上加霜。1965年軍事政府廢除了他的政治權力。

Kublai Khan＊　忽必烈（元世祖）（西元1215～1294年）　成吉思汗（元太祖）之孫，征服中國並創建元朝（或稱蒙古王朝）。三十幾歲時，其兄蒙哥大帝交付給他征服中國和治理宋朝的任務。由於體認到中國思想的優越，他招攬了一群儒家士人擔任顧問；而他們說服他以慈善對待被征服者的重要性。忽必烈在征討中國並以中國作為立足點的過程中，疏遠了其他的蒙古王子；而他對「汗」之頭銜的主張也引起爭議。雖然忽必烈汗不再能有效控制大草原上的貴族，但他先征服中國北方，而後於1279年降服南方，成功重新統一中國。忽必烈為重振中國的威望，向中國周邊如西藏、爪哇、日本以及中南半島上的國家發動戰爭，但其中有部分戰役遭到嚴重的挫敗。在國內，忽必烈創建一個畫分為四個階級的社會，蒙古人和其他中亞民族人士構成上層的兩個階級，中國北方的居民位居其下，而中國南方的居民則居於底層。重要的職位則指派給外國人，如馬可波羅。忽必烈還修建大運河以及公共穀倉，並立佛教為國教。雖然元朝在他的統治下是個輝煌繁榮的時期，但其後繼者未能成功延續其政策。

忽必烈，現藏台灣台北國立故宮博物院
By courtesy of the National Palace Museum, Taipei, Taiwan, Republic of China

Kubrick, Stanley＊　庫柏力克（西元1928～1999年）　美國電影導演。1945～1950年在《展望》雜誌擔任攝影師。在拍攝第一部情節片《不安與欲望》（1953）之前曾導過兩部紀錄片。之後拍了《榮譽之路》（1957）、《萬夫莫敵》（1960）、《一樹梨花壓海棠》（1962）、《怪癖博士》（1964）等，聲名鵲起，《二〇〇一太空漫遊》（1968）讓他贏得國際聲譽。後來的電影包括《發條橘子》（1971）、《亂世兒女》

（1975）、《鬼店》（1980）、《金甲部隊》（1987）、《大開眼戒》（1999）等。其電影特色是以冷調風格處理，十分講究細節，以及呈現出一種疏離、通常帶有諷刺意味的厭世觀。他從1961年就住在英格蘭直至去世。

Kuchuk Kainarji, Treaty of＊ 凱納甲湖條約（西元1774年） 1768～1774年俄土戰爭後在保加利亞凱納甲湖（今凱納爾賈）簽訂的條約，結束了鄂圖曼帝國對黑海的控制。該條約把俄國的疆土擴展到布格河南部地區，並允許俄國穿過博斯普魯斯海峽和達達尼爾海峽，在鄂圖曼的水域自由航行。影響最深遠的是有關宗教的條款，賦予俄國在幾個地區代表東正教；對此，俄國後來的解釋是：俄國在鄂圖曼帝國的任何地方都有保護東正教教徒的權力。

kudu 撚角羚 牛科林羚屬體態苗條的非洲羚的統稱。較大的撚角羚成小群棲息於丘陵灌叢地區或開闊的林地中。肩高約1.3公尺，喉部有穗狀長毛，頸背部有鬃毛。淺紅褐色到藍灰色，兩眼間有一白斑，身體上有垂直的白色窄條紋，雄性長有螺旋狀的長角。較小的撚角羚成對或小群生活於開闊的灌叢地區；肩高1公尺，有纏得更緊的螺旋角，喉部有兩塊白斑，但無喉纓。兩種撚角羚都以灌木和樹葉為食。

kudzu vine＊ 葛藤 豆科葛屬生長快速、具纏繞莖的多年生野葛的俗名，學名*Pueraria lobata*或*P. thunbergiana*（參閱legume）。1870年代作為觀賞植物從原產地中國和日本移植到北美洲，可栽種於陡岸土壤裡以防止土壤風化。在美國東南部許多地區已變成不易清除的雜草，在樹上、灌木上以及裸露的土壤上迅速蔓延覆蓋。甚至在北方的冬季，莖雖凍死，根仍能存活。在一個季節之內，其被毛的莖可以長到18公尺長。葉大，開花較遲，花紅紫色，莢果扁平被毛。在原產地多種植以取食其富含澱粉的根，莖可製成纖維，也用作飼料或覆蓋作物。

Kuei-chou ➠ Guizhou

Kuei-yang ➠ Guiyang

Kuhn, Thomas (Samuel)＊ 孔恩（西元1922～1996年） 美國歷史學家與科學哲學家。生於辛辛那提，曾任教加州大學柏克萊分校（1956～1964）、普林斯頓大學（1964～1979）與麻省理工學院（1979～1991）。在極具影響力的著作《科學革命的結構》（1962）中，孔恩對於過去一般所接受的關於科學進展之觀點，亦即認為科學進展乃是以普遍有效之實驗方法與結果為基礎的那些知識的逐步累積，表示質疑，他主張進展往往是經由影響深遠的「典範移轉」而達成的。其他著作包括《哥白尼革命》（1957）、《必要之張力》（1977）與《黑體理論與量子不連續性》（1978）。

Kuiper belt＊ 柯伊伯帶 亦作艾吉渥茲－柯伊伯帶（Edgeworth-Kuiper belt）。數百萬顆在海王星軌道之外繞行的小型冰體構成的碟形帶，大多數比地球距離太陽遠30～100倍。柯伊伯（1905～1973）在1949年提出這個廣大扁平的星體分布，以其存在作為深具影響力的太陽系起源學說（參閱solar nebula）的一環。大約同時，艾吉渥茲（1880～1972）同樣獲得相同結論。一般相信，這個帶延伸變薄成為歐特雲。海王星對這些星體的重力擾動可能是許多短周期彗星的起源。第一個柯伊伯星體在1992年發現，不過有些天文學家認為冥王星的條件只能算是已知最大的柯伊伯星體，稱不上行星。

Kukai＊ 空海（西元774～835年） 亦稱弘法大師（Kobo Daishi）。日本佛教高僧，真言宗創始人。出身貴族，曾受儒家教育，但不久轉信佛教。804～806年到中國隨高僧惠果（746～805）學佛，回國後弘揚他的教義，強調神奇的信仰、儀式，以及為往生者超渡。816年在高野山建寺，他還把真言宗建立為日本佛教最普及的一種派別。主要作品《十住心論》探討了儒、釋、道教的發展，而顯示出真言宗是最高的一級。空海還是個極具天分的詩人、藝術家和書法家。

kulak 富農 俄國富裕的地農。1917年俄國革命以前，富農是俄國農村中的靈魂人物，通常借貸金錢給人，並在社會和行政事務中扮演重要角色。在戰時共產主義時期（1918～1921），蘇維埃政府組織貧農委員會管理農村和監督徵收富裕農民手中的糧食，從而削弱了富農的地位。1921年實行新經濟政策時富農重新取得地位，但在1929年蘇聯開始加速農業集體化運動，並發動「消滅富農階級」的運動。到1934年時，大多數富農被放逐到邊遠地區或被捕，土地財產一律充公。

Kulturkampf＊ 文化鬥爭 德國首相俾斯麥為把天主教會納入國家控制而進行的艱苦鬥爭（1871?～1887）。俾斯麥是個忠實的新教徒，他懷疑境內天主教徒對新建立的德意志帝國的忠誠度，並擔憂1870年梵諦岡會議宣稱的教宗無謬性問題。1872年德國解散耶穌會。1873年頒布「五月法令」（僅適用普魯士）限制了教會權力，以及1875年規定全國一律採用世俗結婚儀式。俾斯麥的措施遭到天主教徒強烈的抵抗（尤其是中央黨），俾斯麥因而決定讓步。到1887年利奧十三世宣布鬥爭結束，大部分反天主教的立法被廢除或放寬。

Kumasi＊ 庫馬西 舊稱Coomassie。迦納中南部城市。17世紀時一位阿善提人國王選擇此地作為首府，在一棵庫姆樹下進行土地談判，城鎮由此而得名。地處南北交通線上，為主要的商業中心。1874年英國取得城市的控制權。有「西非花園城」之稱，保留著阿善提國王的寶座。其中央市場是西非最大的。有一所科技大學。人口約385,000（1988）。

Kumazawa Banzan＊ 熊澤蕃山（西元1619～1691年） 日本政治哲學家。浪人出身，十五歲被帶到岡山大蕃主政府中任職。勤苦自學，成為中國新儒學的王陽明學派弟子。1647年起任岡山長官，試圖把儒家學說實踐在管理統治方面。1656年被迫辭職，餘生致力於讀書和寫作。他鼓吹按才錄用，反對任人唯門庭身世是問，並主張政府多管經濟，放寬中央對地方幕府的控制。他的思想言論惹惱了當時的政府，晚年一直受拘禁或監視。

Kumin, Maxine＊ 庫明（西元1925年～） 原名Maxine Winokur。美國詩人。就讀於雷地克里夫學院，她的詩主要以傳統形式呈現，討論傷害死亡、脆弱性、家庭以及生命和大自然的輪迴。《上區》（1972，獲普立茲獎）的靈感便來自於她在新罕布夏州的農場；之後的合集包括備受讚賞的《恢復系統》（1978）、《人生苦短》（1982）、《養育》（1989）和《點與點之間的連結》（1996）。她還寫了許多童書，其中一些是跟塞克斯頓合寫的，另外也有長篇小說與短篇小說作品。

kumquat＊ 金橘 芸香科或橘科金橘屬幾種常綠灌木或小喬木的統稱，也指其果實。原產亞洲東部，整個亞熱帶地區都有種植。枝無刺；葉深綠色，有光澤；花白色，似柑橘的花。果實小，鮮亮的橙黃色，圓形或橢圓形，微酸，多汁，果皮多肉，有甜味，可以鮮食或製成罐頭、果醬和果凍等。在美國已培育出與其他橘類水果雜交的品種。

Kun, Béla＊　庫恩（西元1886～1939?年）　匈牙利共產黨領導人。第一次世界大戰期間在奧地利軍隊中作戰，被俄國人俘擄，後加入布爾什維克。1918年回到匈牙利，建立了匈牙利共產黨。1919年3月卡羅伊辭職後，由庫恩領導新的匈牙利蘇維埃共和國。他建立了一支紅軍，收復許多被捷克斯洛伐克和羅馬尼亞侵占的領土，並排擠政府中的溫和派分子。這個政權於8月垮台，庫恩逃往維也納，然後再到俄國。作為第三國際的一名領袖，他在1920年代試圖在德國和奧地利發動革命。最後被指控犯了「托洛斯基主義」錯誤，成為史達林清黨審判的犧牲品。

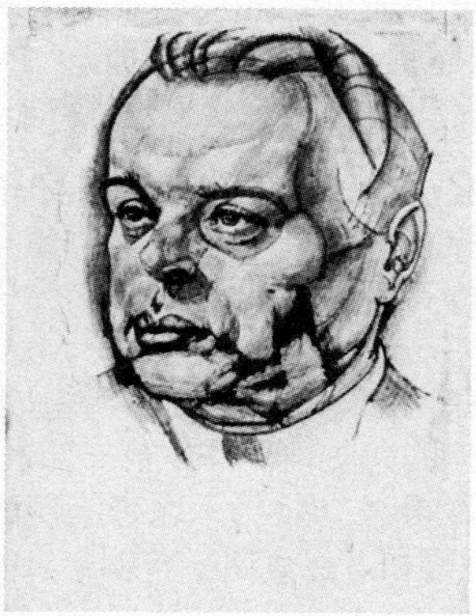

庫恩，素描；烏伊茨（Béla Uitz）繪於1930年
By courtesy of the Legujabbkori Torteneti Muzeum, Budapest

kundalini＊　貢荼利尼　一些瑜伽密宗教義中所謂的存在於每個人體內的宇宙能量。被描繪為一條盤在脊椎基底的蛇，通過一系列的練習，包括姿態、沈思和呼吸，修習者可以驅使貢荼利尼向上穿過軀體而到達頭部。這時，平凡的自我融入其永恆的本質我（atman），而帶來一種極樂的感覺。

Kundera, Milan＊　昆德拉（西元1929年～）　捷克出生的法國作家。原為爵士樂手，並在布拉格電影學院任教，後逐漸轉向寫作。雖然是個多年的共產黨員，但由於參加捷克斯洛伐克短暫的自由化運動（1967～1968），作品被查禁，並被解除教職。1975年移民法國。他的作品結合色情喜劇與政治批判。第一部小說《玩笑》（1967）描寫史達林統治下的生活，《笑忘書》（1979）是對現代國家的一系列機智的諷刺性沈思，小說《生命中不能承受之輕》（1984，1988年改編成電影）在他的祖國一直被禁到1989年。晚期作品有《不朽》（1990）、《慢》（1994）等。

Kunene River ➠ Cunene River

kung fu　功夫　漢語拼音為gongfu。中國武藝，同時也是精神和體能上的訓練。最晚從周朝（西元前1111年～西元前255年）起，就有人在練功夫。功夫所規定的姿勢和動作乃奠基於對人體的骨骼與肌肉具有解剖學與生理學之敏銳觀察之上；而功夫中許多進退趨避的動作，則是模仿自動物的攻擊型態。功夫所運用的交戰技術與空手道和跆拳道相似。功夫相當強調自我修鍊；功夫在施展時，與演練太極拳頗為相似。

Kunitz, Stanley (Jasspon)＊　庫尼茲（西元1905年～）　美國詩人。生於麻薩諸塞州烏斯特，在擔任編輯時便作詩投稿至雜誌期刊，其中很多被收錄到《1928～1958年詩集精選》（1958，獲普立茲獎）。在《試驗樹》（1971）中，他開始寫較短、較輕鬆、也較感性的詩。晚期的合集裡，以其詩中精湛的技巧和複雜題材的處理方式聞名於世，其中包含《無痕的大衣》（1974）、《林肯遺跡》（1978）、*Next-to-Last Things*（1985）和《穿越》（1995）。2000年被選為美國桂冠詩人。

Kunlun Mountains　崑崙山　亦拼作Kun-lun Mountains。西亞山系。崑崙山系穿越中國的西部地帶，綿延達1,250哩（2,000公里）。從塔吉克的帕米爾起始，向東沿著新疆維吾爾自治區和西藏的邊界，延伸到青海省的漢藏地帶。崑崙山將西藏高原的北部邊界與中亞的內陸平原區隔開來。其最高峰海拔有25,348呎（7,726公尺）。

Kunming　昆明　亦拼作Kun-ming。中國南部城市（1999年人口約1,350,640），雲南省省會。坐落於滇池北岸，長久以來是主要貿易路線交會處的商業中心。8～9世紀時該城原以拓東為名，後來成為獨立國家南詔的一部分。1253年蒙古人入侵後，昆明納入中國的統治。1276年成為雲南首府，馬可波羅也曾造訪此地。1935年昆明成為省轄市。1937年中日戰爭爆發後，政府從北方撤退，並將許多工廠及高等學院遷往到昆明，該地轉變成一現代都市。

Kunstler, William (Moses)　孔斯特勒（西元1919～1995年）　美國激進派律師。生於紐約市，畢業於耶魯大學，第二次世界大戰期間曾在太平洋服役，獲頒銅星獎章；戰後進入哥倫比亞大學法學院就讀。在1950年代及1960年代，他積極參與美國公民自由聯盟活動，金恩也是其委託人。之後他還受委託為黑人運動領袖卡邁克爾、席爾以及紐約阿提卡監獄暴動事件的受刑人辯護。他接過的個案有很多人是被認為惡名昭彰者，其中最受注目的，應該是被控策畫1993年紐約世界貿易中心爆炸案的嫌犯拉赫曼。

Kuo Hsiang ➠ Guo Xiang

Kuo Mo-jo ➠ Guo Moruo

Kuomintang ➠ Nationalist Party

Kura River＊　庫拉河　古稱Cyrus。土耳其、喬治亞和亞塞拜然河流。發源於土耳其東部，向北流，進入喬治亞後轉向東，東南流入裏海。全長1,364公里，用於沿河區的灌溉。

Kurath, Hans＊　庫拉特（西元1891～1992年）　奧裔美籍語言學家。1907年移民美國，因主編《新英格蘭語言地圖集》（1939～1943，共3卷）而聞名，該書是美國第一部區域語言學地圖。其他著作有《美國東部諸州詞彙地理學》（1949）和《美國大西洋沿岸諸州英語之讀音》（1961）等。他還是《中古英語詞典》後期的主編（1946～1962）。

Kurdistan　庫爾德斯坦　邊界不確定的山區形成的一個非政治性區域，包括土耳其東南部以及連接伊朗西北部、伊拉克東北部和敘利亞東北部的地區。面積約191,660平方公里，主要城鎮有土耳其的迪亞巴克爾、比特利斯和凡城，伊拉克的摩蘇爾和基爾庫克，以及伊朗的克爾曼沙阿。從很早以前開始，這個地區就是庫爾德人的家鄉，其民族起源尚不清楚。1920年簽訂的「塞夫爾條約」承認庫爾德斯坦國，但這個條約卻從未得到批准。

Kurdistan Workers Party (PKK)　庫德斯坦工人黨　1978年成立於土耳其庫德斯坦的左派政黨，領導人歐卡朗，他於1999年被土耳其政府判處死刑。該黨致力使土耳其南部的庫德斯坦獨立建國，並由位在伊拉克及敘利亞境內的基地，對土耳其人及庫德族親土耳其人士的財產設備進行攻擊。他們宣稱組織成員有5,000～10,000人。亦請參閱Kurds。

Kurds　庫爾德人　沒有國籍的民族和語言集團，人數超過1,500萬，主要居住在伊朗、伊拉克和土耳其（參閱Kurdistan）。從人種上說，較接近伊朗人。傳統上為游牧民族，第一次世界大戰後重新劃分國界，阻礙了牧群的季節性遷移，迫使他們從事農耕。大多數是遜尼派穆斯林，有些是蘇菲派或依附於其他派別。已瓦解的鄂圖曼帝國所簽訂的

HIJK

「塞夫爾條約」（1920）中，曾批准成立庫爾德國的計畫，但從未實現。土耳其、伊朗和伊拉克境內的庫爾德人一直受到各種迫害和同化的壓力，兩伊戰爭和波斯灣戰爭期間，伊拉克人對他們的攻擊尤其激烈。亦請參閱Kurdistan Workers Party。

Kurdufan ➠ Kordofan

Kuria Muria Islands ➠ Khuriya Muriya

Kuril Islands＊　千島群島　俄羅斯東部群島。從俄羅斯堪察加半島最南端到日本北海道島東北角沿岸，延展達1,200公里。包括56個島嶼，面積15,600平方公里，與庫頁島一起組成俄羅斯的一個行政區（人口648,000〔1995〕）。17～18世紀俄羅斯人最早在島上定居，後來日本占領南部諸島，並在1875年占有整個群島。第二次世界大戰後劃歸蘇聯，島上的日本居民被遣返回國，代之以蘇聯居民。但日本仍聲稱對南端的幾個島嶼擁有歷史主權，一再試圖收回。

Kuropatkin, Aleksey (Nikolayevich)＊　庫羅帕特金（西元1848～1925年）　俄國將軍。俄土戰爭時爲主要參謀，1897年擔任高加索地區的總司令，1898～1904年任國防部長。日俄戰爭時，他在中國東北指揮俄軍；在瀋陽事變中俄國戰敗後辭職。

Kurosawa Akira＊　黑澤明（西元1910～1998年）　日本電影導演。原本學畫，1936～1943年到PCL電影製片廠（東寶前身）擔任副導演和編劇。1943年他自編自導了第一部電影《姿三四郎》，而使他聲名大振的是《酩酊天使》（1948），由三船敏郎主演，《羅生門》（1950）使他名揚國際。後來的經典影片包括《七武士》（1954）、《蜘蛛巢城》（1957）、《戰國英豪》（1958）、《影武者》（1980）和《亂》（1985）。他擅長把西方的動感與戲劇同日本的美學和文化因素結合在一起，使他成爲日本一流的電影導演（以西方人的看法）。1990年他獲頒奧斯卡終身成就獎。

Kursk, Battle of　庫爾斯克戰役（西元1943年7月5日～8月23日）　第二次世界大戰中，德軍對設在俄羅斯西部庫爾斯克附近的蘇聯突角的一次不成功的進攻。突角是蘇聯防線上的凸出部分，向西伸進德軍防線160公里。德軍原計畫突襲包圍蘇軍，卻遇到蘇軍事先布好的地雷陣和反坦克防禦陣線。在進攻最激烈的時候，蘇軍發起反攻，迫使德軍撤退。爲歷史上最大規模的一場坦克戰，約動用了6,000輛坦克、200萬軍隊和4,000架飛機。此役標誌著德軍東線攻勢的徹底結束，並爲蘇軍在1944～1945年的大反攻鋪平道路。

Kurskiy Zaliv＊　庫爾斯克灣　亦作庫爾蘭潟湖（Courland Lagoon）。波羅的海海灣。位於涅曼河河口，爲一潟湖，面積1,619平方公里，北半部屬立陶宛，南半部屬俄羅斯。北端有可通航的海峽連通波羅的海，海峽岸邊有立陶宛的克萊佩達港。

Kurylowicz, Jerzy＊　庫雷沃維奇（西元1895～1978年）　波蘭歷史語言學家。1927年他識別出西台人語言中的濁塞音h，從而證實了索緒爾提出的印歐語的發音中存在喉音的假設，並激起對印歐語音系學的更多的研究。著有《印歐語的母音交替》（1956）和《印歐語的曲折變化範疇》（1964）。

Kush ➠ Cush

Kushan art　貴霜藝術　亦稱Kusana art。貴霜王朝（1世紀末到3世紀）期間的藝術，包括現在的中亞、印度北部、巴基斯坦和阿富汗等地區。這個時期的藝術品有兩種主要類型：一種源自伊朗皇家藝術，另一種是希臘－羅馬和印度傳統混合的佛教藝術。前者的例子有直挺、正面的肖像（包括在錢幣上的那種），強調的是個人的權勢和財富。後者則更現實，有犍陀羅藝術和馬圖拉藝術兩種風格。

Kushner, Tony　庫許納（西元1956年～）　美國劇作家。生於紐約市，成長於路易斯安那州的查理斯湖，曾就讀於哥倫比亞大學與紐約大學，早期的劇本包括《是，是，不，不》（*Yes, Yes, No, No*, 1985）。主要作品《天使在美國》是由兩部很長的劇本所組成，討論政治議題和1980年代愛滋病的悲劇性。其中第一部《新世紀，天使隱藏人間》（1991）贏得普立茲獎。還來的作品有《斯拉夫民族》（1995））和《亨利·包克斯·布朗》（1997）。

Kutaisi＊　庫塔伊西　喬治亞共和國中西部城市。外高加索最古老的城市之一，先後爲科爾基斯、伊比利亞、阿布哈茲和伊梅列吉亞諸王國的首府。在多次戰爭中，它常在普魯士、蒙古、土耳其和俄國這些國家之間來回爭奪。19世紀俄國占領後立爲省會。現爲主要的地區工業和貿易中心。

Kutch, Rann of ➠ Kachchh, Rann of

Kutuzov, Mikhail (Illarionovich)＊　庫圖佐夫（西元1745～1813年）　後稱Prince Kutuzov。原名Mikhail Illarionovich Golenishchev-Kutuzov。俄國陸軍司令官。是位職業軍官，1805年被任命爲俄奧聯軍司令，抗擊法軍向維也納的進攻。烏爾姆戰役中奧軍被擊敗，他下令撤退，使軍隊免於損失，但亞歷山大一世捲入了奧斯特利茨戰役（1805）與法軍交戰，結果大敗，庫圖佐夫被指責應負部分責任。1812年拿破崙的軍隊進入俄國後，在公衆的壓力下，亞歷山大任命庫圖佐夫爲總司令。打了幾仗小戰役後，他被迫投入不分勝負的博羅季諾戰役。當拿破崙帶著他的軍隊撤離莫斯科時，庫圖佐夫逼使法軍沿著它入侵時破壞的原路線離開俄國，進入普魯士，不用再打另一場大戰役就摧毀了敵軍。他是同時代中最好的俄國指揮官，是托爾斯泰所寫的《戰爭與和平》中的主要人物。

Kuusinen, Otto V(ilhelm)＊　庫西寧（西元1881～1964）年）　芬蘭－蘇聯政治人物。1905年他在芬蘭參加社會民主黨，擔任黨內各種職務。1918年短暫的芬蘭社會黨政府被推翻，他逃往俄國，成爲芬蘭共產黨組織者之一。他繼續流亡國外，任共產國際書記。在蘇聯－芬蘭的「冬季戰爭」（1939～1940）時期，他是親蘇的芬蘭傀儡政府的首腦，後來成爲卡雷利亞－芬蘭蘇維埃社會主義共和國最高蘇維埃會議主席（1940～1956）。1946～1953年和1957～1964年擔任蘇聯共產黨中央委員會書記。

Kuwait　科威特　正式名稱科威特國（State of Kuwait）。面積17,818平方公里。人口約2,275,000（2001）。首都：科威特市。人民大部分是阿拉伯人。語言：阿拉伯語（官方語）、波斯語和英語。宗教：伊斯蘭教（國教）。貨幣：科威特第納爾（KD）。除了科威特灣西端的傑赫拉綠洲以及東南部和沿海一帶有一些沃土外，大部分是沙漠；年降雨量僅有25～180公釐。全國有1/12的土地用作放養牲畜的牧地，包括綿羊和山羊。科威特幾乎沒有適合農耕的土壤，但該國蘊藏大量的石油和天然氣，是其經濟的基礎。據估計科威特的石油儲量占全球儲量的1/10，排名第三，僅此於伊拉克和沙烏地阿拉伯。政府形式爲君主立憲政體，有一立法機構。國家元首暨政府首腦是埃米爾，由首相輔佐。科威特灣的費萊凱島曾有過一個古文明，年代可追溯到西元前第三

千紀。此文明一直繁盛到西元前1200年才從歷史記載中消失。西元前4世紀時，希臘人在此建立殖民地。1710年阿拉伯半島中部的遊牧部落安尼澤人建立了科威特，1756年沙巴赫王朝的阿布德·拉希姆成爲舍赫（sheikh，首領），是此後持續統治科威特的家族第一人。1899年爲了遏制德國和俄圖曼帝國的勢力擴張，科威特同意讓英國控制它的外交事務。1914年與俄圖曼人爆發戰爭後，英國將科威特建立爲保護國。1961年科威特脫離英國，取得完全獨立，但伊拉克宣稱擁有科威特的主權。英國於是派兵保護科威特，後來阿拉伯國家聯盟承認科威特的獨立地位，伊拉克才放棄它的領土要求。1980年代的兩伊戰爭期間，科威特大量貸款給伊拉克。後來在談判如何償還戰爭債務時關係破裂，1990年伊拉克軍隊入侵並占領科威特。美國乃領導一個軍事聯盟在次年把伊拉克軍隊趕出科威特（即波斯灣戰爭）。科威特1,300多座的油井約有近半數遭破壞，重建之路遍布荊棘。

Kuwait　科威特　亦稱科威特市（Kuwait City）。科威特首都。位於波斯灣頭，建於18世紀，是依靠海運和商隊運輸的貿易中心。面積只有13平方公里，1957年前有一座土城牆包圍著，把它與沙漠隔開。第二次世界大戰後，該國發展起石油工業，科威特市轉化成現代大都會，全國的人口幾乎都集中在首都附近。1990～1991年伊拉克占領期間以及波斯灣戰爭期間，城市遭到嚴重破壞。

Kuybyshev　古比雪夫 ➠ Samara

Kuyper, Abraham＊　克伊波（西元1837～1920年）　荷蘭神學家和政治人物。1863～1874年任牧師，1872年創辦了一份傾向喀爾文派的報紙，1874年被選入國家議會。他組織了反對革命党，是荷蘭第一個有組織的政治黨派，提出把正統的宗教地位與進步的社會力量結合起來的計畫，接著又擴大中低階層。爲了向牧師們提供喀爾文派的培訓，1880年他在阿姆斯特丹創辦自由大學，1892年在荷蘭創辦歸正會。1901～1905年任荷蘭首相，提倡擴大公民權和實施更多的社會福利。

Kuznets, Simon (Smith)＊　顧志耐（西元1901～1985年）　俄裔美籍經濟學家和統計學家。1922年移民美國，1927年加入全國經濟研究所，後來到賓夕法尼亞大學（1930～1954）、霍普金斯大學（1954～1960）和哈佛大學（1980～1971）等校任教。他的著作強調經濟模型的構成中基本資料的複雜性，著重需要的是有關人口結構、技術、勞工素質、政府結構、貿易和市場等方面的資訊。他還描述了增長率週期性波動（現稱爲「顧志耐週期」），以及它們與像人口這樣的基本因素的關係。1971年獲得諾貝爾經濟學獎。

Kvasir＊　克瓦西爾　斯堪的那維亞神話中最聰明的人。他是從兩個互相競爭的神族埃西爾和瓦尼爾的唾液中生出來的。作爲教師，他總能正確地回答問題，從不失敗。有兩個矮人，弗亞拉爾和加拉爾，對克瓦西爾博大精深的學識感到厭倦，因而殺死他，並在魔釜中蒸餾他的血。巨人蘇同把他的血與蜂蜜混合製成蜂蜜酒，飲了這種酒的人就可以獲得智慧和詩的靈感。在埃達《布拉吉的對話》中也提到克瓦西爾的故事。

Kwa languages　克瓦諸語言　非洲尼日－剛果語系的一支。目前約有1,400多萬人講這種語言。其中重要的語言和語族包括象牙海岸的阿尼語和鮑勒語，迦納的阿坎語（包括阿善提語、芳蒂語和布龍語）以及加－阿當梅語，迦納東南部、多哥和貝寧的格貝語（包括埃維語、豐語和安洛語）。亦請參閱Niger-Congo languages。

Kwa Ndebele＊　夸恩德貝勒　南非特蘭斯瓦省中部的前黑人區和飛地。爲特蘭斯瓦恩德貝勒人的自治「國家」，雖然從未被國際承認過。位於約翰尼斯堡東北，1979年建立，當時有許多特蘭斯瓦恩德貝勒人被趕出波布那。1994年廢除種族隔離政策後，夸恩德貝勒成爲新的東特蘭斯瓦（後改名爲姆普馬蘭加）省的一部分。

Kwakiutl＊　夸扣特爾人　加拿大溫哥華島沿岸及與之相對的大陸沿岸地區的西北海岸區印第安人，操瓦卡什語。傳統上，夸扣特爾人主要靠捕魚爲生，擅長木工。社會分等級，主要由繼承決定。有繁縟的「散財宴」儀式，常常與唱歌跳舞結合在一起，把祖先的經驗與超自然的存在加以戲劇化。他們還以高度風格化的藝術（包括圖騰柱）著稱。現在人數約4,000人。

Kwando River　寬多河　非洲南部河流。發源於安哥拉中部，流向東南，形成安哥拉與尚比亞之間的部分邊界。沿著波札那的東北邊界繼續向東，最後在維多利亞瀑布上方注入尚比西河。全長731公里。

Kwangju＊　光州　舊稱Koshu。南韓西南部城市。面積501平方公里，自己構成一個很特殊的城市（省）。從三國時期（西元前57?年）開始，一直是貿易中心和當地的行政中心；1914年修建了連接漢城的鐵路後開始發展現代工業。1980年發生民衆與政府之間的武裝暴動。爲朝鮮大學（建於1946）所在地。

Kwangsi Chuang ➠ Guangxi (Zhuangzu)

Kwangtung ➠ Guangdong

Kwanzaa　寬札節　亦作Kwanza。非洲裔美國人的節日，從12月26日到1月1日，仿照非洲的收穫節。創立於1966年，是加州州立大學長堤分校研究黑人的卡倫加教授提出來的，作爲家庭和社區的非宗教性慶祝活動。名稱取自斯瓦希里語的馬坦達亞寬札（matunda ya kwanzaa，意爲初熟果）。節期有七天，各有一個主題：團結、自決、集體責任、合作經濟、目標、創造性和信念。各家備有七枝形燭台，節期中每晚點一支蠟燭，全家人聚集在燭光下，往往要互相交換禮物。12月31日社區成員一起舉行宴會，稱爲「卡拉穆」。現在有1,500多萬人遵守這個習俗。

kwashiorkor＊ 夸希奧科 亦稱蛋白質營養不良。因蛋白質嚴重不足而造成的疾病。在熱帶和亞熱帶地區，斷奶後的幼兒主要食用澱粉類食品，如穀物、木薯、大蕉和番薯，很容易出現這種情況。表現爲腹部鼓脹、水腫、虛弱、過敏、皮膚乾燥有皮疹、毛髮變成橘紅色、腹瀉、貧血以及肝臟沈積脂肪等，精神發育可能受阻。早年得過這種病的成人易患某些疾病，如肝硬化。治療方法是補充蛋白質，食用脫脂奶粉頗具療效。從長遠的預防來看，應鼓勵根據當地的飲食傾向和可利用性來開發高蛋白的植物性混合食物。非飲食的原因有：腸道對營養的不恰當吸收、慢性酒精中毒、腎病以及創傷（例如感染、燒傷）等，這些都會造成不正常的蛋白質損失。

Kweichow ➡ Guizhou

Kworra River ➡ Niger River

kyanite＊ 藍晶石 亦稱cyanite或disthene。矽酸鹽礦物，是一種鋁矽酸鹽Al_2OSiO_4，顏色從灰綠到黑或藍，藍色和藍灰色最普通。產於瑞士、義大利、烏拉山脈和新英格蘭（美國）等地。藍晶石是製造火星塞的主要原料，深藍色透明的藍晶石可以加工成寶石。

Kyd, Thomas＊ 吉德（西元1558～1594年） 英國劇作家，所著《西班牙悲劇》（1592）開當時復仇悲劇風氣之先。在莎士比亞和雅各賓時代，復仇悲劇是很受歡迎的戲劇形式。作爲這個時期最流行的劇本之一，《西班牙悲劇》爲莎士比亞的《哈姆雷特》和其他劇本鋪平道路。肯定是吉德寫的其他劇本只有《科內莉亞》（1594）。1593年因在他的房間裡發現了無神論的文章而被捕，受盡折磨。他聲稱這些文章是與他同室居住的馬羅的。他的聲譽被毀，翌年去世，年僅三十六歲。

Kynewulf ➡ Cynewulf

Kyoga Lake 基奧加湖 烏干達中南部湖泊。由維多利亞尼羅河形成，最大深度8公尺，只能通航吃水淺的船隻。長約129公里，面積4,429平方公里。

Kyoto 京都 日本本州中西部城市。位於大阪的東北方，是日本文化和日本佛教的主要中心。曾爲日本國都及皇室住地千餘年（794～1868）。現代市內有表演能樂和歌舞伎的劇院，還有許多小作坊生產紡織品和陶瓷製品。佛寺和神道教寺廟遍布城內和郊區。東京也是工業區的一部分，還是製造業中心。教育機構包括京都大學（1897）和同志社大學（1875）。人口1,464,000（1995）。

Kyrgyzstan＊ 吉爾吉斯 正式名稱吉爾吉斯共和國（Kyrgyz Republic）。亞洲中部國家，東南部有科克沙爾陶嶺（天山的一部分），構成與中國的邊界。面積198,500平方公里。人口約4,934,000（2001）。首都：比什凱克。約有一半人民是吉爾吉斯人，其餘的是俄羅斯人和烏茲別克人，以及

1941年被趕出俄羅斯西部的烏克蘭人和德國人。語言：吉爾吉斯語和俄語（官方語）。宗教：伊斯蘭教（遜尼派）。貨幣：松姆（som）。吉爾吉斯是一個多山的國家，在東端聳立著全國最高峰勝利峰，海拔7,439公尺。該國的谷地和平原僅占全國的1/7，但大部分的人口集中於這些地方。經濟主要以農業爲基礎，包括牲畜飼養以及種植穀類、馬鈴薯、棉花和甜菜等作物。採煤以及食品加工、機械生產等工業也很重要。政府形式爲共和國，兩院制。國家元首暨政府首腦是總統，由總理輔佐。吉爾吉斯人是中亞的遊牧民族，古代曾定居於天山地區。1207年被成吉思汗的兒子朮赤所征服。18世紀中葉納入中國清朝的版圖。19世紀俄羅斯人控制該區，1916年發生反叛蘇聯的暴動，遭到一段長期的粗暴鎮壓。1924年成爲蘇聯的自治省，1936年設爲吉爾吉斯蘇維埃社會主義共和國。1991年獲得獨立。1990年代在民主路上奮鬥不懈，努力締造繁榮的經濟。

Kyushu 九州 日本主要四島中最南面的島。位於亞洲東部海岸外，北面與本州隔下關海峽，東面與四國隔豐後水道。面積36,719平方公里。島上多山，幾個著名的山峰海拔1,525～1,980公尺，包括阿蘇山。主要城市有福岡和北九州。九州是19世紀日本最先向外國人開放的地方。人口13,420,000（1995）。

Kyzil Kum＊ 克孜勒庫姆 哈薩克和烏茲別克境內的沙漠。占地30萬平方公里，位於錫爾河和阿姆河之間，鹹海的東南方。在它的沙脊上生長著沙漠植物，作爲放牧羊、馬和駱駝的草場。有幾個小綠洲居民點。資源有天然氣和黃金。

L-dopa ➟ dopa

La Brea Tar Pits＊ 拉布雷亞瀝青坑 美國洛杉磯市漢考克公園內的一個化石場。爲1769年探險發現的一個滲出石油的「瀝青泉」，坑內有不少當時陷在裡面的更新世時期的哺乳動物的骨化石，包括猛獁象、乳齒象以及劍齒虎等。該市的喬治·佩基博物館收藏著從該地出土的一百多萬種史前標本。

La Bruyère, Jean de＊ 拉布呂耶爾（西元1645～1696年） 法國寫諷刺作品的道德家。作爲皇家府第內的家庭教師和圖書管理員，他看到了貴族的惰性、狂熱以及追隨時髦等陋習。他發表於1688年的《品格論》一書注入了他對泰奧弗拉斯托斯的詮釋，並以後者的風格寫成。這是法國文學上的一部經典著作，是對他周圍的空虛和矯情的一種控告。在到1694年的這段日子裡，隨著對品格的描寫和對主題的各種引喻的擴展，《品格論》先後再版了八次。

La Coruña＊ 拉科魯尼亞 西班牙西北部加利西亞地區拉科魯尼亞省省會（1995年人口約254,822）。臨大西洋拉科魯尼亞灣，羅馬時期即爲海港。1588年西班牙無敵艦隊由此啓航與英軍交戰。美西戰爭使該市的殖民地貿易受到嚴重損失。現爲西班牙北部主要港口之一及漁業中心。

La Follette, Robert M(arion)＊ 拉福萊特（西元1855～1925年） 美國政治人物。1880～1884年任縣區律師，1885～1891年任美國眾議員，回到威斯康辛州後，他憑著先進的改革思想贏得了州長的職務（1901～1906）。任美國參議員期間（1906～1924），他負責制定限制鐵路部門權力的法案。1909年創辦《拉福萊特週刊》，以推廣他的改革運動並引導共和黨人反對塔虎脫總統的政策。他反對美國參與第一次世界大戰以及威爾遜總統偏袒大公司的政策。他有力地揭露了戰後的腐敗，包括蒂波特山醜聞。在1924年的大選中，他代表進步黨競選總統，贏得了500萬張選票，爲總數的1/6。翌年去世，他的兒子羅伯特（1895～1953）接替了他的參議員職位，直到1947年被麥卡錫擊敗爲止。

La Fontaine, Jean de＊ 拉封丹（西元1621～1695年） 法國詩人。他在巴黎廣結名士，吸引了不少贊助人，使他能把最富有創造力的年華用於寫作。最有名的作品是《寓言詩》（1668～1694），爲法國文學經典著作之一。全書約有兩百四十首詩，包括一些關於平凡農民、希臘神話英雄以及人們熟悉的寓言中的動物的永恆的傳說，主題是人們日常的道德經驗。他還寫了許多比較次要的著作，包括《賽姬和丘比特的愛情》（1669）以及常常是破格的《傳說詩和小說詩》。1683年被選入法蘭西學院。

La Galissonnière, Marquis de＊ 拉加利索尼埃侯爵（西元1693～1756年） 原名Roland-Michel Barrin。法國海軍軍官。在法國海軍服役期間（1710～1736），曾數次到新法蘭西提供給養，並幾度在大西洋上執行指揮。1747～1749年任新法蘭西總督，尋求在法屬加拿大和路易斯安那殖民地之間的俄亥俄河沿岸加強連接，以及在底特律和伊利諾縣建立法國殖民地，但沒有成功。

La Guardia, Fiorello H(enry)＊ 拉加第亞（西元1882～1947年） 美國政治人物，紐約市市長（1933～1945）。1910年起在紐約市從事法律工作，直到進入眾議院（1917, 1918～1921, 1923～1933）。他是個進步的共和黨人，曾參與建立限制法院權力的法案，這些權力包括禁止罷工、聯合抵制以及有組織勞工的糾察站崗等。他還反對禁酒，支持婦女選舉權以及童工立法。作爲紐約市市長，他與坦曼尼協會奮戰，並藉由建造廉價住房、社會福利服務以及建設新的道路和橋樑等措施來實現市政改良計畫。他有引人注目的資質和精力充沛的形象，加上他那無畏的鬥爭精神和從不矯揉做作的作風，使他贏得巨大的聲望。1945年他拒絕競選第四任紐約市市長。

La Harpe, Frédéric-César de＊ 拉阿爾普（西元1754～1838年） 瑞士政治領袖。1784年起擔任俄國未來沙皇亞歷山大一世的家庭教師。1794年回到瑞士，然後去巴黎尋求法國軍隊對他的家鄉沃州獨立的支援，1798年法國入侵後建立了赫爾維蒂共和國。作爲督政府的一員，拉阿爾普追求的是獨裁的權力，但在1800年被廢黜，此後逃亡法國。1814年他從亞歷山大那裡得到了沃州獨立的承諾。

La Hontan, Baron de＊ 拉翁唐（西元1666～1715年） 原名Louis-Armand de Lom d'Arce。法國軍官和探險家。1683～1693年在新法蘭西服役，指揮聖約瑟夫堡（今密西根州的奈爾斯），並在威斯康辛河和密西西比河沿岸地區探險（1688～1689）。他在紐芬蘭停留期間（1692～1693）遇到了政治麻煩，因而逃往歐洲。1703年發表《到北美洲的新航行》，被認爲是17世紀關於新法蘭西的最好著作，對孟德斯鳩、伏爾泰和斯威夫特等人的作品都有影響。

La Niña 反聖嬰 聖嬰現象的週期互補效應，由於南美洲西岸外的太平洋表面海水冷卻而構成。一些局部的氣象與氣候效應通常與聖嬰現象相反，但是全球效應較爲複雜。反聖嬰通常跟在聖嬰之後，以五到十年的不規則間隔出現。

La Paz (de Ayacucho)＊ 拉巴斯 玻利維亞行政首都（1993年人口約785,000）。位於該國中西部，海拔3,650公尺，是世界上最高的首都。城市中心位於拉巴斯河形成的峽谷中。1548年由西班牙人在印加人村落的基礎上建成，原名Nuestra Senora de La Paz，意爲「我們的和平女士」。1835年改命爲拉巴斯，以紀念那場殖民地獨立戰爭中的決定性戰役。自1898年以來，雖然蘇克雷仍是法定首都，但拉巴斯一直是玻利維亞的行政首都。現爲該國主要工業中心，也是聖安德列斯大學及國家藝術和考古博物館的所在地。

La Paz 拉巴斯 墨西哥西北南下加利福尼亞首府（1990年人口約138,000）。瀕臨加利福尼亞灣的拉巴斯灣，是該州著名的旅遊勝地和最大的都市中心。1596年西班牙人發現了這個海灣，19世紀初建起了城市，1828～1887年成爲下加利福尼亞首府。1887年該半島由美國和墨西哥分治，從此拉巴斯就成爲墨西哥區域的首府。

La Plata 拉布拉他 阿根廷城市（1991年人口約643,000）。布宜諾斯艾利斯成爲國家首都後，拉布拉他在1882年被選爲新的省會，城市規畫模仿照華盛頓特區的模式。1952年更名爲愛娃庇隆，1955年胡安·庇隆被推翻後，又恢復原來的名字。位於拉布拉他河入海口附近，是個具有大規模人工港口的海港。工業有肉類加工和煉油。

La Plata River 拉布拉他河 波多黎各中東部河流。西北轉北流，注入大西洋，全長約70公里。部分河床上築壩攔水形成湖泊，以提供水力發電。

La Rioja＊ 拉里奧哈 西班牙中北部自治區、省及歷史地區。面積5,035平方公里。1980年以前稱爲洛格羅尼奧

（Logroño），省會是洛格羅尼奧市。歷史上它屬於舊卡斯提爾，有厄波羅河可供灌溉，大部分人口沿河而居。上里奧哈地區生產某些西班牙上等葡萄酒。下里奧哈地區有高速公路連接畢爾包、薩拉戈薩和巴塞隆納等地。人口約265,000（1996）。

La Rochefoucauld, François, duc (duke) de＊　拉羅什富科（西元1613～1680年）　法國作家。出身於貴族家庭，早年從軍並數次受傷。後來在投石黨運動中充當領導的角色，但逐漸又返回而重獲皇家恩寵。從此他將精力轉向對知識的追求，成為《箴言錄》的主要闡述者。《箴言錄》是警句詩的法國形式，主要表現作者憤世嫉俗的思想。1665～1678年一共出了五個版本的《箴言錄》，這是他的主要成就，其中包含了五百條對人類行為的反思。他在1664年出版的《回憶錄》中詳細描述了投石黨運動期間那些叛亂的貴族們的陰謀策劃和具體戰役。

La Salle, René-Robert Cavelier, Sieur (Lord) de＊　拉薩爾（西元1643～1687年）　法國探險家。1666年離開法國前往北美洲，得到蒙特婁附近的封地。他考察了俄亥俄流域（1669），然後與弗隆特納克伯爵一起工作以擴大法國的影響力，並幫助在安大略湖畔建立弗隆特納克要塞，在那裡他成為封建領主而控制著皮毛貿易。他得到路易十四世的授權，去開發新法蘭西的西部前沿地區並建立新的要塞。他順伊利諾河向下航行，並與亨萊（1650?～1704）一起乘獨木舟順密西西比河往下到達墨西哥灣。1682年拉薩爾宣布整個密西西比河盆地為法國所有，並以路易十四世之名把這塊地方命名為路易斯安那。回到法國後，他又被授權到密西西比的入海口建立要塞。由於受到損兵折船的困擾，他錯誤地在德克薩斯的馬塔戈達灣登陸。船隊幾次試圖尋找密西西比河沒有成功，最後他被叛變者殺死。

La Scala　史卡拉歌劇院　義大利米蘭的歌劇院。建於1778年，以取代1776年被燒毀的雷焦杜卡爾劇院，位於聖瑪麗亞史卡拉教堂舊址。由於演出羅西尼的作品，義大利的歌劇重新引起國際上的注意，史卡拉歌劇院也因為是羅西尼多部作品的首演場地而聲名鵲起。到1830年代已成為最具代表性的歌劇院，這項榮譽一直保持至今。

La Tène＊　拉坦諾　法語意為「淺灘」。瑞士納沙泰爾湖東端的考古遺址，這一名字已被擴展用於歐洲塞爾特人的鐵器時代晚期文化。拉坦諾文化起源於西元前5世紀中期，當時塞爾特人開始與希臘人和伊楚利亞人接觸。在以後的四百年裡，隨著塞爾特人向歐洲北部和不列顛群島遷徙，到西元前1世紀中期大部分塞爾特人處於羅馬人的控制下為止，該文化經歷了幾個階段和幾個區域的變化。早期物品的特徵是都有S形、螺旋形和圓形的裝飾圖案；中期以長形鐵劍、重型刀具和採用木棺土葬或用石堆掩埋屍體的葬俗著名；後期則發現帶裝飾的刀鞘、寬刃的矛頭以及帶鐵支柱的木盾等；最後一個時期顯示出羅馬的影響，不同之處在農用工具上，諸如鐵鐮、長柄大鐮、斧、鋸以及犁鏵等。

在歐韋（Auvers）發現的拉坦諾文化期的金鑄圓盤（西元前5世紀）
By courtesy of the Bibliothèque Nationale, Paris

La Tour, Georges de＊　拉圖爾（西元1593～1653年）　法國畫家，作品大多以燭光為主題，並以此馳名於世。曾一度被人遺忘，直到20世紀確認了許多以前錯認為其他作者的作品，這才確立了他作為法國繪畫巨匠的地位。早期作品都是寫實的，並受卡拉瓦喬的效果特殊的明暗對比法的影響。後期作品有更多的幾何因素，手法更簡潔，就像在《木匠聖約瑟》（1645）中所表現的那樣。關於他的生活幾乎一無所知，而且只有四、五幅畫標明日期。一些歸在他名下的作品的年代和可靠性至今還有爭議。

拉圖爾的《木匠聖約瑟》（1645?），油畫；現藏巴黎羅浮宮
Giraudon – Art Resource

La Vérendrye, Pierre Gaultier de Varennes et de＊　拉韋朗德里（西元1685～1749年）　法裔加拿大探險家，出生於新法蘭西三河城。曾在法國軍隊服役，1726年後成為蘇必略湖北部的皮貨商。他從印第安人那裡聽到有一條可能通向太平洋的河流，便和他的兒子一起從安大略湖到馬尼托巴湖建立起一系列的皮貨貿易站（1731～1738）。他把兩個兒子送到更遠的西部去，成為考察現在的內布拉斯加、蒙大拿和懷俄明地區的第一批歐洲人，他們還宣布南達科他歸法國所有。拉韋朗德里每年送三萬張海狸皮到魁北克，打破了哈得遜灣公司的壟斷。但他一生幾乎沒有得到任何賞識，死後才被認為是加拿大西部最偉大的探險家之一。

Laâyoune ➠ El Aaiún

Laban, Rudolf (von)＊　拉班（西元1879～1958年）　匈牙利現代舞教師，拉班舞譜的發明者。在巴黎學習舞蹈後，1915年在蘇黎世創辦了一所舞蹈研究所，以後又在義大利、法國和中歐建立分部。1919～1937年在德國工作，1930～1934年擔任柏林國家歌劇院的芭蕾舞導演。1928年他出版了他的記錄人類全部形態動作的方法，使得舞蹈動作的設計者們能夠記錄下舞蹈者的舞步和其他的形體動作，包括這些動作的節律。1938年他加入了他以前的學生約斯在英國辦的舞蹈學校，後來他在那裡成立了一個運動藝術工作室。他的理論體系在埃森（德國）和紐約的中心裡得到進一步的發展並保持下來。

Labdah　萊卜代 ➠ Leptis

labor　勞動力；勞動　在經濟學中，勞動力是指以掙工資為生的人們的總體。古典經濟學中，勞動是三大生產要素之一，另外兩者為資本和土地。勞動也可指體力勞動者的服務，包括人類在生產財富中所提供的有價值的服務，而不是累積和提供資本。在現代經濟生活中，勞動的目的是為其產品，或是為了要求分享一部分社會工業的總產品。市場中某特殊種類的勞動，其單位時間的價格或是工資率不僅決定於勞動者的技術效能，而且也決定於對勞動者所能提供的那種勞務的需求和其他生產手段的供應情況。其他影響工資的因素包括勞動者的訓練、技術、智力、社會地位、升遷的前景和工作的相對難度。將所有的因素列入考慮使經濟學家們幾乎不可能替付出的勞動力定下標準值。取而代之的是，經濟學家經常以將勞動力用於不同用途所製造出來產品的量和價值來加以比較。

labor ➠ parturition

Labor, Knights of ➠ Knights of Labor

Labor Day 勞動節 一年一度表彰勞動者對社會作出貢獻的節日。在美國和加拿大，勞動節是每年9月的第一個星期一。1882年9月5日在勞動騎士團的資助下紐約市首先慶祝這個節日。1894年以前美國有若干個州慶祝這個節日，1894年美國國會通過法案，將勞動節定爲全國性的節日。在其他大多數國家裡，工人們都把五朔節（5月1日）定爲表彰勞工的日子。

labor economics 勞動經濟學 研究影響勞動者在不同產業、不同工種之中流動分布的因素，影響勞動者工作效率的因素，以及決定他們勞動報酬的因素的一門學科。一國的勞動力包括所有爲收入而工作的人，也包括正在謀求職業的失業者。影響勞工如何發揮才能和應獲取多少工資的衆多因素包括勞動力的品質（諸如勞動者的健康、教育程度、特殊訓練技能的分配和社會地位的流動程度）、經濟的結構性特徵（例如重工業、高科技業和服務業所占的比例）和法律因素（包括工會的內容和權力、雇主團體和規定最低工資法律的存在）。其他因素如風俗習慣和經濟週期的變化也列入考量。某些一般常見的趨勢是勞動經濟學家們所普遍接受的，例如需要較高階級的教育程度或訓練、該工業在經濟中占有高比例和高度集中化的工業，這些工作易傾向於較高的工資階級。

labor law 勞動法 指適用於雇傭、報酬、工作條件、工會及勞資關係的法律的總稱。保護包括童工在內的工人免於不平等雇傭關係的法律直到19世紀晚期才在歐洲開始發展，美國則在稍晚的時候才開始制定勞動法。在亞洲和非洲，勞工相關的議題則是在1940年代和1950年代才開始興起。雇傭關係的法律規範包括雇用、訓練、晉升和失業補助。工資法律則規範工資給付的形式和方法、工資率、社會保障、退休金和其他事項。工作條件的相關法律則規定了工時、休息、假期、童工、工作平等、健康和安全。工會與勞資關係的法律規定包括工會和雇主組織的法律地位、權利、義務、集體談判協議和平息罷工或其他爭論的規則。亦請參閱arbitration、mediation。

Labor Relations Act, National 全國勞工關係法 ➠ Wagner Act

labor union 工會 某一特定行業、工業或工廠的工人聯合會，成立的宗旨是通過集體行動爲工人爭取更多的報酬、利益及更好的工作條件。18世紀英國出現第一個博愛互助工會，而現代勞工組織始於19世紀的英國、歐洲和美國。但工會運動遭到雇主及政府的反對，工會組織者經常遭到迫害。1871年英國通過的勞工法確立了英國勞工運動的合法地位。而美國則更爲滯後，在法院取消一系列不利於勞工組織的禁令和法律之後，工會運動的合法地位才得以確立。1886年成立的美國勞工聯合會標誌著轟轟烈烈的工會運動的開始。美國勞工聯合會把手工藝工會聯合起來。這些手工藝工會由掌握某一特定技能的工人所組成。有少數工會組織者希望組織行業工會，即代表所有工人（不管是否是熟練工）的單一行業工會。產業工會聯合會由受美國勞工聯合會排擠的工會所組成，主要是把非熟練工人組織起來。到1941年時，產業工會聯合會通過組織鋼鐵和汽車行業工會，使工會運動得以成功地開展（參閱AFL-CIO）。儘管每個國家的工會組織各不相同，但所有非共產主義工業國家都是通過集體談判解決工資、工作條件和勞資糾紛。英國的勞工組織積極地參與政治活動，於1906年成立了工黨。法國的勞工組織也高度政治化，1895年成立的法國總工會曾和共產黨有過多年的聯合，而法國工人民主聯合會在政治上則較爲中庸一些。日本的企業工會組織是企業的工會運動，它由一個工廠或多工廠企業工人而不是同行業工人組成。

laboratory 實驗室 實行科學研究與發展以及分析的場所，相對於野外或工廠。大多數的實驗室的特點是環境條件控制一致（一定的溫度、濕度，常保潔淨）。現代實驗室利用大量的儀器和步驟來研究、系統化或量化其關注的事物。步驟包括取樣、前處理與處理、測量、計算與結果的呈現，一個步驟可能只由一人以簡陋工具獨力完成，亦可能利用擁有電腦控制、資料儲存及精密讀取數據的自動化的分析系統。

Labour Party 工黨 英國政黨，過去與工會的連結關係促使其在創造國家經濟繁榮和提供社會服務上扮演活躍的角色。與保守黨處於相對地位，工黨自20世紀初以來爲英國主要的民主社會黨。1900年英國職工大會與獨立工黨（1893年成立）共同組成「工人代表委員會」，1906年改名工黨。1918年成爲有民主章程的社會黨，到了1922年時取代自由黨成爲正式的反對黨。1924年麥克唐納在自由黨支持下組成第一屆工黨政府。工黨自1935年開始喪失權力，直到1945年重獲選舉勝利，由艾德禮組成的政府（持續至1951年）建立了社會福利體系，包括國民保健署和廣泛的工業國有化。工黨在威爾遜（1964～1970）和賈拉漢（1974～1979）的領導下重獲政權，但因爲經濟問題和與工會間越來越惡劣的關係而崩潰。1983年富特提出的激進政策使工黨大敗。金諾克（生於1942年）雖將黨的立場移向中庸，但只有在1997年布萊爾和他的「新工黨」議題成功地讓工黨重回執政地位。

Labov, William* 拉博夫（西元1927年～） 美國語言學家。生於新澤西州的拉瑟福德，1961年結束產業藥劑師的生涯之後開始著手開始他的畢業著作，其畢業著作將焦點集中在研究麻薩諸塞州漫沙文雅和紐約市之間因地區和階級的差異而影響英文的發音法，和取得語音改變的方法和量化的變化。他晚期大多數的研究探討相同的主題，但用越來越精密的研究方法，使得他重要的著作《語言變化通則》（1994）能達到極致。研究發現美式英文發音變得更地方化而不是分歧減少，這個發現和大衆普遍的看法是相反的，並引起語言學圈外人士的注意力。

Labrador 拉布拉多 加拿大北部巨大半島。分屬於魁北克省和紐芬蘭省，面積約1,620,000平方公里。最高峰海拔超過1,520公尺，海岸沿線有許多小島。爲加拿大地盾高原的最東面部分，政治上多是指半島的紐芬蘭部分，而屬於魁北克省的部分稱爲昂加瓦半島。兩省對這一地區的政治控制權一直有爭議，直到1927年確立了兩省的邊界線後才平息下來。

Labrador Current 拉布拉多洋流 沿拉布拉多海西側向南流動的表面洋流。起源於戴維斯海峽，由西格陵蘭洋流、巴芬島洋流和來自哈得遜灣的水流匯合而成。溫度保持在0℃以下，鹽度較低。該洋流的範圍限於大陸棚，深度略大於600公尺，每年都會攜帶幾千座冰山流向南方。

labradorite* 拉長石 斜長石系列的長石類礦物，由於有紅、藍或綠色等閃光，常被當作寶石或裝飾材料。該種礦物通常是灰色或者褐色到黑色，也不一定有閃光。因產於加拿大的拉布拉多沿海地區而得名。

labyrinth 迷宮 亦稱maze。由錯綜複雜的通道和死巷構成的體系。迷宮這個詞是古希臘人和羅馬人給某些建築所取的名字，這些建築完全或部分處於地下，有許多房間和難以走出的通道。從歐洲文藝復興時代起，迷宮成爲正規花園裡的一個特色，是指由用高樹籬隔開的複雜曲徑組成的區域。

Lacan, Jacgues (Marie Émile)＊　拉岡（西元1901～1981年）　法國精神分析家。在他大部分的職業生涯裡，主要在巴黎當精神病醫生。拉岡強調語言在反映無意識思維中的重要作用，試圖把對語言的研究引入到精神分析的學說中。最主要的成就是用結構語言學來重新詮釋弗洛伊德的著作。1966年發表《自我的語言》，使他在法國聲名大噪。1970年代他成爲法國文化界的主導人物，同時對美國的精神分析學和文學理論也產生了重大的影響。

Lacandon＊　拉坎敦人　生活於墨西哥－瓜地馬拉邊境繁茂熱帶雨林中的馬雅印第安人。由於長期與外界隔絕，至今還保留著原始的生活方式。他們捕魚、狩獵、種植蔬菜和水果，還紡紗織布、鞣制皮革，並製作陶器、笛子、獨木舟和漁網。他們保留自己的信仰。在1994年的恰帕斯暴動中他們遭到清蕩。現總人口已不足六百人，而且還在減少。

lace　花邊　由繞環、編結、絞織（編辮）或雙股線織成的裝飾性網狀鏤空織物。幾乎所有高質量的藝術花邊都是用以下兩種技術中的一種製成的：針織花邊，起源於義大利，難度較高；線軸編織花邊，起源於法蘭德斯，是被廣泛採用的一種手工藝。花邊藝術是歐洲人的一個成就。文藝復興時期以前，花邊技術還沒有完全發展起來；到了1600年，花邊成爲一種奢侈的織品，也是重要的商品。19世紀工業革命導致使用機器來生產較便宜的棉製花邊。後來，花邊逐漸從男人和女人的時裝上消失了，到1920年這個行業已消亡了。比利時、斯洛維尼亞以及其他一些地方仍在做一些精細的手工花邊，但主要用作紀念品。

Lacedaemon　拉塞達埃蒙 ➡ Sparta

lacemaking　花邊製造法　製作花邊的方法。19世紀由於手工花邊的流行導致花邊製造機器（參閱Heathcoat, John）的發明。早期模型需要錯綜複雜的工程機械裝置。後來的改良包括「諾丁罕花邊縫紉機器」－－主要生產較粗糙的花邊－－和「巴爾曼縫紉機器」。席福立花邊爲刺繡花邊的一種，用現代縫紉機器縫製而成，從手動版逐步演變而來，用針線的點狀織法縫製在各個末端。很多樣式的花邊可用機器製作，這類花邊常以幾何圖形的網狀作爲其底圖，其高品質的優點和人造纖維紗相對低的成本使得透明似的薄花邊廣爲利用。

lacewing　草蛉　多種脈翅目昆蟲的通稱，尤指草蛉科及褐蛉科昆蟲。綠草蛉有長而細軟的觸角，體細長，淡綠色，眼金色或銅色，有兩對帶網狀脈的翅膀。世界性分布，飛行於草叢和灌木附近。會發出難聞的氣味，所以也稱爲臭蠅。幼蟲的嘴部突出成吸管狀，吸食蚜蟲和其他軟體昆蟲的體液。褐草蛉與綠草蛉相似，只是體形較小，呈褐色。

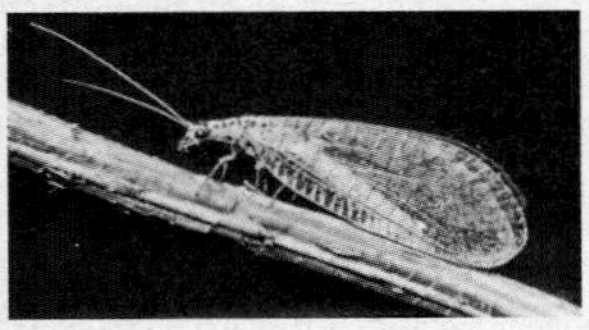

草蛉
A. E. Mc. R. Pearce－Bruce Coleman Ltd.

Lachaise, Gaston＊　拉歇茲（西元1882～1935年）法國出生的美國雕刻家。細木工之子，1898～1904年在美術學校接受裝飾藝術各種技能的訓練並學習雕刻。1906年移居美國以前在拉利克的作坊任設計師，設計「新藝術」風格的裝飾品。他最著名的作品是《立著的女人》（1912～1927），爲一尊女裸體像，有豐滿的乳房和大腿，四肢彎曲呈錐形，是他職業生涯中反覆創作的那種形象的典型。他也以雕刻肖像聞名，作有馬林、摩爾和肯明斯等名人的半身像。

拉歇茲的《立著的女人》（1932），銅雕；現藏紐約市現代藝術博物館
Collection, The Museum of Modern Art, New York, Mrs. Simon Guggenheim Fund

Lachlan River＊　拉克蘭河　馬蘭比吉河主要支流，位於澳大利亞新南威爾士州中部。源出於大分水嶺，西北轉西南流，匯入馬蘭比吉河，全長1,500公里。雖然通常全年有水，但在嚴重乾旱的年份也會乾涸。1815年埃文斯對它進行了探險考察，後以新南威爾士總督拉克蘭·麥加利之名命名。

lachrymal duct and gland ➡ tear duct and gland

Lackland, John ➡ John（英格蘭）

Laclos, Pierre(-Ambroise-François) Choderlos de＊　拉克洛（西元1741～1803年）　法國作家。早先選擇軍人生涯，但很快就離開軍隊而成爲作家。主要作品《危險的交往》（1782）是最早的心理小說，以書信體寫成，描述一個好色之徒與其女同謀把他們無恥的淫樂建立在受害者的痛苦之上。該書立即引起轟動，被禁止了許多年。後來拉克洛又回到軍隊，在拿破崙手下擢升爲將軍。

Laconia, Gulf of＊　拉科尼亞灣　希臘伯羅奔尼撒南部愛奧尼亞海南面的深水海灣。與愛琴海隔著馬萊阿角。海灣地區的海風變化莫測，沿岸又沒有港口，所以曾是航海者畏懼的地方。注入海灣的較大河流是埃夫羅塔斯河，不能通航。

Lacoste, (Jean-)René＊　拉科斯特（西元1904～1996年）　法國網球運動員和運動服裝企業家，以比賽時盡量拖垮對手聞名。曾多次贏得溫布頓網球公開賽（1925、1928）和法國網球公開賽（1925、1927、1929）單打冠軍，並兩次擊敗狄爾登，成爲第一個兩次贏得美國冠軍（1926、1927）的外國選手。還多次贏得雙打冠軍。外號「鱷魚」。1929年退休後成立運動服裝公司，在他監製的衣服上印有鱷魚商標。

lacquerwork　漆器　表面塗有彩色、高度磨光的不透明漆的裝飾性物件的統稱，通常爲木製。眞正的漆器起源於中國或日本。被稱做「塗漆」的技術後來傳入歐洲，但歐洲的漆器缺乏亞洲漆器的硬度和光亮度。眞漆是指將從漆樹取出的樹液純化和脫水後取得。漆樹產於中國，之後移植日本。漆固化後表面非常堅硬暴露在空氣中也不易碎，並可高度磨光。漆器需塗上許多層薄漆，使其乾燥並磨光後才能在表面以雕刻、雕版和鑲嵌等手法裝飾。

lacrosse　曲棍網球　加拿大地區法語「la crosse」，主教牧杖之意。戶外團隊運動，運動員使用一種頂端有呈三角形網兜的長柄來接球、帶球、擲球，以將橡膠製硬球射入對方的球門爲目標（可得1分）。曲棍網球是定居於加拿大的法國移民將古老的北美洲印第安人巴加他維遊戲演變而成，該遊戲過去曾爲一種運動、戰鬥訓練和神祕的典禮。曲棍網球在19世紀晚期成爲一種有組織的運動。現代形式的隊員人數爲10人。一場比賽分4節，每節15分鐘。曲棍網球在大學間是

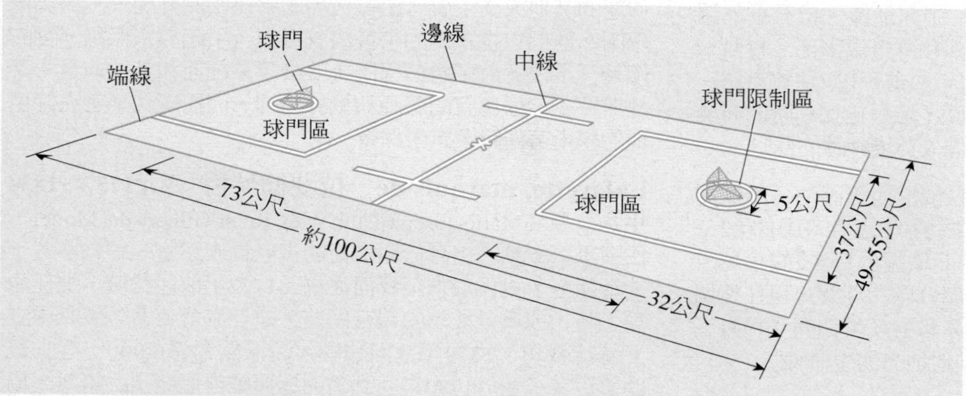

典型的男子曲棍網球場。女子組賽事通常在更大的場地（長120碼／109公尺、寬82碼／75公尺），雙方球門距離100碼／91公尺，通常沒有標示界外線。在球場中間爭球開始比賽，除了進球、犯規和暫停之外，比賽不中斷進行。球員可以踢球，但只有守門員可以用手。

相當流行的運動，男子和女子比賽皆有。

lactation　泌乳　婦女生育後分泌乳汁的現象。乳汁由乳房內乳腺分泌。胎盤排出和嬰兒的吮吸動作誘發激素的改變而刺激泌乳。初乳（泌乳期頭幾天排出的乳汁）比以後逐漸成熟的乳汁更富含蛋白質、礦物質和免疫球蛋白，但熱量和脂肪含量較低。成熟的人乳提供營養素、激素和幫助嬰兒免疫力以抵禦感染因子的物質。美國小兒科學會建議在嬰兒出生後半年內僅餵哺母乳，並持續至嬰兒滿周歲爲止。嬰兒斷奶後，泌奶逐漸減少並隨即停止；而當哺乳持續時，生育力下降。影響泌乳的問題可能涉及有激素、嬰兒吮吸方式、身體不適和感情因素。母親服用某些藥物或患有某些疾病（例如愛滋病）時，爲免對嬰兒造成危險，應該避免哺育母乳。

lactic acid　乳酸　在某些植物的汁液、血液和肌肉裡以及土壤裡發現的一種羧酸。當乳酸鹽破壞肌肉中肝醣的產物時，血液中就會出現乳酸；而在肝臟裡它又可以轉變成肝醣。長時間強量運動後會感到肌肉僵硬和酸痛，就是肌肉中積累的乳酸引起的。乳酸也是細菌發酵的最終產物，是發酵的乳製品（例如酸奶和乳脂、乳酪、酪乳、優格等）中最普通的酸味成分。也可以作爲添加劑和防腐劑用於其他食品中，或用於鞣製皮革、羊毛染色等行業；在許多化學反應中，則作爲原材料或催化劑。

lactobacillus＊　乳桿菌屬　乳桿菌科的一屬，爲桿狀、革蘭氏陽性（參閱gram stain）細菌，廣泛分布於動物飼料、糞肥及奶和奶製品中。在酸奶、乳酪和優格這些商品的生產過程中廣泛使用各種乳酸菌；在發酵蔬菜（醃菜和德國泡菜等）、飲料（啤酒、葡萄酒和果汁）、發酵麵包以及一些香腸的製作過程中，乳桿菌也起了重要的作用。寄生於動物和人類的腸道中，但並不損害腸道。商品乳桿菌製劑用於治療抗生素療法引起的腸道菌群失調症。

lactose　乳糖　由2個單醣，即葡萄糖和半乳糖聯結而成的微甜糖（雙醣）。患有乳糖不耐症的成人和少見的嬰兒患者因爲缺乏可將乳糖分解爲單醣的酶，所以無法消化乳糖，並且當吃進含有乳糖的食物後便會有腹瀉和腹脹的症狀出現。乳糖占所有哺乳動物乳類的2～8%，是唯一來源於動物的常見糖。大量的乳糖可由乳清製備，乳清是乳酪製造過程中的副產品。乳糖被使用於食物、製藥和營養素培養基中以製造青黴素、酵母菌、核黃素和其他產品。

Ladakh＊　拉達克　印度次大陸西北部喀什米爾東部地區。面積約117,000平方公里，包括喜馬拉雅山脈西部的拉達克山（參閱Himalayas）、喀喇崑崙山和印度河上游谷地。首府列城。印度和巴基斯坦一直爭奪該地區的控制權，直到1949年的和平協定把該地區南部畫給印度（爲印度查謨和喀什米爾邦的一部分），其餘歸巴基斯坦。1962年中印戰爭中，中國取得拉達克的東北部。該地區的邊界至今仍在爭議中。

Ladd-Franklin, Christine　萊德－富蘭克林（西元1847～1930年）　原名Christine Ladd。美國科學家和邏輯學家。1880年代在約翰．霍普金斯大學完成博士的全部課程，但因爲當時婦女受歧視，直到1926年才拿到博士學位。在符號邏輯的研究中，她引入反邏輯法，使得對演繹的測試變得更容易，而將三段論法的推理簡化爲「前後矛盾的三分法」。關於色視覺的萊德－佛蘭克林學說，強調對顏色的區分能力是隨著演化而逐漸提高的，並假設了視覺系統的光化學模型。主要著作有《邏輯代數學》（1883）、《色覺之性質》（1925）及《顏色和色論》（1929）。

Ladies' Home Journal　婦女家庭雜誌　現仍繼續刊行的美國最早的月刊之一，爲各種婦女雜誌爭相仿效。1883年創刊，當時是作爲《論壇與農夫》（1879～1885）的增刊，1884年獨立出版。在主編博克的領導下（1889～1919）取得極大的成功，發行量超過其他任何美國刊物。博克對婦女雜誌採取了一些改革措施，例如向讀者提供高品質的小說和文章，建立服務部回覆讀者的來信，使雜誌具有親切感。20世紀中期競爭對手《麥考爾斯》的發行量超過了它。

ladino＊　拉迪諾人　主要講西班牙語、穿著現代服飾的中美洲人。從遺傳學上說，拉迪諾人可能是印第安人、梅斯蒂索或非洲人的後代。一個印第安人如果放棄印第安的服裝和習俗，就可以變成一個拉迪諾人。許多鄉間的拉迪諾人也像他們的印第安鄰居一樣從事自給自足的農業生產，不過他們更注重種植經濟作物，並使用現代的農業技術，而印第安人對此卻是回避的。小城鎮裡的拉迪諾人除從事農作外，通常也從事商業活動。而在城市裡，他們從事所有的職業，從按日計酬的勞工到大學教授都有。

Ladino language＊　拉迪諾語　亦稱謝法爾迪語（Sephardic language）。謝法爾迪猶太人所操羅曼語，通行於巴爾幹、中東、北非、希臘及土耳其，在這些地區的許多地方，已瀕於消亡。拉迪諾語源於一種非常古老的卡斯提爾西班牙語，混有希伯來語成分。起源於西班牙，1492年西班牙猶太人被逐出後，由其後裔傳至現在通行地區，曾保存許多現代西班牙語已消失的詞彙和用法以及原有的語音系統。拉迪諾語通常用希伯來字母書寫。

Ladislas I　拉迪斯拉斯一世（西元1040～1095年）　亦稱聖拉迪斯拉斯（St. Ladislas）。匈牙利國王（1077～1095）。他大大擴張了王國的疆界，從特蘭西瓦尼亞獲得土地，並占領了克羅埃西亞（1091）。在主教敘任權之爭中站在教宗一邊，在克羅埃西亞推行天主教，並迫害在他的轄區內的異教徒。他還公布了一個法典，爲匈牙利帶來秩序和繁榮。當他正準備第一次十字軍東征時死去，1192年被封爲聖徒。

Lado Enclave＊ 拉多飛地 中非地區。位於上尼羅河西岸艾伯特湖北面，今烏干達北部和蘇丹東南部。1841～1842年歐洲人首先進入這個地區，成爲象牙和奴隸貿易站。1894年英國人宣稱擁有上尼羅河地區，並租給比利時的利奧波德二世，稱爲拉多飛地。1910年併入英埃共管的蘇丹。

Ladoga, Lake＊ 拉多加湖 俄國西部湖泊。爲歐洲最大的湖，面積17,600平方公里。長219公里，平均寬82公里，最深處230公尺。湖中有660個面積超過1公頃的小島。出口處是西南角的尼瓦河。以前分屬蘇聯和芬蘭，現在整個都在俄國境內。第二次世界大戰列寧格勒之圍期間（1941～1943），該湖成爲連接該市和蘇聯其他地方的生命線。

Ladrone Islands 賊群島 ➠ Mariana Islands

ladybug 瓢蟲 亦稱ladybird beetle。瓢蟲科約5,000種分布廣泛的甲蟲的統稱。英文名稱起源於中世紀，當時人們曾將它獻給聖母瑪利亞，稱爲“beetle of Our Lady”。半球形，一般長8～10公釐。足短，顏色明亮，具黑色、黃色或紅色斑點。每個夏天可以繁殖數代。捕食蚜蟲、蚧和蟎等害蟲，所以常用來控制蟲害。但也有幾個品種以植物爲食。

ladyfish 海鰱 亦稱十磅魚（tenpounder）。海鰱科主要產於熱帶近海的海魚，學名Elops saurus。體細長，被銀色細鱗，背鰭和臀鰭可收入溝槽內。掠食性，牙小而尖，下頦骨間有骨質的喉板。體長可達90公分，重可達14公斤。幼魚體透明，似鰻魚。

lady's slipper 拖鞋蘭 蘭花幾個屬的植物，花的唇瓣成拖鞋狀。杓蘭屬約有50種溫帶和亞熱帶品種。兩種知名的品種是黃色拖鞋蘭和粉紅拖鞋蘭（即無莖杓蘭），早春時節見於溫帶的針葉樹林裡。其他品種有新大陸熱帶地區的馬褂蘭屬和Selenipedium屬，還有熱帶亞洲的兜蘭屬；另外還培育了不少雜交品種。

杓蘭屬植物
Grant Heilman

Laemmle, Carl＊ 萊梅里（西元1867～1939年） 德裔美國電影製作人。1884年移居至美國後，他在芝加哥嘗試過各種工作，直到1906年開一家門票五分錢的電影院，而後變成卓越的電影批發商。他於1909年設立獨立影業公司並說服影星如畢克馥加入他的電影製片廠。爲了擊退電影專利公司的壟斷控制，他於1910年製作一百部電影短片。並於1912年合併較小規模的公司組成環球影片公司，1915年他對外開放230英畝的電影製片廠。他的員工包括索爾伯格和柯恩。1935年因爲財務困難而被迫將公司賣掉。

Laetoli footprints＊ 萊托里足跡 一長串的兩足動物足跡，可能是南方古猿所留下，保存在坦尙尼亞北部的萊托里的火山岩中，推估年代約爲360萬年前。這是利基家族的考古隊在1976年發現的。這些足跡顯示，早期人足部的重量和施力機制，已經和現代人大致相同。足跡有兩串，一串較大、一串較小，所留足跡顯該二人正在大步前進，並且身體靠得很近而互相碰觸。亦請參閱Lucy。

Laetus, Julius Pomponius＊ 萊杜斯（西元1428～1497年） 義大利語作Giulio Pomponio Leto。義大利人文主義者。年輕時決心投身於對古代世界的研究。在羅馬，他把周圍的其他人文主義者組織成英國半祕密的社團——羅馬偌學園。他們以古羅馬的宗教儀式慶祝，引起教宗保祿二世的懷疑，很快解散了這個學園，監禁了萊杜斯和其他成員。萊杜斯缺少治學應有的嚴謹和批評精神，因而現代學者在評價他的學術著作時多有所保留。

Lafayette, marquis de 拉斐德侯爵（西元1757～1834年） 原名Marie-Joseph-Paul-Yves-Roch-Gilbert du Motier。法國軍事領袖。出身於極富裕的古老貴族家庭，曾爲路易十六世朝臣，後爲追求榮譽而從軍。1777年前往費城，被任命爲少將，成爲華盛頓的親密朋友，並在布蘭迪萬河戰役中立下赫赫戰功。1779年返回法國，說服路易派6,000士兵去幫助殖民者，並於1780年回到美洲指揮維吉尼亞州的軍隊，協助贏得約克鎮圍城戰役，人們歡呼他爲「兩個世界的英雄」。1782年再度回到法國，成爲開明貴族的領袖，1789年被選入三級會議。他向國民議會提出「人權和公民權利宣言」。後當選爲巴黎國民自衛軍司令，旨在保護國王，擁護君主立憲。在他的自衛軍向練兵場中的請願群衆開槍（1791）後，他就失去了人心而辭職了。1792年指揮軍隊與奧地利作戰，但被奧地利人打敗並俘獲直到1797年。回到法國後，拉斐德成爲紳士農民。波旁王朝復辟期間在衆議院（1814～1824）中任職，並在七月革命（1830）時領導國民自衛軍。

Laffite, Jean＊ 拉菲特（西元1780?～1825?年） 法國海盜。他領導一幫海盜聚集於紐奧良以南的一些海島上，在該地區掠劫西班牙商船並從事走私活動。1812年戰爭期間，英國人提供拉菲特3萬美元誘使他爲英國進攻紐奧良的計畫效忠。他把英國人要進攻的消息警告路易斯安那州的官員們，但他們不相信他。於是他去幫助傑克森將軍，在紐奧良戰役中傑克森受到他的幫助。戰後拉菲特又重操舊業掠劫西班牙人。

Laffitte, Jacques＊ 拉菲特（西元1767～1844年） 法國銀行家和政治家。1800年成爲巴黎佩爾戈銀號的股東，1804年成爲老闆。1814～1819年任法蘭西銀行總裁，1814年他爲臨時政府籌措了大量資金，在百日統治期間又爲路易十八世籌措鉅款。1818年他把巴黎從經濟危機中挽救過來。他是路易－腓力領導下的早期君主立憲派的成員，爲路易－腓力的登基賣力。曾在七月王朝中短期擔任過首相（1830～1831）。

拉菲特，德微理（A. Deveria）繪；現藏巴黎法國國家圖書館
By courtesy of the Bibliothèque Nationale, Paris

LaFontaine, Louis Hippolyte＊ 拉封丹（西元1807～1864年） 受封爲路易從男爵（Sir Louis）。加拿大政治家。1830年當選省立法會議議員。他支援法裔加拿大人對英國的不滿，但反對1837～1838年的叛亂。1841年上、下加拿大聯合後，他成爲東部加拿大（以前的下加拿大）的領袖。與鮑德溫共同擔任總理期間（1842～1843，1848～1852），他爲加拿大建立起責任制（即代議制）政府，通過「叛亂損失法案」以補償業主們在1837～1838年所受的損失。該法案在蒙特婁激起騷亂，卻加強了政府的力量。

Lagash＊ 拉格什 今稱泰洛赫（Telloh）。古代蘇美首都。位於巴比倫尼亞（今伊拉克東南部）底格里斯河與幼發拉底河之間，當地已發掘出宮殿和寺廟的廢墟，以及楔形文字文書，爲了解西元前第三千紀的蘇美提供了資料。建於歐貝德時期（西元前5200?～西元前3500?年），後受阿卡德的薩爾貢統治，在古蒂人指定的總督古德亞統治時期繁榮起來，安息時代（西元前247～西元224年）被占領。

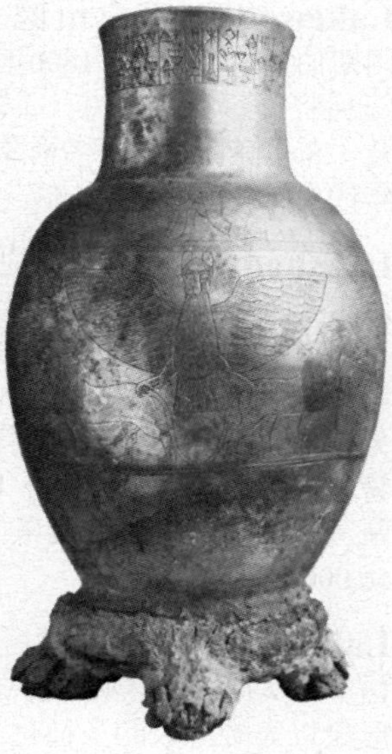

拉格什出土的早王朝時期恩德緬納（Entemena）國王之雕刻銀製花瓶；現藏巴黎羅浮宮
Archives Photographiques

Lågen River＊　洛根河　挪威東南部河流。源於哈當厄高原，向南流入北海的斯卡格拉克灣。全長337公里，爲挪威第三大河。

Lagerkvist, Pär (Fabian)＊　拉格爾克維斯特（西元1891～1974年）　瑞典小說家、詩人和劇作家。早期信仰社會主義，但很快就轉向支援文學和藝術的激進主義。雖然他的早期作品以極端的悲觀主義爲特徵，但在散文獨白巨著《戰勝生活》（1927）中宣告了他對人類的信念。1930年代和1940年代他用作品抗議法西斯主義和野蠻的獸性。小說《侏儒》（1944）是他的第一本暢銷書，也是他第一次取得的無可爭議的成功；《巴拉巴》（1950）使他得到了國際聲譽。1951年獲諾貝爾文學獎。

Lagerlöf, Selma (Ottiliana Lovisa)＊　拉格洛夫（西元1858～1940年）　瑞典小說家。她寫第一部小說《古斯泰・貝林的故事》（1891）時還是個女教師，書中描寫她故鄉韋姆蘭的生活。後來的作品有《耶路撒冷》（1901～1902），這本書使她成爲瑞典最優秀的小說家；《騎鵝旅行記》及其續集（1906～1907），以幻想的形式爲兒童寫的地理讀物。她很有講故事的天賦，作品植根於傳奇和薩迦。1909年成爲第一位獲得諾貝爾文學獎的婦女及第一位瑞典作家。

Laghouat＊　艾格瓦特　阿爾及利亞中北部城鎮和綠洲。位於阿特拉斯山脈南端，建在提濟加林山延伸出去的兩個小山上。11世紀開始有人在此定居，後受摩洛哥和土耳其統治。1852年被法國人奪取，1962年又轉歸阿爾及利亞。人口67,000（1987）。

lagoon　潟湖　相對淺而平靜的水域，有入海的通道，但被沙壩、堤島或珊瑚礁隔開。海岸潟湖有低到中等的浪，這類潟湖組成了全世界約13%的海岸線。水溫在冬天比外海裡的冷，而夏天則更暖和。在溫暖地區，水的蒸發可能破壞與注入的淡水之間的平衡，造成湖水鹽度過高，甚至形成厚厚的鹽層沈積。另一類是珊瑚潟湖，出現於邊緣的礁石處，如大堡礁，最壯觀的例子是在太平洋環礁地區，其中一些寬度超過50公里。

Lagos＊　拉哥斯　奈及利亞城市和主要港口。爲奈及利亞最大城市，建立在四個主島上：拉哥斯、伊多、伊科伊和維多利亞，島與島之間以及島與大陸之間都有橋樑連接，人口集中於貝寧灣的拉哥斯島上。15世紀時約魯巴漁民和獵戶來此定居，16～19世紀受貝寧王國統治。1472年葡萄牙人在此建立奴隸貿易。1861年割讓給英國，成爲直轄殖民地，1866～1874年由獅子山管理，後成爲黃金海岸殖民地的一部分（1874～1886），1906年與南奈及利亞保護國合併，1914年成爲奈及利亞殖民地首府。1960年起是獨立的奈及利亞的首都，直到1991年阿布賈成爲新首都爲止。現爲主要的貿易和工業中心。人口約1,518,000（1996）。

Lagrange, Joseph-Louis＊　拉格朗日（西元1736～1813年）　受封爲comte (Count) de L'Empire。義大利裔法國數學家，對數論及經典力學和天體力學都有重要的貢獻。二十五歲時即因他寫的關於波的傳播（參閱wave）和曲線的極大值與極小值的論文，被公認爲當時最偉大的數學家之一。他的大量著作中包括教科書《分析力學》（1788），是這個領域裡以後諸種著作的基礎。他著名的發現有：以他的名字命名的一種微分算子，描述一個系統的物理狀態的特徵；拉格朗日點，指空間的一些點，爲一個小物體在兩個大物體的引力場中保持相對穩定的地方。

Laguna de Bay ➠ Bay, Laguna de

Laguna Madre ➠ Madre, Laguna

Lahn River　蘭河　德國西部河流。爲萊茵河支流，源於德國西部，流向南，在蘭施泰因匯入萊茵河。全長245公里。小駁船可以沿疏濬成運河的河段航行至吉森。

Lahore＊　拉合爾　巴基斯坦東北部旁遮普省省會，巴基斯坦第二大城。位於印度河上游的平原，臨拉維河。是一座古城，11～12世紀隨著蒙兀兒人的到來而變得著名起來，1524年被巴伯爾的軍隊占領，後又受阿克巴和賈汗季控制，19世紀早期受錫克人統治，1849年割讓給英國。印度獨立後，拉合爾劃歸巴基斯坦（1947）。名勝古蹟有瓦齊爾汗清眞寺、奧朗則布所建清眞寺（1634）、夏里瑪園林（1641）等。市內有巴基斯坦最古老的大學旁遮普大學（1882）。人口2,950,000（1981）。

Laibach, Congress of＊　萊巴赫會議（西元1821年1月26日～5月12日）　神聖同盟諸國的一次會議，制定讓奧地利在反對拿破崙的革命中干涉並占領兩西西里王國（1820）的條件。會議宣稱反對革命制度，同意廢除那不勒斯憲法，並授權奧地利軍隊扶植該地的專制王朝復辟。英法兩國反對這個決議。

Laing, R(onald) D(avid)＊　萊恩（西元1927～1989年）　蘇格蘭精神病學家。1960年發表《分裂的自己》一書，廣泛被人們閱讀並引起爭論。他分析精神分裂症而形成學說，認爲人對自己存在的不安全感促成防禦反應，反應中自我分裂成幾個分離的組分，產生一些精神病症狀。他反對標準的精神分裂症療法，如住院、電擊等。甚至反對精神疾病的概念，而把它看作是由家庭關係和社會引起的，要從根本上重新設想精神病醫生的作用。後來他對自己這些有爭議的見解作了一些修正。

laissez-faire＊　自由放任主義　法語「准許去做」之意。主張政府盡量不干涉個人和社會經濟事務的一種政策。由重農主義者提倡，並有亞當斯密和彌爾的強力支持。19世紀人們普遍相信自由放任主義。它認爲，個人在尋求本人所企求的目的中，就能爲其本人所處的社會取得最好的成效。國家的職責在於維護秩序和安全，而不要干預個人在尋求自己既定目標時所具有的主動性。到19世紀末葉，受到歡迎的自由放任主義因爲證明用來處理工業化所帶來的社會與經濟問題仍有不足之處而式微。亦請參閱classical economics。

lake　湖泊　內陸盆地中緩慢流動或不流動的相當大的水體。大量的湖泊存在於高北緯度地區和山區裡，尤其是在最近的地質年代中曾被冰川覆蓋的區域。湖水的主要來源爲溶化的冰和雪、泉水、河水、地表的徑流和直接的降水。湖水的上半部有充足的光線、熱能、氧氣和營養素，由洋流和湍流散佈到各地，因而可以在此處發現大量各式各樣的水生生物。最多量的生物爲浮游生物（主要爲矽藻）、藻類和鞭毛蟲。在下半部和沈積物中，主要的生命形式則是細菌。亦請參閱limnology。

Lake Clark National Park　克拉克湖國家公園　美國阿拉斯加州南部的國家公園。位於科克灣西岸，1978年被定爲國家保護區，1980年定爲國家公園。總面積1,478,900公頃。克拉克湖是該區最大的冰川湖，長度超過65公里，向多條河流供水，而這些河流是北美最重要的紅鱒魚的產卵場所。公園裡有冰川、瀑布及活火山等。

Lake District　湖區　英格蘭西北部坎布里亞的山區。範圍相當於國內最大的湖區公園，占地2,243平方公里。區內有許多湖泊，包括格拉斯米爾、溫德米爾和科尼斯頓湖。還有全國最高的山，如斯科費爾峰（978公尺）。這裡也是幾位英國詩人的居住地，包括華茲華斯、沙賽和柯立芝，他們都欣賞這裡的景色。1951年成爲國家公園。

Lake Dwellings　湖上住宅　位於今德國南部、瑞士、法國和義大利這一地區內湖畔的前青銅時代和後青銅時代的各種居住遺存。這些居所似乎是建造在木樁支撐、高於水面或湖畔沼澤區的平台上。然後在平台上建造一間或兩間的矩形棚屋，地面用黏土拍打而成。牛羊也在平台上餵養。大部分的住宅似乎曾因意外或受攻擊而被燒毀。由於湖上居民通常在舊房遺址上重建新居，考古學家便可構擬出文化序列，進一步證實青銅時代緊接在石器時代之後。亦請參閱crannog。

Lake of the Ozarks ➡ Ozarks, Lake of the

Lake of the Woods ➡ Woods, Lake of the

Lake Placid　萊克普拉西德　紐約東北部村莊。位於阿第倫達克山脈，瀕米勒湖和普拉西德湖。1800年就有人定居，但由於種植失敗而被棄。1840年代重新有人進來，1850年建爲避暑勝地，1895年杜威在此建立萊克普拉西德俱樂部。爲四季皆宜的娛樂區，有許多旅館、高爾夫球場和滑雪場，還有山景。爲1932和1980年奧運會所在地。人口2,500（1990）。

lake trout　湖紅點鮭　亦稱麥基諾鱒（Mackinaw trout）、大湖鱒（Great Lakes trout）或鮭鱒（salmon trout）。大型、貪食的紅點鮭，學名Salvelinus namaycush。從加拿大北部和阿拉斯加州到新英格蘭及五大湖地區均有分布，通常生活於深而冷的湖中。體色灰綠，帶淡白色斑點。春季在淺水中可以捕到2、3公斤重的湖紅點鮭，夏季在深水中可以拖釣到45公斤重的大魚。1930年代海七鰓鰻通過韋蘭運河進入五大湖，使得這裡的湖紅點鮭瀕臨滅絕的地步。曾被引入美國西部地區、南美洲、歐洲和紐西蘭。

Lake Turkana remains　圖爾卡納湖遺址　在肯亞西北部圖爾卡納湖畔所發現的大片原人化石。這是利基家族成員在庫比福勒等地挖掘出來的遺址，被證明是世界最豐富的原始人種遺址，蘊藏230個不同個體的化石，包括巧人、直立人和南猿屬。在西岸則發現了重要而保存完整的十一歲男孩頭骨（後稱圖爾卡納少年），後來分類爲匠人，年代約在180萬年前。這個令人驚訝的考古發現，顯示匠人可能就是100萬年前由非洲遷往歐亞大陸的原人之直接祖先。亦請參閱human evolution。

Lakewood　雷克伍德　美國新澤西州東部城鎮。位於阿斯伯里帕克西南，1800年丹麥人和英國人在此定居。曾以「三個合夥人的磨坊」、「華盛頓的爐子」、「卑爾根鐵匠」及「布里克斯堡」等名稱聞名，現爲療養和遊覽勝地。1980年代人口幾乎增加了一倍。人口約47,000（1994）。

Lakshadweep*　拉克沙群島　印度中央直轄區。位於印度西南岸外的阿拉伯海中，包括二十七個島嶼（其中只有十個有人居住），陸地總面積32平方公里。首府卡瓦拉第。曾受印度傑爾王朝控制，12世紀時成爲穆斯林統治的部分。18世紀英國取得該群島主權，並於1908年實施直接行政管理。1947年回歸印度，1956年成爲印度最小的中央直轄區。椰子樹是主要的農業支柱，捕魚爲主要工業。人口約56,000（1994）。

Lakshmi　吉祥天女　亦作Laksmi。印度教和耆那教所信奉的女神，主財富和吉祥。毗濕奴之妻，據說能變化不同形象以與毗濕奴的多種化身爲伴。爲排燈節的主要供奉對象，節日那天，人們在家裡、寺廟和商店裡搜尋她的形象以求整個來年好運。

Lalique, René (Jules)*　拉利克（西元1860～1945年）　法國珠寶商和玻璃製作師。在巴黎和倫敦習藝，1885年在巴黎開辦自己的作坊，很快便吸引了像貝恩哈特這樣的顧客。一般機器製品的特點是採用名貴的寶石，而拉利克與此不同，他較少用傳統的寶石（如電氣石、光玉髓）或獸角等材料，卻能設計出高雅脫俗的飾物來。他的設計對新藝術運動和後來的裝飾藝術運動作出了重大的貢獻。他對建築玻璃很感興趣，這使他開發出模製玻璃的風格類型，並因此而聞名。這種風格的特徵是表面清澈晶瑩，浮雕精緻華美，色彩時隱時現。

拉利克於1900年以琺瑯玻璃和黃晶製成的髮飾和胸針，現藏倫敦維多利亞和艾伯特博物館
By courtesy of the Victoria and Albert Museum, London

lama　喇嘛　藏傳佛教中的精神領袖。有些喇嘛被視爲是他們前生的投胎轉世。有些喇嘛則以其精神發展的高超層次而贏得崇敬。投胎轉世的喇嘛中最受尊崇者即爲達賴喇嘛。在精神權威上居次者爲班禪喇嘛。發現新投胎轉世的喇嘛——尤其是達賴喇嘛——的過程，極爲精密與嚴格；以神諭所顯示的訊息、喇嘛死後或靈童出生後的異常跡象，以及對候選人的測試等，來鑑定繼承者。透過這種方式鑑定爲喇嘛投胎轉世的靈童，將從年紀很小的時候就接受廣博的寺院培訓。

Lamar, Mirabeau Buonaparte*　拉馬爾（西元1798～1859年）　美國政治人物。生於喬治亞州的路易斯維爾，後移居德克薩斯，投身反對墨西哥的獨立鬥爭。作爲騎兵指揮官，協助贏得了聖哈辛托戰役（1836），並被任命爲德克薩斯臨時政府國防部長。當選德克薩斯共和國副總統（總統爲休斯頓），後繼任總統（1838～1841）。開始他反對被美國兼併，但在1844年後主張州的地位以保證繼續實行奴隸制。

Lamarck, Jean-Baptiste de Monet, chevalier (knight) de＊ 拉馬克（西元1744～1829年） 法國生物學家。首先使用「生物學」一詞（1802）。爲現代博物館藏分類概念的發明者之一，以贊助者來區分排列展覽品，並由見識淵博的專家來維護及更新。拉馬克似乎是最早將化石跟最接近的現存生物聯繫起來的人。他認爲後天獲得的特徵可遺傳的看法（被稱爲「拉馬克主義」在1930年代後，受到大多數遺傳學家的懷疑，但不包括蘇聯在內。拉馬克主義主導蘇聯遺傳學的發展直至1960年代爲止（參閱Lysenko, Trofim Denisovich）。亦請參閱Darwin, Charles (Robert)、Darwinism。

Lamartine, Alphonse de＊ 拉馬丁（西元1790～1869年） 法國詩人和政治家。在路易十八世之下任短暫的軍事服務後，轉向文學發展，寫作詩體悲劇和哀歌。他最爲人記得的是極受歡迎的第一本詩集《沈思集》（1820），該詩集充滿音樂節奏並且引起感情共鳴。拉馬丁以此詩集建立了他在法國浪漫主義中的主要地位。自1830年開始活躍於政治中，成爲工人階級的代言人。在法國第二共和於1848年宣告成立後，拉馬丁成爲臨時政府實際上的首腦直至革命被鎮壓爲止。在晚年以出版小說、詩作和歷史作品來還債對抗破產，但徒勞無功。

Lamashtu＊ 拉馬什圖 在美索不達米亞宗教，所有女惡魔中最兇惡者。天神安努之女，拉馬什圖殺害兒童、飲人血而食人肉、使植物枯萎、損壞河流及溪流、散佈惡夢、引起流產和導致疾病。她有七個名字，常在巫術中被描述爲「七女巫」。她在護符上其像常爲獅頭或鳥頭女性，跪在驢背上，兩手各執一條雙頭蛇，雙乳上哺有豬或狗。

lamb 羔羊肉 出生不到一年的小羊以及這種動物的肉。一年以上的成熟公羊或母羊的肉稱羊肉（mutton）；十二～二十個月大的羊的肉可稱一齡羊肉（yearling mutton）。六～十週大的羊的肉通常作爲乳羊肉出售，五～六個月大的稱春羔羊肉（spring lamb）。羔羊肉和羊肉的主要消費國（按個人平均所得）是紐西蘭和澳大利亞。

Lamb, Charles 蘭姆（西元1775～1834年） 英國隨筆作家和評論家。1792年至1825年在東印度公司當職員。1796年開始成爲他姊姊，即作家瑪麗蘭姆（1764～1847）的監護人，瑪麗因精神病發作（後來證實曾一再復發）而殺死母親。以筆名伊利亞在《倫敦雜誌》登出的自傳體短文而聞名，之後並收錄於《伊利亞隨筆集》（1823）和《伊利亞後期隨筆集》（1833）中。在最偉大的英國文學作家中，他包含了一些他對英國文學最具洞察力的文學評論，經常以旁註的形式出現。與瑪麗合編的《莎士比亞故事集》（1807）成爲極受歡迎的將劇作重述的兒童作品。

Lamb, William ➠ Melbourne (of Kilmore), William Lamb, 2nd Viscount

lambkill ➠ sheep laurel

lamb's ears 羊耳石蠶 亦作lamb's ear。廣泛栽培的多年生薄荷科草本植物，原產於亞洲南部。銀綠色的葉片覆蓋濃密糾結的細髮，綠葉與顏色明亮或柔和的花形成愉悅的對比，耐寒的羊耳石蠶成爲美國東南部特別喜愛的多年生園藝植物。

Lamennais, (Hugues-)Félicité(-Robert de)＊ 拉梅內（西元1782～1854年） 法國天主教司鐸和哲學家。他和兄長尚在《關於法國教會情況的想法》（1808），概略地提出教會改革計畫，並在1814年著文爲越山主義（教宗權威）辯護。拉梅內於1816年受祝聖爲司鐸，他在受到歡迎的著作《論對宗教的漠視》（1817～1823）中爲宗教的不可或缺提出理由。七月革命（1830）後，他創辦《前途報》，鼓吹民主主義原則和政教分離。教宗於1832年譴責該報的言論原則。於是拉梅內發表《一個信徒的話》（1834）回應，引發教宗的另一篇通諭，並導致拉梅內與天主教會的關係斷絕。其後拉梅內爲共和主義和社會主義而著述。

Lamerie, Paul de＊ 德拉梅里（西元1688～1751年） 荷蘭裔英國籍銀匠。父母都是胡格諾派教徒，1680年代初離開法國，1691年定居英國。他在倫敦跟一名金匠當學徒，1713年註冊商標開業。最初，他以安妮女王時代樸素無華的風格製造酒杯和茶壺之類的簡單器皿。後來使用了較多的裝飾。到了1730年代，他製作自創的富有洛可可風格的作品。1737年製作的一隻杯子就是一代表，杯柄製成蛇形。

laminar flow 層流 流體平滑流動，或者以規則的路徑流動。流體中每一點的速度、壓力以及其他流動特質均保持恆定。在水平表面上的層流，可以認爲是由許多互相平行的薄層組成，薄層互相緊挨著滑過。一般在流體通過的管道狹小，流速較慢以及流體黏度較高時才會發生層流。例如油類通過細管和血液流過毛細血管的流動都是層流。亦請參閱turbulent flow。

L'Amour, Louis＊ 拉莫（西元1908～1988年） 原名Louis Dearborn LaMoore。美國西部小說作家。生於北達科他州的詹姆斯敦，十五歲離開學校，並於1940年代寫作生涯開始之前，周遊世界各國。在《亨達》（1953）成爲他發跡的電影之前，一直使用筆名創作，包括巴恩斯和馬尤。他的作品超過一百部，大多爲固定形式的西部小說，如實描繪美國西部未開拓地區的生活，這些作品已翻譯成二十種語言，銷售量達兩億本之多，其中超過三十本成爲電影的藍本，包括《基爾肯尼》（1954）、《燃燒的山丘》（1956）、《林場裡的狩獵員》（1955）以及《西部的勝利》（1963）。

lamprey＊ 七鰓鰻 與盲鰻同屬無顎綱的約22種原始魚形無顎脊椎動物的統稱。七鰓鰻除非洲外分布於全球所有溫帶沿海和淡水水域。體形似鰻，無鱗，長約15～100公分。七鰓鰻有發育良好的眼、位於頭頂的單鼻孔、軟骨骨骼和角質齒圍繞四周的吸盤狀圓口。有數年的時間爲沙隱蟲，大多數種類的成體會游入海中生活，藉助其口吸附於魚體，吮食宿主血液及組織。有些種類終生留於淡水，著名的例子是海七鰓鰻陸封型，進入北美洲五大湖，使湖紅點鮭及其他經濟魚類幾近消失。

附著於紅鱒之上的七鰓鰻（Lampetra屬）
Oxford Scientific Films-Bruce Coleman Ltd.

Lampsacus＊ 蘭薩庫斯 赫勒斯傍亞洲沿海的古代希臘城市，以產酒出名。是崇拜普里阿普斯神的主要地點。西元前654年愛奧尼亞的福西亞在此建立殖民地，西元前499年參加愛奧尼亞反抗波斯的起義，後來加入提洛同盟。西元前405年雅典淪亡，蘭薩庫斯轉歸波斯統治，直到西元前334年亞歷山大大帝將該城解放。該城是哲學家斯特拉頓的故鄉。

LAN ➠ local area network (LAN)

Lan-chou ➠ Lanzhou

Lan Na 蘭那 泰國歷史上最早的重要傣族王國之一。蘭那王朝是由孟萊（約1259～1317年在位）在今日泰國北部所建立。首都是清邁市。蘭那是個強盛的國家，也是上座部佛教的傳布中心。在提羅卡哈查（1441～1487年在位）的時代，蘭那的佛教學術與文學聲名卓著。蘭那一直維持獨立地位，直到16世紀被緬甸征服爲止。暹羅人一直到19世紀才重申對此區域的控制權。

Lan Sang＊ 瀾滄 亦作Lan Xang或Lan Chang。老撾王國。14世紀起開始繁榮，至18世紀分裂爲兩個王國。由於與鄰邦發生衝突，迫使瀾滄的統治者於1563年將首都從琅勃拉邦遷往永珍，但王國的勢力仍在。

Lan-Ts'ang Chiang 瀾滄江 ➠ Mekong River

Lanao, Lake＊ 拉瑙湖 菲律賓民答那峨島上的湖泊。位於該國活火山群以北的高原地區。是菲律賓的第二大湖，面積340平方公里。長35公里，最大寬度26公里。

Lancang Jiang ➠ Mekong River

Lancashire＊ 蘭開郡 英格蘭西北部一郡。郡首府爲普雷斯頓。中世紀初是盎格魯－撒克遜的諾森伯里亞的一省。該地區包括了蘭開斯特王室的祖先領土。工業革命時成爲主要的製造業區和紡織工業中心。蘭開斯特和普勒斯頓是主要銷售市場和工業城市。還有許多旅遊城鎮，包括瀕臨愛爾蘭海的黑澤。

Lancaster, Burt(on Stephen) 蘭卡斯特（西元1913～1994年） 美國電影演員。生於紐約市，1930年代曾隨馬戲團巡迴演出，期間擔任雜技演員，第二次世界大戰時服役於北非和義大利。他在電影《繡巾蒙面盜》（1946）裡初次粉墨登場便一炮而紅成爲明星，之後便以飾演外表剛強但內心細膩的角色聞名。演出多部電影，包括《蘭閨春怨》（1952）、《亂世忠魂》（1953）、《玫瑰夢》（1955）、《勝利的喜悅》（1957）、《孽海痴魂》（1960，獲奧斯卡獎）、《終身犯》（1962）、《浩氣蓋山河》（1963）、《夏日》（1968）、《大西洋城》（1981）、《當地英雄》（1983）以及《夢幻成眞》（1989）。

Lancaster, House of 蘭開斯特王室 金雀花王室的幼支，在15世紀裡出現三位英格蘭國王（亨利四世、亨利五世和亨利六世）。1267年亨利三世之子愛德蒙（1245～1296）被封爲蘭開斯特伯爵時，這個家族的名稱第一次出現。愛德蒙的孫子亨利（卒於1361年）成爲第一任蘭開斯特公爵，之後蘭開斯特的繼承歸於亨利最小的女兒布朗歇和她的丈夫岡特的約翰。岡特的兒子蘭開斯特的亨利成爲國王亨利四世，蘭開斯特的公爵領地便併入王室。蘭開斯特王朝因亨利六世被約克王室的愛德華四世打敗而結束（參閱Roses, Wars of the），蘭開斯特的領地便被納於都鐸王室之下。

lancelet ➠ amphioxus

Lancelot 蘭斯洛特 亦作Launcelot。亞瑟王傳奇中最重要的騎士之一，圭尼維爾的情夫，加拉哈特的父親。蘭斯洛特最初出現在克雷蒂安・德・特羅亞的12世紀傳奇故事裡，並且是馬羅萊所著的《亞瑟王之死》中的重要角色。全名爲Sir Lancelot du Lac，是指他在嬰兒時被一女巫帶走並訓練成騎士的模範後送入亞瑟宮廷，即「湖上夫人」撫育的故事。蘭斯洛特在宮廷裡成爲最受亞瑟王喜愛的騎士和王后圭尼維爾的情夫。與王后的姦情導致他在尋找聖杯一事失敗，並引起一系列導致卡默洛特毀滅的事件。他與聖杯持有者之女艾蓮所生的兒子加拉哈特後來取代他成爲騎士的模範。

Lancet, The 柳葉刀 英國的一份醫學雜誌，1823年創刊。從紐約和倫敦每周出版一期。創辦人及首任編輯是韋克利，在當時他被認爲是一名激進的改革者。他宣稱創辦這份新雜誌的目的是報導醫院的講座，並介紹當時的一些重要病例。柳葉刀雜誌創辦以來，在英國醫學和醫院的改革運動中起了重要的作用，也成爲一份在全世界很有威信的醫學雜誌。

Lanchester, Frederick William＊ 蘭徹斯特（西元1868～1946年） 英國汽車工業和航空學的先驅。1896年蘭徹斯特生產英國第一種單缸5馬力型號的汽車。在他生產出幾種改進型後，得到了財政支援，使他在以後的幾年裡能夠生產出幾百輛汽車。他的汽車有幾個優點：振動較小、外形美觀，還裝有行李架。1897年他發表了一篇重要的論文，討論關於重於空氣的飛行器的飛行原理，成爲後來航空學裡的主要教材。

Lancisi, Giovanni Maria＊ 蘭奇西（西元1654～1720年） 義大利解剖學家和流行病學家。他將沼澤地區瘧疾的流行與蚊子的存在聯繫在一起，並建議排乾沼澤以防止此病。他將羅馬猝死人數的增加與腦溢血、心臟肥大和擴張以及心瓣膜上的贅生物等病因聯繫在一起，並探討了心臟擴大的各種原因。他還首次描述了梅毒性動脈瘤。

land 土地 在經濟學上，是指一種資源，包含可用於生產之自然資源。在古典經濟學的意義下，生產的三個要素是土地、勞動力、資本，土地被認爲是「原始而取之不盡的自然禮物」；在現代經濟學的意義下，土地則廣泛定義爲涵蓋所有自然物質，包括礦產、森林、水和土地資源。雖然這些資源都可以更新，但已沒有人認爲它們是「取之不盡」。使用土地的價格稱爲「地租」，地租的定義和土地的定義一樣都會隨著時間變寬，以含括相對固定的供給方式使用任何生產性資源之價格。

Land, Edwin (Herbert) 蘭德（西元1909～1991年） 美國發明家和物理學家。在哈佛大學短暫學習後，1932年在波士頓與人合建了蘭德－惠爾賴特實驗室。對光偏振發生興趣，1932年發明了偏振片（他將之稱爲拍立得J片），他設想了許多用途。1936年蘭德開始在太陽鏡和其他光學儀器上使用各種偏振材料。後來用於照相機濾光片和其他的光學儀器中。1837年蘭德在麻薩諸塞州劍橋成立了拍立得公司。1947年他展示了革命性的拍立得照相機，該相機能在60秒鐘拍攝出一張完整照片。1963年推出彩色拍立得底片。蘭德對光和色彩的興趣產生了新的色彩感覺理論。他獲得五百多項專利。

land grant college ➠ Morrill (Land-Grant College) Act of 1862

land mine 地雷 埋於地表下面的爆炸裝置，用於軍事行動來對付軍隊和車輛。車輛或軍隊壓在它上面的力量會引爆，也可以通過定時或遙控起爆。第一次世界大戰時，曾裝配出簡便地雷（掩埋炮彈），儘管如此，地雷只是在第二次世界大戰中才成爲重要的武器，從那以後地雷就被廣泛應用。大多數早期地雷使用金屬殼體，後爲防止磁力探測而改用其他材料。地雷通常用於妨礙或阻止坦克及（或）步兵的大規模進攻，第二次世界大戰後的衝突中將埋了地雷的土地讓與敵方，但不能作爲平民的居所。1997年通過了一項禁止地雷的條約，但美國、俄國和中國並沒有簽字。亦請參閱submarine mine。

land reform 土地改革 審慎改進農地持有制度、耕作形式和農業與其他經濟間的關係。土地改革最普遍的政治目標是廢除封建或殖民地主土地所有制，通常是取走大地主的土地再重新分配給沒有土地的農民。其他目標則包括改善農民的社會地位和將農業產出與工業化計畫整合。土地改革的最早記錄出現於西元前6世紀的雅典，當時梭倫廢除了迫使農民抵押土地和勞務的借貸系統。然而在古代的世界，土地集中在大地主的手中成爲一種慣例，並持續至中世紀和文藝復興時代。法國大革命替法國帶來土地改革並建立起成爲法國民主基石的小型家庭農場。19世紀時大多數的歐洲國家都廢除了農奴制。俄國的農奴在1861年被解放，1917年俄國革命後實行農業集體化，隨之而來的是資本的喪失和毀滅性的饑荒。土地改革實行於其他共產黨掌權的國家，尤其是中國。土地改革至今仍然是世界上許多國家的潛在政治議題。亦請參閱absentee ownership。

land tenure, feudal ➠ feudal land tenure

Landau, Lev (Davidovich)＊ 朗道（西元1908～1968年） 蘇聯物理學家。自國立列寧格勒大學畢業後，在哥本哈根波耳的研究所從事研究工作。他以低溫物理、原子和核子物理、固體物理、星體能量以及電漿等多方面的工作著稱。由於對液態氦現象的解釋而獲得了1962年的諾貝爾獎。由於他的研究涉及物理學的各方面，因此他的名字被廣泛地用在朗道去磁、朗道能級、朗道阻尼、朗道能譜和朗道分流以及莫斯科的朗道理論物理研究所。

Landers, Ann 蘭黛（西元1918年～） 原名Esther Friedman。美國報紙專欄作家。生於愛荷華州的蘇城，1995年接下《芝加哥太陽日報》的讀者問答專欄，採用她現在衆所周知的筆名，該專欄成爲美國最廣爲發表於報紙雜誌的讀者問答專欄。她的雙胞胎妹妹寶琳也自1956年寫具競爭性並同樣著名的讀者問答專欄「親愛的艾琵」（原先是替《舊金山紀事報》寫）。

Landini, Francesco＊ 蘭狄尼（西元1335?～1397年） 亦稱Francesco Landino。義大利作曲家、管風琴家和詩人。兒時患天花致盲，他就學習音樂和管風琴。後來成爲管風琴製作者，同時又是作曲家、抒情詩人，並演出150多首旋律優美的二重和三重唱歌曲。自義大利新藝術（14世紀）流傳下來的音樂作品中，蘭狄尼的作品占了約1/4。

Landis, Kenesaw Mountain 蘭迪斯（西元1866～1944年） 美國聯邦法官，首任職業棒球運動委員會主席。其父在美國南北戰爭期間是名士兵，曾在喬治亞州的一座山上受傷，故給他以山取名。1891～1905年間在芝加哥開業當律師，後被任命爲美國區法院法官（1905～1922）。1907年他主審了一件著名的官司，以非法運費回扣爲由，判定標準石油公司有罪，處以2,900萬美元罰款（他的決定後來被推翻）。1920年在黑襪醜聞後，任棒球委員會主席。爲了比賽的公正性，他採取斷然措施而聞名。雖然人們普遍不喜歡他的嚴厲和專制管理，但他至死都保持了這個職位。

蘭迪斯，攝於1928年
UPI

ländler＊ 蘭德勒舞 奧地利和巴伐利亞傳統的雙人舞。舞者隨著3/4節拍的音樂滑動和旋轉，18～19世紀的維也納十分流行。蘭德勒舞對後來的華爾茲的發展有過影響。像莫札特、舒伯特、布魯克納和馬勒等作曲家都寫過蘭德勒舞和受蘭德勒舞啓發的作品。

landlord and tenant 業主和租戶 指租賃不動產的雙方當事人，他們之間的關係受契約的約束。業主或出租人是財產的所有人；租戶或承租人要提供租金才能在規定的期限內占有和使用財產。租賃的重要形式包括定期租賃、不定期（按季）租賃、任意租賃和超期租賃（租約期滿後租戶繼續占用）。亦請參閱real and personal property、rent。

Landon, Alf(red) M(ossman) 蘭登（西元1887～1987年） 美國政治人物。1912年進入堪薩斯州的石油業，並活躍在進步黨的政治活動。1932年當選堪薩斯州州長，1934年再次當選，成爲當年唯一連任的共和黨在職州長。1936年成爲共和黨總統候選人。雖然他贏得了大約1,700萬張選票，但在選舉人壓倒優勢中輸給羅斯福。

Landor, Walter Savage 蘭道爾（西元1775～1864年） 英國作家。曾就讀於拉格比公學和牛津大學，均因與學校當局意見不和而輟學。他是個古典文學者，許多作品原來是用拉丁文寫的。雖然他寫了不少抒情詩、劇本和英雄史詩，但最爲人所知的是用散文寫成的歷史人物對話《想像的對話》（1824～1853）。一生大部分時間在德國和法國度過，卒於佛羅倫斯。

Landowska, Wanda＊ 藍道夫斯卡（西元1879～1959年） 原名爲Alexandra Landowska。波蘭裔美籍大鍵琴家和鋼琴家。在成爲鋼琴家並投入許多心力在音樂研究之後，她擁有一把由巴黎的浦雷爾替她製作的大鍵琴，並且在1912年的布雷斯勞巴哈音樂節首次使用它來演奏，開始了20世紀大鍵琴演奏的復興並引起國際間對擬眞表演經驗的新興趣。她的許多錄音作品包括有巴哈《郭德堡變奏曲》的首次錄音，並演奏法雅的大鍵琴協奏曲和普朗克的《田野協奏曲》。由於身爲猶太人，她必須逃離納粹黨的迫害，在1940年後於美國定居和教書。

Landrum-Griffin Act 蘭德勒姆－格利芬法（西元1959年） 對付工會腐敗作出的立法。正式名稱爲勞資關係報告和揭露法。該法規定了一些聯邦級的刑罰以懲治那些濫用工會基金或阻止工會會員行使其合法權利的工會官員。美國參議院的聽證會證明勞工與集團犯罪之間的關係，爲此通過該項法案。

Land's End 地角 英格蘭康瓦耳郡最西端的半島。其頂端是英格蘭的最西南點，與傳統上認爲是英國最北端的約翰奧格羅茨距離約1,400公里。近海有不少危險的礁石，其中有一組，離陸地不到2公里，朗希普燈塔作爲標誌。

L
M
N

Landsat　陸地衛星　正式名稱地球資源技術衛星（Earth Resources Technology Satellites）。美國的不載人科學衛星系列。頭三枚陸地衛星分別於1972、1975和1978年發射，這些衛星主要用於收集地球自然資源的資訊，還裝著監視大氣和海洋狀況的設備，也可探測污染程度的改變和其他生態變化情況。另外四枚陸地衛星則發射於1982、1984、1993和1999年，但第六顆陸地衛星在發射後即失去無線電聯繫。

landscape gardening　造景園藝　佈置土地、植物與事物供人類享用及樂趣的方法，通常有遼闊的視野與近處的特寫景觀。循環生長及季節變化提供連續的時間景色及自然節律，不存在建築與雕像。花園與造景填補城市的開放區域，連接城市建築物與外圍的開闊鄉村土地。造景園藝區大小不拘，從小型的城市庭院、郊區公園，乃至數千畝的地方、州立或國家公園。每個造景園表現出對自然與人類的看法，暴露出許多文化與時代的訊息。

Landseer, Edwin (Henry)　蘭塞爾（西元1802～1873年）　受封爲艾德溫爵士（Sir Edwin）。英國畫家和雕刻家。最初隨身爲雕刻家和作家的父親學畫，後進皇家美術學院學習。以畫動物著名，並發展出對動物解剖學的精確知識，但作品因過於擬人化而到假作多情和說教的程度，例如《尊嚴與傲慢》（1839）。他在專業和社會上都獲得極佳的成功，並爲維多利亞女王最喜愛的畫家之一。1831年選入皇家美術學院，1850年獲爵士封號。作爲雕刻家，他最有名的作品是特拉法加廣場納爾遜紀念柱底座上的四件青銅雕獅子像（1867年揭幕）。

Lane, Burton　雷恩（西元1912～1997年）　原名Burton Levy。美國流行歌曲作家。生於紐約市，曾於紐約市流行音樂作曲家、出版商、樂器商、發行人等匯集區「錫盤巷」工作，並引起蓋希文的注意。他的曲調自1930年代起便成爲百老匯的號召，之後也可在電影裡聽到其音樂，其中包括《百老匯之子》（1942）。他最偉大的成就來自於《芬尼亞人的彩虹》（1947；1968年拍成電影名爲「彩虹仙子」），由哈伯格作詞。他也和勒納合作電影《王室婚禮》（1951）中的音樂，片中亞斯坦隨著〈太遲了〉的旋律在屋頂上跳舞。另外一個透過合作而成功的就是和勒納一起創作的《姻緣訂三生》（1965；1970年拍成電影），這部戲也帶給雷恩生命中最後的卓越成就。

Lanfranc＊　蘭弗朗克（西元1005?～1089年）　坎特伯里大主教（1070～1089）。居住在諾曼第的一位義大利學者，入本篤會修道院修行，後任院長。他成爲征服者威廉一世所信賴的顧問，在征服諾爾曼人後，威廉一世提名蘭弗朗克爲坎特伯里大主教。蘭弗朗克改革並重組了英國的教會，保證教會獨立於王權。1075年他發現了一個反對國王的陰謀，1087年他反對羅伯特二世而保證了威廉二世的繼位。

Lanfranco, Giovanni＊　蘭弗蘭科（西元1582～1647年）　義大利畫家。曾追隨卡拉齊家族的阿戈斯蒂諾學習。1602年前往羅馬法爾內塞府邸與卡拉齊家族的安尼巴萊一同工作。安尼巴萊死後，成爲羅馬濕壁畫家的主要領導者。他的作品受到柯勒喬強而有力的錯覺藝術手法影響。他的傑作爲聖安德烈阿－德拉－瓦列教堂的天頂畫《聖母升天》（1625～1627），該工作是從他的對手多梅尼基諾手中取得，該作品以氣勢雄健的人像飄在觀衆頭上的雲端之中，是巴洛克時代的關鍵作品。1633到1646年間在那不勒斯工作，在該地的名作是大教堂中聖詹納羅禮拜堂的天頂畫（1641～1646）。

Lang, Fritz　佛烈茲朗（西元1890～1976年）　奧地利裔美籍電影導演。曾在維也納學習建築，並在第一次世界大戰中於奧地利軍中服役。在戰爭中受的傷害復原期間，他開始撰寫劇本。他在柏林的一家電影工作室找到工作，之後並在該處導演了《厭倦的死神》（1921）、《馬比斯博士》（1922）、分成兩部的《尼貝龍》（1924）、表現主義者的《大都會》（1926）和《M》（1931）等成功的電影。在製作完反納粹電影《馬比斯博士的遺囑》（1932）後，他離開德國前往巴黎，後來前往好萊塢。其在美國製作的影片符合他在德國導片時所呈現的密度、悲觀情緒和視覺上的精通，在美國的作品有《狂怒》（1936）、《你只活一次》（1937）、《諜網迷離》（1944）、《臭名遠揚的蘭林》（1952）和《巨變》（1953）。

Langdell, Christopher Columbus＊　蘭德爾（西元1826～1906年）　美國法學教育家。曾任教師，後成爲律師，1854～1870年在紐約市開業當律師。1870～1895年在哈佛大學法學院任教授，後來又擔任院長。他開創了案例教學法，讓學生們閱讀和討論原始判例，自己從中找出法學原理。這一教學方法最終成爲美國法學院中主要的教學法。

Lange, Dorothea＊　蘭格（西元1895～1965年）　美國紀實攝影家。學習攝影，並在1919年在舊金山開設一家攝影工作室。大蕭條時期，她所拍攝無家可歸者的照片促成蘭格受雇於聯邦再安置局，以便將窮人處境攤在大衆眼前。由於她拍攝的照片富有感情，以致州政府爲移民者建立了營帳。其作品《移棲的母親》（1936）爲聯邦農業安全局所有圖片中最廣爲複製之作。她拍製了另外一些攝影記事，包括記錄第二次世界大戰中日裔美國人被拘留的情形。

Lange, Jessica　潔西卡蘭芝（西元1949年～）　美國電影女演員。生於明尼蘇達州的克洛開，初次演出電影《大金剛》（1976）前，曾於巴黎學習默劇並在紐約從事模特兒工作。她也曾演出《爵士春秋》（1979）和《郵差總按兩次鈴》（1981），隨後以《法蘭西絲》（1982）和《窈窕淑男》（1982，獲奧斯卡獎）走紅而成爲明星。她並以《家園》（1984）、《甜蜜夢幻》（1985）、《父女情》（1989）和電視版的《朱門巧婦》（1984）以及《拓荒者》（1992）等影片中的角色贏得讚賞。後來演出的電影包括《藍天》（1994，獲奧斯卡獎）、《赤膽豪情》（1995）、《褪色天堂》（1997）和《提圖斯》（1999）。

Langer, Susanne K(nauth)　蘭格（西元1895～1985年）　美國哲學家。執教於哈佛大學（1927～1942）和其他學校。在《哲學新解》（1942）中，她對藝術的意義賦予了一種新的解釋。《感覺和形式》（1953）中她提出，藝術，特別是音樂，是一種有高度表達能力的表現形式，它象徵對於生活方式（普通語言無法表達）的直覺的認知。《精神：論人的感覺》（3卷，1967～1982）一書中，蘭格對人類心智的發展進行探索。

Langerhans, islets of　朗格漢斯氏島　亦稱islands of Langerhans。胰臟內的不規則斑片形內分泌組織，胰臟內含朗格漢斯氏島約100萬個。最常見的β細胞分泌胰島素以控制血糖。不充分的分泌會導致糖尿病。α細胞分泌胰高血糖素，是一種呈相反作用的激素，可促使肝臟釋出葡萄糖、脂肪組織釋放脂肪酸，而這些又促使胰島素釋放，並抑制高血糖素的分泌。δ細胞產生生長激素抑制激素對生長激素（爲主要的腦下垂體激素）、胰島素及高血糖素均有抑制作用，其代謝角色仍不明。少量的F細胞分泌胰多肽，可減緩營養素吸收。亦請參閱endocrine system。

Langland, William 朗蘭（西元1330?～1400?年） 《耕者皮爾斯》這首詩的假定的作者。其生平不詳，據知他對神學有很深的造詣，而且對克萊爾沃的聖貝爾納所倡導的苦行主義頗感興趣。《耕者皮爾斯》是中世紀英語頭韻詩名篇之一，是一篇比喻性的作品，以一系列帶複雜的宗教主題的夢幻形式表現出來；而所用的語言卻是簡單的口語，包含了豐富的想像力。

Langley, Samuel (Pierpont) 蘭利（西元1834～1906年） 美國天文學家和航空先驅。在匹茲堡大學前身執教多年。他研究太陽活動對氣候的影響，1878年發明了測輻射熱儀，是一種檢測非常小的溫度差的靈敏儀器。他建造飛行機器來著手研究翅膀所受的升力和阻力，1896年他的一架重於空氣的機器成了第一個實現無人控制，能持續飛行的飛行器，沿著波多馬克河飛了900公尺。

Langmuir, Irving＊ 蘭穆爾（西元1881～1957年） 美國物理化學家。在格丁根大學獲得博士學位。在通用電氣公司任研究員（1909～1950），他研究了氣體放電、電子發射和鎢的高溫表面化學，極大地延長了鎢絲燈泡的壽命。他開發了一種眞空泵以及用在無線電廣播中的高眞空管。他還提出了原子結構理論以及化學鍵的形成理論，引用了「共價」這個術語。1932年他獲得諾貝爾獎。

Langton, Stephen 蘭敦（卒於西元1228年） 英格蘭樞機主教，坎特伯里大主教（1207～1228）。當英諾森三世任命他爲坎特伯里大主教（1207）來解決選舉爭端時，他正住在羅馬。國王約翰拒絕蘭敦進入英格蘭就任，教宗將約翰逐出教會（1209）。約翰終於屈服，1213年接受了蘭敦。新的大主教鼓勵貴族們反對國王，但不贊成用暴力。他是簽署大憲章（1215）的代表，並用憲章的條款影響基督教的自由派。

Langtry, Lillie 蘭特里（西元1853～1929年） 原名Emilie Charlotte Le Breton。英國女演員。生於澤西島（故後稱爲「澤西百合」），1874年與社交名人蘭特里結婚。她以美貌聞名。當她第一次以社交界人物登台演出，在《屈身求愛》（1881）中出任女主角時，引起了轟動。她在英國和美國爲熱情的觀衆演出，在《皆大歡喜》中成名。她的情人包括威爾斯王子（後來的愛德華七世）。她丈夫去世後，1899年她嫁給了雨果・德・巴茲。後來她改造並管理帝國劇院（1901～1917）。

蘭特里
Mansell Collection

language 語言 語言是同一個文化中的人所使用來互相溝通的一套口說或書寫符號系統。語言反映並影響文化中的思考方式，並會隨著文化中語言的發展而改變。原本相關的語言會因爲使用者的互相隔離而越來越不同。當言語集團互相接觸時（例如經由貿易或征服），它們的語言會互相影響。大多數現存的語言與其他從古老的語言傳承下來的語言構成一族（參閱historical linguistics）。最大範圍的語言分類是語族，舉例來說，所有的羅曼諸語言源起於拉丁語，屬印歐諸語言族的義大利分支，是繼承古老的母語原始印歐語而來。其他主要語族有，亞洲的漢藏諸語言、南島諸語言、達羅毗荼諸語言、阿爾泰諸語言和南亞諸語言；非洲的尼日－剛果諸語言、亞非諸語言和尼羅－撒哈拉諸語言；美洲的猶他－阿茲特克諸語言、馬雅諸語言、奧托－曼格諸語言和圖皮諸語言。追溯語言間的關係是以比較語法和句法，尤其是以尋求不同語言間同源詞（相似的字）的方法來進行。語言擁有可以被分析並有系統地呈現的複雜結構（參閱linguistics）。所有的語言都是從言語開始，許多並繼續發展文字系統。所有的語言都可以用不同的句子結構來表達語氣。雖使用不同的層次來表達語氣，但似乎都能表現出一種有彈性的結構上的平等。主要的層次有詞序、構詞、句法結構和言語中的語調。不同的語言保持了本身對數量、人稱、詞性（gender）、時態、語氣和其他與字根分離或連結在一起的項目的指示法。人類天生學習語言的能力隨年齡增長而減弱，且在約十歲之後所學習的語言其表達能力通常不會比在之前所學的語言還要好。亦請參閱dialect。

language, philosophy of 語言哲學 哲學的一個分支，主要目的爲清楚表達意義理論的形式和必要條件和自然語言的關聯。就歷史上的觀點來說，其和語言的誤用、誤解所引起的哲學上的困惑有關。然而，不是所有的語言哲學家都相信語言的邏輯分析是個適合的方法，遑論有解決哲學問題唯一的方法。亦請參閱linguistics、pragmatics。

Languedoc＊ 朗格多克 法國中南部歷史區。朗格多克一詞起源於法國南部的傳統語言，oc意即「是」（參閱Occitan language）。自西元前121年起，該地區爲羅馬高盧納爾榜南西斯省的一部分。羅馬帝國滅亡後，5世紀時由西哥德人控制。中世紀期間屬土魯斯伯爵們的。13世紀的宗教戰爭（參閱Albigensian Crusade）歸法國王室統治。16～18世紀，該區爲新教徒受迫害的地方，在卡米撒派之戰中，這種迫害達到了頂點。新教徒的叛亂使朗格多克被劃分爲若干省。

Lanier, Willie (Edward)＊ 雷尼爾（西元1945年～） 美國美式足球員。生於維吉尼亞州的克洛佛，在摩根州立大學時入選全美年輕明星隊。他是一位傑出的防守球員，1966～1977年間擔任堪薩斯酋長隊的中線衛。在第四屆超級杯（1970）比賽中，他幫助酋長隊擊敗受大衆喜愛的明尼蘇達維京人隊，並且連續八年入選參加全明星賽。

Lansbury, George 蘭斯伯里（西元1859～1940年） 英國政治人物。作爲下院的議員（1910～1912, 1922～1940），他成爲社會主義者和濟貧法改革者。1931～1935年，領導英國工黨。他傾向和平主義，對於義大利侵略衣索比亞（1935）的舉動，他不願意因此對義大利實行經濟制裁，惟恐這將導致戰爭，因而失去工黨領袖地位。1937年訪問希特勒和墨索里尼，空想以他個人的影響能夠制止戰爭趨勢。

Lansdowne, Marquess of 蘭斯多恩侯爵（西元1845～1927年） 原名Henry Charles Keith Petty-Fitzmaurice。愛爾蘭貴族和英國外交官。1866年繼承其父親爵位及大批財產，並在格萊斯頓的自由黨政府任公職。在加拿大總督任內（1883～1888），曾幫助平息里爾叛亂。在保守黨執政時任印度總督（1888～1894），重組警察系統、重整立法議會、關閉印度鑄幣廠收回銀幣自由鑄幣權和增加鐵路與灌溉工程。在陸軍大臣任內（1895～1900）因英國在南非戰爭中毫無準備而遭指責。在外交大臣任內（1900～1906）締結英法協約。

L'Anse aux Meadows＊ 蘭塞奧克斯草地 10世紀末，此地是古諾爾斯人移民者在紐芬蘭北端建立的多達三處的開拓據點。在最初的相互爭鬥之後，這批古諾爾斯人移民者與他們稱之爲“Skraeling”的伊努伊特人（Inuit，即愛斯基摩人的自稱）建立了常規的貿易關係。這些開拓據點不久即遭棄，可能是因古諾爾斯人撤離了格陵蘭。

Lansing　蘭辛　美國密西根州首府。位於格蘭德河畔，在格蘭德河與紅錫達河匯流處，1847年州首府由底特律遷此，成爲定居點。原來稱密西根，1848年改名蘭辛。19世紀後期成爲汽車製造業的中心。現爲主要的汽車生產中心，設有第一所美國農業學院，密西根州立大學（在今東蘭辛）的所在地。人口約126,000（1996）。

Lansky, Meyer　蘭斯基（西元1902～1983年）　原名Maier Suchowljansky。出生於俄國的美國黑社會首腦。1911年全家移民至美國。年輕時與西格爾從事盜竊、搶劫和烈酒走私等犯罪活動。1931年被謠傳謀殺犯罪集團首腦馬塞里亞，並與盧西亞諾成立一個全國犯罪集團。1936年蘭斯基已在古巴和美國開設賭場，讓西格爾管理拉斯維加斯的賭博業。到了1960年代，蘭斯基將其賭博帝國擴展到巴哈馬群島和加勒比海地區，同時仍繼續從事走私麻醉劑、賣淫、敲詐勞工和勒索。到1970年，他的財產估計達三億美元。雖然在1973年，蘭斯基以偷漏所得稅被判罪，但經上訴未被監禁。

lantana*　馬纓丹屬　馬鞭草科馬纓丹屬中150多種灌木的統稱，原產於熱帶新大陸和非洲。栽培可觀賞的葉子，芳香成簇的花朵以及多彩的藍－黑色果實。普通的馬纓丹是熱帶新大陸野生，但也廣泛作爲庭園植物。高達3公尺，幾乎終年開花，花黃色、橙色、粉紅或白色。葉芳香，粗糙，橢圓形。

lanthanide*　鑭系　週期表中從鑭到鎦（原子序數57～71）15種按順序排列的化學元素系列。加上鈧和釔，一起組成稀土金屬。它們的原子都有相似的配置，以及相似的物理和化學行爲，最常見的原子價是3和4。

Lanzhou　蘭州　亦拼作Lan-chou。中國華北地區城市（1999年人口約1,429,673），甘肅省省會。位於黃河上游，西元前6世紀爲秦國疆域的一部分，後來發展爲絲路上主要的貿易中心。隋朝（581～618）統治期間，蘭州成爲府治的所在地；1666年成爲甘肅省首府。蘭州1864～1875年的穆斯林暴動期間嚴重受創。20世紀早期是蘇聯在中國西北施展影響力的中心。中日戰爭期間，蘭州是用來運送蘇聯補給、長達2,000哩（3,200公里）的中蘇公路的終點站。第二次世界大戰後，發展爲工業和文化中心，市內設有蘭州大學。

Lao She*　老舍（西元1899～1966年）　本名舒慶春，或稱舒舍予。中國作家。在1924年前往英格蘭之前，從事教育工作。他是在爲增進英文程度而閱讀狄更斯的作品時，受到啓發，並寫下他的第一部作品。老舍原本在作品中擁護性格堅強、工作勤勉的個人，但後來的作品卻流露出個人對抗社會的無力感，如1936年出版的《駱駝祥子》，這是一部人力車伕的悲劇故事；但此書未經授權、被翻譯成*Rickshaw Boy*，並改編成快樂圓滿的結局，於1945年在美國出版，成爲暢銷書。中日戰爭爆發之後，老舍寫了些較不重要的愛國和宣傳性戲劇與小說。

Laocoön*　拉奧孔　希臘傳說中的先知和阿波羅神的祭司。他是特洛伊人阿革諾耳的兒子，或說他是埃涅阿斯的父親安喀塞斯的兄弟。拉奧孔違背了自己要保持獨身的誓言而生兒育女，還警告特洛伊人不要接受希臘人留下的木馬，因此觸怒了阿波羅。當他正在準備獻給海神波塞頓的犧牲品時，拉奧孔和他的兩個兒子被阿波羅派來的兩條大海蛇纏絞而死。

Laos*　寮國　正式名稱寮國人民民主共和國（Lao People's Democratic Republic）。東南亞國家。面積236,800平方公里。人口約5,636,000（2001）。首都：永珍。主要民族群體有：佬魯族（谷地老撾人），占總人口的2/3；佬傣族（高地部落人）；佬听族（孟－高棉族），爲本地最早居民的後裔；佬松族，包括苗人和傜人（傜）。語言：寮語（官方語）、英語、越南語和法語。宗教：上座部佛教（大部分人口），萬物有靈論。貨幣：基普（KN）。寮國爲多山國家，尤其是北部，全國最高點是普比亞山（2,818公尺）。熱帶森林覆蓋國土面積的一半以上，只有約4%的土地適合農耕。湄公河的沖積平原構成寮國僅有的低地，爲主要的水稻區。寮國經濟屬中央計畫經濟，主要以農業（包括稻米、甘薯、甘蔗、木薯、鴉片）和國際援助爲基礎。政府形式爲人民共和國，一院制。國家元首爲總統，政府首腦是總理。西元8世紀以後，傣族從中國南方遷入寮國，逐漸取代如今稱作卡族（Kha）的原住民部族。14世紀法昂建立了第一個寮國國家－－瀾滄王國，除1574～1637年受緬甸統治外，瀾滄王國一直統治著寮國，直到1713年寮國分裂成永珍、占巴塞和琅勃拉邦三邦。18世紀時，寮國三邦統治者成爲暹羅的屬臣。1893年法國控制了該區，寮國成爲法國的保護國。1945年日本人取得控制權，宣布寮國獨立。第二次世界大戰後，法國重獲控制權，但第一次印度支那戰爭結束時，左翼的巴特寮控制了兩個省。在1954年的日內瓦會議上，一個統一與獨立的寮國成立。巴特寮軍隊與寮國政府軍作戰，並在1975年控制了寮國，成立寮國人民民主共和國，約1/10的人口逃至鄰國泰國。1989年寮國舉行首次大選，1991年頒布新憲法。雖然1990年代中期亞洲經濟金融危機嚴重影響該國經濟，但在1997年加入東南亞國家協會後，該國仍實現一個長期目標。

Laozi　老子（活動時期約西元前6世紀）　亦拼作Lao-tzu。中國道家的第一位思想家。傳統上，老子被視爲《道德經》一書的作者，但現代學者認爲該書的作者並不只一位。關於老子生平的傳說相當多，但流傳至今的可靠資料極少，甚至沒有。若果眞有老子其人，則在歷史上他可能是位學者，並在周朝的皇家宮廷管理聖典。據傳，老子待在母親的子宮裡長達七十二年，而他與孔子相遇時，孔子還是位年輕人。老子被信奉儒家學說的人尊爲思想家。在中國，一般人則視他爲聖人或神仙。道教徒則視他爲神靈或道的代表人物。

laparoscopy＊　腹腔鏡檢查　亦稱peritoneoscopy。使用腹腔鏡檢查腹腔的處置過程；過程中需使用腹腔鏡的手術也可稱之。腹腔鏡使用光纖光源和小型攝影機，將組織和器官的情形顯示在監視器上。腹腔鏡在手術上的應用有切除膽囊、闌尾和腫瘤，以及輸卵管結紮和子宮切除術。在泵入二氧化碳到腹部使腹腔擴張以便容納儀器後，切開一個小切口並插入腹腔鏡。腹腔鏡檢查比傳統（開放）手術較不具侵入性，且可減少術後疼痛，縮短術後恢復和住院的時間。

Lapidus, Morris＊　拉佩得斯（西元1902～2001年）　俄羅斯出生的美國建築師。孩童時期便已來到美國，在紐約市成長。獲得建築文憑之後，於1928～1942年間在紐約一家建築事務所工作。1942年搬到邁阿密海灘之後，拉佩得斯開始經營自己的建築事務所直到1986年。在那邊曾設計過無數「裝飾藝術風格」的建築物，包括「楓丹白露」和「伊登洛克」飯店。他在世界各地設計超過兩百家飯店，並也設計過很多辦公大樓、購物中心和醫院。

lapis lazuli＊　雜青金石　一種半寶石，因內含青金石所造成的深藍色而被人珍視。青金石是佛青顏料的來源。雜青金石並非只含單一礦物，而是與方解石、輝石和常見的少量黃鐵礦交生。最重要的產地是阿富汗及智利。許多作為雜青金石出售的原料是人工染色的德國產碧玉，它呈現出許多無色的、純淨結晶石英斑點而不是雜青金石特有的黃鐵礦的金色斑點，並且被比作天上的星星。

Lapita culture＊　拉佩塔文化　據一般推測為在美拉尼西亞、玻里尼西亞之大部分及密克羅尼西亞之一部分地區原始住民的文化產物。拉佩塔人原本來自新幾內亞和澳斯特羅尼西亞部分地區，他們是天生的海上冒險家，在約西元前1600年擴展到索羅門群島，西元前1000年來到斐濟、東加和西玻里尼西亞其餘地方，最後在西元前500年散佈到密克羅尼西亞。拉佩塔人主要以火燒陶器遺存而聞名，在新喀里多尼亞的拉佩塔首次大量發現這些陶瓷品。他們似乎以捕魚為生，但也可能有少量農業及畜牧業。

Laplace, Pierre-Simon, marquis de＊　拉普拉斯（西元1749～1827年）　法國數學家、天文學家和物理學家。以對太陽系穩定性的研究以及關於磁、電和熱波傳播的理論而聞名。他畢生致力於把牛頓的引力理論應用於太陽系，解釋了行星軌道為什麼偏離理論預估的軌道（1773）。牛頓相信只有透過神的干預才能解釋太陽系的平衡，但拉普拉斯卻為這個問題建立了數學基礎，這是從牛頓以來天文物理學上最重大的一個進步。整個1780年代，他持續研究解釋行星的攝動問題。1796年發表的作品提出了星雲假說，把太陽系的起源歸於氣體星雲的冷卻和收縮，這個學說對未來的行星起源的想法具有強大的影響。亦請參閱Laplace transform、Laplace's equation。

Laplace transform　拉普拉斯變換　數學中對解微分方程式的一種有用的積分變換。一個函數的拉普拉斯變換是這樣求得的：取該函數與指數函數e^{-pt}的乘積，求這個乘積從零到無窮大的積分。拉普拉斯變換的應用包括解常係數微分方程式，以及用在計算物理系統問題時發生的求邊界值的問題中。

Laplace's equation　拉普拉斯方程式　數學中的一種偏微分方程式，在研究三維的物理問題（包括引力場、電場和磁場以及某些類型的流體運動）中，這種偏微分方程式的解（調和函數）是很有用的。以法國數理學家拉普拉斯命名的這個方程式表述如下：一個未知函數的二級偏微商之和（拉普拉斯算符）等於零。它可應用於二或三個變數的函數，可以用微分算子表示為$\Delta f = 0$，其中Δ是拉普拉斯算子。

Lapland　拉普蘭　北歐一地區（1992年人口約113,000），位於北極圈內，從挪威、瑞典、芬蘭北部延伸至俄羅斯可拉半島。面積為389,000平方公里，與挪威海、巴倫支海、白海為界。由於拉普蘭跨越數國邊界，因此不存在任何行政實體。拉普蘭得名於薩米人（拉普人），這個民族已散居此區數千年之久。以馴鹿放牧為生的人可自由越過各國邊界。工業為採礦和漁業。

拉普蘭地區馴鹿皮帳篷下的拉普人
The National Geographic Society, Photo Jean and Frank Shor

lapwing　麥雞　鴴科多種鳥類的統稱，尤指生活在農田和草原上的歐亞麥雞（即鳳頭麥雞）。麥雞體長約30公分，翅寬而圓。有幾個品種有冠，有些具翅距（翅膀彎曲處的尖銳突出部位）。歐亞麥雞的上體呈發亮的綠黑色，有光澤，頰白色，喉和胸部黑色，腹部白色，尾白色有一條黑帶。另有約24個品種分布於南美洲、非洲、南亞、馬來西亞和澳大利亞。

鳳頭麥雞
Ingmar Holmasen

L'Aquila＊　拉奎拉　義大利中部阿布魯齊區首府（1991年人口約67,000）。原由古義大利一支部落薩賓人在此拓居，約1240年建市。經那不勒斯王國統治後，1861年成為義大利王國的一部分。近大薩索山，為滑雪中心和避暑勝地。古蹟包括一座14世紀的大教堂和一座16世紀的城堡。

Laramide orogeny＊　拉拉米造山運動　白堊紀晚期和第三紀早期（大約6,500萬年前）影響北美西部大部分地區的一系列造山事件。原本認為拉拉米造山運動是白堊紀和第三紀分界的標誌，現在則認為是多階段的造山運動，其變形作用的強度和時代因地而異。不過，拉拉米岩石的生成一般都是在白堊紀和第三紀的分界前後發生的。

larceny　偷竊 ➡ theft

larch　落葉松　松科落葉松屬植物。約10～12種，原產於北半球冷溫帶和亞北極部分地區。落葉松一如典型的毬果植物，植株呈金字塔形，其短針狀淡綠色針葉在秋季脫落。美洲落葉松在北美分布最廣。需100～200年方成熟，樹高可達12～30公尺，樹皮灰色至淡紅棕色。落葉松木材紋理粗疏，堅韌耐久，質重，用於造船和用作電線桿、礦柱和枕木。

Lardner, Ring(gold Wilmer)　拉得諾（西元1885～1933年）　美國作家。曾任報紙記者、體育撰稿人和專欄作家，後來開始發表小說。拉得諾寫了一個有關棒球選手的滑稽故事，受到廣泛的歡迎，其中一些故事收集在《艾爾，你瞭解我》（1916）中。後來的小說集都以尖刻的諷刺、敘述的技巧和善用口語著稱，包括《怎樣寫短篇小說》（1924）和《愛巢》（1926）。他與人合寫了百老匯劇本《偉大的埃爾默》（1928，與科漢合寫）和《六月的月亮》（1929，與考夫曼合寫）。他的兒子小拉得諾是電影編劇，為「好萊塢十人」之一，後來寫了像《外科醫生》（1970）這類風行一時的電影。

Laredo＊　拉里多　美國德州南部城市。濱格蘭德河，對岸是墨西哥的新拉里多。1755年由西班牙人建立，以西班牙的拉里多命名。1836年德克薩斯發生反抗墨西哥統治的暴亂後，拉里多就不屬於某個國家，1839～1841年成爲格蘭德共和國首府。1846年被德克薩斯巡邏隊占據，1852年設市。拉里多是一座快速成長的城市，製造業包括電子元件和煉油業。人口約165,000（1996）。

Lares＊　拉爾　羅馬宗教的保護神。最初是耕地的神，後來與家神珀那忒斯一起受人崇拜。家神拉爾是家族崇拜儀式的中心，其像多爲青年，一手執容酒之角，另一手執酒杯。在維斯太或其他某個神祇的身旁常分立兩個拉爾。人們每天早晨要向拉爾祈禱，在家庭節日時要向拉爾奉獻供物。公眾的拉爾護佑著標有十字街的地區；國家的拉爾（稱爲護城神）是羅馬的保護神，供奉在薩克拉大街的神廟。

large intestine　大腸　腸道的後端部分，長約1.5公尺，比小腸粗，內壁光滑。在前半部有來自小腸的消化酶，使食物完全消化，而腸道內的細菌能產生出許多維生素B和維生素K。經過24～30小時的攪拌打碎粗糙的纖維素食物的纖維後，把食糜推向直腸壁，在那裡吸收掉水分和電解質。大腸的主要功能爲吸收，同時還儲存糞質準備排泄。更有力的「集團運動」（胃結腸反射）一天只出現2～3次，將糞質推向肛管。常見的疾病有結腸炎、憩室病（參閱diverticulum）、息肉和腫瘤。

Largo Caballero, Francisco＊　拉爾戈・卡瓦列羅（西元1869～1946年）　西班牙社會黨領袖和總理（1936～1937）。1894年參加社會黨，1925年升任黨的工人聯合會主席。他與普里莫・德里維拉的專政合作，然後任西班牙第二共和國的勞工部長（1931～1933）。1936年人民陣線在大選中獲勝，他擔任總理，試圖聯合左翼黨派；但在1937年西班牙內戰期間極左派在巴塞隆納掀起叛亂，他被迫辭職，流亡法國，第二次世界大戰期間被德國人關進了集中營（1942～1945）。

Laristan＊　拉雷斯坦　伊朗南部地區，位於波斯灣，以前是個省。該地區先受克爾曼的穆剳法爾王朝統治，後被帖木兒征服。1405年帖木兒死後，它受薩非王朝底下的當地首領統治。阿拔斯一世處死了最後一個首領，他是在1587～1629年統治拉雷斯坦。

lark　百靈　百靈科鳴禽，約75種。分布在整個舊大陸，只有角百靈亦見於西半球。喙的形狀可以是小而呈窄圓錐形，或長而向下彎曲。後爪長而直。羽衣素色或有條紋，顏色與土壤相同。體長13～23公分。集群在地上尋食昆蟲和種子。所有種類的百靈鳴聲皆尖細而優美。亦請參閱skylark。

角百靈
Herbert Clarke

Larkin, Philip (Arthur)　拉金（西元1922～1985年）　英國詩人。曾就讀於牛津大學，1955年成爲約克郡赫爾大學圖書館館長，任職到去世。他先寫了兩本小說，第三本是詩集《較少受騙的人》（1955），使他成名。該詩集表達了他反對當時英國詩歌中占主流地位的浪漫主義的過度熱情。後來的詩集有《聖靈降臨節的婚禮》（1964）、《高窗》（1974）和《黎明儷歌》（1980）。《爵士樂大全》（1970）收集了他爲《每日電訊報》（1961～1971）寫的爵士樂評論文章。

larkspur　飛燕草　亦稱delphinium。毛莨科飛燕草屬約300種的草本植物通稱，許多種類因其引人注目的花莖而被栽種。一年生的飛燕草（也可畫爲堅固草屬）包括普通火箭飛燕草（飛燕草或糊混飛燕草）及其變種，高達60公分，花梗分枝，花藍、粉紅或白色。多年生飛燕草多開藍色花，包括可長至140公分高的種類。

矮飛燕草（Delphinium tricorne）
Louise K. Broman from Root Resources

Larne＊　拉恩　北愛爾蘭城鎮，位於貝爾法斯特之北，濱愛爾蘭海。1315年愛德華・布魯斯在前往接受愛爾蘭王位的路途中曾在此地附近登陸。1900年以後發展爲度假勝地。現爲拉恩地區（人口約30,000〔1995〕）首府，除了旅遊業外，還有一些農業生產。北愛爾蘭最大的旅遊景點之一的安特里姆濱海公路的起點就在拉恩。人口約18,000（1991）。

Larousse, Pierre (Athanase)＊　拉魯斯（西元1817～1875年）　法國出版商、詞典編輯人和百科全書編輯人。鐵匠之子，曾獲獎學金赴凡爾賽學習。1852年在巴黎開辦了自己的出版社拉魯斯出版社，出版教科書、語法書和詞典，但其主要的工作是實現他「把每一件事物教給每一個人」的願望，也就是出版結合詞典與百科全書性質的《19世紀通用大詞典》（1866～1876,17卷）。拉魯斯出版社現仍出版多卷式百科全書以及詞典和小型百科全書。

Larsa　拉爾薩　《聖經》中譯作以拉撒（Ellasar）。巴比倫尼亞古都，位於今伊拉克南部幼發拉底河畔。建於史前時代，約西元前2000～西元前1760年蘇美人勢力衰落時期，長途貿易將幼發拉底河流域與印度河流域連接起來，拉爾薩因此而繁榮。西元前1763年巴比倫的漢摩拉比控制了此區。

Larsen Ice Shelf　拉森陸緣冰棚　威德爾海西北部冰棚，連接南極半島的東海岸。以拉森船長的名字命名，1893年他乘船沿著冰棚前緣勘查。冰棚面積約86,000平方公里，不包括冰棚內部許多小島。

Lartigue, Jacques-Henri(-Charles-Auguste)＊　拉蒂格（西元1894～1986年）　法國畫家和攝影家。出身富裕家庭，七歲時就得到一架白朗尼式相機。一開始他的照片都是日常生活的非正式快照。1960年代人們發現了這些照片，讚賞它們跳脫了正規、擺姿態的人像照，也對他在童年時所拍的家庭和朋友們的照片，甚至在第一次世界大戰時所拍的紀實照片的那種充滿純眞魅力、逗人的自然舉止、清新的氣氛和歡樂幽默的風格大加讚賞。

larva　幼體　許多動物從出生或孵化到成體之間的一個活動、餵養發育階段。幼體的構造不同於成體，並適應不同的環境。有的幼體活動而成體固著，因此靠活動幼體擴展該物種的地理分布。有的幼體水生而成體陸生。大多數的幼體極小，許多藉著進入宿主體內而分散並演化成寄生生物的成體。許多無脊椎動物（例如刺胞動物）只有單一的幼體期，吸蟲則有數個幼體期。環節動物、軟體動物和甲殼動物有各種的幼體形式。昆蟲幼體稱爲毛蟲、蠐螬、蛆和蠕蟲，許多昆蟲的幼體期比成體期還要長上許多（例如有些蟬的幼體期長十七年，而成體期只有一週）。棘皮動物也有幼體形式。蛙和蟾蜍的幼體稱作蝌蚪。亦請參閱metamorphosis、pupa。

laryngeal cancer＊　喉部惡性腫瘤　喉部的惡性腫瘤。喉部腫瘤可爲良性，也可能是惡性的。最常見的惡性腫瘤是鱗狀細胞癌，與吸煙、酗酒有關，多見於男性。主要症狀是聲音長期嘶啞而無痛感，應該經常作檢查。治療方法可用放射療法或手術切除。

laryngitis＊　喉炎　造成聲音嘶啞的喉部炎症。簡單的喉炎通常由像普通感冒這類感染引起。其他原因還有吸進刺激物。喉黏膜變腫並分泌出黏液。由於過度吸煙、飲酒或使用聲帶而引起的慢性喉炎的症狀是喉部乾燥並長息肉。還有由白喉引起的喉炎，從喉的上部開始蔓延；由結核病細菌引起的喉炎，從肺部擴散過來；晚期的梅毒也會造成喉炎。最後一種原因會造成嚴重的瘢痕和聲音永久嘶啞。

larynx＊　喉　亦稱音箱（voice box）。連接咽部和氣管的中空管狀結構，空氣經過它而進入肺部。喉部外框由幾片軟骨片組成，前方有一脊突（亞當的蘋果）；皮瓣樣的會厭伸進喉部，在吞咽食物時它閉合而擋住氣道，防止食物和液體進入；還有聲帶，振動時發出聲音（參閱speech）。

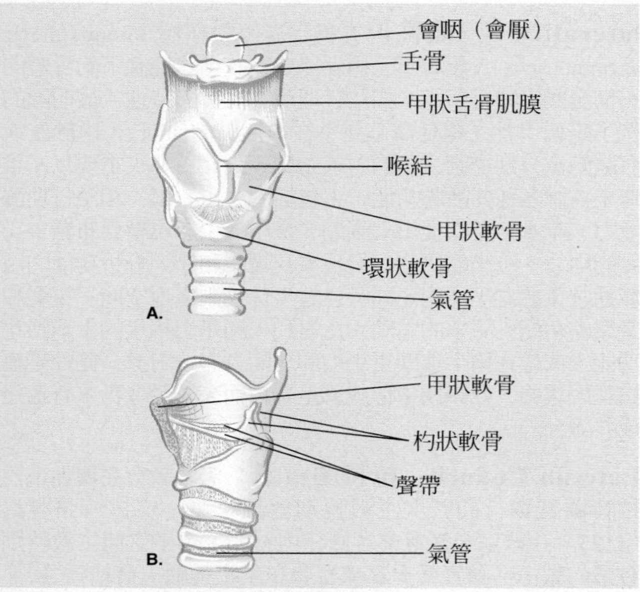

A.前視圖。喉是由肌肉和韌帶將軟骨板結合在一起。最大的甲狀軟骨形成前方突起，稱為喉結。葉狀的會咽（會厭）附著在甲狀軟骨的上部，在吞嚥時關閉。
B.切面圖。喉腔內的聲帶是在喉內襯肌肉膜交疊而成。在前方的甲狀軟骨及後方的杓狀軟骨之間伸展。當空氣從之間通過，聲帶振動而發出聲音。
© 2002 MERRIAM-WEBSTER INC.

Las Casas, Bartolomé de　拉斯·卡薩斯（西元1474～1566年）　西班牙歷史學家和傳教士，被稱爲印第安人的使徒。1498年他參與哥倫布的第三次航行，1502年成爲伊斯帕尼奧拉島的殖民者。1510年成爲美洲第一位被按立的傳教士。他畢生反對虐待印第安人，在瓜地馬拉、祕魯、古巴、尼加拉瓜和墨西哥等地與印第安人一起工作。他要求取消監護徵賦制，引發了難以平息的反對聲浪。他提議從非洲輸入奴隸的解決方案被採納了，但印第安人所處的被奴役地位已不可逆轉，因此他對自己這項提議很快就後悔了。他寫的《印第安人的毀滅簡報》（1552）和《印第安人的歷史》激勵了玻利瓦爾以及其他的革命英雄。亦請參閱black legend。

Las Navas de Tolosa, Battle of＊　納瓦斯－德托洛薩戰役（西元1212年7月16日）　亦稱Battle of al-'Uqab。基督徒重新占領西班牙的一場大戰役。發生在基督徒十字軍與穆斯林阿爾摩哈德王朝之間。由國王阿方索八世領導的萊昂、卡斯提爾、亞拉岡、那瓦爾和葡萄牙的聯軍發現了穿過安達魯西亞（南西班牙）山口的一條祕密路線，在哈恩以北約65公里處出其不意地擊敗了阿爾摩哈德。

Las Palmas (de Gran Canaria)　拉斯帕爾馬斯　西班牙大加那利島東北部海港（1995年人口約374,000）。是加那利群島最大城市，建於1478年，當時作爲西班牙人征服特內里費和拉帕爾馬群島的軍事基地。1883年建造港口後發展迅速。爲一年四季皆宜的旅遊勝地，歷史遺址有一座15世紀的大教堂和哥倫布的故居。

Las Vegas　拉斯維加斯　美國內華達州東南部城市（1996年人口約377,000）。以豪華的旅店、賭場和夜總會聞名，這些設施都集中在「帶狀區」的市中心。1855年來自猶他州的摩門教徒曾來此定居，但在1857年離開。1905年成爲鐵路城鎮，1911年設建制。1931年賭博合法化，1940年以後迅速發展了起來。1946年西格爾開辦了弗拉明戈飯店後，拉斯維加斯開始與犯罪集團牽扯上關係。到了20世紀晚期，該市成爲美國發展最快的都會區之一，同時吸引了長住型的人口和觀光客。

Lascaux Grotto＊　拉斯科洞穴　以洞內展示的傑出史前藝術品而聞名。1940年發現，由一個主洞和幾條陡峭的通道組成，內部布滿極優美的雕刻、素描以及彩色的動物畫像，有些是以「扭曲的透視法」畫成的。最引人注目的圖像是四頭大型野牛、一頭怪異如獨角獸一類的動物，可能代表著神秘的創造物，還有一些很難說明的東西，包括一個鳥人的形象以及被刺的野牛。現場還發現了約1,500件骨雕品，據測定是屬於奧瑞納文化晚期（西元前15,000年）作品。由於旅客絡繹不絕，太過擁擠，1963年拉斯科洞穴不再對外開放，但在1983年開放了一個同樣大小的仿眞洞穴，稱拉斯科二號洞穴。亦請參閱rock art。

laser　雷射　能產生極強干涉光（光波間有恆定相位差的光）的器件。laser一詞乃英文中「將受激發而輻射的光放大」（light amplification by stimulated emission of radiation）幾個英文字的第一個字母拼成的，描述了它的光束是如何產生的。第一支雷射管是梅曼（1927～）在湯斯先前的工作基礎上於1960年製作出來的，用的是一段紅寶石棒。從一個閃光燈發出波長合適的光，把紅寶石的原子激發到更高的能級上去。受激的原子很快衰退到較低的能級（通過聲子反應），然後逐漸回到基態，同時發出一定波長的光。光趨向於在紅寶石棒兩個拋光好的端面上來回反射，刺激進一步的發射。在顯微手術、光碟（CD）播放機、通信和全息術中雷射都有很有價值的應用；雷射還可以用來在硬質材料上打孔，在隧道掘進時對準，用於遠距離的測量以及描繪精緻的細節等。

Lashley, Karl S(pencer)　拉什利（西元1890～1958年）　美國心理學家。曾在明尼蘇達大學（1920～1929）、芝加哥大學（1929～1935）和哈佛大學（1935～1955）教授。在《腦機制與智力》（1929）書中，提出某些類型的學習是由整個大腦皮質完成的，而非每一心理功能均定位於皮質的特定部位，並顯示出大腦系統（例如視覺系統）的某些部分能接替另一些部分的功能。他也研究運動活動的皮質基礎和腦量與學習能力間的關係。其論文〈行爲連續順序的問題〉（1951）在對抗簡單聯想心理學上扮演了重要的角色。

Lasker, Emanuel　拉斯克（西元1868～1941年）　德國西洋棋大師。1894年首次贏得世界冠軍，並一直保持到1921年被卡帕布蘭卡擊敗；在西洋棋史上他是保持冠軍頭銜時間最長的。他是第一個要求高報酬的西洋棋大師，曾協助專業西洋棋棋手獲得穩固的經濟地位。他寫了經典之作《國際象棋常識》（1896），以及有關數學和哲學的書。因爲是猶太人，1933年被迫離開納粹德國。六十六歲時重返棋壇，並取得動人的成功。

Laski, Harold J(oseph)　拉斯基（西元1893～1950年）
英國政治學家、教育家和政治領袖。畢業於牛津大學後，曾先後在麥吉爾大學和哈佛大學任教，之後回到英國爲工黨活動。後來在倫敦經濟政治學院教書（1926～1950）。1930年代時在《政府的原理和實踐》（1935）中認爲資本主義制度的經濟困難可能導致政治上民主的毀滅，且社會主義是唯一可能取代正在興起的法西斯主義的制度。他在第二次世界大戰中擔任艾德禮副首相的助手。

Lassalle, Ferdinand＊　拉薩爾（西元1825～1864年）
原名爲Ferdinand Lasal。德國社會主義家，德國工人運動的創立者之一。他曾參加1848～1849年的革命，並與馬克思以及恩格斯建立了關係。1859年定居柏林，並成爲一個政治記者。他主張透過普選建立的民主立憲政府來達成社會主義的革命性方法使他和馬克思的關係漸行漸遠。1863年幫助成立全德工人聯合會，並被推選爲主席，但他的獨裁領導遭到同事們的反對。1864年去瑞士休養，並在那裡陷入熱戀，後來爲了那個女人而死於與其前未婚夫的決鬥中，享年三十九歲。

拉薩爾，攝於1860年前後
Archiv für Kunst und Geschichte, Berlin

Lassen Peak　拉孫峰　亦作Mount Lassen。美國加州東北部喀斯開山脈南端的火山。1914年5月30日突然噴發，以後則間歇性地噴發，一直到1921年。峰高3,187公尺，是拉孫火山國家公園的主要景點，公園占地面積43,081公頃。1821年西班牙軍官阿奎略是發現此峰的第一個歐洲人。爲紀念探險家彼得．拉孫而命名，他引導殖民者穿過了此區。

Lassus, Orlande de＊　拉索（西元1532～1594年）
亦稱Orlando di Lasso。法蘭德斯作曲家。原爲唱詩班的男童（聲音非常優美，據說曾被綁架到別的地方去唱），已知的他的第一個職位是爲義大利的貢札加家族服務（1544）。1556年以後在慕尼黑爲巴伐利亞公爵任小教堂樂長，但他也拓展其國際性事業，到義大利、德國、法蘭德斯和法國等地旅行。他寫了1,200多首作品，使用了當代的每一種風格和類型，有聖歌（包括六十多首彌撒曲和五百多首經文歌），也有世俗歌曲（包括幾百首牧歌和香頌），他也很注意音樂與文字的對應，這點是很特別的。由於他的風格廣泛（總是緊隨時尚），也因爲其作品在他生前和身後都被廣爲印刷，所以影響了許多作曲家，被認爲是當代最傑出的大師之一。

Last Mountain Lake　拉斯特山湖　加拿大薩斯喀撤溫省中南部湖泊。向南流入卡佩勒河，平均寬約3.2公里，長96公里，面積231平方公里。是著名的垂釣和度假勝地。

Lat, al-　拉特　阿拉伯半島北部居民在伊斯蘭教興起之前所崇奉的女神。麥加附近地方有一塊方形巨石，是崇拜此神的處所。據《可蘭經》說，拉特與女神馬納特和烏札有關。先知穆罕默德一度承認這三位女神，但是後來又得到新的啓示，使他放棄安撫麥加異教徒的想法，並下令破壞三位女神的聖所。崇拜三位女神的阿拉伯民族甚至遠至敘利亞巴爾米拉等地。

Late Baroque　巴洛克末期 ➠ Rococo style

latent heat　潛熱　物質在溫度不變的情況下改變物理狀態，這個過程中吸收或釋放的特徵性能量的量。與固體熔化或液體凝固相聯繫的潛熱爲熔解熱。與液體汽化或蒸汽凝結相關的潛熱是汽化的熱。例如，當水達到沸點並保持沸騰時，它會保持這個溫度，直到所有的水都蒸發光爲止；所有加進水的熱量都被吸收爲汽化的潛熱，被逃逸的蒸汽分子帶走了。

Later Le dynasty＊　後黎朝（西元1428～1788年）
越南歷史上最偉大也最長久的王朝。創始人黎利把中國人趕出了越南，並開始從占婆王國收復印度支那半島南部地區。1471年該王朝最偉大的統治者黎聖宗（卒於1497年）完成了這項任務。他按中國模式把國家分成一些省，並建立每三年一考的科舉制度。1533年以後，黎氏統治者只有理論上的至尊權，實權由鄭氏和阮氏家族分掌。1771年一次農民暴動推翻了這個王朝。

laterality　一側性　亦稱半球不對稱性（hemispheric asymmetry）。人類腦部一側半球或在該半球控制下的身體的一側發展出特化功能（如語言理解功能）的特性。最明顯的例子是偏手性（總是用某隻手從事活動的傾向），由於左或右腦半球分別控制人體的右或左側，因此右利人主要以左半球來控制各種的活動功能，也包括看（用右眼）和語言理解能力。布羅卡首次提出大腦的言語中樞位於現稱爲布羅卡氏區的地方。後來的研究者發現涉及邏輯和序列分析功能的區域通常位於左半球內，同時在右半球控制處理空間－視覺和音樂的功能。更多的左利人比右利人顯示出相反的半球特化功能，或是在兩半球間更平均的功能分布。對於一側性是經由基因遺傳、妊娠期中形成或是學習而來，至今仍未普遍達成共識。

Lateran Council　拉特蘭會議　天主教會在羅馬市內拉特蘭宮舉行的五次主教特別會議。第一次拉特蘭會議（1123）在教宗加里斯都二世任內召開，重申之前主教特別會議的教令（譴責買賣聖職聖物和禁止神職人員結婚等）。第二次拉特蘭會議（1139）由教宗英諾森二世召開，意在結束因選出僞教宗而出現的分裂局面。第三次拉特蘭會議（1179）在教宗亞歷山大三世任內召開，會議中建立選舉教宗時需達到紅衣主教團2/3的多數同意的規定，並譴責清潔派異端。教宗英諾森三世爲了改革教會而努力，因此召開第四次拉特蘭會議（1215），重申天主教徒每年應告解一次的義務、變體爲正統教義，並爲再次發起十字軍東征而準備。第五次拉特蘭會議（1512～1517）由教宗尤里烏斯二世召開，聲稱靈魂是不朽的，並使爭戰中的各基督教國家君主之間恢復和平。

Lateran Treaty　拉特蘭條約　亦稱1929年拉特蘭協定（Lateran Pact of 1929）。義大利與梵諦岡當局在羅馬市拉特蘭宮簽訂的相互承認的條約。梵諦岡承認義大利國家，首都在羅馬。義大利則承認天主教爲國教、准許在公立學校講授宗教課、禁止離婚、確立梵諦岡市的主權、保證羅馬教宗完全自主，以及附加的若干協定。根據1985年的一項協定，結束了天主教在義大利的國教地位和學校宗教必修課程。

laterite＊　磚紅壤　富含鐵氧化物，有時含鋁的土層，由多種岩石風化而成。形成於氣候潮濕的熱帶和亞熱帶地區。顏色從發黑的褐色到淺紅色。磚紅壤曾被當作鐵礦使用，在古巴還是鎳的一個來源。

latex 乳膠 幾種天然或合成的膠態懸浮液（參閱colloid）。有些乳膠天然存在於植物的細胞中，如糖膠樹膠樹和橡膠樹。它們是複雜的有機化合物的混合物，含有各種樹膠酶、脂肪或蠟，在某些情況下還含有有毒的化合物，懸浮於溶解有鹽、糖、丹寧酸、生物鹼、酶和其他物質的水性介質中，從中可濃縮、凝結和經硬化處理出乳膠（或天然橡膠，是1926年以前唯一可獲得的橡膠來源）。合成乳膠（如氯丁橡膠是從苯乙烯－丁二烯共聚物、丙烯酸樹脂、聚醋酸乙烯酯或其他物質等乳化聚合而得，用作油漆和塗料；塑膠（在水中會散開）在水分蒸發時，會熔合形成一層薄膜。

lathe＊ 車床 旋轉運作的機床，將工件抵著切割工具轉動以去除多餘材料。車床是最古老也是最重要的機械工具之一，1569年起在法國使用，在英國工業革命扮演重要角色，改良成切割金屬（參閱Maudslay, Henry）。現在的車床（通常稱爲機動車床）有動力驅動的變速水平心軸，上面附加卡裝工件的裝置。操作方式有直線車、尖錐、軸頜與螺紋，還有處理圓錐構件的端面。圓錐內部的操作方式包括最常見的孔洞加工，例如鑽孔、搪孔、絞孔、反搪、錐坑，以及用單刃刀具或螺絲攻來刻螺紋。亦請參閱boring machine。

Latimer, Hugh 拉蒂默（西元1485?～1555年） 英格蘭新教徒殉道者。富裕自由農之子，在劍橋大學就學時，接觸了馬丁・路德的教義而轉爲新教徒。他贊同亨利八世解除婚約的想法，但後來被開除教籍，理由是他拒絕接受存在煉獄的說法或必須尊重聖人。後來他完全屈從了，並擔任短暫的烏斯特主教（1535～1539）。由於被懷疑是異端分子，因而再度入獄。愛德華六世即位後被釋放，且積極佈道。瑪麗一世即位後又轉而皈依天主教，最後因叛逆罪被捕，燒死在火刑柱上。

Latin alphabet 拉丁字母 亦稱羅馬字母（Roman alphabet）。世界上應用最廣的字母書寫系統，起源於歐洲的大多數語言使用的標準字體。拉丁字母約於西元前600年前從伊楚利亞字母發展出來，淵源可從伊楚利亞字母、希臘字母和腓尼基字母溯至北閃米特字母。最早的拉丁字母銘文見於西元前7世紀至西元前6世紀。古拉丁語共有23個字母，其中21個源自伊楚利亞字母。中世紀時，字母I分化爲I和J，V分化爲U、V和W，如此產生了26個字母，與現代的英語相同。在古羅馬時代，拉丁字體主要有兩種類型：大寫體和草寫體。拉丁安色爾字體就是在西元3世紀從這類混合體發展出來的。

Latin America 拉丁美洲 南美洲和北美洲（包括中美洲和加勒比海諸島）美國以南的國家，拉丁美洲一詞常限指居民操西班牙語或葡萄牙語的國家。拉丁美洲的殖民時代開始於發現新大陸之旅的15～16世紀，當時的探險家有哥倫布和韋斯普奇。包括科爾特斯和皮薩羅在內以及後來的征服者們，將西班牙的統治帶到拉丁美洲的大部分地區。1532年第一個葡萄牙聚落建於巴西。天主教堂廣建於拉丁美洲，至今天主教仍是拉丁美洲大多數國家的主要宗教信仰。西班牙和葡萄牙移民的人數日增，並奴役原居於此的印第安人，在印第安人因虐待或疾病而造成人口劇減後，又輸入非洲奴隸以取代印第安人。由聖馬丁、玻利瓦爾和其他人領導的一連串獨立運動，在19世紀初傳遍拉丁美洲。本區各地宣告成立聯邦共和國，但許多新國家因陷入政治混亂中而被獨裁者取代，這類情況一直持續至20世紀。1990年代民主統治的傾向再次出現，在社會主義統治的國家中有許多國營企業民營化，而地區經濟的整合也加速了。

Latin-American Free Trade Association (LAFTA) 拉丁美洲自由貿易協會 拉丁美洲各國在1960年組成的國際協會，旨在促進成員國之間經貿易自由化帶來的經濟利益。原始會員國爲阿根廷、巴西、智利、墨西哥、巴拉圭和烏拉圭，到了1970年則有厄瓜多爾、哥倫比亞、委內瑞拉和玻利維亞的加入。它希望能消除十二年來的所有貿易障礙，但由於會員國間的地理和經濟差異而無法達成。它在1980年由「拉丁美洲整合協會」所取代，該會將各會員國依其經濟發展狀況而分成三個團體，並制定了會員國間的雙邊貿易協定。古巴在1986年被列入觀察階段。亦請參閱Inter-American Development Bank (IDB)。

Latin American music 拉丁美洲音樂 中南美洲和加勒比海地區的音樂。拉丁美洲音樂結合三項基本傳統：本土的、西班牙－葡萄牙的（伊比利半島的）和非洲的傳統。本土的音樂和本土人種一樣多元化，範圍從鄉下放牧聚落與農家平民到都市文明人皆包含在內。關於本土都市音樂的訊息大多來自於最初與歐洲人接觸時所得到的敘述；而本土鄉村音樂中的元素，雖然摻雜著歐洲的影響，仍存在於孤立隔絕的地帶。其主要的樂器似乎爲嘎嘎器（rattle）或搖擊節奏樂器（例如響葫蘆）和種類衆多的笛子，包括排簫。在歐洲的影響下，豎琴、小提琴和吉他有時用來演奏這類傳統音樂（參閱mariachi）。本土音樂爲三聲或五聲音階，並且平行線排列的合唱方式在好些地區是常見的。西班牙和葡萄牙的音樂則提供詩的表現形式和自彈自唱的獨唱方式。伊比利半島的舞蹈旋律爲拉丁美洲音樂混合體的重要元素，如拍手以及運用圍巾和手帕的舞蹈特色。本地歐洲音樂有七聲音階與和聲（特別常見的有主調和主要合弦的交替），特別是那些從主音到第五度音的下降音階，其源自於伊比利半島（運用基礎低音模式）。非洲音樂在旋律上的影響包括運用重複來伴奏即興的延伸，其中以非常盛行的兩拍和四拍的節奏，在加勒比海音樂特別多。非洲傳統的影響也可以在鼓和切分音的運用裡看到。另外一種非洲音樂的影響就是包含精巧詼諧語的即興唱歌練習。

Latin language 拉丁語 屬印歐語系義大利語族，是現代羅曼諸語言的原始母語。起初操該語者是台伯河下游的幾個小居民集團，隨著羅馬人版圖的擴大，拉丁語首先傳遍整個義大利，而後擴及西歐和南歐大部地區以及非洲地中海沿岸的中部和西部。拉丁語最早文獻可溯至西元前7世紀，拉丁文學則可溯自西元前3世紀。不久，在文字（古典）拉丁語和一般口語的通俗拉丁語之間出現了一道鴻溝。羅曼諸語言是從後者發展而來。中世紀時期和文藝復興大部分時期，拉丁語是西方學術和文學作品最廣爲採用的語言。20世紀後期仍用於天主教的儀式中。拉丁語有一套複雜的名詞詞尾變化和動詞連接的系統，隨男性、女性和中性詞性而變化。

latite＊ 安粗岩 亦稱trachyandesite。火成岩的一種，大量存在於北美西部。通常爲白色、淺黃色、淺粉色或灰色，是相當於二長岩的火山岩。安粗岩中包含斜長石（中長石或奧長石），是在正長石和普通輝石組成的細粒基質中的大單晶體（斑晶）。

latitude and longitude 緯度和經度 一種座標系，可以用來確定和描述地球表面任何地點的位置。緯度是赤道南北位置的量度。緯度線稱爲緯線或緯圈。經度是對本初子午線東西位置的量度，本初子午線通過英格蘭的格林威治。把經度的子午線與緯度的緯線結合在一起就可以編織出一個網格，從網格上就可以確定眞正的位置。如用北緯40°、西

L M N

經30°來描述一個點，那麼這個點就位於赤道以北40°的弧線和格林威治子午線以西30°的弧線交叉點上。

Latium＊ 拉丁姆 義大利中西部第勒尼安海上的古地區。拉丁人（亦稱Latini）爲西元前第2千紀前來義大利半島定居的印歐部落的支系。到了西元前5世紀，拉丁姆各城市組成拉丁同盟。後來羅馬和拉丁人之間爆發了戰爭，戰火由西元前340年持續到西元前338年，結果拉丁人戰敗，拉丁同盟解體。

Latreille, Pierre-André＊ 拉特雷耶（西元1762～1833年） 法國動物學家，昆蟲學之父。他是一名受職神父，1796年發表了《昆蟲分類性狀概述－－按自然順序排列》，這使他成爲國家自然歷史博物館昆蟲館主任。後來的主要著作是《甲殼動物及昆蟲的自然史－－總論及各論》（1802～1805，共14卷）。這兩部著作是史上第一次對昆蟲和甲殼綱動物作了詳細的分類，象徵現代昆蟲學的開始。1829年繼任拉馬克的教授職位。

Latrobe, Benjamin Henry＊ 拉特羅布（西元1764～1820年） 英國出生的美國建築師和土木工程師。1795年移民美國。第一項重要的建築是1798年的維吉尼亞州里奇蒙的州立監獄。在費城他設計了賓夕法尼亞州銀行，是美國第一個希臘復興式紀念性建築。傑佛遜總統任命他爲公共建築總監。他接手完成美國國會大廈的工作，後來大廈被英國人摧毀，他負責重建。他在巴爾的摩設計了全國第一座天主教教堂（1818）。拉特羅布也是一個活躍的工程師，尤擅於設計供水設備。人們普遍認爲是他使建築在美國成爲一個專門領域。

Latter-day Saints Church of Jesus Christ of 耶穌基督後期聖徒教會 ➠ Mormon

lattice, crystal ➠ crystal lattice

Lattre de Tassigny, Jean(-Marie-Gabriel) de＊ 拉特爾・德・塔西尼（西元1889～1952年） 法國軍事領袖。服役於第一次世界大戰時和摩洛哥後，在1939年擢升爲將軍。第二次世界大戰期間擔任步兵師長，曾被德國人囚禁（1940～1943），之後逃往北非。1944年他指揮法國軍隊參與盟軍在法國南部登陸，以及在隨後穿越法國、攻入德國南部和奧地利的作戰。1945年他代表法國在德國投降書上簽字。1950～1951年間在第一次印度支那戰爭中率領法國軍隊對抗越盟。死後被追認爲法國元帥。

Latvia 拉脫維亞 正式名稱拉脫維亞共和國（Republic of Latvia）。歐洲東北部國家，位於波羅的海沿岸，瀕里加灣。面積64,610平方公里。人口約2,358,000（2001）。首都：里加。拉脫維亞人占人口的一半以上：拉脫維亞人講拉脫維亞語，爲僅存的兩種波羅的海語言之一。俄羅斯人約占人口的1/3。語言：拉脫維亞語（官方語）、俄羅斯語。宗教：路德宗、天主教和東正教。貨幣：拉塔斯（lats）。拉脫維亞爲起伏的平原，低地與低丘相間。拉脫維亞是一個完全工業化的國家，機械製造和金屬加工爲主要的製造業，其他產品包括船舶、運輸設備、汽車、農業用具和紡織。政府形式爲共和國，一院制。國家元首爲總統，政府首腦是總理。拉脫維亞原爲古代波羅的人的居留地，9世紀時，波羅的人受到北歐海盜的霸權統治，但其西部講德語的近鄰對他們的統治更長久，他們在12～13世紀將基督教傳遍整個拉脫維亞。寶劍騎士團於1230年征服了拉脫維亞全境，並建立日耳曼的統治。16世紀中葉至18世紀初，該地區被波蘭和瑞典瓜分，但到18世紀末，整個拉脫維亞被俄羅斯吞併。1917年俄國革命後，拉脫維亞宣布獨立。1939年拉脫維亞被迫允許蘇聯在其領土上建立軍事基地，翌年蘇聯紅軍進駐拉脫維亞。1941～1944年拉脫維亞被納粹德國占領，後蘇聯將該地奪回，併入蘇聯（美國不承認此次接管）。隨著蘇聯解體，拉脫維亞於1991年獲得獨立。整個1990年代，拉脫維亞試圖使經濟自由化，並與西歐建立關係。

Latvian language 拉脫維亞語 亦稱Lettish language。屬東波羅的語支（參閱Baltic languages），主要通行於拉脫維亞和其他分散的社區（其中北美洲約有85,000人），約有兩百萬人使用。如立陶宛語一樣，在1585～1586年第一批以拉脫維亞語印刷的書籍出現之前很少見於文獻上。1908年採用現行的拼字要素，運用了一些附加符號的拉丁字母。文學拉脫維亞語是以拉脫維亞的首都里加的口語方言爲基礎，不過近年來在文學上有恢復使用高拉脫維亞語（東拉脫維亞的一支方言）的趨勢。雖然與立陶宛語關係密切，但拉脫維亞語在重音方面已有一些改變，不過兩者在語法結構上仍是相似的。

Laud, William 勞德（西元1573～1645年） 坎特伯里大主教（1633～1645）和查理一世的宗教顧問。1627年任樞密顧問官，1628年任倫敦主教，投入與清教主義的鬥爭，並強制推行嚴格的聖公會儀式。成爲坎特伯里大主教後，他更把權力擴展到全國。他攻擊其視爲危險的清教徒佈道行爲，並將清教徒作家像普林等人截肢並監禁。在他親密盟友斯特拉佛伯爵溫特渥的幫助下，利用他對國王的影響力來左右政府的社會政策。到1637年，反對勞德壓力開始興起，勞德將聖公會的宗教儀式強加給蘇格蘭的企圖遭到強烈的反對。1640年召開的長期國會，勞德被控犯有嚴重的叛國罪。1644年普林主持了對他的審訊，結果宣判有罪而把他斬首。

Lauder, Estée＊ 勞德（西元1910?年～） 原名Esther Mentzer。美國企業家。1946年她與丈夫約瑟夫成立雅詩蘭黛公司。其創新的行銷手法在1960年代和1970年代大獲成功。該公司的香水和化粧品，包括倩碧和雅男士男性保養品，如今在全世界超過七十個國家的百貨公司和專櫃中販售。

Laue, Max (Theodor Felix) von＊ 勞厄（西元1879～1960年） 德國物理學家。1919～1943年在柏林大學執

教。他首先使用晶體來衍射X射線，證明了X射線是類似於可見光的一種電磁輻射，也證明了晶體的分子結構是一種規則的重複排列。由於在結晶學方面的研究成果，使他獲得1914年的諾貝爾獎。他支持愛因斯坦的相對論，並研究量子理論、康普頓效應和原子的衰變。

Lauenburg＊ 勞恩堡 德國北部地區，以前是公國。13世紀時在阿斯卡尼亞王朝下建立一個公國。1728年漢諾威選侯，喬治·路易成為勞恩堡公國的統治者，於是附屬於漢諾威之下。1864年丹麥－普魯士戰爭後，勞恩堡歸屬普魯士。1918年撤銷公國，1946年起該地區成為什列斯威－好斯敦州的一部分。

laughing gas 笑氣 ➠ nitrous oxide

laughing jackass ➠ kookaburra

Laughlin, James＊ 萊福林（西元1914～1997年） 美國出版商和詩人。生於匹茲堡一富裕的家庭中，於哈佛畢業後，在1936年成立「新方向出版社」，起初出版具有影響力卻被忽視的作家，包括威廉斯和對他生活和工作有深遠影響的朋友龐德的著作。後來所出版的湯瑪斯、威廉斯和赫塞（該出版社翻譯並出版的眾多國外作家之一）這類作家較晚時期的版本終於讓出版社（儘管規模小）成為可能是美國最著名的文學出版社。萊福林本身的詩則是以其溫暖和如傳記般坦率有名。

Laughton, Charles＊ 勞頓（西元1899～1962年） 英裔美籍演員。1926年起在倫敦舞台首演，後來演過《欽差大臣》、《三姐妹》、《麥迪亞》等戲劇。1931年首次到紐約演出《分期付款》。1929年開始參與電影演出，以《亨利八世祕史》（1933，獲奧斯卡獎）一片揚名國際。勞頓以演出戲路寬廣聞名，角色千變萬化，這類影片有《叛艦喋血記》（1935）、《孤星淚》（1935）、《鐘樓怪人》（1939）、《情婦》（1957）和《諮詢與讚許》（1962）。他也導演了令人懷念的《獵人之夜》（1955）一片。

lauma＊ 蘿瑪 波羅的海地區民間傳說的仙女，是披著金色長髮的美麗裸體女郎。蘿瑪們住在水邊或石旁的樹林裡。她們喜歡孩子，但不能生育，所以常常劫持嬰兒作為自己的孩子撫養。有時她們會嫁給凡間男子而成為優秀的妻子，精於家務。蘿瑪多情善感，心慈而富母性，幫助孤兒和貧家女孩，但被惹怒時，特別是被無禮男子冒犯時，她定不輕饒。在最近幾百年的拉脫維亞和立陶宛的傳說中，蘿瑪成了女巫或妖怪。

Launcelot ➠ Lancelot

Launceston＊ 朗塞斯頓 舊稱Patersonia。澳大利亞塔斯馬尼亞州東北部城市和港口。1830年代發展為一個捕鯨港口和貿易中心。現在是塔斯馬尼亞州北部人口最多的城市和商業中心。該市也是周圍肥沃農業地區的出口中心，還有機器製造廠這類工業。市內南埃斯克河上建有世界上第一批水電站之一（1895年建）。人口約62,000（1991）。

launch vehicle 運載火箭 將太空船推入繞地球軌道或脫離地球引力範圍的火箭系統。有許多種類的運載火箭其有效載荷從數磅直至巨大的「太空實驗室」和「聯合號」太空站不等。早期的運載火箭有許多原來是為洲際彈道飛彈而研製的（參閱ICBM）。運載太空船飛往月球的「農神5號」（參閱Apollo program）由三節式火箭組成。1981年開始使用的美國太空梭有重大的改進，即運載工具可使用多次，因為它的主要部件都可回收整修以供重複使用。

Laurana, Francesco＊ 勞拉納（西元1430?～1502年） 義大利（克羅埃西亞出生）雕塑家和動章設計師。早年經歷不詳。1453年受命為那不勒斯新城堡工作。1461～1466年在普羅旺斯的安茹公爵府工作，為公爵製作了一套勳章。另外一些經考證過的作品包括義大利（主要在西西里和那不勒斯）和法國的聖母像和淺浮雕，還有法國的墓葬和建築雕刻。最著名的是婦女半身像，特點是安祥靜謐、莊嚴肅穆，並具有貴族的高雅氣質。

勞拉納的《亞拉岡的埃莉奧諾拉》，胸像；現藏西西里巴勒摩國立考古博物館
Alinari－Art Resource

Laurasia 勞亞古陸 盤古大陸的北部次大陸。在古生代晚期由勞俄大陸和其他幾個亞洲大陸塊合併而成，之後一直是盤古大陸的一部分，直到中生代初期與貢德瓦納古陸分開。在中生代及新生代初期緩慢地分裂成現在的北美洲、歐洲和亞洲（印度半島除外）諸大陸板塊。

Laurel and Hardy 勞萊與哈台（西元1890～1965年；西元1892～1957年） 美國電影喜劇演員。勞萊（Stan Laurel，原名Arthur Stanley Jefferson Laurel）出生於英國，曾在馬戲團和歌舞雜耍團中表演，1910年定居在美國，開始在默片中演出。哈台（Oliver Norvell Hardy, Jr.）是喬治亞一名律師的兒子，擁有一家電影院，並從1913年起演出喜劇電影默片。1926年他們加入羅奇的電影製片廠，早期合作演出的有《讓菲利普穿上褲子》（1927）等短片。他們一共合演了一百多部喜劇，包括《讓他們笑去》（1928）、《音樂盒》（1932）、《沙漠之子》（1933）和《在遙遠的西部》（1937）等，咸認是好萊塢第一對優秀的喜劇組合。瘦得皮包骨的勞萊通常扮演笨手笨腳、頭腦簡單的人物，襯托肥胖而狂妄自大的哈台，兩人把一些日常小事弄得一團糟，鬧得不可開交。

laurel family 樟目 樟科含45屬，約2,200種，許多種類為芳香植物或常綠植物。樟目中有觀賞植物和可提供烹調香料、水果和醫藥原料的種類。樟科的月桂原產於地中海地區，其月桂葉可用於烹調，精油可製香水。在古希臘，將月桂枝葉做成的桂冠作為榮譽的象徵獻給得勝的運動員和其他英雄。樟屬包括樟腦樹和錫蘭肉桂。樟目中還包括鍾梨、山月桂和檫樹等植物。

Lauren, Ralph 勞倫（西元1939年～） 原名Ralph Lifshitz。美國時尚設計師。生於紐約，擔任百貨公司售貨員的同時讀夜校商科。1967年加入「博·布魯梅爾頸飾」，並為男性設計Polo時尚男裝，之後分出女裝部，接著又分出家用商品的相關品牌。他成為早期最重要的設計師之一，名字已經和大眾流行時尚連在一起，其設計以「草原風格」（意為一股自由、舒適如大草原般的美國氣息）的休閒優雅聞名於世。

Laurence, Margaret 勞倫斯（西元1926～1987年） 原名Jean Margaret Wemyss。加拿大作家。生於馬尼托巴省的尼帕瓦，1950年代與她的工程師丈夫生活在非洲；在非洲的經歷為她的早期作品提供了創作材料。她最著名的是描寫加拿大西部在男性統治的世界裡婦女為實現自我價值的鬥爭生活。作品包括小說《石天使》（1964）、《嘲弄上帝》（1966）和《住在火中的人》（1969），還有小說集《籠中之鳥》（1970）和《預言家》（1974）。1970年代她轉寫兒童書籍。

Laurence, St. ➠ Lawrence, St.

Laurentian Mountains＊　勞倫琴山脈　加拿大地盾的一部分，位於魁北克省境內，周圍環繞著渥太華河、聖羅倫斯河和薩格奈河。是世界上最古老的山脈之一，由先寒武紀時期的岩石組成，已有5.4億年的歷史。已長久受到嚴重的侵蝕，最高峰僅1,190公尺。有兩個省立公園都是著名的度假勝地。

Laurentide Ice Sheet　勞倫太德冰蓋　更新世時期（160萬年～1萬年以前）覆蓋北美的主要冰川。範圍最大時，向南擴展到北緯37°，覆蓋面積超過1,300多萬平方公里。在某些地區的厚度達到2,400～3,000公尺，甚至更厚。

Laurier, Wilfrid＊　洛里埃（西元1841～1919年）　受封爲威爾夫里德爵士（Sir Wilfrid）。加拿大總理（1896～1911）。在麥吉爾大學修習法律，並成爲當地自由黨加拿大學會的領導者。曾被選入魁北克省議會（1871～1874）和加拿大眾議院（1874～1919），並在1885年爲里爾辯護。他領導自由黨在1896年選舉中獲得勝利，成爲第一位具法裔加拿大籍和天主教徒身分的總理。洛里埃致力於法英兩裔加拿大人的團結，西部國土的開發，保護加拿大工業和擴展運輸系統。他捍衛加拿大自治權力，保持加拿大在大英帝國下的獨立。因支持與美國談判互惠協定，造成他領導的政府在1911年選舉失敗。洛里埃被認爲是加拿大最傑出的政治家之一並受後人景仰。

Lausanne, Treaty of＊　洛桑條約（西元1923年）　結束第一次世界大戰的最後條約，簽字者一方爲土耳其（鄂圖曼帝國的繼承者）的代表，另一方爲協約國。條約於瑞士的洛桑簽訂，並取代塞夫爾條約（1920）。條約承認了土耳其後來所保有的疆界，並承認英國對塞浦路斯和義大利對多德卡尼斯群島的占有。愛琴海與黑海之間的土耳其海峽也被宣布對所有的船隻開放。

Lautrec, Henri de Toulouse- ➠ Toulouse-Lautrec, Henri de

lava　熔岩　從地函經火山口湧出地表的岩漿（熔融狀態的岩石），其溫度約爲700～1,200℃（參閱volcano）。鎂鐵質岩熔岩，諸如玄武岩等，形成流（夏威夷名爲pahoehoe）和塊熔岩流（夏威夷名爲aa）。繩狀熔岩表面光滑，輕微起伏，熔岩在稱爲熔岩管的天然形成孔道中移動。塊熔岩表面非常粗糙，覆蓋一層稱爲熔岩塊的疏鬆碎片，在開口的孔道中移動。繩狀熔岩冷卻後有可能變成塊熔岩。中性熔岩形成另一種類型的塊狀熔岩流，與塊熔岩相似，頂部也布滿疏鬆的碎石，不過形狀比較規則，大多數呈多邊形，各個側面相當光滑。亦請參閱bomb、nuee ardente。

Lava Beds National Monument　熔岩層國家保護區　美國加州北部地區。以近代的熔岩流以及相關的火山活動形成爲特色，包含深邃的陷窟、火山噴口以及高達90公尺的火山錐。莫多克印第安人戰爭（1872～1873）的主要戰場就位於這個占地186平方公里的保護區裡。1925年設立國家保護區。

Laval＊　拉瓦爾　加拿大魁北克省南部城市（1991年人口約314,000）。它占據整個耶穌島，長32公里，寬12公里，位於蒙特婁北面。1681年開始有人定居，1699年贈地給耶穌會，爲紀念天主教第一位加拿大主教弗朗索瓦．德．拉瓦爾而命名。1945年後，耶穌島的蒙特婁郊區開始發展，1965年一起併成拉瓦爾。自從開闢工業園區後城市就迅速發展起來。

Laval, Carl Gustaf Patrik de＊　拉瓦爾（西元1845～1913年）　瑞典科學家、工程師和發明家。1882年製成第一台沖動式汽輪機。接著又發明海輪上使用的可逆式渦輪機。拉瓦爾反力式渦輪機轉速可達42,000轉／分。到1896年他用3,400磅／平方吋的蒸汽初壓來運作整個發電廠。他還發明並研製了向渦輪機葉片送氣的擴散噴嘴。他發明的撓性軸以及雙螺旋齒輪成爲以後發展汽輪機的基礎。

Laval, Pierre＊　拉瓦爾（西元1883～1945年）　法國政治人物。曾任眾議員（1914～1919、1924～1927）、參議員（1927年起），還在內閣裡擔任過各種職位。1931～1932和1935～1936任法國總理，在此期間他制定了臭名昭著的「霍爾－拉瓦爾協定」。1940年在貝當政府（參閱Vichy France）裡任國務部長，他開始自行與德國談判，此舉引起了猜疑。不久貝當就把他革職，但在1942年他又重任政府首腦。他同意向德國工業提供法國勞工，並在一次演講中宣稱希望德國獲勝。1945年以叛國罪名審判他，遭處決。

Laval University　拉瓦爾大學　加拿大魁北克市的一所法語大學。它的前身是魁北克神學院（1663年創辦），當時被認爲是加拿大的第一所高等學校。1852年獲頒開辦大學的特許狀，1970年該大學改組。目前，設有多方面領域的大學和研究所的學位課程。註冊學生人數約35,000人。

lavender　薰衣草　唇形科薰衣草屬約20種常綠灌木的通稱，其散發香氣的油腺嵌在花、葉和莖的細小星狀毛之間。原產地中海沿岸國家，薰衣草如今被廣爲種植。某些種類的薰衣草精油使用於高級香水和化妝品中。窄葉乾製後用於製作小香囊，而紫色花穗蒸餾所得的酒精溶液，即薰衣草水，則使用於芳香療法和花瓣混合物中。

法國薰衣草（Lavandula stoechas）
W. H. Hodge

Laver, Rod(ney George)　拉弗（西元1938年～）　澳大利亞網球運動員。十八歲時加入澳大利亞台維斯盃隊，直到1962年爲止都是該隊的一員。外號「火箭」，1962年獲「大滿貫」，是獲此成績的第二名運動員（在巴奇之後）。1969年再次獲這種成績，創輝煌先例。1971年退休。1963年轉往職業界後，在退休時已成爲網球界史上名列前茅的獎金贏家。

Lavoisier, Antoine(-Laurent)＊　拉瓦節（西元1743～1794年）　法國化學家，被視爲現代化學之父。他研究燃燒、氧化（參閱oxidation-reduction）、氣體（尤其是在空氣中的氣體），推翻了燃素的教條：物質燃燒過程中會放出一種實體的成分（燃素），這種理論已經支配了一個世紀之久。他找出化學反應中質量守恆的原則（也就是說，反應物的總重量一定等於產物的重量），釐清了化學元素與化合物之間的差異，並在化學術語（爲氧、氫、碳命名）現代體系的設計中扮演一定的角色。他屬於在化學研究中使用量化步驟的第一批人，而他的實驗裝置、精確的方法、有說服力的推理，加上最後的發現，使化學發生革命性變化。他也致力於物理學問題，尤其是熱、發酵、呼吸和動物。他獨立致富，同時保有公僕生涯，在金融、經濟、農業、教育、社會福利等方面有顯著的才幹。身爲改革者和政治自由派，他活躍於法國大革命，但逐漸遭受極端分子攻擊而被送上斷頭台。

Lavrovsky, Leonid (Mikailovich)＊　拉夫羅夫斯基（西元1905～1967年）　俄國的舞蹈家、編舞家、老師及大劇院芭蕾舞團總編導。在聖彼得堡學芭蕾直到1922年，然後很快地便在基洛夫芭蕾舞團擔任首席舞者，1938年成爲該舞團的藝術指導。並於1944～1956年和1960～1964年間，爲大劇院芭蕾舞團的主要編舞者，隨後於1964年成爲該劇院附屬學校校長。他於1930年開始所編的舞碼包括《法岱特》（1934）、《羅蜜歐與朱麗葉》（1940）、《吉賽兒》（1944）、《寶石花的傳說》（1954）和《夜城》（1961）。

law　法律　一門學科與專業，處理有關人類社群所認可的行爲之習慣、實行、規則。規則主體的強制性是透過某些控制權威而施行，例如長老、攝政、法庭、陪審團等。比較法學則是研究不同法律體系之間的差異、相似及相互關係。法律施行及研究的重要領域包括：行政法、反托拉斯法、商業法、憲法、刑法、環境法、家庭法、醫療法、移民法、智慧財產法、國際法、勞動法、海商法、訴訟法、財產法、公共利益法、稅法、信託與資產、侵權行爲等。亦請參閱Anglo-Saxon law、canon law、civil law、common law、equity、Germanic law、Indian law、Sharia、Israeli law、Japanese law、jurisprudence、military law、Roman law、Scottish law、Soviet law。

Law, (Andren) Bonar　勞（西元1858～1923年）　英國首相（1922～1923），第一個出生在英國海外屬地的首相。他出生於加拿大，在蘇格蘭長大。1900年被選入下院，1911年成爲保守黨黨魁。1915～1916年任殖民地事務大臣，1916～1918年任財政大臣，1916～1921年任下院領袖。1922年勞合喬治辭職後，勞擔任首相，組織了一個保守政府，但七個月後因病辭職。

Law, John　勞（西元1671?～1729年）　蘇格蘭貨幣改革者。1705年出版銀行改革計畫《論貨幣和貿易》，與其他的重商主義者不同的是，書中他提出由中央銀行印製鈔票，以鈔票取代金銀在市面上流通。1716年法國同意試行他的計畫，他成立中央銀行，授權其印行鈔票。不久他與一家公司結合，享有開發北美洲法屬領地（尤其是密西西比河下游流域）的特權。結果他的計畫失敗了，他要爲「密西西比泡沫」這種投機性經濟災難負責，後來被迫逃離法國，在威尼斯貧困而死。

law, philosophy of ➠ jurisprudence

law code　法典　法律或法規的有系統編纂物。現存最古老的法典殘存部分爲約西元前24世紀時埃卜拉古城的刻寫板。人們最熟知的古老法典爲《漢摩拉比法典》。羅馬人的法律記載始於西元前5世紀，但是第一部正式的法典則是由查士丁尼一世在西元6世紀下令編纂的。在中世紀到進入現代之初，都只有地區性、地方性的編纂。第一部全國性的法典爲拿破崙法典，之後則有德國、瑞士和日本的法典出現。在英美等普通法國家，法典的重要性則不如法庭決定的記錄或判例，但20世紀時主要的法典已經完成（如「美國法典」或「統一商法典」）。亦請參閱civil law。

Law of the Sea ➠ Sea, Law of the

law report　判例彙編　在普通法中，指彙編出版的司法判決記錄，供律師和法官在辯護和判決中當作判例引用。彙編包括案件名稱、事實陳述、案件的簡短歷史、法庭的意見以及審判的裁決。通常還包含一個提要，或分析性的總結，說明判決的要點。通常不記錄審判法院的調查結果，但涵蓋上訴法院的調查結果。

Lawamon ➠ Layamon

Lawes, Henry and William　勞斯兄弟（亨利與威廉）（西元1596～1662年；西元1602～1645年）　英國作曲家。兩兄弟都任職於查理一世的宮廷樂隊。亨利成爲在他的時代的主要英國作曲家，約有435首作品流傳下來。其戲劇配樂作品包括密爾頓的假面劇《酒宴之神》（1634）。威廉則創作了大量的器樂曲，主要爲弦樂演奏。其約二十五部的戲劇配樂，包括班．強生和達文南特的戲劇，使他成爲在菩賽爾之前的主要英國戲劇作曲家。威廉死於爲國王而對抗克倫威爾的爭鬥中。

lawn　草坪　修剪整齊的廣闊細緻草地。西方庭園與公園常見的造景設計要素，草坪有助於給予大小與比例的感覺。18世紀的布朗使其廣爲流行，草坪是法式花壇的對照。20世紀草坪成爲美國獨立房屋庭園普遍存在的特徵，象徵地主所有權，並在街道與私人空間之間建立緩衝區。

lawn bowls　草地滾球 ➠ bowls

Lawrence, D(avid) H(erbert)　勞倫斯（西元1885～1930年）　英國小說家、短篇故事作家、詩人和短文作家。密德蘭一位煤礦工人的兒子，母親則是受過教育的人。勞倫斯在1905年開始寫作，並在1908年取得教師資格。福特在《英語文摘》上刊登了許多勞倫斯的早期作品，並幫助勞倫斯出版其第一本小說《白孔雀》（1911）。其作品主題經常以早期生活經歷或是與其妻芙麗達（德國人，結婚於1914年）間的關係爲出發點。第一次世界大戰期間，由於衆人對於他的和平主義和妻子芙麗達的出身懷有敵意與疑問，夫妻倆在1919年後曾在許多國家居住過，未再回到英國。《兒子與情人》（1913）是一部關於工人階層家庭生活的傳記性小說。《虹》（1915）與續篇《戀愛中的女人》（1920）描寫工業化對人類心靈的影響因而產生的現代文明的病態情形。《袋鼠》（1923）描述的是他在戰爭期間所受的迫害。《羽毛海怪》（1926）是他受到阿茲特克文化啓發的一部作品。勞倫斯的作品以強烈的情感和官能描述而出名，他的一些作品，包括《查泰萊夫人的情人》（1928），因被認爲內容淫穢而遭禁。勞倫斯死於結核病，該病自早期罹病後即一直困擾著他。

Lawrence, Ernest O(rlando)　勞倫斯（西元1901～1958年）　美國物理學家。在耶魯大學取得博士學位，1929年起在加州大學柏克萊分校教授物理，從1936年起在此建立了輻射實驗室並任主任。1929年他開發了迴旋加速器，可以把質子的速度提高到足以引起核蛻變的程度。後來他又生產出用於醫學的放射性同位素，實現了用中子束來治療癌症，還發明了彩色電視顯像管。他參與曼哈頓計畫的工作，利用質譜儀方法將柏克萊的迴旋加速器轉用來分離鈾－235。由於發明了迴旋加速器，1939年獲得諾貝爾獎，1957年又獲頒費米獎。勞倫斯柏克萊實驗室和勞倫斯利弗莫爾國立實驗室都以他的名字命名，還有103號化學元素也被命名爲鐒。

演員勞倫斯
Cecil Beaton

Lawrence, Gertrude　勞倫斯（西元1898～1952年）　原名Gertrude Alexandra Dagmar Klasen。英國女演員。自幼就登台演出，在倫敦和紐約的音樂諷刺劇中出演主角，比如科沃德的《倫敦的呼喚》(1923)和蓋希文的《啊!凱!》(1926)。她與科沃德是多年老友,以在科沃德的許多喜劇中表演而出名,包括《私生活》(1930)和《今天晚上八點半》(1936)。她在音樂劇《黑暗中的女士》(1941)和《國王與我》(1951)中的角色也受到稱讚。

Lawrence, Jacob　勞倫斯(西元1917～2000年) 美國畫家。出生於新澤西州大西洋城,十三歲時隨父母來到紐約的哈林區。1932年在工程進度管理署贊助開辦的美術班中發展了他的天分。他的作品以生動、形式化的寫實主義手法描繪了美國黑人的生活場景和歷史。最著名的作品是以歷史和社會為主題的系列畫,如《紐約哈林區生活》(1942)和《戰爭》(1947)。他最擅長畫廣告色畫和蛋彩畫。1971年起在華盛頓大學任教。

Lawrence, James　勞倫斯(西元1781～1813年) 美國海軍軍官。的黎波里戰爭中,他在第開特手下服役。在1812年戰爭中,他指揮美國戰艦「黃蜂號」,俘獲英艦「孔雀號」。後來晉升為「乞沙比克號」的艦長。1813年接受英艦「香農號」的挑戰,在波士頓近海展開激戰。不到一個小時,「乞沙比克號」被擊敗,勞倫斯受到致命重傷;他的最後一句話「不要棄船」成為美國海軍最珍貴的傳統之一。

Lawrence, John (Laird Mair)　勞倫斯(西元1811～1879年) 受封為勞倫斯男爵(Baron Lawrence(of the Punjab and of Gratelу))。印度副王兼總督(1864～1869)。曾在德里工作,歷任助理法官、行政官和稅收官。第一次錫克戰爭後,擢升為新併入的賈朗達爾區的專員,他在當地征服山地族長、建立法庭與警察站和禁止殺害女嬰和薩蒂風俗。任旁遮普管理委員會委員時,他廢除內部關稅、使用制式貨幣和鼓勵建設道路和運河。1864年起擔任印度副王兼總督,他增加印度人受教育的機會,但不准印度人充當高級文官。他也避免捲入阿拉伯半島、波斯灣和阿富汗等國家的紛爭當中。

Lawrence, St.　聖勞倫斯(卒於西元258年) 亦作St. Laurence。羅馬殉教士。在教宗聖西克斯圖斯二世在位時期,他是羅馬的七個助祭之一。在瓦萊里安迫害基督教時期教宗被處死後,羅馬當局要勞倫斯把各教堂的財富交給國家,他反把錢散發給窮人,為此他被判死刑。他臨刑時的大無畏精神感召了許多人改信基督教;根據一種傳說,他是被放在烤架上烤死的,他對劊子手們說:「我的那一側烤好了,把我翻過來吃掉。」

Lawrence, T(homas) E(dward)　勞倫斯(西元1888～1935年) 別名阿拉伯的勞倫斯(Lawrence of Arabia)。英國學者、軍事戰略家和作家。他攻讀於牛津大學,提交了一篇關於十字軍城堡的論文。在一次考古探險活動中他學會了阿拉伯語。在第一次世界大戰中,他構想出一個支援阿拉伯人反叛土耳其人的計畫,暗中破壞土耳其和德國的聯盟,並在土耳其的後方領導了一支阿拉伯游擊隊,使土耳其軍隊疲於奔命。1917年他的軍隊取得了第一次重大勝利,占領了亞喀巴。同年的晚些時候,他被捕,但又脫逃。1918年其軍隊攻抵大馬士革,雖然阿拉伯人取得勝利,但是阿拉伯的分裂主義者和英法的決定是把該地區分成兩個託管區,分別由英國和法國控制,不讓他們組成統一的國家。勞倫斯退役了,皇家的光環也暗淡了。他先以羅斯(Ross),後來又以蕭(Shaw)的化名參加了英國皇家空軍(還短期參加過皇家坦克部隊)。1926年完成他的自傳《七根智慧之柱》。最後他被派往印度,其經歷為他半虛構的小說《造幣廠》提供了大量素材。卸職後三個月,死於摩托車事故,享年四十六歲。

laws, conflict of　法律衝突 在某個案件中引述不同國家或司法體系的法律時,所出現關於各造權利的對立或矛盾。對於這些衝突,現在已創造出一些規則,以協助判斷某套法律是否適用某一特定案件,什麼樣的司法體系最適合審判哪些案件,以及審判結果會如何受到其他司法制度的認可或強制。

lawyer　律師 亦稱attorney。就法律上的權力與義務對客戶提出忠告和在法律過程中代表客戶的專業人士。律師的法律業務各國不同。在英國,律師分為高級律師和初級律師。在美國,律師往往專門從事某項特定的法律業務,例如刑法、離婚法和遺囑檢驗法。在法國,最重要的法律專業人士為辯護律師,與英國的高級律師大體類似。在德國,主要的區別存在於律師與公證人之間。

laxative　輕瀉藥 促進排糞的物質。輕瀉藥的種類有刺激性輕瀉藥(例如鼠李皮和蓖麻油)、容積性輕瀉藥(例如麩皮和車前子)、鹽類輕瀉藥(例如瀉鹽、鎂乳和甘油)、潤滑性輕瀉藥(例如礦物油和某些植物油)和糞便軟化性輕瀉藥。在糾正單純性便祕方面,高纖維膳食的重要性高於輕瀉藥。

Laxness, Halldór＊　拉克斯內斯(西元1902～1998年) 原名Halldór Kiljan Guthdjónsson。冰島小說家。年輕時在旅歐期間改信天主教,但後來與基督教分離而轉向社會主義,這一理想反映在他1930年代和1940年代的小說裡。探討冰島社會問題的小說有《薩爾卡・瓦爾卡》(1936),寫的是一個漁村裡勞動人民的困境;《獨立的人們》(1935),寫的是一個貧農為經濟獨立而奮鬥的故事;還有民族主義三部曲《冰島之鐘》(1943～1946)。後來的作品較抒情和具有內省性。1955年獲諾貝爾獎。

Layamon＊　雷亞孟(活動時期西元12世紀) 亦稱Lawamon。中世紀英國詩人。他是住在烏斯特郡的一名牧師,傳奇編年史《布魯特》(1200?)一書的作者,該書是12世紀英國文學復興時期的一部傑作,也是第一部以英語撰寫亞瑟王傳奇的作品。他取材於瓦斯的《布魯特傳奇》。這部16,000多行的頭韻長詩講述了不列顛的歷史,始於特洛伊英雄埃涅阿斯的曾孫布魯特登陸,終於689年撒克遜人戰勝不列顛人。

layering　壓條 亦作layerage。以人工讓植物從母株附屬的部分再生缺失部分的繁殖方法。懸鉤子或連翹的莖低垂自然產生壓條,在其接觸到土壤的地方長出蔓生的尖根。然後從新生植物的根部長出新的幼芽。要進行土壤壓條,將較低的莖折彎到地面,以優質濕潤的土加以覆蓋。空氣壓條法是將枝條深切,並將傷口用泥土球或苔蘚覆蓋,並保持濕潤直到長出根;然後將枝條切斷並移植。古埃及與希臘人使用壓條法。亦請參閱cutting。

Lazarus　拉撒路 在使徒聖約翰的〈福音書〉中,耶穌基督使之復活的人。當耶穌基督來到耶路撒冷附近的伯大尼時,拉撒路的姊妹瑪利亞悲嘆如果耶穌基督早四天來到此地,她們的兄弟就不會死亡了。耶穌基督來到埋葬拉撒路的墓穴並命令他走出來,拉撒路就真的走出來了。拉撒路死而復活的奇蹟,感動了許多猶太人,使他們相信耶穌基督就是彌賽亞。

Lazarus, Emma　拉札勒斯(西元1849～1887年) 美國作家。幼年便學習多種語言和經典著作。所寫的第一本書(1867)就受到了愛默生的注意,從此拉札勒斯就與他通信。曾寫有一本散文體的傳奇,並翻譯海涅的詩歌和民謠。她是猶太人,1881年前後為受迫害的猶太人擔任辯護工作,並開始爲來到美國的新移民做救濟工作。她的詩〈新的巨像〉（1883）的最後幾行被刻在1886年揭幕的自由女神像的基座上。

Lazio＊　拉齊奧　義大利中西部自治區，面向第勒尼安海。建於1948年，首府是羅馬。東部是亞平寧山脈中段，西部是沿海平原。19世紀晚期以前，其低窪地區大部分都是沼澤和污泥，但在20世紀初，這些土地都已被排乾水分，重新有了居民。以前這裡稱拉丁姆地區，現以輕工業爲主，但受羅馬管轄。人口約5,202,000（1996）。

LCD ➠ liquid crystal display (LCD)

LDP ➠ Liberal-Democratic Party (LDP)

Le Bon, Gustave＊　勒邦（西元1841～1931年）　法國社會心理學家。取得醫學博士學位後就到各地旅行，並寫一些關於人類學方面的書，不過後來興趣轉向社會心理學。在《群衆心理學》（1895）一書中他提出，個體的特色會被群體埋沒，而集體群衆的心理占有支配地位。

Le Brun, Charles＊　勒布倫（西元1619～1690年）　法國畫家和設計家。在巴黎和羅馬學習後，受託完成大型裝飾和宗教畫，這使他出了名。他具有非凡的組織能力和精巧技藝，爲路易十四世聘雇的第一位畫家，他受法國政府之託，三十多年中創作或監製了大部分的繪畫、雕刻和裝飾作品，尤其是凡爾賽宮的裝飾工作。勒布倫曾任皇家繪畫雕塑學院院長，也是法蘭西學院羅馬分院的組織者，在17世紀他協助建立法國藝術的統一特性。

Le Carré, John＊　勒卡雷（西元1931年～）　原名David John Moore Cornwell。英國小說家。1959年起任英國駐西德外交官員，因此可取得國際間諜活動的第一手資訊。在其懸疑寫實的第三部小說《東山再起的間諜》（1963；1965年拍成電影）取得成功以後，他開始全職從事寫作。其三部曲《鍋匠、裁縫、士兵、間諜》（1974）、《可敬的學童》（1977）和《斯邁利的人》（1980）以諜報人員喬治・斯邁利爲主角。其他的小說有《女鼓手》（1983；1984年拍成電影）和《俄羅斯大廈》（1989；1990年拍成電影）。

Le Châtelier, Henry-Louis＊　勒夏忒列（西元1850～1936年）　法國化學家。任教於法蘭西學院和巴黎大學，以勒夏忒列原理聞名。該原理使預測各種條件（溫度、壓力或反應物的濃度）的變化對化學反應的影響成爲可能，在化學工業中對開發最佳的化學流程具有重要價值。該原理可以如此概述：處於平衡狀態的體系受到擾動時，其反應是使擾動的影響減至最小。勒夏忒列也是冶金、水泥、玻璃、燃料、炸藥和熱學等方面的權威。

Le Corbusier＊　科比意（西元1887～1965年）　原名Charles-Édouard Jeanneret。瑞士裔法籍建築師和城市規畫師。父爲鐘錶匠，十三歲就開始研究各種錶面的漆法和雕刻，後來老師鼓勵他成爲建築師。他自學成才，1907～1911年赴歐旅行期間，發展出許多概念，對古典比例、幾何形體、明暗處理和風景背景有所體驗和理解。在巴黎定居後，與畫家歐珍方（1886～1966）有系統地闡述了純粹主義，這是建立在現代科技的一種美學概念。早期作品包括摩天大樓城市和大量生產的住宅的理論性計畫，他認爲「住宅是居住的機器」。1922年在秋季展覽會展出的準備工業化生產的兩所示範住宅表現了前期作品的中心思想，其中西特羅昂住宅表現了他所認爲的現代建築的五項特點：底層透空，只有柱子支承上層；屋頂平台，可用作花園和住宅的一個重要部分；平面布置開敞；無裝飾的立面；條形的窗，以保證結構框架的獨立性。內部空間表現了明顯的對比：高敞的起居部分和閣樓式的臥室。戰後的重要作品有馬賽公寓（1945～1952）、朗香的聖母院（1950～1955），以及印度旁遮普邦新首府昌迪加爾的行政建築（始於1950年），使用了粗糙不加修飾的混凝土牆面，巨大的混凝土遮陽板，雕塑式的立面，流線型的屋頂線，宏偉壯麗的坡道等。其著作甚多，爲他所創造的世界性前衛建築運動奠定了厚實基礎。

Le Gallienne, Eva　勒加利安納（西元1899～1991年）　英裔美籍女演員和導演。1915年遷居紐約後，扮演過各種小角色，直到《莉莉奧姆》（1921）一劇中才扮演主角。她在紐約創建市民戲目劇院（1926～1933），並在劇院導演和演出契訶夫、易卜生和其他劇作家的作品，這些戲劇後來才爲美國人所熟悉。稍後又創立爲時短暫的美國戲目劇院（1946～1947）。晚期最著名的舞台演出是1976年重演的《皇家》。

Le Guin, Ursula K(roeber)＊　勒瑰恩（西元1929年～）　原名Ursula Kroeber。美國科幻與奇幻小說作家。生於加州柏克萊，爲克羅伯的女兒，就讀於賴德克利夫學院。因受人類學研究方法的影響，她的作品裡對性質不同的社會常有很詳盡的描述。所創作的小說有《黑暗的左手》（1969）、《世界的名字就叫森林》（1972）、《一無所有》（1974）和《歸鄉》（1985）以及「地海故事集」系列。

Le Havre＊　勒哈佛爾　法國北部海港城市（1990年人口約197,000）。濱英吉利海峽，位於塞納河河口處，東南方是巴黎。僅次於馬賽，爲法國第二大海港，爲出口基地和重要的工業中心。從前只是個漁村，直到1517年法國國王法蘭西斯一世才在此建起海港。17世紀，在樞機主教黎塞留和路易十四世統治時期，海港進行了擴建和設防。到18世紀後期，海港已能容納較大船隻。第二次世界大戰期間，該市大部分的建築被毀，但後來重建。建於17世紀的聖母院是鎮上僅存的幾座古老建築之一。

Le Loi＊　黎利（活動時期西元1428～1443年）　亦稱平定王（Binh Dinh Vuong）或順天（Thuan Thien）。越南將軍和皇帝，他使越南脫離中國贏得獨立地位。原爲大地主，後來感受到普通百姓在中國和越南貴族欺壓下的社會不公現象。1418年開始了一系列的暴動，把中國人逐出越南。從此與中國的明朝保持著外交關係，甚至還納貢；1428年明朝承認他的王國。他建立了後黎朝，存續了近三百六十年。其成就包括幫助農民的土地改革。黎利是中世紀時期越南人最崇拜的英雄。

Le Mans, (Grand Prix d'Endurance)＊　勒芒耐力大獎賽　大概是世界最著名的汽車賽。自1923年來每年（少數幾年例外）舉行一次，地點在法國勒芒附近的薩爾特公路賽環行線上。由在24小時內行駛公里數最長的汽車獲勝。比賽的環形路線長13.4公里，只有賽車才能參加比賽（參閱sports-car racing）。

Le Moyne de Bienville, Jean-Baptiste ➠ Bienville, Jean-Baptiste Le Moyne de

Le Moyne d'Iberville, Pierre ➠ Iberville, Pierre Le Moyne d'

Le Nain brothers＊　勒南兄弟　法國畫家。1630年勒南三兄弟安托萬（約1588～1648年）、路易（約1593～1648年）與馬蒂厄（約1607～1677年）在巴黎合開了一家畫室。據說他們工作得很和諧，常常在同一幅畫上合作。他們最著名的作品是反映農民生活的帶點誇大和同情風格的畫作，這種寫實主義在17世紀法國藝術界中是獨特的。他們只留下姓氏在畫作上，所以如今都把這些作品視同一個畫家所作。

Le Nôtre, André＊ 勒諾特爾（西元1613～1700年） 法國園林建築師。1637年繼其父擔任路易十三世的土伊勒里宮花園總管；他重新設計了土伊勒里宮苑，擴展了主路，後來這條路就成為香榭麗舍大道。路易十四世讓勒諾特爾負責規畫凡爾賽宮裡的花園，他把一塊泥濘的沼澤地變成景色壯麗的公園。他還設計過無數的其他公園和花園，包括聖熱爾曼昂萊、聖克盧和楓丹白露，可能還設計了倫敦的聖詹姆斯公園。他的設計後來還影響了朗方。

Le Van Duyet 黎文悅（西元1763～1832年） 越南軍事戰略家和政府官員。自幼即與越南宮廷關係親近，後來擔任連續幾位皇帝的顧問，並利用西方武器和軍事戰略協助王子阮映（即後來的嘉隆皇帝，阮朝的創立者）征服越南全境。當嘉隆的繼承人下令迫害天主教傳教士時，黎文悅抗令不執行。死後遭到譴責，但後來又受人崇敬。

leaching 淋濾 通過滲透下沈造成土壤頂層中的可溶物質和膠質的損失。這些物質被帶動往下，一般會在較低的下層中重新沈積下來。這種轉移造成多孔和開放的頂層以及緻密而結實的下層。在淋濾嚴重的地區，剩下來的石英和鐵、錳和鋁的氫氧化合物構成了磚紅壤。在這些地區，細菌快速作用使土壤裡缺少腐植質，因為枯枝落葉都被氧化，而氧化後的產物又被淋濾掉了。

Leacock, Stephen (Butler) 李科克（西元1869～1944年） 出生於英國的加拿大作家和演說家。六歲時即隨父母移民到加拿大。雖然在麥吉爾大學教授經濟學和政治學（1903～1936），又寫過多本關於歷史和政治經濟方面的書，但真正的天分在於他的幽默感。他的名聲奠基於其許多輕鬆的隨筆和小品文，始於《文學的失誤》（1910）和《無聊的小說》（1911）。李科克式幽默的典型表現在於對社會弊端和人類行為的表裡不一的喜劇性覺察。

李科克，卡什攝
©Karsh from Rapho/Photo Researchers

lead 鉛 金屬化學元素，化學符號Pb，原子序數82。為銀白色或淺灰色金屬，質地柔軟，延展性好，密度大，導電性差。其穩定的同位素為鈾和其他重金屬放射衰變後的最終產物。自古以來人們就知道鉛的好處，它耐用且抗腐蝕，所以古羅馬人的鉛水管至今仍可使用。鉛可用作屋頂材料、電纜的包皮、水管襯裡和一些管道設備。其他用途有製造蓄電池、槍彈和低熔點的合金（如焊料和白鑞），以及隔離聲音、振動和輻射的保護裝置。鉛在自然界中很少呈游離態，主要存在硫化物和方鉛礦中。由於鉛和鉛化物具有毒性（參閱lead poisoning），因此含鉛的顏料和汽油添加物現已被禁用。鉛化物的原子價有+2和+4價，其中鉛氧化物（密陀僧）是最廣為使用的。鉛化合物可用於製造鉛水晶玻璃（參閱glass）、釉料、陶器、顏料、塗料和油漆的乾料、殺蟲劑、除草劑、防火材料、火柴、炸藥和煙火。將近一半的鉛可刮下重新回收使用。鉛筆中的「鉛」指的是石墨。

lead-210 dating 鉛－210測年法 利用鉛的放射性同位素鉛－210的量與穩定同位素鉛－206的量的比值來測定年齡的方法。此法已用於鈾礦石。在確定相當近代的海洋沈澱物的年齡時，鉛－210測年法尤其有用，所以此法已被用來研究人類活動對海洋環境的影響。

lead glance ➠ galena

lead poisoning 鉛中毒 亦稱plumbism。鉛在體內積累引起的中毒。大劑量的鉛會造成成人的胃腸炎和兒童的大腦損傷。長期與鉛接觸會造成貧血、便祕和腹部痙攣、神經錯亂、漸進性的麻痺，有時還可能出現腦癌。兒童則更容易受到神經和大腦的損傷；敏感測試表明，即使少量的鉛也會傷害兒童，而且與兒童的行為問題有關。家中的鉛的來源有鉛基油漆、含鉛的自來水管以及塗了含鉛釉料的食具等。嬰兒喜歡把東西往嘴裡塞，是最危險的一群。在使用鉛的地方工作和曝露於農藥環境下也是危險的因素。1996年美國完成了含鉛汽油的逐步淘汰，世界各地也正在實施類似的禁令。治療辦法有用解毒劑，它會與組織中的鉛結合（參閱chelate）而把它驅逐出去。

Leadbelly 賴白里（西元1885～1949年） 原名Huddie (William) Ledbetter。美國藍調歌手和歌曲作家。幼年生活於路易斯安那州穆靈斯波特，學會演奏多種樂器。與傑佛遜以巡迴音樂家身分一同演出。1918年因謀殺而入獄，1925年因德州州長在獄中聽到賴白里演唱而獲特赦。賴白里重新過著漂泊的生活，1930年又因殺人未遂而入獄。1933年洛馬克斯在獄中發現賴白里的天分，使他獲釋。賴白里在洛馬克斯父子督導下巡迴演唱，發表了四十八首批判經濟蕭條時期黑人遭遇的歌曲（1936），且灌製了許多唱片。賴白里曾與格思里等人合組「主唱者」樂團。死時一文不名，但一些歌曲如〈晚安！愛琳〉、〈午夜專車〉和〈岩島之行〉很快即成為經典作品。

leaf 葉 從維管植物的莖長出綠色扁平的物體。葉製造氧和葡萄糖，滋養並維持植物與動物的生命。葉和莖的組織是從相同的頂芽長出。典型的葉有寬闊展開的葉片，以葉柄

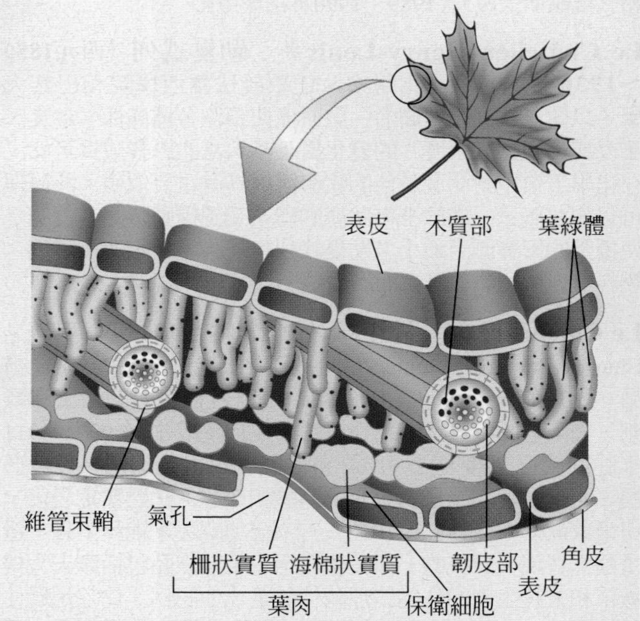

葉的構造。表皮通常覆蓋一層蠟質的角皮保護，以防止葉內部的水分流失。氧、二氧化碳和水分經由氣孔進出葉，氣孔分布於下表皮。維管或輸送組織稱為木質部和韌皮部：水分與礦物質經由木質部從根部送往葉；光合作用產生的醣藉由韌皮部輸送到植物的其他部分。光合作用是在含有葉綠體的葉肉裡面產生。
© 2002 MERRIAM-WEBSTER INC.

附著在莖上。葉有單葉（單一的葉片）、複葉（分離的小葉），或是縮小成針或鱗片。葉緣（邊）可能是平滑或鋸齒狀。葉脈輸送物質進出葉的組織，從葉柄發散到葉片各處。雙子葉植物葉脈是網狀格局，單子葉植物則是平行的（參閱cotyledon）。葉的外層（表皮）保護內部（葉肉）柔軟的綠色細胞（柔組織）藉由光合作用製造醣類食物。在秋季，落葉樹的葉綠素分解，展現其他色素的顏色（黃色到紅色），葉掉離樹木。從葉落到傷口癒合期間形成葉痕，有助於確認冬季幼枝。在毬果植物中，常綠針葉樹的葉維持2或3年。

leaf-footed bug ➠ squash bug

leaf insect　葉蟲蝻　亦稱walking leaf。葉蝻科約25種扁平綠色的葉狀昆蟲統稱。分布於印度至太平洋斐濟島一帶。體長約60公釐。雌蟲的前翅（複翅）大而似革，兩翅的邊緣在腹部上方遇合，翅脈似葉脈。後翅退化無功能。雄蟲的前翅小，後翅大，非葉狀，能飛。剛孵化的幼蟲淡紅色，取食葉片後就會變綠色。

leaf miner　潛葉蟲　許多在葉中生活並取食的昆蟲幼蟲的統稱，包括毛蟲、葉蜂幼蟲、甲蟲和象甲蟲以及雙翅類昆蟲的蛆。多數潛葉蟲的洞穴或通道都很細小、彎曲，呈淺白色；或寬闊成斑狀，呈淺白色或淺褐色。雖然潛葉蟲通常不造成危害，但破壞觀賞樹木的外觀。控制它們的一個方法是摘除並焚燒有蟲的葉子；只有在出現成蟲時，噴灑煙鹼溶液或其他殺蟲劑才有效。

leafhopper　葉蟬　大型葉蟬科中小型吸汁昆蟲，體細長，常色彩豔麗。幾乎各類植物上都有一種葉蟬存在。多數種類體長不超過12公釐。葉蟬可成為經濟上的嚴重害蟲。其取食行為會造成汁液損失、葉綠素破壞、傳播疾病或使葉捲曲等，產卵時亦刺傷植株。跳蟲燒灼病是葉蟬在取食時注入毒素而引起的病害。

雕葉蟬屬（Graphocephala）的紅帶葉蟬
Stephen Collins – Photo Researchers

League of Arab States ➠ Arab League

League of Nations　國際聯盟　第一次世界大戰末，由協約國建立的國際合作組織。1919年的巴黎和會上提出一項以集體安全為原則的盟約，設立大會、理事會和秘書處，這些都包含在凡爾賽和約中。盟約還建立了殖民地託管制。聯盟的總部設在日內瓦。由於美國沒有批准凡爾賽條約而沒有加入聯盟，削弱了聯盟的力量。聯盟未能阻止日本向中國擴張，對義大利侵占衣索比亞、德國占領奧地利也束手無策，因而信譽掃地。第二次世界大戰期間聯盟停止了活動。1946年被聯合國取代。

Leahy, William D(aniel)＊　萊希（西元1875～1959年）　美國海軍軍官。畢業於亞那波里斯海軍學院，在美西戰爭、菲律賓起義及義和團事件中都服過役。第一次世界大戰時，他指揮一艘海軍運輸艦，當時與羅斯福結成了好朋友，後任海軍部助理部長。1937～1939年間任海軍作戰部部長，1939年被任命為波多黎各總督，1940年為駐法國大使。第二次世界大戰中任羅斯福總統的參謀長，在杜魯門總統任內繼續擔任此職。1944年升為海軍五星上將。

Leakey family　利基家族　考古學家和古人類學家輩出的家族，以在東非發現人的化石和其他化石遺存而聞名於世。路易．西摩．巴塞特．利基（1903～1972）出生於英國傳教士家庭，在肯亞長大，後來到劍橋大學就讀，1931年到坦尙尼亞的奧杜威峽谷作田野調查。在那裡，他的妻子瑪麗．道格拉斯．利基（1913～1996）也加入考古工作，1959年她發現一種南猿屬化石。這對夫婦後來發掘了第一個巧人化石，以及「原人猿」（人類和類人猿的共同祖先，約生活於2,500萬年前）和「肯亞猿」（另一種與類人猿－人類有關的種，約生活於1,400萬年前）遺存。瑪麗曾說服古德爾和福塞創先研究黑猩猩和大猩猩。瑪麗在她先生過世後繼續作了許多重要的發現，其中包括萊托里足跡。他們的兒子理查．利基（1944～）以在肯亞圖爾卡納湖湖岸的庫比福勒遺址工作聞名，他在那裡發現最早至250萬年前的非洲巧人化石。

Leal, Juan de Valdés ➠ Valdés Leal, Juan de

Lean, David　大衛連（西元1908～1991年）　受封為大衛爵士（Sir David）。英國電影導演。1928年開始進入高蒙特電影製片廠工作，後來成為首席電影剪輯師。大衛連與科沃德共同導演《效忠祖國》（1942），並單獨導演科沃德的兩部作品《神氣活現》（1945）和《相見恨晚》（1945）。之後導演兩部改編作品《孤星血淚》（1946）和《苦海孤雛》（1948）。大衛連以導演《桂河大橋》（1957，獲奧斯卡獎）、《阿拉伯的勞倫斯》（1962，獲奧斯卡獎）、《齊瓦哥醫生》（1965）和《印度之旅》（1984）等片受到大眾歡迎。

Leaning Tower of Pisa　比薩斜塔　義大利比薩的一座白色大理石鐘塔，因基座的不平均沈降而聞名，這使它偏離垂直方向5.5°（約4.5公尺）。鐘塔是比薩市大教堂建築群中第三座也是最後一座工程，1173年開始興建，設計高度為56公尺。工程師們為了尋求解決方案而停建過幾次；14世紀終於還是在傾斜狀態下完工。它每年還以1.2公釐的速度繼續傾斜，一直處於倒塌的危險中。1990年關閉，讓工程師們採取強化措施，使傾斜度減少44公分，減到只傾斜約4.1公尺。2001年5月完成了這項工程。

Lear, Edward　里爾（西元1812～1888年）　英國畫家和滑稽詩人。十五歲起就靠繪畫為生。1830年代，受雇為達比伯爵的私人動物園作畫，後來他為伯爵的孫兒們製作了《胡鬧集》（1846）。後來出版的畫冊有《胡鬧歌、故事、植物畫和字母》（1871，其中包括《貓頭鷹和胖貓》），以及《有趣的抒情詩》（1877）。里爾最有名的是普及了五行打油詩。他還出版了幾本鳥類和動物的畫冊，還有七本帶插畫的遊記。他患有癲癇症，是個同性戀者，常鬱鬱寡歡，1837年以後多住在國外。

里爾，亨特（William Holman Hunt）繪於1857年；現藏利物浦瓦克爾畫廊
By courtesy of the Walker Art Gallery, Liverpool

Lear, Norman (Milton)　李爾（西元1922年～）　美國電視製作人、作家和導演。生於康乃狄克州紐新哈芬，早先曾編寫並製作如《來吹你的號》（1963）、《美國式離婚》（1967）和《冷雞》（1971）之類的電影，在回到電視圈後設計並製作紅極一時，同時獲得四座艾美獎的連續劇《甜蜜一家親》（1971～1983）、《莫德》（1972～1978）、《桑福德和他的兒子》（1972～1977）和《傑佛遜這一家》（1975～1985）。

Lear, William Powell 里爾（西元1902～1978年） 美國電氣工程師和實業家。他創辦了里爾航空公司，製造飛機用的無線電和導航設備。在第二次世界大戰中，里爾公司為盟國的飛機製造了整流單門片發動機和其他的精密設備。戰後，里爾公司又推出可以用在小型戰鬥機上的微型自動駕駛儀。1963年里爾又組成了里爾噴射機公司，其生產的噴射機成為世界最受歡迎的一種私人噴射機。

learned helplessness 習得的無力感 心理學用語，指一種心理狀態，實驗主體被迫去承受某個他討厭的刺激，後來卻變成不能或不願去躲避後續的刺激，即使這些刺激是「可避免的」，也就是他預設自己「學到了」外在情境不是他所能控制的。相關實驗最先是在狗身上進行，再推展到人類，學者據此相信，長期的失敗、沮喪或類似的情境，會形成習得無助感；最有名的著作例如塞利格曼1975年的《無力感》。不過也有批評者持反對看法，認為他們的實驗和推論的證據並不充分。

learning 學習 對既有的知識、技術、習慣或性向，透過經驗、實踐或練習而取得修正的過程。學習包括結合過程（參閱association、conditioning）、感覺材料判別、精神與感官學習（參閱perception）、模仿、概念形成、問題解決、內在學習等。動物的學習是由動物行為學家和比較心理學家在研究，比較心理學家多認為人類的學習與動物的學習是完全不同的平行線（參閱comparative psychology、ethology）。俄國的巴甫洛夫及美國的桑戴克是最早對結合學習行為進行實驗的心理學家。對這種早期「刺激－反射」理論的批評者，例如托爾曼，則指責刺激－反射論者化約並且忽略了主體的內在行為；格式塔心理學研究者則較注重知覺與學習的類型及形態之重要性；至於結構語言學則認為語言的學習是立基於一種發生學式習來的「文法」；而發展心理學家，例如皮亞傑，則強調學習的成長階段。近年來，認知科學則揭示學習是一種資訊處理的形式，然而研究人腦的科學家，例如埃德爾曼，則認為思考與學習是大腦路徑持續建立的過程。相關的研究主題還包括注意、理解力、動機、訓練轉移。亦請參閱behavior genetics、behaviourism、educational psychology、imprinting、instinct、intelligence。

learning disabilities 學習障礙 在閱讀、書寫、拼音、計算等學習具有長期性的困難，而且這種困難被認為是來自神經病理因素。雖然致病的原因和本質仍未完全解明，但一般相信學習障礙並不表示智力較差，而是因為神經系統有關處理語言或圖形的部分出現問題，必須利用特殊的學習方法及較多的教育心力來矯正。一般的學習障礙包括閱讀障礙、書寫障礙、運算障礙等。學習障礙可以透過測驗來診斷，障礙兒童可以參加特殊協助的課程矯治。如果學習障礙未被診斷出來，可能導致學習表現不佳而造成自尊降低及偏差行為。

least squares method 最小平方法 在兩個度量（例如學校學生的身高和體重）找出一條直線或曲線（最佳配適線）來代表最符合的統計方法。當度量在圖上繪製成點並看似落在同一條直線上，可以用最小平方法來決定最佳配適線。此法利用微積分技術來找出每個資料點到某線垂直距離平方總和的最小值。通常這個方法稱為回歸，若最適線是直線則稱為線性回歸。

leather 皮革 經過加工鞣製可供使用的動物皮。製革把容易腐爛的動物皮轉換成穩定的、不會變質的材料。雖然人們已使用了各種動物皮（如鴕鳥、蜥蜴、鰻魚和袋鼠的皮），但較常用的皮革原料來自牛（包括小牛和公牛）、綿羊和羔羊、山羊和小山羊、馬、騾、斑馬、水牛、豬、海豹、海象、鯨和鱷魚等動物。製革是一種古代就有的藝術，已有七千多年歷史。亦請參閱parchment。

Leavis, F(rank) R(aymond)* 利維斯（西元1895～1978年） 英國文學評論家。曾在劍橋大學就讀，後在該校任教。他把一種新的嚴肅精神帶入了文學評論，認為評論者的責任是要依據作者的道德立場來作批評。他與人合辦了《調研》季刊（1932～1953），常被視為他對英語文學最大的貢獻。著作包括《英國詩歌的新方向》（1932）和《偉大的傳統》（1948），在後面這本書裡，他對英國小說重新作了評價。

Lebanese civil war 黎巴嫩內戰（西元1975～1991年） 衝突源起於1970年代巴勒斯坦解放組織的出現，並因為黎巴嫩基督教與回教人士的緊張情勢而加劇。1975年黎巴嫩回教徒支持巴勒斯坦解放組織並尋求更多的政治權力；該國的基督教徒設法維持他們的政治主導權而反對巴勒斯坦解放組織。教派間強烈的對抗從1976年初展開，黎巴嫩因為基督教徒在北方握有實權，回教徒則在南方，所以該國實質上已變成分裂狀態。以色列在1982年入侵黎巴嫩南部摧毀巴勒斯坦人的基地；巴勒斯坦解放組織的領袖和軍隊被驅離貝魯特城外，到了1985年，以色列從黎巴嫩大部分地區撤離，接著因為是否接受敘利亞領導政權而產生內部分裂。1989年基督教領袖米凱奧恩將軍試圖將敘利亞人逐出黎巴嫩，但被擊敗，而阿拉伯聯盟調解達成一項和平協議；他在1990年被罷黜，為1989年的和平協議除去最大的障礙。在黎巴嫩南部，以色列與希茲布拉族人部隊之間的戰鬥，一直持續到1990年代。

Lebanese National Pact 黎巴嫩國家協定 1943年黎巴嫩的基督徒與穆斯林達成權力分享的約定，原則上總統一職由基督徒出任，遜尼派穆斯林則擔當首相。國會的發言人則必須是什葉派穆斯林。在黎巴嫩內戰後，此一協定有所修正，諸多總統的權力轉移至由一半基督徒與一半穆斯林組成的內閣。

Lebanon 黎巴嫩 正式名稱黎巴嫩共和國（Republic of Lebanon）。地中海東岸國家，與敘利亞及以色列為鄰。面積10,230平方公里。人口約3,628,000（2001）。首都：貝魯特。黎巴嫩人口的種族構成包括腓尼基人、希臘人、亞美尼亞人和阿拉伯人。語言：阿拉伯語（官方語）、法語和英語。宗教：伊斯蘭教（遜尼派與什葉派）、基督教（馬龍派和希臘正教）。貨幣：黎巴嫩鎊（£L）。黎巴嫩境內多山，包括位於中部地區的黎巴嫩山脈，以及沿東部邊界延伸的前黎巴嫩山脈和赫爾蒙山。低平的沿海平原沿著地中海伸展。利塔尼河向南流經肥沃的貝卡谷。該國境內原先大部分覆蓋著茂密的森林（黎巴嫩的雪松很有名），但現在的森林覆蓋率只約占國土的8%。農業無法自給自足，必須仰賴食物進口。該國作為中東地區金融中心的傳統角色，近幾年來因內亂和外國的干預而遭到破壞。政府形式為共和國，一院制。國家元首為總統，政府首腦是總理。今黎巴嫩的大部分領土與古代的腓尼基一致，腓尼基人約在西元前3000年左右定居於該地區。西元6世紀，一群逃避敘利亞迫害的基督教徒定居於今黎巴嫩北部，並建立起馬龍派教會。阿拉伯部族後來也在黎巴嫩南部定居，到11世紀建立德魯士教派。中世紀時為十字軍城邦的一部分，後來為馬木路克人統治。1516年鄂圖曼土耳其人取得控制權。1842年鄂圖曼土耳其人結束了德魯士教派謝哈布家族對當地的統治，使馬龍派與德魯士教派之間的關係惡化，導致1860年德魯士人大肆屠殺馬龍派教徒。法國進行干預，迫使鄂圖曼蘇丹在鄂圖曼帝國境內設立

一個自治省作爲山地基督教區，稱爲黎巴嫩山省。第一次世界大戰後，黎巴嫩由法國軍隊管轄。1946年正式獨立。1948～1949年的以阿戰爭結束後，超過二十萬名的巴勒斯坦難民在黎巴嫩南部安頓下來。1970年巴勒斯坦解放組織（PLO）將其總部遷移到黎巴嫩，並開始向以色列北部發動攻擊。由基督教徒控制的黎巴嫩政府試圖遏止巴解組織，而巴解組織爲此在穆斯林與基督教徒的衝突中支持黎巴嫩的穆斯林，到1975年爆發爲內戰。1976～1982年敘利亞和聯合國部隊試圖維持停火，但1982年以色列軍隊入侵黎巴嫩，聲稱要把巴勒斯坦軍隊趕出黎巴嫩南部。1985年以色列部隊從黎巴嫩撤出，而黎巴嫩國內宗教間的衝突仍未解決。以色列部隊捲土重來，但於1996年達成停火協議。1997年以色列士兵和黎巴嫩的眞主黨軍隊爆發衝突，協議破裂。黎巴嫩與以色列進行了多次爭辯的談判，以色列軍隊於2000年突然自黎巴嫩撤出。

Lebanon Mountains　黎巴嫩山脈　阿拉伯語作Jabal Lubnan。古稱Libanus。黎巴嫩的山脈。與地中海海岸平行延伸，長約160公里。北段是山脈的最高部分，包括最高峰索達山，海拔8,088公尺。西側保留著黎巴嫩雪松殘存林。阿拉伯語laban的意思是白色，因山頂終年積雪，白雪皚皚，古代即因此得名。

Lebowa＊　萊博瓦　南非特蘭斯瓦北部以前的非獨立黑人國。南非政府曾指定它爲北索托人（包括佩迪人、洛維杜人和坎加－科內人）的民族領地。1972年獲自治權，1973年舉行第一次選舉。1994年廢除種族隔離政策後，萊博瓦成爲新的北方省一部分。

Lebrun, Albert＊　勒布倫（西元1871～1950年）　法國政治人物，法蘭西第三共和的最後一位總統（1932～1940）。原爲採礦工程師，後當選爲衆議員（1900～1920）和參議員（1920～1932）。他因成爲各黨派都能接受的折衷候選人而當選總統，其工作是當調解人，也是團結的象徵，對政策很少施加影響。1940年他附和內閣的決議，與德國協議停戰，把他的政府讓給了維琪法國政府。1943～1944年被德國人囚禁。1944年他承認戴高樂爲臨時政府首腦。

Lebrun, Elisabeth Vigée- ➠ Vigée-Lebrun, (Marie-Louise-)Elisabeth

Lechfeld, Battle of＊　列希費爾德戰役　西元955年日耳曼國王奧托一世關鍵性地擊敗入侵的馬札兒人的戰役。這場戰役發生在現在德國奧格斯堡附近的列希費爾德平原，象徵匈牙利人最後一次入侵日耳曼的努力。

lecithin　卵磷脂　在細胞結構和代謝過程中有重要作用的磷脂（亦稱磷脂醯膽鹼）類的統稱。由磷酸鹽、膽鹼、丙三醇（作爲酯）和兩種脂肪酸組成。從各種成對的脂肪酸中可區別出各種卵磷脂。商品卵磷脂是一種潤濕劑和乳化劑，用作動物飼料、烘焙製品和混合劑，用於巧克力、化妝品、肥皂、殺蟲劑、油漆和塑膠中，食用油是卵磷脂和其他磷脂類的混合物。

Leclerc, Jacques-Philippe＊　勒克萊爾（西元1902～1947年）　原名Philippe-Marie, vicomte (Viscount) de Hauteclocque。第二次世界大戰中的法國將軍。1939年被德軍俘擄，但逃往英國，爲了保護他的家庭，以假名勒克萊爾加入戴高樂的自由法國軍隊。在法屬赤道非洲和北非打過幾次勝仗，1944年在諾曼第登陸中指揮一個法國師。8月25日在巴黎接受德軍司令的投降。他在一次飛機失事中罹難，死後被追封爲法國元帥。

lectisternium＊　擺榻節　（來自拉丁語lectum sternere，意爲「攤開躺椅」［to spread a couch］）古代希臘和羅馬的一種習俗，將神像供在街頭的神榻上，向他們供奉食品。起源於希臘，當時爲三對神準備神榻：阿波羅和拉托娜、赫拉克勒斯和黛安娜，以及墨丘利和尼普頓。節期共七或八天，屆時人們打開大門，釋放負債人和犯人，盡量排除憂傷。以後也以同樣的儀式來表示對其他諸神的崇敬之意。在基督教時代，這個詞是指祭奠死者的節日。

LED ➠ light-emitting diode (LED)

Leda＊　麗達　希臘傳說中，埃托利亞國王賽斯提歐斯的女兒，斯巴達王廷達瑞俄斯的妻子。宙斯化作一隻天鵝來接近她，她生下了特洛伊的海倫。另有一說宙斯是她兒子坡呂克斯的父親，而麗達的丈夫廷達瑞俄斯則是她的雙生子之一卡斯托耳（參閱Dioscuri）的父親。廷達瑞俄斯也是她的女兒——嫁給阿格曼儂的克呂泰涅斯特拉——之父。

Lederberg, Joshua＊　萊德伯格（西元1925年～）　美國遺傳學家。在耶魯大學獲得博士學位。與他的學生津德一起發現了某種病毒能把細菌基因從一個細菌帶到另一個細菌，這一發現使細菌像果蠅和麵包黴菌一樣成爲遺傳研究的重要工具。他還爲細菌遺傳學開發出了多種純種繁殖技術。因發現細菌中的基因重組機制，1958年他與比德爾和塔特姆共獲諾貝爾獎。

Ledo Road　利多公路 ➠ Stilwell Road

Ledoux, Claude-Nicolas＊　勒杜（西元1736～1806年）　法國建築師。1760年代和1770年代初期，以創新的新古典主義風格設計了許多私宅，其中有巴利夫人著名的盧米西艾尼府邸（1771～1773）。1770年代中期進行阿爾克－塞南、薩林斯德恰克斯的新鹽廠及其周圍城鎮的規畫設計工作，其設計以鹽廠爲中心，圍以一圈圈的工人住宅，不但顧及生產的便利，並確保工人的衛生條件。貝桑松劇院（1771～1773）設計革新，除有上等席位外，也設有普通席位。爲巴黎設計的宏偉華麗的徵稅所（1785～1789）由於造價過於昂貴，因而被免職。勒杜本人在法國大革命時期被捕，獲釋後未再執業。

L M N

Ledru-Rollin, Alexandre-Auguste＊　賴德律－洛蘭（西元1807～1874年）　法國激進政治人物。1839年當選衆議員，但因堅持需要一個共和政府而被其他的左翼分子孤立起來。二月革命後任臨時政府的內政部長（1848），透過他的影響舉辦了第一次成年男子普選，選出新的立法機構。1849年他彈劾路易－拿破崙（後來的拿破崙三世），導致一場失敗的暴亂。後來逃往英國，1870年大赦後又回到法國。

Lee, Ann　李（西元1736～1784年）　英國出生的美國宗教領袖。年輕時在英格蘭曼徹斯特一家工廠當女工，1758年參加震顫派，1770年成爲該派領袖。後來遭到英格蘭當局的迫害，並見到異象受到指示，1774年移居美洲。她和一群追隨者在紐約州奈斯開尤那（現在的沃特弗利特）定居。1776年震顫派運動發展迅速。人們稱她爲安媽媽，據說她會創造奇蹟，包括靠觸摸就能治病。由於她宣傳和平主義，又拒絕宣誓效忠政府，故而被判叛逆罪而入獄，但不久就被釋放。

Lee, Bruce　李小龍（西元1940～1973年）　原名李振藩（Lee Yuen Kam）。美國電影演員。生於舊金山，中國巡迴演出戲劇明星之子，他在曾演出過幾部電影的香港度過童年。1970年代早期，他成爲非常受歡迎的武術電影明星，如《精武門》（1972）和《龍爭虎鬥》等片，在國際上擁有一群狂熱追隨的崇拜者。他在三十三歲時突然死於腦水腫，也因而結束了他短暫的事業。他的兒子李國豪（1965～1993）在拍電影時假戲眞作地被意外射死時，正以動作電影明星走紅。

Lee, Gypsy Rose　李（西元1914～1970年）　原名Rose Louise Hovick。美國脫衣舞藝術家。1919年起隨姐姐出現在歌舞雜耍表演中，1929年首次在通俗歌舞劇中正式亮相。1931年成爲明斯基在百老匯開設的共和劇場的紅角，1936年出演《花團錦簇》。她以優雅風度著稱，成爲當時最著名的脫衣舞女郎。1937年退出通俗歌舞界，出現在夜總會和電視節目裡。她的自傳《吉普賽》（1957）爲1959年改編的音樂劇（1962年拍成電影）的成功基礎。

李，攝於1944年
By courtesy of United Artits Corporation, photograph, from the Museum of Modern Art Film Stills Archive, New York.

Lee, Harper　李（西元1926年～）　美國小說家。律師之女，就讀於阿拉巴馬大學，但在拿到律師文憑之前便離開學校前往紐約。當時一位編輯幫她將一系列短篇故事改編成小說《梅崗城故事》（1960），這也是李唯一曾出版並於美國國內備受讚賞的一部小說，於1961年贏得普立茲獎。這部小說在1962年被拍成一部堪稱經典的電影。小說中的英雄爲一名具正義感及同情心的律師芬奇，在片中幫助一個誤被控告強暴白人女孩的黑人辯護。

Lee, Henry　李（西元1756～1818年）　美國軍官和政治人物。美國革命期間他升任爲騎兵司令（贏得「輕騎哈里」的外號），在新澤西州的鮑魯斯胡克以及南方等地取得多次勝利。1791～1794年任維吉尼亞州州長。1794年他領導軍隊鎮壓了威士忌酒反抗。在美國衆議院期間（1799～1801），他起草了頌揚華盛頓的決議案，其中有如下名言：「戰爭中的第一人，和平時期的第一人，全國人民心中的第一人。」1800年後在幾次有關土地和財經條款的爭論中，李失敗了，並且兩次因負債而入獄。他是著名的美利堅邦聯南軍統帥羅伯特·李的父親。

Lee, Ivy Ledbetter　李（西元1877～1934年）　美國公共關係工作的先驅。原是報社記者，1906年成爲一群煤礦工人的新聞發言人，1912年開始代表賓夕法尼亞鐵路公司發言。他成功地提高了他們的公衆形象，同時也爲他帶來了許多大顧客，包括洛克斐勒財團。他最大的創新點在於對新聞界開誠布公，把他所代表的公司裡有新聞價值的發展提供給新聞界。

Lee, Peggy　李（西元1920年～）　原名Norma Deloris Egstrom。美國流行歌手。生於北達科他州詹姆斯敦，母親早逝後，她度過一個很辛苦的童年。在芝加哥隨著一個團體四處演唱，1941年被班尼固德曼訂下並雇用爲其樂團主唱。1943年開始自己單飛獨唱的生涯，也開始嘗試和別人合作寫歌，合作對象多爲她丈夫巴柏爾，其中包括〈狂熱〉、〈曼那那〉、和好幾首爲迪士尼公司《小姐與流氓》所寫的歌。除上所述之外，她並善用自己柔和的音色及沙啞有磁性的嗓音（其背景音樂通常爲爵士風味的改編曲），製作類似並紅極一時的歌曲如〈愛人〉、〈就只有這些嗎？〉。1976年的一個幾近致命的跌倒造成她近年來身體的逐漸衰弱。

Lee, Richard Henry　李（西元1732～1794年）　美國政治人物。1758～1775年任維吉尼亞移民議會議員，他反對「印花稅法」和「湯森條例」。他協助發起了通訊委員會，在大陸會議上積極活動。1776年6月7日，他提出一項決議案，要求脫離英國而獨立。這個決議案被採納了，於是通過了他簽字的「獨立宣言」，後來的「邦聯條例」也是。1784～1789年在國會工作，1784～1785年任國會主席。他反對批准美國憲法，因爲它缺少關於權利的法案，但後來成爲美國第一屆的參議員（1789～1792）。

Lee, Robert E(dward)　李（西元1807～1870年）　美國內戰時期美利堅邦聯南軍軍事領袖。父爲亨利·李。畢業於西點軍校，先在工兵部隊服役，墨西哥戰爭中爲司各脫的部下。1855年轉爲騎兵，1856～1857年間指揮德州邊境部隊。1859年他領導美國軍隊鎮壓布朗在哈珀斯費里的暴動。1861年他受命指揮軍隊迫使已脫離的南方各州返回聯邦。儘管他反對脫離聯邦，但還是拒絕這項任命。當他的家鄉維吉尼亞州也脫離聯邦以後，他成爲美國內戰中維吉尼亞軍隊的司令，並任戴維斯的顧問。約翰斯頓受傷後，李受命指揮北維吉尼亞軍隊（1862），在七天戰役中擊退了聯邦軍。在布爾淵戰役、弗雷德里克斯堡戰役和錢瑟勒斯維爾戰役等地都打了勝仗。他試圖透過入侵北方來使聯邦軍撤出維吉尼亞，但在安提坦戰役和蓋茨堡戰役嘗到敗績。1864～1865年間他以防禦戰對抗格蘭特領導的聯邦軍，造成慘重傷亡。在彼得斯堡和里奇蒙修建的防禦工事後面李停止了撤退（參閱Petersburg Campaign）。到1865年4月，兵力和物資補給越來越少，迫使當時已是南軍總司令的李終於在阿波麥托克斯縣府投降。他仍然是南方的英雄，並接受了華盛頓學院（後來稱華盛頓和李大學）校長之職。

李，攝於1865年
By courtesy of the Library of Congress, Washington, D. C.

Lee, Spike　史派克李（西元1957年～）　原名Shelton Jackson。美國電影導演。生於紐約布魯克林區，紐約大學電影碩士，在紐約大學讀書時即開始自己寫作、導演、製作並演出關於非裔美國人生活的電影。《美夢成讖》（1986）讓他備受矚目；《學校迷情》（1988）則緊隨其後，其後來一些非常成功的電影，如《爲所應爲》（1989）、《爵士男女》（1990）、《叢林熱》（1991）、史詩《黑潮》（1992）、*Crooklyn*（1994）、《黑街追緝令》（1995）、《單挑》（1998）和《酷暑殺手》（1999），則更確立他是最傑出的美國黑人電影導演之名聲。

Lee, William　李（西元1550～1610?年）　英國發明家，發明了第一台針織機。李的原型機（1589）是唯一一台用了幾百年的針織機，其工作原理至今尙在應用。伊莉莎白一世出於對國內手工針織工人的關心，兩次拒絕給他專利權。由於得到法國亨利四世的贊助，李後來在盧昂生產襪子。

Lee Kuan Yew　李光耀（西元1923年～）　新加坡總理（1959～1990）。出生於富裕的中國人家庭，李光耀去英國劍橋大學深造，並成爲律師和社會主義者。他擔任工會法律顧問，贏得1955年新加坡立法會議選舉，當時新加坡仍爲英國直轄殖民地。他幫助新加坡確立其自治地位，1959年以反殖民主義者和反共產主義者的身分當選總理。他推行許多改革，其中包括解放婦女。新加坡曾短暫加入馬來西亞聯邦（1963～1965），並在脫離後成爲一個主權獨立國家。李光耀推行工業化，使新加坡成爲東南亞最繁榮的國家。雖然其溫和卻又極權的政府有時侵犯到公民自由，但他仍實現了勞工的安定和提高工人生活水準的目標。

李光耀
Keystone

Lee Teng-hui＊　李登輝（西元1923年～）　第一位出生於台灣的中華民國（台灣）總統（任期1988～2000年）。1988年蔣經國死後，繼任爲總統。1990年再度被選爲總統。1996年在首度的總統直選中贏得壓倒性勝利。李登輝在處理與中華人民共和國的關係時，偏好採用「彈性外交」的政策。

leech　蛭　蛭綱環節動物，約300種。前端有較小的口吸盤，後端有較大的後吸盤。體長不一，有的極小，有的長約20公分。主要見於淡水中或陸上。有的捕食其他動物，有的以有機物碎屑爲食，也有寄生者。水蛭吸食魚、兩生類、鳥和哺乳類的血液，或取食貝類、昆蟲幼蟲和蠕蟲。眞正的陸蛭則只吸哺乳類血液。唾液中含麻醉傷口、擴張血管和抗凝血的物質。有的種類被醫生用作替病人放血之用已有數個世紀。由歐洲醫蛭提取的水蛭素已在醫學上作爲抗凝血劑之用。

歐洲醫蛭
Jacques Six

Leech, John　利奇（西元1817～1864年）　英國漫畫家。他爲了替幾家雜誌（特別是《笨拙週刊》）製作漫畫和蝕刻畫而放棄習醫。他與克魯克香克合作，但後來放棄了英國漫畫傳統中的恐怖和諷刺的成分，發展出他自己的輕鬆舒適、溫暖幽默和中產階級的溫文爾雅的風格，突出描寫與家世傳統相異的個性。他與但涅爾一起創造了「約翰．布爾」（John Bull）的形象，這是一位快活、直率的英國人，有時穿一件帶英國國旗的背心，腳後常跟著一條鬥牛犬。

Leeds　里茲　英格蘭西約克郡城市。位於艾爾河沿岸，曼徹斯特東北處。里茲原爲盎格魯－撒克遜人城鎭，1626年設建制，成爲毛紡業的早期工業中心。1816年里茲－利物浦運河竣工，這也促進了里茲的發展，19世紀末，成衣業的生產得到極大的發展。爲里茲大學所在地。人口：都會區約727,400（1998）。

leek　韭蔥　百合科一種生活力強的二年生耐寒植物，學名Allium porrum，原產於東地中海沿岸國家及中東地區。味甜而柔，似洋蔥。在歐洲廣泛用於做湯和燉菜，亦可當作蔬菜全株烹食。古代一次戰爭中，威爾斯軍隊佩戴韭蔥作爲標誌，作戰勝利後，韭蔥便出現於威爾斯國徽的圖案中。第一個生長季節所生出的帶形長葉和呈同心圓排列成近圓柱形的鱗莖，在第二個生長季節由一枝有葉的高大實心花葶和有許多花的繖形花序所取代。

韭蔥
G. R. Roberts

Leeuwenhoek, Antonie van＊　列文虎克（西元1632～1723年）　荷蘭顯微鏡專家。年輕時在代爾夫特當過布商學徒。後來當了文官，有時間從事他的業餘嗜好：磨製透鏡並用來研究細小東西。他用簡單的顯微鏡觀察了雨水、池水和井水中的原生動物，還有人們嘴裡和腸道裡的細菌。他還發現了血球細胞、毛細血管以及肌肉和神經的結構，1677年他第一個描述了昆蟲、狗和人類的精子。他是如何提高透鏡的能力使它們達到這樣的成果至今還是個謎。他對低等動物的研究反駁了它們是自然發生的學說。他的觀察爲細菌學和原生動物學等學科打下了基礎。

列文虎克，肖像畫，維爾柯傑（Jan Verkolje）繪；現藏阿姆斯特丹國家博物館
By courtesy of the Rijksmuseum, Amsterdam

Leeward Islands＊　背風群島　西印度群島的一條弧形島鏈，由加勒比海東北部的小安地列斯群島的最西和最北部。從北到南的主要島嶼有美屬維爾京群島和英屬維爾京群島、安圭拉、聖馬丁、聖基斯與尼維斯、安地瓜與巴布達、蒙塞拉特以及瓜德羅普等島嶼。這條島鏈的南面是多米尼克，有時把它歸爲背風群島的一部分，但通常把它當作向風群島的一部分。

Lefèvre d'Étaples, Jacques＊　勒菲弗爾．戴塔普勒（西元1455?～1536年）　法蘭西人文主義者、神學家和翻譯家。他被按立爲神父，1490～1507年在巴黎教授哲學，後來與聖熱爾曼德斯普雷斯的大修道院修士們一起工作。他被懷疑爲新教徒異端後，暫時移居史特拉斯堡，然後又到內拉克，受到那瓦爾王后的保護。他摒棄中世紀學院派的影響，在宗教改革的前夕提倡聖經研究。他把《聖經》翻譯成法文，並對使徒聖保羅寫了評注，另外還有哲學和神祕主義方面的著作。

Lefkosía ➠ Nicosia

left 左派 政治科學用語，指政治光譜偏向社會主義的派別。這個名詞源自1790年代法國革命時期的國會席次安排，當時社會主義代表都坐在主席的左側。那些自詡為左派的集結者，在政治、社會及經濟生活方面，都主張擴大民權及民主，並且認為社會福利是政府最重要的施政目標。現代自由主義會漸變為社會主義，是世界大部分國家左派的標準意識形態；至於共產主義，則是較激進而嚴格的左派意識形態。

leg 腿 兩足動物的下肢，與膝部連接，用於支撐身體並用來行走和奔跑。它的骨骼有股骨（在人體中是最長的）、髕骨（膝蓋骨）、脛骨和腓骨。兩足動物股部的肌肉使腿彎曲，四頭肌則將腿拉直。

legal medicine 法醫學 ➠ medical jurisprudence

legend 傳說 有關某人或某地的一個或一組傳統故事。以前這個詞指的是關於聖人的故事。傳說在內容上像民間故事，可能包括超自然的存在、神話因素或對自然現象的解釋，但傳說總是與一個特定的地點或人物有關聯。傳說都是從過去流傳下來的，雖然不能完全證實，但被普遍看作是歷史事實。

Léger, Fernand＊ 雷捷（西元1881～1955年） 法國畫家。出身諾曼第農民家庭，原本在巴黎當建築繪圖員，後來學美術。受塞尚和早期立體派的影響，他發展出一種繪畫風格，把明亮的色彩與高度有組織的幾何塊和圓柱形的組合結合起來。最著名的一些作品頌揚了現代的工業技術，強調源自機器零件的各種形狀。雖然在第一次世界大戰中受重傷，但他的藝術繼續肯定了對現代生活和大眾文化的信念。1924年他構想並導演了一部非敘事體的電影《機械芭蕾》，由曼雷攝影。

雷捷，紐曼攝於1941年
© Arnold Newman

Leghorn ➠ Livorno

leghorn＊ 來亨雞 起源於義大利的雞種，現今唯一重要的地中海品種。12個變種之中，單冠白色來亨雞普及的程度比起其他來亨雞的總和還要多，是世界最重要的蛋雞，產下白色的蛋，在英國、加拿大、澳大利亞和美國都有相當大的數量。

Legio Maria ➠ Maria Legio

legion 軍團 軍隊的一種建制，原來是羅馬軍隊中最大的固定建制。是羅馬帝國藉以統治國家的軍事系統基礎。早期的羅馬共和國發現希臘的方陣在義大利中部的丘陵和山谷地帶分散作戰時過於寬闊，為了取代它，羅馬人發展出一種新的戰略體系，以稱作支隊（maniple）的小而靈活的步兵單位為基礎。這些支隊再組成較大的單位，稱步兵隊（cohort），人數從360人到600人不等，視當時的需要而定。十個步兵隊組成軍團。戰鬥時，四個隊在第一線，第二和第三線上各有三個隊。亦請參閱Foreign Legion。

Legion of Honor 榮譽勳位 正式名稱Order of the Legion of Honor。法蘭西共和國最高勳位。1802年由拿破崙所創，作為一般軍隊與公民的勳位授予。不論男女、公民或外國人，亦不論其階級、出身或宗教信仰，都可獲得這個勳位。在平時有二十年的公民成就或戰時有傑出的勇氣和貢獻才有資格獲此勳位。

Legion of Mary Church ➠ Maria Legio

Legionnaires' disease 退伍軍人病 肺炎的一型，首次確定的病例是1976年美國退伍軍人協會會員，該會員中有二十九人因此死亡。其病原體為一種前所未知的桿菌Legionella pneumophilia，後來發現曾於許多互相隔離的地方所爆發的原因不明的肺炎樣疾病其實就是本病。常見症狀為全身不適、頭痛，繼之高熱，常伴畏寒，咳嗽、氣短、疼痛，偶見精神錯亂。受污染的水源（例如排水系統、增濕器和漩渦礦泉浴）通常被懷疑為污染源。可用抗生素治療。

legislative apportionment 議員人數分配 亦稱legislative delimitation。在選舉眾議院議員選區之間分配議員人數的程序。在古希臘，每個公民都代表他自己，但是在大部分的歷史時期中，代表只限於某些社會階級。隨著民主的發展，選舉權的擴大，以及政黨的興起，議員人數分配必須進行細緻精確的安排，以保證議員席位的分配能最大程度地精確反映選民的意願。按地域分配是當前最普遍採用的方式。亦請參閱gerrymandering、proportional representation。

legislature 立法機關 政府的立法機構。在立法權出現之前，法律是由獨裁者制定。早期歐洲的立法權包括英國式國會（Parliament）、冰島式國會（Althing, 930）。立法機關有一院式（unicameral）、也有兩院式（參閱bicameral system），其權力大致包含通過法律、通過政府預算、認可行政任命、確認條約效力、調查行政機關、彈劾與糾舉行政與司法官員以及修正憲法缺失等。立法機關成員的產生，可以是被任命、也可以是直接或間接選舉，他們代表了全體人民、特殊族群、及地域團體。在總統制國家中，行政機關和立法機關完全分離；在內閣制國家中，行政機關官員則是由立法機關成員選任。亦請參閱Bundestag、Congress of the U.S.、Diet、Duma、European Parliament、Knesset、Canadian Parliament。

legume＊ 莢果 豆目中豆科約650屬顯花植物的統稱，約18,000種。莢果一詞通常也指其特有的果實，亦稱pod。廣佈適於居住的各大陸上。葉常為羽狀，花幾乎均鮮豔。豆目在經濟上的重要性僅次於禾本目和莎草目。在食物生產上豆科是最重要的一類，為所有人類食物中的一部分，且提供了高密度人口地區居民膳食中大部分的蛋白質。另外，莢果可進行非常重要的固定氮作用。由於含有許多必需氨基酸，其果實可平衡穀類食品中蛋白質的不足。莢果能生產食用油、樹膠和纖維，也是塑膠的原料。有些種類可作為觀賞植物。豆科植物有金合歡、苜蓿、豆、金雀花、角豆樹、車軸草、豇豆、羽扇豆、含羞草屬、豌豆、花生、大豆、酸豆和巢菜。

Lehár, Franz (Christian)＊ 萊哈爾（西元1870～1948年） 原名Ferencz Christian Lehár。奧匈帝國作曲家。生於匈牙利，十二歲在布拉格學習小提琴。1890年代，與他的父親一樣擔任軍樂隊隊長。1890年代末移居維也納，成為一名受歡迎的進行曲和華爾茲的作曲家。1901年以後，專心致力於交響樂的指揮和作曲，特別是四十部詼諧而旋律優美的輕歌劇，體現了戰前的維也納精神，包括流行的《風流寡婦》（1905）、《盧森堡伯爵》（1909）和《幸福之鄉》（1929）。

Lehigh University＊ 利哈伊大學 美國賓夕法尼亞州私立大學，位於伯利恆市利哈伊河畔。1865年創建，1971年開始招收女學生。設有藝術及科學、商學及經濟、教育、工程及應用科學等學院，研究機構包括一座先進科技發展中心、海洋場站（位於新澤西），以及一座加速器。學生人數約6,500人。

Lehmbruck, Wilhelm＊ 萊姆布魯克（西元1881～1919年） 德國雕塑家、畫家和版畫家。年輕時的作品是學院派寫實主義的，但後來逐漸欣賞羅丹的作品，1910年移居巴黎，製作了許多油畫、平版畫和雕塑。他成爲最重要的德國印象派雕塑家之一，最著名的是他那些細長的裸體像，如《跪著的女人》（1911），顯示出一種順從的悲情氣氛。第一次世界大戰爆發後，他回到德國，照料醫院裡受傷的士兵。《坐著的青年》（1917）揭示了他極度的憂鬱之情。兩年後他自殺身亡。

Leiber, Jerry＊ 李伯（西元1933年～） 美國流行歌曲作詞、曲家與製作人。生於巴爾的摩，與家人定居於洛杉磯，在這裡遇到從紐約搬來的斯多勒（生於1933年）。1950年，當他們都還是青少年時，李伯和斯多勒便成爲一組流行歌填詞作曲和製作的搭檔，從一開始到製作結合流行音樂旋律和藍調的唱片，他們皆是最佳拍檔。〈獵狗〉是他們合作搭檔成功的第一步，由「大媽媽桑頓」灌錄（1953），之後由錄製超過二十首他們的歌的貓王艾維斯普里斯萊灌錄。他們亦寫過無數歌曲給音樂團體「沿海人」，其中包括Yakety-Yak。其他紅極一時的歌包括〈那是我的寶貝〉、〈站在我身邊〉和〈就只有這些嗎？〉。他們寫的歌曾被收錄在很多其他樂團的專輯中，包括披頭合唱團、艾瑞莎富蘭克林、詹姆斯布朗和比比金等等。

Leibniz, Gottfried Wilhelm＊ 萊布尼茲（西元1646～1716年） 受封爲萊布尼茲男爵（Freiherr (baron) von Leibniz）。德國哲學家、數學家。出生於德國萊比錫，教授之子，20歲獲得法律學位。《組合的藝術》（1666）書中提出電腦的基本概念。1667年開始替美因茲的選帝侯工作，編纂美因茲法典以及其他重要任務。擔任布蘭茲維公爵的圖書館管理員及私人參贊（1976～1716）。與牛頓同時發明微積分；雖然這樣發明功勞誰屬長久爭論不斷，萊布尼茲的著名早三年出版（1684），而且廣泛採用其標記方法。在光學與力學也做出重大的貢獻。1700年協助在柏林創立德國科學院，並擔任第一任院長。《神正論》（1710）陳述理性的樂觀信仰，成爲啓蒙運動的重要文本。積極調停數個國家的清教徒教會。構想一部龐大的世界史，但是沒有完成。現代早期最具原創性的哲學家之一，主要哲學貢獻是在邏輯與形上學，在斯賓諾沙與笛卡兒之外開創新局。他支持形上學的多元論（反對笛卡兒的二元論與斯賓諾沙的一元論）。全才與驚人的成就使其成爲西方文明最特別的人物。

Leibovitz, Annie 萊波維茲（西元1949年～） 原名Anna-Lou Leibovitz。美國攝影師。生於康乃狄克州的威斯柏立，1967年進入舊金山藝術學院就讀。1970年仍爲學生身分時，便爲《滾石雜誌》獻出她的第一個商業作品。1973年萊波維茲成爲出版界的首席攝影師，其後十年她塑造了現代搖滾音樂主要個性的形象。1983年跳槽至能拓寬自身攝影題材庫的《浮華世界》雜誌，至此她的拍攝題材擴展至電影明星、運動員和政治人物，1986年開始從事廣告攝影。另外，她拍攝過很多成功的照片也集結出版。

Leicester＊ 列斯特 英格蘭列斯特郡的首府。位於索爾河畔，羅馬人原本定居於此。諾曼時期就初具規模，1143年修建了諾曼城堡和修道院，現在遺址仍存。理查三世在博斯沃思原野戰役中被殺的前一晚就住在這裡。1589年設建制，1832年鐵路通達後就成爲一個工業中心。列斯特大學（1957年建）就在附近。人口約294,300（1998）。

Leicester, Earl of 列斯特伯爵 ➠ Montfort, Simon de, Earl of Leicester

Leicester, Earl of＊ 列斯特伯爵（西元1532?～1588年） 原名Robert Dudley。伊莉莎白一世的寵臣。由於幫他父親諾森伯蘭公爵試圖讓格雷郡主登上王位，1553年被判死刑，1554年獲釋。他相貌英俊又雄心勃勃，很快就贏得女王的好感，1559年成爲女王的樞密顧問。1560年他的妻子去世，有人謠傳他爲了與伊莉莎白結婚而謀殺了妻子。列斯特成爲伊莉莎白身邊積極的侍從，後來雖沒能與女王結婚，但一直與她保持親密朋友的關係。1585年被派去率領英格蘭軍隊到尼德蘭省支援反西班牙的暴動，由於指揮無能，1587年被召回國。

Leicestershire＊ 列斯特郡 英格蘭中部的一郡，郡首府爲列斯特。索爾河從南到北穿過此郡而與特倫特河匯合。索爾河河谷以東是著名的獵狐區。除了傳統畜牧業外，它還以生產斯第爾頓乳酪著稱。包括列斯特在內的工業中心都是製造業中心。

Leiden 萊頓 亦作Leyden。尼德蘭西部行政區。922年首見記載，當時屬烏德勒支教區所有，受荷蘭宮廷的管轄直到1420年。1581年前後，埃爾澤菲爾家族在此建立出版公司後，萊頓就成爲印刷中心。1575年成立萊頓大學，該城乃成爲神學、科學和藝術的中心。畫家林布蘭和霍延誕生於此地。1620年清教徒在搭船到美洲之前在此居住了十一年。人口約116,000（1996）。

Leif Eriksson the Lucky 幸運者萊弗・埃里克松（活動時期西元11世紀） 挪威語作Leiv Eriksson den Hepne。冰島探險家，可能是到達北美洲的第一個歐洲人。他是埃里克的兒子，西元1000年前後，奧拉夫一世派他去格陵蘭向當地人傳播基督教，在他從挪威到格陵蘭的途中，偏離了航線，可能在新斯科舍登陸，當時他稱此地爲文蘭。這一標準的說法出自冰島的《埃里克家族傳奇》。另一種說法出自《格陵蘭的故事》，說萊弗是從一個早在文蘭住了十四年的人那裡得知這個地方的，西元1000年以後他到達北美洲。

Leigh, Mike＊ 李（西元1943年～） 原名Michael Leigh。英國電影導演和劇作家。他第一齣戲《票房遊戲》（1965），開啓他即興創作中與演員合作的過程經歷，這經歷過程成爲日後其舞台、電視、電影工作上的基本準則，他的作品通常用辛辣的幽默與引起哀憐的動情力來描繪下層階級和工作階級的生活。首次電影作品爲《黯淡時刻》（1988），後來導演了非主流類型的電影如《英倫絕路／厚望》（1988）、《生活是甜蜜的》（1991）和《赤裸》（1993）。《祕密與謊言》（1996）一片獲得國際讚譽，之後作品有《紅粉貴族》（1997）、《酣歌暢戲》（1999）。

Leigh, Vivien 費雯麗（西元1913～1967年） 原名Vivian Mary Hartley。英國女演員。1934年首次拍電影，並首次在倫敦登台演出《道德的面具》（1935）。在大張旗鼓尋訪演出者後，費雯麗入選演出《亂世佳人》（1939，獲奧斯卡獎）的郝思嘉一角，並以此片成名。以其出名的美貌，她還主演《魂斷藍橋》（1940）、《鵑血忠魂離恨天》（1941）、《安娜卡列尼娜》（1948）和《慾望街車》（1951，獲奧斯卡獎）。1940～1960年嫁給奧立佛，兩人一起在一系列成功的倫敦舞台劇中演出。

L M N

Leighton, Margaret＊　雷頓（西元1922～1976年）　英國女演員。她是老維克劇團的演員，1944年在倫敦首演，1946年第一次在百老匯公演。她多才多藝，以勝任各種角色聞名，像話劇《雞尾酒會》（1950）和《蘋果車》（1953）。她在百老匯演出的《分開擺放的桌子》（1956）和《鬣蜥之夜》（1962）使她獲得了東尼獎。最優秀的電影代表作是《溫斯洛的小夥子》（1948）、《聲音與憤怒》（1959）和《紅娘》（1971）等。

Leinster＊　倫斯特　愛爾蘭東部省份。是最早設立的省份之一，在西元2世紀其北部米斯是一個獨立王國。其不同部分各自保持獨立直至12世紀和16世紀。其下屬的郡包括卡洛、都柏林、基爾代爾、啓耳肯尼、萊伊什、朗福斯、勞斯、米斯、奧法利、韋斯特米斯、韋克斯福德和威克洛。人口約1,383,000（1991）。

Leipzig＊　萊比錫　德國中東部城市（1996年人口約471,000）。位於薩克森州西部，11世紀時是一座設防的軍事重鎮，當時名稱爲Urbs Libzi。1170年獲准設市，因位置處於中歐的主要貿易路線上，使它成爲重要的商業中心。三十年戰爭的幾次戰役就發生該城附近，這裡也是1813年萊比錫戰役的所在地。1989年萊比錫發生大規模的示威活動，促使東德的共產主義政權結束。歷史建築包括萊比錫大學（1409）、13世紀的聖托馬斯教堂，一年一度舉辦萊比錫博覽會。

Leipzig, Battle of　萊比錫戰役（西元1813年10月16～19日）　亦稱Battle of the Nations。拿破崙在萊比錫的決定性失敗戰役，導致法軍在德國和波蘭的殘餘勢力均被摧毀。拿破崙軍隊被包圍在城內，只能挫敗盟軍的進攻。當他通過唯一的一座橋撤離該城時，一名驚惶失措的伍長炸毀了這座橋，使得剩下的30,000法軍被困在萊比錫等待被俘。這場戰役是拿破崙戰爭中最慘烈的一次，法軍死傷38,000人，盟軍損失55,000人。

Leipzig, University of　萊比錫大學　德國萊比錫的一所國立大學，1409年成立。16世紀初期爲宗教改革運動思想的中心，在18和19世紀成爲歐洲重要的文學和文化中心之一，吸引了像萊布尼茲、歌德、費希特和華格納等學生。1953～1990年被改名爲萊比錫的卡爾・馬克思大學。註冊學生人數約21,000人。

leishmaniasis＊　利什曼病　透過吸血的白蛉叮咬傳播的一種人類原蟲傳染病。本病在全球範圍均有報告，但在熱帶地區最爲流行。病原體是利什曼鞭毛原蟲，可感染齧齒類和犬類。內臟利什曼病（亦稱黑熱病）主要見於地中海沿岸地區、非洲、亞洲和拉丁美洲，但在全球各地均有散發病例發生。內臟利什曼病主要病變器官是肝、脾和骨髓，若治療不當經常會致命。皮膚利什曼病（亦稱東方瘡）是地中海沿岸、中非、北非、南亞、西亞等地區的地方病。美洲利什曼病主要見於中、南美洲和美國南部。皮膚利什曼病的特徵爲腿、腳、手和臉部皮膚的損傷，大多病變數月後可自癒。

Leisler, Jacob＊　萊斯勒（西元1640～1691年）　德國出生的美國造反派。1660年移居紐約，成爲富商。他反對英國對紐約和新英格蘭施行統一政權（1685～1689），領導了稱爲萊斯勒起義的暴動，自立爲省的代理總督（1689～1691），並召集第一次北美各殖民地代表大會（1690），計畫反抗法國人和印第安人的行動。在他勉強向新的英國總督投降後，被控叛逆罪而處吊刑。

leitmotiv＊　主導動機　音樂中出現的旋律主題，與人物或重要的情節有關。它特別與華格納的歌劇有關，他的大多數作品都有嚴密的主題式音樂結構。華格納（或者在他前面的幾位前輩）以後的多數作曲家繼續運用這種音樂－戲劇原則，但很少有人像他那樣嚴格。

Leizhou Peninsula＊　雷州半島　英文舊稱爲Luichow Peninsula。中國東南部半島，位於廣東省的西南海岸外。雷州半島與海南島之間相隔一條瓊州海峽，其領域包括在1898～1945年租給法國的廣州灣。第二次世界大戰期間，日本曾占領此地，並於1946年歸還中國統治。

Leland, Henry Martyn＊　禮蘭（西元1843～1932年）　美國工程師和製造商。原本是機械師，1890年在底特律創辦了禮蘭和福爾科納製造公司，爲汽車製造商製造引擎。1904年把此公司併入新成立的凱迪拉克汽車公司，研製出成功的凱迪拉克A型汽車。1917年禮蘭又創辦林肯汽車公司，1922年被福特買走。他以嚴格的標準著稱，所發明的東西包括V-8引擎以及採用電動起動器。

Lelang ➠ Nangnang

Lemaître, Georges＊　勒梅特（西元1894～1966年）　比利時天文學家和宇宙學家。第一次世界大戰期間在比利時軍隊服役，戰後進入神學院而成爲神父。1927年成爲倫敦大學的天體物理學教授，提出了宇宙形成的現代大爆炸宇宙模型。經伽莫夫修改後的勒梅特理論成爲宇宙起源的主導理論。勒梅特還研究宇宙線以及三體問題，三體問題是用數學方法描述互相吸引的三個物體在空間的運動。

LeMay, Curtis E(merson)　李梅（西元1906～1990年）　美國空軍軍官。1928年加入陸軍航空隊。在第二次世界大戰中提出了先進的戰略性轟炸戰術，包括編成隊型轟炸，並領導了歐洲和太平洋地區的轟炸指揮，對日本若干城市發動燃燒彈轟炸襲擊。在他擔任駐歐美國空軍司令（1945～1948）時，指揮了柏林空運（參閱Berlin blockade and airlift）。1948～1957年任美國戰略空軍司令，把美國空軍建成一支全球化的優良軍隊。1961～1965年任美國空軍參謀長。1968年他是第三黨的副總統候選人，與他搭檔的總統候選人是華萊士。

Lemieux, Mario＊　拉繆（西元1965年～）　加拿大的冰上曲棍球選手。生於蒙特婁，大約三歲時開始溜冰，六歲時第一次參加比賽。1984年加入匹茲堡企鵝隊，開始他的職業生涯。很快的，他成爲這項運動最具威脅性的攻擊手，贏得「超級馬利歐」（Super Mario）的綽號。即使受背傷所困擾，他仍然帶領球隊贏得兩次史坦利盃（1991～1992）。1992年拉繆發現他罹患霍金斯氏症，但經過手術和放射線治療後，隨即帶領球友打下NHL的記錄：17連勝。他在1995～1996退休時，記錄是613次攻門得分和881次助攻。1999年，他成爲買下企鵝隊的一個投資團隊的領導人。2001年，拉繆重回職業冰球聯盟，成爲現代職業運動史上第一位「老闆球員」。在猶他州鹽湖城舉辦的2002年冬季奧運會中，他以加拿大冰球隊的一員奪得金牌。

lemming　旅鼠　倉鼠科幾種小型齧齒類動物的統稱，主要分布於北美和歐亞大陸的北溫帶和北極地區。旅鼠腿短，耳小，毛軟而長，含尾全長10～18公分。毛上層爲淺灰色或淺紅褐色，下層顏色更淺。旅鼠以根、嫩枝、青草爲食，居於地穴或岩縫。旅鼠以種群數量呈規律波動和在春、秋兩季週期性的遷徙著稱。挪威旅鼠的遷徙最惹人注目，許多個體可能溺斃在海水中。然而旅鼠常避免進入江河湖海，並不如傳說那樣故意溺水自殺。

L M N

Lemmon, Jack 傑克李蒙（西元1925～2001年） 原名爲John Uhler。美國演員。曾就讀於哈佛大學，在1953年的百老匯處女作之前在電台和電視的戲劇節目中演出。以《羅伯先生》（1955，獲奧斯卡獎）一片建立其電影生涯，並以對角色的刻畫而出名。經常在《熱情如火》（1959）、《公寓春光》（1960）、《單身公寓》（1968）和《外埠居民》（1970）等片演出緊張易怒和深感困惑的人物角色。傑克李蒙的其他許多作品有《拯救老虎》（1973，獲奧斯卡獎）、《大特寫》（1979）、《失蹤》（1982）和《大亨遊戲》（1992）。他以在電視影集《最後十四堂星期二的課》（1999）中對瀕死大學教授的角色刻畫而獲艾美獎。

lemon 檸檬 芸香科小喬木或開展灌木和可食用果實，學名Citrus limon。黃色外果皮下爲白色海綿狀中果皮，是商業果膠的主要來源。果肉味極酸，富含維他命C及少量維他命B群。義大利沿海和加州沿海岸地區的氣候最適宜栽培檸檬，在這些地區每年可採收果實6～10次。檸檬汁可增添多種菜餚的風味，檸檬水則是溫暖季節受人歡迎的飲料。檸檬的副產品可用於飲料（檸檬酸）、果凍（果膠）和家具磨光（檸檬油）。

檸檬
J. Horace McFarland Co.

lemon balm ➠ balm

lemur＊ 狐猴 一般來說，原亞猴目中靈長類（包括嬰猴）的統稱，所有這些動物的特徵爲吻端無氣而潮濕；下前牙梳狀，指向前方；足部第二趾的甲似爪。嚴格來說，該詞指的是典型的狐猴（狐猴科中的9個種類），僅分布於馬達加斯加和科摩羅群島，眼大，面部似狐，身體細長似猴，後肢長。所有的狐猴皆性溫順，喜群居。不同種類的狐猴，其體長範圍爲13公分～60公分。狐猴的尾部多毛蓬鬆，可較身體更長。綿狀的被毛帶紅、灰、褐或黑色。多於夜間活動，大部分時間生活於樹上，食果實、葉、芽、昆蟲、小鳥及鳥卵。多種狐猴已被列爲罕見或瀕危動物。

Lena River＊ 勒那河 俄羅斯中東部的河流，世界上最長河流之一。源於貝加爾湖以西的一個西伯利亞山區湖泊，向北穿過俄羅斯而注入北冰洋，全長4,400公里。流域面積2,490,000平方公里。勒那河有許多支流，包括維季姆河和奧爾約克馬河。上游和支流周圍的土地有豐富的礦藏，包括金和煤。1630年代初，探險家們首次到達它注入拉普捷夫海的三角洲地帶。

lend-lease 租借 在第二次世界大戰中，由羅斯福總統頒布的一種對美國的盟國供應物資的體系。面對英國無力用現金償還戰爭物資和食品，而這又是美國法律所要求的兩難境地，羅斯福提請國會同意，對於那些對美國的防禦來說是至關重要的國家的債務可以「以實物或財產」來償還。1941年3月不顧有人提出這樣會把美國拉向戰爭的論點而通過了租借法案。總共490億美元的援助中的大部分給了大英國協國家，蘇聯、中國以及其他四十個國家也接受了幫助。美國駐外軍隊也從盟國取得了80億美元的幫助。

L'Enfant, Pierre Charles＊ 朗方（西元1754～1825年） 法國出生的美國工程師、建築師和城市規畫師。在巴黎學習後，志願參加美國革命軍當士兵和工程師。1783年國會委任他爲總工程師。1791年華盛頓請他爲波多馬克河畔的聯邦首都做規畫。他設計了一個格狀結構，在方格的對角方向還有大道相連，重點放在國會大廈和總統府上。規畫中還加進了綠化空間和交叉路口的街景，在那裡可以設置紀念碑和噴泉。1792年雖然因剛正不阿的個性而被免職，且死於貧困，但他所做的規畫大部分在日後實現了。

L'Engle, Madeleine＊ 萊英格（西元1918年～） 原名Madeleine Camp。美國童書作家。生於紐約市，出版第一本書《小雨》（1945）之前從事劇場工作。《時光的痕跡》（1962）一書中，她創造了一群在宇宙戰爭中對抗大邪惡的小孩，他們冒險故事的續集出現在《一個急速傾斜的星球》（1978）和其他書裡。她的工作常常探索此類善惡衝突的主題、造物主的自然狀態、個人要負擔的責任以及家庭生活。她也寫成人小說、詩和自傳。

length, area, and volume 長度、面積與體積 一維、二維與三維幾何物體的大小測度。這三者都是量，代表物體的「大小」。長度是線段（參閱distance formula）的大小，面積是平面上封閉區域的大小，而體積則是固體的大小。面積與體積的公式都是以長度爲基礎。例如圓的面積等於半徑長度的平方乘以π，長方形盒子的體積是三個線性尺寸的乘積：長、寬、高。

length of a curve 曲線長度 由積分學處理的幾何概念。計算線段和圓弧精確長度的方法自古就有。解析幾何使其寫成點座標（參閱coordinate system）與角度度量的公式。微積分提供一種方式，將曲線切成越來越小的線段或圓弧來找出長度。曲線的精確值是結合極限的概念方法來求得。整個過程總結成一個公式，涉及描繪曲線函數的積分。

Lenin, Vladimir (Ilich) 列寧（西元1870～1924年） 原名Vladimir Ilich Ulyanov。俄羅斯共產黨的創建者，1917年俄國革命的領袖，蘇維埃國家的建築師與創立者。出身中產階級家庭，受到1887年密謀刺殺沙皇而被吊死的大哥亞歷山大的影響很大。他攻讀法律，在1889年執業時期成爲馬克思主義者。1895年以顛覆罪名被逮捕，並遭驅逐至西伯利亞，在那裡娶克魯普斯卡亞爲妻。1900年以後定居西歐。1903年俄國社會民主工黨在倫敦集會時，以身爲布爾什維克派領袖代表出現。在他創辦和編輯的幾種革命報紙中，他提出黨是無產階級（以職業革命家爲核心組成的集中化團體）尖兵的理論；他的理念（後稱列寧主義）後來與馬克思的理論結合，形成馬克思－列寧主義，成爲共產黨人的世界觀。隨著1905年俄國革命爆發，他回到俄羅斯，但1907年繼續流亡，往後十年再度進行他充滿活力的鼓動。他把第一次世界大戰視爲把民族戰爭變成階級鬥爭的機會，而在1917年俄國革命時回到俄羅斯，領導布爾什維克政變，推翻了克倫斯基的臨時政府。身爲蘇維埃國家的革命獨裁者，他與德國簽訂「布列斯特－立陶夫斯克和約」（1918），並在俄國內戰中解除了反革命的威脅。1919年他建立了第三國際。他的戰時共產主義政策盛行至1921年，而爲了預防經濟困境，他展開了新經濟政策。自1922年起身體狀況開始不佳，1924年中風而死。

Leningrad 列寧格勒 ➠ Saint Petersburg

Leningrad, Siege of 列寧格勒之圍（西元1941年9月8日～1944年1月27日） 第二次世界大戰期間，德國軍隊長期圍攻列寧格勒市（現爲聖彼得堡）。1941年6月德國侵入蘇聯後，德軍從西部和南部向列寧格勒進攻，其芬蘭盟軍則向城北進攻。到1941年11月列寧格勒市已近乎完全被圍，通往俄國內陸的補給線均被切斷。僅1942年列寧格勒就有六十

L M N

五萬人死於飢寒、疾病和德軍長程火炮的轟擊。夏季靠駁船、冬季靠雪橇，越過拉多加湖水域補給少量的食物和燃料。這些補給和一百多萬的兒童、病患以及老人的撤離，使城中兵工廠得以繼續運作，也使兩百萬居民得以勉強維生。1943年俄軍攻破德軍的包圍，接下來1944年1月蘇聯一次攻勢完全成功，把德軍從城外向西驅逐，圍困遂止。

Leninism 列寧主義 列寧闡述的將社會從資本主義引導到共產主義的原理。列寧信奉的馬克思主義的信條對於這種轉變沒有提供具體的指導。列寧相信，需要一個人數不多的、有紀律的、專業的革命者團體來用暴力推翻資本主義制度，「無產階級專政」必須引導社會直到國家消亡。那一天永遠不會來到，所以列寧主義實際上意味著透過共產黨對生活的各個方面都由國家來控制，也就是創建了第一個現代的極權國家。亦請參閱Bolshevik、Stalinism、totalitarianism。

Lenni Lenape 倫尼萊納佩人 ➠ Delaware

Lennon, John (Winston) 約翰藍儂（西元1940～1980年） 英國歌手與作曲家。生於利物浦的他原先希望成為像父親一樣的水手，但是在聽過艾維斯普里斯萊的唱片後決定要成為作曲家。1957年他組成後來名為披頭合唱團的樂團。1960年代和保羅麥卡尼一起寫歌，並隨著樂團演出，而享有盛名。在1960年代中期，他開始附帶從事電影和音樂的企畫，特別是和他於1969年結婚的美國日裔前衛藝術家大野洋子（1933～）一起合作。他們的政治激進主義和社會理想反映在很多約翰藍儂早期的獨唱作品中，包括紅極一時的〈想像〉，並引起美國政府的注意，嘗試將他驅逐出境。1975年後他淡出樂壇。當他和小野帶著新唱片集《雙重幻想》再度復出樂壇時，卻在很短的時間內意外遭精神錯亂的樂迷謀殺。他的兒子朱利安（1963～）和尚恩（1975～）在唱片業界也功成名就。

lens 透鏡 用玻璃或其他透明材料製成的片形元件，用於把來自物體的光線會聚或發散成像。由於透鏡的表面是彎曲的，所以不同的光線以不同的角度折射（參閱refraction）。會聚透鏡使光線會聚於一點，即焦點。發散透鏡使光線分開，就好像從焦點上發出來的那樣。兩種類型都能生成物體看得見的像。像可以是實的，即是倒立的，可以拍攝的，或者可以在螢幕上看見的；也可以是虛的，即是正立的，只有通過透鏡才能看到。

Lent 大齋期 在基督教裡，悔罪者準備復活節的一段時間，這是從使徒時期就有的傳統節期。西方的教會曾經有過四十天齋戒（星期日除外），以模仿耶穌基督當年在曠野禁食。一天只准在傍晚時分進一餐，禁食肉類、魚、蛋和奶油。後來這些規定逐漸放鬆了，現在只有聖灰星期三（西方教會四旬齋期的第一天，傳統上悔罪者在這一天要在前額抹上灰）和耶穌受難節還保持為齋日。對於東方教會，齋戒的規矩要更嚴格些。

lentil 小扁豆 矮小一年生莢果，學名Lens esculenta。其種子透鏡形，含豐富蛋白質，可食。是最早栽培的食用植物之一，含維生素B、鐵和磷。起源不明，歐洲、亞洲和非洲北部普遍種植，西半球則少見。其占美國日常飲食的比例正在增加。株高15～45公分，複葉互生，開淡藍色花。其莖葉作動物飼料之用。

Lenya, Lotte 蓮妮亞（西元1898～1981年） 原名Karoline Blamauer。奧地利出生的美國女演員和女歌手。出身貧困，先在蘇黎世，後在柏林當舞者和演員。1926年與韋爾結婚，開始出現在布萊希特和韋爾的作品中，如《馬哈哥尼》（1927）和《三分錢歌劇》（1928；1930年拍成電影）。後來逃離納粹德國到巴黎，在布萊希特和韋爾的舞劇《七死罪》中演唱。1935年移居紐約，1937年她以《永生的道路》開始了在美國的演出生涯。韋爾死後，她重返劇壇，在整個1950年代重新以她那無雙的沙啞嗓音演唱包括常演不衰的《三分錢歌劇》以及後來的《布萊希特論布萊希特》（1962）、《大膽媽媽和她的孩子們》（1965）和《酒店》（1966），還拍了些電影。

Leo 獅子座 （拉丁語意為「獅子」〔Lion〕）在天文學上，在巨蟹座和處女座之間的一個星座；在星占術中，它是黃道帶的第五宮，是主宰7月23日到8月22日這段時間的命宮。形象是一頭雄獅，與被赫拉克勒斯殺死的奈邁阿獅子有關，據說箭是穿不透奈邁阿獅子皮的，所以奈邁阿獅子是殺不死的，但是赫拉克勒斯用棍棒把它猛擊致死。宙斯把這頭獅子放在空中當作一個星座。

Leo I, St. 聖利奧一世（西元400?～461年） 別名Leo the Great。教宗（440～461）。他是正統觀念的擁護者和教會的學者。當君士坦丁堡的修士優迪克宣稱耶穌基督只有單一神性時，利奧撰寫了《大卷》，確立了基督的人、神二性共存。利奧的教義被卡爾西頓會議（451）接受，並認為他闡述的是最終眞理。利奧巧妙處理了野蠻部落的入侵，勸服匈奴人不要進攻羅馬（452），以及汪達爾人不要擄掠這個城市（455）。

Leo III 利奧三世（西元675?～741年） 別名Leo the Isaurian。拜占庭皇帝（717～741），伊索里亞王朝的創建者。身為高階的軍區司法官，他藉著意欲征服拜占庭帝國的阿拉伯軍隊的幫助而取得王位。之後成功地抵禦阿拉伯人對君士坦丁的侵略（717～718）。立其子君士坦丁五世為同朝皇帝（720）後，利奧三世利用其子的婚姻來鞏固與哈札爾人的同盟關係。與阿拉伯人在阿克羅伊諾斯一戰的勝利（740）是成功防止阿拉伯人征服小亞細亞的關鍵戰役。利奧三世頒布了一部重要的法典「法律彙編」（726）。其破壞聖像主張，禁止在教堂內懸掛聖像，引發了國內持續近1世紀的衝突。

Leo IX, St. 聖利奧九世（西元1002～1054年） 原名Bruno, Graf (Count) von Egisheim und Dagsburg。教宗（1049～1054）。出生於亞爾薩斯，1027年就職為圖勒的主教。由皇帝亨利三世任命為教宗，但他堅持教宗須經由羅馬人民和神職人員選舉產生。他強化教宗權力並進行改革，志在根除教士結婚和買賣聖職聖物的弊端。聖利奧九世堅持教宗至上和其軍隊在西西里對諾曼人作戰（1053）使得教廷同東部教會發生衝突。他的代表團將君士坦丁堡教會自羅馬教會中逐出。雖然當時聖利奧九世已過世，他們的行為仍造成了1054年教會分裂。

Leo X 利奧十世（西元1475～1521年） 原名Giovanni de' Medici。教宗（1513～1521），文藝復興時期揮霍最甚的教宗之一。為麥迪奇的次子，曾在其父佛羅倫斯宮廷和比薩大學受教育。1492年成為樞機主教，1494年因薩伏那洛拉的反叛而遭逐出佛羅倫斯。1500年返回義大利，並很快重獲麥迪奇家族對佛羅倫斯的控制權。作為一個教宗，利奧十世成為藝術的資助者，並加速聖彼得大教堂的建設。他強化教宗在歐洲的權力，但其揮霍方式耗盡了他的財產。他反對拉特蘭會議中提出的改革，對宗教改革運動不作回應，且在1521年將馬丁．路德逐出教會。由於他沒有認眞對待改革的需要，這種錯誤態度導致統一的西方教會解體。

Leo XIII　利奧十三世（西元1810～1903年）　原名Vincenzo Gioacchino Pecci。教宗（1878～1903）。出身義大利貴族家庭，1837年受神職，後進入教廷國的外交界工作。1846年被任命爲佩魯賈主教，1853年升爲樞機主教。1878年當選教宗。雖然年老體衰，但掌管教會達二十五年之久。如他的前任庇護九世一樣，他反對共濟會和世俗的自由主義，但他對國民政府採取懷柔的態度，對科學的進步也持正面的觀點，因此帶給羅馬教廷一種新的氣習。

利奧十三世，攝於1878年
The Bettmann Archive

Leochares＊　萊奧卡雷斯（活動時期西元前4世紀中葉）　希臘雕塑家，一般認爲《觀景殿的阿波羅》是他所作。他爲馬其頓的腓力二世和他的兒子亞歷山大大帝工作，並受命爲皇室家族製作黃金和象牙像。據說他約在西元前350年與斯科帕斯一起參與了哈利卡納蘇斯的摩索拉斯陵墓的修建，該陵是世界七大奇觀之一。

León＊　萊昂　西班牙西北部城市（1995年人口約148,000）。原爲羅馬軍團兵營，名稱來自拉丁語legio。西元6～7世紀時被哥德人占據，後落入摩爾人之手，直到850年。10世紀時成爲萊昂王國的首府。現爲工業和旅遊業中心，市內有中世紀的教堂。

León　萊昂　尼加拉瓜西部城市，也是尼加拉瓜第二大城，爲國家的政治和學術中心。1524年由西班牙人在馬拿瓜湖畔建立。後來遭地震破壞，1610年在馬拿瓜西北的太平洋沿岸重建。1855年前一直是尼加拉瓜的首都；長期以來與格拉納達市之間存在政治和商業上的競爭關係。市內設有萊昂大學，也是達里奧的葬身之地。人口約124,000（1995）。

León　萊昂　西班牙西北部的中世紀王國。10世紀初開始爲一個基督教王國，當時加西亞一世把宮殿建在羅馬的舊營地上。10世紀期間，摩爾人奪取了該地，但到了11世紀大部分的土地又回到原來統治者手中。1037～1157年與卡斯提爾王國統一，之後取得獨立，由自己的國王統治。1230年再次與卡斯提爾統一，這次是永久性的。現代的卡斯提爾－萊昂自治區大致與原來的範圍一樣。

Léon, Arthur Saint- ➠ Saint-Léon, Arthur

Leonard, Buck　李奧納多（西元1907～1997年）　原名Walter Fenner。美國棒球選手。1933年加入黑人聯盟開始他的職業棒球生涯。他與隊友吉布森帶領霍姆斯特德灰馬隊連續九年奪得冠軍（1937～1945）。以全壘打打擊好手和傑出的一壘手聞名，曾十一次獲選入東西部明星賽。

Leonard, Sugar Ray　李歐納德（西元1956年～）　原名Ray Charles Leonard。美國次中量級和中量級拳擊手。生於北卡羅來納州的洛磯蒙，是一個卓越的業餘拳擊手，在150次比賽中贏得145回，包括1976的奧運金牌。1979年，他擊敗班尼提茲成爲次中量級拳王，1980年先輸給杜南，但在同一年又從他手上奪回王座。1980年代早期因視網膜剝離而退休，但1984年重回拳壇。1987年，他擊敗哈格勒後奪得中量級拳王寶座，這場比賽被視爲拳壇史上最偉大的對戰之一。1991年再度退休。1997年他最後復出，以徹底的遭擊敗收場。以敏捷及優雅聞名的他，在39次的職業比賽中贏了36次。之後成爲一位電視播報員。

Leonardo da Vinci＊　達文西（西元1452～1519年）　文藝復興時期的畫家、雕塑家、工匠、建築師、工程師、科學家。父母爲地主與農婦，他在佛羅倫斯附近的文西城出生和長大。後來師從韋羅基奧，接受繪畫、雕塑、機械工藝方面的訓練。在佛羅倫斯成名後，1482年他以「畫家暨工程師」的身分在米蘭公爵麾下服務。他的藝術和創作天分在米蘭有所發揮，約1490年開始計畫寫作「繪畫科學」、建築、機械、解剖學等方面的論文。其理論是基於他相信畫家具有感受力和把觀察入畫的能力，是唯一有條件探索自然奧祕的人。現存無數的手稿以倒寫、需要用鏡子來閱讀而聞名。1502～1503年擔任博爾吉亞的軍事建築師及工程師，爲現代製圖奠定了根基。回到佛羅倫斯（1503～1508）進行繪畫和科學研究之後，他重回米蘭，如火如荼地展開他的科學工作。1516年有一段時期在羅馬受麥迪奇家族的贊助，後來爲法王法蘭西斯一世服務，此後不曾回到義大利。雖然僅有十五件完成的繪畫留存下來，卻被舉世公認是傑作。《最後的晚餐》（1495～1497）的氣勢部分來自巨匠式的構圖。在《蒙娜麗莎》（1503?～1506）中，主題的特徵與象徵性弦外之音達到完美的整合，就像藝術與科學在達文西無與倫比的生涯中的情形一樣。

Leoncavallo, Ruggero＊　雷昂卡發洛（西元1857～1919年）　義大利作曲家。在那不勒斯音樂學院畢業並獲得文學博士，後來以鋼琴家身分到各地巡迴演出，同時開始撰寫歌劇（包括歌詞）。他的第一部歌劇《饒舌者》（1878）不太成功，但它的歌詞引起出版商黎科迪的注意。普契尼拒絕雷昂卡發洛幫他寫《曼儂．萊斯科》，黎科迪又否決了他的構想，雷昂卡發洛怒而寫出眞實主義的獨幕歌劇《丑角》（1892）來與之競爭。雖然他還寫了其他幾部歌劇和輕歌劇，但只有《丑角》永垂不朽。

Leone, Sergio＊　里昂涅（西元1921?～1989年）　義大利電影導演。在擔任義大利和美國導演的助手後，以《羅得島要塞》（1961）作爲他導演的處女作。以《荒野大鏢客》（1964）一片廣受觀衆喜愛，該片爲他一系列風格獨特、表現暴力的西部片中的首部。接下來的《黃昏雙鏢客》（1965）和克林伊斯威特主演的《地獄三鏢客》（1966）也同樣受到歡迎。其他作品有史詩片《狂沙十萬里》（1968）和《從前在美國》（1984）。

Leonidas＊　萊奧尼達斯（卒於西元前480年）　斯巴達國王（西元前490?～西元前480年）。西元前480年他在抵禦波斯軍隊的溫泉關戰役中所表現的英雄行爲永垂青史。萊奧尼達斯眼看勝利無望，命令其大部分軍隊撤退，只留下三百名禁衛軍與波斯軍隊對峙了兩天，血戰到最後一人。他成爲斯巴達的英雄偶像，代表著在勢不可擋的強大敵人面前的大無畏精神。斯巴達人永不屈服的神話就是從他開始的。

Leonov, Aleksey (Arkhipovich)＊　列昂諾夫（西元1934年～）　蘇聯太空人。1953年加入蘇聯空軍，1959年被選參加太空訓練。1965年他成爲空中行走的第一人。他把身子繫在太空船上走出「上升2號」後，在太空中觀察、攝像並練習自由下落的動作，然後再返回艙內。十年以後，1975年7月他指揮蘇聯「聯合號」與美國「阿波羅號」在太空實現軌道對接。

Leontief, Wassily＊　列昂捷夫（西元1906～1999年）　俄羅斯出生的美國經濟學家。1921～1925年間在列寧格勒大學和柏林大學學習，1931年移民美國。1931到1975年在哈佛大學期間，他發表了投入－產出分析法。他還描述了所謂的列昂捷夫謬論：在美國，生產所缺乏的因素是資本而不是勞力。1973年獲諾貝爾獎。自1975年起他一直在紐約大學任教。

leopard　豹　亦作panther。生活於灌叢和森林中的大型貓科動物，學名Leo pardus，亦稱Panthera pardus。分布於撒哈拉以南的非洲、北非和亞洲一帶地區。平均體長210公分（不含尾長），尾長90公分，肩高60～70公分，體重50～90公斤。體色背面通常為淺黃，腹面為白色，體上大部分排列著玫瑰花形黑斑，但沒有美洲豹特有的中心點。喜獨棲，主要為夜行性。攀緣敏捷，常把剩下的獵物藏在樹枝上。一般以羚羊和鹿為食，也捕食犬類，非洲的豹則會捕食狒狒。有時捕殺家畜，也可能傷人。某些種類的豹已列為瀕危動物。亦請參閱cheetah、cougar、snow leopard。

豹
Leonard Lee Rue III

leopard seal　豹形海豹　亦稱sea leopard。南極和亞南極地區的一種海豹科動物，學名Hydrurga leptonyx，獨棲，無外耳。是唯一以企鵝、幼海豹和其他溫血動物為食的海豹科動物。體細長，頭長，長三尖臼齒，以其灰色外皮上的黑色斑點而得名，體長可達3.5公尺，體重可達380公斤。豹形海豹素稱凶殘，但未見無端傷人的報導。

Leopardi, Giacomo*　萊奧帕爾迪（西元1798～1837年）　義大利詩人、學者和哲學家。他有先天缺陷，一生飽受慢性疾病和希望受挫之苦。人們欣賞他悲情的詩作中的鮮明、強烈和毫不費力的韻律感。他的詩集包括《短詩集》（1824）、《詩選》（1826）和《讚歌》（1831）。最好的詩可能是名為Idillii的抒情詩。《道德小品集》（1827）是一部具有影響的哲學著作，主要採對話形式，表達他絕望的人生觀。被公認是19世紀偉大的義大利作家之一。

Leopold, (Rand) Aldo　利奧波德（西元1886～1948年）　美國環保人士。生於愛荷華州布林頓，就讀耶魯大學，1909～1928年在美國林務局工作，主要是在美國西南部。1924年在利奧波德推動下誕生第一個國家原野地區（新墨西哥州的希拉原野地區）。1933～1948年在威斯康辛大學任教。他是保護野生動物與原野地區的尖兵，從1935年擔任奧都邦學會的理事，同年創立原野學會。《野生動物管理》（1933），以及死後出版的《沙郡年記》（1949）滔滔不絕地呼籲生態系統的保存；至今已有數以百萬計的人讀過此書，對於剛萌芽的環境運動有重大的影響。

Leopold I　利奧波德一世（西元1790～1865年）　法語原名為Léopold-Georges-Chrétien-Frédéric。比利時第一代國王（1831～1865年在位）。薩克森－科堡－薩爾費爾德公爵法蘭西斯之子，1816年與英國未來國王喬治四世之女夏洛特結婚。雖然其妻於1817年逝世，利奧波德仍留住英格蘭，一直到當選為比利時國王才回國。他幫助強化了國家新的議會政體，並嚴格維持中立的外交政策。在歐洲的外交中具有很大影響，他用聯姻方式加強與各國的關係。1832年與路易－腓力之女結婚。1840年，他協助安排他的外甥女維多利亞女王與他的侄子薩克森－科堡－哥達親王艾伯特之間的婚姻。1857年他還安排將其女兒嫁給奧地利大公馬克西米連。

Leopold I　利奧波德一世（西元1640～1705年）　神聖羅馬皇帝。斐迪南三世之子，是個虔誠的天主教教徒，但當他的哥哥在1654年意外去世後，他就成為奧地利哈布斯堡王朝的繼承人，並相繼加冕為匈牙利國王（1655）和波希米亞國王（1656）。父親死後，1658年利奧波德成為皇帝。在他長期統治時期，奧地利由一系列的鬥爭轉變為歐洲的強國。1683年土耳其包圍維也納，但被擊退，但戰爭仍繼續到1699年土耳其被打敗，並在「卡爾洛夫奇條約」中讓出了對匈牙利的控制權。利奧波德還參加了大同盟戰爭，但對他不利的和平條約把史特拉斯堡割讓給了法國。他還捲入西班牙王位繼承戰爭，但在戰爭結束前就去世了。他的第三度婚姻，與巴拉丁領地－新堡的埃利奧諾爾結婚是段愉快的聯姻，生了十個孩子，包括未來的皇帝約瑟夫一世和查理六世。

Leopold II　利奧波德二世（西元1835～1909年）　法語原名為Léopold-Louis-Philippe-Marie-Victor。比利時國王（1865～1909）。繼承其父利奧波德一世之位，利奧波德二世開創了歐洲人中第一個前往開發剛果盆地的成就。1876年創立國際剛果協會，派史坦利爵士前去剛果地區進行調查。1885年成立剛果自由邦，並以比利時為其主權國家列入統治。在利奧波德統治下，剛果成為見證殖民者野蠻殘酷統治的地方，約1905年該地的情形被揭露後，隨即成為國際上的醜聞。在英美兩國的壓力下，剛果脫離利奧波德二世的個人統治，於1908年納入比利時管轄，稱比屬剛果。其王位由侄子阿爾貝特一世繼承。

Leopold II　利奧波德二世（西元1747～1792年）　神聖羅馬帝國皇帝（1790～1792年在位）。瑪麗亞・特蕾西亞和皇帝法蘭西斯一世之子。1765年成為托斯卡尼公爵。作為enlightened despotism的實踐者，他建立了有效率的政府，並鼓勵代議制的發展。1790年繼承其兄約瑟夫二世之位成為皇帝，保留了許多約瑟夫二世推行的改革。1792年和普魯士同盟對抗革命時期的法國，投入法國革命戰爭中。

Leopold III　利奧波德三世（西元1901～1983年）　原名Léopold-Philippe-Charles-Albert-Meinrad-Hubertus-Marie-Miguel。比利時國王（1934～1951），他繼承其父阿爾貝特一世的王位，主張獨立的外交政策，但並不嚴守中立。第二次世界大戰時任比利時軍隊最高統帥，但在1940年5月德國入侵後十八天，就下令讓已陷入重圍的部隊投降。他決定投降，並與他的部隊在一起而不加入倫敦的流亡政府，但比利時政府不同意他的決定。戰爭期間，德國人把他軟禁起來，1945～1950年他客居瑞士，靜待復位問題的裁決。雖然有58%的投票者贊同他復位，但他還是在1951年把王位讓給了兒子博杜安一世。

Leopold of Hohenzollern-Sigmaringen, Prince＊ 霍亨索倫－西格馬林根的利奧波德（西元1835～1905年） 競選西班牙王位的普魯士候選人。他是霍亨索倫王朝中士瓦本支系的後代，也是羅馬尼亞的卡羅爾一世的哥哥。首相俾斯麥和西班牙的實質領導者胡安．普林姆（1814～1870）說服不情願的利奧波德接受自1868年起虛懸的西班牙王位。然而在法國的外交壓力下，利奧波德的侯選資格被撤消，但普魯士拒絕向法國的要求——利奧波德再也不得提出申請——讓步。埃姆斯電報激起法國宣戰（參閱Franco-German War）。

Léopoldville 利奧波德維爾 ➠ Kinshasa

Lepanto, Battle of＊ 勒班陀戰役（西元1571年10月7日） 在鄂圖曼帝國出兵奪取威尼斯的塞浦魯斯島期間，基督教聯盟（威尼斯、教宗和西班牙）與鄂圖曼土耳其人之間進行的一場海戰。奧地利的胡安領導的聯軍在希臘勒班陀近海經過四個小時的搏鬥後取得了勝利，俘獲了117艘艦艇和數千士兵。這場戰役並沒有多少實際價值，因爲1537年威尼斯還是讓塞浦魯斯向土耳其投降，不過此次戰役還是激發了歐洲軍隊的士氣，也是提香、丁托列托和韋羅內塞等人的繪畫主題。

lepidopteran＊ 鱗翅類 鱗翅目所有種類的通稱（希臘語「鱗狀的翅膀」之意），約10萬種以上，包括蝶、蛾和弄蝶。鱗翅這個名字指的是覆蓋在這類昆蟲翅膀上的細小鱗片。以細小的喙吸取汁液爲食。鱗翅類幾乎全爲植食性，除南極外，各洲均有分布。雌蟲單次產卵的數目從少數到1,000多個都有。所有鱗翅類需經過完全變態的過程。許多種類能遷徙，甚至跨越數千里的海洋，但眞正遷徙者爲王蝶，一年往復遷徙一次。

Lepidus, Marcus Aemilius＊ 雷比達（卒於西元前13/12年） 羅馬執政官（西元前46和西元前42年）和三頭政治的領袖之一（西元前43～西元前36年）。凱撒死後，雷比達控制了高盧、西班牙和非洲的部分地區，並發揮了重大影響。他和安東尼都反對共和派的陰謀，西元前43年與屋大維（後來的奧古斯都）一起組成後三頭政治。他取得第二個西班牙省，但把西班牙和高盧輸給安東尼和屋大維，只留下非洲。西元前36年幫忙打敗龐培．馬格努斯．庇護後，他向屋大維挑戰，但被打敗，被迫退出政界。

Lepontine Alps＊ 勒蓬廷阿爾卑斯山脈 義大利－瑞士邊界上阿爾卑斯山脈中部的一段。西面和西南面以本寧阿爾卑斯山脈爲界，南面是義大利湖區；最高峰萊昂內峰海拔3,553公尺，位於它的西端。重要的山口包括辛普倫山口、聖哥達山口、盧克馬尼爾和聖貝納迪諾山口。

leprechaun＊ 矮妖 愛爾蘭民間傳說中一個小老頭外形的妖精，頭戴卷邊帽，繫著皮圍裙。生性孤獨，居住在遙遠的地方，是個鞋匠。據說他藏有一罐黃金。若被抓獲並受到威脅，只要不把他的眼睛挖出來，矮妖就會說出藏金之處。通常抓到他的人會受騙而分散注意力，矮妖就乘機逃之夭夭。矮妖這個詞源自古愛爾蘭語luchorpan，意思是小矮人。

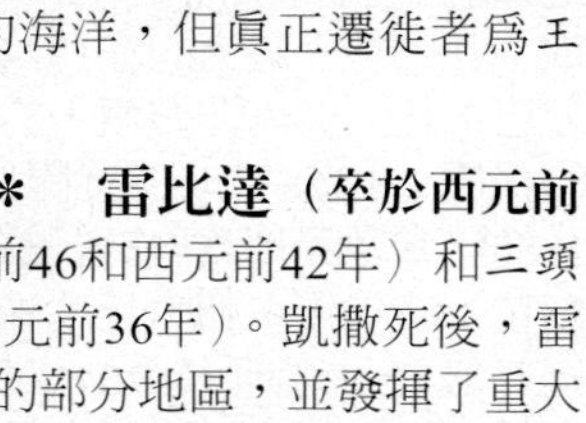

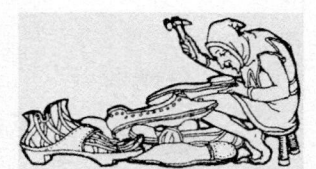

矮妖，選自克雷夫（Alfred Perceval Crave）所著《愛爾蘭神話集》（*Irish Fairy Book*, 1909）

By courtesy of the Folklore Society Library, University College, London; photograph, R. B. Fleming

leprosy 痲瘋 又稱漢森氏病（Hansen's disease）。皮膚與表面神經的慢性病變，由痲瘋分枝桿菌造成。癩瘤型（皮膚型）痲瘋的粒狀團塊滲入皮膚底下的發炎組織、上呼吸道黏膜以及睾丸之中，若未經治療，病情堪慮。類結核型痲瘋有顯著的斑塊隆起，邊緣發紅，斑點擴張並失去感覺，可能不會繼續發展，或者會改善。長期服用磺胺藥物多半會有幫助；經常需要復健。痲瘋的歷史悠久，不過現在所見的疾病可能和古代並非同一個。從東方傳入傳染病變種，特別是十字軍返鄉時帶回歐洲，導致痲瘋村的產生，將病人隔離照料。痲瘋的傳播方式仍不清楚，感染之前通常與病患長期親密接觸。預防方法就是確認病患並加以隔離治療。

Leptis Magna 萊普提斯 今稱萊卜代（Labdah）。古代特里波利斯最大城，位於現代利比亞胡姆斯附近。西元前6世紀由腓尼基人創立，西元前202年歸屬努米底亞王國，但在西元前111年脫離而與羅馬結盟。圖雷眞使它成爲羅馬的殖民地。羅馬帝國的衰落也使它沒落下來，西元642年在被阿拉伯人占領後大部分開始荒廢。城內有一些羅馬遺址，是北非保存最好的。

lepton＊ 輕子 只受電磁作用、弱相互作用和引力作用，不參與強相互作用的任何一種費米子的統稱。輕子有半整數的自旋，遵守鮑立不相容原理。它們可能帶一個單位的電荷，也可能是中性的。帶電的輕子有電子、μ介子和τ介子。它們都帶有負電和不同的質量。每種帶電的輕子都伴隨有相應的中性粒子，或者叫微中子，它們不帶電，幾乎沒有質量。

Lerma River 萊爾馬河 墨西哥中西部河流。發源於托盧卡東南方，流向西北，然後轉南注入查帕拉湖，全長560公里。有時把從查帕拉湖通向太平洋的聖地牙哥河看作是萊爾馬河的延伸部分。萊爾馬河與其大支流構成了墨西哥最大的水系。

Lermontov, Mikhail (Yuryevich)＊ 萊蒙托夫（西元1814～1841年） 俄國詩人和小說家。第一部詩集《春》發表於1830年，他在這一年進入了莫斯科大學，兩年後離開而進了軍官學校。1834年畢業後成爲禁衛官，由於撰寫了熱情的自由主義的詩歌而兩次被放逐到高加索的軍營。萊蒙托夫因詩而受到磨難反而使他更出名，他的詩把民間和哲學的題材與深刻的個人感情結合在一起。其成熟時期的詩篇有《童僧》（1840）和《惡魔》（1841）。他的小說《當代英雄》（1840）反映了當代社會以及他一代人的命運，是以極優美的散文寫成的，書中主角超然脫俗的形象對以後的俄國作家產生深遠的影響。他常常拿自己與普希金作比較，與普希金一樣，他也死於決鬥。他是俄國傑出的浪漫主義詩人。

Lerner, Alan Jay 勒納（西元1918～1986年） 美國歌劇和音樂劇作詞家。出生於紐約一富裕零售商家庭，曾就讀於茱麗亞音樂學院和哈佛大學。1940～1942年共寫了五百多篇廣播稿，1942年遇到洛伊。兩人一起創作了百老匯風行一時的音樂劇《布里加東》（1947，1954年拍成電影）。《窈窕淑女》（1956）獲得空前成功，創下音樂劇中初次上演期間最長的記錄，其電影版本（1964）榮獲七項奧斯卡獎。他們的音樂劇電影《金粉世界》（1958）獲九項奧斯卡獎。接著創作了《鳳宮劫美錄》（1960；1967年拍成電影）。勒納曾與其他人一起合作，其中，與韋爾合作《愛生命》（1948）；與雷恩合作《姻緣訂三生》（1965，1970年拍成電影）。勒納還創作電影劇本，其中包括《花都舞影》（1951，獲奧斯卡獎）。

Lerwick 勒威克 蘇格蘭北部謝德蘭群島城鎮（1991年人口約7,336）和行政中心。位於梅恩蘭島東岸，是英國最北部的城鎮。原爲漁村，以出產鯡魚著稱。1970年代出現了北海石油熱，增加了港口的交通量，勒威克成爲石油供應和服務的基地。現爲謝德蘭群島區議會所在地。

Les Six ➠ Six, Les

Les Vingt ➠ Vingt, Les

Lesage, Alain-René　勒薩日（西元1668～1747年） 亦稱Le Sage。法國小說家和劇作家。原在巴黎學法律，後來放棄神職而投身文學。他的經典之作《吉爾・布拉斯・德・山悌良那傳》（1715～1735）是最早的現實主義小說之一，對流浪漢小說成爲英國文學的一種時尚具有很大的影響。他是位多產的諷刺劇作家，早期的劇本根據西班牙的原著改編，其中包括非常成功的喜劇《主僕爭風》（1707）。他還按莫里哀的傳統寫了一百多部輕鬆喜劇。

Lesage, Jean＊　勒薩日（西元1912～1980年） 加拿大政治人物。1953～1957年任加拿大資源和發展部長。1958年成爲魁北克自由黨的領袖；在1960年的省選舉中獲勝，成爲總理。他號召社會和文化改革，任命第一位教育部長，並使學校系統和市政服務現代化。他與法國發展緊密的文化聯繫。1966年自由黨被擊敗，他任反對黨領袖直到1970年。

lesbianism　女同性戀 亦稱sapphism或female homosexuality。一名女性對其他女性具有強烈的情緒或性慾吸引力之特質或狀態。lesbian一字最早出現在16世紀，源自希臘的萊斯沃斯（Lesbos）島，但其字義帶有女同性戀意義則是在19世紀晚期才附加上去的，因爲與女同戀詩人莎孚（西元前610～西元前580年）的詩句結合。21世紀起，女同性戀相關議題在北美及歐洲受到關注，其他還有同性戀團體的合法化、領養兒童的權益、女性健康保障、稅制、繼承以及醫療受益人等議題。

Lesbos＊　萊斯沃斯 亦作米蒂利尼（Mytilene或Mitilíni）。愛琴海第三大島（1991年人口約104,000）。面積1,640平方公里，與其他兩座島組成希臘一省。主要城市是米蒂利尼。詩人莎孚誕生於此島，也是lesbian（女同性戀）一詞的來源。西元前3000年左右就有人定居，約西元前1050年埃托利亞人在此定居。西元前527～479年由波斯人統治，後來加入提洛同盟。在伯羅奔尼撒戰爭中，它敗給斯巴達（西元前405年），西元前389年爲雅典人收復。後來在拜占庭帝國下繁榮起來。1462～1911年由土耳其統治，然後被希臘吞併。捕魚業是重要的經濟支柱，另外還出口橄欖。

Leschetizky, Theodor＊　雷協替茲基（西元1830～1915年） 原名Teodor Leszetycki。波蘭鋼琴家和教師。自幼是神童，十歲起在維也納從師車爾尼和塞奇特（1788～1867），十四歲時就當上教師。除演出外，他還是當時最出色的鋼琴教師，他先在聖彼得堡音樂學院任教（1852～1878），而後在維也納教授鋼琴。他的學生包括許多他們那個年代最有名的鋼琴家，包括帕德瑞夫斯基和史納白爾。

leshy＊　列希 斯拉夫神話中的森林精靈。列希是個滑稽的精靈，喜歡作弄人，但被激怒時也會幹壞事。人們很少見到他，但可以聽到他在森林裡的笑聲、哨聲或歌聲。他常化作男人的樣子，但沒有眉毛、睫毛和右耳。頭是尖的，不戴帽子，不繫腰帶。在他的老家森林裡，他長得和樹一樣高，但一離開森林，就縮成一根草大小。大多數生活在茂密森林地區的斯拉夫人都對列希耳熟能詳。

Leslie, Frank　雷斯理（西元1821～1880年） 原名Henry Carter。英裔美國插圖畫家和新聞從業人員。早期的畫稿出版於《圖解倫敦新聞》。1848年遷居美國後，辦過很多家報紙和雜誌，其中包括《紐約雜誌》（1854）、《富蘭克・雷斯理畫報》（1857年改成他的名字）和《男孩・女孩週報》。他以美國南北戰爭的戰地插畫獲得豐厚的利潤。第二任妻子蜜莉恩（1836?～1914）在他死後繼續經營他的事業，兩次挽救其事業的危機。

Lesniewski, Stanislaw＊　萊希涅夫斯基（西元1886～1939年） 亦稱Stanislaw Leshniewski。波蘭邏輯學家和數學家。1919～1939年任華沙大學教授，是華沙邏輯學院的創辦人之一，也是該校的傑出代表。突出的貢獻是建立了三個互相關聯的形式系統，他用三個源於希臘文的詞來命名，即主題論、本體論和分體論。

Lesotho＊　賴索托 正式名稱賴索托王國（Kingdom of Lesotho）。舊稱巴蘇圖蘭（Basutoland）。非洲南部獨立王國，爲南非共和國境內的一塊飛地。面積30,355平方公里。人口約2,177,000（2001）。首都：馬塞魯。賴索托人口幾乎全是講班圖語的索托人。語言：索托語、英語（均爲官方語）、阿非利堪斯語、祖魯語、科薩語和法語。宗教：基督教（國教），包括天主教、賴索托福音教會、聖公會。貨幣：洛蒂（loti, M）。全境約2/3地區爲山地，最高點是恩特萊尼亞納山，海拔3,482公尺；西北偏中的馬洛蒂山脈，是非洲兩條最大河流－－圖蓋拉河、橘河－－的發源地。礦產資源不足。農業占用了2/3得勞動力，主要農產品爲玉米、高粱和小麥。牲畜可供出口（牛、羊毛和馬海毛）。工業有食品加工、紡織與服裝，以及家具。政府形式爲共和國，兩院制。國家元首爲國王，政府首腦是總理。約在16世紀，講班圖語的農民便開始在該地區定居，逐漸形成若干酋長領地。其中勢力最大的在1824年建立起巴索托王國。1843年由於巴索托人與南非布爾人的關係日趨緊張，因而接受了英國的保護；1868年成爲英國領地，1871年併入開普殖民地。1880年當殖民地政府試圖解除巴索托人的武裝時，導致暴動反抗；四年後，賴索托地區不再屬於開普殖民地，而成爲英國高級專員領地。1964年賴索托宣布獨立，採行君主立憲制。1993年新憲法生效，結束了七年的軍事統治。20世紀後期，賴索托遭受內部政治問題與經濟衰退。

Lesse River＊ 萊斯河 比利時東南部的河流。發源於亞耳丁，蜿蜒向西北，流經84公里後注入默兹河。在萊斯河畔昂村流入地下，穿過以鐘乳石和石筍著稱的昂溶洞，地下河段長約1.7公里。

Lesseps, Ferdinand(-Marie), vicomte (Viscount) de＊ 雷賽（西元1805～1894年） 法國外交官，蘇伊士運河的建設者。他是位職業外交官，在埃及和其他地區任職到1849年。1854年埃及總督授權他修建運河打通蘇伊士地峽。1858年他用來自法國人民的資金一半組成一家公司，1859年在塞得港破土動工。1869年蘇伊士運河正式宣告通航。1879年雷賽組織了另一家公司來修建巴拿馬運河，但由於政治和經濟的困難而放棄了這一專案。有人檢舉他使用資金不當，但後來證明他是清白的，儘管有人指責法國官員收賄。

雷賽
Culver Pictures

Lesser Armenia ➠ Little Armenia

Lesser Slave Lake 小奴湖 加拿大艾伯特省中部的湖泊。位於艾德蒙吞西北，大奴湖南面，面積1,168平方公里。湖水經小奴河流入阿薩巴斯卡河。名稱由來與奴（多格里布）印第安人有關，他們曾在湖邊居住過。

Lessing, Doris (May) 萊辛（西元1919年～） 原名Doris May Tayler。英國小說家。1924～1949年生活在南羅得西亞（今辛巴威）的一處農場裡，1949年定居英國，開始了她的寫作生涯。她的作品大多關心處在社會和政治動亂中的人們，往往反映其左傾政治的行動主義。《狂暴的孩子們》（1952～1969），是以奎斯特爲主角的半自傳性五卷系列小說，反映奎斯特在非洲的生活經歷，一般認爲這是她最重要的作品。《金色筆記》（1962）是她最受讀者歡迎的小說，被看作是女權主義的經典之作。萊辛是短篇小說的大師，曾發表了若干本短篇小說集，還寫了科學幻想小說系列以及自傳體作品，包括《我心深處》（1994）。

Lessing, Gotthold (Ephraim) 萊辛（西元1729～1781年） 德國劇作家和評論家。在寫了幾部輕鬆喜劇後，1748年他成爲柏林的一位劇評家。他的《薩拉・薩姆遜小姐》（1755）是德國第一部家庭悲劇。在布雷斯勞研究了哲學和美學後，他寫出了有影響的論文《拉奧孔，或稱論畫與詩的界限》（1788）。最佳劇本《明娜・封・巴爾赫姆》（1767）象徵了德國古典喜劇的開始。萊辛是漢堡第一家國家劇院的顧問，在《漢堡劇評》（1767～1769）中發表了他對戲劇原理的評論。他在《沃爾芬比特爾片斷》（1774～1778）攻擊了正統的基督教，引起極大的爭議。他還寫了悲劇《愛米麗雅・伽洛蒂》（1772）和著名的詩劇《智者納旦》（1779）。

Lethe＊ 忘川 古代希臘神話中遺忘的化身。她是厄里斯（不和女神）的女兒。其名也是冥府的河流或平原的名稱。在奧費神秘論中相信剛死的人喝了忘川河水就會完全忘掉他們的過去，所以教導新來者去喝記憶之泉而不要喝忘川的水。

Leto＊ 勒托 古典神話中阿波羅和阿提米絲的母親。宙斯使她懷孕之後，她便尋找一個棲身之地以便分娩，最後找到了提洛的荒島。這是一塊在波濤中飄浮不定的岩石，但爲了生產阿波羅和阿提米絲而被固定在海底。另一些傳說則是，勒托之所以四處遊蕩是因宙斯的妻子赫拉的嫉妒所致。

Letterman, David 賴德曼（西元1947年～） 美國電視訪談節目主持人。生於印第安納波里，以單口相聲喜劇演員作爲他演藝事業的起步，並且從1979年起即爲強尼・卡森的《今夜秀》的來賓主持人。1982～1993年曾於NBC主持午夜過後的《大衛・賴德曼的午夜漫談》，以此節目贏得六座艾美獎，並以其訪談的諷刺、尖酸刻薄、無禮的風格贏得衆望，批評家視其爲詼諧的模仿脫口秀。自1993年起，他在CBS早先的節目空檔，主持《深夜》訪談性節目。

letterpress printing 凸版印刷 亦稱relief printing或typographic printing。商業性印刷中的一種過程，將上了墨的凸版直接壓在紙張上或連續的捲筒紙上重複印刷。凸版印刷是最古老的傳統印刷技術，從古騰堡時期（1450?）到出現平印技術（18世紀末），特別是膠印技術（20世紀初）的這段時間內凸版印刷是唯一重要的技術。最初，印刷一頁書所用的著墨表面是把字母一個個、一行行地排起來的。莫諾鑄排機和萊諾鑄排機是第一批用鍵盤控制的鑄排機。凸版印刷可快速生產出高品質的印刷品，但需要很長時間來準備和調整印刷機。爲了求快，現在報紙都採用膠印。

Lettish language ➠ Latvian language

lettre de cachet＊ 密札 指由國王簽署和一位國務大臣副署，主要用於授權逮捕某人入獄的官方信函。這是法國舊制度下一種重要的行政手段。17和18世紀期間，密札的使用已到浮濫的程度，直到法國大革命期間，制憲議會始將它廢止（1790）。

lettuce 萵苣 一年生沙拉用蔬菜作物，學名爲Lactuca sativa，有疏鬆包捲，水分充足的葉片。最常見的變種爲頭型捲心萵苣、玻璃生菜、長葉萵苣和萵苣筍。頭型捲心萵苣有黃油頭型和脆頭型（例如捲心萵苣）。在美國，大型農場主要栽種脆頭型，並運送到全國各地。小型地方性農場則種植玻璃生菜和黃油頭型捲心萵苣。萵苣是在溫暖氣候和充足水分條件下才生長良好的一年生時鮮作物。萵苣多用於沙拉，亦可烹食。

捲心萵苣
Derek Fell

leucine＊ 白氨酸 一種基本的氨基酸，存在於最普通的蛋白質中，在血紅素中尤爲豐富。爲1819年首批發現的氨基酸之一，現用於生化研究，也可當作營養品。

leucite＊ 白榴石 最常見的似長石類礦物之一，是含鉀的鋁矽酸鹽（$KAlSi_2O_6$）。只存在於火成岩中，尤其是富鉀、貧矽的現代熔岩中。重要的產區包括義大利的羅馬、烏干達和美國懷俄明州的盧奇蒂希爾斯。在義大利把白榴石用作肥料（因爲它的鉀含量很高）和商用明礬的原料。

琉科忒亞用豐盈之角盛水給戴奧尼索斯喝，古典浮雕；現藏拉特蘭博物館
Alinari－Art Resource

Leucothea＊ 琉科忒亞 希臘神話中的女海神。在《奧德賽》中首先提到她，據說她

把溺水的奧德修斯救出來。傳統上把她認作卡德摩斯的女兒伊諾，由於她看護過宙斯與塞墨勒的嬰兒戴奧尼索斯，所以遭到赫拉的報復。赫拉讓伊諾和她的兒子墨利刻爾特斯發瘋而跳入海中。兩人都變成了海神，伊諾成爲琉科忒亞，墨利刻爾特斯變成帕萊蒙。墨利刻爾特斯的遺體被海豚帶到了科林斯地峽，爲了紀念他而設立了地峽運動會。

leukemia　白血病　白血球大量增生的造血組織惡性腫瘤。暴露在輻射中和遺傳因素是某些病例的致病因子。急性白血病進展迅速，症狀有貧血、發熱、出血、淋巴結腫大等。急性淋巴細胞性白血病是兒童中最常見的白血病類型，從前90%以上的患者於發病六個月內死亡，如今使用藥物可治療半數以上的兒童患者。急性髓細胞性（粒細胞性）白血病多見於成人，病情經常於緩解後再度復發，只有少數病人存活期較長。慢性髓細胞性白血病的發病高峰年齡爲四十～四十九歲，出現消瘦、低熱、軟弱和其他非立即出現症狀。化學療法可減輕症狀，但延長存活期的效果不彰。慢性淋巴細胞性白血病多見於老人，可潛伏數年，存活率高於髓細胞性白血病，但患者易因嚴重感染或出血而死亡。

leukocyte＊　白血球　亦稱white blood cell或white corpuscle。防衛身體免於感染的數種血球細胞的統稱。成熟型白血球可分爲粒細胞（包括嗜中性白血球〔亦稱嗜異白血球〕、嗜鹼性白血球和嗜酸性白血球）、單核球（包括巨噬細胞）和淋巴球，其功能因種類而不同，包括吸入細菌、原生動物或受感染和死亡的細胞；製造抗體和調節其他白血球的活動。主要在機體組織內行使功能，白血球只因正在運送過程而出現在血流中。正常成人每公撮血液中含有5,000～10,000個白血球。

leukoderma　白斑病 ➠ vitiligo

Levant＊　黎凡特　沿地中海東部海岸諸國的歷史名稱。也用於小亞西亞沿海地帶和敘利亞，有時還擴展到希臘和埃及之間的國家。這個詞常常還與威尼斯的貿易投資聯繫在一起。黎凡特也是中東或近東的同義詞。16～17世紀，高黎凡特一詞指的是遠東。第一次世界大戰後，法國的託管地敘利亞和黎巴嫩稱黎凡特國家。

level　水平儀　用於確定水平面的儀器。包括裝有液體和一個氣泡的小玻璃管，玻璃管水平地固定在底面光滑的底座或框架上。當氣泡處在玻璃管的中央時，這個儀器所處的就是一個水平面。根據氣泡的移動來調整水平。玻璃管稍呈弓形，儀器的靈敏度與玻璃管的曲率半徑成正比。

Leveler　平均派　英國內戰和國協時期一個共和派。此名爲其政敵所取，意思是說支援平均派的人是想要「平分人們的財產」。這項運動開始於1645～1646年，他們要求主權應在下議院（排除國王和貴族）手中，相信讓每個男人都有選舉權就會使國會眞正具有代表性。在新模範軍裡平均派占了優勢，平均派提出了一個新的社會契約（1647），軍隊委員會在普特尼對這個契約展開辯論，結果卻陷於僵局。將領們仍用武力恢復了軍紀，結束了平均派的政治勢力。

Leven, Loch＊　利文湖　蘇格蘭中東部湖泊。直徑大約5公里，是蘇格蘭最淺的湖泊之一，平均深度4.5公尺。特產一種棕色鮭魚，稱爲利文湖鮭魚。湖中有七座島嶼，其中的卡斯爾島上有14世紀的古堡遺址，蘇格蘭女王瑪麗就曾經被關在這裡（1567～1568）。

lever　槓桿　用來增大力量的簡單機械。早期人們都使用各種形式的槓桿來移動笨重的石塊，或用作耕地的挖土棍。大約在西元前5000年埃及人可能就用了平衡秤桿來稱重；這是一根中心處有支點的桿，重物放在桿的一端，與另一端上的物體平衡。早在西元前1500年，人們就利用汲水吊桿的裝置來提水或吊送士兵過戰壕。這種裝置是一根長的槓桿，支點靠近一端，短臂上掛一個平台或容器，與之平衡的重物綁在長臂上。

Lever Bros.＊　利華兄弟公司　英國肥皂及洗潔精製造商。利華兄弟公司創設於1885年，由威廉・利華所創辦，專門製造及販賣肥皂，後來利華洪子爵及威廉的兄弟詹姆・利華也加入。由於他們是第一家以植物油脂取代動物油脂來製造肥皂的公司，因此藉著強力廣告，利華兄弟打進了國際市場。1888年他們在陽光港建立了一個模範工業村，提供員工優良的福利，例如分紅制度及免費保險。威廉在1906年當選國會議員，並在1922年被封爲子爵。1929年，利華兄弟與一個歐洲企業集團合併爲聯合利華。

Levertov, Denise　萊弗托夫（西元1923～1997年）　英國出生的美國詩人、隨筆作家和政治活動家。她是俄裔猶太移民（後來改信基督教）和一個威爾斯婦人的女兒，第二次世界大戰期間擔任救護工作。戰後，與一位美國作家結婚，移居美國，加入黑山詩派，其中包括詩人奧爾森和鄧肯。受到威廉斯的審愼簡潔風格影響，她違心地寫了一些有關個人和政治主題的平淡無趣的詩。她的詩集包括《此時此地》（1957）、《悲傷的舞蹈》（1967）和《脫塵而出》（1975）。1981～1994年任教於史丹福大學。

Lévesque, René＊　勒維克（西元1922～1987年）　加拿大政治人物。1946年加入加拿大廣播公司國際台，1956～1959年擔任電視評論員。1960年當選魁北克國民會議代表，又於勒薩日政府任公職（1960～1966）。1967年勒維克與其他分離主義團體合併組成魁北克黨。1976年他的黨取得省國民大會的控制權，勒維克因而成爲魁北克總理。他提出稱爲「自主聯盟」的構想，指獨立的魁北克並與加拿大其他地區組成一個經濟聯盟。1980年這項計畫遭魁北克選民反對。1985年因爲健康不佳而辭去職務。

Levi＊　利未　古代以色列，利未是族長雅各的第三個兒子。他成爲宗教職務的一派（稱利未派）的領袖。迦南被征服後，利未人不同於以色列的十二個部落，他們沒有分到土地。他們在公共禮拜上只能從事次要的工作，擔任樂師、守衛者、聖殿官員、仲裁人和工匠。

Levi, Primo＊　列維（西元1919～1987年）　義大利作家和化學家。猶太人的列維，獲得化學學位兩年後，被納粹俘獲，送至奧斯威辛集中營服苦役。他的自傳體作品《如果這是一個人》與《奧斯威辛殘存》（1947）、《復甦》（1963）及《滅頂與生還》（1986）都是動人地反映納粹集中營的僥倖生還者的。他最著名的作品《週期表》（1975）是二十一篇沈思錄的彙集，每篇以一化學元素命題。他戰時所受折磨的持續效應可能導致了他的自殺。

Lévi, Sylvain＊　列維（西元1863～1935年）　法國東方宗教、文學和歷史學者。曾在索邦學院任教（1889～1894），多年後任教於法蘭西學院（1894～1935）。1929年與高楠順次郎合作，發表了佛學的經典詞典。其他的作品包括標準論文《印度戲劇》（1890）、《尼泊爾》（1905～1908）和《印度與世界》（1926）。他還對吐火羅語進行了開創性的研究。

Lévi-Strauss, Claude＊　李維－史陀（西元1908年～）　比利時裔法國籍社會人類學家、結構主義的主要倡導者。李維－史陀起初在巴黎大學攻讀哲學（1927～1932），

李維－史陀
AP/Wide World Photos

後赴巴西聖保羅大學教授社會學（1934～1937），並在巴西的印第安人中進行實地研究。1941～1945年在紐約市社會研究新學院任教，受到語言學家雅科布松的影響。他把文化看作和語言一樣，是一種交流系統。他的工作是要識別出反映在神話、文化符號和社會組織中的普遍的思想結構。自1950至1974年，他是巴黎大學高等研究院研究部主任，1959年到法蘭西學院任教。其主要的著作有《親屬關係的基本結構》（1949）、《憂鬱的熱帶》（1955）、《結構主義人類學》（1961）以及四卷《神話邏輯》（1964～1971）。

Levi Strauss & Co.　李維・斯特勞斯公司　世界最大的褲子製造商，特別是以藍粗斜棉布牛仔褲最有名。該公司的起源應追溯到李維・斯特勞斯（1829～1902）。他是在加利福尼亞淘金熱期間來到舊金山的一位巴伐利亞移民，帶來一些紡織品售給礦工們。他聽到礦工們需要經久耐用的褲子，便雇用裁縫用帳篷帆布做成服裝，後來粗斜棉布取代了帆布。1946年公司決定全力從事自己商標的服裝製造，此後成長驚人。1959年開始出口，1960年代期間牛仔褲已風行全世界。1971年公開上市，1985年該公司又成爲私人產業（斯特勞斯的後人收購了股權）。

Levine, James (Lawrence)＊　萊文（西元1943年～）　美國指揮家。十歲時與辛辛那提管弦樂隊合作，首次獨奏鋼琴。在紐約茱麗亞音樂學院隨列維涅（1880～1976）學習鋼琴，隨莫雷爾（1903～1975）學習指揮。1964～1970年任克利夫蘭管弦樂團的助理指揮。1971年以客座身分指揮紐約大都會歌劇院演出《托斯卡》，1973年就任該劇院首席指揮，1975年成爲該劇院的音樂指導，1986年任藝術指導。他將萎靡不振的大都會管弦樂團建設成一個技藝高超的樂團，他自己也被公認爲世界最偉大的指揮家之一。1973～1993年他擔任芝加哥的拉維尼亞音樂節的指導。

Levinson, Barry　李文森（西元1942年～）　美國電影導演。出生於巴爾的摩的他以喜劇作家的身分在1970年代爲凱洛柏奈特和梅爾布魯克斯工作，然後以其所執導的電影《餐館》(*Diner*, 1982)首度與觀眾見面，這也是最先幾部以他出生城市爲背景所拍攝的電影之一。隨後拍攝的電影有《天生好手》（1984）、《出神入化》（1985）、《錫人》（1987）和《早安越南》（1987）、最受歡迎的《雨人》（1988，獲奧斯卡獎）、《適者生存》（1990）、《豪情四海》（1991）、《豪情四兄弟》（1996）和《桃色風雲搖擺狗》（1997）。

levirate and sororate＊　轉房婚和填房婚　規定配偶死後（有些情況下配偶還活著）的婚姻的習俗或法律。轉房婚規定死者的兄弟優先成爲其遺孀配偶。在古代希伯來社會，這個規定用來延續無子嗣的死者的宗嗣。與嫂子結婚的兄弟常常只是死者的代理，沒有新的婚姻契約，因爲所有的後代都被看作是死者的後裔。填房婚規定男子與他死去的妻子的姐妹婚姻，或者在姐妹共夫的情況裡，男子在妻子的諸妹成年之後娶其爲妻。姐妹共夫的習俗於19世紀在美洲印第安部落中存在過，在澳大利亞原住民中仍存在著。

Leviticus Rabbah＊　利未記註釋（西元約450年～）　三十七篇有關《舊約・利未記》所提主題之註釋的編纂。這些篇章所要傳達的訊息是，歷史法則聚焦在以色列人（猶太民族）的聖潔生活上。如果猶太人遵循旨在令以色列人聖化的那些社會律則，預定的歷史將會如以色列人所希望的那樣展開。以色列人可以影響自身命運。因此，歷史終結之時的救贖乃取決於此時的聖化。

Levitt, Helen　雷維特（西元1913年～）　美國攝影家。生於紐約市，十八歲即開始攝影生涯，她生平第一個展覽「孩童照片」，於1943年紐約現代藝術美術館展出。其題材以兒童（尤其是下層社會的孩童）和人性作爲號召，這也可以說是她大多數作品的特色。1940年代中期，雷維特和小說家艾傑、電影製作人梅耶和畫家李伯合作拍攝影片《沈默的小孩》，這是一部關於年輕的非裔美國男孩的得獎紀錄片，1960年代大部分時間專注於影片的執導和剪輯。1970年代，雷維特重拾她攝影行業。

Levittown　萊維敦　美國紐約長島亨普斯特德擴展的郊區居住區。1946～1951年由萊維和他兒子們的企業發展起來，爲完全按照規畫並成批大規模建造的住宅群的一個早期典範。該區有幾千棟廉價的房屋（附設商業中心、運動場、游泳池、社區公所以及學校）。萊維在賓夕法尼亞州的巴克斯縣重複這一模式。在戰後建築的蓬勃發展中，萊維敦這個名字等同於全國各地類似的發展建築。儘管曾一度被廣受譴責，但萊維敦與眾不同，通常都比較單調，是中產階級在它蜿蜒曲折的道路上和枝葉繁茂的植物群中思考他們發展的地方。

levodopa ➠ dopa

levulose　左旋糖 ➠ fructose

Lewes＊　路易斯　英格蘭東薩西克斯城鎮。位於英吉利海峽以北10公里的烏斯河畔。1264年孟福爾在路易斯戰役中擊敗了亨利三世。歷史遺址有11世紀的城堡和16世紀的巴比坎宮（克利夫斯的安妮的家）。爲行政中心，有一些輕工業。附近有著名的歌劇中心格林德包恩。人口15,000（1981）。

Lewin, Kurt　萊溫（西元1890～1947年）　德裔美籍社會心理學家。在柏林學習和任教後，移居美國，在愛荷華大學任教（1935～1945），後任麻省理工學院團體動力學研究中心主任（1945～1947）。以其行爲的場論最著名，認爲人類的行爲是個體心理環境的函數。按照萊溫的理論，爲了充分認識和預言人的行爲，必須看一個人的心理場或「生活空間」中所有事件的整體。他的著作包括《人格動態理論》（1935）和《社會科學理論》（1951）。

Lewis, (Frederick) Carl(ton)　路易斯（西元1961年～）　美國田徑選手，生於阿拉巴馬州的伯明罕。他入選了1980年的美國奧運代表隊卻沒能參加比賽，因爲美國抵制當年的莫斯科奧運會。1984年的奧運會中，他贏得男子100公尺、200公尺、跳遠和400公尺接力四面金牌。1988的奧運會中，他拿下跳遠金牌（成爲第一位衛冕成功的選手）和100公尺的金牌，以及200公尺的銀牌。1992年，他再度成爲跳遠冠軍並奪得400公尺接力金牌，1996年他又以跳遠四連霸震驚世人。他於1997年宣布退休。

Lewis, C(larence) I(rving)　路易斯（西元1883～1964年）　美國哲學家。主要在哈佛大學任教（1920～1953）。最著名的著作是《心理和世界秩序》（1929）、《符號邏輯》（1932）、《知識和價值的分析》（1947）和《權利的基礎和性質》（1955）。他提到，只有在存在著錯誤的可能性的地方才可能有知識。他在知識論中的地位代表了經驗主義和實用主義的綜合。

L M N

Lewis, C(live) S(taples)　路易斯（西元1898～1963年） 英國學者和作家。路易斯先後任教於牛津大學（1925～1954）和劍橋大學（1954～1963）。他的許多書都是信奉基督教辯惑學的，最著名的是《斯克魯塔普書簡》（1942），是一本諷刺性的書信體小說，講的是一個經驗豐富的魔鬼指導他所管的年輕人如何使用誘騙的手段。還有知名的《納爾尼亞紀事》（1950～1956），是七個兒童故事的系列（包括「獅子」、「女巫」和「衣櫃」），這些故事已成爲幻想文學的經典之作。及一套科幻小說三部曲之第一部《來自沈默的行星》（1938）。他的評論作品《愛情的寓言》（1936），是關於中世紀和文藝復興的文學，常被認爲是他最佳的著作。

Lewis, Edward B.　路易斯（西元1918年～） 美國遺傳學家。在加州理工學院獲得博士學位。他通過雜交繁育數千隻果蠅，顯示了基因染色體排列的次序與身體部位的排列次序相對應，現在將這種整齊對列被稱爲線性對應原理。路易斯的研究有助於說明生物發育的一般機制，包括人類生育中發生的畸變。他與紐斯林－沃爾哈德（生於1942年）和威蕭斯（生於1947年）共獲1995年的諾貝爾獎。

Lewis, Jerry　路易斯（西元1926年～） 原名Joseph Levitch。美國演員、導演和製作人。生於新澤西州紐華克，加入父母在卡茨基爾的羅宋湯地帶戲劇節目，在十八歲時便爲經驗老到的喜劇演員。1946年他和馬丁（1917～1995）合力經營一家有常態性喜劇表演的酒吧，配合路易斯的詼諧小丑，馬丁便扮演討喜、浪漫的歌手，他們在1956年拆夥之前曾攜手合作過十六部電影，包括《我的朋友艾碼》（1949），《天兵天將》（1952）和《搭檔》（1956）。之後，路易斯執導、製作和演出電影如《旅館大廳服務生》（1960）、《隨身變》（1963）、《大嘴巴》（1967）。在法國他特別受尊敬，其演技和導演功力曾獲頒法國最高文化獎項。自1966年起開始主持美國年度爲肌肉萎縮募款的電視馬拉松節目。

Lewis, Jerry Lee　路易斯（西元1935年～） 美國搖滾樂手。生於路易斯安那菲里迭，從小便開始學鋼琴，受藍調和福音音樂家的影響。爲歌手吉雷和佈道家史華格的表兄弟，他曾就讀於德州一家教會學校，但是後來被退學。回到路易斯安那後，曾在幾個樂團演奏，以其嫺熟的鋼琴「超快指法」爲標誌。他最早以〈繼續搖擺搖不停〉和〈大火球〉兩首單曲走紅。1958年被發現他和一名十三歲的親戚結婚，他的唱片銷售量因而下滑。縱使有其他一些成功的唱片歌曲問世，但他仍舊專注於其有名的精力旺盛、不受拘束的現場表演。現在他的事業仍舊在充滿爭議的災難中繼續著，包括他兩任妻子的死亡。

Lewis, John L(lewellyn)　路易斯（西元1880～1969年） 美國勞工領袖。威爾斯移民之子，十五歲就當煤礦工人。他在美國聯合礦工工會（UMWA）中逐漸爬上高位。1911年起與人一起組織了美國勞工聯合會（參閱AFL-CIO），礦工聯合會附屬之。1920～1960年擔任UMWA的主席，1935年與勞工聯合會的其他領袖組成一個工業組織委員會，以組織大量生產企業裡的工人。路易斯後來與勞工聯合會決裂，他和其他不滿聯合會作法的工頭建立了產業工會聯合會。1936～1940年擔任主席，領導工人進行經常是暴力的抗爭，以引進工會主義到先前未組織的行業，如鋼鐵和汽車業。亦請參閱Green, William、trade union、Murray, Philip。

路易斯，攝於1963年.
AP/Wide World Photos

Lewis, Matthew Gregory　路易斯（西元1775～1818年） 英國小說家和劇作家。他的哥德小說《僧人》（1796）取得驚人的成功，爲他贏得「僧人路易斯」的綽號。書中的恐怖、暴力和色情雖受到普遍的譴責，但仍被人貪婪地閱讀。路易斯還以同樣的風格寫了一部通俗音樂劇《古堡魅影》（1798）。1812年繼承了在牙買加的一筆鉅額遺產，他兩次航行到島上去關心他土地上的奴隸們的生活情況。最終他死於海上。《西印度群島一個農場主的日記》（1834）證實了他的仁慈而慷慨的態度。

Lewis, Meriwether　路易斯（西元1774～1809年） 美國探險家。曾在軍隊裡服役，1801年成爲傑佛遜總統的私人祕書。傑佛遜選他率領探險隊進行第一次直抵西太平洋西北岸的橫越大陸的考察，包括路易斯安那購地的區域。在路易斯的請求下，任命克拉克與他一起指揮。路易斯和克拉克遠征（1804～1806）的成功主要歸功於路易斯的準備工作和他的技術。結果，他和克拉克每人都得到1,600畝土地的獎賞。1808年任路易斯安那準州州長。他在去華盛頓的途中，死在一家小旅館裡，可能是被謀殺，也可能是自殺。

Lewis, (Harry) Sinclair　路易斯（西元1885～1951年） 美國小說家和社會評論家。曾當過記者和雜誌撰稿人，1920年出版的小說《大街》，使他一舉成名，《大街》描寫了中西部的風土人情。其他受歡迎的諷刺性小說戳破了中產階級的自滿態度，其中包括：《巴璧德》（1922），嚴厲批判了那些庸俗市儈的商人；《阿羅史密斯》（1925），探討了醫學專業問題；《埃爾默．甘特利》（1927）抨擊了一種基本教義派宗教；《多茲沃思》（1929）描寫一對富有的美國夫婦遊歷歐洲的故事。1930年獲得諾貝爾文學獎，是第一個獲此獎項的美國人。後來的小說包括《卡斯．廷伯蘭》（1945）。晚年名聲下挫，大部分居住於國外。與湯普生有過一段婚姻（1928～1942）。

路易斯
The Granger Collection

Lewis, (Percy) Wyndham　路易斯（西元1882～1957年） 英國藝術家和作家。漩渦主義的創始人和主要倡導者，1914年創辦名爲《疾風》的漩渦主義評論雜誌，但不久就停刊。1918年發表他的第一部小說《塔爾》。《悼嬰節》（1928）之後是長篇諷刺小說《上帝的猢猻》（1930）和《愛情的復仇》（1937）。1930年代他創作了一些他最著名的畫作，包括《巴塞隆納的投降》（1936）。他還寫過散文、短篇小說和兩本受稱讚的回憶錄。1930年代由於擁護法西斯主義而弄得聲名狼藉，後來他放棄了這種信仰。

Lewis and Clark Expedition　路易斯和克拉克遠征（西元1804～1806年） 美國首次橫越大陸抵太平洋沿岸的往返遠征考察活動，領隊爲路易斯和克拉克。由傑佛遜總統發起，目的是尋找一條橫越大陸通向太平洋的路線，通過新的路易斯安那購地計畫記錄下了這次考察活動。大約有四十名精通各行各業的能手於1804年離開聖路易斯。他們溯密蘇里河而上，抵達現在的北達科他州，在那裡修築了曼丹堡（後來的俾斯麥），在曼丹蘇人中過冬。翌年春離開，雇用了夏博諾和他的印第安妻子薩卡加維亞作嚮導和翻譯。他們穿過蒙大拿州後，騎馬越過大陸分水嶺而來到克利爾沃特河的源頭。他們自製木舟，順流而下，進入蛇河，抵達哥倫比亞河口，在那邊建克萊索普堡（後來的奧瑞岡州的阿斯特）越冬。該團體解散後又重新聚集，乘獨木舟順密蘇里河而下到達聖路易斯，1806年抵達時受到熱烈歡迎。遠征路上只有一名成員死亡。路易斯和其他人的日誌記錄了印第安人的部落、野生動植物和地理資訊，大大消除了人們對於這條通向太平洋的便捷水路所懷的神祕感。

Lexington　勒星頓　美國肯塔基州中北部城市。在勒星頓和康科特戰役之後，於1775年爲紀念麻薩諸塞州的勒星頓而命名，1782年建制，肯塔基立法機構第一次會議在此舉行（1792）。1832年建市，1974年與費耶特縣合併，建立市縣政府。設有特蘭西瓦尼亞大學（建於1780年）和肯塔基大學，也是美國純種馬飼育協會總部所在地。人口約240,000（1996）。

Lexington and Concord, Battles of　勒星頓和康科特戰役（西元1775年4月19日）　英國士兵與美國殖民地居民之間最初的小規模戰鬥，標誌著美國革命的開始。英國700名士兵從波士頓出發至麻薩諸塞的康科特，奪取地方軍儲備的軍用物資，途中在勒星頓遇上了受到列維爾和其他人事先警告的77名地方民兵（參閱minuteman）。是誰開的第一槍並不清楚，且很快就停止了抵抗。英軍移到康科特附近，遇到了300多名美國愛國者，英軍被迫撤退。在他們返回波士頓的途中，連續受到殖民地居民從糧倉、樹林以及路邊牆後開槍襲擾。英軍總共損失273人，美國民軍損失95人。

Leyden ➡ Leiden

Leyden, Lucas van ➡ Lucas van Leyden

Leyster, Judith＊　萊斯特（西元1609～1660年）　荷蘭畫家。釀酒商的女兒，二十四歲時成爲哈勒姆畫家公會的會員。她的許多作品，主要是肖像畫、風俗畫和靜物畫，在以前曾被認爲是她同時代的男性畫家所作。雖然哈爾斯對她的作品有明顯的影響，但她對烏得勒支畫派的風格也有興趣。她的繪畫題材比當時其他荷蘭畫家的作品更爲廣泛，是首先描繪室內景色的畫家之一。

Leyte＊　雷伊泰　菲律賓東部米沙鄢群島中的一個島。面積7,214平方公里。位於薩馬島的西南，兩島之間有2,162公尺長的橋樑連接。雷伊泰被16世紀的西班牙探險家們稱作「坦大亞」。19世紀晚期以前一直處在西班牙的統治下。20世紀初被美國控制，該島人口增長迅速。第二次世界大戰期間被日本占領，美軍在雷伊泰灣戰役中將日本人驅逐。島上的兩個主要城市是奧爾莫克和塔克洛班。人口1,810,000（1990）。

Leyte Gulf, Battle of　雷伊泰灣戰役（西元1944年10月23～26日）　第二次世界大戰中的一場決定性的海空戰役，使盟軍得以控制太平洋。美軍兩棲部隊在菲律賓的雷伊泰島登陸（10月20日）後，日軍的計畫是將美軍艦隊誘向北方，同時向雷伊泰灣派出三支攻擊部隊。美軍發現了第一支攻擊部隊，發起了連續三天地面和空中的進攻。這是第二次世界大戰中最大的一場海戰，美軍重創了日本艦隊，迫使它撤退，從而使美軍完成進駐。

Lezama Lima, José＊　萊薩馬・利馬（西元1910～1976年）　古巴詩人、小說家和散文家。曾在哈瓦那攻讀法律，後來參與了幾個文學評論刊物，還加入了一個文學團體，該團體專門發表使古巴文學發生革命性變化的年輕詩人的作品。他的作品包括詩集《納爾西索之死》（1937）和《一成不變》（1949），散文集《時鐘集》（1953）和《美洲的表達方式》（1957）。小說《天堂》（1966）被認爲是他的傑作，面對他在很大程度上不贊同的1959年的革命，重申了作者對其藝術和自身的美學觀念的信念。

Lhasa＊　拉薩　中國西藏自治區的首府（1999年人口約121,568）。位於西藏境內海拔約11,975英尺（3,650公尺）的喜馬拉雅山脈上，臨近拉薩河。拉薩至少從9世紀以來即爲西藏的宗教中心。1642年成爲獨立的西藏首都，並維持此一地位直到中國於1951年占領這座城市，並在1959年接管其政府爲止。7世紀興建的大昭寺被視爲西藏最神聖的寺廟。其他的地標包括魯康殿；達賴喇嘛先前的冬季住所布達拉宮；以及眾多寺廟。因爲拉薩不易前往，再加上其宗教領袖傳統上對於外來者的敵意，使得拉薩有時以「禁城」聞名。

Lhasa apso＊　拉薩犬　一種西藏狗。耐勞，聰明，善看家。體長大於體高，體高25.5～28公分，體重6～7公斤。尾多毛，捲於背上，被毛長而厚，蓋著眼睛。毛色多種，但以金棕色爲佳。

拉薩犬
Sally Anne Thompson

L'Hôpital's rule＊　羅必達法則　微分學的步驟，在嘗試找出極限時，處理不定形式如0/0和∞/∞的值。羅必達法則說明，當f(x) / g(x)的極限不確定時，某些情況下可以用f和g的導數的商（也就是f′(x) / g′(x)）來求得其極限。如果結果還是不確定，可以重複此步驟。此法則以法國數學家羅必達（1661～1704）命名，其實是從他的老師瑞士數學家白努利學得。

Lhotse＊　洛子峰　亦稱E^1峰。喜馬拉雅山脈的一座山峰。位於尼泊爾與中國西藏的邊界上，海拔8,501公尺，是世界最高峰之一。因與埃佛勒斯峰之間有7,600公尺長的山脊相連，有時被認爲是埃佛勒斯峰的一部分。1956年瑞士登山家呂歇森格爾和雷斯首先登上此峰。洛子峰乃藏文「南峰」。E^1爲印度測量局於1931年所訂的原始測量符號，意爲埃佛勒斯峰1號。

Li Ao＊　李翱（卒於西元844?年）　中國唐朝時的學者和政府高官，促成儒家學說在其嚴重遭佛教與道教挑戰的時代重新恢復活力。雖然據信李翱與韓愈相識，但後世對他的生平所知甚少。李翱深受佛教影響，並促成許多佛教觀念整合進儒家學說之中。因爲他斷言人之本性與人之命運乃儒家學說之核心，因而預示了新儒學的觀念。李翱也重新定位孟子，使得在新儒學學者的眼中，孟子幾乎是與孔子同樣重要的人。

Li Bo　李白（西元701～762年）　亦拼作Li Poo，或稱爲李太白（Li Taibo）。李白是道教信徒，他長時期漫遊各地，並曾一度充任非正職的宮廷詩人。李白抒發情懷的詩作，特別以其精美微妙的意象、華麗的語言風格、意有所指的弦外之音，以及抑揚頓挫的音調而聞名。李白性格浪漫，也以好飲酒著稱，並曾抒寫過飲酒之歡樂，以及關於友誼、孤獨、自然以及時光消逝的詩歌。民間傳說他最後在船上酩酊大醉，因爲想撈取水中月亮的倒影而淹死。就中國最偉大的詩人的榮銜而言，李白可與杜甫媲美。

Li Dazhao　李大釗（西元1888～1927年）　與陳獨秀一同開創中國共產黨。李大釗是北京大學圖書館館長和歷史系教授，因爲受到俄國革命成功的啓示和激勵，而開始學習並宣揚馬克思主義。1921年李大釗所創建的研究社群正式成立為中國共產黨。他協助此一新的黨派實踐共產國際（參閱Comintern）的政策，與孫逸仙的國民黨展開合作。李大釗被軍閥張作霖逮捕並吊死，結束了他短暫的事業與生涯，但他主張赤貧農民革命的理念，經由毛澤東而實現。

Li Hongzhang　李鴻章（西元1823～1901年）　亦拼作Li Hung-chang。中國政治家，代表中國在中法戰爭（1883～1885）、中日戰爭（1894～1895）和義和團事件（1900）結束之後，進行一連串屈辱的談判。李鴻章在其生涯早期，曾協助鎮壓太平天國之亂（1850～1864），以及平定捻亂（約1852～1868年）。當時李鴻章接觸到西方人（尤其是英格蘭人戈登）和西方武器，於是轉而深信，中國如果想要維護自己的主權，就需要擁有西方式的軍火。1870年李鴻章被任命為首都所在地的直隸省的總督，他創建了兵工廠、開設軍事學校、建立兩座現代的海軍基地，購買戰艦，並從事其他「自強」的措施。李鴻章希望透過現代化來保存傳統的中國，然而在傳統的中國裡他的創新未能獲得充分發展，而李鴻章本人也受到他所企圖保護之體系的致命傷害。

Li Keran　李可染（西元1907～1989年）　亦拼作Li K'o-jan，原名李永順（Li Yongshun），別號三企（Sanqi）。中國畫家和美術教育家。在上海美術專科學校學習時受到康有為的影響，康有為倡導東西方美術合併而創造中國畫的新紀元。李可染在杭州國立藝術院（1929～1932）師從法國教師克羅迪特，發展出一種抽象和結構畫風格，顯示出德國表現主義的影響。1932年加入左翼的「一八藝社」。1940年代開始畫牧牛郎和水牛，用創新的潑墨技術為這一傳統主題注入了新的活力。1946年任教於北平藝術專科學校。在他竭力仿效中國古代書法的同時，在油畫方面的訓練也讓他在作品裡能夠應用西方的元素，如明暗法。在以後的年代裡，李可染吸引了許多學生和追隨者，形成了1980年代的「李派」。

Li Rui　李銳（西元1769～1817年）　中國數學家和天文學家。對中國的傳統數學和天文學的復興以及方程式理論的發展作出了顯著的貢獻。他參加幾次科舉考試皆落榜，當不了官，只能為各個達官貴人當助手以維持生計。大約從1800年起，他開始研習13世紀數學家李冶和秦九韶的著作。他發現中國傳統的解高次方程的方法比起新近從西方引入的代數方法來有幾個優點。他的《開方說》（1820）一書中包含了他在方程式理論方面的工作：符號規則、有關多重根和負根的討論，以及代數方程的非實數根必須成對存在的法則。

Li Shaozhun＊　李少君（活動時期西元前2世紀）　中國的鍊丹術士。李少君是第一位宣稱，道家修鍊的終極目標在於成「仙」：長生不死，且富有智慧。其次，在民眾化的道教思想中許多神秘的內容，他也貢獻良多。他聲稱自己經歷了數百年的歲月，而在取得雄心大略之漢武帝的信任後，他說服武帝禱祀「灶君」，並使用化煉成金的器皿來進食，藉此達到長生不死。灶君乃是中國神話中的人物，能製造出賦予永生的金質器皿。由於李少君的影響力，禱祀灶君因而成為道教儀式，灶君也被視為道教第一位重要的神靈。

Li Si　李斯（西元前280?年～西元前208年）　亦拼作Li Ssu。中國秦朝時的宰相，他採用韓非子的理念，將秦國建設成中國第一個中央集權的帝國。他所發布的命令：「秦焚書」（焚毀所有的書籍）招致後世儒家學者的責難。

Li Zicheng　李自成（西元1605～1645年）　亦拼作Li Tzu-ch'eng。導致明朝（1368～1644）滅亡的叛亂領袖。李自成原本任職於郵驛，在1631年中國北方發生大饑荒後，加入了反叛組織。1644年他自命為新朝代的首任皇帝，開始向北京進軍，並順利奪下這座城市。但他的勝利為時甚短，效忠於明朝的將領吳三桂尋求滿洲部族的協助，雙方聯手將他逐出北京。李自成乃向北逃竄，很可能最後為地方村民所弒。亦請參閱Dorgon。

liability, limited ➠ limited liability

liability insurance　責任保險　防止投保人可能因賠償另一方而造成的損失或損害的保險。責任保險是由法律認定的疏忽或失誤對當事人、財產或他人的合法權益造成的損害。主要由於汽車的出現，這種保險形式才快速發展起來。現在除駕駛外，已擴大到許許多多的活動，包括對醫生和其他專業人員的瀆職行為保險、對船主和操作人員的海上責任保險以及消費品製造商的產品責任保險等。亦請參閱casualty insurance、consumer protection。

liana＊　藤本植物　亦作liane。長莖、木質的攀緣植物，在熱帶雨林地區特別多。其根著生土中、莖纏繞其他植物之上以往上生長。藤本植物常糾結成網懸掛於樹間以獲支撐，長度可達100公尺。

Liao dynasty＊　遼朝（西元907～1125年）　遊牧的契丹部族所建立的朝代，其所在位置相當於今日的東北、蒙古以及中國東北角。遼朝以唐朝的模式來治理中國，帝國的北方則建立在部落的基礎上。當宋朝（960～1279）建立後，遼國在邊境發動戰爭，爭奪中國北方的控制權。最後宋朝同意每年向遼進貢。金朝本是遼國的屬邦，後來在1125年消滅遼朝，卻多效法其政府體制。Cathay（中國）一名即源於契丹的另一個名稱Khitay。

Liao River＊　遼河　流經中國遼寧省和內蒙古自治區的河流。東遼河起源於東北的東部山脈，西遼河則發源於內蒙古東南部。東、西遼河匯合後，向西南流，經836哩（1,345公里）後注入遼東灣。遼河的流域面積為流域83,000平方哩（215,000平方公里）。自其出海口往上，可供小船航行的河段約400哩（645公里）。

Liaodong Peninsula　遼東半島　亦拼作Liao-tung Peninsula。位於中國東北，由遼寧省南部的海岸向外延伸而成的半島。遼東半島在將西邊的渤海與東邊的朝鮮灣略作區隔。遼東半島乃屬於延續至長白山脈之山帶的一部分。在半島上，此一山脈以千山為名。靠近遼東半島的最南端，則為大連港的所在地。

Liaoning＊　遼寧　舊稱奉天（Fengtien, 1903～1928）。中國東北部省份（2000年人口約42,380,000），位居東北三省的最南端。遼寧可分為四個主要的地形區：中央平原、遼東半島、西部高原和東部山區。此地在滿族統治的時代（1644～1911）以盛京為名（參閱Qing dynasty）。1932～1945年此地隸屬於日本人操控之傀儡政權滿洲國。省會瀋陽，在1948年歸中國共產黨控制。遼寧省是中國工業化程度最高的省份，生產鋼鐵、水泥、原油和電力。

liar paradox　撒謊者悖論　源自克里特先知埃庇米尼得斯（西元前6世紀）的陳述「克里特人都是撒謊者」之悖論。如果埃庇米尼得斯的陳述意味著克里特人都是虛假的，那麼由於埃庇米尼得斯是克里特人，他的陳述即是錯的（也就是說，並非所有克里特人都是撒謊者）。這個悖論最簡單的形式源於對「這個句子是錯的」的考慮。如果它是對的，那麼它是錯的；如果它是錯的，那麼它是對的。考慮這種語義上的悖論，使邏輯學家能夠區分客觀語言與元語言，並歸結出沒有語言能夠持續包含自身句子的完整語義理論。

Liard River＊ 利亞德河 加拿大西北部的河流。發源於育空地區，流向東南，穿過不列顛哥倫比亞省。然後轉向東北，在西北地區注入馬更些河，全長1,115公里。上游多湍流峽谷，下游可通小船。因沿岸多楊樹而得名。

Libby, Willard (Frank) 利比（西元1908～1980年） 美國化學家。曾就讀於加州大學柏克萊分校，後在該校以及芝加哥大學和加州大學洛杉磯分校任教。在曼哈頓計畫任職期間，他參與發展一種分離鈾同位素的方法，並證明了氚是宇宙輻射的產物。1947年他和他的學生們研製出碳－14年代測定法，爲考古學、人類學和地球科學提供了極有價值的手段，因此榮獲1960年度諾貝爾獎。

libel 文字誹謗 ➠ defamation

Liber Augustalis ➠ Melfi, Constitutions of

Liberace＊ 利伯洛斯（西元1919～1987年） 原名Wladziu Valentino Liberace。美國鋼琴演奏家。生於威斯康辛西艾立斯的波蘭和義大利移民家庭裡，十六歲時便在芝加哥交響樂團中以獨奏者的面貌呈現於世人面前。並開始以裝飾華麗的鋼琴和燭台，配上火焰般的服裝舉辦音樂會，雖然他偶爾於交響樂團中演奏，但是他將自己的事業主要定位在大衆流行音樂的領域。隨著成功的盛名，他主持自己的電視綜藝系列《利伯洛斯秀》（1952～1955、1969），並在電影演出，如《您眞誠的》（1955）。在他生命中的最後幾年，常在拉斯維加斯演奏，最終死於愛滋病。

liberal arts 大學文科 旨在傳授一般知識及發展一般智能的學院和大學課程，與專業的、職業的或技術的課程形成對照。西方古典文獻中，大學文科一詞是指適合自由人（相對於奴隸）的教育。中世紀西方大學中的文科七藝是指語法、修辭和邏輯（三藝）以及幾何、算術、音樂和天文（四藝）。在現代學院和大學中，文科包括文學、語言、哲學、歷史、數學和科學，作爲普通教育或文科教育的基礎。

Liberal-Democratic Party (LDP) 自由民主黨 日本最大的政黨，1955年成立，到1993年以前幾乎一直是執政黨。自民黨是從19世紀的一些黨派繼承下來的。主要是由戰前的立憲政友會和民政黨的各派整合而成。1970年代保守的自由民主黨出現了幾次危機，但安然度過。1980年代榮景（泡沫經濟）末期，因爆發財政危機和政治醜聞最後導致他們在1993年選舉中失去在衆院的多數席位。1994年參與聯合政府，重握政柄。1990年代末期，雖然政局不穩，但也出現了兩位自由民主黨首相，即橋本龍太郎和小淵惠三。

Liberal Party 自由黨 英國19世紀中期出現的政黨，繼承輝格黨。1918年，自由黨是前保守黨的主要對手。此後，工黨取代自由黨。1832年的改革法給了中產階級選舉權，他們成爲自由黨的最初支持者。1846年羅素的政府有時被認爲是第一個自由黨政府，但第一個沒有異議的自由黨政府是1868年由格萊斯頓組成的政府。1894年前，在格萊斯頓領導下，自由黨的標誌就是改革。1884年後，擁護愛爾蘭自治計畫。支持個人主義、私有企業、人權和提倡社會正義；謹防帝國主義擴張，是愛好和平和國際主義的黨。第一次世界大戰期間自由黨分裂成兩個陣營，分別以阿斯奎斯和勞合喬治爲首。自由黨的少數黨地位延續到1988年，然後與社會民主黨合併而組成自由民主黨。

Liberal Party 自由黨 美國紐約州的小黨。1944年由美國勞工黨內的溫和派建立。他們反對共產黨人滲入勞工黨。1944年的選舉中，幫助羅斯福贏得紐約州。後來自由黨通常支持民主黨候選人。在紐約市有很多成員對紐約市市長的選舉特別有影響。

Liberal Party of Canada 加拿大自由黨 加拿大兩大主要政黨之一。自由黨建立在改良黨和晶砂黨自由派的原則基礎上。提倡「責任政府」的概念，堅持議會代表制。第一屆自由黨政府由麥肯齊（1873～1878）爲首。在洛里埃（1896～1911）領導下自由黨奪回了政權。20世紀的大部分時間裡都是由自由黨作爲執政黨，歷屆的總理有金恩、聖勞倫特、皮爾遜、杜魯道和克雷蒂安。

liberalism 自由主義 傾向於把個人自由最大化的政治哲學。自由派人士相信，國家主要的功能是保護公民的權利。他們可能相信：自由是個人自己的事，而國家不應涉入（傾向無政府主義的論調），或者，自由是國家的事，而政府應該積極加以提倡（傾向社會主義的論調）。自由主義的意識形態是啓蒙運動的產物；洛克奠定了英國自由主義的基礎，而亞當斯密闡述了經濟自由主義（自由放任主義）。美國憲法是古典自由主義的產物。如今美國的經濟自由主義爲不受節制的市場背書，普遍受到自稱保守派的人士擁抱；自稱自由派的人士通常信仰公司自由的限制，還有公民權利、社會福利支援、消費者保護、環境保護等。亦請參閱conservatism、individualism、Liberal Party。

liberalism, theological 神學自由主義 指主張根據某種內在動機而不按外在控制探討宗教教義的一派神學。神學自由主義始於17世紀法國的笛卡兒，其使用理性的方式來表達信仰。神學自由主義還受到許多哲學家的影響，其中包括斯賓諾莎、萊布尼茲和洛克。神學自由主義的第二階段稱爲浪漫主義，流行於18世紀末到19世紀，強調發現個人的獨特性。包括哲學家盧梭、康德及神學家施萊爾馬赫等在內的哲人都在其著作中進行了闡述。神學自由主義的第三階段是現代主義，興起於19世紀中期，止於1920年代，強調進步的觀點。工業革命和達爾文《物種起源》的發表是這種思想的導因。諸如英國的赫胥黎、史賓塞和美國的詹姆斯、杜威等思想家都注重進行宗教活動的心理研究、宗教制度的社會學研究及宗教價值的哲學調查。

liberation theology 解放神學 20世紀後期，拉丁美洲發起的羅馬天主教內的運動，以幫助貧民，參與政治和社會變革，來表達對宗教的信念。始於1968年，各主教參與在哥倫比亞麥德林舉行的拉丁美洲主教會議。會議強調貧民的權利，並指出，工業化國家是靠著犧牲第三世界而致富的。該運動的重要文獻《解放神學》（1971）出自祕魯司鐸古鐵雷斯（生於1928年）的手筆。解放神學派常常會受到批評，認爲他們在散佈馬克思主義。梵諦岡指派比較保守的高級教士，力圖遏制解放神學運動的影響。

Liberation Tigers of Tamil Eelam 塔米爾伊斯蘭解放之虎 亦稱塔米爾之虎（Tamil Tigers）。斯里蘭卡游擊隊組織，宗旨是在斯里蘭卡東北方的塔米爾地區建立獨立國家。1972年成立，被認爲是世界上技術最老練、組織最嚴密的反叛團體之一。1985年他們曾控制斯里蘭卡北方的賈夫納半島多數地區，並占領賈夫納港。1987年失去賈夫納的統治權後，他們開始展開頻繁的攻擊行動，包括暗殺斯里蘭卡總統、暗殺前印度總理（不過他們拒絕承認），並在首都可倫坡多次自殺炸彈攻擊中造成超過一百人死亡。1990年代中期，塔米爾之虎和斯里蘭卡政府的談判破裂。1990年代後期塔米爾之虎的攻擊行動轉爲激烈，並持續到21世紀，即使和談一直在進行當中。

L M N

Liberia　賴比瑞亞　正式名稱賴比瑞亞共和國（Republic of Liberia）。非洲西部共和國。面積99,067平方公里。人口約3,226,000（2001）。首都：蒙羅維亞。民族群體包括美洲－賴比瑞亞人，19世紀從美國移居該地的自由黑人的後裔；還有原住民，包括曼德人、克瓦人和梅爾人。語言：英語（官方語）和土語。宗教：基督教、伊斯蘭教、傳統信仰。貨幣：賴比瑞亞元（L$）。賴比瑞亞的大西洋沿岸地帶延伸近560公里，內陸為丘陵和低山。約1/5的地區為熱帶雨林，可耕地不到4%，但境內鐵礦儲量豐富，為主要出口來源。主要經濟作物有橡膠、咖啡和可可，主要農作物為水稻和木薯。政府形式為共和國，兩院制。國家元首暨政府首腦為總統，由國務委員會輔助。賴比瑞亞是非洲歷史最長的共和國。在美國殖民地協會支持下，設為安頓被釋放的美國奴隸的地方。1821年該協會在梅蘇拉多角建立了一塊殖民地，翌年衛理公會牧師阿什蒙成為該移民地總督。1824年這塊移民地被命名為賴比瑞亞，其最主要的移民區被命名為蒙羅維亞。1847年賴比瑞亞第一位黑人總督羅伯次宣布賴比瑞亞獨立，將該國版圖擴大。該國與法國及英國的邊疆爭端一直持續到1892年才正式確立疆界。1980年由杜主導的政變，標誌著美洲－賴比瑞亞人對內陸非洲原住民長期政治統治的結束。1989年的一場叛亂，在1990年代逐步升級為破壞性內戰，1996年達成和平協定，1997年舉行選舉。

libertarianism　自由主義　強調個人自由至上的政治哲學。自由主義者相信，個人在不妨害他人自由的前提下，應該擁有完全的行動自由。自由主義不信任政府，其根源始自19世紀無政府主義。自由主義者不只反對政府強迫個人履行的義務（如所得稅），甚至對於被認為有益於個人的方案（如社會安全或郵政服務）也持反對立場。他們的觀點經常跨越傳統的政黨界線（例如他們反對槍枝管制、卻支持禁藥合法化）。一些思想多變的思想家，像是梭羅、蘭德，都很受自由主義者歡迎。1971年美國自由主義黨成立，1980年該黨候選人在全美五十州都獲得選舉人票。

Liberty, Sons of　自由之子　1765年美國的殖民地人民為反對「印花稅法」而成立的組織。這個名字取自巴雷在英國國會中的演說，他把反對英國不公平措施的美國殖民者稱作「自由之子」。這個組織鼓動殖民地居民起而反抗，幫助抵制「印花稅法」的實施。「印花稅法」廢除後，該組織繼續反對英國對付殖民者的各項措施。

Liberty Party　自由黨（西元1840～1848年）　由分裂的廢奴主義者組成的美國政黨。由塔潘和韋爾德創立，他們反對加里森，因加里森嘲笑政治活動對結束奴隸制是無效的。在1840年第一次黨的會議上，提名伯尼為美國總統。到1844年，該黨對許多地方選舉中左右尚未作決定的立法者，使其採取反奴隸制立場。1848年，許多黨員加入了燒倉派（參閱Hunkers and Barnburners）組成了自由土壤黨，而告解散。

libido*　欲力　與性衝動有關的生理的和情緒的能量。這個概念是由弗洛伊德所創，他認為欲力不僅與性衝動有關，還與人類的建設性活動有關。他相信，精神疾病是欲力導向的錯誤或受到壓抑的結果。容格賦予欲力一詞以更廣泛的含義，意指所有物種的全部生活過程。

Libra　天秤座　（拉丁語意為「天秤」〔Scales〕）天文學上指天蠍座和處女座之間的一個黃道星座。在占星術中指黃道帶的第七宮，是主宰9月22日到10月23日前後的命宮。它的標誌是一女子手持一秤或單獨的一桿秤。有時將女子認作是羅馬正義女神阿斯特拉雅。

library　圖書館　收藏圖書或其他形式訊息資源的場所，其受到規畫管理，方便人們閱讀或研究。library源於拉丁文liber（書）。圖書館起源於保存記事的習慣，這種習慣至少可追溯到西元前第3千紀的巴比倫。最早的圖書館是希臘神廟的藏書之所和附屬於希臘哲學書院（西元前4世紀）的藏書之所。現代的圖書館除了收藏書籍之外，通常收藏期刊、縮微膠卷、錄音帶、錄影帶、壓縮磁碟片，以及其他資料。線上通訊網路的成長使圖書館使用者能透過電子管道連上世界各地資料庫來搜尋資料。

library classification　圖書分類法　圖書館採用的排列方法，目的是讓讀者能迅速和方便地找到資料。分類可以是固有的（如按主題）、人為的（如按字母、形式或號數分），或非根本的（如按年代或按地域分）。分類的程度也有不同，有的細分成很小的類目，有的則是粗分。廣泛採用的分類法包括杜威十進分類法、國會圖書館分類法、布利斯分類法和冒號分類法。專業圖書館採其獨特的分類法。

Library of Alexandria ➠ Alexandria, Library of

library science　圖書館學　處理資訊的存儲和轉移過程的學科。它試圖把不同學科，像圖書館學、電腦科學和工程、語言學以及心理學等的概念和方法都集中在一起，來發展幫助管理資訊的技術和設備。1960年代是圖書館學的早期階段，資訊科學主要考慮的是應用當時新的電腦技術來處理和管理文件資料。所用到的電腦技術以及資訊科學的理論研究從此就滲透到許多其他的學科中去。電腦科學和工程仍在吸收與它的理論和技術發展方向一致的課題，管理科學也在吸收資訊系統的課題。

Libreville*　自由市　加彭共和國的首都，位於加彭河口的北岸。16世紀後，彭戈人首先在這裡居住，19世紀來了芳人。1843年法國人在河口的北岸修建了堡壘，1849年一批解放後的奴隸以及一組彭戈人村莊給它起了自由村這個名字。1850年法國人放棄了他們的堡壘，重新在高原上定居下來，現為該市的商業和行政中心。已工業化，也是加彭的教育中心。1888～1904年間為法屬赤道非洲的首都。人口362,000（1993）。

Libya 利比亞 正式名稱阿拉伯利比亞人民社會主義民衆國（Socialist People's Libyan Arab Jamahiriya）。北非國家。面積1,757,000平方公里。人口約5,241,000（2001）。首都：的黎波里。柏柏爾人曾一度是主要的族群，現在大部分人已被阿拉伯文化所同化；其他族群有義大利人、希臘人、猶太人和非洲黑人。語言：阿拉伯語（官方語）和含米特語（柏柏爾人）。宗教：伊斯蘭教（國教），基督教徒占很小比例。貨幣：利比亞第納爾（LD）。除兩個很小地區之外，全境均爲撒哈拉沙漠：西北角爲的黎波里塔尼亞，東北部是昔蘭尼加。的黎波里塔尼亞是全國最重要的農業區，也是人口最稠密的地區。經濟以石油生產和出口爲基礎，其他資源有天然氣、錳和石膏。畜牧業在北部占重要地位，有綿羊和山羊。政府形式爲社會主義國家，有一決策機構；國家元首爲格達費（實際上），政府首腦是總理。早期歷史參閱費贊、昔蘭尼加和的黎波里塔尼亞，16世紀鄂圖曼土耳其人將費贊、昔蘭尼加和的黎波里塔尼亞置於的黎波里攝政的統治之下。1911年義大利宣稱取得控制權，到第二次世界大戰爆發時，約有15萬義大利人移居到利比亞，戰爭期間是激戰的戰場。1951年利比亞宣告獨立，1953年成爲阿拉伯國家聯盟的成員國。1959年境內發現石油，利比亞由此致富。十年後，以格達費爲首的一群軍官廢黜了國王，將該國變爲伊斯蘭共和國。在格達費的統治下，支持巴勒斯坦解放組織（PLO）和恐怖集團，遭到許多國家的抗議，尤其是美國。與查德斷斷續續的戰役（1970～1980年代）到1987年查德擊敗利比亞才結束。1988年美國一架飛機在蘇格蘭洛克爆炸，美國指控爲利比亞民族主義者所爲，對利比亞實行貿易禁運，1992年獲得聯合國支持。

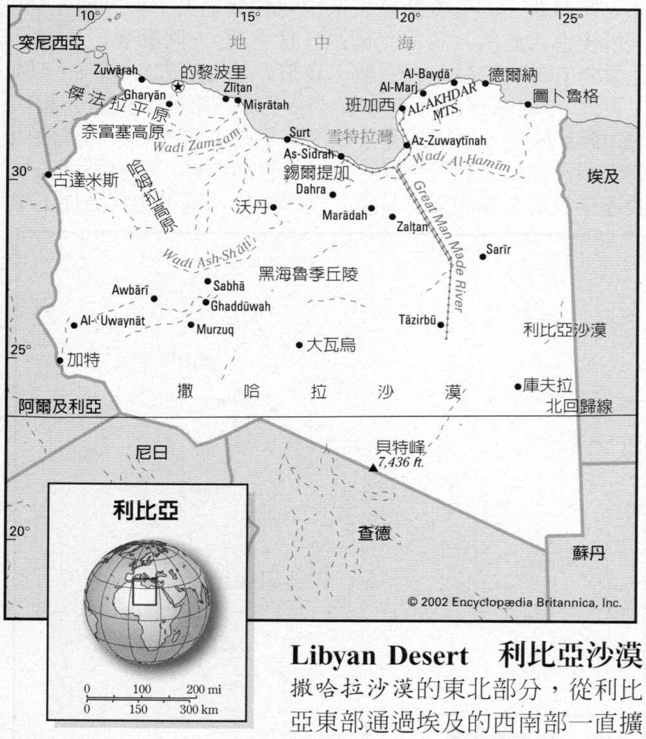

Libyan Desert 利比亞沙漠 撒哈拉沙漠的東北部分，從利比亞東部通過埃及的西南部一直擴展到蘇丹的西北部。最高點是歐韋納特山（海拔1,934公尺），位於三國的交界處。它的環境惡劣，氣候乾旱，裸露岩石的高原和遍布黃沙的平原是其主要特徵。

Licchavi era＊ 李查維時代（約西元300年～879年） 尼泊爾李查維王朝統治的時期。李查維王朝源自於印度，使用梵語爲其宮廷語言，並發行印度風格的錢幣。它與印度維持密切的關係，與西藏也有經濟與政治上的往來，因而逐漸成爲聯絡中亞與南亞的文化中心。此一時代結束於阿蘇瓦曼於879年創建薩庫里王朝

lichee ➠ litchi

lichen＊ 地衣 約15,000種的微小、色彩豐富和鱗片狀植物，由藻類（通常是綠藻）和眞菌共生結合而形成。它們非常耐寒，成長緩慢，常常是最先進駐人煙罕至地方的植物，如山巓和極北地區。眞菌細胞以髮絲狀的根瘤（假根）固著於基物上，形成基底層。在體內（原植體），數量很多的藻類細胞散佈於數量較少的眞菌細胞之間。藻類細胞透過光合作用提供簡單的糖類和維生素給這兩個共生結構體。眞菌細胞保護藻類細胞免受極端惡劣環境的侵害。地衣可能形成殼狀而薄的一層，緊附於基物上（如岩石的裂縫），或者可能形成一層小葉片狀，鬆散地附著於基物上。顏色從棕色、亮橘色或黃色都有。在歐、亞洲的極北地區，地衣爲北美馴鹿和馴鹿提供2/3的食物。人類也一直用它們當作藥物和染料的來源。

Lichtenstein, Roy＊ 利希滕斯坦（西元1923～1997年） 美國畫家、雕塑家和圖形藝術家。最初使用抽象的表現主義技法，但到1960年代轉向他最了解的普普藝術。他最受歡迎的是其色彩鮮豔的大幅漫畫，像《哇！》（1963）。1960年代中，他把像莫內、畢卡索和馬諦斯等畫家的著名畫作轉成普普藝術的版本。1970年代他也做雕塑，複製出裝飾藝術的形式。1980年代他在紐約市政大樓裡畫了一幅五層樓高的壁畫。

Licinius＊ 李錫尼（卒於西元325年） 全名Valerius Licinianus Licinius。羅馬皇帝（308～324）。生於貧窮的農民家庭。在軍隊裡平步青雲，308年他的朋友加萊里烏斯皇帝任命他爲總督。由於帝國被當時的幾個皇帝分治（參閱tetrarch），他的勢力範圍也就限制在潘諾尼亞。加萊里烏斯死後（311），他與君士坦丁一世聯盟，在小亞西亞擊敗了他的競爭對手馬克西米努斯，分割了帝國（313）。雖然他名義上是個基督徒，實際上卻在320年前後發起了迫害基督徒的運動。不久，君士坦丁就把他趕下了台，並將他處死。

Licking River 利金河 美國肯塔基州東部的河流。大致向西北流，在辛辛那提對面，肯塔基州的卡溫頓注入俄亥俄河，全長515公里。中間流過一個鹽泉區，吸引動物前來舔鹽。

Licklider, J(oseph) C(arl) R(obnett)＊ 黎克萊德（西元1915～1990年） 美國科學家。生於聖路易，研讀數學、物理學，羅契斯特大學心理學博士。先在哈佛大學授課，然後到麻省理工學院任教（1949～1957、1966～1985）。在1960年代擔任高等研究計畫署的小組領導人，鼓勵研究分時系統，並協助奠定電腦網路連結與ARPANET的基石，這是網際網路的前身。以廣泛研究人與電腦互動與界面而知名。以其影響力導致美國成立第一個電腦科學高階計畫。

licorice＊ 歐甘草 豆科多年生草本植物，學名Glycyrrhiza glabra。根用製調味品、糖劑以及藥劑。原產於南歐，目前在地中海地區和美國部分地區有栽培。植株可高達1公尺。複葉，花藍色，成簇腋生。莢果扁平，長7～10公分。它比食糖甜約42倍，味似茴芹，可減輕藥物的苦味。

Liddell Hart, Basil (Henry)＊ 李德爾·哈特（西元1895～1970年） 受封爲貝西爾爵士（Sir Basil）。英國軍事史學家和戰略家。第一次世界大戰爆發後，他離開劍橋大學加入英國軍隊，1927年以上尉身分退役。他很早就提倡空中力量和機械化的坦克戰。1925～1945年間，他爲倫敦的幾家報社寫稿。他那些關於戰略的文章強調機動和出其不意，對德國比對法國或英國影響更大。他有關攻擊的「洩洪」

理論成為1939～1941年間德國閃電戰的基礎。他一共寫了三十多本書。1966年封爵。

Lie, Jonas (Lauritz Idemil)＊ 李（西元1833～1908年） 挪威小說家。與妻子合寫了第一部小說《夢幻》（1870）。後來的小說包括《「未來號」船》（1872）、《一個生活的奴隸》（1883）和經典的《吉爾伊一家人》（1883），後者反映了婦女的地位問題。他追求在作品裡反映自然、民間生活以及國家的社會精神。他與易卜生、比昂松和基爾蘭德（1849～1906）合稱19世紀挪威文學的「四巨頭」。

Lie, Trygve＊ 賴伊（西元1896～1968年） 第一任聯合國祕書長（1946～1952）。曾在奧斯陸的克里斯蒂安大學學習法律。是挪威工黨的重要成員。在第二次世界大戰中，任挪威流亡政府的外交部長。1945年代表挪威出席聯合國國際組織會議，參加起草了聯合國安全理事會的條例。擔任祕書長時，他協助勸誘蘇聯軍隊撤出伊朗，處理了第一次以阿戰爭以及印度和巴基斯坦在喀什米爾問題上的衝突。當他支持聯合國介入韓戰後，蘇聯與他停止了合作。戰後美國反共產主義的刺耳聲音也進一步妨礙了他的努力。他於1952年辭職。

lie detector 測謊器 亦稱多項記錄儀（polygraph）。記錄被測人在回答操作人員提出問題時的生理現象（包括血壓、脈搏率和呼吸情況）的儀器。這些資料（以圖形的形式記錄的）用作判斷被測人是否說謊的依據。通常選作記錄的現象都不是容易受意志控制的。所提問題的類型、用詞以及提問的方式都對測試結果和它們的可靠性會有非常大的影響。1924年以來，測謊器用於警察機關審訊和調查。心理學家們對測謊器一直有爭論，司法部門也並不都把它的結果當作證據。

Liebermann, Max＊ 李卜曼（西元1847～1935年） 德國油畫家和版畫家。他第一次展出的作品《拔鵝毛的婦女們》（1872），其寫實主義和簡潔與當時流行的浪漫主義的理想化藝術形成鮮明的對比。某個夏天，他在法國認識了巴比松畫派，使他畫的色彩轉向鮮明化。作為像印象主義和新藝術這類非普及的學院式風格的支持者，他創立了柏林人分離派（1899），但後來成為保守的柏林科學院的院長。

Liebig, Justus von＊ 李比希（西元1803～1873年） 受封為李比希男爵（Freiherr (Baron) von Liebig）。德國化學家。他對有機化學的早期系統分類、生物化學、化學教育和農業化學都作過許多重要的貢獻。他是最早證明自由基存在的人，並對酸的性質分類做了許多工作。李比希還發明了一些簡單的分析方法（參閱analysis），大大地幫助了他的工作，分析了許多組織和體液，證明了植物利用二氧化碳、水和氨。在以後的幾年裡，由於名氣大，被看作是化學界的最高權威，他還常常被捲入科學爭論中。

Liebknecht, Karl＊ 李卜克內西（西元1871～1919年） 德國社會主義者。威廉·李卜克內西之子，後來擔任律師，並信奉馬克思主義。1912年進入帝國國會，在第一次世界大戰前帶頭反對德國政府的政策。1916年因反對領導階層而被逐出德國社會民主黨，並開始與革命家盧森堡密切結盟，組成斯巴達克思同盟。1916～1918年被關入獄，因為他鼓吹人民推翻政府。1918年對德國共產黨的成立扮演了重要角色。1919年1月一連串的流血衝突達到最高潮，李卜克內西在暴動中恢復使用暴力，後來警方以拒捕為由射殺他。

李卜克內西，攝於1913年
Interfoto-Friedrich Rauch, Munich

Liebknecht, Wilhelm 李卜克內西（西元1826～1900年） 德國社會主義者，德國社會民主黨的創始人之一。因參與1848年革命而被捕，1849～1862年流亡英國，同馬克思和恩格斯密切合作。1862年獲普魯士政府赦免而返國，但在1865年又被俾斯麥逐出。1869年與倍倍爾建立德國社會民主工黨。1872年因撰文反對普法戰爭而被捕入獄。俾斯麥壓制社會主義者促使李卜克內西派在1875年與拉薩爾的派系合併。當普魯士議會通過的「反社會黨人法」（1878～1890）生效時，此黨開始以德國社會民主黨聞名。李卜克內西一直是德國社會民主黨的主要發言人，也是該黨機關報《前進報》的撰稿人。

李卜克內西，攝於1890年前後
Archiv für Kunst und Geschichte, Berlin

Liechtenstein＊ 列支敦斯登 正式名稱列支敦斯登公國（Principality of Liechtenstein）。西歐公國。位於瑞士和奧地利之間。面積160平方公里。人口約33,000（2001）。首都：瓦都茲。列支敦斯登人系出阿勒曼尼人，約於西元500年以後進入此區。語言：德語（官方語）、阿勒曼尼方言、瓦爾瑟方言。宗教：天主教。貨幣：瑞士法郎（Sw F）。國土東部2/3地區為雷蒂孔山脈（屬中部阿爾卑斯山脈）起伏的山麓丘陵地。西部為萊茵河氾濫平原。境內無具商業價值的天然資源，而幾乎所有的原料（包括木材）都要靠進口。製造業包括金屬加工、製藥、光學鏡片、電子和食品加工業等。該國是旅遊中心，由於政治情況穩定且銀行絕對保密，所以也是個金融中心。政府形式為君主立憲政體，一院制。國家元首是親王，政府首腦是首相。萊茵平原一向由神聖羅馬帝國的兩家獨立貴族（瓦都茲和施

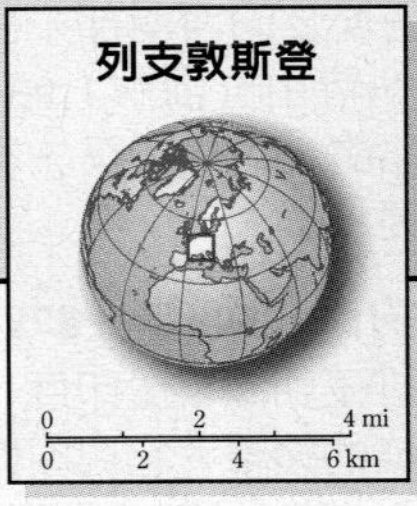

倫貝格）統治，達數世紀之久。1719年由這兩片貴族領地組成列支敦斯登公國，一直是神聖羅馬帝國的一部分。1815～1866年歸入日耳曼邦聯。1866年獨立，承認瓦都茲和施倫貝格爲兩個獨特的地區，並形成不同的選區。1921年採用瑞士貨幣，1923年加入瑞士關稅聯盟。1997年近六十年的統治聯合體面臨瓦解，親王被迫採取憲法改革。

lied＊ 利德 18世紀晚期或19世紀時的德國歌曲，特別指鋼琴伴奏的藝術演唱歌曲。浪漫主義運動培育了一些嚴肅的流行詩歌，如歌德、海涅、艾興多夫和東部的默里克這些詩人們所寫的詩。作曲家們往往把這些詩譜成民歌風格的音樂。不過利德派也可以是很精緻的，甚至是實驗性的。開始時一般都在私人的社交聚會上演出，最後成了音樂會上的節目。影響最大，也最多產的利德音樂作曲家是舒伯特，他寫了六百多首。在以後的利德歷史上最有名的還有舒曼、孟德爾頌、布拉姆斯、沃爾夫、馬勒和史特勞斯等人。

Liège＊ 列日 法蘭德斯語作Luik。比利時東部的城市。位於默兹河與烏爾特河的匯合處，史前時期就有人居住，羅馬人稱爲利奧迪厄姆。721年聖休伯特把他的教區移至此地，中世紀時以學習中心聞名。1795年被法國兼併，1815年與比利時的其餘部分一起劃歸尼德蘭。1830年比利時獨立革命中列日是成功起義的中心。現在它是一個工業研究中心和主要的港口。人口約191,000（1996）。

liege＊ 臣服 在歐洲封建社會裡，指一個人與他的領主之間無條件的契約關係。如果一個承租人租用了幾個領主的土地，他對他所臣服的領主所付出的「爲臣的敬意」要比向其他領主付出的「一般的敬意」要多。亦請參閱feudal land tenure。

lien＊ 留置權 法律上，爲清償債主或履行其他義務而對財產規定的責任或債權。普通法中規定了兩類占有留置權：特定留置權和一般留置權。特定留置權是指包含在交易中的具體財產。一般留置權指的是總帳目上的債務，不限於交易中牽涉的具體財產。衡平法院可以通過衡平留置權來承認債權人對債務人的財產享有權利。還有法定留置權，例如，開發商和建築承包商可以對已經改善的場地享有權利，以此作爲他應得酬勞的擔保（一種技工留置權）。

Liezi 列子（活動時期西元前4世紀） 亦拼作Lieh-tzu。中國道家思想家。列子是發展道家思想之宗旨的三位重要思想家之一。一般認爲他即是道家著作《列子》的作者。許多過去歸之於列子名下的著作，今已鑑定爲後人所僞作。但大多仍相信歷史上確實存在有列子這個人。

Liezi 列子 亦拼作Lieh-tzu。中國道家經典。雖然過去都認爲《列子》一書乃得名於作者，但以此書目前之形式推測，此書可能出現於3世紀或4世紀。此書與早期道家經典相似，都強調神秘的道（路向）。其中〈楊朱〉一篇表示，違逆至道不過是徒勞無益；該書並主張，人在一生中所能期盼者不外乎性、音樂、肉體之美好與物質的豐裕。此一極端重視自我利益、對生命持宿命論的信念，乃是道家史上的新發展。

Lifar, Serge＊ 里法爾（西元1905～1986年） 俄國出生的法國舞蹈家、編導及芭蕾教師。1923年加入俄羅斯芭蕾舞團，1925年起擔任該團首席舞者，主演數齣巴蘭欽早期的芭蕾作品。後來加入巴黎歌劇院芭蕾舞團，擔任首席舞者和芭蕾教師（1929～1945、1947～1958），曾編過五十多部作品，其中包括《普羅米修斯》（1929）、《伊卡洛斯》（1935）、《幻象》（1947）、《結婚幻想曲》（1955）。他把巴黎歌劇院芭蕾舞團重建爲獨立的表演團體，強調男性舞者的重要性。1956年退出舞台，但仍爲好幾個歐洲舞團編排或策劃芭蕾演出。

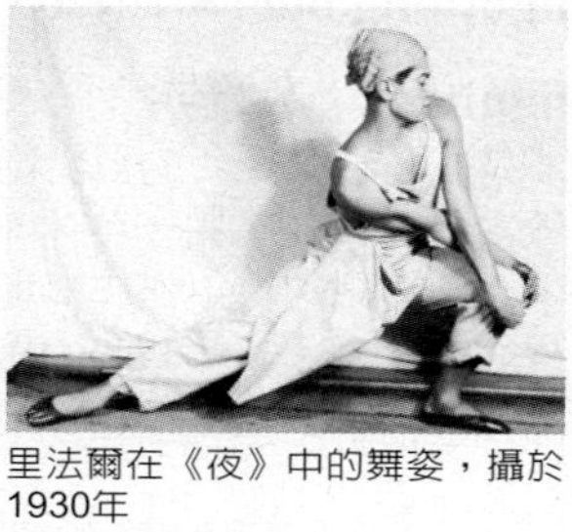

里法爾在《夜》中的舞姿，攝於1930年
BBC Hulton Picture Library

life 生命 指一種狀態，具有代謝營養物質（處理這些物質來得到能量並生長組織）、生長、繁殖以及對環境刺激作出反應並能適應的能力。化石證據表明，地球上第一批有生命的有機體細菌和藍綠藻出現在大約35億年以前。所有已知的生命形式都具有去氧核糖核酸（DNA）或者核糖核酸（RNA）。病毒也具有DNA和RNA，但沒有寄生細胞病毒就不能繁殖，它們也不能代謝營養物質，所以不好肯定它們是有生命的還是無生命的。科學家們不同意存在外星生命的可能性。亦請參閱Drake equation。

Life 生活 紐約市出版的畫報週刊（1936～1972）。是最流行，也是被廣泛模仿的美國雜誌之一。由魯斯創辦，很快成爲時代－生活出版社的奠基石。從一開始起，它就把重點放在攝影上，由最好的攝影師來拍攝、精選新聞照片、人物照片以及攝影小品。逐漸地加入更多的文章。關於戰爭題材的照片以生動、眞實和感人著稱。它停刊的原因主要是經濟上入不敷出。後來以不定期的特刊重新出現過。到1978年，它縮小規模改成月刊。

life insurance 人壽保險 人數衆多的集體分擔由死亡所造成的損失，向死者保險的受益人支付款項的一種方式。在高度開發的富裕國家裡人壽保險最爲發達，成爲儲蓄和投資的主要渠道。人壽保險契約有三種基本形式：定期保險、終身保險和養老保險。定期保險規定一定的年數，這段時間終結時保險就終止了，不再有現金的價值。終身保險對被保險人終身有效，還積累一定的現金價值，契約到期或退保時付給被保險人，但現金價值要低於保單的面值。養老保險契約也有一定期限，到期時付給全部面值。

life span 壽命 出生到死亡之間的時間。蜉蝣朝生暮死，而有的樹則可活幾千年。壽命似乎由遺傳決定，但對於人類來說，像疾病、自然災害、戰爭、飲食和習慣（比如抽煙）等因素都會減少壽命。最大壽命是理論上的，更有意義的是平均壽命，人壽保險公司和保險統計員對平均壽命進行分析和製表。長壽祖先的後代也趨於長壽。熱量很低的飲食看起來能延長壽命。從19世紀初以來，大多數工業化國家的平均壽命從三十五歲左右提高到了七十多歲，主要原因是降低了嬰兒的死亡率以及改善了衛生和營養條件。人類有記錄的最大年齡是一百二十二歲。

Liffey, River 利菲河 愛爾蘭的河流。發源於都柏林的西南方，往西北流，然後在基爾代爾郡的低地上轉向西，再向東貫穿都柏林，在那裡與運河連通，最後注入愛爾蘭海的都柏林灣。全長81公里。在喬伊斯的《爲芬尼根守靈》中，這條河被擬人化爲安娜．利維亞．普魯拉被爾。

lift 升力 作用飛機機翼或翼型上往上的力。飛機在飛行時受到向上的升力，以及發動機的推力、本身的重量加上拖曳力的阻力。升力的產生是由於從翼面上方移動通過的空氣速率（以及接觸邊界層的上方）高於從底下通過的速率，因此從下方作用在翼面的壓力大於上方的壓力。

lift-slab construction 升板建築 將混凝土樓板在地面灌漿，層層相疊，然後用液壓千斤頂放到柱子頂端的技術。用於高樓建築物，此法相當節省模板。

ligament 韌帶 堅韌的結締組織的纖維帶，用以支撐內臟器官和將骨胳在關節處恰當地固定起來。它由緻密的纖維束和紡錘形的細長細胞（成纖維細胞）以及少量的基質組成。白韌帶富有膠原纖維，堅實有力而無彈性。黃韌帶富有堅韌的彈性纖維，可以做更多的運動。亦請參閱tendon。

ligand＊ 配位體 與一個中心原子相連的原子或分子，通常是過渡元素，形成共價鍵化合物或複合離子（參閱bonding）。在共價鍵中它總是電子對的施主（親核試劑）。常見的配位體包括中性分子水（H_2O）、氨（NH_3）和一氧化碳（CO），以及氰根離子（CN^-）、氯離子（Cl^-）和氫氧根離子（OH^-）。配位元體很少有陽離子和電子對的受主（親電子試劑）。有機配位體包括EDTA和三乙酸基氨。生物系統依賴像在激素和葉綠素裡的卟啉這類配位體，許多輔助因數也都是配位體。在螯合物裡，配位體連接在不止一個點上，它們共用一個以上電子對，稱爲「雙齒配位體」或「多齒配位體」，表示說有兩個或許多個「牙齒」。複合物裡的配位體可以相同也可以不同。

Ligeti, György (Sándor)＊ 利蓋蒂（西元1923年～） 匈牙利（特蘭西瓦尼亞）作曲家。1950年在布達佩斯執教，1956年在維也納遇到了施托克豪森和其他人以後才找到了自己的作曲道路。經過對電子音樂的短暫興趣後，以他自己個性化的「音階」（避免依賴於傳統的定調和旋律），但使用傳統的樂器創作出的樂曲獲得了國際的承認。最著名的作品《氣氛》（1961）用在2001年的電影中。歌劇《大骷髏舞》（1978）在歐洲廣泛演出。

light 光 任何電磁輻射，尤指人眼看得見的光譜波段。它是一種能量形式，以每秒鐘30萬公里的速度在空間傳播。19世紀初期，光被描寫爲一種波動，但後來的實驗表明它也顯示出粒子的性質。光是產生視覺的基礎，也是色覺的基礎。眼睛根據物體反射或發射的光的顏色來區別物體的顏色。亦請參閱wave-particle duality。

L
M
N

light-emitting diode (LED) 發光二極體 半導體製成的二極管，當電流通過時產生可見光或紅外光，如同電致發光的效果。可見光的發光二極體用於許多電子裝置作爲指示燈（例如開關指示器），排列成矩陣用於拼湊出文字或數字顯示。紅外線發光二極體用於光電子學（例如自動對焦相機和電視遙控器）及有些長程光纖通訊系統的光源。發光二極體是由所謂的III-V族化合物，是與砷化鎵相關的半導體。耗電極小，耐久又廉價。

light fixture ➠ luminaire

light-frame construction 輕構架建築 利用許多小型緊密的構件，以釘子組合的建築系統。這是美國郊區住宅的標準型態。木頭外皮的氣球構架房屋發明於1840年代的芝加哥，加入美國西部的快速殖民。在北美洲有大量的針葉林，構架建築在二次大戰後以平台構架的形式再度大量流行。平台構架之中，每層地板都是獨立構架，不同於氣球構架用立柱（垂直構件）延伸到建築物的整個高度。沒有了樑柱體系的厚重木料，此系統提供建築的便利性。木工先組裝地板，由木頭格柵加上底層材料構成。地板通常作爲工作平台，在上面組裝一小塊立柱牆構架，然後抬升到定位。立柱牆的頂端放上第二層地板或是天花板。屋頂是由椽（斜的格柵）或木質桁架構成。標準的內牆覆蓋石膏板（乾牆），提供防火、穩定性以及方便裝潢的表面。

light quantum 光量子 ➠ photon

light-year 光年 天文學名詞。指光在真空中1年所走的距離。它以每秒298,051公里的速度行進，約相當於9.46×10^{12}公里（5.88×10^{12}哩），或63,240天文單位，或0.307秒差距。

Lightfoot, Gordon 萊特福（西元1938年～） 加拿大歌手和作曲家。生於安大略省奧里利亞，1960年代中期開始寫民歌風味的流行單曲，包括〈晨雨〉和〈黑暗緞帶〉。他稍後紅極一時的歌曲包括〈如果你能懂我〉和〈落日〉。他寫歌的對象範圍從芭芭拉史翠珊到路易斯皆涵括在內。

lighthouse 燈塔 建於海岸或海底上的建築（通常是一座塔），用於發出危險訊號或協助船員航行。已知最早的一座燈塔是亞歷山大里亞的法羅斯島燈塔。現代燈塔始於18世紀初，原本這些燈塔爲木製，往往在暴風雨中被沖走。第一座用石塊砌成的燈塔在1759年建於英國普里茅斯港近海的不牢靠的渦石礁上。嵌砌的石塊一直是主要的燈塔建築材料，直到20世紀才被混凝土和鋼材取代。現代建築方法也促進了近岸燈塔建築的發展。最普遍使用的光源是電絲燈，而利用透鏡和反光鏡的輔助設備可使燈光強度倍增。無線電和衛星導航系統已大爲降低了對在可視陸地範圍內建大型燈塔的需要。

lighting 照明 利用人工的光源提供光亮。照明是建築與室內設計的關鍵要素。居家照明主要是用白熾燈或螢光燈，通常要靠移動燈具來接通插座；內建的照明多半在廚房、浴室和走廊，在餐廳用吊燈，客廳以嵌壁的形式。居家以外的照明多爲日光燈。高壓鈉蒸氣燈（參閱electric discharge lamp）效率較高，應用於工業照明。鹵素燈用於居家、工業與照相方面。依據燈具的形式可以產生各種不同的照明狀況。白熾燈放置於半透明的玻璃球會產生漫射的效果；反射鏡嵌入天花板的燈具，可以均勻地照亮牆壁或地板。帶有稜鏡的日光燈燈具多爲嵌壁式或方形，不過其他包括曲折的壁光（參閱coving）和把燈置於懸掛半透明的嵌板上方的發亮天花板。水銀蒸氣與高壓鈉蒸氣燈在工業場所是放在簡單的反射鏡中，置於街燈桿的燈具內，以及商業用途的間接照明的燈具之中。

lightning 閃電 當大氣一部分需要足夠的電荷以克服空氣阻力時所見到的放電現象。在一個雷暴中，雲與雲間、雲內、雲和大氣間或雲到地面間，都可能發生閃電。閃電經常發生在積雨雲（雷雨雲）中，但也發生在雨層雲、雪暴和塵暴中，有時還出現在活火山噴出的氣體中。在一次典型的閃電中，雲和地面之間的電位差可達幾億伏特。閃道溫度爲30,000K（50,000°F）。從雲到地面的閃電至少包括兩次閃電：打到地面的閃光較微弱的先導閃電，以及回閃到雲的強大亮光。先導閃電約在20毫秒內到達地面，回閃則約在70微秒內到達雲中。伴隨閃電的雷聲是因爲在整個閃道上空氣被迅速加熱產生的，被加熱的空氣以超音速向外膨脹，但在一兩公尺內衝擊波衰減爲聲波，受到空氣介質和地形的影響，因此產生一系列隆隆的雷聲。亦請參閱thunderstorm。

lightning bug ➠ firefly

lignin＊ 木質素 一種複雜的含氧有機物，是結構尚不清楚的多種聚合物的混合物。除了纖維素外，它是地球上最豐富的有機物，占了乾木重量的1/4到1/3。在造紙過程中從木漿中取出，可用作碎料板和類似產品的黏合劑，也可作土壤的調節劑、某些塑膠的填充劑、油氈的膠合劑以及化工產品（包括二甲基琉醚和香草醛）的原料。

lignite 褐煤 褐色到黑色的煤炭，爲泥煤在中等壓力下變化而成。它是煤化作用的初級產品，是介於泥煤和次煙煤之間的中間產品。乾的褐煤包含約60～75%的碳。世界上煤總儲量的45%左右是褐煤。由於它的發熱值、貯存的穩定性以及其他的性質都不如較高檔的煤（例如煙煤），所以這部分儲量尚未大規模開採。然而在某些地區由於缺乏燃料，所以也大量開採褐煤。

Liguria 利古里亞 義大利西北部的自治區。位於法國和托斯卡尼之間的利古里亞海，首府是熱那亞。從西元前1世紀起處於羅馬的統治之下，中世紀時曾短期歸屬倫巴底人和法蘭克人。11世紀時，熱那亞城已經成爲領導力量，到了15世紀整個地區都得益於熱那亞的海上和商業的勢力。1815年，維也納會議將利古里亞歸於皮埃蒙特－薩丁尼亞王國。1861年利古里亞對義大利的統一起了很大的作用。經濟以農業、旅遊業和工業爲基礎，中心在它的主要城市，包括熱那亞。拉斯佩齊亞是主要的海軍基地。人口約1,659,000（1996）。

likelihood 似然度 亦稱機會（chance）。數學上，可能性的主觀估計，在不可能（0）和絕對肯定（1）之間指定一個數值成爲機率（參閱probability theory）。因此機率的數值估計依據假設的似然度而定。例如實驗（例如擲骰子）若有六種可能性相同的結果，每一個的機率是六分之一。

Likud＊ 聯合黨 以色列右翼各黨派的聯盟。1973年成立，由1948年成立的自由運動和1961年成立的自由黨合併而成。自由黨本身又由猶太復國主義黨和進步黨合併而成。自1970年代後期起，聯合黨與以色列工黨輪流執政。該黨對以巴和平進程總體上持懷疑態度，反對成立巴勒斯坦國，支持繼續在被占領土上設立猶太定居點。歷任黨魁包括比金、夏米爾和夏龍。亦請參閱Arab-Israeli Wars、Irgun Zvai Leumi、Jabotinsky, Vladimir、Lebanese civil war。

lilac 丁香花 木犀科丁香花屬植物，約30種，包括多種產於北方庭園，春季開花，花香而豔麗的灌木或小喬木。原產東歐和亞洲溫帶。葉深綠色，花簇生，花序橢圓形而大，有深紫、淡紫、藍、紅、桃紅、白、灰白、乳黃等色，通常十分芳香。果爲革質蒴果。西洋丁香株高約6公尺，從莖和根生出多數吸根。lilac一詞以前是指虎耳草科的山梅花（假橘），醉魚草一般也叫作夏丁香。

Lilburne, John 利爾伯恩（西元1614?～1657年） 英國革命者。他是個脫離論者，參加清教派反對查理一世，幫助把清教派的宣傳冊子偷運進英格蘭，因此被捕入獄（1638～1640）。後來成爲國會軍的軍官，但在1645年由於不贊同莊嚴盟約而寧可辭職。他成爲平均派的卓越宣傳家，批評國會未能滿足他們的要求。1645～1647年間主要在監獄裡度過，但兩次被判的叛逆罪都宣布撤銷。利爾伯恩在倫敦人的心目中享有很高的聲望。

Lilith 夜妖 猶太民間傳說中的女妖。在拉比文學中的說法不一，有的說她是亞當的第一個妻子；有的說亞當與夏娃離異後，在天堂外面與她生的有魔力的後代（參閱Adam and Eve）。她主要傷害兒童，但若佩戴了寫有三個反對她的天使名字的護身符就可以消災。夜妖崇拜在一些猶太人中一直保留到西元7世紀。

Liliuokalani＊ 利留卡拉尼（西元1838～1917年） 原名Lydia Kamakaeha。夏威夷的女王，是統治這個群島的最後一位夏威夷君主（1891～1893）。她繼承其兄卡拉卡烏阿的王位，試圖恢復傳統的君主制。她反對給予美國貿易特權的互惠條約。1893年被多爾和教士黨廢黜，因爲他們希望與美國合併。以她的名義發動的暴動被鎮壓下去，暴民被捕入獄。爲了贏得她的支持者們的寬恕，1895年她正式宣布退位。她是位有才華的音樂家，譜寫了歌曲〈阿羅哈·奧耶〉。

利留卡拉尼女王
By courtesy of the Bernice P. Bishop Museum

Lille＊ 里耳 法國北部城市，位於德勒河畔。11世紀時築堡設防，中世紀時數度轉手。1667年路易十四世包圍並占領該城。1708年被馬博羅公爵奪取，1713年割讓給法國。在兩次世界大戰中都被德國占領。里耳與圖爾寬和魯貝一起構成了法國最大的城市聯合體。它是法國的傳統紡織中心。其他的工業還有機械製造和化工廠。它的博物館收集了豐富的藝術品。人口178,000（1990）。

Lillie, Beatrice (Gladys) 莉莉（西元1894～1989年） 加拿大出生的英國喜劇女演員。出生於多倫多，1914年以歌手身分在倫敦舞台首演，後來在演出夏洛製作的一系列時事諷刺劇中發展其喜劇表演天分。1924年初次在紐約登台表演，奠定了國際聲譽，成爲精緻喜劇中十分活躍的明星。1939年以前都表演時事諷刺劇，後來主演《美國內幕》（1948～1950），並展開獨角戲《與比阿特麗斯在一起的一晚》（1952～1956）之巡迴表演。後來在倫敦主演《梅姆大娘》（1958）以及在紐約演出音樂劇《興高采烈》（1964）。

莉莉
Brown Brothers

Lilongwe＊ 里郎威 馬拉威的首都和第二大城市。位於馬拉威湖南端之西80公里處的內陸平原上。是肥沃的中部高原地區的農業集散地，1975年取代松巴而成爲首都。老城部分是服務和商業中心，新區有國會山莊和政府大樓及使館區。人口：都會區約396,000（1994）。

Lily, William 利利（西元1468?～1522?年） 英國文藝復興時期學者和古典文法學家。他曾赴耶路撒冷朝聖，並訪問了希臘和義大利，回來後成爲英國希臘研究的先驅，1510年被任命爲聖保羅學校的校長。他的文法學分別用英語和拉丁語寫成，在他去世十八年左右才出現。皇家下令把它作爲所有英語文法學校必讀課本，因而有「國王文法」之稱。經過數度修訂和改寫，繼續用到19世紀的後期，影響了多少代英國人對所有語言（包括英語）的看法。

lily family 百合科 百合目的一科，爲開花草本植物或灌木，約280屬，4,000餘種。百合屬包括純種百合。原產於溫帶和亞熱帶地區。這些單子葉植物（參閱cotyledon）的花被裂片通常6枚，3室蒴果，稀漿果。葉基生、互生或輪生，平行。在最古老的已栽培種中，純種百合是筆直的多年生植物，梗上多葉、具鱗莖，葉通常細窄，花單生或簇生，有些十分芳香，顏色多樣。大部分種類把養分儲藏在地下的根莖、鱗莖和球莖內。重要的庭園觀賞植物和家中的室內植物包括蘆薈、藏紅花、萱草、玉簪花、黃精和鬱金香。可食用的植物包括洋蔥、蒜和蘆筍等。

lily of the valley 鈴蘭 百合科鈴蘭屬唯一的種，爲芳香多年生草本，學名Convallaria majalis，原產於歐亞大陸和北美東部。葉基生，通常2枚，有光澤。總狀花序生於無葉的花葶的一側。花下垂，白色，鐘狀。漿果，熟時紅色。溫帶許多地區的遮蔭庭園有栽培。

Lima＊ 利馬 祕魯首都和利馬省首府，位於祕魯太平洋海岸線中央的內陸邊緣，鄰近安地斯山脈，有喀勞當其外港。此城有「章魚」之別稱，意指其向四周伸展的都會區（面積3,900平方公里）。1535年主顯節時由皮薩羅建立，有人提議取名「王城」（Ciudad de los Reyes），但從未使用。後來成爲新成立的祕魯總督轄區的首都。1746年遭地震破壞，但已重建。20世紀期間發展迅速，現在擁有人數約占祕魯總人口的1/3，現爲全國經濟和文化中心。城內古建築物有大教堂（16世紀就有的）和國立聖馬科斯大學（1551年建）。人口：都會區約5,706,000（1993）。

Lima, José Lezama ➠ Lezama Lima, José

Liman von Sanders, Otto＊ 利曼・封・贊德爾斯（西元1855～1929年） 德國將軍。1874年參加德國軍隊，其後升任中將。他重組了土耳其軍隊，使它成爲第一次世界大戰中的一支有效的作戰力量。在加利波利指揮土耳其軍隊，他與土耳其的指揮官們迫使盟軍終止達達尼爾戰役，從而阻止了他們占領君士坦丁堡。

Limavady＊ 利馬瓦迪 北愛爾蘭利馬瓦迪區的行政所在城鎮。位於羅河畔，倫敦德里舊城的東面。它的歷史要追溯到17世紀的阿爾斯特種植園時期，後來由蘇格蘭新教徒在此定居。該區主要是農業區。人口：城鎮8,000（1981）；區約31,000（1995）。

limb darkening 臨邊昏暗 在天體物理中，指觀察到的星體圓盤從中心到邊緣亮度逐漸變暗。這個現象在太陽的照片上很明顯，原因是太陽大氣的溫度隨深度而增加。在日面中心處，觀察者看到的是最深、最熱的層，從那裡發射出最多的光。在邊緣處，只能看到上部的、較冷的層所發出的較少的光，對太陽臨邊昏暗的觀察可以用來確定太陽大氣的溫度結構。

limbo 靈薄獄 在天主教中指天堂與地獄之間的區域，那些不曾判罰但又無福與上帝共處天堂的靈魂在此居住。這個概念可能是在中世紀發展出來的。認爲有兩種不同的靈薄獄：祖先靈薄獄和嬰兒靈薄獄。前者是幽禁《舊約》中諸聖的地方，要到耶穌「降臨地獄」時才被釋放。嬰兒靈薄獄是那些雖然無罪，但原罪尚未經洗禮清除，或者心智尚未健全而不得自由的嬰兒的居所。如今，天主教教會降低了這個概念的意義，它已不是教會的正式教義。

Limbourg brothers 林堡兄弟（活動時期西元1400?～1416年） 亦作Limburg brothers。法蘭德斯書畫裝飾家，雕塑家的兒子，三兄弟在巴黎學習金匠手藝，後爲貝里公爵服務，爲他製作了最著名的手抄本裝飾畫之一的祈禱書（私人祈禱書），稱爲《貝里公爵祈禱書大全》（1410?～1416）。由於三兄弟總是在一起工作，所以很難區分他們個人的風格。他們把當代各種成就綜合在一起，發展出一種以高大、穿著奢華的、帶有許多曲線衣飾的貴族人物爲特點的風格，還有高度自然的季節性景色以及農民生活的場景。他們的藝術對早期尼德蘭藝術的發展方向起了決定性的作用。他們死於同一年，由此認爲他們死於瘟疫。

lime 酸橙；萊姆 廣泛栽培於熱帶和亞熱帶地區的一種小型灌木狀喬木，學名Citrus aurantifolia，果實味酸可食。分枝開展而不規則，分枝上著生短硬小枝、葉和多數小尖刺。葉小，淡綠色。花小，白色，通常成簇著生。果小，橢圓形，皮薄，成熟時黃綠色。果肉多汁，在酸度和甜度上都比檸檬高。酸橙可用於許多食物的調味。富含維生素C，以前英國海軍用以預防壞血病，故俗稱Limey（英國水兵）。

酸橙：萊姆
Grant Heilman

lime 石灰 亦稱quicklime。一種無機化合物，白色或淺灰色塊狀，化學分子式爲CaO，通過烘烤石灰岩（碳酸鈣，$CaCO_3$），直至所有的二氧化碳（CO_2）都被逐出而成。它是四種最基本的化學商品之一。可用作耐火材料、鋼鐵生產中的助熔劑、二氧化碳的吸收劑、去除煙道廢氣中的二氧化硫、中和各種酸、用於紙漿和紙張中、殺蟲劑和殺眞菌劑中、家禽的飼料中、用於皮革去毛、製糖、污水處理以及製造玻璃、碳化鈣和碳酸鈉。往石灰中加水會產生氫氧化鈣（熟石灰、水合鈣、水合石灰或苛性石灰），在灰漿、熟石膏、水泥、白塗料、毛皮去皮、氨的回收、水的軟化、糖的精煉、石化工業、家禽飼料和食品中都有用途。它還是一種土壤調節劑、消毒劑、橡膠合成中的加速劑以及其他鈣鹽的原料。

limelight 灰光燈 劇場照明的早期形式。1816年杜倫孟德發明了鈣光燈，1837年首次用於劇場，到1860年代就被廣泛採用。它那柔和、明亮的光線可以聚焦而用作導向燈，也能創造出像日光和月光那樣的效果。「在灰光燈下」這個短語是指舞台上最需要表演的地方，舞台的前方和中央是灰光燈照明的區域。19世紀後期，電燈取代了灰光燈。

limerick 五行打油詩 一種通俗的幽默短詩，常常流於無聊，有時甚至下流。由五行詩句組成，韻式是aabba，主要格律是抑抑揚格，第三和第四行是兩個音步，其餘各行是三個音步。它的起源不詳，不過知道18世紀時在愛爾蘭的利默里克郡有一群詩人用愛爾蘭文寫了一些五行打油詩。用英文寫的第一個集子出現在1820年前後。其中最有名的是里爾《胡鬧集》（1846）中的那些。

limes＊ 防線 拉丁語意爲「道路」。古羅馬時，沿路邊修築的一條防禦工事，既可以作爲抵禦進攻的障礙，又可讓軍隊在前線行進。例如羅馬在德國和雷蒂亞前線修築的一條長552公里的防禦工事和障礙系統。哈德良長城也是一條防線。防線雖然不能穿透，但可以讓羅馬人控制沿前線的通信，並阻擋住襲擊方。在帝國的東部和南部，防線常常用來保護商隊經過的路線。

limestone 石灰岩 主要由碳酸鈣（$CaCO_3$）組成的沈積岩。碳酸鈣通常以方解石的形式出現，不太常見的形式還有文石。石灰岩可能包含相當數量的碳酸鎂（白雲岩）。多數石灰岩都有顆粒狀結構，這些顆粒是貝殼類動物化石的細小碎片。對石灰石和其他碳酸鹽岩石中包含的化石進行研究，可以得到關於地球歷史的許多知識。石灰岩可以用作土壤調節劑，並用來製造玻璃，還能用於農業。有些具有裝飾價值的種類用來鋪設地面、建築的外立面和內牆以及紀念碑等。

Limfjorden＊　利姆水道　橫貫丹麥日德蘭北部的海峽，連接北海和卡特加特海峽。長180公里。實際上是一系列的峽灣，其中還分布著一些島嶼。1825年北海打通了西部，曲博倫運河使西部出口保持暢通。

limit　極限　由無限接近的思想產生出來的數學概念，主要用於研究函數在接近它們沒有定義的點的過程中的行爲。例如，函數1/x在x＝0處是沒有定義的。對於正的x的值，當它越來越接近0時，1/x的值就會很快變大，趨近於極限值無窮大。獨立變數越來越接近一個給定的值的這種作用與反作用的相互作用是極限概念的基本點。極限提供了定義函數的導數和積分的方法。

limitations, statute of　訴訟時效法規　指規定當事人在引起訴因的事件發生後可以提起訴訟的期限的法規。制定此種法規的目的在於保護當事人不致於在證據消失、記憶衰退或證人死亡的情況下受到追訴。不同司法制度下對時限的規定差異很大。

limited liability　有限責任　指在企業虧損的情況下，業主（股東）所遭受的損失只限於在企業中的投資，而不涉及其個人財產的一種條件。在18世紀和19世紀初，合組公司在歐洲和美國很普遍，這種合夥公司就是有限責任公司的先驅。在合夥公司中，只有一個合夥人對公司的虧損負完全責任，而其餘的合夥人只對他們在公司裡的投資量負責。1844年英國頒布了「股份公司法」後，使成立公司更容易。有限責任的股份公司使得所有成員都負有限責任，因此很快發展起來。對於19世紀後期和20世紀裡大規模工業的興起，有限責任公司是起了關鍵作用的，因爲它可以讓企業動員起各種投資者的資金，包括那些不願意冒險把全部個人財富都用作投資的人。亦請參閱risk。

limited obligation bond ➠ revenue bond

limnology＊　湖泊水文學　水文學的一個分支，研究淡水，尤其是湖水和池水（包括天然的和人工的），包括它們的生物、物理和化學等方面。福雷爾（1841～1912）對日內瓦湖的研究，創立了這個分支學科。傳統上湖泊水文學與水生物學緊密相關，即將物理、化學、地質和地理有關的原理和方法應用於生態問題。

Limoges painted enamel＊　利摩日畫琺瑯　法國利摩日製作的琺瑯製品，一般認爲是16世紀最精美的彩畫琺瑯製品。最早的一些例子表現出晚期哥德風格的宗教場景，1520年前後出現了義大利文藝復興的主題。後來引進了完全用灰色的裝飾畫法。到了16世紀晚期，琺瑯件的品質退化了。亦請參閱Limosin, Leonard。

Limoges ware　利摩日瓷器　從18世紀開始，法國利摩日出產的瓷器，大部分是餐具。自1736年起，利摩日就生產一種品質普通的彩陶，但是，硬濕黏土，或者說眞正的瓷器的製造是從1771年開始的。1784年該廠成爲在塞夫爾的皇家工廠的附屬廠（參閱Sevres porcelain），兩種產品的裝飾變得相似起來。1858年以後，用哈維蘭德瓷器的名稱，利摩日成爲對美國的大瓷器出口地。

利蒙，攝於1965年
Martha Swope

Limón, José (Arcadio)＊　利蒙（西元1908～1972年）　美國現代舞舞者、編舞和何塞・利蒙舞蹈團的創辦人和總監。生於墨西哥，七歲時移民美國。1930年開始師從韓福瑞和魏德曼，並在他們的舞蹈團裡演出（1930～1940）。1947年他成立了自己的舞團，韓福瑞任藝術總監。他的編舞以清晰的結構傳達出現代舞的表達方式。典型的作品有《摩爾人的帕凡舞》（1949）和《米薩・勃列維斯》（1958）。何塞・利蒙舞團到世界各地巡迴演出，在他去世後依然很活躍。

limonite＊　褐鐵礦　主要鐵礦物之一，是有不同組分的鐵的水合氧化物。常呈褐色和土狀，由其他鐵礦物變化而成，例如赤鐵礦的水化或者菱鐵礦或黃鐵礦的氧化和水化。

褐鐵礦：（左）來自密西根的艾恩伍德（Ironwood）；（右）來自賓夕法尼亞的蒙哥馬利
By courtesy of the Field Museum of Natural History, Chicago; photograph, John H. Gerard

Limosin, Léonard＊　利莫贊（西元1505?～1575/1577年）　亦作Léonard Limousin。法國畫家。他是利摩日最著名的畫琺瑯家族中卓有成就的成員，以畫在利摩日琺瑯製品上的肖像畫的寫實主義著稱。可以肯定是他的最早作品是《基督受難》（1532），是根據杜勒的畫臨摹的十八塊系列畫琺瑯板。後來他受到在楓丹白露宮爲法蘭西斯一世工作的義大利風格主義派的影響，利莫贊當時是宮廷畫家。他還是一位很有成就的油畫家。

Limousin＊　利穆桑　法國中部的歷史區。最初的居民是古代勒莫維瑟人的加萊部落，西元前50年前後被羅馬占領。在加洛林王朝統治時期，它是亞奎丹的一部分。1152年亞奎丹的埃莉諾嫁給了英格蘭國王亨利二世，利穆桑就劃歸給英國人控制。經過英法之間的爭奪，最後被法國國王亨利四世兼併。

limpet＊　帽貝　前鰓亞綱海產貝類，體扁平，多附著在海邊岩石上。美國普見種是大西洋笠貝，生活於冷涼水域。鑰孔蝛的螺殼光端有一縫或孔。肺螺亞綱一些半鹹水及淡水種類亦稱帽貝。亦請參閱mollusk。

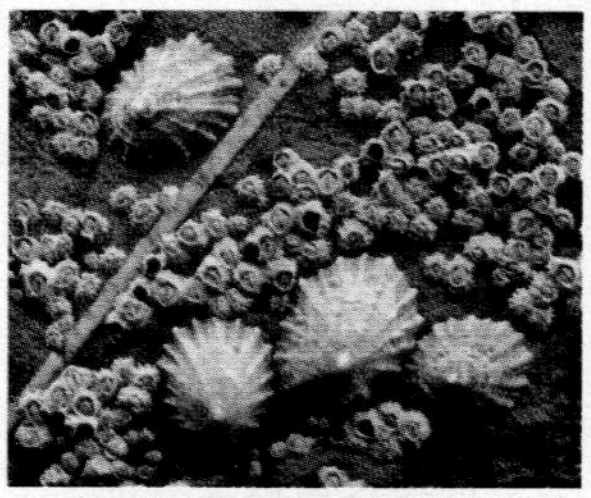

歐洲帽貝（Petella vulgata）和藤壺屬動物Balanus balanoides
Neville Fox-Davies－Bruce Coleman Inc.

Limpopo River　林波波河　南非的河流。發源於南非維瓦特蘭，稱克羅科迪爾河。沿著南非的邊界流向東北，再向東南，穿過莫三比克後注入印度洋。全長1,800公里，但只有從海岸算起的208公里可以通航。第一個到達林波波河的歐洲人是達伽馬，1498年他把它的河口命名爲聖埃斯皮里圖河。

Lin, Maya　林瓔（西元1959年～）　美國建築師和雕刻家。生於俄亥俄州的雅典城，1981年在耶魯大學的課堂作業便贏得全國性的「越戰陣亡將士紀念碑」設計競圖，也爲她帶來盛名。她後來設計過與「越戰陣亡將士紀念碑」差異性很大的作品，包括阿拉巴馬州蒙哥馬利的「人權紀念碑」（1989）、耶魯大學校內的「婦女之桌」（1993），在密西根大學的地球雕刻（1994）也是她的作品，另外還有一個裝設在紐約賓州車站天花板上非常特別的半透明時鐘《侵蝕的時間》（1994）。

Lin Biao　林彪（西元1906～1971年）　亦拼作Lin Piao。中國軍事領袖，在文化大革命中扮演重要角色。1925年加入社會主義青年團，1926年參加蔣介石的北伐戰爭。

1927年蔣介石轉向對付共產黨人，林彪逃離蔣而投向毛澤東。長征中他從未打過一次敗仗，成爲傳奇人物。1930年代他成功地對抗日本軍隊，1940年代又戰勝國民黨軍。1960年代初期他按照毛澤東的教導對軍隊實行改革和思想灌輸，成爲全社會的楷模，在文化大革命中林彪被指定爲毛的接班人。據推測，毛擔心林彪已經積聚起力量，並且陰謀策劃鋌而走險的政變以避免自己被清除。政府宣布他於1971年企圖逃離中國，在蒙古境內墜機而死，但蒙古官員沒有發現林彪在飛機上的證據。

Lin Yutang　林語堂（西元1895～1976年）　亦拼作Lin Yü-t'ang。中國作家。其父是長老會牧師，他本人的求學生涯亦多在美國和歐洲。1932年他非常成功地開創一本充滿西方風格的諷刺性雜誌，此種類型讓中國人耳目一新。隨後他引進另外兩種出版物。林語堂在中英語的寫作方面皆堪稱多產，1935年撰寫了第一部英文書*My Country and My People*（《吾國與吾民》）。1936年起主要定居於美國。林語堂的其他著作包括《中國印度之智慧》，亦有著作討論中國歷史與思想，他還將一些中國文學名著譯成深受好評的英文譯本。

Lin Zexu　林則徐（西元1785～1850年）　亦拼作Lin Tse-hsü。中國清朝的學者與官員中的前鋒。在中英鴉片戰爭（1839～1942）前，他以對抗英國的立場，被視爲民族英雄。林則徐通過中國文官制度中最高等的考試進入政府，就職於翰林院。由於林則徐向皇帝建言禁絕鴉片貿易的辦法，而被任命爲皇家大使，派往廣州直接解決問題。林則徐的措施極爲成功，以致於英國爲報復遭到銷毀的鴉片庫存，乃大肆破壞中國南方。林則徐旋即遭到解職。但他在流放的職位上仍盡忠職守，於是很快被召回朝廷，出任重要的職位。林則徐最後死於前往協助鎮壓太平天國之亂的路途上。

linac ➠ linear accelerator

Linacre, Thomas＊　林納克（西元1460?～1524年）　英格蘭醫師和古典派學者。1484年當選爲牛津大學研究員，成爲英格蘭人文主義「新學習」運動的第一個宣傳員。他的學生包括伊拉斯謨斯和摩爾。倫敦的許多知名人士都曾經是他的病人，包括亨利八世。1518年他得到亨利八世的批准建立皇家內科醫師學會。該機構有權決定誰能在大倫敦區行醫以及給全國的內科醫師頒發執照。這樣就終結了醫學與理髮師、神職人員以及其他人混雜不清的狀況。

Lincoln　林肯　古稱林杜姆（Lindum）。英格蘭林肯郡首府。原爲羅馬重鎮，到西元71年時成爲退伍軍人的居住地。後來處於丹麥人的統治下，中世紀時成爲英格蘭主要城鎮之一。1154年亨利二世給了它第一個城市特許狀。爲一主要農業區的集市中心和英國東部公路、鐵路幹線樞紐。有許多中世紀的建築，包括大教堂（始於1075年前後）。人口約82,800（1998）。

Lincoln　林肯　美國內布拉斯加州的首府。1859年規畫時稱蘭開斯特，1867年被選爲首府時，爲紀念林肯總統而重新命名。1869年建市，曾是政治人物布萊安的居住地（1887～1921）。它是個鐵路樞紐，也是周圍農業地區的貿易中心。高等教育機構包括內布拉斯加大學、聯合學院以及內布拉斯加衛斯理大學。

林肯大教堂
Ray Manley – Shostal

Lincoln, Abraham　林肯（西元1809～1865年）　美國第十六任總統（1861～1865）。出生於肯塔基州霍金維爾一棟圓木小屋，1816年遷居印第安納州，1830年又搬到伊利諾州。他曾當過店員、劈木人、郵政局長和測量員，後來加入黑鷹戰爭中的志願軍，成爲指揮官。雖然大多自學，卻在伊利諾州春田執律師業，並在州議會任職（1834～1840）。他代表輝格黨人當選眾議院議員（1847～1849）。1849起擔任巡迴律師，成爲全國最成功的律師之一，因精明、有常識、誠實（獲得「誠實亞伯」的綽號）而聞名。1856年加入共和黨，1858年黨提名他爲參議員選舉候選人。在與道格拉斯的連續七場辯論（即林肯－道格拉斯辯論）中，他陳言反對把奴隸制度擴展到西部準州，儘管他並不反對奴隸制度本身。雖然他在道德上反對奴隸制，卻不是一位廢奴主義者。選戰期間，林肯試圖反擊道格拉斯說他是一個危險的激進分子，他向大眾一再保證不贊同讓黑人獲得政治的平等權利。儘管他輸了選舉，這些辯論卻使他聞名全國。1860年他在總統大選中與道格拉斯再度對壘，結果打了一次大勝仗。但是，南方反對他對準州奴隸制的立場，而在他就任前，南方七州退出聯邦。他的整個任期都耗在隨後發生的美國南北戰爭當中。他是優秀的戰時領袖，發揮了高度的指揮能力，調度全國的能源及資源以備戰，並以有些算是軍事天分的能力把治國政策與全面的軍隊指揮權結合起來。然而，他廢除了某些公民自由權，特別是人身保護令，他的將領又關閉了幾家報紙，使民主黨和共和黨人感到不安，包括他自己的一些閣員。爲了團結北方並影響國外輿論，他發表了「解放宣言」（1863），而蓋茨堡演說（1863）把戰爭的目標崇高化了。戰事的拖延影響了北方人的決心，而他的連任選情並不樂觀，但策略性的戰役勝利扭轉了局勢，讓他在1864年輕鬆打敗麥克萊倫。他的政見包括通過宣告奴隸制爲非法的「第十三號修正案」（1865年批准）。第二次就職時，由於勝利在望，他溫和地談到重建南方並建立和諧的聯邦。戰爭結束後五天（4月14日），他被布思射殺。

Lincoln, Benjamin　林肯（西元1733～1810年）　美國革命時期軍官。1755～1776年間加入麻薩諸塞民兵，後被任命爲大陸軍的少將。作爲南線大陸軍的司令，1780年在南卡羅來納州的查理斯敦之役敗於英軍後，他被迫率7,000人部隊投降。經交換戰俘被釋放後，他參加了約克鎮戰役（1781）。1781～1783年間任國防部長。1787年率民兵鎮壓了謝斯起義，1789～1809年間任波士頓港海關徵稅員。

Lincoln Center for the Performing Arts　林肯表演藝術中心　石灰華外表的文化藝術中心，坐落於曼哈頓上城西區（1962～1968），由哈里遜（1895～1981）爲主的建築師委員會設計建造。全部建築環繞著一個廣場和一座噴泉，爲大都會歌劇院公司、紐約市立歌劇、紐約愛樂、紐約市芭蕾舞團和茱麗亞音樂學院的家。哈里遜本身設計「大都會歌劇院」，而沙里寧則設計波蒙特劇場。約翰遜的紐約州立劇院則包含典雅的正面和一個四層樓挑高大廳。後來約翰遜也重新建造原先爲亞拔摩維士所設計的艾佛利費雪廳（前紐約愛樂的家），以修正該廳聽覺上的缺陷並改善大廳的空間。

Lincoln-Douglas Debates　林肯－道格拉斯辯論　1858年伊利諾州參議員競選中，民主黨參議員道格拉斯與共和黨候選人林肯之間連續七次的辯論，主要是針對奴隸制和其擴展到西部準州的問題進行辯論。林肯抨擊道格拉斯支持人民主權論和「堪薩斯－內布拉斯加法」，而道格拉斯則一再想把林肯打成主張種族平等、分裂聯邦的危險激進分子。最後道格拉斯雖獲連任，但林肯在反奴隸制立場和演說時表現的才氣讓他成爲新成立的共和黨裡的全國英雄人物。

Lincolnshire ＊　林肯郡　英格蘭東部的行政、地理和歷史郡，從亨伯河口沿著北海海岸延伸到威爾斯。史前時期就有人居住，發展成羅馬人的居民點。後來盎格魯－撒克遜人建立了林賽王國。在丹麥人建立的一些村莊裡也廣泛呈現出丹麥人的影響。從地理上看它是孤立的，主要還是一個農業區。沿海地區的旅遊業正在發展起來。人口：行政郡約623,100；地理郡約931,600（1998）。

Lind, James　林德（西元1716～1794年）　蘇格蘭海軍外科和內科醫師。他觀察了幾千例壞血病、斑疹傷寒和痢疾的病例以及造成這些疾病的船上衛生條件，1754年出版《論壞血病》，當時死於壞血病的英國士兵比戰死的還要多。他建議向長期航行在海上的士兵提供柑橘類的水果或果汁（維生素C的來源），這是丹麥人已經用了快二百年的辦法。1795年完全實行這種辦法後，壞血病就像「使用了魔術一般」消失了。林德還建議船上除蝨，使用醫院船，並將海水經過蒸餾後供飲用。

Lind, Jenny　林特（西元1820～1887年）　原名Johanna Maria。瑞典女高音歌唱家。十八歲時成爲斯德哥爾摩皇家歌劇院的第一女主角。1841年師從曼紐爾・加西亞（1805～1906），避免了聲帶拉傷的危險。她的事業後擴展到德國，然後是維也納和倫敦，在那裡都造成轟動。她在歐洲的名聲引起了巴納姆的注意，他爲她安排了一次美國之行（稱她爲「瑞典的夜鶯」），動用了許多現代的宣傳手段。1851年她離開巴納姆，回到歐洲唱歌，但演出次數比以前少了許多。最後幾年她在英國生活和執教。

Lindbergh, Charles A(ugustus)　林白（西元1902～1974年）　美國飛行員，首次單獨完成橫越大西洋的無著陸飛行。離開學校後考入陸軍飛行學校，1926年成爲航郵飛行員。他得到聖路易企業家的支援去爭取從紐約到巴黎的飛行獎。1927年他駕駛「聖路易精神號」單翼機飛行了33.5小時，立即成爲美國和歐洲的英雄。1929年與作家莫羅結婚，後來她成爲林白的副駕駛和領航員。1932年他們的孩子遭綁架並被殺害，這樁罪行引起了全世界的關注。他們移居英國以躲避公眾的目光。1940年回到美國，由於他要求美國在第二次世界大戰中保持中立的演說而受到批評。在戰爭期間，林白是福特汽車公司和聯合航空公司的顧問。戰後他是泛美航空公司和美國國防部的顧問，並在許多航空委員會中任職。1953年他寫了《聖路易精神號》一書，獲普立茲獎。

林白，攝於1927年
By courtesy of the Library of Congress, Washington, D. C.

linden　椴樹　椴樹科椴樹屬喬木的通稱，約30種，原產於北半球。有些爲極出色的觀賞與遮蔭樹，葉片爲心形，具粗齒緣；花朵芬芳，呈乳白色；果實爲小球形。美洲椴樹亦稱北美椴木或白木，高達40公尺，木材可製蜂房、板條箱、家具及細鉋花；如其他椴樹種類一樣，它也是一種很受歡迎的蜂樹，產生的椴樹蜂蜜色淡而有特殊風味。

Lindisfarne　林迪斯芳　亦稱霍利島（Holy Island）。英國諾森伯蘭海岸外3公里處的一座歷史小島。635年聖艾丹在此建修道院和教堂而成爲宗教中心，875年因受丹麥人襲擊的威脅而廢棄，1082年重建修道院，一直保留到亨利八世時期（1536～1540）解散所有修道院爲止。「林迪斯芳福音書」（696?～698）的手稿是該時期存留下來的彩畫抄本的珍品之一。今日的林迪斯芳堂區教堂可能就是當年聖艾丹修道院所在。

Lindisfarne Gospels　林迪斯芳福音書　四部〈福音書〉的手抄本裝飾畫版本，7世紀晚期爲諾森伯里亞島的林迪斯芳修道院而作。由埃德弗里斯設計並製作，698年他成爲林迪斯芳的主教。插畫爲愛爾蘭－撒克遜風格。《林迪斯芳福音書》（現藏大英圖書館）顯示出愛爾蘭、古典主義和拜占庭三種元素的融合。亦請參閱Kells, Book of。

Lindsay, Howard　林賽（西元1889～1968年）　美國劇作家和演出者，以和克勞斯（1893～1966）合作撰寫劇本而聞名。林賽原本當過演員、導演和劇作家，而克勞斯則是新聞記者，他們在演出者弗里德利撮合下完成了波特的成功音樂劇腳本《什麼都行》（1934）和《紅的、熱的、藍的》（1934）。其最受喜愛的一部戲劇是《同爸爸生活在一起》（1939），演出長達七年，由林賽飾演爸爸的角色。他們還合作了《砒霜和老絲帶》（1940），之後合寫的音樂劇腳本有《國情》（1945，獲普立茲獎）、《稱我夫人》（1950）和《眞善美》（1959）。

Lindsay, (Nicholas) Vachel　林賽（西元1879～1931年）　美國詩人。年輕時在全國漫遊，以朗誦自己的詩來換取食宿，試圖讓詩歌重新成爲一般人的口頭藝術。1913年他寫了〈威廉・布思將軍進入天堂〉，是關於救世軍創始人布思的，此作使他在詩壇知名。他的作品裡充滿了強烈的節奏感、生動的想像力以及大膽的韻律，表達了熱情的愛國主義、對進步民主的渴望以及對自然的浪漫主義觀點。他的詩集包括《爲換麵包而作的韻詩》（1912）、《剛果河及其他》（1914）和《中國夜鶯》（1917）。是他發現了休斯的作品。在後來的幾年裡，因處於憂鬱和不穩定的狀態，最後服毒自殺。

line　直線　歐幾里德幾何學的基本元素。歐幾里德定義直線是在兩點之間的一段，並主張可以往兩邊無限延伸。往兩邊延伸這個定義現在當成直線，歐幾里德原先的定義則是線段。射線是直線的一部分，從一個點往直線的一邊無限延伸。在平面座標系，直線可以用線性方程式表示成$ax + by + c = 0$。通常會寫成斜率－截距的形式$y = mx + b$，此處的m是斜率，b是直線切過y軸的數値。因爲幾何物體的邊是完全清楚的線段，數學家通常嘗試將更複雜的結構簡化成用線段連結而成的簡單結構。

line integral　線積分　數學中，定義在直線或曲線（已經表示爲許多段弧長）上的多元函數的積分（參閱length of a curve）。普通定義的積分是定義在一段線段上的，而線積分則用更一般的路徑，像拋物線或圓。在複變數函數理論中廣泛使用線積分。

Line Islands　萊恩群島　太平洋中部，夏威夷群島南面的一個島鏈。綿延2,600公里，陸地面積500平方公里。在北部島群中，特拉伊納島（即華盛頓島）、塔布阿埃勞環礁（即范寧島）和基里蒂馬蒂環礁（即耶誕島）屬於吉里巴斯共和國，而金曼礁、巴爾米拉環礁和賈維斯島是美國的領土。中部的島群（莫爾登和斯塔巴克群島）和南部的島群（沃斯托克和弗林特群島以及加羅林環礁）也屬於吉里巴斯。人口5,000（1990）。

Linear A and Linear B　線形文字甲和乙　西元前2千紀愛琴海諸文明書寫用的線形文字形式。例如線形文字甲，其音節（參閱alphabet）是從左到右書寫的，通行於約西元前1850～西元前1400年。用線形文字甲寫的語言尙不清楚。線形文字乙取自線形文字甲，是由邁錫尼希臘語借用米諾斯文明而來，可能是在西元前1600年前後，用於書寫邁錫尼希臘語的方言。線形文字乙的例證已經在出土的泥版文書上找到，年代約在西元前大約1400到西元前1200年。這些文書代表了已知的最古老的希臘文形式。1952年線形文字乙被文特里斯解讀成功，認爲是希臘字母。

linear accelerator　直線加速器　亦作linac。粒子加速器的一種，亞原子通過一個線性結構所建立的一系列交流電場而逐步增加能量。每一段小的加速累加起來使粒子得到的能量比它在單獨一段的電壓加速下所能得到的能量更大。世界上最長的直線加速器是史丹福直線加速器中心的機器，長3.2公里，可以將電子加速到500億電子伏。規模上小得多的一些直線加速器，有質子型和電子型的，已經在醫學和工業中有了重要的實際應用。

linear algebra　線性代數　代數學的一個分支，處理解線性方程式系統問題；更一般地講，是線性變換和向量空間的數學。「線性」指的是所包含的方程式形式，在二維問題中爲ax+by=c。從幾何上看，該方程式代表一條直線。如果其中的變數是向量、函數或者導數，那麼該方程式就成爲線性變換。這類的方程式組是線性變換系統，因爲它能指出這樣一個系統何時有解以及如何求解，所以線性代數對數學分析和微分方程式理論都很重要。它的應用已超越了物理學的範圍而進入到生物學和經濟學這類學科的範疇。

linear approximation　線性近似　數學上，找出一條直線最符合曲線的方法，不單是局部符合。表示成線性方程式y = ax + b，a和b的值選定必須符合（1）選定x的函數與直線的值相同，（2）函數在x的一階導數與直線的斜率一致。對大多數的曲線而言，線性近似只有在極靠近x才有效。不過微積分理論大多基於這種近似法，包括微積分基本原理以及導數的中值定理。

linear programming　線性規畫　一種製作數學模型的技術，適用於商業計畫和工業管理領域有關定量決策的問題，在社會學科和體育學科中也有較少的應用。解決線性規畫的問題可以還原爲求一個線性方程式（稱爲物件函數）的最佳值（參閱optimization）問題，這個線性方程式受到用一些不等式表示的條件限制。不等式和變數的數目取決於問題的複雜性，像解方程組一樣解這個不等式系統就能求解。在第二次世界大戰中大量應用線性規畫來處理運輸，受一定限制（如裝運費用和可用性的限制）的物資的計畫和分配問題；戰後這些應用促使了這個課題的發展。要對實際情況製作模型所需方程式和變數的數目是很大的。即使使用電腦，其解決過程還是很費時間的。亦請參閱simplex method。

linear transformation　線性變換　數學上，利用特殊格式的公式將幾何圖形（或是矩陣、向量）轉變成其他幾何圖形的規則。格式必須是線性組合，原本的要素（如原本圖形每個點的x與y座標）藉由ax + by的公式改成變換圖形。像是在x或y軸翻轉圖形、拉長或壓縮，以及旋轉。每種變換都有反變換，將其效果還原。

linen　亞麻製品　亞麻作成的纖維、紗線及織物。亞麻是人類最早使用的紡織纖維之一；瑞士史前湖泊住宅中發現使用亞麻的證據。精細的亞麻織物在古埃及的陵墓之中發現。由一連串的作業處理植物的莖梗得到纖維，包括浸解（發酵過程）、乾燥、碾碎及搥打。亞麻比棉花堅韌，易乾，暴露在陽光下的較耐久。彈性較低，使得質地堅硬光滑，亞麻製品容易起皺紋。由於亞麻製品快速吸收和放出濕氣且是熱的良導體，亞麻衣物穿起來感覺涼爽。優質的亞麻織成衣物或是家具的花邊。重要的生產國有前蘇聯、波蘭與羅馬尼亞。

linga　林伽　亦作lingam。印度教所崇拜的男性生殖器像，象徵濕婆和生殖能力。林伽用木材、寶石、金屬或石塊製成，是印度全國濕婆神廟和家宅神龕裡主要的供奉物件。對林伽的崇拜至少始於西元1～2世紀。約尼是女性生殖器的象徵，常常作爲勃起的林伽的基座，表示陰陽二性交合即存在萬物的總體。信徒們用鮮花、清水、水果、樹葉和稻米供奉林伽，要特別強調這些供品的純淨以及供奉人的清潔。

林伽砂岩雕像（900?），現藏大英博物館
Reproduced by courtesy of the trustees of the British Museum

Lingayat＊　林伽派　印度教教派，以濕婆爲唯一神祇。流行於印度南部。因該派男女信徒都在頸部用繩子繫帶小林伽像而得名。林伽派信奉單一神祇，他們視守貞專奉爲一種本能的、喜愛神的觀念顯然受到羅摩奴闍的影響。他們排拒崇拜梵天，以及否認「吠陀」的權威；還反對童婚和虐待寡婦，這種立場是19世紀社會改革運動的先聲。

Lingayen Gulf＊　林加延灣　南海的大海灣，位於菲律賓呂宋島的西北海岸。入口處寬42公里，長56公里。灣內有幾個島嶼；在邦阿西楠上的有達古潘市和林加延港，前者是主要的貿易中心，後者是省的首府。在第二次世界大戰中，它是日本人和美國人登陸作戰的地方。

lingcod　蛇鱈　六線魚科魚類，學名Ophiodon elongatus，爲具商業價值且受歡迎的種類，分布在北美太平洋沿岸的海域。爲貪婪的捕食者，嘴相當大並有犬齒狀的牙齒，爲受歡迎的魚釣及商業魚種，體長可達1.5公尺，具有發達的鰭及尾部。雖然其肉呈綠色，但爲可食用魚種之一。

lingonberry　越橘　杜鵑花科小型蔓生植物（如牙疙疸越橘）的果實，與南方越橘和蔓越橘近緣。越橘俗稱牙疙疸、狐越橘、山蔓越橘或岩蔓越橘，是一種野生植物，北歐人和在美國的斯堪的那維亞人用它來製作果醬和果汁。這種植物在森林的下層生長濃密，像蔓越橘一樣可以用耙子來收割。

lingua franca＊　通用語　操不同本土語言的兩個或多個人群之間用於交流的語言。它可以是一種標準語言，例如，英語和法語是在國際外交上常使用的通用語；斯瓦希里語是東非許多操不同當地語言的人用的通用語。通用語也可以是一種皮欽語，像南太平洋地區廣泛使用的美拉尼西亞皮欽語。lingua france（拉丁語稱「法蘭克人的語言」）這個詞最早用於地中海地區在法語和義大利語的基礎上發展出的一種混合語。亦請參閱creole。

linguistics　語言學　對語言的性質和結構的研究。語言學既可用共時的方法（即描寫一特定時間的某一特定語言）

來研究，也可用歷時的方法（即透過歷史追溯語言的發展）來研究。西元前5世紀的希臘哲學家們是最早關注語言理論的人，他們對人類語言的起源進行爭辯。西元前1世紀狄奧尼修斯．特拉克斯編撰了第一部完整的希臘語語法書，成爲羅馬語法學家的楷模，而這些羅馬語法學家的著作又成爲中世紀和文藝復興時期的當地語法的基礎。19世紀由於歷史語言學的興起，語言學成爲一門科學。19世紀末和20世紀初，索緒爾建立了一支語言學的結構語言學派，分析了眞正的語法以了解語言的基礎結構。1950年代，喬姆斯基挑戰了這種結構語言學方法，主張語言學家應該研究操本族語者對自己語言之本能條件下的熟悉狀況（語言能力），而不是探索操該語者對語言的實際產生的效果（語言行爲），他還發展了衍生語法。

linguistics, historical　歷史語言學　語言學的分支。研究語言發展期間它的音系學、語法和語義學的變化、語言早期的重構以及發掘其他語言對它影響的證明。只有到了19世紀，有了更多的科學的語言分析方法才使得歷史語言學作爲一門學科發展起來。一批德國的語言學家用印歐諸語言建立通信，形成新語法學派，產生了很大的影響。到了20世紀，歷史語言學的方法已擴展到了其他的語言種群中。

linkage　連桿機構　在機械工程中，用鉸鏈、滑動接頭或球窩接頭連接起來的剛性（通常爲金屬）桿系，其中每根桿與兩根以上的桿相連，構成一個或者一系列的閉合鏈。當一根桿固定時，其他的桿相對於這根固定桿以及另一根桿的可能運動形式取決於桿的數目以及連接點的數目和類型。例如，用四個鉸鏈連接起來的連桿，所有的桿都在平行平面內運動，不論固定的是哪一根桿，其他的桿只能以固定的方式相對固定桿運動。改變這些桿的相對長度，這種四桿連桿機構就成爲一種實用的機械裝置，可以把等速轉動轉變爲非等速轉動，或者把連續轉動轉變成振盪運動。它是機械結構中最常用的連桿機構。

linkage group　連鎖群　一條染色體上的所有基因。它們作爲一個整體被遺傳下來：在細胞分裂期間，它們是以一個整體而不是個體來起作用和運動的。如果染色體發生斷裂，斷裂下來的部分與在同一部位斷裂的同源染色體的另一部分結合，那就可能發生連鎖的改變。染色體之間這種基因的交換稱爲互換，通常發生在減數分裂過程中。性連鎖有與某一種性別的特性相聯繫的趨向；人類與性連接有關的特性包括紅－綠色盲和血友病。

Linkletter, Art(hur Gordon)　淩寇特（西元1912年～）　加拿大籍美國廣播主持人。生於薩斯喀徹溫省的穆斯喬，1943～1967年成爲綜藝節目《家庭派對》的主持人，該節目聽衆會很自然地被他引導進入辯論的主題和活動中；他創造了節目熱門片段〈天才老爹與小鬼〉。他另外又主持一個聽衆可以參與的廣播（1943～1959）與電視（1954～1961）節目《有趣的人類》。他寫作超過二十本書，包括暢銷書《天才老爹與小鬼》（1957）、《希望我說過那些話》（1968）、《年老不是懦弱》（1988）。

Linnaeus, Carolus＊　林奈（西元1707～1778年）　瑞典語作Carl von Linné。瑞典植物學家和探險家。他曾在烏普薩拉大學研究植物學，並到瑞典的拉普蘭考察，後來到荷蘭習醫（1735）。他是第一個構想出定義生物屬、種原則的人，並創造出統一的生物命名系統，即雙名法。林奈的系統主要以花的構造爲基礎，因爲花的構造在演化過程中改變不大。雖然此系統是人爲的，但此系統能使學生將植物迅速歸入一個定了名的類別中。林奈不僅建立了動、植物的分類系統，還將礦物作了分類，並寫了一篇論當時已知疾病種類的論文。他的手稿、植物標本和收藏品現存於倫敦林奈學會。作品包括《自然系統》（1735）、《基礎植物學》（1736）和《植物種誌》（1753）。

林奈，肖像畫，羅斯林（A. Roslin）繪於1775年；現藏斯德哥爾摩瑞典肖像畫收藏館
By courtesy of the Svenska Portrattarkivet, Stockholm

linoleum　油地氈　一種表面光滑的鋪地材料，將氧化了的亞麻仁油、樹脂以及像黏合劑、填充劑和顏料等物質的混合物塗在氈或帆布的背襯上製成。油地氈柔韌、保暖、不受普通地面溫度的影響、也不容易起火。經特殊硬化處理後不容易產生凹痕，也不會受脂肪、油類或有機溶劑的腐蝕破壞。

Linotype＊　萊諾鑄排機　一種排字機的商標名，能將金屬字元鑄排成整行，而不是一個個的字元（例如莫諾鑄排機）。默根特勒於1884年註冊了專利，現在幾乎已經完全被照相排字所取代。在萊諾鑄排機中，操縱鍵盤來組成文本的每一行。機器產生的鉛字條是長方形的金屬（鉛、銻和錫的一種合金）模組，突出的字元是所要印刷行的鏡面反射像。經過金屬熱澆鑄後，吹風使字模條冷卻，然後放在一個排字盤裡，以便在拚版時插入適當位置。亦請參閱letterpress printing、printing。

Linux＊　Linux作業系統　數位電腦使用的開放作業系統。由芬蘭的托瓦茲開發出來，並由世界各地數以百計的程式開發人員加以修改，Linux的核心程式在1994年首度發行。眞正的多人多工系統，Linux包括與UNIX類型的系統相容的功能（如虛擬記憶體、共享程式庫、記憶體管理，及TCP/IP網路）。Linux系統因爲可靠迅速、安全性良好而著名，可以安裝在個人電腦上，亦可用於功能更強大的機器。原始碼對所有人開放，可免費取得；不過，有些公司販賣套裝的Linux產品。雖然通常被當作Windows作業系統的替代方案，Linux的普及反而是作爲商業應用與網站伺服器的作業系統。

Linz＊　林茨　古稱Lentia。奧地利中北部城市。位於維也納以西的多瑙河畔，在波羅的海和亞得里亞海之間的鐵路線上。原是羅馬人的要塞。它是中世紀的重要貿易中心，以15世紀的集市著稱。在第二次世界大戰中遭嚴重破壞。現在是一個文化中心和克卜勒大學的所在地。人口203,000（1991）。

lion　獅　身體強壯的大型貓科動物，學名Panthera leo，俗稱「萬獸之王」。現在主要分布於撒哈拉以南的非洲一些地區，不過在印度約有兩百多頭亞洲種獅子受到嚴密的保護。獅最喜棲於多草的平原和開闊的稀樹草原。雄獅身長約1.8～2.1公尺，不包括1公尺的尾長；肩高約爲1.2公尺；體重170～230公斤。雌獅體型較小。雄獅的體毛通常爲淺黃或橙棕色，而雌獅爲茶色和沙黃色。雄獅的顯著特徵是鬃毛。獅是群居動物，這點在貓科動物中甚爲獨特，通常約十五頭一群。雌獅是主要的獵手。它們獵食的動物體型各異，包括

獅
R. I. M. Campbell /Bruce Coleman Ltd.

河馬，但它們最喜捕獵的動物是牛羚、羚羊、斑馬等。通常它們在大嚼一頓後，可休息一個星期。

Lion, Gulf of　里昂灣　地中海的海灣，沿著法國南部海岸，從西班牙邊界到土倫。沿海灣的主要港口有馬賽和塞特。

lionfish　蓑鮋　亦稱獅子魚、火雞魚或火魚。鮋科蓑鮋屬幾種體色豔麗的印度洋－太平洋地區魚類的統稱。以鰭棘有毒而聞名。其鰭棘能致傷痛，但很少致死。胸鰭大，背鰭棘長，各個種均有其特別的醒目的斑馬狀條紋類型。受到驚擾時立即展開並顯示各鰭，若受進一步逼迫，即豎起背鰭棘進行攻擊。飛蓑鮋有時為魚類愛好者所飼養，體上具紅、褐、白色的條紋，體長可達30公分。印度洋－太平洋地區還有幾種較小的鮋科叉指蓑鮋屬魚類亦稱蓑鮋。

Lions Clubs, International Association of　國際獅子會　美國平民福利俱樂部。全國最大的福利俱樂部組織，成立於1917年，旨在全世界人民中培育「寬宏尊重」精神，促進好政府、好公民以及對公民福利的積極興趣。活動包括一般的社會福利專案、幫助盲人、提高知識並支持聯合國。獅子會在世界一百五十多個國家中活動。

Lipari Islands＊　利帕里群島　義大利語作Isole Eolie。義大利西西里島北部沿海的火山群島。有七個主島和一些小島。陸地總面積88平方公里，呈Y字形排列。主要島嶼有：阿利庫迪島、斯特龍博利島、武爾卡諾島、利帕里島（最大島，面積34平方公里）、薩利納島、菲利庫迪島和帕納雷阿島。武爾卡諾島和斯特龍博利島是活火山。希臘人認為這裡是埃俄羅斯神的故鄉。新石器時代便有人居住，陸續被希臘人、迦太基人、羅馬人、薩拉森人、諾曼人、亞拉岡人占領。人口10,879（1991）。

Lipchitz, (Chaim) Jacques＊　里普希茨（西元1891～1973年）　立陶宛－法國－美國雕塑家。青年時代在維爾紐斯學工程，1909年移居巴黎後轉向雕塑。早期作品的風格是立體主義的。1925年前後開始製作一系列的作品，總稱為「透明體」，是一些在開放空間裡的曲線青銅像，例如《豎琴師》（1928），這些作品對其後二十五年裡的雕塑發展有很大影響。1941年在紐約市定居，製作了像《祈禱者》（1943）和《柏勒洛豐馴服珀伽索斯》（1966）這樣大型的作品。

lipid＊　類脂化合物　存在於所有生物體內，油膩且不溶於水的各類有機化合物的統稱。是血液和生物細胞內三大類物質之一，以單位重量所包含的能量（卡路里）計，類脂化合物是其他兩種（蛋白質和碳水化合物）的兩倍還要多。類脂化合物包括脂肪和食用油（例如黃油、橄欖油、玉米油），這些主要是甘油三酯；磷脂（例如卵磷脂、腦鹼）；動植物中提煉出來的蠟；以及組成細胞膜的複雜物質鞘脂類。由於不溶性是決定性的特點，所以把膽固醇以及與之相關的類固醇、類胡蘿蔔素（參閱carotene）、前列腺素以及各種各樣其他的化合物也歸類於類脂化合物。

lipid storage disease　脂質沈澱症　一組較罕見的遺傳性脂肪代謝障礙症的統稱，由於酶的缺乏而使不同種類的類脂化合物沈積下來。包括泰伊－薩克斯二氏病、戈歇氏病、尼曼－皮克二氏病和法布里氏病。有些是不治之症，五歲前就會死亡；有些則發生在成年人身上。

Lipizzaner　利皮札馬　亦作Lippizaner。一種輕馬品種，因的里亞斯特（以前是奧匈帝國的一部分）附近利皮札的奧地利皇家種馬場而得名。利皮札馬共有6個品系，1580年前後開始育種。它的背長，頸短粗，身高平均152～164公分，平均體重450～585公斤，通常為灰色。有些產於原來屬於奧匈帝國的國家，少量出口到了美國。最有名的是在維也納的西班牙騎術學校訓練出來的利皮札馬。

lipoprotein＊　脂蛋白　既含類脂化合物（脂肪）又含蛋白質的有機化合物的統稱。有的可以溶解於水和水溶液（在蛋黃和血漿中的）有的則不能溶解（在細胞膜中的）。血漿中的脂蛋白是膽固醇的輸運型態，因為膽固醇自己不能溶於血液。低密度的脂蛋白（LDL）將膽固醇從製造它們的肝臟裡取出來而帶到要用它們的細胞裡去。高密度的脂蛋白（HDL）可以把多餘的膽固醇帶回到肝臟，在那裡分解和排泄出去。與低密度脂蛋白結合在一起的膽固醇會沈積在動脈上（參閱arteriosclerosis），導致冠狀動脈心臟病、心絞痛、心肌梗塞或中風。高密度脂蛋白不會形成這樣的沈積，實際上還可以阻止或減少膽固醇的沈積。

Lippe＊　利珀　德國以前的邦。位於條頓堡林山和威悉河之間，首府是代特莫爾德。中世紀時是塊貴族領地，16世紀時成為郡。17世紀初王朝的分裂形成利伯和紹姆堡－利珀兩個國家。1720年它成為公國。1815年利珀是日耳曼邦聯的成員，1871年成為德國帝國的一部分，1918年歸屬威瑪共和。1947年利珀並入北萊因－西伐利亞。

Lippe River　利珀河　德國西部河流。發源於條頓堡林山，向西流，在韋塞爾附近匯入萊茵河，全長250公里。曾用於運輸煤、木材和農業產品，現在主要用於向魯爾地區運河系統供水。

Lippi, Filippino　利比（西元1457?～1504年）　義大利畫家。十二歲時父親去世，他加入波提且利的工作室，多方面吸收了波提且利的風格。對他最重要的委託是完成因馬薩其奧去世而留下來的，佛羅倫斯的聖瑪利亞・德爾・卡邁納中布朗卡奇禮拜堂的壁畫（1485?～1487）。聖伯納教堂中的祭壇畫《向聖伯納顯聖》（1480?）是他最受歡迎的作品。在羅馬密涅瓦之上的聖母教堂的卡拉法禮拜堂裡那些裝飾精美的壁畫（1488～1493）以及佛羅倫斯的新聖瑪利亞教堂的斯特羅茲禮拜堂的壁畫（1502年完成）都是屬於16世紀的托斯卡尼風格主義的繪畫。

Lippi, Fra Filippo　利比（西元1406?～1469年）　義大利畫家。1421年在佛羅倫斯的聖瑪利亞・德爾・卡邁納教堂成為加爾默羅會修士，不久，馬薩其奧到該教堂為布朗卡奇禮拜堂畫壁畫。利比受馬薩其奧的影響很大，他自己也在教堂裡作壁畫，1432年從修道院失蹤。1434年他在帕多瓦，但到1437年在麥迪奇家族的保護下又回到佛羅倫斯，被派去為幾個女修道院和教堂作畫。《聖母子》（1437）和《天使報喜》（1442）顯示出他正在成熟的風格，特點是溫暖柔和的色彩以及對裝飾效果的關注。1456年在普拉托的一個女修道院作畫時，他與修女布蒂一起逃跑了。後來他們發了誓而被釋放，並准許他們結婚。他們的結合生下了傑出的菲利皮諾・利比。這位以前的修士還常常回到普拉托，那裡的主教座堂裡的壁畫是他最好的成就之一。

利比的《聖母子與兩天使》（1465?），現藏佛羅倫斯烏菲茲美術館
Alinari－Art Resource

Lippmann, Walter　李普曼（西元1889～1974年）　美國新聞評論家和作家。畢業於哈佛大學。後來到新成立的《新共和》週刊擔任編輯（1914～1917）。他的思想影響了美國總統威爾遜，被其派去參加「凡爾賽和約」談判。曾爲《世界報》撰寫社論，後任該刊主編。之後轉到《紐約前鋒論壇報》工作，1931年起在該報開闢《今日與明日》專欄，最後多家報紙聯合刊用，兩次獲得普立茲獎（1958,1962），成爲世界最有名望的政治專欄作家。他的著作包括：《政治序論》（1913）、《輿論》（1922，可能是他最具影響力的著作）、《虛幻的公衆》（1925）和《對於良好社會原理的探討》（1937）。

Lipset, Seymour Martin　利普塞特（西元1922年～）美國社會學家和政治學家。畢業於紐約市立學院，在哥倫比亞大學獲博士學位，1950～1956年間在哥倫比亞大學任教。1956～1966年間在加州大學柏克萊分校任教的同時，還擔任該校國際研究所主任（1962～1966）。此後他又到哈佛大學、史丹福大學和喬治・梅遜大學任教。他的許多關於階級結構、名流行爲和政黨等問題的著作對比較政治學的研究有深遠的影響。

Lipton, Thomas J(ohnstone)　立頓（西元1850～1931年）　受封爲湯瑪斯爵士（Sir Thomas）。英國商人，立頓茶葉企業帝國的創始人。生於蘇格蘭，父母都是愛爾蘭人。他在格拉斯哥開了一家小雜貨店，後來成長爲英國全國的零售連鎖店。爲了能以最優惠的條件向他的連鎖店供貨，立頓在錫蘭購置了茶葉、咖啡和可可種植園，還在英格蘭買了果園、果醬廠和麵包房。1898年他把自己所有的企業聯合組成立頓公司。同年他被封爵士，1902年被封爲男爵。他是位帆船迷，駕駛他的「莎姆洛克」帆船五次參加美洲盃比賽，但都未能奪冠。

liquation＊　熔析法　利用部分熔融分離礦石、金屬或合金各種成分的技術。當材料加熱到其中一個成分融化而其他維持固態的溫度，液態成分就可以排出。先前是用於從礦石提煉出銻，用鉛作爲熔媒從銅之中分離出銀，以及錫的煉製。

liqueur＊　甜露酒　一種蒸餾酒，常用白蘭地作酒基，加入水果或香草，再加些糖漿使它帶甜味。酒精含量（容量）爲24～60%。最早大概由中世紀的修士和煉金術士們進行商業生產。由於帶有甜味，所含成分又能幫助消化，是流行的餐後酒，也用於製作混合飲料和甜品。普通甜露酒常根據配方命名，如杏子露酒、薄荷露酒、庫拉索露酒（用庫拉索島的綠色橘皮調製）以及一些專有的品牌像活麗酒（一種植物酒）、柑橘酒（一種來自法國干邑地區的庫拉索露酒）、愛爾蘭霧（用愛爾蘭的威士卡和蜂蜜調製）以及咖啡酒（咖啡味的）等。

liquid　液體　物質的三種主要狀態之一，介於氣體和固體之間。液體既沒有固體的有序性，又沒有氣體的無規性。它可以在很小的剪應力作用下流動。液體與它們自己的蒸汽或空氣接觸處有表面張力，使介面趨於最小面積的配置（即球形）。液體與固體之間的表面存在介面張力，它決定了液體是否能潤濕那種固體。除了液體金屬、溶化的鹽以及鹽的溶液外，液體的電導率一般都很小。

liquid crystal　液晶　能像液體那樣流動，但又保持晶體的一些有序結構特性的物質。有些有機物質在加熱時不直接熔化，而是從晶狀的固態轉變成液晶狀態。進一步加熱後，才形成眞正的液體。液晶有獨特的性質。改變機械壓力、電磁場、溫度和化學環境都很容易影響它的結構。亦請參閱liquid crystal display (LCD)。

liquid crystal display (LCD)　液晶顯示器　用於手錶、計算機、筆記型電腦及其他電子設備的光電裝置。電流通過特定部分的液晶溶液造成晶體排列起來阻擋光線的通過。以這個原理控制與系統方式在顯示幕上製造視覺影像。液晶顯示器的優點是比其他顯示器（例如陰極射線管）重量輕，耗電低。這些特點使其成爲平板顯示的理想選擇，用於膝上型及筆記型電腦。

liquidity preference　流動性偏好　在經濟中，指財富持有者將現金或銀行存款交換成像政府債券這類安全、不流動的資產時所要求的補償。最早由凱因斯使用，是指要求拿現金作爲資產。他假設，以這種目的持有的現金量會與利率的變化率成反比。後凱因斯學派對流動性偏好分析還發現了影響現金量的其他因素，包括收入水平和各種財富形式的產生。

liquor ➠ distilled liquor

Liri River＊　利里河　義大利中部的河流。發源於卡帕多西亞，流向南和東南，穿過亞平寧山脈。與其他的幾條河匯合後轉向西南，在明圖爾諾附近注入第勒尼安海。全長158公里。第二次世界大戰期間，盟軍在向羅馬推進時，在利里河沿岸發生激烈戰鬥。

Lisbon　里斯本　葡萄牙語作Lisboa。葡萄牙首都，爲該國主要港口和最大城市。濱太加斯河，靠近注入大西洋的河口。西元前205年起爲羅馬人統治，凱撒把這個地區升格爲市，並命名爲夫利西塔斯・朱莉亞。西元5世紀起相繼被野蠻民族占領，8世紀被摩爾人奪取。1147年阿方索一世率領的十字軍奪得里斯本。1256年成爲國家的首都。14～16世紀發展爲歐洲數一數二的貿易城市。1755年發生一場前所未有的大地震，造成約三萬人死亡。大地震後的都市重建在範圍上是無與倫比的，直至里斯本被指定爲1998年世界博覽會的主辦地。現爲主要的商業、行政、教育和製造中心。人口約677,790（1991）。

Lisburn　利斯本　北愛爾蘭利斯本區首府。位於貝爾法斯特西南的拉干河畔。原是稱爲利斯納噶爾維的小村莊，1620年代英格蘭人、蘇格蘭人和威爾斯人相繼來此定居，成爲阿爾斯特種植園的一部分。後來吸引了法國的織物工人，他們引入了荷蘭的織布機，重組了阿爾斯特亞麻工業；目前該城仍是重要的亞麻製造中心。利斯本區建於1973年。人口42,000（1991）。

LISP＊　LISP語言　功能強大的電腦程式語言，設計來處理資料或符號的目錄，而不是處理數值資料，廣泛爲人工智慧應用程式所採用。1950年代晚期及1960年代早期由麻省理工學院麥卡錫帶領的研究小組研發。名稱來自於list processor（目錄處理器）。與ALGOL語言、C語言、C++語言、FORTRAN語言與Pascal語言等程式語言截然不同，LISP需要龐大的記體空間，執行的速率緩慢。

Lissitzky, El　利西茨基（西元1890～1941年）　亦作El Lissitsky。原名Lazar Markovich Lisitskii。俄國畫家、印刷工藝師和設計師。他是夏卡爾的維捷布斯克革命藝術學校的老師。他認識馬列維奇後，從他一系列的抽象畫作中可以看到馬列維奇的影響，而這些畫作是利西茨基對構成主義的主要貢獻。1922年蘇維埃政府轉向反對現代藝術後，他前往德國。都斯柏格和莫霍伊－納吉通過他們在包浩斯的教學把利西茨基的思想傳播到了西方。1925年他回到俄國，致力於革新繪畫、合成照片和建築方面的新技術。

List, (Georg) Friedrich　李斯特（西元1789～1846年）　德國出生的美國經濟學家。他首先發起組織德國工商業協會而出了名，該協會主張廢除德國州際的關稅壁壘。1825年因持自由觀點而被逐，他前往美國。在《美國政治經濟學大綱》（1827）裡他提到，在一個處在工業化早期階段的國家經濟需要關稅保護來刺激發展。成爲美國公民後，他以美國駐巴登（1831～1834）和萊比錫（1834～1837）的領事身分回到了德國。他最著名的著作是《政治經濟學的國民體系》（1841）。最後因經濟和其他的困難導致他自殺身亡。

Lister, Joseph　李斯德（西元1827～1912年）　受封爲李斯德男爵（Baron Lister, (of Lyme Regis)）。英國外科醫師和醫學科學家。1852年在牛津大學獲得醫學學位，成爲當時最優秀的外科教師賽姆的助手。1861年任格拉斯哥皇家醫院的外科醫師，觀察到45～50%的截肢病人都死於膿毒症（感染）。起初他認爲是空氣中的灰塵所致，但在1865年從巴斯德的理論，得知是微生物造成了感染。李斯特使用了酚來消毒，四年內他病房裡的死亡率下降到了15%。起初大多數外科醫師並不相信，後來廣泛推廣在消毒條件下的手術後才被接受。1893年他退休時，他的方法已被普遍接受。他被公認爲是消毒醫學的奠基人。

李斯德，攝於1857年
By courtesy of the Wellcome Trustees, London

Lister, Samuel Cunliffe　李斯德（西元1815～1906年）　受封爲馬沙姆男爵（Baron Masham (of Swinton)）。英國發明家。1945年發明的羊毛精梳機促使衣服的價格有所下降，且對澳大利亞的養羊業有極大促進。他的另一發明（1865?），可以用廢絲產出能與好蠶繭製品媲美的絲製品，還能以比成本高出許多倍的價格出售這些絲製品。他於1878年左右發明的編織絨毛織物的絲絨織布機是另一重大發明。

Liszt, Franz＊　李斯特（西元1811～1886年）　原名Franciscus Liszt。匈牙利出生的法國作曲家和鋼琴家。其父信仰虔誠，所以他的名字取自聖方濟，李斯特也承襲了父親的音樂天分和性格特質。車爾尼在他八歲時看出了他具有音樂天分，李斯特於是跟隨車爾尼和薩利耶里在維也納學習音樂，並在1822年首次登台表演。1823年在巴黎舉辦一次成功的音樂會後，他開始巡迴歐洲表演，但他的父親不幸早逝（1828），加上一場災難式的愛情事件令他想放棄音樂生涯去當神父。1832年第一次聆聽到帕格尼尼的演奏，鼓舞了他把演奏技巧發展至最高境界，並首度創作了第一批成熟的作品，即《超技練習曲》（1837）和《帕格尼尼練習曲》（1839）。後來和阿古伯爵夫人陷入愛河，生下一女，名爲科西瑪（1837～1930），她後來和父親的好友華格納結婚。1840年代是「李斯特狂」的顛峰時期，聽眾對他高超的演奏技巧和華麗的風格空前著迷，結果因他到處巡迴表演而與伯爵夫人關係破裂。李斯特自視爲未來的使者，在1840年代晚期停止了音樂演奏而專心作曲，並進一步影響了革新派作曲家的作品。1850年代，他寫了許多最具野心的作品，包括《浮士德交響曲》（1854）和《B小調鋼琴奏鳴曲》（1852～1853）。1865年他放棄了與賽因－維根斯坦公主成婚的希望，接受教會次級的神職職位。後期的作品十分出色，對20世紀音樂的許多發展影響很大。

李斯特，平版畫，克里胡伯（Joseph Kriehuber）製於1846年
By courtesy of the Museo Teatrale alla Scala, Milan

Litani River＊　利塔尼河　黎巴嫩南部的河流。發源於巴勒貝克以西，在黎巴嫩山脈及前黎巴嫩山脈之間流向西南，注入西頓南面的地中海。它的下游地區通稱加西米亞。雖然只有145公里長，這條河流灌溉的卻是黎巴嫩最廣闊的貝卡谷農業地區。

litchi　荔枝　亦作lichee或lychee。無患子科果樹，學名Litchi chinensis。據說原產於中國南部及鄰近地區，現在到處都有栽培。自古以來荔枝就是廣東人喜食的水果，現在是美國中國餐館裡受歡迎的甜點。鮮果肉具麝香味，曬乾後，甚甜微酸。樹形美觀，樹冠緊密。羽狀複葉，終年呈鮮綠色。花小，不顯眼，果簇生，卵形至圓形。

literacy　讀寫能力　讀與寫的能力。此一字彙也指涉：透過書寫文字而接觸文學、並獲得教育的基本素養。在古老文明，例如閃米特人和巴比倫人，讀寫能力只有學者和祭司等精英團體才擁有；在希臘和羅馬時代，雖然讀寫能力較爲普及，但也僅限於上層階級的成員；在中世紀歐洲，有證據顯示讀寫能力已更廣泛散布，因爲以前口說爲憑的功能性文件逐漸改用書寫，例如奴隸賣身契、及審判的證人供詞等。讀寫能力的普及與社會劇變有緊密關聯，尤其是帶動一般民眾研讀《聖經》的宗教改革，而科學的發展也有助識字率提升。宗教改革和文藝復興期間，造成讀寫能力普及的重要原因，除了是因爲活版印刷術的發展之外，也因爲印刷的語言開始採用各地方言，而不再完全是拉丁文。至於強迫義務性的學校教育，則是起源於19世紀的英國和美國，造成了現代工業社會讀寫能力的高普及率。

literary criticism　文學評論　關於文學的哲學性、描述性和價值性探究的領域，包括文學是什麼、做什麼以及其價值何在。西方批評傳統始於柏拉圖的《理想國》（西元前4世紀）。一個世代之後，亞里斯多德在其《詩學》中發展出一套到現在仍舊影響很大的寫作規則。文藝復興以來的歐洲文評，主要將焦點放在文學的道德價值以及自然跟現實之間的關係。16世紀末，西德尼爵士辯說文學的特質在於提供某些方面優於現實的想像世界。一個世紀後，德萊敦提出比較非理想主義的觀點，他覺得文學主要爲提供正確的「人類教導和趣事」的媒介，此假說成爲波普和約翰生偉大批評工作的基礎。由這些觀念來看浪漫主義時期所顯現出來的批評，以華茲華斯的主張爲典型，他認爲詩的對象要「是眞實的……要用熱情觸動到內心的感覺」。到19世紀晚期發展爲兩個支派：「爲藝術而藝術」的美學理論，以及阿諾德所主張的觀點：文學必須帶有之前由宗教承擔的道德和哲學功能。文學評論的書籍在20世紀大量增加，並在近幾年出現重新評估傳統批評模式的現象，批評派別也有多元化的發展。（參閱structuralism、poststructuralism、deconstruction）。

literati　文人　中國和日本的學者，認爲他們的詩歌、書法和繪畫主要顯示他們的修養和表達他們的個人感情而不是展示他們的專業技能。文人畫家的概念首先在中國的北宋形成，但到了明朝由董其昌永久地整理確定下來。在18～19世紀，文人畫在日本流行起來，他們誇大了中國的作文和繪畫風格。亦請參閱Ike no Taiga。

lithification 岩化作用 鬆散的沈積顆粒轉化爲岩石的一種複雜過程。岩化作用可以發生在剛剛沈積的時候，也可以在沈積以後發生。膠結作用是主要的一種岩化作用，對於砂岩和礫岩尤爲如此。此外，在沈積物內各種礦物之間以及礦物與孔隙中的流體之間會發生各種反應，這些反應會形成新的礦物或者加入到已經存在於沈積物中的其他礦物中去。

lithium 鋰 化學元素，爲比重最輕的鹼金屬，化學符號Li，原子序數3。鋰柔軟，色白並具光澤，化學性質活潑，所形成的化合物中原子價爲1。用於某些合金當中，當作核反應器的冷卻劑，也因其活性而用作試劑、清除劑和火箭燃料。氫化鋰是氫氣的一個來源；氫氧化鋰也用作鹼性蓄電池電解質的添加劑和二氧化碳的吸收劑。鋰的鹵化物（參閱halogen）可用作吸濕劑，而鋰鹽（肥皂）用作潤滑油的增稠劑。碳酸鋰還是治療抑鬱症和躁鬱症的重要藥物。

litho-offset ➠ offset printing

lithography＊ 平印 利用油脂與水無法混合之特性的印刷方法。布拉格人塞尼費爾德用碳酸鈣鹼和細膩多孔的表面探索了石頭的性質，並在1798年完成了他的印刷方法。在塞尼費爾德的方法中，以粉筆或油墨繪製設計的石頭以水弄濕，在各式各樣的蝕刻和保護步驟後，用油墨刷過，設計圖上只有油墨保存下來。然後，把這種上墨的表面印出－－用特殊壓平器直接印在紙上（例如大部分的美術版畫製作），或者印在橡膠滾筒後再印在紙上（例如商業印刷）。手工印刷的石頭製備方法仍是藝術家偏愛的平印法，至今幾乎沒有改變。現代輪轉式膠印壓平器的商業平印能夠快速製造高品質、細膩的印刷品，複製任何可在製版過程中拍攝的材料。現在，它占了所有版畫、包裝、印刷的40%以上，比例是其他所有單一印刷方法的二倍。

lithosphere 岩石圈 堅硬岩質的地球外層，由地殼和上部地函的固態外層所組成。岩石圈的深度約100公里，破裂成十二個獨立的剛性塊體，或稱爲板塊（參閱plate tectonics）。科學家相信，地球內部放射熱能使地函內部深處緩慢對流，是導致板塊（大陸在板塊的頂部）側向運動的原因，速率每年數公分。

Lithuania 立陶宛 正式名稱立陶宛共和國（Republic of Lithuania）。歐洲東北部國家。面積65,301平方公里。人口約3,691,000（2001）。首都：維爾紐斯。立陶宛人約占總人口的4/5，還有俄羅斯人、波蘭人、白俄羅斯人等少數民族。語言：立陶宛語（官方語）、俄羅斯語、波蘭語和白俄羅斯語。宗教：天主教（占人口大多數）。貨幣：立塔斯（litas）。該國以低窪的平原爲主，間有一些山丘高地，河流均緩緩向西流入波羅的海。製造業是最重要的經濟部門，包括金屬加工、木器加工和紡織生產，特別集中於東部和南部。農業以飼養牲畜爲主，尤其是乳牛和豬，並種植穀物、亞麻、甜菜、馬鈴薯和飼料作物。政府形式是共和國，有一立法機構。國家元首是總統，政府首腦是總理。西元13世紀中葉立陶宛各部落團結起來反對條頓騎士團。格迪米納斯大公將立陶宛擴展爲一個帝國，該帝國在14～16世紀統治了東歐大部分地區。1386年立陶宛大公成爲波蘭國王，其後四百年間，這兩個國家一直緊密地聯繫在一起。1795年第三次瓜分波蘭時，俄國取得立陶宛，1863年立陶宛人參與波蘭的暴動。第一次世界大戰期間爲德國人占領，1918年宣布獨立。1940年蘇聯紅軍控制立陶宛，不久即併入蘇聯，成爲立陶宛蘇維埃社會主義共和國。1941～1944年德國人再度占領立陶宛，但紅軍再次於1944年奪回。蘇聯解體後，1990年立陶宛宣布獨立，次年取得完全的獨立地位。1990年代期間致力於穩定經濟情況，並希望加入歐洲共同體。1997年與俄羅斯簽定邊界條約。

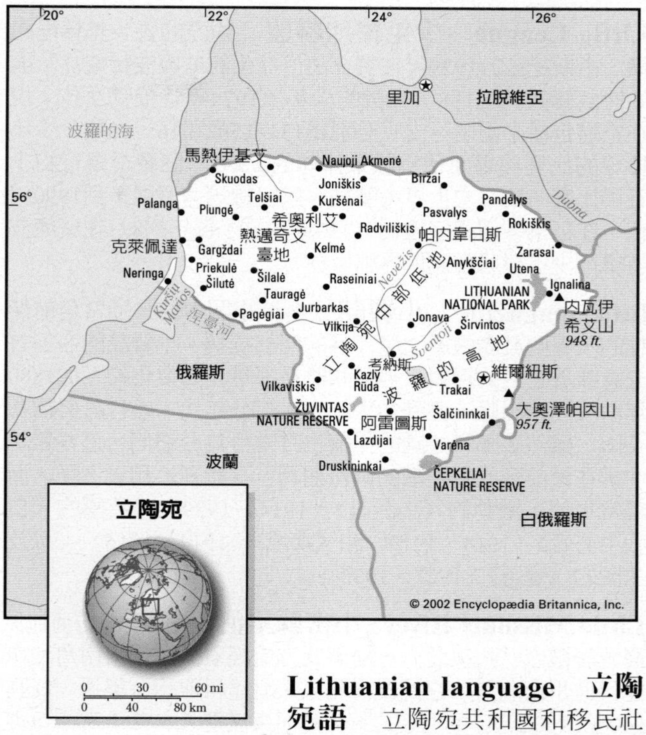

Lithuanian language 立陶宛語 立陶宛共和國和移民社區中約400萬人使用的東波羅的語（參閱Baltic languages），北美洲可能有300,000人操此語言。立陶宛語的證物稀少，直到1547年才有使用此語的第一本著作印刷出來。19世紀晚期，發展出一種標準語言的努力主要來自德國統治下東普魯士的西方高地方言使用者。這些使用者包含雅布隆斯基，他的拼字法（以拉丁字母爲基礎，有衆多附加符號）和語法（1901）在立陶宛獨立時獲得官方採用。立陶宛語因保存印歐諸語言的古風而聞名。

litmus＊ 石蕊 從幾種地衣類植物中獲取的帶色有機化合物的混合物。它的水溶液，或者做成石蕊紙後，是最古老和最常用的指示劑，可以指示一種物質是酸還是鹼。在酸性溶液裡它呈紅色或粉紅色，在鹼性溶液裡呈藍色或紫－藍色。

Little Armenia 小亞美尼亞 亦稱Lesser Armenia。小亞細亞東南沿海的王國。12世紀時由亞美尼亞人魯本王朝在西利西亞建立的王國，開始時與拜占庭帝國展開多次鬥爭，後來與西方發展了聯繫。它受到法蘭克十字軍的影響，威尼斯和熱那亞的商人們沿著貿易路線也把他們的影響帶到了東方。1375年它被穆斯林的馬木路克人征服。

Little Bighorn, Battle of the 小大角河戰役 亦稱卡斯特的最後抵抗（Custer's Last Stand）。在蒙大拿地區小大角河發生的戰鬥，交戰一方爲卡斯特率領的聯邦軍，另一方爲一群印第安人（東部的蘇人和北部的夏延人）。美國政府下令讓北部的平原部落回到指定的保留區，派特里將軍領導軍隊去強制執行這項命令。特里企圖包圍在小大角河河口的一個印第安人營地，但是卡斯特帶領的一個兩百多人的小分隊提前發起了攻擊，結果全遭殺戮。接著政府軍血洗了這個地區，迫使印第安人投降。

Little Entente＊ 小協約國 在法國的支援下，捷克斯洛伐克、南斯拉夫和羅馬尼亞於1920～1921年間達成的共同防禦協定。旨在反對德國和匈牙利在多瑙河地區的統治，保護成員國的領土完整和政治獨立。1920年代這個協定是成功的，但在1933年希特勒上台後，各成員國逐漸奉行獨立的外交政策。1938年德國吞併了捷克的蘇台德地區後，小協約國就瓦解了。

Little League 少年棒球聯盟 國際的青少年棒球組織，由斯托茲於1939年在賓夕法尼亞州的威廉波特成立。開始時該聯盟只包括8～12歲的少年。1974年時接受女孩。現在它還包括了兩個分支，分別為13～15歲和16～18歲。少年棒球的比賽球場面積爲職業棒球的2/3。一個賽季舉行約十五場比賽。第二次世界大戰後，該組織迅速發展，到1990年代，在三十多個國家裡約有250萬隊員。每年的8月在威廉波特舉行少年棒球聯盟世界錦標賽。

little magazine 小雜誌 各種小開本的、通常是前衛性的、專門發表嚴肅文學作品的期刊統稱。小雜誌的名稱首先意味著它們的編輯、經營和財務都是非商業化的。從1880年前後開始出版，直到20世紀的大部分年代，盛行於美國和英國，雖然法國和德國的作家也常常得益於它們。這些雜誌中排在最前列的有美國的兩份期刊，《詩刊》和更古怪，而經常更使人激動的《小評論》（1914～1929）；英國的《自我中心者》（1914～1919）和《疾風》（1914～1915）；以及法國的《變遷》（1927～1938）。

Little Missouri River 小密蘇里河 美國西北方河流。發源於懷俄明州東北方，向東北方流經蒙大拿州東南角和南達科他州西北角。它持續向北流入北達科他州，經過一條長560哩（900公里）的河道之後，轉而東流進入密蘇里河。西奧多·羅斯福國家公園位在這條河在北達科他州境內的河岸。

Little Richard 小理查（西元1932年～） 原名Richard Wayne Penniman。美國節奏藍調音樂歌手和鋼琴家。生於喬治亞州美肯的一個嚴格的宗教家庭裡，曾在教會裡唱詩歌和伴奏，但後來他父親聽說他有同性戀傾向，因而將他轟出家門。之後在夜總會裡演奏，隨著一個巫術節目而行遍各地，自1950年代起便以藍調藝術家灌錄唱片。他最先以〈水果冰淇淋〉（1956）成功走紅。其後類似的當紅歌曲有〈修長的莎莉〉、〈露西兒〉和〈美麗的莫莉小姐〉。1957年他改變宗教信仰，隨後被任命爲神職人員。他很快回到音樂領域，成爲拉斯維加斯修道會受歡迎的人，並繼續悠遊演出過多部成功的電影。他是最早名列搖滾樂名人堂的歌手之一。

Little Rock 小岩城 美國阿肯色州首府，位於阿肯色河畔。1722年法國探險家拉阿爾普爲此地命名爲羅奇，因爲在河邊發現了這種岩石。1821年成爲阿肯色州的首府。美國南北戰爭開始時，它堅決反對聯盟；1863年聯邦軍隊占領了這個城市。它成爲農業地區的貿易中心，也是鐵路和河運的樞紐。1957年州政府干預中央中學的種族隔離問題，聯邦軍介入。小岩城是阿肯色州最大的城市，有許多高等教育的機構，包括小岩城的阿肯色大學（1927）。人口約176,000（1996）。

Little St. Bernard Pass 小聖伯納山口 薩伏依阿爾卑斯山脈的山口。位於法國東南部，義大利邊界的西南，連接法國的聖莫里斯堡和義大利的杜依爾。西元前218年可能漢尼拔帶領了迦太基軍隊在去羅馬的途中曾穿過這個山口。在西元前77年開放熱內夫爾山山口以前，小聖伯納山口一直是阿爾卑斯山區通向高盧的長毛高盧省的主要路線。山口旁有11世紀孟松的聖伯納修建的教會招待所。

little theater 小劇場運動 美國在20世紀初的運動中發展起來的實驗性戲劇中心的統稱。受到19世紀晚期充滿活力的歐洲戲劇，尤其是賴恩哈特理論的影響，一些年輕的劇作家、舞台設計師和演員們建立了一些社區劇場，像紐約的小劇場（1912）、芝加哥的小劇場（1912）和波士頓的微型劇場（1912）。有少數幾個發展成重要的商業製作場所，比如華盛頓廣場演出者（1915）後來成爲戲劇公會（1918）。像歐尼爾、考夫曼和安德生等劇作家早期都曾在小劇場裡找到他們的機會。

Little Turtle 小烏龜（西元1752～1812年） 美洲印第安人的領袖。1790年代早期，他成爲邁阿密人的首領，領導了對西北地區居民點的襲擊。1794年在鹿寨戰役中被韋恩將軍擊敗，1795年被迫簽訂「格陵維耳條約」，把俄亥俄的大部以及伊利諾、印第安納和密西根諸州的部分地區割讓給了美國。後來他積極倡導和平，並成功地阻止邁阿密印第安人參加特庫姆塞的肖尼聯盟。

Littleton, Thomas 李特爾頓（西元1422～1481年） 受封爲湯瑪斯爵士（Sir Thomas）。英國法學家。在一個大動亂時期，他擔任了幾個高級職位，包括民事法院法官（1466年起）。他的《李特爾頓論租佃》，是關於英國土地法的完整觀點，是第一部印刷出版的（1481或1482年）關於英國法律的論文。三百多年來一直是法律教育的一部分內容，也是柯克的英國法律學院的基礎。

liturgical drama 禮拜式戲劇 中世紀時，在教堂內或教堂附近演出的戲劇。這種形式可能始於10世紀，當時復活節彌撒中把「你找誰」這部分作爲一段情節演出。這種戲劇的長度逐漸增加，主題都是《聖經》中的故事（尤其是關於復活節和聖誕節的故事），12～13世紀時盛行起來。所用的拉丁語對白經常還配上簡單的讚美詩旋律。這類劇一直寫到16世紀，但後來由世俗方面來主辦，而且採用了地方語言，從而與教堂完全分離。亦請參閱miracle play、morality play、mystery play。

Liturgical Movement 禮儀改革運動 19世紀和20世紀，基督教會的一種努力，目的是創造出更符合早期基督教傳統，與現代社會關係更密切的，更簡單的儀式，來鼓勵俗人（非教徒）參加禮拜儀式。這項運動開始於19世紀中期的羅馬天主教會，後來擴展到歐洲和美國的其他基督教教會。第二次梵諦岡會議（1962～1965）建議將拉丁文的禮拜儀式轉換成用各個國家的地方語言，並改革所有的聖禮儀式。1978年路德宗修改了「路德宗禮拜書」，1979年聖公會採用了修改後的「公禱書」。

Litvinov, Maksim (Maksimovich)＊ 李維諾夫（西元1876～1951年） 原名Meir Walach。蘇聯外交家、外交人民委員（1930～1939）。1898年加入俄國社會民主工黨。1901年因從事革命活動而被捕，後逃往英國。1917～1918年間，在倫敦代表蘇維埃政府，然後回到俄國，參加外交人民委員會，帶領蘇聯代表團出席裁軍會議。作爲外交人民委員，1934年他與美國建立了外交關係，1935年與法國和捷克斯洛伐克談判簽訂反德條約，1934～1938年間他敦促國際聯盟抗擊德國。在簽訂「德蘇互不侵犯條約」（1939）之前被解職。1941～1943年間任蘇聯駐美大使。

Liu Bang 劉邦（西元前256年～西元前195年） 亦拼作Liu Pang。即漢高祖（Han Gaozu）。中國漢朝（西元前206年～西元220年）的創建者，爲農民出身的一介平民。當秦朝（西元前221年～西元前206年）的第一位皇帝去世後，劉邦加入由項羽所領導的叛變，力圖推翻秦朝。項羽在獲勝後，把西部的漢國封給劉邦，但兩大同盟不久轉而相互對抗。劉邦以其務實的精明擊敗項羽過於貴族化的粗率，成爲漢朝的開國皇帝。

Liu Shaoqi　劉少奇（西元1898～1969年）　亦拼作Liu Shao-ch'i。中華人民共和國主席（1959～1968），中國共產黨最重要的理論家。劉少奇曾在蘇聯接受極爲優秀的教育與學習，而成爲中國新政府中最令人矚目的發言人。但是他自1920年代起即活躍於共產黨此一背景，才讓他在1930年代、1940年代的中國共產黨中，升遷更爲順利。當毛澤東在推動大躍進失敗後辭去主席一職，劉少奇接任此一頭銜。他的政策是允許農民耕作小塊私有的土地，並以發放貨幣作爲鼓勵，以重新恢復農業的生機。但毛澤東日後對此表示強烈反對。1968年劉少奇因被界定爲「走資派」而被排擠出權力核心，林彪則被指定爲毛澤東的繼承人。一直到1974年才公布劉少奇早已死於1969年的事實。

Liu Songnian　劉松年（西元1174～1224年）　亦拼作Liu Sung-nien。中國人物畫和山水畫畫家。南宋孝宗淳熙年間(1174～1189)入畫院當學生，光宗紹熙年間（1190～1194）爲畫院待詔。寧宗在位期間（1195～1224）受到賜金帶的嘉獎。劉松年遵從李唐的傳統。作品的典型特色是用細膩手法畫出相當大的人物，並將人物放在畫面中靠近觀賞者的位置上。他畫的人物臉部表情生動，衣服褶皺十分複雜。最重要的一些山水畫表現了人與自然的和諧。劉松年爲學院派畫風鋪平了道路，由其同代人馬遠和夏珪進一步加以發展。

live oak　活櫟　山毛櫸科櫟屬紅櫟組幾種北美產觀賞和材用樹的通稱。南方活櫟是巨大的常綠樹，高達15公尺以上。莖幹在靠近地面處分出數條大枝，分枝水平伸展，長度達樹高2～3倍。葉橢圓形，上面深綠色而光滑，下面蒼白色而有毛。南方活櫟是一種貴重的材用樹，在美國南部植作遮蔭樹和行道樹。已知最老的植株年齡在200～300年之間。

liver　肝　脊椎動物體內最大的器官，呈楔形葉狀。肝能分泌膽汁，代謝蛋白質、碳水化合物和脂肪，貯存肝醣、維生素和其他物質，合成凝血因子，排除血液中的廢物和有毒物質，調節血容量，以及破壞老舊的紅血細胞。門靜脈攜帶血液從腸道經過膽囊、胰臟、脾臟到肝來加工處理。肝內有一個膽道系統把膽汁從肝帶到十二指腸和膽囊。肝組織是由大量肝細胞組成，肝細胞間有膽管和血管穿行。肝組織內約有60%是肝細胞，它們比其他細胞具有更大的代謝功能。第二種類型的細胞是庫普費爾氏細胞，在血細胞形成、抗體產生和吞噬異物、細胞碎屑方面扮演了重要角色。肝製造血漿蛋白質，包括白蛋白和凝血因子，並合成酶以改變營養物和毒素等物質，並把它們從血液中濾出。肝病包括黃疸、肝炎、肝硬化、腫瘤、血管阻塞、膿瘡和肝醣貯積病。

Liverpool　利物浦　英格蘭西北部默西賽德都市郡中心及港口（1998年市區人口約461,500；都會區人口約1,409,400）。位於默西河的河口。1207年英王約翰批准建制。它一直緩慢成長，到18世紀時，由於發展了與美洲和西印度群島的商業往來，利物浦就迅速擴大起來，成爲僅次於倫敦的英國最大港口。利物浦與曼徹斯特之間的鐵路（1830年開通）是英格蘭連接兩大主要城市的第一條鐵路。第二次世界大戰中遭到重創，戰後它作爲港口和工業中心的重要性都已下降。它是披頭合唱團的誕生地，也是利物浦大學（1903）的所在地。

Liverpool, Earl of　利物浦伯爵（西元1770～1828年）　原名Robert Banks Jenkinson。英國首相（1812～1827）。1790年進入下院，不久成爲重要的托利黨員。先後擔任外交大臣（1801～1804）、內務大臣（1804～1806、1807～1809）和陸軍暨殖民大臣（1809～1812）。在他任首相期間，發生了1812年與美國的戰爭以及拿破崙戰爭的最後幾場戰役。1814～1815年間他在維也納會議上竭力主張廢除奴隸買賣。儘管有時會被籠罩在他的同事們以及威靈頓公爵軍事威猛的陰影下，但他還是執行了堅強可靠的行政管理。

liverwort　蘚　蘚綱小型、無維管束、產生孢子的陸生植物，8,000多種，構成苔蘚植物的一部分。呈世界性分布，但主要分布於熱帶。原植體蘚通常生長於潮濕的土壤或岩石上，而葉狀蘚既見於類似的生境，又見於潮濕林地的樹幹上。蘚類的生活週期具有性（配子體）世代及無性（孢子體）世代（參閱alternation of generations）。原植體蘚的原植體類似分葉的肝臟，故得其英文名。蘚類對人無重要經濟價值，但能保持水分，有助於岩石的崩解。

livestock　家畜　農家飼養的動物，不包括家禽。西方國家把家畜種類分爲：家牛、綿羊、豬、山羊、馬、驢和騾，在其他地區可能以別種動物（如水牛、牛和駱駝）爲主。亦請參閱ass、cow。

Living Theater　生活劇團（西元1951～1970年）　一個先驅性的劇目公司。1947年由貝克（1925～1985）和馬利納（生於1926年）在紐約創立，目的是製作出一些實驗性的戲劇，主題思想往往比較激進。首次重大成功是蓋爾伯的《毒品販子》（1959），是關於吸毒的戲。接著是布朗的《禁閉室》（1963），描寫無人性的軍事紀律。由於與美國的稅務當局發生了問題，他們就搬到了歐洲（1965～1968）。1968年回到紐約演出對抗性的《天堂就在眼前》（1968），是有煽動革命傾向的劇目。

living will　生命遺囑　一份文件聲明，當立書人失去行爲能力後，指定要採用或是放棄醫療措施。由於先進的醫療科技，使得人們在正常會導致死亡的情況下（例如不能進食、呼吸或維持心跳），軀體仍能保有生命跡象；但很多人並不希望在不可能復原的情況下繼續存活。因爲在植物人狀態下無法表達個人意願，因此採用生命遺囑來事先表達。這類文件通常指定在哪些情況下「放棄人工呼吸器」（do-not-resuscitate; DNR）的遺囑生效，並授權他人爲病人作決定。

Livingston, Robert R.　利文斯頓（西元1746～1813年）　美國律師和外交家。他曾參與大陸會議，協助起草了獨立宣言。作爲紐約的第一任首席法官（1777～1801），他主持了華盛頓的宣誓就職儀式（1789）。任美國外交部長期間（1781～1783），使美國代表們得到外交上的承認。1801～1804年間擔任公使被派往法國，促成了路易斯安那購地計畫的實現。後來他與富爾敦合夥，獲得了紐約海域輪船的壟斷權。1807年第一艘航行在哈得遜河上的輪船以他的祖籍克萊蒙特命名。

利文斯頓，肖像畫，皮爾繪於約1782年；現藏費城獨立國家歷史公園
By courtesy of the Independence National Historical Park Collection, Philadelphia

Livingston, William　利文斯頓（西元1723～1790年）　美國政治人物。任紐約州議員時（1756～1760），寫了一些政治小冊子和報刊上的文章，爲1691～1756年這段時間內理解紐約法律作準備。1772年移居新澤西州，並在1774～1776年代表該殖民地參加大陸會議。擔任新澤西州的第一任州長期間（1776～1790），代表新澤西州參加聯邦制憲會議，並使該州較早地批准了新憲法。

Livingstone, David　李文斯頓（西元1813～1873年）　蘇格蘭傳教士、到非洲的探險家。出生於工人家庭。曾在格拉斯哥學習神學和醫學，1840年受神職，決定到非洲工作，爲殖民而打開它的內部地區，傳播福音，並廢除奴隸貿易。到1842年他已經準備好要比任何一個白人更深入開普殖民地前沿以北地區。1849年他是到達恩加米湖的第一個歐洲人，1854年又第一個到達盧安達。1855年他發現了維多利亞瀑布，再穿過大陸到達東部的莫三比克（1856, 1862），考察了馬拉威地區（1861～1863），發現了姆韋魯湖和班韋烏盧湖（1867），並進一步深入到坦干伊喀湖的東面（1871），比以前的任何一個探險家走得更遠。他試圖找到尼羅河的源頭（1867～1871），但沒有成功。1871年被史坦利發現時，他的健康狀況正在惡化，但他拒絕離開。1873年非洲的助手們發現他已經死了。李文斯頓創作了一種複雜的知識體，包括地理、技術、醫學和社會，需要花幾十年時間去開採。在他的一生中，激發起了任何地方講英語人群的想像力。人們也記住他是英國文明中的一個偉大人物。

李文斯頓，油畫，黑維爾（F. Havill）據照片繪；現藏倫敦國立肖像畫陳列館
By courtesy of the National Portrait Gallery, London

Livonia　利沃尼亞　立陶宛之北，波羅的海東部沿海的地區。原是利夫人（一種芬蘭－烏戈爾民族）的居住地區，最後擴張到幾乎包括所有現代的拉脫維亞和愛沙尼亞。13世紀時被寶劍騎士團占領並使其基督教化，組成利沃尼亞同盟。俄國的入侵開始了利沃尼亞戰爭（1558～1582），戰爭中，俄國、波蘭和瑞典奪取了它的一些部分。瑞典最終得到了它大部分的控制權，但在1721年把該地區割讓給了俄國。1918年利沃尼亞的北部成爲獨立的愛沙尼亞的一部分，南部則歸屬獨立的拉脫維亞。

Livorno　利佛諾　英語作Leghorn。義大利中部托斯卡尼地區的城市，臨利古里亞海。起初是個漁村，1421年受佛羅倫斯的統治。16世紀時，麥迪奇開始建設麥迪奇港，在托斯卡尼的斐迪南一世時期（1549～1609），這個城市成了難民的天堂。18世紀時，利奧波德二世擴大了港口，給予外國商人一些特權。1860年利佛諾成爲義大利的一部分。它是義大利最大的港口之一，有廣闊的商業活動，還有造船廠。歷史遺址有大教堂和16世紀的城堡。人口165,000（1996）。

Livy＊　李維（西元前59/64～西元17年）　拉丁語作Titus Livius。羅馬歷史學家。生平不詳，大部分時間必定是在羅馬度過。他一生的工作是寫羅馬的歷史，一共寫了142冊。第11～20冊以及第46～142冊已經佚失，第45冊以後的書也只是從殘頁和後來的總結中才知道。李維不像更早一些的歷史學家，他不參與政治，所以他寫出的歷史不是從黨派的政治觀，而是從人物和道德的觀點來看的歷史。他發展出的一種拉丁散文風格與書寫的主題配合得很好。他寫的歷史是他那個時代的經典之作，深刻地影響了的歷史寫作的風格和哲學直到18世紀。

lizard　蜥蜴　蜥蜴亞目四足爬蟲類的統稱，約3,000種，以熱帶地區種類和數量最多，但從北極到非洲南部、南美洲和澳大利亞皆有分布。蜥蜴與蛇的外表特徵相似：具角質鱗，雄性具一對交接器（半陰莖），方骨可活動。身體多細長，四肢發育完好，尾巴比頭加身體的長度略長，下眼瞼多可動。體長從3公分（壁虎）至3公尺（科莫多龍）都有，但大大多數體長約爲30公分。其頭、背或尾部有棱脊，喉部皮膚有皺褶且顏色鮮豔，喉部下垂。多數蜥蜴以昆蟲及齧齒動物爲食，但有些種類（如大鬣蜥蜥）爲草食性者。亦請參閱Gila monster、horned toad。

Ljubljana＊　盧布爾雅納　斯洛維尼亞的首都。位於盧布爾雅尼察河畔，處於第拿里阿爾卑斯山脈的環抱之中。西元前1世紀時是羅馬古城埃莫納。西元5世紀時被毀，後由斯拉夫人重建爲盧維戈納。12世紀時轉到了卡尼奧拉名下，1277年屬哈布斯堡王朝。1809年被法國人奪走，1813年以前是伊利里亞省的行政中心。1816～1849年間成爲伊利里亞王國的一部分。在奧地利統治下是斯洛維尼亞民族主義的中心，1918年成爲未來南斯拉夫的一部分。1992年斯洛維尼亞獨立後，盧布爾雅納一直是該國的首都。它是鐵路和商業的中心，市內有盧布爾雅納大學（1959年成立）。人口約270,000（1996）。

llama＊　美洲駝　南美洲已馴化的羊駝類動物（參閱alpaca），學名Lama glama，在玻利維亞、祕魯、厄瓜多爾、智利和阿根廷維持大群的飼養。美洲駝主要爲馱畜，但也是食物、羊毛、皮革、作蠟燭的脂油和乾燥糞便用作燃料的來源。113公斤重的美洲駝能負載45～60公斤的重物，一天可走25～30公里。美洲駝極能忍渴，能以各種植物爲食。通常爲白色，也可能是純黑色和褐色，亦可爲白色帶有黑、褐色的斑點。通常性情溫和，但在負載過重或力竭時，便躺下嘶叫，噴吐唾沫，腳踢拒不前行。現在已無野生種，在印加文明時期或之前從栗色羊駝育種而來。

Llandridod Wells＊　蘭德林多德威爾斯　威爾斯東部波伊斯郡城鎮。1696年前後首次發現有治療效果的礦泉水，19世紀時就成爲遠近聞名的礦泉療養地。第二次世界大戰後礦泉浴場變得蕭條下來，1960年代關閉，1983年重新開放。西北部有羅馬城堡遺址。

Llano Estacado＊　埃斯塔卡多平原　亦稱斯卡特德平原（Staked Plain）。新墨西哥州的東南部、德州的西部和奧克拉荷馬州西北部的高原。面積約78,000平方公里，是個半乾旱的平原，偶爾有些蓄雨水的池塘。土壤可利於放牧、旱地耕種的穀物以及依靠灌溉的棉花生產。石油和天然氣的生產也頗重要。該地區最重要的城市是德州的拉巴克和阿馬里洛。

Llanquihue, Lake＊　延基韋湖　智利中南部的湖泊。是智利最大的湖，面積860平方公里，長35公里，寬40公里。遠處聳立著火山，山後阿根廷的邊界處有特羅納多爾山（高3,554公尺）。湖邊有一些著名的旅遊城鎮。

Llosa, Mario Vargas ➠ Vargas Llosa, (Jorge) Mario (Pedro)

Lloyd, Chris Evert ➠ Evert, Chris

Lloyd, Harold　勞埃（西元1893～1971年）　美國電影喜劇演員。1913年開始出現在單本喜劇片中，作爲賽納特劇團的成員，擅長滑稽的追逐場景。1915年加入羅奇的公司，在像《只不過有點神經病》（1915）這類廣爲人知的電影裡創造了「孤獨的路加」這個角色。1918年他又發展出一個戴著圓框眼鏡的白臉人物的獨特形象。注意到用驚險動作可以作爲笑料，於是他就表演大膽絕技，在《安全放在最後》（1923）中，他把自己掛在街道上方大鐘的指標上。在《新鮮人》（1925）中充當美式足球危險動作的替身。1952年勞埃獲奧斯卡特別獎。

Lloyd George, David 勞合喬治(西元1863～1945年) 亦稱Earl Lloyd-George of Dwyfor。英國首相(1916～1922)。出生於曼徹斯特，父母爲威爾斯人，後來在威爾斯長大。1890年進入議會，代表自由黨，此後保持議席五十五年。1905～1908年擔任商務大臣，1908～1915年任財政大臣。1909年提出爭議性的「人民預算」(爲社會改革而提高稅收)，結果爲上院所駁回，導致憲法危機，後來通過「1911年議會法」。同年又提出「國民保險法」，爲英國的福利國家政策奠定了基礎。1915～1916年任軍需大臣，運用非正統的方式確保戰時物資供應無缺。1916年取代阿斯奎斯擔任首相，在保守黨的支持下組成聯合內閣。他組成小型戰時內閣，期能盡速作出決策。由於英國最高指揮者之間的彼此不信任，他常與黑格將軍意見不合。1918年戰爭勝利，他的聯合內閣繼續執政，自由黨進一步分裂了。他是在巴黎和會上簽署「凡爾賽和約」的三個大政治家之一。他開始以談判方式解決愛爾蘭問題，最終在1921年達成「英愛條約」。1922年辭職，1926～1931年擔任已經式微的自由黨黨魁。

Lloyd Webber, Andrew 勞埃・韋伯(西元1948年～) 受封爲勞埃－韋伯男爵(Baron Lloyd-Webber)。英國作曲家。他的作品以電子樂和搖滾樂爲基礎有助於音樂劇的復興。就讀於牛津大學和皇家音樂學院，他父親就是皇家音樂學院的院長。他首次合作的對象是抒情詩人賴斯(生於1944年)合作，寫成《約瑟夫與奇異的夢幻彩衣》(1968)。接著是「搖滾歌劇」《萬世巨星》(1971)，將古典形式與搖滾音樂混合在一起。他們最後一次的主要合作是《艾維塔》(1978)。將艾略特的詩譜成的《貓》(1981)是倫敦和紐約兩地曾經上演過的最長的音樂劇。以後他又與人合作了《星光列車》(1984)、《歌劇魅影》(1986)、《愛情面面觀》(1989)和《日落大道》(1993)，還有其他的舞台作品。1992年封爵，1996年被封爲貴族。

Lloyd's of London 勞埃保險社 倫敦的保險市場協會，專門從事高風險的保險業務。開始於1688年，勞埃在倫敦開了一家咖啡館，商人、海員以及海上保險商們都到這裡來洽談業務。經常來勞埃店裡的保險商們最後組成了一個海上保險協會(1871年成立)。1911年擴展到其他形式的保險。發生了一系列財務醜聞後，1982年根據「勞埃法」重組了這個集體。如今的勞埃保險社有兩萬多名個人成員，組成了幾百個辛迪加(企業聯合組織)，它們在倫敦的勞埃保險社設有保險商代理。索賠時個人的辛迪加成員比集體的更爲可靠。1980年代和1990年代，史無前例的虧損使一些辛迪加成員破產，因爲他們對所承擔的業務負無限責任。1993年，這種責任就加以限制了。亦請參閱insurance、liability insurance。

Llull, Ramon * 盧爾(西元1232/1233～1315/1316年) 英語作Raynond Lully。西班牙(加泰龍)神祕主義者、詩人和傳教士。他在馬霍卡王宮中長大，在宮中他就寫抒情詩。後來他周遊各地，勸說穆斯林改奉基督教。據說他在貝賈亞被亂石擊死。作爲哲學家，他以「尋找眞理的藝術」的發明人著稱。這種藝術主要是在傳教工作中支援教會，同時把知識的所有分支統一起來。在他的主要著作《偉大藝術》(1305～1308)中，他試圖把所有形式的知識，包括神學、哲學和自然科學，都歸結爲互相模仿而出自同源，都是宇宙中神性的表現。他的作品影響了整個中世紀以及17世紀的歐洲的新柏拉圖神祕主義。在加泰龍文化中，他的帶有寓意的小說《布蘭奎爾納》(1284?)和《菲力克斯》(1288?)受到廣泛的歡迎。他關於騎士制度的論文、關於動物的寓言故事以及關於中世紀思想的百科全書也都頗爲人知。

Llyr * 利爾 在塞爾特宗教中，互相爭戰的兩大神族之一的族長。一種解釋說利爾的子孫是黑暗勢力，與多恩的子孫光明勢力勢不兩立。在威爾斯的傳說中，利爾和他的兒子馬納維丹與海有關。利爾的其他孩子包括布蘭、克雷代拉德和布蘭文，後者是太陽神、愛爾蘭的國王馬托爾威奇的妻子。

Llywelyn ap Gruffudd * 盧埃林・阿普・格魯菲德(卒於西元1282年) 威爾斯親王(1258～1277)。自1255年起爲威爾斯北部圭內斯的親王，他力求在本國的土地上擴張他的統治，1258年自立爲威爾斯親王。1262年以武力反對南威爾斯的英格蘭貴族，並與亨利三世的對手孟福爾結盟。然而1267年孟福爾死後，他簽訂了一項條約，承認亨利的宗主地位。1277年盧埃林反叛愛德華一世，但被擊敗。1282年在最後一次起事中被殺，不久威爾斯就完全處於英格蘭的統治之下。

Llywelyn ap Iorwerth * 盧埃林・阿普・約爾沃思(卒於西元1240年) 別名Llywelyn the Great。威爾斯親王。是強大的威爾斯親王的孫子，幼年時被逐出威爾斯北部的圭內斯。1194年返回，廢黜了他的叔父。1202年獲得了北威爾斯大部分地區的控制權。雖然他娶了約翰王的女兒，但當他過分擴張權力時，1211年英格蘭國王就入侵威爾斯。不久，盧埃林就收復了他的土地，並與反對約翰的諸侯們結成聯盟。1218年亨利三世承認他在威爾斯大部分地區的統治，但在1223年，盧埃林被迫撤退到北方。

Lo-lang ➠ Nangnang

load-bearing wall ➠ bearing wall

loam 壤土 肥沃、脆弱的土壤，砂與粉砂的成分幾乎相等，只含少許黏土。這個詞有時候用來泛稱土壤。心土內的壤土接受上方表土淋溶下來的各種礦物質與黏土。

Loanda ➠ Luanda

Lobachevsky, Nikolay (Ivanovich) * 羅巴切夫斯基(西元1792～1856年) 俄國數學家。他一生都以喀山大學爲中心，先在那裡學習，1816年開始在那裡任教。1829年，他發表了開創性的理論，即否定歐幾里德平行公設的幾何學。他最終解決了困擾了數學家們2,000年之久的問題。在無窮級數，尤其是三角級數的理論以及積分計算、代數學和機率論方面羅巴切夫斯基都做了卓越的工作。生前他很少受到關注，去世十年後他的新幾何學才被接受，儘管大部分功勞還歸於其他人。羅巴切夫斯基與匈牙利的鮑耶(1802～1860)一起，被認爲是非歐幾里德幾何的創始人。

Lobamba 洛班巴 史瓦濟蘭的立法首都(1995年人口約10,000)。位於墨巴本附近，是一個人口密集的農村地區。根據傳統的史瓦濟人風俗，它是皇太后的居住地，因此是史瓦濟國家的精神家園。鎮內有國家議會機關以及國王官邸。

lobbying 遊說 個人或集團試圖影響政府決定的任何活動。這個詞開始於19世紀，是指影響議員們投票的努力，通常是在議會大廳外面走廊裡活動。這種努力可以是直接向執行或立法部門的決策者提出要求，或者也可以採取間接方式(例如，通過影響公眾輿論)。可以包括口頭或書面的勸說、資助競選活動、發起公關活動、向立法委員會提供調查研究結果，以及在立法委員會面前正式表明態度。遊說者可能是特殊利益集團的成員，也可能是願意代表某個集團或個人的專業人士。在美國，「聯邦遊說管理法」(1946)要求遊說者以及他們所代表的集體必須登記註冊，並報告他們的捐獻和費用。

lobelia family＊　半邊蓮科　桔梗目一科顯花植物，約25屬，750多種。因為有些花為二唇形，十分好看而為人所種植。與桔梗科不同。在非洲山地有柱狀多粗毛的喬木種。此科包括紅衣主教花、大藍半邊蓮和路單利草。曾用作抽煙，根部可提煉出催吐的生物鹼，現在被認為具有毒性。

Lobengula＊　羅本古拉（西元1836?～1894年）　南非恩德貝勒國的第二代、也是末代國王。他是恩德貝勒王國的創建人姆濟利卡齊的兒子。經過一段內戰時期後，1870年羅本古拉承繼王位。他試圖與英國結盟，1886年給了他們耕種特權，1888年又給了採礦權。但英國人並不滿足，在羅德茲名下的英國南非公司發動了軍事遠征，1893年消滅了恩德貝勒王國。亦請參閱Khama III。

lobotomy＊　腦葉切開術　切斷腦部葉間神經傳導路徑的手術。1935年由埃加斯．莫尼茲和利馬引入，作為根治嚴重的精神病的方法，尤其適用那些對休克療法沒有反應的病人。休克療法確實能減少焦慮，但常常會造成冷漠、消極、注意力不集中、並降低情緒回應。1956年前腦葉切開術曾被廣泛使用，後來出現了能更有效地使病人安靜下來的藥物。現在施行腦葉切開術的情形已很少見。

lobster　龍蝦　十足類多種海生蝦狀動物的統稱，底棲，夜行性。以死動物為食，也吃活魚、小型軟體動物及其他底棲無脊椎動物和海藻。具有一或多對變態的螯，一側的螯大於對側。真正的龍蝦在上體殼內有十分特別的口鼻部。美洲巨螯蝦和挪威海螯蝦具有重要的商業價值，是最名貴的食物。美洲巨螯蝦分布自拉布拉多至北卡羅來納水域，淺水中捕獲的長可25公分左右，重約0.5公斤；深水中的重可達約2.5公斤，特大的可達20公斤。亦請參閱shellfish。

美洲巨螯蝦
John H. Gerard

local area network (LAN)　區域網路　由一個區域的許多電腦構成的通訊網路，例如一棟建築物或公司集團。個人使用者可以在區域網路存取共享的資料或檔案，就如同這些資料或檔案是存在自己的電腦；為了達到這個目的設置的中央電腦稱為伺服器。雷射印表機和其他周邊設備連接區域網路供大家使用。同軸電纜與光纖纜線是區域網路常用的通訊線路，提供快速的資料傳輸，安裝容易。亦請參閱network, computer。

Local Group　本星系群　包括銀河系在內的大約四十個星系組成的集團。其中近半數是矮的橢圓星系，但六個最大的是螺旋形的或不規則的星系。它們通過相互間的引力作用而保持分離。銀河系靠近本星系的一端；最大的仙女座星系則靠近另一端，兩者相距約200萬光年。

Locarno, Pact of　羅加諾公約（西元1925年）　在瑞士羅加諾簽訂的軍事條約，旨在保證西歐的和平。簽字國有比利時、英國、法國、德國和義大利。公約規定，由「凡爾賽和約」確定下來的德法和德比邊界不可侵犯，但不包括德國東部的邊界。英國承諾保衛比利時和法國，但不包括波蘭和捷克斯洛伐克。其他的條款還包括法國與波蘭以及法國與捷克斯洛伐克之間的共同防禦。這個公約使聯盟軍隊按計畫提前五年，在1930年撤出萊茵蘭。亦請參閱Kellogg-Briand Pact。

Loch Leven ➠ Leven, Loch

Loch Lomond ➠ Lomond, Loch

Loch Ness ➠ Ness, Loch

Lochner, Stefan＊　洛赫納（西元1400?～1451年）德國畫家。早年生活不詳，但可能曾在尼德蘭學習。1430年左右定居科隆，從他的作品對細節的注意就可看出法蘭德斯畫派對他的影響。在《博士朝拜》中可以看到艾克的影響，這是他為科隆大教堂的祭壇貢獻的作品，洛赫納也在其中加入了自己的自然主義觀察以及巧妙的色感和設計。他以高度神祕化的宗教畫著稱，是科隆畫派的最偉大的代表。

洛赫納的《玫瑰涼亭中的聖母》，現藏科隆瓦爾拉夫－里夏茨博物館
By courtesy of the Wallraf-Richartz-Museum, Cologne

lock　鎖　用來確保門戶而使之只能使用鑰匙或密碼來開啓的機械或電子裝置。源於中東，已知最古老的鎖見於尼尼微附近，大約有4,000年的歷史，屬於插針轉筒型，除此之外稱為埃及鎖。羅馬人首先使用金屬鎖，並為之配製小型鑰匙。他們也發明榫槽，即鑰匙孔中的突起，能夠防止鑰匙轉動，除非它有避開突起的狹槽。現今，人們最熟悉的鎖可能是轉筒鎖，插針轉筒鎖由鋸齒邊緣的鑰匙開啓，鋸齒形把轉筒中的針提至適當高度，讓滾筒可以旋轉。單元鎖也很普遍，裝設在門緣內長方形凹槽裡，還有嵌鎖，裝設在門緣內的榫眼，兩邊涵蓋著鎖的機制。其他類型包括槓桿鎖和複合鎖。以磁卡鑰匙開啓的電子鎖普遍用於銀行、飯店房間、辦公室等。

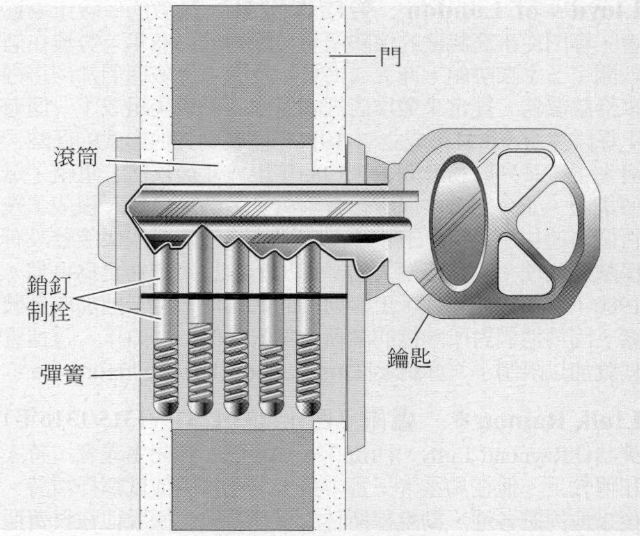

圓柱形鎖的銷釘制栓是由一系列成對的銷釘組成。銷釘上裝有彈簧，受壓對應出插入鑰匙的輪廓。插入鑰匙不對，會使得一根以上的銷釘擋住圓柱無法旋轉；只有當所有下部的栓對齊圓柱的邊緣，才能夠轉動鑰匙。

Locke, John　洛克（西元1632～1704年）　英國哲學家。曾就讀於牛津大學，主修醫學及科學，後來成為未來的沙夫茨伯里伯爵第三的醫師兼顧問（1667～1672）。後來遷居法國，但在1683年沙夫茨伯里伯爵失勢後逃到尼德蘭，在那裡支持未來的威廉三世，並在光榮革命後回到英國，擔任上訴法院法官直到去世為止。他最著名的作品是《人類理解論》（1690，或譯《人類悟性論》），他駁斥了理性主義者所稱思想家單靠理性就能找到宇宙眞理的觀點，而主張世界的知識僅能從經驗獲得。在知識論中，洛克爲英國經驗主義和實用主義奠定基礎。他最重要的政治哲學著作是《政府二論》（1690），其中反駁了專制主義和君王的神權。洛克在論文中對自由主義的經典陳述後來啓發了美國革命及法國大革命的領袖，還有美國憲法的作者。洛克是英國和法國啓蒙運動的發起人，也對休姆、柏克萊及18世紀其他許多人物產生強烈的影響。

Lockheed Martin Corp. 洛克希德－馬丁公司 美國多元化經營的公司，也是世界最大的航太製造公司之一。1995年成立，由洛克希德公司（1926年成立，當時稱洛克希德航空公司）及馬丁－瑪麗埃塔（1961年成立，當時由馬丁公司和美國－瑪麗埃塔公司合併而成）公司合併而成。第二次世界大戰期間洛克希德公司成立了一個機密部門（以「科研重地」聞名），成爲美國軍機的領先研發者（如F-104戰鬥機、U-2和SR-71偵察機，以及F-117A隱形戰鬥機）。1970年代早期因生產L-1011三星商業客機而導致財政困難，後來靠聯邦政府大量的貸款才免於破產。洛克希德公司後來致力於飛彈的開發，生產了「北極星」、「海神」、「三叉戟」等潛艦發射彈道飛彈。太空部門則完成哈伯太空望遠鏡的建造和系統整合。1990年代初，與波音公司合作，全力製造F-22猛禽式隱型戰鬥機（1997年首飛）。第二次世界大戰後，馬丁公司主要的生意是爲美國政府研發火箭（如泰坦火箭）和電子系統。改名馬丁－瑪麗埃塔公司之後建造了「海盜號」火星登陸器、到金星探測的「麥哲倫號」，以及設計並生產太空梭的外掛燃料箱。1990年代中期洛克希德和馬丁公司組建國際發射服務公司，與俄羅斯的恩納吉亞公司、赫魯尼切夫公司一起合作承攬商業性航空發射業務。

lockjaw ➠ tetanus

lockout 閉廠 在勞資糾紛中，雇主把員工關在工作場所以外，或者拒絕雇用員工的策略。1780年代和1790年代，工廠主經常使用閉廠來對付勞動騎士團，因爲他們正在組織像肉品包裝和雪茄製造工業的工人起來鬥爭。現代很少採用閉廠，通常只是作爲雇主協會成員之間協定的一部分，當工會組織進行罷工時，會關閉一些工作設施來挫敗工會的要求。

Locofoco Party＊ 羅克福克黨 1835年在紐約市組織的民主黨激進派。它包括了以前的工匠黨的成員，反對國家銀行、壟斷、關稅和特權。民主黨在坦慕尼廳舉行提名大會時，正統派們熄滅了煤氣燈，激進派用自然摩擦火柴（人稱羅克福克）點燃了蠟燭，羅克福克黨的名字由此而得。正式的名稱是權利平等黨，它趕走了幾名坦慕尼候選人，通過「獨立國庫法」（1840）而實現了政府與銀行業的分離。1840年代，它重新被吸收進民主黨。

locomotion 行動 各種動物從一個地方前進到另一個地方的運動的統稱。行動可分爲附肢行動（由專門的附肢來完成）或體軸行動（通過改變身體的形狀來實現）。水生的原生動物用纖毛或鞭毛等附件或者用假足或似足的附件足來移動。其他形式的水生動物的行動包括用腳走（某些節肢動物）、爬行（通過收縮身體肌肉，固定在襯底上，然後再展開身體）以及游泳（比如像水母那樣利用水的推力，或者像魚類那樣波浪式行進）。陸地上的節肢動物和脊椎動物用連接的附肢（腿）來移動。蛇和其他無肢的脊椎動物通過肌肉推壓襯底來爬行前進。飛行則靠向前伸展翅膀來實現。

locomotive 機車 自力推動的車輛，用來拖拉軌道上的鐵路列車。從1803年起，特里維西克在威爾斯和英格蘭建立早期的實驗性蒸汽機車。第一部實用的蒸汽機車「火箭號」在1829年由史蒂芬生發展出來，在「蒸汽暴發」系統中，來自多管鍋爐的蒸汽推動了連至一對凸緣驅輪的活塞。美國第一部蒸汽機車由史蒂文斯建於1825年，而商業上可用的第一部機車「湯姆拇指號」在1830年由庫柏建於巴爾的摩。後來的改進使機車能讓兩百輛載貨列車加速到每小時120公里。直到20世紀中期爲止，由木材或煤炭產生的蒸汽是主要的動力來源，儘管20世紀早期已經使用電力，特別是在歐洲。第二次世界大戰以後，柴油動力取代了蒸汽，因爲它有較高效能和較低花費，雖然也使用柴油－電力組合和氣體渦輪電力組合。

locoweed 瘋草 豆科黃芪屬及棘豆屬數種植物的俗稱。原產北美中北部和西部草原地區。這些生長緩慢的植物（高約45公分）具有易變的長毛，蕨狀葉，豆狀花穗。瘋草對吃草的動物具有危害性，因爲它們含有一種毒素，會影響肌肉的控制，產生狂亂行爲，視力障礙，有時可致死。由於嚐起來的味道不好，牲畜通常只有在其他糧草稀少時才會吃瘋草。腐壞的瘋草把毒素釋放到土壤，有時會被其他無害的飼草作物所吸收。

Locri Epizephyrii＊ 洛克里伊壁犀斐里 大希臘時期的古城，位於義大利西南部「足尖」部分的東部沿海。約在西元前680年由希臘人建立，是第一個有書面法律（洛克里法，約西元前660年頒布）的希臘社區。它建立了移民城邦，在伯羅奔尼撒戰爭中抵抗過雅典人的干涉。它的「忠誠」多變，經常易主，西元前205年被羅馬奪取。西元915年西西里的穆斯林毀掉了這座城市。

locust 洋槐 豆科洋槐屬植物，約20種喬木，全部原產於北美洲東部和墨西哥。最著名的是黑洋槐，又稱假相思或黃槐，是歐洲廣泛栽培的觀賞植物，株高24公尺，羽狀複葉。花白色，芳香，聚生成下垂的鬆散花簇。變種很多，有的變種無刺。黑洋槐是一種控制水土流失和提供用材的樹種。所謂的皂莢也屬豆科，是一種北美洲喬木，一般種來觀賞，也用作籬樹。

黑洋槐
John H. Gerard

locust 飛蝗 蝗科短角的蝗蟲，數量常突然大增，並作長距離遷徙，爲害甚大。在北美洲，locust和grasshopper可指任何蝗科昆蟲；蟬（cicada）也可稱爲飛蝗。在歐洲，locust指的是體型較大的蝗科昆蟲，體型較小的稱grasshopper。飛蝗分布於世界各大陸地。飛蝗群的零散出現可以用群集種類是散居型（常態），還是群居型的理論來解釋。蝗蝻（若蟲）如果在有許多其他蝗蟲存在的情況下成熟，就會變成群居型；只有當成長數量過度擁擠造成資源缺乏時，才會形成遷徙的大群。飛蝗結集成群的規模可能超乎想像的大，1889年一次紅海的蝗群估計範圍約有5,000平方公里之大，它們也可能形成巨塔形式，高達1,500公尺。蝗災會對農作物造成極大的損害。

lodestone 磁石 ➠ magnetite

lodge 小屋 原爲供短期使用（例如伐木或採石）或狩獵季節居住的簡易住房。隨著歐洲莊園周圍的土地發展成園林，小屋也就成爲永久性的房屋。多數小屋是供獵場看守人、護林人、看門人或園丁們居住的村舍，但也可能是高貴人士所有的較大的建築。如今小屋這個詞是指質樸的居所，或者自然設置的小旅店，往往只是季節性地使用（例如滑雪小屋）。

Lodge, Henry Cabot　洛吉（西元1850～1924年）　美國政治人物和外交家。他是亨利．洛吉的孫子。曾擔任美國參議員（1937～1944、1947～1952）和美國駐聯合國代表（1953～1960）。1960年他是共和黨的副總統候選人，總統候選人是尼克森。在關鍵的1963～1964年以及1965～1967年間，他是駐南越的大使。後任駐西德大使（1968～1969）及駐梵諦岡特使（1970～1977）。

Lodge, Henry Cabot　洛吉（西元1902～1985年）　美國政治人物和外交官。他是老參議員亨利．卡博特．洛吉之孫。曾任美國參議員（1937～1944、1947～1952），以及美國常駐聯合國代表（1887～1960）。1960年他被提名爲共和黨副總統候選人，與尼克森搭檔一起競選。後任美國駐南越大使（1963～1964、1965～1967）、駐西德大使（1968～1969），以及駐梵諦岡特使（1970～1977）。

Lodi, Peace of＊　洛迪和約（西元1454年）　威尼斯與米蘭之間的條約，結束了因米蘭公國的繼位問題而引起的戰爭，規定由斯福爾札繼位。它承認斯福爾札是米蘭的統治者，恢復威尼斯在義大利北部的領土，包括布雷西亞和貝加莫。它還提供了二十五年的共同防禦協定，以保持現有的疆界並建立義大利聯盟。該和約在威尼斯、米蘭、那不勒斯、佛羅倫斯和教廷國這些勢力之間建立了平衡，開始了四十年的相對和平時期。

Lódz＊　洛次　波蘭中部城市。位於華沙的西南，14世紀時是個村莊，1798年獲市政權。1820年俄國統治下的波蘭會議王國把它建成紡織工業的中心，到19世紀晚期它是波蘭最大的棉紡生產城市。在兩次世界大戰期間都被德國占領過。現在它是個文化中心和波蘭的第二大城市。人口約826,000（1996）。

loess＊　黃土　不成層的、地質年代較新近的粉砂質或亞黏土質沈積物，色調通常呈牛皮黃色和淺黃褐色，主要是由風沈積的。黃土大部分是由碳酸鈣鬆散膠結的粉砂級顆粒組成的沈積堆積物。通常質地均勻，孔隙度高，並且被垂直的毛細管穿過，因而易使沈積物斷裂，形成垂直的陡崖。

L
M
N

Loesser, Frank (Henry)＊　萊塞（西元1910～1969年）　美國作曲家、歌詞作者和抒情詩人。父爲紐約鋼琴老師，1936年遷往好萊塢，與雷恩、斯坦恩、麥克休、卡邁克爾等人一起工作。戰時所作的歌曲包括〈讚美上帝，傳遞彈藥〉和〈你在步兵團做了什麼？〉，戰後寫的歌曲有〈開往中國的慢船〉和〈寶貝，外面很冷〉（1948年獲奧斯卡獎）。他的第一部百老匯音樂劇是《查理在哪裡？》（1948, 1952年拍成電影）。1950年創作的《紅男綠女》（1955拍成電影）是美國最偉大的音樂劇之一。後來又創作了《最快樂的費拉》、《一步登天》（1962年獲普立茲獎）等音樂劇，曾爲電影《安徒生傳》（1952）配樂。

Loewe, Frederick＊　洛伊（西元1904～1988年）　奧地利裔美國歌曲作家。男高音之子，本人是個鋼琴神童，十三歲時以最年輕的獨奏者的身分與柏林愛樂管弦樂隊合作演出。師從布梭尼和阿爾貝特。他在十五歲時寫的歌曲〈卡特里娜〉賣出了一百多萬份拷貝。1924年來到美國，爲百老匯的小型歌舞諷刺劇譜寫音樂。1942年他遇到勒納，此後他們十八年的合作產生出了五部經典的音樂劇。由於個人性格上的差異，在寫完《卡默洛特》後就停止了合作。1973年他們又重新合作把《金粉世界》搬上了舞台，還爲電影《小王子》（1974）寫了多首歌曲。

Loewy, Raymond (Fernand)＊　洛伊（西元1893～1986年）　法裔美籍工業設計師。取得電氣工程高級學位後，1919年移民紐約，繪製時尚插圖，並爲幾家百貨公司設計櫥窗。1929年開辦了自己的設計公司。1930年代和1940年代他設計了各種家用產品，採用圓角和簡潔的、「流線型」的輪廓。1934年爲西爾斯－羅巴克公司設計的一個冰箱在1937年巴黎國際博覽會上贏得首獎。在以後的年月中，他爲每件產品（從機車到飲料自動販賣機）都做了功能性很強的設計，協助美國工業設計專業的成立。

Löffler, Friedrich (August Johannes)＊　勒夫勒（西元1852～1915年）　德國細菌學家。1884年與克雷伯斯（1834～1913）一起發現了引起白喉的有機體。同時，他還和魯（1853～1933）和耶爾森（1863～1943）一起指出了白喉毒素的存在。他證明了某些動物對白喉有免疫力，這是貝林研究抗毒素的基礎。勒夫勒還發現了某些豬病的病原，並與許茲一起辨認出了馬鼻疽的病原。他與弗羅施一起發現口蹄疫的病原是病毒（這是第一次發現病毒會引起動物疾病），並研製出對抗口蹄疫的血清。

loft　閣樓　建築的上部空間，常向一側開放，用作儲藏室或其他的目的（比如睡眠閣樓、乾草閣樓）。閣樓也指工廠或倉庫的頂層，一般是用隔板隔開。現在常被轉成別的用途，諸如住房或藝術家的工作室。教堂中的聖壇閣樓是聖壇屏（參閱cathedral）上面的展示廊；唱詩班和管風琴閣樓是爲教堂的歌手和樂隊留出的樓座。劇場裡的閣樓是在台口上面和後面的區域。

Lofting, Hugh (John)　洛夫廷（西元1886～1947年）　英裔美籍作家和插畫家。1912年起主要生活在美國。他以經典的兒童圖書出名，這些書寫的是一位圓圓臉的、溫和的、古怪的獸醫杜立德，爲了能更方便爲動物治病，他學習動物的語言。他最初創作這個人物是在第一次世界大戰中，他從前線給孩子們寫信，爲了取樂他們而寫的。《杜立德醫生的故事》（1920）一出版就獲得成功；接著是《杜立德醫生航海記》（1922，獲紐伯里獎）、《杜立德醫生在月球》（1928）和《杜立德醫生歸來》（1933）以及其他許多作品。

log cabin　原木屋　原木構築的一室的小屋。原木端部有切口，彼此咬合，逐層壘起，空隙處填滿灰泥、苔蘚、砂漿、泥漿或乾糞。在北美，原木屋由早期移民、獵人、伐木工以及其他的野外居民所建。歐洲也有這種建築物，特別是在斯堪的那維亞國家。雖然有各種設計形式，但共同的風格特點都是單坡的木屋頂和小的窗戶。現代的夏季避暑村舍也有用原木構築的（或某個面做成原木屋式），以體現質樸的鄉間風味。

林肯童年時代居住過的原木屋，位於肯塔基州諾布河畔，建於19世紀初期
Wettach－Shostal

Logan, James　洛根（西元1725?～1780年）　原名Tah-gah-jute。美洲印第安人領袖。是奧奈達人酋長什克拉米的兒子。他父親是賓夕法尼亞殖民地大臣詹姆斯．洛根（1674～1751）的朋友。後來他搬到俄亥俄河流域，成爲印第安人和白人移民者的朋友。1774年他全家遭到邊境商人的大屠殺，他就在鄧莫爾勳爵之戰中領導印第安人襲擊白人定居點。他拒絕參加和平談判，用被稱爲「洛根的哀悼」信件送去了他的悲憤與不平。在美國革命中他與英國結盟。

Logan, Mt. 洛根山 加拿大育空地區西南部，接近阿拉斯加邊界處聖伊萊亞斯山脈的山峰。海拔5,951公尺，是加拿大的最高峰，北美的第二高峰，僅次於馬金利山。位於克盧恩國家公園內，該公園占地面積22,000平方公里。1925年有人首次登上此峰。洛根山的名字是爲了紀念加拿大地質勘探隊的創建人威廉・洛根。

loganberry 洛根莓 薔薇科刺莓植物，學名Rubus loganobaccus。1881年首見於美國加州聖克魯斯殖，顯然是太平洋沿岸的野生黑莓和紅懸鉤子的天然雜交種。在奧瑞岡州和華盛頓州大量種植，在英國和塔斯馬尼亞也有栽培。近蔓生，茁壯，形如黑莓，羽狀複葉，莖有皮刺。漿果深紅色，味極酸，可製罐頭，凍儲做點心餡，以及釀酒。

logarithm 對數 在數學上指的是，爲了產生一個給定的數，一個基數必須自乘的次數（例如，9對於基數3的對數，即$\log_3 9$是2，因爲$3^2=9$）。常用對數是對於基數爲10的對數。於是，100的常用對數（log100）是2，因爲$10^2=100$。對於基數爲e（e=2.71828...）的對數叫做自然對數（ln），在微積分中特別有用。發明對數是爲了簡化繁瑣的計算，因爲用冪指數的相加或相減可以等同於它們的基數的相乘或相除。將對數函數加進數位計算機和電腦後，這些過程就被進一步簡化了。亦請參閱Napier, John。

loggia＊ 敞廊 一面或幾面敞開的大廳、走廊或門廊。源始於地中海地區，作爲敞開而陰涼的起居活動場所。往往在房子的頂層設帶拱頂的，可以俯瞰庭園的敞廊，儘管也可以是一個分離的帶拱頂的或帶廊柱的結構。在中世紀和文藝復興時期的義大利，敞廊常與廣場相結合，像佛羅倫斯的蘭齊敞廊（1376年始建）。

logic 邏輯 關於推論與論證之研究。在邏輯中，一個論證的組成是，一組爲眞的陳述（前提）是使得進一步陳述（論證的結論）爲眞的充分條件。邏輯可分爲演繹邏輯、歸納邏輯以及所謂非形式謬誤的研究（參閱deduction、induction、fallacy, formal and informal）。現代形式邏輯以命題與演繹論證爲主題，並從這些命題與演繹論證的內容抽離出它們所包含的邏輯形式。邏輯學家使用符號來表示那些邏輯形式，便於推論，也便於驗證有效性。邏輯常項包括（一）命題連結詞，如「非」（¬），「且」（∧），「或」（∨），「若－則」（⊃），（二）存在量詞與全稱量詞「（∃x）」（可讀作「對於至少有一個體，稱爲x，……爲眞」）以及「(∀x)」（「對於每一個體，稱爲x，……爲眞」）。再加上（三）等同概念（以=表示）與（四）一些屬於邏輯的謂詞。單單上述（一）的邏輯常項之研究，稱作命題演算。涉及上述（一）、（二）與（四）者，屬一階謂詞演算領域。若強調上述（三），則加入「不等同」之詞。邏輯是哲學與數學領域的重要基礎。亦請參閱deontic logic、modal logic。

logic, many-valued 多値邏輯 形式系統，在其中，合於規範的公式被解釋爲能夠有經典的眞或假二値以外的値。多値邏輯系統中合於規範之公式所具有的値的數量，從三個到無限多個。

logic, philosophy of 邏輯哲學 關於邏輯的性質與範圍的一般性哲學議題。邏輯哲學提出的議題範例如：「邏輯法則是基於實際世界的什麼特性而爲眞？」、「我們怎麼知道邏輯的眞？」以及「邏輯法則能被經驗證明爲假嗎？」關於邏輯主題的特徵，有各式不同說法，如思維法則、「正確推論的規則」、「有效論證的原則」、「某些所謂邏輯常項的使用」、「僅僅立基於所含詞語之意義的眞理」，等等。

logic design 邏輯設計 數位電腦電路的基本組織工作。所有數位電腦都基於兩個數値的邏輯系統：0或1、開或關、是或否（參閱binary code）。電腦執行計算是利用稱爲邏輯閘的元件，由積體電路組成，接收輸入訊號加以處理轉變成輸出訊號。閘的構成要素是當時間脈衝通過的時候讓其通過或阻擋，閘的輸出位元控制其他閘或輸出結果。邏輯閘有三種基本類型，稱爲「與」、「或」和「非」。將邏輯閘連接在一起，建構的裝置就可以執行基本算術功能。

logical positivism 邏輯實證論 分析哲學早期的形式，啓發自休姆的思想、羅素與懷德海的邏輯學以及維根斯坦的《邏輯哲學論叢》（1921）。在1922年維也納大學的一個以石里克（1882～1936）爲主題的研究小組中，此一學派正式成立，以維也納學圈之名在該校維持到1938年。它提出幾個革命性的論題：（一）一切有意義的論述，不是由(a)邏輯與數學的形式句子組成，就是由(b)專門科學的事實命題組成；（二）任何宣稱爲事實的主張，唯有在有可能說該主張如何能被證實的情況下，該主張才有意義；（三）形上學主張，不屬上述（一）之中的任一類，乃是無意義的；以及（四）所有關於道德價値、美學價値或宗教價値的陳述，在科學上都是無法驗證的，因而是無意義的。亦請參閱Ayer, A(lfred) J(ules)、Carnap, Rudolf、emotivism、verifiability principle。

logicism＊ 邏輯主義 在數學哲學中，認爲數學是從邏輯推導出來的一種論點。早在1666年，萊布尼茲已經設想邏輯是一種包羅萬象的科學，包含了所有其他學科的原理。狄德金在1888年，尤其是弗雷格在1884和1893年，都從邏輯學推導出了算術。羅素提出這個觀點，認爲只用邏輯學就能推導出全部數學。

logistic system 數理邏輯系統 ➠ formal system

logistics＊ 後勤學 軍事科學中軍事單位支援戰鬥單位的所有活動，包括運輸、供給、通訊、醫療輔助。後勤學一詞最早由約米尼、馬漢等人使用，第一次世界大戰期間被美國軍方採用，並在第二次世界大戰時通用於其他國家。隨著現代戰爭日趨複雜，其重要性在20世紀逐漸增加。使大批人口機動化的能力提升了支援與供應的軍事需求，而繁複的技術增加了武器、通訊系統、醫療照顧的花費和複雜性，造成支援體系需要巨大的網路。例如在第二次世界大戰期間，大約僅有十分之三的美國軍人扮演戰鬥角色。

Logone River＊ 洛貢河 非洲北部的河流。赤道非洲查德湖盆地沙里河的主要支流。流經喀麥隆東北部和查德。流向西北，在查德的恩賈梅納匯入沙里河。全長390公里。在邦戈爾以下可季節性通航。

logos 邏各斯 希臘哲學、神學用語，指蘊藏在於宇宙之中、支配宇宙並使宇宙具有形式和意義的絕對的神聖之理。此概念在西元前6世紀赫拉克利特的著作中已提到，在波斯、印度和埃及的哲學和神學體系也有提到。在基督教神學中尤其重要，它用來論述耶穌基督在上帝創世的原理、宇宙的秩序規範和救世設計的神啓方面所扮演的角色。這種概念在〈約翰福音〉中說明得最清楚，即耶穌基督是道（Word，邏各斯）成了肉身。

Logroño＊ 洛格羅尼奧 西班牙拉里奧哈自治區首府。初建於羅馬時期。中世紀時，因地處去聖地牙哥的朝聖路線上而發展起來。是個四周有城牆的古城。它是農業區的貿易中心，並以里奧哈葡萄酒聞名。人口約125,000（1995）。

Lohengrin＊ 洛亨格林 中世紀德國傳說中的英雄騎士。他被稱爲天鵝騎士，因爲他乘坐天鵝拉的船，來搭救一位落難的貴婦。他娶了她，但禁止她問他的來歷：當她忘了這個承諾時，洛亨格林就離開了她，再也沒有回來。這個傳說的第一個版本出現在沃爾夫拉姆·封·埃申巴赫的《帕爾齊法爾》（1210?）中，說天鵝騎士是帕爾齊法爾的兒子和繼承人。15世紀無名氏的史詩《洛亨格爾》爲華格納的歌劇《洛亨格林》（1850）提供了基礎。

Loire River＊ 羅亞爾河 法國東南部的河流。是法國最長的河流，它流向北和西，在聖納澤爾下面通過一個寬闊的河口而注入比斯開灣，全長1,020公里。早在12世紀就修築了河堤。在以後的幾個世紀裡，它被廣泛地用於貨運。17～18世紀修建了一個運河系統，不適用於現代的船隻。

loka＊ 界 在印度教裡，指宇宙或宇宙的任何一個特殊的區域。宇宙通常劃分爲「三界」，或者稱三個世界（天界、地界和氣界，或者天界、世界和冥界）。每一界又分成七界。有時想像爲十四界而非三界，地上七界，地下七界。無論哪種分法，都表明印度教的基本概念，即宇宙有層次分明的許多界。

Loki＊ 洛基 在古斯堪的那維亞神話中，一個能夠改變形狀和性別的惡作劇精靈。他的父親是巨人法爾包提，而他卻屬於埃西爾神族。洛基是奧丁和托爾兩位大神的伙伴，他用妙計幫助他們，但有時會使他們陷於窘境。他還會以諸神之敵出現，未經邀請就闖入他們的宴會，向他們要酒喝。由於導致巴爾德爾神死亡，故被罰鎖在岩石上。洛基創造了一名女子安格爾波達，與她生了三個邪惡的後代：死亡女神海爾、包圍了世界的惡蛇約爾孟岡德和一隻叫芬里爾的狼。

Lollards 羅拉德派 中世紀晚期英格蘭威克利夫的追隨者。這個貶稱（源自中部丹麥，意思是「說話含糊不清的人」）更早用於被懷疑爲異教徒的歐洲群體。第一批羅拉德派以威克利夫在牛津大學的同事們爲中心，由赫里福的尼古拉領導。1382年坎特伯里的大主教威逼牛津羅拉德派的一些人放棄他們的觀點，但這一派別繼續擴張。1399年亨利四世即位，標誌了鎮壓浪潮的開始。1414年羅拉德派的一次起義很快被亨利五世打敗；起義帶來了殘酷的報復，標誌了羅拉德派公開政治影響的結束。1500年前後，羅拉德派開始復興，到了1530年，老的羅拉德派與新的新教徒的力量開始合併。羅拉德派的傳統有利於亨利八世的反教權立法。赫里福的尼古拉翻譯了聖經。

Lomax, John＊ 洛馬克斯（西元1867～1948年） 美國人種音樂學家。生於密西西比州古德曼，曾就讀於哈佛大學，之後很快開始出版牧歌選集。1930年代他與十幾歲的兒子亞倫（1915～）致力於收集美國西南部和中西部民歌。在他們所有重要發現中，摩頓、賴白里和沃特斯可能是意義最重大的人物；洛馬克斯父子所找到關於摩頓表演和說故事的文稿特別具象徵意義。兩個人在「國會民歌音樂文稿圖書館」的研究都花了相當大的功夫。他們很多書和選集刺激了1950年代和1960年代民歌音樂的復甦。

Lombard, Carole 倫芭（西元1908～1942年） 原名Jane Alice Peters。美國電影女演員。1921年她在《完美的罪行》中初登銀幕。1925年起在一些喜劇短片中演出。在《20世紀號快車》（1934）中演出後，就參與一系列流行的旋轉球喜劇（一種充滿俚語、快節奏對話、粗鄙幽默和小丑式人物的喜劇）的演出，包括《我的男人戈弗雷》（1936）、《絕不神聖》（1937）、《諜網情鴦》（1941）和《生死問題》（1942）。1939年她嫁給克拉克蓋博。在一次促銷戰爭債券的飛行途中，因飛機墜毀而罹難。

Lombard, Peter ➠ Peter Lombard

Lombard League 倫巴底聯盟 12～13世紀爲抵禦神聖羅馬皇帝剝奪義大利北部倫巴底行政區的自由而組織的聯盟。成立於1167年，得到亞歷山大三世的支持，他利用這個聯盟來反對皇帝腓特烈一世。腓特烈屢次被聯盟軍打敗，根據「康士坦茨和約」，被迫給予倫巴底聯盟這些城市自由和司法權。1226年續定聯盟，抵制了腓特烈二世在義大利北部重新確立帝國權力的企圖。

Lombardi, Vince(nt Thomas) 隆巴迪（西元1913～1970年） 美國職業美式足球教練。在福德姆大學時在號稱「七巨石」的著名傳球線上傳球。曾任綠灣包裝人隊的主教練和總領隊（1956～1967）。他對士氣不高的隊員強制執行緊張奮發的訓練方法，帶領他們贏得了五次全國美式足球聯盟冠軍（1961、1962、1965、1966、1967），並取得了第一和第二次超級盃賽（1967、1968）的勝利。1969年任華盛頓紅人隊的教練和總領隊，使這個隊取得了十四年來的第一次勝利。一年後由於得了癌症而停止了他的職業生涯。

Lombardo, Guy (Albert) 隆巴多（西元1902～1977年） 加拿大出生的美國樂隊領隊。曾學習小提琴。1917年成立了他的樂隊「高貴的加拿大人」。1927年他們開始在芝加哥的電台作全國性廣播。從1929年起，他是紐約的「羅斯福·格里爾」（一個重複三十多年的預定門票的節目）冬季演出中引人注目的人物。1954年開始，他移至華爾道夫飯店繼續他著名的新年除夕廣播，在演奏〈友誼萬歲〉時達到了高潮。儘管評論家們嘲諷他是「陳腐之王」，但隆巴多因指揮「人間最甜蜜的音樂」而贏得了持久的盛名。

Lombards 倫巴底人 日耳曼民族的一支，568～774年在倫巴底地區統治一個王國。原本是德國西北部的一支遊牧部落，後來開始向南遷徙，採用一種帝國軍事制度。6世紀時，他們已經遷移到義大利北部，征服了一些城市，這些城市在推翻了東哥德人和拜占庭帝國的統治後，處於無防衛的狀態之下。8世紀時，利烏特普蘭德（大概是倫巴底最偉大的國王）逐漸征服仍處於拜占庭帝國統治下的義大利地區。當倫巴底國王入侵教宗的轄區時，教宗亞得連一世向查理曼大帝求援。773年法蘭克人圍困了倫巴底首都，並俘獲了倫巴底國王狄西德里烏斯，結果查理曼兼任法蘭克和倫巴底國王，倫巴底人對義大利的統治自此結束。

Lombardy＊ 倫巴底 義大利北部的自治區。北與瑞士接壤，它包含了許多阿爾卑斯山峰，以及肥沃的波河流域。首府是米蘭。西元前5世紀塞爾特人在此居住，在第二次布匿戰爭後被羅馬征服，成爲阿爾卑斯山南高盧的一部分。西元568～774年，它是倫巴底王國的中心。中世紀時，它的幾個城鎮都成爲自治區；在12世紀時它們組成了倫巴底聯盟，1176年打敗了腓特烈一世而成爲自治區。後來這個地區受西班牙（1535～1713）、奧地利（1713～1796）和法國（1796～1814）統治。1859年倫巴底參加了新統一的義大利。它是義大利人口最多的地區，包含了義大利北部工業三角區（包括熱那亞、杜林和米蘭）的一部分。人口約8,925,000（1996）。

Lombok＊ 龍目 印尼的島嶼。是小巽他群島中的一個島嶼，與巴里島之間有龍目海峽，與松巴哇島之間有阿拉斯海峽。長115公里，寬80公里，面積5,435平方公里。它被兩條山鏈分開，北部山脈包括林賈尼山（3,726公尺），是印

L M N

尼最高的山。1640年由馬加撒蘇丹管轄。後來巴里人奪取了控制權，在那裡建立了四個王國。1843年起丹麥人統治了馬塔蘭王國，19世紀晚期取得了對整個島嶼的控制權。第二次世界大戰後成爲印尼的一部分。人口1,960,000（1980）。

Lomé＊　洛梅　多哥首都。瀕臨多哥西南部的幾內亞灣，1897年被選爲德屬多哥蘭殖民地的首府，發展成行政和商業中心。1960年代港口實現現代化，它的深水港是主要的海運中心。1978年開辦了煉油廠。設有貝寧大學（1965）。人口：都會區約513,000（1990）。

Loménie de Brienne, Étienne Charles de＊　洛梅尼·德·布里安（西元1727～1794年）　法國大革命前的教士和財政大臣（1787～1788）。由於無力對付日益惡化的財政危機，他辭職而讓位於內克。後任桑斯大主教及樞機主教（1788）。他是向「教士公民組織法」（1790）宣誓的少數幾個高級教士之一。在恐怖統治時期死於監獄。

Lomond, Loch＊　羅蒙湖　蘇格蘭最大湖泊，位於蘇格蘭高地的南端。長39公里，寬1.2～8公里，面積70平方公里。湖水通過短的利文河流入在鄧巴頓的克萊德河河口。其東岸本羅蒙附近因放逐羅布·羅伊而聞名。

Lomonosov, Mikhail Vasilyevich＊　羅蒙諾索夫（西元1711～1765年）　俄國科學家、詩人和語法學家，被視爲俄國第一位偉大的語言學改革家。曾在俄國和德國受過教育，他在《關於俄羅斯詩體的規則書信》中建立了俄羅斯詩詞的標準。1745年在聖彼得堡皇家科學院任教，對物理學有重大的貢獻。後來撰寫一篇俄羅斯語語法文章，並致力於系統分析俄羅斯文學語言，這是當時一種混合教會斯拉夫語和俄羅斯方言的語言。他也改組了聖彼得堡皇家科學院，創辦莫斯科國立大學（現以他的姓氏命名），還創建了俄國第一座彩色玻璃鑲嵌工廠。

Lon Nol　龍諾（西元1913～1985年）　柬埔寨軍事和政治領袖。曾任法國殖民政府的省長。後來又成功地先後任國家的警察頭子（1951）、陸軍參謀長（1955）和陸軍總司令（1960）。在施亞努國王下當過兩任總理（1966～1967和1969～1970）。是1970年美國支援的推翻施亞努政變的主要策劃者。在越戰中他拋棄施亞努的中立政策，支持美國和南越。1972年龍諾掌握了柬埔寨全國大權。1975年當赤棉游擊隊逼近時他逃往美國。

London　倫敦　英國的首都及最大城市。位於英格蘭東南部，濱泰晤士河。內倫敦的範圍包括最原始的倫敦市和倫敦33個自治市的其中13個，大倫敦則包括所有的33個自治市。西元1世紀時由羅馬人建立，當時名爲倫迪尼烏姆，6世紀時歸屬撒克遜人。丹麥人在865年入侵英格蘭時破壞了該城的防禦工事，後來重建。威廉一世建立了倫敦塔這個城堡要塞的中心堡壘。諾曼國王們挑選威斯敏斯特爲行政首府，而愛德華建立了西敏寺這座教堂。這座在1085年之前阿爾卑斯山脈以北歐洲最大的城市在1348～1349年遭到黑死病的重創。16世紀中葉貿易日益成長，因英國海外帝國的擴張而加速發展。1664～1665年爆發的瘟疫造成七萬多名倫敦人死亡。1666年倫敦大火燒光了5/6的城市，後來加以重建（參閱Wren, Sir Christopher）。從18世紀末葉到1914年倫敦一直是世界的貿易中心。1890年完成世界第一座電氣地下鐵道。在第二次世界大戰期間的不列顛戰役中遭到德軍的嚴重轟炸。市內具有歷史價值的地點包括：白金漢宮、泰特藝廊、英國國立美術館、大英博物館與維多利亞和艾伯特博物館。人口：都會區約7,007,000（1995）。

London　倫敦　加拿大安大略省的城市。位於泰晤士河畔，靠近五大湖中的幾個湖。1792年因其名字和位置，而被選爲上加拿大的首府，但這個計畫並沒有實現。1826年開始有人定居，1855年設建制。由於它的位置處於幾個湖間，所以成爲重要的運輸和工業中心。建有西安大略大學。人口：都會區399,000（1996）。

London, Great Fire of ➠ Great Fire of London

London, Great Plague of ➠ Great Plague of London

London, Jack　傑克倫敦（西元1876～1916年）　原名John Griffith Chaney。美國小說家。出身貧窮，是個私生子，自學成才，當過水手、流動工人、阿拉斯加採金礦工，還是個鬥志旺盛的社會主義派人士。第一部書《荒野之狼》（1900）和故事「生火」（1908）贏得廣大讀者的喜愛。之後寫作穩定成長，共寫了五十部小說和非小說作品，其中包括許多爲生存而搏鬥的冒險故事和社會主義的小冊子，如《野性的呼喚》（1903）、《海狼》（1904）、《白牙》（1906）、《鐵蹄》（1907）、《馬丁·伊甸》（1909）和《毒日頭》（1910）。雖然作品爲他帶來了名利，但因酗酒和債台高築而自殺，年僅四十。

創作《海狼》時的傑克倫敦，攝於1903年
Jack London State Historic Park

London, Treaty of　倫敦條約（西元1915年4月）　中立的義大利與法、英、俄聯軍簽訂的祕密條約，它將義大利帶入第一次世界大戰。因爲義大利的邊界緊鄰奧地利，所以聯軍希望義大利參戰。聯軍許諾義大利以下各地：第里雅斯特、南方的提羅爾、北方的達爾馬提亞，以及其他領地，以交換義大利保證在一個月之內參戰。儘管大多數義大利人都表示反對，情願中立，但義大利仍於5月加入對抗奧匈帝國的戰事。

London, University of　倫敦大學　英國五十餘所大專院校的聯合體，這些院校主要設於倫敦。1828年由自由主義者和不信奉英國國教的人創建，招收天主教徒、猶太人和其他不信奉英國國教的人士。最早設立的兩個學院是大學學院和國王學院。1849年起學生可在大英帝國的任何一所高等院校入學，由倫敦大學進行考試，並頒發倫敦大學學位。到了20世紀初期，其他高等院校成爲倫敦大學的附屬院校，其中包括貝都福學院－－英國第一所允許女子獲得學位的學校；倫敦經濟政治學院－－－所現在享有國際聲譽的社會科學研究中心；還有其他三所學校，後來併爲皇家理工學院。現在學生註冊人數約有95,000。

London Bridge　倫敦橋　跨越泰晤士河的一座幾經重建的大橋。童謠中的老倫敦橋是由科爾徹奇的彼得建造（1176～1209），以取代早先建造的木橋。由於在建造圍堰時遇到阻礙，拱的跨度從最窄的4.6公尺到最寬的10.4公尺都有；因爲建造不平均，所以必須不斷地修繕，但該橋也悠然度過了六百多年歲月。橋的兩側住宅和商店鱗次櫛比，許多房屋還延伸到河面上。1820年代，將舊橋拆除，改建新倫敦橋，由老倫尼（1761～1821）和他的兒子小倫尼（1794～1874）設計和建造。1960年代又改建新橋，舊橋的飾面石塊拆下後被運到美國亞利桑那州哈瓦蘇湖城，砌在一座鋼筋混凝土橋的外面，成爲一觀光景點。

L M N

London Co.　倫敦公司　1606年由英王詹姆斯一世特許成立的英國貿易公司，目的在於開發北美東海岸的殖民地。它的股東都是倫敦人，1607年由船長史密斯率領120個殖民者，分乘三艘船到達維吉尼亞，建立了詹姆斯敦。該公司後來又以新的特許狀（1609、1612）擴張了殖民領地，並授權一個兩部分的立法機構，包括一個移民議會。雖然這塊殖民地開始生根發展，但公司因內部紛爭而分裂，1624年公司解散，維吉尼亞遂改爲皇家殖民地。亦請參閱Plymouth Company。

London Naval Conference　倫敦海軍會議（西元1930年1月21日～4月22日）　在倫敦舉行的一次會議，討論海軍裁軍問題和檢查華盛頓會議制定的各項條約。英國、美國、法國、義大利和日本的代表都同意限制潛艇戰，限制新建巡洋艦、驅逐艦、潛艇以及其他的戰船。但沒有簽訂限制戰艦大小的條約。第二次世界大戰爆發後，1935年續簽的那些條約也就取消了。

London Stock Exchange　倫敦證券交易所　英國倫敦的證券交易市場。1773年由一群經紀人組成，他們早已在地方上的咖啡店開始做起非正式的生意。1801年其成員集資在巴多羅買街蓋了一棟大樓，並於次年訂立交易規則。1973年該交易所同英國幾個地區性的證券交易所合併，由各成員所組成的一個委員會管理，不屬於政府管轄。

Londonderry　倫敦德里 ➠ **Derry（區）、Derry（城鎮）**

Long, Huey (Pierce)　朗（西元1893～1935年）　美國政治人物。先從事法律工作，二十五歲時被選入鐵路委員會。他要求州政府對公用事業加強管理，抨擊標準石油公司。這些都使他聲名遠揚。擔任州長時（1928～1931），他那雄辯的口才和不落俗套的行爲聞名全國，被稱爲「老大」。他實施公共工程計畫和教育改革，但使用獨裁的手段來控制州政府，包括州對教育、警察和消防工作的任命，以及州的軍事、司法以及選舉和徵稅的機構等。擔任美國參議員時（1932～1935），在大蕭條時期提出「均富」計畫。1935年被魏斯暗殺，魏斯的父親曾經遭到朗的譭謗。後來他的弟弟厄爾．朗（1895～1960）任州長（1939～1940, 1948～1952, 1956～1960）。

朗
UPI

Long Beach　長堤　美國加州西南部城市（1996年人口約422,000）。原是印第安人的經商營地，18世紀時是西班牙人經營牧場的一部分。1881年規畫爲威爾莫爾城，1888年建市，以它的13.5公里長的海灘而重新命名。1921年附近發現石油，使之迅速成長起來。1933年的一場地震造成了大規模的破壞。塞里托斯運河與洛杉磯港口相連。長堤有美國海軍基地和造船廠。1969年以來，英國定期遠洋船「瑪麗皇后號」就停靠在這個港口。

long-distance running　長距離賽跑　一種田徑運動項目，距離從5,000公尺、10,000公尺、20,000公尺、25,000公尺、30,000公尺直到馬拉松和越野賽跑。幾十年前，女子很少跑到3,000公尺以上。從1970年代開始，女子馬拉松比賽也已經是個經常性的比賽項目了。

Long Island　長島　美國紐約州東南端島嶼，位於長島海峽和大西洋之間。島上包括四個縣：金斯縣、皇后縣、拿騷縣和沙福克縣。金斯縣（即布魯克林區）和皇后縣（即皇后區）構成紐約市的一部分。在西端與布隆克斯、曼哈頓之間隔著伊斯特河，與斯塔頓島隔著納羅斯河。島長約190公里，19～37公里寬，面積約3,629平方公里。東部有許多沙灘，爲紐約市的娛樂地區。南部沿岸幾乎是一連串成行不斷的沙洲和沙地（參閱Fire Island），成爲牙買加海灣等若干海灣的屏障。長島原爲印第安人居住之地，大多屬德拉瓦族。原爲普里茅斯公司管轄的土地。後來荷蘭人和英國人來此殖民，但在1664年整個島成爲英國的紐約殖民地一部分。美國革命期間，這裡發生了長島戰役（1776年8月27日），結果美國人戰敗。人口6,861,000（1990）。

Long Island Sound　長島海峽　美國康乃狄克州南部海岸與紐約州長島的北部海岸之間的水域。它連接東河與布洛克島海峽。面積3,056平方公里，長145公里，寬5～32公里。海岸邊有許多居民社區和夏日度假勝地。

long jump　跳遠　亦稱broad jump。在地平面上向前跳出一段距離的田徑運動項目。以前分立定跳遠與助跑跳遠兩項，現在在重大的比賽中不再設立定跳遠項目。西元前708年的奧運會以及從1896年開始的近代奧運會上都有助跑跳遠項目。1935年歐文斯創造了8.13公尺的記錄，直到1960年才被打破，1968年美國的貝蒙締造的8.90公尺的記錄保持到1991年。1948年女子跳遠也成爲奧運會上的項目。

Long March　長征（西元1934～1935年）　1934～1935年中國共產黨人爲了將革命基地從中國東南地區轉移到西北，長途跋涉了6,000哩（10,000公里）。毛澤東就是在這段路途中崛起，成爲無可爭議的領導者。中國共產黨曾四度成功抵擋蔣介石對其基地所發動的戰役，但在第五次卻近乎挫敗。殘餘的85,000名部隊突破國民黨的封鎖線，先由朱德率軍向西逃亡，而後才由毛澤東領導向北。當毛澤東抵達山西時，他只剩下約8,000名追隨者，其餘大多數都死於戰鬥、疾疫和饑餓。在死難者中亦包含毛澤東的兩名子女和一位兄弟。中國共產黨在這塊新的根據地相當安全，免受國民黨之威脅，使其能夠壯大實力，爲將來1949年的最後勝利作準備。

Long Parliament　長期國會　查理一世在1640年11月召開的英國國會，爲了與1640年4～5月召開的短期國會相區別，故名。查理這次國會是爲對蘇格蘭的戰爭籌集資金而召開。國會拒絕查理的要求，讓國王顧問辭職，並通過法令，未經議員的同意不得解散國會。國王與國會之間的緊張關係日益加重，直到1642年英國內戰爆發。1646年國王被打敗後，普賴德領導的軍隊執政，1648年他趕走了大部分議員，只留下約六十名。留下的這些人稱「尾閭國會」，他們審判了查理並處以死刑（1649）；1653年他們被強行免職。克倫威爾當護國主後，1659年重新成立國會，1648年被排除出去的人又回到國會。1660年自行解散。

longbow　長弓　14～16世紀英格蘭的一種重要的投射武器。可能起源於威爾斯，通常高2公尺，所射的箭有近1公尺長。最好的長弓用紅豆杉類木材製成，需要的開弓力約45公斤，有效射程爲180公尺。在百年戰爭中，英格蘭的弓箭手們使用長弓，在克雷西戰役、普瓦捷戰役和阿讓庫爾戰役中都發揮了重要的作用。亦請參閱bow and arrow、crossbow。

Longfellow, Henry Wadsworth　朗費羅（西元1807～1882年）　美國詩人。在鮑登學院畢業後，先去歐洲遊學，然後回鮑登學院任近代語言教授（1829～1835），之後到哈佛

朗費羅
Historical Pictures Service, Chicago

大學任教（1836～1854）。1839年出版詩集《夜吟》（其中包括〈生命頌〉和〈群星之光〉兩首詩），初試啼聲。1841年出版《歌謠及其他》（其中包括〈金星號遇難〉和〈鐵匠村〉兩首詩），轟動全國，之後的長篇敘事詩《伊凡潔琳》（1847）使他的聲望日增。《海華沙之歌》（1855）、《邁爾斯·司坦迪希求婚記》（1858）和《路畔旅舍的故事》（1863，其中包括〈保羅·里維爾的夜奔〉）使他成為19世紀美國人最喜愛的詩人。後來翻譯但丁的《神曲》（1867），1872年出版其鉅著《基督：一個謎》，是寫基督教的三部曲。其詩詞的特色是文雅、簡潔，以及對世界抱持理想化的觀點。

longhair　長毛貓　一種家貓，以毛長、軟、平滑著稱。種類包括巴里貓、驃蠻貓、威爾斯貓、喜馬拉雅貓、爪哇貓、挪威森林貓、緬因貓、波斯貓、布偶貓、索馬利貓和土耳其安哥拉貓。雖然一般認為較短毛貓不活潑，但與短毛貓一樣喜好嬉戲，對人親切，必要時也能自衛。

Longhi, Pietro＊　隆吉（西元1700/1702～1785年）　原名Pietro Falca。義大利畫家。威尼斯金匠的兒子。在波隆那習畫，後來以畫威尼斯上層和資產階級的日常生活場景著稱。畫面嫵媚動人，深受大眾喜愛。這些世態畫表現出啓蒙運動的特徵，對社會觀察饒有興趣。他還畫風景畫和肖像畫。

longhouse　長形房屋　19世紀以前，易洛魁人的傳統公有居所。它是由一些支杆築起的長方形盒式建築，每端都有門，小樹向上伸展形成屋頂，整個結構用樹皮覆蓋。寬約6公尺，長可超過60公尺，取決於住在裡面的家庭數目。房屋中部是爐灶，由居住在每一側的家庭共用。如今，長形房屋也指易洛魁的教堂和會議廳建築，儘管它的形式已經完全不同了。亦請參閱pole construction。

longitude　經度 ➠ latitude and longitude

Longmen caves　龍門石窟　亦拼作Lung-men caves。一系列鑿進岩石裡的中國石窟寺廟，位於河南省洛陽南方一處很高的河岸上。石窟的工程，於北魏（386～535）晚期已開始挖鑿，從6世紀至唐朝期間，陸續完成。這些寺廟的工藝極為精細，而創造出飄逸靈動的效果。寺廟中還包含以中國學者的裝扮出現的佛陀形象。672～675年隨著建造巨大的神龕——奉先寺，其中包含一尊高達35英尺（10.7公尺）的佛陀坐像，龍門石窟的藝術創作達於顛峰。

Longshan culture　龍山文化（西元前2500年～西元前1900年）　亦拼作Lung-shan culture。中國黃河谷地的新石器文化。在此大型遺址中，已經出現夯土城牆。帶有龍山文化之特色的陶器，其壁甚薄，且工藝甚佳。包括杯壁如蛋殼般的黑陶高柄杯，以及光滑黝黑的大杯子。甲骨文則用來問卜。種種跡象顯示出社會階層的分化已經出現，另外還發現人工製作的玉器和冶金的痕跡。

longship　北歐海盜船　亦作維京船（Viking ship）。盛行於北歐1,500多年的一種槳帆船。船身長14～23公尺，一側最多有十個槳，方形的帆，能容納五十～六十人。不分船首、船尾，用木板疊接而成，經得住驚濤駭浪。已經發現西元前300年的海盜船例子。西元9世紀的海盜乘坐這種船進行海盜襲擊，西元1000年幸運者萊弗·埃里克松乘坐這種船到達了美洲。荷蘭、法國、英國和德國商人們和武士們也都用過這種船。

Longstreet, James　朗斯特里特（西元1821～1904年）　美國陸軍軍官。畢業於西點軍校，但當南卡羅來納退出聯邦後，他也辭去了軍中的職務。在美利堅邦聯軍隊中任准將，參加了布爾淵戰役、安提坦戰役和弗雷德里克斯堡戰役。在蓋茨堡戰役中擔任李將軍的副指揮，由於他延遲了進攻，導致聯盟軍失敗。他還指揮了奇克莫加戰役，在莽原戰役中受重傷，但後又恢復指揮。他與李將軍一起在阿波麥托克斯投降。1880～1881年間任美國駐土耳其公使，1898～1904年間任太平洋鐵路專員。

Lönnrot, Elias＊　蘭羅特（西元1802～1884年）　芬蘭民俗學家和語言學家。在芬蘭東部的邊緣地區當了二十年的醫官。在此期間，蘭羅特從當地人那裡收集了語言方面的資訊以及民間詩歌。他相信那些短詩是一部連續史詩的片段，所以他自己編寫了一些材料，把它們組成《卡勒瓦拉》（1835, 1849加長），成為芬蘭的民族史詩。他還發表了《芬蘭人的古歌及謠曲》（1840～1841）以及其他的集子。

Lonsdale, Kathleen　朗斯代爾（西元1903～1971年）　原名Kathleen Yardley。後稱凱絲琳夫人（Dame Kathleen）。英國晶體學家。1929年用X射線結晶學技術確定了苯化合物的分子中碳原子的六角形規則排列。她還發展出一種技術，用來測量金剛石中碳原子之間的距離（精確到7位數）。她還將結晶學的技術用於醫學問題，尤其用在膀胱結石和某些藥物的研究上。1945年成為選入倫敦皇家學院的第一位女性。1956年被封為「大英帝國的貴夫人」（Dame of the British Empire）。

loofah　絲瓜　亦作luffa。葫蘆科絲瓜屬6種一年生攀緣藤本植物，原產於舊大陸熱帶。栽培於溫帶地區的有粵絲瓜及埃及絲瓜2種。果形似黃瓜，長約30公分，嫩綠時可食，老後草黃色，果內有緊密交織的網狀維管束，當果肉萎縮後，除去果皮、種子，則形似海綿，可用於沐浴、洗滌碗筷及用於工業過濾。

loom　織布機　織布的機器。最早的織布機出現於西元前第五千紀，固定的機架上有多根平行紗線，形成經紗，相間歸集成兩組，提升其中一組，在經紗間可橫穿過一根緯紗。牽引緯紗穿過經紗的木製器具叫梭子。在古代和中世紀

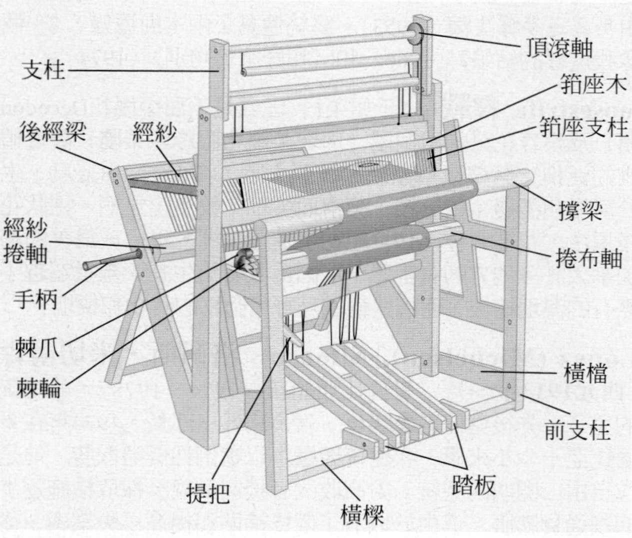

傳統手工織布機的主要部件

L M N

的漫長時期中，織布機在亞歐兩地不斷得到改進，但基本動作仍保持不變。在亞洲，可能因絲織工藝的需要發明了手工提花織布機，能按花紋要求一次提升很多根經紗，織出複雜的圖案。18世紀，沃康松和雅卡爾發明的衝孔卡片所編製的機械提花程序，節約了勞動力並可避免差錯（參閱Jacquard loom）。在英國，凱（飛梭）和喀特萊特（動力驅動）的發明和其他發明推動了工業革命，其中織布機和其他紡織機械在工業革命中扮演了主要角色。

loon　潛鳥　亦稱diver。北美洲和歐亞洲4種能潛水的潛鳥屬鳥類。體長60～90公分，特徵為：翅小，尖形；前3趾之間具蹼；腿位於身體後部，因此步履蹣跚。羽毛濃密，背部主要呈黑色或灰色，腹部白色。食物主要是魚、甲殼類和昆蟲。潛鳥幾乎全為水棲性，能在水下游很長距離，並能從水面下潛到60公尺深處。一般獨棲或成對生活，但有些種則成群越冬或遷徙。潛鳥以怪異的悲鳴聲有名。

普通潛鳥（Gavia immer）
Wayne Lankinen－Bruce Coleman Ltd.

looper　尺蠖　亦稱cankerworm或inchworm。任何大型的分布廣泛的蛾類（大多數是尺蛾科，一些是鱗翅目）的幼蟲。尺蠖以丈量或成圈步伐的方式移動，即伸展身體的前部，再挪移身體後部使與前部相觸。它們形似小枝或葉柄，以葉為食，常嚴重傷害或損毀樹木。

Loos, Adolf＊　洛斯（西元1870～1933年）　奧地利建築師。在德勒斯登受的教育，到維也納從事建築設計，這期間還在美國和巴黎工作了幾段時間。他既反對新藝術，也反對新古典主義，早在1898年他就宣稱要避免使用不必要的裝飾。1910年他設計的維也納的斯坦納住宅就是簡樸的立體派的巧妙組合。他設計的著名大型建築是戈德曼和薩拉奇大廈（1910），只用了一點點古典的細節，為大面積光潔的大理石牆面作陪襯。

Loos, Anita　露絲（西元1893～1981年）　美國小說家和電影編劇。從小就是個童星。她寫了許多默片的劇本。後來的電影劇本包括《塵土中的花朵》（1941）和《我娶了個天使》（1942）。小說《紳士愛美人》（1925）使露絲以及書中的中心人物，一個「無知的淘金女郎」羅莉·李都出了名。音樂劇版本由卡洛·錢寧（生於1921年）主演（1949）；電影版本由瑪麗蓮夢露主演（1953）。露絲還寫了兩本回憶錄，《一個像我這樣的姑娘》（1966）和《和好萊塢吻別》（1974）。

loosestrife　釋戰草　千屈菜科（尤其是千屈菜屬和Decodon屬）及報春花科的兩個屬（珍珠菜屬和假珍珠菜屬）觀賞植物的泛稱。紫釋戰草原產於歐亞大陸，高0.6～1.8公尺，生於河岸和溝邊；莖分枝；葉窄而尖細，輪生，無柄。穗狀花序頂生，花紅紫色。19世紀初引進北美洲，現已成為美國和加拿大許多地方的有害雜草，因為其密集生長，數量超越了原有的濕地植被，而這些植被是野生動物的食物和棲地。

López (Michelsen), Alfonso　洛佩斯·米切爾森（西元1913年～）　哥倫比亞總統（1974～1978）。前總統的兒子，先後擔任過參議員、省長和外交部長。1974年在哥倫比亞十六年來第一次總統競選中以壓倒性優勢取勝。他是位自由、開明的總統，對高收入者提高徵稅，採取措施逐步抑制通貨膨脹。但由於取消了價格補貼和提高了失業率，從而引起勞工騷亂、農民搶奪土地以及游擊隊的活動。1982年在另一次總統選舉中敗下陣來。

Lopez (Knight), Nancy　羅培茲（西元1957年～）　美國高爾夫球手。生於加州的托倫斯，她提早離開土耳沙大學進入職業界。在1978年她的第一個完整球季中，贏得破記錄的9項巡迴賽冠軍，其中包括一次的五連勝。她是三次女子職業高爾夫協會（LPGA）錦標賽的冠軍得主（1978、1985、1989），還是LPGA四度的年度風雲球員。她的成功與人格使得女子高爾夫球恢復活力。

López Portillo (y Pacheco), José＊　洛佩斯·波蒂略－帕切科（西元1920年～）　墨西哥總統（1976～1982）。從政前是個教授。在古斯塔福·迪亞斯·奧爾達斯（1911～1979）和埃切維里亞·阿爾瓦雷斯（生於1922年）總統任內曾擔任過各種行政職務。作為總統，他強調外國投資，減少稅收以刺激工業發展，創造非農業的工作機會，開發石油和天然氣。他最重要的政治改革是提高少數黨的參與性，以便以後向革命制度黨提出挑戰。由擴大石油輸出換來的財富大部分被政府和工會官員們浪費或侵吞了。由於積累的鉅額外債以及對腐化的指責，使他的政績喪失了聲譽。亦請參閱Petroleos Mexicanos。

loquat＊　枇杷　薔薇科亞熱帶喬木，學名Eriobotrya japonica。與蘋果等溫帶果樹有親緣關係。常栽培於公園和庭園以供觀賞，高逾10公尺者較少見，通常修成平坦的觀賞樹形作為牆樹。葉簇生於枝端，葉緣粗齒裂。花小，白色，芳香，圓錐花序頂生。果小，橘黃色，果味酸度適口，可直接生食、燜熟，或做成果凍或甜露酒。在許多亞熱帶地區，通常小面積商業化栽培。

枇杷
G. R. Roberts

Lorca, Federico García ➠ García Lorca, Federico

lord　勳爵 ➠ feudalism

Lord Chamberlain's Men ➠ Chamberlain's Men

lord chancellor　大法官　英國官職，既是上議院議長，又是司法系統的首腦。14世紀以前，大法官一直是王室的牧師和國王的祕書。在愛德華三世在位時（1327～1377），此官職扮演較多的司法角色。像貝克特和沃爾西等大法官任職期間擁有的大部分權力，早在幾個世紀以前就已經取消了。現代大法官的司法工作僅限於上議院和樞密院。大法官身為上議院議長，可以提出問題，並參加辯論。

Lord Dunmore's War　鄧莫爾勳爵之戰（西元1774年）　美國維吉尼亞民兵對肯塔基肖尼人發動的攻擊。民兵攻占了西部邊境的庇特堡，以他們的皇家總督鄧莫爾勳爵的稱號重新命名該地。鄧莫爾勳爵下令攻擊肖尼人，認為他們對於正在蠶食印第安人獵區的白人定居者是個威脅。肖尼人在波因特普萊森特戰役中被打敗，被迫簽訂和約，放棄他們的獵區。這場戰爭很可能是為了轉移維吉尼亞人對皇室政府的不滿而發動的。正因如此，所以把它稱作是美國革命的第一場戰役。

Lorde, Audre (Geraldine)＊　羅德（西元1934～1992年）　美國詩人和散文作家。生於紐約市，其父母來自西印度群島，直到1968年開始全職寫作之前，她都在圖書館裡做館員。她以討論女同性戀女性主義以及種族議題的熱情作品知名，包括《激情電報》（1970）、《紐約首要商店和博物館》（1974）和《黑色獨腳獸》（1978），《黑色獨腳獸》堪稱她的最佳代表作。後來她與癌症的戰爭鼓舞她寫《癌症日誌》（1980）和《光芒乍現》（1988，獲美國國家圖書獎）兩本書。

Lords, House of　上議院　英國兩院制議會的上院。從13～14世紀起，1999年前它一直是貴族的議院，成員包括教士、世襲貴族、終身貴族（1958年後由首相任命的）以及最高法院（英國最終的上訴法院）的法官。雖然它在時間上先於下議院，而且在幾百年中都占優勢地位，但它的權力正在逐漸縮小。「1911年議會法」的限制了上院影響國家財政提案的權力，1949年的議會法取消了它延遲頒布任何已被下院通過一年以上的議案的權力。1999年世襲貴族失去了上院的席位，雖然還有個過渡性的改良形式，允許他們以更有限的方式發表意見。上議院的價值在於對尚未充分定型的議案提供附加的考慮。

Lord's Prayer　主禱文　耶穌傳給門徒的禱告詞，基督教禮拜儀式中通用的祈禱文。見於《新約》，有兩種形式，一是〈路加福音〉第11章第2～4節的短文本和〈馬太福音〉第6章第9～13節的長文本。後者爲登山寶訓的一部分，兩者都作爲禱告的範文。有時因開頭的兩個字而稱Pater Noster（拉丁文意爲「我們的父親」）。

Lorelei＊　洛勒萊　德國聖戈阿斯豪森附近萊茵河中的回音岩。傳說洛勒萊原係一位少女，由於對不忠實的戀人感到絕望而投河自盡，死後變成一個引誘漁人觸礁死亡的塞壬（海妖）。德國作家布倫坦諾宣稱該傳說的基本要點是他首創的。海涅所寫的有關洛勒萊的詩已由二十五個以上的作曲家編成樂曲。

Loren, Sophia＊　蘇菲亞羅蘭（西元1934年～）　原名Sofia Scicolone。義大利電影女演員。童年在貧困的、受戰爭摧殘的那不勒斯郊區度過，後來到羅馬當模特兒和臨時電影演員。在製作人蓬蒂（後來成爲她的丈夫）的指導下，開始在1950年接演義大利電影，其中包括《那不勒斯的黃金》（1954）。後來所拍的電影以她那雕塑般的身材和帶有鄉土氣息的特質引起人們的注意，如《黑蘭花》（1959）、《亂世英雄》（1961）、《烽火母女淚》（1961，獲奧斯卡獎）、《三豔嬉春》（1962）、《昨日、今日、明日》（1964）、《義大利式的結婚》（1964）和《特別的一天》（1977）。

蘇菲亞羅蘭在《三豔嬉春》（1962）中的演出
Brown Brothers

Lorentz, Hendrik Antoon＊　洛倫茲（西元1853～1928年）　荷蘭物理學家。1878～1912年間他在萊頓大學任教，後任哈勒姆的泰勒研究所主任。1875年他進一步改進和豐富了馬克士威的電磁輻射理論，從而解釋了光的反射和折射現象。後來爲了提出一個解釋電、磁和光之間關係的簡單理論，他假設原子由帶電粒子組成，這些粒子的振動產生光。1896年他的學生塞曼（1865～1943）證明了這個現象（參閱Zeeman effect），1902年師生二人獲得了第二個諾貝爾物理獎。1904年洛倫茲發展出了洛倫茲變換（包括所謂的倫茲－費茲傑羅收縮理論），是一組將第一個觀察者所作的空間和時間的測量與第二個觀察者（與第一個有相對運動）的測量結果聯繫起來的數學公式。這些公式構成了愛因斯坦狹義相對論的基礎。

Lorentz-FitzGerald contraction　洛倫茲－費茲傑羅收縮理論　亦稱空間收縮（space contraction）。在相對論物理中，指物體沿著相對於觀察者運動的方向上的縮短。其他方向上的尺寸不變。這個概念是愛爾蘭物理學家費茲傑羅（1851～1901）在1889年提出來的，後來洛倫茲又獨立地發展出來。當速度接近光速時收縮就變得明顯起來。這種收縮是與空間和時間的性質有關的，並不是由於擠壓、冷卻或者任何類似的物理干擾引起的。亦請參閱time dilation。

Lorentz transformations　洛倫茲變換　相對論物理中的一組方程式，將兩個相對作等速運動的座標系的空間和時間聯繫起來，是由洛倫茲在1904年提出的。在描述接近光速的現象時需要用到這些變換。它們表達的概念是：空間和時間都不是絕對的；長度、時間和質量都取決於觀察者的相對運動；眞空中的光速是個常數，與觀察者或者光源的運動都無關。

Lorenz, Edward (Norton)　勞倫茲（西元1917年～）　美國氣象學家。生於康乃狄克州的哈特福，就讀達特茅斯與哈佛學院，從1946年在麻省理工學院任教。1960年代發現長期氣象預測不可行。證明熱對流的簡單模型本質上具有不可預測性，命名爲蝴蝶效應：只要蝴蝶輕拍一下翅膀就能改變天氣。這個想法成爲新興領域混沌理論的基礎。

Lorenz, Konrad (Zacharias)＊　勞倫茲（西元1903～1989年）　奧地利動物學家，與廷伯根同是現代動物行爲學的奠基人。小時候即給附近的動物園患病的動物作護理。1935年率先提出鴨雛及鵝雛的銘印現象。後來論證人類的好鬥本性（見暢銷書《論攻擊性》〔1963〕），以及人類思維的本質。其他受歡迎的著作包括《所羅門王的指環》（1952）和《人與狗》（1953）。1973年他與廷伯根、弗里施共獲諾貝爾生理學或醫學獎。

Lorenzetti, Pietro and Ambrogio＊　洛倫采蒂兄弟（彼得羅與安布羅焦）（活動時期西元1306?～1345年；活動時期西元1317?～1348年）　義大利畫家。兄弟兩人可能是杜喬的學生，在彼得羅的阿雷佐聖瑪利亞教堂祭壇畫以及安布羅焦的早期作品中可看出他的影響。安布羅焦的作品透露出個人式的理想主義和三維空間與形式的成見，在錫耶納民眾大廈（1338～1339）的濕壁畫系列中極爲明顯。這些極重要的濕壁畫顯露出他是透視法的探索者，也是一位政治與道德的哲學家。他在阿西西聖方濟下教堂（1315?）的戲劇性濕壁畫中，呈現出他與喬托藝術的關係，儘管他在注重細節方面與喬托分道揚鑣。彼得羅的《聖母誕生》與安布羅焦的《聖母進殿》皆爲錫耶納大教堂（1342）而做，以透視法的處理而聞名。與馬提尼一樣，這對兄弟是黑死病之前歲月裡錫耶納藝術的主要代表人物，兩人可能死於黑死病期間。

Lorenzo Monaco＊　洛倫佐修士（西元1370/1371?～1425?年）　原名Piero di Giovanni。義大利畫家。1391年宣誓加入佛羅倫斯卡馬爾多利會，但在1402年他以俗名註冊入畫家行會，並住在修道院外面。其作品把錫耶納畫派優雅的線條和裝飾感融入佛羅倫斯派傳統。《聖母加冕》（1413）反映了他偏好渦形衣飾，富有韻律感、曲線的形式，以及對光線的掌握。後來爲佛羅倫斯特里尼塔教堂的巴托里尼禮拜堂作壁畫，確立了他爲哥德派藝術大師的地位。

Lorenzo the Magnificent 高貴的洛倫佐 ➠ Medici, Lorenzo de'

Lorestan Bronze ➠ Luristan Bronze

loris 懶猴 懶猴科3種夜行性、樹棲的靈長類統稱。被毛柔軟，灰或褐色，眼大，四周有黑斑，無尾。行動極為緩慢，時常用腳倒懸身體，空出手去握樹枝或抓食物。印度和斯里蘭卡的修長懶猴體長約20～25公分，以昆蟲和小動物為食。慢行懶猴（慢行懶猴屬）分布於南亞及馬來半島，以昆蟲、小動物、果實和植物為食。小蜂猴體長約20公分，蜂猴體長約27～38公分。因棲地減少和過度捕獵已使其數量大減。

Loris-Melikov, Mikhail (Tariyelovich), Count* 洛里斯－梅利柯夫（西元1826～1888年） 俄國軍官和政治人物。1877～1878年俄土戰爭中指揮一個軍團取得了著名的勝利，為此受封為伯爵。1879年任俄國中部幾省的總督，他建議進行行政和經濟的改革以減輕社會的不滿情緒。亞歷山大二世對他的印象很好，於是任命他為內政部長（1880），並批准他為使俄國的專制統治自由化而做的努力，但這些改革措施尚未頒布，沙皇就被暗殺了。當亞歷山大三世拒絕其改革計畫後，他就辭職了。

Lorrain, Claude ➠ Claude Lorrain

Lorraine 洛林 西歐的公國。原稱上洛林（Upper Lorraine），後來簡稱洛林，西元959年洛林（又作Lotharingia）分成兩個公國時形成。位於默茲河和摩澤爾河地區的上洛林，由一個公爵家族從11世紀開始統治。公爵控制之外的梅斯、圖勒、凡爾登則於1552年遭法國奪取。洛林於1766年永久歸於法國王室，1790年分為數個省。在普法戰爭後，洛林有部分割讓給德國，隸屬於亞爾薩斯－洛林地區。

Lorraine 洛林 亦作Lotharingia。中世紀地區，位於現在法國的東北部。根據「凡爾登條約」（843），為洛泰爾一世的領土。後來為幼子洛泰爾繼承，稱洛泰爾王國（或洛塔林基亞王國）。洛泰爾死後無嗣，此地為日耳曼和法國所爭奪，925年落入日耳曼人手中。

Lorre, Peter* 洛爾（西元1904～1964年） 原名Laszlo Loewenstein。匈牙利出生的美國電影演員。原在德國一家劇團飾演一些小角色，1931年在德國電影《M》（1931）中主演一個精神病殺人犯，使他譽滿國際。1933年離開德國，1934年第一次在英語電影《知道太多的人》中演出。後來到好萊塢發展，在《瘋狂的愛情》（1935）、《馬爾他之鷹》（1941）、《北非諜影》（1942）和《五指怪物》（1946）等電影中飾演了各種惡毒的反派角色。還在「本先生」（Mr. Moto, 1937～1939）這一系列八部偵探電影中擔任主角。後來自導自演了德國電影《迷失者》（1951）。

Los Alamos 洛塞勒摩斯 美國新墨西哥州中北部城鎮。位於聖大非西北的赫梅斯山區帕哈里托高原。1942年美國政府選擇此地作為曼哈頓計畫用地，開發出第一顆原子彈。第二次世界大戰後，洛塞勒摩斯科學實驗室研製了第一顆核融合炸彈。這個城鎮的住民主要是實驗室雇員，現在仍是重要的核子研究設備所在地。人口約11,000（1990）。

Los Angeles 洛杉磯 美國加州南部城市，為美國第二大城市，位於聖加布里埃爾山脈和太平洋之間沿海平原上。聖大芒尼加山脈把本市一分為二，將鄰近的好萊塢、比佛利山和太平洋帕利塞德同聖費爾南多谷地分隔開來，靠近聖安德烈亞斯斷層，故常發生地震。1771年為西班牙人傳教團定居地，1781年建城，取名為「天使女王聖母瑪利亞城鎮」。墨西哥戰爭時，為美軍所奪。1849年隨著淘金熱開始繁榮。1850年設建制，1876和1885年鐵路通達後開始迅速成長。1913年建立一條導水管，把內華達山脈南坡的融雪引入市區，供應家戶使用。1994年的大地震受創嚴重。市內具有歷史的景點包括：早期的西班牙傳教團、蓋提博物館、洛杉磯公司藝術博物館和現代藝術博物館。教育機構包括：南加州大學、西方學院和加州大學洛杉磯分校。人口約3,598,000（1998）。

Los Angeles Times 洛杉磯時報 洛杉磯出版的日報。創於1881年，1884年被歐蒂斯（1837～1917）購併入時代鏡報公司。後來開始發展，很快成為加州的一股保守政治勢力。1917年從歐蒂斯的女婿哈里．錢德勒開始，該報長期為錢德勒家族主宰。1960年歐蒂斯．錢德勒成為發行人後，該報的編輯方針有所轉變，從一個極端保守的區域性報紙發展為一個中立、公正和全面性的報刊典範，公認是世界上最好的報紙之一。

Los Glaciares National Park* 冰川國家公園 阿根廷西南部國家公園。位於智利邊境安地斯山脈，1937年建立，面積1,618平方公里。範圍包括兩個截然不同的地區：東部是森林和草原，西部有山峰、湖泊和冰川。最高峰是費茲羅伊峰，海拔3,375公尺。

Lost Generation 失落的一代 第一次世界大戰期間出生的一批美國作家，1920年代確立了他們的名聲。更廣義的是指在第一次世界大戰後出生的一整代美國人。這個名稱源出斯坦因對海明威說的一句話。這些作家們之所以認為自己是「失落的」，是因為他們的傳統價值觀不再適合戰後的世界，且在精神上與這個國家疏遠了起來，他們認為這個國家變得毫無希望地粗野和偏狹，冷漠無情。「失落的一代」包括費茲傑羅、多斯．帕索爾、肯明斯、麥克利什和克雷恩，還有其他人。

lost-wax casting 脫蠟法 製作金屬雕塑和其他鑄件用的模具的傳統方法。用耐火材料做成實心的正像，外面覆以蠟層。正像可以用蠟直接在一個準備好的核心上澆鑄成型（直接脫蠟澆鑄），也可以澆在一個模具中，或者從主鑄件上取下來的柔韌的模具中。正蠟像外面披蓋一個耐火材料製成的模具，然後加熱使蠟熔化，留下核心與披蓋模具之間一個狹窄的空腔。然後把熔融的金屬注入這個空腔。當金屬固化後，打碎並取走披蓋層和核心即可。亦請參閱investment casting。

Lot 羅得 亞伯拉罕的外甥。他跟隨亞伯拉罕從吾珥遷移到迦南，定居索多瑪——一座邪惡之城，以致上帝決定予以摧毀。天使警告災難即將來臨，羅得偕同家人逃離索多瑪。他的妻子不遵守上帝的命令而回頭見到陷於火海的索多瑪，因而變成鹽柱。後來羅得與自己的女兒生下孩子，他們建立了摩押與亞捫兩國，即以色列的敵人。亦請參閱Sodom and Gomorrah。

Lot River 洛特河 法國南部河流。向西流，在艾吉永附近匯入加倫河，全長480公里，途中經過卡奧爾，是凱爾西區以前的首府。部分河段可通航，但來往船隻不多。

Lothair I* 洛泰爾一世（西元795～855年） 德語作Lothar。法蘭克帝國皇帝。虔誠的路易一世的長子。814年被加冕為巴伐利亞國王，817年又與路易一世為同朝皇帝。833年洛泰爾發動三子叛亂，廢黜路易，但是翌年路易復位，而洛泰爾的統治權就僅限於義大利。840年路易過世，洛泰爾想要獨占法蘭克王國領土，但被他的兩個弟弟日耳曼人路易和查理二世擊敗（841）。後來簽訂「凡爾登條約」，規定洛泰爾占有法蘭克王國中部地區，即北海到義大利的範圍，而皇帝稱號仍歸洛泰爾。

洛泰爾一世，細密畫，繪於9世紀；現藏大英圖書館
Reproduced by permission of the British Library

Lothair II　洛泰爾二世（西元1075～1137年）　德語作Lothar。德意志國王（1125～1137），神聖羅馬帝國皇帝（1133～1137）。薩克森最有權勢的貴族，1112～1115年他參與反對德意志國王亨利五世的叛亂。亨利五世去世後當選爲德意志國王，但開始和霍亨斯陶芬王室要求繼承王位的人展開內戰，他的勝利代表了遴選的國王勝過世襲繼承人。1133年因支持教宗英諾森二世而被加冕爲神聖羅馬帝國皇帝。1135年與霍亨斯陶芬王室的繼承人講和，但攻擊西西里國王羅傑二世，把他暫時趕出義大利半島南部（1136～1137）。

Lotharingia ➠ Lorraine

Loti, Pierre ＊　羅逖（西元1850～1923年）　原名Louis-Marie-Julien Viaud。法國小說家。曾任海軍軍官，造訪過中東和遠東，爲他以後的小說和回憶錄提供了異國風情資料。他的第一部小說《阿齊亞德》（1879）贏得了評論界的好評和大衆的好評。其他的小說包括《冰島漁夫》（1886）、《菊子夫人》（1887）和《幻滅》（1906）。一再出現的主題有愛情、死亡以及對美好生活消逝所表現出的失落情緒。在《憐憫與死亡的書》（1890）等作品中表露出他的同情心。這些題材預示了兩次世界大戰之間法國文學中的某些偏見。

lottery　樂透　通過抽籤搖彩，把獎金給予購買機會的人群中的贏家。是一種賭博形式，現代的抽獎形式可追溯到15世紀的歐洲。1776年的大陸會議投票決定建立抽獎活動來爲美國獨立革命籌措資金。到19世紀中期，美國各州鑒於私人機構濫用這種賭博式活動，開始通過反彩票的法律。1878年最高法院認爲彩票活動會「對人民產生道德淪落的影響」。到1890年代，大部分此類活動都被取消了。1960年代中期又復甦，許多想增加財政收入的州政府建立起官方認可的、獨立審計的樂透活動。大多數的運作是這樣的：賭博者購買一張帶有數字的收據或寫下自己所選的數字，開獎後，憑據確認是否中獎。全部賭注除掉開銷以及政府收取的份額，餘下的就當作獎金。中獎者通常是要繳稅的。最高獎金可高達幾千萬，當金額累計攀高時，通常會引起購買熱潮，但中獎的機率微乎其微。

Lotto, Lorenzo　洛托（西元1480?～1556年）　義大利畫家。出生於威尼斯，曾在其他幾個城市工作，發展出一種特異的風格。他的作品顯示出對豐富色彩的喜好，且擅長敘事體繪畫。在芒特聖吉斯托所作的如《釘死於十字架》（1530?）等作品顯示了他神經質的個性，其中充滿了神秘主義和擁擠的構圖。晚年時（1554），爲了逃避批評及債務，到聖卡薩當平信徒修士。雖然他主要是位宗教畫家，但現今最著名的還是他那著重內心刻畫的人物肖像畫。

lotus　蓮　幾種不同植物的通稱。希臘人所說的蓮是指鼠李科的棗蓮，爲叢生灌木，原產於南歐，據說所釀的酒可使人知足而忘憂。埃及人所說的蓮是睡蓮科的白睡蓮（參閱water lily）。印度教的聖蓮是水生的開白花或粉紅花的蓮花。北美東部產五瓣蓮（即黃蓮）花黃色。百脈根屬則爲豆科的一屬，約100種，分布於歐洲、亞洲、非洲及北美的溫帶地區。在北美有20多種百脈根屬植物，可用爲牧草。睡蓮科植物蓮花普遍用於建築裝飾，自古代以來，蓮即象徵繁殖力及有關觀念，如出生、純潔、性、死者的轉生等。

Lotus Sutra　妙法蓮華經　日本天台宗（即中國的天台宗）和大乘佛教日蓮宗的經文精髓。此經說佛陀是永生的神，萬古以前已經完全悟化。衆生靈可透過無數菩薩的感化而成爲完全悟化的佛陀。此經大部分是偈頌，包含了許多咒文和曼怛羅，西元3世紀時首次翻譯成中文。此經在中國和日本非常普及，信徒認爲只要念妙法蓮華經就能消災去難。

Lou Gehrig's disease　魯格里克式症 ➠ amyotrophic lateral sclerosis

loudspeaker　揚聲器　亦稱speaker。將電信號能轉換爲聲信號能而發射到房間或戶外的（參閱acoustics）一種聲音再生設備。揚聲器中把電能轉換成機械能的部分經常稱爲馬達或聲音線圈。線圈振動帶動一個膜片，而膜片又引起與它接觸的空氣的振動，產生出對應於原來的講話、音樂或其他聲音信號的聲波。

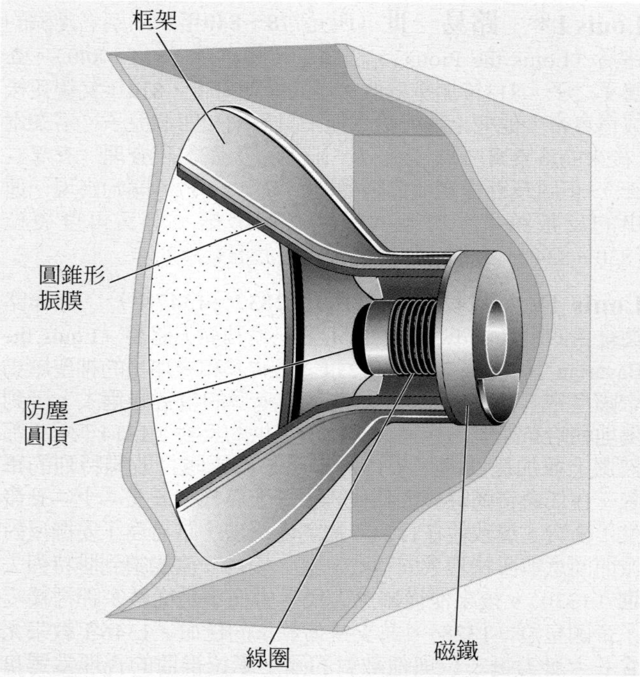

揚聲器的組件。電子信號送到線圈使其有如電磁鐵的作用，交互排斥或吸引永久磁鐵。這個運動造成圓錐形振膜振動，產生聲波。
© 2002 MERRIAM-WEBSTER INC.

Louganis, Greg(ory Efthimios) ＊　盧甘尼斯（西元1960年～）　美國跳水選手，被認爲是有史以來最偉大的跳水選手。生於聖地牙哥。他很早就接受舞蹈、翻觔斗和雜技的訓練。在他的跳水生涯中，他贏得空前的47次全國比賽和13次世界冠軍，包括兩面奧運金牌（1984）和一面銀牌（1976）。1982年，他成爲有史以來第一位拿到滿分10分的跳水選手，隔年他又在跳板比賽中拿到99分。他以優雅且不費力的風格聞名。1994年他同性戀的身分曝光，隔年又宣布他罹患愛滋病。

Lough Erne ➠ Erne, Lough

Lough Neagh ➠ Neagh, Lough

Louis, Joe　路易斯（西元1914～1981年）　原名Joseph Louis Barrow。美國重量級拳擊冠軍。出生於阿拉巴馬州勒星頓的一個佃農家庭，全家移居底特律後開始了拳擊生涯。1934年他贏得美國業餘體育聯合會的冠軍，同年成爲職業運動員。他先後打敗六名冠軍，包括貝爾、夏基、布雷多克、施梅靈和沃爾科特。外號「棕色轟炸機」，因爲他在1937年打敗了布雷多克，而且把冠軍稱號一直保持到1949年。1936年他輸給了施梅靈，但1938年只用了一個回合就打敗了他。1949年退休前，他成功地衛冕二十五次（21次把對手擊倒）。1950年重返拳壇，與查理比賽遭挫敗。1951年又輸給馬西亞諾。

Louis, Morris　路易斯（西元1912～1962年）　原名Morris Louis Bernstein。美國畫家。出生於巴爾的摩，在馬里蘭學院習畫，後爲公共事業振興署聯邦藝術計畫作油畫。受弗蘭肯特勒的著色技術的啓發，1954年他開始一系列名爲《面紗》的畫作，特點是採用垂直色紋，想達到一種非個人、無畫家性質和孤立的彩色元素視覺效果。後期作品的特點是對角線方向的平行色流，流經畫面的兩個底角。最後一系列作品是《條紋》，畫布中間是一些成束的、垂直的色帶，四周留白。

Louis I*　路易一世（西元778～840年）　別名虔誠的路易（Louis the Pious）。法蘭克帝國皇帝（814～840）。查理曼之子。813年加冕爲他父親的同朝皇帝，814年父親死後成爲皇帝。他把土地分給了侄子貝爾納和四個兒子：洛泰爾（後來的洛泰爾一世）、丕平、日耳曼人路易和查理（查理二世），但這反而提高他們對權力的胃口，817年開始出現一連串的反叛跡象。曾兩次被兒子們廢黜，但又再度復位（830、834），去世時加洛林帝國處於混亂狀態。

Louis IV　路易四世（西元1283?～1347年）　亦作路德維希四世（Ludwig IV）。別名巴伐利亞人路易（Louis the Bavarian）。德意志國王（1314～1347）和未加冕的神聖羅馬帝國皇帝（1328～1347）。他是盧森堡的皇帝候選人，受到奧地利哈布斯堡的候選人腓特烈三世的反對。1314年兩人都被選上並加冕爲國王。1322年路易的軍隊打敗腓特烈的軍隊。在任命帝國駐義大利代表人選上與教宗若望二十二世發生了衝突，導致他在1324年被判處絕罰。路易爲了安撫反對派而同意與腓特烈共同執政，這一安排一直繼續到腓特烈去世（1330）。後來他從羅馬人民手中而不是從教宗那裡接受了帝國皇冠（1328），並支持僞教宗的任命。1346年教宗克雷芒六世力挺一位與他敵對的國王摩拉維亞的查理當選皇帝。路易在完成戰爭的準備以前死於心臟病發作。

Louis VI　路易六世（西元1081～1137年）　別名胖子路易（Louis the Fat）。法國國王（1108～1137）。在父親腓力一世去世（1108）之前的一段時間裡就已是實際的統治者。他花了很多時間使難以駕馭的法國貴族們就範。路易與英格蘭的亨利一世作戰（1104～1113, 1116～1120），避免了亨利五世皇帝的威脅性入侵（1124）。死前一個月安排了兒子與亞奎丹的埃莉諾的婚事，後來兒子繼承其位，稱路易七世。

Louis VII　路易七世（西元1120?～1180年）　別名小路易（Louis the Younger）。法國國王（1137～1180），卡佩王朝的一位國王。1137年娶亞奎丹的埃莉諾爲妻，曾有一段時間把王國勢力擴展到庇里牛斯山脈。他懷疑妻子不忠，1152年廢除了婚約，後來埃莉諾嫁給英格蘭的亨利二世，於是亨利控制了亞奎丹，路易因而開始與他長期對峙（1152～1174），曾多次挑起戰端，並不斷地搞陰謀活動。在路易七世領導的第二次十字軍反抗土耳其人（1147～1149）時，康拉德三世加入其陣營。

Louis IX　路易九世（西元1214～1270年）　亦稱聖路易（St. Louis）。法國國王（1226～1270）。十二歲就繼承王位，由母后攝政到1234年，幫他壓制了貴族叛亂和阿爾比派異端。1248～1250年率領第七次十字軍東征，希望奪回耶路撒冷和大馬士革，但他的軍隊被埃及人打得落花流水。回國後，他重組了皇家行政系統和統一了幣制。他建立了非凡的聖禮拜堂以安放宗教人物的遺骸。1259年與英國簽定「巴黎條約」，准許亨利三世保有亞奎丹和鄰近土地，但必須向他稱臣。1270年死於另一次十字軍遠征突尼西亞期間爆發的鼠疫。他是最孚眾望的卡佩王朝君主，以公正和虔誠著稱，法國人甚至在他被教會列爲聖徒（1297）之前已尊他爲聖人。

Louis XI　路易十一世（西元1423～1483年）　法國國王（1461～1483）。他密謀反叛父親查理七世，1445年被放逐到多菲內。他把多菲內當作一個主權國家來治理，直到查理派遣一支軍隊逼境而來（1456），路易才逃往荷蘭。1461年父親死後，他回到國內當上國王。路易與叛亂的法國親王們作戰（1465），並對大膽查理作出讓步（1468）。爲了加強和統一法國，1477年摧毀勃艮地人的勢力。他重新取得布隆奈斯、皮喀第和勃艮地的控制權，還占領了弗朗什－孔泰和阿圖瓦（1482），吞併了安茹（1471），並繼承曼恩和普羅旺斯（1481）。

Louis XII　路易十二世（西元1462～1515年）　法國國王（1498～1515）。在堂弟查理八世去世後繼承王位。他撤銷以前的婚約，與查理的遺孀布列塔尼的安娜結婚，從而加強了她的公國和法國之間的聯盟關係。他繼續讓法國參與義大利戰爭，卻常帶來災難性的後果。1499年他征服了米蘭，之後又喪失，但神聖羅馬帝國皇帝馬克西米連一世承認路易爲米蘭公爵。他與亞拉岡的費迪南德五世締結了瓜分那不勒斯王國的條約（1500），但這兩個國王不久即因瓜分不均而兵戎相見，到1504年法國完全喪失了那不勒斯。1508年鞏固了康布雷聯盟，但該聯盟在1510年逐漸分崩離析，最後多數成員和英國結成反法的神聖聯盟，並幾次入侵法國。雖然路易的事業以慘敗告終，但在國內極得人心，被譽爲「人民之父」。

Louis XIII　路易十三世（西元1601～1643年）　法國國王（1610～1643）。亨利四世和瑪麗・德・麥迪奇的長子。他的母后一直攝政到1614年，但仍繼續統治到1617年。1615年她安排路易和西班牙公主奧地利的安娜結婚。路易憎恨母親掌權，後來流放了其母，但樞機主教黎塞留（其母的主要顧問）在1620年使他們和解。1624年路易延攬黎塞留爲首相，兩人合作無間地把法國塑造爲歐洲強權國家，鞏固了皇室在法國的威權，並致力打破西班牙和奧地利哈布斯堡王室在三十年戰爭的主導地位。親西班牙的天主教狂熱分子由瑪麗・德・麥迪奇率領要求路易放棄黎塞留支持新教國家的政策，但路易站在首相的立場，最後將他的母后流放。1635年法國向西班牙宣戰，到1642年12月黎塞留去世時，法國已經取得對西班牙的重大勝利。死後由兒子路易十四世繼位。

Louis XIII style　路易十三世風格　法國路易十三世時期的視覺藝術風格，包括其母瑪麗・德・麥迪奇攝政期間，她引進了其祖國義大利的許多藝術。義大利與佛羅倫斯的矯飾主義影響深遠，造成眞正的法國風格無法發展出來，直到17世紀中期，卡拉瓦喬的影響力被拉圖爾和勒南兄弟吸收，而武埃將卡拉齊兄弟的影響力加以擴展，並訓練出下一代的學院派畫家。這個時期的雕塑並不突出，最多產的藝術領域是建築，在此也可見到義大利的影響，例如由布羅斯設計的雷恩正義宮和巴黎的盧森堡宮，以及勒默西埃設計的巴黎索邦教堂。這時期的家具典型是巨大而結實的，通常裝飾著小天使、華麗的渦捲、花果垂彩、奇異的面具等。

Louis XIV　路易十四世（西元1638～1715年）　別名太陽王（the Sun King）。法國國王（1643～1715），在位期間是法國歷史上最輝煌的一個時期，也是古典時代專制君主的象徵。路易十三世之子，四歲就繼承王位，由母后奧地利的安娜攝政。1648年貴族和巴黎議會因憎恨首相馬薩林擅權而聯合起來反對國王，即投石黨運動。1653年馬薩林戰勝了造反分子，此後朝政由馬薩林獨攬，路易十四世即使在成年後也不敢過問。1660年路易和西班牙腓力四世的女兒奧地利的瑪麗－泰蕾莎（1638～1683）結婚。1661年馬薩林過世，路易十四世驚人地向大臣們表示他要負起統治王國的全部責任。他信奉天授神權的獨裁統治，認為自己是上帝在人間的代表。他在能幹的首相柯爾貝爾和盧瓦侯爵的輔佐下，削弱了貴族權力，讓他們依賴王室。他也是藝術的贊助者，保護作家，並大力營建新的行宮，其中包括豪華的凡爾賽宮，在那裡把大部分的貴族置於他的監視範圍下。1667年路易十四世在權力轉移戰爭（1667～1668）中進攻西屬尼德蘭。1672年再度在第三次荷蘭戰爭中入侵。此時太陽王處於全盛時期，他拓展了把法國的北部和東部疆界，博得廷臣的敬愛。1680年與情婦蒙特斯龐侯爵夫人（1641～1707）鬧出腓聞，深怕損及他的聲譽而公開放棄享樂的生活。1683年王后過世，他祕密地與信仰虔誠的曼特農侯爵夫人結婚。在動用武力試圖改變法國新教徒的信仰後，1685年還撤銷南特敕令。在大同盟戰爭（1689～1697）和西班牙王位繼承戰爭（1701～1714）期間，歐洲各國因害怕路易的擴張主義而結成聯盟對抗法國。路易十四世在七十七歲時過世，堪稱歐洲史上統治最久的一位君主。

Louis XIV style　路易十四世風格　法國路易十四世時期的視覺藝術風格。1648年勒布倫創立皇家繪畫與雕塑學院，為該時期後期確立嚴苛的風格。最具影響力的畫家是普桑，為法國古典主義奠下基礎（參閱Classicism and Neoclassicism）；而吉拉爾東和普傑的作品，使雕塑達到新的高峰。裝飾藝術的國家風格經由戈布蘭工廠演化出來（參閱Gobelin family）；家具具有表飾、鑲嵌、厚鍍，通常裝飾著貝殼、薩堤爾（半人半獸）、花環、神話英雄、海豚等，這種風格與布爾的關係最為密切。在建築方面，柯爾貝爾嚴格控管凡爾賽宮的整修，並有勒諾特爾設計園林造景。

Louis XV　路易十五世（西元1710～1774年）　法國國王（1715～1774）。三歲就成為孤兒，曾祖父路易十四世去世後（1715）繼位，由奧爾良公爵菲利普二世（1674～1723）攝政。1725年與波蘭公主瑪麗・萊什琴斯卡結婚，使法國捲入波蘭王位繼承戰爭（1733～1738）。1726年選擇弗勒里為首相，在弗勒里死後（1744）自己才發揮一點作用。路易的情婦們（尤其是龐巴度夫人）也對政治頗有影響。路易還把法國帶進了奧地利王位繼承戰爭（1740～1748）和七年戰爭（1756～1763），為此法國幾乎把所有的殖民地都輸給英國。隨著國王在道德和政治上的權威日降，國會掌握了實權，阻擾了財政改革。最後路易在臣屬們的憎恨聲中去世。

Louis XV style　路易十五世風格　路易十五世時期法國裝飾藝術的洛可可風格。當時的藝術家們用精湛的工藝裝飾皇家和貴族之家。他們注重整體效果，所以繪畫和雕塑成為裝飾藝術的一部分。其呈現出裝飾技術的全部豐富內容，包括高超的雕刻技術，各種金屬形式的裝飾物，用異國情調的木材、金屬、珍珠母和象牙等製作的鑲嵌件，以及完全可媲美於遠東藝術珍品的精緻優美的中國式風格。將自然與東方風格的主題巧妙地結合在一起作為裝飾的基本花紋。著名的藝術家和設計師包括弗拉戈納爾、布歇和烏德里。

Louis XVI　路易十六世（西元1754～1793年）　法國大革命前波旁王朝的最後一代君主（1774～1792）。1770年與瑪麗－安托瓦內特結婚。1774年在祖父路易十五世過世後繼承王位。他意志薄弱，優柔寡斷，未能對杜爾哥或內克等改革派大臣給予必要的支持，以穩定法國動搖的財政。1774年國會的恢復把權力轉到貴族手中。貴族們反對財政總監卡洛納所提出的經濟改革，逼使國王在1788年召開三級會議，開始推動了大革命。路易受宮廷反動勢力的支配，竭力維護教士和貴族的特權。1789在他開除內克並拒絕批准國民議會達成的決議。路易因抗拒大眾的要求，使他和家人被迫從凡爾賽宮遷至巴黎的土伊勒里宮。1791年企圖從首都出逃，更加喪失威信，後來在瓦雷納被捉，押回巴黎。之後受王后控制，她慫恿路易以瞞騙的政策而不實現1791年憲法，這個憲法是他曾發誓要維持的。1792年巴黎市民和民兵包圍了土伊勒里宮，宣布成立法蘭西第一共和。後來找出他勾結外國人陰謀進行反革命活動的鐵證，於是被關進監獄，進行審判。1793年判處死刑，被送上斷頭台。路易在審判和行刑時，一貫維持國王的尊嚴態度多少替他挽回了一點名聲。

Louis XVI style　路易十六世風格　從1760年前後到法國大革命這一段時間內法國製作的視覺藝術風格。其在繪畫、建築、雕塑和裝飾藝術方面的主導風格是新古典主義，是一種反對過度偏向洛可可風格的產物，響應盧梭「回歸自然」的號召，也是對龐貝和赫庫蘭尼姆出土文物的一種回應。最著名的畫家是大衛，其嚴謹的構圖使人想起普桑的風格。當時最傑出的雕塑家是烏東。家具的風格是古典式的，不過手藝技術比以前任何時候都來得複雜。最好的木工中有里茲內爾及其他一些德國的手工藝者。亦請參閱Classicism and Neoclassicism。

Louis XVII　路易十七世（西元1785～1795年）　原名Louis-Charles。1793年起法國有名無實的國王。是路易十六世與瑪麗－安托瓦內特的次子。法國大革命爆發後不久其兄死，路易就繼承了王位。1792年他與其餘的皇族國戚們都遭囚禁。1793年其父被斬首，法國的流亡貴族就宣布路易－查理為國王。十歲時死於獄中，但關於其生前最後幾個月的祕聞使謠言四起，有人說他並沒有死。在往後的幾十年裡，有三十多個人自稱是路易十七世。

Louis XVIII　路易十八世（西元1755～1824年）　原名Louis-Stanislas-Xavier, comte (Count) de Provence。1795年起法國有名無實的國王。1814～1824年成為事實上的國王。1791年法國大革命期間他逃離法國，發表反革命宣言，組織流亡貴族團體。1793年路易十六世被處決後，他成為侄子路易十七世的攝政。1795年路易十七世夭亡後，他自封為王。1814年聯盟軍隊進入巴黎時，塔列朗促使波旁王朝復辟，路易十八世受到盛大歡迎。他承諾建立一個君主立憲政體，採納1814年憲章。經過百日統治（拿破崙從厄爾巴島回到巴黎）中斷後，他恢復了君主立憲制。國會中包括強大的右翼多數，雖然路易反對極端保王派的極端主義，但他們日益增強了控制，阻礙路易想要在大革命後休養生息的企圖。死後由其弟查理十世繼位。

Louis-Napoléon　路易－拿破崙 ➠ Napoleon III

Louis-Philippe　路易－腓力（西元1773～1850年）　別名平民國王（the Citizen King）。法國國王（1830～

1848）。奧爾良公爵的長子，法國大革命爆發之初，他支持新政府，並在1792年加入革命軍，但在1793年與奧地利作戰時叛逃，後來流亡至瑞士、美國和英格蘭。最後返回法國致力於路易十八世的復辟事業，並加入自由派。在七月革命（1830）和查理十世退位之後，梯也爾擁護路易－腓力，並由立法議會選舉他為「平民國王」。七月王朝期間，他在右翼極端君主派和社會黨人、其他共和黨人之間採取中間路線，以鞏固自己的權力，但開始恢復鎮壓的手段，以對付層出不窮的叛亂和刺客。他加強了法國在歐洲的地位，並與英國合作逼使荷蘭承認比利時獨立。路易－腓力在中產階級對他的專斷統治逐漸不滿以及未能贏得新興企業階級人士的支持下，於1848年二月革命期間遜位。

Louis the Bavarian 巴伐利亞人路易 ➠ Louis IV

Louis the Fat 胖子路易 ➠ Louis VI

Louis the Pious 虔誠的路易 ➠ Louis I（法蘭克）

Louis the Younger 小路易 ➠ Louis VII

Louisiade Archipelago＊ 路易西亞德群島 巴布亞紐幾內亞島群，位於新幾內亞島東南方。延伸160多公里，分布在南太平洋26,000平方公里的海域內。約有近一百座島嶼，最大的是米西馬、塔古拉和羅塞爾。1606年西班牙人來到此地，1768年以法王路易十五世的名字命名。1942年被日軍占領，該群島附近是珊瑚海戰役的戰場。人口約16,000（1987）。

Louisiana 路易斯安那 美國中南部一州。在地形上區分為密西西比河氾濫平原和三角洲，以及墨西哥灣沿海平原上的低矮丘陵。是美國唯一曾受到拿破崙法典統治的一州。印第安人在此定居可能長達一萬六千年；歐洲人來此殖民時，這裡居住的是卡多人和喬克托人等印第安民族。1682年法國探險家拉薩爾順密西西比河而下，聲稱整個流域屬於法國所有。1718年建立紐奧良市，1731年路易斯安那成為法國皇室領地。1760年代隨著講法語的阿卡迪亞人（卡津人）的到來，殖民地有所拓展，這些人來自加拿大新斯科舍。1762～1800年西班牙統治此區，後來又歸還法國。1803年美國在路易斯安那購地案中取得路易斯安那，成為美國的一部分。1804年被畫為奧爾良準州。1812年加入聯邦，成為美國第十八州。1861年南北戰爭剛爆發時，脫離聯邦，1868年重新加入聯邦。種植園經濟繼續存在，農民階級被壓榨得失去農場所有權，結果在1920年代促使了朗這個平民黨黨員崛起。第二次世界大戰後，路易斯安那的經濟因近海石油和天然氣的開發而快速發展。主要的農產品是大豆和棉花；植樹和捕蝦業也很重要。石油和天然氣是主要的礦產資源。首府為巴頓魯治。面積123,677平方公里。人口約4,352,000（1997）。

Louisiana Purchase 路易斯安那購地 1803年美國用1,500萬美元從法國購得的土地。範圍從密西西比河到落磯山脈，從墨西哥灣到英屬美洲（加拿大）。1762年法國把密西西比河以西的路易斯安那割讓給了西班牙，但西班牙在1800年把它歸還給法國。傑佛遜總統有鑒於潛在的法國勢力增長，因而與英國結盟來威脅法國。於是拿破崙就把整個路易斯安那地區賣給美國，不過當時的界線尚不明確，它的西北部和西南部界線直到1818～1819年才確定下來。這次購地案使美國的土地面積增加一倍。

Louisiana State University 路易斯安那州立大學 美國路易斯安那州立大學系統。有八所大學、共計十個校區，分布於五個都市。主要學校為路易斯安那州立大學及位於巴頓魯治的農工學院。整個大學系統共有學生57,000人，路易斯安那州立大學有28,000人。大學是由（1806年起）美國政府的一系列補助設立講座開始的，1853年取得官方許可，1860年開辦。學校有超過八百個各界贊助的研究計畫，包括海岸、能源及環境資源中心。1935年華倫等人創辦的《南方評論》也由此校發行。

Louisville＊ 路易斯維爾 美國肯塔基州中北部城市，位於俄亥俄河畔。1778年開始在科恩島上設居民點，第二年居民移往內陸後開始擴展。當時以法王路易十六世的名字命名，成為重要的河流貿易中心。1828年獲准設市。美國南北戰爭期間是聯盟軍的軍事指揮部和供應庫。最大城市是肯塔基，是烈性威士忌酒和紙煙的主要產地。設有路易斯維爾大學（建於1798年），還有舉辦肯塔基大賽的邱吉爾丘陵草原。人口約261,000（1996）。

Loup River＊ 盧普河 美國內布拉斯加州中東部河流，往東流，注入普拉特河。長485公里，經過治理可用作水力發電。名稱源於斯基迪印第安人的法語名字（意即「狼」）。

Lourdes 盧爾德 法國西南部的朝聖地，位於庇里牛斯山脈山腳下的土魯斯西南。中世紀時，該城鎮與其堡壘組成了一個戰略要塞，但其近代的重要性從1858年開始表現出來，當時一名十四歲女孩貝爾娜黛特在洞穴中屢次看見聖母瑪利亞的異象（參閱Bernadette of Lourdes, St.）。1862年教宗庇護九世宣稱這一異象可信。貝爾娜黛特見到異象的那個洞穴裡的地下泉水也被視為神水。從此，盧爾德成為天主教朝聖者的一個主要目的地。每年有將近三百萬人到此，其中許多是希望來這裡治癒病痛的病人或殘疾人士。1876年在洞穴上方建了一座教堂，1958年又加建了一個巨大的地下教堂。

Lourenço Marques 洛倫索－馬貴斯 ➠ Maputo

louse 蝨 蝨目無翅寄生性小昆蟲，約3,300多種，主要由吸蝨或嚼蝨（寄生於鳥類及各種哺乳動物身上），以及吸蝨組成。蝨的身體扁平，卵黏附於宿主的毛髮或羽毛上，稱為蟣子，大多終生生活於宿主動物身上。嚴重的侵染使動物感到瘙癢難忍，有時還引起二度感染。從一個宿主個體轉移到另一個體時會傳播多種疾病，包括狗的絛蟲病和鼠的鼠傷寒。亦請參閱louse, human。

雄的人蝨（Pediculus humanus），約放大15.5倍
William E. Ferguson

louse, human 人蝨 感染人類的3種吸蝨。體蝨和頭蝨是藉由人與人的接觸，以及透過共用衣物、床、梳子和其他個人用品來散播的。體蝨攜帶的病菌可能導致回歸熱、戰壕熱和斑疹傷寒。頭蝨則會引起膿疱病。在過度擁擠的情況下（尤其是在小孩之間），兩者會迅速傳播。陰蝨（又稱蟹爪蝨）主要感染陰部，偶爾感染其他有毛的部位。其第一對足比其他兩對足小，看起來像蟹。陰蝨主要藉由性交傳染。感染蝨子的治療方式是用含有六氯化苯的洗髮精、肥皂和溶液清洗，即可迅速除蝨，另外還要清洗床單和衣物才能根除。

lousewort 馬先蒿 玄參科馬先蒿屬植物，約500種草本，遍布北半球，尤其是亞洲中部和東部山地。花兩側對稱，有時很不規則，如格陵蘭馬先蒿，形似象的頭、長鼻和耳，故俗名小象花。馬先蒿半寄生於其他植物的根上。

沼澤馬先蒿（Pedicularis lanceolata）
Kitty Kohout from Root Resources

Louvain, Catholic University of＊　盧萬公教大學　1970年比利時建立的兩所大學中的任一所，前身都是1425年在盧萬建立的一所著名大學。16世紀初，伊拉斯謨斯、利普修斯和麥卡托曾在原來的大學裡任教。1969年在學生暴動和政府大改組後重組現代的大學，分成兩個單位：一所教學用的是荷蘭語，學生註冊人數約27,000；一所位於新盧萬，教學用的是法語，學生註冊人數約22,000。

louver＊　百頁　由一些平行的水平葉片或者玻璃板條、木板條或其他板條組合起來的一種裝置，用於調節氣流或透過的光線。百頁常常用在門窗上，讓空氣和光線能夠進來，同時又避免日曬雨淋。百頁可以是活動式的，也可以是固定式的。現代通風和空調設備的進氣和排氣口上蓋的金屬葉片也稱百頁。

Louvois, marquis de＊　盧瓦侯爵（西元1639～1691年）　原名François-Michel Le Tellier。法國路易十四世時代的國防大臣，也是最有影響力的大臣（1677～1691）。他是法國最有權勢的官員米歇爾・勒・泰利耶的兒子，其父推薦他取代自己而當上國防大臣。他是一位能幹的行政官員，實現了其父的軍事改革，使法國軍隊成爲歐洲最強大的軍隊之一。他是導致廢除「南特敕令」（1685）的軍事政策的共同策劃人，也要對巴拉丁領地的消亡（1688）負責，後者導致了大同盟戰爭。

Louvre Museum＊　羅浮宮博物館　法國巴黎國家博物館和藝術品陳列館。原爲王宮駐地，1546年法蘭西斯一世把12世紀的舊城堡全部拆除，在原址上另建新宮居住。1682年宮廷移至凡爾賽之後，才沒再當作宮殿，18世紀擬定一些計畫準備把它轉爲一座公共博物館。1793年革命政府開放大畫廊，拿破崙執政期間，開始修建北翼廂房。兩列西翼廂房也相繼完成，拿破崙三世時開始向公眾展出其藏品。全部竣工後的羅浮宮，是一處龐大的綜合性建築群，構成兩個主要的「四合院落」，各自包容一個大天井。1989年貝聿銘在地面入口上部設計了一座鋼架玻璃金字塔形結構，開始對遊人開放。羅浮宮的繪畫藏品是世界最豐富的博物館藏珍品之一，其中收有歐洲各個時期直至印象主義畫派的全部代表作品。羅浮宮所藏15～19世紀法國名畫，在世界上堪稱無與倫比。

lovage＊　歐洲當歸　繖形科草本植物，學名Levisticum officinale。原產於南歐。今有栽培，其莖和葉可製茶、用作蔬菜及用於食品調味。其根莖作爲驅風藥，種子常作糖果和利口酒的調味品。從其花朵可提取香精油。

Love Canal　樂甫運河　美國紐約州尼加拉瀑布鄰近地區，是美國史上因化學廢棄物造成最嚴重的環境災害的地方。原是一條廢棄的運河，後成爲垃圾場，1940年代和1950年代往裡傾倒了近22,000公噸的化學廢料。後來把這條運河填平了，在它上面建蓋房子。1978年檢測出滲漏進房子裡的有毒化學物質，並發現居民中染色體遭到破壞的機率很高。撤離居民後，有1,300名舊有住戶從傾倒廢棄物的公司以及市政府那裡得到兩千萬美元的安置費。1990年代初，紐約州結束了它的清理工作，宣布該地區的某些部分是安全的，可以居住。

lovebird　情侶鸚鵡　鸚鵡亞科情侶鸚鵡屬的9種小型鸚鵡，產於非洲和馬達加斯加。因其羽毛豔麗，常似乎充滿深情地雙雙偎依棲息而著名。體長10～16公分，體矮肥，尾短。多數種類嘴紅色，具明顯的眼環。雌雄外形相似。集大群在林中和灌叢中覓食種子，可能危害莊稼。生命力強，壽命長，好與其他鳥類爭鬥，聲響亮粗厲。不易馴化，但能學些技巧和說話。

黑面情侶鸚鵡（Agapornis personata）
Toni Angermayer

Lovejoy, Elijah P(arish)　洛夫喬伊（西元1802～1837年）　美國報紙編輯和廢奴主義者。1827年移居聖路易。1833年任長老會週刊《聖路易觀察者》的編輯，撰文強烈譴責奴隸制。1836年在暴民的武力威脅下，被迫將報社從實行奴隸制的密蘇里州搬遷到河對岸的自由州－－伊利諾州的奧爾頓。結果暴民們還是一再破壞他的出版社，最後在一次暴民攻擊時，他爲了保衛他的大樓而被槍殺。其犧牲的消息傳出更加強了廢奴主義者們的決心。

Lovelace, (Augusta) Ada King, Countess of　拉夫累斯（西元1815～1852年）　原名Lady Augusta Ada Byron。英國數學家。父親是詩人拜倫，不過她對父親個人一無所知。1835年她嫁給威廉・金恩（金恩男爵第八）。1938年威廉・金恩加封爲伯爵，她就成爲伯爵夫人。早在1833年她就對巴貝奇的分析機器感興趣。1843年她翻譯並注釋了梅納貝里寫的有關這些機器的論文。她爲巴貝奇的數位電腦原型創建了一個程式，因而被稱爲第一位女性電腦程式設計師。程式語言Ada語言就是據其名字命名的。

Lovell, (Alfred Charles) Bernard＊　洛弗爾（西元1913年～）　受封爲貝爾納爵士（Sir Bernard）。英國無線電天文學家。在布里斯托大學取得博士學位。第二次世界大戰中在空軍服役，戰後在曼徹斯特大學任講師。1957年他在曼徹斯特附近的焦德雷爾班克建造了第一台巨大的無線電望遠鏡，直徑達76公尺。

low blood pressure ➠ hypotension

Low Countries　低地國家　歐洲西北沿海地區，包括比利時、尼德蘭（即荷蘭）和盧森堡。之所以稱爲低地國家是因爲這些國家或低於海平面，或只略高於海平面。又稱比荷盧（Benelux），這是由三國國名的起首字母組成。

low relief ➠ bas-relief

Lowell　羅厄耳　美國麻薩諸塞州東北部城市。1653年設居民點時稱東切姆斯福德，19世紀時成爲主要的棉紡製造中心。後以實業家法蘭西斯・羅厄耳的名字重新命名，1836年建市。20世紀時，紡織製造業開始向南部各州轉移，多元化地朝其他工業發展。羅厄耳國家歷史公園建於1978年，用以紀念美國的工業革命。畫家惠斯勒誕生於此，市內設有麻薩諸塞－羅厄耳大學。人口約100,000（1996）。

Lowell, Amy　羅厄爾（西元1874～1925年）　美國評論家和詩人。出身波士頓名門，二十八歲時即致力於詩歌創作，但在1910年之前沒有發表任何作品。1912年出版第一部詩集《彩色玻璃大廈》，接著是《劍刃與罌粟花籽》（1914），其中包括她第一首自由詩節的詩以及她稱作「多音的散文」。她成爲意象主義的領袖，以活潑堅強的個性以及蔑視

L M N

傳統行爲著稱。其他作品包括《法國六詩人》(1915)、《現代美國詩歌傾向》(1917) 和《約翰．濟慈》(1925,2卷)。

Lowell, Francis Cabot　羅厄爾 (西元1775～1817年)
美國商人。出身麻薩諸塞州紐伯里波特名門家庭。羅厄爾在訪問英國期間對英國的紡織工業作了深入的研究。他與穆地一起設計出一種高效率的動力織布機和紡紗裝置。他設在瓦爾珊的波士頓製造公司 (1812～1814) 顯然是世界上第一個將原棉到成品布料的全部操作過程完成一貫化的工廠。他的實例大大刺激了新英格蘭地區工業的發展。麻薩諸塞州的羅厄爾市就是以他的名字命名的。

Lowell, James Russell　羅厄爾 (西元1819～1891年)
美國詩人、評論家、編輯和外交官。畢業於哈佛大學法學院，但無意從事律師業務。1840年代開始大量撰文反對蓄奴制，包括《比格羅詩稿》(1848)，是運用早期新英格蘭方言寫成的諷刺詩。其他重要作品包括《朗弗爾爵士的幻覺》(1848)，這是歌頌四海之內皆兄弟的一首長詩；《請評論家一讀的寓言》(1848)，是對當代美國作家的評估，其中妙趣橫生，令人捧腹。在他的妻子過世 (1853) 後，其作品主要是討論文學、歷史和政治中一些問題的論說性文章。他還是當代最具影響力的書信作家，後來到哈佛大學任教，並主編《大西洋月刊》和《北美評論》。曾任駐西班牙公使和駐英國大使。

羅厄爾
By courtesy of the Library of Congress, Washington, D.C.

Lowell, Percival　羅厄爾 (西元1855～1916年)　美國天文學家。出身波士頓名門世家。1890年代在亞利桑那州弗拉格斯塔夫建造了一座私人天文台，用以研究火星。他提出過一種現已被摒棄的理論，即在死亡的火星上的有智慧居民曾在整個星球內修築了灌溉工程。他認爲所謂火星上的運河都是一些依靠這種灌溉的耕種作物帶。羅厄爾的理論長期來受到強力的反對，從美國「水手號」太空船發回來的資訊徹底終結了這一理論。他預言海王星外還有一顆行星，1930年發現了冥王星，證實其預言。

Lowell, Robert　羅厄爾 (西元1917～1977年)　原名Robert Traill Spence Lowell, Jr.。美國詩人。名門家庭出身，親戚包括詹姆斯．羅素．羅厄爾和艾美．羅厄爾。雖然背離家族的清教徒傳統，但在他的許多詩歌中又以此爲主題。第一部主要作品《威利爵士的城堡》(1946，獲普立茲獎) 包括了〈南塔克特貴格會教徒墓地〉。1959年出版的《人生寫照》包括一篇自傳體隨筆和十五首複雜的懺悔詩，主要以他的家族歷史和被擾亂的個人生活爲背景，包括他在精神病院裡的日子。1960年代在自由事業中的活動影響了他後來的三部書，包括《獻給聯邦陣亡將士》(1964)。後來的詩集有《海豚》(1973，獲普立茲獎)。

Lower Canada 下加拿大 ➠ Canada East

Lowry, (Clarence) Malcolm＊　勞里 (西元1909～1957年)　英國小說家和詩人。年輕時反對傳統教育，到航向中國的輪船上當僕役，後來在法國、美國、墨西哥、加拿大和義大利都生活過。其名聲建立於小說《在火山下》(1947)，寫的是過去一段意志消沈靠酗酒度日的絕望生活，以及英國駐墨西哥前領事的故事。書中社會的腐敗現象和自我摧殘的這兩種印象並列可以看作是歐洲對於第二次世界大戰臨近的一種象徵性看法。雖然此書頗獲好評，但在勞里四十七歲去世 (可能因酗酒過度) 後才廣受大衆的承認。

Loy, Myrna　洛伊 (西元1905～1993年)　原名Myrna Williams。美國電影女演員。原在好萊塢電影扮演一些小角色，後來在《賓漢》(1926) 中飾演一位充滿異國情調的情婦，確立了她在早期電影裡外國蕩婦角色的形象。1934年在《瘦子偵探》中扮演了機智高雅的諾拉．查理而受到讚揚，接下來拍了該劇的續集以及《黃金時代》(1946)、《燕雀香巢》(1948)、《大撿便宜》(1950) 和《寂寞芳心》(1958) 等其他影片，都受到好評。第二次世界大戰時爲美洲紅十字會服務，後來爲聯合國教科文組織工作。

Loyalists　效忠派　美國革命中忠於英國的美國殖民地居民。約有1/3的美國殖民地居民都是效忠派，包括爲英國王室服務的官吏、大地主、富商、安立甘宗的牧師及他們的教區居民，還有貴格會。在美國南部、紐約和賓夕法尼亞效忠派的人數最多，但在任何一塊殖民地地區都沒有構成多數。在爭取殖民地權利時先是主張溫和適度，但在他們遭到極端愛國分子痛斥後，又變成積極的支持者。有些效忠派加入了英國軍隊，其中包括來自紐約的23,000人。他們在戰鬥中被俘，被當作叛徒處理。所有各州都通過了反對他們的法律，沒收他們的財產，或徵收重稅。1776年開始，約有十萬名效忠派人士出逃，流亡海外，許多人去了加拿大。1789年後公衆反對他們的情緒逐漸消退，1814年撤銷了懲罰性的州法律。

Loyola, St. Ignatius of　羅耀拉 (西元1491～1556年)
原名Iñigo de Oñaz y Loyola。西班牙耶穌會的創始人。出身貴族，原本從軍當兵。1521年被法國炮彈擊中受傷，養傷期間改變了宗教信仰。他到耶路撒冷朝聖後，在西班牙和法國從事宗教研究。他在巴黎時聚集了一批追隨者 (包括聖方濟．沙勿略)，他們打算一起參與創建耶穌會。1537年受神職，1539年成立耶穌會。1540年獲得教宗的批准，羅耀拉擔任總會長直到去世，當時耶穌會在義大利、西班牙、德國、法國、葡萄牙、印度和巴西都建立了分會。在《屬靈操練》一書中羅耀拉描述了在祈禱時他所看見的神祕幻象。晚年時，他還爲耶穌會學校體系打好了基礎。

Loyola University Chicago　芝加哥羅耀拉大學
美國芝加哥的私立大學。由耶穌會贊助設立，是美國最大的天主教大學之一，學生人數約14,000人。創建於1870年，最早名爲依納爵學院，1932年改爲羅耀拉大學。除了在芝加哥設有兩個校區之外，在威爾梅特、梅伍德都設有郊區分校，在羅馬設有海外分校。大學提供超越30種領域的博士課程，以及多種專科課程。附設醫學中心的開心手術是世界一流水準，且是第一所建立心臟加護病房的醫院。

Lozi＊　洛齊人　亦稱巴羅策人 (Barotse)。由分屬於六種文化群的大約二十五個操班圖語民族組成，居住在尚比亞西部 (舊稱巴羅策蘭)。現今約有七十萬人，按每年氾濫季節，在平原和岸邊分設的兩個村落移居。經濟以發展農、牧、漁爲主。社會階級分爲貴族、平民和奴隸。

LSD　LSD　全稱二乙基麥角酸醯胺 (lysergic acid diethylamide)。強力迷幻藥。LSD是一種有機化合物，可從麥角鹼和麥角新鹼中提取，存在於麥角病真菌中，但大多數LSD都是合成生產的。它能阻止神經介質血清素的作用，造成明顯偏離正常的感覺和行爲，作用時間長達8～10小時或更長。情緒波動、時空定向障礙以及衝動性行爲會逐漸導致對周圍其他人的意圖和動機產生懷疑，甚至會攻擊他們。LSD引起的幻覺可能在數年後還會閃現。LSD是一種未經批准的藥物，還沒有發現它有臨床價值。

Lu 魯 古代中國的封國，建國於西周，於東周的戰國時代時期開始愈顯重要。魯國以孔子的出生地聞名，儒家經典之一《春秋》記錄了魯國宮廷從西元前722～西元前481年間的主要事件。

Lü-ta 旅大 ➠ Dalian

Lu Xiangshan 陸象山（西元1139～1193年） 亦拼作Lu Hsiang-shan，又名陸九淵（Lu Jiuyuan）。中國南宋時期的新儒學思想家。陸九淵身兼政府官員與老師，與新儒學中偉大的唯理論者朱熹是論敵。陸九淵指導後學，對於道的最高層次的認識，來自於持續的內省反思與自我質問。在此一過程中，人將發展出或恢復人性基本的良善。陸九淵的著作在他死後出版，他的思想在3個世紀後由王陽明續作修訂。王陽明建立了新儒學中的「心學」一脈，又常稱為「陸王學派」。

Lu Xun 魯迅（西元1881～1936年） 亦拼作Lu Hsün。本名周樹人。中國作家。1918年魯迅出版了短篇故事《狂人日記》，開始與剛興起的中國文學運動有關。該書譴責傳統儒家文化，並且是首部完全以中文寫作，但風格卻是西方式的故事。雖然魯迅以小說最為聞名，但他也是一位隨筆、雜文的大師。在他晚年，尤其常用這種體裁。魯迅本人從未加入中國共產黨，但他號召許多同胞歸向共產主義，因而被視為革命英雄。

Lualaba River* 盧阿拉巴河 非洲中部河流。剛果河的源頭。全長1,800公里，全部處在剛果民主共和國（薩伊）境內。有幾處建起了水力發電站。

Luan River* 灤河 流經中國東北部河北省的河流。發源於內蒙古自治區東部，全長545哩（877公里），先向北流，而後折向東南穿越長城，分成一些較小的河流注入渤海。這條河在承德以下可以通航。

Luanda* 盧安達 亦稱Loanda。安哥拉首都。位於大西洋沿海，是安哥拉最大城市，也是第二大繁忙海港。1576年由保羅·迪亞斯·德諾維斯建立，1627年成為安哥拉殖民地的行政中心。19世紀以前是向巴西販運奴隸的主要口岸。市內住有許多姆本杜人，還有一個規模相當大的古巴人社區。現為工商業區，建有煉油廠。市內設有盧安達大學，港口外面有聖米格爾的古老要塞。人口約2,081,000（1995）。

Luang Pradist Manudharm ➠ Pridi Phanomyong

Luba 盧巴人 亦稱Baluba。操班圖語諸民族，他們與盧巴帝國（參閱Luba-Lunda states）的政治歷史密不可分。他們都居住在稀樹草原和森林裡，以狩獵和採集、農耕和飼養牲畜為生，也在剛果河和其支流裡捕魚。有狩獵、魔法和巫醫等會社組織，有相當發達的文學，包括史詩故事。

盧巴女子木雕像
By courtesy of the Musee de l'Homme, Paris

Luba-Lunda states* 盧巴－隆達諸邦 16～19世紀盛行於中非的王國聯合體。15世紀晚期，一小群獵象者建立一個王國，再從周圍發展出一些衛星國家，到17世紀時其勢力已擴展到剛果盆地南部、安哥拉西部和尚比亞。盧巴人定居於東北部，隆達人則在西南部。該王國以奴隸和象牙交換葡萄牙人的布匹和其他物品。18世紀時，移民們更遠一些的東南部建立了卡曾貝王國，該王國繁榮昌盛，直到19世紀末才被英國占為殖民地。

Lubbock* 拉巴克 美國德州西北部城市。位於阿馬里洛以南。以唱德克薩斯獨立宣言的歌手湯姆·拉巴克的名字命名。1890年由老拉巴克和蒙特雷兩地合併組成，發展成放牧中心。1909年設建制。1970年的一場龍捲風造成廣大的損壞。市內有德州技術大學（1923）。人口約194,000（1996）。

Lübeck* 呂貝克 德國北部城市。1143年建立斯拉夫人居民點，發展為貿易港口。1226年成為自由市，1358年為漢撒同盟所在地。16世紀以後沒落，拿破崙戰爭期間貿易完全癱瘓。1900年修建易北河－呂貝克運河後開始復甦。1937年終止了自治政體的地位，納粹把它畫入普魯士的什列斯威－好斯敦州。該市是德國波羅的海沿岸最大的港口之一。歷史遺址有一座12世紀的大教堂和幾座哥德式教堂。人口約217,000（1996）。

Lubitsch, Ernst* 劉別謙（西元1892～1947年） 德裔美籍電影導演。1911～1914年參加賴恩哈特的德國劇團演出，並在一些喜劇電影短片中表演，然後轉向執導一些古裝片，這些古裝片是德國最先在國外放映的影片，其中包括《激情》（1919）、《騙局》（1920）以及《法老之妻》（1921），還有像《木偶新娘》（1919）和《牡蠣公主》（1919）等喜劇。1923年移居好萊塢，在一些成功的喜劇，如《婚姻集團》（1924）、《璇宮豔史》（1929）、《天堂裡的煩惱》（1932）、《妮諾奇嘉》（1939）、《街角的商店》（1940）、《生死攸關》（1942）以及《天長地久》（1943）等影片中形成了著名的「劉別謙式觸動」風格，即妙趣橫生、精準的時間敘事手法。

Lublin* 盧布令 波蘭東部城市，濱臨貝斯奇察河。9世紀末建為要塞。1317年獲准設鎮。1795年歸屬奧地利，1815年轉歸俄國。1918年在此宣布成立第一個獨立的波蘭臨時政府。第二次世界大戰中，納粹在其郊區建立了馬伊達內克集中營。戰後，盧布令曾暫為首都。現在是波蘭東南部的工業和文化中心。

lubrication 潤滑 在滑動面間介入種種物質，以減少磨耗和摩擦力。潤滑劑可間接地控制腐蝕、調節氣溫、用作電絕緣體、去除污染物或制止振動等。史前人類則用泥和蘆葦來潤滑橇、木材或岩石。而當第一部載重馬車以動物脂肪潤滑輪軸後，動物脂肪即廣被採用，直到19世紀原油成為潤滑劑的主要來源。原油一直是一些產品的基礎，這些產品為符合汽車、飛機、柴油機車、渦輪噴射發動機和各種動力機械等的特殊潤滑需要而設計出來。潤滑可分為流體膜潤滑、界面潤滑及固體潤滑三種基本型：流體膜潤滑（係用流體膜完全隔開滑動面）；界面潤滑（其表面間的摩擦取決於表面與潤滑劑的性質，而非潤滑劑的黏度）；固體潤滑（用於流體潤滑劑無法對負載產生足夠的阻力或抵擋極高的溫度時）。主要的潤滑劑有流體、油狀潤滑劑（以石油為主或合成物，包括獸脂）；固體潤滑劑（如石墨、鉬、二硫化物、軟金屬、臘和塑膠；以及氣體潤滑劑。

L M N

Lubumbashi＊ 盧本巴希 舊稱伊莉莎白維爾（Elisabethville，1966年以前）。剛果民主共和國（薩伊）城市。靠近尚比亞的邊界，1910年由比利時殖民者在此建立，後來成長爲世界上最大的銅礦開採和熔煉所在地之一。1960年代初，它是喀坦加省分離運動的中心。人口約851,000（1994）。

Luca da Cortona 科爾托納的盧卡 ➠ Signorelli, Luca

Lucas, George 喬治盧卡斯（西元1944年～） 美國電影導演和製作人。曾在南加州大學攻讀電影，後來與科波拉一起工作。第一部是劇情片《五百年後》（1971），接著拍的影片《美國風情畫》（1973）在票房上獲得驚人的成功。他自編自導的科幻影片《星際大戰》（1977），立刻大受歡迎，片中始創運用電腦特效。1978年成立盧卡斯影片公司和「工業光魔」特效部門。喬治盧卡斯接著在星際大戰續集《帝國大反擊》（1980）和《絕地大反攻》（1983）中擔任執行製作人，也在史蒂芬史匹柏執導的《法櫃奇兵》（1981）和其續集中任執行製作人。後來爲《星際大戰》首部曲《威脅潛伏》（1999）重執導演筒。

Lucas, Robert E., Jr. 盧卡斯（西元1937年～） 美國經濟學家。在芝加哥大學求學，1975年起在該校任教。他對總體經濟學中凱因斯的影響以及政府干預國內事務的功效提出質疑。他批評菲利普曲線不能在經濟通貨膨脹時先提供經濟將受挫的預測給公司和工人。他的合理預期理論認爲，個人根據預期的結果所作出的私人經濟決定可以改變國家財政政策的預期後果，1955年因此而獲得諾貝爾獎。亦請參閱econometrics、inflation。

Lucas (Huyghszoon) van Leyden＊ 路加斯·范·萊登（西元1494?～1533年） 荷蘭畫家和版畫雕刻家。出生於萊頓，隨畫家父親學畫，但最大的天分在於雕刻版畫。即使如《穆罕默德和修士塞爾琪》（1508）這幅年輕時期的版畫也顯示出精湛的技藝。1510年在杜勒的影響下，刻出兩幅版畫傑作，《擠奶女工》和《戴棘冠的耶穌》，後者倍受林布蘭的讚賞。人們認爲他發展了銅版（而不是鐵版）的蝕刻技術。由於銅比較軟，他可以在同一版上將蝕刻與線刻結合在一起。他也是最早在版畫中應用空氣透視法的人之一。雖然他的畫作很少能達到其版畫的水準，但他仍算是當時傑出的荷蘭畫家，其最著名的畫作是《最後審判》（1526～1527）。

Luce, Clare Boothe 魯斯（西元1903～1987年） 原名Clare Boothe。美國政治人物和劇作家。曾擔任一些時尚雜誌的編輯，1935年與魯斯結婚。她寫的三部情趣橫溢的劇本都被改編成電影：《女人》（1936）、《與男孩們吻別》（1938）和《錯誤邊緣》（1939）。1932～1947年任眾議員，在共和黨政壇上是個舉足輕重的人物。1936～1956年任美國駐義大利大使。1983年獲總統自由獎章。

魯斯
Camera Press

Luce, Henry R(obinson) 魯斯（西元1898～1967年） 美國雜誌發行人。父母爲傳教士。1920年畢業於耶魯大學。在耶魯大學時，他結識了哈登，1923年他們共同創辦了《時代週刊》，後來又陸續發行了商業雜誌《財星》（1929年起）和《生活》雜誌（1936年起），擴大了他的出版帝國。魯斯的其他雜誌還有1952年建立的《房屋與居家》以及1954年開始的《運動畫刊》。魯斯把他的出版物看作是教育那些知識貧乏的美國大眾的手段，而這些出版物引領一股跟風，魯斯成爲美國新聞史上最強勢的人物之一。魯斯和他的妻子克萊爾·布思·魯斯都對共和黨和國家事務具有重要的影響力。

Lucerne＊ 琉森 德語作Luzern。瑞士中部城市。位於蘇黎世西南，濱臨一條從琉森湖流出的河流。大約從8世紀的一座修道院附近發展起來。1332年加入瑞士聯盟。在宗教改革期間是天主教陣營的堡壘，後來加入分離主義者聯盟戰爭。現爲觀光勝地，市內有中世紀的城牆、塔樓和大小橋樑。在眾多紀念地中，最有名的是「琉森之獅」紀念碑，這是紀念1792年爲保衛巴黎杜伊勒里宮而慘遭殺害的瑞士衛兵。人口約61,000（1995）。

Lucerne, Lake 琉森湖 亦稱Lake of the Four Forest Cantons。德語作Vierwaldstätter See。瑞士中部湖泊。長39公里，寬0.8～3公里，面積114平方公里。最大深度214公尺。「琉森的十字」是由四個主要盆地形成的，盆地之間有狹窄通道相連。湖名取自湖岸西端城市琉森，是個旅遊勝地。

Luchow ➠ Hefei

Lucian＊ 盧奇安（西元120?～180年之後） 希臘語作Lucianos。拉丁語作Lucianus。古希臘修辭學家、小冊子作家和諷刺作家。年輕時在小亞細亞西部旅行期間接受希臘文學教育。後來成爲一個受歡迎的演說家，之後轉向寫作。他的作品充滿辛辣諷刺的智慧，對當時的文學、哲學和知識分子階層的虛僞和愚蠢作了巧妙而深刻的批評。在《卡隆》、《死者對話》和《眞實歷史》等作品裡，對人類行爲的幾乎每個方面都作了諷刺。他在文字評論方面最好的作品是《怎樣寫歷史》。

Luciano, Lucky＊ 盧西亞諾（西元1896～1962年） 原名Salvatore Lucania。後稱Charles Luciano。義大利出生的美國歹徒。1906年隨全家移民到紐約市，不久就參與犯罪活動。1916年與科斯蒂洛、蘭斯基聯手，以能逃脫追捕以及擲骰賭博總是贏而得「幸運兒」外號。1920年加入了犯罪頭子馬塞里亞的黑幫，很快就指揮馬塞里亞的販賣私酒、販毒和開設妓院等活動。1931年他計畫暗殺馬塞里亞以及敵手黑幫老大馬蘭札諾，並開始發展爲全國性的犯罪集團。1936年因敲詐勒索罪被判入獄，從牢房裡他繼續指揮犯罪活動。1946年獲赦免，被放逐到義大利，他繼續在那裡指揮販運毒品，將外國物品走私進美國。

Lucifer 路濟弗爾 古典神話中的啓明星（即黎明時出現的金星），擬人化爲男子形象。路濟弗爾（拉丁語意爲持火炬者）手持火炬，爲黎明的先驅。在基督教時代，認爲撒旦墮落以前的名字就叫路濟弗爾，密爾頓在《失樂園》中就是這樣寫的。

Lucite 盧西特 亦稱Plexiglas或Perspex。有機化合物聚甲基丙烯酸甲酯（甲基丙烯酸甲酯的合成聚合物）的商標名。這種化合物無色，高度透明，外形穩定性高，耐氣候變化和能耐衝擊。用作飛機的頂蓬和窗戶、船的擋風屏以及其他類似的用途。用盧西特製成的物品有一種不尋常的特性，可使一道光束在物體表面內反射，因而把這束光帶到各個轉彎處或角落。因此，在外科手術中，可以用盧西特做的器具來照明內部的器官。另外還可用於裝飾品、浮雕及各種鏡頭。

L
M
N

Lucknow＊ 勒克瑙 印度北部北方邦首府，位於德里東南的戈默蒂河畔。1528年被蒙兀兒統治者巴伯爾占領，在他孫子阿克巴統治時屬奧德省。1775年成為奧德省首府。現在是重要的鐵路中心，有造紙廠和其他的工業。著名景點有一座奧德地方長官的陵墓、1857年印度叛變期間英國人被包圍的居所，以及勒克瑙大學。人口約2,029,000（1995）。

Lucretius＊ 盧克萊修（活動時期西元前1世紀） 全名Titus Lucretius Carus。拉丁詩人和哲學家。以長詩《物性論》聞名，是現存最完整的伊比鳩魯物理理論的敘述。其中他建立了原子論的主要原理，駁斥了競爭對手赫拉克利特、恩培多克勒和安那克薩哥拉的各種理論。證明了靈魂的必死性，對「死亡對我們不算什麼」這個主題採用佈道的方式喋喋不休。描述了知覺、思想以及某些身體功能的機構；譴責了性的激情；還描述了這個世界和天體的創生和運作，以及生命和人類社會的演化。

Lucullus, Lucius Licinius＊ 盧庫盧斯（西元前117?～西元前58/56年） 羅馬將軍，西元前74年任執政官。他與蘇拉並肩戰鬥，是加入蘇拉向羅馬進軍的唯一軍官。蘇拉死後，盧庫盧斯運用陰謀維持了他的權力。他命令把米特拉達梯六世從比希尼亞行省和本都逐出到亞美尼亞，後來入侵亞美尼亞並打敗了它的國王提格蘭。數度兵變阻撓他獲得完全的勝利，盧庫盧斯被龐培取代，他曾在元老院反對過龐培。有關他的享樂主義和奢侈無度的傳說使得「盧庫盧斯」成為浪費的同義詞。

Lucy 露西 1974年約翰遜在衣索比亞哈達爾發現的原人頭蓋骨（40%完整）之暱稱，距今約320萬年。這個人種通常被歸類為南方古猿，而由於他們具有長臂、短腿、類似猿猴的胸部與下顎、較小的腦容量，卻有類似人類的骨盆，因此有學者認為原人朝向人類的演化方向，是先演化到兩足行走，再演化到較大的腦容量。露西直立起來約109公分，體重約27公斤。亦請參閱Laetoli footprints、Sterkfontein。

lud＊ 盧德 俄國的沃加克人和茲梁人用以祭祀的神聖園林，通常包含冷杉等常綠樹。四周有高的圍欄，裡面有生火和擺桌子的地方用於祭餐。園林裡不准折斷哪怕是一根樹枝，由世襲的守護人看管。每年一次的祭祀儀式一般集中在代表一位神的古樹上。所有的食品必須在園內吃完，當作祭品的動物皮則掛在樹上。在其他大多數的芬蘭－烏戈爾宗教中也都把園林神聖化。

Lüda 旅大 ➠ Dalian

Luddite 盧德派 19世紀初英國手工業者組織的集團成員，他們破壞取代了他們的紡織機器。運動開始於1811年的諾丁罕，1812年擴散到了其他地區。盧德派的名字可能來自一個神秘主義的領袖內德·盧德。他們都在夜間活動，常能得到當地的支援。政府採取了嚴厲的鎮壓措施，包括1813年在約克舉行公開審判，把許多人處以絞刑或流放。後來盧德派這個詞用來指任何反對技術變化的人。

Ludendorff, Erich＊ 魯登道夫（西元1865～1937年） 德國將軍。1908年他加入德國陸軍總參謀部，在毛奇領導下參與修正施利芬計畫。在第一次世界大戰中，被任命為興登堡的參謀長，在坦能堡戰役中兩人贏得了輝煌的勝利。1916年這兩位將軍被授予最高軍事控制權。他們調動大後方全部力量試圖作總體戰。1917年魯登道夫批准對英國發動無限制的潛艇戰，結果導致美國也參戰。1918年他對西線的進攻失利，要求停戰，但當他了解到停戰協定條件的嚴酷性後，就又繼續作戰。政治領袖們反對他，魯登道夫因而辭職。他堅信自己是被出賣了，以後的二十年裡他過著古怪的生活，變成反革命政治運動的領袖，曾參與1920年的卡普暴動和1923年的啤酒店暴動。後來以國家社會黨人當選國會議員（1924～1928），並發展出一種理念，認為是「超民族力量」（猶太人、基督教和自由共濟會）剝奪了他以及德國在第一次世界大戰中的勝利。

魯登道夫，攝於1930年前後
Archiv für Kunst und Geschichte, Berlin

Ludlum, Robert 勒德倫（西元1927～2001年） 美國懸疑小說作者。生於紐約市，勒德倫在劇場裡當演員，同時也是一個成功的製作人，曾於電視上演出，後來轉業成為作家。暢銷書包括《史卡拉第的遺產》（1971）、《周末大行動》（1972；1983年改編為電影）、《瑪塔爾斯圈》（1979）、《伯恩的身分》（1980；1988年改編為電影）。雖然評論界常覺得他的懸疑佈局不像眞的，文筆也平淡無奇，但結合了國際間諜活動、謀反和破壞的快節奏情節，使他普受大眾的歡迎。

Ludwig, Carl F(riedrich) W(ilhelm) 路德維希（西元1816～1895年） 德國醫師。他發明了記錄動脈血壓變化、測量血流以及從血液中分離氣體（從而確立了它們在血液淨化中的作用）的器械。他是保持動物內臟在體外存活的第一人。1844年關於尿分泌的論文假設了腎臟的過濾作用。近兩百名路德維希的學生成了著名的科學家，公認他是生理學物理化學學派的創始人。

Ludwig I＊ 路德維希一世（西元1786～1868年） 亦稱路易一世（Louis I）。巴伐利亞國王（1825～1848）。他是馬克西米連一世的兒子。早期是個自由派分子和德意志民族主義者，但在繼位後與國會長期不和，對所有的民主制度都不信任。1837年反動的巴伐利亞政府開始破壞了他在1818年參與制定的自由主義憲法。他熱心贊助文藝活動，收集的藝術品充塞了慕尼黑的一些博物館，並使慕尼黑轉為德國的藝術中心。他的規畫創造了該市目前的布局和古典的風格。由於與蒙蒂茲傳出戀情而引發醜聞，1848年革命爆發後，他把王位讓給兒子馬克西米連二世。

Ludwig II 路德維希二世（西元1845～1886年） 亦稱路易二世（Louis II）。別名瘋王路德維希（Mad King Ludwig）。巴伐利亞國王（1864～1886）。巴伐利亞的馬克西米連二世的兒子。在普法戰爭（1870～1871）中支持普魯士。1871年把他的領土帶進新成立的德意志帝國，但他也只是斷續地關心一下國事，偏好一種日益嚴重的病態隔離生活。他是作曲家華格納終生的贊助人。他還發展出對豪華建築計畫的狂熱，最異想天開的是紐什凡斯泰恩城堡，這是一座童話故事裡的城堡，用華格納歌劇中的場景作裝飾。最後他被正式宣告為精神失常，三天後投水自殺。

Ludwig IV ➠ Louis IV

Lueger, Karl＊ 盧埃格爾（西元1844～1910年） 奧地利政治人物。1875年當選維也納市議員，1885年進入奧地利國會。1889年參與創建基督教社會黨。他有效地利用維也納盛行的反閃米特人以及德國民族主義的潮流來實現他的政治目標。1895年當選維也納市長，將奧地利的首都轉變成一個現代城市，將電車、電力和瓦斯置於政府的控制之下。他還開闢了公園、學校和醫院。他也促成奧地利引進普選（1907）。

luffa ➠ dishcloth gourd

Lugano, Lake*　盧加諾湖　亦稱Lago Ceresio。瑞士和義大利的湖泊，位於馬焦雷湖與科莫湖之間。跨越兩國的邊界，面積49平方公里，最大深度288公尺。位於梅利德和比索內之間。湖水很淺，上面築有石壩，其上通過聖哥達鐵路。瑞士一側的湖岸邊有度假勝地盧加諾（人口約26,000），外觀上像是義大利城鎮。

瑞士盧加諾附近的盧加諾湖
R. G. Everts – Rapho/Photo Researchers

Lugard, F(rederick) (John) D(ealtry)*　盧加德（西元1858～1945年）　受封爲盧加德男爵（Baron Lugard (of Abinger)）。英國殖民地官員。1900～1906年在奈及利亞擔任高級專員。1912～1919年擔任省長和總督。他在亞洲和北非擔任英國軍官作戰，後來接受英屬東非公司、皇家尼日公司和其他私人企業的職位。他成功地趕在法國人之前建立了以布干達、中尼日及貝專納蘭爲中心的貿易路線。在擔任奈及利亞政府首長時，成功地撮合奈及利亞南、北兩部分統一，並運用手段透過部落酋長的統治及尊重當地原住民的律法和習俗來強烈影響英國的殖民政策。

Lugdunensis*　盧格杜南西斯　羅馬的省，高盧的三個行政區之一。它從首府呂登農（現代的里昂）向西北延伸，包括了塞納河和羅亞爾河之間的土地，一直到布列塔尼和大西洋沿岸。在高盧戰爭期間被凱撒征服。西元前27年奧古斯都時代成爲羅馬的一個省。

lugeing*　無舵雪橇運動　一種小雪橇運動，運動員仰臥在雪橇上，用雙腳和一根手挽繩來控制方向。起源於16世紀，是奧地利的傳統冬季運動，在其他國家也流行。所用的賽道類似有舵雪橇滑雪運動，100公里以上的時速並不少見。1964年無舵雪橇運動成爲冬季奧運會的運動項目。

Lugones, Leopoldo*　盧貢內斯（西元1874～1938年）　阿根廷詩人、評論家和文化大使。原本是個社會主義的新聞工作者，但他自己認爲主要是詩人。早期的詩作收集在《金山》（1897）等詩集裡，顯示出他與現代主義的親近關係。後來他接受政治的保守主義，他的詩歌和散文就以寫實主義的風格處理民族的題材。1914～1938年擔任國家教育委員會的主任，還寫了阿根廷的歷史，從事古典希臘文學的研究和翻譯。他對波赫士等這類年輕作家產生了很大的影響。

Lugosi, Bela*　盧戈希（西元1882～1956年）　原名Béla Ferenc Dezsö Blaskó。匈牙利裔美籍電影演員。1913～1919年爲布達佩斯國家劇院演員，並在德國拍攝電影，1921年移居美國。1927年其自導自演的戲劇《吸血鬼》在紐約上演，他一再飾演這個角色，他本人也十分適合扮演這個舉止高雅而口音很重的吸血鬼角色，1931年《吸血鬼》拍成電影。他拍的其他恐怖電影還有《黑貓》（1934）、《吸血鬼的痕跡》（1935）、《科學怪人的兒子》（1939）和《猿人》（1943）。後來在拍攝一部低成本電影《外太空大陰謀》（1956）時去世。

盧戈希飾德古拉伯爵
Culver Pictures

Lugus*　盧古斯　亦稱Lug。塞爾特宗教中的主神。在愛爾蘭傳統中，「長臂盧古斯」是三兄弟中唯一的倖存者。在威爾斯，據說「快手盧古斯」是處女女神阿蘭爾霍德的兒子。他母親想把他毀掉，但他的叔叔圭迪翁撫養了他，並保護他的安全。當他母親拒絕給他娶妻時，圭迪翁用花爲他創造了一個女子。他的名字被用作歐洲和英國的許多地名一部分，如里昂、萊頓和卡萊爾。

Luhya　盧赫雅人　亦稱Luyia。肯亞西部操班圖語的若干有近緣關係的民族集團。1945年前後他們才合併成一個相關的集團，因爲他們發現具有一個超部落的身分在政治上是有利的。如今盧赫雅人約有350萬人口，是肯亞第二大種族集團。他們種植玉米、棉花和甘蔗等經濟作物，以小米、高粱和蔬菜爲糧食作物，還飼養牲畜。許多人已經移居到都市地區找工作。

Luichow Peninsula ➠ Leizhou Peninsula

Luini, Bernardino*　盧伊尼（西元1480/1485?～1532年）　義大利畫家，大多在米蘭活動。生平不詳。所殘留得最早作品是在科莫附近的一座教堂裡的多聯畫（約1510），以及米蘭附近基亞拉瓦萊西篤會修道院裡的壁畫《聖母子》（1512）。他是倫巴底的達文西的傑出追隨者。他的許多壁畫和祭壇作品都存留在倫巴底的許多教堂裡。他還畫一些神話題材的作品，最著名的是一幅《歐羅巴》和一幅《刻法洛斯和普洛克里絲》（1520?），原本是爲了米蘭宮廷而作。

Lukács, György*　盧卡奇（西元1885～1971年）　匈牙利哲學家和評論家。出身富有的猶太人家庭，1918年加入匈牙利共產黨。其書《歷史與階級意識》（1923）發展了馬克思的歷史哲學，並將階級鬥爭史和藝術形式的發展結合起來，以爲其文學評論的理論基礎。他是1956年匈牙利抗暴的主要人物，後來被逐出國外，1957年獲准回國。他的作品有《靈魂與形式》（1911）和《歷史小說》（1955）。其早期作品，尤其是《小說理論》（1920）和《階級意識歷史》（1923）現在被認爲優於他後來寫的受史達林主義者影響的文學評論，這些評論以歌頌社會主義者現實主義的官方蘇維埃政策爲主。

Luke, St.　聖路加（活動時期西元1世紀）　在基督教傳統中，第三部〈福音書〉以及〈使徒行傳〉的作者。他用希臘文書寫，被認爲是《新約》作者中文筆最好的一位。他自稱不是耶穌基督傳教活動的目擊者。他是使徒聖保羅的夥伴，聖保羅稱他爲「親愛的醫生」，傳說他陪隨保羅去馬其頓和羅馬，一路傳教。儘管生平不詳，但傳說他不是猶太人，而是敘利亞的安條克本地人，並傳說他因殉教而死。

Lula ➠ Silva, Luis (Ignacio da)

Lully, Jean-Baptiste*　盧利（西元1632～1687年）　原名Giovanni Battista Lulli。法國（義大利出生）作曲家。出

生於佛羅倫斯。母親死後當了宮廷的護衛，十三歲時被送到法國的貴族家庭當貼身侍從。在那裡他學會了吉他、風琴、小提琴和舞蹈，並認識了作曲家蘭伯特（1610～1696）。蘭伯特把他帶進社交圈，後來成了他的岳父。盧利成爲國王的舞者和樂手，三十歲時讓他負責全部皇家音樂。1660年代，他爲莫里哀的歌劇以及法國那些著名的悲劇譜寫配樂。1670年代初，他作爲專任的皇家音樂作曲家製作出一系列的「抒情悲劇」，大部分由基諾（1635～1688）作詞，知名的包括《阿爾塞斯》（1674）、《阿蒂斯》（1676）和《阿米德》（1686）。他發展的管弦樂是現代管弦樂的重要先驅。他那笨重的指揮棒傷了自己的腳趾，最後導致死亡。死後，他的風格仍主導了法國樂壇幾十年。

Lully, Raymond ➡ Llull, Ramon

lumber　木材　砍伐後林木的總稱，不管是切割成原木、大木料或是用於輕構架建築的構件。木材分爲硬木和軟木（參閱wood and wood products）。通常專指在鋸木廠從原木作成的製品。從原木要變成鋸開的木材，要經過去樹皮、鋸成厚板、再鋸成各種大小及邊緣的薄板、橫鋸將兩端修成直角，並去除瑕疵，依照強度與外觀分級，還要放置在空氣流通處或是窯裡乾燥。在纖維飽和點以下乾燥產生收縮通常會增大強度、硬度與密度，讓木料更適合加工。通常用防腐劑防止木料變質及腐朽。

Lumet, Sidney＊　盧梅（西元1924年～）　美國電影和電視導演。孩提時就在紐約市意第緒語劇院演出，後來在百老匯演出。第二次世界大戰期間入伍服役，戰後開始導演劇本，並教人表演。他替哥倫比亞廣播公司導演了兩百多部電視劇（1951～1957），包括《電視劇場90》和《工作室一》，第一部執導的電影是《十二怒漢》（1957），頗獲好評。盧梅以多部電影而成爲心理劇的大師，例如《流浪者》（1960）、《奇幻核子戰》（1964）、《典當商人》（1965）、《衝突》（1973）、《熱天午後》（1975）、《螢光幕後》（1976）、《都市王子》（1981）、《大審判》（1982）和《夜襲曼哈頓》（1997）。

Lumière, Auguste and Louis＊　盧米埃兄弟（奧古斯特與路易）（西元1862～1954年；西元1864～1948年）　法國發明家。1882年路易發明了一種製作照相底版的方法。1894年兄弟兩的工廠年產1,500萬張底版。他們改進愛迪生的活動電影放映機，1895年獲得了他們的電影攝影與放映機（活動電影機）的專利。1895年他們在巴黎向買票的觀眾放映了他們製作的電影《離開盧米埃工廠的工人們》，被認爲是史上第一部電影。1896年以路易爲首的兄弟兩製作了四十多部電影，記錄了法國的日常生活。他們製作了第一部新聞紀錄片，讓職工們到世界各地去拍攝新材料和放映他們的電影。除了指導電影外，路易還爲2,000部左右的電影當製片人。在彩色攝影方面，兩兄弟也有一些基礎性的發明。

奧古斯特・盧米埃
Boyer-H. Roger-Viollet

luminaire　燈具　亦作light fixture。完整的照明單元，由一個或一個以上的燈（發出光線的燈泡或燈管）構成，藉著燈座與其他固定與保護的裝置連接，電線連接燈到電源，反射物幫助導引與散布光線。螢光燈具通常有透鏡或百葉窗遮擋住燈（減少刺眼的光線），將發出的光線轉向。燈具包括移動式的燈具，及固定天花板或牆上的燈具。

luminescence　發光　受激物質在不單是因溫度而引起的情況下發光的過程。通常用紫外輻射、X射線、電子、α粒子、電場或化學能來引起激發。發射光的顏色（波長）由材料決定，而光強取決於材料以及輸入的能量兩個方面。發光的例子包括氖燈的光發射、發光的錶盤、電視和電腦的螢幕、熒光燈以及螢火蟲。亦請參閱bioluminescence、fluoreacence、phosphorescence。

Luminism　光亮主義　強調色彩光亮度的繪畫風格。19世紀後期一批美國畫家的作品特點，這些畫家受到哈得遜河畫派的影響。典型地，山水畫或海景畫的構圖中近一半是天空。光亮主義作品的特點是用清澈的冷色調，用光線構型的物體的細緻入微的細節描寫。最著名的光亮主義畫家是海德和雷恩。

Lumumba, Patrice (Hemery)＊　盧蒙巴（西元1925～1961年）　非洲民族主義領袖、民主剛果共和國的首任總理（1960年6月到9月）。原是工會組織者，1958年建立剛果民族運動黨，是剛果第一個全國性的政黨。同年在阿克拉召開的泛非人民大會上，他的富於戰鬥性的民族主義使他贏得了聲望。1960年與比利時談判期間，要他組織首屆獨立的剛果政府。他的對手沖伯立即宣布喀坦加省脫離。當比利時政府派軍隊來支援脫離時，盧蒙巴首先向聯合國，後又向蘇聯提出申訴。卡薩武布總統解除了他的總理職務，不久他被忠於沖伯的人暗殺。他的死引起整個非洲的憤慨。在非洲，人們把他看作是泛非主義的領袖。

Luna　盧娜 ➡ Selene

Luna　月球號　蘇聯二十四個不載人月球探測器的統稱，在1959到1976年間發射。它們對應著月球的各種「第一」。1959年的「月球2號」是第一個到達月球的太空船。1959年的「月球3號」第一次繞月球飛行，並拍攝月球背面的第一張照片。1966年的「月球9號」第一次在月球成功實現軟著陸。1970年的「月球16號」是第一個帶回月球土壤樣品的無人太空船。1970年的「月球17號」第一次將用於探測的遙控機器人車輛軟著陸到月球；它還包含了電視設備，並將離月球表面數哩遠的照片即時送回地球。亦請參閱Pioneer、Ranger、Surveyor。

luna moth　月形天蠶蛾　北美洲東部天蠶蛾的種類，學名Actias luna。淺綠色，翅展約10公分，翅美觀，邊緣淡褐色，後翅有尾狀突出部。幼蟲以多種喬木和灌木的樹葉爲食。亦請參閱moth。

Lunacharsky, Anatoly (Vasilyevich)　盧納察爾斯基（西元1875～1933年）　俄國政治人物和作家。1898年因從事革命活動而被流放，1904年參加布爾什維克，向俄國學生和外國的政治難民做宣傳工作。1917年協助俄國的列寧，任教育人民委員，在俄國內戰中爲保護藝術作品做了大量工作。他鼓勵戲劇和教育的創新，自己也發表劇本。

Lunceford, Jimmy＊　倫斯福德（西元1902～1947年）　原名James Melvin。美國樂手和編曲家，搖擺樂時代最早也是最流行的爵士大樂隊的領隊。倫斯福德是位訓練有素的音樂人，吹奏薩克管和教授音樂。1929年組織樂隊。1933年小號手和編曲好手奧利弗加入樂隊，爲樂隊的二拍節奏吹奏法帶來了清脆的合奏聲音。1934年在哈林棉花俱樂部接替卡洛威後，倫斯福德的樂隊受到全國矚目。從此列入最好的爵士樂隊，可與艾靈頓公爵和貝西伯爵的樂隊相媲美。

Lunda empire 隆達帝國 ➠ Luba-Lunda states

Lundy, Benjamin 倫迪（西元1789～1839年） 美國廢奴主義者和出版商。出生於新澤西州薩西克斯縣，曾在維吉尼亞和俄亥俄州工作，1815年在俄亥俄州組織聯邦人道協會，是第一個反奴隸制的社團。1821～1835年創辦並主編《世界解放思潮報》，1836～1838年又在費城創辦《國民問詢報》（後來的《賓夕法尼亞自由人》）。他替以前是奴隸的人到處尋找安置之所，包括加拿大和海地。

lung 肺 胸腔裡兩個輕軟的、海綿狀的、有彈性的器官組織，用於呼吸。每側肺外都裹有一層膜（胸膜）。橫膈膜以及肋骨間肌肉的收縮把空氣通過氣管吸入肺內，氣管分成兩根主支氣管分別通向兩側的肺。每根支氣管再分成二級支氣管（肺的每一葉）、三級支氣管（肺的每一段）以及許多通向肺泡的細支氣管。吸入的空氣中的氧氣就在肺泡裡與來自周圍毛細血管血液中的二氧化碳進行交換（參閱pulmonary circulation）。身體組織裡適當的氧的供應取決於肺內空氣（換氣）和血液（滲透）的充足分配。肺受傷或生病（例如肺氣腫、栓塞、肺炎）可能影響一側，也可能影響雙側。

lung cancer 肺癌 肺組織中的惡性腫瘤，在美國，此四大肺癌類型（鱗狀細胞癌、腺癌、大細胞癌和小細胞癌）占癌症致死主因的前列。大部分的案例是因長期吸煙所致。吸煙吸得很兇和較早開始吸煙的人的罹患機率較高。在不抽煙的人當中，吸二手煙的人也與肺癌發病有關。其他的致癌因素還包括曝露在氡和石綿的環境下。症狀包括咳嗽（有時帶血）、胸痛，以及呼吸短促，這些症狀一直到肺癌有所進展才開始出現，此時以手術切除、化學治療和放射線治療，或三者合一來治療已沒什麼療效。大部分患者在確診後的生存期限不到一年。

lung collapse ➠ atelectasis

lung congestion 肺充血 肺部血管擴張及肺泡充血的一種病理狀態，因感染、高血壓或心臟不適（如左側心力衰竭、二尖瓣狹窄）等引起。充血會阻礙氣體交換，導致呼吸困難，咯血，皮膚呈青紫色。

Lung-men caves ➠ Longmen caves

Lung-shan culture ➠ Longshan culture

Luni River＊ 盧尼河 印度西部拉賈斯坦邦河流。發源於阿拉瓦利山脈的西部，上游部分稱薩加馬蒂河。流向西南，進入沙漠地區，最後沒入卡奇沼澤地，全長530公里。盧尼河的梵文名字是拉凡納瓦里（意爲「鹽河」），指河水含鹽量高。爲該地區主要河流、灌溉水源。

Lunt, Alfred and Lynn Fontanne 倫特與芳丹（西元1892～1977年；西元1887～1983年） 芳丹原名Lillie Louise。美國演出組合。倫特於1912年在波士頓首次登台並在百老匯的《克拉倫斯》（1919）中擔任主角。芳丹生於英國。1909年在倫敦和1910年在紐約首次登台。1922年芳丹與倫特結婚。1924～1929年參與戲劇公會的演出。他們共同演出了二十五部以上的戲劇，包括《衛兵》（1924）、《武器與人》（1925）、《伊莉莎白女王》（1930）、《生活設計》（1933）、《白痴的歡樂》（1936）、《海盜》（1942）、《噢，我的情人》（1946）和《拜訪》（1958）。倫特與芳丹是美國戲劇界最佳夫婦檔，人們爲他們精湛、輕鬆自如合作的演出喝采，尤其以演蕭伯納和科沃德的喜劇見長。

Lunyu＊ 論語 英譯名稱Analects。儒家的四篇重要文本之一，這四篇文本於1190年由朱熹合併出版後，成爲《四書》。學者認爲《論語》是關於孔子的教諭最可靠的資料。此書幾乎包含所有儒家學說的基本倫理概念，比如仁（善意）、君子（卓越的男子）、天（上天）、中庸（持中執平的信念）、禮（合宜的行爲）以及正名（改正名稱）。此書也包含諸多直接引用自孔子的語錄，以及其弟子對於這位智者之日常生活的觀察記錄。亦請參閱Neo-Confucianism、Zhong yong。

Luo＊ 盧奧人 肯亞西部近維多利亞湖平坦地區和烏干達北部民族，操尼羅－撒哈拉語系的語言。人口約320萬，盧奧人爲肯亞第三大民族。他們爲定居農民，兼營畜牧。多是雇農，或在城市工作。多數人是基督徒。亦請參閱Nilot。

Lupercalia＊ 牧神節 每年2月15日舉行的古羅馬節日。起源不詳，但從它的名稱（拉丁語意爲「狼」）推測，可能與保護牧群不受狼攻擊的早期神有關，或者與養育羅慕路斯與雷穆斯的母狼的傳說有關。每一次牧神節開始時，先獻上山羊和狗作爲祭品；兩名祭司（盧佩西）被帶到祭壇，在他們的前額上塗上血。宴會結束後，盧佩西從犧牲的動物皮上割下皮條，繞帕拉蒂尼山丘奔跑，擊打靠近他們的婦女；據說皮帶抽出的聲響可受孕。

lupine 羽扇豆 亦作lupin。豆科羽扇豆屬植物（參閱legume），草本，部分木質化，已知約200種，分布於地中海地區，但北美西部北新大陸草原尤多。很多種在美國作爲觀賞植物栽培，還有少數幾種作爲覆蓋作物或飼料作物。草本羽扇豆株高達1.25公尺，葉生於植株下部，分裂，花穗直立，許多已雜交爲園藝品種。英語lupine（有時拼作lupin）來自拉丁語，意爲狼，因爲人們曾錯認這類植物「狼吞虎嚥」地耗盡土壤中的礦物質。事實上羽扇豆有些種類能透過固定氮使土壤肥沃。

Lupino family＊ 盧皮諾家族 英國著名的戲劇世家。第一代盧皮諾可能於1610年左右在義大利享有盛名。其後裔喬治·威廉·盧皮諾（1632～1693）作爲一個政治避難者移居英國，是一位木偶大師。其後湯瑪斯·弗雷德里克·盧皮諾（1749～1845）爲舞台布景藝術師和舞蹈演員，他把家族姓氏拼成Lupino（原爲Luppino）。另一個家族成員喬治·胡克·盧皮諾（1820～1902）有十六個子女，其中有十人爲舞蹈演員。其長子喬治（1853～1932）爲著名的丑角。喬治的兒子巴利（1884～1962）擅長默劇和音樂喜劇；另一個兒子史坦利（1894～1942）在時事諷刺喜劇中演出。史坦利的侄子亨利·喬治（1892～1959），以其舞台藝名盧皮諾·雷恩爲人所知，爲倫敦佬喜劇演員，在音樂劇《我和我的女友》（1937）中創作了「蘭貝斯走步舞」。史坦利的女兒艾達（1916～1995）於1934年遷居美國，在電影《他們在夜間驅車旅行》（1940）、《海狼》（1941）和《艱難的道路》（1942）中演出。她是第一位電影女導演之一，她以執導《搭便車的路人》（1953）和《一屋二妻》（1953）而聞名。她還導演了幾部電視劇。

lupus erythematosus＊ 紅斑狼瘡 兩種不同的炎症性自體免疫疾病，好發於女性身上。盤形紅斑狼瘡是一種皮膚病，患者顴弓、鼻樑、頭皮、唇或頰黏膜上出現紅色斑塊，上覆灰褐色鱗屑。頰及鼻部皮損形如蝴蝶。日曬易使病情加劇，抗瘧藥有時能改善症狀。系統性（瀰漫性）紅斑狼瘡可侵犯身體任何器官組織，尤其是皮膚、關節、腎、心、淋巴結及漿膜（如關節滑膜、腹膜）。本病的病程以各種不同程度的急性發作和緩解爲其特徵。牽扯到腎和中樞神經系統的紅斑狼瘡可能會致死。治療方式包括止痛、控制炎症及盡可能控制重要器官的損害。

Luria, A(leksandr) R(omanovich)　盧里亞（西元1902～1977年）　蘇聯神經心理學家。在獲得心理學、教育學及醫學學位之後，成爲莫斯科國立大學的心理學教授，之後擔任神經心理學系的領導。受到老師維戈茨基的影響，研究語言障礙與言語在心智發展與遲滯所扮演的角色。在第二次世界大戰期間，盧里亞在腦外科手術獲得進展，並在腦受到創傷之後回復其機能。另外還發展關於額葉機能與腦細胞分帶合作的理論。著作包括《人類高等皮質機能》（1966）、《運轉的腦》（1973）與《神經語言學基本課題》（1976）。

Luria, Isaac ben Solomon＊　盧里亞（西元1534～1572年）　猶太神祕主義者、喀巴拉派創始人。生於耶路撒冷，在埃及長大，在埃及從事拉比（猶太律法）的研究。他以救世主的熱情獻身於喀巴拉的研究。1570年他遊歷到喀巴拉運動的中心加利利。兩年後死於瘟疫，著作很少。死後由他的弟子輯錄盧里亞的教義集「盧里亞的喀巴拉」對以後的猶太神祕主義和哈西德主義都有深刻的影響。他提出創世論以及後來世界的墮落，號召通過宗教儀式的反思以及祕密詞句的結合來恢復原始的和諧。

Luria, Salvador (Edward)＊　盧里亞（西元1912～1991年）　義大利裔美國籍生物學家。1938年從義大利逃往法國，1940年到達美國。1942年他攝得一張噬菌體顆粒的電子顯微照片，證實了以前對噬菌體的描述，即有一個圓形的頭部及一條細尾。1943年他與德爾布呂克證明了病毒的遺傳物質會發生不斷的變化。他還證明，同一培養物中同時存在著對噬菌體敏感的和有抗性的細菌，這是細菌的自發突變株經選擇而產生的。1945年他與赫爾希證明，不僅存在這樣的細菌突變株，而且還存在噬菌體的自發突變株。1969年三人共獲諾貝爾獎。

Luristan Bronze＊　洛雷斯坦青銅器　亦作Lorestan Bronze。自1920年代晚期以來在伊朗西部洛雷斯坦地區札格洛斯山脈的山谷裡出土的物件。製作年代大約在西元前1500～西元前500年，包括器皿、武器、珠寶、馬飾、腰帶鉤以及典禮與祈禱用的物品。這些物件被認爲是由辛梅里安人或者米底亞或波斯的印歐民族製作的。

Lusaka＊　路沙卡　尙比亞城市（1990年人口約982,000）和首都。1890年代，在北羅得西亞的形成過程中，該地區由英國南非公司接管。1935年成爲首都。1953年南北羅得西亞聯盟成立後，路沙卡成爲公民不服從運動的中心，這一運動帶來了1960年尙比亞獨立國家的誕生，並以路沙卡爲首都。有一些輕工業，爲周圍農業區的貿易中心。附近有尙比亞大學（建於1965年）。

Lüshun　旅順　亦拼作Lü-shun。舊稱亞瑟港（Port Arthur）。中國東北遼寧省城鎮（1991年人口約20,742）。位於遼東半島南端，靠近大連，最早從西元前2世紀起就作爲（東北亞交通的）中繼站。明朝時增強防禦工事，但滿洲人在1633年還是攻陷該城；清朝時，建設爲防禦部隊的駐紮地。1878年旅順成爲中國第一支現代海軍部隊的主要基地。1898年租給俄國，而在日俄戰爭中，日本奪下該城（1905），中國隨後在此設立省級政府。在1945年的條約中，旅順成爲中蘇共同的軍事基地，後來蘇聯部隊於1955年撤離。

Lusitania　盧西塔尼亞號　英國班輪，1915年5月7日被德國潛艇擊沈。英國海軍部曾警告「盧西塔尼亞號」要避開這個區域，並採用規避戰術曲折航行。但船員們對此漠然置之。雖然沒有武裝，但船上還是帶了提供盟國的軍需品，德國人曾發出警告說船將被擊沈。共有1,198人葬身海底，其中包括128名美國公民。這大大激怒了公眾輿論。美國抗議德國的行動，並限制德國對英國的潛艇戰。後來德國恢復了無限制的潛艇戰後，1917年4月美國加入了第一次世界大戰。

Lussac, Joseph Gay- ➠ Gay-Lussac, Joseph-Louis

luster　光澤　礦物學中指礦物表面反光性能方面的表現。光澤取決於礦物的折射率（參閱refraction）、透明度和結構。這些特性的變化就產生出不同的光澤，從金屬光澤（例如金）到暗淡無光（例如白堊）。

lustered glass　虹彩玻璃　亦作lustred glass。新藝術風格的藝術玻璃，具有豐富的色彩和光澤，模仿古代埋在地下的玻璃器皿經腐蝕後產生的彩虹光澤。1893年蒂法尼創辦了斯陶爾布里奇玻璃公司，生產虹彩玻璃的酒杯、碗、花瓶、燈具和首飾。他的虹彩玻璃是把金屬色料加到不透明的玻璃中去，產生出珍珠般的光澤，而1870年代歐洲生產的虹彩玻璃用的是透明玻璃，結果得出鏡面一樣的表面。蒂法尼的器件很流行，1933年以前，他每年要生產數千件。

lute　魯特琴　16～17世紀流行於歐洲的一種撥弦樂器（參閱stringed instrument）。源自阿拉伯的烏德琴，13世紀時傳到歐洲。像烏德琴一樣，魯特琴有厚的梨形琴體，帶裝飾的聲孔，用回紋裝飾的琴頸上帶有後彎的軫斗，弦綳緊在黏於琴腹上的琴馬上。在以後的年代裡，魯特琴上又加了幾根不停振動的低音弦。它是高素質的業餘音樂人偏愛的樂器，有大量用於伴奏、獨奏以及音樂會的樂曲。

彈奏魯特琴的天使，出自1510年卡爾帕喬所繪的祭壇屏《在神殿演出》
SCALA – Art Resource

Luther, Martin　馬丁·路德（西元1483～1546年）　引發宗教改革運動的德國牧師。礦工之子，他攻讀法律和哲學，後在1505年進入奧古斯丁修道院。兩年後任牧師職，並在威登堡大學繼續研究神學，擔任聖經神學教授。1510年到羅馬旅遊途中，驚見教士腐化的情形，後來因恐懼宗教報應的正義而苦惱。當他依著信仰想起「稱義」－－救贖是經由上帝恩典所給予的禮物－－這個理念時，他的精神危機解決了。他要求天主教會進行改革，抗議免罪罰的販賣和其他濫權，1517年他把「九十五條論綱」貼在威登堡城堡教堂的門上。1521年路德所譴責的主要對象教宗利奧十世開除了他的教籍，而他在批判聲浪中藏匿於瓦特堡。他在那裡把《聖經》翻譯爲德語，好讓一般人此後能夠閱讀；長久以來，他活潑的譯文被視爲德語歷史上最偉大的里程碑。後來，路德回到威登堡，1525年娶了還俗的修女波拉爲妻，撫養了六名子女。雖然他的傳教是農民戰爭（1524～1526）的主要導火線，但他對農民的強烈譴責卻導致他們戰敗。路德與教廷分裂導致路德宗的創立（參閱Lutheranism）。1530年由梅蘭希頓擬定、路德認可的「路德宗信綱」或「奧格斯堡信綱」。路德的著作包括讚美詩和一本祈禱書，還有許多神學作品。亦請參閱Eck, Johann。

Lutheranism 路德宗；信義宗 以馬丁·路德的宗教原則建立的基督教會分支。起於宗教改革運動之初，路德把「九十五條論綱」張貼在威登堡之後。路德派運動經大半個德國散佈到斯堪的那維亞半島，在那裡成爲法定教會。新荷蘭和新瑞典的移民把路德宗帶到新大陸，並在18世紀散佈到美國中大西洋各州，19世紀散佈到中西部。其信條包含在路德的教義問答和「奧格斯堡信綱」中。路德的信條強調單因信仰而獲救贖，以及《聖經》爲教會權威的優越性。「世界信義宗聯合會」的總部設於日內瓦。亦請參閱Pietism。

lutite＊ 泥質岩 任何細顆粒的沈積岩，由來自非海相（陸地的）岩石的黏土或粉砂粒子（直徑小於0.06公釐）組成。層狀的泥質岩或容易裂成薄層的泥質岩統稱爲頁岩。其他的泥質岩可以稱黏土岩、粉砂岩或泥岩。

Lutoslawski, Witold＊ 魯特史拉夫斯基（西元1913～1994年） 波蘭作曲家。在華沙接受教育。開始人們知道他是位鋼琴家。他以充滿民間音樂要素和色彩的《管弦樂團協奏曲》（1954）和後來的弦樂《葬禮音樂》（1958），奠定了國際聲譽。1950年代晚期起，他在作品中加入一些偶然性手法，常當作是傳統風格的陪襯，如賦格曲。他的四首最出色的管弦樂交響曲，尤其是《第二交響曲》（1967）和《第三交響曲》（1983），和他的《利夫雷普爾管弦樂團》（1968）和他的弦樂四重奏（1964）一樣，都受到廣泛的讚揚。

Lutuli, Albert (John Mvumbi)＊ 盧圖利（西元1898～1967年） 祖魯人的首領、非洲民族議會（ANC）主席。在教會學校學習。原在一個小的社區任教並任首領，後當選爲非洲民族議會的主席。由於參加反對種族隔離政策的活動，他經常被捕入獄。在《讓我的人民前進》（1962）一書中他提出自己的觀點。1960年成爲第一位獲得諾貝爾和平獎的非洲人。

Lutyens, Edwin L(andseer)＊ 勒琴斯（西元1869～1944年） 受封爲艾德溫爵士（Sir Edwin）。英國建築師。以1896年爲傑凱爾在芒斯提德伍德、戈德爾明以及薩里等地設計的住宅建立起聲譽。接下來的一系列房屋設計中，許多是與傑凱爾合作的，勒琴斯把過去的風格以令人愉快而又原始的方式加入到當代的家庭生活中去。他爲印度的新首都德里作規畫，以一系列的六角形街區爲基礎，用寬闊的大街隔開。那裡最重要的建築是總督府（1912～1930），將古典建築與印度的基本色彩與花紋結合在一起。第一次世界大戰後，他擔任帝國戰爭陵墓委員會的建築師，他爲之設計了倫敦的衣冠塚（1919～1920）以及其他的一些紀念碑。

Luxembourg＊ 盧森堡 正式名稱盧森堡大公國（Grand Duchy of Luxembourg）。歐洲西部國家。面積2,586平方公里。人口約444,000（2001）。首都：盧森堡。大部分人口是法國人和德國人。語言：盧森堡語、法語和德語。宗教：天主教、新教（路德宗）和猶太教（少數）。貨幣：歐元（euc）。盧森堡長82公里，寬56公里，全境分爲兩個區：北部是歐士林區，占國土面積1/3，爲亞耳丁山脈向東延伸的餘脈，形成一片深谷切割的高原；其餘部分爲龐沛區，亦稱嘉特蘭，是一座綿延起伏的高原。經濟主要以重工業、國際貿易和銀行業爲基礎，個人所得居世界第二位（僅次於瑞士）。政府形式爲君主立憲政體，兩院制。國家元首爲大公，政府首腦是總理。在羅馬征服時期（西元前57～西元前50年），盧森堡地區即有比利時族的特雷維里人居住。西元400年後，日耳曼族入侵，該地區後被併入查理曼的帝國。1354年成爲公爵領地，1441、1447年分別被割讓予勃艮地的

王室和哈布斯堡王朝。16世紀中葉，盧森堡又成爲西屬尼德蘭的一部分。1815年的維也納會議使盧森堡成爲大公國，並將其授予尼德蘭。1830年的一次起義之後，盧森堡的西部成爲比利時的一部分，其餘部分仍處於尼德蘭的統治之下。1867年歐洲列強保證盧森堡中立及獨立。19世紀後期，盧森堡利用其鐵礦蘊藏建立龐大的鋼鐵工業。兩次世界大戰期間，盧森堡都被德國入侵並占領。第二次世界大戰後，盧森堡放棄中立，於1949年加入北大西洋公約組織，1944年加入比荷盧經濟聯盟，1957年加入歐洲經濟共同體。現爲歐洲聯盟的會員國，經濟持續發展。

Luxembourg 盧森堡 盧森堡的首都（1997年人口約78,000）。位於阿爾澤特河沿岸的一個岩岬上，原是羅馬的要塞，後來是法蘭克人的城堡，周圍在中世紀時發展成城鎮。963年亞耳丁伯爵買下了這個城堡，使盧森堡這塊公爵領地獨立了。它是僅次於直布羅陀的歐洲最堅固的城堡，1815～1866年間成爲日耳曼邦聯的城堡，由普魯士人駐防。1867年根據條約被拆除。長期以來都是公路和鐵路的樞紐，也是重要的工業和金融中心。盧森堡是歐洲法庭和歐洲共同體若干行政機構的所在地。

Luxembourgian 盧森堡語 只通行於盧森堡的一種日耳曼方言。是中西日耳曼語支的一種摩澤爾－法蘭克尼亞方言，加入了許多法語辭彙，各階層的盧森堡人都講盧森堡語。盧森堡人一般都能講兩種或三種語言。口語上最常用的是盧森堡語，政府部門和法院用法語，報紙上則用德語。學校裡這三種語言都用。

Luxemburg, Rosa＊ 盧森堡（西元1871～1919年） 波蘭裔德國政治激進派、知識分子和作家。身爲俄國控制下的波蘭猶太人，她很早就被拉入地下政治活動。1889年她逃往蘇黎世，在那裡取得了博士學位。後來參加國際社會主義運動，1892年參與建立了後來成爲波蘭共產黨的組織。1905

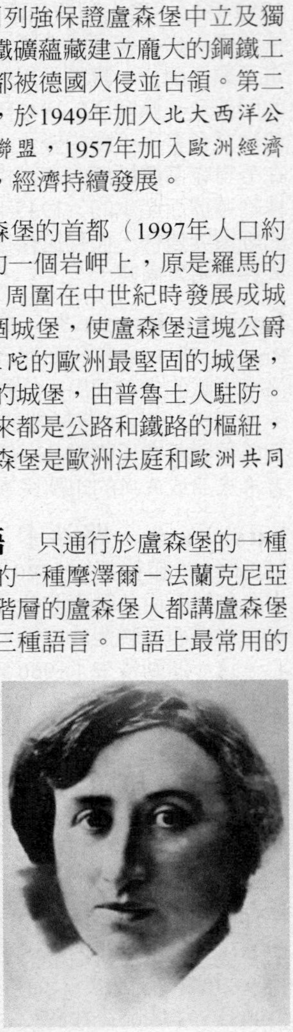
盧森堡
Interfoto-Friedrich Rauch, Munich

年俄國革命使她相信世界革命將發源於俄國。鼓勵群眾罷工是無產階級最重要的工具，她因煽動罪而進了華沙監獄。1907～1914年間到柏林教學並寫作。第一次世界大戰初期，她參與組織了斯巴達克思同盟，1918年她監督著這個組織轉化爲德國共產黨；不到一個月以後她被暗殺。她深信當世界革命推翻資本主義後，就會有一條通向社會主義的民主途徑，但她反對她所看到正在出現的列寧專制統治。

Luxor＊　盧克索　上埃及的城鎮。該名是指底比斯古城遺址的南半部，以阿蒙大神廟爲中心。該神廟在西元前14世紀由國王阿孟霍特普三世建於尼羅河的東岸，圖坦卡門和霍倫希布完成了這座大廟，拉美西斯二世又對它進行了擴建。現在的遺址包括原始神廟的一些柱子和庭院，以及科普特教堂和一座清眞寺的殘餘。盧克索是個旅遊中心，也是農業區的貿易中心。人口約142,000（1991）。亦請參閱Karnak。

luxury tax　奢侈品稅　對於那些被認爲是奢侈而非必須的商品或服務（例如珠寶首飾和香水）所徵收的稅。奢侈品稅可能帶有向富人徵稅的意圖，或者是一種改變消費模式的努力，無論哪一種意圖都是出自道德的原因，或者由於國家處於某種緊急情況。如今，總的來說，增加歲入的需要已經超過了道德上的原因。

Luyia　盧雅人 ➠ Luhya

Luzon＊　呂宋　菲律賓島嶼，爲菲律賓最大島，面積104,688平方公里。是奎松市與首都馬尼拉的所在地。位於菲律賓群島的北部，四周是菲律賓海、錫布延海和中國海，隔呂宋海峽與台灣相望。土地面積占全國的35%，人口則占50%。大部分是山地，1991年皮納圖博山的噴發改變了這個島的地理情況。不論是工業或農業，它都是全國最重要的地區。人口30,660,000（1990）。

Luzon Strait　呂宋海峽　菲律賓呂宋島北部與台灣南部之間的海上通道。西接中國海，東連菲律賓海，延伸320公里，是重要航道的一部分。包含一系列的水道，其中分布著巴坦群島和巴布延群島。

Lviv＊　利維夫　亦作Lvov。烏克蘭西部城市。由加利西亞的丹尼爾親王於1256年左右建立。1349年置於波蘭統治之下。後成爲中世紀最大的貿易城鎮之一，曾數度換手。1648年被哥薩克人奪取，1704年歸屬瑞典。1772年給了奧地利，成爲奧地利加利西亞省的首府。1918年烏克蘭人試圖建立共和國未遂，1919年歸於波蘭。1939年被蘇聯奪走，後經德國占領，1945年被蘇聯兼併。現在它是烏克蘭的文化中心，還有一所大學（建於1661年）。人口約802,000（1991）。

Lvov, Georgy (Yevgenyevich), Prince＊　李沃夫（西元1861～1925年）　俄國政治人物、1917年俄國革命期間建立的臨時政府的第一位首腦。1905年他加入自由派的立憲民主黨，1906年選入第一屆杜馬。1914年成爲全俄地方自治機關和城市聯合會的主席，贏得政治自由派人士和軍隊指揮官的尊重。1917年3月出任總理，但無法滿足公眾日漸激進的要求。在一次左派大示威後，同年7月他辭去總理職務，由克倫斯基繼任。當布爾什維克奪取政權時被捕，逃脫後在巴黎定居。

Lyallpur　萊亞爾普爾 ➠ Faisalabad

Lyautey, Louis-Hubert-Gonzalve＊　利奧泰（西元1854～1934年）　法國士兵、受法國保護的摩洛哥首任殖民地行政長官（1912～1956）。早期他在印度支那、馬達加斯加和阿爾及利亞等地服務。1912～1924年間任摩洛哥總駐紮官，對殖民地進行安撫政策，提倡間接統治的原則。

Lycaonia＊　利考尼亞　小亞細亞南部的古代地區，在今土耳其境內。位於托羅斯山脈以北，與卡里亞和潘菲利亞接壤。先後受亞歷山大大帝、塞琉西王朝、阿塔羅斯王朝以及最後的羅馬人統治。在羅馬統治時期，它歸屬於加拉提亞和卡帕多西亞。自塞琉西時期以來，伊康一直爲其首府。使徒聖保羅曾到過這裡。到4世紀時已經組織了基督教教會系統。

lyceum movement＊　學園運動　19世紀中期流行於美國的成人教育形式。學園是一種志願的地方組織，負責組織關於當前感興趣的題目的講演和辯論。1826年成立第一個學園，到1834年在西北部和中西部有了差不多3,000個學園。它們吸引了像愛默生、道格拉斯、梭羅、韋伯斯特、霍桑和安東尼這樣一批演講人。美國南北戰爭爆發後，這個運動開始衰退，最後融入戰後的學托擴運動。在學園運動的全盛期，它對擴展學校的課程以及地方博物館和圖書館的發展都有相當的貢獻。

lychee ➠ litchi

Lycia＊　呂西亞　小亞細亞西南部的古代地區，在今土耳其境內，位於地中海沿岸，在卡里亞與潘菲利亞之間。西元前8世紀時是個興旺的沿海國家。後來落入居魯士、阿契美尼德王朝的波斯人、最後到了羅馬人手中。西元43年併入羅馬的潘菲利亞。4世紀後單獨成爲羅馬的行省。

Lycurgus＊　賴庫爾戈斯（活動時期約西元前7世紀）　傳說中古代斯巴達的立法機構創始人。對於他的工作，不同的來源有不同的說法。有些學者認爲從來就沒有這個人，但許多人還是相信，西元前7世紀希洛人叛亂後，有個叫賴庫爾戈斯的人在斯巴達進行了重大的改革。認爲他建議建立軍事化的公社體系，使斯巴達在希臘各城邦中獨樹一幟。他還畫定過元老會議與公民議會的權限。

Lycurgus of Athens　雅典的賴庫爾戈斯（西元前390?～西元前324?年）　雅典演說家和政治家。他支持狄摩西尼反對馬其頓的政策。他掌管國家財政（西元前338～西元前326年），以有效的行政管理以及對腐化官吏的嚴厲鎮壓著稱。他重組了軍隊，整頓艦隊，實行一項重大的建築計畫，包括重建戴奧尼索斯劇院，製作了由艾斯克勒斯、索福克里斯和尤利比提斯所寫劇本的官方版本，並恢復雅典的一些祭禮和節日。

Lydia　里底亞　小亞細亞西部的古地區，在今土耳其境內。西臨愛琴海。西元前7～西元前6世紀，里底亞通過像金屬鑄幣和常年零售商店這類經濟發展，明顯地影響過愛奧尼亞希臘人。西元前546年被居魯士大帝領導下的波斯人征服。後來歸屬敘利亞和帕加馬。在羅馬人統治時期成爲亞洲行省的一部分。

lye　鹼液　將木灰浸在水中而提取出來的鹼性液體（參閱alkali），一般用於洗滌和製肥皂。更廣義地說，鹼液是任何一種強鹼溶液或固體，諸如氫氧化鈉（苛性鈉）或氫氧化鉀（苛性鉀）。

Lyell, Charles＊　萊伊爾（西元1797～1875年）　受封爲查爾斯爵士（Sir Charles）。英國地質學家。在牛津大學學法律時，開始對地質學產生興趣，後來認識了洪堡和居維葉等著名地質學家。他認爲所有的地質現象都可做出自然的（而不是超自然的）解釋，在三冊的《地質學原理》（1828～

L M N

1833）中他提出大量事實例證。他在這個領域被公認是領導人物，並爲他贏得科學界其他知名人物的友誼，包括赫胥爾家族和達爾文，達爾文的《物種起源》（1859）說服萊伊爾接受演化論。萊伊爾也是讓人們普遍接受地質學均變論概念的人。

萊伊爾，油畫複製品，迪金森（Lowes Cato Dickinson）繪於1883年；現藏倫敦國立肖像畫陳列館
By courtesy of the National Portrait Gallery, London

Lyly, John＊　李里（西元1554?～1606年）　英國作家。在牛津大學受教育。他因《尤弗依斯》（1578）和《尤弗依斯及其英國》（1580）兩本散文式傳奇故事而在倫敦一舉成名。這兩部小說產生了「尤弗依斯體」，這是一種高雅、講究的伊莉莎白文字風格，使李里成爲第一位英國散文大家，對語言留下了持久的影響。1580年以後他全力投入喜劇寫作。作爲劇作家，李里還對英語喜劇中散文對白的發展作出了貢獻。《恩底彌翁》（1588年演出）被認爲是他最好的劇作。

Lyme disease　萊姆病　蜱傳播的細菌性疾病，1975年首次明確本病，並以本病首次被發現的地點美國康乃狄克州萊姆鎮來命名。萊姆病是由布氏疏螺旋體感染所致，這種螺旋體是由各種蜱傳播，蜱因吮吸受染動物的血（大部分是鹿）時獲得本病螺旋體。人類在高草地帶或落葉區會被蜱咬。萊姆病分三期：出現牛眼狀環形疹，常伴有感冒樣症狀；第二期出現關節痛及神經症狀（如記憶、視力、行動等功能障礙）；第三階段則以致殘的關節炎和類似多發硬化的神經症狀爲主，有些患者會有面肌麻痺、腦膜炎、記憶力喪失等情況。大多數萊姆病患者都只感到這第一期症狀，但通常在受染後兩年內開始第三階段。預防方式包括避免蜱叮咬。萊姆病有時診斷困難，特別是當沒有典型皮疹史的。早期應使用抗生素以防止病情進一步發展，後者要用更強的抗生素，不過以後症狀還可能週期性復發。

lymph　淋巴液　浸浴組織的無色液體，可維持其液體平衡，並把組織中的細菌帶走。淋巴液經由血管和脈管在鎖骨下的靜脈進入血液系統，主要靠周圍的肌肉運動驅使他們前進。淋巴器官（脾臟和胸腺）和淋巴結過濾淋巴液從身體組織帶來的細菌和其他粒子。淋巴液包括淋巴球和巨噬細胞，它們是人體免疫系統中最主要的細胞成分。亦請參閱lymphatic system。

lymph node　淋巴結　結締組織之中的圓形小團塊淋巴組織。淋巴管沿線均有分布，在特定區域（如頸部、鼠蹊部、腋下）叢生。從淋巴液之中將細菌及其他外來物質過濾出去，讓其接觸到淋巴球與巨噬細胞而被吞沒；這些細胞對這些物質積聚的反應是繁殖，所以淋巴結在受到感染時會膨脹。淋巴結產生淋巴球與抗體，由淋巴攜帶遍及淋巴系統。霍奇金氏病與其他淋巴瘤之中，惡性的淋巴細胞滋生，造成淋巴結擴大。癌症通常會侵襲淋巴管，從腫瘤攜帶細胞到淋巴結，在此打住並發展成次生腫瘤。因此在癌症外科手術之中，取出淋巴結來檢查或預防腫瘤擴散。

lymphatic system　淋巴系統　淋巴結、淋巴管、淋巴小結所構成的系統，還包括淋巴組織如胸腺、脾臟、扁桃腺及骨髓。淋巴液藉由淋巴系統循環並過濾。主要的作用在將蛋白質、廢棄物與體液歸還給血液；太大的分子無法進入毛細血管，穿透較易通過的淋巴管壁。瓣膜讓淋巴單向流動，比血液緩慢，壓力較低。淋巴系統也是免疫系統的一環。淋巴結從淋巴過濾細菌及外來物質。淋巴小結通常製造淋巴球，形成在較常接觸這類物質的區域。淋巴系統會合併並成爲固定存在，例如在扁桃腺之中。淋巴管的阻塞可能會造成體液在組織內堆積，產生淋巴水腫（組織膨脹）。其他淋巴系統疾病包括淋巴球性白血病與淋巴瘤。亦請參閱reticuloendothelial system。

lymphocyte　淋巴球　對免疫系統至爲重要的一型白血球，其調節並參與獲得免疫力的過程。每個淋巴球在表面都有受體分子，可結合成一種特殊的抗原。淋巴球有兩個主要類型：B細胞和T細胞，兩類都源於骨髓中的幹細胞，然後再流至淋巴組織。B細胞一旦與某一個抗原結合時，就受到刺激並增生成一個由相同細胞組成的複製體，其中一些B細胞在輔助性T細胞的作用下會分化成分泌抗體的漿細胞。其他的細胞（記憶細胞）增生，提供長期的免疫力給抗原。

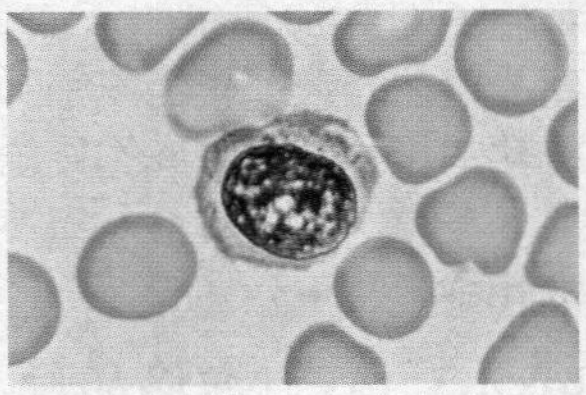
人類的淋巴球
Manfred Kage – Peter Arnold

lymphoid tissue　淋巴組織　組成免疫系統的細胞、組織和器官，包括骨髓、胸腺、脾臟及淋巴結。其中結構最爲完備的是胸腺和淋巴結。結構最小的是分散在襯接多數身體系統的黏膜下的疏鬆結締組織裡，它們在這裡對抗原做出反應而形成淋巴小結（局部的淋巴球細胞生發中心）。最普通的淋巴組織細胞是淋巴球，其他則是巨噬細胞，它們吞噬異物，也可能改變異物的抗原性，從而啓動免疫反應；還有網狀細胞，形成纖維細網，組成多數淋巴器官的構架。亦請參閱immunity、lymphatic system。

lymphoma＊　淋巴瘤　一組惡性疾病（參閱cancer），常起自淋巴結或淋巴組織。通常分爲兩型：霍奇金氏病和非霍奇金氏淋巴瘤，每一型又可進一步細分。這兩種類型都需要靠活組織檢查來診斷，常取自淋巴結。非霍奇金氏淋巴瘤可分爲彌漫型或結節型。一般說來，結節型比彌漫型進程較慢。

lymphoreticuloma　淋巴網狀細胞瘤 ➠ Hodgkin's disease

Lynch, David　大衛林區（西元1946年～）　美國電影導演。生於蒙大拿州密蘇拉，自幼被培養成藝術家，1977年他的第一部故事片《橡皮頭》爲怪誕的、夢魘似的影片，後來成爲熱衷此道者的最愛。他所執導爲影評所稱道的有《象人》（1980）、科幻小說片《沙丘》（1984）、詭異神秘的《藍絲絨》（1986）；他更晚期的電影包括《我心狂野》（1990）、《驚狂》（1997）、《史崔特先生的故事》（1999）。另外，他也曾製作非傳統主流的電視連續劇《雙峰》（1990～1991）。

lynching　私刑　暴民以執法爲名，不經審判就將他們認爲是犯罪的人處死。往往還對被害人進行拷打和肢解，常常發生在動亂的社會情況下。這個名詞起源於一個名爲查理．林奇的維吉尼亞人，在美國革命期間，他主持一個非法的法庭迫害效忠派。在美國，南方重組後，廣泛使用私刑來對付黑人，常用來恫嚇其他的黑人不要行使他們的民權。

Lynd, Robert (Staughton) and Helen＊　林德夫婦（羅伯特與海倫）（西元1892～1970年；西元1894～1982年）　海倫原名Helen Merrell。美國社會學家。夫婦兩分別

在哥倫比亞大學和薩拉·勞倫斯學院執教數十年。他們合作研究發表的《中鎮》（1929）和《中鎮在過渡中－－對文化衝突的研究》（1937）是社會學文學的經典之作，並受到大衆的喜愛，他們是最早應用文化人類學的方法來研究現代西方城市（印第安納州的蒙夕）的學者。

Lynn, Loretta　林恩（西元1935年～）　原名Loretta Webb。美國鄉村音樂歌手。生於肯塔基州布其哈羅一個煤礦工人的陋屋中，十三歲時便結婚，隔年便生下六個孩子中的老大。1960年發行第一首紅極一時的單曲〈酒女〉。1962年參加大奧普里，並於1960年代中期以當紅歌曲如〈酒醉不要回家〉成爲巨星。1970年代發行主題曲〈礦工的女兒〉；它的標題成爲暢銷自傳與熱門電影（1980）的最佳藍本。她同母異父的妹妹克莉絲朵蓋兒（1951～）在唱片事業上也功成名就。

Lynn Canal　林恩運河　美國阿拉斯加州東南部的深峽灣。爲通往克朗代克地區的重要通道。長129公里，寬10公里。是穿越海岸山脈最北的峽灣，1794年由溫哥華船長以英格蘭國王的出生地林恩命名。

lynx　猞猁　短尾的森林貓，學名Felis lynx，分布在歐洲、亞洲和北美洲北部。加拿大猞猁有時被列爲一個單獨的種（加拿大猞猁）。猞猁腿長，爪大，耳有簇毛，腳底有茸毛，頭寬而短。被毛黃褐至奶油色，類雜棕色和黑色斑點，頸毛形成皺領狀。冬季毛密而柔軟，可用於服裝飾邊。體長80～100公分，尾長10～20公分，肩高約60公分，體重10～20公斤。除交配季節外單獨或成小群棲息，夜間活動，不出聲，會爬樹，善游泳，以鳥類和小獸爲食，偶也食鹿。一些種類已成爲瀕危種。

Lyon＊　里昂　英語作Lyons。法國中東部城市。位於隆河與索恩河的匯合處。西元前43年建爲羅馬的軍事殖民地盧格杜南，成爲高盧的主要城市。1032年併入神聖羅馬帝國。1312年歸屬法國。15世紀時經濟繁榮，到17世紀時成爲歐洲絲綢製造中心。第二次世界大戰中，它是法國抵抗運動的中心。里昂是主要河港，有多元化經濟，包括紡織、冶金和印刷工業。該城有許多古建築，包括羅馬劇院、12世紀的哥德式大教堂以及15世紀的宮殿。人口422,000（1990）。

Lyon, Councils of　里昂會議　羅馬天主教會第十三和第十四次普世會議。1245年教宗英諾森四世從被圍困的羅馬逃往里昂，召開了第一次會議。教宗廢黜了皇帝腓特烈二世，並要求支援路易九世的第七次十字軍東征（參閱Crusades）。在1274年的第二次會議上，教宗格列高利十世名義上重新統一了東、西方教會，但不久希臘教會就否定了這一聯合。

Lyon, Mary (Mason)　萊昂（西元1797～1849年）　美國致力於女子高等教育的先驅。她就讀過幾所學院，十七歲起自己靠教書謀生。她是位成功的教師和行政人員，懂得她所訓練年輕女子的要求，導致她決定爲女子創辦一所長期性的教育機構。1837年她在麻薩諸塞州的南哈德利建立的曼荷蓮女子學校（曼荷蓮學院的前身）開學。她任該校校長直至去世。

lyre　里拉琴　一種弦樂器，有一個帶雙臂和橫木的共振琴身，從共振腔內延伸出來的弦附著在橫木上。西元前2000年在蘇美就有類似里拉琴的樂器。希臘的里拉琴有兩種類型：琪塔拉琴和小里拉琴。後者的琴身是圓的，背面彎曲（常常是一個烏龜殼），琴腹是皮的。它是業餘者用的樂器；專業人士使用更精緻的琪塔拉琴。在古希臘，里拉琴是阿波羅的一個特徵。

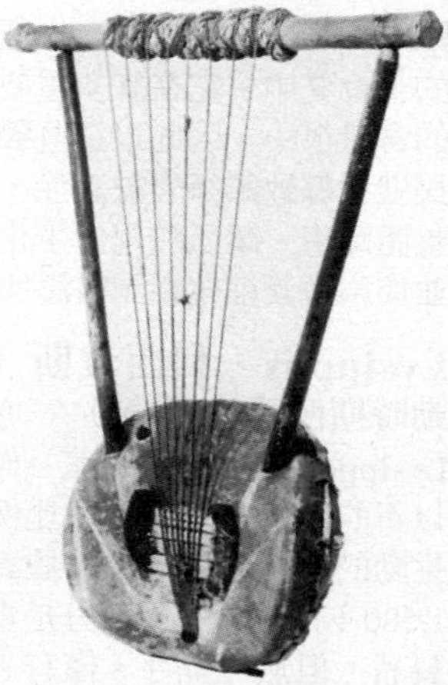
東非的手形里拉琴，現藏牛津庇特－里弗斯博物館
By courtesy of the Pitt Rivers Museum, Oxford

lyrebird　琴鳥　琴鳥科兩種食蟲的亞鳴禽，因求偶炫耀時尾羽展開的形狀而得名。分布於澳大利亞東南部的林區，地棲，體似雞。雄鳥全長約1公尺，是雀形類中身體最長的鳥。炫耀時，在森林中幾塊小空地上把尾伸向前方，使兩條白色長羽蓋在頭上方，而琴狀羽向側方豎起，一面有節奏地昂首闊步，一面鳴囀，間而唯妙唯肖地模仿其他生物（甚至機械的）聲音。

lyric　抒情詩　韻文或詩，可以（或多半可以）用樂器（古代通常用里拉琴）伴奏吟唱，或者用引起歌唱聯想的手勢等方式表達強烈的個人情感。抒情詩表達了詩人的思想和感情，往往和以故事的形式表達相關的事件的敘事詩及詩劇形成對比。抒情詩的重要形式有哀歌、頌歌和十四行詩。

Lysander＊　來山得（卒於西元前395年）　在伯羅奔尼撒戰爭中的斯巴達領袖。早年任海軍司令，並獲波斯國王小居魯士的支持，在諾提翁海戰（西元前406年）中大敗雅典艦隊，導致亞西比德被罷免。西元前405年他在伊哥斯波塔米戰役中擊潰雅典艦隊，封鎖運糧道路，迫使雅典因飢餓而投降。他在雅典建立了三十暴君的寡頭政治，並派親信去統治雅典以前的許多盟邦。當斯巴達開始允許雅典恢復民主政治（西元前403年）時，這對來山得來說是個嚴重的打擊。西元前399年他擁戴阿格西勞斯二世即斯巴達王位。後來率領軍隊進入波奧蒂亞，在攻打哈利阿爾圖斯時被殺。

Lysenko, Trofim (Denisovich)＊　李森科（西元1898～1976年）　蘇聯生物學家和農學家。1930年代蘇聯饑荒時期，他爲提高作物的產量建議一些富有想像力的技術，在未經實驗證實的基礎上反對正統的孟德爾遺傳學，贏得了大批的追隨者。1940～1965年間任蘇聯科學院遺傳研究所所長，成爲史達林主義生物學中引起爭議的「獨裁者」。他承諾比其他生物學家們認爲可能的更高、更快、成本更低的作物產量，甚至宣稱，在適當的環境中種植小麥會結出黑麥的種子來。最後，放棄了他的輪作方式的「草原」系統，而採用礦物肥料耕種，實行按照美國的例子制定的雜交玉米計畫。1964年李森科的學說正式受到懷疑，蘇聯作了很大的努力才重新建立起正統的遺傳學。

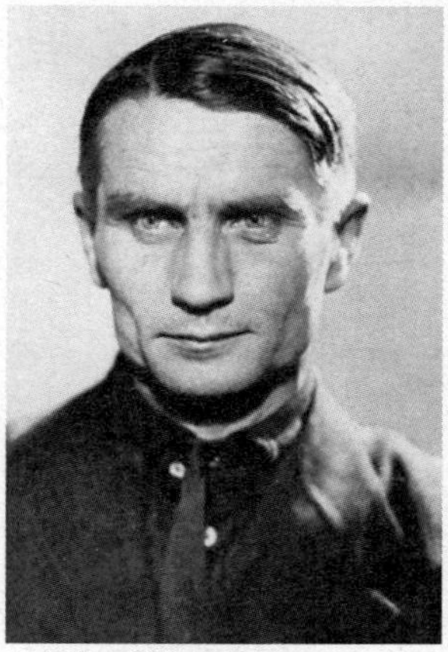
李森科，攝於1938年
Sovfoto

Lysias＊　呂西阿斯（西元前445?～西元前380年以後）　希臘演說詞作家。他在雅典是個客籍民，不允許爲自己說話；所有他的演講都是由別人說出來的。西元前404年他和他哥哥被統治的寡頭執政者以不忠的異己分子名義逮捕；他哥哥被殺，呂西阿斯逃了出來。他與安梯豐同爲效率高、文體樸實無華的作家。他的許多作品都被保存了下來。

lysine＊　離氨酸　一種基本的氨基酸，存在於許多常見的蛋白質中。它在許多重要糧食作物（包括小麥和玉米）中的含量很小，因此以這些穀物作爲唯一食物蛋白質來源的居民就會導致離氨酸缺乏症，影響兒童的發育成長以及成人的整體健康。離氨酸用於生化和營養研究、藥品、增強食品，並作爲營養補充和飼料添加劑。

Lysippus　利西波斯（活動時期西元前4世紀）　亦作Lysippos。希臘雕刻家。作品以新的、修長型的人體比例和生動的自然造型著稱。據說有1,500多件作品，大部分是青銅製品，但無一留存，僅有少數臨摹品被認爲和他有關，最可靠的一件是《刮汗垢者》，表現一個年輕男運動員，用刮汗板刮身上的汗垢。其他重要的作品是西錫安的赫拉克利斯巨像。他也作過許多亞歷山大大帝的半身像（從少年時代起），據說沒有其他的雕刻家能像他如此傳神地雕出亞歷山大的神韻。

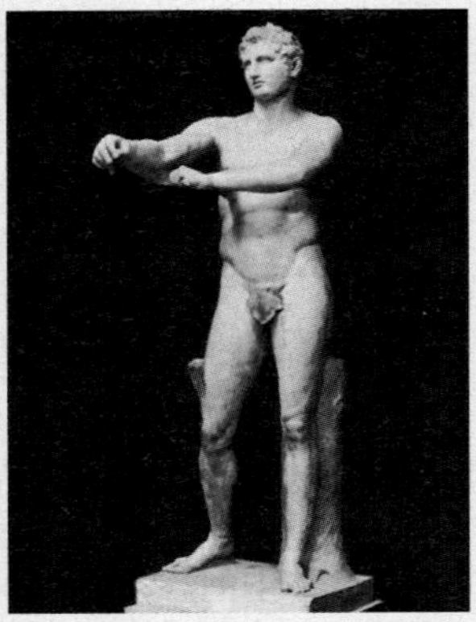
《刮汗垢者》，羅馬時代仿利西波斯青銅作品所製的大理石仿製品；現藏梵諦岡博物館
Anderson – Alinari from Art Resource

lysogeny＊　溶原現象　噬菌體侵染了某些細菌後，在噬菌體內發生的一種生命週期。噬菌體的基因組（基因的完整集合）進入了宿主細胞的染色體並與它一起複製。不產生子代病毒；侵染的病毒在宿主的染色體內處於休眠狀態，直到宿主受到某種刺激，例如紫外輻射照射，這時，病毒的基因組就離開宿主的染色體而開始複製，形成新的病毒。最後，細胞宿主被破壞（溶化），向周圍環境釋放出病毒粒子去侵染新的細菌細胞。

lysosome＊　溶酶體　存在於所有眞核細胞（參閱eukaryote）內的裹著膜的有機體，有了它細胞才能夠分解大分子、老的細胞部分以及微生物。溶酶體包含各種酶，能夠分解像核酸、蛋白質和多醣等大分子。溶酶體分解出來的許多產品，包括氨基酸和核苷酸，都被細胞回收用於合成新的細胞核的組分。

M16 rifle　M16型步槍　亦作AR-15。1967年被美國陸軍採用為標準武器的輕機槍。M16型步槍具有半自動（即自動裝彈）和全自動兩種功能，取代了M14型步槍。其重量不到3.6公斤，配備20發或30發子彈的彈匣，長99公分，口徑5.56公釐，射速為每分鐘700～950發。在越戰、波斯灣戰爭及1999年的南斯拉夫科索沃衝突中，都曾使用這種步槍。M4/M4A1正逐漸取代它。亦請參閱springfield rifle、AK-47。

M31 ➠ Andromeda Galaxy

Ma, Yo-Yo　馬友友（西元1955年～）
生於法國的美國大提琴家。雙親為中國人，五歲即首次公開演奏大提琴。就讀於哈佛大學。他表演的曲目包括許多當代音樂及許多特別為他譜寫的樂曲。馬友友因與鋼琴家艾克斯（1949～）搭檔錄製的許多專輯而聞名，也以跨界合作過的音樂家與藝術家數量之多而聞名；他的演奏技巧卓絕，作品蘊含充沛活力，並且經常以表演者和教師的身分出席世界各地的國際性活動。

Ma-fa-mu-ts'o　瑪旁雍錯或瑪法木錯 ➠ Mapam Yumco

maa-alused＊　馬－阿魯塞　愛沙尼亞民間宗教傳說中居住於地底的精靈。他們身材矮小，使用的物品也十分微小；在他們的世界裡，一切事物都是顛倒的（上下左右皆與人間相反）。除非碰巧，或者他們願意，否則人類無法與他們接觸。傳說當他們難產或生病時，會驚慌的向人類求助。人類可以與精靈婚配，但這種婚姻終究無法長久。芬蘭人稱他們為「馬希塞」（maahiset）。

Maasai ➠ Masai

Maastricht Treaty＊　馬斯垂克條約　正式名稱歐洲聯盟條約（Treaty on European Union）。同意以歐洲聯盟（EU）作為歐洲共同體（EC）之承繼組織。馬斯垂克條約賦予加盟會員國的公民具有同等的身分、承認建立一個中央銀行體系且發行共同貨幣（參閱euro），並要求會員國須致力朝向共同的外交及安全政策。馬斯垂克條約在1991年簽署，1993年批准並生效。亦請參閱European Court of Justice、European Parliament、Treaties of Rome。

Maat＊　瑪亞特　在古埃及宗教中，代表真理、正義及宇宙秩序的女神。瑪亞特是太陽神瑞的女兒，當太陽神的三桅帆船駛過天際與陰間時，她便站在船頭。她也是智慧之神透特的妻子。瑪亞特的天秤可用來衡量死者的心靈，從而決定人死後的審判結果。理論上，瑪亞特的神性是埃及每一任新國王登基時都要再重新確認一次的。

Mabinogion＊　馬比諾吉昂　十一則根據神話、民間傳說和英雄傳奇編撰的中世紀威爾斯故事選集，由數位作者經過數個世紀口傳至今。其中最優秀的四則故事為《馬比諾吉的四個分支》，寫於11世紀晚期。其中有些故事受到塞爾特人、諾曼人和法國人的影響；例如，《埃弗羅格的兒子佩雷多》便與克雷蒂安·德·特羅亞的《聖杯的故事》類似。四則受歐陸影響較小的故事有：《庫爾威奇和奧爾溫》、《盧德和勒費利斯》、《麥克森之夢》和《羅納布威之夢》。

Mabuse　馬比斯 ➠ Gossart, Jan

Mac ind Óg ➠ Maponos

Mac-Mahon, (Marie-Edme-Patrice-)Maurice, comte (Count) de＊　麥克馬洪伯爵（西元1808～1893年）　受封為馬堅塔公爵（duc (Duke) de Magenta）。法國軍人，第三共和第二任總統（1873～1879）。詹姆斯黨的愛爾蘭家族後裔，於1827年展開軍旅生涯，在克里米亞戰爭及義大利馬堅塔戰役（1859）中揚名，後來被升為法國元帥和被封為馬堅塔公爵。1864～1870年間擔任阿爾及利亞總督；後來又在普法戰爭中擔任指揮官。他也是凡爾賽軍司令，這支軍隊於1871年擊敗了巴黎公社起義。1873年，梯也爾辭去總統職務之後，他被選為總統。他在總統任內頒布了1875年憲法。之後發生了憲法危機，麥克馬洪辭職，由議會接管、主控政府。此後，在第三共和期間，總統大致上成了一種榮譽職位。

macadam＊　碎石路　18世紀蘇格蘭人麥克亞當發明的一種鋪面。麥克亞當的鋪面是用緊密堅固的碎花崗石或綠岩鋪底做支撐，表面以輕質石料覆蓋以減少磨損，並且利於排水。現代的碎石路結構，則是將碎石放置於堅實的道路上，以瀝青或熱柏油黏結，然後再鋪一層路面材料填塞空隙，並且壓平。有時會用水泥砂漿來當作黏結劑。

macadamia＊　澳洲堅果　山龍眼科澳洲堅果屬約10種常綠觀賞喬木，果實可食用且風味濃厚，是可以當成點心的堅果。原產澳洲東北部昆士蘭沿海雨林和灌木林中。在夏威夷和澳洲作為商品生產的澳洲堅果主要有兩種，一種是殼面光滑的Macadamia integrefolia，另一種是粗殼的M. tetraphylla。這種堅果產量頗豐，非洲某些地區及中、南美洲均有種植。種植澳洲堅果需要肥沃且排水暢通的土壤，並需要1,300公釐的年降雨量。花簇芳香，呈粉紅色或白色，每簇可結1～20個果實。這種堅果熱量很高，但含有豐富的礦物質與維生素B。

MacAlpin, Kenneth　肯尼思·麥卡爾平 ➠ Kenneth I

Macao＊　澳門　葡萄牙語作Macau。中文名稱可拼作Aomen。中國南部特別行政區（2002年人口約438,000），前葡萄牙領土，位於中國南部海岸線上，澳門是由從廣東省突出的小半島，以及兩個小島嶼所組成，位於香港西側約64公里處。澳門所領有的全部陸地面積為17平方公里。澳門市為其行政中心。葡萄牙商人最早於1513年抵達此地，很快成為中國與日本之貿易的主要交易中心。葡萄牙於1849年宣布澳門為其殖民地，1951年又改稱它為海外領土。1999年12月葡萄牙將澳門歸還中國統治。觀光業與賭博為澳門經濟的主要支柱。

macaque＊　獼猴　猴科獼猴屬約12種群居、晝行性動物的統稱，有頰袋可攜帶食物。主要分布於亞洲。有的尾長，有的種尾短，還有些則沒有尾巴。雄猴體長40～70公分（不包括尾巴），體重3.5～18公斤。喜歡居住在山中、低地和沿海地區。有些品種（包括恆河猴）對人類很重要。馬來人訓練豚尾猴來採摘椰子。亦請參閱Barbary ape、bonnet monkey、Celebes black ape。

MacArthur, Charles (Gordon)　麥克阿瑟（西元1895～1956年）　美國劇作家和電影劇作家。生於賓夕法尼亞州斯克蘭頓，與謝爾登合作《美女露露》（1926）之前，於芝加哥及紐約從事記者工作。他和赫克特合作撰寫百老匯紅極一時的舞台劇劇本《滿城風雨》（1928；1931年拍成電影）、《二十世紀》（1932；1934年拍成電影），和其後的幾部電影劇本，以劇中對話的生動寫實與俐落聞名。他們所寫的電影劇本包括改編自他們自己寫的舞台劇和《咆哮山莊》（1939），以及他們編寫並執導的電影如*Crime Without Passion*（1934）、《惡棍》（1935）和《熱衷富有》（1936）。他的妻子爲知名女演員海絲。

MacArthur, Douglas　麥克阿瑟（西元1880～1964年）　美國五星上將。是亞瑟・麥克阿瑟將軍（1845～1912）之子。畢業於西點軍校，後出任西點軍校校長（1919～1922）。他在軍中步步高升成爲將軍和陸軍參謀長（1930～1935）。1932年率軍驅逐補助金大軍。1937年受命指揮菲律賓軍隊。第二次世界大戰爆發後，再次被徵召上戰場，率領菲律賓與美軍聯合部隊在菲律賓防禦日軍，但不幸失守敗給日軍（1942）。隨後被調往澳大利亞，擔任南太平洋盟軍總司令，並且一如他向菲律賓人民所承諾的「我會再回來」，果然於1944年解放菲律賓。很快升爲陸軍上將，1945年9月2日代表盟國接受日本投降。他以盟軍最高統帥的身分執行戰後占領日本的任務（1945～1951），在占領期間，他重建經濟且起草民主憲法。1950年韓戰爆發，他奉命指揮聯合國軍隊，遏阻北韓軍隊進攻。他極力主張轟炸中國大陸，但遭杜魯門總統拒絕，杜魯門並將麥克阿瑟撤職。他返回美國時，受到英雄式的歡迎，雖然許多人爲他的本位主義感到惋惜。他曾二度（1948、1952）認眞考慮代表共和黨參選總統。

MacArthur-Forrest process　麥克阿瑟－福萊斯特法 ➡ cyanide process

Macassar　望加錫 ➡ Ujung Pandang

Macaulay, Thomas Babington＊　麥考萊（西元1800～1859年）　受封爲羅思利的麥考萊男爵（Baron Macaulay of Rothley）。英國政治人物、歷史學者與詩人。在劍橋大學時，出版了他的第一部關於密爾頓論文（1825），迅即成名。1830年進入國會之後，他便成爲一個知名的主要演說家。自1834年起，他任職於印度最高評議會，支持歐洲人和印度人在法律之前人人平等，並創立了國際式的教育制度。1838年，他重返英國國會。退出政界前出版了《古羅馬之歌》（1842）和《批評與歷史文集》（1843），並著手寫作他影響後代深遠的《英國史》（5卷，1849～1861）；涵蓋了1688～1702年時期，他對英國史上輝格黨的解釋影響了後來的世代。

麥考萊，油畫，帕特里奇（J. Partridge）繪於1840年；現藏倫敦國立肖像畫陳列館
By courtesy of the National Portrait Gallery, London

macaw＊　鸚鵡　鸚鵡科鸚鵡亞科約18種熱帶美洲鳥類的通稱。尾巴極長，有鐮刀狀的大喙，以水果與堅果爲食。容易馴養，常被飼養爲寵物；有些種會模仿人類說話，但是大部分只會發出尖銳的叫聲。其中有少數壽命可達六十五歲。最知名的是紅藍紅藍鸚鵡（琉璃金剛鸚鵡），從墨西哥到巴西都可發現其蹤跡，體長約90公分，身體呈鮮紅色，翅膀爲藍黃相間的顏色，尾巴藍紅相間，臉則是白色。

MacBride, Seán　麥克布賴德（西元1904～1988年）　愛爾蘭政治家。他的母親是詩人葉慈所鍾愛的愛國女演員岡妮（1866～1953），父親約翰・麥克布賴德因參加1916年復活節起義而被處死。二十四歲時成爲愛爾蘭共和軍參謀長，但終究接受了戰爭無益的事實。他於1936年創立愛爾蘭共和黨；1947～1958進入愛爾蘭衆議院，並於1948～1951年出任外交部長。他是國際特赦組織第一任主席（1961～1975）。也曾擔任聯合國助理祕書長，負責西南非和納米比亞事務（1973～1977）。由於他在人權上的貢獻，而獲1974年諾貝爾和平獎。

Maccabees＊　馬加比家族　猶太教世襲祭司家族，曾在巴勒斯坦成功地組織武裝暴動，對抗安條克四世，重振耶路撒冷聖殿的神聖地位。由於安條克鎮壓猶太教、禁止所有猶太教的儀式，並破壞聖殿（西元前167年），因此猶太祭司瑪他提亞帶頭起義叛變。瑪他提亞死後（西元前166年），其子猶大・馬加比承續父志，收復耶路撒冷，重振聖殿。猶大死後，其弟約拿單及西門繼續抗爭事業。馬加比家族建立了哈希芒王朝。

Macchiaioli＊　色塊畫派　19世紀的一批托斯卡尼畫家，反對墨守陳規的學院派藝術，向大自然尋求靈感。像法國的印象派畫家一樣，他們認爲繪畫最重要的部分就是色塊，不過他們更強調色彩的結構。一幅畫對於觀看者所造成的欣賞效果，應來自畫面本身，而非任何意識形態的訊息。色塊畫派活躍於義大利復興運動時期，擁有強烈的愛國情操。

MacDiarmid, Alan G.　麥狄亞米德（西元1927年～）　美國化學家。出生於紐西蘭馬斯特遜，於威斯康辛大學麥迪遜分校（1953）和劍橋大學（1955）取得化學博士學位。而後任教於賓州大學，並於1988年在賓大成爲化學的白朗查教授。他和希格(Alan J. Heeger)、白川英樹三人合作，他證明某些塑膠經過特殊改造後，也可以像金屬一樣爲電的良導體。這項發現讓科學家得以進一步探究其他導電高分子的領域，這項發現也對於發展中的「分子電子學」有很大的貢獻。他和希格、白川英樹三人爲2000年諾貝爾化學獎得主。

MacDiarmid, Hugh＊　麥克迪爾米德（西元1892～1978年）　原名Christopher Murray Grieve。蘇格蘭詩人。1922年創辦《蘇格蘭小冊子》月刊，出版他的抒情詩，並鼓吹蘇格蘭文藝復興。爲激進派左翼分子，拒絕以英語爲溝通媒介，而使用混合數種方言的蘇格蘭語將自己對社會的觀察寫入詩作之中。長篇狂想詩《醉漢看薊》（1926）是他的知名作品。後來他又回復使用標準英語寫作，作品有《一箱哨子》（1947）與《悼念詹姆斯・喬伊斯》（1955）等。被推崇爲20世紀初期的傑出蘇格蘭詩人。

Macdonald, Dwight　麥克唐納（西元1906～1982年）　美國作家和電影評論家。生於紐約市，畢業於耶魯大學。第二次世界大戰期間他創立《政治學》雜誌，其特色爲刊載如紀德、卡繆、摩爾這類人物的作品。他是認眞評論電影的先驅者之一，1951～1971年擔任《紐約客》專屬撰稿人，1960～1966年爲《風尙》寫影評。就政治思想來說，他從「史達林主義」轉到「托洛斯基主義」與「無政府主義」，再轉到「和平主義」。越戰期間，他慫恿年輕人公然反對從軍。最有名的作品集爲《對抗美國天性》（1963）。

Macdonald, John (Alexander)　麥克唐納（西元1815～1891年）　受封爲約翰爵士（Sir John）。蘇格蘭出生的加拿大政治人物，加拿大自治領第一任總理（1867～

1873，1878～1891）。自幼即移民加拿大，1836年取得律師資格，在上加拿大（今安大略省）京斯敦執業。1844～1854年進入加拿大省議會，主張統一加拿大。後與人合組自由保守黨（參閱Progressive Conservative Party of Canada），並於1857年成爲加拿大省總理。他爲「英屬北美法」極力奔走，於1867年促成加拿大自治領的創立。身爲總理，他支持保護貿易政策，協助太平洋鐵路完成，並維護加拿大的統一。他一生忠於大英國協，始終對美國保持獨立。

MacDonald, (James) Ramsay　麥克唐納（西元1866～1937年）　英國政治人物，第一位英國工黨首相（1924, 1929～1931, 1931～1935）。1894年加入工黨的前身團體，1900～1911年擔任書記。1906～1918年選入下議院，1911～1914年成爲工黨領袖。由於反對英國參加第一次世界大戰，被迫辭職。1922年英國國會改選，他領導工黨成爲反對黨。1924年在自由黨的支持下出任首相，但又於該年稍晚因爲保守黨取得多數議席而被迫辭職。1929年工黨贏得最多議席，麥克唐納再度擔任首相。1931年由於經濟大蕭條，麥克唐納同意解散工黨政府，改爲領導一個新的國民政府，直到1935年鮑德溫接掌首相職務爲止。麥克唐納繼續在政府中擔任樞密院長，直至1937年。

MacDonnell Ranges　麥克唐奈爾山脈　澳大利亞北部地方中南部山系。從艾麗斯斯普林斯向東、西兩個方向延伸380公里，最高峰爲齊爾山（1,510公尺）。1860年斯圖爾特首先探勘，以南澳大利亞總督理察．麥克唐奈爾之名命名。

Macdonough, Thomas＊　麥克多諾（西元1783～1825年）　美國海軍軍官。1800年加入海軍，曾與第開特一同參與的黎波里戰爭。1812年戰爭期間，他奉派巡航美加邊境各大湖。1814年9月11日，當英軍進犯普拉茨堡，他率領的十四艘戰艦與英軍十六艘海軍中隊戰艦在山普倫湖相遇，他的勝利使紐約和佛蒙特兩州免遭入侵。

MacDowell, Edward (Alexander)　麥克杜威（西元1860～1908年）　原名Edward Alexander McDowell。美國作曲家。八歲開始學鋼琴，在德國進修時，作曲家拉富（1822～1882）對他留下深刻的印象，鼓勵他寫出一首鋼琴協奏曲（1882），然後帶去給李斯特，李斯特便協助麥克杜威舉行公開演奏。1888年他與妻子返回美國，1896年成爲哥倫比亞大學第一位音樂教授。1904年後由於輕微癱瘓，使他無法繼續演奏及作曲，後來更陷入精神疾患，四十七歲即病逝。麥克杜威死後，他位於新罕布夏彼得伯勒的農場成爲藝術家們的聚集區。他最有名的作品有《第二鋼琴協奏曲》（1886）、爲管弦樂團所寫的《第二（印第安）組曲》（1895），以及諸如《林地速寫》（1896）與《海的樂曲》（1898）等鋼琴曲。

Macedonia　馬其頓　正式名稱馬其頓共和國（Republic of Macedonia）。歐洲東南部國家，位於巴爾幹地區南部。面積25,713平方公里。人口約2,046,000（2001）。首都：斯科普里。2/3的人口是斯拉夫馬其頓人，而有約1/5屬阿爾巴尼亞人。語言：馬其頓語（官方語）。宗教：塞爾維亞東正教和伊斯蘭教。貨幣：第納爾（denar）。馬其頓位於一塊高原上，其間散佈著一些山脈。礦物資源匱乏，是歐洲最貧窮的國家之一。經濟以農業爲主，生產煙草、稻米、水果、蔬菜和葡萄酒；綿羊放牧和乳品業也很重要。政府形式爲共和國，一院制。國家元首是總統，政府首腦爲總理。早在西元前7000年之前就有人居住在馬其頓。在羅馬統治下，於西元29年部分地區併入莫西亞行省。6世紀中葉斯拉夫人來此定居，9世紀期間開始基督教化。1185年爲保加利亞人占據，1371～1912年爲鄂圖曼帝國統治。1913年馬其頓的北部和中部地區被塞爾維亞呑併，1918年成爲塞爾維亞－克羅埃西亞－斯洛維尼亞王國（後來的南斯拉夫）。1941年當南斯拉夫被軸心國瓜分時，南斯拉夫馬其頓主要是由保加利亞占領。1946年馬其頓再度成爲南斯拉夫的一個共和國。後來在克羅埃西亞和斯洛維尼亞相繼退出南斯拉夫後，馬其頓擔憂塞爾維亞會占優勢而在1991年也宣布獨立。爲了平撫希臘人的情緒（它也有一個地區傳統稱作馬其頓），馬其頓乃沿用以前南斯拉夫時期的名稱爲正式國號，即馬其頓共和國以示區別，並在1995年與希臘恢復正常外交關係。2001年種族鬥爭危害了國家安定，當時親阿爾巴尼亞的叛軍在北方（靠近科索沃邊界）帶領游擊隊攻擊政府軍。

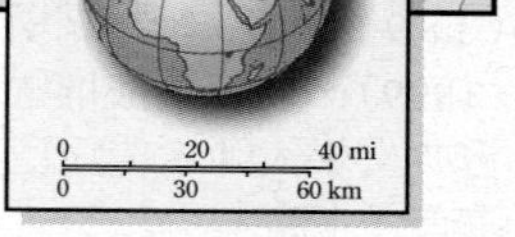

Macedonian language　馬其頓語 ➠ Bulgarian language

Macedonian Wars　馬其頓戰爭　馬其頓的腓力五世與其繼位者佩爾修斯對抗羅馬的三次戰爭（西元前215～205、西元前200～197、西元前171～167年）。第一次馬其頓戰爭肇因於第二次布匿戰爭，馬其頓獲勝；但其後兩次都由羅馬獲勝。馬其頓大軍受迦太基與塞琉西王朝襄助，羅馬則受埃托利亞同盟與帕加馬支援。當羅馬贏得彼得那戰役（西元前168年）之後，馬其頓領土被分割爲四個共和國。另一場衝突發生於西元前149～西元前148年，可視爲第四次馬其頓戰爭；結果羅馬贏得決定性的勝利，此後馬其頓成爲羅馬帝國的第一個行省。

Macfadden, Bernarr　麥克費丹（西元1868～1955年）　原名Bernard Adolphus。美國出版商和身體健康的提倡者。生於密蘇里州的磨坊泉，1898年開始出版《身體陶冶》雜誌，以宣傳他對運動、飲食控制和齋戒禁食的理念。隨後十年間建立了一個出版王國，出版第一本自白類型的雜誌《眞實故事》（1919），接著是《眞實羅曼史》（1923）、《偵察神秘實錄雜誌》（1925）等等。後來曾努力爭取總統、美國參議院和佛羅里達州州長的職位，但皆失敗。他在八十四歲，以一個不折不扣八十四歲老人的身體狀況在巴黎跳傘歡渡生日。

Mach, Ernst＊　馬赫（西元1838～1916年）　奧地利物理學家和哲學家。1860年取得物理學博士學位後，任教於維也納、格拉茨和布拉格的查爾斯大學。他對於心理學和感官生理學極有興趣，在1860年代發現一種生理學現象，稱爲馬赫帶－－人的眼睛有一種傾向，能在照明顯著不同的區域之間，看到邊界附近的亮或暗帶。後來又研究運動與加速度，並發展測量聲波與波的傳播之光學和照相技術。1887年提出超聲學原理和馬赫數，可檢測物體的運動速度與聲速之比率。他還提出一個物理學的慣性理論，稱爲馬赫原理。在《感覺的分析》（1886）中，馬赫主張所有知識都是從感覺經驗或觀測而得來的。

Machado de Assis, Joaquim Maria＊　馬查多・德・阿西斯（西元1839～1908年）　巴西詩人、小說家及短篇故事作者。在當印刷工學徒時開始利用業餘時間寫作，到1869年已是成功的文人。其寫作風格根源於歐洲文化傳統，充滿詼諧機智與悲觀主義，經典之作包括以第一人稱敘述的《一個小贏家的祭悼文》（1881）、小說《哲學家或狗？》（1891）及《堂卡斯穆羅》（1899）。1896年被推崇爲巴西古典文學大師，成爲巴西文學院首任主席。

Machaut, Guillaume de＊　馬舒（西元1300～1377年）　法國詩人和作曲家。大學畢業後領受神職，以波希米亞國王秘書的身分遊歷整個歐洲。1340年起定居於理姆斯，接受貝里公爵、國王查理五世等幾位皇家贊助者供養。除了十四首敘事詩複合抒情短詩，還有超過四百首的抒情詩。其音樂創作產量豐富，採用固定樂思的樂曲形式，同時發展出四聲部的彌撒曲。他是法國新藝術時期的傑出人物，其詩作是喬叟作品的靈感來源。

馬舒，細密畫，取自《馬舒作品集》（*Oeuvres de Guillaume de Machaut*，約1370～1380）；現藏法國國家圖書館
By courtesy of the Bibliothéque Nationale, Paris

Machiavelli, Niccolò＊　馬基維利（西元1469～1527年）　義大利政治家、歷史學家及政治理論家。1498年在薩伏那洛拉政權顚覆後崛起。負責外交工作十四年，與歐洲最有權勢的政治人物交往。1512年麥迪奇家族重掌政權，馬基維利遭撤職，次年因密謀罪名被逮捕、用刑，雖然很快就獲釋，但無法再擔任公職。他最有名的學術論文《君王論》（1513, 1532年出版）是一本給統治者的忠告手冊，本來冀望能把這部作品獻給麥迪奇，但並未贏得對方的青睞。他認爲《君王論》是對於政治的客觀描述，因爲他覺得人性腐敗、貪婪且極端自私，因此建議政府在管理國家時可以不擇手段。雖然有人欣賞這部作品見解透徹、才氣縱橫，但長期以來仍廣受責難，被視爲憤世嫉俗、善惡不分之作；此後舉凡狡詐、不擇手段、不講道德的權謀者，皆稱之爲「馬基維利主義者」。其他作品有一系列關於李維的論述（約1518年完成）、喜劇《曼陀羅花》（約1518年完成）及《論戰爭藝術》（1521年出版）。

馬基維利，油畫，狄托（Santi di Tito）繪；現藏佛羅倫斯維奇奧宮
Alinari – Art Resource

machine　機械　用來節省或代替人力、畜力，以完成各種體力工作的發明物。也可以更進一步定義爲由兩個或兩個以上零件組成，用來傳遞或改變力和運動而作功的裝置。五種簡單機械是槓桿、楔、輪軸、滑輪和螺紋件，所有複雜機械都是由這些基本裝置組成。機械的操作包含將化學能、熱能、電能或核能轉換成機械能，反之亦然。所有的機械都有輸入、輸出、轉換或調節及傳導裝置。機械從自然資源（如氣流、流水、煤、石油或鈾）接收能量，將之變換爲機械的能量，此即所謂的原動機，例如風車、水輪、渦輪機、蒸汽機、內燃機。

machine gun　機槍　小口徑自動武器，能夠持續快速射擊，通常射速爲每分鐘500～1,000發。研發於19世紀末期，使現代戰爭產生重大變化。手搖曲柄機槍以格林機槍最有名，曾在美國南北戰爭中使用過。1880年代由於無煙火藥的發明，機槍發展成爲眞正的自動武器，主要是因爲無煙火藥燃燒均勻，使馬克西姆能夠利用後座力使機槍運作。第一次世界大戰時，使用彈藥袋的機槍成爲戰場上主要的武器；進入第二次世界大戰後，機槍仍然沒有太大的改變。亦請參閱submachine gun。

machine language　機器語言　亦稱機器碼（machine code）。電腦的基本語言，由一串0與1構成。機器語言是最低階的電腦語言，只有電腦才能直接理解。用更複雜的語言（如C語言、Pascal語言）撰寫的程式必須在執行之前轉換成機器語言。這項工作由編譯器或組譯器來擔任，產生的二進位檔案（又稱爲執行檔）才可以由中央處理器來執行。亦請參閱assembly language。

machine tool　機床　固定式、由動力驅動的機器，用於切割、塑造或合成，把金屬和木頭加工成工具。機床的出現可追溯到18世紀蒸汽機發明時，最普及的機床是19世紀中期設計出來的。時至今日，已有數種不同的機床運用於家庭式工廠及工業場所。通常分爲七種類型：鏇削式，如車床；牛頭刨床及刨床；動力鑽頭或直立鑽床；銑床；磨床；動力鋸；以及壓製式，如衝床。

machismo＊　大男人主義　對男性驕傲的過度誇大，並將之理解爲能力，經常伴隨著不負責任、不管後果。大男人主義通常帶有強烈尊崇男性、貶抑女性的文化特質。幾個世紀以來，大男人主義一直是拉丁美洲的政治及社會主流。在拉丁美洲歷史上層出不窮的軍事強人，即很典型地表達大男人主義掌握政府的粗魯和極權傾向，以及使用武力來達到目的的作法。

Mach's principle＊　馬赫原理　作加速運動的人所感受到的慣性力是由宇宙間物質的數量和分布來決定的一個假說。愛因斯坦發現其中所暗示的幾何學與物質之間的關聯，對他建立廣義相對論有幫助；當時他不知道在18世紀時柏克萊已先提出了相似的論點，而把它歸功於馬赫。當他了解到慣性隱含於運動的最短線方程式（參閱geodesy）中而不必依賴於宇宙各處物質的存在之後，愛因斯坦便捨棄了馬赫原理。

Machu Picchu＊ 馬丘比丘 祕魯中南部安地斯山脈中的古代印加要塞城市。在庫斯科西北，踞於兩峭壁間一馬鞍形懸崖上，海拔2,350公尺，未被西班牙人探知，直到1911年才被美國探險家賓厄姆發現。為少數完整無損的前哥倫布時期城鎮中心之一，面積約13平方公里，內有神廟和一座堡壘，確切年代無法確定。

馬丘比丘
Mayes－FPG

MacIver, Robert M(orrison)＊ 麥基弗（西元1882～1970年） 蘇格蘭出生的美國社會學家和政治學家。曾在愛丁堡和牛津大學受教育，後來在亞伯丁大學和加拿大、美國的幾所大學任教，其中主要是在哥倫比亞大學執教（1915～1926）。他認為個人主義與社會組織是可以協調一致的，並視社會的發展為由高度群體化的國家走向個人作用與集體關係趨於極端專門化的國家。著作包括《近代國家》（1926）、《權威與人民》（1939）以及《政府之網狀組織》（1947）。

Mack, Connie 麥克（西元1862～1956年） 原名Cornelius (Alexander) McGillicuddy。美國棒球隊經理和領隊。出生於麻薩諸塞州東布魯克菲爾。1886～1896為職業棒球選手，主要擔任捕手。1897～1900任密爾瓦基釀酒人隊和費城運動家隊（1901～1950）的經理，並於1937～1953期間出任費城運動家隊總裁。他率領的隊伍贏得3,776場比賽，但也遭遇了4,025場敗仗，兩項都破了大聯盟記錄。他曾協助把美國聯盟建成一個美國棒球的主要聯賽。

Mackenzie 馬更些 加拿大前行政區。占地527,490平方英哩（1,366,199平方公里），包括加拿大育空領地和基韋廷行政區之間的北方大陸較大的部分，同時也包含馬更些河谷地大部分地方、大熊湖、大奴湖。建於1895年，過去由艾德蒙吞派員前來管轄，1979年不復存在。

Mackenzie, Alexander 麥肯齊（西元1755?～1820年） 受封為亞歷山大爵士（Sir Alexander）。出生蘇格蘭的加拿大探險家。年輕時移民加拿大，1779年進入一家皮毛貿易公司。1788年他在阿薩巴斯卡湖邊建立了奇普懷恩堡商站。1789年從此地出發開始探險，他沿馬更些河前進，經大奴湖到達北冰洋岸。1793年從奇普懷恩堡出發越過落磯山脈，到達太平洋岸，成為第一位越過落磯山脈到達太平洋的歐洲人。

Mackenzie, Alexander＊ 麥肯齊（西元1822～1892年） 蘇格蘭出生的加拿大政治家，加拿大第一任自由黨總理（1873～1878）。1842年移民到加拿大西區（現安大略省）。1852年成為當地自由黨報紙編輯，並與改良黨領袖布朗結為知交。1867年加拿大成為自治領時，進入眾議院，為在野的自由黨議會領袖。擔任總理期間，他延長與美國的互惠國待遇的努力未能解決當時緊迫的經濟困境。1878年他領導的政府垮台。後來辭去在野黨領袖後，仍繼續擔任議員直到逝世。

Mackenzie, (Edward Montague) Compton 麥肯齊（西元1883～1972年） 受封為艾德華爵士（Sir Edward）。英國小說家和戲劇家。在牛津大學受教育，1906年為完成自己的第一部劇作《穿灰衣服的紳士》而放棄學業。第一次世界大戰期間，他在敘利亞指揮愛琴海情報局；後來他把這些經歷寫入《希臘回憶錄》（1932），但因違反英國的「官方保密法」而被起訴。他在1923年創辦了《留聲機》雜誌並擔任編輯，直到1962年才退休。1931～1934年間還擔任格拉斯哥大學校長及倫敦《每日郵報》文學評論家。著有小說、戲劇和傳記（包括十卷回憶錄）等一百多部作品。

Mackenzie, James 麥肯齊（西元1853～1925年） 受封為詹姆斯爵士（Sir James）。蘇格蘭心臟病學家。他在愛丁堡大學獲得醫學碩士學位後，於蘭開郡行醫二十五年，後遷至倫敦。他的經典著作《脈搏研究》中提到了一種叫波動描記器的醫學儀器，該儀器可以同步記錄心跳和動脈、靜脈脈搏，從而鑒別無害性和危險性的心律不整。他是研究心律不整的先驅，還證明了洋地黃對該病症的療效。

Mackenzie, William Lyon 麥肯齊（西元1795～1861年） 蘇格蘭出生的加拿大謀叛者領袖。1820年從蘇格蘭移民到加拿大，在上加拿大（今安大略省）經商。他創辦了《殖民地鼓動報》，批判行政當局（1824～1834）。1828～1836年擔任省議員期間，因發表社論強烈抨擊政府而六次遭到保守的多數派逐出。他出版的一系列加拿大反英國殖民統治的文章使他被省長召回。1837年他領導八百名信徒試圖推翻省政府未果，之後在紐約尼加拉河的內維島重整旗鼓，但仍以失敗告終。他本人因此違反了美國中立法而被捕入獄。1849年返回加拿大，1851～1858年間擔任國會議員。

Mackenzie River 馬更些河 北美西北地區水系。發源於加拿大西北的大奴湖，向北流經史密斯堡，最後注入北冰洋的波弗特海，流域面積1,805,200平方公里，是加拿大最大的河流。全長1,650公里，寬1.5～3公里。如果把源流芬利河算在內，整個流域長達4,241公里，是北美第二長河流。探險家麥肯齊於1789年發現了該河流。

mackerel 鯖 分布於全世界溫、熱帶海域的鱸形目鯖科食用魚和遊釣魚的統稱，游動迅速，體呈流線型，長30～170公分。北大西洋的普通鯖以及盛產於加州沿岸和大西洋的鳳尾鯖，都是具有重要經濟價值的魚類，其他還有印度鯖（羽鰓鮐屬）、艦鰹（舵鰹屬）。馬鮫屬的種類為受歡迎的遊釣魚。mackerel一名也指某些鯊類（參閱mackerel shark）、金槍魚和狐鰹。

mackerel shark 鯖鯊 或稱鼠鯊。鯖鯊科鼠鯊屬魚類，生活在溫帶水域，鯖鯊科也包括大白鯊及馬科鯊。鯖鯊行動迅速，生性活躍。尾呈新月形，牙細長。體背呈灰色或藍灰色，腹部呈灰白色，體長約3公尺。多以鯡、鯖、鮭等魚類為食，有時會因捕食漁夫入網之魚而破壞魚網。人們也捕撈它們食用。大西洋鯖鯊以及太平洋鯖鯊（或稱鮭鯊）都屬於鯖鯊的普通種類。

大西洋鯖鯊
Painting by Richard Ellis

Mackinac, Straits of＊ 麥基諾水道 美國密西根湖（西）和休倫湖（東）之間的水路，也是連接密西根州上、下兩半島之間的重要水道。長48公里，最窄的地方寬6公里。跨越該水路的麥基諾橋長1,158公尺，建於1957年。

Mackinac Island 麥基諾島 美國密西根州上半島東南部麥基諾水道中的島嶼，長5公里。1780年英國在此建立要塞時，該島是一座名為米奇利馬基納克的印第安人古墳場。1783年美國占有該島後，成爲美國皮毛公司的總部。1812年戰爭期間被英軍占領，但在1815年重歸美國。1895年起設爲州立公園，該島禁止汽車通行。

Mackinaw trout 麥基諾鱒 ➠ lake trout

Mackintosh, Charles Rennie 麥金托什（西元1868～1928年） 蘇格蘭建築家、家具設計師和畫家。他是藝術和手工藝運動的巨匠之一，特別是因1896～1909年在格拉斯哥藝術學院學習時設計的玻璃－石頭大建築而聞名於世。1890年代他創製了非正統的海報、手工藝品和家具而獲得國際聲譽。他設計的作品無比輕快優美並富有原創性，如格拉斯哥四家著名的茶室（1896～1904），被公認是英國第一位眞正的新藝術設計師。1914年之後他轉而把精力投注在水彩畫。20世紀後期他的作品重新引起了人們的興趣，而開始採用他的設計來生產十分簡單的幾何線條樣式的椅子和長靠椅。

MacLaine, Shirley 莎莉麥克琳（西元1934年～） 原名Shirley McLean Beaty。美國女電影演員。出生於維吉尼亞州里奇蒙，華倫比提的姊姊，於百老匯擔任舞者。在取代《睡衣仙舞》（1954）劇中受傷的明星後，她以電影《怪屍案》（1955）第一次在大螢幕露面，然後繼續飾演喜劇和劇情類型的角色於電影《魂斷晴天》（1959）、《公寓春光》（1960）、《愛瑪姑娘》（1963）、《生命的旋律》（1969）、《轉捩點》（1977）、《親蜜關係》（1983，獲奧斯卡獎）和《琴韻動我心》（1988）。她曾寫過幾本暢銷書，大多爲她經歷的神秘事件經驗，包括*Out on a Limb*（1983）和*Going Within*（1989）。

Maclean, Donald 麥克萊恩 ➠ Burgess, Guy (Francis de Moncy)

Maclean's＊ 麥克萊恩雜誌 加拿大多倫多發行的新聞週刊，是加拿大主要的雜誌。它從加拿大人的角度來報導加拿大國內和國際新聞。1905年創刊時爲大書頁格式，主要刊登描繪加拿大生活的帶有保守觀點的文章與小說，因照片醒目而頗負盛名。1970年代，雜誌頁面尺寸縮小，版面也重新修改。

MacLeish, Archibald＊ 麥克利什（西元1892～1982年） 美國詩人、劇作家、教師和政府官員。出生於伊利諾州格倫科，1923年到法國學習詩歌技巧之前從事律師工作。早期作品包括《詩藝》（1926）和《你，安德魯．馬威爾》（1930）。後來在散文《征服者》（1932，獲普立茲獎）和《演說》（1936）中表達了他對民主理想的擔憂。其他作品包括廣播劇《空襲》（1938）、《詩集》（1952，獲普立茲獎）和詩劇《J. B.》（1958，獲普立茲獎）。1939～1944年擔任國會圖書館管理員，1944～1945年擔任助理國務卿，後來任教於哈佛大學（1949～1962）。

MacLennan, (John) Hugh＊ 麥克倫南（西元1907～1990年） 加拿大小說家和散文家。曾獲羅德茲獎學金在牛津大學求學，後在美國普林斯頓大學獲博士學位。1951～1981年執教於麥吉爾大學。他的小說包括《氣壓計在上升》（1941）、《兩地孤棲》（1945）、《守夜結束》（1959）和《時間中的聲音》（1980）。他曾因小說和非小說類作品而五次獲得總督獎。他被認爲是第一位採用加拿大背景主題的重要英語系小說家。

Macleod, J(ohn) J(ames) R(ickard)＊ 麥克勞德（西元1876～1935年） 蘇格蘭生理學家。曾在美國、加拿大和蘇格蘭的一些大學任教，因從事糖代謝研究而著名。他同班廷和貝斯特一起合作發現了胰島素，這項成就使他在1923年和班廷共獲諾貝爾獎。

Macmillan, Daniel and Alexander 麥克米倫兄弟（丹尼爾與亞歷山大）（西元1813～1857年；西元1818～1896年） 蘇格蘭書商和出版商。丹尼爾十一歲起就在蘇格蘭一家書商處當學徒，1837～1843年爲倫敦書商工作。1843年他和弟弟亞歷山大一起創立麥克米倫公司，成爲劍橋一家成功的書店，並在1844年開始出版教科書，1855年開始發行小說。丹尼爾去世以後，亞歷山大擴展了公司的業務，創辦了一份文學期刊《麥克米倫雜誌》（1859～1907）和一份先驅科學刊物《自然界》（1869～）。他在海外建立了分部，並出版了維多利亞女王時代很多重要作家的作品。丹尼爾的後代們繼續將公司擴展成了世界上最大的出版公司之一。

Macmillan, (Maurice) Harold 麥克米倫（西元1894～1986年） 受封爲斯多克東伯爵（Earl of Stockton）。英國首相（1957～1963）。1924～1929和1931～1964年爲下院議員，而在邱吉爾組成的戰時聯合政府中曾擔任過幾項職務。戰後，他先後擔任了住房事務大臣（1951～1954）、國防大臣（1954）、外交大臣（1955）和財政大臣（1955～1957）。1957年出任首相，並成爲保守黨黨魁。他對外改善與美國的外交關係，並在1959年訪問赫魯雪夫；對內支持英國戰後社會政策。1961年因工資凍結、其他的通貨緊縮措施，以及爆發牽扯到陸軍大臣普羅富莫的蘇聯間諜醜聞，使他的政府開始失去民心。1963年戴高樂否決了英國加入歐洲經濟共同體的提案。結果人民要求撤換一個新的政黨領袖的呼聲促使他在該年辭職下台。後來撰寫了一系列的回憶錄（1966～1975），並在他的家族出版事業麥克米倫公司擔任主席（1963～1974）。

MacMillan, Kenneth 麥克米倫（西元1929～1992年） 受封爲肯尼思爵士（Sir Kenneth）。英國舞者、編舞家以及皇家芭蕾舞團團長。在薩德勒斯威爾斯芭蕾舞學校畢業後，1946年開始在該舞團擔任舞者。1953年，他的第一個舞碼《夢遊》在精心的編排下完成，接著又於1955年編《舞蹈協奏曲》。他所編的舞碼《羅蜜歐與朱麗葉》（1965）造成國際性的影響。他曾擔任柏林「德國歌劇團」的芭雷總編導（1966～1969）。1970年被任命爲皇家芭蕾舞團團長；1977年他辭去此職務，變成舞團的首席編舞者。其他成功舞碼包括《眞假公主》（1971）、《馬儂》（1974）和《依莎朵拉》（1981）。

MacNeice, Louis 麥克尼斯（西元1907～1963年） 英國詩人、劇作家。1929年在牛津大學就讀期間發表了生平第一部詩作《盲目的煙火》（1929）。1930年代他加入一個得到社會承認的年輕詩人組成的詩社，該社成員還包括奧登、戴伊－路易斯和斯賓德。他的詩集包括《秋天日記》（1939）和《燃燒的棲木》（1963）。他還爲英國廣播公司寫作並演出廣播詩劇，其中最著名的是由布瑞頓配樂的《黑塔》（1947）。散文作品有《冰島書簡》（1937，與奧登合著）

麥克尼斯
Camera Press

和《葉慈的詩》(1941)。

MacNelly, Jeff(rey Kenneth) 麥克納立(西元1947～2000年) 美國漫畫家。生於紐約，受教於北卡羅來納大學，以極富娛樂風格的政治漫畫聞名。1972年他成爲史上年紀最輕的普立茲社論漫畫獎得主；1978、1985年再度贏得該獎項。在他廣爲報章雜誌刊載的連環漫畫Shoe(1977)裡，所有人物都是鳥。

Macon＊ 美肯 美國喬治亞州中部城市。附近曾有一座要塞，1806年從要塞周圍發展了一個居民點。1823年美肯市擴展到奧克馬爾吉河對岸，1829年合併了該居民點，鎮名取自美國政治家美肯的姓。南北戰爭期間是美利堅邦聯南軍的物資補給站。現爲農業區的農產集散中心，還擁有幾所高等學府和羅賓斯空軍基地，也是詩人拉尼爾(1842～1881)的誕生地。人口約113,000(1996)。

Macon, Dave 梅肯(西元1870～1952年) 原名David Harrison。美國鄉村音樂歌手和五弦琴樂手，大奧普里最早的明星。生於田納西州斯瑪特斯德遜，成長於納什維爾，其父母於納什維爾經營一家服務巡迴表演團體的旅館。他從事小型拖拉機事業長達二十年；在貨車運輸工業發達之後才交出他的事業，成爲職業音樂家。以大衛・梅肯叔叔(Uncle Dave Macon)的形象表演，他的快活民歌曲調如Go Long Mule，加上活力充沛的群眾魅力，很快讓他竄紅成爲明星。從1920年代中期到八十一歲去世前，他都是奧普里的表演常客。

Macon, Nathaniel 美肯(西元1758～1837年) 美國政治家。出生於北卡羅來納州埃奇庫姆，曾參與美國獨立革命，1781～1785年任職於北卡羅來納州參議院。1791～1815年擔任眾議院議員，1801～1807年擔任議長，並且成爲反聯邦黨的領袖。在參議院期間(1815～1828)，他繼續提倡保留各州權利，反對立法加強中央集權的法案。

Macphail, Agnes Campbell 麥克菲爾(西元1890～1954年) 加拿大政治人物。生於安大略省格雷郡，原本在學校教書，爲了代表當地農民而去修習政治學。在1921年女性首次擁有選舉權的年代，她獲選爲加拿大眾議院有史以來第一位女眾議員，直到1940年才卸任。任內大力推動獄政改革、推廣婦女權益，以及主張保護性關稅。她是加拿大第一位派駐國際聯盟的女性代表。當選安大略省議員(1943～1945、1948～1951)期間，還發起同工同酬立法。

Macquarie, Lachlan＊ 麥加利(西元1761～1824年) 英國士兵和殖民地總督。曾在北美、歐洲、西印度群島和印度的英國軍隊中服役，1809年被任命爲澳大利亞新南威爾士總督，取代了曾推翻前總督布萊的腐敗軍團。他大力推行公共工程建設和城鎮規畫，提供機會給爭取公民權者(刑滿釋放的罪犯)，並建立殖民地的通貨制度，鼓勵開墾土地並定居下來。他的政策促使爭取公民權者往農業發展，因此激怒了大地主和牧羊農場主(排斥論者)，1821年被召回英國。

Macquarie Harbour＊ 麥加利港灣 澳大利亞塔斯馬尼亞島西部的濱印度洋小海灣。長32公里，寬8公里。1815年凱利船長探抵此地，以當時的新南威爾士總督麥加利的名字命名。1821～1833年間這裡的沿海地區是流放犯人的殖民地。

Macready, William (Charles)＊ 麥克里迪(西元1793～1873年) 英國演員兼演出經理。1810年初次登台，到1820年已因飾演哈姆雷特、李爾王和馬克白而聞名。後來擔任倫敦柯芬園皇家歌劇院(1837～1839)和特魯里街劇院(1841～1843)的經理，他引進一系列的改革，如：全面的彩排、符合歷史史實的服裝道具，以及呈現莎士比亞劇本的原貌。他在1826、1843和1848～1849年期間到美國巡迴表演，最後一次巡演是在紐約市公共劇院，但因美國演員福雷斯特的黨羽引發暴動而草草結束。1851年退出舞台。他的日記展現了19世紀的舞台生活面貌。

macrobiotics 長壽術 以調和陰陽之中國哲學爲基礎的飲食方法。強調避免歸類於重陰(如酒精飲料)或重陽(肉類)的食物，主要依靠接近中性的食物，例如穀類。除此之外，在其氣候下自然生長的食物應當做飲食的主軸。長壽術最早是在1930年代在亞洲系統整理，在1960年代晚期橫掃歐美。支持者堅稱這不但能提高生活品質，重病如癌症也能痊癒；批評人士反駁說這些盲目嘗試這種飲食會導致營養不良。

macroeconomics 總體經濟學 以整體經濟爲研究對象，分析商品和勞務總產量、總所得、生產性資源的利用程度和一般價格情況。在1930年代以前，經濟分析大多集中於特定公司和行業。隨著國民收入和生產統計等理念的發展，加之對經濟大蕭條原因的分析，總體經濟學的研究領域開始擴展。總體經濟政策的目標包括經濟成長、價格穩定和充分就業。亦請參閱microeconomics。

macromolecule 大分子 很大的分子，由數量比普通分子多得多的原子(數百或數千個)組成。有些大分子是獨立的實體，不喪失其特性的前提下就不能夠再細分(如某些分子量數百萬的蛋白質)。其他的(聚合物)是若干重複結構團塊(單體)的鏈狀或網狀(如塑膠、纖維素)。多數大分子處於膠體的典型大小範圍之內。

macrophage system ➠ reticuloendothelial system

macular degeneration 黃斑部退化 黃斑(視網膜中央部分)的退化，伴隨著視野缺損。黃斑部退化是老年失明的主要原因。或許是由於血液循環降低，現在知道有遺傳的成分在內。吸菸者出現的比率是不吸菸者的兩倍，並與終身陽光曝曬時間有關。周邊視覺通常繼續存在，但喪失中央的視覺敏銳度使得閱讀和細微的工作困難或無法進行，甚至戴上專用的放大眼鏡也沒用。有些形式的黃斑部退化可以用雷射外科手術使其停止惡化(但是無法回復)。

Macumba＊ 馬庫姆巴教 融合傳統的非洲宗教、巴西降靈論和天主教而成的非洲－巴西宗教。在巴西馬庫姆巴教的幾個派別中，最重要的是康東布萊派和翁班達派。源自非洲的成分包括一個戶外舉行禮拜的場所、以動物(如公雞)爲祭品，以物供奉神靈(如蠟燭和鮮花)，並表演舞蹈。馬庫姆巴教的宗教儀式由靈媒主持，他呈昏迷狀態俯臥在地，與聖靈溝通。天主教的成分包括十字架和崇敬聖人，這些聖人都有非洲名稱。

Macy and Co. 梅西公司 全名R. H. Macy and Co., Inc.。美國主要的大百貨連鎖店。其主要的銷售店是位於紐約市前鋒廣場占有一條街區的十一層大百貨公司，該店多年來一直是美國最大的單一商店。羅蘭・赫西・梅西(1822?～1877)在1858年創建了該公司，其紅色五星商標源自他身上刺的紋身圖案。1887年史特勞斯家族取得它的部分股份，1896年進而完全掌控。此後，該公司開始在全國各地收購或設立分店。1992年被迫宣布破產後，1994年同意與聯邦百貨公司合併。

mad cow disease　狂牛症　亦稱牛海綿狀腦病（bovine spongiform encephalopathy; BSE）。一種牛的致命性神經變性疾病。症狀包括行爲改變（如狂躁不安）、肌肉協調性及行動功能逐漸喪失。晚期症狀表現爲體重減輕、肌肉攣縮、行走異常，大腦組織穿孔，呈海綿狀。通常在病發一年內死亡。目前還沒有醫治方法。該病類似羊的神經變性疾病（稱爲痒病）。1980年代中期在英國爆發的狂牛症被認爲是由於使用反芻動物的畜體和雜肉製成的補給性飼料引起的。結果數十萬頭受到感染的病牛全被宰殺，並禁止使用取自動物蛋白質的補給性飼料。狂牛症以及痒病都是由一種叫做「普利子」的不尋常的傳染因子引起的。1990年代中期，年輕族群中開始爆發一種不尋常的庫賈氏病（另一種與普利子有關的疾病），病因可能是由於患者食用帶有狂牛症的牛肉引起的。

Madagascar　馬達加斯加　正式名稱爲馬達加斯加共和國（Republic of Madagascar）。位於非洲東南海岸外的馬達加斯加島國。該島爲世界第四大島，長約1,570公里，寬約571公里。馬達加斯加島和非洲海岸之間爲莫桑比克海峽。面積587,041平方公里。人口15,983,000（2001）。首都：安塔那那利佛。馬達加斯加人口幾乎完全由約二十個馬來亞－印尼部族群組成。語言：梅里納語、法語（均爲官方語）。宗教：信奉萬物有靈的傳統宗教，基督教徒（天主教徒、新教徒各占一半），伊斯蘭教。貨幣：馬拉加西法郎（FMG）。馬達加斯加的中央高原海拔2,876公尺，位於察拉塔納納火山斷塊。該島原先森林茂密，今日森林仍占土地面積的1/4。經濟以農業爲主，包括水稻、木薯等糧食作物，經濟作物包括咖啡、丁香和香草。政府形式爲共和國，一院制。國家元首爲總統，政府首腦爲總理。印尼人於西元700

年左右遷入馬達加斯加的。最先抵達該島的歐洲人是葡萄牙航海家迪亞斯（1500年）。17世紀始販賣武器和奴隸的活動使馬達加斯加王國得以發展。18世紀梅里納王國成爲一強大的王國。19世紀初，獲得了英國人的援助，得以控制馬達加斯加大部分地區。1864年梅里納王國與法國人簽訂一項條約，將西北部沿海地區交由法國人控制。1946年馬達加斯加成爲法國的一個海外領地，1958年法國同意讓該領地決定自己的命運，作爲自治共和國，1960年馬達加斯加共和國獲得獨立。1970年代，馬達加斯加政府斷絕與法國的關係，1975年採現今的國名。1992年通過新憲法，該國從此在政治上和經濟上都不穩定。

Madani, Abbasi al-＊　馬達尼（西元1931年～）　與貝勒哈吉共同創辦阿爾及利亞伊斯蘭解放陣線（FIS）。在倫敦取得博士學位，後返回阿爾及利亞任教於阿爾及爾大學，並成爲教派學生的領袖。他與其他巡迴傳教師到其他國家旅行，藉此交換想法並傳播宗教政治運動的綱領。在1991～1992年國會議員的第一回合選舉後遭逮捕，1999年阿爾及利亞總統布特弗利卡提案，馬達尼代表伊斯蘭解放陣線與阿爾及利亞政府簽署和平協議。

Madariaga y Rojo, Salvador de＊　馬達里亞加－羅霍（西元1886～1978年）　西班牙作家、外交家和歷史學家。1921年放棄工程師職位踏入新聞界，1921年以新聞官員身分進入國際聯盟秘書處，後來擔任美國及法國大使。1931～1936年任西班牙駐國際聯盟常任代表。1936年西班牙內戰爆發後，他移居英格蘭，直到佛朗哥死後才回國。他是個多產作家，以英文、德文、法文、西班牙文等多國文字寫成，包括《英國人、法國人和西班牙人》（1928）、《西班牙》（1942）、《西班牙美洲帝國的興衰》（1945）和一些以拉丁美洲歷史爲背景的小說。

madder family　茜草科　由500屬中約6,500種草本、灌木或喬木組成。熱帶種的葉通常較大而常綠，溫帶種落葉，沙漠種葉針狀或鱗片狀。花單生或多數小花簇生。該科有重要經濟價值的產品包括咖啡、奎寧、吐根、紅色染料茜素（提煉自普通茜草和十字草的根部）和含梔子屬在內的觀賞用植物。

Madderakka＊　馬德拉卡　北歐薩米人（拉普人）所信奉的送子女神。她有三個女兒當她的助手：劈開女薩拉卡、守門女烏克薩卡和司弓女朱克薩卡，她們從胎兒時期就守護著小孩到幼兒初期。相傳馬德拉卡從統治世界之神維拉爾登－拉底恩手中領取胎兒靈魂，然後給它一個身體，由薩拉卡將它置於婦人子宮中。

Maddux, Greg(ory Alan)　麥達克斯（西元1966年～）　美國棒球選手。生於德克薩斯州的聖安吉洛，高中時代就是一位明星投手，被芝加哥小熊隊（1986～1992）在選秀選中後加入大聯盟。1993年成爲自由球員後轉到亞特蘭大勇士隊。他是唯一一位連續四年贏得賽揚獎（1992～1995）的投手。自從到勇士隊之後，他的勝場已經超過100，敗戰數則不到50場。

Madeira＊　馬德拉島　葡萄牙馬德拉群島（自治區）最大的島嶼，濱北大西洋。自治區首府豐沙爾位於該島。長約55公里，寬約22公里。島上有深谷和崎嶇的山脈。古代腓尼基人可能就知道此島，後來爲葡萄牙航海家薩爾科重新發現，他於1421年在此建立豐沙爾。據說世界上第一個甘蔗種植園就設在馬德拉島。17世紀以後，馬德拉葡萄酒已成爲重要的出口產品。現以旅遊業爲主。人口約265,000（1991）。

Madeira River　馬德拉河　巴西西部河流，亞馬遜河主要支流。由馬莫雷河和貝尼河在玻利維亞匯合而成，之後沿玻利維亞和巴西的國界往北流。其蜿蜒曲折的流向巴西東北部，在馬瑙斯東面與亞馬遜河匯合。自馬莫雷河上游算起，全長3,352公里。

Madero, Francisco (Indalecio)＊　馬德羅（西元1873～1913年）　墨西哥革命家和總統（1911～1913）。出身富裕的地主家庭，1908年倡導誠實、全民參與的選舉，並要求結束迪亞斯的長期獨裁統治。因發表煽動性言論而入獄，但獲保釋後，又挑起了一場武裝暴動，導致迪亞斯下台。1911年他當選總統，但因在政治上毫無經驗且過於理想化，很快被來自革命派及保守派的衝突壓力所壓垮。1913年遭人暗殺後，他的政府也隨著這場個人和國家的災難事件而畫下句點。亦請參閱Mexican Revolution、Villa, Pancho、Zapata, Emiliano。

馬德羅，攝於1910年左右
Archivo Casasola

Madhya Pradesh＊　中央邦　印度中部邦。面積308,252平方公里，爲印度第二大邦，首府波帕爾。印度的一些最重要的河流，如納爾默達河、達布蒂河、默哈訥迪河和韋恩根格河，均發源於中央邦境內。西元前4～西元前3世紀爲孔雀王朝的一部分，西元最初幾個世紀經歷許多朝代統治。11世紀起爲伊斯蘭控制，16世紀併入蒙兀兒王朝。1760年爲馬拉塔王國統治，19世紀初被英國統治。1947年印度獨立後建邦，1956年重新畫定邦界。2000年該邦東部地區成立新的切蒂斯格爾邦。該邦雖然礦產資源豐富，但經濟以農業爲主。

Madhyamika＊　中觀學派　大乘佛教傳統的重要學派。其名稱意爲「中間」，意思取自它是介於說一切有部學派的現實主義和瑜伽行派的理想主義之間。最著名的中觀學派思想家是龍樹。

Madison　麥迪遜　美國威斯康辛州首府。位於該州中南部，坐落在門多塔湖和莫諾納湖之間的地峽中。該市始建於1836年，名稱取自美國總統麥迪遜，同年並設爲威斯康辛準州首府。1846年被併成一個村落，1856年成爲城市。1854年修築鐵路後穩定發展。以公園和林木扶疏的湖濱美景聞名，也是農業區的商業中心。教育和政府機構對該市經濟十分重要。威斯康辛大學的主要校園設於此。人口約198,000（1996）。

Madison, James　麥迪遜（西元1751～1836年）　美國第四任總統（1809～1817）。1776～1780和1784～1786年間任職於美國國會。1787年在美國制憲會議上他積極參與，並對爭論的議題詳細記錄，爲他贏得「憲法之父」的美名。爲了促使法案通過，他與漢彌爾頓和傑伊合作編寫了《聯邦黨人》論文。1789～1797年在美國眾議院任職期間，他支持「人權法案」，成爲傑佛遜共和黨黨員的領袖，並因籌募戰時公債問題而與漢彌爾頓意見不和。爲了抗議「客籍法和鎮壓叛亂法」，他在1798年起草了「維吉尼亞和肯塔基決議」之一。1801～1809年被傑佛遜指派爲國務卿，兩人合作拓展了美國的外交政策。1808年當選總統以後，忙於處理與英、法之間因貿易和船運通商問題，後來還是引爆了1812年戰爭。他在1812年連任，第二個任期以戰爭爲主，在此期間他重建了美國軍隊，也贊成核准美國銀行第二次的營業執照，並頒布美國第一個保護關稅措施。退休後與頗具政治智慧的妻子朵利（1768～1849）回到維吉尼亞州蒙皮立的莊園，繼續撰寫文章和信件，並擔任維吉尼亞大學的校長（1826～1836）。

Madonna　聖母像　基督教藝術中聖母瑪利亞的畫像。聖母像一般伴有聖嬰耶穌，但也有單獨畫瑪利亞一人的。拜占庭藝術第一個發展一系列的聖母像－－聖母懷抱聖嬰坐在寶座上的形象、聖母當調解人的畫像和聖母哺餵聖嬰的畫像等。西方藝術在中世紀時採用並增加了拜占庭聖母像形式，所畫的聖母像主要是表現出她的美和慈悲以鼓舞宗教熱情。在文藝復興時期和巴洛克時期，最盛行的聖母像是聖母預見了基督將被釘死於十字架上，於是在遠處哀傷地看著正在玩耍的耶穌。

《大公的聖母像》（1505），拉斐爾繪；現藏佛羅倫斯的碧提宮
SCALA－Art Resource

Madonna　瑪丹娜（西元1958年～）　原名Madonna Louise Ciccone。美國流行音樂歌手、歌曲作者、演員。曾在密西根大學攻讀舞蹈，後在紐約隨葛蘭姆、艾利習舞。1982年發行第一首單曲〈每個人〉，頭兩張專輯《瑪丹娜》（1983）和《宛如處女》（1984）爲1980年代最受歡迎的歌曲。她那極盡煽情的賣弄性感的表演方式，使她成爲演藝界最受爭議的人物。電影作品有《神秘約會》（1985）、《狄克崔西》（1990）和《阿根廷別爲我哭泣》（1996）等。

Madras　馬德拉斯 ➠ Tamil Nadu

Madras　馬德拉斯 ➠ Chennai

madrasah＊　馬德拉沙　（阿拉伯語意爲「學校」〔school〕）附屬於清眞寺的伊斯蘭教經學院和法學院。供住宿的馬德拉沙是在12世紀末開始在穆斯林城市興盛起來的，是一種比清眞寺新型的建築形式。大馬士革的敘利亞馬德拉沙傾向於沿襲標準的規畫模式：建築精美的正面連接一條圓頂走廊，然後通到一個院子，此處就是聆聽教義的地方，院子至少通向一個壁龕。開羅的蓋拉溫清眞寺的馬德拉沙（1283～1285）有一個獨特的十字型壁龕置於朝向聖地麥加的精雕細琢的牆面上，對面也有一個較小的壁龕，而供學者居住的小室分布在兩邊。

Madre, Laguna　馬德雷湖　墨西哥灣內的長窄通道，位於美國德州南部和墨西哥東北部沿岸一帶。因一些礁島（包括帕德里島在內）的屏障而與墨西哥灣相隔，還被格蘭德河分爲兩部分：美國部分從考帕克利士替灣向南延伸190公里，而墨西哥部分則從馬里納河河口向北延伸160公里。海灣沿岸航道穿此而過。

Madre de Dios River　馬德雷德迪奧斯河　祕魯東南部和玻利維亞西北部的河流。源自祕魯安地斯山脈東端，向東流至玻利維亞邊境，再折向東北，穿過玻利維亞西北部的熱帶雨林，最後匯入貝尼河，全長1100公里。爲亞馬遜河的支流，在上游和祕魯－玻利維亞邊境以下河段可通行船隻。

Madrid　馬德里　西班牙首都及馬德里自治區首府。位於伊比利半島的中央高地上，海拔635公尺，爲歐洲地勢最高的首都之一。早期城鎮由摩爾人要塞發展而成，俯視曼薩納雷斯河。1083年國王阿方索六世從穆斯林手中奪得該城，1561年腓力二世將西班牙宮廷遷至此，1607年腓力三世正式定爲首都。拿破崙戰爭期間被法國軍隊占領，1812年重回西班牙統治；西班牙內戰時期曾被效忠派占據（1936～1939）。爲內陸各省的主要運輸中心，也是重要的商業、工業及文化中心，主要的文化機構有普拉多美術館和馬德里大學等。人口約2,882,000（1998）。

Madrid＊ 馬德里 西班牙中部自治區，該省橫穿瓜達拉馬山脈南部斜坡，大致相當於哈拉馬、埃納雷斯、曼薩納雷斯河等流域地區。這裡曾是西班牙內戰（1936～1939）期間幾場著名戰役的戰場。全國所有的鐵路都交匯於此。蘇慕山山口是穿過中部山區進入東北部的一條通道。首府是馬德里。面積7,995平方公里。人口約5,022,000（1996）。

madrigal 牧歌 室內樂的一種聲樂形式，大多為無伴奏的複調音樂，流行於16～17世紀。起源於義大利，並在那裡發展，深受法國香頌和義大利弗羅托拉（一種世俗歌曲）的影響。大多數牧歌是由三或六個聲部來演唱，受過訓練的男、女歌手的演唱使牧歌廣為流傳。歌曲內容幾乎全與愛情有關，牧歌填詞作品中最傑出的詩人有佩脫拉克、塔索和瓜里尼等人。拉索、馬倫齊奧、傑蘇阿爾多和蒙特威爾第是義大利最偉大的牧歌作曲家；摩爾利、威爾克斯和威爾比創造了一種英國式牧歌的特殊體裁。

Madura 馬都拉 荷蘭語作Madoera。印尼東爪哇省島嶼，位於爪哇島東北岸外，東部山地最高處海拔超過430公尺。17世紀末荷蘭人在此建立統治。1885年附屬爪哇成為一個行政區。1949年成為印尼領土。每年9月舉行的賽牛大會往往吸引大批人潮觀看。首府在巴米加三，面積5,290平方公里。人口約2,690,000（1980）。

Maeander River ➠ Menderes River

Maecenas, Gaius (Cilnius)＊ 梅塞納斯（西元前70?～西元前8年） 羅馬外交官和文學贊助人。自稱是伊楚利亞國王後裔。雖然他在國內頗具影響力，卻沒有任何頭銜，他也不想成為元老。從西元前43年開始，在外交和內政方面協助屋大維（即後來的奧古斯都），並在屋大維與龐培作戰（西元前36年）、與安東尼作戰（西元前31年）期間幫他管理羅馬和義大利。他因曾慷慨贊助過詩人維吉爾、賀拉斯及普洛佩提烏斯而名留史冊，而他也利用這些詩人的作品來歌頌奧古斯都的政權。西元前23年由於其妻子的義兄暗殺奧古斯都的陰謀敗露，他被迫退休。

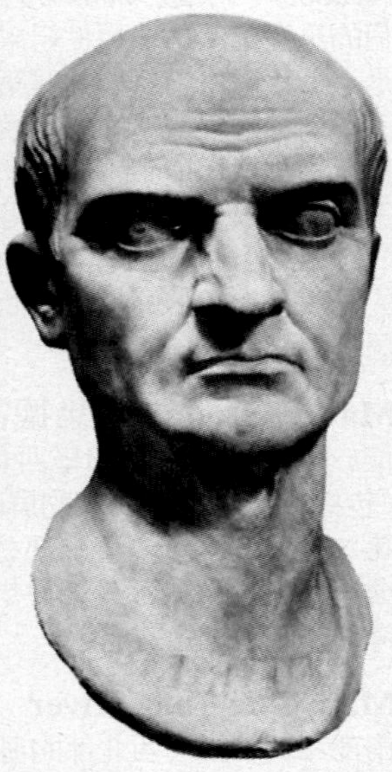

梅塞納斯，大理石胸像；現藏羅馬孔塞瓦托里宮
Alinari－Resource

Maekawa Kunio＊ 前川國男（西元1905～1986年） 日本建築師。曾分別在巴黎和東京為科比意和雷蒙做草圖設計師。前川國男的社區中心理念影響了丹下健三（曾在前川國男事務所工作）。他的作品多是充滿活力的大型樸野主義建築群，在某種程度上反映了他使用混凝土作材料的努力。東京晴海公寓（1959）、東京世田穀公共中心（1959）以及埼玉文化中心（1966）都是其優秀的代表作。

maenads and bacchantes＊ 酒神的女祭司們 希臘神話酒神戴奧尼索斯的女隨從們。「maenad」這個字來自於希臘語，意為「發狂」（mad）或「瘋狂」（demented）。在戴奧尼索斯進行酒神祭禮儀式時，酒神的女祭司們會瘋狂似的漫步於山林裡，並入神地跳舞，一般相信她們是為神所附身。在他的影響之下，她們可以擁有不尋常的力量；傳說她們可以將動物或人五馬分屍（奧菲斯的命運）。而「bacchante」這個字，則是來自於與戴奧尼索斯對應的羅馬神話酒神巴古斯（Bacchus）。

Maes, Nicolaes＊ 馬斯（西元1634～1693年） 荷蘭畫家。出生於多德雷赫特，約1650年到阿姆斯特丹隨林布蘭學畫。在1653年回到多德雷赫特之前，他創作了好幾幅實物大小的林布蘭式風俗畫。1655～1660年創作了一些小型室內畫，多數以紡紗女子、偷聽者、讀聖經的人或做飯的婦女為主題。1673年起長居阿姆斯特丹，專心創作肖像畫，他與林布蘭日漸疏遠，並放棄林布蘭用色逐漸加深的畫風，轉而追求范戴克式的高雅、冷靜的色調。他是一名多產畫家，肖像畫很受歡迎。

Maeterlinck, Maurice＊ 梅特林克（西元1862～1949年） 受封為梅特林克伯爵（comte (Count) Maeterlinck）。比利時劇作家和詩人。他在根特大學攻讀法律，但不久轉向創作詩歌和戲劇。他寫的《普萊雅斯和梅麗桑德》（1892）被公認是象徵主義戲劇的經典，為德布西的歌劇（1902）和其他一些作曲家的作品奠定基礎。他寫了一部象徵主義詩集《暖房》，以及一些劇作如《莫納．凡娜》（1902）、《青鳥》（1908）和《斯蒂爾蒙德市長》（1918）。他還以科普著作聞名，包括《蜜蜂的生活》（1901）和《花的智慧》（1907）。1911年獲諾貝爾文學獎。

Maffei I and II＊ 馬菲星系I和II 兩個比較接近銀河系的星系，1960年代末義大利天文學家馬菲最早發現它們。馬菲星系I是巨型橢圓星系，馬菲星系II是漩渦星系。它們雖然很大，也很接近，但因為隱藏於銀河系的隱帶中，所以一直沒被發現。距地球約1,000萬光年，為本星系群外最靠近的星系群中的主要成員之一。

Mafia 黑手黨 成員主要是義大利人或西西里人的犯罪團體，以及在西西里和美國的犯罪組織。中世紀晚期在西西里島興起，可能是一種祕密組織，目的在推翻外來征服者的統治。他們從地主雇來保護莊園的小型私人軍隊中吸收成員。到1900年西西里西部的黑手黨「家族」控制了當地的經濟命脈。1920年代墨索里尼把大多數黑手黨分子打入監獄，但他們在第二次世界大戰後被盟軍釋放，再度恢復犯罪活動。1970年代黑手黨掌握了海洛因交易，導致各大氏族（派系）間激烈的火拼，以致在1980年代，銳意革新的政府努力將黑手黨領導人繩之以法。在美國，一些西西里移民（包括前黑手黨成員）建立了類似的犯罪運作模式，他們的活動從1920年代的走私酒類，擴大到開設賭場、販毒及賣淫。黑手黨（或稱Cosa Nostra）成為美國最大的犯罪集團組織，約有二十四個獨立黨派或「家族」在美國操控各類非法活動。勢力最大的幾個家族的首領（或頭領）組成一個委員會，主要的功能是裁決，能否決首領的權力。20世紀晚期，黑手黨的勢力大為衰落，原因是一些大頭目被判罪、變節或內部傾軋謀殺。亦請參閱organized crime。

mafic rock＊ 鎂鐵質岩 以矽酸鹽礦物輝石、角閃石、橄欖石和雲母為主要成分的火成岩。這些礦物中的氧化鎂和氧化鐵的含量高，使鎂鐵質岩多呈暗色。在顏色上它往往與呈淺色的長英質岩石形成對比。常見的鎂鐵質岩包括玄武岩和輝長岩。

Mafikeng, Siege of＊ 馬菲京戰爭 1899～1900年南非戰爭中、發生於南非西北方馬菲京（原名Mafeking）的戰事，波爾人（荷裔南非人）圍城進攻英國屯軍。英國屯軍是由貝登堡上校指揮，與波爾人抗衡了217天，終於等到英國援軍抵達。當時英國各大都市聽到解圍的消息，莫不欣喜若狂，mafficking（狂歡）一字就出自這個典故。

Magadha＊ 摩揭陀 印度古王國，位於今印度東北部比哈爾邦。西元前7世紀爲重要王國，西元前6世紀兼併鴦伽王國。首府在華氏城（巴特那）。在難陀王朝國力逐漸強大，至孔雀帝國（西元前4世紀～西元前2世紀）時幾乎包括整個印度次大陸。此後逐漸衰落，在西元4世紀笈多王朝時曾復興，12世紀晚期被穆斯林征服。當地有佛陀生活的記錄。

Magadi, Lake＊ 馬加迪湖 肯亞南部大裂谷（東非裂谷系）湖泊，在維多利亞湖以東內。占地622平方公里，長32公里，寬3公里。湖床幾乎全由碳酸沈積物構成，將湖水染成鮮豔的粉紅色。

magazine 雜誌 亦稱期刊（periodical）。一種刊登各類作品（散文、專論、小說、詩歌）的印刷品，定期發行，常附有插圖。現代雜誌起源於早期的一些如宣傳小冊子、傳單、小書和年曆之類的印刷品。1663～1668在德國發行的《啓蒙論壇》是最早的雜誌之一。18世紀初，艾迪生和斯蒂爾出版了頗具影響的兩份期刊，即《閒談者》和《旁觀者》。18世紀中期開始出現了其他的評論性期刊。到19世紀，雜誌開始迎合那些學識程度不高的讀者群，其中包括婦女週刊、宗教事務評論以及畫報。在19世紀末和20世紀發行的雜誌的最大利潤之一是由廣告帶來的額外收入，現已成爲雜誌社的主要經濟來源。此後的發展包括插圖增加和專題範圍更廣。

Magdalen Islands＊ 馬格達倫群島 法語作Îles de la Madeleine。加拿大魁北克省東部群島。位於聖羅倫斯灣內愛德華王子島和紐芬蘭之間，由眾多島嶼和小島組成，總面積228平方公里。最大者爲阿默斯特島和格賴恩斯通島。法國探險家卡蒂埃於1534年發現，島上居民主要爲法裔加拿大人。人口14,000（1991）。

Magdalena River＊ 馬格達萊納河 哥倫比亞中南部及北部河流。發源於哥倫比亞南部安地斯山脈東坡，向北流1,497公里，在巴蘭基亞附近注入加勒比海。通航長度達1,496公里，自西班牙征服以來即爲主要商業動脈。

Magdalenian culture＊ 馬格德林文化 歐洲舊石器時代晚期石器工藝及藝術傳統，以法國西南部的代表性遺址馬格德林而得名。馬格德林人生活在大約11,000～17,000年前，當時有大量的馴鹿、野馬和野牛；他們過著半定居式生活，覓食極易。他們居住在洞穴、岩棚或帳篷內，用梭鏢、羅網以及陷阱捕殺動物。這一時期的石器包括雕刻器、刮削器、石鑽、單刃小石片以及鈍邊葉形投擲尖狀器。骨製工具多刻有動物圖象，如楔子、錛子、錘子、鏈柄矛頭、魚叉和有孔骨針。早期的洞穴藝術創作大都是一些粗獷的黑白線條畫，而晚期的特徵是洞穴內的細膩寫實的彩色畫像，如阿爾塔米拉洞窟。在氣候逐漸變暖的第四冰期（約西元前10,000年）之末，野獸變得稀少，馬格德林文化也隨之消失。

Magdeburg＊ 馬德堡 德國中東部薩克森－安哈爾特州首府。瀕易北河，早在9世紀即爲商業據點，13世紀爲漢撒同盟的主要成員。1542年支持宗教改革運動，受新教大主教統治。1631年三十年戰爭期間被焚毀、掠奪。後在拿破崙戰爭中被法國占領，不久被轉讓給普魯士，並在1815年成爲薩克森省首府。第二次世界大戰期間城市遭到嚴重轟炸。爲德國最主要的內陸港口之一，也是鐵路交通樞紐。作曲家泰雷曼出生於此。人口約258,000（1996）。

馬德堡的大教堂
W. Krammisch – Bruce Coleman Inc.

Magellan, Ferdinand＊ 麥哲倫（西元1480?～1521年） 葡萄牙語作Fernão de Magalhães。西班牙語作Fernando de Magallanes。葡萄牙航海家和探險家。出身貴族家庭，1505年起參加前往東印度和非洲的探險。曾兩度要求國王曼努埃爾一世賜給他一個較高的職位，但均遭到拒絕。1517年返回西班牙，爲國王查理一世（後來的查理五世）服務，提出向西開闢通往摩鹿加（香料島）的航道，以證明西班牙不屬於葡萄牙的領地。1519年他帶領五艘船和兩百七十名船員離開塞維拉（塞維爾）。他航行至南美洲，途中鎮壓了水手的一次叛變，最終發現了麥哲倫海峽。他與剩下的三艘船穿過「南海」（後來被他稱爲「太平洋」，因爲他們平安地穿過了這片海）。他在菲律賓被當地人殺害，但他的兩艘船到達了摩鹿加，其中一艘「維多利亞號」由埃爾卡諾（1476?～1526）帶領繼續向西回到西班牙，在1522年完成首次環球航行。

Magellan, Strait of 麥哲倫海峽 西班牙語作Estrecho de Magallanes。南美洲大陸南端和火地島之間溝通大西洋和太平洋的海峽。從大西洋畔維爾赫納斯角與聖埃斯皮里圖角之間向西延伸，至弗羅厄德角轉向西北抵太平洋。大部分在智利領海水域，全長560公里，寬3～32公里。1520年被麥哲倫發現，爲巴拿馬運河修建之前的重要航線。

Magellanic Cloud＊ 麥哲倫星雲 銀河系中兩個以航海家麥哲倫的名字命名的不規則星系，麥哲倫的船員們在首次作環球航行時發現了它們。位於南天極附近的星空中，相隔約22°（參閱celestial sphere）。在南半球肉眼即可看見，但在北緯地區看不到。大麥哲倫星雲距地球15萬光年以上，小麥哲倫星雲約距地球20萬光年，二者爲研究恆星的演化提供極佳的實驗室。

Magenta, Battle of＊ 馬堅塔戰役（西元1859年6月4日） 法國庇里牛斯山地區與奧地利之間的戰爭（第二次義大利獨立戰爭），交戰地點在義大利北部的倫巴底。法國雖然只對奧地利取得小小的勝利，卻對義大利獨立造成重大影響，使得很多地區和城市擺脫奧地利的統治，而加入義大利聯盟。

Maggiore, Lake＊ 馬焦雷湖 古稱韋爾巴努斯湖（Lacus Verbanus）。義大利北部和瑞士南部湖泊，北部與瑞士阿爾卑斯山脈相鄰。面積212平方公里，是義大利第二大湖。長54公里，最寬11公里，最深372公尺。提契諾河自北而南穿湖而過，東部有來自盧加諾湖的特雷薩河注入，爲著名的度假勝地。

Magherafelt＊　馬拉費爾特　北愛爾蘭中部一區。周圍有巴恩河、內伊湖和斯佩林山脈環繞。曾是倫敦德里郡（參閱Derry）的一部分，1973年獨立爲區。馬拉費爾特鎮（人口7,000〔1991〕）最初是英國的商業鎮（阿爾斯特種植園），現爲該區首府和商業中心。人口約37,000（1995）。

Maghreb＊　馬格里布　北非地區，瀕臨地中海。由摩洛哥、阿爾及利亞、突尼西亞、利比亞的沿海平原組成，古時稱爲「小非洲」，後包括了摩爾人的西班牙地區。曾一再抵制布匿人、羅馬人和基督教徒的入侵，但最終被阿拉伯人征服，7～8世紀歸入穆斯林文明。

Magi＊　博士　基督教傳說中，來自東方的智者向嬰兒耶穌基督敬拜。根據〈馬太福音〉第2章第1～12節，他們靠神奇的導星引路來到了伯利恆，並帶來「黃金、乳香和沒

《博士朝拜》（1504），油畫，杜勒繪；現藏佛羅倫斯烏菲茲美術館
SCALA－Art Resource

藥」。希律王請他們在歸途中報告基督出生的地點，但是一個天使警告了他們希律王的企圖。在後來的基督教傳說中，他們被認爲是國王，分別名爲梅爾希奧、巴爾塔沙爾和加斯巴爾。他們的來訪被認爲證明了不管是外邦人還是猶太人，都應該信奉耶穌基督，這一朝拜在主顯節上被慶祝。亦請參閱magus。

magic　法術　指據說可以動員非人力所能及的神祕外力以影響自然事物的儀式或活動（如符咒或咒語）。法術構成許多宗教系統的核心，在不少無文字文化中扮演著重要的社會角色。法術與宗教的區別在於法術更側重於非人力的、機械性的作用，也更強調技巧。其技巧常常被認爲是達到某種目的的手段（例如使敵軍潰敗、下雨等），也有一種觀點認爲這種活動是超自然現象的一種象徵和表達方式，因此求雨的儀式往往既是一種祈求又是和雨相關的農業活動的象徵。術士和法術儀式基本上是圍繞著禁忌、淨化手續和其他活動進行，吸引參與者進入法術的境界。在西方傳統中一直都有法術，過去是和異教徒、煉金術士、女巫和魔術師有關，而現在則和撒旦崇拜等活動有關。魔術表演（有時稱爲戲法）靠的就是手的細微動作和別的相似方法。亦請參閱shaman、vodun、witchcraft and sorcery。

magic realism　魔幻寫實主義　或作魔術寫實主義（magical realism）。拉丁美洲文學現象，其特點爲在反應現實的敘述中，將荒誕或神話的元素融入其中成爲不一樣的寫實小說。「魔幻寫實主義」一詞最早於1940年代由古巴小說家卡本提爾（1904～1980）運用在文學表現上，他識出該地區的現代說書人，當代小說家也一樣，傾向以神話來說明塵世間所發生的事。其中傑出的代表人物包括加西亞．馬奎斯、亞馬多、波赫士、阿斯圖里亞斯、科塔薩爾和阿言德（Isabel Allende, 1942～）。「魔幻寫實主義」的影響同樣也擴及到拉丁美洲之外的文學和藝術。

magic show ➠ conjuring

Maginot, André(-Louis-René)＊　馬其諾（西元1877～1932年）　法國政治家。1910年被選爲法國眾議院議員，曾參加第一次世界大戰並受重傷。1922～1924及1929～1931年任法國陸軍部部長，極力主張加強對德戰備。他指揮法國東北部邊境防線的初期修築，該防線後以他的姓氏命名爲「馬其諾防線」。

Maginot Line＊　馬其諾防線　1930年代法國在其東北部精心構築的防線，以其主要倡導者馬其諾的姓氏命名。該防線沿法、德邊界修築，是一條超現代的防禦體系，以厚實的混凝土築成，配備重機槍，有住宿區、供應倉庫和地下鐵道。然而這道防線到法、比邊境便結束，因此德軍在1940年5月繞過這道防線入侵比利時（5月10日），渡過索姆河，攻下防線北端（5月12日），使整個防線成爲廢物。

magistrates' court　治安法院　在英格蘭和威爾斯，指任何主要擁有刑事管轄權的低級法院。其管轄範圍很廣，包括輕微的違反交通和妨害公共衛生以及一些較嚴重的犯罪，如偷竊、輕傷害等。在美國某些大城市中，也可見到擁有類似管轄權（包括小額民事索賠案件）的治安法院。

magma　岩漿　形成火成岩的熔融或部分熔融的岩石，通常由矽酸鹽液體組成。可能在地層深處也可能在地表移動，噴發出來就成爲熔岩。有幾種相互關聯的物理性質決定了岩漿的特性，包括化學成分、黏度、溶解的氣體、溫度。結晶過程中可以發生各種變化而影響最終形成的岩石，例如早期晶體從液體中析出，阻止了反應；岩漿冷卻太快，來不及發生反應；揮發分的散失，可能從岩漿中帶走某些組。

Magna Carta　大憲章　賦予英國公民自由的政治權利的文件。在泰晤士河畔的蘭尼米德草坪起草，1215年英王約翰因懼怕內戰而簽署該憲章。由於痛恨英王的高額稅金並意識到他的權力在消退，英國的男爵們在坎特伯里大主教蘭敦的鼓動下要求得到他們應有的權利。憲章條款包括承認教會自由、改革法律和司法、限制皇室官員的行爲等，1216、1217和1225年經修訂頒布。雖然大憲章反映的是封建的而非民主的要求，仍一向被認爲是英國立憲制度的基礎。

Magna Graecia＊　大希臘　義大利南部沿海的一些古希臘城市。約西元前750年埃維亞人建立了最初的殖民地，包括庫邁；後來，斯巴達人在他林敦（塔蘭托），亞該亞人移居梅塔蓬圖姆、錫巴里斯和克羅頓，洛克里人在洛克里伊壁犀斐里，哈爾基季基人在雷吉翁（卡拉布里亞雷焦），都建立了居民點。大希臘是一個繁忙的商業中心，也是哲學體系畢達哥拉斯主義和埃利亞學派的發源地。西元前5世紀後，大部分城市的重要性已衰落。

Magnani, Anna＊　瑪尼亞尼（西元1908～1973年）　義大利女演員。爲私生子，在貧苦中長大。曾當過夜總會的歌女，最擅長下流歌曲演唱。隨一巡迴劇團演出後，在影片《索倫托的盲女》（1934）中初露頭角。後因在羅塞里尼的影片《不設防的城市》（1945）中的演出贏得了國際聲譽。她

以逼眞地表演富有鄉土氣息的下層婦女著稱，代表作有《奇蹟》（1948）、《貝里西瑪》（1951）、《玫瑰夢》（1955，獲奧斯卡獎）、《逃亡者》（1960）和《羅馬媽媽》（1962）。

Magnes, Judah Leon＊　馬格內斯（西元1877～1948年）　美國猶太教教育家和宗教領袖。1900年被任命爲拉比，1902年在海德堡大學獲博士學位。在紐約擔任三個教會的拉比後，轉向正統派猶太教，成爲錫安會成員。第一次世界大戰期間脫離錫安會，倡導救援巴勒斯坦境內的猶太人，而不進行政治鼓動。戰後成爲耶路撒冷希伯來大學的主要創始人和第一任校長（1935～1948），致力於阿拉伯人和猶太人和解，提倡建立一個阿拉伯－猶太人聯合國家。

Magnesia ad Sipylum＊　錫皮盧斯山地區的馬格內西亞　古代里底亞城市，在今土耳其馬尼薩附近。城市歷史可追溯至西元前5世紀，接近與尼俄柏和坦塔羅斯有關的地區。爲西元前190～西元前189年冬季一場著名戰役的戰場，當時大西庇阿領導的羅馬人打敗了安條克三世領導的敘利亞人，將他們趕回托羅斯山脈外的地方。曾遭受幾次地震破壞，特別是在西元17年，因此留下的遺跡很少。

magnesium　鎂　化學元素，鹼土金屬之一，化學符號Mg，原子序數12。爲銀白色金屬，在自然界無游離態存在，但透過硫酸鹽（瀉鹽）、氧化物（氧化鎂）和碳酸鹽（菱鎂礦）等化合物久爲人所知，用於照相閃光器材、炸彈、照明彈、煙火以及飛機、飛船、汽車、機械和工具等輕合金中。在二價化合物中，鎂被用作絕緣體和耐火材料；也用於化肥、水泥、橡膠、塑膠、食品和藥物（抗酸劑、瀉藥和輕瀉藥）。鎂是人體營養的一個重要元素，也是在碳水化合物代謝中的酶和葉綠素中的輔助因子。

magnet　磁體　能在其外部產生磁場並吸引鐵的任何物質。到19世紀末，人們對所有已知元素和許多化合物做了磁學試驗，發現它們都有某種磁性，但是只有鐵、鎳和鈷這三種元素顯示鐵磁性。亦請參閱compass、electromagnet。

magnetic dipole　磁偶極子　亞原子尺寸的細小磁體，等效於環繞回路流動的電荷，例如電子繞原子核轉動、轉動的原子核以及自旋的亞原子粒子。大體上，這些效應可以疊加在一起，像在鐵原子中那樣，形成磁性的指南針和條形磁鐵，這些都是宏觀磁偶極子。磁偶極子的強度稱爲磁偶極矩，可視爲偶極子轉動到沿外加磁場方向排列的能力的量度。當磁偶極子自由轉動時，偶極子的磁矩主要轉向磁場的方向。磁偶極矩的國際單位是安培－平方公尺。

magnetic field　磁場　磁體、電流或變化電場周圍可以觀測到磁力的區域。在永磁體或有穩定的直流電通過的導線周圍的磁場是靜磁場，而在交流電或變化的直流電周圍的磁場則不斷在變化。一般用連續的力線，或稱磁通量，來表示磁場。磁力線從磁體的北極出發而進入南極。線的密度表示磁場的強度，磁場強的地方磁力線就密集。磁通量的國際單位是韋伯（weber）。

magnetic force　磁力　運動著的帶電粒子之間的吸引力或排斥力。靜止電荷之間只有電力，而運動電荷之間既有電力又有磁力。兩個運動電荷之間的磁力，是通過一個電荷所產生的磁場作用到另一個電荷上去的。如果第二個電荷沿第一個電荷所產生的磁場方向運動，則磁力爲零；當它在與磁場垂直的方向上運動時，磁力最大。磁力是電機運轉的基礎，也是磁體與鐵相互吸引的原因。

magnetic permeability　磁導率　材料內部的磁場相對於材料所在位置磁場的增加或減少。空無一物的空間磁導率爲1，因爲沒有物質改變磁場。材料可以用磁導率的數值來分類。反磁性材料（參閱diamagnetism）相對磁導率固定不變，略小於1；順磁性材料（參閱paramagnetism）相對磁導率則略大於1。鐵磁材料（參閱ferromagnetism）的相對磁導率隨著磁場增加而增大，到達極大值之後開始衰減。純鐵及一些合金相對磁導率在10萬以上。

magnetic resonance　磁共振　指對電子或原子核施加一定磁場時引起的吸收或發射電磁輻射的現象。磁共振原理用於分析物質的原子和原子核的性質，核磁共振和電子自旋共振是兩種常見的實驗技術。在醫學上，磁共振成像用於製作人體組織影像。

magnetic resonance imaging (MRI)　磁共振成像　從磁共振產生的電腦影像。結構與生物化學資訊有助於異常的診斷，而不像X射線和γ射線可能會造成傷害。在偵測與描繪腫瘤方面極有價值，提供腦部、心臟及其他軟組織器官的影像。磁共振成像可能會產生焦慮，因爲病人必須經常安靜地躺在狹窄的圓筒之中。另一個缺點是較其他電腦輔助的掃描方式需要較長的掃描時間，因此對於動作很敏感，在掃描胸腔和腹腔的價值不高。磁共振成像比起其他電腦輔助成像的影像，在正常組織與患病的組織之間提供較佳的對比。

magnetism　磁學　與磁場和有相似效應的場以及電荷運動相關的現象，包括抗磁性、順磁性、鐵磁性和亞鐵磁性。磁場對運動的電荷產生作用，這樣的作用對陰極射線管的電子束和載流導體的電動機力能產生明顯的影響。磁場的其他功用還包括簡單的磁門、醫學成像設備和高能粒子加速器中用的超導磁體。

magnetite　磁鐵礦　亦稱磁石（lodestone）或磁鐵礦石（magnetic iron ore）。鐵的氧化物礦物（Fe_3O_4），爲尖晶石族系列中的主要礦物之一。此系列中的礦物呈黑色至淺褐色，

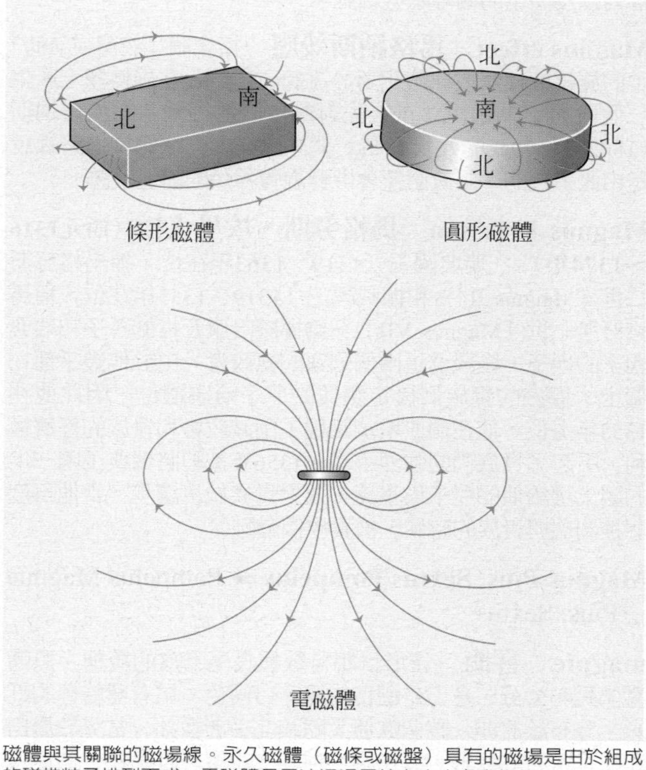

磁體與其關聯的磁場線。永久磁體（磁條或磁盤）具有的磁場是由於組成的磁性粒子排列而成。電磁體是電流通過電線在中心處產生的。

中等硬度的金屬八面體和團塊，產於岩漿岩及變質岩中，在花崗偉晶岩、石質隕石和高溫硫化物礦脈中也可發現。顧名思義，磁鐵礦能被磁鐵吸引，爲鐵礦石的一種普通成分。內含磁場的磁鐵礦就是天然磁石。

magneto＊ 永磁電機 永久磁鐵交流發電機，主要用於產生電流給各種內燃機的點火系統，例如飛機、船舶、牽引機和機車的發動機。磁電機的主要零件是永久磁鐵的轉子，主要線圈纏繞繞數量較少的粗線，次要線圈纏繞大量的細線，凸輪形的斷路器，還有一個電容器。當轉子旋轉，在主要線圈產生電流，將電容器充電。凸輪遮斷電路，主要線圈周圍的磁場崩潰。電容器將儲存的電流放入主要線圈，造成反向的磁場。磁場的崩潰和反向在次要線圈產生電流，送往火星塞。

magnetosphere 磁層 行星四周的一個區域，其中電離作用所引起的磁現象和高層大氣導電率，對帶電粒子的性狀有強烈的影響（參閱electric charge）。一個行星的磁場與其重力場一樣，在離行星越遠的地方越弱。掃過太陽磁層的太陽風在行星上空拖出一條長長的「磁尾」。

magnitude 星等 天文學中，指恆星或其他天體的亮度。天體的亮度越大，星等數越低。在古代，恆星的亮度分爲6等，1等星是最亮的恆星（參閱Hipparchus）。現代使用的星等系統中，規定一個星等爲亮度比的2.512倍，因此星等差5等相當於亮度差100倍。視星等是地球上的觀測者所見的天體的亮度，例如太陽的視星等爲-26.7等，滿月約爲-11等。絕對星等是在距天體10秒差距（32.6光年）處所看到的亮度，太陽的絕對星等爲4.8等。亦請參閱albedo、photometry。

magnolia 木蘭 木蘭屬約80種喬木或灌木。原產於北美、中美、喜馬拉雅山脈和東亞，因花朵芳香、葉子美觀而具價值。木蘭屬爲木蘭科12屬之一，該科包含210種。木蘭是最主要的觀花植物之一，主要特徵爲花軸細長，花部螺旋排列以及簡單的輸導水分細胞。

Magnus effect 馬格納斯效應 指流體（液體或氣體）中的旋轉圓柱體或球體相對於流體運動時，在旋轉體上產生一個側向力，以1853年首先對此效應進行研究的馬格納斯（1802～1870）的姓氏命名。網球或高爾夫球的旋進路線就是由此引起的，該效應還會影響炮彈彈殼的前進軌跡。

Magnus Eriksson 馬格努斯・埃里克松（西元1316～1374年） 瑞典國王（1319～1363年在位，稱馬格努斯二世〔Magnus II〕）和挪威國王（1319～1355年在位，稱馬格努斯七世〔Magnus VII〕）。爲挪威哈康五世的孫子和瑞典國王的侄子，後成爲這兩個國家的執政者。由於他幾乎都在瑞士，挪威的貴族們擬定讓他的兒子哈康繼位，因此他在1355年退位。他在瑞典增加賦稅，削減教會和貴族的經濟權利，引起了貴族們的強烈不滿。1356年被迫將瑞典王國一半的國土讓給他的兒子埃里克，並對貴族做出讓步。當他再度想控制瑞典貴族的時候，被貴族們廢黜。

Magnus Pius, Sextus Pompeius ➠ Pompeius Magnus Pius, Sextus

magpie 喜鵲 雀形目鴉科數種長尾鳴禽的統稱。黑嘴喜鵲長45公分，身上是醒目的黑、白兩色，尾有藍綠色的虹彩，分布於北非、整個歐亞大陸和北美洲西部。常見於農田和樹木密布的原野，食昆蟲、種子、小型脊椎動物、其他鳥類的卵和幼雛，以及新鮮的動物屍體。其巢大而圓，用泥黏合細枝築成，常儲存有閃光的細小物件。其他種類（灰喜鵲屬、綠鵲屬和藍鵲屬）包括亮藍色或綠色的亞洲喜鵲。

Magritte, René(-François-Ghislain)＊ 馬格里特（西元1898～1967年） 比利時畫家。1916～1918年在比利時美術學院學習後，一直從事設計壁紙、廣告草圖等工作，直到得到布魯塞爾畫廊的資助後，才成爲專業畫家。早期作品屬立體主義和未來主義風格，但在1922年他發現了希里科的作品，並因爲《威脅刺客》（1927）這幅作品而接受超現實主義。有一些景物在他的作品中反覆出現，例如大海、廣闊的天空、女性的軀幹、戴圓頂硬禮帽的資產階級「小人」、懸在頭頂上的岩石等；時空的斷層也是他那神祕古怪、沒有邏輯的畫作中常見的元素。

Magsaysay, Ramon＊ 麥格塞塞（西元1907～1957年） 菲律賓總統（1953～1957）。馬來人手工藝者之子，原爲教師，第二次世界大戰期間成爲游擊隊隊長。1950年任國防部長，曾領導近代史中最成功的一場反游擊戰役，以對抗虎克暴動中的暴徒。他向靠攏政府的農民發放土地和農具以削弱民眾對虎克的支援，並下令部下不得擾民。到1953年，虎克已不再對他構成威脅，麥格塞塞當選爲總統。但他改革的努力仍因保守黨的反對而受挫。

maguey ➠ century plant

magus＊ 梅格斯 古代波斯國內專門負責祭祀活動的氏族。在塞琉西王朝、安息帝國和薩珊王朝統治時期，梅格斯是專司宗教活動的僧侶，部分《波斯古經》（即《阿維斯陀》）可能出於他們之手。他們的祭司職分相傳曾被數種宗教採用，包括瑣羅亞斯德教。從西元1世紀起，敘利亞文字中的「梅格斯」一詞（源自magusai）是指主要來自巴比倫尼亞的術士和占卜者。在波斯帝國存在時期，源自深遠宗教教義的波斯梅格斯和巴比倫尼亞的騙子梅格斯一直都有區別。亦請參閱Magi。

Magyars＊ 馬札兒人 匈牙利主要居民的種族。操芬蘭－烏戈爾諸語言的匈牙利語，他們在9世紀時遷徙，從其最初的居住地即今歐俄東部的巴什噶爾越過俄國南部和烏克蘭草原到達巴爾幹北部。9世紀晚期在與鄰近種族發生衝突後，匈牙利人越過高加索山定居在多瑙河的中部盆地，並征服了當地的斯拉夫人和其他種族。他們在11世紀時接受基督教信仰。

mah-jongg＊ 麻將 中國的一種牌戲。通常四個人玩，使用144張類似多米諾骨牌的牌組，每個人輪流出牌和收牌，直到其中一人拿到一張贏牌爲止。遊戲方式和蘭姆紙牌類似。最初可能起源於19世紀，名稱爲巴布科克所訂，他在第一次世界大戰後將這個遊戲介紹到西方。一套麻將牌包括一對骰子、一套籌碼（或任何用於計數的東西），以及用牌尺讓牌整齊直立、正面向著自己以免被其他人看見的牌組。

Mahabharata＊ 摩訶婆羅多 印度兩大梵語史詩之一，具有很高的文學價值和宗教寓意。內容以俱盧和般度兩個堂兄弟家族爭雄爲中心，在詩歌中衍生許多傳說和說教故事，主題包括一名鬥士應當具備的行爲準則和取得重生的方法等。它與另外一首史詩《羅摩衍那》一起成爲了解印度教情況的重要資料。《摩訶婆羅多》裡還包括了《薄伽梵歌》，爲印度教最重要的宗教典籍。其作者相傳是毗耶娑（活動時期約西元前5世紀），但他很可能只是已有資料的搜集編撰者而已。該詩約在西元400年完成現在的形式。

Mahan, Alfred Thayer＊　馬漢（西元1840～1914年）
美國海軍軍官和歷史學家。就讀於美國海軍官校，在海軍服役近四十年，其間曾參加美國南北戰爭。1886～1889年任羅德島州新港海軍軍事學院校長。他在主要著作《海上力量對1660～1783年歷史的影響》（1890）中認為，海軍力量的強大與否對一個國家的國際地位具有決定性作用，而在《海上力量對1793～1812年法國革命和帝國的影響》（1892）中，他強調以軍事和商業控制海洋的相互依賴性。這些書在英國和德國廣受歡迎，大大影響了第一次世界大戰前海軍力量的建設。

馬漢，攝於1897年
By courtesy of the Library of Congress, Washington, D. C.

Maharashtra＊　馬哈拉施特拉　印度中西部邦，瀕臨阿拉伯海，首府孟買。面積307,690平方公里，大部分位於德干高原，包括克里希納河、皮馬河和哥達瓦里河谷地。人口為多種族群混合，主要通行馬拉塔語。該地區在8～13世紀為印度各王國統治，此後為穆斯林諸王朝統治；1674年馬拉塔王國成立，到18世紀建立馬拉塔帝國，19世紀初英國取得控制權；1947年印度獨立時該地區稱為孟買邦；1960年按語言分成兩個邦，北部為古吉拉特邦，南部為馬哈拉施特拉邦。經濟以農業為主；工業部門有煉油和棉紡織。人口約96,752,247（2001）。

Maharishi Mahesh Yogi　馬赫西（西元1911?年～）
原名Mahad Prasad Varma。印度宗教領袖，超在禪定派（TM）創始人。曾取得物理學學位，後前往喜馬拉雅山區與瑜伽師德夫大師一起研習吠檀多的不二論學派宗教思想十三年。1959年到美國，鼓吹超在禪定派，1960年代後期英國的披頭合唱團可能是他最有名的追隨者。馬赫西（意為「聖人」）在1970年代末回到印度，1990年遷往荷蘭。他的組織，包括房地產、學校和診療所，在1990年代末價值超過三億美金。

Mahasanghika＊　大眾部　印度早期佛教派別，後世大乘佛教的先驅。最初起源於佛陀死後約一百年的西元前4世紀，代表佛教內部的初次分裂。雖然佛教的第二次結集大會認為這次分裂的原因來自戒律上的分歧，但後來的典籍強調大眾部和上座部在佛祖和聖徒之間的區別。大眾部認為佛有很多個，而早年的佛陀只是幻化之身。

Mahathir bin Mohamad＊　馬哈地（西元1925年～）
全名Datuk (Headman) Seri Mahathir bin Mohamad。馬來西亞政治家，1981年起任總理。教師之子，原學醫，1964年進入國會之前曾擔任政府醫務官員，極力主張頒布保證馬來民族經濟成功的政策。當選總理後一再連任，在他的領導下，馬來西亞成為東南亞地區經濟最繁榮的國家之一，識字率和平均壽命都有提高。但到1990年代後期經濟開始衰退，加上他罷免了副總理安華，從而導致1998年的示威行動，要求馬哈地下台。

Mahavira＊　大雄（西元前599?～西元前527年）　原名筏馱摩那（Vardhamana）。印度耆那教僧團改革者，第24代也是最後一代渡津者或聖徒，創立了耆那教。出身於武士種姓（剎帝利），三十歲時與世隔絕，追求極度禁欲的生活。他沒有任何財產，幾乎連蔽體的破布和化緣的碗都沒有，十二年後達到佛教感知的最高境界——大圓鏡智。身為一名非暴力和素食主義的倡導者，他改良並重建了耆那教教義，制定僧侶行為的規範。其信眾必須遵從五戒（參閱Jaina vrata）。

大雄登基圖，細密畫，選自15世紀西印度學派之《劫波經》（*Kalpa-sutra*）；現藏華盛頓特區弗里爾畫廊
By courtesy of the Smithsonian Institution, Freer Gallery of Art, Washington, D.C.

Mahayana＊　大乘　佛教三大宗派之一。興起於西元1世紀，今日在中國、韓國、日本與西藏有廣大信徒。大乘信徒自認有別於斯里蘭卡、緬甸、泰國、寮國與柬埔寨的較保守的上座部佛教徒。上座部信徒認為歷史上的佛陀（只）是人身的真理導師，大乘信徒則將佛陀視為天界佛陀在塵世的顯靈。大乘信徒尊崇菩薩，普渡的關鍵人物。慈悲是菩薩的主要德行，被推崇為是跟智慧——古代佛教徒強調的德行——一樣高的價值。大乘佛教中的一些支派重視神秘修行（例如真言宗、藏傳佛教）。亦請參閱Kegon、Nichiren Buddhism、Pure Land Buddhism、Tiantai、Zen。

mahdi　馬赫迪　伊斯蘭教末世論中指將在人世間伸張正義與公道，光復正道，並在世界末日來臨之前開創一個短暫的黃金時代的救世主。雖然在《可蘭經》中沒有提到馬赫迪，因而受遜尼派質疑，他在什葉派中仍占有重要地位。馬赫迪教義在伊斯蘭早期宗教和政治動盪時期（7、8世紀）盛行，在危急時期（例如1212年西班牙大部分地區被天主教徒征服時，以及拿破崙入侵埃及時）又受到新的重視。伊斯蘭世界的社會革命者常以此自稱，尤以北非的最有名（參閱al-Mahdi、Mahdist Movement）。

Mahdi, al-　馬赫迪（西元1844～1885年）　原名Muhammad Ahmad ibn al-Sayyid Abd Allah。蘇丹宗教和政治領袖。努比亞造船工之子，在喀土木附近長大。接受正統宗教教育後，轉向以蘇菲派傳統的神祕主義來解釋伊斯蘭教，後加入一個宗教兄弟會，並在1870年與他的信徒一起隱居。1881年宣布要執行純潔伊斯蘭教和推翻所有玷污教義的政權的使命，將矛頭對準埃及的土耳其統治者和他們的靠山蘇丹。他打敗英國的戈登少將，在1885年占領喀土木，建立起一個神權國家，但在同年去世，可能死於斑疹傷寒。亦請參閱mahdi、Mahdist Movement、Sufism)。

Mahdist movement＊　馬赫迪派運動　蘇丹先知馬赫迪創立的宗教與政治運動。他採用「馬赫迪」這一名字（意指「受神啓示者」〔Divinely Inspired One〕），是因為深信神選擇了他來領導聖戰（holy war; jihad），對抗蘇丹的埃及人統治階級，他相信這些人離棄伊斯蘭信仰。1811年馬赫迪發動叛亂，四年內征服了幾乎所有原先埃及人占領的領土，最輝煌的勝利是1885年從戈登少將那裡奪下喀土木。他在恩圖曼建立新首都，成為一個武裝神權政治的領袖。因病去世時，他的門徒阿布杜拉繼承了他的位子。起初阿布杜拉的軍隊與基奇納帶領的英埃聯軍作戰順利，但逐漸敗退，在恩圖曼戰役中幾乎全軍覆沒。馬赫迪派運動到20世紀還持續有些許信徒，但政治影響力已蕩然無存。

Mahfouz, Naguib＊　馬富茲（西元1911年～）　埃及作家。1934～1971年在埃及文化部門工作。主要作品有《開羅三部曲》（1956～1957）——包括小說《宮殿走一回》、《欲望之宮》和《舒格街》－－展現了20世紀埃及社會的全景。後來的作品中，馬富茲批評了埃及的君主制、殖民主義和現代的埃及。其他著名的小說有包括《米達克小巷》（1947）、《吉貝拉威小孩》（1959）和《密拉瑪》（1967），還撰寫有短篇小說集、三十餘部電影劇本及一些舞台劇。1988年成爲第一位獲諾貝爾文學獎的阿拉伯作家。

Mahican＊ 馬希坎人 亦稱莫希干人（Mohican）。操阿爾岡昆語的印第安人，居住在哈得遜河流域上游的卡茲奇山脈。有五個重要分支，各由世襲酋長（首領）統治，選出的顧問予以輔佐。住在建於山上或林地裡的堡壘，內有二十～三十間房舍。1664年被摩和克人驅趕而遷移到現在的麻薩諸塞州斯托克布里奇。在那裡，他們被稱爲斯托克布里奇印第安人。後來又遷往威斯康辛州，現在人數約1,000人。美國小說家庫柏在其小說《大地英豪》（1862）中以傳奇性的手法描寫這一日益沒落的部落。

Mahilyow 馬休瑤 或稱莫基列夫（Mogilev）。白俄羅斯中東部城市（2001年人口約361,000），濱聶伯河。建於1267年，1952年在立陶宛統治下變成一個城鎮。後來轉手到波蘭手上，於1772年第一次波蘭分裂時，變成俄羅斯的領土。1812年拿破崙和俄國大軍之間一次主要的戰役發生在這個城鎮外。二次世界大戰期間，此地受到重創但後來重建，目前是個重要的工業城。

Mahler, Gustav 馬勒（西元1860～1911年） 奧匈帝國作曲家及指揮家。曾就讀於維也納音樂學校，隨艾普斯坦（1832～1926）學習鋼琴，後者曾不顧他的暴躁和傲慢鼓勵他。他在以教書維生時在自己的課本上寫出了他的第一部偉大的作品《怨歌》（1880）。1880年他決心要成爲一名指揮家，雖然人們發現他專制的態度很難接受，評論家們仍然認爲他的作品登峰造極。1886年在布拉格取得了成功。1888～1908年開始創作他的十部交響曲，成爲其創作生涯中的傳奇。1897年成爲維也納劇院的指揮，他那段風雷激蕩的指揮時期，被認爲是藝術家的成功。1908年轉到大都會劇院，1909～1910年任紐約交響樂團指揮。因患心臟病和哀悼女兒的去世，寫下了他的大師級作品《大地之歌》（1908～1909）和他的第九交響曲。他的管弦樂《少年魔角》（1892～1898）和《孩子們的死亡之歌》（1904）經常被人們演奏。他那充滿強烈情感且細緻的管弦樂曲，在數十年後被廣泛接受。

Mahmud of Ghazna＊ 伽色尼的馬哈茂德（西元971～1030年） 伽色尼王朝建立者賽布克特勤之子。998年即位後，在名義上效忠於阿拔斯王朝的哈里發，取得了自治權。他十七次打著伊斯蘭教的旗幟入侵旁遮普和印度東北部地區，大大拓展了王國的疆域。憑著所積聚的財富，他將伽色尼建設成繁榮的中心城市，在他的皇宮裡還招納了學者比魯尼和詩人菲爾多西。

mahogany family 楝科 無患子目的一科。51屬，約575種，喬木或灌木，原產熱帶及亞熱帶。桃花心木屬和Entandophragma屬樹木（通稱桃花心木），以及香椿屬（特別是煙盒香椿）一樣都是經濟價值很高的重要材用樹。楝樹（亦稱無患子、梓樹和波斯丁香）是原產於亞洲的觀賞樹種，花芳香、淡紫色，果圓形、黃色，但有毒。在熱帶及暖溫帶的許多地區廣爲栽培。楝科種類多爲羽狀複葉，花分支成簇。有些果實可食。

Mahone, William＊ 馬洪（西元1826～1895年） 美國政治人物、鐵路巨頭。1861年成爲諾福克－彼得斯堡鐵路公司總經理。南北戰爭期間被任命爲美利堅邦聯軍隊軍需司令，但他在北維吉利亞從軍，並晉升到少將。戰後重回鐵路事業，1867年成爲大西洋、密西西比和俄亥俄鐵路公司（後來的諾福克－西部鐵路公司）總經理。他透過鐵路贊助建立政治基礎，但在1870年代失去了鐵路的控制權。1877年爭取民主黨提名失敗後，他組織了一個由黑人和貧窮白人組成的政治聯合會「重新調整者」（1879），成功制定改革措施。1880～1887年擔任聯邦參議院共和黨議員。

Maiano, Benedetto da ➠ Benedetto da Maiano

Maidstone 美斯頓 英格蘭東南部肯特郡首府。瀕梅德韋河，在倫敦東南部，城市名稱源自《末日審判書》。宗教改革運動以前是諾曼時期坎特伯里大主教駐地，並作爲商業城鎮發展起來。現仍爲農業中心，地處英格蘭最大蛇麻草產區，釀酒業仍是主要經濟行業之一。有許多建築遺址，包括中世紀的大主教宮。人口約139,000（1994）。

mail, chain ➠ chain mail

mail-order business ➠ direct-mail marketing

Mailer, Norman 梅勒（西元1923年～） 美國小說家。曾就讀於哈佛大學。著名小說《裸者和死者》（1948）中，描述了戰時他在太平洋服役的經歷，使他成爲戰後主要的猶太裔美國小說家之一。作爲一個光彩奪目且富爭議的人物，他常常引起評論家和讀者的反感，此後的小說較少獲得尊重，包括《美國夢》（1965）和《我們爲什麼在越南？》（1967）。之後，他將小說的豐富想像力運用於描寫眞人眞事的報刊文章中，包括《黑夜的軍隊》（1968，獲普立茲獎）、《邁阿密和芝加哥之圍》（1968）、《月亮上的火焰》（1970）和描寫一個殺手被判刑的故事《殺手挽歌》（1979，獲普立茲獎）。

梅勒，攝於1968年
Newsweek photo by Bernard Gotfryd, Copyright Newsweek, 1968

Maillol, Aristide＊ 馬約爾（西元1861～1944年） 法國雕刻家、畫家和版畫家。約四十歲以前一直是畫家和掛毯設計師，直到眼睛疲勞使他不得不轉行從事雕刻。他捨棄羅丹極度感性的風格，努力保持和淨化希臘和羅馬的古典雕刻風格。大部分作品以成熟女性的形體爲主題，表現出抑制的感情、清晰的構圖和平靜的表面等特點。1910年後已在國際上聞名，工作接連不斷。後來又轉向作畫，爲多位拉丁詩人的精美詩集創作出優秀的木刻畫，但他最爲著名的仍是雕刻。

Maimon, Salomon＊ 邁蒙（西元1754?～1800年） 原名Salomon ben Joshua。波蘭猶太哲學家。年輕時致力於希伯來文和拉比的學習，後因崇敬邁蒙尼德而改名邁蒙。他對邁蒙尼德作品的非正統闡釋，引起其他猶太人不滿，二十五歲時離開波蘭，以學者和家庭教師身分環遊歐洲。他爲強調純粹思想的懷疑主義者，最有名的著作是《尋找先驗哲學》（1790）。他還曾批判康德的哲學。其他著作有《哲學辭典》（1791）、《人類精神批評研究》（1797）。

Maimonides, Moses＊ 邁蒙尼德（西元1135～1204年） 原名Moses ben Maimon。猶太哲學家、法學家和醫師。在伊斯蘭教統治下，他不得不祕密信奉他的信仰。爲了獲得宗教自由，他定居埃及（1165），在那裡因醫術高明而成名，並成爲薩拉丁蘇丹的御醫。二十三歲起開始編撰他的首部著作－－用阿拉伯文撰寫的「密西拿」評註，十年後方才完成。其他著作有：關於猶太人法律的不朽巨作《密西拿律法書》（希伯來文）；宗教哲學經典著作《迷途指津》（阿拉伯文），號召人們更理智地學習猶太教，並試圖將科學、哲學和宗教融合。他被認爲是中世紀猶太教最偉大的知識分子。

Main River＊　美因河　德國中部河流，發源於巴伐利亞北部，向西流穿過緬因河畔法蘭克福匯入萊茵河，全長524公里。爲美因－多瑙運河的組成部分，將萊茵河與多瑙河連接起來，形成一條3,500公里長的水道，通往北海和黑海。

Maine＊　曼恩　法國西北部歷史區。10世紀時爲伯爵世襲領地，1126年併入安茹，1154年成爲英國統治轄區，13世紀初與安茹、諾曼第一起被法國占領。經過英國和法國的輪流統治後，1481年重歸法國王室，成爲路易十四世的公爵領地。

Maine　緬因　美國東北部州。爲新英格蘭地區諸州之一，面積86,156平方公里，首府奧古斯塔。阿帕拉契山脈穿過該州，卡塔丁山高1,606公尺，爲州內最高峰；高地地區有很多湖泊和狹谷；大西洋沿岸多岩石，風景優美。該地區已知最早的居民是阿爾岡昆印第安人，歐洲移民發現佩諾布斯科特人和帕薩馬科迪人生活於河谷及沿海地區。1603年法國把緬因畫爲阿卡迪亞省的一部分；1606年英國取得這塊土地，贈予普里茅斯公司。17世紀期間英國在此建立一些四散的殖民地，但該地區一直爭端時起，戰爭頻繁，直到1763年英國人在加拿大東部征服法國人之後才有所改變。1652年起爲受麻薩諸塞州管理的一區，直到1820年根據密蘇里妥協案畫爲合眾國的第23個州。1842年確立與加拿大的邊界。美國南北戰爭和工業革命使緬因的工人和資本在19世紀中轉向州外，到20世紀，該州的經濟成長雖緩慢但穩定，尤其在西南沿海地區。經濟以農業和自然資源爲基礎，主要生產項目有木材和木製品、馬鈴薯和龍蝦；觀光業也是重要收入來源。人口約1,275,000（2000）。

Maine, destruction of the　緬因號戰艦炸毀事件　指1898年2月15日美西戰爭前，停泊在古巴哈瓦那港口的美國戰艦「緬因號」被神祕地炸沈一事，共有260名水手遇難。1898年，美國派「緬因號」進駐哈瓦那港口以保護在古巴爭取獨立的暴亂中受到損害的美國公民及其財產。美國反西班牙情緒被報紙渲染的「牢記緬因號事件，打倒西班牙!」的口號所激發，同年4月發生了武裝干涉。現該爆炸被認爲是源於戰艦內部。

Maine, Henry (James Sumner)　梅恩（西元1822～1888年）　受封爲亨利爵士（Sir Henry）。英國法學家和法律歷史學家。生於蘇格蘭，曾於1847～1854年在劍橋大學任民法教授，並在律師學院講授羅馬法。這些講稿成爲他的《古代法》（1861）和《早期制度史》（1875）的基礎，對政治理論和人類學都產生了影響。1863～1869年作爲印度總督委員會的一個成員，主要負責編纂印度法。

Maine, University of　緬因大學　美國緬因州公立大學系統。聯邦土地補助型大學，主要校區在奧羅諾，建於1865年，1897年改現名，法明頓校區則是緬因州第一所高等教育機構。緬因大學現有七個校區，連同位於波特蘭市的南緬因大學，學生人數超過10,000人。校內的自然資源、森林與農業學院，是相關領域中規模最大的。

Maine coon cat　緬因貓　唯一原產北美洲的長毛家貓品種。雖然起源未知，但最早是在1878年出現於美國波士頓。緬因貓體型大、健壯、骨骼厚重，尾巴像浣熊。出色的捕鼠動物，以優雅、聰明與個性溫和而出名，對小孩與狗兒特別友善。大多數是褐色的虎斑貓。

mainframe　大型主機　設計用於高速資料處理並大量使用輸入輸出單元（如高容量磁碟與印表機）的數位電腦。現今仍應用於薪資計算、會計、商業交易、資訊檢索、航線訂位、工程與科學計算。大型主機系統的終端機沒有計算能力，在許多應用方面已由主從架構給取代。

Maintenon, marquise de＊　曼特農侯爵夫人（西元1635～1719年）　原名Françoise d'Aubigné。以曼特農夫人（Madame de Maintenon）知名。路易十四世的第二任妻子。年幼時家境貧寒，1652年嫁給大她二十五歲的詩人斯卡龍。她曾主持自己的沙龍，並由此得到了很好的文化修養。1660年喪夫，身無分文。但是，借助她的一些朋友，1688年成爲了路易十四世的情婦蒙特斯龐侯爵夫人（1641～1707）所生子女的家庭教師。1675年，路易十四世賜給她曼特農侯爵夫人的稱號，封給她大片土地。1683年王后死去，路易十四世與她在同年或是1697年祕密結婚。雖然人們譴責她在政治上對路易十四世產生了不良影響，但是她仍使他被高雅、尊貴和虔誠氣氛所包圍。

Mainz＊　美因茲　法語作Mayence。德國中西部城市（1992年人口約183,000）。坐落在萊茵河畔，與美因河相對。西元前14世紀作爲羅馬軍隊的駐地而建，之前是塞爾特居民點。西元775年成爲大主教區，1244年成爲自由城市，1254年成爲萊茵聯盟的活動中心。1794～1816年處於法國統治下，然後轉由黑森－達姆施塔特統治。至1918年，曾是日耳曼邦聯及後來的日耳曼帝國的要塞。第二次世界大戰期間遭到嚴重毀壞後重建。該城市爲古騰堡的出生地。設有約翰內斯・古騰堡大學。

Maipuran languages ➠ Arawakan languages

Maistre, Joseph de＊　邁斯特爾（西元1753～1821年）　法國論辯作家和外交家。薩伏議會的議員之一，1792年在法國入侵薩伏之後移居瑞士。1803～1817年受薩丁尼亞國王派遣擔任駐俄國公使。後定居杜林，成爲薩丁王國的文官長和國務大臣。他是專制主義和崇尚保守的代表者，反對如《教宗》（1819）和《聖彼得堡之夜》（1821）等作品中體現的科學進步和自由思想。

Maitland, Frederic William　梅特蘭（西元1850～1906年）　英國法律史學家。在進入劍橋大學（1888）擔任教授以前曾在倫敦當律師。他同波洛克合寫的《愛德華一世時代以前的英國法歷史》（1895），成爲這一主題的經典著作。爲研究英國法律，他還協同成立了塞爾丹學會（1887）。

Maitland (of Lethington), William　梅特蘭（西元1528?～1573年）　蘇格蘭政治家。作爲蘇格蘭女王瑪麗的國務大臣（1560），他希望能確立瑪麗作爲伊莉莎白一世繼承人的權力，將英格蘭和蘇格蘭統一。爲達到這一目的，他支援暗殺里奇奧和達恩里勳爵，並加入了新教和天主教貴族的聯合會。1568年瑪麗逃往英格蘭後，他曾設法恢復她的權力，並同支援年幼的英王詹姆斯六世的人（後來的詹姆斯一世）割裂。在接下來的內戰期間，他固守愛丁堡城堡，直到被迫投降，後死於獄中。

Maitreya*　彌勒　佛教傳說中，待佛陀喬答摩的教法消亡後下降人間重新宣講教法的未來佛。在此之前，彌勒被認爲是住在兜率天的菩薩之一。從西元3世紀起，佛經中便記敘道，他是最早受崇奉的菩薩之一，是上座部佛教崇奉的唯一菩薩。他的形象在佛教世界中隨處可見，露出期望和承諾的神態。

沈思中的彌勒，鍍金青銅像，製於7世紀日本飛鳥時代；現藏克利夫蘭藝術博物館
The Cleveland Museum of Art, John L. Severance Fund, 50.86

maize ➠ corn

Majapahit empire*　麻喏巴歇帝國（西元13～16世紀）　印尼最後一個印度化的王國，以東爪哇爲基地，由新柯沙里的王公韋查耶創建，他曾同入侵的忽必烈（參閱Kertanagara）的蒙古軍隊合作打敗反抗者，後又將蒙古人驅逐出境。有些學者認爲麻喏巴歇帝國的領土包括今印尼和馬來西亞的一部分，另外一些人則認爲它僅限於東爪哇和巴里。14世紀中葉在國王武魯克及其首相加查·瑪達的領導下達到顛峰狀態。在爪哇北部海岸崛起一些伊斯蘭國家使麻喏巴歇帝國走向了滅亡。

majolica*　馬約利卡陶器　義大利語做maiolica。從摩爾人占領下的西班牙經馬霍卡引進義大利的錫釉陶器，自14世紀起在義大利生產。其色料一般只限於以下五種：鈷藍、銻黃、鐵紅、銅綠和錳紫；各個不同時期也曾使用紫色和藍色，但主要用以描繪輪廓。最常見的馬約利卡陶器外形是盤子形狀，以伊斯托里亞多風格作爲裝飾，這是一種16世紀敘事風格，陶器本體只是支承繪畫效果的作用。亦請參閱delftware、Faenza majolica、faience、Urbino majolica。

L M N

Major, John　梅傑（西元1943年～）　英國政治家，英國首相（1990～1997）。作爲保守黨1979年當選爲下議院議員，此後在黨內升遷快速。1989年，柴契爾夫人任命他爲外交大臣，後爲財政大臣。1990年柴契爾夫人辭職後，贏得黨內領導，並在1992年在首次大選中獲勝。梅傑初任期正值英國（1990～1993）最長的經濟衰退，他的政府越來越不得人心，梅傑也被認爲是一位無趣的、優柔寡斷的領導人。1997年，保守黨在大選中輸給了壓倒性勝利的工黨，梅傑的職位由布萊爾繼任。

Majorca*　馬霍卡　西班牙語作馬略卡（Mallorca）。古稱Balearis Major。西班牙島嶼、自治區。首府爲帕爾馬。巴利阿里群島最大島，位於地中海西部。馬霍卡王國由亞拉岡的詹姆斯一世建立於13世紀，在14世紀併入亞拉岡。西班牙內戰期間（1936～1939），是義大利援助民族主義者的根據地。現爲旅遊勝地，是蕭邦最愛出沒之所。面積3,640平方公里。人口約737,000（1994）。

Majorelle, Louis*　馬若雷爾（西元1859～1926年）　法國藝術家、細工木匠和家具設計師。父親是南錫的一名家具工匠。他曾學習作畫，在巴黎美術學院隨巴比松派大師米勒學畫。1879年父親去世後，他回家經營家庭工場，從簡單地複製18世紀的產品轉爲生產新藝術派風格的家具，成爲領先的代表人物。其作品線條流暢，配有拋光的木料，點綴以新藝術風格的黃銅腳座。

Majuro*　馬朱羅　西太平洋馬紹爾群島東南的環礁。由六十四個小島組成，坐落在一塊140公里的暗礁上，陸地總面積10平方公里。是馬紹爾群島各島嶼中人口最多的島嶼，其最大的聚居地馬朱羅坐落在三個島嶼：達樂、尤利加和達瑞特上，中間由垃圾填埋物連接。爲馬紹爾群島共和國首都。人口20,000（1988）。

majuscule*　大寫字母　書法中使用的大寫字母或大寫字型，與小寫字母或小寫字型形成對照。以大寫字體形式書寫的所有字母都夾在兩條平行的橫線之間，橫線可爲實在的，亦可爲假設的。已知最早的羅馬大寫字母是方體大寫字母，其特點是下行筆畫較上行筆畫粗重，且帶有襯線（自字母筆畫的上端和下端衍出的短線，短線與筆畫呈直角相交）。方體字主要用於羅馬帝國紀念碑上的銘文。用來抄錄書籍和書寫文件的俗體大寫字母形成了一種隨意，更爲橢圓的字體。羅馬常用於簡牘和書信的草體大寫字母是以後出現的小寫字母的先驅字體。

Makalu*　馬卡魯峰　位於尼泊爾和中國西藏邊界的喜馬拉雅山脈之一。在埃佛勒斯峰東南偏東，高8,463公尺，是世界最高峰之一。直到1954年才開始有人嘗試攀登這座覆蓋著冰川的陡峭山峰。1955年5月15日，一個法國登山隊兩名隊員庫日和泰瑞首先登上頂峰，兩日內其他幾位成員也陸續到達。

Makarios III*　馬卡里奧斯三世（西元1913～1977年）　原名Mikhai Khristodolou Mouskos。塞浦路斯東正教大主教。貧苦的牧羊人家庭之子，1946年受神職。1948年成爲主教，1950年成爲大主教。作爲塞浦路斯與希臘聯合的支持者，他反對獨立和分割，並曾同塞浦路斯的英國總督協商（1955～1956），但因煽動暴動而被捕放逐。1959年，他承認了塞浦路斯獨立，被選爲總統，副總統爲土耳其人。兩次當選以後，他經歷了一場由希臘塞浦路斯國民警衛隊掀起的政變，和土耳其塞浦路斯人興起的分離主義。

馬卡里奧斯三世
Camera Press

Makarova, Nataliya (Romanovna)*　馬卡洛娃（西元1944年～）　俄羅斯芭蕾舞女演員，被認爲是最偉大的古典舞蹈家之一。曾在列寧格勒（今聖彼得堡）學習芭蕾舞，1959年加入基洛夫芭蕾舞團成爲主要芭蕾舞演員。1970年在倫敦巡迴演出中失誤，後很快加入了美國芭蕾舞劇團。她作爲一名客座演員同英國皇家芭蕾舞團以及別的一些舞團一起演出，在《吉賽兒》的演出最爲有名。

Makassar Strait*　望加錫海峽　印尼太平洋中西部的狹窄水道。位於婆羅洲和蘇拉維西之間，將西里伯斯海和爪哇海連接起來。該水道長800公里，寬130～370公里，有無數島嶼，其中最大的是勞特島和塞布庫島。1942年第二次世界大戰期間，同盟國海軍和空軍試圖阻止日本人占領婆羅洲而在此交戰。

makeup　化妝　在表演藝術中演員用於化妝以有助於使自己符合所扮角色外貌的任何一種材料。在希臘和羅馬戲劇中，由於演員可以使用假面具，所以不需要化妝。歐洲中世紀的宗教劇中使用化妝：天使的臉塗成鮮紅色，而飾上帝或基督的演員則把臉塗成白色或金色。英國伊莉莎白時期，演員要用白堊塗臉（扮演鬼魂或謀殺者），或用煤煙或炭黑塗臉（演摩爾人）。19世紀舞台燈光技術提高後，戲劇的化妝技術更加藝術化，由萊希納在1860年代發明的棒狀油彩使演員們能夠表現出更加細緻的人物性格。舞台化妝對電影來說過於濃重，1910年蜜斯佛陀發明了一種半液狀油彩使化妝適合早期電影製作，1928年，他創造出全色化妝與白熾熱燈和感光膠片的發展並駕齊驅。後來的化妝技術被進一步改良以適應彩色電影和電視製作的要求。亦請參閱cosmetics。

mako shark＊　馬科鯊　鯖鯊家族（鯖鯊科）任何一種危險的鯊（鯖鯊屬）之一。通常認爲這類鯊有兩種：即大西洋的尖吻鯖鯊和近緣的印度洋－太平洋的灰鯖鯊。馬科鯊廣佈於熱帶及溫帶海域，呈藍灰色，有白色腹部，長約4公尺，重450公斤。它們捕食鮭、鯖、劍魚等魚類，能反覆跳出水面，是出色的垂釣魚類。

馬科鯊
Painting by Richard Ellis

Maktum＊　馬克坦　杜拜的統治家族。1833年阿爾·布·法拉沙家族的兩支之一的布提·賓·蘇海從阿布達比遷往杜拜，他是馬克坦·賓·布提的父親，也是杜拜的第一任統治者（1833～1852年在位）。現在的統治者馬克坦·賓·拉希德也是阿拉伯聯合大公國的副總統，是該王朝第九代繼承人。馬克坦家族屬於巴尼亞斯聯盟（包括阿布達比的統治者納希安）的一支。

Malabar Coast＊　馬拉巴海岸　印度西南部海岸地區，從西高止山脈蜿蜒至阿拉伯海。今包括喀拉拉邦的大部分以及卡納塔克邦的沿海地區。有時指印度半島整個西岸。大部分區域在古喀拉拉普特拉王國。葡萄牙人曾在此建立貿易站。接著17世紀荷蘭人和18世紀法國人也在此建立貿易站。18世紀末，英國人取得了該地區的控制權。

Malabo＊　馬拉博　舊稱聖伊莎貝爾（Santa Isabel，1973年前）。赤道幾內亞首都。位於比奧科島北端，是赤道幾內亞的商業和金融中心。其港口主要用於出口可可、木材以及咖啡。在1969年暴動和1970年代中期奈及利亞合同工人回國之後，在此居住的歐洲居民人數減少。人口約58,000（1991）。

Malacca, Strait of＊　麻六甲海峽　連接印度洋和中國海的海峽。位於蘇門答臘和馬來半島之間，海峽長度爲800公里，呈漏斗狀；南口寬只有65公里，向北漸增至249公里。南口有很多小島，阻礙了麻六甲海峽南入口的航行。是印度和中國之間最短的海上航道，是世界上水上運輸最繁忙的水道之一。

Malacca, sultanate of　麻六甲蘇丹國（西元1403?～1511年）　統治麻六甲大埠及其屬地的馬來人王朝。掌握印度和中國之間主要海上航道的麻六甲由拜里迷蘇剌蘇丹（卒於1424年）所建，他後來成爲穆斯林，1414年冠以蘇丹伊斯坎達爾·沙的稱號。中國明朝時期與西方的貿易使之收益菲淺。到1430年代成爲重要商業中心；15世紀中葉成爲一支重要的地區力量。這個富庶的王國倡導文學、學術和積極的政治宗教生活，其統治期間成爲馬來歷史上的黃金時期。麻六甲於1511年落入葡萄牙人的統治中。

Malachi＊　瑪拉基（活動時期西元前5世紀）　《舊約》中十二小先知之一。（他的預言書在猶太法典中是較大的「十二先知書」的一部分。）瑪拉基一名的希伯來語意爲「我的使者」（my messenger），意味著〈瑪拉基書〉的作者是佚名。該書由問答形式的對話組成，在書中，先知對一個懷疑上帝的群體辯護上帝的公義，他們的懷疑起自於拯救以色列之期望未能得到滿足。瑪拉基籲求人們忠於上帝的誓約，並承諾審判日即將來臨。〈瑪拉基書〉可能寫就於西元前5世紀。

malachite＊　孔雀石　一種分佈廣泛的碳酸鹽礦物。是一種水合碳酸銅（$Cu_2\ Co_3\ (OH)_2$）。具有獨特的鮮綠色，存在於幾乎所有銅礦床的風化帶中，所以可作爲銅的找礦標誌。它的產地有西伯利亞、法國、那米比亞和美國亞利桑那州。孔雀石被用作飾面石料和寶石。

Malachy, St.＊　聖馬拉奇（西元1094～1148年）　愛爾蘭大主教和宗教改革家。他曾在阿馬學習，1119年受神職。在擔任阿馬的代理主教時，馬拉奇勸服愛爾蘭教會接受由教宗聖格列高利七世提倡的改革，還將羅馬教會禮儀引進愛爾蘭。曾任唐郡和康諾主教。後任伊萬瑞夫大修道院院長。1129年成爲阿馬大主教，1137年辭去職務。1142年將西篤會引進愛爾蘭。1190年成爲第一位被追謚爲聖人的愛爾蘭天主教教徒。

Málaga＊　馬拉加　南西班牙港口城市。位於地中海海灣瓜達爾梅迪納河口，西元前12世紀由腓尼基人創建，後相繼被羅馬人和西哥德人征服。自西元771年被摩爾人占領後，發展成爲安達魯西亞地區主要城市之一。1487年被西班牙統治者費迪南德二世（費迪南德五世）和伊莎貝拉一世攻擊，馬拉加是僅次於巴塞隆納的重要的西班牙地中海港口，輸出水果和馬拉加葡萄酒。是畢卡索的誕生地。人口約532,000（1995）。

Malagasy peoples＊　馬拉加西人　使用馬拉加西諸語言（一種南島語系語言）的族群的總稱，共有約二十個族裔。最大的是原居於中央高地的梅里納人（Merina，意爲崇高的人），馬拉加西語的書寫語言，是梅里納人的標準方言。次大的族群是貝齊米薩拉卡人，一般居住在東部；第三大族群是貝齊寮人，居住在菲亞納蘭楚阿周圍高地。其他族群還包括齊米赫蒂人、薩卡拉瓦人、安坦德羅人、塔納拉人、安泰莫羅人、巴拉人等。大部分的馬拉加西人住在鄉村地區，以種植稻米、木薯等農作物維生。人民有半數信仰基督教，其他人則是遵行古老習俗代代相傳的傳統宗教。

Malaita＊　馬萊塔　南太平洋索羅門群島火山島。位於瓜達爾卡納爾東北部，長約185公里，最寬約35公里，面積約爲4,843平方公里。該島多山，有茂密的森林覆蓋，內陸地區尚未進行廣泛的調查。

Malamatiya＊　麥拉瑪提教團　伊斯蘭教神祕主義蘇菲派教團，8世紀盛行於伊朗地區。該名稱取自於阿拉伯語lama（「邪惡」之意），指該教團著重在本身的失敗和不端行爲。麥拉瑪提教團認爲自我責備有助於擺脫世俗而無私地侍奉眞主。爲避免受讚揚與尊敬，他們掩飾自己的知識和虔誠，將自己的過錯廣爲宣揚，使之成爲自我提高的警示，而對別人則寬容與慈悲。亦請參閱Sufism。

Malamud, Bernard＊　馬拉末（西元1914～1986年）　美國小說家及短篇小說作家。生於紐約市布魯克林俄裔猶太移民家庭，曾就讀於紐約市立學院和哥倫比亞大學，後來在本寧頓學院任教。他的小說通常以猶太移民生活爲題材的寓言，包括《天生好手》（1952）關於一位棒球明星的生涯、《夥計》（1957）關於一個猶太雜貨商人和一個非猶太教徒惡棍的故事和被認爲是他最傑出的作品《修配工》（1966，獲普立茲獎）。他的天分最明顯地表現在他的短篇小說中，主要小說集有《魔桶》（1958）、《白痴優先》（1963）、《費德爾曼的寫照》（1969）和《林布蘭的帽子》（1973）。

malamute, Alaskan ➠ Alaskan malamute

Malan, Daniel F(rançois)＊　馬蘭（西元1874～1959年）　南非政治家，1905年獲得神學博士學位，1918年進入議會之前曾任荷蘭歸正會牧師。他在1924～1933年加入赫爾佐格內閣，但在1934年與赫爾佐格決裂組純正國民黨。1939年與赫爾佐格和解，1940年赫爾佐格退出後，由他出任南非國民黨黨魁。他的政黨利用阿非利堪人的種族情緒，在1948年大選中獲勝，1948～1954年建立了南非第一個完全阿非利堪人的政府，推行種族隔離政策。

Mälaren＊　梅拉湖　瑞典東部湖泊，位於斯德哥爾摩正西方，面積1,140平方公里，長120公里，是瑞典第三大湖。可通航的運河將其與波羅的海相連，湖中有1200多個島嶼。

malaria　瘧疾　由原生動物瘧原蟲屬引起的復發性的嚴重原蟲病，由按蚊屬（參閱mosquitoes）的多種蚊蟲叮咬傳染人。從西元前5世紀起就爲人所知，主要在熱帶和亞熱帶接近沼澤的地方發生。直到20世紀初期確定了蚊蟲和寄生蟲在本病中所起的作用。20世紀晚期，年度發病例估計在2.5億，其中200萬人死亡。不同的瘧原蟲傳播的瘧疾在發病程度、死亡率和地區分布上不同。寄生蟲有一個極複雜的生活史：其中一個步驟同紅血球的生長同時進行。它們每間隔48或72小時分裂一次，造成4至10小時的痛苦。病人可能會戰慄和感到寒冷，體溫上升到40.6℃，並伴有嚴重的頭疼，在體溫降回正常時會大量出汗。病人常常會產生貧血、脾腫大和全身虛弱等症狀。併發症可致命。在血液中尋找寄生蟲可診斷瘧疾。奎寧久被用來消退發熱。合成藥，如氯喹，可以殺死紅血球中的寄生蟲，但很多寄生蟲現已有抗藥性。攜帶有血紅素病基因對瘧疾具有天然免疫力。瘧疾的預防需要清除蚊蟲的滋生地，並用殺蟲劑或天敵補食、紗窗和紗網以及驅蟲劑。

Malawi＊　馬拉威　正式名稱馬拉威共和國（Republic of Malawi）。舊稱尼亞薩蘭（Nyasaland）。非洲東南部國家。面積118,484平方公里。人口約10,491,000（2001）。首都：里郎威。全國人口幾乎全是操班圖語的非洲黑人。語言：英語（官方語）和奇切瓦語。宗教：基督教、天主教、伊斯蘭教及信奉萬物有靈的傳統宗教。貨幣：馬拉威夸查（MK）。境內地形以引人注目的高地和廣闊的湖泊爲特徵，森林約占土地總面積的2/5。大裂谷（東非裂谷系）由北向南縱貫，有馬拉威湖（尼亞沙湖）。農業占用了4/5的勞動力，糧食作物有玉米、花生、大豆和豌豆，經濟作物包括煙草、茶葉、甘蔗和棉花；煤和石灰岩的開採促進了經濟。主要工業產品有糖、啤酒、香煙、肥皂、化學品和紡織品。政府形式爲共和國，一院制。總統爲國家元首暨政府首腦。自西元前8000年即有居民。西元1～4世紀操班圖語的各部族定居於該地區，後建立了分散的邦；大約1480年組成馬拉威聯邦，占有馬拉威中部和南部的大部分地區。1600年左右，恩戈迪人在馬拉威北部建立了一個王國；到18世紀又建立齊庫拉瑪耶比國。18～19世紀馬拉威盛行販奴活動，約在此時期，伊斯蘭教和基督教傳入該地區。1891年英國在此建立起殖民統治，設立尼亞薩蘭保護區，1893年成爲英屬中非保護國，1907年改稱尼亞薩蘭。1951～1953年北羅得西亞、南羅得西亞和尼亞薩蘭等殖民地組成聯邦。1963年聯邦解體，翌年馬拉威成爲國協的一員，並獲得獨立。1966年成爲共和國，班達當選總統，1971年成爲終身總統。其統治長達三十年之久，直到1994年在多黨總統選舉中被擊敗。1995年通過新憲法。

Malawi, Lake　馬拉威湖　亦稱尼亞沙湖（Lake Nyasa）。南非的湖泊。西面和南面與馬拉威接界，東面是莫三比克，北面是坦尚尼亞。它是東非裂谷系湖群中最南端的湖，也是第三大的湖。長約580公里，平均寬度40公里，面積29,604平方公里。湖中有利科馬島，1911年在島上完成了一座聖公會大教堂。在人口稠密的馬拉威湖岸有幾個政府工作站。有十四條河注入該湖，唯一的出口是希雷河。湖中有記錄的魚類約有兩百種。

Malay Archipelago　馬來群島　世界上最大的島群，位於印度洋和太平洋之間的東南亞沿海。由印尼的13,000多個島嶼和菲律賓的7,000多個島嶼組成。有時被稱作東印度群島。該群島沿赤道延伸6,100公里，主要島嶼包括大巽他群島（蘇門答臘、爪哇、婆羅洲和蘇拉維西），小巽他群島、摩鹿加、新幾內亞、呂宋、民答那峨和米沙鄢群島。

Malay language＊　馬來語　馬來半島、蘇門達臘、婆羅洲、馬來西亞和印尼其他地方以南島諸語言爲母語的人，可能超過三千萬人。馬來語風行於麻六甲海峽（爲印度和中國之間的貿易要道）兩岸，所以使用馬來語的族群在歐洲人侵入該區域之前投入國際商業達百年之久，因而馬來語也變成印尼港口的通用語，並引起皮欽語和混合語的變異，成爲所謂的「集市馬來話」（Bazaar Malay）。印尼於20世紀，訂定統一的馬來語成爲全國性的語言－－印尼語，用拉丁字母書寫，現在全國約有70%的人口使用並聽得懂印尼語。另一個相似的標準馬來語，由馬來西亞和汶萊的國語所組成。爲人所知的最古老馬來語文本爲第7世紀從蘇門達臘南部發現的一個印度語系的手寫銘文。（參閱Indic writing systems）；而後馬來文學傳統中斷直到14世紀馬來半島伊斯蘭化之後才開始。

Malay Peninsula　馬來半島　東南亞一半島，由馬來西亞、泰國西南部和新加坡組成。面積181,300平方公里，寬322公里，向南面向巴來海角延伸1,127公里，是亞洲大陸最南端。中央山脈縱貫半島，最高點大漢山海拔2,187公尺，將半島分爲縱向，是許多河流的發源地。東西岸都受季風影響。有大片熱帶雨林，是橡膠和錫礦的主要產地。

Malayalam language＊　馬拉雅拉姆語　達羅毗荼諸語言擁有超過三千四百萬使用人口，主要分佈在印度西南部的城邦喀拉拉。馬拉雅拉姆語和坦米爾語關係密切，這兩支語言估計約於西元第10世紀時才各自獨立出去。馬拉雅拉姆語最早的文學著作始於13世紀。如同其他主要的達羅毗荼諸語言，馬拉雅拉姆語中有很多反映不同種姓制度和宗教的地方方言、社會性方言，並明顯的區分爲正式和非正式用法。一般相信使用馬拉雅拉姆語的人，其讀寫能力高於使用其他印度語的人。

Malayan Emergency　馬來亞危機（西元1948～1960年）　1948年創立馬來亞聯邦（馬來西亞的前身）以後爲時十二年的動盪不安時期。馬來亞共產黨（大部分由中國人組成）警覺到馬來人獲得許別保障的權利，包括蘇丹的職位等，因而展開只受到一小部分中國人支持的游擊暴動。英國嘗試以軍事手段來鎮壓暴動，特別是英國將鄉村的中國人重新安置在緊密控管的「新村」，卻不受歡迎。當英國處理好政治與經濟上的不滿，反叛者也日漸孤立，危機亦告結束。亦請參閱Abdul Rahman Putra Alhaj, Tunku (Prince)、Malayan People's Anti-Japanese Army (MPAJA)。

Malayan People's Anti-Japanese Army (MPAJA) 馬來亞人民抗日軍　第二次世界大戰期間成立的反抗日軍占領馬來亞的游擊隊。當時的英國軍隊爲防止日本軍的突襲，訓練了一小批馬來亞人作爲游擊隊，游擊隊成爲馬來亞人民抗日軍。這支軍隊的主要成員是中國共產黨員，在戰爭中作爲英雄人物出現，並在英軍返回之前曾試圖奪取政權。之後其領導人員轉入地下，而在1948年參加馬來亞共產黨領導的暴動。亦請參閱Malayan Emergency。

Malayo-Polynesian languages ➠ Austronesian languages

Malays＊　馬來人　起源於婆羅洲、後擴展至蘇門答臘和馬來半島的任何一個種族集團的成員。他們組成了馬來西亞半島一半以上的人口，主要是一些生活在鄉下的人，靠種植水稻爲主食，橡膠爲主要經濟作物。受印度的嚴重影響，他們在15世紀改宗伊斯蘭教之前大部分都是印度教徒。他們的文化也受到暹羅人、爪哇人和蘇門答臘人的影響。馬來人的社會在傳統上比較封建，階級區別仍很鮮明，婚姻傳統上由父母安排，並受伊斯蘭律法的約束。

Malaysia　馬來西亞　東南亞國家。由西馬來西亞（亦稱半島馬來西亞）和東馬來西亞兩個地區組成，中間隔有南海，相距約650公里。西馬來西亞地居馬來半島南半部，北與泰國接壤。東馬來西亞地處婆羅洲島西北部，包括沙巴和沙勞越兩部分。面積330,442平方公里。人口約22,602,000（2001）。首都：吉隆坡。由於位於海上交通繁忙的麻六甲海峽上，該國人口組成十分多元化，以馬來人和華人占多數，其他較小的民族有印度人、巴基斯坦人和坦米爾人。語言：馬來語（官方語）、華語和印歐語言。宗教：伊斯蘭教（國教）、佛教、道教、儒教和印度教。貨幣：林吉特（RM）。西馬來西亞以山地爲主；東馬來西亞的地勢由沿海平原漸升至丘陵，再升高到內陸山區。大部分陸地爲雨林所覆蓋。喬木作物是國家最重要的經濟作物，尤其是橡膠和棕櫚油；稻米是主要的糧食作物。石油鑽探和生產，以及錫礦開採業很重要，橡膠製品、水泥和鋼鐵產品等製造業也占重要地位。政府形式爲君主立憲國，兩院制。國家元首是「最高統治者」，政府首腦爲總理。至少在6,000～8,000年前馬來亞已有人類居住，西元2或3世紀已有一些小王國存在，當時有一些印度的探險家來此。約1400年蘇門答臘流亡者建立了麻六甲城邦，後來成爲一個商業和伊斯蘭教的中心，直到1511年爲葡萄牙人占領。1641年荷蘭人奪占麻六甲。1819年英國人在新加坡島建立殖民地，到1867年建成海峽殖民地（包括麻六甲、新加坡和檳榔嶼）。19世紀末，中國人開始移民馬來亞。1941年日本人入侵馬來亞，1942年奪取新加坡。戰後由於反對英國統治，1946年成立了馬來亞民族統一組織，1948年馬來半島和檳榔嶼結成聯邦。1957年馬來亞終於脫離英國，取得獨立。1963年建立馬來西亞聯盟。1970年代末經濟大爲擴張，但在1990年代中期遭到席捲該區的經濟風暴影響。

Malcolm II　馬爾科姆二世（西元954?～1034年）　蘇格蘭國王（1005～1034）。他在殺死肯尼思三世後取得王位，在卡漢（1016?）擊敗諾森伯里亞軍隊。他成爲第一位統治相當於今蘇格蘭領土的國王。他試圖爲自己的孫子鄧肯一世排除異己，但馬克白仍向其王位的繼承提出挑戰。

Malcolm III Canmore　馬爾科姆三世（西元1031?～1093年）　蘇格蘭國王（1058～1093），鄧肯一世之子。在謀殺他父親的馬克白統治時期，曾流亡英格蘭。1057年殺死馬克白後即位，他所創立的王朝在蘇格蘭鞏固了王權。1066年流放盎格魯－撒克遜王子埃德加。即使1072年承認威廉一世的宗主地位，馬爾科姆還是曾侵襲英格蘭五次，最後一次入侵時被殺死。

Malcolm X 馬爾科姆·艾克斯（西元1925～1965年） 原名Malcolm Little。後稱El-Hajj Malik El-Shabazz。美國黑人領袖。在密西根州長大。家裡的房子被3K黨人燒掉。後來父親被謀殺，母親被送進醫院。他移居波士頓，靠小型犯罪搶劫，1946年因盜竊罪入獄。同年轉而宗奉黑人穆斯林運動（伊斯蘭民族組織）。1952年出獄後，他將自己的姓氏改爲X，以反抗他的「黑奴姓氏」。在遇到伊斯蘭民族組織的領導穆罕默德之後，他成爲該教派最有力的演說家和組織者。他的演說風格明快，痛斥白人對黑人的剝削，嘲笑民權運動和種族隔離，相反，他鼓吹黑人分立、黑人自尊和使用暴力自衛。由於與伊萊賈·穆罕默德的分歧，促使馬爾科姆於1964年脫離伊斯蘭民族組織。麥加朝聖之後，使他承認四海之內皆兄弟的信念，皈依正統的伊斯蘭教。敵對的黑人穆斯林教徒威脅其生命，在哈林區一舞廳集會上被槍殺。他的著名傳記（1965）由哈利根據他的採訪所撰。

馬爾科姆·艾克斯
AP/Wide World Photos

Maldives＊ 馬爾地夫 亦稱馬爾地夫群島（Maldive Islands）。正式名稱馬爾地夫共和國（Republic of Maldives）。印度洋上的獨立島國。位於斯里蘭卡西南，包括約1,300個聚成簇礁或環礁的小珊瑚礁島和沙洲（其中202個島嶼有人居住）。（土地）面積：298平方公里；這些島嶼散佈於南北長820多公里、東西寬130公里的海域上。人口約275,000（2001）。首都：馬累。馬爾地夫人是一個混合的民族，祖先包括達羅毗荼人和僧伽羅人，以及阿拉伯人、中國人和其他來自周圍亞洲地區者。語言：迪韋希語（官方語）、阿拉伯語、印地語和英語。宗教：伊斯蘭教（國教）。

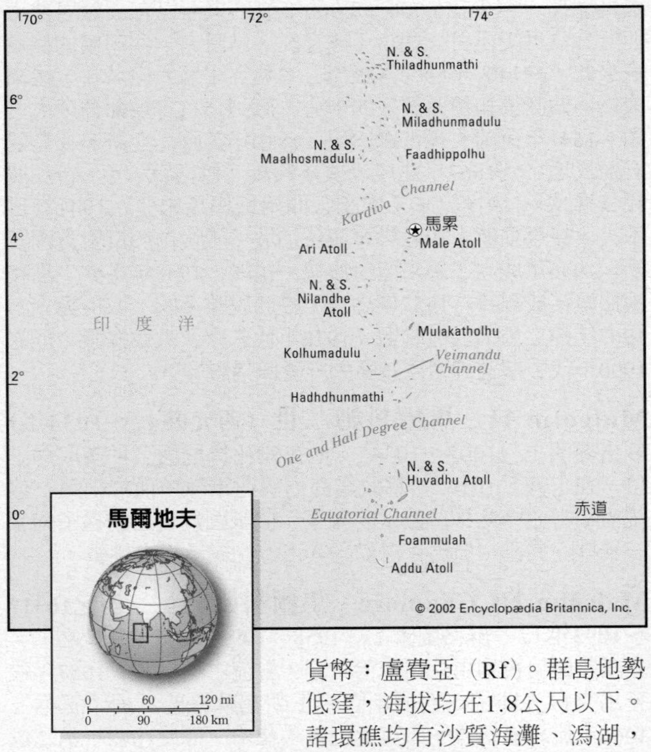

貨幣：盧費亞（Rf）。群島地勢低窪，海拔均在1.8公尺以下。諸環礁均有沙質海灘、潟湖，生長著茂密的椰樹、麵包樹和熱帶灌叢。馬爾地夫是世界上最貧窮的國家之一，發展中的經濟以漁業、旅遊業、造船業和修船業爲基礎。政府形式爲共和國，一院制。國家元首暨政府首腦爲總統。西元前5世紀該群島就有來自斯里蘭卡和印度南部的佛教徒居住。西元1153年接受伊斯蘭教。1558～1573年葡萄牙人統治馬累，17世紀該島成爲錫蘭（今斯里蘭卡）的荷蘭統治者保護下的一個蘇丹國；1796年英國占領錫蘭後，馬爾地夫亦成爲英國保護國，1887年這一地位被正式確定。1965年馬爾地夫群島脫離英國統治，獲得完全的獨立；1968年廢除蘇丹統治，建立共和國。1982年加入國協。1990年代該國經濟逐漸好轉。

Maldon, Battle of＊ 馬爾登戰役 在一首古英語英雄詩篇中提及的戰役，描寫991年東撒克遜人與維京人海盜之間的一場歷史性衝突。這首詩首尾已佚，現存詩篇開頭描寫作戰雙方在艾塞克斯某一條河兩岸擺開陣勢。因英國指揮官輕敵而大敗，有些英軍開了小差，詩篇中對逃跑者姓名和堅守陣地者的姓名及其家譜均有詳細記錄。

Male＊ 馬累 馬爾地夫首都，主要島嶼。位於馬爾地夫中心地帶，由兩個島嶼群組成：北馬爾長約51公里，寬37公里；南馬爾長32公里，寬19公里。設有中央法院、一所政府醫院、一座國際機場以及公立和私立學校。爲貿易和旅遊中心。人口63,000（1995）。

Malebranche, Nicolas de＊ 馬勒伯朗士（西元1638～1715年） 法國教士、理論學家和哲學家。他的哲學試圖將笛卡兒主義同聖奧古斯丁以及新柏拉圖主義綜合在一起。其形上學中最重要的是這樣一個學說「我們在上帝身上看到一切事物」。人們通常稱爲「因」的東西只不過是上帝爲了造成果而製造的「偶然誘因」。這一觀點被稱爲偶因論（機緣論），經過馬勒伯朗士的發展，使笛卡兒的二元論同天主教教義可以和諧共存。他的主要著作是《追求眞理》（3卷，1674～1675）。

Malenkov, Georgy (Maksimilianovich)＊ 馬林科夫（西元1902～1988年） 蘇聯政治家和總理（1953～1955）。1920年加入共產黨，作爲史達林的親密戰友迅速得到提拔。1946年他成爲政治局正式委員和副總理。史達林的去世（1953），迫使他將黨內最高職位讓與赫魯雪夫，但作爲總理，他仍致力於減少軍備開支，增加消費品生產，給集體農場工人以更多的物質刺激。他的政治主張遭到黨其他領導人的反對，他被迫辭去總理的職位（1955）。由於參加罷免赫魯雪夫未遂而被解除其餘的職務（1957），並被開除黨籍（1961），被流放到中亞主管一座水電廠。

Malesherbes, Chrétien Guillaume de Lamoignon de＊ 馬爾塞布（西元1721～1794年） 法國皇家行政官員。1744年，作爲律師的他被任命爲巴黎高等法院顧問。1750～1763年擔任新聞出版主編，批准啓蒙哲學家出版他們的許多著作，如：狄德羅的《百科全書》。1755年成爲宮廷大臣，改革了監獄和法律制度，包括廢止了密札的濫用，並支持財政總監杜爾哥的經濟改革措施。由於得不到國王對他的計畫的支持，於1776年辭職。在法國大革命中，他爲路易十六世辯護（1792）。他於1793年被捕，以叛國罪被送上斷頭台。

Malevich, Kazimir (Severinovich)＊ 馬列維奇（西元1878～1935年） 俄國畫家和設計師。1912年遊歷巴黎時發現了立體主義，回國後領導俄國立體主義運動。1915年展出了前所未有的抽象幾何畫作，均由局限的調色板上的簡單幾何圖形構成，他將此風格稱爲至上主義。1917～1918年間，他創作了自己最有名的《白上之白》系列，由白色的背景襯以神祕、嚴肅的白色浮流方塊組成。1919年加入了他在維捷布斯克的改革藝術學校的夏卡爾，在那裡，他對利西茨基產生了重大影響。1920年代，他轉回具象畫派，但不答應政府的社會主義寫實主義的要求。雖然他的職業生涯由此注定失敗，但他仍對西方藝術和設計有很大影響。

Malherbe, François de＊　馬萊伯（西元1555～1628年）　法國詩人和理論家。接受了新教教育後，卻改信天主教。1577年，他成爲普羅旺斯總督昂古萊姆的祕書。他獻給新王后瑪麗．德．麥迪奇的頌詩使他名聲大噪，並使他在1605年成爲宮廷詩人。他的兩百多首現存詩歌中展現出了一幅當時宮廷生活的畫卷，而他對德波爾特（1546～1606）詩作的評價則顯示出他對詩歌音律和諧、用詞得當和易於理解方面的要求。

Mali　馬利　正式名稱馬利共和國（Republic of Mali）。西非國家。面積1,248,574平方公里。人口11,009,000（2001）。首都：巴馬科。班巴拉人占該國人口的1/3，其他族群包括富拉尼人、柏柏爾人和摩爾人。語言：法語（官方語）、土語和方言、阿拉伯語。宗教：伊斯蘭教（90%）、傳統宗教。貨幣：非洲金融共同體法郎（CFAF）。馬利的地區地勢大都平坦。北部平原向撒哈拉沙漠延伸。上尼日河流域位於南部，尼日河近1/3河段流往馬利。可耕地僅占全國土地總面積的2%左右。牧場和草地約占土地總面積的1/4。馬利的礦產資源有鐵礦砂、鋁礬土、石油、黃金、鎳和銅，大部分尚未開採。農業是最大產業，主要作物有粟、高粱、玉米和水稻。經濟作物有棉花和花生。政府形式爲共和國，一院制。國家元首爲總統；政府首腦爲總理。馬利在史前時代就有人類居住。該地區位於穿越撒哈拉的商道上，12世紀馬林克人在尼日河上游和中游地區建立馬利帝國。15世紀，廷巴克圖－加奧地區的桑海帝國取得統治地位，1591年摩洛哥侵入此地區；廷巴克圖（今通布圖）受摩爾人統治達兩世紀之久。19世紀中葉，該地區被法國人占領，並成爲法屬西部非洲的一部分。1946年該地區稱爲法屬蘇丹，成爲法蘭西聯邦的一個海外領地。1958年宣布成立蘇丹共和國；與塞內加爾（1959～1960）結成馬里聯邦。塞內加爾退出後，1960年宣布成立獨立的馬利共和國。1968和1991年政府被軍事政變推翻。1990年代期間舉行選舉，1997年舉行第二次選舉，但政治上仍不穩定。

Mali empire　馬利帝國　13～16世紀繁盛於西非的商業帝國。由坎加巴國發展而來，瀕上尼羅河，可能建於西元1000年以前。在古代迦納帝國的黃金貿易中，坎加巴國的馬林克人充當仲介人。馬利帝國在13世紀壯大起來，14世紀繼續擴張，吞併加奧和廷巴克圖（今廷巴克圖），邊界向東延伸至豪薩人，西鄰富拉尼人和圖庫洛爾人。後來政治和軍事力量削弱，其統治的許多地區發生叛亂。到1550年左右，馬利帝國已不再是一個重要的政治實體。

Malinke＊　馬林克人　亦稱曼丁卡人（Mandinka）或曼丁哥人（Mandingo）。居住在馬里、幾內亞、象牙海岸、塞內加爾、甘比亞及幾內亞－比索的民族。馬林克人的語言是曼德諸語言，屬尼日－剛果諸語言。人口470萬，分散在很多由世襲貴族統治的獨立部落。其中的一個部落，坎加巴，是世界上最古老的王朝之一。自7世紀馬利帝國的建立以來，坎加巴的統治一直延續著。大部分當代馬林克人種植粟、高粱及飼養牛。宗教上馬林人信仰伊斯蘭教或本土宗教。

Malinovsky, Rodion (Yakovlevich)　馬林諾夫斯基（西元1898～1967年）　第二次世界大戰中蘇聯著名的元帥。1941年擔任軍隊指揮官，不久晉升爲軍團指揮，並在史達林格勒會戰中起了重要作用。後來馬林諾夫斯基又指揮蘇聯軍隊進攻羅馬尼亞（1944）和奧地利（1945）。第二次世界大戰結束後，在蘇聯遠東地區擔任指揮（1945～1955）。作爲國防部長（1957～1967），督導蘇聯軍事力量的建立。

Malinowski, Bronislaw (Kasper)＊　馬林諾夫斯基（西元1884～1942年）　波蘭裔英國籍人類學家，通常被認爲是英國現代以實地調查爲基礎的社會人類學奠基人。他主要從事大洋洲人類學的研究，並與功能主義思想學派有關聯。在波蘭獲得哲學、物理和數學學位後，他偶然讀了弗雷澤的《金枝》，從而開始在倫敦政治和經濟學院學習人類學（1910～1916）。在超布連群島開展研究期間，他同當地人一起居住在帳篷中（參閱Trobriander），流利地用當地土語交流，以「教科書」形式自由地將當時發生的事情和採訪記錄下來，並以的敏銳的眼光來觀察各種反應。他能夠提供一幅當地社會習俗的生動畫面，而清楚地區別理想的規範與現實的行爲，並由此爲現代人類學的實地調查打下了基礎。他後來在倫敦經濟學院（1922～1983）和耶魯大學（1938～1942）任教。他的作品包括《西太平洋上的淘金者》（1922）、《野蠻社會的罪惡和習俗》（1926）、《野蠻社會的性和壓迫》（1927）以及《魔力、科學和宗教》（1948）。

馬林諾夫斯基
By courtesy of the Polish Library, London

Malla era　瑪拉時代　尼泊爾的歷史時期，當時尼泊爾谷地是由瑪拉王朝統治（10～18世紀）。瑪拉王朝的統治者賈亞．史提提（1382?～1395年在位）制定了一部深受當時印度法則影響的法律與社會法典。18世紀初，尼泊爾的一個獨立小公國廓爾喀開始起來挑戰瑪拉政權，而當時王權正因家族不和與社會經濟不安而衰微不振。1769年廓爾喀的領袖布里特維．納拉延．沙推翻之。亦請參閱Newar。

mallard＊　綠頭鴨　北半球數量豐富的「野鴨」，學名 *Anas platyrhynchos*，是大多數家鴨的祖先，屬鴨科。從綠頭鴨一般的習性和求愛的表現方式來看，它們是典型的鑽水鴨。普通綠頭鴨的公鴨頭部有綠色或淺紫色的金屬光澤，胸淡紅色，體羽淡灰色；母鴨體羽呈斑駁的黃褐色。兩性均有黃色的嘴和紫藍色帶白邊的翅斑。格陵蘭綠頭鴨兩性的羽色很不相同。其他亞種兩性羽色都與普通綠頭母鴨的羽色相似。在亞洲、歐洲和北美洲的北部，大多數地方都能發現綠頭鴨。

Mallarmé, Stéphane＊　馬拉美（西元1842～1898年）　法國詩人，象徵主義運動的創始人和領導者（同魏倫）。終身是一名教師，但是作爲詩人他也有很大的成就。也許是由於一生經歷坎坷，他的大部分詩所表達的是一個知識分子超越現實和在理想世界尋求安慰的渴望，如他的詩劇《埃羅提亞德》（1869）和《牧神的午後》（1876）。《牧神的午後》後來啓發了德布西著名的前奏曲以及印刷上具有革新的《骰子一擲絕不會破壞偶然性》（1897）。1868年以後，馬拉美致力於關於想像本性的複雜、精巧細膩並且極其困難的詩歌。這些詩歌是爲他所稱的「大作品」而寫的，可是他未能完成這部著作。

馬拉美，攝於1891年
Archives Photographiques

Malle, Louis＊　路易馬盧（西元1932～1995年）　法國電影導演。1957年路易馬盧執導了第一部劇情片《死刑台與電梯》。由摩露主演的《孽戀》（1958）在商業上大獲成功，成爲法國新浪潮的主要人物。在電影《鬼火》（1963）、《巴黎大盜》（1967）、《好奇心》（1971）和《拉康比羅西安》（1973）中，路易馬盧實現動情的現實主義與手法簡潔。1975年，移居美國。在美國執導了一些很受好評的電影，如《豔娃傳》（1978）、《大西洋城》（1980）、《與安德魯共進晚餐》（1981）、《童年再見》（1987）以及《泛雅在42街口》（1994）。

Mallet, Robert　馬內特（西元1810～1881年）　愛爾蘭土木工程師與科學研究人員。生於都柏林，就讀三一學院，1831年負責父親的維多利亞鑄造廠，在他手中擴展成爲愛爾蘭最重要的鑄造廠。銜命建造鐵路車站、諾爾高架道路、菲斯內特岩燈塔以及善農河上的幾座旋轉橋。在橋樑技術的主要革新是彎板的橋面。馬內特建造了一座早期的地震儀，並提升製作如大炮之類大型鑄鐵的技術。

Mallorca ➠ Majorca

mallow family　錦葵科　錦葵目的一科，約95屬，有草本植物、灌木和小喬木。除最冷的地區外，世界各地均有分布，但主要產於熱帶。植株通常部分或大部分被星狀毛，少數種亦見於露出芽外的花瓣部分。花整齊，通常鮮豔。最有經濟價值的是棉花，秋葵的幼果可食。許多種具觀賞價值，如蜀葵、木槿。

Malmö＊　馬爾默　瑞典南部港口城市，與哥本哈根遙遙相對。馬爾默原先稱爲馬爾姆豪格，13世紀末設市。1658年併入瑞典後，馬爾默的經濟由於貿易的減少一蹶不振。1775年港口的建立以及1800年鐵路通此之後刺激了馬爾默經濟發展。爲瑞典的第三大城市，是重要的商業中心。經濟以產品出口、造船和紡織品生產爲主。古建築有16世紀的城堡要塞、市政廳和14世紀的聖彼得教堂。人口約248,000（1997）。

malnutrition　營養不良　由於膳食不足、或是疾病引起的身體不能吸收或代謝營養素而造成的身體狀況。攝取的食物不能提供給身體充足的卡或蛋白質（參閱kwashiorkor），或是缺乏一種或更多的必需維生素（維他命）或礦物質。人體必需的維生素或礦物質的缺乏會導致營養素缺乏症（包括腳氣病腳氣、糙皮病、佝僂病和壞血病）。代謝障礙，尤其是涉及消化系統、肝、腎或是紅血球的障礙，會妨礙營養的正常消化、吸收及代謝。亦請參閱nutrition。

Malory, Sir Thomas　馬羅萊（活動時期約西元1470年）　英國作家，《亞瑟王之死》的作者。16世紀時馬羅萊的身分還無人知曉，但是一般認爲馬羅萊是一名被監禁的威爾斯武士。《亞瑟王之死》（約完成於1470年）是英國散文中第一篇關於亞瑟王傳奇的敘述，以法國傳奇爲基礎，但與其原型不同的是，它所強調的是武士的情誼而不是高貴的愛情，以及危害這種情誼的忠誠所導致的衝突。現存這篇文章的唯一原稿是卡克斯頓於1845年印刷的。

Malpighi, Marcello＊　馬爾皮基（西元1628～1694年）　義大利醫師、生物學家。1661年識別了肺部的毛細血管網，從而證明哈維的血液循環理論。馬爾皮基發現了味蕾，並且第一個看見紅血球，認識到血的顏色來自紅血球。他還研究過肝、腦、脾、腎、骨以及深皮層（馬爾皮基皮層），總結出即使是最大的器官也是由腺體構成。馬爾皮基也研究昆蟲的幼蟲（特別是蠶）以及雞胚和植物解剖，由此觀察到動、植物組織中的相似性。他被認爲是顯微鏡解剖學的奠基人及第一位組織學家。

malpractice　瀆職　從事專業服務者（例如醫藥人員）在職務上出現過失、處置不當、技能不足或違背職責之行爲，而導致傷害或損失。通常原告必須提示被告在專業領域接受的標準下出現失誤，在20世紀晚期，愈來愈多的醫師、律師、會計師及其他專門技師，在瀆職訴訟案中成爲被告。

Malraux, André(-Georges)＊　馬爾羅（西元1901～1976年）　法國小說家、藝術史學家與政治家。二十一歲在柬埔寨進行考古考察時被法國殖民地當局拘禁，後成爲積極的反殖民主義者，支持社會改革。他在印度支那被捲入一場改革運動，後參與西班牙內戰，並在第二次世界大戰期間參加法國抵抗運動。1958～1968年任戴高樂的文化部長。他的小說通常取材於親身經歷，包括《征服者》（1928）、巨著《人類的命運》（1933，獲龔固爾獎）和《希望》（1937）。1945年後放棄小說寫作，轉而寫藝術史和評論，《沈默的聲音》（1951）是這一時期的主要作品。

malt　麥芽　一種穀物產品，在飲料和食品中用作發酵基質或用於增加香味和營養價值。由穀物，通常用大麥，浸泡於水中萌發製成。啤酒的香味即主要來自其原料麥芽。大麥種子中的酶在萌發過程中將澱粉轉化成麥芽糖，麥芽糖通過酵母菌發酵，產生酒精和二氧化碳。威士忌也是用麥芽製成。

Malta　馬爾他　獨立共和國，位於地中海西西里以南一小群島。由三個有人居住的島嶼：馬爾他島（最大島嶼）、戈佐島和科米諾島嶼兩個無人居住的小島：科米諾托島和菲爾夫拉島組成。面積316平方公里。人口381,000（2001）。首都：法勒他。馬爾他的人口幾乎全在本地出生，混雜著義

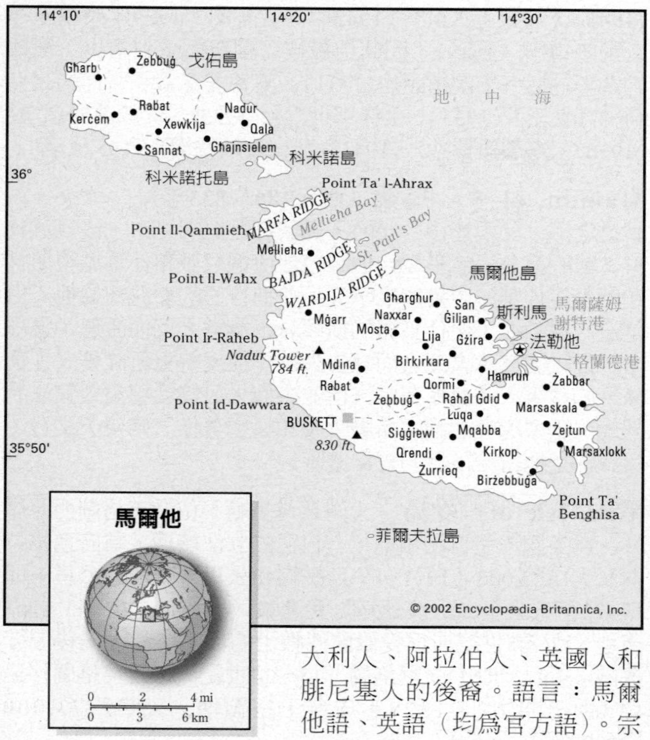

大利人、阿拉伯人、英國人和腓尼基人的後裔。語言：馬爾他語、英語（均爲官方語）。宗教：天主教（國教）。貨幣：馬爾他里拉（Lm）。雖然土地面積約2/5爲可耕地，但大部分食品是進口的。旅遊業是主要產業。政府形式爲共和國，一院制。國家元首爲總統，政府首腦爲總理。馬爾他在西元前3800年便有居民。西元前8世紀～西元前7世紀被迦太基人統治。西元前218年被羅馬人統治，西元60年使徒聖保羅在該島遭受海難，使島民皈依了基督教。後被劃歸拜占庭直至870年由阿拉伯人取得控制權。1091年諾曼人打敗了阿拉伯人。此後馬爾他相繼爲一些封建領主統治，直至16世紀初。1530年馬爾他被割讓給馬爾他騎士團；1798年拿破崙取得控制權。1800年被英國占領。1802年「亞眠條約」將群島交還馬爾他騎士團。馬爾他人抗議不從，承認英國國王爲馬爾他君主，這些在1814年的「巴黎條約」中得到認可。1921年馬爾他成立自治政府，1936年又回復殖民狀態。第二次世界大戰期間受到德國和義大利空軍狂轟濫炸。1942年被授予英國最高文職勳章——喬治十字勳章，這是英國向國協成員首次頒發的獎章。1964年馬爾他獲得國協內的獨立，1974年成爲共和國。1979年與英國的聯盟結束後，馬爾他宣告中立地位。

Malta, Knights of ➠ Knights of Malta

Maltese　瑪爾濟斯犬　一種玩賞犬。由馬爾他島而得名，可能起源於2,800年前左右。外形美觀纖巧，體壯，溫順，活潑，曾經是富人和貴族的寵物。毛長，柔滑，雪白，耳懸垂，身體輕巧，尾羽狀，捲於背上。高約13公分，體重可達3公斤。

Maltese Language　馬爾他語　馬爾他島的主要語言。由阿拉伯語的一種方言發展而來，與阿爾及利亞和突尼西亞的西阿拉伯諸方言關係密切，受羅曼諸語言（特別是義大利語）極大影響。是唯一用拉丁字母書寫的阿拉伯語。

Malthus, Thomas Robert＊　馬爾薩斯（西元1766～1834年）　英國經濟學家和人口統計學家。出生於富裕家庭，就讀於劍橋大學，1793年選入耶穌學院。1798年發表《人口原理》，認爲人口的增長總是超過食物的增長，如果不加限制，人口會呈幾何級數增長，而食物只能依算術級數增長。他相信當人口擴張到食物僅能維持生存的極限時，就會出現饑饉、戰爭和疾病。他在後來的著作（至1826年）中擴展了這個觀點，認爲應該嚴格控制對窮人的救濟，因爲窮人總是鼓勵人口過度成長。他的理論雖然不正確，但是對當代社會政策及經濟學家，如李嘉圖等，產生了重要影響。

Malvinas, Islas　馬爾維納斯群島 ➠ Falkland Islands

mamba＊　曼巴　眼鏡蛇科樹眼鏡蛇屬4～5種體細長、敏捷的眼鏡蛇類。鱗片較大，前牙頗長，棲息於非洲次撒哈拉地區，獵食小動物。黑色曼巴體長達4.2公尺，灰色或淺綠褐色或黑色，隨年齡而異；穴居於多岩石的曠野；常主動攻擊人，能立起身體咬人的頭或身軀，被咬傷後若不用抗蛇毒素治療，死亡率幾近100%。綠色曼巴略小（2.7公尺），更喜樹棲，較少攻擊人。

綠色曼巴
E. S. Ross

Mamet, David (Alan)＊　馬密（西元1947年～）　美國劇作家和電影劇作家。生於芝加哥，1973年成立「聖尼可拉斯戲劇團」，該劇團首先演出的是他的劇本。在*Sexual Perversity in Chicago*（1976）一劇中得到更廣大的注意，隨後作品如《美國野牛》（1977）、《劇院裡的生活》（1977）、《大亨遊戲》（1983，獲普立茲獎）。他以夾雜著猥褻言語的連珠砲對話以及熱中權力關係和組織腐敗的題材聞名。稍後的劇碼包括*Speed-the-Plow*（1987）、*Oleanna*（1992）、《密碼》（1994），寫過的電影劇本有《大審判》（1980）、《鐵面無私》（1986）、《勢不兩立》（1994）和《桃色風雲搖擺狗》（1997），而他所執導的影片包括《賭場》（1987）、《世事多變》（1988）和《殺人》（1991）。

Mamluk regime＊　馬木路克政權（西元1250～1517年）　亦作Mameluke regime。阿尤布王朝時期由出身奴隸軍的階層統治埃及和敘利亞的政權。Mamluk爲阿拉伯語，意爲「奴隸」。自9世紀起，伊斯蘭教世界就已開始起用奴隸兵，他們通常利用所擁有的軍事權力，取得合法的政權。馬木路克將領在阿尤布蘇丹薩利赫・阿尤布（1240～1249年在位）去世後奪取王位。1258年馬木路克恢復哈里發的地位，並保護麥加和麥地那的統治者。在馬木路克統治下，剩餘的十字軍被趕出地中海東部沿岸，而蒙古人也被趕回巴勒斯坦和敘利亞。文化上，他們在史書撰寫（參閱Ibn Khaldun）及建築方面成就輝煌。由於種族組合的改變（從土耳其人到切爾克斯人）伴隨著國勢漸衰，他們因除了圍城之戰才採用野戰炮，結果在1517年被鄂圖曼人（參閱Ottoman empire）打敗。從那時起，雖然他們仍保持爲一個階層，並繼續運用其政治權力，但僅是影響埃及政治的幾股勢力之一。亦請參閱Baybars I。

mammal　哺乳動物　哺乳綱的成員，溫血脊椎動物，四肢（有些水生物種除外），與脊索動物門其他各綱的區別

L
M
N

在於雌性分泌乳汁的腺體，在發育的一些階段有毛髮存在。其他特徵還包括：下巴直接鉸接在頭骨上，藉著中耳的骨頭聽聲音，肌肉的横膈分開胸腔與腹腔，以及無核的成熟紅血球細胞。哺乳動物小如鼩鼱，大至藍鯨。單孔目（鴨嘴獸和針鼴）產卵，其他所有的哺乳動物都是直接產下幼雛。有袋目的新生幼子在子宮外面完成發育，有時候是在類似袋囊的構造之中。胎盤哺乳動物（參閱placenta）出生時是較爲高等的發育階段。最早的哺乳動物可追溯至三疊紀晚期（在2億600萬年前結束）；最接近的祖先是獸孔目爬行動物。7,000萬年來，哺乳動物已經成爲地球生態系的優勢動物，主要有兩個原因：哺乳動物幼子向長輩學習的能力（依靠母親養育的結果）使其具有強大的行爲適應性；溫血的身體可適應各種氣候與環境。亦請參閱carnivore、cetacean、herbivore、insectivore、omnivore、primate、rodent。

mammary gland＊　乳腺　雌性哺乳動物製造乳汁的腺體，通常雄性也有，只是沒有發育或不具作用。乳腺由內分泌系統調節，從汗腺變化而來。尚未生育的女性乳腺是由圓錐盤狀的腺性組織構成，包裹在脂肪之中成爲乳房的形狀。乳腺由數葉構成，以獨立的導管排出液體，導管在乳頭會合。懷孕使得葉周圍的細胞增加，分娩時釋出激素，因而開始泌乳。在泌乳結束時，乳腺回復上幾乎和懷孕之前一樣的狀態。在更年期（停經期）之後，乳腺萎縮，大部分由結締組織和脂肪取代。

mammoth　猛獁象；長毛象　猛獁象屬幾種已絕滅的象，化石見於除澳大利亞和南美洲以外各大陸的更新世（始於160萬年以前）沈積層。最著名的是北方（或西伯利亞）長毛猛獁象，因爲在西伯利亞的永凍土中保存了許多完整的猛獁象遺骸。大多數猛獁象與現代象類差不多大，有些則小得多，北美帝王猛獁象肩高達4公尺。許多猛獁象有短的下層絨毛和長而粗的外層毛，頭骨呈高穹狀，耳朵較小，長而向下生長的象牙有時彎曲到彼此重疊。洞穴壁畫顯示它們成群移動。猛獁象一直存活到約1萬年前，人類的捕獵可能是它們絕滅的原因之一。亦請參閱mastodon。

Mammoth Cave National Park　馬默斯洞穴國家公園　美國肯塔基州中部偏西南方國家公園。1926年批准通過，1941年建立，面積212平方公里，包括一系列石灰岩洞穴。1972年發現一條連接馬默斯洞穴和夫林特嶺洞系的地下通道，總長超過530公里。洞中棲息著各種適合在黑暗環境生存的動物，包括穴蟋蟀、盲魚和盲鼇蝦。洞中已發現有可能是前哥倫布時期的印第安木乃伊。

Mamoré River＊　馬莫雷河　玻利維亞中北部河流。發源於安地斯山脈，上游有時也稱作格蘭德河。向北流經巴西邊界，與瓜波雷河匯合，形成玻利維亞與巴西的邊界，北至貝拉鎮，又與貝尼河匯合，形成馬德拉河。全長1,900公里，可通航至巴西的瓜雅拉米林。

Mamoulian, Rouben＊　馬穆利安（西元1897～1987年）　俄裔美籍導演。曾在莫斯科藝術劇院學習表演，1918年移居倫敦，導演輕歌劇和音樂劇。1923年移民美國，在戲劇公會工作，執導了《波吉》（1927）；其後又執導這部戲劇的原創音樂劇《波吉與貝絲》（1935），以及《奧克拉荷馬》（1943）、《天上人間》（1945）等音樂劇。1929年應邀執導音樂劇電影《喝彩》，因其拍攝技巧創新而受到讚揚；後期的電影包括《十字街頭》（1931）、與葛麗泰嘉寶合作的《克莉絲汀女王》（1933）、《浮華世界》（1935）、《放蕩的惡漢》（1936）、《碧血黃沙》（1941）及《玻璃絲襪》（1957）等。

馬穆利安
UPI

Mamun, al-＊　馬蒙（西元786～833年）　哈倫・賴世德之子。父親死後（809），馬蒙打敗他的兄弟，成爲阿拔斯王朝的第七任哈里發。他努力促使遜尼派和什葉派穆斯林和解，從什葉派中挑選繼承人，並把自己的女兒嫁給他。但是這一舉動並未使什葉派的極端分子滿意，反而激怒了遜尼派，最後因繼承人死亡而宣告失敗。他支持重新詮釋《可蘭經》的穆爾太齊賴派運動，但並未使人民接受穆爾齊賴派的教義。馬蒙還發起翻譯希臘哲學和科學著作、修建天文台，這些都是他留給後世的寶貴遺產。

Man, Isle of　曼島　愛爾蘭海島嶼，位於英格蘭西北岸外。爲英國王室自治領地，有自己的立法機構。首府道格拉斯（人口22,000〔1991〕）。島長約48公里，寬約16公里，面積572平方公里。一般認爲是曼島貓（一種無尾家貓）的原產地。西元5世紀成爲愛爾蘭傳教士的活動中心，先後屬於挪威（9～13世紀）、蘇格蘭（13～14世紀）以及英格蘭移民（14世紀開始）。1828年成爲王室領地。人口約73,000（2000）。

Man, Paul de ➠ de Man, Paul

Man o' War　軍艦　美國純種賽馬。在1919～1920年兩個賽季中贏得21場比賽中的20場，包括普利克內斯有獎賽和貝爾蒙特有獎賽（但未參加肯塔基大賽）。它繁衍了另外64匹良馬，包括贏得三冠王的「戰艦」（1937）。1950年在美聯社的民意調查中，「軍艦」被選爲20世紀上半期最偉大的馬。

man-o'-war bird ➠ frigate bird

Man Ray ➠ Ray, Man

mana＊　馬那　波里尼西亞人和美拉尼西亞人所信仰的一種超自然力量，可以爲人、神靈或無生命物體所擁有。馬那可以是善良的、有益的，也可以是邪惡的、危險的，但不是客觀的，並與強大的事物和力量有關。這個詞最初使用於19世紀的西方，並與宗教有關，現在則用來抽象的表述階級社會裡有地位的人物的特殊品質，爲他們的行爲表示支持，也爲他們的失敗提出解釋。亦請參閱animism。

Management and Budget, Office of ➠ Office of Management and Budget (OMB)

managerial economics　管理經濟學　將經濟學原則應用到商業、工廠或其他管理單位決策的學科。基本概念採用自個體經濟學理論，但加入一些新的分析工具，例如使用統計學方法來估計現在及未來的產品需求，重要性逐漸增加當中。作業研究及規畫法則提供科學判準，將利潤極大化、成本極小化，以及選擇最適產品組合。另外，決策理論及賽局論，也都提出企業經營者在操作時，是處在情境的不確定性及知識的不完美性之下，對投資機會的評估提供了系統性的方法。

Managua＊　馬拿瓜　尼加拉瓜首都，位於馬拿瓜湖南岸。西班牙殖民統治時期地位並不重要，1857年由於萊昂和格拉那達的首都之爭未能定奪而被選爲首都。1931年先後遭受地震和火災毀壞，1972年又發生大地震。內戰時期，馬拿瓜在1978～1979年成為戰場。現為尼加拉瓜最大的城市和商業中心，有數所高等教育機構，如馬拿瓜大學（現在是尼加拉瓜國立大學的一部分）。名勝景觀有達里奧公園，內有著名詩人達里奧的紀念碑。人口864,000（1995）。

Managua, Lake　馬拿瓜湖　尼加拉瓜西部湖泊。面積1,035平方公里，長58公里，寬25公里。位於馬拿瓜北部，湖水來自發源於中央高地的許多小溪注入，經蒂皮塔帕河匯入尼加拉瓜湖。印第安名稱為霍洛特蘭。西北岸有莫莫通博火山，海拔1,280公尺。

Manala＊　馬納拉　芬蘭神話中的死者所居境界，由兇惡醜陋的女神羅希掌管。進入馬納拉須穿過火熱的死河，可以走河上的窄橋或搭乘陰間小舟。雖然黑暗陰慘，但並非基督教中永遠受苦的地獄。

Manama＊　麥納瑪　亦作Al-Manamah。巴林首都。位於巴林島東北端，是巴林最大的城市，聚集了酋長國約1/3的人口，也是波斯灣最重要的港口之一。巴林的石油財富使得麥納瑪成為商業和金融中心，與島城穆哈拉格有堤道相連。約1345年首見於伊斯蘭編年史，1521年被葡萄牙占領，1602年又被波斯人占領。1783年起又歸哈里發王朝所有（除了一段短時間外），1946～1971年成為英國在波斯灣的行政中心，其後成為獨立的巴林的首都。人口約148,000（1995）。

Manapouri Lake＊　馬納普里湖　紐西蘭南島西南部湖泊。為該國最深的湖泊，最深處達444公尺。為峽灣地帶國家公園高地南部湖泊之一。湖名源自毛利語，意為「傷心之湖」，傳說是由垂死的姐妹的眼淚形成。面積142平方公里，流域盆地4,623平方公里。

Manasarowar ➠ Mapam Yumco

Manasseh ben Israel＊　瑪拿西・本・以色列（西元1604～1657年）　原名Manoel Dias Soeiro。葡萄牙裔荷蘭希伯來學者及猶太人領袖。出生於因受迫害而遷至阿姆斯特丹的馬拉諾家庭，精通神學，1622年任阿姆斯特丹市葡萄牙籍猶太人的拉比。他認為猶太人必須先分散到世界各地，然後彌賽亞才會降臨。他遊說英國政府准許猶太人遷入英格蘭，並發表《以色列的希望》（1656）。由於他的努力，猶太人獲得英國非正式的居留權。他死後，英格蘭的猶太人在1664年正式獲得保護。

manatee　海牛　海牛目海牛科3種行動緩慢、以淺水中的水草為食的水生哺乳動物的統稱。身體圓錐形，尾部為一圓形闊鰭；無後肢，前肢鰭形，緊靠頭部。美洲海牛棲息於美國東南部沿岸和南美洲北部，亞馬遜海牛和西非海牛棲息於河流或河口灣。成體長2.5～4.5公尺，體重達700公斤。單獨或以小族群活動，在大部分地區受法律保護。海牛及其近緣種儒艮，可能即是民間傳說中的人魚。亦請參閱sea cow。

Manaus＊　馬瑙斯　巴西西北部城市。位於亞馬遜雨林的中心地帶，內格羅河北岸與亞馬遜河交匯處。1669年第一批歐洲殖民者在此建立第一個小堡壘。這個稱為大巴拉村的村莊在1809年成為內格羅河總督轄區的首府，1890～1920年作為世界唯一的橡膠供給地而繁盛起來，但是後來又衰退。瑪瑙斯雖然距離海岸1,600公里，但仍是主要的內陸港口和商業中心，到20世紀中葉經濟已復甦。著名的景點有植物園（1669?）、歌劇院以及亞馬遜大學。人口：都會區1,006,000（1995）。

Manawatu River＊　馬納瓦圖河　紐西蘭北島中南部河流。向西北流經魯阿希尼嶺和塔拉魯阿嶺之間後，轉向西南流，經北帕默斯頓注入塔斯曼海的南塔拉納基灣。長182公里。

Mance, Jeanne＊　曼斯（西元1606～1673年）　加拿大蒙特婁第一座醫院的法籍創辦人。她是法國協會的成員，在蒙特婁規畫烏托邦聚落。1641年隨最早的移民乘船渡海，在1644年創立蒙特婁主宮醫院。到法國一趟之後（1657），協同醫院姊妹會人員返回擔任醫院職務。

Mancha, La ➠ Castilla-La Mancha

Manche, La ➠ English Channel

Manchester　曼徹斯特　英格蘭西北部大曼徹斯特都市郡首府和郡級市。位於倫敦西北方、利物浦東方，西元78～86年為羅馬一要塞所在，4世紀後被廢棄，919年在附近重建曼徹斯特鎮。16世紀時已成為重要的羊毛貿易地點，到18世紀，隨著工業革命開始，發展為重要的製造業城市，以紡織生產聞名。1830年世界最早的現代鐵路——由利物浦通往曼徹斯特——通車。由於受困於城市和工業問題，曼徹斯特正處於重新發展的過渡時期。設有曼徹斯特大學等多所教育機構。人口約493,000（1998）。

Manchester　曼徹斯特　美國新罕布夏州南部城市。臨梅里馬克河，為該州最大城市。1722～1723年創建，1751年併入德里菲爾德鎮。1805年美國最早的紡織廠之一在此建立，開啓了工業迅速發展的時期。1810年改名為曼徹斯特，1846年設市。19世紀早期建造的運河體系打開通往波士頓的航道。1930年代紡織業衰退，刺激工業的多樣化。市內有聖安瑟倫學院、聖母學院和新罕布夏學院。人口約101,000（1996）。

Manchester, (Victoria) University of　曼徹斯特大學　英格蘭公立大學。位於曼徹斯特市，1851年創立，最早是開放給一般人就讀的非教派學院。1880年成為大學，並在里茲和利物浦設立學院，這二所學院後來（1903）都各自獨立成為大學。拉塞福曾在該大學進行重要的分子物理學研究，世界第一部現代電腦也是在1940年代於曼徹斯特大學製造出來的。該校提供綜合性的大學部、研究所及專科部課程，學生人數約18,000人。

Manchester school　曼徹斯特學院　在柯布敦及布萊特的思想領導下設立的政治經濟學院，創校構想是來自1820年曼徹斯特商會會議提案，該校並在19世紀中期主導了英國自由黨。該校的追隨者篤信自由放任經濟政策，包括自由貿易、自由競爭、契約自由化、且對外國事務採取孤立主義立場。曼徹斯特學院的支持者多以成為商人為取向，而不是要成為理論學者。

Manchu　滿族　大多為女眞人後裔的民族，他們於17世紀建立滿族的民族特色，後來征服中國，建立清朝（1644～1911/1912）。雖然其官方政策有意維持滿洲人為獨特的民族，但他們在與中國人有極頻繁接觸的地區，無可避免地與中國人大量通婚，以及採用中國人的習俗。中國現今承認滿族是一個人口已超過一千萬的獨特種族群體，主要居住在中國東北。

Manchu dynasty ➠ Qing dynasty

Manchu-Tungus languages＊　滿－通古斯語諸語言　或作通古斯語系（Tungusic languages）。約有十個阿爾

泰諸語言的語族，使用此語系的人口少於五萬五千人，此語族人口主要居住在西伯利亞、蒙古、和中國北方。所有該語系語言的人口近一百年來逐漸減少，原因是使用此語系的人轉而使用其周圍族群的語言－－俄羅斯語、西伯利亞的雅庫特語，以及中國話、突厥語和中國境內的蒙古語等。「埃文基次語族」在西伯利亞和中國東北約有一萬人。在西伯利亞東北和堪察加半島的使用人口甚至少於六千人。接近阿穆爾河下游的地方，使用「那乃次語族」的人口少於七千人。女眞語爲金朝創建者的部落語言，現已失傳，另外，雖然中國東北有近一千萬居民認爲他們自己爲滿州人，但使用滿州語的人口也已經少於一百人。實際上滿州方言之一爲「錫伯語」（Xibe, Xibo, Shibe），約有一萬名於18世紀駐防在軍事前哨站駐防的滿州士兵後裔使用。

Manchuguo　滿洲國　亦拼作Manchukuo。1932年由日本在歷史上的東北三省所創建的傀儡政權。日本於日俄戰爭後，控制俄國所興建的南滿鐵路，並派駐軍隊進占此區。日本認爲必須先開拓滿洲這塊版圖，才能崛起成爲世界強權。1931年日本軍隊在此製造藉口攻擊中國軍隊。1932年滿洲國宣布獨立。清朝的末代皇帝從隱退中被扶立爲滿洲國的統治者。但實際上，滿洲國爲日本所嚴密掌控，並且成爲日本在亞洲擴張的基地。出身滿族的士兵、武裝的平民以及共產黨人等，以地下游擊戰的方式對抗占領的日本人。而在滿洲的日本人當中，有許多人是從日本遠道遷來此一新殖民地。當日本於1945年戰敗，這批移民多遭遣返。

Manchuria＊　滿洲　中文稱爲東北（Dongbei、Tung-Pei）。中國東北地區，曾發生過許多重大歷史事件。滿洲是由現在的遼寧省、吉林省和黑龍江省所組成，有時也包括內蒙古的東北部在內。中國在早期的歷史中，對滿洲的控制頗爲有限。1211年成吉思汗（元太祖）入侵進占滿洲。中國的叛亂者於1368年推翻由蒙古人的元朝，建立明朝。清朝（滿族）則於17世紀早期在此興起，最終擴張至全中國。1904～1905年爆發的日俄戰爭，即是俄國與日本爲爭奪此地作爲根據地所引發的衝突。俄國戰敗後，交出滿洲南部給日本。日本於1931年進占滿洲全境，並於1932年扶植傀儡政權滿洲國。蘇聯於1945年奪取此地，於是中國共產黨的游擊隊員很快在此掌握權力。1953年北京政府將滿洲劃分成現存的三個省。如今此地區爲中國最重要的工業地區。

Mancini, Henry　亨利曼西尼（西元1924～1994年）　美國作曲家。生於克利夫蘭，曾短暫的上過茱麗亞音樂學院，而後便以鋼琴家和編曲者的身分在戰後的「葛藍米勒樂團」工作。他爲電視連續劇*Peter Gunn*（1958）所創做的爵士配樂讓他大放異彩，但是他最爲人所稱道的可能是在電影《頑皮豹》主題曲中那幽默的配樂。其他配樂包括《格倫米勒傳》（1954）、《黑鎭風雲》（1958）、《第凡內的早餐》（1961；包含歌曲〈月河〉）、《相見時難別亦難》（1962）、《雌雄莫辨》（1982）。他的創作量驚人的超過兩百部電影配樂，贏得四座奧斯卡金像獎，並且曾錄製他所指揮和彈奏的鋼琴唱片多達八十張。

Mancini family＊　曼西尼家族　以傾城美貌聞名的義大利貴族仕女家族。她們是樞機主教馬薩林的姪女，早年便移居法國。梅爾克女公爵羅拉．曼西尼（1636～1657）嫁給梅爾克公爵路易．旺多姆，此人爲國王亨利四世的孫子。蘇瓦松女伯爵奧林佩．曼西尼（1639～1708）是路易十四世的情婦。她和妹妹瑪麗安涉嫌捲入「投毒事件」的醜聞，並被指控毒殺自己的丈夫；她同時也是薩伏依的歐根的母親。科隆納王妃瑪莉．曼西尼（1640～1715），也是路易十四世的情婦；馬薩林暗裡使計破壞他們結婚，後來她的大半生都在西班牙度過。馬薩林女公爵霍爾泰斯．曼西尼（1646～1699）嫁給阿曼德．查理．德拉波特，他則因此繼承了馬薩林的頭銜；霍爾泰斯離開丈夫後，成爲英國國王查理二世宮廷裡的出名美女。布永女公爵瑪利安．曼西尼（1649～1714），以她的文學沙龍著稱，但因涉嫌所謂的毒殺女巫拉瓦贊（La Voisin，卡特琳．蒙瓦贊〔Catherine Monvoisin〕）事件而於1680年遭到放逐。

Mandaeanism＊　曼達派　倖存於伊拉克和伊朗西南部的古中東諾斯底派。和其他二元論體系一樣，曼達派強調靈魂透過奧秘的知識或諾斯（即眞知）而獲得解脫。其名稱源自曼達雅（mandayya），意爲「擁有知識」。其宇宙論認爲，邪惡的阿甸康阻止靈魂穿越各天界與至高神重新結合。與其他諾斯底派不同的是，曼達派主張結婚，禁戒淫亂。該派另一特點是禮拜儀式繁複，尤其是洗禮。曼達派認爲耶穌基督是假彌賽亞，但崇奉施洗者聖約翰，在曼達派的聖書中有記載聖約翰的一生。

mandala＊　曼荼羅　印度教密宗與佛教密宗（參閱Vajrayana）中象徵宇宙的圖形，在舉行宗教儀式時使用，或作爲修習冥想的方法。曼荼羅是宇宙力量的聚集點。藉由精神上「進入」曼荼羅並向其中心前進，象徵經歷宇宙的分解與複合。曼荼羅可畫在紙上、布上、地上、青銅或石頭上。基本上分爲兩類，代表宇宙不同的兩面－－胎藏界和金剛界，前者的運動是從一到多，後者則是從多到一。

Mandalay　曼德勒　緬甸中部城市。瀕臨伊洛瓦底江，爲全國第二大城市，僅次於仰光。1875年曼桐王建立，以取代阿馬拉布拉爲國都。它是緬甸王國最後的都城，1885年落入英軍手中。第二次世界大戰期間被日本軍隊占領，幾乎完全被毀。曼德勒也是重要的佛教中心，有著名的馬哈牟尼塔和收藏有大理石碑佛經的730座寶塔。人口533,000（1983）。

Mandan＊　曼丹人　北美大平原印第安民族，操蘇語，居住在今北達科他州西南部的密蘇里河沿岸。曼丹人住圓頂土房，聚成村落，圍以柵欄。種植玉蜀黍、豆類、南瓜及向日葵，獵捕水牛，還製陶、編筐。舉行複雜的儀式，包括太陽舞和受苦儀式（一種治療和準備作戰的儀式）。有按年齡分類的各種武士會，以及巫醫、婦女團體。曼丹藝術家把英雄功績繪在水牛皮長袍上。卡特林曾在一系列作品中描繪曼丹人及其生活。19世紀中期，因天花而人數驟減的曼丹人已遷至北達科他州保留區，現人口約1,000人。

Mandarin　官　中國帝制時期的政府官員，他們必須先通過中國文官制度的考試，再從基層官員循序晉升。此字源於葡萄牙式的馬來用語，用來指稱國家的治理人。這個字已經用來指賣弄學問的官員、官僚作風的官員，或是在知識界或文藝圈中具有地位和影響力的人（通常又帶有保守或傳統主義的心態）。普通話在英語中也稱爲Mandarin，則是中國民族語言中最廣爲使用的語言。

Mande languages＊　曼德諸語言　非洲諸語言尼日－剛果語系（參閱Niger-Congo languages）語支。包含二十五種以上西非語言，使用人數超過1,000萬。最重要的語支是曼德坎語，一種連續統一的語言和方言，包括馬林克語（參閱Malinke）、馬尼卡語、班巴拉語（參閱Bambara）以及迪尤拉語，通行於從塞內甘比亞和幾內亞向東穿過馬利到布吉納法索。其他主要的曼德語有馬利的索寧克語、賴比瑞亞的克佩勒語、幾內亞的蘇蘇語以及獅子山的門德語。

Mandeb, Strait of ➠ Bab el-Mandeb

Mandel, Georges＊　芒代爾（西元1885～1944年）
原名Louis-Georges Rothschild。法國政治領袖。生於富裕的猶太家庭，1906～1909及1917～1920年擔任總理克里蒙梭的私人幕僚，1919～1924和1928～1940年任國民議會議員，1934～1940年在內閣任職。擔任內政大臣時（1940）支持雷諾總理拒絕接受德國停戰的主張。1940年被捕，先後監禁於法國和德國，1944年被送回巴黎，後被維琪政府的警察頭子下令槍決。

Mandela, Nelson＊　曼德拉（西元1918年～）　南非黑人民族主義領袖和政治家。科薩人酋長之子。1942年在維瓦特蘭大學取得律師資格，1944年加入非洲民族議會（ANC）。沙佩維爾慘案（1960）後，曼德拉放棄非暴力立場，幫助成立非洲民族議會的軍事組織「民族之矛」。1962年被捕，判處終身監禁。曼德拉在南非黑人中獲得廣泛的支持，並且成為國際上轟動一時的案件。1990年戴克拉克釋放曼德拉。1991年曼德拉取代坦博成為非洲民族議會主席。他與戴克拉克因致力於終止南非的種族隔離政策及和平過渡為非種族的民主制度，而在1993年共獲諾貝爾和平獎。1994年在南非第一次全種族大選中當選為總統，到1999年卸任時，他已成為後殖民地時期非洲最受尊敬的人物。

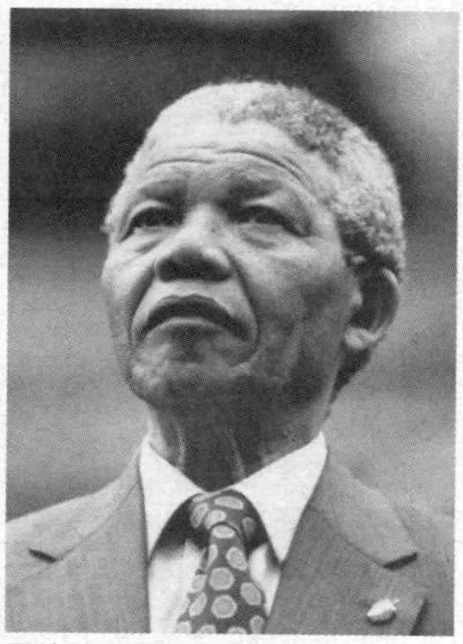
曼德拉，攝於1990年
© Christopher Morris/Black Star

Mandelbrot, Benoit B.＊　曼德布洛特（西元1924年～）　波蘭裔美籍數學家。在巴黎獲得博士學位，1958年移民美國。最著名的是關於碎形（他自創的名詞，參閱fractal geometry）的研究，說明碎形出現在數學及自然界的許多地方。受到朱里亞（1893～1978）的影響，1918年關於動力系統的論文獲得科學大獎。朱里亞的研究到1970年代之前都遭到忽視，直到曼德布洛特的基本電腦實驗，並利用電腦圖學賦予它全新的生命。曼德布洛特集合是從簡單方程式產生的虛數構成數學集合。在電腦上繪出的圖形有無限的複雜度。

Mandelstam, Osip (Emilyevich)＊　曼傑利什塔姆（西元1891～1938年）　俄羅斯詩人、文學評論家。1910年第一次發表詩歌。為阿克梅派詩人的領袖，該詩派抵制俄羅斯象徵主義中的神秘和抽象。其詩歌學術性強，與政治無關，如詩集《哀歌》（1922）。1934年因諷刺史達林而被捕。他雖患有間歇性精神錯亂，但仍寫完長詩《沃羅涅日札記》，此書收集了他最好的抒情詩。1938年再次被捕，死於獄中，享年四十七歲。他的大部分作品直到史達林死後才得以在蘇聯出版，1960年代中期以前，幾乎不為其他國家所知。

Mander, Karel van＊　范曼德（西元1548～1606年）
荷蘭畫家、詩人、作家。出生於貴族家庭，在長期漫遊之後，於1583年定居哈勒姆，並與霍爾齊厄斯、科內利斯成功創辦一所學院。其最著名的作品是《畫家傳》（1604），囊括了15～16世紀荷蘭、法蘭德斯及德意志約175位畫家的傳記，這些人即瓦薩里為義大利所作的《義大利傑出建築師、畫家和雕塑家傳》書中所謂的北部國家的藝術家。

Mandeville, Sir John＊　曼德維爾（活動時期西元14世紀）　傳說中《約翰・曼德維爾爵士航海及旅行記》的作者。此書為中世紀英國旅行者遊記集，約1356～1357年起源於法國，英文版出現於1375年左右。書中敘述者自稱記錄的是自己在1322～1356年的旅行，由於書中的大多數材料在當代百科全書和遊記中都能找到，所以作者有無旅行也無從確證。儘管如此，其文學技巧和豐富的想像力仍使此書有趣易讀且普受歡迎。

曼德維爾，選自15世紀初之手稿；現藏英國圖書館
Reproduced by permission of the British Library

Mandingo　曼丁哥人 ➠ Malinke

Mandinka　曼丁卡人 ➠ Malinke

mandolin＊　曼陀林琴　魯特琴類的小型弦樂器。發展於17世紀的義大利，但是現在曼陀林琴的樣式主要是由19世紀的維納恰（1806～1882）設計製造的。琴身梨形，穹形背很厚，短品的指板，四對鋼弦（美國民間曼陀林琴琴身淺，琴背平坦）。演奏時撥子在每對同音的弦上迅速來回撥奏，產生富有特色的震音。

mandrake　茄參　又稱毒參茄。茄科茄參屬6種植物的統稱，原產於地中海地區和喜馬拉雅山脈地區。最著名的種是藥鋪茄參，莖短，上生一叢卵圓形的花；根肥厚，肉質，常分叉。人們很早就知道茄參有毒，在古代用作麻醉品及春藥，人們也認為它具某些魔力。由於其分叉的根外形似人，人們認為茄參被挖出來時會發出尖叫聲，聽到的人會死去或發瘋；一旦離開土壤，茄參就對人無害，據說能使人睡眠安穩，治療創傷，引起性欲，使妊娠過程順利。在北美洲，mandrake一詞亦指鬼臼，一種春天開放的林地野花。

mandrill　山魈　棲息於赤道非洲雨林的晝行性猴科（通常列入山魈屬）動物，以其醒目的色彩聞名。體強壯，主要地棲，尾短，眉脊突出，眼小而凹陷，兩眼距離近。成年雄性山魈的兩頰裸區有稜紋，呈鮮藍色，鼻部為鮮紅色；臀胝粉紅至深紅色，到兩側漸漸變成淺藍色；髯毛和頸部為黃色。成年雄性體長約90公分，重約20公斤；雌性體色較暗淡，體型較小。食果實、根、昆蟲、小型爬蟲類和兩棲類。

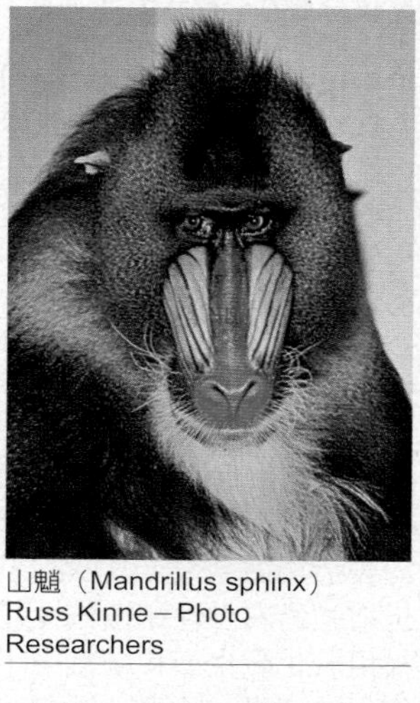
山魈（Mandrillus sphinx）
Russ Kinne – Photo Researchers

Manes ➠ Mani

Manet, Édouard＊　馬奈（西元1832～1883年）　法國畫家及版畫家。其父親是位成功的公務員，期望馬奈在海軍中任職，但是馬奈除了對繪畫感興趣外一無所成。經過六年的學習之後，1856年馬奈成立了自己的畫室。法國皇家學院沙龍拒絕他的第一部作品《喝艾酒的人》（1859），但在1861年展出他的《西班牙歌手》（1860）。1863年當沙龍拒絕他的《草地上的午餐》後，馬奈將這部作品在落選者沙龍上展出。他的這部作品雖然遭到評論家的非難，但激起一些年輕畫家的極大熱情，他們後來成為印象主義畫派的核心人

馬奈的《福里－白熱爾的酒吧間》（1882），現藏倫敦考陶爾德藝術研究中心
Courtauld Institute Galleries, London (Courtauld Collection)

物。雖然馬奈繼續為贏得沙龍的認可努力，但他不太高興的發現自己成了前衛派的領導人物。1868年沙龍接受了他的左拉的畫像，1869年他的以他未來的嫂子摩里索為模特兒的《陽台》也很受歡迎。1865年《奧林匹亞》（1863）在沙龍引起醜聞。他還因與畫家莫內的友誼，創作了一幅明快的戶外風景畫《划船》（1874）。後期著名作品《福里－白熱爾的酒吧間》（1882）也在沙龍展出。在創作題材上馬奈開創了從現實生活和風光中取材的先河，強調繪畫的色塊安排要超出或高於描繪作用。

Manfred　曼弗雷迪（西元1232?～1266年）　義大利語作Manfredi。西西里國王（1258～1266年在位）。神聖羅馬帝國皇帝腓特烈二世的私生子，曾擔任義大利和西西里教區牧師。在他的同父異母兄弟康拉德四世死後，努力爭取西西里的王位。他反抗教宗亞歷山大四世將王位授予英國競爭對手的決定，並打敗教宗軍隊，1258年加冕稱王，成為義大利北部吉伯林派（參閱Guelphs and Ghibellines）的保護人。教宗烏爾班四世宣布安茹的查理為西西里國王（後來的查理一世），曼弗雷迪在與查理軍隊交戰中失敗。

mangal-kavya＊　吉祥詩　孟加拉的一種頌神詩。大多數吉祥詩講述的是當地神靈是怎樣贏得人們的崇拜，通常在所頌之神的節日歌誦。一些吉祥詩很受歡迎，表演者也為娛樂一般村民而唱。由於歌者可以自由的改變內容，所以吉祥詩常有許多變異。大部分吉祥詩以簡單的對句寫成，取材於村莊、田野及河流的樸實描述。

manganese＊　錳　金屬化學元素，過渡元素之一，化學符號Mn，原子序數25。為銀白色、質硬而脆的金屬，與其他元素混合廣泛分布於地殼中。海底常有富含錳的大量礦瘤，但目前還沒有進行經濟開發的方法。95%以上的錳被用於製造鋼鐵合金，其餘的主要用於不含鐵的鋁和鎂合金中，以增強耐腐蝕性和機械性能。以各種原子價存在的錳化合物被用於化肥生產和紡織染印，還被用作試劑和原料。高錳酸鉀用於消毒、除臭、漂白，並在分析中用作試劑。錳對於植物生長很重要，並參與高等動物體內許多酶的作用。

mango　芒果　漆樹科常綠喬木，學名Mangifera indica，為熱帶地區最重要、栽培廣泛的水果之一。果肉黃色至橘紅色，多汁，有獨特香味、富含維生素A、C、D。果實從卵形到細長形，顏色從鮮豔的紅色或黃色到暗淡的綠色，小者如李子，大者似甜瓜。用於上座部佛教儀式。樹齡長，植株高達15～18公尺，葉長矛形，花小，簇生，粉紅色，味道芳香。

mangrove　紅樹林植物　紅樹科、馬鞭草科、海桑科和棕櫚科一些灌木和喬木的統稱，常沿感潮河口、鹽沼、泥岸形成稠密的灌叢或樹林。也指類似這種植物所形成的灌叢或樹林。紅樹林植物的特徵是具有暴露在空氣中的支柱根，不少種具有呼吸根或膝根，突出於泥上，有微小的開口，空氣通過皮孔經根部柔軟的海綿狀組織到達泥下的根部。果未脫落時種子就發出胚根迅速下長，在果實脫離母株前即已定植於土中。同樣的，其枝幹也會向下生出不定根，定植後又向上生出新的嫩芽。普通紅樹高約9公尺，葉短厚，表面革質，生有短柄；花淡黃色；果實味甜，有益健康。

Mangu ➠ Möngke

Manhae ➠ Han Yong-un

Manhattan　曼哈頓　美國紐約州東南部紐約市的一個區，包括曼哈頓島全部以及伊斯特河中的三個小島。四周為哈得遜河、哈林河、伊斯特河及上紐約灣環繞，據說是新尼德蘭省第一任總督米紐伊特在1626年以價值60盾的飾品向當地印第安人購得。1653年併入新阿姆斯特丹，1664年被英國人取得並改名為紐約市，1898年成為大紐約的五個區之一。為世界主要商業、金融和文化中心之一。內有名勝中央公園、帝國大廈、世界貿易中心（已毀）、聯合國總部、華爾街、大都會藝術博物館、現代藝術博物館、林肯表演藝術中心、卡內基音樂廳、哥倫比亞大學、茱麗亞音樂學院及紐約大學。人口1,490,000（1990）。

Manhattan Project　曼哈頓計畫　美國政府製造第一顆原子彈的研究計畫。1939年美國科學家敦促羅斯福總統建立一個研發核分裂的軍事用途的計畫，並獲得6,000美元的撥款。1942年這項計畫的代號定為曼哈頓，取自早期進行大部分研究的哥倫比亞大學的所在地。加州大學和芝加哥大學也同時進行此項研究。1943年製造原子彈的實驗室在新墨西哥州的洛塞勒摩斯建立，由奧本海默領導的科學家組成，同時也在田納西州的橡樹嶺和華盛頓州的漢福德進行生產。第一顆原子彈在新墨西哥州南部的阿拉莫戈多空軍基地試爆。這一計畫總共花費了約20億美元，投入125,000人參與。

Mani＊　摩尼（西元216～274?年）　亦稱Manes或Manichaeus。摩尼教創始人。出生於巴比倫尼亞南部，第一次看見天使異象是在童年時期，二十四歲時又見到天使，並召喚他宣傳新宗教。他旅行到印度，在那裡傳教收徒。波斯國王沙普爾一世准許他在波斯帝國境內傳教，但在巴赫拉姆一世統治時期受到瑣羅亞斯德教教士攻擊而被囚禁，二十六天後死於獄中。

manic-depressive psychosis ➠ bipolar disorder

Manichaeism＊　摩尼教　二元論宗教，西元3世紀由摩尼在波斯創立。摩尼受天使感召，將自己視為包括亞當、佛陀、瑣羅亞斯德、耶穌基督等一系列先知的最後繼承者。他的著作成為摩尼教的經籍，但大部分已失傳。摩尼教認為，世界是精神與物質的融合，善與惡的根本原理，失落的靈魂墮落到邪惡的物質世界中，必須靠精神才能得到拯救。狂熱的傳教士將摩尼教教義傳播到羅馬帝國和東方。摩尼教受到基督教和羅馬諸國的強烈攻擊，5世紀末幾乎完全從西歐消失，但直到14世紀仍倖存於亞洲。

Manicouagan River＊　馬尼夸根河　加拿大魁北克省東部河流。發源於拉布拉多邊界附近，向南注入聖羅倫斯河河口附近。從最遠的源頭算起，全長超過550公里。兩岸爲茂密森林，由此得名，印第安語意爲「樹木生長之處」。河上有世界上最大的連拱壩之一丹尼爾－約翰遜大壩，用於水力發電。

Manifest Destiny　上帝所命　認爲美國領土應向西擴張到太平洋的觀念。該用語是編輯奧沙利文在1845年首先提出，以表達美國合併德州以及通過擴張占領美洲大陸其餘領土是美國人的神聖權力，因而成爲美國兼併奧瑞岡、新墨西哥、加利福尼亞以及後來的阿拉斯加、夏威夷和菲律賓的藉口。

manifold　流形　數學中指裝配了一族局部座標系的拓撲空間（參閱topology），這些局部座標系之間由特定的座標變換相互聯繫。流形出現於代數幾何、微分方程式和經典動力學中。它們的整體性質用代數和代數拓撲的方法進行研究，並且形成微分方程式的整體分析的一個自然的領域。亦請參閱tensor analysis。

Manila　馬尼拉　菲律賓首都。位於馬尼拉灣東岸的呂宋島上，爲菲律賓主要港口及經濟、政治、文化中心。原是一個有圍牆的穆斯林居民點，後被西班牙征服者摧毀，1571年就地建立堡壘城市因特拉穆羅斯。七年戰爭期間曾短時間被英國人占領（1762～1763）。美西戰爭期間美軍取得該城的控制權（1898）。1942年被日本占領，1945年美軍收復時，激戰使之受創嚴重。1946年成爲新獨立的菲律賓共和國的首都而重建。1948年奎松市被選爲新首都，但在1976年馬尼拉再度得回首都的地位。馬尼拉有各式各樣的工業，包括造船、食品加工等，並是多所大學的所在地。人口：都會區約8,594,000（1994）。

Manila Bay　馬尼拉灣　中國海海灣。延伸至菲律賓呂宋島西南部，爲世界大港灣之一。四周爲陸地所包圍，面積2,000平方公里，最寬處達58公里。1898年在這裡發生美西戰爭決定性的海戰馬尼拉灣戰役。1942年日本取得馬尼拉灣控制權，但是1945年被美軍奪回。科雷希多島是第二次世界大戰中的激烈戰場之一，此島將海灣入口分爲南、北兩個海峽。

Manila Bay, Battle of　馬尼拉灣戰役（西元1898年5月1日）　美西戰爭中的海軍會戰，杜威率領的美國駐亞洲海軍中隊奉命從香港出發摧毀當時在菲律賓水域遊弋的西班牙艦隊。當天上午美軍摧毀停泊在馬尼拉灣的西班牙船隻，西班牙傷亡381人，美國傷亡不到十人。後來馬尼拉投降，8月由美國陸軍占領。該戰役確立了美國爲主要海軍大國。

Manin, Daniele＊　馬寧（西元1804～1857年）　義大利威尼斯復興運動領袖。原在奧地利溫尼亞省任律師，爲地方自治的提議者，1848年被捕入獄，同年隨著起義而獲釋，成爲威尼斯共和國總統，在義大利統一的名義下極不情願的與皮埃蒙特－薩丁尼亞王國結成聯盟。他領導威尼斯人民英勇抗擊奧地利軍隊，但於1849年被迫投降，馬寧流亡巴黎，度過餘年。1868年馬寧的遺體被運回解放的威尼斯，舉行國葬。

manioc ➠ cassava

Manipur＊　曼尼普爾　印度東北部邦。面積22,327平方公里，與緬甸接壤，首府因帕爾。該邦的兩大自然區爲曼尼普爾河河谷及西部山區。1762和1824年曼尼普爾請求英國幫助抵抗緬甸人的入侵，1890年代英國管理該地區，1907年由當地政府接管，1917年的部落暴動建立了由阿薩姆人執政的新政府。1947年加入印度聯邦，1972年成爲印度的一邦。農業和林業爲主要經濟來源。人口約2,010,000（1994）。

Manitoba＊　馬尼托巴　加拿大中部省份。四周分別與紐納武特省、哈得遜灣、安大略省、薩斯喀徹溫省以及美國的明尼蘇達州和北達科他州相鄰，省會溫尼伯。全省3/5的土地被加拿大地盾覆蓋，廣佈岩石、森林及河流。最早在該地區定居的是伊努伊特人（愛斯基摩人）以及克里人、阿西尼博因人、奧吉布瓦人等印第安部族。哈得遜灣公司打開了馬尼托巴的大門，使之受到歐洲影響，並成爲法國和英國競爭加拿大毛皮貿易優勢的焦點，直到1763年法國將其讓與英國。當地混血人的反抗，導致1870年通過「馬尼托巴法」，該地區成爲加拿大自治領的第五個省。19世紀後期，輪船和鐵路交通使歐洲移民大量湧入。雖然經濟大部分以農耕、伐木、採礦爲基礎，重工業在溫尼伯已獲得重大發展。人口約1,143,000（1999）。

Manitoba, Lake　馬尼托巴湖　加拿大馬尼托巴省中南部湖泊。位於溫尼伯西北，注入溫尼伯湖。長逾200公里，寬45公里，面積4,624平方公里。1738年由拉韋朗德里發現，命名爲「草原之湖」。馬尼托巴之名源自阿爾岡昆語manito-bau或manito-wapau，意爲「精靈的海峽」（strait of the spirit）。

Manitoba, University of　馬尼托巴大學　加拿大馬尼托巴省公立學校。位於溫尼伯市，創建於1877年。設有農業及食品科學、建築、藝術及科學、教育、工程、法律、畢業研究、管理、醫學、人文生態學及社會工作等領域的課程，校內主要機構還包括老年研究、國防及安全研究、糖尿病研究等中心。現有學生約25,000人。

Manizales＊　馬尼薩萊斯　哥倫比亞中部城市。位於安地斯山脈的中科迪勒拉山，海拔2,126公尺。馬尼薩萊斯大教堂在周圍數公里外都能看見。建於1848年，是哥倫比亞最重要的咖啡產區中心。有公路和鐵路通往卡利，有空中索道通往馬里基塔。設有卡爾達斯大學。人口約358,000（1997）。

Manjusri＊　文殊師利　大乘佛教崇奉的菩薩，是至高智慧的化身。通常被認爲是天神，但有些傳說認爲是人。250年寫成經，400年出現在佛教藝術中。多見其穿著王子服飾，高舉智慧寶劍，另有騎獅或疊坐青蓮花之像。對文殊師利的崇拜在8世紀流行於中國，山西省五台山是崇奉此菩薩的聖地，山上有文殊菩薩廟。

1343年用產自爪哇的玄武岩所做成之文殊師利像，原藏於柏林國立博物館，1945年遺失
By courtesy of the Museum fur Indische Kunst, Staatliche Museen, Berlin

Mankiewicz, Joseph L(eo)＊　曼奇維茲（西元1909～1993年）　美國電影導演、製作人和電影劇作家。生於賓夕法尼亞州威爾克斯－巴爾，1929年開始幫派拉蒙電影公司撰寫腳本，之後並曾製作如《憤怒》（1936）、《費城故事》（1940）和《年度風雲女性》（1942）之類的電影。他編寫並執導如*Dragonwyck*（1946）、《三妻艷史》（1949，獲奧斯卡最佳導演和最佳劇本獎）、《彗星美人》（1950，獲奧斯卡最佳導演、最佳影片和最佳劇本獎）、《赤足天使》（1954）、《紅男綠女》（1955）、《沈靜的美國人》（1958）之類的電

影，另外曾導演《凱撒大帝》（1953）、《夏日痴魂》（1959）和費用浩大的《埃及艷后》（1963）。他的哥哥赫爾曼（1897～1953）爲電影劇作家並爲有名的才子，最爲人所記得的就是他是《大國民》（1941，獲奧斯卡獎）劇本的主筆。

Manley, Michael (Norman) 曼利（西元1924～1997年） 牙買加政治領導人物。父親曾是牙買加總理，並且是個雕塑家；曼利也於1972年出任牙買加總理，在這之前他擔任過人民國家黨及國家工人聯盟黨魁。他領導的左派政府，在改善住宅問題、教育問題及健保問題方面，都得到顯著的成就，但是石油價格激烈上漲，卻造成經濟危機惡化，很多中產階級移民出走，失業率甚至暴升到30%，在1980年大選中並出現許多暴力事件，曼利也在該次選戰中敗下陣來。1989年曼利又重新當選執政，這回他改走中間路線，但在1992年因個人健康因素下台。

Mann, Horace 麥恩（西元1796～1859年） 美國教育家，美國最偉大的公共教育倡導者。幼年家貧，在麻薩諸塞州富蘭克林鎮圖書館自修，獲准進入布朗大學。後學習法律，並被選入州立法機構。任職州教育部長時積極支持教育改革，認爲在民主社會中，教育必須是免費的、普及的、平等的，依賴於訓練有素的職業教師。晚年進入國會（1949～1953），1953～1959任安蒂奧克學院（參閱Antioch University）首任校長，堅決支持廢除奴隸制。

麥恩
By courtesy of Antioch College, Yellow Springs, Ohio

Mann, Thomas＊ 托瑪斯・曼（西元1875～1955年） 德國小說家和隨筆作家，被認爲是德國20世紀最偉大的小說家。曾短暫從事辦公室工作，後與哥哥亨利希・曼（1871～1950）一起致力於寫作。第一部小說《布登勃洛克一家》（1901）是一部爲古老的資產階級美德譜寫的輓歌。在筆調陰鬱的中篇小說傑作《魂斷威尼斯》（1912）中，他描寫了藝術家在一個即將摧毀的社會中的悲劇性困境。雖然他在第一次世界大戰開始時懷抱著滿腔的愛國熱忱，但自1919年後逐漸改變了他對獨裁德國的觀點。他的巨著《魔山》（1924）清晰地表明他日益增長的對啓蒙運動作爲一個複雜而多元化的整體的支持。他直言不諱地反對法西斯主義，在希特勒統治時期逃亡瑞士，1938年在美國定居，但在1952年返回瑞士。四部曲《約瑟和他的兄弟們》（1933～1943）寫的是《聖經》中約瑟的故事。《浮士德博士》（1947）是他最直接的政治小說，分析了德國靈魂的陰暗面。而歡樂的《騙子菲利克斯・克魯爾的自白》（1954）則沒有完成。他以細膩的風格、豐富的幽默和諷刺、精細的描寫、多層次的智睿敘述而聞名。其隨筆作品則分析了托爾斯泰、弗洛伊德、歌德、尼采、契訶夫和席勒等人物。1929年獲諾貝爾文學獎。

Mannerheim, Carl Gustaf (Emil), Baron＊ 曼納林（西元1867～1951年） 芬蘭軍人及總統（1944～1946）。1889～1917年任俄羅斯帝國軍隊軍官，在芬蘭內戰中指揮反布爾什維克軍隊，擊退蘇聯軍隊。1918年成爲芬蘭攝政，直至1919年共和國成立。1931～1939任國防委員會主席，主持建立橫越卡累利阿峽的曼納林防線。1939～1940、1941～1944年擔任芬蘭軍總司令，在俄芬戰爭（1939～1940）中對抗強大的蘇聯軍隊，取得最初的勝利。1944年成爲芬蘭總統，與蘇聯簽訂和平協定。

Mannerism 矯飾主義 從1520年代文藝復興全盛期結束到1590年左右巴洛克風格興起爲止盛行於義大利的一種藝術風格。源於佛羅倫斯和羅馬，後來擴展到中歐和北歐。風格主義反抗文藝復興全盛期所營造的那種和諧的古典主義和理想化的自然主義，注重解決錯綜複雜的藝術問題，如描繪複雜的裸體姿勢。風格主義藝術家以一絲不苟的精神營造一種優美典雅和特殊的靈巧感覺，並造作地耽溺於古怪的事物，由此發展出一種以矯揉造作爲特色的風格。巴洛克風格取代風格主義後，風格主義逐漸頹廢衰退。20世紀，風格主義由於技術上的大膽嘗試和優雅，重新受到賞識。

Mannheim 曼海姆 德國西南部城市（1996年人口約311,292）。爲歐洲最大內陸港之一，位於萊茵河畔內卡河河口。西元8世紀時是個小村莊，爲選帝侯腓特烈四世的駐地，1607年設建制。在17世紀的戰亂中兩次被毀，1720年巴拉丁選帝侯重建此城，並把他的臣民遷往該城（參閱Palatinate）。1795年再次被毀，經重建，1848年成爲革命運動的中心。現爲工業中心，生產化工、紡織品、肥料。

Mannheim, Karl＊ 曼海姆（西元1893～1947年） 匈牙利社會學家。曾在德國海德堡大學（1926～1930）和緬因河畔法蘭克福大學（1930～1933）任教，後去英國倫敦大學（1933～1947）。他創立的知識社會學，研究知識如何在不同的社會中產生和發展，強調意識形態在獲得知識中所扮演的角色。主要著作爲《意識形態和烏托邦》（1929）。

Manning, Henry Edward 曼寧（西元1808～1892年） 以曼寧主教（Cardinal Manning）知名。英國天主教樞機主教。銀行家之子，曾任國會議員，1833年受按立爲英國聖公會牧師。作爲牛津運動的一員，1851年成爲天主教徒，同年受按立爲司鐸。此後升遷迅速，1865年被任命爲威斯敏斯特大主教，1875年任樞機主教。他倡導教會集權（越山主義），支持教宗永無謬誤論，其主張被第一次梵諦岡會議採納。他積極開辦學校，因熱衷於社會福利事業而知名。

manorialism 莊園制度 亦稱seignorialism。一種政治、經濟和社會制度，在這種制度下，中世紀歐洲的農民受縛於土地和領主，領主藉由農奴制統治農民。基本單位是莊園，爲受領主控制的自給自足的地產或領地。自由農民向領主繳納地租或爲領主提供軍事服務，以換取土地的使用權。農奴耕種小塊土地，向領主繳納地租並提供勞力，大部分農奴不得擅自離開領地。在西歐，這種制度在8世紀時十分昌盛，到13世紀開始衰落；而在東歐，則在15世紀後達到頂峰。

Mansa Musa 曼薩・穆薩 ➠ Musa

Mansfield, Earl of 曼斯菲爾伯爵（西元1705～1793年） 原名William Murray。英國法學家。1737年在眾議院爲商人們請求制止西班牙攻擊英國商船發表極具說服力的辯護演說因而聲譽鵲起，1756～1788年任王座法院首席法官。從他對叛亂案和誹謗案的審判中，可見他在審判時非常公正超然。他刪除過時的商法中煩瑣的條文，使商法更連貫一致；又完善了「合同法」，對海商法也有很大的貢獻。麥考萊稱他爲「現代保守主義之父」。

Mansfield, Katherine 曼斯菲爾（西元1888～1923年） 原名Kathleen Mansfield Beauchamp。紐西蘭出生的英國女作家。十九歲移居英格蘭，1920年出版成名之作《幸福》，1922年出版《園會》，達到創作的頂峰。寫作風格細膩，擅長描寫內心衝突，尤見長於充滿詩歌味的散文體，顯示出契訶夫的影響。病逝前五年深受肺結核折磨，死時才三十四歲。

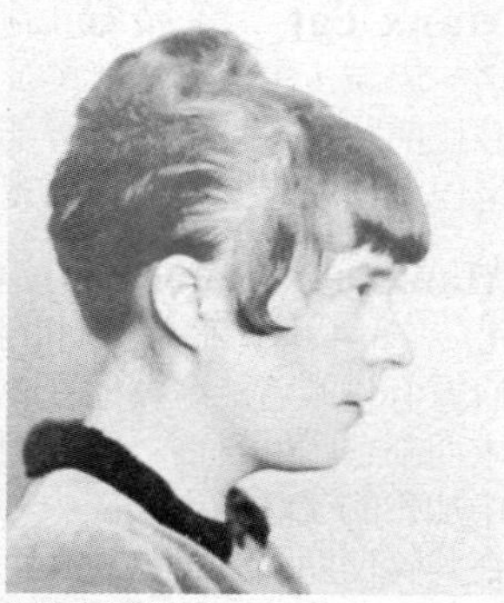
作家曼斯菲爾
BBC Hulton Picture Library

Mansfield, Mike　曼斯菲爾（西元1903～2001年）　原名Michael Joseph Mansfield。美國政治人物，長久以來一直是參議院多數黨領袖（1961～1977）。曾在蒙大拿銅礦工作，後在蒙大拿州立大學執教，1943～1953年任衆議院議員，1953～1977年任參議院議員。以直言無諱批評美國參加越戰聞名，支持1971年要求在越南停火並撤退的法案。他對尼克森總統一直持批評的態度，尤其在水門事件調查過程中。退休後一度擔任美國駐日本大使（1977～1988）。

Mansi　曼西人 ➠ Siberian peoples

manslaughter　非預謀殺人 ➠ homicide

Manson, Charles　曼生（西元1934年～）　美國宗教教派領袖。從很年輕時就是個罪犯。1967年組成了一個名爲曼生之家的自治教派。他在洛杉磯曾嘗試成爲一位流行音樂家，但當製作人梅爾契沒有助他一臂之力時，曼生決定發動一場謀殺傑出白人的種族戰爭，他還相信這項行動將會歸罪於黑人。1969年他派遣教派成員前往梅爾契租給女演員泰特和羅曼波蘭斯基的房屋。這群教派份子殺害了泰特以及五名友人，又在其他地方殺死另外三人。1971年曼生和他的信徒被處以死刑；當加州在次年廢止死亡的懲罰，這項判決減輕爲終生監禁。

manta ray　毯魟　亦稱蝠鱝（devil ray）或魔鬼魚（devilfish）。蝠鱝科幾個海產屬魚類的統稱，分布於暖溫帶及熱帶沿大陸及島嶼海區。體平扁，寬大於長，胸鰭長大肥厚如翼狀，頭前有由胸鰭分化出的兩個突出的頭鰭，似「鬼角」，用來掃攏浮游生物及小魚爲食。大西洋的前口蝠鱝是本科中最大種類，寬可達7公尺。體黑或褐色，強大但不傷人。

Mantegna, Andrea＊　曼特尼亞（西元1431?～1506年）　義大利畫家。原是木工之子，被曾是裁縫的畫家斯夸爾喬內收養，是後來控訴他剝削的學生之一。十七歲左右在帕多瓦開設作坊，接下一件祭壇畫的重要任務，該作品現已失傳。他在帕多瓦的埃雷米塔尼教堂留下的壁畫（1448～1457），以其紀念碑式的造型和對古典建築細節的關注，表明他精通透視學，並且成功的營造出魔幻的效果。最具代表性的作品是位於曼圖亞的貢札加王朝的都卡萊宮的壁畫《婚禮廳》，該作品使一個小小的內室變成具有開放式閣樓的空間效果。1453年與貝利尼家族的女兒結婚，但沒有加入貝利尼工作室，後來成爲盧多維科·貢札加侯爵的宮廷畫師。他對古典遺產的人文主義式探討和空間幻景的藝術手法，對後世有深遠影響。

Mantinea＊　曼提尼亞　古希臘阿卡迪亞城市，位於今特里波利斯北部。在西元前418年第一次曼提尼亞戰役中，與伊利斯、阿戈斯和雅典結盟反對斯巴達，但被斯巴達軍隊擊敗。西元前362年底比斯軍隊在附近的遭遇戰中擊敗了斯巴達軍。西元前207年統率亞該亞同盟大軍的菲洛皮門在此擊潰斯巴達。到羅馬帝國後期，曼提尼亞降爲村莊，最後在鄂圖曼帝國統治時消失。

mantis　螳螂　亦稱praying mantis。蠊螂目螳螂亞目螳螂科1,500多種昆蟲的統稱。體型長，行動緩慢，只吃活的昆蟲，以其巨大的前足脛節鉗住掙扎的獵物。雌蟲交尾後常吃掉雄蟲。歐洲薄翅螳螂和中華螳螂已被引入北美洲，後者體長7～10公分。英文名"mantis"源出希臘語，意爲「占卜者」，因古希臘人相信螳螂具有超自然的力量。

mantle　地函　指地球介於地殼之下、地核之上的部分。一般而言，地函始於地表以下35公里處，終止於約2,900公里深處，由以橄欖石、輝石和矽酸鹽礦物（頑火輝石的一種高密度形式）占優勢的岩石物質組成。

Mantle, Mickey (Charles)　曼托（西元1931～1995年）　美國棒球選手。生於奧克拉荷馬州的斯巴維諾，受腳踝和膝蓋所苦，在其棒球生涯中，曼托大部分的時間都必須帶著層層包紮的腳出賽。1951年加入紐約洋基隊，成爲一個鎮守外野和一壘的左右開攻強力打者。1954～1961之間，「米克」（the Mick）是美國聯盟四次的全壘打王、六次的得分王，以及一次的打點王（1956），這一年他成爲美國聯盟的三冠王（全壘打、打點和.353的打擊率）。1961年他擊出54支全壘打，僅次於在這一年打破貝比魯斯記錄的馬里斯的61支。1968年退休，生涯總共擊出536支全壘打。

mantra　曼怛羅　印度教和佛教的咒語，或一字，或數字，也有成句者，一般認爲具有神秘的或精神上的力量。或是高聲朗誦，或是心中默念；有的一再重覆，有的只念一次。大多數在言詞上並無明顯的意義，但被認爲具有深刻的寓意，爲智慧的精華。因此，反覆背誦曼怛羅可在信徒心中產生一種恍惚狀態，並引導他到達更高一層的精神領悟。廣泛使用的曼怛羅有印度教的「唵」和藏傳佛教的「唵嘛呢叭咪吽」。

Manu＊　摩奴　在印度神話裡人類的始祖和「摩奴法典」傳說中的作者。摩奴在《吠陀》中以第一個獻祭品的形象出現。也因其爲第一個國王而聞名，而且大多數中世紀印度統治者皆宣稱其爲印度的始祖。在大洪水的故事中，摩奴結合了聖經裡諾亞和亞當的角色。在神所化身的一隻魚警告他大洪水即將來臨時，他便建造一艘船，其船於洪水退去時靠岸於一座山頂，摩奴倒出牛奶和奶油奉獻給神以爲祭品。一年後，有一位自稱爲「摩奴女兒」的女人誕生在水裡，並且這兩個人變成新人類的父母，其子孫繁衍遍及全世界。

Manu-smrti＊　摩奴法典　正式名稱爲Manava-dharma-shastra。最具權威性的印度教法典。據傳出自人類始祖及立法者摩奴手筆。今本成書於西元前1世紀，內容包括印度教法（dharma）的各項規定，以及各社會階層與不同生命階段應遵循的禮法。使得宗教法和世俗法無明顯區別，論述天體演化學、聖事和其他宗教話題，以及婚配、待客、食物禁忌、婦道、歷代國王之法。

Manual of Discipline　會規手冊　亦稱Rule of the Community。猶太教艾賽尼派教團的重要文件。本手冊寫於卷軸上，1947年在庫姆蘭洞穴中爲人所發現（參閱Dead Sea Scrolls），闡明該派的宗教和道德理想，並記載了入會儀式的規定、神秘教義以及組織條例和規章。

Manuel I＊　曼努埃爾一世（西元1469～1521年）　別名幸運者曼努埃爾（Manuel the Fortunate）。葡萄牙國王（1495～1521年在位）。曾派遣卡布拉爾率艦船前往東方，與印度和巴西建立貿易關係（1500），而達伽馬的艦隊爲他從非洲帶回大筆財富。曼努埃爾對這些新發現土地的主權要求，都得到教宗的批准和西班牙的承認。為了娶西班牙國王費迪南德五世和伊莎貝拉的女兒，1496年他同意將猶太人和穆斯林驅逐出葡萄牙。他在印度和馬來半島建立葡萄牙政權，並於1513年派人與中國接觸。他還加強葡萄牙的中央集權統治，改革法庭，修改法典。

Manuel I Comnenus＊ 曼努埃爾一世（西元1122?～1180年） 拜占庭皇帝（1143～1180年在位）。約翰二世・康尼努斯之子，他與西方重建聯盟，以對付西西里和安條克的諾曼人。1155年占領阿普利亞整個地區，但1156年在布林迪西被日耳曼人、威尼斯人和諾曼人的聯軍擊敗，結束了拜占庭在義大利的影響。此後曼努埃爾向十字軍國家發動進攻（1158～1159），擴大了在匈牙利人和塞爾維亞人中的影響，1167年又將達爾馬提亞、克羅埃西亞和波士尼亞併入帝國版圖。1176年對塞爾柱土耳其人發動大規模的進攻，他的戰敗意味著拜占庭力量的消退，也結束了他復興羅馬帝國的夢想。

Manuel II Palaeologus＊ 曼努埃爾二世（西元1350～1425年） 拜占庭皇帝（1391～1425年在位）。約翰五世・帕里奧洛加斯之子，1373年加冕為同朝皇帝。1376年其兄長安德羅尼卡四世篡奪王位，曼努埃爾二世和父親在土耳其人的幫助下於1379年復位，為此他們必須向土耳其蘇丹進貢，後來蘇丹幫助他們平定了安德羅尼卡的兒子領導的叛亂（1390）。曼努埃爾二世被迫作為封臣在土耳其宮廷居住，直到1391年其父去世後逃離。1403年與土耳其簽定條約以維持和平，1421年其子與同朝皇帝約翰八世・帕里奧洛加斯捲入土耳其事務，和平破裂。在土耳其人占領君士坦丁堡（1422）並攻下希臘南部以後，曼努埃爾二世被迫簽訂喪權辱國的條約，之後退隱於修道院。

manufacturing 製造業 利用手工或機器將原料製造成產品的產業，通常採用有系統的分工生產方式。按更狹義的意義而言，製造業是以較大的規模加工和裝配零部件為最終產品的產業。最重要的製造業包括生產飛機、汽車、化學品、服裝、電腦、家用電子器件、電器設備、家具、重型機器、精煉石油產品、船舶、鋼材和工具。亦請參閱factory、mass production。

manure 糞肥 用於田地施肥的有機物。通常由混有或不混有褥草（如麥稈、乾草或墊草）的家畜糞尿組成，在一些國家也用人的排泄物（糞便）。家畜糞肥中的氮、磷和鉀鹼含量不如合成肥料的豐富，因此用量不得不比合成肥料大得多。但是糞肥含豐富的有機物或腐植質，可以改善土壤吸收和積蓄水的性能，防止土壤侵蝕。由於糞肥必須小心堆放和翻埋以獲得最大養分，因此有些農民不願意花很多時間做這件事情。人造的化學肥料儘管更濃縮、效果更好，但價格較高，並且容易流失及造成污染。亦請參閱green manure。

Manutius, Aldus, the Elder＊ 馬努蒂烏斯（西元1449～1515年） 義大利語作Aldo Manuzio il Vecchio。義大利印刷工，為當時印刷、出版和排印的領先人物。1490年定居威尼斯，在他周圍聚集了一批排字工和希臘學者。他第一次印刷了很多希臘和拉丁的古典名著，尤其是印刷小巧精美而價格低廉的便攜本。科隆娜的《波呂斐盧斯在夢中為愛奮鬥》（1499）刻板精緻，是他出版的最著名的書籍。他去世後，阿爾迪內印刷所被他家族的成員接手，在1495～1959年出版了約1,000部書。

Manx cat 曼島貓 據說原產於曼島的一種家貓。熱情，忠誠，勇敢，以無尾及特有的跳躍式步態著稱。由於後肢比前肢長得多，因此臀部明顯的比肩部高。初生時可能有尾巴，但理想的曼島貓應完全無尾。毛色多樣。

Manzanar Relocation Center＊ 曼薩納爾安置中心 第二次世界大戰期間拘禁日裔美國人的營地。美國政府擔心日本可能會藉助在美國的間諜入侵美國西部，於是要求西部各州的日裔美國人遷到專為他們設立的十個營區，其中加州的曼薩納爾安置中心成立時間最早，也是最著名的。在其管理期間，有11,000多人被拘禁於此。

Manzikert, Battle of 曼齊刻爾特戰役（西元1071年） 在曼齊刻爾特鎮（今土耳其馬拉吉特）附近發生的戰役。塞爾柱土耳其人（參閱Seljuq dynasty）在蘇丹艾勒卜－艾爾斯蘭的率領下擊敗了拜占庭皇帝羅曼努斯四世・戴奧吉尼斯率領的軍隊。羅曼努斯調集大軍應付土耳其人，制止他們進入拜占庭統治的安納托利亞。但戰爭前夕，他隊伍中的土庫曼商人叛變逃脫到敵軍隊伍，結果土耳其人摧毀了拜占庭軍隊，俘擄了羅曼努斯。戰後，塞爾柱人征服了安納托利亞大部分地區。

Manzoni, Alessandro 曼佐尼（西元1785～1873年） 義大利小說家、詩人。童年大部分在教會學校度過。寫了《聖歌》（1815）等一系列宗教詩，後來受莎士比亞影響寫了兩齣歷史悲劇：《卡馬尼奧拉伯爵》（1820）和《阿德爾齊》（1822年上演）。其最有名的小說《約婚夫婦》（3卷；1827）是世界文學的寶貴財富，也是該世紀最著名的義大利小說。出於愛國熱情，曼佐尼想創造一種能普及更廣的讀者的語言，而以明白易懂、富於含意的散文創作，後來成為許多義大利作家的典範。曼佐尼鼓吹義大利統一，使他被視為復興運動的英雄。他的去世促使威爾第創作出偉大的《安魂曲》。

曼佐尼，油畫，黑茲（Francesco Hayez）繪；現藏米蘭布雷拉宮繪畫陳列館
Alinari – Art Resource

Manzù, Giacomo＊ 曼祖（西元1908～1991年） 原名Giacomo Manzoni。義大利雕刻家。早年當學徒學習木雕、金屬雕刻和石雕。1950年以其五十多座天主教會樞機主教的雕塑作品和一系列女性裸體像而聞名，後受命為聖彼得大教堂雕刻青銅門。其嚴肅的寫實主義和極其精緻的造型，使作品既端莊穩重又富有美感。

曼祖的《貴婦像》（1946），青銅雕刻；現藏紐約市現代藝術博物館
Collection, The Museum of Modern Art, New York City; A. Conger Goodyear Fund

Mao Dun 茅盾（西元1896～1981年） 亦拼作Mao Tun。本名沈德鴻，或稱沈雁冰。中國作家與編輯。茅盾是1930年中國左翼作家聯盟的創始人之一，他在共產黨執政後，曾於1949～1964年擔任文化部長。1930年出版的三部曲小說《蝕》，雖然飽受馬克思主義者攻擊，但有不少西方文學評論家認為是他最傑出的作品。其作品的英譯本包括1956

年出版的*Spring Silkworms and Other Stories*（原中文小說名爲《春蠶》），以及1992年出版的小說*Rainbow*（原中文小說名爲《虹》）。茅盾普遍被視爲中國最偉大的寫實主義小說家。

Mao Shan＊ 茅山 中國江蘇省的道教聖山，364～370年楊羲在此受到道教人士啓示。有一群完美不死的仙人（「眞人」）從稱爲「上清」（至高純淨）的天界來探望楊羲。他們賜予他一套新的經文和教誨，告訴他在即將來臨的末世中，爲善之人如何前往聖山（如茅山）底下光明的洞穴裡避難。楊羲在茅山所受的啓示已將佛教的成分納入道教的思想中，他並提倡改革道教，包括摒除道教中涉及性行爲的儀式，以利於與天界的同道在精神合而爲一。

Mao Zedong 毛澤東（西元1893～1976年） 亦作Mao Tse-tung。中國馬克思主義理論家、軍人和政治家，領導中國共產主義革命，後來擔任中華人民共和國主席（1949～1959）和中國共產黨主席（1931～1976）。爲農夫之子，曾參加推翻清朝的革命軍，但當兵六個月之後，爲了接受更多教育而離去。他在北京大學結識了中國共產黨的創立者李大釗和陳獨秀，1921年起獻身於馬克思主義。當時的馬克思主義者認爲革命操之於城市工人之手，但1925年毛澤東下的結論是，在中國必須動員農民，而非城市的無產階級。他成爲江西省鄉下地方的中華蘇維埃共和國的主席；其紅軍抵擋了蔣介石的國民黨軍隊連番攻擊，但最後進行長征，來到中國西北部較安全的地方。在此，毛澤東成爲共產黨無庸置疑的領袖。他採取游擊戰術、激發當地人民的民族情感，以及實施土地均分政策等，使該黨在軍事上對付國民黨和日本敵人占了上風，也獲得廣大農民的支持。毛澤東的農民馬克思主義並不適合蘇聯，但是當1949年共產黨成功取得權力時，蘇聯即同意提供技術援助給這個新的共產國家。毛澤東的「大躍進」運動和他對「新的中產階級元素」的批評使蘇聯與中國的疏離關係變得無法挽回。1960年蘇聯撤銷對中國的援助。毛澤東仍堅持己見，在「大躍進」失敗後，緊接著進行同樣災難性的「文化大革命」運動，但較溫和的勢力有助於舒緩其影響效果。毛澤東死後，鄧小平引進社會及經濟改革，人們對毛澤東的崇拜大爲減少。亦請參閱Jiang Qing、Liu Shaoqi、Maoism。

Maoism＊ 毛主義 由毛澤東發展的一種馬克思－列寧主義的變體思想體系。它是從先前的土地政策核心思想分歧出來的：以農民潛伏的力量（在傳統的馬克思主義中被忽視的）取代城市的無產階級（中國大部分缺少的）。毛澤東思想信仰利用革命的熱忱和農民個性直率的積極價值觀來反對技術或知識精英分子，點燃了1950年代的「大躍進」運動以及1960年代、1970年代的「文化大革命」。兩次災難性的動盪結果導致毛澤東的繼任者們放棄了毛澤東思想，把它視作對經濟成長和社會秩序會產生反效果的一種阻力。世界各地的叛亂游擊隊曾採納了毛澤東思想；在赤棉的統治下，毛澤東思想成爲柬埔寨的國家意識形態。

Maori＊ 毛利人 紐西蘭的玻里尼西亞人。據他們傳統的歷史說法，大約12～14世紀起，他們的祖先就一批又一批地從一個神話之地移居到紐西蘭，但考古學發現他們在紐西蘭的歷史可追溯到西元800年。他們與歐洲的首次接觸是1642年與塔斯曼之間的戰爭，之後歐洲人普遍受到歡迎，但隨之而來的步槍、疾病、西方的農業方法和傳教士，對毛利人的文化和社會結構產生衝擊，由此引發了爭端。英國在1840年接手紐西蘭的統治，在接下來的三十年間，爭奪土地的戰爭此起彼伏。到了1872年，這些爭鬥終於結束，毛利人的大片土地被充公。現在，約有9%的紐西蘭人被歸爲毛利人，但幾乎所有人都帶有歐洲血統。雖然他們已經在很大程度上融入現代城市生活，但許多毛利人仍保留了傳統的文化習慣，並一直在爲維護祖先的土地而奮戰。

map 地圖 在一個平面上，按比例尺對地球某一地區的特徵，通常爲地理的、地質的、地緣政治的特徵，或某一天體的特徵所作的圖解表示。地球儀是表現球體表面的地圖。地圖學是繪製各種地圖的藝術和科學。地圖的主要類型有：表現地球陸地表面特徵的地形圖、表示海岸和海洋地區的航海圖、說明海洋深度及洋流的水文圖、詳述地表特徵和空中航線的航空圖。

Mapam Yumco＊ 瑪旁湖 亦稱瑪旁雍錯或瑪法木錯（Ma-fa-mu-ts'o）或Manasarowar。中國西藏西南部喜馬拉雅山脈中的湖泊。湖面海拔幾近4,570公尺，通常被視爲世界上海拔最高的淡水湖。是印度教神話傳說中的聖湖，也是印度教最重要的朝拜聖地之一。

mapmaking ➠ cartography

Maponos＊ 馬波諾斯 亦作Mac ind Óg或Oenghus。塞爾特宗教中，一位相當於阿波羅的神祇，通常與醫療有關。馬波諾斯在威爾斯神話中以馬崩現身，他在出生後的第三個晚上，從他具有神性的母親身邊被帶走。在愛爾蘭神話，據說他是達格達與波安的兒子，是愛爾蘭傳統中聖河的擬人化。他居住在紐格蘭吉巨大的新石器時代（因此是前塞爾特的）通道式墓穴中。

Mapplethorpe, Robert＊ 梅波索爾波（西元1946～1989年） 美國攝影家。生於紐約市，就讀普拉特學院（1963～1970），以花、名人、男性裸體爲主題，很快的以樸實無裝飾的黑白照片聞名。在其裸體照片中有一些明顯以同性戀爲主題的照片，雖然廣泛被認可其美感，但仍引起一些爭議。後來他死於愛滋病（AIDS），美國藝術基金會在1990年部分贊助他的回顧展，激起政府對「猥褻藝術」補助金的爭論，並導致美國國會制訂法律嚴格管制未來美國藝術基金會補助金的運用。

mappo＊ 末法 日本佛教用語，指佛法衰微時期。佛陀死後分爲正法時期、像法時期和末法時期三個時期。末法時期是眞實信念重新盛行的新時期，隨後受彌勒菩薩指引。日本佛教徒認爲末法時期從1052年開始，已經持續了10,000年，人類當前的歷史時期仍屬於末法時期。

Mapuche＊ 馬普切人 操阿勞坎語的南美印第安人中人數最多的族群（參閱Araucanian）。居住在智利中部谷地，因與西班牙和智利統治對抗長達350年而聞名。16～18世紀他們學習騎馬打仗，並聯合相距很遠的居民一起反抗西班牙入侵。當智利在19世紀取得獨立後，政府將他們安置於保留地。1980年代他們的保留地被轉爲私有，但因非精耕的農業方式而處於負債狀態，使得他們的土地所有權受到威脅。

Maputo＊ 馬布多 舊稱洛倫索－馬爾克斯（Lourenço Marques，1976年以前）。莫三比克首都及港口城市。位於印度洋的一個小海灣德拉瓜灣的聖埃斯皮里圖三角灣北岸。舊名得自1544年第一個發現這地區的葡萄牙商人，1787年這個圍繞葡萄牙要塞的地方終於發展成一個城鎮，1887年發展成城市，1907年繼莫三比克之後成爲葡萄牙在東非的首府。1975年莫三比克取得獨立後，旅遊業崩潰，外貿緊縮，嚴重影響了城市的經濟發展。人口約932,000（1991）。

maqam＊ 階段 阿拉伯語原意爲「居住地」。穆斯林神秘主義（蘇菲派）在追求親見阿拉並與阿拉融合爲一的漫長旅途中所達到的不同精神階段。蘇菲派教徒通過自身的精神努力和舍赫的指引循級而進。每達到一個階段，蘇菲派教徒都要努力脫離所有的世俗污染，爲自己達到更高的精神境界作準備。多數信徒認爲有七個主要階段，即懺悔、畏主、斷念、守貧、堅忍、信心和滿足。亦請參閱Sufism。

Maqtul, al- 馬克圖勒 ➡ Suhrawardi, as-

Mar del Plata 馬德普拉塔 阿根廷中東部海岸城市。1746～1751爲西班牙基督教國外傳教事業的中心，1856年葡萄牙探險家米耶列斯在此建立小漁村拉帕雷格林納。馬德普拉塔建於1874年，後逐漸發展爲海濱勝地，1907年設市。以世界最大的豪華賭場之一聞名。除旅遊業外，經濟以建築、紡織、商業捕魚和食品罐頭業爲基礎。設有馬德普拉塔國立大學。人口520,000（1991）。

Mara 魔 佛教中的感官之王，他反覆引誘佛陀喬答摩。當喬答摩在菩提樹就坐，等待開悟，邪惡的魔喬裝成信差現身，聲稱敵人已經篡奪喬答摩家族的皇位。魔在發出了暴風雨、石頭、灰燼和黑暗以嚇跑聚集的衆神後，魔質疑喬答摩坐在樹下的權利，並派出他的三個女兒查納、拉提和拉加（分別代表渴求、欲念和愉悅）來誘惑喬答摩，但徒勞無功。在佛陀達成覺悟之後，魔逼迫佛陀放棄任何傳教的嘗試，但衆神成功地說服佛陀宣講教法。

marabou＊ 禿鸛 非洲鸛類，學名爲Leptoptilos crumeniferus。是最大的鸛類，體高1.5公尺，翅展2.6公尺。體羽多爲灰色和白色，裸露的頭和頸淡緋紅色；喉袋淡紅色，可鼓脹；喙直而厚。常常和禿鷲一起吃動物屍體的腐肉，但它們更占上風。

Maracaibo＊ 馬拉開波 委內瑞拉西北部城市。位於連接馬拉開波湖和委內瑞拉灣的海峽上，爲全國第二大城市。建於1571年，當時稱爲新薩莫拉（Nueva Zamora），在湖水起源處的直布羅陀海峽於1669年遭到破壞後，成爲內地貿易的中心。在委內瑞拉爭取脫離西班牙獨立期間曾數度易主。1917年發現石油，不到十年即發展成爲委內瑞拉和南美的石油大都會城市。人口1,250,000（1990）。

Maracaibo, Lake 馬拉開波湖 委內瑞拉西北部的加勒比海水灣。爲南美洲最大的天然湖泊，面積13,280平方公里，自委內瑞拉灣向南延伸210公里，寬121公里。許多河流都匯集到這個湖泊裡，最著名的有卡塔通博河。該湖位於世界上原油資源最富饒的地區，該國出口石油的2/3都由其提供。油田位於湖泊東部沿岸，向湖面延伸約32公里。

Maradona, Diego Armando 馬拉度納（西元1960年～） 阿根廷足球選手。爲中場球員，以爲隊友和自己本身創造得分機會而聞名。在阿根廷、義大利和西班牙，他都率領過俱樂部球隊拿下冠軍。他是1986年世界杯冠軍隊阿根廷國家代表隊的明星球員。他的表現包括：對英格蘭隊時兩記令人難忘的射門得分：一次以手頂球得分（裁判誤認他是用頭頂進的），如今以「上帝之手」（Hand of God）而馳名；還有一次盤球過了一票防守球員而射門得分。曾兩度被懷疑使用禁藥。在一項由國際足球協會聯盟主辦的網路票選中，馬拉度納獲選爲20世紀最頂尖的足球員。

Marajó＊ 馬拉若島 巴西亞馬遜河三角洲島嶼。爲世界最大的沖積島，長295公里，寬200公里，面積40,100平方公里。亞馬遜河的主幹道流經該島北部，無數細窄的水道則直接流入帕拉河，該河將馬拉若島與南部大陸分隔開來。東部熱帶稀樹大草原中的考古遺跡類似前哥倫布時期的安地斯文化。

Marañón River＊ 馬拉尼翁河 祕魯中部河流。發源於安地斯山脈，是亞馬遜河源頭的一部分。向西北流經高3,650公尺的高地，通過叢林後形成一系列無法航行的急灘和瀑布；經過最壯觀的急灘彭哥・德麻塞里奇後，該河海拔只有175公尺。以下的1,415公里河道蜿蜒東流，接納瓦亞加河，與烏卡亞利河匯流，最後形成亞馬遜河。

Marat, Jean-Paul＊ 馬拉（西元1743～1793年） 法國政治家，法國大革命中激進的山岳派領導人之一。他在1770年代是倫敦的著名醫生，在1777年返回法國，被任命爲路易十四世的幼弟阿圖瓦伯爵（後爲查理十世）的私人衛隊醫生。馬拉出版了一些科學著作和政治小冊子。他從1789年起擔任《人民之友報》編輯，成爲了反對貴族、提倡激進改革政策的一個富有影響力的人物。他批判改良運動的領導人，提醒他們小心流亡貴族，並提倡處決反革命分子。作爲國民公會中一名最有影響力的人物，他積極支援巴黎人在街頭遊行示威。在1793年4月，吉倫特派把他交付革命法庭審訊，但他被宣判無罪。4月，一個年輕的吉倫特派支持者科黛進入馬拉的房間，把正在沐浴的馬拉刺死，使他成爲了爲人民而犧牲的烈士。

馬拉，肖像畫，伯澤（J. Boze）繪於1793年；現藏巴黎歷史博物館
Giraudon－Art Resource

Maratha confederacy＊ 馬拉塔聯盟 18世紀印度西部西瓦吉的馬拉塔王國在蒙兀兒帝國的壓力下解體之後形成的聯盟。在西瓦吉的孫子的領導下，權力由馬拉塔家族旁落到衆帕什瓦（peshwa，衆首席大臣）。衆帕什瓦於18世紀初期進行實際的統治，但因內部爭吵而衰落。馬拉塔聯盟於1818年被英國人摧毀。

Maratha Wars 馬拉塔戰爭 英國與馬拉塔聯盟之間的三次戰爭（1775～1782，1803～1805，1817～1818）。當時，馬拉塔聯盟控制德干高原大部分地區和印度半島的西海岸。第一次戰爭的爆發是由英國人支持一個競爭者爭奪帕什瓦（首席大臣）職位所挑起的。英國戰敗。第二次戰爭英國擊敗了聯盟中反對恢復帕什瓦職務的那些人而獲勝。第三次戰爭由英國藉幫助平息馬拉塔的起義之機侵略馬拉塔領土引起的。當馬拉塔軍隊群起反對英國人，而被擊敗，馬拉塔的領土被吞併，且英國對印度徹底控制。

marathon 馬拉松 戶外長距離賽跑，全長42.2公里。1896年在復興的奧運會中首度進行比賽。據說西元前490年，一名傳說中的希臘士兵自馬拉松奔跑大約40公里到雅典，報告希臘在馬拉松戰役獲勝的消息，隨後倒斃。現代馬拉松男女都可以參加，通常有數千名參與者，包括歷史悠久的波士頓馬拉松賽（1897年成立）和紐約馬拉松賽。女子馬拉松賽在1984年成爲奧運會比賽項目。

Marathon, Battle of 馬拉松戰役（西元前490年） 波斯戰爭中，在雅典外部的馬拉松平原上進行的一場決定性戰役。大流士一世率領的衆多軍隊對抗由米太亞得率領的少數雅典軍隊。雅典人迅速出擊，而波斯騎兵卻心不在焉，雅典軍隊蹂躪了波斯戰線，造成大流士離開希臘。勝利是壓倒性的：波斯人損失6,400人，而雅典人僅損失192人。據說信使奔跑了40公里回到雅典，在宣布勝利之後，力竭而亡（參閱marathon）。另一個說法是，一個雅典跑者在戰前被送往斯巴達求援，兩天內奔跑了240公里；斯巴達拒絕提供援助，因此雅典僅獲得普拉蒂亞的幫助而作戰。

Maravi confederacy＊　馬拉維聯盟　1480年左右在南部非洲建立的中央集權化的政體。由相關的民族語言成員建立，這些人從北部來到今天馬拉威中部和南部。該聯盟位於馬拉威湖（參閱Malawi, Lake）的西南部。17世紀該聯盟達到巔峰，控制了尙比西河和莫三比克海岸的遼闊地區。其首領和葡萄牙人和阿拉伯人進行象牙、奴隸和鐵的貿易。到1720年分裂成幾個自治的派系。

marble　大理石　在高溫、高壓和水的作用下經過再結晶而形成小顆粒狀石灰岩或白雲岩。最主要的大理石是方解石。在商業上，任何被用作裝飾的可被磨光的含鈣岩石和蛇紋石也被稱爲大理石。大理石主要被用作建築和紀念碑的修建、室內裝修、雕象、桌面和新奇的事物。顏色和表面光滑度的它們最重要的質量。雕象大理石是最貴重的，必須完全是純白色，顆粒大小也要均勻。

Marblehead　馬布林黑德　美國麻薩諸塞州東北部城鎮。其港口由馬布林黑德頸岩所包圍，岩岬約長2.5公里。1629年創建，作爲賽倫的一部分。1649年設鎮，後發展成漁業和造船業中心，1812年戰爭後其港口衰落，現爲旅遊中心。人口20,000（1990）。

Marbury v. Madison　馬伯里訴麥迪遜案（西元1803年2月24日）　美國最高法院首次宣布一項國會通過的法令違憲（1803），並且確立了司法審查的特權。這個案例涉及到一個由即將離職的行政部門任命爲治安法官，但這項任命並沒有得到即將上任的行政部門的批准，以1789年的司法組織法所授予的職權而定。首席大法官馬歇爾代表法院所寫的意見中，這項法案的一部分違憲，因此無效，並宣布憲法與國會通過的一項法律之間的任何衝突中，憲法必須占上風。

Marc, Franz　馬爾克（西元1880～1916年）　德國畫家。其早期作品爲傳統的，但受印象主義和青年風格的影響，柔和了他的風格。1911年和康丁斯基和其他抽象派畫家創立了藍騎士社。他認爲，抽象是表現精神實質的最好方法，並對原始民族、兒童和精神病患者的藝術極感興趣。其主要作品是對動物的研究，認爲低於人類的生命形態最富於表達自然界的活力。馬爾克在第一次世界大戰中陣亡。

marcasite＊　白鐵礦　一種鐵的硫化物礦物，呈淺青銅黃色的斜方系晶體，別名「雞冠狀白鐵礦」，是指這種晶體的常見的形狀。其化學分子式與黃鐵礦（FeS_2）相同，但內部結構（原子）不同。沒有黃鐵礦穩定，易分解，也不太常見。

Marceau, Marcel＊　馬叟（西元1923年～）　法國默劇演員。曾參加第二次世界大戰。後來師從啞劇演員艾蒂安・德古魯，在默劇《浸信會信徒》中扮演滑稽角色哈樂根獲得首次成功。1948～1964年組織了一個啞劇團。1950年代因演出果戈里的《外套》和他本人的高超演技博得了世界性的讚揚。1978年在巴黎建立了一所啞劇學校。馬叟以表情豐富，動作洗練而聞名，包括其最著名的白臉人物畢普，使人聯想起皮埃羅和卓別林的流浪者角色。

Marcel, Gabriel(-Honoré　馬塞（西元1889～1973年）　法國哲學家、劇作家與評論家。他的哲學探索人類生存的各個方面（如：信任、忠誠、希望和絕望等）這些方面在傳統上被忽視在哲學研究範圍外。爲了達到這一目的，他對人的意識、行爲和對忠誠、希望和所信任的人的態度進行了現象學的描述。他使用的現象學是和胡塞爾的著作相獨立的。馬塞被認爲是法國存在主義最早的支持者。

馬塞，攝於1951年
H. Roger-Viollet

Marcellus, Marcus Claudius　馬塞盧斯（西元前268?～西元前208年）　羅馬將軍。他在西元前222年被選爲羅馬執政官，領導了在高盧的戰爭並因在一次戰爭中獨立殺死了敵方首領而贏得了「榮譽戰利品」，成爲羅馬歷史上獨立殺敵首領的第三人也是最後一人。他在西元前215年和西元前214年再度成爲執政官。在第二次布匿戰爭期間，他在西西里服役（西元前214～西元前211年），在對敘拉古進行了兩年的包圍後最終將其攻克。他的軍隊洗劫了這個城市，將其藝術珍品運到了羅馬。他在西元前210和西元前208年再度擔任執政官。在韋努西亞附近與漢尼拔交鋒時，他在一場伏擊中被俘殺害。

Marcellus, Marcus Claudius＊　馬塞盧斯（西元前42～西元前23年）　羅馬領袖。奧古斯都的姐姐屋大維亞的兒子，是奧古斯都的假定繼承人。西元前25年與奧古斯都的女兒尤莉亞結婚。同年隨奧古斯都出征西班牙。他被寄予厚望，由於突然死亡，導致王位繼承的問題。

march　進行曲　節拍上有強烈重音的偶數節拍的樂曲形式，用以方便行軍。歐洲進行曲的發展由14～16世紀鄂圖曼的入侵促成。至16世紀末，進行曲沒有記譜；在那之前，只由打擊樂器來數節拍，且伴隨著橫笛的合音。銅管樂器的全面發展，特別是在19世紀，使進行曲廣爲傳播，並精心譜寫成管弦樂曲。如莫札特，貝多芬，小史特勞斯和馬勒等作曲家都寫過進行曲。他們通常將進行曲融入其歌劇，奏鳴曲或交響樂中。後來深受歡迎的蘇沙樂隊的進行曲是無可比擬。

March, Frederic　馬奇（西元1897～1975年）　原名Frederick McIntyre Bickel。美國演員。在《傀儡》（1929）一劇中首次出演出。隨後演出了六十五部影片，包括《皇族》（1931）、《化身博士》（1932，獲奧斯卡獎）、《星海浮沈錄》（1937）、《黃金時代》（1947，獲奧斯卡獎）、《推銷員之死》（1951）和《風的傳人》（1960）。他常與妻子埃爾德里奇共同演出，合演的影片包括《倖免於難》（1942）、《秋園》（1951）、《長夜漫漫路迢迢》（1956，獲東尼獎）。

March Laws　三月法　1848年革命期間匈牙利國會制定的改革法規，目的在於建立現代馬札兒人國家。該計畫由科蘇特向國會提出，要求匈牙利自己管理國內國民警衛隊，預算和外交政策。1848年4月，該法律由斐迪南批准。革命失敗後（1849），奧地利否認該法律的合法性，但匈牙利仍堅持這一法規。奧地利重新對匈牙利進行統治，直到「1867年協約」通過，匈牙利獲得了完全的內部自治。

March on Rome ➠ Rome, March on

Marchand, Jean＊　馬爾尚（西元1918～1988年）　加拿大政治人物。生於魁北克省山普倫，1961～1965年任全國貿易同盟聯邦主席，1965年當選加拿大衆議員，並出任總理皮爾遜的內閣閣員至1968年，之後繼續在杜魯道的內閣擔任不同的職位（1968～1976）。1976年當選加拿大參議員，並於1980～1983年擔任議長。

Marche＊　馬爾什　法國中部歷史區。一度屬於利穆桑，10世紀從利穆桑分出，另成一邊區。12～13世紀期間被分成東西兩部分。後相繼爲波旁公爵（1342～1435）和阿馬尼亞克（1435～1477）所統轄。法蘭西斯一世於1527年沒收該地，1574～1643年間，將其賜予法國國王的遺孀。法國大革命以前是法國的一個省份。

Marche＊　馬爾凱　義大利中部自治區。位於亞得里亞海和翁布里亞地區之間，被亞平寧山脈穿過；境內唯一的平地分布在沿河谷地和亞得里亞海沿岸的安科納附近；安科納爲首府。原由高盧人和皮切尼人定居。西元292年由羅馬人統治。在中世紀初期，馬爾凱南部由倫巴底人統治，北部由拜占庭人統治。12、13世紀時，一些強大家族的衝突升起，羅馬教宗試圖恢復對當地的統治。1631年，烏爾比諾公國併入教廷國，衝突達到頂峰。1860年全區歸屬義大利王國。爲一農業區，有些發展的工業。人口約1,443,000（1996）。

Marciano, Rocky＊　馬西亞諾（西元1923～1969年）　原名Rocco Francis Marchegiano。美國重量級拳擊世界冠軍。第二次世界大戰在軍隊中開始學習拳擊。其技巧較差，但出拳兇猛，耐力持久，1952年擊敗了沃爾科特獲得冠軍，到1956年退休時才交出冠軍。先後在49場職業拳擊賽中保持不敗，其中43場直接擊倒對手取勝。

Marco Polo ➠ Polo, Marco

Marco Polo Bridge Incident　蘆溝橋事變　亦作Lugoqiao Incident或Lu Kou Ch'iao Incident。西元1937年中國、日本軍隊在北平郊外蘆溝橋附近爆發的衝突，由於日本爲了保護它在東北的利益，而中國企圖結束日本的領土侵略，所以此意外事件擴展爲中、日之間的全面戰爭。亦請參閱Manchuguo。

Marconi, Guglielmo　馬可尼（西元1874～1937年）　義大利物理學家和發明家。他在1894年開始研究無線電波。1896年，他來到英國，成功開發了一種無線電報。他對短波無線電通訊的貢獻爲現代無線電廣播打下了基礎。由他改進的天線極大地擴大了無線電信號的接收範圍。在1899年，他在英吉利海峽建立起了無線電通訊，1900年建立起美國馬可尼公司，1901年首次橫跨大西洋發送信號。雖然他最著名的能使幾家電台發送不同波長的信號而不互相干擾的第7777號專利最終被推翻，但他一生仍獲專利無數。他晚年主要開發短波無線電通訊。馬可尼在1909年同布勞恩（1850～1918）一起獲得了諾貝爾物理學獎。他後被封爲侯爵，並擔任義大利參議員（1929），1930年被選爲義大利皇家學院院長。

馬可尼，攝於1908年左右
By courtesy of the Library of Congress, Washington, D. C.

Marcos, Ferdinand (Edralin)　馬可仕（西元1917～1989年）　菲律賓國家元首（1966～1986）。他是一名政治家的兒子，在爲獨立的菲律賓第一任總統羅哈斯服務前曾擔任出庭辯護律師。他在1966年被選爲總統，在第一任期爲農業、工業和教育的發展作出了貢獻。但在1972年，他反對婚姻法，後期統治混亂，政府腐敗、經濟停滯、政治壓迫嚴重、共產黨叛亂持續升溫。在其反對黨領導人艾奎諾（1932～1983）被暗殺後，他明顯在選舉中作假而使得票數超過了艾奎諾的遺孀柯拉蓉·艾奎諾。他後來被迫逃亡夏威夷，在那裡，他和他的妻子伊美黛被控掠奪菲律賓經濟達數十億美元。在他死後，其妻返回菲律賓，被判處監禁十八年。

Marcus, Rudolph A.　馬庫斯（西元1923年～）　加拿大裔美國籍化學家。受教於麥吉爾大學。曾任職於布魯克林工業學院（自1951年）、伊利諾大學（自1964年）和加州理工學院（自1978年）。1950年代和1960年代，他主要研究氧化還原作用中的電子轉移，及其周圍的溶劑分子會影響電子在分子間的遷徙能力。他還發現電子轉移反應的推動力與反應速率之間的關係可用一拋物線來表示。他的研究工作闡明了光合作用、細胞代謝和簡單的腐蝕作用等十分重要的現象。1992年獲諾貝爾獎。

Marcus Aurelius＊　馬可·奧勒利烏斯（西元121～180年）　全名Caesar Marcus Aurelius Antoninus Augustus。原名Marcus Annius Verus。羅馬皇帝（161～180）。出生於富貴之家，哈德良安排由未來的皇帝安東尼·庇護收養他和韋魯斯。皇帝撫育馬可成人，並指定其爲自己的繼承人。馬可就職後，仍然和同朝皇帝其義弟分掌大權，儘管大多數情況下由他定奪。在他統治期間，戰亂不斷，所有的邊界都受到外來侵略的威脅。反抗安息（162～166）的戰爭取得勝利，但是回來的軍隊帶給羅馬毀滅性的瘟疫。同時日耳曼人也開始入侵，羅馬人士氣低落；日耳曼人被擊退，但韋魯斯戰死沙場（169）。177年馬可立自己的兒子康茂德爲同朝皇帝。儘管他性格溫和，博學多才，馬克反對基督教，並迫害基督教徒。其關於斯多噶哲學的《沈思錄》被看作是人類最重要的書籍之一，闡述了他自己的全部宗教觀和道德價值。其統治時期成爲羅馬黃金時代的標誌。

描寫馬可·奧勒利烏斯勝利進入羅馬的浮雕，現藏羅馬保守宮（Palazzo dei Conservatori）
Alinari – Art Resource

Marcuse, Herbert＊　馬庫色（西元1898～1979年）　德裔美籍政治哲學家。作爲法蘭克福學派的代表之一，1933年逃離德國。第二次世界大戰期間任職於美國情報局，曾在幾所大學任教，主要是在加州大學聖地牙哥分校（1965～1976）。其主要著作包括：《愛欲和文明》（1955），《單面的人》（1964）和《反革命和造反》（1972）。他認爲，西方社會是不自由的和被壓抑的，它的技術通過物質商品給大衆帶來自滿情緒，致使大衆的智力和精神被控制。他對蘇聯的制度也抱有敵意。其馬克思主義哲學和對20世紀西方社會所作的弗洛伊德式分析在極左派學生中，尤其在1968年哥倫比亞大學和巴黎大學的造反運動之後相當盛行。

Marcy, William L(earned)　馬西（西元1786～1857年）　美國政治家。曾是紐約州民主黨人組織奧爾班尼攝政團的領導人物之一，1823～1929年任州審計員，1829～1831年任最高法院法官。1831～1833年入選美國參議院。政黨分贓制捍衛者，以「敵人贓物自然歸勝者所有」一語留傳於世。1833～1839年任紐約州州長，1845～1849年任美國陸軍部長，1853～1857年任美國國務卿。

Mardi Gras＊　豐富的星期二　在懺悔星期二當天或結束時慶祝的狂歡節，在聖灰星期三之前，是大齋期的開始。按照傳統，各家各戶會吃掉所有大齋期禁食的食物（如雞蛋）。在法國這個節日只持續一天，但在美國的紐奧良要持續幾天，伴隨著遊行、街道慶祝活動和誇張的服裝。

Marduk＊　馬爾杜克　亦稱貝勒（Bel）。美索不達米亞宗教中巴比倫的主神和巴比倫尼亞的國神。最開始是作爲雷暴之神，傳說中他制服了造成原始混亂局面的怪物提阿瑪特之後成爲衆神之首。馬爾杜克的占星是木星；他的聖畜是馬、狗以及舌分兩叉的一隻龍，巴比倫城牆就飾以此龍之像。

mare＊　月海　月球上平坦、低、暗黑的平原。儘管mare拉丁文原意爲「海」，但月海是帶有峭、地塹和斷層的巨大熔岩流，它們沒有水。最著名的月海爲寧靜海，是阿波羅11號登陸月球的地方。月球表面的十四個月海全部都在永遠朝向地球的月球正面上；它們是月表地形最大結構，從地球上用肉眼即可看到。所謂「月中人」（man in the moon）的特徵就是指月海。

Mare, Walter De la ➠ de la Mare, Walter (John)

Marengo, Battle of＊　馬倫戈戰役（西元1800年6月14日）　在對抗奧地利的拿破崙戰爭中，拿破崙的一次險勝。戰場在義大利北部的馬倫戈平原上。最初法國軍隊敗退，但當奧地利將軍認爲勝利確定無疑而將指揮權轉交給部下以後，法國增強軍力迫使奧地利撤退。勝利結果，法國占領倫巴底，促成拿破崙在巴黎取得軍政大權。

Marenzio, Luca＊　馬倫齊奧（西元1553?～1599年）　義大利作曲家。關於其早期生活和學習過程不詳。1570年代中期，遷居羅馬，爲紅衣主教路易吉・德埃斯特工作。由於他的贊助，馬倫齊奧在1580年代出版了二十五冊牧歌中的前十冊。這些牧歌使之揚名，在義大利和英國受其風格影響。他後來所做的牧歌在基調上更加嚴肅，使用了不和諧音和半階音階來表現文字內容，有時呈迴圈之勢。馬倫齊奧還寫了大約七十五首讚美詩。

Marfan's syndrome　馬爾方氏症候群　一種罕見的結締組織疾病。患者身材高、四肢細長，手指蜘蛛腳樣（蜘蛛腳樣指〔趾〕）。眼晶狀體脫位，許多患者患有青光眼和視網膜剝離。心肌的成分不正常，而有程度不同的功能障礙和畸形。最常見的致死原因是主動脈破裂。本病的輕重程度不等，患者可早夭或生活基本正常。潛在的異常無法治癒，但某些缺陷可以通過手術來矯正。

Margaret of Angoulême＊　昂古萊姆的瑪格麗特（西元1492～1549年）　亦稱那瓦爾的瑪格麗特（Margaret of Navarre）。法語作Marguerite d'Angoulême。那瓦爾的亨利二世的王后，法國文藝復興時期最傑出人物之一。她是昂古萊姆伯爵之女。其弟法國國王法蘭西斯一世於1515年登基之後，她開始干預朝政。第一任丈夫死後，於1525年嫁給了亨利。她是人道主義和改革派以及像拉伯雷的作家的信徒，自己本身也是作家、詩人；其最重要的作品是《七日談》，一部模仿薄伽丘的《十日談》寫出的七十二個故事合集，於1558～1559年間出版。

Margaret of Antioch, St.　安提阿的聖瑪格麗特（活動時期西元3或4世紀）　亦稱聖瑪麗娜（St. Marina）。早期基督教殉教者。據傳，她是戴克里先在位時期的敘利亞安提阿的處女。因拒絕嫁給安提阿的羅馬行政長官而受酷刑後被斬。她是孕婦（特別是難產產婦）的主保聖人，因爲在受刑時她被龍形的撒旦吞進腹中，後來又被安全吐出。在中世紀受到衆人崇敬，現在多被視作是虛構人物。

Margaret of Austria　奧地利的瑪格麗特（西元1480～1530年）　哈布斯堡王朝的統治者，曾任尼德蘭攝政女王（1507～1515，1519～1530），以輔佐她的侄子查理（後爲皇帝查理五世）。在1497年，她與西班牙諸王國的王位繼承人約翰王子結婚，但其夫在幾個月後去世。她在1501年與薩伏依公爵菲利貝爾第二結婚，菲利貝爾於1504年逝世。在被父親馬克西米連一世任命爲攝政王後，她實行了親英國政策。在1520年代，她將哈布斯堡王朝的統治擴張到了尼德蘭東北部，並協商簽定了「康布雷條約」（1529），同法蘭西斯一世的攝政王薩伏依的路易絲（1494～1547）締結了「夫人和約」。

奧地利的瑪格麗特，被認為是奧爾萊（Bernard van Orley）在1505年左右所繪；現藏伯克郡溫莎城堡

Margaret of Parma　帕爾馬的瑪格麗特（西元1522～1586年）　帕爾馬女公爵和哈布斯堡王朝女攝政、尼德蘭總督（1559～1567）。她是皇帝查理五世的私生女，先在1536年與佛羅倫斯公爵亞歷山德羅・德・麥迪奇結婚，但麥迪奇在1537年被謀殺，她在1538年與帕爾馬公爵法爾內塞結婚。她的異父兄弟西班牙國王腓力二世任命她爲尼德蘭總督，她試圖通過更緩和的對待新教徒的政策來平息貴族階層，但卻在1567年加爾文極端分子攻擊天主教教堂後召集了大批軍隊。腓力二世後將阿爾瓦公爵派往尼德蘭，阿爾瓦公爵對新教徒採取了嚴厲的手段，從而釀成反對西班牙統治的公開叛亂。瑪格麗特在阿爾瓦當權後辭職。

Margaret of Scotland, St.　蘇格蘭的聖瑪格麗特（西元1045?～1093年）　蘇格蘭的保護聖徒。她是埃德加的妹妹，同馬爾科姆三世結婚，他們的三個兒子繼承了蘇格蘭的王位。她曾修建寺院、爲公正而作出努力、提高窮人的生活環境並勸服馬爾科姆三世實行教會性質的改革使蘇格蘭宗教和文化生活發生了轉變。

Margaret of Valois＊　瓦盧瓦的瑪格麗特（西元1553～1615年）　亦作Margaret of France。法語作Marguerite。以馬爾戈王后（Queen Margot）知名。那瓦爾國王的王后，在宗教戰爭（1562～1598）中起到了重要的作用。她是法國國王亨利二世之女，她同其兄弟查理九世和未來的亨利三世的關係緊張，並同天主教極端分子領導人吉斯公爵第三私通。她在1572年嫁給那瓦爾天主教國王，即後來的法國國王亨利四世以平息天主教和新教教徒之間的爭端。但在聖巴多羅買慘案後，亨利三世發現了她同別人私通，在1586年把她流放到于松的城堡。她在1600年得到了婚姻無效判決書，後居住在巴黎。她以美貌、博學和放肆的私生活而著稱，她的《回憶錄》對當時法國的情況作了生動的描述。

Margaret Tudor　瑪格麗特・都鐸（西元1489～1541年）　蘇格蘭國王詹姆斯四世（1505～1513）的王后。英格蘭國王亨利七世之女，爲促進英格蘭與蘇格蘭之間的關係而嫁給詹姆斯。詹姆斯四世死後（1513），她代幼子詹姆斯五世（1512～1542）主持朝政。當她嫁給親英的安格斯伯爵後（1514），被迫放棄攝政，但是仍在蘇格蘭的親英派與親法派的衝突中起了關鍵作用，爲財政利益而轉移忠誠。1527年她與安格斯的婚姻宣布無效，又嫁給梅斯文男爵亨利・斯圖爾特，斯圖爾特成爲詹姆斯的首要顧問。

margarine　人造奶油　從一種或多種動植物油脂或混合了牛奶和其他調味料的油脂製成的食品。它在烹調中被用作塗抹的食料和黃油的替代品。它首先由法國化學家梅熱－穆里埃於1860年代末發明。其使用的油脂變動很大，不飽和脂肪油，如：玉米和葵花子油被認爲是比飽和油更加健康的脂肪，因此在今天被廣泛使用。

Margherita Peak＊　瑪格麗塔山　東非魯文佐里山脈的最高峰。位於烏干達與剛果民主共和國（薩伊）邊界。爲魯文佐里山脈的中央山脈史坦利山的最高峰，高5,119公尺，屹立於艾伯特湖和愛德華湖之間。1906年由一支義大利探險隊第一次登上該山，並以義大利瑪格麗塔皇后的名字爲之命名。爲非洲次於吉力馬札羅山和肯亞山的第三高峰。

margin　保證金　財政上，指爲一項貸款提供保證時，擔保品價值超過貸款額的部分。這部分超過的價值提供給貸款人大於擔保品價值的安全保證金，並使延長貸款更具吸引力。保證金的大小根據擔保品的類型、市場價格的穩定以及借貸人的信譽而不同。該詞常用於有價證券和商品的期貨交易之中。當以「保證金方式」購買有價證券時，買方僅以現金支付購價的一部分，而向經紀人借入其餘部分，以證券作爲借款的擔保品。美國聯邦儲備委員會（參閱Federal Reserve System）規定了用於購買證券的貸款保證金的最低限度，以防止類似1929年股票市場崩潰前出現的濫用信貸從事股票投機。英國證券交易所不准許保證金交易。

L
M
N

marginal-cost pricing　邊際成本定價法　經濟學中指產品價格訂爲等於額外生產一單位產出所增加的成本（即邊際成本）。生產者只收取原料與直接勞動等總成本之外的費用。這一策略在銷售低靡的時期可以用低廉的價格來維持企業運轉。因爲不論是否雇用勞工，租金與廠房維修之類的固定成本都必須支付，所以廠商可以決定繼續生產，並以邊際成本來銷售產品，如此所造成的金錢損失必定低於因解雇工人而停止生產的損失。

marginal productivity theory　邊際生產力理論　經濟學上認爲廠商企業僅樂於向生產代理人支付其對企業所增加的那部分的理論。19世紀末由克拉克、威克斯第德等發展而來。這種理論認爲，如果每位工人1小時的勞動力給企業所增加的收入少於企業對該工人1小時的勞動力所支付的費用，那麼，購買這種勞動力是無利可圖的。總額超過成本的一項生產投資的收益，爲該投資的邊際產品的價值；每種投資均按其邊際產值決定獲得其收入。

marginal utility　邊際效用　在經濟學上指消費者購買額外一單位商品或勞務所獲得的額外滿足或利益（效用）。逐漸縮小效用的法規含意是效用或效益同擁有的單位產品的數目呈反比。例如：如果把一片麵包給一個有5片麵包的家庭，那這片麵包的邊際效用是很大的，因這個家庭會因爲有了這片麵包而不那麼饑餓，5片麵包和6片麵包在按比例分配時造成的差別是很大的。而如果將一片多餘的麵包給一個已經擁有30片麵包的家庭，其邊際效用就很少，因爲30片和31片在比例上造成的差別較小，而這個家庭的饑餓程度早因原來擁有的麵包而緩解了。這一概念源自19世紀試圖分析並解釋價格的基本經濟情況的經濟學家的研究。

marguerite＊　蓬蒿菊；瑪格麗特　菊科中幾種像金色雛菊的屬。緊密的花頭上開著黃色或白色的放射狀花朵以及黃色的盤狀花朵。蓬蒿菊栽培作爲園藝觀賞植物，特別是金色蓬蒿菊，一般稱爲黃金菊。亦請參閱chamomile、daisy。

Maria Legio＊　聖母軍　亦作Legio Maria或Legion of Mary Church。受天主教影響的非洲獨立教會。1963年起源於肯亞，因盧奧人的兩名天主教徒翁代托和奧克聲稱遇見了先知。該教會通過祈禱和驅除靈魂的邪惡治療，並在天主教崇拜和等級制度中加入五旬節派的特點。聖母軍在第一年就贏得了大約九萬名擁護者，但是十年後人數下降到五萬。該教派抵制西醫和傳統醫藥、戒煙酒、禁舞，但容許一夫多妻，並有強烈的民族情緒。

Maria Theresa＊　瑪麗亞・特蕾西亞（西元1717～1780年）　德語作Maria Theresia。奧地利女大公、匈牙利女王、波希米亞女王（1740～1780）。神聖羅馬帝國皇帝查理六世的長女。查理六世頒布了「國本詔書」，允許她繼承哈布斯堡王室的領地。但是她的繼承權遭到反對，引起了1740年的奧地利王位繼承戰爭。查理七世死後（1745），她幫助她的丈夫取得了王位，爲法蘭西斯一世。她幫助啓動財政和教育改革，促進商業和農業的發展，重組軍隊，所有的這一切壯大了奧地利的力量。但是與普魯士的持續衝突導致了七年戰爭以及後來的巴伐利亞王位繼承戰爭。她的丈夫死後（1765），她的兒子成爲皇帝，爲約瑟夫二世。她對約瑟夫二世的許多行動感到不滿，但是同意分割波蘭（1772）。作爲18世紀歐洲強權政治中的主要人物，瑪麗亞・特蕾西亞給哈布斯堡王室帶來了統一，是哈布斯堡王室最有能力的統治者之一。她有十六個孩子，包括瑪麗－安托瓦內特和利奧波德二世。

mariachi＊　馬里亞奇　墨西哥傳統的街頭樂團。19世紀，馬里亞奇單純由絃樂器組成，包括小提琴、吉他、大吉他、豎琴、曼陀林和低音提琴。自1920年代吸收了喇叭以及其他管樂器。馬里亞奇的劇目包括歌曲和活潑的舞曲。

Mariam, Mengistu Haile ➠ Mengistu Haile Mariam

Mariana Islands＊　馬里亞納群島　舊稱賊群島（Ladrone Islands）。西太平洋群島。位於菲律賓以東，由十五座島嶼組成，行政上分爲關島和北馬里亞納群島。居民以西班牙占領前的查莫羅人爲主，亦多西班牙、墨西哥、菲律賓、德國和日本人的混血，有著濃厚的西班牙文化傳統。西元1521年麥哲倫發現馬里亞納島後，歐洲人就經常登陸此地，但是直到1668年才成爲殖民地。當時耶穌會傳教士更改了群島的名稱，以紀念西班牙的攝政王－－奧地利的馬里亞納。

Mariana Trench　馬里亞納海溝　西太平洋底的海溝。是世界上最深的海底凹地，最深處約11,033公尺。海溝從關島東南延伸至馬里亞納群島西北，全長2,550公里，平均寬69公里。

Mariétegui, José Carlos＊　馬里亞特吉（西元1895～1930年）　祕魯政治領袖、隨筆作家。1919年赴義大利學習，在義大利結識當時包括高爾基在內的主要社會主義者。起初他是「美洲人民革命聯盟」的堅定支持者，1928年脫離該組織，另外組建「祕魯共產黨」。他在著作中強調馬克思主義的經濟問題，在處理印第安人的過程中他也意識到宗教和神話的價值，並主張印第安人發揮更大的社會和政治作用。毛澤東主義以及光輝道路派革命運動都深受其影響。

Marib＊　馬里卜　葉門中北部古代城市遺址。古代防禦城市的馬里卜是伊斯蘭教以前的王國賽伯伊古國（西元前950～西元前115年）的中心。位於地中海世界與阿拉伯半島之間的商隊通道之一。由於對乳香和沒藥貿易的壟斷而繁榮。古馬里卜水壩建於西元前7世紀左右，用於調節薩德河的水。水壩長約550公尺，灌溉面積達1,600公頃以上，爲人口稠密的農業區提供了水源。大壩毀於6世紀。

mariculture ➠ aquaculture

Marie-Antoinette(-Josèphe-Jeanne d'Autriche-Lorraine)　瑪麗－安托瓦內特（西元1755～1793年）

瑪麗－安托瓦內特，肖像畫，維熱－勒布倫（Élisabeth Vigée-Lebrun）繪；現藏凡爾賽宮
Cliche Musees Nationaux

法國國王路易十六世的王后。她是法蘭西斯一世和瑪麗亞·特蕾西亞的女兒，在1770年與法國王儲結婚。在王儲成爲國王後，她因鋪張浪費和同近寵內幸間的輕妄舉止而遭到抨擊。她在動搖了君主政體的「鑽石項鍊事件」事件（1786）中無辜受到牽連。在法國大革命開始後，她促使國王頂住了革命的國民議會要廢除封建制度和限制王權的企圖，成爲衆矢之的。據說當她聽說老百姓沒麵包吃的時候，曾作出這樣的著名言論：「叫他們吃蛋糕！」她曾企圖同君主專制主義分子及其兄弟、國王利奧波德二世祕密協商想保全王位。她的陰謀進一步激怒了法國人民，最終引發了1792年推翻君主專政的革命。在被囚禁一年後，她在1793年受到審判，被推上了斷頭台。

Marie de France　法蘭西的瑪麗（活動時期西元12世紀末）　已知最早的法國女詩人。主要創作浪漫和神奇題材的敘事詩，後世遊吟詩人的敘事小曲可能即源出於此。她的作品可能寫於英國，她的寓言也可能取材於英國。她的詩歌是獻給一位「高貴的」國王的，似乎是英國國王亨利二世或其子。她還創作有《寓言集》。

Marie de Médicis＊　瑪麗·德·麥迪奇（西元1573～1642年）　義大利語作Maria de' Medici。法國國王亨利四世的王后。麥迪奇家族中著名的法蘭西斯·麥迪奇之女，1600年嫁給亨利四世，成爲其第二任妻子。1610年亨利四世遇刺，她成爲其子路易十三世的攝政。在肆無忌憚的侯爵安克爾的指導下，她揮霍國庫收入，以換取叛亂貴族的忠誠。安克爾被刺後，路易奪取王位（1617），並將瑪麗流放到布盧瓦。她試圖發動叛亂，後來通過她的首要顧問－－即後來的樞機主教黎塞留贏得優惠條件。重返國王的樞密院（1622），她爲黎塞留爭到樞機主教的地位，並勸路易任命他爲首相。但是黎塞留逐漸擺脫瑪麗的影響並於1628年反對她的政策。瑪麗試圖罷黜黎塞留，但路易抵制了她的陰謀並將她驅逐出宮廷。1631年瑪麗逃往布魯塞爾，後在布魯塞爾死於貧困。

Marie-Louise　瑪麗－路易絲（西元1791～1847年）

瑪麗－路易絲，肖像畫，法蘭克（Joseph Franque）繪；現藏凡爾賽宮
Alinari – Art Resource

德語作Maria-Luise。奧地利女大公，拿破崙的第二個妻子。她是法蘭西斯二世的女兒，在1810年嫁給拿破崙，並在1811年給他生了一個盼望以久的繼承人，即後來的拿破崙二世。當拿破崙在1814年退位後，她同兒子一起返回了維也納。她在拿破崙被流放以及返回法國（1815）期間無視拿破崙想要同她團聚的請求。她在1816年被封爲帕爾馬、皮亞琴察和瓜斯塔拉女大公，按奧地利人的意志進行統治。在拿破崙死後（1821），她下嫁給了奈佩格伯爵，後者在1829年去世，她又在1834年下嫁給了邦貝爾伯爵。

marigold　萬壽菊　菊科萬壽菊屬約30種一年生草本植物，原產北美西南部。萬壽菊也指金盞花以及其他幾科無親緣關係的植物。萬壽菊包括幾種廣泛種植的庭園觀賞花，如非洲萬壽菊和法國萬壽菊，它們的花單生或簇生，色紅、橙和黃，葉緣通常細裂。由於它們的葉有害蟲們不喜歡的強烈氣味，所以往往在蔬菜作物中栽植萬壽菊。

法國萬壽菊
Robert Bornemann – Photo Researchers

Mariinsky Theater＊　馬林斯基劇院　舊稱基洛夫劇院（Kirov Theater）。俄羅斯帝國在聖彼得堡的劇院。始於1860年，以當時在位沙皇的妻子瑪麗亞·阿勒克山卓夫那爲名。直到1880年才開始演出芭蕾舞劇，1889年之後才有常態性的芭蕾演出。劇院有專屬芭蕾舞團，舞者都出自其附屬的「帝國芭蕾」學校。此劇院在1917～1935年改名爲「國家學院劇院」，隨後又改爲「基洛夫（紀念基洛夫）國家學院歌舞劇院」（1935～1991）；到了1991年劇院又改回到最原先的名稱。其常駐芭蕾舞團，遠近馳名的基洛夫（或馬林斯基）芭蕾舞團，會到世界各地巡迴演出。

marijuana＊　大麻　印度大麻植物，或是用其花、葉晾乾切碎後製成的生藥。有效成分是四氫大麻酚（THC）。亦稱鼻煙（pot）、茶（grass）、草煙（weed），長期用於鎮靜和止痛。西元前3世紀就已經在中國使用，西元500年傳到歐洲。如今大麻已在全世界廣泛使用，但是從1925年「國際鴉片公約」以來大麻的使用一般是違法的。其心理和生理效用，如中度興奮、視覺和判斷力的改變，會隨著效力、攝取量、環境以及使用者的經驗而變化。長期使用在生理上不會上癮，但是在心理上有可能略微上癮。大麻也可在醫學上用於治療青光眼、愛滋病以及化學療法所出現的副作用。大麻合法化的支持者提出，與酒精相比，大麻是一種良性藥物；反對者則認爲大麻可以成癮並可導致吸食更爲嚴重的毒品。哈希什（一種迷幻藥）就來源於大麻的樹脂（大麻脂）。

marimba　馬林巴琴　每個木條下都裝有共鳴器的木琴。最初的非洲木琴使用的是葫蘆製成的共鳴器。在墨西哥和中美洲的馬林巴琴（由非洲奴隸帶到那裡），其木條固定在一個框架上，用腿支撐框架或掛在演奏者的腰上。管弦樂團的馬林巴琴使用長的金屬管作爲共鳴器。

Marin, John＊　馬林（西元1870～1953年）　美國油畫家和版畫家。學習繪畫前是一名建築繪圖員。接觸立體派和德國表現主義後，他形成了有個人特色的表現主義風格，由以客觀現實爲基礎的半抽象映射組成。儘管水彩畫通常呈現的是柔和、透明的效果，但馬林卻用其表現出了紐約市的雄偉氣魄（如《下曼哈頓區》，1922）和大海的驚濤駭浪（如《緬因群島》，1922）。

馬林的《緬因群島》（1922），水彩畫：現藏華盛頓特區菲利普斯收藏館
By courtesy of the Phillips Collection, Washington, D. C.

Marín, Luis Muñoz ➠ Muñoz Marín, Luis

Marina ➠ Espiritu Santo

Marina, St. ➠ Margaret of Antioch, St.

marine　海軍陸戰隊　爲一支經過訓練參加附屬海上戰役的海上和陸上作戰的軍隊。其歷史可以追溯到西元前5世紀，當時的希臘船隊配置帶有重武器的海上士兵。中世紀，普通士兵經常被派到海上服役。但是直到17世紀的海戰，海軍陸戰隊這種獨特的作用才幾乎同時被英國人和荷蘭人所發現。於是，他們編成最早的兩支現代海軍陸戰隊－－英國皇家海軍陸戰隊（1664）和荷蘭皇家海軍陸戰隊（1665）。亦請參閱U.S. Marine Corps。

marine biology　海洋生物學　研究在海洋或河口中生活的動植物以及在空氣中和陸地上生活、但需要直接從海洋水體中取得食物和別的生存必需品的生物體的學科。海洋生物學研究海洋現象同生物體的分布和其環境適應性之間的關係。其中尤其要研究生物如何適應海水的化學和物理特性、海洋的運動和海流、不同深度的海水中的光線、構成海底的固體表面等環境因素的。其他重要的研究領域還包括海洋事物鏈、重要的經濟魚類和甲殼類動物的分布和污染造成的影響。在19世紀末期，海洋生物學的研究重點是對海洋生物進行採集和分類，並開發了特殊的魚網、撈網和拖網等。在20世紀，經過改進的潛水工具、技術和水下照相機和電視實現了對海洋生物的直接觀察。

marine geology　海洋地質學　亦稱地質海洋學（geologic oceanography）。研究大陸棚和大洋盆地的各方面地質情況的科學分支。起初海洋地質學的重點是研究海底沈積作用和解釋多年來採集的許多海底標本。然而海底擴張假說的出現擴大了海洋地質學的研究範圍。對於洋脊、海底岩石的剩餘磁性，深海淵的地球化學分析，海底擴張和大陸漂移的大量研究都被認爲屬於海洋地質學總的研究範疇。

marine geophysics　海洋地球物理學　地球物理學的分支，主要研究海洋現象。主要技術和研究領域包括熱流數據、地震反射和折射技術、地磁以及引力研究。海洋地球物理學的主要概念是海底擴張假說、大陸漂移以及板塊構造學說。

marine sediment　海洋沈積物　被風、冰川、河流由陸地搬運到海洋的難溶物質（主要是岩石和土壤的顆粒），如：堆積在海底的海洋生物殘骸、海底火山作用產物和海水化學沈積物等。

Mariner＊　水手號　美國發射到金星、火星和水星附近的十個無人太空探測器系列。「水手2號」（1962）和「水手5號」（1967）分別在離金星35,000公里及4,000公里的距離內飛越金星，並分別對金星的溫度和大氣密度進行了測量。水手4號（1965）、6號和7號（1969）、9號（1971～1972）和10號（1973～1975）出色地拍攝了火星表面的照片，並對火星大氣和磁場進行了分析。水手10號是唯一訪問過水星（1974～1975）的太空船。

Marinetti, Filippo Tommaso (Emilio)＊　馬里內蒂（西元1876～1944年）　義大利裔法國籍作家，未來主義的意識形態創始人。其早期詩歌如《毀滅》（1904），已顯示出他的活力以及以後作品所採用的無秩序形式。1909年他的宣言在巴黎《費加洛報》發表後，未來主義即告正式誕生。他的思想很快在義大利爲人們接受，後來他又在一本小說和幾部戲劇作品中詳細陳述了他的理論。他聲稱法西斯主義是未來主義的一種自然擴展，他變成一個活躍的法西斯分子，因而在1920年代失去了大部分追隨者。

Marini, Marino　馬里尼（西元1901～1980年）　義大利雕刻家、畫家。起初雕刻銅像，主要集中於兩種形象：世俗女人與騎士騎馬。他對雕刻形式及外觀的敏銳感受大多受益於伊楚利亞人和羅馬人的作品，但是以粗獷強勁的人體表現內在張力，這反映出表現主義者的敏感性。他的半身像《史特拉汶斯基像》（1950）捕捉到了雕刻對象的心靈深處。1940年代他轉向抽象畫作品。

Marinid dynasty＊　馬里尼德王朝　13～15世紀北非繼阿爾摩哈德王朝之後的柏柏爾人王朝。馬里尼德原是札內塔族的一個部落，在哥多華與伍麥葉王朝聯盟。1248年阿布．葉海亞攻陷了非斯，並將其作爲馬里尼德人的首都。奪取馬拉喀什後（1269），馬里尼德人主宰了摩洛哥。他們在西班牙和非洲發動了沒完沒了的戰爭，逐漸耗盡他們的資源，15世紀國家已處於無政府狀態。1548年薩阿迪．謝里夫占領非斯。

Marino, Dan　馬里諾（西元1961年～）　原名Daniel Constantine Marino, Jr.。美國美式足球四分衛。生於匹茲堡，高中及匹茲堡大學時代就是美式足球員，1983年的NFL選秀會中被邁阿密海豚隊於第一輪選中。他是NFL傳球成功（在7,452次傳球中成功4,453次）、傳球碼數（55,416碼）傳球達陣（385次），以及其他二十一項記錄的保持者。1984年，他成爲第一位在單一球季中傳球超過5,000碼（5,084碼）、也是第一個在單一球季中成功達陣超過40次（48次）的四分衛。

Marino, Giambattista　馬里諾（西元1569～1625年）　義大利詩人。統治17世紀義大利詩壇的「馬里諾斯派」（後稱「十七世紀主義」）的創始人。起初學習法律，但後來放棄。他所出版的詩歌儘管遇到審查問題，但是仍獲得極大成功。他經過二十年辛勤努力寫出了他的最重要的作品《阿多尼斯》（1623），這部卷帙浩繁的詩作（45,000行）敘述了許多維納斯與阿多尼斯的愛情故事。他的作品在歐洲受到廣泛稱讚，並且遠遠超過了他的模仿者的成就。他的模仿者們濫用他複雜的字句、精心的矯揉造作和比喻，以致馬里諾主義成為一個貶義詞。

Mariology＊　瑪利亞論　關於耶穌之母瑪利亞的教義研究或這種教義的內容。雖然早期教會普遍承認瑪利亞在生耶穌時仍爲童貞，但是《新約》中關於馬利亞的敘述卻很少。西方和東方教會的禮拜傳統中都有各種紀念瑪利亞的節日，且瑪利亞在天主教中尤爲重要。1854年教宗庇護九世宣布無原罪始胎的教義。瑪利亞被看作每個天主教徒的精神之母和神聖調解人，和耶穌一起救贖人類。1950年教宗庇護十二世把瑪利亞死後肉身被接上天定爲天主教正統教義。

Marion, Francis　馬里恩（西元1732?～1795年）　別名沼澤狐狸（the Swamp Fox）。美國革命將領。曾參與與切羅基人的作戰（1759），後任州議會議員（1775）。美國革命中他指揮南卡羅來納州軍隊，林肯將軍在查理斯敦投降（1780）後，他逃跑潛回沼澤地區，重新集結遊擊隊伍，出其不意地騷擾英軍。1781年他大膽營救出被英軍圍困於南卡羅來納州帕克斯渡口的美軍，並晉級准將。

marionette　提線木偶　從上空提線操縱或藉縛在控制器上的細線而操縱的木偶形體。也被稱作細繩木偶，通常有九根線操縱，腿、手、肩和耳以及脊骨底部各縛繩一根，其餘的線起到更靈活控制木偶的作用。某些提線木偶幾乎能模仿人和動物的所有動作。早期的提線木偶由鐵棒而非細繩來操縱，這種木偶仍存在於西西里。18世紀，提線木偶歌劇極風行，至今在薩爾斯堡仍有根據莫札特音樂演出的提線木偶。亦請參閱puppetry。

Maris, Roger (Eugene)＊　馬里斯（西元1934～1985年）　美國棒球選手。他參加在北達科他州法戈舉行的美國聯盟高校夏季棒球賽時就有出色表現。馬里斯是一位外野手，左打者，曾效力於克利夫蘭印第安人隊（1957～1959）、紐約洋基隊（1960～1966）以及聖路易紅雀隊（1967～1968）。1961年，他在單一球季擊出61支全壘打，打破了貝比魯斯長期以來保持的60支全壘打的記錄，並替代他的隊友曼托。馬里斯的記錄一直保持到1998年，被麥奎爾的70支和薩米・索沙的66支全壘打破。

Maritain, Jacques＊　馬利丹（西元1882～1973年）　法國哲學家。爲虔誠的天主教徒，他的思想以亞里斯多德主義和托馬斯主義爲基礎，吸收其他古典哲學家和現代哲學家的見解，並兼容人類學、社會學和心理學的研究成果。馬利丹認爲托馬斯主義是存在主義者的知性主義，並強調個體和基督教團體的重要性。他的主要作品有《藝術與經院哲學》（1920）、《知識程度》（1932）、《藝術與詩歌》（1935）、《人和國家》（1951）以及《倫理哲學》（1960）。

maritime law　海商法　亦稱admiralty law或admiralty。指有關船舶和航運管理的法律規則總體。早期的海商法文獻是6世紀的查士丁尼彙集。羅馬海商法和13世紀的「海事法典」都暫時性地對地中海的海商法作出了統一的規定，但民族主義使一些國家發展了它們自己的海商法條文。海商法主要負責海船和貨物在不可預測的事故（如：碰撞）中所蒙受的損失，主要通過保險、事故雙方責任追究、撞擊賠償和搶救權等方式來解決問題。隨著統一海商法的意願日益增強，國際海事委員會成爲了監督海商法的主要組織，它同幾個國家聯合編寫了海商法。

Maritime Provinces　濱海諸省　指加拿大省的新伯倫瑞克、新斯科舍以及愛德華王子島三省。位於大西洋沿岸聖羅倫斯灣。再加上紐芬蘭省，合稱大西洋諸省。法國殖民統治時期這一地區許多地方都用阿卡迪亞之名，直至1713年割讓與英國。

Maritsa River＊　馬里乍河　希臘語作埃夫羅斯河（Évros）。土耳其語作梅里奇河（Meriç）。歐洲東南部河流。源於保加利亞索非亞的東南部，向東流並由東南方穿過保加利亞，形成保加利亞－希臘國界，然後經過希臘－土耳其邊界。在埃迪爾內改變方向，向西南注入愛琴海。全長約480公里。

Marius, Gaius＊　馬略（西元前157?～西元前86年）　羅馬將軍、執政官，重新規畫羅馬軍隊。他確保了對非洲軍隊的指揮（西元前107年），通過第一次招募無土地的公民解決了長期以來的人力缺乏問題。西元前106年馬略打敗朱古達。羅馬受辛布里人和條頓人威脅時，他連續擔任執政官（西元前104～西元前100年），與敵人作戰並擊敗敵人。同盟者戰爭期間，馬略擔任指揮，西元前88年代替蘇拉成爲亞洲的軍事指揮官，對抗米特拉達梯六世。憤怒的蘇拉向羅馬進軍時，馬略逃離羅馬求生。西元前87年馬略打回羅馬，第七次被選爲執政官，並殘酷的屠害其反對者。

Marivaux, Pierre (Carlet de Chamblain de)＊　馬里沃（西元1688～1763年）　法國戲劇家。他出生於一個貴族家庭，後加入了巴黎沙龍協會，這在他的日記中曾有記載。他在1720年破產，而幾年後年輕妻子故世，這使他開始了嚴肅的文學創作。他爲法蘭西喜劇院寫了他的首批戲劇，包括悲劇《漢尼拔》（1720），但他更傾向於爲巴黎的義大利即興喜劇劇院寫作，並爲之創作了《愛情使哈樂根變成雅人》（1723）和《愛情與偶遇的遊戲》（1730）。他在感情描寫上的細微差別和用詞上的技巧成爲了有名的「馬里沃風」。他還寫了別的一些諷刺劇《奴隸之島》（1725）、《理性之島》（1727）和《新殖民地》（1729）。

marjoram　墨角蘭　亦稱sweet marjoram。薄荷科多年生草本植物，學名爲Majorana hortensis，其乾葉或鮮葉及開花的頂枝用於多種食品調味。原產於地中海地區和亞洲西部，在北方作爲一年生植物栽培。許多薄荷科牛至屬（參閱oregano）及墨角蘭屬的其他芳香草本或小灌木亦稱墨角蘭。

Mark, St.　聖馬可（活動時期西元1世紀）　基督教傳福音者，傳說是〈馬可福音〉的作者。他在第一次傳教旅途中陪同使徒聖保羅和聖巴拿巴，但是在佩爾加離開他們，返回耶路撒冷。他也有可能在羅馬幫助過使徒聖彼得，一些學者認爲他的〈福音書〉是以彼得作爲十二門徒之一的經歷爲基礎的。如果這一說法可靠，那麼〈福音書〉有可能創作於西元65年左右彼得死後不久。埃及教會以馬可爲創始人，馬可也是義大利城市阿奎萊亞和威尼斯的守護聖人。他的徽號是獅子。

Mark Antony ➠ Antony, Mark

L M N

market 市場 某種工具，可以使買方和賣方相互進入，以達成契約交換財貨及服務。市場一詞，原本指涉產品買賣的一處具體地方；現在市場一詞則指涉任何場合，不論是多麼抽象或多麼遙遠，只要能夠促成買賣雙方完成交易即可算數。例如倫敦和紐約的商品交易所，就是交易員透過電話、電腦連線及直接喊價而構成的跨國性市場。市場交易的標的物，不只包括看得到摸得著的商品，例如穀物和牲畜，也包括抽象的金融商品，例如證券和通貨。古典經濟學致力於發展「完全競爭」的理論，他們設想的自由市場，是一處大批買方和賣方能輕易溝通及交易商品的地方；在這樣的市場中，價格完全由供給和需求所決定。但在1930年代以後，經濟學家的關注點已轉移到「不完全競爭」，認為供給和需求並不是影響市場運作的僅有因素。在不完全競爭中，買方和賣方的數量是受到限制的，競爭產品是相互區隔分化的（透過不同的設計、品質和品牌），而且會設下障礙來阻擋新進者加入市場。

market research 市場調查 對特定市場需求、產品接受度、新市場開發及利用方法的調查研究。市場調查有幾種不同的策略：分析以往的銷售成績以預測未來市場、調查消費者的態度及產品滿意度、設計實驗性的測試市場區以了解新產品或替代產品的接受度等。最早正式進行的市場調查，可以追溯到1920年代的德國及1930年代的瑞典和法國，但直到第二次世界大戰後，才由美國企業將市場調查技術普及化與精緻化，並大量擴展到西歐及日本。

marketing 銷售 引導貨物和勞務從生產者流轉到消費者活動。在先進工業國家經濟中，銷售因素在確定企業政策時發揮主導作用。過去企業的銷售部門主要要通過廣告和其他促銷手段增加銷售額，而現在通常要關心信用政策（參閱credit），產品開發、顧客支持、分配和公司的交流。銷售人員可以通過零售、直效行銷和批發來出售產品。他們可對產品的潛在市場進行心理和人口統計的研究，利用不同的銷售策略進行試驗，也可與售貨對象進行非正式的會晤。銷售既可用以增加現存產品的銷售，也可用於介紹新產品（參閱merchandising）。

marketing board 銷售局 負責管理指定地區內買賣某種商品業務的政府機構。最簡單的銷售局負責市場調查、商品推銷和提供情報；其經費來源往往依靠對有關產品的銷售徵收費用，如斯里蘭卡茶葉推廣局和辛巴威煙草出口推銷委員會。有的銷售局有權規定銷售條件，通常是通過制訂包裝標準和質量分析。大多數銷售局的首要目標是穩定價格，尤其是價格起伏很大的出口市場的產品價格。銷售局可以通過控制商品流動、提高平均價格，使所有市場始終保持比較高的需求水平。銷售局也處理不易存放而需要事先銷售的產品。亦請參閱cartel。

Markham＊ 馬克漢 加拿大安大略省東南方城市（1991年人口154,000）。位於磨坊河畔，多倫多東北方。1794年開始屯墾時，這個城鎮以約克郡主教馬克漢命名。1971年兼併其他鄰近的鄉鎮。

Markham, Beryl 馬爾侃（西元1902～1986年） 原名Beryl Clutterbuck。英國飛行員、冒險家和作家。在英屬東非長大，成為馴馬師和育馬家，曾訓練出幾隻肯亞達比馬賽冠軍。後來轉向航空，向非洲大陸深處運送貨物、乘客和郵件。1936年完成了從英格蘭到布列塔尼島的橫越北大西洋的歷史性東到西單機飛行。1942年出版著名回憶錄《夜西行》。

Markham River 馬克姆河 巴布亞紐幾內亞東部河流。發源於東北部山區，向東南流經180公里後在萊城以南注入所羅門海的休恩灣。以皇家地理會馬爾侃之名命名。1943年第二次世界大戰期間，其山谷為日本和盟軍之間的戰場。1993年河流附近地區曾發生強烈地震。

Markova, Alicia＊ 瑪爾科娃（西元1910年～） 後稱艾麗西亞夫人（Dame Alicia）。原名莉蓮・艾麗西亞・馬克斯（Lilian Alicia Marks）。英國芭蕾舞蹈家。1924年在俄羅斯芭蕾舞團首次登台演出，不久成為主要芭蕾舞演員，以其天仙般的輕盈而著稱。在維克－威爾斯芭蕾舞團，瑪爾科娃成為第一個主演《吉賽兒》的英國舞蹈演員。她曾和她多年的舞伴多林成立並主持過馬爾科娃－多林芭蕾舞團（1935～1938）和倫敦節日芭蕾團（1949～1952）。隨後她繼續作為客串藝術家隨許多公司到世界各地演出，以在《仙女們》、《四人舞》和《吉賽兒》等舞蹈中的角色受到人們的喜愛。1963年退休，1963～1969年擔任大都會歌劇芭蕾舞團的導演。

markup language 標記語言 標準文字編碼系統，由一組符號插入在文件之中來控制結構、格式與各部分的關係。最廣泛使用的標記語言是SGML、HTML和XML。標記符號由裝置（電腦、印表機、瀏覽器等）解譯控制文件列印或顯示的效果。因此，標記文件由兩種文字構成：正文及控制如何顯示的標記語言。

marl 泥灰岩 細粒礦物的土狀混合物，成分範圍很廣。石灰（碳酸鈣）會出現在蝸牛和雙殼類的貝殼碎片，或是一種粉末，與黏土和矽質粉砂混在一起。大量泥灰岩沈積含有80～90%的碳酸鈣和不到3%的碳酸鎂。石灰量的減少，含鈣的泥灰岩稱黏土質石灰岩。含有豐富的鉀鹼（碳酸鉀）的泥灰岩稱綠色沙質泥灰岩，被用來作水的軟化劑。泥灰岩在製造絕緣材料和普通水泥中用來作鈣質材料，也用來作石灰和製磚的原料。

Marlborough, Duchess of 馬博羅公爵夫人（西元1660～1744年） 原名Sarah Jennings。她是馬博羅公爵約翰・邱吉爾將軍的夫人。是安妮公主（後來的女王）年幼時的夥伴，後進入安妮父親即約克伯爵的家中當侍女。她在1678年與邱吉爾結婚，在安妮婚後（1683）成為了安妮的侍從女官。當安妮繼承王位（1694）後，馬博羅伯爵一家在宮廷中很受寵。莎拉的影響力持續上升，直到她所在的強大的輝格黨開始疏遠安妮，使其在1711年將她解雇為止。馬博羅伯爵一家退休回到了布倫海姆宮，在丈夫去世（1722）後完成了宮殿的修建工程。

Marlborough, Duke of 馬博羅公爵（西元1650～1722年） 原名約翰・邱吉爾（John Churchill）。英國軍事首領，他曾在馬斯垂克建立戰功，並很快受到了提拔，在宮廷中也很受親近，部分原因是由於他的妻子（參閱Marlborough, Duchess of）是安妮公主（後來的女王）的親近侍女。在1685年詹姆斯二世即位後，他被授予中將軍銜和實際的總司令職務。1688年，他轉而為威廉三世效忠，被封為馬博羅伯爵，並受命接任法

馬博羅公爵，克羅斯特曼（John Closterman）繪；現藏倫敦國立肖像畫陳列館
By courtesy of the National Portrait Gallery, London

蘭德斯和愛爾蘭的司令官作爲酬報。他同威廉三世的關係在1690年代惡化。安妮女王在西班牙王位繼承戰爭期間任命他爲英國和荷蘭軍隊的司令，並因在該職位上立下的功勞而受封爲馬博羅伯爵（1702）。他在布倫海姆戰役（1704）中取得的勝利幫助歐洲恢復了勢力平衡。作爲對他的感謝，他被封爲皇室領主，並在領地上修建了布倫海姆宮。他出色的軍事策略使他取得了很多戰爭的勝利，其中最著名的有拉米伊（1706）和奧德納爾德（1708）戰役的勝利。他同安妮女王的影響力和對戰爭的經濟支援遭到了托利黨和輝各黨的破壞。在他的輝各黨聯盟在1710年大選中敗北後，他因濫用公共財產而被解職。雖然在1714年喬治一世恢復了對他的寵信，但他從此便已退休。他被認爲是英國最偉大的將軍，在拿破崙崛起前一直在歐洲享有很高的聲譽。

Marley, Bob　巴布馬利（西元1945～1981年）　原名Robert Nesta Marley。牙買加創作歌手。在京斯敦的一個叫做壕溝城的貧民窟長大，起初是焊接工學徒。1960年代初，他和托什、利文斯頓（後稱韋勒）以及其他人成立了「哀號者」樂團。1970年代，隨著專輯《著火》（1973）、《出埃及記》（1977）以及《起義》（1980）的發行，他們成爲第一個國際雷鬼音樂明星。巴布馬利三十六歲時死於癌症。他的音樂融合了美國、非洲及牙買加的風格，反映出他的世界和平、友愛、平等的塔法里教信仰，以及對黑人團結強大的希望。他死後，名聲更具有傳奇色彩。兒子茲奇（1968～）也是一名成功的歌手。

marlin　槍魚　旗魚科4種深藍到深綠色海洋魚類的統稱，體長，背鰭長，吻延長呈圓頭鏢槍狀（用來擊打食用的魚），通常有發白的豎直條紋。它們具有垂釣和食用的高價值魚類。各品種的體重從45公斤左右到700公斤以上。印度洋－太平洋黑槍魚與衆不同之處是直挺的胸鰭同魚體相交成一角。

Marlowe, Christopher　馬羅（西元1564～1593年）　英國詩人和劇作家。他是坎特伯里一鞋匠的兒子，曾在劍橋大學取得學位。他從1587年起開始爲倫敦劇院寫戲劇，首部戲劇爲《帖木兒大帝》（1590年出版），在這部戲劇中，他建立了戲劇的無韻體。之後的作品包括同納西合寫的《迦太基女王狄多》（1594年出版）、《巴黎大屠殺》（1594?）和《愛德華二世》（1594）。他寫的《浮士德博士的悲劇》（1604年出版）是最受稱讚的英國戲劇之一。《馬爾他島的猶太人》（1633年出版）可能是他最後的作品。他的詩歌包括未完成的長詩《英雄和利安德》。他在世時聲明狼籍，在二十九歲時在一場酒店的鬥毆中被殺死，也有可能是因爲他政府間諜的身分而被謀殺。他輝煌而短暫的文學生涯使他成爲了與莎士比亞同時代的最重要的英國戲劇家。

Marmara, Sea of＊　馬爾馬拉海　土耳其亞洲和歐洲部分之間的內海。經博斯普魯斯海峽與黑海相連，經達達尼爾海峽與愛琴海相連。長280公里，寬約80公里，面積11,350平方公里。海中有兩處獨特的群島。東北部的克孜勒島爲旅遊勝地。位於西南的馬爾馬拉島有著豐富的花崗岩、石板和大理石，自古就有開採。

marmoset　狨猴　狨科南美洲樹棲、晝行的長尾猴類的統稱。分成兩組：下犬牙短的8個品種稱狨；下犬牙長的25個品種稱塔馬林猴。狨猴的行動迅速、急促，主要以昆蟲爲食，亦食果實及其他小動物。狨屬的普通狨猴體長約15～25公分，不包括25～40公分長的尾。毛濃密、呈絲狀，色白、淡紅或灰黑；耳上通常有簇毛。自17世紀早期以來，人們飼養狨猴作寵物。

Marmota olympus，旱獺的一種
E. R. Degginger

marmot＊　旱獺　旱獺屬約14種矮胖、晝行、地棲松鼠的統稱，分布於北美、歐洲和亞洲。旱獺體長30～60公分，不包括短尾，體重3～7.5公斤。大多數品種棲息於洞穴中或巨礫間。它們經常直坐觀望，並發出刺耳的嘯叫以示警告。旱獺幾乎完全靠綠色植物爲生，儲存脂肪以備冬眠。西伯利亞和北美西北部的黑白相混的花白旱獺冬眠達九個月之久，人們獵取它們作爲食物並取其毛皮。黃腹旱獺生活在美國的西部以及不列顛哥倫比亞。亦請參閱woodchuck。

Marne, First Battle of the　第一次馬恩河會戰（西元1914年9月6～12日）　第一次世界大戰中法國和英國軍隊的軍事進攻。入侵的德軍行進到距巴黎50公里的馬恩河時，霞飛將軍進行反擊，並阻止了德軍的前進。法國援軍由六百輛巴黎出租汽車開往前線，這是戰爭史上首次汽車運輸部隊。法軍和英軍迫使德軍後退到埃納河北岸，德軍挖壕固守，揭開了三年戰壕戰的序幕。聯軍因此阻止了德國西線的速勝計畫。

Marne, Second Battle of the　第二次馬恩河會戰（西元1918年7月15～18日）　第一次世界大戰中德軍最後一次大規模進攻。作爲分散法國軍隊的最後進攻的一部分，德軍在魯登道夫的率領下度過馬恩河，但是遭到福煦率領的法軍的抵抗。聯軍的反攻，尤其是在馬恩角的反攻，迫使德軍退回到他們以前在埃納河和韋勒河的位置。

Marne River＊　馬恩河　法國東北部河流。向西北在巴黎附近流入塞納河。全長525公里，其中350公里可通航，並且有多支運河。馬恩河谷是第一次世界大戰中的重要戰役的戰場（參閱Marne, First Battle of the和Marne, Second Battle of the）。

Maroni River＊　馬羅尼河　南美洲河流，形成法屬圭亞那和蘇利南的邊界。發源於巴西邊界附近，於蘇利南加利比角注入大西洋。長725公里。上游在蘇利南稱作利塔尼河或稱利塔尼在法屬圭亞那，中游稱作拉瓦河或奧烏河。吃水淺船隻自河口可上溯100公里。

Maronite Church＊　馬龍派教會　黎巴嫩的東儀天主教會（參閱Eastern rite church）。創始人爲活動於4世紀和5世紀的敘利亞隱士聖馬龍和684年打敗入侵的拜占庭軍隊的聖約翰·馬龍。幾個世紀以來馬龍派教會一直被看作異教，被認爲是君士坦丁堡牧首塞爾吉烏斯的追隨者，而塞爾吉烏斯認爲耶穌只有神的意志而沒有人的意志。直至16世紀，該教會一直與羅馬沒有聯繫。伊斯蘭王朝在黎巴嫩期間，馬龍派信徒——「驃勇善戰的山地人」一直保持著他們的自由。1860年鄂圖曼帝國政府煽動德魯士教派大肆屠殺馬龍派信徒，導致馬龍派在鄂圖曼帝國境內建立自治。20世紀初，馬龍派信徒在法國的保護下取得自治權。1943年黎巴嫩完全獨立，馬龍派成爲該國的主要宗教團體。他們的精神領袖（教宗之下）爲安條克牧首，該派保留了古代西敘利亞禮儀。

Marot, Clément＊　馬羅（西元1496?～1544年）　法國詩人。1526年因藐視齋戒的戒律而被監禁，在獄中寫了一些著名的作品，包括諷刺正義的〈地獄〉。曾在宮廷任職，在法蘭西斯一世任內任職時間最長，曾短暫離職。馬羅是法國文藝復興時期最偉大的詩人之一，他使用拉丁詩歌的形式和形象化的描述對其後繼者的風格影響頗深。停止創作宮廷詩後，大半時間致力於翻譯〈詩篇〉。

Marpa 瑪爾巴（西元1012～1096年） 西藏宗教領袖。根據傳統說法，瑪爾巴家境富裕，爲了糾正其暴力本性，被送往一所西藏寺廟學習佛教。後來他花了三段時間在印度師從瑜伽修行者那洛巴，在學習階段之間的間隔回到西藏，招收信徒。是西藏佛教復興的重要人物，以翻譯印度金剛乘佛經和印度密宗傳統的神秘歌謠聞名。

Marquesas Islands＊ 馬克薩斯群島 大溪地東北部南太平洋中部法屬玻里尼西亞的十座島群。東南部的島群包括希瓦瓦島，爲島中最大和人口最多的島，畫家高更的葬地；法圖伊瓦島和塔胡阿塔島；以及無人居住的蒙塔內和法圖烏庫島。西北部的島群由努庫希瓦、瓦普、瓦胡卡、埃奧、哈圖圖島組成。1595年西班牙探險家阿瓦羅·德曼達納·德里拉以馬克薩·德門多薩之名命名該島。1842年被法國併呑爲法屬玻里尼西亞一區。區首府在努庫希瓦島的泰奧哈埃。

marquess＊ 侯爵 亦作marquis。歐洲的一種貴族稱號，在現代位置僅次於公爵而位於伯爵之上。侯爵的妻子被稱爲女侯爵或侯爵夫人。該詞原意爲在邊疆地區負責守衛或管轄土地的人。

Marquess of Queensberry rules 昆斯伯里侯爵規則 ➠ Queensberry rules

marquetry＊ 鑲嵌細工 把薄的木板、金屬板以及諸如貝殼、珍珠母等有機材料製成複雜圖樣，貼在家具表面上的裝飾技術。這一技術在16世紀末葉開始在法國流行，在此後兩個世紀隨著歐洲經濟的發展和對華麗家具的需求增長而在歐洲盛行。亦請參閱Boulle, Andre-Charles。

Marquette, Jacques＊ 馬凱特（西元1637～1675年） 別名馬凱特神父（Père Marquette）。法國傳教士、探險家。1666年作爲耶穌會的傳教士到達魁北克，在渥太華傳教。他幫助在蘇聖瑪麗（1668）和聖伊格納斯（1671，今密西根州）建立了教會。1673年他陪同若利埃一起探險密西西比河，向南到達阿肯色河河口。他們經伊利諾河到達密西根湖的格林灣，馬凱特留在格林灣。1674年馬凱特開始在伊利諾印第安人中建立教會，一直到達今天的芝加哥。1681年出版他與若利埃的航行日記。

Márquez, Gabriel García ➠ García Márquez, Gabriel

Marr, Nikolay (Yakovlevich) 馬爾（西元1865～1934年） 俄羅斯語言學家、考古學家和人種論學者。專門研究高加索諸語言，曾發表過許多喬治亞語和亞美尼亞語的文學選集，並試圖證明高加索諸語言、亞非諸語言和巴斯克語之間的關係。他認爲所有的語言都由單一原始語言演化而來，語言的創造爲階級性現象。他的這些理論被蘇聯官方語言學採納，但是1950年受到史達林的批判。

Marrakech 馬拉喀什 亦作Marrakesh。摩洛哥南部城市。全國四個皇城之一，位於豪茲平原中心地帶。1062年由優素福·伊本·塔舒芬建立，作爲阿爾摩拉維德王朝在非洲的都城。1147年落入阿爾摩哈德王朝之手，1269年歸馬里尼德王朝，16世紀成爲薩阿迪安人的首都。馬拉喀什在中世紀爲伊斯蘭教的大城市之一。1912年被法國人占領，直至1956年一直屬於法國。現在爲著名的旅遊勝地，有許多歷史建築和一個著名的市場（集市）。人口：都會區622,000（1994）。

Marrano＊ 馬拉諾 爲了逃避迫害而改信基督教，但暗中仍奉行猶太教儀式的西班牙猶太人。14世紀末的殘酷迫害期間，許多猶太人寧死也不肯放棄信仰，但是至少仍有十萬名猶太人爲生存而改信基督教。馬拉諾人及時在西班牙內形成一種祕密而密集的社會。馬拉諾人致富後並取得政權。他們被受到懷疑，「馬拉諾」之名起初是辱罵之辭。對馬拉諾人的憎恨導致了1473年的暴動和大屠殺。1480年異端裁判所加緊迫害，成千上萬的馬拉諾人被害。1492年國王下詔驅逐所有不肯放棄信仰的猶太人。許多馬拉諾人在北非和西歐定居下來。至18世紀，移居和同化導致了西班牙境內馬拉諾人的消失。

marriage 婚姻 由法律和社會認可，通常是一名男子與一名或多名女子的結合，它使其後代具有身分，並由規定配偶的權利與義務的法律、規則、習俗、信仰和見解所制約。西元2000年，尼德蘭成爲同性婚姻合法化的第一個國家。婚姻的普遍存在，原因在於它所發揮的許多基本的社會和個人作用，諸如：生兒育女和提供性滿足與性節制，照顧子女和使他們受教育與適應社會生活，規定宗系遺傳，兩性分工，經濟生產與消費，以及滿足個人對社會地位、愛情和伴侶關係的需求。在近代以前，婚姻很少是件自由選擇之事。西方社會中，愛情已經與婚姻相聯繫；但就過去歷史而言，羅曼蒂克的愛情在大多數時代一直不是婚姻關係的首要動機，在大多數社會裡，誰得到允許成爲某人配偶是受到精心調控的。在大家庭仍是基本單位的社會中，婚姻通常由家庭安排。人們以爲兩人結婚之後才有愛情，考慮更多的是婚姻給大家庭帶來的社會經濟利益。風行包辦婚姻的社會裡幾乎都普遍有某種形式的嫁妝或彩禮。結婚禮儀主要與宗教和生育有關，確認了婚姻對家族、氏族、部落或社會延續的重要性。亦請參閱divorce、exogamy and endogamy、polygamy。

marriage chest ➠ cassone

marriage law 婚姻法 法律規範與法律要求的體系，還包括了節制婚姻之始、婚姻延續、婚姻效力的其他法律。在西歐，大部分的婚姻法源於天主教的教會法律，但是，雖然教會把婚姻視爲神聖、不可分的結合，現代西歐和美國的婚姻法卻把婚姻視爲世俗的交易。它只允許一夫一妻的結合，婚姻伙伴必須超過特定年齡，不在禁婚等級的血親關係之內，而且必須自由結婚並自由同意婚姻。如今，離婚幾乎是普世盡皆獲准的。伊斯蘭法律把婚姻視爲可以「合法性交和生育」的純粹世俗契約。多偶婚制的做法已經衰落，雖然在歷史上曾經獲准；多偶制婚姻在非洲許多國家的習慣法中獲准，但一夫一妻制的傾向與日俱增。現今，中國和日本的婚姻法與西方類似。

Marriott, J(ohn) Willard＊ 馬利奧特（西元1900～1985年） 美國商人，美國最大型的旅館及餐館之一的組建者。摩門教農場主之子。1927年他在華盛頓特區設攤售賣不含酒精的啤酒和烤肉。第二次世界大戰結束時，他開設的家庭熱食連鎖店已遍及整個東海岸。1957年馬利奧特開設第一家旅館。1964年他的兒子小馬利奧特繼承他成爲馬利奧特公司總裁。老馬利奧特逝世時，馬利奧特公司已在二十六個國家有十四萬名員工，年銷售額達350億美元。1988年已逝世的馬利奧特被授予總統自由獎章。

Marryat, Frederick＊ 馬里亞特（西元1792～1848年） 英國海軍軍官、小說家。十四歲參加皇家海軍，

1830年退伍時爲上校。此後開始創作一系列的冒險小說，包括《國王專有的》（1830）、《傻子彼得》（1834）和《可憐的傑克》（1840）。他的敘述風格清晰、直截了當、幽默，取材於他在海上的各種經歷。他的小說《新森林的孩子們》（1847）是一篇關於英國內戰的故事，爲兒童文學的名著。

Mars　馬爾斯　古羅馬戰神、羅馬的保護神，其重要性僅次於朱比特。紀念他的節日是在春天（3月）和秋天（10月）。奧古斯都時期，羅馬只有兩座馬爾斯廟。他的聖矛保存在避聖所，戰爭爆發之前，羅馬執政官必須搖動聖矛，說：「馬爾斯，醒過來！」在奧古斯都統治時期，馬爾斯不僅成爲羅馬軍事的保護人，也是皇帝的保護人。馬爾斯在希臘神話中是阿瑞斯神。

Mars　火星　太陽的第四個行星，根據羅馬戰神而命名。與太陽的平均距離是2.28億公里，一天相當於地球的24.6小時，一年相當於地球的687天。它有兩個小衛星：火衛一和火衛二。火星的平均直徑是6,790公里，約等於地球直徑的一半，而密度小於地球。其質量大約等於地球的十分之一，表面引力強度爲地球的三分之一左右。火星上沒有測出磁場，暗示著它缺乏堅實的金屬核心，這也是密度低的原因。和地球一樣，它有季節和大氣層，但表面平均溫度只有-23℃。火星的薄薄大氣主要是二氧化碳，內含一些氮和氬，還有少許水蒸氣。「水手號」、「海盜號」太空船和後來太空任務所取得的影像顯示火星表面多爆裂口，類似月球表面，具有火山、大型熔岩平原、水道和峽谷、山崩的殘留，其中許多在地球的標準中是巨大的，例如奧林帕斯火山即是太陽系中已知最大的火山。風是火星上重要的元素，偶爾導致星球塵暴，並造成沙丘、爆裂口條痕等沈積。火星上沒有偵測到生命形式。

Mars, canals of　火星運河　火星表面上視覺可見的，由直線標誌構成的系統，現已知它們是火星表面上的大型環形山和其他結構造成的視覺效應。斯基帕雷利（1835～1910）觀測到約有一百條，稱之爲「河床」，羅厄爾將它們稱之爲「運河」，並相信是智慧生物的證據。大多數天文學家沒有看到運河，很多人對其客觀眞實性表示懷疑。當「水手號」太空船拍得的照片顯示沒有任何運河網的蹤影時，爭議才算最終解決。

Mars Pathfinder and Rover　火星探路者與漫遊者　自從1976年海盜號的計畫之後，第一次嘗試登陸火星的太空船。由美國國家航空暨太空總署在1996年發射升空，探路者在1997年7月利用降落傘、火箭與氣囊降落在火星表面，接著部署儀器。漫遊者是小型的六輪車，探索離登陸船500公尺遠的地方，送回照片時間長達一個月以上。此次任務主要的目的是證明低成本的火星登陸與探勘是可行的。

Marsalis, Wynton*　溫頓馬沙利斯（西元1961年～）　美國小號樂手和作曲家，帶領爵士音樂重返美國音樂文化舞台的重要人物。生於紐奧良，爲小號樂手奇才，年紀輕輕便被視爲傳統古典和爵士音樂的重要獨奏家。在他還未組成自己的樂團前，受布萊基的青睞，加入其樂團「爵士樂信使」。身爲作曲家的他，曾寫過芭蕾舞和音樂會的作品，並以清唱劇*Blood on the Fields*贏得1997年普立茲獎。

Marseille　馬賽　亦作Marseilles。法國東南部城市。地中海主要海港之一，也是法國第二大城市，位於里昂灣，法屬里維耶拉之西。西元前7世紀時希臘人在此定居，西元前49年被羅馬人兼併，稱之爲馬西利亞。它隨著羅馬帝國一起衰退，但在十字軍東征時期又復興爲一個商業海港；1481年歸屬法國王室。1720年的瘟疫奪去了它的半數人口。19世紀法國殖民帝國的發展加大了該城市的重要性。第二次世界大戰後，在梅爾河畔福斯港口綜合區周圍以及像馬里尼亞納和維特羅勒這些郊區，工業迅速地成長起來。人口807,071（1999）。

marsh　草本沼澤　淡水或海洋濕地生態系統的一種，特徵是有排水不良的礦物質土壤，植物以草類占優勢。與水源豐富但不過剩的土地相比，草本沼澤上生長的植物種類少得多，以草、莎草、蘆葦及燈心草最爲常見。從商業用途上來說，水稻是目前爲止最重要的淡水草本沼澤植物，它是世界上糧食的主要組成部分。海水湧起落下，在高潮線與低潮線之間的陸地上形成鹽鹼灘。長期被沖刷的平地上不會生長鹽鹼灘草類植物。亦請參閱swamp。

Marsh, (Edith) Ngaio　馬什（西元1899～1982年）　後稱恩加奧夫人（Dame Ngaio）。紐西蘭偵探故事作家。起初是藝術家，後來在莎士比亞戲目劇院寫劇本（1938～1964）。她以描寫蘇格蘭警場偵探艾萊恩的推理故事而聞名。她的小說，有《死亡序曲》（1939）、《最後一幕》（1947）、《傻瓜之死》（1956）和《死水》（1963），使偵探故事成爲一種正統的文學體裁。

Marsh, O(thniel) C(harles)　馬什（西元1831～1899年）　美國古生物學家。任教於耶魯大學直至去世（1866～1899），爲美國第一位古脊椎動物學教授。1870年起他率領一支科學考察隊進入西部，1871年他的考察隊發現在美國首次找到的翼手龍化石。1882年負責美國地質調查局的古脊椎動物研究工作，這便加劇了他和科普之間強烈對抗。馬什的功績在於發現1,000多種脊椎動物化石，而且至少又描述了五百種。他發表了關於有齒鳥類、巨角哺乳動物以及北美恐龍的主要著作。他的著作包括《美洲的馬化石》（1874）和《美洲脊椎動物的傳入和接續》（1877）。

Marsh, Reginald　馬什（西元1898～1954年）　美國畫家、版畫家。生於巴黎，父母爲美國人。畢業於耶魯大學。1922～1925年在《紐約每日新聞》開設描繪雜耍劇的每日專欄。1925年成爲《紐約客》雜誌的創刊編輯，爲該雜誌畫幽默插圖和大都會風光。1929年，開始以紐約都市生活爲題材作畫，從1934年起在紐約藝術學生聯合會教畫，直到去世。

marsh gas ➠ methane

marsh mallow　沼澤蜀葵　錦葵科多年生草本植物，學名爲Althaea officinalis。原產歐洲東部和非洲北部，並引種北美。常見於近海的沼澤地，葉脈明顯，葉呈心形或卵形，花淡粉紅色，開放在高約1.8公尺的主莖上。以前曾將它的根加工製成果汁軟糖。

marsh marigold　驢蹄草　毛茛科多年生草本植物，學名爲Caltha palustris。原產於歐洲和北美的濕地。生長於沼澤野生植物園。莖中空，葉呈心形或圓形，花只有帶光澤的粉紅色、白色或黃色的萼片（無花瓣）。雖然新鮮植株有毒，但有時將它的莖、葉和根作爲蔬菜烹食。亦請參閱cowslip。

Marshall, Alfred　馬歇爾（西元1842～1924年）　英國經濟學家、英國新古典經濟學派主要創始人之一。1877～1881年任布里斯托大學學院第一任院長。1885～1908年任劍橋大學政治經濟學教授，他重新審查和發展了亞當斯密、李嘉圖等古典經濟學家的思想。其著名的作品《經濟學原理》

（1890）引進許多影響深遠的經濟學概念觀，如：需求彈性、消費者剩餘、典型性企業。他的著作引用時間因素作爲分析要素，成功地把古典的生產費用論與邊際效用論協調起來。亦請參閱classical economics。

Marshall, George C(atlett) 馬歇爾（西元1880～1959年） 美國陸軍上將，政治家。畢業於維吉尼亞軍事學院。1902～1903年赴菲律賓服役並參加第一次世界大戰。1919～1924年充任潘興將軍副官。1927～1933年任喬治亞步兵學校副教育長，在那裡他造就一批後來在第二次世界大戰中的軍官。作爲美國陸軍參謀長（1939～1945），在第二次世界大戰中，指揮了許多陸軍戰役。1945年退休後，杜魯門總統派他調解中國內戰（1945～1947）。作爲國務卿（1947～1949），提出援歐方案，世稱「馬歇爾計畫」，並商談建立北大西洋公約組織。因病辭職。後被杜魯門召回，出任國防部長（1950～1951），組織軍力參與韓戰。1953年獲諾貝爾和平獎。

Marshall, John 馬歇爾（西元1755～1835年） 美國愛國者、政治家、法學家。十五個小孩中排行老大。1755年，入民兵預備役。美國革命中，在華盛頓領導下作戰，任陸軍中尉。1781年退伍後，被選進維吉尼亞州的州議院。1782～1795年，任職於維吉尼亞州的州行政機構，成爲維吉尼亞州聯邦黨的領導人之一。在維吉尼亞州批准聯邦憲法的大會中，他支援批准聯邦憲法。1797～1798年，他和另外兩個人被任命爲一個使團的成員派往法國（參閱XYZ Affair）。1800～1801年出任亞當斯政府的國務卿。1801年獲亞當斯總統任命，擔任聯邦最高法院首席大法官，直至去世。他參與了一千多起判決，其中519件親自裁斷。在美國最高法院首席大法官任內，他建立了政府的主要框架。重要的判決包括：「馬伯里訴麥迪遜案」、「麥卡洛克訴馬里蘭州案」、「達特茅斯學院案」和「吉本斯訴歐格登案」。馬歇爾被認爲是美國憲法制度（包括司法審查原則）的主要創始人。

Marshall, Paule 馬歇爾（西元1929年～） 原名Paule Burke。美國作家。生於紐約布魯克林區，父母爲巴貝多人，她大學就讀於布魯克林學院。其第一本自傳體的小說*Brown Girl, Brownstones*（1959）以其銳利的對話表現方式而備受讚美。她的短篇小說Reena（1962）以上過大學、熱中政治的黑人女性爲主角，是這類主題早先的小說作品之一。她認爲美國黑人需要重新找尋其來自非洲的傳統，此一信念完整呈現在她的小說*Praisesong for the Widow*（1983）之中。

Marshall, Thomas R(iley) 馬歇爾（西元1854～1925年） 美國政治家。生於印第安納州的北曼沏斯特。1909～1913年任印第安納州州長，提出社會立法計畫。1912年與威爾遜一起參加總統競選，當選副總統，成爲近百年中第一位連任兩屆的副總統（1913～1921）。在一次冗長的辯論中，曾說：「這個國家需要的是一支價格5美分的好雪茄。」

Marshall, Thurgood 馬歇爾（西元1908～1993年） 美國法學家，人權運動倡導者。生於巴爾的摩。曾在哈佛大學學習法律。從1936年起，爲全國有色人種促進協會（NAACP）工作，並於1940年成爲諮詢主管。在最高法院作辯護的32個案件中有29件勝訴，其中包括有里程碑意義的布朗訴托皮卡教育局案（1954）及其他案件，設立了黑人在住房、選舉、就業和研究生學習等方面的同等保護權。曾任美國副司法部長（1965～1967）。1967年6月任美國最高法院大法官，成爲最高法院第一位黑人大法官。在其任期內，他是一個穩健的自由主義者，擁護個人權利，第一修正案提到的自由和反歧視行動。1991年退休。

Marshall Islands 馬紹爾群島 正式名稱馬紹爾群島共和國（Republic of the Marshall Islands）。馬紹爾語作Majol。太平洋中部獨立共和國。由兩列平行的珊瑚環礁島鏈組成，東邊爲拉塔克或稱日出，西邊爲拉利克或稱日落。兩島鏈相距約200公里，從西北向東南延伸約1,290公里，共有大、小島嶼1,200多個。面積181平方公里。人口約52,300（2001）。首都：馬朱羅。原住民爲密克羅尼西亞人。語言：馬紹爾語、英語（均爲官方語）。宗教：基督教（占多數）。貨幣：美元（U.S.$）。最大的環礁是夸賈林島，由大約九十個小島嶼構成，陸地總面積16平方公里，大部分被美軍用作飛彈實驗場，這也是當地歲入的主要來源。自給農業、漁業和飼養豬、家禽是主要的經濟活動。政府形式爲共和國，兩院制。國家元首暨政府首腦爲總統。1529年爲西班牙航海家薩維德拉發現。1885年德國宣布馬紹爾群島爲其保護地，並於1899年自西班牙手中購得。1914年日本占據該群島，1919年後成爲國際聯盟託管地進行管理。第二次世界大戰期間，美國占領夸賈林島和埃尼威托克島，1947年馬紹爾群島成爲由美國管理的聯合國太平洋島嶼託管地的一部分。比基尼和埃尼威托克兩環礁曾是美國核子武器的試爆場（1946～1958）。1979年成爲內部自治的共和國。1982年該國政府與美國簽訂一項自由聯盟協定，並延續至2001年。1986年取得完全自治。

Marshall Plan 馬歇爾計畫（西元1948～1951年） 第二次世界大戰後，由美國資助的向歐洲國家提供經濟援助以復興歐洲各國經濟的計畫。這一自助計畫是1947年馬歇爾提出的。經美國國會批准，稱爲歐洲復興計畫。根據馬歇爾計畫，美國向十七個國家提供了130億美元左右的援助和貸款，對恢復他們的經濟，穩定政治結構起了關鍵作用。這一計畫觀點後來通過第四點計畫推廣到其他未開發國家。

Marshfield Bay ➠ Coos Bay

Marsic War ➠ Social War

Marsilius of Padua 帕多瓦的馬西利烏斯（西元1280?～1343?年） 義大利政治哲學家。曾任吉伯林派的政治顧問。因於1320～1324年間寫了《和平保衛者》，1327年被斥爲異端，逃往巴伐利亞國王路易四世的宮廷。他參與宣布教宗若望二十二世爲異端，立尼古拉五世爲反教宗。1328年並加冕路易爲皇帝。在他的世俗的國家概念中，教會的權利應該受到限制，而政治權力應屬人民所有，這一理論影響了現代的國家理論。

Marston, John 馬斯敦（西元1576～1634年） 英國戲劇家。1598年開始文學生涯，進行詩歌創作，不久轉而爲戲院寫劇本，是同時代最有活力的諷刺作家之一。其所有著作都在1609年前完成。1609年開始擔任聖職。最著名的作品是《憤世者》（1604），對宮廷的荒淫無恥和邪惡進行了譴責。《荷蘭妓女》（1603～1604）被認爲是當時最精巧的喜劇之一。他雖然諷刺班．強生並與之發生爭吵，但還是與其一起合作編寫了喜劇《向東方去！》（1605年與喬治．查普曼合作）和《殉情者》（1607）。

Marston Moor, Battle of 馬斯敦荒原戰役（西元1644年7月2日） 英國內戰中，保王軍在1644年7月2日遭受第一次重大失敗的戰役。在魯珀特王子的率領下，保王軍成功解約克之圍，並把國會軍趕到附近的長馬斯敦。後克倫威爾所部國會軍發動突襲，保王軍損失慘重。約克陷落後，國王查理一世失去對北方的控制，克倫威爾成爲國會軍的主將。

marsupial＊ 有袋類 有袋目哺乳動物的統稱，特徵爲生出未成熟的胎兒，在子宮外繼續發育。在相應於胎生哺乳動物胎兒的後期發育階段，幼體附著於母體的乳頭上。在澳大利亞、新幾內亞以及附近的島嶼上發現了170多個品種（如袋貍、袋鼠、無尾熊、毛鼻袋熊）。美洲約有65種負鼠，南美有7種類鼠的有袋類動物。許多品種都有一個育兒袋，是在母體下腹蓋住乳頭的皮袋，幼體在袋內繼續發育。

Marsyas Painter＊ 馬西亞斯畫家（活動時期約西元前350～西元前325年） 古希臘後古典時期的畫家，以兩件酒器上的彩繪作品聞名作於西元前約340～西元前330年間。兩件作品都呈刻赤風格。這種風格以黑海北部刻赤地方地名命名。因爲該地區出土了許多這類容器。刻赤風格的特點是：線條纖細，形態優美，配筆精緻，使用鍍金而獲得絢麗的彩色效果。這被認爲是晚期阿提卡紅彩陶器的主要風格。

《珀琉斯制服忒提斯》，馬西亞斯畫家製於西元前340～西元前330年左右；現藏大英博物館
By courtesy of the trustees of the British Museum

marten 貂 鼬科貂屬幾種棲居森林中的食肉動物的統稱。各品種的大小和毛色各異，但在總體比例上都與鼬相似，而且它們的毛皮都是很有價值的。它們的總長爲50～100公分；重可達1～2.5公斤或更重。貂都單獨獵食，以小動物、果實和腐肉爲食。北美北部美洲貂的毛皮有時稱紫貂皮出售。其他的品種包括歐洲和中亞的松貂、林貂或甜貂以及南亞的黃喉貂或蜜狗，因它愛吃甜食而得名。亦請參閱fisher、polecat。

石貂（Martes foina）
Reinhard/Reiser-Bavaria-Verlag

Martha's Vineyard 漫沙溫雅德 美國麻薩諸塞州東南岸外的島嶼。隔溫雅德海峽與科德角相望。長約32公里，寬3～16公里。1602年爲戈斯諾爾德首次記載，因島上多葡萄而得名。1641年被梅休購得，1692年劃歸麻薩諸塞州以前，被認爲是紐約的一部分。曾爲捕鯨業和漁業中心。現爲夏季旅遊勝地。

Martí (y Pérez), José Julián＊ 馬蒂（西元1853～1895年） 古巴詩人、散文家、愛國主義者。1868年參與古巴爆發革命起義，被放逐到西班牙。他在西班牙取得法學學位，並繼續其政治活動。後來，在不同國家居住。1881～1895年間，大部分時間客居紐約。馬蒂組織和聯合了古巴爭取獨立的運動，本人在戰鬥中陣亡。作爲作家，他以富有個性的散文，和以爭取自由團結的美洲爲題材的樸素而誠懇的詩歌著稱。他的散文，如作品集《我們的美洲》（1881），被認爲是他對拉美文學的最大貢獻。他被視爲古巴的民族英雄。

Martial＊ 馬提雅爾（西元38/41～103?年） 拉丁語全名Marcus Valerius Martialis。羅馬著名詩人。出生於羅馬的西班牙殖民地。年輕時來到羅馬。他在羅馬時期的朋友包括塞尼卡人、盧卡、尤維納利斯，並得到皇帝提圖斯和圖密善的資助。其早期詩歌，有些是諂媚提圖斯的，並不出色。他的成名作是十二卷警句詩（86～102?）。他實際是現代警句詩的開山祖師。他的詩歌率真，有時猥褻，完整展現了帝國早期的羅馬社會，準確描繪了人性的瑕疵。

martial art 武藝 任何的作爲健身運動各種搏鬥運動或自衛術。武術可分爲持械和徒手兩類，大多源於東亞的傳統格鬥術。現代的持械武術包括劍道和弓道等。徒手術包括合氣道、柔道、空手道、功夫和跆拳道。有許多持械和徒手式的衍生武藝已被當作一種培育心靈的手段來實踐。受道教和佛教禪宗的影響，武術十分強調練功人注重心理和精神狀態。根據水平不同，可分爲白帶（新手）到黑帶（大師）等不同級別。亦請參閱t'ai chi ch'uan、jujitsu。

martial law 戒嚴法 即軍事當局在緊急時期認爲當地文官政府無法行使職權而對該地區實行臨時統治。在戒嚴狀態下公民權利中止，民事法庭受到限制或被軍事法庭取代。戒嚴法的應用主要受到國際法以及文明的戰爭公約的約束。亦請參閱human rights、war crime。

martin 聖馬丁鳥 燕科數種鳴禽的統稱。在美國專指紫馬丁鳥（亦稱紫崖燕），體長20公分，是最大的美洲燕。沙馬丁鳥（亦稱灰沙燕、岸燕）長12公分，褐白相間，在北半球各地繁殖，於沙岸上挖穴爲巢。家馬丁鳥（亦稱毛腳燕）背部藍黑色，尾部白色，在歐洲常見。剛果的非洲河川馬丁鳥（亦稱非洲河燕）黑色，眼及喙紅色。

Martin, Agnes 馬丁（西元1912年～） 加拿大籍美國畫家。生於薩斯喀徹溫省，1932年來到美國，1940年成爲美國公民。就讀於哥倫比亞大學師範學院，其後於新墨西哥大學任教，1957年搬回紐約，1958年舉辦個展。她是幾何抽象畫派的重要代表人物；對她而言，交織的鉛筆線條所組成的灰格子，最終將會變成幾何構圖。1970年代是她創作並發表她的另類畫作的時期；在她開始以數學邏輯方式附加註釋其素描後，1973年她發表了很有名的絹畫系列「*On a Clear Day*」。

Martin, Mary (Virginia) 馬丁（西元1913～1990年） 美國歌手及女演員。她在德州韋瑟福德與人合辦舞蹈學校。1938前往紐約，在歌舞劇《把它留給我》中飾演一小角色，在劇中演唱歌曲《我的心屬於爸爸》獲得廣泛讚揚。參加了幾部影片的演出之後，到百老匯，在《維納斯的一次接觸》（1943）中扮演主角。1949～1953年她在《南太平洋》中創造了內莉·福布希這一角色。後主演舞台劇《小飛俠》（1954，獲東尼獎；電視版，1955）、《眞善美》（1959，獲東尼獎）、《我願意，我願意》（1966）。

Martin, Steve 馬丁（西元1945年～） 美國喜劇演員和作家。生於德州瓦可，就讀加州大學，1967年開始爲「斯馬塞兄弟」寫腳本。1970年代爲《週六晚間現場》編寫劇本並親自演出。他的插科打諢式的鬧劇和荒謬主義的幽默，讓他在電影《愚笨的人》中嶄露頭角，該電影也是根據他自己所寫的劇本拍攝並親自上陣演出。參與演出的其他喜劇電影包括《衰鬼上錯身》（1984）、《愛上羅珊》（1987）、《異形奇花》（1986）、《騙徒糗事多》（1988）、《愛就是這麼奇妙》（1991）、《溫馨家族》（1989）、《大製騙家》（1999）。寫過舞台劇*Picasso at the Lapin Agile*（1995），也曾爲《紐約客》這類雜誌撰稿。

Martin V 馬丁五世（西元1368～1431年） 原名科隆納（Oddo Colonna）。義大利籍教宗（1417～1431年在位）。他在康士坦茨會議被選爲教宗，標誌著西方教會大分裂的終結。馬丁譴責大公會議論（參閱Conciliar Movement），認爲教宗對信仰事務的判決不得申訴。他拒絕了法國勸說他住在亞威農（參閱Avignon papacy）的努力，於1420年回到羅馬，幫助重建被毀壞的城市。他還試圖恢復教廷國的控制力。他調停了英法百年戰爭，並組織了對胡斯派的討伐，還主張教會權利應獨立於君權。

Martin du Gard, Roger＊ 馬丁·杜·加爾（西元1881～1958年） 法國小說家、劇作家。最初接受過古文書學和檔案管理的訓練，因而在他的文學作品中帶來了客觀、細緻嚴謹的精神。小說《尚·巴魯瓦》（1913）第一次引起公衆的注意，寫的是一個知識分子掙扎在他幼時形成的對天主教信仰和他成年後接受的科學唯物主義之間的故事。他最著名的是八卷小說組《諦波父子》（1922～1940），這部作品記錄了一個家族的發展史，按年代順序描繪了前第一次世界大戰期間法國資產階級所面臨的社會和道德問題。1937年獲諾貝爾文學獎。

Martin of Tours, St.＊ 圖爾的聖馬丁（西元316?～397年） 法國的主保聖人。雙親是異教徒，本人十歲時改信基督教。青年時被征入羅馬軍隊，但因軍隊儀式與其基督教信仰衝突請求解除軍籍。曾被逮捕入獄，獲釋後，住在普瓦捷。後來去在巴爾幹半島傳教。後回到普瓦捷，創辦高盧的第一座修道院。1371年任圖爾主教。他在馬爾莫蒂埃創辦的第二座修道院，是座宏偉的教堂建築。聖馬丁一生被認爲是一個創造奇蹟的人。他是第一個不是殉教士而被封聖的人。

Martineau, Harriet＊ 馬蒂諾（西元1802～1876年） 英國散文家、小說家、經濟、歷史學女作家。儘管耳聾並有心臟病及其他疾病，卻是當時英國知識界傑出人物。她最初贏得廣大讀者的作品是1832～1834年出版的一系列通俗古典經濟學著作。其主要歷史著作爲《西元1816～1846年三十年和平的歷史》（1849），該書被廣爲傳閱。她學術性最強的作品爲《孔德實證哲學的節譯》（1853），是一本精簡的譯作。《鹿溪》（1839）是她最受讚譽的小說。

Martínez Montañés, Juan ➠ Montañés, Juan (de) Martínez

Martini, Simone 馬提尼（西元1284?～1344年） 義大利畫家，推崇哥德式藝術。他爲錫耶納繪畫的推廣作出了很大貢獻。他的作品和諧、純淨的色彩受杜喬的影響，而其優雅、裝飾性的線條則源於哥德式藝術的啓發。這一點在《帶光輪的聖像》（1315）中得到體現，在這一作品中，他把聖母像描繪成坐在歌德式華蓋下處理政務的歌德式女王。其基多里奇奧·達·福格利阿諾的騎馬像（1328）是無數騎馬像的重要範例。

Martinique＊ 馬提尼克 法國的海外省，西印度群島中向風群島的島嶼。長約80公里，寬約35公里，面積1,128平方公里。大部分爲山地，最高點培雷山是座活火山。首府是法蘭西堡。旅遊業爲其經濟基礎。1502年哥倫布抵達該島時，先前被驅逐的阿拉瓦克居民加勒比印第安人重新在那裡生活。1635年一個法國人在那裡建立起殖民地，1674年歸屬法國王室。1762～1763年間英國人占據了該島，在拿破崙戰爭期間再次占據，但兩次都又回歸法國。1946年成爲法國一個海外省，儘管1970年代發生了共產主義者領導的獨立運動，但它一直處於法國的統治之下。人口約399,000（1997）。

Martins, Peter 馬丁斯（西元1946年～） 丹麥裔美籍舞者、編舞者及紐約市芭蕾舞團總監。曾在丹麥皇家芭蕾舞學校開始接受舞蹈訓練。1965年加入該校舞蹈團。1969年成爲紐約市芭蕾舞團的首席舞者，塑造多個舞蹈角色，包括羅賓斯的《郭德堡變奏曲》（1971）和巴蘭欽的《二重協奏曲》。1977年開始替該團編導舞劇《鈣光之夜》。其他作品包括《士兵的故事》和《第一交響樂》。1983年巴蘭欽死後，馬丁斯與人合作擔任該團總監（至1990年），之後馬丁斯成爲該團的唯一總監。

Martinson, Harry (Edmund) 馬丁松（西元1904～1978年） 瑞典小說家、詩人。是第一個被選進瑞典文學院的工人出身和自學成名的作家。童年在養父母家中度過。成年後曾當過商船水手、勞工、流浪漢。他在自傳體小說《蕁麻開花》（1935）、《外出遊歷》（1936）以及遊記中記錄了他的早期經歷。最著名的作品有詩集《信風》（1945），小說《通往聖鍾之國的道路》（1948），及史詩《安尼亞瑞》（1956）。1949年成爲第一個被選進瑞典文學院的工人出身和自學成名的作家。1974年與雍松共獲諾貝爾文學獎。

Martinů, Bohuslav (Jan)＊ 馬替努（西元1890～1959年） 捷克（波希米亞）作曲家。十歲開始作曲。由於荒廢學業而被音樂學院開除。早期作品受民謠和德布西的影響。1923年去巴黎，因色彩豐富的芭蕾樂曲而出名。實驗過新古典主義、爵士樂和繁音拍子等。第二次世界大戰後，輾轉於法國、義大利、瑞士，後重返捷克。他創作很快，作品豐富，包括六部交響樂，歌劇（包括《茱麗葉塔》，1938），大型合唱樂（包括《吉爾伽美什史詩》，1955）。但他對推介自己的作品不太熱衷。

Martov, L.＊ 馬爾托夫（西元1873～1923年） 原名Yuly Osipovich Tsederbaum。俄羅斯革命家。最初住在維爾納，加入了一個猶太社會主義組織the Bund。1895年協助列寧創建聖彼得堡工人階級解放鬥爭協會。1896年被捕，流放西伯利亞三年。獲釋後去瑞士與列寧一起參加《火星報》的編輯工作。1903年起馬爾托夫支援俄國社會民主工黨的孟什維克派別，1905～1907年馬爾托夫爲孟什維克派的首領。在1917年俄國革命後，在俄國內戰他支持布爾什維克政府，但反對新政權的許多專政措施。1920年離開祖國，在柏林主編《社會主義信使報》。

martyr 殉教士 自願捐棄生命而不願否定自己宗教信仰的人。擔當殉教士的意願在古代猶太教中是一種集體理想，尤其在馬加比家族時代，其重要性一直延續到現代。天主教把殉教士所受的苦難看作是對其宗教信仰的考驗。早期教會的許多聖人都在羅馬皇帝的迫害中經歷過殉教折磨。殉教士無需有神蹟的表現，就能加入聖徒之列。伊斯蘭教認爲殉教士包含兩部分信徒：在聖戰中犧牲的和被不義地殺害的。佛教認爲菩薩也是殉教士，因爲他們爲了減輕衆人苦難，寧可推遲自己的成佛。

Marvell, Andrew＊ 馬威爾（西元1621～1678年） 英國詩人和政治家。曾任家庭教師，包括在克倫威爾住院期間爲其授課。1657年入外交部，擔任密爾頓的助手。從1659年起在國會任職。被認爲是最優秀的世俗玄學派詩人（參閱Metaphysical poetry）之一，其聲譽來自於少數幾篇有才氣的散文詩，如〈獻給害羞的女主人〉（1681）和〈花園〉。其他作品包括古典頌詩，如〈賀拉斯體頌歌迎克倫威爾從愛爾蘭歸來〉（1650）；在王政復辟後創作的反政府的政治諷刺詩，如《對畫家的最後指示》（1667）以及諷刺散文。

Marx, Karl (Heinrich)　馬克思（西元1818～1883年）德國政治理論家和革命家。他在波昂大學攻讀人文學科（1835），並在柏林大學攻讀法律與哲學（1836～1841），在那裡接觸到黑格爾的作品。在科隆和巴黎以作家身分工作（1842～1845），開始活躍於左翼政治圈。在巴黎，他遇到恩格斯，後來二人成爲長期的伙伴。1845年被逐出法國後，遷居布魯塞爾，政治定位在此成熟，他和恩格斯藉著作品而揚名。馬克思受邀參加倫敦一個左翼的團體，他與恩格斯並爲之寫作《共產黨宣言》（1848）。同年，他在德國組成第一個萊茵蘭民主議會，並反對普魯士國王解散普魯士國會。1849年他流亡到倫敦，並在此度過餘年。長年以來，他的家人生活在貧窮之中，有二個孩子已經死去。他以歐洲特派員身分在《紐約論壇報》兼職（1851～1862），同時寫作他批判資本主義的主要作品《資本論》（1867～1894，三卷）。1864年起，他是第一國際的主要人物，直到1872年巴枯寧變節爲止。亦請參閱communism、dialectical materialism、Marxism。

Marx Brothers　馬克斯兄弟　美國喜劇團體。最初成員爲奇科（原名李歐納德，1886～1961）、哈潑（原名阿瑟，1888～1964）、葛勞邱（原名亨利，1890～1977）、格摩（原名密爾頓，1893～1977）和季波（原名赫伯特，1901～1979）五兄弟。他們和母親明妮組成了一個輕喜劇表演團，並稱這個團爲「音樂六福星」（1904～1918）。格摩較早退出了該團體，於是他們稱自己爲「馬克斯四兄弟」。1924年他們在百老匯上演的第一部戲《我說，就是她》，相當成功，接著在1925年和1926年又分別演出了《椰子》（1929年被拍成電影）和《動物餅乾》（1930年被拍成電影）。之後在《騙局》（1931）、《趾高氣揚》（1932）、《鴨湯》（1933）、《歌劇之夜》（1935）和《客房服務》（1938）等影片中擔任主角，他們巧妙地將視覺效果和幽默語言結合在一起。這些影片別具特色，也就是由葛勞邱提供了一連串針對觀衆而說的尖酸獨白，這時不發一言的哈潑和說話帶有義大利腔調的奇科則同時配合一些瘋狂的舉動。季波於1934年離開劇團，該團體最終於1949年解散。葛勞邱後來成功的主持了一電視益智節目《以你的生命作賭注》。

葛勞邱、哈潑和奇科
The Bettmann Archive

Marxism　馬克思主義　由馬克思與恩格斯發展出來的意識形態和社會經濟理論。馬克思主義爲共產主義的基本意識形態，堅持全部的人有權享受自己勞動的成果，但在資本主義經濟體系中無法如願－－該體系把社會區分爲二個階級：無產的勞工和不勞動的業主。馬克思把隨之產生的情況稱爲「異化」，並說：當勞工重新擁有自己的勞動成果時，異化才會被克服而不再有階級之分。馬克思主義的歷史理論把階級鬥爭定位爲歷史的驅動力量，並把資本主義視爲最晚近而最關鍵的歷史階段－－因爲在此階段，無產階級最終會團結起來。1848年歐洲革命失敗，而闡述馬克思主義理論（其方向是分析而非實際的）的需要漸增，導致列寧主義、毛主義等的調整；蘇聯解體而中國採用自由市場的許多元素，似乎標示著馬克思主義不再是可行的經濟或政府理論，儘管它仍是受人關注的市場資本主義評論和歷史變遷的理論。亦請參閱Communist Manifesto、dialectical materialism、socialism、Stalinism、Trotskyism。

Mary　瑪利亞　亦稱聖母瑪利亞（St. Mary或Virgin Mary）。耶穌的母親。根據福音書中的記載，天使長加百列通知她因聖靈感孕耶穌時，她已和聖約瑟訂婚；福音中關於她的其他記載包括：她訪問施洗者聖約翰之母以利沙伯；耶穌誕生；瑪利亞將耶穌帶到聖殿獻給上帝；博士朝拜耶穌；約瑟、瑪利亞攜帶幼兒耶穌逃往埃及；在加利利的迦拿參加娶親筵席；耶穌講道時瑪利亞想見耶穌；她親見耶穌受刑而死等等。東正教、羅馬天主教徒和大部分新教教徒都肯定耶穌的神聖性，並認爲瑪利亞雖懷孕生耶穌但並未喪失童貞。羅馬天主教會也提出無原罪始胎和聖母升天的說法。天主教徒向瑪利亞祈禱，並把她看作仲裁者。亦請參閱Mariology。

Mary ➠ Merv

Mary, Queen of Scots　蘇格蘭女王瑪麗（西元1542～1587年）　原名瑪麗·斯圖亞特（Mary Stuart）。蘇格蘭女王（1542～1567年在位）。父親詹姆斯五世在她出生六天後去世，瑪麗隨即成爲女王。後來她被母親吉斯家族的瑪麗·吉斯送到法國，在法國國王亨利二世的宮廷中長大。1558年，她嫁給了亨利二世的兒子弗朗西斯二世。弗朗西斯統治了很短的時間（1559～1560）就英年早逝了，於是瑪麗回到了蘇格蘭（1561）。在蘇格蘭，人們嫌棄她的天主教出生背景而不信任她。1565年，這位漂亮的紅髮女王嫁給了她野心勃勃的堂兄弟亨利·斯圖亞特，即達恩里勳爵，從此她成爲了蘇格蘭貴族間陰謀的受害者。達恩利同蘇格蘭貴族合謀殺害了她的心腹里奇奧。1566年她生下兒子詹姆斯（即後來的英格蘭國王詹姆斯一世）後，她就與達恩利伯爵疏遠了。1567年，達恩里被謀殺。此後她不顧猜疑的蘇格蘭貴族的反對，嫁給了詹姆士·赫伯恩，即被認爲是殺害達恩里的嫌疑犯之一的博思韋爾伯爵（1535?～1578）。反叛的貴族在卡百里山背棄了她的軍隊，還強迫她將王位傳給她的兒子（1567）。幾番試圖重奪王位失敗後，瑪麗選擇到英格蘭的堂姐妹伊莉莎白一世處避難。伊莉莎白一世卻將她囚禁。支援瑪麗的英格蘭天主教徒連番起義，於是伊莉莎白一世將瑪麗提交審訊並判她有罪。1587年瑪麗在福勒林黑城堡被斬首處死。

Mary I　瑪麗一世（西元1516～1558年）　亦稱瑪麗·都鐸（Mary Tudor）。英格蘭女王（1553～1558年在位）。國王亨利八世與亞拉岡的凱瑟琳之女。在亨利八世凱瑟琳離婚，並與安妮·布林結婚後，瑪麗被宣布爲是私生子。1544年恢復公主的待遇，並繼承王位。1553年成爲女王，嫁給西班牙的腓力二世。她要求英格蘭人民重新信奉天主教，頒布抵制異教的法律，大肆屠殺新教叛亂者，約有三百名信徒受火刑。出於對她的憎恨，人民將她稱之爲「血腥瑪麗」。1558年對法國發動戰爭，最終戰敗。英國也因此失去了在歐洲大陸最後的立足地加萊。

Mary II 瑪麗二世（西元1662～1694年） 英格蘭女王（1689～1694年在位）。詹姆斯二世之女。天主教徒，後皈依新教。1677年與表兄奧蘭治親王威廉結婚，婚後定居荷蘭，直到英國貴族反對詹姆斯的天主教政策，邀請瑪麗和威廉回國執掌政權。威廉於1688年率荷蘭軍隊返回英國，詹姆斯逃亡。次年瑪麗與威廉（即國王威廉三世）聯合統治英格蘭。瑪麗深受人民愛戴，她的荷蘭品味也影響了英國的陶瓷、庭院景觀以及室內設計。三十二歲死於天花。

Mary Magdalene, St. 聖抹大拉的瑪利亞（活動時期西元1世紀） 耶穌的信徒之一，第一個看到復活後的基督的人。根據〈路加福音〉第8章第2節和〈馬可福音〉第16章第9節記載：耶穌從她身上趕走七鬼。她陪同耶穌到加利利，目睹了他受刑和被埋葬的過程。在復活節這天早上，她與另外兩名婦女去為耶穌的屍體施塗油禮，發現墳墓已空。後來耶穌出現在她面前，並讓她轉告其使徒，他已升天到了上帝那裡。在傳說中人們一直把她說成是為了悔改而為耶穌塗腳油的妓女。

Maryinsky Theater ➟ Mariinsky Theater

Maryland 馬里蘭 美國東部，大西洋沿岸中部的州（1997年人口約5,094,000），面積27,091平方公里；首府亞那波里斯。該州的主要地理區是沿乞沙比克灣的沿海平原、皮埃蒙特高原的肥沃農田以及阿帕拉契山脈。西元前10,000年前後首先由晚冰河期的獵人占據，後來該地區居住著南蒂科克和皮斯卡塔韋部落。1608年約翰・史密斯船長給予乞沙比克地區建制權。英國國王在給巴爾的摩勳爵卡爾弗特的特許狀裡包含了馬里蘭。1634年卡爾弗特的兄弟在聖瑪麗斯城建立了第一個居民點。馬里蘭成為享有宗教自由的第一個美洲殖民地。1760年代畫定了梅遜－狄克森線，解決了與賓夕法尼亞之間的邊界爭端。1788年馬里蘭成為批准美國憲法的第七個州。1791年該州讓出哥倫比亞特區作為新的聯邦政府首都。該州捲入了1812年戰爭（參閱Fort McHenry）。1845年在亞那波里斯成立了美國海軍官校。美國南北戰爭期間，馬里蘭留在聯邦內，但強烈的南方情緒導致戒嚴法的執行。戰後，馬里蘭作為向南部和中西部轉運消費品的重要集散地而繁榮起來。20世紀裡，由於它位置鄰近全國聯邦政府，從而刺激了它的人口增長。它的經濟基礎主要是政府服務業和製造業。

Maryland, University of 馬里蘭大學 美國馬里蘭州州立大學系統。由十一個校區組成，分布在七個都市。創設於1807年，最早是位於巴爾的摩的一所醫學院，1988年重新改組大學系統，成為具有聯邦土地補助和海洋補助的學術及研究機構。位於科利奇帕克的主校區提供綜合性的大學、研究所及專科課程，並擁有多個研究機構，其中包含七個圖書館。主校區現有學生人數約34,000人。

Masaccio＊ 馬薩其奧（西元1401～1428年） 原名Tommaso di Giovanni di Mone Cassai。義大利畫家。1422年加入佛羅倫斯藝術家行會後才為人所知。由於受喬托的影響，作品中多採用大片人物形象和簡潔的布局。但其人體畫中表現手勢和情緒的技法與多那太羅相近。他最著名的作品是與馬索利諾一起為佛羅倫斯聖瑪利亞・德爾・卡邁納教堂的布朗卡奇禮拜堂繪製的大型壁畫（1425?～1428），他用明暗對比強烈的燈光來對人物形象進行處理，使其產生一種三維空間的效果。他為佛羅倫斯新聖瑪利亞教堂創作的濕壁畫《三位一體》（1427?～1428），是第一幅系統地採用了透視法的繪畫作品。1428年來到羅馬，在那裡突然死亡，以致於有人懷疑他是被人下毒害死。他短短六年中所創作的作品體現出高度的合理性、寫實性和人性，激勵了15世紀中期佛羅倫斯的主要畫家，從而影響了西洋畫派。

Masada＊ 梅察達 以色列東南部古堡。占據了整個山顛。該山海拔434公尺，占地面積7公頃。希律大帝在西元1世紀為梅察達修建了防禦工事。猶太教的狂熱分子出於對羅馬的憎惡於西元66年攻占了梅察達。耶路撒冷陷落後，該堡是猶太人在巴勒斯坦的最後一處抵抗據點，堡內守軍拒絕投降。該堡被羅馬人長時間包圍，最終在73年被攻下。而僅存的一千多名信徒寧願自殺，也不願被俘。被視為猶太民族英雄主義的象徵，現為以色列旅遊勝地。

Masai 馬賽人 亦作Maasai。生活在肯亞南部，坦尚尼亞北部的游牧民族，操尼羅－撒哈拉諸語言中的一種（有時被稱為瑪亞）。人口約為450,000。幾乎全部依靠牲口的肉、血和奶為生。在一圈泥屋外用帶刺灌木圍成一堵很大的圓形籬笆牆，便形成了他們的村莊，可容納四～八個家庭及其牲畜。多偶婚制在較老的馬賽男人中間較為普遍。所有男性被分成不同年齡群。傳統上年輕男性多要在叢林中生活一段時間，以培養力量、勇氣和耐力。亦請參閱Nilot。

Masamune Okazaki＊ 岡崎正宗（活動時期約西元1300年） 號五郎入道（Goro Nuido）。日本刀匠。1287年被伏見天皇任命為首席刀匠。他所創建的武士刀鍛製流派為相州派，此派以精鋼鍛製刀刃且全身硬鑄。此一工法象徵了冶金技術上的一大進展，並大大提升了歐洲或亞洲其他地區的技術水準。

Masaryk, Jan (Garrigue)＊ 馬薩里克（西元1886～1948年） 捷克政治家。托馬斯・馬薩里克之子。1919年進入剛獨立的捷克斯洛伐克的外交部。1925～1938年任駐英國大使。第二次世界大戰期間先後在倫敦（1940～1045）和布拉格（1945～1948）擔任捷克斯洛伐克臨時政府的外交部長。在共產黨人執掌捷克政權（1948）後，他受貝奈斯總統之邀，繼續擔任外長。兩週後在外交部辦公室墜樓而死，有可能是自殺，也有可能是被人推出窗戶。

Masaryk, Tomàš (Garrigue) 馬薩里克（西元1850～1937年） 捷克斯洛伐克第一任總統（1918～1935）獲得維也納大學的博士學位後，馬薩里克到布拉格的捷克大學教授哲學（1882）並撰寫與捷克革新有關的文章。他最重要的作品包括一本研究馬克思主義的著作和《俄國與歐洲》（1913）。在奧地利國會（1891～1993，1907～1914），他支援民主政策，批判奧匈帝國與德國聯盟。1915年，他到了西歐，組織了捷克國家議會。1918年，該議會獲准成為未來的捷克斯洛伐克的眞正政府機構。他提議將捷克斯洛伐克的解放作為第一次世界大戰後十四點和平綱領中的一條，並獲得通過。經選舉成為新國家（1918～1935）的總統後，他經常忙於處理捷克與斯洛伐克兩方的種種衝突。

Masbate＊ 馬斯巴特 菲律賓中部的米沙鄢群島的一個島嶼。該島呈V字形，面積3,269平方公里；首都為馬斯巴特（1990年人口59,000）（1990年人口約600,000）。16世紀晚期由西班牙探險者發現後一直受西班牙統治，直到美西戰爭爆發，才由美國取得了對該地區的控制權。在第二次世界大戰中遭到日本占領，1945年被美國奪回。在北部阿羅羅伊附近的金礦已有數百年的歷史。

Mascagni, Pietro＊ 馬斯卡尼（西元1863～1945年） 義大利作曲家。很早就開始其作曲生涯。曾在米蘭音樂學院和龐基耶利（1834～1886）一起學習，是普契尼的室友，但後來被開除。在隨團進行歌劇巡迴演出期間，他一面負責管理方面的事務，一面開始創作歌劇，後來以其獨幕歌劇《鄉村騎士》（1890）獲獎。這部歌劇自首演以來就十分受歡迎，是他流傳得最長久的作品。他後來的作品《好友弗里茲》（1891）、《伊里斯》（1899）以及《小馬拉特》（1921）都獲得成功。

Masefield, John　梅斯菲爾德（西元1878～1967年） 英國詩人。年輕時曾當水手，後來在美國生活過幾年，生活不是很穩定，此後定居倫敦。其最著名的詩作是關於海洋的《鹽水謠》（1902，包括〈海洋熱〉和〈貨物〉）和長篇敘事詩，如《永恆的寬恕》（1911）等，這些詩篇使用了20世紀早期英語詩歌不常用的粗劣的口語敘述。1930年榮獲桂冠詩人稱號，他的詩歌變得更加嚴謹。除了詩歌以外，他還創作了冒險小說，草圖以及兒童讀物。

maser＊　邁射 在微波光譜範圍內產生與放大電磁輻射的裝置。第一部邁射由美國物理學家湯斯製成。其名字maser爲microwaveamplification by stimulated emission of radiation的首字母組合。邁射產生的波長穩定並且可再生，可以用來調節鐘錶，使之數百年間的時間誤差不超過1秒。邁射現被用於放大雷達和通訊衛星反饋的微弱型號，並且可用來測量金星發射的微弱電波，告知該星球的溫度。邁射是雷射的主要前身。

Maseru＊　馬塞魯 賴索托首都（1995年都會區人口約297,000）。在卡利登河岸，和南非共和國的自由國家省接界。1869年巴索托（Basotho，索托）族酋長Mshweshwe一世在其山寨據點塔巴伯錫烏建立起這個小城。經濟以鑽石開採爲主。馬塞魯是該國家唯一的城市中心，也是政府建築、技術學校和賴索托農業學院的所在地。城東南角的羅瑪設有賴索托國立大學。

Mashhad＊　麥什德 亦作Meshed。伊朗東北部城市，位於卡沙夫河河谷。幾個世紀以來一直是中東商隊路線和公路沿線重要的貿易中心。1220年毀於蒙古人的攻擊。16～17世紀遭土庫曼人和烏茲別克人的劫掠。納迪爾·沙（1736～1747年在位）在此建都。哈倫·賴世德安葬於此地，所以也是朝聖地。人口約1,964,000（1994）。

Masinissa＊　馬西尼薩（西元前240?～西元前148年） 北非努米底亞國王。曾與迦太基結盟。後被大西庇阿說服協助羅馬人（206）。札馬戰役勝利（202）後他得到了更大的王國。儘管不滿加圖在非洲駐軍（149），仍對羅馬忠心耿耿，去世以前一直在西庇奧斯任職。

Masjed-e Jame＊　伊斯法罕大清眞寺 亦稱大清眞寺（Great Mosque）。位於伊朗伊斯法罕境內主要是塞爾柱時期的綜合建築群。清眞寺（完成於1130年左右）的中央庭院由四個大型拱頂壁龕圍成。該清眞寺因其精美的砌磚、圓頂拱架結構和兩個圓頂聖所而著名。中央聖所（1070～1075）坐落在庭院的南部；大的磚砌圓頂，由十二根大方柱支撐著；較小圓頂坐落在庭院的北部，圓頂上部由十六個拱架所支持，是建築結構的傑作。圓頂和拱頂壁龕成爲塞爾柱清眞寺的標準形式。

Masjid-i-Shah＊　國王清眞寺 17世紀伊朗伊斯法罕聞名的清眞寺。這座部分在薩非王朝國王阿拔斯一世手中重建的清眞寺，位於伊斯法罕市中心的一條稱爲梅丹的宏偉中央大道的末端。這座清眞寺與其相鄰的同時期建築以其邏輯上精確的拱形圓頂和彩磚的運用而聞名。

mask　面具 用來戴在臉上，起僞裝作用或保護臉部作用的物品；或者被用來呈現別人或別的生物的肖像。面具自石器時代以來就被用於藝術和宗教中。在大多數原始社會，它們的形式是依據傳統而定的，並被看作是具有超自然的力量。死亡面具和魂靈重返身體相關，在古代的埃及，亞洲和印加社會中都被人使用，有時候作爲死者的肖像保留。節日裡戴的面具，比如萬聖節或者四旬齋前的最後一天所戴的面具是一種慶祝和許可的表示。戲劇中也常用到面具，從希臘戲劇開始，直到中世紀的神蹟劇和即興喜劇，以及其他傳統戲劇中（比如日本的能樂）。

Maslow, Abraham H(arold)＊　馬斯洛（西元1908～1970年） 美國心理學家。曾先後在布魯克林學院（1937～1951）和布蘭戴斯大學（1951～1969）任教。作爲人文心理學的開創者，以其「自我實現」的理論而聞名。在《動機與人格》（1954）和《存在心理學的建立》（1962）中，他提出每個人都有一個必須被滿足的需要層次，其範圍從基本的生理要求到愛、尊重、乃至自我實現。當一個需要滿足時，情緒層次中下一個較高水準的需要便支配了意識功能。

masochism＊　受虐狂 通過承受痛楚或凌辱來發洩情欲的一種性心理病。該詞來自奧地利人札赫爾－馬佐赫（L. von Sacher-Masoch）的名字。他是19世紀的奧地利小說家，他曾詳盡地敘述了自己遭受異性打罵役使從而取得滿足的情況。所遭受的痛苦程度不等，從不帶什麼暴力的形式上的凌辱到嚴厲的鞭笞和捶擊；一般說來受虐狂者對局面有某些控制能力。受虐狂和施虐狂常在同一患者身上並存。

Masolino＊　馬索利諾（西元1383～1435年之後） 原名Tommaso di Cristoforo Fini。義大利畫家。和其同時代的較年輕的馬薩其奧來自同一地區，他們的事業密切相關。他們一起爲佛羅倫斯的卡爾米內聖母堂的布朗卡其禮拜堂創作壁畫。馬薩其奧的影響主要來源於馬索利諾的貢獻，但馬薩其奧去世後，馬索利諾重拾他曾在早年使用過的更具裝飾性的哥德式風格。

Mason, George　梅遜（西元1725～1792年） 美國革命政治家。擁有大片種植園，在推動西部擴張中表現積極。幫助其鄰居華盛頓起草「費爾法克斯決定」（1774），號召抵制英國商品。1776年起草了國家憲法和「維吉尼亞人權宣言」，對傑佛遜產生影響並爲其他州作出榜樣。1776～1788年爲維吉尼亞代表議會的成員，參與制憲會議，但並沒有簽署美國憲法，並反對維吉尼亞州批准該憲法。

梅遜，油畫，紀堯姆（L. Guillaume）據黑斯列斯（J. Hesselius）之肖像畫複製；現藏維吉尼亞歷史學會
By courtesy of the Virginia Historical Society

Mason, James　梅遜（西元1909～1984年） 英國電影演員梅遜早年在劍橋大學學習建築。此後他出演了自己的第一部電影《已故的臨時演員》。很快他就成爲一系列英國影片中的明星，如《穿灰衣服的人》（1943），《第七重面紗》（1945）和《虎口餘生》（1947）。1940年代後期，他來到了好萊塢，但同時還在英國拍電影。他善於塑造具有文雅氣質但同時也有缺陷的人物，出演了一百多部影片，包括：《包法利夫人》（1949）、《沙漠之狐》（1951）、《星海浮沈錄》

（1954）、《海底兩萬里》（1954）、《諜影疑雲》（1959）、《洛莉塔》（1962）、《喬治女郎》（1966）、《巴西男孩》（1978）和《最後審判》（1982）。

Mason, James Murray　梅遜（西元1798～1871年） 美國政治家。喬治・梅遜的孫子，從1820年開始在出生地佛吉尼亞執律師業。後在州立法機構（1826、1828～1832），聯邦眾議院（1837～1839）和參議院（1847～1861）任職。鼓吹南方脫離聯盟，在1861年離開參議院。被任命為美利堅邦聯駐英國專員，在「特倫特號」船上和斯利德爾一起被捕獲並被囚禁兩個月（參閱Trent Affair）。1862年獲釋後在英國一直待到1865年，但無法獲得英國對美利堅邦聯的支持。

Mason-Dixon Line　梅遜－狄克森線 原為美國馬里蘭和賓夕法尼亞之間的分界線。長233哩（375公里），係1765～1768年間由英國人梅遜和狄克森測定，用來解決邊界的爭端，一方是賓夕法尼亞州的經營者，一方是馬里蘭的經營者巴爾的摩。該說法首次用於國會辯論，後來達成「密蘇里妥協案」（1820），將該線看作是蓄奴州（南）與禁奴州（北）的分界線。其至今猶為區分北部和南部的象徵性標誌。

masonry　磚石工藝 使用石頭、磚或塊料的建築工藝。到西元前4000年，埃及人已經發展出繁複的切石技術。在克里特島、義大利、希臘，巨石作品使用無砂漿、不規則形狀的巨大石頭，克服了材質上的弱點，進而減少了接合處的數量。非洲石匠也擅於無砂漿作品，而日本的無砂漿城堡牆壁能在地震中免於崩塌。羅馬人發明混凝土和砂漿，讓拱發展為基本建築形式之一，並使牆上所用的飾面產生若干變異：正方形的石塊、以粗石裝飾的混凝土、有對角石層的混凝土、磚面和瓦面的混凝土、磚與石的混合等。亞述帝國和波斯帝國沒有出產石頭，人們使用曬乾的黏土磚。石頭與黏土是中世紀和後來主要的磚石工藝材料。預鑄混凝土常作為現代鋼架的填充物，到20世紀才能與磚進行有效的競爭。空心牆中常混合或使用磚和空心磚。玻璃空心磚牆使用鋼骨來強化砂漿接合處，能夠透光，並比一般玻璃更能避免入侵或破壞。亦請參閱adobe。

Masqat　馬斯喀特 亦作Muscat。阿曼首都和城鎮（1993年人口約52,000），瀕臨阿曼灣。位於被火山脈包圍的小灣邊，西元前6世紀處於波斯控制下，西元7世紀轉而信奉伊斯蘭教。1508年葡萄牙獲得控制權，把馬斯喀特作為他們的阿拉伯總部（1622～1648）。1650～1741年受控於波斯人，後來成為阿曼蘇丹國的部分。兩個16世紀的葡萄牙堡壘俯瞰著這座城鎮；蘇丹的印度式的宮殿修築在海邊。

masque　假面劇 由戴假面的演員表演的簡短娛樂活動。起源於一種稱為默劇（參閱mumming play）的民間慶典。16～17世紀發展成宮廷假面劇。假面劇包含一個諷刺的主題，使用演講，舞蹈和歌劇表達出來，其表演由豐富的戲服和壯觀的場面來修飾。該體裁在17世紀的英國達到頂峰，當時的宮廷詩人班・強生和瓊斯合作表演了許多著名的假面具（1605～1634），賦予其文學力量。後來假面具併入歌劇，對芭蕾和啞劇產生影響。

mass　質量 慣性的定量量度，或者說是物體對運動改變的抵抗能力的定量量度。質量越大，所加外力產生的變化越小。與重量不同，物體的質量與它所處的位置無關。於是，衛星在遠離地球引力的過程中，它的重量減少，而質量保持不變。在普通的、經典的化學反應中，質量既不能創造也不能消滅。反應物的質量之和永遠等於產品的質量之和。例如，燃燒過程中失去的木頭和氧氣的質量等於出現的水蒸氣、二氧化碳、煙和灰的質量。然而，愛因斯坦的狹義相對論說質量和能量是等效的，質量可以轉換成能量，能量也可以轉換成質量。在核融合和核分裂中，質量轉換成能量，在這些例子中，質量的轉換被看作是更普遍的質－能轉換的一個特殊情況。亦請參閱critical mass。

mass　彌撒 羅馬天主教堂舉行的聖餐。在彌撒中，基督的聖體和鮮血（麵包與葡萄酒）會供奉給上帝，重現基督的殉難與復活。人們認為，聖餐能團結信徒，彌撒分為兩部分，祈禱和領聖體。第一部分稱經言的禮儀，又稱預祭，包括誦讀《聖經》和講道。第二部分為聖體聖事的禮儀，包括奉獻（即奉獻餅和酒）、彌撒正祭部分的祈禱和領聖體聖血。第二次梵諦岡會議（1962～1965）後彌撒儀式變化較大，特別是以地方語言代替傳統的拉丁語。亦請參閱sacrament、transubstantiation。

mass action, law of　質量作用定律 化學動力學（研究化學反應的速率）的基本定律，由挪威人古爾德貝格（1836～1902）和瓦格（1833～1900）於1864～1879年間提出。該定律說，任何簡單化學反應的反應速率與反應物質的克分子濃度的乘積成正比，每個濃度的提高使相應的參與反應的分子數以冪指數增加。

mass-energy equation ➠ Einstein's mass-energy relation

mass flow　質量流動 亦稱對流（convection）。生理學上，負責空氣從大氣進入肺臟以及血液在肺臟與組織之間的移動機制。是兩種主要交換機制之一，其一是氧和二氧化碳在外界與組織間的移動，另一是擴散。局部流動（如在運動期間藉由骨骼肌）可以選擇性增加組織細胞與微血管之間的氣體交換。

mass movement　塊體崩移 亦稱塊體崩壞（mass wasting）。泥土和岩石的碎片大幅向下傾斜；或指地球表面限定區域內的下陷。塊體崩壞一詞只指地表大塊的岩石物質，受到重力影響而從一處移到另一處。塊體崩移包括限定區域內的下陷。

mass production　大量生產 將零組件以分殊化、分工化、標準化的原則來大規模製造產品的應用技術。現代大量生產使得產品的成本控制、生產品質、數量、多樣性都有長足改進，並使有史以來最大規模的全球人口都維持在最高的一般生活標準。需要採用大量生產技術的特殊產品，包括現有市場已大到值得大筆投資者；產品設計可以採用標準化零件和裝配者（參閱interchangeable parts）；透過實體布局即可將減少物件操作者；可分工為簡單、簡短且重覆性的步驟者（參閱time-and-motion study）；可以使用特殊設計來專門從事某工作者。亦請參閱assembly line。

mass spectrometry　質譜測定法 亦稱mass spectroscopy。一種分析方法，利用電場和磁場通過質量來將氣體離子分類，從而鑑定化學物質。質譜計利用電場來檢測分類好的離子，質譜儀則用照相或其他非電的方法來檢測；兩種設備都是質譜測定儀。這種過程廣泛地用於測量不同同位素的質量和相對豐度，來分析由液相或氣相色層分析法所分離出來的產物，測試高真空設備的真空密封性，以及測量礦物的地質年齡。

mass transit　大眾運輸 設計在城市、郊區、大都會區以各種不同的車輛移送大量人員的運輸系統，通常是公共的，但有時也由私人擁有和操控。現代大衆運輸是工業化和城市化的產物。在1830年代，紐約市早期的大衆運輸包括馬匹拉動的公共汽車，不久即被固定軌道的馬拉式台車所取代。到了1900年，機動化公共汽車出現於歐洲和美國。隨著電力時代來臨，許多大型城市引進了有軌電車和地下鐵。20世紀汽車逐漸普及，妨礙了大衆運輸的發展；有軌電車被大幅移除，以提供汽車的空間。20世紀晚期，對空氣污染的憂慮使人們對輕軌運輸重新產生興趣，促成了地方性運輸系統。

Massachusetts　麻薩諸塞　正式名稱麻薩諸塞州（Commonwealth of Massachusetts）。美國東北部的州。爲新英格蘭諸州之一，面積21,456平方公里；首府波士頓。東瀕大西洋，該州的土地貧瘠多岩，雖然蔓越橘種植很重要，但整個農業在經濟中的作用有限。1602年英國第一個殖民者戈斯諾爾德到達時，該地區居住著阿爾岡昆印第安人。清教徒在普里茅斯定居，他們是在1620年乘坐「五月花號」來的。麻薩諸塞海灣公司鼓勵清教徒定居者們建立並管理麻薩諸塞灣殖民地。1643年它加入新英格蘭聯盟，1652年取得了緬因。1675年該州東南部和中部經歷了菲利普王戰爭。1684年失去了它的第一次建制權，1686年成爲新英格蘭版圖的一部分。1691年第二次建制給予這塊殖民地對緬因和普里茅斯的管轄權。18世紀時麻薩諸塞成爲對抗英國殖民政策的中心；是波士頓茶黨案以及勒星頓和康科特戰役的發生地，該戰役標誌了美國革命的開始。1788年它成爲批准美國憲法的第六個州。它是19世紀工業革命的前哨，以紡織業著稱。如今它的主要工業是電子工業、高科技以及通信業。它有許多著名的高等學府。旅遊業也很重要，尤其在科德角地區和伯克夏山。人口約6,118,000（1997）。

Massachusetts, University of　麻薩諸塞大學　美國麻薩諸塞州州立大學系統。校區分布於阿默斯特、波士頓、烏斯特、羅厄爾、北達特茅斯。主校區設在阿默斯特（創建於1863年），擁有9個學院，提供80個學科的大學部課程、70個學科的碩士班課程、40個學科的博士班課程，另有多種終身教育課程。阿默斯特校區設有公共及社區服務管理相關領域的學院。主校區學生人數約23,000人。

Massachusetts Bay Colony　麻薩諸塞灣殖民地　原英國殖民地之一，在今麻薩諸塞州。1630年由約1,000名逃離英格蘭的清教徒（參閱Puritanism）建立。1629年麻薩諸塞灣公司獲得英國特許在新英格蘭開展貿易和開拓殖民地。該公司的清教徒股東把該殖民地視爲英格蘭宗教迫害的避難所，把公司轉手給麻薩諸塞的英格蘭移民。在溫思羅普的領導下，殖民者在查理河邊建立了他們的殖民地，這一殖民地就是後來的波士頓。1684年，英格蘭收回了該公司的特許權。1691年根據新的特許權，成立了皇家政府，該政府把普里茅斯殖民地和緬因併入麻薩諸塞灣殖民地。

Massachusetts Institute of Technology (MIT)　麻省理工學院　麻薩諸塞州劍橋內的私立大學，以其科學和技術訓練及研究聞名，成立於1861年的麻省理工學院擁有建築和設計學校、工程學校、人文和社會科學學校、管理學校（斯隆學校）、科學學校及衛生科學與技術學院。該院以工程學和自然科學著稱，而其他領域像是經濟學、政治學、城市科學、語言學和哲學也是強項。該學院配備有一個核反應爐、一個計算機中心、一個超音波風洞、一個人工智慧實驗室、一個認知科學中心和一個國際研究中心。該院目前有一萬名學生。

massage＊　按摩　一種治療方法。通過熟練地有規則地在身體組織上施行某些手法，減輕疼痛和腫脹，使肌肉弛緩及促使扭傷、勞損的組織迅速復原。三千多年前中國人已開始使用這種方法。19世紀初期，斯德哥爾摩的醫師林格（1776～1839）發明了一套治療關節和肌肉疾病的按摩法。後來人們又把按摩用於減輕關節炎造成的畸形及訓練麻痺的肌肉。治療中常用三種手法：1.（輕或重）叩擊法。2.擠壓（揉、搓、壓）捏法。3.叩撫法。利用雙手的側面迅速地接連叩打患者。在起源於中國的指壓療法法中，通過擠壓中國針灸的穴位獲得療效。亦請參閱physical medicine and rehabilitation。

Massasoit＊　馬薩索伊特（西元1590～1661年）　北美萬帕諾亞格印第安人首領、各部族的大酋長。該族印第安人居住於現今麻薩諸塞和羅德島一些地區（主要是海岸地區）。1621年3月，在「五月花號」駛抵普里茅斯數月後，他和同伴薩莫賽特前往該地，與新移民建立和睦關係。他和印第安人部屬還從移民那裡學到了種植、捕魚和烹飪技術。1623年冬他身纏重病，在移民們照料下恢復了健康。他去世後，友好關係漸趨終結。1675年終於爆發由其兒子米塔科姆領導的殘酷的菲利普王戰爭。

Masséna, André＊　馬塞納（西元1758～1817年）　後稱埃斯靈親王（prince d'Essling）。法國將領。1775年入伍，在革命政府軍中服役，1793年升任將軍。在與奧地利作戰的義大利戰役中，他成爲最受拿破崙信賴的軍官。後任駐瑞士法軍司令，1799年在蘇黎世戰役中擊潰俄軍。拿破崙後來派他指揮義大利方面軍，他重振士氣，在熱那亞成功抵抗圍城的奧軍，使法軍打贏馬倫戈戰役。馬塞納於1804年成爲元帥，1808年封里沃利公爵。在抗擊奧地利軍隊中，尤其在阿斯珀恩－埃斯靈和瓦格拉姆戰役中，馬塞納表現出英雄主義氣概。1810年拿破崙賜給他埃斯靈親王銜。1810～1811在指揮駐葡萄牙和西班牙的法軍時，被英軍司令官威靈頓公爵擊敗。他被解除職務，回到巴黎，支持復辟。

Massenet, Jules (Émile Frédéric)＊　馬斯奈（西元1842～1912年）　法國作曲家。1851年入巴黎音樂學院。1854年舉家遷離巴黎時，離家出走，繼續學業，靠彈奏琴、鼓，教書爲生。1863年獲得羅馬大獎。1867年開始創作。其成名作爲神劇《瑪麗－瑪格德萊娜》（1873）。1877年《拉合爾之王》（1877）在巴黎歌劇院上演。主要作品包括《埃羅迪亞德》（1881）、《曼儂》（1884）、《熙德》（1885）、《埃斯科拉蒙德》（1889）、《維特》（1892）、《泰斯》（1894）。

Massey, (Charles) Vincent　梅西（西元1887～1967年）　加拿大政治家。第一個加拿大籍的總督（1952～1959）。1913～1915年在多倫多大學講授歷史。第一次世界大戰期間任內閣國防委員會副秘書。戰後經營農具公司，直到1925年。1925年加入加拿大金恩內閣。1926～1930年任加拿大第一任駐美國公使。1935～1946年任駐英國高級專員。1947～1952年任多倫多大學校長。1952年任加拿大總督。其弟雷蒙．梅西（1896～1983）則是著名電影演員。

Massif Central＊　中央高原　法國中南部高原地區。西面和西北面與亞奎丹盆地及羅亞爾盆地相接，東界隆－索恩河谷，南鄰朗格多克地中海沿海地區。面積90,665平方公里，約占法國領土的1/6左右。大部分是海拔600～900公尺的高原，最高峰桑西山（海拔1,885公尺）和普洛姆布得康塔勒山（海拔1,858公尺）。是包括羅亞爾河、阿列河、謝爾河和克勒茲河等在內的許多河流的發源地。

L M N

Massine, Léonide＊　馬辛（西元1896～1979年） 原名Leonid Fyodorovich Miassin。俄籍法國舞蹈家、教師兼五十多出芭蕾劇的舞蹈指導。1914年馬辛加入俄羅斯芭蕾舞團，在1915年演出他第一部芭蕾舞劇《夜晚的太陽》。接著他又參演了《佇列》（1917）、《三角帽》（1919）和《帕爾希妮拉》（1920）。通過豐富許多角色的性格刻畫，他發展了福金的編舞的革新精神。在1932～1938年間，他是蒙地卡羅俄羅斯芭蕾舞團的首席舞者和舞蹈指導。他的舞蹈《預兆》（1933）、《交響芭蕾舞》（1933）和《紅與黑》（1939）展現了他固定的富有創新意義的舞蹈設計，是最早以交響樂爲主題音樂的舞蹈之一。1938～1942年間，他一直擔任改革後的蒙地卡羅俄羅斯芭蕾舞團的領頭人。1966年，他成爲新的蒙地卡羅芭蕾舞團的藝術總監。

Massinger, Philip＊　馬新基爾（西元1583～1639/1640年） 英國劇作家。在1620年開始獨立寫作前的一段時間裡，馬新基爾一直與其他的劇作家合作編劇，如福萊柴爾。自1625年起，他同戲劇公司「皇家劇院」合作。他現存的十五本專著都以高度的社會意識和強烈的諷刺色彩而著名。其中包括他最受歡迎和最有影響的劇作——喜劇《償還舊債的新方法》（1624）和《城市太太》（1632），這兩部劇作都探討了社會及經濟問題。還有一部是歷史悲劇《羅馬演員》（1626?）。

Masson, André(-Aimé-René)＊　馬松（西元1896～1987年） 法國著名畫家、書畫雕刻藝術家。先後在布魯塞爾和巴黎習畫。第一次世界大戰中受重傷。其藝術作品充滿悲觀主義氣息。1924年加入超現實主義運動，成爲自動主義的主要實行者。1920年代末與1930年代，馬松繪製的作品都是將暴力、肉欲、物形的變態等等畫面作激烈而有暗示意義的表達，以迂迴而富涵義的線條勾畫出瀕於抽象的生物形態圖樣。1934～1936年間，馬松住在西班牙，1941～1945年移居美國，成爲超現實主義與抽象表現主義的重要紐帶。其後回到法國，潛心風景畫創作。

L
M
N

mastaba＊　馬斯塔巴（阿拉伯語：方形墓室）古埃及人之墓，長方形的上部結構，用泥磚建造，或是如之後所用的石頭，有傾斜的牆壁和平坦的墓頂。一條很深的井狀通道延伸到地下的墓室。埃及「古王國時期」的馬斯塔巴，主要爲非皇室成員的墓穴。儲藏室裡貯存食物和一些用具，其牆面常以死者期望的日常活動的景象爲裝飾。早先另外還有個壁龕，後來逐漸發展成爲小教堂，其中有一張供奉的桌子和一扇假門以供死者的靈魂進出墓室。

mastectomy＊　乳房切除術　將乳房切除的外科手術，通常是由於乳癌。如果癌細胞已經擴散，必須將腫瘤周圍的組織及／或鄰近組織一併切除，包括胸肌和淋巴結。改良根治術至少保留胸大肌，並且也有很高的存活率，也使再生更容易。簡單的乳房切除術只切除乳房，而腫塊切除術則僅將腫瘤切除。

master of the animals ➠ animals, master of the

Masters, Edgar Lee　馬斯特茲（西元1869～1950年）　美國詩人、小說家。生於堪薩斯州的加尼特，但在伊利諾州祖父的農場裡長大，而在芝加哥成爲一名律師。在出版他最主要的作品《斯蓬河詩集》（1915）之前，他寫的詩和劇作平凡無奇。這本詩集描寫一個虛擬的小鎮的原居民從墳墓中起來訴說他們在這個沈悶小鎮裡事與願違的苦難生活，他們說的話就是書中收錄的245首獨白形式的無韻墓誌銘。小說有《米奇・米勒》（1920）和《新婚飛行》（1923）。

馬斯特茲
By courtesy of the Library of Congress, Washington, D.C.; photograph, Arnold Genthe

Masters, William H(owell) and Virginia E(shelman) Johnson　馬斯特茲和約翰遜（西元1915～2001年；西元1925年～）　約翰遜原名Virginia Eshelman。美國人類性研究小組。一個是內科醫師，一個是心理學家，他們在聖路易建立並共同領導馬斯特茲－約翰遜學會。他們在實驗室觀察夫妻的性行爲，並用生物化學設備記錄性的刺激和反應。他們的著作《人類的性反應》（1966）被公認爲第一部全面研究人類性行爲（參閱sexual response）的生理學和解剖學著作。1971年結婚，1993年離婚後仍繼續合作。

Masters Tournament　名人賽　自1934年起每年在美國喬治亞州奧古斯塔全國高爾夫球俱樂部的場地舉行的高爾夫球邀請賽，爲世界最有名的高爾夫球賽之一。採72洞計算擊球次數制，擊球次數最少者爲勝。這種因場地美觀、速度和難度高而聞名的球賽是由瓊斯和麥肯齊設計的。

Masterson, Bat　馬斯特遜（西元1853～1921年） 原名Bartholomew Masterson。加拿大出生的美國執法者和賭徒。生於加拿大東部（今魁北克）的亨利維爾，在美國的農場長大。曾在堪薩斯州道奇市做過獵水牛和偵察印第安人的工作（1873～1875），在福特縣做過治安官（1877～1879），還當過美國聯邦副警長（1879）。1880～1881年在亞利桑那州的湯姆斯通與易爾普共事，成爲邊境地區有名的秩序維護者。1887～1992年在丹佛的一些豪華賭場裡混日子，然後前往紐約，成爲美國聯邦副警長（1905～1907），也是《紐約早電》著名的體育版編輯。

mastication ➠ chewing

mastiff　獒犬　一種大型工作犬，在歐洲和亞洲的記錄中可追溯到西元前3000年。古羅馬入侵者用以與熊、獅、虎、牛及角鬥士等搏鬥，後在英格蘭用於鬥牛和熊。站立時70～76公分高，體重75～84公斤。頭寬，口鼻部短，顏色較深；耳懸垂，色亦深；被毛短，杏黃色、銀灰淺黃褐色或有斑紋。鬥牛獒犬爲雜交培育而成，站立時體高61～69公分，重45～59公斤，用作警犬和守衛狗。

獒犬
Sally Anne Thompson

mastitis＊　乳腺炎　乳腺的炎症。多爲急性，由細菌引起，幾乎僅發生於哺乳期的頭三周，可在不停止哺乳的情況下用抗生素治療。乳房可能會發生腫脹現象，發紅、變硬、觸痛，如不治療可能出現膿瘡。乳腺炎可能是局部的，也可能是擴散的，感染可波及乳房的淋巴系統。出生後不久及青春期的女孩可能會出現因荷爾蒙引起的暫時性乳腺炎。慢性乳腺炎常繼發於全身性疾病（如結核病、梅毒）。高齡婦女還有可能出現漿細胞性乳腺炎，較罕見。一些乳腺炎症狀與某些癌症相似。

mastodon＊　乳齒象　乳齒象科乳齒象屬數種滅絕象類的通稱。2,370萬～1萬年（或更晚）以前廣泛分布於北美洲，與歷史上的北美印第安人部族是同時期的。保存完善的化石很普遍。以樹葉爲食，磨牙小，上門齒長，互相平行，有點向上彎，雄性還有短的下門齒。比現代象矮小，身體較長且粗壯，像柱子的四肢短而粗壯，覆蓋著棕色帶紅的長毛。頭骨比現代象小，更低更平，兩耳也較小。人類的捕殺可能是乳齒象滅絕的原因之一。亦請參閱mammoth。

mastoiditis＊　乳突炎　乳突（耳後之骨質突起）的炎症，幾乎均繼發於耳炎。可能會擴散到骨頭的小室中，阻礙其流通，嚴重的還可影響整個中耳道。會引起耳後和頭側疼痛，體溫和脈搏也有可能升高。骨表面組織腫脹，形成膿瘡，引起骨頭外層損害。向內發展的併發症包括顱內膿腫、血栓形成和內耳感染，若引起腦膜炎則十分危險。現代藥物治療已能有效控制中耳炎，故本病已罕見，通常可在早期用抗生素治療，否則應行手術引流，並去除所有病變骨質。

Mastroianni, Marcello＊　馬斯楚安尼（西元1924～1996年）　義大利電影演員。1947年首次演出，到1950年代中期已成爲義大利著名演員。外形黝黑俊朗，銀幕形象兼具迷人可愛及憂鬱孤僻。在維斯康堤執導的《白夜》（1960）及費里尼執導的《生活的甜蜜》（1960）等影片中的表演爲他贏得國際聲譽。他參與演出的電影超過一百部，包括《夜》（1960）、《義大利式離婚》（1961）、《八又二分之一》（1963）、《昨日、今日、明日》（1963）、《特別的一天》（1977）、《金吉爾和弗雷德》（1985）、《深色眼睛》（1987）以及《大家都很好》（1990）。

masturbation　手淫　撫弄自己的生殖器官以引起快感（通常達到性高潮）的行爲。常見於幼兒和青少年，許多成人也沈溺其中。研究顯示超過90%的美國男性和60～80%的美國女性曾經有過手淫行爲。基督教倫理譴責手淫者犯有俄南（Onan）之罪。《舊約》記載，故意泄精於女子體外而受到上帝咒詛。天主教現仍正式譴責手淫行爲。

Masurian Lakeland＊　馬蘇里亞恩湖區　波蘭東北部湖區，包括2,000多個湖泊。從維斯杜拉河下游向東到波蘭－白俄羅斯邊境，延伸290公里，面積52,000平方公里。1914～1915年第一次世界大戰期間曾是俄國敗戰之地。1945年1月受俄國控制，但在波茨坦會議轉歸波蘭。

Mata Hari　瑪塔・哈里（西元1876～1917年）　原名Margaretha Geertruida Zelle。荷蘭名妓，相傳第一次世界大戰時曾爲間諜。1895年與蘇格蘭軍官麥克勞德結婚，旅居爪哇和蘇門答臘（1897～1902），後回到歐洲並離異。1905年開始在巴黎跳舞，自稱瑪塔・哈里（馬來語意爲太陽）。因長得美麗動人，有異國風韻，並且可以當眾一絲不掛的跳舞，所以很快就有爲數眾多的情人，包括高級軍官。關於她從事間諜活動的情況並不清楚，但顯然從1916年起是德國的間諜。1917年在法國被捕，受軍事法庭審判處以槍決。

瑪塔・哈里
H. Roger-Viollet-Harlingue

Matabele　馬塔貝勒人 ➠ Ndebele

matador　鬥牛士　鬥牛時在場中揮舞披肩並以劍刺擊牛肩的主要表演者。現在鬥牛士所用的技巧早在1910年代就已由西班牙的貝爾蒙特（1894～1962）建立。傳統鬥牛士的服裝沒有任何防範措施，稱爲「輕裝」。觀眾根據鬥牛士的技巧、姿勢和勇氣來判斷他。幾乎每一位鬥牛士在每個鬥牛季中都會受到不同程度的傷，有的甚至因之喪命。

Matamba＊　馬坦巴　非洲歷史上姆本杜人的王國，在今安哥拉盧安達東北。16世紀早期曾是一個強大的王國，後與安哥拉的葡萄牙殖民者發生衝突。約1630年被恩東加的外來統治者恩琴亞征服，並使之發展壯大，以抵擋安哥拉在1670年代的東進擴張。1684年簽定的條約直到1744年葡萄牙占領了部分馬坦巴土地後才失效。剩下的土地在1870～1900年的歐洲條約中分給了安哥拉，成爲一個自治王國，直到20世紀初被葡萄牙軍隊占領。

Matamoros　馬塔莫羅斯　墨西哥塔毛利帕斯州北部城市。位於格蘭德河南岸，與美國德州布朗斯維爾隔河相望。1824年建立，墨西哥戰爭期間曾在此發生激戰，1846年被美軍占領。現爲墨西哥主要的遊客入境港和貿易中心。人口304,000（1990）。

Matapédia Valley＊　馬塔佩迪亞河谷　加拿大魁北克省東部加斯佩半島聖母山脈的河谷。延伸約100公里，形成一條從聖羅倫斯河穿過山脈直通大西洋岸的通道，爲濱海諸省與加拿大大陸的重要交通運輸要道。馬塔佩迪亞河從中流出80公里後匯入雷斯蒂古什河。

Mataram＊　馬打藍　爪哇島上的歷史王國。最初爲帕江的附庸國，後在斯諾巴迪手中發展壯大。斯諾巴迪在16世紀晚期成爲該王國第一位國王。其疆域在17世紀早期開始擴展，但後來王國開始衰弱，到18世紀中期力量漸失，而成爲荷屬東印度公司的領地，1749年成爲該公司的附庸國。1755年的連續戰爭，導致王國被分爲蘇拉卡爾塔和日惹兩個地區。

matchlock　火繩機　15世紀發明的用於點燃火藥的裝置。爲第一個機械發火裝置，代表輕兵器製造上的重要進步。由帶火繩的蛇形桿（稱爲蛇管）和扳機組成。一扣動扳機，蛇形桿即向下，點燃的火繩使槍管側方火藥池內的起爆藥燃燒。火焰通過槍膛的小孔進入膛內，點燃發射藥。雖然使用起來速度很慢，也很不靈便，但能很好地保護槍膛中的所有機關，也不用手拿著。早期的火繩機包括滑膛槍。

maté　巴拉圭茶　亦稱yerba maté。一種刺激性類似茶的飲料，在許多南美洲國家十分流行，用常綠灌木或與冬青近緣的喬木巴拉圭茶的乾葉調製而成。含有咖啡因和單寧，但收斂性較茶少。調製巴拉圭茶時，先將乾葉放置在用銀裝飾的曬乾的空葫蘆內，然後澆以開水浸泡。飲用時，用一根管子，通常是銀管，插入

盛裝巴拉圭茶的銀製容器
Librairie Larousse

L
M
N

葫蘆內吸飲，管的一頭連著一個過濾網以便截住葉渣。通常清泡，有時也佐以牛奶、糖、檸檬汁等配料。

material implication ➠ implication

materialism　唯物主義；唯物論　在形上學中，認爲眞實在本質上屬於物質之性質的學說。在心靈哲學中，唯物主義的典型主張是，心靈的狀態等同於大腦的狀態。支持此一理論的人（稱爲中樞狀態唯物論）一致認爲，心靈與身體在概念上各自區別，但他們通常依據本體論的法則作爲理由（參閱Ockham's razor），主張心靈與身體是等同於一。看起來是心靈的狀態者，實際上是大腦的狀態，因此精神被化約爲肉體。批評此一主張的人則指出，目前爲止在精神層面出現上的變化與大腦的狀態之間所建立的相關性，充其量都還不夠完整。亦請參閱identity theory、mind-body problem。

materials science　材料科學　從宏觀和微觀上研究固體材料的性質，以及材料的組織、結構如何決定這些性質的學科。材料科學產生自固態物理學、冶金學、製陶術和化學，因爲無數的材料的性質不可能由其中任何一個單一的學科來完成。隨著對材料原始性質的理解的基礎，材料可被選擇或設計用作各種不同的功用，從建築鋼材到電腦晶片都可使用。材料科學因此對很多工程學領域都很重要，包括電子學、航空學、遠端通訊、資訊處理、核能和能量轉換等。亦請參閱mechanics、metallography、strength of materials、testing machine。

mathematical physics　數學物理學　數學分析的分支，著重於物理學家與工程師專用的工具和技術。重點在於向量空間、矩陣代數學、微分方程式（特別是問題的邊界值）、積分方程式、積分變換、無窮級數以及複變數。這些方法適用於電磁學、古典力學與量子力學的應用。

mathematical programming　數學規畫　管理科學和經濟學的理論工具，其中管理的操作是由能用於多種用途的一些數學方程式來描述的。用於解決微積分不能解決的問題。如果有關的基本描述方程式是線性代數方程式，求解的方法就叫做線性規畫；如果需要更複雜的方程式，就叫做非線性規畫。在制定生產進度、運輸、軍事後勤和預測經濟成長時，都用得到數學規畫。

mathematics　數學　關於結構、序和關係的科學，由計數、度量和描述物體形狀等基本實踐演化而來，涉及邏輯推理和數量計算。從17世紀以來，數學一直是物理科學和技術必不可少的助手。從這種程度上說，它被認爲是科學的潛在語言。數學的主要分支有：代數學、分析、算術、組合學、歐幾里德幾何和非歐幾里德幾何、賽局論、數論、計算數學、最優化、機率論、集合論、統計學、拓撲學和三角學。

mathematics, foundations of　數學基礎　對數學理論和數學方法的範圍提出科學的質問。開始於歐幾里德的《幾何原本》，對數學的邏輯和哲學基礎提出質問。其基本點是，任何系統的公理（例如歐幾里德幾何或微積分）是否可以保證它的完整性和一致性。在近代，經過一段時間的爭論，分成了三派思想。邏輯主義認爲抽象的數學物件全部可以從基本的幾組想法以及合理的或邏輯的思想發展出來，稱爲數學的柏拉圖主義的一個變型把這些物件看作是觀察者之外的、獨立的存在；形式主義相信數學是按照預先規定好的規則來操縱一些符號的配置，是與這些符號的任何物理解釋無關的一種「遊戲」；直覺主義否認某些邏輯概念，公理方法的注釋已經足夠解釋數學的全部，而不把數學看作是處理與語言和任何外部現實無關的思想構造（參閱constructivism）的一種智力活動。在20世紀，哥德爾定理終止了尋找數學公理基礎的任何希望，因爲數學本身既是完整的，也是沒有矛盾的。

mathematics, philosophy of　數學哲學　有關數學的知識論和本體論的哲學分支。在20世紀早期，興起了三個主要的思想學派——稱爲邏輯主義、形式主義和直覺主義——來解釋並解決在數學的基本原則中所產生的危機。邏輯主義主張，所有數學上的概念，都可化約至抽象思考的法則，或邏輯原則；在此主張下的另一個不同看法，以數學柏拉圖主義爲名，則認爲數學概念是超越經驗的完美典型，或稱爲形式，是獨立於人類的意識之外。形式主義則認爲，數學是依據規定好的規則，只是運用有限的符號配置所組成；只是一場獨立於對任何符號進行物質性解釋的「遊戲」。直覺主義的特徵是，對任何對於眞理持超越經驗之概念的知識或證據，都加以排斥。因此，只有在數目有限的步驟中能夠加以建構（參閱Constructivism）的對象才獲得承認，至於實際上的無限，以及排除中間項（參閱thought, laws of）的法則也不被接受。這三個思想學派各自主要由羅素、希爾伯特和丹麥的數學家布勞威爾（1881～1966）所領導。

Mather, Cotton＊　馬瑟（西元1663～1728年）　美國清教領袖。英克理斯·馬瑟之子，取得哈佛大學碩士學位，1685年受按立爲公理教會牧師，之後協助其父在波士頓諾斯教堂任職。1689年協助驅逐不受歡迎的英國總督安德羅斯。雖然他所寫的關於巫術的書籍滿足了當時人們的狂熱，最後並導致賽倫女巫審判，但他並不支持這一審判，並反對使用「神怪證據」。最著名的著作有：《偉大的美洲基督教》（1702），一部新英格蘭教會歷史；他的《日記》（1711～1712）；《美洲誌異》（1712～1724），爲他贏得英國皇家學會會員的榮銜。他是接種天花疫苗的早期支持者之一。亦請參閱Congregationalism、Puritanism。

馬瑟，肖像畫，佩勒姆（Reter Pelham）繪；現藏麻薩諸塞州烏斯特美國古物學會
By courtesy of the American Antiquarian Society, Worcester, Mass.

Mather, Henry ➠ Greene, Charles Sumner; and Greene, Henry Mather

Mather, Increase　馬瑟（西元1639～1723年）　美國清教領袖。清教牧師之子，出生於麻薩諸塞灣殖民地，曾在哈佛學院和都柏林的三一學院受教育。後來回到新英格蘭，成爲波士頓諾斯教堂的牧師（1661～1723）。他和他的兒子科頓·馬瑟成功地遊說廢除麻薩諸塞州受人憎恨的總督安德羅斯，並在1691年爲殖民地爭取了新的憲章。1685～1701年擔任哈佛學院院長。著作有《惡靈化身爲人的良心個案》（1693），該書有助於結束賽倫女巫審判。亦請參閱Puritanism。

Mathewson, Christy　馬修森（西元1880～1925年）　原名Christopher Mathewson。美國職業棒球投手。曾是巴克內爾大學的橄欖球和棒球選手，是最早被選入棒球名人堂的大學生之一。1900～1916年在紐約巨人隊擔任右投手，在13個賽季中每一季都贏了20多場比賽，其中4個賽季都贏了30多場比賽。他在生涯排行榜上排第三，勝投373場，完封80

場，投手防禦率排第四(2.13)。1916～1918年在辛辛那提紅人隊，1923～1925年擔任國家聯盟波士頓勇士隊董事。四十五歲時死於肺結核。

馬修森，攝於1909年
Culver Pictures

Mathias, Bob＊ 馬泰斯（西元1930年～） 原名Robert Bruce Mathias。美國運動員。生於加州的土拉爾，小時候為貧血所苦的他，以投入運動獲得力量。1948年，以十七歲的年紀在奧運會中奪得男子十項全能的金牌，成為奧運會田徑史上贏得金牌最年輕的選手。1952年再度拿下奧運十項全能的金牌，同一年史丹佛大學打入美式足球玫瑰盃時，他是隊中的全衛。在他參加過的11次十項全能比賽中，都拿下冠軍。後來成為美國國會的眾議員。

Mathura art＊ 馬圖拉藝術 一種佛教視覺藝術，西元前2世紀～西元12世紀流行於商業和朝聖中心印度北方邦的馬圖拉。該藝術所表現的立佛和坐佛都肩寬胸實、雙腿分開、雙腳牢牢地立住，傳達一種無限的力量感。女性雕像都具有真實的美感。

馬圖拉西元2世紀的赤砂岩浮雕，現藏馬圖拉考古博物館
P. Chandra

Matilda 瑪蒂爾達（西元1102～1167年） 亦稱莫德(Maud)。英王亨利一世之女，英格蘭王位權利的要求者。1114年與神聖羅馬帝國皇帝亨利五世結婚，1125年亨利五世去世後，她又與金雀花王朝的傑弗里結婚。她的兄弟在1120年去世，使她成為亨利一世的唯一繼承人，亨利一世在1127年指定她為繼承人。布盧瓦的史蒂芬在1135年亨利一世去世後篡權，並在1141年打敗瑪蒂爾達支持者的軍隊。瑪蒂爾達在1148年退隱諾曼第，她的兒子成為英王亨利二世。

Matilda of Canossa＊ 卡諾薩的瑪蒂爾達（西元1046～1115年） 義大利語作Matilde。別名Matilda the Great Countess。托斯卡尼女伯爵。為教宗聖格列高利七世的密友，曾支持他與皇帝亨利四世之間的對抗（參閱Investiture Controversy）。就是在她的卡諾薩城堡裡，皇帝親自向格列高利赤足悔罪（1077）。亨利第二次被絕罰後，她斷斷續續與亨利作戰，有時還親自披掛上陣，直到亨利去世（1106）。她資助教宗的軍事行動，還慫恿亨利的兒子康拉德叛變對抗他的父親（1093）。她對羅馬教宗的堅定支持，使她在1634年被重新安葬於聖彼得教堂。

Matisse, Henri (-Emile-Benoît)＊ 馬諦斯（西元1869～1954年） 法國畫家、雕刻家和插圖版畫家。原為律師行職員，後對藝術產生興趣，在美術學校隨莫羅一起學習。他在國際美術協會沙龍上展出了四幅作品，在政府購買了他的《讀書的女子》(1895) 後取得成功。他自信而富有冒險精神，曾嘗試點彩畫法，但最終放棄，轉而學習自然的畫作風格和隨意的點彩畫，也就是後來所謂的野獸主義。之後，他一直堅持野獸主義的畫風。雖然作品主題大部分是家庭的和畫像，仍展現了獨特的地中海神韻。他也從事雕刻，一生留下了約六十幅作品。軍械庫展覽會曾展出他的十三幅畫作。1917年遷往法國里維耶拉，雖然在那裡他的作品不那麼大膽，但仍很多產。1939年後以插圖版畫家活躍畫壇，1947年發表《爵士樂》一書，是他對藝術和生命的回顧，中間穿插了很多精美的「剪刀畫」，即用色紙剪貼的圖案。他生命的最後十三年大多在疾病中度過，多虧有道明會修女照顧，使他得以設計出旺斯宏偉的玫瑰聖母堂（1948～1951）。最著名的作品有《生命的喜悅》(1906)、《紅色畫室》(1915)、《鋼琴課》(1916) 和《舞蹈1》、《舞蹈2》(1931～1933)。

Matlock 馬特洛克 英格蘭中北部達比郡首府。由沿德文特河修建的一群居民點組成，因其美麗的山谷和崎嶇的丘陵而聞名。在克羅姆福德（1771年阿克萊特在此建立第一座水力磨坊）和16世紀的馬特洛克橋之間有河流蜿蜒而過。該鎮曾為著名的水療法療養地。人口約14,000 (1995)。

Mato Grosso＊ 馬托格羅索 巴西西南部州。面積912,716平方公里，西南和西部與玻利維亞接壤。首府庫亞巴（1991年人口約401,000）。1719年發現金礦後建立，1748年成為獨立的管轄區，1822年成為帝國的一個省，1889年加入聯邦建立州治。為尚存的最大邊疆區之一，由草地、茂密森林、高地平原和大部分未開發的地區組成。人口約2,236,000 (1996)。

matriarchy＊ 母權制 一種假設的由婦女行使家庭和政治權力的社會制度。由於達爾文演化論，尤其是瑞士人類學家巴霍芬（1815～1887）的作品影響，一些19世紀的學者認為，依人類社會演化次序，母權制是雜交亂婚階段之後、父權制之前的社會發展階段。如同別的文化演化觀一樣，母權制是一個普遍的社會發展階段，但現在通常不被認可。現代一致認為，嚴格的母權制社會從未真正存在過。無論如何，在那些母權宗系遺傳的社會，是由母系親屬來掌握社會上最有權力的地位。亦請參閱sociocultural evolution。

matrix 矩陣 整理成行列的數字集合，構成一個矩形的陣列。矩陣的元素也可以是微分算子、向量或函數。矩陣在工程、物理學、經濟學、統計學，以及數學各個分支都有廣泛的應用。通常在方程式組的研究會最早遇見，表示成$Ax = B$形式的矩陣方程式，可以基於其行列式用代數方法找出矩陣A的反矩陣來求解。

matsuri＊ 祭 日本民間或宗教慶典，特別是神道教的神社慶典。依照傳統分為兩部分：隆重的禮拜儀式和歡樂的慶祝活動。參加者必須先齋戒沐浴一段時間，以潔淨自己（參閱harai）。然後神社內門打開，擊鼓或敲鐘，呼籲神靈下降。隨後獻上神饌等祭物，禱告，表演雅樂歌舞。典禮通常包括盛宴、舞蹈、戲劇表演、占卜和體育競技。神靈通常置於一輕便的神轎內，抬著遊行。

Matsushita Electric Industrial Co., Ltd.＊ 松下電器公司 日本主要的電器與消費電子產品製造商。1918年松下幸之助（1894～1989）創立，主要生產電燈插頭和插座。1935年改組為股份有限公司。在1930年代，該公司生產

L M N

各種各樣的電子產品，包括收音機和留聲機。1950年代公司擴大生產電視機、錄影機和家用電器。十年後開始生產微波爐、空調和磁帶錄影機。其產品均以Panasonic和Quasar的品牌在市場銷售。松下以重金投資研發聞名，總部設於大阪附近的門眞，在海外設有許多產銷子公司。

Matteotti, Giacomo＊　馬泰奧蒂（西元1885～1924年）　義大利社會黨領袖。加入義大利社會黨以前是一名律師，1919年選入衆議院。1924年作爲社會黨領袖，曾強烈抨擊法西斯黨。在他發表演說兩週後遭綁架，被法西斯分子殺害。這場謀殺成爲震驚國際的醜聞，身爲法西斯黨領袖的墨索里尼承擔了責任，激起輿論批評而起訴他，然而反對的勢力微弱。馬泰奧蒂危機實際上反而幫助墨索里尼進一步鞏固他的勢力。

matter　物質　構成可以觀察的宇宙的材料實體，與能量一起形成所有客觀現象的基礎。原子是物質的基本組分。在物理和數學上，每個物理實體都可以用與質量、慣性和引力相關的一些量來描述。大多數物質以幾種狀態存在；最熟悉的是氣體、液體和固體（電漿、玻璃及各種其他的狀態還沒有很清楚的定義），每種狀態都有其特徵性的性質。根據愛因斯坦的狹義相對論，物質與能量是等效的，而且可以相互轉換（參閱conservation law）。

Matterhorn　馬特峰　法語作塞爾萬峰（Mont Cervin）。義大利語作切爾維諾峰（Monte Cervino）。阿爾卑斯山脈山峰，位於義大利和瑞士邊境。高4,478公尺，從瑞士境內看是一座孤立的山峰，實際上爲山脈的末端；義大利一側比瑞士這邊更難攀登。1865年7月4日英國探險家溫伯爾首次從瑞士一側爬上山峰，對它進行測量。三天後，卡雷爾帶領了一隊義大利人首次從義大利一側爬上山峰。

倒影於里弗湖面的馬特峰
Ewing Galloway

Matthau, Walter＊　馬修（西元1920～2000年）　美國演員。生於紐約市，孩童時期便已在猶太人的劇院開始其童星生涯，並在百老匯演出如《再一次，隨感覺》（1958）、《臆想》（1962）的劇碼。第一次在電影中的演出爲《肯達基佬》（1955）。以《天生冤家》（1965）舞台劇中的角色晉身爲知名演員，並於1968年和老搭檔傑克李蒙重拍該劇的電影版。其他的電影作品包括《飛來豔福》（1966，獲奧斯卡獎）、*Kotch*（1971）、*Pete'n' Tillie*（1972）、《陽光少年》（1975）、《見色忘友》（1993）和*I'm Not Rappapor*（1996）。

Matthew, St.　聖馬太（活動時期西元1世紀）　耶穌十二使徒之一，相傳爲第一部福音書的作者。根據福音書的記載，當耶穌召喚馬太跟從他時，他是一名稅官，叫利未。其他關於他的記載很少。〈馬太福音〉是用來在猶太人中對猶太－基督教徒傳教的，原文可能是用希伯來語所寫，但現在有人懷疑〈馬太福音〉是否由馬太所作。傳說中馬太曾在被派往衣索比亞和波斯傳教後又到猶太傳教。關於他是否殉教而死，傳說不一。

Matthias I　馬提亞一世（西元1443～1490年）　亦稱Matthias Corvinus。匈牙利語作Mátyás Corvin。原名Mátyás Hunyadi。匈牙利國王（1458～1490年在位）。在他統治時期大部分時間都在與哈布斯堡王朝對抗，以力圖在封建統治混亂多年後重新建立一個匈牙利王國。他增加稅收，整頓軍隊，編撰匈牙利法典。在與土耳其人在匈牙利南部邊境作戰取勝後，他組織了一個防禦系統來對付他們。1463年取得對波士尼亞的統治權，但在與波蘭爭奪波希米亞的統治權時敗北。他與腓特烈三世對峙多年，曾占領維也納和其他哈布斯堡王室的土地，但在他死後又都失去。

Matthiessen, Peter＊　馬西森（西元1927年～）　美國博物學家和作家。曾就讀於耶魯大學，後來在長島上當過漁夫，之後到世界各地旅行。大多是因自己身爲博物學家的關係，他寫了一些非小說類的作品，包括《美洲野生動物》（1959）、《雪豹》（1978，獲國家圖書獎）以及《深入瘋馬精神》（1983）。他的小說包括《在上帝賜予的土地上遊玩》（1965；1991年改編成電影《綠林壯士》）、《遙遠的托爾圖加島》（1975）和《殺害華特生先生》（1990）。

mattock＊　鶴嘴鋤　類似鎬的挖土器具，是最古老的農具之一。與現代的鋤頭相似，但沒有金屬的刀頭，而是由石頭或木頭製成，呈直角綁在長木柄上。雖然大面積的農業耕種已經採用犁、耙和旋轉鋤來同時耕作好幾條犁溝，但在庭院和花草養殖業中仍用鶴嘴鋤來鬆土和除草。

Maturidiya＊　馬圖里迪學派　伊斯蘭教正統教義學派別，以創立者馬圖里迪（卒於944年）命名。該學派以推崇《可蘭經》、反對推理和自由解釋爲特點。在個人意志方面，曾強調阿拉無所不在，只允許一定限度的行爲自由，後又模糊不清地提出人類有絕對的行爲自由。與艾什爾里派（艾什爾里的追隨者）不同，後者認爲只有阿拉才可以決定一個人是否能被拯救；而馬圖里迪學派認爲穆斯林只要虔誠地履行《可蘭經》中所記載的所有的宗教義務，就能在天堂中找到一個位置。

Mau Mau＊　茅茅運動　1950年代肯亞基庫尤人領導的民族主義軍事運動。茅茅運動（其得名不詳）主張以暴力推翻英國在肯亞的統治。爲鎮壓茅茅運動的起義者們，英屬肯亞政府在1952～1956年展開了一系列的軍事行動，大約有11,000名基庫尤人、100名歐洲人和2,000名非洲反對獨立者在戰鬥中喪生，另有20,000基庫尤人被關入拘留營。雖然遭受重大損失，基庫尤人的反抗始終是獨立運動的先鋒。作爲基庫尤人領袖在1953年被監禁的肯雅塔，在1963年成爲了獨立的肯亞的總理。

Mauchly, John W(illiam)＊　莫奇利（西元1907～1980年）　美國物理學家和工程師。大學一畢業就成爲賓夕法尼亞大學的教師。第二次世界大戰期間，美國陸軍請他和埃克脫一起設計快速計算火炮射擊資料的方法，結果他們研製出了電子數值積分電腦（ENIAC）。他們在1948年成立了一家電腦製造公司，1949年研製出二進位自動計算器

(BINAC)，用磁帶代替穿孔卡片來存儲資料。他們製造出的第三台電腦，即通用自動計算器（UNIVAC I），是爲處理商業資料而設計的。

Maud 莫德 ➠ Matilda

Maudslay, Henry＊ 莫茲利（西元1771～1831年） 英國工程師和發明家。工人之子，爲工業革命中一些極重要機器的發明者，尤其對金屬車床的改進貢獻卓著。他還發明了花布和印染法、供船舶鍋爐用的海水脫鹽法，並研製出一種精確度可達0.00025公分的量具測準機，設計了大量固定式和船用發動機。許多傑出的工程師，如著名的納茲米和惠特沃思，都曾在他的工廠裡學藝。亦請參閱Joseph Bramah。

Maugham, W(illiam) Somerset＊ 毛姆（西元1874～1965年） 英國小說家、劇作家和短篇故事作者。第一部小說《蘭貝斯的麗莎》（1897）出版後放棄了短暫的醫生生涯，並取得了成功。他的戲劇主要是描寫愛德華時代的社會喜劇，給他帶來了經濟上的穩定。他的聲譽主要得自小說《人性枷鎖》（1915）、《月亮和六便士》（1919）、《大吃大喝》（1930）以及《刀鋒》（1944）。短篇故事常常描寫歐洲人在異國的迷惘。作品特色爲風格簡明，不加修飾，以世界爲背景，對人性有深刻的理解；在今天的地位已不如以前。

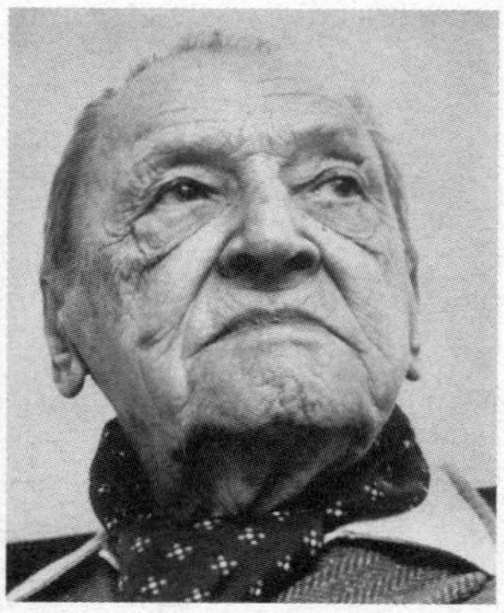

毛姆
Michael Ochs Archives/Venice Calif.

Mauldin, Bill＊ 莫爾丁（西元1921年～） 原名William Henry Mauldin。美國漫畫家。畢業於芝加哥美術學院，第二次世界大戰前從事漫畫工作，之後應徵入伍。他爲《星條旗報》所作的以威利和喬爲主角的諷刺漫畫廣泛發行，表現了軍中殘殺愚昧的等級制度下軍容不整的士兵生活。戰後成爲政治漫畫家，起先擔任聖路易《快郵報》漫畫編輯，後加入《芝加哥太陽時報》。曾在1945和1959年兩度獲普立茲獎。

Mauna Kea＊ 冒納開亞山 美國夏威夷州夏威夷島中北部休火山。海拔4,205公尺，爲該州最高點，也是一占地202公頃的州立公園的主要景點。其名意爲「白色山峰」，因頂部常年積雪而得名。圓形山頂跨度爲48公里，爲一主要天文台觀測占所在。其熔岩流覆蓋了西北方科哈拉山脈的南面山坡，而它自身的西部和南部則被附近冒納羅亞山的熔岩流所覆蓋。

Mauna Loa 冒納羅亞山 美國夏威夷州夏威夷島中南部火山。位於夏威夷火山國家公園內，爲世界最大的孤立山體之一。海拔4,169公尺，穹丘長120公里，寬103公里。火山口莫庫阿韋奧韋奧面積約10平方公里，深150～180公尺。自1832年起平均每隔三年半噴發一次，大部分的噴發物限止在莫庫阿韋奧韋奧火山口內，其餘則沿著裂縫帶流下，熔岩流覆蓋了島上超過5,120平方公里的地方。亦請參閱Kilauea。

Maupassant, (Henry-René-Albert-)Guy de＊ 莫泊桑（西元1850～1893年） 法國短篇故事作者。由於普法戰爭，中斷了法律學業。曾志願從軍，這段經歷爲他後來的幾部經典作品提供了素材。後任公務員，成爲福樓拜的門徒。《羊脂球》（1880）第一次爲他贏得公衆的注意，該書恐怕也是他最傑出的作品。在接下來的十年裡，他出版了約三百篇短篇故事、六部小說和三本遊記。這些作品猶如一幅廣泛又自然的1870～1890年的法國生活的畫卷，題材包括戰爭、諾曼第農民、官僚、塞納河畔的生活、不同階級的情感問題和預示性的幻想。平常生活很不檢點，二十五歲前健康就遭到梅毒的侵害，1892年試圖自殺，後被送進精神病院，四十二歲時死在那裡。他是公認的法國最偉大的短篇故事大師。

莫泊桑，納達爾（Nadar）攝於1885年前後
Archives Photographiques

Mauretania 茅利塔尼亞 古代北非地區，相當於今摩洛哥北部和阿爾及利亞中、西部。西元前6世紀起就由腓尼基人和迦太基人居住，後來的居住者爲羅馬人所稱的茅瑞人和馬薩埃利人。西元42年被羅馬兼併，分爲兩個省。5世紀時實際上已經獨立，但在7世紀遭汪達爾人和阿拉伯人蹂躪。

Mauriac, François＊ 莫里亞克（西元1885～1970年） 法國作家。成長於虔誠而嚴格的天主教家庭，一生在作品中探索罪惡、恩賜和拯救等問題。以其嚴峻的心理小說聞名，包括《身戴鐐銬的兒童》（1913）、《和痲瘋病人親吻》（1922）、《黛累絲》（1927）以及被認爲是最佳之作的《蝮蛇結》（1932）和《僞善的女人》（1941）。劇本有《埃斯蒙黛》（1938）。他在1930年代寫了一些反對極權主義和法西斯的辯論小說，並在第二次世界大戰時與抵抗運動並肩作戰。1952年獲諾貝爾文學獎。

Maurice of Nassau 莫里斯（西元1567～1625年） 荷蘭語全名Maurits, Prins (Prince) van Oranje, Graaf (Count) van Nassau。威廉一世之子，1585年被授予尼德蘭北部省省長（最高行政長官）。在奧爾登巴內費爾特的政治指導下，他鞏固了尼德蘭各省反對西班牙的力量，使它們成爲貿易和船運中心。他在尼德蘭北部和東部地區運用軍事計畫和武裝包圍打敗西班牙軍隊，卻未能保住南部，被迫在1609年同西班牙簽定休戰協定。他對軍事戰略和技巧的發展，使荷蘭軍隊成爲歐洲最現代化的軍隊。1618年除去奧爾登巴內費爾特後，他鞏固了自己的政治力量，成爲奧蘭治親王和拿騷伯爵，成爲當時實質上的尼德蘭國王。

Maurier, Daphne du ➠ du Maurier, Dame Daphne

Maurier, George du ➠ du Maurier, George

Mauritania 茅利塔尼亞 正式名稱茅利塔尼亞伊斯蘭共和國（Islamic Republic of Mauritania）。西北非共和國，瀕大西洋。面積1,030,700平方公里。人口2,591,000（2001）。首都：諾克少。摩爾人（阿拉伯－柏柏爾人和蘇丹黑人的混血種人後裔）占全國人口的絕大多數。語言：阿拉伯語（官方語）以及富拉尼語、索寧克語、沃洛夫語（以上爲全國共同語）。宗教：伊斯蘭教（國教）。貨幣：烏吉亞（UM）。茅利塔尼亞大部分地區爲地勢低窪的沙漠，形成撒哈拉沙漠的最西部。只有一小部分地方爲可耕地，但近40%的土地爲牧場和草地。大部分居民爲游牧民，放牧的牲畜有

L M N

山羊、綿羊和駱駝等。海洋捕魚業和鐵礦生產爲主要歲入來源。政府形式爲共和國，兩院制。國家元首暨政府首腦爲總統，由總理輔佐。最早的居民是桑哈賈柏柏爾人。11～12世紀期間，該國爲柏柏爾阿爾摩拉維德人運動的中心，該運動把伊斯蘭教強加於鄰近地區的許多部族。15世紀阿拉伯各部族到達茅利塔尼亞，並建立了數個強大的聯邦，有統治塞內加爾河地區的特拉爾薩和布拉克那、占據東部的昆塔以及北部的里格愛貝特。葡萄牙人於15世紀抵達。法國藉著1817年的「塞內加爾條約」取得沿海地區的控制，1903年正式的保護地擴大到全境。1904年劃入法屬西非，1920年成爲殖民地。1960年茅利塔尼亞獲得獨立，脫離法蘭西共同體。首任總統達達赫在1978年的一場政變中被廢黜，軍人政府成立。1980年成立文官政府，1991年通過新憲法。1990年代期間，雖然在經濟自由化方面獲得一些成功，政府與反對派之間的關係卻日益惡化。

Mauritius＊　模里西斯　正式名稱爲模里西斯共和國（Republic of Mauritius）。印度洋馬達加斯加島以東島國。位於馬斯克林群島中央，南北長61公里，東西寬47公里。外圍屬島有東邊的羅德里格斯島、東北的卡加多斯卡拉若斯沙洲，以及北邊的阿加萊加群島。面積2,040平方公里。人口約1,195,000（2001）。首都：路易港。全國約3/5的人口爲克里奧爾人或法國人後裔，2/5爲印度人。語言：英語（官方語）、克里奧爾語（通用語），及各部族語種。宗教：印度教（占一半人口）、奉督教（1/3人口）、伊斯蘭教。貨幣：盧比（Re）。原爲火山島，四周幾乎全被珊瑚礁所環繞，最高點小黑河峰海拔826公尺，瓦科阿湖爲主要水源。可耕地約占全國土地面積的一半；雖然政府獎勵農業多樣經營，仍以甘蔗爲主要作物；糧食大量仰賴進口，以稻米爲主。人口密度爲世界最高的國家之一。16世紀初葡萄牙人來到該島，但未在島上定居。1598～1710年被荷蘭人占領，並以總督拿騷的莫里斯之名稱此地爲模里西斯。荷蘭人曾嘗試在島上定居（1638～1658、1664～1710），但最後放棄，而將該島讓與海盜。1721年法屬東印度公司占領模里西斯，將之改名爲法蘭西島，在1767年法國海事部接管之前，一直由法屬東印度公司治理。甘蔗種植爲主要產業，該殖民地亦因此而欣欣向榮。1810年英國占領該島，1814年根據「巴黎條約」正式劃

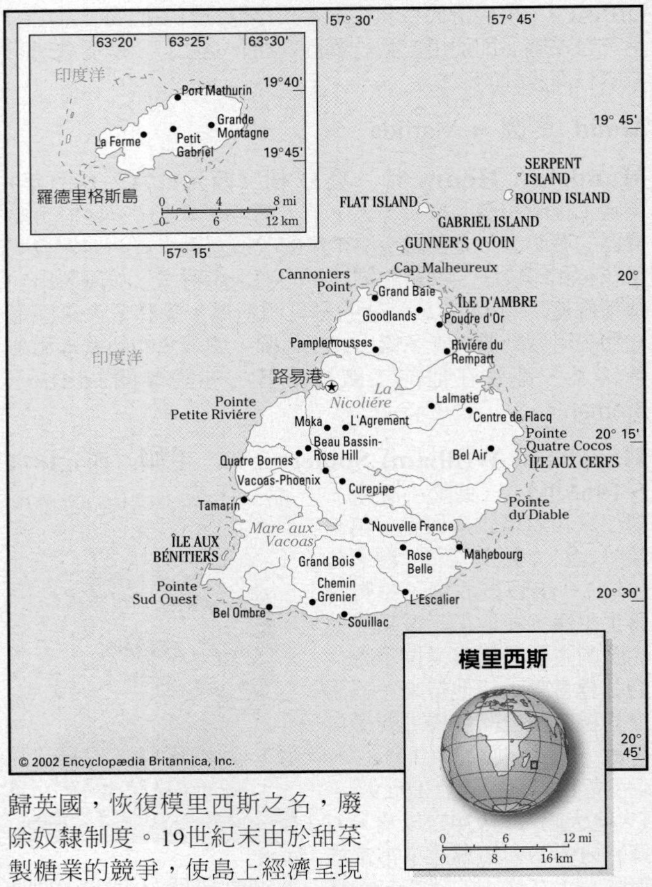

歸英國，恢復模里西斯之名，廢除奴隸制度。19世紀末由於甜菜製糖業的競爭，使島上經濟呈現衰退之勢；1869年蘇伊士運河通航後，該島更趨沒落。第二次世界大戰後實行政治和經濟改革。1968年宣布獨立，但仍留在國協內。1992年成爲共和國。1990年代歷經政治動盪。

Maurois, André＊　莫洛亞（西元1885～1967年）
原名埃佐格（Émile Herzog）。法國作家。第一次世界大戰期間爲英國陸軍軍官。在《布朗勃上校的沈默》（1918）一書中，他以幽默的筆調描述戰爭和英國人的性格，首次獲得成功。小說有《貝爾納·蓋奈》（1926）和《不論上帝是什麼？》（1928）。最著名的作品是帶有小說敘事趣味的傳記，包括雪萊、拜倫、雨果和普魯斯特的傳記。他還寫英、美的歷史故事，散文以及兒童童話。

Maurras, Charles(-Marie-Photius)＊　摩拉斯（西元1868～1952年）　法國作家及政論家。1891年參與組建一個反對象徵主義運動的詩社，即後來所謂的浪漫詩派。作爲一名狂熱的君主制主義者，他在1899年參與創辦了《法蘭西影響》。這是一份評論性刊物，提倡推崇國家至上的「整體國家主義」觀點，成爲反動的法蘭西行動的機關報。還著有哲學短篇故事和詩歌。第二次世界大戰期間是貝當政權的強烈支持者，並因此在1945～1952年遭拘禁。

Maurya ➠ Candra Gupta

Mauryan empire＊　孔雀帝國（西元前321?～西元前185?年）　古印度以松河和恆河匯合處的華氏城（後來的巴特那）爲中心的國家。在王朝建立者旃陀羅笈多去世後，形成一個除了坦米爾南部以外涵蓋大部分次大陸的王國，著名的佛教皇帝阿育王（約西元前265～238或西元前273～232年在位）留下了最古老的印度譯解原文的石刻法令。阿育王死後，王國逐漸衰落，但在其黃金時期卻是一個極有效率和高度組織的獨裁政府。亦請參閱Gupta dynasty、Nanda dynasty。

mausoleum 陵墓 大型莊嚴的墓葬建築，尤指石頭堆砌的埋葬死者的地上建築。該詞源自摩索拉斯，其遺孀在他死後爲他在哈利卡納蘇斯修建了富麗堂皇的陵墓（西元前353?～西元前350年）。最華麗的陵墓可能是印度的泰姬．瑪哈陵。

Mausolus＊ 摩索拉斯（卒於西元前353/352年） 小亞細亞南部卡里亞的總督。名義上受制於波斯帝國，卻利用小亞細亞的劇變取得了獨立。他在愛奧尼亞的希臘城市頗具影響力，並在西元前357年推動反抗雅典的聯盟。他在他的都城哈利卡納蘇斯修建了精美的建築，最有名的要屬他的陵墓，爲世界七大奇觀之一，由希臘建築師非亞斯設計，他的妹妹也是他的妻子阿爾特米西亞二世完成。

Mauss, Marcel＊ 莫斯（西元1872～1950年） 法國社會學家和人類學家。他是涂爾幹的外甥，曾協助舅父編寫許多著作，如《論自殺》（1897）和《原始分類》（1901～0902）。他最具影響力的獨立著作是《禮物》（1925），是一部非常有創意的研究作品，他將禮品交換形式和社會結構之間的關係作了詳細比較。曾在巴黎大學高等研究院和法蘭西學院任教。他對種族理論和方法的研究觀點影響了李維－史陀、芮德克利夫－布朗、馬林諾夫斯基和埃文斯－普里查德。

Mawlana ➠ Rumi, Jalal ad-Din ar-

mawlid＊ 聖紀 亦作milad。伊斯蘭教中指聖者的生日，特別是指穆罕默德的誕辰紀念日。他的生日在傳統上定在伊斯蘭教曆拉比兒．奧沃勒（3月）12日（實際上是他逝世的日子）。在13世紀時開始在穆斯林中被慶祝，穆罕默德的誕辰紀念日被提前一個月開始慶祝，以歡慶爲主，獻祭和火炬遊行爲結尾。聖紀包括一個公共的佈道和聖餐。雖然聖紀被信奉正統伊斯蘭教的人認爲是盲目崇拜，但這個節日仍在伊斯蘭教世界裡得到廣泛的慶祝，並已經被擴展到了一些聖者和蘇菲派創立者身上。

Maxim, Hiram (Stevens) 馬克沁（西元1840～1916年） 受封爲海倫爵士（Sir Hiram）。美籍英國發明家。爲緬因州農場主的兒子，曾經學過製造馬車。後來成爲美國電燈公司的總工程師（1878～1881），發明了製造碳燈絲的方法。曾在倫敦的實驗室裡努力研製全自動機槍。1884年成功完成設計，利用槍管的後座力退出彈殼，並重新裝彈入膛。他還研製了無煙火藥。很快各國軍隊都配備了馬克沁機槍或其改製型。他還發明了捲髮器、氣槍和一種飛機（1894）。他的馬克沁槍械公司最終被維可斯有限公司並購。其子希蘭姆．佩希（1869～1936）爲步槍設計了馬克沁消音器，他將其改進爲消音器和其他技術產品，並設計了哥倫比亞電車。

Maximian＊ 馬克西米安（卒於西元310年） 拉丁語全名Marcus Aurelius Valerius Maximianus。與戴克里先一起同爲羅馬皇帝（286～305年在位）。他管理西羅馬帝國政府，卻未能平定高盧和不列顛的叛亂。後來君士坦提烏斯一世接管了這些領土，只把義大利、西班牙和非洲留給了他。雖以迫害基督徒聞名，但很可能是遵照戴克里先的法令。後來不情願地同戴克里先一起退位，但卻爲了支持他的兒子馬克森提成爲凱撒（caesar，即皇帝）而放棄退位打算。後來再度退位，並同他的女婿君士坦丁一世一起在宮廷生活。在反對君士坦丁的叛變失敗後，他被謀殺，或說是自殺身亡。

馬克西米連
By courtesy of the Library of Congress, Washington, D. C.

Maximilian 馬克西米連（西元1832～1867年） 原名Ferdinand Maximilian Joseph。奧地利大公和墨西哥皇帝（1864～1867）。他是奧匈帝國皇帝法蘭西斯．約瑟夫的弟弟，曾服役於奧地利海軍並擔任倫巴底－威尼斯王國總督。在接受墨西哥王位時，他天眞地以爲是墨西哥人選他當國王。事實上，皇位的賜予只是墨西哥保守派和法皇拿破崙三世之間的陰謀，前者企圖推翻華雷斯總統，而後者打算從墨西哥收回欠債，並進一步在那裡實現他的帝國主義野心。爲了實現仁治，馬克西米連推行了華雷斯的改革政策，因而激怒了保守黨。美國南北戰爭的結束使美國得以華雷斯的名義干涉墨西哥事務。曾經支持馬克西米連的法國軍隊在美國的要求下撤出。華雷斯的軍隊重新占領了墨西哥城。由於馬克西米連拒絕退位，最終戰敗並被處死。

Maximilian I 馬克西米連一世（西元1573～1651年） 巴伐利亞公爵（1597～1651），1623年起成爲選侯，繼其父爲公爵後，重建公國，修訂法典，並建立了一支強大的軍隊。爲了對抗新教聯盟，他組織了天主教聯盟（1610）。在三十年戰爭中，他爲奧地利提供軍事支援，幫其對抗巴拉丁選侯腓特烈五世。他的手下蒂利連連打勝戰，爲其贏得了巴拉丁的領地和選侯位。由於受到一支由華倫斯坦領導的獨立的軍隊的威脅，他於1630年強迫解散了帝國軍隊。馬克西米連一世在後來與法國和瑞典的戰爭中失敗，於是他與雙方分別和解以保有自己的選侯地位。

Maximilian I 馬克西米連一世（西元1756～1825年） 原名Maximilian Joseph。巴伐利亞第一位國王（1806～1825）。他是維特爾斯巴赫家族的成員，1799年繼位，稱馬克西米連四世．約瑟夫，爲巴伐利亞選侯。在被迫加入奧地利反抗法國的戰爭後，1801年他與法國單獨簽署和約。基於對奧地利的不信任感，他透過巴伐利亞在萊茵邦聯中的地位支持法國對奧戰爭（1805～1809）。馬克西米連一世因此獲得大片土地，並自封爲巴伐利亞國王（1806）。1813年與奧地利聯合以保障其王國領土後，放棄了奧地利西部的土地所有權以交換萊茵河西岸領土。在大臣蒙特格拉斯伯爵（1759～1838）的協助下，他把巴伐利亞建設成一個有效率、自由的國家，頒布了一部新憲法（1808）和憲章（1818），從而建立一個兩院制議會。

Maximilian I 馬克西米連一世（西元1459～1519年） 德意志國王和神聖羅馬帝國皇帝（1493～1519）。皇帝腓特烈三世長子，也是哈布斯堡王朝的成員之一。他在1477年透過婚姻獲得尼德蘭大片勃艮地的領地，但後來被迫將勃艮地讓給了路易十一世（1482）。1490年從匈牙利人手中奪回大部分哈布斯堡土地，被封爲神聖羅馬帝國皇帝後將土耳其人趕出帝國南部邊境。他與法國進行了一系列的戰爭，1496年幫義大利將他們趕出境，但卻在1515年喪失米蘭。他還失去瑞士，但卻未動用武力就得到蒂羅爾。他透過孩子的聯姻爲哈布斯堡王室取得西班牙，並在匈牙利和波西米亞建立勢力範圍，在歐洲建立了複雜的同盟網絡。他是一名受人民愛戴的君主，獎勵文藝發展。

L M N

Maximilian II 馬克西米連二世（西元1811～1864年） 巴伐利亞國王（1848～1864）。路德維希一世之子，1848年父親退位後繼承王位。他在德意志事務問題上提議成立一個由小邦組成聯盟的「第三勢力」，但遭到大邦國奧地利和普魯士的反對。他成功地在巴伐利亞實施自由改革，包括出版自由和內閣責任制。他將慕尼黑建設成德意志文化和藝術生活的中心，並資助蘭克等學者。其繼承人是他的兒子路德維希二世。

Maximilian II 馬克西米連二世（西元1527～1576年） 神聖羅馬帝國皇帝（1564～1576年在位）。斐迪南一世之子，是一名人文主義的天主教徒，支持天主教和新教的妥協。1562年成爲波西米亞國王，1564年繼承帝國王位。他擴展了宗教寬容政策，並致力於天主教教會的改革。他未能實現政治目標，後來因一場失敗的戰役而與土耳其在1568年簽定休戰協定，使他不得不向蘇丹進貢。

maximum 極大値 數學上，函數值最大的點。若數值大於或等於其他的函數值，這就是絕對極大值。若僅大於附近的點，則是相對極大值，或稱局部極大值。微積分學上，在函數極大値的點導數等於零或不存在。找出極大值和極小值點的方法是早期微積分學發展的動力，使得容器大小求解變得較爲容易，例如用定量的材料製作出最大的容量。

Maximus the Greek 希臘人馬克西穆斯（西元1480～1556年） 希臘學者和語言學家。他曾在巴黎、威尼斯和佛羅倫斯受教育，後成爲了人文科學學者，受到薩伏那洛拉的影響。他後來成爲一名希臘東正教修士，獲選參加把希臘禮拜和神學典籍翻成俄語的工作，因而使拜占庭文化得以在俄國宣揚。在莫斯科因加入一個稱作「無財產派」的反對修道院擁有財產的派別而捲入了一場宗教論戰。1525年以異端之名被捕，此後二十年間被囚禁在一座修道院內。死後被推崇爲聖人。

Maxwell, James Clerk 馬克士威（西元1831～1879年） 蘇格蘭物理學家。十四歲時出版個人第一份科學報告，十六歲進入愛丁堡大學，並從劍橋大學畢業。曾任教於亞伯丁大學、倫敦國王學院、劍橋大學（1871年起），並在劍橋大學監督加文狄希實驗室的建造。他最革命性的成就爲證實了光是一種電磁波，他也首創電磁輻射的概念。他的場方程式（參閱Maxwell's equations）爲愛因斯坦相對論的特殊理論鋪路。他還確立了土星環的本質，在色覺上做了重要工作，也發表氣體分子運動論。他的理念形成了量子力學的基礎，最後也爲原子及分子結構的現代理論奠基。

Maxwell, (Ian) Robert 麥斯威爾（西元1923～1991年） 原名Jan Ludvik Hoch。捷克籍英國出版商。流著猶太人血統的他在第二次世界大戰納粹對猶太人的大屠殺中失去很多親人，而被安排到英國，後來並成爲軍官。他於戰後成立「普加門發行機構」，成爲商業期刊和科學類書籍的主要出版商。1980年代，雖然他的財政業務時常公然被質疑，但他使「大不列顛印刷集團」起死回生，然後又購併「明鏡集團報業」。環顧「麥斯威爾通訊」在美國的購併，有《紐約日報》（1991）和麥克米蘭出版社。他在大西洋乘快艇時溺死（被視爲自殺）後，便揭露出關於他財務詐欺交易的目的是爲支撐其崩潰帝國的眞相。

Maxwell, William 馬克士威（西元1908～2000年） 美國編輯兼作家。他在加入《紐約客》雜誌社之前一直在伊利諾大學教授英語。在雜誌社的四十年工作時間，其經手編輯過的作家有奇弗、沙林傑、韋爾蒂和加朗。他本人也寫過簡樸而引人共鳴的短篇故事和小說。最出名的作品恐怕就是《摺葉》（1945），該書約描述了兩個小鎮男孩之間的友誼。其他作品還有小說《城堡》（1961）、《再會，明天見》（1980）和短篇小說集《日日夜夜》（1995）。

Maxwell's equations 馬克士威方程組 由馬克士威創建的四個方程式，它們結合在一起形成了對電場與磁場的產生及其相互作用的完整描述。這四個方程式的表述如下：一、電場從電荷向四處發散；二、不存在單獨的磁極；三、由變化著的磁場產生電場；四、變化著的電場和電流都產生渦旋磁場。馬克士威爾用這四個方程式來作爲他對電磁場的描述。

May beetle ➠ June beetle

May Day 五朔節 歐洲的傳統春季節日（5月1日）。可能是起源於基督教之前的農業儀式。慶祝活動包括舉著小樹、枝葉或花環遊行；選出一位五月國王和王后，並豎立五月柱。1889年國際社會主義者代表大會規定5月1日爲國際勞動節，至今仍是全球的勞動節，只有少數例外（如加拿大和美國）。它在蘇聯和其他共產主義國家都是主要的節日，也曾是重要政治示威遊行的日子。

May Fourth Movement 五四運動 1917～1921年中國知識界的革命，以及政治、社會上的改革運動。1915年受陳獨秀啓發的年輕知識分子，開始鼓吹接納西方的科學、民主與思想學說，以改革並增強中國社會的力量。這個目標也是要使中國強大，以抵抗西方的帝國主義。1919年5月4日北京學生爲了抗議凡爾賽和會決定將德國先前在中國的特權讓與日本，於是把改革的熱忱全集中在這個事件上。在經歷超過一個月的示威、罷工和杯葛日本貨，北京政府終於讓步，並拒絕與德國簽訂和約。此一運動促使國民黨成功改組，並催生了中國共產黨。亦請參閱Versailles, Treaty of。

Maya* 馬雅人 亦稱中美洲印第安人的族群，西元250～900年發展出西半球最偉大的文明之一。到西元200年爲止，他們已經發展出包含宮殿、寺廟、廣場、球場的城市。他們利用石製工具來開採這些建築所需的大量石頭，而他們的雕塑與浮雕也有高度發展。馬雅象形文字留存於書籍和銘文中。馬雅數學的特色是位置記數法和0的使用，而馬雅天文學的特色是精確訂定的太陽年，以及金星與其衛星位置的精確表格。曆法精確性對馬雅宗教的繁複儀式和典禮來說是重要的，這種宗教以衆多神祇爲基礎。他們用儀式性殺戮、施虐、人祭來取悅衆神、確保豐產、趕走宇宙的混亂。在古典時期的顚峰，馬雅文明中居民有5,000～50,000的城市超過四十座。西元900年以後，馬雅文明因不明原因而急速衰落。如今，馬雅人的後裔是墨西哥南部與瓜地馬拉以農業爲生的人民。亦請參閱Chichen Itza、Copan、Lacandon、Maya Codices、Maya languages、Quiche、Tikal、Tzeltal、Uxmal。

maya* 幻 在印度教中，指一種能製造宇宙幻像的巨大力量，將現象世界認作眞實的世界。「幻」一詞原指巫術，神能利用它使人相信實際上是幻像的東西，其哲學含義是這個意思的延伸。這個概念在吠檀多正統體系的不二論派中特別重要，他們認爲「幻」是把無限的「梵」表現爲有限的現象世界的一種宇宙力量。

Maya Codices 馬雅古抄本 以馬雅象形文字記載的書本，歷經西班牙占領時期仍留存。古抄本是以無花果樹皮製成，裝成類似摺頁形式，外加豹皮封面。雖然大部分的馬雅書籍都被西班牙教士當成異教信仰而銷毀，但仍有四本留存下來：德勒斯登刻本，年代可能在11或12世紀，抄自5～9世紀的文字內容；馬德里抄本，年代約爲15世紀；巴黎抄本，年代只比馬德里抄本稍久一些；及葛羅利亞抄本，1971年發現，年代約爲13世紀。抄本內容記載的是有關天文計算、占卜及儀禮方面資料。

Mayakovsky, Vladimir (Vladimirovich)＊ 馬雅可夫斯基（西元1893～1930年） 俄羅斯詩人，曾因顛覆活動而數次被監禁，1909年被單獨監禁時開始寫詩。當他出獄時，成爲俄羅斯未來主義的代言人，他的詩歌也都顯得自命不凡和目空一切。他是1917年俄國革命時期和蘇聯早期最重要的詩人，他的詩歌充滿政治意味，迎合大衆口味，包括〈革命頌歌〉（1918）和〈向左進行曲〉（1919），以及戲劇《神祕滑稽劇》（1921年首演）。他在愛情上受挫後，逐漸脫離蘇維埃現實，加上出國簽證遭拒，在三十六歲時自殺身亡。

Mayan hieroglyphic writing＊ 馬雅象形文字 馬雅人在約3～17世紀使用的書寫文字系統。在前哥倫布時期，中美洲已發展出多種文字，馬雅文字是最詳盡和豐富的文字系統：有5,000多個實例記錄了八百多個詳細的標記（參閱Maya Codices）。它的標記－－有象形的和抽象的－－有的有語標，代表單詞或音節，或是代表母音和輔音的順序。它是典型的由五個標記組成一組文字、再組合成兩行或兩個格子的文字。古典時代的書寫文字（250?～900）常被認爲是喬蘭語，是數個現代馬雅語的祖先，後來的銘文是用猶加敦語來記錄的。到1990年代，學者們已經能掌握60～70%的馬雅文字，有一些文章幾乎完全可被譯讀，另一些仍待研究。大部分銘文都是用來記錄當時馬雅統治者們的重大事件和日期。

Mayan languages 馬雅諸語言 包括三十多種美國印第安語言和語言複合體的語系，現有三百萬人使用，主要在墨西哥南部和瓜地馬拉。其中的一些語言僅存少部分人還在使用，如墨西哥的猶加敦語族和瓜地馬拉的基切語、卡克奇克爾語、馬姆語和凱克奇語。馬雅諸語言的特點是與喉音對立，輔音簡單，將動詞置於從句句首，至少有一部分是動者格（參閱ergativity）。馬雅諸語言被記錄在大量的本土手稿（參閱Maya Codices、Mayan hieroglyphic writing）以及殖民地文件中，以西班牙語爲拼寫法，包括《聖書》和猶加敦語預言書，其中最著名的是《方士祕錄》。

Mayer, Louis B(urt) 梅耶（西元1885～1957年） 原名Eliezer或Lazar。出生於俄國的美國電影製片人。出生於明斯克，與家人先移民至加拿大，後遷到美國。從十四歲起幫助父親做買賣廢鐵的生意。1907年在波士頓附近開設一家小型電影院，到1918年已擁有新英格蘭最大的連鎖戲院。1917年在好萊塢成立一家製片公司，並在1925年與其他公司合併成立米高梅影片公司。他擔任米高梅公司的首腦，在藝術指導索爾伯格的幫助下將米高梅建立成好萊塢最大和最有名的工作室。梅耶也是明星制度的創立人，旗下簽了很多當時出色的明星，包括葛麗泰嘉寶、克拉克蓋博和迦倫。在1951年被迫退休之前被認爲是好萊塢最有實力的製作人。他也是美國影藝學院的主要創辦人。

Mayer, Maria (Gertrude)＊ 梅耶（西元1906～1972年） 原名Maria (Gertrude) Goeppert。德裔美籍物理學家。在1930年移民美國，曾在不同的大學任教。她曾爲曼哈頓計畫研究鈾同位素的分離。她在理論物理學方面的工作用核殼層理論解釋了核具有特殊數量的中子和同數量的質子。1963年同延森（1907～1973）和威格納共獲諾貝爾獎。

Mayerling affair 邁耶林事件 ➠ Rudolf

Mayfield, Curtis 梅菲（西元1942～1999年） 美國歌手與作曲家。生於芝加哥，1953年和巴特勒（1939～）組樂團，該樂團後來成爲「印象派主義」的先驅，後來樂團再重新洗牌並變更唱片商標後，在1960年代，梅菲的歌獲得一股新的社會意識（如It's All Right、People Get Ready、Choice of Colors等曲），期間他們兩人仍爲樂團的核心。最具影響力的電影原聲帶《超級蒼蠅》（1972）將他的獨唱生涯（始於1970年）帶到最高點。1990年因舞台燈光架意外掉落於他身上而造成事業的全面停擺，但之後仍繼續錄製唱片。

mayflower 五月花 ➠ trailing arbutus

Mayflower Compact 五月花號公約（西元1620年） 「五月花號」船上的四十一名男乘客在普里茅斯（麻薩諸塞灣殖民地）登陸前簽署的文件。由於擔心有些人會自行離開創立自己的殖民地，布萊德福和其他一些人起草了條約，把該團體結合成政治體，並要他們發誓遵守此後制定的一切法律和規章。該文件將教會的聖約運用到世俗的情況中，並奠定殖民地政府的基礎。

mayfly 蜉蝣 蜉蝣目昆蟲的統稱，棲於水溪和池塘中。近2,000種，最長4公分，前翅膜質，三角形；後翅較小，圓形，有二或三條長絲狀尾。停歇時翅直立。幼蟲水生，咀嚼口器在成體時退化，成蟲在交配和繁殖後即死亡。雄蟲成群飛舞以吸引雌蟲。成蟲的整個存活期通常只有幾個小時（雖說至少有一種最長可活到兩天），詩人們把蜉蝣比喻爲生命短暫的象徵。

mayhem 致殘罪 指故意使他人身體的任何一部分永久傷殘或毀容的罪行。在有些司法制度中，致殘罪和其他類型的傷害罪之間並沒有嚴格區分。日本法對所有的傷害罪同等看待；而印度法將身體的傷害分爲「傷害」和「重大傷害」；而在大部分美國的州，致殘罪包含了攻擊和嚴重攻擊。

Mayhew, Henry 梅休（西元1812～1887年） 英國新聞記者和社會學學家。原本學的是法律，但不久轉而從事新聞事業。1841年成功創辦《笨拙週刊》。是一個文筆生動的多產作家，最有名的作品是《倫敦的工人和倫敦的窮人》（1851～1862），書中對倫敦工人階級區的生活繪聲繪影，影響了狄更斯及其他的作家。他還寫過戲劇、鬧劇、童話和小說，有些作品是和他的弟弟奧古斯都．塞普提馬斯．梅休（1826～1875）一起合作。

梅休，版畫；據一張相片複製
BBC Hulton Picture Library

Mayo family 梅歐家族 美國醫生家庭威廉．渥羅．梅歐（1819～1911）出生於英格蘭，1845年移居美國。1863年在明尼蘇達州羅契斯特開辦了一家外科診所。1889年和兩個兒子以及方濟女修會一起開辦了聖母醫院。長子威廉．詹姆斯（1861～1939）是腹部、骨盆及腎的外科專家，並管理這家醫院。查理．霍雷斯（1865～1939）是一個外科天才，開創了實施甲狀腺腫大手術、神經外科及整形外科的現代療法。大約在1900年，這家診所從合夥關係轉變爲一個各科醫師和專家組成的義工組織，後來取名爲梅歐診所。1915年梅歐兄弟創建了梅歐醫學教育及研究基金會。該會提供了醫學及相關領域實習的機會給畢業生們。如今這家診所擁有大約五百名醫師，每年診治超過二十萬名病人。

Mayon Volcano＊ 馬榮火山 亦稱馬榮山（Mount Mayon）。菲律賓呂宋東南部的活火山。是世界上最完美的火山錐之一，底基占有130公里，高2,421公尺。深受登山客和露營者的喜愛，是占地55平方公里的馬榮火山國家公園的中心地帶。從1616年起已噴發三十餘次，1993年的一次噴發造成七十五人死亡。最具破壞力的一次噴發發生在1814年，當時整個卡格沙瓦城慘遭掩埋。

mayor 市長 指市政府的政治首長。市長可由指派或選舉產生（有任期限制）。直到19世紀中葉以前，歐洲大多數的市長是由中央政府委派的；法國的市長至今仍是中央政府的代理人。在美國，市長可以是由普選產生，也可以是由市議會選出。有些市長只是徒具禮儀上的職能，而實權掌握在立法機關雇用的專業經理人手裡。市長的權力可能包括委派權、否定立法權、執行預算和管理行政職能。亦請參閱city government。

Mayotte＊ 馬約特 科摩羅群島東南端島嶼，爲法國海外集體領地。位於馬達加斯加島西北方，居民大部分人爲馬拉加西人。原住民爲班圖人和馬來－印尼人，15世紀時遭阿拉伯人入侵，改奉伊斯蘭教。18世紀末，來自馬達加斯加島的一支馬拉加西部族占領該島，1843年受法國控制。20世紀初期，馬約特與科摩羅島的其他島嶼，以及馬達加斯加島成爲一個法國海外領地。1975年科摩羅島最北端的三座島嶼宣布獨立，法國遂將馬約特與科摩羅其餘各島分開管理。首府德札歐德吉是主要的港口和城市。面積373平方公里。人口約86,000（1991）。

maypole 花柱 一根長型的木柱，以花朵和綠葉加以裝飾，通常懸掛著以綵帶織成的複雜圖案，在典禮中民俗舞蹈時由舞者所使用。這項習俗可能源自於古代人們在春天圍著一株生機盎然的樹木跳舞的豐饒儀式。在許多歐洲國家，尤其是英格蘭，這根木柱於5月1日設置，成爲五朔節慶典的一部分。在印度與哥倫布到達之前的拉丁美洲，人們也進行綵帶舞的表演。

Mayr, Ernst (Walter)＊ 邁爾（西元1904年～） 德裔美籍生物學家。1926年獲柏林大學博士學位。1932年移民至美國。1932～1953年邁爾任紐約美國自然歷史博物館鳥類館館長，其間他寫過一百多篇鳥類分類學論文。1953～1975年在哈佛大學任教。他早期研究了生物形成和基礎物種，從而稱爲現代綜合演化理論的創建者之一。1940年提出物種定義，被科學界廣泛接受，並導致發現了大量前所未知的物種。他最具影響力的作品包括《系統論和物種起源》（1942）和《生物思考的發展》（1982）。

邁爾
By courtesy of the Department of Library Services, The American Museum of Natural History, New York City

Mays, Willie (Howard) 梅斯（西元1931年～） 美國職棒國家聯盟選手。十六歲時加入黑人國家聯盟，爲伯明罕黑人男爵隊效勞。這個天才小孩後來主要隨紐約巨人隊（即後來的舊金山隊）參加聯盟賽（1951～1972）。他是名優秀的中外野手和強有力的右手打擊者，在全壘打（660）、得分（2,062）和長打（1,323）記錄中名列前五大，打點（1,903）、安打（3,283）記錄中名列前十大。梅斯被視爲棒球史上最優秀的全能運動員之一。

梅斯
UPI

Maysles, Albert and David＊ 梅索兄弟（阿爾貝特與大衛）（西元1926年～；西元1932～1987年） 美國的紀錄片製片家。阿爾貝特在1955年拍出他的第一部紀錄片《精神病學在俄羅斯》。兩兄弟隨後展開合作，以他們稱之爲「直接拍攝」的眞實電影的風格，從事紀錄片的拍攝，並以《售貨員》（1969）和《貪欲的庇護》（1970）而聞名；這兩部作品都是與玆文里合作。後期的影片包括《克里斯托的山谷垂簾》、《灰暗的花園》（1975）和《霍洛維玆》（1985）。

Mazarin, Jules, Cardinal＊ 馬薩林（西元1602～1661年） 原名Giulio Raimondo Mazarini。義籍法國樞機主教和政治家。1627～1634年成爲羅馬教廷外交部人員，成功調停了法國和西班牙之間有關曼圖亞王位繼任問題的戰爭。他曾擔任羅馬教廷駐法國宮廷的大使（1634～1636）並對黎塞留樞機主教崇拜。在羅馬教廷裡，他盡力保護法國人的利益，後來加入法國官場並加入法國籍，成爲法國公民（1639），還當上樞機主教（1641）。黎塞留（1642）和路易十三世（1643）相繼過世後，奧地利的安娜任命馬薩林爲法國第一大臣，爲路易十四世的攝政，並負責教育他。對這位年輕的國王來說，他是一位十分具有影響力的顧問，他幫助路易訓練了一群能幹的大臣。其外交政策幫助法國在歐洲強國中樹立了至高的地位，並達成「西伐利亞和約」（1648）和「庇里牛斯和約」（1659）的簽定。馬薩林還是一個藝術贊助者，他建立了一所繪畫和雕塑學院，並設立了一間大圖書館。

馬薩林，肖像畫，尚帕涅（Philippe de Champaigne）繪；現藏尚蒂伊孔代博物館
By courtesy of the Musee Conde, Chantilly, Fr.; photograph, Giraudon – Art Resource

Mazatlán＊ 馬薩特蘭 墨西哥中部偏北的錫那羅亞州西南部港口城市。位於加利福尼亞灣一個半島上，可俯瞰奧拉斯阿爾塔斯灣。該市爲墨西哥太平洋沿岸最大的港口，而其點綴著島嶼的港灣以優美的沙灘著稱。從下加利福尼亞的頂端斜穿過海灣，是下加利福尼亞和大陸之間的聯繫要道。有「太平洋明珠」之稱，也是捕魚中心和受歡迎的旅遊勝地。人口314,000（1990）。

Mazda Motor Corp.＊ 馬自達汽車公司 日本汽車製造商。爲住友集團的關係企業。總公司在廣島。1920年建立時是個軟木加工廠。1927年取名東洋工業公司，1984年改爲今名。1931年開始製造三輪卡車，第二次世界大戰期間，向日軍供應軍需品。在原子彈轟炸廣島時，該公司的工廠因有山丘屏障而得以倖存。1960年代開始生產客車，進入美國市場銷售。在經歷了1970年代的經濟衰退後，成爲日本最大的汽車製造商之一。馬自達也供應車軸給福特汽車公司，並裝船運送福特公司經銷的待組裝汽車。

Mazdakism＊　瑪茲達教　5世紀後期興起於伊朗的二元宗教，起源不詳且無任何手稿殘存。該教派以瑪茲達克命名，他是5世紀時波斯的主要支持者，曾推翻了薩珊國王喀瓦德一世。教義認爲有善（光明）與惡（黑暗）二元，兩者偶然混合而產生世界。世人的責任就是要透過道德操行在世界釋放更多的光明。該教在6世紀爲波斯貴族和瑣羅亞斯德教神職人員鎮壓，因爲他們反對其關於共同享有財產和婦女的教義原則，但瑪茲達教一直祕密殘存至8世紀。亦請參閱dualism。

maze ➠ labyrinth

Mazia, Daniel＊　梅齊亞（西元1912～1996年）　美國細胞生物學家。在賓夕法尼亞大學獲得博士學位。主要研究細胞繁殖的不同方面，包括有絲分裂和調節。最出名的成就是分離出負責細胞分裂的結構，該研究是1951年他與丹恩（1905?～1996）一起做的。

Mazowiecki, Tadeusz＊　馬佐維奇（西元1927年～）　波蘭政治家。法律系畢業後，與人共同創辦獨立的天主教月刊《聯繫》並任編輯（1958～1981）。爲團結勞工運動的主要指導人物，1981年被團結工會領袖華勒沙任命他爲其報紙編輯。1989年的全國選舉後，被任命爲團結黨和共產黨聯合政府的總理，推行激進的經濟改革以便實現自由市場經濟，雖然有助於穩定波蘭的消費品市場，增加出口，卻也導致了高失業率。在1990年的總統大選中，馬佐維奇落選，但他繼續擔任總理直到1991年由新任總理接替。

mazurka＊　馬厝卡　由成對舞伴圍成一圈跳的波蘭民間舞，3/4節拍。特點是跺腳和碰擊腳跟，按照傳統習慣，由風笛伴奏。馬厝卡舞起源於16世紀波蘭中部的馬厝爾人，流行於波蘭宮廷，後來傳到了俄國和德國，1830年代又傳至英國和法國。蕭邦創作的五十首馬厝卡鋼琴曲集反映並擴大了這種舞蹈的普及。這種舞無規定花樣，帶有高度即興性質，現存五十多種不同舞步。

Mazzini, Giuseppe＊　馬志尼（西元1805～1872年）　義大利愛國者，現代義大利開國元老。原爲律師，曾加入祕密的獨立組織「燒炭黨人」。因參加該組織活動而被囚禁。後來前往馬賽（1831），他在那裡成立了愛國者運動組織「青年義大利」。後來擴展了自己的計畫，想成立一個世界性的共和聯盟，並在瑞士成立了「青年歐洲」組織。在倫敦（1837），他與全世界的組織互通聲響，繼續其革命活動。1847年成立了「國際人民聯盟」，並受到英國自由主義者的支持。1848年回到義大利，協助領導了爲時短暫的「羅馬共和國」。羅馬教宗重新控制羅馬後，他又回到英格蘭。馬志尼接著建立了「義大利之友」（1851），支持在米蘭、曼圖亞和熱那亞的幾次失敗的起事。他是一個永不妥協的共和黨人，不贊同新成立的義大利聯合王國（1861）。亦請參閱Risorgimento。

Mbabane＊　墨巴本　史瓦濟蘭首都和其最大城鎮（1990年人口約47,000）。位於史瓦濟蘭西部，19世紀末由史瓦濟蘭國王姆班澤尼的牛欄附近地區發展而來。1902年眞正建立爲城鎮，當時英國人控制了史瓦濟蘭，並在該地建立了行政總部。1964年在墨巴本附近修建了一條莫三比克鐵路，主要向外運輸該區出產的鐵礦石，鐵礦石的出產在1970年代末結束。

Mbeki, Thabo＊　姆貝基（西元1942年～）　南非總統（1999年起）。父親爲反種族隔離政策分子，姆貝基赴英國薩西克斯大學研讀經濟學，並在前蘇聯接受軍事訓練。在1994年首次不分種族大選後，受總統曼德拉之任命成爲副總統，並很快接掌政府的日常行政事務。雖然他的個人魅力不及曼德拉，但姆貝基爲後種族隔離時代的南非擬出經濟發展策略的能力，使他亦贏得人民尊敬。

mbira＊　姆勃拉琴　亦稱姆指琴（thumb piano）。非洲樂器，由一套有固定調音的金屬製或竹製舌簧連接在音板或共鳴器上組成。琴上的舌簧是用拇指和其他手指按下去又鬆開而發聲來產生旋律和替歌曲伴奏。姆勃拉琴至少在16世紀時的非洲即已存在，並由奴隸傳往拉丁美洲。

Mboya, Tom＊　姆博亞（西元1930～1969年）　原名Thomas Joseph Mboya。肯亞主要的政治領袖。在茅茅運動（1952～1956）期間和肯亞獲得獨立（1963）之前，擔任肯亞勞工聯合會總書記。1960年協助建立了占主導地位的肯亞非洲民族聯盟黨（KANU）。肯亞獨立之後，在肯雅塔領導的政府擔任要職。1969年他遇刺身亡，震驚全國，更加劇了占統治地位的基庫尤人和其他少數種族（尤其是他的族人盧奧人）之間的緊張關係。

Mbundu＊　姆本杜人　安哥拉中北部操班圖語的人群。15世紀時成立了恩東加王國，是剛果王國的對手之一。17世紀末期被葡萄牙人摧毀。1970年代，姆本杜人是親馬克思主義的安哥拉人民解放運動黨的主要支持者，該黨在1976年奪取了政權。如今，其人口大約爲230萬。

Mbuti＊　姆布蒂人　剛果（薩伊）伊圖里森林的俾格米人。總人口大約有7,500，平均身高不到137公分，血型和其鄰族班圖人和蘇丹人不同。他們可能是當地最早的居民，從事遊獵和採集，沒有首領和正式的長老議事會，信仰一位森林善神，實行多種通過儀式。他們的音樂（包括節奏與和弦）通常伴有舞蹈或啞劇。

MCA　美國音樂公司　全名Music Corporation of America。娛樂事業集團，由斯坦因在1924年在芝加哥創立，擔任演藝人員的經紀業務。1960年代收購迪卡唱片和環球影片公司，現在生產影片、音樂和電視節目。1990年日本的松下取得這間公司。

McAdam, John (Loudon)　麥克亞當（西元1756～1836年）　蘇格蘭籍碎石路的發明者。早年隨叔父在紐約經商（1770～1783），擁有了一筆財富。回到蘇格蘭，看到自己房產附近的公路很差，進行築路試驗。他建議公路要高出附近的地面，以便於排水；還要鋪路面，先鋪一層大石塊，再鋪一層小石塊，然後用細礫石或爐渣塡平。1923年他的意見獲得官方的採納，1827年被任命爲負責英國城市公路檢查的官員。碎石築路的方法很快被其他國家採用，爲旅行和交通提供了很大方便。

McAdoo, William G(ibbs)＊　麥卡杜（西元1863～1941年）　美國政府官員。1892年遷往紐約，組建了哈德森和曼哈頓鐵路公司（後來合併），修建哈德森河下面的隧道。1912年協助威爾遜的總統大選戰，後來擔任財政部長（1913～1918），並在1914年與威爾遜的女兒結婚。在第一次世界大戰中發起捐款運動，爲協約國提供180億美元戰費。1917～1919年任美國鐵路的總負責人，後來擔任加利福利亞州的參議員（1933～1938）。

L M N

McCarthy, Cormac　麥卡錫（西元1933年～）　原名Charles McCarthy, Jr.。美國小說家。在田納西長大，就讀於田納西大學，後因在空軍服兵役而輟學。1959年開始寫作。其小說以自然觀察、病態的寫實和暴力聞名，皆以南方哥德式傳統寫作而成。這些作品包括《果園管理人》（1965）、《外圍黑暗》（1968）、《血腥最高點》（1985）和最廣爲閱讀的邊界三部曲：《所有漂亮的馬》（1992）、《橫渡》（1994）和《草原城市》（1999）。

McCarthy, Eugene J(oseph)　麥卡錫（西元1916年～）　美國政治人物。曾在明尼蘇達州聖保羅的聖湯瑪斯學院任教，後來當選爲美國眾議員（1949～1959）、參議員（1959～1971）。爲自由民主黨人，曾公開批評越戰。1967年參加各州民主黨總統預選。預選的成功說服了詹森總統不再尋求連任。但他在取得總統候選人提名時最終未能獲勝，於1971年離開參議院，轉而從事寫作和演講。

McCarthy, John　麥卡錫（西元1927年～）　美國電腦科學家。生於波士頓，普林斯頓大學博士。人工智慧領域的先驅，於1958年設計出LISP語言。發展出關於樹狀結構（計算機使用）處理特性的概念，有別於網狀結構。獲得圖靈獎（1971）、京都獎（1988）、國家科學獎章（1990）。

McCarthy, Joseph R(aymond)　麥卡錫（西元1908～1957年）　美國政治人物。曾在威斯康辛州當律師，後任州巡迴法庭法官（1940～1942）。第二次世界大戰期間在海軍陸戰隊服役。1946年戰勝了拉福萊特，當選爲美國參議員，1950年因指控共產黨在美國國務院進行顛覆活動而名噪一時。其反共產主義運動獲得廣泛支持。後來擔任參議院政府工作委員會主席兼常設調查小組委員會主席（1952），麥卡錫質疑政府官員和其他人進行共產主義活動而進行聽證，這次迫害和誹謗的運動被稱爲麥卡錫主義。1954年一連串電視聽證會轉播了他對一些美國軍官從事顛覆活動的指控，以及默羅揭露了麥卡錫不負責任的做法，麥卡錫受到參議院的調查。麥卡錫嚴重酗酒，終年四十八歲。

McCarthy, Mary (Therese)　麥卡錫（西元1912～1989年）　美國女小說家、評論家。1937～1948年一直是《黨派評論》編輯部成員。在其第二任丈夫威爾遜的鼓勵下開始寫作。其作品對婚姻、兩性關係、知識分子的軟弱性和當代美國都市婦女的作用予以辛辣的諷刺著稱。其小說包括：《她的伴侶》（1942）、《那一群人》（1963），這是她最暢銷的作品。《美國人》（1971）、《食人者與傳教士》（1979）。她還寫了兩部自傳：《信天主教少女的記憶》（1957）和《我的成長》（1987）。

McCartney, (James) Paul　保羅麥卡尼（西元1942年～）　受封爲保羅爵士（Sir Paul）。英國的歌手與流行歌曲創作者。生於利物浦的一個工人階級家庭，起先學習鋼琴，但在聽到美國搖滾樂的錄音後轉學吉他。1950年代中期與約翰藍儂相遇，一起組成樂團「採石工人」，後來發展成披頭合唱團。他和約翰藍儂共同寫出歌曲的編曲，包括一些20世紀最受歡迎的歌曲。1970年首度出版個人專輯。他與妻子，攝影家伊斯曼（1941～1998），組成「翼」樂團：他們的暢銷作品包括《樂團上路》（1973）、《音速翺翔》（1976）。這個樂團解散後，保羅麥卡尼在1980年代仍有一連串的暢銷作品。1990年於里約熱內盧在超過184,000名付費的觀眾面前演出，創下世界記錄。1997年受封爲騎士。

McCarty, Maclyn　麥卡蒂（西元1911年～）　美國生物學家。在約翰·霍普金斯醫學院獲得碩士學位。與艾弗里和麥克勞德一起首次提出實驗性證據，證明活細胞的遺傳物質由DNA組成。在他們的經典實驗（1944）中，將一種肺炎球菌的某種物質注入另一種肺炎球菌，能將接受注入了細菌變爲提供注入物質的細菌，該結果表明引起這種變化的物質是DNA。

McClellan, George B(rinton)　麥克萊倫（西元1826～1885年）　美國將軍。曾參加墨西哥戰爭並進行過軍事工程調查。後來辭職到伊利諾中央鐵路擔任總工程師（1857），同時還擔任俄亥俄州及密西西比州鐵路的總經理（1860）。在美國南北戰爭期間，擔任俄亥俄軍區司令。他在西維吉尼亞擊敗了美利堅邦聯南軍並協助保衛了北軍的肯塔基地區。1861年林肯任命他爲總司令。他將軍隊重組爲一支高效的隊伍，但不善於採取進攻，於是林肯不得不發布第一號全面作戰命令，號召全軍挺進。麥克萊倫在半島戰役中作戰謹慎，但是最後還是沒能占領里奇蒙城。他在七天戰役中猶豫不決，在安提坦戰役中也未能打敗李的軍隊，於是林肯撤消了他的指揮權。1864年他代表民主黨的總統候選人與林肯成爲對手。1872～1877年擔任大西洋和大西部鐵路的總經理。

McClintock, Barbara　麥克林托克（西元1902～1992年）　美國遺傳學家。曾在康乃爾大學獲博士學位。在1940～1950年代，她對玉蜀黍籽粒顏色的變異進行實驗之後，發現遺傳訊息不是固定不動的。她在遺傳物質中分離出兩種控制因數，發現它們不但能移動，而且其位置變換後會影響鄰近基因的行爲，並決定機體發育過程中細胞的多樣性。她這項研究十分先進，其重要性許多年後才獲認同，1983年獲得諾貝爾獎。

McClung, Clarence E(rwin)　麥克朗（西元1870～1946年）　美國動物學家。曾在堪薩斯大學獲博士學位。研究了遺傳機制，1901年提出假說：決定性別的是一個額外的即附加的染色體。發現決定性別的染色體成爲早期的依據，證明某種染色體攜帶有一套特定的遺傳性狀。他還研究不同生物性細胞中的染色體的行爲如何影響生物的遺傳性。

McClung, Nellie　麥克朗（西元1873～1953年）　原名Nellie Mooney。加拿大作家。生於安大略省查茲渥斯，1896年結婚，在禁酒運動中表現卓越。在1908年出版的小說《在丹尼播種》中，敘述一個西部小鎮生活，成爲全國暢銷書。她四處演講，論述婦女的參政權，以及加拿大與美國的其他改革，並於1921～1926年在亞伯達省議會問政。她寫了許多文章、短篇故事以及十六本書。

McCormack, John　麥科馬克（西元1884～1945年）　愛爾蘭裔美國男高音歌唱家。少年時，他和都柏林的大教堂合唱團一起巡迴演出，並在義大利的米蘭學習聲樂，1906年在義大利首次登台演出。次年在倫敦首次演出《鄉村騎士》，開始了國際性的歌劇事業，尤其是接下來二十年在美國的發展。從1918年起他開始專注於朗誦和錄音，內容包括德文歌曲到感傷的流行歌曲，其愛爾蘭歌曲最受歡迎。

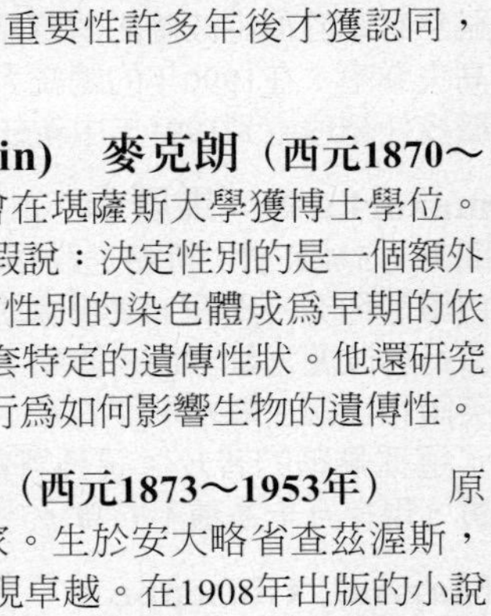

馬考米克
Culver Pictures

McCormick, Cyrus Hall　馬考米克（西元1809～1884年）　美國工業家、發明家人們公認他推動了1831年後改變糧食收割歷史的機械收割機的發展。直到1850年爲止，馬考米克的收割機爲全美所知，榮獲了許多獎項和榮譽，包括在1855年巴黎展覽會上榮獲了榮譽大獎。這些獎項和榮譽使他的收割機舉世聞名。1902年，馬考米克收割公司與其他的公司合併組成了國際收割機公司，馬考米克的兒子小塞魯斯擔任第一任主席。

McCormick, Robert R(utherford)　馬考米克（西元1880～1955年）　以Colonel McCormick知名。美國報紙編輯與發行人。是馬考米克的外甥和《芝加哥論壇報》編輯與發行人梅迪爾的孫子。1911年任《芝加哥論壇報》社長，從1925年開始成爲該報唯一的編輯和社長。在他的領導下，該報在全美標準對開新聞報紙中發行量最大，廣告收入也最多。所寫社論具有獨特風格，使他成爲美國保守新聞事業的典型人物。

McCrea, Joel (Albert) *　麥克雷（西元1905～1990年）　美國電影演員。在好萊塢做替身演員和扮演跑龍套的角色，後於1930年在《銀色的遊牧部落》中第一次扮演主角。其電影作品大多數是西部片，他在其中扮演溫和而可靠的角色－－包括《最危險的遊戲》(1932)、《韋爾斯·法戈》(1937)、《太平洋俱樂部》(1939)、《外國記者》(1940)、《沙利文遊記》(1941)、《維吉尼亞人》(1946) 和《馳騁在高原上》(1962)。

McCullers, Carson　麥卡勒斯（西元1917～1967年）　原名Lula Carson Smith。美國小說家、短篇小說作家。曾就讀於哥倫比亞大學和紐約大學，後來在紐約格林威治村定居。孩童時代受到的一連串打擊使她患有下半身麻痺症。她的作品特定地發生在南方的小地區，描述孤寂人的內心生活。她寫的小說有《心是寂寞的追尋者》(1940；1968年拍成電影)，該書恐怕也是她最好的作品；《金色眸子中的映影》(1941；1967年拍成電影)；《婚禮的成員》(1946；1952年拍成電影)，是她自己將書改編成劇本 (1950)；和《悲愁酒店之歌》(1951；1991年拍成電影)，愛爾比於1963年將該書改編成劇本。

McCulloch, Hugh　麥卡洛克（西元1808～1895年）　美國金融家、財政部長。出生於緬因州肯納邦克，1833年移居印第安納州威恩堡，初執律師業，不久轉到銀行業。1865～1869年任美國財政部長，試圖透過回收流通紙幣使美國恢復金本位，但卻遭到公衆反對。1884～1885年再次擔任財政部長。

麥卡洛克
By courtesy of the Library of Congress, Washington, D. C.

McCulloch v. Maryland　麥卡洛克訴馬里蘭州案　指美國最高法院於1819年判決的一個案例。在該案中確立了國會「擁有默示權力」的憲法學說。該案件涉及到新建的國民銀行控制各州，包括馬里蘭州，發行貨幣的合法性。首席大法官馬歇爾寫出的一致意見認定，國會不僅擁有憲法明確授予它的權力，而且還「相應地」擁有貫徹這類權力的全部職權，在這個例子中涉及到類似銀行的建立。從條款1的「彈性條款」中得出的學說成爲聯邦權利不斷擴大的強大動力。同時也支持「馬伯里訴麥迪遜案」的司法審查權。

McDonnell Douglas Corp.　麥道公司　美國的飛機製造公司。主要生產噴射式戰鬥機、商用飛機及太空交通工具。麥道成立於1967年，由麥克唐奈爾飛機公司（1939年成立）與道格拉斯公司（1921）合併而成。第二次世界大戰期間，道格拉斯公司提供了29,000架戰機，占美國空中運輸機的1/6。戰後，該公司生產的DC-6和DC-7壟斷了商業飛行路線。隨著商業噴射式飛機的發展，道格拉斯公司開始落後於波音公司，於是它尋求與麥克唐奈爾公司合併。麥克唐奈爾公司在第二次世界大戰間發展迅速，一直是主要的防衛武器供應商，並設計了第一家艦載噴射式戰機。合併後的麥道生產使用廣泛的噴射戰鬥機（包括F-4幽靈式、A-4天鷹式、F-15戰鬥機鷹式及F-18大黃蜂式）、運載火箭和巡弋飛彈。1997年麥道公司被波音公司收購。亦請參閱Lockheed Martin Corporation。

McEnroe, John (Patrick), Jr.　馬克安諾（西元1959年～）　美國網球運動員。出生於西德的威斯巴登，在紐約州道格拉斯頓長大。1978年使美國贏得台維斯盃比賽。接下來的三年（1979～1981）都獲得了美國公開賽的冠軍，1984年再次奪冠。同時1981，1983和1984年也贏得了溫布頓錦單打冠軍和幾次雙打冠軍。馬克安諾性情暴躁，在場上好發脾氣和摔球拍都成了他的比賽特色。他是近三十年來從網球大滿貫賽中被逐出的第一個運動員。

McFadden, Daniel L.　麥克法登（西元1937年～）　美國經濟學家，由於在個人及家戶行爲分析方法的突破，於2000年與赫克曼共獲諾貝爾經濟學獎。在明尼蘇達大學取得物理學學士 (1957)，再取得經濟學博士學位 (1962)，曾分別任教於加州大學柏克萊分校 (1963～1979及1990～)、耶魯大學 (1977～1978)、麻省理工學院 (1978～1991)。1974年麥克法登發展出一種稱爲條件式邏輯勝算分析的方法，這是一種判定人們如何做出抉擇以使效益極大化的方法。他的方法幫助了大眾運輸得以預測使用率，而他的統計方法也被應用到預測勞動力、健保、住宅及環境問題。

McGill University　麥吉爾大學　蒙特婁的一所私人捐助成立而由國家支助的大學。該大學成立於1821年，用蘇格蘭－加拿大人詹姆斯·麥吉爾 (1744～1813) 捐贈的一筆遺產建立。因其在化學、醫學和生物學方面的成就，而享有國際聲譽。該校還有農業和環境科學系、藝術、牙醫、教育、工程學、法律、管理、音樂、宗教研究和科學等系。教學語言爲英語，但學生可以用法語考試。註冊學生人數約爲31,000。

McGillivray, Alexander *　麥吉利夫雷（西元1759?～1793年）　美國革命後克里克印第安人的主要領袖。他是克里克人和法國人的混血兒，原在南卡羅來納州查理斯敦接受白人教師的輔導。後來成爲克里克人酋長。由於克里克人對美國的土地投機商人和貪婪成性的移民毫不信任，1784年麥吉利夫雷與西班牙在佛羅里達簽訂了協定，讓克里克人接受西班牙的保護。在美國的再三請求下，他同意美國在克里克領土上的主權，條件是這片土地不受美國的侵犯。

McGovern, George S(tanley)　麥高文（西元1922年～）　美國政治家。獲西北大學歷史博士學位，後在達科他衛斯理大學任教。1948年開始積極參與民主政治，1957～1961年任衆議員，1963～1981年任參議員，並對美國的饑荒事件進行了重要的聽審。他是反越戰的主要人物，1972年贏得民主黨總統候選人提名，但被在職總統尼克森以壓倒多數擊敗。1980年重新入選參議院失敗，轉而教書、演講和寫作。

McGraw, John (Joseph)　麥格勞（西元1873～1934年）　美國職業棒球選手和經理，曾是巴爾的摩國家聯盟俱樂部1890年代的明星內野手，1899年其.391的打擊率至今仍是大聯盟三壘手中最高的記錄。任紐約巨人隊經理期間（1902～1932），他帶領全隊拿下十次國家聯盟冠軍和三次世界賽事冠軍（1905、1921、1922）。任內以精明和冷面無情著稱，綽號小拿破崙。

麥格勞，攝於1910年
The Bettmann Archive

McGrory, Mary＊　麥格羅里（西元1918年～）　美國的專欄作家。生於波士頓，1942～1947年爲《波士頓先鋒報》擔任書評，開展她的新聞事業；而後於1947～1954年爲《華盛頓星報》效力。在爲《華盛頓星報》工作期間，成爲一位富有特色的作家。自1954年麥卡錫的聽證會開始，她開始撰寫政治評論，尤其以能掌握人物與事件之核心的敏銳觀察與銳利分析而聞名。她的專欄從1960年起，通過供稿聯合組織在報刊上同時發表，並於1975年獲得普立茲獎。1981年加入《華盛頓郵報》。

McGuffey, William Holmes　馬夏菲（西元1800～1873年）　美國教育家。主要以所編的系列小學課本留名於世。開始在俄亥俄州各邊區學校教書，後來在俄亥俄州牛津的邁阿密大學任教十年（1826～1836）。其六冊教材於1836到1857年之間出版。這套課本收集有教誨意義的故事及名著選段，反映了馬夏菲的觀點：對年輕人的適當教育必須引導他們瞭解廣泛的話題和實際事物。這套課本在半個世紀內幾乎成爲所有各州的標準教材，銷售出1.25億冊。

L M N

McGwire, Mark (David)　麥奎爾（西元1963年～）美國棒球選手，生於加利福尼亞州的波摩納。他在大學時代擔任一壘手，之後加入奧克蘭運動家隊，而且很快展現日後成爲他的註冊商標的力道。在1989年，他就以49支全壘打創下新人的記錄，並成爲當年美國聯盟的新人王。1989年，他的.343季後賽打擊率帶領奧克蘭拿下世界大賽冠軍。1993～1995年他飽受受傷之苦，1997年被交易到聖路易紅雀隊，當年擊出58支全壘打。1998年他力圖打破馬里斯高懸了三十七年的61支全壘打的記錄，他和索沙的競爭讓球迷瘋狂不已，最後麥奎爾以70支創下新的全壘打記錄，這項記錄在2001年被邦斯（73支）打破。1999年麥奎爾再擊出65支全壘打。在2001年的球季，他宣布自職業棒球退休。

McHugh, Jimmy　麥克休（西元1896～1969年）　本名James Francis。美國歌曲作曲家。生於休士頓，爲錫盤巷的歌曲播放員，並爲百老匯及<棉花俱樂部的諷刺時事劇撰寫歌曲。在爲百老匯與好萊塢所撰寫的數量龐大的作品中，包括與菲塞、默塞爾等人合作的作品，以及特別和菲爾茨合作寫出的〈我能給你的只有愛〉以及〈街道向陽處〉。在1950年代領導一個樂團，之後並創立一間音樂出版公司。

McKay, Claude　麥凱（西元1890～1948年）　牙買加出生的美國詩人和小說家。在1912年遷往美國之前，他用牙買加方言寫過詩集《牙買加之歌》和《康斯托伯歌謠》（1912）。《新罕布夏之春》（1920）和《哈林暗影》（1922）兩部詩集出版後，麥凱成爲哈林文藝復興運動的傑出代表。麥凱鼓吹充分的公民自由和種族團結。並在他的作品中研究普通人中與眾不同的黑人特色。他的小說《在哈林家》（1928）是當時美國黑人作家寫的最受歡迎的作品。1922～1934年住在不同的國家。

McKellen, Ian (Murray)　麥凱倫（西元1939年～）受封爲伊安爵士（Sir Ian）。英國演員。畢業於劍橋大學，首次登台是在1961年，1969年愛丁堡戲劇節上他又在莎士比亞劇本《理查二世》和馬羅劇本《愛德華二世》中扮演角色獲得好評。1971年與人合作創立了演員劇團，1974年他離開這家劇團，加盟皇家莎士比亞劇團。他多才多藝，工作熱情，扮演的角色眾多，從伊莉莎白時期戲劇角色到當代戲劇的許多角色都有。1981年因演出《阿瑪迪斯》而獲得東尼獎。其電影作品包括《富足》（1985）、《理查三世》（1995）、《眾神與野獸》（1998）。自從1988年起，麥凱倫一直是爭取同性戀權利的支持者。1990年封爵。

McKim, Charles Follen　馬吉姆（西元1847～1909年）　美國建築師。在哈佛大學和巴黎美術學院求學。1879年與米德、懷特合作，組成當時美國最有影響力的建築師事務所。直到1887年該公司一直以木板式的住宅著稱。隨後幾年該事務所以擅長正統的義大利文藝復興傳統和古典風格著稱。馬吉姆的著名設計有：波士頓公共圖書館（1887）、紐約哥倫比亞大學圖書館（1893）、摩根圖書館（1887）以及賓夕法尼亞火車站（1904～1910，1963年遭破壞）。

McKinley, Mt.　馬金利山　艾瑟卑斯肯語（Athabascan）作Denali。北美洲最高峰。在美國阿拉斯加州南部的阿拉斯加山脈中段附近。馬金利山位於迪納利國家公園內，高度爲6,194公尺。該山的北峰1910年和1913年被首次攀登，斯塔克和卡斯頓斯登上南峰，這是馬金利山的眞正山峰。該峰於1889年根據一位探勘者命名爲Densmores Peak，但在1896年重新以馬京利總統的名字命名。

McKinley, William　馬京利（西元1843～1901年）美國第二十五任總統（1897～1901）。南北戰爭期間，他擔任海斯上校（後爲總統）的副官。也正是海斯上校後來鼓勵他參政。1877年他入選參議院（1877～1891）。他支持保護性關稅並資助設立了1980年的馬京利稅法。在漢納的支持下，他獲選爲州長。1896年他贏得了共和黨總統候選人提名，並在大選中擊敗了布萊安。他曾召集國會召開特別會議討論提高關稅問題，但是很快他就被古巴問題和緬因號戰艦炸毀事件纏身，結果招致美西戰爭。戰爭結束時，他鼓吹把菲律賓、波多黎各以及其他前西班牙屬地劃歸美國。1900年他再次以多票優勢擊敗了布萊安。接著他開始到處履行、鼓吹加強信任和商業互惠的控制以增加外貿和其他一些戰爭期間忽略的問題。1901年9月6日，一位無政府主義者佐格茨在紐約州的水牛鎮給了他致命的一槍。羅斯福繼任爲總統。

馬京利
By courtesy of the Library of Congress, Washington, D. C.

McLuhan, (Herbert) Marshall＊　麥克魯漢（西元1911～1980年）　加拿大通信理論家和教育家。從1946年開始在多倫多大學任教。其格言「媒介即資訊」總結了他的觀點，即電視、電腦、電子通訊等裝置對社會學、藝術、科學、宗教等在形成其思想的風格方面會發生強烈影響；他認爲書籍注定是要消失的。影響巨大的著作包括《古騰堡星系》(1962)，《瞭解媒體：人的延伸》(1964) 和《媒介即資訊》(1967；與菲奧里合著) 等。

McMahon Line 麥克馬洪線 中國西藏和英屬印度阿薩姆邦（印度東北部的邦）之間的邊界，由1913～1914年的西姆拉會議雙方西藏當局和英國談判而劃定。這條線以英國談判者爵士麥克馬洪的名字命名。中國政府拒絕承認這條邊界線，因爲西藏是隸屬於中央政府的地方政府，無權簽定條約。1962年的印、中衝突試圖解決邊界問題未果；中國仍舊認爲該邊界線爲非法。

McMaster University 麥克馬斯特大學 私人捐助大學，位在加拿大安大略省漢米敦市。創建於1887年，由參議員麥克馬斯特捐助成立。設有大學部及研究所課程，領域包括科學、人文、社會科學、商學、工程及其他學科。校內著名研究機構有核子反應器、教育研究中心以及「羅素檔案」等。現有學生人數約15,000人。

McMurdo Sound 麥克默多灣 羅斯海西南部的入口。位於羅斯冰棚的邊緣地帶，該水道長148公里，寬74公里。曾是南極探險的主要中心。1841年首次爲蘇格蘭探險家羅斯發現，後成爲進入南極大陸的主要路線之一。羅斯島曾是英國探險家司各脫和沙克爾頓的探險總部。

McMurtry, Larry (Jeff) 麥克墨特瑞（西元1936年～） 美國的小說家。爲牧場工人之子，出生於德克薩斯州的維契托瀑布，以關於美國西部（尤其是德克薩斯州）的一系列小說而聞名。《最後一場電影》(1966，1971年拍成電影) 檢視了孤立的小鎮生活。《寂寞之鴿》(1985，獲普立茲獎) 則是描寫邊境的史詩系列之一部，其他還有《拉瑞多的街道 (1993)》、《逝者行》(1995) 以及《卡曼其之月》(1997)。其餘作品還有《通過吧！騎士》(1961，1963年拍成電影《原野鐵漢》)、《親密關係》(1975，1983年拍成電影) 以及《水牛城女子》(1990)。

McNally, Terrence 麥克納利（西元1939年～） 美國的劇作家。生於佛羅里達州的聖彼得堡，曾擔任報紙記者、史坦貝克子女的家庭教師，以及在「演員工作室」擔任舞台監督。1964年起，他的劇作在地方性的、外百老匯以及百老匯的劇院上演。這些作品包括：《壞習慣》(1971)、《浴缸》(1974)、《高級講習班》(1995)、《愛！勇氣！憐憫！》(1995；1997年拍成電演) 以及富爭議性的《聖體》(1998)。他還爲歌舞劇《蜘蛛女之吻》(1993) 寫過一本書。

McNamara, Robert S(trange)＊ 麥納馬拉（西元1916年～） 美國國防部長 (1961～1968)。他在第二次世界大戰期間幫助建立軍需品系統和統計系統。戰後，麥納馬拉成爲福特汽車公司雇來振興其業務的「年輕有爲的經理人員」之一。1960年成爲福特家族以外擔任該公司總經理的第一個人。1961年被甘迺迪總統任命爲國防部長，繼續進行改進五角大廈的工作。開始時支持美國捲入越戰，但1967年後公開尋求進行和平談判的途徑，反對轟炸北越，在詹森總統在任時失勢。1968年退休，擔任世界銀行的總裁 (1968～1981)。

McNeill, Don 麥克尼爾（西元1907～1996年） 美國的廣播娛樂節目主持人。生於伊利諾州的加利納，1920年代加入電台的歌唱團體，1933年接掌NBC在芝加哥的晨間節目，擔任主持人，並開闢了《早餐俱樂部》節目。這個節目通常沒有預先安排劇本，以聽眾的評論、詩作和具有民間風格的幽默爲主。是廣播聯播史上製播最久的節目，結束於1968年。

McPhee, John (Angus) 麥克菲（西元1931年～） 美國的新聞記者與紀實文學的作家。生於新澤西州的普林斯頓，就讀於普林斯頓大學，1957～1964年擔任《時代》週刊的助理編輯，後於1965年加入《紐約客》，成爲專任作家，撰稿至今。他的紀實文學，主題多變、涵蓋廣泛。第一部作品是討論布萊德雷；他所寫到的地方包括新澤西、阿拉斯加、瑞士，並有數本書述及美國西部。其他主題則包括柑橘工業、航空工程學、核子武器的恐怖主義等。1975年起在普林斯頓大學教新聞學。

McPherson, Aimee Semple 麥克佛生（西元1890～1944年） 原名Aimee Elizabeth Kennedy。美國（加拿大出生）基督教五旬節女佈道家。十七歲時開始佈道，1908年隨第一任丈夫五旬節佈道家森普爾前往中國傳教。喪夫後偕女兒返回美國，改嫁麥克佛生，1918年離婚後開始巡迴佈道，爲人治病。她定居於洛杉磯，成立了國際四方福音會。將近二十年間經常在安吉勒斯教堂佈道，聽講者甚多。同時開辦廣播電台，創辦並主持聖經學校，主編雜誌，進行著述；此外還建立了兩百個傳教點宣傳她的教義。1926年有五個星期不知去向；再次出現後，曾遭人綁架的說法讓人產生懷疑。她第三次嫁人後又離婚，經常因經濟問題而官司纏身。後因服用巴比妥酸鹽過量而死。

McQueen, (Terrence) Steve(n) 史帝夫麥昆（西元1930～1980年） 美國電影演員。生於印第安納州的山毛櫸路，在前往紐約研習表演之前，定期在一間少年感化院服務，並在美國海軍陸戰隊從事一般性庶務工作。他在百老匯以《一帽子的雨》(1955) 贏得矚目，並且以《那裡有人喜歡我》(1956) 首度登上大螢幕。之後在電視影集《通緝要犯：不論死活》(1958～1961) 擔綱演出。他還在下列的電影中扮演孤獨的英雄，如《大逃亡》(1963)、《沙卵石》(1966)、《湯姆克勞恩案件》(1968)、《巴比隆》(1973) 以及《火燒摩天樓》(1974)。

McRae, Carmen 麥克雷（西元1922～1994年） 美國爵士樂女歌唱家和鋼琴家。受歌唱家比莉哈樂黛和莎拉沃恩的影響很深。1943年在紐約黑人住宅區的明頓劇場開始其演唱生涯，吸收了首批爵士樂音樂家的創新。1950年代中期一直擔任獨唱，成爲精通爵士樂演唱和用爵士樂演繹情歌的歌唱家。

Me 109 ➠ Messerschmitt 109 (Me 109)

Me Nam River 湄南河 ➠ Chao Phraya River

mead 蜂蜜酒 由蜂蜜和水發酵而成的酒精型飲料。它的味道可以很淡，也可以很濃；可以很甜，也可以很無味。它甚至會發泡。在古代斯堪的那維亞、高盧、條頓歐洲及古希臘，用蜂蜜釀製的酒精型飲料到處都是。這種飲料尤其常見於葡萄匱乏的北歐地區。到14世紀爲止，褐麥啤酒和加糖葡萄酒的流行程度超過了蜂蜜酒。如今人們將蜂蜜酒當作一種酒精含量很低的有甜味或無甜味的酒來釀製。加了香料的蜂蜜酒被稱作美舍琳 (metheglin)。

Mead, George Herbert 米德（西元1863～1931年） 美國哲學家、社會學家和社會心理學家，在實用主義的發展研究方面享有盛名。他早年就讀於哈佛大學，後來與杜威及庫利一起在芝加哥大學任教。米德主要研究自我和社會的關係問題，尤其是人類自身如何出現在社會的相互作用過程中的問題。他的著作有《當代哲學》（1932）和《心靈、自我和社會》（1934）。亦請參閱interactionism。

Mead, Lake　米德湖　在美國亞利桑那州和內華達州交界處的胡佛水壩的蓄水庫。爲世界最大人工湖之一，由科羅拉多河築壩形成。該湖長185公里，寬1.6～16公尺；蓄水量約38,296,200,000立方公尺，面積爲593平方公里。以建造專員米德的姓命名。1936年建立米德湖國家遊覽區，其面積爲6055平方公里，沿湖延伸了386公里。

Mead, Margaret　米德（西元1901～1978年）　美國人類學家。她在哥倫比亞大學學習時師從鮑亞士和潘乃德。在1929年取得博士學位前，她一直在薩摩亞群島進行野外實地研究。她所著的二十三本書中的第一部也是她最出名的一部書是《薩摩亞人的成年》，該書闡明了在個性或氣質的形成中文化具有決定作用的觀點。她還著有《三個原始社會中的性生活和氣質》（1935）、《男性和女性》（1949）和《文化與信仰》（1970）。她的理論均建立在觀察手段及其結論的基礎上，遭到了後來一些人類學家的質疑。晚年的她就一系列廣泛的議題，如女性權力和核擴散發表了自己的看法，受到關注。她的盛名不僅源於她在科研中做出的努力，還來自於她人格的魅力和她率直的個性。她曾在美國自然歷史博物館工作了五十多年，擔任館長一職。

Meade, George G(ordon)　米德（西元1815～1872年）　美國南北戰爭中的將軍。出生於西班牙加的斯，父母都是美國人。畢業於西點軍校。1861年成爲賓夕法尼亞志願兵准將。曾參加了布爾淵、安提坦和錢瑟勒斯維爾戰役。在蓋茨堡戰役前三天，他接替胡克將軍指揮多馬克方面軍，擊退了美利堅邦聯軍隊的進攻，扭轉了戰爭局勢，但因縱容李軍敗後逃脫而受到批評。1864年以後成爲格蘭特將軍的下屬，盡忠職守。戰後任數軍區司令職務。

meadowlark　草地鷚　擬黃鸝科草地鷚屬鳴禽，體豐滿，嘴尖，體長20～28公分。北美洲的兩個品種外貌類似，背部褐色而有條紋，胸黃色，有一黑色V字紋；尾短，外羽爲鮮明的白色。東部或普通草地鷚分布在加拿大東部到巴西，囀鳴爲簡單的四聲；西部草地鷚分布在加拿大西部到墨西哥，鳴聲複雜似奏笛。草地鷚夏季食昆蟲，秋冬吃草籽。它們的巢隱蔽在田野中，用草做圓頂。

mealybug　粉蚧　同翅目粉蚧科昆蟲的統稱。粉蚧不是眞正的小蟲，其身上覆蓋著厚厚一層像玉米粉樣的白粉。雌蟲長約1公分，「爬行者們」（活躍的幼體）群集在葉脈處和葉背後，尤其喜歡在柑橘樹及盆栽植物上；雄蟲有兩翅，能飛。常見品種有橘粉蚧和柑樓粉蚧。

mean, median, and mode　平均、中値與衆數　數學上，從一連串的數字選定平均值的三種主要方法。算術平均是將數字加總，然後將總和除以表上數字的數目，這就是最常表示的平均值。中值是將表上的數字從小到大排列，取最中間的數值。衆數是在列表上最常出現的數值。平均還有其他類型：幾何平均是把表上的所有數值相乘，然後將乘積求根，次數等於數字的數目（例如兩個數字用平方根）。幾何平均通常用於指數成長或衰減的情況（參閱exponential function）。統計學上，隨機變數的平均爲其期望值，亦即重複嘗試結果的長期算術平均，如大量丟擲骰子。

mean life　平均壽命　在放射性中指某種不穩定原子的所有原子核的平均壽命。這個時間段是樣品中所有單個不穩定原子核壽命之和除以存在的不穩定原子核的總數，是衰變期的倒數。某個同位素的平均壽命，總是其半衰期的1.443倍，如放射性鉛209衰變爲鉍209，平均壽命爲4.69小時，半衰期爲3.25小時。

mean-value theorems　中値定理　數學中的兩個定理。分別與微分學和積分學相關。第一個定理指出，定義在一個區間上的任何可微分的函數都有一個平均值，在該點的切線與該區間上函數曲線兩端的連線平行。例如，一輛汽車從靜止開始在1分鐘內跑了1公里，那麼在這1公里的路上一定有某個點，在該點汽車的速度正好是每分鐘1公里。在積分學中，函數在一個期間內的平均值從本質上講是它在這個區間內的各個值的算術平均值（參閱mean, median, and mode）。由於這些值的數目是無限多的，所以不可能做實際的算術平均。這定理就告訴我們如何借助求積分的辦法來找出這個平均值。亦請參閱Rolle's theorem。

meander＊　曲流　即河曲，指河流的急遽U字形彎曲，往往成串出現，由水流的特徵引起。河曲大都形成於沖積層中，因而可以向上堆積而成水流阻礙物，曲流收縮而形成「鵝頸」或彎到極點的河曲。河水可能沖過鵝頸將河道截斷，使先前的曲流河灣被封閉起來成爲牛軛湖。泥沙堆積最終將這種湖填滿而形成草本沼澤或曲流遺跡。

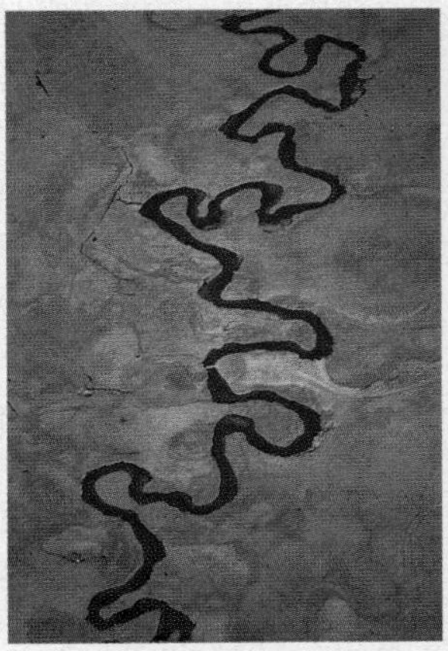

美國加州馬默斯湖區附近的歐文斯河曲流
© Barrie Rokeach – Aerial / Terrestrial Photography

meaning　意義　在哲學中，藉由參照表達（如字詞或句子）的指涉（也就是說，在表達與其所指定者的關係）以獲知表達的意思。舉例來說，「最高的人」意思是「身高比任何人都高的那個人」，但這句話所指涉的可能是無名氏（John Doe），或誰也不是，因爲2～3個人中也可以有最高的人。因此，並不適合說，字詞意指的是字詞所指定之事物（或者字詞讓我們所想到的事物）。進一步的問題使這個意義的指涉理論更加困擾。兩者表達也許擁有相同的指涉對象，但其意義並不相同（舉例來說，「晨星」和「黃昏星」都表示相同的星球，但並不擁有準確相同的意義）。有意義的措辭也能聲稱有所指涉，但實際上並沒有眞的指涉什麼（如「法國現任的國王」這句話具有意義，但今天並不存在有法國國王這個人）。相比之下，語義學的理論宣稱，最好是以眞理的詞語而非指涉，來解釋意義；也就是，一個字詞的意義應該以它對所處句子中的眞理條件的助益來解釋。語義學理論的難處導致採用獲得維根斯坦和奧斯汀之作品所啓發的意義理論。它承認並不是所有的字詞都指涉某個對象，也不是所有的言辭都非眞即僞；共通於所有字詞與句子的是，人們在言語中使用它們（參閱speech act theory）；它們的意義因此可以只不過是字詞和句子的使用而已；或者以另一種不同的方式來闡述，字詞語句的意義在於支配字詞語句之運用的法則。亦請參閱semantics。

Meany, George　米尼（西元1894～1980年）　美國勞工領袖。原爲鉛管工，1915年加入美國和加拿大鉛管工人和汽管裝配工人聯合會。後當選爲紐約州勞工聯合會副主席。1939年被選爲美國勞工聯合會司庫，1952年出任主席。1955年勞聯與產聯合併後任勞聯兼產聯主席調節雙方長期的競爭和分歧。作爲保守派和反共產主義者，1955～1979一直是美國勞聯－產聯的主席，將美國勞工運動脫離極端主義道路。

脾氣暴躁且愛獨裁，1957年將卡車司機工會從兩個聯合會總開除，1967年和盧瑟爾發生爭執後失去了美國汽車工人的支持。1970年代在民主黨內頗有影響。

measles 痲疹 亦作rubeola。由濾過性毒菌引起的、高度傳染的小兒疾病。痲疹發作的最初症狀是身體很冷並伴有紅眼和發燒，隨後體溫升高，出現斑丘疹。一旦病癒，患者可以終身免疫。成年患者會表現得更嚴重。如今抗生素的使用可以防止二次傳染者死亡。痲疹本身無需用藥，患者只需臥床休息、保護眼睛、做蒸汽吸入以減輕支氣管的刺激症狀。1960年代研發的一種疫苗後來證明不能保證終生免疫，而且該疫苗對熱敏感，不宜在熱帶地區使用。如今痲疹在世界有復甦的跡象。人們正在研究開發一種更穩定的疫苗。亦請參閱rubella。

measure theory 測度論 數學上，歸納長度與面積（參閱length, area, and volume）概念成爲不構成線段或矩形的任意點集合。測度是將數字與集合關聯起來的規則。結果必須不是負數且具加性，意思是兩個不重疊的集合測度結果等於個別測度的總和。對於線段或矩形構成的集合十分簡單，但是對於弧線區或有缺點的區間集合測度就需要更深奧的方法，包括上界和下界的極限。

measurement 測量 通過將一種未知量同一種同類的已知量相比較後將數位與物理量和自然現象結合的過程。這種比較通常使用重量和尺度這兩種標準量。最早人們測量質量（重量）、體積（液態或固態的量度）、長度和面積時大多數採用以人體的維度爲基礎的單位。腕尺是古時世界上流傳最廣的測量單位，它指的是從肘到指尖之間的距離。隨著測量單位的統一標準化，更多的單位加了進來，包括溫度單位、發光度單位、壓強單位和電流單位。透過感覺而不是測量儀器所做出的測量被稱作估計（參閱estimation）。

meat 肉類 動物的肉和其他可食部分。不僅包括肌肉和脂肪，也包括肝，腎和心。肉類是完全的蛋白食物，含有人體所必須的氨基酸。肉的消化較爲緩慢，主要是脂肪的原因。牛肉是消費最多的；豬肉的消費排名第二；羊肉和小羔羊、山羊、鹿肉還有兔肉都屬於常見的食用肉。美國消費世界上約1/3的肉產品，而儘管價格適中，世界上還有不少人只能消費少量的肉。

Mecca 麥加 阿拉伯語作al-Makkah。沙烏地阿拉伯西部城市。爲穆斯林最神聖的城市，伊斯蘭教創始人先知穆罕默德的誕生地，也是他的居住地。西元622年穆罕默德被迫逃往麥地那（參閱Hegira）；630年他回來並占領了這個城市。1269年受埃及的馬木路克控制，1517年轉到鄂圖曼土耳其人手裡。1925年國王伊本·紹德占據了麥加，成爲沙烏地阿拉伯王國的一部分。麥加是每個穆斯林在一生中必須試圖朝聖的宗教中心；只有穆斯林可以在麥加永久居留。與朝聖有關的設施是主要的服務產業。市內有大清眞寺，內有克爾白。人口約630,000（1991）。

mechanical advantage 機械利益 機械利益是簡單機械（槓桿、楔、輪和軸、滑輪或螺紋件）的力的放大倍數。一個裝置的理論利益，是在假定設有摩擦的前提下，做有用功的力與加於機械的力的比值。由於摩擦，實際的機械利益將比理論值小。

mechanical efficiency ➟ efficiency

mechanical energy 機械能 系統的動能（KE）與位能（PE）之和。在沒有摩擦力如空氣阻力的系統中，機械能爲恆量。比如說，擺動著的鐘擺，如果只受重力作用，處於垂直位置時速度最大，位元離地面的高度最小，因而動能最大，位能最小；當它擺到盡頭時速度爲零但高度最大，因而動能最小，位能最大。擺動著的鐘擺，擺運動時其能量在兩種形式之間不斷交替轉換。忽略支點的摩擦和空氣對擺的阻力，擺的機械能爲恆量。

mechanical engineering 機械工程 與發動機、機器的設計、製造、裝配和運轉以及生產過程有關的一門工程學科。機械工程涉及動力學、控制、熱力學和熱傳遞、流體力學、材料強度、材料科學、電子學和數學等原理的應用。它涉及機床、機動車、紡織機械、包裝機械、印刷機械、金屬加工機械、焊接、空氣調節、製冷器、農業機械以及許多工業經濟所必需的其他機器和工藝過程。

mechanical system 機械系統 利用機械的建築設施。包括室內給排水設施、電梯、自動扶梯以及冷熱空調系統。建築在20世紀初引進機械化，新的裝置需要樓板空間，而且設計團隊開始納入電力與暖氣空調工程師。冷熱溫度大幅改變。現代建築以巨大的熱效益，源源不絕將中央暖氣輸送出去。排除熱氣是更令人擔憂的重擔，特別是在溫暖的天氣。高樓的屋頂占滿了冷卻塔和機械房，整個樓板通常滿是吹風機、壓縮機、水冷器、鍋爐、泵和發電機的污染物。

mechanics 力學 研究力對物體的作用的科學。它是全部物理學和工程學的核心部分。從17世紀的牛頓運動定律開始，力學理論已經被修改和擴展到量子力學和相對論。牛頓的力學理論被稱爲經典力學，精確地表示了在他那個時代已知的所有條件下力的作用。它可以分爲靜力學和動力學，前者研究平衡狀態，後者研究力造成的運動。雖然經典力學不能解釋原子和分子尺度的情況，但它還是多數現代科學和技術的基本框架。

mechanism 機構 在機械結構上，使一部機器或任何機件裝置得以傳送與改變運動的方法。其主要特徵爲所有機件皆具拘束運動，即機件僅能循一定方式相對於另一機件運動。無論一部機器的機構多麼複雜，它總是能解析爲許多簡單的基本機構之組合，各個簡單的基本機構包括若干連杆，一連杆可將運動傳送給另一連杆。總的來說，運動以下三種方式中的一種傳遞：利用纏繞性連接物，如鏈傳動或帶傳動；利用凸輪或齒輪中的直接接觸物；或利用連桿機構。

mechanism 機械唯物主義 哲學唯物主義的一種型式，認爲自然過程能夠從物質運動方面來解釋。這派哲學的擁護者主要關心的是：要把那些不能觀察到的東西，即不能用數學方法處理的本體的形式和神祕性質，從科學中排除。這派哲學把生物的職能還原爲物理的和化學的過程，從而消除精神－肉體二元論。這派哲學反對將目的論作爲自然科學的解釋原則。亦請參閱atomism。

mechanization 機械化 利用機械取代人力或獸力，不管是全部或部分。不像自動化根本不用人來操作，機械化需要人力參與提供資訊或指令。機械化最初是以人操作的機器取代工匠的手工製作，現在電腦經常用來控制機械化的製作流程。

mechanoreception＊ 力學刺激感受作用 在某個環境中感受力學刺激並產生反應的能力。具有力學刺激感受作用的神經元的細微變形都會引起其表面的電荷，激起反應。在皮膚（也許是神經末梢簇）上的疼痛點（壓力點）處的機械性刺激感受器的感受不盡相同。這些感受器對很多刺激都會產生反應，有時會伴隨反射（如，在大腦感受疼痛之

L M N

前將被刺傷的手指拿開）。對聲音（參閱ear）產生反應，考慮到重力（參閱inner ear）而覺察出方向，或者察覺位置和運動（參閱proprioception）的構造，都屬於機械刺激感受器。一些動物擁有的機械刺激感受器可以體察水流的運動或者氣流的運動。亦請參閱sense。

Mecherino ➠ Beccafumi, Domenico

Meckel, Johann Friedrich　梅克爾（西元1781～1833年）　德國解剖學家。最早描述骨化後成爲魚類、兩生類和鳥類下顎一部分的胚胎軟骨（今稱梅克爾氏軟骨）。還描述過小腸上的囊狀突出物（梅克爾氏憩室）。著作包括一篇病理解剖學專著和一份描繪人類解剖異常的圖冊。

Med fly ➠ Mediterranean fruit fly

medal　獎牌　爲紀念某人、某地或某事的鑄有圖案的金屬牌。獎牌可製成不同的尺寸和形狀，從大的獎章到小的徽章以及小型飾匾。大部分獎牌由金、銀、青銅或鉛製成，而貴金屬用來製作較精美的製品。15世紀中期出現製作獎牌的藝術，首批獎牌由青銅製成，圖案爲義大利文藝復興領袖和人文主義者。某些最精美的16世紀獎牌係切利尼製作。

鑄有亨利四世和瑪麗・德・麥迪奇肖像，鍍著青銅及金的獎牌，杜佩雷（Guillaume Dupré）製於1603年；現藏華盛頓特區美國國家畫廊
By courtesy of the National Gallery of Art, Washington, D.C., Samuel H. Kress Collection

Medan＊　棉蘭　印尼北蘇門答臘省省會城市。從1873年引進煙草種植後，棉蘭成爲農業地區的中心，種植經濟作物包括煙草和橡膠，用於出口。1886年荷蘭人將其建爲城市。第二次世界大戰中被日本人占領。德里的蘇丹宮殿可以追溯到19世紀，如今是北蘇門答臘大學和北蘇門答臘島伊斯蘭大學的校舍。人口1,731,000（1990）。

Medawar, Peter B(rian)＊　梅達沃（西元1915～1987年）　受封爲彼得爵士（Sir Peter）。英國動物學家（在阿根廷出生）。在牛津大學求學，1949年開始移植研究。1953年發現動物於初生時即注射異體細胞，則成年後移植該原細胞供者的皮膚，便顯獲得性免疫耐受性。支援伯內特的假說：在胚胎期及初生時，機體細胞逐漸獲得識別自身的組織物質。梅達沃發現雙卵雙生的牛能彼此接受皮膚移植，說明某些稱爲抗原的物質在孿生胚胎的卵黃囊間互相「滲漏」。還以老鼠爲例表明每個動物細胞都含有對免疫過程很重要的抗原。他的研究使免疫學從研究動物的充分發育的免疫結構，轉移到企圖改變免疫結構本身和設法抑制機體對移植器官的排斥反應（比如，抑制移植的排斥反應）。1960年與伯內特共獲諾貝爾獎。

Medea＊　美狄亞　希臘神話中科爾基斯的埃厄忒斯國王的女兒。美狄亞幫助阿爾戈英雄的領袖伊阿宋取得她父親的金羊毛後就與他結了婚。然後她隨伊阿宋回到伊奧爾科斯，並殺死了剝奪伊阿宋王位繼承權的國王，因此夫婦兩被迫逃亡到科林斯定居。在尤利比提斯的悲劇《美狄亞》中，伊阿宋後來拋棄了美狄亞，並同克瑞翁國王的女兒在一起。美狄亞爲了報復而殺死了克瑞翁、他的女兒以及她自己和伊阿宋生的兩個兒子，最後逃到雅典。

Médecins Sans Frontières ➠ Doctors Without Borders

Medellín＊　麥德林　哥倫比亞西北部城市。是哥倫比亞第二大城市，工業化程度很高。該城建於1675年，原是礦業小鎮，1914年後，由於巴拿馬運河建成和連接卡利的鐵路通車，迅速發展起來。現以鐵作坊，紡織和服裝等出名。一直是全國最大的咖啡貿易中心之一。20世紀晚期成爲古柯鹼的國際非法集散地。人口約1,971,000（1997）。

Media＊　米底亞　亞洲南部的古代國家。位於現伊朗西北部，由伊朗人的一支米底亞人占領。約西元前625年以後，基亞克薩里斯將許多操伊朗語的米底亞部落統一成爲一個王國。西元前614年攻占亞述。西元前612年滅亞述帝國。在瓜分亞述時，米底亞國王獲得伊朗的大部分、亞述北部和亞美尼亞的一部分。西元前550年米底亞人臣屬波斯居魯士大帝。西元前330年亞歷山大大帝占領米底亞。在瓜分其帝國時南米底亞被讓給馬其頓人，後來轉給塞琉西王朝；北米底亞成爲阿特羅帕坦王國，後來轉歸安息、亞美尼亞和羅馬。約西元前226年，米底亞轉歸薩珊王朝。

median ➠ mean, median, and mode

mediation　調解　法律上，在雙方發生衝突時，由第三方幫助減少分歧或尋求解決糾紛的辦法。特別是用於勞工爭端。在許多工業國家裡，政府爲了保護公眾利益出面進行調解。在美國，國家調解委員會就起這個作用。調解在國際衝突中也經常實用。亦請參閱arbitration。

medical examiner　醫務檢查官 ➠ coroner

medical imaging　醫學影像學 ➠ diagnostic imaging

medical jurisprudence　醫學法學　亦稱法醫學（legal medicine）。將醫學事實應用於法律問題的科學。例行的工作包括填寫出生和死亡證明、決定保險的合格性和報告傳染病。可能更重要的工作是在法庭上作醫學證詞。如果只是說明他觀察的事實，那麼醫生在法庭上只不過是普通的目擊證人而已。而如果他通過醫學知識來解釋事實，那麼他就屬於具有專業知識的證人，應當對請求他來的訴訟當事人提出公正而無偏見的意見。在法庭上，醫學與法律間的衝突卻是司空見慣，且衝突往往是與醫學的私密性有關。亦請參閱forensic medicine。

Medicare and Medicaid　醫療保健和醫療輔助方案　美國自1966年以來推行的政府計畫。醫療保健方案涵蓋大部分六十五歲或更老的人，以及那些長期失能者。A部分爲醫院保險計畫，即支付家庭照護和收容所照顧費用。B部分爲輔助計畫，支付醫生薪水、試驗和其他服務。其必備資格和給付都十分複雜，加入該計畫的病人須先付一筆扣除款，還要付一筆部分負擔的費用。醫療輔助方案是一項由聯邦政府和各州合辦的計畫專案，用於六十五歲以下的低收入者和那些已用盡醫療保健給付的人。此方案支付醫院費用、醫生薪水、護理之家照護、居家護理服務、家庭計畫和篩檢等。參加這個計畫的州必須靠公共補助爲所有人提供醫療輔助，但可以決定適合自己的指導方針。1980年代起許多醫師由於其中補助金額太低而拒絕診治加入醫療補助方案的病人。

Medici, Alessandro de'＊　亞歷山德羅・德・麥迪奇（西元1510～1537年）　第一代佛羅倫斯公爵（1532～1537）。麥迪奇家族中老科西莫一支的成員，可能是樞機主教朱利奧（後來的教宗克雷芒七世）的私生子。1523年朱里奧當選爲教宗，立即命亞歷山德羅和另一個私生繼承者統治佛羅倫斯，由樞機主教帕塞里尼任攝政。1527年佛羅倫斯發生暴動，帕塞里尼與這兩位私生子出逃。教宗和皇帝查理五世的一項協議中，恢復了麥迪奇家族在佛羅倫斯的統治（1530），並宣布亞歷山德羅爲世襲公爵（1532）。這位獨裁者爲鞏固自己的統治權，1536年與查理五世的女兒帕爾馬的瑪格麗特結婚。1537年1月5日夜，被他的遠房堂弟洛倫齊諾（1514～1548）刺殺。

Medici, Cosimo de'＊ 麥迪奇（西元1389～1464年）
別名老科西莫（Cosimo the Elder）。麥迪奇家族主要支系之一的開創者。科西莫・德・麥迪奇是佛羅倫斯銀行家喬凡尼・迪・比奇・德・麥迪奇（1360～1429）之子，他代理麥迪奇銀行並主掌羅馬教廷的財政，是當時最富有的人。另一個大家族阿爾比齊家族曾將他囚禁（1433），並試圖暗殺他，但是一年後當麥迪奇家族在佛羅倫斯重掌權勢時，科西莫勝利而歸。他是「洛迪和約」（1454）的締造者。曾與米蘭的斯福爾札家族聯盟，從而獲得強大的軍力粉碎了1458年的政變。之後他創建了由一百位忠心支持者組成的參議院（Cento，即百人團）。他還是學術和藝術的贊助者，曾贊助了包括多那太羅和布魯內萊斯基在內的人物。

Medici, Cosimo I de' 麥迪奇（西元1519～1574年）
第二任佛羅倫斯公爵（1537～1574）、第一任托斯卡尼大公（1569～1574）。喬凡尼・德・麥迪奇之子，在獲悉佛羅倫斯公爵、遠房堂兄弟亞歷山德羅被刺殺後，趕到佛羅倫斯，當選爲共和國首腦（1537），與元老院、公民大會和政府委員會共同統治。這次選舉得到查理五世認可。之後開始實行領土擴張，1554年進攻錫耶納，擊敗斯特羅齊統率的法軍。1559年麥迪奇家族出身的庇護四世就任教宗，進一步加強了科西莫的勢力。1560年教宗任命科西莫之子喬凡尼爲樞機主教，喬凡尼死後又將其職授予科西莫另一子斐迪南，逐步取得托斯卡尼的統治權。1559年委託畫家兼建築設計師瓦薩里設計辦公樓烏菲茲宮。他還發掘了伊楚利亞遺址，從中發掘出像「演說家」、「噴火女妖」這樣舉世聞名的作品。他還建立了佛羅倫斯學院。1569年教宗庇護五世授予他托斯卡尼大公稱號。

Medici, Giovanni de' 麥迪奇（西元1498～1526年）
原名Lodovico。義大利將軍。小麥迪奇家族的成員之一，是喬凡尼・德・麥迪奇和米蘭有勢力的斯福爾札家族的凱蒂琳娜所生。老喬凡尼在他出生後不久就去世了，他取了父親的名字，自幼並接受軍事訓練。1516～1517年期間和1521年時，他爲堂兄教宗利奧十世作戰。1526年他還在法國服役期間（1522、1525），他參與了對干邑同盟的作戰，結果在曼圖亞附近的戰役中身負致命重傷。1521年利奧十世駕崩之後，他曾命令自己的軍隊樹黑旗以示哀悼，因此被稱爲黑旗隊的喬凡尼。

Medici, Giuliano de' 麥迪奇（西元1479～1516年）
佛羅倫斯統治者（1512～1513）。是大麥迪奇家族的成員之一，爲洛倫佐・德・麥迪奇之子。1494年佛羅倫斯共和派在法國援助下將其兄彼埃羅・德・洛倫佐趕下台。1512年教宗尤里烏斯二世要求佛羅倫斯加入他的神聖聯盟以對抗法國，並因此應允流亡的麥迪奇家族重返佛羅倫斯。朱利亞諾以統治者身分歸國（彼埃羅早在1503年去世），後來曾採取殘暴的手段鎮壓一次陰謀。1513年他的長兄當上教宗，即利奧十世，他隨後也以樞機主教身分前往羅馬。1515年接受法國的內穆爾公爵封號。

Medici, Lorenzo de' 麥迪奇（西元1449～1492年）
別名高貴的洛倫佐（Lorenzo the Magnificent）。佛羅倫斯政治家和文學藝術的贊助者。爲科西莫・德・麥迪奇的孫子，他是麥迪奇家族最傑出的人。1469年起，他與弟弟朱利亞諾一起統治佛羅倫斯。1478年佛羅倫斯最重要的一支銀行業家族帕齊家族暗殺了朱利亞諾，帕齊家族是與西克斯圖斯四世（他沒有參與暗殺朱利亞諾的行動）、那不勒斯國王結盟的。由於洛倫佐直接向那不勒斯國王求助，使他得以重獲在佛羅倫斯的權力，在他去世之前，都一直是該市唯一的統治者。他年僅十三歲的兒子喬凡尼從教宗英諾森八世那裡取得了樞機主教的職位，後來也成爲教宗，也就是利奧十世。洛倫佐動用麥迪奇家族的財富資助了許多藝術家，如波提且利、達文西和米開朗基羅，他可能是歷史上最出名的贊助者。但他的這種作爲導致麥迪奇銀行破產，不過麥迪奇家族的政治勢力依舊稱霸於佛羅倫斯和托斯卡尼。

麥迪奇，赤陶胸像，韋羅其奧（Andrea del Verrochio）製於1485年左右；現藏華盛頓特區美國國家畫廊
By courtesy of the National Gallery of Art, Washington, D.C., Samuel H. Kress Collection, 1943

Medici family 麥迪奇家族 義大利資產階級家族，約在1430～1737年期間曾先後統治過佛羅倫斯和後來的托斯卡尼。該家族以其經常出現的殘暴統治者和大力贊助藝術而聞名。此家族中有四人成爲教宗（利奧十世、克雷芒七世、庇護四世、利奧十一世），其成員還與歐洲皇室通婚，最著名的是與法國皇室的聯姻（卡特琳・德・麥迪奇和瑪麗・德・麥迪奇）。該家族最有影響力的創始人是喬凡尼・迪・比奇・德・麥迪奇（1360～1429），他原是一名商人，透過經商積累了大量的財富，1421～1429年是佛羅倫斯的精神領袖。他的兩個兒子開創了該家族的主要分支，所謂的大麥迪奇分支始於科西莫・德・麥迪奇。喬凡尼的孫子洛倫佐・德・麥迪奇（或稱「高貴的洛倫佐」），使該家族的勢力大爲擴張。他的兒子朱利亞諾・德・麥迪奇則被法國封爲內穆爾公爵。他的另一個兒子喬凡尼將來則成爲教宗利奧十世。洛倫佐的大孫女就是後來的卡特琳。科希莫的另一個孫子朱利奧・德・麥迪奇（1478～1534）後來成了教宗克雷芒七世，可能是其私生子的亞歷山德羅・德・麥迪奇是一位暴君，也是大麥迪奇家族的最後一位直系男丁。所謂的小麥迪奇家族始於喬凡尼的幼子洛倫佐・德・麥迪奇。洛倫佐的兒子喬凡尼娶了有勢力的斯福爾札家族的凱蒂琳娜・斯福爾札，所生的孩子小喬凡尼後來是一位著名的將軍。他的兒子科西莫一世麥迪奇當上了佛羅倫斯公爵。而科西莫的兒子弗朗切斯科（1541～1587）就是瑪麗・德・麥迪奇王后的父親。科西莫一世的孫子科西莫二世（1590～1621）放棄了家族經營的銀行業和商業。他的孫子科西莫三世（1642～1723）是一位軟弱的統治者，在他的統治下，托斯卡尼逐漸衰敗。他的兒子吉安・加斯托內・德・麥迪奇（1671～1737）是托斯卡尼最後一位大公爵，死後無嗣。

medicinal poisoning 醫藥物中毒 亦稱藥物中毒（drug poisoning）。由於藥物使用過量或因人體對常規劑量的藥物過敏致使對人體健康產生有害的作用。許多藥物都具有危險性，適量和過量之間的分際通常差別很小。一般正常而安全適量的藥物可能對某些人來說會有毒，藥物過期，或與某些食物、酒精或其他藥品一起服用也會中毒。預防藥物中毒的安全措施包括先在動物身上做試驗，再試用於志願者，最後才用於病人。出產新藥的公司在食品與藥物局的監督下進行類似實驗。無醫囑或處方不得自行服用難保安全的藥物。藥劑師們則負責叮囑大衆按正確方法服藥。

medicine 醫學 科學領域的集合，關於疾病的預防、診斷與治療以及保健，在醫師辦公室、保健組織、醫院和診所內進行。除了家庭醫學、內科醫學以及特定身體系統的專科，還包括醫學研究、公共衛生、流行病學與藥理學。每個國家對醫學學位及執照都有自己的規定。醫學部門與醫學委員會設定標準並監督醫學教育。檢定部門嚴格要求醫師專業化病強調教育不中斷。療法（參閱therapeutics）與診斷技術的進步，在流產、安樂死及病患人權等方面，引起複雜的法律等相關問題。最新的轉變治療時將病人當作夥伴，考慮其關切的事項並接受文化的要素。

Medicine Bow Mountains 梅迪辛博山脈 地處美國落磯山脈中段前嶺的西北部分。平均海拔3,050公尺，該山脈從懷俄明州梅迪辛博向西南綿亙至科羅拉多州的卡梅倫山口，全長約160公里，就位於落磯山國家公園西北。最高峰梅迪辛博峰海拔3,660公尺。山脈名稱取自當地印第安人的習俗，他們在此區採木製弓，並舉辦儀式性「梅迪辛」舞蹈。

medicine man 行醫術者 神職行醫者或薩滿，尤其是在美國印第安人中。行醫術者（在某些社會中通常是女的），一般攜帶珍禽羽毛、石頭或靈花神草等與神奇法力有關的物體。行醫術者治病時往往用吮吸、抽拔等方法將致病物質從病人體內抽出。治療過程中還伴隨著唱歌、講述神話和其他儀式。

Médicis, Catherine de ➠ Catherine de Médicis

Médicis, Marie de ➠ Marie de Médicis

L M N

Medill, Joseph＊ 梅迪爾（西元1823～1899年） 加拿大出生的美國編輯和出版商。出生於新伯倫瑞克省聖約翰附近的造船工程師家庭，他到美國攻讀法律，1846年取得律師資格。1849年轉入報紙出版業。1855年起擔任《芝加哥論壇報》的執行編輯，他設定反奴隸制的編輯方針。曾協助建立共和黨（1854），並支持林肯競選總統。1871～1874年擔任芝加哥市市長，大力支持芝加哥公共圖書館的創建（1872～1874）。1874年辭去市長職務，後來控有《芝加哥論壇報》的股份。其四個孫子女（包括馬考米克）也都經營報社。

Medina 麥地那 阿拉伯語作Al-Madinah。古稱耶斯里卜（Yathrib）。沙烏地阿拉伯西部城市，位於麥加北方。從西元135年猶太人定居的一個綠洲發展而成。622年穆罕默德從麥加逃到麥地那（參閱Hegira），自此成爲伊斯蘭教國的首府，直至661年爲止。1517～1804年爲鄂圖曼土耳其人占據，那時麥地那是由瓦哈比教派控制。1812年鄂圖曼和埃及聯軍占領麥地那。第一次世界大戰時鄂圖曼結束統治，1925年麥地那落入伊本·紹德手中。麥地那是伊斯蘭教的聖城，爲穆斯林朝聖的第二大聖地，僅次於麥加。伊斯蘭兩大聖城之一。市內衆多的清眞寺中包括先知清眞寺，裡面有穆罕默德的墳墓。人口約400,000（1991）。

medina worm 麥地那龍線蟲 ➠ guinea worm

meditation 冥想 透過精神集中和冥想以達到很高的精神意識境界的個人宗教熱誠或精神訓練。冥想自古就存在於世界所有的宗教中。在印度教中已被瑜伽派系統化。瑜伽的一個階段－－禪（dhyana，梵語意爲「全神貫注的思考」），在佛教中已發展出自己的一派，奠定了禪宗的基礎。在許多宗教中，冥想包括口裡或心裡念誦一個簡單的音節、單詞或課文（如：曼怛羅）。視覺上的影像（如曼荼羅）或機械性的裝置（如轉經筒和玫瑰經）都能被用來幫助集中注意力。20世紀的超在禪定派等一些運動，都在宗教背景之外教習冥想的技巧。

Mediterranean fever 地中海熱 ➠ brucellosis

Mediterranean fruit fly 地中海果蠅 亦作Med Fly。一種果蠅，經證實對柑橘類作物危害尤甚，會造成巨大的經濟損失。地中海果蠅會在柑橘類果實上（除了檸檬和酸橙）產下近五百個卵，卵變成幼蟲後開始蛀食果實，使人無法食用。世界各國都因這種害蟲而制定了防疫法以管制水果的進口。

Mediterranean Sea 地中海 位於歐洲、非洲和亞洲之間的內陸海。東西長約3,700公里，面積約2,512,000平方公里。最深處約5,150公尺。西部的直布羅陀海峽可連接大西洋，東北部通過馬爾馬拉海、達達尼爾海峽和博斯普魯斯海峽可通抵黑海，東南部的蘇伊士運河則可連通紅海。西西里和非洲之間有一座海底山脊將地中海劃分爲東西兩部分，再細分爲亞得里亞海、愛琴海、第勒尼安海、愛奧尼亞海和利古里亞海。最大的島嶼有馬霍卡、科西嘉、薩丁尼亞、西西里、克里特、塞浦路斯和羅得島。隆河、波河和尼羅河構成了地中海地區幾個大三角洲。

Medusa 梅杜莎 希臘神話中最著名的妖怪，稱戈爾貢。凡是直視到她的人都會被變成石頭。她是唯一不能長生不死的戈爾貢，英雄伯修斯用雅典娜給他的盾牌映出了她的影子，砍下她的頭而死。伯修斯後來將她的頭獻給雅典娜，雅典娜將之嵌在寶盾上。根據另一則傳說，伯修斯將之埋在阿戈斯的市集內。

medusa＊ 水母體 刺胞動物兩種主要體型之一，也是水母的主要的體型。因其觸鬚與希臘女妖怪梅杜莎的蛇髮很像而取名。體鐘形或傘形。中央有一垂管，其下端有口。口通入消化腔，消化腔伸出輻管通到傘的外緣。這種體型能自由游泳，肌肉有節律地收縮，產生對水的緩慢的推力，靠反作用力而游動。刺胞動物的另一體型是水螅體。

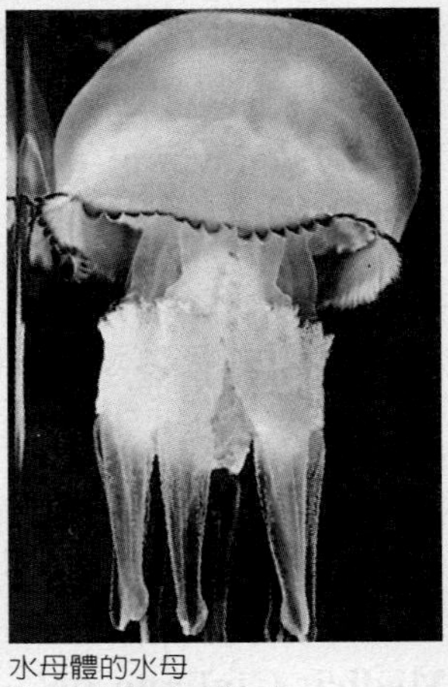
水母體的水母
Tom McHugh – Photo Researchers

Meegeren, Han van＊ 梅赫倫（西元1889～1947年） 原名Henricus Antonius。荷蘭僞造名畫的人。他至少僞造了十四幅大師級作品，並因此謀得暴利。評論家們曾極力稱讚他僞造的弗美爾的巨作《以馬忤斯的基督和其門徒》。其僞造情事在第二次世界大戰後被發現，當時爲了歸還納粹頭子所藏的美術作品而成立了一個委員會。該委員會在戈林的收藏品中發現一幅據稱是弗美爾的作品，當時委員會就追查出是梅赫倫賣的。他被指控犯了通敵罪，他也認罪了，判刑一年，在服刑前死於心臟病發作。

meerkat 海貓 靈貓科某些食肉動物的統稱，特別是指灰沼狸和各種的獴（歸Mungos屬、Cynictis屬和其他屬）。灰沼狸，分布於南非地區，與獴的差別在每隻腳上有4個（非5個）趾頭，而黃獴的後腿則有4趾。灰沼狸體長約43～60公分。大部分以植物球根為食，但也吃肉。白天活動，因易馴養而被人類當作寵物。

meerschaum＊　海泡石　一種纖維狀的含水矽酸鎂，不透明，呈白色、灰色或奶油色。海泡石亦稱sepiolite（meerschaum，德語意為「海中的泡沫」），易被塑造成形，曾被用來製作珠寶和煙斗。剛開採出來時是軟的，但一乾燥後就變硬了。它是蛇紋石的蝕變產物。最重要的工業礦床在土耳其的埃斯基謝希爾，在那裡的沖積物中找到了這種礦物的不規則礦瘤。法國、希臘、捷克共和國、美國和其他一些地方也出產海泡石。

megalith　史前巨石　新石器時代和青銅時代早期建造的各種未經加工的具有紀念性質的巨石。最古老形式的史前巨石建築可能是石室冢墓，這是一種由數個直立的支撐物和一個平坦的屋頂構成的石室墓葬。另一種形式是史前巨石柱，這是一塊與其他直立石塊放在一起組成一個圓圈的直立石碑，如英格蘭的巨石陣和愛扶伯利，或排成直線，如法國的卡爾納克。史前巨石遺址的意義仍不十分明確，但它們某些共同的建築和技術上的特點說明了修建者想在自然景觀上留下顯眼的人工設計的東西，以作為一種文化的象徵。亦請參閱rock art。

Megalópolis＊　邁加洛波利斯　希臘伯羅奔尼撒半島中部古城。範圍廣及埃利森河兩岸廣大地區，西元前371～西元前368年由底比斯的伊巴密濃達建為亞該亞同盟的首都。曾數次遭斯巴達人攻擊，西元前234年加入亞該亞同盟。西元前223年遭斯巴達的克萊奧梅尼三世洗劫後迅速衰落，到西元2世紀時已成廢墟。附近的現代城鎮位於褐煤儲量豐富的地區，現在供應褐煤燃料給數座火力發電廠。

megalopolis＊　超都會　美國東岸的高度都市化區域，由幾個都會區串連而成，起自東北端的波士頓，向西南延伸到華盛頓特區。超都會意指特大型都市，是法國地理學家戈特曼所創的概念。這個詞彙描述的是人口緊密、包含兩個以上都市的社會經濟實體，而且都市化空間還在不斷增加。美國這個超都會地區還包括紐約、費城和巴爾的摩等都市。

Mégara＊　麥加拉　希臘港口城市。位於雅典西部的薩羅尼克灣，是古代梅加里斯州首都。為海上強權城邦，到西元前7世紀時已在西西里、卡爾西頓、拜占庭、比希尼亞和克里米亞等地建立殖民地。在伯羅奔尼撒戰爭（西元前431～西元前404年）期間被雅典人占領，經濟凋敝。西元4世紀恢復了部分繁榮，但在1500年人口因被威尼斯人大量屠殺而銳減。麥加拉學派哲學的鼻祖歐克萊得斯誕生於此。人口約26,000（1991）。

Megarian school＊　麥加拉學派　亦作Megarics。西元前4世紀初由麥加拉的歐克萊得斯（卒於西元前380年）在希臘創立之哲學派別。以對亞里斯多德的批評和對斯多噶邏輯學（參閱Stoicism）的影響而非其哲學主張而著稱於世。歐克萊得斯的門徒中包括米利都的歐布利德斯，他批評了亞里斯多德的分類、運動和潛能的學說。其他的麥加拉學派人士還有狄奧多羅斯（活動時期西元前4世紀）和斯提爾波（活動時期約西元前380～西元前300年）。斯提爾波是基提翁的芝諾和墨涅德摩斯（西元前339?～西元前265?年）的老師。該學派在西元前3世紀初消亡。

megaron＊　正廳　古希臘和中東的一種建築形式，為敞廊、門廳和一個中央帶火爐組成的大廳。所有邁錫尼的宮殿都有這種正廳，住宅中也採用。可能起源於中東，後來加上獨特的愛琴海式由柱子支撐的開放式門廳。

Meghalaya＊　梅加拉亞　印度東北部一邦。與孟加拉相鄰。有幾個都市中心，包括首府西隆。梅加拉亞部落山民的歷史可上溯到印度的前雅利安人時代。該地區在19世紀成為英國名義下的統治區，後被畫入阿薩姆邦，1972年獨立成邦。雖然該地區有豐富的礦產資源，但經濟支柱仍是農業。面積22,429平方公里。人口約1,960,000（1994）。

Meghna River＊　梅克納河　孟加拉河流。源出蘇爾馬河，向南流，在達卡的東南方與博多河匯合，博多河是由恆河和布拉馬普得拉河匯流而成。流經約264公里，分叉為四個河口注入孟加拉灣。水流深而急，河道終年可通航，但有危險。在春潮海水倒灌時，有的海水浪頭可達6公尺。

Megiddo＊　美吉多　古巴勒斯坦城市，位於今以色列北部。位於軍事和貿易路線交會點，戰略地位重要；也是著名的戰場，被認作聖經上所提到的哈米吉多頓。第一個城鎮建於西元前第4千紀，西元前1468年為埃及國王圖特摩斯三世占領。後來歸屬以色列人，所羅門王把它建設為軍事中心。1918年英國將軍艾倫比在該市附近擊敗土耳其人。

Meher Baba＊　梅赫爾・巴巴（西元1894～1969年）原名Merwan Sheriar Irani。印度人的精神領袖。出生於波斯裔的祆教家庭，他建立了一套自己的精神信仰系統，認為人生的目標是要了解上帝的單一性，由此衍生出宇宙。他認為自己的使命就是要透過愛來喚醒世人意識到這一點，並與窮人、身心不健全的人一起熱忱地工作。雖然在印度和海外吸引了不少的追隨者，但他並不想建立一支宗教。一生最後的四十四年一直保持緘默，只用手勢和一塊寫字板與人溝通。他在梅赫拉巴德的墳墓已成為朝聖地。

Mehmed II＊　穆罕默德二世（西元1432～1481年）鄂圖曼蘇丹。其父穆拉德二世為顧全大局在他十二歲時遜位，但在兩年後又在基督教十字軍的侵略下宣布復位。穆罕默德二世在他父親去世後（1451）再度即位，開始計畫征服君士坦丁堡。1453年占領該城，然後把它建設成一個輝煌的帝國都城，接下來的五十年間一直是歐洲最大城市。此後二十五年，穆罕默德二世還征服了巴爾幹半島。在位期間，編訂刑法和民法為一部法典，並修建了一座藏有希臘和拉丁文著作的圖書館，還創建八所學院。

Meidias Painter＊　米狄亞斯畫家（活動時期西元前5世紀末～西元前4世紀初）　古希臘陶瓶畫家，以矯飾性的華麗風格聞名。現藏大英博物館的一個大水罈上的畫是他的代表作，取材於《劉基伯的女兒們遭劫》和《赫拉克勒斯在金蘋果園》的故事情景。

Meier, Richard (Alan)＊　邁耶（西元1934年～）美國建築師。曾就讀於康乃爾大學，早年曾在斯基德莫爾／奧因斯／梅里爾建築事務所和布羅伊爾事務所任職。他的住宅設計以平面和體積之間的交相映襯為特色，潔白的色調與天然背景對比十分強烈。密西根州哈伯斯普林斯的道格拉斯宅邸是他最傑出的宅邸作品。他的較大型作品以擅長掌握幾何圖案的技巧，以及結合戲劇性和簡潔性為特色。1992～1997年在洛杉磯建造的蓋提中心（內有梯形花園），是用石灰華建造的輝煌衛城建築。1984年榮獲普里茲克建築獎。

LMN

Meiji Constitution＊　明治憲法　1890～1947年的日本憲法。明治維新開始後，日本的領導階層試圖創立一部憲法，以使日本成爲一個值得西方國家敬重的有能力的現代國家，而他們的權利也不會因此有所動搖。結果商討出來的文件要求成立一個兩院制國會，其中下議院由人民選出，而首相及內閣則由天皇任命。天皇被賦予陸軍與海軍的最高指揮權。由明治的元老們（參閱genro）所組成的樞密院位於憲法之上，輔佐天皇並掌控實權。在投票的限制方面，原先只有大約5%的成年男性人口爲合格選民，接下來的二十五年裡逐漸放寬，最後則普及所有的成年男性。各政黨於1920年代將他們有限的權力發揮得淋漓盡致，不過到了1930年代軍方卻能夠在不破壞憲法的情況下攫取政權。第二次世界大戰後，在美國的同意下，標榜「主權在民」的新憲法取代了明治憲法。亦請參閱Ito Hirobumi、Taisho democracy。

Meiji emperor　明治天皇（西元1852～1912年）　原名睦仁（Mutsuhito）。日本天皇（1867～1912），在位期間推翻了德川幕府，並將日本建設爲世界強國，在經受德川幕府幾個世紀的統治以後，帝國皇位被抬高到政治最重要的位置。他堅信日本需採西方路線實施現代化。在明治天皇的統治下，廢除了藩和舊有的階級制度，引進新的學校體系，並頒布了明治憲法。在位期間，於中日戰爭（1894～1895）後吞併了台灣，還吞併了韓國（1910），日本在1904～1905年日俄戰爭中打敗俄國。亦請參閱Meiji period、Meiji Restoration。

Meiji period　明治時代（西元1868～1912年）　日本歷史時期，起自明治天皇掌政，至其逝世告終。這是個急速現代化與西化的時代。封建領地被廢除，取而代之的是地方縣市；大名與武士的特權也一併取消。並不是所有的武士都樂見這種改變，因此發生了多起叛變，其中最著名的是西鄉隆盛所發起的那次。爲了維護強而有力的中央政權，全國進行普遍徵兵而建立起一支國家軍隊。新的農業稅制也被制定出來，以支撐新政府的財政，並引進十進位的流通幣制。爲了促進經濟成長，政府對紡織工業伸出援手，建設鐵路與船運網，並興建鋼鐵工廠。同時也進行教育改革，實行強制性的男女同校義務教育。1912年時，明治維新的目標已大致達成：與西方列強的不平等條約重新簽訂，經濟也蓬勃發展，而軍事力量更贏得西方各國的看重。亦請參閱Charter Oath、Meiji Constitution。

Meiji Restoration　明治維新　1868年推翻德川幕府，還政給明治天皇的政治革命。在19世紀，德川幕府的鎖國政策受到俄國、英國和美國的挑戰，使日本的封建領導人意識到在西方船堅炮利的優勢下，日本顯得特別脆弱。在美國海軍准將伯理「造訪」後，日本被迫簽定了一系列不平等條約，包括給予西方列強特權，如同他們在中國一樣。而年輕的武士階級「侍」對幕府的統治一向不滿，他們揭竿而起反抗政府。1868年1月他們宣布大政歸還天皇，1869年5月最後幾支幕府軍被迫投降。革命者迫使天皇頒布五條誓文，徹底與過去的封建階級決裂，並尋求「富國強兵」之道。明治維新後開展了明治時代，是日本一段迅速現代化和西化的時期。亦請參閱Choshu、Ii Naosuke、Okubo Toshimichi、Saigo Takamori、Satsuma、Tosa。

Meillet, Antoine＊　梅耶（西元1866～1936年）　法國語言學家。主張在對語言變化的任何解釋前必須承認語言是一種社會現象。他在《印歐語比較研究導論》中（1903）解釋了印歐諸語言和他種語言以及它們的母語之間的關係。梅耶認爲同源諸語言中，凡離其源愈遠者，即所受來源中心變化的影響愈小，從而可能保留同源諸語言共同的古老特徵。他撰寫了權威性的古典亞美尼亞語和古伊朗語語法，並對斯拉夫語的研究做出了重大貢獻。

Meinhof, Carl＊　邁恩霍夫（西元1857～1944年）　德國研究非洲語言的學者。主要研究班圖諸語言，也研究科伊桑語和其他的一些非洲語族。他是第一個用語音學和語形學來研究非洲語言的學者。著作包括《班圖語語音學概要》（1899）和《班圖語比較語法原理》（1906）。

Meinong, Alexius＊　邁農（西元1853～1920年）　後稱Ritter (knight) von Handschuchsheim。奧地利哲學家和心理學家。以其對價值學的貢獻和對象論而聞名。1889～1920年在格拉茨大學任教。與他的老師布倫坦諾一樣，認爲意向性是精神狀態的基本特徵。在《論假設》（1902）中，他認爲對象即使沒有存在，對象依然是對象，並且有一種明確的性質，這一觀點影響了羅素。主要作品包括《論可能性與或然性》（1915）和《論感情的表現》（1917）。

meiosis＊　減數分裂　亦作reduction division。產生配子細胞的分裂，細胞核分裂兩次的結果產生四個性細胞（配子或者卵子與精子），每個配子具有原有細胞一半數量的染色體。減數分裂是有性生殖生物的特徵，有一組雙倍體（參閱ploidy）。在減數分裂之前，染色體複製並由同親染色體（染色分體）結合。在同源的父方及母方染色體在細胞中線排列起來的時候，減數分裂開始。染色體藉由互換作用（參閱linkage group）交換遺傳物質，從成對同源染色體而來的染色分體股索糾纏並交換片段，產生含有雙親遺傳材料的染色分體。接著成對染色體開始分離，往細胞的兩頭拉扯，從中間收縮形成兩個子細胞，每一個含有雙股染色體的半數體（正常雙股染色體數目的一半）。減數分裂的第二回合，每個子細胞的雙股染色體撕開，結果是四個單倍體的配子。當兩個配子在受精時結合，都貢獻其單倍體的染色體給新的個體，恢復成雙倍體的數目。亦請參閱mitosis。

Meïr＊　梅伊爾（活動時期西元2世紀）　巴勒斯坦地區拉比和學者。在132～135年巴爾・科赫巴暴亂之後受迫害，逃到巴勒斯坦，後返國協助重建猶太教公會。由於在一次約定問題上爭執不下，最後猶太教公會的牧首威脅梅伊爾要將他逐出教會，因而前往小亞細亞（其出生地）。以出色的辯證技巧聞名，「塔木德」裡曾多次提到他的名字，也被認爲是最偉大的猶太人坦拿（tannaim，猶太教口傳律法大師）。有關他的神奇法力傳說起源於中世紀。

Meir, Golda＊　梅爾（西元1898～1978年）　原名Goldie Mabovitch。後稱Goldie Myerson。美國籍以色列（出生於烏克蘭）女政治家，以色列第四任總理（1969～1974）。1906年全家移民密爾瓦基，她在那裡成爲密爾瓦基猶太復國主義工黨的一個領袖。1921年與丈夫一起移民巴勒斯坦，在第二次世界大戰期間是同英國當局談判的有力協商人士。1948年爲以色列獨立宣言的簽署人之一，1949～1974年在克奈賽（國會）擔任議員，1949～1956年擔任勞工部長，1956～1966年擔任外交部長。梅爾在擔任總理期間，尋求外交途徑以緩和當地地區之間的緊張情勢，但她未能阻止1973年的贖罪日戰爭（參閱Arab-Israeli Wars），六個月後辭職。

梅爾
Dennis Brack－Black Star

Meir of Rothenburg 羅滕堡的邁爾（西元1215?～1293年） 原名Meir ben Baruch。德國猶太教學者。在法蘭西學習以後，曾在德意志一些教會擔任拉比，尤以在羅滕堡時間最長，他在那裡開辦了一所塔木德（猶太法典）學校。他以拉比法典的權威聞名，曾爲「塔木德」撰寫注釋和評論，並在近半個世紀裡擔當德意志和鄰近國家猶太人的最高上訴法院。他因遭迫害而同一群追隨者在1286年逃離德意志，但不幸被捕入獄，在亞爾薩斯的一座城堡裡度過餘生。

Meissen porcelain * 邁森瓷器 指薩克森德勒斯登地區附近的邁森瓷廠生產的德國硬質瓷器，自1710年開始生產直至今日。是歐洲最早成功地製造的眞正瓷器，約在1756年以前主導了歐洲瓷器的風格。該廠在1731年經坎德勒塑造後達到顚峰狀態。1739年左右，該廠設計了一種洋蔥圖案，後被其他製造廠廣爲仿製。邁森瓷器的標誌是兩把交叉的藍劍。

1750年左右的邁森硬質瓷器鳥，現藏倫敦維多利亞和艾伯特博物館
By courtesy of the Victoria and Albert Museum, London; photograph, EB Inc.

Meissonier, Juste-Aurèle * 梅索尼埃（西元1693/1695～1750年） 法國金匠、設計師和建築師。他在1726年被指定爲法王路易十五世打造金飾、設計家具，成爲具有影響力的洛可可風格的主導創始人。其想像力豐富的作品包括精美的洞穴式設計、栩栩如生的金屬飾品設計、鼻煙壺、錶殼、劍把和湯碗等。他的室內裝飾、家具和金飾設計的草圖透過雕版而廣爲人知，但其在建築方面的設想一般很少實現。

meistersinger * 名歌手 德國基爾特（行會）的一員，該行會的目的在於使戀詩歌手的傳統得以延續。14～16世紀這些業餘的行會遍布德國各地，幾乎每一個小鎮都有一個。他們每個月舉辦歌唱競賽。由於他們的目的在於宣傳道德和宗教信仰，因此在宗教改革運動時期成爲宣傳新教信仰的工具，不過他們的音樂並非十分傑出。最著名的名歌手是薩克斯（1494～1576），他在1530年後專爲路德宗奉獻其技藝。

Meitner, Lise * 梅特勒（西元1878～1968年） 德國物理學家。1912～1938年在柏林的凱瑟·威廉研究所工作，1926～1938年也在柏林大學任教。她和哈恩建立了一個實驗室，一同分離出放射性同位素鏷－231。在1930年代，她同哈恩和斯特拉斯曼（1902～1980）一起作研究，研究了鈾受中子轟擊的產物。1938年離開德國到瑞典。在哈恩和斯特拉斯曼證實受中子轟擊的鈾中出現鋇以後，梅特勒和她的侄子弗里施（1904～1979）解釋了這種核分裂的物理特性，1939年將這一過程命名爲「分裂」（fission）。1966年她同哈恩、斯特拉斯曼共獲費米獎。109號元素meitnerium就是以她的名字命名。

Mekhilta * 摩契塔 〈出埃及記〉的希伯來文註釋。這些批判性註釋之一是「哈拉卡·米德拉西」，摩契塔所呈現的有關〈出埃及記〉的資料混合了三個種類：某些段落的註釋、就神學原則的提議性與爭論性論文、就書寫本或口傳的「托拉」中的主題文章。摩契塔是約在西元300年由以實馬利·本·以利沙所創立的塔木德（猶太法典）學派所寫，並且以「以實馬利之家」而聞名。Mekhilta（希伯來文意爲「衡量」〔measure〕）指的是使用它作爲行爲的準則或規範。亦請參閱Halakhah、Midrash、Talmud。

Meknès * 梅克內斯 摩洛哥中北部城市。摩洛哥四個皇城之一，由柏柏爾人在10世紀創建。原爲一片橄欖樹林中的一些小村莊，1673年在伊斯梅爾統治時期下成爲摩洛哥首都，他在此修建了宮殿和清眞寺，爲梅克內斯贏得「摩洛哥的凡爾賽宮」的美名。在他去世後，該城開始沒落，1911年法國人占領該市。現爲農作物、精美刺繡和地毯的貿易中心。人口約188,000（1994）。

Mekong River * 湄公河 中國稱瀾滄江（Lancang Jiang或Lan-Ts'ang Chiang）。東南亞最長的河流。發源於中國西藏，向南流經雲南省高原，然後形成緬甸和寮國之間，以及寮國和泰國之間的一部分疆界。流經寮國和柬埔寨後，在越南胡志明市南面的三角洲注入中國海，全長4,350公里。沿岸城市有永珍和金邊。寮國、柬埔寨、泰國和越南有三分之一以上的人口集中在其下游地區。1957年聯合國開展了「湄公河發展計畫」，希望透過國際力量開發該河用於水力發電和灌溉。

Melanchthon, Philipp * 梅蘭希頓（西元1497～1560年） 原名Philipp Schwartzerd。德國新教改革家。他在德國受教育時受到人文主義學術的極大影響。1518年任威登堡大學希臘文教授。他是馬丁·路德的朋友和捍衛者，曾撰寫《教義要點》（1521）和「奧格斯堡信綱」（1530），前者第一次有系統地介紹了宗教改革運動的原則，後者則介紹了新教的教義。他還改革了德國的教育體系，創建或革新了幾所大學。晚年時自願在神學問題上和天主教妥協，結果引發了爭議。

梅蘭希頓，版畫；杜勒製於1526年
By courtesy of the Staatliche Museen Kupferstichkabinett, Berlin

Melanesia * 美拉尼西亞 南太平洋、澳大利亞東北部和赤道以南島嶼的集體名稱。是大洋洲的一部分，包括了新幾內亞、阿德默勒爾蒂群島、俾斯麥群島、路易西亞德群島、索羅門群島、聖克魯斯群島、新喀里多尼亞、羅亞爾特群島、萬那杜、斐濟、諾福克島和許多其他的小島。該地區存在著兩種截然不同的人民和文化：巴布亞人，他們在此居住了四萬年，發明了最早的農業系統之一，也發展出巴布亞諸語言；航海民族，他們約在3500年前定居於此區，操一種澳斯特羅尼西亞語，保留了東南亞文化傳統。

melanin * 黑素 幾種有機化合物的統稱，其黑色生物色素會使皮膚、毛髮、羽、鱗、眼和某些內部組織（尤其是腦部黑核）呈現生物色現象（從黃色到褐色陰影）。對人類而言，黑素有利於保護皮膚不受紫外輻射的傷害，但也有可能使產生它的細胞出現黑素瘤。黑素在皮膚中的數量受遺傳和環境因素的影響。黑素是從氨基酸酪氨酸產生的；白化馬就是因缺乏酶來催化這種反應而引起的（參閱albinism）。

melanism, industrial ➠ industrial melanism

melanoma * 黑素瘤 一種從黑素色素皮膚細胞產生的黑色腫瘤。雖然這種瘤有時也來自其他身體的組織，但因其呈黑色，所以稱黑素瘤。黑素瘤可爲惡性，亦可爲良性。可能因色素痣或疣受刺激發展而來。黑素瘤可能發生轉移（參閱cancer），也可能同任何高死亡率的皮膚癌相伴生。如果在早期同周圍健康的皮膚一起切除，可能有治癒希望。黑色皮膚的人極少患黑素瘤。

melatonin＊ 黑素細胞凝集素 在大部分的脊椎動物中，唯一由松果體分泌的激素（荷爾蒙）。對調節睡眠很重要，主要在夜間分泌，實驗證明注射該激素的動物更加容易入睡。黑素細胞凝集素可能會使人產生季節性情緒失調。這種激素還有助於調節性成熟。兒童分泌的黑素細胞凝集素比成人要多，而患有松果體腫瘤的人分泌的黑素細胞凝集素會減少而導致異常的性早熟。哺乳動物（除了人以外）的黑素細胞凝集素還有按不同季節調節生育和交配的作用。

Melba, Nellie 梅爾芭（西元1861～1931年） 後稱奈莉夫人（Dame Nellie）。原名Helen Porter Mitchell。澳大利亞女高音。在巴黎跟隨馬開西夫人（1821～1913）學習後，她在布魯塞爾首次登台演出《利哥萊托》（1887），之後六年在世界各大歌劇院演唱。她是第一次世界大戰前最著名的女花腔高音歌唱家，在1902年以後主要在柯芬園皇家歌劇院演唱。她主攻義大利和法國的幾部歌劇，雖然有人認爲她的演唱過於冷靜，但其音樂技巧嫻熟，音質優美。

Melbourne＊ 墨爾本 澳大利亞東南部維多利亞州首府（1999年人口約3,417,200）。位於菲利普港灣之首、亞拉河河口，1802年歐洲人發現該地區，把它併入新南威爾士的殖民地。1835年來自塔斯馬尼亞的移民在此建立了第一個居民點，1837年依英國首相墨爾本勳爵的名字命名。1851年設爲維多利亞州首府，1850年代初期隨著淘金熱而迅速成長。1901～1927年墨爾本是澳大利亞聯邦的第一個首都，直到坎培拉成爲新的首都爲止。其大小僅次於雪梨，現爲一個工業、商業和金融中心。市內有若干所大學，包括墨爾本大學。

Melbourne, University of 墨爾本大學 澳大利亞墨爾本的一所公立大學。1853年成立時爲一文科學院，在接下來的幾十年間增加了法律、工程、醫學、音樂、牙醫、農學、獸醫、教育、建築和商業等學院或教職員。第二次世界大戰後繼續迅速擴大，加入了核子科學、經濟研究和南亞及東南亞研究等課程。註冊學生人數約有30,000。

Melbourne (of Kilmore), Viscount 墨爾本子爵（西元1779～1848年） 原名William Lamb。英國首相（1834、1835～1841）。原爲律師，1806年進入下院，1829年選進上院。雖然他是一名輝格黨人，卻在托利黨政府中擔任愛爾蘭事務大臣（1827～1828），並爲天主教的政治權利辯護。1830～1834年在格雷的輝格黨政府中擔任內務大臣，極不情願地支持1832年改革法案。1834年擔任首相，他獲得輝格黨和托利黨溫和派人士的支持，反對進一步的國會改革和廢止「穀物法」。在他第二次首相任期（1835～1841）中，成爲年輕的維多利亞女王最賞識的重要政治顧問。他在外交政策上的堅定立場使英國在敘利亞問題上與法國避開了一場戰爭（1840）。他的妻子卡洛琳・蘭姆夫人（1785～1828）是個二流小說家，因在1812～1813年與拜倫鬧出緋聞而出名。

Melchior, Lauritz＊ 梅爾希奧（西元1890～1973年） 原名Lebrecht Hommel。出生於丹麥的美國男高音。1913年以男中音首度登台，但更進一步的進修向上擴充了他的音域，在1918年首度以「唐懷瑟」一角的男高音登台演出。他接受更多的訓練加強實力，參加拜羅伊特的音樂節，在1924～1931年參與該地的演出。他是當時華格納風格的男高音中最傑出者，固定在柯芬園（一直演出至1939年）以及大都會歌劇院（1926～1950）演出，通常與弗拉格斯塔對唱；他還留下了許多錄音。

Melchizedek＊ 麥基洗德 迦南國王和亞伯拉罕所崇敬的祭司。在〈創世記〉中，亞伯拉罕從美索不達米亞人手中救了被綁架的侄子洛特，在從戰場回家的路上遇見了撒冷（可能是耶路撒冷的別名）的國王麥基洗德，麥基洗德給了他麵包和酒，並以「至高無上的上帝」的名義爲他祝福。使徒聖保羅致希伯來人的書信將麥基洗德尊爲基督的預言人。

Melfi, Constitutions of＊ 梅耳費憲法（西元1231年） 德意志國王腓特烈二世爲西西里王國制定的憲法。此憲法奠基於羅馬法與教會法，規制出中央集權的王室行政，促使法庭提高司法效率，並使司法審判上的民事與刑事程序合理化。

Méliès, Georges＊ 梅里愛（西元1861～1938年） 法國電影製作人。梅里愛在1895年看見盧米埃兄弟拍攝的第一批電影時，還是一名專業的魔術師和巴黎羅貝爾－胡迪劇院的經營經理。梅里愛在他的電影中，採用了基本的攝影技術，如慢動作、溶暗、淡出等。1899～1912年製作了四百多部電影，將幻想、喜劇詼諧作品和童話劇融入幻想電影中，其中包括《月球旅行》（1902）。他還重拍新聞事件，是早期新聞片的原型。由於受到商業電影成長的影響，他不得不在1913年拋售自己的工作室。

梅里愛
Rene Dazy – J. P. Ziolo

Melilla＊ 梅利利亞 西班牙在北非的飛地（1996年人口約60,000）。梅利利亞是一個軍事要地和海港，同休達組成西班牙的一個自治區。位於摩洛哥北部海岸，曾相繼被腓尼基人、希臘人和羅馬人占領。後來成爲柏柏爾人城鎮，1497年西班牙占領之，雖然長期遭到攻擊和包圍，但一直是西班牙的領土。20世紀初，西班牙將港口現代化，把它設爲西屬摩洛哥的行政中心。1936年它是第一個反對人民陣線政府的西班牙城鎮，催化了西班牙內戰。1956年摩洛哥獨立時，仍爲西班牙人把持。

Mello, Fernando Collor de ➠ Collor de Mello, Fernando (Affonso)

Mellon, Andrew W(illiam) 梅隆（西元1855～1937年） 美國金融家。1874年進入其父的銀行工作，接下來的三十年間，他建立了一個大型金融王國，提供資金給企業以擴展鋁、鋼和石油等產業。他還協助建立了美國鋁業公司和海灣石油公司，並同弗里克一起成立了聯邦鋼鐵公司和聯邦信託公司。到了1920年代初，他已成爲美國最富有的人之一。1921～1932擔任財政部長，曾勸服國會降低稅收以鼓勵商業擴張。他爲1920年代的經濟作出了貢獻並因此受到人們稱頌，但在經濟大蕭條時期卻大受指責。1932年辭職轉任英國大使。他也是一位著名的藝術品收藏家和慈善家，曾捐贈大批收藏的藝術品並出資一千五百萬美金以建立美國國家畫廊。

melodrama 情節劇 一種充滿感情的戲劇，以鋪張華麗的戲劇演出爲特色，人物角色發展跟著情節走，著重在感人的插曲。情節大多虛構，主角主要是高貴的男子、長期忍受苦難的女主角和冷酷無情的反面人物，結局通常懲惡揚善。主要劇作家有皮塞雷古和鮑西考爾特。19世紀時情節劇在歐洲和美國很流行。場面經常十分浩大，如描述船難、戰爭、火災、地震和賽馬等。20世紀初期情節劇這種戲劇形式逐漸消亡，但在默片中仍很受歡迎。在現代的動作片電影等類型中仍有看到。

melody 旋律 由有節奏的單個音調連續組成的具有整體美感的音樂。旋律通常是樂曲中最高的譜線。旋律可提示它們自身的和聲或對位關係。它同節奏和節拍（以及比和聲更重要）一樣是音樂的基本要素，對所有的音樂文化來說是很普遍的。

melon 甜瓜 7種甜瓜品種的統稱。為蔓性藤本，果可食而甜美，具麝香味。甜瓜為園藝變種繁多的葫蘆科成員，是不耐霜寒的一年生植物，原產於中亞，現已在世界各溫暖地區有許多栽培變種。莖柔軟，多毛，蔓生；葉大，圓形或有瓣裂；花黃色，種子大而扁平。各栽培變種的果實在大小、形狀、表面質地、果肉顏色、風味和重量上差別很大。種類如哈蜜瓜、蜜瓜和冬甜瓜。像甜瓜的植物包括西瓜、冬瓜、番木瓜和茄瓜。

Melos * 米洛斯 希臘語作Mílos。希臘基克拉澤斯群島的島嶼。長約23公里，面積151平方公里。米洛斯是主要城鎮。著名的米洛的維納斯就是1820年在該島古衛城阿達曼達出土，現藏羅浮宮博物館。從西元前1550年就在此居住的菲拉科皮人居民點在西元前1100年遭多里安人破壞。西元前416年雅典人征服此地，將該島男子全部殺害，報復該島在伯羅奔尼撒戰爭中保持中立。來山得後來將此島歸還給多里安人，但再也未能恢復往日榮景。在法蘭克人統治下，該島成為納克索斯公國的一部分。人口約4,302（1991）。

Melqart 麥勒卡特 亦作Melkarth。腓尼基人所信奉的神，是提爾和它的兩個殖民地迦太基和加迪爾（今西班牙加的斯）所尊奉的主神。可能是太陽神，常常被描述成一個下巴有鬍鬚、頭戴圓高帽、著短裙，手持象徵生命的安可和象徵死亡的斧頭的人。他在提爾的避難所是每年舉辦冬季和春季慶典的地方，據說耶路撒冷的所羅門聖殿是仿造它而建的。

meltdown 熔毀 核能反應器的連續反應失控，產生大量的熱能並放出輻射。反應器核心的連續反應必須由吸收中子的控制棒與降低能量的減速劑小心謹慎地調節。若是核心過熱，可能就會融化並放出大量的輻射。亦請參閱Chernobyl accident。

melting point 熔點 能使純物質的固態和液態得以平衡共存的溫度。當將固體加熱時，溫度會一直上升到熔點為止。在這一溫度下，附加的溫度會使固體在溫度不變的情況下變成液體。固態水（冰）的熔點是華氏32度（攝氏0度）。雖然一般認為固體的熔點和相同物質液態的凝固點是一樣的，但是兩者也有可能不同，因為液體可能會凍結成不同的晶體，而雜質的存在也會降低冰點。

Melville, Herman 梅爾維爾（西元1819～1891年） 原名Herman Melvill。美國作家，出生於紐約富裕家庭，後來遭逢變故，一夕之間破產，故只受了一點正式學校教育，1839年開始海上流浪生活。1841年他踏上了一艘前往南海的捕鯨船，第二年在馬克薩斯群島跳船而逃。他在玻里尼西亞的冒險經歷成為第一批成功小說《太比》（1846）和《奧摩》（1847）的藍本。他在諷喻式幻想小說《瑪地》（1849）失敗以後，很快又寫出有關水手艱苦生活的《雷得朋》（1849）和《白夾克》（1850）。經典巨著《白鯨記》（1851）既是一部生動的捕鯨小說，又是一部對美國民主問題和可實現性的象徵探討。但當時這本書的出版並沒有為梅爾維爾帶來任何名利。他開始失望並遠離人群，1852年寫了《皮爾》小說，冀望它能打進國內「小姐們」喜愛的小說之列，但卻成了拙劣的模仿作品。他還撰寫了《以色列陶工》（1855）、《騙子》（1857）和別的一些雜誌小說，包括《錄事巴托比》（1853）和《班尼托・西蘭諾》（1855）。1857年以後開始寫散文。1866年找到一份海關檢查員的職位才使經濟狀況穩定下來。他又開始動筆寫下最後一部作品：小說《水手比利・巴德》，但一直到1924年死後多年才出版。梅爾維爾在大部分的寫作生涯裡並未受到重視，如今卻被現代評論家視為美國最偉大的作家之一。

Melville Island 梅爾維爾島 帝汶海島嶼，位於澳大利亞北部地方海岸近海處。該島長130公里，寬88公里，面積5,800平方公里。1644年荷蘭人發現該島，1824年英國人在此建立鄧達斯堡。蒂維人稱此島為Yermalner，是澳大利亞少數幾個按澳大利亞原住民祖先的權利仍占有的地區之一。1978年該島的所有權從澳大利亞政府轉到蒂維土地委員會手中。

Melville Island 梅爾維爾島 加拿大北冰洋中帕里群島中最大的島嶼之一。位於維多利亞島北部，長320公里，寬50～210公里，面積42,149平方公里。該島無人居住，但適宜放牧麝牛，蘊藏天然氣資源。1819年由威廉・帕里發現。

Melville Sound ➡ Viscount Melville Sound

membrane 膜 生物學上，細胞最外層或細胞內部分隔的薄層。最外層的稱為質膜，內膜圈住的隔間則稱為胞器。生物的膜有雙重功用：隔離胞器內進行的重要卻不相容的代謝作用；在胞器之間，在細胞與外界之間，養分、廢棄物和代謝產物的通路。膜的組成主要是雙層的類脂化合物，裡面有大型的蛋白質，運送離子和水溶性分子穿過膜。亦請參閱cytoplasm、eukaryote。

membrane structure 薄膜結構 以薄韌的表面（薄膜）支撐荷重的結構，主要是靠張力。有兩種主要類型：帳篷結構與氣壓結構。丹佛國際機場（1995）的特色就是航站的屋頂是用鋼桿撐起的白色薄膜。

Memel 梅梅爾 ➡ Klaipeda

Memel dispute * 梅梅爾爭端 第一次世界大戰後有關前德國普魯士領地梅梅爾地區的主權爭端。該地區位於梅梅爾河以北的波羅的海沿岸，居民大部分是立陶宛人。1919年「巴黎和會」中，新獨立的國家立陶宛要求兼併該區。委員會建議成立了一個新的自由國家，但該區的立陶宛人在1923年接管了政府。在盟軍的抗議下，該地區簽署了「梅梅爾法規」，正式確定梅梅爾為立陶宛的一個自治區。

Memling, Hans * 梅姆靈（西元1430/1440?～1494年） 亦作Hans Memlinc。法蘭德斯畫家。1465年定居布魯日，並在這裡建立了一個大工作室，事業十分成功，也使他成為該市最富有的市民。雖然

梅姆靈的《聖母與馬丁・范尼烏文霍弗的雙連畫》（1487），現藏梅姆靈博物館
By courtesy of the Memling-Museum, Brugge, Bel., photograph, A.C.L.,

他的作品多少仿自當代的法蘭德斯畫家（艾克、包茨、胡斯，尤其是魏登）的作品，但他的作品卻具有極大的魅力和突出的風格。梅姆靈的宗教畫和富裕資助者的人物肖像畫，如《波第納里和他的夫人》（1468?），仍是最受歡迎的畫作。

Memminger, Christopher G(ustavus)＊ 梅明格（西元1803～1888年） 德國出生的美國官員。他在十幾歲時移民美國，後來在南卡羅來納州查理斯敦成爲名律師。1860年在南卡羅來納州脫離聯邦後，他協助起草了美利堅邦聯的臨時憲法，被任命爲財政部長（1861～1864）。他爲了籌集資金，發行了大量紙幣，結果在1863年大爲貶值。因對聯盟政府的信用崩潰負有責任，1864年辭職下台。

Memnon 門農 希臘神話中衣索比亞國王。爲提托諾斯（出身特洛伊王室）和厄俄斯（黎明女神）的兒子，曾同他的伯父普里阿摩斯一起英勇對抗希臘人，最後被阿基利斯殺死。宙斯被厄俄斯的哭聲所感動，賜門農以永生。他的同伴們則變成了鳥，每年都飛到他的墓地上空格鬥哀悼。在埃及，門農的名字是和底比斯附近阿孟霍特普三世的巨大石像聯繫在一起的。每天早上當陽光照到它上面時就發出撥弄豎琴的聲音，人們認爲這是門農向母親厄俄斯問候的聲音。

memoir 回憶錄 以個人的觀察和經歷寫出的歷史或記錄。與自傳極接近，區別主要在對於外在事件的強調程度。自傳側重以作者本人爲主題，而回憶錄作者通常是在歷史事件中扮演重要角色或曾貼近歷史事件的觀察者，其主要目的在描述或詮釋這些事件。

Memorial Day 悼念日 亦稱陣亡將士紀念日（Decoration Day）。美國節日。最初是爲悼念南北戰爭中死亡的將士而設（1868），後來擴大爲紀念所有在戰爭中犧牲的美國人。大多數州按照聯邦政府的規定，在5月的最後一個星期一悼念，但少數州仍遵照傳統在5月30日舉行悼念活動。代表全國的悼念活動是向阿靈頓國家公墓中的無名英雄敬獻花圈。

L M N

Memorial University of Newfoundland 紐芬蘭紀念大學 加拿大公立大學，位於紐芬蘭省聖約翰斯，創建於1925年。提供大學部及研究所課程，領域包括自然科學、人文藝術、社會科學、商業管理、教育、工程、醫藥等。校內重要設備還有海洋資源、海洋史及政治經濟學研究中心。現有學生人數約17,000人。

memory 記憶體 數位電腦使用的物理裝置，用於臨時性或永久性儲存資料或程式（指令序列）等訊息。大多數的數位電腦都有兩級記憶體－－主記憶體和一個或多個輔助記憶體。主記憶體是一個高速的隨機存取記憶體（RAM）。輔助記憶體則包括了硬碟、軟碟和磁碟等。除主記憶體和輔助記憶體之外，還存在具有特殊用途的其他形式記憶體，永久性記憶體是日益重要的一類，它們不同於靜態隨機存取記憶體和動態隨機存取記憶體，當切斷電源時，不會流失資料。如唯讀記憶體，和影音光碟、光碟等光學磁碟片（參閱CD-ROM）。

memory 記憶 對於學習過或經驗過的事情，可以回想或再製的能力和過程。研究指出，在各個正常人身上，保存資訊的能力是相當一致的；所不同的是，各人對某事物的學習和解釋，以及保存下來的種類和細節，有程度上的差異。注意、動機、聯想的能力，都有助於記憶過程。在所有的感官資料中，視覺印象一般來說是最容易被記住的。有些記憶力超強或是擁有「照相式」或「寫眞式」記憶力的人，經常會大量利用視覺聯想，包括記憶術的方法也是如此。很多心理學家將短期記憶和長期記憶區別開來。短期記憶（一般說法是持續十秒到三分鐘）比起長期記憶來，較不受後天的干擾和扭曲。長期記憶可以再分爲插曲式（以事件中心）和語意式（以知識爲中心）。關於記憶，學者提出過很多不同的模型，根據啓蒙主義時代的觀念，記憶是把形象印製在大腦纖維（後來在20世紀改稱爲「記憶分子」或被解釋爲「記憶痕跡」），到斯金納則提出「黑盒子」理論，最近則有學者提出「資訊處理」以及「神經細胞群形成」的概念。關於記憶方面的疾病，包括阿滋海默症、失憶症、科爾薩科夫氏症候群、創傷後壓力症候群及老人失智症。亦請參閱hypnosis。

Memphis 孟斐斯 埃及古王國（西元前2575?～西元前2130?年）都城，位於尼羅河西岸，開羅南部，現代城鎮米特魯哈伊納位於該城遺址上。美尼斯約在西元前2925年創建孟斐斯，到第三王朝時成爲欣欣向榮的社區。雖然有來自赫拉克萊奧波利斯和底比斯城市的競爭，但它仍具有重要地位，尤其是在崇拜卜塔神方面。西元前8世紀開始，相繼受努比亞、亞述、波斯和亞歷山大大帝的統治。在基督教和稍後的伊斯蘭教興起後，其身爲宗教中心的重要性遭破壞。西元640年穆斯林征服埃及後被廢棄。現今廢墟建築包括卜塔的神殿、皇宮和廣大的墓地。附近有塞加拉和吉薩金字塔。

Memphis 孟菲斯 美國田納西州西南部城市。位於密西西比河的阿肯色、密西西比和田納西等州邊境相交的地帶，1819年建於原爲奇克索印第安人的村莊和一個美國要塞的舊址上。1849年合併爲一個市。在美國南北戰爭初期是美利堅邦聯南軍的軍事中心，1862年被聯邦軍攻克。1870年代流行黃熱病使8,000名當地居民喪生，城市因而破敗。1893年經濟恢復後再設建制，到1900年成爲田納西州第一大城。名勝包括藍調作家漢迪故居聖比爾，以及貓王艾維斯普里斯萊的故居格拉斯蘭。還設有幾所教育機構，包括孟菲斯州立大學。人口約597,000（1996）。

Memphremagog, Lake＊ 門弗雷梅戈格湖 橫跨美加邊境的湖泊，從美國佛蒙特州北部延伸到魁北克南部，長約43公里，最寬處僅1.5～3公里。擁有幾個大湖灣，包括費區灣和薩爾金茨灣。該湖的北端流入聖法蘭西斯河。其名稱在阿爾岡昆語的意思是「一大片水域」。

Menai Strait＊ 麥奈海峽 愛爾蘭海的海峽，將安格爾西島和北威爾斯的大陸本土隔開的海峽。長24公里，寬180公尺～3公里。海峽上有兩座著名的橋：1827年架設的特爾福德公路懸吊橋和史蒂芬生的不列顛管桁鐵路橋（1849）。

Menander＊ 米南德（西元前342?～西元前292?年） 雅典劇作家，被古代評論家公認是希臘新喜劇最重要的詩人。他在西元前321年創作了第一部戲劇，西元前316年贏得酒神節獎（《憤世嫉俗》），這是他唯一完好保存下來的劇本。他一生中共寫了一百多部戲劇，在雅典戲劇節上獲勝八次。擅長表現的人物角色有嚴肅的父親、年輕的戀人和有趣的奴僕等。羅馬作家普勞圖斯和泰倫斯曾改編過他的作品，其作品影響了後來的文藝復興喜劇的發展。

Mencius＊ 孟子（西元前372?年～西元前289?年） 亦拼作Mengzi、Meng-tzu。本名孟軻。中國思想家。《孟子》一書記載孟子的作爲與言論，包含他對於人類內在良善的說法，而此一課題更是從古至今爲儒者所熱烈討論。孟子認爲人類天生具有四種情操（「四端」）：憐憫、羞恥、禮貌以及分辨對錯的感受，而且這是自明的眞理。當這四種情操經過適切培養，將可發展成爲四項重要的德行，分別爲仁（慈善）、公正、端正與智慧。孟子因其闡揚正統的儒家學說而贏得「亞聖」的封號；並在過去這一千年裡，與孔子被尊崇爲儒家學說的共同創始者。

孟子，現藏台灣台北國立故宮博物院
By courtesy of the National Palace Museum, Taipei, Taiwan, Republic of China

Mencius　孟子　亦拼作Mengzi、Meng-tzu。中國儒家論述政治的著作，孟子所著。此書主張一般人民的福祉優先於任何其他的考量；當統治不再實踐善政與公正，則他從上天所獲得的賜命（即其統治的權力）將被撤銷，他也應該被撤換。《孟子》原先並未成爲儒家經典，直到12世紀朱熹才將此書與《大學》、《中庸》和《論語》合併爲《四書》一起出版後，才奠定其地位。亦請參閱Confucianism。

Mencken, H(enry) L(ouis)　孟肯（西元1880～1956年）　美國辯論家、幽默的新聞記者和評論家。他是巴爾的摩人，一生中大多數時間在《巴爾的摩太陽報》工作。他同納珍（1882～1958）合編《時髦人物》（1914～1923），並成立和主編《美國信使》雜誌，兩者都是重要的文學雜誌。他是美國1920年代最有影響力的文學評論家，常常用評論來嘲笑國家的社會和文化弱點。《偏見集》（1919～1927）中收錄了其許多評論和散文。在《美國語言》（1919；1945、1948年增訂）中，他收集了美國的語法詞句和成語。到他去世時，他已是美國語言方面的權威人士。

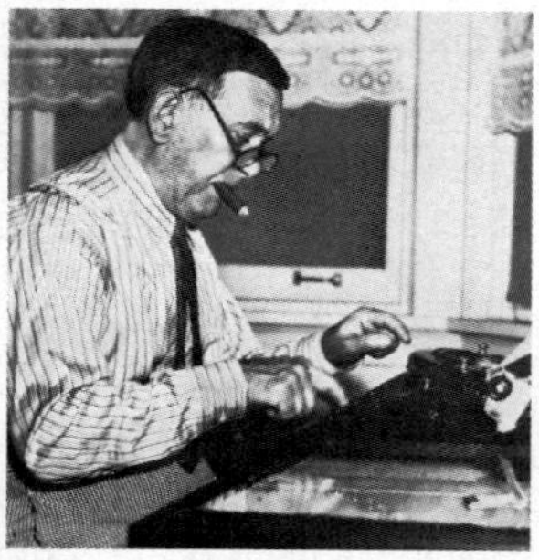

孟肯
By courtesy of the Enoch Pratt Free Library, Baltimore; photograph, Robert Kniesche

Mendel, Gregor (Johann)＊　孟德爾（西元1822～1884年）　奧地利植物學家和研究人員。1843年成爲奧古斯丁會修士，後來到維也納大學學習。1856年在修道院的花園裡工作，開始進行實驗，建立了後來遺傳學的基礎。他取具有明顯對立的性狀（植株的高矮、花色的有無、莢果的形狀等）的豌豆進行雜交，得出結論：顯性性狀在不同的植株和它們的後代中的出現取決於成對的遺傳元素，即現在所說的基因。孟德爾的資料中新穎的見解是提出基因是遵循簡單的統計規則的。他的理論體系被證實具有普遍性，是植物學的基本原理之一。他在去世後才透過科倫斯、切爾馬克·封·賽塞內格和德弗里斯的研究證實才聞名於世，他們各自得出相似的結論，並發現早在三十四年前孟德爾就已做出相同的實驗資料和定出一般性的理論。

Mendele Moykher Sforim＊　門代爾·莫海爾·塞法里姆（西元1835～1917年）　亦作Mendele Mokher Sefarim（俄語意爲「巡迴賣書人」〔Mendele the Itinerant Bookseller〕）。原名Shalom Jacob Abramovitsh。俄國作家，一生大半在烏克蘭度過，爲敖得薩拉比和一所傳統學校（律法學校）的校長。他寫的故事多半筆風幽默，帶輕微諷刺，在當時猶太教傳統框架漸漸消失的情況下，是研究東歐猶太人生活具有價值的資料。他最偉大的作品是《班傑明三世的旅行和歷險記》（1875），是俄國猶太人生活的一個縮影。他被認爲是現代意第緒語和希伯來記敘體文學的奠基人和現代意第緒文學的創建者。

Mendeleyev, Dmitry (Ivanovich)＊　門得列夫（西元1834～1907年）　俄國化學家。曾在聖彼得堡大學任教（1867～1890），後來擔任俄羅斯度量衡局局長。他在1869年建立了化學元素的週期原理，對化學作出了基礎性的重大貢獻。他的第一個元素週期表按照原子量冪升的順序和以相似的特性將元素排列起來。門得列夫的理論使他預先得知了幾個多年後才被發現的元素的存在及其原子量。

Mendelsohn, Erich＊　孟德爾頌（西元1887～1953年）　德國建築師。在慕尼黑學習建築時，受到藍騎士等一批表現主義畫派的影響。孟德爾頌的波茨坦市愛因斯坦天文台（1919～1921）是一個極爲優異的雕塑建築，反映出他早期受到的科幻小說的影響。1920年代，他設計了一批富有想像力的作品，包括斯圖加特（1927）和克姆尼茨（1928）的朔肯商店，以其強烈的橫線條構圖加上採用玻璃的突出特色而聞名。他在1933年逃離納粹德國，最後在美國定居。在美國的作品包括舊金山的邁蒙尼德醫院（1946）。

Mendelssohn(-Bartholdy), (Jakob Ludwig) Felix　孟德爾頌（西元1809～1847年）　德國作曲家。他是哲學家摩西·孟德爾頌的孫子，成長於一個富裕的猶太人家庭，他們已轉信新教。早年在母親的沙龍上受到啓發，十一歲開始作曲，十六歲時作出了自己的第一首成名曲《降E調八重奏》和《仲夏夜之夢序曲》。他在1829年指揮演出了巴哈的《馬太受難曲》，這是一百年來的首次演出，爲巴哈藝術的復活作出了重大貢獻。《宗教改革交響曲》（1832）和《義大利交響曲》（1833）也是這一時期所作。在天主教城市杜塞爾多夫擔任音樂總監（1833～1835）後，他在新教城市萊比錫擔任了同樣的職位。他在那裡成立了布商大廈管弦樂團，並同該樂團一起建立了歷史協奏曲的基本編制，至今仍爲大家遵守的一個標準。他曾在柏林擔任管弦樂隊指揮（1841～1845），但卻受挫不少。他一生的最後十年創作了包括《蘇格蘭交響曲》（1842）、《小提琴協奏曲》（1844）和宗教劇《以利亞》（1846）。他最親愛的姐姐芬妮（1805～1847）被認爲與他一樣具有相等的音樂天賦，但在同畫家亨澤爾（1794～1861）結婚前一直沒得到鼓勵，之後創作了五百餘部作品。她的去世對孟德爾頌而言無疑是一個沈重的打擊，多年來超負荷的工作一時之間將他擊垮，他在姐姐去世六個月後也不幸離開人世，享年三十八歲。其他作品還包括宗教劇《聖保羅》，幾首音樂會序曲，大型鋼琴組曲《無詞歌》，以及兩首鋼琴協奏曲。

Mendelssohn, Moses　孟德爾頌（西元1729～1786年）　原名Moses ben Menachem。德國猶太哲學家和學者。父親是一名貧困的抄寫員，他最初當家教，但最終因自己的哲學著作而成名，其作品在19世紀對美國超驗主義產生了重大影響。他將猶太教同啓蒙時期的理性主義結合在一起，成爲哈斯卡拉運動的靈魂人物，幫助猶太人進入了歐洲主流文化。他的作品包括對靈魂不死的辯解《斐多》（1767），以及對宗教和國家關係作出探討的《耶路撒冷》（1783）。他的朋友萊辛將其著名戲劇《智者納旦》的主角原型定位在孟德爾頌身上。他是作曲家菲利克斯·孟德爾頌的祖父。

Mendenhall Glacier　門登霍爾冰川　藍色冰蓋，長19公里，寬2.4公里，最厚處高逾30公尺。發源於阿拉斯加東南部邦德里山脈的巨大朱諾冰原南半部。是小冰期（1500～1750）的遺跡，每年後退約27公尺。鄰近的門登霍爾湖約在1900年形成，現今長約2.5公里，寬1.6公里。

Menderes, Adnan＊ 曼德列斯（西元1899～1961年） 1950～1960年土耳其總理。貴族之子。1930年以凱末爾的共和人民黨黨員身分進入國會。1945年與人一起組建第一個反對黨，並且贏得1950、1954和1957年的三屆總理選舉。他的政策包括與穆斯林國家加強更親密的關係，鼓勵私人企業發展和加強對宗教言論的鉗制。他不能容忍批評，建立了新聞檢查制度。因其違逆了凱末爾的理想，爲軍隊所敵視，在一次叛變中被推翻並處死。

Menderes River＊ 門德雷斯河 土耳其的兩條河流。第一條河流（土耳其語亦稱Buyuk Menderes）流經土耳其西南部，匯入愛琴海，全長584公里。史稱Maeander，意指其下游河段蜿蜒曲折。第二條河流（土耳其語亦稱Kucuk Menderes），史稱Scamander。該河發源於土耳其西北部，向西流橫穿古特洛伊的平原，最後匯入達達尼爾海峽，全長97公里。

Mendès-France, Pierre＊ 孟戴斯－法朗士（西元1907～1982年） 法國總理（1954～1955）。出身猶太人家庭，後來成爲律師，1932～1940年任眾議員。第二次世界大戰中被維琪政府囚禁，但脫逃到倫敦，他在那裡加入自由法國的空軍，並在戴高樂將軍的臨時政府中擔任財政專員。戰後任立法委員（1946～1958），他嚴厲批評政府在經濟以及對北非、印度支那的戰爭問題上的政策。1954年就任總理，結束了法國涉入印度支那的事務，並幫助突尼西亞實現有效的自治。他提出的經濟改革導致1955年的失敗。孟戴斯－法朗士力圖使激進社會黨成爲非共產黨左派的中堅，但最終失敗，他還反對戴高樂擔任總統。

Menelaus＊ 米納雷亞士 希臘神話中的斯巴達國王，阿特柔斯的幼子。當他的妻子海倫被帕里斯誘拐後，他請求其他的希臘國王與他一起遠征特洛伊，由此引發了特洛伊戰爭。他在哥哥阿格曼儂的麾下服役。戰爭結束時，米納雷亞士沒有如原先打算的那樣殺死海倫，反而將她帶回斯巴達。他因爲忘記安撫戰敗的特洛伊城諸神而遭神譴，回航途中歷經重重艱險才回到家園，損失了許多船隻。

Menem, Carlos (Saúl)＊ 梅南（西元1930年～） 阿根廷總統（1989～1999）。敘利亞移民之子，後來改宗天主教，1956年加入庇隆主義者運動陣營。他高舉正宗的庇隆立場，鼓吹國家主義，認爲政府權力應該擴張，主張薪資所得應大幅調升、對商人則應課徵重稅。然而在他主政期間，通貨膨脹率卻劇升28,000%，使得阿根廷經濟陷入危機。梅南後來放棄政黨的基本教義，而在財政上改走保守政策，並成功穩住經濟。他一直保有受歡迎的形象，雖然在特赦軍事統治時期違反人權的政治犯一事頗有爭議，但仍然廣受民眾支持。2001年因爲涉及非法軍火交易，遭國會通過下令逮捕。

Menéndez de Avilés, Pedro＊ 梅嫩德斯・德阿維萊斯（西元1519～1574年） 西班牙征服者。十四歲即開始海上生活，1554～1563年任西印度群島艦隊隊長，受命到佛羅里達建立一個殖民據點，以及掃除聖約翰河的一塊法國殖民地對西班牙在美洲領土的潛在威脅。1565年他進入聖奧古斯丁灣，在那裡建了一座堡壘。他襲擊了法國在加羅林堡的殖民地，殺光全部的居民，宣稱他們是異教徒。此後他勘察了大西洋沿岸，建立一連串的碉堡要塞，確立西班牙對佛羅里達的穩固的控制。

Menéndez Pidal, Ramón＊ 梅嫩德斯・皮薩爾（西元1869～1968年） 西班牙語言學者。其對西班牙語起源的著作和文獻校勘，復興了對中世紀西班牙詩歌和編年史的研究。著作包括《西班牙語歷史語法手冊》（1904）、《熙德時代的西班牙》（1929）和《歷史上的西班牙人》（1947）。他曾兩度出任西班牙皇家學院院長。

Mengele, Josef＊ 門格勒（西元1911～1979年） 德國納粹醫生。受羅森貝格的種族意識影響，門格勒於1934年加入了新成立的遺傳生物學和種族衛生學研究所。他是一名狂熱的納粹分子，在第二次世界大戰中擔任納粹近衛隊軍醫。1943年被任命爲奧斯威辛－伯肯瑙集中營主任醫師，挑選被送來的猶太人去勞動或滅絕，因此贏得綽號「死亡天使」，同時在囚犯身上作醫學試驗進行僞科學的種族研究。戰後他逃往南美洲，化名格哈得（Wolfgang Gerhard），這是他在南非結交的納粹分子，此後假冒其身分直至1979年去世。

Mengistu Haile Mariam＊ 門格斯圖・海爾・馬里亞姆（西元1937年～） 衣索比亞軍官及國家元首（1974～1991）。1974年他領導的一支叛亂軍推翻了海爾・塞拉西國王的統治。在暗殺其競爭對手後，他成爲新政權中公認的強人。至1978年，他已粉碎了厄利垂亞的大規模叛亂，並在蘇聯和古巴的幫助下擊退了索馬利人對歐加登地區的入侵。1980年代，他面臨厄利垂亞和提格雷地區新的叛亂，同時，其失敗的農業政策與災難性的乾旱和飢荒不無關係。隨著1991年蘇聯撤回援助後，他失勢逃往辛巴威。

Mengs, Anton Raphael＊ 孟斯（西元1728～1779年） 德國畫家。曾在德勒斯登和羅馬學習，1745年成爲德勒斯登的薩克森宮廷畫師。1740年代末返回羅馬，而他在1750年代初開始對古典遺風燃生熱情。他爲阿爾巴尼別墅所作的壁畫《帕那薩斯》（1760～1761）確立了新古典主義繪畫的支配地位。他也曾在馬德里爲西班牙宮廷大量創作。當時他被視爲歐洲最偉大的畫家，但後來聲名日衰。

menhaden＊ 油鯡 亦稱pogy。鯡科油鯡屬幾種產自大西洋沿海有經濟價值的魚類統稱，可用來搾油、製魚粉（主要作爲動物飼料）、作肥料。體寬扁，腹緣銳，頭大，鱗具齒緣。成魚長約37.5公分，重0.5公斤或稍小。魚群稠密，分布於加拿大到南美洲海域。攝食時，在游動中將口張開，鰓孔擴張，以從水中濾取浮游生物。

menhir＊ 史前巨石柱 史前用巨石建成的紀念碑（參閱megalith）。史前巨石柱是簡單豎直的石頭，有時形狀很大，主要在歐洲比較常見。通常圍成巨大的圓圈、半圓或橢圓形。大部分建在英國，最有名的是巨石陣和威爾特郡的愛扶倍利。史前巨石柱常排列成平行的單列，被稱爲「石林」，最有名的石林是法國的卡爾納克石林，由2,935個史前巨石柱構成，這些可能是當作慶典儀式用的。

Menilek II＊ 曼涅里克二世（西元1844～1913年） 原名Sahle Miriam。半獨立王國紹阿的國王（1865～1889）和衣索比亞皇帝（1889～1913）。在其父紹阿國王馬拉科特的王位被特沃德羅斯二世廢黜後，他被俘虜幽囚十年，直至1865年才逃回紹阿奪回尼格斯之位，即王位。在約翰尼斯四世（1872～1889）死後，他升爲衣索比亞皇帝，稱號取自傳說中所羅門與示巴女王之子曼涅里克一世。義大利曾力圖納衣索比亞爲其保護地，但曼涅里克在1896年的阿多瓦戰役中徹底擊敗義大利軍隊。此後，他拓展了帝國的疆域，實施現

LMN

代化教育，建設國家的基礎設施。

曼涅里克二世，比費（Pual Buffet）繪於1897年：現藏巴黎國會宮
J. E. Bulloz

Menindee Lakes＊　梅寧迪湖區　澳大利亞新南威爾士州西部一系列水庫。位於梅寧迪鎮附近，爲達令河水利工程計畫的一部分。湖水經一些溪流與達令河相連。梅寧迪湖區蓄水計畫的總蓄水量爲24.7億立方公尺。梅寧迪的原住民語意爲「蛋黃」（egg yolk）。

meninges＊　腦膜　圍繞腦與脊髓，保護中樞神經系統的三個纖維膜。軟膜極薄，黏附在腦與脊髓表面。蛛膜下腔容納腦脊液，隔開軟膜與第二層的蛛膜。在腦的四周，細微的絲狀連接這兩個膜，一般相信液體無法透過。第三個膜稱爲硬膜，強韌、厚實且緻密。硬膜裹住蛛膜，覆蓋頭骨的內面，包圍並支撐從腦攜帶血液出來的大靜脈。幾個隔膜將腦劃分不同的部分並加以支撐。在脊柱之中，硬膜與蛛膜的物質由硬膜下腔隔開；蛛膜與軟膜則由蛛膜下腔隔開。硬膜外腔（在硬膜與脊椎管壁之間）是硬膜上麻醉的位置（參閱anesthesiology）。

meningitis＊　腦膜炎　腦膜的炎症。由身體其他部位的細菌（包含腦膜炎球菌在內）傳染所造成的最嚴重的感染形式。發病迅速，其症狀爲嘔吐，繼之以劇烈頭痛及頸強直（通常會將頭部往後拉），幼兒可能出現抽搐。病患在數小時即死亡。腦脊液膿會阻塞腦室與脊柱空間，造成威脅生命的腦積水。及早利用腰椎穿刺診斷及抗生素治療，可避免對腦部的傷害和死亡。病毒性腦膜炎，病程短，通常可自癒。

meningococcus＊　腦膜炎球菌　腦膜炎奈瑟氏球菌的俗名，人類腦膜炎球菌性腦膜炎的病原菌。唯一的天然寄生爲人類。球形，經常成對存在，對革蘭氏染色無反應（參閱gram stain）。由鼻咽腔侵入人體，但在該處不引起任何症狀（非流行性腦膜炎流行期間，30%的人鼻咽部帶有本菌），或是由血液進入人體並引發腦膜炎的症狀。

Menninger family＊　梅寧傑家族　美國醫師世家，爲精神病治療的先驅。查爾斯·弗里德里克·梅寧傑（1862～1953），1889年在堪薩斯州托皮卡開始行醫。1908年拜訪梅歐家族診所後，意識到醫生合夥開業的好處。其子卡爾（1893～1990）在波士頓接受了精神病學方面的訓練。1920年梅寧傑父子兩人合夥開設了梅寧傑診所，專治一般內科。後來再加上梅寧傑的幼子威廉（1899～1966），他們還設立了梅寧傑療養院和精神病院，將用於治療病人的行爲心理分析與同樣作爲療法一部分的醫院社會環境二者相結合。他們對精神疾病的治療方式吸引了其他的科學家，並在使精神病之療法成爲正統科學方面貢獻巨大。1931年梅寧傑療養院成爲第一所專門訓練精神病護理人員的中心，1933年則爲醫師開辦了神經精神科住院治療課程。1941年他們成立了梅傑寧基金會，隨後又開辦了梅傑寧精神病學學院，由卡爾出任院長（1946～1969）。

Menno Simonsz＊　門諾·西門（西元1496～1561年）　亦作Menno Simons或Menno Simonszoon。荷蘭再洗禮派領袖。出身農民家庭，受天主教神職，卻質疑變體的教義，他在路德宗的影響下，於1536年退出教會。他堅信嬰兒受洗是不對的，只有具備成熟的信仰者才能成爲教會教徒，並因此在1537年的再洗禮派運動中成爲溫和派的領袖。門諾在被宣布爲異教徒之後，餘生在被捕的威脅中度過，但他繼續組織再洗禮派團體，還撰寫出版了許多理論著作，他的追隨者後來建立了門諾會。

門諾·西門，版畫，齊希姆（Christopher van Sichem）製於1605～1608年
By courtesy of the Mennonite Library and Archives, North Newton, Kansas

Mennonite＊　門諾會　以門諾·西門的名字命名的一個新教教會。起源可追溯到1525年成立的瑞士同胞黨，他們是一些反對嬰兒受洗並強調政教分離的不從國教派。因受迫害而散居歐洲，先是在荷蘭與波蘭北部找到了政治自由，再從那些地區遷往烏克蘭與俄羅斯。1663年他們首次移民北美洲。1870年代，許多俄羅斯門諾會信徒因喪失兵役豁免權而移民美國。如今，在全世界許多地方都能找到門諾會信徒，尤其是在南、北美洲。他們的信條強調《聖經》的權威、早期教會的典範以及洗禮對承認信仰的重要性。他們崇尚簡樸的生活，許多人拒絕宣誓及服兵役。各種不同的門諾會團體包括恪遵教義的阿曼門諾派和胡特爾派，以及其他較溫和的門諾會宗派。

Menominee＊　梅諾米尼人　操阿爾岡昆語的北美印第安人，住在現今的威斯康辛和密西根州交界處的梅諾米尼河流域。他們定居於村莊，住圓頂房屋，採集野稻、捕魚打獵爲食。最初的社會組織是氏族，但當他們分散爲流動的宗族進行皮毛交易的時候，其社會組織形式就發生了變化。1852年美國政府將大部分的部落遷入威斯康辛州的一個保留地。20世紀初曾發生零星的暴亂，1960年代和1970年代政治上的反抗力量又起。梅諾米尼人如今僅剩約3,000人。

menopause　停經期；更年期　月經最終停止、女性生育力喪失的時期。通常開始於四十五～五十五歲。停經期卵巢功能減退，雌激素分泌減少。排卵時間不規則並逐漸停止。月經週期和持續時間因人而異，經血流量可能減少或增加。內分泌系統爲平衡雌激素減少的體內環境變化情況而導致熱潮紅，通常在夜間發作，患者因發熱、大汗而驚醒。其他症狀如煩躁和頭痛，則多爲對衰老的反應而產生。因病而經手術切除或破壞卵巢可致人工停經，會出現相似但更突然發作的症狀。激素（荷爾蒙）平衡的改變通常不會造成身體或心理上的困擾。然而，雌激素防止骨質疏鬆和動脈粥樣硬化（參閱arteriosclerosis）的保護作用消失後，骨折和罹患冠狀動脈心臟病的風險便增加了。過去曾廣泛使用以減低這些風險的荷爾蒙取代療法，卻可能增加罹患子宮內膜癌（參閱uterus）和乳癌的機會。

menorah＊　多連燈燭台　再獻聖殿節期間燃燭使用的支形燭台。包含九個燭台（或九個盛燈油的容器）。八支蠟燭象徵再獻聖殿節的八天：第一支在第一天點燃，第二支第二天點燃，以此類推。第九支蠟燭或稱shammash（意爲「僕人」）之光，用來點燃其他的蠟燭，通常位於燭台正中高於周圍的

描繪西元70年羅馬士兵從耶路撒冷聖殿運送多連燈燭台，羅馬提多門上浮雕細部
Alinari – Art Resource

蠟燭。多連燈燭台仿猶太聖所中的七連金燭台而作，七連燭台象徵創世記的七天。

Menotti, Gian Carlo＊　梅諾悌（西元1911年～）　原籍義大利的美國作曲家、歌詞作者和舞台導演。在十歲時就已寫了一部歌劇，十幾歲時主要在史卡拉歌劇院。後來聽從托斯卡尼尼的意見到費城寇蒂斯音樂學院學習。他在那裡遇見了未來的終身伴侶巴伯。1939年寫了廣播歌劇《老處女與賊》。但1942年的《島神》卻是爲大都會歌劇院創作的一部不太成功的作品。《電話》（1946）在百老匯受到了歡迎，而歌劇《領事》（1950，獲普立茲獎）同樣也是一部成功的作品。最受歡迎的作品是爲電視創作的《阿馬爾與夜客》（1951），以及後來的《布利克街上的聖者》（1955，獲普立茲獎）。1958年在義大利斯波萊托舉辦「兩個世界音樂節」，取得了極大成功。1977年他在南卡羅來納的查理斯敦建立了新大陸的這個相同節日。

Menshevik＊　孟什維克　俄國社會民主工黨中的非列寧主義派別。最早出現於1903年馬爾托夫號召效仿西歐團體成立一個群衆性的黨派，這恰與列寧計畫將政黨嚴格限制爲專業革命者的想法相悖。當列寧一派在黨中央委員會中取得多數以後，自稱「布爾什維克」（「多數派」），他們則成了「孟什維克」（「少數派」）。孟什維克在1905年俄國革命及聖彼得堡蘇維埃政府中扮演著積極角色，但在第一次世界大戰和其後的1917年俄國革命中陷於分裂。他們曾試圖組織爲一個合法反對黨，但1922年終被徹底鎮壓。

Menshikov, Aleksandr (Danilovich)＊　緬什科夫（西元1673～1729年）　俄國軍人和行政官。1686年開始擔任彼得大帝（彼得一世）的侍從，很快成爲沙皇的親信。緬什科夫指揮了第二次北方戰爭，屢建奇功，在波爾塔瓦戰役後受封陸軍元帥（1709）。1714年起就任行政官，因大肆斂財倚勢濫權而廣受批評。1725年彼得大帝死後，他成功地幫助其盟友凱薩琳一世扶上女沙皇皇位，也使自己成爲俄國實際的統治者。1727年凱薩琳死後，他安排將自己的女兒嫁給了年輕的新沙皇彼得二世，但其政敵最終使彼得對他產生反感，將他流放西伯利亞。

menstruation　月經　婦女週期性地從陰道排出血液、黏液和脫落的黏液性子宮內壁組織（子宮內膜）的生理現象。子宮內膜增厚和製造分泌物是爲孕卵著床而準備。卵巢釋放出的卵若未受精，子宮內膜組織會脫落並經子宮收縮而排出。月經第一次來潮（初潮）出現於青春期其他變化之後，通常爲十一～十三歲時，明顯地是因通過一重量上的臨界點而觸發。初潮前已出現第二性徵，初潮後的數次月經週期可能不規律。若至十六歲仍不來月經則應作婦科檢查。月經初期，其週期可能不規律或是經血量較多。成年婦女的月經週期平均約二十八天，月經期持續約五天。不同婦女或同一個婦女各週期長短略異爲正常現象。某些女性會因子宮收縮而有痛性痙攣。每次來潮血量通常少於50公撮。月經因停經期出現而結束。經期障礙包括痛經（月經來時疼痛）和閉經（無月經）、經血過多或過少、子宮出血。亦請參閱premenstrual syndrome (PMS)。

mental disorder　心理疾病　任何有關心理原因的病症，外在表現爲情緒失調症候群或異常行爲。絕大部分的心理疾病，都可以廣義分爲精神病和精神官能症兩種。其中，精神病是主要的、症狀較嚴重的心理疾病，患者會有錯覺、幻覺、失去現實感等，例如精神分裂症、躁鬱症等。至於精神官能症則是症狀較輕微、容易治癒的心理疾病，包括抑鬱症、焦慮、偏執狂、強迫觀念－強迫行爲症及創傷後壓力症候群等。某些心理疾症明顯是導因於大腦組織的病變，例如阿滋海默症，但是絕大部分這類疾病的致病機轉，醫界仍然不知道知或未能證明。另外，精神分裂症也有一部分是導因於遺傳基因。一些情緒上的疾病，例如狂躁或憂鬱，則可能是因爲大腦中的某些神經介質失衡所致，這些大都可以藉由藥物來矯治（參閱psychopharmacology）。精神官能症也常是因爲心理因素引起的，例如情緒性剝奪感、挫折感或是童年受凌虐經驗；這類大都可透過心理治療來醫治。某些精神官能症，尤其是焦慮疾病中的恐怖症，可能成爲人類對制約反射的等化物，而表現出適應不良的反應。

mental hygiene　心理衛生學　一種維持心理健康、預防心理疾病、並幫助人們發揮心理潛能的科學。心理衛生學包括所有用以促進或保持心理健康的方法：心理失調的復原、心理疾病的預防以及協助因應外在壓力。社區心理保健學認爲心理健康、人口壓力及社會不安之間有相互關係，他們也處理某些社會問題，例如藥物濫用及自殺防治。對於各種不同年紀的心理疾病的治療，他們的方法從較消極的忽視、投藥、孤立，到較積極的治療及社會整合，通常是具理想性的改革者。心理疾病的預防包括出生前的照護、虐待兒童警示方案以及對犯罪受害人的心理輔導。治療方法包括心理治療、藥物治療及支持團體。他們還有一項最重要的工作，則是透過大衆教育去對抗加諸在心理疾病患者身上的汙名，並鼓勵患者去接受治療。

mental retardation　心理遲滯　在先天或初生時發生的智力缺損狀態，常表現爲發育遲緩、學習困難以及對社會適應能力低下等。測試心理遲滯的通常方法是進行標準的智力測試。一般智商得分在53～70分的人被認爲是輕度心理遲滯，可以在特殊教育的幫助下接受學術和就業前培訓。而得分在36～52分之間的人則被認爲是中度心理遲滯，能在有人指導的情況下掌握基本的學術技能並從事簡單的半技能性工作。而重度心理遲滯（智商21～35分）及極重度心理遲滯（智商低於21分）的人則需要更多的指導，甚至於整時段的看護。心理遲滯可能是由基因混亂（如唐氏症候群）、傳染病（如腦膜炎）、代謝紊亂、鉛或其他有毒物質的中毒、腦部損傷以及營養不良所造成的。

menthol　薄荷醇　類異戊間二烯化合物族的結晶有機化合物。具有強烈的薄荷清涼氣味。是從日本薄荷的油萃取的，用於紙煙、化妝品、按摩膏、止咳劑及香料中。在它的兩種旋光異構體（參閱optical activity和isomerism）中，只有左旋薄荷具有適意的清涼效用。

Menuhin, Yehudi＊　曼紐因（西元1916～1999年）　受封爲曼紐因男爵（Baron Menuhin）。英美小提琴演奏家和指揮家。出生於紐約市，在舊金山長大，七歲首次登台演出。1927年在巴黎師從喬治・安奈斯可（1881～1955）。同年返回紐約演出獲得盛譽，並進而以其早熟的深度與精湛技巧贏得世人的讚賞。1959年起定居倫敦。1958～1968年主持巴茲音樂節，並自1956年起主持格施塔德音樂節。1958年創立自己的室內管弦樂團。除了經常由他的鋼琴家妹妹海芙席芭作伴奏外，他也曾與西塔琴演奏家香卡合作錄製唱片。晚年主要致力於國際合作及世界和平事業。

Menzies, Robert (Gordon)＊　孟席斯（西元1894～1978年）　受封爲羅伯特爵士（Sir Robert）。澳大利亞總理（1939～1941、1949～1966）。原爲一名成功的律師，1934～1939年擔任澳大利亞司法部長，1939～1941年他以澳大利亞統一黨的黨魁資格出任總理。1944年組建自由黨，並在1949年再度當選總理。1950年代他獎勵工業成長，以及歡迎歐洲移民來此。他加強了與美國的軍事紐帶關係，並促成「美澳紐安全條約」的簽訂，還讓澳大利亞加入東南亞公約組織。1966年退休，是澳大利亞有史以來任期最久的總理。

mer＊ 米爾人 居住在俄國切列米和烏德穆爾特之間的人群，有一處神聖叢林，數個村莊的村民會定期集會舉行宗教儀式，並奉獻牲禮祭拜自然神祇。上述米爾人舉行儀式的叢林，並沒有圍籬保護（參閱lud），也沒有長久固定的祭壇，米爾人的儀式並不常舉行，兩次儀式之間的間隔可能是五年或更久。

mercantile agency 商業徵信所 提供有關商業公司的信用價值與財務實力資訊之專門組織。第一所商業徵信所於1841年在紐約市成立，名為「商業徵信所」，為全國性的無法估算遠端顧客信譽歷史的商業公司提供資訊。在1859年後改名為唐公司，並同布萊德斯特律公司在1933年合併，成立了著名的「唐與布萊德斯特律公司」。商業徵信所可以向各類商業公司提供資訊或限制其調查以保證某一特殊商業或某一地區的商業營運。大部分的商業徵信所都提供總體和具體的報告。總體報告主要在一定的時間間隔內公布商業徵信所調查的所有企業情況，對其信用價值與財務實力作出估算。具體報告則按照顧客要求包括更多的細節性資訊。亦請參閱credit bureau。

mercantile law ➠ business law

mercantilism 重商主義 一種經濟理論，也是一種政策，盛行於16～18世紀的歐洲，要求政府對國家經濟必須實施管制，以使國力增強而挫敗對手國。雖然這樣的理論在更早之前即已存在，但重商主義這個詞彙則是到18世紀才創造出來，並因為亞當斯密在1776年的著作《國富論》中使用而廣為流傳。重商主義強調以持有金、銀作為國家財富與權力的指標，因此也導致各國在設計政策時，為了擁有貴金屬，都會致力於貿易順差（參閱balance of trade），意即貿易的輸出額超過輸入額，如果一個國家沒有礦產或無法取得礦產，這種作法就更加重要。在貿易順差的情況下，要支付財貨及服務的費用，就必須使用金或銀。至於殖民地的所有物，則是作為輸出的市場或是作為母國加工的原料之用，因此在歐洲母國和殖民地之間就產生政策的衝突；例如當年被英國殖民的美國，因為對母國的怨恨不斷擴展，終於導致美國獨立革命。重商主義偏好大量的人口，以保證勞動力、購買者及販售者的供應量充足。他們強調勤儉和儲蓄是美德，因為他們使得資本的創造成為可能。重商主義提供了資本主義早期發展的有利氣氛，但是後來則受到嚴厲批判，尤其是來自自由放任主義的批判，他們主張所有的交易都是有利的，而政府過度控制則是反生產的。

Mercator, Gerardus＊ 麥卡托（西元1512～1594年） 原名Gerhard Kremer。法蘭德斯地圖學家。1532年從盧萬大學（比利時）獲得碩士學位，並定居該地。二十四歲時成為一名出色的雕刻師、書法家和科學儀器製造家。他和同事一起使盧萬成為地圖、地球儀（陸地和天文的）以及天文儀器製造中心。1564年被任命為威廉公爵的宮廷宇宙誌學家，並在1569年完成了我們現在所知的麥卡托投影法，即將平行線和子午線變成直線，以便精確地表現出經度和緯度之間的比例。這使得水手們能夠在遠端航行時只用畫出直線就能導航，而不用再讀取羅盤上的資料。當子午線被轉化為垂直的平行線條後，緯度線隨高度的提升遠離赤道而間隔拉大，在世界地圖上，該投影法使遠離赤道的地區面積放大許多。

mercenary＊ 雇傭軍 不考慮政治立場原則而受雇於任何國家或民族並為之作戰的職業士兵。早在有組織的戰爭出現起，政府就用雇傭軍來擴充軍力。百年戰爭（1337～1453）後，瑞士州政府就曾大規模養兵，供歐洲各國雇用，這些瑞士兵享有很高的聲譽。德意志黑森王國的統治者也曾出租他們的軍隊，在美國革命中這些黑森軍就被雇來與英國軍隊作戰。18世紀末葉以後，雇傭軍大多是為錢賣命的個體士兵。

Mercer, Johnny 默塞爾（西元1909～1976年） 原名John Herndon Mercer。美國歌曲作家。生於喬治亞州，1920年代末開始在紐約寫歌詞，後加入懷特曼的樂團任主唱和司儀。1939年參加班尼固德曼的廣播表演節目。1942年與人合夥創辦了首都唱片公司。曾在百老匯與阿爾倫合作創作《聖路易・女人》（1946）和《薩拉托加》（1959），另也為《七對佳偶》（1954）、《我的阿布納》（1956）和《逗人的》（1964）填寫歌詞。他為電影作的歌曲共贏得四座奧斯卡獎。與他合作過的作曲家包括卡邁克爾、華倫、克恩和范修森。他創作了一千餘首抒情歌詞，著名的包括Ac-cent-tchu-ate the Positive、〈獻給我的寶貝〉、〈秋葉凋零〉和〈月亮河〉。

mercerization＊ 絲光處理 對棉纖維或棉紡織品進行的化學處理工序，以提高對染料的親和力並更容易塗上各種化學光澤。1850年英國印花平布工人約翰・梅塞獲得這種方法的專利權，也使棉布的抗張強度和吸收力大增。品質較高的棉織品通常都要經過絲光處理。絲光處理方法是把紗線或纖維置於氫氧化鈉溶液中浸漬，然後用水或酸液中和。

merchandising 推銷 銷售的要素，特別是指向消費者促銷產品和服務。推銷一方面是要用廣告來吸引最有可能買那種產品的那一部分人群的注意。推銷也包括產品的展示，由廠商提供展示和促銷需要的材料，如標語橫幅、放置在零售架和折扣區的標示板。銷售策略的開展包括價格、折扣及特殊優惠的制定，商品宣傳的創意和銷售途徑的確定，其中包括店面零售，以及其他的手段，如直接郵購、電話行銷、商業網站銷售、自動販賣機和挨家挨戶推銷。

Merchant, Ismail ➠ Ivory, James (Francis)

merchant marine 商船隊 一個國家的商船及操作這些船舶的人員，不論私有或公有，與海軍艦艇的人員有別。商船用於運送人員、原料和製品。商船隊對於自然資源不多或工業基礎薄弱的國家會是重要的經濟資產。在海上載運其他國家的商品，商船隊對本國的貢獻有外國交易利潤，促進貿易，提供就業機會。美國商船學院（創立於1943年）位於紐約州京斯岬。

Mercia＊ 麥西亞 英格蘭中部古王國。七個盎格魯－撒克遜人王國之一，疆土最初包括現在的斯塔福郡、達比郡、諾丁罕郡與西密德蘭北部和瓦立克郡等邊界地區。奧發（757～796年在位）締造了一個從亨伯河直至英吉利海峽的統一國家。奧發死後，麥西亞開始衰落，光芒為韋塞克斯王國所掩蓋。877年丹麥人將麥西亞分為英國區和丹麥區。10世紀初丹麥區領土被收復，麥西亞從此受韋塞克斯王國的統轄。

Mercury 墨丘利 古羅馬宗教所信奉的商賈之神，一般被認作希臘眾神信使赫耳墨斯。位於羅馬阿文丁山的神殿落成於西元前495年。女神瑪伊亞被認為是他的母親，母子兩神同在5月15日的節日受奉祀。墨丘利時被描繪作手握錢囊，象徵其司掌商業。更多的時候他被賦予了赫耳墨斯的特

L M N

徵，也穿帶翼靸鞋，戴有翼之帽且手執儀杖。

Mercury　水星　太陽系中最靠近太陽的行星。距太陽的平均距離約5,800萬公里，但由於其軌道呈大橢圓形，因此它距離太陽最近和最遠時可與先前資料相差1,200萬公里。它是太陽系中第二小的行星（最小的是冥王星），其直徑爲4,870公里，重量是地球的八分之一。它的公轉週期最短（只有88個地球日），而軌道速度最快（48公里／秒），因此以羅馬神話中腳程最快的信使命名。它的自轉很慢，其自轉速度同其他星球相比，相當於59個地球日，而受其公轉期的影響，它的一個太陽日（兩個日出之間的間隔時間）是176個地球日。它的表面是厚重的地殼，最大的特點是它的半徑達1,300公里的卡路里盆地，是由一個巨大的隕石撞擊而成。水星上還有陡峭的懸崖，綿延幾百公里。在盆地的附近發現的引力場證明它有一個大的鐵質內核，其密度同地球相當。它的大氣可被忽略不計，地表重力約爲地球1/3，只有很薄的一層大氣。地表溫度變化很大，面對太陽的地方溫度高達402℃，而夜晚溫度則只有零下173℃。

Mercury　水星號　美國第一個載人太空船飛行系列（1961～1963），在蘇聯太空人加加林成爲「太空第一人」後，水星號展開爲時三星期的繞地球飛行航程。1961年5月謝巴德搭乘第一艘水星號太空艙「自由7號」進行了15分鐘486公里的飛行，高度達186公里。由小格倫指揮的「友誼7號」是美國第一艘進入軌道飛行的載人太空艙，於1962年2月發射，共完成了三圈軌道飛行。1963年5月「水星號」最後一次發射，這一次「信心7號」繞地球飛行了22圈，歷時約34小時，創造了「水星號」最長的飛行記錄。

mercury　汞　亦稱水銀（quicksilver）。金屬化學元素，化學符號Hg，原子序數80。汞是唯一在常溫下呈液態的一種元素金屬，凝固點爲-39℃，沸點爲356.9℃。銀白色，高密度，有毒（參閱mercury poisoning），是電的良導體。在自然界偶爾呈游離態，但通常都存在於硫化物礦石（朱砂）中。汞有許多用途，如牙醫和工業上用的汞齊、催化劑，電學和測量裝置，以及儀器中、電解池中的陰極，汞蒸汽燈，以及原子核發電廠中的冷卻劑和中子吸收劑。汞的許多化合物（其中汞的原子價是1或2）是顏料、殺蟲劑和藥品。汞也是個危險的污染物，因爲它會積聚在動物的組織內，逐漸增加至超過食物鏈所允許的量。

mercury poisoning　汞中毒　由各種汞化合物造成的對身體的傷害。生產油漆、各種家庭用品和農藥的過程中都會使用到汞，其排放出的廢棄物中可能含有汞。水生食物鏈可能將有機汞聚集到魚和海洋食品中，然後被人食用，也可能引起中央神經系統的不良反應，造成肌肉疼痛、視覺和大腦功能失調，並由此引發癱瘓和死亡（參閱Minamata disease）。嚴重的汞中毒可引起消化道的重度炎症。汞在腎臟內的聚集可導致尿毒症和死亡。慢性中毒，包括職業中的緩慢吸入和皮膚接觸，會使口中有金屬味，引起口腔炎症、牙齦出現藍線以及劇烈疼痛和戰慄、體重下降和精神上的變化（精神抑鬱和消沈）。含汞藥物可引起過敏反應，有時是致命的。兒童的肢痛病（「紅皮病」）有可能就是由於有機汞在家中的油漆中聚集而造成的。

Meredith, George　梅瑞迪斯（西元1828～1909年）　英國小說家和詩人。雖然在十八歲時就開始投身於律師業，但實際上一直潛心於詩文寫作和翻譯。不過，這些收入很少，他轉而寫散文。小說《理查・弗維萊爾的苦難》（1859）是他的代表作，文字有如抒情散文般優美，文中充滿了隱喻與暗示、機智的對白和深刻的心理洞察。寫作並未讓他變得富有，爲了生計他不得不開始爲出版商審閱手稿。他利用業餘時間寫作了一部喜劇《伊萬・哈林頓》（1860）和一卷詩集《現代的愛情》（1962）。最後憑他的小說《利己主義者》（1879）與《歧路上的戴安娜》（1885）而名利雙收。其作品的獨到之處在於內心獨白的應用和把婦女地位抬高到與男子平等的位置。

梅瑞迪斯，油畫，瓦茲（G. F. Watts）繪於1893年；現藏倫敦國立肖像畫陳列館
By courtesy of the National Portrait Gallery, London

Meredith, James (Howard)　梅瑞迪斯（西元1933年～）　美國民權運動領袖。生於密西西比州科修斯古鎮，一處美國種族隔離最嚴重地區的貧苦人家。1961年決心打破種族隔離體系，向當時全部都是白人就讀的密西西比大學提出入學申請。後來他打贏官司獲准入學，但必須由聯邦軍隊及司法部官員陪他到校執行法院命令。當他從「老密」（Ole Miss，密西西比大學暱稱）畢業要去辦理選民登記時，曾遭一名白人激進分子開槍射傷。

merengue＊　默朗格舞　男女對舞。起源於多明尼加共和國或海地，流行於拉丁美洲全境。原爲民間舞蹈，現已成爲一種社交舞，舞蹈時全身重量落在同一隻腳上，如同跛行。該舞的變體包括亞利奧和胡安格米洛。20世紀末多明尼加的默朗格舞音樂變得十分流行。

mereology＊　分體論　邏輯的一門分支，由萊希涅夫斯基所創立，這一分支試圖理清分類表達方式並將部分與整體的關係加以理論化。它嘗試解釋羅素的悖論，即各部分的分類所組成的總類，並不屬於這一分類中自身的元素。萊希涅夫斯基認爲在分類表述中，個別的與集合的表達方式之間必需有一明確的區分，若未作如此區分的話，則羅素悖論的預設將成眞。一旦區分確立，則無論如何，有關於此悖論的正反解釋都將確定爲假的預設。

merganser　秋沙鴨　亦稱fish duck。秋沙鴨屬的幾種潛水鴨。雖然大多生活於淡水，但被歸入海鴨族。體長，喙狹窄，具齒狀喙，尖端鉤狀，適於捕魚。除了普通秋沙鴨之外，所有的雄鳥都有羽冠；普通秋沙鴨、鏡冠秋沙鴨、紅胸秋沙鴨和斑頭秋沙鴨皆體小而壯，喙短，生活於北方地區；唯一的南方種類是巴西秋沙鴨。因肉味腥臭，故俗稱廢物鴨（trash duck）。亦請參閱shelduck。

Mergenthaler, Ottmar＊　默根特勒（西元1854～1899年）　德國出生的美國發明家。1872年移民美國。當他在巴爾的摩的一家機械店工作時就開始設計一種鉛字字模。1884年他設計的萊諾鑄排機獲得專利。這種機器加速了印刷過程，降低了成本，由此促進了各類出版的蓬勃發展。

merger　兼併　指兩家或更多的獨立企業公司合併組成一家企業，通常由一家占優勢的公司吸收一家或更多的公司。優勢企業可用現金或證券購買其他公司的資產，或收購其他公司的股份，也可以對他家公司股東發行自己的股份以換取其所持有的股權，從而取得其他公司的資產和負債。在橫向兼併中，兼併各方企業爲同一市場生產相同的商品或提供相同的服務；在縱向兼併中，被兼併的公司成爲兼併公司的供應者或消費者。如果被兼併企業與兼併公司的業務無關，則新公司就稱爲跨行業聯合企業。兼併的動機是多樣的，可能是爲了減少競爭，或提高生產效率，或使其產品、服務和市場多樣化，也可以是爲了減少賦稅支出。

Mergui Archipelago＊　丹老群島　緬甸東南端岸外安達曼海中兩百多座島嶼組成的群島。群島北端的馬里島是最大的島嶼。其他的島嶼包括格丹、德堯德漢基、當島、塞洛爾、明珍、萊索歐、甘茂、蘭比和澤代基諸島。這些被灌木覆蓋的多山島嶼上的主要居民爲塞隆人。

Mérida　梅里達　墨西哥東南部猶加敦州首府。坐落於猶加敦半島西北端附近，位於普羅格雷索的南方，在墨西哥灣有港口。1542年建於馬雅人古城托的遺址上。市內多殖民地時期建築物，其中有16世紀的大教堂、猶加敦大學和梅里達地區技術學院。爲觀光旅遊的一個基地，從這裡出發可前往附近的馬雅古城，包括奇琴伊察、德濟比爾查爾滕、烏斯馬爾和克爾白。人口557,000（1990）。

Mérida＊　梅里達　古稱Emerita Augusta。西班牙西部埃斯特雷馬杜拉自治區首府。濱瓜地亞納河北岸，西元前25年由羅馬人創建，後成爲盧西塔尼亞省省會和伊比利半島最重要城鎮之一。西元713年摩爾人占據此地；1228年又被萊昂國王阿方索九世收復，賜與聖地牙哥騎士團。該城以古羅馬廢墟聞名，包括一座橋樑、一座圓形劇場和一條輸水道。現代該城的經濟以農業貿易和旅遊業爲基礎。人口48,000（1991）。

Mérimée, Prosper＊　梅里美（西元1803～1870年）　法國短篇小說家和戲劇家。他年輕時學習語言和文學，十九歲時寫了他的第一部戲劇《克倫威爾》（1822）。他的情感屬於神祕主義，帶有歷史性，不太常見。他的故事通常都很神祕，主要受到西班牙和俄國文學的影響，尤其是普希金的影響。作品包括《馬特奧·法爾哥內》（1829），合集《馬賽克》（1833），以及短篇小說《哥倫巴》（1840）和《卡門》（1845，比才歌劇的腳本）。他還寫了一些歷史和考古的書籍、歷史小說和文學評論，去世後其書信被彙集出版。1853年曾當選參議員。

Merino　美麗奴羊　一種中等體形的綿羊品種，起源於西班牙，現已成爲世界各地主要飼養的品種。美麗奴羊臉部和四肢爲白色，毛纖細捲曲。早在12世紀就已聞名，可能由摩爾人輸入。特別適應乾旱氣候和遊牧放養，被廣泛用作基本品系創造了許多綿羊品種和品系。

meristem＊　分生組織　植物體內能分裂和生長的細胞區。分生組織按位置不同被分爲頂端分生組織（位於根和莖枝尖端）、側生分生組織或次生分生組織（維管束形成層和木栓形成層）或居間分生組織（位於節間、葉基，尤見某些單子葉植物，如禾草）。頂端分生組織主要控制主幹生長，側生分生組織能使根莖加粗。在受傷組織上能從其他細胞形成新的分生組織，以治癒創傷。

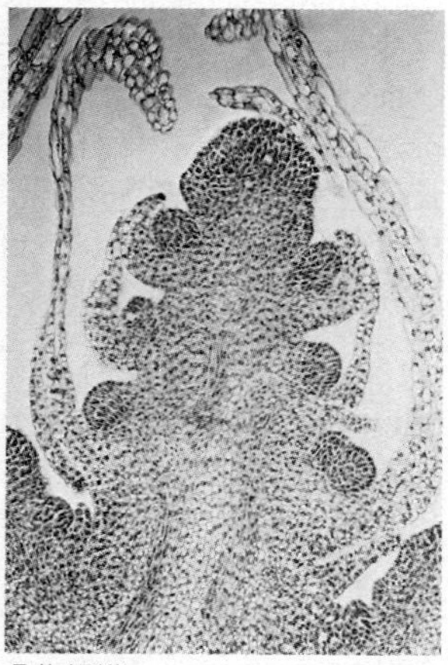
分生組織
J. M. Langham

Merkabah　靈輪　亦作Merkava。據以西結的描述，靈輪是上帝的王座或戰車。西元1世紀成爲巴勒斯坦猶太教神秘主義者靈修默念時凝神的物件。西元7～11世紀靈輪派神秘主義的中心轉移到巴比倫尼亞。靈輪派神秘主義者追求令人神迷的幻象，意欲度過重重危難經天階接近上帝。通向「七重天」的天門由天使把守，需要用神奇的印信才能成功通行。據「塔木德」（猶太法典）記載，曾有四人習演靈輪術，結果一人死、一人癲狂、一人變節，只有一人得見眞正異象。

Merleau-Ponty, Maurice＊　梅洛－龐蒂（西元1908～1961年）　法國哲學家。1945年他與沙特、波娃共同創辦了《現代》雜誌。1949年起執教於巴黎大學。他是法國現象學的傑出代表人物，他認爲知覺是知識的源泉，也是自然科學研究的根基。他最具影響力的著作是《認識的現象學》（1945）。他較富有哲學性的一些著作現已成爲美學理論方面的必要讀物，不過較之於這些著作，他熱衷爲蘇維埃馬克思主義辯護似乎更加引人注目。

Merlin　梅林　亞瑟王傳奇中的巫師和賢人。在蒙茅斯的傑弗里所著的《不列顛諸王紀》一書中，梅林是亞瑟王的顧問，用魔力使他憶起自己的塞爾特人血統。後來的作者將他描述爲聖杯的先知，並將圓桌會議的提議歸功於他。在馬羅萊爵士的《亞瑟王之死》中，是他使亞瑟登上王位，並一直是亞瑟的賢明顧問。後來他因迷上了一名妖女而身敗名裂，這名妖女在向他學會了魔法之後囚禁了他。

merlin　灰背隼　亦稱鴿鷹（pigeon hawk）。隼科小型藍灰色的隼，學名Falco columbarius。尾有窄白色條紋，分布於高緯度地區，包括加拿大、從美國西部南至科羅拉多、不列顛群島、斯堪的那維亞和冰島。大多數遷徙到繁殖區南邊的地方，有些種類則可遠到南美洲北部。棲息於潮濕開闊的原野或針葉林和樺木林中。常產卵於灌叢中的地面上，但有時也占用禿鼻鴉和鵲在樹上築的巢。爲具攻擊性的獵手，常用於鷹獵活動。

灰背隼
Eric Hosking

Merman, Ethel　默曼（西元1909～1984年）　原名Ethel Agnes Zimmerman。美國女歌手和演員。從未接受過正規的聲樂教育。1929年成爲職業歌手之前擔任私人秘書。1930年首次登台演出蓋希文夫婦（參閱Gershwin, George、Gershwin, Ira）的音樂劇《瘋狂的女孩》。她激情澎湃的演唱風格和宏亮有力的嗓音使她成爲伯林、波特和及其他一些人最鍾情的演員。1930年代中期默曼首次在好萊塢亮相，此後又演出了自己的廣播劇。多部在百老匯成功的劇目包括《萬事如意》（1934）、《紅、熱和藍》（1936）、《飛燕金槍》（1946）、《叫我夫人》（1950）和《吉普賽人》（1959）。

Meroë＊　麥羅埃　北非古代庫施城市。遺址在尼羅河東岸、今蘇丹凱布希耶以北。從西元前750年起爲庫施王國南部的行政中心。西元前590年被納帕塔洗劫，其後成爲王國的首都。範圍包括從尼羅河到阿特巴拉河流域的廣大地區，麥羅埃語也正是在這裡發展起來的。麥羅埃歷經羅馬人的入侵劫後餘生，但在西元4世紀敗在阿克蘇姆的軍隊手上。至今在凱布希耶附近還能看到它的神殿和宮殿廢墟。

Merovingian art＊　梅羅文加王朝藝術　西元5～8世紀梅羅文加王朝統治時期的視覺藝術。主要是小尺寸的金屬製品，但現存無幾，還有一些重要的手稿。其風格融合了羅馬古典風格與該地的日耳曼－法蘭克藝術傳統，偏好抽象化和幾何圖形，幾乎從不涉及人物，藝術家主要注重表面設計。雖然梅羅文加王朝藝術樸實無華，但它對後世的影響甚爲深遠。

Merovingian dynasty　梅羅文加王朝（西元476～750年）　法蘭克人王朝，被視爲法蘭西第一個正宗皇室。梅羅文加一詞源出於墨洛維（活動時期約在西元450年），其子希爾德里克一世（卒於約482年）駐在首都圖爾奈統治一個薩利安系法蘭克人部落。他的兒子克洛維一世在西元5世紀末統一了除勃艮地和現今普羅旺斯之外的幾乎全部高盧地區。克洛維一世死後，國土被幾個兒子瓜分，但到了558年，他們多已過世，僅剩克洛塔爾一世一人，國家重新統一。不過這種分分合合的局面持續了數代。在達戈貝爾特一世統治時期（623～639）以後，國王實際上只是傀儡，實權操在宮相手中。750年加洛林王朝的第一位皇帝丕平三世廢黜了梅羅文加王朝的最後一位國王希爾德里克三世。亦請參閱Brunhild、Childebert II、Chilperic I、Sigebert I。

Merrick, David　梅里克（西元1912～2000年）　原名David Margulois。美國戲劇製作人。原爲律師，1949年以後放棄法律業務在紐約成爲專職的戲劇製作人。他的第一個獨立製作是《魯男子》（1949），在此後四十年間陸續上演了八十五部以上其他的百老匯歌舞劇，其中包括《怒目回首》（1957）、《演員》（1958）、《吉普賽》（1959）、《貝凱》（1960）、《奧利佛！》（1963）、《我愛紅娘》（1964）、《山姆，再演奏一次》（1969）和《第四十二街》（1980）。他的許多上演的劇目博得極大好評，票房收入甚豐，同時他還以巧妙利用宣傳而出名。

Merrick, Joseph ➠ Elephant Man

Merrill, Charles E(dward)　美里爾（西元1885～1956年）　美國投資銀行家。在換了一連串的工作之後，1911年加入華爾街的一家交易所。1914年他與人合夥創辦了一家投資銀行美里爾－林奇公司（即美林公司），這家公司很快就成爲包括克力司吉公司、彭尼公司在內的一些最大的連鎖證券的券商。1926年他支援創立了安全商店，六年後又建立了《家庭圈》雜誌。預見到即將來臨的1929年的證券市場大崩盤，美里爾建議其客戶減少持有的證券。1930年代他的公司主要致力於保險業和投資銀行業務，但1940年又重新回到券商業務上。到美里爾去世時，他的公司（現已更名爲美林證券股份有限公司）在全美有115個分部，時至今日已成爲美國最大的零售證券商。他是詩人詹姆士・梅里爾之父。

Merrill, James (Ingram)　美里爾（西元1926～1995年）　美國詩人。美林投資公司的創立者之子。出生於紐約，就讀於阿默斯特學院，所繼承的財產使他能夠將一生奉獻給詩歌。他的抒情詩和史詩作品顯示了他的高超詩藝、博學與機智。後期的許多作品都是他在玩靈應牌時受到啓發而寫的。詩集包括《日以繼夜》（1966）；三部曲《神曲》（1976，獲普立茲獎）、《米拉貝爾：數位篇》（1978）與《爲慶典而寫的腳本》（1980），後來結集出版爲《聖多弗變幻之光》（1982）；還有《撒一把鹽》（1995）。回憶錄《不同的人》於1994年出版。

Merrimack River　梅里馬克河　美國東北部河流。源出新罕布夏州中部的懷特山脈，向南流入麻薩諸塞州，而後折向東北注入大西洋。全長177公里。沿河的主要城市有新罕布夏州的康科特、曼徹斯特、納舒厄，以及位於麻薩諸塞州的羅厄耳、勞倫斯和黑弗里爾。這些城市在19世紀時都利用梅里馬科河的水力來推動紡織廠的紡車。

Mersey River＊　默西河　澳大利亞塔斯馬尼亞州北部河流。水源來自達歇爾河與費歇爾河，流向北轉東再折北到達拉托貝河口，在德文波特注入巴斯海峽，全長146公里。河水穿過一條深達600公尺的峽道，河水在這裡被利用來發電。

Mersey River　默西河　英格蘭西北部河流。向西流經曼徹斯特南郊，然後納入歐韋爾河（已開通爲曼徹斯特通海運河）。默西河在運河的自我限制下流至瓦令頓，在這裡形成了潮汐。在郎科恩接納韋弗河後形成了利物浦港所在的默西河河口灣，最後注入愛爾蘭海。全長110公里。

Merseyside＊　默西賽德　英格蘭西北部都市郡。位於默西河河口，利物浦市是其郡政府所在地。1986年廢除行政功能（1974年設立），現在只是名義上的郡。17世紀期間，許多船隻從該郡的主要港口利物浦出發，從事與西印度群島的奴隸買賣。19世紀該區從美國的棉花進口中受益。默西賽德居民操一種特殊的方言「斯高斯語」，使該地區的居民具有一種強烈的認同感。第二次世界大戰期間曾遭嚴重轟炸。如今以對全國大衆文化的貢獻而知名，其中包括披頭合唱團、兩支著名的足球隊以及此地著名的高爾夫球場。人口約1,427,000（1995）。

Merton, Robert K(ing)　默頓（西元1910年～）　美國社會學家。1941～1979年執教於哥倫比亞大學，許多學生深受他的影響。他興趣廣泛，研究範圍包括越軌行爲、科學社會學和大衆傳播等領域，默頓提出了社會學研究的功能主義方法。著述頗豐，其中包括《說服大衆》（1946）、《社會理論與社會結構》（1949）、《站在巨人的肩膀上》（1965）和《科學社會學》（1973）。亦請參閱bureaucracy、functionalism。

Merton, Thomas　默頓（西元1915～1968年）　別名Father M. Louis。出生於法國的美國天主教修士和作家。曾在法國、英國、美國受教育，後來在哥倫比亞大學講授英語，之後在肯塔基州加入特拉普修會。1949年受神職。早期作品以宗教題材爲主，其中包括詩集；自傳《七重山》（1948）爲他贏得了國際聲譽，許多讀者受其影響，開始了修士生活；以及講述特拉普派歷史的作品《西洛埃之泉》（1949）。1960年代，作品轉向社會評論、東方哲學和神秘主義。他在泰國的一次宗教會議上因意外觸電而死。

Merv　梅爾夫　今稱馬雷（Mary）。中亞古城。位於現在的土庫曼共和國馬雷（舊稱梅爾夫）州附近，在古波斯文獻中稱作莫魯（Mouru），楔形文字銘文中稱馬爾古（Margu），曾是波斯帝國總督駐地。西元前7世紀在阿拉伯人統治下重建，爲穆斯林向中亞擴張的一個基地。在阿拔斯王朝哈里發統治時期，成爲伊斯蘭教學術的主要中心。在塞爾柱人蘇丹桑賈爾（1118～1159年在位）統治時期達至鼎盛時期。1221年遭蒙古人摧毀，17世紀重建。1884年被俄國人占領。

Merwin, W(illiam) S(tanley)　默溫（西元1927年～）　美國詩人與翻譯家。生於紐約市，就讀於普林斯頓大學，1952年出版第一部詩集《雙面神的面具》即獲得評論界的喝采。詩作以簡約的風格著稱，通常流露出對於自然環境以及人類與自然環境之關係的關注。著作包括《虱》（1967）、《運梯者》（1970，獲普立茲獎）以及《遊》（1993）。他通常與他人合作進行翻譯，範圍從尤利比提斯和加西亞・洛爾卡的戲劇，到中文、梵文與日文的古代史詩以及現代作品。

Mesa＊ 梅薩 美國亞利桑那州中南部城市，位於鳳凰城附近。1878年由摩門教教徒建立，他們使用古代霍霍坎印第安人的運河來灌溉（參閱Hohokam culture）。1883年設爲城鎮，1930年建市。索爾特河改造工程使該區能夠種植水果和其他作物。第二次世界大戰之後伴隨工業化，該市迅速成長。市內設有梅薩社區學院和梅薩西南博物館。人口約345,000（1996）。

mesa＊ 桌子山 指頂部平坦、一面或幾個側面陡峭的台地，在美國科羅拉多高原區常見。地垛與桌子山相似，但要小一些。兩者都因侵蝕作用而形成，在侵蝕（即下切和剝離）期間，高原中較堅硬的岩層構成如河谷之間下層地區的平坦保護帽，而河谷裡的侵蝕作用活躍。這種結果就造成了平台型山（桌子山）或堡壘狀山丘。

Mesa Verde National Park＊ 弗德台地國家公園 科羅拉多州西南部國家公園。1906年爲保護史前印第安人懸崖住所遺存而建立。占有一塊桌面山高地，面積約21,078公頃，包含幾百個1,300年前的普韋布洛遺址。最引人注目的是建在懸崖上的多層洞室。最大一座「懸崖宮」於1909年出土，有幾百個房間，包括地下禮堂，這是普韋布洛印第安人舉行儀式用的圓形洞室。

mescaline＊ 仙人球毒鹼 一種迷幻藥，爲佩奧特掌花球中的有效成分，1896年首度被分離出來，腎上腺素與正腎上腺素。爲一種與腎上腺素、正腎上腺素相關的生物鹼，通常是從佩奧特掌萃取出來，再經過精煉而成，但也可以合成。用藥後2～3小時才開始有致幻效果，可持續12小時以上。個別的致幻作用差異很大，而且各次用藥的效應也會大不相同，但本藥常致幻視而非幻聽。副作用爲噁心、嘔吐。

Meselson, Matthew Stanley＊ 梅塞爾森（西元1930年～） 美國分子生物學家。在加州理工學院獲得博士學位，1964年開始在哈佛大學任教。他與施塔爾一起進行極富想像力的研究，研究顯示在細胞分裂期間，DNA分裂爲兩條長鏈，每條單鏈均成爲模板形成一條與之對應的新鏈，然後一同進入子細胞。

Meshed ➠ Mashhad

Meslamtaea＊ 麥斯蘭蒂亞 在美索不達米亞宗教中，是阿卡德古塔城的守護神。其神殿名稱爲Emeslam或Meslam（意爲「生長繁茂的麥斯樹」），可能意味著他原本是樹神。後來被視作冥府的統治者，其妻冥后爲厄里什基迦勒。他是恩利爾（大氣之神）和寧利爾（穀物之神）的兒子，在讚美詩中常常以勇士的形象出現。麥斯蘭蒂亞有時會降下可怕的瘟疫殺害他的子民和他們的牧群。

Mesmer, Franz Anton＊ 梅斯梅爾（西元1734～1815年） 奧地利內科醫師。在維也納大學學醫之後，他發展了自己的「動物磁性」理論，主張人體內有一種看不見的流體按磁性法則運作，疾病就是因這種流體的自由循環受阻而引起。在他看來，可用引發「危象」（神志昏迷狀態，最後常會發囈語和起痙攣）來恢復和諧。1770年代他作了一些戲劇性的示範表演，證明他有能力用磁化的物體「催眠」他的病人。結果維也納的醫生指控他行騙，他被迫離開奧地利到巴黎定居（1778），他在那裡還是遭到醫學界的炮轟。雖然梅斯梅爾的理論最終不爲人採信，但他使病人進入昏迷狀態的能力讓他成爲現代使用催眠的先驅。

Mesoamerican architecture＊ 中美洲建築 墨西哥與中美洲在16世紀西班牙征服前本土文化的建築傳統。建造寺廟型式的金字塔的觀念，似乎很早就占主導地位。奧爾梅克文化（西元前約800～西元前400年）的中心拉文塔，就有最早期的金字塔結構建築，是個高100英尺（30公尺）、由土壤與陶製物構成的土墩。中美洲的金字塔一般是外表覆蓋石塊的土墩，通常採用典型的階梯外形，在頂端搭建只限於特准的社群成員方可接近的平台或廟宇。此類最有名的建築包括：太陽金字塔（可以和吉薩的古夫大金字塔相匹敵）、在特奧蒂瓦坎的月亮金字塔、奇琴伊察的城堡，以及這些金字塔中最鉅大者——恰路拉高達177英尺（55公尺）的羽蛇神金字塔。在古典時期（100～900），可以發現馬雅建盛的興盛，以托架支撐的拱頂首度在美洲出現。在馬雅低地區，四處擴建了舉行儀式的中心，留下日期的銘刻石碑與紀念碑也同樣不少。蒂卡爾、瓦夏克通、科班、帕倫克和烏斯馬爾都經歷數世紀而仍維持其壯觀的風貌。在這些遺址中有一共通的特性，就是特拉其力擬天球場，或稱球場。它們加高的平台通常是古代城市的建築中心。亦請參閱Monte Albán。

Mesoamerican civilization 中美洲文明 指16世紀西班牙征服之前的墨西哥和中美洲部分地區原住民文化的複合體。這一文明和南美的安地斯文明安地斯文明組成了西半球新世界相對於東半球的埃及、美索不大米亞以及中國文明的對等體。早在西元前21000年中美洲就有人跡，從西元前7000年冰期末地球回暖後至西元前1500年，大部分面積逐漸爲狩獵和採集的人們所占據。最早的中美洲文明是奧爾梅克文化，可追溯到西元前1150年。在中形成期（西元前900～西元前300年）的這段時期是文化地區主義加強的時期，出現了薩波特克人。隨後持續到西元700～900年左右的晚形成期和古典時期包括馬雅文化和以特奧蒂瓦坎爲中心的文明。其後的社會還包括托爾特克人和阿茲特克人。亦請參閱Chichen Itza、Mixtec、Monte Albán、Nahua、Nahua language、Tenochtitlan、Tikal。

Mesoamerican religions 中美洲宗教 墨西哥與中美洲在前哥倫布文化時期的宗教，以奧爾梅克文化、馬雅人、托爾特克人和阿茲特克人最爲著稱。所有中美洲的宗教都是多神崇拜，必須不斷地以奉獻和犧牲撫慰神祇。這些宗教所共享的多層次宇宙觀的信念，在西班牙征服的時期還經歷五度的創造與四度毀滅。中美洲宗教極度重視星體，特別是太陽、月亮和金星。他們的天文學家兼祭司所觀察到的星體運動，異常詳盡與準確。阿茲特克人透過複雜的儀式日程，來趨近超自然。這些儀式包括歌曲、舞蹈、自我折磨的行爲，以及專業祭司所執行的人類殉祭。而從事上述行爲的信念是，宇宙的福祉要靠奉獻鮮血和心臟以滋養太陽。馬雅宗教同樣需要人類殉祭，雖然規模略遜。有關馬雅祭司在天文學上的計算、占卜和儀式的資訊，收錄在馬雅古抄本。亦請參閱Mesoamerican civilization。

Mesolithic period＊ 中石器時代 亦作Middle Stone Age。西北歐舊石器時代和新石器時代之間的古代技術和文化階段（西元前8000?～西元前2700年）。中石器時代的獵人使用削碎並磨亮的石頭，以及骨頭、鹿角、木製工具等一套工具組合，比以前的人更有效率，並能夠開拓出更多動植物的食物來源。外移的新石器時代的農夫或許吸收了本土中石器時代的獵人和漁夫很多技能。歐洲以外沒有一個和中石器時代直接對應的階段，現在這個術語不再用來反映假設性的全世界社會文化演化的序列。

meson＊ 介子 由一個夸克和一個反夸克（參閱antimatter）組成的亞原子粒子族。介子對於強力敏感，具有整數自旋，各類介子的質量差別很大。介子雖然不穩定，

L M N

許多介子只存在10億分之幾秒，但用粒子探測器已足以觀察到它們。高能的亞原子粒子（如宇宙線中的）之間的碰撞很容易產生出介子。

Mesopotamia 美索不達米亞 位於西亞底格里斯河和幼發拉底河之間的包括現在伊拉克共和國大部分地區的文化區域。該地區由於地理位置優越、土地肥沃，早在西元前10000年起就有人居住，成為世界上最早的文明發源地。它的都城在美索不達米亞，由閃米特人在西元前4千紀建立。曾受烏爾第三王朝和巴比倫的統治，並將其名字擴展到了美索不達米亞南部地區。這一城市在西元前1600～西元前1450年胡里人和喀西特人統治時期開始衰落，後被亞述的軍隊征服。從西元前312年起，美索不達米亞受塞琉西王國統治，直到西元前2世紀中期成為波斯王國的一部分為止。西元7世紀這一地區被穆斯林阿拉伯人占領，1258年遭到蒙古人侵略後，該區的重要地位逐漸衰落。鄂圖曼土耳其人在16～17世紀時統治該地區。1920年成為英國的託管地，1921年成立了伊拉克共和國。

Mesopotamian religions＊ 美索不達米亞宗教 指蘇美人、阿卡德人以及他們的後繼者（即居住在古美索不達米亞的巴比倫人和亞述人）的宗教信仰和儀式。蘇美諸神通常和自然界各方面有關，如土地肥沃和家畜興旺。亞述和巴比倫尼亞的神並沒有取代蘇美和阿卡德的神，而是逐漸被同化入舊的體系。在美索不達米亞眾神中最重要的有天神安努、水神恩基、地神恩利爾。這些神通常和某些特定的城市有關聯。星神如沙瑪什和辛也受人崇拜。美索不達米亞人是研究天體運動的老練的占星家。祭司也透過觀察某些徵兆，特別是解讀祭祀的動物內臟，來推斷神的旨意。國王為主祭司，主持在春季舉行的新年慶典，當新王上任時，還要慶祝神戰勝了混沌勢力。

Mesozoic era＊ 中生代 地球的三大地質代當中的第二個代，也是今天所知大陸地塊由於大陸漂移作用而從勞亞古陸和貢德瓦納古陸這兩個超級大陸分離的時段。約起自2.48億年至6,500萬年前，包括三疊紀、侏羅紀和白堊紀。中生代經歷了極其多種多樣的高等植物和動物的演化，同早先在古生代期間出現的和後來將在新生代期間出現的那些動植物都非常不同。

mesquite＊ 牧豆樹 豆科牧豆屬植物的通稱，具刺灌木或小喬木，分布於南美洲至美國西南部，形成範圍廣闊的植物叢。共分兩類：高樹種類高約15公尺，另一種則低矮而廣佈，或稱匍匐牧豆樹。根可深達20公尺以吸收水分。羽狀複葉，橄欖綠色或被白毛。花奶油色，密生成葇荑花序。莢果狹長，淡黃色。在美國溫暖地區，牧豆樹被視為雜樹並被清除。牛隻吃其莢果（果肉味甜），木材（以前用作鐵路枕木）現在只用於製作特殊的家具和小型飾品，以及具有香味的薪材。

Mesrob, St.＊ 聖梅斯羅布（西元350?～439/440年） 亦作St. Mesrop Mashtots。亞美尼亞的神學家和語言學家。古典語言學者，西元395年左右成為修士，最終還建立了幾所修道院，並在亞美尼亞偏遠地區傳播〈福音書〉。他將亞美尼亞字母系統化了，或說是發明了它，還將《聖經》第一次翻譯為亞美尼亞語（410?）。他也撰寫聖經評注，翻譯其他的神學著作，並協助建立起基督教文學上的亞美尼亞黃金時代。亦請參閱Armenian language。

Messene＊ 麥西尼 希臘伯羅奔尼撒西南部古城，即位於現今麥西尼市的北部。約西元前369年建為麥西尼亞的首都，構成一個戰略要塞，同邁加洛波利斯、曼提尼亞和阿戈斯一起抵抗斯巴達。麥西尼歷經馬其頓和斯巴達人的幾次包圍，但都倖存下來，不過在西元前338年馬其頓腓力二世占領此地。西元前2世紀以後的歷史就無人知曉了。

Messenia, Gulf of＊ 麥西尼亞灣 希臘伯羅奔尼撒西南部愛奧尼亞海的海灣。麥西尼亞灣的西邊是科羅尼港，第一次麥西尼亞戰爭（西元前735?～西元前715年）後阿戈斯人最早在這裡定居，中世紀由北方難民占領。希臘獨立戰爭期間，法國人在此登陸（1828），將土耳其人逐出伯羅奔尼撒。

Messerschmitt, Willy 梅塞施米特（西元1898～1978年） 德國飛機設計師。1926年開始在奧格斯堡的拜恩飛機製造廠（1938年成為梅塞施米特股份公司）任總設計師和工程師。1939年梅塞施米特的第一架軍用飛機（Me 109戰鬥機）締造了時速775公里的世界記錄。第二次世界大戰中，他的製造廠為德國空軍生產了35,000架ME 109，以及ME 110型轟炸機、ME 163型火箭驅動飛機和第一架戰鬥噴射機ME 262。由於戰後有一條禁止生產飛機的禁令，他的公司於是改為生產組合屋和縫紉機，直至1958年。

Messerschmitt 109 (Me 109) Me 109戰鬥機 納粹德國的戰鬥機。該戰鬥機最初於1934年由巴伐利亞飛機公司設計。後來它的設計者梅塞施米特接手生產並將其重新命名。投入西班牙內戰以後，它的各種修正機型持續製造出來。在不列顛戰役中使用的型號是一種單座、單引擎的單翼飛機，其極速達到570公里／時，航高極限為11,000公尺。作為德國的主力戰鬥機，它可以極快地俯衝和爬升，但是其飛行範圍大大受限於燃料的小容量。到1944年，改良的盟軍戰鬥機的性能已勝過這種飛機。

Messiaen, Olivier (Eugène Prosper Charles)＊ 梅湘（西元1908～1992年） 法國作曲家。十一歲進入巴黎音樂學院學習，曾五次獲得第一名。1931年成為巴黎三一教堂的首席管風琴師，就此任職達四十年之久。第二次世界大戰中在德國集中營裡創作《末日四重奏》。戰後任教於巴黎音樂學院（1947～1978），他的學生包括布萊、施托克豪森和澤納基斯。梅湘的音樂靈感主要來自他的虔誠天主教信仰和對大自然的熱愛，許多作品都是從鳥鳴聲中獲得靈感。在節奏上他則受到印度樂研究的啓發，並且系統地探討無調性和聲資料。主要作品包括：鋼琴曲《凝視聖嬰二十次》（1944）、《群鳥錄》（1958），管風琴曲《救世主的誕生》（1935）、《圖朗加里拉－交響曲》（1948）、《期望死者復活曲》（1964）以及歌劇《阿西西的聖法蘭西斯》（1983）。

梅湘
no credit

messiah 彌賽亞 猶太教中，指大衛一系受期盼為王的人，他將把以色列從外族的奴役下拯救出來，並復興以色列的黃金時代。希臘文的《新約》中以christos指彌賽亞，用於稱呼基督教徒的救世主耶穌基督。其他各種宗教和文化中也有類似彌賽亞的人物，如什葉派的穆斯林尋找一個叫做馬赫迪的信仰守護者，還有佛教的救世主彌勒。

L M N

Messier catalog＊ 梅西耶星表 約含109個星團、星雲和星系的星表，由發現其中許多天體的法國天文學家查理・梅西耶（1730～1817）編撰。如今梅西耶星表雖已被星團星雲新總表（NGC）取代，但對業餘天文愛好者仍是一本很有價值的指南。現在一般都還在使用星團星雲新總表和梅西耶星表兩者的編號。

Messina 墨西拿 古稱Zankle。義大利西西里東北部城市。西元前8世紀由希臘人建立，西元前397年迦太基人摧毀之。西元前264年羅馬人占領此城，導致第一次布匿戰爭。戰後墨西拿成爲與羅馬結盟的一個自由市。後來又相繼被哥德人、拜占庭、阿拉伯人、諾曼人、西班牙人占據，最後在1860年被義大利人侵占。第二次世界大戰中遭嚴重轟炸，後又重建。現在是義大利的重要港口。名勝包括大教堂和一所建於1548年的大學。人口約263,092（1996）。

Messina, Antonello da ➠ Antonello da Messina

Messina, Strait of 墨西拿海峽 古稱Siculum Fretum。義大利南部和西西里東北部之間的海峽。寬約4～9公里。墨西拿市位於西西里東北海岸，與卡拉布里亞雷焦市相對。主要靠渡輪連繫墨西拿和義大利大陸的交通。

Mesta River＊ 美斯塔河 亦稱Néstos River。保加利亞西南部和希臘東北部的河流。發源於洛多皮山脈的西北部，向東南流，在薩索斯島的對面注入愛琴海，全長240公里。在它跨越保加利亞邊境進入希臘時，將馬其頓與色雷斯分開。

mestizo＊ 梅斯蒂索 指混血兒。在西屬美洲，該詞用來指印第安人與歐洲人的混血兒。在厄瓜多爾等國這個詞已具有社會和文化的含意：採用歐洲服裝和習俗的具有純正血統的印第安人就叫做梅斯蒂索（或「喬洛」〔cholo〕）。在墨西哥，這個詞的意義已發生很大變化，人口普查報告中已不再使用。在菲律賓，梅斯蒂索是指外國人（如中國人）與當地人所生的混血後裔。亦請參閱Ladino。

metabolism＊ 代謝 現生生物每個細胞內發生的化學反應總和，供應生命所需能量並合成新的細胞物質。「中間代謝」論及龐大網狀的互相聯繫的化學反應，藉此產生或消滅所有細胞的組成，許多成分在細胞外面極爲罕見。同化反應（合成代謝作用）利用能量從較簡單的有機化合物建造複雜的分子（如氨基酸變成蛋白質，糖變成碳水化合物，脂肪酸和丙三醇變成脂肪）；異化反應（分解代謝作用）將複雜的分子分解成較簡單的分子，釋放出化學能。對大多數生物而言，能量總歸是來自太陽，不管是由光合作用取得儲存在有機化合物之間，或是吃這些光合作用的生物消耗其儲存的有機化合物。有些特殊環境的細菌，例如在深海裂口，能量是由化學鍵結。在細胞內或生物體內，能量是由三磷酸腺苷來傳遞；同化反應消耗三磷酸腺苷，異化作用則生成。每個細胞化學反應是由特定的酶居間協調。物質分解作用通常是不可逆的作用，因此需要不同的酶。亦請參閱digestion、fermentation、tricarboxylic acid cycle。

Metabolist school＊ 代謝派 日本在1960年代的建築運動，結合了高科技的想像、新樸野主義以及對於巨型大廈（近乎自給自足的多功能複合構造）的興趣。丹下健三以他在1959年的波士頓港口計畫設計發起這項運動，在這個設計中，它包含兩個巨大的金字頂式建築物，上頭懸掛著作爲住家與其他建物的「棚架」。在磯崎新和丹下健三、菊竹清訓（1928～）和黑川紀章（1934～）的帶領下，代謝主義派專注在結構鬆散、功能多元的工程上，這些建築帶有破碎的空中輪廓線、粗糙的表面以及動態的科幻特質。代謝主義者在1960年的世界設計大會上所發表的宣言，爲它在後來的、諸如索勒里的艾柯森地的計畫上開拓先路。在地表的城市之上使用人工土地平台這樣的器械，是出於節約使用土地的欲望，這種做法革命性地顛覆了建築界的思考。

Metacom＊ 米塔科姆（西元1638?～1676年） 亦稱Metacomet或菲利普王（King Philip）。萬帕諾亞格印第安人的酋長，曾領導過新英格蘭史上最激烈的印第安人戰爭，即菲利普王戰爭（1675～1676）。他的父親馬薩索伊特曾在1621年與清教徒達成和平協定，但後來白人不斷侮辱其子民，於是米塔科姆在1675年6月率領萬帕諾亞格人、納拉甘西特人、阿布納基人、尼普穆克人及摩和克人等部族的戰士與白人開戰。他在最後的決戰中被殺，屍體被分屍，其頭顱還被掛在普里茅斯市懸首示眾達二十五年。

metal 金屬 具有高電導率、高熱導率以及可塑性、延展性和高反光性的物質，在溶解時可以形成正離子和氫氧化物，其氧化物在遇水時並不產生酸。地球上有四分之三的元素屬於金屬，通常質地很硬，呈結晶狀（參閱crystal）固體，能產生多種化學反應，並能同別的金屬一起被製成合金。在元素週期表中，每一個垂直以及從右至左的表格中的金屬元素的價由低向高呈上升趨勢。最常見的金屬有鋁、鐵、鈣、鈉、鉀和鎂，絕大多數都存在於礦石中，而不是游離狀態。結晶狀的黏著金屬歸結於金屬的黏著性。其原子緊密結合，其周邊活動的電子遍布在結構中。金屬常被分爲如下幾類（但沒有嚴格的區別，有可能出現重複的情況，定義不十分明確）：鹼金屬、鹼土金屬、過渡元素、貴重金屬（稀有金屬）、鉑金、稀土金屬、鋼系金屬、輕金屬和重金屬。許多金屬元素在營養或其他生物化學中扮演重要的作用，通常以微量元素形式存在，在作爲元素和化合物時，多數有毒（參閱mercury poisoning和lead poisoning）。

metal fatigue 金屬疲勞 機器、車輛或建築物的金屬部件由於不斷施加應力或載荷而引起的強度削弱狀態，最後在施加遠小於一次斷裂所需的應力下即可導致斷裂。已研發出抗疲勞的金屬，其性能透過表面處理而提高。在飛機和其他裝置中，從設計上避免應力集中可顯著地降低疲勞應力。

metal point 金屬尖筆 亦稱銀尖筆（silverpoint）。一種繪畫方法，用一種帶尖的小金屬棒（鉛、銀、銅或金製，或通常是銀製）在特別準備的紙或羊皮紙上作畫。銀尖筆可畫出很細的灰色線條，氧化後變成淺褐色，這種技巧最適合小型作品。金屬尖筆首先出現在中世紀的義大利，15世紀特別流行。最偉大的代表是畫家杜勒和達文西。17世紀由於鉛筆的興起而過時，18世紀又爲細密畫家所採用，因而再度流行。20世紀的畫家史戴拉仍使用這種筆。

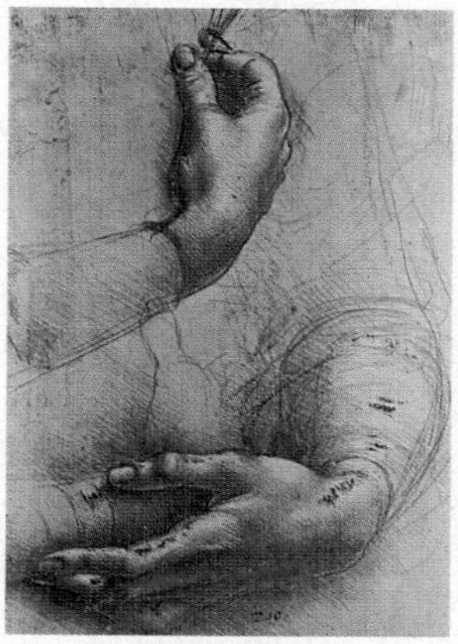

達文西的銀尖筆畫《手的研究》；現藏英格蘭伯克郡溫莎城堡

Reproduced by gracious permission of Her Majesty Queen Elizabeth II

metalanguage＊ 元語言 語言和邏輯學中，分析或描述對象語言（用於談論世界上事物的普通語言）的句子和構成時所使用的語言。元語言的概念是從20世紀的邏輯實證論者塔斯基（1902～1983）和卡納普發展而來的。

metallography＊ 金相學 研究金屬與合金組織結構的學科，特別指採用顯微鏡和X射線衍射技術進行的這類研究。光學與電子顯微鏡對金屬的表面和結構的觀察可以獲得有關金屬結晶、化學和機械構成的資訊。在電子顯微鏡下，常使用一束電子光而不是普通光線來爲標本照明。電子顯微鏡技術的提高使觀察超薄金屬片的內部結構成爲可能。X射線的衍射技術被用來研究同成組原子相關的現象。亦請參閱materials science、Sorby, Henry Clifton。

metallurgy＊ 冶金學 從礦石中提取金屬，並將其提煉以供使用的工藝。這一技術通常用於商業而非實驗，通常要考慮金屬的化學和物理性質、原子價和結構以及將其煉成合金的原理。金屬透過選礦和冶金兩個步驟可以從礦石中被提煉出來。在選礦過程中得出的礦物質被加工成金屬和合金，並做成適合使用的金屬塊。亦請參閱blast furnace、smelting。

metalogic＊ 元邏輯 對形式語言和形式系統的句法和語義所作的研究。與自然語言（如英語、俄語等）的形式處理有關，但不包括形式處理。元邏輯也使一些數學概念如公理的集合論、模型論和遞歸論（即研究用一個有限的級數可計算出的函數）得以明晰。

metalwork 金屬製品 用各種金屬製成的有用的和裝飾性的物品。最古老的技術是錘打。西元前2500年以後也開始使用澆鑄技術，將熔鑄的金屬倒入模子中，然後冷卻。之後又出現各種裝飾技巧。黃金和銀在古代就有加工，12世紀在這方面金銀的需求量很大，當時的金銀匠組成了行會。前哥倫布時期的美洲大陸就已有高品質的金銀飾物。古埃及人把銅拿來加工，17～18世紀的歐洲也廣泛使用銅製家用器具。古希臘人則廣泛使用青銅和黃銅。中世紀出現了白蠟盤和白蠟杯，一直流行到18世紀才被比較便宜的陶器和瓷器代替。16世紀以來熟鐵已被用來製作裝飾鏈、門和欄杆。遮蓋用的屋頂則習慣用鉛。

metamorphic rock 變質岩 由先存岩石變質所產生的岩石，這種變質是由於溫度、壓力和應力的變化而引起的。先存岩石可以是火成岩、沉積岩或其他變質岩。其結構和礦物學反映了產生這種岩石和母岩石構成的特殊變質作用型式。變質岩通常根據岩相形式分類，這是與某種溫度和壓力條件有關的可斷定的礦物集合體（參閱granulite facies）。

metamorphism 變質作用 固體岩石中的礦物學和結構變化，這種變化是由於處在不同於岩石最初形成時的地理條件下而發生的。通常不包括諸如擠壓這種表面情況所產生的變化。變質作用最重要的原因是溫度（150℃～1200℃）、壓強（10～幾百千巴）和應力。機械形變加上長時間小量溫度變化造成動態的變質作用。由於溫度升高及少許的應力差異引起接觸變質作用，這種變質作用是高度局部化的，可能相當快地發生。在一個大區域和一段長時間裡，總體上溫度和壓強升高，通常這種升高是息息相關的，這就導致區域性變質作用，就像在造山過程中所發生的那種。亦請參閱metamorphic rock。

metamorphosis 變態 生物學中，動物形態或結構的顯著發展變化，並伴隨有生理、生物化學和行爲的改變。最明顯的例子是昆蟲，它們有完全或不完全的變態（參閱nymph）。蝴蝶、蛾和其他昆蟲的完全變態有四個階段：卵、幼體、蛹和成蟲。從蝌蚪變成青蛙是兩生動物變態的典型例子。一些棘皮動物、甲殼動物、軟體動物和被囊動物也有變態。

metaphor 隱喻 辭格的一種，指原本表示一種物體或行爲的一個詞或片語被運用到別的地方，可標示這兩者之間的相似或類似處（如「船犁過大海」或「連珠炮似地咒罵」）。隱喻是一種暗含的比較（如「大理石面孔」），與明喻（如「臉色像大理石一樣白」）的清楚比較正好相反。隱喻通用於各種層次的語言，是詩歌中最基本的要素，在詩歌中，隱喻有很多功能，既可只標示一種相似，也可以當作詩歌的中心概念和起支配作用的形象。

Metaphysical painting 形上繪畫 義大利語作Pittura Metafisica。一種繪畫風格，主要流行於1910～1920年左右的義大利藝術家希里科和卡拉（1881～1966）的作品中。這項運動由德·希里科發起，其夢幻般作品中的強烈明暗對比常產生一種隱約的脅迫感和神秘色彩。希里科和他的弟弟薩維尼奧以及卡拉於1917年正式成立了這個流派並確定其宗旨。他們具表象性的而怪誕不和諧的作品形象產生了令人不安的效果，對1920年代的超現實主義具有重要的影響力。

Metaphysical poetry 形上詩 17世紀在英國發展出的一種高度理智化的詩歌。形上詩不太注重表達情感，而較強調分析感情，其特色是運用大膽獨創的奇想（如將表面上互不關聯的概念或事物突然聯繫在一起），複雜微妙的思想，不斷地使用反論，直截了當的戲劇語言和取自生活用語的韻律。但恩是最主要的形上詩人，其他還包括赫伯特、佛漢、馬威爾和科里等人。

metaphysics 形上學 哲學的分支，其目的在於確定事物的眞實本質，確定存在物的意義、結構和原理。在西方哲學史上，對形上學有四種看法：一、是對存在物（如精神和物質）的探求；二、是一種「實在」的科學，與「表象」相反；三、是對世界整體的研究；四、是第一原理（或本體）的理論。形上學的字面意義是「物理學之後」，曾被用於指亞里斯多德著作中亞里斯多德自稱的「第一哲學」那部分。亞里斯多德已爲哲學家區分了兩種任務：研究自然界以及存在於自然界和理性世界的特性，以及探求「存在」以及不動的物質、「不動的行動者」的特點。前一條組成「第二哲學」，主要在他的《物理學》中論述；第二條也叫做「神學」（因爲上帝是不動的行動者），在其著作《形上學》中有論述。

metasomatic replacement＊ 交代作用 同時發生溶解作用和沈積作用，從而使一種礦物取代另一種礦物的過程。能使木質石化（矽取代木纖維）、礦物形成假晶（代替原有礦物但保留原有礦物的外形特點的新礦物），或者礦體取代原先的岩石形式。交代礦物本身又可被交代，於是就建立了固定的礦物生成順序。交代礦床可能是最有價值的金屬礦床。

metastable state＊ 亞穩態 原子、核或其他系統的激發態（參閱excitation），比普通激發態的壽命要長，一般地比基態的壽命要短。可以把亞穩態看作是暫時的能量陷井，或者是以不連續的量丟失能量的系統中一種比較穩定的中間狀態。汞的許多光化學反應就是汞原子的亞穩態造成的。北極光和南極光所特有的綠色可以用亞穩態氧原子的輻射來解釋。

Metastasio, Pietro＊ 梅塔斯塔齊奧（西元1698～1782年） 原名Antonio Domenico Bonaventura Trapassi。義大利歌劇腳本作家。其養父替他改名，並留下足夠的錢使他能成爲詩人。他的第一部歌劇腳本《被遺棄的狄多》（1724）

獲得了極大的成功，不久紅遍義大利。隨後又寫出重要的腳本《恩齊奧》(1728)和《賽米拉米德》(1729)。查理六世曾邀請他到維也納擔任宮廷詩人。他的二十七部三幕劇腳本在18世紀和19世紀初被一些作曲家收入八百多部歌劇中，這些作曲家包括韋瓦第、韓德爾、葛路克、海頓、莫札特和凱魯比尼。

Metaxas, Ioannis＊ 邁塔克薩斯(西元1871～1941年) 希臘將軍和首相(1936～1941)。發跡於希臘軍隊，後來擔任參謀長(1913～1917)。他是頑固的君主派，1917年國王君士坦丁一世被迫退位時，他離開了祖國，1920年又返國。1923年君主制垮台後，他領導一個小型極端保皇的反對黨派，直到1935年君主復辟。1936年被任命爲首相，在王室的允許下建立獨裁統治。他鎮壓政治上的反對黨，也實施了一些有利的經濟和社會改革，第二次世界大戰中帶領希臘這個最團結的國家加入西方盟國集團。

Metcalfe, Ralph (Harold) 麥卡爾夫(西元1910～1978年) 美國短跑選手。生於亞特蘭大，長於芝加哥，馬奎特大學時代是一位卓越的運動員。在1932、1936年，他贏得兩面男子100公尺銀牌，分別以些微的差距敗給他的偉大競爭對手托蘭和歐文斯，1936年還同時與隊友共同拿下400公尺接力的奧運金牌。後來成爲美國的眾議員(1971～1979)。

Metchnikoff, Élie＊ 梅奇尼科夫(西元1845～1916年) 原名Ilya Ilich Mechnikov。俄國動物學家、微生物學家。1888年巴斯德聘請他到巴斯德研究所工作，1895年繼任巴斯德成爲所長。他在研究海星時發現其體中的有像變形蟲一樣的細胞，這種細胞能吞噬如細菌之類的外物。他確立了這種「噬菌細胞」(用希臘語「吞噬細胞」命名)是大多數動物抵抗急性感染的第一道防線。這種現象(即現在所說的「吞噬作用」)是免疫學的基本原理。1908年他和埃爾利希共獲諾貝爾獎。

梅奇尼科夫
H. Roger-Viollet

metempsychosis ➠ reincarnation

meteor 流星 亦作shooting star或falling star。當石質或金屬物質的粒子或小團塊進入地球大氣並因摩擦力而汽化時，在天空中出現的光芒。有時也指落下的物體本身，但更確切的稱呼是流星體。流星體的速度是音速的五倍或更多，而絕大多數都在高層大氣中燒盡，只有較大的流星體才可能殘留其熾熱的星體衝過大氣掉落地球表面而成一個固體(即隕石)。亦請參閱meteor shower。

meteor shower 流星雨 進入大氣層的許多流星體(參閱meteor)，沿相互平行的軌跡滑過，通常延續幾個小時或幾天。大多數流星雨來自彗星靠近太陽時釋放的物質，並且當地球每年穿過彗星軌道時定期出現。流星雨通常以與其相關的星座(如獅子座流星雨)或星星命名。大多數流星雨每小時可見十多顆流星，但偶爾會有更密集的流星體進入地球，如1833年的獅子座大流星雨，當時整個北美一夜之間就可看見成千上萬的流星。

meteorite 隕石 任何從行星際空間通過大氣層隕落到地面或其他行星體或月亮表面的分子、石塊或金屬物質(流星體)。其進入大氣的速度至少達到了11公里／秒，通常與大氣的產生足夠的摩擦力而汽化，產生一道亮光(流星)。雖然每年有大量的流星體進入大氣層，但只有其中的幾百顆能順利降落到地表。

meteorite crater 隕石坑 隕石與任何行星體碰撞所形成的凹洞。地球、月球、火星和其他行星及衛星上都發現有碰撞坑，因此碰撞坑可能發生在整個宇宙無防衛的行星或衛星表面。地球表面的碰撞坑比月球表面的少，部分原因是進入大氣層的小流星體與大氣層摩擦而燃燒精光。因此，地球表面的隕石坑要比進入地球的隕石的平均大小要大。

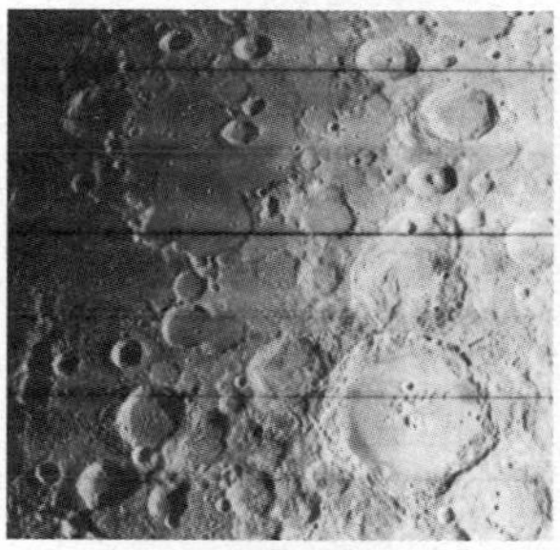

由「月球軌道環行器4號」攝得的月球表面的隕石坑
By courtesy of National Aeronautics and Space Administration

meteoritics＊ 隕石學 研究地球上採集到的隕石標本的化學及礦物構成，以及研究穿過大氣層的流星的學科。這些研究可提供關於隕石的年齡、形成條件、來源以及原來星球的地質史的一些資訊，包括小行星、火星和月球。這門領域的研究對瞭解太陽系的早期地質史尤爲重要。

meteorology 氣象學 研究大氣現象，尤其是對流層和較低的平流層的大氣現象。氣象學使對氣候的研究系統化，並研究天氣的形成原因，爲天氣預報提供科學的基礎。亦請參閱climatology。

meter 格律 在詩歌中，指一詩行的節奏形式。人們設想出各種不同原則，把詩句組織成有節奏的單元。音量詩體，即古典希臘和拉丁詩歌的格律，在朗讀音節時只管發音時間的長短，而不管他們是否重讀。長、短音節的不同配合構成基本的格律單元。音節詩體最常見於重音不明顯的語言，如法語和日語。它以一行詩中固定數量的音節爲基礎。重音詩體，出現在重音強烈的語言中，如日耳曼語。它只計詩行內重音或重讀音節的數目。重音－音節詩體是英文詩的常見格式，它把音節演算法和重音演算法結合起來。英詩中最常見的格律，即抑揚格五音步格，就是有十個音節或五個抑揚格音步的詩句。每一抑揚格音步都是一個非重讀音節後面跟一個重讀音節。自由詩則沒有遵循規則的韻律形式。亦請參閱prosody。

meter 公尺 公制與國際單位制中的基本長度單位。1983年國際計量大會決定將光速定義爲299,792,458公尺／秒，因此現在的公尺就成爲光在眞空中1/299,792,458秒的時間內行程的長度。在美國的長度單位中，1公尺相當於39.37吋。

meter 節拍 ➠ rhythm and meter

methadone＊ 美沙酮 有機化合物、一種強效合成的麻醉性鎮痛藥藥品，對治療海洛因或其他麻醉藥毒癮極爲有效(參閱drug addiction)。從1960年代開始廣泛應用在美國的海洛因毒癮治療計畫。雖然美沙酮本身也可令人成癮，但是比海洛因戒除得更容易。美沙酮無欣快作用，也不會產生藥物抵抗作用，因此不必增加劑量。每日服用可使海洛因成癮者避免經歷脫癮症狀，並能抑制患者對海洛因的渴望，因此可打破成癮者對海洛因所產生的心理依賴效果。

methanal 蟻醛 ➠ formaldehyde

methane 甲烷 亦稱沼氣（marsh gas）。一種有機化合物，分子式CH_4，無色，無臭的氣體，自然界存在於天然氣中（在煤礦中稱作沼氣），是在沒有氧氣的條件下細菌分解植被生成的（包括在牛或其他反芻動物的瘤胃中發生的）。甲烷是烷烴中最簡單的成員，很容易燃燒，在足夠的氧氣中生成二氧化碳和水，氧氣不充分時生成一氧化碳。空氣中若混有5～14%的甲烷就有爆炸的危險，已經造成了許多礦井災難。甲烷的主要來源是天然氣，但也可以用煤來生產。甲烷儲量豐富，價格便宜，又乾淨，所以廣泛用作家庭、商業設施以及工廠的燃料。作為一種安全措施，在甲烷中摻入痕量的有味氣體以便辨識。甲烷也是許多工業材料的原料，包括肥料、炸藥、甲醇、氯仿、四氯化碳以及碳黑等。甲烷是甲醇的主要來源。

methanol 甲醇 亦稱methyl alcohol或木醇（wood alcohol）。是醇類化合物中最簡單的一種，化學式CH_3OH。曾經將木材進行破壞性的乾餾來生產甲醇，現在通常用天然氣中的甲烷來製取。甲醇是一種重要的工業材料，它的衍生物大量用於製作各種化合物，其中有許多重要的合成染料、樹脂、藥物和香水。甲醇也用作汽車的防凍劑、火箭的燃料以及溶劑。甲醇是揮發性和爆炸性的。它是一種清潔燃燒的燃料，可能取代（至少部分取代）汽油。甲醇也用來使酒精變性而不能飲用。它是一種劇毒品，飲用甲醇會造成失明甚至死亡。

methionine* 甲硫氨酸 一種含硫的基本氨基酸，在許多普通蛋白質裡都存在，在卵白蛋白中尤為豐富。它用於製藥、營養食品，以及當作一種營養補充以及飼料添加劑。

Method acting ➠ Stanislavsky method

Methodism 循道主義 18世紀在英國由衛斯理發起的新教運動。衛斯理原是聖公會牧師，1738年曾有過一次「顯靈」經驗，確信自己獲得救恩，不久就開始在戶外佈道。循道主義起初是以振興英國國教的運動為開始，1795年正式脫離聖公會。循道派的組織良好的教會統治體系把強大的中央集權與有效的地方機構和雇用非專業牧師結合起來，特別受到工業區工人階級的歡迎，並在19世紀迅速傳播開來。1784年美國成立了美以美會，循道宗巡迴佈道員在偏遠地區吸收了許多信徒。英國和美國得循道宗傳教士自此將循道主義傳播到全世界。其教義強調聖靈的力量，建立個人與上帝的關係，禮拜儀式從簡，且關懷下層民衆。

Methodius, St. 聖美多迪烏斯 ➠ Cyril and Methodius, Saints

Methuselah* 瑪士撒拉 《舊約》提到的牧首，活到969歲。瑪士撒拉是伊諾克之子，在〈創世記〉中他是亞當與夏娃生下該隱之後所生的賽特的後裔。據說他是世界上最長壽的人。瑪士撒拉是拉麥的父親，諾亞的祖父。他的子孫包括亞伯拉罕、雅各和大衛。

metics* 客籍民 希臘語作metoikos。古代希臘的外籍居民，包括解放的奴隸。在雅典，他們代表1/3的自由人口，但是沒有完整的公民身分。他們繳納少量的稅，享受法律的保護和盡大部分的公民義務，包括資助公共基金、出資辦理慶典節日、服兵役，但是不能與公民結婚和擁有土地。除斯巴達外，大多數城邦都有客籍民。

Métis* 混血人 在加拿大歷史上，印第安人與法國人或蘇格蘭人的混血兒。第一批混血人是當地印第安婦女與紅河地區（今馬尼托巴省南部）經營毛皮生意的歐洲商人所生的子女。半個多世紀以來，他們形成了自己獨特的生活方式，逐漸把自己當作一個民族。1869年混血人抵抗加拿大人占領西北地區，在里爾的領導下建立了臨時政府，1870年與加拿大談判聯合問題，建立了馬尼托巴省。如今在加拿大西部約有十萬名混血人。

metric space 度量空間 數學中指一組帶有距離概念的物件的集合。可以把這些物件想成是空間中的點，兩點之間的距離由距離公式給定。於是：（1）只有當A和B是重合的時候，A到B的距離才為零，（2）從A到B的距離與從B到A的距離相同，（3）從A到B的距離加上從B到C的距離大於或等於從A到C的距離（即三角不等式）。二維和三維的歐幾里德空間是度量空間。另外，內乘空間、向量空間以及某些拓撲空間（參閱topology）等也都是度量空間。

metric system 公制 以公尺（m）為長度基準和以公斤（kg）為質量基準的國際十進位度量衡制，1795年由法國率先採用。其他的公制單位都是從公尺衍生出來的，包括重量上的克（g，即1立方公分的水在最大密度下的重量）和容積上的公升（l或L，即0.0001立方公尺）。在20世紀，公制成為國際單位制的基礎，現今幾乎在全世界都獲得正式使用。

metrical foot ➠ foot, metrical

Metro-Goldwyn-Mayer, Inc. ➠ MGM

metrology* 計量學 測量上的科學。測量一個量意味著確定它與同類型的某一不變數（稱為單位）的比值。一個單位是一個抽象的概念，通常以一個隨意選擇的事物或某一自然現象來作為標準。如公尺是公制的長度標準，以前（1889～1960）被定義為在確定的某兩條金屬槓之間的距離，但現在卻按光在真空中1/299,792,458秒的時間內行程的長度來定義。亦請參閱International System of Units。

Metropolitan Museum of Art 大都會藝術博物館 美國收藏最全面的藝術博物館，也是世界最重要的博物館之一。1870年在紐約市成立，現在位於第五大街中央公園的建築是在1880年開放的。大部分中世紀藝術品陳列於曼哈頓特賴恩堡公園的修道院，其建築（1938年開放）由中世紀的修道院和教堂兩部分組成。大都會藝術博物館原由富商捐贈而蓋成，現為紐約市所有，但主要由私人捐款維持運作。藏有埃及、美索不達米亞、遠東和近東、希臘和羅馬、歐洲、前哥倫布時期和美國的重要藝術品，包括繪畫、雕刻、素描、版畫、建築、玻璃器皿、陶瓷器、紡織品、金屬製品、家具、武器、盔甲和樂器。設有一個服裝館和湯瑪斯·華生圖書館（是全世界收藏藝術和考古書籍最完善的圖書館之一）。

Metropolitan Opera 大都會歌劇院公司 紐約最古老的歌劇公司，成立於1883年。最初由一些未能在音樂學院取得席位的百萬富翁成立，後來地位逐漸提高，宛如美國的史卡拉歌劇院，並吸引了世界上第一流的歌唱家來此駐唱。最初坐落於百老匯39號大街，1966年遷至新落成的紐約林肯表演藝術中心。

Metsys, Quentin* 馬西斯（西元1465～1530年） 法蘭德斯藝術家。按照家傳學習鐵匠技藝，但在與一位藝術家的女兒談戀愛後開始學畫。1491年獲准加入安特衛普畫家行會。最著名的畫是兩件大型三聯祭壇畫，一是《神聖親眷》（1507～1509），一是《埋葬基督》（1508?～1511），兩者均表現出強烈的宗教感情和細節的精確性。還畫過許多著名的肖像畫，包括友人伊拉斯謨斯。他是安特衛普畫派第一位重要畫家，也是第一個達成北歐和義大利文藝復興傳統眞正結合的人。

Metternich(-Winneburg-Beilstein), Klemens (Wenzel Nepomuk Lothar), Fürst (Prince) von＊　梅特涅（西元1773～1859年）　奧地利政治家。曾擔任奧地利駐薩克森外交使節（1801～1803）、駐柏林大使（1803～1805），以及駐巴黎大使（1806～1809）。1809年被法蘭西斯一世任命爲外交大臣，並擔任此職位一直到1848年。他協助促成了拿破崙同法蘭西斯的女兒瑪麗－路易絲之間的婚姻。他還透過老練的外交技能和謊言使奧地利在普法戰爭（1812）中保持中立，在最終同普魯士和俄國結爲聯盟（1813）之前保持了奧地利的實力。國王十分感謝梅特涅在外交上卓越的成就，將他封爲世襲的親王。梅特涅也是維也納會議的組織者（1814～1815），他使歐洲各國之間維持均勢，從而確保了政府之間的穩定。1815年以後，他極力反對自由主義思想和革命運動。在1848年革命後被迫辭職。他因重建了奧地利在歐洲的勢力而被人們稱頌。

Metz＊　梅斯　法國東北部城市。取名自將此地當作首府的一個高盧部落梅迪奧馬特里希人。後來羅馬人在此設防。4世紀成爲主教管區。5世紀由法蘭克人統治，843年成爲洛林的首府。在神聖羅馬帝國統治下發展爲自由城市，經濟漸趨繁榮。1552年被法國人占領，1648年正式併入法國。1871年落入德國之手，但在第一次世界大戰後歸還法國。魏倫誕生於此。人口約124,000（1997）。

梅斯的舊城門「德意志門」
P. Salou－Shostal

Meuse River＊　默茲河　荷蘭語作Maas。西歐河流。發源於法國東北部，向北流經比利時，形成比利時和荷蘭的部分邊界。在荷蘭的芬洛分成兩支：一支注入荷蘭運河（通向北海的出海口）；另一支與瓦爾河匯合成梅爾韋德河，最後注入北海。全長950公里，是西歐重要的水路。其河谷曾是第一次世界大戰中戰事激烈的戰場。第二次世界大戰中德國人橫渡此河是入侵法國（1940）的關鍵。

mews　馬廄；馬車房　特別是在17～18世紀的倫敦，在房屋背後通常建有一排馬廄和停放馬車的房屋，其上方並搭建起居之處。大部分已經轉化爲現代化的寓所。這個詞原本是用來指涉，倫敦的皇家馬廄是建造曾經是國王的獵鷹換毛（蛻毛）時所待之處。

Mexicali　墨西卡利　墨西哥西北部下加利福尼亞州首府。位於下加利福尼亞州東北部的墨西卡利谷地（美國帝王谷的延伸部分）。跨越美墨邊境與美國加州的卡萊克西科相鄰。城名是由墨西哥和加州兩個地名的前兩個音節組成，象徵兩國友誼。城市經濟以旅遊、加工和長絨棉、水果、蔬菜和穀物的銷售爲主。市內設有下加利福尼亞自治大學。人口約602,000（1990）。

Mexican process　墨西哥法 ➠ patio process

Mexican Revolution　墨西哥革命　1910～1920年墨西哥各派系之間的長期鬥爭，起因於普遍不滿迪亞斯的精英主義和寡頭政治而展開推翻的行動。馬德羅、比利亞、奧羅斯科和薩帕塔聚集了大批支持者，1911年宣布馬德羅爲總統，但他的改革步調太慢使先前的同盟和夥伴們都與之疏遠。他後來被韋爾塔將軍罷黜，但韋爾塔本身酗酒而專制獨裁的統治很快遭到比利亞、奧夫雷貢和卡蘭薩的反對。1914年卡蘭薩不顧比利亞的反對宣布自己爲總統，並透過後來的流血鬥爭取得了勝利。他監督起草了1917年的自由憲法，但在重要條款的實施方面做得很少。1920年卡蘭薩在叛亂中逃亡時被殺。在主張改革的奧夫雷貢當選總統後，革命時期結束，但零星的衝突一直到1934年卡德納斯上台後才停歇。

Mexican War　墨西哥戰爭　亦稱美墨戰爭（Mexican-American War）。美國和墨西哥在1846～1848年間發生的戰爭。起因於1845年美國併呑德克薩斯後所發生的一場邊界糾紛。墨西哥聲稱德克薩斯的南部邊界是努埃塞斯河，而美國則堅持是格蘭德河。當墨西哥拒絕斯利德爾祕密協商糾紛和用3,000萬美金購買新墨西哥和加利福尼亞的要求後，總統波克派遣泰勒將軍率領部隊進占兩河之間有爭議的地區。1846年4月墨西哥軍隊越過格蘭德河襲擊泰勒的軍隊，美國國會在5月通過了宣戰的決議。泰勒接獲進攻墨西哥的命令後，在1847年2月的布埃納維斯塔戰役奪占了蒙特雷並擊潰聖安納所帶領的大批墨西哥人軍隊。波克後來命令司各脫將軍從海路繞到韋拉克魯斯，占領該市，並進軍內陸逼近墨西哥城。司各脫照原定計畫前進，在塞羅戈多和孔特雷拉斯遭遇墨西哥的反抗軍隊，於同年9月攻陷墨西哥城。墨西哥於是簽署了「瓜達盧佩伊達爾戈和約」，割讓的土地範圍包括現今新墨西哥、猶他、內華達、亞利桑那、加利福尼亞、德克薩斯和科羅拉多等州幾乎全部的土地。在這場戰爭中，約有13,000名美國士兵傷亡，其中1,700人是因疾病身亡。這場戰爭將泰勒將軍造就爲國家英雄，並重新開啓「密蘇里妥協案」中已獲解決的擴張奴隸制議題。

Mexico　墨西哥　西班牙語作México。正式名稱墨西哥合衆國（United Mexican States）。美洲南部共和國。東北部的格蘭德河與美國爲界。面積1,958,201平方公里。人口約99,969,000（2001）。首都：墨西哥城。約3/5到墨西哥人口是梅斯蒂索，1/3爲美洲印第安人，其餘爲歐洲人後裔。語言：西班牙語（官方語）；逾五十種印第安語。宗教：天主教。貨幣：墨西哥披索（Mex$）。墨西哥有兩個半島，東南

墨西哥1917年以來歷任總統

總　統	任　期	總　統	任　期
卡蘭薩＊	1917～1920	科蒂內斯	1952～1958
韋爾塔	1920	洛佩斯·馬特奧斯	1958～1964
奧夫雷貢	1920～1924	迪亞斯·奧爾達斯	1964～1970
卡列斯	1924～1928	阿爾瓦雷斯	1970～1976
吉爾	1928～1930	洛佩斯·波蒂略	1976～1982
魯維奧	1930～1932	馬德里	1982～1988
羅德里格斯	1932～1934	薩利納斯·德戈塔里	1988～1994
卡德納斯	1934～1940	塞迪略	1994～2000
阿維拉·卡馬喬	1940～1946	福克斯	2000～
阿萊曼	1946～1952		

＊早在1914年即已登上總統之位

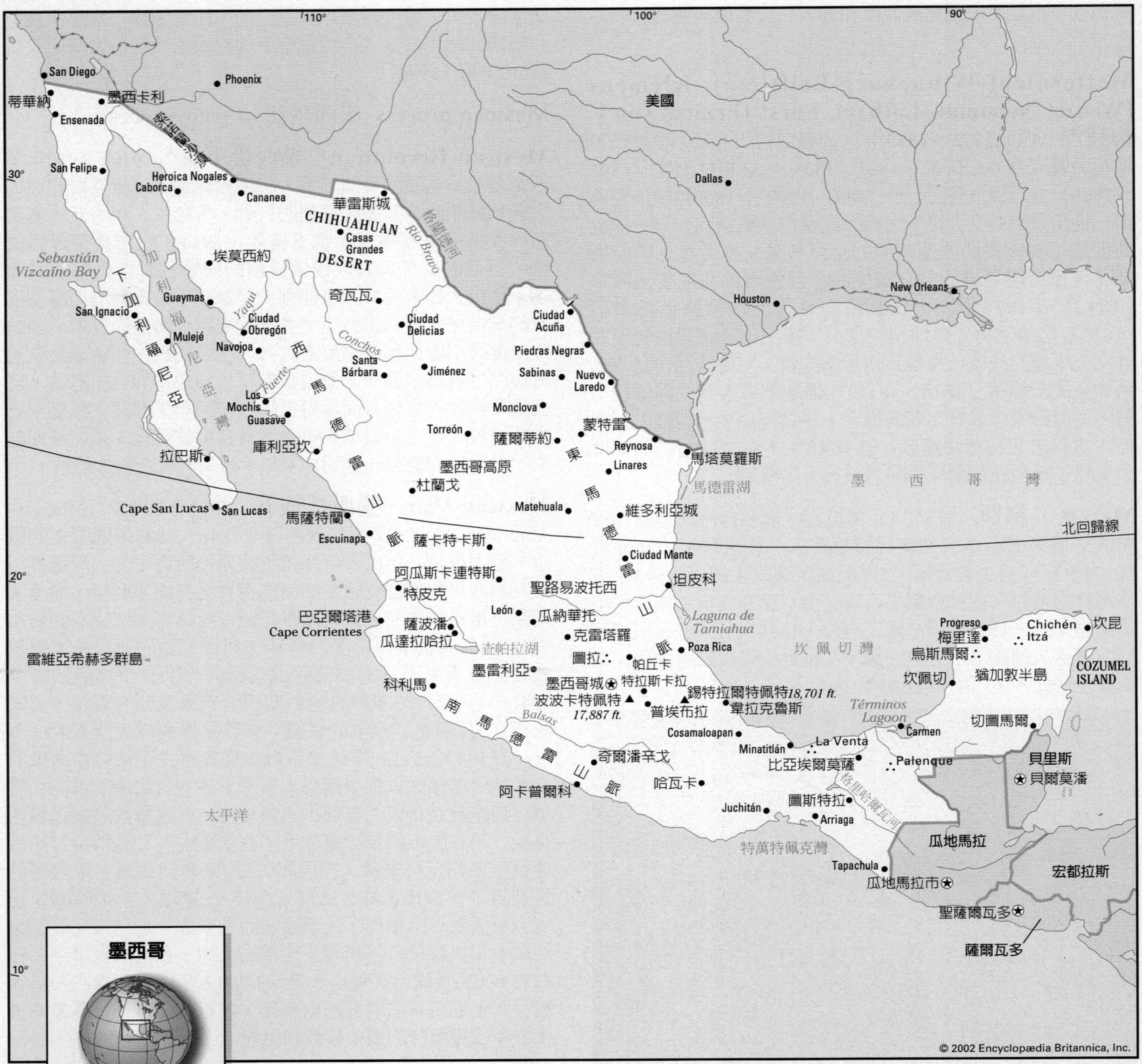

方的猶加敦半島和西北方的下加利福尼亞半島。墨西哥高原形成該國的核心地區，四周被山嶺環抱：西馬德雷山脈、東馬德雷山脈和科迪勒拉新火山，後者有該國最高峰錫特拉爾特佩特峰。墨西哥的混合經濟以農業、製造業和煉油為主。約1/8的土地是可耕地，主要的作物有玉蜀黍、小麥、稻米、豆類、棉花、水果和蔬菜。為世界最大銀、鉍、天青石產國，而其原油儲量占世界第七位。製造業包括了食品加工、化工、運輸車輛和電機製品。政府形式為共和國，兩院制。國家元首暨政府首腦是總統。該地區在兩萬多年前就有人定居，西元100～900年發展出許多偉大的文明，包括奧爾梅克人、托爾特克人、馬雅人以及阿茲特克人。1521年西班牙探險家科爾特斯征服了阿茲特克人，在阿茲特克人的首都特諾奇蒂特蘭的位置上建起了墨西哥城。1526年蒙特霍征服了馬雅文明的剩餘部分，墨西哥成為新西班牙總督轄區的一部分。1821年造反者們通過談判脫離西班牙而獨立，1823年新國會宣布墨西哥為共和國。1845年美國通過投票決定兼併德克薩斯，開始了墨西哥戰爭。根據1848年的「瓜達盧佩伊達爾戈和約」，墨西哥割讓了大片領土，即如今美國的西部和西南部。19世紀末和20世紀初，墨西哥政府承受了數次造反和內戰（參閱Mexican Revolution）。第二次世界大戰期間，墨西哥向軸心國宣戰（1942），戰後，它是聯合國（1945）和美洲國家組織（1948）的創建成員。1993年它批准了北美自由貿易協定。2000年福克斯贏得了大選，結束了革命制度黨七十一年的統治。

México＊ 墨西哥 墨西哥中部一州，範圍幾乎整個環繞了聯邦區和墨西哥城。有多處被西班牙人征服前的遺址，包括特納尤卡、馬里納爾科和特奧蒂瓦坎。墨西哥州海拔超過3,000公尺，氣候涼爽。是全墨西哥人口最稠密的一州。經濟以農業和製造業為主。首府托盧卡。面積21,355平方公里。人口約12,222,891（1997）。

Mexico, Gulf of 墨西哥灣 北美東南海岸海灣。經佛羅里達海峽可與大西洋相連，經猶加敦海峽則與加勒比海相通。面積1,550,000平方公里，美國、墨西哥和古巴三國瀕臨此海灣。最深點在墨西哥海盆，深5,203公尺。灣流從加勒比海進入墨西哥灣，再流出到大西洋。密西西比河和格蘭德河是注入該海灣的主要河流。主要港口有墨西哥的韋拉克魯斯－拉夫，美國的加爾維斯敦、紐奧良、朋沙科拉和坦帕。

Mexico, National Autonomous University of　墨西哥國立自治大學　由墨西哥政府資助的大學，1551年成立於墨西哥城。原校舍建於1584年，1910年遭破壞，1954年遷至新址。1553～1867年學校由天主教會管理。1867年以後，政府建立了獨立的法學院、醫學院、工程學院和建築學院。1929年學校獲得行政管理自治權。現今設有範圍廣大的各類學術和專業的課程。註冊學生人數約270,000人。

Mexico City　墨西哥城　正式名稱Ciudad de México, D. F.。墨西哥聯邦區首府，海拔約2,240公尺，是世界最大和發展最快速的大都會之一。其出產的工業產品約占全國的1/3。位於一塊古老的湖床上，是阿茲特克人首都特諾奇蒂特蘭的舊址所在，1521年西班牙的探險家科爾特斯占領之。在殖民地時期爲新西班牙總督轄區的首府。1821年墨西哥革命軍在伊圖爾維德將軍的領導下占據該城，墨西哥戰爭期間爲美國人奪占（1847），1863～1867年被馬克西米連帶領的法國軍占領。在迪亞斯在位期間大爲發展。1985年發生的一次強震造成9,500人死亡。舊城市中心在索卡洛，有很多歷史建築，包括大都會大教堂（建在一座阿茲特克人神廟舊址上）和國家宮殿（建在蒙提祖馬二世宮殿的廢墟上）。教育機構包括墨西哥國立自治大學（1551）、墨西哥學院和伊比利亞－美洲大學。面積1,479平方公里。人口：都會區約16,560,000（1995）。

Meyer, Adolf＊　邁耶（西元1866～1950年）　瑞士出生的美國精神病學家。1892年移民至美國，後來主要任教於霍普金斯大學（1910～1941）。他提出了一種有關人類行爲的概念，稱作行爲整體學或心理生物學，整合了心理學和生物學的研究。邁耶強調精確的病史的重要性，在弗洛伊德的理論廣被接受之前就提出兒童期的性情感可以促成嚴重的心理問題，確定精神病基本上由人格障礙引起，而非由腦病理變化引起。他認識到社會環境在精神障礙的形成中的重要性，於是他的妻子開始拜訪病患的家庭，成爲第一個嘗試的精神病社會工作。

Meyerbeer, Giacomo＊　梅耶貝爾（西元1791～1864年）　原名Jakob Liebmann Meyer Beer。德國和法國作曲家。爲天文學家威廉·比爾（1797～1850）和劇作家麥克·比爾（1800～1833）的兄弟。早期以鋼琴演奏出名。到義大利學習聲樂創作後，他寫出的義大利歌劇受到極大的回響。約1825年移居巴黎，與斯克里布合寫腳本。他的《惡魔羅貝爾》（1831）從初演開始就獲得極大的成功。後來的大型歌劇也成爲國際保留曲目的一部分：《胡格諾派教徒》（1836）、《先知》（1849）和《非洲女郎》（1864）。作曲家華格納出於嫉妒和反猶情緒而批判梅耶貝爾摒棄德國音樂，導致多年以來大家忽視了梅耶貝爾的作品，但無可否認的是，梅耶貝爾對威爾第和華格納本身都產生了巨大影響。

Meyerhof, Otto＊　邁爾霍夫（西元1884～1951年）　德國生化學家。他對糖酵解的研究雖在後來還須加以修改，但仍對理解肌肉作用做出基礎性的貢獻。1922年因研究肌肉變形而與希爾（1886～1977）共獲諾貝爾獎。主要著作有《生命現象的化學動力學》（1924）。

Meyerhold, Vsevolod (Yemilyevich)＊　邁耶霍爾德（西元1874～1940?年）　俄國戲劇製作人和導演。1898年開始在莫斯科藝術劇院演出，並提出了象徵性戲劇的前衛派理論。他反對史坦尼斯拉夫斯基的自然主義，執導了一些非具象派風格的戲劇，後被稱爲有機造型術。1908年以後在聖彼得堡導演戲劇，著重於即興喜劇和亞洲戲劇。所導演的最著名戲劇是《尊貴的戴綠頭巾的人》（1920）和出品的具有爭議性的作品《黑桃皇后》（1935）。邁耶霍爾德由於其藝術性格和反對社會主義的寫實主義而受到蘇聯評論家的批判，1938年被捕入獄，後來可能被處死。

mezzotint＊　美柔汀法；磨刻凹版法　源自義大利語，意爲「中間色」。指在金屬版表面上有系統而均勻地刻刺出無數個可容受油墨的細孔，印刷後可產生一些大面積的柔美細膩的色調濃淡層次。雕刻或蝕刻的線條可以使整個畫面更爲鮮明。這種畫法是由17世紀的荷蘭畫家西根所發明，但之後主要盛行於英國。這種方法適合彩色印刷，因此成爲複製畫作的理想技法。發明攝影術後，這種方法便很少使用了。但是近幾年來這種技巧又開始盛行，尤其是在美國和日本版畫家中最爲流行。

Mfecane＊　姆菲卡尼　意爲「決定性的」。19世紀初非洲祖魯人和恩古尼人之間的一系列戰爭，迫使人口大遷移，造成南部和中部非洲的人口統計、社會和政治結構的改變。由恰卡領導的祖魯人軍事王國的崛起引起，在乾旱、社會動盪和貿易競爭的背景下發生。種族之間相互撕殺，且範圍越來越大，導致大批難民的產生，以及巴蘇陀人、加薩人、恩德貝勒人和史瓦濟人等民族紛紛建立了新王國。

MGM　米高梅影片公司　全名Metro-Goldwyn-Mayer, Inc.。美國企業和電影製片廠。1920年電影院老闆與發行人洛伊買進米特羅影片公司，該企業即告成立，1924年與高德溫製片公司合併，1925年加進梅耶影片公司。梅耶擔任行政主管達二十五年之久，聘有製片經理索爾伯格協助他。1930年代和1940年代爲其顛峰時期，旗下幾乎簽了所有好萊塢的銀幕紅星。所拍攝的熱門影片包括《大飯店》（1932）、《大地》（1937）、《費城故事》（1940）、《煤氣燈下》（1944）、《柏油森林》（1950）、《賓漢》（1926～1927,1959）、《齊瓦哥醫生》（1965）、《2001太空漫遊》（1968）等。米高梅公司尤以拍攝豪華大場面的音樂歌舞片著稱，包括《綠野仙蹤》（1939）、《復活節遊行》（1948）、《錦城春色》（1949）、《花都舞影》（1951）、《萬花嬉春》（1952）、《金粉世界》（1958）。1950年代公司開始走下坡，1970年代賣掉許多資產，並開始兼營旅館和賭場等多角化經營，後來併入聯美公司，改稱MGM/UA Entertainment。1986年爲特納所收購，他再賣掉一些製片和發片單位。由於各種股權的交易轉讓導致1992年被里昂信貸銀行收購，它恢復了米高梅影片公司原名。後來又賣給了特瑞新達企業。

MI-5　英國安全局　全名Military Intelligence (Unit 5)。英國安全局。1909年爲對付德國的間諜活動而設立，1931年增加維護國家安全的更廣泛的責任，包括顛覆國際共產主義支部和後來的法西斯主義。現今「安全法案」（1989）是其法律基礎。MI5是英國國內安全情報機構，其目的是要防止恐怖主義、間諜活動和顛覆活動對英國的威脅。「安全法案」通過（1996）以後，又擴及支援執法機構打擊有組織的犯罪活動。

Miami　邁阿密人　操阿爾岡昆語的印第安人，曾居住在威斯康辛州和俄亥俄州之間各地，最後定居於印第安納州。主食是玉米，也獵捕野牛。每個村落有一些草蓆覆蓋的房屋和一座用於開會及舉行儀式的大房子。有一個祕密的藥師會，舉行儀式，旨在確保部落的安寧。19世紀，邁阿密人的大部分土地都割讓給美國，只在印第安納州保留一群邁阿密人，其他人則遷至俄克拉馬荷州的保留地。現今僅剩約五百人。亦請參閱Little Turtle。

L M N

Miami 邁阿密 佛羅里達州東南部城市（2000年人口約362,470），位於邁阿密河口的比斯坎灣。爲美國大陸東南端的大城市，擁有一條長11公里的海灘。1567年在其附近建立一個西班牙傳教團，但直到1835年美軍建立達拉斯堡以驅趕塞米諾爾印第安人至西部，才開始有永久定居點。1896年鐵路的修通刺激邁阿密的發展，同年設建制。邁阿密曾幾度遭颶風破壞，以1926、1935年的兩次最嚴重。1959年以來，遷來的古巴難民已近三十萬，並在市內建立了「小哈瓦那」。邁阿密是旅遊勝地和退休休養中心，其港口運送了世界上最大一批郵輪乘客。邁阿密也是銀行業中心。教育機構包括邁阿密大學和佛羅里達國際大學。

Miami, University of 邁阿密大學 美國私立大學。位於佛羅里達州科勒爾蓋布爾斯，創辦於1925年。設有十四個學院，提供綜合性大學部、研究所及專科班課程，包括醫學、法學、建築、海洋及氣候科學等學院。重要研究機構包括老年、未來及國際研究，分子及細胞演化等研究中心。現有人數約14,000人。

Miami Beach 邁阿密海灘 美國佛羅里達州東南部城市。位於一座島嶼上，與邁阿密市隔比斯坎灣相望。1912年以前這裡還是一片紅樹林沼澤，柯林斯和費施爾首先在這裡發展房地產並建立了一座跨海大橋。該地區經疏浚成爲島嶼，面積19平方公里，有13公里長的海灘。該市於1915年設建制，現爲繁華的四季旅遊地和會議中心。與邁阿密通有幾座堤道，以裝飾藝術建築著稱。人口約95,000（1996）。

Miami University 邁阿密大學 美國俄亥俄州公立大學。位於牛津市，創建於1809年，因瀕臨邁阿密河而命名。提供大學部及研究所課程，包括人文、科學、商學管理等。另有兩所分校，但只頒授副學士學位。校內重要機構有馬戛菲博物館，是國家級的歷史遺址。現有學生人數約16,000人。

Miao ➠ Hmong

Miao-Yao languages ➠ Hmong-Mien languages

mica＊ 雲母 一種含氫氧根鉀和鋁矽酸鹽礦物，結構上有兩層。一種種類非常豐富的雲母是白雲母，另兩個常見的是黑雲母和金雲母。雲母廣泛應用於各種工業，含鋼很少的雲母可用做器皿或電容器的隔熱或隔電的絕緣材料。磨碎的雲母一般用在壁紙、屋面用紙和油漆的製造，也可用作潤滑劑、吸附劑和包裝材料。

mica, black ➠ biotite

Micah＊ 彌迦（活動時期西元前8世紀晚期） 《舊約》中十二小先知之一，傳統上認爲是〈彌迦書〉的作者。（他的預言書在猶太教正典中是較大的「十二先知書」的一部分。）彌迦很可能於西元前721年以色列的北方王國陷落前就開始預言。現代學者通常將〈彌迦書〉最初三章，預言神將對那些崇拜偶像與不公正的領導者而作的判決，歸之於彌迦所著。該書其餘的大部分則許諾，將在錫安建立和平王國，其撰成日期可能定位在數世紀之後。

Michael 米迦勒 《聖經》和《可蘭經》中的天使長之一。是天神的統帥，早期基督教軍隊召喚他來對付異教。基督教傳統認爲人死後靈魂將會由米迦勒陪同去見上帝。在藝術作品中，米迦勒是勇士，手執劍降服了巨龍。他的齋戒日爲9月29日，在英國被稱作Michaelmas。亦請參閱Mikal。

Michael 米哈伊（西元1921年～） 羅馬尼亞國王。卡羅爾二世之子，曾一度被剝奪王位繼承權（1926），後在三位攝政王的監督下即位。他在1930年重新登上王位，後被降爲王儲。1940年卡羅爾遜位後重登王位，但實際上不過是軍事獨裁者安東內斯庫的傀儡。1944年竭力抵抗新興的共產黨勢力，但在1947年被迫退位。他流亡瑞士，在一家美國經紀公司擔任經理。

Michael 米哈伊爾（西元1596～1645年） 亦稱Michael Romanov。俄語作Mikhail Fyodorovich Romanov。俄國沙皇（1613～1645）和羅曼諾夫王朝的創始人。在其統治前期由母后的外戚執掌朝政，在俄國建立起國家秩序，分別同瑞典（1617）和波蘭（1618）進行和平談判。1619年其父從波蘭獲釋歸國，與其共同執政。他的父親掌握了政權，同西歐加強聯繫，並加強了中央集權，實行農奴制度。1633年其父去世後，母后的外戚再度掌權。

Michael VIII Palaeologus＊ 邁克爾八世・帕里奧洛加斯（西元1224?～1282年） 尼凱亞皇帝（1259～1261）和拜占庭皇帝（1261～1282），帕里奧洛加斯王朝的開國皇帝。1258年被指派爲狄奧多爾二世的六歲兒子的攝政後，他篡奪王位，刺瞎了小王子。他從拉丁人手中收復君士坦丁堡（1261），同教宗合作對付他的敵人，1274年將羅馬和希臘的教會短暫統一（參閱Lyon, councils of）。1281年新任教宗馬丁四世將他逐出教會，同安茹的查理一同計畫攻打拜占庭，討伐主張分裂的希臘。西西里晚禱事件阻止了查理的遠征，使拜占庭免於再度被拉丁人控制的厄運。

Michael Cerularius＊ 米恰爾・色路拉里烏斯（西元1000?～1059年） 君士坦丁堡的希臘正教會牧首（1043～1058）。他反對君士坦丁九世・莫諾馬庫斯企圖聯合拜占庭和羅馬帝國來對付諾曼人，並關閉了在君士坦丁堡的拉丁教會，因其拒絕使用希臘語和希臘正教禮拜儀式（1052）。當米恰爾和聖利奧九世派來的使節談判失敗後，雙方都宣布將對方逐出教會，開始了1054年教會分裂。米恰爾逼迫君士坦丁支持分裂，但在1058年君士坦丁的繼承者把他流放。

Michaelis-Menten hypothesis＊ 米夏埃利斯－門滕二氏假說 1913年首次被提出的一種假說，對酶催化反應的速度及大略機制作的全面的解釋。假說認爲在酶和其底物（生成產物的物質）之間能迅速而可逆地形成一個複合物。還認爲產物形成的速度與複合物的濃度成正比。當底物濃度很高時，反應速度達到最快。這些關係是研究酶的全部基礎，也已應用於研究物質通過細胞膜時載體對之有何影響。

Michelangelo (di Lodovico Buonarroti) 米開朗基羅（西元1475～1564年） 義大利雕塑家、畫家、建築師和詩人。出生於佛羅倫斯共和國的卡普雷塞，曾在佛羅倫斯短期隨吉蘭達約當學徒，後來開始爲麥迪奇製作第一座雕像，後來又作了好幾個。1492年麥迪奇死後，他前往波隆那，後至羅馬。他製作了《酒神》（1496～1497），建立起聲譽，進而接受《聖母憐子圖》的委託（現藏聖彼得大教堂），這是他晚年的傑作，作品證明他有能力利用一塊大理石雕出兩個分立的人形。他的《大衛》（1501～1504，受佛羅倫斯大教堂的委託）至今仍被視爲文藝復興時期理想中完美人類的最高典範。另一方面，他還製作了幾座私人委託的聖母像，還有贏得舉世讚賞的唯一的架上繪畫《聖家族》。受到野心勃勃的雕塑計畫（他總是沒有完成）的吸引，他不情願地接下西斯汀禮拜堂的天花板繪畫工作（1508～

1512）。第一個場景描述諾亞方舟的故事，相當穩健而規模很小，但隨著工作進行，他信心漸增，而較後來完成的場景顯示出大膽而繁複的心思。他在佛羅倫斯麥迪奇禮拜堂（亦由他設計）的墳墓人像（1519～1533）是他最有成就的創作。他的最後三十年大致獻給西斯汀禮拜堂的《最後的審判》濕壁畫，還有寫詩（留下三百首以上的十四行詩和牧歌）、建築方面的工作。他受託完成聖彼得大教堂，這座教堂從1506年始建，至1514年仍然沒有什麼進展。雖然米開朗基羅死時，教堂大致尚未完成，內部卻要歸功於他而非其他任何建築師。如今，他被視爲地位最崇高的一位藝術家。

Michelet, Jules＊　米什萊（西元1798～1874年）　法國自然主義歷史學家。原爲教授歷史和哲學的老師，1831年被任命爲國家檔案館歷史部主任。在這裡他獲得寶貴的資料來完成其不朽的名著《法國史》（1833～1867；17卷）。其著述方法是在敘述中投入其本人個性，試圖藉此使過去的歷史重現，結果使具有巨大戲劇性力量的歷史綜述問世。不過在1855～1867年已出版的十一卷書中，因他對國王和教士的仇恨、處理文件時的草率和他在象徵性詮釋時的偏執而扭曲了史實。其他的作品包括生動的、令人印象深刻的《法國革命史》（7卷；1847～1853）。晚年寫了一系列有關自然科學的抒情著作，表現出了他卓越的散文風格。

米什萊，油畫，庫圖爾（Thomas Couture）繪；現藏巴黎卡爾納瓦萊特博物館
Giraudon－Art Resource

Michelin＊　米其林公司　法國主要的輪胎和其他橡膠產品製造商。1888年由米其林兄弟：安德烈（1853～1931）和愛德華（1859～1940）創立，最初爲自行車和馬車生產輪胎，1890年代開始爲汽車生產氣胎，並迅速成爲歐洲最主要的輪胎生產大廠。1906年在海外開設第一家分廠，如今分公司已遍布全球很多國家，1951年改組爲控股公司。還曾出版過一系列著名的旅遊指南和公路地圖。總部設在克萊蒙費朗。

Michelson, A(lbert) A(braham)＊　邁克爾生（西元1852～1931年）　出生於普魯士的美國物理學家。1854年隨家人一起移民到美國，曾在美國海軍學院和歐洲讀書，後來主要在芝加哥大學任教（1892～1931），擔任物理系的系主任。他發明了干涉儀，運用光線達到很精確的測量方法。以和摩爾利一起合作的邁克爾生－摩爾利實驗最爲出名，該實驗建立了光速是一種基本常量。他還用改良後的干涉儀測量了參宿四（獵戶座α星）的直徑，這是首次準確的測定星的大小。1907年成爲第一個獲得諾貝爾獎的美國科學家。

Michelson-Morley experiment　邁克爾生－摩爾利實驗　探測地球相對於乙太的速度的實驗，乙太是假設在空間存在的一種媒介，曾被認爲是光波的載體。這實驗最初由邁克爾生於1881年在柏林進行，後又由邁克爾生和摩爾利（1838～1923）於1887年在美國進行改進。實驗程序假定光相對於乙太有一定的速度，而地球又在乙太中運動，因此只要比較在地球運動方向上與垂直地球方向上光速的差別就可以探察到地球穿過乙太的運動。但實驗結果並沒有顯示出有任何區別，因而使乙太理論受到重大的懷疑，最終導致愛因斯坦在1905年提出了光速不變這一假定。

Michener, James A(lbert)＊　米切納（西元1907?～1997年）　美國小說家。他是個棄兒，被一個貴格會信徒養大。曾擔任教師，1944～1946年在南太平洋擔任海洋歷史學家，該地區成爲他早期小說的背景。他的小說《南太平洋》（1947，獲普立茲獎）被改編成了百老匯同名音樂劇（1949；1958年拍成電影）。他最有名的是進行大量研究後寫出的史詩式和翔實的小說，包括《夏威夷》（1959；1966年拍成電影）、《百年紀念》（1974）、《乞沙比克》（1978）、《太空》（1982）和《墨西哥》（1992）。

Michigan　密西根　美國中北部一州。幾爲五大湖所環抱。分爲上、下半島兩個陸塊，上半島的西部是起伏不平的高地，富藏礦物，境內其他地區則爲低地和起伏的山丘。操阿爾岡昆語的印第安人原本定居於此，17世紀法國人抵此，1668年建立蘇聖瑪麗，1710年建立底特律，皮毛買賣是他們主要從事的活動。英國人在法國印第安人戰爭後，控制了密西根（1763），1783年歸屬美國。1787年包括在西北地區內，1800年屬印第安納準州。1805年在下半島成立密西根準州。雖然在1812年戰爭初期投降於英國人，但在1813年伯理在伊利湖戰役中獲勝，恢復了美國對該市的管轄權。後來與俄亥俄州有邊界糾紛而引起托萊多戰爭，最後由國會裁決，密西根獲得上半島並取得州的地位以作爲補償，1837年成爲第26個加入美國聯邦的州。美國南北戰爭期間，對聯邦事業貢獻很大。20世紀時經濟以汽車工業爲主。面積151,585平方公里。首府蘭辛。人口約9,938,444（2000）。

Michigan, Lake　密西根湖　北美五大湖中面積居第三位、唯一全部在美國境內的湖泊。四周接密西根、威斯康辛、伊利諾和印第安納各州。北部經麥基諾水道與休倫湖相通。水域長517公里，寬190公里，最深處達281公尺，面積57,757平方公里。法國探險家尼科萊在1634年最先發現它，1679年拉薩爾在那裡買下了第一艘帆船。現在是五大湖到聖羅倫斯航道的一部分，吸引了國際航運。該湖得名於阿爾岡昆語michigami或misschiganin，意思是「大湖」。

Michigan, University of　密西根大學　美國密西根州的州立大學，主校區位於安亞伯，在夫林特和第波恩都有分校。1817年成立於底特律，原爲一所預備大學，1837年遷往安亞伯。現在是美國主要的學術研究大學之一，包括文學、科學和藝術學院以及眾多的研究生院及專業學校。該校的設施還包括一個核反應器、一家綜合醫院、一個太空工程實驗室、一所五大湖研究中心和福特總統圖書館。主校區註冊學生人數約37,000人。

Michigan State University　密西根州立大學　美國位於東蘭辛市的公立大學。1855年得到特許權，是1862年「莫里爾法案」通過設立聯邦土地補助大學的原型。提供綜合性的大學部、研究所及專科班課程，學校主要設備包括植物研究實驗室、國家超導粒子迴旋加速器實驗室、國際研究中心、經濟發展中心及環境毒害中心。現有學生約42,000人。

Michizane ➠ Sugawara Michizane

Michoacán＊　米卻肯　墨西哥西南部一州。瀕臨太平洋，位於馬德雷山系沿海狹窄的平原地區。1530年代，巴斯科．德基羅加修士在塔拉斯卡印第安人居住的帕茨夸羅湖成功地建立起第一個傳教會。該州位於火山活躍地帶，霍魯約火山即形成於1759年的一次火山爆發中，帕里庫廷火山則形成於1943～1952年間持續的火山噴發。該地區有範圍廣大的森林資源和熱帶作物。首府是莫雷利亞，其餘重要城市包括烏魯阿潘、薩莫拉和帕茨夸羅。面積59,928平方公里。人口約3,925,450（1997）。

Mickey Mouse　米老鼠　迪士尼的卡通影片中著名的動物角色。最初出現在第一部有聲卡通影片《汽船威利號》（1928），由迪士尼創造出來並配音，通常由該製作公司的頭號動畫師艾沃克斯繪製。它的頭很大，有一對大而圓的黑耳朵，後來在一百多部卡通短片中擔當主角。1932年迪士尼因創造這個角色而獲得影藝學院的特別獎。

Mickiewicz, Adam (Bernard)＊　密茨凱維奇（西元1798～1855年）　波蘭詩人。畢生倡導波蘭的民族自由，是波蘭最偉大的一位詩人。1823年因革命活動被驅逐到俄國，後定居巴黎。他的《詩叢》（1822～1823；2卷）成爲波蘭浪漫主義的第一部重要作品，包括《先人祭》的兩個部分，在書中他將民間傳說和神祕愛國主義融爲一體。其他作品包括《克里米亞十四行詩》（1826）；描寫波蘭人歷史的散文體《波蘭民族及其朝聖者之書》（1832）和描述波蘭貴族在19世紀早期生活的經典著作《塔杜施先生》（1834）。他同時兼任教授，編輯一份激進派報紙，並代表波蘭出使多項任務。

Micmac　米克馬克人　加拿大濱海諸省東部最大的印第安部落。按早期編年史的記載，這是一個野蠻而好戰的種族，但他們卻是最早接受耶穌會教義信仰的種族，且最早開始和新法國的居民通婚。米克馬克人由數個氏族組成聯盟。在冬季狩獵馴鹿、駝鹿和小型獵物，夏季捕魚、採集貝類、獵海豹。他們是出色的獨木舟能手。17～18世紀是法國的同盟，聯合對抗英國。如今其後裔（已經同白人混合）人數約有15,000。

Micon　米康（活動時期西元前5世紀）　亦作Mikon。希臘畫家和雕刻家。師從波利格諾托斯，師生二人一起研究了希臘繪畫中的空間處理和透視畫法問題。米康最以雅典政治集會廣場彩柱廊上的壁畫和在雅典提修姆的繪畫聞名。他在空間上的精巧創新促使希臘的陶瓷繪畫開始衰落。

microbiology　微生物學　研究微生物（包括原生動物、藻類、黴、細菌和病毒等多種簡單生物形式）的學科。微生物學主要研究其構造、功能，以及這些生物的分類和如何控制、利用它們的活動等課題。其基礎是在19世紀末建立在巴斯德和科赫的研究工作上的。從那時起，已識別出許多致病的微生物，並已找到有效防治的方法。此外，已發展了引導各種不同微生物活動得方法，使醫學、工業和農業受益良多，如眞菌能產生抗生素，尤其是青黴素。亦請參閱bacteriology、genetic engineering。

microchip　微晶片 ➠ integrated circuit (IC)

microcircuit　微電路 ➠ integrated circuit (IC)

microclimate　小氣候　在相當小的一個區域內的氣候狀況，通常在地表上下不超過數公尺的範圍內，以及在有植被的環境下。小氣候受溫度、濕度、風及氣流、露水、霜凍、熱平衡、水蒸氣、土壤和植被的自然條件、當地的地形、緯度、海拔以及季節的種種因素影響。天氣和氣候有時會受到小氣候的影響，尤其是地表小氣候的變化。

microcline　微斜長石　一種常見的長石礦物，是含鉀鋁矽酸鹽（$KAlSi_3O_8$）的一種形式，在很多岩石中都可看到。綠色變種稱爲天河石，有時被當作寶石。微斜長石是鹼性長石的一種最終形態。亦請參閱orthoclase。

Micrococcus＊　微球菌屬　微球菌科的一屬，遍布自然界。這些革蘭氏陽性（參閱gram stain）球菌通常不是致病菌。它們正常寄居人體，有助於保持皮膚上各種微生物區系的平衡。一些種類可以在空氣中的粉塵、土壤、海水和脊椎動物的皮膚上生存。一些球菌還可能在牛奶中存活，並引起腐敗。

microcomputer　微電腦；微計算機　小型數位電腦的通稱，其中央處理器裝在單一整合的半導體晶片上。由於大型積體電路及超大型積體電路（VSLI）的發展使電晶體（可將電路集中在一片晶片上）的數量增加，微電腦的處理能力乃隨著等量成長。個人電腦是微電腦最普遍的典型代表，但功能更強的微電腦系統是廣泛運用在商業、工程業和製造業的智慧型機器。亦請參閱integrated circuit (IC)、microprocessor。

microeconomics　個體經濟學　對個別消費者、公司和行業的經濟行爲以及總產量和總所得在它們之間分配的研究。個體經濟學主張個人既是土地、勞動力和資本的供應者，也是最終產品的最後消費者。它分析公司既是產品供應者，又是勞力和資本的消費者。個體經濟學還試圖分析市場或其他形式的能確定各種財貨和勞務相對價格的並能在許多可供選擇的用途中分配社會資源的機制。亦請參閱macroeconomics。

micrometer (caliper)＊　千分尺　用於精確測量線性尺寸如直徑、厚度、長度等固體的儀器。爲一個C形框架，上有一個用螺桿來擰動的活動夾頭。測量精度取決於螺桿的導程。

Micronesia　密克羅尼西亞　太平洋島嶼西部的人種地理集合，是大洋洲的一個分支，包括吉里巴斯、關島、諾魯、北馬里亞納群島、密克羅尼西亞聯邦、馬紹爾群島和帛琉。大部分位於赤道北部，包括太平洋最西部的島嶼。17世紀時最早由西班牙殖民，1885～1899年西班牙把島嶼賣給了德國。日本在1914年占領此地，1920年得到其委託管理權。美國在1944年占領了密克羅尼西亞，在1947年成爲其託管國。1968年此地建立起以美國政府爲模式的政府。在1973～1974年密克羅尼西亞的國會通過了獨立大綱，但地區的差異使得各島意見分歧，1978年以後劃分了幾個選區。

Micronesia　密克羅尼西亞　正式名稱密克羅尼西亞聯邦（Federated States of Micronesia）。西太平洋共和國，由加羅林群島的雅浦、丘克、波納佩和科斯拉伊四個島州組成。面積701平方公里。人口約118,000（2001）。首都：帕里克爾，位於最大的島嶼波納佩島。聯邦的人民爲密克羅尼西亞人。語言：馬來－玻里尼西亞語、英語。宗教：基督教（居主要地位）。貨幣：美元（U.S.$）。各島及環礁東西連綿約2,800公里，南北寬約965公里。美國政府的撥款是歲入的主要來源，自給自足的農業和捕魚業爲主要經濟活動。政府形式爲與美國有自由聯盟協定的共和國，一院制。國家元首暨政府首腦爲總統。大約在3,500年前，來自東美拉尼西亞的人可能已在各島上定居。17世紀時成爲西班牙的殖民地，第一次世界大戰後受日本統治，第二次世界大戰時被美軍占領，1947年成爲聯合國太平洋島嶼託管地的一部分，由美國監管。1979年成爲聯邦，實行內部自治。1982年與美國簽訂自由聯盟協定，根據該協定，至2001年爲止，美國須爲密克羅尼西亞的防禦負責。1990年代末，共和國竭力解決經濟困難。

microphone 傳聲器；麥克風 將聲波轉換成電功率並保持其波形特性基本相似的裝置。透過適當的設計，可以賦予傳聲器方向性，使它主要能從單方向、雙方向或近乎均勻地從各個方向接收聲波。除了運用在電話上外，傳聲器也廣泛應用在助聽器、錄音系統（主要是磁帶和數位收音機）、口授答錄機以及擴音裝置。

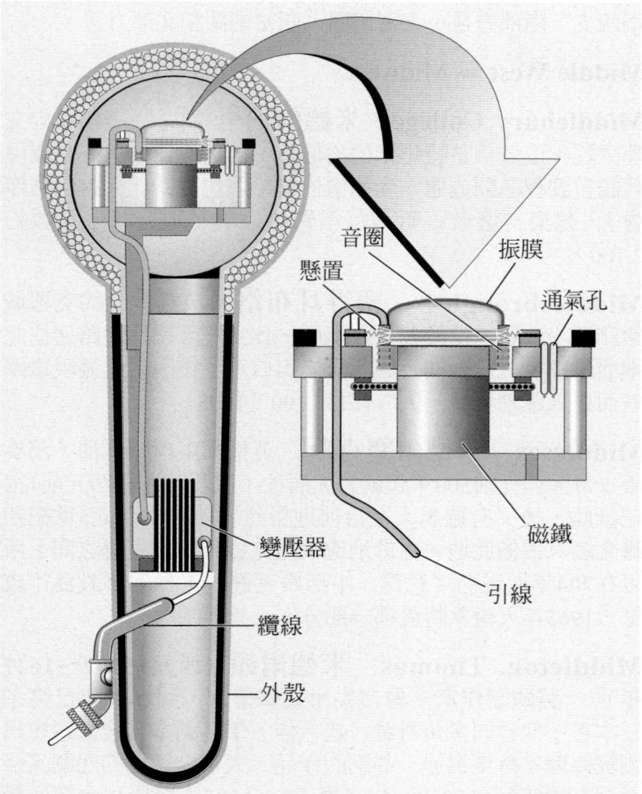

動圈式麥克風（傳聲器）之中，聲音造成振膜移動，音圈吸引振膜而在磁場中運動產生電流。在電路的另一端以逆向的作用將聲音在揚聲器重現。

microprocessor 微處理器 具備完成數位電腦的中央處理器功能所需的算術、邏輯以及控制電路的微型電子裝置。微處理器是一些積體電路，能夠解釋並執行程式指令，還能進行算術運算。1970年代晚期微處理器的發展使電腦工程師可以研製出微電腦。微處理器也導致了所謂「智能」終端設備的出現，如銀行的自動提款機和零售點終端機，還能應用於許多工業裝置和醫院設備的自動控制，可編程的微波爐以及電子遊戲機等。許多汽車也使用微處理器控制的點火和燃料系統。

microprogramming 微程式設計 替微處理器撰寫微程式碼的方法。微程式碼是低階的程式碼，定義微處理器在執行機器語言指令的運作方式。典型來說，一個機器語言的指定轉譯成幾個微程式碼的指令。在某些電腦，微程式碼儲存在ROM（唯讀記憶體）上，不能修改；在某些較大的電腦上，儲存在EPROM（可抹除可程式化唯讀記憶體）上，可以用較新的版本加以取代。

microscope 顯微鏡 一種能使小物體產生一個放大形像的儀器，在適當的比例下觀察，方便做實驗與分析。這種物像可用各種方法形成，可直接造像、電子處理，或結合這兩種方法。最常見的顯微鏡是光學顯微鏡，它使用放大鏡片形成物像。其他顯微鏡利用不同物理過程的波的特性來形成物像，最重要的有電子顯微鏡（參閱electron microscopy），這是使用一束電子來達到同樣的目的。原始的顯微鏡可追溯到15世紀中期，但直到1674年列文虎克才發明高倍的顯微鏡，能觀察到小如原生動物的現象。

Microsoft Corp. 微軟公司 美國電腦公司，是個人電腦軟體系統與應用的主要研發公司。總部在華盛頓州雷德蒙，同時還出版書籍和多媒體產品，並製造硬體。1975年由蓋茲和艾倫（1954～）兩人創立，他們改寫BASIC語言，將之應用到個人電腦上。他們將這一版本授權給不同的公司使用，並開發了其他的程式語言，1981年把MS-DOS架設在IBM個人電腦上。後來大多數的其他個人電腦製造商也使用MS-DOS，替微軟帶來了巨大的收入，使之在1986年成爲一家上市公司。1983年發行了第一套微軟文書處理系統，成爲一套通用的文書處理程式。1983年開發了微軟視窗（爲MS-DOS電腦設計的圖形使用者界面）。1999年在一場長達三十個月的審判結束後，微軟被判違反「雪曼反托拉斯法」，微軟立刻上訴，預計案件可能會交付美國最高法院審判。

microsurgery 顯微手術 亦稱顯微操作（micromanipulation）。在複雜的顯微鏡高倍放大下使用細小精確的工具對微小物體進行手術的專門技術，有時配備一台攝影機將手術過程在顯示器上顯現出來。顯微手術使以前不可能的內耳和中耳、嚴重的肢體或手指腳趾再植、虹膜修復、深植於要害器官的腫瘤切除等手術得以實現。

microtubule＊ 微管 圍有膜的細薄管狀結構。長度不一，分布於動物和植物細胞內。它們具有一些功能，有助於許多細胞維持一定的形狀，也是纖毛及鞭毛的主要組成結構，參與細胞分裂期間紡錘絲的形成活動，並有助於神經細胞內的物質自胞體向長軸突末端移動。

microwave 微波 電磁輻射波譜的一部分，頻率範圍大約從1千兆赫到1兆兆赫（10^9～10^{12}）。微波是電視、電話以及資料傳送的主要攜帶者，資料可以透過微波在地球上的不同站點之間傳送，也可以在地球與衛星之間傳送。雷達束是微波的短脈衝，用來確定船隻和飛機的位置，跟蹤氣象系統，確定移動物件的速度。像玻璃和陶瓷這類物件不會吸收微波，因此不會被微波加熱。不過金屬會反射微波，所以金屬容器會把微波排拒在外。亦請參閱maser、microwave oven。

microwave oven 微波爐 利用高頻電磁輻射烹調食物的裝置。微波爐一般體積相當小，盒狀，食物在爐內受高頻電磁場的照射而溫度提高。微波被水、脂肪、糖分和一些其他分子吸收，發生振動而產生熱量。結果食物內部產生熱量，周圍空氣並未加熱。這一過程能極大縮短烹調時間，原本用傳統爐子需要一個到幾個小時才能做完的工作，微波爐只要花幾分鐘就能完成。

Mid-Atlantic Ridge 大西洋中脊 位於大西洋海底中部的山脊。這是一條綿延約16,000公里、南北走向的長山鏈，從北冰洋一直到非洲南端附近。它在一些地區露出海面，形成了亞森松、聖赫勒拿島和特里斯坦－達庫尼亞等群島。沿大西洋中脊軸部有一條裂縫，來自地殼下的熔岩不斷從中湧出，變冷，漸漸流向海脊的兩側。

mid-ocean ridge 洋中脊 ➠ oceanic ridge

Midas＊ 彌達斯 希臘和羅馬神話中弗里吉亞的國王。他曾捉住半人半獸的西勒諾斯，並對其寬大處置，所以戴奧尼索斯答應滿足彌達斯的一個願望，以示酬謝。彌達斯希望戴奧尼索斯能賜給他點物成金的法術，但當他在擁抱女兒並因此將她也變成黃金時，他才要求解除魔法。在另一個神話中，他受邀請參加一個評判阿波羅和半人半獸的瑪息阿的音樂比賽，當他判阿波羅輸時，阿波羅爲了懲罰他而讓他多長了一對驢子耳朵。亦請參閱satyr and silenus。

Midas ➠ Missile Defense Alarm System (Midas)

Middle Ages　中世紀（西元395?～1500年）　歐洲歷史上一段時期，傳統上是指羅馬帝國衰亡到文藝復興初期這段時間。在西元5世紀，西羅馬帝國歷經了人口、經濟活力、城市的規模和優越地位等方面的衰退，同時也引發大量的人口遷移（3世紀開始）。到了5世紀，這些通稱爲「野蠻人」的人從衰落的西方帝國的原型中建立起新的國家。在接下來的幾個世紀中，這些王國遇見到了野蠻人、基督教徒和羅馬文化、政治傳統之間的融合。其中最長久的法蘭克王國爲後來的歐洲國家建立了基礎。它產生了中世紀最偉大的統治者查理曼皇帝，他的統治成爲接下來幾個世紀的典範。查理曼帝國的衰落和新一波的侵略導致中世紀社會的重建。11～13世紀成爲中世紀文化發展的顚峰時期。教會經過改革增強了教宗在教會和社會的地位，但卻引發了教宗和皇帝之間的摩擦。人口的成長、城鎮和農田的欣欣向榮、商人階級的出現和政府官僚機構的發展都是這一時期文化和經濟復興的結果。與此同時，成千上萬的騎士響應教會的號召，紛紛加入十字軍。中世紀的文明隨著哥德式建築、新的宗教秩序的出現，以及學術和大學的擴展而在13世紀達到了頂峰。教會主宰了知識生活，產生了托馬斯·阿奎那的經院哲學。中世紀的衰落源自中世紀民族政府的衰亡、天主教教會的大分裂、中世紀神學和哲學的爭辯，以及因饑荒和疾病帶來的人口和經濟的崩潰。

Middle Congo　中剛果 ➠ Congo

Middle East　中東　亦作Mideast。組成南亞和北非的國家和地區。這是一個非正式而不精確的名稱，現在一般指環繞地中海南部和東部海岸的土地，包括利比亞、埃及、約旦、以色列、黎巴嫩和敘利亞，以及伊朗、伊拉克和阿拉伯半島上的國家。這一名稱最初是被西方地理學家和歷史學家用來描述從波斯灣到東南亞一帶的區域。

Middle Eastern music　中東音樂　阿拉伯、土耳其與波斯的穆斯林世界的音樂。儘管涉及三種主要的語言及其相關的文化差異，這種音樂仍可視爲一個單一偉大的傳統，因爲它們擁有一致的伊斯蘭成分。伊斯蘭在歷史上視音樂爲疑難，這導致相對少數的宗教儀式音樂，但並未抑制世俗音樂，甚至反而以一股強烈的宗教張力，豐富了世俗音樂的內涵。只有部分教派，如蘇菲主義在崇拜中採用音樂（和舞蹈）；清眞寺中的音樂一般限制在召喚祈禱，以及詠唱可蘭經。在中東，民間音樂和與藝術音樂之間的區別不若其他地方明顯，因爲民間音樂就像藝術音樂一樣，長久以來都是專業人士（包括許多女性）的領域，而藝術音樂僅只是民間音樂基本成分精緻化的呈現而已。兩者都以單人表演爲特色，或者獨自一人，或由小樂團伴奏。兩者在節奏上的處理也頗爲相似，都與韻律學的原則緊密關聯，而且都包含富有特色的無韻即興創作。民間音樂與藝術音樂中的模式也相同；如何運用這些模式，與印度音樂中的拉格有部分相似之處。在形式上，主要的原則是原曲的部分與即興創作的部分交替輪流，原曲的部分伴隨著打擊樂器敲打著諸多傳統模組中的一個。在原曲部分，與旋律樂器一同合奏的是獨奏的樂句，在即興創作的部分則與之共鳴，並落後一或兩個拍子。特別是在1950年以後，受西方影響的商業化大衆音樂的崛起，影響了中東的藝術音樂；在比較小型的作品中，中東的藝術音樂如今使用較少的即興創作，更多的是各部分間精準的齊唱和合奏。中東音樂一直是世界各地樂器的重要來源，包括風笛、吉他、魯特琴、雙簧管、鈴鼓、古提琴和齊特琴。

Middle English　中古英語　約1100～1500年間通行於英國本地的口頭和書面語言，承接古英語和現代英語。中古英語可分爲三個階段：早期、中期和晚期。中期的特色是出現了大量盎格魯－諾曼語借詞和14世紀英語文學繁榮期的倫敦方言（主要是古爾和喬叟等詩人使用）。中古英語常被分爲四支：南部方言、東密德蘭、西密德蘭和北部方言。

Middle West ➠ Midwest

Middlebury College　米德爾伯里學院　美國私立文理學院。位於佛蒙特州米德爾伯里，創建於1800年。有關現代語言課程名聞遐邇。米德爾伯里學院也贊助「大麵包寫作會」，邀集文壇老將新兵每年聚會一次。現有學生人數約2,100人。

Middlesbrough＊　密得耳布洛　英格蘭北約克郡城鎮和單一政區。位於蒂斯河南岸，1830年因修建鐵路通往此地而設鎮，成爲一個新興的煤炭出口港，後因附近發現鐵礦石而更爲蓬勃發展。人口約145,100（1998）。

Middlesex　米德爾塞克斯　英格蘭東南部舊郡，濱泰晤士河。西元前500年起就有人居住；比利其人在西元前1世紀抵此，後又有羅馬人在沿河地帶建立前哨。西元5世紀初撒克遜人占領此地。由於地處東撒克遜和西撒克遜之間，所以在704年取現名（意爲「中部撒克遜」）。1888年設爲行政郡，1965年大倫敦將舊郡一部分併入其範圍內。

Middleton, Thomas　米德爾頓（西元1570?～1627年）　英國劇作家。曾在牛津大學學習，到1600年已寫了三本書。他曾同韋伯斯特一起合作，學寫劇本，後來還曾爲劇院經理亨斯洛寫過一些別的作品。大家公認他的悲劇《婦女相互提防》（1621?）和《傻子》（1622；與羅利合寫）是最上乘之作。他的喜劇則呈現出一個紙醉金迷的社會，包括《秋季學期》（1605?）、《妙計捉鬼》（1608?）、《一個瘋狂世界，主人們！》（1608）、《奇普賽德的一位貞潔姑娘》（1613?）和《棋戲》（1625）。

middot＊　解經準則　猶太教解經學名詞，指用於闡釋《聖經》用詞或經文章節的原則。解經準則常常被用於決定在新的情況下該如何解釋經文。最早的解經準則由希勒爾在西元前1世紀所作，其餘的則由以實馬利·本·以利沙（約西元100年）和伊利沙爾·本·約斯（約西元150年）編撰。比較重要的解經準則有「擴延」（kol wa-homer，即從小前提推演到大前提）和「比較」（gezera shawa，即用類比法進行推理）。

Midgard　米德加爾德　北歐神話中，人類居住之地。據傳，它是由最初創造出來的人，即巨人奧爾蓋爾米爾的身體形成的。諸神殺死了奧爾蓋爾米爾，把他的屍體推入宇宙中心的空間，將他的肉變成土地，血變成海洋，骨變成山等等。他的頭蓋骨被四個矮子舉起，變成天穹。日月星辰則是由存於頭蓋骨中的零星火花變成的。

midge　搖蚊　小型雙翅類昆蟲統稱，可區分爲搖蚊（搖蚊科）、擬蚊蠓（蠓科）和癭蚊（癭蚊科）3類。搖蚊像蚊但無害，傍晚前後在水邊麇集發出嗡嗡聲。血紅色的幼蟲水生，是水生動物的重要食料。擬蚊蠓，俗名「看不到」（no-see-ums），是最小的吸血昆

搖蚊科的一種
N. A. Callow

蟲，長約1公釐。白蛉（庫蠓屬和細蠓屬）會侵襲人，但不會傳布疾病；有許多種類會攻擊其他昆蟲。癭蚊的幼蟲會使植物引起蟲癭。

Midgley, Thomas, Jr.　米奇利（西元1889～1944年）　美國工程師和化學家。曾在康乃爾大學就讀，後來成爲一名工業研究員和行政管理人員。1921年發現了四乙基鉛是汽油的有效抗爆添加劑。他還發現了商品名氟利昂－12（參閱Freon）的二氯二氟甲烷致冷劑，其相關化合物後來成了普遍應用的冷凍劑，後又發展爲噴霧劑。米奇利還對天然和合成橡膠作了深入研究，他也是早期一種烴裂化催化劑的發現者。

Midhat Pasa＊　米德哈特・帕夏（西元1822～1883年）　鄂圖曼帝國大維齊（首席大臣）。曾是尼什和巴格達的長官，因成功的政治改革而受到蘇丹阿布杜勒阿齊茲的敬重，在1872年任命他爲首席大臣，但他只任職三個月。1876年他幫別人廢除阿布杜勒阿齊茲和後來的穆拉德五世，再度被指派爲首席大臣，但在六個月後被罷免。他遭到流放，後被召回，擔任士麥那總督。後來又被逮捕，被控對阿布杜勒阿齊茲的去世要負責。後判死刑被減刑爲終生流放。亦請參閱Tanzimat。

MIDI＊　MIDI　全名音樂設備數位介面（Musical Instrument Digital Interface）。在數位的機器配件，如合成器和電腦的音效卡之間，傳輸音樂資料的協定。MIDI採用8位元的不同步的序列傳輸資料，傳輸速率爲每秒31.25千位元組的。傳送的資料並不能表現音樂的聲音，但可以指定i（向量，一個設定的音高、響度、開始和結束的時間點）的方位。這種資料之後可以應用在以數位儲存在電腦晶片上的波形，以製造出特定的聲音。

Midrash＊　米德拉西　猶太教中以口傳律法來解釋和闡述希伯來《聖經》要旨的合集。米德拉西活動在西元2世紀同以實馬利・本・以利沙和阿吉巴・本・約瑟等學派一起達至顛峰。米德拉西文集可分爲兩部分：哈拉卡米德拉西（對成文律法的演繹）和哈加達米德拉西（旨在啓迪教徒，而非立法著作）。後來「塔木德」大量引用了米德拉西。

Midway　中途島　亦稱布魯克斯島（Brooks Islands）。美國無建制領地（無永久定居人口）。位於太平洋中央。由兩座珊瑚環礁組成：東島和桑德島，陸地總面積5平方公里。1859年布魯克斯船長聲稱爲美國擁有，1867年美國正式併吞之。其位置在火奴魯魯（檀香山）西北2,100公里，在第二次世界大戰中對美軍的戰略地位非常重要，1941年美國海軍在此建立航空和潛艇基地。中途島戰役（1942）就發生在附近的水域。戰後其商業航空站的地位下降，1993年關閉機場。

Midway, Battle of　中途島戰役（西元1942年6月3～6日）　第二次世界大戰中美國與日本之間的主要海戰。日本海軍在山本五十六的領導下企圖同在軍隊人數處於劣勢的美國太平洋艦隊決戰並奪取中途島。由於美國情報組織破譯了日本海軍的密碼，美國已對此提前做好了準備：調動一百一十五架地面基地的飛機和集結三艘重型航空母艦。6月3日，美國炸彈開始襲擊日本的運輸軍隊，日本因無法抵擋美國空軍的炮火而遭受重大損失，被迫放棄了登陸中途島。

Midwest　中西部　亦作Middle West。美國北部與中部地區，位於阿帕拉契山脈和落磯山脈之間，俄亥俄河以北。按聯邦政府的規定，其由伊利諾、印第安納、愛荷華、堪薩斯、密西根、明尼蘇達、密蘇里、內布拉斯加、北達科他、俄亥俄、南達科他和威斯康辛等州組成。包括大平原的大部分、五大湖和密西西比河上游流域。

midwifery＊　助產術　看護產婦的技藝。可追溯至舊約聖經、希臘和羅馬時代。但到中世紀此種技術卻告消失，在當時的生產伴隨著極高的嬰兒和母親死亡率，17～19世紀則又有了相當大的進展。後來，因爲產科與婦科學的發展，大多數的婦女開始在醫院生產。1960年代，自然分娩法、女權運動和其他因素激起人們對助產士貼身照顧的興趣。在美國，合格看護助產士（CNM）是接受過助產術職業訓練的合格註冊護士，只能接受低風險的病人，若生產確實有困難，通常會延請醫生。他們給予產前和產後照料，還提供家庭計畫諮商。非專業助產士通常未接受助產士職業訓練、無照、在家中接生，每年接生全世界約3/4的嬰兒，主要工作於開發中國家和已開發國家的鄉間地區。

Mies van der Rohe, Ludwig＊　密斯・范・德・羅厄（西元1886～1969年）　原名Maria Ludwig Michael Mies。德裔美國建築師，國際風格的當然領導人。曾隨父親學石工技藝，後在建築師貝倫斯的工作室工作。其第一件成名作品是受託在1929年國際博覽會設計的巴塞隆納展覽館，這是一個石灰華岩平台，由鍍鉻的鋼柱支承，配以米黃色的縞瑪瑙、綠色的蒂尼安大理石和磨砂玻璃的間牆。其鋼鐵－皮革製的巴塞隆納坐椅成爲20世紀家具設計的典範。1930～1933年在包浩斯執教，先是居住在德紹，後來隨校遷往柏林。1937年移民美國，他在那裡擔任芝加哥阿穆爾學院（後來的伊利諾理工學院）建築系系主任。他設計了該校的新校區（1939～1941）。其他的設計包括芝加哥湖濱大道公寓（1949～1951），西格拉姆大樓和柏林新國家美術館（1963～1968）。他將鋼骨架插入玻璃門牆而設計出的建築展示了他「少就是多」（less is more）的理念。受其影響而修建的鋼與玻璃相結合的建築如今已遍布全球。

密斯・范・德・羅厄設計的芝加哥湖濱大道公寓，攝於1955年
Ezra Stoller © Esto

Miescher, Johann Friedrich＊　米舍爾（西元1844～1895年）　瑞士生物學家。1869年發現了膿液的白血球細胞核中有一種含磷和氮的物質。這一物質首先被命名爲核素，因爲它看起來應該來自細胞核，直到米舍爾將它分離爲蛋白質和酸分子後，才改稱核酸。他同時還發現是血中二氧化碳濃度在調節人的呼吸（而不是氧氣的濃度）。

Mieszko I＊　梅什科一世（西元930?～992年）　波蘭親王或公爵（963?～962）。966年接受羅馬的基督教，以避免德意志人強迫其改變宗教信仰和把波蘭併入神聖羅馬帝國。他將波蘭領土向南擴展到加利西亞，並向北推進到波羅的海。

Mifune, Toshiro＊　三船敏郎（西元1920～1997年）　日本電影演員。第二次世界大戰服完役後，在電影《糊塗一時》（1947）首次登上銀幕，後來演出《酩酊天使》（1948），並因在《羅生門》（1950）一片中的表演而初獲國際聲譽。他曾演出一百多部電影，最出名的是他在黑澤明的古裝片中飾演的武士角色，包括《七武士》（1954）、《戰國英豪》（1958）、《大鏢客》（1961）和《忠臣藏》（1962），使他成爲日本最偉大的國際影星。他出演的影片還包括《蜘蛛巢城》（1957）、《深淵》（1957）、《紅鬍子》（1965）和《中途島》（1976）。他還演出了電視影集《幕府將軍》（1980）。

MiG＊ 米格戰鬥機 蘇聯一個軍用戰鬥機系列的通用代號，由1939年成立的一個設計部門生產，而這個部門是由米高揚和古列維奇主持。早期的米格戰鬥機都以螺旋槳推進，於第二次世界大戰中生產。米格－15是早期最好的噴射戰鬥機，1947年首次試飛，曾大量參與韓戰。北越在越戰時曾使用米格－17。雙引擎的米格－19是歐洲人製造的第一架超音速戰鬥機，1953年首次試飛。米格－25（1970年服役）是當時最快速的飛機，已測得的最高速度爲2.7～2.8馬赫，實際升限24,400公尺以上。

MiG 米格設計局 正式名稱ANPK imeni A. I. Mikoyana。舊稱OKB-155。俄羅斯主要爲國家生產噴射戰鬥機的設計部門。成立於1939年，當時是另一個蘇聯戰鬥機設計部的下屬單位，受米高揚和他的副手古列維奇的領導。三年後，成爲獨立的設計部門OKB-155。第一個設計是一架單引擎的攔截機（1940年首飛），最後取名米格一號（MiG是米高揚和古列維奇的名字首字母縮寫）。第二次世界大戰後，生產出蘇聯第一架噴射戰鬥機米格－9（1946），接著生產出一系列蘇聯最著名的高速戰鬥機（參閱MiG〔戰鬥機〕）。該局最終設計出的戰鬥機是由米高揚（卒於1970年）設計的一種可變翼戰鬥機米格－23（1972年服役）和米格－25（1970年設計，速度高達3馬赫）。該部門後來生產了幾種新的型號，包括米格－29和米格－31（均在1970年代首飛）。1980年代末，正式名稱改爲ANPK imeni A. I. Mikoyana，1990年代蘇聯解體後，米格設計局同其他幾家大公司合併，成立了國營最大的飛機製造公司VPK MAPO。MiG做了適當調整轉向民用飛機市場，並繼續研發先進的戰鬥機，包括1.42（1.44I）多功能第五代戰鬥機（2000年首飛）。

Mighty Five, The 強力五人團 1875年左右致力於創設眞正俄羅斯民族音樂學派的音樂家集團，成員包括居伊（1835～1918）、鮑羅定、巴拉基列夫、穆索斯基和林姆斯基－高沙可夫。原名「強力小組」，在1867年報紙上一篇文章中使用。他們以聖彼得堡爲中心，經常被認爲是那些較有世界主義傾向的、以莫斯科爲中心的作曲家，如柴可夫斯基等的勁敵。

migmatite＊ 混合岩 由變質的基底物質夾條紋狀或脈狀花崗岩物質組成的岩石，其名稱含意是「混合的岩石」。許多混合岩很可能代表部分部分變形基底物質的熔融，部分岩石組分被熔化和聚集，產生了花崗岩的條紋。混合岩同時可以在大型花崗岩侵入體的附近形成，這是有些岩漿灌入鄰近變質岩中的結果。

migraine 偏頭痛 一再復發的血管性頭痛，通常發生於頭部的一側。有時伴隨噁心和嘔吐的劇烈抽痛。有些偏頭痛患者在頭痛前會有警示症狀（先兆）出現，包括視覺干擾、虛弱、感覺麻木或頭暈。若是發現某刺激物（例如特定的食物或飲料）可引發偏頭痛，則遠離該刺激物可預防偏頭痛產生。藥物可在頭痛發生時服用以抑制頭痛，經常發作的病患則每天服用以避免頭痛發生或減低疼痛程度。

migrant labor 流動勞工 從一個地區遷徙到另一個地區提供勞力的無特殊技能的工人，以從事暫時性的工作（通常是季節性的）爲主。在北美洲，流動勞工常受雇於農業，並按照收獲的季節進行南北遷移。在歐洲和中東地區，流動勞工則常常在都市而非農業勞動力，並因此要求較長時間的固定居住環境。流動勞工的勞動力市場通常很混亂，剝削也很嚴重。許多工人都是在包工頭的指示下被組織起來勞動並發放工資。勞工們的工時通常很長，工資低廉，工作條件也很惡劣，居住環境也很糟。在一些國家（尤其是印度），童工也常見於流動勞工中，甚至在美國也不罕見，這些兒童即使不做工往往也得不到教育，因爲學校的大門只對當地居民的孩子開放。工人們常常願意在條件更加艱苦的國內市場尋求工作。儘管在美國已建立一些流動勞工聯合會，但勞動力的組織仍因流動性高、文盲多以及不積極參與政治而變得很艱難。亦請參閱Chavez, Cesar (Estrada)。

migration, human 人類遷徙 個人或團體住所的永久性改變，不包括游牧生活和流動勞工的遷移。遷徙可分爲國內的或國際的、自願的或強迫的。自願的遷徙一般是爲了追尋更好的生活；強迫性遷徙包括戰爭期間的驅逐以及奴隸或囚犯的轉移。最早的人類遷徙是在約五萬年內從非洲遷移到除了南極以外的各大陸。近代的大遷徙包括從歐洲到北美洲的大西洋大遷徙，總計在1820～1980年一共遷移了3,700萬人；以及從非洲強迫遷移了2,000萬人到北美洲當奴隸。與戰爭有關的強迫性遷徙和難民潮頗爲可觀，從開發中國家到工業化國家的自願遷徙人數也不少。國內遷徙主要是從農村遷往市中心。

mihrab＊ 米哈拉布 指清眞寺內朝麥加方向的牆壁上的半圓形祈禱者壁龕，爲帶領祈禱的人（伊瑪目）而設。米哈拉布在起源於伍麥葉王朝哈里發瓦利德一世在位期間（705～715），當時在麥地那、耶路撒冷和大馬士革修建了很多著名的清眞寺。採自科普特公教會的修道院一般常見的神龕。米哈拉布通常裝潢精美富麗。

Mikal＊ 米卡伊來 伊斯蘭中的大天使，等同於《聖經》中的天使長米迦勒。米卡伊來在《可蘭經》中只被提到過一次，但根據傳說，他和吉布里勒是在穆罕默德登霄之前潔淨他的心的天使（參閱miraj）。米卡伊來在火獄初造之時見到火獄大爲震驚，從此再無笑容。據說米卡伊來還曾於624年幫助穆斯林軍在阿拉伯半島取得首次重大軍事勝利。

Mikan, George (Lawrence)＊ 米坎（西元1924年～） 美國職業籃球運動員和經理人員。他生於伊利諾州久利特，在德保羅大學時是一名出色的風雲人物，並取得法律學位。身高208公分，是第二次世界大戰後第一位傑出的職業籃球選手。1947～1956年爲明尼亞波利湖人隊打球，帶領該隊贏得六次比賽冠軍。後來擔任美國籃球協會第一屆會長（1967～1969）。在美聯社舉辦的一次票選活動中，他被認爲是20世紀上半葉最偉大的籃球運動員。

Mikolajczyk, Stanislaw＊ 米科拉伊奇克（西元1901～1966年） 波蘭政治人物。他與人共創了農民黨，並在1931～1939年間擔任黨魁。在德國1939年入侵波蘭後，他逃亡倫敦，曾擔任波蘭流亡政府總理（1943～1944）。1945年返回波蘭，成爲共產黨所控制的臨時政府的第二副總理。他試圖建立一個民主政府，但因非共產主義的農民黨受到迫害而使他被迫逃往英國（1947），後轉赴美國。

Mikon ➠ Micon

Mikoyan, Anastas (Ivanovich)＊ 米高揚（西元1895～1978年） 蘇聯政治人物。1915年加入布爾什維克黨，成爲高加索地區的黨領導。因支持史達林而使他能夠在中央委員會占有一席之地。1926年擔任貿易人民委員，1935年起任政治局委員，1946～1964年升爲副總理，指導國家貿易。他支持赫魯雪夫當權，並成為他的親密顧問和蘇聯第一任副總理。1964～1965年出任蘇聯最高蘇維埃主席團主席。

milad ➠ mawlid

Milan＊ 米蘭 義大利語作Milano。義大利北部倫巴底區首府。西元前600年高盧人居住於此。西元前222年被羅馬人征服，當時名為梅迪奧拉農（Mediolanum）。西元452年遭阿提拉侵略，539年哥德人侵襲之，774年落入查理曼手中。其勢力在11世紀增強，不過在1162年為神聖羅馬帝國所摧毀。1167年被當作倫巴底聯盟的一部分重建，在1183年取得獨立。1450年斯福爾札建立了一個新王朝，1499年以後受法國和斯福爾札家族的輪流統治，直到1535年哈布斯堡王室奪占了它。拿破崙在1796年統領該地，1805年成為他在義大利王國的首都。1860年併入義大利。第二次世界大戰期間，米蘭遭到嚴重破壞，不過後來加以重建。現為義大利最重要的經濟中心，工業和紡織業發達。以時裝業和電子產品聞名，是義大利的金融中心。歷史古蹟包括中世紀的多摩大教堂，為歐洲第三大教堂；布雷拉宮（1651）；15世紀修建的一座修道院，內有達文西的名畫《最後的晚餐》；以及史卡拉歌劇院。人口約1,302,808（1998）。

Milan Decree 米蘭法令（西元1807年12月17日） 拿破崙戰爭期間採用的經濟政策。是拿破崙頒布的封鎖英國貿易的大陸封鎖的一部分，禁止歐洲大陸港口和同英國有貿易關係的中立國船隻進行貿易，最後還影響了美國的船運。

mildew 黴 各種眞菌的子實體和菌絲（參閱mycelium）形成的顯眼的團塊（屬眞菌門；參閱fungus）。黴寄生在布匹、纖維、皮革製品和植物上，以之作為食物來源，並供其生長繁殖。柔軟和粉末狀的黴是很多植物的疾病來源。

mile 哩 泛指任何距離單位，包括法定哩（5,280呎，1.61公里）。源自羅馬的千步（mille passus），相當於5,000羅馬尺或4,840呎（1475公里）。航海上的哩是指地球表面1分之弧長，或按國際定義相當於1,852公尺（6,076.12呎或1.1508法定哩）。這一度量單位在航海與航空運輸業上仍普遍使用。時速1浬謂之1節（knot）。亦請參閱International System of Units、metric system。

Miletus＊ 米利都 古希臘小亞細亞西部的城市。西元前500年以前是東方最偉大的希臘城市，是一個商業和殖民權力的中心，並有許多著名的知識分子，如泰利斯、阿那克西曼德、阿那克西米尼和赫卡泰奧斯。原由希臘君王統治，後來相繼被里底亞和波斯占領。西元前499年左右，米利都人帶領了愛奧尼亞暴動，引起了後來的波斯戰爭，西元前494年該城被摧毀。在希臘人打敗波斯人後，它加入了提洛同盟。西元前334年落入亞歷山大大帝手中，但仍保持了在商業方面的重要性。到西元6世紀，它的兩個港口被淤泥充塞，最後被廢棄。現在是個考古遺址，位置靠近門德雷斯河河口。

Milford Sound 米爾福德灣 塔斯曼海的峽灣，位於紐西蘭南島西南部沿海。寬約3公里，伸入內陸19公里。在1820年代由一個捕鯨手命名，以其形似威爾斯的米爾福德灣。位於峽灣國家公園最北端，米爾福德桑德鎮位於此，該鎮是該區僅有的幾個永久居民點之一。

Milhaud, Darius＊ 米堯（西元1892～1974年） 法國作曲家。曾在巴黎音樂學院就讀，後在聖歌合唱學校師從丹第。他在1916年隨同克洛岱爾前往巴西（1916），在回國路上譜寫了《回憶巴西》（1921），並以「六人團」的成員身分而成名。他最著名的作品中明顯受到爵士樂的影響，如《世界之創造》（1923）。他在1920年代還譜寫了很多芭蕾舞曲、歌劇和電影配樂，在大歌劇《哥倫布》（1928）中達到登峰造極的地步。1940年遷居美國，在米爾斯學院任教。但在1947年又回到歐洲，不過他仍在米爾斯學院和巴黎輪流任教。1949年曾協助創辦白楊音樂節，並終生與之關係密切。

miliaria＊ 粟疹 炎性皮膚疾病，位於汗腺開口處的多發性小皮損。因為汗腺導管阻塞，汗液溢入皮膚各層而產生不同的發炎反應。最常見的一型，即痱子，因汗液溢入表皮內而導致。帽針頭大小的水疱或紅色丘疹主要發生於軀幹及四肢，可引起搔癢或燒灼感，在熱帶尤好發於嬰幼兒身上。亦請參閱perspiration、sweat gland。

Military Academy, U. S. ➠ United States Military Academy

military engineering 軍事工程學 設計與建造軍事工事以及建造與維護軍事交通運輸線的學術與實踐。範圍包括在戰場時戰術的支援（如防禦工事的建立和對敵人裝置的破壞），以及遠離前線的戰略支援（如機場、港口、公路、鐵道、橋樑和醫院的建造和維護）。古代最突出的代表是中國的古長城。古代西方世界的軍事工程以羅馬人表現得最突出，他們不僅修建了碉堡和要塞，同時還修建了鐵路、橋樑、溝渠、海港和燈塔來保存實力。亦請參閱civil engineering。

military government 軍政府 占領國在其占領的領土上行使許可權的管理機關。這一概念並不包括在友好的或中立國家領土駐軍，他們是與地方民政當局共同負責當地的行政治理。軍政府必須同軍法和戒嚴法分離，其控制權一直到其自動放棄或其政府被顛覆位止。這一名詞普遍適用於一個政府靠軍事力量來實現對某一國家的統治，無論是透過政變或合法的治理機構。

military law 軍法 由法令規定的一個國家掌管軍事力量和其成員的法律。武裝力量的成員不能免除他作為公民和一般人應盡的義務，也不能違反國際法。叛變、反抗、逃亡、違紀和別的一些有違軍隊紀律的行為將被提交到軍事法庭處理。一些小的錯誤可能由某一軍事長官來處理（如剝奪一定的權利或限制其自由等）。

military unit 軍事單位 較大的軍事組織裡具有規定的大小和特定戰鬥或支援角色的團體。古代主要的軍事單位是希臘人的方陣和羅馬人的軍團。現代軍事單位起源於16～18世紀，當時職業軍隊在中世紀末期以後開始在歐洲出現。從那時起，開始使用的基本單位是營、旅和師，並沿用至今。今天最小的軍事單位是班，包括7～14名士兵，由一名士官領導。3個或4個班組成一個排，兩個及兩個以上的排組成一個連，大約有100～250名士兵，由一名上尉或少校帶領。兩個及兩個以上的連組成一個營，幾個營組成一個旅，兩個及兩個以上的旅以及幾個特種營組成一個師，大約有7,000～22,000人，由一名少將帶領。2至7個師組成一個軍團，由中將帶領，最大的師有50,000～300,000人，是常規軍隊的最大組成形式。但在戰爭期間，一個或幾個軍團可能被合起來組成一支野戰部隊（由一名將軍帶領），而野戰部隊也可反過來合為集團軍。

militia＊ 民兵 受過一定軍事訓練的公民的軍事組織，在緊急情況下可用於作戰，一般用於當地防衛。在許多國家，民兵自古就有。在盎格魯－撒克遜民族中，每個身強力壯的自由男子都要服兵役。在殖民地時代的美洲，當英國正規軍不克抵達時，就靠當地的民兵防禦敵對的印第安人。在美國革命中，美軍的主力是民兵，被稱爲義勇兵。民兵在1812年戰爭和美國南北戰爭中發揮了同樣的作用。美國各州控制的志願兵變成國民警衛隊。美國在近幾十年裡的民兵組織都是爲了抵抗外敵入侵、保衛國家領土的愛國者組成的準軍事力量（具有某些合法地位）。他們之中有許多人是受到白人至上主義的影響，有些人則涉及恐怖攻擊事件（包括1995年奧克拉荷馬州聯邦大樓的爆炸事件）。有些人在美國政府的迫害下找到合理的理由。

milk 奶 雌性哺乳動物在產後一段時期從乳腺分泌的汁液，可用來餵養幼雛。馴養動物的奶也是人類重要的食物來源。西方國家主要從母牛身上取得奶，在別的地區，奶的主要來源包括綿羊、山羊、水牛和駱駝。奶基本上是水中脂肪和蛋白質的乳狀物，也含有已溶解的糖（碳水化合物）、礦物質（包括鈣和磷）以及維生素（維他命）（特別是維生素B複合體）。商業上出售的牛奶還添加了維生素A和D。許多國家都要求對牛奶進行巴氏殺菌法，以防止天然滋生或是人爲造成的細菌。進一步冷凍可防止腐敗（變酸或凝結）。全脂奶（3.5%的脂肪含量）可經過乳脂分離器加工產出乳脂和含1～2%的脂肪的低脂奶或含0.5%脂肪的脫脂奶。商業上出售的奶通常已經透過高壓被均質化，奶油分布均勻。奶可以被濃縮或脫水以便保存和運輸。其他的奶製品還包括奶油、乳酪和酸奶。

Milk, Harvey (Bernard) 米爾克（西元1930～1978年） 美國政治領袖。生於紐約州（長島）伍德米爾，後移居舊金山，並在市內的同性戀社群中成爲運動領袖。1977年他被選爲市政委員會委員，成爲美國史上首位公開承認同性戀身分的政府官員。1978年，米爾克和舊金山市長莫斯康（1929～1978）在市政廳前被保守派的前市政委員懷特槍殺身亡。懷特只被判決臨時起意殺人，辯護律師辯稱他吃了太多垃圾食物導致喪失心神，舊金山後來因而發生暴動。

Milken, Michael R. 米爾肯（西元1946年～） 美國金融界人物。生於加州恩西諾，就讀賓夕法尼亞大學華爾敦學院，1969年進入一家投資公司任職，也就是後來的德雷克塞爾·伯納姆·蘭伯特公司。1971年成爲債券交易部門主管，說服很多客戶投資一些新的或有問題的公司發行的垃圾債券，他在金融市場募集到的資本，成爲一種新階級，稱爲「公司突擊者」（corporate raiders），在1980年代進行了很多合併、購併、惡性收購及融資買下的案例。1980年代末期，垃圾債券市場規模已超過1,500億美元，德雷克塞爾也成爲金融業的領導公司。1986年他的客戶波伊斯基涉及內線交易被定罪，米爾肯和德雷克塞爾·伯納姆·蘭伯特公司也遭捲入，並被判背信及處罰鉅款，德雷克塞爾·伯納姆·蘭伯特公司在1990年聲請破產，垃圾債券市場也開始崩潰。米爾肯被判背信罪成立，判刑十年及六億美元罰款，二十二個月後獲釋即重新開創事業第二春。

milkweed family 蘿藦科 龍膽目的一科，兩百八十餘屬，約兩千種熱帶草本或灌木狀攀緣植物，稀灌木或喬木。多具乳汁，花瓣五枚，合生。雙蓇葖果，種子通常成簇，具毛、易被風從果中吹出傳播。敘利亞馬利筋和馬利筋常栽培作爲觀賞植物。北美的塊根馬利筋花鮮橙色。球蘭俗稱蠟花，花蠟質，白色，常盆栽於室內。

Milky Way Galaxy 銀河系 由恆星和星際物質組成的巨型盤狀星系（直徑大約15萬光年），包括我們的太陽系在內。銀河系內含眾多星體，它們的光產生橫貫夜空、外形十分不規則的平面光帶。銀河系包括一千億顆恆星和大量的星際雲霧和塵埃。由於塵埃阻擋了我們的視線，因此在紅外天文學和無線電天文學（參閱radio and radar astronomy）研發之前，銀河的大部分區域都無法得到研究。它的具體組成部分、形狀和眞正的大小至今仍不可知，但通常認爲它包含大量的黑暗物質。太陽位於此星系的一條旋臂上，距離銀河系中心約27,000光年。

Mill, James 彌爾（西元1773～1836年） 蘇格蘭哲學家、歷史學家和經濟學家。他曾在愛丁堡大學就讀和任教，1802年來到倫敦，在那裡遇見了邊沁，並成爲邊沁的功利主義的支持者之一。他曾爲幾份雜誌撰寫文章，包括《愛丁堡評論》（1808～1813），並爲《大英百科全書》撰寫了關於政府和教育方面的文章。他在1825年協助成立了倫敦大學。在完成他的《不列顛印度史》（3卷；1817）後，被任命爲印度署的官員（1819），後成爲檢查事務部部長（1830）。他對英國統治的批評使印度政府開始改革。他在《政治經濟學原理》（1821）一書中總結了李嘉圖的觀點，並在《人類精神現象的分析》（2卷；1829）中將心理學和功利主義相結合，形成了一種學說，並由他的兒子約翰·斯圖亞特·彌爾發展下去。彌爾被認爲是哲學激進主義的創始人。

Mill, John Stuart 彌爾（西元1806～1873年） 英國哲學家和經濟學家。他由父親詹姆斯·彌爾個別全力教導。在《邏輯學體系》（1843）中，他極力整理出以因果關係解釋爲本的人文科學邏輯。父親打算讓他繼承哲學家邊沁的衣缽，1823他協助邊沁創立功利學會，雖然後來他大幅修改了承自兩人的功利主義，以解決它所面對的批判。1825年他與邊沁共同創立倫敦的大學學院。在《論自由》（1859）中，彌爾滔滔不絕地捍衛個人自由。他的《功利主義論》（1863）是以相近的推理嘗試答覆人們對其道德理論的反對意見和消除人們的誤解，他特別強調「功利」包括想像的樂趣和高尚情感的滿足，並在他的理論體系中爲遵循一定的做人原則留下一席之地。《論婦女的從屬地位》（1869）對女權做出強烈而具有爭議性的呼籲。其他作品包括《政治經濟學原理》（1848）、《論宗教的三篇短評》（1874）和一本自傳（1873）。身爲19世紀改革時代重要的公眾人物，他一直有興趣當邏輯學家和道德理論家。亦請參閱Mill's methods。

Millais, John Everett＊ 米雷（西元1829～1896年） 受封爲約翰爵士（Sir John）。英國油畫家和插圖畫家。1848年成爲前拉斐爾派的奠基人之一，他取得重要成就的時期是在1850年代，代表作有《鴿回方舟》（1851）和他最受歡迎的作品《盲女》（1856），展現了他的維多利亞感傷主義風格和技巧。他最具影響力的是他的肖像畫和書本插圖，尤其是在脫洛勒普的小說中。

Milland, Ray＊ 米蘭德（西元1905～1986年） 原名Reginald Truscott-Jones。英國出生的美國演員。生於威爾斯，1929年踏上演藝生涯， 1930年遷居至好萊塢。在1930年代和1940年代的許多電影中，經常以溫和浪漫的主角現身；但他在《失去的週末》（1945，獲奧斯卡獎）裡飾演一位酗酒的作家，演技深受好評。在《大鐘》（1948）、《生命的追求》（1952）和《電話謀殺案》（1954）等片中的表演也相當引人注目。

Millay, Edna St. Vincent 米雷（西元1892～1950年） 美國詩人和戲劇家。在緬因州出生和長大，其作品充滿了海岸和鄉村的氣息。1920年代居住在格林威治村，開始將浪漫的叛逆和年輕人自信的氣質人物化。她的代表作包括《新生與其他詩篇》（1917）；《荊棘之果》（1920）；《豎琴製造師》（1923，獲普立茲獎）；引入一種憂愁筆調的《雪中雄鹿》（1928）；十四行組詩《決定命運的會見》（1931），以及《用這些葡萄釀成的酒》（1934）。其他作品包括三部詩劇和爲泰勒的歌劇《國王的心腹》（1927）編寫的腳本。

Mille, Agnes de ➠ de Mille, Agnes (George)

millefleurs tapestry＊　百花掛毯　法語意爲「成千上萬的花朵」。以帶有很多小花背景爲特色的掛毯。許多百花掛毯的圖案都是普通景色和寓言故事。傳說百花掛毯最初是15世紀中期在法國羅亞爾河地區製作的。之後逐漸盛行起來，在法國和一些低地國家生產，直到16世紀末才逐漸衰落。

millennialism　千禧年主義　亦作millenarianism。對基督教關於千禧年預言（根據《新約·啓示錄》第20章，指耶穌基督再度降臨在世上建立國度的一千年）的信仰，或指與這種信仰有關的一種宗教運動。在千禧年期間，渴望正義統治地球將會實現；在千禧年末，魔鬼撒旦將暫時獲得釋放，他會欺騙各國子民，但最終會失敗，死者將聚集起來接受最後的審判。在整個基督教時代，當社會發生變革或危機時期曾使千禧年主義復甦；如今千禧年主義尤其與基督復臨派、耶和華見證人和摩門教等這類新教宗派有關聯。

millennium　千禧年　一千年的時間。1582年頒布的格列高利曆，後來被大多數國家採用，它不包括西元前（基督誕生前）轉向西元元年（基督誕生後）之間的0年。因此，第一個千禧年是跨越1～1000年的這段時間，而第二個千禧年則是1001～2000年的這段時間。雖然有衆多慶典歡慶了2000年的到來，但實際上21世紀和第三個千禧年應該是從2001年1月1日開始的。

millennium bug ➠ Y2K bug

miller　夜蛾　亦作owlet moth。鱗翅目夜蛾科昆蟲。共20,000多種，世界性分布。翅展8～305公釐，一般暗灰褐色，幼蟲和成蟲在夜間取食。成蟲吃果汁液和花蜜。幼蟲食葉和種子，有的鑽入莖和果實內，少數吃介殼蟲。有些種類的幼蟲（如螟鈴）危害農作物，在地面附近破壞根、莖。

Miller, Arthur　米勒（西元1915年～）　美國劇作家。在密西根大學讀書期間開始寫作。第一部重要的戲劇是《全是我的兒子》（1947），接下來他寫了自己最出名的作品《推銷員之死》（1949，獲普立茲獎），講述了一個名叫威利·洛曼的推銷員被迫自殺的悲劇。他的戲劇具有深刻的社會意識，對角色的內心世界刻畫入骨。他還寫了許多其他的劇本，包括《煉獄》（1953）、《橋頭眺望》（1955）、《墮落之後》（1964）、《維琪事件》（1964）、《代價》（1968）、《大主教的天花板》（1977）、《最後一個美國人》（1992）。他還爲妻子瑪麗蓮夢露寫了電影劇本《不合時宜的人》（1961）。

Miller, George A(rmitage)　米勒（西元1920年～）　美國心理學家。生於西維吉尼亞州查理斯敦，曾在哈佛大學、洛克斐勒大學、普林斯頓大學任教。最著名的學術成果是認知心理學方面的研究，尤其是溝通及語言心理學。在他1960年的著作《行爲的結構與計畫》（與葛蘭特、普萊本合著）之中，米勒檢證知識是如何累積及組織成爲實踐性的意象或計畫。他的其他作品，例如1951年的《語言與溝通》及1991年的《文字的科學》，則專注於語言及溝通的心理學。1991年獲頒國家科學獎章。

Miller, (Alton) Glenn　米勒（西元1904～1944年）　美國長號手和搖擺樂時代最流行的舞蹈樂隊領導人。1937年成立了自己的樂隊。他的音樂特點是將單簧管主導的薩克管聲音精心編入樂曲中。1942年他將樂隊解散，加入戰爭，領導一支軍樂隊。在一次由英國飛向巴黎的途中，他的飛機在英吉利海峽失蹤，從此音訊全無。

Miller, Henry (Valentine)　米勒（西元1891～1980年）　美國作家，一生浪蕩不羈。米勒在《黯淡的春天》（1936）中描寫了他在布魯克林度過的童年。《北回歸線》（1934）是他在巴黎窮困潦倒的逃亡生活的獨白，《南回歸線》（1939）則描寫了他在紐約的早期生活。這兩本書在1960年代以前於英國和美國一直因內容淫穢而被列爲禁書。《空氣調節器的惡夢》（1945）是他在美國到處旅行後所寫的批評性紀實。他定居在加利福尼亞海邊，成爲一群仰慕者的核心。他在這裡完成了《在玫瑰色十字架上受刑》三部曲，由《性》、《神經》和《關係》組成，美國版本將三部集合在一起於1965年出版。

作家米勒
Camera Press

Miller, Jonathan (Wolfe)　米勒（西元1934年～）　英國導演、演員和作家。在劍橋大學獲得醫學學位之後，米勒在愛丁堡戲劇節上由於在時事諷刺劇《邊緣之外》（1960）中的成功演出而開始了他的專業舞台生涯。當他開始當戲劇導演時，因對經典作品富有爭議的詮釋而聲名狼藉。他爲英國國家劇院和其他團體寫的富有創新精神的作品至今享譽國際。他也曾替英國廣播公司（BBC）寫了有關醫學的電視影集《人體問題》（1977）和《精神狀態》（1982）。

Miller, Neal E(lgar)　米勒（西元1909年～）　美國心理學家。在耶魯大學獲得博士學位，並留在耶魯的人類關係研究所繼續做學習方面的實驗研究。在《社會學習與模仿》（1941）和《人格與精神治療》（1950）兩本書中，他和約翰·道勒德結合早期有關行爲與學習的強化理論的原理，提出了行爲動機乃根源於滿足心理驅策力的學說。米勒認爲行爲模式乃是經由對生物學上或社會學上誘致驅策力的一種修正，再借著調節及強化的機制而產生。1966～1981年執教於洛克斐勒大學。

Millerand, Alexandre＊　米勒蘭（西元1859～1943年）　法國政治人物。1883～1898年擔任社會黨機關刊物的編輯。1885～1920年供職於法國下議院。曾在不同的內閣中歷任各種職務，包括商業部長（1899～1901）、公共工程部長（1909～1910）、陸軍部長（1912～1915），並在任職期間推行改革。1920年當選總理。後來以溫和派聯盟領袖的資格當選共和國總統（1920～1924）。在他鼓吹修憲以加強總統的權力後，迫於左翼聯盟的壓力而辭職。1927～1940年仍在上議院任職。

millet　小米　禾本科（或早熟禾科）一類種子形小的飼料作物和穀物。株高0.3～1.3公尺。除珍珠黍外，種子脫粒後皮不脫落。至少在西元前第三千紀中國就已開始栽培這種作物，如今在大部分的亞洲國家、俄羅斯和非洲西部是重要糧食。小米碳水化合物含量高，味濃，不能製膨鬆麵包，主要用於小麵包乾及熬粥或焖飯。在美國和歐洲西部用作牲畜飼料或作爲乾草種植。

millet＊　米勒特　鄂圖曼帝國（1300～1923）領導下的土耳其自治宗教社區。米特勒向中央政府盡納稅和負責內部安全等義務。每個米特勒也負責國家不能提供的社會和行政職能。1856年起，一系列的世俗法律改革侵蝕了他們大部分的行政自治權。亦請參閱Tanzimat。

Millet, Jean-François＊　米勒（西元1814～1875年）　法國畫家。出生於瑟堡附近的一個農家，在巴黎跟隨一位畫家學畫。當他向沙龍提交的兩幅作品被拒絕之後，於是回到了瑟堡，開始集中心力畫肖像畫。1844年他的作品《擠奶女人》給他帶來了首次成功。1848年他的另一幅農民題材作品《簸穀農夫》在沙龍展出。1849年定居巴比松村。由於他繼續展示農民題材，強調鄉村的勞作生活，而被指控爲社會主義者，但是他並沒有政治企圖。作品《祈禱》（1859）成爲19世紀最流行的油畫。因爲後來轉畫風景畫，所以他常和巴比松畫派一起被提及。

Millikan, Robert (Andrews)　密立根（西元1868～1953年）　美國物理學家。在哥倫比亞大學獲得博士頭銜。1896～1921年在芝加哥大學教物理，1921年以後在加州理工學院講授物理學。爲了測定電子電荷，他設計了密立根油滴實驗。他還證明了愛因斯坦的光電方程式，取得了普朗克常數的精確值。1923年獲諾貝爾獎。

Millikan oil-drop experiment＊　密立根油滴實驗　最早的直接測定單個電子電荷的方法。最初由羅伯特·密立根在1909年完成。他用顯微鏡測量微小油滴通過一個密閉箱頂部的速度。透過精確調節密封箱金屬頂板和底板之間的電壓阻止帶電小油滴的下降，他發現油滴所帶電荷都是一個最低值（基本電荷）的某一整數倍，因此電荷存在基本的固有單元。

milling ➠ fulling

milling machine　銑床　在軸線周圍對稱地排列著許多切削刃的圓形刀具旋轉的一種機床。在銑床上，金屬工件通常夾持在虎鉗或類似的夾具內，虎鉗則卡緊在可沿三個相互垂直方向移動的工作台上。多種形狀和大小的刀具可以用於廣泛的銑削操作中。銑床可以切割平面、凹槽、台肩、斜面、楔形和T形槽。不同齒形排列的刀具可以用來磨削凹面和凸槽，磨圓角，切削齒槽。

millipede　馬陸　或稱千足蟲。倍足綱節肢動物，約10,000種，世界性分布。馬陸生活於腐敗植物上並以其爲食，有的會危害植物，少數爲掠食性或食腐肉。體節數各異，從11對至100對，體長2～280公釐，特徵爲體節兩兩癒合（雙體節）。除頭節無足，頭節後的3個體節每節有足一對外，其他體節每節有足2對。自衛時馬陸並不咬噬，多將身體蜷曲，頭捲在裡面，許多種可具側腺，用分泌一種刺激性的毒液或毒氣以防禦敵害。

Mills, Billy　米爾斯（西元1938年～）　原名William Mervin Mills。美國運動員。具有部分奧格拉拉蘇族血統的他，早年生活在南達科他州的松樹嶺印第安保留區，十二歲時成爲孤兒。在堪薩斯大學時代就是一位卓越的徑賽選手。1964年，他以後來居上之勢擊敗克拉克，成爲美國史上第一個贏得10,000公尺奧運金牌的選手。1965年，分別創下室外6哩賽跑的世界記錄以及10,000公尺和3哩的美國全國記錄。

Mills, C(harles) Wright　米爾斯（西元1916～1962年）　美國社會學家。在哥倫比亞大學任教，其間專門從事韋伯的理論以及現代生活中知識分子的作用等問題的研究，並爲批判社會學在美國和世界的發展作出了貢獻。他主張社會科學工作者應該避免「抽象的經驗主義」，要做實際活動家，履行其社會職責。他對美國商業和社會的激進分析體現在他的《白領階層》（1951）和《當權人物》（1956）中，其他著作包括《第三次世界大戰的起因》（1958）和《社會學空想》（1959）。身爲一個多采多姿的公眾人物，他總是穿著黑皮衣，騎著一輛摩托車。四十五歲時死於心臟病。

Mill's methods　彌爾法　彌爾在他的《邏輯學體系》（1843）所區辨出來的五種實驗推論的方法。假設有個人對於在一組特定的條件下，什麼因素在引起特定的結果（稱爲結果E）中所扮演的決定角色感到有興趣。一致性的方法告訴我們要去尋找出現在所有結果E發生的情況下的因素。差異性的方法告訴我們要去尋找某些在結果E發生的情況下的因素，以及當結果E並未發生的另一個相似情況下所欠缺的某些因素。一致性與差異性的聯合方法，結合前兩種方法。剩餘法應用在，當結果E的部分可藉指涉已知的因素加以解釋；這個方法並告訴我們，將「剩餘」歸之於其餘當結果E發生的條件。相伴變項的方法，則是運用在當結果E能夠以不同的程度出現時：如果我們確認一個因素F，諸如氣溫，它的變項與結果E的變項，如尺寸，有正相關或負相關的關係。而後我們能夠指出因素F在因果上與結果E相關聯。

millstone　石磨　由一對扁圓石板組成，用來磨碎穀粒製成麵粉。固定的底部磨盤上刻有發自中心呈輻射狀的淺槽磨道。上面的磨石水平旋轉，其中央有一個注入穀物的孔。磨道把穀粒引入平坦的磨碎面，最後在其邊緣形成麵粉。最好的石磨是用法國巴黎附近的細砂質磨石製成的。美國則用石英礫岩、石英岩、砂岩或花崗岩製作。現在，石磨麵粉只占麵粉的很小比例。

Milne, A(lan) A(lexander)＊　米爾恩（西元1882～1956年）　英國作家。1906年在《笨拙》雜誌社工作，成功創作了幾部輕喜劇和一部令人難忘的偵探小說《紅房子的祕密》（1922）。後來他爲兒子克里斯多夫·羅賓創作的詩文被收入了詩集《小時候》（1924）和《我們六歲了》（1927），這兩部作品都成了膾炙人口的經典之作。《小熊維尼》（1926）和《小熊維尼家拐角的小屋》（1928）講述了克里斯多夫·羅賓和玩具動物小熊維尼、小豬皮傑、袋鼠媽媽、小袋鼠小豆和灰驢依唷的故事，受到了廣泛的歡迎。

米爾恩，鋼筆畫，埃文斯（P. Evans）繪於1930年左右；現藏倫敦國立肖像畫陳列館
By courtesy of the National Portrait Gallery, London

Milne Bay　米爾恩灣　南太平洋巴布亞紐幾內亞的海灣。位於新幾內亞島東南端。長50公里，寬10～13公里。1606年西班牙探險家將此灣畫入海圖。1873年英國人以海軍上將亞歷山大·米爾恩的名字命名此灣。1889～1899年淘金熱期間，歐洲人對該地的興趣大增。第二次世界大戰初期該灣淪爲日軍基地，1942年日軍在此首遭重創。其後在戰爭期間是盟軍基地。

Milner, Alfred　米爾納（西元1854～1925年）　受封爲米爾納子爵（Viscount Milner (of St. James's and Cape Town)）。英國在南非的高級專員（1897～1905）。1899年與

特蘭斯瓦總統克魯格在布隆方丹會議談判時，要求居住五年以上的外方人（英國在特蘭斯瓦的居民）可獲得完全公民權。克魯格反對，但準備作出讓步。但米爾納卻全無退讓之意，認爲「戰爭勢在必行」。布爾人在軍隊在四個月後入侵納塔爾省，象徵南非戰爭之始。1916～1919年擔任陸軍大臣，1919～1921年出任殖民大臣。

Milon of Croton＊　克羅頓的米倫（活動時期西元前6世紀末年）　亦作Milo of Croton。古希臘運動員。爲最著名的角力選手，贏得了多次奧運會和皮松運動會的冠軍。他的名字至今仍是驚人力氣的代名詞。據說他曾肩扛公牛通過奧林匹克體育場。

Milošević, Slobodan＊　米洛塞維奇（西元1941年～）　塞爾維亞民族主義政治家。出生於塞爾維亞與蒙特內哥羅的塞爾維亞共和國。十八歲加入當地的共產黨。後來成爲國營瓦斯公司總經理和貝爾格勒一家大銀行的總裁。他接受其妻（一名共產主義理論家）的建議，1984年他擔任貝爾格勒的共產黨領袖，1987年成爲塞爾維亞的共產黨領袖。他的支持者擁戴他取代政黨領導人，1989年被塞爾維亞議會任命爲塞爾維亞共和國總統。他反對與克羅埃西亞、斯洛維尼亞結爲聯邦，從而導致了南斯拉夫的分裂（1991）。他支援塞爾維亞民兵武裝攻擊波士尼亞和克羅埃西亞的穆斯林（參閱Bosnian conflict），但後來他代表波士尼亞的塞爾維亞人簽署了一份和平協定。他擔任新南斯拉夫聯邦共和國的總統後，透過鎮壓和控制大眾傳媒來維持其政權。1999年他發動進攻鎮壓發生在科索沃地區的阿爾巴尼亞民族省份的種族騷亂（參閱Kosovo conflict）。北大西洋公約組織（NATO）軍隊於是展開大規模空襲轟炸塞爾維亞目標。隨後他下令軍隊對科索沃進行種族清洗，迫使數百萬科索沃的阿爾巴尼亞人流亡國外。他的這一行動也遭致全世界國家的憎恨，將他視爲戰犯。2000年他在大選中落敗。第二年他被逮捕，並被引渡到荷蘭，因戰爭罪而受審。

Milosz, Czeslaw＊　米沃什（西元1911年～）　波蘭裔美籍作家、翻譯家及評論家。二十一歲時已是一名社會主義者，並出版了第一部詩集。納粹占領波蘭期間，他熱衷於抵抗運動。在短期擔任共產黨領導的波蘭政府的外交官後移居美國，在加州大學柏克萊分校任教數十年。他的詩因其古典風格和對哲學、政治問題的專注而聞名於世，包括像《冬天的鐘聲》（1978）這類詩集。他著名的雜文集《受束縛的思想》（1953）譴責了許多波蘭知識分子對共產主義的遷就和融合。文學評論家海倫·文德勒寫道：在她看來，米沃什的《論詩》（1957）是20世紀下半葉「最容易理解的也是最令人感動的詩」。米沃什於1980年獲諾貝爾文學獎。

Milstein, César＊　米爾斯坦（西元1927～2002年）阿根廷裔英國免疫學家。1975年米爾斯坦和區勒（1946～1995）將生活期短且能產生高專一性抗體的淋巴細胞，與能無限制分裂的骨髓瘤細胞融合。產生的雜合細胞既像淋巴細胞那樣能夠分泌針對單一抗原的抗體，也像骨髓瘤細胞那樣能夠永遠存活。這使針對單一抗原特徵的專一抗體（單株抗體）的大量生產成爲可能。米爾斯坦、區勒和傑尼（1911～1994）共獲1984年諾貝爾醫學或生理學獎。

Miltiades (the Younger)＊　米太亞得（西元前554?～西元前489?年）　雅典將軍。受希庇亞斯的派遣前往雅典加強其控制黑海航線的力量，在那裡成爲了一個暴君。他在西元前513年同大流士一世一起對抗西徐亞人，並支援波斯直到愛奧尼亞叛變（西元前499～西元前494年）爆發爲止。當叛變失敗後，他流亡雅典，在馬拉松戰役（西元前490年）中取得了勝利。次年，爲懲罰帕索斯與波斯聯盟而發起一場海戰，但以失敗告終，並因此受到審判和罰款。他在患壞疽後，很快在監獄中死去。

Milton, John　密爾頓（西元1608～1674年）　英國詩人。密爾頓青年時期才華洋溢，就讀劍橋大學（1625～1632），並在那裡寫作拉丁文、義大利文、英文詩歌；其中包括「快樂的人」和「幽思的人」，二者皆收錄於後來的《詩歌》（1645）中。1632～1638年期間，他埋首在自己的書房中－－寫出假面劇《科瑪斯》（1637）和不尋常的悼詩〈利西達斯〉（1638）－－並旅行至義大利。關心英格蘭的清教事業，他在1641～1660年的小冊子寫作中花了很多心力論述公民自由及宗教自由，並在克倫威爾的政府中任職。他最著名的散文收錄於論述新聞自由的小冊子《論出版自由》（1644）和《論教育》（1644）中。他在1651年左右失明，此後口述他的作品。他慘不忍睹的第一次婚姻在1652年妻子過世後結束，往後二次婚姻較爲成功。王政復辟後他以國協著名捍衛者的身分被捕，但很快遭到釋放。在他論述人類墮落而以無韻詩寫成的史詩傑作《失樂園》（1667）中，他以超強的力道駕馭崇高的「偉大風格」，而他對撒旦的角色刻畫是極致的成就。在《樂園復得》（1671）和《力士參孫》（1671）中，他進一步表達出自己對上帝的純眞信仰和個人靈魂重獲的力量，在前一部史詩中基督戰勝了誘惑者撒旦，而在後一部悲劇中這位《舊約》人物克服了自憐和絕望而成爲上帝的勇士。在英詩歷史中，他的地位被視爲僅次於莎士比亞，密爾頓對往後文學擁有深遠的影響；雖然在20世紀早期遭到攻擊，在世紀中期已經重獲西方教規中的地位。

Milwaukee　密爾瓦基　美國威斯康辛東南部城市及湖畔港口。位於密西根湖畔，是該州最大的城市。17世紀法國傳教士和皮毛商人到此，當地的印第安部落稱之爲Mahn-a-waukee Seepe（意爲「河邊的聚居地」）。雖然1800年開始有人定居，但直到1831～1833年印第安人放棄了他們的要求後才得以發展。密爾瓦基1839年設立，1946年設建制。約1900年以前是德國移民的聚居地。現在是五大湖區運送穀物的重要港口，亦生產電力機械。該市有一些教育機構，諸如馬凱特大學、威斯康辛大學密爾瓦基分校等。人口約591,000（1996）。

Milyukov, Pavel (Nikolayevich)＊　米留可夫（西元1859～1943年）　俄國政治人物和歷史學家。1895年以前他一直在莫斯科大學教歷史，並撰寫廣受好評的《俄國文化概論》（三卷，1896～1903）。作爲一名讚賞民主國家政治價值觀的自由主義者，1905年他和其他人一起共同創立了進步的立憲民主黨，並在1907～1917年間在杜馬中領導立憲民主黨議員。1917年他幫助組建了李沃夫親王領導的臨時政府，短暫出任外交部長。他試圖建立反對布爾什維克的中間聯盟，但被迫離開俄國，最終定居於巴黎。

Mimamsa＊　彌曼差　可能是印度六派正統哲學體系（見）中最早的一派。它是吠檀多的基礎，並對印度教法律的制訂產生深刻影響。它旨在爲《吠陀經》的解釋制定準則，爲遵守吠陀禮節提供哲學辯護。這一體系的最早著作是耆彌尼（約1～2世紀）的《彌曼差經》。許多注釋家和教師的著述追隨其後，其中最著名的是鳩摩利羅和波娑迦羅（8世紀）。鳩摩利羅因在印度用彌曼差擊敗了佛教而受到尊崇；波娑迦羅則是一個寫實主義者，他相信感官知覺是正確的。

Mimana　任那 ➠ Kaya

L M N

mime and pantomime 默劇與童話劇 僅靠肢體動作敘述劇情的戲劇表演形式。默劇最早出現在西元前5世紀的希臘，是一種主要強調模仿動作的喜劇表演，但也包括歌唱和對白。西元前100年左右開始，一種獨立的羅馬默劇形式發展起來，集中於粗魯的、淫亂的題材。羅馬童話劇不同於羅馬默劇的地方在於它的主題更爲高尙，表演中使用面具，這就要求演員透過姿態和手勢來表演。從古時起，默劇在亞洲戲劇中也很重要，在中國和日本的戲劇中它是構成主要戲劇類型的要素（如日本的能樂）。羅馬傳統的童話劇在16世紀的即興喜劇中得到改進，即興喜劇先後影響了18世紀法國和英國的幕間幽默短劇；後者逐漸發展成爲19世紀的童話劇，一種強調出洋相的兒童劇。現代西方默劇發展爲一種純粹的沈默藝術，僅靠手勢、動作及表情來傳達意念。著名的默劇演員有德布勞、德古（他發展了一套手語系統）和馬叟。卓別林是一個多才多藝的默片演員，同樣凱撒和馬戲團小丑凱利也是默劇大師。

正在表演彈奏小提琴的法國默劇演員馬歇·馬叟
Ronald A. Wilford Associates, Inc.

mimicry 擬態 生物體之間因相似而使一方或雙方獲得生存優勢。貝特斯氏擬態中，缺乏防禦手段的生物模仿有防禦手段的物種的特徵。米勒氏擬態中，群體中的所有物種都相似，儘管所有個體都有防禦手段。攻擊擬態中，一個食肉動物模仿一種性情溫和的物種以便於接近其獵物而不引起警覺，或者是寄生動物模仿其宿主。一些植物模仿動物的圖案和氣味以利於傳粉和散播。擬態不同於僞裝的地方在於僞裝隱藏了生物體，而擬態只是當生物體被發現的時候是生物體受益。

Mimir＊ 彌米爾 北歐神話中埃西爾神族裡最有智慧的神。據傳，他曾是一個水妖，被埃西爾神族送到敵對的瓦尼爾神族那裡作人質。他被砍掉腦袋，腦袋又被送回埃西爾神族。奧丁神把腦袋保存在藥草裡，並從中取得知識。據另一個說法，彌米爾居住在世界之樹伊格德拉西爾的一條根下的泉水之旁，他是個鐵匠，曾把手藝教給英雄齊格飛。

mimosa＊ 含羞草屬 含羞草科的一屬，包括生長在兩個半球的450多種熱帶和亞熱帶植物。多爲草本、小灌木或木質攀緣植物，極少數是喬木，通常具刺。因其葉片美觀，並會因光線和觸碰而闔上葉片，因此在世界各地廣爲種植。它的名字也源於這種對動物敏感性的「模擬」（mimicking）。某些種類的根有毒，另一些含有刺激皮膚的物質。許多金合歡植物也被錯誤地稱爲含羞草。亦請參閱sensitive plant。

Min River 岷江 流經中國中南部四川省境內的河流。岷江向東南流經紅盆地，於宜賓注入揚子江（長江）。全長約350哩（560公里），大部分河段皆可通航。

Min River 閩江 中國東南方河流，流經福建省中部。發源於福建與江西交界附近的山脈中，向東南注入中國海，長約358哩（577公里）。1957年建成的鐵路系統，增加了閩江在航運上的用途，沿岸並設有轉運點。

Minamata disease＊ 水俣症 1956年在日本水俣發現的疾病。水俣是漁港，亦是日本化學肥料公司的生產地，製造化學肥料、碳化物與氯乙烯。工廠排出的甲基汞污染魚貝類，吃食這些漁產的當地居民因此致病，小孩出生時就有缺陷。這是第一個確認由海水的工業污染造成的疾病，有時還會致命。引起全世界的關注，引發環保運動的發展。

Minamoto Yoritomo＊ 源賴朝（西元1147～1199年） 日本鎌倉幕府的創始人。作爲源氏武士家族的一員，因其父反叛居於統治地位的平氏家族失敗，源賴朝年輕時遭到流放。流放期間，他在北條時政（參閱Hojo family）的支持下，於1185年打敗了平氏家族。1192年隱居的天皇（參閱insei）加封他爲將軍，這樣他就成爲日本所有軍事力量的最高主宰。他在全日本建立了他自己的治安官（守護）和總管（地頭），藉此創立了政府基層組織與天皇政權相爭，並逐漸取而代之。這樣他就在不推翻天皇的情況下獲得了統治權，這一模式被後來各個幕府政權所沿用。亦請參閱Gempei War、jito。

Minamoto Yoshitsune＊ 源義經（西元1159～1189年） 源賴朝的具有超凡魅力的同父異母弟，幫助源賴朝戰勝平氏家族。源義經在一座寺廟中長大，十五歲從寺廟中逃走，參加其兄賴朝的部隊。根據賴朝的命令，他奪取了京都，此後他攻擊並消滅了日本瀨戶內海一帶的平氏殘餘部隊。賴朝開始妒忌義經，雖然義經避開他數年，最終賴朝還是命人把他殺了。義經是日本受迫害者的英雄典範。許多傳奇、小說、歌舞伎劇本乃至電影都描述他和他的忠實追隨者僧人弁慶的英雄事跡。亦請參閱Gempei War。

Minangkabau＊ 米南卡保人 印尼蘇門答臘島上最大的種族集團。雖是穆斯林，米南卡保人卻爲母系社會。傳統上，妻子婚後與其母系親屬同住；丈夫和他的母親同住，不過要時常拜訪妻子。家庭單位是公共住房，女戶主、她的姐妹、她們的女兒和女兒的小孩以及來訪的丈夫都住在一起。如今，傳統的親屬關係結構已被削弱，許多男人帶著妻子和兒女離開農村，建立自己的家庭。傳統的米南卡保人是農民，他們有木雕、金屬製造、紡織等手藝。1850年代，一些人移居馬來亞（馬來西亞半島）參加那裡迅速擴張的錫礦開採；時過境遷，這些移民紛紛轉向務農，20世紀他們控制了馬來亞的大部分零售業。米南卡保人人數約在200萬～500萬之間。

Minas Basin＊ 米納斯灣 加拿大芬迪灣東部的水灣，伸入新斯科舍省中部。最寬處有40公里，長度超過80公里。潮頭爲世界最高潮頭之一，潮差超過15公尺。1604年此灣沿岸發現了礦藏後，山普倫稱之爲「礦藏地」。

Minch 明奇 夾在外赫布里底群島（參閱Hebrides）和蘇格蘭西北海岸之間的海峽。寬40～70公里，水深流急，南部延伸段爲小明奇海峽，位於內、外赫布里底群島之間。

mind, philosophy of 心靈哲學 哲學的分支，研究心靈之性質與其各種呈現，包括意向性、感覺與感官知覺、情感與情緒、夢、個性與人格的特徵、無意識、意志、思想、記憶和信念。心靈哲學以其強調對概念的分析與澄清，異於對心靈進行的、以經驗爲依據的研究（如心理學、生物學、生理學、社會學與人類學）。

mind-body problem 心身問題 心靈與身體之關係的形上學問題。這個現代的問題根植於笛卡兒的思想中，他賦予二元論一個古典的公式化的闡述。即使在笛卡兒當時，他的身心交感論遭受許多批評。霍布斯主張，除了運動中的物質之外，別無一物存在，也沒有所謂的心靈的實體，只有物質的實體。某一種唯物主義也受到笛卡兒的論敵伽桑狄（1592～1655）的支持。斯賓諾莎則斷定有單一的實體，其中心靈和物質都是屬性；他的理論又稱爲心身平行主義其他近來受到許多討論的觀點是中樞狀態唯物論，又稱爲同一論和雙面理論。

Mindanao＊　民答那峨　菲律賓南部島嶼，爲菲律賓第二大島。面積94,630平方公里，寬471公里，長521公里。島上多山，還有幾座活火山，其中包括該國最高峰阿波山。稀有動物食猴鷹爲民答那峨島的獨特物種。16世紀伊斯蘭教傳遍全島。1521年麥哲倫造訪了該島，後來被西班牙占領，但是當地穆斯林居民的抵抗使其很大程度上獨立於西班牙當局。1990年在該島的西部和西南部建立了穆斯林自治地區。

Mindanao River　民答那峨河　舊稱哥打巴托河（Cotabato River）。菲律賓民答那峨島中部主要河流。它向西北蜿蜒，哥打巴托河和塔門塔卡河兩條支流都注入伊利亞納灣。全長320公里。其河流系統灌溉了肥沃的盆地，也是主要的內陸運輸水道。

Mindon＊　曼桐（西元1814～1878年）　緬甸國王（1853～1878年在位）。第二次英緬戰爭後開始執掌政權。他未能說服英國歸還勃固（緬甸南部），還曾被迫做出巨大的經濟讓步。在國內，他推行了許多改革。他在位期間出現了文化、宗教的繁榮。1857年他建新都曼德勒，宮殿和寺廟都成爲傳統緬甸建築的傑作。1871年他在曼德勒召集了第五屆佛教徒大會，努力修訂和淨化巴利經文。

Mindoro　民都洛　菲律賓中西部島嶼。與北邊的呂宋島之間隔貝爾德島航道，長130公里，寬80公里，面積9,735平方公里。1570年西班牙人首次到訪，1901年被美國統治。第二次世界大戰期間被日本占領。侏儒水牛是一種體形很小的水牛，爲民都洛島所特有。人口833,000（1990）。

Mindszenty, József＊　明曾蒂（西元1892～1975年）　原名József Pehm。匈牙利樞機主教，反對法西斯主義和共產主義。1915年受神職，1919年因反對極權主義而被捕，1944年再度被捕。1945年任匈牙利大主教，1946年成爲樞機主教。1948年由於反對共產黨政府對天主教會學校進行世俗化而被捕，第二年以叛國罪判處無期徒刑，匈牙利革命（1956）期間獲釋。共產黨政府重新控制局勢後，明曾蒂前往美國駐布達佩斯大使館尋求政治庇護，在那裡度過了十五年，並拒絕梵諦岡教廷要他離開匈牙利的要求。1971年他的態度緩和，定居維也納。1974年從匈牙利大主教的位置上退休。

mine　炸雷 ➠ land mine、submarine mine

Miner, Jack　邁因納（西元1865～1944年）　原名John Thomas。加拿大博物學家。出生在俄亥俄州丹佛市，1878年遷居加拿大。1904年他在他的位於安大略省金斯維爾的農場建立了一個鳥類禁獵區。1910～1915年間爲五萬餘隻野鴨綁上標記，首次完成了北美鳥類的標記綁定工作。1931年他的朋友設立了傑克·邁因納候鳥基金會其工作確實得以繼續進行。1943年他獲大英帝國勳位。

mineral　礦物　任何自然形成的相似固體，有化學結構（但不穩定）和一個有特點的內在結晶組織。礦物通常由無機過程形成。各種礦物的化合物，如：祖母綠和鑽石，被作爲商業產品生產出來。雖然多數礦物都是化合物，但仍有一部分（如：硫、銅和金）是元素。礦物同別的形式的岩石往往結合在一起。例如：花崗岩含有不同量的長石、石英、雲母和閃石。因此，岩石通常是各種礦物的共生物。

mineral processing ➠ ore dressing

mineralogy　礦物學　對礦物的物理特性、化學構成、內部結晶結構、在自然中的形成和分布以及形態的來源和狀況進行研究的學科。礦物研究包括對礦物的描述、新品種和稀有品種的分類、對結晶的分析以及對礦物種類的實驗和工業合成等。其方法包括物理和化學的識別、結晶對稱性和結構的鑑定、光學檢驗、X射線衍射和同位素分析等。

Minerva　密涅瓦　古羅馬宗教所信奉的女神，司掌各行業技藝，後來又司理戰爭。常被人們認爲與希臘女神雅典娜融爲一體。一些學者認爲，當雅典娜的祭儀從伊楚利亞被介紹到羅馬時，對密涅瓦的崇拜就開始了。密涅瓦是朱比特三神之一，另外兩個是朱比特和朱諾。她在羅馬的神殿是工匠行會的聚會場所。對密涅瓦的崇拜在羅馬皇帝圖密善時期最爲流行，圖密善希望得到她的特殊庇護。

minesweeper　掃雷艦　用來清除布雷區水雷的軍艦。海戰中，它們用於清除海上航線上的水雷以保證商船運輸，也用於清除參加會戰或兩棲作戰的船隻航線上的水雷。最早的掃雷艦使用帶有鋸齒的掃雷索切斷水雷的繫泊纜，使之浮出水面，再用炮火將其擊毀。韓戰中磁性水雷（在鋼艦磁場內爆炸）的廣泛使用導致了木製船身掃雷艦的出現。

Ming dynasty　明朝（西元1368～1644年）　中國朝代，是在蒙古人和滿族兩大外族先後統治中國的間隔中所創建的本土政權。明朝以其極爲穩定而又專制的統治，擴張中國的影響力，範圍超出中國歷代的本土政權。在明朝統治下，中國的首都由南京遷往北京，紫禁城亦於此時興建。由鄭和領導的海洋遠征開拓了東南亞、印度以及東非的貿易路線。以白話寫作的小說創作亦在這個時期問世；明代的哲理思想，則是從新儒學的王陽明的著作中獲得啓發。明代的白瓷揚名於全世界，在越南、日本與歐洲都有仿作。

Mingus, Charles　明戈斯（西元1922～1979年）　美國低音提琴家、作曲家、樂隊領隊，現代爵士樂最重要、最富色彩的人物之一。他曾在漢普頓、艾靈頓公爵和諾沃的樂隊裡演奏過，最終他開始和許多咆哮樂的革新者一起合作。1953年他組織了小型演奏團「爵士工作室」，大膽地將隨意組合的曲調和即興演奏相結合，同時融入了藍調和自由爵士樂的成分。作爲樂團創團團長和低音提琴的演奏大師，明戈斯在其剩下的職業生涯裡保持了對爵士樂不妥協的、持續創新的推動。

Minhow　閩侯 ➠ Fuzhou

miniature painting　細密畫　小型、精描細繪的畫，通常爲肖像畫，用水彩畫在羊皮紙、撲克牌、銅版或象牙板上，能拿在手裡或作爲珠寶佩戴。名稱出自「鉛丹」一詞，以強調中世紀彩飾手抄本的首字母。結合了彩飾和對文藝復興的紀念，細密畫從16世紀早期到19世紀中期長盛不衰。可考的最早的作品由克盧埃在法國法蘭西斯一世的宮廷中完成。在英國，小霍爾拜因在亨利八世的宮廷中創作了許多細密畫名作，影響了繪畫實踐的長期傳統，被稱爲「肖像畫」。希利雅德則爲伊莉莎白一世當了三十多年的細密肖像畫師。17～18世紀在法國流行用瓷漆在金屬上作畫。義大利的卡列拉採用象牙板作爲透明顏料的發光面（1700?），大大刺激了這一畫法在18世紀後期的復興。到19世紀中期，細密畫被認爲是奢侈品，並且由於攝影這個新方法的出現而顯得過時了。

Minimalism 極限主義 20世紀在藝術與音樂方面的運動，主張形式的極度簡單和捨棄情感內容。在視覺藝術領域，極限主義在1950年代發端於紐約，1960年代和1970年代其抽象藝術形式成爲主流。極限主義者認爲藝術作品應該完全自我指示。個性成分被排除以便於彰顯客觀、純粹視覺的成分。極限主義的代表雕塑家包括安德烈和賈德；畫家包括凱利和馬丁。在音樂領域，極限主義是一項完全獨立的運動，始於1960年代。它借著穩定的節拍，不斷重複音調與和弦，只是在它們的成分中逐漸變化，和聲幾乎沒有變化，很少甚至沒有旋律配合。這方面主要的先行者是印度和東南亞的樂曲。早期從事這類音樂的重要人物有楊格（1935～）、賴利（1935～）、萊克、格拉斯和亞當斯。其中賴利的*In C*（1964）可能是極限主義音樂最具開創意義的作品。

minimum 極小値 數學中指函數値最低的那個點。如果這個値小於或等於所有其他的函數値，那它就是絕對極小値。如果僅僅小於附近任一點的値，那它就是相對的，或者說是局部的極小値。在微積分中，在函數的極小値點上導數等於零或者不存在導數。亦請參閱maximum、optimization。

minimum wage 最低工資 經集體談判或政府規定，在雇傭勞工時所實行的最低工資率。法定最低工資是由政府規定的最低工資，適用於經濟體中的所有工人，鮮有例外。個人談判的最低工資由勞資雙方討價還價的結果決定，適用於經濟體中某些特殊工人群體，通常是某個特殊的行業或產業。現代最低工資，伴隨著勞工糾紛的強制性仲裁，於1890年代首先在澳大利亞和紐西蘭出現。1909年英國建立勞資協商會，以確定某些行業和產業的最低工資率。美國第一項最低工資（僅適用於婦女），是1912年由麻薩諸塞州頒布實行。現在大多數國家都有最低工資法令或協定。

mining 採礦 從地殼中挖掘原料，包括有機來源的礦產在內，如煤和石油之類。現代採礦業成本很高，過程也很複雜。首先必須確定一條能夠達到預期目的並使投入能夠被回收的礦藏，然後決定該礦藏的含量，並由採礦專家確定開採方法。開採和提煉礦物質包括不同的鑽井、爆破、提升和挖掘方法的組合。礦物質通常用電力機車帶動的鐵皮火車沿軌道被運送出來。採礦中最關鍵的是要考慮如何使地道和挖掘洞通風，爲礦工提供新鮮的空氣並排除有害氣體。

mink 水貂 鼬科鼬屬兩種鼬形動物的統稱，因毛皮珍貴而被誘捕和飼養。北美水貂分布在於整個北美洲，但美國西南部乾旱地區除外，體長約43～74公分，體重約1.6公斤。歐洲水貂（即歐亞水貂）較小。深褐色的毛皮包含了濃密柔軟的絨毛上覆一層色深而有光澤的保護性硬毛。由於雜交產生許多毛色變異。野生者的毛皮較飼養者昂貴。

Minkowski, Oskar＊ 明科夫斯基（西元1858～1931年） 德國病理學家和生理學家。他在1844年研究糖尿病時發現血中出現β－羥丁酸伴發重碳酸鹽降低是糖尿病酸中毒（血的酸鹼值偏低）的原因，還證明糖尿病性昏迷伴有二氧化碳在血中的溶解量減少，並可以用鹼療法治療。他同梅靈（1849～1908）用狗做實驗，發現胰臟是分泌今稱之爲胰島素的「抗糖尿病」物質的器官。他還證明了肝能分泌膽色素和尿酸。

Minneapolis 明尼亞波利 美國明尼蘇達州東部城市，是該州最大城市。位於密西西比河沿岸，明尼蘇達河河口附近。與河對岸的聖保羅市組成雙聯市都會區。1680年法國傳教士亨內平發現該地區時，這裡是一個軍事前哨。該市由東岸的聖安東尼（1855年建立）和西岸的明尼亞波利（1856年建立）於1872年合併而成，後發展成伐木業和小麥產業中心。現在除了仍是附近農業的穀物交易市場外，它也是一個製造業中心。教育機構包括了明尼蘇達大學。人口約359,000（1996）。

Minnelli, Vincente 明尼利（西元1910～1986年） 美國電影導演。明尼利從十六歲起便擔任舞台監督和服裝設計，1935年起，他作爲百老匯導演獲得了成功，1940年遷居好萊塢。他將顏色的大膽使用和富有想像力的攝影技巧相結合，創作了諸多影片，如：《相逢聖路易》（1944）、《風流海盜》（1948）、《岳父大人》（1950）、《花都舞影》（1951）、《玉女奇男》（1952）、《篷車隊》（1953）、《天生一對》（1954）、《金粉世界》（1958，獲奧斯卡獎）。1945年他和迦倫結婚，1951年離婚。他們的女兒麗莎・明尼利（生於1946年），優秀的歌手和女演員，十多歲時就因爲在《紅色恐怖弗洛拉》（1965）中的表演而獲得了東尼獎。她還在《何日君再來》（1969）和《酒店》（1972，獲奧斯卡獎）中擔綱角色。在電視和音樂會中精力充沛、富於感情的表演時她贏得了許多的崇拜者。

minnesinger＊ 戀詩歌手 minne德語意爲「愛」，指約1150～1325年間德國詩人音樂家，與行吟詩人和遊吟詩人類似。就像法國的行吟詩人一樣，戀詩歌手所唱的歌並不局限於愛情歌曲，也評論政治和道德。起初是地位高貴的人，後來戀詩歌手則來自新興的中產階級，他們唱歌既有社會興趣，也有經濟上的考量。最著名的戀詩歌手有瓦爾特・封・德爾・福格威德、奈德哈特・封・羅伊恩塔（1180?～1250?）、唐懷瑟等。

Minnesota 明尼蘇達 美國中西部的州。該州占地面積224,329平方公里，首府聖保羅。它是美國鄰近的48個州中最北部的一個，有大片的森林、肥沃的土地和無數的湖泊。在歐洲人在此定居之前，它是奧吉布瓦人（齊佩瓦人）和達科他部落（蘇人）的居住地。法國人在17世紀中葉尋找西北航道時來到這裡。其北部地區在1763年轉交英國，1783年轉給美國，1787年成爲了其西北部殖民地的一部分。其西南部在1803年被作爲路易斯安那購地的一部分被美國購買，其西北部在1818年和約中由英國割讓給了美國。第一個長期的美國人居住地建立於1819年，當時美國在此設立了史內靈堡要塞。明尼蘇達領地建立於1849年，包括現在的明尼蘇達和南北部蘇人居住區的西部地區。明尼蘇達在1858年成爲了美國的第32個州。1862年明尼蘇達南部的蘇人暴動造成了五百名居民、士兵和印第安人的死亡。商業上的鐵礦生產開始於1884年，在1890年在梅薩比嶺發現大量鐵礦後，杜魯日和蘇必略的人口急劇增加。今日該州以農業爲其經濟基礎，尤其是穀物、肉類和乳製品。礦物質的生產包括鐵礦石、花崗岩和石灰岩。人口約4,686,000（1997）。

Minnesota, University of 明尼蘇達大學 美國明尼蘇達州的州立大學系統。主要校園在雙城地區，另有其他三個分校。主校區在1851年設立時原是一所預備學校，1862年得到聯邦土地補助而設置大學。該校提供綜合性的大學部、研究所、專科班課程，較有名的大學部課程包括化學工程、醫學技術、地理學、經濟學、心理學及建築。校內設有超過100個研究機構，圖書館藏書超過五百萬冊。主校區現有學生人數約37,000人。

Minnesota Mining & Manufacturing Co. (3M) 明尼蘇達礦業製造公司 美國公司，總部在明尼蘇達州聖

保羅市。製造多種產品。公司在1902年即以現名成立；開始時生產砂紙。後穩步發展，生產線中增添了防水砂紙、賽璐玢膠黏帶和防護膠布等產品。今天公司產品包括照相底片、錄影帶、電腦合成圖形技術，衛生保健用品。在美國多元化經營的公司中，該公司以依靠其本身的資產而不是靠大規模收購其他公司來求得發展而聞名。

Minnesota River　明尼蘇達河　明尼蘇達州南部的河流，發源於南達科他州和明尼蘇達州的邊境。向東南流，而後折向東北，在聖保羅南部匯入密西西比河，全長約534公里。舊名聖彼得河或聖皮耳河，它對早期的探險者和毛皮商人意義重大。

minnow　米諾魚　北美多種小型魚類，特別是鯉科魚類的總稱，亦指蔭魚科的岩魚和鱂科的鱂。許多北美的鯉科米諾魚多屬小型淡水魚，長6～30公分。許多是魚類、鳥類和其他動物的重要食料來源。鈍吻呆魚、肥頭呆魚、普通閃光魚和美國擬鯉是最佳的餌魚。該詞也泛指許多大型魚類的幼魚。minnow一名在歐洲和北亞指鱥，長約7.5公分，體色不一，有金黃色及綠色。

Mino da Fiesole＊　米諾（西元1429～1484年）　義大利雕刻家。可能在佛羅倫斯（其家鄉菲耶索萊附近）進行過專業學習，他在佛羅倫斯和羅馬都很活躍。在羅馬他創作了紀念碑（尤其是牆狀墓）和主教及其他傑出人物的半身像。在最早的文藝復興肖像雕刻中，他的作品在19世紀極受推崇，但現在則認爲與和他同時期的狄賽德里奧，羅塞利諾（1427～1479）以及其他傑出人物相比，米諾的作品是缺乏靈感的。

Minoans＊　米諾斯文明　克里特島興盛於青銅時代（西元前3000?～西元前1100?年）的非印歐語系居民。海洋是他們經濟與政權的基石。他們基於克諾索斯的高度發展的文化，以傳說中的國王邁諾斯命名。它象徵著愛琴海地區第一個高度的文明。米諾斯文化對希臘本土的邁錫尼文化產生了巨大的影響。米諾斯文化在西元前1600年左右達於巔峰，以其宏偉的城市和宮殿、廣泛的貿易聯繫，運用書寫的能力而聞名（參閱Linear A and Linear B）。米諾斯文化的精美藝術品有精心製作的徽記和陶器，而最重要的是宮牆上充滿生機的精緻壁畫。這些壁畫既表現世俗的景象，也表現宗教的場面，包括反映他們母權制宗教的女神。宮殿廢墟證明了石鋪街道和輸水管道的存在。米諾斯藝術中最熟悉的主題是蛇（女神的象徵）和公牛，跳牛儀式則具有神祕的成分。

Minos＊　米諾斯　希臘神話中克里特國王，主神宙斯和歐羅巴之子。他藉助波塞頓之力取得克里特王位，同時也成爲愛琴島的統治者。他的妻子與公牛相愛，生下了彌諾陶洛斯。後者被關押在迷宮中。米諾斯發動了對雅典的戰爭。他強徵少男少女作爲貢品讓彌諾陶洛斯吞食，後來特修斯在米諾斯女兒阿里阿德涅的幫助下，斬殺了這個怪物，這種祭祀方才終止。米諾斯是在西西里洗澡時被人用開水燙死的。很多學者現在認爲米諾斯是克諾索斯的米諾斯文明或青銅器時代皇家或朝代統治者的名稱。

Minot, George (Richards)＊　邁諾特（西元1885～1950年）　美國醫師。在哈佛大學獲得醫學學位。他以餵養生肝的方法治癒了狗的貧血（包括過度失血）。後來他和墨菲（1894～1987）一起發現每天吃生肝可治癒人類的惡性貧血。他們和惠普爾因發現先前總是認無法治癒的致命疾病的方法，而共獲1934年的諾貝爾生理學或醫學獎。邁諾特又與柯恩成功地製備了供口服的肝浸膏。在1948年維生素B_{12}被分離出來以前，肝浸膏一直是惡性貧血的主要治療藥物。

Minotaur＊　彌諾陶洛斯　希臘神話中克里特的人身牛頭怪物。它是米諾斯的妻子帕西淮同波塞頓送來作犧牲的一頭白毛公牛的後代。米諾斯未殺公牛。爲了懲罰米諾斯，波塞頓使帕西淮與公牛相愛。彌諾陶洛斯（意爲「米諾斯公牛」）被關押在代達羅斯修建的迷宮裡。在一場戰爭中，米諾斯戰勝了雅典，他強迫雅典人以人爲牲供彌諾陶洛斯吞食。到第三次獻牲的時候，特修斯自願前往，並在阿里阿德涅的幫助下殺死了這個怪物。

Minsk　明斯克　白俄羅斯首都和最大的城市。1067年以前就有人定居於此，1101年成爲公國君主所在地。14世紀屬立陶宛，後歸波蘭。1793年再次瓜分波蘭時被俄國獲得，並成爲省會。1812年被法軍占領和破壞。1870年鐵路建成之後，作爲工業中心，明斯克的重要性日漸提高。第一次世界大戰期間，它先後被德國和波蘭占領。第二次世界大戰期間，尤其在1944年蘇聯軍隊反攻時幾乎被夷爲平地。曾經是蘇聯白俄羅斯加盟共和國的首都，1991年白俄羅斯獨立後仍是首都。它是白俄羅斯的行政和工業中心。人口約1,700,000（1996）。

Minsky, Marvin (Lee)　明斯基（西元1927年～）　美國電腦科學家。生於紐約市，普林斯頓大學博士，到麻省理工學院擔任教職，至今仍爲全職。研究貢獻在推進人工智慧、認知心理學、類神經網路（1951年建造第一部類神經網路模擬器）以及圖靈機的理論。他是機器人學的先驅，製作最早的一些擁有觸覺感應器、視覺掃描器及配合軟體與電腦界面的機械手臂。影響許多麻省理工學院以外的機器人計畫，並建造出具有人類常識判斷的機器。著作《心智的社會》，每頁陳述一個理念，以270個交織的理念表現他的理論。另外還參與許多太空探測先進科技的研究。1969年獲得圖靈獎。

minstrel　遊方藝人　中世紀流浪音樂家，通常社會地位低下。這一稱呼（相當於拉丁語中的ioculator和法語中的jongleur〔雜耍藝人〕）在中世紀適用於包括唱歌行乞者、城鎮裡爲特別場合而雇傭的雲遊音樂家、宮廷小丑等在內的許多人。現代的民間歌手即從遊方藝人發展而來。亦請參閱minstrel show。

minstrel show　黑臉歌舞秀　在19世紀和20世紀早期流行於美國的娛樂表演形式。1830年代由走紅的白人藝人萊斯，一般稱他爲「吉姆・克勞」首創。他戴著一種稱作「黑臉」的固定面具模仿美國黑人表演滑稽歌舞。1840～1880年這種白人黑臉歌唱團在美國和英國特別受到歡迎，其中包括克利斯蒂黑臉歌唱團，他們在百老匯表演達十年之久，並有佛斯特爲他們創作歌曲。美國南北戰爭之後仍有黑臉歌唱團的表演。這種演出以合唱開場，然後是發問者和巧辯演員之間不斷表演笑話，中間穿插民歌、滑稽歌曲和樂器演奏（通常是班卓琴和小提琴），還有個人特色表演、踢踏舞和特別節目。兩個巧辯演員，一個是耍鈴鼓的塔米巴先生，另一個是敲響板的博尼斯先生。

mint　薄荷　唇形科薄荷屬帶有濃烈氣味的植物，約25種，爲多年生草本。唇形科共160屬，近3,500種開花植物。薄荷對於人體很重要，可被用作調味料、香料和藥物。眞正的薄荷莖四稜形，葉對生，有香氣。輪繖花序腋生，或成密集的頂生穗狀花序。花小，淡紫、粉紅或白色。莖葉的腺點富含揮發油，香味濃郁。該屬植物包括了胡椒薄荷、留蘭香、墨角蘭、迷迭香和百里香；其他同科的植物還有薰衣草、海索草和假荊芥（即貓薄荷）。

mint 鑄幣廠 經濟學中指通常由法律指定的，規定按照的準確的化學成分、重量和尺寸製造錢幣的部門。第一個國家鑄幣廠可能是由里底亞人於西元前7世紀建立的。這種技術通過愛琴島傳播到義大利和其他地中海國家，甚至波斯和印度。羅馬人奠定了現代鑄幣標準的基礎。西元前7世紀，中國獨立地建起了鑄幣業並傳到日本和朝鮮。在中世紀的歐洲，各個封建統領（國王、伯爵、主教、自由城）都行使鑄幣特權，使得鑄幣廠數量激增。幣制的差異往往導致了商業的畸形。如今除了美國在費城和丹佛各有一家鑄幣廠外，絕大多數國家都只有一家鑄幣廠。在舊金山鑄造的是供收藏家選用的成套標定硬幣。至於用量不大不值得自設鑄幣廠的一些小國，可由國外鑄幣廠鑄造硬幣。許多鑄幣廠除完成鑄幣任務外，還提煉貴重金屬、製造獎章和印璽。參見currency和money。

minuet＊ 小步舞 高雅的男女對舞，起源於法國民間舞蹈，風行於17～18世紀的歐洲宮廷舞會。舞者通常跟隨3/4節拍的音樂用緩慢的小步表演多種精心設計的舞蹈動作與隊形，其中組合了程式化的鞠躬和屈膝禮動作。這種18世紀最流行的貴族舞蹈在1789年法國大革命之後被摒棄。在音樂藝術方面小步舞意義重大：1650～1775年間小步舞曲通常被包含在組曲中，它也是唯一一種被保留在交響曲、奏鳴曲、弦樂四重奏以及1800年之前的其他一些音樂流派之中的舞蹈樂曲形式。

Minuit, Peter＊ 米紐伊特（西元1580?～1638年） 荷屬新尼德蘭殖民地總督。1626年荷屬西印度公司任命他爲曼哈頓島殖民地的總督。爲使歐洲人占領美洲土地之事合法化，據傳他說服了印第安人以僅相當於60個荷蘭盾（合24美元）的價格出售了這片土地，在島的南端建立了新阿姆斯特丹城。他被召回荷蘭（1631），後來又被派往德拉瓦灣建立殖民地新瑞典，在那裡他再次向印第安人購買了土地並於1638年建起了克里斯蒂娜堡（即後來的維明頓）。

minuscule＊ 小寫字母 書法中的小寫字母，與大寫字母或大寫字盤字母相對。與大寫字母不同，小寫字母並不完全局限在兩條（實在的或假設的）線之內，它們的筆劃可以高於或低於邊線。8世紀時阿爾昆發明了小寫字母寫法，以大寫字母起句，句點結尾，這就實現了寫作中的句段劃分。這種手寫體原本形近圓形，但逐漸地筆劃變得越來越重，直至成爲今天的哥德體，或稱黑體字。

minuteman 瞬息民兵 美國革命期間的殖民地士兵。1774年9月麻薩諸塞州的革命領袖們爲排除舊民兵團的保守黨分子和親英分子而換掉了所有的軍官，組成了第一個瞬息民兵團。每一民兵團都能保證其三分之一的成員在「一分鐘預警內」即可應召出勤。聞召可立即武裝集合，因此特別命名爲「瞬息民兵團」。隨後其他縣也開始採用同一體制，10月麻薩諸塞地方議會於賽倫集會時指示應完成重組事宜。瞬息民兵在勒星頓和康科特戰役中首次成功面對重大考驗。7月18日大陸會議建議其他殖民地也組織成立瞬息民兵隊伍。

Minuteman missile 義勇兵飛彈 1962年首次配置的美國洲際彈道飛彈（ICBM）。從1960年代起直至1980年代義勇軍飛彈構成了美國陸基核子武器庫裝備的主體，包括1962年的義勇軍飛彈一代、1966年起的第二代和1970年起的第三代。它是美國第一種部署在地下發射井中的洲際彈道飛彈。從1986年開始，和平保衛者飛彈開始取代義勇兵飛彈。

Miocene epoch＊ 中新世 第三紀的一個主要分期，自距今2,380萬～530萬年前。該時期分布廣泛的陸地生物化石全面記錄了中新世脊椎動物尤其是哺乳動物的發展。當時哺乳動物接近現代的形態，現代已知哺乳類的科當中足有半數存在於中新世的記錄裡。馬主要分布在北美洲，而靈長類動物，包括類人猿，則主要分布在今南歐一帶。在北半球的新舊大陸之間，發生了動物群的某些交換。非洲和歐亞大陸之間的交流已經成爲可能，但南美洲和澳洲仍然處於隔離狀態。

Miquelon 密克隆島 ➠ Saint-Pierre and Miquelon

Mir 和平號太空站 俄羅斯太空站，其核心艙於1986年2月20日發射，其後十年裡，五個附加艙分別被發射進入太空與核心艙連接，組成了一個多功能太空實驗室。作爲俄羅斯的第三代太空站（參閱Salyut），「和平號」的特點是有六個對接艙口供附加艙或其他太空船對接之用，擴大了生活區，有更充足的能源供應以及現代化的研究設備。1986～2000年間「和平號」持續有人居留的狀態，其間有接近十年處於不間斷的使用狀態，包括在1995年到1998年間接待了一批美國太空人參與「和平號」太空梭上的合作研究。1995年波雅可夫（1942～）在「和平號」上創造了太空停留438天的新的世界記錄。2001年3月，廢棄的太空站在控制下重新進入大氣層，碎片墜入太平洋。

Mirabai＊ 密羅・跋伊（西元1450?～1547?年） 拉傑普特的公主和印度教神祕主義者，她的歌曲在北印度受到歡迎。據說，密羅・跋伊在其丈夫死後獻身於黑天。她在供奉黑天的私人寺廟裡接待印度修行者和朝聖者，創作熱愛該神的歌曲，這對一個寡婦是非正統的行爲。她的詩提到她曾兩次遭暗算，幸未被害。當衆婆羅門中的一個代表找到她以使她返回其丈夫的國家時，她消失了。只有兩封署有她名字的詩歌能追溯到18世紀前，但她的故事在北印度的聖徒中是最爲熟悉的。

Mirabeau, comte (Count) de＊ 米拉波（西元1749～1791年） 原名Honoré-Gabriel Riqueti。法國政治人物和演說家。爲經濟學家維克托・里克蒂（1715～1789）的兒子，但不受其父喜愛；他因圖謀不軌和行爲大膽常被監禁（1715～1789），並寫下了關於監獄生活的幾篇文章。1789年他被選爲第三等級代表參加了三級會議。作爲一個熟練的演說家，他受到人民的歡迎，並在法國大革命初期頗有影響。他主張立憲君主政體，並試圖調解絕對的君主制主義者和革命者之間的關係。1791年他當選爲國民議會議長，但不久後就去世了。

Mirabello Gulf 米拉貝洛灣 愛琴海的深水灣，位於希臘克里特島北部海岸。海角把它和東邊的西提亞斯海灣隔開。歐隆特和拉托是荒廢的傳統遺址；在古爾尼亞、皮斯拉和摩克赫洛斯的小島上有晚期米諾斯文明（西元前1600～西元前1450年）的遺址。

miracle 神蹟 歸因於超自然力量的神奇驚人的事件。對神蹟的信仰存在於所有文化和幾乎所有宗教中。《奧義書》聲稱宗教上的洞察力和轉變的經驗是唯一值得顧及的「神蹟」，但盛行的印度教把神奇的力量歸因於苦行的瑜伽修行者。儒家學說不怎麼提及神蹟；而道教和中國民間宗教結合在一起，產生了很多關於神蹟的說法。神蹟在《舊約》中是理所當然的存在著的，在希臘－羅馬世界也相當普遍。雖然佛陀輕視他自己的神奇力量，把它看作是缺乏精神上的意義的，但關於他不可思議的出生和生活的描述稍後卻編入了他的傳說和後來佛教聖徒的傳說中。《新約》記錄了由耶穌基督施行的復原的神蹟和其他奇事。神蹟也證明了基督聖徒的神聖。穆罕默德在原則上摒棄了神蹟（《可蘭經》即是偉大的神蹟），但他後來的生活卻充滿了神奇的細節。流行的穆斯林宗教，尤其是在蘇菲派禁欲神祕主義的影響下，充滿了神蹟和施行神蹟的聖徒的故事。

miracle play　奇蹟劇　在中世紀演出的地方戲劇種類，描述某個聖徒的眞實或虛構的一生、他的種種奇蹟或以身殉教的故事。該劇種從10～11世紀用以慶祝曆書上規定節日的禮拜式戲劇演化而來。13世紀該類戲劇脫離宗教儀式，手工業行會成員和其他業餘演員在公共節日上進行表演。大多數奇蹟劇都是有關聖母瑪利亞或主教聖尼古拉的故事，兩人在中世紀都有著活躍的信徒。亦請參閱morality play、mystery play。

mirage＊　海市蜃樓　由於光線在不同密度的空氣層中發生彎折（折射），使遠處景物顯示出虛幻景象。在特定條件下，比如在鋪築過的路面或沙漠上，受到強烈日光加熱後的空氣，在高處急遽變冷，從而密度和折射率都增大。由物體的上部向下反射的日光，沿正常路徑穿過冷空氣；因角度關係這道光通常看不見，但這光在進入地面附近變稀薄的熱空氣後，就向上彎曲，從而折射到觀察者的眼中，好像是從受熱曲面之下發出的。樹的正像也會看到，因為一些反射光線未經折射沿直線進入眼中。這樣看到的好像是樹和在水中反射出的倒影的雙像。有時在水面物體的上方，一股冷而密的空氣層處於熱層之下，這時就會出現相反的現象。當天空是海市蜃樓的客體時，陸地就被錯當成湖面或一片水面。

miraj＊　登霄　先知穆罕默德升天之事。一天夜裡兩個大天使拜訪了穆罕默德，並打開他的軀體，清除所有懷疑、謬誤和異教信仰，淨化他的心。他被帶到了天國，在那兒他攀登了七重天，到達了神的座前。沿途他和大天使吉布里勒遇到了阿丹（亞當）、葉海亞（使徒聖約翰）、爾撒（耶穌基督）、優素福（聖約瑟）、易德里斯、哈倫（亞倫）、穆薩（摩西）和易卜拉欣（亞伯拉罕）等先知，參觀了地獄和天堂。他知道比起其他先知他更加被神所看重。回曆七月二十七日流行將有關故事的傳述用來慶祝登霄，稱為登霄夜。

Miranda, Carmen＊　米蘭達（西元1909～1955年）　原名Maria do Carmo Miranda da Cunha。巴西歌手與女演員。是1930年代巴西最受歡迎的唱片藝人，並在當地的五部電影中出現。後來接受百老匯一位製片家的召募，在《巴黎街道》（1939）一片中擔綱演出，而後以《阿根廷之戀》（1940）一片，首度在美國的電影界演出。她的角色被定型為「巴西美女」（Brazilian Bombshell），並且在《黑幫在此》（1943）中扮演像是「戴著什錦甜點帽的女子」的滑稽角色，她因而成為美國在第二次世界大戰中片酬最高的女性演員。她在美國最後一部的影片是《嚇呆了》（1953）。

Miranda, Francisco de＊　米蘭達（西元1750～1816年）　委內瑞拉革命家，致力於為他的國家的獨立鋪平道路。他參加了西班牙軍隊，但於1783年逃去美國，在那兒他遇到了美國革命的領導人，確定了南美解放的計畫，並設想用印加皇帝和兩院制的立法機關來統治它。1806年他發動了對委內瑞拉的進攻，但未成功。在1810年應玻利瓦爾的請求再次作戰。1811年宣告獨立後他採行獨裁，但屈服於西班牙的反攻之下，並簽署了休戰書。其他革命領導人目睹他投降的行為，挫敗了他逃跑的企圖。後死於一個西班牙的監獄裡。

Miranda v. Arizona　米蘭達訴亞利桑那州案（西元1966年）　美國最高法院裁決的一個案例（1966），由此給警察訊問刑事嫌疑犯人規定了實施的準則。米蘭達案確定了這樣的原則：警察必須通知被逮捕人犯，他們有權保持沈默，他們所說的任何事情都可以用作不利於他們的證據，以及他們有權得到辯護律師的幫助。該案牽涉到原告的這樣一個要求，亞利桑那州沒有告訴他擁有律師在場的權利，卻得到了他的招供，這觸犯了他依照憲法第五條修正案關於自我歸罪的權利。五對四的裁決撼動了執法機關；後來一些決議用來在一定程度上限制它的影響範圍。亦請參閱accused, rights of the。

Mirim, Lake＊　米林潟湖　西班牙語作Laguna Merín。隔開烏拉圭的東部邊境和巴西的極南端的潮水湖。長約190公里，最寬處達48公里，面積3,994平方公里。一個17～59公里寬、有小礁湖散佈的淺沼澤帶將它和大西洋分開。可通航吃水淺的船隻。

Miró, Joan＊　米羅（西元1893～1983年）　西班牙（加泰隆）畫家。曾在商學院讀書，做過職員，後來精神崩潰，他的工匠父親才允許他學習美術。最初他探索隱喻性的表達自然的概念。從1919年起往來於西班牙和巴黎之間，在那兒受到了達達主義和超現實主義的影響。他在1820年代晚期的作品《夢之畫》和《幻想的風景》則明顯的表現出受克利的影響，線條、形體和色塊似乎都是隨意亂畫上的。他成熟的風格從想像的、詩意的衝動和他對現代生活的嚴肅看法之間的張力發展而來。他廣泛運用平版印刷術，創作了無數的壁畫、掛毯和公共空間上的雕塑。

米羅，卡什攝於1966年
© Karsh – Woodfin Camp and Associates

MIRV＊　MIRV　全名多目標彈頭重返大氣層載具（Multiple Independently Targeted Reentry Vehicle）。指任何多核彈頭彈道飛彈的末級火箭。這一技術使各彈頭可以不同速度發射，並沿其彈道飛向不同的目標。MIRV技術的發展始於美國；現今美國和俄羅斯的洲際彈道飛彈和潛艇發射的彈道飛彈都可配置上MIRV。

miscarriage　自然流產　亦作spontaneous abortion。胚胎或胎兒能在母體外獨立生存之前即從子宮自動排出。60%以上的自然流產是因為胎兒有遺傳缺陷，可能會造成致命的畸形。其他的因素包括急性傳染病，特別是該傳染病能降低胎兒氧供應時更為如此；內分泌異常或軀體性損傷而造成的子宮異常；胎兒因臍帶打結而死於子宮內亦可導致流產。自然流產的主要徵兆為陰道出血。

misdemeanor　輕罪 ➠ felony and misdemeanour

Mises, Ludwig (Edler) von＊　米塞斯（西元1881～1973年）　奧地利裔美籍自由意志論經濟學家。移民美國前在維也納大學教書（1913～1938），後成為了紐約大學的教員（1945～1969）。在《反資本主義的思想》（1956）一書中，他審視了美國的社會主義，並同知識分子反對自由市場的思想進行爭辯，他認為這些知識分子對滿足大眾需求的必要性有著毫無根據的怨恨，而這種必要性是商業繁榮的基礎。

Mishima Yukio＊　三島由紀夫（西元1925～1970年） 原名平岡公威（Hiraoka Kimitake）。日本作家。由於體檢不合服役標準，第二次世界大戰期間在東京一家工廠工作，戰後則攻讀法律。其首部小說《假面的告白》（1949）獲得好評。其小說主要角色都受到不同生理或心理問題之苦，或心中縈繞著無法達到的理想，如作品《金閣寺》（1956）。其作品《豐饒之海》（1965～1970）是分爲四部的史詩作品，可能是其最持久的成就。三島強烈反對日本在戰後模仿西方，他組織了小型私人軍隊，希望能夠保留日本的武士精神，保護天皇。在取得了一個軍事指揮部的控制權後，他切腹自殺。常被認爲是日本20世紀最重要的小說家。

Mishna　密西拿　亦作Mishnah。最古老的權威性猶太族口傳律法彙編，補充了《舊約》中的成文法。由許多學者在兩個世紀內陸續編纂，最後於3世紀由猶太親王猶大·哈－納西完成。後來巴勒斯坦和巴比倫尼亞的學者所作的注解成了革馬拉；密西拿和革馬拉通常就形成了猶太法典「塔木德」。密西拿有六個主要部分：日常祈禱和農業、安息日及其他宗教儀式、婚姻生活、民法與刑法、耶路撒冷聖殿、儀式的淨化。

Mishne Torah＊　密西拿律法書　猶太教典籍「塔木德」的詳盡注釋，由邁蒙尼德於12世紀編成。共十四卷，所處理的法律事務，包括倫理行爲、民政事務、民事侵權、結婚與離婚、濟貧等主題。邁蒙尼德希望「密西拿律法書」把宗教律法和哲學結合起來作爲教導的手段，而不僅是約束人的行爲。

Miskito Coast ➠ Mosquito Coast

Miskolc＊　米什科爾茨　匈牙利東北部城市。位於阿瓦山的東部邊緣，史前年代就有人居住的石灰石山脈的洞穴，現在用作釀酒業的酒窖。日耳曼族、薩爾馬特人和阿瓦爾人都曾在這裡定居，10世紀被匈牙利人占領。13世紀蒙古人侵入，15世紀它成爲了自由市。是一重要的工業中心，生產鋼鐵。歷史建築包括了一座13世紀的哥德式教堂。人口約178,000（1997）。

misrepresentation　虛僞陳述　在法律上，指對事實進行欺騙性的或使人誤解的陳述，通常有行騙或欺詐的意圖。常見於保險和不動產的契約中。欺騙性的廣告也可能構成虛僞陳述。任何包含或構成虛僞陳述的契約通常被看作是無效的，遭受損失的一方可以堅持用虛僞陳述使自己得利。

missile　飛彈　設計來高速準確投送爆炸性彈頭的火箭動力武器。飛彈種類多樣，既包括有效距離僅百餘公尺的小型戰術飛彈，也包括射程可達數千公里的大型戰略飛彈。它們在第二次世界大戰後才顯著發展起來。幾乎所用的飛彈都裝有某種形式的導航與控制裝置，而通常可稱爲導彈。非制導的軍用飛彈，以及所有用於探測高層大氣或將衛星送入太空的運載裝置通常稱爲火箭。螺旋槳驅動的水下飛彈稱爲魚雷，空氣噴射發動機爲動力沿低空水平航線飛行的導彈稱爲巡弋飛彈。隨著洲際彈道飛彈系統的發展，飛彈成爲冷戰戰略的重要部分。亦請參閱antiballistic missile、Minuteman missile、V-1 missile、V-2 missile。

Missile Defense Alarm System (Midas)　飛彈防禦警報系統　一系列無人操作的美國軍事衛星，發展目的在於提供蘇聯洲際彈道飛彈突襲的警報。飛彈防禦警報系統是世界上第一個此類型的警報系統。在1960年代早期展開，偵查衛星配備紅外線感應器偵測彈道飛彈火箭排出的熱氣，在發射之後立刻就能偵測到。

mission　基督教國外傳教事業　指有組織的宣傳基督教教義的運動。使徒聖保羅把福音傳到小亞細亞和希臘很多地方，這種新興宗教迅速沿著羅馬帝國的商道傳播開來。西元500年後基督教推進的步伐隨著羅馬帝國的瓦解和7～8世紀的阿拉伯人力量的增強而放慢，但塞爾特和英格蘭傳教士繼續在西歐和北歐傳播信仰，同時君士坦丁堡的希臘教會的傳教士在東歐和俄國發展。對伊斯蘭地區和東方諸國的傳教事業始於中世紀，並且當16世紀西班牙、葡萄牙和法國建立起海外帝國時，羅馬天主教會將傳教士派到美洲和菲律賓群島去。19世紀天主教傳教士活動再次集中在非洲和亞洲。在國外傳教事業上新教稍微遲了一些，但在19世紀和20世紀初新教傳教活動達於頂點。傳教工作今天仍在繼續，雖然它經常被已經獲得獨立的前歐洲殖民地的政府所阻撓。

Mission style　佈道院風格　亦稱西班牙佈道院風格（Spanish Mission style）。西班牙的方濟會於1769～1823年在美國的佛羅里達、德克薩斯、亞利桑那、新墨西哥等州，以及特別是加州所開創的佈道院風格。它們的入口的裝璜通常相當氣派，但整體的印象卻是一個簡單的、有白色灰泥的幾何形構造，再加上雕刻鮮明的窗戶，以及簡化細節的內部。佈道院風格一般也用來指一種大多是在20世紀早期由斯蒂克利開創的風格。他銷售一種受到佈道院風格所啓發的樸素厚重的橡木家具，以及一系列適合適度收入的家庭設計。

Mississauga＊　米西索加　安大略省東南部城市。位於安大略湖西端，多倫多西南方，19世紀初便有人從米西索加印第安人購買了這片土地並定居於此。1968年米西索加成爲一個城鎮，1974年設市。該市爲多倫多的郊區住宅區和重要的工業中心，也是多倫多國際機場的所在地。人口463,000（1991）。

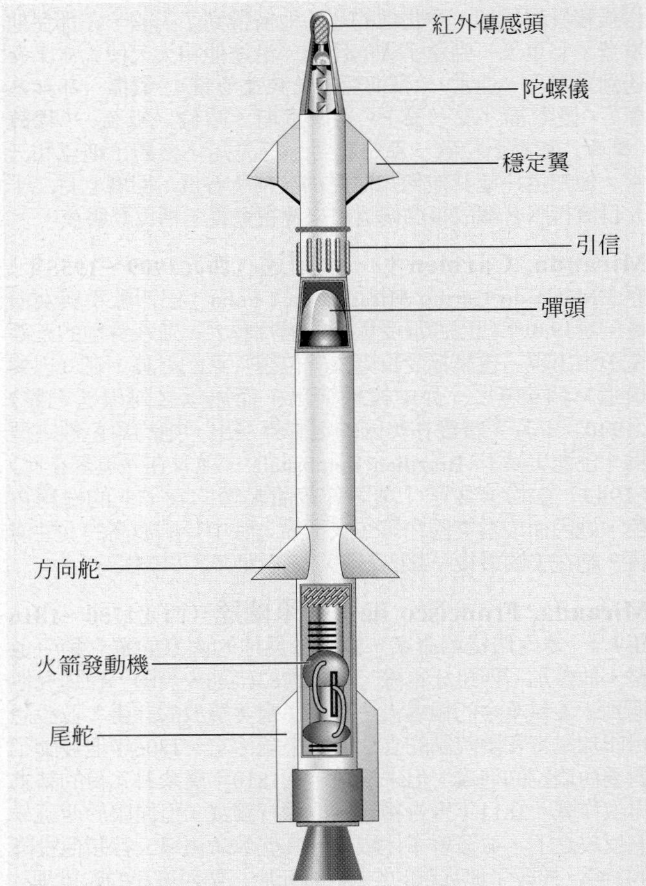

空對空紅外傳感（熱追蹤）飛彈的組件

Mississippi 密西西比 美國中南部一州。面積123,514平方公里；首府傑克森。其地形景觀從丘陵、松林覆蓋的平原到河川低地。歐洲移民來此之前，這裡是幾種印第安部落的居住地，包括了喬克托人、納切斯人和奇克索人。後成爲法國控制的路易斯安那的一部分，比洛克西於1699年開始有人定居。北部地區在1783年讓與美國；包括密西西比準州（1798年建立）在內的南部地區在1804年擴大到今日州的範圍。1817年密西西比成爲美國第二十州。1820年代發展出以利用奴隸工人的種植園爲基礎的經濟形式。1861年該州退出聯邦，美利堅邦聯的總統戴維斯即來自該州。1863年聯邦軍占領維克斯堡是美國南北戰爭的轉折點。1870年密西西比州重新獲准加入聯邦。1890年通過一部目的在阻撓重建的憲法，該州成爲1960年代對抗種族隔離政策的戰場。該州反對梅瑞迪斯進入密西西比大學就讀的入學許可，導致1962年的暴動；當地民權領袖埃弗斯於1963年遭暗殺。1969年以後，聯邦政府下令州的教育系統不得有種族差別之分，密西西比州長期以來有關種族的傳統開始逐漸改善。今日，農產品是其經濟基礎，包括了棉花和大豆。製造業的產品則有紡織品和電機設備。人口約2,844,658（2000）。

Mississippi, University of 密西西比大學 暱稱老密（Ole Miss）。美國密西西比州公立大學。主校區在牛津市，提供大學部、研究所、專科班的課程，校內設有超過十五個研究單位，包括南方文化研究中心等。1854年獲特許成立，擁有美國歷史最悠久的法學院。直到1882年才有女性獲准入學，種族隔離則在1962年才被強迫廢除（參閱Wallace, George C(orley)）。美國文豪福克納大學時期曾在該校就讀，他在牛津市的住宅已被改爲博物館。現有學生人數約11,000人。

Mississippi River 密西西比河 美國中部的一條河流。源出明尼蘇達州艾塔斯卡湖，向南流，在流向墨西哥灣的中途收納了主要支流密蘇里河和俄亥俄河。它穿過紐奧良東南方注入墨西哥灣，全程3,780公里。它是北美洲最大的河流，包括支流在內，流域面積爲3,100,000平方公里。1541年西班牙探險家德索托成爲第一個發現這條河流的歐洲人。1673年法國探險家若利埃和馬凱特順流而下到了阿肯色河，1682年法國探險家拉薩爾到達這個三角洲，宣稱整個密西西比地區歸屬法國，即路易斯安那。法國掌握了河流上部的控制權，但在1769年下游部分到了西班牙手裡。1783年它被指定爲美國的西部分界。1803年法國將它作爲路易斯安那購地的部分賣給了美國。在美國南北戰爭裡，聯邦軍於1863年抓獲了維克斯堡，打破了美利堅邦聯軍隊對河流的控制。這是一條強大的河流，由於馬克吐溫的《頑童歷險記》而不朽。由於它是美國中部河運大動脈，密西西比河已成爲世界上最繁忙的商業航運水道之一。

Mississippian culture 密西西比文化 北美洲史前文化發展的最後一個重要階段，約自西元800年延續到1550年。其範圍爲該大陸的東南部及中部，遍及各河流域，該文化基於種植玉米、豆類、南瓜及其他作物的基礎上。每個大的城鎮都支配著一些較小的衛星村。城鎮均有中央祭祀廣場，廣場有一個或多個土堤，呈角錐形或橢圓形，頂上立有一座神廟，形式與中美洲的相仿。巨大的克霍基亞土堤在今天的伊利諾州的科林斯維爾附近，是該文化的最大的城市中心。手工藝品有銅、貝殼、石、木及黏土等製品。到歐洲探險者開始滲透到北美東南部時，密西西比文化已開始趨於衰退。亦請參閱Southeastern Indians、Woodland cultures。

Mississippian period 密西西比紀 北美洲的一段地質年代，大致與國際標定的早石炭紀（距今3.6億～3.2億年）時期相同。由於與此紀伴生的地層以密西西比河谷地區的地層爲代表，所以有些美國地質學者寧願採用密西西比紀這一命名，而不採用歐洲所用的早石炭紀。

Missouri 密蘇里 美國中西部一州。面積180,514平方公里。首府傑佛遜城。密蘇里河由西至東流貫該州，北部地區是起伏的丘陵和肥沃的平原，南部地區有深的谷地和湍急的溪流。該地的原始住民是數個印第安部落，密蘇里人是其中一支，也是該州名稱的由來。1735年法國獵人和鉛礦工人在聖吉納維夫設立第一個歐洲永久居民點。1764年建立聖路易。1803年因爲路易斯安那購地的一部分，美國取得該地區的控制權。1805年屬路易斯安那準州，1812年則屬密蘇里準州。1812年戰爭後大批美國居民移入。1821年密蘇里成爲美國第二十四州，但密蘇里妥協案通過後，准許該州成爲奴隸州。該州常苦於蓄奴者和廢奴者間的關係緊張，1857年的德雷德·司各脫裁決便是一項證明。美國南北戰爭期間密蘇里仍留在聯邦內，雖然其居民爲雙方作戰。戰後，其經濟成長擴大，1904年舉行聖路易博覽會。第二次世界大戰後，該州經濟從農業移轉爲製造業。主要以奧沙克地區爲基礎的鉛製品居全國領導地位。人口約5,592,211（2000）。

Missouri, University of 密蘇里大學 美國密蘇里州州立大學系統。主校區設在哥倫比亞市，另有聖路易、堪薩斯及羅拉等分校。1839年創建於哥倫比亞市，1870年獲得聯邦土地補助地位。哥倫比亞主校區提供綜合性的大學部、研究所及專科班課程，並劃分爲多個學院。堪薩斯市分校則設有牙醫及藥學學院、音樂學院以及電訊通訊計畫中心等。聖路易分校最著名的是驗光學院、都會研究中心。哥倫比亞校區及堪薩斯校區均設有法學院及醫學院。學生人數超過50,000人。

Missouri Compromise 密蘇里妥協案（西元1820年） 美國國會達成的同意接納密蘇里爲第二十四個州的議案。在該地域申請獲得沒有奴隸限制的州的地位後，北方的國會議員試著提出修正案來進一步約束奴隸制的問題，但沒有成功。當緬因州（最初是麻薩諸塞州的一部分）也要求州地位時，克雷提出了一個折衷，允許密蘇里成爲一個蓄奴州，緬因州則爲自由州，此後奴隸制在密蘇里南部邊界以北的領土上就被廢止。克雷的妥協似乎解決了延長奴隸制的問題，但突出了地區的分界線問題。

Missouri Plan 密蘇里法 指美國密蘇里州首創後來被美國其他各州採用的一種挑選法官的方法。該法用來消除選舉制度的一些缺點，它允許政府從一個專門委員會推薦的被提名人中挑選法官，但是要求該法官在一段時間的任職後要公民投票來認可。

Missouri River 密蘇里河 美國中部河流。密西西比河最長的支流，源自美國蒙大拿州西南部的落磯山脈。密蘇里河東流至北達科他州中部，再向南流過南達科他州，形成南達科他州－內布拉斯加州、內布拉斯加州－愛荷華州、內布拉斯加州－密蘇里州的部分邊界，也形成堪薩斯州－密蘇里州邊界。然後蜿蜒向東，流經密蘇里州中部，在聖路易北方匯入密西西比河，全長3,726公里。因爲河中攜帶大量淤泥，又稱「大濁水河」。1673年第一批歐洲人法國探險家若利埃和馬凱特發現河口。1804～1805年路易斯和克拉克遠征完成了從河口到源頭的第一次探險。從20世紀中葉開始，人們制定計畫來控制河岸的狂暴氾濫和利用它來灌溉。

Missouri River, Little ➠ Little Missouri River

Misti, El＊ 米斯蒂火山 亦作Volcán Misti。位於祕魯南部安地斯山脈的火山。兩側爲查查尼和皮丘皮丘火山，海拔5,821公尺，俯瞰阿雷基帕城。它質樸的、白雪覆蓋的錐形山體被印加人賦予宗教上的重要意味，它激發了神話和詩歌的靈感。1600年在一場地震中噴發後一直休眠。

mistletoe 槲寄生 桑寄生科和槲寄生科半寄生綠色植物的俗稱，尤指槲寄生科的槲寄生屬、美洲寄生子屬、油杉寄生屬所有植物。傳統的文學中的聖誕節裝飾用的槲寄生分布整個歐亞大陸，爲淡黃常帶綠色的常綠灌木（高0.6～0.9公尺），生長在寄主枝條上。枝條茂密、分杈、下垂；葉革質，淡黃色花，結有毒的白色漿果。種子萌發後長出變態根（吸器）伸入寄主吸收水分和養分。植株雖然生長緩慢，但生活期長，隨寄主死亡而自然死亡。在北美洲常見的是P. serotinum。從前以爲槲寄生類，尤其是生在聖樹櫟樹上者，有藥效和魔力。聖誕節時，人人可以吻站在槲寄生植株下的人。

美洲槲寄生的葉和果實
John H. Gerard

Mistral, Frédéric＊ 米斯特拉爾（西元1830～1914年） 法國詩人。19世紀普羅旺斯語言復興的領導者，合作成立費利布里熱協會，這是一個維護普羅旺斯風俗及語言的組織，後來擴展到整個法國南方。他以二十年時間編纂了一部博大的普羅旺斯語辭典。他的文學作品包括抒情詩、短篇小說、他最著名的作品《米斯特拉爾的回憶》（1906），以及長篇敘事詩，包括兩首他最偉大的作品《彌洛依》（1859）和《隆河之詩》（1897）。他和埃切加萊－埃薩吉雷共獲1904年諾貝爾文學獎。

法國詩人米斯特拉爾，蝕刻畫，製於1864年
By courtesy of the trustees of the British Museum; photograph, J. R. Freeman & Co. Ltd.

Mistral, Gabriela＊ 米斯特拉爾（西元1889～1957年） 原名Lucila Godoy Alcayaga。智利詩人。米斯特拉爾將寫作和文化官員、外交官、美國教授的職業結合起來。1914年她的三首〈死的十四行詩〉獲獎，確立了她的詩人聲譽。她激情的抒情詩以對兒童和被壓制的人的熱愛爲主題，收集在《孤寂》（1922）、《有刺的樹》（1938）、《葡萄壓榨機》（1954）等詩集中。1945年她成爲拉丁美洲第一個獲得諾貝爾文學獎的婦女。

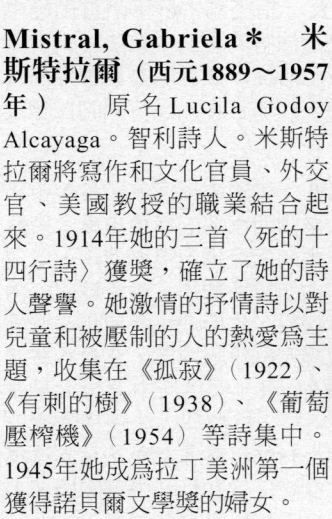

米斯特拉爾，攝於1941年
By courtesy of the Library of Congress, Washington, D. C.

MIT ➠ Massachusetts Institute of Technology

Mitanni＊ 米坦尼 美索不達米亞北部的古國，從幼發拉底河延伸到底格里斯河附近。由定居在該地區的胡里人中的印度－伊朗人創建，並和埃及爭奪敘利亞的控制權。西元前15世紀，在國王索斯塔塔爾的指揮下，米坦尼的士兵曾在亞述占領其王宮。西元前14世紀中葉，它的首都瓦蘇卡尼被西台人洗劫，王國成爲西台帝國的部分領土，稱爲哈尼戈爾拔特。之後不久成爲了亞述的一個省。

Mitchell, Arthur 米契爾（西元1934年～） 美國舞者、編舞家、哈林舞蹈劇院總監。曾就讀於紐約表演藝術中學。他在百老匯的音樂劇中開始跳舞，曾爲幾個舞團工作，1956年加入紐約市芭蕾舞團，成爲該團第一個黑人舞者。他在巴蘭欽的幾部芭蕾劇中都擔任了角色，包括《仲夏夜之夢》（1962）及《競技》（1967）中的角色，1972年他離開了該團。1968年他合夥創立了一所芭蕾學校，1971年該校附屬舞團進行首演，他繼續擔任該舞團的總監和編舞。

Mitchell, Billy 米契爾（西元1879～1936年） 原名William Mitchell。美國飛行家。雙親是美國人，出生於法國，參軍並在美西戰爭中服役。學會飛行後，在第一次世界大戰中成爲美國頂尖的空戰指揮官，組織大規模轟炸編隊，領導了1,500架飛機進行的空襲。他前瞻到轟炸機將取代戰艦的地位，直言主張空軍獨立。他因爲空軍服役裝備惡劣批評軍人特權階層。1925年一海軍飛船在暴風雨中失事，他指責美國作戰部和海軍部的無能。他被控不服從上級，交軍事法庭審判，並停止軍職。1926年他辭去軍職，繼續支援空軍，警惕著國外空軍力量的發展。他去世後，1948年美國空軍授給他特殊獎章以示敬意。

Mitchell, John (Newton) 米契爾（西元1913～1988年） 美國公務員。出生於底特律，在紐約成爲著名律師，1967年他們的公司被合併後，開始跟隨尼克森學習。1968年主持尼克森的競選總統活動獲得成功。擔任美國司法部長（1969～1972）期間，因指控反戰者、同意未經許可的竊聽、阻撓「五角大廈文件」的公布而受到指責。他接受了主持尼克森再次競選的活動，捲入了水門事件。他因爲密謀、阻礙司法和作僞證被判有罪，在監獄裡服獄十九個月。

Mitchell, Joni 瓊妮蜜雪兒（西元1943年～） 本名Roberta Joan Anderson。加拿大歌手與歌曲創作者。生於亞伯達省的馬克勞堡，在卡加立學習藝術，並開始在當地俱樂部演唱，最後定居於美國加州的勞雷爾峽谷。她幾首早期的歌曲，包括〈兩邊現在〉及〈伍茲塔克〉，都是其他藝人的暢銷歌曲；而她早期的錄音，例如《雲》（1969）和《憂鬱》（1971），則走民謠風格，並且反省當時的理想主義。後來發表的作品，如《求愛與火花》（1974）、《赫吉拉歷》（1976）、《明戈斯》（1979，與明戈斯合作）以及《騷亂的靛藍》（1994）等，都有受流行樂與爵士樂強烈影響的痕跡。她原創的抒情風格與音樂配曲相當突出，使她成爲也許是其時代中最傑出的女性音樂創作者。

Mitchell, Margaret 米契爾（西元1900～1949年） 美國作家。曾就讀於史密斯學院，爲《亞特蘭大日報》寫過稿。之後十年她寫作了唯一的一部作品《飄》（1936年獲普立茲獎，1939年改編成電影）。這是一個從南方人的觀點來看關於美國南北戰爭和重建時期的故事，無疑是美國出版史上到當時爲止最暢銷的小說。後死於車禍。

Mitchell, Mt. 密契耳山 美國北卡羅來納州西部山峰。密西西比河以東的美國最高峰，高達2,037公尺。位於北卡羅來納州的布拉克山脈，爲藍嶺山系的一部分，在州立密契耳山公園及皮斯加國家森林內。舊名布拉克穹窿山，後重新以埃里沙·密契耳之名來命名，此人在1835年勘定它爲美國東部的最高點；他死在該山上，並葬在其最高點。

Mitchell, Peter Dennis　米契爾（西元1920～1992年） 英國化學家。他發現了在粒線體內膜中酶的分布是如何幫助它們從氫離子中獲取能量，將ADP轉變成三磷酸腺苷的，列出了解釋活細胞粒線體產生能量的機理的化學滲透假說的理論公式，因而獲得1978年諾貝爾化學獎。

Mitchell, Wesley C(lair)　米契爾（西元1874～1948年） 全名Wesley Clair Mitchell。美國經濟學家。就讀於芝加哥大學，受到威卜蘭和杜威的影響。在許多大學任教，包括哥倫比亞大學（1913～1919、1922～1944）。1920年他協助成立了全國經濟研究局，並在1945年之前任研究所長。他的著作極大影響了美國和國外經濟行爲的定量研究的發展，是當時關於經濟週期首要的學術權威。

Mitchell River　米契爾河 澳大利亞昆士蘭州北部河流。源出東部高地，向西北流過約克角半島，注入卡奔塔利亞灣，全長560公里。它納入了幾條河流，有季節性的變化，每年乾涸期達三個月。1845年萊希哈特發現了它，並以新南威爾士州測繪總局長的名字來。沿岸多鱷魚。

Mitchum, Robert　勞勃米契（西元1917～1997年） 美國的電影演員。生於康乃狄克州的橋港，青少年時期都在鄉間遊蕩，從事不固定的工作。在加入加州的一家演藝公司之後，1943年首度登上大銀幕，在好幾部卡西第的西部片中演出。1945年在《喬的故事》中扮演的角色深獲讚賞。他就是憑著無精打采的眼神、硬漢的外形的招牌，常常在電影中扮演獨來獨往以及惡棍的角色。如《脫離過去》（1947）、《火線交鋒》（1947）、《大幹一票》（1949）、《慾男》（1952）、《狩獵之夜》（1955）、《雷霆之路》（1958）、《恐怖角》（1962）、《黃金城傳說》（1967）、《柯勒的朋友》（1973）、《再見、吾愛》（1975）以及《大眠》（1978）——這些電影大多是B級電影，但評價日益升高。

mite　蟎 蜱蟎亞綱約20,000種無脊椎動物的通稱。形狀的大小從極小到6公釐不等。生活在水中、土壤中、植物上或動植物的宿主內。寄生在動植物中的都會傳染疾病。疥蟎（屬疥蟎科）在人和動物的皮膚中鑽洞，引起疥瘡。少數種傳播絛蟲給牛隻。穀物蟎（屬嗜甜蟎科）不僅損壞儲藏的農產品，而且在人類接觸這些產品時引起皮膚反應。對屋裡灰塵過敏常是由Dinothrombium屬的紅絨蟎造成的。亦請參閱chigger。

Dinothrombium屬的紅絨蟎（約放大五倍後之影像）
Anthony Bannister from Natural History Photographic Agency

Mitford, Nancy　米特福德（西元1904～1973年） 英國女作家。出生於一個古怪的、貴族的家庭，以描寫上流社會生活的詼諧諷刺小說著稱，包括半自傳體小說《愛的追求》（1945）、《寒冷季節的愛情》（1949）、《幸事》（1951）和《不要告訴艾爾弗雷德》（1960）等。她合編了一部論文集《位高責任重》（1956），普及了對上流社會和非上流社會之間在語言慣用法上的區別的認識。她的姐姐潔西卡（1917～1996）則是描寫美國社會的著名作家，最著名的作品是《美國人的死亡方式》（1963）。

Mithra＊　密斯拉 印度－伊朗神話中的光明之神。生時手執火炬，身佩大刀，生在聖泉旁的一棵聖樹下，爲大地之子。他很快騎上賦予生命的宇宙之牛，後來把它殺掉，牛血澆灌了草木。這件事跡成爲宰牛以求五穀豐登之儀式的原型。密斯拉作爲光明之神，和希臘的太陽神赫利俄斯、羅馬的不可戰勝的日神聯繫在一起。首次書面提到密斯拉的時間可追溯到西元前1400年。亦請參閱Mithraism。

Mithradates VI Eupator (“Born of a Noble Father”)＊　米特拉達梯六世（卒於西元前63年） 別名米特拉達梯大帝（Mithradates the Great）。本都王國國王和羅馬王國的敵人。約西元前120年起，他還是個小孩便與其母共同執政；西元前115年將母后廢黜，開始獨掌大權。他逐漸征服了黑海沿岸西部和南部地區的領域。他發動了對羅馬的三次戰爭，稱爲米特拉達梯戰爭（西元前88～85、西元前83～82、西元前74～63年）。雖然開始他似乎是尋求免除羅馬威脅的希臘人的支持者，但敗於蘇拉手下破壞了這個希望。在必要的時候，他在小亞細亞的希臘領土上強取錢財和供給。希臘人的起義導致了殘酷的報復。西元前86年後希臘轉向羅馬，但遭受滿足兩者的苛刻需求的命運，直到最後米特拉達梯敗於龐培。他是爲數不多的成功挑戰羅馬在亞洲的擴張的領袖。

米特拉達梯六世，胸像，現藏巴黎羅浮宮
Cliche Musees Nationaux, Paris

Mithraism＊　密斯拉教 奉祀密斯拉的古伊朗宗教，密斯拉是在瑣羅亞斯德教於西元前6世紀興起之前所崇拜的最偉大的伊朗神。它從印度通過波斯和希臘世界傳播；在西元3～4世紀，羅馬帝國的士兵將它向西傳至西班牙、英國和德國。最重要的密斯拉儀式是殺牛獻祭，認爲此行爲與創世有關。密斯拉儀式在地下的洞窟裡用火炬照耀著舉行。密斯拉教的一種形式是古波斯的儀式被賦予柏拉圖式的解釋，這在2～3世紀的羅馬帝國很盛行，密斯拉這裡作爲對君主的忠誠的表示者而被崇拜。在羅馬，如同在伊朗一樣，密斯拉教也是勸人效忠帝王的宗教。4世紀早期君士坦丁一世接受了基督教後，密斯拉教迅速衰落。

mitigating circumstance ➠ extenuating circumstance

Mitilíni ➠ Lesbos

Mitla＊　米特拉 墨西哥南部瓦哈卡州的村落和考古遺址。海拔1,480公尺，被南馬德雷山系環繞。由薩波特克人建造用來作爲神聖墓地，一直使用到西元900年。900～1500年間米斯特克人從瓦哈卡北部南移，占據了米特拉。茅草屋和磚坯房組成了現在的村落，用作遺址考察的基地。

Mito＊　水戶 日本的藩（完全土地所有權），屬於江戶時代從德川幕府選出的三個分部中的一個。19世紀水戶的民族主義者提出「尊王攘夷」的口號，水戶大名德川齊昭（1800～1860）在美國海軍將領伯理到日本執行任務期間，要求日本持續孤立，這受到更大程度的民族統一和軍事革新的支持。亦請參閱Ii Naosuke、Meiji Restoration、Yoshida Shoin。

mitosis＊　有絲分裂 一種細胞複製或增殖過程，在此過程中，一個細胞生成兩個遺傳特性相同的子細胞。嚴格地說，有絲分裂是指染色體的複製和分配。有絲分裂前期每一染色體進行自我複製，形成兩個染色單體並被紡錘絲分別牽向細胞兩極。有絲分裂期間，包覆著核膜的核仁消失，紡錘體形成，每個染色體的紡錘絲分開各自牽向細胞的兩端。母細胞的胞質分裂，形成兩個子細胞。每個子細胞所含染色體的數目、種類均與母細胞相同。有絲分裂為生長、更新提供新的細胞，因此對生命有著重要意義。根據生物體細胞種類的不同，一次有絲分裂的時間需要數分鐘或數小時，並且受每一天的不同時刻、溫度及化學物質的影響。亦請參閱centromere、meiosis。

Mitra 密多羅 吠陀印度教所信奉的阿底提，即宇宙起源神之一。此神體現友誼、忠誠、和善以及為了維持人間秩序而不可少的其他美德。他與護衛宇宙秩序之神伐樓拿分工合作，作為維持人間秩序的力量補充。他是白晝之靈，有時被賦予太陽的特徵。相當於伊朗的密斯拉。

mitral insufficiency＊ 二尖瓣閉鎖不全 亦稱二尖瓣反流（mitral regurgitation）。一種心臟的瓣膜病，表現為二尖瓣不能阻止左心室的血液逆流至左心房。最常見的病因是風濕性心臟病所致的瘢痕化（參閱rheumatic fever）；也可能是先天性瓣膜缺損或腱索的缺陷；次常見的病為心內膜炎或心臟腫瘤。診斷的依據為心雜音及超音波心動描記法和心電描記法。這類患者可能無自覺症狀，但也可能易感疲乏，或感到呼吸困難。左心房可顯著增大，最後出現左心衰竭（參閱heart failure）。治療為限制劇烈運動、減少鈉的攝入並增加其排出量、使用抗凝藥以防止靜脈內血凝塊的形成；某些嚴重病例可行瓣膜移植手術。

mitral stenosis＊ 二尖瓣狹窄 心臟左心房和左心室間的二尖瓣口狹窄，通常是風濕熱的結果，偶為先天性畸形。好發於四十五歲以下的女性，二尖瓣狹窄使血液回流至左心房和肺循環使該處血管壓力升高而導致肺充血和水腫。之後會造成呼吸困難和心力衰竭。多數病人會有心房纖顫。左心房內可能形成血凝塊並造成栓塞。根據典型的心臟雜音、超音波心動描記法或心電描記法來診斷。治療包括調節活動量、減少鈉的攝入並增加其排出量、使用抗凝血藥。有些病患可能需要進行瓣膜移植術。

Mitre, Bartolomé＊ 米特雷（西元1821～1906年） 阿根廷總統（1862～1868）。對流亡的獨裁者羅薩斯的批評者，領導烏拉圭力量反對並協助推翻了羅薩斯，然後成功領導了使布宜諾斯艾利斯成為統一的阿根廷首都的戰役。被選為總統後，他鎮壓農村地區的首領，擴大郵政和電報網，整頓國家財政，成立新的法庭，創辦了《民族報》（1870）和阿根廷歷史研究院。亦請參閱Urquiza, Justo Jose de。

Mitscher, Marc A(ndrew)＊ 米徹爾（西元1887～1947年） 美國海軍軍官。畢業於亞那波里斯海軍學院。作為海軍飛行員，他協助海軍航空發展為艦隊的一部分。第二次世界大戰的中途島戰役裡他指揮了「黃蜂號」航空母艦的作戰。他還指揮了航空母艦在菲律賓海戰、雷伊泰灣戰役，及對硫磺島和沖繩島的襲擊。1946年擢升為海軍上將，任大西洋艦隊總司令。

Mitsubishi group 三菱集團 若干日本獨立公司的鬆散結合體。三菱公司中的頭一家是名叫三菱商會的貿易和船運公司，它是1873年岩崎彌太郎建立的。第一次世界大戰之後，三菱集團成立了幾家子公司，到1930年代已成為日本第二大財閥。在第二次世界大戰期間，它是主要的軍火承包商之一，最有名的產品為零式戰鬥機。在第二次世界大戰結束時，該集團控制了兩百多家公司。但這個財閥被美國占領當局解散，子公司的股票也被賣給了公眾。占領結束後，各個獨立的三菱公司開始重新組合，但沒有一個主導的控股公司。如今，該集團由十二個以上的獨立公司組成；主要的公司都是總部設在東京的大型跨國企業。

Mitterrand, François(-Maurice-Marie)＊ 密特朗（西元1916～1996年） 法國總統（1981～1995）。曾在第二次世界大戰中服役，後選入國民議會（1946），在第四共和十一個政府中任內閣閣員（1947～1958）。後來在政治上左傾，反對戴高樂政府，在1965年和他競爭，雖沒有成功，但獲32%的選票。1971年他當選為法國社會黨書記，使社會黨成為左翼多數黨，這使得他在1981年當選為總統。由於在國民議會裡左翼分子占大多數，他採取了極端的經濟改革，1986年右翼分子重獲大權後對此進行了修正。1988年他再度當選為總統，強烈促進歐洲聯盟的建立。1991年他指派伊迪絲・克勒松（生於1934年）為總理，為法國首位擔任該職

密特朗

Camera Press – Globe Photos

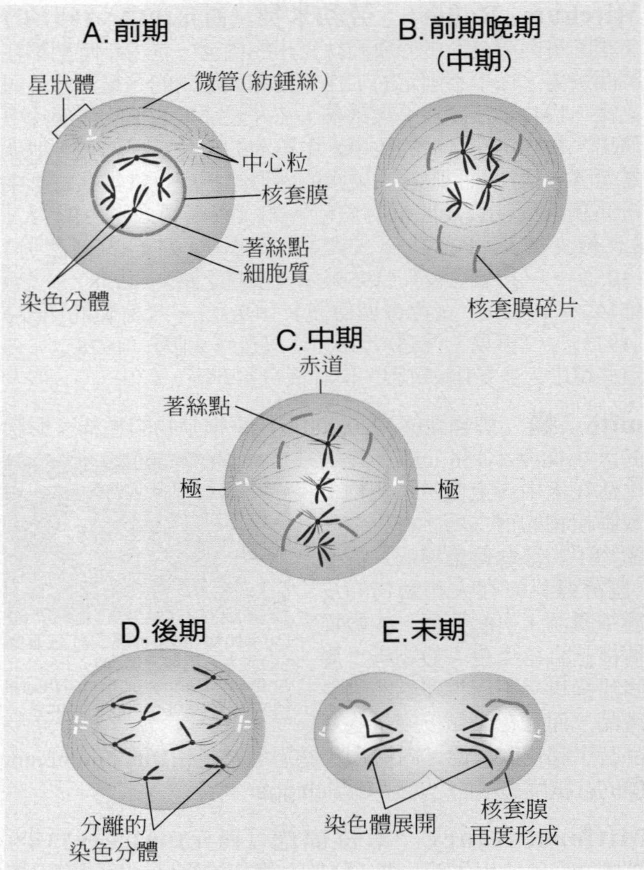

有絲分裂的階段。

A.前期染色體複製，由兩個子股（染色分體）在著絲點連接、捲曲收縮而成。兩對特化的胞器（中心粒）開始分開，在兩者之間形成中空蛋白質圓柱的橋，稱為微管（紡錘絲）。微管亦從中心粒向細胞的兩極呈輻射狀延伸（星狀體）。

B.前期晚期（中期）。當中心粒分開，核套膜破裂且微管從每個染色體往對邊或細胞的極延伸。

C.中期。染色體排列在兩極中間的平面上，稱為赤道板或中期板。在中期晚期，每個染色體一分為二，同親染色分體彼此鬆開。

D.後期。當著絲點微管縮短且極微管拉長時，同親染色分體往相反方向拖拉，造成兩極越來越遠。

E.末期。染色體展開，微管消失，核套膜在每組子染色體周圍重新形成。細胞質開始擠壓產生兩個子細胞，細胞質分裂完成。

位的女性（1991～1992）。1993年社會黨在立法選舉中的挫敗進一步削弱了密特朗的政策力量。

Mix, Tom　米克斯（西元1880～1940年）　原名Thomas Hezikiah Mix。美國電影演員。當過牛仔和副警長，曾在軍隊服役和在德州騎警隊中任職，1906年他參加「西大荒演出」。1910年開始演電影，扮演善騎烈馬的英雄，很快成爲默片時代西部片明星。多年來，他的坐騎「托尼」幾乎和他一樣有名。米克斯演了兩百多部單本和兩本短片及劇情片，其中有許多他還兼任製片人或導演。隨著有聲電影的到來，他的事業日漸衰退。

Mixco＊　米克斯科　瓜地馬拉中南部城市。爲瓜地馬拉市西方的郊區，所生產的物品皆供應首都所需。人口約437,000（1995）。

Mixtec＊　米斯特克人　居住在墨西哥南方的印第安人。米斯特克人在阿茲特克和前阿茲特克時期曾具有高度的文明，其後留下了書面記錄。現代米斯特克人是刀耕火種類型的務農者，他們也狩獵、捕魚、放牧和採集野生食物。手工業包括製陶和編織。雖然名義上信仰天主教，並主動投身於教會修會的事務，但他們將前基督教信仰和天主教儀式實踐結合在一起。

Mizoguchi Kenji＊　溝口健二（西元1898～1956年）日本電影導演。學習繪畫後，1919年成爲日語電影公司的演員，1922年即開始擔任導演。早期電影包括《街頭速寫》（1925）、《東京進行曲》（1929）、《浪華悲歌》（1936）和《殘菊物語》（1939）。他如畫般美麗的影片，製作數量上超過了八十部，常討論現代和傳統價值觀的衝突。《雨月物語》（1953）給他帶來了國際聲譽，這是對戰後日本的諷喻式的注解。他也因其女性電影而著稱，包括《女伶須磨子之戀》（1947）、《夜女》（1948）和《赤線地帶》（1956）。

Mizoram＊　米佐拉姆　印度東北部的邦。面積21,081平方公里，與緬甸和孟加拉接壤。大部分爲山地；首府艾藻爾。米佐拉姆居民由許多種族構成，統稱爲米佐人（意爲「高地人」）。他們使用的語言屬藏緬諸語言的方言，變化很多。數十年來他們不時掀起反印度暴動，1972年米佐拉姆作爲聯盟領土的設立並沒能使他們平息下來。1987年隨著米佐拉姆改爲邦並選舉米佐領導的邦政府，標誌著衝突的解決。其經濟以農業爲基礎。人口約775,000（1994）。

Mizuno Tadakuni＊　水野忠邦（西元1794～1851年）日本德川幕府第十二代將軍德川家慶（1837～1853年在位）的首席顧問（日語作「老中」）。面對社會和經濟的衰敗，水野忠邦試著實施一系列改革使江戶時代後期的日本回到德川幕府初期的景況。他制定限制奢侈的法律，取消了武士的債務，頒布削減工資的法令，試圖迫使未經許可的農民移居離開城市回到鄉下。這個名爲「天保改革」失敗了，水野忠邦被免職。

Mjollnir＊　米約爾尼爾　在挪威神話中的雷神托爾的錘子，他的權力象徵。它由侏儒鍛造的，托爾用它作武器或是具有神力的工具，用起來得心應手。它有很多神奇的特性，包括被扔出去後仍會回到托爾手裡的能力。巨人舍姆偷去了它，妄圖勒索弗蕾亞作爲代價。弗蕾亞拒絕去到舍姆那裡，托爾便化裝成弗蕾亞，成功拿到了準備用來將弗蕾亞獻給舍姆做新娘的錘子，並且殺死了舍姆和其他巨人。

Mjosa, Lake＊　米約薩湖　挪威東南部的湖，位於奧斯陸以北的居德布蘭河谷南端。是挪威最大的湖泊，連接了北面的洛根河和南面的沃爾馬－格拉馬河系。面積368平方公里，長100公里，寬1.6～14公里。它北端的利勒哈默爾和東岸的哈馬爾是最大的湖濱城鎮。

Mo-tzu ➠ Mozi

moa　恐鳥　紐西蘭13～25種已的滅絕平胸鳥的通稱，構成恐鳥目。有的小如火雞，有的高達3公尺。它們奔跑速度很快，用踢來保護自己。它們常被捕獵，肉可以當作食物，骨頭可以作爲武器和裝飾品，卵用作裝水容器。較大的恐鳥可能在17世紀末滅絕；較小的幾種可能存活到19世紀。恐鳥草食性，以種子、水果和樹葉爲食，它們在地面的凹陷處產一枚大型卵。

Moab＊　摩押　敘利亞古王國。位於死海東方，相當於現今的約旦國東南部，與埃多姆和阿莫里特人的國家相交界。摩押人與以色列人關係密切，有時候互相交戰，有時則締結盟約。豎立在底本的摩押石碑，記載著西元前9世紀時摩押王米沙的戰功，特別是對以色列的勝利。摩押於西元前582年爲巴比倫人所征服。

Moabites＊　摩押人　西閃米特人的一支，居住在死海以西的高原（今約旦中西部）。摩押人文化年代約從西元前14世紀末至西元前582年，是年他們被巴比倫人征服。據《舊約》，他們的始祖摩押爲以色列人始祖亞伯拉罕之侄羅得所生。儘管他們的語言、宗教和文化和以色列人相似，但並不屬於以色列人。大衛的曾祖母路得是摩押人。摩押石柱於1868年被人發現，是關於摩押人唯一的文字記錄；它記述了以色列國王暗利奪回已失去的摩押領土，而摩押人將其視爲保護神基抹生氣的結果。亦請參閱Dibon。

moai figure＊　莫埃人像　復活島刻製的宗教含義不明的小型木雕。這些人像被看作描繪骨骸形式下的祖先像，有兩種類型：莫埃・卡瓦卡瓦（男）和莫埃・佩佩（女）。前者有著喙狀的鼻子和山羊鬍子，偶爾在頭部雕刻有動物或人物圖像；後者具有扁平浮雕性質，眼睛很大。它們有時用在祈求多產的儀式，但通常用來慶祝豐收，屆時將最先摘收的水果作爲供品堆在它們的周圍。

Mobil Corp.　美孚公司　美國最大的控股公司之一的原名，主要從事石油業務，但在化學製品與零售業中，也擁有龐大股份。美孚公司的前身爲19世紀的兩個石油公司，威肯姆石油公司（創立於1866年）和紐約標準石油公司（創立於1882年）。1931年這兩個公司合併，建立了紐約標準威肯姆公司，後來成爲紐約美孚石油公司（1955），繼而變爲美孚石油公司（1966）。1974年美孚石油公司購買了馬可公司希望實現多樣化經營，此時建立了控股公司美孚公司。1988年美孚公司賣掉馬可公司的主要非石油股份，包括蒙哥馬利・華德公司，以重新集中經營石油產品。美孚石油公司的業務範圍包括從石油探勘到市場營銷的全程操作，主要產地爲墨西哥灣、加利福利亞州、大西洋海岸、阿拉斯加州、北海和沙烏地阿拉伯。1999年與艾克森公司合併，成爲艾克森美孚公司。

Mobile＊　莫比爾　美國阿拉巴馬州西南部城市，位於莫比爾河口，瀕莫比爾灣。1519年西班牙人到此地開發。1702年法國殖民者在河口附近建立要塞。在1720年以前一直是法屬路易斯安那的首府。1763年割讓給英國。美國革命期間，被西班牙攻陷。1814年設鎮成爲西佛羅里達的一部分，1819年隨美國自西班牙購得佛羅里達後而屬於美國。美國南北戰爭期間，莫比爾曾是美利堅邦聯最重要的港埠之一，但聯邦軍獲得莫比爾灣戰役的勝利，攻陷了這座城市。莫比爾

L M N

是該州唯一的港市，是主要的工業和製造業中心，幾所高等教育機構的所在地。人口約203,000（1996）。

mobile＊　活動雕塑　一種抽象雕塑，其活動部分用馬達或風力推動。其旋轉部分形成了不斷變換形體與結構的新的視覺經驗。該名稱始源於杜象在1932年巴黎博覽會上對考爾德的這些作品的稱呼，後者成為活動雕塑的最偉大的代表者。

《捕蝦陷阱和魚尾》（1939），考爾德用上色的鋼圈和鋁製薄板所做的活動雕塑；現藏紐約市現代藝術博物館
Collection, The Museum of Modern Art, New York City, gift of the Advisory Committee for the stairwell of the Museum

Mobile Bay　莫比爾灣　墨西哥灣內的小海灣，向北延伸56公里，直到阿拉巴馬州西南部的莫比爾河口。寬13～29公里，經過位於多芬島和莫比爾角間的疏浚水道進入墨西哥灣。美國南北戰爭期間，它是莫比爾灣戰役的戰場。

Mobile Bay, Battle of　莫比爾灣戰役（西元1864年8月5日）　美國南北戰爭的海戰。法拉格特指揮下的聯邦艦隊駛進阿拉巴馬州的莫比爾灣，突破了一連串保護性的水雷（魚雷），和美利堅邦聯的「田納西號」裝甲艦交戰。兩個小時的戰鬥後，聯邦艦隊獲得了該海灣的控制權。加上附近摩根堡的投降，從前用作聯盟封鎖線的莫比爾港被封鎖了。

mobilization　動員　在戰時或國家發生其他緊急狀況時，組織武裝部隊積極從事軍事行動。包括了徵兵和訓練、建造軍事基地和練習紮營、徵集和分發武器、彈藥、制服、裝備和補給品。全面動員指組織一國的全部資源支援軍事行動；比如，民眾可能要收集軍用原材料、保存如軍用汽油之類的稀有資源、或出售戰時債券來資助戰爭行動。

Möbius, August Ferdinand＊　麥比烏斯（西元1790～1868年）　德國數學家和理論天文學家。1815年開始在萊比錫大學教書，發表多部著作而獲得聲譽。他的數學論文主要和幾何學有關。他把齊次座標引進解析幾何並討論了幾何變換，特別是射影變換。他也是拓撲學的開拓者；在他逝世後發現的一本論文集裡他討論了單側曲面，包括著名的麥比烏斯帶。

Mobutu Sese Seko＊　蒙博托（西元1930～1997年）　原名Joseph Mobutu。薩伊（今剛果民主共和國）總統（1965～1997）。曾在比屬剛果軍隊國民軍中服務，又擔任新聞記者，1960年在布魯塞爾的獨立談判中加入盧蒙巴。剛果獲得獨立後，卡薩武布總統與盧蒙巴總理成立聯合政府，任命蒙博托為國防部長。卡薩武布和盧蒙巴就沖伯控制下的加丹加省的脫離問題不和，蒙博托幫助卡薩武布取得了控制權。四年後，在卡薩武布總統與沖伯總理的權力鬥爭中，蒙博托在一次軍事政變中推翻卡氏而自任總統。他建立起一黨統治，鎮壓了幾次預謀的政變。他使所有歐洲人的名字非洲化，把他自己的改為Mobutu Sese Seko（「全能的戰士」）。在他壓制下的政權沒有刺激經濟的增長；腐敗、管理不善和玩忽職守導致了衰敗，但蒙博托自己卻是世界上積聚財富最多者之一。1997年被卡比拉推翻，死在摩洛哥的放逐中。

mocambo ➠ quilombo

moccasin　噬魚蛇　蝰蛇科響尾蛇亞科兩種小蝰蛇：水噬魚蛇及墨西哥噬魚蛇的統稱。水噬魚蛇棲於美國東南部多沼澤的低窪地帶；因發威時張嘴露出口內的白色肌肉，看似棉花，故又稱棉花嘴噬魚蛇。體長約1.5公尺，褐色而有較深色的橫帶斑，或全黑色；對人有危害，若被咬傷有致命危險；受驚時在原地立起不動；幾乎以所有的小型動物，包括海龜、魚和鳥為食。墨西哥噬魚蛇見於里奧格蘭德至尼加拉瓜的低窪地帶；被其咬傷很危險。體褐色或黑色，背部和身體兩側有窄的、不規則的蒼白色線條斑。一般體長約1公尺。亦請參閱copperhead。

Moche＊　莫希文化　西元1～8世紀在今祕魯北部海岸的主導文化。名字起源於偉大的莫希遺址，位於莫希河谷，顯然是莫希民族的首府。他們的定居地沿著北祕魯炎熱的、乾旱的海岸延伸，從南蘭巴耶克河谷一直到內皮納河谷。他們廣泛灌溉，農業支撐起階梯金字塔的許多城市中心。他們是熟練的鑄造工人，生產精細的手工藝品，包括上好的模具澆鑄的陶器。他們滅亡的原因不詳。亦請參閱Andean civilization。

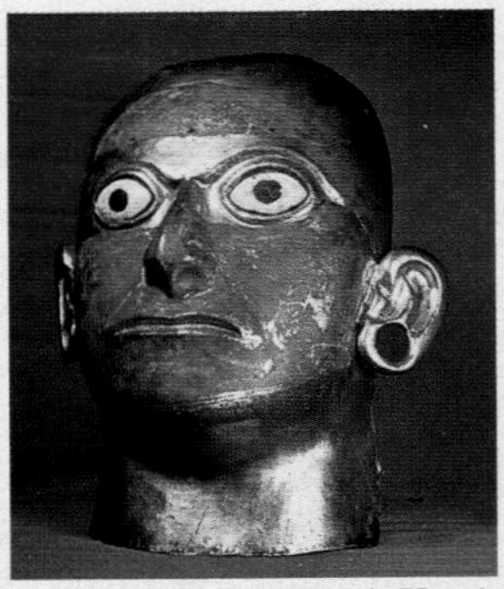
西元前400年～西元600年間，由青銅黃金合金融鑄並配以貝殼雙眼的面具，發現於莫希河流域；現藏德國斯圖加特林登博物館
Ferdinand Anton

mockingbird　嘲鶇　雀形目嘲鶇科的幾種擅長模仿的鳴禽的統稱。產於西半球。小嘲鶇可在十分鐘內模仿二十種以上鳥類的鳴聲。體長約27公分，色灰，翼和尾色深並均具白斑。分布於美國北部到整個巴西，並已引入夏威夷。其他小嘲鶇屬的種分布在中美洲到巴塔哥尼亞高原；藍嘲鶇（Melanotis屬）大部分分布在墨西哥。加拉帕戈斯嘲鶇（三斑嘲鶇屬）在不同的島嶼上有不同的亞種。

Moctezuma II ➠ Montezuma II

modal logic＊　模態邏輯　包含諸如必要性、可能性、不可能性、偶然性、精確的關聯性以及某些其他緊密相關的概念模式的規範系統。建構一組模態邏輯最直截了當的方法就是在某些非模態邏輯的系統中增加一個新的原始運算素，設計成其中一種模式的表現，以此來定義其他的模態運算素，並增加包含那些模態運算素的公理與／或轉換規則。舉例來說，某人可以在古典命題的運算法中增加L這個符號，意為「那是必要的」；以此方式，Lp就讀作「p是必要的」。可能性的運算素M（「那是有可能的」）可以用L來定義為$Mp = \neg L \neg p$（譯按：「p是有可能的＝非p是非必要的」，其中¬表示「非」）。除了古典命題邏輯的公理與推論規則之外，有的系統可能有自己的二組公理與一組推論規則。模態邏輯中某些獨特的公理如：(A1)$Lp \supset p$（若p是必要的，則p）與(A2)$L(p \supset q) \supset (Lp \supset Lq)$（若（若p則q）是必要的，則（若p是必要的，則q是必要的））。在這個系統中，新的推論規則是「必要性規則」：若p為系統的定理，則Lp也是。藉由增加的公理可以獲得更強的模態邏輯系統。有人增加了$Lp \supset LLp$（若p是必要的，則「p是必要的」是必要的）的公理，其他的人則增加了$Mp \supset LMp$（若p是有可能的，則「p是有可能的」是必要的）的公理。

modality　模態　指命題的屬性是必然性、偶然性、可能性還是不可能性，與眞實性和虛偽性相對。命題「有些人將是不朽的」或「人必然是社會的動物」都是模態命題。儘管亞里斯多德就已經思考過模態的三段論，但模態邏輯到今天仍然是一個甚有爭議的領域。亦請參閱deontic logic。

mode 調式 在音樂中，任何用於劃分音階與旋律的概念都可以被稱爲一種調式。在西方音樂中，這一概念特指中世紀的教會調式。根據全音階中第三個音的不同，樂曲的調通常被確定爲大調式或小調式。印度的「拉格」就是一個調式概念。調式的概念恐怕遠遠不只指簡單的特定的音階系統，它還涵蓋一整套旋律程式語言甚至其他伴隨某一特定程式而來的各種音樂特性。不過調式的概念也曾被用來特指一些純粹的節奏模式，如以古希臘詩歌節拍爲基礎的「舊藝術」調式。

mode ➠ mean, median, and mode

Model T T型汽車 1908～1927年由福特汽車公司製造的汽車，是第一款能爲大眾負擔得起的汽車。福特1913年發明的裝配線作業法的應用使得這款五座旅行車的售價由1908年的850美元降至1925年的300美元。超過1500萬輛T型汽車投放市場。這種汽車在同樣的標準底盤上提供了多種車身式樣供安裝。最初有多種顏色可選購，但1913年以後就只有了黑色一種。1928年T型汽車被流行的A型汽車取代。

modem＊ 數據機 可將數位資料轉換成可以在類比通訊線路（如傳統電話線）上傳輸的類比（調制波）信號，並將接受到的類比信號進行解調制以還原出被傳輸的數位資料的電子設備。「數據機」使得通過現有的通訊渠道得以實現多種數位通訊功能，包括電子郵件的收發、網際網路的接入以及傳真的發送。在傳統電話線上工作的普通數據機的資料傳輸速率上限約爲每秒56KB，ISDN線路允許的傳輸速率約爲這個速度的兩倍，而纜線數據機和DSL線路的傳輸速率則可以超過每秒1MB。

modem, cable ➠ cable modem

Modena＊ 摩德納 義大利北部艾米利亞－羅馬涅區城市。位於波隆那城西北，塞基亞河與帕納洛河之間。原爲伊楚利亞人的城市，西元前218年變成羅馬殖民地。曾遭到阿提拉治下的匈奴和之後的倫巴底人的攻擊與掠奪。1288年後屬於埃斯特王朝。1796年歸屬法國，至1805年又成爲拿破崙的義大利王國的一部分。1815年複歸埃斯特王朝統治，1860年併入義大利王國。汽車工業對其經濟舉足輕重，同時也是一個農業市場中心。觀光點有興建於11世紀的天主教大教堂和1175年成立的一所大學。人口約175,000（1995）。

modern art 現代藝術 係指19世紀後期和20世紀的繪畫、雕塑、建築及平面美術。現代藝術包含種種不同的潮流、理論及創作態度，其現代主義的特性尤傾向於排斥傳統的、歷史的及學院的形式。現代藝術的起源可以追溯到19世紀的法國印象主義和更加抗拒傳統技術及主題後印象主義。一連串多樣化的潮流和風格的融合，包括了新印象主義、象徵主義運動、野獸主義、立體主義、未來主義、表現主義、至上主義、構成主義、形上繪畫、風格派、達達主義、超現實主義、社會寫實主義、抽象表現主義、普普藝術、歐普藝術、極限主義以及新表現主義。

modern dance 現代舞 20世紀因反對傳統芭蕾而在美國和歐洲興起的一種戲劇性舞蹈。其先驅人物包括富勒與鄧肯。1915年聖丹尼斯與蕭恩創辦的丹尼斯蕭恩學校裡開始正式教授現代舞。以韓福瑞和葛蘭姆爲代表的該校畢業生在後來對現代舞進行了創新性的定義：一種以基於「跌落與復原」（韓福瑞）、「緊縮與放鬆」（葛蘭姆）的技巧。較之於敘事性的風格和芭蕾通常表現的古典故事，現代舞運動更加注重的是情感力量的表達和當代的題材。1950年代由康寧漢領導的反表現主義潮流進一步發展了現代舞運動，康寧漢的舞台舞蹈引入了一些芭蕾舞的技巧和偶然性的元素。亦請參閱de Mille, Agnes(George)、Limon, Jose (Arcadio)、Holm, Hanya、Nikolais, Alwin、Sokolow, Nahum、Taylor, Paul (Belville)、Tharp, Twyla。

Modern Jazz Quartet (MJQ) 現代爵士樂四重奏 美國的爵士樂團，由鋼琴家劉易斯、顫音琴演奏家傑克森、鼓手克拉克和低音歌手布朗於1951年所創立。在1946年，他們本來是在迪吉葛雷斯比的大樂團，一起擔任節奏部分的演奏。這個樂團在1940年代中期，將原創性的樂曲與爵士樂的格調，跟古典室內樂的元素互相融合，從而開創一條含蓄精巧、創新現代爵士樂的途徑。奚斯於1952年替換布朗，凱伊於1955年替換克拉克；當凱伊於1994年去世，奚斯的兄弟亞伯特·奚斯加入這個團體。

modernism 現代主義 在藝術中，指從19世紀晚期至20世紀中葉，藐視傳統手法、意在求「新」的實驗。現代主義的起源在極大程度上可歸因於造就時代成爲現代的因素：工業化、快速的社會變遷、科技與社會科學（如達爾文主義、弗洛伊德理論）的進展，以及緊隨而來的異化感。現代主義者的作品傾向於不再爲一個社會或人群代言，而成爲在一方面或者相當個人主義化、強調個人的氣質與特性（只爲創作者本身發聲），或者在另一方面廣闊地具有普世性（超越民族性或文化傳承）。現代藝術和現代舞都是現代主義的表現形式。在文學中，艾略特、喬伊斯和吳爾芙的作品；在音樂中，荀白克、史特拉汶斯基和魏本的曲子；在建築中，包浩斯和國際風格的建築，都被視爲典型的現代主義者。

Modernismo 現代主義 19世紀末20世紀初由達里奧掀起的西班牙語言文學運動。源於對當時拉丁美洲流行的感傷浪漫派作家的反感，現代主義者們選擇了相當特別的主題進行寫作，經常描寫虛幻的世界，比如遠古時代、遙遠的東方、童年時代幻想的樂園甚至是完全的臆想世界。本著「爲文學而文學」的信條，他們實現了對西班牙的語言和詩歌技巧自17世紀以來最偉大的復興。現代主義的追隨者包括祕魯的桑托斯·喬卡諾（1875～1934）和古巴的馬蒂。雖然這場運動在1920年前就結束了，但它的影響一直深入到20世紀。

modernization 現代化 社會學中指從一個傳統的、鄉村的農業社會轉化成一個非宗教的城市工業社會。現代化與工業化緊密相關。社會的現代化將越來越強調個人的作用，原來的社會基本單位如家庭、社區或職業團體也將日益被個人所取代。勞動的分工、工業化的特徵仍然適用於社會組織制度，但將變得更加高度專業化。社會不再爲傳統或習俗所統治，而是遵循一套專門制定的抽象法則。現代化過程經常會弱化傳統的宗教與精神信仰的重要性，甚至喪失一些獨特的文化特徵。

莫德爾松－貝克爾的《拿著茶花的自畫像》（1907），油畫；現藏德國埃森佛爾克萬博物館
By courtesy of the Museum Folkwang, Essen, Ger.

Modersohn-Becker, Paula＊ 莫德爾松－貝克爾（西元1876～1907年） 原名Paula Becker。德國女畫家。曾在倫敦和巴黎學習藝術。是首先將法國後印象主義引入德國藝術的藝術家之一。她的早期作品有著極其細緻的自然主義風格，而她以《拿著茶花的自畫像》（1907）爲代表的後期作品則把抒情的自然主義與高更和塞尚的大面積單純色彩的特色結合了起來。三十一歲時第一次生育後不久就去世了。

Modesto 莫德斯托 美國加州中部，舊金山以東的城市。1870年因興建中部太平洋鐵路建立起了這座城市，由於鐵路總工程師拉爾斯頓婉拒了以他的名字爲城市命名的要求，故該城得名莫德斯托（西班牙語意爲「謙遜」）。1884年莫德斯托建市。它是附近農業區農產品的轉運中心，這個農業區包含了水果、堅果園和葡萄酒釀造廠。人口約179,000（1996）。

Modigliani, Amedeo* 莫迪里阿尼（西元1884～1920年） 義大利畫家和雕塑家。在義大利學習藝術，其後定居巴黎（1906）。1908年在巴黎的獨立者沙龍上展出了他的數幅畫作。在布朗庫西的建議下，他學習了非洲雕塑並於1912年展出了他的十二座石雕頭像，這些頭像簡化並拉長了造型反映了非洲雕塑的影響。當他再度回到繪畫領域時，他的肖像畫和裸體畫中表現出來的不對稱的構圖、拉長的形體和簡化的輪廓線條都反映出了他的雕塑作品的特徵。在儘量將明暗透視法棄之不用的情況下，他的繪畫作品用強有力的輪廓和豐富的色彩對照取得了雕塑的效果。1917年他開始創作一系列的裸女畫，這些畫以其溫暖而生氣勃勃的色彩和優美圓潤的形體而成爲他最偉大的作品之一。他的作品既反映出他畢生對義大利文藝復興時期大師的崇拜，也體現了塞尚和布朗庫西對他的影響。

莫迪里阿尼的《自畫像》（1919），油畫；現藏巴西聖保羅大學現代美術館
By courtesy of the Museu de Arte Contemporanea da Universidade de Sao Paulo, gift of Mr. Francisco M. Sobrinho and Mrs. Yolanda Penteado; photograph, Gerson Zanini

Modigliani, Franco* 莫迪葛萊尼（西元1918～2003年） 義大利出生的美國經濟學家。1939年逃離法西斯主義的義大利前往美國，1944年在社會研究新學院獲得博士學位。他曾在包括麻省理工學院（自1962年起）在內的許多大學任教。他在個人儲蓄方面的研究工作使他提出了生命週期理論，該理論假定個人年輕時期工作的積蓄是準備爲了在年老時使用，而非留給後代子孫。在金融市場分析方面，他提出了一種計算公司預期未來收入的價值的方法，這一方法成爲了公司決策理論和金融分析的基本工具。1985年獲諾貝爾經濟學獎。

Modoc* 莫多克人 居住在加州北部喀斯開山脈以南、操佩紐蒂諸語言的高原地區印第安人。他們以打獵和採集爲生，生活方式與鄰近的克拉馬斯人很相似。1864年美國政府強迫莫多克人到克拉馬斯人的土地上居住，由此引起了1872～1873年的莫多克戰爭。約有八十戶莫多克人撤退到加利福尼亞的火山熔岩地層區居住，但最終投降並被遷移到俄克拉荷馬州。1909年倖存者被獲准回到奧瑞岡州。今天莫多克人約有五百。

modulation 調制 在電子學中，按照發射信號（聲音、音樂、圖像或資料）改變射頻載波的一種或數種波動的特性，從而把該信號加到載波上的一種技術。調製方式多種多樣，都是用來改變載波的某種特性。改變最頻繁的載波特性包括振幅（參閱amplitude modulation）、頻率（參閱frequency modulation）、相位，脈衝編碼和脈衝寬度。

modulation 轉調 音樂中指調式或樂曲調的轉變。音調中的轉調幾乎都是暫時性的。在某一個調的音階裡，七個音符中有六個都能在與這個調緊鄰的調的音階中找到具有共同音高的音符，這時若需要改變那個沒有對應音高的音符的音高就是對該調的轉調。舉例來說，用C大調演奏〈星條旗〉，C大調的第四個音高應該是4（F），這時在「dawn's early light」中的“-ly”字上的升半音的4（F）就是短暫的轉調，轉到了G大調，它與C大調唯一的區別就在這一個半音的音符上。

module* 模數 在建築中，爲調節建築物各部分間的構造、尺寸和比例關係而擬定的一種尺寸單位。如古典建築中以圓柱的直徑爲模數；日本建築中，房間的大小用一種標準的稻草墊「榻榻米」的拼接來丈量。萊特和科比意都使用了有比例的模數制。在設計中應用標準化的模數可以減少浪費、降低成本，使施工更容易、構件排列更靈活、設備用途更多樣化。然而，建築師與建築材料生產商仍在繼續使用那些基於他們自己的利益需要的模數。

modulus, bulk ➠ bulk modulus

modus ponens and modus tollens* 肯定前件假言推理和否定後件假言推理 拉丁語意爲「肯定的方法」和「否定的方法」。在邏輯中，是兩種利用一個假言命題進行推理論證的推理類型。假言命題是形式爲「如果p，那麼q」的命題（用符號記作$p \supset q$）。肯定前件式指根據$p \supset q$推理出有p則有q。否定後件式是指根據$p \supset q$推理出$\neg q$所以$\neg p$（$\neg$意指「非」）。否定後件式的一例如下：如果一個角內接於一個半圓，那麼它是一個直角；這個角不是一個直角，所以，這個角不內接於一個半圓。

Moeris, Lake* 摩里斯湖 埃及北部的古湖泊。曾占有埃及法尤姆窪地大片地區的古代湖泊，現在僅存很小的加龍湖。由於尼羅河淤泥的沈積，舊石器時代湖水水位開始下降。中王國時代（西元前2024～西元前1786年），摩里斯湖連接到尼羅河的通路被重新疏通。西元前3世紀的土地開墾計畫排出了湖水，開闢出了1,200平方公里的由人工河渠灌溉的土地。在羅馬帝國統治的前兩個世紀過去後，這一地區開始衰落。

Moero, Lac ➠ Mweru, Lake

Moesia* 莫西亞 歐洲東南部羅馬帝國的行省。以多瑙河和黑海爲界。西元前30～西元前28年被羅馬帝國征服並於西元15年成爲羅馬帝國行省。在達契亞戰爭（85～89）時，莫西亞分爲上莫西亞與下莫西亞兩省。儘管曾遭受蠻族入侵，莫西亞直到7世紀被斯拉夫人和保加利亞人占領之前一直都是東羅馬帝國的一部分。

Mogadishu* 摩加迪休 索馬利亞首都及城市，位於赤道北側，瀕臨印度洋。由阿拉伯移民始建於10世紀，曾與阿拉伯各國及後來的葡萄牙開展貿易。1871年爲桑吉巴蘇丹所控制。義大利人於1892年和1905年分別租借和購買了摩加迪休港。此後，摩加迪休成爲意屬索馬利蘭和索馬利亞託管地的首都，1960年成爲獨立的索馬利亞的首都。1980年代和

1990年代的索馬利亞內戰對這座城市造成了大範圍的破壞。人口約997,000（1995）。

Mogilev ➠ Mahilyow

Mogollon culture＊　莫戈隆文化　從西元前200～西元1200年居住在現今亞利桑那州東南及新墨西哥州西南部的北美印第安人群體的文化。北美洲西南部最早的陶器就是由莫戈隆人製作的，這種陶器從一開始就具有很高的水準，這表明這種技術很可能是從墨西哥傳入的。早期的經濟形式主要以採集野生植物作食品和小型的狩獵活動爲主。西元500年開始種植玉米。同時期的房屋也更趨精緻，其建造由石匠進行。明布雷斯文化時期（1050～1200），亦即莫戈隆文化的最後階段，房屋設計與陶器的新式樣開始出現，這些以廣場爲中心的多級式的普韋布洛印第安人村莊和以明快的黑白動物或幾何線條圖案爲標誌的陶器都暗示了莫戈隆文化與北部的阿納薩齊人的聯繫。13世紀莫戈隆文化神祕消亡。

Mogul dynasty ➠ Mughal dynasty

Mohave ➠ Mojave

Mohawk　摩和克人　操易洛魁語（參閱Iroquoian languages）的北美印第安部落，是易洛魁聯盟最東部的成員。居住在今紐約州斯克奈塔第附近地區。摩和克人是半定居的：婦女務農種植玉米，男人則秋冬狩獵，夏季捕魚。互有親屬關係的幾個家庭居住一間長形房屋。在英法爭奪殖民地的法國印第安人戰爭及美國革命中，大多數摩和克人都站在英國一邊，獨立戰爭中接受布蘭特的領導。現在，摩和克人約有一萬，他們在許多行業中工作，尤以建築鋼鐵工業爲衆。

Mohawk River　摩和克河　美國紐約州中東部河流。爲哈得遜河最大的支流。流向南轉東，在特洛伊以北的沃特福德匯入哈得遜河。全長238公里。摩和克河谷（摩和克小道）在歷史上是西進運動先驅們經阿帕拉契山脈進入五大湖的通道，易洛魁聯盟的五族就居住在這片河谷，這裡也是法國印第安人戰爭以及美國革命期間的主要戰場。

Mohegan＊　莫希干人　居住在東南部地區操阿爾岡昆諸語言的北美印第安部落。後奪取了其他部落在麻薩諸塞州和羅德島州的土地。莫希干人的經濟以種植玉米和漁獵爲基礎。17世紀，莫希干人與佩科特人同處於佩科特酋長的領導之下，但是莫希干人通過一次起義獲得了獨立並毀滅了佩科特。因在菲利普王戰爭（1675～1676）中與英國結盟，莫希干人成爲戰後新英格蘭地區唯一一支倖存的部落。現在，康乃狄克州諾威奇地區約還殘餘了1,000名莫希干人後裔。

Mohenjo Daro　摩亨約－達羅　位於印度河岸邊現今巴基斯坦南部的一個古城。該城方圓5公里，是西元前3000～西元前2000年的印度河文明中最大的城市，並很可能曾是一個幅員遼闊的國家的首都。這座城市築有防禦工事，考古研究發現其城堡內建有一個精緻的浴室、一座穀倉和兩個集會大廳。

Mohican ➠ Mahican

Mohism　墨家 ➠ Mozi

Moho＊　莫霍面　又稱莫氏不連續面（Mohorovičič discontinuity）。地殼與地函的界面。莫霍面的深度在大陸底下約35公里，海洋地殼底下約7公里。現代儀器測定的地震波速度在這個界面急遽上升，以地質學家莫霍洛維奇命名。

Moholy-Nagy, László＊　莫霍伊－納吉（西元1895～1946年）　匈牙利畫家、攝影家及美術教師。在布達佩斯學習法律後，於1919年前往柏林，1923年任包浩斯設計學校金工室主任，兼《包浩斯叢書》編輯。作爲畫家和攝影家，他主要致力於對光的運用。他的「黑影照片」作品直接在膠片上創作而成，而其「光線調節器」（作於透明的或拋光的表面上的油畫）則能表現運動的光線的效果。作爲一名教育工作者，他設計過一套被廣泛接受的教學課程，皆在發揮學生內在視覺天賦而不著重培養專門技巧。1935年他逃離納粹德國到倫敦，後來又到了芝加哥組建了新包浩斯學校，自任校長。

Mohorovičič, Andrija　莫霍洛維奇（西元1857～1936年）　克羅埃西亞氣象學及地球物理學家，發現了地殼和地函之間的介面；這個介面後被命名爲莫霍洛維奇不連續面，也稱「莫霍面」。他是札格拉布技術學院的教授，又自1892年起任札格拉布氣象觀測台台長。通過對地震波的研究，他推測固體的地球由一個外層和一個內層構成，兩個層面之間存在一個明確的邊界。他還設計了一種用於確定震央位置和計算震波傳播時間的方法。他是抗震建築的初期倡導者。

Mohs hardness＊　摩氏硬度　亦譯莫氏硬度。光滑表面抵抗刻畫或摩擦的粗略計量標準，用德國礦物學家摩氏1824年設計的尺度來表示。確定一種礦物的摩氏硬度是看其表面是否被一種硬度已知或已規定的物質所刻畫，把礦物按摩氏硬度表排列起來，此種硬度表由已給定適當硬度值的十種礦物組成。硬度表從1（最軟的，如雲母）到10（最硬的，如金剛石）。

摩氏硬度表

礦　物	硬度級數	其他物質	描述
滑　石	1		易於用指甲刮擦；有滑溜的感覺
石　膏	2	～2.2指甲	可以指甲刮擦
方解石	3	～3.2銅幣	易於用小刀或銅板括擦
螢　石	4		易於用小刀括擦 但不適合用方解石來刮擦
磷灰石	5	～5.1小折刀的刀刃 ～5.5窗戶玻璃	不易使用小刀來刮擦
正長石	6	～6.5鋼銼	無法用小刀刮擦， 但與玻璃刮擦亦不易
石　英	7	～7.0條紋金屬板	易於與玻璃刮擦
黃　玉	8		很容易與玻璃刮擦
剛　玉	9		切割玻璃
金剛石	10		過去當作玻璃切割器使用

Moi, Daniel arap＊　莫伊（西元1924年～）　肯亞總統，自1978年起當選五任。原是教師，後來在肯雅塔總統任內進入內閣，並擔任副總統（1967～1978），在肯雅塔之後繼任爲總統。他是多數黨肯亞非洲民族聯盟黨魁，統治方式原本是獨裁式的，但後來在國際壓力下，於1991年被迫開放多黨競選。他仍然連續贏得兩次大選（1992、1998），不過卻導致國內局勢動蕩不安，並被控在選舉中舞弊。在他執政期間，一些經濟部門略有成長，但批評者認爲這些成長須歸因於強大的政治獻金體系。

Moiseyev, Igor (Aleksandrovich)＊　莫伊謝耶夫（西元1906年～）　俄羅斯舞者、編舞家、國家民間舞蹈團的創始人，該舞蹈團通常被稱爲莫伊謝耶夫舞團。1924年加入莫斯科大劇院芭蕾舞團。1936年被任命爲新建的莫斯科民間藝術劇院主要編舞者。後來他建立了一個民間舞蹈團，擁有許多職業芭蕾舞者，表演當時組成蘇聯的所有加盟共和國的舞蹈。他編排創作的舞蹈作品既保持了純正的民間舞蹈特色，又注意渲染演出效果。他共爲舞蹈團創作了170多個舞蹈節目。該舞蹈團成爲了後來其他國家創建自己的民族舞蹈團的範本。

Mojave　莫哈維人　亦作Mohave。生活於科羅拉多河下游沿岸莫哈韋沙漠地區、操尤馬語的印第安農民。這一河谷是一個被貧瘠的沙漠所環繞的綠洲。除了農耕外，莫哈維人也行漁獵和採集野生植物。其主要社會單位是父系氏族家庭。他們沒有定居的村落，哪裡有適合耕種的肥沃土地，他們就在哪裡建起分散的農舍。他們信奉一個至高無上的造物主，十分重視夢境的意義，還思考一切特殊力量的源泉問題。現在約有2,000名莫哈維人居住在亞利桑那州的科羅拉多河保留地及其附近地區。

Mojave Desert　莫哈維沙漠　亦作Mohave Desert。加州東南部的不毛之地。面積逾65,000平方公里。由內華達山脈延伸至科羅拉多高原，北接大盆地沙漠，南與東南接索諾蘭沙漠。與索諾蘭、大盆地和赤華環沙漠共同組成了北美大沙漠。莫哈維沙漠年均降水量爲13釐米。約書亞樹國家保護區即位於此。

moksha　解脫　亦作moksa。在印度教和耆那教中指最高的精神目標，使個人的靈魂擺脫輪迴的束縛。靈魂一旦進入肉體，便將始終陷入輪迴的羈絆之中，直到它達到完美或覺悟的境界，才能使自己得到解脫。尋求和達到解脫的方法因學派而異，但幾乎所有學派都認爲解脫是人生的最高目標。

Molcho, Solomon＊　摩爾科（西元1500～1532年）
原名皮爾斯（Diogo Pires）。生於「馬拉諾」（改信基督教的葡萄牙猶太人）家庭。曾任葡萄牙高等法院皇家書記官。當阿拉伯冒險家流便尼（死於1532年左右）到達葡萄牙時，神祕主義的思想使皮爾斯確信流便尼是彌賽亞的先驅。在爲自己行割禮並改名後，他到土耳其、巴勒斯坦和羅馬傳教宣傳彌賽亞的降臨。1532年他與流便尼被神聖羅馬帝國皇帝查理五世囚禁並引渡給宗教裁判所。摩爾科拒絕重信基督教，被處以火刑。

Mold　莫爾德　威爾斯東北部城鎮。克盧伊達郡首府。位於迪賽德與雷克瑟姆的工業中心之間，圍繞一座諾曼第人在12世紀建造的有護城河和城郭的城堡發展起來。在這一地區的早期，本地的基督教徒曾在430年的一場戰爭中打敗了異教的匹克特人和蘇格蘭人。長期以來莫爾德一直是集市中心。1967年成爲了克盧伊達郡的行政中心。人口約9,000（1995）。

mold　黴　生物學上，眞菌門的菌絲體和子實體形成的顯眼的團塊狀構造。麴黴屬、青黴屬、根黴屬眞菌可形成黴，可致食物腐敗及植物疾病，有些有利用價值，可生產抗生素（如，青黴素）和某些乳酪。脈孢菌屬或稱紅麵包黴被用來作生化遺傳的研究。水黴存在於淡水、鹹水及濕土中，吸收死亡或腐敗的有機物質來生長。亦請參閱slime mold。

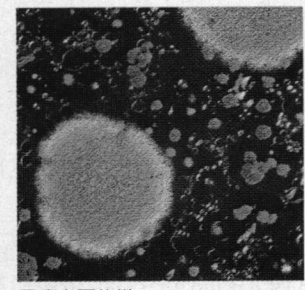

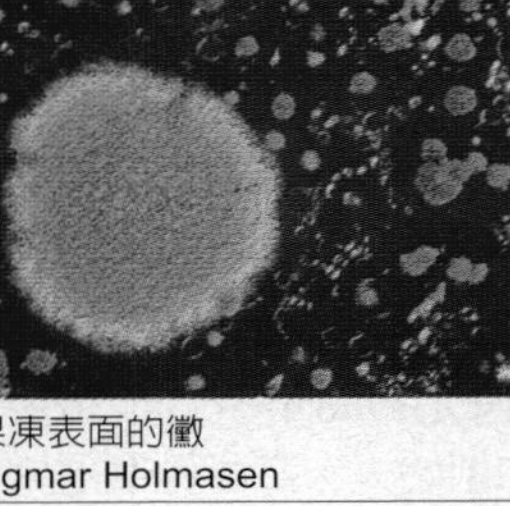
果凍表面的黴
Ingmar Holmasen

mold　模具　在製造業中，指用以把流體或塑性物質成型爲所需成品的空腔或模型。把熔化的物質如金屬或塑膠注入或壓入模具，以待其硬化。模具因應用情況的不同可用各種不同的材質製作：砂常用於金屬澆鑄，淬硬鋼用於製作塑性材料用的模具，石膏則可用於許多不同用途。亦請參閱ingot、patternmaking、tool and die making。

Moldavia＊　摩達維亞　中歐東南部的前公國。位於多瑙河下游。14世紀由弗拉其人建立，1349年獲得獨立。16世紀中期處於鄂圖曼帝國統治之下。1774年被俄國控制；很快其西北部領土布科維納被奧地利侵占，東部和比薩拉比亞又割讓給了俄國。1859年摩達維亞和瓦拉幾亞組成了羅馬尼亞。1918年摩達維亞從前被割讓的領土加入了羅馬尼亞。位於聶斯特河以東，烏克蘭蘇維埃社會主義共和國境內，仍處於蘇聯控制之下的領土於1924年成立了摩達維亞蘇維埃社會主義共和國。亦請參閱Moldova。

molding　線腳；裝飾線條　建築和裝飾藝術中，用在周線或輪廓邊緣與表面的，起勾畫、過渡或尖端裝飾作用的部件。線腳的表面可以是平滑的，也可能呈凹凸狀，或者在整個長度中始終採用不變的輪廓圖案，或者採用有規律的迴圈花紋。平面或角狀線腳包括盤座面、斜切面（或斜角面）和方嵌條（窄帶飾）；單曲線腳包括凹弧飾（具有四分之一圓的輪廓的凹面）、凹形邊飾（深凹面）、凹槽飾（開槽的）、圓凸形線腳飾（具有四分之一圓的輪廓的凸面）、圓環面飾（半圓凸面）、渦卷飾（圓形凸面）和柱頭圈線（窄的半圓凸面帶）。最常見的複合式線腳是突出的雙曲正波紋線或S形線，通常用作拱頂線腳，而反波紋線則用於拱頂或拱基。傳統上都會用花葉形狀、幾何圖案、螺線紋的雕刻來美化線腳的基本輪廓。

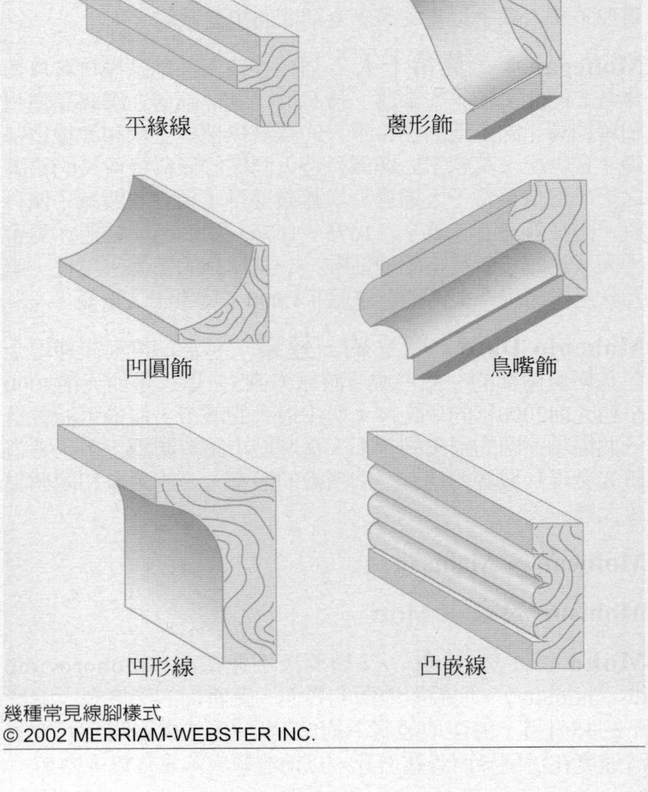

幾種常見線腳樣式

Moldova＊　摩爾多瓦　正式名稱摩爾多瓦共和國（Republic of Moldova）。歐洲中部*巴爾幹*地區東北部的共和國。與烏克蘭和羅馬尼亞爲鄰。面積33,700平方公里。人口約4,431,000（2001）。首都：*基什尼奧夫*。絕大多數人民是

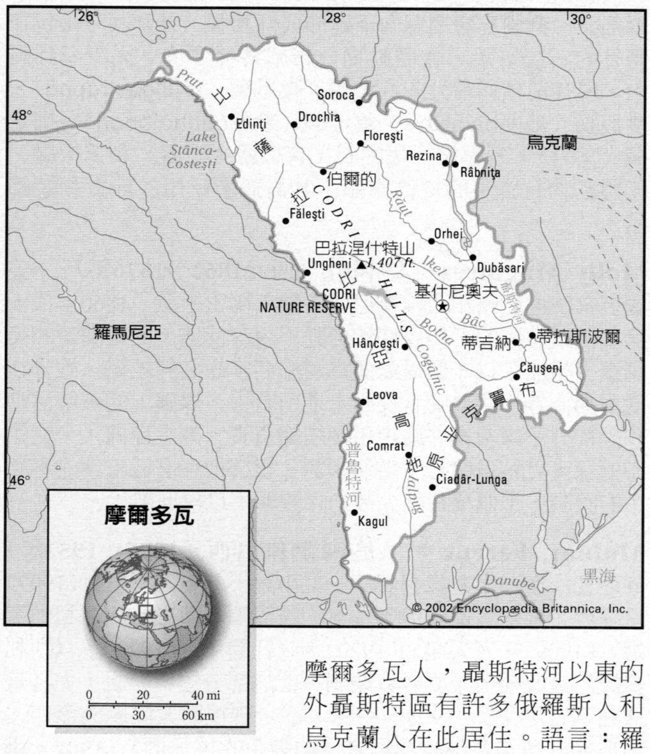

摩爾多瓦人，聶斯特河以東的外聶斯特區有許多俄羅斯人和烏克蘭人在此居住。語言：羅馬尼亞語（官方語）、俄羅斯語、烏克蘭語。宗教：東正教。貨幣：列伊（leu）。摩爾多瓦位於聶斯特河和普魯特河之間，是個肥沃的地區；北部和中部地區是該國的森林地帶。經濟以農業爲主，生產葡萄、冬麥、玉蜀黍和乳製品；工業集中在食品加工。政府形式爲共和國，一院制。總統是國家元首，總理爲政府首腦。今日摩爾多瓦地區包含了普魯特河以東的摩爾多瓦公國部分地區（1940年以前是羅馬尼亞的一部分），後與南部黑海沿岸的*比薩拉比亞*地區合併（參閱Moldavia的歷史部分）。1940年這兩個地區聯合組成摩達維亞蘇維埃社會主義共和國。1991年摩達維亞宣布脫離蘇聯獨立，仍以羅馬尼亞語的拼法稱摩爾多瓦，使用較早的羅馬文字，而非西里爾字母。該共和國在1992年得到聯合國承認，1990年代一直爲使經濟好轉而努力。

mole　莫耳　亦稱mol。平時測量像原子或分子這些極小實體的量所用的標準單位。對於任何物質，一個莫耳裡的原子或分子數是粒子的亞佛加厥數（6.0221367×10^{23}）。按確切的定義，它是與12克碳－12包含相同數目化學單位的純物質的量。對於每種物質來說，莫耳是它以克爲單位的*原子量*、*分子量*或*式量*。1升溶液中溶質的莫耳數是它的體積克分子濃度（M）；1,000克*溶液*中溶質的莫耳數是它的重量克分子濃度（m）。這兩種量度稍有不同，有不同的用途。亦請參閱stoichiometry。

mole　鼴　食蟲目鼴科（包括22種眞鼴鼠）或金毛鼴科（11種金鼴）多種小而通常視覺極差的穴居獸類的統稱。多數種腿、尾俱短，頭扁而尖，天鵝絨般的灰色被毛。眼小或已退化，大多缺外耳。體長9～20公分不等。前肢短而可轉動，五趾成爲寬爪，呈鏟形。鼴鼠日夜活動，挖掘接近地面的地道是爲了尋食蚯蚓、蠐螬以及其他無脊椎動物。深部的地道（約深3公尺）則用於居住。北美東北部的星鼻鼴，鼻上有22個粉紅色的像觸角樣的觸覺器官，呈輻射狀排列。

mole　色素痣　扁平或贅肉樣、有色素沈著的皮損，主要由產生*黑素*的細胞聚集構成，呈深褐色以至黑色，當黑素沈積於眞皮時，皮損則帶藍色。較厚的色素痣中可有神經及結締組織成分。色素痣通常在兒童時期出現，新生的色素痣多爲扁平狀，其痣細胞位於表皮與眞皮之間。始終保持在這一交界處的色素痔有可能是惡性的。多數的原發色素痣向眞皮發展，表面微隆起。檢查兒童的正在轉化的色素痣組織，可發現類似癌的變化，但實際上這是良性的。惡性*黑素瘤*可能發展自色素痣，但青春期前幾乎不會發生。懷孕期間色素痣可能增大，還可能出現新的色素痣。有的痣會隨著年齡的增長而消失。術語「痣」指的是天生就有的皮膚斑記，而色素痣則可能在出生後發展起來。表皮上的「痣」的顏色有可能與周圍的皮膚顏色相同。

molecular biology　分子生物學　生物學的分支，在分子水平上研究作爲生命現象基礎的化學結構和化學過程。這一學科從*生物化學*、*遺傳學*和*生物物理學*等相關學科中發展而來，主要研究*蛋白質*、*核酸*和*酶*。1950年代初，不斷增長的蛋白質結構的知識使得描述*去氧核糖核酸*（DNA）結構成爲可能。1970年代發現了某些能將某些細菌*染色體*內DNA的片段切開並重新連接的酶（參閱recombination），導致了重組體－DNA技術的產生。分子生物學利用這一技術來分離和修改某些特定的*基因*。亦請參閱genetic engineering。

molecular weight　分子量　物質的分子質量，依據的事實是1*莫耳*的碳－12的質量是12克。實際計算中是把組成該物質分子式的各原子的*原子量*求和而得。氫（化學分子式H_2）的分子量是2（經四捨五入後）。對於許多複雜的有機分子（例如*蛋白質*、*聚合物*），其分子量可達幾百萬。

molecule　分子　純物質可以分割而保持其組成和化學特性不變的最小可辨認單位。再分成更小的部分，最終爲原

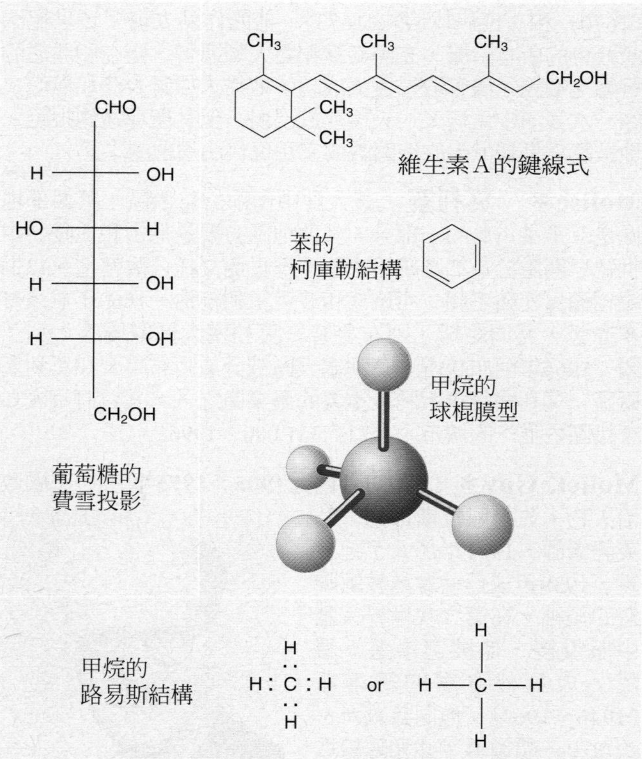

幾種分子結構的表示法。路易斯結構中，元素符號代表原子，點代表周圍的電子。一對共用的電子（共價鍵）也可以表示成一劃。球棍模型呈現較佳的原子空間排列。芳香族化合物常用柯庫勒結構，每個鍵用一劃代表，兩條以上的線交會處代表碳原子所在的地方，氫原子通常省略。鍵線式與柯庫勒結構類似，通常用於非芳香族的複雜化合物。醣類通常繪成費雪投影，碳的骨幹繪成一條垂直線，水平線與垂直線的交點代表碳原子。
© 2002 MERRIAM-WEBSTER INC.

子，那就要破壞將分子結合在一起的化學鍵。對於稀有氣體來說，分子就是單原子；所有其他的物質的分子中都有兩個（雙原子）或多個（多原子）原子。元素中的原子都是相同的，比如氫氣（H_2），而化合物分子中的原子是不同的，比如葡萄糖（$C_6H_{12}O_6$）。原子總是按固定的比例結成分子。不同物質的分子可以有相同的組成原子，但可能它們的比例不同，像一氧化碳（CO）和二氧化碳（CO_2），或者是以不同的方式結合（參閱isomer）。分子中的共價鍵給定了分子的形狀以及分子的大部分性質。（對於以離子鍵結合的固體，分子的概念已經不重要了。）用現代技術及電腦進行分析，可以確定並顯示出分子的大小、形狀以及構型，即各原子核和電子雲的位置、化學鍵的長度和角度以及其他的細節。電子顯微技術甚至可以提供個別分子和原子的像。亦請參閱molecular weight。

Moley, Raymond (Charles)　莫利（西元1886～1975年）　美國教育家、政治顧問。1923～1954年間在哥倫比亞大學教授政治學。曾爲羅斯福政府作政治與社會研究。當羅斯福準備參加1932年的總統大選時，莫利組建了智囊團作爲羅斯福的國內問題顧問。莫利爲羅斯福草擬了許多競選演說，創造了「新政」一詞。1937～1968年他是《新聞週刊》的資深編輯。

Molière＊　莫里哀（西元1622～1673年）　原名Jean-Baptiste Poquelin。法國演員和劇作家兼導演。富裕的家具商之子。1643年離開家成爲一名演員，加入貝雅爾家族。他參與創立劇團，並在法國各省進行巡迴演出（1645～1658），爲其編寫劇本並參與表演。在路易十四世的贊助下，他在巴黎的一家劇院建立了劇團，以《可笑的女才子》（1659）在宮廷和資產階級觀衆中贏得美名。他的其他主要戲劇包括《太太學堂》（1662）、《達爾杜弗》（1664）、《憤世嫉俗》（1666）、《守財奴》（1668）、《吝嗇鬼》（1669）、《貴人迷》（1670）和《沒病找病》（1673）。他的作品表現了17世紀法國社會的所有階層，充滿幽默和對人類惡習、空虛和罪惡的智慧地嘲諷。儘管取得巨大成功，他從未放棄表演和導演。在一次表演中生病，一天後死於出血，但其聖葬遭到拒絕。他被認爲是最偉大的法國戲劇家和現代法國戲劇之父。

Molise＊　莫利塞　義大利中南部的自治區。其西部地區是亞平寧山脈的一部分，其他地區主要是低山和丘陵。中世紀早期處於倫巴底統治之下，爲貝內文托公爵轄地。13世紀相繼爲安茹王朝、西班牙和波旁王朝統治。1860年並入阿布魯齊，共同組成了阿布魯齊－莫利塞大區歸屬義大利王國。1965年阿布魯齊－莫利塞大區被分成阿布魯齊和莫利塞兩區。莫利塞是義大利最重要的農業區之一，其首府坎波巴索是區內唯一的城市。人口約331,000（1996）。

Mollet, Guy＊　摩勒（西元1905～1975年）　法國政治人物。先是阿拉斯市的一名英語老師，1921年加入了社會黨，1939年成爲社會黨教師聯盟的領袖。在第二次世界大戰中服役後，他被選舉進下議院，成爲社會黨的總書記（1946～1969）。他同孟戴斯－法朗士一起領導了共和陣線取得勝利，後擔任總理（1956～1957）。在處理阿爾及利亞起義和蘇伊士運河封鎖問題上的失敗導致了政府的下台，但是摩勒繼續作爲代表參政和擔任阿拉斯的市長職務。

摩勒

Harlingue－H Roger-Viollet

mollusk　軟體動物　亦作mollusc。軟體動物門無脊椎動物的通稱，約75,000種。體柔軟而不分節，一般分頭－足和內臟－外套膜（由背側的內臟團、外套膜及外套腔組成）兩部分。背側皮膚褶襞向下延伸成外套膜，外套膜分泌包在體外的石灰質殼。軟體動物分布於各種生境，從深海到高山。現存種類通常分成八大類：腹足綱（參閱gastropod）、雙殼綱（參閱bivalve）、頭足綱（參閱cephalopod）、掘足綱（角貝）、溝腹綱、尾凹綱、有板綱（石鱉）和單板綱。軟體動物有食用的經濟價值，其貝殼廣泛用於珠寶和裝飾品。

Molly Maguires　莫利社（西元1862～1876年）　美國賓夕法尼亞州和西維吉尼亞的礦工祕密組織。1860年代，爲了抗議惡劣的工作條件和勞動不平等待遇，愛爾蘭裔的美國礦工組成了以一個愛爾蘭寡婦的名字命名的組織，她曾在愛爾蘭領導一些鼓動者反對土地所有主。煤礦上的破壞活動和恐怖分子謀殺案件應由這個組織負責，礦主雇傭了平克頓的偵探麥克帕爾蘭打入這個組織。根據他在廣泛宣傳的審判中的證詞，十個莫利社人被判謀殺罪，以絞刑處死。

Molnár, Ferenc＊　莫爾納爾（西元1878～1952年）　匈牙利作家。十九歲發表第一批小說，劇本《惡魔》（1907）首獲巨大成功。他其他劇本有的被改編成電影，如《利利奧姆》（1909）、《天鵝》（1920）、《紅磨坊》（1923），《利利奧姆》被改編成了酒會音樂劇。他的部分短篇小說，尤其是收在《音樂集》（1908）中的，都是審視窮人問題的傑作。但他的許多長篇小說卻只有《帕爾街的孩子們》（1907）堪稱成功之作。

Moloch＊　摩洛　古代中東各地所崇奉的以兒童向他獻祭的神靈。上帝向摩西曉諭的律法，清楚的禁止猶太人遵行埃及或迦南的習俗。耶路撒冷城牆外的紀念摩洛的神殿被毀於改革家約西亞的統治時期。

Molotov, Vyacheslav (Mikhaylovich)＊　莫洛托夫（西元1890～1986年）　原名Vyacheslav Mikhaylovich Skryabin。蘇聯政治領袖。從1906年即是布爾什維克成員，從1917年開始在省的共產黨組織工作。他是史達林的堅定支持者，1921年成爲中央委員會書記。1926年擢升進政治局，他清除了莫斯科黨組織中的反史達林分子（1928～1930）。1930～1941年他擔任總理，1939～1949年、1953～1956年擔任外交部長。1939年簽定「德蘇互不侵犯條約」，第二次世界大戰中下令生產後來被稱爲「莫洛托夫雞尾酒」的天然瓶裝炸彈。他促成了和美國、英國的聯盟，是第二次世界大戰中和戰後蘇聯在聯合會議上的發言人。1956年被赫魯雪夫免職後，加入了推翻赫魯雪夫的嘗試（1957），但未成功，並因此失去了他所有的黨職；1962年他被開除共產黨籍。

molting　蛻皮　動物蛻去表面皮層代之以新的皮層的過程。通常受激素調節，動物界所有動物都會發生蛻皮。包括了角、毛、皮膚和羽毛的脫落和取代，還有蛹或其他生物體爲了生長或改變外形而擺脫外在骨架的過程。

Moltke, Helmuth (Karl Bernhard) von＊　毛奇（西元1800～1891年）　受封爲毛奇伯爵（Graf (Count) von Moltke）。普魯士總參謀長。他於1822年加入普魯士軍隊，並在1832年被任命爲少尉。擔任土耳其軍隊軍事顧問（1835～1839）的工作後，他四處旅遊，寫了一些關於歷史和旅行的書籍。1855年他擔任普魯士腓特烈．威廉親王（即後來的德皇腓特烈三世）的私人副官，然後被選爲普魯士總參謀長

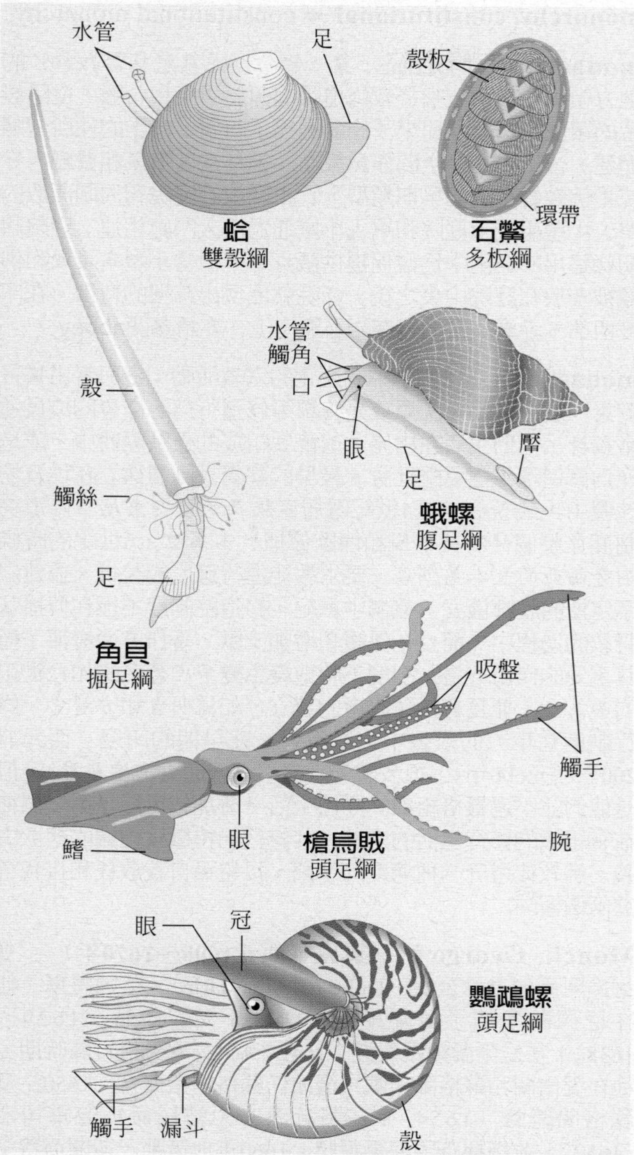

典型的軟體動物。雙殼類的殼是兩瓣，濾食生物，經由水管攝入食物和水。蛤的肉足用來挖掘和爬行。石鱉通常附著在岩石和貝殼上，外殼分為八片交疊的殼板。角貝等掘足類，是用殼的兩端開口挖掘的軟體動物，大的一端埋入沙中，以觸絲捕捉微生物當作食物。蛾螺就像大多數的腹足類，只有一個殼，通常是盤繞起來的；危險的時候身體會縮進殼裡面，以一片薄板（厴）密封起來。頭足類有發達的頭部，足分為許多觸手。烏賊兩支最長的觸手用來捕捉獵物，短的觸手把食物送進口中。鸚鵡螺是唯一保有外殼的頭足類，調節內室的氣體和液體的量來控制浮力大小。

（1857～1888）。他極度聰明，富有軍事創造力，改造了普魯士軍隊，爲現代大型軍隊設計了新的戰略和戰術指揮方法。他制定了取得普魯士和德國對丹麥的戰爭（1864）、普魯士對奧地利的七週戰爭（1866）、對法國的普法戰爭（1870～1871）的勝利戰略。1870年被封爲伯爵，1871年升爲陸軍元帥。

Moltke, Helmuth (Johannes Ludwig) von　毛奇（西元1848～1916年）　德國士兵。總參謀長毛奇的侄子，他迅速在德國軍隊中崛起，從1882年擔任他叔父的副官。1903年他被任命爲後勤司令，1906年任德國總參謀長。第一次世界大戰爆發時，他運用前任者制定的「施利芬計畫」，但他無法修改計畫來應付使得德軍在第一次馬恩河會戰（1914）的攻勢中停止的戰術和指揮錯誤。不久他便交出了指揮權，兩年後心力俱疲而亡。

Moluccas＊　摩鹿加　印尼語作Maluku。印尼東部島群，位於蘇拉維西和新幾內亞之間。摩鹿加由三個大島（哈馬黑拉、塞蘭和布魯）和許多小島組成。面積總計約74,505平方公里。它們構成了印尼馬魯古省；省府是安汶市。人口種族成分多樣，包括馬來人、巴布亞人、荷蘭人、葡萄牙人和爪哇人後裔。以「香料之島」聞名，在1511年被葡萄牙人發現之前是亞洲香料交易的一部分，然後被西班牙、英格蘭、荷蘭、最後是荷蘭打敗。第二次世界大戰期間被日本人占領，以後此島併入了東印尼州，1949年併入印尼共和國。人口1,860,000（1990）。

molybdenum＊　鉬　金屬化學元素，一種過渡元素，化學符號Mo，原子序數42。是銀灰色，相對稀少的金屬，熔點高（2,610℃）。鉬在自然界不以游離態形式存在。在溫度高到足以熔化其他大多數金屬和合金時，鉬與它的合金還能保持有效的強度，因此可以把它用於高溫鋼材中。鉬的應用有製作反應容器；飛機、火箭以及汽車零件；還有電極、加熱元件以及燈絲支架。有些鉬的化合物（鉬在化合物中可以有不同的原子價）可以做顏料和催化劑。二硫化鉬是一種固體潤滑劑，可以單獨使用，也可以添加到潤滑脂和潤滑油中。

Mombasa＊　蒙巴薩　肯亞城市，位於肯亞南部外海的蒙巴薩島上。該島面積14.25平方公里，經由堤道、橋樑和渡船與大陸相聯。該城市還包括一個面積259平方公里的大陸地區。11世紀由阿拉伯商人建立，1489年葡萄牙航海家達伽馬曾經來此。由於在印度洋貿易中的戰略性地理位置，它不斷被攻占，從阿拉伯人、波斯人、葡萄牙人，乃至土耳其人，直到1840年桑吉巴獲得控制權。1895年它處於英國管轄之下，1907年以前一直是英國東非保護國的首府。現爲肯亞最大海港和第二大城市，也是主要的農產品市場。人口約600,000（1991）。

moment ➠ torque

momentum　動量　質點的質量與它的速度的乘積。牛頓第二運動定律（參閱Newton's laws of motion闡明，動量的變化率與作用在質點上的力成正比。愛因斯坦指出當質點的速度接近光速時，它的質量會增加。在經典力學所處理的速度下，速度對質量的影響可以忽略，動量的改變只是由速度的改變引起的。如果一個恆定的力在一個質點上作用一段時間，那麼力與這段時間間隔的乘積，即衝量，就等於動量的改變。對於剛體來說，它的動量是體內每個質點的動量之和。亦請參閱angular momentum。

Mommsen, (Christian Matthias) Theodor＊　蒙森（西元1817～1903年）　德國歷史學家、作家。在學習法律之後，他到義大利作研究，在那裡他成爲研究和解釋碑銘的銘文專家。1848年他在萊比錫成爲法學教授，但他很快因爲參與自由政治運動而被解職；後來在蘇黎世大學、布雷斯勞大學和柏林大學任職。他一生關心政治，因其名著《羅馬史》（4卷，1854～1856，1885）而聲名顯赫。他編輯了《拉丁銘文集成》（始於1863年），這是一部拉丁銘文的全集，這些銘文很大大的推進了對古代生活的理解。他的《羅馬憲法》（3卷，1871～1888）代表了羅馬法的第一次法典編纂。他的一生學術作品頗豐，出版物近千種。1902年獲諾貝爾文學獎。

Mon＊　孟人　被認爲源自中國西部，現在居住在緬甸東部三角洲和泰國中西部地區的人。他們在現在的居住地已經1,200年了，曾將其文字（巴利文）、宗教（佛教）帶到緬甸。水稻和柚木是他們最重要的農產品。今天孟人人數超過110萬。亦請參閱Dvaravati、Mon kingdom。

Mon-Khmer languages＊　孟－高棉諸語言　南亞諸語言大約130種語言組成的語族，爲南亞和東南亞大約8,000萬人所使用。越南語的使用者遠遠多於其他南亞諸語言使用者的總和。其他有很多使用者的語言如越南北部大約100萬人使用的芒語，高棉語，80萬人使用的庫阿語，緬甸南部和泰國部分地區80萬人使用的孟語。在所有的孟－高棉諸語言中，只有孟語、高棉語和越南語在19世紀以前有書寫傳統。《古孟語》已經確證寫於7世紀，是關於南亞起源的手稿，後來緬甸人進行了改編（參閱Mon kingdom和Indic writing systems）。孟－高棉諸語言的典型語音特徵是大量的母音，母音發音簡單而不是帶呼吸聲的嘰嘰嘎嘎的表達，並且缺乏聲調差異。

Mon kingdom　孟王國　孟人在西元9～11世紀、13～16世紀和18世紀中葉短期內建於緬甸的強大王國。825年建立其首都直通城和勃固城。孟王國後被蒲甘王國打敗，當蒲甘王國被入侵的蒙古人滅亡後（1287），孟人重獲獨立，並控制他們原來的擁有的國土。1539年再遭失敗，18世紀中葉曾在勃固短暫復國，1575年被雍笈牙（參閱Alaungpaya dynasty）滅亡。亦請參閱Dvaravati。

Monaco＊　摩納哥　正式名稱爲摩納哥公國（Principality of Monaco）。地中海沿岸近法－義邊界的獨立君主國。面積約1.9平方公里。人口約31,800（2001）。居民大多是法國公民，有少數義大利人。只有約15%爲摩納哥後裔。語言：法語（官方語）。宗教：天主教。貨幣：法郎（F）。該地區史前時代便有人居住，主要有腓尼基人、希臘人、迦太基人和羅馬人。1191年熱那亞人占據此地；1297年起格里馬爾迪家族開始其長期統治。除1524～1641年間受西班牙的保護外，格里馬爾迪家族一直與法國結盟。1793年摩納哥被法國吞併，拿破崙垮台後，格里馬爾迪家族又回到摩納哥。1815年受薩丁尼亞保護。根據1861年的協定摩納哥將芒通和羅克布呂訥兩城鎮割讓給法國，摩納哥同時獲得獨立。摩納哥是歐洲最豪華的觀光勝地，特別是蒙地卡羅的賭博中心、國際賽車比賽和海灘。現今統治者雷尼爾三世於1997年慶祝格里馬爾迪家族統治摩納哥七百年。

Monaco, Lorenzo ➠ Lorenzo Monaco

monarch butterfly　王蝶　或稱大斑蝶。鱗翅目斑蝶科一種爲人們熟知的蝶。學名爲Danaus plexippus，世界性分布，但主要在北美至南美。是鱗翅類唯一眞正遷徙的蝴蝶。秋季，成千上萬的北美的王蝶向南遷移越冬，旅程有時超過2,900公里（約1,800哩）。次年春北返時，沿途停下產卵隨即死去。卵孵化成熟後，新的一代繼續向北旅行。成蝶翅紅褐色，翅脈黑色，翅緣黑色中綴兩列白色斑點。以獨特的色彩向天敵表示其味道不佳。其他種類以生物色現象的擬態來保護自己。

monarchy　君主制　由一人獨享的主權或由一人統治，此人終身是國家的元首。該詞現指世襲君主制的國家。君主是16～17世紀新興民族國家的精神領袖；雖然英國很早就有議會制約君主權力，但是君主的權力往往是傾向專制主義的。君主在他統轄得範圍內代表了上帝對一切事物統治，這一陳腐的觀點在17世紀君權神授的學說（參閱divine kingship）影響下達到巔峰，如路易十八世。君主專制順應了啓蒙運動的潮流，演變成「開明專制君主」，典型的如俄國的凱薩琳二世。法國大革命給予至上君權以決定性的打擊，第一次世界大戰則有力的摧毀了剩餘的君主政體，俄國、德國和奧匈帝國的統治者都應對這場戰爭以及戰後的痛苦承擔責任。

monarchy, constitutional ➠ constitutional monarchy

monastery　修道院　某一修會（尤其是基督教會）的地方組織或住所。基督教修道院起源於中東和希臘，從隱居者的茅屋街區發展而來。修牆是爲了防禦，修士的住所依牆而建，留出中間的空間作爲教堂、禮拜堂、噴泉和餐廳。寺院是佛教修道院的早期類型，它由開放的庭院和周圍開放的單人小屋組成，庭院和單人小屋通過出入門廊相連。寺院起初修建用於在雨季爲僧侶提供蔽身處，但當小型窣堵波和佛像被安放在庭院中央之後，寺院就展現出神聖的特徵。在印度西部，寺廟經常開鑿在岩石懸崖上。亦請參閱abbey。

monasticism　修行　制度化的宗教活動，參與者由誓言約束，度過祈禱、沈思或是善舉等修道行爲。修會的成員通常獨身，他們生活在由修士或修女組成的社區團體中，或是作爲修道隱士而遠離社會。最早的基督教團體建立在埃及的沙漠中，最著名的是4世紀隱居者埃及的聖安東尼。修道院制度在整個拜占庭帝國和西歐傳播。本篤會，6世紀的時候由努西亞的聖本篤創立，要求教徒進行適度的苦行，並建立了定期的膜拜儀式。整個中世紀，修道院制度不僅在傳播基督教的過程中，而且在保護和增加文獻、著作方面發揮了極其重要的作用。這一制度不時地發生變革，著名的如12世紀的西篤會，並且有托缽修會的建立，如道明會和方濟會。修行制度在東方的宗教中也很重要。在早期的印度（西元前200～西元600年），很多隱居者群居在一起（阿室羅摩），但是他們並不過嚴格組織的團體生活。耆那教可能是第一個存在有組織的修行生活的宗教，其修行的特徵爲極端的禁欲主義。佛教徒遵守一種適度的準則，以避免自我放任和自我禁欲兩個極端。

Monck, George＊　蒙克（西元1608～1670年）　受封爲阿爾伯馬爾公爵（Duke of Albemarle）。英國將軍。他在尼德蘭參加了荷蘭軍隊對西班牙人的作戰（1629～1638），在愛爾蘭鎮壓叛亂（1642～1643）。英國內戰時期，他在愛爾蘭和蘇格蘭作戰。後擔任蘇格蘭指揮官（1650）及蘇格蘭總督（1654）。在英荷戰爭中被任命爲海軍司令（1652），並指揮英國海軍獲勝。1660年他策動了斯圖亞特王朝的復辟，並因此被封爲阿爾伯馬爾公爵。

Mond, Ludwig　蒙德（西元1839～1909年）　德國裔英國化學家、實業家。1862年他移居英國。改進了製備碳酸鈉（蘇打粉）的索爾維方法，改良了一種從礦石中提煉鎳的方法。他是重要的化工企業布倫納－蒙德公司和蒙德鎳公司的創立者。

Mondale, Walter F(rederick)　孟岱爾（西元1928年～）　美國政治人物。他從事法律工作，並在明尼蘇達州民主農工黨中表現活躍，1948年參與韓福瑞競選美國參議員的活動。1960～1964年，擔任明尼蘇達州首席檢察官。1964～1976年在美國參議院工作。1976年成爲卡特的競選伙伴當選副總統。1984年獲民主黨總統候選人提名，但最後敗給了雷根。他重執律師業，曾擔任美國駐日本大使（1993～1996）。

Monde, Le＊　世界報　發行於巴黎的日報，世界上最重要及最受尊重的報紙之一。世界報作爲一個脫離政府和私人援助的獨立機構，創建於1944年，當時德國軍隊剛剛撤離巴黎。從一開始就致力於深度報導國內和國際新聞，很快便因其獨立性和報導的準確性贏得了聲譽。雖然它通常與左派聯合，但是作者們可以闡述他們各自的觀點，這就使該報並無統一的政策建議和一致的意識形態。

Mondino de' Luzzi＊ 蒙迪諾（西元1270?～1326?年） 拉丁語作Mundinus。義大利醫生、解剖學家。他將被拋棄多個世紀的解剖學的教學體系重新引入了醫學課程，並在公開的演講中進行解剖示範。所著《解剖學》（手稿1316年，第一次印刷1478年）在維薩里的著作發表前一直是權威課本。雖然這部書無獨創性地盲從了加倫的觀點，在一些內臟器官的描述上有不準確的地方，但它仍爲解剖學知識的傳播開創了新紀元。

Mondrian, Piet＊ 蒙德里安（西元1872～1944年） 原名Pieter Cornelis Mondriaan。荷蘭畫家。其父爲一所喀爾文教會小學的校長。在父親的堅持下，他拿了一個學位，但其後立即開始學習繪畫課程。1893年首批作品展出，這些作品承襲了荷蘭風景畫和靜物畫的主流趨勢。後來他與傳統決裂，成爲風格派的代表人物。1920年左右發表的《論新造型主義》表達了他的成熟風格，即基於直線、直角、三原色和白、灰、黑之間最簡單的協調組合（如《黃色和藍色的構圖》，1929），以純粹客觀的眼光來看待現實。此後的二十年裡他的繪畫一直有新造型主義的風格，直到他逃離戰亂的巴黎，先去了倫敦，1940年來到紐約。城市生活脈動和美國音樂的新節奏激發了他的靈感，他放棄了簡樸冷峻的構圖風格，代之以一系列小方塊和矩形，聯結成了斑斕的垂直和水平直線的有節奏的流動。他後期的傑作（如《百老匯布吉－伍吉》，1942～1943）就表達了這一活潑的新風格。他的成就對20世紀的藝術、建築和圖形設計產生了深遠的影響。

moneran ➠ bacteria、procaryote

Monet, Claude＊ 莫內（西元1840～1926年） 法國印象派風景畫家。早年在勒哈佛爾度過，在那裡，他的老師布丹教他如何在開闊的環境下作畫。遷往巴黎後，他同別的一些年輕畫家建立起了終生的友誼，包括雷諾瓦、西斯萊和塞尚，他們都成爲主要的印象派畫家。1874年首次印象派畫展中，展出莫內早期的油畫作品《印象：日出》，他領導的印象派因此得名。他天生不安定，曾在法國（主要在阿讓特伊）、英國、威尼斯、荷蘭和別的一些地方作畫。在他成熟期的畫作中，莫內展現了他從不同的側面觀察同一個事物得到的不同效果，並通過畫布的色彩明暗和他的興趣變化來表現事物。這些系列作品包括《乾草堆》（1891）和《盧昂大教堂》（1894），兩者都是標明日期的畫作，通常被放在一起展出。他在他吉維尼的家中修建了睡蓮池，並因此激發了他的創作靈感，畫出了《睡蓮》系列。他的作品具有國際影響，而他也被認爲是印象主義的代表人物。

monetarism 貨幣主義 經濟學中的一個學派，主張貨幣供給是經濟活動的主要決定因素。弗里德曼和他的同伴們認爲貨幣主義是一種宏觀經濟理論和政策，與先前占主導地位的凱因斯學派（參閱Keynes, John Maynard）大不相同。他們的理論在1970年代和1980年代早期影響深遠。貨幣主義認爲貨幣儲備的變化會對生產、就業和價格水準造成直接影響，雖然其影響的時期很長、情況也不穩定。貨幣主義者的基本提議是不提倡傾向於「貨幣政策」的經濟政策。弗里德曼和其他學者認爲諸如稅收政策的變化或增加政府支出等貨幣政策無法對經濟週期造成很好的作用。政府干預經濟的活動應當限制在一定範圍內，因爲經濟自身的調節會在政府政策生效前起到自動調節的作用。他們還認爲，貨幣供應的逐漸穩步提升是經濟在低通貨狀況下穩定成長的最佳保證。美國在1980年代的經濟活動對貨幣主義產生了懷疑，而新的銀行存款方式的出現使貨幣主義難以計算實際的貨幣供給。

monetary policy 貨幣政策 政府爲影響經濟活動所採取的措施，尤指控制貨幣供給以及利率的各項措施。通常貨幣與財政政策二者的目標都是達到或維持充分就業，達到或維持高經濟成長率，和穩定工資和物價。貨幣政策屬於國家中央銀行的職權範圍。執行貨幣政策的責任單位，在美國是聯邦準備系統，所使用的手段有三種：公開市場操作、貼現率和準備金要求。第二次世界大戰後的時期內，經濟學家達到一致意見，長遠角度看來，貨幣供應速度太快會造成通貨膨脹。亦請參閱monetarism。

money 貨幣 一種人們普遍接受作爲經濟交換手段的商品。它能表示價格和價值；它在人與人、國與國之間流通從而便利貿易。歷史上，很多商品曾被用作貨幣，包括貝殼、小珠、石板、牲畜等，但自17世紀起，最普通的形式是硬幣、紙幣和記帳。標準的經濟理論認爲，貨幣有四種明顯的功能：用以作爲交換媒介，在商品交換和服務中普遍爲人們所接受；用作衡量價值、記帳單位、實行價格制度、計算成本、利潤和虧損的一般標準；用作延期付款、放款和日後交易的計算單位；用作財富的儲存，是將不即時花費的收入保持下來的方便方法。金屬，特別是金和銀，用作貨幣至少有4,000年歷史，作爲金屬貨幣流通的標準鑄幣也有2,600年的歷史。18世紀末和19世紀初，銀行開始發行可換回金銀的紙幣，成爲工業經濟中主要的貨幣。第一次世界大戰中和自1930年代開始的大蕭條時期，許多國家放棄金本位制。對多數個人來說，貨幣包括鑄幣、紙幣和銀行存款。就經濟來說，總的貨幣供給比個人擁有貨幣金額定總和要大幾倍，這是因爲存在金融機構的存款中大部分被貸放出去，這就是加大貨幣總供應量好幾倍。亦請參閱soft money。

money, quantity theory of 貨幣數量說 關於物價水平變化和貨幣數量變化關係的經濟理論。發展後的貨幣數量說，就是通貨膨脹和通貨緊縮基本因素的分析。經過17世紀英國哲學家洛克、18世紀蘇格蘭哲學家休姆等人所發展的貨幣數量說，是反對重商主義者的有力武器。他們指責重商主義者混淆和等同了財富和貨幣兩種不同的概念。貨幣數量說認爲，如果一國積累貨幣只是提高了物價，則重商主義者孜孜以求的貿易「順差」就會增加貨幣供給，卻不會增加財富。貨幣數量說在自由貿易戰勝保護主義中起過作用；19與20世紀期間對經濟週期分析和外匯率理論都有過有益的影響。

money market 金融市場 以便利短期貨幣借貸爲目的的一整套機構、規章及做法。因此，金融市場不同於有關中長期信貸的資本市場。金融市場的貨幣涵義不限於銀行券（紙幣）而是包括經過短期通知即可變爲現金的一系列資產，如政府短期證券和匯票。雖然各國的金融市場的具體事宜和運作方式有所不同，但其基本功能都是讓手中有短期資金的人可以出借，而需要信貸的人可以借到款項。這一功能通常由一個需要抽取利潤的仲介人來完成。在大多數國家裡，政府在金融市場中扮演一個重要的角色，同時作爲借出者和借入者存在，並常常利用其手中的權力來頒布貨幣政策以影響貨幣供給和銀行利率。美國的金融市場有許多金融工具，從匯票和政府證券到票據交換所和存款單的資金。此外，聯邦準備系統還直接向銀行提供大量的短期信貸。國際金融市場則調節國家之間的借出、借入和貨幣交換等活動。

money order 匯票 亦稱匯款單。要求匯票簽發者見票立即支付一定金額貨幣給予匯票所指定的某人或某組織的憑證。匯款爲小額貨幣傳遞提供一條安全、迅速和方便的途徑。匯票由政府主管機關（通常爲郵局）、銀行和其他符合條件的機構對其買主簽發，買主則付給簽發人以匯票的票面金額和手續費。由於它能被用於支付指定量的貨幣，因而已成爲普遍樂意接受的支付工具。在1882年開始辦理匯票業務的美國運通公司是最大的非貨幣發行行，其匯票在全世界各地得以應用。亦請參閱currency。

money supply　貨幣供給　指個人及銀行持有的流動資產。貨幣供給包括硬幣、通貨與活期存款。有些經濟學家認爲定期及儲蓄存款是貨幣供給的組成部分，因爲這些存款能受政府行動的控制，且包括在總的經濟活動之中，這些存款的流動性與通貨及活期存款差不多。另有一些經濟學家認爲互助儲蓄銀行、儲蓄與放款協會和信貸協會的存款應當算作貨幣供給的一部分。中央銀行負責調節貨幣供給來穩定國家經濟。亦請參閱monetary policy。

Möngke*　蒙哥（西元1208～1259年）　成吉思汗（元太祖）之孫，忽必烈（元世祖）之兄。蒙哥於1251年被推舉爲大汗。在他的領導之下，蒙古人征服了伊朗、伊拉克、敘利亞和南詔的傣族王國，以及今日的越南地區。蒙哥在蒙古人快要完全征服中國之前去世，而由忽必烈領導，征服了中國。

Mongkut*　蒙庫（西元1804～1868年）　亦稱Phrachomklao或拉瑪四世（Rama IV）。暹羅國王（1851～1868年在位）。他是拉瑪二世的第四十三個孩子，在繼承王位前是一名佛教的和尚和學者。由他改革後的佛教成爲了達瑪育教派，至今仍爲泰國佛教的主流。蒙庫在學識上的追求使他與西方的思想有了接觸。作爲國王，他與西方各國開展自由貿易，以開明的思想和靈活的政策來保證暹羅作爲一個獨立的主權國存在。他家中所雇傭的一名英國女家教的回憶錄成爲了音樂劇《國王與我》的藍本。

Mongo　芒戈人　生活在非洲赤道森林中的使用芒戈語或恩孔多方言的幾個部落的人。芒戈人在傳統上種植木薯和香蕉，同時也打獵、捕魚和採集野生植物。他們的宗教強調祖先崇拜和自然的神靈，也相信魔法和巫術。他們的藝術多爲口頭流傳的，有豐富的擊鼓和歌唱的遊戲文化。芒戈人的人口正因出生率的降低而呈下降趨勢。

Mongol　蒙古人　居住在亞洲蒙古高原的使用共同語言的種族，有遊牧傳統，靠放牧綿羊、牛、山羊和馬生活。在10至12世紀，契丹人（參閱Liao dynasty）、女真人和韃靼人都是蒙古人，他們共同統治蒙古大國，但其勢力在13世紀時在成吉思汗和他的兒子（包括窩闊台）和孫子們（包括拔都和忽必烈）的領導下才達到顛峰狀態，成爲當時世界上最強大的國家之一。它在14世紀開始迅速沒落，中國受明朝統治，而金帳汗國則由莫斯科大公國侵占。明朝的侵略使蒙古的統一被粉碎，到了15、16世紀，蒙古只是一個鬆散的聯邦了。今天的蒙古高原被分爲蒙古共和國和中國統治下的內蒙古地區。其餘的蒙古人則住在西伯利亞。藏傳佛教是蒙古地區的主要宗教。亦請參閱khan、To-wang。

Mongol dynasty　蒙古王朝 ➠ Yuan dynasty

Mongolia　蒙古　亦稱外蒙古（Outer Mongolia）。亞洲中北部內陸國家，介於俄羅斯與中國之間。面積1,566,500平方公里。人口約2,435,000（2001）。首都：烏蘭巴托。全國約4/5人口爲蒙古人，其餘少數人口包括哈薩克人、俄羅斯人和中國人。語言：喀爾喀蒙古語、突厥諸語言、俄語、漢語。宗教：佛教密宗（喇嘛教）占96%，伊斯蘭教。貨幣：圖格里克（Tug）。蒙古全境平均海拔約1,580公尺，三條山脈——阿爾泰山脈、杭愛山脈、肯特山脈——延伸至北部和

西部，南部和東部是戈壁荒漠。牲畜飼養約占農業生產總值的70%，特別是飼養羊；小麥爲主要穀物。豐富的礦產資源包括煤、鐵礦石和錫。政府形式爲共和國，一院制。國家元首爲總統，政府首腦是總理。早在新石器時代，蒙古即有三五成群的獵人和游牧民居住。西元前3世紀期間成爲匈奴帝國的中心，西元4～10世紀突厥人占統治地位。13世紀初期，成吉思汗（元太祖）統一蒙古各部族，並征服了中亞。其繼承人窩闊台（元太宗）於1234年征服中國的金朝。1279年忽必烈（元世祖）在中國建立元朝。14世紀以後，明朝將蒙古的活動範圍局限於他們自己原來的乾草原家鄉。林丹汗（1604～1634年在位）統一蒙古部族以對抗滿族，他死後，蒙古成爲中國清朝的一部分。1644年內蒙古併入中國。1912年滿清王朝垮台，蒙古王公在沙俄支持下宣布蒙古脫離中國獨立，1921年在蘇聯部隊的幫助下趕走了中國人。1924年成立蒙古人民共和國，1946年中國承認其政權。1922年通過新憲法，並將國名確定爲蒙古。

Mongolian languages　蒙古諸語言　歐亞大陸中部500～700萬人所使用阿爾泰諸語言的約八種語言。所有的蒙古語言關係都很密切，它們的使用者們離開了蒙古的中心地帶，最早的分支偏差最大。最偏的語言是蒙古語，現有在阿富汗西部的不到兩百名使用者。稍正統一些的有位於中國西北部、青海東部和臨近的甘肅及內蒙古地區的幾個少數民族使用的語言，總人數在50萬人以下。中心語言是在蒙古共和國境內最常用的語言和周邊的一些方言，是現代蒙古諸語言的標準。蒙古諸語言的中心使用人群在傳統上將古典蒙古語作爲他們的文學語言，通常是借自維吾爾語（參閱Turkic languages）的垂直字母寫成。現代蒙古語仍採用這種書寫方式，直到1946年蒙古人民共和國引用一種改進的西里爾字母爲止。在1990年代的政治民主化後，舊的書寫方式又再度使用。在內蒙古，這一書寫方式則一直保持不變。

Mongoloid　蒙古地理人種 ➠ race

mongoose　獴　靈貓科15屬40種以上小型食肉動物的統稱，分布於非洲、亞洲和歐洲南部。吉卜林的著名的「里基－提基－塔維」是隻印度獴（即灰獴）。獴的體長17～90公分不等，不包括15～30公分長的多毛尾巴。獴形小，腿短，

鼻尖，耳小。大多數種爲晝行性，毛灰至褐色，通常爲灰白色或夾雜淡灰色斑點。居於地穴，有些獨棲或成對，有的則成大群生活；以小獸、鳥類、爬蟲類、卵爲食，偶食果實。少數種爲半水棲。有些獴能殺死毒蛇，能快速度而靈活地衝向蛇頭，用力一口咬碎蛇的顱骨。亦請參閱meerkat。

monism＊　一元論　在形上學中，主張世界在本質上就是單一實體或者只包含一種實體的學說。一元論是二元論和多元論的對立。一元論的範例包括唯物主義、泛神論以及形上學的觀念論。亦請參閱Spinoza, Benedict de。

monitor　淺水重炮艦　一種裝甲艦，其設計的初衷在於在美國南北戰爭期間在淺水的海灣和江河中封鎖美利堅邦聯。最初的裝甲艦由艾利克生設計，名爲「莫尼特號」。它的設計特點是水線以上的暴露部分非常少，有一個很厚的甲板和船身以及一個旋轉炮塔。1862年那場沒有得出結果的莫尼特號和梅里馬克號之戰「莫尼特號」和「梅里馬克號」之間的對抗是裝甲艦的第一次對抗。「莫尼特號」的適航性很差，同年在哈特拉斯角的大風中沈沒。但美國海軍在戰爭中重新設計了不少改良後的淺水重炮艦。英國的海軍直到第二次世界大戰時還保留許多淺水重炮艦。

Monitor and Merrimack, Battle of　莫尼特號和梅里馬克號之戰（西元1862年3年9日）　美國南北戰爭中發生在維吉尼亞漢普頓錨地的一次海戰。原爲一艘常規快速軍艦的「梅里馬克號」被聯盟撈起改裝爲一艘戰艦，改名爲「維吉尼亞號」。它在遇見聯邦的「莫尼特號」之前曾數次擊沈聯邦的戰艦。在四小時的激戰後，雙方各有損傷，但都認爲自己獲勝了。兩艘戰艦都在1862年後被摧毀，「維吉尼亞號」是由於其船員要避免被俘的危險，而「莫尼特號」則在一場風暴中沈沒。

monitor lizard　巨蜥　蜥蜴亞目巨蜥科巨蜥屬爬蟲類通稱，約30種。產於東半球的熱帶和亞熱帶地區。頭、頸和尾部均較長，身體笨重，四肢發達。最小的體長爲20公分，但有幾種（如科莫多龍）則體大而長。產於東南亞的圓鼻巨蜥體長達2.7公尺；澳大利亞的巨蜥體長達2.4公尺。所謂無耳巨蜥爲稀有種類，產於婆羅洲，爲擬毒蜥科僅有的一種，體長40公尺。

monk ➠ monasticism

Monk, Meredith (Jane)　孟克（西元1942年～）　生於祕魯的美國作曲家。在紐約和康乃狄克長大，就讀於勞倫斯學院。她很快地在1968年成立第一個團體「屋子」，在《果汁》（1969）這類挑戰類別的作品中，結合舞蹈、電影、戲劇以及其他元素，以探索廣大的歌唱技法（其中有許多是從研習其他文化而獲得）。身爲表演藝術中的獨創性的創作者，她仍然相當獨特，難以歸類。

Monk, Thelonious (Sphere)　瑟隆尼斯孟克（西元1917～1982年）　原名Thelious Junior Monk。美國鋼琴家、作曲家和現代爵士樂首創者和最富影響的音樂家。在紐約市長大。他曾在1940～1943年間在紐約「明頓表演室」擔任鋼琴師，在那裡，咆哮樂的和諧樂章得到了發展。他在發行唱片之前曾同霍金斯、威廉斯和迪吉葛雷斯比同台演出，並在1947年開始以個人名義演出。他富有個性的帶打擊樂的表演，常常使用在爵士樂中不常見的尖銳的不和諧音和不連貫的節奏。他最著名的作品「午夜前後」已經成了爵士樂的標準。

monkey　猴　兩種熱帶類人猿亞目的靈長類族群：舊大陸猴（狹鼻猴）和新大陸猴（闊鼻猴）。幾乎所有的種都屬熱帶和亞熱帶，且都是陸棲。主要樹棲，移行時以四肢交替飛盪。它們可坐直及可站立。多數種可在樹枝上奔跑而不像類人猿那樣利用四肢擺盪來移動。猴子是高度社會性雜食動物，約數百個個體組成部族，由一隻老雄猴領導。性成熟後，所有種的雄猴任何時候均具性能力，雌猴則每月有規則經期。多數種一胎產一仔，由母猴撫育數年。

monkey puzzle tree　猴謎樹　南洋杉科常綠喬木，學名爲*Araucaria araucana*。可供觀賞和材用，原產南美安地斯山脈。株高達45公尺，直徑1.5公尺。葉堅硬、重疊、頂端針狀，在堅挺的枝上螺旋排列，形成一纏結多刺的網，阻止動物攀緣。諾福克島松爲其近緣種。

monkfish　扁鯊類　扁鯊科扁鯊屬10～12種鯊的統稱。頭與體扁平，具寬闊似翼的胸鰭和腹鰭，形似魟。尾部有2背鰭，尾鰭發達。眼位於頭頂部，兩眼後面凸出，體長達2.5公尺。它們遍布全世界熱帶大陸棚暖水區。扁鯊常被歐洲和地中海沿岸居民捕作食用。

Monmouth, Duke of＊　蒙茅斯公爵（西元1649～1685年）　原名James Fitzroy或James Crofts。後稱James Scott。英國軍事領導人，英王查理二世的私生子，隨其母在巴黎生活。他在1662年作爲國王的愛子被帶到英國，成爲了蒙茅斯公爵。他與蘇格蘭伯爵女繼承人安妮·司各脫結婚，並採用了她的姓氏。他從1668年起擔任國王的衛兵，1679年在英荷戰爭中作爲軍隊司令對抗蘇格蘭反叛者。但在麥酒店密謀案失敗後，他在1684年流亡荷蘭。在查理二世去世後，他回到英國反抗詹姆斯二世的統治，在他的農民軍隊被打敗後，他被捕砍頭。

蒙茅斯公爵，油畫，據維辛（W. Wissing）之作品於1683年左右複製；現藏倫敦國立肖像畫陳列館
By courtesy of the National Portrait Gallery, London

Monnet, Jean＊　莫內（西元1888～1979年）　法國政治家和外交家。在1925年成爲一家投資銀行的合作伙伴之前經營家族的白蘭地生意。他在第二次世界大戰期間是一個法英經濟委員會的主席，並提議成立一家法英聯合會。他在1947年提倡建立了成功的莫內計畫以重建法國經濟並使之現代化。1950年，他同舒曼一同提議建立歐洲經濟共同體的前身歐洲煤鋼聯營，並擔任了其第一任主席（1952～1955）。他還是歐洲合衆國行動委員會的籌建者和主席（1955～1975）。

monocot ➠ cotyledon、flowering plant

Monod, Jacques (Lucien)＊　莫諾（西元1910～1976年）　法國生物化學家。他同雅各布一起提出了信使核糖核酸（mRAN）的存在，並在理論上闡明是信使核糖核酸將編碼在鹼基序列上的遺傳訊息帶到核糖體，在此翻譯成氨基酸序列。他們還發現存在有稱爲操縱子的基因集團，並認爲這能影響信使核糖核酸的合成從而調節其他基因的功能。1965年二人與利沃夫（1902～1994）共獲諾貝爾化學獎。

monody＊　單旋律獨唱曲　17世紀早期帶伴奏的獨唱歌曲。它是代表了反對16世紀對位形式的牧歌和經文歌的一種音樂形式，並試圖通過仿傚古希臘的音樂來達到希臘歌詞裡的幾乎完美的表達方式。這一形式最終使旋律和伴奏有了明顯的區別，並和早期數字低音（參閱continuo）的出現偶合。最早的單旋律獨唱曲歌曲錄在1602年由卡契尼出版發行。亦請參閱opera、recitative。

monogram　交織字母　原由一個字母構成的花押字，後演變成由兩個或兩個以上的字母交織組成一個圖形或標記的字。這樣交織起來的字母可以是一個名字的全部字母，也可以是一個名字或姓氏的首字母，用於便箋、封口或別的一些地方。在古希臘和羅馬的許多錢幣上都有統治者或某一市鎮的交織字母。最有名的交織字母是由希臘文XPIΣTOΣ一詞（意爲基督）中的頭兩個字母組成，通常採取的形式是在其兩側分別畫上〈啓示錄〉中的α和ω。在中世紀，神職藝術方面和商業用途上的交織字母用途很廣。與此相關的圖案是出版商和印刷商用以標明其印製品的出版商標，金銀匠的金銀純度印記和各公司的標誌。

monomer＊　單體　能與其他相同分子或者其他化合物分子反應而組成十分大的分子（聚合物）的任何一類分子（大多數是有機化合物）。單體分子的基本特性是至少能與兩個其他單體分子形成化學鍵的能力（多功能性）。那些能與兩個其他分子反應的只能形成鏈狀聚合物；能與三個以上分子反應的則能形成交叉連接的網狀聚合物。單體（以及它們的聚合物）的例子有苯乙烯（聚苯乙烯）、乙烯（聚乙烯）以及氨基酸（蛋白質）。

Monongahela River＊　莫農加希拉河　源出美國西維吉尼亞北部的河流。通過摩根敦後進入賓夕法尼亞州，在匹茲堡匯入阿利根尼河，成爲俄亥俄河主要河源，全長206公里。上游主要用來水力發電。通過封鎖河道而通航，通航河段171公里，爲重要的駁船運輸線。

mononuclear phagocyte system ➠ reticuloendothelial system

mononucleosis, infectious＊　單核白血球增多症　亦稱腺熱（glandular fever）。艾普斯坦－巴爾二氏病毒引起的人類常見傳染病。主要發病年齡爲十～三十五歲，但低齡兒童受感染後症狀輕微或沒有什麼症狀且產生免疫。本病主要通過口的接觸，交換唾液的方式來傳播，故俗稱「接吻病」。傳染性單核細胞增多症通常可持續七～十四天。最常見的症狀是不適、咽喉痛、發燒和淋巴結腫大。肝臟受累較爲普遍，但嚴重肝臟損害者罕見。病患通常有脾臟腫大，偶有因脾破裂至死的病例。較少見的症狀爲皮疹、肺炎、腦炎（有時可致死）、腦膜炎和周圍神經炎。復發和第二次感染者少見。可能需由驗血來診斷，本病尚無特殊療法。

monophony＊　單聲部音樂　指用單一的、無伴隨旋律寫成的音樂作品，通常包括由低沈的鼓聲作出的曲子。在與西方複調音樂接觸以前，世界上的多數民間音樂都是單聲部音樂。

Monophysite heresy＊　基督一性論派　強調基督是具有一神性（意思是只有一種神性的性質）的，而非半人半神的合成體。基督一性論派在5世紀時出現，雖然在451年被卡爾西頓會議譴責爲異端，但它受到拜占庭皇帝，如：查士丁二世、狄奧多拉和芝諾的寬容，在東西方之間建立了羽翼豐滿的教派。幾個有名的基督一性論派教會包括了建於6世紀的科普特正教會。

monopolistic competition　獨占競爭　可能有許多獨立的買者與賣者，出現競爭不完全的市場狀況。這一理論幾乎同時由張伯林和羅賓遜分別在各自的著作《獨占競爭理論》（1933）及《不完全競爭經濟學》（1933）中論述。它假想了由產品的差異而引起的賣者之間各自的獨占競爭。亦請參閱monopoly、oligopoly。

monopoly　獨占；壟斷　一項產品或服務的供給者對市場進行排他式的占有，以致沒有其他替代者。在缺乏競爭的情境下，供給者爲了追求最大的利潤，通常會限制產量並抬高價格。純粹的壟斷概念，通常只見於理論上的討論，在現實世界則極少發生。在某些情況下，若供給者超過一個則可能會降低效率（例如電力、瓦斯、自來水），經濟學家則稱之爲「自然壟斷」（參閱public utility）。若要形成壟斷，就必須對競爭廠商的進入設置障礙，如果是自然壟斷，則是由政府來設置障礙；不論是地方政府自己經營提供服務，或是授權私人企業特許經營再加以規範。在某些情況下，設置障礙會使用較有效率的專利權；在其他情況，排除競爭對手的障礙則會採用「技術」手段。大規模、整合性的企業運作，可以增加效率、降低成本，如果因爲成本降低而使得產品售價降低，則不僅廠商獲利，消費者也能蒙受其惠。但很多情況下，設置障礙通常造成廠商的反競爭行爲，因此大多數的自由企業經濟體，都會制定法律以免企業壟斷造成消費者權益受損。美國的反托拉斯法是這種防止壟斷立法的最古老範例；公用事業法因爲是附屬於自然壟斷，是英國習慣法的衍生產物。對於妨礙競爭的兼併或購併，反托拉斯法都明文禁止。但這裡最大的問題是，消費者會因爲企業更有效率而得到好處，或是會因爲企業低成本高售價而受到懲罰。亦請參閱oligopoly。

monopsony＊　買者獨占　在經濟理論中，指只有一個買者的市場狀況。純粹買者獨占的事例如：在一個孤立城鎮裡僅有一家公司，它是勞動力的唯一買者，因此可以比在競爭條件下較低的工資支付工人。儘管純粹買者獨占的事例甚少，但在賣者很多、買者很少的地方，買者獨占的因素就會出現。

monorail　單軌鐵路　在軌道車上面或下面設立的單軌的電軌道。第一條單軌鐵路在20世紀早期，大約是1901年在德國的烏珀塔爾投入使用。短程的單軌鐵路曾在東京和西雅圖修建，但由於其成本高，速度比普通火車慢，因此未能得到廣泛應用。利用磁懸浮的高速單軌鐵路工具已被研究多年。

monosaccharide＊　單醣　組成碳水化合物的單糖類統稱。單醣按其分子中碳原子的數目分類：丙糖含3個碳原子，丁糖4個、戊糖5個、己糖6個、庚糖7個。碳原子與氫原子（-H）、羥基（-OH；參閱functional group）和羰基（-C=O）結合，其組成方式、次序和構型容許多種的立體異構體（參閱isomer）存在。戊糖包括木糖（見於木材中）、阿拉伯糖（見於毬果植物的樹膠中）、核糖（組成核糖核酸及某些維生素）（維他命）及去氧核糖（組成去氧核糖核酸）。重要的己糖爲葡萄糖、半乳糖和果糖。單醣間互相結合或與官能團結合形成雙醣、多醣和其他碳水化合物。

monosodium glutamate (MSG)　穀氨酸鈉；味精　用來加強某些食物自然風味的白色結晶狀物質，爲一種穀氨酸的鈉鹽。它能調出一種不同於普通的四種味道的滋味，最初從海藻中提煉，在1908年首次在日本使用，現已成爲中國和日本烹調中不可缺少的重要調味料。大量使用味精可能會引起物理反應，包括通常被稱爲「中國餐館症候群」的過敏反應。

monotheism＊　一神論　認爲只存在一個神的信仰。它同多神論相區別。最早的一神論起源自西元前14世紀的埃及易克納唐統治時期。一神論是猶太教、基督教和伊斯蘭教的特點，它們都將上帝當作是世界的唯一創造者，並且是仁慈和神聖的最高慈善者管理和插手於人類的活動。猶太教中的一神論起源於古以色列，它將雅赫維作爲唯一的崇拜物件，並拒絕任何別的種族和國家的神，且完全不承認其存在。伊斯蘭教清楚地指出只有一個永恆的、無可比擬的神，而基督教則認爲上帝是唯一的，體現在三人合一的神聖三位一體中。

monotreme＊　單孔類　單孔目3種卵生哺乳動物的通稱，包括：鴨嘴獸和兩種針鼴。單孔類僅見於澳大利亞、塔斯馬尼亞和新幾內亞。除產卵外，它們有哺乳動物的特徵，如乳腺、被毛和完整的膈。它們缺少乳頭，乳汁順毛流下，供幼獸舔食。在澳大利亞發現的最早的單孔類化石僅約兩百萬年前，與現存種沒有區別。單孔類可能起源於哺乳動物的爬蟲類動物的一支，與衍生出其他哺乳動物（如胎盤哺乳動物和有袋類動物）的爬蟲類支系不同。

monotype　獨幅版畫　亦作monoprint。是一種版畫製作技術，因其獨特的材料而很昂貴。它使用墨水或油墨在玻璃或一片金屬、石頭上作畫，然後用手壓抹或者施行蝕刻法印刷在紙張上。印過後，版上殘餘的顏料通常不敷再印，除非再重複作同樣的畫。但重新上色和複印不可避免會同原件產生差異。在19世紀，布雷克和竇加曾用此畫法作畫。

Monro family　門羅家族　蘇格蘭醫師家族。該家族的三代人使愛丁堡大學成爲國際著名醫學教育中心，在愛丁堡主講解剖學達126年（1720～1846），其間未曾中斷。父、子、孫皆名亞歷山大，而以第一、第二和第三區分。亞歷山大第一（1697～1767）愛丁堡大學講授解剖學和外科學：其解剖學準備十分出色，儘管不是外科醫生，他並曾就外科儀器和外科敷藥方面提出許多新的意見。其子亞歷山大第二（1733～1817）在學醫第二年開始授課，三個人中他是最偉大的教師和解剖家，其研究範圍還包括病理學和生理學。亞歷山大第三（1773～1859）十分依賴前面二者流傳下來的筆記。

Monroe, Bill　門羅（西元1911～1996年）　原名William Smith。美國歌手、曲作家、曼陀林琴演奏者和藍草音樂的創始人。1927年開始職業演出，後同其兄弟查理一同巡迴演出。1936年錄製了第一張唱片，在接下來的兩年時間內錄製了六十首歌。1939年組建了「藍草男孩」樂隊，他的藍草音樂在1945年班卓琴師史古吉和吉他手弗萊特加入後成名。「藍草男孩」樂隊成了經典的藍草音樂樂器班子——曼陀林琴、小提琴、吉他、班卓琴和豎琴，並將其樂隊名發揚成了這一音樂流派的名字。門羅直到去世前不久都仍活躍在舞台上。

Monroe, Harriet　門羅（西元1860～1936年）　美國主編。她是芝加哥人，曾在該城的各家報紙擔任藝術和戲劇評論員，私下則進行詩歌和戲劇的編寫。1912年創辦《詩》雜誌，得到了一些富豪的資助，並邀請許多詩人參與創作。門羅開放的思想和編輯政策以及對當時詩歌改革重要性的認識使她成爲了詩歌發展史上富有影響力的人物。

Monroe, James　門羅（西元1758～1831年）　美國第五任總統（1817～1825）。曾在美國革命中作戰，並同傑佛遜學習法律。曾任國會議員（1783～1786）、參議員（1790～1794），反對華盛頓政府。儘管如此，他仍成爲了美國派往法國的公使（1794～1796），並使法國人對美國政策的理解產生誤導作用，因此被召回。1799～1802年間擔任維吉尼亞總督，1803年促使傑佛遜派他前往法國協商路易斯安那購地（1803），然後被任命爲英國公使（1803～1807）。1811年返回維吉尼亞，在任總督，但後辭職，改任美國國務卿（1811～1817）和陸軍部長（1814～1815）。他曾連任兩屆總統，在和睦時期統治美國。他監督米諾爾戰爭（1817～1818），並認爲佛羅里達是可以得到的（1819～1821），並簽定了密蘇里妥協案（1820）。他同亞當斯一起發展了美國的外交政策，後稱爲「門羅主義」。

門羅，油畫草稿，蘇利（E. O. Sully）據蘇利（Thomas Sully）之肖像畫於1836年複製；現藏費城獨立國家歷史公園

By courtesy of the Independence National Historical Park Collection, Philadelphia

Monroe, Marilyn　瑪麗蓮夢露（西元1926～1962年）　原名Norma Jean Mortenson。美國電影女演員。度過沒有愛的童年，少女時期經歷了一段短暫的婚姻。在爲一攝影師的模特兒後，於1948年首次在銀幕上演出。後又陸續參加《柏油叢林》（1950）和《彗星美人》（1950）中次要角色的演出。在喜劇《紳士愛美人》（1953）、《願嫁金龜婿》（1953）和《七年之癢》（1955）中扮演性感的角色，使她成爲金髮女郎的性感象徵。於演員工作室研習後，在較嚴肅的影片中演出，包括了《巴士站》（1956）、《熱情如火》（1959）和《亂點鴛鴦譜》（1961）。她的私生活受到廣泛宣傳，包括和棒球明星迪馬喬和劇作家米勒的婚姻。後因服用過量安眠藥而死，死時年方三十六歲。

瑪麗蓮夢露

Brown Brothers

Monroe Doctrine　門羅主義　由美國總統門羅在1823年12月2日提出的外交政策。門羅擔心歐洲國家會試圖恢復西班牙以前的殖民地，於是宣布任何試圖控制西半球任何國家的歐洲勢力都將被視爲是對抗美國的行爲。這一政策在1845和1848年由波克重申，以抵制西班牙和英國在奧瑞岡、加利福尼亞或墨西哥的猶加敦半島建立立足點。1865年美國在格蘭德河糾結了軍隊支援法國從墨西哥撤軍的要求。1904年西奧多．羅斯福補充了「羅斯福推論」，聲稱美國任何對拉丁美洲的敵對行爲多有權作爲內務來干涉。隨著美國成爲世界強國後，門羅主義將西半球解釋成爲了美國的勢力範圍。亦請參閱Good Neighbor Policy。

Monrovia　蒙羅維亞　賴比瑞亞首都、港市，位於大西洋海岸。由美國殖民協會建立於1822年，作爲獲得自由的美國奴隸的居住區，並以門羅總統的名字命名。布什羅德島包括了蒙羅維亞的人工海港和自由港口，是西非唯一一個這樣的港口城市。它是賴比瑞亞最大的城市和行政、商業中心。許多城市建築在1990年開始的戰爭中被摧毀，包括許多之前

L M N

的農村人口在內越來越多的人在這場戰爭中成爲難民。它也是賴比瑞亞大學所在地。人口約962,000（1995）。

Monsarrat, Nicholas (John Turney)＊ 蒙薩拉特（西元1910～1979年） 英國小說家。他原本學習法律，在1940～1946年參加皇家海軍，主要在大西洋上執行危險的護航任務。他將他的經歷寫入了像《科維特號》（1942）和他最暢銷小說《殘酷的海》（1951）這樣的作品中，生動的描繪出戰爭時期的海上生活。他後期的作品包括《埃絲特·科斯特洛的故事》（1953）和《史密斯和瓊斯》（1963）。

monsoon 季風 季風是季節性轉向的風（每年大約六個月吹東北風，另六個月吹西南風）。最明顯的例子出現在非洲和南亞。主要原因是大陸和海洋上溫度差異。溫度的年變化在大陸上大，而在海洋上小。季風從寒冷的地方往溫暖的地方吹：夏季風從海洋吹向大陸，冬季風從大陸吹向海洋。大多數夏季季風會帶來大量雨水，冬季季風容易造成乾旱。

Mont, Allen Du ➠ Du Mont, Allen B.

Mont Blanc ➠ Blanc, Mont

Mont-Saint-Michel＊ 聖米歇爾山 法國東北部諾曼第和不列塔尼間的聖米歇爾灣海岸外的圓形岩石小島。唯有在漲潮時才是個島。島的四周圍有中世紀的城牆和高塔，山上有村落及僧侶眾多的古老大修道院。數世紀以來，這裡一直是朝聖中心、要塞和監獄。島上修道院教堂有莊嚴的11世紀羅馬式中殿和哥德式唱詩班席。哥德式修道院的圍牆兼有軍事要塞的雄偉和宗教建築的樸素。通往修道院的狹窄彎曲的街道兩側有旅館和旅遊商店，一些房屋建於15世紀。

montage＊ 蒙太奇 電影中把內容有關的個別膠片片段組接在一起構成一個段落的剪輯方法。它同拼貼不同，不只是單純地將現成的膠片按主題和內容分開。這一手法在廣告中很常用。照片蒙太奇只使用照片。在電影中，蒙太奇影片導演、剪輯師以及畫面和音響技師運用蒙太奇方法把影片的各個部分一段一段地剪輯起來，以造成某種視覺上的效果或聲音上的樣式。

Montagnais and Naskapi＊ 蒙塔格奈人與納斯卡皮人 北美洲東北部兩個游牧的印第安民族，操幾乎相同的阿爾岡昆方言，文化上也極相似。蒙塔格奈人傳統上居住在與聖羅倫斯灣北部沿岸平行的大片森林地帶，以樺樹皮棚屋爲住所，而以駝鹿、鮭魚、鰻魚及海豹爲生活資源。納斯卡皮人居住在更北部的拉布拉多草地及苔原，獵捕馴鹿，以鹿肉爲食，以鹿皮覆蓋棚屋；並以魚及其他小動物補食品之不足。兩個民族都在夏季使用獨木舟，冬季使用雪橇和雪鞋。宗教信仰主要是自然神，或者超自然力量；自然和動物的靈魂也很重要。最基本的社會單位是游牧的宗族。如今大約有11,000個蒙塔格奈人和1,000個納斯卡皮人。

Montagnard＊ 山嶽派 法國大革命期間國民公會的激進派議員集團。他們之所以稱爲山嶽派，是因爲他們在開會時坐在議會中較高的長凳（高山）上，俯視平原派的成員。山嶽派產生於1792年，最初是溫和的吉倫特派的反對派，後來同激進的雅各賓俱樂部和救國委員會關係密切。在熱月反動後，許多山嶽派都被判處死刑，從國會中清除出去，成爲了被稱爲「雞冠」的少數派。

Montagu, Lady Mary Wortley＊ 孟塔古夫人（西元1689～1762年） 原名Lady Mary Pierrepont。英國作家，是當時英國最多才多藝的女作家。她是一名多產的書信作家，著名的主要書信有五十二份，記錄了她在君士坦丁堡的生活，她的丈夫當時爲那裡的大使（1716～1718）。在他們返回英國時，他們將近東的天花疫苗接種法介紹到了英國。她同時還是一位詩人、散文家、女權主義者和行爲古怪的人，她是蓋伊和波普的朋友，但後來二人都轉而諷刺她。她的作品包括有六首模仿維吉爾所作「小鎮田園詩」；一篇對斯威夫特的抨擊（1743）；及關於女權主義和對當代的批評短文。

Montaigne, Michel (Eyquem) de＊ 蒙田（西元1533～1592年） 法國廷臣和作家。生於小貴族之家，蒙田受到優良的古典教育（六歲前一直講拉丁語），後來攻讀法律，並在波爾多議會擔任顧問。他在那裡遇到律師伯蒂埃，並與他建立不尋常的友誼；1563年伯蒂埃死後留下的空虛可能讓蒙田走上寫作之路。1571年他退居自己的城堡，進行他的《隨筆集》（1580、1588），這是思及許多題材的一系列短篇散文，形成最吸引人而最貼近人心的文學自畫像之一。深刻批判時代，同時涉及時代的掙扎，他致力於經由自我檢驗而理解，把這種自我檢驗發展爲對人類處境和眞實德行、自我接受、容忍的描述。雖然晚年大致在寫作中度過，他偶爾會擔任轄區及他處宗教衝突事件的調解人，也在1581～1585年混亂的時期擔任波爾多的市長。亦請參閱essay。

Montale, Eugenio＊ 蒙塔萊（西元1896～1981年） 義大利詩人、散文家、編輯和翻譯家。他在第一次世界大戰後開始從事文學活動，協同創辦了一本雜誌、爲別的雜誌撰寫文章，並在佛羅倫斯做圖書館館長。他的第一部詩集《烏賊骨》（1925）表達了他對戰後時期的悲觀失望。他在1930年代和1940年代贊同隱逸派，之後其作品變得含蓄而艱澀。他在《暴風雨和其他》（1956）以及後來的作品中展示了不斷提高的技巧、熱情和直率。他的故事和書稿被收錄在《迪納爾的蝴蝶》（1956）中。1975年獲諾貝爾文學獎。

Montalembert, Charles(-Forbes-René), comte (Count) de＊ 蒙塔朗貝爾伯爵（西元1810～1870年） 法國政治家和歷史學家。他首先作爲一名天主教雜誌的記者開始他的政治生涯，在七月王朝時期成爲自由的羅馬天主教領導人，在1835～1848年間是貴族院議員。他是自由民權和宗教權利的支持者，在1851年後反對拿破崙三世的政策。他寫了一些歷史作品，如：《天主教在19世紀的利益》（1852），《英國的政治前景》（1856）和《西方修士》（1863～1877）。

Montana 蒙大拿 美國西北部一州。面積380,847平方公里；首府赫勒拿。該州東爲大平原，西爲落磯山脈。該州的河流分別注入三個不同的流域：太平洋、墨西哥灣和哈得遜灣。當歐洲的定居者來到此地時，這裡的居民是各個印第安部落，包括了夏延人、黑腳人、內茲佩爾塞人和克勞人。蒙大拿州大部分地方是美國經由1803年路易斯安那購地取得。西部地區一直是有爭議的，直到1846年英國撤銷對該地區的主權。1804～1806路易斯和克拉克遠征曾來到蒙大拿探險。天主教的傳教士於1841年在今天的史蒂文斯維爾鎮附近建起聖瑪利亞教團，這是在蒙大拿的第一個永久性定居點。1860年代初這裡發現黃金；稍後開始放牧牛、羊，開始與印第安人間的艱苦戰爭，因他們的狩獵地遭到破壞。1864年設立蒙大拿準州。雖然美國的卡斯特的軍隊在1876年小大角河戰役被擊敗且遭殘殺，印第安人於1877年同意停戰並移居到保留地。1889年蒙大拿成爲聯邦第41州。1890年代發現大量銅礦，近一世紀以來，採礦業一直是該州重要的經濟支柱。現今，該州經濟最重視的是旅遊業。人口約902,195

（2000）。

Montana, Joe　蒙坦納（西元1956年～）　原名Joseph Clifford Montana, Jr.。美國美式足球四分衛，美式足球最偉大的球員之一。生於賓夕法尼亞州的紐伊格，大學時代打的是聖母大學。1979～1993年在舊金山四九人隊打球，帶領球隊奪得1982、1985、1989和1990四屆的超級杯。以生涯平均63.2的成功率，名列NFL傳球成功率最高的前幾名。他生涯的總傳球成功次數（3,409次）、傳球碼數（40,551碼）和傳球達陣次數（273次），都是名列前矛的記錄。在堪薩斯酋長隊結束美式足球的生涯（1993～1995）。

Montana, University of　蒙大拿大學　公立大學系統，主要設於密蘇拉。提供多種類的副學士、大學部、研究所及專科學位，最專長的學科是森林與新聞。1893年獲得特許成立，1895年開始建校。著名校友包括尤列等。現有學生人數約12,000人。

Montand, Yves＊　蒙頓（西元1921～1991年）　原名伊沃·利維（Ivo Livi）。法國（生於義大利）演員和歌唱家。他在馬賽長大，1940年代末受到歌唱家皮雅夫的資助。1951年與女演員仙諾（1921～1985）結婚。當他參演了《恐懼報酬》（1953）後，聲名鵲起。他在好萊塢同瑪麗蓮夢露共同出演了《讓我們戀愛吧》（1960），兩人的情事開始被公開。他後來的時間往返於法國和美國之間，後期作品包括《焦點新聞》（1969）、《弗洛雷特的尙》和《甘泉馬儂》（均拍攝於1987年）。他一生大部分時間都是一名左翼黨支持者，並作爲歌唱家在法國受到極大歡迎。

Montañés, Juan (de) Martínez＊　蒙塔涅斯（西元1568～1649年）　西班牙雕刻家。曾在格拉納達受教育，後在塞維爾建立工作室，對於風格主義向巴洛克寫實主義的過渡作出了重要貢獻。他以「木雕之神」聞名，在木雕方面技術精湛。他在五十年間的作品產出和影響力十分驚人。蒙塔涅斯精於木雕祭壇和飾金上色的祭壇雕像，雖然有寫實的痕跡，但十分理想化。他的作品不僅影響了當代西班牙和拉丁美洲的雕刻家和聖壇建築家，還影響了西班牙的畫師們。

Montanism＊　孟他努斯主義　西元156年由孟他努斯發起的基督教異教運動。孟他努斯在轉爲基督教教徒後進入迷幻狀態，並開始預言未來。有不少人追隨他加入了橫掃小亞細亞的這場運動。孟他努斯主義者們認爲聖靈通過孟他努斯傳遞音信，第二次降臨即將到來。小亞細亞的主教們將孟他努斯主義者逐出了教會（177?），但該運動仍在東方作爲一個獨立的教派繼續進行。它在迦太基也很流行，其最著名的皈依者是德爾圖良。它在5～6世紀時基本消亡，儘管它的一些痕跡在9世紀時仍能見到。

Montcalm (de Saint-Véran), Marquis de＊　蒙卡爾姆（西元1712～1759年）　原名Louis-Joseph de Montcalm-Grozon。法國軍事領導人。他在十二歲時加入了法國軍隊，並相繼在幾次歐洲衝突時作戰。他在1756年被任命爲法國駐北美軍隊司令，但他任職期間使法國失去了在加拿大的大多數軍事資源。他在奧斯威戈迫使英國軍隊退出他們的領地，並占領威廉亨利堡（1757）。在泰孔德羅加戰役中（1758），他擊退了15,000名英軍的進攻。他因此被晉升爲中將，在加拿大取得了軍事上的權威地位。1759年，英國渥爾夫將軍率8,500人進攻魁北克。在接下來的魁北克戰役中，蒙卡爾姆在英勇作戰後受重傷後死亡。

Monte Albán＊　阿爾班山　古代薩波特克人的文化中心遺址的最高山脊，位於墨西哥瓦哈卡州附近。該遺址約建於在西元前8世紀，西元250～700年達到鼎盛時期。包括大型的廣場、平頂金字塔、球場、地下過道和170餘座墳墓，是新大陸迄今爲止發現的最精緻的遺址。在最高峰發現的廣場有四個平台，南面的平台上有兩座廟宇。它在最後的存在時期有米斯特克人在此生活。

Monte Carlo　蒙地卡羅　摩納哥旅遊勝地，四個行政區之一。它位於尼斯北部的法國里維耶拉。1856年在查理三世的特許下興建賭場，並在1861年開業。該賭場周圍地區稱爲蒙地卡羅，是全世界富豪尋歡作樂之地。賭場在1967年由政府接管。人口15,000（1990）。

Monte Carlo method　蒙地卡羅法　解析數學問題的數值方法，樣本是極大集合的隨機子集合，幾乎對整個集合都做取樣。此法對函數的數值積分在許多方面是管用的，比起純決定論方法要有效。因爲此法基於隨機因素，乃以賭博勝地來命名。

Monte Cassino　蒙特卡西諾　本篤會教團主要的修道院，位於義大利中部的拉丁姆。這所修道院約在西元529年由努西亞的聖本篤所創立，並在德西德里烏斯（日後的教宗維克托三世）於1958～1987年擔任修道院長時達於巔峰。它的建築約在581年時毀於倫巴底人，883年毀於阿拉伯人，1349年毀於地震，1944年毀於第二次世界大戰的轟炸，但每次都獲得重建。這所修道院於1964年重新獲得祝聖。

Montego Bay＊　蒙特哥貝　牙買加京斯敦西北部海港。位於1494年哥倫布到達過的阿拉瓦克人村落的舊址上。一百五十年後被英國人驅逐的西班牙人摧毀了大部分原來的建築。它是牙買加最大的城市之一，也是商業中心和繁忙的港口。它因白色的沙灘而成爲著名的旅遊勝地。人口83,000（1991）。

Montenegro＊　蒙特內哥羅；黑山　塞爾維亞－克羅埃西亞語作Crna Gora。塞爾維亞與蒙特內哥羅的立憲共和國。面積：13,812平方公里。人口：約897,000（1997）。首都：波德戈里察。共和國的名字（意爲「黑山」）指的是洛夫琴山（1,749公尺），在古代爲亞得里亞海附近堅強的屏障。地理景觀從乾燥的丘陵到森林和肥沃的谷地。經濟以農業爲基礎，特別是畜養綿羊和山羊及種植穀物。人口大多爲蒙特內哥羅人，信奉東正教；還有不少穆斯林和少數阿爾巴尼亞人。在羅馬帝國統治下，該地區是伊利里亞行省的一部分。7世紀時斯拉夫人來此定居，12世紀晚期與塞爾維亞帝國合併。1389年土耳其人擊敗塞爾維亞後該地區重獲獨立（參閱Kosovo, Battle of）。常與土耳其人和阿爾巴尼亞人發生戰爭，1711年開始於俄羅斯人結盟。在1912～1913年間的巴爾幹戰爭與巴爾幹國家聯合共同與土耳其人作戰。第一次世界大戰期間支持塞爾維亞。該國後被塞爾維亞合併；成爲塞爾維亞－克羅埃西亞－斯洛維尼亞王國的一部分（1929年起更名爲南斯拉夫）。第二次世界大戰期間被義大利占領，也是重要戰場。1946年新南斯拉夫的聯邦憲法使蒙特內哥羅成爲六個名義上的自治聯邦單位之一。1991年南斯拉夫瓦解後，蒙特內哥羅和塞爾維亞於1992年合組新的南斯拉夫聯邦共和國。1990年代晚期它開始尋求獨立。

Monterrey　蒙特雷　墨西哥北部新萊昂州首府。是墨西哥第四大城市，海拔538公尺。建於1579年，但在19世紀晚期前發展緩慢。1846年被美國將軍泰勒在墨西哥戰爭中占領。1882年修建了與德州的拉里多間的鐵路，1930年開始修建與美國之間的高速公路，帶動了大型熔煉業和重工業廠家的發展。該城還建有幾所高等學府。人口1,069,000

(1990)。

Montesquieu*　孟德斯鳩（西元1689～1755年）　原名C(harles)-L(ouis) de Secondat, baron de (La Brède et de)。法國啓蒙哲學家和諷刺家。生於貴族家庭，從1914年起開始在波爾多擔任公職。他的諷刺作品《波斯人信札》(1712)使他在文學上首次取得成功。從1726年起，他開始到處遊歷，研究社會和政治體制。他的巨著《法意》(1750)對歐洲和美國的政治思想產生了深刻的影響。書中提倡立法、司法和行政三權分立，並被美國的憲法編撰人所採用。其他作品還包括《羅馬盛衰原因論》(1734)。

Montessori, Maria*　蒙特梭利（西元1870～1952年）　義大利教育家。她曾取得醫學學位(1894)，並在一家醫院爲智障兒童工作，之後前往羅馬大學任教。1907年開辦了第一所兒童之家，在接下來的近四十年間遍遊歐洲、印度和美國，從事講演、寫作等工作，並成立蒙特梭利學校。今天，在美國和加拿大就有幾百所這樣的學校：它們的工作重點是學前教育，但也提供小學的六年基本教育。蒙特梭利體系認爲孩子們有創造潛力、學習的動力和受到個別教育的權利。它依靠教育來培養孩子手和眼的協調性、自我指導能力以及對數學和文學基礎知識的敏感度。

Monteverdi, Claudio (Giovanni Antonio)*　蒙特威爾第（西元1567～1643年）　義大利作曲家。他最早的九本牧歌集其中之一於1587年發行，三年後出版了第二本。他參觀了在曼圖亞的貢札加宮廷，他在下一本書(1592)中表現出對不協和音的靈活應用和對音樂與歌詞的良好調和能力。1599年成婚，定居曼圖亞。1600年因採用更加自由的不協和音而受到抨擊，他對此回答道，目前音樂有兩種「做法」，較嚴格的第一種做法是聖歌，而更具表達力的是第二種做法通俗音樂。他在1607年發表了他的第一部具有里程碑意義的歌劇《奧菲歐》，在1610年完成了他的巨作《晚禱》。他長期以來都嘗試要從曼圖亞搬走，但直到1612年方才實現，並在次年開始在威尼斯負責聖馬可教堂的音樂。在威尼斯的第一家歌劇院開業後，他寫了他最後的三部歌劇，包括《尤里西斯返鄉》(1640)和著名的《波皮亞的加冕》(1643)。蒙特威爾第是第一位偉大的巴洛克音樂家，也是將新的風格融合到一起來創作出第一部融合神聖與世俗的巴洛克巨作的改革家。

Montevideo*　蒙特維多　烏拉圭港市及首都，位於拉布拉他河河口北岸。爲反對葡萄牙人從巴西進一步侵略這個地區，西班牙人於1726年設立該鎮。1807～1830年間相繼被英國、西班牙、阿根廷、葡萄牙和巴西的力量控制。它在1830年成爲新獨立的烏拉圭的首都。它是南美主要海港之一，也是烏拉圭的商業、政治和文化中心，烏拉圭僅有的兩所的高等學府共和國大學和烏拉圭特拉巴納大學也設於該地。人口1,379,000(1996)。

Montez, Lola*　蒙蒂茲（西元1818～1861年）　原名Marie Eliza Gilbert。愛爾蘭女探險家和舞蹈家，因是巴伐利亞國王路德維希一世的情婦而聲名狼藉。她在西班牙學習了幾次舞蹈課後，開始在歐洲遊歷，在演出單上註明自己是西班牙舞蹈家。1846年在慕尼黑時成爲了路德維希一世的情婦，並影響他支持自由主義和反耶穌會者的政策。她對國王的影響在1848年激起了政府中的反抗，使她被迫逃走，國王則被逼退位。在後來的巡迴演出後，她最終在紐約定居。

Montezuma II　蒙提祖馬二世（西元1466～1520年）　亦作Moctezuma II。墨西哥阿茲特克人第九代皇帝。1502年從叔父手中繼承了一個有五、六百萬人民的國家，大致在今天的墨西哥和尼加拉瓜之間。阿茲特克人相信先知所說的與西班牙政征服者科爾特斯的形象很貼近的神靈魁札爾科亞特爾的返回，並因此導致了蒙提祖馬二世的垮台。科爾特斯同想要擺脫阿茲特克人統治的部落達成了聯盟，將蒙提祖馬二世監禁在特諾奇蒂特蘭，他在此期間去世。

Montezuma Castle National Monument　蒙提祖馬堡國家保護區　亞利桑那州中部的保護區，位於弗德河谷，面積341公頃。在1906年被宣布爲國家保護區，是該國保存最完好的前哥倫布時期普韋布洛印第安人的懸崖住所。該「城堡」有五層樓高，是包括二十個房間的磚坯結構，約建於1100年，位於懸崖的正面，距谷底約24公尺。在其東北部是蒙提祖馬井，是周圍公社社區的一個污水池。

Montfort, Simon de*　孟福爾（西元1165?～1218年）　阿爾比派十字軍的法國領袖。1209年起開始帶領一支十字軍反抗清潔派異端，在占領法國南部後成爲了該地總督。第四次拉特蘭會議將土魯斯授予他(1215)，但土魯斯伯爵雷蒙六世拒絕接受失敗，孟福爾在包圍該城時被殺。他的長子將法國南部土地退還給了法國國王路易八世。

Montfort, Simon de　孟福爾（西元1208?～1265年）　受封爲列斯特伯爵(Earl of Leicester)。西蒙・德・孟福爾第二個兒子，他放棄孟福爾在法國的土地，但爲使家族復興要求取得英格蘭的列斯特伯爵領地。他同亨利三世的妹妹結婚(1238)，激怒了男爵們，導致他的暫時被流放。西蒙在前往聖地的十字軍東征(1240～1242)中表現出色，並參加了亨利對法國的失敗的進攻(1242)。1248年被派去平定加斯科涅公爵領地的叛亂，因其殘酷的政策而受到責難並被召回。他參加了別的男爵領導的逼迫亨利接受「牛津條例」的行動。當法王路易九世取消這一條約時，西蒙將亨利逮捕(1264)並召集了現代議會的前身(1265)。在被擊敗前曾統治了英國約有一年的時間，後被亨利的兒子愛德華所殺。

Montgolfier, Joseph-Michel and Jacques-Étienne*　蒙戈爾費埃兄弟（約瑟夫－米歇爾與雅克－艾蒂安）（西元1740～1810年；西元1745～1799年）　法國熱氣球（參閱balloon）發明人。兄弟倆發現了將熱空氣收集在一個輕袋子裡可以使袋子飛起來，於是他們在1783年對他們的發現做了實驗，將一個氣球升高到1,000公尺的高空，並在那裡飄盪了十分鐘。那一年後，他們將一隻綿羊、一隻鴨子和一隻鵝當作乘客送上了高空，接著他們作了第一次載人飛行。

Montgomery　蒙哥馬利　美國阿拉巴馬州城市及州首府。史前時代便有印第安人居住，1715年法國人在今蒙哥馬利河口建立了土魯斯要塞。該城建於1819年，以理查・蒙哥馬利的名字命名：1847年成爲州首府。在1861年美國南北戰爭期間，曾是美利堅邦聯首府，1865年被聯邦軍占領。蒙哥馬利也是美國民權運動的中心，是著名的金恩發起的抗議地點。它位於伯明罕東南部，是該農業區的商業中心，從事棉花和牲畜交易以及肥料生產。它是阿拉巴馬州立大學和其他幾個學院的所在地。人口約196,000(1996)。

Montgomery, Bernard Law　蒙哥馬利（西元1887～1976年）　受封爲蒙哥馬利子爵(Viscount Montgomery (of Alamein, of Hindhead))。英國第二次世界大戰時期的將軍。在桑德赫斯特的皇家軍事學院受教育，在第一次世界大戰中表現突出，並留任軍官，以幹練和堅強著稱。他在第二次世界大戰中帶領英國軍隊參加北非戰役，迫使德國軍隊在阿拉曼戰役（1942）後退出埃及。他指揮盟軍部隊進攻西西里和義大利（1943），並參加了諾曼第登陸，帶領英國和加拿大聯軍通過法國北部進入德國北部境內。他很快地被晉陞爲陸軍元帥，成爲帝國總參謀長（1946～1948），後成爲北大西洋公約組織副司令（1951～1958）。他是一名謹慎、徹底的戰略家，常常激怒聯軍中別的指揮官，包括艾森豪，但他對完全戰備的堅持使他在軍隊中始終受到歡迎。

Montgomery, L(ucy) M(aud)　蒙哥馬利（西元1874～1942年）　加拿大小說家。她在以小說《清秀佳人》（1908）贏得世界性的成功以前是一名教師和記者。這是一個關於一名勇敢的孤兒的感傷小說，取材於作者自己小時的經歷和她在愛德華王子島上的農村生活與風俗。接下來的六本續集從安妮的少女時期寫到她爲人母，但都不太成功。她還寫作了別的系列青年小說、幾本故事集和兩本成人小說。

Montgomery, Wes　蒙哥馬利（西元1923～1968年）　原名John Leslie。美國吉他演奏家，現代爵士樂中影響力最大的吉他即興演奏家。早期主要的靈感來源是克里斯琴。1948～1950年屬於漢普頓樂團的成員，而後與其兄弟合組小型樂團。雖然他在1960年代獲得商業性的成功，使得他採用伴奏的管絃樂團，但他最好的錄音作品則屬於1959年後小型樂團的精心之作。他用姆指而非弦撥這種不依常規的技法，使得他能夠在獨奏中經常使用八度音階與和弦。

Montgomery Ward & Co.　蒙哥馬利・華德公司　美國零售公司。1872年由華德（1844～1913）成立於芝加哥，他將批發來的商品直接零售給農場主，並在全世界首次提出郵購型錄，承諾退款的服務。該公司在1926年成立了第一家零售店，到1930年，其零售業績已經超過了型錄訂購的業績。1968年與美國貨櫃公司合併，成立了一家名爲馬可有限公司的控股公司。1976年馬可有限公司與美孚公司合併，但在1988年又被賣出，再度成爲獨立的公司。它在1985年結束了其郵購業務，在1997年作好防止破產的準備後重新開始運作。該公司在2000年12月宣布將停止營業。亦請參閱direct-mail marketing、Sears, Roebuck and Co.。

Montherlant, Henry(-Marie-Joseph-Millon) de＊　蒙泰朗（西元1896～1972年）　法國小說家與劇作家。生於貴族家庭，其作品文體簡明，反映出自我中心和專制的人格。他創作的主要作品是四部曲（1936～1939），翻譯後名爲《少女們》，描述一名放蕩的小說家和仰慕他的女受害人間的關係；其最優秀的戲劇作品包括《馬拉泰斯塔》（1946），《羅亞爾港修道院》（1954）和《內戰》（1965）。

Monticello＊　蒙提薩羅　美國傑佛遜總統住宅，位於維吉尼亞州夏洛茨維爾附近。由傑佛遜自己設計修建（1768～1809）。是美國早期古典復興主義的代表建築之一。傑佛遜借助英國的圖案書作出建築平面圖；建築的正面受帕拉弟奧作品的影響。建築完工後，建成一幢三層樓的磚－框架的建築，內有三十五間不同風格的房間。上有八角形圓屋頂；屋頂邊沿圍繞著欄杆。

Montmorency, Anne, duc de＊　蒙莫朗西公爵（西元1493～1567年）　法國軍人和法蘭西陸軍統帥。名從教母布列塔尼的安娜王后，是法蘭西斯一世、亨利二世和查理九世三朝身經百戰的重臣。多次參加義大利北部和法國南部反對神聖羅馬帝國皇帝查理五世的戰爭和反對胡格諾派的戰爭。1529年參與議定法國與查理五世之間的康布雷條約。1538年被任命爲法國陸軍統帥。1551年封公爵及貴族。後在聖但尼戰役中受傷，兩天後死去。

Montpelier＊　蒙皮立　美國佛蒙特州城市和州首府。以法國城市蒙彼利埃命名。控制格林山脈的主要山口，1781年獲麻薩諸塞州和西佛蒙特的經營者的批准建鎮。1805年成爲州首府，使其他城市如伯靈頓成爲首府的希望落空。除了提供州政府的各項服務外，該市的經濟以金融服務和當地的滑雪業爲基礎。是諾威奇大學分校佛蒙特學院的所在地，也是海軍名將杜威的出生地。人口約8,000（1996）。

Montpellier＊　蒙彼利埃　法國南部城市，位於地中海沿岸附近。建於8世紀，後來受亞拉岡和馬霍卡國王的統治。10世紀時發展爲進口香料的貿易點，1141年取得特許狀。14世紀時主權回到法國手中，成爲胡格諾派的據點，直到1622年被路易十三世占領。隨後成爲朗格多克地區的主要行政中心。城市裡的醫學院和法學院歷史都可以追溯到12世紀，蒙彼利埃大學建立於1220年。該城市現爲旅遊中心，其工業包括食品加工和電子業。名勝古蹟有法國最古老的植物園（1593年成立）和14世紀修建的哥德式大教堂。人口：都會區237,000（1990）。

Montreal＊　蒙特婁　加拿大東南部城市。約占蒙特婁島面積的1/3，近渥太華河和聖羅倫斯河匯合處。都會區包括了蒙特婁和其他島嶼，及聖羅倫斯灣兩岸。該市建於蒙特婁山坡地上，這也是該市名稱的由來。蒙特婁同時通行英語和法語，亦是法裔加拿大人的工業和文化中心。1535年法國探險家卡蒂埃來到前這裡是休倫人的霍舍拉加定居地。法國人在1642年建立第一個歐洲居民點，名爲蒙特婁的瑪麗城。18世紀上半期以毛皮貿易爲基礎而迅速殖民地化，該城市也迅速擴張。1760年降於英國勢力，與整個新法蘭西於1763年成爲英屬北美帝國的一部分。1844～1849年爲加拿大的首都。爲加拿大內陸和海洋運輸的重要港口，是該國第二大城市及重要文化中心，市內有一座包含了戲劇、音樂廳和博物館綜合建築體。市內的教育機構有麥吉爾大學和康科迪亞大學等英語系大學，及蒙特婁大學和魁北克大學蒙特婁分校等法語系大學。人口：都會區3,327,000（1996）。

Montreal, University of　蒙特婁大學　加拿大法語教學的公立大學。1878年創設，提供藝術與科學、教育、法律、醫學、神學、建築、社會工作、犯罪學等領域的課程。另受贊助設立的機構有多族群學院及高等商業研究學院。現有學生人數約50,000人。

Montreux＊　蒙特勒　瑞士西部的療養地，位於日內瓦湖的東岸。1962年由勒沙特拉爾、萊普朗什和韋托三個村莊合併而成。附近附近13世紀的希隆城堡因拜倫的詩〈希隆的囚徒〉而出名。人口20,000（1990）。

Montreux Convention＊　蒙特勒公約　1936年關於達達尼爾海峽的公約。爲了回應土耳其要求再加強這個地區的防禦工事，「洛桑條約」的簽訂者和相關人士在瑞士的蒙特勒市會面，同意將這個區域交付土耳其軍事管制。公約准許土耳其在此地發生戰爭時封鎖海峽，不讓任何軍艦通過，而商船則准予免費通過。亦請參閱Straits Question。

Montrose, Marquess of＊　蒙特羅斯侯爵（西元1612～1650年）　James Graham。英國內戰時期的蘇格蘭將領。曾服役於誓約派軍隊侵入英國北部（1640），但一直是保皇主義者。1644年被查理一世任命爲蘇格蘭軍事長官，帶領由高地人和愛爾蘭人組成的保皇隊伍在蘇格蘭的許多戰役中取得勝利。1645年查理受挫後，蒙特羅斯逃到歐洲大陸。1650年帶領1,200人的隊伍回到蘇格蘭，但戰敗被俘，後被處以絞刑。

Montserrat 蒙塞拉特 西印度群島島嶼，英國屬地，位於加勒比海東部，面積102平方公里；長18公里，寬11公里。1493年哥倫布來此並為其命名，1632年成為英國和愛爾蘭的殖民地。法國後來曾短暫控制這裡，但1783年控制權又歸英國所有。該島殖民地經濟以棉花和甘蔗種植園為基礎，勞力來自非洲奴隸。1871～1956年為背風群島殖民地的一部分，1958～1962年屬西印度聯邦。1989年受颶風侵襲後重建，1996年活火山蘇弗里耶爾山爆發導致該島南半部全部撤出，其首府普里茅斯亦被放棄。至1998年，近2/3的人口遷離該島。人口約11,000（1995）。

Monty Python('s Flying Circus) 蒙狄皮頌（的飛行馬戲團） 英國喜劇團。這個創新團體成軍於1960年代早期，1970年代首先是在電視上，而後在電影中，開始引人注目。大部分成員都是在就讀劍橋大學時認識，包括查普曼（1941～1989）、克里斯（他是這個劇團大部分的小喜劇和電影的共同作者），以及瓊斯（1942～）、吉力安（1940～）、伊德（1943～）和帕林（1943～）。這個劇團模仿名人接受訪問加以諷刺，以及讓荒謬的角色盛裝登場的作法，讓國際間的觀眾既感驚訝、又深受娛樂。他們演出的電影有《蒙狄皮頌與聖杯》（1975）和《蒙狄皮頌的布來恩生活》（1979）。

Monumentum Ancyranum＊ 安卡拉銘文（西元14年之後） 在安卡拉（今土耳其的安卡拉）的羅馬和奧古斯都神殿牆上所刻的拉丁文和希臘文的銘文。銘文內容為「奧古斯都大帝偉業傳」，體現其統治時期的政績。這一銘文為奧古斯都本人所撰，並要求在自己羅馬的陵墓石柱上刻上這段銘文。原文現已失傳，安卡拉複製品是其眾多銘文中的兩份。

monzonite＊ 二長岩 含大量且近於等量的斜長石和鉀長石的火成岩，還含有其他礦物。在典型地區義大利蒂羅爾的蒙松尼，與典型地區類似的岩石，產於挪威、美國蒙大拿州、俄羅斯太平洋沿岸的薩哈林島以及世界其他各地。二長岩並不是罕見的岩石類型，但一般呈小規模、非均質的岩體出現，與閃長岩、輝石岩或輝長岩共生。

mood 語氣 亦作mode。語法上的一個範疇，反映說話者對一個事件的眞實性、確切性或急迫性的看法。語氣通常以特別的動詞形式表明（動詞變形），包括用於事實或中性情況的陳述語氣（如"You did your work"〔你做你的作業〕）；用於傳達命令或要求的祈使語氣（如"Do your work"〔做你的作業〕）；和虛擬語氣。虛擬語氣的功能很多，可以表示懷疑、可能性、必要性、願望或者將來的時間。在英語中通常指和現實相反的情況（如"If he were to work here, he would have to learn to be punctual"〔如果他要在這裡工作，他得學會準時〕）。

Moody, Dwight L(yman) 穆地（西元1837～1899年） 美國基督教佈道家。麻薩諸塞州東諾斯菲爾德，在農場長大。1856年加入福音派教會，1861～1873年為基督教青年會進行傳教工作。後來創立了穆地教堂，在貧民窟佈道，強調按詞意解釋《聖經》，宣傳基督將在千禧年復臨。1870年和讚美詩作家桑基（1840～1908）合作，開始在英國和美國進行巡迴佈道。穆地還建立了諾斯菲爾德學校（1879）和赫爾蒙山學校（1881）以及芝加哥聖經學院（1889，今名穆地聖經學院）。

moon 月球 地球唯一的天然衛星。運行軌道從西向東，平均距離為384,400公里。大小不及地球的1/3（赤道直

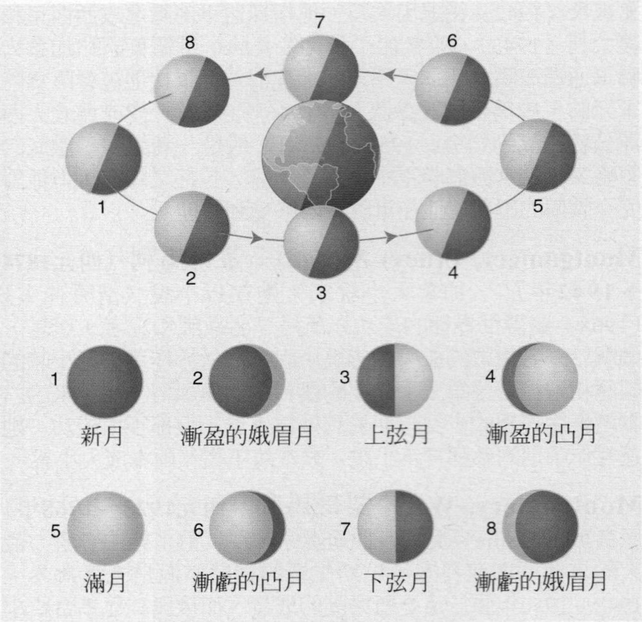

當月球繞著地球運轉，從地球所見發光的部份緩慢增加然後減小（盈虧）。週期約29.5天。
© 2002 MERRIAM-WEBSTER INC.

徑大約為3,476公里），質量約為地球的1/8，密度是地球的2/3。其表面重力大約是地球的1/6，是造成地球潮汐的主要原因。月球反射太陽光，但其返照率僅為7.3%。月球圍繞太陽公轉一圈大概需要29.5天，和圍繞地球運轉一圈的時間一樣，因此對著地球的一面總是不變。但隨著月球的自轉，這一面受太陽照射的角度不同，因此會出現一個月從新月到滿月的不同狀態。大多數天文學家認為，在太陽系早期的歷史中，當一個火星大小的星體撞擊了原地球，則被噴射到地球軌道的碎片雲集形成了月球。1609年伽利略首次發現地球以來，人類一直使用望遠鏡研究月球表面，在阿波羅計畫中月球上的岩石塊還被帶回地球。其主要影響力是來自微小隕石和隕石的撞擊。微小隕石將岩石碎片碾成細微的粉塵，而隕石則於歷史早期，大約在40億年前在月球表面形成分布廣闊的隕石坑。月海面積巨大，古代曾流動熔岩。1998年在月球兩極發現了有水結冰的跡象。一般來說，月球可以指任何圍繞恆星運轉的天然衛星。

Moon, Sun Myung 文鮮明（西元1920年～） 南韓宗教領袖。他深信自己是上帝派來接替耶穌基督的使者，1946年開始在北朝鮮鼓吹一種基於基督教但聯繫不十分緊密的新宗教。被北朝鮮當局拘捕後，一說越獄，一說獲釋，逃往南韓，1954年建立統一教，並創辦企業，成為百萬大亨。1973年將總部遷移到紐約州的塔里敦市後，他成為關於籌款方法，逃稅和教化信徒（通常稱為文氏子弟）的爭論焦點。1982年他因逃稅而判罪入獄十八個月，並罰款25,000美元。此後又被指控在其組織內進行性虐待。1990年代移居巴西，其教會購買了大片熱帶雨林，受到各方的批評。

Moore, Archie 摩爾（西元1913～1998年） 原名Archibald Lee Wright。美國拳擊手。1930年代開始職業拳擊生涯，最初一直很難取得進展，因為對手都認為他太可怕。1952年他擊敗馬克沁獲羽量級世界冠軍。衛冕一直到1962年他因未能接受對手約翰遜的挑戰而喪失冠軍稱號。從1936～1963年共參加比賽229場勝194場，其中141場直接擊倒對手取勝。後來成為電影演員和青年工作者。

Moore, Brian 摩爾（西元1921～1999年） 愛爾蘭裔加拿大小說家。1948年移民到加拿大，從1952年起為《蒙特

婁報》撰稿。以他的第一部小說《朱迪思·赫恩孤寂的情感》（1955，1987年拍成電影）最爲著名，描寫一個日漸衰老的老處女對往昔的高貴出身頗引以爲榮，對未來的上流地位又寄予希望，但都因酒精中毒化爲泡影。其後來的小說包括《金傑·科飛的運氣》（1960）、《冰淇淋皇帝》（1965）、《醫生之妻》和《魔術師之妻》（1998）。

Moore, Clement Clarke　摩爾（西元1779～1863年） 美國學者，由於他的一首歌謠而被人所銘記，歌謠首句是「在耶誕節的前夜」。1821～1850年間在紐約神學院教授東方文學和希臘文學。據說，1822年耶誕節，他爲了讓他的孩子們高興，創作了〈聖尼古拉來訪〉；但一個客人背著他抄下這首歌，把它送到報紙上發表。它最初於1823年12月23日匿名發表於特洛伊（紐約州）的《哨兵》雜誌。

Moore, Ely　摩爾（西元1798～1860年） 美國出版人。曾爲印刷工和新聞報紙編輯。1833年被選爲紐約市手工業工會聯合會首屆主席。後來當選爲全國工會聯合會主席，該聯合會後來和坦曼尼協會一起選舉摩爾進入美國眾議院（1835～1839）。在其任職期間，他提倡一天十小時工作制。後來繼續在新澤西州任《華倫日報》的編輯。

Moore, G(eorge) E(dward)　摩爾（西元1873～1958年） 英國哲學家。劍橋大學任研究員時（1898～1904），出版了其主要的論理學作品《倫理學原理》（1903）。摩爾是羅素的朋友，後成爲布倫斯伯里團體的主要成員。擔任《精神》雜誌的編輯（1921～1947）及在劍橋大學任教（1925～1939）。由於他認爲通過直接的理解可以認識「善」，所以人們稱他爲「倫理的直覺主義者」（參閱intuitionism）。他宣稱，爲了確定什麼是「善」而作的努力會造成一種自然主義謬誤。其著作包括《哲學研究》（1922）、《若干主要的哲學問題》（1953）和《哲學論文》（1959），這些都是清除黑格爾和康德對英國哲學的影響的重要著作。

Moore, Henry　摩爾（西元1898～1986年） 英國雕刻家和畫家。煤礦工人之子。在第一次世界大戰中受傷，復原後獲准進入皇家藝術學院學習。其早期作品受曾在巴黎的博物館所見的馬雅人雕刻影響很深。約從1931年起，他開始嘗試抽象藝術，將抽象形態和人體形態結合，有時乾脆不考慮人體形態。第二次世界大戰期間題材日漸稀少，他主要描繪倫敦地下防空洞裡的人群。受委託創作《聖母子》以及爲一個家族做雕塑改變了他抽象的風格，顯得更加人性化，奠定了他的國際聲譽。1950年代嘗試用青銅雕刻有棱角的站立人物。許多作品都有紀念意義，他本人也以一系列裸體雕塑聞名。他受委託而創作的作品主要有聯合國教科文組織巴黎總部的雕塑（1957～1958）、林肯表演藝術中心（1963～1965）和美國國家畫廊（1978）。

Moore, Marianne (Craig)　摩爾（西元1887～1972年） 美國女詩人。曾在布林瑪爾學院求學，後與其母移居紐約布魯克林。1919年後開始全心寫作，在許多雜誌上發表詩歌和評論。1925～1929年任影響很大的刊物《日晷》的編輯。其詩集包括《觀察》（1924）和《詩集》（1951；獲普立茲獎、博林根詩歌獎和國家圖書獎）。在其嚴謹的詩作中，她深入而準確地觀察客觀事物的細節，再從中提煉出富有眞知灼見的名言，尤其是觀察動物世界，通常以創新的詩節方式寫作。在《詩》（1921）中她呼籲詩歌要表現出「虛構的花園及存在其中的眞實蟾蜍」。摩爾後來十分迷人，她的斗篷和三角帽成爲輕快而文雅的標誌。

摩爾，攝於1957年
Photograph by Imogen Cunningham, c. 1978, 1994 Imogen Cunningham Trust

Moore, Mary Tyler　摩爾（西元1936年～） 美國電視與電影演員。生於紐約的布魯克林，曾學習舞蹈；在與他人聯合主演叫座的《范戴克秀》（1961～1966年，獲兩座艾美獎）之前，她在電視上是出現在商業廣告中，以及演出次要的角色。她在《瑪麗泰勒摩爾》（1970～1977，獲四座艾美獎）這部1970年代最受歡迎的情境喜劇中擔綱演出，並且取得更大的成功。演出的電影有《芸芸眾生》（1980）和《挑逗災難》（1996）。

Moore, Stanford　摩爾（西元1913～1982年） 美國生物化學家。1972年和安芬森（1916～1995）、斯坦因（1911～1980）因合作研究蛋白質的分子結構而共獲諾貝爾化學獎。他最出色的成就是應用色層分析法技術分析蛋白質和生物體液中的氨基酸和肽，並據此確定核糖核酸酶的結構。

Moore, Thomas　摩爾（西元1779～1852年） 愛爾蘭詩人、諷刺作家、作曲家和音樂家。摩爾畢業於三一學院，曾在倫敦學習法律，後來成爲拜倫和雪萊的朋友。主要作品《愛爾蘭歌曲集》（1807～1834）包括130首根據民歌音調創作的詩歌，如〈吟遊詩人男孩〉和〈夏日最後的玫瑰〉。摩爾爲倫敦貴族朗誦詩歌，激起他們對愛爾蘭民族主義的好感和支持。他的名聲可以和拜倫與司各脫媲美。其詩歌《拉拉·魯克》（1817）是首富有東方色彩的浪漫敘事詩，也是當時被翻譯得最多得詩歌。1824年受委託保管拜倫的論文集；出於保護拜倫的原因他將論文集都燒毀了。後來撰寫了拜倫和其他人的傳記以及《愛爾蘭史》（1827）。

moorhen　澤雞 亦稱普通水雞（common gallinule）。秧雞科具遷移性的鳥類，學名爲*Gallinula chloropus*，分布於歐洲、非洲和北美洲東部。澤雞體爲黑色，上有一紫紅的雞冠（頭上的肉質板）。產在北美的澤雞有時又稱爲佛羅里達水雞。

Moors　摩爾人 西班牙的穆斯林居民或阿拉伯人、西班牙人及柏柏爾人的混血後代。北非的穆斯林居民（拉丁語作mauri，即羅馬毛利塔尼亞的居民）8世紀時入侵西班牙，在伍麥葉王朝和阿爾摩拉維德王朝的統治下的哥多華、托萊多、格拉納達和塞維爾等城市創建了阿拉伯安達魯西亞文明。11世紀基督教徒再次奪回了阿方索六世統治下的西班牙；從那以後到1492年摩爾人最後失敗以及其後的一個世紀，許多摩爾人到北非避難並定居下來。亦請參閱Mudejar。

moose　駝鹿 鹿科最大的種，學名爲*Alces alces*。分布於北美洲和歐亞大陸，歐洲稱爲麋鹿。駝鹿腿長、頸下有垂肉、頸和尾短，被毛粗而蓬鬆，褐色。肩高1.5～2公尺，體重約820公斤。雄性的茸角大，呈掌狀，具突出的分叉，每年會脫落再長出。駝鹿常涉進森林邊緣的湖泊和溪流，食沈水的水生植物，還吃草類、樹皮等。平常獨棲，北美的駝

駝鹿
© Leonard Lee Rue III－Photo Researchers, Inc.

鹿在冬季常集成小群。駝鹿散佈在加拿大和美國北部的松林。它們已受法律保護，獵捕受嚴格控制以避免滅絕。亦請參閱wapiti。

Moose River　穆斯河　加拿大安大略省東北部河流。向東北流100多公里，注入詹姆斯灣。由馬特加米河和米西奈比河等河流匯成。

moraine＊　冰磧　冰川搬運或沈積的岩屑堆積體。冰磧物粒徑大至塊石、巨礫（常有磨光石與擦痕），小至砂和黏土，非成層沈積，無分選，無層理。根據冰川沈澱的方式，冰磧分爲不同類型；其中包括由堆積冰川邊緣的岩屑組成的側磧和在冰川之翼組成的壟狀堆積體終磧。

瑞士采爾馬特附近本寧山脈的戈爾諾冰川裡的冰磧
Jerome Wyckoff

moral psychology　道德心理學　研究人類道德感之心理發展之學科，也就是研究一個人自認應該如何行爲、思考、感覺才是好的、善的。美國心理學家柯爾堡提出假設，認爲人類道德標準的發展會經歷幾個階段。最早是前常規期的道德理性發展，兒童是以外在的、肉體的事件（快樂或痛苦）來作爲道德判斷的根據；他判斷標準的基礎十分簡單，就是避免處罰或享受快感。到了轉化期，也就是常規期的道德理性發展，兒童和青少年會將道德標準視爲維持或證明權威形象的方法，主要即是父母親，會根據他們的感知而行爲。到了第三階段，也就是後常規期的道德理性發展，成人有經過自己評價後的道德標準或原則，並據以接受成爲內在有效的標準，不管社會其他人的意見爲何。

Morales, Luis de＊　莫拉萊斯（西元1520?～1586年）　西班牙畫家。終生居住在巴達霍斯，偶爾因繪畫任務而外出。被看作西班牙最偉大的風格主義畫家，尤其以富有感情的宗教畫聞名。他常在畫板上做畫，描繪「戴荊冠的基督」、「哀悼基督」和「聖母子」之類的題材。他的繪畫受達文西和拉斐爾影響很深，畫中表現出西班牙16世紀時的執行極刑的細節和苦行主義的苦悶。

morality play　道德劇　歐洲15～16世紀的寓言戲劇。該戲劇的角色將道德品質（如慈悲或惡行）或抽象概念（死亡或年輕）擬人化。作爲當時戲劇的主要形式，是禮拜式戲劇邁向職業性世俗戲劇的一步。劇情往往較短，通常由半專業的演出團體演出，靠公衆支持。「普通人」（1495?）一劇指出每個人都要受到死神的召喚，最終走向墳墓，這被認爲是最偉大的道德劇作品。亦請參閱miracle play、mystery play。

Morandi, Giorgio＊　莫蘭迪（西元1890～1964年）　義大利油畫家和銅版畫家。他的首次作品展是和未來主義畫家們一起舉行的，他和形上繪畫的畫家關係密切，但卻不屬於任何流派。其作品中的瓶罐和盒子構圖簡練，布局巧妙，都要歸功於20世紀形式主義的發展。其冥思的方法讓其風景和靜物恬雅安祥，著色雅致。在波隆那美術學院任蝕刻銅版畫教師（1930～1956），對義大利版畫家影響深遠。

Morava River＊　摩拉瓦河　德語作March。捷克共和國東部河流。源自山間，向南流經365公里，在斯洛伐克的布拉迪斯拉發上方注入多瑙河。其下游流經捷克共和國和斯洛伐克之間，然後又流經斯洛伐克與奧地利。其名來自摩拉維亞，亦即其流經地區。

Morava River　摩拉瓦河　塞爾維亞與蒙特內哥羅塞爾維亞的河流。由南摩拉瓦河與西摩拉瓦河匯合而成，向北流入多瑙河，全長221公里。流域面積爲37,444平方公里，摩拉瓦河盆地面積幾乎和塞爾維亞一樣大。

Moravia＊　摩拉維亞　中歐一地區。與波希米亞、西里西亞和奧地利東北部爲鄰。摩拉瓦河流貫該地。西元前4世紀起有人居住。西元6～7世紀爲阿瓦爾人占據。後來斯拉夫人前來定居。9世紀時成爲大摩拉維亞王國的中心，包括了波希米亞和現在波蘭和匈牙利的部分地區。906年被馬札兒人摧毀。1526年開始由哈布斯堡王朝統治。1848年革命之後成爲奧地利王室領地，首都設在布爾諾。1918年併入捷克斯洛伐克成爲其一個新州。1938年德國人占領了摩拉維亞的部分地方；第二次世界大戰之後重回捷克斯洛伐克。1968年捷克社會主義共和國建立時，摩拉維亞是其一部分，1993年捷克共和國建立，摩拉維亞仍是在其領土範圍內。

Moravia, Alberto＊　莫拉維亞（西元1907～1990年）　原名Alberto Pincherle。義大利新聞記者、小說家及短篇故事作家。在杜林從事新聞記者工作，後來在倫敦做駐外記者。他的首部小說是《冷漠的人們》（1929），對中產階級的道德腐敗進行尖銳的寫實。其作品受到墨索里尼的法西斯黨的審查，被列入禁書目錄。後來他寫的重要小說很多都是關於社會疏離和無愛的性生活，包括《國教信徒》（1951，1971年拍成電影）、《兩名婦女》（1957，1961年拍成電影）和《空白的畫布》（1960）。其短篇故事集有《羅馬故事》（1954）和《羅馬故事新編》（1959）。他曾和小說家莫蘭泰（1918～1985）結婚。

Moravian Church　摩拉維亞教會　18世紀建立了新教教派。其前身是15世紀波希米亞和摩拉維亞一帶的胡斯派運動的弟兄聯盟。原本的弟兄聯盟活動因受到迫害而停止，但1722年在亨赫特復興，在薩克森建立了神權政治的社團。美國的摩拉維亞教徒建立了伯利恆（1740）和其他一些據點，並在印第安人中佈道傳教。摩拉維亞教徒任命主教，但卻接受選舉代表組成的議會管理；他們將《聖經》奉爲唯一的信仰和崇敬物件。

moray＊　海鱔　海鱔科80多種鰻類的統稱。分布於熱帶和亞熱帶海洋，生活於淺水，棲於岩礁間並隱在縫穴內。皮厚，光滑，無鱗。通常具鮮豔的體色或斑紋。一般無胸鰭。海鱔口大，牙堅利，適於捕捉及咬住獵物（主要是其他魚類）。當受侵擾時也會攻擊人類。海鱔體長一般不超過1.5公尺，但太平洋的長體海鱔可長至3.5公尺以上。某些地區人們食海鱔的肉，但其肉有時有毒，可引起疾病和死亡。

Gymnothorax funebris，海鱔的一種
Carleton Ray－Photo Researchers

Moray Firth＊　馬里灣　蘇格蘭東北部北海的海灣。向內陸延伸63公里，最寬處爲29公里。被布拉克島分隔成兩個較小的港灣，即克羅默蒂灣和因弗內斯灣；因弗內斯市也位於該地。

Mordecai＊　末底改　《舊約·以斯帖書》中，以斯帖的堂兄和守護者。末底改是個猶太人，曾經冒犯亞亞哈隨魯國王之首相哈曼。哈曼說服國王下令處決末底改，並殺害所有在波斯帝國境內的猶太人，但猶太人出身並受亞哈隨魯深愛的王妃以斯帖，請求國王改變心意，亞哈隨魯因而下令吊死哈曼，並任命末底改接掌哈曼的職位。亦請參閱Purim。

More, St. Thomas　摩爾（西元1477～1535年）　英國人文主義者和政治家。曾入牛津大學學習，1501年成爲一名成功的律師。爲了檢驗自己是否適合當神職人員，他曾居住在加爾都西會修院。曾任倫敦副司法長官（1510～1518），因公正無私受到倫敦人民的愛戴。摩爾撰寫的傑作《理查三世》（1513～1518）和著名的《烏托邦》在包括伊拉斯謨斯在內的人文主義者中立即獲得成功。1517年被任命爲國王的顧問，並成爲亨利八世的祕書和心腹。1523年4月被選爲下議院議長。1529年摩爾出版了《關於異端的對話》駁倒異端的著作。當沃爾西下台（1529）後，摩爾繼任其大法官的職位。他因拒絕承認亨利和凱薩琳的離婚而於1532年辭職。他還拒絕接受「至尊法」。1534年摩爾被指控叛國，囚禁在倫敦塔。在獄中，寫了《安逸與苦難的對話》。1535年審訊後被判絞刑，旋由國王改爲斬首。1935年被追諡爲聖徒。

Moreau, Gustave＊　莫羅（西元1826～1898年）　法國畫家。發展了象徵主義中的一種獨特風格，以其神話題材和宗教題材的色情繪畫聞名。作品包括《伊底帕斯與斯芬克斯》（1864）、《莎樂美之舞》（1876）都被認爲比較頹廢。他進行了一系列技巧上的實驗，包括在畫布上用刮擦的方法；他還畫過一些沒有具體物像的作品，風格自由，色團厚密，也讓一些人稱他爲抽象表現主義的先驅。

Moreau, Jeanne　摩露（西元1928年～）　法國電影女演員。二十歲時成爲法蘭西喜劇院最年輕的成員。影片《最後的愛情》（1949）是她銀幕的處女作，爲其贏得出演路易馬盧的電影《通往絞刑架的電梯》（1957）和《情人們》（1958）的機會。她的相貌稱不上漂亮，但卻以女性嫵媚和神祕聞名。她主演《如歌的行板》（1960）、《夜》（1961）和《夏日之戀》（1961），演一個爲兩個男子所愛的女子，成爲國際著名影星，後來主演了《審判》（1962）、《女僕日記》（1964）和《穿黑衣的新娘》（1968）。她也導演電影，包括《盧米埃》（1976）和《青年》（1978）。

Morehouse College　莫爾豪斯學院　傳統招收黑人的美國私立男子文理學院。位於亞特蘭大，最初是1867年成立的奧古斯都講座，是書院形式的預備學校，1913年爲紀念教會行政主管莫爾豪斯的貢獻而改名。莫爾豪斯學院提供商學、教育、人文、物理及自然科學課程，並參加史蓓曼等六校組成的教學聯盟，開放教師、學生交換及課程互選。現有學生約3000人。

morel＊　羊肚菌　羊肚菌屬和鐘菌屬各種可食用的蘑菇的通稱。菌蓋表面凹凸不平，各種之間形態及生境各異。羊肚菌，可食，初夏生於林中，是最珍貴的食用眞菌之一。鐘菌屬鐘狀，一種有著鐘狀菌蓋的可食蘑菇，早春見於樹林和經營年久的果園。假羊肚菌以鹿花菌屬和馬鞍菌屬的種爲代表，鹿花菌屬多數種類都有毒。

Morelia＊　莫雷利亞　墨西哥城市，米卻肯州首府，位於墨西哥中西部。1541年建立，當時稱爲巴拉多利德，爲塔拉斯科印第安人聚居地。1582年代替帕茨夸羅成爲州首府。在墨西哥獨立戰爭期間主要作爲革命軍事行動的基地；1828年改名爲莫雷利亞，以紀念革命領袖莫雷洛斯（－帕馮）。現爲農業區的商業中心。其教育機構包括米卻肯大學和聖尼古拉大學（建立於1540年），後者是墨西哥最古老的高等教育機構。人口490,000（1990）。

Morelos＊　莫雷洛斯　墨西哥中部的州。位於墨西哥中央高原的南坡，面積爲4,950平方公里。首府爲庫埃納瓦卡。是墨西哥最富饒的農業州，山谷裡盛產各種農產品。以莫雷洛斯（－帕馮）的名字命名，是薩帕塔的出生地，這兩個人都是墨西哥獨立戰爭的英雄。人口約1,443,000（1995）。

Moreton Bay＊　莫頓灣　太平洋一小淺海灣。凹入澳大利亞昆士蘭州東南岸。長105公里，寬32公里。爲布利斯本港的門戶。1770年英國探險家科克以莫頓（Morton）伯爵的名字命名這個海灣（誤寫）。這片陸地上的首批定居地爲19世紀初在雷德克利夫爲受刑人建立的殖民地。

Morgan　摩根馬　由佛蒙特州馬爲基礎育成的馬（1793年出生，1821年死去），與其主人賈斯廷·摩根同名。賈斯廷·摩根馬是純種馬，阿拉伯馬和其他馬種的後代，矮小結實，精神好，耐力強。由於只有它是這個馬種，因此是世界上關於優越力量（將自身特點遺傳給後代的能力）最好的證明。現代摩根馬多用於馬術。大多爲145～155公分，重400～500公斤，動作和耐力都與阿拉伯馬相似。

Morgan, Daniel　摩根（西元1736～1802年）　美國革命時期將領。擔任維吉尼亞步兵上尉，隨同阿諾德將軍遠征加拿大魁北克（1775），遭遇失敗。他參與蓋茨將軍指揮的薩拉托加戰役（1777）。1780年他被任命爲准將，參與南方的戰役，擊退了南卡羅來納州考彭斯的大批英軍。1794年他率領維吉尼亞軍隊幫助鎮壓威士忌酒反抗。

Morgan, Henry　摩根（西元1635～1688年）　受封爲亨利爵士（Sir Henry）。英國海盜。在第二次英荷戰爭中，他指揮海盜攻擊荷蘭在加勒比海的殖民地。占領古巴的普林西比港和城市盧貝港之後，1670年他率三十六艘船和兩百多名海盜去占領西班牙的主要殖民地巴拿馬城。他擊退了大批西班牙軍隊，將城市洗劫一空並燒毀。在返回的途中，他拋棄下屬，獨吞了大部分戰利品。1674年被授予爵位，並派往牙買加任副總督。關於其掠奪的描述使其成爲人們眼中嗜殺的海盜。

Morgan, J(ohn) P(ierpont)　摩根（西元1837～1913年）　美國金融家。金融家之子。1857年開始其職業生涯，最初做會計師，1861年成爲父親銀行的代理人。1871年被指定德雷克塞爾－摩根公司的合夥人，後來該公司成爲美國政府財政的主要支柱。1895年這個公司改名爲摩根公司。1880年代和1890年代摩根改組了幾條重要鐵路線，主要有伊利鐵路和北太平洋鐵路。他協助穩定了鐵路運輸的價格並制止了東部鐵路之間過度混亂的競爭局面，成爲世界上最有實力的鐵路巨頭之一，1902年時已控制了大約8000公里的鐵路。在1893年金融恐慌之後，摩根公司組成的集團，供給美國財政部衰竭的黃金儲備。摩根領導金融界度過了1907年股市危機之後的財政崩潰狀態。爲一些大企業的聯合提供資金，經由合併組織了奇異公司，美國鋼鐵公司和國際收割機公司（參閱Navistar International Corporation）。摩根是有名的藝術品收藏家，向紐約市大都會藝術博物館捐贈了許多藝術作品；其藏書和藏書大樓現已成爲皮爾蓬特．摩根圖書館。

Morgan, J(ohn) P(ierpont), Jr.　小摩根（西元1867～1943年）　美國銀行家和金融家。1892年加入摩根公司，1913年其父摩根逝世後繼任公司首腦。在第一次世界大戰中他成爲英法兩國政府在美國的獨家採購代理人，並組織了銀行，認購了逾15億美元的協約國公債。1929年10月股市恐慌時，摩根及其他幾位重要銀行家曾集合資金，力圖制止股票價格下跌，未能奏效。1933年的「銀行法」強制摩根的銀行將其投資銀行業務與商業（儲蓄）銀行業務分開。摩根－史坦利公司成爲一家新的投資銀行；而摩根本人仍爲摩根公司的首腦，該公司也從此成爲單一的商業銀行。

Morgan, Joe　摩根（西元1943年～）　原名Joseph Leonard Morgan。美國職業棒球選手。生於德州的朋安，1965年整個球季都在休士頓太空人隊的他，獲得當年的新人王。在加入辛辛那提紅人隊的八年中（1973～1979），都獲選爲全明星隊的二壘手。1975、1976年，帶領球隊拿下世界大賽冠軍，並兩度榮獲國家聯盟的最有價值球員。以266支全壘打打破霍恩斯比保持的大聯盟二壘手全壘打記錄。

Morgan, John　摩根（西元1735～1789年）　美國醫學教育家。在歐洲學醫，返回美洲殖民地後於1765年在賓夕法尼亞大學建立了第一所醫學院。是北美第一位醫學教授，他要求學生接受文科教育及將內科、外科和藥理分爲不同學科的方針，遭到殖民地醫生的普遍反對。1775年被任命爲軍隊醫療系統總監；但大陸會議不允許他組織系統並於1777年將他免職，認爲他要對戰爭中的高死亡率負責。儘管1779年得到寬恕，但未恢復名譽，後來在貧困的隱居生活中死去。他首先在美國採用金納的牛痘接種法。

Morgan, Julia　摩根（西元1872～1957年）　美國建築師。在加州大學柏克萊分校獲工學士學位。是巴黎美術學院建築科首名女學生（1898），後來成爲加州第一位領到建築師許可證的婦女。1906年的大地震使她有機會爲舊金山灣區設計幾百座住宅。她受委託設計並監督赫斯特在加州聖西米恩的私人住宅（1919～1938）。

Morgan, Lewis Henry　摩根（西元1818～1881年）　美國人種學家和科學人類學的主要創始人。曾受律師訓練。摩根對美國印第安人發生濃厚興趣，1846年被塞尼卡人接受爲部落成員。其作品《人類血族和姻族制度》（1871）是對親屬關係進行的世界性調查，試圖建立文化間的聯繫，尤其是說明美洲印第安人的祖先來自亞洲。這本書形成了社會文化演化的綜合理論，《古代社會》（1877）一書中作了進一步闡述。他聲稱，社會組織的進步主要來自於食物製造的變化，社會從狩獵和採集階段（野性）發展到定居的農業社會（原始）再到現代文明。這種理論以及其相關理論－－社會源於雜亂通婚的社會狀態，再通過不同形式的家庭生活最後到達一夫一妻制－－已經過時。但多年來，摩根一直是美國人類學的泰斗，其前衛思想影響了很多其他理論，包括馬克思和恩格斯的理論。

Morgan, Thomas Hunt　摩根（西元1866～1945年）　美國動物學家和遺傳學家。在約翰．霍普金斯大學獲得博士學位。1904～1928年在哥倫比亞大學任教授，1928～1945年在加州理工學院任教授。進行重要實驗研究遺傳問題。和許多與他同時代的人一樣，他對達爾文的自然選擇產生懷疑，因爲無法付諸實驗，他還反對孟德爾主義和染色體理論，原因是沒有一個單獨的染色體可以攜帶特別的遺傳物質。在研究果蠅之後他的觀點發生轉變。他提出性別連鎖的假設，採用基因這個術語，還認爲基因可以在染色體上呈直線排列。1933年獲諾貝爾生理學或醫學獎。亦請參閱Bridges, Calvin Blackman。

Morgan le Fay　仙女摩根　亞瑟王傳奇中的一個仙女（摩根仙女）。她精通醫術並善於改變形體，是阿瓦隆的統治者。亞瑟王在最後一次戰爭結束後曾在阿瓦隆療傷。她的法術係學自書籍和梅林法師。在其他故事中，她是亞瑟王的姐姐和敵人，誘使他生了一個兒子。亞瑟王後來被自己的兒子殺死。

Morgenthau, Henry, Jr.＊　摩根索（西元1891～1967年）　美國公共官員。1922～1933年間爲雜誌《美國農業家》的編輯。是富蘭克林．羅斯福的密友。1934～1945年間任羅斯福內閣的財政部長，負責籌集推行新政以及參加第二次世界大戰所需的資金。這一期間大約耗資3,700億美元，比前五十任財政部長任職期間耗資三倍還要多。羅斯福逝世後，他也退休回到自己的農場。

Morghab River　穆爾加布河 ➠ Murgab River

Mörike, Eduard Friedrich＊　默里克（西元1804～1875年）　德國抒情詩人。爲一名牧師，終生都受精神疾病之苦，三十九歲退休，靠講授文學維持生活。其文學作品不多，包括小說《畫家諾爾頓》（1832）、童話故事和小說《莫札特赴布拉格途中》（1856），幽默地審視藝術家在和藝術格格不入的世界中所面臨的問題。最好的作品是那些細緻的抒情詩，特別「佩雷格里娜」，詩中歌頌年輕的愛情永恆，還有獻給已婚者的十四行詩；許多作品都被沃爾夫譜曲。

Morison, Samuel Eliot　摩禮遜（西元1887～1976年）　美國傳記作家和歷史學家。在哈佛大學任教四十年。爲了保證對海上歷史描寫的眞實性，他多次出海遠航，戰爭期間，擔任美國海軍後備軍官先後在十二艘船艦上服役。作品包括《海洋上的船隊長》（1942，獲普立茲獎），描寫的是哥倫布；《約翰．保羅．瓊斯》（1959，獲普立茲獎）；巨著《美國海軍第二次世界大戰作戰史》（15卷，1947～1962）；以及《美國人民的牛津史》（1965）。

Morison, Stanley　摩禮遜（西元1889～1967年）　英國活版印刷家、學者和印刷術史學家。在出版社工作期間學會了很多關於印刷和排字的知識。1926～1930年擔任《花飾》雜誌的主編，這是一份有影響的活版印刷術期刊。1929年開始在《泰晤士報》（倫敦）擔任不同的職務，包括擔任《泰晤士報文學副刊》編輯（1929～1960）。以其設計的泰晤士新羅馬字體聞名。1932年該字體被定爲《泰晤士報》的基本字體，後來成爲20世紀最成功的新字體。

Morisot, Berthe＊　摩里索（西元1841～1895年）　法國畫家和版畫家。是畫家弗拉戈納爾的孫女。師從柯洛，但畫風主要受馬奈的影響。後來她嫁給了馬奈的弟弟。她和印象派藝術家一起定期展出畫作。畫展的商業效果都不理想，但作品售價卻高於莫內、雷諾瓦和西斯萊。作品用色十分精緻，經常帶有柔和的綠色光芒，畫面人物多爲家人，如《藝術家的妹妹埃德瑪和她們的母親》（1870）。以其極端鬆散的筆法和女性主題的感性而聞名。

Morita Akio＊　盛田昭夫（西元1921～1999年）　日本實業家，新力索尼公司的創辦人之一。父親是日本清酒釀造者。盛田昭夫獲得物理學學士學位。1946年與井深大共創了東京電信工程公司，1958年改名爲新力公司。盛田昭夫主要負責財務和業務，採用了美式的廣告手法，1972年建立了第一家在美國的工廠。1971年擔任執行長，1976年成爲董事會主席，一直任職到1994年。在他的領導下，新力公司成爲世界聞名的家用電器製造商。

Morley, John 莫利（西元1838～1923年） 受封爲（布拉克本的）莫利子爵（Viscount Morley (of Blackburn)）。英國政治家及歷史學家。1860年開始在倫敦擔任新聞記者，1867～1882年出任《雙周評論》主編。他是首相格萊斯頓的支持者，也曾出任下議院議員（1883～1895、1896～1908）。在擔任愛爾蘭總理期間（1886、1892～1895），曾推動愛爾蘭自治法案，後來在印度總理（1905～1910）任內，他也推動印度人民代表進入政府任職。他同時也寫過爲人稱頌的歷史著作，包括格雷思頓、伏爾泰、盧梭、克倫威爾等人的傳記。

Morley, Thomas 摩爾利（西元1557?～1602年） 英國作曲家和音樂理論家。在牛津大學求學，師承伯德。他創作了一些讚美詩和聖歌，但最出名的還是他的非宗教性的歌曲，包括《埃爾曲第一卷》（1600），以及其論文《實用音樂簡明序論》（1597）。在編輯和印刷義大利音樂選集（通常一再重寫）時，他把義大利牧歌引入英國。《奧利安那的勝利》（1601）收集了二十三個英國作曲家的作品。

Mormon 摩門教 耶穌基督後期聖徒教會成員，或是與其密切相關的教派（如重整耶穌基督後期聖徒教會）。由斯密約瑟創建，他自稱從天使那裡領受寫有上帝啓示的金頁片，1830年他將這些頁片上的銘文編成《摩門經》。斯密約瑟和其教徒既接受《聖經》，也接受《摩門經》的神聖銘文，但卻和正統的基督教大相徑庭，尤其是他們認爲神是從人變來，人可以成神。其他獨特的教義包括相信人的靈魂在生前已存在，等待出生；經過有追溯力的洗禮使死者獲救贖。這個宗教因實行多偶婚制而臭名昭著，儘管1852～1890年間官方禁止實行一夫多妻制。斯密約瑟和其教徒從紐約的巴爾米拉遷移到俄亥俄州、密蘇里州，最後到達伊利諾伊州，1844年斯密約瑟被暴徒殺害。1846～1847年在楊百翰的領導下，摩門教徒長途跋涉1,800公里到猶他州，建立了鹽湖城。如今該宗教在全球有近1,000萬名教徒，所有的男性成員都必須進行兩年的傳教工作，因此教徒人數不斷增多。摩門教徒期望在美國建立神的國度，接受耶穌肉身的統治。

Mormon, Book of 摩門經 摩門教除《聖經》之外信奉的經典。1830年首次出版，摩門主義的各個派別都認爲它是由本教創始人斯密約瑟受到神的啓示翻譯過來的作品。其涉及到西元前600年左右一批希伯來人自耶路撒冷移居美洲的歷史。他們最終分爲兩支：拉曼人是美洲印第安人的祖先；尼腓人在被拉曼人摧毀以前得到耶穌的指示。先知摩門將這段歷史記載在金頁片上，並將其埋藏起來。數世紀以後，摩門的兒子摩羅乃以天使之形顯現在斯密約瑟面前，告訴斯密約瑟這些金頁片所藏的地點。

morning-glory family 旋花科 雙子葉植物的一科。約含五十屬，至少一千四百種。多爲纏繞或直立草本，少數爲木質藤本、喬木或灌木。莖含乳汁，少數種有塊莖。常爲鬚根，少數爲塊根。葉互生，單葉或複葉。花瓣相連，成漏斗狀花冠，色鮮豔。廣佈於熱帶和溫帶地區，或栽培觀賞其花。番薯是經濟作物。Rivea corymbosa和董菜牽牛的種子可製取迷幻藥。也有幾種是農業上的有害植物。

Morny, Charles-Auguste-Louis-Joseph * 莫爾尼（西元1811～1865年） 受封爲莫爾尼公爵（duc (Duke) de Morny）。法國政治人物。是路易－拿破崙（後來的拿破崙三世）同母異父的弟弟。他投身巴黎社會，在當選議員（1842～1848、1849）之前靠投機致富。1851年被任命爲內務大臣，組織公民投票，使路易－拿破崙成爲獨裁者。擔任國會議長（1856～1865）時，試圖勸說拿破崙三世給予法國更多的自由，但失敗。

Moro, Aldo 莫羅（西元1916～1978年） 義大利政治人物和總理（1963～1964, 1964～1966, 1966～1968, 1974～1976, 1976）。在巴里大學任法學教授時，1946年被選入立法會議。歷任多個內閣職務，後來成爲基督教社會主義黨的書記（1959～1963）。擔任義大利總理時，在其聯合政府中納入社會主義者。1976年成爲基督教民主黨的主席，在義大利仍舊有很大的政治影響。1978年在羅馬被紅色旅的恐怖分子綁架，因政府拒絕釋放在杜林審判的紅色旅分子，莫羅因而被綁架者殺害。

Moroccan Crises 摩洛哥危機（西元1905～1906、1911年） 德國企圖封鎖法國控制的摩洛哥，並阻止法國勢力擴張的兩次歐洲危機事件。1905年德皇威廉二世造訪丹吉爾，發表支持摩洛哥獨立的言論，引起國際驚慌。這次危機在1906年舉行的阿爾赫西拉斯會議上得到解決，承認法國在摩洛哥的特殊政治利益。第二次摩洛哥危機是突然發生的。第二次危機發生在1911年德國派遣炮艇「豹號」駛進阿加迪爾港，表面上是爲了在當地人發生叛亂期間保護德國人的經濟利益。結果引發法國抗議，並準備作戰，就如英國一樣，但後來簽訂協定，法國獲得了對摩洛哥的保護權，德國則獲得法屬剛果的一些領土作爲回報。

Morocco 摩洛哥 正式名稱摩洛哥王國（Kingdom of Morocco）。阿拉伯語作Al-Mamlakah al-Maghribiyah。非洲西北部國家。面積458,730平方公里。人口約29,237,000

（2001，包括西撒哈拉）。首都：拉巴特。阿拉伯化的柏柏爾人是該國最大的語言文化群體，法國人、西班牙人和貝都因人占少數。語言：阿拉伯語（官方語）、柏柏爾語。宗教：伊斯蘭教（國教），大多數爲遜尼派。貨幣：迪拉姆（DH）。摩洛哥境多山，平均海拔800公

尺。北部沿岸爲里夫山脈，中部爲阿特拉斯山脈；圖卜卡勒山海拔4,165公尺，爲摩洛哥最高峰。摩洛哥位於強地震活動帶，是地震多發區。肥沃的低地有助於農業發展，主要作物有大麥、小麥和甜菜。摩洛哥爲世界最大的磷酸鹽岩供應國。卡薩布蘭加爲該國工業中心，亦是最大的城市。政府形式爲君主立憲，兩院制。國家元首暨政府首腦爲國王，由總理輔佐。柏柏爾人大約在西元前2千紀末期進入摩洛哥。西元前12世紀期間，腓尼基人在地中海沿岸建立貿易站。西元前5世紀迦太基在其大西洋沿岸設有殖民地，迦太基衰亡後，摩洛哥成爲羅馬帝國的忠實盟友。西元46年被羅馬吞併，成爲茅利塔尼亞省的一部分。7世紀時穆斯林侵入摩洛哥。11世紀中葉，阿爾摩拉維德人（參閱Almoravid dynasty）征服了摩洛哥，並統治西班牙各穆斯林地區。12世紀阿爾摩哈德人（參閱Almohad dynasty）推翻阿爾摩拉維德人。13世紀馬里尼德人（參閱Marinid dynasty）征服該地區，15世紀中葉馬里尼德人衰亡後，直到1550年，薩迪人統治該地區達一個世紀之久。與巴貝里海岸沿岸諸國的聯合，迫使歐洲人進入該地區：法國越過阿爾及利亞邊境攻打摩洛哥，英國在1856年獲得貿易權，西班牙於1859年占領部分摩洛哥領地。1912年起成爲法國的保護國，直到1956年獨立。1970年代後期，摩洛哥重申對西屬撒哈拉的領土主權（參閱Western Sahara）；1976年西班牙軍隊撤離該地區，留下阿爾及利亞支持的撒哈拉游擊隊玻里沙利歐陣線。阿爾及利亞和茅利塔尼亞的關係惡化，使該地區的戰事一直持續到1990年代末，聯合國試圖解決其爭端。

Moroni　莫羅尼　科摩羅的首都。位於印度洋大科摩羅島。由操阿拉伯語的殖民者建立，是科摩羅島最大的居民點，1958年設爲首都。莫羅尼港由一個小港灣組成。該城保留了阿拉伯城市的風格，有許多清眞寺，包括朝聖中心丘翁達。人口30,000（1991）。

Moros　摩洛人　居住在菲律賓南部的穆斯林民族。約占菲律賓人口的5%，但和菲律賓人並非迥然不同，只是他們信仰伊斯蘭教和當地文化不同，他們一直是遭到忽略和歧視的一群。他們與統治勢力的衝突長達數百年：首先是和信奉天主教的西班牙殖民者（16～19世紀），隨後是和美國占領軍，最後是和獨立後的菲律賓政府。摩洛民族解放陣線鼓吹摩洛人分離主義，導致了1960年代末和1970年代的暴力叛亂，1970年代末分裂爲幾支小派別，但叛亂沒有停止。根據穆斯林民答那峨自治區（建於1980年代末）的擴張範圍要求，在1996年的條約中納入摩洛人，但一些分離主義者仍舊要求獲得完全的獨立。

morpheme　詞素　語言學術語，又譯「語素」，指言語的最小語法單位。它可以是一個詞，如"cat"（貓）；也可以是一個詞的成分，如"reappeared"（重現）中的re-和-ed。在所謂的孤立語言中，如越南語，每個詞都包含一個語素；類似英語的語言中，單詞通常包括多個語素。語形學包含了語素的研究。

Morpheus　莫耳甫斯　希臘和羅馬神話中的夢神。他是睡神許普諾斯的一個兒子。他把各種各樣的人形託給做夢的人，他的兄弟佛貝托爾和芳塔索斯則託以動物和無生命的形象。

morphine　嗎啡　雜環化合物，從鴉片分離出的麻醉性鎮痛藥鎮痛藥生物鹼。其鎮痛麻醉作用居自然界中天然化合物之首，其鎮靜安神作用可用來防止因外傷性休克、內出血、鬱血性心臟衰竭和各種消耗性疾病所引起的衰竭。嗎啡多經由注射給藥，但口服也有效。最大的缺點是易成癮，雖然短期使用很少導致藥物成癮，許多醫生仍避免使用能緩解劇烈疼痛的劑量。即使絕症病人使用嗎啡而成癮是否重要仍有爭議，另一個議題則是使用大劑量的嗎啡會抑制呼吸並因此而加速死亡。

morpho　環蝶　環蝶亞科環蝶屬昆蟲，產於新大陸熱帶。雄體翅上的鱗片有微細的嵴，可分解並反射光線，使某些環蝶屬種類的翅呈具虹彩光澤的藍色。雌體的翅較寬，外形不及雄體的翅優美，一般色彩亦較爲暗淡。幼蟲身體具毛，以植物爲食，織成一個公用的網，並在其中生活及化蛹。某些環蝶屬種類具毒毛，可引起人類皮膚發疹，但這些種類在南美洲有商業性培育，用於珠寶業，亦用以裝飾燈罩、圖片及鑲嵌托盤。

Morpho nestira，環蝶的一種
Appel Color Photography

morphology＊　形態學　生物學的分支學科，研究動植物和微生物的整體及其組成部分的外形和結構。解剖學一詞也描述有機體的結構，但形態學以普遍原則如演進關係、功能和發展等術語來解釋有機體的形狀和組成部分的結構。

morphology　語形學　語言學術語，指研究詞的內部結構的學科。各種語言的詞可以分析成詞的成分的程度大不相同。英語中的許多單詞有多個詞素，如replacement由re-、place和-ment組成。許多美洲印第安語言的語形學十分複雜；其他語言如漢語，語形學非常簡單。語形學包括變形和衍生的語法過程，變形表示人稱、時態和格這些範疇，如jumps中的-s表示單數第三人稱的現在時態；衍生即由已有的詞造出新詞的過程，如acceptable是從accept而來。

Morrill (Land-Grant College) Act of 1862　1862年莫里爾（聯邦土地補助大學）法案　美國國會通過的法案，要求提供州立大學土地補助，並以農業及機械技藝的教育爲重。法案之名取自補助者，即佛蒙特州議員莫里爾（1810～1898）。自從1862年後，在該法案下已有1,200萬公畝的土地被捐贈出來，協助現有的七十所聯邦土地補助大學運作。

Morris, Gouverneur　莫里斯（西元1752～1816年）　美國政治家和財政專家。出生於紐約市，1755～1777年任職於州立法會議，1778～1779年任職於大陸會議。1781～1785年被任命爲財政督辦的助理，提出十進位幣制的建議，後來成爲美國貨幣的基礎。他是制憲會議的代表，參與起草「美國憲法」的最後草案。1792～1794年任駐法國公使，1800～1803年擔任參議員，是伊利運河委員會的首位主席（1810～1816）。

Morris, Mark　莫里斯（西元1956年～）　美國舞蹈家與編舞家。生於西雅圖，1980年組成莫里斯舞團之前，曾與不同的舞團合作過。莫里斯舞團曾經是布魯塞爾馬內皇室歌劇院的常駐舞團（1988～1991）；莫里斯則在此地擔任舞蹈導演。1990年與巴瑞辛尼可夫共同創立白橡木舞蹈計畫。莫里斯以其大膽和富於想像的風格聞名，爲自己的舞團編製的舞碼超過九十支，並且在歌劇演出與電視表演中擔任導演與編舞，作品包括廣爲流傳的《胡桃鉗》。2001年莫里斯舞團在紐約布魯克林開業，以該地作爲舞團在美國的永久根據地。

Morris, Robert　莫里斯（西元1734～1806年）　美國（出生於英國）金融家和政治人物。少年時移民到馬里蘭追隨父親，1748年進入費城一家貿易公司。美國革命時期擔任大陸會議代表，他籌集資金爲大陸軍購買軍需。1781～1784年任職美國財務總監，並建立了北美銀行。曾擔任代表出席亞那波里斯會議和制憲會議，後來任職於美國參議院（1789～1795）。在西部進行土地投機事業不利而破產，1798～1801年入獄。

Morris, Robert 莫里斯（西元1931年～） 美國藝術家。出生於堪薩斯城，後到舊金山學習。1957年曾在舊金山舉辦個人畫展。1960年在紐約開始創作大型單色幾何形雕刻。從1960年代後期起，他開始試驗各種不同的形式，包括「偶發藝術」、「分散作品」（將材料拋撒在畫廊地板上）以及「環境設計」。莫里斯也是極簡派藝術、觀念藝術和表演藝術的傑出代表。

Morris, William 莫里斯（西元1834～1896年） 英國畫家、美術設計家、手工藝人、詩人和社會主義改革家，也是「藝術和手工藝運動」的創立者。出身富裕家庭，曾在牛津大學學習中世紀建築。曾當過一名建築師的學徒，但後來的歐洲之旅使他轉向繪畫。1861年他和但丁·加布里耶爾·羅塞蒂、柏恩－瓊斯、布朗等一起成立了以中世紀行會爲基礎的藝術家聯合會莫里斯－馬歇爾－福克納公司，生產家具、織錦、彩色玻璃、織品、地毯，最有名的是牆紙圖案。1891年莫里斯成立了凱爾姆斯科特出版社，之後的七年裡出版了五十三部書，共六十六卷，其中《喬叟作品集》是這些書裡最著名的代表。莫里斯試圖爲大衆生產美術作品，但是只有富人才買得起這些昂貴的手工製品。莫里斯也是空想社會主義家，爲英國社會主義的發展作了許多工作。1884年莫里斯成立社會主義者同盟。1877年成立世界上最早的保護組織之一「保護古建築協會」。莫里斯還寫了幾卷詩歌和浪漫主義敘事詩，以及四卷史詩《沃爾松族的西古爾德》（1876）。其作品和創作改革了維多利亞時期的品味，他也是19世紀英國最偉大的文化巨匠之一。

莫里斯，素描，瓦茲（C. M. Watts）繪
The Mansell Collection

morris dance 莫里斯舞 英國鄉村的一種始於15世紀的禮儀性質的民間舞蹈。這一舞蹈的名字是"Moorish"（亦即摩爾人的）的變體，指舞者要把臉塗黑，當作宗教儀式化妝的一部分。此舞主要是一種豐收舞，尤其是在春天表演。舞者常穿著白色的衣服，腿或身體上繫著鈴跳舞。舞步複雜多樣，主要是慢跑，同時兩手揮動手絹。其中的角色有木馬、傻子和黑人。

Morris Jesup, Cape 莫里斯·耶蘇普角 北冰洋格陵蘭北部皮列地地區海角。距北極710公里，是地球上最北的陸地。1900年探險家皮列第一個到達這裡。地名取自資助極地探險的銀行家莫里斯·耶蘇普。

Morrison, Jim 吉姆莫里森（西元1943～1971年） 原名James Douglas。美國搖滾歌手與詞曲作家。生於佛羅里達州的墨爾本，爲後勤的海軍將官之子，在加州大學洛杉磯分校（UCLA）學習電影，並在該地結識曼沙雷克（1935～）；他和克雷格（1946～）、丹斯摩爾（1945～）一同組成迷幻搖滾的樂團「門」；團名取材自赫胥黎的《感知之門》。吉姆莫里森縈繞不去的唱腔，使該樂團成爲1960年代最受歡迎的樂團，並擁有〈引燃我的激情〉、〈嗨，我愛你〉等暢銷作品。他酗酒、服藥以及粗暴的舞台動作，導致他遭到不同的控訴而被逮捕，包括猥褻的暴露。1971年他離開「門」去寫詩，並遷居巴黎。二十七歲因心臟病發死於巴黎，使他成爲1960年代青年文化的悲劇象徵。

Morrison, Toni 馬禮遜（西元1931年～） 原名Chloe Anthony Wofford。美國作家。曾在霍華德大學和康乃爾大學學習，後在多所大學任教，在出版《湛藍眼珠》（1970）和《蘇拉》（1973）前擔任編輯。《湛藍眼珠》是一部描寫窮苦黑人生活的駭人聽聞的寫實小說。小說《所羅門之歌》（1977）使馬禮遜受到全國的矚目。後來的作品還有《焦油嬰兒》（1981）、《心愛者》（1987，獲普立茲獎）、《爵士》（1992）和《天堂》（1998）。她的作品以美國黑人（尤其是黑人婦女）的經歷爲中心主題，富有幻想、神話和詩歌的風格。1993年獲諾貝爾獎。

Morristown National Historical Park 莫里斯敦國家歷史公園 美國新澤西州莫里斯敦的歷史公園。在美國革命時，獨立大軍在華盛頓帶領下，1776～1777年、1779～1780年冬季主要紮營地就在此地。紀念公園建於1933年，占地1,684英畝（682公頃）。包括曾經是華盛頓指揮部的屋子和其他獨立革命時的文物。

Morrow, Dwight W(hitney) 莫羅（西元1873～1931年） 美國律師和外交家。1905～1914到紐約市執律師業（1905～1914），並幫助起草了工人的賠償法（1911）。後來成爲摩根公司合夥人（1914～1927），並組織了坎尼考特銅礦公司。第一次世界大戰中成爲一名運輸顧問，戰後協助制定了國家航空政策。1927～1930年任駐墨西哥大使。其女安娜嫁給了林白。

Morse, Carlton E. 摩斯（西元1901～1993年） 美國廣播節目撰稿人與製作人。生於路易斯安那州的金尼斯，先在報社擔任記者，而後於1930年加入國家廣播公司（NBC）廣播電台擔任撰稿人。他撰稿、執導與製作許多廣播節目，包括非常受歡迎的肥皂劇《單身之家》（1932～1959，電視版本從1949年播放至1952年）、戲劇節目《我喜歡神祕故事》（1939～1944、1949～1952）以及肥皂劇《我屋子裡的女人》（1951～1959）。

Morse, Samuel F(inley) B(reese) 摩斯（西元1791～1872年） 美國畫家和發明家。著名的地理學家之子。曾在耶魯大學學習，1811～1815年到英國學畫。後來回國，成爲一名巡遊畫家。其肖像畫列入美國最優美的肖像畫之列。他協助成立了國立設計學院並擔任第一任院長（1826～1845）。摩斯未受歐洲類似研發的影響而獨立第一個發明了電報（1832～1835）。他制定了點線系統，即後來世界通行的摩斯密碼（1838）。雖然國會拒絕支助他鋪設跨大西洋的電報線，但後來在國會的財政支助下，終於建設了美國第一條電報線－－從巴爾的摩到華盛頓，1844年完工，他發送了第一條消息：「上帝的傑作」。這項專利爲他帶來了名利。

Morse Code 摩斯密碼 以點、橫畫、間隔的安排來代表字母、數位或標點符號的系統。電碼發送的形式是不同長度的電脈衝，或相似的機械式信號，或可見信號（如閃光）。最初的系統由摩斯在1838年爲了他的電報而發明的。1851年又設計出國際摩斯密碼，一種更簡單精確並帶有附加記號的字母的電碼。除一些小變動外，這種電碼一直用於某些種類的無線電報，包括業餘無線電。

mortar　砂漿　把磚、石、瓦、混凝土塊黏接成建築砌體的材料。一般認爲是古羅馬人發明的。由沙和水泥、水混合而成。砂漿應有足夠的塑性，能稍微流動，但要承受得起磚石的重量。在19世紀普通水泥發明之前，泥瓦匠使用石灰砂漿薄黏片，這種黏片比普通水泥砂漿的厚片更要求精確，但不是很堅固。製瓦使用的是一種叫做薄泥漿的很薄的砂漿。完成泥瓦黏合可削尖。

mortar　迫擊炮　在軍事科學中，炮管短、初速低、曲射彈道的短程火炮。從中世紀起到第一次世界大戰中，大型迫擊炮主要用於堡壘戰和包圍戰。1915年以來，小型輕便迫擊炮成爲步兵的制式武器，特別適合於戰壕戰或山地戰。現在多使用中型迫擊炮，口徑70～90公釐，射程4,000公尺，彈重達5公斤。

mortgage　抵押　在英美法律中，指債務人（抵押人）將一項財產的權益轉移給他的債權人（受押人），作爲履行一項金錢債務的擔保。現代的抵押源於中世紀的歐洲。起初，抵押人將土地所有權轉移給受押人，其條件是抵押人定期歸還他所賒欠受押人的債款後，債務一旦還清，受押人就將土地歸還給抵押人。隨著時間的推移，抵押變成讓抵押人仍擁有土地，後來又變成只要沒有拖欠債款，抵押人即有權擁有土地。

Morton, Earl of　摩頓伯爵（西元1516?～1581年）　原名James Douglas。蘇格蘭貴族。1563年被蘇格蘭女王瑪麗任命爲大臣，曾與其他新教貴族共同謀殺瑪麗的顧問里奇奥，並有可能參與謀殺達恩里勳爵。他領導貴族將瑪麗的丈夫博思韋爾伯爵趕出蘇格蘭，並迫使瑪麗讓位給她的嬰兒詹姆斯（後來英格蘭的詹姆斯一世）。1572年他成爲詹姆斯的攝政，恢復蘇格蘭的法律統治。由於遭到其他貴族的記恨，1578年被迫辭職，後來以陰謀殺害達恩里勳爵的罪名被處死。

Morton, Jelly-Roll　摩頓（西元1890～1941年）　原名Ferdinand Joseph La Menthe。美國鋼琴家，也是第一個重要的爵士樂作曲家。年輕時是個好賭的賭徒、合夥敲詐徒和皮條客。1904年起以鋼琴家身分在國內巡迴演出，1923年和他的樂隊「紅辣椒」在芝加哥製作第一張專輯。摩頓是紐奧良傳統的代表，他成功的將拉格泰姆音樂和即興或已編排好的樂段結合起來，如他自己的作品《金・波特頓足爵士舞》。1930年代初，因路易斯阿姆斯壯和其他革新者的崛起，其聲名相形見絀。

Mosaddeq, Muhammad＊　摩薩台（西元1880～1967年）　伊朗反對黨領袖。在瑞士的一所法學院畢業後，在政府任職，直到禮薩・沙・巴勒維成爲國王（1925）。1941年巴勒維退位後，摩薩台重新被選入議會（1944）。在他號召將英伊石油公司收歸國有而受到支持後，國王穆罕默德・禮薩・沙・巴勒維不得不任命他爲首相。他與巴勒維的緊張關係最後使他遭到免職，但是產生了騷亂迫使國王出走，直到摩薩台的反對者在美國支援下推翻了他的政權而恢復巴勒維的王位（1953）。他以叛國罪入獄三年。刑滿後一直遭到軟禁。

mosaic　馬賽克　用各種顏色的小塊材料如石塊、玻璃、瓷片、貝殼等緊密地拼集成各種圖案的裝飾工藝。馬賽克塊通常是小方形、三角形或其他規則形狀。馬賽克不能產生繪畫的光線和陰影變化，但玻璃馬賽克，尤其是貼有金銀薄片的馬賽克，能產生更明亮的效果。這種技巧對拜占庭時期的大型微亮馬賽克也產生過影響。最早的馬賽克可追溯到西元前8世紀，由鵝卵石製成，5世紀希臘人又加以完善。羅馬人也曾廣泛使用馬賽克，尤其用於地板。前哥倫布時期的美洲人喜歡深紅色、青綠色和珍珠色的馬賽克，通常用於盾、面具和宗教雕像。

Mosby, John Singleton＊　莫斯比（西元1833～1916年）　美國游擊隊領袖。南北戰爭時期加入美利堅邦聯騎兵隊，並且在斯圖爾特軍隊任偵察員。他領導莫斯比游擊隊襲擊北軍在維吉尼亞北部和馬里蘭聯邦軍的孤立據點，切斷其補給和運輸線。1863年他因俘虜斯托頓將軍而被提升爲上校。南北戰爭後繼續重操律師舊業，後任駐香港領事（1878～1885）和司法部部長助理（1904～1910）。

Mosca, Gaetano＊　莫斯卡（西元1858～1941年）　義大利政治理論家。曾在巴勒摩大學就讀，後在該大學（1885～1888）和羅馬大學（1888～1896）、杜林大學（1896～1908）教授憲法。1908年起任義大利衆議院議員，1919年被維克托・伊曼紐爾三世任命爲上議院終身議員。在其著作《政治學概要》中，他認爲不論是軍事、宗教、政治寡頭或貴族統治，社會在歷史上和適當性上一直是由少數人統治。

Mosconi, Willie　莫斯科尼（西元1913～1993年）　原名William Joseph。美國落袋撞球運動員。父親經營撞球館。1930年代初開始成爲職業選手。以準確快速的擊球而出名，1941～1957年十五次獲得世界冠軍，曾有一回打出526個連續擊球。

Moscow＊　莫斯科　俄語作Moskva。俄羅斯共和國和最大的城市。位於該國西部，橫跨莫斯科河兩岸，西北距聖彼得堡約640公里，西距波蘭邊界970公里。新石器時代就有人居住，1147年在文獻中首見記載，當時是一個村落。13世紀末成爲莫斯科公國的首都。15～16世紀在莫斯科大公伊凡三世和伊凡四世的統治下擴張，1547～1712年成爲統一的俄羅斯的首都。1812年爲拿破崙率的法軍所占領，幾乎遭火焚毀。1918年成爲蘇聯的首都，領土並大爲擴張。第二次世界大戰時遭德軍嚴重轟炸，破壞甚巨。1993年在葉爾欽解散國會後，曾發生反政府派系之間的武力衝突事件。六百多年來，莫斯科一直是俄羅斯東正教會的精神中心。現爲俄羅斯的政治、工業、交通運輸和文化中心。最著名的建築是克里姆林宮，爲坐落在莫斯科河旁的中世紀碉堡，沿著東牆的是紅場。列寧陵墓就在附近，聖瓦西里教堂在紅場的南端。市內有大劇院、國立莫斯科大學，以及其他許多高等教育機構。人口約8,405,000（1997）。

Moscow Art Theatre　莫斯科藝術劇院　俄國以自然主義爲特色的劇院，1898年由史坦尼斯拉夫斯基（擔任藝術總監）和涅米羅維奇－丹欽科（擔任行政總監）建立，旨在用以一種更爲簡單和眞實的風格取代老式的笨手笨腳的戲劇表演方式。劇院以托爾斯泰的《沙皇費多爾・伊凡諾維奇》的首演開始，後來以契訶夫的《海鷗》獲得第一次成功。劇院還上演契訶夫的其他作品和其他作家如高爾基和梅特林克的新作品。其劇團在歐洲和美國巡迴演出獲得極大成功並且影響了後來全世界戲劇的發展。1939年才改名爲莫斯科藝術劇院。

Moscow River ➠ Moskva River

Moscow school　莫斯科畫派　俄羅斯中世紀後期聖像畫和壁畫畫派。莫斯科在驅逐蒙古人的運動中提升到領導地位後，繼諾夫哥羅德畫派之後莫斯科畫派主宰了俄羅斯畫壇。莫斯科畫派的第一次繁榮是在希臘畫家狄奧凡（1330/1340?～1405）的影響下出現的。狄奧凡在約1400年從諾夫哥羅德移居莫斯科，引進了構圖複雜、色彩精美和幾近印象主義的手法。其最重要的後繼者是魯勃廖夫。從1430年到該世紀末，由於蒙古人被驅逐出俄羅斯，莫斯科的聲望雀起，成分也變得複雜。1453年土耳其人侵占君士坦丁堡後，莫斯科成爲東正教的中心，因此俄羅斯東正教的新威望帶來了解釋神話、儀式和教條的新的說教式肖像畫。到17世紀，莫斯科藝術家組成的斯特羅加諾夫畫派主導了俄國畫壇。

《救世主》（1411），畫板畫；莫斯科畫派魯勃廖夫繪
Novosti－Sovfoto

Moscow State University　國立莫斯科大學　莫斯科的國立高等學府。1755年由語言學家羅蒙諾索夫創立，是俄羅斯歷史最久、規模最大、最有聲望的大學。19世紀後期，該校已成爲俄國科學研究和學術的最重要的中心。俄國革命以後繼續保持其優勢，在蘇聯時期繼續擴展。現有350多個實驗室，一些研究所、幾座天文台以及幾座附屬博物館。其學校的圖書館是世界最大的圖書館之一（藏書850萬冊）。註冊學生人數約28,000人。

Moselle River　摩澤爾河　亦作Mosel River。西歐河流，長約545公里。發源於法國東北部，向北流，形成德國和盧森堡之間的部分邊界，再向東北流，在科布倫茨注入萊茵河。該河谷的葡萄園盛產摩澤爾葡萄酒。大部分河道可通航，流經法國的南錫、梅斯和蒂永維爾，以及德國的特里爾。主要支流有奥恩河和薩爾河。

Moser-Proell, Annemarie＊　莫澤－普羅爾（西元1953年～）　原名Annemarie Proell。奧地利女子滑降滑雪運動員。四歲就開始滑雪。1972年在冬季奧運會上獲得滑降滑雪以及曲道銀牌，1980年獲滑降滑雪金牌。她保持了六項女子世界盃賽冠軍的空前記錄，其中包括五連冠（1971～1975）。她在世界盃比賽中所締造的生涯記錄（59次）超過任何男女個人賽記錄。

Moses　摩西（活動時期約西元前13世紀）　猶太教中的先知。根據〈出埃及記〉所載，他出生於埃及，父母爲希伯來人。爲了逃過一項殺死所有希伯來新生兒男嬰的法令，他被放入蘆葦搖籃中漂到尼羅河上。他被法老王的女兒發現，在埃及宮廷長大。在他殺害殘忍的埃及工頭之後，他逃到米甸，雅赫維（即上帝）曾在此顯身於燃燒的樹叢中，召喚摩西將以色列人帶出埃及。在其兄弟亞倫的幫助下，摩西請求法老王釋放以色列人。在神降臨幾次瘟疫給埃及之後，法老王終於同意他的請求，但又派兵追捕他們。上帝將紅海海水分開讓以色列人通過，然後合攏阻擋追趕的埃及人。上帝人和以色列人在西奈山定約，並授摩西「十誡」，摩西繼續帶領人民在荒野流浪了四十年，直到他們到達迦南的邊緣地帶。摩西在未進入上帝應許之地前就去世。據說他是《希伯來聖經》（參閱Torah）前五卷的作者。

Moses, Edwin　摩斯（西元1956年～）　美國田徑運動員。因獲得獎學金而進入莫爾豪斯學院就讀，但在田徑方面表現傑出。1976和1984年在奧運會比賽中獲400公尺跨欄金牌，並在1976～1983年的比賽中連續締造四項世界記錄。

Moses, Grandma　摩西（西元1860～1961年）　原名Anna Mary Robertson。美國風俗畫畫家。1927年她的丈夫死後開始刺繡。後因關節炎放棄刺繡，轉向繪畫。1938年高齡七十八歲的摩西在一家雜貨店舉辦第一次畫展。隨後她創作了1,000多幅有關世紀之交的農村生活懷舊作品（如《感恩節前捉火雞》、《過河去看奶奶》）。到了1939年，她的畫作已在國際上展出，從1946年起她的畫經常被印在節日卡片上。活到一百零一歲才去世。

Moses, Robert　摩西（西元1888～1981年）　美國政府官員。從紐約市市政研究局開始其長期的公職生涯。1919年州長史密斯任命他爲紐約州重建委員會主任。1924年又受派主掌紐約和長島兩個州立公園委員會。在四十年的公職生涯中，摩西大力擴展公園系統，並在市內和城市四周興建了無數的環城公路、橋樑、隧道和住宅計畫，以一種大規模方式的改造城市，通常惹人非議。

Moses de León　萊昂的摩西（西元1250～1305年）　原名Moses ben Shem Tov。猶太神祕論的最重要著作《光輝之書》的作者。生平不詳，但據考證他在1290年以前住在瓜達拉哈拉（西班牙喀巴拉神祕主義擁護者中心），後來四處遊歷。他聲稱發現了古書《光輝之書》，但很有可能這本書是他自己所寫。

moshav＊　莫夏夫　（希伯來語意爲「定居點」〔settlement〕）以色列集體居民點，將私有農地和公共市場結合起來，有時也結合輕工業。莫夏夫的土地屬於國家或猶太國民基金會所有。第一例成功的莫夏夫於1920年代建立。以色列共和國初期新移民都被分配到這些定居點。亦請參閱kibbutz。

Moshoeshoe＊　莫修修（西元1786?～1870年）　亦作姆什韋什韋（Mshweshwe）。南非索托（即巴蘇陀蘭；今賴索托）國的締造者和第一個最高的酋長。1830年代和1840年代他小心的對付英國人和布爾人。在捲入一連串戰爭後，他證明其卓越的戰術才能。1868年英國吞併索托，莫修修的權勢衰減，他的繼任者莫修修二世（1938～1996）是獨立的賴索托首位國王。

Moskva River＊　莫斯科河　亦作Moscow River。俄羅斯西部河流，穿過莫斯科省和斯摩棱斯克省的一部分。全長507公里，流經莫斯科市，在科洛姆納下方匯入奥卡河。向東南流經窩瓦河流域。自莫斯科開始河段可通航，是供應莫斯科市重要的水源。

Mosley, Sir Oswald (Ernald)　摩茲利（西元1896～1980年）　英國政治人物和法西斯主義者。1918～1931年在下院工作，相繼爲保守黨、無黨黨和工黨黨員。在一次造訪義大利以後，於1932年成立英國法西斯同盟。在其追隨者的支援下進行反猶太人的宣傳，在倫敦東部的猶太人聚居區進行具有敵意的遊行，並穿納粹制服。第二次世界大戰期間和他的妻子戴安娜·吉尼斯（南希·米特福德和傑西卡·米特福德之姊妹、希特勒之友）一同被拘禁（1940～1943）。1948年又發起右翼書籍俱樂部的聯合同盟運動。

mosque　清眞寺　伊斯蘭教的公共祈禱場所。「大清眞寺」是集體禮拜的中心和星期五祈禱儀式的場所。雖然清眞寺（起初是一塊聖地）受各地建築風格的影響，但基本上還是很寬敞、有屋頂，有的還有尖塔，且不允許有雕像或畫作裝飾。寺內台階頂端米哈拉布右側的敏拜爾是傳教士的講道壇。有時也有原用於防護參加禮拜的統治者避免遭暗殺的麥格蘇賴。宣禮塔起初只是高台，現在多是塔樓，宣布祈禱時刻者在其上呼喚信徒參加每日五次的禮拜。祈禱時，穆斯林教徒都朝向麥加的克爾白。亦請參閱Islamic architecture。

Mosque of Omar 歐麥爾清眞寺 ➡ Dome of the Rock

mosquito 蚊 蚊科昆蟲，約有2,500種。雌蚊多數需吸血一次後體內的卵才會成熟。各種雌蚊（伊蚊屬、按蚊屬和庫蚊屬）透過吸血會傳播人類疾病，包括黃熱病、瘧疾、絲蟲病和登革熱。蚊體細長，覆蓋鱗片，足細長外觀脆弱。雄蚊食植物汁液，雌蚊有時亦食。蚊的叫聲是翅的快速扇動引起；雌蚊扇動頻率較低，以此可被雄性識別。卵產於水面，孵化為水生幼蟲（孑孓）。在極北地區，幼蟲會凍結成冰過冬。孑孓會被魚和水生昆蟲吃掉，成蟲則會被鳥和蜻蜓吃掉。防治方法包括消除孳生地，水上噴灑油層以阻塞孑孓的呼吸管，以及藥殺孑孓。

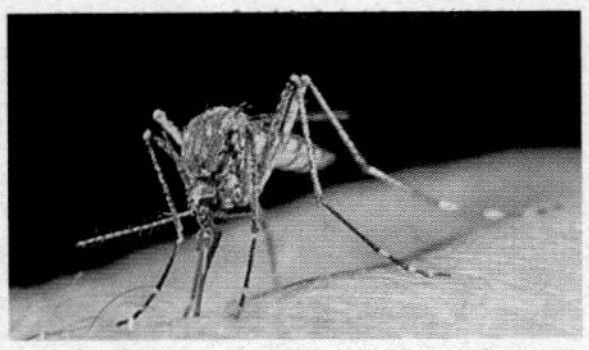
具環洗蚊（Theobaldia anulata）
N. A. Callow

Mosquito Coast 蚊子海岸 亦作Miskito Coast。尼加拉瓜和宏都拉斯東部的沿海地區。包含一塊寬約65公里的低地，沿著加勒比海延伸約360公里。1502年哥倫布曾到過此地，但一直到1655年英國人在此設立保護領地以前，歐洲人很少來此。地名取自莫斯基托印第安人。1850年「克萊頓－布爾沃條約」簽訂以前，為西班牙、尼加拉瓜和美國的爭議地區。1894年併入尼加拉瓜，但是其北部在1960年由國際法庭判給宏都拉斯。主要城鎮為尼加拉瓜埃斯孔迪多河口的布盧菲爾茲。

moss 苔 苔蘚植物門苔綱小型陸上孢子植物，至少10,000種。早在二疊紀（2.9億年至2.48億年前）就已存在，分布於全世界各地除海水外的地區。常見於潮濕陰暗的地方（如森林地面），苔類大小不一，小者只能用顯微鏡觀察，大者長達1公尺以上。苔類可防止侵蝕作用，並釋出養分。其生活史顯示清楚的有性配子體（莖狀和葉狀結構產生卵子和游動的精子）和孢子體（包含直立的莖狀蒴柄，其終端為孢子囊）之間的世代交替現象。苔類也可藉分枝進行無性生殖。有重要經濟價值的苔類是泥炭苔屬的種，可形成泥炭。有許多植物也稱作moss，但它們實際上不是苔類。如愛爾蘭苔是一種紅藻；冰島苔、橡苔和馴鹿苔都是地衣；西班牙苔既指一種地衣，又指一種鳳梨科氣生植物。石松是石松科常綠草本植物。

Moss, Stirling 摩斯（西元1929年～） 英國一級方程式賽車手。1950年於英格蘭贏得他的第一次比賽後，摩斯繼續不斷的贏得勝利，包括英國大獎賽和三次摩納哥大獎賽。1962年的一次意外結束了他的賽車生涯，之後轉入企業界、報界和廣電界。

Mossad＊ 摩薩德 希伯來語作中央情報安全局（Mossad Merkazi le-Modiin U-letafkidim Meyuhadim，英譯名Central Institute for Intelligence and Security）。以色列五個主要情報組織中最重要的機構。負責國外情報搜集、間諜活動以及在外國從事祕密政治活動，其負責人直接向以色列總理報告。在國際上以高效率而著稱。其國外祕密特工據信曾逮捕納粹頭子艾希曼，處決在1972年奧運會上刺殺以色列運動員的幾名殺手，並在恩德比事件行動中奏功。

Mossi＊ 莫西人 布吉納法索和西非其他地方講莫雷語（尼日－剛果語系的古爾語）的民族。現在的莫西社會組織如同以前在莫西諸邦（1500?～1895）一樣，分為皇族、貴族、平民，以前還有奴隸。大領主在瓦加杜古有宮殿。在殖民統治時期，莫西人是森林諸邦與尼日城市的貿易仲介商。如今540萬的莫西人中大部分是定居的農民。

Mossi states 莫西諸邦 西部非洲伏塔河源頭附近的一些獨立王國（1500?～1895），位於現今的布吉納法索和迦納兩共和國內。傳統認為其祖先可能在13世紀時從東方而來，但是王國的起源至今不明。莫西人騷擾馬利帝國和桑海帝國，爭奪對尼日河中游地區的控制權。1400年起，莫西諸邦成為森林諸邦與尼日城市的貿易仲介商。莫西諸邦始終保持獨立，直到19世紀末法國人入侵。

most-favored-nation treatment 最惠國待遇 對一國提供與已作為最惠國的國家以同等的貿易機會（如關稅減讓）的保證。是一種使原來的雙邊協定多邊化，在各國之間建立起貿易機會均等的方法。早在17世紀初，商業條約和協定的條款中就含有保證這種貿易機會均等的嘗試性措施。1860年簽署的英法條約成為以後許多協定的典型，建立了一套連鎖的最惠國待遇所賦予的關稅優惠（參閱tariff），後來擴展到全世界。這種待遇主要是用於徵收進口貨物的關稅上，但特定條款已使最惠國原則擴大到國際經濟交往的其他領域中，包括產權、專利和版權。亦請參閱General Agreement on Tariffs and Trade (GATT)、World Trade Organization。

Mostel, Zero＊ 莫斯提爾（西元1915～1977年） 原名Samuel Joel Mostel。美國演員。最初在百老匯演出，也演電影，但1955年被列入好萊塢的黑名單，此後他主要在紐約劇院工作。他受讚賞的演出包括《尤里西斯在夜城》（1958）和《犀牛》（1961），並以此獲得音樂劇《春光滿古城》（1962）和《屋頂上的提琴手》（1964）。後來的電影包括梅爾布魯克斯的喜劇《製片人》（1968）和伍迪艾倫的《前線》（1976），後者是一部有關黑名單時期的電影。他還是一個很認眞的畫家。

Mosul＊ 摩蘇爾 阿拉伯語作Al-Mawsil。伊拉克北部城市。瀕底格里斯河，在亞述古城尼尼微遺址的對岸。摩蘇爾一直繁盛，直至1258年被蒙古人占領。1534～1918是鄂圖曼帝國的中心。第一次世界大戰後由英國占領，1926年併入伊拉克。是伊拉克第三大城市，西北部的主要商業中心，也是穀物、羊毛、家畜和水果的貿易中心，有一座煉油廠，附近有油田。市內有許多古建築，有些可追溯到13世紀，包括大清眞寺和紅清眞寺。人口664,000（1987）。

Motagua River＊ 莫塔瓜河 瓜地馬拉東部河流。是該國最長的河流，全長550公里，向東和東北流進靠近宏都拉斯邊界的宏都拉斯灣。當地人稱靠近源頭的河段為錫爾巴佩克河，下游叫做格蘭德河。該河為東部河谷所產香蕉、咖啡和水果的主要運輸動脈。

motel 汽車旅館 為駕車旅行的人所設的旅館，設有方便的停車場（名稱由motor和hotel合成）。汽車旅館起源於公路兩旁獨立或附屬經營的小旅館，後來針對商務旅行者、參加會議或商業會議的人以及度假者和遊客提供服務。到1950年由於汽車成為美國的主要旅行工具，汽車旅館也在大型公路附近建立，正如火車站附近建的大旅館。

motet 經文歌 用拉丁文唱的宗教合唱曲，一般只有一個節奏。起源於13世紀，原是舊曲配新詞。由奧加農一部分的複調裝飾樂克勞蘇拉（clausula）直接發展而來，後來分開成單獨的樂曲，同時保留聖詠歌詞無意義的片斷，高音部分則保留有旋律。前半部分通常是聖詩或世俗詩甚至是反教會詩的結合，表明其通常是在宮廷或宗教場所演奏的。經文歌是13世紀最重要的音樂類型，也是發展複調音樂的基本工具。文藝復興時期的聖經文歌（現在只有單段歌詞），由一些作曲家如若斯坎·德普雷、拉索和伯德等創作，但是經文歌在教堂演奏的頻率無從知曉。17～18世紀，盧利、夏龐蒂埃、舒次和巴哈都曾創作過經文歌。約1750年後這種音樂類型逐漸衰退，其顯著的特點也變得鬆散。

moth　蛾　鱗翅目昆蟲。約數千種，除兩極外，廣佈全世界。一般爲夜行性。蛾體比蝶粗壯，色暗，翅小，觸角呈羽狀，休止時翅覆於體背，或向兩側伸展。翅展從4公釐到30公分。生活週期分爲四期，即卵、幼體、蛹和成蟲。多數種類的幼蟲和成蟲吃植物，造成森林、農作物和建築結構的嚴重損害。亦請參閱bagworm moth、gypsy moth、hawk moth、luna moth、miller、saturniid moth、silkworm moth、tiger moth、tussock moth。

Mother Goose　鵝媽媽　一個虛構的老婆婆，被認爲是傳統的兒歌之源。往往被描繪成鷹鉤鼻、尖下巴，騎在飛行的雄鵝背上，最早出現在紐伯里的後代子孫出版的兒歌《鵝媽媽歌》（1781）中。其名字源於佩羅的童話故事集《我的鵝媽媽》。傳說鵝媽媽實際上是波士頓婦人，但這種說法並不確切。

Mother Jones ➠ Jones, Mary Harris

Mother Lode Country　馬瑟洛德地區　美國以前淘金熱的地帶，位於加州中部內華達山脈的山麓。長約240公里，只有幾公里寬。1848年在薩特的莊園發現砂金，帶動了淘金熱潮。馬瑟洛德一詞是由礦工對一種石英主礦脈附帶次要支脈的概念演變而來。1930年代，主礦脈枯竭、政府強行規定價格使該地區金礦開採停止。該地區現在仍散佈有很多荒廢的營地和舊礦鎮。

Mother's Day and Father's Day　母親節和父親節　美國節日。母親節是在西維吉尼亞州格拉夫頓市的哈維斯倡導下成爲全國性的節日，1908年，正式的儀式在格拉夫頓和費城的教堂中舉行。到1911年，全美各州都在五月的第二個星期天慶祝這個節日，美國國會在1914年正式承認母親節。英國是在大齋節的第四個星期天慶祝母親節。父親節是1910年在華盛頓州斯波坎市的陶德和基督教青年會（YMCA）的努力下開始的。慶祝時間是在六月的第三個星期天，1972年成爲正式節日。

Motherwell, Robert　馬瑟韋爾（西元1915～1991年）　美國畫家、作家和教師。十一歲時就獲得藝術獎學金，但在決定成爲眞正的畫家之前分別已在史丹福大學和哈佛大學獲得學位。早期擁護抽象表現主義，其有見識的著作主要是受該運動的影響。在他1949年開始並持續了三十多年創作而成的作品《西班牙共和國哀歌》系列中，他發展了在圖畫平面使用簡樸、寧靜的黑色圖案的方法，以產生一種遲緩而莊嚴的變化之感。他的作品風格多樣，但主要以身爲抽象表現主義的創立者和傑出代表作開路先鋒而出名。

馬瑟韋爾，紐曼攝於1959年
© Arnold Newman

motion　運動　物體位置對另一個物體位置的變化，或物體位置對參照系或座標系的變化。一切運動都沿一定的路徑，而路徑的性質決定運動的特性。平移運動發生在如果一個物體上所有的點都對另一個物體有相似的路徑時。旋轉運動發生在如果一個物體上的任意一條線對另一個物體上的一條線改變取向時。相對於一個移動物體（如在一個行駛的火車上移動）的運動稱相對運動。的確，一切運動都是相對的，但相對於地球以及固定在地球上的任何物體的運動都可看作是絕對運動，因地球運動的影響很小，可以忽略。亦請參閱Brownian motion、simple harmonic motion、periodic motion、uniform circular motion。

motion, equation of　運動方程式　描述物體相對給定參照系運動的數學公式，用物體的位置、速度或加速度來表示。在經典力學中，基本的運動方程式是牛頓第二定律（參閱Newton's laws of motion），該定律把作用在物體上的力與物體的質量和加速度聯繫了起來。當知道了力與時間的函數關係後，就可以推導出物體的速度和位置。其他的運動方程式還有運動物體的位置－時間方程式、速度－時間方程式以及加速度－時間方程式。

motion picture　電影　亦作movie。將膠片上的一連串靜態照片以很快的速度持續放映在銀幕上。電影通常用電影攝影機拍攝，對行動中的人和事物迅速進行曝光；再由電影放映機放映，通常以同步的方法使影像與聲音重現。發明電影機器的人主要是美國的愛迪生和法國的盧米埃兄弟。20世紀初，電影製作集中在法國，但到了1920年代美國成爲電影業的主宰。導演和明星紛紛遷往好萊塢，電影攝影場一家家開設，在1930年代和1940年代達至顛峰，同時他們一般擁有廣大的戲院連鎖系統。1950年代和1960年代時，拍攝電影象徵了一種新的國際主義，獨立製片也開始興起。至今美國電影工業挾其龐大的技術資源仍繼續主宰了全世界的市場。亦請參閱Columbia Pictures Entertainment, Inc.、Metro-Goldwyn-Mayer, Inc. (MGM)、Paramount Communications INC.、RKO Radio Pictures, Inc.、United Artists Corporation、Warner Brothers。

motion sickness　暈動病　從眼睛傳入的訊息和內耳平衡器官傳入的訊息不一致而導致的疾病。例如，暈船是因內耳感覺到船的運動，但眼睛看到的是靜止的船而導致，如此刺激應激性激素分泌和加速胃平滑肌收縮，引起暈眩、臉色蒼白、冒冷汗、噁心和嘔吐。減少速度和方向的變化會有幫助，向後仰靠、盡量使頭部保持不動、閉眼、凝視遠方也有助於減輕暈動病。使用藥物可預防或緩解暈動病，但可能有副作用。按壓手腕上針灸穴位對有些人有幫助。

motion study ➠ time-and-motion study

motivation　動機　導致人或動物爲一定的目標而行動的因素。長期以來動機一直是心理學研究的主要課題。早期的研究者受達爾文影響認爲，人和動物的大多數行爲都是由於本能所致。弗洛伊德主張大多數人類的行爲是建立在無理性的本能衝動或無意識的目的基礎之上。甘農提出，人類基本的驅動力會透過釋放能量來減少生理緊張以保持社會群體的自我平衡。與此相反，行爲心理學者強調外部目標在刺激行動中的重要性，而人文心理學者則檢視知覺需求的作用。認知心理學者發現，動機能使人對與其相關的資訊變得敏感：例如，一個飢餓的主體對食物刺激的感受性比其他刺激大。亦請參閱behavior genetics、human nature、learning。

Motley, Marion　摩特利（西元1920～1999年）　美國美式足球員。生於喬治亞州的利斯堡，大學時代在南卡羅

LMN

來納大學和內華達大學打全衛和線衛。1946年加入克利夫蘭布朗隊司職全衛，打破了種族隔離的藩籬。他是全隊最佳的跑陣者，並幫助布朗隊連續五年拿下冠軍（美國美式足球聯會，1946～1949；NFL, 1950）。

motocross 摩托車越野賽 一種摩托車競賽形式，車手在一段有標誌的自然或仿造的崎嶇不平的路線上比賽。競賽的路線各不相同，但必須長1.5～5公里，沿途有陡坡、急轉彎和泥濘地段。摩托車根據發動機的排出量分組（如125、250和500cc）。摩托車越野賽或許是各種摩托車運動中消耗體力最大的運動。

摩托車越野比賽
Kinney Jones

Motoori Norinaga＊ 本居宣長（西元1730～1801年） 日本神道教學者。起初學醫，後來受到強調日本文學遺產的國學運動的影響。他對日本古典作品的研究爲近代的神道教復興提供了理論基礎。他排除佛儒兩家對神道教的解釋，而從日本古代神話和傳統中尋求神道教的眞正精神。他還強調日本古代「產靈」（即神秘的創造力），使之成爲現代神道教的主要原則。

motorcycle 摩托車 由內燃機驅動的兩輪或三輪車。第一輛摩托三輪車於1884年在英國製造，1885年戴姆勒製成第一輛汽油引擎摩托車。1910年以後摩托車被廣泛使用，尤其是在第一次世界大戰中爲軍隊使用。1950年以後出現了一種更大更重的摩托車，主要用於旅遊和運動競賽。後來主要在歐洲出現了一種腳踏、輕型、低速的電動自行車，另有一種更牢固的義大利製摩托車由於經濟實惠而受到歡迎。

motorcycle racing 摩托車賽 在車道、封閉的環形路線或天然地帶上駕駛摩托車的運動。主要類型有：（1）公路賽，完全或部分的在公用道路上進行。（2）選拔賽，包括公路和非公路賽。（3）高速賽，在一段短程、平坦的橢圓形土地上進行。（4）跑道賽，在一段直的、四分之一哩的公路帶進行。（5）爬山賽，在大的泥土堆積物上進行。（6）越野賽。第一屆國際摩托車公路賽1905年在法國的多爾丹舉行。摩托車賽中最有名的賽事是旅遊盃賽，1907年在英國曼島的一條車道上舉行了首屆旅遊盃賽。北美的摩托車賽開始於1903年，自1937年以來，代托納200哩賽成了美國主要的比賽。

Motorola, Inc. 摩托羅拉公司 美國無線通訊、電子系統和半導體的製造商。總公司設在伊利諾州紹姆堡，1928年由高爾文兄弟（Paul and Joseph Galvin）於芝加哥創立，當時名爲高爾文製造公司。1930年該公司開始販賣一種稱作「摩托羅拉」的低價位汽車收音機。1947年公司改名爲摩托羅拉，次年研發了一種電視機。1952年摩托羅拉取得資格設計貝爾實驗室的電晶體，1956年開始出售給其他製造商。1962年該公司在市場上擁有4,000多種不同的電子零件。1974年摩托羅拉首次將微處理器販售給電腦製造商。1993年該公司同IBM公司和蘋果電腦公司合作首次開發出消費者精簡指令運算（RISC）晶片，即PowerPC。在內建微處理器市場上（如在廚房電器、呼叫器、電視遊戲和掌上型電腦等非常普遍）摩托羅拉成爲領先的製造商。在行動電話系統的開發上也獨占鰲頭。1989年該公司研發了MicroTAC彈蓋行動電話，並很快成爲國際地位的象徵。

Motown 摩城唱片公司 美國首家由黑人經營的大音樂唱片公司，它是各種地區黑人流行樂的開山鼻祖，在1960年代造成極大的流行風潮。1959年由戈迪創立於底特律（Motown是「Motortown」的簡寫字，意指底特律的汽車工業）。第一次奪得全國冠軍的熱門單曲是「奇蹟」合唱團的〈到處逛街〉（1960）和「驚豔」合唱團的〈請等一等！郵差先生〉（1961）。後來加入的藝人包括「誘惑」合唱團、「四頂尖」合唱團、「至上合唱團」、馬文蓋和史提夫汪德等，這些人幕後有一些傑出的編詞作曲家團隊如霍蘭－多濟耶霍蘭、阿什福德和辛普森，他們共同創造了「摩城之聲」，以抒情謠曲的形式合著具有渲染力的伴奏唱出其典型的特色。後來的摩城家族包括「艾斯禮兄弟」、「葛樂蒂與種子」，以及1969年加入的「傑克森五兄弟」（參閱Jackson, Michael (Joseph)）。進入1980年代後，摩城繼續出產由新的藝人（如萊諾．李奇）錄製的暢銷唱片。1971年將總公司遷往洛杉磯，後來在1988年把公司賣給MCA公司。

Mott, Lucretia 馬特（西元1793～1880年） 原名Lucretia Coffin。美國社會改革家和女權倡導者。曾在紐約波啓浦夕附近的公誼會寄宿學校學習，後來在該校任教。1811年與同校老師詹姆斯．馬特結婚，1821年成爲公誼會正式的牧師。馬特夫婦積極反對奴隸制度，馬特夫人並四處演講，提倡社會改革。1848年她和斯坦頓夫人一起組織了塞尼卡福爾斯會議。此後馬特夫人主要從事女權運動、寫作文章和到處演說。南北戰爭後，她繼續爲獲釋奴隸爭取選舉權。

Moultrie, William＊ 莫爾特里（西元1730～1805年） 美國革命軍官。最初在州議會任職（1752～1762），曾與切羅基人作戰並取得軍事經驗。美國革命中，他負責指揮查理斯敦港的沙利文島要塞，並於1776年在此地擊退英軍的進攻。該要塞後來以他的名字命名作爲紀念，莫爾特里也被提升爲准將。1779年在南卡羅來納州波福與英軍作戰，但是因查理斯敦陷落（1780）而投降。後來擔任南卡羅來納州州長（1785～1787、1792～1794）。

Mound Builders ➟ Hopewell culture

Mount, William Sidney 蒙特（西元1807～1868年） 美國畫家。十七歲開始跟隨其兄學畫廣告招牌。在國立設計學會學習素描以後，最初畫歷史題材，但後來轉向風俗畫，並以作品《農村舞蹈》（1830）等獲得成功。所描繪的鄉村生活親切幽默而不傷感，是其時代的寶貴記錄。蒙特是美國最早的和最有名的風俗畫家之一。

Mount Aspiring National Park 阿斯派靈山國家公園 紐西蘭南島西南部公園。1964年建立，面積3,167平方公里，包括南阿爾卑斯山脈的大部分和阿斯派靈山（3,027公尺）。南鄰峽灣地帶國家公園。公園風貌多樣，有冰川、山脈、峽谷、瀑布和山口，還是幾條主要河流的源頭。公園中常見的鳥有吸蜜鳥、鐘雀、扇尾鶲和灰鶯。

Mount Cook National Park 科克山國家公園 紐西蘭南島中西部公園。1953年建立，面積700平方公里，西部與韋斯特蘭國家公園相鄰。沿南阿爾卑斯山脈延伸。境內有二十七座海拔逾3,000公尺的山峰，包括紐西蘭的最高峰科克山，海拔3,764公尺。1/3以上地區終年積雪，並爲冰川覆蓋。

Mount Holyoke College 曼荷蓮學院 私立女子文理學院，位於麻薩諸塞州南哈德利。最初是在1837年由萊昂創建的女子讀書會，是當時美國第一個高等女子教育機構。大學部開設人文、科學、數學以及社會科學課程，曼荷蓮學院參加多所大學院校的交換課程計畫，包括阿默斯特學院、漢普夏學院、史密斯學院及麻薩諸塞大學。現有學生人數約2,000人。

Mount of Olives ➠ Olives, Mount of

Mount Vernon　芒特佛南　華盛頓的家鄉和葬地。位於維吉尼亞州北部，瀕臨華盛頓特區附近的波多馬克河。1751年華盛頓繼承此處地產。靠近這棟18世紀喬治式房屋的是一座簡單磚砌的墳墓，這是依照華盛頓的指示建立的，安放著華盛頓及其妻的遺體。在美國政府拒絕購買此地後，芒特佛南婦女協會籌集200,000美元購買此處的房屋和80公頃的土地，該協會至今仍負責保養該處。

Mount Wilson Observatory　威爾遜山天文台　位於加州帕沙第納附近威爾遜山頂上的天文台。1904年由赫爾（1868～1938）建立，1948～1980年與帕洛馬天文台合併爲赫爾天文台。其直徑2.5公尺的光學望遠鏡使哈伯及其助手能找出宇宙膨脹的證據，並估計其大小。

mountain　山　明顯高出周圍地面的地形，通常有陡坡、狹窄的頂部和相當大的局部地勢起伏。一般認爲山比丘陵大，但該詞並無標準的地質含義。山是因板塊運動引起地球表面的褶皺、斷層或地表向上撓曲（參閱plate tectonics）而產生的，或因火山岩在地面積聚而形成。如印度與歐亞板塊相交的喜馬拉雅山就是由於板塊碰撞所形成的極度壓縮褶皺和大片的隆起地區。環繞太平洋盆地的山脈多是因一個板塊沈降到另一個板塊下面而造成。亦請參閱plateau。

mountain ash　花楸　薔薇科花楸屬幾種喬木，原產於北半球。因其白色花團和亮橘色果實美觀而廣被栽作觀賞植物。最名貴的種類是美洲花楸和引鳥花楸（俗稱歐洲花楸）。歐洲種株高約18公尺，爲美洲種的兩倍高。

mountain goat　石山羊　亦稱落磯山羊（Rocky Mountain goat）。牛科反芻動物，學名Oreamnos americanus。分布範圍從育空地區到美國北部落磯山脈地區。雖形似山羊，但與羚的關係較近。體粗壯，鬐甲部微隆起，肩高約1公尺。兩性均有角，角短，空心，稍向後彎。毛粗，白色，蓬鬆，粗毛下有厚而軟的絨毛。吻細長，有鬚毛。四蹄是黑色的。石山羊是攀岩高手，能跳躍3.5公尺以上。一般成小群棲息於樹線以上，以苔蘚、地衣、灌木葉爲食。

石山羊
Earl Kubis – Root Resources

mountain laurel　山月桂　亦稱闊葉山月桂、美洲月桂。杜鵑花科山月桂屬的常綠灌木，學名Kalmia latifolia，產於北美洲東部的大多數山區。它能長到1～6公尺高，葉呈卵形。玫瑰色、粉紅色或白色的花朵在枝頂大批成簇開放。這種灌木作爲觀景植物而被廣泛種植。

mountain lion ➠ cougar

mountain sheep ➠ bighorn

mountain sickness　高山病 ➠ altitude sickness

mountaineering　登山運動　亦稱爬山運動（mountain climbing）。登高的運動。是一項集體運動，每一名成員都對集體成就做出貢獻，同時也受到集體成就的鼓舞。對登山者來說，登山運動的樂趣不僅在於「征服」一座山峰，而且在於透過個人的艱苦努力，日益提高攀登的熟練程度以及和壯麗的自然界相接觸所獲得的身心上的滿足。不過雖有這麼多的收穫，還是要考慮到其所冒的危險。現代第一個被人征服的高峰是白朗峰，1786年被人攀登。在1865年馬特峰被攀登後，其他的阿爾卑斯山山峰也陸續被征服。到1910年左右，安地斯山脈、落磯山脈和其他西半球的大多數山峰都已被攀登，包括馬金利山（1913）。1930年代開始在喜馬拉雅山出現了一系列成功的登山者，1953年達到頂點，埃佛勒斯峰被希拉里和登京格·諾爾蓋征服。1960年代登山運動越來越成爲一項技術性運動，強調在攀登豎直岩石或冰面時使用專門的錨定、繫繩和鉤抓裝置。

Mountbatten Louis　蒙巴頓（西元1900～1979年）　受封爲蒙巴頓伯爵（Earl Mountbatten(of Burma)）。原名Louis Francis Albert Victor Nicholas, Prince of Battenberg。英國政治家和海軍統帥。巴頓貝格的路易親王之子，維多利亞女王的曾孫。出生於英格蘭，1913年進入皇家海軍，1921年成爲威爾斯親王的副官。第二次世界大戰中任東南亞盟軍最高統帥（1943～1946），並指揮奪回緬甸之戰。後任印度總督（1947），將英國的統治權分別授予新獨立的印度和巴基斯坦，1947～1948年擔任第一任駐印度總督。他也是第一任海務大臣（1955～1959），1959～1965年任英國國防參謀長。1979年在訪問愛爾蘭的航行中，因愛爾蘭恐怖分子在他的船上安放一枚炸彈而被炸死。

Mountbatten family　蒙巴頓家族 ➠ Battenberg family

Mounties ➠ Royal Canadian Mounted Police (RCMP)

mourning dove　哀鴿　鳩鴿科北美洲產普通野鴿，學名Zenaida macroura。尾長而尖，頸側紫粉色。名稱來自他們的叫聲哀淒，令人難忘。有遷徙習性，可從最北方遷徙到最南方過冬。是受歡迎的獵鳥。亦請參閱dove。

哀鴿
Alvin E. Staffan-The National Audubon Society Collection/ Photo Researchers

mouse　小鼠　齧齒目許多體小、到處奔跑的齧齒動物的統稱。小鼠和大鼠不同的地方主要是體型上較小。基本上原產於亞洲，但現在已散播至世界各地。其他的齧齒類（如麋鼠和小囊鼠）也叫小鼠，但無科學根據。小鼠吃穀類、根、果實、青草和昆蟲。它們可造成危害，但多數是對人有益的，它們構成大部分毛皮獸和掠食動物食物中的很大比例，若無小鼠，這些肉食動物將會捕食對人更有價值的動物。實驗用的白老鼠是家鼠的一種。亦請參閱field mouse。

小家鼠
Ingmar Holmasen

mouse　滑鼠　用手控制的電子機械裝置，用於數位電腦圖形使用者界面的互動。滑鼠在平面上四處移動，控制電腦螢幕上的游標移動。配備有一個以上的按鍵，快速按放其中一個按鍵（按一下）或是把按鍵壓住不放並移動滑鼠（按下拖曳）或可以用來選擇文字、啓動程式或在螢幕四處移動項目。

mouse deer 鼠鹿 ➠ chevrotain

Mousterian industry＊ 穆斯特文化期工藝 常與歐洲、西亞、北非的尼安德塔人有關的工具文化，處於第四冰期（玉木冰期）早期（約40,000年前）。穆斯特工具系列包括圓盤狀石核打製成的小手斧，精致的單邊刮削器和三角形尖狀器，石片鋸齒狀石器，還有用作流星錘的石灰岩圓石球。木矛用於獵取大型動物，如猛獁象和披毛犀。穆斯特石器隨著尼安德塔人的消失突然在歐洲消逝。

mouth 口 亦作oral cavity或buccal cavity。食物和空氣進入身體的入口。口腔於唇部向外開口，後通喉，由唇、頰、硬軟顎、聲門等圍成。主要結構有牙、舌和顎。是咀嚼和言語的器官。口腔爲黏膜層覆蓋，包括保持口腔濕潤、清除食物及其他碎屑的小腺體和唾腺。

mouth organ ➠ harmonica

mouth-to-mouth resuscitation ➠ artificial respiration

movie ➠ motion picture

Moyle 莫伊爾 北愛爾蘭地區（1995年人口約15,000）。沿愛爾蘭北部海岸延伸，包括拉斯林島和安特里姆山脈的一部分。據說羅伯特一世1306年曾藏身於拉斯林島上的一個洞穴。巴利卡斯爾是莫伊爾的行政首府。賈恩茨考斯韋角（沿海懸崖）和安特里姆九個峽谷中有五個位於此區。

Moynihan, Berkeley George Andrew 莫伊尼漢（西元1865～1936年） 受封爲莫伊尼漢男爵（Baron Moynihan (of Leeds)）。英國外科醫生和醫學教師。曾撰寫或合編外科治療各種腹部疾病的權威專論，被當作標準課本長達二十年之久的《腹部手術》（1905），以及建立了他臨床醫師的聲譽的《十二指腸潰瘍》（1910）。他強調從手術台上的活體獲得醫學證據而不是從屍體解剖中獲得。他協助成立了《英國外科雜誌》（1913）以及促進全國和國際的外科醫師和專業人士交流的組織。1929年晉身貴族。

Moynihan, Daniel Patrick 莫迺漢（西元1927年～） 美國學者和政治人物。在紐約市的貧民窟長大。他在塔夫茲大學獲得博士學位，1950年代在紐約州政府任職，1961～1965年任職於美國勞工部，曾與人合著有關城市黑人家庭的報告，具有爭議性。1966～1977年在哈佛大學任教，並擔任尼克森政府顧問。1973～1975年任駐印度大使，1975～1976年任美國駐聯合國代表。莫迺漢是民主黨議員（1977年起），主張社會改革，1999年在任期末宣布退休。

Mozambique＊ 莫三比克 正式名稱莫三比克共和國（Republic of Mozambique）。舊稱葡屬東非（Portuguese East Africa）。非洲東南沿海國家。面積771,421平方公里。人口約19,371,000（2001）。首都：馬布多。境內約一半的人口爲操班圖語的非洲人，語言文化群體包括馬夸人、聰加人、馬拉威人、紹納人和堯人。語言：葡萄牙語（官方語）、班圖諸語言、斯瓦希里語。宗教：傳統信仰、基督教、伊斯蘭教。貨幣：美蒂卡（Mt）。莫三比克可分爲兩個大區：南部的低地和北部的高地，被尚比西河隔開。莫三比克屬開發中的中央計畫經濟，主要以農業、國際貿易和輕工業爲基礎，1975年後若干產業收歸國有。政府形式爲共和國，一院制。國家元首暨政府首腦爲總統，由總理輔佐。莫三比克的最早

居民是約在西元3世紀定居該地的班圖人。14世紀時，阿拉伯商人占領了沿岸地區；自16世紀初期起，葡萄牙人統治該地區。奴隸販賣後來成爲莫三比克經濟中重要的一部分，到18世紀中葉販奴被查禁，但仍非法進行。19世紀後期，葡萄牙政府特許私營公司來管理內陸部分領地，1951年成爲葡萄牙的一個海外省。1960年代展開獨立運動，經歷多年戰爭後，於1975年獲得獨立，由莫三比克解放陣線一黨進行統治。1970年代和1980年代的內戰使莫三比克遭受嚴重破壞。1990年的新憲法結束了馬克思主義集體主義，引進民營化、市場經濟及多黨政府。1992年與叛軍簽署和平協議。

Mozambique Channel 莫三比克海峽 印度洋西部海峽。位於馬達加斯加和莫三比克之間，長約1,530公里，寬約400～1000公里，最深處3,000公尺。爲東非重要航運路線，馬達加斯加所有的大河都注入此海峽，馬達加斯加的主要港口馬任加和圖利阿里也濱臨此海峽。莫三比克海岸有尚比西河河口以及馬布多和貝拉港口。

Mozarabic architecture＊ 莫札拉布建築 伊比利半島上在阿拉拍人於711年入侵後，留在半島上的基督教會的建築風格。這種風格顯示出吸收了像是伊斯蘭教裝飾性的主題與形式，運用在馬蹄形的拱門和用肋狀物支撐的圓屋頂上。即使移往非伊斯蘭地區的人們，仍繼續創作莫札拉布式的藝術與建築，因而也有助於將阿拉伯的影響向北傳布至歐洲。9～11世紀遷往西班牙北部的僧侶，他們以莫札拉布風格建造的教堂有許多仍留存下來。靠近萊昂附近的San Miguel de Escalada，是現存莫札拉布式建築中最鉅大的典型，它是由來自哥多華的僧侶在913年所建造與禮拜。亦請參閱Mozarabic art。

Mozarabic art＊ 莫札拉布藝術 莫札拉布建築和宗教藝術。莫札拉布人是西元711年阿拉伯人入侵後居住在伊比利半島的基督教徒。被征服的基督教徒明顯受伊斯蘭文化和藝術形式的影響，其藝術帶有兩種傳統的綜合性。主題內容是基督教的，但風格顯示吸收了伊斯蘭裝飾藝術的題材與形式。伊斯蘭教的影響尤其反映在莫札拉布建築中，採用馬蹄形拱門和肋拱圓頂的結構。透過莫札拉布的移民，伊斯蘭教對藝術方面的影響向北傳到歐洲其他地方。亦請參閱

Mozarabic architecture。

Mozart, Wolfgang Amadeus＊ 莫札特（西元1756～1791年） 原名Joannes Chrysostomus Wolfgangus Theophilus Mozart。奧地利作曲家。小提琴家和作曲家利奧波德·莫札特（1719～1787）之子，誕生於父親出版小提琴演奏法暢銷論著的那一年。他與姊姊瑪麗亞·安娜·娜內爾（1751～1829）都是神童；莫札特四歲時，在無人指導的情況下演奏娜內爾的鍵盤課程。五歲時，他開始作曲，並第一次公開演出。1762年起，利奧波德帶著他們旅行全歐，炫耀著「上帝賜予在薩爾斯堡出生的奇蹟」。他們在第一輪巡迴表演（1762～1769）來到法國和英國，莫札特在那裡，遇到巴哈，並寫下第一首交響曲（1764）。接著是義大利之旅（1769～1774），他在那裡首次見識到海頓的弦樂四重奏，並寫下自己的第一部義大利歌劇。1775～1777年寫出小提琴協奏曲和第一批鋼琴奏鳴曲。1777年他遇到韋伯一家人，即未來妻子的家庭。他的母親死於1779年，莫札特後來回到薩爾斯堡擔任大教堂的風琴師，1781年寫出連環歌劇《克里特王伊多梅尼奧》。由於不滿大主教的統治，1781年離職搬到韋伯家（當時在維也納），開始他的獨立生涯。他娶康斯坦策·韋伯爲妻，教授鋼琴課程，還寫下《後宮誘逃》（1782）和多首偉大的鋼琴協奏曲。1780年代晚期成就達到顛峰，而他把弦樂四重奏獻給海頓（他稱莫札特是現世最偉大的作曲家），《費加洛婚禮》（1786）、《唐·喬凡尼》（1787）、《女人心》（1790）三部偉大的歌劇則採用達·蓬特的腳本，還有卓越的晚期交響曲。晚年他寫作歌劇《魔笛》和最偉大的《安魂曲》（未完成）。儘管事業成功，他卻總是缺錢（可能是賭債和喜愛華服的緣故），必須向朋友大舉借款。他在三十五歲去世，病因可能是腎臟感染。沒有其他作曲家像他一樣在短短一生留下如此不尋常的遺產。

Mozi 墨子（西元前470?年～西元前391?年） 亦拼作Mo-tzu。中國思想家。墨子本是孔子的門徒，但他提出一視同仁的博愛精神，而促成了「墨家」這種宗教運動。墨子和孔子一樣，一生中大部分時間都周遊於封建諸國之間，尋求願意採納其學說的賢主。《墨子》乃是墨子教派的主要著作，此書譴責侵略性的戰爭，並敦促人民以簡樸而無害於人的方式生活。「墨家」曾擁有相當多的信徒，但在西元前2世紀後逐漸沒落而消亡。

MP3 MP3 將聲音訊號壓縮成極小電腦檔案的標準技術和格式。例如光碟（CD）的聲音資料在不犧牲音質下，可以壓縮成原始大小的十二分之一。因爲檔案小且容易從CD來源製作，MP3檔案成爲網際網路上最受歡迎的音效檔案。現在唱片提供MP3格式的試聽歌曲來促銷CD，有些音樂人越過唱片公司，僅以MP3格式來發行歌曲。

MRI ➠ magnetic resonance imaging

MS ➠ multiple sclerosis

MS-DOS＊ MS-DOS 全名微軟磁碟作業系統（Microsoft Disk Operating System）。個人電腦的作業系統。MS-DOS是基於1980年西雅圖電腦公司發展的DOS。1981年微軟公司買下DOS的權利，同年跟著IBM的PC發行MS-DOS。此後，個人電腦的製造大多認可MS-DOS當作電腦的作業系統；在1990年代早期之前共賣出1億份。Windows作業系統是基於MS-DOS的圖形使用者界面程式，在1990年發行3.0版時受到大家喜愛，Windows 95則完全整合作業系統與圖形界面。

MSG ➠ monosodium glutamate

Mshweshwe ➠ Moshoeshoe

MTV MTV 全名音樂電視（Music Television）。美國有線電視網路，建立於1980年，演出新搖滾樂音樂家及歌手的錄影節目。MTV受到全世界搖滾樂迷的擁戴，對流行音樂產業影響極大。不久之後，幾乎所有重要的流行或搖滾表演者都製作錄影帶在MTV上放映，收看這些節目直接影響的將來的銷售。MTV隸屬媒體集團維康公司。

Muawiyah I, al-＊ 穆阿威葉一世（西元602?～680年） 伍麥葉王朝的第一任哈里發（661～680）。出生於一個反對穆罕默德的部族。先知穆罕默德征服麥加並與宿敵和解以後，穆阿威葉才成爲穆斯林。後任大馬士革總督，建立起一支強大且能與拜占庭人抗衡的敘利亞軍隊。他反對阿里登上哈里發的寶座，並最終將其推翻。自己以最強大穆斯林軍隊首領的身分成爲新的哈里發。爲了贏得非敘利亞阿拉伯人的忠心，他開始重視各部族的利益。他將部族的侵略行爲發展成爲反拜占庭人的戰爭，並在北非占領了的黎波里塔尼亞和伊弗利奇亞。爲了管理其龐大的王國，他引進了羅馬人和拜占庭人的管理方法，聘請那些其家人曾爲拜占庭政府效力的基督徒。爲了保證其兒子能繼承王位，他實行世襲制。因爲他背離了穆罕默德的統治方式，而不受虔誠的穆斯林史學家肯定，什葉派教徒也因阿里之死而嫉恨他。儘管如此，在阿拉伯文學作品中他仍被譽爲是理想的統治者。Amr ibn al-As、fitnah、Husayn ibn Ali和Karbala, Battle of。

Mubarak, Hosni＊ 穆巴拉克（西元1928年～） 埃及總統（1981年起）。曾在蘇聯的空軍學院受訓練，作爲空軍司令（自1972年起），在1973年的以阿戰爭中策劃了對以色列的開戰。1975年當選爲副總統。1981年沙達特遇刺後，繼任總統。執政後積極改善埃及和其他阿拉伯國家的關係，力圖恢復埃及在阿拉伯國家中的最有影響力的傳統地位。1990年代興起的伊斯蘭基要主義動搖了其權力基礎。

穆巴拉克，攝於1982年
Barry Iverson/Gamma

Mucha, Alphonse＊ 穆哈（西元1860～1939年） 原名Alfons Maria Mucha。捷克畫家和設計家。在布拉格，慕尼黑和巴黎學習後，成爲貝恩哈特的舞台劇海報的主要設計者，並爲她設計舞台布景和服裝。其大量的海報和雜誌插圖作品使他成爲新藝術風格最重要的設計者。1922年捷克斯洛伐克獨立後，定居布拉格，並爲新成立的共和國設計郵票和鈔票。

《完美的腳踏車》，穆哈在1902年替一家英國腳踏車廠牌所設計的宣傳海報
Posters Please, Inc.

muckraker 黑幕揭發者 美國作家，他們在第一次世界大戰以前從事社會改革和發表暴露文學作品。該名稱源自美國總統西奧多·羅斯福1906年的一篇演講。他在這篇演講中曾援引班揚的《天路歷程》中的一段話，輕蔑地斥責這些作家是「眼睛只能朝下看的

L
M
N

人」。但「黑幕揭發者」一詞也有關心社會和敢於揭發腐敗現象的積極涵義。這個運動是由1890年代的黃色新聞和通俗雜誌引發出來的，比如在1903年的一期《麥克盧爾》雜誌中刊登的斯蒂芬斯、貝克和塔貝爾關於市政、勞工和信任方面的文章。最著名的黑幕揭發小說是辛克萊的《叢林》（1906）。

mucoviscidosis 黏稠液病 ➠ cystic fibrosis

mudang＊　巫堂　韓國宗教中的女巫，以巫術治病、占卜、撫慰亡魂及驅鬼除邪。男巫稱爲覡。巫堂主要的祝典是一種「通神儀式」，載歌載舞，以祈求快樂和驅除邪魔。儀式期間向掌管分娩，收穫和家庭的神靈祈求。舉行儀式前，先在地板上安設祭桌，擺上供品。儀式進行期間，巫堂進入恍惚狀態，神的降臨接受敬拜安撫，再借著巫堂把訊息傳達給求神者。

Mudejars＊　穆迪札爾人　指在基督教徒收復伊比利半島之後仍然留在西班牙的穆斯林（11～15世紀）。他們由於納稅而受法律保護，得以維持自己的宗教、語言和風俗習慣。他們在大城鎮中有特別居住區，並且使用自己的穆斯林法律。到13世紀，他們改用西班牙語，但在書寫中仍保持阿拉伯語的特徵。1492年後，穆迪札爾人被迫離開這個國家，或是要改信基督教。到17世紀初，西班牙穆斯林被驅逐出境的總共達三百多萬人。

mudflow　泥流　即土石流。含有大量懸浮顆粒和粉砂的水流。通常發生在植被不足，不能防止水土流失的陡坡上，但在某些情況下，也可以出現在緩坡上。例如：短時間內的暴雨和易受侵蝕的土質。

Mudge, Thomas　馬奇（西元1717～1794年）　英國製錶工，1765年發明了自由錨式擒縱裝置。這是調節機械錶運轉最可靠的，也是運用最廣泛的裝置。後來從事改進航海時計的工作。

mudor suan＊　成家禮　沃加克人（即烏德穆爾特人，烏拉山脈的住民）的典禮，屆時宣布新家庭成立，新的家庭聖所或氏族聖所神龕正式開幕。成家禮的主要儀式是自祖先聖所（庫阿拉）中取出灰燼，帶到新址聖所，新聖所在地位上從屬於祖先聖所。

mudra＊　手印　佛教和印度教名詞，指以手和手指作出的有象徵意義的姿式，用於典禮、舞蹈、雕塑和繪畫。典禮和舞蹈中的手印達數百種之多，涉及的部位不僅有手和手指而且還有腕、肘和肩。在典禮中，特別是佛教典禮中，手印被視作一種印記，表達某種奧祕或法術性的誓詞或話語，例如祈求祛災。手印往往伴有曼怛羅。

mufti＊　穆夫提　伊斯蘭教教法權威。負責就個人或法官所提出的詢問提出意見。要提出這種意見，通常必須精通《可蘭經》、「聖訓」、經注以及判例。在鄂圖曼帝國時期，伊斯坦堡的穆夫提是伊斯蘭國家的法律權威，負責主持整個法律和神學階層。隨著伊斯蘭國家現代法律的發展，穆夫提的作用日益減小。在今天，穆夫提的職權僅限於遺產繼承、結婚、離婚等個人案件。

Mugabe, Robert (Gabriel)＊　穆加貝（西元1924年～）　辛巴威第一任總理（1980～1987）及總統（1987年起）。在馬克思主義影響下，與恩科莫共同領導了反對史密斯白人政府的游擊戰，終迫使英方同意進行普選。他領導的辛巴威非洲民族聯盟在選舉中輕易獲勝，並與恩科莫領導的辛巴威非洲人民聯盟組成聯合執政。1982年將恩科莫排擠出聯合政府。1984年穆加貝把辛巴威由議會民主制國家轉變爲一黨專政的社會主義國家。在執政期間，力圖平衡日益減少的白人農民、商人跟辛巴威黑人間的利益，減少了對反對派的寬容。

Muggeridge, Malcolm (Thomas)　麥格利治（西元1903～1990年）　英國的作家與社會評論者。1920年代晚期在開羅擔任大學講師，1930年代爲報業工作，第二次世界大戰期間任職於英國情報單位。戰後他重拾新聞工作，1953～1957年在《笨拙週刊》限量擔任編輯。他是一位坦率直言、引起爭議性的評論家，批評任何崇拜偶像的社會現象，以其刺激思考的理智和優雅的散文，針對自由主義與當代生活的其他面相發表評論。早期曾公然宣布是無神論者，但逐漸轉而信奉羅馬天主教。寫了三十多本書，包括諷刺性的小說和宗教性的證道；自1950年代起，他成爲一位廣受歡迎的訪談者、專題座談會成員以及英國電視的紀錄片導演。

Mughal architecture＊　蒙兀兒建築藝術　16世紀中葉至17世紀末在蒙兀兒歷代皇帝資助下盛行於印度的建築風格。蒙兀兒時期的特徵是在印度北部顯著復興伊斯蘭教建築藝術，把波斯、印度和各地方的風格熔於一爐，產生出精美的傑作。白大理石和紅砂岩是這一時期受偏愛的材料。早期蒙兀兒建築大多很少用拱，而代之以梁－柱結構。皇帝沙·賈汗在位時期（1628～1658），蒙兀兒建築藝術達到登峰造極的地步。使用雙穹窿，矩形山牆有凹入的拱道，以及庭園式的周圍環境，均爲這一時期建築物的典型模式。始終注重一個建築物的各部分之間的對稱與均衡，而裝飾工程細部的精美更史無倫比。最高成就是泰姬·瑪哈陵和德里的宮殿堡壘（1638年始建）。

Mughal dynasty＊　蒙兀兒王朝　亦作Mogul dynasty。16世紀早期至18世紀中期統治印度北部大部分地區的穆斯林王朝。其統治者是帖木兒和成吉思汗（元太祖）的後裔，包括七代英明的統治者，他們團結印度人和穆斯林人，以建立統一的印度國。這些傑出的統治者包括王朝建立者巴伯爾（1526～1530年在位），巴伯爾之孫阿克巴（1556～1605年在位）以及沙·賈汗。奧朗則布（1658～1707年在位）在位期間，大大地擴張了王朝疆域，但他的殘暴統治使王朝走向崩潰。派系間爭鬥，王朝戰爭和1739年納迪爾·沙率領下的印度人的入侵北印度導致蒙兀兒王朝的滅亡。

Mughal painting　蒙兀兒繪畫　流行於蒙兀兒王朝（16～19世紀）專作書籍插圖和細密畫的一種繪畫方式。早期的蒙兀兒繪畫是由多人合作完成：一人進行構圖設計，第二個人負責著色，再由一精通肖像畫法的人來完成人物面部。最早作品也許是民間故事《鸚鵡的故事》的插圖。蒙兀兒繪畫主要是一種宮廷藝術，藉著統治者們的資助而得以盛行，當他們不在對它感興趣後，便走向衰落。亦請參閱Mughal architecture。

棲息在岩石上的鳥，繪於1610年左右的蒙兀兒繪畫；現藏印度安得拉邦海得拉巴國家博物館
P. Chandra

Mugwumps　共和黨獨立派　美國歷史上共和黨內奉行改革方針的政治派別。認爲共和黨總統候選人布雷恩政治上腐敗，1884年拒絕支援他競選總統，卻支援民主黨候選人克利夫蘭，並把他視爲改革

家。“Mugwump”一詞源出印第安語，意爲「戰爭領導者」。後在政治俚語中用指「巨頭」，並被一紐約報紙用來指分離黨派。後被用來泛指獨立選舉人。

Muhammad 穆罕默德（西元570?～632年） 亦作Mohammed。阿拉伯先知，他建立了伊斯蘭教。生於麥加，是統治部落的商人之子，六歲時成爲孤兒。他娶了富有的寡婦赫蒂徹爲妻，並與她撫養了六名子女，包括女兒法蒂瑪。根據傳說，610年天使加百列來訪，告知穆罕默德，他就是上帝（阿拉）的使者。這次啓示和教化（記錄於《可蘭經》）是伊斯蘭教的基礎。約613年他開始公開傳道，鼓勵富人救濟窮人，並要求搗毀偶像。他獲得了信徒，但也招來敵人，他們計畫殺害穆罕默德，使他被迫逃離麥加，622年來到麥地那。這次逃亡稱爲希吉拉，標示著伊斯蘭時代的肇始。624年穆罕默德的追隨者打敗了一支麥加軍隊，而625年他們戰敗，但627年擊退了麥加對麥地那的圍攻。629年他控制了麥加，到630年已經掌握整個阿拉伯半島。632年他最後一次旅行到麥加，建立了朝聖的儀式。同年較晚時穆罕默德逝世，葬於麥地那。他的生活、教化、奇蹟此後成爲伊斯蘭教奉獻和思考的題材。

Muhammad, Elijah 穆罕默德（西元1897～1975年） 原名Elijah Poole。美國黑人分裂主義者和伊斯蘭民族組織領袖。他的父母是佃農，曾爲奴隸。穆罕默德於1923年遷居底特律，後加入伊斯蘭民族組織，並在芝加哥創立了該教派的第二座清眞寺。1934年教派創立人法爾德失蹤，穆罕默德繼任該派領袖。第二次世界大戰期間，他因勸阻信徒從軍而被監禁。戰後，他繼續招募黑人穆斯林信徒。他企圖爲非洲裔美國黑人另立一個國家，並宣布黑人是阿拉的選民。穆罕默德的分離主義觀點導致他最著名的門徒馬爾科姆·艾克斯於1964年離教。他在晚年緩和了反白人的論調。

Muhammad I Askia＊ 穆罕默德一世（卒於西元1538年） 亦作Muhammad Ture。西非政治家及軍事領袖。篡奪桑海帝國王位（1493），之後發動一系列侵略戰爭，擴大帝國疆域，使其更加強大。從索尼·阿里之子索尼·巴魯手中奪取政權後，穆罕默德創立了一個以《可蘭經》作爲民法的伊斯蘭國家，該國的官方書面語爲阿拉伯語。他治國有方，1528年王權被其子阿斯基亞·穆薩篡奪。

Muhammad V 穆罕默德五世（西元1909～1961年） 原名Sidi Muhammad ben Yusuf。摩洛哥蘇丹（1927～1959年在位）及國王（1857～1960年在位）。其父去世時，法國人認爲他比他的兩個兄弟更爲順從，任命他爲法屬摩洛哥蘇丹。他的民族主義感情則體現在他的統治中。在第二次世界大戰期間他保護從維琪政權下逃離出來的摩洛哥猶太人。1953年被法國人流放，兩年後，在民族主義者的施壓之下得以返回摩洛哥。1956年達成與法國的談判而使摩洛哥獨立，1957年成爲國王。亦請參閱Hassan II。

Muhammad Ali 穆罕默德·阿里（西元1769～1849年） 鄂圖曼帝國駐埃及總督（1805～1848）。由他建立的王朝一直統治埃及，直至1953年。他重新治理經歷了拿破崙入侵的埃及社會，清除馬木路克，限制埃及商人和工匠的活動，鎮壓所有的農民反抗運動。還將大部分農田收爲國有，引進經濟類農作物，力圖推行工業化，但由於缺少熟練的工人，稅捐太重以及招募農民當兵使得他所付出的努力收效甚微。他成功地鞏固了統治埃及和蘇丹（1841）的宗主權，爲埃及脫離鄂圖曼帝國和英國的統治開了路。亦請參閱Abbas Hilmy I、Ottoman Empire。

Muhammad ibn Tughluq＊ 穆罕默德·伊本·圖格魯克（西元1290?～1351年） 印度北部德里蘇丹國圖格魯克王朝第二代蘇丹（1325～1351年在位），一度征服印度次大陸的大部分地區。爲了控制所征服的南部地區，將都城從德里遷至德瓦吉利。由於強制向德瓦吉利移民，使烏爾都語在德干地區流行起來。試圖臣服當地的烏里瑪（穆斯林傳教士），但未果。向蘇菲派提出的建議也未被採納。其農業改革的內容包括提倡輪作，建立國有農莊，改進灌溉設施。儘管試圖建立一更公正的社會秩序，但其殘暴做法削弱了他的權威：1325～1351年間國內發生暴動達二十二次之多。

Muhasibi, al-＊ 穆哈西比（西元781?～857年） 蘇菲派神學家。在巴格達一富裕家庭長大。他發展理性主義神學，以對話形式來傳授思想，並由其門生記錄下來，所以他的著作仍保持對話的形式。在他的主要著作認爲修行者應盡量減少禁欲主義，應更常拋頭露面，但要加強內心自省。在晚年被看作是異教徒，而遭受迫害。後來人們認爲是他率先提出了穆斯林正統派學說。

Muhlenberg family＊ 穆倫貝爾格家族 在美國賓夕法尼亞州和路德宗的歷史上享有聲譽的家族。亨利·梅爾希奧·穆倫貝爾格（1711～1787）從德國移民到賓夕法尼亞州，擔任紐約至馬里蘭教區所有路德宗的主管。1748年組織美洲第一個路德宗大會。其長子約翰·彼得·加布里埃爾·穆倫貝爾格（1746～1807）是路德派牧師，曾大陸軍將領和國會議員。次子弗雷德里克·奧古斯塔·康拉得·穆倫貝爾格（1750～1801），亦爲路德派牧師，曾任大陸議會議員，後成爲美國衆議院第一位議長；其孫威廉·奧古斯塔（1796～1877）爲聖公會牧師，他在長島創立了聖保羅大學，並在紐約創建聖盧克醫院。弗雷德里克·奧古斯塔的外甥弗雷德里克·奧古斯塔·穆倫貝爾格（1818～1901）爲路德宗傳教士，教育家，賓夕法尼亞州亞林敦市穆倫貝爾格學院首任院長。

Muir, John＊ 繆爾（西元1838～1914年） 美國博物學家，自然資源保護者。生於蘇格蘭。1849年全家移民到美國威斯康辛州。1867年的一次車禍使他放棄原先從事的機械工作，而投身於自然研究。1876年他致力於要求聯邦政府制定森林保護政策。他的文章促使公衆贊成克利夫蘭總統提出的不對國家森林進行商業性開放的提議，還影響羅斯福總統的大規模自然保護計畫。是籌建紅杉國家公園和優勝美地國家公園（1890）的主要負責人。繆爾還是峰巒俱樂部（1892～1914）的創立者和第一任主席。1908年政府在加州馬林縣建立了繆爾樹林國家保護區。

繆爾
By courtesy of the Library of Congress, Washington, D. C.

Muir Woods National Monument 繆爾樹林國家保護區 美國加州北部的國家森林。爲沿海原始紅杉林。鄰近加州太平洋沿岸，占地224公頃，位於舊金山西北方。有的樹高逾90公尺，樹幹直徑達5公尺，樹齡超過2,000年。該保護區設於1908年，爲了紀念繆爾而得名。

Muisca 穆伊斯卡人 ➠ Chibcha

mujahidin＊ 伊斯蘭教戰士 （阿拉伯語意爲「戰鬥者」）阿富汗的游擊反叛軍，反對俄羅斯軍隊入侵（1979～1992）及執政的阿富汗共產黨政府。由於內部政治分裂，他們的軍事行動在阿富汗內戰期間一直未能取得一致。1992年多個不同的反叛組織將共產黨籍的總統納吉布拉驅逐下台後，敵對團體之間在1992年起相互交戰，1994年才由塔利班統合各方勢力。兩年後塔利班攻陷喀布爾，並建立律法嚴格的伊斯蘭教國家。

Mukden 奉天 ➠ Shenyang

Mukden Incident＊ 瀋陽事變（西元1931年） 亦稱九一八事變。侵占中國東北瀋陽市的事件。鑑於俄國來自北方的壓力以及蔣介石日益成功地加強了中國的團結，日本在東北的駐軍利用他們鐵路沿線的爆炸事件爲藉口而占領瀋陽。在駐朝鮮日軍的增援下，日軍在三個月內完全占領了東北。中國人撤出，而讓日本人建立了滿洲國。

mulberry family 桑科 蕁麻目的一科，約40屬，逾1,000種落葉或常綠喬木和灌木，多數分布在熱帶和亞熱帶地區。含有白色乳汁。多數種的果是複果。一些屬的果可食，例如桑（桑屬）、無花果（最大的屬－－榕屬）和麵包果。桑蠶食用白桑以外的所有桑葉。該科觀賞植物有紙桑及桑橙。其他還有置於辦公室通道的橡膠樹和分布廣泛的榕樹。

mule 騾 公野驢和母馬雜交的後代。公馬和母野驢雜交的情況不多，生出的是驢騾，體型比一般騾小。騾通常無生殖能力。騾的高度、皮毛的均勻度、頸部和臀部的形狀與馬相似。它在頭部短而粗、耳長、肢瘦、蹄小和鬃毛短等方面像驢。騾的毛色通常爲棕色或栗色。騾平均約高120～180公分，重275～700公斤。至少3,000年之前使用騾作馱畜，因爲它能吃苦耐勞。

mule deer 騾鹿 偶蹄目鹿科動物，學名爲Odocoileus hemionus。耳大，分布於北美西部，獨居或夏季在高緯度區及冬季在低緯度區會小群棲息。肩高90～105公分，毛色夏季淺黃至淺紅褐色，冬天淺灰褐色。尾白色具黑尖，但太平洋西北部的一個亞種黑尾鹿，尾的上面全爲黑色。雄體有角，成年後每角有5叉。與白尾鹿有親緣關係。

mullah＊ 毛拉 伊斯蘭教內用於學者或宗教領袖的稱號，特別是中東和印度次大陸。意爲「主人」，在北非也曾被用在國王、蘇丹和貴族的名字前。現稱毛拉者，多爲宗教領袖，包括宗教學校的教師、精通教會法典的人、伊瑪目和誦經人。該詞也用來指贊成伊斯蘭傳統教義的整個階層。

Muller, Hermann Joseph＊ 墨勒（西元1890～1967年） 美國遺傳學家。曾就讀於哥倫比亞大學。最初的研究動機是想有意識地引導人類演化的方向，爲此他加入蘇聯遺傳學研究所的工作。1940年返回美國以前曾在西班牙內戰中爲共和黨人提供援助；後來主要是在印第安納大學任教（1945～1967）。1926年第一次用X射線誘發基因突變，並證實了基因突變是由染色體受損以及單個基因變化造成的。1946年獲諾貝爾生理學或醫學獎後，這使得他有更多機會警告人們，工業化和輻射會使人類基因自然變異增多，他還警告人們要注意輻射對人類後代的危險。

Müller, Johannes Peter＊ 米勒（西元1801～1858年） 德國生理學者、比較解剖學家和自然哲學家。曾先後在波昂大學和柏林大學學習，後在這兩所大學教書。他最重要的成就是發現每一種感覺器官以它自己的特殊方式對不同的刺激作出反應。因此，只是由於感覺系統產生的變化，我們看到了外部世界的現象。他在生理學、演化論和比較解剖學領域的研究，使人們對反射、血液和淋巴液的分泌、凝固和成分以及視覺和聽覺有了更多的認識。他對癌細胞組織的研究使得病理組織學開始成爲一獨立的科學領域。

mullet 鯔 鯔科多種有經濟價值的群棲性魚類的統稱。近100種，遍及所有溫、熱帶區水域，常見於沿岸淺水帶，以挖取泥沙中的微小動植物和其他食物爲生。體色銀白，長30～90公分，鱗大，口鼻部短，體呈雪茄煙狀；尾鰭分叉；背鰭二個，第一背鰭有四根硬棘。普通鯔（即條紋鯔）因生長迅速，是見於世界各地的著名魚類。

Mulligan, Gerry 馬利根（西元1927～1996年） 原名Gerald Joseph Mulligan。美國薩克管演奏家、鋼琴家、樂曲改編家及作曲家、樂隊指揮。酷派爵士樂（參閱bebop）最著名的代表之一。1946年在克魯帕大樂隊從事樂曲改編工作，後自己創作改編樂曲，並參與邁爾斯戴維斯九重奏的〈酷派爵士的誕生〉的錄音工作（1949）。1952年在洛杉磯自組以小號手查特貝克爲主導無鋼琴伴奏四重奏。

Mullis, Kary B(anks) 馬利斯（西元1944年～） 美國生物化學家。在加州大學柏克萊分校獲博士學位。1982年發明聚合酶鏈反應（PCR），通過該反應，科學家能夠測定出基因上核苷酸的順序，利用指紋採樣上的DNA模式識別身分，研究人類演化，進行醫學診斷。曾在鯨魚公司工作，他在這裡進行的研究使他後來獲得諾貝爾獎。以後作自由職業的顧問。1993年與史密斯（1932～）共同獲得諾貝爾化學獎，以其隨心所欲的個性而聞名，同時也以他打破舊習的觀念和著作，其中包括《迷幻藥、外星人，還有一個化學家》（1998）。

Mulroney, (Martin) Brian＊ 穆羅尼（西元1939年～） 加拿大總理（1984～1993）。在英、法雙語系的環境中成長。1965年起在蒙特婁從事律師業。1974年擔任調查魁北克建築業罪行的委員會委員。1977～1983年任加拿大鐵礦公司總裁。1983年6月穆羅尼在進步保守黨黨代表大會上當選爲黨魁。1984年該黨在大選中以壓倒性多數選票擊敗自由黨，穆羅尼遂成爲該國總理。他成立了魁北克民族主義者和西部保守主義者的聯合政府，提倡統一，但又將魁北克看作是「特殊的社會」。他與美國合作處理酸雨和貿易政策，並參與北美自由貿易協定的談判。1993年自政界退休。

穆羅尼，攝於1993年
Rick Friedman/Black Star

Multan＊ 木爾坦 巴基斯坦中部城市，位於傑納布河河畔。該城歷史悠久。西元前326年被亞歷山大大帝占領。西元712年落入穆斯林人之手。三個世紀以來一直是伊斯蘭國家邊區村落，當時的伊斯蘭國家即爲印度。後先後臣服於德里蘇丹國和蒙兀兒帝朝，後被阿富汗人（1779）、印度錫克教徒（1818）及英國人（1849～1947）入侵。今日，該城市是工商業中心，有紡織廠、玻璃廠，還擁有家庭手工業，包括陶器場和駱駝皮加工廠。擁有大量的穆斯林神殿和印度寺院。人口742,000（1981）。

multimedia 多媒體 電腦化的電子系統，讓使用者控制、結合與處理不同類型的媒體，如文字、聲音、視訊、電腦繪圖與動畫。最常見的多媒體機是配備音效卡、數據機、數位揚聲器與唯讀光碟的個人電腦。商業發展的互動式多媒體系統包括帶有電腦界面的有線電視服務，可讓觀衆和電視節目互動；高速的互動影音通訊系統藉由光纖線路或數位無線傳輸傳送數位資料；虛擬實境系統創造小規模的人工感官環境。

multinational corporation 多國公司 亦稱跨國公司（transnational corporation）。凡是同時在一個以上的國家註冊與經營業務的公司都是多國公司。一般多國公司是在一國設立總部而在其他一個或更多的國家經營其獨資或合資的附屬公司。從經濟方面說來，建立多國公司的好處有兩個方面，即垂直和橫向的規模經濟（即擴大生產規模而導致成本的降低）。批評者通常是將其看作本國經濟的破壞者，容易形成壟斷。亦請參閱conglomerate。

multiple birth 多胞胎生產 一胎產一仔以上的分娩。比較常見的是雙胞胎。約80例生產中就有一例。雙胞胎由同一受精卵發育而來，該受精卵分裂成兩個同樣的胚胎（儘管其生理特徵在發育過程中會發生變化）；孿生的發生沒有規律性，但在年長母親中出現較多。兩細胞團若不完全分裂，或分裂太晚，則將形成連體雙胞胎。雙胞胎在黑人種族中最常見，亞洲人中最少見。也易出現在有孿生兄弟的家族裡。醫學上和心理上對雙胞胎的研究是對同卵雙胞胎和異卵雙胞胎進行對比，以研究基因對性格和疾病的影響。其他類型的多胞胎包括同卵，異卵或二者結合。助孕藥的使用增大了多胞胎的出現頻率。

multiple integral 重積分 微積分學上，多變數函數的積分。在一個區間內單變數函數的積分，所得結果是面積；在一個面積對雙變數函數作二重積分，結果爲體積。三變數函數的積分是三重積分，以此類推。就像單一積分，這些式子對於計算輸入數值變化導致的函數淨變化相當管用。

multiple personality disorder 多重人格 亦稱解離身分疾患（dissociative identity disorder）。一種罕見的精神障礙，即在同一人身上發展出兩種或兩種以上明確而獨立的人格特點。其中每一種人格皆可交替抑制個人意識，以排除其他人格；於多重人格的較常見型中，則有一個基本上支配著個人意識的人格。通常不同的人格彼此對事情的看法及氣質、身體語言皆明顯相異，並會爲自己取不同的名字。多重人格被認爲是源於心理過程的分裂，即當個體面對使其感到痛苦、不安和無法接受的情境時，脫離了意識對其思想、情感、記憶和其他心理獲得的控制所產生的反應。治療上須將分離的人格重新整合爲一個整體。

multiple sclerosis (MS) * 多發性硬化 一種腦和脊髓的疾病，發病機制爲一種致病因子逐漸地、局部地侵襲神經纖維髓鞘，導致神經衝動暫時中斷或傳導紊亂。早期症狀包括肢體虛弱或顫抖，視力問題，感覺障礙，步態不穩，尿瀦留或失禁等。隨著病情加重，有些症狀會困擾病人終生，最後導致完全癱瘓。患者罹病後平均仍可活二十五年，但急性病人的病情在數月內即急遽惡化。病因不詳，還未找到有效的治療方法。腎上腺皮質類固醇可緩解症狀。多發性硬化的病因有可能是神經纖維髓鞘被侵襲致免疫系統的反應有所缺失；目前已知病因爲多種常見病毒。飲食因素也會造成多發性硬化。

multiplexing 多工 在單一通道或線路同時傳輸多重（而且獨立）訊號的過程。由於訊號是以複雜的傳輸方式傳送，接收端必須將個別訊號分離。多工的主要方法有二：分時多工及分頻多工。在分時多工（用於數位訊號），給設備一定的時間縫隙來使用通道。在分頻多工（用於類比訊號），通道切割成次通道，每個通道具有不同的頻率寬度，指定給特定的訊號。光纖網路可以使用高密度波分多工，不同的資訊訊號以不同波長的光在光纖介質中傳送。

multiplier 乘數 經濟學用語，可以顯示某個經濟變數對其他變數具有變化效果的數字型參數。一個總體經濟學的乘數，也就是自主性支出乘數，關係到國家總體投資對國家總體收入變化的影響；乘數等於收入改變對投資改變的比值。舉例來說，如果經濟上的總投資增加100萬元，連鎖反應導致的消費增加就會將之抵銷。假設一個收入100萬元投資計畫，使用原料及雇用工人共占收入的五分之三，也就是60萬元，將會造成其他收入之增加；因爲他們所購買財貨的製造者，會反過來使用五分之三的新收入去消費。這種持續反覆過程中的收入增加之總量，可以由代數公式計算求得，在這個案例當中，乘數就等於1/（1-3/5），也就是2.5。意思是說100萬元的投資可以創造出250萬的收入增加。其他乘數還包括「貨幣乘數」（money multiplier），可以測量因爲貨幣政策改變而造成的貨幣創造；「政府支出乘數」，可以測量財政政策改變造成的國家收入改變；「稅收乘數」（tax multiplier），可以測量稅賦政策改變造成的國家收入改變等。乘數的概念在1930年代被凱因斯用之作爲測量政府支出效果的工具，當時曾大爲流行。

multiprocessing 多重處理 電腦術語，指電腦中的兩個或兩個以上處理器（參閱central processing unit (CPU)）同時處理同一程式（指令集）的兩個或兩個以上不同部分的運行狀態。在這樣一個系統中，每個處理器都在執行一個不同的程式或一系列指令，因此速度比只有一個處理器的系統（也就是說只有一個處理器在執行指令）處理速度快。由於處理器有時必須使用相同的資源（如兩個處理器必須同時寫入同一個磁片時），名爲工作管理員（task manager）的系統程式不得不協調處理器的工作。

multitasking 多工 電腦運作的模式，電腦在相同時間執行多項工作。一項工作是電腦程式（或程式的一部分）可以作爲獨立執行的存在。在單一處理器系統，中央處理器可以進行先占式多工（亦稱爲分時多工），在執行某個程式的一部分，接著切換到另外一個程式，再回到第一個程式上面。多重處理系統，每個處理器可以處理一項獨立的工作。

Mumbai * 孟買 舊稱Bombay。位於印度西海岸，爲馬哈拉施特拉邦首府。該城市部分位於孟買島上，與孟買港和阿拉伯海相接。爲印度主要港口，屬世界上人口最多最稠密的城市之一。1534年被葡萄牙人占領。1661年布拉干薩的凱瑟琳嫁給查理二世時，被作爲嫁妝送給英國人。1668年交由東印度公司，並在1672年成爲該公司的總部。1708年成爲英國在印度的權力中心。1869年蘇伊士運河開通後，成爲印度最大的貨物集散中心。至今仍是該國的經濟中樞，主要的金融、商業中心以及文化教育中心，同時也是印度電影業的基地。人口約16,368,084（2001）。

Mumford, Lewis 芒福德（西元1895～1990年） 美國建築評論家、城市規畫設計師和文化歷史學家。曾在多所大學任教，並爲《紐約客》和其他雜誌撰稿。其著作有《技術與文明》（1934）、《歷史名城》（1961）和《機器的神話》（3卷，1967～1970），他分析了技術和城市化對人類社會的影響，批評現代技術社會非人化的趨勢，強烈要求這種社會和人文主義目標、願望相一致。亦請參閱urban planning。

mumming play　假面啞劇　亦作mummers' play。一種至今仍流行於英格蘭和北愛爾蘭少數村莊的傳統戲劇式娛樂，劇中一位得勝者在戰鬥中被殺死，而接著被一位醫生救活。假面啞劇很可能與爲農業年中的重要階段舉行的原始儀式有關。其名字與咕噥（mumble）、啞巴（mute）以及意爲「面具」的非英語詞相關。假面啞劇演員本來是一幫帶面具的人，他們在歐洲的冬季節日裡上街遊行，並進入住宅中跳舞或默默地玩擲骰子遊戲。

mummy　木乃伊　依照古埃及人的方法用防腐劑塗抹或處理以後而埋葬的屍體。在埃及，其方法隨時代而變，但總不外乎切除臟腑、用松脂處理並用細麻布包裹屍體。（後來改爲把臟腑處理後放回原處）。其他民族中也有處置屍體的方法，如居住在托列斯海峽沿岸巴布新幾內亞附近的各民族以及印加人。

mumps　流行性腮腺炎　亦作epidemic parotitis。急性病毒性傳染病，特徵爲唾腺炎性腫脹。常在五～十五歲兒童中流行。最早的症狀爲低熱、畏寒，隨即耳前腮腺部位腫脹、發硬，腫脹常爲兩側性。腫脹迅速增劇，並蔓延至頸部及顎下，疼痛輕，不發紅，但咀嚼及吞嚥困難。青春期後的患者偶見其他腺體遭受感染，但通常並不嚴重。睪丸或可萎縮，但因此不育則少見。常伴發腦和腦膜的炎症，但痊癒機會極大。流行性腮腺炎本身無需治療，一旦感染便終生免疫。可以注射疫苗方式預防。

Muna Island＊　穆納島　印尼蘇拉維西島嶼。位於弗洛勒斯海內。長101公里，寬56公里，面積2911平方公里。地勢起伏，多森林，海拔445公尺。穆納人爲操澳斯特羅尼西亞語的穆斯林民族。從事簡單農業，主要農產品是稻米和塊莖作物。有東南亞疣豬和袋猴在島上出現。位於東北海岸拉哈爲該島的主要城鎮和港口。人口174,000（1980）。

Munch, Edvard＊　孟克（西元1863～1944年）　挪威著名油畫家和版畫家。童年父母雙亡，兄妹也相繼離開人世，另一妹妹有患有精神病，這一切都給他的人生和藝術創作烙下了深刻的印記。沒有接受過太多正規訓練，但克里斯蒂安（今奧斯陸）一些藝術家的鼓舞，以及接觸印象主義和後印象主義，使他得以發展出極具獨創性的風格。1890年代創作了一系列以愛和死亡爲主題的作品，這些作品被看作是他對現代藝術的卓越貢獻。1903年創作的《吶喊》是其最著名的作品，被看作是現代人類精神極度苦悶的象徵。他的蝕刻版畫、平版畫以及木刻都和其繪畫有著相似的風格和主題。1908～1909年曾患精神分裂症，所接受的治療爲其作品帶來了一絲積極的、外向的色調，但其作品再沒有了往日的強烈度。

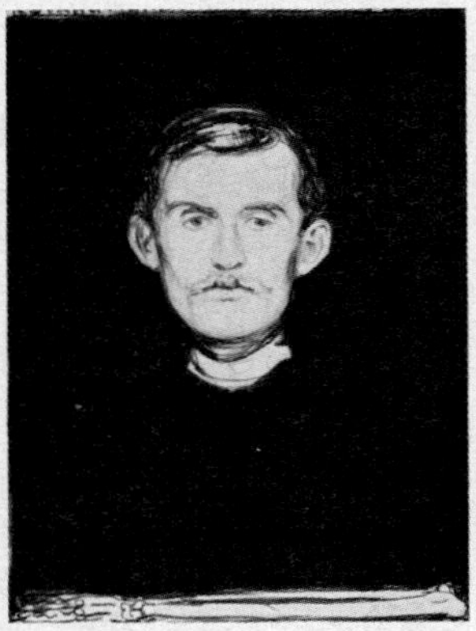

孟克的自畫像，平版畫，製於1895年；現藏維也納阿爾貝特版畫收藏館
By courtesy of the Albertina, Vienna

Munda, Battle of＊　蒙達戰役（西元前45年）　龐培與凱撒的一次交戰。羅馬內戰也由此結束。兩軍在西班牙相遇，龐培的兒子們發動造反，並奪取哥多華。凱撒將龐培的軍隊從高地引誘下來，與之交戰。叛軍命分遣隊去迎戰凱撒的騎兵衝鋒隊，卻被認爲是落荒而逃的撤退兵，凱撒於是宣布獲勝。

Munda languages＊　蒙達諸語言　與孟－高棉諸語言同屬南亞諸語言，約有十七種語言的語系。使用於印度、孟加拉國和尼泊爾等地，使用者逾700萬人，大多居住在丘陵和森林地區的部落。其中較爲重要的包括桑塔爾語，有400多萬居住在奧里薩邦北部、比哈爾邦南部和東部、孟加拉西北部以及尼泊爾和阿薩姆邦交界地的使用者；荷語，約有75萬使用者，主要分布在比哈爾邦和奧里薩邦；蒙達里語，約有85萬使用者，分散在印度東北部；以及處在最西部的科爾庫語，約有32萬使用者，主要居住在中央邦南部和馬哈拉施特拉邦北部。蒙達諸語言與其他南亞諸語言的區別在於其語形學的複雜性和採用主語－賓語－謂語的語序，而不是主語－謂語－賓語的語序。

Mundell, Robert A(lexander)　孟岱爾（西元1932年～）　加拿大出生的經濟學家，因貨幣動力學及最適通貨區域理論的卓越成就，獲得1999年諾貝爾經濟學獎。1953年在英屬哥倫比亞大學取得學士、1954年在華盛頓大學取得碩士、1956年在麻省理工學院取得博士，而後1956～1957年在芝加哥大學教授經濟學，1974年起轉赴哥倫比亞大學任教至今。孟岱爾透過爲國際貨幣基金會作研究，分析匯率和貨幣政策的效果。1961年他提出理論，指出一個勞動力和貿易自由流動的經濟區域，可以支持一種單一貨幣。他的理論後來被應用於歐洲聯盟1999年1月1日發行的新貨幣歐元。

Munich＊　慕尼黑　德語作München。德國巴伐利亞州首府。位於伊薩爾河沿岸，該城1158年左右建於一修道院的舊址。在維特爾斯巴赫家族統治期間成爲巴伐利亞首府。在19世紀發展成爲音樂和戲劇中心。第一次世界大戰後成爲右翼政治勢力暴亂的中心；1923年希特勒在當地啤酒店暴動反對巴伐利亞當局。後來亦成爲納粹黨的活動地。1938年在此地簽定了慕尼黑協定。在第二次世界大戰期間遭受盟軍的嚴重轟炸。部分中世紀建築得以倖免，包括大教堂和市政廳。慕尼黑是一個以衆多博物館、製造業以及啤酒釀造而聞名的商業、文化、教育、工業中心。人口約1,236,000（1996）。

Munich, University of　慕尼黑大學　德語作Ludwig-Maximilians Universität München。由德國巴伐利亞資助、有自治權的大學。1472年在因戈爾施塔特仿照維也納大學建立。在宗教改革時期，成爲天主教反對馬丁・路德的中心。1799年該校成立經濟學院和政治學院。1826年遷至慕尼黑，並增設農業和技術課程。目前註冊學生數爲60,000。

Munich agreement　慕尼黑協定（西元1938年9月30日）　德國、英國、法國和義大利達成的關於允許德國兼併捷克斯洛伐克蘇台德地區的解決辦法。希特勒威脅占領捷克斯洛伐克的德裔居住區，以達到統一歐洲德裔居住地區的目的。雖然捷克斯洛伐克向法國和蘇聯表達反對，但法蘇認爲蘇台德的德裔人口占大多數，應該歸還德國。希特勒要求這個地區的捷克斯洛伐克人離開，但遭捷克斯洛伐克拒絕。英國首相張伯倫建議一項協定允許德國占領該地區，但德國要同意未來所有的變化需經過協議來解決。這個成爲綏靖政策的同義詞的協定，當希特勒在翌年併吞捷克斯洛伐克其他地區時，便已不具任何作用了。

Munich Putsch ➠ Beer Hall Putsch

Muñoz Marín, Luis＊　穆尼奧斯・馬林（西元1898～1980年）　波多黎各政治家。擔任過四任波多黎各總督

（1948～1964）。早年在美國受教育。回國後任《民主報》的編輯。1932年當選參議員。在其政治生涯早期鼓吹完全擺脫美國獨立，後與美國派駐的總督緊密合作，以改善波多黎各的現況。成功實現了旨在快速發展經濟的「自力更生行動計畫」。波多黎各有權選舉自己的總督後，他在1948年以壓倒多數票當選，並多次連任。他實現了將波多黎各建成一聯邦的願望。

Muñoz Rivera, Luis＊　穆尼奧斯・里維拉（西元1859～1916年）　波多黎各政治家、出版家和愛國者。1889年創辦《民主報》，鼓吹實現波多黎各的自治。為1897年從西班牙人手中取得波多黎各特許狀的重要人物。第一屆自治內閣首腦。在西班牙將波多黎各移交給美國之後辭職。其子穆尼奧斯・馬林後來成為波多黎各政總督（1859～1916）。

Munro, Alice＊　芒羅（西元1931年～）　原名Alice Anne Laidlaw。加拿大作家。生於安大略省的文漢，她的短篇故事以描繪聞名，故事背景通常設定在安大略的鄉間，並且充斥了擁有愛爾蘭北部蘇格蘭移民後裔血統的角色。作品有《歡樂幽靈之舞》（1968）、《你以為自己是誰？》（1978）、贏得總督文學獎的《愛的前進》（1986）。其他選集有《有件事我一直想對你說》（1974）、《朱庇特之月》（1982）、《我年輕時的朋友》（1986）、《公開的祕密》（1994）、《善良女子的愛》（1998）。

Munsey, Frank Andrew　孟西（西元1854～1925年）　美國報刊發行人。經營過一家電報局，後赴紐約，隨即創辦兒童雜誌《金色的大商船》（1882），後改名為《大商船雜誌》；1889年創辦《孟西雜誌》，為美國最早廣泛發行的帶插圖的廉價雜誌。他購買了幾家巴爾的摩和紐約的報紙，後為了贏利將其中幾家進行合併。他將其出版的報刊看成純營利的事業，維持中間立場的編輯政策。他大部分財產都捐贈給紐約市大都會藝術博物館。

Münster＊　明斯特　德國西部城市（1993年人口約267,000）。804年設主教區。1068年得名明斯特。1137年設建制。13世紀成為漢撒同盟的成員，1535年被再洗禮派信徒侵占。1648年「西伐利亞和約」在此地簽訂。1815年成為普魯士西伐利亞州首府。儘管在第二次世界大戰中遭到嚴重破壞，但大部分古建築已修復或重建，包括13世紀的大教堂和14世紀的市政廳。該市還是西伐利亞州的文化中心。

Munster　芒斯特　愛爾蘭南部的省（1991年人口約790,000）。該地區的南部曾由一個部落統治，到西元400年左右該部落已逐步將其勢力範圍擴展到芒斯特。北歐海盜在10世紀入侵該地，並最終在沃特福德和利默里克定居。12世紀遭昂格魯－諾曼人入侵後，由費茲傑羅和巴特勒家族統治。現包括克萊爾、科克、凱里、利默里克、提派累立（北瑞丁和南瑞丁）和沃特福德等郡。

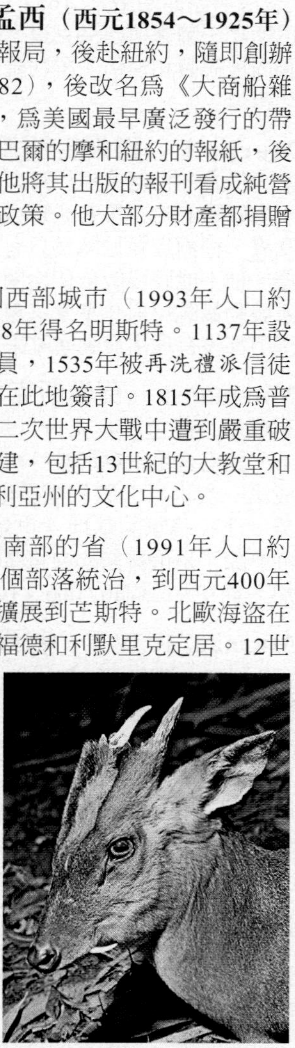

Muntiacus reevesi，麂屬的一種
Kenneth W. Fink－Root Resources

muntjac＊　麂　亦稱吠鹿（barking deer）。偶蹄目鹿科麂屬7種獨居小型亞洲鹿的統稱。原產亞洲，今引進英格蘭和法國。叫聲似犬吠，故又稱吠鹿。多數種肩高45～60公分，重15～35公斤，淺灰褐、淺紅至深褐色，因種而異。雄麂有獠牙一般向上的犬齒從口中突出。角短，有一個分叉，生長在長的角基上，從角基有骨脊伸至面部。巨麂（重40～45公斤）於1993～1994年間在越南北部發現。緬甸和泰國的菲氏麂是一種瀕危動物。其他種的麂亦受威脅。

Müntzer, Thomas＊　閔采爾（西元1489？～1525年）　亦作Thomas Munzer。德國宗教改革家。曾學習神學，並和馬丁・路德共事。曾任牧師，後因宣揚社會主義和神祕主義學說而被免職。他對聖靈的內在光芒堅定信仰而與《聖經》權威敵對，也因此疏遠路德派教會。他四處佈道，支助普通百姓，1525年組織米爾豪森的勞工階級。1524～1525年間領導圖林根的農民戰爭。戰爭失敗後，閔采爾受盡折磨，最後被判處死刑。

muqarnas ➠ stalactite work

Murad, Ferid　穆拉德（西元1936年～）　美國藥理學家。曾獲西部保留地大學（後稱凱斯西部保留地大學）碩士和博士學位。穆拉德證明硝化甘油和治療心臟病的相關藥物會導致一氧化氮的生成，這是一種能擴大血管直徑的氣體。他與福奇哥、伊格那羅一起發現了一氧化氮是心血管系統中的一種信號傳導分子，因而共獲1998年的諾貝爾獎。這項合力完成的工作揭示了血管鬆弛和擴張的一個全新機制。這一發現促使了治療陽痿的藥物威而鋼的開發。

mural　壁畫　描繪在建築物牆壁和天花板上並與其成為一體的繪畫。其起源可追溯到原始人在洞穴內的繪畫創作－這些作品體現出他們渴望裝飾居住環境的願望，同時也反映出他們的理想和信仰。羅馬人在龐貝和奧斯蒂亞創作了大量壁畫。在文藝復興時期壁畫（與濕壁畫不同義）創作在創造性方面取得了空前絕後的成就。這一時期湧現出馬薩其奧、安吉利科、達文西、米開朗基羅和拉斐爾等大師。20世紀，壁畫受巴黎立體派和野獸派藝術家，墨西哥革命派藝術家（如里韋拉、奧羅茲科和西凱羅斯）以及美國政府贊助下的消沈時期藝術家（如沙恩和班頓）的影響，而再度振興。

Murasaki Shikibu＊　紫式部（西元978?～1014?年）　日本作家。其真名已無法知道，關於她的主要消息來源是她在1007～1010年間所記的日記。其作品《源氏物語》（1010年完成）是部長篇小說，主要描述源氏公子和他平生遇到的女人之間的愛情故事。該作品對人類感情和自然的美麗體察敏銳，展現了她當時侍奉的一條天皇皇室生活令人愉快的一面。這部作品被認為是世界上最古老最偉大的小說之一。

Murat, Joachim＊　繆拉（西元1767～1815年）　法國軍人，那不勒斯國王（1808～1815）。曾在義大利戰役和埃及戰役中統帥騎兵，後在霧月政變（1799）幫助拿破崙，並與其妹卡羅琳・波拿巴結婚。也為馬倫戈戰役（1800）的勝利立下功勞。擔任巴黎總督，很快的在1804年晉陞元帥。後接連取得奧斯特利茨戰役（1805）和耶拿戰役（1808）的勝利，1808年拿破崙封其為那不勒斯國王。任職期間，他推行行政和經濟改革，並鼓吹義大利民族主義。1812年在博羅季諾戰役中率軍與俄軍作戰，在撤出莫斯科時，他竟棄軍而去。1815年在百日統治期間再次支持拿破崙。由他率領的那不勒斯軍在托倫蒂諾戰役

繆拉，素描，葛羅斯（Antoine-Jean Gros）繪；現藏巴黎美術學校
Cliche Musees Nationaux, Paris

中被擊敗，被俘後遭槍斃。

Murchison, Ira　穆奇森（西元1933年～）　美國徑賽明星。生於芝加哥，是1951年伊利諾州的100碼、200碼冠軍。作爲1956年美國奧運代表隊男子400公尺接力的一員，他不但爲美國隊留下金牌，還打破世界記錄，該年他也兩度創下男子100公尺的世界記錄。

Murchison River　莫契生河　澳大利亞西澳大利亞州河流。向西注入印度洋，全長708公里。1891年因澳大利亞最富饒的金礦而得名。現該地仍進行黃金開採。卡巴里國家公園位於河流下游，沿岸山脈在這裡形成一風景優美的峽谷。

Murcia＊　莫夕亞　西班牙東南部的省、自治區和歷史地區。面積11,316平方公里，首府爲莫夕亞。1243年被卡斯提爾兼併，此前該地爲獨立的莫夕亞王國。1982年建成自治區。塞古拉河流經中部，灌溉肥沃農田和果園區。由於沿海平原航運業和礦業開發，造成卡塔赫納、馬薩龍和阿吉拉斯等港市人口成長。主要作物有穀物、橄欖、葡萄和瓜類。人口約1,097,000（1996）。

Murcia　莫夕亞　西班牙東南部城市，莫夕亞自治區首府。羅馬人西元前3世紀入侵西班牙之前，該地已有人居住。825年成爲Mursiyah的穆斯林城市。並爲哥多華王國都城。1165年伊本・阿拉比在此地出生。該城被塞古拉河劃分爲新、舊兩部分城區。14世紀的大教堂在18世紀時修復。莫夕亞是附近地區的通信和農貿中心。從摩爾時期開始的絲織業延續至今。人口：都會區約345,000（1995）。

murder　謀殺 ➠ homicide

Murder, Inc.　暗殺公司　美國一無名犯罪集團組織的通稱。1930年左右成立於紐約布魯克林，專靠恐嚇、殘傷或暗殺指定物件以謀利。美國任何地方的辛迪加聯合企業成員都可獲得它的服務。而許多企業內部成員也因「商業原因」成爲暗殺公司的犧牲品。頭目是稱之爲路易・李派克的布查爾特和阿納斯塔西亞。在杜威對其進行調查過程中，以前的一個成員雷勒斯在1940～1941年告密，揭發七十起暗殺案的細節，並提出另有數百起案件。雷勒斯本人在調查過程中神祕死亡。

Murdoch, (Jean) Iris＊　默多克（西元1919～1999年）　後稱艾瑞絲夫人（Dame Iris）。英國小說家和哲學家。從牛津大學畢業後，在一所大學任講師，同時也開始其寫作生涯。出版的首部作品是關於沙特的研究（1953）。她的小說通常具有曲折的情節，包含哲學和喜劇成分，主要有《鐘》（1958）、《一個砍掉的頭》（1961）、《黑王子》（1973）、《海，海》（1978）和《書與兄弟》（1987）。她的其他哲學作品包括《好的主權》（1970）和《形上學作爲道德的引航》（1992）。由於患有阿滋海默症而逐漸衰弱，其丈夫評論家約翰・貝里將這記錄在《輓歌－－寫給我的妻子艾瑞絲》（1999）中。

Murdoch, (Keith) Rupert　梅鐸（西元1931年～）　澳大利亞出生的美國報紙發行人和媒體業者。是一位知名戰地記者和新聞工作者的兒子。1954年他繼承了兩家阿得雷德報紙，通過重點報導犯罪、性、醜聞、體育和人情味的故事使銷量猛增，但其卻保持十分保守的編輯姿態。通過這種方式，他的全球媒體控股公司在澳大利亞，英國和美國收購的報紙都獲得飛速發展。他還接手了傳統而受人尊重的報紙，包括倫敦泰晤士報。1980年代和1990年代，他將業務擴展到書籍和電子產品出版、電視廣播、電影和電視製作上。他的控股公司包括了《紐約郵報》、福斯公司（參閱Fox Broadcasting Company）、哈潑－柯林斯出版公司、英國天空廣播公司、衛星電視台（一個在亞洲廣泛播放的電視系統）和洛杉磯道奇棒球隊。

Mures River＊　穆列什河　羅馬尼亞中東部河流，發源於喀爾巴阡山脈的東部。向西流經羅馬尼亞北部，經過匈牙利邊境，在塞格德注入提蘇河。長約725公里。爲提蘇河最重要的支流，同時也是交通要道。有320公里長的河段可供小型船隻通航。

Murgab River＊　穆爾加布河　亦作摩爾加布河（Morghab River）。阿富汗西北部和土庫曼東南部的河流，西流後北折進入土庫曼，全長約970公里。形成土庫曼和阿富汗之間一段數公里長的邊界。在馬雷以北流入卡拉庫姆沙漠後消失。

muriatic acid ➠ hydrochloric acid

Murillo, Bartolomé Esteban＊　牟利羅（西元1618?～1682年）　17世紀西班牙最受歡迎的巴洛克宗教畫家，以其理想化的風格馳名。大多數作品是宗教團體或爲其故鄉塞維爾的集體創作的。早期作品表現出蘇巴朗的自然主義風格。1650年代畫風日趨成熟，聲望也很快超過了較其年長的大師。其後期作品造型柔和，色彩豐富，風格浮華，比如《聖母無原罪始胎》（1652，他最偏愛的主題），表明受到威尼斯和法蘭德斯巴洛克畫家的影響。作品在全西班牙及其帝國內被複製和模仿。牟利羅是第一位在國外贏得聲譽的西班牙畫家。

Murjia＊　穆爾吉亞派　伊斯蘭教的溫和自由派別。盛行於7～8世紀，這一時期爲伊斯蘭歷史上的動亂期。該派不像好戰的哈瓦里吉派那樣，驅逐不信神的人，並對其發動聖戰，穆爾吉亞派認爲只有眞主阿拉才能判斷人的信仰之眞僞，稱不能將已皈依伊斯蘭教的人宣判爲異教徒。哈瓦里吉派發動暴亂反對伍麥葉王朝，對此穆爾吉亞派認爲在任何情況下都沒有理由發動暴亂來反對穆斯林的統治者。

Murmansk　莫曼斯克　俄羅斯西北部海港。位於可拉灣東岸，臨近巴倫支海，是世界上位於北極圈內的最大城市。該港也是俄羅斯唯一可直通大西洋的不凍港。1915年建成第一次世界大戰的補給港，1918年爲反對布爾什維克的英、法、美軍的基地；也是第二次世界大戰中主要的補給港。除了是俄羅斯的海軍基地外，還有大型捕魚船隊和魚類加工業。人口約407,000（1995）。

Murnau, F. W.＊　穆爾諾（西元1889～1931年）　原名Friedrich Wilhelm Plumpe。德國電影導演。曾就讀於海德堡大學，在柏林期間，賴恩哈特爲其保護人。在第一次世界大戰期間任戰鬥機飛行員，並拍攝宣傳影片。1919年執導了第一部電影，並因《吸血鬼》（1922）和《最後一笑》（1924）贏得國際聲譽。1927年來到好萊塢，在這裡拍攝了代表作《日出》（1927）和《禁忌》（1931，與佛萊赫提合作）。四十一歲時死於車禍。

Muromachi period ➠ Ashikaga shogunate

Murphy, Audie (Leon)　墨菲（西元1924～1971年）　美國的戰爭英雄與演員。生於德克薩斯州京斯敦附近，1942年從軍，並成爲第二次世界大戰中授勳最多的美國士兵，殺死數以百計的德國人，並曾一度跳上一部燃燒中的自走反坦克砲，掉轉它的機關槍向敵軍部隊開火。1945年獲頒榮譽勳章。戰後，他憑藉其英雄身分的優勢，成為電影演員，主演《勇氣的紅色勳章》（1951）、《進出地獄》（19551）和《安靜的美國人》（19581）。後因駕駛私人飛機墜毀而喪生。

Murphy, Frank　墨菲（西元1890～1949年）　原名William Francis Murphy。美國最高法院法官（1940～1949）。1930～1933年任底特律市的市長。他還是菲律賓總督（1933～1935）和美國駐菲律賓高級專員（1935～1936）。他擔任密西根州州長（1937～1938）時，拒絕使用軍隊鎮壓發動靜坐罷工的汽車工人。擔任美國的司法部長（1939～1940）時，他建立起司法部民權組織。在擔任最高法院大法官時，他堅決捍衛個人公民權，第二次世界大戰中在支持拘留日裔美國人的問題上持反對意見。

墨菲
By courtesy of the Library of Congress, Washington, D. C.

Murphy, Isaac Burns　墨非（西元1861～1896年）　非裔美國騎師，第一位進入紐約州沙拉托加泉賽馬名人堂國家博物館的騎師。墨非於1875年開始他的賽馬生涯，並且是讓坐騎全力衝向終點線的先驅者——這種技術很快被形容為「炫耀式的結束」（grandstand finish）。1879年在沙拉托加泉特拉佛斯有獎賽的獲勝讓他贏得全國性的聲譽。他十一度參加肯塔基大馬賽，並成為第一位獲勝三次的馬師（1884、1890、1891）。1884年贏得首屆在芝加哥舉辦的美國大賽馬，這是那個年代最具聲望的比賽。1885、1886和1888年墨非又拿下該項比賽的勝利。墨非生涯的34.5勝率，無人能望其項背。即使他那個時代的騎師還沒有勝利分紅的制度，墨非依然是美國最會賺錢的運動員，在1880年代末的顛峰時期，墨非每年的收入接近20,000美元。然而到1890年代中期，體重的增加和酗酒問題嚴重縮短了他的賽馬生涯。

Murray, George Redmayne　摩雷（西元1865～1939年）　英國醫師。獲劍橋大學醫學博士學位後，他成為治療內分泌失調的先驅。他是最早使用動物甲狀腺的提取物來治療已確認是甲狀腺缺失所致的黏液水腫的人之一。

Murray, James (Augustus Henry)　摩雷（西元1837～1915年）　受封為詹姆斯爵士（Sir James）。蘇格蘭詞典編纂者。1855～1885年在一所語法學校任教。他的《蘇格蘭南方各郡的方言》（1873）和一篇為《大英百科全書》的英語條目撰寫的文章（1878）奠定了他語言學者的領導地位。1879年他被語言學會聘為博大的《歷史法則的新英語詞典》的編輯，後來稱作《牛津英語詞典》，並以過人的精力和足智多謀投入了這項工作。第一卷發表於1884年，在他逝世之前已經完成了這部詞典的一半。

Murray, Philip　摩雷（西元1886～1952年）　蘇格蘭裔美國勞工領袖。1902年移居美國，在賓夕法尼亞州當煤礦工人。加入美國聯合礦工工會，在約翰・路易斯下通過等級晉升為副主席（1920～1942）。1936年路易斯成為新成立的美國產業工會聯合會主席，他委託摩雷著手組織產業範圍的鋼鐵工人聯合會（參閱United Steelworkers of America）。1940年摩雷繼路易斯後擔任產業工會聯合會主席，並擔任這個職位直到他去世。亦請參閱AFL-CIO。

Murray River　墨瑞河　澳大利亞主要河流。該河發源於新南威爾士州東南部科修斯古山附近，自雪山山脈穿過澳大利亞東南部至印度洋大澳大利亞灣；長2,590公里。它形成維多利亞州與新南威爾士州之間的邊界，再向南穿過亞歷山德里娜湖進入因康特灣。河流運輸在19世紀十分重要，但是在鐵路和灌溉用水需求的逐漸競爭下，航運幾乎停止了。該河谷有著重大的經濟意義，促進了糧食、水果、酒類的生產和牲畜、綿羊的飼養。

murre＊　海鴉　海雀科海鴉屬黑白色海鳥的通稱。體長約40公分，繁殖自北極圈至新斯科舍、加利福尼亞、葡萄牙和朝鮮半島。海鴉成大群營巢於懸崖。幼雛成熟很快；半成鳥由雙親帶領進入海上，躲避掠奪性鷗類和賊鷗。秋季游泳向南遷徙。亦請參閱guillemot。

普通海鴉（Uria aalge），左邊的因處於繁殖期，所以有眼環
R. J. Tulloch – Bruce Coleman Inc.

Murrow, Edward (Egbert) R(oscoe)　默羅（西元1908～1965年）　美國廣播和電視播音員。1935年進入哥倫比亞廣播公司，兩年後成為其歐洲公司的負責人。他因為對導致第二次世界大戰和第二次世界大戰中發生的事件的目擊報導而聞名。戰後，他和弗蘭德利創辦了一個權威的廣播消息節目《現在請聽》，在電視上相應的則是《現在請看》。他還製作了《面對面》和其他電視節目。他是1950年代的消息自由傳播的有影響的人物，還導致了參議員約麥卡錫醜聞的著名的曝光事件。

Murrumbidgee River＊　馬蘭比吉河　位於澳大利亞新南威爾士州東南部的河流。是墨瑞河右岸主支流，從坎培拉附近的大分水嶺向西流進離維多利亞邊界224公里的墨瑞河；長1,578公里。小船可以在雨季航行約800公里。馬蘭比吉河的灌溉地區超過2,600平方公里的農田，是牲畜的牧場、葡萄、柑橘類、小麥、棉花和水稻生長的支柱。

Musa＊　穆薩（卒於西元1332/1337?年）　亦作曼薩・穆薩（Mansa Musa）。從1307年（或1312年）起的西非馬利帝國的統治者（曼薩）。曼薩・穆薩遺留下了一個以其廣闊和富饒聞名的領域（他在廷巴克圖修建了大清真寺），但最讓人紀念的是他去麥加朝聖（1324）的壯行，這使世界知曉了馬利的驚人財富，刺激了北非和歐洲人查找其來源的欲望。在曼薩・穆薩的領導下，馬利成為當時世界上最大的帝國之一，廷巴克圖逐漸成為主要的商業城市。

Musa al-Sadr＊　穆沙・薩達爾（西元1928～1978?年）　出生於伊朗的黎巴嫩什葉派祭司。薩達爾從宗教學院畢業後，於1960年遷往黎巴嫩。他逐漸涉入什葉派信徒中的社會工作，並於1968～1969年成立高等什葉伊斯蘭議會，鼓吹黎巴嫩什葉派的權益。1975年組成民兵部隊阿馬爾，在黎巴嫩內戰中為什葉派的利益作戰。他在前往利比亞的官方出訪中失去蹤影，據傳遭到綁架與殺害。

Musandam Peninsula＊　穆桑代姆半島　阿曼從阿拉伯半島東北延伸出來的半島。它將阿曼灣從波斯灣隔開，形成了北部的荷姆茲海峽。該半島屬阿曼，阿拉伯聯合大公國將它與該國其他地方分開。它是山陵地區，形成對船隻很危險的岩石海岸。捕魚業是主要產業，離西海岸有石油蘊藏。綠洲城鎮迪巴位於東南海岸。

LMN

Muscat ➠ Masqat

Muscat and Oman　馬斯喀特和阿曼 ➠ Oman

muscle　肌肉　可收縮的肌肉，產生的運動功能如身體動作、消化、聚焦、循環及身體保暖。分類爲橫紋肌、心肌及平滑肌，或是分爲相位肌或興奮肌（快速或逐漸對刺激反應）。橫紋肌的纖維在顯微鏡下成條紋狀，負責隨意運動。這種肌肉大多數是相位肌，附著在骨骼上，中樞神經系統傳來訊號時就收縮而移動身體；收縮是由細絲（肌動蛋白）在粗絲（肌凝蛋白）之間滑動來完成；組織內的伸長感覺器提供反饋，使肌肉做到平順運動與細微運動控制。心肌樹枝狀的纖維就像網狀結構；收縮是源自於心臟肌肉組織本身，由天然的節律點產生訊號；迷走神經與交感神經控制心臟的跳動速率。平滑肌是內部器官與血管的肌肉，通常是不隨意肌與興奮肌；細胞可以集體或個別行動（反應分別的神經末端）且有不同的形狀。隨意肌的疾病造成無力、萎縮、疼痛和抽搐。有些全身性的疾病（如皮肌炎、多肌炎）會造成肌肉發炎。亦請參閱abdominal muscle、muscular dystrophy、myasthenia gravis。

Muscle Shoals　馬斯爾肖爾斯　美國阿拉巴馬州西北部田納西河前段的急流。長約60公里，曾是航行的冒險地，但現在淹沒於被威爾遜、惠勒、匹克威克碼頭水壩造成的最起碼3公尺深的水下，這些水壩完全消除了急流。田納西河流域管理局（TVA）管理著製造業的工廠和水力電氣的設備。馬斯爾肖爾斯市（10,000人，1990年）即由集中在威爾遜水壩地區的田納西流域管理局發展而來。

muscle tumour　肌肉腫瘤　位於肌肉組織內或由其發生的異常組織生長。主要類型有三種。平滑肌瘤是平滑肌的腫瘤，最常見於子宮，亦見於消化、泌尿和女性生殖系統。一部分平滑肌瘤能惡變，但一般都不播散或再發。橫紋肌瘤最常見於心臟的肌肉，有的能擴散，會持續包含在組織中，或彌散而難以切除。牽涉到平滑肌和橫紋肌的橫紋肌瘤常是惡性的，能長得很大。橫紋肌肉瘤的幾種類型很少有；它們發生於四肢的肌肉，常位於腿或臂，惡性程度極高。

muscovite＊　白雲母　亦稱common mica、potash mica或isinglass。一種大量出產的含鉀和鋁的矽酸鹽礦物，具有分層結構。是雲母類最常見的一員。由於呈現爲稀薄透明薄片，在俄羅斯用作窗面，以「莫斯科玻璃」（Muscovy glass）聞名，這即是其名的由來。白雲母通常是無色的，但也可以是淺灰色、棕色、淡綠色或玫瑰色。它的低鐵含量使它成爲良好的電、熱絕緣體。

muscular dystrophy＊　肌營養不良　使得骨骼肌（有時是心肌）日益無力的一種遺傳病。肌肉組織隨意退化和再生，並被疤痕組織和脂肪取代。無特效療法。物理治療、支架和矯正手術可能有所幫助。迪歐恩氏營養不良是最常見的類型，只發病於男性。包括常跌倒和站立困難的症狀發生於三～七歲的男孩身上；從腿到手臂再到橫膈膜肌肉，肌肉逐漸損耗。後因肺部感染或呼吸衰竭通常在二十歲之前就引起死亡。該種基因能在女性攜帶者和男嬰上測到。貝克爾氏營養不良也和性別相關，沒有這麼嚴重，發病較晚。病人能夠繼續行走，通常能活到他們三四十歲。肌強直性營養不良，男女兩性均可患病，肌強直兩到三年後惡化，伴隨白內障、脫髮和性腺萎縮。肢帶型營養不良侵襲兩性的骨盆和肩部肌肉。面肩胛肱骨型（面部、肩刃和上臂）營養不良始於童年或青年時期，兩性均可患病；最初症狀爲舉臂困難，下肢和骨盆肌肉也會受累；主要的面部影響是閉眼困難。平

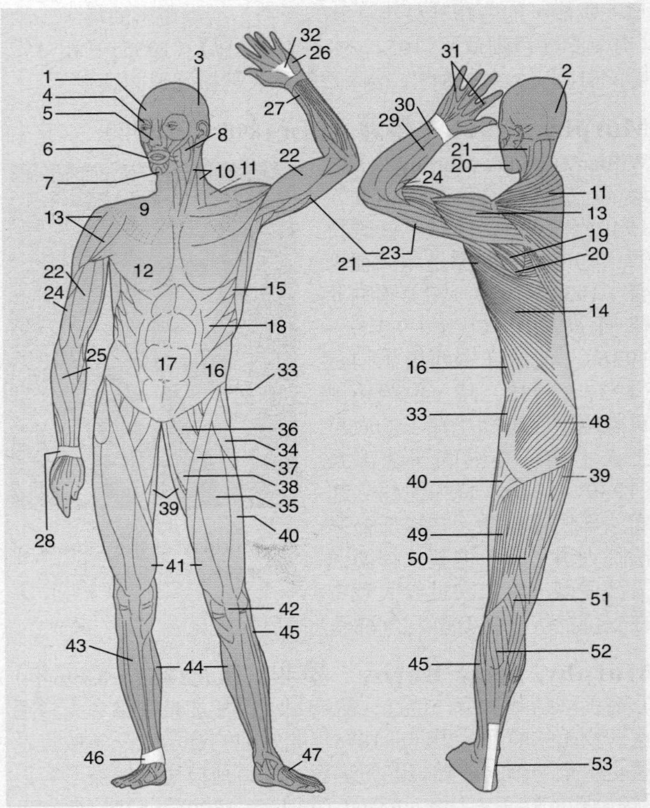

人體主要的肌肉：(1)額肌，(2)枕肌，(3)顳肌，(4)眼輪匝肌，(5)鼻肌，(6)口輪匝肌，(7)頦肌，(8)咬肌，(9)頸闊肌，(10)胸鎖乳突肌，(11)斜方肌，(12)胸大肌，(13)三角肌，(14)背闊肌，(15)前鋸肌，(16)外斜肌，(17)腹直肌，(18)內斜肌，(19)棘下肌，(20)小圓肌，(21)大圓肌，(22)二頭肌，(23)三頭肌，(24)肱肌，(25)橈側伸腕長肌，(26)掌短肌，(27)旋前方肌，(28)腕骨環韌帶，(29)總伸肌，(30)尺側伸腕肌肌，(31)指、腕伸肌肌鍵，(32)掌腱膜，(33)臀肌，(34)闊筋膜張肌，(35)股直肌，(36)恥骨肌，(37)縫匠肌，(38)內收長肌，(39)薄肌，(40)股側肌，(41)股內肌，(42)髕骨，(43)脛骨前肌肌，(44)腓腸肌內側頭，(45)比目魚肌，(46)踝關節環狀韌帶，(47)伸趾短肌，(48)大肌，(49)股二頭肌，(50)半腱性肌，(51)蹠肌，(52)腓腸肌外側頭，(53)阿基利斯腱。

均壽命很正常。

Muse　繆斯　希臘－羅馬宗教和神話中的一組女神姐妹，宙斯和摩涅莫緒涅（記憶女神）的女兒。每隔四年在希臘崇拜她們的中心埃利孔山附近，要舉行紀念她們的節日。她們最初或許是詩人的保護神，然而後來她們的範圍延伸包括了所有的人文藝術和科學。九個繆斯女神通常是這樣命名的：卡利俄珀（司掌英雄詩即史詩）、克利俄（司掌歷史）、埃拉托（司掌抒情詩和情詩）、歐忒爾珀（司掌音樂或長笛）、墨爾波墨涅（司掌悲劇）、波林尼亞（司掌聖詩或摹擬藝術）、忒耳西科瑞（司掌舞蹈和合唱）、塔利亞（司掌喜劇）、烏拉尼亞（司掌天文）。

museum　博物館　專門用來保存和解釋人類與其環境的主要確實的根據的公共機構。博物館的種類包括綜合博物館（包括各種學科）、自然歷史博物館、科學和技術博物館、歷史博物館和藝術博物館。羅馬時代該詞指專心於學術職業的地方（參閱Museum of Alexandria）。現代所理解的博物館直到17～18世紀才發展起來。第一個有組織的接受私人收藏品、構造一個建築物來保存它、使其能被公眾接近的團體是牛津大學；隨之而來的阿什莫爾藝術和考古學博物館於1683年開放了。大英博物館、羅浮宮博物館、烏菲茲美術館這些偉大的博物館開始於18世紀。19世紀早期同意公眾接近以前的私人收藏品已經很普通了。接下來的一百年裡全世界廣泛成立針對大眾的博物館。20世紀博物館的角色已經擴展爲教育機構、休閒活動場所和資訊中心。許多有著歷史或

科學重要性的場所已經發展爲博物館。雖然由於公共基金的限制，博物館已經必須變得更加富有資金來源了，但人們常被富有想像力的展覽吸引，參觀人數極大的增加了。

Museum of Alexandria　亞歷山大里亞博物館　設在埃及亞歷山大里亞的古代經典學術中心。該館是一所組織成系列的由一名校長牧師領導的研究機構，建於皇宮附近，擁有著名的圖書館，可能是由托勒密二世於西元前280年建成，也可能是由其父救星托勒密一世所建造。現存的對這所博物館的最好描述出自斯特拉博。博物館的建築物大概在西元270年被芝諾比阿摧毀了，不過該機構的教育兼研究職能似乎一直持續到了5世紀。

Museum of Modern Art (MOMA)　現代藝術博物館　紐約市的一所博物館，擁有全世界最全面的自19世紀末至今的歐美藝術藏品。1929年由一群私人收藏家創辦於紐約。1939年博物館大樓在第53大街落成開館，之後約翰遜於1953年設計了附屬的雕塑園。1984年完工的塔樓和西翼使展區擴大了一倍。該館大量收藏了立體派、超現實主義和抽象表現主義的油畫作品，還擁有包括雕塑、版畫、工業設計、建築、攝影和電影諸方面的作品。現代藝術博物館以其永久性藏品、眾多出版物和展覽對大眾品味和藝術品的創作起著重大的影響。

Museveni, Yoweri (Kaguta)＊　穆塞維尼（西元1944年～）　烏干達總統（1986年起）。大學時代即是非洲解放運動附屬組織的領導人，後來在1971年阿敏掌權後，穆塞維尼即流亡海外。他創建民族解放陣線，在1979年出力將阿敏驅逐下台。1986年他取代奧博特出任總統，並在1996年的大選獲勝續任。他雖然拒絕實行多黨政體，但同意新聞自由和私有企業。雖然他支持其他非洲國家反叛軍的作法引起爭議，不過他爲烏干達帶來政治穩定和經濟成長則頗受肯定。

Musgrave, Thea　馬斯格雷夫（西元1928年～）　蘇格蘭裔美國作曲家。師從布朗熱和科普蘭，後來在加州大學聖大巴巴拉分校（1970～1978）和美國的其他地方任教。她寫了許多戲劇協奏曲，一些反映了她對音樂空間度數的興趣，但最著名的是她的歌劇，包括《阿里阿德涅的聲音》（1973）、《蘇格蘭女王瑪麗》（1977）和《賽門·玻利瓦爾》（1995）。

Mushet, Robert Forester＊　穆謝特（西元1811～1891年）　英國鋼鐵製造商。鋼鐵大王大衛·穆謝特（1772～1847）的兒子。他在1868年發現在氣冷之後將鎢加進鋼裡面會大幅增加硬度，製造出最早的商業鋼合金，此材料構成工具鋼的發展基礎，用於金屬施作。穆謝特還發現以柏塞麥煉鋼法製造的鋼裡面添加錳，會改進鋼鐵在高溫狀況下承受滾軋與鍛鍊的能力。

mushroom　蘑菇　某些會產生子實體的眞菌，尤其是擔子菌綱的眞菌。蘑菇從菌絲體生出，其菌絲體可活數百年或數個月，全賴其營養供應而異。有些蘑菇的子實體會生長成弧形或環狀，這種環稱爲仙人環（菌環）。「蘑菇」一般指可食者，不可食或有毒者常稱爲「蟾蜍凳」，但蘑菇和蟾蜍凳二詞並無科學上的差異。蘑菇常以其菌蓋的形狀來分類。傘狀的子實體和菌蓋腹面可散出孢子菌褶，主要見於傘菌科眞菌。牛肝菌科子實層在菌蓋腹面呈管狀，易與菌蓋分離。傘菌和牛肝菌多數種都稱爲蘑菇。高級的食用菌雞油菌屬牛肝菌。羊肚菌（子囊菌綱）由於其形狀和肉質構造均似傘菌，而歸爲蘑菇類。由於許多有毒蘑菇外形和可食者十分類似，所以在食用蘑菇之前，必須仔細予以鑑定。蘑菇中毒會引起反胃、腹瀉、嘔吐、痛性痙攣、幻覺、昏迷，有時甚至致死。

mushroom poisoning　蘑菇中毒　亦稱傘菌中毒（toadstool poisoning）。因食用有毒蘑菇所致中毒反應，或可致命。可使人類中毒的蘑菇約有70～80種，致毒成分多爲生物鹼。毒鵝膏（又稱死杯）的毒性較強，會引起劇烈腹痛、嘔吐、血性腹泄。嚴重時傷及肝、腎和中樞神經系統導致昏迷。死亡率超過50%。以硫辛酸、葡萄糖和青黴素配合使用特別具有療效；或用活性炭作血液透析。毒蠅鵝膏中毒的症狀是嘔吐、腹瀉、多汗、精神錯亂，但24小時後可恢復。馬鞍菌所含的毒素可被加熱滅活，但有些人卻對這些毒素高度敏感，影響到中樞神經系統，並可致溶血性黃疸。有的有毒蘑菇常被認爲是無害的，所以應避免食用一切野生蘑菇。

Musial, Stan(ley Frank)＊　穆西爾（西元1920年～）　美國職業棒球選手。在聖路易紅雀隊完成整個職業生涯（1941～1963），職棒生涯之初擔任投手，後調爲外野手，最後又成爲一壘手。穆西爾左手擊球，「球員斯坦」（Stan the Man）成爲最偉大的打擊手之一。他退休時安打（3,630支）、得分（1,949分）和打數總計僅次於柯布位居第二，他的總打點（1,951）一直以來高居第四位，他二壘以上安打的總數（1,477）後來僅被漢克阿倫超越。他在球迷中以其永不改變的親切態度受到歡迎，退

穆西爾
Pictorial Parade

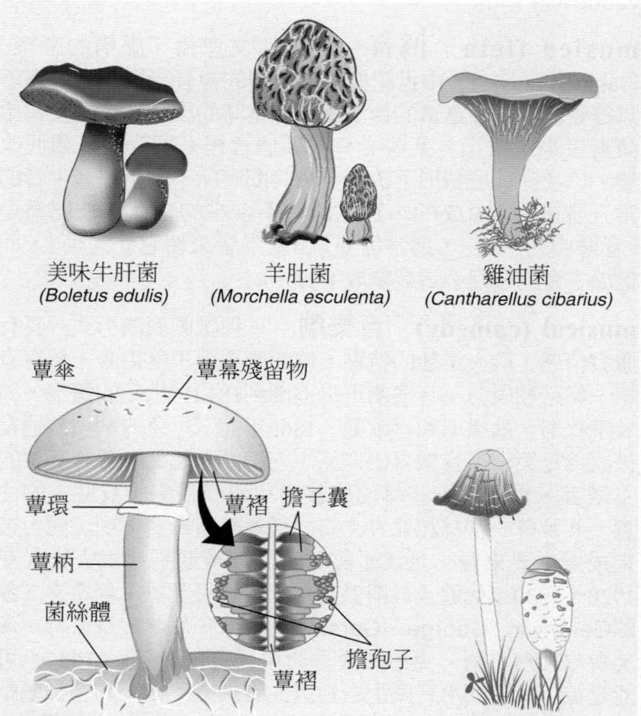

蘑菇典型是由蕈柄和蕈傘構成。蘑菇是從地下的菌絲體發展並向上推擠，由一層薄膜（蕈幕）保護著，最後破裂在蕈傘上留下碎片殘留。另外一個膜附著於蕈傘至蕈柄，同樣破裂讓蕈傘展開而在蕈柄留下殘留的環（蕈環）。蕈傘底面是輻射狀的蕈褶；蕈褶裡面有棒狀的生殖構造（擔子囊），形成微小的孢子稱為擔孢子，一棵產生的擔孢子數以百萬計。

休後成爲任紅雀隊主管。

music 音樂 聲音的組合。音樂通常包含不同音高而被編爲旋律的聲音，並組合爲節奏和節拍的型式。旋律通常屬於同一個調，也通常暗示著和聲，而和聲可能像和弦或對位那樣明確。音樂用於崇拜、運動調和、溝通、娛樂等社會目的。

music box 音樂盒 機動樂器，內有排布了針頭狀突起的銅筒或唱盤，隨著轉筒或唱盤的旋轉，針狀突起撥動經調諧的鋼簧片發聲，解碼出成段的音樂。1780年發明於瑞士。在被留聲機與自動演奏鋼琴替代之前，具有一定曲調的轉筒或唱盤標準件的音樂盒一直是很受歡迎的家庭樂器。

1900年左右產自萊比錫的德國音樂盒，有唱片置於唱盤上
By courtesy of the Musical Wonder House, Wiscasset, Maine; photograph, John Spinks

music hall and variety theater 雜耍戲院和雜耍劇場 流行的娛樂表演，其特點是由歌唱演員、喜劇演員、舞蹈演員和一般演員相繼表演節目。這種形式於18、19世紀起源於英格蘭城市小旅館的酒吧間音樂會。爲了迎合工人階級的娛樂需要，小客棧酒館的老闆們經常聯合他們的店鋪周圍的建築物共同開設雜耍戲院，允許飲酒和吸煙。英國雜耍戲院創始人爲查理・摩頓，他在倫敦經營摩頓坎特伯里戲院（1852）和牛津戲院（1861），其著名演藝人員包括蘭特里、哈利・勞德（1870～1950）和菲爾茨等。雜耍戲院後來演進爲規模更大也更高級的雜耍劇場，例如倫敦馬戲劇場和大劇場。雜耍演出融合了音樂、滑稽表演和獨幕劇，並湧現出了如貝恩哈特與特里這樣的名人。亦請參閱vaudeville。

musica ficta 僞音 （拉丁文意爲「虛構的音樂」〔feigned music〕）中世紀與文藝復興的複音音樂在表現時不以符號表示半音應用的作法。根據當時的論文，它是要留給演奏者來「改正」某些音程。哪個音程必須改變、如何改變，以及在什麼情形下改變，依時間有所不同。在減半音的第五音階（如B或F），那些非常不合諧的音程，被認爲是「音樂中的惡魔」，通常需要以B降半音來使它「完美」，而低於主音的音程必須調整成半音。

musical (comedy) 音樂劇 一種戲劇表演形式，具有激發情感，給人樂趣的特點，情節簡單但不落俗套，伴有音樂、舞蹈和對白。音樂劇可以追溯到18和19世紀的體裁，如敘事歌劇、歌唱劇和喜歌劇。1866年的《黑色彎柄杖》通常被認爲是第一部音樂喜劇作品，它不僅引起低級歌舞表演的主辦者、也引起一些赫伯特歌劇和嚴肅戲劇的贊助人的注意。赫伯特、富林和龍白克將一種輕歌劇形式帶到美國，後來成爲主要來源。科漢是該體裁全盛時期的代表人物，在1920～1930年代進入最鼎盛時代。克恩與艾拉・蓋希文（參閱Gershwin, George、Gershwin, Ira）、波特、羅傑斯、漢莫斯坦和阿爾倫。克恩和漢莫斯坦《畫舫璇宮》（1927）可能是首部完全使用音樂配合敘述的音樂劇；後來的音樂劇結構緊湊，例如：羅傑茲與漢莫斯坦的《奧克拉荷馬！》（1943）和《南太平洋》（1949）。該體裁隨勒納、洛伊和伯恩斯坦的作品進入繁榮時期，但1960年代後期開始衰退，分別走向不同的方向，比如說拉格尼、拉多和麥克德莫特的搖滾音樂劇《毛髮》（1967），坎德爾和艾比的《酒店》（1966），桑德海姆的《斯維內・托德》（1979），斯瓦茨的《神的意味》（1971），勞埃・韋伯和提姆・萊斯的《萬世巨星》（1971），哈姆利什和克雷本的《歌舞線上》（1975），波利爾和斯昆伯格的《悲慘世界》（1985），和拉森的《吉屋出租》（1995）。

musical notation 音樂記譜法 以書面形式記錄音樂的符號系統。將音樂以符號形式記錄的基本方法有兩種。符號譜（見於吉他弦式圖表）描寫演奏者的動作，具體地講，就是說明要產生某種樂音需要怎樣的手指動作；象徵記譜法則描述聲音本身，其方式多種多樣，有的用不同的字母代表不同的音高，有的用圖形符號來表示一定的音符的組合。西方的記譜系統結合了節奏記號（一定的音符外觀形式指示一定的聲音持續時間）和音高記號（音符置於五線譜的線上或線間的位置用來指示音高）兩者，因此可用單一的記號同時表達出音高與音長，進而一連串的記號就可以同時表達出旋律和節奏。

musicology 音樂學 對音樂進行科學研究的學科。18世紀末～19世紀初，這種工作是由像克謝爾這樣的業餘藝術家進行的。隨著對古代音樂的興趣的增長，對研究者的專業性的要求也越高，包括要求能夠解讀關於音樂本身或與音樂有關的著述手稿、並對其作出價值評估的能力。巴哈作品全集（1851～1899）第一版的出現是音樂學歷史上的第一座里程碑。現今的音樂學融合吸收了一些更古老的學科的元素，

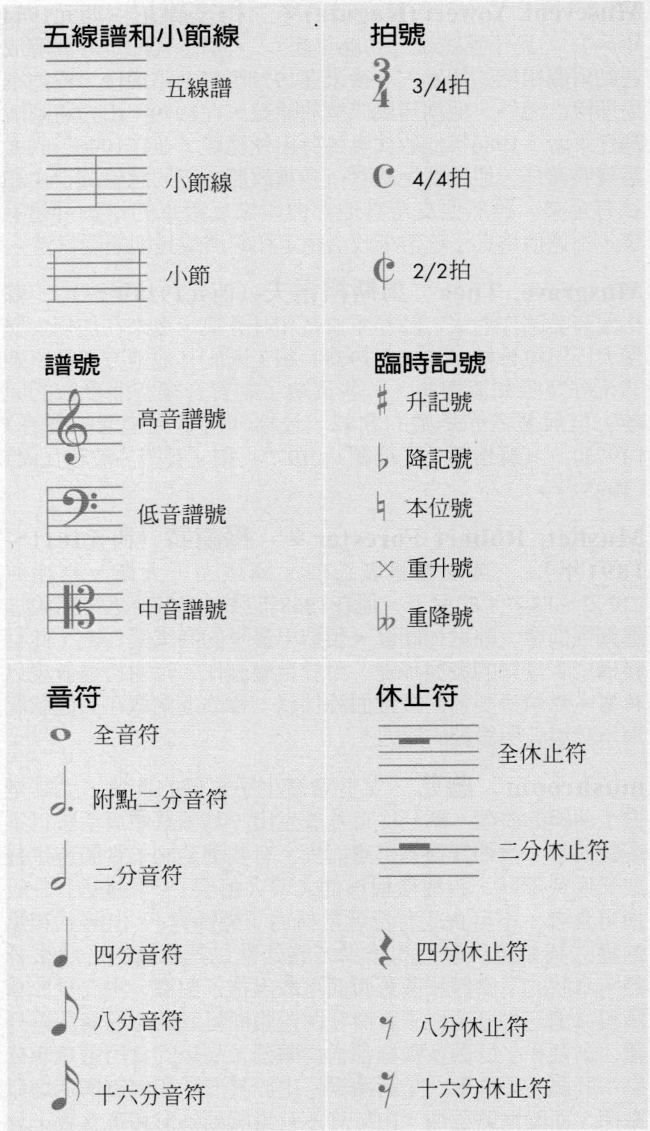

現代音樂記譜法常用符號

比如音樂理論、音樂史和社會學，還利用了最新的技術方法。現代最優秀的演奏家仍在將音樂學當作一種工具用在他們的對音樂的處理中。最近幾十年來，音樂理論又再次成爲了一個分立的專門學科。

musk ox　麝牛　偶蹄目牛科體毛粗濃蓬鬆的北極反芻動物，學名爲Ovibos moschatus。有麝香的氣味，頭大，耳小。頸、腿和尾均短。雄體肩高約1.5公尺，重約400公斤。雄雌都有角。雄體的角可長至2公尺，從顱骨的中線向旁伸展，在頭的兩側向下彎，末端向上彎曲。皮毛深褐色，毛粗幾乎長達腳部。粗毛下有一厚層絨毛，夏季脫落，愛斯基摩人用其絨毛製類似羊駝絨或山羊絨的細布。麝牛成群活動，一群時常20～30隻。以草和低矮的植物，如地衣和柳樹爲食。

麝牛
Leonard Lee Rue III

muskellunge＊　北美狗魚　狗魚科的一種獨居性魚類，一種不很常見的狗魚，學名爲Esox masquinongy。是名貴的好鬥性遊釣魚，較少作爲食用。棲於北美大湖區雜草叢生的江河、湖泊中。是狗魚科最大的種，體重平均在9公斤左右，但可長達1.8公尺，重36公斤以上。體長形，頰下部及鰓蓋無鱗。

musket　滑膛槍　從槍筒裝彈的肩射火器，16世紀始於西班牙。爲火繩槍的加大型。17世紀研製出燧發機以前，滑膛槍一直利用火繩機點火。19世紀初期燧發機又被擊發裝置所取代。早期的滑膛槍通常由兩個人操作，放在輕便支架上進行射擊。這種武器一般長1.7公尺、重約9公斤，發射一個球形彈丸的射程約爲160公尺，精度非常差。後來的滑膛槍更小、更輕，可以準確地命中75～90公尺遠的人。19世紀中期滑膛槍被後裝彈的步槍取代。

Muskogean languages＊　穆斯科格諸語言　大約有八個北美洲印第安人使用，或先前在橫跨大部分今日美國東南部所使用之語言所構成的語族。16世紀，今天的阿拉巴馬州北部所使用語言可能是柯沙提語（Koasati，又稱Coushatta）和阿拉巴馬語；阿拉巴馬和喬治亞則使用克里克語（Creek，又稱馬斯科吉語〔Muskogee〕）和希奇提語（Hitchiti）；在佛羅里達的狹長地帶則使用阿帕拉契語。在西邊，密西西比北部與田納西西北部使用奇克索語（Chickasaw）；密西西比中部則使用喬克托語（Choctaw）。在19世紀之前，阿帕拉契語已消亡許久；1830年的強迫遷移（參閱Trail of Tears）更迫使大多數僅存的、使用該語言的人或著進入密西西比的西部，或者進入佛羅里達。在佛羅里達，塞米諾爾人繼續在佛羅里達中部使用克里克方言，以及在大沼澤地使用密卡蘇奇語（Mikasuki，又稱Miccosukee）。現存的馬斯科吉諸語言仍持續有人在使用，至少是成年人；其中在奧克拉荷馬與密西西比，使用喬克托語的人數最爲龐大。

muskrat　麝鼠　倉鼠科2種半水棲棕色齧齒動物。棲息於北美洲的沼澤、淺湖和溪流，並已傳入歐洲。麝鼠體結實，肥胖，長約30公分，不包括長而有鱗、扁平的尾巴。後腳部分有蹼，邊緣有短而硬的毛。肛門附近有液囊，分泌物有麝香味。上層爲長、硬而光滑的針毛，其下是濃密而柔軟的絨毛，具商業價值。麝鼠居於岸邊挖成的洞穴或堆砌在水裡的蘆葦和燈心草垛中，以莎草、蘆葦和植物的根爲食，偶吃水生動物。圓尾麝鼠（佛羅里達水老鼠）體形較小。

麝鼠
John H. Gerard

Muslim Brotherhood　穆斯林弟兄會　阿拉伯語作al-Ikhwan al-Muslimun。1928年哈桑（1906～1949）在埃及創立的宗教－政治組織，鼓吹以《可蘭經》和「聖訓」作爲社會的基準。這一組織很快就在整個北非和中東地區贏得衆多信徒。1938年後開始具有政治性，抵制西方化、現代化和世俗化。1954年該組織企圖暗殺埃及總統納瑟，其後遭到埃及政府的鎮壓，因此在1960年代及1970年代一直是祕密活動的組織。1980年代末穆斯林弟兄會經歷了一次復興，在埃及和約旦參與了立法機構的選舉。

Muslim calendar ➠ calendar, Muslim

Muslim League　穆斯林聯盟　原名全印度穆斯林聯盟（All India Muslim League）。1947年英屬印度分治時，領導要求單獨建立穆斯林國家的運動的政治團體。成立於1906年，1913年確立以爭取印度自治爲目標。數十年裡，該聯盟一直支持印度教徒和穆斯林在一個獨立的印度中團結起來，但到了1940年，由於擔心印度教徒控制國家，聯盟轉而號召在印度的穆斯林另外建立一個單獨的國家。1947年巴基斯坦成立後，穆斯林聯盟（這時稱爲「全巴基斯坦穆斯林聯盟」）成爲巴基斯坦居支配地位的政黨。但其聲望逐漸下降，到1970年代已完全消失。亦請參閱Mohammed Ali Jinnah。

mussel　蚌　世界性分布的海生貽貝科或主要分布於美國及東南亞的淡水珠蚌超科雙殼類軟體動物的統稱。海生的蚌類一般爲楔形或梨形，長5～15公分，殼平滑或肋狀，多有毛狀的角質層，許多種的殼外表呈深藍或深綠褐色，內面有珍珠光澤。常以足絲固著於硬物表面或相互依附成團，有時鑽入軟泥或木中。爲鳥類、海星的食物。有些種有商業性養殖，供食用。

大西洋有肋貽貝（Modiolus demissus）
Walter Dawn

Musset, (Louis-Charles-)Alfred de＊　繆塞（西元1810～1857年）　法國詩人、劇作家。出身貴族，青年時代受到浪漫主義的影響。1830年出版第一部作品《西班牙與義大利的故事》。在一部早期劇作演出失敗後，他拒絕將他出版的歷史悲劇和喜劇作品搬上舞台。最爲人銘記的是他的詩歌作品，包括風格輕快的諷刺劇、技巧精湛的詩歌，以及熱情洋溢、優美動人的抒情詩，例如〈十月之夜〉(1837)。他與喬治桑之間糾葛不清的愛情激發了他的靈感，創作出最優秀的作品。

Mussolini, Benito (Amilcare Andrea)　墨索里尼（西元1883～1945年）　別名Il Duce。義大利獨裁者（1922～1943）。年輕時桀驁不馴但很聰明，是狂熱的社會主義者，1912～1914年在社會黨黨報《前進報》任編輯。當他改變不參加第一次世界大戰的立場後，被開除黨籍，於是他創立了贊成參戰的《義大利人民報》，1915～1917年在義大利軍隊服役，後繼續任編輯。他提倡政府實行獨裁統治，1919年成立一個政治小組，標誌著法西斯主義的開端。他在集會上的演說充滿激情而十分有說服力，1922年組織向羅馬進軍，阻止社會主義者領導的全面罷工。政府倒台後，他被任命為首相，成為義大利歷史上最年輕的首相。他通過法律確定法西斯黨為主要政黨，自己則被稱為領袖（Il Duce）。他重建了社會秩序，引進社會改革，改善公共設施，獲得廣泛支持。他夢想建立帝國，於是在1935年入侵阿比西尼亞（即後來的衣索比亞）。雖然希特勒支持他的法西斯計畫，但墨索里尼對德國的力量始終保持警戒，直到1940年才同意建立羅馬－柏林軸心，並對同盟國宣戰。義大利在希臘和北非的軍事失敗，使得墨索里尼的美夢幻滅。在盟軍進入西西里島（1943）後，法西斯大委員會將他免職，隨後被捕。不久被德國突擊隊所救，成為希特勒在義大利北部薩洛建立的傀儡政府的首領。1945年德國在義大利的防禦瓦解後，他試圖逃到奧地利，但被義大利游擊隊抓回並處決。

墨索里尼
H. Roger-Viollet

Mussorgsky, Modest (Petrovich) *　穆索斯基（西元1839～1881年）　俄國作曲家。他很早就受到民間故事的啓發而在鋼琴上即興演奏，十幾歲已無師自通學會作曲。他認識了幾位作曲家，後來與這些人一起被稱為「強力五人集團」（參閱Mighty Five, The）。1857年隨巴拉基列夫上了生平第一堂作曲課，很快創作了一些鋼琴曲和歌曲。1858年一次重病之後他從軍中退役，此後從事政府文職工作。1865年他母親去世，使他陷於酗酒而不能自拔，惡化的酒精中毒終於使他失業。與個人生活的每況愈下相伴隨的，卻是他作為作曲家的日漸成熟。這段期間他創作了最主要的作品，包括交響詩《荒山之夜》(1867)、大型歌劇《鮑里斯・戈東諾夫》(1868) 和著名的鋼琴組曲《展覽會之畫》(1874)。他因與酒精有關的一些疾病而死，享年僅四十二歲，歌劇《霍萬斯基黨人之亂》未能完成。

Mustang　野馬式戰鬥機 ➠ P-51

mustard family　十字花科　亦稱Cruciferae。白花菜目的一個大科，共三百五十屬，多為草本植物，葉有辣味，其中有的種是香料貿易的重要作物。花瓣四枚，白色，黃色或淡紫色，排成十字形；萼片亦四枚。角果。該科有許多有重要經濟價值的作物，而被廣泛栽種。芥屬（參閱brassica）是該科最重要的屬；蕪菁、蘿蔔、蕪菁甘藍和其他許多觀賞植物都屬於該科植物。作為香料的芥可以芥籽、芥末粉或芥末醬等形式販售。

Mut *　穆特　埃及宗教所崇奉的蒼天女神和偉大的聖母。最初可能出現於尼羅河三角洲或中埃及地區。第十八王朝時期（西元前1539～西元前1292年）成為底比斯的神祇阿蒙的伴侶。阿蒙、穆特與青年神靈柯恩斯（據傳是穆特的兒子）共為底比斯的三聯神。她的名字原意為「母親」，在眾神之中以老婦的形象出現。其像通常被繪成頭戴雙冠的婦人，有時也畫成雌獅首人身狀。

mutagen *　誘變因子　藉改變遺傳物質DNA（去氧核糖核酸）的結構來改變細胞基因結構的因子，包括多種電磁輻射（如宇宙線、X光、紫外輻射）及許多化合物。有機體內某些非誘變物質的存在，可以加強或抑制一些誘變因子的作用，例如氧可使細胞對X光的誘變作用更加敏感。

Mutanabbi, (Abu al-Tayyib Ahmad ibn Husayn) al- *　穆太奈比（西元915～965年）　被許多人認為是最偉大的阿拉伯語詩人。生於伊拉克，相對於身處的時代和地位而言，他因為具有詩歌的天賦而獲得教育。他與貝都因人一起生活，曾自稱為先知，在敘利亞領導了一場失敗的穆斯林叛亂。度過兩年牢獄生活後，他成為流浪詩人，最後離開敘利亞前往埃及和伊朗。主要作品是頌詞，其中充滿了不可思議的隱喻，風格浮華誇張，語氣自負而豪邁，藝術技巧臻於完美。

mutation　突變　細胞內傳遞給細胞後代的遺傳物質的改變。突變可以是自發的或由外在因素（誘變因子）誘發。突變發生於基因裡。鹼基的排列順序決定生物體的遺傳密碼，當鹼基鏈中的一個鹼基被另一個鹼基取代，或者一個或多個鹼基插入或缺失時，就發生了突變。許多突變是無害的，因為它們的作用被其顯性等位基因掩蓋了。而有一些則會引起嚴重的後果，例如一種從父母雙方遺傳而來的突變會導致鐮狀細胞性貧血。只有發生於生殖細胞（卵子或精子）的突變才會被遺傳給後代，這種突變通常是有害的。極少情況下突變會產生有益的變化，具有這種有益基因的生物體在種群中的比例會逐漸上升，直到這種變異基因成為種群中的正常現象。藉由這種方式，有益的突變成為演化的原料。

Mutazila *　穆爾太齊賴派　指伊斯蘭教內部在政治或宗教問題上的中立主義者。該詞也指8～10世紀活躍於巴斯拉和巴格達的神學派別的成員。該派是最先運用希臘哲學範疇和方法提出其教義的穆斯林，信仰的原則包括阿拉的絕對獨一、自由意志和為自己的行為負責、阿拉的公義和隨之而來的在天堂的回報和在地獄的懲罰的必然性。他們的《可蘭經》是受造之物（和永恆相對）的教義，在827～849受到動搖，最終被捨棄。該派信仰為遜尼派穆斯林所否認，但被什葉派教徒接受。

mutiny　叛變　對法律許可的軍事當局的所有協定的反抗。叛變以前被視為最嚴重的違法行為，尤其發生於海上航行的船隻上，因此船長被賦予廣泛的訓誡權力，包括在沒有軍事法庭審判的情況下擁有判處死刑的權力。隨著無線電通信的發展，這樣的威脅減小了，從而嚴厲的懲罰若無軍事法庭審判則被禁止。

Mutsuhito　睦仁 ➠ Meiji emperor

mutual fund　共同基金　亦稱單位信託公司（unit trust）或股份不定信託公司（open-end trust）。指將認購者基金投資於各種證券，並發行可代表擁有這些證券份額的單位股票的公司。與投資信託公司不同，後者發行代表公司本身資本的股票，有一個固定的資本總額和少量的待售的份額；共同基金則總是持續不斷地按淨資產價值（再加上經銷費）出售新股票，並按其所擁有的證券市價確定每日淨資產價值，隨時購回已售出的股票。

Muybridge, Eadweard＊ 邁布里奇（**西元1830～1904年**） 原名Edward James Muggeridge。英裔美籍攝影家。年輕時從英國移民美國，1868年因拍攝優勝美地山谷的照片而聞名。史丹福雇用他拍攝正在跑步的馬，以證實自己所提的「馬的四腳同時離地」的論點。邁布里奇使用一套12～24個照相機的特製快門，終於在1877年證實史丹福是正確的。他廣泛地演講動物的運動問題，並用一個動物實驗鏡作爲圖解，這就是電影放映機的前身。他對人類運動的廣泛研究（1884～1887）一直對藝術家和科學家十分有用。

Mwene Matapa＊ 姆韋尼·馬塔帕 14～17世紀統治南非尙比西河與林波波河之間地區（即今辛巴威和莫桑比克）的一系列國王的稱號。他們的領地往往稱爲馬塔帕（或莫塔帕），和辛巴威東南部的辛巴威遺跡相連。

Mweru, Lake＊ 姆韋魯湖 法語作Lac Moero。非洲中部湖泊。位於剛果民主共和國（薩伊）東南部和尙比亞的邊界上，坦干伊喀湖南端的西面。爲剛果河水系的一部分，長122公里，水域面積4,920平方公里。有剛果河的源頭盧阿普拉河流經，與班韋烏盧沼澤毗鄰。

My Lai incident＊ 美萊村事件（**西元1968年3月16日**） 越戰時期發生於廣義省的一個小村落裡美軍屠殺了五百零二名徒手平民的事件。美軍排長卡萊領軍屠戮美萊村，村裡無論老少婦孺都被士兵屠殺盡淨。許多村民被害前還遭受淩虐與姦淫。事件起先被軍事高層官員所隱瞞。爾後卡萊以蓄意謀殺罪被起訴，原判爲無期徒刑，但由於尼克森總統的介入說項，卡萊於三年後假釋出獄。在審判期間所洩露出來的這個屠殺事件和其他暴行震撼了美國各界，因而助長了反戰氣息。

Myanmar＊ 緬甸 亦作Burma。正式名稱緬甸聯邦（Union of Myanmar）。東南亞國家，濱臨孟加拉灣和安達曼海。面積676,577平方公里。人口約41,995,000（2001）。首都：仰光。居民主要是緬人，其他還包括欽人、撣人和克倫

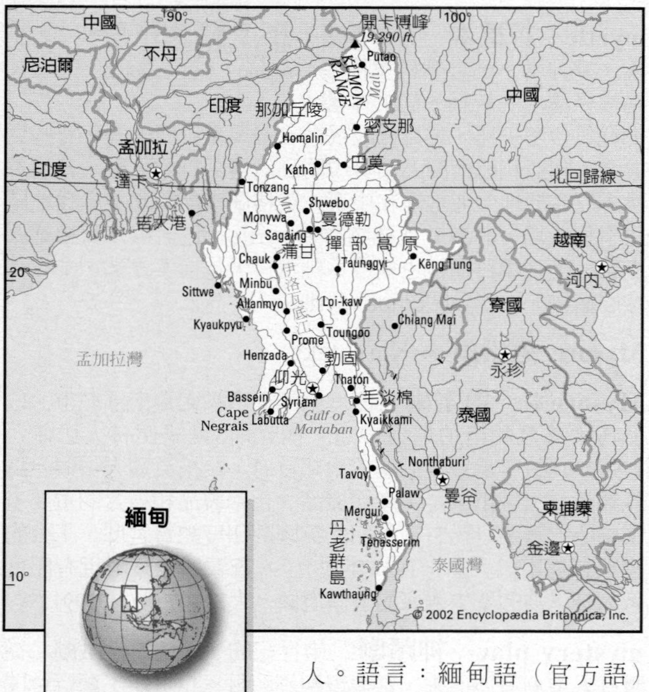

人。語言：緬甸語（官方語）以及許多原住民語言。宗教：佛教（占多數）、基督教、萬物有靈論、伊斯蘭教和印度教。貨幣：緬元（K）。緬甸可分爲四大區：北部山區和西部山區、中央低地和東部撣部高原。主要河流爲伊洛瓦底江和薩爾溫江。緬甸屬熱帶氣候，深受南亞季風的影響，境內極爲多山的土地中僅有1/6可耕種。屬開發中的中央計畫經濟，大部分企業已國有化，以農業和貿易爲主。稻米是最重要的作物和主要出口物，柚木也很重要。現爲軍事政權，國家元首暨政府首腦爲國家和平及發展委員會主席。很久以前即有人定居於此，西元1世紀以後建有孟人和驃人王國。11世紀一個緬甸王朝統一了緬甸，13世紀蒙古人推翻之。葡萄牙人、荷蘭人和英國人在16～17世紀來此貿易。18世紀雍笈牙建立了現代的緬甸國家。後來與英國因阿薩姆問題而爆發一連串戰爭，1885年緬甸落入英國人手裡。在英國的統治下，緬甸成爲印度的一個省。第二次世界大戰時曾被日本人占領，1948年獨立。1962年發生一場軍事政變，軍人奪取了政權，他們把主要的經濟企業國有化。1980年代的內部不安造成反政府的暴亂，但被軍隊鎮壓下來。1990年反對黨贏得全國大選，但軍隊仍繼續控有政權。翁山蘇姬翁試圖在動盪不安中協商成立一個較自由的政府，1991年她獲得諾貝爾和平獎。

myasthenia gravis＊ 重症肌無力 一種引起肌肉衰弱的慢性自體免疫疾病。由於自身抗體阻礙了肌肉細胞對乙醯膽鹼的反應，肌肉隨著反覆使用而衰弱，但休息後又重獲力量。病症形式多樣，通常與眼睛運動、面部表情、咀嚼、吞咽及呼吸有關的肌肉最先受到影響，然後是頸、軀幹和四肢的肌肉。病情嚴重時會阻礙呼吸。抗膽鹼酯酶類藥物可刺激神經脈衝傳送，皮質類固醇也有幫助。切除胸腺可緩解嚴重症狀，但幾年後可能復發。

mycelium＊ 菌絲體 眞菌的主體，由分枝、管狀的菌絲組成，滲透土壤、樹木和其他有機物質。菌絲體構成典型眞菌的原植體（無差別的個體），可在顯微鏡下放大到可見的結構，如簷狀菌、蘑菇、馬勃或松露等。菌絲體直接或通過子實體產生孢子。

Mycenae＊ 邁錫尼 希臘伯羅奔尼撒東北部的史前城市。爲一座天然的岩石城堡，是傳說中的阿格曼儂的都城。青銅時代開始繁榮，成就了與眾不同的邁錫尼文明。約西元前1400年在愛琴海地區達到全盛，約西元前1100年隨著北部多里安人的入侵而衰落。邁錫尼的發掘始於1840年，以1876年左右謝里曼的發現最爲著名。遺跡包括獅子門、衛城、穀倉和幾座王室的蜂房式陵墓（參閱beehive tomb）以及杆狀墓穴。

Mycenaeans＊ 邁錫尼人 驍勇善戰的印歐民族，在西元前1900年開始由北方進入希臘，並在歐洲大陸及附近小島建立青銅時代文明。邁錫尼文明的基礎來自於克里特島的米諾斯文明，米諾斯人曾一度統治邁錫尼人。後來在西元前1400年左右，邁錫尼人不再附屬於米諾斯之下，並統治了愛琴海地區，直到西元前1150年被其他族裔入侵爲止。邁錫尼後來以城邦形態存在，並接受希臘治理，但到西元2世紀即滅亡。邁錫尼的神話和傳說到了希臘時代晚期都還被口耳相傳，並成爲荷馬史詩和希臘悲劇的基礎。邁錫尼語被認爲是希臘語最古老的形態。

mycobacterium＊ 分枝桿菌屬 放線菌目分枝桿菌科一些桿狀細菌組成的屬。其中最重要的兩種引起人類的結核病和痲瘋，其他種引起牛及人類的結核病。某些分枝桿菌生活於腐爛的有機物中，其他則是寄生性。大多數以自由生存方式在土壤和水中生活，或在動物的患病組織也可發現。多種抗生素已能成功治療分枝桿菌感染。

mycology＊　眞菌學　研究眞菌的科學，包括蘑菇和酵母菌。許多眞菌在醫學和工業上有用。眞菌研究促成了諸如青黴素、鏈黴素及四環素等抗生素藥品的發展，在奶製品、酒類和烘烤業以及染料、墨水的生產上也有重要的應用。醫學眞菌學是對引起人類疾病的眞菌組織的研究。

mycoplasma＊　黴漿菌　亦譯菌質體。枝原體屬細菌的統稱。枝原體是最小的細菌，細胞可爲圓形或梨形或具分枝的細絲。革蘭氏染色陰性，大多數不需要氧，集落生長，無細胞壁。寄生於反芻動物、食肉動物、齧齒動物和人類的關節及呼吸道、生殖道、消化道的黏膜上。細菌產生的毒性副產物在寄主組織中積累，可造成損傷。有一種可在人類造成分布廣泛但罕致死的肺炎。

mycorrhiza＊　菌根　某些眞菌的分枝、微管、細絲與高等植物的根因共生關係而結合形成的結構。眞菌與高等植物間保持著營養互惠的平衡關係。很多植物（如柑橘、蘭、松等）其成活及生長依賴菌根；另有一些植物雖無菌根亦能存活，但生長不良。

mycoses ➠ fungal disease

mycotoxin　眞菌毒素　眞菌產生的毒性物質。眞菌毒素的種類及特徵繁多，其作用包括家畜和人類的幻覺、皮膚炎症、嚴重肝損害、出血、流產、驚厥、神經症狀和死亡。最著名的眞菌毒素是黃麴毒素、麥角病毒素和蘑菇中毒。

myeloid tissue ➠ bone marrow

mynah　鷯哥　亦作myna。雀形目椋鳥科數種亞洲鳴禽的統稱。南亞的丘陵鷯哥（在印度稱爲擬八哥）體長約25公分，黑色有光澤，翅有白斑，肉垂黃色，嘴和腳橙色。野生種咯咯地或尖聲鳴叫，籠養的能模仿人說話，比灰鸚鵡學得還像。普通鷯哥（印度鷯哥）已引入澳大利亞、紐西蘭和夏威夷。八哥原產於中國和印尼，雖已引入加拿大的不列顛哥倫比亞，但並未擴散。

myocardial infarction＊　心肌梗塞　亦作heart attack。一部分心臟肌肉因其血液供應中斷而死亡，通常是動脈硬化造成冠狀動脈狹窄處形成血栓。高血壓、糖尿病、高膽固醇、吸煙及冠狀動脈心臟病會增加心肌梗塞的風險。症狀包括劇烈胸痛，通常往左臂延伸，呼吸急促。多達20%的病患來不及送醫就死亡。診斷方法是用心電描記法以及分析血液的酶。治療的目標在限制組織死亡（梗塞）的面積，預防並治療併發症。或許可以提供溶血栓藥物。β阻斷劑減輕疼痛並降低心跳速率。血管成形術或者冠狀動脈分流術恢復血流到心臟肌肉。後續還包括藥物、運動規畫、改變飲食與生活形態的建議。

myositis＊　肌炎　肌肉組織的炎症，常爲細菌、病毒或寄生蟲感染所致，但有時病因不明。大多數肌炎對罹病肌肉及周圍組織具有破壞性。細菌可能直接破壞肌肉（通常在受傷之後）或對其產生有毒物質。一些慢性疾病，如結核病、第三期梅毒，都可能感染到肌肉。受污染食物中的寄生蟲，例如絛蟲、原生動物，會從腸內進入血管，而後在肌肉中滯留。

myotonia＊　肌強直　隨意肌收縮後鬆弛困難的一種肌肉疾病。可能發生於全身所有的肌肉，也可能僅發生於幾塊肌肉中。病變似乎是在肌肉本身，而不是在神經系統。某些毒素亦可引發本病。具遺傳性的先天性肌強直（湯姆生氏病），會影響眼瞼和眼睛的運動、吞咽或說話。快速運動會引起肌強直，肌營養不良是另一種肌強直類型。鎮痛藥、麻醉藥和抗驚厥藥物都可以減輕肌強直的症狀。

Myra＊　米拉　小亞細亞南部海岸呂西亞的古城，位於今土耳其西南部。爲西元前5世紀～西元前3世紀的古代遺跡，包括一座衛城、一座宏偉的戲院和幾座類似木房和神殿的石刻墳墓。西元1世紀身爲囚犯的使徒聖保羅在米拉換船前往羅馬。西元4世紀時聖尼古拉是該城鎮的主教。7世紀阿拉伯襲擊後走向衰落。

Myrdal, (Karl) Gunnar＊　米達爾（西元1898～1987年）　瑞典經濟學家及社會學家。於斯德哥爾摩大學取得博士學位，1933～1967年在那兒任教。其早期研究強調純理論，但後來注重應用經濟學和社會問題的研究。1938～1940年探索美國黑人的社會和經濟問題，而在1944年出版經典論文《美國難題》，他在書中提出了貧者愈貧的理論。在發展經濟學方面，他論證富裕和貧窮的國家，經濟發展並非向同一處集中，而是背道而馳；富國享有規模經濟而貧國被迫依賴初級產品，因此貧國愈貧。1974年與海耶克共獲諾貝爾經濟學獎。他的妻子阿爾瓦・米達爾（1902～1986）是位社會學家、外交官、聯合國行政官和反戰行動主義分子，1982年與加西亞・羅夫萊斯共獲諾貝爾和平獎。

Myron＊　米隆（活動時期約西元前480～西元前440年）　希臘雕刻家。稍長於同代雕刻家菲迪亞斯和波利克里托斯，古代人認爲他是所有雅典雕刻家中最多才多藝和富有創新精神的一位。他是第一個把對運動的掌握和協調組合的才能結合起來的希臘雕刻家，以表現運動中的競技者著稱，作品幾乎都是用青銅製作的，尤其是《擲鐵餅者》（西元前450?年）。

《擲鐵餅者》，羅馬大理石摹製品，據西元前450年左右米隆所製之希臘青銅真品複製；現藏羅馬國立博物館
Alinari – Art Resource

myrtle　香桃木　亦稱香櫻桃、愛神木。桃金孃科香桃木屬常綠灌木的統稱。對於本屬究竟包含多少種，意見分歧很大。主要產於南美洲，有些見於澳大利亞和紐西蘭。葉具中肋和沿邊平行的大脈。普通香桃木原產於地中海地區和中東，英格蘭南部和北美溫暖地區已引種栽培。許多其他植物亦稱myrtle，包括山月桂和蔓長春花。桃金孃科通常也稱爲香桃木科，包括多香果、丁香和桉屬植物。亦請參閱crape myrtle。

Mysore　邁索爾 ➠ Karnataka

Mysore＊　邁索爾　印度南部卡納塔克邦南部城市。位於高韋里河和格伯尼河中途，西元前3世紀便有人居住。1799～1831年爲豐饒的邁索爾邦首府，後被英國人占領。爲該邦第二大城市，是生產紡織品、化學製品和糧食的重要工業中心。著名景點有17世紀的英國駐印度總督官邸、王公的宮殿和邁索爾大學（1916年成立）。查蒙迪丘陵附近有印度教大神濕婆的聖牛難底的整體塑像。人口607,000（1991）。

mystery play　神蹟劇　中世紀的一種地方性戲劇。從禮拜式戲劇發展而來，常表現聖經題材。13世紀工藝行會開始將神蹟劇的演出移到教堂外面，並添加不眞實的、諷刺的戲劇內容。在英國，二十五～五十部戲劇組後來編排成爲一定長度的循環，例如切斯特劇和韋克菲爾德組劇。在英國該劇種經常在活動的遊行馬車上表演，但在法國和義大利則在描繪著天堂、人世和地獄景色的舞台上演出。技術上的熱鬧場面，例如飛翔的天使和噴火的怪物，吸引著觀眾者的注意力。神蹟劇劇種到1600年開始式微。亦請參閱miracle play、morality play。

mystery religion 祕密教派 泛指希臘－羅馬社會中的祕密教派。起源於原始部落儀式，在西元前3個世紀裡的希臘達到全盛。成員祕密聚會、共餐、參加舞會和儀式，尤其是入會儀式。對蒂美特的崇拜是最著名的祕密教派，此外還有埃勒夫西斯祕密宗教儀式和安達尼亞祕儀。戴奧尼索斯的禮拜節慶中有飲酒、合唱、性活動和滑稽戲。奧菲斯的禮拜儀式正好相反，它以奧菲斯神聖的作品爲依據，要求禁欲和禁食酒肉。其他的祕密教派有阿提斯、伊希斯和朱比特·多利刻努斯等。

mystery story 神祕故事 一種虛構的小說作品，描繪和犯罪行爲或神祕事件相關的證據，使讀者思考這個問題的解決方案，作者的破譯結果放在最後章節。神祕故事是一種古老的流行的類型，和其他幾種形式有關。可以表現在驚駭或恐怖的描寫、僞科學的虛幻故事、破案故事、外交陰謀紀事、代碼和密碼及祕密團體的事件、或是牽扯到一個謎的任何情景中。亦請參閱detective story、gothic novel。

mysticism 神祕主義 與神融爲一體的精神追求。所有主要宗教中都可以發現神祕主義的形式。印度教比其他宗教更傾向於神祕體驗，其目標是把個人的靈魂融於萬有之中。佛教則強調冥想，以其作爲達到涅槃的方法。在伊斯蘭教裡，蘇菲主義常以陶醉或新婚夫婦之間的愛情爲隱喻，表達與神融爲一體的欲望。猶太教中，神祕主義乃植根於聖經中先知的預言，後來在喀巴拉和哈西德主義中發展起來。神祕主義也間斷出現於基督教中，最著名的是聖奧古斯丁和阿維拉的聖特雷薩的著述，以及艾克哈特和他的14世紀的追隨者的作品中。

myth 神話 表面是歷史事件的傳統故事，用於呈現一個民族部分的世界觀，或解釋一種行事、信念與自然現象。神話與外在於一般人類生活、但爲其根本的神或超自然的事件、情境或作爲有關。這些事件設定在一個全然異於歷史時間的時間中，通常是在創世之初，或在史前的早期階段。一個民族的神話通常與他們的宗教信仰和儀式緊密相連。現代對神話的研究起於19世紀早期的浪漫主義。曼哈特、弗雷澤，以及其他後起的研究者，都多半採用一種比較方法的研究取徑。弗洛伊德視神話爲遭到壓抑的觀念的表現；這種觀點後來由容格在他的「集體潛意識」以及起源於集體潛意識的神話的原型的理論中加以擴充。馬林諾夫斯基強調神話如何發揮共同的社會功能，並提供一個人類行爲的模型和「憲章」。李維－史陀則在全世界的神話的形式關係與模組中區辨出潛在的結構。埃利亞代和奧托則認爲，神話必須單獨作爲宗教現象來理解。其他種類的文學也共有若干神話的特色。起源傳說解釋了自然、人類社會與生活的各個方面的根源與原因。童話則處理異常的生物與事件，但缺乏神話的威信。薩迦和史詩則主張權威與眞理，卻反映了特定的歷史背景。

myxedema* 黏液水腫 成人因缺乏足夠的甲狀腺激素而引起的生理反應，原因可爲甲狀腺切除、腺體功能障礙或腺體萎縮，次要原因則爲腦下垂體功能障礙。發病緩慢，表現爲舌腫大，皮膚增厚、浮腫，嗜睡，心臟擴大和代謝率減低。甲狀腺激素不足亦可影響其他內分泌腺的分泌，可能引起低鈉血症、生殖系統障礙（生育力降低）、腎上腺和循環系統障礙。以甲狀腺乾制劑治療。

Myxomycetes 黏菌門 ➠ slime mold

myxovirus* 黏病毒 流行性感冒病原體，及引發人類的普通感冒、流行性腮腺炎、痲疹，牛隻的犬瘟熱、牛瘟和家禽的新城雞瘟的病毒的統稱。病毒顆粒具脂質被膜，形態從球狀到絲狀，上有由蛋白質構成的釘狀突起；內含核糖核酸。黏病毒能與紅血球表面的黏蛋白起作用，有的還能使紅血球凝聚。

NAACP　全國有色人種促進協會　全名National Association for the Advancement of Colored People。美國最早和最大的民權組織。1909年成立，目的是保障黑人的政治、教育和經濟的平等權利。六十名發起人中有杜博斯和威爾斯－巴尼特。它的一些最成功的活動是法律案件、政治活動以及公眾教育計畫。1939年它組織了獨立的法律辯護會和教育基金會作爲其法律武器。1954年在「布朗訴托皮卡教育局案」中提出控告，要求學校取消種族隔離政策。在第二次世界大戰中它催逼取消軍隊裡的民族隔離政策，1948年實現了這一目標。1967年它的總顧問馬歇爾成爲美國最高法院的第一位黑人法官。

Naber, John　納伯（西元1956年～）　美國游泳選手，生於伊利諾州的艾凡斯頓。在南加利福尼亞大學（USC）時代他得過15次冠軍。1976年的奧運會中，他奪下四面金牌和一面銀牌；他的100公尺和200公尺仰式的世界記錄保持了七年之久。

Nabis＊　納比派　法國藝術家團體。他們宣稱藝術作品是藝術家把自然綜合爲個人的美學隱喻和符號，從而獲得的最終產物和視覺表達。爲20世紀初抽象主義和非具像藝術的發展鋪平了道路。最初是受到以畫家高更爲中心的所謂阿望橋村畫派的啓發，後來又受了日本木刻、法國象徵主義繪畫和英國前拉斐爾派藝術的很大影響。但在高更直接指導下，納比派創始人塞律西埃（1865～1927）畫了第一幅納比派作品《阿望橋村愛之林風景》（又稱《護符》，1888）。成員包括了初期的勃納爾、維亞爾及後來的馬約爾。

Nabisco　納比斯科 ➡ RJR Nabisco, Inc.

Nabokov, Vladimir (Vladimirovich)＊　納博可夫（西元1899～1977年）　俄羅斯出生的美國小說家和評論家。生於貴族家庭。1919年隨家前往英國前曾出版兩本詩集。原本以詩歌爲主要創作形式，1925年以後改以小說爲主要創作體裁。1919～1940年居於英國、德國和法國。他把1940年移居美國前的生活寫成自傳體小說《說吧！回憶》（1951）。1928年發表的《國王、王后與傑克》體現納博可夫精雕細琢、講究格局形式的藝術特色。納博可夫作品的中心主題是以各種象徵手段表達藝術本身的問題。《斬首的邀請》（1938）充分顯示了他的才華。他最優秀的俄文小說《才能》（1937～1938）頻繁使用戲仿（pcarody），是一個轉折點，熱衷於採用戲仿後來成爲他的主要的寫作技巧。他的英文小說包括爲他帶來巨大財富和國際聲譽暢銷書《洛麗塔》（1955）、《蒼白的火》（1962）和《艾達》（1969）。除小說詩歌外，還發表四卷普希金的《葉甫蓋尼．奧涅金》的譯作和論述。

納博可夫，攝於1968年
© Philippe Halsman

Nabu＊　那波　亞述人和巴比倫人所崇奉的重要神靈，馬爾杜克之子。他護佑文學，化育草木。他的標誌是泥版和尖筆，因爲他將衆神爲人注定的命運記錄在案。博爾西珀爲其聖城。

Nabuco (de Araaújo), Joaquim (Aurelio Barretto)＊　納布科．德阿勞若（西元1849～1910年）　巴西政治家、外交官、廢奴運動的領導人以及文人。出身巴西東北部舊貴族家庭。1878年成爲衆議員。在衆議院和由他創立的巴西反奴隸制協會中爲解放奴隸進行了不懈的努力。1888年巴西奴隸宣告獲得自由。巴西建立共和國後，他因忠於君主制而退出公職，1900年才承認共和國並再次擔任公職。1905年起任巴西駐美國大使，以鼓吹泛美主義而著名。

Nadar＊　納達爾（西元1820～1910年）　原名圖爾納勳（Gaspard-Félix Tournachon）。法國作家、諷刺畫家和攝影師。1842年定居巴黎，開始向幽默雜誌出售諷刺畫。1853年成爲一名攝影專家，並開了一家照相館。1854年完成他的第一個《先賢祠納達爾》，這是一套有兩幅巴黎名人諷刺畫像的大型平版畫。在開始第二個《先賢祠納達爾》時，他給每個準備畫諷刺畫的人拍攝了一幅肖像。如爲畫家德拉克洛瓦和詩人波特萊爾（1855）。他的照相館後來成爲巴黎文人聚會的地方，也是印象派畫家第一次舉行展覽的地方。1855年，獲空中攝影繪製地圖和勘測的專利權。1858年，成功的從氣球上拍攝空中照片。他還寫過小說、隨筆和諷刺文章。

Nader, Ralph　納德（西元1934年～）　美國律師，消費者權益辯護人和消費者保護運動領導人。先後在普林斯頓大學和哈佛大學法學院學習。1963年離開哈佛來到華盛頓特區，並展開與公共利益有關的工作。他把對不安全汽車設計的研究寫成《任何速度都不安全》（1965），這部暢銷書直接導致1966年「國家交通及汽車安全法」的通過。此後，他和他的被稱爲「納德狙擊手」的志同道合者曾提出諸如管道安全、嬰兒食品、殺蟲藥劑、汞中毒、養老金改革、土地使用、銀行業務等廣泛課題的大量研究報告。在他的協助下通過了「資訊自由法」（1966），還成立了消費產品安全委員會和環境保護署。他還創辦了快速反應法律研究中心。2000年代表綠黨參加總統大選，獲得3%的選票。公認他是一位對公衆利益運動最有影響的人物。

Nadir Shah＊　納迪爾．沙（西元1688～1747年）　伊朗的統治者和征服者。原爲土匪頭子。1726年率領5,000名土匪支持塔赫馬斯普二世奪回他父親失去的王位。1732年他又廢黜塔赫馬斯普二世，擁立塔赫馬斯普年幼的兒子上台。四年後這個小國王死去，他就自立爲納迪爾．沙。他占領印度北部蒙兀兒帝國的幾個城市。爲人生性殘暴，到處進行屠殺。結果被自己的部下暗殺。

納迪爾．沙，繪於1740年左右；現藏倫敦維多利亞和艾伯特博物館
By courtesy of the Victoria and Albert Museum, London

NEFTA ➡ North American Free Trade Agreement

Nag Hammadi＊　納傑哈馬迪　埃及上埃及城鎮（1986年人口約28,493），位於尼羅河西岸。當地原爲奇諾波斯基翁古城城址。現在是周圍農業區的商業城鎮，有製糖

廠、綜合煉鋁廠。附近的古代遺址包括希烏城、卡斯爾瓦薩耶德城、古王國墳地和科普特人的重要村落。1945年在此發現諾斯底派的十三卷經籍抄本和2或3世紀的注釋。

naga＊　那伽　印度教和佛教神話中一類精靈，其形半人半蛇。據說可化作人形或蛇姿，行動危險，在某些方面優於人類。居住在地下蛇界，又稱波多羅界，該處宮殿富麗堂皇，珠光寶氣。據說他們曾在地上繁衍過多而成災，於是梵天把他們驅逐到地下，只許他們咬眞正的惡人和注定夭折的人。他們也與水、河流、湖泊、海洋和源泉有關，並能護衛財寶。

Naga Hills　那加丘陵　印度、緬甸邊境複雜山系的一部分，爲阿拉干山脈向北突出部分。其中最高峰薩拉馬蒂峰高達3,826公尺。季風時節降雨量大，有茂密的天然常綠林。人口稀少。

Nagaland　那加蘭　印度一邦，位於印度東北角。東與緬甸交界。首府科希馬。境內除小片平原以外，全邦均爲喜馬拉雅山餘脈所構成的丘陵地帶。1819～1826年那加蘭爲緬甸統治，直到英國逐漸把那加丘陵區納入大英帝國統治爲止。1963年那加人民同意成爲印度一個邦的地位。境內共有二十多個主要部族，還有許多小支族。沒有共同語言。方言有六十種。有些地方村與村之間所操方言互不相同。居民約有2/3爲基督徒，其他大多是印度教徒和穆斯林。經濟以農業爲主。主要農作物有秋冬雨季水稻、粟、豆類、油籽、甘蔗、馬鈴薯和煙草。面積16,579平公里。人口約1,215,573（1991）。

Nagarjuna＊　龍樹（西元150?～250?年）　印度僧侶，佛教哲學家、中觀學派創始人。龍樹生在印度南部一婆羅門家庭，得大龍菩薩授以大乘經典，皈依佛教，在印度各地傳法。他的著作現存有梵文《中論》和《迴諍論》。龍樹主要批駁上座部和說一切有部關於存在的學說。他的觀點可能與早期大乘文獻《般若波羅蜜多經》的教義相近，認爲存在是相對的，沒有不依賴相對關係的靈魂、事物和觀念。他建立「空」的概念，主張一切皆空，被視爲中觀學派的教義。

Nagasaki　長崎　日本長崎縣的首府和第一大城，位於九州西部長崎灣浦上川河口處。是1639～1859年日本港口皆閉關時，唯一爲德川幕府允許開放的港口。1639年葡萄牙和英國的商人被驅逐後，長崎的貿易對象便僅限荷蘭人、中國人和朝鮮人。19世紀，長崎是東亞首要的船舶加煤站，並且至1903年止一直爲俄國亞洲艦隊的冬港。1945年8月9日美國對日本投下第二枚原子彈，摧毀長崎的最中心部分。造成39,000人死亡，約25,000人受傷，大約40%的城市建築全毀或嚴重損傷。第二次世界大戰後長崎重建，並成爲禁止核武運動的精神中心。現爲重要的觀光中心。其工業以大造船廠爲基礎，聚集於港灣西岸和內港灣沿岸。該城市也有許多古蹟。人口438,724（1995）。

Nagorno-Karabakh　納戈爾諾－加拉巴赫　亞塞拜然西南部一地區。面積4,400平方公里。位於小高加索加拉巴赫山脈東北側，從山脈群頂線延伸到山腳的庫拉河低地邊緣。1813年俄羅斯人從波斯併呑該地，1923年蘇聯政府將它建爲亞塞拜然蘇維埃社會主義共和國的自治州。1988年該區占多數的亞美尼亞人開始反抗亞塞拜然人的統治。1991年從解體中的蘇聯獲得獨立的雙方發生武裝衝突。1994年這裡雖仍屬亞塞拜然，但許多地方已被亞美尼亞人控制。

Nagoya　名古屋　日本本州南部城市，愛知縣首府，日本主要工業中心和港口之一。臨太平洋伊勢灣。製造業包括了紡織、鐘錶、自行車、縫紉機、機械、化工和陶瓷。1610年德川家族第一位將軍在此建立巨大城堡，南側興起商業城堡鎮。該城堡毀於第二次世界大戰，但於1959年重建。該市的教育、文化機構有名古屋大學和德川藝術陳列館。熱田神社和伊勢大神社爲日本最古老的重聖神社。人口2,152,258（1995）。

Nagpur＊　那格浦爾　印度馬哈拉施特拉邦東北部城市。瀕臨那格河。幾乎處在印度的地理中心。一位貢德王子建於18世紀，後成爲馬拉塔聯盟成員的首要城市。19世紀時受英國統治。該市生產紡織品、錳鐵製品、運輸設備、棉花和柑橘。該市中心由英國人建的城堡發展而成，也是教育和文化中心。人口：市1,624,752；都會區約1,664,006（1991）。

nagual＊　附獸守護精靈　亦作nahual。中美洲印第安人認爲，這種精靈附在鹿、虎、鳥等動物身上，分別對某一個人起守護作用。按照傳統，人只要到森林中去睡覺，夢中或醒來時所見之獸就是他的守護精靈所附之獸。現在中美洲許多印第安人在新生嬰兒身前撒布草灰，第一個踏灰而過的獸就是他的守護精靈所附之獸。在有些地區，人們相信某些有權勢的人可以變成一種動物以作惡。

Nagy, Imre＊　納吉（西元1896～1958年）　匈牙利政治人物。第一次世界大戰時應徵入伍。被俄軍俘擄，後參加共產黨，在紅軍中作戰。1929～1944年間居於莫斯科。後返回在蘇聯占領下的匈牙利，協助建立戰後的政府，曾出任幾個部的部長。1953～1955年任總理，但因抱獨立態度，又被迫下台。1956年匈牙利革命期間，他再次擔任總理。他請求西方協助反對蘇聯的軍隊，但未成功。被逮捕後，經公審後處決。

Nagy, László Moholy- ➡ Moholy-Nagy, László

Nahanni National Park＊　納哈尼國家公園　「西北地區」西南方的國家公園。建於1972年，占地1,177,700英畝（476,968公頃）。最主要特色是南納哈尼河，是利亞德河的一條支流；它從馬更些山脈向東南方流，全長350哩（563公里）。這座國家公園包含了三個大峽谷和多種的鳥類、野生動物和花卉。

Nahda＊　納達黨　阿拉伯語意爲「伊斯蘭傾向運動」（Islamic Tendency Movement）。突尼西亞政治團體，1981年由葛努希及摩婁創立。他們的政綱主張公平分配經濟資源、多黨民主以及日常生活強化宗教戒律，並堅持透過非暴力手段達成。1984年納達黨重組，成爲祕密而公開運作的組織。雖然在現任總統阿里的政府下，該黨不再受到前總統布爾吉巴時代的粗暴待遇，但仍然爲非法組織。

Nahua＊　納瓦人　墨西哥中部的中美印第安人。西班牙征服墨西哥前的阿茲特克人，可能是其最著名的部族。操納瓦語的各種方言。現代納瓦人是農民，以刀耕火種的技術在公田和私田上耕種。棉、毛織物是納瓦人的主要手工製品，技術熟練，男女都會紡織。教父母關係普遍存在，親生父母和教父母關係密切。納瓦人信仰天主教，而以信奉各村守護神以及本地傳說中的瓜達盧佩聖女和形形色色「救世主」爲主。

Nahuatl language＊　納瓦語　爲美洲印第安語猶他－阿茲特克諸語言的一種，通行於墨西哥中部和西部，是猶他

L
M
N

—阿茲特克諸語言最重要語言。阿茲特克人的大多數文獻是用納瓦語寫的，從16世紀保存下來的文字記載，是由西班牙傳教士根據西班牙文所創製的文字書寫的，包括了編年史、城市記錄、詩歌等。方濟會修士薩阿貢根據印第安人提供的納瓦文化的資料寫成《新西班牙文物史》。

Nahuel Huapí, Lake＊　納韋爾瓦皮湖　阿根廷西南部，近智利邊界處最大的湖泊（544平方公里）和最著名的旅遊勝地。在安地斯山脈林木茂密的東部山麓，海拔767公尺。湖中多小島，維多利亞島設有森林研究站。有山溪和河流注入，由利邁河排出匯入內格羅河。湖水清澈，深425公尺以上。1934年畫入納韋爾瓦皮國家公園。

Nahuel Huapí National Park　納韋爾瓦皮國家公園　阿根廷西南部的國家公園。建於1934年。面積7,581平方公里，包括安地斯山地的納韋爾瓦皮湖。境內有茂密的森林、眾多的湖泊、湍急的河流、瀑布、冰雪覆蓋的山峰和冰川。埃爾特羅納多峰高度3,554公尺，卡特德拉爾山則以滑雪聞名。

Nahum＊　那鴻（西元前7世紀末）　《舊約》中十二小先知之一，傳統上認為是〈那鴻書〉的作者。（他的預言書在猶太教正典中是較大的「十二先知書」的一部分。）先知那鴻是在亞述帝國首都尼尼微陷落時說預言的。強大的亞述帝國長期威脅中東弱小民族，特別是以色列人。隨著新巴比倫帝國的興起，亞述帝國衰落；西元前612年尼尼微城陷落，亞述滅亡。先知那鴻慶幸此事，並指出此事的原因在於亞述奉行的政策不符合上帝意旨。

Nahyan dynasty＊　納希安王朝　阿布達比的統治家族。這個家族原本是位於利瓦綠洲的阿拉伯邦尼亞斯同盟國裡的貝都因人。他們的首任酋長於1770年代後期來此，並在島上建立了一個商業港口。現任的酋長舍赫·札伊德·賓·蘇丹·納希安也就是阿拉伯聯合大公國的總統。亦請參閱Maktum。

nail　指甲　人類和靈長類長在各手指與腳趾背面的角質板。自皮膚真皮層的深溝長出，組成指甲板的特化細胞在指甲基部形成，因此所有指甲的生長均見於該處；新細胞形成即將舊細胞往前推。指甲板附著在指甲床上，指甲床含有豐富的血管，可供應指甲板必需的營養。指甲最主要的功能為保護手指與腳趾的末端，手指上的指甲前緣則有助於操縱小東西與搔癢。

nail　釘　建築和木工所用的一頭尖另一頭扁平的金屬棒，用來固定一個物體或將多個物體固定在一起。釘多用於將木製品固定在一起，但也用於塑膠、預製板牆、磚牆或混凝土。釘一般為鋼製，也有用不銹鋼、鐵、銅、鋁或青銅製成的釘。尖的一端稱為釘尖，中間稱為釘身，扁平的一端稱為釘頭。

Nain brothers, Le ➠ Le Nain brothers

Naipaul, V(idiadhar) S(urajprasad)＊　奈波爾（西元1932年～）　受封為Sir Vidiadhar。千里達作家，以第三世界國家為背景的悲觀小說而聞名。為移民千里達的印度人後裔，1950年離開千里達赴牛津大學就讀。後雖定居英格蘭，但仍四處旅遊。《畢斯華士先生之屋》（1961）是一部重要作品，為他贏得讚賞；敘述一位移民企圖維護自我、追求獨立自主的努力。他後來的小說以其他國家為背景，但仍繼續探討個人和團體在新興國家中所經歷的疏離感，而這些國家正在把本土文化傳統和西方殖民文化相融合。包括了《在自由國家》（1971，獲英國布克獎）、《游擊隊》（1975）、《大河灣》（1979）。他還寫了《抵達之謎》（1987）和《半生》（2001）；及有關印度的研究文章。奈波爾於2001年獲諾貝爾文學獎。

Nairobi＊　奈洛比　肯亞首都。位於該國中南部高地地區，海拔1,680公尺左右。約1899年成為殖民地鐵路城市，1905年成為英屬東非保護地的首府。由於是行政和貿易中心，奈洛比吸引了大量肯亞農村人口，從而成為非洲最大城市之一。1919年宣告成為自治市，1954年被授予市級地位。肯亞於1963年獲得獨立，奈洛比仍然是首都。新的國家憲法擴大了該市的市政區域。奈洛比為該國主要的商業和工業中心。生產飲料、香煙、加工食品和家具。有若干產品通過蒙巴薩出口。著名的機構和地標有奈洛比大學和肯亞國家（自然歷史）博物館。旅遊業也占重要地位。奈洛比國家公園作為大禁獵區，是頗受歡迎的遊覽地。人口約2,000,000（1991）。

Nairobi National Park　奈洛比國家公園　肯亞中南部的國家公園。北距奈洛比8公里。設於1946年。面積117平方公里。植被為熱帶稀樹草原。主要樹種有金合歡、好望角栗樹、肯亞橄欖等。公園內有許多哺乳動物，如獅子、瞪羚、黑犀牛、長頸鹿、各種羚羊和斑馬，還有爬蟲類和數百種鳥類。在公園的正門附近，有一個小型動物園。公園的管理處設在奈洛比。

Naismith, James A.＊　奈史密斯（西元1861～1939年）　加拿大裔的美國體育家。在基督教青年會國際培訓學校（後改名春田學院）工作期間（1890～1995）發明籃球運動。青年時期學習神學，擅長體育。1891年被春田學院體育系主任古利克任命為教師，古利克要求奈史密斯會同其他教師設計一種室內運動，以免冬季在戶外活動。於是奈史密斯吸取足球、橄欖球、曲棍球和其他室外球類運動的內容，設計出避免運動員身體互相接觸的籃球運動。奈史密斯籃球名人堂於1959年建成於麻薩諸塞州春田。

奈史密斯，手持一個球和一投球用的籃子；其為最初之籃球設備
UPI

Naivasha, Lake＊　奈瓦沙湖　肯亞西南部湖泊，位於東非裂谷系東支。海拔1,884公尺。湖面積為210平方公里。湖泊無外流出水口。當地有商業捕魚業和垂釣活動，賞鳥也是很普遍的活動。位於湖泊東南方奈洛比的居民週末大批來此度假。

naive art　稚拙派藝術　社會上一些玩世不恭的美術家的作品，在表現或描繪真實物體時缺少或無視傳統的專門技能。稚拙派創作時與訓練有素的美術家一樣懷有激情，但是沒有後者的正規技法知識。他們的作品常常是極為錯綜複雜，傾向於使用明快、飽和的色彩，由於不考慮透視，因而所畫人物如同懸在空中，往往給人以「飄浮」的感覺。著名的稚拙派畫家有盧梭和摩西。

Najd ➠ Nejd

Nakae Toju＊　中江藤樹（西元1608～1648年）　原名原（Gen）。日本新儒學者，崇尚中國哲學家王陽明的觀念論思想，在日本創立陽明學派。本信朱熹學說，後摒棄朱熹學說而講授王陽明哲學，人稱「近江聖人」。他認為只有行才能全知，強調實踐勝於抽象學習。為此19、20世紀日本愛國志士歡迎他的哲學。

Nakhon Ratchasima＊　那空叻差是瑪　泰國東北部城市，是運輸、商業、金融和行政中心。1960年代、1970年代時，由於泰國皇家空軍基地的建立，以及越戰期間美國飛機借此地以從事軍事活動，而使本市快速發展。附近有修復的11世紀高棉廟宇，是個重要的觀光勝地。人口約188,171（1993）。

Nakhon Si Thammarat＊　那空是貪瑪叻；洛坤　泰國南部城鎮。位於馬來半島東部。鄰近泰國灣，建於1,000多年前，是泰國古城之一。現爲該府商業中心。以生產銀的黑金鑲嵌飾品著名。位於富庶農業區內，產稻米、水果、椰子和橡膠。礦產有硫磺、鐵礦、鉛、錫和鎢。人口約80,371（1993）。

Nalanda＊　那爛陀　著名的佛教寺院中心，常被認爲是一所大學，在今印度比哈爾邦北部。根據傳說，那爛陀在佛陀的時代（西元前6世紀～西元前5世紀）已經存在。但是經過考古學家發掘，了解到寺院的房基是屬於笈多時期（5世紀）的。曾有數千名教師、學生在這裡求學，課程包括了邏輯、文法、天文和醫學。7世紀晚期中國的求法僧玄奘和義淨曾在這裡居住一段時間。12世紀時那爛陀作爲學術中心繼續繁榮。它可能在1200年左右被穆斯林所毀，此後從未復原。

Nalchik＊　納爾奇克　俄羅斯卡巴爾達－巴爾卡里亞共和國首府。位於高加索山麓、納爾奇克河畔。1818年建爲俄國要塞，但直到1917年十月革命後才成爲重鎮。現爲度假、登山和療養勝地。還有製鞋、服裝等工業。設有大學和研究所。人口約239,000（1995）。

Namath, Joe＊　納馬思（西元1943年～）　原名Joseph William Namath。美國職業美式足球四分衛，是最佳傳球員之一。納馬思進入阿拉巴馬大學開始踢美式足球，學習四分衛的技術。在紐約噴射隊（1965～1977）第三個球季中，締造4,007碼的傳球記錄。即使長期受膝傷所苦，但仍能在大部分比賽中以傳球推進300碼或更遠而創下球季和球賽的記錄。綽號「百老匯喬」反映出他對紐約夜生活的愛好。

Nambudiri＊　南布迪里　印度喀拉拉邦居統治地位的種姓。其成員有極端正統思想，自認爲是古吠陀宗教和傳統印度教義的眞正信徒。南布迪里和印度南部其他婆羅門不同，特別強調其僧侶地位，通常不從事營利性的職業。他們的財富來自土地所有權，是喀拉拉邦的主要土地擁有者。

name　專名　用來指稱個別實體的詞或詞組。用來指明一特定的人、地、物的專名，以第一個字母以大寫書寫，稱爲專有名詞。包括了人名（如Christopher〔克里斯多福〕）、地名（如London〔倫敦〕）、藝術作品名稱（如Mona Lisa〔蒙娜麗莎〕）和品牌名（如Vaseline〔凡士林〕）、歷史事件或時代的名稱（如薔薇戰爭〔War of Roses〕）、政治、藝術、哲學運動名稱（如Cubism〔立體主義〕）。人名可能從一個文化轉到另一個文化，其形式常會因此而改變，如Jochanan（希伯來語）、Johann（德語）、John（英語）、Ian（蘇格蘭）等。家族的姓有幾種根源，顯然始於貴族而逐漸傳播開來。所取名字常常作爲家世相傳的基礎，如Alfred（阿佛列）的父親名字是John（約翰），他本人可能被稱爲Alfred Johnson。有的名字可能來自地名或職業名稱，如亞威農城的亨利，可稱爲Henri d'Avignon；鐵匠（blacksmith）羅伯（Robert），可能會稱爲Robert Smith後者就變成姓。

Namib Desert＊　那米比沙漠　非洲西南部、大西洋沿岸的沙漠。幾乎長年不雨，長約1,900公里，寬約50～160公里，有鐵路連接南非共和國的鯨灣。地勢從西向東逐漸升高，至南非大陸崖山麓。廣大地區基岩裸露或流沙覆蓋，完全無土壤。東半部稱內那米比，是許多羚羊的棲息地，沿海地區是許多海鳥的棲息地，包括了紅鸛、鵜鶘和企鵝。

Namibia＊　那米比亞　正式名稱那米比亞共和國（Republic of Namibia）。舊稱西南非（South-West Africa, 1915～1968）。非洲西南沿海國家。面積825,118平方公里。人口約1,798,000（2001）。首都：文豪克。境內一半以上人口爲奧萬博人，其餘爲納馬人、卡萬戈人、赫雷羅人和桑人。語言：英語（官方語）、阿非利堪斯語、班圖語和德語。宗教：基督教，信仰萬物有靈。貨幣：那米比亞元（N$）。全境可分爲三大地理區：那米比沙漠、中部高原和喀拉哈里沙漠。經濟主要以農業和鑽石生產與出口爲基礎。政府形式爲共和國，兩院制。國家元首暨政府首腦爲總統。

由當地居民長期居住，15世紀後期被葡萄牙人發現。1885年被德國兼併爲德屬西南非。第一次世界大戰中被南非占領，1918年南非接受國際聯盟委任，管理該地。第二次世界大戰後，南非拒絕交出委任統治權。1966年聯合國決議結束委任統治，1970年代和1980年代遭到南非挑戰。經長期談判，並牽涉到許多派系鬥爭和利害關係，終在1990年獲得獨立。

Namri Songtsen ➡ Gnam-ri strong-btsan

Nanak＊　那納克（西元1469～1539年）　印度錫克教創立者。出身於剎帝利種姓，其父經商。他曾在糧食倉庫任職數年，然後離家棄業，從事宗教活動，雲遊募化，到印度境內伊斯蘭教和印度教中心朝聖。後定居於旁遮普的卡塔普爾村講授教義。此時他已收了許多門徒，並成爲第一代古魯。那納克主要宣講通過沈思神名求得解脫，而不靠拜像、建廟、誦經。關於那納克的傳聞稱作見證，有人把它們粗略地按先後編集成冊，題爲《生平見證》，主要敘述他的童年事跡，尤其是各處旅行的情況。

Nanchang 南昌 亦拼作Nan-ch'ang。中國東南部城市（1999年人口約11,264,739），江西省省會。創立於西元前201年，是贛江右岸一座建有城牆的古城。唐朝期間，於959年成為南方的重要都市。元末南昌是明朝的創建者與地方軍閥的交戰之地。16世紀早期，此地爆發了反抗明朝政權的叛亂。南昌因太平天國之亂而受創深重。1927年這裡是中國共產黨進行革命活動的地點。1949年起南昌開始工業化，其製品包括紡織品、白米和汽車零件。

Nanda dynasty 難陀王朝 約西元前343～西元前321年印度北部摩揭陀的統治家族。始祖為摩訶坡德摩。他可能出生於邊境地區，早年過冒險生活。《往世書》說他「把刹帝利斬盡殺絕」，推翻了許多國家。關於摩訶坡德摩的後代，《往世書》只提到蘇卡爾帕。佛經《摩訶菩提史》中則列舉出八個名字。最後一名達那難陀是亞歷山大大帝的同代人。難陀王朝至此結束，旃陀羅笈多的孔雀帝國興起，時間約在西元前321年。據史記載，難陀王朝歷代均極富有，軍隊規模龐大。

Nanga Parbat＊ 南伽山 世界最高山峰之一（海拔8,126公尺）。位於喜馬拉雅山西部，查謨和喀什米爾巴基斯坦管轄區內。該山南坡陡立，從河谷向上聳立約4,500公尺。北坡下降約7,000公尺到印度河河谷。英國登山家馬默里於1895年率隊首次試圖登上積雪和冰川覆蓋的山峰，不幸遇難。在德國登山家布爾於1953年抵達山頂以前，至少有三十位登山家（大部為德國登山隊）由於嚴酷的氣候條件與經常的雪崩而犧牲。

Nangnang 樂浪 亦作Lelang或Lo-lang。中國漢朝在朝鮮半島北部的殖民地，即今平壤附近，後來中國將其與半島南部合併，而部分地區亦受到日本的影響。樂浪臣服中國近四百年。今日，當地居民引進了水稻栽培、鋼鐵技術和高溫製陶技術。

Nanjing 南京 亦拼作Nan-ching、Nanking。中國中東部城市（1999年人口約2,388,915），江蘇省省會。位於揚子江（長江）南岸，上海的西北方，數千年來即有人定居於此。明朝於1368年時創建現在的城區，並於1368～1421年間立為國都。1842年的鴉片戰爭期間，遭英國攻占；而後於1853～1864年的太平天國之亂中受到嚴重摧殘。1899年開放為通商口岸，1928～1937年成為中國國民黨的首都。1937年南京被日本攻占，在中日戰爭期間發生南京大屠殺。1949年共產黨部隊占領此地，並在1952年設為江蘇省省會。南京是港都，以及主要的工業和交通中心，設有一所大學與數所學院。周遭的山脈建有孫逸仙和明朝皇帝的陵墓。

Nanjing, Treaty of 南京條約（西元1842年8月29日） 中英雙方為結束第一次鴉片戰爭所簽署的條約，也是中國與西方帝國主義強權所簽訂的第一個不平等條約。條件是中國支付英國一筆賠償金、割讓香港，並同意建立「公平與合理」的關稅。先前只被允許在廣州進行貿易的英國商人，如今獲准在五個條約港口通商，並可依其意願與任何人進行交易（參閱Canton system）。此條約於1843年由「虎門條約」補充追加若干條款，容許英國公民在英方的法庭下受審，而且中方授與其他國家的任何權利，英國也同樣享有。亦請參閱East India Co.、Lin Zexu。

Nanjing Massacre 南京大屠殺 亦作Rape of Nanjing。1937年末至1938年初日本士兵占領南京的幾週期間，大規模屠殺中國人與強暴中國婦女的事件。估計死亡人數為十萬到三十多萬，日本士兵所犯下的強暴案件則有數萬件。直到21世紀，中日兩國仍因日本人在中國所施加的殘酷行徑而維持冷淡的關係。亦請參閱genocide，war crime、World War II。

Nanna 南那 ➠ Sin

Nanni di Banco＊ 南尼（西元1380/1385?～1421年） 佛羅倫斯雕塑家。他跟隨在佛羅倫斯大教堂作雕塑的父親學習。南尼接受的第一項重要任務就來自大教堂，讓他製作一個真人大小的先知以賽亞的大理石像。他的經典傑作是為米什萊製作的《四聖徒》（約1411～1413）。據說他教過德拉．羅比亞家族。他的作品是15世紀初義大利從哥德式風格向文藝復興時期風格轉變的例證。

Nanning 南寧 亦拼作Nan-ning。西元1913年～1945年稱邕寧（Yung-ning）。中國東南部城市（1999年人口約984,061），廣西壯族自治區首府。位於邕江北岸，最早是在318年建為郡首府。宋朝時，此地屬於邊郡，之後由明朝、清朝相繼統治。1907年開放對外通商。在中日戰爭期間，雖然美國曾在此地短暫設有空軍基地，但不久即為日本占領。南寧是共產黨軍隊在印度支那（中南半島）的反法戰爭和越戰時的補給基地。以前基本上是個商業和行政中心，但後來經歷了工業成長。

nanotechnology 奈米科技 操縱原子、分子和物質來形成奈米大小（1公尺的10億分之一）的結構。由於量子力學的原理，這些奈米結構典型地呈現出新的特性或行為。1959年費因曼首先指出微型化的某些潛在的量子好處。1968年貝爾實驗室的喬和亞瑟發明了分子束外延法，使這方面的研究出現重要進展，1970年代此一方法再獲發展，已可對單一原子層實行可控沈積。科學家在建構器件方面已經取得了一些進展，包括奈米尺度的電腦元件。

Nansen, Fridtjof＊ 南森（西元1861～1930年） 挪威的探險家和政治家。1888年，他帶領第一個探險隊翻越格陵蘭的冰蓋。5月組成六人探險隊，由挪威東海岸出發，先到冰島搭乘駛往格陵蘭以東海域的捕海豹船，在以後的探險中，企圖到達北極，1895年，他到達北方幅員最遠的地方。1896～1917年間，他專注於海洋科學研究；1900和1910～1914年，率領海洋探險隊前往北大西洋。1906～1908年出任挪威駐英首任公使；1920年國際聯盟給他第一個重要使命，是委派他到俄羅斯遣返四十萬戰俘。1922年獲諾貝爾和平獎，他將所得獎金捐獻給國際救濟難民事業。1931年南森國際難民救濟局成立於日內瓦。

Nantahala River＊ 楠塔哈拉河 美國北卡羅來納州西部河流。它向北穿過楠塔哈拉國家森林，進入小田納西河，全長64公里。以白水筏運以及景色著稱。楠塔哈拉峽谷是許多切羅基人傳說的主題。

Nantes＊ 南特 布列塔尼語作Naoned。古稱Condivincum。法國西北部城市。位於羅亞爾河畔，圖爾以西。城名源自一個高盧部落南納特，在羅馬征服高盧以前，南納特人在此居住。1499年法國占有南特前，匈奴人、諾曼人和布列塔尼公爵都曾對該地享有主權。1598年法國國王亨利四世簽署「南特敕令」後它又集合在國王的名下。在法國大革命期間，南特百姓遭到許多迫害。第二次世界大戰中被德軍占領，遭到盟軍轟炸的嚴重破壞。1944年被美軍奪取。後重建為主要的經濟中心，有重要的工業工廠以及造船廠。它還以持有一座城堡、一座大教堂、一所大學以及一個美術館而自豪。都會區人口492,000（1990）。

Nantes, Edict of 南特敕令（西元1598年4.月13日） 法國亨利四世頒布的法令，給予新教胡格諾派宗教自由和充分的公民權。法令規定，新教的牧師由國家供養，除巴黎外在王國的大部分地區都可以公開舉行禮拜儀式。在宗教戰爭中被中斷的所有地區恢復天主教的活動。天主教神職人員對此敕令不滿；1629年樞機主教黎塞留廢除了它的政治條款。1685年路易十四世撤銷了整個法令。

Nantucket 南塔克特 美國麻薩諸塞州科德角以南，大西洋中的島嶼。馬斯基吉特海峽將它與漫沙文雅隔開。該島由冰川作用形成，有廣闊的沙灘、良好的港灣以及溫和的氣候。1641年從普里茅斯殖民地購得，成為紐約州的一部分，1659年由貴格會人定居下來。1692年割讓給麻薩諸塞州。18世紀時為捕鯨中心。現在夏季旅遊業是它的經濟支柱。人口約7,000（1995）。

naos ➠ cella

napalm＊ 凝汽油劑 一種有機化合物，多種脂肪酸混合物的鋁肥皂或鋁鹽，用來增稠汽油用於噴火器和燃燒彈。增稠後的混合物，也稱凝固汽油。與普通汽油相比，它燃燒較慢，噴射更準也更遠。當它與表面（包括人體）接觸時，會牢牢地黏住並繼續燃燒。第二次世界大戰中，美國首先研製並使用凝固汽油。在越南戰爭中使用凝固汽油引起了強烈的爭論。

Napata＊ 納帕塔 古埃及的城鎮。位於尼羅河第四個瀑布下游，現代蘇丹的北部。約西元前750到西元前590年，它是努比亞庫施王國的首府，也是卡爾馬文化發源地的一部分。從第十八個王朝初開始，它就受到埃及的影響。該地區的遺址包括一些金字塔和神廟。

naphthalene＊ 萘 最簡單的熔凝（濃縮）的環狀烴，由兩個共用兩個相鄰碳原子的苯環（$C_{10}H_8$）組成的芳香族化合物。室溫下它是白色固體，極易揮發，有一種特有的氣味。在染料和合成樹脂的生產中萘是重要的原材料。它還被用作驅蛀蟲劑。

Napier, John＊ 納皮爾（西元1550～1617年） 蘇格蘭數學家、新教的擁護者。他把自己的生活分成兩部分，一部分用來攻擊羅馬教會，另一部分則用來從事數字計算。他多次敦促蘇格蘭的詹姆斯四世堅決頂住天主教的威脅。1594年起，他研究一些祕密武器，包括一種金屬的戰車，車上帶有一些可以向外射擊的孔。他發明出對數的概念，方便了包含乘、除、開根和指數的運算。他還引進了小數點來作為十進位分數的標記。他設計的一套計算棒是後來的計算尺的前身。

Naples 那不勒斯 義大利語作拿坡里（Napoli）。古稱奈阿波利斯（Neapolis）。義大利南部坎佩尼亞區城市（1998年人口約1,035,835）與省會。位於那不勒斯灣北方，羅馬東南方，約西元前600年由古希臘殖民地難民所創建，西元4世紀時被羅馬人征服。曾為拜占庭和後來薩拉森人國度的一部分，11世紀被西西里的諾曼統治者征服，19世紀時為那不勒斯王國和兩西西里王國的首都。1860年加里波底的探險隊來到此地。第二次世界大戰時因同盟國和德國的炮擊而嚴重受損，重建後在1980年又因劇烈地震而受損。為商業和文化中心，多種工業（包括造船業和紡織業）的主要港口。該城的景點為中世紀的城堡、教堂和大學。

Naples, Bay of 那不勒斯灣 義大利南部第勒尼安海的半圓形海灣。向東南方向從米塞諾角到坎帕內拉角延伸32公里。它景色優美，周圍的一些小火山（包括維蘇威火山）更增強了它的魅力。主要港口是那不勒斯，沿岸有龐貝和赫庫蘭尼姆兩個古城的遺址。

Naples, Kingdom of 那不勒斯王國 過去的王國，位於義大利半島南部。在11世紀被諾曼人征服並加入其統治的西西里王國前，該地曾成功地被羅馬人、拜占庭人和倫巴底人所據有。1282年成為一分離的王國，但1442年重新與西西里王國聯合，成為兩西西里王國的其中之一。1458年再度與西西里王國分離，被法國和後來的西班牙所占領，治理達兩個世紀之久。1713年割讓給奧地利哈布斯堡王朝。但1734年被西班牙波旁王室征服，並重建了兩西西里王國。拿破崙將該王國併入法國，後來又宣布它獨立（1806～1815），之後波旁王室重獲政權。1860年那不勒斯和西西里的人民投票贊成與義大利北部統一。

Napo River＊ 納波河 厄瓜多爾東北部和祕魯東北部的河流。發源於厄瓜多爾，流向東，跨過祕魯邊境，穿過茂密的雨林，匯入亞馬遜河。全長1,100公里。它是一條重要的運輸路線。沿岸飼養牛群。雨林中生產橡膠、糖膠和木材。

Napoleon 拿破崙（西元1769～1821年） 義大利原名Napoleone Buonaparte。法語原名Napoléon Bonaparte。法國將軍和皇帝（1804～1815年在位）。雙親是義大利後裔。他在法國受教育，1785年成為陸軍軍官。他在法國革命戰爭中參與戰鬥，1793年晉升為准將。在義大利北部打敗奧地利軍隊後，他商訂了「坎波福爾米奧條約」（1797）。他試著征服埃及（1798～1799），但在尼羅河戰役中被納爾遜打敗。1799年的霧月十八～十九日政變使他獲得權力，開始了軍事獨裁，自任第一執政官。他為政府引進無數改革，包括「拿破崙法典」，並且重建法國的教育體系。1801年他與教宗商訂「1801年教務專約」。在馬倫戈戰役（1800）中打敗奧地利軍隊以後，他發動了拿破崙戰爭。歐洲各國為對抗他而成立聯盟，促使拿破崙宣布法國為世襲帝國，並在1804年自封為皇帝。1805年在奧斯特利茨戰役中，他對奧地利及俄羅斯獲得軍事上的最大勝利。他在耶拿戰役中擊敗普魯士（1806），在弗里德蘭戰役中擊敗俄羅斯（1807）。接著，他強迫俄羅斯簽訂「季爾錫特條約」，終結了反法國家的第四次聯盟。儘管他在特拉法加戰役中敗給英軍，他卻致力於削弱英國商業，以封港方式建立大陸封鎖。他在1810年之前鞏固了他的歐洲帝國，但逐漸捲入半島戰爭（1808～1814）中。他帶領法軍進入奧地利，並在瓦格拉姆戰役（1809）中擊敗奧軍，簽訂了「維也納條約」。為了強化「季爾錫特條約」，1812年他率領450,000以上的軍隊進入俄羅斯，贏得博羅季諾戰役，但在損失慘重的情況下被迫從莫斯科撤退。他的陸軍大受削弱，又面對各國的有力聯盟，而在萊比錫戰役（1813）被打敗。在巴黎被盟國拿下後，1814年拿破崙被迫退位，而被流放至厄爾巴島。1815年他召集一支軍隊，並回到法國，重新自立為百日統治皇帝，但在滑鐵盧戰役遭到決定性挫敗。他被流放到遙遠的聖赫勒拿島，六年後在那裡死去。身為歷史上最著名的人物，拿破崙使軍事組織及訓練發生革命性變化，並以改革徹底影響了法國和全歐的國家機構。

Napoleon II 拿破崙二世（西元1811～1832年） 亦稱賴希施塔特公爵（Duke of Reichstadt）。原名Napoléon-François-Charles-Joseph Bonaparte。拿破崙與瑪麗－路易絲的唯一兒子，在拿破崙當皇帝時期出生，出生時就冠以「羅馬國王」的稱號。1814年他父親退位，指定他是繼承人，但盟國拒絕接受。他母親將他帶到她父親皇帝法蘭西斯二世的宮中居住。獲得奧地利的賴希施塔特公爵稱號，但受梅特涅的控制。1830年波拿巴主義者暴動，試圖讓賴希施塔特恢復拿破崙二世的稱號，但他已經得了肺結核，最終因病死亡。

Napoleon III 拿破崙三世（西元1808～1873年） 亦稱路易－拿破崙（Louis-Napoléon）。原名Charles-Louis-Napoléan Bonaparte。法國皇帝（1852～1870）。他是拿破崙的侄子，年輕時流亡在瑞士和德國（1815～1830）。1832年拿破崙的兒子拿破崙二世死後，他認爲有權繼承皇位。政變流產後，他被國王路易－腓力放逐到美國。1840年再次企圖發動政變，他被捕、受審並入獄。1846年逃往英國，1848年回到巴黎，被選入議會。他利用關於拿破崙神話般的傳說贏得選票，當選第二共和國的總統。試圖擴展他的權力，1851年又上演了一場政變，使他成爲獨裁者。1852年他成爲第二帝國的皇帝拿破崙三世。尋求重建法國的勢力，他將法國帶入克里米亞戰爭，並參與巴黎會議（1856）的條約談判。1859年他與西西里一起反對奧地利，在索爾費里諾戰役中取得了勝利。他幫助義大利實現統一，1860年兼併了薩伏依和尼斯。他在法國國內倡導自由化的政策，在他統治的大部分時間裡，法國因此而繁榮昌盛。1860年代，他逐漸引入政治自由。他期望得到他的「拉丁帝國」的物質獎勵，擁立馬克西米連爲墨西哥的皇帝（1864～1867），但未能如願。在1866年的奧－普戰爭中，他讓法國保持中立，但1870年俾斯麥卻讓法國捲入了災難性的普法戰爭。拿破崙三世帶領的軍隊在色當戰役中失敗，他被迫投降，然後被廢黜。

拿破崙三世，肖像畫，法蘭德林（Hippolyte Flandrin）繪；現藏巴黎凡爾賽宮
H. Roger-Viollet

Napoleonic Code 拿破崙法典 法語作Code Civil。指拿破崙在1804年頒布的法國民法典。它統一了法國的私法並將其分類，並依羅馬法將拿破崙法典分成三編，即人法、物法和取得權利的各種方法。在美國唯一採用大陸法的路易斯安那州，1825年的民法典（1870年修訂過，今仍適用）也與「拿破崙法典」有密切的關係。亦請參閱law code。

Napoleonic Wars 拿破崙戰爭（西元1799～1815年） 法國對抗轉變中的歐洲聯盟權力的一系列戰爭。該戰爭原爲保衛法國革命戰爭所建立的國力，後轉變爲拿破崙爲確保自己在歐洲權力平衡中占有優勢的侵略性戰爭。在馬倫戈戰役（1800）中打敗奧地利軍隊以後，法國獲得主導歐洲大陸的權力。只有英國仍然強勢，在特拉法加戰役（1805）中的勝利終止了拿破崙侵略英格蘭的威脅。拿破崙在對抗俄羅斯、奧地利和普魯士聯軍的烏爾姆戰役（1805）、奧斯特利茨戰役（1805）、耶拿戰役（1806）和弗里德蘭戰役（1807）中贏得主要勝利。「季爾錫特條約」（1807）和「申布倫條約」（1809）的簽訂使自英吉利海峽到俄羅斯邊界的大部分歐洲，不是成爲法國的一部分，就是受到法國的控制，或是成爲法國的同盟。拿破崙贏得戰爭勝利在於其行軍快速、發動奇襲和對孤立的敵軍採各個擊破的方式。其敵軍則採取在撤退時避免交戰的反制策略，迫使拿破崙的供應線過分延長，威靈頓公爵在半島戰爭時和巴克萊·德托利在俄羅斯時都使用策略成功擊敗拿破崙。1813年成立四國同盟反抗拿破崙，並聚集了超過拿破崙軍隊人數的軍力。在萊比錫戰役被打敗，拿破崙被迫撤離至萊茵河以西，在巴黎被盟國拿下後被迫退位（1814）。他召集一支軍隊，並在百日統治（1815）時期回到法國，但四國同盟再次興起對抗，滑鐵盧戰役爲其最後一場失敗的戰役，其失敗原因爲無法發動奇襲和未能阻止威靈頓公爵與布呂歇爾率領的兩支軍隊組成聯軍。拿破崙戰爭時代隨著拿破崙第二次的退位和流放而結束。

nappe＊ 推覆體 地質學上指大塊或層狀的岩石，在斷層或褶皺作用下離開原來的位置約1.5公里或者更遠。推覆體可以是小角度逆推斷層（因收縮導致的地殼岩石的斷裂）的上盤，也可以是巨大的伏臥褶皺（有基本水平的軸平面的層狀岩石的起伏）；這兩種過程都把老的岩層覆蓋在新的岩層上面。

Naqada 奈加代 亦稱Naqadah。埃及的村莊。位於尼羅河的西岸，凱爾奈克的北面。曾是新石器時代的城鎮和史前時期（西元前2900年以前）的墳場。1895年由皮特里首先挖掘。現代城鎮有陶器和絲綢工業。人口約17,000（1986）。

Nara period 奈良時代（西元710～784年） 日本天皇設府在奈良的一段歷史時期。這個首都城市按中國唐朝的長安爲模式建成。在這個時期中，日本人從中國借用了許多東西。一個世紀前傳入日本的佛教在這個時期興盛起來，修築起了許多寺廟和佛像。引入了中國文字並經日本人修改（參閱Japanese writing system），編纂了兩部正史以及日本最早的詩集。701年正式採用根據中國法律制定的法典Taiho Code。雖然不再強制推行中國的均田制來分配土地，但還繼續有效。這個時期的帝國疆土擴展到了九州的南部和本州的北部。

Narayan(swami), R(asipuram) K(rishnaswami)＊ 納拉揚（西元1906～2001年） 印度作家。曾短期當過教師，後來決定全職寫作。第一部小說《斯瓦米和朋友們》（1935）描寫一群學童的冒險活動。他的小說典型地描繪人事關係並嘲弄印度的日常生活，其中有現代城市現實與古代傳統的種種衝突。小說有《英語老師》（1945）、《嚮導》（1958）、《摩爾古迪的食人者》（1961）、《糖果販子》（1967）、《送給摩爾古迪的老虎》（1983）和《納格拉的世界》（1990）。他還寫短篇小說、回憶錄以及印度史詩的現代散文版。

Narayanan, Kocheril Raman 納拉雅南（西元1921年～） 印度總統（1997年起），第一位出身種姓最低下的賤民階級之政府統帥。納拉雅南出身貧困，依靠獎學金進入特拉凡哥爾大學就讀，並以優異的學術成績畢業於倫敦政經學院。1949年在上層階級官員的反對聲浪下，納拉雅南成爲一名外交官，並派駐多個國家爲大使，包括中國和美國。後來他出任內閣總理，1992年被任命爲副總統，1997年當選總統。

Narbonensis＊ 納爾榜南西斯 亦稱Gallia Narbonensis。古羅馬行省，位於阿爾卑斯山脈、地中海以及塞文山脈之間，覆蓋了現在的法國東南部。原是羅馬高盧（參閱Gaul）的一部分，開始稱普羅文西亞（參閱Provence），在奧古斯都王朝時改稱納爾榜南西斯高盧。後來它變得完全羅馬化了，由總督管理。當地的氣候溫和，吸引了許多羅馬移民。到處是葡萄園和橄欖樹，其間聳立著壯麗的建築。該省還以它的文化著稱，尤其是在馬希利亞的一些學校（參閱Marseille）。

narcissism＊ 自戀症 一種心理疾病，徵狀爲極度自我陷溺，對自己的重要性有誇大感，並且需要他人的注意及崇拜。最早是由英國性學家艾利斯所界定，並以愛上自己倒影的希臘神話人物納西瑟斯來爲這種疾病命名。自戀症患者除了自我膨脹及沈溺幻想之外，還有一些傾向，他們會認爲指使他人是理所當然的，並且會故意保持冷酷及鎮靜，直到自戀式的信心受到威脅，這種冷靜態度才會崩潰。根據弗洛伊德的論點，自戀其實是兒童人格發展的正常階段，但是若在青春期之後仍出現，則會被認定是一種疾病。

Narcissus＊　納西瑟斯　希臘神話中一個英俊的青年，他愛上了他自己的倒影。他是河神刻菲索斯與仙女萊里奧普的兒子。有人告訴他母親，只要他不看見自己的形象，他就能長壽。他對仙女厄科，或者對他的愛人Ameinias的無情拒絕遭到諸神的懲罰：他愛上了他自己在泉水中的倒影，最後憔悴而死。他死去的地方長出的水仙花就以他的名字命名。

narcissus＊　水仙　石蒜科水仙屬約40種球莖狀、通常有香味的觀賞植物的統稱，主要原產歐洲。受歡迎的春季庭園花卉有黃水仙、長壽花和詩人水仙。花梗上有一大型花，花被中央的黃色、白色或粉紅色花形成喇叭狀（如黃水仙）或淺杯狀（如紅口水仙）的副花冠。葉基生，扁平或燈心草狀，鱗莖雖有毒，但過去也曾使用於醫藥上。

narcolepsy　發作性睡病　一種睡眠失調，白天會突然不可遏制地入睡，而夜間睡眠則有不斷干擾。此病通常開始於青年期，或剛進入成年期。被認爲可能由某些腦的機能障礙引起。病人會在任何地方，任何時間入睡。例如，正在說話、吃東西、或者開車時就突然入睡。這種睡眠通常只持續很短時間，很少超過一小時，病人很容易甦醒。發作性睡病病人在入睡或甦醒過程中可能出現睡眠性麻痺，發作時病人頭腦清醒，但在短時間內會完全不能活動。

narcotic　麻醉性鎮痛藥　能產生止痛（參閱analgesic）、麻醉（麻木或入睡）以及藥物成癮的藥物。麻醉性鎮痛藥對大多數人還會產生愉快感。天然的麻醉鎮痛藥來自鴉片罌粟，著名的有嗎啡，自古希臘時期以來一直被廣泛應用。麻醉鎮痛藥的治療用途主要是鎮痛。大多數國家都限制生產、銷售和使用麻醉鎮痛藥，因爲它們有使人上癮的特性和有害的效果，還可能發生濫用藥物的情況。19世紀發展出了皮下注射的針劑和海洛因，效力比嗎啡高出五到十倍，麻醉鎮痛藥的使用和濫用情況劇烈增加。超劑量的麻醉鎮痛藥會造成中樞神經系統阻抑、呼吸停止以及死亡。

Narmada River＊　納爾默達河　亦稱Nerbudda River。印度中部的河流。發源於中央邦，全長1,289公里。它向西流入坎貝灣，形成興都斯坦和德干高原之間的傳統邊界。西元2世紀時被希臘的地理學家托勒密稱作納曼德，它始終是阿拉伯海與恆河流域之間的重要通道。它是印度教徒的朝聖之路，他們把納爾默達河看作是僅次於恆河的最神聖的河流。

Narodnik ➠ Populist

Narragansett Bay＊　納拉甘西特灣　美國羅德島州東南部，大西洋的海灣。它向北延伸45公里進入羅德島州，幾乎把該州分成了兩部分。海灣中包括羅德島、普魯頓斯島和康那尼克特島以及芒特霍普灣，橫跨其上的橋爲新英格蘭最長的橋之一。自殖民地時期以來，它一直是活躍的船運中心；主要的港口是普洛維頓斯和新港。海灣的很多地方用於捕魚和休閒娛樂。

Narses＊　納爾塞斯（西元480?～574年）　查士丁尼一世時期的拜占庭將軍。原是宦官，他指揮皇家宦官侍衛，最後升爲內侍總管。532年他幫助平息了一場騷亂，保住了查士丁尼的皇位。538年納爾塞斯被派參與軍事遠征去收復義大利，但他不能與指揮官合作，讓東哥德人取得了勝利。551年他返回義大利，征服了東哥德人的王國。他在義大利掌權，直到567年被查士丁尼的繼承人撤離。

narthex　前廊　教堂入口處，與教堂整個寬度一樣長的狹窄走廊，通常有廊柱或拱頂。一般用柱子或開了門洞的牆將前廊與中堂分隔開。在拜占庭教堂中，空間分爲兩部分：外前廊形成整個建築的外部入口，與之相鄰的內前廊則通向中堂。

narwhal　獨角鯨　亦作narwal或narwhale。獨角鯨科的一種齒鯨，學名爲Monodon monoceros，棲息於北極區，常被發現15～20隻群居於岸邊或河流中。灰色有斑，體長約3.5～5公尺，無背鰭。齒僅兩枚，生於上顎前端。雄鯨的左齒發育成一根直的獠牙，從上唇下伸出，長可達2.7公尺，表面有左旋螺線。在中世紀以爲是獨角獸的角。獠牙的功能不明，推測與性別炫耀有關。以魚類、頭足類、甲殼類動物爲食。因其獠牙和肉而遭人類捕殺。

獨角鯨
Painting by Richard Ellis

NASA　美國國家航空暨太空總署　全名National Aeronautics and Space Administration。1958年創立的獨立官署，研究和發展航具與活動以達到探究航空和太空的宗旨。其目標爲了解宇宙、太陽系及地球源始，建立由人操縱的太空站。NASA前身爲國家航空諮詢委員會，主要是因應1957年蘇俄發射第一枚人造衛星「史波尼克號」而創立。1961年，當甘迺迪總統計畫美國人應在1960年代終了以前送人登陸月球，NASA的編組已卓然進行中（參閱Apollo program）。其後，一些無人太空計畫（諸如「海盜號」、「水手號」、「旅行者號」和「伽利略號」）先後探測了其他行星，而軌道觀測（例如哈伯太空望遠鏡）則研究宇宙整體。NASA亦負責若干地球應用人造衛星之發展與發射，例如陸地衛星、通訊衛星和氣象衛星。NASA同時也計畫與研製了太空梭。

NASDAQ＊　那斯達克　全名全國證券商自動化報價協會（National Association of Securities Dealers Automated Quotations）。美國場外交易證券市場。那斯達克於1971年由全國證券商協會創立，這是一個自動報價系統，它針對未被列入常規股票市場的美國國內證券的買賣作出報告。那斯達克每日公布兩種綜合物價指數，以及銀行、保險、交通運輸、公用事業和工業指數。到1990年代已超越美國證券交易所成爲美國第二大證券市場。成員必須在證券交易委員會登記，且資產、資本、公共股和股東都符合最低限度規定。1999年與美國證券交易所合併成爲Nasdaq-Amex市場集團。

亦請參閱over-the-counter market。

Naseby, Battle of＊ 內茲比戰役（西元1645年6月14日） 英國內戰中的一場決定性的戰役，發生在國會新模範軍與查理一世的保王軍之間。兩軍在列斯特以南的內茲比附近相遇，各自沿平行的山脊布陣。在魯珀特王子領導下的一萬保王軍擊退了部分國會軍騎兵的進攻，但接著犯了盲目追擊的錯誤，暴露了保王軍的步兵。克倫威爾領導下的更有紀律的國會軍重新集結，發起反攻，擊潰了保王軍，俘虜了4,000人。查理失去了精銳步兵，再也不能在公開戰鬥中與新模範軍對抗，實際上已經輸了這場戰爭。

Nash, John 納西（西元1752～1835年） 英國建築師和城市規畫師。1798年起納西受雇於威爾斯親王。獲得不少財富後，他爲自己在威特島設計建造了東考斯堡（1798），對哥德復興式時期產生很大影響。後來他在英格蘭和愛爾蘭各地建了哥德式或義大利風格的城堡、住宅和村舍。1811年修建的攝政公園中有運河、湖泊、林區、植物園以及周圍的商業拱廊和景色如畫的居民群落。1821年他開始把倫敦的白金漢宅邸改建爲王宮；但這個專案尙未完工，他就被解雇了，面臨對改建的費用和結構的牢固程度的質疑。

Nash, John Forbes 奈許（西元1928年～） 美國數學家。二十二歲時獲普林斯頓大學博士學位。1951年開始在麻省理工學院任教，但由於精神疾病而於1950年代末辭職；此後與普林斯頓非正式協作。1950年代開始，奈許以他有影響的「非合作賽局論」建立了賽局論的數學原理。他的理論被稱爲奈許解或奈許平衡，試圖解釋競爭者之間彼此威脅和作用的互動關係。雖然在實行上有其限制，其理論仍被企業策略家廣泛應用。1994年他與豪爾紹尼（生於1920）和塞爾滕（生於1930）同獲諾貝爾經濟獎。

Nash, (Frederic) Ogden 納西（西元1902～1971年） 美國幽默詩作者。1930年說服《紐約客》雜誌的員工，並將其第一首詩賣給該雜誌。1931年發表詩集《艱難的詩行》，爲其二十本詩集中的第一本，其餘詩集包括《壞父母的詩園》（1936）、《在這裡我也是個陌生人》（1938）和《除你我之外的所有人》（1962）。其大膽創新、引證過的詩句常出現嚴謹得使人難受的韻律、雙關語和破碎的詩節，還常常被題外話所打斷。他還寫過幾本童書，並爲音樂劇《愛神輕觸》（1943）與《二人爲伴》（1952）作詞。

Nashe, Thomas＊ 納西（西元1567～1601?年） 英國小冊子作者、詩人、劇作家和小說家。納西是英國第一個古怪散文作者，他以口語用詞與特質的強力結合寫成的複合體是引起爭論的理想物件。作品有諷刺論作《窮光蛋皮爾斯向魔鬼哀求》（1592）、假面劇《夏日的遺囑》（1592，1600年發表）、英國的第一部流浪漢小說《倒楣的旅行家，又名傑克·威爾頓傳》（1594）以及《納西的素食》（1599）。劇本《迦太基女王狄多》（1594）是與馬羅合作的。

Nashville 納什維爾 美國田納西州的首府（1994年人口約531,000）。位於坎伯蘭河畔。1779年成立時稱納什博羅，1784年建城鎮稱納什維爾。1806年建市，1843年成爲州首府。1862年美國南北戰爭期間，被聯邦軍占領。這場戰爭最大的一場戰役（1864）發生在納什維爾城外。納什維爾是金融和商業中心，生產鞋、服裝和輪胎。重要的工業有印刷、出版和音響錄製。它以鄉村音樂和西部音樂聞名，是Opryland U.S.A.和著名的鄉村音樂廳和博物館的所在地。它有許多所大學，包括范德比爾特大學和菲斯克大學。

Nashville Convention 納什維爾大會（西元1850年） 美國南方贊成蓄奴制人士舉行的兩屆會議。1849年在卡爾霍恩的敦促下在密西西比召開了第一次會議，要求所有蓄奴的州都派代表到田納西州的納什維爾，成立反對已經可以覺察的北方進攻的聯合陣線。1850年6月，來自南方九個州的代表開會。雖然極端分子主張脫離聯邦，但還是溫和的輝格黨人和民主黨人占了優勢。這個集團採納了二十八項解決方案來保衛蓄奴制，但願意讓密蘇里妥協案陣線擴展到太平洋地區。在「1850年妥協案」後，11月召開一個人數較少的會。會議由極端分子操縱，拒絕妥協，再次號召脫離聯邦。

Näsijärvi, Lake＊ 奈西湖 亦稱Lake Näsi。芬蘭西南部的湖泊。長約32公里，最寬處的寬度約13公里，是皮海湖群中最大的一個湖。南岸平坦而荒蕪，北岸比較發達。1858年起湖上有輪渡。

Nasir al-Din Shah＊ 納賽爾·丁·沙（西元1831～1896年） 波斯卡札爾王朝的國王（1848～1896）。父親去世後他繼位時發生騷亂，他不得不把騷亂鎮壓了下去。他既腐化又強制，還傾向西方；他約束神職人員的世俗權利；引進電報和郵政；開辦伊朗的第一家報紙。他向外國人提供許多特權，包括特許經營煙草，而自己從中漁利。他的所作所爲引起大衆的強烈不滿，促成了伊朗民族主義的誕生。後來他被狂熱者刺殺。

Nasir Hamid Abu Zayd＊ 阿布栽德（西元1943年～） 埃及學者。從事《可蘭經》註釋的研究和寫作，著名作品如1995年出版的《伊斯蘭論述之批判》，對部分伊斯蘭教保守派提出批評。1993年他被一名同僚在開羅大清眞寺公開詆毀，伊斯蘭教激進分子並向埃及法院訴請裁定阿布栽德的婚姻無效，理由是他的著作透露了對教義的背叛。雖然一審法庭裁定案件不成立，但高等法院則強迫阿布栽德與妻子離婚，並由最高法院判決定讞。這個案子在當時吸引了大批知識分子和人權團體的關注。1995年以後，阿布栽德和他的妻子被流放到荷蘭居住。

Nasir-i-Khusraw＊ 納賽爾·霍斯魯（西元1004～1072/1077?年） 波斯詩人和神學家。生於政府官員家庭。只上過短期的學。1045年去麥加朝聖後，繼續旅行至巴勒斯坦和埃及。他回到家鄉（如今的阿富汗）當伊斯瑪儀派的傳教士，但他的努力引起了遜尼派的敵視，他被迫逃亡。他是波斯最偉大的作家之一，人們記得他說教性的和虔誠的詩歌，還有他的《穿越敘利亞和巴勒斯坦的旅行記事》。

Naskapi ➠ Montagnais and Naskapi

Nasmyth, James＊ 納茲米（西元1808～1890年） 蘇格蘭工程師。是藝術家亞力山大·納茲米（1758～1840）的兒子，主要以發明蒸汽錘（1839）而聞名。蒸汽錘是工業革命的重要冶金工具。他還設計了諸如刨床、蒸汽打樁機和水壓打孔機。他還製作了一百多台蒸汽機車。他四十八歲時退休，投入到對天文學的業餘愛好之中。

Nassau 拿騷 巴哈馬的首都。位於新普洛維頓斯島東北海岸。17世紀時英國人在此定居，18世紀成爲海盜們的集合地點。在那裡建起堡壘以抵擋來犯的西班牙人。美國南北戰爭期間，拿騷是南部邦聯偷越封鎖者們的基地。現在它是著名的旅遊勝地，經濟基礎就是旅遊業。人口172,000（1990）。

Nassau 拿騷 德意志歷史地區、以前的公國、現代黑森州的西部。萊茵的北部和東部是有茂密森林的丘陵地帶，中間穿過蘭河和陶努斯山脈。12世紀時首先採用「拿騷伯爵」的稱號。1806年拿騷參加萊茵邦聯而成爲公國。1866年被普魯士兼併。拿騷家族的後裔是如今荷蘭和盧森堡的皇家首領。

Nasser, Gamal Abdel　納瑟（西元1918～1970年） 阿拉伯語作Jamal Abd al-Naser。埃及領導者。少年時曾參加過多次反英示威。身爲陸軍軍官，他領導推翻帝制的政變（1952），擁立納吉布將軍爲國家的傀儡元首。1954年納吉布被罷免，納瑟出任總理。穆斯林弟兄會企圖暗殺納瑟失敗。1956年他頒布憲法，埃及成爲一黨獨大的社會主義國家，並由納瑟爲總統。同年並宣布蘇伊士運河國有化（參閱Suez Crisis），並確保蘇聯援建亞斯文高壩，當時英美兩國相繼取消援助計畫。他平安渡過法國－英國－以色列對機場和西奈半島攻擊的危機。身爲有獨特魅力的人物，納瑟曾夢想成爲伊斯蘭世界的領袖，後因與敘利亞組成阿拉伯聯合共和國（1958～1961）而短暫地實現其夢想。1970年當納瑟勉強接受美國提出埃以和談計畫時，因心臟病突然去世。亦請參閱Arab-Israeli wars、Anwar al-Sadat。

納瑟，卡什攝
© Karsh from Rapho/Photo Researchers

Nasser, Lake　納瑟水庫　在蘇丹稱作Lake Nubia。埃及南部和蘇丹北部的湖泊。長約483公里。1960年代建設亞斯文高壩後形成。它的蓄水量可以使下游增加324,000公頃的灌溉面積。它也淹沒了許多考古場地，包括阿布辛貝。

Nast, Thomas　納斯特（西元1840～1902年）　美國（德國出生）政治漫畫家。六歲時來到美國。1862到1886年間爲《哈潑週刊》畫漫畫。在南北戰爭中他的漫畫有效地支持了北方的事業，林肯稱他爲「我們最好的招兵員」。1870年代，他的一些最有效的漫畫都是攻擊特威德在紐約的政治機構；這也是導致特威德在西班牙被認出和被捕的原因之一。共和黨的大象形象、最受歡迎的聖誕老人形象以及民主黨的毛驢形象都出自納斯特之手。由於作房屋仲介失敗而一貧如洗。後來任駐厄瓜多爾領事，最後在那裡去世。

納斯特，自畫像，繪於1892年
By courtesy of the Library of Congress, Washington, D. C.

nasturtium＊　旱金蓮　旱金蓮科旱金蓮屬植物的統稱，一年生，原產於墨西哥、中美和南美北部，並引進各地栽培作庭園植物。花鮮黃、橙黃或紅色，漏斗形，有長距，內有蜜腺。葉帶胡椒味，花和葉有時用於沙拉，花芽和果實有時用於調味。豆瓣菜屬則爲十字花科的一屬水生草本植物（參閱watercress）。

Natal＊　納塔爾　巴西東北部的海港。位於大西洋沿岸，波滕日河入海口處。1597年葡萄牙人在一個要塞地附近建立，1611年設鎮。納塔爾是北裡約格蘭德州的首府和主要的商業中心；也是一個繁忙的港口和海軍基地。市內有北裡約格蘭德大學。附近有海洋研究所和巴雷拉多因費爾諾火箭基地。人口606,000（1991）。

Natal＊　納塔爾　南非共和國東南部以前的省。操班圖諸語言的民族在這裡生活了若干世紀。1497年達伽馬於耶誕節（葡萄牙語稱納塔爾）當天見到了納塔爾港灣（如今的德班），故而得名。1824年來了第一批歐洲定居者。1837年阿非利堪人到達內陸地區，打敗祖魯人後建立了納塔爾共和國。1843年被英國兼併，經多次獲取而不斷擴展。在南非戰爭期間，受了英國人騙的阿非利堪人入侵納塔爾。1910年，納塔爾成爲南非聯邦的一個省，1916年爲南非共和國的一個省。後來在納塔爾內成立了分離出來的非獨立黑人區，即夸祖魯人的合法居住地，該地區成爲黑人敵對政黨發生衝突之地（參閱African National Congress (ANC)、Inkatha Freedom Party）。1994年南非大選後，該地區又重新並入夸祖魯－納塔爾省。

Nataraja＊　那吒羅闍　印度教濕婆神的宇宙舞王表現形式。最常見的形象有四條手臂，長髮飄舞，腳踏侏儒（象徵人類冥頑）舞蹈，周圍有火圈。那吒羅闍的塑像把濕婆視爲宇宙中一切運動之源，用一些拱形的火焰來表示。舞蹈的目的是要把人類從幻覺中釋放出來。據說該神舞蹈的地方同時是宇宙的中心和人類的心臟。

那吒羅闍，12～13世紀的印度青銅雕像；現藏阿姆斯特丹亞洲藝術博物館
By courtesy of the Rijksmuseum, Amsterdam

Natchez Trace　納切斯小道公路　美國東南部的一條老路。沿印第安小道修建，從密西西比州的納切斯向東北方向延伸，穿過阿拉巴馬州的西北部到田納西州的納什維爾，全長八百多公里。19世紀初修了一條馬車道，供商人和殖民者使用。歷史遺蹟有在密西西比州的埃默拉和拜努姆印第安人舉行儀式的土墩和奇克索人的村莊、在田納西州的納皮爾礦和Metal Ford。

Nathan　拿單（活動時期西元前10世紀）　古代以色列在大衛和所羅門宮廷中的先知。在〈撒母耳記．下卷〉中，他抨擊大衛將拔示巴從其丈夫身邊奪走。懲罰是不許大衛建造耶路撒冷神殿，因爲拿單心中所獲得的景象告知他，必須延遲到所羅門承繼王位，才能興建耶路撒冷神殿。拿單後來爲新的國王行使抹油祝聖的儀式。

Nathans, Daniel　內森斯（西元1928～1997年）　美國微生物學家。獲華盛頓大學的醫學學位。主要在約翰．霍布金斯大學工作。他使用史密斯從細菌中分離出來的限制酶來研究一種猴子病毒（SV40）的DNA結構，這種病毒是致癌的最簡單的病毒。他得出的這種病毒的基因圖是限制酶對癌症分子基礎辨認問題的第一個應用。內森斯與史密斯、阿爾伯同獲1978年諾貝爾獎。

nation　國家；民族；國族　基於人民共同的認同而創造出來的心理聯帶、同時也是政治的共同體。這些人的政治認同，通常是由共同的語言、文化、族裔及歷史等特質所構成。雖然一個國家（state）並不一定由單一國族所構成，但是nation、state及country等幾個字彙，卻經常相互通用。

現在常見的民族國家（nation-state），指的就是由單一民族人民所組成的國家。

Nation, Carry (Amelia)　納辛（西元1846～1911年） 原名Carry Moore。美國禁酒倡導者。1867年結婚，但不久就離開了她酗酒的丈夫。1877年她嫁給律師納辛；1901年因她不管她丈夫而離婚。1890年美國最高法院的決定放鬆了她所在的堪薩斯州的禁令。她參加了戒酒運動，認爲那些酒吧是非法的，可以搗毀而不受懲罰。她是個高大的婦女，有時獨自一人，有時帶上唱著聖歌的支持者們一起衝進酒吧，開始唱歌、祈禱、大聲喊叫，並用短柄小斧砸碎他們的設備和存貨。她數度入獄，用她的演講和出售紀念品（短柄小斧）所得充當罰款。

納辛
Brown Brothers

Nation, The　民族　美國繼續出版的最早刊物，是一本輿論週刊。1865年由奧姆斯特德和葛德金（1831～1902）創辦，作爲改革派的出版物。1881年賣給《紐約晚郵報》。1914年前是一份週報。1918～1934年間維拉德（1872～1949）當了老闆和主編，決定性地把它轉向左派政治。在公開反對參議員麥卡錫以及美國捲入越南戰爭期間，它數度易主和換主編，但還是保持原來的方向。以發行量計，現在它是美洲最大的知識分子雜誌之一。

Nation of Islam　伊斯蘭民族組織　亦稱黑人穆斯林（Black Muslims）。混合了伊斯蘭教和黑人民族主義等因素的非洲裔美國人的宗教運動。1931年由法爾德（1877?～1934?）發起，他自稱是生於麥加的穆斯林，並在底特律興建第一座清眞寺。1934年法爾德神祕失蹤，其位由助手以利亞．穆罕默德繼任。他在芝加哥建立了第二座清眞寺。他主張非洲人造道德和文化上優於白人，並命令黑人放棄基督教，認爲基督教是白種人奴役非白種人的主要策略。第二次世界大戰後伊斯蘭民族組織成長迅速，在1960年代初期因馬爾科姆．艾克斯的表現，該運動爲全國所矚目。領導權的紛爭導致馬爾科姆另組一派，1965年他被暗殺。1970年代以利亞．穆罕默德由其子瓦里茲．丁恩．穆罕默德（生於1933年）繼承其位，他將組織改名爲美國穆斯林傳教會。1985年他將組織解散，並敦促其成員加入正統伊斯蘭教。一個由法拉坎領導的支團，繼續該組織的原始名稱及創立時的主張。

National Aeronautics and Space Administration ➠ NASA

National Assembly　國民議會　法語作Assemblée nationale。法國議會政體。該名稱首次使用於法國大革命期間，爲第三等級代表組成的革命議會的名稱（1789），之後短暫期間內其正式名稱是國民制憲議會（1789～1791）。1871～1875年起草1875年憲法期間，該名稱再度被使用。第三共和（1875～1940）時期，國民議會爲議會參、衆兩院的總稱。第四共和（1946～1958）和第五共和（1958年起）期間，僅下議院（前衆議院）稱國民議會。

National Association for the Advancement of Colored People ➠ NAACP

national bank　國民銀行　美國由聯邦政府特許及監督並由私人經營之商業銀行的統稱。國民銀行的創建源於1863年南北戰爭期間的「國民銀行法」，以對抗國家銀行所引起的金融不穩，並資助戰爭活動。當這些銀行購買聯邦債券並以通貨審計形式加以儲存時，它們獲准發行國民銀行票據，進而創造出穩定、統一的國家通貨。南北戰爭以後，政府開始退回內戰期間發行的債券，這減少了可發行之國民銀行票據的數量。人們憂慮國民銀行票據不穩定，導致聯邦準備系統在1913年形成，要求所有的國民銀行加入。1935年美國財政部擔負起發行國民銀行票據的義務，有效地結束了私有商業銀行的錢幣發行權。

National Basketball Association (NBA)　全國籃球協會　美國職業籃球運動組織，1949年由兩個原來對立的組織全國籃球聯盟（1937年建立）與美國籃球協會（1946年建立）合併而成。1976年又擴大吸收了前美國籃球協會（1967年建立）的四個隊。全國籃球協會的成員分爲兩個分會，每個分會又分爲兩個組。東部分會包括大西洋組（波士頓塞爾蒂克隊、邁阿密熱火隊、新澤西籃網隊、紐約尼克隊、奧蘭多魔術隊、費城七六人隊和華盛頓巫師隊）和中央組（亞特蘭大老鷹隊、夏洛特黃蜂隊、芝加哥公牛隊、克利夫蘭騎士隊、底特律活塞隊、印第安納溜馬隊和密爾瓦基公鹿隊和多倫多猛龍隊）。西部分會包括中西組（達拉斯小牛隊、丹佛金塊隊、休斯頓火箭隊、孟菲斯灰熊隊、明尼蘇達灰狼隊、聖安東尼奧馬刺隊和猶他爵士隊）和太平洋組（金州勇士隊、洛杉磯快艇隊、洛杉磯湖人隊、鳳凰城太陽隊、波特蘭拓荒者隊、沙加緬度國王隊和西雅圖超音速隊）。

National Broadcasting Co. ➠ NBC

National Collegiate Athletic Association (NCAA)　全國大學生體育協會　美國大學校際體育行政人員的組織。成立於1906年，但1942年前沒有足夠的權力來加強它的作用。總部設在肯塔基州的Overland Park，它的功能是總體立法和行政的權威，爲各項運動以及運動員資格評判制定和推行各項規則。參加的學校成員有八百多個，舉行了約二十項運動的大約八十次全國錦標賽。

National Convention　國民公會　法語作Convention nationale。法國大革命期間統治法國的議會（1792～1795）。1792年推翻了君主制後選舉出749名代表組成議會，爲法國制定新憲法。激進的山岳派與溫和的吉倫特派之間的鬥爭成爲國民公會第一階段（1792～1793）的主要內容。1793年，吉倫特派被清除出去。在什葉派控制議會期間（1973～1974），已經由國民公會批准的民主憲法一直未能實施。1794年的熱月反動後，由平原派維持著國民公會中的權力平衡。吉倫特派被重新召回，通過了「1795年憲法」，決定由督政府取代國民公會。

national debt　國債　亦稱公債（public debt）。一國政府的全部舉債，尤指透過證券交易商而向投資人公開發行者。若政府預算出現赤字，亦即，若政府的年度歲出超過歲入，國債就會增加。爲了募集債務的財源，政府可以發行證券，例如債券或國庫券。國債的比例，不同國家各有差異，最低的僅爲國內生產總值（GDP）的10%，最高的則高達GDP的兩倍。公共舉債被認爲會對經濟產生通貨膨脹效果，因此通常在經濟衰退期使用，以刺激消費、投資和就業。亦請參閱deficit financing、Keynes, John Maynard。

National Education Association (NEA)　全國教育協會　美國一個自願組成的協會，成員有教師、教育行政管理人員和其他與初等學校、中等學校、學院和大學有關的教育工作者。該協會以全國教師協會之名創始於1857年，是世界上最大的專業性團體（成員約240萬人）。運作方式與工會相似，全國教育協會代表各地、各州的分會。該會旨在改進學校與工作環境、促進公立教育福利、促進聯邦立法和贊助研究。亦請參閱American Federation of Teachers。

National Endowment for the Arts (NEA)　美國藝術基金會　美國政治支持藝術創作、傳佈與表演的獨立機構。這個機構是美國國會在1965年所創設，以補助文學、音樂、戲劇、電影、舞蹈、精緻藝術、雕刻與工藝等領域的計畫。大部分的補助金都直接流向機構，如藝術博物館與交響樂團；但部分個別的藝術家也可獲得特定專案的資助。美國藝術基金會通常鼓勵文化的差異性；因爲部分它所贊助的作品遭到國會保守議員的反對，導致經費遭到削減。

National Endowment for the Humanities (NEH)　國家人文科學獎助會　美國政府獨立機關。創立於1965年，贊助人文科學有關的研究、教育、文物保存以及公共節目等。NEH提供經費支持博物館、圖書館、檔案保存、電視節目、歷史遺址的管理，以及學術出版機關、教育研究機構或個人的著述及翻譯計畫。

National Film Board of Canada　加拿大國家電影局　加拿大電影製作的部門。創立於1939年，後由葛里森（1898～1972）指導；他將這間製片廠轉變爲紀錄片的主要生產者，包括第二次世界大戰的政令宣傳片《加拿大長存與動蕩中的世界》。這間製片廠也出產由麥克拉倫（1914～1987）與其他人製作的高品質動畫電影，後來並擴大範圍製作劇情片，包括《柯菲的好運氣》（1964）、《克拉維茲的學徒生涯》（1974）。

National Football League (NFL)　全國美式足球聯盟　美國主要的職業美式足球組織。1920年成立於俄亥俄州廣州，首任主席是索普。1970年與對立的美國美式足球聯盟（成立於1959年）合併。自2002年球季開始，分成兩個協會，其下各有四區。全國協會包括東區（達拉斯牛仔隊、紐約巨人隊、費城老鷹隊和華盛頓紅人隊）、南區（亞特蘭大獵鷹隊、卡羅來納豹隊、紐奧良聖徒隊和坦帕灣海盜隊）、北區（芝加哥熊隊、底特律獅子隊、綠灣包裝人隊和明尼蘇達維京人隊）和西區（亞利桑那紅雀隊、聖路易公羊隊、舊金山四九人隊和西雅圖海鷹隊）。美國協會包括東區（水牛城比爾隊、邁阿密海豚隊、新英格蘭愛國者隊和紐約噴射機隊）、南區（休士頓德州隊、印第安納波里小馬隊、傑克森維爾美洲豹隊和田納西泰坦隊）、北區（巴爾的摩烏鴉隊、辛辛那提孟加拉虎隊、克利夫蘭布朗隊和匹茲堡鋼人隊）和西區（丹佛野馬隊、堪薩斯城酋長隊、奧克蘭突擊者隊和聖地牙哥衝鋒者隊）。聯盟球季隨著全國和美國兩協會的勝利隊伍，爭奪超級盃美式足球賽世界冠軍的頭銜達到高潮。

national forest, U.S.　國有森林　爲保護水源、木材、野生動物、魚類以及其他可更新的資源，並提供公衆娛樂休閒的地區，而把一些林區置於聯邦政府的監督管理之下。1990年代中期，在美國四十個州以及波多黎各，這樣的林區數目達155個，占地面積911,700平方公里，由美國農業部森林管理局管轄。它們是在1891年作爲森林保護系統而設立的，1907年更名爲國有森林。亦請參閱Pinchot, Gifford。

National Gallery of Art　美國國家畫廊　華盛頓特區的美術館，是史密生學會的一部分。1937年梅隆把他的歐洲名畫收藏品捐獻給了國家，於是就成立了這個國家畫廊。梅隆還捐獻一筆基金用於建造這座新古典風格的建築。畫廊於1941年正式開放。1978年完成了由貝聿銘設計的東大樓，原來的建築就稱爲西大樓，兩樓之間有廣場和地下通道連接。畫廊裡收藏了從12世紀到20世紀大量美國和歐洲的繪畫、雕塑、裝飾藝術以及圖像藝術。尤其有代表性的作品是義大利文藝復興時期、17世紀的荷蘭以及18～19世紀法國藝術家們的作品。

National Gallery of Canada　加拿大國立美術館　1880年創建於渥太華的國立藝術博物館。典藏收羅廣泛，包括加拿大藝術以及重要的歐洲作品。核心藏品是加拿大皇家學院的成員所捐贈的畢業作品；杜勒的畫（1911年收藏）和林布蘭的作品（1913～1924年收藏）形成該館繪畫方面的典藏；1967年起開始收藏攝影作品。該館新建築於1988年開幕，加拿大視覺藝術中心於1991年開館，多媒體學習中心於1996年開館。這間博物館每年在加拿大全國各個城市巡迴展覽數百件藏品。

National Geographic Society　國家地理學會　1888年在華盛頓特區成立的美國科學團體，由一小群著名的探險家和「爲提高和傳播地理知識」的科學家們組成。如今它有九百多萬會員。它已經支援了五千多項主要的科學專案及探險活動，包括皮列、伯德、利基家族、庫斯托、古德爾和福塞。學會還出版了許多書籍、地圖和新聞簡報，創作了數百部電視紀錄片。國家地理雜誌是關於地理學、考古學、人類學和探險的一本月刊。它成爲複製彩色照片以及印刷海底生命的照片、從平流層俯瞰的照片以及在自然居住地裡的動物的照片的領導刊物。雜誌上的文章包含所覆蓋地區的環境、社會和文化等諸方面的大量資訊。亦請參閱Grosvenor, Gilbert H(ovey)。

National Guard, U.S.　美國國家警衛隊　由美國陸軍和空軍組成的後備部隊。美國的每一個州和領地都有一支國家警衛隊，在暴動或天然災禍等緊急情況時，由州長徵召指揮。警衛隊員也可能在全國性的緊急情況下，由總統指揮編派較積極的任務，期限最長兩年。國家警衛隊徵召名單是自願性質的。

National Health Service (NHS)　國民保健署　英國政府1946年成立的綜合性公共保健機構，其服務幾乎包括全國人口。財政主要來自普通稅收，大多數的服務都是免費的。一般醫師和牙醫根據記錄在他們名下的病人人數支薪，其中也有自費病人。政府醫院和其他設施中由付薪的專業人員提供醫院和專家服務。地方保健當局提供母嬰福利、家庭護理以及其他的預防性服務。國民保健署以相對低的費用提供一般來說是不錯的服務，但因住院日數而日益增加的開支已經造成財政壓力。

National Hockey League (NHL)　全國冰上曲棍球聯盟　北美洲冰上曲棍球職業隊的組織，1917年由五個加拿大球隊組成，其中第一個美國球隊波士頓熊隊在1924年加入。如今由三十隊組成，分爲兩個聯會和六個組。東部聯會包括大西洋組（新澤西魔鬼隊、紐約島民隊、紐約遊騎兵隊、費城飛人隊和匹茲堡企鵝隊）、東北組（波士頓熊隊、水牛城騎士隊、蒙特婁加拿大人隊、渥太華元老隊和多倫多楓葉隊）和東南組（亞特蘭大喇鶇隊、卡羅來納颶風隊、佛羅里達豹隊、坦帕灣閃電隊和華盛頓首都隊）。西部聯會包括中央組（芝加哥黑鷹隊、哥倫布藍夾克隊、底特律紅翼隊、納什維爾掠奪者隊和聖路易藍隊）、西北組（卡加立火焰隊、科羅拉多雪崩隊、艾德蒙香油人隊、明尼蘇達荒野隊和溫哥華加拿大人隊）和太平洋組（安那漢悍鴨隊、達拉斯明星隊、洛杉磯國王隊、鳳凰城叢林狼隊和聖何塞鯊魚隊）。冬季例行賽結束後，每組第一名的球隊在季後賽中交戰，以爭奪史坦利盃。

national income accounting 國民所得會計 一套被用來衡量一國的所得與生產的原則和方法。衡量國家經濟活動有兩個途徑：產出法爲按一定時期間（通常爲一年）財貨和勞務總生產量的貨幣價值來計算；所得法爲根據經濟活動在分攤資本消費後所衍生出的總所得來計算。最常用的國內產出指標是國內生產毛額（GDP）。國民所得可由國民生產毛額（GNP）扣除某些非所得費用的項目而推衍出來，這些項目主要爲間接稅、補貼和折舊。這樣計算的國民所得代表生產因素所有者的總所得；換言之，它是工資、薪資、利潤、利息、股利和租金等的總和。用來計算國民生產毛額和國民所得的資料，可以經由許多方式來說明經濟體系中的各種關係。一般利用的資料包括按產品類型或產品發展的功能階段來分析國民生產毛額或與其密切相關的國內生產毛額（GDP）；按所得類型來分析國民所得或財政來源（例如個人、公司的儲蓄和國家赤字）的分析。

National Institutes of Health (NIH) 國立衛生研究院 由許多專門研究所（例如，國家癌症研究所、國家心、肺和血液研究所、國家老年研究所、國家兒童保健和人類發展研究所以及國家精神保健研究所等）組成的美國政府機構，這些專門的研究所在它們各自的領域裡從事或支援生物醫學的研究。它是衛生和人類服務部的一部分。它還負責培訓衛生研究人員；傳播醫學情報；經營其他的辦公室和分部，包括國家醫學圖書館（美國最先進的醫學情報來源）和幾個研究中心。

National Labor Relations Act 全國勞工關係法 ➠ Wagner Act

National Labor Relations Board (NLRB) 全國勞工關係局 美國政府機構，負責實施「國家勞工關係法」（1935），促進工會組織。由總統指定的三個全國勞工關係局成員組織選舉來決定雇員們是否願意讓工會代表他們進行集體談判，監督雇主和工會對勞工有無不正當的行爲。它並不主動發起調查，必須在雇主、個人或工會的要求下才能介入。雖然它沒有強制推行命令的權力，但可以到法院依法起訴。

National League 國家聯盟 美國現存歷史最悠久的主要職業棒球組織。成立於1876年，多年以來，國家聯盟的至高無上的地位遭到了幾個對手組織的挑戰，在所有的對手中，只有美國聯盟生存下來。自1903年開始，國家聯盟和美國聯盟的冠軍隊每年都要進行一次世界大賽。今日國家聯盟分爲三區共十六個球隊。東區包括亞特蘭大勇士隊、佛羅里達馬林魚隊（邁阿密）、蒙特婁博覽會隊、紐約大都會隊和費城費城人隊。中區包括芝加哥小熊隊、辛辛那提紅人隊、休士頓太空人隊、密爾瓦基釀酒人隊、匹茲堡海盜隊和聖路易紅雀隊。西區包括亞歷桑那響尾蛇隊（鳳凰城）、科羅拉多落磯山隊（丹佛）、洛杉磯道奇隊、聖地牙哥教士隊和舊金山巨人隊。

National Liberal Party 民族自由黨 德國政黨（1871～1918）。1867年從普魯士開始，作爲普魯士自由黨的溫和派。在支援俾斯麥的過程中組成了一個眞正的政府黨派（1871～1879）。在1879年的選舉中失去許多席位後，在是否授權議會控制稅收的問題上發生分裂。1890年自由黨人與保守黨人聯合，但從此它的影響逐漸消退。

National Liberation Front 民族解放陣線 第二次世界大戰後在許多國家裡被民族主義者（通常是社會主義者）運動取用的稱號。在希臘，民族解放陣線——國民解放軍是一支由共產黨支持的反抗隊伍，企圖在戰時占領希臘。在越南，1960年成立解放南方的民族陣線，以推翻南越政權（參閱Viet Minh）。在阿爾及利亞，民族解放陣線繼承了領導阿爾及利亞獨立戰爭（1954～1962）的組織，並且也是1962～1989年憲法上唯一合法的政黨。在烏拉圭，左翼游擊隊圖帕馬羅民族解放陣線（1963）與警察、軍隊交戰（1967～1972）；後來成爲合法的政黨。在菲律賓，摩洛民族解放陣線（1968）擁護摩洛人的獨立分離運動，其恐怖主義式的暴動（1973～1976）造成五萬人喪生。科西嘉民族解放陣線（1976）是科西嘉民族主義運動裡最強大也最殘暴的一支，在整個1990年代依然活躍。亦請參閱Sandinista。

national monument, U.S. 國家保護區 爲了保護具有歷史、科學或史前興趣價值的文物或地區而把它們置於聯邦政府的管理之下。包括自然景觀特色、印第安文化的殘存以及有歷史價值的地區。1906年羅斯福總統建立了第一個國家保護區，在懷俄明州的魔塔國家保護區。國家保護區都受美國內政部國家公園管理局統一管轄。

National Organization for Women (NOW) 國家婦女組織 美國婦女權利組織。1966年由弗瑞登發起成立，旨在向存在於美國社會各方面（尤其在就業上）的性別歧視挑戰。約有五十萬成員（包括男性和女性）。該組織通過遊說和訴訟，要求實現照顧兒童、懷孕假期以及墮胎和養老金等權利。1970年代主要關心在憲法中採納權利平等修正案，但未獲批准。在州的層級上他們取得了較大的成功，比如通過了同工同酬的立法。

national park 國家公園 一國政府爲了保護自然環境而設置的地區。大多數國家公園都保持它們的自然狀態。美國和加拿大的國家公園關心的是土地和野生動物的保護；英國的國家公園主要著重土地，非洲的國家公園則則主要著重動物。美國的黃石國家公園是世界上第一個國家公園，由格蘭特總統於1872年建立。加拿大的第一個國家公園班夫國家公園建於1885年。日本和墨西哥於1930年代建立它們的第一個國家公園；英國則是在1949年。美國的國家公園管理局成立於1916年，現在還負責管理美國國家保護區、保留地、休閒娛樂區、海灘、湖岸、歷史遺址、兩旁有綠化帶的大道、風景優美的小徑以及古戰場。亦請參閱national forest。

National Party of South Africa 南非國民黨 1948～1994年統治南非的政黨。其黨員包括大部分的阿非利堪人和許多操英語的白人。赫爾佐格爲了團結阿非利堪人反對波塔和斯穆茨政府的英國化政策，於1914年成立國民黨。1933～1939年，赫爾佐格和斯穆茨組成聯合政府，把各自的追隨者合併爲統一黨。但馬蘭領導的一些國民黨人不肯參加統一黨，仍保持國民黨，1939年又推赫爾佐格爲領導人。在1948年的選舉中獲勝，並制定了一大批種族主義的法律後，國民黨稱其改革爲「種族隔離政策」。1961年國民黨使南非脫離國協成爲共和國。1982年該黨的不少右翼分子反對放寬限制的政策，因而退黨成立保守黨。在戴克拉克的領導下，南非國民黨試圖推翻種族隔離的法律。1994年國民黨在南非首次舉行的多種族選舉中失利，但仍與其長期的對手非洲民族議會合組聯合政府。1996年頒布的新憲法實施後，國民黨人辭去政府官職以示抗議。亦請參閱Botha, P(ieter) W(illem)。

National Public Radio (NPR) 全國公共廣播網 美國的公共廣播網絡。由公共廣播機構在1970年創立，目的在爲美國非商業性與教育性的電台編排與播送節目。雖然它一開始是提供藝術方面的節目，但在1983年以後，這個網絡大部分集中在新聞時事的節目。特色是每天的《晨間頭條・關注天下事》節目，以及訪談節目《新鮮空氣・全國訪談》。其他節目包括《愛車經》、《NPR劇場》、《拉丁美洲人在美國》以及《全世界的非洲流行樂》。

National Recovery Administration (NRA) 國家復興署（西元1933～1935年） 在美國大蕭條時期，為了刺激企業復興而建立的政府機構。作為「國家工業復興法」（1933）的一部分，國家復興署確立了一些法規，消除不公平的商業行為，降低失業率，規定最低工資和最長工作時間。1935年美國最高法院停止了它的工作，因為它把准立法權給了執行分支機構。在以後的立法中出現了它原來的一些條款。

National Republican Party 國家共和黨 1825年傑佛遜的共和黨分裂後組成的美國政黨。國家共和黨包括亞當斯和克雷的追隨者們以及傑克森的反對派。1828年亞當斯作為國家共和黨的總統候選人未能勝出。1832年它的總統提名人是克雷，他提出的綱領是提高關稅和成立美國銀行（參閱Bank War）。國家共和黨再一次輸給了傑克森，他們與保守派以及其他反傑克森的力量聯合組成輝格黨。

National Rifle Association (NRA) 全國步槍協會 使用步槍和手槍的射擊運動組織。1860年最初在英國成立。美國的相應組織成立於1871年；如今它有兩百多萬成員。協會主辦地區性和全國性的射擊比賽，並提供槍支安全計畫。它主張持有武器的權利；在美國是最強大的政治遊說組織之一，強烈反對許多控制火器的立法建議。

National Security Agency 國家安全局 美國情報機構，負責密碼、電信偵察和保密工作。1952年根據總統指示而非根據法律而成立，因此相對地不受國會的監督。局長總是由將軍或元帥擔任。任務包括電碼、密碼和其他隱語的保護和制定，截取、分析和破譯密碼通信。它研究一切形式的電子通信，操縱世界各地的竊聽站以截取信號。它是外國情報機構的滲透目標，所以它與公眾或新聞界都沒有接觸。雖然其經費是保密的，但承認是遠大於中央情報局的經費。

National Security Council (NSC) 國家安全會議 就與國家安全有關的內政、外交和軍事政策向總統提出建議的美國機構。1947年根據安全法，與中央情報局一起建立。為白宮提供了一個獨立於國務院的外交決策工具。它有四個成員：總統、副總統、國務卿和國防部長。它的幕僚由國家安全顧問為首。

National Socialism 國家社會主義 亦稱納粹主義（Nazism）。德國納粹黨（1920～1945）領袖希特勒所率領的極權主義運動。此一運動植根於普魯士軍國主義與重視紀律的傳統，以及德國浪漫主義傳統；德國浪漫主義傳統頌揚神祕的過去，並宣稱卓越的個體擁有超越所有規則與法律的權利。國家社會主義的意識形態是由希特勒的信念所塑造，他相信日耳曼人的優越、共產主義的危險，並相信需要一個敵人。國家社會主義排斥自由主義、民主、法制以及人權，而強調個人附屬於國家，以及必須嚴格服從領袖。它強調個人之間和種族之間的不平等，強調強者統治弱者的權利。在政治上，國家社會主義支持歐洲日耳曼人地區重新武裝，重新統一起來，向非日耳曼人地區擴展，清除那些「不想要的人」，尤其是猶太人。亦請參閱fascism。

nationalism 民族主義；國家主義 對國家的忠誠與付出，尤其是將國家的利益置於個人或全球利益之上。在民族國家的時代前，這種忠誠的中心多半是鄰近地區或宗教團體。大型中央集權國家的興起削弱了地方的權力，社會中現世化的意識漸增則削弱了對宗教團體的忠誠，即使宗教，與種族、政治傳統和歷史一樣，是吸引人民聚集從事民族主義運動的因素之一。初期的民族主義運動（18世紀和19世紀早期的歐洲）具有自由的和國際主義的性質，但漸漸地傾向於保守、目光偏狹和沙文主義。民族主義被視為導致現代兩次世界大戰和許多其他戰爭的主要因素。在20世紀的非洲和亞洲，民族主義通常是因反對殖民主義而興起。蘇聯解體後，東歐和許多蘇聯附庸國中的民族主義又重抬頭，且與種族淵源同為導致許多國家（例如前南斯拉夫）衝突日增的原因。

Nationalist China ➟ Taiwan

Nationalist Party 中國國民黨 亦依中文名拼作Kuomintang、Guomindang。1928～1949年統治中國大陸全境或局部的政治黨派，1949年以後統治台灣。國民黨是由宋教仁（1882～1913）創建，後由孫逸仙領導，從力圖推翻清朝的革命同盟，發展為政治黨派。1920年代早期，國民黨曾接受蘇聯布爾什維克黨的指導，因此一直到1927年，國民黨與中國共產黨有所合作。孫逸仙所強調的民族主義、民主與人民生計的綱領，其後繼者蔣介石並未能充分付諸實踐，並且逐漸變得保守而獨裁。第二次世界大戰期間，蔣介石專注於壓制中國共產黨，卻犧牲了中國對日本的防禦。1949年國民黨被逐出中國大陸，退守台灣。國民黨在台灣繼續獨占政治權力，直到1989年反對黨首度在立法院贏得席次。亦請參閱Wang Jingwei。

nationality 國籍 屬於某個國家或主權州（邦）。個人、公司、船隻和飛機都有國籍。國籍比公民資格要低一些，到現在為止，公民資格指的是享有整套公民權利，而前者卻不能。國家有權決定哪些居民是他們的國民。一般來說，一個人生於某國的領土範圍內，他就能獲得該國的國籍；也可以繼承父母親一方或雙方的國籍；或者通過入籍來獲得國籍。如果一個國家把一部分領土割讓給了另一個國家，那麼生活在這塊領土上的人可以改變、爭議或撤銷國籍。

Nations, Battle of the ➟ Leipzig, Battle of

Native American ➟ American Indian

Native American Church 鄉土美洲教會 亦稱peyotism。北美洲印第安人中的一種宗教活動，與藥物佩奧特掌有關。前哥倫布時期，在墨西哥首先使用佩奧特掌來誘導超自然的幻覺。19世紀時，佩奧特掌的使用向北擴展到了大平原地區，現在流行於五十多個部落。佩奧特掌教的信條將印第安人的傳統與基督教的內容結合在一起，各個部落都有不同。他們崇拜大精靈，是一位超神，通過其他各種精靈來對付人類。在許多部落裡，把佩奧特掌擬人化為佩奧特精靈，與耶穌基督聯繫在一起。儀式往往在星期六傍晚開始而通宵達旦。佩奧特掌路是一種生活方式，提倡兄弟之愛、家庭之情、自力更生和避開酒精。

Native Dancer 土舞星 美國純種賽馬。1950年產下的小馬駒，1953年在普利克內斯有獎賽和貝爾蒙特有獎賽上奪魁，但在肯塔基大賽中屈居亞軍。1954年被評為當年駿馬。他在22次比賽中獲勝21次，其一些主要的獲勝賽事都在全國的電視台播出，因而成為名揚天下的第一馬。

native element 自然元素 以自然狀態存在於礦物中，不與其他元素結合的十九種化學元素。通常把它們分成三組：金屬（鉑、銥、鋨、鐵、鋅、錫、金、銀、銅、汞、

L M N

鉛、鉻）；半金屬（鉍、銻、砷、碲、矽）；和非金屬（硫、碳）。自然元素的這些成員是在差別極大的物化條件下生成的，存在於很不一樣的岩石種類裡。許多沈積物裡的含量相當高，具有商業價值。例如自然金和自然銀，都是這些金屬的主要礦石。

NATO 北大西洋公約組織 全名North Atlantic Treaty Organization。用以保護歐洲不受蘇聯侵犯的國際軍事聯盟。英國、法國、荷蘭、比利時以及盧森堡在1948年組成了一個集體防禦聯盟，但被認爲不足以抵禦蘇聯可能的入侵。美國和加拿大在1949年同意與他們的歐洲盟國一起組成一個擴大的聯盟，這就是北約。北大西洋公約聲明，任一盟國受到的侵襲都將被視作對其他所有成員國的侵犯。該組織設有一個集中管理機構，下設三個指揮部，分別負責歐洲、大西洋和英吉利海峽的事務。1955年西德的加入導致由蘇聯主導的華沙公約組織（華沙公約）的產生，與北約相抗衡。1966年法國退出北約的軍事合作。由於北約地面部隊的力量弱於華沙公約組織，因此北約更注重保持武器方面的優勢，包括中程核子武器。1991年華沙公約組織解體後，北約撤除了核子武器，並試圖重新界定自己在後冷戰時代的地位。該組織介入了1990年代的巴爾幹衝突。1999年又接納了原華沙公約組織的波蘭、匈牙利和捷克加入，成員國增加到十九個。

Natsume Soseki＊ 夏目漱石（西元1867～1916年） 以漱石（Soseki）知名。原名夏目金之助（Natsume Kinnosuke）。日本小說家。原是教師。以兩部非常成功的喜劇小說《我是貓》（1905～1906）和《少爺》（1906）而聞名。1907年後，他放棄教學，寫了一些憂鬱的作品以試圖擺脫孤獨，包括《行人》（1912～1913）、《門》（1910）、《心》（1914）和《路邊草》（1915）。夏目漱石是日本現代第一位寫實主義的作家，他清楚和有說服力地描寫了當代離群的日本知識分子的困境。

L M N

natural bridge 天然橋 亦稱天然拱門（natural arch）。天然生成的類似橋的拱形地形。大部分是發生在砂岩和石灰岩中的侵蝕形態。有些天然橋是由於洞頂塌陷形成的。有的則可能是由侵蝕穿透曲流頸的掘壕河流形成的切口。還有一些天然橋是由風化剝落（一層層地分開）造成的，也可能受風蝕而擴大。

Natural Bridges National Monument 天然橋國家保護區 美國猶他州東南部的國家保護區。包含三座由兩條彎曲的河流穿蝕而成的大型天然橋，1908年成立保護區。最大的錫帕普橋高68公尺，跨度80公尺。在另一座橋卡奇納上有早期懸崖居民刻下的象形文字。

natural childbirth 自然分娩法 不用藥物或手術的任何助產方法（例如拉梅茲法）。開始都要給孕婦上課，教她們有關分娩過程的知識，包括在產床上何時用力，在什麼階段使用什麼樣的呼吸和放鬆技術等。目的是減少恐懼心理和肌肉的緊張（這些都會增加分娩的痛苦），讓母親在分娩過程中積極配合。父親或另一個夥伴通常要與母親一起聽課，在分娩時可以指導產婦。亦請參閱midwifery、obstetrics and gynecology。

natural gas 天然氣 主要由甲烷和乙烷組成的無色、易燃的氣態烴。也可能包含某些更重的烴、二氧化碳、氫、硫化氫、氮、氦和氬氣。一般與原油（參閱petroleum）共存。從鑽入地下的井裡抽取天然氣。有些天然氣從井裡出來就可使用，無須任何提煉，但大多數還是需要經過處理。可以用管道直接輸送它天然的氣態，也可以通過冷卻而液化，然後用容器運輸。液化後的天然氣體積只有氣態體積的1/600。自1930年代以來它被當作能源而得到穩定增長。

natural law 自然法 科學哲學中的通用陳述，描述和／或解釋自然事件的進程（如牛頓運動定律）；在法理學和政治哲學中，指對全人類普遍適用的權利或公正的體系，來自於自然界而不是來自社會法則或確定的法律。自然法則這一概念可以追溯到亞里斯多德，他認爲「只來自自然界」的東西並不總是與「只來自法律」的東西相同。斯多噶學派（參閱Stoicism）、西塞羅、羅馬法官們、使徒聖保羅、聖奧古斯丁、格拉提安、托馬斯・阿奎那、鄧斯・司各脫、奧坎以及蘇亞雷斯以不同的形式宣稱了自然法則的存在。在近代時期，格勞秀斯和霍布斯從「自然的狀態」演繹出一套自然法則體系，接著提出社會契約論。洛克將自然的狀態描繪爲在自然法則基礎上的社會狀態。盧梭假設了一個野蠻人，他在道德觀念上與人類社會隔離，只是在自我保護和同情心的激勵下生活。「獨立宣言」中在引用平等和其他「不可轉讓的」權利之前只是簡單地提到「自然的法則」作爲「自我證明」。法國的「人權和公民權利宣言」宣稱自由、財產、安全和抵抗壓迫是「不可侵犯的自然權利」。

natural selection 自然選擇 生物體通過選擇性繁衍改變基因型來適應環境的過程。那些提高生物體生存和繁衍機會的變異被保留下來，且一代代地傳存下去，同時排除那些不太有利的變異。正如達爾文提出的，自然選擇是發生演化的機制。由於在生存、生育、成長速率、交配的成功或生命週期中的任何其他方面的差別都會產生變異。突變、基因流動以及遺傳漂變等隨機過程也改變著基因的豐度。自然選擇可以調節這些過程的作用，因爲它在傳代過程中放大了有利的突變而消除了不利的突變，因爲攜帶不利突變的生物體只留下較少或根本沒有後代。亦請參閱selection。

naturalism 自然主義 19世紀末至20世紀初的美學運動。受到自然科學的一些原則和方法的啓發，特別是達爾文主義，並使之與文學藝術相適應。在文學上，擴充了寫實主義傳統，以更忠實地、僞科學地手法反映現實，並以不帶道德評價的方式表達。自然主義藝術中的人物特徵典型爲人類生活中遺傳和環境的決定論者的角色。自然主義起源於法國，主要代表者爲左拉。在美國，該運動則與克雷恩和德萊塞的作品聯繫在一起。自然主義的視覺藝術家從生活中選擇主題，捕捉住非裝模作樣和未理想化的題材，因此他們的作品都帶有新鮮與直接感。畫家效法庫爾貝的先例，開始從現實生活中選擇主題，其中許多人離開畫室到戶外，在農民和商人間尋找主題，一旦發現便立即動筆，因此完成的油畫都帶有速寫所特有的新鮮感和直接感。自然主義作爲一個歷史運動沒有持續多久，但它豐富了寫實主義、擴大了題材的新領域和接近生活甚於接近藝術的不拘形式。

naturalism 自然主義 一種哲學學說，斷言宇宙的一切存在和發生的事件都是自然的，因此都可以用科學研究的方法把它們完全弄明白。自然主義往往被等同於唯物主義，然而自然主義的範圍要寬得多。雖然唯物主義是自然主義的，但反過來未必正確。嚴格地講，自然主義對任何具體的現實類別沒有本體主義的偏見：二元論和一元論、無神論和有神論、觀念論和唯物論都與自然主義相容。只要所有的現實都是自然的，就不需要其他的限制。自然主義最盛行的時期是1930年代和1940年代，主要在美國。自然主義的哲學家有伍德布里奇（1867～1940）、柯恩（1880～1947）、杜威、納吉爾（1901～1985）、胡克（1902～1989）和奎因。

naturalistic fallacy　自然主義謬誤　視「善」（或任何相等的詞語）彷彿它是自然屬性的名稱的謬誤。1903年，摩爾在他的《倫理學原理》一書中提出他的「問題待解的論證」，對抗他所謂的自然主義謬誤，其目的在於證明，「善」是個簡單的、無可分析的性質名稱，它無法以世界上某些自然的性質加以界定，無論它是彌爾所言的「使人感到快樂」，或史賓塞所言的「高度發展」。因爲摩爾的論證應用在任何以其他事物來界定善的嘗試，包括超自然者，如「上帝所願」，因此「自然主義謬誤」一詞並不貼切。問題待解的論證使得任何對善提出的定義都陷入疑難（舉例來說，「善的意思是使人感到快樂」就變成「是否每一件使人感到快樂的事就是善？」）。摩爾的要點是，如果問題是有意義的，則提議的定義就是不正確的，因爲如果定義是正確的，則問題將是沒有意義。

naturalization　入籍　授予外僑國籍或公民資格的過程。可以通過本人申請、根據立法規定、與該國公民結婚或隨其父母的申請而獲得。當一個人的居住地被外國兼併了，就會發生非自願的入籍。入籍資格可能包括最少的居住時間、最低的年齡、遵守法律、身心健康、自立謀生、對新國家有相當的瞭解以及願意放棄以前的國籍等。

Nature Conservancy　自然保育協會　非營利組織，致力於環境保育及生物多樣性的保存，創立於1951年，營運世界上最大的私人自然保護區系統。在美國各處擁有並管理超過1,500個保護區，構成超過380萬公頃生態重點土地，並延伸到中南美洲與太平洋。政府執行計畫確認動植物的物種與其所需棲息地的相對數量，自然保育協會接著藉由贈與、交換、地役權、外債交換自然、購買或其他協定來取得土地當成受威脅物種的家園。

nature/nurture controversy ➠ behavior genetics

Naucratis＊　諾克拉提斯　埃及尼羅河三角洲的古希臘人定居點。西元前7世紀建立，發展成繁榮的貿易中心和希臘與埃及之間的文化聯繫中心。亞歷山大大帝征服埃及並在西元前332年建立了亞歷山大里亞後，該地區開始衰落。1884年皮特里發現了這個遺址並協助挖掘了它。

Nauru＊　諾魯　諾魯語作Naoero。正式名稱諾魯共和國（Republic of Nauru）。南太平洋上，密克羅尼西亞東南方的島國。面積21平方公里。人口約12,100（2001）。首都：亞倫。約3/4的本土諾魯人爲玻里尼西亞、密克羅尼西亞和美拉尼西亞人後裔。語言：諾魯語和英語。宗教：主要爲基督教。貨幣：澳大利亞元（A$）。諾魯爲珊瑚島，中央有一海拔30～60公尺的高原。圍繞島嶼的一狹長帶狀肥沃土地是主要的居住區。由於缺乏港口，船隻需在沙洲外浮標處下錨停泊。該國爲世界最大的磷酸鹽礦物產地。其經濟過去主要是靠礦業，由於礦藏量已大大減少，如今主要經濟來源已轉至漁業和其他事業。政府形式爲共和國，一院制。國家元首暨政府首腦爲總統。第一批英國探險家在1798年登陸時，該島居民爲太平洋島民。在受到島上居民友善的歡迎後，英國人稱其爲「歡樂島」。1888年被德國併吞，第一次世界大戰開始時被澳大利亞占領，1919年則受到不列顛、澳大利亞和紐西蘭三國的聯合委任統治。第二次世界大戰時又遭到日本占領。1947年成爲澳大利亞政府下的聯合國託管地，1968年完全獨立，1969年加入大英國協。1990年代中期歷經政治動亂。

nausea　噁心　胃窩部的不適感，伴有厭食和嘔吐感，往往接著發生嘔吐。噁心起自胃或十二指腸中的神經末梢受到刺激，從而刺激了腦部控制噁心嘔吐的神經中樞。輕微或嚴重的疾病都可能出現噁心的症狀。常見的原因包括消化不良（吃得太快或進食時緊張）、食物中毒、暈動病和妊娠反應（晨吐症）。任何導致異常食欲缺乏的原因也會引發噁心，例如休克、疼痛、流行性感冒、假牙不合適、肝臟或腎臟疾病等。單純性的噁心經嘔吐後即可緩解。

nautilus＊　鸚鵡螺　兩屬頭足類軟體動物的統稱。珍珠鸚鵡螺（鸚鵡螺屬），殼光滑，捲曲，直徑約25公分，內約分36室，最末一室爲軀體所居。各室間有一管相連，可調節室中氣體量，使殼得以漂浮。常於近海底處游動，以多達94條無吸盤、可伸縮的小觸手捕食蝦類或其他食物。紙鸚鵡螺（Argonauata屬）見於熱帶和亞熱帶海面附近，以浮游生物爲食。雌體與章魚相似，但有一個不分室的盤曲的薄殼，直徑達30～40公分。雄體比雌體小上許多，且無殼。

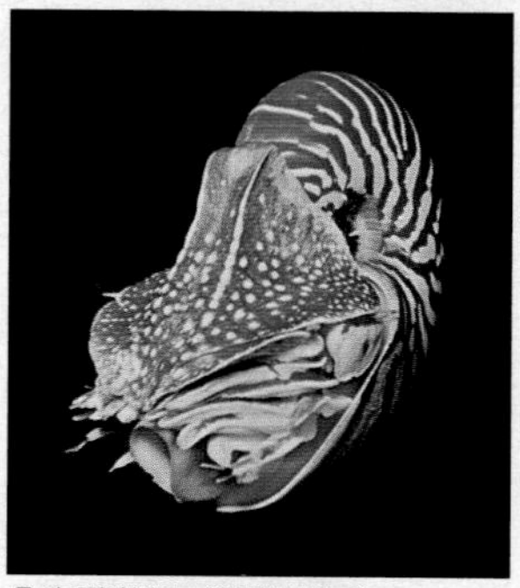

分室鸚鵡螺（鸚鵡螺屬）
Douglas Faulkner

Nautilus　鸚鵡螺號　歷史上至少有三艘潛艇以此爲號。1800年法國的富爾敦建造了最早的潛水艇鸚鵡螺號；它有一個可折疊的桅杆，可以在水面上航行，有一個用手轉動的動力推進器。1886年英國的甘貝爾和艾許建造了一艘鸚鵡螺號潛水艇，用電池作電源的電動機推動。1954年世界上第一艘用核動力的美國海軍潛艇下水，也採用了鸚鵡螺號這個名字。它在水下潛航的時間比以前任何一艘潛艇的都更長。1958年它作了一次歷史性的北極冰蓋下的潛航，從阿拉斯加的巴羅角到達格陵蘭海。

Navajo　納瓦霍人　亦稱Navaho。美國印第安居民集團中人數最多的一支，約有200,000人散居於新墨西哥州西北部、亞利桑那州和猶他州東南部。納瓦霍人操阿薩巴斯卡諸語言的一種，與阿帕契人所操的語言有關聯。約西元900～1200年間，納瓦霍人與阿帕契人自加拿大向西南遷移，在此之後納瓦霍人則處於普韋布洛印第安人的影響之下。彩陶及遠近聞名的納瓦霍毛毯，還有沙畫，全是在這影響下的產物。銀器製造大概是19世紀中葉向墨西哥人學得的。傳統經濟基礎爲農業，稍後還有放牧綿羊、山羊和牛群。基本的社會單位爲宗族。其宗教著重於記述原人來自地表以下的各個世界。1863年美國政府命令卡森使納瓦霍人與阿帕契人停止掠奪，卡森的攻擊使得約8,000名納瓦霍人被監禁，作物與牧群也被破壞。今日許多納瓦霍人居住在納瓦霍保護區（64,000平方公里）內或其附近，數千名納瓦霍人以做臨時工維生。他們的語言已被保留下來。

Navajo National Monument　納瓦霍國家保護區　美國亞利桑那州北部的國家保護區，面積146公頃。包含三個歷史懸崖住所：貝塔塔金（納瓦霍語爲「岩架屋」）、基特・錫爾（意爲「破陶器」）和銘刻屋，它們是已知的保存得最好，也是製作最講究的懸崖住所。最大的基特・錫爾於1895年首先被白人發現；1909年把這三處遺址確立爲國家保護區。這些住所是約1250～1300年間卡延塔・阿納薩齊文化的主要所在地。貝塔塔金的135間住房建在高138公尺、寬113公尺的懸崖凹室裡。基特・錫爾的160間住房和6間基瓦（舉行宗教儀式的房子）也在懸崖凹室中。銘刻屋（不向公衆開放）有74間住房。

Navajo weaving 納瓦霍織物 納瓦霍人織的毯子和小地毯，是美國印第安人生產的最好的紡織品。到1500年納瓦霍人已經在現在的美國西北部地區安居下來，從半遊牧生活轉向農業，同時開始紡織。他們從霍皮人那裡學習了如何大規模地製造織布機和生產紡織品；但霍皮人的設計只限於條狀的圖案，納瓦霍人則加入了各種幾何形狀、菱形和之字形。傳統上納瓦霍人的毯子用自然色的羊毛或用植物根、草藥和礦物染成的深色羊毛織成。19世紀引入了苯胺染料，納瓦霍的紡織工人開始使用較明亮色彩的羊毛以及更寬範圍的裝飾圖案。

Naval Academy, U.S. ➠ United States Naval Academy

Naval Limitation, International Conference on 國際海軍限武會議 ➠ Washington Conference

naval warfare 海戰 於海面上、下或海洋上空所進行的對抗海上的其他航艦或陸上、空中目標的軍事作戰。最早形式的海戰爲一個部族或是城鎮的武裝人員搭乘漁船或商船所進行的襲擊。最早的戰船是槳帆船，16～17世紀時被配置火炮，以風帆推動的戰船所取代。英國戰勝西班牙無敵艦隊（1588）代表著海戰的重大改進，英國的戰艦拒絕讓西班牙的戰艦接近到可以攀登並進行面對面作戰的距離，並且以具有優異射擊能力的火炮對其進行猛烈轟擊。戰列艦和巡洋艦在17～18世紀期間成爲戰艦的兩種主要類型。19世紀晚期，蒸氣動力取代風帆推進，裝甲艦則對日益增強的槍炮火力提供了更佳的保護。近年來發展出的戰艦在海上稱霸直到第二次世界大戰爲止，當珍珠港事件證明了自航空母艦上起飛的轟炸機，可以擊沈任何以及所有在海面上的艦艇。此後海軍的空中力量，即飛彈和艦載飛機，成爲世界上戰艦的基本武器。潛艇在20世紀的海戰中也扮演了重要的角色。

navaratri 九夜 印度教中一個歷時九天的節日，第十天以難近母祭結束。屆時家家聚宴盡歡，探親訪友，舉行音樂會、演戲，還有集市。難近母的信徒在孟加拉和阿薩姆最多；在印度的其他地區，第十天與羅摩戰勝羅波那聯繫在一起，在廣場上舉行慶典，焚燒魔鬼的模擬像時慶典達到高潮。

Navarino, Battle of＊ 納瓦里諾戰役（西元1827年10月20日） 希臘獨立戰爭中對土耳其的一場海戰。英國、法國和俄國船隻組成的一個艦隊被派去攔截停泊在伯羅奔尼撒的納瓦里諾港灣的埃及－土耳其艦隊以幫助希臘。它們進入港灣後不久，歐洲艦隊先進的槍炮就將規模更大的埃及－土耳其艦隊的四分之三船隻擊沈至海底，並迫使其餘船隻擱淺。這次失敗標誌著木製帆船之間的最後一場重要的戰役，也使土耳其撤出了希臘。

Navarra＊ 那瓦拉 自治區（2001年人口約555,829）與省份，位於西班牙北部。大抵上與西班牙同步發展，爲歷史古國王那瓦爾的一部分。建於1812年，地區面積4,024平方哩（10,422平方公里），與法國交界。庇里牛斯山脈是這個行省北部的地形主幹，而南方地中海型氣候盛行。製造業集中在商業與首府潘普洛納的四周。

Navarre＊ 那瓦爾 西班牙語作Navarra。西班牙北部的古王國，與法國、亞拉岡、卡斯提爾和巴斯克地區接壤。它包含了現代的那瓦拉自治區和現代法國的庇里牛斯山坡部分。它先後被羅馬人、西哥德人和查理曼征服。10世紀時成爲獨立的王國。1234年後由幾個法國王朝統治了那瓦爾。1515年併入卡斯提爾。1589年當那瓦爾的亨利成爲法王亨利四世後，那瓦爾又重新回到法國。

Navarro, Fats＊ 納瓦羅（西元1923～1950年） 本名Theodore Navarro。美國爵士樂小號演奏家，咆哮樂最主要的倡導者。1946年替換了比利艾克斯汀的大樂團裡的迪吉葛雷斯比，以有能力以罕見的優雅演奏出複雜的樂句，獲得了名手演奏家的聲譽。1940年代參與了以紐約第52街附近的社會、文化環境爲基礎、剛開始萌芽的爵士樂，與比博普的創新者如鮑威爾、查理帕克和達默生合作。他因爲陷溺於海洛英，使得他減少活動，以二十六歲之齡死於結核病。

Navas de Tolosa, Battle of Las ➠ Las Navas de Tolosa, Battle of

nave 中堂 基督教教堂的中央部分，從入口處（前廊）擴展到耳堂或聖壇（祭壇周圍地區）。在有側堂的巴西利卡式教堂（參閱basilica）中，中堂僅指中央部分。中世紀的中堂一般分成許多架間，產生更長的效果。文藝復興時期，中堂的形式更爲靈活，而且分隔成較少的部分，給人空間很寬廣的感覺，在高度、長度和寬度的比例上也更平衡，聖保羅大教堂就是一個例子。

英國索爾斯堡大教堂（1220）的中堂
A. F. Kersting

navigation 導航 導引交通工具，確定位置、路線與前進距離的科學。早期的船員注視著岸邊可見的地標並研究主要的風向作爲方向的指引。腓尼基人和玻里尼西亞人航行超出陸地的視線，利用恆星來校正路線。羅盤（中國人於1100年左右最早使用）是第一種導航的輔助工具，當成固定的參考點，不過精度有限，特別是在波濤洶湧的海面。現代的羅盤由陀螺儀加以穩定，放在補償船艦顛簸效應的羅盤櫃內。船的速度最早的計算方法是往船外丟上一節木頭，上面綁著一捆繩子，每隔固定的間距打個繩結；當木頭漂浮而暴露在外繩結數目，加上沙漏的時間，就得到船的速度，稱爲節（每小時海里）。航海圖是另一項必備的導航工具。定位需要航海圖上詳細的已知位置、加上儀器計算相對於這些點的方位。早期測定緯度的儀器是象限儀，測量北極星或正午太陽的高度。另外的早期儀器還有六分儀和星盤。確定緯度（17～18世紀逐漸成功地用於導航）是利用精密時計（經線儀）以及顯示全年天體位置的表格。在20世紀，無線電信標台與衛星網路讓飛機和船艦確定其位置。航跡是從陀螺儀得到航向，從電腦化量測船的加速度得到速率，將整個精確歷程繪製而成。亦請參閱Global Positioning System (GPS)。

Navigation Acts 航海條例 17～18世紀時的英國法律，規定使用英國或殖民地的船隻從事航運。目的是鼓勵英國的造船業，並限制英國貿易對手，尤其是荷蘭的競爭。18世紀的航海條例逐漸限制了美國殖民地的貿易，對糖、煙草和糖漿徵收附加關稅，從而引起殖民地日益增長的不滿情緒。

Navistar International Corp. 納維斯達國際公司 美國最大的卡車製造商。原爲國際收割機公司，由馬考米克收割機公司（馬考米克創辦的銷售收割機械的公司）與四個較小的機器製造商合併成立於1902年。不久爲農民推出高輪的「自動貨車」，使它成爲機動貨車的先鋒。1930年代開始生產牽引機，很快成爲推土設備的主要製造商。1980年代初，面臨經濟困難，它賣掉了在美國的建築設備公司，並放棄了它的農作設備生產線，幾乎全部集中在卡車製造上。1986年公司名稱更名爲納維斯達國際公司。

Navratilova, Martina＊ 娜拉提洛娃（西元1956年～） 捷克裔美國網球運動員。1979年贏得溫布頓網球錦標賽的女子單打和雙打冠軍後，她成爲世界上無可爭議的頂尖選手。1982年她在93場比賽中贏了90場，1983年的87場比賽贏了86場。1984年贏得大滿貫冠軍，但後來由於一個技術細節問題而被撤回了這個稱號。到1987年時，她已經贏了37個個人大滿貫冠軍，退休時共計得了56個大滿貫冠軍，僅次於考特。到1992年時，她累計得到的冠軍數（158）超過了網球歷史上其他任何一個男、女選手。1994年她以167個冠軍頭銜退休。

navy 海軍 一國爲作戰所維持的在海面上、海面下或海面上空的各類型戰艦和載具。大型的現代化海軍包括航空母艦、巡洋艦、驅逐艦、巡防艦、潛艇、掃雷艦和布雷艦、炮艇以及各種用來支援、供給、修理的船艦，再加上海軍基地和港口。戰艦是一個國家擴充海上力量的主要手段。其兩個主要功能爲海上控制和海上阻絕。海上控制使國家和其同盟進行海上貿易、海陸空協同作戰和其他可能爲戰時必要的海上活動。海上阻絕則剝奪敵方商船和戰艦航行的權力以確保海上安全。亦請參閱United States Navy。

Naxos＊ 納克索斯島 希臘基克拉澤斯群島的最大島嶼。長約35公里，寬約26公里，面積427平方公里。西部沿岸的納克索斯是首府和主要港口，也是該島在古代和中世紀時期的首府所在地。在古代，它以優質葡萄酒以及對戴奧尼索斯的崇拜著稱。在神祕學中，它是特修斯拋棄阿里阿德涅的地方。西元前7世紀到西元前6世紀，出口一種用於雕塑的深度粒化的大理石。西元前490年被波斯人占領，西元前471年則被雅典人占領。1207～1566年受威尼斯公爵統治；後來又轉到土耳其人手裡。1830年加入希臘王國。在島上發現了邁錫尼時期（參閱Mycenae）的居民點遺址。納克索斯島出產白葡萄酒、柑橘和金剛砂。人口14,000（1981）。

Nayar＊ 納亞爾 印度喀拉拉邦印度教種姓。在1792年英國征服印度之前，喀拉拉邦中的皇族、貴族、民兵和土地經營者都來自納亞爾種姓。在英國統治時期，納亞爾在政界、醫藥界、教育界和法律界頗有地位。納亞爾與大多數印度教徒不同，傳統上爲母系社會，父親對子女既無責任，也無權利。多夫多妻制，即男女皆可接待多位前來看望的配偶，於19世紀逐漸消滅。1930年代制定的法律實行一夫一妻制，子女都享有父親撫育及承受遺產的充分權利。

Nayarit＊ 納亞里特 墨西哥中西部一州。位於太平洋沿岸，面積27,620平方公里。首府是特皮克。馬德雷山系將該州的領土分隔成一些深峽窄谷。有著名的塞沃魯科和桑甘古埃火山。沿海的環礁湖是著名的鳥類棲息地。主要的河流聖地牙哥大河自查帕拉湖流出，有時把它看作是萊爾馬河的延續。納亞里特主要是個農業區。人口約897,000（1995）。

Nazarenes＊ 拿撒勒派 聖路加兄弟會的成員。一批年輕的德國、瑞士和奧地利畫家爲反對新古典主義而在1809年組成兄弟會。它是歐洲繪畫界第一次有效的反學院派運動。他們中的四人前往羅馬，由於他們的髮型和服飾都是聖經時代的，因而得了拿撒勒派的外號。拿撒勒派認爲，所有的藝術都應該服務於道德或宗教的目的。他們稱讚中世紀和文藝復興運動早期的畫家，抵制此後的大部分畫作，認爲它們拋棄了宗教理想，一味講究藝術鑑賞。會員們以半修道院的方式生活在一起，試圖模仿中世紀畫坊的教學環境。該組織的領導人員有奧韋爾貝克（1789～1869）、普福爾（1788～1812）和科內利烏斯（1783～1867）。

Nazareth 拿撒勒 希伯來語作Nazerat。阿拉伯語作En Nasira。以色列北部，海法東南的城鎮。它是以色列最大的阿拉伯城市。在《新約》中說，它是耶穌基督童年時代的居留地。它有許多基督教的教堂，是個朝聖的中心。在十字軍時期它曾數度被占領。1517年被土耳其奪取，1918年起是英國託管的巴勒斯坦的一部分，1948年起歸屬以色列。基督教阿拉伯人占了人口的多數。人口約50,000（1992）。

Nazi Party 納粹黨 德國的國家社會主義政黨。1919年創立時稱德國工人黨，1920～1921年希特勒任該黨領袖時改名爲德國國家社會主義工人黨。德語全名作Nationalsozialistische Deutsche Arbeiter-Partei，納粹（Nazi）這個名稱是從其全名的第一個字而來。納粹黨以其巴伐利亞的發源地爲根據，開始從全國心懷不滿的團體中吸收成員。以挺進隊爲名組織起來保護其黨員。雖然啤酒店暴動的失敗削弱了該黨的影響力，大蕭條所造成的影響卻爲納粹黨帶來數百萬的新成員，在1932年成爲國會最大政黨團體。1933年希特勒成爲總理後，通過授權法案，希特勒政府並宣布納粹黨爲德國唯一的政黨，所有官員皆爲納粹黨員。在第二次世界大戰德國戰敗（1945）、納粹黨被禁止前，納粹黨實際上控制了德國所有的活動。

NBA ➠ National Basketball Association

NBC 國家廣播公司 全名National Broadcasting Co.。美國主要的商業廣播公司，1926年由美國無線電公司、奇異公司、西屋電氣公司共同組成，是美國第一個爲建立廣播網而組成的公司。在美國無線電公司總裁薩爾諾夫的領導下，1930年整個公司爲美國無線電公司所擁有。國家廣播公司初期分爲兩個半獨立廣播網，藍色廣播網以WJZ電台爲主，紅色廣播網以WEAF電台爲主，兩個廣播網各與其他城市的無線電台連接。到1938年，紅色廣播網播出國家廣播公司75%的商業性節目。藍色廣播網在1941年被賣掉後成爲美國廣播公司（ABC）。國家廣播公司繼續以其受歡迎的喜劇、綜藝和戲劇節目領導廣播網的發展，但在1940年代晚期一場挖角戰中，國家廣播公司數個主要藝人跳槽至哥倫比亞廣播公司（CBS）。使國家廣播公司在缺乏優勢的情況下進入電視時代，至1952年止，雖然漸漸重回其領導地位，但在電視收視率之戰中一直都輸給哥倫比亞廣播公司。1986年奇異公司購併美國無線電公司。1987年國家廣播公司出售所屬無線電廣播網。

NCAA ➠ National Collegiate Athletic Association

NCR Corp. 國民收銀機公司 美國收銀機、電腦、資訊處理系統的製造商。1884年帕特森買下位於俄亥俄州達頓的一家衰敗中的收銀機製造商，成立國民收銀機公司。帕特森改進收銀機，派出士氣高漲的推銷人員，還雇用了修復人員來做產品售後服務。國民收銀機公司在20世紀逐步擴大，1920年代引進記帳機，第二次世界大戰期間引進電子產品，1960年代引進電腦硬體和軟體，1970年代引進微電子產品。1990年該公司被美國電話電報公司購併，更名爲AT&T全球資訊處理公司。1996年美國電話電報公司分裂成三家公司後，國民收銀機公司自其中脫出並改回原來的名稱。

Ndebele＊ 恩德貝勒人 亦稱馬塔貝勒人（Matabele）。原居住於辛巴威布拉瓦約附近的操班圖語民族。19

L M N

世紀早期，從納塔爾地區的恩古尼人的一支分裂出來，原移居至巴蘇圖蘭（今賴索托），最後定居於馬塔貝萊蘭（辛巴威境內）。在羅本古拉領導下擴張勢力，但1893年被英國人打敗。如今爲農牧民族，人數約150萬人。

N'Djamena＊ 恩賈梅納 舊稱拉密堡（Fort-Lamy）。查德首都。位於沙里河東岸，與喀麥隆接壤。沙里河在恩賈梅納匯入洛貢河。1900年成立時稱拉密堡，在1960年查德獨立前一直是個小居民點。1973年更名爲恩賈梅納。1960年代開始內戰，1980～1981年間被利比亞軍隊占領。它是棉花、牛和魚類的重要貿易地。查德國內唯一的大學查德大學（建於1971年）就在恩賈梅納。都會區人口約531,000（1993）。

Ndongo＊ 恩東加 非洲歷史上姆本杜人的王國。約1500年建立於今安哥拉境內，16世紀與聖多美的葡萄牙人建立了貿易關係。當葡萄牙人試圖奪取它時，引發了長達一百多年的鬥爭。約1670年時被吸收進安哥拉。

Ne Win, U＊ 尼溫（西元1911年～） 亦稱Shu Maung。1962到1988年間的緬甸領袖。1930年代中期，他參與了緬甸獨立運動。第二次世界大戰中，他開始在日本人負責的軍隊裡服務，後來他協助組織地下抗日活動。1962年他趕走了選舉產生的總理烏奴。尼溫掌權後，實施軍事獨裁與社會主義經濟計畫相結合的政策。在尼溫領導下的緬甸成爲孤立和貧窮的國家。1988年尼溫辭職，但繼續在幕後掌權。

NEA ➠ National Education Association

Neagh, Lough＊ 內伊湖 北愛爾蘭中北部的湖泊。是不列顛群島中最大的湖泊，面積396平方公里。寬約24公里，長約29公里，但只有12公尺深。在它西北岸的圖默灣中的古代沈積物中已經找到愛爾蘭最古老的人類手工製品。1959年的洪水控制工程已明顯降低了湖面的水平。

Neanderthal＊ 尼安德塔人 約10萬～3.5萬年前的晚更新世時期，生活在歐洲大部分和地中海沿岸的人屬種類。「尼安德塔」一名源自1856年在德國尼安德峽谷上方的一個洞穴裡第一次發現這種人類的遺骨。有些學者將其劃分爲尼安德塔人種，學名爲Homo neanderthalensis，不認爲其爲人類直接的祖先，而其他人則認爲其爲智人的一個亞種，在他們分布的一些地區，可能已被併入現代人總體之中，而在另外一些地區則可能已經絕種。尼安德塔人身材短小、結實而有力。儘管他們的顱殼長、淺且寬，但腦容量卻等於或超過現代人。四肢粗笨，但似乎已能完全直立行走，並有和現代人相同的四肢。尼安德塔人是穴居者，使用火，使用石製工具和木製長矛獵取動物，埋葬死者，也照料生病或受傷的人。可能已有語言和奉行某種原始的宗教。亦請參閱Mousterian industry。

near-death experience 瀕死體驗 由曾經踏上死亡關頭的人所記述的神祕體驗，或者超越經驗的體驗。瀕死體驗隨每個個體而異，但其特色經常包括：聽見被宣告死亡，平靜詳和的感覺、離開身體的意識、通過黑暗隧道朝向明亮之光的意識、回顧一生、跨越邊界，以及和其他超自然的存在相遇（通常是已死的朋友和親戚）。有三分之一接近死亡的人記述他們瀕死的體驗。對此可以提出文化和生理學上的解釋，但其原因仍難以確認。典型的副作用包括增強了個體的精神性，減低對死亡的畏懼。

Nebraska 內布拉斯加 美國中西部一州（2000年人口約1,711,263）。面積200,349平方公里，首府林肯。密蘇里河爲其東界。北普拉特河和南普拉特河在內布拉斯加中央西南方匯流形成普拉特河。早在西元前8,000年即有各種史前人類居住於此。地居於此的印第安人包括東部的波尼人、猶他人和奧馬哈人，西部則有蘇人、阿拉帕霍人和科曼切人。1803年美國自法國手中買下該地，爲路易斯安那購地的一部分。1804年路易斯和克拉克遠征抵達密蘇里河內布拉斯加一側。1854年依堪薩斯－內布拉斯加法成爲內布拉斯加準州的一部分。1867年內布拉斯加加入聯邦成爲第37州。很快地，人口增加，且印第安人在邊遠地區的抵抗已中斷，定居向西延伸到內布拉斯加州的鍋柄地區。20世紀之初，內布拉斯加歷經一場短暫但具影響力的平民黨運動。1937年設立一院制議會，在美國是獨一無二的。該州大部分爲農業區，其工業包括食品加工業和機械業。主要礦藏爲石油。除首府林肯外，奧馬哈是另一個文化和工業中心。

Nebraska, University of 內布拉斯加大學 美國內布拉斯加州州立大學系統。主校區位在林肯市、奧馬哈市及卡尼市，爲創設於1869年的聯邦土地補助型教育機構。其中，林肯校區設有九個學院，包括建築、法律、人力資源及家庭科學等，提供多種學科的大學、碩士、博士課程，歐馬哈校區是大學醫學中心的所在地，卡尼校區則只提供大學課程。內布拉斯加大學的專長研究領域是電腦、生化、食品及農業科學。現有學生總數約51,000人。

Nebuchadnezzar II＊ 尼布甲尼撒二世（西元前630?～西元前562年） 亦稱尼布加雷撒（Nebuchadrezzar）。巴比倫的加爾底亞王朝的第二位，也是最偉大的一位國王。約西元前610年他以行政管理人員的身分開始了他的軍事職業。剛從埃及人手中贏得了敘利亞（西元前605年），他父親就去世了，他繼承了王位。西元前597年他攻擊猶大，占領耶路撒冷。西元前587/586年再次占領耶路撒冷，把一些著名人士驅逐到巴比倫。他花費時間和精力重建巴比倫，鋪路、重建寺廟、開鑿運河。至少在民間傳說中，是他修建了巴比倫的懸掛花園。

nebula＊ 星雲 星際空間各種稀薄的氣體和塵埃雲的統稱。星雲只占星系質量的很小部分。暗星雲（如煤袋）是十分濃密、冰冷的分子雲，在天空中呈現出大片模糊的、不規則形狀的區域。亮星雲（如蟹狀星雲、行星狀星雲）則呈現模糊發光或明亮的表面；它們自身發光，或者反射它們附近的恆星的光。

nebular hypothesis ➠ solar nebula

NEC Corp. 日本電氣株式會社；恩益禧 日本大型電腦、電子產品和電信設備製造商。該公司最早爲建立於1899年的日本電氣有限公司（Nippon Electric Company, Ltd.，1983年正式命名爲日本電氣株式會社），資金來自美國西方電氣公司，爲日本第一家與外資合股的公司。身爲日本卓越的電信公司，NEC致力於行動電話、光纖網路、交換機（PBXs）、微波、數位化、衛星通訊系統等領域的開發。除了生產電腦主機，NEC亦是早期個人電腦製造商。1996年NEC將其北美個人電腦運作部門與天頂數據（Zenith Data Systems）以及帕卡德貝爾（Packard Bell）等公司合併，組成Packard Bell-NEC公司。

necessity 必然性 在邏輯和形上學中，命題模態是可能性模態的兩倍。必然性的命題，或者必然爲眞，或者必然爲假。必然爲眞的命題，是在任何可能世界中，都不可能爲假的命題（如2+2=4）。偶然爲眞的命題，是個眞的命題（如「法國是民主制國家」），但如果世界在某些方面有所變異，則該命題爲假。必然爲假的命題，是在每個可能的世界中皆爲假的命題（如2+2=5）；而偶然爲假的命題，則當世界在某些方面有所變異，則將成爲眞的命題。必然性的命題因此都排除必然性的眞理與必然性的僞誤，雖然這個詞語通常限制在必然性眞理的類別中。亦請參閱a priori、analytic-synthetic distinction。

Nechako River＊ 尼查科河 加拿大不列顛哥倫比亞中部的河流。是弗雷澤河的主要支流，向東流約240公里。長415公里的支流斯圖爾特河在弗雷澤堡和喬治王子城之間注入尼查科河，在那裡的尼查科河與加拿大國家鐵路平行。1952年尼查科河被肯尼水壩截斷，攔出一個水庫用以發電。

Neckar River＊ 內卡河 德國東南部河流。發源於多瑙河源頭附近的黑森林，全長367公里。它向北流後轉向西北，穿過斯圖加特。風景優美的河谷變得越來越寬、越來越深，穿過山頂有封建時代城堡的丘陵地帶。經過海德堡後，在曼海姆匯入萊茵河。

Necker, Jacques＊ 內克（西元1732～1804年） 路易十六世時期，瑞士裔法國金融家和財政大臣。在巴黎成爲銀行家。七年戰爭期間參與投機而致富，1768年被任命爲日內瓦駐巴黎公使。1772年退出銀行業，1777年成爲法國的財政部長。儘管他作了審慎的改革，但他資助美國革命的計畫遭到反對，1781年被迫辭職。1788年被召回來挽救瀕臨破產的法國。他建議金融和政治改革，包括有限的君主立憲制。由於來自王室的反對，使他在1789年7月11日再度被免職，這件事激起了巴士底獄風暴。1789～1790年間短期任職後，他退休回到日內瓦。斯塔爾是他的女兒。

necropolis＊ 墓地 希臘語「死者之城」之意。作爲古城的大且講究的葬地。這些墓地的位置各不相同。埃及有許多墓地，像西底比斯的墓地，都設於尼羅河畔，與城市隔岸相望。在希臘和羅馬，墓地常設於出城道路的兩旁。1940年代在羅馬聖彼得大教堂下發現了一個古墓地。

necropsy ➡ autopsy

nectarine 油桃 果皮光滑的桃，學名爲Prunus persica var. nectarina。在暖溫帶地區廣泛栽培。桃在異花或自花授粉後，由於種子的基因不同，可能長成油桃。富含維生素A和C，通常供鮮食或用於甜點和果醬。

油桃
J. C. Allen and Son

Needham, John Turberville 尼達姆（西元1713～1781年） 英國博物學家。是羅馬天主教教士。他讀了關於微生物的文章後引起對自然科學的興趣，1746～1749年間在倫敦和巴黎研究自然歷史。他堅決支持生命來自無機物（自發發生）以及不能用化學和物理的規律來解釋生命過程（活力論）的理論。1750年他發表了一篇文章，解釋自發發生的理論，並試圖提供支持這一學說的科學證明。

needle 針 縫紉和刺繡的基本工具，它的各種變型還用於針織和鉤編。縫紉用針小而細長，杆狀。一端尖銳，易於穿透織物；另一端有一狹孔（稱作針眼）可穿線。現代的縫紉針都用鋼製成。鉤編針無眼，一端彎成鉤狀；通常用鋼或塑膠製成。針織用針較長，可以用各種材料製成，一端或兩端不鋒利，有時在針尖的另一端有個頂球。

needlefish 顎針魚 顎針魚科約60種主要爲海產的可食用肉食性魚類統稱。分布於整個溫、熱帶水域。善於跳躍，兩顎細長且具銳牙。體呈細長形，銀白色，背部藍或綠色。最大可達1.2公尺長。產於歐洲的顎針魚和扁頜針魚廣佈於熱帶。

needlepoint 針繡製品 一類刺繡品，做法是用針尖數出帆布基底上的織線或網格數後下針繡製。19世紀初以前都是帆布製品。如果帆布的每英寸長度上有十六個以上的網孔，這樣的繡品稱點繡；16～18世紀時，大多數的針繡製品都是點繡。如今知道的針繡製品起源於17世紀，當時的時尚是用刺繡織物覆蓋在家具上作爲裝飾，故而促成用更耐用的材料來作繡品的基底。一般使用毛質纖維作針繡製品，絲質纖維用得不太多。早至18世紀中葉，已有出售針繡套件，包括印好圖案的網格粗布以及刺繡所需的全套材料。亦請參閱bargello。

Nefertiti＊ 奈費爾提蒂（西元前14世紀） 埃及王后，易克納唐（西元前1353～西元前1336年在位）的妻子。以其在王國的新都阿馬納發現的半身像而聞名。她可能是來自米坦尼的一位亞洲公主。她與埃易克納唐一起出現在阿馬納的浮雕上，並信奉他的新偶像太陽神阿頓。她的六個女兒中有兩位成了埃及的王后。在易克納唐在位的第十二年，奈費爾提蒂因失寵或死亡而隱退。

奈費爾提蒂，西元前1350年左右的彩色石灰岩胸像；現藏柏林埃及博物館
Bildarchiv Preussischer Kulturbesitz, Agyptisches Museum, Staatliche Museen Preussischer Kulturbesitz, Berlin; photograph, Jurgen Liepe

Negev＊ 內蓋夫 亦稱Ha-Negev。以色列南部的沙漠地區。與西奈半島和約旦裂谷鄰接，面積約12,200平方公里。在聖經時期內蓋夫是個遊牧地區，後來成爲羅馬帝國重要的糧源。西元7世紀時，阿拉伯人征服了巴勒斯坦，它就被荒廢了，在1,200多年裡只有人數很少的貝都因人。1943年新建三個基布茲定居點後開始發展現代農業；第二次世界大戰後啓動了灌溉工程，其他居民點也相繼建立。1948年把它在巴勒斯坦的部分劃歸以色列，1948～1949年間以色列與埃及的軍事衝突就發生在內蓋夫。它是許多規畫好的以色列人的定居點，包括港口城市埃拉特，是以色列通向紅海的出口。貝爾謝巴是重要的行政中心。該地區出產穀物、水果和蔬菜；礦物資源包括鉀鹼、溴和銅。

negligence 過失 在法律上指有普通審愼行爲的人沒有足夠留心來避免傷害他人。過失可能表示一個人不夠禮貌，有時也會對所造成的傷害負法律責任。對過失的教誨並不是要消除一切危險，而是指可預見和不合理的危險。因此對炸藥製造商的要求標準比對家用火柴製造商的要求標準就更高。一般原告必須提出充分的證據來證明被告的過失。亦請參閱contributory negligence。

negotiable instrument 可轉讓票據 可轉讓的金融文件（例如銀行券、支票、匯票等），無條件承諾在持票人提示或特定的時間下支付指定的金額。美國的可轉讓票據由「統一商務法規」所規範。

Negritude＊ 黑人自覺運動；黑人性運動 1930年代、1940年代和1950年代的文學運動，由生活在巴黎講法語的非洲和加勒比海作家們開始，作爲對法國殖民統治和同化政策的抗議。它的領導人物是塞內加爾的桑戈爾、馬提尼克的塞澤爾以及法屬圭亞那的達馬（1912～1978）。他們開始嚴格審查西方的價值觀，並重新評價非洲文化。這批人認爲必須維護非洲傳統和人民的價值和尊嚴，非洲人必須看到他們自己遺產的價值和傳統，作家們應該採用非洲的主題和詩歌的傳統。1960年代，這項運動的目標在大多數非洲國家都已實現，運動也就停息下來。

Negro, Río＊ 內格羅河 亦稱Río Guainía。南美洲西北部的河流。是亞馬遜河的主要支流，發源於哥倫比亞東部的熱帶雨林，在那裡稱作瓜伊尼亞河，形成哥倫比亞與委內瑞拉的邊界。穿過巴西在馬瑙斯進入亞馬遜河。全長2,250公里，是一條主要的運輸通道。內格羅河的名字來自它那烏黑發亮的水色，這是由於有機物質的分解以及它的低淤泥含量所造成。

Negro, Río 內格羅河 烏拉圭中部的河流。發源於巴西的南部高地。流向西南，穿過烏拉圭，在那裡有水壩攔截形成內格羅水庫，是南美洲最大的人工湖，面積10,400平方公里。內格羅河在索利亞諾匯入烏拉圭河。雖然它全長698公里，但只有從河口往上72公里河段可以通航。

Negro Leagues 黑人聯盟 由非裔美人棒球員組成的球隊聯盟，大致上活躍於1920到1940年代晚期。主要的聯盟是黑人國家聯盟最初由佛斯特於1920年組成；以及在1937年組成的黑人美國聯盟。最著名的球隊包括賓夕法尼亞州的霍姆斯特德灰馬隊，他們在1937～1945年間贏得九次錦標，隊上有酷爸・貝爾、李奧納多和吉布森等偉大的打擊手。1930年代中期的匹茲堡克勞福隊中有佩奇和關鍵時刻的打擊好手強生。堪薩斯帝王隊在贏得四次全國冠軍後，羅賓遜離隊加入布魯克林道奇隊；此一打破棒球大聯盟－－以及小聯盟－一種族藩籬的大事件，導致黑人聯盟的迅速衰落。

Negroid 尼格羅人種 ➟ race

Negros＊ 黑人島 菲律賓中部米沙鄢群島中的一個島嶼。是群島中的第四大島，其形狀像一隻靴子。長約217公里，面積12,710平方公里。島上出產50%菲律賓的糖，是該國最富庶，政治影響最大的地區。位於西北沿海的最大的城市巴科洛德是重要的食糖出口地。人口3,170,000（1990）。

Nehemiah＊ 尼希米（活動時期西元前5世紀） 指導監督耶路撒冷重建工作的猶太人領袖。在《舊約・尼希米記》中講述了尼希米的故事。在結束了巴比倫流亡後，他當了波斯統治者阿爾塔薛西斯一世的嘗酒侍臣。當時已經重建耶路撒冷聖殿，但猶太社區仍很軟弱和分散。約西元前444年讓他負責耶路撒冷的重建工作，組織了城牆的重建。他還恢復了對摩西法律的信奉，禁止與非猶太人之間的婚姻。他的重建工作後來由以斯拉繼續下去。

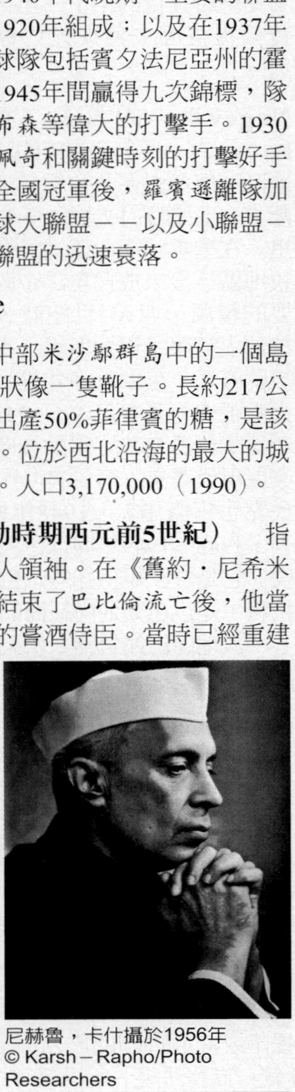
尼赫魯，卡什攝於1956年
© Karsh – Rapho/Photo Researchers

Nehru, Jawaharlal＊ 尼赫魯（西元1889～1964年） 印度獨立後的第一任總理（1947～1964）。獨立運動提倡者莫提拉爾・尼赫魯（1861～1931）之子，尼赫魯曾受家庭教育和在英國求學，1912年成爲律師。由於對政治的興趣大於法律，他對甘地的印度獨立運動印象深刻。他與印度國民大會黨的密切關係始於1919年，1929年尼赫魯當選爲該黨主席，主持有歷史意義的拉合爾會議，宣告印度的政治目標是完全獨立而非自治領的地位。1921～1945年間因其政治活動而被捕九次。印度在1935年獲得有限度的自治權，但尼赫魯領導的國大黨卻不明智地拒絕與一些省份的穆斯林聯盟組成聯合政府。印度教與穆斯林教之間愈加惡化的關係終導致印度分裂和巴基斯坦建國。就在1948年甘地遭暗殺的短暫時間前，尼赫魯成爲印度獨立後的第一任總理。冷戰期間他提出不結盟的外交政策，因此當他投入任何陣營時都引來嚴厲的批評。在其任期內，印度分別與巴基斯坦和中國在喀什米爾和布拉馬普得拉河谷發生衝突。他也從葡萄牙人處奪回臥亞。其對內政策爲民主、社會主義、現世主義、團結，將現代價值觀念融入於印度現況中。在其過世後兩年，其女甘地夫人接任印度總理。

Nei Monggol＊ 內蒙古 亦拼作Nei-meng-ku。英文稱爲Inner Mongolia。中國北部和東北部自治區（2000年人口約23,760,000），首府呼和浩特，由蒙古人和中國人構成其大部分的人口，大多數都集中在靠近黃河的農業地帶上。內蒙古是一座海拔約900公尺的內陸高原，周圍爲山脈與谷地。內蒙古的北部位於戈壁沙漠之內，其南部則有部分以長城爲邊界。內蒙古在1644年與蒙古（或稱外蒙古）分離，而後於1947年建爲自治區。其嚴酷的氣候限制了密集農業的發展，此地並有若干工業發展。

Neilson, James Beaumont＊ 尼爾遜（西元1792～1865年） 蘇格蘭發明家。1817～1847年間在格拉斯哥煤氣廠工作，他引入用熱空氣鼓風來熔煉鐵的方法。人們一直以爲冷空氣鼓風是最有效的冶煉方法（參閱Fairbairn, William）；尼爾遜證明的結果恰恰相反。1828年他替自己的想法申請專利。使用熱鼓風可以使每噸煤的產鐵量是原來的三倍，而且可以從低品位礦石中提煉出鐵來，還能有效地利用原煤和低級煤來代替焦炭，熔爐也可以增大。

Neiman-Marcus＊ 尼曼－馬庫斯公司 美國有聲望的百貨連鎖店。1907年馬庫斯、他的姐姐及其丈夫尼曼一起在達拉斯創辦這家公司。從一開始起，它就以供應不尋常的商品爲特色，尤其是迎合富人們要求的奢侈和奇特的禮品（包括駱駝和中國的舢板船），同時也給中等收入的顧客提供更多標準的選擇。1999年包括尼曼－馬庫斯和零售商古德曼在內的尼曼－馬庫斯集團成爲上市公司。

Neith＊ 妮特 古埃及的女神，尼羅河三角洲上賽斯城的護城女神。在前王朝時期（約西元前3千年）人們就崇拜妮特，在第一王朝中若干位王后都以妮特爲名。在孟斐斯城，妮特也成爲重要的女神。通常她的像是一位頭戴紅冠的女子，手持交叉的雙箭和弓。她是塞貝克的母親，後來又成爲瑞的母親。

Nejd＊ 內志 亦作Najd。沙烏地阿拉伯中部地區。主要由多岩石的高原組成。地勢由西部的漢志山地逐漸向東下降，僅少數肥沃綠洲外，境內人煙稀少。18世紀中葉當地成爲瓦哈比教派（即伊斯蘭原教旨主義運動）的中心，1803年擴展到麥加。1905年左右被伊本・紹德占領。1932年與漢志統一，建立統一的沙烏地阿拉伯王國。

Nelson, (John) Byron 納爾遜（西元1912年～） 美國高爾夫選手。生於美國德克薩斯州沃斯堡，封號「拜倫王」。從十二歲起當球僮，1932年轉入職業。贏得美國公開賽（1939）、大師賽（1937、1942）與PGA冠軍賽（1940、1945），在1945年創下記錄，在30場巡迴賽贏了18場，連贏11場。

Nelson, Horatio　納爾遜（西元1758～1805年）　受封爲納爾遜子爵（Viscount Nelson）。以納爾遜勳爵（Lord Nelson）知名。英國海軍統帥。1770年加入海軍，1777～1783年在西印度群島服役。1793年派往地中海支援與法國作戰的英國盟軍。聖維森特角戰役（1797）英國獲得對西班牙和法國的勝利後，他被擢升爲海軍少將。1798年追擊拿破崙的軍隊至埃及，並贏得尼羅河戰役的勝利。停留在那不勒斯等待船艦修復期間，曾與漢彌爾頓夫人展開戀情。因協助那不勒斯國王斐迪南一世重獲政權（1799），而獲布龍泰公爵爵位。身爲攻打丹麥遠征軍的副總司令，他技巧性地贏得哥本哈根戰役的勝利（1801），並登上了海軍總司令的寶座。1805年因拿破崙的法國艦隊計畫侵略英國所造成的威脅被派往地中海。在接下來的特拉法加戰役中，登上「勝利號」旗艦的納爾遜遭到一名法軍狙擊手從「凶猛號」上開槍擊中，並在英軍獲勝後隨即去世。其去世受到廣泛民眾的哀悼，並被視爲英國最受到歡迎的英雄。他傑出的戰略技巧確保了英國海軍一百多年來的海上優勢。

Nelson, Willie　納爾遜（西元1933年～）　美國鄉村音樂歌手與詞曲作家。生於德克薩斯州亞培，跟隨祖父學習彈奏吉他，十歲不到，就已經在地方的舞會上演奏。在成爲一民唱片音樂節目廣播員後，於1961年遷往納什維爾，並在當地爲許多鄉村音樂、節奏藍調和流行歌手寫下許多暢銷歌曲，包括〈喂，牆〉、〈夜生活〉和〈瘋狂〉。返回德州後，於1975年出版暢銷專輯『紅頭髮的陌生人』；接著推出《懸賞：法外之徒》，這張專輯的銷售量超越之前任何一張鄉村音樂專輯；1978年推出《星塵》，其中有卡邁克爾和伯林的歌曲。他至少與七十五位歌手合作錄音，包括詹寧斯（1937～）。1980年代，他每年組織「濟助農業嘉年華會」，爲農人籌募資金。

Nelson River　納爾遜河　加拿大馬尼托巴省中北部的河流。從北部的溫尼伯湖流出，注入哈得遜灣，全長644公里。1612年由英國探險家巴頓發現。約1670年在此建立哈得遜灣公司的貿易站。皮毛貿易商利用這條河流作爲內陸航道。現在的哈得遜灣鐵路與大部分河段平行。

Neman River＊　涅曼河　立陶宛語作Nemunas。歐洲中部的河流。發源於明斯克以南的白俄羅斯，向西流入立陶宛，在立陶宛與俄國的加里寧格勒省之間經過，最後注入波羅的海。全長936公里，大部分河段都可以通航。在以前的東普魯士，它被稱爲梅梅爾河，離開它河口35公里處稱爲羅斯。第一次世界大戰中，俄國與德國的軍隊曾在這裡發生過多次戰鬥。

Nemanja, Stefan ➠ Stefan Nemanja

nematode＊　線蟲　亦稱roundworm。袋形動物門線蟲綱超過15,000種已命名和許多未命名蠕蟲的通稱。線蟲包括寄生於動、植物，或自由生活於土壤、淡水和海水環境中，甚至在醋和啤酒中亦可見到的種類。線蟲屬兩側對稱，通常兩端尖。一般爲雌雄異體，有些則爲雌雄同體。大小由肉眼不可見至長7公尺不等。營動物寄生者幾乎見於寄主所有器官，惟最常寄生於消化、循環與呼吸系統。鉤蟲、蟯蟲和小線蟲亦爲線蟲。亦請參閱filarial worm、guinea worm、trichina。

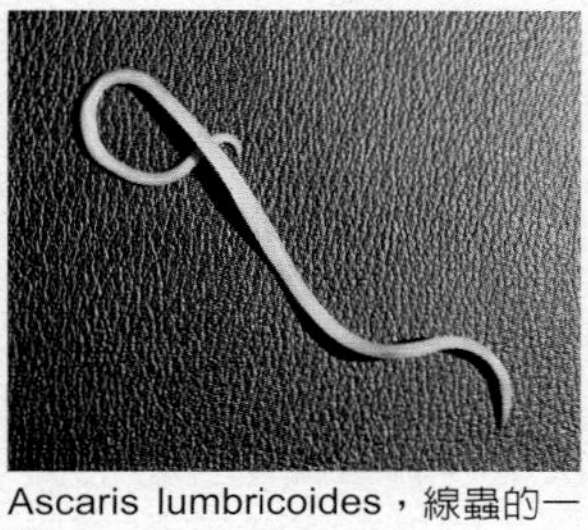

Ascaris lumbricoides，線蟲的一種
Javier Palaus Soler－Ostman Agency

Nemea, Battle of＊　奈邁阿戰役（西元前394年）　科林斯戰爭（西元前395～西元前387年）中的一場戰役。希臘各城邦聯軍在取得伯羅奔尼撒戰爭勝利後，決定要摧毀斯巴達的優勢地位，從而發生了這場衝突。兵力占優勢的斯巴達人取得了勝利，首先擊潰了雅典軍隊，接著是Thebans、科林斯人和阿戈斯人。

Nemerov, Howard＊　內梅羅夫（西元1920～1991年）　美國詩人。就讀於哈佛大學。第二次世界大戰中任飛行員。戰後在多個學院任教，包括本寧頓學院。他的詩往往以自然爲主題，特點是諷刺和自嘲的智慧。第一部詩集是《形象與法律》（1947）。以後又出了幾部詩集，包括《詩集》（1977，獲普立茲獎、國家圖書獎）。他的小說有《返校節的遊戲》（1957）和《商品夢及其他》（1960）。內梅羅夫是1988～1990年間的美國桂冠詩人。阿爾巴斯是他的姐妹。

Nemesis＊　奈米西斯　希臘的懲罰女神。在早期的希臘宗教中，人們把她作爲豐產女神來崇拜。後來的神話傳說中講宙斯如何化作天鵝與化作鵝的奈米西斯結成配偶。奈米西斯產下一蛋，從中孵出特洛伊的海倫（另一個版本說麗達是海倫的母親）。奈米西斯發布懲罰，表示了諸神對人類僭越的反對。在羅馬也普遍把她奉爲偶像，尤其是在士兵中間。

Nemi, Lake＊　內米湖　古稱Lacus Nemorensis。義大利羅馬東南部阿爾巴諾群山中的火山口湖。面積約1.7平方公里，深34公尺。附近有黛安娜女神的神殿和園林。1920年代從湖底打撈上來卡利古拉皇帝時期的兩條船，但於1944年被撤退中的德軍燒毀。

Nen River　嫩江　舊稱諾尼江（Nonni River）。中國東北部河流，松花江的主要支流。發源於黑龍江省北部大興安嶺的東側山麓，向南流，形成黑龍江省與吉林省的部分邊界，並灌溉東北平原肥沃的北部區域。全長約740哩（1,190公里），並爲重要的交通路線，其大部分河段皆可通航。

nene＊　夏威夷雁　亦稱Hawaiian goose。雁的一種，學名爲Branta sandvicensis，爲夏威夷州鳥。與黑額黑雁有極近的親緣關係，夏威夷雁是一種非遷徙的、非水棲的具有短翅和半蹼足的鳥類。體長約65公分，體羽灰褐有橫斑，臉黑色。以高山熔岩斜坡的漿果和草爲食。到1911年，由於狩獵及狗、貓、豬、獴的捕食，其數量減少到只剩幾小群。雖然已能成功地經由人工飼養和繁殖，但放至野外的夏威夷雁仍無法形成自給自足的群體。

Nenni, Pietro (Sandro)　南尼（西元1891～1980年）　義大利政治人物。1921年參加義大利社會黨（PSI），並任該黨黨報《前進報》的編輯（1922～1926）。由於批評了法西斯主義和墨索里尼，他被捕後逃往巴黎（1926）。在西班牙內戰時期，他參與組織了加里波底旅。第二次世界大戰中他在德國和義大利都遭囚禁，之後成爲義大利社會黨的領袖；領導左翼與共產黨結盟直到1956年。1963年他讓社會黨與基督教民主黨聯盟，在連續三屆內閣中任副總理。1968～1969年間任外交部長。

Neo-Confucianism　新儒學　11世紀中國儒家中庸之道的復興，影響中國八百年之久。該運動尋求重建儒家學說崇高的地位，以期勝過日漸普及的佛教和道教。新儒學分成兩個學派：由朱熹爲首的理學和陸九淵及王陽明爲代表的心學。新儒學在中世紀隨佛教禪宗自中國傳入日本，爲日本德川幕府時代（1603～1867）的國定指導哲學。新儒學促進了武士道的興起，同時使人們重新對日本古典經籍和神道教義發生興趣。

neo-Darwinism　新達爾文主義　綜合達爾文的自然選擇與現代族群遺傳學而成的演化論。這個詞最早用於1896年，用以描述魏斯曼（1834～1914）的學說，他主張生殖質學說，可使後天特徵無法遺傳，並支持天擇作爲說明生物演化過程的主要學說。

Neo-Expressionism　新表現主義　1980年代初期到中期，主導歐美藝術市場的藝術運動（主要由畫家參與）。新表現主義的作品性質以及它所呈現的高度商業化的諸多方面都引起了爭論。新表現主義的實踐者，包括施納貝爾和基費爾，又回到描寫人體和其他可認識的物體上來，作爲對1970年代高度理性抽象藝術的反應。他們作品的特點是用原始的方式呈現物件的緊張和有趣，用生動的彩色和諧傳達出內心的緊張與疏遠。亦請參閱Expressionism。

Neo-Impressionism　新印象主義　19世紀晚期法國的繪畫運動，對印象主義的寫實主義作出反應。由秀拉和西涅克領導的新印象主義採用的技法是點彩畫法，即將顏料以經過科學選擇的有對比度的一些色點畫在畫布上，使得從遠處看時，相鄰的色點混合成單一的顏色。此技巧被稱爲點彩畫法。印象主義者抓取的是色與光的飄忽不定的效果，而新印象主義者則把這種效果結晶化爲不動的永恆。

Neo-Kantianism　新康德主義　約從1860年開始，康德主義在德國各大學的復興。新康德主義首先主要是知識論上的運動，而後緩慢擴展至整個哲學領域。最早推進復興康德觀念的關鍵力量，來自於自然科學家。赫姆霍茲將生理學對感官所進行的研究，應用在1781年《純粹理性批判》所提出的問題：空間感知在知識論上的重要性。新康德主義在20世紀初期的馬堡學派中達於巔峰，其學者保括柯亨（1842～1918）和那托普（1854～1924）。他們拒絕接受赫姆霍茲的自然主義，重新肯定先驗方法的重要性。另一位馬堡學派的健將卡西勒則將康德哲學之原理的影響，帶入整個文化現象的領域。文德爾班（1848～1915）和李凱爾特（1863～1936）則將康德主義引入歷史哲學。新康德主義也影響胡塞爾的現象學和海德格的早期作品。

Neo-Paganism　新異教主義　企圖復興歐洲與中東地區多神論的宗教運動。主要是1960年代的產物，尤其是在美國、英國和斯堪的那維亞各國流行起來的新異教主義。它的擁護者往往對生態環境有深切的關注，並依附於自然；許多人崇拜大地母親女神，並把他們的宗教儀式集中在換季的時候。自1970年代晚期以來，新異教主義也吸引了一批向神的女性化身開放的女權主義者。主要的新異教團體有世界總教會、費拉菲里亞教、異道、北美洲德魯伊特改革教會、永源教和維京弟兄會。亦請參閱Wicca。

Neo-Thomism *　新托馬斯主義　托馬斯·阿奎那及其後世評註者所發展出來的、哲學與神學系統在現代的復興。新托馬斯主義追隨阿奎那對自然領域（由理性與哲學所支配）以及超自然領域（信仰與神學在此主導）的區別。阿奎那的思想從整個16世紀以降，特別受到道明會評註者的分析與重述。在19～20世紀，尤其在耶穌會和教廷的影響之下，重新復興此一研究，以作爲回應當代問題的哲學基礎。從20世紀中葉開始，新托馬斯主義嘗試發展出一套適切的科學哲學，以解釋現象學和精神病學上的發現，並評價存在主義、自然主義的本體論。亦請參閱Jacques Maritain。

Neoclassical architecture　新古典建築　18世紀和19世紀早期的現代古典主義（當時所流傳的名稱）。此運動關注於整個古典體式的邏輯，而非古典復興主義（參閱Greek Revival），傾向重新使用古典的成分。新古典建築的特色是宏偉的規模，幾何形式的素樸性，希臘（尤其是多立斯柱式，參閱order）和羅馬的細節，採用引人注目的圓柱，以及對於空白牆壁的偏好。對於古代素樸風格的新的趣味，反映一般對過度的洛可可風格的反動。新古典主義在美國和歐洲頗爲興盛，幾乎每個主要的城市都有範例出現。俄羅斯的凱薩琳二世，如當時任何一位法國或英國的作品所提倡的一般，將聖彼得堡改造成一個新古典建築無可倫比的收藏地。不到1800年，幾乎全部新的英國建築都反映出新古典的精神（參閱Adam, Robert、Soane, John）。法國最大膽的創新者是勒杜，他在新古典建築的發展中扮演核心角色。在美國，新古典主義在整個19世紀繼續繁盛。

Neoclassicism　新古典主義　➡ Classicism and Neoclassicism

neofascism　新法西斯主義　一種政治哲學及政治運動，出現於第二次世界大戰之後，並如早期法西斯主義一般，宣揚極端的民族主義和威權主義，反對啓蒙傳統的自由個人主義，攻擊馬克思主義及其他左傾的意識形態，陷溺於種族主義之中，並將仇恨外發洩於外國人身上，自居傳統國族文化及宗教的護衛者，頌揚暴力、支持民粹式的右派經濟方案。早期法西斯主義仇視左派及猶太人，新法西斯主義主要的仇視對象則是國內的非歐洲移民。他們並不特意強調透過武力征服來獲取生存空間，而是努力提出具體計畫將自己描繪爲民主、主流的形象。在歐洲各國的主要政治團體當中，被認爲是新法西斯主義者如下：在義大利，有費尼所領導國家聯盟（原名「義大利社會運動」）；在德國，有前武裝近衛隊隊員蕭恩柏領導的共和黨；在法國，有勒班領導的民族陣線；在俄國，有季里諾夫斯基領導的自由民主黨，舍舍利領導的塞爾維亞激進黨，帕拉加領導的克羅埃西亞權利黨。在歐洲以外的新法西斯主義者，則有阿根廷的胡安·庇隆政權（統治年代1946～1955年與1973～1974年）；南非的白人勞工黨（原名南非非猶太裔民族社會主義運動）；以及敘利亞的格達費政權及伊拉克的海珊政權。

Neolithic period *　新石器時代　亦稱New Stone Age。史前人類技術發展或文化演進的最後階段。以磨製石器、馴化動植物、永久性村落和製陶或編織等手工藝爲特徵。處於舊石器時代（歐洲西北部爲中石器時代），青銅時代之前。新石器時代的出現與西元前9,000年南亞出現村落，和約西元前7,000年底格里斯河和幼發拉底河肥沃的河谷有關。農業向北傳播至歐亞大陸，直到西元前3,000年後才傳至不列顛和斯堪的那維亞。新石器時代的技術也在西元前5,000年傳至印度的印度河谷，另在約西元前3,500年傳至中國黃河河谷。雖然新石器時代的生活形式在約西元前2,500年曾在新世界獨立出現，但該詞並不用來指新世界。

neon　氖　化學元素，化學符號Ne，原子序數10。氖是稀有氣體的一種，無色、無臭、無味，完全不起化學反應。大氣中含量極少，從液態空氣的蒸餾中可以得到。在低壓下，如果有電流通過它時，會發出明亮的橘紅色的光。氖是在1898年被發現的，自1920年代以來，主要用於發光管和燈泡。

neoplasm 新生物 ➠ tumour

Neoplatonism 新柏拉圖主義 西元3世紀時由柏羅丁創建的一種柏拉圖主義的形式，後經他的繼承者們修改。新柏拉圖主義支配著希臘的諸哲學學派，並一直保持優勢，直到6世紀晚期終止了由異教徒教授哲學。它假設一個包羅萬象的大統一「一」（the One），由此發源出神學思想，或稱邏各斯。在「一」的下面是「世界靈魂」。認爲那些超驗的現實支援著物質世界。所有的事物都來源於「一」，通過沈思個人的靈魂可以與「一」神祕地結合。雖然柏羅丁的思想在某些方面與諾斯底派的相像，然而柏羅丁還是諾斯底派的激昂的反對者。

neoprene＊ 氯丁橡膠 任何一類彈性體（類似橡膠的高分子量合成有機化合物），由單體2－氯－1,3－丁二烯聚合而成，並經過硫、金屬氧化物或其他試劑的硬化處理（像橡膠一樣交叉連接的）。1931年發現（參閱Carothers, Wallace Hume）的這些合成橡膠一般太貴，不宜用來製作輪胎。但它們所具有的抗化學腐蝕和抗氧化（參閱oxidation-reduction）的特性使它們在一些專門的應用中很有價值，包括製作鞋底、軟管、黏合劑、束帆索、密封墊以及各種泡沫材料製品。

Neorealism 新寫實主義 義大利語作neorealismo。義大利文學運動，盛行於第二次世界大戰後，試圖以寫實手法反映導致大戰的事件及其衍生的社會問題。源起於1920年代，與寫實主義運動相仿，它的興起是由於法西斯壓迫、抵抗運動和戰爭在許多作家頭腦裡灌輸了強烈的感情而造成。新寫實主義作家包括卡爾維諾、莫拉維亞、帕韋澤、夸齊莫多、西洛內和維多里尼。在法西斯統治的年代，許多躲起來的新寫實主義作家，不是遭到監禁、流放，就是投入抵抗運動。新寫實主義在戰爭後以全力重新出現。

Neosho River＊ 尼歐肖河 亦稱Grand River。美國堪薩斯州東南部和奧克拉荷馬州東北部的河流。發源於堪薩斯州中東部，流入奧克拉荷馬州，在那裡它也被稱爲格蘭德河，在吉布森堡附近匯入阿肯色河。全長約740公里。尼歐肖是一個奧薩格人用詞，意思是「清澈而豐富的水」。在康瑟爾格羅夫處跨越尼歐肖河是聖大非小道的起點。

Nepal＊ 尼泊爾 正式名稱尼泊爾王國（Kingdom of Nepal）。亞洲南部國家。面積140,798平方公里。人口約25,284,000（2001）。首都：加德滿都。具有印度－雅利安血統的尼泊爾人占總人口的絕大多數，藏裔尼泊爾人爲該國重要的少數民族。語言：尼泊爾語（官方語）、尼瓦爾語。宗教：印度教（國教）；少數信奉佛教。貨幣：尼泊爾盧比（NRs）。尼泊爾境內有世界最崎嶇的高山地帶，大喜馬拉雅山脈，包括埃佛勒斯峰，位於中部和北部。由於地理封閉和多年來自我封閉，尼泊爾成爲世界最低度開發的國家之一。其市場經濟絕大部分以農業爲基礎，爲重要的草藥生產國，草藥產自喜馬拉雅山脈的山坡。政府形式爲君主立憲政體，兩院制。國家元首爲國王，政府首腦是總理。尼泊爾的早期歷史受佛教影響，王朝建立追溯自西元前4世紀左右。1769年形成單一王國，18～19世紀與中國及英屬印度進行邊界戰爭。1923年獨立，得到英國承認。1990年的新憲法約束王室的權力，闡明以人權和公民權爲基礎，並承認民主選舉的議會政府。1997年與印度簽訂貿易協定，以拓展國家。

nepheline＊ 霞石 亦稱nephelite。是最常見的似長石類礦物，爲含鈉和鉀的鋁矽酸鹽（$Na_3KAl_4Si_4O_{16}$）。在玻璃和陶瓷製造中有時用來作長石的代用品。

nepheline syenite＊ 霞石正長岩 中粒至粗粒的火成岩，是含有大量長石和霞石的鹼性正長岩類的岩石。加拿大的霞石正長岩在陶瓷和玻璃產品的製造中被用來代替長石。

nephrite＊ 軟玉 角閃石類的透閃石－陽起石－鐵透閃石系列中的寶石級矽酸鹽礦物。在兩種玉中較常見，但價值不高，它與硬玉的區別在於具參差狀斷口和油脂光澤。軟玉產在低級（在低溫、低壓情況中形成）區域變質岩中。重要產地包括中國、西伯利亞、紐西蘭、瑞士、美國的阿拉斯加和懷俄明州。

nephritis＊ 腎炎 腎臟的炎症。因涉及的腎臟組織不同，有許多不同種類的腎炎，最常見的爲布萊特氏病。不同種類的腎炎，其引發的症狀也不相同。嚴重時可導致腎功能衰竭。引起腎炎的原因包括感染、過敏或自體免疫疾病；膀胱阻塞和遺傳性疾病。根據可能引起腎炎的原因來加以治療。

nephrology＊ 腎病學 研究腎功能和其疾病的醫學分支。對腎臟生理學的了解，其重要性不僅止於如何治療腎臟病，而在於了解藥物、食物和高血壓對腎臟病的影響，反之亦然。17世紀中葉，貝利尼（1643～1704）與馬爾皮基首對腎臟作科學性觀察；路德維希則是第一位詳盡提出腎臟眞正生理功能的科學家（1844）。腎病學的關鍵性發展爲永久性動靜脈分流器（1960），使得重複血液透析爲可行，慢性腎臟病患的預後立刻由必然死亡變爲有90%存活。亦請參閱dialysis、kidney failure、kidney stone、kidney transplant、nephron。

nephron 腎元；腎單位 腎的功能單位，爲自血液排除廢物與過剩物質以產生尿的構造。每個人的腎臟約含100萬個腎元，各腎元爲一條長約30～55公釐的極細小管，該管一端封閉，膨大，摺成雙壁杯狀構造（鮑曼氏囊），包覆著一團毛細血管（腎小球）。血中流出的液體經由腎小球的毛細血管壁進入鮑曼氏囊，再進入鄰近的腎小管，水分及營養素在腎小管中因選擇性再吸收而進入血液中，而鈉、鉀等電解質則在腎小管數個區域中達成平衡。最終聚集的產物即爲尿。亦請參閱urinary bladder。

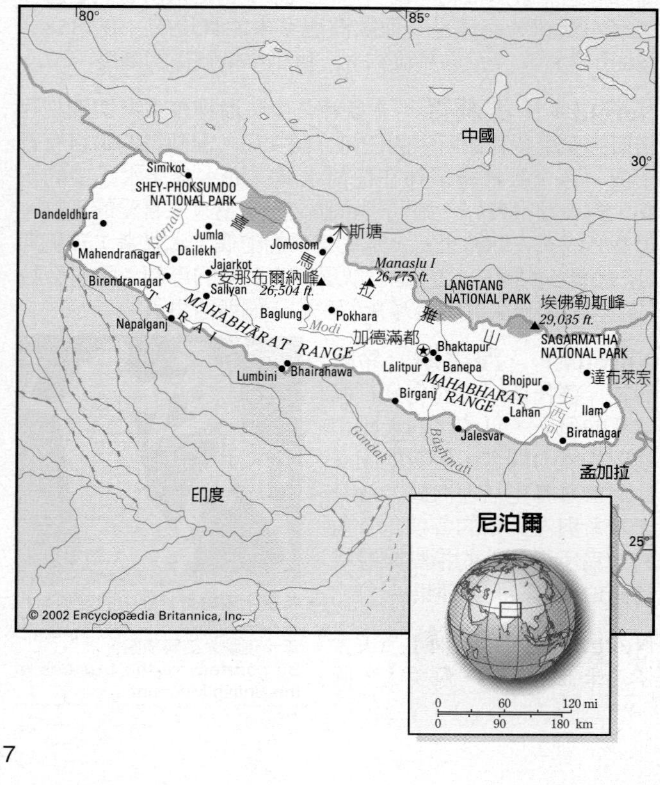

LMN

Neptune 尼普頓 羅馬宗教中的水神。最初尼普頓是淡水之神，但到西元前399年，把他認作爲希臘神波塞頓，於是就變成了海神。與他對應的女神薩拉西亞開始時可能是泉水之神，後來被等同於希臘女神安菲特里特。尼普頓的節日在最熱的夏天（7月23日），正好是缺水的時候。在藝術品中，尼普頓往往與波塞頓的特徵相同，執三叉戟，攜帶海豚。

尼普頓握三叉戟的雕像，現藏羅馬拉特蘭博物館
Alinari – Art Resource

Neptune 海王星 從太陽算起的第八顆行星，1846年發現，用羅馬海神命名。離太陽的平均距離爲45億公里，繞太陽一圈需165年，每16.11小時自轉一周。海王星的質量比地球質量的17倍還多，體積是地球的58倍，在它大氣層頂部的引力比地球的強12%。它的赤道直徑爲49,528公里。海王星主要由氫和氦組成。它沒有明顯的固體表面，但可能有一個凍結的堅固的核心。它的大氣中包含了大量的甲烷氣體，甲烷吸收紅光，使海王星看上去是深藍色的。1989年發射的「旅行者號2號」太空探測器發現了速度超過每秒700公尺的風，是任何一個太陽行星上最快的。還發現一些暗斑，可能是與木星的大紅斑類似的風暴。海王星只能接收到很少的太陽輻射，但測得的溫度約爲-214°，暗示其內部可能有熱源。海王星的弱磁場使太陽風和宇宙線陷在圍繞該行星的一條環帶上。海王星至少有四個環，主要由塵埃大小的粒子組成。已知海王星有八顆衛星；最大的是特里同，幾乎與地球的月球一樣大。

Nerbudda River 訥爾布德達河 ➠ Narmada River

Nerchinsk, Treaty of 尼布楚條約（西元1689年） 俄國與中國清朝之間的和平條約，制止了俄國的向東擴張。俄國失去了通往鄂霍次克海的便捷通道，但得到了允許它的商隊通過北京的權利。條約還得到了中國把俄國看成是對等國家的默認，而這是其他歐洲國家未能實現的。在1858～1860年之前，「尼布楚條約」一直是中俄關係的基礎。

Nereid＊ 涅莉得 希臘神話中，海神涅柔斯與俄刻阿諾斯的女兒多利斯所生的任何一個女兒。涅莉得的數目有五十或一百，被描繪成住在任何水域（海水或淡水）中的少女，對人類很友好。她們是希臘文學中爲大衆喜愛的人物。最著名的有安菲特里特，是波塞頓的配偶；忒提斯，珀琉斯（密耳彌冬的國王）的妻子以及阿基利斯的母親；還有該拉忒亞，獨眼巨人波呂斐摩斯所愛的一個西西里人。

Nereus＊ 涅柔斯 希臘海神。蓬托斯（海的化身）與該亞的兒子，以預言的天賦和變形的能力聞名。他與他的女兒們涅莉得生活在海底。赫拉克勒斯與涅柔斯的各種化身角力，爲了得到他的指點來尋找赫斯珀里得斯的金蘋果。

希臘水罐繪畫細部中的涅柔斯和赫拉克勒斯角力，約西元前490年；現藏大英博物館。
By courtesy of the trustees of the British Museum

Nergal 內爾格勒 美索不達米亞宗教中，蘇美人－阿卡德人的萬神殿中的一個次要神靈。他被等同於埃拉（焦土與戰爭之神）和麥斯蘭蒂亞。古塔城是崇拜他的中心。西元前1千紀，他被描寫爲賜福於人的恩人，聆聽祈禱，起死回生，保佑農牧。後來他被稱爲「破壞之火」，被描繪成瘟疫、饑饉和破壞之神。內爾格勒還有另一個權力範圍，即陰世。他是陰世之王，厄里什基迦勒女神是他的王后。

Neri, St. Philip＊ 內里（西元1515～1595年） 羅馬天主教神祕主義者。1533年他去羅馬從事宗教研究。1548年他參與組織在俗信徒的社團，救濟照顧朝聖者、窮人和病人。1551年受神職後，他遷入羅馬聖哲羅姆大教堂的社區。1564到1575年間他是聖喬凡尼教會的教區長。1575年格列高利十三世授予他聖母小堂，他在那裡設立了演說廳，一批傳教士和神職人員都參與虔修和各種慈善活動。他是傑出的反對改革的神祕主義者之一，身爲佈道者，他以雄辯的口才著稱。

Nernst, Walther Hermann＊ 能斯脫（西元1864～1941年） 德國科學家，近代physical chemistry奠基人之一。他在格丁根大學和柏林大學任教，1933年因納粹上台而被迫退休。能斯脫研究電池的理論（參閱battery）、化學平衡的熱力學、高溫下的蒸汽性質和低溫下的固體性質以及光化學的機制。這些研究都有重要的應用。他提出的熱力學第三定律使他獲得了1920年的諾貝爾獎。他還發明了一種改良的電燈以及一種電放大的鋼琴。

Nero 尼祿（西元37～68年） 全名Nero Claudius Caesar Augustus Germanicus或Nero Claudius Caesar Drusus Germanicus。原名Lucius Domitius Ahenobarbus。羅馬皇帝（54～68年在位）。因其母小阿格麗品娜與皇帝結婚而成爲克勞狄的養子，並在克勞狄遭阿格麗品娜毒殺後登上皇位。在謀殺其母和脫離顧問前，由其教師西尼加和阿格麗品娜攝政。藉著敬重元老院和給予獨立的帝國行政權，使他在東方受到歡迎，但布狄卡在不列顛的叛變（61）、失業情況和他的輕浮驕奢引發不滿。64年的那場大火，可能是受他指使而引發的，燒毀了大部分的羅馬，尼祿因此視基督徒爲替罪羊而加以迫害，並建造奢華的金色宮殿。隨著聲望下跌，他下令處死妻子屋大維亞和她的接替者波皮厄，下令西尼加自殺，並處決批評他的元老們。在高盧和西班牙的叛變是由加爾巴所領導，並受到其軍隊擁立爲皇帝。尼祿曾近瘋狂地對厭惡他的臣民公開表演里拉琴和戲劇演出。受到元老院的譴責，他在處決前選擇自我了斷。

尼祿，胸像；現藏羅馬國立羅馬博物館
Anderson – Alinari from Art Resource

Nerses I the Great, St.＊ 聖納修一世（西元約310～373?年） 西元約353年起擔任亞美尼亞教會的主教。納修是啓發者聖格列高利九世（240～332）的後裔，在擔任亞美尼亞主教時成爲當地最重要的人物，他大力建設修道院、慈善機構與學校。曾經是亞美尼亞國王帕柏的支持者，不過因爲帕柏主張加強與君士坦丁堡朝廷的宗教關係而與其鬧翻，帕柏遂唆使別人謀殺了納修。

Nerthus＊ 內爾瑟斯 古代日爾曼女神。塔西圖斯稱她爲大地母親，說她受七個部落崇拜。她的崇拜中心爲波羅的海一座島上神聖園林中的廟宇。據說她樂於來到她的人民中間。她的教士可以感覺出她的存在。當她在人民中間時，人民就能享受和平。她的名字與尼約爾德神的一致，有可能她是一個兩性神。

Neruda, Pablo＊　聶魯達（西元1904～1973年）　原名Neftalí Ricardo Reyes Basoalto。智利詩人和外交家。十歲即開始寫詩，二十歲時出版了最爲人廣泛閱讀的《二十首情詩和一支絕望的歌》（1924），該作品因一段不愉快的戀情而啓發。1927年成爲榮譽領事，稍後在亞洲和拉丁美洲各國任領事，晚年則爲駐法國大使。在亞洲時開始創作《地球上的居所》（1933、1935、1947），該套詩集是他對社會腐敗和人與人間隔閡的傑出觀察。1945年當選爲參議員並加入共產黨，後來當政府傾向右翼時被流放數年。《詩歌總集》（1950）是他描寫關於美洲大陸的最偉大史詩，該作品受到惠特曼影響頗深，也是他對其政治信仰所積聚的表達。《要素之歌》（1954）則頌揚日常平凡生活中的主題。1971年獲諾貝爾文學獎。

聶魯達
Camera Press

Nerva＊　內爾瓦（西元30?～98年）　全名Nerva Caesar Augustus。原名Marcus Cocceius Nerva。羅馬皇帝（96～98年在位），五賢王之一。出生於顯貴的元老院議員家庭。西元71和90年內爾瓦兩度任執政官。工作上並不突出，但由於他的年齡、正直以及沒有能繼承他的子女，因此被選來繼承圖密善。他反對圖密善的專制暴政，但完成圖密善的建築專案，並實施他自己的行政和金融改革。他採納圖雷真爲他的繼承人。

nerve　神經細胞 ➠ neuron

nerve gas　神經毒氣　一種有機磷酸酯，會阻斷神經傳導，並造成嚴重而致命的支氣管痙攣。神經毒氣是氟磷酸的衍生物，被作爲化學武器或殺蟲劑使用。神經毒氣是第二次世界大戰期間由德國所研發出來，但未曾使用；根據日內瓦議定書的規定，在現代戰爭中禁止使用神經毒氣。神經毒氣的種類包括VX、梭門、泰奔、沙林等，其中沙林毒氣曾在1995年被日本奧姆眞理教用於東京地下鐵的恐怖攻擊行動。

Nervi, Pier Luigi＊　內爾維（西元1891～1979年）　義大利工程師和建築承包商。以發明鋼絲網水泥（以鋼筋網增強的水泥，使用於薄殼設計中）而在國際間成名。他的初次重要計畫包括一系列在義大利的飛機庫（1935～1941），設計出大跨度的水泥拱頂。除建築物設計外，他還使用鋼絲網水泥成功建造出船體只有1.25公分厚的帆船。在他替杜林展覽會（1949～1950）設計的跨度達93公尺的預製波紋筒形拱頂展廳中，鋼筋混凝土爲其中極其重要的材料。內爾維與布羅伊爾參加了巴黎聯合國教科文組織總部大廈的設計（1950），並協助設計了義大利首座摩天樓米蘭皮雷利大廈（1955～1959）。

nervous system　神經系統　特化的細胞系統（神經元或神經細胞），負責將自感覺受器中接收的刺激經由神經元的網絡傳遞至產生反應動作的地方（例如腺體或肌肉）。在人類體內包括中樞神經系統和周圍神經系統，前者由腦和脊髓組成，而後者則由將衝動傳入或傳出中樞神經系統的神經所組成。顱神經與頭、頸部的感覺和活動有關，僅迷走神經是爲例外，該神經負責傳遞信號至內臟器官。每一脊神經都以感覺纖維（背側根）和運動纖維（腹側根）連接於脊髓上。脊神經由椎間孔出椎管，聯合組成大型混合性神經，再分支以支配身體特定部位。神經系統障礙包括肌萎縮性側索硬化、舞蹈病、癲癇、重症肌無力、神經管缺陷、帕金森氏症和小兒麻痺症。神經系統障礙所造成的影響從短暫的抽搐、輕微的人格變化到重大的人格分裂、疾病發作、癱瘓和死亡不等。

Nesiotes　內西奧特斯 ➠ Critius and Nesiotes

Ness, Eliot　內斯（西元1903～1957年）　美國打擊罪犯鬥士。二十六歲時受雇爲美國司法部特別探員，領導芝加哥禁酒局，負責擊破卡彭販賣私酒網。他組織了一個九人小組，個個都是極有獻身精神並且不可收買的「鐵面無私」警官。他們收集到的證據將卡彭送入了監獄。1933年禁酒法取消後，內斯主管美國財政部酒稅稽查單位（1933～1935），任克利夫蘭市的公安組長（1935～1941），以及聯邦安全局的處長（1941～1945）。

Ness, Loch　尼斯湖　蘇格蘭高地地區因弗內斯區的湖泊。湖深240公尺，長約36公里，是英國體積最大的淡水湖。特爾福德將尼斯湖接入喀里多尼亞運河系統，成爲該系統的一部分。兩岸有兩座堡壘的餘存。常見的湖水表面的波動，或稱湖震，是由溫差引起的。有報告說尼斯湖中有千百年前的水怪，但一直沒有證實。

Nesselrode, Karl (Robert Vasilyevich), Count＊　涅謝爾羅迭（西元1780～1862年）　俄國政治家。先在俄國外交部工作，1822～1856年間任外交大臣，1845～1862年間任首相。他試圖用「斯凱勒西村條約」（1833）和海峽會議（1841）去影響鄂圖曼帝國。他支持幫助奧地利鎮壓匈牙利的起義（1848）。他還助長俄國在巴爾幹國家的影響，這一政策促成克里米亞戰爭的爆發。在巴黎的會議上他參加了「巴黎條約」的談判。

nest　巢　動物建造的長久性的居身之所，或者爲了安置和撫育後代的場所。社會性昆蟲在地上或地下建築有一系列腔室和隧道的系統。魚類的巢形式各異，從砂礫中的淺坑到用植被築成的封閉結構。某些蛙類修建泥盆巢，或者是飄浮的硬化泡沫渣塊。鱷魚用泥和植被，眼鏡蛇用樹葉和林中碎片爲它們的卵築巢。最常見的鳥巢是杯形或圓頂結構，用細枝、樹葉、泥和羽毛築成。許多哺乳動物，尤其是小型者，都在樹上、地面或洞穴中築巢。

美洲鶇（Turdus migratorius）的巢
Jeff Foott－Bruce Coleman Inc.

Nestlé SA　雀巢公司　食品製造業的多國公司，總公司設在瑞士韋維。其分公司和子公司分設在七十多個國家。主要產品爲煉乳和奶粉、嬰兒食品、巧克力、乳酪、糖果、即溶咖啡和茶、辛辣調味品和冷凍食品。該公司的歷史可追溯到1866年，原爲兩家公司，一家爲英瑞煉乳公司，另一家爲亨利・雀巢所創辦的最先製造嬰兒食品的公司。1905年兩公司合併，稱雀巢英瑞煉乳公司。雀巢公司最先製造出牛奶巧克力，並在1937年以雀巢咖啡爲商品名製造出最早的即溶咖啡。雀巢公司還收購許多其他企業，包括1960年收購克羅斯－布萊克韋爾公司1，1973年收購史托弗冷凍食品公司，1984年收購三花公司。1977年改今名，宣稱其爲全世界規模最大的食品製造商。

Nestor　涅斯托耳　希臘傳說中伊利斯的皮洛斯國王。他的所有兄弟都被赫拉克勒斯殺害，只有他得以倖免。在荷馬史詩《伊里亞德》中，涅斯托耳是一位長者，他向戰士們講述他年輕時的經歷。他帶了九十條船去幫助希臘人對付特洛伊人。戰爭結束後，希臘人返航回國，涅斯托耳駛向另一個方向而迷了路，避開了雅典娜爲吹散他們的船隻而帶來的風暴。在《奧德賽》中，奧德修斯的兒子泰拉馬修斯到伊利斯尋找他的父親，涅斯托耳款待了他。

Nestorian　聶斯托留派　基督教的一派，起源於5世紀時的小亞細亞與敘利亞，受到聶斯托留的觀點所啓發。該派強調基督的神人二性各自獨立。在阿拉伯征服波斯後，聶斯托留派的學者在阿拉伯文化的形成中扮演著傑出的角色。聶斯托留派的教義也傳至印度、中國、埃及和中亞一帶，某些地方的民族甚至被完全同化。現代該派的代表是東方教會亦稱波斯教會，西方通稱之爲亞述教會或聶斯托留教會。該派信徒約有170,000人，大多住在伊拉克、敘利亞和伊朗。

Nestorius　聶斯托留（西元4世紀末～451?年）　基督教聶斯托留派創始人。父母都是波斯人，曾在安提阿學習，受神職爲神父。428年起任君士坦丁堡主教。他反對亞歷山大里亞的聖西里爾稱瑪利亞爲上帝之母，認爲這有損於聖子的完整人性，從而引起了爭論。431年以弗所會議譴責他的教義是一種異教，因爲他否認聖子化身的現實。於是聶斯托留被放逐，先到利比亞沙漠，然後到上埃及。波斯教會採納了他的思想，該教會成員依舊信奉它。

Néstos River ➠ Mesta River

Netherlands, The　尼德蘭　正式名稱尼德蘭王國（Kingdom of the Netherlands）。別名荷蘭（Holland）。歐洲西北部國家。面積41,863平方公里。人口約15,896,000（2001）。首都：阿姆斯特丹；政府所在地：海牙。絕大多數人民爲荷蘭人。語言：荷蘭語（官方語）、英語。宗教：天主教、新教。貨幣：歐元。尼德蘭南部和中部地區多爲平原，及少數山嶺；該國西部和北部地區地勢較低，有須德海及一般所知的萊茵河、默茲和須耳德河三角洲。沿海地區幾乎完全低於海平面，有沙丘及人工堤保護。該國已開發的市場經濟大部分是以服務業、輕重工業和貿易爲主。政府形式是君主立憲政體，有議會及兩院制。君主是國家元首，總理是政府首腦。在羅馬人征服時期，該地區居住著塞爾特人和日耳曼人的部落。在羅馬人的統治下，貿易和工業繁榮發展，但到了3世紀中葉，受到覺醒了的日耳曼部落的侵蝕以及來自海上的侵犯，羅馬勢力已經衰落了。406～407年間日耳曼人的入侵結束了羅馬的控制。羅馬人之後是梅羅文加王朝，但在7世紀時被加洛林王朝取代，加洛林王朝將該地區轉變成基督教地區。814年查理曼死後，該地區成爲維京人日益頻繁襲擊的目標。它成爲中世紀洛林王國（參閱Lorraine）的一部分，洛林王國授予主教以及具有神聖權力的修道院院長之職，建立起一個帝國教會，從而避免了併入神聖羅馬帝國。在12～14世紀裡，荷蘭－烏得勒支泥炭沼澤平原的大片土地都可以從事農業生產，並大規模地修築堤壩；法蘭德斯發展成一個紡織業中心。14世紀晚期，勃艮地的公爵取得了控制權。到了16世紀初，西班牙的哈布斯堡王朝統治了這些低地國家。該公國在捕魚、造船和啤酒釀造方面取得了領先地位，爲17世紀尼德蘭的繁榮昌盛打下了基礎。從文化上看，這個時期是艾克、坎普滕的托馬斯以及伊拉斯謨斯的時期。喀爾文派和再洗禮派的學說和教義吸引了許多追隨者。1581年在喀爾文派的領導下，第七個北部省宣布脫離西班牙而獨立。1648年三十年戰爭後，西班牙承認尼德蘭獨立。17世紀是尼德蘭文明的黃金時期。斯賓諾莎和笛卡兒享受到了該國的知識自由，林布蘭和弗美爾畫出了他們的經典之作。荷屬東印度公司保障了亞洲的殖民地，國家的生活水準直線上升。18世紀時，尼德蘭的海軍力量下降；在法國革命戰爭期間法國占領了這個地區，1806年成爲拿破崙手下的荷蘭王國。第一次世界大戰中，尼德蘭保持中立，第二次世界大戰中雖宣布中立，卻被德國占領。戰後，它失去了荷屬東印度群島，那裡成爲印尼（1949）和尼德蘭新幾內亞（1962）。1949年它參加北大西洋公約組織，是歐洲經濟共同體（後更名爲歐洲共同體）的創建成員。它是歐洲聯盟的成員。

Netherlands, Austrian ➠ Austrian Netherlands

Netherlands, Republic of the United　尼德蘭聯省共和國 ➠ Dutch Republic

Netherlands, Spanish ➠ Spanish Netherlands

Netherlands Antilles＊　荷屬安地列斯　舊稱Curaçao。加勒比海上的五個島嶼。1954年起成爲尼德蘭的自治領地，總面積800平方公里。荷屬安地列斯由相隔遙遠的兩組島嶼組成，位於背風群島北端的北組（聖尤斯特歇斯島、聖馬丁島南部和薩巴島），和距委內瑞拉海岸西南方800公里的南組（庫拉索島和博奈爾島，1986年以前尚有阿魯巴島）。首府威廉斯塔德位於庫拉索島。該群島在1493年首次被哥倫布發現，並宣告其爲西班牙所有。17世紀時由荷蘭人取得控制權，1845年成爲荷屬安地列斯。1954年成爲荷蘭整體的一部分，在國內事務上享有完全自治權。阿魯巴島自1986年脫離荷屬安地列斯。人口約221,000（2000）。

Neto, (Antônio) Agostinho＊　內圖（西元1922～1979年）　安哥拉詩人、醫生和第一任總統。1948年內圖

參加旨在重新發掘安哥拉本土文化的運動。他在里斯本學習醫學，1959年返回安哥拉當一名醫生。1960年當著他病人的面被殖民當局逮捕。當病人抗議時，警察開了槍。內圖在葡萄牙被關押了兩年，後逃脫而參加了馬克思主義的安哥拉人民解放運動（MPLA），1962年當選爲主席。1975年安哥拉獨立後，內圖被宣布爲總統，儘管他從未控制過這個國家的全部領土（參閱Savimbi, Jonas Malheiro）。在講葡萄牙語的世界裡廣泛認同內圖的詩。

nettle family　蕁麻科　蕁麻目代表科，約45屬草本、灌木、小喬木及數個藤本屬，主要分布熱帶。許多種，特別是蕁麻屬和艾麻草屬者莖葉基部有螫毛。葉形多樣。含水樣汁液。苧麻等幾個種的莖的長纖維用於紡織業。匍匐植物，包括大炮草（即透明草）；牆草屬的種常生於牆上；這兩屬植物常被栽培觀賞。嬰兒淚爲苔蘚狀匍匐植物，葉圓，常栽作地被。喇叭樹（盾葉輕桑）爲熱帶美洲種，莖中空，爲咬人的蟻類所棲。有些蕁麻可食和烹調。

network　網路　在傳播上，製作節目給會員台播放的廣播或電視公司。亦請參閱ABC、CBS Inc.、CNN、NBC、PBS。

network, computer　電腦網路　爲了實現資料的電子化通訊而將兩台或兩台以上的電腦連接在一起。兩種基本的網路類型是區域性網路（LAN）和廣域網路。廣域網路將一個較大地域內（可大至不同大陸）的電腦和小型網路連接到一個較大的網路系統中。它們透過電纜、光纖或衛星來連接電腦，但其用戶通常經由數據機（允許電腦透過電話線進行通訊的裝置）來連上網路。目前最大的廣域網路是網際網路。至1990年代全球資訊網成爲瀏覽各網站最普遍的途徑。

Netzahualcóyotl＊　內薩瓦爾科約特爾　墨西哥中部，墨西哥城郊外的城市（1990年人口約1,260,000）。是墨西哥第三大都市區。原爲特斯科科湖，後來湖面縮小，在南岸出現大片土地，1900年後才開始有人定居。1946年在其北部修建了索恰卡堤壩，保護城市免受洪水侵犯。

Neubrandenburg＊　新布蘭登堡　德國東北部城市，位於托倫塞湖的北端附近。1248年建爲防禦前哨，1292年成爲梅克倫堡的一部分，發展起它的編織業，並成爲貿易中心。17～18世紀，在三十年戰爭期間遭到劫掠，曾毀於大火。以後又遭拿破崙戰爭的蹂躪。現還保存著它中世紀的城堡，但大部分建築已毀於第二次世界大戰的轟炸中。1952年後已大規模重建。現有工程、食品加工和化學等工業。人口約88,000（1992）。

Neuchâtel, Lake＊　納沙泰爾湖　瑞士西部湖泊。面積218平方公里，是全部處在瑞士境內的最大湖泊。它是以前在侏羅山脈腳下較低的阿勒谷地的冰川湖留下來的部分。北岸是拉坦諾，是一個史前遺址，可追溯到鐵器時代文化的後期。

Neue Sachlichkeit＊　新客觀派　1920年代和1930年代初期的德國繪畫運動，反映第一次世界大戰後時期的犬儒主義和無可奈何。這個名詞是德國曼海姆藝術廳廳長哈特勞勃於1925年爲一次展出杜撰的，展覽中包括了格羅茨、迪克斯和貝克曼等這些領軍人物的作品。他們以寫實主義的風格作畫，與當時流行的抽象主義與表現主義相反，使用過細的細節，以從義大利形上繪畫中提取出來的光滑、冷峻和靜止的圖像來描寫邪惡，目的是諷刺狂暴扭曲的社會。1930年代，這項運動隨著納粹主義的興起而告終。

Neue Zürcher Zeitung＊　新蘇黎世報　瑞士蘇黎世出版的日報，一般認爲它是世界上大報之一。1780年創刊時爲週報《蘇黎世報》，1821年改稱現在的名字。1868年成爲聯合股份公司，蘇黎世市民可持有股權。1869年改成每週出版兩天，1894年改爲三天。從創辦起，它就受到對國際新聞廣泛深入報導感興趣的讀者的歡迎。該報的行爲嚴肅穩重，以謹慎冷靜的報導、豐富的資訊以及非常透徹的分析爲特徵，並提供每個主要事件的背景資料。

Neuilly, Treaty of＊　納伊條約（西元1919年11月27日）　第一次世界大戰後，保加利亞與協約國之間在法國的納伊簽訂的和約。保加利亞被迫把軍隊減至兩萬人，把有三十萬居民的土地割讓給南斯拉夫和希臘，並向協約國賠款。

Neumann, (Johann) Balthasar＊　諾伊曼（西元1687～1753年）　德國建築師。1711年移居符茲堡。1719年開始設計親王－主教新宮，尤其以它的宏大台階著稱。他最後負責了符茲堡和班貝格的所有主要建築計畫，包括宮殿、公共建築、橋樑、水系以及許多教堂。他是洛可可風格的大師，最好的作品是在十四聖徒修道院的朝聖教堂（1743～1753），他機智地使用了圓頂和桶狀的拱頂，創造出一系列圓形和橢圓形的空間，巨大的窗戶照亮出寬敞的高雅。由於奢侈地使用了石膏、鍍金、塑像以及壁畫等裝飾，進一步加強了這些元素之間生動明快的相互作用。

Neumann, John von ➠ von Neumann, John

neural network　類神經網路　一種平行計算，將計算的元素模仿構成動物神經系統的神經元網路。此模式意圖模擬大腦處理資訊的方式，讓電腦可以「學習」到某個程度。類神經網路的特色是由一些互相連接的處理器或節點組成。每個節點管理特定的知識領域，有數個輸入，並有一個輸出到網路。基於獲得的輸入，節點可以「學習」資料組之間的關聯，有時利用模糊邏輯的原理。例如在西方雙陸棋戲（15子棋戲）程式可以將棋賽的棋步儲存及評分，在下次棋賽就以先前儲存的結果來下棋，如果棋步不成功的話，就重新評分。類神經網路用於模式辨識、語音分析、石油探勘、天氣預測，以及思想和意識的模擬。

neural tube defect　神經管缺陷　早期神經管發育（參閱embryology）異常所致的腦或脊髓先天性缺陷，通常伴有脊柱或顱骨的缺陷。神經管可能閉合不全、部分缺損，或部分阻塞（參閱hydrocephalus）。在脊柱裂的情形中，脊髓背側的椎管閉合不全，通常發生於基部，若沒有其他更進一步的缺陷（無皮膚或腦膜覆蓋，組織突出，脊髓的開放性缺陷），通常不影響其正常功能。嚴重的情形可導致癱瘓、削弱膀胱和腸的功能。在腦膨出的情形中，包含腦組織的腦膜囊自顱骨突出，症狀視受累神經組織的多少而定。婦女在懷胎期間攝取足夠的葉酸可減低發生神經管缺陷的風險。在早期接受手術治療可預防或減少失能的程度。

neuralgia＊　神經痛　周圍感覺神經分布區發作的原因不明的疼痛。三叉神經痛（痛性抽搐）以沿三叉神經任何分支（位於耳前）的短暫劇烈槍擊痛爲主要特徵，通常在進入中年後發病，好發於女性。初期發作間隔爲數週或數月，之後發作越來越頻繁，碰觸受到影響的區域、說話、飲食或冷風吹面即可輕易引起發作。使用止痛藥有幫助，但要根治則需進行手術。舌咽神經痛引起反覆發作的劇烈疼痛，通常發作於四十歲以上男性。劇痛起於咽喉，放射到耳，或沿頸部下行。疼痛可自然或經誘發（例如噴嚏、呵欠或咀嚼）而產生。發作期間一般較長，在止痛藥起作用前發作即已平息。嚴重病例施行外科手術可能有幫助。亦請參閱neuritis。

Neurath, Konstantin, Freiherr (Baron) von＊　諾伊拉特（西元1873～1956年）　德國外交官。1903年進入德國外交部工作，1919～1922年任駐丹麥公使，1922～1930年任駐義大利大使，1930～1932年任駐英國大使。身爲德國外交部長（1932～1938），對希特勒的擴張外交政策表示支持。作爲波希米亞和摩拉維亞（1939～1941）的「保護者」，他被控其統治「過分寬大」並由海德里希取代其職位。第二次世界大戰後，因戰爭罪遭審問和監禁（1946～1954）。

neuritis＊　神經炎　一條或多條神經的炎症。引起原因可能爲機械傷害、血管疾病、過敏、毒素、代謝不足或病毒感染。其症狀常局限於發炎神經所負責的身體特定部位，在感覺神經元有刺痛、灼痛或戳痛感；運動神經元則有肌肉軟弱至完全麻痺不等。貝爾氏麻痺，乃因顏面神經發炎造成面部肌肉特徵性變形。止痛藥可緩解疼痛。一旦針對病因治療，則較輕病例常可迅速恢復，但嚴重病例恢復可能不完全，且後遺某些運動及感覺障礙。亦請參閱neuralgia。

neurology　神經學　研究有關神經系統功能或障礙的醫學專科。臨床神經學直到19世紀中期才開始發展，當時已能初步繪製腦部功能區域圖，對造成癲癇等情況原因的了解也有增加。1920年代腦電圖記錄法的發展使神經障礙的診斷大爲改善，而1970年代發展的電腦軸向斷層攝影和1980年代發展的磁共振成像對腦部障礙的診斷亦有進一步的幫助。除了治療生理上的障礙（例如腫瘤和創傷），神經學與其他醫學專科不同的是其還涉及精神病學。對諸如精神分裂症和抑鬱症等大腦中化學物質障礙的更加了解而發展出大量有效的藥物，不過仍需與心理治療配合以發揮最大功效。手術或藥物治療可能帶來嚴重的副作用，但至今許多神經系統的障礙仍無有效的治療。

L M N

neuron　神經元　亦稱神經細胞（nerve cell）。構成神經系統的各種細胞統稱。感覺神經元傳遞自感覺器官處傳來的訊息，運動神經元則傳遞神經衝動至肌肉和腺體處，而聯絡神經元則負責傳遞感覺神經元和運動神經元之間的神經衝動。典型的神經元由樹突（接受刺激並向內傳導的纖維）、細胞體（接受樹突所傳來訊息的帶核細胞體）和軸突（將神經衝動從細胞體傳出至末端突觸的纖維）。樹突和軸突都爲神經纖維。神經衝動由軸突分泌的神經介質化學物質經由突觸（連接神經元或介於神經元和諸如肌肉細胞的效應器之間的組織）傳遞，或是直接由神經元至神經元完成傳遞的工作。大多數的神經元由一層包繞周圍軸突的髓鞘（其細胞現稱施萬氏細胞）與外界隔絕。成束的來自多數神經元的纖維由結締組織包繞形成神經。

neuropathy＊　神經性病變　周邊神經系統的疾病。可能是遺傳或後天造成，發展速率有快有慢，包括運動神經、感覺神經，抑或自律神經（參閱autonomic nervous system），只侵襲特定神經或是全面性。造成疼痛或喪失感覺、無力、癱瘓、反射作用喪失、肌肉萎縮；若是自律神經性病變，血壓、心跳速率、膀胱或腸控制失調；陽痿；眼睛無法聚焦。有些種類神經元本身受到傷害，其他種類則是隔絕神經元的髓鞘受損。例子有腕小管症候群、肌萎縮性側索硬化、小兒麻痺症、運動失調、帶狀疱疹及神經性耳聾。病因有疾病（如糖尿病、痲瘋、梅毒）、受傷、中毒與維生素缺乏（如腳氣病）。亦請參閱neuralgia、neuritis。

neuropsychology　神經心理學　整合心理學的觀察與神經學對中樞神經系統（包括腦）觀察的學科。此領域由於布羅卡和渥尼克（1848～1905）的研究而出現，兩人確認在大腦皮質涉及語言產生和理解的位置。描述神經解剖學與高等心智活動的關聯，往前邁進一大步。相關領域的神經精神病學處理失語症、科爾薩科夫氏症候群、圖洛特氏症候群及其他中樞神經系統異常。亦請參閱laterality。

neurosis　精神官能症　只影響部分人格的心理和情緒障礙，伴隨著對現實的扭曲觀點，但程度不如精神病患者嚴重。特徵爲生理和心理上的干擾，諸如體內器官出現的症狀和集中力受影響。精神官能症包括焦慮感發作、某種形式的抑鬱症、疑病症、歇斯底里反應、強迫觀念－強迫行爲症、恐怖症、各種性功能障礙和某些抽搐。傳統上認爲精神官能症起因於情緒上的衝突，這些壓抑的衝突以掩飾的反應和症狀來尋求表達。行爲心理學家將精神官能症視爲是習得的、不適當的對壓力之反應，可予以去除。

neurotransmitter　神經介質　神經元釋放的化學物質，用來刺激鄰近的神經元，使衝動在整個神經系統內從一個細胞傳向另一個細胞。到達一個神經元軸索終端的神經衝動刺激釋放出神經介質，在幾個毫秒的時間內，它跨越微小的間隙（參閱synapse）而到達相鄰的神經元突觸。許多化學物質都可以行神經介質的作用，已經辨認出的少數幾種中有乙醯膽鹼、多巴胺和血清素。有些神經介質啓動神經元；另一些則抑制神經元。某些改變精神狀態的藥是通過改變突觸的活動而起作用的。

Neuschwanstein Castle＊　紐什凡斯泰恩城堡　根據巴伐利亞路德維希二世的命令，在德國的福森附近，巴伐利亞阿爾卑斯山脈波拉特峽谷上的一塊岩壁上修建的豪華城堡。1869年動工。這座奢侈、堅固的建築是一座古怪的，富有浪漫色彩的中世紀城堡的重建。包括帶圍牆的庭園、室內花園、塔以及人工山洞。兩層的寶座廳模仿拜占庭的長方形會堂。牆上的壁畫描繪華格納歌劇中的場景。

Neusiedler Lake＊　新錫德爾湖　匈牙利語作Fertö tó。奧地利東部和匈牙利西北部的湖泊。這個淺湖以前完全屬於匈牙利，1922年北部的三分之二轉移給了奧地利。形成於更新世時期，它是奧地利的最低點，海拔115公尺。沿岸生長了茂盛的蘆葦，成爲多種鳥類的棲息地，受國際鳥獸禁獵區和生物站保護。

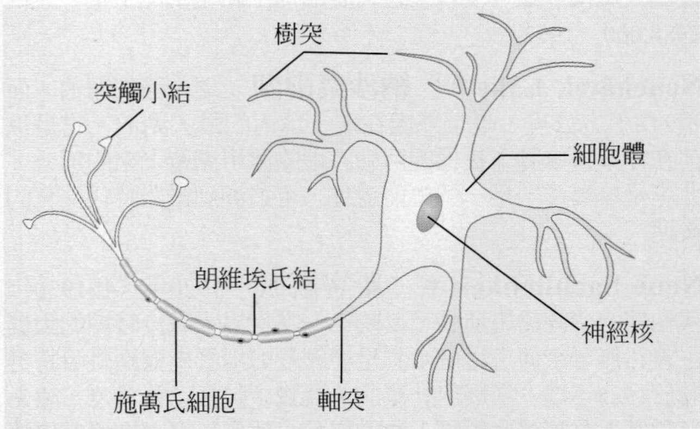

神經元的構造。樹突通常是分支的纖維，接收與引導衝動至細胞體。細胞體整合來自各個樹突的輸入信息，送出神經衝動至軸突。當衝動到達軸突的盡頭，末端釋放神經傳導物質進入此神經元與鄰近神經元之間的缺口（突觸）。神經傳導物質擴散穿越缺口，啓動鄰近神經元或作用細胞（譬如肌肉或腺體）的衝動。施萬氏細胞圍繞著軸突，構成隔絕的髓鞘。在兩個施萬是細胞之間的空間（朗維埃氏結）讓神經衝動沿著軸突快速前進。

Neustria＊ 紐斯特里亞 在梅羅文加王朝時期，6世紀時被克洛維一世征服後的法蘭克人王國西部。王國的東部是奧斯特拉西亞。紐斯特里亞大致相當於如今法國的默茲河以西和羅亞爾河以北地區。後來，紐斯特里亞所指的範圍要小得多；到了11～12世紀，有時將它看作是諾曼第的同義詞。

neutering ➠ castration

Neutra, Richard (Joseph)＊ 諾伊特拉（西元1892～1970年） 奧地利裔美國建築師。曾在維也納和蘇黎世受教育，1923年移居美國。他開始採用的是白色立體派形式，後來轉向輕的鋼木骨架結構，與它們周圍蔥綠茂盛的景色協調。洛杉磯的洛弗爾住宅（1927～1929）使他建立起聲望，有國際風格的大塊玻璃以及索拉陽台。其他一些有價值的作品包括棕櫚泉的考夫曼沙漠別墅（1946～1947）以及聖大巴巴拉的特里梅因住宅（1947～1948）。他特別注重住宅應該反映主人的生活方式。後來的作品包括辦公樓、教堂、住宅和文化中心等。他還寫了不少作品，包括《通過設計而生存》（1954）。

neutralism ➠ nonalignment

neutrality 中立 一個國家置身於其他國家之間的戰爭以外，對交戰雙方持不偏不倚的態度，並得到交戰雙方的認可，從而取得的一種法律地位。在過去，中立國家的權利包括其領土不被戰爭的任何一方使用或占領，與其他的中立國和交戰雙方保持外交關係，其公民能自由商業往來，以及尊重它保持中立的意圖。在兩次世界大戰中，關於中立的許多基本概念不再得到尊重；20世紀晚期，中立的自由已急遽減少。

neutrino＊ 微中子 不帶電荷、沒有或者幾乎沒有質量、自旋值爲1/2的基本粒子。微中子屬於亞原子粒子中的輕子族。微中子有三類，每一種都伴隨有一個帶電的輕子：電子、μ介子和τ介子。微中子是穿透力最強的亞原子粒子，因爲它們與物質之間只發生弱力。因爲它們不帶電，不會造成電離。所有類型的微中子的質量都比它們帶電的夥伴的質量要小得多。

neutrino problem, solar＊ 太陽微中子問題 地球上所偵測到太陽產生的微中子數目不足的現象。試驗只偵測到理論預測太陽核心核融合產生而發射微中子數目的三分之一至三分之二。此差異可以解釋成太陽核心溫度比計算結果要冷，或是核心的元素組成不同於以表面成分爲基礎的預期，不過這些解釋似乎都不大可能。天文學家猜想，太陽物質的交互作用將一些微中子轉變成無法偵測的類型，只有在微中子具有質量才能產生。

neutron 中子 除了普通的氫以外，中子是每個原子nucleus的組成粒子之一。1932年由查特威克（1891～1974）發現。中子不帶電荷，質量大約是電子的1,840倍。自由中子會發生β衰變，半衰期約十分鐘，因此，除了在宇宙線中以外，在自然界不容易找到它們。它們是一種穿透的輻射形式。當受到中子轟擊時，各種元素都會發生核分裂，釋放出更多的自由中子。如果產生出足夠的自由中子，就可以維持鏈鎖反應。這個過程導致發展出核能和原子彈。在迴旋加速器和核反應爐裡產生的中子束是揭示有機物和無機物結構細節的重要探針。

neutron bomb 中子彈 亦稱增強輻射彈頭（enhanced radiation warhead）。一種小型的熱核武器，它產生的衝擊波和熱量都很小，但釋放大量的致命輻射。中子彈發出的衝擊波和熱量只限於幾百碼半徑的範圍內；在更大一些的範圍內，它發出大量的中子波和γ輻射，對生命組織有極大的破壞力。這樣的炸彈用來對付戰場上的坦克和步兵特別有效，而不會破壞數公里外的城市或居民。中子彈可以用長矛飛彈攜帶，也可以用榴彈炮，甚至用攻擊機來發射。

neutron star 中子星 一類密度極高的恆星，認爲主要由中子構成，外面有一薄層主要爲鐵原子和電子以及質子組成的大氣。雖然典型的直徑約20公里，但它們的質量大約是太陽的兩倍，可見其密度之高（大約是水的密度的百萬億倍）。中子星有非常強的磁場。與黑洞不同的是中子星有固態的表面。在這個表面下面，壓力是如此之大，不可能存在個體的原子；質子與電子被緊壓在一起成爲中子。1930年代初預言存在中子星，大多數研究人員認爲中子星是超新星爆炸後形成的。1967年發現了脈衝星提供了存在中子星的第一個證明。亦請參閱white dwarf star。

Neva River＊ 尼瓦河 俄國西北部的河流。源出拉多加湖，向西注入波羅的海的芬蘭灣。全長74公里。雖然從11月到4月通常是結冰期，但其他時間可以通行大型船隻。聖彼得堡市位於該河河口。尼瓦河兩岸是1240年諾夫哥羅德的親王聖亞歷山大・涅夫斯基擊敗瑞典軍隊的戰場。

Nevada 內華達 美國西部一州。面積286,352平方公里。首府卡森城。布拉克羅克沙漠位於該州西北部。以科羅拉多河爲其東南邊界。人類在此定居已超過20,000年之久，史前人類居住於此的證據包括居住遺跡和rock art。早期居民包括肖肖尼人和派尤特人。在1843～1845年弗里蒙特和卡森的大探險和地圖繪製完成前，已有西班牙傳教士和毛皮商人分別於18世紀和1820年代來到此地。通過1848年的墨西哥讓地，內華達歸屬美國，1850～1861年劃歸猶他準州。1859年發現維吉尼亞城蘊藏豐富銀礦的康斯脫克銀礦後，人口開始增加，於是內華達準州乃於1861年建立，並在1864年成爲美國第36州。大蕭條時期由於賭博合法化而開始轉變爲現代經濟。胡佛水壩的建造幫助了內華達南部的經濟發展。在1950年代該州成爲原子能實驗的主要測試地區。內華達的傳統經濟基礎，礦業和農業，因政府活動和著重在拉斯維加斯、雷諾和塔霍湖等地觀光業的發展而相形失色。人口約1,998,257（2000）。

Nevada, University of 內華達大學 美國內華達州公立大學，校區設在雷諾市及拉斯維加斯。雷諾分校創設於1887年，是聯邦土地補助型大學，校內著名的機構有：麥基礦業學院、唐納・雷諾新聞學院，並設有專門的學術機構從事沙漠研究及賭博研究。拉斯維加斯分校成立於1957年，設有十二個學院。內華達大學現有學生人數約爲31,000人。

Nevelson, Louise 奈維爾遜（西元1899～1988年） 原名Louise Berliavsky。烏克蘭出生的美國雕塑家。1905年全家移居美國緬因州。曾在紐約市美術學生聯合會學習，1931年在慕尼黑師從霍夫曼。她早期的象徵手法雕塑品的特點是相互連接的塊狀物和鑄件（例如，《古人像》，1932；《馬戲團小丑》，1942），這些特點也是她後來成熟的風格。1950年代，她專門製作抽象作品；在此時期，她以大型、單色的抽象雕塑品聞名，由前面打開的一些木箱堆起幾堵獨立式的牆組成。在這些木箱裡是一些能引起想像的抽象形狀的物體與一些建築碎片和其他鑄件的混合。她把它們巧妙地安排起來，產生出一種神祕感（例如，*Sky Cathedral*，1958；《寂靜的音樂II》，1964），然後再塗上單一的顏色，通常是黑色。她被認爲是20世紀最傑出的雕塑家之一。

Neville, Richard ➠ Warwick, Richard Neville, 1st Earl of

Nevins, Allan 內文斯（西元1890～1971年） 美國歷史學家。先當了近二十年的新聞記者，後來到哥倫比亞大學任教（1928～1958）。他最著名的作品有美國政治和工業人物的自傳，包括《克利夫蘭》（1932，普立茲獎）和《弗希》（1936，普立茲獎），還有關於美國南北戰爭的八卷歷史，包括《聯邦的考驗》（1947）、《林肯的崛起》（1950）和《維護聯邦之戰》（1959～1971）。1948年他在哥倫比亞大學發起美國第一個口述歷史的活動。

Nevsky, Alexander ➠ Alexander Nevsky, St.

nevus 痣 ➠ mole

New Age movement 新時代運動；新紀元運動 1970年代和1980年代透過祕密社群所蔓延開的運動。它企盼一種愛與和平的「新時代」，並透過個人轉化和治療來預先體驗這即將到來的世代。該運動最堅定的支持者爲奧祕主義的信衆，其宗教信念根基於習得神祕知識。新時代運動顛峰時期影響了數百萬的美國人，讓他們熱衷於占星術、瑜伽和傳道，並以水晶做爲治療的工具。新時代運動者企圖將全球轉化，1987年衆多信奉者進而參與了「和諧會師」（Harmonic Convergence），以期達成這項目標。

New Britain 新不列顛島 舊稱Neu-Pommern。巴布亞紐幾內亞俾斯麥群島中的最大島嶼（1989年人口約264,000）。1700年英國探險家丹皮爾到了此地並予以命名。經過德國、澳大利亞和日本的幾個統治時期後，1975年成爲剛獨立的巴布亞紐幾內亞的一部分。該島的形狀似月牙，島上森林繁茂，還有幾處火山。最高峰辛內威特山海拔2,438公尺，1937年曾猛烈噴發。生產椰子、可可和棕櫚油。海港有白蘭琪灣、塔拉塞亞和賈奎諾特灣。

L M N

New Brunswick 新伯倫瑞克 加拿大東部四個濱海諸省之一（1996年人口約762,000）。臨芬迪灣，與新斯科舍之間有奇內克托地峽連接。省會是弗雷德里克頓。新伯倫瑞克原是阿卡迪亞的一部分；18世紀時被法國占爲殖民地，然後被英國占領。1755年英國人驅逐講法語的阿卡迪亞人，把這個地區合併到新斯科舍。美國革命後，約有14,000名效忠派從美國來這裡定居。由於這大批人口的流入，就把它從新斯科舍分了出去，1784年成立了新伯倫瑞克省。1867年成爲加拿大聯盟的初始成員。該省的90%是森林，主要城市有聖約翰和蒙克頓。森林業和木材業是最大的工業，接下來是捕魚業。

New Brunswick, University of 新伯倫瑞克大學 加拿大新不倫瑞克省公立大學。位於弗雷德里克頓，創建於1785年。設有管理、藝術、電腦科學、教育、工程、森林、研究所、法學、護理、體育、科學、商學、商學進修、語言及社會科學等課程。分校設在聖約翰。現有學生人數約9,000人。

New Caledonia 新喀里多尼亞 法語作Nouvelle Calédonie。法國在南太平洋的海外領地，包括新喀里多尼亞，沃爾波爾，松樹島以及其他一些島嶼。首府爲努美阿。新喀里多尼亞爲其主要島嶼，鎳的儲藏非常豐富，位居世界前列。考古發現表明在西元前2,000～西元前1,000年左右這裡曾有澳斯特羅尼西亞人活動。科克船長於1774年探訪了這裡的島嶼，此後18～19世紀有許多航海家和商人也到過這裡。1853年法國人占領了這些島嶼，1864～1894年間爲罪犯流放地。新喀里多尼亞於1940年加入了戴高樂領導的自由法國運動。1942～1944年間這些島嶼成爲同盟國的軍事基地。1946年成爲法國的海外領地。1987年當地的公民投票決定維持作爲法國領地的現狀。人口約183,000（1994）。

New Church 新教會 亦稱Swedenborgians。成員信奉斯維登堡學說的教會。斯維登堡自己並沒有創辦教會，但他相信他的著作會成爲「新教會」的基礎。他把「新教會」與〈啓示錄〉裡提到的「新耶路撒冷」聯繫在一起。1788年他去世不久，他的一批信徒在倫敦成立了一個教會。在美國，1792年在巴爾的摩組織了第一個斯維登堡社團。洗禮和聖餐是該教會的兩種聖事，除已有的基督教節日外，該派還加進了新教會節（6月19日）。新教會還分成三個團體：新教會大會、美國新耶路撒冷教會大會和新耶路撒冷教會總會。

New Comedy 新喜劇 約西元前320年到西元前3世紀中期的希臘戲劇，對當時的雅典社會提出溫和的諷刺看法。與舊喜劇戲謔公衆人物和事件（參閱Aristophanes）不同，新喜劇虛構家庭生活中的普通公民。表現力大於生活的合唱隊減少到一小隊樂手和舞蹈演員。這類喜劇通常描寫的是受挫折情人的傳統情景，包含一些定型的角色。米南德引進了新喜劇並成爲它最著名的倡導者；普勞圖斯和泰倫斯翻譯這些喜劇使它們能在羅馬的舞台演出。新喜劇的元素對歐洲戲劇的影響一直延續到18世紀。

New Criticism 新批評派 亦稱形式主義（formalism）。第一次世界大戰後英美文學批評流派。強調作品的內在藝術價值，將單個的藝術作品視爲獨立的意義單元。新批評派反對將歷史的或作者個人傳記的材料引入來闡釋作品。其主要的批評手段是對作品文字的分析解讀，注重於作品的語言、形象、情感和理念的張力。與這一批評流派相關的作家有理查茲、燕卜蓀、蘭塞姆和布萊克墨（1904～1965）。

New Deal 新政 美國總統羅斯福在1933～1939年間實施的調整經濟的內政綱領。新政這個詞出自1932年羅斯福在接受總統提名時的演說，他承諾「給美國人民一項新政」。新政的立法主要在1933年的頭三個月（羅斯福的「百日」）裡頒佈實施。建立了一些機構，諸如民政署和公共資源保護隊來緩解失業；國家復興署來復興工業生產；聯邦儲蓄保險公司和證券交易委員會來規範金融機構；農業調整署來支援農業生產；田納西河流域管理局來提供公用電力和控制洪水。立法的第二階段（1935～1936）常被稱爲第二次新政，建立全國勞工關係局、工程進度管理署和社會保障系統。有些立法被美國最高法院宣布爲違憲，有些計畫沒有實現目標，但許多改革被後來的行政部門繼續下去，永久地改變了政府的角色。亦請參閱Public Works Administration。

New Delhi＊ 新德里 印度首都，位於德里聯合地區中舊德里之南亞穆納河的西岸。建於1912到1929年，1931年正式開放成爲首都。與舊德里曲折的街道規畫不同，新德里採用有序的、對角線式的構型，給人一種開闊和寧靜的感覺。東西主軸是中央景色公園，是一條由政府大樓、博物館以及研究中心等組成的大道。人口約301,000（1991）。

New Democratic Party 新民主黨 加拿大少數派政黨。1961年由全民合作聯盟組成，傾向與有組織的勞工聯合。該黨的基礎是馬尼托巴和薩斯喀徹溫兩省的農民以及不列顛哥倫比亞和安大略兩省的工人。從它的前身算起，從1940年代以來，該黨曾斷續地在幾個省組織過省政府。

New Economic Policy (NEP) 新經濟政策 1921～1928年間蘇聯的經濟政策。它是從失敗的極端中央集權和教係社會主義的戰時共產主義政策的暫時性退卻。新的措施包括把大部分的農業、零售業和輕工業歸還給私人業主（雖然國家還保持對重工業、銀行業、運輸業和對外貿易的控制），並且讓貨幣重新進入經濟領域。這個政策使經濟得以從戰爭年代恢復過來。1928年由於長期的糧食短缺促使史達林開始取消土地私有制，組織起在國家控制下的集體農業，標誌著新經濟政策的結束。到了1931年，對所有的工商業都重新實行了國家控制。

New England 新英格蘭 美國東北部地區，包括緬因、新罕布夏、佛蒙特、麻薩諸塞、羅德島和康乃狄克六個州，面積172,668平方公里。本區名稱由1614年到此考察的史密斯所取，後來英國清教徒（參閱Puritanism）到此定居。新英格蘭地區在這些自給自足農民的促使下，發展出代議政府。該地區的許多港口很快發展起海外貿易和蓬勃的造船業。在18世紀中，新英格蘭成爲獨立運動的策源地，當地的愛國人士在美國革命中扮演了重要的角色。

New England Confederation 新英格蘭聯盟 亦稱United Colonies of New England。美國四個殖民地的組織。1643年來自麻薩諸塞、康乃狄克、新哈芬和普里茅斯的代表們開會商討解決貿易、邊界和宗教爭端，並組成對付法國人、荷蘭人和印第安人的共同防禦體系。他們制定了協定條文，建立了由八名委員組成的理事會。由於它只是一種建議和顧問的地位，加上1665年康乃狄克和新哈芬的合併，聯盟的力量削弱了。在菲利普王戰爭中聯盟很活躍，但1684年撤銷了麻薩諸塞的特許後，聯盟就解體了。

New England Mountains 新英格蘭嶺 澳大利亞新南威爾士東北部的山脈和高原。是大分水嶺的一部分，長約320公里，是澳大利亞最高的高原。最高峰本羅蒙海拔1,487公尺。山嶺東坡上的新英格蘭國家公園中有熱帶森林。

New England Renaissance 新英格蘭文藝復興 ➠ American Renaissance

New France 新法蘭西（西元1534～1763年） 從1534年到1763年簽訂巴黎條約期間，法國在北美洲的殖民地。1534年卡蒂埃首先宣稱占有一塊土地後，1627年建立了新法蘭西公司。加上山普倫、馬凱特、拉薩爾、若利埃和其他人的拓展考察，新法蘭西的邊界擴展到了聖羅倫斯河的下游，包括五大湖和密西西比流域。從1689年起，英國和法國之間的競爭影響了它們在北美洲的殖民地。法國印第安人戰爭（1754～1763）的結果是把加拿大和密西西比河以東地區割讓給英國，密西西比河以西地區給西班牙，法國只保留聖皮埃爾和密克隆兩島。

New Goa 新臥亞 ➠ Panaji

New Granada 新格拉納達 殖民地時期南美洲西北部的西班牙總督轄區。1537～1538年間西班牙人征服並爲此地命名，1740年前屬祕魯總督轄區。以後成爲分立的一個總督轄區，包括現在的哥倫比亞、巴拿馬、委內瑞拉和厄瓜多爾等國家。首府在聖大非（如今的波哥大）。1823年從西班牙手中解放出來。

New Guinea 新幾內亞 印尼語作Irian。馬來群島東部島嶼，位於太平洋西部，澳大利亞北面。新幾內亞是世界第二大島。全島分爲兩部分，西部爲伊里安查亞，東部屬巴布亞紐幾內亞。全島長約2,400公里，最寬處爲650公里，總面積800,000平方公里。地域分布包括低地的熱帶雨林和肥沃的高原，屬熱帶氣候。主要礦藏有銅和金。人口中有許多是自給自足的農民。

New Hampshire 新罕布夏 美國東北部一州。美國新英格蘭地區一州，面積約24,033平方公里。首府爲康科特。西部以康乃狄克河與佛蒙特州爲界。中部爲懷特山脈，包括高聳的華盛頓山。1623年首批英國人在樸次茅斯附近定居時，當地的原住民主要是阿爾岡昆印第安人部落（參閱Algonquian languages）。1641年後這裡一度屬麻薩諸塞殖民政府管理，自1679年起成爲一塊單獨的皇家殖民地。1776年它是第一個向英國宣布獨立的殖民地。美國成立後，當地的發展加快。農業繁盛，製造業在沿河地區發展起來。樸次茅斯成爲一個主要的造船基地。目前該州的經濟以製造業與旅遊爲主，儘管乳品業和花崗岩建材行業也很重要。由於該州最早在國內舉行總統預選，對許多總統候選人來說它提供了第一個預測勝出機率的場地。達特茅斯學院和新罕布夏大學是聞名全國的兩所大學。人口約1,173,000（1997）。

New Hampshire, University of 新罕布夏大學 美國新罕布夏州公立大學。位於達拉謨，爲州內唯一的大學，接受聯邦土地、海洋及太空補助。設有人文藝術、生命科學及農業、工程及物理科學等課程，研究所則有健康及人力資源學院、懷特摩商學經濟學院等。現有學生人數超過13,000人。

New Haven 新哈芬 美國康乃狄克州中南部城市。長島灣上的港口，1638年開始有人定居，1664年成爲康乃狄克殖民地的一部分。1875年以前與哈特福特同爲首府。美國革命期間（1779），新哈芬到處充滿效忠派的勢力。在美國南北戰爭期間它是廢奴主義者活動的中心（參閱abolitionism）。一批著名的發明家使這座城市成爲工業技術的中心，包括固特異、惠特尼和摩斯。市內有耶魯大學和其他教育和文化機構。人口約123,626（2000）。

New Hebrides 新赫布里底群島 ➠ Vanuatu

New Ireland 新愛爾蘭島 舊稱Neu-Mecklenburg。巴布亞紐幾內亞俾斯麥群島中的島和省。該島面積8,651平方公里，長約320公里，大部分都是山脈。該省包括了附近許多小島。1616年由荷蘭航海者們發現，1884年前對它所知甚少。1884年歸屬德國保護領地。第一次世界大戰後，受澳大利亞託管。第二次世界大戰中該島被日本人占領。1975年巴布亞紐幾內亞獲得獨立，新愛爾蘭島就歸屬給了這個國家。大部分居民都生活在北方。商業發展以椰幹生產爲主。人口約87,000（1990）。

New Jersey 新澤西 美國東部一州。面積20,168平方公里。首府爲特稜頓。哈得遜河爲其東北部邊界，德拉瓦河則爲西部邊界。在歐洲殖民者到來前，這裡的原住民是德拉瓦人印第安部落。雖然韋拉札諾和哈得遜是最早發現這裡的人，但這裡的第一批殖民者是來自荷蘭和瑞典的商人。在美國革命期間，這裡曾經是許多戰鬥的戰場，包括1776年由華盛頓指揮的那場跨越德拉瓦河後的戰役（參閱Trenton and Princeton, battles of）。1787年成爲批准美國憲法的第三個州。獨立戰爭以後直到南北戰爭之前，運河和隨後的鐵路建設大大地推進了這裡的工業化進程。儘管18世紀這裡豐饒的農業爲它帶來了「花園州」的美譽，該州的經濟還是以製造業爲主。這裡也有許多研究機構和實驗室。以大西洋城著稱的旅遊業在地方經濟中扮演著舉足輕重的角色。州內主要城市有紐華克、澤西城、帕特生和伊莉莎白。人口約8,053,000（1997）。

New Mexico 新墨西哥 美國西南部一州。面積約314,926平方公里。首府爲聖大非。其西部跨越北美大陸分水嶺。格蘭德河將該州分爲東西兩半，河流的一小段還成了該州與德州的分界線。這裡的人類活動大約已有上萬年的歷史。在15世紀納瓦霍人和阿帕契人到來之前，當地務農的印第安人已經修築了灌溉系統，普韋布洛式村落和懸崖住所的殘餘至今仍散落在該州的許多地方。16世紀從墨西哥來的西班牙人聲稱此地爲西班牙所有，1540年科羅納多的探險隊到達了這裡。最初的定居點是1610年在聖大非建立的。17世紀的最初十年裡從密蘇里來的商人在此相當活躍。1821年這裡成了墨西哥的一部分，但墨西哥戰爭結束後歸美國所有。1850年美國國會決議建立新墨西哥準州。1952年新墨西哥正式成爲美國的第47個州，但仍保留著它的邊遠州的形象。第二次世界大戰加快了這裡的經濟和社會發展，給當地帶來了諸如洛塞勒摩斯等研究機構。目前當地的經濟主要依靠輸出原材料；石油和天然氣的生產也很重要。在阿布奎基有新墨西哥大學和一個美術家社區。人口約1,730,000（1997）。

New Mexico, University of 新墨西哥大學 美國內華達州公立大學。位於阿布奎基，創建於1889年。設有綜合性的大學、研究所、及專科班系列課程，主要學術專長爲美國西南研究、拉丁美洲研究，其他專長領域還有隕石研究、機械人研究、陶器研究以及平版印刷術（塔馬林研究所）。該校另有五個分校校區。現有學生人數約27,000人。

New Model Army 新模範軍（西元1645年） 爲國會贏得英國內戰的軍隊。從英國各地抽調力量並經過良好訓練的一支隊伍，而不是受局限的地方民兵。新軍也取代了由個別的將軍帶領的私人軍隊，後者缺少統一的指揮。在費爾法克斯和克倫威爾的指揮下，新模範軍取得了內茲比戰役的勝利，有效地結束了內戰的第一階段。

New Nationalism 新國家主義 羅斯福擁護的政治政策。受到克羅利所著《美國生活的前途》（1910）一書的影響，羅斯福在演說中用了這個詞來提倡社會正義以及對州際工業實行聯邦政府調節。在1912年的總統競選中羅斯福失敗了，但新國家主義卻形成了進步黨政治綱領的基礎。亦請參閱La Follette, Robert M(arion)。

New Orleans 紐奧良 路易斯安那州東南部的城市。位於密西西比河與龐恰特雷恩湖之間，是該州最大的城市和主要的深水港。1718年由法國殖民主義者邊維爾建立，1763年被割讓給了西班牙。1803年又讓回給法國，後被拿破崙賣給了美國。1805年建市，1812～1849年間爲州首府。在美國南北戰爭期間該市被聯邦軍占領（1862）。紐奧良是著名的旅遊中心，吸引人的景觀有豐富的星期二和以夜總會和克里奧爾建築聞名的法國區。它也是一個醫學、工業和教育中心。人口約477,000（1996）。

New Orleans, Battle of 紐奧良戰役（西元1815年1月8日） 1812年戰爭中美國戰勝英國的一場戰役。1814年末帕肯厄姆將軍（1778～1815）率英艦五十餘艘駛入墨西哥灣，準備襲擊紐奧良。領導主要由民兵和志願兵組成的美國西南軍司令傑克森將軍與英國正規軍作戰。1815年1月8日，英軍向他們發動猛攻。傑克森的軍隊有效地掩護在土方防禦工事後面，而英軍則是完全暴露在外面。戰鬥的持續時間很短，結果是美軍取得了決定性的勝利，英軍則以撤退告終。帕肯厄姆將軍被殺。這場戰役並沒有軍事價值，因爲停戰的根特條約在12月就簽訂了，但消息到達得晚。不過這場戰爭還是振奮了全國的精神，提高了傑克森作爲英雄的威望，爲他當選總統鋪平了道路。

New Orleans, Battle of 紐奧良戰役（西元1862年4月24～25日） 美國南北戰爭時期的海軍行動。在法拉格特領導下共四十三艘船的聯邦艦隊進入密西西比河紐奧良市的下游，衝破了跨河鏈索防線。洛維爾領導下的3,000名美利堅邦聯南軍向北撤退，紐奧良失守。5月1日由巴特勒領導的聯邦軍進入城市，占領紐奧良直到戰爭結束。紐奧良的淪陷是對南軍重大的打擊。

New Orleans jazz 紐奧良爵士樂 ➠ Dixieland

New Realism 新實在論 20世紀早期在形上學和知識論上的思潮，反對主宰著英國和美國大學的觀念論。早期的領導者包括詹姆斯、羅素和摩爾，他們採用實在論這個詞來顯示他們對觀念論的反對。1910年，蒙塔古、派里及其他人簽署一篇題爲〈六位實在論者的綱領與第一篇宣言〉的文章，隨後於1912年合作出版《新實在論》。新實在論者爲了捍衛已知事物的獨立性，他們肯定：在認知「知識的內容時，當知識產生，位於心靈中或在心靈之前者，在數目上與已知的事物相一致。」（直接實在論的一種形式）。部分實在論者認爲，這種知識論上的一元論，似乎未能對於心靈易於錯誤的傾向，給予令人滿意的解釋。

new religious movement (NRM) 新宗教運動 任何發源於近幾世紀、擁有以下獨特之特性的宗教：折衷主義、融合主義、宣稱擁有超凡能力的領導者，以及「反文化」的層面。西方的新宗教運動被視爲在社會的主流之外，此一運動極度紛歧，但包括千禧年運動（如耶和華見證人）、西方化的印度教與佛教運動（如國際黑天覺悟運動）、所謂的「科學」團體（如山達基教會）以及自然宗教（參閱Neo-Paganism）。在東方，他們包括中國在19世紀的太平運動（參閱Taiping Rebellion）以及今日的法輪功運動、日本的天理教和完全自由教團，以及韓國的天道教和統一教。部分新宗教運動逐漸消退，或遭遇悲慘的結局。其他諸如摩門教教會，最終被接納進入主流。

New Republic, The 新共和 由斯特雷特於1914年創辦的評論性週刊，克羅利任主編。是美國長期以來最有影響的自由雜誌之一。早期反映進步運動，尋求美國政府和社會的改革。1920年代自由主義不受歡迎，該雜誌衰落下來，但到1930年代又復興起來。起初反對羅斯福的政府，後來又支援他的新政。前副總統華萊士於1946年當了該雜誌的主編後，使《新共和》更向左傾，直到他被迫辭職。1980年代初，該雜誌開始刊登一系列反映美國政界保守主義抬頭的評論文章。

New River 紐河 維吉尼亞西南部和西維吉尼亞南部的河流。形成於北卡羅來納州，向北穿過維吉尼亞進入西維吉尼亞，與高利河匯合後形成卡諾瓦河。全長約515公里。在費耶特維爾附近的河上架有世界上最長的鋼拱橋紐河峽谷橋，主跨度爲518公尺。

New School University 新學院大學 舊稱社會研究新學院（New School for Social Research）。紐約市的一所私立大學。1919年成立時爲非正式的成人教育中心，不久成爲美國第一所專門從事連續教育的大學。1934年建立政治和社會科學研究院，教師主要是從納粹德國逃難出來的學者。它還包括一個文學院、管理研究院、曼斯音樂學院和帕森斯設計學院。學生總人數約7,000人。

New Siberian Islands 新西伯利亞群島 俄國東北部，東西伯利亞以北北冰洋中的島群。這些島嶼把拉普捷夫海與東西伯利亞海分開。它們與西伯利亞大陸之間隔有德米特里拉普捷夫海峽。總面積約38,000平方公里，一年中有九個多月被冰雪覆蓋。北極狐、北方鹿、旅鼠和許多種鳥類都居住在這些島上。

New South Wales 新南威爾士 澳大利亞東南部的一個州。瀕太平洋，面積801,428平方公里，首府是雪梨。主要的地理特點是大分水嶺。史前時期就有人居住，1770年科克船長宣布它爲英國所有。殖民地包括除西澳大利亞外的整個大陸。在19世紀中對它的內部也作了考察，並建立了殖民地，與新南威爾士分開。1901年成爲澳大利亞聯盟的一部分。1911年開始，該州讓出澳大利亞首都直轄區的地區。新南威爾士是澳大利亞商品農業、工業和文化的中心。人口6,039,000（1996）。

New Spain 新西班牙總督轄區 以前的西班牙總督轄區（1535～1821），主要在北美洲，包括美國的西南部、墨西哥、巴拿馬以北的中美洲、西印度群島的大部分和菲律賓。墨西哥城是政府的所在地，該政府對西班牙的加勒比海諸屬地也有司法權。第一任總督派科羅納多去北部考察。1821年總督轄區屈從於伊圖爾維德組成的同盟。

New Sweden 新瑞典 北美洲唯一的瑞典殖民地，位於德拉瓦河畔，從新澤西州的特稜頓延伸到該河的河口。1638年米紐伊特領導的新瑞典公司建立，當時在現在德拉瓦州的維明頓修建了克里斯蒂娜堡。1655年被斯特伊弗桑特領導下的荷蘭人占領。在荷蘭統治時期，允許瑞典殖民者保持他們的土地並繼續他們的風俗習慣。

New Testament 新約 基督教《聖經》兩大部分中的第二部分。基督教將《新約》視爲對《舊約》中諾言的實踐。《新約》回顧了耶穌基督的生平與傳教經歷，爲早期教會闡述了其意義，尤其注重上帝與耶穌門徒之間訂立的新的盟約。《新約》共二十七卷，包括敘述耶穌生平言行的四部福音書；敘述早期基督教會歷史的〈使徒行傳〉；二十一封使徒書信，對早期教會提出建議和指導；以及〈啓示錄〉對未來啓示論的描述。全書大部分寫於西元1世紀後期，不過沒有一卷是可以明確地確定其寫作日期的。作者中間只有兩位是可以被確認的：使徒聖保羅被認爲寫作了十三封書信；聖路加寫作了第三部福音書以及〈使徒行傳〉。後人爲其他篇章指認的作者，有的很可能眞是作者（如其他三部福音書的作者），有的卻根本就無從知曉（如《致希伯來人書》）。這些篇章在早期的教會中流傳，被用來作爲講道和說教的教材。目前所知最早的《新約》篇目編排出自367年聖亞大納西的著作。382年的一次教會會議最終允准了這一編排。

New Thought 新思想派 19世紀時起源於美國的精神治療運動。最早的倡導者昆比（1802～1866）是個從事催眠術的人，他教導說疾病都是精神的。新思想派受到從柏拉圖到斯維登堡、黑格爾和愛默生等一批哲學家的影響，而它反過來又影響了愛迪的基督教科學派。1914年組成的國際新思想聯盟宣稱犯罪和疾病都來自不正確的思想。各新思想團體都強調耶穌基督是一位老師和治病者，宣稱耶穌基督的王國存在於每個人心中。

new town 新城鎮 城市規畫的一種形式，設計的目的是重新安排大城市的人口分布，讓居民遷出城區，而在城市週邊建立住宅群、醫院、工業和文化、娛樂和購物中心，以形成全新的、相對獨立的社區。20世紀初，烏托邦主義者霍華德預言了新城鎮（參閱garden city）。第一個官方的新城鎮是1946年英國的「新城鎮法」提出來的。這一想法受到其他國家的歡迎，尤其是美國、西歐和蘇聯的西伯利亞地區。英國以外的新城鎮往往沒有充足的綜合利用氣氛，於是城鎮缺少活力。由於來往交通和汽車的使用急遽增加，故而不要求新城鎮完全自我包容。

New Wave 新浪潮 法語作nouvelle vague。指1950年代晚期一批個人主義者的法國導演，包括夏布羅爾、楚浮、高達、路易馬盧、侯麥、雷奈等人。大多數新浪潮導演都與重要的電影雜誌《電影筆記》有關，在這份雜誌中他們發展出影響很大的作者論，主張電影要表達導演個人的觀點。新浪潮電影的特點是新穎出色的技巧，甚至使電影的主題相形見絀。最重要的新浪潮電影有高達的《斷了氣》（1959）、楚浮的《四百擊》（1959）和雷奈的《廣島之戀》（1959）。

New World monkey 新大陸猴 南美洲猴類(闊鼻猴)的統稱，包括狨科和捲尾猴科（如僧帽猴和蜘蛛猴）。其特徵是兩鼻孔大而離得很寬，拇指不能對握。大多數種類的新大陸猴尾長，有些種類甚至能以尾抓物。亦請參閱Old World monkey。

New Year's Day 新年 新的一年開始的第一天。世界各地依當地的宗教，文化以及社會習俗對這一天加以慶祝。通常會舉行儀式來象徵拋棄舊的一年並慶祝新的一年。猶太教、基督教和伊斯蘭教使用各自不同的日曆，因此在不同的日子裡來慶祝新年。在西方，西曆的1月1日是公認的新年。猶太教新年又稱歲首節，以提市黎月初一爲元旦，這一天有可能是西曆9月6日至10月5日之間的任何一天。穆斯林們的新年則是穆哈蘭聖月的第一天，由於伊斯蘭教採用的是陰曆，這一天相對於西曆來說是逐年回歸的。中國農曆新年通常是在西曆的1月末或2月初，節慶活動往往拖延很長時日，包括用放鞭炮的方式來驅魔，演戲，以及供奉祖先和衆神。

New York 紐約 美國東部一州。面積約爲128,402平方公里。首府爲奧爾班尼。哈得遜河、聖勞倫斯河、德拉瓦河、尼加拉河構成了該州的部分邊界。其東北有阿第倫達克山脈，東部有卡茲奇山脈。在歐洲人到來之前，阿爾岡昆人（參閱Algonquian languages）和易洛魁人已經居住於此。1524年韋拉札諾造訪了紐約灣。1609年哈得遜和山普倫的探險則最終導致了歐洲人的定居。1664年，當時以斯特伊弗桑特爲首的荷蘭殖民地新尼德蘭向英國投誠，此地即重新定名爲紐約。以後法國印第安人戰爭在紐約州的北部和中部造成了一些麻煩，但戰爭結束後英國確立了在此的統治地位。在美國革命期間，這裡也發生了大大小小的戰鬥，諸如泰孔德羅加和薩拉托加戰役，以及在西點附近發生的阿諾德的叛亂。1777年紐約州通過了第一部州憲法。1797年州首府由紐約市遷往奧爾班尼。1825年伊利運河的開挖刺激了該州西部的發展。19世紀坦曼尼協會在紐約市的影響與日俱增，曾使紐約市與紐約州的關係緊張。該州經濟一度主要依靠水牛城、羅契斯特和雪城等城市的製造業，現在以紐約市爲中心的服務業已經取得了支配地位。人口約18,137,000（1997）。

New York, State University of (SUNY) 紐約州立大學 美國最大的大學系統（學生總數約四十萬人）。成立於1948年，包括在奧爾班尼、賓厄姆頓、水牛城和斯托尼布魯克的大學中心；在布魯克波特、水牛城、寇克蘭、弗雷德尼亞、日內西奧、新帕爾茨、舊西布雷、奧尼昂塔、奧斯維格、普拉茨堡、波茨坦和波卻斯等地的藝術和科學學院；三個醫學中心（兩個在紐約市，一個在雪城）；若干所兩年制的農業和技術學院；一個不供住宿的連續教育計畫（帝國州立學院）；三十多個社區學院以及其他各種專門單位。

New York Central Railroad　紐約中央鐵路公司　美國的主要鐵路。1853年建立，將十條奧爾班尼與水牛城之間與伊利運河平行的小鐵路聯合起來，其中最老的是摩和克和哈得遜鐵路，是紐約州的第一條鐵路（1831年建成）。1867年范德比爾特贏得了紐約中央鐵路公司的控制權，並將它與自己的紐約和哈得遜鐵路（從曼哈頓到奧爾班尼）聯合起來。這個鐵路系統一直成長到擁有16,000公里的鐵路，將紐約與波士頓、蒙特婁、芝加哥以及聖路易連接在一起。第二次世界大戰後，紐約中央鐵路公司開始衰落，1968年與主要競爭對手賓夕法尼亞鐵路公司合併，組成賓中央運輸公司。合併後經營失敗，1970年鐵路公司被迫破產。1971年全國鐵路客運公司接管其客運業務，其他資產於1976年轉入聯合鐵路公司。

New York City　紐約市　紐約州東南部城市，位於哈得遜河口。美國最大城市，重要海港。下設五個行政區：布隆克斯、布魯克林、曼哈頓、皇后區和斯塔頓島。此地當初是曼哈頓島上的一個荷蘭人交易場所，1626年由荷蘭人總督米紐伊特從印第安人手中買下，建立起名爲新阿姆斯特丹的殖民地。1664年此地歸降英國，更名紐約。1784～1797年間它是紐約州的首府，1789～1790間曾一度作爲美國首都。1825年伊利運河開挖後當地經濟起飛，整個城市在美國南北戰爭結束後迅速擴展，交通通訊得以發展。1898年五個行政區合併爲一個統一的城市。該城是一個貿易、金融、媒體、藝術、娛樂以及時裝的世界中心，長期以來一直是各國移民嚮往的目的地。由於紐約市扮演著世界商務中心的重要角色，它也成了恐怖主義的一個目標。2001年9月，恐怖分子劫持的數架飛機有預謀地撞入世界貿易中心兩棟大樓，摧毀了大樓以及附近的一些建築。這次攻擊殺死了成千人。人口8,008,278（2000）。

New York City Ballet　紐約市芭蕾舞團　優秀的美國芭蕾舞團。前身是美國芭蕾舞團，由巴蘭欽和柯爾斯坦於1935年創辦，1946年復興爲芭蕾學會；1948年確定現在的名稱。1964年搬入長期據點，林肯中心的紐約州立劇院。在巴蘭欽的藝術指導下，該舞團成爲領先的美國芭蕾舞團，將歐洲古典芭蕾與美國的個性和創造結合在一起，對美國舞蹈界產生巨大影響。後來的藝術指導羅賓斯和馬丁斯對它的劇目做了大量的工作。主要演員有塔爾奇夫、維萊拉、丹波伊斯和法雷爾。

New York Daily News　紐約每日新聞　紐約市出版的晨報（小報）。1919年由帕特森和他的表兄弟馬考米克創辦，作爲芝加哥論壇報公司的子公司。它是美國第一份成功的小報，以關於犯罪、醜聞和暴力等聳人聽聞的報導、渲染的照片以及漫畫和其他娛樂特寫吸引了大批讀者。它是無線電傳眞業務的早期用戶，並培養了一批攝影記者。1993年被祖克爾曼收購。

New York Public Library　紐約公共圖書館　美國最大的市立公共圖書館，也是世界上大型圖書館之一。建於1895年，中央大樓於1911年對外開放。它的館藏包括1,000多萬冊圖書和1,000多萬份手稿，還有大量圖片、地圖、盲文版圖書、電影膠捲和微縮膠片。

New York school　紐約畫派　1940年代和1950年代，在紐約或紐約周圍參與當代藝術，尤其是抽象表現主義藝術發展的畫家。第二次世界大戰期間及戰後，前衛派藝術的領導地位從受了戰爭創傷的歐洲轉移到了紐約，紐約畫派在世界藝術中的領導地位一直保持到1980年代。1960年代後期的抽象表現主義、極限主義、普普藝術和新寫實主義等都起源於紐約。亦請參閱action painting。

New York Stock Exchange (NYSE)　紐約證券交易所　世界上最大的證券交易市場。最初的交易是在1792年由二十四人的非正規聚會開始的，地點就在如今紐約市的華爾街。1817年正式組成紐約證券交易委員會，1863年取現名。自1868年起，成員資格須以從原有成員中購買席位的方式取得。自1953年起，全部成員席位一直限定在1,366名。該交易所爲美國19世紀的工業化提供了資本。1837年大恐慌後，交易所開始要求各公司向大衆公布財務狀況，作爲其股票上市的條件。1929年證券交易市場的崩潰則導致了證券交易委員會對市場的管理。只有稅前盈利達到250萬美元、最低發行在外股票100萬股、給予普通股東投票權並定期公布財務狀況的公司，其股票才有資格在該交易所掛牌買賣。亦請參閱American Stock Exchange (AMEX)、NASDAQ。

New York Times, The　紐約時報　長期保持美國報紙記錄的每日晨報。自1851年創辦開始就避免聳人聽聞，而把目標放在吸引有文化的知識分子讀者上。1896年被奧克斯收購，他將《紐約時報》辦成在國際上受推崇的日報。《紐約時報》對鐵達尼號沈沒和兩次世界大戰的報導明顯地提高了它的聲望。1970年代，由於發表了五角大廈文件而成爲爭論的焦點。之後十年中在蘇茲貝格的領導下，對它的組織和成員作了徹底的變動，包括引入在各地區印刷的全國版。如今，《紐約時報》可能是世界上最受推崇和影響最大的報紙。它是紐約時報公司的旗艦，該公司的興趣還包括其他的報紙（包括波士頓環球報）、雜誌以及廣播和電子媒體。

New York University (NYU)　紐約大學　紐約市的私立大學，成立於1831年。紐約大學包括十三所學校、學院以及在曼哈頓區六個主要中心的分校。教學計畫中包括藝術和科學、研究生課程、商學、公共管理、教育、保健、護理、醫學、牙醫、法律、社會工作和美術。1972年組織的加拉亭分校提供新穎研究課程的學位。學生總人數約30,000。

New Yorker, The　紐約客　美國的一份週刊，以文風多樣、筆調幽默著稱。1925年由羅斯創辦並任主編至1951年。創刊初期主要報導紐約市的娛樂新聞以及社會文化生活，後來逐漸擴大了範圍，包括文學、時事和其他話題。針對上層的、思想自由的讀者，以短篇小說、漫畫、長篇（偶爾有整本書那樣長）報告文學以及對藝術的詳細評論著稱。1985年《紐約客》轉售給了小紐豪斯（參閱Newhouse family）。從羅斯開始，它的主編是蕭恩（1952～1987）、戈特利布（1987～1992）、布朗（1992～1998）和雷姆尼克（1998年後）。

New Zealand　紐西蘭　南太平洋島國。面積270,534平方公里。人口約3,861,000（2001）。首都：威靈頓。絕大多數人口源自歐洲；約有10%人口是毛利人，有一部分是太平洋島民和中國人。語言：英語和毛利語（皆爲官方語）。宗教：基督教。貨幣：紐西蘭元（$NZ）。紐西蘭以科克海峽相隔分成南島和北島，及其他數個小島。南島上的山脈和北島上的丘陵約各占南、北兩島面積的一半左右。該國已開發的市場經濟以農業爲主，養羊、小型工業和服務業占支配地位。政府形式爲君主立憲政體；國家元首是代表英國君主的總督，政府首腦爲總理。西元1000年前後，玻里尼西亞人占據此地。1642年首先被荷蘭探險家塔斯曼發現，1769年科克船長給幾個主要島嶼以特許狀。1840年在威靈頓命名該地區爲英國直轄殖民地，整個1860年代該地區不斷發生殖民者與原住民毛利人之間的戰爭。1865年首府從奧克蘭移到了威靈頓，1907年該殖民地成爲紐西蘭的領地。1919～1962年間擁

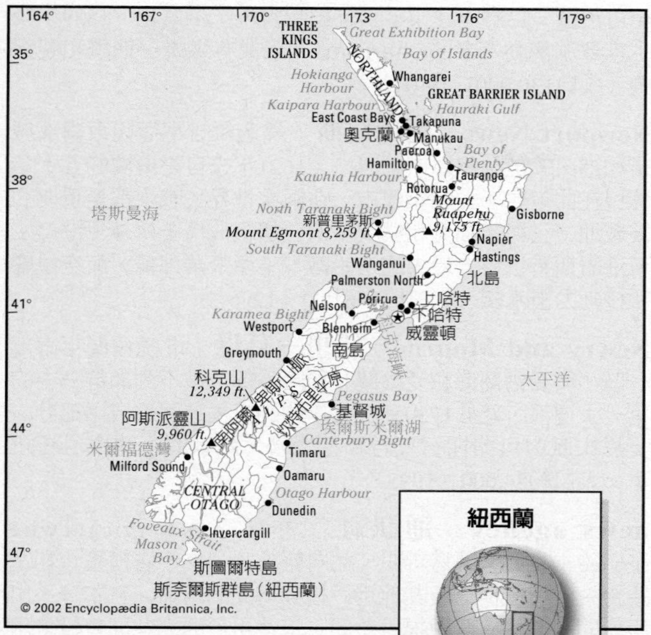

有對西薩摩亞的行政管理權，並參加兩次世界大戰。人口識字率幾近100%，文化環境主要是歐式的，雖然傳統的毛利文化和藝術也正在復興中。南島上的主要城市是基督城。1970年代英國參加歐洲經濟共同體後，使紐西蘭擴展了它的出口市場，並使它的經濟走向多樣化。在對外關係方面紐西蘭也變得更爲獨立。

Newar＊　尼瓦爾人　尼泊爾加德滿都谷地占人口半數的民族。多數尼瓦爾人是印度教徒，但有些相信印度式的佛教。尼瓦爾人從事許多種職業，傳統中以建築師、工匠和加德滿都著名廟宇和神壇的建造者而出名。10世紀到16世紀時，繪畫和雕刻在尼瓦爾人間蓬勃發展。人口約540,000。

Newark＊　紐華克　紐約市以西，新澤西州東北部的城市和港口。1666年由清教徒建立，1693年批准設鎮。1748～1756年間是新澤西學院（現在的普林斯頓大學）的所在地。1776年紐華克是華盛頓將軍的供給基地。1836年建市。紐華克爲新澤西州最大的城市，是1967年一場主要民間騷亂的發生地。它是多種工業、運輸業和保險業的中心，也是伯爾和克雷恩的出生地。人口約269,000（1996）。

Newbery, John　紐百瑞（西元1713～1767年）　英國出版家。1744年，他在倫敦設立一家書店與出版社，成爲最早出版童書之地；作品包括《小小可愛口袋書》、《守規矩》。1781年，他的公司出版了第一套與鵝媽媽（Mother Goose）有關、撫育兒童的押韻作品。從1922年起由美國圖書館協會每年頒給在美國對兒童文學有最突出之貢獻的紐百瑞獎的紀念，即是在紀念這位出版家。這個獎和頒給最佳的兒童圖畫書的凱迪克獎（參閱Caldecott, Randolph）一同頒發。

Newcastle　紐塞　亦稱泰恩河畔紐塞（Newcastle upon Tyne）。英格蘭北部泰恩－威爾都會區城市和港口，位於泰恩河畔。其歷史可追溯到羅馬時期。1080年威廉一世的長子，諾曼第的羅伯特二世在此修建諾曼人城堡，故而得名。最初爲重要的羊毛貿易中心，16世紀時成爲主要礦區和煤炭裝運港。它是世界上最大的船舶修理中心之一；現在它的經濟主要與海洋以及重型工程工業有關。該市還是個教育中心，有14世紀的教堂。都會區人口約283,000（1995）。

Newcastle(-under-Lyme), Duke of　紐塞公爵（西元1693～1768年）　原名Thomas Pelham或Thomas Pelham-Holles。英國政治人物。1714年繼承了他父親和叔父的土地，成爲英格蘭最富有的輝格派地主之一。他協助喬治一世即位，從而被封爲公爵（1715）。1724到1754年，華爾波爾選擇他爲國務大臣。後接任他兄弟佩勒姆的首相之職（1754～1756，1757～1762）。他善於分配權力以保證國會對某個部門的支援。在喬治一世和喬治二世統治期間，紐塞施加了很大的政治影響。

Newcastle(-upon-Tyne), Duke of　紐塞公爵（西元1593?～1676年）　原名William Cavendish。英國內戰時期的保王軍司令官。因繼承遺產和王室賞賜而積累了大量財富。1642年委任他指揮英格蘭北部四郡，並爲約克解圍。在馬斯敦荒原戰役中保王軍被擊敗後，他離開英格蘭到了法國和荷蘭。王政復辟後返回英格蘭，重新獲得他的財產。他是詩人和劇作家們的保護人，本身也寫了幾部喜劇。

Newcomen, Thomas＊　紐科門（西元1663～1729年）　英國工程師。1712年他製作出大氣蒸汽機，是瓦特蒸汽機的前身。在紐科門的機器中，當蒸汽凝結在汽缸裡形成真空後，大氣壓就將活塞推向下。紐科門的機器曾多年用於礦井排水以及提水來推動水輪。

Newell, Allen　紐威爾（西元1927～1992年）　美國著名科學家。生於舊金山，1961年起執教於卡內基梅隆大學，直至逝世。1950年代晚期及1960年代早期，他與西蒙合作，對人類如何處理問題提出了重要的理論模型（代表著作爲《人類之問題處理》，1972）。晚期著作多是有關人工智慧方面，最廣爲人知的理論發展，是人類認知的電腦模型及《認知統一理論》（1990）。1990年獲頒國家科學獎章。

Newfoundland＊　紐芬蘭　省份（2001年人口512,930），加拿大四個大西洋沿岸省份之一。包括紐芬蘭島及大陸上的拉布拉多，與魁北克省相鄰，向北沿伸到大西洋，它是北美洲的極東地區。首府聖約翰斯。原是印第安人與愛斯基摩人墾屯地。在這個島的北半部曾發現西元約1000年開始的維京人的遺跡。1497年，卡伯特宣布這個島屬於英格蘭；聖約翰斯的第一個殖民地建立於1583年。法國和英格蘭爭奪這個地區的擁有權，儘管依照1713年烏得勒支條約一直握有控制權，但爭辯一直持續到19世紀。1949年成爲一個省份，把大瀨漁場納入。直到20世紀初西邊拉布拉多大規模的鐵礦保留區開始開採之前，漁業一直是此地最主要的產業，主要漁獲是鱈魚。

Newfoundland　紐芬蘭犬　在紐芬蘭培育的狗種，可能由當地品種與17世紀巴斯克漁民帶到北美的大庇里牛斯狗雜交而育成。以能營救落海的人而著名。性溫馴，有耐心。體高66～71公分，體重50～68公斤。後肢強大，肺活量大，腳大而有蹼，被毛厚而含油，故能在寒冷的水中游泳。又用作看門狗和役用動物。典型毛色爲純黑色，紐芬蘭看門狗則通常爲黑白相間。

Newfoundland, Memorial University of ➠ Memorial University of Newfoundland

Newhouse family　紐豪斯家族　美國家族，在20世紀晚期於美國創建鉅大的出版帝國。這個家族的財富始於薩穆爾（1895～1979），他在十七歲時擔任店員，讓新澤西貝約納的一份衰退的報紙轉虧爲盈。從1920年代早期，他收購並改造其他報紙；在他死時，他的先進出版公司已擁有三十一家報紙、七份雜誌、五家廣播電台、六間電視台和十五個有線電視系統。先進出版在其子小薩穆爾（1928～）與唐納（1930～）的領導下，大幅擴充，購併數家圖書出版商，包括藍燈書屋在內；並且成為擁有《紐約客》、《浮華世界》、《時髦》、《魅力》、《新娘點滴》和《美食家》等書刊的美國最大雜誌發行商。

Newman, Arnold (Abner)　紐曼（西元1918年～） 美國攝影師。在邁阿密大學學習美術，然後在一家邁阿密百貨商店的照相館工作。1946年他在紐約開辦了自己的照相館，專門拍攝知名人士工作時的肖像。他的「環境肖像攝影」大大地影響了20世紀的肖像攝影。他最著名的肖像照人物包括恩斯特、施蒂格利茨、奧基芙、史特拉汶斯基、畢卡索和科克托等人。

Newman, Barnett　紐曼（西元1905～1970年） 原名Baruch Newman。美國畫家。父母是波蘭移民。曾在美術學生聯合會和紐約市立學院學習。他與馬瑟韋爾和羅思科一起成立「藝術家主題」學派（1948），組織向其他藝術家開放的會議和講座。他發展出一種神祕抽象主義的風格，在《歐內門特1號》（1948）中實現了他的突破，畫中用一條橙色的帶（或稱「拉鏈」）將一片深紅色的場地垂直分隔。這種嚴肅簡樸的幾何風格成為他的特色，對萊因哈特和史戴拉這些藝術家產生很大影響。

Newman, John Henry　紐曼（西元1801～1890年） 以樞機主教紐曼（Cardinal Newman）知名。英國教會人士和學者。就讀於牛津大學，1833年成為牛津運動的領袖。該運動強調英國宗教傳統中的天主教因素，要求整頓聖公會。1845年被接納入羅馬天主教會，但他那准自由主義的精神引起教會裡更嚴格的神職人員對他的懷疑。金斯利對他的挑戰促使他對自己的思想歷史寫出有說服力的說明，即受到廣泛讚揚的《為自己的一生辯護》（1864）。這個作品保證了他在教會中的地位，1879年成為樞機助祭。他還寫了幾首包括〈慈光引領〉在內的讚美詩、神學著作以及宗教詩歌。

Newman, Paul　保羅紐曼（西元1925年～） 美國電影演員。曾在耶魯大學和演員工作室學習戲劇，1953年首次在百老匯舞台出演《野餐》一劇。1955年進入電影界，以《上面有人喜歡我》（1956）和《夏日春情》（1958）贏得聲譽。以後他還成功地出演了一系列影片，諸如《朱門巧婦》（1958）、《江湖浪子》（1961）、《原野鐵漢》（1963）、《鐵窗喋血》（1967）、《虎豹小霸王》（1969）、《刺激》（1973）、《惡意的缺席》（1981）、《大審判》（1982）和《金錢本色》（1986，獲奧斯卡獎）等，贏得了同世代人的廣泛好評和持久聲譽。他曾導演和製作了《巧婦怨》（1968）和《玻璃動物園》（1987）兩部電影，由他的妻子瓊安伍華德擔綱演出。

Newport　新港 英吉利海峽中威特島郡所在城鎮。可能是麥地那的羅馬居民點；沒有撒克遜人居民點的痕跡。1177到1184年間首次獲得設鎮的特許狀，1608年設自治鎮。新港是威特島的貿易和農業中心。人口約22,000（1995）。

Newport　新港 美國羅德島州東南部城市和港口，位於納拉甘西特灣的口上。1639年由來自麻薩諸塞的移民者建立，成為宗教難民的天堂。1900年以前，與普洛維頓斯同為州首府。新港舉辦了許多次美洲盃快艇賽，是海軍教育的中心。它保留有范德比爾特官邸之一，還有美國最老的圖羅猶太教堂。人口約24,000（1994）。

Newport　新港 威爾斯東南部城市和港口，位於布里斯托海峽阿斯克河的河口。約1126年，它是個有城堡的中世紀自治區。1385年建市。19世紀時實現了工業化。1839年發生憲章派暴動（參閱Chartism）。工業有煤炭、鋼鐵和製鋁業。人口130,000（1991）。

Newport News　新港紐斯 美國維吉尼亞州東南部城市和港口，位於詹姆斯河河口。1621年來自愛爾蘭的五十名移民在此定居。1896年建市，在兩次世界大戰中都是重要的裝載地。它與諾福克和樸次茅斯一起組成漢普頓錨地港口。新港紐斯有世界上最大的造船廠，生產豪華郵輪、航空母艦和核動力潛水艇。人口約176,000（1996）。

Newry and Mourne　紐里－莫恩 北愛爾蘭東南部一區。與愛爾蘭海和愛爾蘭共和國為鄰，被不列顛群島中的第一大運河，建於1730到1741年間的紐里運河分成兩部分。莫恩山脈中可開採石灰岩和花崗岩。該區的行政中心在紐里。人口約84,000（1995）。

news agency　通訊社 亦稱news service或wire service。收集、編寫新聞，並向報紙、刊物、廣播電台和電視台、政府機構以及其他用戶播發新聞的組織。它本身不出版新聞，而是向訂戶提供新聞，這些用戶通過共同負擔費用而得到自己無力單獨承擔的服務。所有大眾媒體都依賴通訊社來獲得大部分新聞。有些通訊社關注的是專門的一些主題，或者關注局部地區或國家。許多通訊社是互相合作的，各成員向集稿中心提供他們所在地區的新聞供大家使用。最大的幾家通訊社是美國的合眾國際社、美聯社、英國的路透社和法國的法新社。

newscast　新聞廣播 通過無線電台或電視來廣播新聞事件。1930年代中期開始用無線電網路來收集和廣播新聞。第二次世界大戰期間快速增長。電視廣播開始於1948年，當時只有十五分鐘的節目，類似電影的新聞紀錄片。當前美國採用的格式是用新聞播音員或主持人來朗讀新聞稿，插入錄音帶（用於無線電廣播）或錄影帶（用於電視）以及從外地記者傳回來的現場報告。著名的新聞播音員有默羅、克朗凱和布林克利。

Newsday　新聞日報 美國紐約州長島出版的每日晚報（小報）。隨著都市周圍拿騷和沙福克兩郡居民區的擴展，1940年創辦了此報。該報遵循自由、獨立的政策，專門報導嚴肅的當地新聞。由於為大眾服務所做出的功績，報紙本身曾三度獲普立茲獎，它的作者和記者們更是多次獲獎。它是時代明鏡公司的一部分，該公司還出版洛杉磯時報。

newsgroup　新聞群組 討論特定主題的網際網路論壇。新聞群組以主題（例如汽車）來組織，每個新聞群組有幾個子群組（例如古董車、一級方程式賽車）。要開始討論串必須先「張貼」（上傳）文章，後續的回應（包括給回應的回應）構成討論。新聞群組的名稱通常用縮寫表示（例如rec代表娛樂新聞群組），後面的子群組以小點分開（例如rec.music.jazz娛樂.音樂.爵士）。閱讀或張貼訊息需要新聞閱讀器，連接使用者到網際網路新聞伺服器的程式。大多數新聞群組是以使用者網路連接，這是全球性的網路，使用網路新聞傳輸協定。亦請參閱bulletin-board system。

newspaper　報紙 通常每天、每週，或者在其他規律的時間發行，提供新聞、觀點、特別報導和其涉及公共利益的資訊的出版物，通常刊登廣告。現代報紙的前身早在古代的羅馬（參閱Acta）就已經出現。以活字印刷、相當程度固定出刊的報紙則於17世紀早期，在日耳曼、義大利和尼德蘭出現。第一份英語日報是從1702年發行至1735年的《每日新聞》。雖然已有官方報紙在前，但富蘭克林的《新英格蘭新聞》(1721)是英國殖民地第一份獨立的報紙。至晚於1800年之前，出版自由的原則也是嚴肅性與大眾性的報紙雙方的基本公式，已在大部分的歐洲和美國生根。在19世紀，美國報紙的數量及發行量急遽昇高，這要歸因於擴大的識字率、擴充的吸引力、低廉的價位，以及在排字、印刷、通訊和運輸等科技上的進步。至遲於20世紀晚期，報紙已經取得極龐大的力量。爲競爭讀者，經常嘩眾取寵；而在20世紀，還出現了所謂的小報（參閱yellow journalism）。自1900年起，全世界的報紙出版大幅擴張；在幅員大的國家，報業經歷生產鍊的強化，小型報社被吸納入大型報社之中。

Newsweek　新聞週刊　美國紐約市出版的新聞週刊。1933年由前《時代週刊》主編瑪爾提恩創辦，《時代週刊》則於1937年與《今日》雜誌合併。開始時在分析專欄上提供相當乏味的新聞調查。第二次世界大戰後，它變得比較有生氣，特別是在1961年被《華盛頓郵報》的出版人葛蘭姆收購後就更活躍起來。它準確、活潑和生動的報導以及像《時代週刊》那樣經各部門組織後，以簡潔的總結形式提供新聞。這些特色都爲它建立了牢固的聲望。

newt　蠑螈　亦稱eft。蠑螈科40餘種動物的統稱，主要分布於美國東南部和墨西哥，也見於亞洲和大不列顛。水棲者稱蠑螈，而陸棲者稱水蜥。體軀細長，尾高大於寬。以蚯蚓、昆蟲、蝸牛和其他小動物爲食。水棲和陸棲種類都繁殖於池塘中。英國的3個種（北螈屬）有時被稱爲北螈。北美東部的赤水蜥在幼年陸生時體呈鮮紅色，之後變爲永久的水棲動物，體色轉爲暗綠。

冠北螈（Triturus cristatus）
Toni Angermayer

newton　牛頓　在公尺－公斤－秒（MKS）物理單位制（參閱International System of Units）中力的絕對單位，簡稱N。它的定義是：使1公斤的質量產生1公尺/秒^{2}的加速度所必須的力。1牛頓等於公分－克－秒（CGS）制中的100,000達因，或者英呎－磅－秒制（英制或美制）中的大約0.2248磅。它以科學家牛頓的名字命名，牛頓的第二運動定律描述了力所能產生的物體運動狀態的改變。

Newton, Huey P(ercy)　紐頓（西元1942～1989年）　美國黑人運動分子。生於紐奧良，高中畢業後依然是個文盲，在就讀大學之前努力自學閱讀。他在就讀舊金山法學院時結識西爾（1936～），並在1966年共組黑豹黨。1974年牛頓被控告謀殺，並逃亡到古巴，他在1977年返回美國，涉案的兩個案件都因陪審團未能做出一致判決，使他獲得無罪釋放。1989年因被控挪用黑豹黨創辦學校的基金，而被判處六個月有期徒刑並入監服刑，不久之後他在加州奧克蘭的街頭被槍殺身亡。

Newton, Isaac　牛頓（西元1642～1727年）　受封爲艾澤克爵士（Sir Isaac）。英國物理學家和數學家。自耕農之子，由其祖母扶養長大。他就讀劍橋大學（1661～1665），在那裡發現了笛卡兒的作品。他的實驗讓光通過菱鏡，導致白光多相和微粒的發現，奠定了物理光學原理的基礎。1668年造出第一個反射式望遠鏡，1669年成爲劍橋大學的數學教授。他發展出微積分的基礎，雖然這項作品超過三十年未發表。他最聞名的著作《數學原理》(1687)源於他與哈雷的通信。書中描述他在運動定律（參閱Newton's laws of motion）、軌道力學、潮汐理論和萬有引力理論方面的工作，被視爲現代科學的開創性著作。1703年獲選爲倫敦皇家學會的主席，1705年成爲第一位封爵的科學家。在其生涯中曾與幾位同僚激烈爭論，包括虎克（關於引力平方反關係的著作權）和萊布尼茲（關於微積分的著作權）。與萊布尼茲的爭議支配了牛頓生活的最後二十五年，如今確定的是，牛頓首先發展出微積分，但萊布尼茲首先發表這個題材。牛頓被視爲古今最偉大的科學家之一。

Newton's law of gravitation　牛頓萬有引力定律　宇宙中任何物質粒子吸引任何其他物質粒子的力（F）的大小與它們質量（m_1和m_2）的乘積成正比，與它們之間的距離(R)成反比的一種敘述。用符號來表示爲$F = G(m_1m_2)/R^2$，其中G是引力常數。1687年牛頓提出了這條定律，並用它來解釋所觀察到的行星及它們衛星的運動。17世紀初，克卜勒已將這些運動概括成數學的形式。

Newton's laws of motion　牛頓運動定律　作用在物體上的力與物體運動的關係，由牛頓系統整理而成。這些定律只適用於物體的整體運動，只對相對於一個參照系的運動有效。通常這個參照系就是地球。第一定律（也稱作慣性定律）說，如果物體處在靜止狀態或者沿直線做等速運動，那它將繼續保持這種狀態，除非受到力的作用才會改變。第二定律說，作用在物體上的力F等於物體的質量m乘以它的加速度a，或者說F=ma。第三定律（也稱作用與反作用定律）說，兩個物體之間的彼此作用永遠大小相等而方向相反。

Newtown St. Boswells＊　聖博斯韋爾新鎮　蘇格蘭東南部城鎮。位於愛丁堡－卡萊爾鐵路線上。1929年以前居民以鐵路雇員爲主。現在這個鎮是一個郡，爲博德斯地區的行政中心。建於1150年的德賴堡修道院裡有司各脫爵士以及陸軍元帥黑格的陵墓。

Newtownabbey＊　紐敦阿比　北愛爾蘭東部城鎮和區，建立於1973年。1958年由七個村莊組成這個鎮，是貝爾法斯特市延伸的居民區。周邊有現代工業區，生產輪胎、電話以及紡織品。該區的少量農業活動集中在區首府巴利克萊爾周圍。人口約79,000（1995）。

Newtownards＊　紐敦納茲　北愛爾蘭阿茲區首府鎮。1608年有人定居在一座修道院的廢墟位置上，位於貝爾法斯特以東。現爲製造中心。人口24,000（1992）。

Ney, Michel　內伊（西元1769～1815年）　後稱prince de la Moskowa。法國軍官，拿破崙的元帥中最知名的。法國革命戰爭期間他顯露了出來，1799年升到將軍。他是拿破崙的支持者，1804年獲法國元帥頭銜，1808年在拿破崙戰爭中取勝後被封爲埃爾欽根公爵。在1807年的弗里德蘭戰役以及1812年的博羅季諾戰役中，他都領導法國軍隊。在法軍撤離莫斯科時，他無畏地指揮暴露著的後衛部隊，拿破崙稱讚他爲「勇士之最」。拿破崙退位後，內伊投靠路易十八世，而在百日中又與拿破崙的支持者結盟，並在失敗的滑鐵盧戰役中指揮軍隊。波旁王朝復辟後，內伊被軍事法庭審判並處極刑。

Neyshabur＊　內沙布爾　亦稱Nishapur。伊朗東北部城鎮。其名來自它的奠基人薩珊國王沙布林一世（死於272年）。是呼羅珊地區四大城市之一，5世紀時薩珊國王伊嗣埃二世的居住地。7世紀中葉衰落下來，但在塔希爾（821～873）和薩曼王朝（999年結束）的統治下重新繁榮起來。11世紀時，它是圖格里勒·貝格的居住地，但到12世紀時再度衰落。歐瑪爾·海亞姆以及詩人和神祕主義者阿塔爾的陵墓就在附近。人口約155,000（1994）。

Nez Percé＊ 內茲佩爾塞人 操薩哈普廷語的北美印第安人，其分布集中於愛達荷州中部、奧瑞岡州西部和華盛頓州西部的蛇河流域。他們的文化主要屬於高原地區印第安人類型，也受一些大平原印第安人文化的影響。他們的家庭生活傳統上集中於盛產鮭魚的河邊小村落，也獵捕小型獵物，採集野生植物爲食。內茲佩爾塞人得到馬之後，開始獵捕野牛，並更顯好戰，最後成爲當地最大的一個部族。雖然1800年代中期簽訂一系列的條約，內茲佩爾塞人傳統的土地卻未嚴重減少，但酋長約瑟夫所領導的悲劇性內茲佩爾塞戰爭（1877）則爲此畫上句點。今日約有2,500名內茲佩爾塞人仍舊生活在愛達荷州內茲佩爾塞人居留地。

Nezami＊ 內扎米（西元1141?～1209年） 亦稱Nizami。全名Elyas Yusof Nezami Ganjavi。波斯文學中最偉大的浪漫主義敘事詩詩人。他在岡加（現在的亞塞拜然）的生活不詳。他的頌歌和厄札爾僅有少量留存至今；偉大的《五卷詩》是他的成名之作，五組詩歌共三萬個對句，在敘事詩中加進了口語和寫實主義的風格。其中的第四卷《七美人》是他的經典傑作。

NFL ➠ National Football League

Ngami, Lake＊ 恩加米湖 波札那西北部的淺湖，位於喀拉哈里沙漠以北。1849年探險家李文斯頓看到它時，它是個大湖，估計周長超過275公里。儘管比起利文斯頓發現的時候來，現在該湖已小得多，不過它的大小還在隨降雨量而變化。湖中有豐富的鳥類。

NGO ➠ nongovernmental organization (NGO)

Ngo Dinh Diem＊ 吳廷琰（西元1901～1963年） 南越總統（1955～1963）。生爲皇族，與越南帝國家族保持友好關係。1933年任保大皇帝的內政大臣，但當法國拒絕了他的立法改革後就辭職了。胡志明的軍隊讓他參加，他拒絕而出亡國外。1954年保大邀請他回國任南越總理。1955年他趕走了皇帝，自立爲總統。他拒絕實行1954年日內瓦協定委託的選舉，實行專制統治，在佛教徒占壓倒優勢的國家裡偏向天主教。他是一個不受歡迎的領袖，1963年被他手下的將領們刺殺。

Ngonde ➠ Nyakyusa

Ngugi wa Thiong'o＊ 恩古吉（西元1938年～） 原名James Thiong'o Ngugi。肯亞小說家。在烏干達和英國受教育。他寫的名著《孩子，別哭》（1964）是東非人寫的第一部英語小說，寫的是一個捲入肯亞獨立鬥爭中的家庭的故事。其他的小說還有《一粒麥種》（1967）和《血的花瓣》（1977）。隨著他對殖民主義的影響越來越敏感，他採用了自己傳統的名字，並用基庫尤人的語言寫作。他還寫劇本以及關於文學、文化和政治的許多散文。

Nguni＊ 恩古尼人 居住於南非、史瓦濟蘭和辛巴威的族群，包括科薩人、祖魯人、史瓦濟人和恩德貝勒人，其所操語言非常接近班圖諸語言。由於1820年代姆菲卡尼侵擾和歐洲勢力的擴大，恩古尼人被迫離開家鄉，該族故土位於今開普省東部和夸祖魯／納塔爾一帶。

Nguyen dynasty＊ 阮朝（西元1802～1945年） 越南最後一個王朝。16世紀時，在後黎朝的諸皇帝名義上統治著越南的同時，阮氏家族以實質上獨立的形式統治著越南南方。1802年阮朝的奠基人嘉隆皇帝（1762～1820）征服了全越南；他的繼承人們模仿中國清朝（1644～1911/1912）的管理系統。1858年法國入侵，最後控制了整個越南。他們保留阮朝皇帝爲安南（越南中部）和東京（北越）的統治者，但不包括南越（稱交趾支那）。1945年越南民族武裝力量宣布獨立後，末代皇帝保大宣告退位。

NHL ➠ National Hockey League

niacin＊ 菸鹼酸 亦稱nicotinic acid或維生素B_3（vitamin B_3）。動物（包括人類）生長和健康不可缺少的雜環化合物。它是一種嘧啶環形的芳香性羧酸。在身體裡只以化合物的形式存在，如輔酶、菸酸胺腺嘌呤二核苷酸（NAD），它們參與碳水化合物的代謝以及糖的衍化物和其他物質的氧化過程。它是最穩定的維生素（參閱vitamin B complex）之一，在烹調和大多數醃漬過程中都不被破壞。廣泛存在於食品中，尤其是瘦肉。菸鹼酸缺乏會引起糙皮病。它也用作藥物來提高高密度脂蛋白膽固醇的水平。

Niagara Falls 尼加拉瀑布 尼加拉河上的大瀑布，位於美國－加拿大邊境。高特島把瀑布分成霍斯舒（或加拿大）瀑布和美利堅瀑布兩大部分。在美利堅瀑布的底部有風洞，是腐蝕而成的大岩室。瀑布下游的河流在懸崖峭壁間通過，形成旋渦急湍。跨越尼加拉河的橋樑有美國和加拿大兩個尼加拉瀑布城之間的彩虹橋。1678年法國傳教士亨內平到過此地。旅遊業是它的主要產業，它還是一個水力發電中心。

Niagara River 尼加拉河 形成美國－加拿大邊界的河流，在紐約州西部和安大略省的南部。它的流量大，落差大，是北美洲最好的水力發電資源。它連接伊利湖和安大略湖，尼加拉瀑布約在它的中部。河兩岸是美國和加拿大兩個同名的城市。從伊利湖到上游急湍之間可以通航。

Niamey＊ 尼阿美 尼日的首都，位於尼日河畔。原是毛利、澤爾馬和富拉尼等人的村莊，1926年成爲尼日殖民地的首府，第二次世界大戰後快速成長。它處在貿易路線的交會點上，居民來自尼日的其他部分，還有約魯巴人和豪薩人的商人、官員以及來自奈及利亞、貝寧和多哥的手工藝者。它是個商業中心，還有一所大學。人口約420,000（1994）。

Nian Rebellion 捻亂（西元約1852～1868年） 亦拼作Nien Rebellion。清朝時期發生在中國北方的叛亂。「捻」是一種祕密會社，很可能是由白蓮教轉化而成。它吸引了不少貧窮農民、走私鹽販以及逃兵。他們使用游擊式的打完就跑戰術，劫掠富裕人家，並將所獲得的財物重新分配給貧困的人。他們接掌地方上的民兵部隊，組成自己的軍隊。捻亂最後被李鴻章所弭平，他以現代化的武器以及布署封鎖線，擊敗叛軍。亦請參閱Taiping Rebellion。

Niarchos, Stavros (Spyros)＊ 尼亞科斯（西元1909～1996年） 希臘海運巨頭。開始時他購置了幾條船爲他家庭的麵粉廠運輸小麥，1939年建立起自己的船運企業尼亞科斯集團。第二次世界大戰中，他的船隻被盟軍使用，戰後，他用保險公司給戰爭中被擊沈船隻的理賠款購買了油輪。他喜歡大船，他的許多超級油輪（在尼亞科斯有限公司最興盛的時期曾運作八十多艘這樣的油輪）的大小和運載能力都創造了世界記錄。他和歐納西斯之間的長期競爭是出了名的。

Nias＊ 尼亞斯 印度洋中印尼的島嶼。是蘇門答臘西海岸島鏈中最大的島。長129公里，寬48公里，面積4,064平方公里。大部分居民是泛靈論者（參閱animism），操南島諸語言方言。主要的村莊是東北沿海的古林斯蒂托里。島上到處有巨石碑和木雕像，以紀念死者或象徵豐產。人口

468,000（1980）。

Nibelungenlied＊ 尼貝龍之歌 （德語意爲「尼貝龍的歌曲」〔Song of the Nibelungs〕）中古高地德語史詩，寫於約1200年，作者爲多瑙河地區（今稱奧地利）一位不知名詩人。它保留在三份13世紀的主要手稿中。詩中可辨別出的古老元素可追溯至古諾爾斯文學、詩體埃達中的故事和斯堪的那維亞的薩迦。主要人物有王子齊格飛、王后布倫希爾特、公主克里姆希爾特、其兄弟國王鞏特爾和國王的心腹哈根，故事以欺騙、報復和屠殺爲中心。在接下來的數世紀中，有許多以《尼貝龍之歌》爲根據的改編作品，其中包括華格納的歌劇《尼貝龍的指環》（1853～1874）。

Nicaea＊ 尼西亞帝國 拜占庭帝國分裂後的一個獨立小國（1204～1261）。1204年由狄奧多一世建立。它是個政治和文化中心，13世紀中葉，邁克爾八世・帕里奧洛加斯在它的基礎上恢復了拜占庭。它從黑海沿岸桑噶里厄斯河以東向西南跨越小亞西亞西部擴展到米利都和門德雷斯。它是希臘教育的中心，尤其在狄奧多二世統治時期成立了一所帝國學校。1261年後衰落下來，讓邁克爾八世重新占領了君士坦丁堡。

Nicaea, Council of＊ 尼西亞會議（西元325年） 基督教教會的第一次普世會議，在尼西亞城（今土耳其境內的伊茲尼克）舉行。由皇帝君士坦丁一世召開，會議中譴責阿里烏主義，並草擬了尼西亞信經。會議未能統一規定復活節的日期。

Nicaragua 尼加拉瓜 正式名稱尼加拉瓜共和國（Republic of Nicaragua）。中美洲的共和國。面積130,700平方公里。人口約4,918,000（2001）。首都：馬拿瓜。絕大多數人民是梅斯蒂索。語言：西班牙語（官方語）、印第安語和英語。宗教：天主教。貨幣：新科多巴（C$）。尼加拉瓜

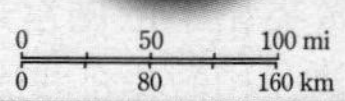

西半部有森林濃密的山嶺和肥沃的谷地。與太平洋海岸平行的帶狀地區涵蓋了四十座休眠的和活火山。東部沿加勒比海的海岸線是著名的蚊子海岸。常發生地震。尼加拉瓜爲發展中的市場經濟，以農業、輕工業和貿易爲主。政府形式爲共和國，一院制。總統是國家元首暨政府首腦。數千年來該地區一直有人居住，最著名的是馬雅人。1502年哥倫布到達此地，不久，西班牙的探險家們發現了尼加拉瓜湖。1821年宣布獨立前，尼加拉瓜一直被西班牙人所統治。1938年實現完全獨立之前，它曾是墨西哥，然後又是中美洲聯合省的一部分。1912到1933年間，美國在尼加拉瓜駐紮軍隊，干預它的政治事務。1936到1979年間受專制的蘇慕薩家族的統治，民眾起義後，桑定主義者奪取了政權。1981年後，桑定主義者遭到了美國支持的武裝起義分子的反對。桑定主義者政府將數個經濟部門實行國有化，但在1990年的全國大選中失敗。新的聯合政府將許多經濟活動重回私人控制，但在整個1990年代，統治的政府與桑定主義者之間的動亂一直持續著。

Nicaragua, Lake 尼加拉瓜湖 尼加拉瓜西南部的河流。長164公里，表面積約8,000平方公里。是美國與祕魯之間最大的淡水湖，通過蒂皮塔帕河與馬拿瓜湖連接，是聖胡安河的水源。尼加拉瓜湖是唯一包含海洋動物的淡水湖，湖中有鯊魚、箭魚和大海鰱。湖中最大的島歐美特貝島有哥倫布前時期的考古發現，是尼加拉瓜很有名的地方。

Nice＊ 尼斯 古稱Niceaea。法國東南部城市。瀕臨地中海的蔚藍海岸，靠近義大利邊境。約西元前350年由希臘人建立，1世紀時被羅馬人占領，成爲一個貿易站。10世紀時屬於普羅旺斯伯爵的領地。1388年轉屬薩伏依伯爵。1860年割讓給法國。城市被美麗的山巒覆蓋，氣候宜人，是法國里維耶拉的重要旅遊勝地。都會區人口476,000（1990）。

Nicene Creed＊ 尼西亞信經 天主教、東正教、英國聖公會以及基督教新教的主要派別共同接收的普遍基督教宣言。最初用希臘文寫成，長期以來一直認爲是在尼西亞會議（325）上起草的，但現在認爲是由君士坦丁堡會議（381）公布的，是以當時已經有的洗禮認信文爲基礎寫成。

Nicephorus II Phocas＊ 尼斯福魯斯二世（西元912～969年） 拜占庭皇帝（963～969年在位）。他是個強而有力的軍事指揮官，與東方的阿拉伯人交戰，將克里特從阿拉伯的統治下解放出來（961），控制了地中海的東部。羅曼努斯二世死後，尼斯福魯斯參與密謀，奪得了皇位，963年加冕爲皇帝，並娶了有兩個合法繼承人的攝政特奧法諾。他繼續攻打阿拉伯人，但處於國內的不滿和陰謀的包圍之中；最後退位而蟄居於一個城堡之中。在其妻子和部下的引領下，他以前的朋友找到他而將他刺殺。

niche＊ 生態位 生物體所占據生境的最小單位。生境生態位是生物體所占據的物理空間；生態學生態位則表示生物體在本生境的生物群落中所起的作用。一個生物體的活動以及它與其他生物體的關係，取決於它具體的結構、生理和行爲。

Nichiren＊ 日蓮（西元1222～1282年） 原名Zennichi。日本佛教先知，日蓮宗的創始人。他是漁民的兒子，十一歲進佛教寺院。對日本已有的佛教各主要宗派作了徹底的研究後，1253年他得出結論說，妙法蓮華經是適合於他的年齡的唯一眞義，並預言，若不放棄其他的宗派，將給日本帶來災難。日蓮因此而被逐出寺院。他還宣稱，日本是被佛選中的國家，佛教徒的拯救將從日本擴散到其他地方。後來他被流放到日本海的一個島上，1272年他在島上寫了他的主要著作《開目鈔》。

Nichiren Buddhism 日蓮宗 日本佛教中最大的宗派之一，由日蓮創設。日蓮宗認爲，佛陀教義的精華包含在妙法蓮華經內，其他的佛教宗派都是不正確的。日蓮宗認爲誦讀妙法蓮華經的標題就可以得救。日蓮死後，日蓮宗分裂成

多個支派。著名的有日蓮宗和日蓮正宗。前者控制著日蓮在Minobu建立的寺院，後者的總部設在富士山腳下的一個寺院裡。在美國有日蓮正宗的追隨者；該派在日本的在家信徒組織是創價學會。

Nicholas　尼古拉（西元1856～1929年）　俄語全名Nikolay Nikolayevich。俄國大公，亞歷山大二世的侄子。1872年參加帝國軍隊，1877到1878年間在俄土戰爭中服役。1895到1905年間任騎兵總監，在訓練和裝備方面都實行了不少改革。1905年起任聖彼得堡軍區司令，1914年任俄軍總司令。他是個出名的指揮官，第一次世界大戰中，他最初領導俄軍取得了一些勝利，後來由於各方面的不足而受阻。1915年被尼古拉二世免職，1915到1917年間在高加索任司令。俄國革命後他移居法國，在那裡領導反對俄國共產主義統治的組織。

Nicholas, St.　聖尼古拉（活動時期西元4世紀）　亦稱聖克勞斯或聖誕老人（Santa Claus）。與聖誕節有關的小聖徒。他可能是小亞西亞的米拉主教。他向三個窮苦的姑娘提供嫁妝，使她們免於淪爲娼妓。他還使三個被屠夫剁碎了的孩子起死回生。他成爲俄羅斯和希臘的主保聖人，還是慈善團體和行業公會、兒童、海員、未婚女子、商人和典當業者的主保聖人。宗教改革運動後，除了荷蘭以外的歐洲新教徒國家都不再崇拜尼古拉，在荷蘭，他依然是家喻戶曉，稱聖克拉斯。荷蘭移民將這一傳統帶到新阿姆斯特丹（現在的紐約市），操英語的美國人把他採納過來稱聖克勞斯，住在北極，耶誕節時給孩子們帶來禮物。

Nicholas I　尼古拉一世（西元1796～1855年）　俄語全名Nikolay Pavlovich。俄國沙皇（1825～1855年在位）。保羅一世的兒子，被培訓爲軍官。1825年繼承其兄亞歷山大一世，當上皇帝，鎮壓十二月黨叛變。他的統治代表著專制主義、軍事主義和官僚主義。爲了實施他的政策，他創建了由奧爾洛夫伯爵爲首的第三廳（政治警察）。在外交政策方面，尼古拉鎮壓了波蘭的起義（1830～1831），幫助奧地利平息匈牙利的起義（1849）。他關於康士坦丁堡的設計導致了與土耳其的戰爭（1853），把其他歐洲勢力拉入克里米亞戰爭。他的皇位由兒子亞歷山大二世繼承。

Nicholas II　尼古拉二世（卒於西元1061年）　原名勃艮地的熱拉爾（Gerard of Burgundy）。教宗（1058～1061年在位）。在被選爲教宗前，曾擔任佛羅倫斯的主教。爲知名的改革提倡者，與僞教宗本尼狄克十世分庭抗禮。1059年的拉特蘭會議上他改革了教宗選舉的程序，排除了皇帝對選舉的干預。1061年德意志境內的主教們推翻了他的此一作法，從而開始了教廷與宮廷之間的競爭以及外交上的革命。但尼古拉二世與義大利南部的諾曼人則關係良好，1059年將羅伯特送上阿普利亞、卡拉布里亞和西西里公爵的寶座。

Nicholas II　尼古拉二世（西元1868～1918年）　俄語全名Nikolay Aleksandrovich。俄國末代沙皇（1894～1917年在位）。亞歷山大三世的兒子。早期受軍事教育，1894年接替其父擔任沙皇。他是個獨裁卻又無主見的統治者，聽任他寵信的妻子亞歷山德拉擺佈。他對亞洲的興趣導致了西伯利亞大鐵路的建設和後來災難性的日俄戰爭（1904～1905）。1905年俄國革命後，他勉強同意成立國家杜馬，但卻限制杜馬的權力，只是象徵性地推行其措施。當時的首相斯托雷平曾試圖改革，但日益受亞歷山德拉和拉斯普廷左右的尼古拉二世卻橫加阻撓。俄國在第一次世界大戰中遭到挫敗後，尼古拉二世罷免了廣受歡迎的俄軍總司令尼古拉大公爵，自任指揮，讓亞歷山德拉和拉斯普廷擅權。他不在莫斯科和亞歷山德拉的弄權加劇了混亂，最終導致了1917年俄國革命。1917年3月尼古拉二世被迫退位，全家被李沃夫的臨時政府拘押。由於遭到當地布爾什維克的反對，原先將其全家送往英格蘭的計畫無法實施。在被押往葉卡捷琳堡後，1918年7月全家在當地的一個地下室被處決。

Nicholas V　尼古拉五世（西元1397～1455年）　原名湯瑪索·巴倫圖切利（Tommaso Parentucelli）。教宗（1447～1455年在位）。尼古拉五世在當選教宗後不久，中止了歷任教宗與教會公會議之間的敵意所導致的分裂。他重建了教廷屬下各國的和平，得到波蘭的效忠，爭取到奧地利的支持爲腓特烈三世加冕爲神聖羅馬帝國的國王。他促成了洛迪和約（1455），結束了義大利的紛爭。他也試圖阻止買賣聖職聖物和其他教會中的腐敗行爲。他熱心贊助藝術和學術，重建了許多羅馬的建築瑰寶，還建立了梵諦岡圖書館。

Nicholas of Cusa　庫薩的尼古拉（西元1401～1464年）　德國樞機主教、數學家、科學家和哲學家。1440年受神職爲司鐸，後來成爲義大利的樞機主教，1450年爲主教。在《論公教和諧》（1433）中，他支援大公會議的權力高於教廷。他幾乎精通每一個學術領域，他先於哥白尼辨認出宇宙中的一種運動並不以地球爲中心。他還進行了植物學的實驗，收集古代手稿。在《論學而無知》（1440）中他指出，只有自知無知者才是有學識之人。

Nicholas of Verdun　凡爾登的尼古拉（活動時期約西元1181～1205年）　法國釉畫藝人和金匠，被認爲是同時代人中最爲傑出的。尼古拉是晚期羅馬風格過渡至早期哥德式風格中的重要人物。奧地利克洛斯特新堡大修道院教堂的祭壇釉畫（1181）是他最著名的作品。該作品顯示了他對金屬工藝以及鑲嵌琺瑯技術的熟練掌握。作品將金屬底板挖出空格，再填上瓷釉。這個祭壇也是12世紀同類作品中最爲抱負不凡的。

Nichols, Mike　尼科爾斯（西元1931年～）　原名Michael Igor Peschkowsky。德國出生的美國戲劇和電影導演。父母爲猶太人，1938年逃往美國。在芝加哥大學和演員工作室學習後，他在芝加哥組織了一個即興表演劇團。他與梅（生於1932年）一起巡迴演出並記錄了一套出色的社會諷刺性的日常生活情景。後來他執導了一系列票房收入與評論界反應俱佳的舞台劇，包括《裸足佳偶》（1963）、《盧夫》（1964）、《古怪的一對》（1965）和《飯店套房》（1968）。他導演的電影有《靈欲春宵》（1966）、《畢業生》（1967，獲奧斯卡獎）、《二十二支隊》（1970）、《上班女郎》（1988）和《風起雲湧》（1998）。

Nicholson, Jack　傑克尼柯遜（西元1937年～）　美國電影演員。在演出《逍遙騎士》（1969）中的角色而獲歡迎之前，曾演出一些低成本製作的電影。隨後在一些非常成功的影片中演出，這些影片包括《浪蕩子》（1970）、《獵愛的人》（1971）、《唐人街》（1974）、《飛越杜鵑窩》（1975，獲奧斯卡獎）、《鬼店》（1980）、《親密關係》（1983，獲奧斯卡獎）、《現代教父》（1985）、《蝙蝠俠》（1989）、《超級巨人》（1992）和《愛你在心口難開》（1997，獲奧斯卡獎）。以其惡魔般的微笑和不依循常規的邊緣人的角色刻畫，使他擁有當時最受歡迎和敬重的明星之一的形象。

Nicias＊　尼西亞斯（卒於西元前413年）　雅典領袖。他以擁有巨大財富出名。爲了結束伯羅奔尼撒戰爭（西元前431～西元前404年），西元前421年他談判達成了五十年的聯盟（尼西亞斯和平），但只實現了六年，亞西比德的野心又重新燃起戰火。西元前415年他勉強地與拉馬科斯和亞西比德共同指揮遠征西西里。後來亞西比德被召回，拉馬科斯又死去，在包圍敘拉古的戰役中尼西亞斯失去了優勢；當他試圖逃脫時，他的軍隊被敘拉古軍擊潰，尼西亞斯被俘並處死。

nickel　鎳　金屬化學元素，過渡元素之一，化學符號Ni，原子序數28。銀白色，有韌性，比鐵硬，具鐵磁性（參閱ferromagnetism），耐銹蝕。偶爾以純金屬形式存在，較普遍（但不總是）地集中在火成岩中。作爲純金屬時可鍍於其他金屬表面，也可作催化劑。在合金狀態時，用於製幣、不銹鋼和刀具。它在化合物中的化學鍵往往是2。這些化合物有各種工業用途，例如作催化劑和媒染劑（參閱dye），還用於電鍍。

Nicklaus, Jack (William)＊　尼克勞斯（西元1940年～）　美國高爾夫球員，爲1960年代至1980年代世界高爾夫球界的傑出人物。在俄亥俄州立大學就讀時，曾獲二次美國業餘高爾夫球賽冠軍（1959，1961）。1962年轉入職業界後，贏得四次美國公開賽（1962，1967，1972，1980）、六次名人賽（1963，1965，1966，1972，1975，1986）、五次美國職業高爾夫球協會錦標賽（1963，1971，1973，1975，1980）和三次英國公開賽（1966，1970，1978）冠軍。他也是贏得美國世界盃六次冠軍的高球隊之一員，並創下獲得世界盃個人冠軍三次的記錄（1963，1964，1971）。至1986年，「金熊」已參加過一百場主要的冠軍賽，並有四十五次贏得前三名。尼克勞斯出色的職業生涯不但反映出他天生非凡的才能與力量外，還顯示出其在沈重壓力下的沈著與自制力。他被公認爲是高爾夫球歷史上最偉大的球員。

尼克勞斯，攝於1982年
Focus on Sports Inc.

Nicobar Islands　尼科巴群島　➠ Andaman and Nicobar Islands

Nicolet, Jean＊　尼科萊（西元1598～1642年）　法國的北美洲探險家。1618年到新法蘭西殖民地，與印第安部落一起生活。他學會了幾種印第安語言，爲三河流域的法國殖民地當譯員（1633）。他進入休倫湖地區，與幾個印第安人一起乘獨木舟穿過麥基諾水道，成爲見到密西根湖的第一個歐洲人（1634）。後來他還考察了現今的威斯康辛地區。

Nicolls, Richard　尼科爾斯（西元1624～1672年）　紐約州的英國殖民總督。1664年他成爲英國在紐約的殖民地的第一任總督。這塊殖民地是英國從荷蘭手裡強制奪取的，在英國船隻封鎖了新阿姆斯特丹市後，荷蘭人不戰而降。尼科爾斯用他的保護人約克公爵的名字爲這個省及其主要城市命名。他是一個有效的行政官，1665年頒布了紐約州的第一部法典。1668年他回到英國，恢復公爵的內侍之職。

Nicopolis (Actia)＊　亞克興勝利城　希臘西北部的古城。古城遺址在普雷韋札以北約6公里。屋大維（後稱奧古斯都）爲紀念他在亞克興戰役中戰勝安東尼和克麗奧佩脫拉，於西元前31年建立此城。它成爲包括阿卡納尼亞和伊庇魯斯的沿岸地區的首府，並以它的建築以及亞克興比賽著稱。4世紀時被毀，後又重建，11世紀時最終被保加利亞人摧毀。遺址包括一座長方形教堂、一座羅馬劇院以及一條導水管。

Nicopolis, Battle of＊　尼科波利斯戰役（西元1396年9月25日）　土耳其擊敗歐洲十字軍的戰役。1395年鄂圖曼土耳其人圍攻君士坦丁堡，曼努埃爾二世向歐洲求援。匈牙利國王組織了一支十字軍，想把土耳其人趕出巴爾幹，然後進軍耶路撒冷。十字軍包圍了土耳其在多瑙河畔的要塞尼科波利斯，但來自君士坦丁堡的土耳其軍隊殺死了大部分的十字軍騎士。這場戰役結束了各國阻止土耳其向巴爾幹和中東擴張的努力。

Nicosia＊　尼古西亞　亦稱Lefkosía。塞浦路斯的首都（1994年人口約186,000）。位於派迪亞斯河畔，南北兩方以山爲界。西元前7世紀時是個王國，自10世紀後成爲該島的首府。先後受拜占庭人、威尼斯人和土耳其人的統治；1878到1960年間由英國人統治。在20世紀裡，城市的發展已超出了現存的威尼斯式圓形城牆範圍。周邊地區的人口主要從事農業。1974年起設立了聯合國緩衝區，將該市的希臘區與土耳其區分開。

nicotine　尼古丁　煙草中的主要生物鹼，存在於煙草全株，特別是煙葉中。尼古丁爲雜環化合物，含吡啶環，化學式爲$C_{10}H_{14}N$，是紙煙、雪茄和鼻煙中的主要上癮成分（參閱drug addiction）。尼古丁有獨特的二相作用，小量吸入時爲興奮劑，但緩慢且深深吸入後則爲安定劑。大劑量的尼古丁有劇毒，用作殺蟲劑、熏蒸劑和驅蟲藥。

nicotinic acid　➠ niacin

Nicoya, Gulf of＊　尼科亞灣　哥斯大黎加西北沿海的太平洋小灣。它向北伸展約80公里。滕皮斯克河、阿班加雷斯河和塔爾科萊斯河都注入這個海灣。灣中有幾個島嶼，包括最大的奇拉島以及聖盧卡斯島。海灣沿岸最大的城鎮和港口是蓬塔雷納斯。

Nicoya Peninsula　尼科亞半島　哥斯大黎加西部的半島。西部和南部都臨太平洋，東北與瓜拿佳斯得山爲鄰，東南臨尼科亞灣。西北－東南長約140公里。在半島的村莊裡還能找到哥倫布到達前的喬羅特加－曼圭斯印第安人的後裔。

Niebuhr, Barthold Georg＊　尼布爾（西元1776～1831年）　德國歷史學家。早年在丹麥和普魯士任官職，後辭職任史官。1810年開始在柏林大學作系列講座，成爲他影響極大的巨著《羅馬史》（1811～1832）的基礎。在此書中，他對歷史學界提出懷疑，說明如何分析歷史資源，拋棄無價值的材料，留下純粹的素材，從中重構出歷史事實。他的這些思想開創了歷史編纂的新紀元。

Niebuhr, Reinhold＊　尼布爾（西元1892～1971年）　美國神學家。父親是福音派的牧師。就讀於伊登神學院和耶魯大學神學院。1915年受北美洲福音會牧師神職，任底特律

尼布爾，攝於1963年
By courtesy of the Rare Book Department, Union Theological Seminary Library, New York City

市貝瑟爾福音會牧師到1928年。在這個工業化城市裡生活的幾年使他成爲資本主義的批判者和社會主義的擁護者。1928到1960年間任紐約市協和神學院教授。他的一些有影響的作品有力地批評了自由的新教徒思想，強調人性和社會機構中的罪惡宿根。作品包括《道德的個人，不道德的社會》（1932）、《人類的本性和命運》（1941～1943）和《自我和歷史之劇》（1955）。

niello＊　黑金鑲嵌　銀、銅或鉛的硫化黑色合金，用來鑲嵌金屬（通常是銀）表面雕刻的圖案。將黑色的硫化物碾成粉末，當雕刻好的銀表面潤濕後，把粉末撒在上面。金屬加熱後，黑金粉末熔化而流入刻槽。將多餘的黑金刮掉，再將表面拋光。黑色鑲嵌與明亮表面的反差產生富有魅力的裝飾效果。文藝復興時期，黑色鑲嵌最爲盛行，這一技術廣泛用於禮拜儀式用品以及各種實用品。黑金製品（帶黑金鑲嵌裝飾的物品）由古羅馬人和9世紀的英國人製造。在俄國黑金鑲嵌製品稱爲圖拉工藝品。

Nielsen, Carl (August)　尼爾森（西元1865～1931年）　丹麥作曲家。童年時學習小提琴和小號，並開始以古典音樂爲模型模仿作曲。1890年到德國學習更新的發展，遇到了布拉姆斯，布拉姆斯的音樂對他的創作產生了影響。1900年後形成了他的個人風格，還是古典的形式，但使用了與抒情的旋律融合在一起的強烈的不和諧和聲。他六部交響樂（1902～1925）中的最後五部是他作品的核心，不過他還寫了許多短小的管弦樂曲、鋼琴曲和室內樂、小提琴協奏曲、長笛、單簧管以及一個管樂五重奏。

Nielsen ratings　尼爾森收視率調查　美國全國收看電視節目的普及比率。這套系統由尼爾森在1950年發展出來，目前的取樣來自大約五千個收看的家庭。有一個測量器連接到每台電視機，記錄下收看的頻道，並傳送資料給電腦中心；每個家庭中哪個人看既定的節目，都有個別的按鈕加以記錄。對許多大範圍的媒體市場區域，進行各別的調查測量。收視率投射出每個節目整體的觀衆，舉例來說，20的收視率表示20%的美國家庭打開電視收看特定的節目。商業性的電視網絡採用收視率，來爲每個節目設定廣告率，並決定哪個節目該繼續，哪個要取消。

Niemeyer (Soares Filho), Oscar＊　尼邁耶爾（西元1907年～）　巴西建築師。1934年起在科斯塔的事務所工作，科斯塔是巴西現代運動的早期擁護者。尼邁耶爾第一個獨立作品是爲貝洛奧里藏特的Pampulha所做的規畫（1941）。他以在巴西里亞的作品（1956～1961）聞名，那是一系列相當樸素、孤立的紀念碑，周圍是大片空地。1990年代他很活躍，委任他設計巴西尼特諾依的當代美術館（1991），他把它設計成蘑菇狀。他的作品有抒情和雕塑的外形，自由奔放，充滿樂觀主義精神。1988年尼邁耶爾獲得普立茲建築獎。

Niemöller, (Friedrich Gustav Emil) Martin＊ 尼默勒（西元1892～1984年）　德國神學家。第一次世界大戰中任潛水艇指揮官，是一位戰鬥英雄。1924年任牧師。1933年納粹上台後，他抗議他們干涉教會事務，反對歧視猶太裔基督教徒。他創立宣信會，爲反對希特勒而工作。1937年被捕，一直關押到1945年。戰後幫助重建福音會。他對裁軍的觀點日益清楚，成爲有爭議的和平主義者；他努力與東盟國家發展友誼，1967年獲列寧和平獎，1971年獲西德的大十字勳章。

Nien Rebellion ➠ Nian Rebellion

Niepce, (Joseph-)Nicéphore＊　尼埃普斯（西元1765～1833年）　法國發明家。1807年尼埃普斯與他的兄弟發明了一種內燃機（用石松子粉做燃料）。1813年他開始進行平板印刷的實驗。他對攝影所做的實驗是最值得讓人記住的，他把它稱爲「日光描繪法」。1826到1827年間，他用照相機從他工作室的窗口把景物拍攝在白鑞板上，這是從自然界得到的第一張永久性的固定圖像。1829年他開始與達蓋爾合作來完善和進一步開發日光描繪法，但在他們取得任何進展以前，尼埃普斯就去世了。

Nietzsche, Friedrich (Wilhelm)＊　尼采（西元1844～1900年）　德國出生的瑞士哲學家和作家，是影響最深遠的現代思想家之一。路德派牧師之子，他在波昂和萊比錫受教育，二十四歲成爲巴塞爾大學的古典語言學教授。他與年紀較大的華格納關係密切，並在其歌劇中見到西方文明復興的潛力，但在1876年因故憤而與華格納決裂。他的《悲劇的誕生》（1872）包含了他對古希臘戲劇的洞察力，和《不合時的冥想》（1873）一樣，被一種受叔本華影響的浪漫觀點支配著。精神和身體上的問題迫使他在1878年離職，花了十年時間試著在各處療養地恢復健康，同時繼續大量寫作。他的作品從《太過人性》（1878）到《快樂的科學》（1882），頌揚理智和科學，實驗各種文學體裁，並表示他已從早期浪漫主義解放出來。他的成熟作品充斥著人類生活價值的起源及功能，特別是《善惡之外》（1886）、《道德系譜》（1887）和《查拉圖斯特拉如是說》（1883～1892）。如果像他的信仰一樣，生活不曾擁有或缺乏固有的價值而總是受到珍視，那麼這樣的珍視即可解讀爲珍視者身分的象徵。他強烈譴責基督教，並宣布上帝已死。1889年他的精神全面崩潰，標示著多產生活近於結束。他因不喜民主和具有超人理想而受到希特勒尊崇，雖然納粹黨忽略了尼采的許多思想抵觸了他們的目標。他分析了傳統西方宗教、道德、哲學底層的根本動機及價值，影響了世世代代的神學家、哲學家、心理學家、詩人、小說家和劇作家。

Niger＊　尼日　正式名稱尼日共和國（Republic of Niger）。非洲西部國家，位於撒哈拉沙漠南緣。面積1,186,408平方公里。人口約10,355,000（2001）。首都：尼阿

美。豪薩人占全國半數的人口；其次是桑海－澤爾馬人和卡努里人。語言：法語（官方語）、豪薩語和阿拉伯語。宗教：伊斯蘭教、基督教、傳統宗教。貨幣：非洲金融共同體法郎（CFAF）。尼日爲一內陸國家，其特徵是南部爲稀樹草原，中部及北部爲沙漠；大部分人口居住在南部。尼日河支配著西南部和中北部的阿伊爾山地區。尼日發展中的經濟以農業和採礦爲主。政府形式是共和國，一院制。總統是國家元首，總理爲政府首腦。在該地區存在著新石器時代文化的證明，有幾個前殖民時期的王國。18世紀晚期首先由歐洲人開發，1904年成爲法屬西非的一部分。1946年時是法國的海外領土，1960年獲得獨立。1993年舉行第一次多黨選舉。1996年軍事政變的領袖在同年頒布了一部新憲法。

Niger-Congo languages　尼日－剛果諸語言　非洲大語系，擁有語言900～1,300餘種，撒哈拉沙漠以南的大多數人口都使用尼日－剛果諸語言，其使用範圍北起塞內加爾北部和肯亞，南抵那米比亞和南非開普省東部。尼日－剛果這個名稱是格林伯格在1955年所提出。以今日所了解的，尼日－剛果諸語言共分爲九個語族，曼德諸語言、科爾多凡諸語言、大西洋諸語言（舊稱西大西洋諸語言）、庫魯諸語言、古爾諸語言、克瓦諸語言、伊卓德諸語言、阿達馬瓦－烏班吉諸語言（舊稱阿達馬瓦－東部諸語言）和貝努埃－剛果諸語言。科爾多凡語族由超過二十種的語言組成，操此語言的民族（不超過200,000人）居住於蘇丹科爾多凡省南部的努巴山中。庫魯諸語言由超過十種的語言組成，操此語言的民族（1,000,000～2,000,000人）主要居住於象牙海岸西南部和賴比瑞亞南部。伊卓德則是由八種密切相關的方言組成，操此語言的民族（近乎2,000,000人）爲居住於奈及利亞尼日河三角洲的伊喬人和德法卡族。

Niger River　尼日河　亦稱Joliba或Kworra。非洲西部的主要河流。是非洲大陸的第三大河，發源於幾內亞，接近塞拉里昂邊界，流入奈及利亞進入幾內亞灣。全長4,183公里，中部約有1,600公里可以通航。沿尼日河流域生活的民族有班巴拉人、馬林克人和桑海人。1796年初由巴克考察發現。

Nigeria　奈及利亞　正式名稱爲奈及利亞聯邦共和國（Federal Republic of Nigeria）。非洲西部國家。面積923,768平方公里。人口約126,636,000（2001）。首都：阿布賈。奈及利亞的民族估計超過250個，包括豪薩人、富拉尼人、約魯巴人和伊格博人。語言：英語（官方語）、豪薩語。宗教：伊斯蘭教、基督教和傳統宗教。貨幣：奈拉（Nigerian naira，₦）。奈及利亞領土包含了高原和低地，其間有河谷散佈，尼日河是主要河流。發展中的混合經濟大部分是以石油生產和農業爲主。製造業仍未發展。服務業、貿易和運輸業雇用了全國逾2/5的勞動力。政府形式是聯邦共和國，兩院制。國家元首暨政府首腦是總統。數千年來該地區都有人居住，從西元前500～西元200年，該地區是諾克文化的中心，也是幾個前殖民時期帝國的中心，這些帝國包括卡內姆－博爾努以及桑海帝國、豪薩和富拉尼等王國。歐洲人於15世紀到過這裡，此地成爲奴隸貿易的中心。1861年該地區開始受英國控制，到1906年就完全被英國控制了。1960年奈及利亞獲得獨立，1963年成爲共和國，由阿齊克韋任總統。民族衝突很快導致軍事政變，1966～1979年以及1983年至今，由軍人集團統治著這個國家。1967～1970年間中央政府與前東部地區比夫拉之間的內戰，在上百萬比夫拉人死於飢餓後，終於以比夫拉人的投降而告結束。1991年首都從拉哥斯遷到阿布賈。1995年政府處死薩羅－維瓦，導致國際制裁，最終於1999年重新建立文職統治。到目前爲止，奈及利亞是

非洲人口最多的國家，它面臨著人口快速增加、政治不穩定、高額外債、經濟發展緩慢、高犯罪率以及嚴重的政府腐敗等問題。

night fighter　夜間戰鬥機　裝備有專門的瞄準、檢測和導航儀器的戰鬥機，能夠在夜間作業。在白天戰鬥機中，不裝備這些儀器，可以節省重量和空間。

Night of the Long Knives　長刀之夜（西元1934年6月30日）　希特勒對納粹領導階層的整肅行動。由於害怕准軍事組織挺進隊（SA）成爲太強大的力量，希特勒命令他的精銳衛隊近衛隊（SS）清除挺進隊的領導人，包括首領勒姆在內。除了這些人外，當夜被殺的還有數以百計的、被懷疑是希特勒的反對者，包括施萊謝爾和施特拉瑟。

nighthawk　美洲夜鷹　夜鷹科中數種北美洲和南美洲鳥類的統稱，黃褐、紅褐或灰褐色，通常有淡色點斑或塊斑，體長15～35公分。夜間（尤其在傍晚和拂曉）飛出，捕食飛蟲。小美洲夜鷹，亦稱bullbat，棲居於北美大部地區，冬季遷棲南美；體長約20～30公分，灰褐色，喉白色，翅上有一白塊斑。發聲尖銳，帶鼻音；求偶時迅速俯衝低飛，發出響亮的呼呼聲。

nightingale　歌鴝；夜鶯　鶇科數種東半球小鳥，因鳴聲而聞名。歌鴝一詞特別指歐亞歌鴝，褐色，體長16公分，尾赤褐色。晝夜在灌叢棲木上鳴叫。以其有力富變化的鳴聲，加上突出的漸強音效果，數世紀以來在歐亞被視爲是所有鳴禽中聲音最美的。近緣種鶇歌鴝，亦稱sprosser，分布稍北，羽衣略黑；鳴聲無漸強音。歌鴝亦可指其他有洪亮鳴聲的鳥類（參閱wood thrush）。

歐亞歌鴝（Erithacus megarhynchos）
H. Reinhard－Bruce Coleman Inc.

Nightingale, Florence　南丁格爾（西元1820～1910年）　義大利出生的英國籍護士，女護士專業的創始人。在克里米亞戰爭中，她是一位志願護士，負責照料在土耳其

的軍人。她首先關心的是衛生狀況：病房裡大批出沒著老鼠和跳蚤，每人每天只供應1品脫的水用於各種用途。她自掏腰包購買必需品。她在病房裡長時間地工作；夜間巡視時給傷員們個人照顧，這爲她建立了「提燈女士」的形象。她努力改善士兵的福利，促成建立軍醫學校以及印度的衛生部。她建立了第一所在科學基礎上的護士學校，設立了對助產士以及濟貧院醫務室護士的培訓課程，還幫助改革了濟貧院。南丁格爾是第一個受功勳章（1907）的女性。

nightjar　夜鷹　亦稱goatsucker。夜鷹科鳥類，約60～70種，分布於全世界的溫帶和熱帶區。夜鷹一詞有時也指整個夜鷹目的種類（goatsucker這個名稱是因古人相信夜鷹會在晚上吸食山羊奶而來）。體色爲灰、褐或紅褐色。在夜間捕食會飛的昆蟲。普通夜鷹，特徵爲頭形扁平、口大並在基部有短硬毛、眼大、羽毛柔軟，故飛行無聲。長約30公分。其北美洲的親緣種包括美洲夜鷹和三聲夜鷹。

nightshade family　茄科　由約95屬、至少2,400種顯花植物組成。雖分布世界各地，但拉丁美洲熱帶地區數量最多。該科有許多具重要經濟價值的食用或藥用植物。重要的醫學用茄科植物爲諸如尼古丁、阿托品和東莨菪鹼等生物鹼的有效來源，包括顛茄（參閱belladonna）、曼陀羅、天仙子和茄參。最重要的茄科植物有馬鈴薯、茄子、番茄、庭園辣椒、煙草和許多花園觀賞植物，包括矮牽牛。茄屬包含該科幾乎一半的種類。苦甜茄在北美洲和英國常被稱爲nightshade，亦稱苦甜藤和木茄。

nihilism＊　虛無主義　否認人類價值系統客觀基礎的任何一種哲學主張。在19世紀的俄國，虛無主義是指懷疑主義哲學，他們否認所有的唯美主義形式，主張功利主義和科學的理性主義；通過屠格涅夫小說《父與子》（1862）中巴札羅夫的形象使虛無主義這個詞流行開來。虛無主義反對社會科學、古典哲學系統以及已經建立起的社會秩序。他們否認國家、教會或家庭的一切權威，其根據是他們除了科學眞理以外不相信任何東西。虛無主義逐漸與政治恐怖結合在一起，最後退化爲暴力哲學。

Nijinska, Bronislava (Fominitshna)＊　尼金斯卡（西元1891～1972年）　出生於俄羅斯的美國舞蹈家、編舞家與教師。在聖彼得堡的帝國芭蕾學校受訓，1908年加入馬林斯基劇院的舞團。她從1909年起與俄羅斯芭蕾舞團一同跳舞，並於1911年和她的弟弟尼金斯基加入該舞團。她爲俄羅斯芭蕾舞團，編制過數支芭蕾舞，包括1923年的《喜宴》、1924年的《藍色列車》和同年的《母鹿》。在1920年代到1930年代，她爲其他舞團創作作品，也從1932年至1937年爲她自己舞團編舞，其中包括1934年的《哈姆雷特》和1935年《一百個小偷》。1938年遷往洛杉磯，在當地開設學校，持續以客座編舞家的身分工作，直到1960年代早期。

尼金斯基在《玫瑰仙子》中的舞姿
By courtesy of the Dance Collection, the New York Public Library at Lincoln Center, Roger Pryor Dodge Collection

Nijinsky, Vaslav(Fomich)＊　尼金斯基（西元1889～1950年）　俄國芭蕾舞舞蹈家。早期跟隨爲著名舞蹈家並擁有公司的父母學習後，他和妹妹尼金斯卡前往聖彼得堡受進一步地訓練，並在1907年進入馬林斯基劇院。以其突出的跳躍和無比的優雅，很快便受到歡迎，在《吉賽兒》、《天鵝湖》和《睡美人》中擔任主角，並常與帕芙洛娃、卡爾薩溫娜同台演出。1909年加入新成立的俄羅斯芭蕾舞團，在福金的芭蕾舞劇（包括《狂歡節》、《仙女們》、《玫瑰仙子》、《彼得魯什卡》和《達芙尼斯和克勞伊》）中扮演許多角色。1912～1913年他自己編撰了《牧神的午後》、《遊戲》和《春之祭》，三部作品都引發醜聞。1913年的婚姻使他被導師佳吉列夫從團裡開除。尼金斯基之後仍持續演出，但鮮少獲得成功。1919年因心理疾病日益加重而退出舞台，之後一直到去世前，大多都居住於瑞士、法國和英國的療養機構中。尼金斯基在舞蹈史上傳奇性的聲譽一直無人能及。

Nijmegen, Treaties of＊　奈美根條約（西元1678～1679年）　結束法荷戰爭的和平條約。在法國與荷蘭共和國的條約中，法國同意歸還馬斯垂克，並暫緩實施1667年專門用來對付荷蘭的關稅。而在法國與西班牙的條約裡，西班牙則同意將涉及到法國東北邊境防衛及巴黎安全的地區交給法國。由於將和約分開來談判，法國得以從中取得較之戰爭更多的利益。

Nike＊　奈基　希臘的勝利女神。她是巨人帕拉斯與冥河斯提克斯的女兒。最初奈基具備雅典娜和宙斯雙方的屬性，表現爲他們二人手中牽領著的小人兒。後來逐漸成爲神與凡人之間的調解人，經常手持棕櫚枝、花環或作爲勝利使者象徵的杆杖。在單獨描寫她時，奈基往往帶有翅膀，在比賽的勝者頭上翱翔。奈基在羅馬被稱作維多利亞而受到崇拜。

奈基，一個青銅器皿上的雕刻（西元前490?年），可能為義大利南部一個希臘城市所製之物品；現藏大英博物館
By courtesy of the trustees of the British Museum

Nike Inc.　耐吉公司　美國運動用品公司。創立於1964年，原名藍帶運動公司（Blue Ribbon Sports），由奧瑞岡大學的田徑教練包曼（1911～），以及他之前的學生奈特（1938～）二人共同創辦。他們在1966年打開第一個零售市場通路，1972年開始推出耐吉（Nike）品牌的運動鞋，1978年再將公司名稱改爲耐吉公司，1979年他們聲稱已擁有美國運動鞋市場50%的占有率，1980年耐吉股票公開上市。耐吉的成功經驗來自於他們找來運動明星代言，例如馬克安諾和喬丹。1990年代耐吉因屢遭告發海外工廠工作條件不佳而備受困擾。

Nikolais, Alwin＊　尼古拉斯（西元1910～1993年）　美國舞蹈演員、編舞家、作曲家和設計家。他向幾位老師學習現代舞，包括霍爾姆，後來成爲霍爾姆的助手。1948年尼古拉斯成爲紐約市亨利街區劇院的院長。1951年創辦尼古拉斯舞蹈劇院，上演他集運動、聲音、形體和色彩於一身的作品，在美國和歐洲各地巡迴演出。1979到1981年間，尼古拉斯執導法國昂熱的當代舞中心。1989年他的公司與其他公司合併組成尼古拉斯和摩雷・路易舞蹈公司。

尼古拉斯
Martha Swope

Nikon＊　尼康（西元1605～1681年）　原名Nikita Minin。俄國東正教領袖。生於農民家庭。從教士升到莫斯科牧首，1652年升爲全俄羅斯的牧首。沙皇阿列克塞出征時授予他最高權力，他整肅他認爲是腐化的俄國宗教書籍和宗教實踐，並驅逐他的反對派。他的改革引起了許多信徒的困惑，導致教會分裂（參閱Old Believer）和廣泛的不滿（參閱Doukhobors）。他一意孤行的做法也疏遠了阿列克塞。1666年阿列克塞召開了希臘牧首會議，剝奪了尼康所有的神職，但保留他的改革。

Nile, Battle of the　尼羅河戰役（西元1798年8月1日）　在納爾遜領導下的英國艦隊與法國革命軍之間在埃及亞歷山大里亞附近的阿布吉爾灣進行的一場戰役。拿破崙計畫入侵埃及以限制英國的貿易路線，他下令讓法國艦隊從它的土倫港出發遠赴亞歷山大里亞。法國艦隊巧妙地避開英國艦隊到達阿布吉爾灣，布下防禦陣線。納爾遜在暮色中發現了法國人，下令立即發起攻擊。在一整夜的戰鬥中，英國人毀壞或捕獲了法國十三艘戰船中的十一艘。這場決定性的勝利將拿破崙的軍隊孤立在埃及，保證了英國對地中海地區的控制權。

Nile perch　尖吻鱸　尖吻鱸科的大型食用和遊釣魚，學名爲Lates niloticus，產於尼羅河及非洲其他河流湖泊中。口大，體上部淡綠或淡褐，下部銀白色，長可達1.8公尺，重達140公斤。身體長形，下顎突出，背鰭二個，尾鰭圓形。在非洲的河系以及亞洲和澳大利亞的沿海及河口，還產有本科幾個其他種類。尖吻鱸科成員有時和䲁鱸一起畫入䲁鱸科。

Nile River　尼羅河　阿拉伯語作Al-Bahr。非洲東部和北部的河流。爲世界上最長河流。從最遠的源頭河流計，長約6,693公里。從維多利亞湖到地中海則有5,588公里。大體上是沿非洲的東部向北流經烏干達、蘇丹和埃及。主要的支流有青尼羅河和阿特巴拉河，然後在靠近埃及－蘇丹邊界處注入納瑟水庫。沖出亞斯文高壩的懷抱後繼續往北，在開羅附近進入尼羅河三角洲，然後注入地中海。在埃及，尼羅河水最初被用於灌溉是當洪水退落後將種子浸泡在爛泥中使其發芽。在19世紀運河以及其他水利設施建成時，它供養當地的人類至少已經有5,000年。1959～1970年間修建的亞斯文高壩，爲當地的莊稼和人類提供了保護和水電。尼羅河同時也是運送乘客和貨物的一條重要水路。

Nilo-Saharan languages＊　尼羅－撒哈拉諸語言　一個假設性的超大語族，也許西從馬利到衣索比亞、從埃及東南方到坦尙尼亞、超過2,700萬的人口所使用的115種非洲語言。尼羅－撒哈拉諸語言作爲單一的族系、合併許多早期群組的概念，是在1963年由格林伯格所引進；大多數的非洲文化研究者都接受它是一個可供操作的假說。格林伯格的圖式大多爲後來的學者所支持，將尼羅－撒哈拉諸語言分爲兩大語族：中央蘇丹語族、東蘇丹語族，以及許多小語族和單一語言。後者在馬利和尼日的尼日河河灣，有超過200萬人使用桑海語；而在奈及利亞東北部以及鄰近的查德與尼日，約有450萬人使用卡努里語。中央蘇丹語族則包含南查德語、南蘇丹語、東北剛果（薩伊）語。東蘇丹語族中，包含蘇丹北部和埃及南部，沿尼羅河岸所使用的奴比亞語族（包括尼羅－撒哈拉諸語言中唯一擁有古代書寫傳統的語言），以及約1,400萬人所使用的尼羅諸語言（參閱Nilot），包括丁卡人、努埃爾人、盧奧人和圖爾卡納人、卡蘭津人和馬賽人。

Nilotes＊　尼羅人　非洲中東部諸民族，居住在蘇丹南部、烏干達北部和肯亞西部。這個名字是指他們中的大部分所居住的尼羅河上游及其支流地區。尼羅諸語言屬於尼羅－撒哈拉諸語言語系的東蘇丹群。這些民族的體質有一個顯著的特點就是他們的平均身高，男子一般能達到210公分。阿喬利人、丁卡人、盧奧人、馬賽人、南地人、努埃爾人和希盧克人都屬尼羅人。他們總共的人數約七百萬。

Nilsson, Birgit　尼爾遜（西元1918年～）　原名Märta Birgit Svennsson。瑞典女高音歌唱家。1946年在斯德哥爾摩初次登台。1954到1955年間在慕尼黑第一次在完整的歌劇《指環》中扮演布琳希德。1959到1970年間繼續演唱，以扮演華格納的女高音角色爲主。她的嗓音豐滿洪亮，被譽爲她那個時代最偉大的華格納女高音。自1959年起，她是大都會歌劇院裡受歡迎的固定演員。除了華格納的劇目外，她還扮演史特勞斯的艾蕾克特拉和莎樂美、普契尼的杜蘭朵以及貝多芬的萊奧諾拉。1984年退休。

Nimbarka　寧巴爾迦（活動時期約西元12或13世紀）　印度瑜伽師、虔誠的寧巴爾迦派（或稱尼曼陀派）的創始人。對他的生平知之不多，只知道他是個婆羅門，有名的天文學家。像羅摩奴闍一樣，他相信創世主神和其創造的靈魂是分開的，但共用相同的物質。他強調只有順從黑天，才是解脫再生輪迴的唯一方法。13到14世紀時，尼曼陀派盛行於印度東部。

Nimeiri, Gaafar Mohamed el-＊　尼邁里（西元1930年～）　蘇丹總統（1971～1985）。1969年他參與推翻愛資哈里文人政府。1971年尼邁里自己的政府也曾被短期驅逐，但通過公民投票他又回到台上。1972年他將自治權給了南蘇丹。1981年開始了世界上最大之一的食糖精煉工程，還計畫發展農業。他試圖推行伊斯蘭法律，但遭到基督教徒以及南方其他人的反對，造成他最後失去政權。

Nîmes＊　尼姆　古稱Nemausus。法國南部城市。原爲高盧部落首府，西元前121年屈服於羅馬。奧古斯都在此建立新城，五百年內它一直是羅馬高盧的主要城市之一。5世紀時遭到汪達爾人和西哥德人的劫掠，8世紀時被薩拉森人占領。1229年併入法國王室領地。1815年在保皇派與波拿巴主義者之間的戰鬥中遭破壞。19世紀晚期隨著鐵路的到來而重新繁榮起來。它以羅馬遺跡聞名，包括橢圓形大劇場、水渠以及方堂（古代寺廟，1789年恢復）。人口134,000（1990）。

尼姆城外山上的古羅馬塔遺跡
Art Resource

Nimitz, Chester W(illiam)＊　尼米茲（西元1885～1966年）　美國海軍軍官。1905年畢業於亞那波里斯海軍學院，第一次世界大戰中服役於美國大西洋潛艇隊。1939年升任美國海軍航行局局長。日本襲擊珍珠港後，尼米茲被提升爲太平洋艦隊總司令，取得了中途島戰役和珊瑚海戰役的勝利。以後幾年他在太平洋上領導海軍參謀部，直到日本投降，在他的旗艦「密蘇里號」上簽署了投降書。1945到1947年間任海軍參謀長。

Nimrud　尼姆魯德 ➡ Calah

Nin, Anaïs＊　尼恩（西元1903～1977年）　法裔美籍女作家。古巴作曲家尼恩（1878～1949）的女兒。1932年在巴黎開始文學生涯。1940年代移居紐約，自費出版長篇和短篇小說。她的作品，包括小說《內地的城市》（5卷，1959），顯示出超現實主義和精神分析學的影響。1966年她的第一卷日記問世，聲名大噪；後面接著又出了七卷。逝世後發表了她與她父親之間長期的亂倫關係。雖然有些人稱讚她，但更多人批評她的作品是自我放縱、自我陶醉和自命不凡。

Niña, La ➟ La Niña

Ninety-five Theses　九十五條論綱　馬丁・路德就免罪罰問題所寫的辯論提綱，並於1517年10月31日張貼在德國威登堡城堡教堂大門上。現在看來這起事件是新教宗教改革運動的開始。所寫的論綱是對銷售贖罪券來爲重修羅馬聖彼得大教堂籌款一事作出的反應。論綱隱含了對教廷政策的批評，強調基督教信仰精神的、內向的特性。這份論綱被廣泛傳播，引起了許多爭論。1518年路德發表了一份拉丁文的手稿，並對論綱作了解釋。

Nineveh＊　尼尼微　古稱Ninus。古代亞述帝國最古老和人口最多的城市，位於底格里斯河東岸，與現代伊拉克的摩蘇爾隔河相望。最大的發展在西元前7世紀辛那赫里布和亞述巴尼拔統治時期。西元前612年被巴比倫的那波帕拉薩爾及其盟友西徐亞人和米底亞人占領並破壞。1845年拉亞德考察發掘出幾所宮殿、一個圖書館、城牆以及許多城門和建築。

Ningxia　寧夏　亦拼作Ningsia。全名寧夏回族自治區（Hui Autonomous Region of Ningxia）。中國北方的自治區。它與甘肅、內蒙古和山西接壤，面積25,600平方哩（66,400平方公里）。中國的長城沿著它的東北邊界。首府是銀川。它與古代党項的王國幾乎同樣遼闊和久遠，13世紀初成吉思汗占領了該王國的首府。這個地區的大部分是沙漠，人口稀少，但北部的黃河大平原已經被灌溉了許多世紀；多年來已經開掘了許多運河。人口約5,620,000（2000）。

Ninhursag＊　寧呼爾薩格　美索不達米亞宗教中阿達布和基什兩城的護城女神。尤其受美索不達米亞北部牧民的崇拜。寧呼爾薩格是多石地面之神，她能在丘陵和沙漠中產生出野生動物。她具有母親的形象，也是生育女神；有時把她表現成一頭爲失去兒子（一匹小馬）而悲傷的母畜。她的丈夫是舒爾培神，他們的孩子中有姆魯利爾，一個即將死去的神，每年的宗教儀式上都要爲他哀悼。

Niño, El ➟ El Niño

Ninsun＊　寧松　美索不達米亞宗教中庫拉布城的護城女神。尤其受美索不達米亞南部牧民的崇拜。其像原爲母牛，認爲她是牧民對他們的牛群所要求的全部品質後面的神力。其像有時也爲人形，可以生育人類後代。她的兒子是野牛杜木茲，在每年一次的儀式上，她都要爲他哀悼。她丈夫是傳說中的英雄班達王。在索馬利亞與她相當的神中有寧呼爾薩格。

Ninurta＊　尼努爾塔　美索不達米亞宗教中吉爾蘇城的護城神。他是恩利爾和寧利爾的兒子，司掌春季雷雨、洪水和耕作。原名爲Imdugud（「雨雲」）。最早的形象是象徵雷雨雲的巨大黑鳥，獅頭，張翼盤旋，振喉作雷鳴。後來改爲人形，而把他原來的形象給了他古代的敵人。他的節日標誌著播種季節的開始。

Niobe＊　尼俄柏　希臘神話中喪子母親的原型。她是坦塔羅斯的女兒，嫁給底比斯王安菲翁，生了六兒六女。她在只有兩個孩子（阿波羅和阿提米絲）的泰坦神勒托面前自詡，爲了懲罰她的驕傲，阿波羅殺死了尼俄柏的所有兒子，阿提米絲則殺死了她所有的女兒。尼俄柏沈浸在悲傷中，諸神把她變成Sipylus山（如今土耳其的伊士麥附近）上的一塊石頭。當它上面的雪溶化時，這塊石頭就不停地哭泣。

Niobid Painter＊　尼俄柏畫家（活動時期約西元前475～西元前450年）　希臘陶瓶畫家，因畫有尼俄柏子女之死的陶杯而得名。畫家把人物安排在不同的高度上，以顯示空間和深度，人們認爲這個容器反映了現在已失傳的波利格諾托斯壁畫的創新技術。

西元前455～西元前450年左右的《尼俄柏子女之死》陶杯；現藏巴黎羅浮宮
Cliche Musees Nationaux, Paris

Niobrara River＊　奈厄布拉勒河　美國懷俄明州和內布拉斯加州的河流。向東流經懷俄明州的高原以及內布拉斯加州的沙丘和低地平原，在內布拉斯加州的奈厄布拉勒村（在南達科他州邊界上）匯入密蘇里河。全長694公里。在內布拉斯加州斯科夫布拉茲以北的河畔有瑪瑙化石地層國家保護區。

Nipigon, Lake＊　尼皮貢河　加拿大安大略省的湖泊。位於蘇必略湖以北，桑德貝的東北。長約110公里，寬約80公里，面積4,840平方公里。海拔320公尺，最大深度165公尺。其印第安名的意思是「深而清澈的水」。湖中島嶼星羅棋佈，島上覆蓋著樹林。湖岸犬牙交錯。它的出水口是尼皮貢河，流入蘇必略湖。

Nipissing, Lake＊　尼皮辛湖　加拿大安大略省東南部的湖泊。位於渥太華河和喬治亞灣之間。長80公里，寬48公里，面積832平方公里。它是元古代冰湖的殘存，湖中有許多島嶼。湖水經弗倫奇河排入喬治亞灣。約1610年由布爾萊發現，後來成爲連接渥太華河與五大湖上游地區的皮毛貿易路線。

Nippur＊　尼普爾　美索不達米亞的古城，在現今伊拉克的東南部，巴比倫的東南方。原臨幼發拉底河，後來河水改道。西元前2500年時是蘇美重要的風暴神恩利爾（參閱Sumer）的崇拜中心。後來帕提亞人的建築（參閱Parthia）埋沒了恩利爾的聖所。3世紀時城市衰落下來。12或13世紀時被棄。考古挖掘發現寺廟、塔廟以及數千塊泥版，是有關古代蘇美文明知識的原始資源。還挖掘出阿卡德的墓（參閱Akkad）以及供奉美索不達米亞治癒女神的大廟。

西元前2700年左右，一個戴著黃金面具，由石膏製成的女性肖像，立於尼普爾的一間寺廟祭壇；現藏巴格達伊拉克博物館
By courtesy of the Iraq Museum, Baghdad; photograph, David Lees

Nirenberg, Marshall Warren＊　尼倫伯格（西元1927年～）　美國生化學家。獲密西根大學博士學位。他證明，在去氧核糖核酸（DNA）和（某些病毒中的）核糖核酸（RNA）中的四種不同含氮鹼基的三聯體密碼（密碼子），最終使特定的氨基酸合成細胞蛋白質。他的研究工作使他與霍利和科拉納同獲1968年的諾貝爾獎。霍利和科拉納

的工作與尼倫伯格的相似，說明了細胞核中的遺傳指令如何控制蛋白質的合成。

Nirvana＊ 涅槃 梵文的意思是「熄滅」。在印度宗教思想中，指消除了欲望和個人意識後達到的一種自由超越的狀態。涅槃是冥想修持要達到的最高境界，尤其是在佛教中。解脫欲望（從而也就解脫了痛苦）和生死輪回就是徹悟，或者說經驗了涅槃。上座部佛教認爲涅槃就是安寧和寂靜；大乘佛教認爲涅槃就是空、法身和法界。

Nis 尼什 亦稱Nish。古稱Naissus或Nissa。塞爾維亞與蒙特內哥羅貝爾格勒東南方的城市。西元2世紀時托勒密曾提到這座古羅馬城。它是君士坦丁一世的出生地（280?），是他爲這座城市裝飾了許多建築。第二次世界大戰中的轟炸以及戰後的重建抹去了它的許多土耳其－拜占庭風格。不同時期裡它被保加利亞人、匈牙利人和土耳其人占據。在土耳其時期，它成爲從伊斯坦堡到匈牙利路線上的重要站點。1878年的柏林條約將它劃給了塞爾維亞人，1901年前是塞爾維亞的首都。尼什是鐵路樞紐，商業中心。人口175,000（1991）。

Nishapur ➠ Neyshabur

Nissan Motor Co., Ltd.＊ 日產汽車公司 日本汽車製造及工業企業。總部在東京。生產小轎車、卡車和大客車，以及通訊衛星、游艇和機械。1925年由兩家小公司合併而成，1934年取現名。二次世界大戰期間生產軍用汽車；因此在1945年被同盟國軍隊扣押，直到1955年才全面恢復生產。1960年代進入世界市場後生產和銷售發展迅速，在澳大利亞、德國、墨西哥和美國等幾個國家設有裝配廠。1990年代經營狀況不良，1999年法國雷諾汽車公司買下了該公司37%的資產。

NIST ➠ Bureau of Standards

niter ➠ saltpetre

nitrate 硝酸鹽；硝酸酯 硝酸（HNO_3）的任何一種鹽或酯類。這些鹽都是帶離子鍵的無機化合物，包含硝酸根離子（NO_3^-）和任何陽離子。許多硝酸鹽，尤其是硝酸銨，用作農業肥料（參閱saltpetre）。它們流入地表水和地下水中會對人類造成嚴重的疾病。酯類是帶共價鍵的有機化合物，結構式爲$R\text{-}O\text{-}NO_2$，其中R代表有機基團，諸如甲基、乙基或苯基。

nitric acid＊ 硝酸 一種無機化合物，無色、冒煙、高度腐蝕性的液體，化學式爲HNO_3。它是實驗室裡的常用試劑。在製造肥料和炸藥（包括硝化甘油），還有有機合成、冶金、礦石浮選以及使用過的核燃料再處理過程中，硝酸都起重要的作用。硝酸是一種強酸，有毒，並能造成嚴重燒傷。能與大多數金屬起作用，用於蝕刻鋼材和光刻。

nitric oxide 一氧化氮 無色有毒氣體（NO），由氮氣和氧氣在電火花或高溫作用下生成，更方便的方法可用稀硝酸與銅或汞作用生成。約1620年由海耳蒙特首先製成。1772年普里斯特利對它進行研究，把它稱爲「亞硝氣」。工業上製作羥胺的過程，其基礎是硝酸與氫氣在催化劑作用下的化學反應。硝酸與汞生成一氧化氮的反應已用於硝酸及其鹽類的容量分析法中。

nitrifying bacteria＊ 硝化細菌 種類不多的需氧細菌，以氮爲能源。硝化細菌爲在氮循環中起重要作用的微生物，能把土壤中的氨轉變爲可被植物利用的硝酸鹽。硝化過程需要兩組細胞的中介：一類把氨轉變成亞硝酸鹽的細菌和把亞硝酸鹽轉變成硝酸鹽的細菌。在農業上，灌溉稀釋的氨溶液後，通過硝化細菌的作用使土壤中硝酸鹽增加。亦請參閱denitrifying bacteria。

nitrite＊ 亞硝酸鹽；亞硝酸酯 亞硝酸（HNO_2）的任何一種鹽類或酯類。亞硝酸鹽是帶離子鍵的無機化合物，包含亞硝酸根離子（NO_2^-）和任何陽離子。亞硝酸酯類是帶共價鍵的有機化合物，結構式爲R-O-N-O，其中R代表含碳的基團，化學鍵從碳到氧。這些共價的亞硝酸酯是硝基化合物的同分異構體（參閱isomerism）。硝基化合物是硝酸的衍生物（$R\text{-}NO_2$），其中的化學鍵是從碳到氮。亞硝酸鹽（酯）用於食品防腐和彩色增強，儘管它們的毒性很強，會引起死亡，與胺結合後產生致癌物。在醫學上用它們來擴張血管。

nitro compound＊ 硝基化合物 分子結構中含有硝基（$\text{-}NO_2$）的任何一類化合物。最常見的例子是有機化合物，亞硝酸鹽類的同分異構體，其中一個碳原子以共價鍵與硝基中的氮原子結合。許多硝基化合物在商業上都被用作炸藥、溶劑或原材料和化學中間產物。一般都是由硝酸與一種有機化合物反應生成。

nitrogen 氮 氣態化學元素，化學符號N，原子序數7。無色、無臭、無味的氣體，占地球大氣的78%，也是所有生物體的組成部分。它是最穩定的雙原子分子N_2，可用來產生惰性的氣體氛圍，或用於稀釋氣體。商業上通過液化空氣的蒸餾來生產氮氣。自然界通過土壤裡的微生物可達成固定氮作用，而在工業上則利用哈伯－博施法將它轉化成可溶於水的化合物（包括氨和硝酸鹽）。氨是其他氮化合物（尤其是硝酸鹽和亞硝酸鹽）的起始物質，這些化合物主要用於農業肥料和炸藥。氮能生成幾種氧化物：一氧化二氮；氧化氮（NO），最近發現它在生理過程中起關鍵作用；二氧化氮，以及其他形式（包括N_2O_3和N_2O_5），它們會造成空氣污染（尤其在日光照射下），故而臭名昭彰。其他的化合物包括氮化物，是由氮和金屬生成的異常堅硬的材料；氰化物；疊氮化物，用作引爆劑和雷管；還有數千種含氮的有機化合物，以功能團或者線性或環狀結構（參閱heterocyclic compound）的形式存在。亦請參閱nitrogen cycle。

nitrogen cycle 氮循環 氮在自然界以各種形式的循環。氮是生命所必需，不過大多數的氮是在空氣中，惰性且無法利用。微生物的固定氮將氮轉變成硝酸鹽及其他化合物，植物或藻類吸收進入組織。然後動物吃植物吸收化合物變成組織。微生物分解所有生物的殘骸及排泄物變成氨（氨化作用）；氨可能會離開土壤，藉由蒸發作用進入空氣或是淋溶到水中，抑或藉由固態作用轉化再次開始循環。一旦從空氣中固氮下來，就會不斷重複循環，不會回復到氣態。在浸水缺氧的土壤中，有些細菌將硝酸鹽轉化成自由的氮（脫氮作用）。

nitrogen fixation 固定氮 使空氣中富含的不活潑氮體－－游離氮與其他元素化合而生成較活潑化合物的自然或工業過程。這些化合物通常是氨、硝酸鹽或亞硝酸鹽。土壤微生物（例如生活在豆科植物根瘤中的根瘤菌）能完成90%以上的氮的固化。雖然氮是所有蛋白質的組成部分，在植物和動物的代謝過程中是非常重要的，但動、植物不能利用元素狀態的氮，比如占大氣80%的氮氣。共生的固氮菌侵襲宿主植物的根毛，並在此繁殖和促進根瘤的形成、植物細胞和親密共生細菌的擴大。根瘤內的固氮菌將游離氮轉化爲硝酸鹽，被宿主植物在發育中利用。根瘤中細菌的固氮作用在農業中有頭等重要的意義。在工業化國家使用合成肥料之前，

L M N

由糞肥和輪作（包括一種帶根瘤的作物）來提供可以利用的氮。

nitrogen narcosis 氮麻醉 亦稱氮欣快（nitrogen euphoria）或深水銷魂（raptures of the deep）。在壓力增高的條件下吸入氮氣所產生的生理效應。潛水員呼吸壓縮空氣時，氮氣在神經系統內聚積直至飽和，造成如醉酒般的頭暈，感覺麻木，繼之思維及手腳活動變得遲鈍，其後情緒不穩與易怒。嚴重者發生抽搐和暫時性昏迷。每個人的耐受閾不同，下沈愈深則症狀愈嚴重，但不留有後遺症。軀體活動可無障礙，而未能意識到自己的邏輯混亂可使潛水員上升過急（參閱decompression sickness）或不能意識到空氣供應已經竭盡。氦，由於其在身體組織內較不易溶解，因此在深潛時已被用來取代氮氣。

nitroglycerin＊ 硝化甘油 亦稱glyceryl trinitrate。一種有機化合物，是強烈的炸藥，也是大多數類型黃色炸藥的一種成分。它是無色油狀稍有毒性的液體，有甜而辣的味道。1960年代，諾貝爾發明了黃色炸藥，他使用一種惰性的多孔材料（減速劑），像木炭或矽藻土，這樣才可能安全使用硝化甘油來做炸藥。硝化甘油也用於飛彈燃料混合物中。在醫學上用來擴張血管，尤其用以緩解心絞痛。

nitrous oxide＊ 氧化亞氮 亦稱笑氣（laughing gas）。化學式N_2O。無機化合物，爲氮的一種氧化物。無色氣體，有令人愉快和微甜的氣味，吸入時有鎮痛藥的效果，在牙科和手術中當作麻醉藥（通常只稱其爲「氣」）使用。止痛效果出現前會表現出輕微歇斯底里，有時發出笑聲（因此被稱爲「笑氣」）。也可作爲食品煙霧劑中的壓縮氣體和漏出物偵測器。

Nivernais＊ 尼韋奈 法國中部的歷史地區。原是勃艮地的一部分，約10世紀時成爲一個國家。1539年法國的法蘭西斯一世把它給了克萊弗公爵。1659年被賣給了樞機主教馬薩林。馬薩林的後裔擁有該地直到法國大革命，成了重新統一到法國王室裡的最後一塊大領地。在舊秩序期間由納韋爾管轄。

Nixon, Richard M(ilhous) 尼克森（西元1913～1994年） 美國第37屆總統（1969～1974）。杜克大學法學院畢業後，1937～1942年間在加州執業。二次世界大戰期間一度在軍隊服役，戰後於1947年當選美國眾議員，在選舉中採用了嚴詞厲句的策略。在希斯一案中開始引起公眾注意，1951年又一次以疾言厲色的競選當選爲參議員。1952年身爲艾森豪的競選搭擋而當選副總統，1956年兩人再次搭擋順利當選。1960年競選總統，以微弱票數輸給了甘迺迪。1962年競選加州州長失利後退出政壇，到紐約重拾律師舊業。1968年重返政壇參加總統競選，採用「南方戰略」爭取兩黨在南部和西部各州保守派的選票，結果戰勝韓福瑞當選。在總統任內，他一邊命令向北越在寮國和柬埔寨的軍事設施祕密投彈，同時試圖終止越戰，開始逐步撤出美國軍隊。對柬埔寨境內北越人避難所的攻擊引起了廣泛的反對。通貨膨脹導致的經濟問題使美國的預算赤字上升至有史以來的最高點，促使尼克森在1971年實行了和平時期史無前例的對工資和物價的監控。1972年他大幅領先麥高文再次當選總統。在季辛吉的協助下，他結束了越戰。他重開與中國共產黨的接觸，對中國進行了國事訪問。首次以美國總統的身分訪問蘇聯，與對方簽署了限武談判雙邊協議。水門事件替他的第二個任期蒙上了陰影。他刻意隱瞞參與事件的眞相和可能的彈劾導致他於1974年8月引咎辭職，成爲美國歷史上第一位辭職的總統。繼任的福特總統赦免了他，盡管他從來沒有被正式宣告有罪。尼克森退休後從事回憶錄和有關國際政策問題的專著寫作。

Nizam al-Mulk＊ 尼札姆・穆爾克（西元1018?～1092年） 原名阿布・阿里・哈桑・伊本・阿里（Abu Ali Hasan ibn Ali）。土耳其塞爾柱王朝蘇丹的波斯族維齊。曾爲伽色尼王朝服務，之後擔任艾勒卜－艾爾斯蘭的呼羅珊總督。1063年成爲維齊，任職達三十年，後期爲艾勒卜－艾爾斯蘭的兒子馬里克－沙服務。他認爲統治者應該握有絕對的權力，保持王國的穩定和傳統。他在《王術》一書中闡述了他的觀點。他被認爲是一個完美的大臣。但在失去馬里克－沙的寵信後被暗殺。

Nizami ➠ Nezami

Nizam's Dominions 尼查姆自治領 ➠ Hyderabad

Nizhny Novgorod＊ 下諾夫哥羅德 舊稱高爾基（Gorky, 1932～1990）。俄羅斯中部城市（1996年人口約1,400,000）。位於窩瓦河南岸和奧卡河交匯處。成立於1221年，1392年併入莫斯科。16世紀中葉俄羅斯人征服窩瓦河地區的過程中，它有著重要的戰略地位。1932年更名爲高爾基，因爲高爾基在此地出生。在蘇維埃統治時期，它是沙卡洛夫在國內的流放地。市內有若干16到17世紀的建築。它是俄國的主要工業中心之一。

Njáls saga＊ 尼雅爾薩迦 亦稱Njála或Burnt Njáll。冰島家族薩迦中最長，可能也是最出色的作品之一。故事發生的社會基礎是有血緣關係的一些人，爲過去受過的傷害復仇是不可推卸的責任，也是贏得榮譽的需要。作品呈現了英雄時代冰島生活的最全面的景象。整個作品的情緒是悲觀主義。作品生動地描寫了一批人物，從滑稽的到邪惡的。其中有兩位英雄，貢納爾和尼雅爾。前者是一個勇敢、誠實、慷慨的青年；後者是個聰明而謹慎的人，並具有先知的天賦。

Njörd＊ 尼約爾德 古斯堪的那維亞的風神和大海及其財富之神。他與他姐妹生下弗雷和弗蕾亞。他所屬的瓦尼爾神族把他作爲人質交給敵對的埃西爾神族。女巨人斯卡狄選他爲丈夫，但尼約爾德喜歡住在諾阿圖恩，即他海邊的家中，爾斯卡狄則住在她父親的山上會更快活，因此未能成婚。有幾種傳說都說尼約爾德是瑞典的統治神。

Nkomo, Joshua (Mqabuko Nyongolo)＊ 恩科莫（西元1917～1999年） 辛巴威（前羅得西亞）的黑人民族主義者。恩科莫參與領導了反對羅得西亞白人統治的遊擊隊，但他的影響力不如穆加貝。作爲辛巴威非洲人民聯盟（ZAPU）的領袖，他是穆加貝的長期競爭對手。1980到1982年間他們都參加了聯合政府，但二人破裂後，恩科莫離開了聯合政府。1987年辛巴威非洲人民聯盟與穆加貝的辛巴威非洲民族聯盟（ZANU）合併爲辛巴威非洲民族聯盟－愛國者陣線。1990年恩科莫任穆加貝政府的副總統。

Nkrumah, Kwame＊ 恩克魯瑪（西元1909～1972年） 領導黃金海岸邁向獨立，並在迦納成爲新國家後執政的民族領袖。在前往美國進修文學和民族主義前（1935～1945），曾任教師。1949年創

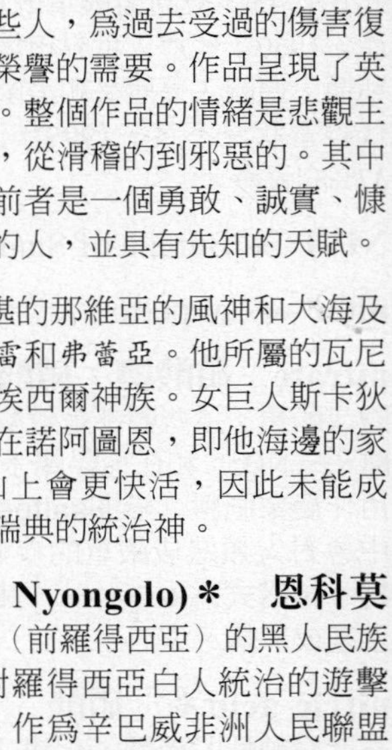

恩克魯瑪，攝於1962年
Marc and Evelyne Bernheim－Woodfin Camp and Associates

立人民大會黨，提倡非暴力抗議、罷工、跟英國殖民當局不合作的運動。被選爲黃金海岸總理（1952～1960），和獨立後的迦納總統（1960～1966），他實行非洲化政策、建公路、辦學校和設醫院。1960後投入大部分時間在泛非運動上，卻損害了迦納的經濟。1962年一場預謀的政變後，恩克魯瑪加強極權控制，深居簡出，增加與共產黨國家的接觸，並撰寫有關政治哲學的作品。由於迦納正面臨經濟危機，他在1966年訪問北京時遭到罷免。

No drama　能樂　亦作Noh drama。日本的傳統戲劇形式。爲世界上現存最古老的戲劇形式之一，能樂有史詩般的主題、合唱隊、高度格式化的動作、戲裝和布景。參與演出的講故事人皆爲男性，透過面部表情和形體動作來暗示故事的本質，而不是把它表現出來。能樂（no，日語「才能」或「技巧」之意）是由古老的舞蹈戲劇形式發展而來，在14世紀演變成其特有的形式。能樂的五種形式有：脇能（kami，日語「神」之意）敘述神道教神社的神聖故事；修羅能（shura mono，日語「打鬥戲劇」之意）是以武士爲中心的故事；假髮能（katsura mono，日語「假髮戲」之意）則有女性角色；現在能（gendai mono或kyojo mono，日語「今日戲」或「瘋女戲」之意）則有各式各樣的內容；尾能（kiri或kichiku，日語「最後」或「惡魔」之意）以惡魔和陌生的怪獸爲特色。觀阿彌（1333～1384）和其子世阿彌（1363～1443）創作了許多最優美的能樂劇本，超過兩百個仍保留成爲現代能樂劇目。

no-till farming　免耕農業　亦作till-less agriculture。一種耕作技術，只攪動播種於其中的溝或穴中的土壤。保留前茬作物的殘株碎片以保護苗床。該耕作方法主要的好處是可減少土地受到腐蝕的機率，減少機械、燃料和肥料的使用，有效減少田間管理的時間。使用這種方法還可以增進土壤團聚體的形成，促進微生物在土壤中的活動及水分的滲透和貯存。傳統的耕作方法將通過耕地來減少雜草的生長，但免耕農業選擇使用除草劑來消滅雜草，以保護作物。免耕農業是被保存下來的幾種原始的耕作方法之一，在20世紀開始重新被使用。

Noah　諾亞　《聖經・創世記》中的人物。諾亞是拉麥之子，爲亞當和夏娃的第九代子孫，行爲端正，蒙上帝選擇在他的邪惡的同代人於洪水中滅亡後使人類能繁衍下來。諾亞遵照指示建造一艘方舟，並依神諭收容每種動物各一對。洪水退去後，上帝以一道彩虹作爲不再毀滅大地的保證。他是閃、含和雅弗的父親，整個人類種族再由諾亞三子繁衍下來。諾亞也被傳說爲是葡萄園耕種的創始者。

noaide＊　挪亞德　在薩米人宗教中，在委託人和各種不同的超自然物、力量之間充當媒介的薩滿。爲協助人們承受疾病與其他嚴重的困擾，挪亞德施展如戲劇般的降神儀式，包括占卜、催眠入神、與超自然物相對抗，以及對病人進行儀式性的治療。挪亞德能夠爲善和爲惡，他們的力量在過去非常受人敬畏。

Nobel, Alfred (Bernhard)＊　諾貝爾（西元1833～1896年）　瑞典化學家、工程師和實業家。他試圖找到一種處理硝化甘油的安全方法，結果發明了黃色炸藥和雷管。他建立起一批工廠形成網路來生產黃色炸藥，並成立一些公司來生產和銷售他的炸藥。他繼續研製爆炸力更強的炸藥，製作不採用簡單點火方法（如用火柴點火）的炸藥並改進其引爆器。諾貝爾登記有350餘項專利，但多與炸藥無直接關係，如人造絲和皮革。諾貝爾的個性比較複雜，既充滿生氣，又喜歡隱居獨處，是個和平主義者，但卻因發明了用於戰爭的炸藥而被貼上「死亡商人」的標籤。或許是爲了反對這張標籤，他把他巨大財富（來自向全世界銷售炸藥和石油所得的利潤）的大部分用來建立諾貝爾獎，被認爲是所有國際獎項裡等級最高的獎。

Nobel Prize　諾貝爾獎　根據諾貝爾的遺囑所設基金提供的獎，由四個機構（瑞典三個，挪威一個）每年頒發一次。遺囑中規定該獎應授予「在前一年中給人類帶來最大利益的人」。自1901年以來，設立了物理學、化學、生理學或醫學、文學以及和平五項諾貝爾獎；自1969年起，瑞典銀行又設立了第六個獎，即經濟科學獎。這些獎都被看作是世界上最高榮譽的獎。

noble gas　稀有氣體　亦稱惰性氣體（inert gas）。通常排列在週期律中最右邊一族的六種化學元素：氦、氖、氬、氪、氙和氡。所有這六種元素都是無色、無臭、不易燃、在大氣中含量極少的氣體（雖然氦是宇宙中最豐富的元素）。它們的電子構型十分穩定，沒有可被分享的不配對電子，這使它們極端地不活潑，因此也就「高貴」（即高高在上，脫離大衆）或有惰性，雖然最重的三個，最外層電子結合得不太緊，因而可以形成化合物（主要與氟作用）。比起其他的物質來，這些氣體吸收和放出電磁輻射的方法要簡單得多。利用這個特性可把它們用於螢光發光器件及放電燈中：把它們以低壓限制在一根玻璃管中，當通過電流時它們就發出特有顏色的光來。它們的沸點和熔點都非常低，因而可以在低溫研究中用作致冷劑。

nocturne　夜曲　19世紀的鋼琴特性曲。該詞首見於蘇格蘭作曲家費爾特（1782～1837）約1812年出版的作品，該作品在分解和弦中加入抒情詩般的旋律。蕭邦的風格相似的浪漫夜曲，是最著名的作品。

nodule＊　礦瘤　地質學名詞，指圓形的礦物結核，與它所在的岩層有區別，而且可以分開。礦瘤通常爲長條形，表面有不規則結狀凸起；排列的方向一般與基層平行。燧石和黑燧石、黏土質鐵岩和磷塊岩一般都以礦瘤形式出現。海洋底部發現了富含錳的礦瘤。

Noel-Baker, Philip John　諾埃爾－貝克（西元1889～1982年）　受封爲（達比城的）諾埃爾－貝克男爵（Baron Noel-Baker (of the City of Derby)）。原名Philip John Baker。英國政治家、裁軍倡導者。1919～1922年間在國際聯盟秘書處工作。1924～1929年間在倫敦大學教授國際關係學。1929～1931及1936～1970年在英國下議院任職。1945～1961年任國務大臣。他參加起草聯合國憲章，爲和平與國際裁軍四處奔波。在1912、1920和1924年的奧運會上他都是長跑運動員，1960～1982年間任聯合國教科文組織的國際體育娛樂和運動理事會主席。1959年獲諾貝爾和平獎。

Nogi Maresuke＊　乃木希典（西元1849～1912年）　日本明治時代的將軍。曾擔任台灣總督，並參與過日俄戰爭。明治天皇逝世時，乃木和他的妻子展現出武士最終極的忠誠行爲，攜手切腹自殺追隨天皇而亡。此一行爲令日本作家，諸如夏目漱石與森鷗外（1862～1922）深感震撼，同時也刻畫出日本的封建過往與急速現代化的現在之間的對比。亦請參閱seppuku。

Noguchi, Isamu＊　野口勇（西元1904～1988年）　美國雕塑家和設計家。早年在日本度過。在哥倫比亞大學醫科預科學習後，在巴黎當了布朗庫西的助手。他還受到吉亞柯梅蒂、考爾德、畢卡索和米羅等人的影響。他所受的醫學預科訓練使他注意到骨骼與石頭之間的關係，從他的《青年

歷屆諾貝爾獎得主

年份	物理學獎	化學獎	文學獎	生理學或醫學獎	和平獎	經濟學獎
1901	倫琴（德國）	范托夫（荷蘭）	蘇利·普律多姆（法國），詩人	貝林（德國）	杜南（瑞士）	至1969年始頒發該獎項
					帕西（法國）	
1902	洛倫茲（荷蘭）	費歇爾（德國）	蒙森（德國），歷史學家	羅斯（英國）	杜科蒙（瑞士）	
	塞曼（荷蘭）				戈巴特（瑞士）	
1903	貝克勒耳（法國）	阿倫尼烏斯（瑞典）	比昂松（挪威），	芬森（丹麥）	克里默（英國）	
	皮埃爾·居里（法國）		小說家、詩人、劇作家			
	瑪麗·居里（法國☆）					
1904	瑞利（英國）	雷姆塞（英國）	米斯特拉爾（法國），詩人	巴甫洛夫（俄國）	國際法學研究所（1873年成立）	
			埃切加萊—埃薩吉雷（西班牙），劇作家			
1905	勒納（德國）	拜耳（德國）	顯克維奇（波蘭），小說家	科赫（德國）	祖特內爾（奧地利）	
1906	湯姆生（英國）	穆瓦桑（法國）	卡爾杜奇（義大利），詩人	戈爾吉（義大利）	羅斯福（美國）	
				拉蒙-卡哈爾（西班牙）		
1907	邁克爾生（美國☆）	畢希納（德國）	吉卜林（英國），詩人、小說	家拉韋朗（法國）	莫內塔（義大利）	
					雷諾（法國）	
1908	李普曼（法國）	拉塞福（英國）	倭鏗（德國），哲學家	埃爾利希（德國）	阿諾德森（瑞典）	
				梅奇尼科夫（俄國）	巴耶（丹麥）	
1909	馬可尼（義大利）	奧斯特瓦爾德（德國）	拉格洛夫（瑞典），小說家	科赫爾（瑞士）	埃斯圖內勒·	
	布勞恩（德國）				德康斯坦（法國）	
					貝爾納特（比利時）	
1910	范德瓦耳斯（荷蘭）	瓦拉赫（德國）	海澤（德國），詩人、小說家、劇作家	科塞爾（德國）	國際和平署（1981年成立）	
1911	維恩（德國）	瑪麗·居里（法國☆）	梅特林克（比利時），劇作家	古爾斯特蘭德（瑞典）	阿塞爾（荷蘭）	
					弗里德（奧地利）	
1912	達倫（瑞典）	格林尼亞（法國）	霍普特曼（德國），劇作家	卡雷爾（法國）	羅德（美國）	
		薩巴蒂埃（法國）				
1913	昂內斯（荷蘭）	韋爾納（瑞士☆）	泰戈爾（印度），詩人	里歇（法國）	拉豐泰因（比利時）	
1914	勞厄（德國）	理查茲（美國）	無	巴拉尼（奧地利）	無	
1915	威廉·布拉格（英國）	威爾施泰特（德國	羅曼羅蘭（法國），小說家	無	無	
	勞倫斯·布拉格（英國）					
1916	無	無	海登斯塔姆（瑞典），詩人	無	無	
1917	巴克拉（英國）	無	吉勒魯普（丹麥），小說家	無	國際紅十字委員會（1863年成立）	
			彭托皮丹（丹麥），小說家			
1918	普朗克（德國）	哈伯（德國）	卡爾弗爾特（瑞典；拒絕受獎），詩人	無	無	
1919	斯塔克（德國）	無	施皮特勒（瑞士），詩人、小說家	博爾德（比利時）	威爾遜（美國）	
1920	紀堯姆（瑞士）	能斯脫（德國）	哈姆生（挪威），小說家	克羅伊（丹麥）	爾茹瓦（法國）	
1921	愛因斯坦（瑞士☆）	蘇第（英國）	法朗士（法國），小說家	無	布蘭廷（瑞典）	
					蘭格（挪威）	
1922	玻耳（丹麥）	阿斯頓（英國）	貝納文特—馬丁內斯（西班牙），劇作家	希爾（英國）	南森（挪威）	
				邁爾霍夫（德國）		
1923	密立根（美國）	普列格爾（奧地利）	葉慈（愛爾蘭），詩人	班廷（加拿大）	無	
				麥克勞德（英國）		
1924	西格班（瑞典）	無	萊蒙特（波蘭），小說家	埃因托芬（荷蘭）	無	
1925	夫蘭克（德國）	席格蒙迪（奧地利）	蕭伯納（愛爾蘭），劇作家	無	張伯倫（英國）	
	赫茲（德國）				道斯（美國）	
1926	皮蘭（法國）	斯韋德貝里（瑞典）	黛萊達（義大利），小說家	菲比格（丹麥）	白里安（法國）	
					斯特來斯曼（德國）	

歷屆諾貝爾獎得主

年份	物理學獎	化學獎	文學獎	生理學或醫學獎	和平獎	經濟學獎
1927	康普頓（美國） 威爾遜（英國）	維蘭德（德國）	柏格森（法國☆），哲學家	瓦格納-堯雷格（奧地利）	比松（法國） 克維德（德國）	
1928	理查生（英國）	溫道斯（德國）	溫塞特（挪威），小說家	尼科爾（法國）	無	
1929	布羅伊（法國）	哈登（英國） 奧伊勒-凱爾平（瑞典☆）	托瑪斯・曼（德國），小說家	艾克曼（荷蘭） 霍普金斯（英國）	凱洛格（美國）	
1930	拉曼（印度）	費歇爾（德國）	劉易斯（美國），小說家	蘭德施泰納（美國☆）	瑟德布洛姆（瑞典）	
1931	無	博施（德國） 伯吉尤斯（德國）	卡爾弗爾特（瑞典；死後授予），詩人	瓦爾堡（德國）	亞當斯（美國） 巴特勒（美國）	
1932	海森堡（德國）	蘭穆爾（美國）	高爾斯華綏（英國），小說家	亞得連（英國） 雪令頓（英國）	無	
1933	狄拉克（英國） 薛定諤（奧地利）	無	布寧（蘇聯），詩人、小說家	摩爾根（美國）	安傑爾（英國）	
1934	無	尤列（美國）	皮蘭德婁（義大利），劇作家	邁諾特（美國） 墨菲（美國） 惠普爾（美國）	亨德森（英國）	
1935	查特威克（英國）	弗雷德里克・約里奧-居里（法國） 伊雷娜・約里奧-居里（法國）	無	施佩曼（德國）	奧西埃茨基（德國）	
1936	赫斯（奧地利） 安德生（美國）	德拜（荷蘭）	歐尼爾（美國），劇作家	德爾（英國） 勒韋（德國）	薩維德拉・拉馬斯（阿根廷）	
1937	戴維遜（美國） 湯姆生（英國）	哈爾斯（英國） 卡勒（瑞士）	馬丁・杜・加爾（法國），小說家	森特-哲爾吉（匈牙利）	切爾伍德的塞西爾子爵（英國）	
1938	費米（義大利）	庫恩（德國；拒絕受獎＊）	賽珍珠（美國），小說家	海曼斯（比利時）	南森國際難民救濟局（1931年成立）	
1939	勞倫斯（美國）	布特南特（德國；拒絕受獎＊） 盧齊卡（瑞典☆）	西倫佩（芬蘭），小說家	多馬克（德國；拒絕受獎＊）	無	
1943	斯特恩（美國☆）	赫維西（匈牙利）	無	達姆（丹麥） 杜伊基（美國）	無	
1944	雷比（美國☆）	哈恩（德國）	傑生（丹麥），小說家	厄爾蘭格（美國） 蓋塞爾（美國）	紅十字國際委員會（1863年成立）	
1945	鮑立（奧地利）	維爾塔寧（芬蘭）	米斯特拉爾（智利），詩人	佛來明（英國） 柴恩（英國☆） 福樓雷（澳大利亞）	赫爾（美國）	
1946	布立基曼（美國）	索姆奈（美國） 諾斯拉普（美國） 史坦利（美國）	赫塞（瑞士☆），小說家	墨勒（美國）	巴爾奇（美國） 馬特（美國）	
1947	阿波敦（英國）	羅賓遜（英國）	紀德（法國），小說家、隨筆作家	卡爾・葛里（美國☆） 格蒂・葛里（美國☆） 奧賽（阿根廷）	美國公誼服務委員會（美國） 公誼服務理事會（英國）	
1948	布萊克特（英國）	蒂塞利烏斯（瑞典）	艾略特（英國☆），詩人、評論家	米勒（瑞士）	無	
1949	湯川秀樹（日本）	吉奧克（美國）	福克納（美國），小說家	赫斯（瑞士） 埃加斯・莫尼茲（葡萄牙）	博伊德-奧爾（英國）	
1950	鮑威爾（英國）	狄爾斯（德國） 阿爾德（德國）	羅素（英國），哲學家	亨奇（美國） 坎德爾（美國） 賴希施泰因（瑞士☆）	本奇（美國）	
1951	考克饒夫（英國） 華爾頓（愛爾蘭）	麥米倫（美國） 西堡格（美國）	拉格爾克維斯特（瑞典），小說家	泰勒（南非）	儒奧（法國）	

L M N

歷屆諾貝爾獎得主

年份	物理學獎	化學獎	文學獎	生理學或醫學獎	和平獎	經濟學獎
1952	布拉克（美國☆）	馬丁（英國）	莫里亞克（法國），詩人、小說家、劇作家	瓦克斯曼（美國☆）	史懷哲（亞爾薩斯）	
	蒲塞爾（美國）	辛格（英國）				
1953	澤爾尼克（荷蘭）	施陶丁格（德國）	邱吉爾（英國），歷史學家、演說家	李普曼（美國☆）	馬歇爾（美國）	
				克雷布斯（英國☆）		
1954	玻恩（英國☆）	鮑林（美國）	海明威（美國），小說家	恩德斯（美國）	聯合國難民事務高級專員辦事處（1951年成立）	
	博特（德國）			韋勒（美國）		
				羅賓斯（美國）		
1955	小蘭姆（美國）	迪維尼奧（美國）	拉克斯內斯（冰島），小說家	泰奧雷爾（瑞典）	無	
	庫什（美國☆）					
1956	肖克萊（美國）	謝苗諾夫（蘇聯）	希梅內斯（西班牙），詩人	福斯曼（德國）	無	
	巴丁（美國）	欣謝爾伍德（英國）		理查茲（美國）		
	布喇頓（美國）			庫爾南（美國☆）		
1957	李政道（美國）	陶得（英國）	卡繆（法國），小說家、劇作家	博韋（義大利☆）	皮爾遜（加拿大）	
	楊振寧（美國）					
1958	切倫科夫（蘇聯）	桑格（英國）	巴斯特納克（蘇聯；拒絕受獎），小說家、詩人	比德爾（美國）	倍爾（比利時）	
	夫蘭克（蘇聯）			塔特姆（美國）		
	塔姆（蘇聯）			萊德伯格（美國）		
1959	塞格雷（美國☆）	海洛夫斯基（捷克斯洛伐克）	夸齊莫多（義大利），詩人	奧喬亞（美國☆）	諾埃爾-貝克（英國）	
	張伯倫（美國）			科恩伯格（美國）		
1960	格拉澤（美國）	利比（美國）	聖瓊・佩斯（法國），詩人	伯內特（澳大利亞）	盧圖利（南非）	
				梅達沃（英國）		
1961	霍夫斯塔特（美國）	卡爾文（美國）	安德里奇（南斯拉夫），小說家	貝凱西（美國☆）	哈瑪紹（瑞典）	
	穆斯堡爾（德國）					
1962	朗道（蘇聯）	肯德魯（英國）	史坦貝克（美國），小說家	克里克（英國）	鮑林（美國）	
		佩魯茨（英國☆）		華特生（美國）		
				威爾金茲（英國）		
1963	延森（德國）	納塔（義大利）	塞菲里斯（希臘），詩人	埃克爾斯（澳大利亞）	紅十字國際委員會（1863年成立）	
	梅耶夫人（美國☆）	齊格勒（德國）		霍奇金（英國）	紅十字會聯合會	
	威格納（美國☆）			赫胥黎（英國）		
1964	湯斯（美國）	霍奇金（英國）	沙特（法國；拒絕受獎），哲學家、劇作家	布洛赫（美國☆）	金恩（Jr.美國）	
	巴索夫（蘇聯）			呂南（德國）		
	普羅霍羅夫（蘇聯）					
1965	施溫格（美國）	伍德沃德（美國）	肖洛霍夫（蘇聯），小說家	雅各布（法國）	聯合國兒童基金會（1946年成立）	
	費因曼（美國）			莫諾（法國）		
	朝永振一郎（日本）			利沃夫（法國）		
1966	卡斯特勒（法國）	馬利肯（美國）	阿格農（以色列☆），小說家	赫金斯（美國☆）	無	
			薩克斯（瑞典☆），詩人	勞斯（美國）		
1967	貝特（美國☆）	艾根（德國）	阿斯圖里亞斯（瓜地馬拉），小說家	哈特蘭（美國）	無	
		諾里什（英國）		沃爾德（美國）		
		波特（英國）		格拉尼特（瑞典）		
1968	阿耳瓦雷茨（美國）	昂薩格（美國☆）	川端康成（日本），小說家	霍利（美國）	卡森（法國）	
				科拉納（美國☆）		
				尼倫伯格（美國）		
1969	蓋耳曼（美國）	巴頓（英國）	貝克特（愛爾蘭），小說家、劇作家	德爾布呂克（美國☆）	國際勞工組織（1919年成立）	弗里希（挪威）
	哈塞爾（挪威）			赫爾希（美國）		廷伯根（荷蘭）
				盧里亞（美國☆）		

歷屆諾貝爾獎得主

年份	物理學獎	化學獎	文學獎	生理學或醫學獎	和平獎	經濟學獎
1970	阿耳文（瑞典） 奈耳（法國）	勒盧瓦爾（阿根廷☆）	索忍尼辛（蘇聯），小說家	阿克塞爾羅德（美國） 卡茨（英國☆） 奧伊勒-凱爾平(瑞典)	博勞格（美國）	塞繆爾森（美國）
1971	伽柏（英國☆）	赫茨伯格（加拿大☆）	聶魯達（智利），詩人	索色蘭（美國）	勃蘭特（德國）	顧志耐（美國☆）
1972	巴丁（美國） 柯柏（美國） 施里弗（美國）	安芬森（美國） 摩爾（美國） 斯坦因（美國）	伯爾（德國），小說家	埃德爾曼（美國） 波特（英國）	無	希克斯（英國） 阿羅（美國）
1973	江崎玲於奈（日本） 加埃沃（美國☆） 約瑟夫森（英國）	費歇爾（德國） 威爾金森（英國）	懷特（澳大利亞），小說家	弗里施（奧地利） 勞倫茲（奧地利） 廷伯根（英國☆）	季辛吉（美國） 黎德壽（北越；拒絕受獎）	列昂捷夫（美國☆）
1974	賴爾（英國） 休伊什（英國）	弗洛里（美國）	雍松（瑞典），小說家 馬丁松（瑞典），小說家、詩人	克勞德（美國☆） 迪韋（比利時） 帕拉德（美國☆）	佐藤榮作（日本） 麥克布賴德（愛爾蘭）	米達爾（瑞典） 海耶克（英國）
1975	玻爾（丹麥） 莫特森（丹麥☆） 雷恩沃特（美國）	康福思（英國） 普雷洛格（瑞士）	蒙塔萊（義大利），詩人	杜爾貝科（美國☆） 特明（美國） 巴爾的摩（美國）	沙卡洛夫（蘇聯）	坎托羅維奇（蘇聯） 庫普曼斯（美國☆）
1976	芮奇特（美國） 丁肇中（美國）	利普斯科姆（美國）	貝婁（美國☆），小說家	布盧姆伯格（美國） 蓋達塞克（美國）	科里根麥桂（北愛爾蘭） 威廉斯（北愛爾蘭）	弗里德曼（美國）
1977	安德生（美國） 馬特（英國） 范扶累克（美國）	普里戈金（比利時）	阿萊克桑德雷（西班牙），詩人	耶洛（美國） 吉耶曼（美國） 沙利（美國）	國際特赦組織（年成立）	奧林（瑞典） 米德（英國）
1978	卡皮察（蘇聯） 彭齊亞斯（美國☆） 威爾遜（美國）	米契爾（英國）	辛格（美國☆），小說家	阿爾伯（瑞士） 內森斯（美國） 史密斯（美國）	比金（以色列） 沙達特（埃及）	西蒙（美國）
1979	格拉肖（美國） 薩拉姆（巴基斯坦） 溫伯格（美國）	布朗（美國☆） 威蒂（西德）	埃利蒂斯（希臘），詩人	科馬克（美國☆） 豪斯菲爾德（英國）	泰瑞莎修女（印度☆）	劉易斯（英國） 舒爾茨（美國）
1980	克羅寧（美國） 費區（美國）	伯格（美國） 吉柏特（美國） 桑格（英國）	米沃什（美國☆），詩人	貝納塞拉夫（美國☆） 斯內爾（美國） 多塞（法國）	裴瑞茲．埃斯基韋爾 (阿根廷)	克萊因（美國）
1981	西格班（瑞典） 布洛姆伯根（美國☆） 肖洛（美國）	福井健一（日本） 霍夫曼（美國☆）	卡內蒂（保加利亞），小說家、隨筆作家	斯派里（美國） 維厄瑟爾（瑞典） 休伯爾（美國☆）	聯合國難民事務高級專員辦事處 (1951年成立)	托賓（美國）
1982	威爾遜（美國）	克拉格（英國☆）	加西亞．馬奎斯（哥倫比亞），小說家、新聞工作者、社會評論家	貝里斯特羅姆（瑞典） 薩米爾松（瑞典） 文（英國）	米達爾（瑞典） 加西亞．羅夫萊斯（墨西哥）	施蒂格勒（美國）
1983	昌德拉塞卡（美國） 福勒（美國）	陶布（美國）	高汀（英國），小說家	麥克林托克（美國）	華勒沙（波蘭）	德布魯（美國）
1984	魯比亞（義大利） 梅爾（荷蘭）	梅里菲爾德（美國）	賽費爾特（捷克斯洛伐克），詩人	傑尼（英國-丹麥） 區勒（西德） 米爾斯坦（阿根廷）	屠圖（南非）	斯頓（英國）
1985	克里辛（西德）	霍普特曼（美國） 卡勒（美國）	西蒙（法國），小說家	布朗（美國） 戈德斯坦（美國）	國際反核醫師協會（1980年成立）	莫迪葛萊尼（美國）
1986	羅斯卡（西德） 賓尼格（西德） 羅赫勒（瑞士）	赫斯克巴克（美國） 李遠哲（美國） 波拉尼（加拿大）	索因卡（奈及利亞），劇作家、詩人	科恩（美國） 列維－蒙塔西尼（義大利）	維厄瑟爾（美國☆）	布坎南（美國）

歷屆諾貝爾獎得主

年份	物理學獎	化學獎	文學獎	生理學或醫學獎	和平獎	經濟學獎
1987	柏諾茲（西德）	克拉姆（美國）	布羅茨基（美國☆），詩人、隨筆作家	利根川進（日本）	阿里亞斯·桑切斯（哥斯大黎加）	索洛（美國）
	米勒（瑞士）	彼得森（美國）				
		萊恩（法國）				
1988	雷德曼（美國）	代森霍夫（西德）	馬富茲（埃及），小說家	布拉克（英國）	聯合國和平部隊阿萊（法國）	阿萊（法國）
	施瓦茨（美國）	胡貝爾（西德）		埃利恩（美國）		
	史丹伯格（美國）	米歇爾（西德）		希欽斯（美國）		
1989	拉姆西（美國）	阿特曼（美國）	塞拉（西班牙），小說家	畢曉普（美國）	達賴喇嘛（西藏）	哈韋爾莫（挪威）
	戴默爾特（美國）	切赫（美國）		瓦爾默斯（美國）		
	保爾（西德）					
1990	弗里德曼（美國）	科里（美國）	帕斯（墨西哥），詩人、隨筆作家	摩雷（美國）	戈巴契夫（蘇聯）	馬科維茲（美國）
	坎德爾（美國）			湯瑪斯（美國）		米勒（美國）
	泰勒（加拿大）					夏普（美國）
1991	岡內（法國）	恩斯特（瑞士）	戈迪默（南非），小說家	內爾（德國）	翁山蘇姬（緬甸）	科斯（美國）
				札克曼（德國）		
1992	夏帕克（法國）	馬庫斯（美國☆）	沃爾科特（聖露西亞），詩人	費施爾（美國）	門楚（瓜地馬拉）	貝克爾（美國）
				克雷布斯（美國）		
1993	赫爾斯（美國）	馬利斯（美國）	馬禮遜（美國），小說家	羅伯次（英國）	戴克拉克（南非）	福格爾（美國）
	泰勒（美國）	史密斯（加拿大）		夏普（美國）	曼德拉（南非）	諾斯（美國）
1994	布羅克豪斯（加拿大）	歐拉（美國）	大江健三郎（日本），小說家	吉爾曼（美國）	阿拉法特（巴勒斯坦）	豪爾紹尼（美國☆）
	沙爾（美國）			羅德貝爾（美國）	裴瑞斯（以色列）	納西（美國）
					拉賓（以色列）	塞爾滕（德國）
1995	佩爾（美國）	克盧欣（荷蘭）	黑尼（愛爾蘭），詩人	劉易斯（美國）	羅伯拉特（英國☆）	盧卡斯（美國）
	萊因斯（美國）	莫利納（美國☆）		紐斯林-沃爾哈德（德國）	帕格沃什科學和世界事務會議（1957年成立）	
		羅蘭（美國）		威蕭斯（美國）		
1996	李（美國）	柯爾（美國）	辛波絲卡（波蘭），詩人	多爾蒂（澳大利亞）	希梅內斯·貝洛（東帝汶）	米爾利斯（英國）
	奧謝羅夫（美國）	克羅托（英國）		辛克納格爾（瑞士）	羅慕斯—奧爾塔（東帝汶）	維克瑞（加拿大）
	理查生（美國）	斯莫利（美國）				
1997	朱棣文（美國）	博耶（美國）	富（義大利），劇作家、演員	普魯西納（美國）	國際禁雷運動（1992年成立）	默頓（美國）
	科恩—唐努吉（法國☆）	瓦克爾（英國）			威廉斯（美國）	斯科爾斯（美國）
	菲利普斯（美國）	斯科（丹麥）				
1998	勞夫林（美國）	柯恩（美國）	薩拉馬戈（葡萄牙），小說家	福奇哥（美國）	川波（北愛爾蘭）	森（印度）
	史托莫（美國☆）	波普（英國）		伊格那羅（美國）	休姆（北愛爾蘭）	
	崔琦（美國☆）			穆拉德（美國）		
1999	韋爾曼（荷蘭）	齊威爾（埃及／美國）	格拉斯（德國），小說家	布洛貝爾（美國☆）	無國界醫師組織（1971年成立）	孟德爾（加拿大）
	霍夫特（荷蘭）					
2000	阿爾費羅夫（俄羅斯）	白川英樹（日本）	高行健（法國☆），劇作家、小說家	卡爾松（瑞典）	金大中（南韓）	海克曼（美國）
	克勒默（德國）	希格（美國）		格林加德（美國）		麥克法登（美國）
	基爾比（美國）	麥克迪爾米德（美國☆）		肯德爾（美國☆）		
2001	康奈爾（美國）	諾里斯（美國）	耐波耳（千里達），小說家	哈特韋爾（美國）	聯合國（1945年成立）	艾克羅夫（美國）
	韋曼（美國）	野依良治（日本）		諾爾斯（英國）	安南（迦納）	斯彭斯（美國）
	凱特勒（德國）	夏普勒斯（美國）		亨特（英國）		史蒂格利茲（美國）

§受獎時所入國籍；☆歸化公民；＊希特勒禁止德國人接受諾貝爾獎（1937.1）；◆1940～1942年未頒獎。

雕像》（1945）中可以看出這一點。他的許多作品。像《飛鳥C（MU）》（1953～1958），都是由在磨光的石頭上雕刻出的高雅抽象的圓形組成。他與葛蘭姆長期合作爲許多芭蕾舞劇設計舞台佈景。他還設計了許多公共場所的雕塑、雕塑公園以及遊樂場，還設計家具。

諾蘭德，紐曼攝於1967年
© Arnold Newman

noise　噪音　不想聽到的聲音，可以是本質上就令人生厭的聲音，也可以是對正在聽的其他聲音產生干擾的聲音。在電子學和資訊理論中，噪音是指無規的、非預期的以及不想要的信號或者信號變化，它們會掩蓋想要的資訊內容。在無線電學中，這類噪音稱作靜噪音；在電視中則稱作雪花。白噪音是一種複合的信號，或者說是覆蓋了整個頻率（或音調）範圍，而且各頻段的強度都相等的聲音。

nökhör　諾霍爾　（蒙古語意爲「同志」〔comrade〕）蒙古成吉思汗（1160?～1227）時期，發誓拋棄對血緣關係和對部落的一切忠誠，宣誓只忠於所選擇的頭領。成吉思汗的一些卓越將領都是諾霍爾。在現代，諾霍爾一詞已自由使用。

Noland, Kenneth　諾蘭德（西元1924年～）　美國抽象表現主義派畫家。在北卡羅來納州的黑山學院學習。他是第一批採用稀釋油畫著色技術的畫家之一。在他最著名的作品中，他以抽象派風格，用一些同心圓和平行帶來表現他的顏色布局。

Nolde, Emil (Hansen)＊　諾爾迪（西元1867～1956年）　德國表現主義畫家、版畫家和水彩畫家。出身於農民家庭，以雕刻木頭爲生，後來才接觸繪畫。雖然他在1906～1907年短暫成爲橋社的一員，最後還是成爲孤獨的畫家。由於熱切信仰宗教，並爲罪惡感所困擾，1910年創作了《圍繞黃金小牛之舞》，其中人物對於性愛的狂熱以及魔鬼般的臉龐，有意地以粗野的構圖和不協調的顏色加以表現。他在1913～1914年的一趟東印度民族觀察探險之旅中，對於毫不刻意造作的信念的力量，留下深刻印象。返回歐洲後，繪製了沈思般的風景畫（如1916年的《沼澤風景》）以及彩色的花朵。身爲圖像藝術家，他所雕刻的木刻畫特別以完全黑白效果的粗直而聞名。雖然他是一位納粹黨員，但納粹黨宣稱他的藝術是「墮落的」，並禁止他作畫。他後期、戰後的作品透露出他的醒悟。

nomadism　游牧生活　不總在同一地方生活，而是週期性或定期遷移的人的生活方式。游牧生活以一些暫時的中心爲基礎，這些中心的穩定程度取決於食物來源以及獲取食物的技術。狩獵和採集社會形成游牧群。草原游牧依賴於家養牲畜，在一個確立的地區內移動，爲他們的家畜尋找牧場。流浪的工匠或小販，如吉普賽人和愛爾蘭的手工匠人，是與更大的社團聯繫在一起的，但還保持他們流動的生活方式。20世紀隨著城市中心的擴展，加上政府的管理或取締，游牧生活已日趨沒落。

Nome　諾姆　美國阿拉斯加州西部海港，位於蘇華德半島的南岸。1898年在附近的安維爾河裡發現沙金後，就在此地建立起礦工們的營地，稱作安維爾城。1899到1903年間成爲阿拉斯加淘金熱的中心。1900年時的人口約2萬，到1920年時減少到了852人。1962年關閉淘金場之前，採金業一直是當地的主要行業。它是伊迪塔羅德小道狗橇賽的終點，也是阿拉斯加西北部的供應中心。人口4,000（1990）。

non-Euclidean geometry　非歐幾里德幾何　簡稱非歐氏幾何。涉及歐幾里德時代以降異於傳統觀點之幾何空間性質的任何理論。這些幾何學崛起於19世紀，當時幾位數學家獨立探索著擯棄歐幾里德平行公設的可能性。有關通過已知直線以外一點的多少直線會與該線平行的不同假定，促成了雙曲幾何和橢圓幾何。數學家們被迫放棄單一正確幾何的信念；他們的任務變成，不是去發現數學體系，而是經由選擇連貫的公理並研究從之衍生出來之定理，因而創造出數學體系。這些非正統幾何的發展對空間觀念產生深遠的影響，並爲相對論的理論鋪路。亦請參閱Lobachevsky, Nikolay Ivanovich、Riemann, (Georg Friedrich) Bernhard。

nonalignment　中立主義　亦稱neutralism。和平時期的一種政策，即政治上或意識形態上不依附主要的勢力集團。20世紀，主要是亞洲和非洲一些國家採取不結盟政策，這些國家曾經是西方勢力的殖民地，他們唯恐再次被西方或共產主義集團拉入一種新的依附形式。由尼赫魯、納瑟及其他人發起的不結盟運動於1961年召開了第一次正式會議；有二十五個國家參加。以後每三年召開一次會議。在蘇聯還存在的時候，這些國家希望能從雙方都得到發展的援助，但又控制著不與任何一方結成政治或軍事的聯盟。1991年共產主義集團瓦解。如今這個運動有了110多個成員，他們當前關心的是免除債務以及公平的貿易關係。亦請參閱third world。

noncognitivism　非認知論　非認知論者拒斥認知論的獨特論旨：道德語句是用來表示事實陳述。對於道德語句，非認知論者提倡各種不同選擇的意義理論。1936年，艾爾在他的《語言、眞理和邏輯》中表示，情感主義者的論旨是，道德語句完全不是陳述（參閱emotivism）。在1952年的《道德的語言》中，黑爾（1919～）同意，在下道德判斷時，我們主要不是在尋求描述任何事；但他宣稱，我們也不是單純地表達態度；而是，他指出：道德判斷在進行規範——亦即道德判斷是一種命令式語句（參閱prescriptivism）。

Nonconformist　不從國教派　英格蘭基督教徒中不遵從已建立的英國聖公會的教義或教規的人。該詞首見於1660年王政復辟後用來描述與國家教會分離的教衆。這類教衆，也被稱爲分離主義派或不順從派，通常拒絕接受與天主教過於接近的安立甘宗禮拜儀式和教義。19世紀晚期，各教派中的不從國教派聚集成立自由教會聯合會。此詞在英格蘭和威爾斯泛指所有不信奉聖公會的基督教各派，包括浸信會、公理宗、一位論派、長老宗、衛斯理宗、貴格會和基督會。

nondirective psychotherapy　非直接式心理治療　亦稱委託人中心式心理治療（client-centered therapy）。一種心理治療方法，治療者不以口譯或解釋的方式，而是鼓勵委託人與其建立互相的關係並自由地交談。由羅傑茲最先使用，並對個別治療和集體治療影響頗大。其目標在使委託人能認清自己，並對治療者和其他人更開誠布公。整個治療的目標、步調和持續時間均由委託人控制。

nongovernmental organization (NGO)　非政府組織　不隸屬於任何單一政府的組織。非政府組織的宗旨是涵蓋全人類的利益，活動領域可以是跨國性，也可以只在單

L
M
N

一國家之內，且多爲非營利組織。其中部分組織可以爲不具國家身分的族群執行準政府的功能。非政府組織的財源來自於私人、國際社團、各國政府的捐獻。在英國，一些準自主性的非政府組織或稱準非政府，通常擁有非選舉產生的董事會，並接受公共基金之捐助，也會捐付給公共基金。

Nonni River　諾溫江 ➠ Nen River

Nono, Luigi　諾諾（西元1924～1990年）　義大利作曲家。他是法律系的學生，同時學習音樂，師從馬里佩羅（1882～1973）、馬代爾納（1920～1973）和謝爾欣（1891～1966）。1950年在達姆施塔特演出他早期的十二音作品，引起國際矚目。1955年他與荀白克的女兒結婚。諾諾是個共產黨員，他的政治思想反映在他作品的標題和內容裡。他所感興趣的既非「整體序列主義」，也不是偶然性，而是把注意力集中在聲音上，將音樂語言分割得越來越碎，同時用電子的方法來調控噪音。最著名的作品是歌劇《偏執》（1961）。

nonobjective art　非具象藝術 ➠ abstract art

Nonpartisan League　無黨派聯盟　美國農場主的聯盟，要求得到小麥壟斷的保護。1915年湯利在北達科他州成立，要求磨坊、穀倉、銀行以及雹災保險公司都歸州所有。1916年該聯盟的競選人弗雷澤在北達科他州州長選舉中獲勝，1919年州議院頒佈了它的綱領。1920年代後該聯盟逐漸萎縮，1956年與民主黨合併。

nonrepresentational art　非描寫藝術 ➠ abstract art

nonsense verse　胡鬧詩　幽默或怪誕的詩，特點是荒唐的人物和行動，往往包含一些能引起聯想但卻是毫無意義的自造詞。它與兒童在念錯韻律時的模糊不清不同，它的那些自造詞聽起來好像是有意義的；也與其他的滑稽詩不同，不能對它作任何合理或比喻的解釋。大部分胡鬧詩是爲兒童寫的，又都出自近代，也就出現在19世紀初。胡鬧詩的例子有里爾的《胡鬧集》（1846）、卡羅爾的《傑伯沃基》（1871）和貝羅克的《壞孩子的野獸故事書》（1896）。亦請參閱limerick。

nonsteroidal anti-inflammatory drugs ➠ NSAIDs

Nootka＊　努特卡人　北美西北海岸區印第安人，聚居在溫哥華島的西南部和華盛頓州的西北部。文化上與夸扣特爾人相近。努特卡人專門從事捕鯨。他們隨季節遷移，冬季回到主要的居住地。當地群落在社會組織和政治上往往都是獨立的。最重要的宗教儀式是巫醫的舞蹈，是神話主題的重演，最後以散財宴結束。如今努特卡人的人數約5,000。

Nootka Sound Controversy　努特卡灣爭端　1790年英國與西班牙關於加拿大西海岸扣留船隻的爭端。西班牙聲稱擁有美洲的西北沿海地區，因此扣留了加拿大溫哥華島努特卡灣的四艘英國貿易船。英國以戰爭威脅，堅持認爲只有實際占領土地才能行使主權。西班牙屈服於英國的要求，簽署了協定，承認每個國家在未被占領的土地上進行貿易並建立移民點的權利。

Nora　諾拉　薩丁尼亞島上卡利亞里西南方的古城。西元前7世紀的遺址顯示首先由腓尼基人在該地定居。1世紀羅馬人兼併了薩丁尼亞後，諾拉就成爲薩丁尼亞的首府。考古發掘揭露出一個富庶的羅馬帝國城市，建於典型的腓尼基港口之上。其中有一座劇院、一條輸水管道、一座朱諾神廟、一座水神廟以及一些私人別墅。

Nordenskiöld, Adolf Erik＊　諾登舍爾德（西元1832～1901年）　受封爲諾登舍爾德男爵（Frihere (Baron) Nordenskiöld）。芬蘭裔瑞典籍地質學家、礦物學家、地理學家和探險家。1858年定居斯德哥爾摩，後成爲瑞典國家博物館礦物館教授和館長。1864到1873年間領導了幾次到北極島嶼斯匹茨卑爾根的探險。1870年領導去格陵蘭西部的探險。1878～1879年乘輪船「維加號」從挪威到阿拉斯加，第一次成功地完成了東北航道的航行。回來後被封爲男爵。1883年他成爲第一個穿越格陵蘭東南海岸巨大海上冰障的人。

Nordic skiing　北歐式滑雪　起源於斯堪的那維亞地區的滑雪技術和比賽專案，包括越野滑雪和跳台滑雪。1924年的冬季奧運會第一次把北歐式滑雪列入比賽項目。亦請參閱Alpine skiing。

norepinephrine＊　正腎上腺素　亦作noradrenaline。腎上腺分泌的兩種兒茶酚胺激素之一（另一個是腎上腺素），並在神經末端作爲神經傳導物質。化學組成及對身體的作用類似腎上腺素，模仿交感神經系統刺激。收縮大多數的血管，造成某些休克類型。正腎上腺素來自酪氨酸，並轉變成腎上腺素。正腎上腺素是在1940年代中葉由奧伊勒－歐爾平（1905～1983）發現。

Norfolk＊　諾福克　英格蘭東部一郡（1995年人口約772,000）。北面和東面臨北海。地勢低窪，多蘆葦沼澤，包括有名的寬地，是中世紀的泥炭切割及以後海平面改變而形成的。已經發現了舊石器、中石器和新石器時代的手工製品，包括在布雷克蘭村發現的給人深刻印象的石器時代的燧石礦。中世紀時，該地區的繁榮主要依靠羊毛。郡屬城鎮有郡行政所在地諾里奇，以及大雅茅斯。現在諾福克的經濟以農業爲主。

Norfolk　諾福克　美國維吉尼亞州東南部城市（1996年人口約233,000）。位於伊莉莎白河畔的港口，正好在漢普頓錨地的南面。1682年建立，1736年建自治市。1776和1799年兩次遭大火焚毀。1855年黃熱病奪去了10%人口的生命。在美國南北戰爭期間，諾福克被聯邦軍占領。1870年修通了這個港口到其他貿易中心的鐵路，諾福克便又繁榮起來。與新港紐斯和樸次茅斯一起組成了漢普頓錨地港口。主要的經濟活動有海運、造船和輕工業。諾福克是美國大西洋艦隊的司令部所在地以及北大西洋公約組織大西洋盟軍最高指揮部駐地。

Norfolk, 2nd Duke of　諾福克公爵第二（西元1443～1524年）　原名Thomas Howard。英格蘭亨利七世和亨利八世在位期間名門貴族。第一代諾福克公爵之子。1483年任皇室事務總管，封薩里伯爵。在博斯沃思原野戰役中爲理查三世作戰時被俘（其父被殺）。1489年獲釋後負責蘇格蘭邊界的防衛，並在佛洛頓戰役中擊敗了蘇格蘭人。後任財政大臣和樞密官，協助安排瑪格麗特・都鐸與蘇格蘭詹姆斯四世的婚姻。1520年亨利八世逗留法國期間，由他負責守護英格蘭。

Norfolk, 3rd Duke of　諾福克公爵第三（西元1473～1554年）　原名Thomas Howard。英格蘭亨利八世在位期間名門貴族。第二代諾福克公爵之子。1513年任海軍大臣，協助在佛洛頓戰役中擊敗蘇格蘭人。1524年繼承其父的公爵爵位後，帶頭組織了反對時任皇室會議主席的沃爾西的派別鬥爭，並在1529年取其位而代之。1533年支持其外甥女安妮・布林與亨利八世的婚姻，但1536年又主持了對安妮的審判。他巧妙地鎮壓了求恩巡禮的反叛，在1540年左右成爲最有權勢的國王寵臣。1542年他的姪女凱瑟琳被處死以及他兒子亨利・霍華德（1517～1547）因叛逆罪被處死後，他的地位被削弱。他被控與兒子同謀而入獄，1553年瑪麗女皇下令將其釋放。

Norfolk, 4th Duke of　諾福克公爵第四（西元1538～1572年）　原名Thomas Howard。英格蘭名門貴族，因參於策劃反對伊莉莎白一世女皇而被處決。第三代福克公爵之孫。1554年繼承祖父爵位。受瑪麗女皇和伊莉莎白女皇的寵信，他指揮了英格蘭軍隊1559～1560年對蘇格蘭的入侵。1568年他主持了調解蘇格蘭女王瑪麗與蘇格蘭新教貴族的爭端。他被捲入與瑪麗結婚以使其從獄中釋放的陰謀，且在天主教貴族策動的謀反失敗後逮捕。1570年獲釋後再次捲入試圖以西班牙入侵英格蘭的方式將瑪麗擁立爲英格蘭女皇的陰謀。陰謀敗露後他被捕處決。

Norfolk Island　諾福克島　太平洋南部島嶼，是澳大利亞的領土。位於新喀里多尼亞和紐西蘭之間。面積35平方公里。1774年由科克船長發現，成爲英國流放罪犯的殖民地（1788～1814，1825～1855）。1856年皮特肯島的居民移居此地。許多居民是「邦蒂號」海員的後裔。原爲火山島，所以地勢崎嶇，覆蓋著大片諾福克島松。主要產業是旅遊業。

Norfolk Island pine　諾福克島松　原產於南太平洋諾福克島的一種常綠針葉喬木和觀賞用毬果植物，學名爲Araucaria excelsa或A. heterophylla。在自然界中，該松株高可達60公尺，其樹幹直徑有時可達3公尺。木材可用作建築、製作家具和造船材料。世界各地都用其幼樹爲室內觀賞植物，在地中海氣候地區，可種作室外觀賞植物。與猴謎樹有親緣關係。

Noricum　諾里庫姆　義大利羅馬的省和古代王國，位於歐洲中西部。大體上在多瑙河的南面和現今義大利的北面。原爲塞爾特聯盟控制，約西元前15年被奧古斯都兼併。它有豐富的鐵礦和金礦，由羅馬人開採。所用錢幣上銘刻的拉丁文表示它的文化已羅馬化。約五十年時克勞狄皇帝從諾里庫姆的幾座城鎮征募了不少禁衛軍兵員，從而提高了它們的重要性。5世紀末，法蘭克人在諾里庫姆定居。

Noriega (Morena), Manuel (Antonio)＊　諾瑞加（西元1938年～）　巴拿馬將軍，文職總統幕後的實權人物。生於貧苦家庭。就讀於祕魯的軍事學院，回國後參加巴拿馬國民警衛隊。1970年代諾瑞加任軍事情報處處長，與美國中央情報局合作，談判幫助美國運輸機機組人員從古巴獲釋，但因持續存在的販毒交易和非人道行爲的報告而受影響。1989年任國防軍總司令，取消了不利於他的選舉結果。於是，美國政府入侵巴拿馬，主要是爲了抓獲諾瑞加。他被帶往美國審判，被判敲詐勒索、販賣毒品和洗錢等罪，服刑四十年。

normal distribution　正態分布　在統計學中，指一類鐘形曲線的頻率分布。它準確地表示出像高度和重量這些屬性的最大變化。任何一種正態分布的隨機變數都有一個平均值（參閱mean, median, and mode）和標準差，後者表示資料總體與平均值的偏離有多大。若資料都集中在平均值的周圍，則標準差就比較小；而較分散資料的標準差就較大。

Norman, Greg(ory John)　諾曼（西元1955年～）　澳大利亞高爾夫球手。在1984年的美國公開賽慘敗後，他贏得了1986年的英國公開賽頭銜，1993年再拿下一次冠軍。明亮的金髮和侵略性的風格，爲他贏得「大白鯊」的綽號。到1998年，他已經拿下78場比賽的勝利。儘管在PGA巡迴賽的生涯收入名列前矛，具有高聲望的巡迴賽的幸運之神卻很少眷顧他。

Norman, Jessye　潔西諾曼（西元1945年～）　美國女高音歌唱家。1968年她贏得慕尼黑國際音樂比賽首獎。1969年在柏林首次演出，在《唐懷瑟》中扮演伊莉莎白。1972年在史卡拉歌劇院登台，第二年分別在倫敦和紐約首次舉行個人獨唱音樂會。多年來一直受到極高的讚揚，1983年在大都會歌劇院首次出演《特洛伊人》，確立了可能是她那一代人中最優秀的女高音地位。她給人留下印象深刻的舞台形象。她的歌劇和音樂會劇目都使人折服，在音樂才能方面達到了無人匹敵的廣闊範圍。

Norman Conquest　諾曼征服（西元1066年）　諾曼第公爵威廉（後來的威廉一世）對英格蘭的軍事征服，主要通過哈斯丁斯戰役戰勝了哈羅德二世。1051年愛德華指定威廉爲他的繼承人，但1066年卻讓韋塞克斯公爵哈羅德加冕爲英格蘭國王，威廉集結了5,000諾曼騎士發起進攻。在哈斯丁斯附近擊敗了哈羅德的軍隊後，繼續向倫敦進軍，1066年的耶誕節，諾曼在西敏寺加冕爲王。當地的反抗一直繼續到1071年，著名的有諾森伯里亞起義。諾曼征服給英格蘭的社會和政治帶來很大的變化，將這個國家與西歐聯繫得更緊密了，加強了封建主義，並用諾曼貴族取代了老的英格蘭貴族。英語長時期受到盎格魯－法語的影響，愛德華三世以前一直在文學和宮廷中使用盎格魯－法語，在法律報告中則一直使用到17世紀。

Normandy　諾曼第　法語作Normandie。法國西北部的歷史區域。首府爲盧昂。早從舊石器時代起塞爾特人就在此居住，約西元前56年爲羅馬人征服，成爲盧格杜南西斯省的一部分。9世紀中葉起維京人不斷入侵此地，法王查理三世（傻瓜查理）終於在911年將此地讓於維京人首領羅洛。這些維京人以後被稱作諾曼人，這一地區也就隨之以諾曼第聞名。1066年諾曼征服後，此地和英格蘭一起被置於諾曼第的威廉一世的統治之下。1450年它成爲法國一省，法國大革命後被分成幾個部分。1944年盟軍進攻德國占領下的法國時就是從這裡登陸的。亦請參閱Normandy Invasion。

Normandy Campaign　諾曼第登陸（西元1944年6月6日）　同盟國軍隊在第二次世界大戰中進攻歐洲北部時在法國諾曼第地區的登陸戰役。又稱霸王戰役。世界戰爭史上最爲龐大的兩棲登陸作戰，由5,000艘船隻和10,000架飛機將156,000名美國、英國和加拿大士兵送過了英吉利海峽。這次戰鬥由美國將軍艾森豪指揮，原定時間爲6月5日，但二十五年未見的惡劣氣候迫使這一著名的登陸行動推遲至6月6日。先由空降部隊破壞德國的交通通訊，隨後盟國軍隊沿諾曼第海岸的五個灘頭登陸。盡管遭到德國的頑強抵抗，在奧馬哈海灘傷亡慘重，還是迅速地建立起了灘頭堡。盟國的空中優勢使德國人的迅速增援相形見絀，希特勒和手下將軍們的意見不一也使其反攻未能成功。雖然在康城和瑟堡附近的激戰拖延了戰事，盟軍在7月中旬以後迅速攻占了法國。

Normans　諾曼人　古代占據法蘭西北部的維京人及其後代。諾曼人最初是來自丹麥、挪威和冰島的異教海盜，他們在8世紀掠奪了歐洲沿岸。約西元900年定居在塞納河下游，逐漸向西發展。他們建立了諾曼第公國，由一系列自稱諾曼第大公的首領統治。雖然他們改信基督教並且開始使用法語，卻仍難一改其維京祖先魯莽從事和喜好征服的口味。11世紀的諾曼征服中他們奪取了英格蘭，並且將義大利南部和西西里掠爲殖民地。

Norodom＊　諾羅敦（西元1834～1904年）　原名Vody。柬埔寨國王（1860～1904年在位）。自1802年開始，柬埔寨一直是越南和暹羅（泰國）諸侯的聯合領地。1860年諾羅敦的父親死後，暹羅人拒絕讓越南人參與諾羅敦的加冕，宣稱單獨統治柬埔寨。法國反對暹羅人占有該國，迫使諾羅敦接受法國的保護。1864年諾羅敦加冕爲王，在他執政期間法國支配著柬埔寨的大小事務。

Norodom Sihanouk, King＊　施亞努國王（西元1922年～）　全名Preah Norodom Sihanouk。1941到1955年間爲柬埔寨國王，後來他相繼獲得過許多頭銜。1955年他讓位給他父親，成爲他父親的首相；1960年他父親死後，他又出任國家元首。越南戰爭期間，在外交和國內政策上，他在激進的右派和左派之間採取中立路線。1970年被龍諾推翻，他爲赤棉進行活動。但當赤棉取得政權後卻把他軟禁了起來，他家族中的大多數人都被殺。1979年面對越南的入侵才將他釋放。施亞努既譴責越南，也反對赤棉。1982年成爲幾個抵抗集團勉強拼湊起來的聯合政府的總統。1993年，柬埔寨在聯合國監督下舉行大選，柬埔寨民族解放陣線重新掌權恢復君主制，施亞努也再度成爲國王。

Norris, (Benjamin) Frank(lin)　諾利斯（西元1870～1902年）　美國小說家和短篇小說作者。開始時爲海外通訊員，並從事出版工作。他是第一個接受自然主義的美國重要作家。《麥克提洛》（1899）是對所渴望社會的寫照。從他的傑作《章魚》（1901）開始，他採取了更人道主義的思想。這本書是他計畫寫作的三部曲裡的第一部，討論的是小麥工業中的經濟和社會力量。第二部《陷阱》於1903年出版，但第三部至死也沒有寫成。儘管諾利斯的小說中有傳奇化的趨向，但他的作品還是呈現了他那個時代生動、可信的加利福尼亞生活景象。

Norris, George W(illiam)　諾利斯（西元1861～1944年）　美國政治人物。1903～1913年間任美國眾議員，1913～1943年間任美國參議員。他起草了二十條憲法修正案，取消了國會的落選議員會議。他提出設立田納西河流域管理局的法案，也是諾利斯－拉加第亞法的共同起草人，該法限制在勞工糾紛中使用禁令。諾利斯是個獨立的共和黨人，他說他「寧右而不中規中矩」。

Norsemen　諾斯曼人 ➡ Vikings

North, Alex　諾斯（西元1910～1991年）　美國電影作曲家與指揮家。生於賓夕法尼亞州切斯特，曾在柯蒂斯音樂學院和茱麗亞音樂學院求學，1930年代早期至莫斯科旅遊，成爲蘇維埃作曲家工會中唯一一位美國成員。他爲葛蘭姆及其他人創作芭蕾舞配樂，後來並到墨西哥市研究與指揮。1951年爲電影《欲望街車》所作的配樂，是第一首以基於爵士樂的電影配樂，使得他備受矚目。三十多年來他爲許多電影創作音樂，包括《查巴塔萬歲！》（1952）、《惡種》（1956）、《斯巴達克斯》（1960）、《誰怕吳爾夫》（1966）以及《普利齊的榮譽》（1985）。

North (of Kirtling), Frederick　諾斯（西元1732～1792年）　受封爲吉爾福德伯爵（Earl of Guilford）。以諾斯勳爵（Lord North）知名。英國首相（1770～1782）。二十二歲當選國會議員，1759～1765年任財政大臣，1767～1770年再任此職。任首相後，在美國革命之前對美國殖民地的恩威並施政策給予猶豫的支持。儘管對戰爭只是半心半意地支援，但他還是喬治三世的順從代理人。當聽到康華里在約克鎮的圍城中被擊敗的消息後，諾斯辭去首相之職。1783年他與以前的輝格黨對手福克斯組成短期的聯盟。

North, Simeon　諾斯（西元1765～1852年）　美國火器製造商。自1799年起他向美國政府提供手槍和步槍。在製造業中他研製使用可互換的零件（參閱armory practice、mass production），並研製出第一台銑床。1825年他用完全可互換的零件製造出後膛裝填的步槍。

North Africa Campaigns　北非戰役（西元1940～1943年）　第二次世界大戰期間，爲了爭奪非洲北部之控制權而起的戰役。1940年義大利軍隊在埃及打勝仗，後來在英軍的進逼下又退回到利比亞。德國由隆美爾率兵增援，在圖卜魯格一役逼使英軍退回埃及。1942年英軍在蒙哥馬利的率領下，於阿拉曼戰役反擊，逼使德軍西進到突尼西亞。1942年11月艾森豪領導的英美聯軍登陸阿爾及利亞與摩洛哥，再東進突尼西亞。1943年5月，同盟國聯軍由東西夾攻，擊退軸心國聯軍，並逼使25萬名軸心國軍隊投降。

North America　北美洲　位於西半球的世界第三大洲。全洲絕大部分位於北極圈和北回歸線之間，周邊幾乎完全被水域包圍，包括太平洋、白令海峽、北冰洋、大西洋、加勒比海以及墨西哥灣。面積：24,247,039平方公里。人口：424,520,000（1990）。北美洲顯然是最早取得其近似於目前面積和形狀的大陸板塊，其外形就像是一個倒懸的三角形，地質構造圍繞被稱爲加拿大地盾的前寒武紀岩穩固台地形成。東南爲阿帕拉契山脈，西部則是年輕高聳的科迪勒拉山脈；這些山脈縱貫整個北美大陸，約占該洲總面積的1/3。落磯山脈構成科迪勒拉山系的東支，最高點爲馬金利山。密西西比河流域，包括其主要支流密蘇里河和俄亥俄河，約占全洲總面積的1/8。全洲氣候總的說來以溫帶氣候爲主。可耕地約占總面積的1/8左右，森林面積約占總面積的1/3。英語，美國的官方語，爲最主要的語言，其次是西班牙語；加拿大部分地區流行法語。大部分歐洲移民的後代集中在美國和加拿大。在墨西哥，白人與印第安人通婚的情況很普遍，其後代梅斯蒂索約占該國人口的3/5。該洲的經濟有已開發經濟、部分開發經濟，也有開發中經濟。金屬礦產資源充足，鎘、銅、鉛、鉬、銀和鋅的儲量在世界上領先。糧食生產也領先於世界，主要是因爲美國與加拿大的農業生產已機械化和科學化。該洲實行民主制的國家有加拿大、墨西哥、哥斯大黎加和美國。北美各國與南美洲國家一樣，加入美洲國家組織以追求西半球的統一。當地最早的居民爲美洲印第安人，大約在20,000年前從亞洲遷移至此。在前哥倫布時期，最偉大的文明出現於中美洲（參閱Mesoamerican civilization），包括奧爾梅克文化、馬雅人、托爾特克人以及阿茲特克人；阿茲特克人後來被西班牙人所征服。北美大陸在很長的歷史時期內人口稀少，相當落後。直到17世紀，隨著歐洲人以及作爲奴隸引入的非洲人到來，情況才發生了根本的變化。在格蘭德河以南地區，生活習俗轉爲拉丁化，以北地區則以盎格魯文化爲主，只有加拿大與美國路易斯安那州的局部地區流行法國文化。盛行於16～19世紀的蓄奴制，爲本地區帶來了具有明顯非洲色彩的少數族裔文化，尤其是在美國以及加勒比海地區（參閱West Indies）。美國龐大的工業經濟、豐富的資源及其軍事力量，使北美洲在世界事務中具有重要的影響力。

North American Free Trade Agreement (NAFTA)　北美自由貿易協定　由加拿大、美國和墨西哥簽署的貿易條約。1992年簽約，1994年起正式生效。受歐洲共同體在其成員國之間成功地減少貿易障礙的啟示，北美自由貿易協定創設了世界上最大的自由貿易區。該協定大體上是將1988

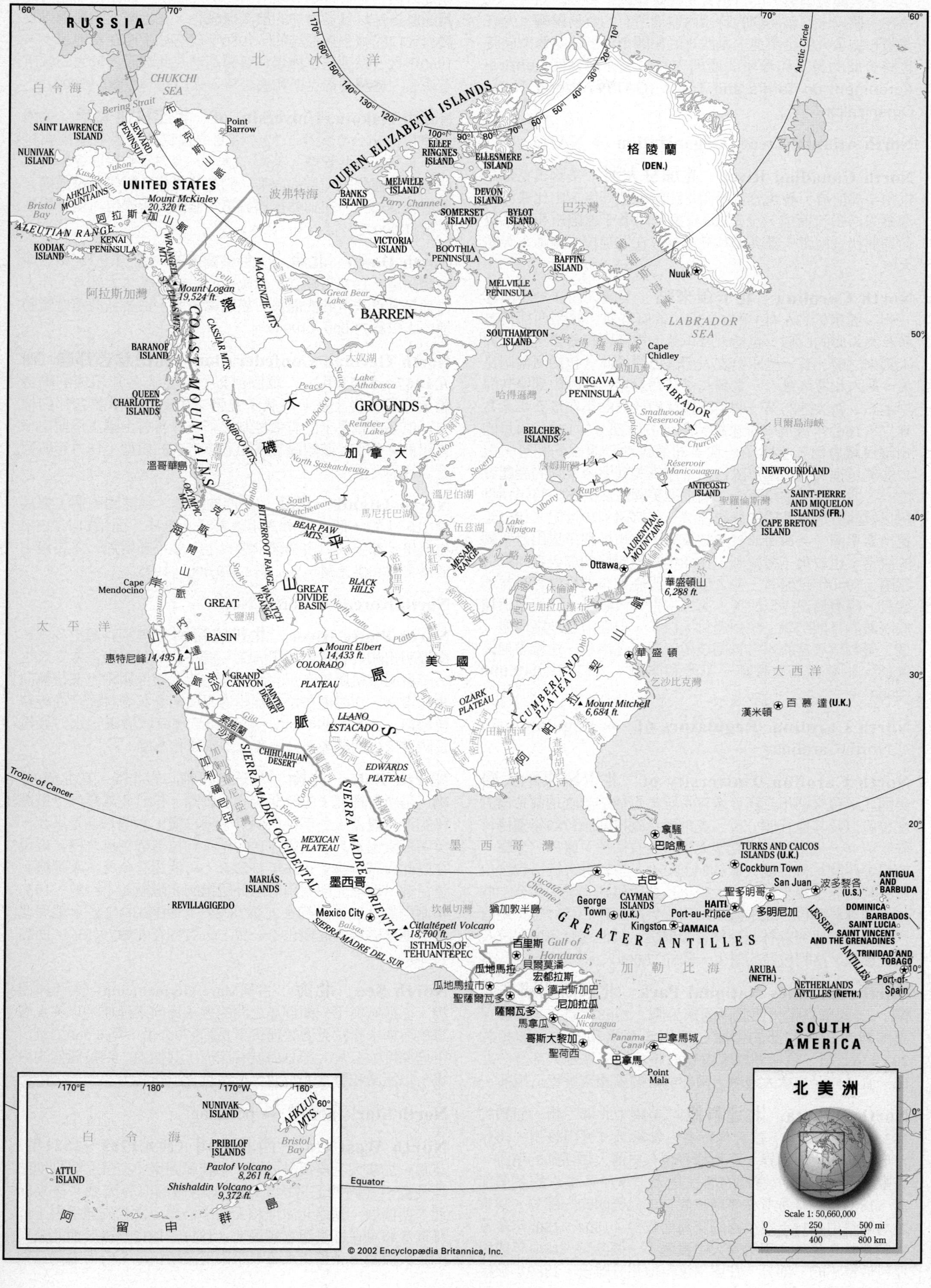

北美洲
RUSSIA
北冰洋
白令海
CHUKCHI SEA
Bering Strait
SAINT LAWRENCE ISLAND
SEWARD PENINSULA
布魯克斯山脈
Point Barrow
NUNIVAK ISLAND
Yukon
Kuskokwim
AHKLUN MOUNTAINS
UNITED STATES
Mount McKinley 20,320 ft.
Bristol Bay
阿拉斯加山脈
ALEUTIAN RANGE
KENAI PENINSULA
KODIAK ISLAND
WRANGELL MTS.
ST. ELIAS MTS.
Mount Logan 19,524 ft.
阿拉斯加灣
波弗特海
QUEEN ELIZABETH ISLANDS
ELLEF RINGNES ISLAND
ELLESMERE ISLAND
BANKS ISLAND
MELVILLE ISLAND
Parry Channel
DEVON ISLAND
SOMERSET ISLAND
BYLOT ISLAND
VICTORIA ISLAND
BOOTHIA PENINSULA
BAFFIN ISLAND
MELVILLE PENINSULA
巴芬灣
戴維斯海峽
格陵蘭 (DEN.)
Nuuk
Arctic Circle
LABRADOR SEA
MACKENZIE MTS.
馬更些河
Great Bear Lake
BARREN GROUNDS
大奴湖
Lake Athabasca
Peace
Slave
Athabasca
Reindeer Lake
SOUTHAMPTON ISLAND
哈得遜海峽
哈得遜灣
Cape Chidley
昂加瓦灣
UNGAVA PENINSULA
LABRADOR
Smallwood Reservoir
Churchill
貝爾島海峽
BELCHER ISLANDS
Caniapiscau
BARANOF ISLAND
QUEEN CHARLOTTE ISLANDS
COAST MOUNTAINS
CASSIAR MTS.
CARIBOO MTS.
洛磯山脈
溫哥華島
加拿大
North Saskatchewan
South Saskatchewan
Nelson
Severn
溫尼伯湖
馬尼托巴湖
詹姆斯灣
Rupert
Albany
Réservoir Manicouagan
NEWFOUNDLAND
ANTICOSTI ISLAND
聖羅倫斯灣
SAINT-PIERRE AND MIQUELON ISLANDS (FR.)
CAPE BRETON ISLAND
Lake Nipigon
伍茲湖
OLYMPIC MTS.
Columbia
喀斯開山脈
海岸山脈
BITTERROOT RANGE
BEAR PAW MTS.
密蘇里河
黃石河
北紅河
MESABI RANGE
蘇必略湖
LAURENTIAN MOUNTAINS
Ottawa
華盛頓山 6,288 ft.
休倫湖
密西根湖
伊利湖
安大略湖
Cape Mendocino
Snake
Sacramento
GREAT BASIN
大鹽湖
WASATCH RANGE
GREAT DIVIDE BASIN
BLACK HILLS
North Platte
Platte
太平洋
內華達山脈
惠特尼峰 14,495 ft.
Mount Elbert 14,433 ft.
COLORADO PLATEAU
科羅拉多河
GRAND CANYON
PAINTED DESERT
美國
大平原
Ohio
CUMBERLAND PLATEAU
阿帕拉契山脈
華盛頓
乞沙比克灣
大西洋
Mount Mitchell 6,684 ft.
OZARK PLATEAU
阿肯色河
田納西河
密西西比河
LLANO ESTACADO
Gila
索諾蘭沙漠
CHIHUAHUAN DESERT
Conchos
格蘭德河
EDWARDS PLATEAU
百慕達 (U.K.)
漢米頓
Tropic of Cancer
下加利福尼亞
加利福尼亞灣
SIERRA MADRE OCCIDENTAL
SIERRA MADRE ORIENTAL
Fuerte
MEXICAN PLATEAU
墨西哥灣
拿騷
巴哈馬
TURKS AND CAICOS ISLANDS (U.K.)
Cockburn Town
MARÍAS ISLANDS
墨西哥
REVILLAGIGEDO
Yucatán Channel
古巴
坎佩切灣
猶加敦半島
George Town
CAYMAN ISLANDS (U.K.)
Mexico City
Balsas
Citlaltépetl Volcano 18,700 ft.
SIERRA MADRE DEL SUR
ISTHMUS OF TEHUANTEPEC
Kingston
JAMAICA
HAITI
Port-au-Prince
聖多明哥
多明尼加
San Juan
波多黎各 (U.S.)
ANTIGUA AND BARBUDA
DOMINICA
BARBADOS
SAINT LUCIA
SAINT VINCENT AND THE GRENADINES
TRINIDAD AND TOBAGO
Port-of-Spain
LESSER ANTILLES
GREATER ANTILLES
加勒比海
百里斯
Gulf of Honduras
貝爾莫潘
瓜地馬拉
宏都拉斯
瓜地馬拉市
德古斯加巴
聖薩爾瓦多
薩爾瓦多
尼加拉瓜
馬拿瓜
Lake Nicaragua
哥斯大黎加
聖荷西
Panama Canal
巴拿馬城
巴拿馬
Point Mala
ARUBA (NETH.)
NETHERLANDS ANTILLES (NETH.)
SOUTH AMERICA
Equator
170°E
180°
170°W
160°
NUNIVAK ISLAND
AHKLUN MTS.
白令海
PRIBILOF ISLANDS
Bristol Bay
ATTU ISLAND
Pavlof Volcano 8,261 ft.
Shishaldin Volcano 9,372 ft.
阿留申群島
Scale 1: 50,660,000
0 250 500 mi
0 400 800 km
© 2002 Encyclopædia Britannica, Inc.

年加拿大與美國簽署的自由貿易協定條款推展至墨西哥，主張在一個以十五年爲期的時段內取消所有的貿易壁壘，允許美國和加拿大的企業進入墨西哥的相關市場。協定條款同時也將有關的勞工和環境問題列入其中。亦請參閱General Agreement on Tariffs and Trade (GATT)、World Trade Organization。

North Atlantic Treaty Organization ➠ NATO

North Canadian River 北加拿大河 美國奧克拉荷馬州中部河流。發源於新墨西哥州的一個高原，由比弗河與渥爾夫河匯流而成，全長708公里。向東穿越德州和奧克拉荷馬洲狹長地帶，經奧克拉荷馬市，在尤福拉水庫匯入加拿大河。

North Carolina 北卡羅來納 美國大西洋沿岸南部一州。面積約136,413平方公里。首府洛利。該州西部爲阿帕拉契山脈的山嶺，包括大煙山脈；東部則有藍嶺。在歐洲人到來之前，有一些印第安人部落居住於此，包括阿爾岡昆人、蘇人和易洛魁人。韋拉札諾在1524年的探險中到達其海岸地區，新大陸的第一個英國殖民地於1585年在洛亞諾克島建立，1663年成爲卡羅來納特許地的一部分。1776年4月的州國民議會第一次賦予一塊美洲殖民地以明確的認可，但1780年這裡又被英國軍隊占領。作爲美利堅合衆國的發起者之一，北卡羅來納是第十二個批准美國憲法的州。該州18世紀以奴隸勞作爲基礎的農業經濟一直持續到19世紀。1861年退出合衆國。美國南北戰爭結束後，該州推翻了退出合衆國的決定，也放棄了蓄奴制，1868年被重新接納加入美利堅合衆國。1940年代隨著一些大型軍事設施如布拉格堡等在當地建設，經濟情況得以改善。第二次世界大戰後，開始取消種族隔離的長期鬥爭。該州農村人口多，但在附近地區內是一個工業較爲發達的州，且高技術工業正在洛利－達拉謨地區擴展。主要產品有煙草、玉米和家具。人口約8,049,000（2000）。

North Carolina, Regulators of ➠ Regulators of North Carolina

North Carolina, University of 北卡羅來納大學 美國北卡羅來納州立高等教育系統，包括位於查珀爾希爾的主校區以及其他五個分校。查珀爾希爾校區於1789年獲得特許狀成立，是重要的研究型大學，設有法律、醫學、牙醫、商學等學院。學生總人數約24,000人。該教育系統另包含位於洛利的北卡羅來納州立大學以及多所姐妹學院，另有一些二年制專科學校。北卡羅來納州立大學創建於1887年，是有一座大型的研究森林及森林資源學院，其他還有多所學院及研究機構。洛利校區的學生人數約27,000人。

North Cascades National Park 北喀斯開國家公園 美國華盛頓州西北部國家公園。1968年建立，用於保護喀斯開山脈北部的雪原、冰川、草場和湖泊。面積約204,436公頃。羅斯湖國家遊覽區將公園分爲兩大部分，北部一直延伸至加拿大邊境，南部與奇蘭湖國家遊覽區相鄰。

North Dakota 北達科他 美國中北部一州。面積約183,022平方公里。首府俾斯麥。密蘇里河流經該州，北紅河形成該州東部邊界。全州都發現有史前人類活動的遺跡。在歐洲人到來時，這裡的居民是大平原印第安人的各個部落。1803年的路易斯安那購地使它成爲美國的一部分。其東北角則藉由1818年與英國的交易而取得。1804～1805年路易斯和克拉克遠征在印第安人中渡過了一個冬天。1861年成爲達科他準州的一部分。在與南達科他州分離後，1889年被接納加入美利堅合衆國，成爲第三十九個州。20世紀北達科他州的歷史是以日益增加的農業機械化、逐步擴大的農場以及農村人口的減少爲標誌的，1950年代石油生產在當地起步，1960年代一系列空軍機場和導彈基地在此建設。較大的城市有法戈、格蘭德福克斯和邁諾特。人口約642,000（2000）。

North Dakota, University of 北達科他大學 美國北達科他州公立大學，位於格蘭德福克斯。設有藝術與科學、商學及公共管理、美術、護理、人力資源發展等學院及法學院、醫學院，是州內唯一的高等法律及醫學訓練機構。創辦於1883年，在1895年頒發第一個研究所學位。現有學生人數11,000人。

North Down 北唐 北愛爾蘭東部一區。位於貝爾法斯特灣南岸，1973年建立，行政中心設於班戈。大部分工作人口都是貝爾法斯特的雇員。旅遊業興盛，爲著名海濱遊覽勝地。人口約74,000（1995）。

North German Confederation 北德意志邦聯（西元1867～1871年） 緬因河以北德意志各邦組成的聯合體，建於普魯士在七週戰爭獲勝之後。邦聯承認各邦的權力，但都在普魯士的有效控制之下，以普魯士國王爲盟主，首相爲俾斯麥。該組織實爲德意志帝國的模型，1871年與德意志帝國合併。

North Island 北島 紐西蘭島嶼。爲該國兩個主要島嶼中較小的一個，與南島相隔著科克海峽。面積114,729平方公里，島上人口占全國半數以上，並不斷增加，主要集中於威靈頓和奧克蘭。人口約2,679,000（1995）。

North Korea ➠ Korea, North

North Platte River 北普拉特河 美國科羅拉多州、懷俄明州和內布拉斯加州河流。爲普拉特河兩條主要支流之一，發源於科羅拉多州北部，向北流入懷俄明州，然後轉向東和東南，穿越內布拉斯加州邊界與南普拉特河匯合而成普拉特河。全長1,094公里。爲密蘇里河流域灌溉、水力發電及防洪工程的組成部分，有大型水庫和水壩。

North Pole 北極 地球地理軸心的北端，在北緯90°處，是所有經度子午線北端的出發點。位於北冰洋內，被漂移的浮冰覆蓋。一年中六個月全爲白晝，六個月全是黑夜。美國探險家皮列宣稱曾在1909年乘狗拉雪橇到達北極，但現在對此尚有爭論。1926年阿蒙森，可能還有伯德，乘飛機到達這裡。地理北極與羅盤磁針所指的北磁極並不一致，1933年測得的北磁極大約在北緯78°27′，西經104°24′。地理北極與地球磁場的北極也不一致，後者約在北緯79°13′，西經71°16′。

North Sea 北海 古稱Mare Germanicum。大西洋海灣。從挪威與不列顛群島之間的挪威海向南延伸，以英吉利海峽與斯卡格拉克海峽連接。長約970公里，寬約560公里，平均深度94公尺。部分海域有深溝，其他地方則是極佳的漁場，以漁業和豐富的石油、天然氣資源聞名。

North Star 北極星 ➠ polestar

North West Co. 西北公司（西元1783～1821年） 英國－加拿大毛皮貿易公司。業務範圍集中在蘇必略湖地區以及紅河、阿西尼博因河和薩斯喀徹溫河等流域。後來向北、西擴展，到達北冰洋和大西洋沿岸。當它的競爭對手哈得遜灣公司在紅河建立殖民地（1811～1812）後，西北公司的工人發動七株橡樹大屠殺來破壞該殖民地，哈得遜灣公司的工人則破壞西北公司在直布羅陀堡的郵政作爲報復。1821年英國政府強制兩家公司合併爲哈得遜灣公司。

North York 北約克 加拿大多倫多都會區的組成城市。1967年成爲自治鎮，1979年建市。依據規畫發展工業和住宅，市內公園和開放空間面積達1,620公頃。吸引人的地方有約克大學和布拉克克里克拓荒者村莊。人口563,000（1991）。

North Yorkshire 北約克郡 英格蘭北部行政和地理郡，行政中心設於諾薩勒頓。史前遺址表明該地曾被羅馬軍隊占領；中世紀時是英格蘭的周邊地區，有許多世襲家族的城堡。修士會（包括西篤會）藉由飼養羊群致富。在薔薇戰爭和英國內戰中，北約克郡都起了重要作用。現代經濟以農業爲主。人口：行政郡約565,000；地理郡約1,025,800（1998，蒂斯河畔斯多克東除外）。

Northallerton 諾薩勒頓 小鎮（1981年人口10,000），英格蘭北約克夏郡所在地。這裡呈現的正是1138年標準戰役（Battle of the Standard）時代的景象，這場戰役中，英軍擊敗支持神聖羅馬帝國皇后瑪蒂爾達且由她的叔叔蘇格蘭國王大衛一世所帶領的蘇格蘭群眾。

Northampton 北安普敦 英格蘭北安普敦郡的行政中心（1998年人口約196,000）。1100年前後是一個帶城牆和城堡的鎮，1189年獲得第一個特許狀。1460年的薔薇戰爭中，國王亨利六世在此被約克黨人抓獲。城牆一直保留到王政復辟時期，國王查理二世爲懲罰該城鎮支持國會議員而拆毀了城牆。現爲零售和集市中心，輕工業也有所發展。

Northampton, Earl of 北安普敦伯爵（西元1540～1614年） 原名Henry Howard。英格蘭貴族，在伊莉莎白一世和詹姆斯一世統治時期以玩弄陰謀著稱。爲諾福克公爵第四的弟弟，曾爲解救蘇格蘭女王瑪麗盡力。他成功地獲得蘇格蘭國王詹姆斯六世的好感，當詹姆斯六世繼承英格蘭的詹姆斯一世的王位後，任命他爲樞密官（1603），並在1604年賜封爲北安普敦伯爵。1603年參與審判洛利、1605年審判福克斯時，他都堅持要定罪。

Northamptonshire＊ 北安普敦郡 英格蘭密得蘭地區東部的行政和歷史郡（1998年人口約616,000）。有早期居民點遺址，包括前塞爾特人和羅馬人。早在13世紀的宅邸和行政用房中即共存著諾曼和早期英格蘭建築的風格。英國內戰時期該郡大部分人贊成議會制。在行政中心北安普敦和科比等中心城鎮中，傳統的鄉村生活與多種工業的現代經濟結合在一起。

Northcliffe (of Saint Peter), Viscount 諾思克利夫子爵（西元1865～1922年） 原名Alfred Charles William Harmsworth。英國報紙發行人。幼時貧窮，在作過幾次迅速發財的嘗試後，與弟弟哈羅德．西德尼．哈姆沃斯（1868～1940）一起創辦了幾份大衆刊物，後在此基礎上組建聯合報業集團－－當時世界上最大的期刊出版帝國。1896年出版《每日郵報》，這是英國首分內容迎合大衆口味的報紙。1903年創辦《每日鏡報》，1908年買下《泰晤士報》，將它改變爲現代報紙。在將出版業從傳統的訊息傳遞的角色轉變爲同時爲商業和大衆娛樂服務的角色方面，他所作的努力影響深遠，被認爲是英國出版史上最成功的發行人。

Northeast Passage 東北航道 沿歐亞大陸北岸的海上航道。位於大西洋和太平洋之間，大部分在俄國西伯利亞北部岸外。早期的探險家有巴倫支、布魯奈爾和哈得遜。1778年科克船長看到了海峽兩岸，證明亞洲和北美洲是兩塊分開的大陸。1878～1879年諾登舍爾德首次航行通過這條航道。自1960年代後期以來，藉由破冰船使這條航道在夏季保持通航。

Northern Dvina River ➠ Dvina River, Northern

Northern Expedition 北伐戰爭（西元1926～1927年） 由蔣介石領導的中國國民革命軍的戰役，從廣州出發向長江進軍與軍閥勢力開戰。北伐受到蘇聯武器和顧問的幫助，還受到先前各宣傳團體的幫助。打敗軍閥後，國民革命軍把矛頭指向首要的帝國主義勢力和主要的敵人英國。英國交還他們在漢口和九江的租界，但準備要保衛上海，以作爲回應。這個時候，共產黨和國民黨的聯盟分裂了：蔣介石攻擊和鎮壓了共產黨領導的工會，工會就占領了上海，蔣介石在南京建立新政府後，他便將共產黨人都排除了出去。亦請參閱Zhang Zuolin。

Northern Ireland ➠ Ireland, Northern

Northern Mariana Islands 北馬里亞納群島 美國在西太平洋的自治聯邦（2000年人口約72,000）。由關島北方二十二座島嶼組成（不包括關島），延伸720公里，陸地面積約477平方公里。首府爲位於塞班島的查蘭卡諾亞。塞班島、蒂尼安島、羅塔島爲主要島嶼，其他有人居住的島嶼還有阿里馬罕島和阿格里漢島。原住民是密克羅尼西亞人，其餘爲查莫羅人和菲律賓人，帕甘島上的居民在1981年火山爆發後已全部撤出。1521年被麥哲倫發現，1668年西班牙開始在此地殖民，1899年被賣給德國。1914年日本占領此地，1919年後成爲國際聯盟的日本託管地。第二次世界大戰中這裡有過激戰，蒂尼安島成爲美國空軍基地，轟炸廣島和長崎的飛機就是從這裡起飛的。1947年成爲聯合國授予美國的太平洋島嶼託管地的一部分，1978年取得自治，1986年成爲聯邦的一州，居民全部成爲美國公民。1990年結束聯合國託管。

Northern Pacific Railway Co. 北太平洋鐵路公司 美國主要的鐵路，運行於聖保羅與西雅圖之間。1864年爲修建從蘇必略湖到太平洋沿岸的鐵路，經國會特許成立。1873年以前由柯克出資，後來在維拉德的支援下完成。1890年代遭遇財政困難，由摩根接收改組，他與競爭對手希爾分享控股權。希爾的大西北鐵路公司打算透過北方證券公司把這兩條鐵路與芝加哥－伯靈頓－昆西鐵路連接起來。1904年最高法院宣布這一設想違反反托拉斯法，但這三條鐵路在財政上仍聯繫在一起，直到1970年才獲准合併爲伯靈頓－北方公司。1980年該公司取得聖路易－舊金山鐵路公司，1995年又兼併了聖大非太平洋公司。

Northern Rhodesia 北羅得西亞 ➠ Zambia

Northern Territory 北部地方 亦譯澳北區。澳大利亞北部自治領地。面積1,346,200平方公里。首府達爾文，是艾麗斯斯普林斯以外唯一人口稍多的城市。當地人口大部分是歐洲移民的後代，約1/5爲澳大利亞原住民。主要由台地組成，東南是辛普森沙漠，北部是安恆地區高原。原住民在此已經居住了數千年，艾爾斯岩爲其文化中心。荷蘭人於17世紀探險時到過這裡，19世紀初夫林德斯對此地作了調查。最初爲新南威爾士的一部分，1863年併入南澳大利亞，1911年由澳大利亞聯邦直接管轄。北部有部分地區在第二次世界大戰中曾遭日本轟炸，後被同盟國軍隊占領。1978年取得在聯邦範圍內的自治權。當地人口稀少，經濟以牛牧場、礦業及政府服務業爲主，20世紀後期旅遊業有所發展。人口

L M N

195,000（1996）。

Northern War, First　第一次北方戰爭（西元1655～1660年）　波蘭－瑞典王位繼承鬥爭的最後階段。1655年瑞典國王查理十世·古斯塔夫以波蘭拒絕承認他爲國王而對波蘭宣戰。與布蘭登堡結盟後，瑞典入侵波蘭，取得初步勝利。但當俄國、丹麥和奧地利向瑞典宣戰後，布蘭登堡背棄瑞典而加入聯盟。瑞軍被逐出波蘭，但後來又兩次侵犯丹麥。最後波蘭王室放棄對瑞典王位的要求，瑞典則從丹麥取得斯科訥，戰爭宣告結束。

Northern War, Second　第二次北方戰爭（西元1700～1721年）　亦稱大北方戰爭（Great Northern War）。對瑞典在波羅的海地區稱霸提出挑戰而引起的武裝衝突。由於瑞典不斷向波羅的海沿岸地區擴張，激怒了俄國、丹麥－挪威及薩克森－波蘭，而於1698年組織反瑞典聯盟。1700年它們進攻瑞典控制的地區，瑞典國王查理十二世成功地抵禦了進攻，恢復戰前的情勢。但俄國還是成功地在波羅的海東岸建立起自己的勢力，1703年彼得大帝（彼得一世）在聖彼得堡建立新首都。1707年瑞典又一次向俄國進攻，但在波爾塔瓦戰役（1709）中慘敗。1710～1711年瑞典與土耳其聯手進攻俄國，但此時從新組合的反瑞典聯盟又增加了英格蘭和普魯士，使瑞典在多處受挫。1917年查理同意和平談判，但翌年他又率兵攻打挪威，而在戰鬥中被殺。查理的繼承人腓特烈一世在1719～1721年展開了一連串的和談，包括簽署「尼斯塔得條約」，將愛沙尼亞、利沃尼亞和其他領土割讓給俄國。這場戰爭意味著瑞典勢力的削弱和俄國崛起成爲該地區的大國。

Northern Wei dynasty　北魏（西元386～534/535年）　或稱拓拔王朝（Toba dynasty）。在漢朝覆亡後，隋朝與唐朝重新統一中國之前，統治中國北方爲期最長與最強大的王朝。北魏由拓跋部族所創建，它一方面捍衛疆土，抵禦其他北方游牧民族，另一方面在439年統一了中國北方全境。後來北魏的生活型態逐漸轉爲定居形式，而拓跋人因爲對中國文化十分推崇，開始模仿中國人。北魏爲重新耕種戰爭期間棄置的土地而安置了數十萬農民，並依照均田制分配土地。北魏的統治者多爲佛教的重要贊助者，此一時期的佛教藝術，尤其是雲岡石窟，特別著名。唯有太武帝例外，他迫害佛教徒，並支持道教。

Northern Wei sculpture　北魏造像　中國雕刻，以簡樸的佛陀形象爲主，始於北魏（386～534/535）時代。此藝術首度呈現出佛教對中國的主要影響，可以分爲兩個重要的時期。前期風格（約452～494年）混合了可追溯至印度佛教藝術的外來影響，以濃淡不均的厚重風格爲特色。後期風格（約494～535年）則讓佛陀穿上了中國文人的裝束，並強調衣紋如瀑布般從佛像逐漸平坦的形象上曲折垂落。

Northrop, John Howard*　諾斯拉普（西元1891～1987年）　美國生物化學家。大部分時間在紐約洛克斐勒醫學研究所任職（1916～1962）。早期他對發酵過程的研究引導他對在消化、呼吸和一般生命過程中所必需的各種酶的研究，建立酶服從化學反應的各種定律。他結晶出胃蛋白酶、胰蛋白酶和糜蛋白酶以及它們的酶原。1946年與索姆奈、史坦利共獲諾貝爾化學獎。

Northumberland　諾森伯蘭　英格蘭北部郡。包括林迪斯芳島（霍利島）等幾個島嶼，還有古代盎格魯－撒克遜人的諾森伯里亞王國。景色多樣，東部是沿海平原，西部爲崎嶇的切維厄特丘陵和荒原，南部泰恩河流域是工業區。爲史前居民點，西元122年羅馬人開始統治該地區，修建了哈德良長城。曾是英格蘭與蘇格蘭之間邊界戰爭的戰場，直到1603年蘇格蘭與英格蘭合併爲止。適宜耕種的農田有限，工業主要生產重型機械。人口約307,000（1995）。

Northumberland, Duke of　諾森伯蘭公爵（西元1502～1553年）　原名John Dudley。英格蘭政治人物。1538年任英國占領的法國加萊的地方長官，1542年任海軍事務大臣，1544年參加對蘇格蘭的入侵，同年占領了法國布洛涅城。1546年封爲瓦立克伯爵，1547年成爲攝政會議成員，該會議替年輕的愛德華六世主政。他暗中策劃迫使索美塞得公爵下台，由自己完全掌握朝政（1550），1551年自封爲諾森伯蘭伯爵，下令逮捕索美塞得公爵並在1552年將其處死。他嚴令按新教教規行事，支持宗教改革。1553年愛德華六世臨終前，他要求其將王位傳給此時已成爲他媳婦的格雷郡主，但瑪麗·都鐸（瑪麗一世）的支持者們起而反對，最後他以叛國罪被逮捕並處死。

Northumbria　諾森伯里亞　盎格魯－撒克遜時期英格蘭王國。位於亨伯河與佛斯灣之間，從愛爾蘭海延伸至北海。7～8世紀時在宗教、藝術以及學術等方面都取得了一定成就，集中表現在林迪斯芳以及韋爾茅斯修道院和賈羅修道院等中心。賈羅是比得的故鄉，有藏書豐富的圖書館。7世紀時的擴張，使諾森伯里亞成爲當時勢力最強大的盎格魯－撒克遜人王國。但後來丹麥人入侵將其摧毀，866年約克被占領；944年來自斯堪的那維亞的最後一任統治者被趕走，諾森伯里亞成爲英格蘭王國的一個伯爵領地。

Northwest Coast Indians　西北海岸區印第安人　居住在從阿拉斯加州東南部到加州西北部的狹長而肥沃的沿海地帶和近岸島嶼上的北美印第安人。自北而南爲：特林吉特人、海達人、欽西安人、北夸扣特爾人（黑爾楚克人）、貝拉庫拉人、南夸扣特爾人、努特卡人、沿海薩利什人（一系列更小的分支）以及奇努克人。

Northwest Ordinances　西北法令　美國國會頒布的數項法令，爲西北地區（從俄亥俄河以北到大湖區、自賓夕法尼亞州以西到密西西比河）的劃分和墾殖制定措施。最初由傑佛遜起草的法令將這塊地區分成幾個自治區，並規定選派國會代表所需的人口數。最後的法令由金恩起草，確定授予土地的大小和價格，向學校提供公有的土地，禁止奴隸制，並保障公民的各項自由。此法令還確立了新建各州與原有的十三個州地位平等的原則。

Northwest Passage　西北航道　大西洋和太平洋之間沿著美洲北部海岸的海上通道。從15世紀末就開始探尋一條可以繞過美洲大陸的海上商業路線，吸引了諸如卡蒂埃、德雷克、佛洛比西爾和科克船長等探險家，1906年阿蒙森終於成功地完成了航行。由於有北極冰蓋和巨大的冰山，作爲一條現代的貿易航線，西北航道使用得十分有限。加拿大和美國鼓勵國際貿易利用這條航線，將會大大縮短許多國際海運的距離。

Northwest Territories　西北地區　加拿大北部地區。與育空地區、哈得遜灣和紐納武特省爲鄰，橫貫北美大陸頂部，深入北極圈。首府耶洛奈夫。包括許多島嶼，如維多利亞島；馬更些河；大熊湖和大奴湖。半數以上居民爲伊努伊特人（即愛斯基摩人）和美洲印第安人。18世紀時，赫恩爲哈得遜灣公司到這塊大陸探險考察，麥肯齊也探險至此。1920年代以前，來自歐洲的移民主要是捕鯨者、毛皮商以及傳教士。後來發現了石油，建立起這一地區的行政管理機構。採礦業是主要的工業，北冰洋西部沿海地區是石油和天然氣田的中心。人口66,000（1996）。

Northwestern University 西北大學 美國私立大學。位於伊利諾州埃文斯頓，創設於1851年。爲一所綜合性研究機構，設有多個學院，包括藝術與科學、音樂、教育、社會政策、高等研究、法律、醫學、牙醫等學院。另設有梅迪爾新聞學院、馬考米克工程及應用科學學院、凱洛格管理學院等。特殊研究機構另包括學習研究中心、都市事務與政策研究中心、超導體研究中心。學生人數約爲12,000人。

Norway 挪威 正式名稱挪威王國（Kingdom of Norway）。挪威語作Norge。歐洲西北部國家。面積323,878平方公里。人口約4,516,000（2001）。首都：奧斯陸。人民多源自日耳曼民族；拉普人是最大的少數民族。語言：挪威語（官方語）。宗教：路德宗（國教）。貨幣：挪威克朗

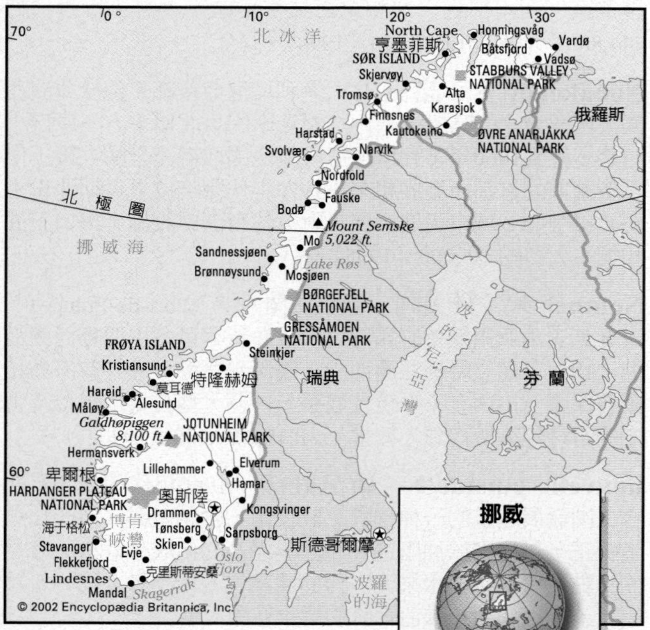

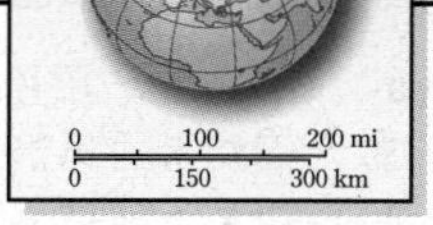

（NKr）。位於斯堪的那維亞半島西部，挪威是歐洲第五大國。中部和西南部地區爲山地和高原區。傳統上是個以捕魚及伐木爲主的國家，第二次世界大戰後已大大增加其採礦和製造業的活動。該國發展中的經濟以服務業、石油和天然氣生產、輕重工業爲主。全國識字率100%。政府形式爲君主立憲政體，一院制。國家元首是國王，政府首腦爲總理。11世紀時由幾個公國聯合組成挪威王國。自1380年起，挪威與丹麥由同一個國王統治，直到1814年它被割讓給瑞典爲止。1905年與瑞典的聯合解體，挪威的經濟快速成長起來。第一次世界大戰中挪威維持中立，雖然其船運業在這場衝突中起了極其重要的作用。第二次世界大戰中它宣布中立，但還是受到德國軍隊的侵略和占領。挪威保持著一套全面的福利體系，是北大西洋公約組織的成員。1994年退出歐洲聯盟。1990年代挪威的經濟持續成長。

Norway lobster ➠ scampi

Norwegian language 挪威語 屬於西斯堪的那維亞支系的北日耳曼諸語言，在挪威使用的語言。舊挪威語至遲在12世紀末葉成爲分離出來的語言。中古挪威語在15世紀左右成爲大多數在本土使用挪威語的人的音調。現代挪威語有兩種不相容的形式。丹麥挪威語（又稱Bokmål或Riksmål）最爲普及，植根於在丹麥與挪威統一期間（1380～1814，參閱Kalmar Union）所使用的書寫形式丹麥語，這種語言被運用在全國性的報紙以及大多數的文學作品。基於西部鄉間方言的新挪威語（又稱Nynorsk），是奧森在19世紀中葉所創立，目的是要延續古諾爾斯語的傳統。以上兩種語言在政府與教育領域中均通用。計畫將這兩者逐漸加以統一，以形成共通的語言：撒諾斯克語，但極具爭議性。

Norwegian Sea 挪威海 北半球的公海。周圍是格陵蘭、冰島、斯匹茨卑爾根和挪威，一條連接格陵蘭、冰島、法羅群島和蘇格蘭北部的海嶺將挪威海與大西洋分開。北極圈從中穿過，但溫暖的挪威洋流從挪威海岸向東北流，所以挪威海一般不封凍。寒流與這股暖流混合後，在當地形成極好的漁場。

Norwich * 諾里奇 英格蘭諾福克行政和歷史郡的行政中心。位於倫敦東北，臨文瑟姆河。11世紀被丹麥人占領後成爲重要的貿易中心，許多世紀以來一直是英格蘭最繁榮的省級城鎮之一。愛德華三世引進了法蘭德斯織工人在此定居，再加上伊莉莎白一世時期流入的移民，都促進了該地的經濟發展，爲英格蘭最大的鞋靴製造業中心之一。特色有諾曼城堡和大教堂。它是東英吉利亞傳統上的地區首府，有諾曼征服後不久建立的大教堂。人口約124,000（1998）。

nose 鼻 兩眼之間下方的突出結構。鼻後有形狀複雜的鼻腔，功能爲呼吸及嗅覺。在包括鼻孔的前部（前庭）後，有三個捲曲的脊狀突起（鼻甲）垂直地將氣道分隔。最上方爲嗅區，嗅區的小部分表面黏膜含有神經元，上面僅覆以薄層液體，空氣中的微粒溶解在液體中，對嗅神經細胞產生化學刺激作用。鼻腔的其餘部分則溫暖和潤濕吸入的空氣，並阻擋塵埃和細菌。位於鼻兩側顱骨內的鼻竇由氣道排入空氣。吞嚥時顎封閉鼻咽通路，因此食物不會達到鼻後部。

Nossob River * 諾索布河 亦作Nosop River。南非的河流。發源於那米比亞中部，流向西南，穿過喀拉哈里沙漠後形成波札那和南非之間的部分邊界，並把喀拉哈里大羚羊國家公園一分爲二。與奧布河匯合後進入莫洛波河，莫洛波河再注入大西洋。全長約800公里。由於降雨量不均勻，整個20世紀中，下游的諾索布河床只有幾次有流水。

nostoc * 念珠藻屬 藍綠藻的一屬。細胞排列呈念珠狀，群集於膠團中，小至肉眼不可見到大如胡桃。見於土表，也浮於靜水。其厚壁孢子能長期耐旱，某種念珠藻的厚壁孢子經乾燥貯藏七十年之久，濕潤後仍能萌發。與大多數藍綠藻一樣，念珠藻屬含有兩種色素，並有固定氮的能力。

Nostradamus * 諾斯特拉達穆斯（西元1503～1566年） 原名Michel de Notredame。法國占星學家和醫生，以其預言聞名。1529年起在法國南部從醫，1546～1547年因創造性地治癒了瘟疫病人而名聲大振。1547年開始發表預言，1555年將這些預言出版成冊，名爲《世紀連綿》，以有韻律的四行詩寫成，將法文、拉丁文、西班牙文和希伯來文混雜在一起，形成隱義風格。卡特琳·德·麥迪奇也請他到她宮中占卜，1560年任命他爲查理九世的侍從醫官。他的預言仍被廣泛閱讀；讀者發現他對像法國大革命和第一次世界大戰這樣的世界大事都作過明顯的預言。

Nostratic hypothesis * 諾斯特拉提克假說 存在一個在歐亞北方起中心作用之語族的提議，其有效性仍難以確證。佩澤森是第一位建議：印歐諸語言、烏拉諸語言、阿爾泰諸語言、亞非諸語言和其他語言，可能屬於一個廣闊的類別——諾斯特拉提克。在1960年代，施維特其研究了一個詳盡的個案，以支持此一假說，並補充卡特維爾諸語言（參

閱Caucasian languages）和達羅毗荼諸語言應列入上述名單。他開始重新構造諾斯特拉提克語的原型，但死於1966年，結果並未完成。此一假說有非常多的爭議。

notary public　公證人　一種公職人員，任務是出具證書，證明一些書面形式（如契約）的可靠性，收取宣誓書、證明文件，以及可轉讓票據的拒付證明等。公證人由州委任，只能在該州管轄的範圍內工作。大多數州都規定了公證人服務的最高收費標準，並要求在公證人的證明文件上加蓋印章。

notation, musical ➠ musical notation

Noto Peninsula＊　能登半島　日本本州半島。向北伸入日本海，環抱富山灣。是本州北部海岸最大的半島，向北延伸80公里，寬約30公里。半島北端的輪島町（鎮）以女子潛海採珠以及精緻的漆器聞名。1968年半島的部分地區被畫爲國家公園。

Nôtre, André Le ➠ Le Nôtre, André

Notre Dame, University of　聖母大學　美國印第安納州南本德附近聖母院地區的一所私立大學。成立於1842年，1920年代改組，1972年改爲男女合校，附屬於天主教會。設有藝術和文學、科學、工程以及商業管理等學院，還有一所研究生院和法學院。註冊學生總數約一萬人。

Notre-Dame de Paris＊　巴黎聖母院　巴黎斯德島上的哥德式大教堂。可能是最著名的哥德式大教堂，也是輻射式風格的傑出範例。西立面上蓋有兩座巨大的早期哥德式鐘樓（1210～1250），分成三層，每扇門上都裝飾著早期哥德式雕刻，頂上是一排舊約全書中諸王的雕像。東側的單拱飛扶垛以雄健優雅著稱。三個巨大的圓花窗還保留著13世紀的玻璃，散發出令人驚歎的美感。

巴黎聖母院
By courtesy of Electa, Milano

Notre-Dame school　聖母院樂派　12世紀末至13世紀初在巴黎聖母院庇護下的一群重要奧加農作曲家。萊奧南（1135?～1201?）擅長寫作二聲部華麗的奧加農，以在素歌（參閱Gregorian chant）的每一持續音調加上有節奏感的「花唱」（在一音節中所唱的一系列音調）爲特色。他可能想出一種呈現重複格式的記譜法（集結音符）來創作，或至少整理出重複調式的重要系統。比他年少的同代人佩羅坦（活動時期約1200年）傳說也曾經參與編輯、延伸和增加曲目至萊奧南的《奧加農大全》，並創造出世界音樂中首次三聲部或四聲部和諧統一感的作品。亦請參閱Ars Antiqua。

Notte, Gherardo delle ➠ Honthorst, Gerrit van

Nottingham＊　諾丁罕　英格蘭中北部城市。位於伯明罕東北方特倫特河畔，9世紀時這個原爲撒克遜人的城鎮被丹麥人占據，成爲丹麥區的一部分。14世紀時是三屆議會的所在地。1642年英國內戰爆發時，國王查理一世在斯坦達德山上舉旗起事，諾丁罕城堡就建在這座山上。諾丁罕與羅賓漢之間的聯繫，就體現於格林古堡上的羅賓漢塑像上。該城有個獨特的漆器區。設有諾丁罕大學。人口約286,800（1998）。

Nottinghamshire＊　諾丁罕郡　英格蘭東密德蘭地區行政、地理和歷史郡。西部有煤田和鐵路線，中心地區是不毛的砂礫地帶。羅賓漢經常出沒的中世紀雪伍德森林從諾丁罕城向北延伸。特倫特河和貝爾沃河谷地中有耕地，這裡的農業有乳牛飼養業。主要河流是特倫特河，沿河有許多火力發電廠。西南部是人口和重工業密集區。人口：行政郡約744,800；地理郡1,031,600（1998）。

Nouakchott＊　諾克少　茅利塔尼亞首都。位於非洲西部大西洋沿岸的高原，塞內加爾達卡的東北偏北方。原爲小村莊，直到1960年茅利塔尼亞脫離法國取得完全獨立後，作爲新國家的首都而發展起來。1970年代撒哈拉旱災期間爲主要難民中心，城市迅速發展。附近建有港口設施，出口石油和銅。人口約735,000（1995）。

Nouméa＊　努美阿　舊稱法蘭西港（Port-de-France）。新喀里多尼亞領地首府和港口。位於新喀里多尼亞島西南沿海，1854年建立時稱法蘭西港。臨深水良港，港外有努島和礁石保護。市內有不少現代建築，一個大型公共市場以及古老的石材建築聖約瑟大教堂。人口約100,000（1990）。

nouvelle cuisine＊　新烹飪法　1960年代和1970年代在法國發展起來的一種國際烹飪技術，強調新鮮、清淡和味道純正，以區別於油脂過多和熱量過高的傳統烹飪法。常見的特點是用蔬菜和水果泥製作的醬汁，各種小量食物的新穎組合，突出造型和顏色細膩的優雅外觀。

nova　新星　一類恆星，其亮度在短時間內增強到普通恆星的數千倍到上百萬倍。大多數新星以物理雙星出現，其中之一爲白矮星，能把另一個星體上的物質吸引過來，直到它變得不穩定，造成爆發而拋出外層物質爲止。爆發後幾小時內新星達到最大亮度，並維持這種強烈的發光狀態數日甚至數週之久；然後慢慢恢復到原來的亮度。變成新星的那些恆星通常都很昏暗，在它們突然增亮以前很難用肉眼看到；一旦增亮，有時會亮得很容易在夜晚的天空中看到它們。對觀察者來說，這樣的星星好像是剛出生的新星，因而得其名（拉丁文意爲「新的」）。亦請參閱supernova。

Nova Scotia＊　新斯科舍　加拿大省份，濱海諸省之一。由新斯科舍半島、布雷頓角島和附近幾個小島組成。以諾森伯蘭海峽、聖羅倫斯灣、大西洋、芬迪灣和新伯倫瑞克省爲界。省會哈利法克斯。約在西元1000年維京人首先到過這裡，當1497年卡伯特宣布該地歸英國所有時，有米克馬克人定居於此。1605年到來的法國移民採用其米克馬克名字，稱爲阿卡迪亞。1621年後英格蘭和蘇格蘭殖民者到達，英、法兩國間對此地控制權的衝突在1713年簽訂「烏得勒支條約」將該區判與英國後結束。1750年代英國逐出大部分的法國移民。隨著美國革命爆發，許多效忠派移居到此。1867年加入加拿大自治領，成爲創始成員之一。其經濟歷來與漁業、造船業和遠洋運輸業緊密相關。人口948,000（1996）。

Novalis＊　諾瓦利斯（西元1772～1801年）　原名哈登堡男爵腓特烈·李奧波德（Friedrich Leopold, Freiherr (baron) von Hardenberg）。德意志浪漫派詩人兼理論家。出身於貴族家庭，採用其家庭往昔所使用的一個名字「德·諾瓦利」作爲筆名。曾於耶拿大學研習法律，1799年成爲礦場督察。諾瓦利斯於詞藻優美的《夜之頌》（1800）中，對他年輕的未婚妻的死表達了無限的哀思。諾瓦利斯在最後數年中表現出驚人的創作力，其中有觀念論哲學體系的初稿，有優美無比的詩作。其爲人普遍傳頌之神話傳奇故事《亨利希·馮·奧弗特丁根》（1802），描述一位年輕詩人的神祕而浪漫的追尋。

諾瓦利斯，版畫，艾希恩斯（Edouard Eichens）製於1845年
By courtesy of the Staatliche Museen zu Berlin, Germany; photograph, Walter Steinkopf

Novara, Battle of＊　諾瓦拉戰役（西元1849年3月23日）　義大利米蘭附近的諾瓦拉發生的義大利獨立戰爭中的第一場戰役。在拉德茨基領導下的奧地利軍隊擊敗了薩丁尼亞－皮埃蒙特國王阿爾貝特率領的人數更多的義大利軍隊。這次失敗揭示了皮埃蒙特缺少義大利各小國的支援，也導致了阿爾貝特的遜位。

Novartis AG 諾華公司 ➠ Ciba-Geigy AG

novel　長篇小說　一種虛構的散文敘述，有相當的長度及完整性，把想像出來的一群人物的前後相關事件穿接起來，表達人類的生活經驗。這類作品有著廣泛的種類和風格，有流浪漢小說、書信體小說、哥德式的、浪漫主義的、寫實主義的以及歷史小說等。雖然最早的小說出現在不同的地方，包括古典的羅馬小說，但通常認爲歐洲的小說開始於塞萬提斯的《唐吉軻德》。通過狄福、理查生和費爾丁等人的作品，18世紀時小說在英國被確立爲文學的一種形式。由於小說能提供日常生活的眞實形象，因此一直受到歡迎。20世紀時，作家們追求捕捉經驗中難以理解的一些本質的東西，擴展了常規小說的局限範圍，這一過程或許在反小說中達到了頂峰。

novella　中篇小說　短小精悍、結構緊湊的故事，語調現實而又尖刻。它起源於中世紀的義大利，依據本地事件寫成，將傳奇、特有的故事彙集成冊。作家們後來把這類小說發展爲在心理上敏感和組織上細密的短篇故事，他們常使用框形結構故事把圍繞一個共同主題的許多故事連爲一體，如薄伽丘的《十日談》。其長度與複雜性介於短篇小說和長篇小說之間。如杜思妥也夫斯基的《地下室手記》、康拉德的《黑暗之心》和托瑪斯·曼的《魂斷威尼斯》（1912）等。

Noverre, Jean-Georges＊　諾維爾（西元1727～1810年）　法國舞蹈演員和編舞家。1750年代，他在巴黎、倫敦、斯圖加特等地編導芭蕾舞劇。1767到1774年間在維也納與葛路克合作。1760年出版的他的論著《舞蹈與舞劇書信集》強調需要把情節、音樂、舞編以及舞台設計統一起來的戲劇結構，反對當時流行的把一些舞蹈組曲鬆散地連接起來的情節段落。這條創新之路（稱爲「情節芭蕾」）給芭蕾舞劇帶來了重大的改革。安吉奧利尼爲新形式發展出一條更簡單的途徑，向諾維爾的「情節芭蕾」提出了挑戰。1776年諾維爾成爲巴黎歌劇院的芭蕾教師。他編導了一百五十多部芭蕾劇，包括《中國的節日》（1754）、《美狄亞與伊阿宋》（1763）和《小玩物》（1778）。

Novgorod＊　諾夫哥羅德　俄羅斯西北部城市。位於伊爾門湖以北的沃爾霍夫河畔，是最古老的俄羅斯城市之一。西元859年的編年史中首次提及，約862年後由留里克統治。11到15世紀中它的地位最爲重要，是諾夫哥羅德自治區的首府。通過與東方、君士坦丁堡以及漢撒同盟的貿易而繁榮起來。它是諾夫哥羅德畫派的中心，13世紀時受聖亞歷山大·涅夫斯基的統治。它成爲莫斯科的競爭對手，1570年被伊凡四世毀壞，並隨著聖彼得堡的興起而衰落。第二次世界大戰中被德國人占領，遭到重創。後來恢復了許多歷史建築。諾夫哥羅德是個旅遊中心。人口約233,000（1995）。

Novgorod school　諾夫哥羅德畫派　俄羅斯中世紀聖像畫和壁畫的重要學派，12～16世紀活躍於西北部城市諾夫哥羅德一帶。在13和14世紀，蒙古人占領了俄羅斯的其餘大部分領土，商業繁榮的諾夫哥羅德曾是俄羅斯的文化中心。它保存了作爲俄羅斯藝術的基礎的拜占庭傳統，並推動了獨特而又生氣勃勃的地方風格的發展。這種風格已包含了俄羅斯民族藝術的大部分因素。採用明亮的顏色、美化形象、柔和的線條節奏表現。14世紀初威脅減輕，聖像屏的傳入又提供了新的藝術動力。聖像屏是一種置於祭壇前的飾屏，先前散置於教堂牆上的聖像，此時已可依次掛於屏上。外形拉長的形象成爲羅馬藝術的一般風格。16世紀，俄羅斯繪畫的領導地位轉移到莫斯科畫派的更爲世界化的藝術上。

《聖喬治戰龍》，15世紀蛋彩畫，諾夫哥羅德畫派的聖像圖；現藏莫斯科國立特列季亞科夫畫廊
Novosti Press Agency

Novi Sad＊　諾維薩德　匈牙利語作Újvidék。塞爾維亞與蒙特內哥羅北部塞爾維亞的城市。是伏伊伏丁那自治省的省會，貝爾格蘭德西北多瑙河上的轉運港。建於17世紀，1918年成立南斯拉夫以前，它是匈牙利的一部分。諾維薩德是多民族的農業中心。1990年代巴爾幹動亂期間，它的經濟受到嚴重影響。人口180,000（1991）。

Novosibirsk＊　新西伯利亞　舊稱Novonikolayevsky（1895～1925）。俄羅斯亞洲地區中南部的城市。是新西伯利亞省的省會，西伯利亞西部的最重要城市。位於鄂畢河畔，後來橫貫的西伯利亞大鐵路在這裡與鄂畢河相交。該城市開始於1893年，1895年以沙皇尼古拉二世的名字命名。第二次世界大戰中，俄羅斯的許多工廠從西部搬遷至此。它以工業和科學研究聞名。作爲西伯利亞的文化和教育中心，它發展起衛星城Akademgorodok，城內有研究機構和一所大學。人口約1,400,000（1996）。

NOW ➠ National Organization for Women

Noyce, Robert (Norton)　諾伊斯（西元1927～1990年）　美國工程師。在麻省理工學院獲得博士學位。1957年成立費爾柴爾德半導體公司，是在後來稱爲矽谷中的第一家電子企業。1959年他與基爾比同時而分別地發明了積體電路晶片。1968年與他的同事摩爾一起創立英特爾公司。1988年諾伊斯出任半導體科技公司的總裁，這家公司是由民間企業與美國政府一起創立並資助的研究性聯合企業，目的是使美國半導體工業在半導體製造技術方面保持領先地位。

Noyes, John Humphrey＊　諾伊斯（西元1811～1886年）　美國社會改革家。他在耶魯大學學習期間宣布他的「至善主義」信仰，聲稱他已達到了無罪狀態。1836年他在佛蒙特州的帕特尼組織了一個「聖經共產主義者」社團，提倡自由戀愛和「複合」婚姻，反對「簡單的」或一夫一妻制的婚姻。1846年因通姦罪而被捕。他逃往紐約州的奧奈達，在那裡又成立了奧奈達社團，一直領導到1879年。為了逃避法律的制裁，又逃往加拿大。他寫了幾本關於至善主義以及美國烏托邦社會歷史的書。

NPR ➠ National Public Radio

NRA ➠ National Recovery Administration (NRA)、National Rifle Association (NRA)

NSAIDs＊　非類固醇抗發炎藥　全名nonsteroidal anti-inflammatory drugs。降低發炎的藥物，既非類固醇也不是鴉片劑（天然及合成的鴉片）。對抗疼痛（參閱analgesic）與發燒同樣有效。不論有沒有處方都可以取得，通常用於短暫的輕微疼痛。阿斯匹靈嚴格來說是非類固醇抗發炎藥，但是這個名詞通常用於新種類的藥物，像是伊布普洛芬及類似的藥物（如普生、酮洛芬），就像阿斯匹靈一樣抑制前列腺素合成。副作用較少，不過對阿斯匹靈過敏的人不宜服用。

Nu ➠ Nun

Nu, U　烏奴（西元1907～1995年）　原名Thakin Nu。緬甸獨立運動領袖、緬甸聯邦總理（1948～1958，1960～1962）。從學生時代開始，他就是一位傑出的民族主義積極分子。1948年成為獨立的緬甸聯邦的第一任總理。儘管他是位能幹的國務家，但他還是受到少數民族暴動以及經濟困難的煩擾。1958年他辭去總理之職，1960年再度任總理，1962年被尼溫推翻並入獄。釋放後，組織反對尼溫政府的抵抗運動。1988年尼溫政府倒台後，他企圖奪權，但未能成功。

Nu Gua　女媧　亦拼作Nu Kua。中國神話中，媒人的守護女神。女媧是傳說中的皇帝伏羲的妻子（一說為姊妹）。她協助建立婚姻的準則（包括使用媒人的措施），並規範兩性間的行為。女媧的外貌為人首蛇身（或魚身）。她曾協助修復因造反的「共工」在發怒時所摧毀的天庭之柱，以及地表坍塌的一角。女媧的美麗宮殿，據說是中國的築牆城市的原型。

Nu River　怒江 ➠ Salween River

Nubia　努比亞　北非尼羅河谷地古地區。在亞斯文高壩完成前，其北半部直達亞斯文的尼羅河第一瀑布。現為蘇丹和埃及的部分，包含東北部的努比亞沙漠。古時約有1,800年期間，是受埃及統治的衣索比亞地區。西元6～14世紀時，南部中心的庫施為一強權國家，唐甘拉為其首都；後為阿拉伯人占領。1820～1822年該地區為埃及所征服。

Nubia, Lake　努比亞水庫 ➠ Nasser, Lake

Nubian Desert　努比亞沙漠　蘇丹東北部的沙漠。尼羅河谷地將努比亞沙漠的西面與利比亞沙漠隔開。地勢多石，崎嶇不平，夾雜一些沙丘。基本上是砂礫高原，有許多乾涸河道（季節性河流）散佈其間，在到達尼羅河之前這些河流就消失了。每年的平均雨量小於13公分。

nuclear energy　核能　亦稱原子能（atomic energy）。從原子核釋放出來的巨大能量。1919年拉塞福發現α射線能夠分裂原子核。這一發現最終導致了發現中子，並發現核分裂過程會釋放出大量的能量。核融合也會釋放核能。核能的釋放可以是受控的，也可以是不受控的。核反應爐小心地控制著能量的釋放，而核子武器或者核反應爐發生堆芯熔化時所釋放的能量就是不受控的。亦請參閱chain reaction、nuclear power、radioactivity。

nuclear fission　核分裂　一個重原子核分裂為質量相近的兩個碎片，同時釋放大量能量，這些能量來自亞原子粒子的結合能。一個鈾原子核分裂時所釋放的能量大約是煤炭燃燒時一個碳原子與一個氧原子結合所釋放能量的5,000萬倍。這些能量表現為碎片的動能，當碎片與物質碰撞時，碎片的動能轉化為熱能，碎片的運動就慢了下來。分裂還釋放出兩到三個自由中子。自由中子可以轟擊其他的核，導致一系列的分裂，稱為鏈鎖反應。核分裂所釋放的能量可用來發電，推動船隻或潛水艇，也是核子武器巨大殺傷力的來源。

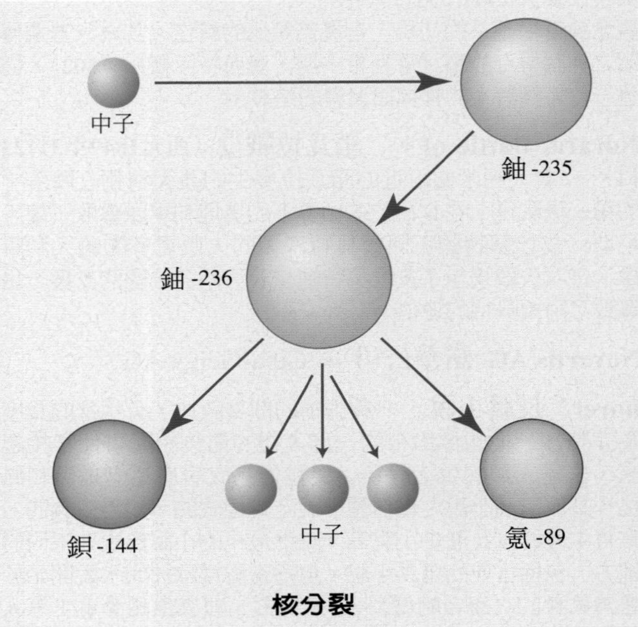

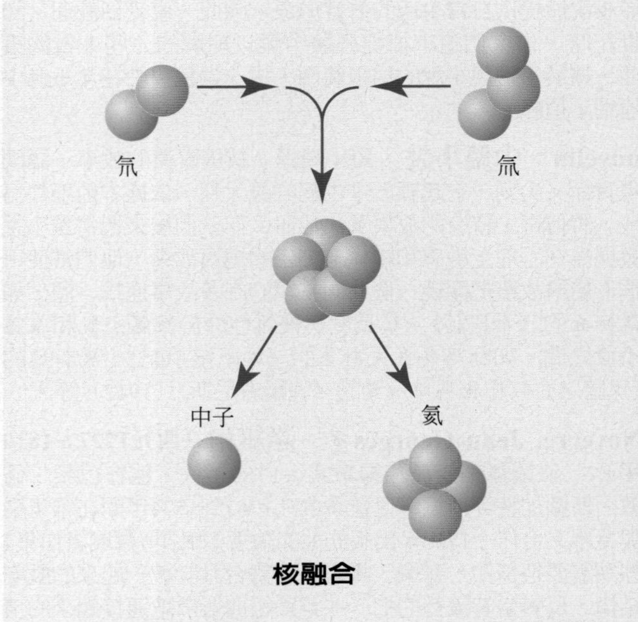

（上圖）鈾－235與中子結合形成不穩定的中間物，在核分裂的過程中快速分裂為鋇－144與氪－89，另有三個中子。
（下圖）氘和氚結合，形成氦，另有一個中子。

nuclear fusion 核融合 輕的元素之間的核反應形成較重元素的過程，同時釋放巨大的能量。1939年貝特提出，太陽以及其他恆星輸出的能量是氫原子核之間發生融合反應的結果。1950年代，美國科學家在氫的同位素氘和氚的混合物中引導融合反應生成較重的氦原子核，從而製造出了氫彈。雖然在太陽和其他恆星中融合是很普遍發生的，但人工核融合卻非常難以控制。如果受控核融合能實現，那它就能提供廉價的能源，因爲主要的燃料氘可以從普通的水裡提取。8加侖的水所提供的能量可相當於2,500加侖汽油所能提供的能量。

nuclear magnetic resonance (NMR) 核磁共振 處在穩定的強磁場中的某種原子核對超高頻無線電波的選擇性吸收。至少有一個不配對的質子或中子的原子核就像一個小磁體。當將強磁場作用在這種原子核上時，它就會發生旋進。當旋進的核磁體的固有頻率與作用在材料上的一個外加的無線電波的頻率一致時，在這個稱作共振頻率的頻率下，原子核就會吸收能量。核磁共振用於研究各種固體和液體的分子結構。醫學上用核磁共振的一個變型，即磁共振成像（MRI），以無傷害、非侵入性方式來觀察人體的軟組織。

nuclear medicine 核醫學 使用放射性化學元素和同位素診療疾病的醫學專科。在同位素掃描上，通常先以靜脈注射方式將放射性同位素導入體內，記錄各器官放射的輻射可定出同位素的分布情形，根據輻射濃度表則可確認體內器官是否異常及其大小和形狀。放射性同位素一般半衰期短，故在放射性傷及患者前已完全衰變。不同的同位素分別易於集中在不同器官（例如碘－131沈於甲狀腺）。放射性物質也被植入體內治療小型、初期階段的癌症，其會緩慢持續放射出可破壞腫瘤細胞並對正常細胞造成有限傷害的劑量。亦請參閱computed axial tomography (CAT)、diagnostic imaging、positron emission tomography、radiation therapy、radiology。

Nuclear Nonproliferation Treaty 禁止核子武器擴散條約 亦作Treaty on the Non-proliferation of Nuclear Weapons。1968年的國際協議，由英國、美國、蘇聯和其他五十九國簽訂，用意在防止核武技術的傳播。其中三個主要簽約國同意不幫助無核爆物國家取得或製造核爆物，其他簽約國同意不試圖發展核爆物，並以協助發展和平用途的核子物質爲交換條件。兩個核子強權法國和中國直到1992才同意簽署協議，而其他擁有核武的國家，例如以色列和巴基斯坦，則從未簽署該項協議。1995年條約即將期滿之際，一百七十四個國家在聯合國一致投票通過將該條約無限期延長。亦請參閱Nuclear Test-Ban Treaty。

nuclear physics 核子物理學 物理學的分支，處理原子核結構以及不穩定原子核發出的輻射。核子物理學主要的研究工具是高能的粒子束，像是質子或電子，有如炮彈打擊原子核。分析彈回粒子及產生的原子核碎片的方向和能量，核子物理學家可以獲得原子核的細部結構，強力將原子核的組成物質束縛在一起，並從原子核釋放能量。

nuclear power 核能 由大質量的原子核的核分裂產生的能量。現在全世界約有三分之一的電力是來自核能發電廠。許多國家的海軍有核子動力艦艇，美國幾乎有一半的戰艦適合核子動力。大多數的商用核子反應器是熱反應器。世界各地採用的輕水反應器有兩種：沸水反應器與壓水反應器。在液態金屬高速滋生反應器裡，燃料利用率是輕水反應器的六十倍。亦請參閱nuclear energy。

nuclear reactor 核反應器 能夠啓動並控制自持鏈式核分裂反應的裝置。一次分裂反應中釋放的中子可以撞擊其他的重核，使它們發生分裂。這種鏈鎖反應的速率以導入通常製成棒狀的材料來控制，這些材料很容易吸收中子。典型地說，如果鏈式分裂開始向太高的速率發展，有可能導致堆芯熔毀時，就將用鎘或硼做成的棒逐漸插入堆芯。分裂釋放的熱量通過在堆芯中迴圈流動的冷卻劑帶走。冷卻劑中的部分熱能用來加熱水，將水轉變成高壓蒸汽。用這些蒸汽來推動渦輪機，然後，通過發動機再把渦輪機的機械能轉變爲電能。除了向各種商業用途提供有價值的電力資源外，核反應爐還用來推動某些類型的地面軍用車輛、潛水艇以及某些無人駕駛的飛機。反應堆的另一個主要用途是生產放射性同位素，被廣泛地用於科學研究、醫學治療以及工業中。

Nuclear Regulatory Commission (NRC) 核子管制委員會 美國一個監督民間使用核子原料情形的獨立管理機構。設立於1974年以接替原子能委員會，它核發核子反應堆和其他設施的建造和使用執照，及核子原料擁有權和使用權的執照。其規範持有執照的標準、規則和限制，並定期視察核子工廠以確保遵守大眾的健康與安全、環境品質、國家安全和反托拉斯法。核子管制委員會也負責調查核子意外事件、召開公聽會和檢視核電廠的操作過程。

nuclear species 核類 ➠ nuclide

Nuclear Test-Ban Treaty 禁止核試條約 正式名稱禁止大氣、太空、水下核子武器試爆條約（Treaty Banning Nuclear Weapons Tests in the Atmosphere, in Outer Space and Under Water）。禁止地下試爆外的任何核子武器試爆條約。美國與蘇聯間的禁試磋商始於1940～1950年代對高空核子試爆所產生的大氣輻射微塵威脅愈受關注之後，但在古巴飛彈危機發生前進展緩慢。1963年美、英、蘇三國簽訂「禁止核試條約」，其後數月間由一百餘個國家完成條約的簽署。法國和中國則引人注目地未簽署條約。1996年該條約由全面停止核子試爆協定取代，需由擁有核電廠的四十四個國家皆簽署後才有效。印度以該條約缺乏解除武裝的條文和允許非爆炸性試驗爲由當場拒絕簽署。亦請參閱Non-proliferation of Nuclear Weapons, Treaty on the。

nuclear weapon 核子武器 亦稱原子武器（atomic weapon）或熱核武器（thermonuclear weapon）。利用原子核的分裂或融合產生爆炸力的炸彈或其他彈頭，用飛機、火箭或其他戰略發射系統發射。核子武器是發明的所有爆炸裝置中最強的。分裂裝置將重元素的原子核分裂成碎片；融合裝置在高溫下熔化氫原子核而形成氦原子核。核子武器的破壞作用不僅在於實際的爆破，而且還有眩目的光、燒灼的熱以及致命的落塵。亦請參閱atomic bomb、Hiroshima、thermonuclear bomb、Manhattan Project、MIRV、Nagasaki、neutron bomb、Nuclear Test-Ban Treaty、START。

nuclear winter 核冬 某些科學家堅持認爲核戰爭可能造成環境災難。他們假設的基本理由是，爆炸的核彈頭會產生巨大的火球，而火球會引發風暴性大火。煙、灰以及塵埃會被帶到很高的高度，在風的驅動下形成圍繞北半球的一條均勻的帶。這樣形成的雲帶會擋住大部分的陽光，最多在幾個星期內，地球表面的溫度就會下降。昏暗的天空、具有殺傷力的霜凍、接近冰點的溫度，再加上高劑量的輻射，將阻斷植物的光合作用，從而破壞地球上大部分的植被以及動物的生命。另外一些科學家則爭辯說，這些是非常初步的計算結果，雖然核戰爭具有無可爭議的災難性，但對地球上生

L M N

命的破壞程度還是有待討論的。

nucleic acid＊ 核酸 組成生命細胞遺傳物質的有機化合物的統稱。核酸指導著蛋白質合成的過程，因此能調整所有細胞的活性。它們從一代傳送到下一代，這就是遺傳的基礎。核酸有兩種主要類型：去氧核糖核酸和核糖核酸。它們的組成材料相似，但結構和功能不同。二者都是許多核苷酸重複組成的長鏈。在核苷酸中，嘌呤和嘧啶（鹼基）－腺嘌呤（A）、鳥嘌呤（G）、胞嘧啶（C）和胸腺嘧啶（T）或尿嘧啶－以三個爲一組（三聯體，或密碼子）的序列組成了遺傳密碼。

nucleophile＊ 親核試劑 含有用於成化學鍵的電子對，在化學反應中尋求正電中心（如原子核或極性分子的正端）的原子或分子（參閱covalent bond、electric dipole）。在1923年由路易斯提出的電子理論中（參閱acid-base theory），親核試劑是由路易斯定義的。例子有氫氧根離子（OH^-）、鹵素離子（Cl^-、Br^-和I^-）、氨（NH_3）以及水（H_2O）。亦請參閱base、electrophile。

nucleoprotein＊ 核蛋白 蛋白質連結於核酸（去氧核糖核酸或核糖核酸）而成的大分子集合體。與去氧核糖核酸結合者通常屬於被稱爲組蛋白或魚精蛋白的特殊種類。最終的核蛋白（去氧核蛋白）組成活細胞中的染色體。許多病毒只不過是由去氧核蛋白有規律地排列而成的集合體而已。已知許多特定的RNA核蛋白種類，且其具有不同的細胞功能。

nucleoside＊ 核苷 包括核酸的一個結構亞單位的有機化合物的統稱。由一分子五碳糖（核糖核酸中的核糖、去氧核糖核酸中的去氧核糖）與一含氮的嘌呤或嘧啶相連而成。核糖核酸中的尿嘧啶、去氧核糖核酸中的胸腺嘧啶和兩者皆有的腺嘌呤、鳥嘌呤和胞嘧啶組成了核苷中尿苷、去氧胸腺苷、腺苷或去氧腺苷、鳥苷或去氧鳥苷和胞苷或去氧胞苷的一部分。核苷中通常連接有磷酸鹽和磷酸酯，以形成核苷酸。核苷通常由核酸經化學分解獲得，在生理學和醫學研究上具有重要地位。非核酸一部分的核苷包括由黴菌或眞菌產生的嘌呤黴素和其他某些抗生素。

nucleosynthesis＊ 核合成 在宇宙規模上，由一種或兩種簡單原子核（參閱nucleus）組成所有化學元素的過程。元素的差別在於它們的質子數不同，每種元素的同位素則差別在它們核內的中子數不同。一類原子核中加入或取出質子、中子或者二者一起加入或取出，就會轉變成另一類原子核，這種過程在恆星中一直進行著。週期表中前二十六個元素（到鐵爲止）中的許多元素，它們目前在宇宙中的豐度可以用從氫開始的相繼核融合反應來說明。這些較輕的元素相繼俘獲中子，一部分中子又衰變爲質子（每次發射出一個電子和一個微中子），於是就產生了較重的元素。

nucleotide＊ 核苷酸 包含核酸這種結構單位的任何一種有機化合物。每個核苷酸都由一個核苷和一個或多個磷酸鹽基團組成。在核酸中，一個核苷酸的磷酸鹽連接到下一個的糖而形成支柱。不屬於核酸組成部分的重要核苷酸包括三磷酸腺苷、環腺苷酸（分解肝醣所必須的）以及某些輔酶。

nucleus 細胞核 除細菌外見於大多數細胞內的一種特化結構，以核膜與細胞其他成分隔開。核膜可能與內質網相延續。核膜上有孔，可使一些大分子通過。細胞核控制、調節細胞的活動（如生長、代謝），並攜帶基因。核仁是位於細胞核內的小體，在核糖核酸和蛋白質的合成中起重要作用。一個細胞通常只有一個細胞核。

nucleus 原子核 原子中央帶正電的核心。由帶正電的質子和不帶電的中子組成，這兩者總稱爲核子，由強力使其結合。核子的數目從1到270，依元素而定。同位素是相同元素的原子有相同的質子數，但是中子數目不同。有些原子核並不穩定，特別是較重的核，或稱具有放射性（參閱radioactivity），以α射線（參閱alpha decay）、β射線（參閱beta decay）或γ射線的形式發出能量。原子核幾乎構成了原子全部質量，體積卻是微不足道。

nuclide 核素 亦稱nuclear species。以質子數、中子數以及原子核的能態爲特徵的原子品種。核素由它的質量數和原子序數來表徵。爲了能把它區別出來，核素必須具備足以維持一個可測量的壽命的能量，通常要大於10^{-10}秒。原子核的同分異構體具有相同數目的質子和中子，但包含的能量和放射性不同，它們也是不同的核素。核素與放射性衰變有關，可以是穩定的或者是不穩定的。已知的核素約有1,700種，其中約300種是穩定的，其餘的都是有放射性的。

nudibranch＊ 裸鰓類 亦稱sea slug。裸鰓目的海生腹足類動物的統稱。大多數裸鰓類無殼、外套腔（參閱mollusk）和鰓，以身體表面呼吸。體色柔和，體長43公分，有奇特的防衛性外長物，稱露鰓，可排出自刺胞動物射出的刺絲囊。頭部有觸角。生活在所有海域淺水中，主要以無脊椎動物爲食，尤其是海葵。有的種類能游泳，其他則在海底匍匐生活。該詞也可指後鰓亞綱的所有種類。

nuée ardente＊ 熾熱火山雲 （法語意爲「火燒雲或發光雲」〔fiery or glowing clouds〕）有高度破壞性的、灼熱的、包裹在氣體中的火山噴發出來的大塊微粒團。有時把它們稱作發光雪崩，可以每小時160公里的速度向下移動。氣體溫度可以達到600～700℃。熾熱火山雲極具破壞力，一路上能毀掉所有的生命體。大多數發生在環太平洋地區，該地區被稱爲火環。亦請參閱tuff。

Nuer＊ 努埃爾人 蘇丹南部尼羅河兩岸沼澤地和熱帶草原地區的居民，操屬尼羅－撒哈拉諸語言語族的東蘇丹語。努埃爾人以養牛爲業，也耕種小米和叉捕魚類。努埃爾人在雨季時住在高地上的永久村落裡，而乾季時則住在河邊帳篷中。部落間互相仇視的情況很常見，如與丁卡人間的戰爭。約有1,500,000努埃爾人。亦請參閱Nilot。

Nuevo León＊ 新萊昂 墨西哥東北部的州。面積64,924平方公里。首府是蒙特雷。東馬德雷山系沿東南方向貫穿全境。1824年該地區成爲一個州，在墨西哥戰爭中被美國軍隊占領。它的鋼鐵工業是拉丁美洲的第一個重工業。該州還有農業和紡織企業。人口約3,550,000（1995）。

nuisance 妨害行爲 法律上指由於冒犯、惹怒、危險、妨礙或不衛生的言行干擾了他人的權利或利益的行爲、目的或實踐。比如在公共道路上設障、污染空氣和水、經營妓院、或者保存炸藥等都是公衆妨害行爲並觸犯法律。私人的妨害行爲是一種干擾他人使用或享受自己的房地產的活動或條件（例如過大的噪音、讓人難以接受的氣味等），就可能觸犯民法。還有一種吸引性的妨害行爲，是指在他人的房地產上放置某種對兒童或他人具有危險而又可能吸引他們的東西。

Nujoma, Sam (Daniel)＊ 努喬馬（西元1929年～） 1990年起任獨立的那米比亞的第一任總統。1950年代後期，他幫助創立奧萬博蘭人民組織，爲西南非人民組織（SWAPO）的前身。1960年任西南非人民組織首位主席，數年來請求聯合國迫使南非放棄對西南非的管轄毫無結果之

L M N

後，於1966年開始進行武裝抗爭。1989年，在流放了約三十年之後，努喬馬領導西南非人民組織在聯合國監督下的大選中獲勝。

Nuku'alofa＊ 努瓜婁發 東加王國首都和主要港口。位於太平洋南部的東加塔布島北岸，其深水港有礁岩作屏障。是出口椰幹和香蕉的商業中心。名勝有19世紀的王宮、教堂和王室陵墓等。人口約34,000（1990）。

Nullarbor Plain＊ 納拉伯平原 南澳大利亞西南部沿海的大片石灰岩高原。從大澳大利亞灣到維多利亞大沙漠，延伸進西部澳大利亞的東南部和北部。面積260,000平方公里。總體上是岩床中的平坦表面。納拉伯這個名字來自拉丁語，意思是「無樹」。納拉伯國家公園裡保留著珍稀動植物。平原上有許多石灰岩洞穴，包括考古遺址庫納爾達石洞。世界上最長的直伸鐵路（530公里）穿過該平原。

nullification 否認原則 在美國，主張州有權宣布聯邦政府法令在其境內無效的學說。該原則首次在維吉尼亞和肯塔基決議（1798）中被闡明，並由卡爾霍恩爲回應1828年聯邦關稅法案而加以延伸。卡爾霍恩主張各州可在其管轄範圍內宣布聯邦政府法令無效。南卡羅來納州議會通過「否認法令」（1832），並威脅脫離聯邦，如果其堅持執行1828年聯邦關稅法案。傑克森總統聲稱聯邦政府擁有最高權力。美國國會通過降低關稅的關稅法案協議，但也另通過「武力法案」，授權傑克森動用聯邦軍隊。南卡羅來納州代表大會作出反應，廢除「否認法令」，但兩者間的衝突強調出否認原則所造成的威脅。

number 數 用於計算、測量、解方程式以及比較量的大小的基本數學元素。數有幾類。計數用的數是熟悉的1、2、3……；全數是計數的數再加上零；整數是全數以及負的計數的數；有理數是由整數組成的所有可能的商數，包括分數。這些數都可以用有限的或重複的小數位來表示。無理數不能用整數的分數或者重複的小數位來表示，必須用專門的符號，比如$\sqrt{2}$、e和π來表示。有理數和無理數合稱實數。像複數那樣，實數也組成代數場（參閱field theory）。計數的數和有理數用作計數、計算和測量，其他的數則用於解方程式。亦請參閱transcendental number。

number system 數系 書寫數位來表示數目的方法。使用零來占位是數系的最大進步。最常用的系統是十進位，按照它們相對於小數點的位置，十個符號（印度－阿拉伯數字）表示與10的乘方的乘積。電腦使人們看到了二進位數字系的優越性，其中只有兩個符號0和1，分別表示與2的乘方的乘積。

number theory 數論 研究整數的性質以及它們之間的關係的數學分支。在業餘數學家中數論是個普遍的題目，因爲在這方面提出了大量看起來似乎簡單的問題，而要對它們作出回答卻要困難得多。據說任何一個引起興趣的，而經歷一百年以上仍未解決的問題都屬於數論。最近解決的一個最好的例子是費馬大定理。

numerical analysis 計算數學 應用數學的一個分支，研究使用演算法操作來解決複雜方程式的方法。這些方程式往往非常複雜，必須用電腦來近似分析過程（即微積分）。這樣一種近似的算法模型叫做程式，執行這些步驟的命令叫做電碼。一個例子是計算出十進位的π值，演算法是計算一個規則多邊形的周長，讓多邊形的邊數變得十分大。計算數學關心的不僅是這個過程得出的數位結果，還要確定任何一步的誤差是否在可接受的範圍之內。

numerical control (NC) 數值控制 經由資料直接輸入控制系統或裝置，資料形式可以是數字、字母、符號、單字或是這些形式的組合。這是電腦整合製造的首要元素，特別是控制機器工具的操作。數值控制對於現代工業機器人的操作也是不可或缺的。數值控制有兩種基本類型：點對點，由程序裝置執行一系列的動作，有固定的起點和終點；連續通路，點對點程序裝置有足夠的記憶體「察覺」先前的動作與其結果，而與這項資訊做出一致的行動。

numerology 命理學 用數字解釋人的性格或占卜未來。其理論是根據畢達哥拉斯的思想，即萬物都可以用數字表明，因爲萬物最終都可以分解爲數。使用類似希臘和希伯來字母的方法（即每個字母都代表一個數字），現代命理學使用一系列的數字代表詢問者的名字，再加上出生日期，使用這些數字來揭露人的眞實性格和前途。

Numidia＊ 努米底亞 非洲北部的古代國家，大致相當於如今的阿爾及利亞。在第二次布匿戰爭期間，它的兩大部落分裂，一個支援羅馬人，另一個支援迦太基人。西元前201年羅馬人取勝後，部落首領馬西尼薩當上了努米底亞的國王。迦太基破壞後，數以千計的人逃往努米底亞。西元前46年努米底亞成爲羅馬的一個省。首府爲錫爾塔，主要城市有聖奧古斯丁的所在地希波。429年努米底亞被汪達爾人征服，羅馬文明迅速衰落。8世紀時，本地的文明成分在阿拉伯人的占領中復興起來。

numismatics＊ 錢幣收藏 指有系統的積累和研究硬幣、代幣、紙幣以及在形式或功能上與貨幣類似的物件。錢幣收藏在文藝復興時期興起於義大利。從17世紀起錢幣學者開始對公共和私人收藏的錢幣進行評價、分類並公開展出。倫敦是世界最大的錢幣收藏市場。收藏錢幣的理由之一在於其投資價值。一批發行的錢幣年久難免損壞和散失，其價值一般穩定不變或下降，而隨著時間的推移，特別是收藏家紛紛搶購時，其價值就會增加。錢幣價值一般最低不低於其本身金屬材料的價值。保存狀況是決定錢幣價值的重要因素。

Nun＊ 努恩 亦稱Nu。埃及最古老的神，是太陽神瑞的父親。努恩代表太初混沌的黑暗、騷動之諸水。據說原始的海洋繼續包圍著有序的宇宙，每天當太陽從水中升起的時候要重演一次創世的神話。還認爲努恩以土下之水的狀態存在，是尼羅河每年發生的洪水之源。

Nun River＊ 農河 奈及利亞南部的河流。認爲它是尼日河的直接延續，向西南流，在Akassa注入幾內亞灣。19世紀時是一條貿易路線，由伊格博人的王國控制著商業往來。1963年沿農河發現了石油，沿著穿越尼日河的輸油管道將油田的石油輸送出去。

Nunavut＊ 紐納武特 加拿大中北部地區（2001年人口約26,745）。紐納武特（伊努伊特語意爲「我們的土地」）是加拿大應人民要求居住而設立的最大土地，交由占此地人口85%的伊努伊特人開墾（參閱Eskimo），讓他們在加拿大政府中占有較大的發言權。面積200萬平方公里，或占加拿大領土的五分之一，範圍包括過去西北地區的中央部分和東半部，含括巴芬島和埃爾斯米爾島。首府爲伊卡魯伊特。西元前4800～西元1000年，由伊努伊特人開墾。維京人可能曾經在中世紀造訪過此地，但是最早的探險記錄則是1576年佛洛比西爾爲找尋西北航道而發現此地。大陸地區是在1770～1772年間由英國人赫恩所發現，歷經英國的占領，此地在1870年才移交給加拿大。1976年一個政治組織鼓吹設立一個地區，以讓西北地區的伊努伊特人能定居。這項建議在1993

L M N

年獲得加拿大政府的同意。紐納武特的第一次選舉是在1999年2月舉行，這個地區在1999年4月才正式揭開它的序幕。

Nur al-Hilmi, Burhanuddin bin Muhammad＊ 努爾・艾爾－希邁（西元1911～1969年） 馬來民族主義領袖。日本占領時期他任行政官員，後來成爲傑出的左翼領袖，爲獨立和多民族的馬來西亞而工作。1956年任泛馬來亞伊斯蘭黨主席，成爲馬來西亞政治上的主要反對黨。該黨以土地民有和反殖民主義爲號召，在馬來選舉中贏得了大量的選票。

Nuremberg 紐倫堡 德語作Nürnberg。德國南部巴伐利亞的城市（1992年人口約497,000），位於佩格尼茨河畔。11世紀時在一座城堡的周圍發展起來，1219年第一次取得特許狀。成爲德意志自由帝國最大的城市之一，16世紀時達到它力量的頂峰。1806年成爲巴伐利亞王國的一部分。1930年代是納粹黨的中心，是每年紐倫堡大會的會址。1935年紐倫堡這個名字給了反閃米特人的紐倫堡法令。在第二次世界大戰中遭嚴重破壞。戰後，在這裡舉行了紐倫堡大審。重建後，現在是商業和製造業的中心。歷史遺址有11世紀的王宮。它的美術學院（建於1662年）是德國最古老的。紐倫堡是杜勒的出生地。

Nuremberg Laws 紐倫堡法令（西元1935年） 由希特勒設計的兩項措施，1935年9月15日在德國紐倫堡召開的納粹黨會議上批准通過。該法令剝奪了德國猶太人的公民身分，禁止猶太人與「德國公民或日爾曼血統公民」結婚或發生性關係。補充法令還規定了祖父母中有一方爲猶太人者即爲猶太人，並宣布猶太人不得行使選舉權，不得擔任公職。

Nuremberg Rallies 紐倫堡大會 在德國紐倫堡舉行的納粹黨大會，以顯示該黨的力量。1923和1927年召開過兩次規模較小的納粹黨會議，1929年第一次召開大規模的會議，其民族主義的壯觀場面，標誌著以後年會（1933～1938）的特點。有成百上千名黨員參加。大會經過悉心安排，以軍歌、大量的標語旗幟、正步行進、火炬遊行以及希特勒和其他納粹首領的長篇演說等內容來提高全黨的熱情。

Nuremberg Trials 紐倫堡大審 1945～1946年在德國紐倫堡對前納粹黨領導人所進行的審判。第二次世界大戰結束後，由美、英、法、蘇四國組成國際軍事法庭，控告前納粹黨人爲戰犯並進行審判。軍事法庭定義其罪名如下：反和平罪（破壞國際條約，策劃和進行侵略戰爭）、反人道罪（滅絕、驅逐和滅絕種族）和戰爭罪。經過216次開庭，對原來的二十二名被告宣布了判決：三名宣告無罪；四名十～二十年有期徒刑（包括德尼茨和施佩爾）；三名無期徒刑（包括赫斯）；十二名判處絞刑（包括凱特爾、里賓特洛甫、羅森貝格、賽斯－因克瓦特和施特賴謝爾）。戈林在處刑前即自殺身亡，博爾曼則在審判中缺席。

Nureyev, Rudolf (Hametovich)＊ 紐瑞耶夫（西元1938～1993年） 俄羅斯芭蕾舞蹈家，擁有吸引人的精湛技巧。曾在列寧格勒學習（1955～1958），以獨舞者的身分加入基洛夫芭蕾舞團的獨舞舞者。1961年隨同舞團至巴黎演出時叛逃。之後在許多舞團中以客座舞者的身分參與演出，尤其是1962年至1970年代中期在皇家芭蕾舞團的演出，定期與芳婷搭擋演出《吉賽兒》、《茶花女》和《天鵝湖》。其令人興奮的演出，結合熱情浪漫的感性和眩目的強壯肌肉與技巧，使他成爲國際知名的明星。紐瑞耶夫編導了新版本的《羅密歐與茱麗葉》、《曼弗雷德》和《胡桃鉗》，也參與電視和電影演出。1983～1989年任巴黎歌劇院芭蕾舞團的藝術總監。在其生涯高峰後仍持續表演。因愛滋病而去世。紐瑞耶夫被大衆視爲自尼金斯基之後最偉大的芭蕾藝術名家。

紐瑞耶夫與芳婷
Keystone

Nurhachi＊ 努爾哈赤（清太祖）（西元1559～1626年） 女眞（後稱滿族）的支族首領，從他在1618年對中國所發動的攻擊，可以預見其子多爾袞征服中國的大業。努爾哈赤先擊敗其部族中的對手，而後降服其他四個鄰近的女眞部落。此時，他建立滿洲國家，並徵召學者額爾德尼創建滿洲文字。努爾哈赤以八旗制度組織軍隊。1616年他自立爲汗，稱其王朝爲「金」，有意與女眞族在12世紀所創建的金朝相呼應。1626年努爾哈赤遭中國人擊敗，在戰鬥中負傷而死。亦請參閱Hongtaiji、Qing dynasty。

Nuri as-Said＊ 努里・賽義德（西元1888～1958年） 伊拉克士兵和首相。1909年，伊拉克是鄂圖曼帝國的一個省，他參加了土耳其軍隊。在第一次世界大戰中被英軍俘虜，他參加了英國支援的反對土耳其的阿拉伯起義。戰後，他進入哈希姆國王費瑟領導的伊拉克政府。努里曾十四次擔任首相，堅持親英和支援哈希姆王朝。1958年他支持與約旦聯盟，但遭到軍隊的反對。當他被軍隊推翻後，被暴民殺死。亦請參閱Pan-Arabism。

Nurmi, Paavo (Johannes) 努爾米（西元1897～1973年） 芬蘭徑賽運動員。他在三屆奧運會（1920、1924、1928）上奪得九枚金牌和三枚銀牌。在1924年的奧運會上，在剛過一小時的時間裡連創了兩個世界記錄。他保持1哩賽跑世界記錄達八年（1923～1931）之久。由於他的傑出才能而獲得了「芬蘭飛人」的外號。

努爾米，攝於1931年
UPI

Nurse, Sir Paul M. 諾爾斯（西元1949年～） 英國科學家。1973年從東英吉利亞大學獲得博士學位，1987～1993年任牛津大學教授。1996年擔任皇家癌症研究基金（現在的英國癌症研究所）的總監。1970年代中期他對酵母進行研究，發現了調節細胞生命週期中不同階段的基因。後來他在人體中發現了相應的基因。他的工作有助於理解癌細胞的發展。2001年與亨特、哈特韋爾共獲諾貝爾生理或醫學獎。

nurse shark 鉸口鯊 只指鬚鯊科約25種大西洋種鯊類動物，學名爲Ginglymostoma cirratum。體黃褐或灰褐色，有時具黑點，可長達4公尺以上。特別在被激怒時，可襲擊游泳者。與危險的錐齒鯊無親緣關係。

nursery 苗圃 種植植物的地方，等待移植，或作爲出芽及嫁接的母株，抑或拿去販賣。苗圃生產並分散木本與草本植物，包括觀賞喬木、灌木與球莖作物。雖然大多數的苗圃植物是觀賞用的，苗圃產業還包括果樹與在家庭菜園的多年生蔬菜（如蘆筍、大黃）。亦請參閱floriculture。

nursery rhyme　兒歌　通常講給或唱給兒童聽的詩歌。雖然自古就有口頭傳下的兒歌，但數量最大的兒歌產生在16、17和（最多的）18世紀。很明顯，大多數兒歌開始時是編給大人聽的，許多像民謠和民歌。已知最早出版的合集是《湯姆歌曲集》（倫敦，1744），其中包括〈小湯姆·塔克〉、〈唱一首六便士的歌〉和〈誰殺了雄知更鳥？〉。影響最大的兒歌集是《鵝媽媽歌》（1871），其中包括〈傑克和吉爾〉、〈叮噹鈴〉和〈讓樹梢上的寶寶快入夢境〉等。

nursing　護理　提供傷病及殘障者身心上的照護，並經由研究、健康教育和病患諮詢等活動促進個人健康的醫學照護專業。19世紀南丁格爾從事的護理活動使得護理受到重視。許多護士都有其專業項目（例如精神病學、重症照護）。正式護士、診所專科護士、麻醉護士和助產護士所從事的工作，過去傳統上是由醫師所執行。美國護理學會的工作有訂定標準、舉行測驗、提供持續進修和促進立法。註冊護士（RNs）需取得學位並通過考試。有執照護士（LPNs）需完成一年的訓練，其工作為協助註冊護士。護理學位最高為博士學位，並可擔任行政管理的職位。除了照護機構外，另有在學校、軍隊、工廠和私人家庭中工作的護士。社區（公共衛生）護士則教育民眾有關營養和預防疾病等主題的知識。

nursing home　療養院　照料病患（通常是長期）的場所，病痛程度不需要醫院，卻也無法待在家裡。在歷史上，大多數住在療養院的人或老或病，或是有慢性無法痊癒或傷殘疾病，只需最簡單的醫療與護理照顧。現在療養院在健康保健扮演更活躍的角色，情況允許的話協助病人預備在家或與家庭成員一起生活。將昂貴的醫院設備保留給真正有病的人，改進慢性傷殘的前景。不過，照料的品質參差不齊，可能有虐待的問題存在。

Nusayri　努賽里派 ➠ Alawi

Nut＊　努特　埃及宗教中的天空女神。她代表諸天蒼穹。其像通常為一女子，拱蓋大地之神蓋布。據說努特在傍晚吞下太陽，早上再把太陽生出來。有時把她畫成母牛，她以母牛的形象背負著太陽神瑞上天。在元旦前的五天裡，努特相繼生出俄賽里斯、何露斯、塞特、伊希斯和奈普提斯諸神。

nut　堅果　乾硬，只含一粒種子的有核果實，通常含油脂，由堅硬或易碎的外殼包圍，成熟後果皮不裂開。堅果包括栗、榛和胡桃，但其他種子（巴西果和阿月渾子屬）、莢果（花生）或核果（扁桃和椰子樹）也被稱為堅果。大多數可食用的堅果因用於甜點中而被大眾熟知。某些堅果為油或脂肪的來源。並非所有種類的堅果皆可食用，有些為觀賞用。

nut　螺母　技術上指一種緊固件，通常用金屬製成。是一個四方或六角塊，中心有個帶陰螺紋的孔，與配套的螺栓或螺紋件上的陽螺紋配合。帶螺母的螺栓或螺釘被廣泛用於固定機器以及結構的部件。亦請參閱fasteners。

Sitta europaea，鳾屬的一種
Bruce Coleman Ltd.

nuthatch　鳾　鳾科鳾屬鳴禽，約22種。體長9.5～19公分，尾短，頸短，鳥喙細小且尖。大多棲息於森林中，也有些種類棲息於岩石區。在樹幹和岩石間覓食昆蟲，常頭朝下地降落。也吃種子，並貯存種子以備冬糧。其巢通常是一個腔洞，內墊有草或毛髮。常見於歐亞大陸，東到日本和其以南地區。北美洲有4種。多數種類體上面淡藍，下面白或淡紅色，可有一黑色眼紋或頭頂黑色。

nutmeg　肉豆蔻　由熱帶常綠樹種子製成的香料。原產於印尼的摩鹿加群島。肉豆蔻有獨特的刺激性芳香，通常用於烹調、製作小香囊和薰香。播種後八年結果，二十五年後為生長盛期，結果期長達六十餘年。有些國家把其他植物的果實或種子也稱為肉豆蔻，包括巴西肉豆蔻、祕魯肉豆蔻和加利福尼亞肉豆蔻。

肉豆蔻
G. R. Roberts

nutria　河貍鼠　亦稱coypu。南美洲半水棲齧齒類硬毛鼠科動物，學名為Myocastor coypus。耳小，尾長而圓，具鱗片，後腳部分生蹼，門齒寬，呈橘黃色。連同長尾長約1公尺，體重8公斤，毛淺紅褐色，針毛下有一層柔軟的絨毛。居於水塘和河流沿岸的淺穴裡，主要以水生植物為食。由於河貍鼠毛皮相當貴重，因此被引入北美洲和歐洲。在某些地方被視為危害穀物的有害生物，與其他野生動物競爭求生存。

河貍鼠
Douglas Fisher

nutrition　營養　攝取與利用食物的過程。食物產生能量並提供材料給身體組織。碳水化合物（糖及澱粉）、脂肪與蛋白質供應熱量（卡路里）。其他營養物包括礦物質、維生素和膳食纖維。礦物質的用途很多：鐵供給血紅素；鈣供給骨頭、牙齒與細胞作用；鈉和鉀調節恆定；碘用來製造甲狀腺激素。微量礦物質的機能了解不多。纖維在體內無法化學分解，但是幫助消化，降低血液的膽固醇，可能還有助於預防一些惡性腫瘤與高血壓。不同的食物含有營養物的量不同，飲食多變化方能確保供給無虞。有些人服用的營養補給品並無法補償不健康的飲食。足夠的水分是必要的。不適當的營養攝取或吸收會導致營養不良及疾病。美國食品藥物管理局與其他機構都有評估營養需求。

Nuuk＊　努克　亦稱Godthåb。格陵蘭首府。位於戈特霍布灣入口附近的西南沿海，是格陵蘭的主要港口。現代的城市源於1721年，當時一名挪威傳教士在10世紀斯堪的那維亞人的居民點弗斯特比格登附近建立了殖民點。它是議會和最高法院的所在地，設有外國領事館、師範學院和研究站點。居民主要從事行政事務、狩獵、捕魚和農業。交通運輸主要依靠船隻和直升機。人口約13,000（1996）。

Nyakyusa＊　尼亞庫薩人　亦稱恩貢德人（Ngonde）。居住於馬拉威和坦尚尼亞馬拉威湖北部，操班圖語的民族。傳統上尼亞庫薩人住在獨特的年齡村裡，一地年齡為十一～十三歲的所有男孩，都要離開他們父母，建立自己的新村，最後娶親並將妻子接到本村來，其原居住的村落會在創建者高齡去世後消失。由於現今土地缺乏，大致上已停止奉行該習俗。今日約有1,600,000尼亞庫薩人，主要以鋤耕維生。

nyala＊ 白斑羚 生存於南非，體細長的羚，學名爲Tragelaphus angasi。肩高110公分，從頭到尾沿背部有一列脊毛。雄羚有略帶螺旋的角，喉部和腹部有一列長邊毛，全身深褐色，下腿淺紅褐色，面部和頸部白色，身上有直的白色斑紋。雌羚淺紅褐色，白色斑紋更爲明顯。獨棲或小群棲息在森林中。罕見的大林羚棲息在衣索比亞中部，體色爲淺灰褐色。

Nyasa, Lake 尼亞沙湖 ➠ Malawi, Lake

Nyasaland 尼亞薩蘭 ➠ Malawi

Nyaya＊ 正理 印度哲學的六見（正統體系）之一，其重要性在於它的邏輯分析和認識論，以及它的推理方法的詳細模型。與其他的見一樣，正理既是一種哲學也是一種宗教；它最終關心的是結束人類由於對現實的無知而帶來的苦難。它承認四種有效的理解知識方法：感知、推理、比較和證據。

Nyerere, Julius (Kambarage)＊ 尼雷爾（西元1922～1999年） 獨立的坦干伊喀的第一位總理（1961）、坦尚尼亞的第一位總統（1964～1985），也是非洲統一組織（OAU）背後的主要力量。他曾在天主教教會學校任教，後來到英國攻讀歷史和經濟。他是坦干伊喀非洲國家聯盟（TANU）的領袖，提倡和平改變、社會平等及民族和諧。1958～1960年的選舉中，坦干伊喀非洲國家聯盟在議會中贏得許多席位。他擔任總統時，實施農村耕地的集體化，推行群眾掃盲運動，制訂普及教育制度。他致力於使坦尚尼亞的經濟自給自足，但這一努力最終失敗了。1979年他授權入侵烏干達以推翻阿敏。在非洲統一組織中，他主張推翻南非、羅得西亞和南西非的白人至上主義政府。1990年退出政治舞台後，把餘生投注在農耕和外交工作上。

尼雷爾，攝於1981年
Hanos－Liaison Agency

Nyiragongo, Mt.＊ 尼拉貢戈火山 非洲中東部維龍加山脈中的活火山。位於剛果（薩伊）東部維龍加國家公園的火山區內，靠近盧安達的邊界。高3,470公尺，主火山口寬2公里，深250公尺，其中有一個液態岩漿池。一些舊火山口以其植物生態著名。

Nykvist, Sven＊ 尼奎斯特（西元1922年～） 瑞典電影攝影師。1941年加入瑞典電影公司桑德魯茲，1945年拍攝第一部影片。1953年第一次爲柏格曼的影片攝影。1960年成爲柏格曼在斯文斯克電影公司的常規攝影師。在一長串柏格曼的電影中，他以精巧、光亮的攝影工作著稱。以《哭泣與耳語》（1972）和《芬妮與亞力山大》（1983）兩部電影獲奧斯卡最佳攝影獎。他還與美國導演合作，拍攝了《布拉格的春天》（1988）和《罪與愆》（1989）等電影。

nylon 尼龍 由高分子量的聚醯胺合成的塑膠的統稱，通常（但並不總是）製成纖維。1930年代由杜邦發明。從空氣、水和煤炭或石油很容易得到的化合物通過化學合成而得到有用的纖維，這類纖維的成功生產刺激了對聚合物的研究，導致合成材料品種的快速增長。可以將尼龍製成纖維、長絲、硬毛或者單張，然後再製作成紗線、紡織品以及繩索，還可以製作模壓產品。它耐穿、耐熱、耐化學腐蝕。大部分用長絲的形式，製成諸如內衣、降落傘以及外套等物品。亦請參閱Carothers, Wallace Hume。

nymph 仙女 希臘神話中一大類次等女神的統稱。通常仙女與自然界的景物相聯繫，比如樹和水。雖然不能長生不死，但都非常長壽，且對人友善。按照與她們聯繫在一起的自然環境來將她們分類。

nymph 若蟲 在昆蟲學中，昆蟲經歷不完全變態時，有性發育未成熟的形體（例如蝗蟲）。其外形像成蟲，但其身體各部位比例與成蟲迥異，並只有翅芽（若爲有翅的種類），之後經過最初幾次蛻皮（參閱molting）後長出翅。隨著每一個相連的成長階段（蟲齡），若蟲的外形與成蟲越來越相似。水生種類的若蟲（也稱爲稚蟲），如蜻蜓，有鰓和其他生活於水中必需的誘發變異。變爲成蟲後即浮出或爬出水面，經歷最後一次蛻皮並成爲有翅的成體。

nymphaeum＊ 水神廟 古代希臘和羅馬供奉水中仙女的聖所。水神廟也可用作水庫以及舉行婚禮的殿堂。該名原指一處帶泉水的天然石窟，後來指人工石窟或建築，其中充滿了植物、雕塑、噴泉和繪畫。科林斯、安條克和君士坦丁堡都曾有過水神廟。在羅馬、小亞細亞、敘利亞以及非洲北部都發現水神廟的廢墟。

Nymphenburg porcelain 寧芬堡瓷器 18世紀中葉直至今日，巴伐利亞生產的德國硬質瓷器，或稱眞正的瓷器。它的聲譽來自它的形象和紋樣，尤其是1754～1763年由布斯泰利（1723～1763）製作的以洛可可風格爲模型的瓷器。慕尼黑郊區寧芬堡工廠所生產的食具和花瓶往往在周邊採用編織花紋和圖案裝飾。

Nyoro＊ 尼奧羅人 亦稱巴尼奧羅人（Bunyoro）。居住在烏干達中西部，操班圖語的民族。至18世紀爲止，巴尼奧羅王國曾包括今烏干達在內。18和19世紀期間，此一王國漸趨衰落，而拱手將優勢讓給布干達王國。之後英國將其歸併爲烏干達保護領地。今日約有600,000尼奧羅人，居住於分散聚落中，以耕種小米、高粱和大蕉維生。

Nystad, Treaty of 尼斯塔得條約 ➠ Northern War, Second

NYU ➠ New York University

Oahu＊　歐胡島　美國夏威夷州火山島。位考艾島和毛洛開島間，面積1,574平方公里，在夏威夷群島居第三位；人口居首位。中央高原兩側有平行的科奧勞嶺和懷厄奈嶺。島上有火奴魯魯（檀香山）、珍珠港和懷基基海灘。軍需服務、旅遊、菠蘿和糖爲重要經濟項目。人口836,207（1990）。

oak　櫟樹　亦稱橡樹。山毛櫸科櫟屬約450種喬木或灌木。分布於整個北溫帶地區。

Oakland　奧克蘭　美國加州西部城市（1996年人口約367,230）。在舊金山灣東岸。1820年西班牙人設居點。1854年設市。1869年成爲第一條橫貫大陸鐵路的終點站後，興建海港。1989年的地震，橋和州際公路均受極大損壞。梅里特湖近商業中心區，爲獵鳥保護區。設有數所學院。

Oakley, Annie　奧克莉（西元1860～1926年）　原名Phoebe Anne Oakley Moses。美國神槍手。幼年精於槍法，與巴特勒結婚，一同參加雜技團巡迴演出，1885年參加西大荒演出。著名的表演包括擊中巴特勒叼著的紙煙煙頭，在距離三十步遠的地方打穿紙牌的狹窄邊緣，或看著鏡子射擊遠距離目標。

OAS ➠ Organization of American States

oasis　綠洲　沙漠中的沃土，出現於終年淡水源不斷之處。綠洲大小不一，從小泉水周圍1公頃左右到大面積有天然水或灌溉的土地。綠洲的水源大多來自地下；泉和井由砂岩含水層補給，其受水區可能遠在八百多公里以外，撒哈拉2/3的人口在綠洲定居，棗椰樹是主要食物的來源，在其蔭影下生長著檸檬果、無花果、桃、杏、蔬菜和穀物。

Oates, Joyce Carol　歐次（西元1938年～）　美國作家。她的第一本短篇小說集《北門邊》出版於1963年，第一部長篇小說《打著寒顫摔下來》出版於1964年。曾在溫莎大學（1967～1978）和普林斯頓大學（1978年起）任教，她筆下的人物歷經坎坷，生活中有隱痛，由於非他們所能左右的巨大勢力的作用，最後往往以流血和自我毀滅告終。主要的作品包括《尋歡作樂的花園》（1967）、《他們》（1969）和《隨你怎樣打發我》（1973）等。

Oates, Titus　歐次（西元1649～1705年）　英國人天主教陰謀叛逆假案的捏造者。爲聖公會牧師。1674年因作僞證受監禁，1677年爲信奉天主教的諾福克第六公爵家族中的一批新教徒當牧師，1678年與頓奇合謀誣指耶穌會人士陰謀暗殺查理二世以扶持其弟、信奉天主教的詹姆斯登位。歐次的作證，約有三十五人被處決。1685年歐次因僞證罪入獄。1688年獲釋。後默默無聞死去。

oats　燕麥　禾本科一種穀類作物，學名爲Avena sativa。廣泛種植於世界溫帶地區。適應貧瘠土壤。燕麥主要作飼料，但加工後的燕麥片和燕麥粉供人類食用。燕麥含豐富的碳水化合物、蛋白質、脂肪、鈣、鐵和維生素B_1。燕麥稈可作飼料和鋪草。

OAU ➠ Organization of African Unity

Oaxaca＊　瓦哈卡　墨西哥南部一州（1997年人口約3,286,175），瀕太平洋。面積93,952平方公里，包括特萬特佩克地峽的大部分。首府瓦哈卡市。南馬德雷山脈位地峽末端，在米特拉和阿爾巴諾山發現薩波特克及米斯特克文化遺址。是墨西哥印第安人最集中之地。爲農業區和礦區。

Oaxaca (de Juárez)　瓦哈卡　墨西哥南部瓦哈卡州首府（1990年人口約212,818）。在瓦哈卡谷地，海拔1,550公尺。1486年建立，爲阿茲特克人守軍哨所。1521年被西班牙人征服。在墨西哥歷史上具有重要作用，它是華雷斯和迪亞斯的故鄉。以16世紀建築及手工藝品市場聞名。

Ob River＊　鄂畢河　俄羅斯西部河流。源出中亞阿爾泰山脈，穿越西伯利亞西部，經鄂畢灣，注入北冰洋的喀拉海。長3,650公里；中游穿越泰加林帶，內有大片大片的沼澤地，長有針葉樹林；北部爲冰天雪地的沒有樹木的遼闊平原，稱之爲凍原帶。鄂畢河是西伯利亞西部主要交通之一；它在無冰期可以通航，水力發電總潛力很大。

Obadiah＊　俄巴底亞書　亦作Abdias。《舊約》十二小先知書的第四卷。是《舊約》中最短者。作者不詳，僅知其名意爲「雅赫維的僕人」。此書嚴責長期與以色列爲敵的埃多姆不援助以色列以致使耶路撒冷淪陷於異族。成書年代在西元前9世紀。最後審判日臨近萬國，善惡皆有所報。在最後幾節中預言猶太人必將重返故土。

O'Bail, John ➠ Cornplanter

obelisk　方尖碑　最早成對地聳立在古埃及神廟前的錐形石碑，以整塊石料鑿成，通常用亞斯文產紅花崗石，平面爲正方或長方形，下大上小，頂作方錐形，覆以金銀合金。在羅馬帝國時期，埃及的許多方尖碑被搬到義大利，美國華盛頓特區的華盛頓紀念碑是一座有名的現代方尖碑。

Oberammergau ➠ Passion play

Oberlin College　奧伯林學院　俄亥俄州奧伯林的一所私立男女合校高等學府。建於1833年，是美國第一所允許婦女入學，以及在與白人同等條件下錄取黑人學生。早期曾爲地下鐵道的一站。現代科系有：科學、傳播、藝術、外語、法律、文學、數學、心理學公共服務研究和社會科學。學生人數約3,000人。

obesity　肥胖症　身體脂肪過度蓄積的一種病態，體重超過標準的20%以上。通常因身體所進食物的熱量超過所能利用的熱量而引起。脂肪是熱量的貯存形式。因激素平衡失調和內分泌腺缺陷造成者只占全部肥胖症患者的5%。肥胖易死於心臟病和糖尿病。肥胖的治療，用減少熱量的方法恢復正常體重最好在醫務人員監護之下進行。

obia　奧比亞　亦作obeah。西非民間傳說中，一種體型龐大的動物，它偷偷溜進村裡，爲女巫誘拐年輕姑娘。在某些加勒比人的文化中，奧比亞表示各種形式的巫術，這些巫術通常威力極大而且極端邪惡。給某一方帶來不幸而埋藏起來的有效驗的或被施以魔力的物體有時便被稱做奧比亞。

object language ➠ metalanguage

object-oriented programming (OOP)　物件導向程式設計　電腦程式設計，強調資料的結構及其操作程序的封裝。物件導向程式語言背離傳統或程序程式設計，加入具有計算程序與資料結構的獨立集合體，稱爲物件。撰寫程式有如裝配那些預先定義的物件，所需的時間遠比傳統程序語言要少得多。物件導向程式設計極受歡迎，因其程式設計生產力高。C++語言與Objective-C語言（1980年代早期）是C語言的物件導向版本，最多人採用。亦請參閱Java。

O P Q R

oblation 奉獻上帝 在基督教中，由信徒所奉獻、通常由教士、教會和貧病者所使用的禮物。在聖餐禮中，為了祝聖而奉獻的麵包和酒就是「奉獻上帝」。在中世紀，將孩童呈獻給修道院，並留在修道院中成長，稱為「獻身者」（oblate）。日後，獻身者指的是那些居住在修道院，或與修道院有密切聯繫，但並沒有許下宗教誓約的世俗人。部分天主教社群的成員以「獻身者」作為名號（如聖本篤的「獻身者守規」）。

oboe 雙簧管 雙簧片圓錐形體的高音木管樂器。正規的雙簧管為17世紀中期發明。比現代雙簧管柔和，音質較暗。早期雙簧管只有兩個鍵，今有十三個鍵。到17世紀末，它已成為管弦樂團和軍樂隊的主要樂器和僅次於小提琴的重要獨奏樂器。今管弦樂團有兩個雙簧管。抒情雙簧管是低音雙簧管，有一個球形的喇叭口，流行於18世紀。今低音雙簧管是英國管。

Obote, (Apollo) Milton * 奧博特（西元1924年～） 烏干達第一任總理（1962～1970）和總統（1966～1971，1980～1985）。1985年選入立法議會。他在1962年領導國家走向獨立。成為總理後，他接受一部給五個傳統王國（包括布干達在內）在烏干達內以聯邦地位的憲法。1966年，派由阿敏領導的軍隊攻打布干達的穆特薩。1971年被阿敏領導的一次軍事政變推翻。1979年推翻了阿敏，重新當選總統。為南北兩方的種族抗爭而耗盡精力。1985年被迫下野。

奧博特
Marion Kaplan

Obraztsov, Sergey (Vladimirovich) * 奧勃拉茲佐夫（西元1901～1992年） 蘇聯木偶戲大師。1922～1930年在莫斯科當演員，從1931年起一直擔任莫斯科國立中央木偶劇院院長。其表演特點為技巧高超和風格嚴謹。多次出國演出。在他巡迴演出影響下，已成立了幾座杖頭木偶劇院。著名的作品包括《不平凡的音樂會》（1946）、《神燈》（1940）和《唐璜》（1976）。

Obrecht, Jacob * 奧布瑞赫（西元1452～1505年） 法蘭德斯作曲家，與尚．奧克岡和若斯坎．德普雷都是文藝復興音樂中占領導地位的主要作曲家。其樂曲風格以溫暖而優美的旋律、清晰而接近於現代調性意識的和聲著稱，現存作品有二十七首彌撒曲、十九首經文歌和三十一首世俗樂曲。

Obregón, Álvaro * 奧夫雷貢（西元1880～1928年） 墨西哥總統（1920～1924）。在任總統期間，使墨西哥擺脫了1910年革命之後長達十年的政治動亂和內戰。他操縱1917年的立憲會議。1920年推翻卡蘭薩政府，當選總統。使經過十年內戰的國家出現相對的和平與繁榮。1928年再度當選為總統。但在上任前參加一個小慶典時，遭槍擊身亡。

Obrenovic dynasty * 奧布廉諾維奇王朝 1815～1903年間統治塞爾維亞的家族，共五代。王朝的締造者米洛什於1815～1839和1858～1860年為大公；長子米蘭三世1839年即位僅二十六天死去；次子米哈依洛三世於1839～1842和1860～1868年為大公；繼位者米蘭四世於1868年為大公，後為國王（1882～1889）；其子亞歷山大1889年繼位，1903年遇刺身亡。

O'Brian, Patrick 歐布萊恩（西元1914～2000年） 原名Richard Patrick Russ。出生於英國的法國作家。他在家裡九名小孩中排行第八，很早就結婚，但以離婚結束；第二次世界大戰後再婚，改名，並遷居到靠近西班牙邊境的一個與外界隔絕的法國海岸小鎮。他在五十四歲之前很少獲得重大的關注，直到開始發表一系列以18世紀航海為主題、以奧布里船長和船醫馬圖林為主角的作品。這一系列從1969年發表到1999年，最後超過了二十本書，可與梅爾維爾、脫洛勒普和普魯斯特的作品相提並論，雖然歐布萊恩本人最崇敬的作家其實是奧斯汀。

O'Brien, Flann 歐伯令（西元1911～1966年） 原名布賴恩．奧努亞蘭（Brian Ó Nuallain）。愛爾蘭小說家和報紙專欄作家。曾以邁爾斯．納．格科帕林（Myles na gCopaleen）之名任《愛爾蘭時報》的專欄作家達二十六年。他的小說《雙鳥戲水》（1939）最負盛名，該小說是一次意味深長的文學嘗試，融民間傳說、英雄傳奇、幽默和詩歌於一體。小說包括《艱難的生活》（1961）、《達爾基檔案》（1964）。

O'Brien, Lawrence 歐伯令（西元1917～1990年） 全名Lawrence Francis O'Brien, Jr.。美國政府官員。生於麻薩諸塞州春田市，曾為甘迺迪的參議員選戰（1952、1958）及總統選戰（1960）操盤成功，之後陸續出任甘迺迪總統特別助理（1961～1965）、郵政部長（1965～1968）、民主黨全國委員會主席（1968～1969、1970～1973）及美國職業籃球聯盟總裁（1973～1984）。

O'Brien, William Smith 歐伯令（西元1803～1864年） 愛爾蘭愛國者。1828～1848年為英國下院議員。他主張保持英愛在立法（參閱Union, Act of）上的聯合。1843年參加了反對英愛合併取消派協會。1846年領導青年愛爾蘭黨人退出這一協會。1848年鼓吹進行暴力革命。並在提派累立領導農民起義，他以叛國罪被判處死刑，後減為終身流放塔斯馬尼亞。1854年獲釋，1856年被赦免。

歐伯令，平版畫，歐尼爾（H. O' Neill）據格魯克曼（Glukman）之作品於1848年複製
By courtesy of the trustees of the British Museum; photograph, J. R. Freeman & Co. Ltd.

obscenity 淫穢 一般指觸犯公眾禮儀感的東西。社會對它的重視，可從禁止淫穢行為，特別是從禁止淫穢出版物的檢查制度和立法的沿革看出。美國最高法院裁決各州可以禁止會引起淫穢的描繪性行為的，以及從整體看沒有嚴肅的文學、藝術、政治或科學價值的著作的印刷和銷售。許多國家通過立法，禁止淫穢的東西。

observatory 天文台 擁有觀測天體的望遠鏡及其附屬設備的機構。可以根據所要觀測的電磁波譜來劃分天文台。大多數天文台都是光學天文台，即它們是用來觀測電磁波譜中人眼可見的波段及其附近波段的輻射。有些天文台則是專門設置來發現那些能發出無線電波的天體，而另一些設置在人造地球衛星上的所謂軌道天文台，則配備有各種特殊的望遠鏡和檢測器，專門在地球大氣層以外研究發射γ射線和X射線這種高能輻射的天體發射源。據說英國的巨石陣是早期的光學天文台。第一個使用儀器來精測天體方位的天文台可能是喜帕恰斯於西元前150年左右建於羅得島的天文台。

1576年第谷在文島建立天文台。第一架用來研究天體的望遠鏡是伽利略於1609年製造的。18世紀時，赫瑟爾在英格蘭斯勞建造一座天文台，是由私人建造和管理的著名天文台。目前，世界上最大組的光學望眼鏡在夏威夷的冒納開亞山上和智利的席羅多洛洛，其他大型天文台包括阿雷西沃天文台、威爾遜山天文台、帕洛馬天文台和格林威治天文台。

obsessive-compulsive disorder　強迫觀念－強迫行爲症　一種心理疾病，症狀表現爲強迫思想或強迫動作。亦或兩者兼而有之，或同時，或先後。強迫觀念爲一些並非是患者自願產生的思想和意象，持續不斷地進入患者的意識，如和別人握手怕被污染的潔癖。所謂強迫行爲是指一些毫無意義的重複動作（如反覆洗手）。抗抑鬱藥氯丙咪嗪和氟苯氧丙胺可明顯緩解患者的症狀，故爲治療首選。這種精神疾病的高危險人群是情緒緊張者。

obsidian　黑曜岩　起源於火山的天然玻璃，它由黏滯熔岩的快速冷凝而形成。黑曜岩具有玻璃光澤，比窗玻璃稍硬。在典型情況下顏色似煤精黑色，但赤鐵礦（氧化鐵）的存在產生紅色及褐色變種，微小氣泡包裹體可以造成黃金色澤。有時可以用作半貴重的寶石。黑曜岩被美洲印第安人用做武器、家具、工具和裝飾品；被古代的阿茲特克人和希臘人用作鏡子。

obstetrics and gynecology＊　產科與婦科學　以女性生育全過程（產科）和女性生殖系統疾病（婦科）爲研究目的，並集內、外科治療手段於一體的醫學分支學科。產科曾經是助產學的同義語，直到17～19世紀發展爲獨立的醫學學科。

Obuchi, Keizo＊　小淵惠三（西元1937～2000年）　日本政治人物。1963年首度當選國會議員，之後持續連任，前後共十二屆。1976年擔任財政委員會主席，1997年獲任命爲外務大臣。1998～2000年出任日本首相，任內不僅要處理日本疲軟的經濟，還得應付相關的亞洲經濟危機。

O'Casey, Sean　歐凱西（西元1880～1964年）　原名約翰·凱西（John Casey）。愛爾蘭劇作家。生於都柏林一個基督教新教的貧窮家庭，靠讀書自學。十四歲開始工作，歐凱西後來投入到愛爾蘭民族主義事業之中。他把名字改成愛爾蘭樣式，他積極參加勞工運動和愛爾蘭公民軍。直到1915年以創作反映戰爭和革命時期都柏林貧民窟生活的寫實主義。阿比劇院上演了他的《槍手的影子》（1923）、《朱諾與孔雀》（1924）和《犁與星》（1926），後者演出時曾引起愛爾蘭愛國者的騷動，當他的反戰題材的劇本《小銀杯》被拒絕上演後，他移居到英國，1929年在當地上演。後期戲劇作品包括《大門內》（1934）、《星兒變紅了》（1940）和《給我紅玫瑰》（1946）。1939～1956年間出版六卷歐凱西自傳。

歐凱西，包恩（J. Bown）攝
Camera Press

Occam, William of ➠ Ockham, William of

Occam's razor ➠ Ockham's razor

occasionalism　機緣論　盛行於17世紀後半期笛卡兒派形上學的理論。主張心與身的一切交感關係，都是經上帝作中介，不廣延的心和廣延的身處在不直接交感的地位。直接交感的現象靠上帝來維持。上帝在心靈意願的時候移動身體，在身體和其他物體相遇的時候，把觀念投入人的心靈中。機緣論最初由17世紀海林克斯和馬勒伯朗士所發展。

Occitan language＊　奧克西坦語　亦稱普羅旺斯語（Provençal language）。屬於羅曼諸語言。通行於法國南部約150萬人中。操此語者都把法語作爲官方語言和文化語言，而把奧克西坦語方言作爲日常生活用語。langue d'oc（奧克語）這個術語，以oc作爲「是」。奧克西坦語的又一名字普羅旺斯語，原指普羅旺斯地區的一種奧克西坦語方言，爲基礎的中世紀規範的文學語言之名。是12～14世紀時法國和西班牙北部的規範的文學語言，今日主要方言有：利穆贊語、奧弗涅語、普羅旺斯語、朗格多克語。法國西南部羅曼語方言加斯科涅語也常被畫爲奧克西坦語方言，有時也被視爲不同的語言。奧克西坦語與加泰隆語關係密切。雖然不久前受過法語強烈影響，可是卻與西班牙語更爲相近。

occultism　神祕學　以奧祕知識特別是關於靈界和未知宇宙力量爲依據的理論、習俗和禮儀。一般稱之爲神祕學的信仰和習俗包括：煉金術、萬靈祕方、長生祕方、占卜、法術和巫術。西方的神祕學傳統源出希臘化世界的法術和煉金術（主要根據《赫耳墨斯祕義書》）以及猶太教喀巴拉派的奧祕修行法。

Occupation (of Japan)　日本的占領（西元1945～1952年）　日本在第二次世界大戰中戰敗而遭到占領。理論上這是一次國際的占領行動，實際上卻幾乎全由麥克阿瑟將軍一手執行。這次占領監督著日本士兵及平民從外國遣返，解除了軍武工業，並釋放政治犯。戰時領導人因戰爭罪而受審，其中七人遭到處決。新的憲法賦予人民權力，取代了明治憲法，其中日本聲明無權發動戰爭，天皇被降至儀式地位，而婦女有了選舉權。占領時期也進行土地改革，減少農民數量，其中佃農比例從46%減至10%，並開始解散財閥。工會最初受到鼓勵，但由於害怕左翼組織隨著冷戰到來而成長，後來支持政府強力控制勞工。被視爲精英主義的教育體系往美國體系的方向修正。1947年雖然美國想要結束占領，蘇聯卻否決了一項和平條約，而在1951年另外簽約，翌年才結束占領。

occupational disease　職業病　與特定職業或行業有關的疾病。工業革命使人們意識到與工作場所有關的疾病。一般是工作時間過長、光線昏暗、缺乏新鮮空氣、環境不衛生及可能危害人體的機械設備。某些具體職業（如採礦）會帶有特定的危險（如黑肺，肺塵埃沈著病的一種）。20世紀時製造業的革新（包括使用新的化學製品與放射性物質），增加了某些惡性腫瘤疾病（接觸放射性物質的工人罹患白血病與骨癌）與職業傷害。工作場所的過冷過熱或噪音，也會引發某些疾病職業醫學也涵蓋了與工作有關的情緒緊張。亦請參閱asbestosis、industrial medicine。

occupational medicine ➠ industrial medicine

occupational therapy　職業療法　利用選定的活動以增進和維持健康，尤其是在疾病的急性期過後。對長期住院的患者來說，職業療法對今後生活的安排是至關緊要的。職業療法先評估患者的工作能力，設計治療方案以恢復患者的功能和培養自理生活的能力。亦請參閱physical medicine and rehabilitation。

occupational training ➠ employee training

ocean　海洋　茫茫大鹽水的總稱。海洋覆蓋著地球表面的71%。海洋分成主要大洋和小的海。太平洋、大西洋和印度洋爲主要的三個大洋，它們之間的邊界以陸地和海底作界定。有時將環繞南極大陸的連續水域－－南大洋，分別畫屬三個大洋。重要的邊緣海，主要分布在北半球，部分由大陸或島弧所圍繞。最大的邊緣海有北冰洋及附近諸海、加勒比海及附近諸海、地中海、白令海、鄂霍次克海、黃海、中國海和日本海。

ocean current　大洋環流　由重力、風的摩擦力和水的密度差異產生的海洋水的水平和垂直循環系統。科氏力使得大洋環流在北半球作順時針方向運動，而在南半球作逆時針方向運動，並使其偏於風向約45°。這種運動造成特別的洋流單元，叫做流渦。主要的大洋環流包括大西洋中的墨西哥灣流－北大西洋－挪威洋流、南美洲外的祕魯（洪堡）洋流和西澳大利亞洋流。

ocean liner　定期遠洋船　在指定的港口間，按規定的時間表航行的商船。第一批北大西洋定期航船在1840年始航，其中最著名的船主是英國的肯納德。全盛期由19世紀後期延續到20世紀中期。許多遠洋船非常豪華。最著名的肯納德有：「茅利塔尼亞號」和「瑪麗皇后號」；「瑪麗皇后號」和德國的「祖國號」（後改名爲「利維坦號」），許多年來一直是最大的船；沈沒的「鐵達尼號」和「美國號」。1960年代，由於空中旅行的興起，定期航船的時代漸告結束。不過，仍有定期商船隊，種類有客輪、冷凍貨輪等。

ocean perch ➠ redfish

Oceania＊　大洋洲　太平洋大部分水域的島嶼總稱。分爲：澳大拉西亞（澳大利亞和紐西蘭）、密克羅尼西亞、美拉尼西亞和玻里尼西亞，包括一萬多個島嶼。總陸地面積（不包括澳大利亞，但包括巴布亞紐幾內亞和紐西蘭）約821,000平方公里。人口約9,400,000（1990）。

Oceanic arts＊　大洋洲藝術　指澳大利亞、玻里尼西亞、美拉尼西亞和密克羅尼西亞等太平洋島嶼的文學、表演和視覺藝術。這些島群之間大部分均爲遼闊的海域所隔絕，遼闊的環境條件，使藝術風格豐富性、多樣性的發展。整個大洋洲，藝術的成果來自超自然。木材是主要藝術的媒介，次要的材料包括黏土、貝殼和石頭。現存的作品包括木面具、擊棍、宗教肖像、石雕、羽毛斗篷、頭盔以及印有幾何圖案的樹皮布。最著名的大洋洲藝術的紀念物是在復活島上以火山凝灰岩刻成的雕像。

oceanic plateau＊　海底高原　亦稱海下高原（submarine plateau）。高出周圍深海底至少200公尺的大面積的海底高地，主要特徵是頂面遼闊，相對平坦或微傾。大多數海底高原都是大陸坡的階梯狀斷塊，有一些會出現在大陸邊緣以外的大洋之中。它們作爲孤立的高地形屹立在海底；這些洋中的高原是在大陸漂移和海底擴張期間脫離下來的大陸碎塊。

Oceanic religions　大洋洲宗教　在大洋洲中流行的非基督教宗教。傳統美拉尼西亞宗教（在資本主義與基督教的壓力下逐漸衰微）認爲祖先的魂靈與其他精靈，都是日常生活的參與者。他們會在夢境、占卜以及人類的成敗中出現，顯示他們的存在與影響。魔法受到廣泛運用，法道則被視爲引起死亡和疾厄的主要原因。大部分皆已滅絕的密克羅西尼亞傳統宗教，認可有數名地位崇高的神祇和其他的精靈，包括祖先以及死者的魂靈。魔法則扮演重要的角色。在玻里尼西亞，每位神祇，不論是高高在上或地方性，都有祂自己的儀式要求，而通常由祭司們來執行這些儀式。一般相信，所有的事物都具備馬那（即力量），且必須透過複雜的規則和禁忌來保護馬那。玻里尼西亞人常在重要的場合以人殉祭，如在正式冊立祭司或酋長之時。隨著現代商品的輸入，所有這些島民都受到貨物崇拜的影響。

oceanic ridge　洋脊　即大洋山脊，亦譯「洋中脊」、「海底山脈」或泛稱「海嶺」。世界各大洋中海底綿延的山鏈，總長度將近80,000公里。洋脊把大洋分隔成許多海盆，貫穿整個大西洋中軸，經過非洲與南極洲的中軸線，折而向北進入印度洋中部，在此分成數支，主脊則在澳大利亞、紐西蘭和南極洲之間的中軸線上繼續延伸，然後穿過太平洋盆

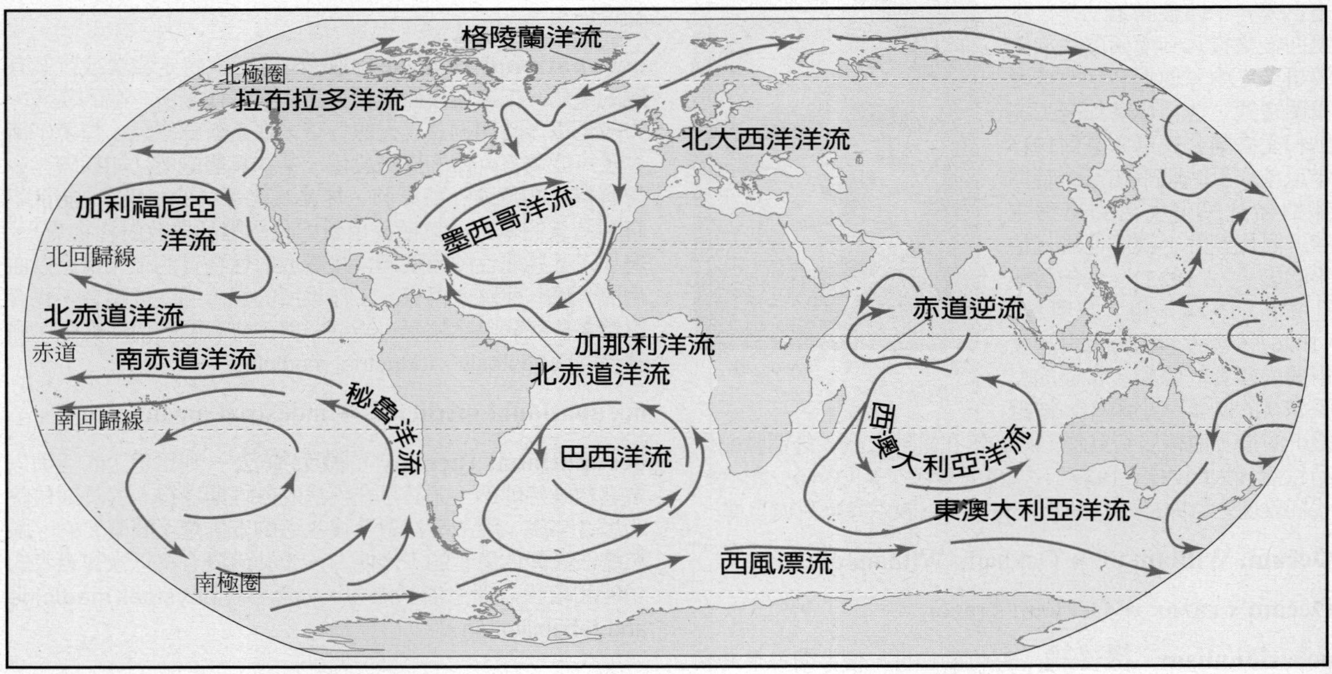

世界各海洋主要洋流；此外還有許多次要洋流，圖中並未一一列舉。

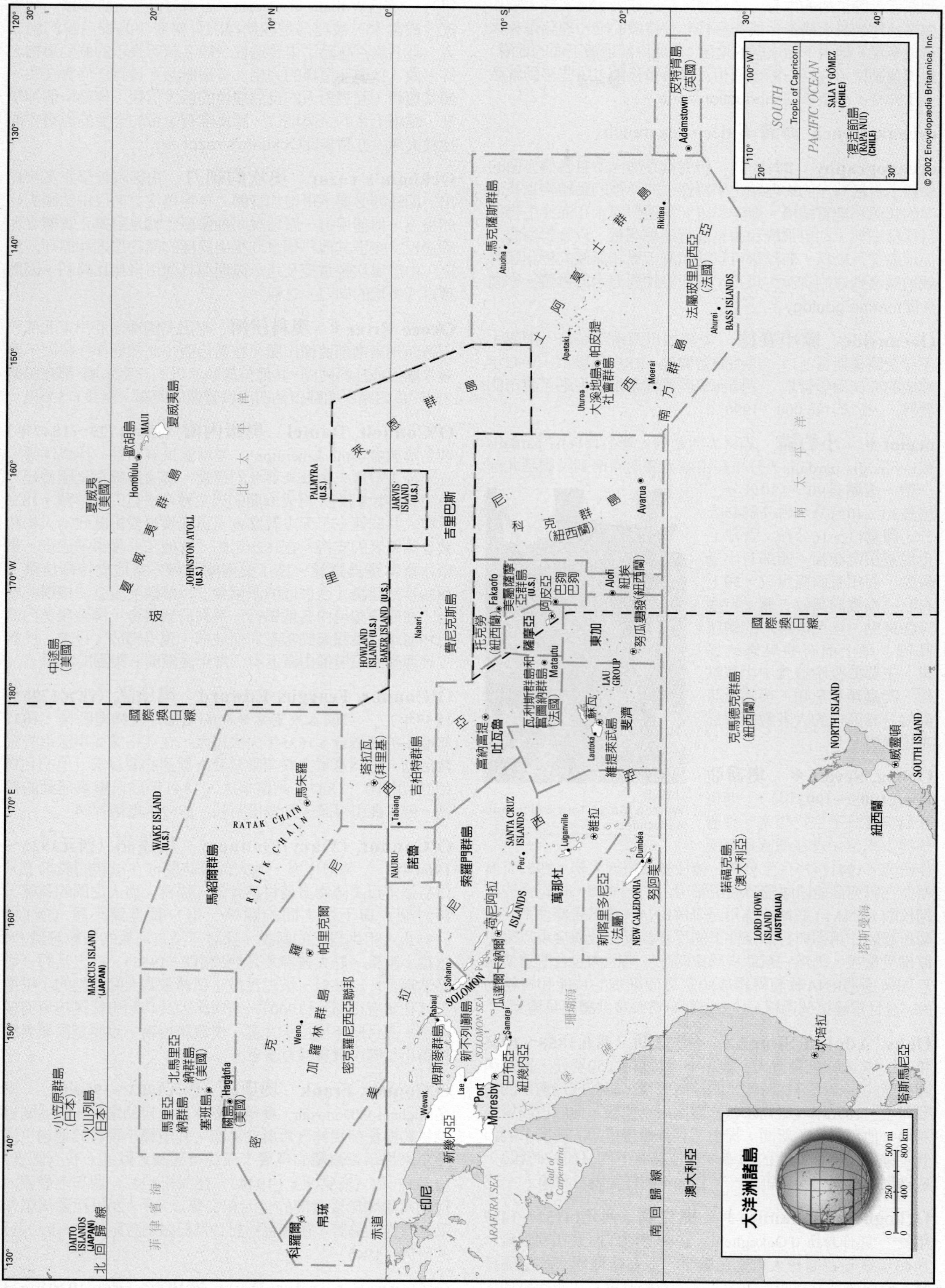

大洋洲諸島
© 2002 Encyclopædia Britannica, Inc.
夏威夷群島
夏威夷(美國)
歐胡島
Honolulu
MAUI
夏威夷島
JOHNSTON ATOLL (U.S.)
中途島(美國)
PALMYRA (U.S.)
JARVIS ISLAND (U.S.)
HOWLAND ISLAND (U.S.)
BAKER ISLAND (U.S.)
吉里巴斯
貴尼克斯島
Nabari
托克勞(紐西蘭)
Fakaofo
美屬薩摩亞群島(美國)
阿皮亞
薩摩亞
Matautu
瓦利斯群島和富圖納群島(法國)
巴勁巴勁
紐埃
Alofi
東加
努瓜婁發(紐西蘭)
庫克群島(紐西蘭)
Avarua
法屬玻里尼西亞(法國)
馬克薩斯群島
Atuona
土阿莫土群島
Apataki
Rikitea
大溪地島
帕皮提
社會群島
Uturoa
Moerai
南方群島
Ahurei
BASS ISLANDS
皮特肯島(英國)
Adamstown
SOUTH PACIFIC OCEAN
Tropic of Capricorn
SALA Y GÓMEZ (CHILE)
復活節島 (RAPA NUI) (CHILE)
國際換日線
南太平洋
北太平洋
玻里尼西亞
美拉尼西亞
密克羅尼西亞
WAKE ISLAND (U.S.)
RATAK CHAIN
RALIK CHAIN
馬紹爾群島
馬朱羅
帕里克爾
密克羅尼西亞聯邦
加羅林群島
Weno
北馬里亞納群島(美國)
塞班島
關島(美國)
Hagåtña
馬里亞納群島
MARCUS ISLAND (JAPAN)
小笠原群島(日本)
火山列島(日本)
DAITO ISLANDS (JAPAN)
北回歸線
菲律賓海
科羅爾
帛琉
赤道
印尼
新幾內亞
Wewak
Lae
Port Moresby
巴布亞紐幾內亞
俾斯麥群島
新不列顛島
Rabaul
Sohano
SOLOMON SEA
Samarai
SOLOMON ISLANDS
索羅門群島
瓜達爾卡納爾
荷尼阿拉
NAURU
諾魯
Tabiang
塔拉瓦(拜里基)
吉柏特群島
富納富提
吐瓦魯
SANTA CRUZ ISLANDS
Peu
萬那杜
Luganville
維拉
斐濟
蘇瓦
Lautoka
LAU GROUP
新喀里多尼亞(法屬)
NEW CALEDONIA
Dumbéa
努阿美
珊瑚海
克馬德克群島(紐西蘭)
NORTH ISLAND
SOUTH ISLAND
威靈頓
紐西蘭
塔斯曼海
諾福克島(澳大利亞)
LORD HOWE ISLAND (AUSTRALIA)
澳大利亞
坎培拉
塔斯馬尼亞
南回歸線
Gulf of Carpentaria
ARAFURA SEA
大堡礁
500 mi
800 km

O P Q R

地東側，直達加利福尼亞灣口。側向洋脊從島嶼開始，延伸到鄰近大陸沿岸的洋脊。洋脊體系是地球表面僅次於大陸和海洋盆地的最大構造，能夠解釋洋脊特徵的唯一理論是板塊構造學說。地表下面熔融的地函（地球內部地殼下面的地層）對流運動使這些岩石圈板塊相互間緩慢移動，這些移動就產生了洋脊。亦請參閱subduction zone。

oceanic trench 海溝 ➠ deep-sea trench

oceanography 海洋學 研究世界海洋所有各個方面的學科，包括海洋的物理和化學特性，海洋裡的動植物以及海洋的起源和地質結構。海洋學研究需要對海水和海洋生物進行採樣細察，利用飛機和衛星進行遙感測量，以及對海底下面地殼進行勘探。海洋學可幫助預測天氣和氣候的變化和有效地開發地球的資源。以及了解污染物對海水的影響。亦請參閱marine geology。

Oceanside 歐申賽德 美國加州西南部城市。瀕臨太平洋聖路易斯雷河口。為海灘遊覽地。1888年設市。1942年建成的彭德爾頓營地（美國海軍陸戰隊基地）促進了該市的發展。人口約146,000（1996）。

ocelot * 小豹貓 貓科美洲動物，學名為Felis pardalis或Leopardis pardalis，分布在由德克薩斯向南到阿根廷北部一帶。成體長90～130公分，尾長30～40公分，肩高約45公分，體重11～16公斤。背部毛色從淺灰至深褐，頭部有小黑斑點，面頰有兩條黑紋，頸上有4～5條縱向黑紋。體上有些黑緣斑點，排列成長形的鏈狀條帶。尾上面有些黑條或黑斑。主要於夜晚獵食中小型獸類、爬蟲類和魚類。美國及該動物分布區內的大多數國家已禁止獵捕。

小豹貓
Warren Garst-Tom Stack and Associates

Ochoa, Severo * 奧喬亞（西元1905～1993年） 西班牙裔美籍分子生物學家。獲醫學博士學位。曾在德國和英國作研究。1941年移民至美國，後任教於紐約大學。1955年奧喬亞在研究高能磷酸鹽時發現細菌內的一種酶，得以合成核糖核酸（RNA）。該酶的作用是降解RNA，在試管條件下，該酶所起的作用卻與自然條件下的反應相反。該酶發現以來一直備受重視，因為它幫助科學家明瞭了基因內包含的遺傳訊息如何通過RNA載體轉譯成決定每個細胞的功能和特性的酶，並且重建這個過程。1959年與科恩伯格共獲諾貝爾獎。

Ochs, Adolph Simon * 奧克斯（西元1858～1935年） 美國報紙發行人。他二十歲時籌款250美元，買進瀕臨破產的《查塔努加時報》的控制股權，使其成為南部的主要報紙。1896年《紐約時報》發生財務危機，他取得該報控制權。他反對黃色新聞，提出「刊登值得排印的新聞」的口號，強調全面而詳實的報導。在他擁有下的《紐約時報》，成為世界最傑出的報紙之一。1900年起任美聯社董事。

Ockeghem, Johannes * 奧克岡（西元1415?～1497年） 亦作Jean d'Ockeghem。法蘭德斯作曲家和歌唱家。1443年在安特衛普大教堂任歌手，並在低地國家和法國任職。現存作品有十四首彌撒曲、十首經文歌和二十首歌曲。他豐富宏亮的作品常反應了複雜結構原則。

Ockham, William of * 奧坎（西元1285～1347/1349年） 亦作William of Occam。方濟會修士、哲學家、神學家、政論家，被認為是晚期經院哲學家中的唯名論的創立者。唯名論否認除了由普遍或一般名詞所表示的個別事物之外，像「父親」這樣的共相（普遍概念）具有任何實在性。偏愛邏輯，強調對人的自然理性的巨大信賴；作為一個神學家，維護上帝的至高地位，認為唯有上帝的全能的恩惠才能拯救人類。亦請參閱Ockham's razor。

Ockham's razor 奧坎的剃刀 由經院哲學家奧坎提出，即除非必要不得增加實體。早在奧坎之前已由法國的杜朗提出，他運用這一原理說明抽象概念就是對眞正實體之理解過程。後世其他科學家均提出同樣的簡約法則和原理。然而，由於奧坎經常提及這一原理並且運用得無比鋒利，因而獲得「奧坎的剃刀」之稱。

Ocoee River * 奧科伊河 源出美國喬治亞州東北部和田納西州東南部藍嶺山脈。在喬治亞州北部稱作托科阿，藍嶺水壩形成托科阿湖。其他位於該水域的三座水壩，都在田納西州。這四座水壩歸田納西流域管理局所屬。全長115公里。

O'Connell, Daniel 奧康內爾（西元1775～1847年） 別名解放者（the Liberator）。愛爾蘭民族領袖。作為律師，逐漸投入爭取天主教徒解放的運動。奧康內爾在全國發起一系列「聚集會議」，為愛爾蘭的天主教合法目的而請願。1823年與人共同建立了天主教協會。迅速獲得愛爾蘭政治人物和教會領導者的支持。在1829年的「解放法」獲得通過後，奧康內爾當選為議員。為了愛爾蘭改革方案他支持輝格黨。1839年他建議「合併取消派協會」以解散英愛立法機構的聯合。在愛爾蘭境內各地舉行一系列群眾集會，導致康奧內爾於1843年以陰謀煽動叛亂罪而被捕，獲得釋放。後來，民族主義運動的領導權由激進的「青年愛爾蘭」集團所掌握。

O'Connor, Feargus Edward 奧康諾（西元1796～1855年） 英國人民憲章運動的領袖。曾操律師業。1832年進入英國議會，1835年失去議席，在英格蘭從事激進的宣傳活動。成為憲章主義運動最受人歡迎的演說家。他的刊物《北極星報》（1837）銷路很大。1841年成為憲章運動的領袖。但未能引導該運動取得勝利。1852年患精神病。

O'Connor, (Mary)Flannery 奧康諾（西元1925～1964年） 美國作家。她大部分時間住在母親的農場上。作品通常以美國南方農村為背景，描寫人與人之間的疏離，探討個人與上帝之間的關係。第一篇長篇小說《智血》（1952），用她自己的話說，探討「沒有宗教的宗教意識」。短篇小說集《好人難尋及其他故事》（1955）、《上升的一切必然匯合》（1965），被認為是這種體裁的大師。她的小說還有《狂暴者得勝》（1960）。奧康諾因長時間患紅斑狼瘡而成瘸子。去世時年僅三十九歲。奧康諾短篇小說獎是同類美國短篇小說獎中聲譽最卓著者。

O'Connor, Frank 奧康諾（西元1903～1966年） 原名Michael O'Donovan。愛爾蘭劇作家。自幼家貧，當過圖書館員和擔任都柏林阿比劇院導演，其短篇小說善於通過生活瑣事來揭示愛爾蘭的現實，深受美國讀者歡迎。有《國賓》（1931）和《海棠凍》（1944）。在《紐約客》週刊上發表。他還寫過關於愛爾蘭的生活和文學以及9～20世紀蓋爾語作品之譯作的論著，後者包括對17世紀諷刺詩鉅作《午夜法庭》的研究（1945）。

O'Connor, Sandra Day 奧康諾（西元1930年～） 原名Sandra Day。美國法學家。畢業於史丹福大學法學院。

在亞利桑那州開業當律師後，1965～1969年任該州助理總檢察長，1969～1974年任參議員，並成爲美國第一位婦女擔任議會中多數黨領袖。後任馬里科帕縣高等法院法官和亞利桑那州上訴法院法官。1981年雷根總統提名她爲美國最高法院大法官，成爲法庭史上第一位女性大法官。她是一位溫和的和講實際的保守派，涉及社會問題（如墮胎權）有時與法院自由的少數派站在一起。她以在法庭上發表冷靜、細緻、經過慎重考慮的意見而聞名。

OCR　OCR　全名光學字元辨識（optical character recognition）。掃描比對以辨認印刷文字或數字資料的技術。輸入現有的印刷資料，無需重新打字。OCR軟體將字元的形狀與儲存在軟體程式庫做比較來辨別，嘗試用接近的字元來找出整個字，重新建立原始的版面設計。要是使用清晰、高品質掃描的原稿，可以獲得極爲正確的結果，原稿品質下降的話，準確度也隨之下降。

Octavian ➠ Augustus, Caesar

October Manifesto　十月宣言（西元1905年10月30日）　沙皇尼古拉二世頒布的文件。在1905年俄國革命事件的威懾下和在首相維特的建議，他發表「十月宣言」，聲稱保障公民及建立民選的立法機構杜馬。它滿足了參加這一革命的溫和派，從而削弱了反政府力量，使革命被鎮壓。1906年頒布了「基本法」作爲憲法。杜馬無權過問政府的全部執行權。基本法給予的公民權也比宣言許諾的要少。

October Revolution　十月革命 ➠ Russian Revolution of 1917

octopus　章魚　八腕目頭足類軟體動物的通稱。但嚴格意義上僅指章魚屬動物，廣泛分布於淺水中（參閱cephalopod）。章魚的大小相差極大，最小的長約5公分，而最大的種可長達5.4公尺，腕展幾達9公尺。章魚的身體呈囊狀；頭與軀體分界不明顯，每條腕可收縮均有肉質的吸盤，一對尖銳的顎及銼狀的齒舌，用以鑽破貝殼，刮食其肉。大部分章魚沿海底爬行，但受驚時會從體管噴出水流，從而迅速向反方向移動。遇到危險時會噴出墨汁似的物質，作爲煙幕。普通章魚被認爲是無脊椎動物中智力最高者。

砂蛸（Octopus granulatus），一種南非章魚
Anthony Bannister from the Natural History Photographic Agency

oculus＊　眼狀孔　各種眼狀的建築部件。包括圓形或橢圓形的小窗（如牛眼窗）、羅馬萬神廟穹窿頂上的圓孔，以及愛奧尼亞式柱頭上渦卷形中心的圓凹等。

Oda Nobunaga＊　織田信長（西元1534～1582年）
完成日本統一大業的三人之一，另二人是豐臣秀吉與德川家康。到1560年，他已把整個尾張置於自己統治之下。1562年與德川家康結成同盟，翌年他進入京都支持足利義昭爲幕府將軍，可是不久就與義昭鬧翻，推翻足利幕府。織田信長與一向宗的爭鬥持續十年以上。到1580年才使一向宗的政治和軍事中心大阪本願寺停止抵抗。信長在京都執政後，保護耶穌會傳教士，他把鼓勵基督教當作遏制佛教寺院勢力的一種手段。1582年信長征服日本中部，此後打算平定西郡，但在家臣叛變中受傷後自殺。

ode　頌歌　爲重大儀式寫的詩歌，詩中個人感情同總的沈思結合在一起。希臘語ode一詞的意義是合唱歌，唱時通常伴有舞蹈。頌歌的形式有品達爾體頌歌；爲慶祝的詩歌，如奧運會；和與賀拉斯相關的形式；用格律寫成的兩行或四行一節的「歌」，兩種形式在文藝復興時期得到恢復，對西方抒情詩的影響一直持續到20世紀。頌歌在伊斯蘭教以前的阿拉伯詩歌裡，也十分盛行。

Odense＊　歐登塞　丹麥菲英州城市。位於菲英島北部。約西元1000年首見記載。10世紀後成爲主教駐地。中世紀時爲宗教朝聖中心。建成碼頭並開鑿歐登塞運河（1804）後成爲港口。爲丹麥第三大城市，是造船和製造業中心。安徒生誕生於此，他的住宅現在是博物館。人口約183,564（1996）。

Oder-Neisse Line＊　奧得－尼斯線　第二次世界大戰末期同盟國所制定的波蘭與德國的邊界線。在雅爾達會議上，爲了補償波蘭所喪失的大片領土，英、美、蘇三國同意波蘭將國界西移，占據德國的領土。但西方同盟國同蘇聯之間有著嚴重的分歧。因此，在會議上，沒有就德波邊界問題作出決議。在召開波茨坦會議時，蘇聯軍隊業已占領奧得－尼斯線以東的全部土地，並交給波蘭臨時政府管轄。1970年西德政府先後與蘇聯和波蘭簽訂條約，承認奧得－尼斯線爲波蘭合法的和不可侵犯的邊界。

Oder River＊　奧得河　亦作Odra River。古稱Viadua。北歐的主要河流。源出捷克共和國上耶塞尼克山脈奧得山，是波蘭與西面德意志各邦的界河。注入波羅的海的第二大河。全長約854公里。是具有相當重要經濟意義的運輸線。從河口上溯765公里可通航，有運河與維斯杜拉河及西歐航道系統相連。自13世紀德意志擴張直至1945年8月波茨坦協議，奧得河基本上是德國的內河。東德於1950年、西德於1970年正式確認它爲波蘭與德國的界河。

Odessa　敖得薩　烏克蘭西南部城市。14世紀時韃靼要塞哈吉貝即建於此。1791年併入俄國。成爲俄國第二個最重要港口。是1905年革命（參閱Russian Revolution of 1905）主要中心。第二次世界大戰中受嚴重破壞。爲主要海港和工業中心，生產機床、起重機、石油冶煉產品和食品等。設有造船廠。也是爲重要文化教育中心，建有博物館、歌劇院和芭蕾舞劇院。人口約1,046,000（1996）。

Odets, Clifford＊　奧德茲（西元1906～1963年）
美國劇作家。1923～1928年，在若干輪演劇目劇院做演員。1931年加入同仁劇團。第一個獲巨大成功的劇本是《等待老左》（1935），接著演出《醒來歌唱》（1935）和《有出息的孩子》（1937）。1930年代末移居好萊塢，並成爲導演。作品有《唯有孤獨的心》（1944）和《第一頁的故事》（1959）。後來的劇作有《大餐刀》（1949）、《鄉村姑娘》（1950）和《盛開的桃花》（1954）。

odeum＊　演奏場　古希臘和羅馬供音樂家、演說家表演和競賽用的小型劇場。西元161年阿提庫斯在雅典衛城下建造的演奏場，現仍在使用。羅馬帝國時大多數城市中都建有演奏場，供集會、演奏和比賽用。亦請參閱amphitheate。

Odin＊　奧丁　亦作Wotan。古斯堪的那維亞神話中的主神之一。從遠古起，奧丁即戰神，在英雄文學中，他以英雄的保護神面目出現；陣亡將士都到瓦爾哈拉廟堂與他作伴。奧丁又是大魔法師，並同如尼字母有關係。他的神馬斯雷普尼爾有八條腿，能馳騁太空，飛越大海。他的外表是一位高大的老人，長髯獨眼（另一隻被他換取了智慧）。他身穿大氅，戴寬邊帽，持矛。人們把狼和烏鴉奉獻給他。

Odo of Bayeux＊　拜約的奧多（西元1036?～1097年）　亦稱肯特伯爵（Earl of Kent）。諾曼第的拜約主教。英國征服者威廉的異母弟。在哈斯丁斯戰役中作戰，可能委託人製作拜約掛毯。1067年被封爲肯特伯爵，守衛英國東南部。威廉出國期間，由他和另外兩人統治英格蘭。他因私自招募軍隊的罪名下獄（1082～1087），後來參與羅伯特二世的叛亂。他幫助組織第一次十字軍，但在前往聖地途中死去。

Odoacer＊　奧多亞塞（西元433?～493年）　亦作Odovacar。義大利的第一個蠻族國王（476～493）。爲日耳曼武士，參加羅馬軍隊。475年他率衆反叛篡奪者俄瑞斯特斯。476年被軍隊擁爲王。這一年傳統上被認爲是西羅馬帝國滅亡的標誌。奧多亞塞是效忠東羅馬帝國皇帝芝諾，但把義大利的統治權握在自己手裡。征服達爾馬提亞（482）。打敗魯吉人（487～488）。從汪達爾人手裡收復了西西里。在東羅馬帝國皇帝芝諾支持下，東哥德國王狄奧多里克侵入義大利（489），奪取了半島的大部地區。奧多亞塞後被狄奧多里克誘殺。

Odum, Howard W(ashington)　奧德姆（西元1884～1954年）　美國社會學家。他專攻美國南部黑人民俗社會學，主張給黑人以同等機會。曾就讀於克拉克大學和哥倫比亞大學，1920年到北卡羅來納大學任教，創辦社會系、公共福利系和《社會力量》雜誌（1922）。主要著作有：《美國南部地區》（1936）、《美國地區主義》（1938，與摩爾合編）和《了解社會》（1947）。

Odysseus＊　奧德修斯　羅馬語作尤里西斯（Ulysses）。荷馬史詩《奧德賽》的主角。據荷馬的說法，他是伊薩基的國王。他的智慧、口才、機敏、勇氣和耐性，使他能夠通過木馬計而攻克特洛伊，以及忍受九年的流浪和冒險，回到伊薩基，在那裡他的妻子和兒子忒勒瑪科斯等著他。古希臘作家把他說成是一位肆無忌憚的政客，或是一個明智和可敬的政治家。奧德修斯是西方文學中最常描述的人物之一。有希臘和羅馬的詩集，莎士比亞的《特洛伊羅斯與克瑞西達》、卡山札基斯的《奧德賽：現代詩編》，使用隱喻的有喬伊斯的《尤里西斯》。

奧德修斯殘殺懇求者，取自西元前450年左右塔爾奎尼的紅彩古希臘飲酒杯；現藏德國柏林國立博物館
By courtesy of the Staatliche Museen zu Berlin, Ger.

Oe Kenzaburo＊　大江健三郎（西元1935年～）　日本小說家。他在東京大學讀書時便顯露出來的寫作才華，他的作品表現了第二次世界大戰後一代人的醒悟與叛逆精神。1970年代初，大江的作品，特別是他的散文，反映出他日益關心核子時代的強權政治以及有關第三世界的問題。其作品有：《個人的體驗》（1964）、《廣島札記》（1965）、《萬延元年的足球》（1967）、《同時代遊戲》（1979）以及《新人啊醒來》（1983）。在《新人啊醒來》中描述一個弱智男孩的成長以及在他的家庭中造成的緊張與焦慮不安。1994年獲頒諾貝爾文學獎。

OECD ➠ Economic Co-operation and Development, Organisation for

Oedipus＊　伊底帕斯　據希臘神話，他是無意中殺死親生父親並娶生身母親爲妻的底比斯國王。最熟悉傳說是底比斯國王拉伊俄斯得到神諭警告說，他的兒子將把他殺死，因此當他的妻子喬嘉斯塔生下一個兒子時，他就把嬰兒遺棄在山中。科林斯國王把這孩子撫養長大。伊底帕斯長大後，他去底比斯時，與拉伊俄斯相遇，發生口角，拉伊俄斯被殺身死。他繼續趕路時，正値斯芬克斯降災底比斯。伊底帕斯說破她的謎語。爲了報答伊底帕斯，底比斯人擁立他爲新王並娶孀居的王后，即他的母親。他們生下四個孩子，包括安提岡妮。後來當眞相大白時，喬嘉斯塔自殺身死。伊底帕斯弄瞎自己的眼睛之後，流放出國。伊底帕斯是許多悲劇作品中的英雄，其中最著名的是索福克里斯的《伊底帕斯王》和《伊底帕斯在科羅諾斯》。

Oedipus complex　伊底帕斯情結　精神分析用語，對於異性生身親長的性捲入的欲望。以及與之相伴隨的對同性生身親長的敵對感。弗洛伊德在《夢的解析》（1899）一書中介紹過這個概念。該詞源出神話伊底帕斯，他殺死生父，娶生母爲妻。女孩戀父憎母的本能願望稱厄勒克特拉情結。伊底帕斯情結見於三～五歲的兒童。這時期通常結束於兒童與同性生身親長認同並抑制其性本能的時候。弗洛伊德認爲「超我」也起源於克服伊底帕斯情結的過程中。

Oehlenschläger, Adam Gottlob＊　歐倫施萊厄（西元1779～1850年）　丹麥民族詩人、劇作家，丹麥浪漫主義運動的領袖。著名詩作《黃金號角》（1802）。他的重要詩集和一些抒情劇分別於1802和1805年出版。他的劇作以挪威歷史和神話爲題材，有《遠在里格的哈孔伯爵》（1807）。他晚期最重要的作品是史詩《北方諸神》（1819）。

Oenghus ➠ Maponos

Oerter, Al(fred)＊　奧爾特（西元1936年～）　美國鐵餅運動員，連續四次獲奧運會金牌（1956、1960、1964和1968）。並四次刷新世界記錄（1962～1964）。他是歷史上第一個把鐵餅擲至200多呎遠的選手，最佳奧運會記錄是64.78公尺（1968）。

O'Faolain, Sean＊　奧法萊恩（西元1900～1991年）　原名John Francis Whelan。愛爾蘭作家。在愛爾蘭起義期間（1918～1921）參加了反英活動。1926～1933年任教職。第一部短篇小說集《仲夏夜的狂歡及其他故事》（1932）和長篇小說《一群純樸的人》（1933）獲得成功後，始全力從事寫作。以描寫愛爾蘭下層階級和中產階級的短篇小說而聞名。他常常探討民族主義鬥爭的衰落或愛爾蘭天主教的失敗。他的其他著作包括《孤獨的鳥》（1936）、《奧康內爾的生平》（1938）及自傳《願我長壽》（1964）。

Off-Broadway　外百老匯戲劇　美國紐約劇壇上的小型專業性演出。這種戲劇通常在開銷低廉的小劇場中演出。與百老匯以營利爲目的的戲劇演出相對立。1952年後，外百老匯戲劇的重要性大爲提高，這是昆特羅的導演成就。外百老匯戲劇培養了許多有才華的戲劇家，諸如導演帕普和愛爾比、戈登、律德爾和威爾遜等人。像百老匯戲劇一樣，外百老匯戲劇後來也開始變得費用巨大，因而出現了仍較節省但更爲大膽的演出，這種做法很快獲得「外外百老匯戲劇」的名稱。

Offa＊ 奧發（卒於西元796年） 早期盎格魯－撒克遜人在英格蘭的最有權力的國王之一，在內戰中奪取政權後，成爲麥西亞國王（757～796）。奧發擴展他的統治努力到英格蘭南部的大部分地區。將他的女兒嫁給韋塞克斯國王和諾森伯里亞國王。他希望與歐洲建立外交關係，與查理曼締結了貿易條約（796）。並允許教宗加強對英格蘭教會的控制。他興建了奧發大堤，爲麥西亞和威爾斯的分界。

Offa's Dyke 奧發大堤 古代英格蘭的巨大土石方工程。從切普斯托附近的塞文河起，一直延伸到迪河河口灣，全長270公里。由麥西亞王奧發建造，爲他的王國和威爾斯的防禦邊界。若干世紀以來，這條大堤標誌著英格蘭和威爾斯的分界線，堤高約18公尺，有深3.6公尺的壕溝。許多堤段目前仍依稀可見。現代沿該堤建有一條人行道。

Offenbach, Jacques＊ 奧芬巴赫（西元1819～1880年） 原名Jacob Offenbach。德裔法籍作曲家。早年隨父去巴黎，進巴黎音樂學院。1855～1866年在自建的劇院，演出了不少優秀的輕歌劇。成功之作有《美麗的海倫娜》（1864）、《巴黎的生活》（1866）和《佩里肖勒》（1868）。他唯一的大歌劇《霍夫曼的故事》生前沒有完成。作品風格流暢、典雅。共作有歌劇、舞劇作品一百部以上。

Office of Management and Budget (OMB) 預算管理局 美國聯邦政府的分支機構。預算管理局職責是協助總統準備聯邦預算、以及監督各部門的預算執行。預算管理局必須代替總統處理及解決所有的預算、政治、立法、執法、採購及管理事務。該局也對各部會的計畫案、政策、以及程序案，負責效率評估及設定撥款優先順序。

Office of Strategic Services (OSS) 戰略勤務處（西元1942～1945年） 美國軍事行政機構，最初成立目的是爲了在第二次世界大戰期間對敵國進行軍事蒐集及敵後破壞。戰略勤務處早期是由外號「野牛」（Wild Bill）的多諾萬（1883～1959）主導，但後來很多業務機能由中央情報局接辦。

offset printing 膠印；平版印刷 亦作offset lithography或litho-offset。一種廣泛採用的印刷方法：圖文部分著墨後，先印在橡皮滾筒上，再轉印到紙張或其他材料上面。由於橡皮滾筒的撓曲性大，木料、布、金屬、皮革、粗糙紙張等都可以印刷。膠印印版上的圖文，既不像凸版（參閱letterpress printing）那樣凸出於版面，也不像凹版那樣低於版面，而是與印版在同一平面上，因此屬於平版印刷。膠印由平印發展出來，以水和油不相溶合的原理爲基礎，圖文部分經過感脂處理，能吸收油墨，空白部分因含有水分，而不吸收油墨。膠印版通常用鋅、鋁或其合金製成，表面經過處理，使其具有滲透性，然後塗上一層感光材料。用原稿曝光後，圖文部分的塗層硬化，空白部分的塗層被沖洗，露出潤濕的金屬，不吸收油墨。亦請參閱xerography。

offshore bar ➠ sandbar

O'Flaherty, Liam 歐福拉赫蒂（西元1896～1984年） 愛爾蘭長篇和短篇小說家。在第一次世界大戰中當過兵，後到南美洲、北美洲和中東等地遊歷，並當過工人。參加愛爾蘭革命活動。愛爾蘭文學文藝復興的主要作家。他的作品交織著赤裸裸的自然主義、心理分析、詩情畫意和辛辣嘲諷，也充滿了對愛爾蘭人民的英勇精神的崇敬。作品有《鄰居之妻》（1923）、《告密者》（1925，1935年拍成電影）、《斯凱里特》（1932）、《飢荒》（1937）和《叛亂》（1950）。

Ogaden＊ 歐加登 衣索比亞東部的乾旱地區。位於索馬利亞－衣索比亞邊界和衣索比亞東部高原間的一片貧瘠的平原上。以操索馬利語的游牧民爲主。19世紀末，被衣索比亞皇帝門尼里克二世占領，1935年義大利入侵。成爲義屬東非的一部分。1941年被解放。直到1948年爲止，一直由英國管轄。1977年索馬利侵占了歐加登。1978年在古巴和蘇聯的援助下，被衣索比亞奪回。

ogam writing 歐甘文字 亦作ogham writing或ogum writing。西元400～600年時一種字母文字，用在石碑上刻寫愛爾蘭語和匹克特語。形式最簡單的歐甘文字由四組筆畫或刻痕組成。每組五個字母，每個字母由一～五畫構成。這樣就有二十個字母。另外，還有一個第五組，由五個符號構成，稱之爲附加字母，似乎是後來才形成的。歐甘銘文很短，只有姓和名。已知的歐甘銘文超過四百條，其中約三百條是在愛爾蘭發現的。

Ogata Kenzan＊ 尾形乾山（西元1663～1743年） 原名尾形深省（Ogata Shinsei）。日本陶師、書法家和畫師。他所受的中國和日本傳統教育在其許多作品中都有所反映。他的陶器運用多種技藝進行裝飾，其色繪（彩色畫）尤爲精美。其見於器皿上和繪畫上的書法具有獨創風格。著名作品有：繪有壽星的六角盤（與其兄光琳合作）、繪有雪松樹叢的盤子和《花籃》（水色掛軸）。

Ogbomosho＊ 奧博莫紹 奈及利亞西南部城市。17世紀中葉創建。原爲約魯巴人奧約帝國的邊區村落。19世紀初富拉尼人征服奧約，大批約魯巴難民擁入，逐漸成爲約魯巴人最大居民點之一。現爲全國第三大城鎮。爲貿易中心和鐵路樞紐。人口約730,000（1996）。

Ogilvy, David M(ackenzie)＊ 奧格爾維（西元1911～1999年） 英國廣告經理人員，畢業於牛津大學，任見習廚師及爐灶推銷員，旋參加廣告公司。並用一年時間在美國學習美國廣告術。1948年與休伊特一起組成休伊特－奧格爾維－彭生－馬瑟公司（奧美公司）。他的名言是：「消費者不是傻子」。

Oglethorpe, James E(dward) 歐格紹普（西元1696～1785年） 英國殖民官。1712年入伍。1722年進入議會。在議會中主持監獄改革委員會。1732年獲得喬治亞殖民地的特許狀，使窮人開始新的生活，並爲受迫害的新教徒提供避難的地方。1733年率首批移民建立塞芬拿。他領導保衛殖民地的戰鬥，擊退西班牙的進攻（1739, 1742），1743年回到英格蘭。

Ögödei＊ 窩闊台（元太宗）（西元1185～1241年） 成吉思汗（元太祖）之子，1229年繼承其父之位，大幅擴張蒙古帝國的版圖。他在蒙古中央建立帝國總部，並興建首都喀喇崑崙。窩闊台與其父相似，仰賴各個獨立行動、但又聽命於他的將領，同時在各地發動戰役。窩闊台與南宋聯合，進攻北方的金朝，而於1234年奪下其首都。同時，他的姪子拔都擊敗俄羅斯，其他將軍則進攻伊朗和伊拉克。由於窩闊台猝死（死於一場鬥酒中），才使得蒙古帝國未能入侵西歐。亦請參閱Golden Horde、Kublai Khan、Möngke。

Ogooué River 奧果韋河 亦作Ogowe River。非洲中西部河流。幾乎全在加彭境內。源出剛果，西北流，穿加彭入大西洋。長1,200公里，400公里可通航段，運輸繁忙。主要運輸木材。

O'Hara, John (Henry)　奧哈拉（西元1905～1970年） 美國長篇和短篇小說家。曾在紐約市當文藝批評家和記者。這段記者經歷的影響在他小說客觀、實事求是的風格中可以看出。他的小說不啻是1920～1940年代積極上進的美國人的社會史。其中很受歡迎的小說包括《在薩馬拉的約會》（1934）、《坦恩·諾思·弗雷德里克》（1955；1958年拍成電影）、《巴特菲爾德8號》（1935；1960年拍成電影）、《喬伊夥伴》（1940）成功地改編爲音樂劇、《在涼台上》（1958；1960年拍成電影）。

O'Higgins, Bernardo　沃伊金斯（西元1776?～1842年） 南美洲革命領袖、智利第一任的國家元首（1817～1823）。原籍愛爾蘭的西班牙官員的私生子。在祕魯、西班牙和英格蘭受教育。在英格蘭激起他的智利民族主義。1808年拿破崙入侵西班牙。西班牙無力管理各殖民地，西屬美洲開始走向民族獨立的第一步。1811年智利建立議會。沃伊金斯任議會議員。西班牙駐祕魯總督於1814年入侵智利，企圖重建王權。沃伊金斯率軍防禦，被擊敗，逃入阿根廷。1817年他同聖馬丁回到智利，並大敗西班牙人。沃伊金斯當選爲智利的最高執政官。建立了有效率的政府組織。然而他的改革措施觸怒了保守的教會和貴族。1823年在反對力量壓力下辭職。

Ohio　俄亥俄 美國中西部一州。面積115,998平方公里。首府哥倫布。人口約11,353,140（2000）。北臨伊利湖。俄亥俄河形成東南部和南部的邊界的一部分。原先居民爲霍普韋爾印第安人，約在西元400年從該地消失。17、18世紀時大部分地區住有邁阿密人、肖尼人和其他印第安部落。法國印第安人戰爭後，該地區割讓給英國。1803年，爲美國第17個州，是第一個從西北地區分離出來的州。優越的地理位置，完善的運輸設施以及豐富的自然資源，包括媒、石油和天然氣，使俄亥俄成爲美國工業大州之一。製造業是重要的經濟活動。州內仍有近2/3的土地是農田。俄亥俄州是美國八位總統的出生地或居住地。他們是：哈利生、格蘭特、海斯、伽菲爾德、哈利生、馬京利、塔虎脫和哈定。主要城市包括哥倫布、克利夫蘭、辛辛那提、托萊多、亞克朗和達頓。

Ohio Co.　俄亥俄公司 美國殖民史中，英國人和維吉尼亞人爲促進與印第安人的貿易並控制俄亥俄河流域而在1748年成立的一家公司。由於法國也聲稱對俄亥俄地區擁有主權，俄亥俄公司的活動引起最後一次法國印第安人戰爭（1754）的爆發。俄亥俄聯合公司（1786）爲一獨立組織，創立於俄亥俄州瑪麗埃塔，是第一個俄亥俄河以北的永久定居點。

Ohio Idea　俄亥俄倡議 以紙幣代替黃金償付美國南北戰爭債券的倡議。俄亥俄倡議是南北戰爭後主張使用硬幣派與提倡軟幣（綠背紙幣運動）派之間爭議的一部分。由彭德爾頓發起提案。它在中西部特別受歡迎。該倡議曾列入1868年民主黨綱領。然而格蘭特就任總統後，俄亥俄倡議消聲滅跡，1869年「公債法」規定仍須以黃金償付政府債務。

Ohio River　俄亥俄河 美國中東部主要河流。由阿利根尼和莫農加希拉河匯成。西北流，出賓夕法尼亞州折向西南，至伊利諾州的開羅注入密西西比河。爲俄亥俄－西維吉尼亞、俄亥俄－肯塔基、伊利諾－肯塔基之邊界。全長1,579公里。可通航，從殖民時期開始至今一直爲重要商業通道。到1750年代具有戰略意義。法國印第安人戰爭後，英國人控制了河流周圍地區。

Ohio State University, The　俄亥俄州立大學 美國俄亥俄州州立大學系統，由位於哥倫布市的主校區及其他5個分校組成。創建於1870年，爲聯邦土地補助教育機構。主校區是綜合性研究大學，設有農學、牙醫、法學、醫學、獸醫等學院。重要研究設施有運輸研究中心、超級電腦中心、南北極研究中心等。哥倫布校區的學生人數爲全美最多，有將近48,000人。

Ohio University　俄亥俄大學 美國俄亥俄州公立大學。位於阿森斯，另有其他分校設於奇利科西、艾隆頓、蘭開斯特、聖克雷斯維爾、湛斯維爾。該校提供領域廣泛的大學部及研究所課程，並有骨科醫學博士課程。研究設施包括愛德華加速器實驗室、岩土及環境研究、地方政府與農村發展研究所等。該校創辦於1804年，是美國西北區第一所高等教育機構，目前學生人數約20,000人。

Ohm, Georg Simon　歐姆（西元1789～1854年） 德國物理學家。任科隆耶穌會學院數學教授（1817～1827）。發現歐姆定律，說明流過導體的電流與電位差（電壓）成正比，與電阻成反比。他的理論很快受到廣泛的肯定，後來任教於紐倫堡（1833～1849）和慕尼黑（1849～1854）。測量電阻的物理單位即以其姓氏命名。

歐姆，平版畫
Historia－Photo

Ohm's law　歐姆定律 通過實驗所發現的電學基本關係，即通過各種材料的穩恆電流I的大小與材料兩端的電位差V（即電壓）成正比。電阻量度爲歐姆（Ω）。歐姆於1827年確立了這一結論，與電阻R或I=V/R成反比。歐姆定律也可以用電源（如電池組）的電動勢E來表示電壓，例如，I=E/R；如交流電。電阻和電抗的組合作用稱爲電阻抗Z，歐姆定律是適用的。例如，V/I=Z。

oil　油 所有在室溫下呈液態且不溶於水的油膩物質之通稱，包括不揮發油、精油與礦物油（參閱petroleum）。不揮發油和脂肪（動物）是丙三醇酯和脂肪酸。這種油有種種工業和食物用途。亞麻油、桐油與其他乾性油（即高度不飽和油）以及大量的豆油、葵花籽油和紅花油（也用於食物）用於油漆與清漆。當它們一接觸空氣便立刻吸收氧而聚合成薄層保護膜。有一些特製油和磺化油用於皮衣與織物製造業。

oil-drop experiment ➠ Millikan oil-drop experiment

oil painting　油畫 用易於乾燥的油料調和磨研過的顏料所作的繪畫。油畫最易融合色調，容易取得運線自如和乾淨俐落的效果，可用筆和薄而富有彈性的調色刀。標準畫布用亞麻布製成，通常在完成的油畫上罩以上光油，以保護畫面免受磨擦和積垢。早在11世紀就有用油作繪畫材料的記載，而以油畫顏色製作架上繪畫則來自15世紀的蛋彩畫技法。17世紀油畫技術用威尼斯傳統作畫，筆法明確而簡練；顏色明暗厚薄並置，這種畫法對以後的畫家影響甚大。

oil seal　油封 亦稱軸封（shaft seal）。機器中用以防止流體沿轉軸泄漏的裝置。當一根軸從內中有油的機殼（如泵或變速器）中伸出時，就需要密封。密封環用的材料有皮革、合成橡膠和矽有機樹脂。亦請參閱bearing。

oil shale 油頁岩 含有在受熱時能生成相當大量石油的固體有機物的任何一種細粒沈積岩。這種頁岩油通常叫合成石油，是一種有潛在價值的化石燃料。但現行的採油和精煉方法價格昂貴的多，也有嚴重的缺點。會破壞土地、需要大量的水及會產生大量致癌廢物。因此在其他石油資源近於枯竭前，可能不會大規模地開發頁岩油。愛沙尼亞、中國和巴西有生產數量有限合成原油的精煉設備，而美國政府則在科羅拉多州設置了一個實驗工廠。

Oise River＊ 瓦茲河 法國北部河流。源出比利時的亞耳丁山脈，在伊爾松東北部流入法國，向西南流，經巴黎盆地，在孔夫蘭匯入塞納河，全長302公里。是連接塞納河系通航水道與法國北部運河的重要一環。第一次世界大戰期間，在瓦茲河有多次戰役。

Oisín＊ 莪相 亦作Ossian。愛爾蘭武士－詩人的英雄故事。1762年，蘇格蘭詩人麥克佛生（1736～1796）出版了據認爲是譯自3世紀蓋爾語原作的史詩《芬歌兒》和《帖莫拉》。從此，莪相的名字傳遍整個歐洲。「莪相」的詩對早期浪漫主義運動產生重要影響。但這些詩還是引起了約翰生（1755）等評論家的懷疑，實際上，這些作品大部分是麥克佛生的創作。

Oistrakh, David (Fyodorovich)＊ 奧伊斯特拉赫（西元1908～1974年） 俄羅斯小提琴家。以其卓絕技巧與音色稱譽樂壇。1928年首次公演。第二次世界大戰期間，曾在前線上爲俄國軍隊演奏。1950年代，首次在西方公演。蕭士塔高維奇將他的小提琴協奏曲獻給奧伊斯特拉赫。1934年起在莫斯科音樂學院任教。他的兒子伊戈爾．奧伊斯特拉赫（1931年生）是他的最傑出的學生之一。伊戈爾於1958年起任教於音樂學院。

Ojibwa＊ 奧吉布瓦人 亦稱奇珀瓦人（Chippewa）。印第安人，原住於休倫湖北岸和蘇必略湖南北兩岸，即今明尼蘇達州至北達科他州龜山山脈一帶。奧吉布瓦人各部落都分爲若干遷徙性家族。秋季各家族分爲若干家庭，四散於各自的狩獵地帶。入夏各家庭聚集起來進入捕魚地點。以種植玉蜀黍和採集野稻作爲其食物的主要來源。大藥師會是奧吉布瓦人的主要宗教組織。奧吉布瓦人是美洲原住民中最大部族之一。在美國約有五萬，另有超過十萬人住在加拿大。

Ojukwu, Odumegwu＊ 奧朱古（西元1933年～） 奈及利亞東區軍事長官（1966～1967），在奈國內戰時期脫離聯邦的比夫拉國首腦（1967～1970）。伊格博族一員。1955年畢業於牛津大學。1966年奈及利亞文人政府被推翻，奧朱古被任命爲新的軍政府領導下的東區的軍事長官，即使豪薩族與約魯巴族發動了一次反政變，奧朱古仍任東區軍事長官。最後伊格博族人迫使奧朱古在1967年宣布東區爲獨立國，並定名爲比夫拉共和國。比夫拉爆發內戰，奧朱古逃亡象牙海岸獲得庇護。1982年返回奈及利亞。

Oka River＊ 奧卡河 俄羅斯西部河流，窩瓦河右岸最大支流。發源於中俄羅斯高地。向北流經卡盧加，在下諾夫哥羅德處匯入窩瓦河。長1,500公里，除了冬天，全段可通航，爲木材和穀物的重要幹道。

okapi＊ 獾加狓 一種反芻有蹄獸類，與長頸鹿同歸入偶蹄目長頸鹿科。學名爲Okapia johnstoni。棲息在剛果的雨林中，以樹葉和果實爲食。頸和腿都比長頸鹿短。雌性比雄性大，肩高約1.5公尺。毛光滑，深褐色；腿的上端有水平的黑白斑紋；腿的下部爲白色，蹄以上部分有黑色環紋。雄獸有短角，除角尖外都有皮膚包裹。

獾加狓
Kenneth W. Fink – Root Resources

Okavango River＊ 奧卡萬戈河 安哥拉語作庫班戈河（Cubango River）。非洲南部第四長河，全長1,600公里。源出安哥拉中部，其中游段成爲安哥拉與那米比亞的界河。進入波札那北部，注入奧卡萬戈沼澤。河中除可航行小船外基本上不能通航。沿河兩岸人煙稀少。如何控制舌蠅的問題一直困擾著居民。奧卡萬戈沼澤東北角闢爲莫里梅野生生物保護區。

Okeechobee, Lake＊ 歐基求碧湖 在美國佛羅里達州中南部。爲美國南部最大的湖和全部在本國境內的第三大淡水湖。在大沼澤地的北緣。爲史前時期的帕姆利科海的殘存部分。帕姆利科海塞米諾爾印第安人語意爲「大水」。該湖西北岸現仍有塞米諾爾人居住。

O'Keeffe, Georgia 奧基芙（西元1887～1986年） 美國畫家。曾先後在芝加哥和紐約研習藝術，與施蒂格利茨相遇，並於1924年結褵。到1920年代初期，其繪畫上所獨具的高度個人風格便已開始展露。其風格可以《牛頭骨、紅、白、藍》（1931）及《黑菖蒲》（1926）等代表之。其繪畫題材通常爲一些放大的頭骨、動物骨骼、花卉、植物器官、貝殼、岩石、山脈以及其他自然形式。所畫的骨頭和花卉多爲一些具有神祕暗示意味的圖像，遂引發後人對其作品作出的各種情欲的、心理學的或象徵性的詮釋。1946年施氏逝世，她遷往新墨西哥州。其晚期作品常禮讚新墨西哥州的朗朗長天與沙漠景色。她被認爲是美國當代極有獨創性的重要畫家之一，她的作品非常受歡迎。

奧基芙的《新墨西哥州阿比丘附近的景致》（1930）：現藏紐約市大都會藝術博物館
The Metropolitan Museum of Art, New York City, Alfred Stieglitz Collection, 1963 (63.204), reproduced by permission of the estate of Georgia O' Keeffe, copyright ©1984/85 by The Metropolitan Museum of Art; photograph by Malcolm Varon

Okefenokee Swamp＊ 奧克弗諾基沼澤 美國喬治亞州東南、佛羅里達州北部的沼澤和野生動物保護區。面積逾1,550平方公里。距大西洋約80公里。東界低沙嶺，以阻止和水直接注入大西洋。區內有許多野生動物、外來花卉如稀有的蘭花。1937年沼澤廣大的區域（幾乎全在喬治亞州）闢爲奧克弗諾基國家野生動物保護區。

Okhotsk, Sea of＊ 鄂霍次克海 太平洋西北部的邊緣海，以西伯利亞海岸、堪察加半島和千島群島、北海道、庫頁島爲界。鄂霍次克海覆蓋面積1,583,000平方公里，有定期航運溝通俄羅斯遠東各港口。冬季有大塊浮冰妨礙航運，夏季有濃霧阻礙交通。

Okinawa * 沖繩　日本的島嶼，位於中國海的琉球群島中。爲琉球群島中最大的島，長約112公里，寬11公里，面積1,176平方公里。第二次世界大戰中，美國和日本在此地有激烈的交戰。1945年4月美軍登上沖繩島，長達三個月的作戰，雙方傷亡慘重。後被美軍占領。1972年歸還日本，但仍駐有美軍。人口約1,301,079（1998）。

Oklahoma 奧克拉荷馬　美國中南部偏西一州。是最古老的州之一，發現有15,000～10,000年前的克洛維斯文化和弗爾薩姆文化遺跡。直到1541年科羅納多遠征的時候，這一地區至少包括三個印第安大語族。後被西班牙人統治，直至1800年落入法國人手中爲止。1803年根據「路易斯安那購地」協議歸美國所有，1828年美國國會將該區設爲印第安保留區。1907年印第安準州剩餘的地區和奧克拉荷馬準州（1890年設立）合併成爲奧克拉荷馬州，加入聯邦成爲第46州。從一些印第安人和牛仔的博物館展示，可看出該州的文化傳統。該州包含了美國的三大自然地理區：內陸高原在東部；沿海平原在南部，通過德州伸向墨西哥灣；其餘爲內陸平原，包括中央低地和大平原。主要河流爲阿肯色河和紅河。最高點是位於潘漢德爾的布拉克台地（1,516公尺）。養牛業和農業是該州的重要經濟活動，主要礦產有石油、天然氣、煤和石材等。從土耳沙到墨西哥灣有一條通過阿肯色河上的水閘和水壩的駁船運輸線。首府奧克拉荷馬城。面積181,185平方公里。人口約3,450,654（2000）。

Oklahoma, University of 奧克拉荷馬大學　美國奧克拉荷馬州公立大學。位於諾曼，創辦於1890年。主校區設有十九個學院，包括建築、商業管理、教育、工程、法律、藝術與科學等。研究機構包括一所氣象中心及一所政治傳播中心。現有學生人數約20,000人。奧克拉荷馬市分區則設有醫學院及健康科學中心。

Oklahoma City 奧克拉荷馬市　美國奧克拉荷馬州首府。初建於1889年，1890年設鎮，1910年定爲州首府。1928年發現油田後迅速發展，現爲主要交通樞紐及商業、金融、工業中心，全州牲畜工業主要銷售、加工中心，牛、棉花、小麥集散地，製造業極發達。設有奧克拉荷馬市立大學等學府和全國牛仔名人堂、西部遺產中心、萬象花園等。1995年一枚卡車炸彈摧毀了位於鬧區的摩拉聯邦大廈，造成168人死亡、500多人受傷。人口約469,852（1996）。

okra 秋葵　錦葵科一年生草本植物，學名爲Hibiscus esculentus或Abelmoschus esculentus。原產於東半球熱帶，已在西半球熱帶、亞熱帶廣泛栽培或歸化。植株被毛，葉心形；花黃色，中心緋紅；果爲蒴果，長10～25公分，基部多毛，有10條稜，內含多粒卵狀的深色種子。未成熟的幼嫩果實俗稱秋葵莢，可以烹調食用或做醃菜，在美國南部的各種燉菜和秋葵濃湯中作配料。在某些國家以其種子爲咖啡的代用品。

秋葵
Derek Fell

Oktoberfest 十月節　德國慕尼黑每年一度的節日。歷時兩週，於10月的第一個星期日結束。起源於1810年巴伐利亞儲君——後來的國王路易一世（1786～1868）——爲慶祝婚禮而舉行的賽馬會，後來賽馬與農村交易大會合併舉行，並設攤供應飲食。到20世紀末，這些棚攤發展成大型的臨時啤酒館，有樓廳、音樂台，可容納3,000～5,000個座席，由慕尼黑各家啤酒廠供應啤酒。節日期間啤酒消費總量超過一百萬加侖。

Okubo Toshimichi * 大久保利通（西元1830～1878年）　日本政治家，薩摩藩領導人物之一。1866年他和薩摩藩另一主要人物西鄉隆盛決定與長州結成聯盟，共同進行倒幕活動。1868年推翻德川幕府後，他成爲明治新政府中舉足輕重的人物。他曾到西方考察，認識到迅速發展經濟的必要性。爲此，他提倡創辦技術學校，主張政府一方面向私人企業發放貸款，一方面開辦國營工廠。1873年因對朝鮮的政策問題與西鄉隆盛發生衝突，結果他的意見占了上風。1878年被對他不滿的武士刺死。亦請參閱Kido Takayoshi、Meiji period。

Okuma Shigenobu * 大隈重信（西元1838～1922年）　日本政治家，兩度擔任首相。明治維新後代表佐賀藩參加新政府，很快成爲掌握財權的重要人物，努力改革日本的財政制度。他主張立即舉行選舉，召開國會，建立英國式對議會負責的內閣制度。不久他在出售北海道的國家財產時營私舞弊的醜聞被揭發，因而被逐出政府。1882年組織改進黨，爲實現英國式的議會制度而奮鬥。1898年與日本自由黨創立者板垣退助合作，建立憲政黨。同年組閣，但僅維持幾個月即倒台。1882年在東京創辦早稻田大學。1914年再次任首相，頗爲成功，1916年因病退休。

Okumura Masanobu * 奧村政信（西元1686～1764/1768年）　別號源八（Genpachi）。原名奧村親妙（Okumura Shinmyo）。日本畫家，是當時江戶（現東京）流行的中國印刷術中首批採用西方透視法者之一。作品色彩鮮明，線條柔美，嚴謹而莊重；版畫具有透視的效果，故稱爲浮繪。著名版畫有《劇場內圖》，繪畫有《琴之聲》及《吉三郎》。

Okuninushi * 大國主　日本出雲大社教（神道教的一派）神話中的主神，風神素戔嗚的女婿。在少名彥名神的輔佐下建設世界，統治出雲國，直到天照大神之孫瓊瓊杵尊出世。現代日本民俗認爲他能醫治疾病，保佑婚姻美滿。

Olaf I Tryggvason * 奧拉夫一世（西元964?～1000?年）　挪威國王（995～約1000年在位）。金髮哈拉爾一世的曾孫，奧拉夫松的遺腹子。991～994年參加對英格蘭的入侵。995年哈康大王去世，他被擁立爲國王。他在所控制的濱海一帶和西部各島嶼強制推行基督教，並傳入謝德蘭、法羅、奧克尼等群島以及冰島和格陵蘭，但對內地影響不大。後在斯伏爾德戰役中陣亡。

Olaf II Haraldsson * 奧拉夫二世（西元995?～1030年）　亦稱聖奧拉夫（St. Olaf）。挪威國王（1016～1028年在位）。1009～1011年對英格蘭作戰，但在1013年卻協助英格蘭國王艾思爾萊二世抗擊丹麥人。後去西班牙，1013年在法國信奉基督教。1015年返回挪威，收復以前被丹麥、瑞典占有的國土，翌年鞏固了對全挪威的統治。他強制推行基督教，1024年在莫斯特頒布一部宗教法典，被認爲是挪威第一部國家立法。由於挪威的一些大酋長支持克努特大帝，他於1028年逃亡俄國。1030年他率兵欲收復國土，但在挪威古代史上最有名的斯蒂克萊斯塔戰役中被丹麥軍隊擊敗。他被推崇爲民族英雄，並成爲挪威的主保聖人。

Olaf V 奧拉夫五世（西元1903～1991年）　挪威語全名Olav Alexander Edward Christian Frederik。挪威國王（1957～1991年在位）。哈康七世之子，曾在挪威軍事學院和

英國牛津大學求學。王儲時期已是著名的運動員，曾在1928年奧運會上贏得快艇賽金牌。第二次世界大戰時他隨其父及挪威政府人員逃亡英國，1944年任挪威武裝部隊總司令，並一度任攝政。1957年其父去世，由他繼承王位。和其他立憲君主一樣，其職責大部分是禮儀方面的。

奧拉夫五世，攝於1973年
Knudsens Fotosenter

Olajuwon, Hakeem (Abdul)＊　歐拉朱萬（西元**1963**年～）　奈及利亞裔美國籃球明星，生於拉哥斯。他直到十五歲才開始接觸籃球。兩年後他進入休士頓大學就讀，1984年他帶領球隊打入NCAA的準決賽。1994年，身高7呎、體重255磅的歐拉朱萬帶領火箭隊拿下NBA冠軍，綽號「夢」的他，保有NBA火鍋的記錄（1998～1999球季止爲3,582次），並不斷的將自己的抄截、籃板、得分和助攻推向新的高峰。

Olbers' paradox　奧伯斯佯謬　有關夜空爲什麼黑暗的問題。如果宇宙是無限的，其中均勻分布著亮星，則每一視線都將觸及恆星的表面，這意味著夜空應該到處明亮，與實際看到的情況矛盾。1823年德國天文學家奧伯斯討論過這一佯謬（或矛盾），因此現今普遍把發現這一佯謬歸功於他。實際上，克卜勒在1610年就曾把它作爲反對宇宙無限和宇宙中包含無數恆星的觀念的一個論據。現在這一佯謬已找到答案：當宇宙擴張時，來自遠方星體的光線會發生紅移，能量相對的減低，而無法到達我們這裡。

Olbia＊　奧爾比亞　舊稱Terranova Pausania。義大利薩丁尼亞島東北部城鎮。臨奧爾比亞灣，爲薩丁尼亞島與義大利大陸往來的主要旅客港口。初爲希臘殖民地，後歸羅馬，西元前259年古羅馬人在此戰勝迦太基將軍漢諾，1198年由比薩移民重建。有腓尼基和古羅馬遺跡。人口約41,486（1993）。

Old Believers　舊禮儀派　拒絕接受尼康於1652～1658年間，在俄羅斯正教會內所強行推動之崇拜儀式改革的俄羅斯異議分子。此派人數在17世紀時達數百萬，經年受迫害，若干領導人遭到處決。後來分裂成幾個派別，其中主要是教堂派和反教堂派。1971年俄羅斯正教會會議決定撤銷17世紀所有的咒逐令，承認舊儀式具完整效力。

Old Catholic church　老公會　自稱堅持天主教一切基本教義並保留主教制但與羅馬教廷無組織關係的一批教會。1870年第一次梵諦岡會議頒布關於教宗永無謬誤的教理，遭到天主教內許多人士的反對。1870年起，這些教會決定爲反對教廷僭取權威而脫離羅馬教廷，先後於荷蘭、德國、瑞士、奧地利、波蘭等國家成立老公會，1889年世界各地老公會共同組成烏得勒支協進會，主要權力機構是主教會議。老公會人士否認他們宣傳任何違背天主教教義和聖傳的道理，承認《聖經》、「使徒信經」、「尼西亞信經」、七件聖事和最初七次普世會議有關教義的決議。老公會禮拜在各國都使用通俗語言而不是拉丁語，教友向天主告解不一定必須當著司鐸的面，也不硬性規定神職人員必須獨身。

Old Church Slavic language　古教會斯拉夫語　主要以帖撒羅尼迦周圍地區的馬其頓諸方言（南部斯拉夫諸方言）爲基礎的斯拉夫語，9世紀時傳教士聖西里爾與聖美多迪烏斯曾用這種語言佈道並譯寫《聖經》。古教會斯拉夫語是最早的斯拉夫文學語言，採用格拉哥里字母和西里爾字母書寫。在歐洲中世紀時期，這種語言始終是信奉東正教的斯拉夫人的宗教語言和文學語言。西元12世紀以後，古教會斯拉夫語以各種地方變體出現，統稱爲教會斯拉夫語，作爲一種教會儀式語言沿用至今。19世紀以前，塞爾維亞和保加利亞人都使用教會斯拉夫語作爲書面語言，對現代斯拉夫諸語言的發展曾有重大影響，對俄羅斯文學語言影響更大。

Old English　古英語　亦稱盎格魯－撒克遜語（Anglo-Saxon）。西元1100年以前英國的口語和書面語，學者把它畫入日耳曼諸語言的盎格魯－弗里西亞語語支。有四種方言：英格蘭北部和蘇格蘭東南部的諾森伯里亞語、英格蘭中部的麥西亞語、英格蘭東南部的肯特語、英格蘭南部和西南部的西撒克遜語；麥西亞語和諾森伯里亞語常被視爲盎格魯方言。大多數現存古英語文獻都用的是西撒克遜方言，9世紀的偉大史詩貝奧武甫爲古英語文學最早出現的文學創作高潮。古英語名詞和形容詞有三個「性」（陽性、陰性、中性），名詞、形容詞和代詞有「格」的詞尾變化；動詞大部分是強動詞（不規則動詞），許多強動詞在現代英語中已成爲弱動詞（有規則動詞）。亦請參閱English language。

Old English script　古英語字體 ➡ black letter

Old English sheepdog　古代英國牧羊犬　18世紀初在英國培育的工作犬，主要用於將綿羊、牛驅趕到市場。體壯，步態拖曳似熊。體高53～66公分，體重25公斤以上。被毛蓬鬆厚密，灰色、藍灰色或帶白色斑紋，能防風雨，長而遮眼，但不遮蓋全部視線。出生後尾即被截去。

Old Farmer's Almanac　老農用年曆 ➡ Farmer's Almanac

Old Ironsides　老鐵甲船 ➡ Constitution, USS

Old Norse language　古諾爾斯語　約1150～1350年通行於冰島的古代北日耳曼語，曾用於寫作薩迦、吟唱詩及「埃達」。古諾爾斯語文獻比任何其他斯堪的那維亞語都更豐富、更有價值。古諾爾斯語也包括古挪威語、古瑞典語、古丹麥語，現代斯堪的那維亞諸語言就是由這些方言發展而來的。

Old Point Comfort　老波因特康弗特　美國維吉尼亞州東南部歷史上著名的海岬，漢普頓市的一部分。位於漢普頓錨地的入口，與諾福克相對。1608年以後不斷在此修建城堡工事，1834年建成的門羅要塞是南北戰爭時聯邦軍發動半島戰役的基地。19世紀和20世紀初爲著名的海濱勝地。

Old Testament　舊約　基督教（包括《新約》）和猶太教的正典經書。除個別段落外，都是西元前1200～西元前100年期間用希伯來文寫成。分爲三大部分：1.律法書或摩西五經，內容有敘事、規條和訓誨；2.先知書，記載希伯來重要歷史人物事跡及規勸以色列人復歸上帝的諸先知事跡；3.聖錄，包括詩歌、神學著作及戲劇。希伯來正典總計爲二十四卷，天主教及基督教新教所收著作多於此數。天主教正典吸收一些後來爲猶太教和新教斷爲非正典的經書（參閱apocrypha）；新教則將希伯來正典中若干卷分爲兩卷或多卷：〈撒母耳記〉、〈列王紀〉及〈歷代志〉各分爲上下兩卷，〈以斯拉－尼希米記〉分爲〈以斯拉記〉和〈尼希米記〉，〈十二先知書〉分別析爲十二卷。亦請參閱Bible。

Old Vic　老維克劇團　專門演出莎士比亞戲劇的倫敦劇團。該劇團的劇院最初名叫皇家柯柏劇院，於1818年揭幕演出；1833年重新整修並改名爲維多利亞皇家劇院，後大家稱之爲老維克。1914年開始定期演出莎士比亞戲劇，爲倫敦唯一長期演出莎士比亞劇作的劇院，至1923年已演出過莎士比亞的全部劇作。1930年代劇院聲望與日俱增，演出的莎士比亞戲劇和其他古典戲劇令人難忘。1963年老維克劇團解散，老維克劇院曾一度爲國家新劇院的基地。1970年重建青年維克劇團，1976年成爲一個獨立劇團。

Old World monkey　舊大陸猴　非洲與亞洲某些類人靈長類的統稱，亦稱狹鼻猴，與新大陸猴（闊鼻猴）有別。這個名稱可能僅用於猴科成員（長尾猴、狒狒等），但也可以用來概括長臂猿科、猩猩科和人科。特點爲雙側鼻孔靠緊，方向朝前或朝下，耳道骨質，如有尾亦不能纏捲，上、下顎兩側各有兩個前磨牙。

Oldenbarnevelt, Johan van＊　奧爾登巴內費爾特（西元1547～1619年　荷蘭政治家，是繼沈默者威廉一世之後的第二個荷蘭獨立之父。早期在設立於海牙的荷蘭省上訴法院當律師。1579年他是烏得勒支聯盟的談判代表之一，致力於鞏固荷蘭在政治上無懈可擊的地位。雖然他只是七個擁有主權的省中一個省的公僕，但他執行了一些同英、法兩國的外交使命，實際上成了聯盟的外交部長，其最大的成功是1596年同英、法締結全面的三國聯盟以對抗西班牙。1609年他與西班牙達成「十二年停戰協定」，重申荷蘭在共和國中的統治地位。他支持阿明尼烏主義者反對強大的喀爾文教派和莫里斯親王，導致荷蘭各州於1617年通過所謂激烈的決議。1618年奧爾登巴內費爾特被逮捕，罪名是破壞這個國家的宗教和政策，翌年在海牙被斬首。

Oldenburg　奧登堡　原德國的一個邦，1946年成爲下薩克森州的一部分。約1100～1667年爲伯爵領地，後歸屬丹麥王室；18世紀晚期受呂貝克主教統治，由神聖羅馬帝國皇帝授予奧登堡公爵封號；19世紀初成爲大公國，在七週戰爭（1866）中支持普魯士；1871年加入德意志帝國，1918放棄大公國制度。位於奧登堡市的公爵宮（建於17世紀）現爲藝術和文化博物館。

Oldenburg, Claes (Thure)　奧頓伯格（西元1929年～）　瑞典出生的美國普普藝術雕塑家，尤以大件日常用品的軟雕塑聞名。爲瑞典領事官員之子，早年多在美國度過。耶魯大學畢業後到芝加哥美術學院聽講，後開設畫室爲雜誌繪製插畫。1956年遷居紐約，興趣轉到雕塑。和其他普普藝術運動的藝術家一樣，他選擇平凡的消費產品作爲題材。然而，他小心選定與人緊密相關的物件，如澡盆、打字機、電燈開關和電扇等。此外，他選用柔軟易曲的乙稀基塑膠，使物體有人味，並經常帶有肉感。許多人認爲其作品的意義已遠遠超出單純的幽默。

Oldowan industry＊　奧杜威文化期工藝　距今約200萬年前的更新世早期一種石器製作傳統，以加工粗糙的礫石工具爲特徵，沒有標準化的器型。這類石器以石英、石英岩或玄武岩爲原料，沿礫石的兩個方向打製成一種簡單而粗糙、多用途的石器，用以砍砸、刮削和切割。這類石器是早期人類製作的，例如在坦尙尼亞奧杜威峽谷、衣索比亞阿法爾地區、肯亞圖爾卡納湖發現的能人，可能還有粗壯南猿。奧杜威石器傳統大約延續了150萬年，技術逐步改進後，發展成一種器型統一的石器工藝，稱爲阿舍爾文化期工藝。

Olduvai Gorge＊　奧杜威峽谷　坦尙尼亞北部塞倫蓋蒂平原東部考古遺址。這個兩壁峻峭的峽谷縱長約48公里、深90公尺。覆蓋於陡坡上的堆積，其形成年代約爲210萬年前到1.5萬年前，提供豐富的動物化石資料，包括五十多具原始人類遺骸及考古學記錄上延續時間最長的石器工藝品。該遺址是肯亞考古學家和人類學家利基一家人在那裡研究了近三十年、發現非洲南部以外第一個南猿類遺跡之後，才引起公衆的注意。此後又陸續發現能人和直立人遺跡。

oleander＊　夾竹桃　夾竹桃科夾竹桃屬所有常綠觀賞灌木的通稱，具有毒乳汁。以洋夾竹桃最爲人熟知，通常稱爲rosebay，長久以來被栽植於溫室，在溫暖的地方廣泛種植於戶外。整株植物都有毒，如果碰觸會引起皮膚過敏。

oleaster family＊　胡頹子科　雙子葉顯花植物的一科。含3屬，灌木或小喬木，原產於北半球，尤見於乾草原及沿岸地區。全株覆以微小的獨特鱗片，具銀色或鐵銹色光澤。許多根上帶有根瘤，內含固定氮。幾個種的果實可食。有些栽作觀賞植物，例如水牛果（銀水牛果）、胡頹子（俄羅斯油橄欖）和沙棘。

olefin＊　烯烴　亦稱alkene。含有一對或多對由雙鍵連接的碳原子的一類不飽和烴。有兩種分類方法：一、分爲環烯烴和非環（鏈）烯烴，雙鍵依次位於成環（閉環）碳原子之間或開鏈基團的碳原子之間。二、分爲單烯烴、雙烯烴和三烯烴等，每個分子中的雙鍵數目依次爲1、2、3......。烯烴在自然界很稀少，但在石油裂解（大分子降能）成汽油過程中可大量生成，低級的單烯烴（即乙烯、丙烯和丁烯）已成爲龐大的石油化學工業的基礎。這些化合物的最大用途在於雙鍵與其他化學物質的反應。最重要的二烯烴是丁二烯和異戊二烯，二者皆用於製造合成橡膠。

Olga, St.　聖奧爾加（西元890?～969年）　亦作St. Helga。基輔公主。俄羅斯有史以來第一位女性統治者，其丈夫伊戈爾一世爲屬下所暗殺，945～964年攝政，處死衆囚犯，株連數百人。約957年她在君士坦丁堡受洗成爲東正教徒，成爲基輔統治家族中第一位信奉基督教的人，她是被追謚爲聖徒的第一位俄羅斯人。

oligarchy＊　寡頭政治　由少數人統治的政治形態，尤指由一特權小集團爲貪污和自私的目的而行使的專制權力。亞里斯多德用這個詞來指少數人統治。是由壞分子不正當地行使。是貴族政治的一種貶低的形式，當統治精英全部來自居統治地位的特權階級，這些精英趨向於爲他們本階段的利益而行使權力。由於「少數人」的概念太抽象，無法傳達太多的訊息。「寡頭政治」一詞今已成爲過時的術語。

Oligocene epoch＊　漸新世　第三紀的世界範圍的一個主要分期，開始於約3,660萬年前，終止於2,370萬年前左右。繼始新世之後，在中新世之前。Oligocene這個術語來源於希臘文（意思是「近代族類很少的世」），指在漸新世期間所產生的現代動物爲數稀少。漸新世的氣候似乎是溫和的，而且許多地區還有亞熱帶氣候條件。草原面積在漸新世期間擴大了，而森林地帶則縮小了。北半球各大陸脊椎動物群之所以具有基本上是現代的面貌，多半不是由於新類型出現的結果，而是由於先前的始新世結束時古老脊椎動物的滅絕。

oligopoly＊　寡占　少數生產商中每一個都能衝擊價格和競爭者市場但不控制的市場狀況。每個生產者必須考慮價格變動對其他生產者的影響。一家公司削價可能導致其他公司的同等削價；結果，除了利潤幅度降低外，各公司仍保持與削價前相近似的市場占有額。寡占行業內部的競爭，常表現在如廣告和產品差異之類的非價格形式。美國有代表性的寡占是鋼鐵、鋁和汽車製造業。亦請參閱cartel、monopoly。

O P Q R

oligosaccharide＊　寡醣　由3～6個單醣分子組成的醣類。將多醣部分降解可製備出許多寡醣。天然存在的寡醣種類很少，其中多數存在於植物中；在動物中可化合成糖蛋白。

olive　油橄欖　闊葉常綠喬木，學名爲Olea europaea。產於亞熱帶，果實可供食用。希臘克里特島在西元前3500年就已栽種食用油橄欖；閃米特人在西元前3000年也已栽種。古希臘和古羅馬時代也用橄欖油。之後傳播到地中海各國。今日油橄欖主要用於榨取橄欖油。其獨特的風味和芳香以及有益健康的價值，因而聞名。近數十年在北美洲非常受歡迎。新鮮油橄欖極苦不能食，可用稀鹼如灰汁將糖苷中和。油橄欖木樨科植物。木樨科爲木本，含24屬，約900種。原產於森林地區。除北極外分布於世界各地。熱帶和暖溫帶種類爲常綠植物，而較冷的北溫帶種類落葉。梣屬種類以硬木著名；許多屬有園藝價值。丁香屬、茉莉屬、女貞屬和連翹屬。木樨科許多種類栽培以觀賞其美觀且芳香的花。

Oliver, King　奧利弗（西元1885～1938年）　原名Joseph Oliver。美國短號演奏家和樂隊領隊。早期時代的重要人物之一。在紐奧良長大。1907年開始吹短號。1915年已是一位功成名就的樂隊領隊，兩年後被譽爲「王」。後來遷居芝加哥。1922年後邀請阿姆斯壯作他的樂隊的第二短號手，從而間接地促成爵士樂散播到全世界。

Olives, Mount of　橄欖山　耶路撒冷東部的石灰岩山脊。該山爲猶太教和基督教的聖山，在《聖經》中屢見記載。行政上在大耶路撒冷區內。由以色列直接管轄，數世紀以來，該山坡成爲猶太人最神聖的墓地。橄欖山主峰通常指海拔808公尺的南頂。附近有客西馬尼園的花園遺跡。

Olivetti & C. SpA＊　奧利韋蒂公司　義大利電子和電信公司。由奧利韋蒂（1868～1943）創立，1908年開始生產打字機。1920年代，其子赴美學習現代生產技術和工廠管理，1938年小奧利韋蒂繼任總經理，公司成爲歐洲主要的辦公機械製造商。該公司還生產計算器、微電腦和影印機。1982年由美國德克特爾公司收購，遂改名爲德克特爾／奧利韋蒂公司。1990年代末期，該公司賣掉虧損的電腦事業，重新改組爲電信公司，專營電話事業（包括行動電話）。

Olivier, Laurence (Kerr)＊　奧立佛（西元1907～1989年）　受封爲奧立佛男爵（Baron Olivier (of Brighton)）。英國演員、導演和演出人。1926年開始其職業演員生涯。1937年參加老維克劇，扮演過許多莎士比亞戲劇人物。1940年與理查生共同主持老維克劇團的指導工作（1944～1950），並在《理查三世》、《亨利四世》和《伊底帕斯王》等該劇團最偉大的作品中演出。1947年受封爲爵士。1950年起，在他自己主持的劇團中自導自演，其中比較著名的演出有：《安東尼與克麗奧佩脫拉》和《藝人》（1957）。1962～1973年成爲國家劇團的導演，1970年封終身貴族，是擁有這個榮譽的第一位演員。他拍攝的影片包括《咆哮山莊》（1939）、《蝴蝶夢》（1940）、《亨利五世》（1944）、《王子復仇記》（1948，獲奧斯卡獎）、《理查三世》（1955）、《藝人》（1960）、《奧賽羅》（1965）、《偵探》（1972）和《納粹大陰謀》（1978）。他分別與女演員費雯麗和普勞賴特（1960年起）結婚。

olivine＊　橄欖石　一類鎂、鐵矽酸鹽礦物中之任一成員。橄欖石存在於很多基地和超基性火成岩中，是構成地球上地函之主要組成部分。它們也發現於一些月岩中和很多隕石中。橄欖石形成透明的黃色至淺綠黃色等軸狀晶體。有時用作磚。透明的綠色橄欖石叫做貴橄欖石。

Olmec＊　奧爾梅克文化　中美第一個成熟的前哥倫布時期文化。奧爾梅克人住在墨西哥灣沿岸的低地上，西元前1150年出現在迄今最早的建築遺址聖洛倫索。該遺址有石雕的頭像顯得突出。他們的文化影響向西北擴展到墨西哥河谷，東南及於中美若干地區。中美洲後來的本地宗教和畫像術顯然可以從所有這些地區追溯到奧爾梅克源頭。奧爾梅克藝術的主題是一種兼具美洲虎和嬰兒形態的圖案化神像。從奧爾梅克人的建築和雕刻及其藝術風格的複雜和力量看來，他們的社會顯然是複雜和不平等的。

Olmsted, Frederick Law　奧姆斯特德（西元1822～1903年）　美國園林建築師。1850年代，遍遊南部，出版了幾本著作是描寫蓄奴的文化，因而贏得盛名。後到英國旅遊，英國的園林給他留下深刻的印象，在其著作《美國農夫在英國的見聞》（1852）中有所描述。1857年紐約市計畫修建中央公園，舉辦設計競賽，他與年輕的英國建築師沃克斯（1824～1895）合作的方案獲首獎。他於1858年擔任中央公園的總建築師。公園內有草地、樹林、池塘及彎曲的人行步道，是愛大自然人的樂園。奧姆斯特德設計的其他公園包括布魯克林的普羅斯佩克特公園、尼加拉瀑布、擴大波士頓公園及道路綠化系統和芝加哥世界哥倫布博覽會（後稱傑克森公園）。創辦《民族》雜誌。作爲優勝美地委員會的第一位主席，保證該區域爲永久的公園。

Olmütz, Humiliation of＊　奧爾米茨條約（西元1850年11月29日）　普奧兩國在奧爾米茨（摩拉維亞奧洛莫烏茨，今在捷克共和國境內）簽訂的協議。黑森選侯爲鎮壓臣民起義而向普魯士和奧地利請求援助，兩軍相遇，戰爭一觸即發。後因俄國沙皇支持奧地利，普軍後撤。根據在奧爾米茨達成的協議，普魯士放棄了建立一個不包括奧地利在內的德意志各邦聯盟的計畫，並接受由奧地利重新組織日耳曼邦聯。因此，「奧爾米茨條約」意味著普魯士在外交上的失敗和被侮辱。

Olney, Richard　奧爾尼（西元1835～1917年）　美國政治家。克利夫蘭總統任內任司法部長（1893～1895）。他開創了運用禁制令制止普爾曼公司的罷工（1894）。在國務卿任內（1895～1897）處理委內瑞拉在與英國就英屬圭亞那邊界爭端中尋求美國的支持。他要求英國遵照門羅主義交付仲裁以避免戰爭。他給英國的備忘錄稱爲奧爾尼推論，重申美國在西半球的霸權和加強門羅主義。

Olt River＊　奧爾特河　羅馬尼亞南部河流。河源接近特蘭西瓦尼亞東邊穆列什河的上游，海拔1,800公尺。長496公里，向南流，穿過喀爾巴阡山脈注入多瑙河。此處有數處旅遊名勝與礦泉療養地。

Olympia　奧林匹亞　古代的宗教聖地和奧林匹亞運動會遺址，位於希臘伯羅奔尼撒半島西部，距愛奧尼亞海岸16公里，靠近阿爾菲奧斯河與克拉迪奧斯河匯合點。爲希臘宗教祭拜中心。西元前776年，爲了向宙斯表敬意，舉行體育競賽會。每四年舉行一次。宙斯神廟是建於西元前460年左右。殿內的宙斯神像出自菲迪亞斯之手，是最著名的古代雕像，世界七大奇觀之一。發掘的遺址包括神廟和競技場。

Olympia　奧林匹亞　美國華盛頓州首府。臨巴德灣和卡皮特爾湖，位於德舒特河口，東北距塔科馬47公里。因近奧林匹克山而得名。1859年設市。經濟以木材工業爲主，還有牡蠣養殖、製乳及其他工業。港口爲龐大商業後備船隊的基地。該市位於奧林匹克半島底部，爲通向奧林匹克國家公

O P Q R

園的門戶。人口：市約39,000（1995）。

Olympic Games　奧運會　在古希臘，希臘人每四年舉行一次的節日活動，爲運動、音樂和文學的競賽。首屆現代奧運會於1896年舉行。每四年一屆，分別在世界不同城市舉行。最初奧運會舉行賽跑、鐵餅、標槍、跳遠、拳擊、摔跤、五項全能、馬車賽等其他項目。西元393年羅馬征服希臘後被取消，19世紀晚期，由於法國人顧拜旦的努力，奧運會得以恢復。第一屆奧運會在雅典舉行。1924年舉行首次冬季奧運會。國際奧委會（總部設在瑞士洛桑）負責指導現代奧運會並管理比賽會。1896年後奧運會以田徑爲主，亦有從射箭到帆船等其他項目。現今比賽項目包括射箭、籃球、拳擊、輕艇、自由車、跳水、馬術、擊劍、曲棍球、足球、體操、壁手球、柔道、現代五項全能運動、划船運動、射擊、游泳、桌球、網球、田徑運動、排球、水球、舉重、角力、帆船運動等。冬季奧運會比賽有冬季兩項運動（滑雪和射擊）、有舵雪橇滑雪運動、冰上曲棍球、無舵雪橇運動、跳台滑雪、滑冰和滑雪。此外還設表演項目。

歷屆現代奧運會舉行地點

年　份	夏季奧運	冬季奧運
1896	希臘雅典	*
1900	法國巴黎	*
1904	美國聖路易	*
1908	英國倫敦	*
1912	瑞典斯德哥爾摩	*
1916	§	*
1920	比利時安特衛普	*
1924	法國巴黎	法國沙莫尼
1928	荷蘭阿姆斯特丹	瑞士聖莫里茨
1932	美國洛杉磯	美國萊克普拉西德
1936	德國柏林	德國加米施－帕滕基奧
1940	§	§
1944	§	§
1948	英國倫敦	瑞士聖莫里茨
1952	芬蘭赫爾辛基	挪威奧斯陸
1956	澳大利亞墨爾本	義大利科爾蒂納
1960	義大利羅馬	美國斯闊谷
1964	日本東京	奧地利因¥等狡|克
1968	墨西哥墨西哥城	法國格勒諾布爾
1972	西德慕尼黑	日本札幌
1976	加拿大蒙特婁	奧地利因斯布魯克
1980	蘇聯莫斯科	美國萊克普拉西德
1984	美國洛杉磯	南斯拉夫塞拉耶佛
1988	南韓漢城	加拿大卡加立
1992	西班牙巴塞隆納	法國阿爾貝維爾
1994	＊＊	挪威利勒哈默爾
1996	美國亞特蘭大	＊＊
1998	＊＊	日本長野
2000	澳大利亞雪梨	＊＊

＊冬季奧運於1924年首次舉行。

§第一次和第二次世界大戰期間停辦。

＊＊自1992年起夏季奧運和冬季奧運相隔兩年舉行。

Olympic Mountains　奧林匹克山脈　在美國華盛頓州西北部，爲太平洋山脈的一段。延伸至胡安·德富卡海峽以南、普吉灣以西的奧林匹克半島。主要山峰奧林帕斯山高2,428公尺和康士坦茨山高2,360公尺。雨林廣佈，多洋松、雲衫、雪松和鐵杉。有些樹高達90公尺，直徑爲2.5公尺。有奧林匹克國家公園和國家森林區。

Olympic National Park　奧林匹克國家公園　在美國華盛頓州西北部。1938年開闢，以保護奧林匹克山區的森林和多種野生動物。占地3,735平方公里。包括了太平洋西北的狹長的海岸線。共有六十餘條活動冰川。西坡雨林茂密，東坡林木較疏。園內有湖泊和草原。濱海區有海灘和三處印第安人保留地。

Olympus, Mt.　奧林帕斯山　希臘最高峰（2,917公尺）。在愛琴海塞隆尼卡灣附近的奧林帕斯山脈，跨馬其頓和色薩利邊界。山頂終年積雪，雲霧籠罩。長久以來被認爲是衆神的居留地。

Olympus Mons　奧林帕斯火山　火星上的一個大火山。可能是太陽系中最大的火山。由高27公里和直徑540公里的中央峰和周圍高約10公里的外向陡壁組成。山頂是一個直徑85公里的火山口。相較之下，地球上最大的火山，夏威夷的冒納羅亞山，底部直徑不過120公里，高出海底9公里。

Olynthus＊　奧林索斯　古希臘西北部哈爾基季基半島上的城市。自西元前5世紀末期開始爲哈爾基季基同盟盟主城市。西元前348年被腓力二世夷爲平地。考古發掘顯示了古城的方格式布局，並爲研究古典的和希臘化時代的希臘藝術之間的關係提供了材料。

Om＊　唵　印度教和印度其他宗教的咒語。據說其法力超過其他一切經咒。由阿、烏、姆三個音組成，表示空、天、地三界；也表示梵天、毗濕奴和濕婆三大神；還表示《梨俱吠陀》、《耶柔吠陀》（或譯《夜柔吠陀》）、《娑摩吠陀》三部《吠陀》。這樣，唵就包羅宇宙的精華。印度教信徒在祈禱、誦經和禪思的開頭和終結，都要發此咒語，佛教和耆那教的禮儀也普遍使用。

Omagh＊　奧馬　北愛爾蘭一區和城市。舊爲蒂龍郡，1973年設區。5～16世紀均在歐尼爾家族統治下，1607年蒂龍伯爵第二出走後，該地區遂歸英國統轄。大部分土地飼養乳牛和綿羊。奧馬河多鮭魚和鱒魚。奧馬鎮爲區首府、市場和輕工業中心。人口：鎮約18,000（1991）；區約47,000（1995）。

Omaha＊　奧馬哈　美國內布拉斯加州東部城市，臨密蘇里河。奧馬哈意爲「上游的人民」，指奧馬哈印第安人。1854年建立。1857年設市。1863年成爲聯合太平洋鐵路的眞正起點，奧馬哈迅速成爲工貿中心。是該州最大的城市。主要穀物和牲畜市場，以及鐵路、肉類加工和保險中心。市內有內布拉斯加大學和喬斯林藝術博物館。人口約364,253（1996）。

O'Mahony, John　奧馬奧尼（西元1816～1877年）　愛爾蘭裔美籍政治領袖。愛爾蘭反抗軍領袖。1853年逃亡紐約。創建芬尼亞兄弟會（愛爾蘭民族主義祕密團體）美國支部。到1865年，該團體發展壯大，向愛爾蘭提供武器和金錢。該組織分裂後，他被迫支持向加拿大進行軍事襲擊的決定，奪取加拿大人質以換取愛爾蘭的自由。襲擊失敗而辭職。亦請參閱O'Neill, John。

Oman＊　阿曼　正式名稱阿曼蘇丹國（Sultanate of Oman）。舊稱馬斯喀特和阿曼（Muscat and Oman）。阿拉伯半島東南沿海國家。面積306,000平方公里。人口約2,497,000（2001）。首都：馬斯喀特。大部分人口是阿拉伯人並形成部落，然而還有相當數量的人來自東南亞和東非。語言：阿拉伯語（官方語）及俾路支語。宗教：伊斯蘭教（國教）和印度教。貨幣：阿曼里亞爾。阿曼炎熱乾旱，沿海地區溫度較高。哈傑爾山脈與阿曼灣海岸平行，高度逾3,000公尺。向西南延伸約600公里的礫質沙漠分開，占阿曼

全境的3/4。阿曼屬於發展中的混合型經濟，石油的生產和出口在該國經濟中所占比重最大。政府形式爲君主制，有顧問會議輔佐統治。國家元首暨政府首腦爲蘇丹。人類在阿曼定居至少有一萬年之久。阿拉伯人向阿曼的遷徙始於西元前9世紀。在7世紀皈依伊斯蘭教以前，阿曼部落間的爭鬥不斷。阿曼一直受伊瑪目統治，直到1154年由諸位國王統治的王朝建立爲止。他們被驅逐出境後，1507～1650年葡萄牙人占據阿曼海岸。布・賽義德王朝創於18世紀中葉，統治著阿曼。18～19世紀向東非擴張版圖，桑吉巴爲首都。1964年發現石油。1970年蘇丹被其子推翻，並著手進行現代化的政策和加入阿拉伯國家聯盟和聯合國。波斯灣戰爭期間與聯合部合作對抗伊拉克。1990年代繼續擴展外交關係。

Oman, Gulf of　阿曼灣　阿拉伯海西北部海灣，位於阿拉伯半島東部的阿曼與伊朗之間。寬370公里，長545公里。以荷姆茲海峽連接西北方的波斯灣。其重要性在於它是波斯灣沿岸石油產區的運輸航道，是由阿拉伯海和印度洋進入波斯灣的唯一入口。

Omar, Mosque of ➡ Dome of the Rock

Omar Khayyam＊　歐瑪爾・海亞姆（西元1048～1131年）　波斯語全名Abu ol-Fath Omar ebn Ebrahim ol-Khayyami。波斯詩人、數學家和天文學家。受到良好的科學與哲學教育。當時在他本國以其科學成就而知名，他的詩作所存者僅有少量。在英語國家讀者僅知其爲1859年出版，費茲傑羅所譯的《歐瑪爾・海亞姆的四行詩集》的作者。歐瑪爾的詩作不大引人注意。後經查明至少有250首四行詩確出於歐瑪爾之手。

ombudsman＊　巡視官　大型組織和政府指定代表人，專門調查公民的不滿和建議解決辦法。該職務於1809年創始於瑞典，後被斯堪的那維亞國家、紐西蘭、英國、德國、以色列、美國的某些州、澳大利亞和加拿大的某些省份以不同的形式襲用。巡視官的管轄範圍包括大學、公司、市政府和機關（如醫院）。

Omdurman＊　恩圖曼　蘇丹中東部城市。臨青、白尼羅河會合點緊下方。1885年馬赫迪戰勝英國人前僅爲一小村莊，馬赫迪及其繼承人阿布杜拉將其定爲首都，迅速發展成城鎮。1898年恩圖曼被英埃軍隊占領後，繼續發展成蘇丹文化、宗教和商業中心。有阿布杜拉故居（現已改爲博物館）和馬赫迪陵墓。人口1,267,077（1993）。

恩圖曼的馬赫迪陵墓
Charles Beery – Shostal

Omega Centauri＊　半射手座ω星團　最亮的球狀星團。它位於南天星座半射手座中。星等爲3.7等，用肉眼看是一微弱的光斑。半射手座ω星團是距地球較近的球狀星團之一（約17,000光年）。據估計有恆星數十萬顆，已觀測到數百顆變星。赫瑟爾（參閱Herschel family）首先發現它是星團而非星雲。

omen　徵兆　指經過觀察而見到並據以預言吉凶的現象。古人所注意的徵兆甚多，種類紛雜，如雷電、雲的運動、鳥飛以及某些怪獸的蹤跡等。

Ometecuhtli＊　奧梅蒂庫特利神　阿茲特克人的神、二元之主或生命之主。奧梅蒂庫特利神和他的對應女神奧梅西華特爾同住在奧梅約坎，這是阿茲特克人的第十三重天，也是最高層的天。奧梅蒂庫特利神被描繪爲豐饒的象徵並飾佩有玉米穗。奧梅蒂庫特利是唯一既沒有神殿也沒有以其名義舉行任何祭儀的神，但在祭儀的每一行動中及在自然界的每一節奏中，人們都能看到他的存在。

omnivore＊　雜食動物　能吃植物性和動物性食物的動物。雜食動物在取食的結構和行爲方面沒有明顯的特化。許多動物一般被認爲是食肉動物實際上是雜食性的，例如紅狐喜食果實以及哺乳動物和鳥類。亦請參閱herbivore。

Omsk＊　鄂木斯克　俄羅斯西南部城市。位於額爾齊斯河與鄂姆河匯流處。1716年建爲要塞，1804年設市，19世紀末期之前爲西伯利亞哥薩克人軍事重鎮。1918～1919年爲以高爾察克爲首的反布爾什維克政府所在地。1890年代西伯利亞大鐵路的建設促進該城商業發展。第二次世界大戰中工業得到發展。從窩瓦－烏拉油田和西西伯利亞油田有管道通往該市的煉油廠和石油化工廠。人口約1,200,000（1996）。

On ➡ Heliopolis

Onassis, Aristotle (Socrates)　歐納西斯（西元1906～1975年）　希臘海運業大王，國際貿易商人。煙草商之子，在布宜諾斯艾利斯經營進口煙草業務。希臘政府委任他爲總領事。二十五歲時成爲百萬富翁。1932年他第一次買了貨輪。在1940～1950年代他所建的超級油輪及貨輪船隊的規模比許多國家的海軍還大。他在蒙地卡羅購得公司股權。1957～1974年擁有奧林匹克航空公司。與卡拉絲有長期的親密關係。1968年與賈桂琳・甘迺迪結婚。

Onassis, Jacqueline Kennedy　賈桂林・甘迺迪・歐納西斯（西元1929～1994年）　本名賈桂林・鮑威爾（Jacqueline Bouvier）。美國著名人物。生於紐約州的東罕普頓，1953年嫁給甘迺迪，甘迺迪於1961年成爲美國總統。身爲第一夫人的賈桂林將白宮重整爲原本的共和時期樣式，並引領媒體轉播參觀總統住家的行程。她的親切大方、高貴與美麗，使她深受美國民衆喜愛；她廣博的文化素養與流利的

O
P
Q
R

西班牙語和法語，則贏得了外國領袖的好感。在她的丈夫遇刺身亡後，她與子女卡洛琳（1957～）和小約翰（1960～1999）遷居紐約市。1968年她與歐納西斯結婚。歐納西斯於1975年逝世後，賈桂林回到紐約，成爲有名的圖書編輯。

Oñate, Juan de＊　奧尼亞特（**西元1550?～1630年**）　西班牙征服者，1598年爲西班牙建立新墨西哥殖民地。1601年他派遣探險隊到美國西南部搜求黃金，並探勘今堪薩斯州。1604年又率兵探險，西到科羅拉多河，南至加利福尼亞灣，仍然敗興而歸。1607年辭職。後因在任時的罪行受審，以殘暴虐民，道德敗壞及謊報情況論罪，1614年予以放逐。

onchocerciasis　盤尾絲蟲病 ➠ river blindness

oncogene＊　致癌基因　能夠導致惡性腫瘤的基因。它是去氧核糖核酸（DNA）的一種序列，已從原本形式（原致癌基因）變化或突變。原致癌基因（參閱mutation）促進了正常細胞的特化與分裂。細胞中基因序列的改變會造成細胞生長失控，最後導致惡性腫瘤的形成。在人體中，原致癌基因可藉以下三種方式轉化爲致癌基因：點突變（單一核苷酸基對的改變）、移位（其中染色體的片段脫落而附著於另一染色體）或擴大（原致癌基因的數量增加）。致癌基因首先發現於特定的反轉錄病毒，後來在許多動物中被認定爲致癌因子。約六十種人類致癌基因已被辨識出來，包括一些導致乳癌和肺癌的基因。亦請參閱Bishop, J(ohn) Michael、Varmus, Harold (Elliot)。

Ondaatje, (Philip) Michael＊　翁達切（**西元1943年～**）　出生於斯里蘭卡的加拿大小說家與詩人。他在十九歲移民蒙特婁，並就讀於多倫多大學與皇后大學。由於對美國西部的迷戀，促成他作品中最著名的一部：《比利小子故事集成》（1970，爲模仿之作）。1992年出版小說《英倫情人》（獲普立茲獎，1996年拍成電影），爲他贏得國際性的肯定。之後於2000年出版《安奈爾之魂》。他富於音樂性的詩歌與散文，融鑄了神話、歷史、爵士、回憶錄以及其他形式。他也執導過數部影片。

Onega, Lake＊　阿尼加湖　俄羅斯西北部湖泊。位於拉多加湖與白海之間，是歐洲第二大湖。面積9,720平方公里。阿尼加湖水洩入斯維爾河。每年一半的時間結冰。通過運河與波羅的海及白海相聯，經過海水道與窩瓦河相通，在國內與國際運輸中都有重要意義。

Oneida＊　奧奈達人　操易洛魁語的北美印第安部落，位於今紐約州中部，是易洛魁聯盟原有五民族之一。營半定居生活，種植玉米，住長形房屋，各個家庭按照母系互有親屬關係。每一社區有一地方性議會，指導首領的工作。奧奈達人在獨立戰爭中支持殖民地，卻被布蘭特所率領的親英國易洛魁人擊敗。到19世紀中葉，奧奈達人大部分被驅散。今約有5,000人，主要集中在加拿大和美國的威斯康辛州、紐約州中部。

Oneida Community　奧奈達社團　美國空想宗教團體。1847年由諾伊斯在紐約州奧奈達創立。其前身爲1841年諾伊斯和一部分門徒在佛蒙特州帕特尼市創立的探索學會。由於四鄰居民對該社團實行群婚制日益憎恨，於是社團遷到奧奈達。奧奈達社團因生產鋼圈、銀器和其他產品，使社團鼎盛時期達三十年。1879年社團解散後，殘餘成員進行商業活動，製作銷售白銀餐具等產品。

O'Neill, Eugene (Gladstone)　歐尼爾（**西元1888～1953年**）　美國戲劇家，劇團演員之子。他過著一種漂泊的生活，沈迷於酗酒，甚至企圖自殺。染上肺結核病修養後（1912），他開始編寫劇本。普羅溫斯敦劇團表演了他的獨幕海洋劇《東航加地夫》。1916～1920年間這個劇團上演了歐尼爾早期的劇作。他的第一部多幕劇《天邊外》於1920年在百老匯上演，爲歐尼爾贏得第一個普立茲戲劇獎，歐尼爾的寫作能力和獻身於寫作的力量都是驚人的。他的作品常描寫關於苦悶家庭的相互關係及唯心論和唯物論的衝突，他的聲譽在國內外不斷上升，歐尼爾的戲劇在全世界被翻譯的最多，上演也最多。1920年代他寫了很多作品，其中包括《瓊斯皇帝》（1921）、《毛猿》（1923）、《安娜・克里斯蒂》（1922，獲普立茲獎）、《榆樹下的欲望》（1925）、《偉大之神布朗》（1926）和《奇妙的插曲》（1928，獲普立茲獎）。後期的劇作有《哀悼》（1931）、《啊，荒野！》（1933，唯一喜劇）、《賣冰的人來了》（1946）和自傳性的作品《長夜漫漫路迢迢》（1956，獲普立茲獎）被認爲是他的最佳作品。1936年獲諾貝爾文學獎。第一位獲得該項榮譽的美國劇作家。

O'Neill, John　歐尼爾（**西元1834～1878年**）　美國政治領導人（愛爾蘭出生）。加入愛爾蘭民族主義祕密團體「芬尼亞兄弟會」美國支部。1848年到美國。定居田納西州。1866年他開始進攻加拿大，率六百人渡尼加拉河，奪伊利堡，然後逃回美國。1870年再次進犯加拿大，但在佛蒙特邊境被加拿大人擊退。1871年又襲擊馬尼托巴。亦請參閱O'Mahony, John。

Onin War＊　應仁之亂（**西元1467～1477年**）　日本京都地區發生的內亂，導致莊園制的終結，各地的戰爭延續了一百年。由室町幕府和本州西部大地主之間的矛盾引起。

onion　洋蔥　二年生草本植物，學名爲Allium cepa，其鱗莖可食，可能原產於南亞，今世界各地都有生長。屬百合科。本科多有地下莖，最耐寒和最古老的蔬菜－庭園植物。有一株或多株無葉的莖，頂端有一簇青白色小花。葉基在植物生長中膨脹，成爲地下鱗莖。其特有的辛辣味來自含硫豐富的揮發油。去皮時釋出的揮發油可使人流淚，洋蔥的大小、形狀、顏色及辣味各不相同，洋蔥營養低，但風味極佳。洋蔥對感冒、耳痛、喉炎、動物咬傷、火傷及疣等輕微病症有療效。同近似種的大蒜，經研究有其他有益的特性。亦請參閱allium。

洋蔥
Walter Chandoha

Onnes, Heike Kamerlingh ➠ Kamerlingh Onnes, Heike

Onsager, Lars＊　昂薩格（**西元1903～1976年**）　挪威裔美籍化學家。移民到美國在耶魯大學任教。他提出不可逆化學過程理論，被描述爲擬議中的熱力學第四定律。因而獲1968年諾貝爾化學獎。他對溶液中離子運動與湍流和流體密度有關的論述，對物理化學的發展具有重大影響。

Ontario　安大略　加拿大第二大省。位於哈得遜灣和詹姆斯灣與聖羅倫斯水系－大湖區之間。省會多倫多。該區域最早由易洛魁和阿爾岡昆部落居住，後來歐洲人定居在此地。17世紀法國探險家和傳教士來到此地。1763年法國印第安戰爭結束，安大略由法國割讓給英國。1867年加拿大聯邦成立，西加拿大即改稱安大略省。該省地理上分爲兩個地區：北安大略岩石重疊，地勢起伏，森林茂密，多沼澤和湖泊，礦藏豐富。南安大略適宜農業和工業生產，是加拿大人口、城市發展及工業的中心。首都渥太華亦位於該省。人口11,408,000（1996）。

Ontario, Lake　安大略湖　北美洲五大湖最東和最小的湖泊。北為加拿大安大略省，南為美國紐約州。大致成橢圓形，主軸線東向西，長311公里，最寬處85公里。尼加拉河是該湖的主要的支流。湖東端末有五處島嶼。韋蘭運河和尼加拉河與伊利湖連接，港口包括城市安大略的多倫多、漢米敦和紐約州的羅契斯特和奧斯威戈。1615年山普倫曾來此。

ontological argument　本體論論證　從神的觀念開始到神的眞實性的論證。這個論證首先是聖安瑟倫在他的《關於上帝存在的談話》（1077～1078）中清楚地以系統化加以闡述。之後笛卡兒提出更爲著名的不同說法。安瑟倫是以無法構想出比神更爲偉大的概念作爲起點。要思考這種只存在於思想而不存在於現實中的性質的本質，涉及到自相矛盾，因爲缺乏眞正的存在的本質就不是無法構想出比它更大的本質。更大的本質將擁有存在更深邃的性質。因此，無法超越的完美本質必定存在，否則它將不是無法超越的完美。這是在思想史上討論最熱烈與備受爭議的論證之一。

ontology　本體論　探討存在本身的一種學說。它和亞里斯多德的形上學的含義相同。由於形上學研究的對象還涉及其他學科（如哲學的宇宙論和心理學），在探討存在這一命題時就採用了本體論這一術語。18世紀時，沃爾夫把本體論看成是一種導致有關存在本質的必然眞理的演繹法。他的繼承者康德提出過有影響的駁斥，否認本體論爲一種演繹法，20世紀本體論再度受到重視，包括海德格在內的現象學者和存在主義者的論述。

onychophoran＊　有爪動物　有爪動物綱無脊椎動物，自由生活，約90種。皮膚天鵝絨樣，故有時稱天鵝絨蠕。櫛蠶屬是一個常見的屬，分布於西印度群島、中美洲和南美洲北部。體細長，每一節具一對短足。體長14～150公釐。棲息在潮濕和隱蔽處。森林中地面的枯枝落葉間，落木裡的蟲道內，蟻巢內或土壤中有時可深達1公尺多。用其顎將被捕到的獵物體表咬開，然後吸食其汁液。

onyx＊　縞瑪瑙　矽氧礦物瑪瑙具黑白交替條帶狀的次寶石變種。其他變種包括帶有白色和紅色條帶的紅面帶紋瑪瑙及帶有白色和褐色條帶的纏絲瑪瑙。縞瑪瑙可以用來作浮雕和凹雕寶石，因爲它的各雕層可以顯示出圖樣與基底之間的顏色對比。其物理性質與石英相同。遍布於全世界，但主要產地在印度和南美。

Oort cloud　歐特雲　由繞行太陽小型冰體構成的巨大球形雲，距離約從0.1光年至1光年，大多數長周期彗星的可能來源。1950年荷蘭天文學家歐特（1900～1992）指出，彗星的軌道顯示並非來自行星際空間，乃提出太陽周圍有數十億個這類物體環繞的理論，只有在進入內太陽系才會偶爾偵測到。一般相信歐特雲是由太陽系形成（參閱solar nebula）時的原始物體構成。在較裡面的區域則與圓盤狀的柯伊伯帶融合在一起。

Op art　歐普藝術　亦稱視覺藝術（Optical art）。20世紀中葉幾何化抽象藝術的一支，歐普藝術家利用一些簡單的反覆圖案，如：平行線、棋盤格子、同心圓等足以構成錯覺的技法；或者利用並列的相同亮度的互補色形成色階張力來營造複雜而詭譎的視覺空間；如此，歐普藝術家便製造出運動的幻覺。歐普運動興起於1950年代後期與1960年代之際，重要藝術家爲瓦薩列里、賴利（1931年生）和彭斯（1937年生）。

opal　蛋白石　廣泛用作寶石的含水、非晶質的矽氧礦物。化學成分同石英的類似，具有不定的含水量。純的蛋白石是無色的，多數是浸染有各種雜質的暗色變種。其顏色由黃色和紅色到黑色。黑蛋白石是罕見，價值很高的。白蛋白石和以黃色、橙色或紅色體色爲特徵的火蛋白石較常見。各種形式的普通蛋白石被廣泛地開採來作爲研磨材料、絕緣體和陶瓷配料。蛋白石在火山岩中最豐富，尤其在熱泉活動的地區。最好的蛋白石寶石產自澳大利亞，日本、墨西哥、宏都拉斯、印度、紐西蘭和美國也產出寶石蛋白石原料。

採自澳大利亞的黑色蛋白石，現藏美國密蘇里州聖路易華盛頓大學地球科學博物館
John H. Gerard

OPEC ➡ Organization of Petroleum Exporting Countries (OPEC)

open cluster　疏散星團　由引力相互作用而保持在一起的一群星族I（參閱Populations I and II）的天體（勿與星系團相混）。疏散星團的成員星比球狀星團的成員星要稀疏的多。已知的疏散星團含有10～1,000或更多顆恆星（約一半星團含恆星少於100顆）。直徑達5～75光年。在銀河系中已發現了1,000多個疏散星團，著名的星團有昴星團和畢星團。

Open Door policy　門戶開放政策　美國對中國的外交政策說明。由美國國務卿海約翰提出，旨在維護與中國通商的各國享有均等的權利，美國向英、德、法、義大利、日本及俄國發出通告並說明該政策將阻止中國被列強肢解爲各自殖民地。各國的答覆均閃爍其詞，但美國認爲各國承認了門戶開放的原則。1937年日本違反政策，促使美國中斷給日本的供應。1949年共產黨在占據中國後，結束了門戶開放政策。

open-heart surgery　開心手術　須將心臟切開以露出一個或多個心腔的外科手術。最普遍者爲修補心瓣膜和矯治心臟畸形。其執行須藉助心肺機（參閱artificial heart），如此，外科醫師所處理的便是已經排空且不跳動的心臟。1953年美國外科醫師吉朋首度成功地利用心肺機完成開心手術，將兩心房中隔上的孔封閉。

open-hearth process　平爐煉鋼法　亦稱西門子－馬丁法（Siemens-Martin process）。爲20世紀大部分時間中的主要煉鋼技術，全世界所產鋼多數用此法生產。威廉・西門子探求提高冶金爐溫度的方法，使利用爐子排出廢熱的老建議再受注意。他將爐內熱氣引往磚砌的格式裝置，將磚加熱到高溫，然後將空氣經格子磚通往爐內。預熱的空氣顯著地提高了火焰溫度。1864年法國的馬丁首先使用這種裝置生產鋼，採用生鐵和一些廢熟鐵作爐料。在大多數工業化國家平爐煉鋼法（取代柏塞麥煉鋼法）已爲鹼性氧氣煉鋼法和電爐所代替。亦請參閱reverberatory furnace。

open-market operation　公開市場操作　指由中央銀行當局買賣政府證券，有時也包括商業票據，以便對貨幣供給和信貸狀況進行持續的調節。公開市場操作還可用以穩定政府證券價格。當中央銀行在公開市場購進政府證券時，會增加商業銀行用於擴大其貸款和投資的準備金；提高政府證券價格，即降低其利率；普遍降低利率從而鼓勵企業投資。反之，如中央銀行售出政府證券，其結果與上述相反。

公開市場操作一般以政府短期證券（如短期國庫券）進行。

opera 歌劇 由管弦樂伴奏之聲樂曲、序曲、間奏曲組成的音樂劇。歌劇發明於16世紀末，當時由詩人、音樂家、學者組成的社團卡梅拉塔會社試圖模仿古希臘戲劇，其中已知大部分爲吟詠或歌唱。由於眞正的希臘音樂無人知曉，作曲家在重新構思時擁有相當的自由。希臘田園詩的模仿作品成爲早期歌劇腳本的基礎。最早的歌劇由佩里（1958年的《達夫尼》，已亡佚）和卡契尼（1600年的《尤麗狄西》）寫成，從頭到尾都是模擬音調語言的輕度伴隨旋律。最偉大的早期歌劇人物蒙特威爾第在1607年寫出第一部傑作《奧菲歐》。和先前的歌劇不同，《奧菲歐》爲小型管弦樂寫作，其中的宣敘調開始與詠嘆調有明顯的區別，這個成就是後來歌劇成功的決定性因素。在法國，盧利製造出宮廷歌劇的原型，他的影響後來支配了18世紀中期的法國歌劇。拉摩、韓德爾、葛路克是18世紀前三分之二時間裡最重要的歌劇作曲家，他們的作品被莫札特燦爛的歌劇超越。在19世紀早期，羅西尼和董尼才第支配著義大利歌劇。19世紀晚期出現了威爾第和華格納的偉大作品，其中後者進行大膽的改革，成爲蒙特威爾第以降影響最大的歌劇人物。史特勞斯和普契尼浦契尼寫下了20世紀最受歡迎的歌劇。亦請參閱ballad opera、operetta。

operating system (OS) 作業系統 控制電腦的許多不同操作及管理、協調電腦程式執行的軟體。作業系統是調度由電腦執行的工作順序，並把這些工作分配給電腦的各種硬體系統，例如中央處理器、主記憶體和周邊設備。在載入、儲存和執行程式時，以及在執行諸如存取檔案、運行軟體應用程式、控制顯示器與儲存裝置和直譯鍵盤命令等個別工作時，中央處理器都在作業系統管理下進行。當電腦同時執行幾個工作時，作業系統便以最有效的方式分配電腦時間和各種資源，以分時系統來決定處理工作的優先次序，作業系統還管理電腦同網路中其他電腦的互動。現代電腦作業系統變得愈來愈與機器無關，能在任何一種硬體平台運作，目前最廣泛使用的一種不拘平台的作業系統是UNIX。大部分個人電腦的作業系統是微軟公司的Windows作業系統。

operationalism 操作主義 科學哲學觀點，認爲能以科學方式實踐的理論主張才是有意義的，包括特定的操作方式——如手動或紙筆計算的操作——這些形式均得以將觀點賦予意義，因此，不具操作意義者是不能以科學知識詮釋的。這個想法的根本之道是將事物本質剔除，智識迷信和礙障則爲較佳的科學理解方式，是自早期抽象時代以來即有的一種想法。操作主義與美國哲學家布立基曼（1882～1961）的著作有密切關聯。

operations management ➠ production management

operations research 作業研究 科學方法的應用，以經營和管理軍事、政府、商業、工業體系。肇始於第二次世界大戰期間的英國，當時科學家與皇家空軍合作以改善敵機的偵測，導致同時有助於改善早期預警、防衛、補給的整體系統。作業研究的特點是系統取向或系統工程，其中跨學科的研究小組對大規模的問題採取科學方法，這些問題因實驗測試不可能存在而必須塑造模型。例子包括資源分配和替代、存貨清單控制、大規模建設計畫的時間排訂。

operator, differential ➠ differential operator

operetta 輕歌劇 類似歌劇結構的戲劇音樂作品。以其浪漫、多愁善感的情節爲特徵，伴有歌曲、管弦樂和頗精緻的舞蹈場面連同對白等。現代西方輕歌劇始於奧芬巴赫，他創作了不下於九十部的作品。奧芬巴赫激勵了蘇佩（1819～1895）和小史特勞斯的創作。在英國吉柏特和沙利文合著的十四部輕歌劇（1871～1896）普受歡迎。20世紀初在美國，輕歌劇獲得發展。赫伯特、戴高文和龍白克都是創作輕歌劇來豐富美國音樂生活的重要過渡人物。

operon＊ 操縱子 單細胞有機體（原核生物）及其病毒的基因調節系統，其中爲功能上相關之蛋白質編碼的基因隨著去氧核糖核酸（DNA）聚集，使其表現能夠根據細胞的需要而調節。藉著僅在需要的時候和地方提供蛋白質的製造方法，操縱子可讓細胞保存能量。典型的操縱子包含一組結構基因，能爲涉及代謝通路（例如氨基酸的生物合成）的酶編碼。訊息核糖核酸（RNA）的單位由操縱子譯解，然後改爲分立的蛋白質。操縱子由因應環境信號的各式各樣調節元素控制。1960年代早期，操縱子系統首先由雅各布和莫諾提出。

Opet＊ 奧佩特節 古埃及的新年節日。屆時人們把阿蒙、穆特及他們的兒子柯恩斯這三位神的像自凱爾奈克他們的聖所遷往盧克索。停在盧克索廟中約二十四天，全城慶祝。然後人們把神像循原路運回凱爾奈克聖所，沿途任人瞻仰，節期結束。

Ophite＊ 蛇派教徒 西元2世紀和之後數世紀盛行於羅馬帝國的若干諾斯底派的成員。他們的信仰互有歧異但共同信奉激進二元論教義，認爲物質（惡）與精神（永恆之神）互相爭鬥；並以這種教義去解釋基督教的基本教義。蛇派將《聖經》的善惡觀念顛倒過來，以蛇爲氣根或靈根；因爲蛇將諾斯（眞知）授以人使人知道自己的靈來自未知的神。

ophthalmology＊ 眼科學 有關眼疾診治的醫學專科。1805年第一所眼醫診所開張，1864年東德斯利用光學原理與眼鏡解決具體視覺問題。檢視眼內構造的檢眼鏡之發明，使得眼醫可以把眼部缺陷與眼內科情況聯繫起來考慮；近來眼科學的進步主要爲定期檢查眼睛以預防眼疾、早期治療先天性眼部缺陷及眼庫使角膜組織的移植更普遍可行。眼的功能爲視覺，任何對視覺有不良影響的事物皆爲眼科醫師關心的對象，不管它是肇因於眼的發育缺陷、疾病、傷害、毒血症、變性、衰老或折射。醫師要開立治療眼疾的處方，並配置眼鏡以解決折射問題，需要時進行手術。亦請參閱optometry、visual-field defect。

Ophüls, Max＊ 奧菲爾斯（西元1902～1957年） 原名Max Oppenheimer。德國電影導演。德國和奧地利（1921～1930）的演員、舞台導演和發行人。因拍攝《愛情公司》（1933）而聞名。離開德國到法國，爲法國觀衆拍攝《軟心腸的敵人》（1936），後遷往好萊塢拍攝了《流放》（1947）、《一個陌生女人的來信》（1948，舊譯《巫山雲》）和《逮住》（1949）。1950年回到法國後導演《輪舞曲》、《快樂》（1952）和《洛拉·孟戴茲》（1955），一般認爲這是他最優秀的作品。他的兒子馬塞（1927年生），在法國工作，爲紀錄片製作人。他有爭議的影片《悲傷與憐憫》（1971）是調查在德國占領下的法國人的行爲，同《忒耳彌諾斯飯店》（1988，獲奧斯卡獎）爲他帶來了國際聲譽。

Opie, Eugene Lindsay 歐庇（西元1873～1971年） 美國病理學家。出生於美國維吉尼亞州斯當頓，從約翰·霍普金斯大學取得醫學學位。執業初期，正確地推論胰島的退化造成糖尿病，膽汁與胰管會合處阻塞造成急性胰臟炎。後來證明結核病經由接觸傳播，包括家庭成員之間。研究結果導致利用X光片檢查無症狀的結核病，以唾液檢驗預測傳播的機率，注射加熱殺死的結核桿菌來預防感染。

opium 鴉片 有機化合物，自古希臘時代即是麻醉性鎮痛藥。從罌粟未成熟蒴果中提取。鴉片的合法用途是用於醫療，包括提取純鴉片生物鹼（如嗎啡、可待因等）製造此類生物鹼的衍生物。生鴉片或提純的鴉片生物鹼及其衍生物（如海洛因）等常被非法應用。鴉片的有效成分爲生物鹼，最主要的是嗎啡。鴉片生物鹼按化學結構和作用分爲兩大類。一類作用於神經系統，以嗎啡、可待因及蒂巴因等爲代表：有鎮痛、麻醉作用，有成癮性。另一類包括罌粟鹼、諾司咳平等，無麻醉、成癮及鎮痛作用，但能鬆馳平滑肌。吸食鴉片成癮後，可引起體質衰弱及精神頹廢，壽命也會縮短。過量使用鴉片，可因呼吸抑制而死亡。

opium poppy 鴉片罌粟 罌粟科顯花植物，學名Papaver somniferum，原產於土耳其。可從未成熟蒴果中的乳白色液體提取鴉片、嗎啡、可待因和海洛因。在美國是常見的一年生園藝植物，鴉片罌粟花寬約13公分，藍紫色或白色，植株高1～5公尺；葉銀綠色，分裂或有鋸齒。其成熟種子小而無麻醉性，呈腎形，顏色從灰藍到深藍色都有，可用來烘焙食物，以及當作調味料、鳥餌和提煉成油。

Opium Wars 鴉片戰爭 兩場貿易的戰爭（1839～1842、1856～1860），第一次鴉片戰爭發生於中國與英國之間；第二次鴉片戰爭（又稱亞羅戰爭〔Arrow War〕或英法戰爭）則是中國與英法聯盟交戰。從歷史的觀點來看，中國認爲西方無法在貿易上提供中國感興趣的事物。因此如果西方國家渴望取得中國的物品，他們必須支付給中國強勢貨幣。英國爲抵銷這種單向的貨幣流通，決定非法輸入中國人熱衷購買的鴉片。當中國試圖阻止這種行徑時，戰爭爆發。英國獲勝後，戰後簽訂的「南京條約」對中國不啻一大打擊。第二次鴉片戰爭則導源於列強脅迫中國簽訂讓出更多特權的「天津條約」。當中國拒絕簽署這項條約，列強攻陷北京，皇帝的夏宮遭焚毀。鴉片戰爭更爲深刻的原因是雙方的傲慢自大：中國自視爲世界的中心，周邊的國家只能卑屈地前來通商；英國和西方則認爲中國落後，所以可加以威逼脅迫。亦請參閱Canton system、East India Co.、Lin Zexu。

Oporto ➠ Porto

opossum 負鼠 有袋總目負鼠科約66種美洲獸類的統稱。北美洲的一種爲普通負鼠（即維吉尼亞負鼠、有袋負鼠），體長可達100公分。毛粗從淺灰白色到近於黑色。尾無毛，能纏捲。前足有5個利爪；後足最內側的趾無爪，可與其他趾相對。幾乎能食所有食物，包括昆蟲、小型哺乳動物及各種果實，有時還食莊稼。在地面上受驚時會裝死。每窩產幼仔25隻，重僅2克。幼仔爬進育兒袋就去尋找奶頭（常有13隻奶頭），幼仔在袋裡生活4～5個星期，再騎乘在母背上隨母體行動8～9個星期。

普通負鼠
Robert J. Ellison – The National Audubon Society Collection/Photo Researchers

Oppenheimer, J(ulius) Robert 奧本海默（西元1904～1967年） 美國理論物理學家。哈佛大學畢業後，到英國劍橋大學研究。後到格丁根大學深造。獲得博士學位後，回到美國，在加州大學及加州理工學院教學。奧本海默的研究工作注重於亞原子粒子的能量過程，並培養了整整一代的美國物理學家。第二次世界大戰期間擔任製造第一批原子彈的「曼哈頓計畫」的科學工作負責人。在洛塞勒摩斯建立了實驗室。1947～1966年任普林斯頓大學高級研究院院長，他強烈反對製造氫彈。1953年奧本海默受到軍事情報機關的指控，他與共產黨人合作。因這件事情，他與泰勒的相鬥，成爲全球的重要事件。1963年恢復名譽，並授予費米獎。

opportunity cost 機會成本 經濟學名詞，指在選擇一種開支時所放棄的其他機會價值。對於一個有固定收入的消費者來說，買一台新洗碗機的機會成本可能就是要放棄一次從未去過的假期旅行的代價，或是幾套未曾購買的新衣代價。機會成本的概念能讓經濟學家考察各種不同貨物和勞務的相對貨幣價值。

opposition, square of 對當方陣 在亞里斯多德三段論法教條中，四類命題（全稱肯定或A命題、全稱否定或E命題、特別肯定或I命題、特別否定或O命題）裡傳統邏輯相對關係（矛盾、相反、特稱）的幾何表示方式。A命題位於左上方，E命題位於右上方，A命題下方是I，而E命題下方是O。A、O命題和E、I命題一樣，是矛盾命題（對角線關係）；A 與E 是矛盾命題，而I是A的特稱命題，O是E的特稱命題。儘管矛盾命題擁有相對的眞假值（一項爲眞，另一項爲假），反對命題不能同時是眞也是假。

optical activity 光學活性 物質使一束穿過它的光線的偏振平面發生旋轉的能力，一如在晶體或溶液中。面對光源觀測時，偏振光平面如果按順時針方向旋轉，旋光率定爲正值；若反時針旋轉，則旋光率爲負值。巴斯德是第一個認識到具有光學活性的分子是立體異構體（參閱isomerism）。光學同分異構體發生於鏡像排列的成對分子，除了平面偏振光旋轉角度相反和遇到其他的立體異構體時反應不同外，它們的物理和化學特性相同（參閱asymmetric synthesis）。

optical character recognition ➠ OCR

optical scanner ➠ scanner, optical

optics 光學原理 研究光線的生成與傳播、光經歷和產生的變化及其他緊密相關現象的一門科學。物理光學主要研究光的本性和其他性質。幾何光學則研究反射鏡、透鏡和其他光學儀器的成像原理。光學數據處理涉及相干（單一波長）的光學系統成像之訊息量的操作。光學的研究引導了諸如眼鏡和隱形眼鏡、望遠鏡、顯微鏡、照相機、雙目望遠鏡、雷射和光學纖維（參閱fiber optics）等儀器設施的發展。

Optimates and Populares＊ 貴族黨和平民黨 古代羅馬具有地位意識形態的團體，西元前1世紀初有了明確的分類。兩個集團的成員都屬於富裕階層。貴族黨（拉丁語意爲「最好的」、「貴族」）促進了其在元老院的統治地位和政府體制間適當的平衡。平民黨（拉丁語意爲「民眾領袖」、「平民主義者」）則利用民眾集會和部族大會去尋求支持，並提倡諸如土地分配、取消負債和糧食補助。兩黨間的分化導致內戰，最有名的即凱撒和龐培、屋大維（奧古斯都）和安東尼間的戰爭，羅馬共和國隨著奧古斯都登上王位而結束。

optimization 最優化 應用數學的一個領域，其中的原理和方法是用來解決各學科（諸如物理學、生物學、工程學、經濟學）中的定量問題。各學科中對於追求函數最大化或最小化的問題都可以用相同的數學工具解決（參閱maximum、minimum）。典型的最優化問題中，其目標在找出決定系統（例如物理上製造過程、投資計畫）行爲的可控制因子的數值，該數值可達到產量最大化或資源耗費最小化。最簡單的一類最優化問題涉及單一變數（輸入變量）的函數（系統），可以用微分學的方法求得解答。線性規畫是爲了解決包括兩個或多個輸入變量的最優化問題而發展起來的。亦請參閱simplex method。

optometry＊ 驗光 測定眼睛缺陷或屈光不正程度的一種專業。驗光師的任務是開出眼鏡處方（例如眼鏡、隱形眼鏡）、監督患者執行改善視力的鍛練計畫和檢查諸如青光眼、白內障這些眼睛病變。驗光師無權開藥方，也未受過手術的訓練。亦請參閱ophthalmology。

opuntia＊ 仙人掌屬 仙人掌科最大的屬，原產於新大陸，主要特徵是具有倒鉤的硬毛。按莖的節段的形態又分爲許多類群。喬利亞掌各段呈圓柱狀；仙人果各段呈扁平狀。大小從小型耐寒到大似喬木狀種類都有。在北半球也是仙人掌科中分布範圍達到最北的種類。

Opus Dei 天主事工會 羅馬天主教在俗人員和司鐸組織，其行動和信仰在外界有褒有貶。會士發願一方面追求個人成爲完美信徒，另一方面在自選職業中貫徹天主教理想並提倡教會生活與社會生活合而爲一。天主事工會，全名爲聖十字架司鐸會和事工會，由埃斯克里瓦·德巴拉格爾－阿爾瓦斯（1992年列入眞福）在1928年於西班牙成立。該會在神學上態度保守，在教規上完全忠於天主教會的訓誨權威。教宗若望·保祿二世於1982年8月23日發布教令，授予天主事工會特別的地位，是教會中首例且唯一的自治司鐸會。天主事工會創辦了許多職業學校和大學。事工會極度保守，被指責過於神祕，使用宗教崇拜雇用工作者，擁有強烈政治上的野心。該會分爲男會及女會，從1982年開始由會衆選出的高級教士所領導。在20世紀末，司鐸人數只占其中的一小部分，在八十個國家近84,000人的會衆中只有約1,600位司鐸。

oracle 神諭 爲回答請求者的詢問而傳達的神旨。古希臘和羅馬有許多神示所。最著名的古神示所是德爾斐的阿波羅神示所，這裡傳達神諭的是一個被稱爲佩提亞的五十多歲的婦女。先在卡斯提利亞泉沐浴後，佩提亞顯然下到神殿裡的一間地下室，坐到一個神聖的青銅三腳祭壇上，口中嚼著阿波羅的聖樹月桂的葉子。佩提亞宣示的神諭，由祭司們用往往是十分含混的詩句加以解釋並記錄下來。其他的神示所，包括克拉羅斯（阿波羅）、安菲克萊亞（戴奧尼索斯）、奧林匹亞（宙斯）和埃皮達魯斯（阿斯克勒庇俄斯），是使用各種其他的方式來請示神諭的，例如在最古老的神示所，即多多納的宙斯神示所，是經由神聖的橡樹樹葉發出的沙沙聲來傳達。在某些神壇中，請示者睡在聖域之內，以便在夢中取得神諭。

oral tradition 口述傳統 指講故事的人將文化的內容一代一代傳遞下去。口述傳統的形式包括詩（通常可以吟誦或歌唱）、民謠、格言以及魔法咒術、宗教訓誡，以及對過去的回憶。音樂與韻律一般既用來娛樂，也用來協助記憶。關注社會命運，或總結其神話的史詩性的詩篇，則通常起源於口述傳統，而後才寫定。在口說的文化中，口述傳統是溝通知識的唯一途徑。西方文化中電台、電視和報紙的普及已導致口述傳統的衰微，不過它仍倖存於年長者、部分少數族群與兒童之間，他們的遊戲、節奏的計算以及歌曲仍以口述方式代代相傳。

Oran＊ 奧蘭 阿爾及利亞西北部城市，位於地中海，約在摩洛哥丹吉爾和阿爾及爾兩者的中間位置。加上鄰近的凱比爾港，爲阿爾及利亞的第二大港口。安達魯西亞人於10世紀建立，初爲與非洲北部海岸的進行貿易的基地，後被西班牙占領直至1708年落入土耳其人手中。在1790年的地震中遭到破壞。1792年土耳其人在此建立了一個猶太人社區。1831年成爲法屬後，建起新型港口和海軍基地。第二次世界大戰時盟軍進入。大部分原居於此的歐洲人1962年阿爾及利亞獨立後離開此地。奧蘭城現分爲碼頭區、舊城和建於台地上的新城。人口約619,000（1987）。

orange 柑 芸香科橘屬幾種小喬木或灌木，及其供食用的果實。生長於熱帶或亞熱帶地區，果實近球形，外表質感似皮革，油腺凸出，果肉多汁可食用，富含維生素C。最重要的商業種是中國柑（甜橙、普通橙）、柑橘（包含橘）和無籽的臍橙。葉常綠，闊圓形，葉面光滑，中等大小；葉柄有窄翼。花芳香。柑樹的結果期達五十～八十年。果實從樹上摘離後不會繼續成熟，故完全熟後方可收穫。在美國最重要的柑產品是冰凍濃縮柑汁，約占柑產量的40%。其他主要副產品有精油、果膠、陳皮、柑果醬和牲畜飼料。

Orange Free State 橘自由邦 南非共和國中部的舊時省份。在歐洲人到達之前，此地是操班圖諸語言族人的家鄉。阿非利堪人在1830年代大遷徙占據了大塊區域。1848～1854年受英國統治，之後建立了獨立的橘自由邦。南非戰爭（1902）之後，英國再度統治該地，但後來又恢復自治。1910年成爲南非聯邦的橘自由邦省（1961年南非聯邦變成南非共和國）。1994年南非選舉後，改名爲自由邦。其人口組成有80%爲黑人，當地大部分的白人操阿非利堪斯語。省會爲布隆方丹。

Orange-Nassau, House of 奧蘭治－拿騷王室 尼德蘭王朝與皇室家族。名稱始於奧蘭治－拿騷的王子威廉一世，尼德蘭的執政者（總督），自此代代相傳直至1795。1815年威廉六世成爲尼德蘭的國王，稱威廉一世。之後他的子孫，皇室家族中的男嗣一直延續至1890年，當時威廉三世的女兒威廉明娜成爲女王。1908年她宣告她的後嗣應該被稱爲奧蘭治－拿騷的王子和公主。

Orange River 橘河 非洲南部河流。上游辛古河發源於賴索托高原，西流橫貫南非共和國，稱橘河。流過喀拉哈里沙漠南緣，穿過那米比沙漠後，於南非注入大西洋。該河構成南非和那米比亞的界河，全長約2,100公里。沿岸有若干灌溉區和許多水壩，但無大城鎮。

orangutan＊ 猩猩 亦作orang。學名爲Pongo pygmaeus。猩猩科棲息於樹上的晝行性大型類人猿，現只分布於婆羅洲低地沼澤森林，但從前亦生活於東南亞大陸的叢林中。猩猩（英文名源自馬來語，意爲「森林的人」）體短而結實，臂長，腿短，體覆淡紅色的濃密粗毛。成年雄體高約137公分，體重約85公斤；雌體較小。猩猩性情溫和，謹慎，靈巧，有恆心。雄性有頰部腫垂和垂在咽喉處的袋狀氣囊。在步行及爬行時四肢並用。以野生無花果及其他果實爲食，亦食小量樹皮、樹葉，甚至昆蟲。睡在樹上由枝條交織成的睡巢。成體獨棲，僅於交配前的求偶活動時才短時間地聚在一起，猩猩間的棲息處相隔甚遠。母猩猩將幼仔帶在身邊並照顧幼仔近三年時間。猩猩極少出聲，但成年雄猩猩會發出響亮悠長的吼聲。猩猩現爲受到法律保護的瀕危動物。

猩猩
Russ Kinne – Photo Researchers

Oranjestad＊　奧拉涅斯塔德　荷屬安地列斯群島阿魯巴的首府和海港，位於此加勒比海島嶼西岸。是一個自由港和石油加工與海運中心。人口約21,046（1996）。

oratorio＊　神劇　根據宗教題材寫出的大型音樂作品，由獨唱、合唱和樂團演出。神劇一詞衍生自「禮拜堂」一詞，爲社區居民祈禱之處，16世紀中葉，內里在反宗教改革運動中所提供在教堂之外的宗教教化場所舉辦具有道德教育意義的音樂娛樂，即爲保持著非禮拜儀式（非拉丁語）形式的神劇。現存最早的神劇，實際上爲具宗教性質的歌劇，是卡瓦利雷（1550?～1602）在1600年所作，之後神劇密切地依照此歌劇的形式發展。卡利西密推出一種重要的義大利神劇的體例，而在17世紀後期，夏龐蒂埃成功地將義大利神劇移植到法國。在德國，舒次的作品，是巴哈神劇受難曲的先兆。最著名的神劇作曲家是韓德爾，他最偉大的英語作品包括了無可比擬的《彌賽亞》（1742）。韓德爾啓發了海頓偉大之作《創世記》（1798）的靈感，並對19世紀的神劇有巨大的影響，當時的作曲家包括白遼士、孟德爾頌和李斯特。20世紀的神劇作曲家包括有艾爾加、史特拉汶斯基、奧乃格和彭德雷茨基，但神劇的發展已開始衰退。

Orbison, Roy　歐畢升（西元1936～1988年）　美國歌手與詞曲作家。八歲時就開始在電台裡彈奏吉他，1956年發表第一支單曲〈嗡嘟〉後，一連串的暢銷之作相繼而來，包括〈只有寂寞〉、〈無法停止愛你〉、〈痛哭〉、〈在夢中〉以及〈喔，美麗佳人〉。他的音樂生涯在他的妻子死於一場機車意外（1966）、兩子死於火災（1968）後，開始走下坡。1980年代他重整旗鼓，和巴布狄倫、哈里遜、佩蒂組成「旅行的威爾伯理斯」樂團。

orbital　軌道　數學表述，稱爲波函數，它描述原子核附近的或分子中的原子核系統附近的電子不能多於兩個這一特性。軌道常被視爲電子出現的機率爲95%的三維區。原子軌道是用代表軌道電子特性的數字和字母的組合來標記（例如1s、2p、3d、4f），其中的數字是主量子數，它標出能級和距原子核的距離，而字母標明軌道的角動量和依角動量所決定的形狀。s軌道角動量爲0，軌域爲球形。p軌道有1個角動量基本單位ħ，軌域爲啞鈴狀（ħ爲普朗克常數h除以2π）。其餘軌道的軌域形狀更加複雜。原子的軌道依幾何學根據2個或以上的原子軌道重疊來決定，以希臘字母來表示，例如σ和π。

orca ➠ killer whale

Orcagna, Andrea＊ 奧爾卡尼亞（西元1315/1320～1368年）　原名Andrea di Cione。佛羅倫斯畫派畫家、雕塑家和建築家。金匠之子，爲佛羅倫斯畫派中的主要成員及14世紀中葉佛羅倫斯最突出的藝術家。1354～1357年爲佛羅倫斯聖母瑪利亞教堂的斯特羅齊禮拜堂繪製的祭壇畫展現了他善於把多聯畫作爲一個整體處理的能力。作爲一位雕塑家，以奧爾聖米凱萊行會小禮拜堂大浮雕此一作品而聞名（1352～1360），此裝飾性作品架構相當複雜，是黑死病大流行後產生於托斯卡尼的表現藝術中最佳作品之一。1357年和1364～1367年間受雇爲佛羅倫斯大教堂的建築師。

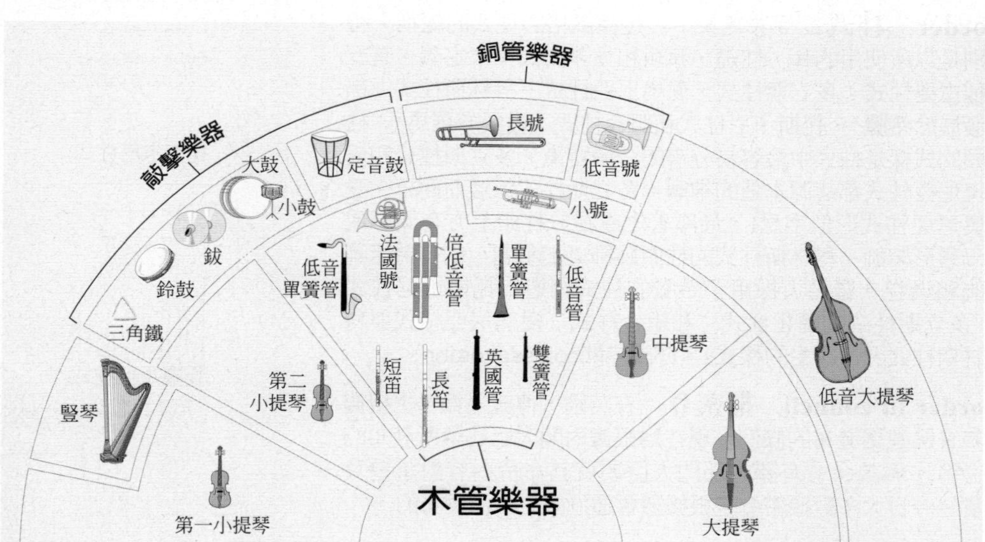

現代交響樂團配置圖

orchestra　管弦樂團　不同規模和組合的器樂合奏團體。今日管弦樂團一詞通常是指由弦樂器加上銅管樂器、木管樂器和敲擊樂器的典型西方音樂合奏集體，其中弦樂的每個聲部都會有幾位演奏員。管弦樂團的發展與歌劇的早期歷史相重合。現代管弦樂團的形式主要來自於17世紀中葉法國宮廷，尤其是盧利所帶領，主要由二十四位弓弦演奏家組成的樂隊，通常會再加入木管樂器演奏。小號、號（horn）和定音鼓在18世紀初期常被加入樂隊之中，並且在海頓的時代列入基本編制中。19世紀管弦樂團有相當大的擴充，尤其是木管和敲擊樂器的數量和種類，有些作品甚至有超過一百位以上的演奏家。交響樂團在20世紀有些微的改變。亦請參閱orchestration。

orchestration　管弦樂法　選擇運用何種樂器表達音樂作品的藝術與技巧。一旦完全依賴了現有或習慣的方式，作曲家開始探索樂器種類組合音樂的可能性，加上18世紀中晚期現代管弦樂團的出現。過去在歷史上管弦樂團是由單一樂器演奏組成，弦樂器於室內演奏，木管樂器於室外演奏，號用於打獵時，小號和鼓則用戰爭或皇室典禮時。有想像力的作曲家先前曾利用不同樂器的組合，但標準化使嚴謹的知識被置於想像力之前。第一本主要的管弦樂法文本是白遼士所著（1843）。

orchid　蘭花　蘭科所有顯花植物的統稱。約含400～800屬，有15,000～35,000種，爲多年生草本植物。有吸引人的花型，蘭花分布大部分的非極地區域，尤其是熱帶地區，土生或附生。有顯眼花朵，用於花卉商業貿易的雜交種屬於卡特利蘭屬、蘭屬、萬帶蘭屬和萊利烏斯蘭屬。花的大小、形狀和顏色各異，但都是兩側對稱，有3枚萼片。多數種類可自行光合作用供給養分，有些種附於死亡的有機物質上或依靠根部的共生眞菌吸收養料。

Odontoglossum grande，蘭花的一種
Sven Samelius

香子蘭是從香子蘭屬植物幾個種的種莢中所提取。許多民間藥物、地方性飲料和食物是使用蘭花的某些部位製造而成。

orchitis＊　睪丸炎　因感染（通常是流行性腮腺炎感染）或化學、物理損傷所致的睪丸炎症和水腫。睪丸內豐富的血液及淋巴循環阻擋了大部分非因嚴重損傷造成的感染。常見症狀爲高熱、睪丸突然疼痛、噁心、嘔吐、腫脹、懲悶感及睪丸觸痛。膿性和血性液體存積在陰囊內通常會造成陰囊發紅變厚。治療方式包括使用抗生素、臥床休息、托起陰囊、冷敷，手術緩解或引流。

Orchomenus＊　奧爾霍邁諾斯　古希臘波奧蒂亞西北部城市，邁錫尼人時代最北的一個設防城鎮並控制了波奧蒂亞的大部分區域。約西元前550年爲最早鑄造錢幣的城市之一，並因富裕程度而出名。經常遭受攻擊，最後在西元前4世紀被底比斯破壞殆盡。考古發掘後證明這是個重要的新石器時代和青銅時代遺址，有蜂窩式建築的神廟和宮殿。

Orczy, Emmuska (Magdalena Rosalia Marie Josepha Barbara), Baroness＊　奧特西（西元1865～1947年）　匈牙利裔英國小說家。著名音樂家之女，曾在布魯塞爾和巴黎求學，後在倫敦研習藝術。1905年因發表《深紅色的海綠》一書成名，描寫法國大革命時代背景，布萊克尼爵士自吹自擂的冒險行徑。之後的續篇並不如前作成功受歡迎。奧特西還寫過偵探故事。

Ord River　奧德河　澳大利亞西澳大利亞州東北方河流。源出艾伯特－愛德華山脈，流向東轉北，注入劍橋灣。長約320公里。1879年由亞歷山大・福雷斯特所發現，以西澳大利亞州長哈利・奧德之名來命名。奧德河工程設計主要是爲了能防洪和收集灌溉用水。

ordeal　神明裁判　在習慣法中，被告經歷危險或痛苦的試驗來測試是有罪或是無辜，這類試驗被相信是由超自然的力量所控制。使用火或水的神明裁判是最常見的。在過火時有燒傷的痕跡（在印度教法典中）或是被水所拒絕（例如浮在水上，用於巫女審判）會被視爲其有罪的證據。體力測驗的神明裁判，正如歐洲中世紀時期的決鬥一樣，人們認爲勝利者不是以其自身能力而勝利，而是有超自然力量介入決定對的一方獲勝。

order　柱式　古典建築中，幾種風格的柱式的總稱，特別是以所使用的柱、柱礎、柱頭和檐部的式樣來定義。有五種主要柱式：多立斯柱式、愛奧尼亞柱式、科林斯柱式（都發展於希臘）、托斯卡尼柱式和組合柱式（發展於羅馬）。柱頭的式樣是柱式中最容易分辨的一個特徵。多立斯柱式和愛奧尼亞柱式都起源木造的神廟。多立斯柱式低矮而簡單。愛奧尼亞柱式形似字母I，最顯著之處在於柱頭上方有渦形或渦卷形裝飾。科林斯柱式的柱頭裝飾更加華麗，刻有爵床葉飾和渦卷。羅馬人採用了希臘的柱式創造出托斯卡尼柱式（多立斯柱式的簡化樣式）和組合柱式（愛奧尼亞柱式與科林斯柱式合併產生的樣式）。亦請參閱colossal order。

order in council　樞密令　在英國，傳統上爲君主根據樞密院建議發布的條例。現在爲根據內閣大臣建議所發布的命令。與該命令有關的部門大臣要就其命令內容對議會負責。今日大多數樞密令是根據議會通過的立法而發布的。

Order of the Garter ➠ Garter, (The Most Noble) Order of the

ordinary differential equation　常微分方程式　含有單變數函數導數的方程式。方程式的階數就是所含最高階導數的階數（例如，一階微分方程式僅含有函數的一階導數）。由於導數是變化速率，因此這種方程式描述函數如何改變，卻沒有具體說明函數本身。不過要是有充足的初始條件，例如特定的函數值，就有許多方法可以求得函數，大多是根據積分法。

Ordovician period＊　奧陶紀　距今4.9億～4.43億年前的一段地質年代，是古生代的第二個最老的紀，隨寒武紀之後，在志留紀之前。在奧陶紀期間，許多大陸塊在南北熱帶範圍內排成一列。奧陶紀的生物以海生無脊椎動物爲主，有些陸生植物在中奧陶世期間可能已經出現。在中奧陶世的地層中發現有表明熱帶陸地環境的幾種孢子。

Ordzhonikidze, Grigory (Konstantinovich)＊　奧爾忠尼啓則（西元1886～1937年）　蘇聯共產黨領袖。1917年俄國革命後，成爲中央委員會高加索局主席（1921）並且協助紅軍占領喬治亞，然後把喬治亞與亞美尼亞和亞塞拜然合在一起成立外高加索聯盟共和國，後併入蘇聯。1930年當選爲政治局委員，1932年任重工業人民委員。但1930年代中期他反對史達林的工業政策。1937年突然死去，雖被歸因於自然原因，但1956年赫魯雪夫說他是被史達林逼迫自殺的。

ore　礦石　在經濟上有重要意義的礦物的集合體，因礦物含量豐富，故將這些礦物分選出來時，有利可圖。雖然有超過3,500種已知的礦物，但只有大約100種被認爲是礦石礦物。這個術語原本只用在金屬礦物（參閱native element）上，但現在包括硫、氟化鈣（螢石）和硫酸鋇（重晶石）等非金屬礦物。礦石通常會與不需要的岩石和礦物混在一起，集合在一起稱爲礦物雜質。礦石和礦物雜質一同被挖出後再經過分離，再從礦石中分離出想要的礦物。分離出的金屬也許需要進一步的提煉（純化）或是與其他金屬形成合金。

ore dressing　選礦　亦作mineral processing。原礦石經機械處理分離出有價值的礦物。選礦過去只用於貴金屬礦石，之後用以回收其他金屬和非金屬礦物。也被使用於製煤過程中以提高生煤的價值。選礦的基本操作是粉碎和精選。粉碎通常先用大型初碎機破碎，隨之用較小型的滾筒研磨機磨細。一般的精選方法是重選和浮選分離。重選方式包括跳

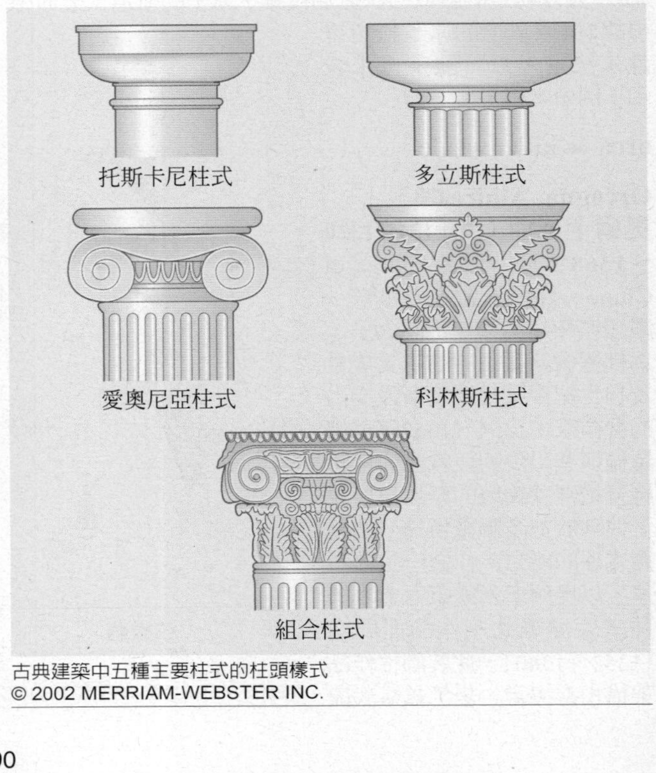

古典建築中五種主要柱式的柱頭樣式

汰選（粉碎的礦石從箱口送入脈動水流中，較重的礦石沈澱到底部選出，較輕的廢物則留在頂部）或用水流沖洗斜面、螺旋或搖床使礦物和廢物沈積在不同的區域。亦請參閱beneficiation、mining。

oregano 牛至 薄荷屬多種多年生草本植物（尤其是普通牛至）的乾燥的葉和開花的頂枝，用於調味。牛至是地中海地區菜餚基本成分。在美國，20世紀晚期，牛至的用量激增，主要原因是義大利式披薩餅的流行。牛至原產地中海各國及亞洲西部地區，目前已在墨西哥和美國部分地區歸化。

Oregon 奧瑞岡 美國西北部地區的一州。面積251,419平方公里，首府為賽倫。哥倫比亞河形成奧瑞岡州北邊邊界，蛇河則形成其東部邊界。喀斯開山脈和胡德山位於奧瑞岡州中央西部。最初由西班牙探險者發現，德雷克在1579年和科克在1778年都曾來到此地。1792年船長羅伯特·格雷駛過哥倫比亞河發現許多印第安人居住在此區域，美國憑藉格雷的發現對此地區提出主權要求。1805年哥倫比亞河河口在路易斯和克拉克遠征中被發現。第一位白人移民為皮毛貿易商阿斯特1811年在阿斯托里亞建立貿易據點，從1830年起，大批移民經過奧瑞岡小道加速了定居在此區域人數的成長速度。為奧瑞岡地方的一部分，1859年聯邦承認其為第33州。奧瑞岡州的經濟依賴當地的森林、農莊和牲畜。鮭魚和水生有殼動物是當地漁業的基礎。波特蘭、尤金和梅德福是人口、藝術和教育中心。人口約3,421,399（2000）。

Oregon, University of 奧瑞岡大學 美國奧瑞岡州公立大學。位於尤金市，創辦於1876年。設有藝術與科學、商業管理、教育、建築、法學、音樂、新聞傳播等學院。校內重要機構包括太陽研究中心、海洋生物研究所以及一座天文台。大學校園本身就是一所登記有案的植物園。現有學生人數約17,000人。

Oregon Caves National Monument 奧瑞岡山洞國家自然保護區 美國奧瑞岡州西南部國家保護區。山洞由四個層次的地下通道連接起來的一系列洞穴組成。位於錫斯基尤山脈，靠近加州邊界。1909年建立，占地197公頃。洞內有許多美麗的石鐘乳和石筍以及造形奇特的岩石。

Oregon Question 奧瑞岡問題 西班牙、俄國、美國和英國關於北美洲太平洋西北地區所有權的爭端。各國都以有本國人前去探險或定居而提出主權要求。西班牙在努特卡灣爭端及1819年與美國簽訂「泛大陸條約」後，首先放棄這種要求。美國和英國在1818年協定中確立「對奧瑞岡土地」的共同占有權。1824～1825年俄國分別與美國和英國簽訂條約，放棄對這一地區的主權要求。英美兩國間的奧瑞岡協議條約（1846）中畫定美國與加拿大的邊界在北緯49度線上。

Oregon Trail 奧瑞岡小道 19世紀通往美國西北地區的主要路線。起點為密蘇里州的獨立城，終點為奧瑞岡州的哥倫比亞河地區，全長約3,200公里。最初是毛皮商人和傳教士使用，1840年代突然繁忙起來，旅行者經由小道前往奧瑞岡，包括由惠特曼率領的大遷移移民。在所有西部小道中，奧瑞岡小道的使用期間最長，以做為牛、羊向東的放牧路線，從鐵路的競爭中留存下來。

Orestes＊ 俄瑞斯特斯 據希臘神話，他是阿格曼儂和克呂泰涅斯特拉的兒子。據荷馬的說法，當他父親從特洛伊返回，死在其妻的情夫愛吉沙斯手中時，他並不在那裡。他長大成人後為父報仇，殺死愛吉沙斯和克呂泰涅斯特拉。在艾斯克勒斯的戲劇三部曲《奧瑞斯提亞》中，詳細敘述謀殺事件和復仇女神以弒母罪追捕俄瑞斯特斯。在尤利比提斯的作品《伊菲革涅亞在奧利斯》中，俄瑞斯特斯聯合他的姊姊伊菲革涅亞，重新奪回他父親的王國。

Øresund＊ 松德海峽 英語作The Sound。一個幾乎無潮汐的海峽，位於西蘭島島、丹麥和瑞典之間，通過卡特加特海峽與波羅的海連接。為世界上最繁忙的海上航線之一，有時隆冬會封凍，不能航行。峽內有三個大島將水體分成幾條航道。哥本哈根和赫爾辛基是丹麥海岸的主要港口，馬爾默和赫爾辛堡是瑞典海岸的主要港口。

Orff, Carl 奧爾夫（西元1895～1982年） 德國作曲家及音樂教育家。曾在慕尼黑音樂學院學習，之後擔任數個音樂相關的職務。1920年奧爾夫開始對巴洛克早期音樂和音樂運動協會產生興趣，並從1930年為了與這些興趣一致而開始重寫早期作品。1924年成立一所音樂學校，以他所發明的理解性的音樂教育課程（奧爾夫音樂教學法）來教學，該教學法包含以特別設計形似木琴的敲擊樂器進行即興演奏，並為國際間廣泛採用。在完成其最著名作品《布爾倫之歌》（1937）之後，他收回了所有早期的作品。之後創作有節奏推進感的劇院作品包括歌劇《月亮》（1939）和《伶俐姑娘》（1943）。

organ 管風琴 壓迫氣體經由一系列音管產生樂音的鍵盤樂器。管風琴包括所有樂器中最大和最複雜的種類，音域和音色最廣而設計變化最大，還有最古老的曲目和最混雜難懂的歷史。最簡單的管風琴包含一排管子，分別連至單一的鍵。它們排列在氣室之上，氣室藉著一套閥而連至鍵盤，並由電子或機械方式啓動的風箱。演奏者拉出所謂音栓的鈕，使其他整排的音管連動。它使用二類獨特的音管：哨管（開放式和閉合式）藉著引導氣體至管中的孔緣而發出聲音，簧管則經由管中金屬薄片傍著一個固定突出物振動而發出聲音。不同的形狀和材料會產生不同的音色。大型管風琴可能擁有五個或更多的排鍵或鍵盤，每個鍵盤獨立控制著一群音管。大部分的管風琴也有腳踩的踏板。大型管風琴的音管長度可能從約2.5公分～10公尺不等，造成巨幅的九個八度音階。最早的管風琴（西元前250?年）是希臘的水風琴，其中風由水壓調節。風箱式管風琴出現於7世紀左右。到10世紀管風琴已經與教堂發生密切關係。隨著管風琴普及起來，不同地區追求著不同的調式構造和音色理想。巴洛克式德國管風琴非常適合複音音樂，而法國品味的各種音色歸結於卡瓦耶－科爾的巨大「管弦樂式」管風琴。亦請參閱harmonium。

18世紀奧地利聖弗洛里安修道院教堂內的布魯克納管風琴
Toni Schneiders

Organ Pipe Cactus National Monument 燭台掌國家保護區 位於美國亞利桑那州西南部，近墨西哥邊界的國家保護區。1937年設立。面積133,929公頃。保留有部分索諾蘭沙漠山區原貌，因生長燭台狀仙人掌獲名。野生動物包括希拉毒蜥、羚、叢林狼和各種鳥類。

organic compound 有機化合物 分子中含有一個以上（通常有許多）碳原子（不包括碳酸鹽、氰化物、碳化物和一些其他物質，參閱inorganic compound）的物質。直到1828年之前（參閱urea），科學家們相信有機化合物一如其名只能產生在生命形成的過程中。由於碳原子形成鍵結的傾向比其他元素大得多，因此其化合物的種類數量比起其他元素的化合物還要多出許多（已知的即有數百萬種）。具有生命的有機體由水、有機化合物如蛋白質、碳水化合物、脂肪、核酸、激素（荷爾蒙）、維生素（維他命）和其他物質組成。天然和合成纖維、大部分的燃料、藥劑和塑膠製品都是有機化合物。烴類化合物只含有碳和氫兩種元素。具有其他官能團的有機化合物包括羧酸、醇、醛、酮和酚。其他更複雜的分子形態則包括雜環化合物、類異戊間二烯化合物和氨基酸。

organic farming　有機耕作　亦稱有機園藝（organic gardening）。用生物學方法施肥和防治病蟲害來代替化學肥料和殺蟲劑的作物耕種方法。有機耕作法的支持者認為，化學肥料和殺蟲劑有害健康，且污染環境，不是良好的收成所必需。有機耕作法有意識地摒棄現代農業化學技術，起源於1930年代，由英國農業科學家霍華德爵士所採用。各種的有機物質，包括動物糞肥、堆肥、草皮、秸稈和其他作物殘留物，將其施用於田地，以便改良土壤結構和提高保水能力，並供給土壤養分，從而種植出富含養分的植物（相反地，使用化學肥料是直接給予植物養分）。病蟲害的生物防治是採取預防的方法，包括多種栽種、輪作和栽種抗病蟲害作物，並採用有害生物綜合管理技術。避免使用生物工程製造出的品種。由於有機耕作困難且耗時，因為有機農作物價錢較昂貴。有機農作物過去只占美國農產品總輸出的極少部分，但近年來的銷售量已大幅成長。

Organization for Economic Cooperation and Development ➠ Economic Co-operation and Development, Organisation for

Organization of African Unity (OAU)　非洲統一組織　1963年成立的政府間組織，旨在促進非洲國家的統一和團結，消除殖民主義的殘跡。由於政治上的分歧，該組織的成員每年都會有些變化。總部設在衣索比亞的阿迪斯阿貝巴。主要決策機構是國家和政府首腦的年會；在聯合國內它也保持著協調的核心小組。非洲統一組織曾成功調解了1964～1965年阿爾及利亞和摩洛哥之間的爭端，以及1965～1967年索馬利亞和衣索比亞、肯亞和索馬利亞之間的邊界糾紛，但對比夫拉問題（1968～1970）的處理證明是失敗的。從1970年代以來，非洲統一組織把注意力集中在經濟合作和人權問題上。亦請參閱Pan-African movement。

Organization of American States (OAS)　美洲國家組織　1948年成立的國際組織，以取代泛美聯盟。其宗旨在透過一個親美、反對共產主義的政策來加強半球的和平與安全、解決成員之間的爭端、提供集體安全，以及鼓勵社經合作。在冷戰後的年代，其促進了成員國之間的民主（如監督選舉和保衛人權），而它的成員國以擴及西半球的大多數國家。亦請參閱Alliance for Progress、Inter-American Development Bank (IDB)。

Organization of Petroleum Exporting Countries (OPEC)　石油輸出國家組織　1960年建立的多國組織，用來協調各成員的石油政策。伊朗、伊拉克、科威特、沙烏地阿拉伯及委內瑞拉是最早的成員國；後有其他國家加入，包括卡達（1961）、印尼及利比亞（1962）、阿布達比（1967；1974年轉為阿拉伯聯合大公國成員）、阿爾及利亞（1969）、奈及利亞（1971）。厄瓜多爾（1973）以及加彭（1975）不再是其成員國。在維也納總部依無異議原則進行政策決定。占支配權的中東成員國把抬高油價當作政治武器，在1973年的以阿戰爭中報復西方對以色列的支持，結果OPEC成員國的收入大增。由於內部異議、可選擇性能源的發展和非OPEC石油來源的開採，在日後減低了OPEC的影響力。

organizational psychology ➠ industrial psychology

organizational relations ➠ industrial and organizational relations

organized crime　集團犯罪　全國性或國際性犯罪集團所犯的罪，也可用來指稱該類犯罪集團。其特徵有依任務分別的階級制度；團體間共謀協調行動，以地理位置區分地盤，收集小至社區，大至國際間的資源；承諾保密；收買賄賂執法人員。收入來源之一為提供非法貨物和服務，包括麻醉性鎮痛藥、賭博和賣淫；其他來源還包括勒索、詐欺、偷竊和搶劫。集團犯罪起源於美國，在實施禁酒令的時代提供非法釀造烈酒。近年來集團犯罪在俄羅斯有相當大的勢力，因虛弱貧窮的政府和許多的官員貪污而吸收不少好處。亦請參閱Mafia、yakuza。

organum*　奧加農　早期以多聲部手法對格列高利聖詠的寫法，對位的最初形式。最早的寫出的奧加農（900?），有兩條同時進行的、逐音相對的旋律線條組成，增加的聲部通常以低4度或5度重複聖詠聲部，明顯反映出當時流行的即興創作形式。之後，增加的聲部開始有更強大的旋律個體性和獨立性。一字多音的奧加農（華麗或花唱式的奧加農）出現於12世紀初期。三或四聲部奧加農的最早作品是由聖母院樂派的音樂家所寫。奧加農因為13世紀經文歌的出現而消失。

Orhon River　鄂爾渾河　亦作Orkhon River。蒙古北部河流。全長1,123公里，起源於杭愛山脈的山坡。往東流後再向北流經喀喇崑崙。8世紀時喪禮中使用的石柱於1889年在河谷中被發現，上有已知為最古老的突厥文字，被稱為鄂爾渾碑文。每年只有在7月至8月可通行吃水淺的船隻。

oriel　凸肚窗　設在樓上，下面由挑出的疊澀支承的凸窗。平面常為半六角形或矩形，於15世紀開始流行。在哥德式晚期和都鐸式時期常設在莊園宅邸和公共建築的門道或入口之上。在北非和中東地區的城市中，穆沙拉比窗就是一種使用格柵和格構式窗取代玻璃窗和百葉窗的凸肚窗。亦請參閱brise-soleil。

Orient Express　東方快車　行駛巴黎到君士坦丁堡（伊斯坦堡）八十多年（1883～1977）的豪華列車。由比利時商人納熱爾馬克創辦，布置有豪華家具的列車成為歐洲社會奢華的象徵。歐洲第一列橫貫大陸的快車，最初全程逾2,740公里，1919年後路線延伸，由加萊和巴黎到洛桑，經過辛普倫隧道到米蘭、威尼斯、札格拉布和更遠的地方。在兩次世界大戰期間都曾停駛。在1977年停駛後，在1982年重新出發，成為行駛於倫敦和威尼斯之間的「威尼斯辛普倫東方快車」。

orientation　朝向　在建築中，建築物所在地的位置。在美索不達米亞和古埃及，以及前哥倫布時期的中美洲，建築物的重要部分，如入口和走廊，都朝向日出的東方。清真寺會決定朝向使米哈拉布能朝向麥加。基督教的教堂常以放在東端的後堂或聖壇朝向。建築朝向的設計常以能最大限度地利用日照在日間和季節上的變化為依據。建築物結構上可選擇的朝向通常會在其功能、位置以及太陽輻射、光、濕度、風等當地環境的因素造成的小氣候之間取得折衷辦法。

orienteering　越野定向運動　每位參賽者沿著不熟悉的路線使用地圖和指南針在監督站間測定方位的越野賽跑。

O P Q R

1918年始於瑞典，後傳遍歐洲各地。世界錦標賽始於1966年。各選手以一定的間隔出發，跑完全程耗時最少者勝。越野定向運動也可以騎自行車、駕賽艇、騎馬或滑雪進行。

origami ➠ paper folding

Origen＊　奧利金（西元185?～254?年）　原名Oregenes Adamantius。希臘神學家和某一教會的神父。可能為一基督教殉教士之子，奧利金在亞歷山大里亞學習哲學，後在其理學校任校長二十年。之後在巴勒斯坦定居並創立哲學和神學學校。以傳教士身分旅行過許多地方。其最偉大的作品《六文本合參》係《舊約》六種文本合參。奧利金的作品受到新柏拉圖主義和斯多噶哲學的影響，強調上帝尋求使所有靈魂重沐幸福和宇宙間道的向心性（邏各斯）。他認為即使是撒旦也不被排除在悔罪和救贖之外，並因此一觀點而受到譴責。

original sin　原罪　基督教教義名詞，指人生來所處的罪惡狀態；亦指這種狀態的根源，歸於人類始祖亞當違背上帝吃下「分別善惡的樹」上的果子，因而其罪惡遺罪於後代。雖然〈創世記〉將亞當的受苦指為違背上帝的後果，但不認為其罪惡會遺留後世。原罪教義的主要經文根據見於使徒聖保羅的書信。聖奧古斯丁協助使人類罪惡的本性成為正統基督教神學的中心思想。

Orinoco River＊　奧利諾科河　南美洲主要河流。發源於委內瑞拉和巴西交界處的帕里馬山脈西麓。流程呈一巨大弧形流經委內瑞拉，全長2,740公里，在千里達島附近注入大西洋。形成哥倫比亞與委內瑞拉的部分國界。加上支流，奧利諾科河是南美四大水系中最北的一個。水生動物有鋸脂鯉和奧利諾科鱷。流域盆地大多由原住民印第安人居住。

oriole　黃鸝　舊大陸的黃鸝科黃鸝屬24種鳥類或新大陸的擬黃鸝科擬黃鸝屬30種鳥類的統稱。雄鳥典型上為黑黃相間或黑橙相間，雜有白色。黃鸝不易見到，但能聽到其響亮刺耳的鳴聲而判知其所在。所有種類於林地、花園中以昆蟲為食，某些種亦食果實，主要分布在溫暖的地區。歐洲唯一的種為金黃鸝，體長24公分。其他種類的黃鸝在非洲、亞洲和澳大利亞都可發現。巴爾的摩黃鸝在北美落磯山脈東部繁殖。

金黃鸝
H. Schrempp－Bruce Coleman Inc.

Orion＊　奧利安　希臘神話中一個具有力量的獵人，有一些傳說把他說成是波塞頓的兒子。他將希俄斯島上的野獸都趕跑，並愛上了希俄斯國王的女兒梅羅普。國王不喜奧利安，派人把他弄瞎，但初升太陽的光芒使奧利安恢復了視力。後來他去克里特島與阿提米絲同居和打獵。有的傳說稱他是阿提米絲或阿波羅的醋意；有的還說他為一巨蠍所螫而死。奧利安死後眾神將其置於星空成為星座之一。

Orion Nebula＊　獵戶座大星雲　明亮的星雲，位於獵戶座獵人腰帶的寶劍處，用肉眼隱約可辨。距地球約1,500光年，內含數以百計群集在知名的「獵戶座四邊形」四個巨星周圍的高熱年輕恆星。這四個巨星發出的輻射使星雲灼熱發光。發現於17世紀，獵戶座星雲是第一個拍到照片的星雲（1810）。

Orissa　奧里薩　印度東部一邦。面積155,861平方公里。首府設在布巴內斯瓦爾，最大城市為克塔克。古代及中古時期羯陵伽王國的一部分，在1568年被孟加拉的阿富汗統治者征服，爾後成為蒙兀兒帝國的一部分之前，是印度教的根據地。1803年開始至1947年印度獨立前由英國統治，1950年取得邦的地位。奧里薩位於常遭受氣旋的熱帶稀樹草原，大多數人口集中在農村，主要以務農為生。主要作物包括水稻、油籽、黃麻和甘蔗。奧里薩有豐富的藝術遺產，印度藝術和建築中的一些最佳典範便出自這裡。人口約33,795,000（1994）。

Orizaba ➠ Citlaltepetl

Orkhon River ➠ Orhon River

Orkney Islands　奧克尼群島　在蘇格蘭北方，由七十多個大小島嶼組成的島群。其中約二十個島上有居民。奧克尼群島現設為議會區，屬奧尼克歷史郡。奧克尼人即古典文獻中的奧凱德人。許多證據顯示史前時代此地曾有居民。挪威人8世紀末曾侵入該群島，9世紀將其占為殖民地。因此直到1472年劃歸蘇格蘭前，是在挪威和丹麥統治之下。為農業興盛地區。人口約19,600（1999）。

Orlando　奧蘭多　美國佛羅里達州中部城市，約在1844年始有人在當地的美國陸軍哨所周圍定居。1857年改為現名，以紀念在塞米諾爾戰爭中陣亡的一名陸軍哨兵里夫斯。1950年興建了卡納維爾角太空基地，1971年建立了迪士尼世界（參閱Disney World and Disneyland）後，人口激增，經濟發展迅速。為主要的柑橘種植地區。人口約174,000（1996）。

Orlando, Vittorio Emanuele　奧蘭多（西元1860～1952年）　義大利政治人物和首相（1917～1919）。1897年當選為義大利眾議員。1903年開始任內閣閣員。任首相期間領導義大利代表團參加巴黎和會，但在義大利領土主權要求上無法獲得協約國的支持而辭職。1919至1925年任眾議院議長，因對法西斯黨在選舉中舞弊表示抗議而辭去議長職務。1946～1947年當選為制憲議會議長。

Orléans＊　奧爾良　古稱Aurelianum。法國中北部城市。西元前52年被凱撒征服，查理曼統治時期為文化中心。中世紀時為主要文藝中心，1344年腓力六世統治下成為皇家領地。1429年百年戰爭期間遭英軍圍攻時，由被視為奧爾良少女的聖女貞德和其率領的部隊所解救。位於羅亞爾河畔富庶谷地中，為重要的商品蔬菜栽培、園藝和紡織品產地。人口108,000（1990）。

Orléans, House of　奧爾良王室　法國波旁王室和瓦盧地區瓦支系及後裔之名。在四個王朝的親王中，腓力一世（1336～1375）死時無後嗣。第二王朝的繼承人，由路易一世（1372～1407）為首開始沿用此稱號直至1545年。第三王朝由加斯東（1608～1660）開始，其稱號自於1626年一直延續到第四王朝的腓力一世（1640～1701）及路易十四世之弟。腓力的後代包括奧爾良公爵路易－腓力和1830年即位的法國國王路易－腓力。

Orléans, Louis-Philippe-Joseph, duc (Duke) d'　奧爾良公爵（西元1747～1793年）　別名平民腓力（Philippe Égalité）。法國波旁王朝的親王，在法國大革命中支持人民民主政治。路易十六世的堂兄弟，因不滿瑪麗－安托瓦內特而居住於遠離凡爾賽王宮的地方。1787年因對國王的權限表示異議而遭流放。1789年當選為三級會議貴族代表，很快便加入第三等級。1791年加入雅各賓俱樂部後放棄貴族稱號（1792），從巴黎公社中接受「平民腓力」的名字。在國民公會中，他支持山岳派，但之後他的兒子路易－腓力叛投奧軍。他被指控為同謀，被捕後送上斷頭台。

Orlov, Aleksey (Grigoryevich), Count＊ 奧爾洛夫（西元1737～1808年） 俄國軍官。他與兄格里戈里·格里戈里耶維奇·奧爾洛夫發動政變，將彼得三世廢黜，立凱薩琳二世為女皇（1762）後，奧爾洛夫晉升少將。在俄土戰爭（1768～1774）期間，任俄國艦隊司令。

Orlov, Grigory (Grigoryevich), Count 奧爾洛夫（西元1734～1783年） 俄國軍官。女皇凱薩琳二世的情夫。為砲兵軍官，參加七年戰爭。去聖彼得堡謁見彼得大公（後來的彼得三世）和夫人凱薩琳，1760年左右成為凱薩琳的情夫。1762年彼得登基，他與其弟阿列克謝策動政變推翻彼得，擁立凱薩琳為俄國女皇。作為女皇的顧問，極力主張通過可以改善農奴狀況的改革方案，但成果不彰。1772年左右失寵。

Ormandy, Eugene 奧曼迪（西元1899～1985年） 原名Jenö Blau。匈牙利裔美籍指揮家、小提琴天才。十七歲即任布達佩斯皇家學院小提琴教授，1921年來到紐約，指揮劇院交響樂團，接著指揮明尼亞波利交響樂團（1931～1936）。與斯多科夫斯基共同擔任費城管弦樂團指揮。1938年任首席指揮，直到1980年退休。他訓練這一樂隊，使那種華麗的天鵝絨般的弦樂色彩成為該樂隊的標誌。

ormolu＊ 仿金鍍料 具有黃金色澤的銅、鋅合金（有時加錫），比例不等，但通常至少含50%的銅。用於家具的邊飾和其他裝飾。其鍍金是將金粉與水銀混合在一起調成糊狀，然後用火加熱至一定溫度，將水銀蒸發，把留在表面的金粉層擦亮，以獲得最佳的光澤效果。17世紀中期法國最早製成仿金鍍料始終保持其主要生產中心的地位。

製於1770年左右的法國仿金鍍料櫥式寫字台，現藏倫敦華萊士收藏館
By courtesy of trustees of the Wallace Collection, London

Ormonde, Duke of 奧蒙德公爵第一（西元1610～1688年） 原名James Butler。英格蘭－愛爾蘭政治家。愛爾蘭巴特勒家族出身，1632年承襲伯爵位。1633年起在愛爾蘭的英格蘭王室服務。自1641年擊潰天主教的叛亂分子。1649年與天主教聯盟派簽訂和約，並聯合支持查理二世。當克倫威爾在都柏林登陸，奧蒙德被迫逃亡。逃亡期間為查理的顧問（1650～1660）。查理二世復辟後，出任愛爾蘭總督（1662～1669, 1677～1684），大力發展愛爾蘭的工商業。1682年封公爵。

Ormuz ➠ Hormuz

ornamentation 裝飾法 音樂中為表現或美學目的而添加音符的做法。舉例來說，長音符可藉重覆或與鄰音輪替（顫音）來裝飾，至不連續音的跳躍中，可以加入中間的音，或者可以延遲不諧和音（參閱consonance and dissonance）的解決（因為無法避免）。

ornamentation, architectural 裝飾 建築、家具、家用物品各種風格中特出的應用裝飾物。裝飾常出現於柱頂、圓柱和建築物頂端，特別是以線腳的形式出現於入口及窗戶周圍。在整個古代以至文藝復興時期和後來的宗教建築，應用裝飾極為重要，也常具有象徵意義。古希臘飛檐的線腳尤其常用忍冬飾花瓣基本圖案。其他的古代基本圖案包括埃及渦捲形邊框（橢圓形）、柱頭的回紋（鑲邊）、圓柱的凹槽和凸嵌線、淺浮雕蛋箭飾線腳（帶有交替的橢圓形及尖形），還有愛奧尼亞柱頭、奔狗模式（或波形渦捲）上所見的渦捲。頂飾是指哥德時期牆頂周圍普遍的連續裝飾物。這個時期也常用花紋裝飾的基本圖案，即小型重覆形狀的全面模式。風格主義建築和家具的特點是使用交織帶狀飾，這源於伊斯蘭金屬製品。

Orne River＊ 奧恩河 法國西北部河流。全長152公里，流經奧恩和卡爾瓦道斯兩省。在康城東北偏北注入英吉利海峽。1944年6月第二次世界大戰諾曼第登陸期間，盟軍奪取了該河的橋樑。

ornithischian＊ 鳥臀類 鳥臀目的草食恐龍，腰帶結構與鳥類相似，其恥骨有一個向後伸展的突起，許多種類具無牙的角質喙，並具強有力的頰牙。鳥臀類繁盛於晚三疊紀至晚白堊紀（2.27億年前至6,500萬年前）。許多種類（Cerapoda亞目）雙足行走，骨板僅見於巨大的頭部，頭骨後部的頂骨及鱗骨向後延伸成褶皺狀的突起，用以保護頸部和肩頭。其他的種類（Thyreophora亞目）有骨質板從肩部排列到尾部。有些種類，背部、體側、頭部布滿甲板和棘刺。亦請參閱Protoceratops、saurischian、Stegosaurus、triceratops。

ornithology 鳥類學 動物學的分支學科，研究鳥類的科學。鳥類的早期著作大多數是傳奇性（包括民間傳說）和實用性（如馴鷹和狩獵鳥類的管理問題）。從18世紀中期鳥類學的演變，從科學考察所發現的新種的分類和描述，到內部解剖的檢查到鳥類生態學和行為學的研究。鳥類學是僅有的非專業人員作出重大貢獻的科學領域之一。野外調查工作者提供了關於行為、生態、分布和遷徙等有價值的資料。其他有關鳥類的資料由雷達、無線電發射機、可攜式的聲頻設備和鳥類的標誌工作得出。提供了鳥類壽命和移動路線的情報來源。

orogeny＊ 造山運動 亦譯造山幕。即造山事件，一般指地槽區發生的造山運動。造山運動在相對短促的時間內發生的。其伴生的產物有地層的褶皺和斷層，碎屑沈積物楔狀體在鄰近造山帶地區中的堆積。造山運動的原因可能來自大陸塊的碰撞，大洋板塊向大陸下面的俯衝，大洋海嶺被大陸仰沖，以及其他各種原因。亦請參閱Acadian orogeny、Alleghenian orogeny、Alpine orogeny、Laramide orogeny、Taconic orogeny。

Oromo＊ 奧羅莫人 亦稱加拉人（Galla）。衣索比亞主要種族集團，人口約2,000萬。占據了衣索比亞中部和西部多數省份。語言屬含閃語系庫施特語族。他們是多種集團並被同化。自16世紀以來與其他種族通婚。政治上向阿姆哈拉人臣服。傳統上奧羅莫人以畜牧為生。今已定居農民。宗教上是穆斯林、基督教衣索比亞正教及其他傳統信仰。

Orontes River＊ 奧龍特斯河 西南亞河流。源出黎巴嫩中部的貝卡。穿行黎巴嫩山脈和東黎巴嫩山脈之間，在敘利亞境內蓄成霍姆斯湖，再經加卜地區流入土耳其，折向西流，至薩曼達附近注入地中海。全長400公里。大部不能航行，但為重要灌溉水源。

Orozco, José Clemente＊　奧羅茲科（西元1883～1949年）　墨西哥壁畫家。十七歲因工傷失去左手，遂放棄建築轉到繪畫，投入墨西哥主題。作爲革命派報紙諷刺畫家。以貧民窟娼妓生活爲題材，創作水彩組畫《淚之屋》，揭露社會的墮落。1917年批評家和道德家們阻撓《淚之屋》展出，奧羅茲科被迫到美國。1919年在奧夫雷貢新政府的歡迎下回國。並與里韋拉和西凱羅斯等人一起爲公共建築繪製大型壁畫。他仍繼續激進社會評論。1927年被迫再次出走美國，在美國工作到1934年，在那裡他的壁畫風格更成熟，並在全國各地展開。1934年，他的國際聲譽建立牢固，回到墨西哥。以壁畫《淨化》（1934）表白了自己日趨悲觀的歷史觀。他是提昇墨西哥藝術至國際崇高的地位的領導人之一。

Orpheus　奧菲斯　古希臘傳說中的英雄。他的歌聲和琴韻十分優美動聽，各種鳥獸木石都圍繞著他翩翩起舞。當他的妻子歐里狄克被蛇咬死。他前去陰間尋找她。他的音樂和悲傷之情感動了冥王哈得斯，冥王允許他把妻子帶回光明的人世。但哈得斯提出一個條件：即離開陰間時不得回顧。奧菲斯在重新見到太陽時，轉身想與妻子分享這種快樂，結果歐里狄克又回到陰間。奧菲斯後爲邁那得斯撕成碎片，仍在歌唱的頭向萊斯沃斯島飄去，那裡有爲奧菲斯建的神龕。到西元前5世紀，希臘一種祕傳宗教（奧菲斯教），其基礎據信是奧菲斯的歌曲和箴言。奧菲斯的故事成爲一些早期歌劇的題材。

Orphic mysteries ➠ mystery religion

Orphism　奧費主義　立體主義繪畫中的一種傾向，強調色彩的優先性。1912年由阿波里耐命名。奧費主義一詞不僅連想到希臘神話中的奧菲斯，還有象徵主義畫家在形容高更的色彩如交響樂般所用的「奧費藝術」一詞。在以這種風格作畫的畫家中，有德洛內、雷捷和杜象等。著名的例子是德洛內的抽象作品《同時構成：日輪》（1912～1913）中，色環的重疊顯出了本身的運動和節奏。

Orr, Bobby　奧爾（西元1948年～）　原名Robert Gordon Orr。加拿大裔美籍冰球隊員。十二歲時與波士頓熊隊簽訂青少年業餘合約。1966年參加波士頓熊隊，在該隊參加十個賽季的比賽，幫助該隊連續八個賽季打進聯盟決賽，並兩次參加史坦利盃賽。他是全國冰上曲棍球聯盟獲最高射門成功率的第一位後衛（1970, 1975）。連續八年獲最有價值的後衛的唯一球員（1967～1968到1974～1975）。

奧爾（4號球衣者），攝於1968年
Canada Wide – Pictorial Parade

Ørsted, Hans Christian＊　奧斯特（西元1777～1851年）　丹麥物理學家和化學家，1820年發現電流流過導線時能使磁化的羅盤針偏轉，這個現象的重要性很快獲得公認，推動了電磁理論的發展。奧斯特在1820年對胡椒中刺激性成分之一的胡椒鹼的發現，和他在1825年製出金屬鋁一樣，是對化學的重要貢獻。1824年建立一個致力於在公衆中普及科學知識的協會。1932年採用他的姓氏作爲磁場強度的物理學單位。

Ortega (Saavedra), Daniel＊　奧蒂加・薩維德拉（西元1945年～）　尼加拉瓜總統（1984～1990）。1963年參加桑定民族解放陣線（FSLN）。負責該陣線反對蘇慕薩家族的城市抵抗運動。後坐牢和被放逐潛返尼加拉瓜後，他聯合不同派系對抗蘇慕薩。1979年桑定主義獲勝。奧蒂加是桑定執政團成員之一，1984年當選爲尼加拉瓜的總統。美國力圖破壞他的政府而使經濟困難，拖延戰爭。1990年競選連任失敗。

Ortega y Gasset, José＊　奧爾特加－加塞特（西元1883～1955年）　西班牙哲學家。自1911年起在馬德里大學任教。1931～1946年居住在海外。雖然受到新康德主義學派的影響，但卻偏離新康德主義哲學，見於所著《樂園中的亞當》（1910）、《吉訶德的冥思》（1914）和《現代題材》（1923）等書。他將個人的生活看成基本的實在，每一個人的視角被用來代替絕對眞理。他和他的一代都關心「西班牙問題」。他創辦期刊《西班牙》（1915）、《太陽》（1917）和《西方雜誌》（1923）。最有名的作品是《沒有脊樑骨的西班牙》（1922）和《群衆的反抗》（1929），書中預示著西班牙內戰。他對20世紀西班牙的文化和文學復興有重大影響。

orthoclase＊　正長石　常見的鹼性長石礦物，爲鉀的鋁矽酸鹽（$KAlSi_3O_8$）。具有多種顏色，常以雙晶產於花崗岩中。正長石用來製造玻璃和陶瓷，透明的晶體偶爾用來琢磨寶石。正長石是重要的造岩礦物，大量地出現於火成岩、偉晶岩和片麻岩中。長石礦物是鈉、鉀、鈣的鋁矽酸鹽的混合物，可根據這三種純化合物（即端員）各自的百分比來進行分類。正長石是此系統中含鉀的端員，微斜長石是低溫結構其化學成分同正長石。

採自葡萄牙塞拉迪佩內達的正長石
Emil Javorsky

Orthodox Catholic Church ➠ Eastern Orthodoxy

Orthodox Judaism　正統派猶太教　最嚴格地恪守傳統信仰和禮俗的猶太教徒所奉的宗教。在以色列正統猶太教爲國定宗教。正統派猶太教認爲，無論成文律法書（「托拉」），還是口傳律法（「密西拿」所收、「塔木德」所解釋），都是傳之萬代而皆準，至今仍是教徒生活的唯一準則。正統派一向堅持教規，例如：每日禮拜，遵守飲食禁忌，經常研讀「托拉」，會堂實行男女分座，並要求嚴守安息日，在公衆禮拜中不使用器樂。在美國正統派猶太教主要中心是紐約市的授業座大學。

orthogonal polynomial　正交多項式　用來解決物理與工程中微分方程式的無限特殊多項式的統稱。如果二個多項式正交，那麼在適當間隔算出的產物積分（內產物，參閱inner product space）是零。一組無限的互相正交多項式可以作爲所有連續函數組的基礎，這意味著：任何連續函數皆能以此類多項式的線性結合來代表（參閱linear transformation）。最簡單的例子是勒讓德多項式組，它們滿足了稱爲勒讓德方程式的第二級微分方程式，在0～1的間隔上也是正交的。其他例子爲埃爾米特和切比雪夫多項式組。

orthogonality＊　正交　數學上，應用於向量時和垂直同義的性質，不過多半應用於函數。內積空間的兩個向量元素正交的條件是內積爲零，就向量而言是點積（參閱vector operations），對函數而言是兩者乘積的定積分。一組正交的向量或函數可以作爲內積空間的基礎，代表這個空間的全部元素都可以表示成這組元素的線性組合（參閱linear transformation）。

orthopedics＊　骨外科學　亦作orthopedic surgery。有關骨骼系統及其相關構造功能的維持與恢復之醫學專科。骨外科學已不僅治療裂骨、斷骨、拉傷的肌肉、撕裂的韌帶和腱，以及其他外傷性損害的治療，還處理各種先天性與後天性骨骼畸形，以及骨關節炎等變性疾病的影響。該專科原來倚賴沈重的支架和夾板，現則利用骨移植和人工塑膠關節治療罹病的骨盆和其他骨，並利用義肢、特殊腳套和支架，使殘疾人恢復活動。骨外科學除使用傳統醫學和外科學技術外，還用到物理醫學與復健及職業療法的技術。

Orton, Joe　奧頓（西元1933～1967年）　原名John Kingsley Orton。英國劇作家，原爲不成功的演員。後轉向寫作。1964年他的廣播劇《樓梯上的惡棍》由英國廣播公司播出後，奧頓才首度獲得成功。他的三部長篇黑色喜劇《款待史隆先生》（1964）、《贓物》（1965）和死後出版的《管家之所見》（1969），它們對道德敗壞、暴力和性貪婪的研究使觀衆感到震驚。奧頓被他的終生伴侶哈里維爾打死而結束了他短暫的一生。哈里維爾隨即自殺。

Orumiyeh, Daryacheh-ye ➡ Urmia, Lake

Orwell, George　歐威爾（西元1903～1950年）　原名Eric Arthur Blair。英國小說家、散文家和評論家。1917（獲獎學金）～1921年在伊頓公學讀書，1922年到緬甸，擔任印度皇家警察。由於認識到英帝國的統治違反緬甸人民的意願，感到內疚，於1927年離開緬甸。他回到歐洲，自發地過著貧窮生活，根據生活經驗，他寫了《巴黎倫敦落魄記》（1933）。成爲社會主義者。1936年去西班牙報導內戰，並留下來參加共和軍方面的民兵。他的戰爭經驗寫了《向加泰隆尼亞致敬》（1938），從此他一生畏懼共產主義。他的小說典型描寫具有敏感、良知和多愁善感的孤立個人對苦難和不公正的社會環境的不滿。他最著名的作品是反俄諷刺寓言小說《動物農莊》（1945）和《一九八四》（1949），極權主義的反面烏托邦，給他同時代和後來的讀者廣泛的影響。他的散文也受到人們的讚賞。他死於肺病。

歐威爾
BBC Copyright

oryx　大羚羊　偶蹄目牛科4種大羚羊的統稱。成群棲居於非洲和阿拉伯的荒漠和平原。肩高102～120公分。有鬃毛和毛尾，面部和前額有黑色斑塊，眼的兩側各有黑色條紋，身上和腿上有黑色斑紋。雌雄都有角，角長而尖，或直或曲。

阿拉伯大羚羊（Oryx leucoryx）
Rod Moon – The National Audubon Society Collection/Photo Researchers

Osage＊　奧薩格人　北美印第安部落。操蘇語。在皮埃蒙特和奧沙克高原及密蘇里州西部和堪薩斯州東南部定居。奧薩格文化是大草原文化，主要特徵是村居、農事與獵捕水牛相結合。村落由長形房屋組成，狩獵季節他們則住圓錐帳篷。宗教儀式，各氏族劃分爲象徵性的天族與地族，19世紀末，遷移到奧克拉荷馬州居留。居留地發現石油，因此使他們成爲印第安人中唯一富裕的部落。今約有8,000人。

Osage River＊　奧薩格河　美國密蘇里州西部河流。由梅里德辛河和小奧薩格河匯合形成。全長800公里是密蘇里河的最大支流。奧薩格河向東和東北流經奧薩格湖，流入傑佛遜城正東方的密蘇里河。

Osaka＊　大阪　古稱Naniwa。日本本州中南部城市（1995年人口約2,602,000）和海港。瀨戶內海東端的大阪灣。爲歷史悠久的城市和港口。16世紀豐臣秀吉興建了大阪城。大阪是日本封建時代時期的主要商業中心，自19世紀末爲工業中心。第二次世界大戰期間，遭到嚴重破壞。曾一度以大型紡織工業著稱，今主要爲金融和重工業中心，包括機械、鋼鐵和化工業，與神戶、京都合爲日本第二大城市綜合工業區。大阪也是文化和教育中心。設有一些大學和劇院。

Osborne, John (James)　奧斯本（西元1929～1994年）　英國劇作家。他的《憤怒的回顧》（1956，1959年拍成電影），開始了大量朝氣勃勃的寫實劇，是關於當代英國上班階級生活。奧斯本成爲戰後第一位「憤怒的青年」。原爲演員。他的第一部劇作《內心的惡魔》（1950）是與林登合著。《藝人》（1957，1960年拍成電影）由勞倫斯·奧立佛演出一落魄的音樂廳喜劇演員。他將此兩部劇作拍成電影，還將《湯姆·瓊斯》改寫成電影劇本（1963，獲奧斯卡獎）。其他劇作有《路德》（1961）和《不可接受的證據》（1964）。

奧斯本
UPI/Berrmann Newsphotos

Oscan language＊　奧斯坎語　義大利諸語言之一。曾通行於義大利中、南部。與翁布里亞語關係密切，與拉丁語關係較遠，可能是義大利中部山區薩謨奈人的本族語，逐漸被拉丁語所代替，到西元1世紀末完全消亡。現代關於奧斯坎語的知識，來自用數種字母（通俗拉丁字母、希臘字母，源自伊楚利亞文字的本民族字母）書寫的約250件文獻和碑銘。

Osceola＊　奧西奧拉（西元1804?～1838年）　第二次塞米諾爾戰爭中的印第安人領袖。戰爭始於1835年。美國政府企圖迫使塞米諾爾人離開在佛羅里達州的傳統土地而到密蘇里河西邊的印第安人區域。奧西奧拉和他的追隨者採用游擊戰術，周旋兩年之久。在談判期間被逮捕入獄，後又被押解到南卡羅來納州查理斯敦，在那裡去世。

奧西奧拉，版畫；卡特林繪於1838年
By courtesy of the Library of Congress, Washington, D. C.

oscillator　振盪器　一種機械或電子裝置，會產生來回的週期運動。擺是簡單的機械式振盪器，在恆常的幅度內擺動，每次擺動僅需要爲空氣阻力或摩擦所致的能量損失而補充能量。在電子式振盪器中，電子以恆常的週期振盪，也需要補充能量來替代能量的損失。電子式振盪器用來產生交流電和無線點廣播中載波的高頻率電流。它們常被併入各式各樣的電子設備。

oscilloscope＊　示波器　亦稱陰級射線示波器（cathode-ray oscilloscope）。電子顯示器件，用來顯示電信號的可見圖形。橫軸常是時間的函數，縱軸是示波器輸入信號產生的電壓的函數。可以同時顯示四個或更多個圖形。幾乎任何物理現象都可以轉換成相應的電壓，它在商業、工程和科學上的應用包括聲學研究、電視機生產和電子設計。

OSHA　職業安全與健康管理處　全名Occupational Safety and Health Administration。美國勞工部轄下機構。1970年設立，職掌業務爲要求雇主提供勞工一個不會危害健康安全的工作環境。OSHA負責強化職業安全及健康標準，並職司行爲調查與環境檢測，對不服從者並可簽發傳票及做出處罰。

Oshogbo＊　奧紹博　奈及利亞城市。位伊巴丹東北部。臨奧雄河。初爲伊萊沙人創建，19世紀初葉從伊洛林的富拉尼征服者到來，城鎮擴大。1840年伊巴丹的軍隊在此戰勝富拉尼人。1976年畫入奧約州。1991年成爲新成立的奧森州的首府。爲可可、棕油的主要集散地，當地手工業以織布、染布、軋棉爲主。人口約476,800（1996）。

Osiris＊　俄賽里斯　古埃及冥府之神。根據希臘神話，俄賽里斯被塞特神殺害，塞特將其屍體肢解，擲到埃及全國各地。俄賽里斯的配偶伊希斯和她的妹妹奈弗台斯，一一拾回，賜予俄賽里斯新的生命，其後來成爲冥府的統治者。伊希斯和俄賽里斯懷了何露斯。埃及的王權神授觀念：國王死時成爲俄賽里斯，現任國王被等同於何露斯。俄賽里斯也賜予萬物生命的力量，對俄賽里斯的崇拜傳遍埃及。

Osler, William＊　奧斯勒（西元1849～1919年）　受封爲威廉爵士（Sir William）。加拿大醫師、醫學教育家。1873年首次確認了血小板。後到麥吉爾大學（1875～1884）和約翰．霍普金斯大學醫學院（1889～1905）任教。他改革了臨床教學的組織及課程，讓學生在病房觀察患者，並進行化驗檢查。他的《醫學原理和實踐》（1892）成爲當時最受歡迎的教科書。曾促成兩所醫師協會的建立及《醫學季刊》的創辦。與他的姓氏有關的醫學術語有奧斯勒氏結節、奧斯勒－瓦凱二氏病、奧斯勒－朗迪－韋伯三氏病等。

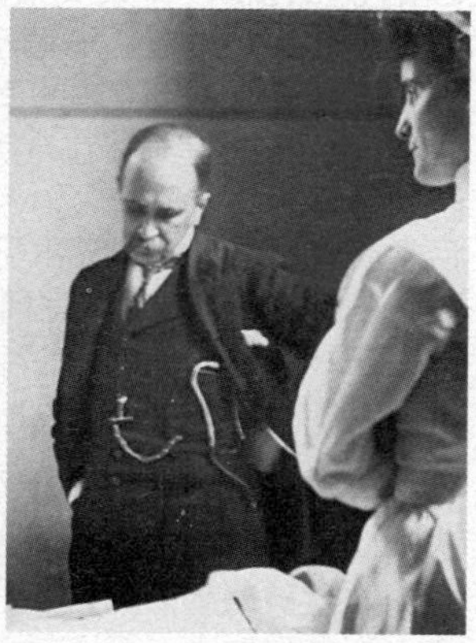

立於病人床邊的奧斯勒，當時是約翰．霍普金斯大學醫學院的內科學教授
By courtesy of the Osler Library, McGill University, Montreal

Oslo＊　奧斯陸　舊名克里斯蒂安（Christiania, 1624～1877或Kristiania, 1877～1925）。挪威的首都和最大城市，又單獨形成一個郡；位於該國東南部奧斯陸峽灣後部。1050年前後由國王哈拉爾．哈德拉德建城。1300年前後國王哈康五世建阿克什胡斯城堡。1624年該城毀於火，其後，丹麥－挪威王國國王克里斯蒂安四世在原址以西建新城，命名爲克里斯蒂安。克里斯蒂安市人口在19世紀增加，其原因之一是該市將周邊的許多地區併入，逐漸成爲挪威最大而影響力最強的城市，取代了卑爾根。該市於1925年改名爲奧斯陸。第二次世界大戰以後蓬勃發展，一日千里。奧斯陸港是挪威規模最大、航運最繁忙的港口。人口約493,973（1997）。

osmosis＊　滲透　水或其他溶劑自發通過或擴散穿過半透膜的過程。如果將溶液和純溶劑用一塊能夠透過溶劑，但不能透過溶質的膜分隔開來，溶液趨於通過膜吸收溶劑而變稀。給溶液施加一定壓力，稱爲滲透壓，可阻止這個過程。

osprey＊　鶚　亦稱魚鷹（fish hawk）。鶚科鳥類（有時歸入鷹科鶚亞科），學名爲Pandion haliaetus。體大，翅長。生活在海濱和面積更大的內陸水域中。體長約65公分。上體褐色，下體白色，頭上有白羽。鶚飛越水面，在獵物上盤旋，然後伸腳向下衝去，先用鉤狀長爪抓魚。其繁殖範圍包括所有大陸（除南美外，但冬天可在南美發現）。單獨或成群在高樹上或懸崖突出處築巢。在20世紀中葉因受殺蟲劑殘留物的影響，鶚種群大爲減少。今數量又有回升。

Osroene　奧斯羅伊那　亦作Osrhoene。美索不達米亞西北的古王國，在幼發拉底河和底格里斯河之間，橫跨今土耳其和敘利亞邊境。首都伊德撒建於西元前136年左右。西元前1世紀至西元2世紀，爲商路和戰略要道。在不同的時間與安息和羅馬結盟。西元216年羅馬皇帝卡拉卡拉滅此王國。後來，這一王國由阿拉伯王朝統治，成爲抵制希臘化的民族反抗中心和加爾底亞敘利亞文學和學術中心。638年落入穆斯林手中。

OSS ➠ Office of Strategic Services (OSS)

Osservatore romano, L'＊　羅馬觀察家報　梵諦岡城出版的日報，義大利國內最有影響的報紙之一，也是羅馬教廷事實上的喉舌。1861年創刊，從一開始就由梵諦岡教廷資助，1890年教宗利奧十三世正式將它收買。詳細報導教宗的活動，刊登教宗講話全文，報導和評論政治事態。《羅馬觀察家報》遵循的既定方針是揭示事件、風俗和傾向的宗教含義和道德含義。

Ossian ➠ Oisín

Ossianic ballads＊　莪相民謠集　愛爾蘭蓋爾語和蘇格蘭語抒情詩和敘事詩，以芬恩．麥庫爾和他的隨從武士的傳說爲主題，以芬尼亞故事的主要吟唱詩人莪相的名字命名。這些詩歌屬於共同的蘇格蘭－愛爾蘭蓋爾傳統；這些民謠共有80,000多行，形成於11至18世紀之間，不同於早期的芬尼亞文學，反映了異教和基督教傳統的相互尊重。充滿對以往榮耀的哀傷和對現今基督教的蔑視。大部分莪相的詩，事實上是由蘇格蘭詩人麥克佛生（1736～1796）所寫。

Ossianic cycle ➠ Fenian cycle

Ossory＊　奧索里　愛爾蘭古王國，可能在1世紀時取得在倫斯特王國範圍內半獨立國家地位。9世紀時由國王塞爾巴爾統治。他的後裔採用了菲茨帕特里克爲姓。從現在的奧索里教區，可以推斷這一國版圖的大小。

Ostade, Adriaen van＊　奧斯塔德（西元1610～1685年）　荷蘭畫家和版畫家。以農村風俗畫著稱，也作宗教畫、肖像畫和風景畫。布勞爾對奧斯塔德的風格產生最重要的影響。像布勞爾一樣，他喜歡表現如《室內狂飲的農夫》（1638?）景象，通常是在燈光暗淡的室內，以開闊有力的技法，在接近單色的有限色階內，處理題材。從1640年代起，逐漸採用比較鮮豔的色彩，少有粗俗的題材。1650年代的作品，已有較多的露天場面（如《巡迴提琴手》〔1672〕）。

osteitis deformans ➠ Paget's disease of bone

Ostend Manifesto＊　奧斯坦德宣言（西元1854年）　三封美國外交官致國務卿馬西的信件。美國駐西班牙公使索爾、駐英國公使布坎南和駐法國公使梅遜，在比利時的奧斯坦德進行會商，聯名報告國務卿，極力主張美國從西班牙手中奪取古巴，以防止古巴、海地的奴隸叛亂波及美國。由於措辭挑釁的信件的公布和索爾的奴隸的主張，使馬西廢除宣言。

osteoarthritis ＊ 骨關節炎 亦稱骨關節病（osteoarthrosis）或退化性關節疾病（degenerative joint disease）。一種關節變性疾病。年齡達七十歲的人超過80%被感染。本病早期，關節軟骨變軟而粗糙，後軟骨破壞，骨質外露，而漸硬化，關節被破壞的組織有一定程度的再生變化。症狀爲疼痛（不一定和病變的嚴重程度成比例）、關節僵硬（但活動後消失）。理療（尤其是熱療和醫療體操）、鎮痛藥及關節內注射可的松均能緩解症狀。如需要，髖和膝部可用手術移除不健康組織。

osteogenesis imperfecta ＊ 成骨不全 一種遺傳性結締組織病。病變累及骨、鞏膜、內耳、韌帶和皮膚等。本病在不同發展階段有不同的症狀組合，先天性成骨不全多爲死產，成活者也會因多發性骨折而致殘，罕有成長至成人者。延遲性成骨不全患者出生時多無症狀，但視其病變嚴重程度的不同，在以後的幾年中會發生次數不等的骨折，范德赫夫氏症候群除有延遲性成骨不全的症狀外，還有藍色鞏膜和內耳聽小骨畸形，以及骨性耳道畸形的耳聾。此外，關節過伸、雙關節、皮膚過薄也是此症的特有症狀。

osteopathy ＊ 骨療學 一種保健醫療技術。奠基者是美國醫師斯蒂爾（1828～1917）。它主要是針對19世紀時相當原始的治療和外科技術而掀起的一場改革運動。強調肌肉、骨骼的結構和器官功能之間的平衡關係。骨療學醫師診治結構異常的方法是通過觸診和其他治療。並授予骨療學博士學位（D. O.），美國各州都允許骨療醫師執業，而且大部州政府對他們和其他所有醫學博士都是一視同仁。骨療學醫院提供的健康服務，包括產科醫院和急診室等。

osteoporosis ＊ 骨質疏鬆 骨質變鬆以致在經微外力下發生骨折的病症。最常見於五十歲以上的婦女，骨質疏鬆症起因於體內形成的新骨量和又被吸收的骨量間的平衡變化。症狀是骨頭在輕微外力下會出現骨折、身高降低和背痛。造成骨質疏鬆的常見原因有飲食中缺鈣，和飲食中攝入的鈣和磷的比例不當。婦女到停經期因缺乏雌激素和其他性激素，骨質丟失的速度更快。防止骨質疏鬆始於在青年骨總量建立時吸食足夠的鈣。控制體重的運動和維他命D對所有的年紀都很重要。四十歲以上的婦女，使用雌激素合併孕雌素可減緩骨質丟失的速度。現有證據說明，用氟化鈉和鈣可終止骨質疏鬆患者的骨質丟失並刺激脊椎骨的新骨質形成。

Ostia ＊ 奧斯蒂亞 古羅馬城鎮。原位於台伯河口。但現處河口以上6公里。現代奧斯蒂亞的海濱勝地靠近古城。奧斯蒂亞可能建於4世紀後發展成爲海軍基地、港口和穀物交易中心。2世紀人口五萬，臻於全盛。3世紀經濟一蹶不振。5世紀被蠻族劫掠。該鎮於9世紀廢棄，其羅馬廢墟在中世紀和文藝復興時曾被鑿出充當建築和雕刻家的大理石材料。19世紀被挖掘出土。如今可見到2/3的羅馬城鎮面貌。

ostomy ＊ 造口術 用外科方法爲空腔器官打開一個人工開口的手術。腹壁造瘻（人工肛門）可使因疾病或傷害而無法由正常排泄管道排出的體內廢物得以排出體外。造口術可爲暫時性的，使因疾病或腹部外傷而受損害；或爲永久性的，以取代正常排泄管道（該管道或先天缺乏，或因患癌症或其他嚴重腸病而必須切除）。暫時性結腸造口術與迴腸造口術一般進行如下：將一段腸襻提近腹壁，將腸切斷，使兩端開口均通向體外。所有類型的造口術均由造口術用具（一種佩戴在腹部開口的自附式袋）清除廢物。有些手術可在身體內部造個收集袋。

Ostpolitik ＊ 東進政策 （德語意爲「東方的政策」〔Eastern Policy〕）西德自1960年代晚期展開的外交政策。東進政策是在勃蘭特先後擔任外交部長及總理期間開始的，起初是爲了緩和與蘇聯集團國家的關係，內容包括承認東德政府、與蘇聯集團拓展經貿關係等。1970年與蘇聯訂定條約，雙方聲明彼此之間放棄使用武力，在與波蘭的關係方面，則承認德國在1945年之後即失去「奧得－尼斯線」以東地區主權。這項政策在施密特總理任內仍然繼續執行。

Ostrasia ➠ Austrasia

Ostrava ＊ 奧斯特拉瓦 捷克共和國東北部城市。位奧帕瓦河和奧得河匯流處，近摩拉維亞海溝。約1267年，奧洛莫烏茨的主教布魯諾爲了守衛摩拉維亞北方入口而興建的防禦城鎮。1495年城堡被毀。歷史建築物有13世紀教堂。主要工業是採礦。人口約324,813（1996）。

ostrich 鴕鳥 現存體形最大的不能飛的鳥類，產於非洲，屬鴕鳥目鴕鳥科動物，學名爲Struthio camelus。兩趾，長頸。雄鳥成體高達2.5公尺，重達155公斤。雄鳥體羽大部呈黑色，但翅和尾有白羽；雌鳥大部褐色。鴕鳥常結成5～50隻一群生活，與食草動物相伴。鴕鳥主要以植物爲食，也吃動物性食物；雄鳥互相爭奪3～5隻雌鳥，發出吼叫和嘶嘶聲。幾隻雌鳥在地上刨成的共用巢中合產15～60枚卵。雄鳥在夜間孵卵，白天則由各雌鳥輪換。孵化期約40天，1月齡的幼雛即能緊跟著成鳥奔跑。爲了不被發覺，鴕鳥可臥於地上僅伸出長頸。於危險臨近時將頭埋於沙中。

Ostrogoths ＊ 東哥德人 哥德人的一個分支，3世紀時曾在黑海北邊建立一個帝國。5世紀末在義大利建立哥德王國。東哥德人自波羅的海地區向南擴張，建起一個其幅員由頓河至聶斯特河（在今烏克蘭南部）的大帝國。在4世紀時期，臻於鼎盛。被匈奴人征服（370?）後，一些東哥德人沿頓河（450?）定居。東哥德人在狄奧多里克領導下入侵義大利。493年狄奧多里克稱義大利王。查士丁尼一世與東哥德人在義大利交戰達二十年（535?～554）。此後東哥德人即不復以一個民族存在於世。

Ostrovsky, Aleksandr (Nikolayevich) ＊ 奧斯特洛夫斯基（西元1823～1886年） 俄羅斯戲劇家。他的第二個劇本《破產者》（1850）揭露假破產事件，結果被解除公職。後來的劇作大都是刻畫俄國商人階層的。包括《貧非罪》（1853）、《雷雨》（1859）和《雪女》（1873）由林姆斯基－高沙可夫改編爲歌劇。他一共創作了四十七個劇本，幾乎是獨自創造了俄國的國家保留劇目。

Ostwald, (Friedrich) Wilhelm ＊ 奧斯特瓦爾德（西元1853～1932年） 俄裔德籍物理化學家。1887年遷往德國。著有《普通化學教程》（2卷本，1885～1887）及其他一些有影響的教科書。他是創辦《物理化學雜誌》（1887）的主要負責人，在很長一段時間裡這是一份在該領域內最具影響力的刊物。在萊比錫大學（1887～1906）任教。阿倫尼烏斯和范托夫一起爲物理化學奠定了堅實的基礎。1888年他發現了電解質的稀釋的奧斯特瓦爾德的定律。1894年他首次對催化劑下了現代的定義，因對催化作用的研究獲1909年諾貝爾化學獎。他在1902年所獲得的專利是用氨製取硝酸，這一方法具有重大的工業價值。他在把物理化學建成爲化學的一個獨立分支的過程中具有主導作用。

O'Sullivan, Timothy H.　奧沙利文（西元1840～1882年）　美國攝影家，在紐約長大（可能出生於愛爾蘭）。曾在布雷迪的藝廊中學習攝影。南北戰爭期間，為布雷迪攝影隊成員之一，在許多戰場上進行拍攝。其最著名的一張照片《死神的收穫》（1863），是表現南部邦聯士兵死於蓋茨堡戰場的情景。參加巴拿馬和美國西南部的勘測。1880年被任命為美國財政部首席攝影師。

Oswald, Lee Harvey　歐斯華（西元1939～1963年）　被控為刺殺美國總統甘迺迪的兇手。1956～1959年加入美國海軍陸戰隊。發表親蘇言論，前往蘇俄，申請入籍，未果。1962年攜俄籍妻與女兒返回美國，仍持激進的政治觀點。1963年4月據稱企圖射殺極保守的退役陸軍將軍瓦克爾，但未成功。10月進入達拉斯教科書倉庫工作。11月22日他從倉庫第六層樓的窗口，向甘迺迪總統和康納利發射三槍，甘迺迪身亡，康納利受傷。隨即射殺了擬逮捕他的巡邏警員。不久被逮捕。11月24日自囚房移送審訊室途中，遭達拉斯一夜總會老闆魯比槍殺。

other minds, problem of　他人心靈問題　在知識論中，解釋一個人如何可能知道另一人內在經驗之性質，甚至說如何可能知道其他人有任何內在經驗。例如，由於每個人的疼痛感覺是私有的，一個人就無法眞正知道另一人所描述的痛苦在性質上眞的跟自己所描述的痛苦一樣。雖然我們可以觀察到另一人身體呈現出的徵狀，但似乎只有當事人才知道他或她自己的心靈內容。

Otis, Harrison Gray　歐蒂斯（西元1765～1848年）　美國政治領袖。曾執律師業，1796～1797和1802～1805年任職於麻薩諸塞州眾議院。1797～1801年任職於美國眾議院。1805～1813和1814～1817年任麻薩諸塞州參議員。1817～1822年任美國參議員。1829～1832年任波士頓市長。聯邦黨領袖。反對1812年戰爭，哈特福德會議的一位領袖。

Otis, James　奧蒂斯（西元1725～1783年）　美國革命前準備階段的政治活動家。他反對英國強加的「援助令狀」（1761）。據報導，他還提出了「徵稅而民不予聞者謂之暴政」。曾任麻薩諸塞州議會議員（1761～1769），和反「印花稅法」的代表，1769年與一位英國官員發生爭吵時頭部被擊，以致精神失常。

otitis＊　耳炎　耳的慢性炎症。外耳炎是外耳道（有時亦包括外耳）的皮膚炎，通常是細菌感染。臨床表現為局部疼痛，分泌物有臭味，呈水樣或膿性，發熱，陣發性耳聾。中耳炎是中耳因為變態反應或病毒、細菌感染。急性細菌性中耳炎的症狀為耳痛、發熱及耳道流膿。若侵蝕骨質（參閱mastoiditis），則需手術治療。內耳炎，常為上呼吸道感染、梅毒或中耳炎的併發症。症狀包括眩暈、嘔吐、患耳聽力及平衡功能喪失。若無化膿則常於數天後恢復，若已化膿則內耳結構全部破壞，以致該耳聽力永久喪失。

otolaryngology＊　耳喉科學　亦稱耳鼻喉科學（otorhinolaryngology）。有關耳、鼻、喉疾病診治的醫學專科（參閱larynx和pharynx）。19世紀後期，耳科才與喉科相聯。耳喉科醫生用耳鏡檢查耳鼓，用喉鏡（1855年發明）檢查喉。他們也測試聽力或指示配戴助聽器。手術用顯微鏡（1921年發展）遂成為耳部精細構造的矯正手術開創新途徑。

Otomanguean languages＊　奧托－曼格諸語言　美洲印第安語的一個語群。通行於墨西哥，使用人口超過一百萬。奧托－曼格諸語言中最重要語言是奧托米語、米斯特克諸方言、薩波特克諸方言及馬薩瓦語。許多奧托－曼格語的特點是，使用複雜的聲調系統來區別話語的意思。

Otomi＊　奧托米人　居住在墨西哥中央高原的中美印第安人。他們以務農和飼養家畜為生。手工業有紡織、編織、製陶、編筐和製繩。認教父教母的制度很普遍。信仰天主教，但也有把某些天主教人物同非天主教神靈相混雜的情況。

O'Toole, Peter　彼得奧圖（西元1932年～）　英國演員。曾入倫敦皇家戲劇藝術學院學習。1956年首度在倫敦演出，1963年在倫敦國家劇院演出《哈姆雷特》。他的第一部電影是《綁架》（1960）。因《阿拉伯的勞倫斯》（1962）的表演而贏得國際好評。他以機智、奔放聞名。經常演出舉止古怪、酗酒的角色。演出的電影有《雄霸天下》（1964）、《冬之獅》（1968）、《統治階級》（1972）、《特技演員》（1980）、《金色年代》（1982）和《末代皇帝》（1987）等。

ottava rima＊　八行詩　義大利一種詩節形式，每節8行，每行11音節，韻式是abababcc。起源於13世紀末和14世紀初，由薄伽丘把它定為義大利史詩和敘事詩的標準詩體。1600年引入英國，每行縮短為10音節。17和18世紀的英文詩歌裡，八行詩體很多用於寫作英雄詩，但拜倫的作品，如《唐璜》（1819～1824），把這種詩體作了最有效的發揮。也被史賓塞、密爾頓、濟慈、雪萊、白朗寧和葉慈等採用。

Ottawa＊　渥太華　加拿大首都（1991年人口約314,000）。位於安大略省東南部。渥太華、加蒂諾和里多河匯流處。1613年，山普倫首先來到渥太華地區。在以後的兩個世紀中，上述三條河流成為探險家和毛皮商人前往內地的通道。1826年，修建運河，加速了該地的發展。原始名稱為拜鎮，1855年將拜鎮設為市，重新命名為渥太華。1857年，維多利亞女王選定渥太華作為加拿大的首府，聯邦政府為主要的雇主。全國各地的商業和金融機構均在該市。為教育和文化中心。有國家藝術中心和加拿大國家畫廊。

Ottawa River　渥太華河　加拿大中東部河流，聖羅倫斯河的主要支流。源出魁北克省西部的勞倫琴高地。在蒙特婁西面匯入聖羅倫斯河。是魁北克和安大略兩省的界河。全長1,271公里，流程多湖泊。1613年由山普倫勘察後，渥太華河即成為探險家、毛皮商和傳教士前往五大湖北部地區的主要通道。19世紀開通渥太華河和安大略湖之間的里多運河，沿河兩岸伐木業興起。建有水電站。

otter　水獺　鼬科4個屬中半水棲獸類種的統稱。分布於非洲、北美洲和南美洲、歐洲及亞洲。各種大小不同，典型體長是1～2公尺，體重是3～27公斤，最大的海獺除外。體型似鼬，尤其是北方種的毛皮，價值最高。大多數種棲息於河流附近，有一些棲息於湖泊和溪流附近，海獺完全海棲。水獺捕食小型水生動物。友善、好奇。好嬉戲，最愛好的運動是順著陡峭的泥岸滑下來，衝進水裡。

河水獺（Lutra canadensis）
Kenneth W. Fink－Root Resources

Otter, William Dillon　歐特（西元1843～1929年）　受封為威廉爵士（Sir William）。加拿大陸軍軍官。生於安大略省柯林頓市，曾加入軍隊幫忙鎮壓了西北叛亂事件（1885）。1893年成為加拿大皇家步兵團的第一位指揮官，並在南非戰爭中領導一支加拿大軍隊。1908年升任參謀總長，

1910～1912年任加拿大督察首長，第一次世界大戰時負責拘留戰俘事宜。

Otto, Nikolaus August　奧托（西元1832～1891年） 德國工程師，研製成四衝程內燃機，1861年他製成第一台煤氣發動機。1876年奧托製成一台四衝程循環內燃機。這是第一台能代替蒸汽機的實用動力機。儘管四衝程循環已在1862年由法國工程師博·德羅夏（1815～1893）取得了專利，但因奧托按照這項原理造出了第一台發動機，所以一般稱爲奧托循環。

Otto, Rudolf　奧托（西元1869～1937年） 德國神學家、哲學家和宗教史學家。曾在格丁根和布雷斯勞大學任教。1917年在馬爾堡大學任教。他的宗教理論是受到他在旅遊非洲和亞洲時研究非基督教信仰及施萊爾馬赫和康德的著作影響。他在《論神聖》（1917）中造出"numinous"這個詞，以表述宗教經驗的非理性因素——敬畏、魅力、狂喜歡躍，可以通過神聖經驗加以體驗。他既反對簡單地調和科學世界觀與宗教解釋，也反對宗教家敵視科學以及科學家輕視宗教。他認爲即使在理性的範圍內，對世界的宗教解釋也揭示了人的理智具有一個獨立的層面，超越科學的發現和普遍的科學知識。著有《東西方神祕主義》（1926）、《印度的恩典宗教和基督教》（1930）和《上帝之國與人子》（1934）等書。

奧托，攝於1925年
Foto – Jannasch, Marburg/L.

Otto I　奧托一世（西元912～973年） 別名奧托大帝（Otto the Great）。薩克森公爵（即奧托二世，936～961）、德意志國王（936～973）和神聖羅馬帝國皇帝（962～973）。他拓展德意志帝國的疆域，自東邊的斯拉夫贏得領地，迫使波希米亞稱臣納貢（950）及取得在丹麥和勃艮地的影響力。951年成爲倫巴底國王，娶義大利女王爲妻。955年鎮壓了他兒子的叛亂，並在萊希費爾德戰役中擊敗了馬札兒人。962年被教宗若望十二世加冕爲神聖羅馬帝國皇帝。963年廢黜若望十二世，立奧托八世爲教宗。他進軍義大利（966～972），征服羅馬。972年使其子奧托二世與拜占庭公主結婚。

Otto III　奧托三世（西元980～1002年） 德意志國王（983～1002）、神聖羅馬帝國皇帝（996～1002）。3歲時加冕爲王，因年幼由母后和祖母攝政。直至994年他成年爲止。996年他去羅馬平定叛亂。並擁立其堂兄爲教宗，稱格列高利五世。這是第一個德意志籍教宗。997年奧托再度率兵進入義大利，平定叛亂。以羅馬爲帝國的行政中心。以基督教世界的領袖自居。並希望在基督教的國家恢復古羅馬帝國的榮耀。當羅馬再度引發叛亂（1001）時，他向巴伐利亞請求援助，在援助還沒有到達之前，他已死亡。

Otto IV　奧托四世（西元1175?～1218年） 亦稱伯倫瑞克的奧托（Otto of Brunswick）。德意志國王、神聖羅馬帝國皇帝。1198年被歸爾甫派（參閱Guelphs and Ghibellines）選爲德意志國王，而反對派選定士瓦本的菲利普爲王。兩派因此引發多年的戰爭。1208年菲利普被謀殺。奧托當選爲國王。1209年在羅馬加冕爲皇帝。1210年征服義大利的南部。各邦諸侯宣布廢黜奧托，另立腓特烈二世。奧托與英格蘭國王約翰結盟，進犯支持腓特烈的法國，在布汶遭到慘敗。1215年被正式廢黜。

Ottoman Empire　鄂圖曼帝國 位小亞細亞的前土耳其帝國。鄂圖曼帝國創始人奧斯曼一世原爲比希尼亞的伊斯蘭王公，攻占曾一度由塞爾柱王朝控制的鄰近地區。西元1300年左右建立了他自己的王朝。1345年鄂圖曼軍隊第一次入侵歐洲，征服了巴爾幹的許多地區。但在1402年被帖木兒擊敗，1453年鄂圖曼在穆罕默德二世領導下（1429～1481年在位）攻陷君士坦丁堡，拜占庭帝國遂亡。君士坦丁堡（後改稱伊斯坦堡）成爲鄂圖曼帝國的新都。在謝里姆一世與蘇萊曼一世的統治下，鄂圖曼帝國成爲世界上最大的帝國。蘇萊曼控制了波斯、阿拉伯、匈牙利和巴爾幹地區。到16世紀初，鄂圖曼也擊敗了在敘利亞和埃及的馬木路克，海軍在巴爾巴羅薩的領導下很快的稱霸於巴貝里海岸。自謝里姆一世，鄂圖曼蘇丹也擁有哈里發的頭銜。16世紀中葉以後，帝國開始由盛轉衰。1683～1792年間的對外戰爭屢遭挫折，失地累累。18世紀俄土戰爭與奧地利和波蘭的戰爭加速了帝國的衰弱。在19世紀被稱爲「歐洲的病人」。巴爾幹戰爭（1912～1913）中喪失了在歐洲的大部分領土。第一次世界大戰鄂圖曼帝國是站在德國一邊，戰後協定，瓦解了帝國。1922年凱末爾廢除了蘇丹制，建立土耳其共和國。亦請參閱JanissaryTurks、Young Turks。

Ottonian art＊　奧托藝術 德意志奧托諸帝及其最初幾位薩利克族繼承人當政時期（950～1050）的繪畫、雕刻及其他視覺藝術。雖然吸收了加洛林王朝的藝術遺產（參閱Carolingian art）。後來卻發展了自己的風格，尤其是在繪畫和雕刻方面。奧托藝術的裝飾畫家注重表現莊重的、戲劇性的人物姿態和強烈的色彩。在大型雕刻上有重要發展。石雕雖不多見，然而木雕耶穌十字架像和鑲金片的木製聖體箱卻使圓雕獲得復興。加洛林王朝所採用的古代工藝——鑄銅也繁榮起來。奧托建築擴大和完善了加洛林王朝的形式，比加洛林建築更有規則，內部空間設計簡單，布局更有系統性。奧托建築促進了羅馬式建築的宏偉。

Otway, Thomas　奧特維（西元1652～1685年） 英國劇作家、詩人。由於怯場，在第一次表演就失敗，後轉向寫作。劇本《唐·卡洛斯》1676年上演，獲極大成功，是他最好的押韻英雄劇。其他的劇本包括優美的無韻詩家庭悲劇《孤兒》（1680），最佳喜劇《士兵的幸運》（1680）；《得救的威尼斯》（1682）是當時舞台上最偉大的成功作品之一。在一個英雄的但充滿人爲悲劇的時代，他令人信服地表現了人的感情而成爲傷感戲劇的先驅者之一。《詩人埋怨他的詩神》（1680）是一部有力、憂鬱的自述詩。

Ouachita River＊　瓦失陶河 舊稱Washita River。美國河流。源出阿肯色州中西部瓦失陶山脈，東南流，匯入紅河。全長973公里。下游河段稱布拉克河。自18世紀晚期即可通航。1924年前河上已有六座船閘和水壩。

Ouagadougou＊　瓦加杜古 布吉納法索最大城市（1993年人口約690,000）與首都。位非洲西部。曾是15世紀建立的瓦加杜古莫西王國的首都，莫西人的大王居住和執政地。製造業中心，鐵路通往象牙海岸阿必尚港。

Oudh＊　奧德 從前英屬印度的省份。現在爲北方邦的東北部分，名稱取自古代科薩拉王國的首都阿約提亞，其範圍幾乎與現代的奧德同樣大。12世紀時穆斯林占領奧德，16世紀時成爲蒙兀兒帝國的一部分，1856年英國人兼併之。

1877年與阿格拉聯合組成阿格拉與奧德聯合省。1947年印度獨立後成爲北方邦的一部分。

Oudry, Jean-Baptiste＊　烏德里（西元1686～1755年）　法國洛可可藝術畫家、掛毯設計師、插圖畫家。烏德里的掛毯就像他的繪畫，色調精妙，對自然作了生動的描述，而受到高度的重視。烏德里爲俄國沙皇彼得大帝、瑞典王后和路易十五世設計了一系列描繪路易十五世狩獵的掛毯。又任皇家狩獵正式畫師。

Ouida＊　韋達（西元1839～1908年）　原名拉梅（Maria Louise Ramé或Maria Louise de la Ramée）。英國女小說家，以寫上流社會生活中放肆和聳人聽聞的風流軼事而聞名。第一部長篇小說《奴隸生活》（1863），以後又出版《斯特拉斯莫爾》（1865）、《錢多斯》（1866）和《在兩面旗幟下》（1867）和《飛蛾》（1880）。她也寫過一些動物故事，有《法蘭德斯的狗》（1872）。1874年定居在佛羅倫斯，晚年由於揮霍無度導致生活極爲潦倒。

Ouija board＊　靈應牌　指術士行術時所用而據說可藉以自靈界中獲得訊息的一種設備。該名詞出自法語和德語的「是」（oui/ja）。靈應牌爲長方形木板，沿長邊刻有全部字母，排成圓弧，圓弧之上有心形小板，裝有小腳輪以自由滑動。占卜者以指輕按小木板，小木板受壓而滑動，其尖每次所指字母有時可拼出單詞甚至可成句。

ounce　盎斯　常衡制的重量單位，傳統歐洲的重量單位，編入英國和美國的重量和測量單位。1盎斯等於1/16磅；在金衡與藥衡制中，等於480喱或1/12磅。常衡制盎斯等於28.35克，金衡制盎斯等於31.1克。若作爲容量單位，則液盎斯在美國慣用制中等於1/16品脫或29.57公撮；在英國度量衡制中等於1/20品脫或28.41公撮。亦請參閱gram、International System of Units、metric system、pound。

ounce ➠ snow leopard

Ouranus ➠ Uranus

Ouse, River　烏斯河　亦稱大烏斯河（Great Ouse River）。英格蘭中部和東部河流。源出北安普敦郡，流經251公里，穿過白金漢、貝都福、亨丁頓和聖艾伍茲至伊里思，注入北海的瓦士灣。河上建有船閘，船隻可上溯至貝都福。

Ouse, River　烏斯河　英格蘭東北部的河川，流經約克谷地，由北約克郡的斯韋爾河和烏爾河匯流而成。與特倫特河匯流成亨伯河（注入北海）。烏斯河注入亨伯河的流量平均約100立方公尺／秒。烏斯河下游與貫穿高度工業化的西約克郡的艾爾和考爾德航道相連，爲原料與工業產品（包括鋼、煤和紡織品等）主要的運輸水道。鄰近平原區產大麥、小麥、馬鈴薯和甜菜等雜糧作物。20世紀晚期，烏斯河流域的深豎坑煤田成爲英國最重要的煤礦礦源。烏斯河在經濟上也成爲愈來愈重要的運輸動脈。

Outer Banks　外灘群島　美國北卡羅來納州沿海一串島嶼。自維吉尼亞的沿海岸向南延伸282公里至盧考特角。由海岸沙丘構成。高度由幾呎到100多呎以上不等。由道路和堤道相連接。有許多海灘，爲著名的遊樂區。有洛亞諾克島和基蒂霍克村等幾處歷史遺址。

Outer Mongolia ➠ Mongolia

outwash　冰水沈積　由冰川融冰水流搬運並堆積下來的成層砂礫沈積物。在冰川邊緣厚度可達100公尺，但一般小得多，可能向前延伸幾公里長。冰水沈積物是河流冰川沈積物中規模最大的，並且提供了風運物的重要來源。

Ouyang Xiu　歐陽修（西元1007～1072年）　亦拼作Ou-yang Hsiu。中國詩詞作家，史學家和政治家。歐陽修出任過各種不同的政府職位，但屢次因爲直言與涉及私事的醜聞而遭降級。有一次，歐陽修在流言風波後前去飲酒，並建造了一座涼亭，命名爲「醉翁亭」，並以此爲題作了一篇在中國文學中極爲著名的散文。歐陽修日後主掌中國文官制度，由於他在考試中錄取那些寫作風格樸質、如「古文」之古代風格的應試者，而黜落那些注重文藻修飾的考生，因此爲中國文學指出新的方向。歐陽修本人以「古文」風格寫作的作品，包括《新唐書》（1060），成爲長久被模仿的典範。

ouzel　黑鶇　亦作ousel。雀形目鶇科鳥類，學名Turdus torquatus。特徵爲胸部有一白色新月狀斑紋。體淺黑色，長24公分。繁殖限於從大不列顛、挪威到中東的山地。黑鶇一詞以前用於近緣的歐洲產黑鸝。河烏常稱爲水黑鶇。

環頸鶇
Drawing by John P. O'Neill

ovarian cancer　卵巢癌　卵巢的惡性腫瘤。罹患卵巢癌的危險因素包括第一次月經過早（十二歲以前）、停經過晚（五十二歲以後）、沒有懷孕、基因的特定突變出現時、使用受孕藥或個人曾經罹患乳癌。卵巢癌的癥狀常到癌症有相當進展時才出現。這些癥狀可能包括腹腫、骨盆壓力和疼痛以及不尋常的陰道出血等。外科手術是一種有效的療法，化學療法和輻射療法有時與外科手術並用。

ovary＊　卵巢　雌性動物的生殖器官，可以產生卵和性激素（參閱estrogen和progesterone）。人類有兩個卵巢，呈杏仁形，長約4公分。女嬰出生時卵巢內有卵泡15萬～50萬個，到青年期其數目降至34,000個左右，以後隨年齡增長數目進一步減少，直到停經期，生殖功能衰退，少數尙存的卵泡亦退化。在生育年齡（十三～五十歲）內，一般只有300～400個卵泡可以成熟；成熟的卵子從卵巢排出，進入生殖道準備受精。若未受精則在月經期間從體內排出。

over-the-counter market　場外交易市場　指不在證券交易所內進行的股份和債券的交易。由於美國股票在交易所掛牌的要求條件非常嚴格，這類交易在美國最爲重要。美國政府債券（即國庫債券）以及其他許多債券和優先股票，都在紐約證券交易所掛牌，但都有其各自的重要場外交易市場。其他美國政府公債及州、市政府的債券，專門在場外交易。像共同基金之類的投資公司常在場外進行；因爲交易所內的傭金都是固定不變的，因而交易也不可能取得優惠的折扣。場外交易市場的許多規章，都是通過全國證券交易商協會貫徹執行的。該協會根據國會法令於1939年建立，旨在制訂經營規則並保護會員和投資者免受欺騙。亦請參閱NASDAQ。

overpopulation　人口過剩　某個特定種屬的個體數超過環境所容承擔的上限之情形。可能導致的後果是環境惡化、生活品質降低以及人口爆炸（因爲高死亡率而無法有效繁殖後代，造成人口突然大量減少）。

overtone　泛音　亦作harmonic。在聲學中，指當一根弦或空氣柱整體振動而產生基礎音（第一分音）時，在該基礎音上方發出的微弱的音。泛音列是由分成等分的部分（如1/2、1/3、1/4）振動而產生的。振動的分段越小，泛音的音高就越高。各上方泛音的頻率與基礎音的頻率形成簡單的比率（例如2：1, 3：1, 4：1）。有些樂器能產生非泛音列中的泛音。音樂的色彩和音色受某一樂器獨特泛音的極大影響。亦請參閱combination tone。

overture　序曲　一種音樂體裁，通常指位於一首樂曲（多為戲劇音樂）前面的開場音樂。起源於蒙特威爾第的歌劇《奧菲歐》（1607），其序曲為歌劇的開場音樂。盧利建立了大規模二或三段的《法國式序曲》形式。盧利的序曲形式廣被歌劇作家效仿。辛福尼亞為標準義大利序曲形式，是奏鳴曲的前身；成為後來歌劇序曲的標準形式。19世紀形成的音樂會序曲，是按浪漫樂派歌劇序曲風格寫的一種獨立的單樂章樂曲。它既可用古典的奏鳴曲曲式，也可用自由的交響詩曲式。

overweight　過重　體重超過適當的重量。少許過重的話，不一定是過胖，特別是肌肉發達或骨架大的人，不過即使將過剩的體重略微減輕可能會有益健康。美國現在過重的人口比例逐漸上升（有些估計超過三分之一），相關的健康問題也逐漸增加。對抗過重的飲食計畫與產品的長期效果都令人質疑。最好的方法如教育及預防措施，從小開始降低食物攝取（特別是脂肪）並配合運動。

Ovett, Steve＊　歐維特（西元1955年～）　原名Stephen Michael Ovett。英國賽跑選手，生於布來頓。他在1980年的奧運會中拿下一面金牌（男子800公尺）和一面銅牌。在他的運動生涯中，歐維特創造過六次世界記錄。

Ovid＊　奧維德（西元前43～西元17年）　拉丁語全名Publius Ovidius Naso。羅馬詩人。他是羅馬騎士階級的成員，做過小官，但不久即棄職致力於詩歌，早期詩作《戀歌》、《列女志》、《論容飾》、《愛的藝術》和《愛的醫療》的共同主題是情愛和情愛的勾引，反映了當時社會的繁華、機巧和對聲色犬馬的追逐。奧維德在當時詩人中的地位穩固之後，便著手寫作規模更為宏大的《變形記》，它集神話傳說之大成，敘述各種變形的故事。《歲時記》記載羅馬年曆及其宗教節日。其詩作由於對古典神話作了富於想像力的闡釋以及作為技巧成就卓絕的範例而產生巨大影響。西元8年，不明原因，遭奧古斯都放逐至黑海之濱，並在流放地死去。自傳詩《哀傷》描述了他的生活。到了文藝復興時期，奧維德的聲譽日隆。他的古典詩對莎士比亞的影響很大。

Oviedo＊　奧維耶多　古稱奧韋圖姆（Asturias）。西班牙西北部阿斯圖里亞斯省省會。757年創建。810年成為阿斯圖里亞斯王國都城。中世紀時為未被摩爾人占領的僅有幾個西班牙城鎮之一。有許多中世紀的地標，包括14世紀的大教堂，西班牙內戰時受到嚴重損害。經濟以煤、鐵開採為基礎。人口約202,000（1995）。

Ovimbundu＊　奧文本杜人　操班圖語系的安哥拉中部民族。使用人口約四百萬。奧文本杜人為薩文比及爭取安哥拉徹底獨立全國聯盟的游擊戰爭活動提供了廣泛而重大的支援。以前從事貿易，今務農、打獵和飼養家畜。他們共分成二十二個酋長領地。在20世紀葡萄牙人實際占領之前，約有半數酋長領地臣服於一個大酋長。

ovum ➠ egg

Owen, Robert　歐文（西元1771～1858年）　威爾斯製造商和慈善家。他在拉納克郡的新拉納克紗廠，建立社會及工業福利項目，包括改善住房條件及開辦幼兒學校。1813年出版了《新社會觀》，他認為人的性格是由環境造成的。到1817年逐步發展社會主義和合作運動理念。他大部分時間宣傳此理念。他在英國和美國贊助許多實驗烏托邦社區，過了不久，歐文退出所有的社區。他強力支持早期勞工同盟，但是遭受到反對和鎮壓，迅速解散。他是歐文的父親。

Owen, Robert Dale　歐文（西元1801～1877年）　英裔美籍社會改革家。1825年隨父移居美國，在印第安納州新哈莫尼創立一個公社。遷往紐約與萊特結識，並主編《自由問詢報》，鼓吹激進自由思想。成為激進派自由思潮的中心。1836～1838年任州議員，其後又任兩屆眾議員。1855～1858年任駐義大利公使。他極力鼓吹解放黑奴。致函林肯總統要求結束奴隸制度。據此，他著書《奴隸制的邪惡》（1864）。

Owen, Wilfred　歐文（西元1893～1918年）　英國詩人。1915年加入藝術家步槍隊。戰壕中的戰鬥經歷使他迅速成熟。1917年1月以後所寫的詩充滿了對戰爭的殘酷和浪費的憤怒，以及對戰爭犧牲者的憐憫。停戰前一星期陣亡，年僅二十五歲。唯一的《詩集》於死後出版，為押元音韻的詩歌。布瑞頓以歐文的詩歌譜了《戰爭安魂曲》（1962）。

Owens, Jesse　歐文斯（西元1913～1980年）　原名James Cleveland Owens。美國田徑運動員。歐文斯在克利夫蘭上中學時，就獲三項冠軍。1935年代表俄亥俄州立大學參加田徑聯賽，一天內打破或平四項世界記錄，並立下新跳遠世界記錄，此項新記錄之後維持了二十五年。1936年柏林奧運會上，平100公尺奧運會記錄，又分別打破200公尺賽跑成績和跳遠世界記錄，並在破世界記錄的400公尺接力賽中共獲四枚金牌。希特勒原打算利用那次奧運會宣傳雅利安族優秀論，黑人歐文斯的勝利對希特勒的這種企圖是一沈重打擊。歐文斯曾一度保持或與別人一起擁有國際業餘田徑聯合會所承認的所有短跑世界記錄。

歐文斯，攝於1936年
AP/Wide World Photos

owl　鴞　鳥綱鴞形目夜行性猛禽。倉鴞及短耳鴞等是分布最廣的鳥類之一，而帛琉鴞及塞席爾鴞，鴞以樹洞、峭壁岩洞及啄木鳥洞為巢，種群小。飛行無聲。羽色各異，鴞均為肉食性，食昆蟲、鳥和小型的哺乳動物。圓形輪廓。兩眼均向前方。喙尖端鉤狀。體長13～70公分。面部有面盆。耳大，圍以紙狀羽毛構成的羽領，其功能為集中聲音。可向任何方向轉動180°以上。亦請參閱horned owl、screech owl、snowy owl。

owlet moth ➠ miller

ox　牛　馴化的牛科大角型哺乳動物。學名為Bos taurus或B. taurus primigenius。曾經成群地活動在北美、歐洲（已從該處消失）、亞洲和非洲。亞洲有的仍處於野生狀態。經閹割的公牛性馴良，在世界上許多未開發地區被用作挽畜。在某些地區亦用作食品。

oxalic acid＊　草酸　無色結晶有毒的羧酸類有機化合物。許多植物中有草酸，尤其是大黃、酢漿草和菠菜。由於它能把大部分不溶性鐵的化合物轉變成可溶性的錯離子，可用以清除鐵銹和墨水污漬。草酸還用作汽車水箱多種除銹劑的主要成分。草酸和草酸鹽用於許多化學作用。

oxalis * 酢漿草屬 酢漿草科的一屬。包括約850種小型草本植物，主要原產於南部非洲與南美洲。大部分種類則供庭園觀賞。屬名源自希臘字"oxalis"（酸），因其植株具有酸味。產於北美東部及大不列顛的酢漿草（即微酸酢漿草）為具車軸草狀三出複葉的小型無莖植物；小葉在夜間會反捲下垂。花瓣5枚，白而具紫色脈紋；果為瓣裂之蒴果；種子具肉質外皮，外皮向後反彈時將眞正的種子射出。

oxbow lake 牛軛湖 位於廢棄河道曲流灣裡的小湖。當河流為縮短其流程而切通曲流頸，使老河道迅速被堵塞時，就形成牛軛湖，如果只有一個曲流灣被截去，形成的湖呈新月狀，如果有幾個曲流灣被截去，則湖將是蜿蜒盤旋的或曲折迂迴的。牛軛湖最終被泥沙淤塞而形成沼澤，最後就成了曲流遺跡。

Oxenstierna (af Södermöre), Axel (Gustafsson), Count * 烏克森謝納（西元1583～1654年） Oxenstierna亦作Oxenstjerna。瑞典政治家。曾為參政員。1612年古斯塔夫二世任命他為總理大臣。與國王對地方政府進行改革。在外交方面，與丹麥（1613）、波蘭（1622）簽訂和平和約。三十年戰爭時（1626）任波蘭總督和德意志軍隊指揮官（1631）。他在德意志擁有國王的大部分權力。1636年返回瑞典，成為女王克里斯蒂娜（1636～1644）的攝政之一，此後一直為瑞典的實際統治者。

oxeye daisy 牛眼雛菊 學名Chrysanthemum leucanthemum。菊科多年生庭園植物。頭狀花序由15～30朵白色的邊花圍繞一朵鮮黃色的盤花組成。直徑2.5～5公分，高可達60公分；葉長圓形，鋸齒狀，葉柄長。產於歐洲和亞洲，但在美國已成為常見的野生植物。

Oxford 牛津 古稱Oxonia。英格蘭牛津郡首府（1994年人口約133,000），位於泰晤士河。以坐落在區內的牛津大學著稱。撒克遜時期開始有人居住，後來成為城堡，以防衛韋塞克斯北方邊區免受丹麥人的攻擊。有關牛津的最早記載見於《盎格魯－撒克遜的編年史》（912），牛津的諾曼人民點還有遺跡可尋。牛津以哥德式城樓和尖塔的美麗空中輪廓而被稱為「塔尖之城」，其中多半屬於牛津大學。在英國內戰時期，牛津為保皇黨的總部。今經濟多樣化，除了教育事業外，還包括印刷、出版業和汽車製造業。

Oxford, Earl of 牛津伯爵（西元1550～1604年） 原名Edward de Vere。英國抒情詩人。頗具天賦的語言學家，那個時代最引人注目的人物之一。他也是個魯莽、暴躁及揮霍無度的人。他贊助「牛津人」劇團以及作家李里史賓塞，後來可能也贊助了「宮內大臣供奉劇團」。他早年寫的詩和劇本被高度讚賞，可惜無一劇本流傳至今。1920年湯瑪斯·盧尼的著作中提出牛津恐是莎士比亞劇本的眞正作者，可以支持這一論斷的是這樣一個巧合：牛津的詩作停止之時正好在莎士比亞的作品開始問世之前。

Oxford, Earl of 牛津伯爵 ➠ Harley, Robert

Oxford, Provisions of 牛津條例（西元1258年） 英格蘭國王亨利三世所接受的改革計畫，在破產邊緣的亨利要求議會批准歲入，並同意遵守皇家委員會起草的改革綱領。被視為英格蘭第一部的成文憲法規定：政府由國王和十五人組成的貴族會議共同領導，議會每年召集三次，改革地方行政。1266年由「凱尼爾沃思宣言」完全廢除。

Oxford, University of 牛津大學 設在英格蘭牛津的英國自治高等學府。創立於12世紀。以巴黎大學為榜樣，設神學、法學、醫學和人文等學院。這些學院中以大學學院問世最早，建於1249年。巴利奧爾學院建於1263年前後，默頓學院建於1264年。牛津早期著名的學者有培根、鄧斯·司各脫、奧坎和威克利夫。文藝復興時期，伊拉斯謨斯和摩爾提高了牛津大學的聲譽。20世紀時，牛津大學增設許多新學系，包括政治系和經濟學系。1878年創立第一所女子學院－－瑪格麗特學院。牛津大學擁有博德利圖書館和阿什莫爾藝術和考古學博物館。牛津大學出版社建於1478年，是世界上最大也最有聲望的大學出版社之一。牛津大學與英國歷史上的許多最偉大人物的名字聯繫在一起。

Oxford English Dictionary, The (OED) 牛津英語詞典 一部權威性的英語詞典。它是《按歷史原則編訂的新英語辭典》1933年的修訂增補本。1884～1928年，共出十冊。1933年，第二版出版，共二十冊。《牛津英語詞典》中的釋義按其出現的年代先後順序排列，並從英國文學作品及各種文獻中摘引註明年代的例句加以說明。

Oxford Movement 牛津運動（西元1833～1845年） 亦作Tractarian movement。英國基督教聖公會內部以牛津大學為中心興起的運動，旨在反對聖公會內的新教傾向，恢復天主教思想和慣例。這個運動的主要思想由九十部《時代書冊》（1833～1841年出版）闡明，其中二十四部是由運動的領導者之一紐曼（1801～1890）執筆。書冊派斷言，公教（天主教）的教義權威是絕對的。而「公」意為恪守早期的統一教會的教義。在這個運動的推動下，修道院成立。

Oxfordshire * 牛津郡 英格蘭中南部行政和歷史郡。由兩個高地組成，中間隔有谷地。早在舊石器、中石器和新石器時代設居民點。多爾切斯特為羅馬時代全郡最重要的地方。後來的薩克森居民點集中在泰晤士河河谷畔。英國內戰時期，牛津是保皇黨的大本營。現經濟以農業為主，牧羊業和羊毛占重要地位。牛津郊區科里為主要工業中心。人口約616,700（1998）。

oxidation-reduction 氧化－還原 亦稱redox。導致電子轉移之化學反應的統稱。添加氫或電子稱為還原，而除去氫或電子稱為氧化（原用來與氧結合，現在包括了氫或電子的轉移）。這個過程總是同時出現：一種物質被另一物質氧化，後者則遭到還原。反應前後物質狀態稱為氧化態，氧化態有數字，可以藉此進行計算（原子價是類似但不同的概念）。描述電子轉移的化學方程式可以寫為二個分立的半反應，理論上可在二個分立的電解槽區中進行（參閱electrolysis），其中電子經由連接二者的線路流過。其氧化劑包括氟、臭氧和氧本身，強還原劑包括鈉、鋰等鹼金屬。

oxide 氧化物 氧與其他元素化合而形成的一大類重要化合物的統稱。金屬氧化物是含有一個金屬陽離子和氧化物陰離子（O_2^-）的結晶固體。它們典型地與水反應生成鹼，或與酸反應生成鹽。非金屬氧化物是揮發性化合物，其中的氧原子與非金屬原子共價鍵合。它們與水反應生成酸或與鹼反應生成鹽。兩性氧化物含有氧和陽離子（如鋁、鋅）。某些有機化合物，其中氧原子以共價鍵與氮、磷或硫原子結合。所謂烯的氧化物就是環醚。

oxide mineral 氧化物礦物 任何天然產出的無機化合物，其結構以氧原子的緊密堆積為基礎，而較小的帶正電荷的金屬離子則出現於空隙中。氧化物礦物出現於各種岩石中。

O P Q R

Oxus River ➠ Amu Darya

oxygen 氧 週期表VIa族非金屬化學元素。化學符號O，原子序數8。無色、無臭、無味的氣體，爲地殼中含量最多的元素，它的最重要的化合物是水。氧在大氣中占21%，在地殼中占46.6%。溶解的氧對魚類和其他海洋生物的呼吸非常重要。地面和下層大氣的氧氣，幾乎都由雙原子分子O_2組成。動物和低級植物呼吸時，從大氣吸入氧氣，呼出二氧化碳。高級（即綠色）植物則在陽光下通過光合作用吸收二氧化碳並放出氧氣。在空氣的主要成分中，氧的沸點最高，不易揮發。在煉鋼和其他冶金過程中，在生產乙炔和甲醇等控制氧化的化學製品的化學工業中，工業氧或富氧空氣已逐漸取代了普通的空氣。氧在醫學上用於氧氣幕、人工呼吸器和早產嬰兒保育箱。氧是太空船、水中呼吸器和高壓室的部分氣體混合物。液態氧還用作火箭發動機燃料。氧的原子價是2，能形成各種各樣的共價化合物，其中包括水、二氧化硫和二氧化碳等非金屬氧化物，醇、醛、羧酸等有機化合物。

oxygen process, basic ➠ basic oxygen process (BOP)

Oxyrhynchus＊ 俄克喜林庫斯 埃及考古遺址，位於尼羅河谷地西部邊緣。19世紀末期和20世紀初期發現大量約屬西元前250年到西元700年的紙莎草古文書，紙莎草古文書主要用希臘文和拉丁文書寫。其內容包括宗教經文和希臘古典文學名作。在紙莎草紙古文書中還有曾經認爲失傳的品達爾和卡利馬科斯的作品，現爲拜赫奈薩村所在地。

Oyo empire 奧約帝國 約魯巴人的國家，位於今奈及利亞西南部。1650～1750年間統治著伏塔河與尼日河之間的大部分國家。奧約曾兩度征服西面的達荷美王國，並經由阿賈塞港（波多諾伏）和歐洲商人進行貿易。統治者阿比奧敦（約1770～1789年在位）只重視經濟，而忽視軍隊和行政，因此加劇了帝國的衰落。1800年後爲富拉尼人所滅。

oyster 牡蠣 牡蠣科或燕蛤科雙殼類軟體動物，分別稱爲眞牡蠣及珍珠牡蠣。分布於溫帶和熱帶各大洋沿岸水域。兩殼表面粗糙，暗灰色；內面均白色光滑。下殼附著於水底，頗扁，上殼較小，凸出，邊緣粗糙。殼微張時，藉纖毛的波浪狀運動將水流引入殼內，並濾食水中的微小生物。牡蠣養殖供食用，被視爲佳餚。若一粒外物侵入牡蠣的殼內，牡蠣即分泌眞珠質將外物層層包起而形成珍珠。

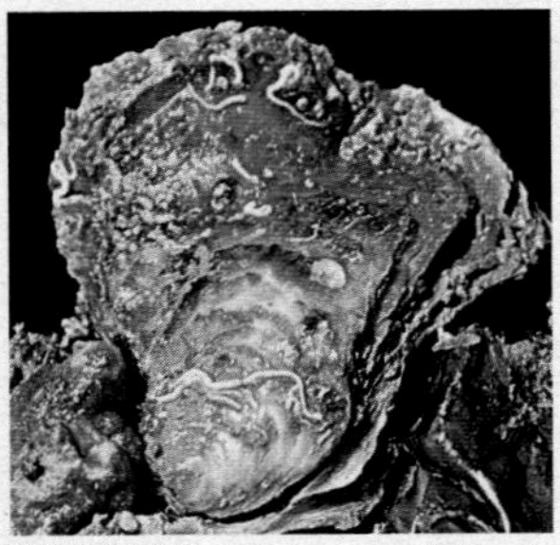

歐洲平牡蠣（Ostrea edulis）
G. Tomsich – Photo Researchers

oyster plant ➠ salsify

oystercatcher 蠣鷸 蠣鷸科蠣鷸屬幾種濱鳥的統稱。見於溫帶至熱帶地區。體粗短。長約40～50公分。腿粗，翼長而尖。嘴長而扁，楔形，羽色由黑、白花至全黑色。主要以軟體動物爲食，退潮時軟體動物留在海濱，貝殼半張開時，蠣鷸立即啄食。

Oz, Amos 奧茨（西元1939年～） 原名Amos Klausner。以色列長篇小說、短篇小說家、散文作家。第二代以色列人。1950年代和1960年代起先居住在合作農場。曾在以色列陸軍中服役（1957～1960，1967，1973），後來成爲和平主義領導者。他的象徵派作品有《狼嚎之地及其他故事》（1965）、《我的麥可》（1968，可能是他最有名的小說）及《黑盒子》（1987，反映了以色列生活的衝突）。

Özal, Turgut＊ 厄札爾（西元1927～1993年） 土耳其總理（1983～1989）和總統（1989～1993）政治人物，曾學習電機工程，1970年代期間，以經濟學家身分在世界銀行工作。1983年祖國黨在議會選舉中贏得多數後，他出任總理。1987年連任。1989年由議會選舉他爲總統，這一職位傳統上被認爲是超出黨派關係的，他隨即開始擴大總統的作用。領導土耳其參加海灣戰爭。

Ozark Mountains 奧沙克山脈 亦稱奧沙克高原（Ozark Plateau）。美國中南部林木茂密的高原地區。由聖路易向西南延伸，直到阿肯色河。面積約130,000平方公里，地跨密蘇里、阿肯色、伊利諾和堪薩斯州。有許多600公尺以上的高峰。旅遊業爲主要行業之一。奧沙克湖提供電力和娛樂設施。

Ozarks, Lake of the 奧沙克湖 美國最大人工湖之一。在密蘇里州中南部。奧薩格河上修建巴格內爾大壩攔蓄河水而成。湖長200公里，面積242平方公里。湖上有捕魚和水上運動設施，爲遊樂休養勝地。附近有石灰石岩洞多處。

Ozawa, Seiji＊ 小澤征爾（西元1935年～） 日裔美國指揮家，在日本東京桐朋學園學指揮。後赴歐洲，受業於卡拉揚。應伯恩斯坦之邀擔任紐約愛樂交響樂團助理指揮（1961～1965），接著分別就任多倫多交響樂團（1965～1969）、舊金山交響樂團（1970～1976）音樂總監與擔任波士頓交響樂團指揮兼音樂總監（1973～2002）。2002年任維也納國立歌劇院音樂總監。他在歐洲的歌劇指揮事業也很傑出。

Ozick, Cynthia＊ 奧賽克（西元1928年～） 美國小說家與短篇故事作家。生於紐約市，畢業於紐約大學，在俄亥俄州立大學取得猶太專題的碩士學位。認爲藝術創作堪稱可以和造物者匹敵之傲慢嘗試的觀念，在奧賽克的作品中非常強烈，如《信任》（1966）、《巨靈》（1982）、《斯德哥爾摩的彌塞亞》（1987）、《披巾》（1990）和《普特梅瑟報告》（1997）。論文集有《隱喻與記憶》（1989）以及《聲名與愚蠢》（1996）。

Ozma, Project 奧茲瑪計畫 一項試圖在1960年接收近距恆星上「智慧生物」發出的無線電波的計畫。探測計畫負責人德雷克（1930年生）用巴姆作品中一個想像的奧茲（Oz）國度的公主名字來命名這一計畫。使用的設備是一台同美國格林班克國立無線電天文台直徑26公尺無線電望遠鏡聯接的特殊接收機。經過約150小時，超過四個月的斷續觀測，並未發現這種信號。亦請參閱Drake eguation、SETI。

ozone 臭氧 氧的三原子同素異形體（分子含有三個原子〔O_3〕，而普通氧分子含兩個原子〔O_2〕）。能使雷雨過後或電氣設備周圍的空氣帶有特殊的臭味。具有刺激性氣味的淡藍色氣體，易爆炸，有毒。通常利用在氧氣流或乾燥空氣流中放電的方法來製得臭氧。臭氧反應性比氧強得多，因此是一種極強的氧化劑。能使許多物質脫色，在工業上用作有機化合物的漂白劑；在飲水上用作消毒和殺菌劑。地球大氣同溫層中天然存在的少量臭氧，能吸收太陽的紫外輻射。否則，這種輻射會嚴重傷害地面上活著的有機體。

ozone layer 臭氧層 亦作ozonosphere。距地表約10～50公里的高空大氣。其中臭氧濃度相當高，溫度分布大多取決於臭氧的輻射性質。地球大氣中總有微量臭氧存在，而以臭氧層的濃度最大，它主要是由太陽紫外輻射的作用形成的。臭氧強烈吸收太陽紫外輻射，使層頂上的大氣溫度上升至0℃（30℉），並有效地阻止了幾乎全部的太陽輻射到達地球表面，否則這種紫外輻射會損害多數生物。氯氟烴和其他空氣污染物質，常向臭氧層擴散，加速臭氧的破壞。1980年代中期科學家發現南極洲上空週期性出現臭氧洞，臭氧層也比正常濃度稀薄了40～50%。區域性臭氧減少被解釋爲一種自然現象，但另一個原因可能是氯氟烴的作用使臭氧層進一步遭到破壞。紫外輻射可能會引起皮膚癌。1978年國際上強迫限制生產和使用氯氟烴和其他臭氧破壞污染物質。

Ozu Yasujiro＊　小津安二郎（西元1903～1963年）
日本導演。1923年入東京松竹影片公司充任攝影助理。三年後拍攝了他的第一部影片。他開創所謂的「庶民劇」。庶民劇是描寫日本中產階級下層家庭生活的影片樣式。《雖然大學畢了業》（1929）、《雖然出生到人間》（1932）和《戶田家的兄妹》（1941），代表了庶民劇的無聲喜劇片。後期的作品，深入細緻地刻畫人物性格，優美的畫面，恬靜沈思的氣氛，包括《晚春》（1949）、《東京故事》（1953）和《早春》（1956）、《晚秋》（1960）、《夏末》（1961）及《秋刀魚之味》（1962）。

O P Q R

P-47 P-47戰鬥機 亦稱雷電式戰鬥機（Thunderbolt）。第二次世界大戰中同盟國空軍使用的戰鬥機，也用作戰鬥轟炸機。它是爲滿足高速遠程戰鬥機的要求而在美國研製的單座、單引擎的單翼飛機。1941年首度試飛。裝有8挺0.5吋口徑的機槍，最大載炸彈量爲1,135公斤，翼下可掛10枚5吋（12.7公分）的火箭。最大時速約達700公里，升限爲12,200公尺。美國爲同盟國空軍生產了許多P-47戰鬥機（15,683架），比其他任何型號的戰鬥機還多。

P-51 P-51戰鬥機 亦稱野馬式戰鬥機（Mustang）。第二次世界大戰時的戰鬥機。爲單座、單引擎的單翼飛機，由北美航空公司爲英國皇家空軍（RAF）生產，1941年開始服役，後來爲美國陸軍航空隊（USAAF）採用。原型機裝備四門0.5吋口徑和四門0.3吋口徑機槍，裝有一台照相機以便空中攝影偵察；最大時速630公里。P-51戰鬥機爲性能優越的長程戰鬥機，在打敗德國空軍方面扮演了吃重的角色。

***p-n* junction p-n結** 在電晶體和相關的器件中，分別叫作p型和n型半導體的兩種不同材料之間的電接觸。這些材料是在純半導體材料（如矽）中添加雜質而成的。p型材料中包含「空穴」（原來被電子占有的空位），其行爲像帶正電的粒子，而n型材料中則包含自由電子。電流從一個方向跨過p-n結比從另一個方向要容易。如果把電池的正極連接到結的p型一側，負極連接到n型一側，那麼電流就會流過p-n結。如果反過來接電池的兩個極，那就只有很少的電流可以通過。p-n結是電腦晶片、太陽電池以及其他電子器件的基礎。

Paar, Jack 帕爾（西元1918年～） 美國電視談話節目主持人。生於俄亥俄州的坎香，1940年代晚期於電台工作，而後在1952年主持他第一個電視節目《跟上帕爾》。他在主持深夜談話節目《今夜》時（這個節目在1957～1962年更名爲《帕爾秀》），開創了成爲當前標準的編排，如名人專訪、獨白暢論、多樣化的諷刺，並以其機智的交談、激動緊張的獨特格調以及敏捷易變的脾氣而聞名。1962～1965年主持每週的《帕爾的節目》。

Paasikivi, Juho Kusti＊ 巴錫基維（西元1870～1956年） 芬蘭政治家和外交官。1907～1913任職芬蘭國會。1908～1909擔任財政部長。1918年成爲芬蘭獨立後的第一位總理。第一次世界大戰後，轉職爲銀行家和商人，聲譽卓著。1936～1939出任駐瑞典公使。1940年參與有關結束俄芬戰爭的和談。第二次世界大戰後，又先後任總理（1944～1946）和總統（1946～1956）。巴錫基維雖贊成與蘇聯和平相處，但同時也毫不妥協地捍衛芬蘭的獨立，並抗拒共產主義對芬蘭日益增長的影響。

Pabst, G(eorg) W(ilhelm)＊ 帕布斯特（西元1885～1967年） 奧地利電影導演。父親是鐵路公務人員。從二十歲起他就開始當演員，在歐洲各地巡迴演出，1912年開始導演舞台劇，直到1912年。之後在柏林導演電影。第一部電影作品爲《寶藏》（1923），接續拍攝的作品包括《死氣沈沈的街道》（1925）、《心靈的祕密》（1926）、《珍妮的愛情》（1927）。他的兩部代表作，《潘朵拉的盒子》（1929）和《流浪女日記》（1929），均由布魯克斯領銜主演。後來的影片有《同志愛》（1931）和《廉價歌劇》（1931）。1933年移居法國，第二次世界大戰之後回到奧地利。

PAC ➟ political action committee

pacemaker 心律調節器 一種能引起心臟收縮，產生有節律的電脈衝的裝置。人的心臟內有一電傳導系統，它能將由天生的心律調節器產生的脈衝傳送到心房和心室。一旦這種傳導因心臟外科手術或某些疾病而受到妨礙（心臟阻斷）時，就需要使用一種臨時的或永久性的人工心律調節器。作法是將一個與體外的電子發生器相連的微型電極經由靜脈引入心臟。被植於皮下的脈衝發生器能產生規律的電脈衝用以維持心搏。也可將永久性心律調節器植於心臟表面。

P

Pachacamac＊ 帕查卡馬克 前印加城市遺址，位於今祕魯利馬東南部。包括一座帕查卡馬克神神廟遺址（這座神廟後來成爲印加人的太陽神神廟），以及周圍城市的廢墟。這裡較早期的廟宇和帶有多級台階的金字塔可上溯至西元前200年到西元600年。1532年左右這座城市被皮薩羅率領的西班牙士兵所毀，現今是拉馬科馬的一個村莊。

Pachelbel, Johann＊ 帕海貝爾（西元1653～1706年） 德國作曲家及管風琴演奏家。樂風保守，是柏格茲特胡德的朋友，也是約翰·克利斯朵夫·巴哈（1671～1721）的老師，後者又給其弟約翰·塞巴斯蒂安·巴哈授課。一生創作了大量的音樂作品，其中又以管風琴眾讚歌變奏曲和尊主頌曲調最爲傑出，不過在今天他則是以《D大調卡農》一曲極受人喜愛而聞名於世，但這部作品可能非出自其手。

Pacher, Michael＊ 帕赫（西元1435～1498年） 奧地利畫家和雕刻家。他替上奧地利的聖沃爾夫岡朝聖教堂創作的巨大的祭壇畫是晚期哥德式繪畫、雕刻和建築的經典作品。那些畫板畫運用了建築上的深度透視法和令人印象深刻的遠近畫法，顯示出曼特尼亞的風格。他的雕刻作品細緻精巧、色彩明亮、衣褶流暢，顯然屬於北方傳統作風，而建築部分則體現出晚期哥德式的誇張形式。帕赫是最早把文藝復興繪畫介紹到德語地區的藝術家之一。

Pachuca (de Soto) 帕丘卡 墨西哥中部城市，伊達爾戈州首府。建於1534年。是新西班牙總督轄區最早建立的殖民地之一。地處東馬德雷山脈富藏礦產地區，海拔2,484公尺。早在16世紀就於此地發現了銀礦，當時墨西哥人的用水銀混合物從礦物中析出銀的方法已非常完善。當地工業包括熔煉工廠和金屬礦還原廠。人口179,000（1990）。

Pacific, War of the 太平洋戰爭（西元1879～1883年） 智利、玻利維亞和祕魯之間爲爭奪具有豐富礦藏資源的太平洋沿岸地區而引發的衝突。原本這裡的國界從未畫定。1870年代智利控制了位於祕魯、玻利維亞境內的硝酸鹽礦場，當需求硝酸鹽的情況日增時，就爆發了領土爭議的戰爭。智利打敗其他兩個國家，控制了兩國最有價值的採礦區。玻利維亞喪失了整個太平洋岸地區。1904年訂立條約，保證玻利維亞商品可以自由通過智利領土，但玻利維亞仍繼續試圖擺脫內陸國不靠海的情況（參閱Chaco War）。戰後數十年祕魯在經濟上遭到重挫。1929年在美國居間仲裁下，祕魯與智利簽定了最後協定。

Pacific Coast Ranges 太平洋海岸山脈 ➟ Coast Ranges

Pacific Islands, Trust Territory of the 太平洋島嶼託管地 前聯合國託管地，1947～1986年委由美國管理。由2,000多座島嶼組成，它們散佈於熱帶西部太平洋、赤道以北的7,770,000平方公里海面上。太平洋島嶼託管地包括密克羅尼西亞地區，由三大島群組成：馬里亞納群島、加羅林群島和馬紹爾群島。首府在北馬里亞納群島的塞班島。1986年美國宣布託管地協約不再具有效力，於是密克羅尼西亞聯邦和馬紹爾群島共和國成爲獨立自主的國家，而北馬里亞納群島則成爲美國的一個自治邦。1994年帛琉共和國成爲主權國家。

Pacific Ocean 太平洋 南起南極洲，北至北極圈的鹹水水體。位於亞洲大陸（西）、澳大利亞（西）和南北美洲大陸（東）之間，占地球總面積的1/3，是世界最大的海洋。面積165,250,000平方公里（含鄰近緣海），爲大西洋的兩倍；比地球上所有的陸地面積還大得多。平均深度是4,280公尺。西部太平洋以有許多緣海而聞名。

Pacific Railway Acts 太平洋鐵路法（西元1862、1864年） 美國爲興建橫貫北美大陸的鐵路而通過的由聯邦政府提供資助的法案。第一個法案授權聯合太平洋鐵路公司自內布拉斯加州奧馬哈向西建造，而中太平洋鐵路公司自加州沙加緬度往東建造。第二個法案將由第一個法案提供的土地面積增加了一倍，並准許兩家公司透過出售債券來籌募更多的資金。後經國會調查發現，一些鐵路承包商利用這兩個法案非法牟取了暴利（參閱Crédit Mobilier scandal）。

Pacific Security Treaty 太平洋安全條約 ➠ ANZUS Pact

Pacification of Ghent ➠ Ghent, Pacification of

pacifism＊ 和平主義 一種信念，反對以戰爭、暴力手段來處理爭端。佛教教義使得佛教成爲最早的和平主義運動，例如阿育王的反戰，不過其他時代與地區的佛教教義並未禁止統治者進行戰爭。在希臘，和平的概念是被理解爲屬於個人的，到了羅馬帝國統治的羅馬和平時代，和平的概念並不適用於所謂的蠻人身上。基督教時代表面上支持和平主義，但在中世紀以前，基督教的和平概念，則與羅馬承平時代一樣，只適用於教徒身上。在17～18世紀的和平主義思潮，主要認爲和平必須使權力由統治者轉移到人民身上，並宣稱戰爭是統治者的野心與傲慢之產物。19～20世紀的和平主義者的主要重點，則轉換爲推動解除軍備以及設立國際組織，例如國際聯盟和聯合國。但是，國家層次的和平主義，對於侵略者如果沒有相同道德標準的問題該如何解決，還不能提出令人滿意的解答。另外，個人層次的和平主義者，則可能會是拒服兵役者。托爾斯泰、甘地、金恩，都是因爲他們的和平主義主張而聞名。

Pacino, Al(fredo James)＊ 艾爾帕西諾（西元1940年～） 美國演員。生於紐約市，演藝生涯始於擔任舞台演員，並曾於1969年因演出《老虎打了領帶嗎？》而獲得東尼獎；1977年演出《胡美爾的基礎訓練》。電影方面，在《教父》（1972）及續集（1974、1990）中，獲得演出柯里昂此一重要角色；他還主演了《瑟皮寇》（1973）、《熱天的午後》（1975）、《爲一切的正義》（1979）、《疤面煞星》（1983）、《激情劊子手》（1989）、《大亨遊戲》（1992）、《女人香》（1992，獲奧斯卡獎）、《魔鬼代言人》（1997）以及《驚爆內幕》（1999），這些演出爲他贏得美國最佳男演員的聲譽。

pack ice 堆冰 由兩極海域內海水形成的漂浮的大塊冰體。堆冰在冬季擴展，大約可覆蓋北部洋面的5%，南部洋面的8%。當春夏兩季出現融解時，堆冰的邊沿就後撤。北半球的堆冰所覆蓋的海域面積平均約爲1,000萬平方公里，填滿整個北冰洋海盆和鄰近的北大西洋。而南極洲四周海洋的堆冰約爲北冰洋的兩倍多。南極洲堆冰的最大面積約爲2,000萬平方公里。

pack rat 馱鼠 ➠ wood rat

Pact of Paris 巴黎公約 ➠ Kellogg-Briand Pact

Pact of Steel 鋼鐵協約 德國與義大利之間的結盟。希特勒與墨索里尼在1939年5月22日所簽署的條約，正式將1936年的羅馬－柏林軸心協定檯面化，在政治與軍事上將兩國緊密結合起來。

paddle tennis 板網球 一種類似於網球的運動，在一個較小的球場內用一支長方形球拍和一個彈跳很慢的海綿橡膠球來玩。1920年代初比爾將此項運動引進紐約各遊戲場。美國至今仍舉行全國板網球錦標賽。亦請參閱platform tennis。

paddlefish 槳吻鱘 匙吻鱘科僅有的兩種古老的淡水魚類之一。吻呈槳狀，口寬闊，皮膚光滑，骨骼柔軟。攝食時張開口，用鰓耙從水中濾取浮游生物。美洲槳吻鱘（或稱匙吻鱘），淡綠或灰色，體重平均約18公斤，生活於密西西比河流域的開闊水域。另外一種著名種類是中國槳吻鱘（亦稱白鱘），體大，吻較細長，產於長江流域。兩個種的肉質均類似鮎，卵可製魚子醬。

Paderewski, Ignacy Jan＊ 帕德瑞夫斯基（西元1860～1941年） 波蘭鋼琴家、作曲家及政治家。1878～1883在華沙音樂學院教授鋼琴，其大多數的代表作都是在這期間創作的（包括著名的《G調小步舞曲》）。1884年起到維也納師從雷協替茲基。1891年在美國卡內基音樂廳舉辦了首次音樂會，之後又在北美舉辦了117場巡迴音樂會。在此期間，他的鋼琴演奏技巧和浪漫主義表現手法廣受歡迎。第一次世界大戰期間他致力於波蘭的獨立運動，並在1919年短暫出任新成立的波蘭的首任總理，曾代表波蘭參加巴黎和會。

Padre Island＊ 帕德里島 美國德州南部海岸堤礁。長182公里，寬5公里，位於克薩斯州的墨西哥灣海岸。自考帕克利士替向南延伸至伊莎貝爾港。隔著馬德雷湖與陸地遙遙相望。島上設有一座娛樂型的保護區，有種類繁多的飛禽，也是優良的垂釣去處，還有一處廣闊的海灘。

Padua＊ 帕多瓦 義大利語作Padova。古稱Patavium。義大利北部城市。據說是由特洛伊英雄安特諾爾所建。西元前302年首見記載，爲羅馬的繁榮城市，7～8世紀由倫巴底人統治，11～13世紀時是義大利主要城市。1405～1797年歸屬威尼斯。1815～1866年在奧地利統治期間，積極參與復興運動。在第二次世界大戰期間遭到嚴重轟炸，後來重建。該市的歷史建築物是很多藝術家的作品，其中包括喬托、提香、多那太羅和曼特尼亞等人。建於1222年的帕多瓦大學是義大利第二古老的大學。伽利略曾在這裡任教，但丁、佩脫拉克和塔索等人也曾在此求學。建於1545年的植物園是歐洲最古老的植物園。現爲工商業中心。人口約213,000（1996）。

Paekche＊ 百濟 西元660年以前古代朝鮮的三個王國之一。據傳於西元前18年爲傳奇人物溫祚所建。西元3世紀時已成爲一個相當發達的王國。到4世紀時疆域已從朝鮮半島的西南端擴展到中部的整個漢江流域。當時它是一個中央集權的貴族統治的國家。儒家學說和佛教都相當盛行，其視覺藝術顯然技術圓熟，富有人性。5世紀時，百濟被朝鮮北部王國高句麗擊敗，被迫退回半島南部，660年開始與朝鮮南部邦國新羅、中國（唐朝）組成一個聯盟。

Paeonia＊　培奧尼亞　古地區，原來的範圍包括整個瓦達河流域，相當於今希臘北部、馬其頓和保加利亞西部地區。培奧尼亞人在西元前490年由於波斯人的入侵而告衰，沿斯特里門河居住的諸部落也被色雷斯人控制。馬斯頓的興起迫使殘餘的培奧尼亞人向北遷徙，西元前358年被馬其頓王腓力二世擊敗。後來成爲羅馬的馬其頓行省一部分，到西元400年培奧尼亞人已失去其民族特點。

Paestum＊　帕埃斯圖姆　義大利南部古城，位於薩萊諾灣（即古代帕埃斯圖姆灣）。西元前6世紀由希臘錫巴里斯的移民所建，並命名爲波塞多尼亞（Poseidonia）。西元前4世紀一支義大利原住民盧卡尼亞人占領該市，並一直統治到西元前273年，當時羅馬人入侵，占領該城。西元871年穆斯林大肆劫掠後，帕埃斯圖姆終被廢棄，18世紀發現該城廢墟。以三座多立斯式神廟和由石灰華磚塊建造的城牆而聞名。

帕埃斯圖姆的雅典娜神廟
Alinari－Art Resource

Pagan＊　蒲甘　緬甸中部村落，沿著伊洛瓦底江西岸發展，位於曼德勒西南方。最初建於849年，11～13世紀末成爲一個強大王朝的首府。1287年被蒙古人征服。蒲甘曾爲佛教學術中心，現在則是朝聖中心，村內佛寺衆多，現多已修復並加以裝飾，沿用至今。其他的廟宇和佛塔廢墟也占有大片面積。1975年發生的大地震重創了大半重要的建築，其中有許多已無法修復。村內還有一所漆器學校，該區即以漆器聞名。

蒲甘的阿難陀神廟，頂部原毀於1975年的地震，今已重建
Van Bucher－Photo Researchers

pagan　異教徒　基督教、猶太教及伊斯蘭教以外的宗教信奉者。早期基督徒常用這個名稱指涉崇拜多神的非基督徒者。基督教傳教士常企圖以在異教徒的聖地搭建教堂，或將基督教節慶與異教徒的儀式串聯（如將聖誕節和冬至慶典結合）等方式來消毀異教徒存在的事實。異教徒一詞亦被用以指稱非基督教哲學家。

Paganini, Niccolò＊　帕格尼尼（西元1782～1840年）　義大利小提琴家和作曲家。他是個小神童，九歲就加入管弦樂團。1810～1828年到義大利巡迴演出，以小提琴名手著稱，但正統音樂家認爲他不過是在賣弄技巧。1820年代，他因染上梅毒而接受水銀療法，面容憔悴爲他增添了一絲浪漫氣質。他的國際巡迴演出（1830～1834）雖被一再延期，但在正式演出時，他嫻熟的技巧和驚人的表現令人爲之瘋狂，有人甚至相信他是與魔鬼訂約交換了這種令人吃驚的天賦。帕格尼尼對小提琴演奏技巧進行了很大的創新，他創作了爲數衆多的無伴奏小提琴譜，其中包括由小提琴獨奏的二十四首《隨想曲》和六首小提琴協奏曲。

帕格尼尼，蝕刻畫，卡拉馬塔（Luigi Calamatta）據安格爾（J.-A.-D. Ingres）的素描於1818年複製
The Granger Collection, New York City

Page, Alan (Cedric)　佩吉（西元1945年～）　美國美式足球員。生於俄亥俄州的坎香，在聖母大學時代是全美明星隊的防守邊鋒。在明尼蘇達維京人隊打絆鋒（1967～1978）時，成爲球隊「紫色食人者」（Purple People Eaters）傳奇的一部分。1971年，他成爲NFL有史以來第一位以防守球員贏得年度最有價值球員的人。1978年取得法學學位，並繼續在芝加哥熊隊直到1981年他開辦了自己的個人事務所爲止。他是安全得分和阻踢兩項記錄的保持者，而且十五年的生涯中從未錯失過任何一場球賽。1993年成爲明尼蘇達州最高法院的法官。

Page, Geraldine　佩姬（西元1924～1987年）　美國女演員。曾在芝加哥和紐約市的戲劇學校就讀。1952年在《夏日煙雲》（1961年拍成電影）中飾演阿爾馬・瓦恩米勒一角，開始在百老匯走紅。以扮演脆弱、爲難的女子有名，主演的其他戲劇有《造雨人》（1954～1955）、《鴛鴦譜》（1957～1958）、《奇妙的插曲》（1963）、《上帝的女兒》（1982）。拍攝的電影包括《本土》（1953）、《春濃滿樓情痴狂》（1962），以及《豐富之旅》（1985，獲奧斯卡最佳女主角獎）。此外還因演出電視劇《聖誕節的回憶》（1966）和《感恩節的來客》（1968）而贏得艾美獎。

pageant＊　慶典　規模宏大而輝煌壯觀的戲劇演出或列隊行進。起源於中世紀，當時它所指的是爲神蹟劇一類的宗教劇演出而設計的彩車。由於演出這類戲劇時多伴有盛大典禮，場面壯觀，因而此詞含義進一步擴大，兼指任何盛大的戲劇演出和精彩的慶祝活動。慶典一般是用以表現某一團體或宗教組織的特色。非宗教的慶典包括加冕典禮和皇室婚禮，而豐富的星期二（四旬齋前的最後一天）和其他的狂歡節遊行則是現代慶典的典範。

Paget, James＊　派吉特（西元1814～1899年）　受封爲詹姆斯爵士（Sir James）。英國外科醫師和生理學家。1834年他發現了能引起旋毛蟲病的寄生蟲。他對派吉特氏病（一種在老年婦女乳頭附近發生的感染性癌變情況）和骨派吉特氏病（1877）這兩個類型的乳腺癌做出了精確的描述（1877）。他是最早建議手術切除骨髓腫瘤而避免截肢的一位外科醫生。

Paget's disease of bone　骨派吉特氏病　亦稱變形性骨炎（osteitis deformans）。以派吉特命名的中年慢性疾病，會有局部的骨頭組織遭到破壞（在這種情況下，變軟、有血淤積的骨頭可能導致心臟或循環方面的問題，而高血鈣則會導致腎結石或全身性的鈣中毒）與骨頭結構失常（密集、易碎的骨頭和變形部位會擠壓體內的結構）交替出現。長骨、脊椎、骨盆和頭骨是最容易受到影響的，較常發生在男性身上。罹患癌症（通常是骨肉瘤）的風險相當高。降血鈣素（可調控骨頭的生長）和二磷酸鹽（可阻止骨頭的過度損壞）是治療的藥物。

Pago Pago＊　巴夠巴夠　美屬薩摩亞群島首都（1990年人口約4,000）。位於南太平洋土土伊拉島的南岸。1872年被選爲美國海軍的裝煤站。直到1951年它一直是個活躍的海軍基地，現爲船隻定期的停靠港。1964年開放機場通航，促進了旅遊交通運輸的發展和現代化。

pagoda　佛塔　用石、磚、木等材料建造的塔狀多層建築，常與佛寺建築群相連，用來祀奉聖人遺骨。源於印度的窣堵波。佛塔的最高裝飾物是西藏的瓶狀裝飾物，在緬甸、泰國、柬埔寨和老撾則是金字塔形或圓錐形的裝飾物。中國、朝鮮、日本的佛塔爲高塔狀，用一個基本樓面往上層層重疊並逐層收縮。佛塔被故意設計爲紀念碑的形式，內部可使用的空間很小。

Pahang River＊　彭亨河　馬來西亞河流，也是馬來半島最長的河流。發源於馬來西亞西北部，向南再轉東流入中國海。長459公里，大部分河段可通小船。由於該河流域的森林遭到濫砍，季風時節經常爆發嚴重洪水。

Pahari painting＊　帕哈里繪畫　亦稱山景畫（Hill painting）。約1690～1790年印度喜馬拉雅山麓一些獨立邦發展的一種細密畫和書籍插畫。其結合了作風大膽、強烈的巴索利畫派和精美、抒情的岡格拉畫派，與拉賈斯坦繪畫非常接近。帕哈里繪畫和北印度平原的拉傑普特畫派一樣，也偏愛表現牧牛神黑天的傳奇題材。

Pahlavi, Mohammad Reza Shah＊　穆罕默德・禮薩・沙・巴勒維（西元1919～1980年）　伊朗國王（1941～1979年在位）。以其親西方的態度和獨裁統治聞名。在瑞士就學後，繼承父位，其父禮薩・沙・巴勒維被迫流亡。其統治時一直和其首相摩薩台進行激烈的權力鬥爭，1953年首相幾乎成功的廢除了他的王位；但英國和美國情報部門的干涉而在次年恢復其王位。他計畫迅速實現現代化和開發油田，剛開始贏得了廣泛支援，但其獨裁方式和對不同意見的壓制，以及腐敗和新石油財富的不平等分配，導致了越來越多的反對，主要反對者是何梅尼。1979年被迫流亡國外，後死於癌症。

Pahlavi, Reza Shah　禮薩・沙・巴勒維（西元1878～1944年）　伊朗國王（1926～1941年在位）。生於巴列萬部落首領家庭。他在軍中一路晉升。爲了終止伊朗的政治動亂，結束第一次世界大戰後英國和蘇聯對它的統治，1921年巴勒維領導政變推翻卡札爾王朝。他建設道路、學校和醫院，開辦大學，並修建橫貫伊朗的鐵路。他解放婦女，嚴禁犯罪活動，實行某些經濟部門的國有化，採取鎮壓的辦法削減神職人員的權力，但這使他最終失去民心。第二次世界大戰中，美國和英國占據伊朗以防止它與德國結成聯盟，迫使巴勒維讓位給他的兒子穆罕默德・禮薩・沙・巴勒維。

Pai River ➠ Bai River

Paige, Satchel　佩奇（西元1906?～1982年）　原名Leroy Robert Paige。美國棒球投手。在黑人聯盟的長久歲月中贏得傳奇性的聲名。1948年當他終於獲准進入大聯盟時已四十二歲，就在羅賓遜打破棒球的種族障礙之後不久。加入克利夫蘭印第安人隊後，同年他幫助球隊贏得世界大賽。他在6個球季後退休。佩奇是身高193公分的「長桿」型手腳靈活的右投手，球速相當快，並精通慢速指叉球。在將近三十年的棒球生涯中，以總共出賽2,500場贏得2,000次而聞名。他廣爲人知的永保年輕方法是「別回頭，否則可能會被趕上」的警語。

佩奇，攝於1942年
UPI

Paijanne, Lake＊　派延奈湖　芬蘭南部湖泊。長121公里，寬23公里。派延奈湖經由屈米河向南注入芬蘭灣。湖岸線曲折，森林茂盛，有重要的伐木業，以湖水運輸。湖內島嶼甚多，湖岸有許多村莊，南端湖灣多私人別墅。

Paik, Nam June＊　白南準（西元1932年～）　出生於韓國的美國雕刻家以及錄影與表演藝術家。曾在東京大學與慕尼黑學習音樂，1964年前往美國。他受到博伊斯和凱基的激發，加入福魯克薩斯。他被視爲錄像藝術之父。他精緻的錄像展示，諸如1974年的《電視佛陀》，就是一件以佛陀本人在電視上沈思自我的裝置。這件作品被視爲獨到地切合於資訊時代。在這時代中，對電子媒體的沈迷已取代靈性，成爲生活的焦點。

pain　疼痛　身體不適（如生病或受傷）相關的肉體痛苦，伴隨有精神或情緒的苦惱。最簡單的形式的疼痛是一種警報機制，讓生物離開有害的刺激物（如針刺），有助於保護生物。更複雜的形式，例如在伴隨抑鬱或焦慮的慢性病狀況，則會難以隔離與治療。疼痛受體存在於皮膚與其他組織，是反應物理、熱與化學刺激的神經纖維。疼痛脈衝進入脊髓並傳送到腦幹與丘腦。疼痛的感覺對不同個體有很大的差異；受到經驗、文化見解（如兩性刻板印象）與遺傳構造的影響。藥物、休息與鼓勵是標準治療方法。最強效的疼痛緩解藥物是鴉片與嗎啡，其次是無癮的非麻醉鎮痛藥，如阿斯匹靈與伊布普洛芬。

Paine, Robert Treat　佩因（西元1731～1814年）　美國法學家。從1757年起在故鄉波士頓執律師業。後因擔任檢察官時對波士頓慘案中的肇事英國士兵提起公訴而名聲大振。他是大陸會議的成員，也是「獨立宣言」的簽字者之一。1777～1790年任麻薩諸塞州第一任總檢察長，1790～1804年任州最高法院法官。

Paine, Thomas　佩因（西元1737～1809年）　出生於英國的美國政治哲學家。早年在英國不得志，後來與富蘭克林相識，他建議佩因移民到美國。1774年抵達費城，協助編輯《賓夕法尼亞雜誌》。1776年1月出版了五十頁的小冊子《常識》，五十多萬冊很快被搶購一空，書中極力倡導爭取獨立的思想，這在很大程度上加速了英國殖民統治的瓦解。在美國革命期間，他志願擔任格林將軍的助手，並在1776至1783年間編寫了十六期《危機》報紙，每期都注有「常識」標誌。第一期以「考驗人們意志的時刻到了」作爲開頭，華盛頓下令對福吉谷的士兵宣讀這篇文章，以鼓舞士氣。佩因於1787年回到英格蘭旅遊，並在那裡捲入了有關法國大革命的辯論。他在《人的權利》一書中爲法國大革命辯護，並宣揚共和主義。該書被視爲對君主制的攻擊而被禁，佩因在英格蘭也被視爲非法分子。之後他來到法國，並當選爲國民公會成員（1792～1793）。後因譴責恐怖統治，而被羅伯斯比爾監禁（1793～1794）。被釋放之後，他留在巴黎，並撰寫了《理性的時代》（1794、1796），這是一部抨擊宗教組織的自然神論著作。1802年返美，人們由於他的自然神論著作而譴責他，卻很少記起他在革命期間的貢獻，最後死於貧困。

佩因，肖像畫，賈維斯繪；現藏紐約州新洛射耳的佩因紀念館
By courtesy of the Thomas Paine National Historical Association

paint　油漆　一種液體裝飾用和保護用塗料，通常塗敷於堅硬的表面，由懸浮在載色劑或黏結劑上的顏料組成。載

色劑通常爲溶於溶劑中的樹，乾後成爲一層堅韌的薄膜，使顏料附著於物體表面。早在西元前15000年，在法國和西班牙的山洞裡，即已將油漆用於繪畫和裝飾。

paint brush 畫筆草 ➡ Indian paint brush

Painted Desert 多色沙漠 美國亞利桑那州中北部高原的一部分。自大峽谷延伸至石化林國家公園。長約240公里，占地約19,425平方公里。1858年一位官方探險者第一次用這個名字來形容這一地區因風化而形成的色彩明亮的岩石表面。該沙漠大部分爲納瓦霍人與霍皮人的印第安人居留地。納瓦霍人以儀式爲主題的沙畫即以所產各色沙礫爲材料製成。

painted lady 赤蛺蝶 蛺蝶科蛺蝶屬2種蝶類，非洲和歐洲的小苧麻赤蛺蝶及美洲北部和中部的維吉尼亞赤蛺蝶即屬此類。成蟲翅寬，具有橘紅色、褐色、白色和藍色鱗片形成的精緻斑紋。春季大群的小苧麻赤蛺蝶，從非洲經地中海至歐洲，遷徙數千公里。第二代少數在夏末飛向南方，絕大多數死於北方冬季。北美洲的赤蛺蝶在春季從墨西哥西北部遷徙至莫哈維沙漠，有時甚至遠至加拿大。美洲種的幼蟲以菊科植物爲食，非洲、歐洲種的幼蟲以薊和小蕁麻爲食。

維吉尼亞赤蛺蝶
E. S. Ross

painted turtle 彩色龜 水龜科斑紋鮮明的北美洲龜，學名Chrysemys picta，產於加拿大南部至墨西哥北部一帶。體長約10～18公分，平坦的背甲帶黑色或褐綠色，上有紅色和黃色斑紋。常生活在淺而靜的淡水中，尤喜植物茂密的爛泥河底。以植物、小動物和腐肉爲食。常集群在原木或其他物體上取暖。許多地區的種類有冬眠習性。

彩色龜
Leonard Lee Rue III－The National Audubon Society Collection/Photo Researchers

Painter, Theophilus Shickel 佩因特（西元1889～1969年） 美國動物學家和生物學家。1913年獲耶魯大學博士學位。是第一個鑑定出果蠅染色體內的具體基因的科學家。他很早就認識到，果蠅屬的果蠅唾腺的巨染色體特別適於基因和染色體研究。1933年發表超過150帶的一段果蠅屬染色體詳圖，使測定基因的精確位置第一次成爲可能。

painting 繪畫 在一個二度空間、平坦的平面起草構圖、運用彩色顏料所生產的圖案，這些圖案可以是再現的、想像的或抽象的，凡此種種所構成的藝術。以不同的方式，運用圖案的元素（即線、顏色、光度及質地），以產生對於體積、空間、運動和光線的感官知覺。媒介的範圍（例如蛋彩畫、濕壁畫、油畫、水彩、水墨畫、廣告色畫、蠟畫、蛋白灰泥畫）以及選擇特定的形式（如壁畫、畫架上的畫〔easel〕、油畫版上的畫、細密畫、手抄本裝飾畫、畫卷、扇），兩者相結合以實現獨特的視覺圖像。部族、宗教、行會、皇家宮廷以及國家等的早期文化傳統，控制了繪畫的技藝、形式、意像、主題，並且決定繪畫的功能（儀式性、宗教的虔誠、裝飾性）。畫家被視爲是有技巧的工匠，而非有創造力的藝術家，直到最後在中東與文藝復興時期的歐洲，優秀的藝術家開始浮昇至與學者、朝臣相同的社會地位。

pair production 電子偶產生 一個電子和一個正電子組成的對偶，正電子是高能電磁輻射穿過物質時形成的，通常發生在原子核的附近。這是輻射能直接轉變成物質，根據的公式是$E = mc^2$，其中E是能量的量，m是質量，c是光速。這是物質吸收高能γ射線的主要途徑之一。正電子在與其他電子的湮沒過程中很快消失而又還原爲光子。電子偶產生有時也指其他的粒子／反粒子對的產生。

Paisiello, Giovanni＊ 派賽羅（西元1740～1816年） 義大利作曲家。曾在那不勒斯學習音樂。1776～1784年間在聖彼得堡爲凱薩琳大帝擔任禮拜堂執事，在此期間創作了許多短歌劇。1784年他在維也納首次取得歌劇演出成功，之後回到那不勒斯，成爲斐迪南四世的戲劇作曲家。儘管其間發生了政權的更替，但他直到1815年才離開。一生創作了八十餘部歌劇，包括了他最受歡迎的作品《塞維爾的理髮師》。

Paisley, Ian (Richard Kyle) 伯斯力（西元1926年～） 北愛爾蘭新教領袖。受按立爲歸正長老會牧師後（1946），他參與創建阿爾斯特自由長老會。該會發展迅速，很快就擁有了三十多座教堂。從1960年代起，伯斯力即是新教極端派的代言人，反對以任何形式對天主教做出讓步。並在北愛爾蘭各地領導示威。他多次因非法集會而被監禁。1970年伯斯力當選爲英國下議院議員，1971年參與創建民主聯邦黨，並組成新教准軍事組織，稱爲「第三勢力」。

Paiute＊ 派尤特人 兩個獨特的美國印第安族群，操猶他－阿茲特克語系努米克語支語言。南派尤特人原居住在猶他州南部、亞利桑那州西北部、內華達州南部及加州東南部。北派尤特人居住在加州中東部、內華達州西部及奧瑞岡州東部。兩者傳統上都以採集食物爲生，兼獵捕小獵物。他們居住在用柴草搭成的臨時住所裡，以兔皮爲衣，編織各種筐籃，用以採集食物。相互間沒有緊密的宗族關係。在19世紀，派尤特人被迫遷入了居留地。現今約有7,500人。亦請參閱Ute。

Pakistan 巴基斯坦 正式名稱巴基斯坦伊斯蘭共和國（Islamic Republic of Pakistan）。亞洲南部國家。面積796,095

平方公里。人口約144,617,000（2001，不含阿富汗難民）。首都：伊斯蘭馬巴德。人口爲各種

原住民的複雜組合，已受到來自西北的雅利安人、波斯人、希臘人、普什圖人、蒙兀兒人和阿拉伯人相繼湧入的影響。語言：烏爾都語（官方語）、旁遮普語、普什圖語、信德語和俾路支語。宗教：伊斯蘭教（國教）、印度教和基督教。貨幣：巴基斯坦盧比（PRs）。地形可劃分爲四個地區：大高地、俾路支高原、印度河平原和沙漠地區。喜馬拉雅山脈和外喜馬拉雅山脈構成了廣闊的高地，綿亙於該國最北部；其中包括一些世界最高峰，如K2峰和南伽山。屬開發中的混合型經濟，以農業、輕工業和服務業爲主。失業現象十分普遍，移民使勞動力匱乏，在海外工作的巴基斯坦人匯回國的款項是該國外匯的重要來源。政府形式爲伊斯蘭教共和國，兩院制。國家元首是總統，政府首腦爲總理。早在西元前3500年左右，即有人居住。西元前3世紀到西元2世紀時，分別由孔雀帝國和貴霜王國統治。8世紀時，穆斯林首次征服之。1757年英國征服了蒙兀兒王朝的統治。在英國殖民統治期間，現在的巴基斯坦（穆斯林）屬於印度（多數爲印度教徒）。1947年英國國會批准巴基斯坦獨立。但喀什米爾仍是巴基斯坦和印度之間最有爭議的地區，最後導致軍事衝突，並在1965年全面開戰。1971年爆發了東、西巴基斯坦之間的內戰，結果於1972年成立獨立的孟加拉國（前東巴基斯坦）。1980年代蘇聯和阿富汗戰爭期間造成許多阿富汗難民逃到巴基斯坦。1988年布托巴基斯坦出現第一位女總理，帶領了這個現代的伊斯蘭教國家，但她在1990年被迫下台，同年她的政黨在選舉中敗給了一個保守派聯盟。1990年代的政局多變，與印度的邊界糾紛再起，巴基斯坦並舉行核子試爆。政治狀況越來越糟，1999年發生了一起軍隊政變。

Pala bronze 巴拉銅像 ➡ Eastern Indian bronze

palace 宮 帝王的住所，有時也指政治或宗教中心。該詞源於羅馬的帕拉蒂尼山，也就是羅馬君王修建住所的地方。已知最早的宮殿是埃及國王們在底比斯所建，內有錯綜複雜的房間和庭院，四週有一道圍牆。別的一些古國也興建了爲數眾多的宮殿（如在尼姆魯德、豪爾薩巴德和尼尼微修建的亞述宮殿；在克諾索斯修建的米諾斯宮殿；以及在波斯波利斯和蘇薩修建的波斯宮殿）。在羅馬和君士坦丁堡，宮殿作爲權力的象徵達到了頂峰。而在中世紀以後，西歐的宮殿則偏向單獨的建築。義大利文藝復興時期，每一位王侯都有其府邸，常以一道拱廊環繞內院而建。1560年建在佛羅倫斯的碧提宮是風格主義建築的典範。法國的宮殿包括羅浮宮（參閱Louvre Museum）和凡爾賽宮；西班牙的宮殿則包括埃爾埃斯科里亞爾和艾勒漢布拉宮。與典型的西方建築模式相比，東亞的建築則多由一系列的宮殿（大多數是裝飾華麗的低層木亭台）和帶圍牆的廣闊園林組成，如日本的皇宮和北京的紫禁城。

Palacký, František＊ 帕拉茨基（西元1798～1876年） 捷克歷史學家、政治人物。所著《波希米亞史》（共5卷，1836～1967）使他成爲了現代捷克史料學的奠基人。1848年擔任布拉格斯拉夫人會議主席，主張由享有平等權利的各民族組成奧地利聯邦，並提倡泛斯拉夫主義。1861年起擔任奧地利議會代表。他的開明民族主義的思想極大地影響了後來的馬薩里克。

Palamas, St. Gregory＊ 聖帕拉馬斯（西元1296～1359年） 東正教修士。1332年成爲神祕主義靜修派（將不停的禱告與身體姿勢和調節良好的呼吸相結合來修煉身心的教派）的主要辯護人。其所寫的《爲靜修派辯》（1338）爲神祕主義的修煉提出辯解，說他們所提倡的靈修之道包括了身體和心靈的雙重修習。而《論神聖》（1344）一書則是學習拜占庭神祕主義的基本教材。1347年成爲帖撒羅尼迦主教，1368年受封爲聖人，被譽爲東正教的教父及教義師。

palate＊ 顎 口的頂蓋，用以分隔口腔與鼻腔。前部的三分之二，即硬顎，是一片覆蓋著黏膜的骨頭。它給舌頭一個頂層，通過與它撞擊，人們可以說話，通過咀嚼可以固定食物，同時可以阻止口腔內的壓力閉塞鼻腔通道。顎後面的那片靈活的軟顎由肌肉、結締組織組成，終於小舌的一段肉質突出部分。向上可以將鼻洞（參閱nose）和上咽擋在口腔和下咽外，以便吞嚥食物或飲喝時造成口腔眞空。裂顎是一種先天性疾病，指的是顎中間有一條縫隙，可行手術矯正。

Palatinate＊ 巴拉丁領地 德語作普爾法茲（Pfalz）。德國境內的歷史區。曾處於在14世紀成爲神聖羅馬帝國選侯的巴拉丁轄地。16、17世紀時這裡是新教據點。它共分爲兩部分：下巴拉丁或萊茵巴拉丁領地包括地處美因河南部的萊茵河兩岸；而上巴拉丁領地則包括安貝格和雷根斯堡周圍的巴伐利亞北部地區。在18世紀以前，下巴拉丁領地的首府設在海德堡。

Palau＊ 帛琉 亦作Belau。正式名稱帛琉共和國（Republic of Palau）。舊稱Pelew。西太平洋獨立的島國。面積487平方公里。人口約19,700（2001）。首都：科羅爾。人口混雜，祖先來自爲馬來人、美拉尼西亞人、菲律賓人和波里尼西亞人。語言：帛琉語、松索羅爾－托比語和英語（均爲官方語）。宗教：天主教、基督教，以及一種混合基督教和巫術的摩德克納教。貨幣：美元（U.S.$）。帛琉群島諸島土地肥沃，沿海有紅樹林沼澤，其後爲稀樹草原和棕櫚樹林，山上則爲熱帶雨林。政府部門是最大的雇主。生存農業和漁業是農村地區人民的主業。政府形式爲共和國，兩院制。國家元首暨政府首腦爲總統。帛琉在1899年賣給德國以前，三百多年來在名義上一直是屬於西班牙所有。1914年日本占領此地，第二次世界大戰期間爲聯軍攻占。1947年成爲美國太平洋島嶼託管地的一部分，1994年成立主權獨立的國家，但美國仍提供其經濟上的協助，並在島內維持軍事設施。

Palawan＊ 巴拉望 菲律賓西南端大島。島呈狹長形，在中國海和蘇祿海之間由東北斜向西南。島上有一條縱貫全島的主幹山脈，其最高峰爲曼塔靈阿漢山（海拔即2085公尺）。首府設在普林塞薩港。巴拉望和婆羅洲之間的更新世陸橋的斷殘部分原爲兩島相連部分，這也是兩島生物存在相似性的重要原因。沿海平原是巴拉望人的主要居住地和農業區，散居人口和輪耕農業是其主導生活方式。當地人以稻米爲主食。1992年起，在其北部沿海開始出現石油開採業。

pale 柵欄區 畫定邊界同周圍國土隔離或者實施不同的政法制度的地區。在18世紀晚期的俄羅斯帝國，柵欄區是猶太人准許居住的區域。到19世紀，柵欄區擴展到了俄屬波蘭、立陶宛、白俄羅斯、克里米亞、比薩拉比亞全部和烏克蘭大部分地區。在第一次世界大戰期間，大批的猶太人逃往內陸地區，使得柵欄區不復存在，並於1917年被廢止。英國人在愛爾蘭也曾建立一個柵欄區，直至16世紀英倫三島統歸伊莉莎白一世管轄爲止。

Palembang＊ 巨港 印尼河港城市。該城橫跨穆西河兩岸，在7～14世紀爲佛教帝國的首都，後被印度教麻喏巴歇帝國顛覆。荷屬東印度公司在此建立了貿易站，並於1659年建起一座要塞。在第二次世界大戰期間，日本人占據此地。巨港曾爲南蘇門答臘自治州首府，直到1950年被納入印尼共和國。該港口海運便利，與馬來半島的港口、泰國和中國之間均有頻繁的貿易往來。人口約1,352,000（1995）。

Palenque＊ 帕倫克 南美洲文化古典時期（600?～900）的馬雅古城遺址，在今墨西哥恰帕斯州，被認爲是最美麗的馬雅文化遺址。帕倫克的營造工匠們精心設計了帶複合式屋頂和圍牆的廟宇式金字塔和宮殿，並飾以君王、神靈和典禮的精美灰泥浮雕。其建築主體爲宮殿，由錯綜複雜的廊道、內院和一座四層方塔組成。1952年發現的大宮殿以其象形文字、大量的碑銘和鑲嵌的玉石聞名於世。

Paleo-Siberian languages 古西伯利亞諸語言 亦稱古亞細亞諸語言（Paleo-Asiatic languages）。在東北亞通行的四種互不相干的語系統稱。在過去，人們認爲此種語言涵蓋了西伯利亞大部分地區，也許還包括中國東北部地區，但後來被烏拉語、阿爾泰語以及較近代的俄語（參閱Siberian peoples）所取代。其中的葉尼塞語現在只剩凱特語（不到500人操此語言）和名存實亡的尤格語。現存的兩種尤卡吉爾語，即北尤卡吉爾語（或苔原尤卡吉爾語）和南尤卡吉爾語（或科雷馬尤卡吉爾語），合起來也只有不到100人在講。楚科特科－堪察加語族（洛拉維特蘭語和楚科提安語）包括楚克奇語，通行於西伯利亞東北端地區，人數約有10,000人；楚克奇以南有不到5,000人操科里亞克語，以及居住在堪察加半島的不到100人講的伊捷爾緬語。尼夫赫語（吉利亞克語）的兩種分支，即阿穆爾尼夫赫語和薩哈林尼夫赫語，操此語言者合起來也不到1,000人。

Paleocene epoch 古新世 亦作Palaeocene epoch。第三紀早期的時代劃分單元，始於6,500萬至5,480萬年前。在始新世之前，繼白堊紀之後。古新世的特徵有：一般來說氣候溫暖，很少霜凍，甚至無霜；季節變化大概就是旱季和雨季的交替。到古新世時，原本在白堊紀占優勢的恐龍和其他爬蟲類都已完全消失。在這一時期，哺乳動物開始迅速的繁殖和演化。

paleoclimatology 古氣候學 亦作palaeoclimatology。對過去地質時期長期氣候狀況的科學研究。古氣候學家試圖解釋自地球形成以來，地球上各個部分在特定的地質時期的氣候變化。基本的研究資料主要取自於地質學和古生物學，並大致依照天文學、大氣物理學、氣象學和地球物理學來推理解釋。

paleogeography 古地理 亦作palaeogeography。地球表面某一地區在特定的過去地質時期中的地理情況。古地理最簡單的一種形式就是表明古大陸與古海洋分布的地圖。但古地理圖也可表示動植物群落和化石的出現與分布、沈降的環境（如三角洲、礁石、沙漠或深海盆地），以及經受抬升、侵蝕、下沈及沈積的地區和主要的氣候帶。

paleogeology 古地質學 亦作palaeogeology。指某一區域在遠古任何時期的地質。地圖形式的古地質重建，不僅顯示某一地區的古代地形，也可知道地表下岩石的分布以及諸如斷層和褶曲等之結構特徵。這類地圖有助於研究者對某一地區發生的變形事件、埋在沈積層下的水流系型和古海洋的範圍等作較佳測定。它們也是石油地質學家在鑑定封閉石油或天然氣的地質結構時最有用的工具。

paleohydrology 古水文學 亦作palaeohydrology。與存在於地球史早期的水文系統相關的科學學科。從岩石的風化、沈積和侵蝕等作用的形跡推斷出變化的水文條件。古水文學也研究地質年代中深受水文變化影響的動植物變化情況。

Paleolithic period＊ 舊石器時代 亦稱Old Stone Age。古代技術或文化階段，以使用原始的打製石器爲特徵。在舊石器時代早期（約距今2,500,000～200,000年前），人類最早的祖先製作簡單的鵝卵石工具和粗糙的石斧。大約700,000年前，第一支粗糙的手斧出現，後來在阿舍爾文化期工藝時期加以改進並與其他工具一起使用。製作輕薄工具的傳統始於舊石器時代中期，以穆斯特文化期工藝時期爲例。舊石器時代後期（西元前40,000～10,000年），更多複雜的、專門的和不同地區的石器工藝出現了，如奧瑞納文化、梭魯特文化期工藝和馬格德林文化。舊石器文化的兩種主要形式包括小型雕塑，如所謂的維納斯像、各種各樣的雕刻的或是塑造的動物和其他人物的像、紀念碑油畫和雕刻設計，以及岩洞內牆上的浮雕，如阿爾塔米拉洞窟和拉斯科洞穴。舊石器時代的結束以出現新石器時代定居的農村爲標誌。

paleomagnetism 古磁性 亦作palaeomagnetism或剩餘磁性（remanent magnetism）。在過去的地質年代裡，由於在岩石形成的過程中地球磁場的取向造成的岩石的永久磁性。它是對極移和板塊構造學說進行剩餘磁性研究的資訊來源。

paleontology 古生物學 亦作palaeontology。研究地質古代生命，包括分析保存在岩石中的動植物化石的科學。它涉及到古代生命形態生物學的各個方面：外形和結構、演化模式、在分類學上與現代生物物種及彼此之間的關係，地理分布、與環境之間的內部關係等。古生物學在重建地球歷史上具有重要作用，並爲演化論提供了很多依據。此外，由於石油和天然氣的形成常與某些古生物形態的殘骸相關，因此古生物學研究的資料還有助於石化地理學家確定石油和天然氣礦藏地。

Paleozoic era 古生代 亦作Palaeozoic era。爲距今5.43億～2.48億年前的一大段地質年代。希臘語意爲「ancient life」，是顯生宙的第一代，下一個是中生代。古生代分爲六個時期：（按最古老到最年輕的次序排列）寒武紀、奧陶紀、志留紀、泥盆紀、石炭紀和二疊紀。在早古生代時期，北美洲大部分被溫暖的淺海所覆蓋，還生長著許多珊瑚礁。這一時期的化石裡有海洋的無脊椎物和原始魚類，植物多是藻類，還有一些苔類和蕨類。在晚古生代時期，巨大而多沼澤的森林區覆蓋了北部大部分的陸地。動植物繁榮生長。兩生動物離開海洋到陸地生活，爬蟲類動物演化爲完全陸生的形式，昆蟲也開始出現。蕨類長得像喬木那樣大，毬果植物的先驅也出現了。

Palermo 巴勒摩 古稱Panormus。義大利海港城市，西西里首府，臨巴勒摩灣。西元前8世紀時由腓尼基商人建立，後成爲迦太基人居住地。西元前254年被羅馬人占領，西元831年被阿拉伯人征服，因成爲與北非貿易往來的中心而繁盛起來。諾曼人統治時期爲巴勒摩的黃金時代，它在1130年成爲國王羅傑二世建立的西西里王國的首都。1194年德國霍亨斯陶芬王朝統治者取得其統治權。1282年被稱爲「西西里晚禱」的民眾暴動結束了法國的統治。1860年義大利愛國人士加里波底解放該城，使其成爲義大利王國的一部分。巴勒摩在第二次世界大戰期間遭受嚴重轟炸，1943年被盟軍占領。在諾曼時期及其後修建的著名建築中還有安置了羅傑二世和腓特烈二世陵墓的大教堂。巴勒摩是西西里的主要港口，輪船修理業是其重要工業。人口：都會區約689,000（1996）。

Palestine 巴勒斯坦 《聖經》稱迦南（Canaan）。位於地中海東端。範圍東迄約旦河，北起以色列、黎巴嫩兩國的交界，西抵地中海，南至內蓋夫沙漠，延伸至亞喀巴灣。三千年以來此區所指的政治地位和地理區變動頗大，東部疆界尤其易變，通常涵蓋約旦東部地區，有時延伸到阿拉伯沙漠邊緣。地形相差也十分懸殊，包括死海和海拔超過610公尺的山峰。20世紀這裡是猶太人和阿拉伯人民族運動衝突的焦點。此區是猶太教、基督教和伊斯蘭教的聖地所在。早在史前時期就有人定居於此，主要是閃米特人，在《聖經》記載的時代，受以色列、猶大和猶太王國統治。後來相繼爲中東各種強權所爭奪，包括亞述、波斯、羅馬、拜占庭、十字軍和鄂圖曼土耳其人。第一次世界大戰末期成爲聯合國託管地，交由英國治理，一直到1948年宣布成立以色列國爲止。後來遭埃及、外約旦、敘利亞和伊拉克的軍隊攻擊，但全都被以色列軍隊打敗。有關此區後來的歷史請參見以色列和約旦。

Palestine Liberation Organization (PLO) 巴勒斯坦解放組織 阿拉伯語作Munazzamat al-Tahrir al-Filastiniyyah。在推動建立巴勒斯坦國時所成立代表巴勒斯坦人的政治組織。1964年成立，以集中領導巴勒斯坦各地下組織。1967年六日戰爭後，該組織倡導獨立的巴勒斯坦議程。1969年巴勒斯坦解放組織最大的組成部分法塔赫的領導人阿拉法特成爲主席。從1960年代開始，巴勒斯坦解放組織開始以約旦爲基地與以色列展開游擊戰；1971年被國王胡笙強行驅逐出境後，該組織將總部轉移到了黎巴嫩。1974年阿拉法特倡導集中巴勒斯坦解放組織的力量直接攻打以色列。至此，巴勒斯坦解放組織被阿拉伯社會認爲是所有巴勒斯坦人的唯一合法代表。1976年巴勒斯坦解放組織經許可被納入阿拉伯國家聯盟。1982年以色列入侵黎巴嫩，驅散了巴勒斯坦解放組織在此的武裝力量。1988年以突尼斯爲基地的巴勒斯坦解放組織宣布成立巴勒斯坦國，並在次年選舉阿拉法特爲總統。雖然少數軍事組織不同意，它仍承認了以色列政權。1993年以色列政府承認了巴勒斯坦解放組織，並簽訂公約，將約旦河西岸和加薩走廊的統治權移轉給巴勒斯坦。巴勒斯坦解放組織成爲了巴勒斯坦不可分割的一部分。亦請參閱Lebanese civil war。

Palestinian Talmud 巴勒斯坦塔木德 ➠ Talmud

Palestrina 帕勒斯替那 ➠ Praeneste

Palestrina, Giovanni Pierluigi da＊ 帕勒斯替那（西元1525?～1594年） 義大利作曲家。幼年在羅馬在唱詩班學校學習音樂，然後在羅馬附近的家鄉帕勒斯替那鎮當管風琴樂師。1551年受教宗尤里烏斯二世委派，擔任梵諦岡朱利安附屬會堂唱詩班音樂總監，之後又在羅馬其他大教堂工作。當特倫托會議下令施行一種讓歌詞能被容易地理解的音樂風格時，傳說帕勒斯替那所作風格簡單的《瑪撒利斯教宗彌撒曲》使教堂的複調音樂免於受禁之列。此後，帕勒斯替那曾在蒂沃利的埃斯特家族工作，1571年返回了朱利安唱詩班，在那裡度過了他的餘生。他一生寫了104首彌撒曲、400首經文歌和至少140首牧歌。在他去世以後，他無比平和而寧靜的音樂成爲羅馬天主教堂作曲家們的典範。現代對位旋律的研究始於對帕勒斯替那在18世紀的音樂作品的整理。

Paley, Grace 佩利（西元1922年～） 原名Grace Goodside。美國短篇故事作家與詩人。生於紐約市的猶太布隆克斯區，這個地區的特色鮮明地呈現於他的虛構故事中。佩利在1960年代對於反越戰相當積極，越戰結束後仍繼續從事政治活動。她的故事富於同情，通常對於家庭、鄰里生活以及個人對抗孤寂有喜劇意味的探究，這些作品收集在《人的小小不安》（1959）、《結局峰迴路轉》（1974）以及《下次同一天》（1985）。她的詩收錄於《前傾》（1985）和《再出發》（1992）。

Paley, William S(amuel) 佩利（西元1901～1990年） 美國廣播工作者。他從1922年起打理家族雪茄生意，他成功的利用廣播廣告來提高銷售，並由此引發了他對傳媒的興趣。他開始投資於一個規模很小的無線電廣播網——哥倫比亞留聲機廣播公司，在1928年出任經理以後很快吸收了一些電台加入。他將哥倫比亞廣播公司（1929年哥倫比亞廣播公司將原來名字中的「留聲機」一詞刪去）建成了世界一流的廣播與電視網，並在1928～1946年擔任經理，1946～1990年擔任董事長。1933年成立哥倫比亞廣播公司新聞部，培養了一批優秀的新聞工作者，並雇用了娛樂界的頂尖明星參與其廣播和電視節目的製作。

Palgrave, Francis Turner 帕爾格雷夫（西元1824～1897年） 英國評論家、詩人。他曾在行政機構的教育部門工作多年，也曾在牛津大學教授詩歌。他所作的《英詩精華》（1861）是一部內容廣泛、經過精心挑選的詩歌選集，對幾代人的詩歌鑑賞力都有很大影響，在推廣華茲華斯的作品方面也起到了重要作用。

Pali canon ➠ Tripitaka

Pali language＊ 巴利語 西元前5世紀上座部佛教最菁華的文書，以中古印度－雅利安諸語言所寫成。從語言學上來看，巴利語是北部中古印度－雅利諸語言的一種同化，佛陀的教義即以此種語言口述記錄和傳遞。依據斯里蘭卡紀年的傳統，上座部的經典首先是在西元前1世紀寫下，然而口述的傳遞在此之後仍持續很久。並沒有爲巴利語發展出單一的抄本；抄寫者使用他們自己語言的書寫形式，以抄錄經典文本和註釋（參閱Indic writing systems），大多數現存的巴利文貝葉經手稿，都是在相對晚近的日期所寫成。

Palikir＊ 帕里克爾 密克羅尼西亞首都。位於波納佩島（人口約32,000〔1994〕）上。附近有科洛尼亞鎮（人口約7,000〔1994〕），這是密克羅尼西亞較大的一座城市。

Palissy, Bernard＊ 帕利西（西元1510～1590年） 法國製陶師和作家。因製作顏色鉛釉的簡樸粗陶器而聞名，因而被稱爲「皇家簡樸粗陶器創始人」（1565）。他關於自然歷史的公開演講稿於1580年出版，顯示出他是一名作家、科學家和科學研究方法的先驅。由於是胡格諾派信徒，而於1588年被關入巴士底監獄，最後死於那裡。

Palladio, Andrea＊ 帕拉弟奧（西元1508～1580年） 原名Andrea di Pietro della Gondola。義大利建築師。當他還是一名年輕石工時，就被一名義大利學者發現，並很快開始學習數學、音樂、哲學和古典作家作品。從1541年起，他幾次來到羅馬研究古代廢墟。他首次設計的宮殿是奇章納宮（1540～1546），該宮殿模仿古羅馬廣場，在主建築之後修築一個連拱廊區域，是建築設計的一大革新。在他設計的別墅中，帕拉弟奧嘗試著重現古文獻中描述的羅馬別墅。他設計的第一座別墅即位於洛內多的戈迪別墅（1540?～1542），其中包括了他最著名的設計要點：對稱的側廳和帶圍牆的庭院。後人模仿最多的是他設計的坐落在維琴察附近的圓廳別墅。他重建了維琴察巴西利卡（市政廳，始於1549年），採用了兩層拱廊和後來被稱爲「帕拉弟奧式」的基本樣式（側翼帶方孔的圓形拱門）。他設計的教堂外觀包括坐落在威尼斯的聖方濟．德拉．維尼亞教堂（1565?）、聖喬治－馬焦雷教堂（始建於1566年）和救世主教堂（始建於1576年），成爲了將古典廟宇的正面用於大教堂的典範之作。帕拉弟奧是第一位將房屋設計系統化並運用古希臘羅馬廟宇正面外觀來設計門廊的建築師。他所著的《建築四書》是有史以來影響最爲深遠的建築書籍。他的影響力在18世紀古典復興時期達到頂峰；由此產生的帕拉弟奧主義傳遍了整個歐洲和美國。

palm 棕櫚 棕櫚科的顯花植物，已知近2,800種，主要爲熱帶與亞熱帶喬木、灌木或藤本植物。很多種有經濟價值。供給熱帶地區原住民食物、遮蔽物、衣服、木材、燃料、建材、纖維、澱粉、油、蠟和酒。許多種類分布範圍有限，有些甚至只產於單一的島上。棕櫚成長快速，和其許多副產品吸引農業綜合經營者開採雨林資源。通常具一高大圓柱形無枝主幹，幹頂有巨大、褶狀的扇形或羽狀葉，葉鞘結實、葉柄多刺，柄基在葉子掉落後仍存在，緊抱樹幹。莖幹的高度和直徑、樹葉長度和種子大小變化頗大。花小，簇生成一大花序。最重要的種類有糖棕櫚、椰子樹、海棗和palmetto。

palm PC 掌上電腦 配合人類手掌大小的電腦。掌上電腦（又稱掌上型電腦，手持電腦或個人數位助理）通常使用筆輸入替代鍵盤。記憶體有限，缺乏內建式的周邊設備（例如硬碟與數據機），雖然這些設備可以經由周邊插槽接入。執行的應用程式有限，像是行事曆、通訊錄和記事本。

Palm Springs 棕櫚泉 美國加州南部度假勝地（1995年人口約43,000）。地處科切拉谷地，最初因其溫泉而得名，稱爲阿瓜卡連特（意爲熱水）。1884年麥卡勒姆法官在該地建立棕櫚谷殖民地。1938年建市以來，該城市已發展成爲了風景宜人的沙灘度假地和住宅區，時常有好萊塢影星及其他名人光顧此地。附近有約書亞樹國家保護區。

Palm Sunday 聖枝主日 亦稱受難主日（Passion Sunday）。基督教節日，聖週的第一天，也就是復活節前的星期日，紀念當年耶穌基督在眾人歡呼簇擁下進入耶路撒冷。這一節日的遊行隊伍通常由教友組成，他們手執棕櫚枝，代表耶穌入城時人群撒在他面前的聖枝。其禮拜儀事包含了對基督受難和死亡時情景的描述。耶路撒冷的教徒早在4世紀就開始慶祝聖枝主日，而西方則始於8世紀。

Palma (de Mallorca) 帕爾馬 西班牙城市（1995年人口約318,000），巴利阿里群島和馬霍卡島的首府，位於西地中海。地處臨帕爾馬灣的馬霍卡西南海岸。西元前123年被羅馬人侵占，先後受拜占庭帝國和阿拉伯人統治，直至1229年被亞拉岡王國詹姆斯一世收復。其舊城區仍存留有16世紀及18世紀的著名建築，包括哥德式教堂和貝爾佛古堡。現經濟形式多樣，包括旅遊業、輕工業等。

Palma, Arturo Alessandri ➡ Alessandri Palma, Arturo

Palmas, Las ➡ Las Palmas

Palme, (Sven) Olof (Joachim)＊ 帕爾梅（西元1927～1986年） 瑞典首相（1969～1976和1982～1986）。先後在瑞典和美國求學，後進入瑞典議會（1958），成爲瑞典社會民主黨領袖。1963年起擔任數個大臣職務，1969年當選爲瑞典首相。作爲一名反戰主義者，他曾猛烈抨擊美國越戰政策，也曾以聯合國特派大使的身分參與調解兩伊戰爭。在1982年再度當選首相後，他致力於瑞典恢復社會主義經濟政策。1986年帕爾梅遭暗殺，此案至今未破。

Palmer, A(lexander) Mitchell 帕麥爾（西元1872～1936年） 美國政治人物。1909～1915年間擔任美國眾議院議員，並在1912年大力協助民主黨人威爾遜獲得了競選總統提名。1919～1921年擔任美國司法部部長期間，帕麥爾利用「諜報罪法」（1917）和「煽動叛亂罪法」（1918）來打擊政治上的激進分子、涉嫌的持異議者以及第一次世界大戰後「赤色恐怖」時期的外僑。由他掀起的、政府領導的對共產主義嫌疑者的搜捕就成爲了後來有名的「帕麥爾大搜捕」。

Palmer, Arnold (Daniel) 帕麥爾（西元1929年～） 美國高爾夫球運動員。父親是一名高爾夫球場管理員。在1954年獲得全美業餘高爾夫球錦標賽冠軍之後轉爲職業選手。他是第一個四次（1958、1960、1962、1964）獲名人賽冠軍的選手，也曾是美國公開賽（1960）和英國公開賽（1961～1962）的冠軍得主。1954（轉爲職業選手）～1975年期間，他共奪得了61項錦標賽冠軍。在1980和1981年，他還在美國職業高爾夫運動員協會（PGA）老年人公開賽上奪得勝利。他是第一個通過錦標賽贏得一百萬美元獎金的高爾夫選手。他激動人心的賽場表現與和藹可親的性格，使得他吸引了被稱爲「阿尼大軍」的大批球迷。

帕麥爾，攝於1984年
Arnold Palmer Enterprises

Palmer, Samuel 帕麥爾（西元1805～1881年） 英國畫家和蝕刻家。他十四歲起開始在皇家學院展出個人傳統風景畫作。後因個人信仰從浸信會皈依聖公會的轉變以及對中世紀藝術的發現，他的作品開始表現幻想化的風格，在神祕而精緻地展現大自然風光的同時融入了濃厚的宗教色彩，和栩栩如生的傳統田園畫再現手法完美結合。他的作品曾受布雷克的鼓勵和影響。但在1830年以後，由於他的宗教熱情的冷卻，他把握現實和虛幻平衡的技能也隨之逐漸衰退。

Palmerston (of Palmerston), Viscount 帕麥爾斯頓子爵（西元1784～1865年） 原名Henry John Temple。以帕麥爾斯頓勳爵（Lord Palmerston）知名。英國政治人物及英國首相（(1855～1858、1859～1865)。1807年以托利黨人身分進入議會，後任陸軍大臣（1809～1828）。1830年起他轉入輝格黨，此後多年擔任外交大臣（1830～1834、835～1841、1846～1851），並一直支援英國在海外的利益和自由運動。他曾在比利時（1830～1831）和希臘（1832）的獨立進程中發揮重要作用，並保障了土耳其的主權不受法國侵害（1840）。在1855年出任首相之後，他使克里米亞戰爭休戰，支援義大利獨立王國的建立，並贊同在美國內戰問題上採取中立政策。綽號「潘」（Pam），他是英國民族主義的標誌，也是英國最受擁戴的領導人之一。

palmetto＊ 龍鱗櫚 亦稱cabbage palmetto。產於美國東南部和西印度群島的棕櫚科植物，學名Sabal palmetto。一般栽種於林蔭道旁作爲遮蔭和觀賞用，高24公尺，其葉呈扇形。其防水的莖幹在建造碼頭時當作樁來使用。其葉可編製成蓆和籃，莖幹可製硬掃帚，花芽可供食用。相似種墨西哥薩巴爾櫚，產於墨西哥和美國西南部。

palmistry 手相術 指通過解釋人的手掌上的條紋來斷定個人性格和占卜未來。手相術最初可能起源於古印度，而吉普賽人的預言吉凶可能也是從他們的故土印度衍生出來的。它在西藏和中國其他地區、波斯、美索不達米亞、埃及和古希臘也很流行。在中世紀歐洲，人們曾利用它來搜捕女巫，因爲人們認爲女巫手上有與魔鬼訂誓約時留下的色斑。雖然手相術至今仍有流傳，但其說法並無任何科學依據。

Palmyra＊ 巴爾米拉 《聖經》稱泰德穆爾（Tadmor）。敘利亞古城，位於大馬士革東北部，在今泰德穆爾城址。相傳爲所羅門王所建。在西元前3世紀，塞琉西王朝建立了橫穿巴爾米拉的東西貿易通道，使該城著稱於世。西元3世紀，在阿拉伯人芝諾比阿的領導下，當時處於羅馬提比略統治下的巴爾米拉重新贏得了自治權。該城是連接大馬士革和幼發拉底河的主要軍事戰略點，634年被穆斯林占領。阿拉米語記錄的文字爲我們提供了該城市和印度、埃及、羅馬和敘利亞進行貿易的情形。城市裡的古代廢墟展現了該城當年的規模。

巴爾米拉的貝勒神廟
H. Roger-Viollet

Palomar Observatory 帕洛馬天文台 位於加州聖地牙哥附近的帕洛馬山上的帕洛馬天文台。即著名的赫爾望遠鏡的所在地，這架口徑5公尺的反射式望遠鏡被證明是研究宇宙的得力儀器。赫爾望遠鏡建於1948年，爲紀念美國天文學家喬治·艾勒里·赫爾（1868～1938）而命名。它是1976年以前同類儀器中最大的。1976年一架蘇聯制的望遠鏡超過了它成爲最大（現在它也被別的望遠鏡取代了）。1948年加州理工學院建成了帕洛馬天文台，該天文台一直與威爾遜山天文台保持合作關係，合稱赫爾天文台，直到1980年爲止。

palomino＊ 巴洛米諾馬 馬的一個彩色品種，呈奶油色、黃色或金色，鬃毛及尾毛銀色。適用於娛樂和遊行。巴洛米諾馬可與幾個輕型馬品種（包括阿拉伯馬或美國1/4哩賽馬）相比擬。

palsy ➠ cerebral palsy、paralysis

Pamirs＊ 帕米爾 中亞高緯度地區，主要位於塔吉克境內。該高原有部分區域位於中國新疆維吾爾自治區、印度查謨和喀什米爾地區以及阿富汗境內。其山脈有很多海拔達6,100公尺以上的高峰及冰川。在其西北部是著名的共產主義峰。該地區人煙稀少，幾乎所有的居民均爲塔吉克人。它是一組山脈的中心聯合體，四周發散出數條高大的山脈，其中包括喀喇崑崙和興都庫什山脈。

Pamlico Sound＊ 帕姆利科灣 美國北卡羅來納州東岸的淺水區。通過外灘群島與大西洋相隔，從洛亞諾克島向南延伸130公里，水面寬13～48公里不等。沿岸水域棲息著種類繁多的水禽；商業漁業也較興盛，尤以牡蠣爲著。

Pampas 彭巴草原 東起大西洋海岸，西至安地斯山麓的廣袤草原區，主要位於阿根廷境內。阿根廷的彭巴草原面積達760,000平方公里，地勢自西北向東南傾斜。西部地區主要是乾燥貧瘠的荒漠；而東部濕潤地區則是阿根廷的經濟中心地帶。由西班牙人引進、阿根廷有名的高楚人培育的野牛群和馬群在彭巴草原上曾隨處可見，直到19世紀後期東部草原被圍成大片的牧場爲止。這一地區在阿根廷的高楚文學和鄉村音樂中久負盛名。

pamphlet 小冊子 一種未裝訂的印刷品，有紙製封面或沒有封面。小冊子是最早的一種印刷品，從16世紀早期就在英國、法國及德國廣泛使用，通常做爲宗教或政治宣傳的工具，有時也用於宣傳文學或哲學論說。在北美，革命戰爭前的政治騷亂激發了小冊子的大量編寫。政治小冊子的作家中最著名的是佩因。到了20世紀，小冊子多用作資訊的宣傳而非用作論戰。

Pamplona 潘普洛納 古稱Pompaelo。西班牙東北部那瓦爾省省會。相傳西元前75年由龐培創建，當作屯兵之地。西元5世紀時該城在屢遭摩爾人和法蘭克人侵襲後幾被廢棄，778年查理曼從摩爾人手中奪取該城，後來那瓦爾國王桑喬三世定其爲國都。1571年西班牙腓力二世建造的城堡使潘普洛納成爲設防最堅固的北方城鎮。1841年成爲新設的那瓦爾省省會。該城主要以紀念其第一位主教聖費爾明的聖費爾明節吸引遊客，節日以鬥牛和牛被趕過街道到處亂竄爲高潮，在海明威的小說《太陽依舊升起》中有所描繪。人口約182,000（1995）。

Pan 潘 希臘神話中外形半像人，半像野獸的豐產神。羅馬人認爲他與義大利的豐產神法烏努斯有關。一般認爲他的父親是赫耳墨斯。潘通常被描述成一個精力旺盛的好色之徒，長著山羊的角、腿和耳朵；在後來的藝術作品中，藝術家們突出了他的人體部分。基督教徒的某些關於惡魔的描述與潘有著驚人的相似之處。他常到山上去看護牛羊。他和牧人一樣，也是一個排簫吹奏者，也在中午的時候休息。他能引起人的不理智的恐怖。驚慌（panic）一詞就是來源於他的名字。

pan 乾淺盆 ➠ playa

Pan-African movement 泛非運動 運動的主旨在於建立各非洲獨立國家，並加強全世界黑色人種的團結。此一運動起源於倫敦（1900、1919、1921、1923）和其他城市所舉行的一連串會議。杜博斯是早期主要領導人。重要的第六次泛非會議（1945年於曼徹斯特舉行），出席者包括肯雅塔和恩克魯瑪。首次眞正的跨國會議是於1958年在迦納的首都阿克拉舉行，盧蒙巴是主要發言人。泛非主義者大會是由索布魁和其他人於1959年在南非成立的，目的在提供另一個政治選擇，取代被視爲已遭受非非洲勢力影響的非洲民族議會。由尼雷爾和其他人於1963年成立的非洲統一組織（OAU）是一大里程碑，很快就成爲最重要的泛非主義者組織。

Pan American (Sports) Games 泛美運動會 按照奧運會的模式，並經國際奧林匹克委員會批准，爲西半球各國每四年舉辦一次的運動會。運動會原訂於1942年舉行，由於發生了第二次世界大戰，第一屆泛美運動會到1951年才得以舉行。運動會由總部設在墨西哥的泛美體育組織（PASO或ODEPA）主持。比賽包括所有主要的國際性運動項目和幾個特有的運動項目。在舉辦奧運會的前一年在不同主辦國進行。

Pan-American Highway 泛美高速公路 連接北美洲與南美洲的高速公路網。1923年最初構想爲單一路線，但其後發展成爲包括了參與國境內許多指定的高速公路。從墨西哥的新拉雷多至巴拿馬城的美洲洲際高速公路，即泛美高速公路的一部分。全路從阿拉斯加和加拿大到智利、阿根廷和巴西，全長近48,000公里。目前僅在巴拿馬和哥倫比亞兩國交界處有約400公里的路段尚未完工。

Pan-American Union 泛美聯盟 由拉丁美洲國家和美國共同成立的旨在促進合作的組織。於1890年第一屆美洲國家國際會議召開期間，在美國國務卿布雷恩的倡議下得以成立（當時被稱爲美洲共和國國際聯盟）。旨在促進美洲國家在經濟、社會以及文化方面達成一致。1984年被重組爲美洲國家組織。

Pan American World Airways, Inc. 泛美世界航空公司 別名Pan Am。以前的美國航空公司。1927年由曾在第一次世界大戰當飛行員的特里普創建，他取得了從佛羅里達州基韋斯特到古巴的哈瓦那之間運送航空郵件的合同。1929年泛美建立了到加勒比海和中美洲的載客服務。1936年完成第一次跨太平洋（舊金山到馬尼拉）的飛行。1939年又完成了第一次橫跨大西洋的飛行（紐約市到里斯本）。1947年完成了第一次環球飛行。1950年代開拓商業噴射機旅遊業務。1960年代和1970年代業績開始下滑。1980年收購國家航空公司，卻未能改善其狀況。結果不僅向聯合航空公司出售了它的亞洲航線和南太平洋航線，還將跨大西洋航線、歐洲航線和中東航線賣給了達美航空公司。1991年被迫宣布破產。

Pan-Arabism 泛阿拉伯主義 一種國族主義式的概念，主張阿拉伯國家統一成一個文化及宗教的聯盟，這種想法在阿拉伯世界脫離奧圖曼帝國及歐洲統治之後即開始發展。泛阿拉伯主義發展有幾個關鍵性的突破，其一是1943年復興黨的成立。復興黨目前在多個國家設有分支機關，在敘利亞及伊拉克甚至成爲執政黨。另一個則是1945年阿拉伯國家聯盟的成立。泛阿拉伯主義最具魅力及最積極的推動者，首推埃及的納瑟；而在納瑟死後，敘利亞的阿塞德、伊拉克的海珊、利比亞的格達費，都試著要去重現納瑟的光環。

Pan-Germanism 泛日耳曼主義 以所有操德語或日耳曼語的人民實現政治統一爲目標的運動。關於實現德意志統一的想法產生於19世紀初。阿恩特和其他一些民族主義者進一步發展了這一思想。1894年哈塞（1864～1908）建立了泛日耳曼同盟，其宗旨是提高日耳曼人（特別是德國境外的德語民族）的民族意識。這一運動鼓吹德國在歐洲實行帝國主義擴張。在第一次世界大戰後的威瑪共和時期，希特勒以及納粹黨大肆宣揚泛日耳曼主義。1945年德國戰敗，被逐出其原先在東歐的領地，泛日耳曼主義的影響日趨衰落。

Pan Gu 盤古 亦拼作P'an Ku。中國的道家傳說中，最早出現的人。盤古生於混沌（類似蛋的狀態），帶著兩隻角和兩隻長牙，全身都是毛髮。盤古運用對陰陽的認識，分隔天與地，將太陽、月亮、星辰和星球設置在適當之處，並劃分四海。盤古還鑿出陵谷、堆疊成山以塑造地面。另一個傳說則提到，世界起源自盤古巨大的軀體。他的眼睛成爲太陽與月亮，他的血液形成江河，他的頭髮長成樹木與植物，人類的種族則源自於寄居在他身體上的寄生物。盤古在藝術上常被表現成一個穿著樹葉的矮人。

Pan-p'o ➡ Banpo

Pan-Slavism 泛斯拉夫主義 19世紀初由斯拉夫知識分子發起的研究斯拉夫人共同文化，旨在聯合中、東歐斯拉夫人的運動。1848年帕拉茨基在布拉格組織召開斯拉夫人代表大會，要求在奧地利人的統治下取得平等的權利，斯拉夫聯盟的政治意義也隨之得以提升。1860年代這一運動在俄國風靡一時，在奧匈帝國和土耳其人統治下的許多泛斯拉夫主義者都向俄國尋求保護；因而導致了1876～1877年間俄國及塞爾維亞與鄂圖曼帝國之間的戰爭。在20世紀，斯拉夫各民族間民族主義者的競爭妨礙了他們之間的有效合作。

Pan-Turkism 泛突厥主義 19世紀末至20世紀初的一個政治運動，其目的在於將鄂圖曼帝國、俄國、中國、伊朗和阿富汗境內所有操突厥語的民族聯合在一起。該運動最初是由克里米亞和窩瓦河流域的突厥人興起的，旨在聯合鄂圖曼帝國和俄國的突厥人以反抗日益增強的俄國人的統治。之後凱末爾淡化了泛突厥主義，主張只在土耳其國內發揚突厥民族主義。

Panaji＊ 帕納吉 亦稱新臥亞（New Goa）。印度西部海港城市，臥亞邦首府。瀕臨阿拉伯海，處於曼多維河河口。於1759年取代舊臥亞，成爲葡萄牙總督的官邸，並於1843年成爲葡屬印度的首都。殖民地時期的房屋和廣場使其成爲一旅遊城市。人口43,000（1991）。

Panama 巴拿馬 正式名稱巴拿馬共和國（Republic of Panama）。中美洲國家，北濱加勒比海，東接哥倫比亞，南濱太平洋，西鄰哥斯大黎加。面積75,517平方公里。人口約2,903,000（2001）。首都：巴拿馬城。人口多數爲梅斯蒂索人（西班牙人和印第安人混血兒）和印第安民族（包括庫納人、圭米人、喬科人）。隨著非洲裔黑人的引入，同時因修建巴拿馬運河而帶來新的民族（北美洲人、法國人及中國人），產生了更混雜的種族融合關係。語言：西班牙語（官方語）、英語和原住民印第安語。宗教：天主教（占大多數）。貨幣：巴波亞（B）。巴拿馬由三個迥然不同的地區組成：低地（或稱熱地），占國土的85%；溫地；以及高地（或稱冷地）。屬市場型經濟，以服務業爲主，主要是與巴拿馬運河有關的運輸、通訊和倉儲業，以及國際金融和旅遊業。政府形式爲共和國，一院制。國家元首暨政府首腦是總統（由副總統輔助）。1501年西班牙人抵此時，就已有美洲印第安人居住在這裡。1510年由巴爾沃亞建立了第一個成功的西班牙殖民地。後來成爲新格拉納達總督轄區的一部分，直到1821年宣布脫離西班牙獨立，後來加入哥倫比亞。1903年掀起暴動反抗哥倫比亞，並爲美國承認，巴拿馬於是把運河區割讓給美國。1914年完成的巴拿馬運河開放通行，1999年運河管轄權從美國移交給巴拿馬。1989年美軍曾入侵，推翻該國實際的統治者諾瑞加將軍。1999年該國選出第一位女性總統莫斯科索。

Panama Canal 巴拿馬運河 巴拿馬的船舶用運河。切過狹窄的巴拿馬地峽連通大西洋與太平洋。長度從大西洋深水處至太平洋深水處約有82公里，最寬處約91公里，最深處爲12公尺。1879年一家法國公司開始挖鑿運河，但在1889年公司瓦解。巴拿馬根據1903年簽訂的一項條約，授予美國開鑿運河的權利，以及對運河區的單獨經營控制權。1904年

工程開始運作，但障礙重重，1907年起戈瑟爾斯指導了建造工程，運河終於在1914年8月15日開放。在主權爭議過後，1977年簽訂一項條約，決定在2000年由巴拿馬政府控制運河；1999年12月正式移交。除小型船隻外，其他船隻皆不能憑本身動力通過巴拿馬運河船閘。船隻由在閘壁的嵌齒軌道上運行的電力曳引機車拖入，拖一艘船通常用六個機車。船閘是成對的，因此船隻可同時雙向通行。加上等待時間，船隻通過運河需15～20小時。巴拿馬運河可使船隻航行於美國東西岸，縮短約8,000浬的航程。

Panama Canal Zone 巴拿馬運河區 ➠ Canal Zone

Panama City 巴拿馬城 巴拿馬城市，爲該國首都。位於巴拿馬灣，在巴拿馬運河的太平洋入口處。原爲印第安人漁村。舊城建於1519年，1671年英國海盜摩根爵士將其全部毀掉。1674年西班牙征服者在舊城以西重建新城。1751年成爲新格拉納達總督轄區的一部分，之後又成爲哥倫比亞的一部分。1903年成爲巴拿馬首都，當時它也是巴拿馬人反抗哥倫比亞的中心。巴拿馬運河建成後（1914），城市迅速發展，成爲本國的商業和交通中心。經濟發展很大程度上依靠運河交通和其工作人員。人口約爲452,000（1995）。

Panathenaea＊ 泛雅典娜節 希臘宗教中一個十分古老和重要的節日。最初每年在雅典舉行一次，後來每四年舉行一次，可能有意要同奧運會相媲美。在城市的保護神雅典娜的祭典（八月中旬舉行）上進行獻祭和儀式。在泛雅典娜節期間，雅典所有屬地的代表們都帶著用作犧牲的動物前來參加。由馬拉松戰役的英雄組成的盛大行列是巴特農神廟中楣圖畫的主題。參與者奉獻一件嶄新的繡袍和動物祭品給雅典娜；節日期間還舉行詩歌朗誦（後被音樂競賽取代）和田徑比賽。

Panay＊ 班乃 菲律賓中部米沙鄢群島最西面的島。四周爲錫布延海、米沙鄢海和蘇祿海。隔著吉馬拉斯海峽與黑人島遙遙相望。島約呈三角形，面積11,515平方公里。西海岸延綿著崎嶇且幾乎無人居住的山脈。在山脈與東面的丘陵地之間爲南北向延伸的肥沃平原。主要城市爲伊洛伊洛。人口2,600,000（1980）。

Pañca-tantra 五卷書 亦作Panchatantra。印度動物寓言集。最初用梵語撰寫。在印度以及世界上其他國家廣爲流傳。原來的梵文版本現已佚失，其起源可追溯到西元前100年～西元500年之間。爲教導國王的三個兒子的教科書。它的警句趨向於頌揚伶俐和聰敏而不是給人以幫助。早在11世紀就有版本傳入歐洲，即廣爲人所知的《比德佩寓言》（因其講述者，一位印度聖人而得名）。

panchayat raj＊ 潘查耶特；五人長老會 印度的鄉村政府機構。在印度贏得獨立之後，人們認爲政府「應該採取行動組織五人長老會」。第一個鄉村五人長老會於1959年在拉賈斯坦成立。1993年五人長老會成爲印度憲法的一部分。其成員由選舉產生，三分之一要爲女性。世襲階級和部落也根據其人口數獲得相應席位。五人長老會所扮演的角色和它所取得的成功至今仍是討論的熱門話題。亦請參閱Indian National Congress。

Panchen Lama＊ 班禪喇嘛 此一世系的轉世喇嘛負責住持位於西藏的札什倫布寺。在藏傳佛教主導的教派中，其精神權威僅次於達賴喇嘛。1959年當第13世的達賴喇嘛流亡印度後，中國政府所扶立的一位班禪喇嘛仍留在西藏。他因爲拒絕將達賴喇嘛冠上叛徒的惡名，在1964年遭中國當局囚禁。他於1970年代末期獲釋，1989年去世。1995年一位被選中爲新一世班禪喇嘛的六歲孩童遭政府逮捕，而以另一名孩童替換，力圖以此削弱達賴喇嘛的權威。

pancreas＊ 胰臟 混合的腺體，同時具有外分泌腺（經由導管分泌）與內分泌腺（無導管）的功能。不斷分泌胰液（含有水、碳酸氫鹽及消化酶類、脂肪與蛋白質所需的酶，經過胰管到十二指腸。在製造酶的細胞之間點綴的是胰島，分泌胰島素與抗胰島素直接進入血液。胰臟的疾病有發炎（胰臟炎）、感染、腫瘤與囊腫。如果非得摘除80～90%以上的胰臟，病患將需要服用胰島素與胰萃。亦請參閱diabetes mellitus、hypoglycemia。

pancreatic cancer 胰臟癌 胰臟內的惡性腫瘤。容易引起該病的因素有吸煙、高脂肪飲食、暴露於某些工業產品環境下，以及某些疾病如糖尿病和慢性胰臟炎引起。胰臟癌多發於男性。常在癌症進展至晚期時，症狀才會出現。其中包括腹痛、體重無端減輕、難以消化脂肪類食物等。治療方法包括手術、放射治療、化學治療，或是綜合上述方法。

pancreatitis＊ 胰臟炎 胰臟發炎，與酒精、外傷或是胰管阻塞有關。活性酶漏進胰臟組織造成刺激與發炎。如果不消退可能會造成出血、組織死亡、瘢痕化膿與感染。症狀包括劇痛（背部平躺時最嚴重）、輕微發燒、噁心與高血壓。嚴重的病例的治療方法包括疼痛控制、預防或緩和休克、抑制胰液分泌（包括禁食）、避免感染，並補充流失的液體和鹽分。慢性胰臟炎要是毀壞過多的胰臟，造成胰液缺乏和糖尿病。治療方法包括低脂飲食、避免過飽及飲酒、胰萃與胰島素。

panda 熊貓 亦稱大熊貓（giant panda）。學名Ailuropoda melanoleuca。熊科毛色黑白相間、居住於森林中的食肉動物，見於中國中西部，主要以竹爲食。由於其不能消化纖維素，野生熊貓（如今已不足1,000頭）每天花費10～12小時進食達30公斤的竹葉、莖和筍，以從中獲取所需的營養。而豢養的大熊貓（如今約100頭）很喜歡穀物、牛奶、蔬菜等飼料。大熊貓身長可達1.5公尺，體重約100公斤。除飼養外，營獨棲生活。因生殖週期很長，即使是豢養的大熊貓生殖也很困難。

大熊貓
Tom McHugh – Photo Researchers

panda, lesser 小熊貓 亦稱貓熊（cat bear）或熊貓（bear cat）。學名Ailurus fulgens。浣熊科長尾、似浣熊，夜出活動的食肉動物，分布於喜馬拉雅山脈及東亞鄰近地區的山地森林中。小熊貓的頭部及身軀長50～65公分，毛蓬鬆且有不明顯環紋的尾長30～50公分，體重3～4.5公斤。被毛柔軟而厚，呈紅棕色。小熊貓的面部白色，從眼部至口角有一條紅棕色斑紋。主要以竹和植物、果實及昆蟲爲食。雖善於攀爬，但似乎主要在地面取食。

Pandora 潘朵拉 據希臘神話，她是世界上的第一個女人。在普羅米修斯從天上竊取火種給人類之後，主神宙斯就決定設法抵銷這一福祉，因此他委託赫菲斯托斯用泥創造出一個女人，諸神把他們精選的禮物送給她。在嫁給普羅米修斯的哥哥以後，潘朵拉打開一個裝有各種禍患的盒子，結果各種禍患飛向整個世界。有一種說法是，只有希望留在盒子裡，因爲在她逃走以前，盒蓋已被關上。

panegyric＊ 頌詞 歌功頌德的演講或讚揚性講話，原爲古希臘人在奧林匹克競技會和雅典娜節集會時的演說

(《頌詞集》)。演講者往往利用這些場合，宣揚希臘人的團結統一。他們詳細地描繪希臘城邦的光榮歷史；歌功頌德的聯想就此產生，最後集中表現爲頌詞。後來羅馬人常在頌詞中頌揚顯赫人物，尤其是頌揚皇帝。頌詞這一形式也在歐洲中世紀時期、文藝復興時期及巴洛克時期得到應用。

Pangaea＊　盤古大陸　假想的原始大陸。由德國氣象學家魏根納於1912年提出，作爲其大陸漂移學說的一部分。據推測這個盤古大陸（源於希臘語pangaia，意爲整個陸地）約占地球表面積的一半，周圍是被稱爲泛太洋的原始太平洋。三疊紀（約2.48億～2.06億年前）時盤古大陸開始解體，裂開的斷塊勞亞古陸即今日的北半球，而貢德瓦納古陸即今日的南半球。此兩古陸漸漸漂移分開，由此形成大西洋。

Pangkor Engagement＊　邦咯條約（西元1874年）　英國政府和馬來亞霹靂的首領們簽訂的條約。因簽定條約的海島名而得名。爲酬謝英國在商討解決霹靂的繼承爭端等問題時給予的支援，羅闍・阿布杜勒同意在宮中設一名有廣泛權力的英國顧問。英國由此邁出了在馬來亞國家進行統治的第一步。

pangolin＊　穿山甲　亦稱scaly anteater。鱗甲目穿山甲屬體表有鱗片的有胎盤哺乳動物，約8種，見於亞洲和非洲的熱帶。身體上部、腳和尾均覆有由膠結被毛形成的鱗片。體長約30～90公分，體重5～27公斤。頭呈圓錐形，舌長而無牙，腿短，尾長可纏繞。有些種類爲樹棲，地棲者則居於洞穴。在夜間活動，靠嗅覺來確定捕食對象的位置，並用前腳扒開其巢穴，主要以白蟻爲食。當受威脅時，穿山甲（馬來語「翻滾」之意）會蜷縮成團或放出有臭味的分泌物。亦請參閱anteater、echidna。

panic　經濟恐慌　經濟學名詞，指繼市場崩潰後隨之而來的銀行大批倒閉、股票狂熱投機的金融大混亂，或是經濟危機所引起的或是預感危機到來的恐慌情緒。「恐慌」一詞僅指金融市場強烈騷動的階段，並不延伸到經濟週期（參閱depression和recession）中整個下降時期。19世紀以前，經濟起伏主要是與貨物短缺、市場擴大和投機有關（參閱South Sea Bubble）。在19和20世紀工業化社會恐慌已反映出發達的經濟日益增長的複雜性及其不穩定性的變化特點。1857年美國的經濟恐慌是由於鐵路部門不支付其到期債券以及鐵路證券下跌而引起的。此次金融恐慌後果嚴重，它不僅導致多家銀行倒閉，美國失業人數急遽增加，還給歐洲的金融市場帶來恐慌。又如1873年恐慌，起源於維也納和紐約的金融危機，它代表著全世界經濟緊縮的開端。最嚴重的一次經濟恐慌始於1929年美國的股市崩盤。亦請參閱Great Depression。

Panjabi language ➠ Punjabi language

Pankhurst, Emmeline　潘克赫斯特（西元1858～1928年）　原名Emmeline Goulden。英國女權運動者。1879年與理查・潘克赫斯特（1834～1898）結婚，後者爲「婦女選舉權提案」（1870）和「已婚婦女財產權法案」（1882）的編寫者。於1889年成立了女權聯盟，該聯盟於1894年爲已婚婦女爭取參加當地選舉的權利。之後在曼徹斯特市政府擔任一些職務，並於1903年建立了婦女社會和政治聯盟。從1912年起開始極力鼓吹極端的抗爭方式，主要是縱火，一年內她入獄十二次。1928年的全民代表法案在她死前數星期通過，確定男女有平等投票權。其女克莉絲塔貝爾・潘克赫斯特（1880～1958）亦爲女權運動之佼佼者，後成爲女勳爵。克莉絲塔貝爾・潘克赫斯特曾領導婦女社會和政治聯盟展開激烈的抗爭行動，包括了絕食和大型的示威遊行。後來成爲福音傳道者，並移居到美國。

著囚服的潘克赫斯特，攝於1908年
BBC Hulton Picture Library

Pannini, Giovanni Paolo＊　潘尼尼（西元1691～1765年）　亦作Giovanni Paolo Panini。義大利畫家。在壁畫領域享有盛譽後，開始專事羅馬地形圖，並成爲18世紀最重要的羅馬地形畫家。對古羅馬廢墟的描繪，既含精密的觀察又有親切的懷舊，把後期古典巴洛克藝術和新生的浪漫主義結合在一起。其作品深受遊人和同行的喜愛。1732年被選入法蘭西學院，不久即任透視畫教授。

Pannonia　潘諾尼亞　羅馬帝國的行省，相當於現在匈牙利西部以及奧地利東部，斯洛維尼亞和塞爾維亞與蒙特內哥羅北部的部分地區。最初的居民主要爲伊利里亞人，西部地區亦有一些塞爾特人。西元前35年初被羅馬人征服，西元6年發生暴動，在漢尼拔入侵後成爲義大利最大的威脅。該地區在106年分裂，而潘諾尼亞高地成爲馬可・奧勒利烏斯領導的羅馬戰爭的中心戰場。羅馬人於395年後才撤離。

Panofsky, Erwin＊　帕諾夫斯基（西元1892～1968年）　德國出生的美國美術史家。曾任漢堡大學教授（1926～1933），逃離納粹德國後來到美國，並於1935年起在普林斯頓研究所執教。在研究圖像學，以及藝術作品的象徵和主題方面成就突出。其著作涉及的主題廣泛，見解獨到，常常引用文學、哲學及歷史方面的知識。主要著作有《聖像畫法研究》（1939），《杜勒》（1943）和《早期尼德蘭繪畫》（1953）。

panorama　全景畫　在視覺藝術中指連續性的敘事場面或風景，按照一定的平面或曲形背景繪製，畫面環繞觀衆或在觀衆面前展開。盛行於18世紀後期和19世紀，是立體幻燈機和電影的前身。眞正的全景畫陳列在大圓筒形房屋內牆上。觀衆站在圓筒中心的平台上，就地旋轉，依次看到視平面上的所有畫面。第一幅全景畫表現的是愛丁堡風景，由蘇格蘭畫家羅伯特・巴克（1739～1806）於1788年創作的。19世紀中期開始流行全景畫畫卷：用於做畫的帆布被捲於兩根細棒之間，再在一個框架後被慢慢打開或者是被部分展示。

panpipe　排簫　亦作syrinx。一種管樂器，爲栓成一排的長短不一的竹管（也有用金屬、陶土或木製成）。在頂部吹奏，橫向移動每管發一個不同的音。排簫起源於西元前2000年，並在世界各地流傳，尤其在東非，南美以及美拉尼西亞流傳甚廣。

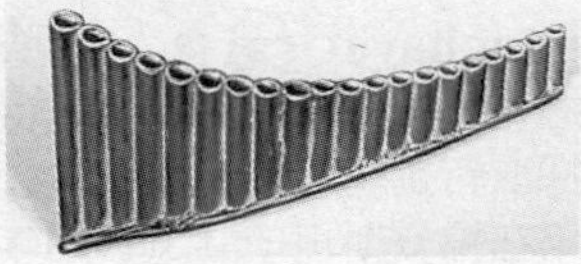

排簫，現藏倫敦霍尼曼博物館
By courtesy of the Horniman Museum, London

p'ansori　說唱劇　韓語意爲「唱故事」（story singing）。一種歌唱民間敘事文學的形式。曾經是結合薩滿頌歌的敘述表演，後成爲處理大衆習俗與日常生活等課題所編製的劇。

pansy　三色菫　菫菜屬幾種受歡迎的栽種種類的統稱。由於已有悠久的栽種歷史，加上種植情形和花的顏色、形式各有不同，因此其起源仍不明。庭園三色菫可能是田野三色堇的一種，爲歐洲麥田中的雜草。一年生或生長期短，高約15～30公分，有心形的基生葉和卵圓形的莖生葉。一朵花通常具藍、黃、白三種顏色，柔軟光滑如天鵝絨。花形較小、通常爲紫色的野生三色堇，英文亦作Johnny-jump-up、heartsease和love-in-idleness。

田野三色堇
Kitty Kohout－Root Resources

pantheism　泛神論　認爲宇宙即上帝，從另一方面來看，即認爲沒有神祇與宇宙中所顯露的實體、力量及法則相背離。泛神論含括了佛教和印度教信條的諸多特點，見於印度教著作如《吠陀》和《薄伽梵歌》之中。爲數不少的希臘哲人對建立西方泛神論貢獻了心力。中世紀及文藝復興時期新柏拉圖主義及猶太－基督教神祕主義仍保有泛神論傳統。17世紀斯賓諾莎徹底立下泛神論哲學系統，主張神與自然界僅只是兩個實體名稱。

Pantheon　萬神廟　古羅馬建築。始建於西元前27年，當時可能採取了普通古典神廟的長方形形式，哈德良皇帝曾徹底重建（118～128）。萬神廟規模宏大，設計卓越，至今無人知曉其確切建造方法。廟爲圓形，用混凝土建造，外加磚面層，有一巨大的圓屋頂，直徑約43公尺。正面有帶三角牆的科林斯式的列柱門廊。建築主體內的巨大圓形空間完全通過圓屋頂中央一個直徑8公尺的圓孔進行採光。神廟內部使用了彩色大理石，內牆面上有七個深凹龕，每個凹龕前有一對不大的柱子。

羅馬的萬神廟，阿格里帕於西元前27年始建，哈德良約於西元118～128年重建
Frederico Arborio Mella

panther　豹類 ➠ leopard、cougar

pantomime　童話劇 ➠ mime and pantomime

pantothenic acid＊　泛酸　有機化合物。維生素B複合體的組成部分。對動物代謝起著重要作用。存在於活細胞及組織內。在動物體內是以與輔酶A（參閱coenzyme）結合的形式存在，輔酶A可促進動物體內許多代謝反應的完成，維持機體的健康和生長。可由人體內的腸內菌叢合成，因而還未發現人類因缺乏泛酸而引起的疾病。

Pánuco River＊　帕努科河　墨西哥中部河流。發源於伊達爾戈州，向東北偏東流，在坦皮科注入墨西哥灣。長約160公里，具有重大的經濟價值。是特斯科科湖排水渠道，同時也是其他內陸湖間的運河。河水灌溉肥沃的拉瓦斯特卡低地。下游可航行。

panzer division＊　德國裝甲師　德國陸軍獨立作戰的軍事單位，其編成與作戰任務主要由裝甲車輛的作戰能力來決定。第二次世界大戰期間德國裝甲師的編成爲：一個坦克旅，轄四個營；一個摩托化步兵旅，轄四個步兵營；一個砲兵團；以及偵察營、反坦克營、工兵營和勤務部隊。1939年德國共有六個裝甲師，到1941年增加爲二十個。裝甲師始終是德國陸軍的主要進攻力量。

pao-chia ➠ baojia

Paoli, Pasquale＊　保利（西元1725～1807年）　科西嘉的愛國者。喬新托・保利之子。1735年開始領導科西嘉人反對熱那亞的統治。1739～1755年被流放期間與其父居住在那不勒斯。返回科西嘉後，他在與熱那亞人的派系鬥爭中取得勝利並開始執掌政權。他鎮壓家族間的仇殺行徑，頒布新的法令制度，興辦學校。他持續領導獨立抗爭，但在法國入侵科西嘉後，他逃到英國，直到1790年才以軍隊司令身分重返科西嘉，並在英國海軍的支援下趕走了法國人。他提議英國採用愛爾蘭的君主立憲制。離任後於1795年再次來到英國。

Paolo, Giovanni di ➠ Giovanni di Paolo (di Grazia)

Pap smear　帕氏塗片　亦稱帕帕尼科拉烏氏染色法（Papanicolaou's stain）。對陰道及子宮頸的脫落細胞塗片進行染色檢查的方法。用以發現生殖器的疱疹和早期惡性腫瘤的存在。帕氏塗片對子宮頸癌能提供相當可靠的診斷依據，同時也能發現子宮內膜及卵巢的癌細胞。由希臘裔美國醫師喬治・尼可拉斯・帕帕尼科拉烏（1883～1962）發現。該法還可適用於從其他器官表面脫落的細胞。

papacy＊　羅馬教廷　天主教會的中央管理體系。早期的教會由各主教領導，直到西元1世紀末爲止對羅馬主教有著特別的尊敬。3世紀時聖西普里安對這一崇高職位提出了挑戰。4～5世紀君士坦丁堡的主教權力提升，對羅馬主教造成威脅，這種對立情況在1054年教會分裂時達到高潮。羅馬帝國瓦解後，教廷在查理曼及其繼任者的羽翼下受到保護。9～10世紀德意志皇帝們控制了教廷。1059年教宗利奧九世回應樞機主教學院，授予其權力特別命名一個新的教宗。爲了建立教廷超越各國的至高無上權力，聖格列高利七世於1075年頒布法令，稱平民統治者不能授予教會人員的世俗權力（參閱Investiture Controversy），並將德意志的亨利四世逐出教會。在接下來的幾個世紀裡，教廷的世俗氣和腐敗以及在亞威農教廷發生的「巴比倫之囚」事件導致了西部教會分裂，最後並造成宗教改革運動。特倫托會議則宣布了反宗教改革。在19世紀，教廷國劃歸新成立的義大利王國，教廷也因此失去了它僅存的世俗的權力，但仍維持一個保守的宗教地位，它在宣稱教義方面永無謬誤，且擁護教宗是教會的絕對領導者。第二次梵諦岡會議給予主教、牧師和俗人更多的發言權。亦請參閱Roman Catholicism。

Papago＊　帕帕戈人　操猶他－阿茲特克語的北美印第安人。傳統上居住在美國亞利桑那州沙漠地帶及墨西哥索諾拉州北部。與皮馬人有許多相通之處，很有可能是古代霍霍坎人的後代。他們生活的地區氣候乾燥，靠採集野生食物爲生，實行山洪搶種。由於居住地分散，帕帕戈人最大的政治組織是臨時性的村落集團。較其他印第安人種，帕帕戈人與白種人接觸較少，自己的傳統文化得以保留。現今約有7,500人。主要居住在亞利桑那州南部的居留地。

Papal Curia ➠ Roman Curia

papal infallibility　教宗永無謬誤論　天主教教義之一。謂作爲至高無上的導師的教宗，在一定條件下，即談論「自宗座」時，就信仰問題或道德問題所發表的意見不可能謬誤。其根據是：教會承擔耶穌基督教誨眾人的任務，既受基督委託，又得聖靈的幫助，必能忠於基督的教誨。1869～1870年的第一次梵諦岡會議在一片爭論聲中限定幾種條件，符合這種條件，教宗「自宗座」所發表的意見才不可能謬誤。其先決條件就是，在有關信仰及道德方面，教宗發表意見時，其意圖是要求得到全教會的絕對同意。這一教條妨礙了全世界基督教的團結，同時也是羅馬天主教神學者的爭論焦點。

Papal Inquisition 宗教法庭 ➠ Inquisition

Papal States 教廷國 義大利語作Stati Pontifici。756～1870年羅馬教宗在義大利中部擁有主權的領土。幾世紀以來，教廷國的領土範圍和教宗控制的程度變化很大。754年的「丕平贈禮」為中世紀的教廷掌握世俗權力奠定了基礎。1077年教廷取得了貝內文托公國，接著教宗英諾森三世和尤里烏斯二世擴張了教宗的領土。公社的興起和當地家族的統治削弱了教宗在城鎮的權利。到了16世紀，教宗的領土只是眾多義大利小邦中的一個。這些小國成為阻撓義大利統一的絆腳石，直到1870年義大利軍隊占領了羅馬並將其設為首都。1929年拉特蘭條約規定了教宗同義大利之間的關係，並設立一個獨立的城邦（參閱Vatican City）。

Papandreou, Andreas (Georgios)＊ 帕潘德里歐（西元1919～1996年） 希臘教育家和總理（1981～1989、1993～1996）。他是喬琪奧斯・帕潘德里歐之子。1955～1963年在加州大學柏克萊分校任教。1963年在其父當上希臘總理時，他回國並被選入希臘國會。1967年軍事政變之後被流放。1974年他回到希臘並組建了左翼泛希臘社會主義運動黨（Pasok）。該黨在1981年贏得了大部分選民的支援，於是帕潘德里歐當上了總理。他提倡慷慨的社會福利計畫，但他所領導的政府因為財政醜聞和不斷攀高的預算赤字而勢衰。1989年他辭職下台，但仍是泛希臘社會主義運動黨的黨魁。1993年再次當選總理，但因身體健康不佳而迫使他於1996年退休。

Papandreou, Georgios 帕潘德里歐（西元1888～1968年） 希臘總理（1944、1963、1964～1965）。1915年以自由主義者的身分開始其政治生涯，1923～1933年間擔任教育部長。1935年創立民主社會黨，此後流亡國外。1944年他曾領導希臘聯合政府，不過時間不長。1946～1952年，在歷屆政府擔任部長職務。他將民主社會黨與自由黨合併，並於1961年創立了中間派聯盟黨。在總理任職期間，於1964年推行廣泛的社會改革。1965年被國王革職。1067年軍事政變後，與其子安德烈亞斯・帕潘德里歐同遭短期監禁。

papaw 巴婆 亦作pawpaw。番荔枝科落葉喬木或灌木，學名Asimina triloba，原產北美東部和中西部。高達12公尺，葉下垂，先端尖，闊長圓形，長達30公分；花具惡臭，紫色，春天展葉前開放；果可食，形似香蕉而較短，熟後果皮變為黑色。某些人接觸巴婆果實後會發生皮膚反應。此名有時亦指番木瓜。

papaya＊ 番木瓜 番木瓜科一種大型、似棕櫚的植物和其多汁的果實，學名Carica papaya。栽培於各地熱帶和亞熱帶最溫暖地區。是人們喜愛的早餐水果，也可製沙拉、餡餅、果子露、果汁和糖果蜜餞等。未成熟果的乳汁裡含有一種酶，可用於各種治療消化不良的藥物和作為肉類嫩化劑。

Papeete＊ 帕皮提 法屬玻里尼西亞的首府及港市，位於大溪地島西北岸。地處熱帶，盛產高大的棕櫚樹和奇異花卉。為南太平洋地區最大的城市和商業中心之一。基於其優越的港口條件，早在1829年就已成為一商業城市和捕鯨船的停靠港。1880年被法國兼併後成為總督駐地。是前往其他法屬玻里尼西亞島旅遊的基地。也是太平洋周邊貿易的中心。人口24,000（1988）。

Papen, Franz von＊ 巴本（西元1879～1969年） 德國政治人物。曾任駐華盛頓大使館武官（1913～1915）。但因涉及間諜，被召返德國。1921～1932任聯邦下議院議員。1932年出任總理，但很快被施萊謝爾取代。為了報復，巴本說服興登堡任命希特勒為總理，任命他本人為副總理。由於無法阻止納粹黨的勢力擴張，而於1934年辭去總理職務。在出任駐奧地利大使期間（1934～1938），巴本致力於德奧聯合。1939～1944任駐土耳其大使。1945年被捕，並接受紐倫堡大審。後被德國法庭以納粹成員之罪名判處監禁。1949年提出上訴後獲得釋放。

巴本
Camera Press

paper 紙 通常以纖維素的纖維製成，在懸浮水上的金屬細絲網上成形，是一種表面無光的或氈合的薄片。原始材料包括木漿、破布和再生紙。藉由機械、化學或兩者兼有的過程，將纖維分離出去，再浸濕以生產出紙漿，或稱為原料。紙漿經過一片編織的篩子加以過濾，形成纖維薄片，將此薄片擠壓、使之密實，以擠出大多數的水份。殘餘的水份則以蒸發法去除，然後將乾燥的薄片加以進一步的壓縮，通常（依使用的目的而定）再塗覆或灌注其他物質。一般用紙的型態包括證券紙（bond paper）、書紙（book paper）、細料紙板（bristol或bristol board）、磨木斯（groundwood）和新聞用紙（newsprint）、牛皮紙（kraft paper）、硬紙板（paper-board），以及紙巾、餐巾（衛生棉與尿布）等用途的衛生紙（sanitary paper）。亦請參閱calendering、Fourdrinier machine、kraft process。

paper birch 紙皮樺 樺木科觀賞、遮蔭和材用樹，學名Betula papyrifera，原產於北美北部和中部。亦稱獨木舟樺、銀樺或白樺，是最有名的樺木之一。年輕樹木的樹皮呈彩色或白色，質地光滑，以薄片形式垂直脫落，曾被用做書寫用紙或製作屋頂、鞋、獨木舟。不透水的樹皮在潮濕環境下也能被點燃，對露營者和徒步旅行者極為有用。

paper chromatography (PC) 紙色層分析法 用濾紙或其他特殊紙張來做固定相位的一種色層分析法。把待測溶液或試樣點在濾紙的一端（採用二維分析法時點在一角上），然後把這張濾紙的這一端浸在另一溶濟中，該溶劑對試樣各組分的溶解度不同，並因毛細現象滲入濾紙。當滲至試樣點時，它帶走樣品中各組分，但各組分隨著流動溶劑的移動速度取決於它們在固定溶劑和流動溶劑中的溶解度。採用二維分析法時，濾紙被調轉90°角，並被浸入另一種溶劑，將原操作再進行一次。被分離組分在溶劑流路中以一個一個的斑點出現在濾紙上，根據它們相對已知的參考物質的游離距離可對其進行鑒別。此法對分離氨基酸、碳水化合物、類固醇的複雜混合物特別有效，也可以很容易地分離其他有機化合物和無機離子。

paper folding 摺紙 日語作origami。一種不用剪裁、黏貼或裝飾的用紙摺製物件的藝術。其起源無人知曉，大概是源於更早的摺布藝術。在日本非常流行，有幾百種傳統的折疊方法，並有大量關於摺紙藝術的書籍。日本的摺紙大體分為兩類：一是用於禮儀活動的標記；另一是動物、花卉、家具及人物形象。有的摺紙形象十分有趣，最廣為人知的是關於一隻鳥兒的摺紙，這隻鳥被人拖住了尾巴，還一邊拍打翅膀。在西班牙、南美和德國也很流行摺紙。

Paphlagonia　帕夫拉戈尼亞　古代小亞細亞北部地區，瀕臨黑海。爲一多山國家，是小亞細亞最古老的國家之一。西元前333年臣服於亞歷山大大帝。西元前3世紀～西元前2世紀逐漸被位於東部邊境的本都王國呑併。西元前65年其沿海城市，包括首都錫諾卜在內，都隸屬於羅馬的比希尼亞。西元前6年左右，該地區被併入羅馬的加拉提亞省，不過內陸地區仍在當地統治者手裡。曾是拜占庭帝國的一部分，但在曼齊刻爾特戰役（1071）後喪失了除沿海地區外的所有領地。

papillomavirus＊　乳頭狀瘤病毒　一組病毒的統稱，能引起人類長出疣或其他的良性腫瘤。這些小型病毒含有環狀DNA，人們已知有五十多種截然不同的類型，而不同類型的病毒造成手上的疣、腳底的疣、扁平疣和喉疣。生殖器疣由其他的類型造成，並可透過性交傳染。有一些乳頭狀瘤病毒與各種惡性腫瘤有關聯，尤其是子宮頸癌，透過一般的帕氏塗片即可發現該病毒的存在。

papillon＊　蝴蝶犬　16世紀育成的一種玩賞犬。初名矮獵狗（dwarf spaniel），是瑪麗－安托瓦內特的寵物，曾出現於古代大師的繪畫作品中。19世紀因其一時髦的變種長有大而花哨、像蝴蝶一般的耳朵而得今名（papillon在法語中意爲蝴蝶）。另一變種則長著下垂的耳朵。體細長優美，尾呈羽狀。體高不足28公分，體重可達5公斤。皮毛鬆軟而豐滿，多爲白色，有黑色斑紋。

Papineau, Louis Joseph＊　帕皮諾（西元1786～1871年）　加拿大政治人物。1808年當選下加拿大（今魁北克）立法會議議員，1815年擔任議長。他是法裔加拿大人黨領袖，與英國人操控的下加拿大政府唱反調，並反對與上加拿大結盟。1834年幫助起草「92條決議案」，該決議案要求對國家收入進行調節，並成立一個民選的省級議會。在英國總督拒絕接受該決議案後，結果爆發戰爭，帕皮諾逃往美國，1839～1844年在法國居住。後來在加拿大宣布特赦後返國，1848～1854年任加拿大衆議院議員。

Papp, Joseph　帕普（西元1921～1991年）　原名Joseph Papirofsky。美國戲劇監製人兼導演。曾學過表演和導演，並擔任CBS電視台的舞台經理。1954年創建紐約莎士比亞戲劇節劇團，於戲劇節期間在紐約各區的市立公園內免費演出莎劇。大部分戲劇由他自己製作和導演。1962年他說服紐約市官員和藝術團體，資助在中央公園內爲德拉科爾特劇院興建劇場。1967年創辦大衆劇院，主要演出當代戲劇及古典戲劇；還把阿斯托爾圖書館改造成一座有七個劇場的綜合建築物。他的幾部戲後來登上百老匯舞台，如《毛髮》（1967）和《歌舞線上》（1975）等。到1980年代，帕普仍是外百老匯戲劇最活躍的製作人之一，曾支助過許多年輕劇作家和演員。他一直擔任莎士比亞戲劇節和大衆劇院的藝術總監，直到去世。

Papua New Guinea＊　巴布亞紐幾內亞　正式名稱巴布亞紐幾內亞獨立國（Independent State of Papua New Guinea）。南太平洋島國。面積462,840平方公里。人口約5,287,000（2001）。首都：摩爾斯貝港。大部分人口爲巴布亞人（占4/5）及美拉尼西亞人，少數民族是玻里尼西亞人、華人和歐洲人。語言：英語（官方語）、托克必興語、莫圖語和原住民語言。宗教：聖公會和其他新教支派，以及天主教。貨幣：基那（K）。新幾內亞島占全國總面積的85%左右；該國還包括布干維爾島和俾斯麥群島。新幾內亞島的地形是南部多沼澤的低地平原，往北是高聳的中央山脈，高地貫穿西北到東南。多數土地爲熱帶雨林所覆蓋。外圍的島嶼多是火山島。該國屬開發中混合型經濟，以礦產品和農產品爲出口大宗。政府形式爲君主立憲政體，一院制。國家元首是總督（代表英國君主），政府首腦爲總理。此區在史前時代已有人定居，最早的居民以打獵爲生。1512年葡萄牙人看見這裡的海岸，1545年西班牙宣稱擁有此島。1793年英國人建立了第一個殖民地，1828年荷蘭人宣稱該島的西半部爲荷屬東印度群島的一部分。1884年英國併呑了東南部，而德國占領了東北部，1906年英國的部分成爲巴布亞領地，並交給澳大利亞管理，第一次世界大戰後，也接管了德國那一部分。第二次世界大戰後，澳大利亞合併這兩部分爲巴布亞紐幾內亞領地。荷屬新幾內亞在1969年併入印尼，成爲伊里安查亞省。1975年巴布亞紐幾內亞取得獨立，並加入大英國協。1997年開始進行解決與布干維爾島獨立分子的戰爭。

Papuan languages＊　巴布亞諸語言　在新幾內亞及某些周邊島嶼的部分，包括阿洛、布干維爾、哈馬黑拉、新不列顛、新愛爾蘭、帝汶等島嶼，這些地方的原住民族所使用的750種語言的族屬。也許有500萬人在使用巴布亞諸語言，此一語言可以歸類出60種語言。這些語言之間，更高深的起源關係仍難以確認。巴布亞諸語言的紛歧，再加上在新幾內亞的一小部分及其鄰近島嶼所使用的衆多澳斯特羅尼西亞諸語言，使得這個區域成爲全世界語言學上最異質的地域。絕大多數的巴布亞諸語言，它們的使用者都少於10萬人；其中使用人數較多者在巴布亞新幾內亞的高地所使用的秦布語和恩加語。就語言學而言，巴布亞諸語言顯示出極大的變化，雖然音位創造傾向尙小；幾乎在所有的巴布亞諸語言中，動詞都在主詞與受詞之後；口語形態學則相當獨特地複雜。

papyrus＊　紙莎草　古代的書寫材料。該種植物源自紙莎草（莎草科），亦稱紙草。這種禾草狀水生植物的莖爲木質，呈鈍三角形，高約4.6公尺，生長於約90公分深的緩流中。古埃及人用這種植物的莖製成帆、布、蓆子、繩，但主要是紙。紙莎草製成的紙是古埃及、希臘及羅馬的主要書寫材料。8～9世紀其他植物的鬚根取代紙莎草成爲造紙原

料，現在的紙莎草常用於溫暖地區或溫室的池塘裝飾。

Pará River＊　帕拉河　流經馬拉若島東、南部的亞馬遜河的一段，位於巴西北部帕拉州東北部。長約320公里，河口寬約64公里。亞馬遜河一小部分河水由此向東－北注入大西洋。全段都可通航。

parabola＊　拋物線　開放曲線，一種圓錐曲線。直立圓錐體與平行於圓錐邊緣的平面交叉所得到的曲線。亦是點與固定的線（準線）的距離等於點與定點（焦點）的距離所繪出的軌跡。解析幾何上，拋物線方程式是$y = ax^2 + bx + c$（二階多項式函數）。這種曲線的特性是平行其對稱軸的直線反射之後會通過其焦點，反之亦然。繞著軸轉動拋物線產生的面（拋物面）具有相同的反射特性，使其成為衛星碟和汽車大燈反射鏡的理想形狀。拋射物的路徑就是自然產生的拋物線。這個形狀也可見於橋樑和拱門的設計上。

Paracel Islands＊　西沙群島　中文拼音為Xisha Qundao。越南語作Quan Dao Hoang Sa。約由一百三十座小型的珊瑚島和礁岩所組成的群島，位於中國海上，地處越南中部之東、中國的海南島之東南。西沙群島的島嶼地勢低而貧瘠，面積都不超過1平方哩（2.5平方公里），缺乏新鮮用水，也沒有長期的定居人口。1932年法屬印度支那宣稱擁有其主權；日本在第二次世界大戰期間，曾占領其中部分島嶼。中國、台灣和越南都宣稱擁有其主權。1974年中國取得控制，至今仍為爭議事件。

Paracelsus＊　帕拉塞爾蘇斯（西元1493～1541年）　原名Philippus Aureolus Theophrastus Bombastus von Hohenheim。德裔瑞士醫師、煉金術士。自稱在費拉拉大學取得博士學位，取名帕拉塞爾蘇斯（para-Celsus），意思是超越塞爾蘇斯（羅馬醫學權威）。曾遊歷歐洲和中東，尋訪各地的煉金家。比起亞里斯多德、加倫、阿維森納的枯燥講義來說，他對一般人的常識較為看重，並強調自然的治療能力。他在巴塞爾大學講學時來者不拒（以德語而非拉丁語授課），但此種寬宏胸襟反而讓政府當局難堪，後被迫離開。著作有《外科大全》（1536）。幾個世紀以來，他率先使用汞劑治療梅毒，了解礦工的矽肺是吸入塵埃所致，提出順勢療法，同時也是第一個將甲狀腺腫與飲水中的礦物質關聯起來的人。

parachute　降落傘　一種傘狀的裝置，用於減緩人體在空中降落的速度。傘衣由一塊塊傘布縫合而成，以繩索連接於使用者的傘背帶上。降落傘的設計起初是為了使人員安全脫離失控的飛機，後來也用於空投物資裝備以及減緩返回的太空艙的速度。早在14世紀就有這樣的構思，但其實際演示始於1780年代的法國。1797年加爾納里安（1769～1823）表演從1,000公尺高空的輕氣球上跳下來，1802年又從2,400公尺的高空跳下。早期的降落傘由帆布製成，後來由絲綢、尼龍取代。亦請參閱skydiving。

Paraclete ➡ Holy Spirit

paradox　悖論；弔詭　看起來明顯自相矛盾的陳述，其言下之意需經仔細思考才能發現。悖論的主要目的是引起注意和激發新的見解，成語「積少成多」（Less is more）便是一個例子。在詩歌裡，悖論為一種同時兼有謬誤和眞理的緊張感的手法，不必去用驚人的對比，只要把普通詞義加以細微而連續的修飾即可。如果把悖論壓縮為兩個詞，如「活地獄」（living death），稱為矛盾修飾法。

paradoxes of Zeno＊　芝諾悖論　埃利亞的芝諾為維護巴門尼德斯的「存在是唯一的、穩定的」學說而提出的論題。芝諾的論題旨在質疑與巴門德尼學說矛盾的多元及運動的觀點，最有名的是反對運動的論題。其中一個論題認為，運動的物體只有當它行程過半的時候才能到達終點；但在一半之前，物體必須再經過這個一半的一半。如此循環下去，物體將永遠不能到達終點。

paraffin　石蠟　一種產自石油的有機化合物。通常由烷烴（亦稱石蠟烴）的混合物組成，用作塗料、絕緣材料或用於蠟燭、化妝品。亦請參閱alkane。

Paragua ➡ Palawan

Paraguaná Peninsula＊　帕拉瓜納半島　委內瑞拉西北部半島，位於加勒比海和委內瑞拉灣之間。地勢低緩，土地貧瘠，人煙稀少，1950年代、1960年代隨著石油工業的發展而日益重要。輸油管從油田通往半島西側的大煉油廠，並可通達大型油輪。

Paraguay＊　巴拉圭　正式名稱巴拉圭共和國（Republic of Paraguay）。南美洲中南部國家。面積406,752平方公里。人口約5,636,000（2001）。首都：亞松森。大部分人口是梅斯蒂索（西班牙人和瓜拉尼印第安人的混血人），

還有許多小群族，包括印第安人、黑人、高加索人和亞洲人。語言：西班牙語和瓜拉尼語（均為官方語）。宗教：天主教（占總人口的88%）。貨幣：瓜拉尼（₲）。巴拉圭是個內陸國，地形由平原和沼澤地構成。巴拉圭河從北到南流貫全國，把巴拉圭劃分為東、西兩個地理區：東區，是巴西高原的延伸部分；西區構成大廈谷平原的北部。該國屬開發中的市場經濟，以農業、貿易和輕工業為主。政府形式為多黨制共和國，兩院制。國家元首暨政府首腦是總統。在16～17世紀西班牙人來此殖民前，一些講瓜拉尼語的半遊牧民族已在這裡定居很長一段時間。後來成為拉布拉他總督轄區的一部分，一直到1811年才獨立。19世紀建立了獨裁政權，1865年與巴西、阿根廷和烏拉圭開戰。因領土紛爭而與玻利維亞引爆廈谷戰爭，1938年簽署和約，條件對巴拉圭較有利。20世紀中葉由軍政府主政（包括史托斯納爾），直到1993年瓦斯莫西當選為文人總統。

1990年代遭逢財經危機，民主政府陷入泥淖。

Paraguay River 巴拉圭河 南美洲第五大河。全長2,550公里，爲巴拉那河的主要支流。發源於巴西的馬托格羅索地區，海拔300公尺，穿過巴拉圭，在靠近阿根廷邊界與巴拉那河匯合。大廈谷平原沿河岸向西延伸。

Paraguayan War 巴拉圭戰爭（西元1864/1865～1870年） 亦稱三國同盟戰爭（War of the Triple Alliance）。拉丁美洲史上最大的流血衝突，參戰雙方是巴拉圭和由阿根廷、巴西、烏拉圭組成的聯盟。1864年巴拉圭獨裁者洛佩斯（1827～1870）爲反對巴西干涉鄰國烏拉圭的內政而向巴西宣戰，翌年阿根廷與巴西、烏拉圭結成三國同盟。經過三年的流血戰爭後，同盟國擊敗了巴拉圭軍隊。但洛佩斯繼續領導游擊戰，直到1870年被殺。戰爭使巴拉圭嚴重受創，戰後巴拉圭人口減半，領土有140,000平方公里被巴西和阿根廷併吞。

Paraíba do Sul River＊ 南帕拉伊巴河 巴西東部河流，位於聖保羅東部。向東北流，形成米納斯吉拉斯和里約熱內盧兩州的部分邊界，最後注入大西洋，全長約965公里。下游可通航，在巴西的社會和經濟生活中具有重要的作用。上游稱作帕拉伊廷加河。

parakeet 長尾鸚鵡 鸚鵡亞科小型、體細長、具錐形長尾、以種子爲食的鸚鵡，有30屬，約115種。見於全球溫暖地區，常成大群，大多數種類產4～8枚卵於樹洞中。最著名的籠養種是虎皮鸚鵡，常被誤稱爲情侶鸚鵡，體長約19公分，任何體色都有可能，但上體都有頰斑和緊密的橫斑。

虎皮鸚鵡
Bruce Coleman Ltd.

parallax＊ 視差 觀測者從兩個距離遙遠的點所見天體方向的差異，用來判定天體距離的單位。觀測者的兩個點以及天體的位置構成三角形，頂角（在天體位置）是視差的兩倍，距離越遙遠，頂角越小。在地球表面兩個地方同步觀測可以算出太陽的視差，要是觀測者剛好站在直徑的兩端，視差值最大值可達8794弧秒。從地球相隔六個月，在軌道兩端上看見恆星位置的差異（恆星視差，或稱周年視差）可以測量大過地球兩地無法測量的距離。最近的恆星系統南門二（半射手座α星），恆星視差0.76弧秒。從地球觀測超過30秒差距的恆星視差，都已由歐洲太空總署的希帕克斯衛星測定。

parallel bars 雙槓 男子體操項目。兩根木槓支撐於地面同樣的高度，用於進行競技表演。參賽者依規定表演擺動、騰越、臂力和平衡等動作，但以擺動和騰躍爲主。1896年起爲現代奧運會體操競賽項目。亦請參閱uneven parallel bars。

雙槓
Stewart Fraser – Colorsport

parallel evolution 並行演化 在地理相隔的群體之間，顯示出體型上相似的演化。一個明顯的例子如澳大利亞的有袋目與其他地區的胎盤哺乳動物極其相似，它們各自經過演化的過程，在體型上竟發展得非常類似。

parallel postulate 平行公設 構成歐幾里德幾何學基礎的歐幾里德五大公設之一。說明在同一平面上，通過不在直線上的特定點僅有一條直線平行該直線。與歐幾里德另外四個公設不同的是，這個公設並非不言而喻，無法從幾何學的公理推導出來。後來也證明，平行公設並非必要。19世紀，高斯、洛巴柴夫斯基、黎曼等人發明非歐幾里德幾何學，去除平行公設。

paralysis 癱瘓 亦稱麻痺（palsy）。一塊或多塊隨意肌肌力喪失或減弱的症狀。表現爲肌肉無力或僵硬。偏癱通常是由中風或大腦另一側的腫瘤引起，雙側癱瘓（如大腦性麻痺）則由一般的腦部疾病所致。脊髓損傷（由骨頭或關節疾病，如骨折或感染性椎骨腫瘤；炎性和變性疾病，或惡性貧血引起）能使症發處及症發處以下的軀體癱瘓（腿部和下身的症狀是下肢麻痺，手臂和腿部的症狀是四肢麻木）。小兒麻痺症和多神經炎（多根神經的神經炎）會導致伴隨有肌肉消瘦的癱瘓。貝爾氏麻痺（神經炎的一種）引起面部一側的肌肉癱瘓。肌營養不良侵襲肌肉也能導致癱瘓。重症肌無力爲引致神經肌肉機能障礙的代謝性疾病。癱瘓也有可能包含精神病方面的原因（參閱hysteria）。

paramagnetism 順磁性 材料磁性的一種，這種材料可受到強磁鐵的弱吸引。含有鐵、鈀、鉑和稀土元素的化合物呈現強順磁性，因爲這些元素的原子有不完全的內電子殼層。它們的未成對電子使原子成爲小型的永磁體，它們沿外磁場排列，並因此增強外磁場。強順磁性隨溫度的升高而減弱，這是因爲原子磁體的較強的無規運動產生反排列作用。在許多固態金屬元素中可發現與溫度無關的弱順磁性。

Paramaribo＊ 巴拉馬利波 蘇利南首都及港口城市。位於蘇利南河畔，臨近大西洋。原爲印第安人村莊，1640年左右爲法國居民點，1651年成爲英國殖民地，1667年被割讓給荷蘭。建於退潮時僅高出水面5公尺的沙石海灘上，荷蘭殖民時期的大部分獨特建築及一條運河系統仍保留至今。1945年後旅遊業和工業帶動相當大的城市發展。人口約201,000（1993）。

paramecium＊ 草履蟲屬 構成草履蟲屬的獨立生存的單細胞原生動物，易於實驗室培養。大多數種類的大小就如同本句的句點一般。其形體可變換形狀，身體表面有堅固的蛋白質層（表膜），其上覆以纖毛，纖毛有節奏地拍打而推動身體前進，並將細菌和其他食物顆粒送入口中。食物被收集後進入液泡，在該處進行消化作用。細胞尖端處有兩個（偶有三個）伸縮液泡，以伸縮方式排出代謝廢物和多餘的水分。草履蟲有兩種核：一個橢圓形的大核（代謝活動中心）及一至多個小核（儲存有性生殖時必需的遺傳基因）。

Paramount Communications 派拉蒙傳播公司 媒體和通訊公司。1914年由霍金森創立，當時名爲派拉蒙電影公司，爲電影經銷公司，兩年後成爲一家製片公司，以旗下的電影明星贏得世人矚目，如畢克馥、史璜生和范倫鐵諾等。1920年代晚期和1930年代該製片廠在陣容上加入了克勞蒂考白、瑪琳黛德麗和賈利古柏。在轉爲有聲片的時期，其連鎖電影院遭受損失，導致公司宣告破產。兩年後重組爲派拉蒙電影公司。1940年代和1950年代該製片廠的成功之作包括斯特奇斯和懷德執導的影片。1966年海灣－西部工業公司控制了派拉蒙公司，這家新公司後來改名爲派拉蒙傳播公司。1994年爲維康公司所併購，2000年又被哥倫比亞廣播公司（CBS）併購。

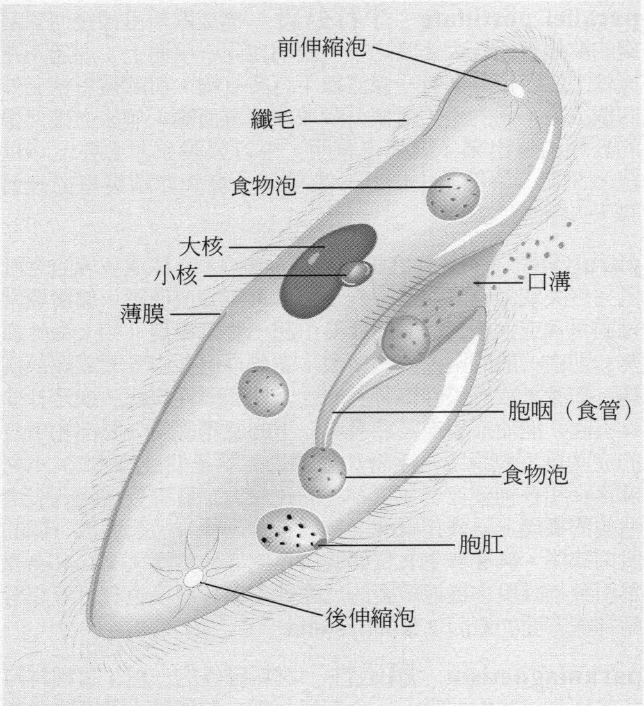

草履蟲的特徵。

Paraná River * **巴拉那河** 南美洲僅次於亞馬遜河的第二長河。發源於巴西中部偏東南高原，大致南流4,880公里後注入烏拉圭河，在大西洋岸邊形成拉布拉他河河口灣。其流域包括巴西東南部的大半、巴拉圭、玻利維亞東部和阿根廷北部。從源頭格蘭德河和巴拉那伊巴河匯流處到與巴拉圭河的匯合點這一段稱作上巴拉那河。1980年代初橫跨上巴拉那河興建的伊泰普水壩綜合工程竣工後，巨大的瓜伊拉瀑布群全部被淹沒。

Paranaíba River * **巴拉那伊巴河** 巴西中南部河流。源於馬塔達科爾達山西坡，西南流約1,000公里。其間匯集了八條大支流，最後與格蘭德河匯合，形成巴拉那河。1970年代巴西政府爲了養牛和農業，開始在河谷實施灌溉工程。

paranoia **偏執狂** 一種以被迫害妄想或誇大妄想爲特徵的精神障礙，通常沒有幻覺。最初被界定爲一種精神病，現在被視作精神分裂症幾種類型中的一種，或在輕度病例中，被視爲人格障礙。偏執狂患者多遭受過分的自我指認之苦，即傾向於把別人並非針對他的行爲理解爲對他或她自身的攻擊。

parapsychology * **超心理學** 對於無法以自然法則解釋的事件、無法經由平常感官獲得的知識加以探究的學問。超心理學研究的認知現象稱爲超感官知覺，因爲這種認知不是透過五官感覺得來的。超心理學也研究諸如物體在空中漂浮或透過意志力使金屬彎曲一類的物理現象。對超心理現象的信仰可追溯到久遠的年代，但直到19世紀末才成爲嚴謹科學的研究項目，部分原因是唯心靈論者運動的興起。1882年心靈研究會在倫敦成立，此後這類研究機構也在美國和歐洲許多國家迅速發展。20世紀一些大學也開始進行超心理學研究，其中最著名的是美國杜克大學萊茵所帶領的研究。

parasitism * **寄生現象** 兩種物種之間的一種關係：一個物種靠損害另一個物種而受益。外寄生物居住在寄主身體表面；內寄生物居住在寄主的器官、組織或細胞中，並常借助第三種生物體（載體或帶菌者）傳播到寄主。杜鵑和牛鸝屬於孵育寄生，他們將卵產於其他鳥類的巢中，由那些養父母來撫養他們的孩子。在社會寄生現象中，一種動物會寄生於同類動物身上（如一種螞蟻寄生於不同種類螞蟻的身上）。如果寄生物也被其他物體寄生，就稱作超寄生現象（如原生動物超寄生於狗身上的蝨子）。亦請參閱predation。

parathyroid gland **副甲狀腺** 內分泌腺，甲狀腺背面每側有2～8個副甲狀腺，能分泌副甲狀腺激素，以調節血液內鈣的濃度和磷的含量。正常情況下，體液的鈣濃度輕微下降即引起副甲狀腺激素分泌增加，釋放出骨鈣（參閱calcium deficiency）。副甲狀腺激素能促進尿磷的排泄，降低血濃度，還能調節鎂的代謝。在必須切除甲狀腺的情況下，需將副甲狀腺與甲狀腺分離並留在原處。亦請參閱endocrine system。

parchment **羊皮紙** 把某些動物的表皮處理後製成在上面可以寫字的材料，主要是綿羊皮、山羊皮及小牛皮，可能是希臘在西元前2世紀發明的。動物皮更早即被用來當作書寫材料（西元前2400?年），但是自從有了一種新且更透徹的清潔、伸展與刮淨方法以後，稿葉兩面都可以書寫，從而使裝訂成冊的書籍（古書手抄本）取代了捲起的手稿。最有名的羊皮紙爲犢皮紙。現在常用「羊皮紙」或「犢皮紙」來指質量好的紙張。

pardo **巴多人** （西班牙語意爲「棕色」）在委內瑞拉特指混有非洲裔、歐洲裔和印第安血統的人。在殖民地時期，巴多人和其他非白人一樣，都是屬於奴隸階層，不可能擁有財富和權力。然而，多數巴多人雖然經歷多次獨立戰爭，卻仍然支持貴族，因爲他們與委內瑞拉裔白人之間的衝突宿怨，就是依賴來自歐洲、更強大的西班牙人力量給予保護。在巴西，巴多人則指稱混有歐洲裔與非洲裔血統的人。

pardon **赦免** 在法律上，指免除罪責或刑罰。赦免權通常由國家元首行使。分爲完全和有條件兩種，有條件赦免通常是減刑，或以其他義務來代替受刑。在許多國家，獲得赦免的罪犯仍被禁止開辦公共事務所或取得專業執照。

Paré, Ambroise * **帕雷**（**西元1510～1590年**） 法國外科醫生。1537年被雇爲軍醫。他不贊成當時使用的一些激烈的治療方法，如治療男性疝氣患者時切除其性器官，截肢時用烙鐵燒灼血管等做法，只在必要時才進行手術。他用金和銀製造假牙、義肢和義眼等（參閱prosthesis），並發明了多種醫療儀器，普及疝帶的使用，還最早提出梅毒是造成動脈瘤的一個病因。曾出版各類醫學書籍，其中最具影響力的是外科醫學著作。

Pareto, Vilfredo * **帕累托**（**西元1848～1923年**） 義大利經濟學家和社會學家。曾在杜林大學就讀，後來在義大利一家大型鐵路公司任工程師，後任主管，1893年起任瑞士洛桑大學教授。在其收入分配理論中，採用一複雜的數學公式來追述以往的財富分配模式。1906年提出「帕氏最優狀態」的概念，奠定了現代福利經濟學的基礎。他認爲，只要任何一個人可能按自己估計條件更加富裕，而同時使其他人還保持在他們自己估計的原來水準上，就意味著沒有達到社會資源分配的最佳狀態。

Parhae * **渤海** 中文拼音作Bohai。8世紀時，在滿洲北部和朝鮮北部建立的國家。由前朝鮮將軍大祚榮創建，被視爲高句麗的接棒者，因爲在668年新羅征服高句麗之前，高句麗曾占有這裡大致相同的領土。如新羅一樣，渤海國是中國唐朝的屬國。它與北方的游牧民族、日本以及中國發展貿易。926年被契丹人所滅，大概是在契丹人於中國北部邊界建立遼國後二十年。

pari-mutuel＊　賽馬彩票　一種賭博方式，將除去經營者手續費後的全部押注總額分給猜中比賽結果前三名的贏家。1870年左右產生於法國，很快成爲全世界最盛行的一種賽馬賭博。現代賭金計算器通常都用電腦，每隔一段時間就閃現出每匹馬的勝算率給觀衆看。這種方法也被廣泛應用於場外押注，賽狗和回力球也採用這種賭博方式。

Paria, Gulf of＊　帕里亞灣　加勒比海海灣，位於委內瑞拉海岸和千里達島之間。東西長約160公里，南北寬65公里。北與加勒比海相連，南與大西洋相通。港口有千里達島的西班牙港，用於運輸石油、鐵礦石和農產品等。1498年哥倫布在其第三次西半球航行中，很有可能就是從帕里亞灣第一次發現了南美洲。

Parícutin＊　帕里庫廷火山　墨西哥中西部米卻肯州西部火山，過去曾是帕里庫廷村的所在地。海拔高約2,775公尺，是地球上最年輕的火山之一。1943年開始噴發掩埋了整個村莊。1952年後停止爆發。

Parilia＊　帕里斯節　古羅馬節日，定在4月21日，奉祀保佑牛羊的女神帕里斯。最早由羅馬皇帝主持，後由大祭司。屆時由維斯太貞女分發穀草以及犧牲的骨灰和鮮血，宣告節日活動開始。然後清洗、裝飾牲畜和畜欄，並塗油。人們三跳篝火後，淨化禮完成。

Paris　帕里斯　希臘神話中，特洛伊國王普里阿摩斯和他的妻子赫卡柏的兒子。由於出現不祥的徵兆，使他的父母在一生下他後就拋棄之，由一個牧人撫養長大。後來參加一次拳擊比賽，擊敗普里阿摩斯的其他兒子。在弄明其身分後，普里阿摩斯又把他接回家。宙斯要他來決斷三個女神（赫拉、雅典娜和愛芙羅黛蒂）中誰最美。在著名的「帕里斯的決斷」中，他選愛芙羅黛蒂爲最美的女神，因爲她答應幫他贏得世上的絕色佳人。他誘拐海倫，引起特洛伊戰爭。當戰爭快結束時，他一箭射死希臘英雄阿基利斯，但不久也被箭射死。

Paris　巴黎　法國城市（1999年城市人口2,123,000；1990年都會區人口9,060,000）、河港和首都。跨塞納河兩岸。魯特提亞是最原始的居民點，位於塞納河中一座島嶼，在西元前3世紀末就已存在。西元前52年羅馬人奪占此地，並構築要塞。西元1世紀時，該城已發展到塞納河左岸。到了4世紀初，已稱作巴黎。885～887年抵擋住了幾次維京人的圍攻，987年巴黎伯爵于格·卡佩當上國王，巴黎成爲法蘭西的首都。腓力二世在位期間，巴黎得到大規模的發展，國王並在1200年左右正式批准巴黎大學的成立。14～15世紀時，因爲黑死病和百年戰爭使巴黎的發展受阻。17～18世紀城市有了進一步的改善並加以美化。1789～1799年法國大革命就是從這裡開始的。拿破崙三世時，他命令塞納省省長奧斯曼把整個城市結構現代化，並在塞納河上搭建幾座新橋。第一次世界大戰結束後，這裡是召開巴黎和會的地方。第二次世界大戰期間遭德軍占領。現爲法國的金融、商業、交通運輸、藝術和學術的中心。城內的許多景點包括艾菲爾鐵塔、巴黎聖母院、羅浮宮博物館、先賢祠、龐畢度中心和巴黎歌劇院，以及一些林蔭大道、公園和花園。

Paris, Congress of　巴黎會議（西元1856年）　爲簽定結束克里米亞戰爭的條約而在巴黎召開的一次會議。簽字國一方爲俄國，另一方爲法國、英國、薩丁尼亞－皮埃蒙特和土耳其。條約保證土耳其的獨立和領土完整；還規定俄國必須將比薩拉比亞割讓給摩達維亞，一切戰船不得進入黑海，允許所有國家的船隻航行在多瑙河。此次會議還採用了第一次編撰成文的海洋法，禁止擄掠商船，並定義合法的海軍封鎖。

Paris, Treaty of　巴黎條約（西元1229年）　土魯斯的雷蒙七世在阿爾比派十字軍之後，承認敗給法王路易九世所簽訂的條約。條約中安排將雷蒙的女兒嫁給路易的弟弟，並協調朗格多克地區最後回歸到法王手中，以此消除了法國南方公侯的獨立勢力。

Paris, Treaty of　巴黎條約（西元1259年）　英王亨利三世與法王路易九世簽訂的和平條約。條約允許英國保有亞奎丹及鄰近地區，然而英王必須承認自己是法王的封臣。此一條約維繫了英國與法國之間的和平，直到1337年的百年戰爭爆發爲止。

Paris, Treaty of　巴黎條約（西元1763年）　結束法英七年戰爭（包括法國印第安人戰爭）的條約，簽字雙方分別是英國和漢諾威，以及法國和西班牙。據此約，法國宣布將密西西比河以東的北美大陸完全讓給英國，還有法國於1749年以後在印度征服的所有土地以及西印度群島的四座島嶼。英國則以西印度群島的另外四座島嶼及在西非的殖民地讓給法國作爲回報。同時，西班牙收復了哈瓦那和馬尼拉，把佛羅里達讓給英國，不過從法國手中取得路易斯安那獲得補償。

Paris, Treaty of　巴黎條約（西元1814年）　指1814年在巴黎簽訂的結束拿破崙戰爭的條約，以法國爲一方，同盟國（奧地利、英國、普魯士、俄國、瑞典和葡萄牙）爲另一方。此時拿破崙已退位，波旁王室也復辟了，故給予法國寬厚的條件。允許法國保持1792年的邊界，只割讓一些小島給英國。其他的條款留待日後討論。

Paris, Treaty of　巴黎條約（西元1815年）　在拿破崙的百日統治政變和最終失敗後，法國與同盟國之間簽訂的第二個條約。第二個條約捨棄了第一次「巴黎條約」（1814）的寬大精神，法國需回歸到1790年所訂定的邊界，亦即從法國割走薩爾和薩伏依區，而且必須賠款7億法郎，並在其國土上供養十五萬名占領軍三～五年。

Paris, University of　巴黎大學　歐洲第二古老的大學（僅次於波隆那大學），於1170年左右建校。由聖母院教會學校發展而成，在教宗的支持下，很快成爲正統的基督教教學中心。中世紀時期在此任教的教授包括聖波拿文都拉、大阿爾伯圖斯和托馬斯·阿奎那。最有名的是索邦學院，建於1257年左右。在宗教改革運動和反宗教改革的衝擊下，該大學聲望有所衰落。隨著法國大革命和拿破崙推行改革，學校教學越來越獨立於宗教和政治之外。20世紀中期，巴黎大學再次成爲有名的科學和知識中心。1968年5月索邦學院學生發起的抗議活動發展爲全國性的嚴重危機。這次事件導致了一次大變革，從此大學學院不再集中管理，舊有的巴黎大學於1970年被巴黎的一系列院校所取代，其附屬的學校稱作巴黎第一～第十三大學。學生註冊人數約310,000。

Paris Commune　巴黎公社（西元1871年3月18日～5月28日）　亦作Commune of Paris。在巴黎爆發的反對法國政府的暴動。法國在經歷普法戰爭的失敗後，第二帝國也隨之崩潰，巴黎的共和黨人擔心國民議會的保守派將試圖復辟。3月18日巴黎國民自衛軍拒絕接受解除武裝的命令，並在革命派贏得市政選舉後，成立了公社政府。各黨派（包括雅各賓派）希望巴黎公社能控制革命（就像在法國大革命中與其同名的公社帶頭領導一樣）；蒲魯東派，即蒲魯東的社會主義追隨者，主張建設公社聯盟；布朗基派，即布朗基的社會主義追隨者，主張採取暴力行動。政府軍隊很快鎮壓法國各地的公社組織，並於5月21日挺進巴黎。巴黎公社的擁護者築起街壘，並燒毀公共建築，包括土伊勒里宮。在一番戰鬥後，大約有20,000名肇事者和750名政府軍士兵喪生。其後政府採取殘酷的鎮壓手段，逮捕了38,000名嫌疑犯，7,000多人被流放。

Paris-Match＊ 巴黎競賽 1949年繼《畫報》（1843～1944）而出版的法國圖畫週刊。是一種以中產階級爲對象的通俗新聞和時事雜誌，刊載有關公共事務、娛樂、時尚和消費品等圖片故事體裁。其版式類似美國的《生活》雜誌，也以時事論題和傑出的照片而知名。在普羅孚斯特（卒於1978年）獲得經營權後，使之聲望攀升，並成爲暢銷雜誌。現今由世界上最大的雜誌發行商之一的樺樹媒體公司出版發行。

Paris Opera 巴黎歌劇院 法語作Opéra Garnier。位於巴黎的歌劇院，由加尼埃（1825～1898）設計。這座耗資巨大的建築始建於1861年，1875年開放，被認爲是美術風格的經典之作。其平面圖和它的外觀一樣精細，內部爲一巨大的環行空間，包括一座豪華的樓梯和許多裝潢華麗的樓座、大廳以及走廊。既是一個可供參觀的地方，同時也是上演精彩表演之地。

Paris Peace Conference 巴黎和會（西元1919～1920年） 第一次世界大戰結束後召開的會議，以解決國際問題。1919年1月12日召開，約有三十多國代表參與。主要的人物代表是法國的克里蒙梭、英國的勞合喬治、美國的威爾遜，以及義大利的奧蘭多，他們與自己的外交部長組成一個最高理事會。所指定的委員會負責研究特定的財政和領土問題，包括補償問題。和會主要的產物是國際聯盟；起草「凡爾賽和約」，送交德國；起草「聖日耳曼條約」，送交奧地利；草擬「納伊條約」，送交保加利亞。後來又陸續與匈牙利（1920年的「特里阿農條約」）、土耳其（1920年的「塞夫爾條約」和1923年洛桑條約）訂定條約。

parity 平價 在經濟學中，指價格、匯率、購買力、工資等方面的相等。在國際匯兌中，平價指體現兩國貨幣購買力實際相等時的匯率。在市場上調整匯率以維持平價會在以下兩種情況下發生，一是供求關係變化引起價格變化，二是國家政府或是國際組織，如世界貨幣基金組織，對市場加以干涉。在美國的農業經濟中，平價一詞用以表示一種政府透過價格補貼和生產限額的手段來調整農產品價格的管理制度。該制度保證農民具有與過去的基期相同的購買力。平價一詞也用在人事管理中，爲不同層級的雇員建立公平的薪資利率。

parity 宇稱 物理學中，與代表基本粒子的波函數的對稱性有關的性質。在描述物理系統的量子力學中宇稱扮演重要的角色。宇稱變換是用鏡像來取代一個系統，在鏡像系統中，描述系統的空間座標是倒轉的，所以座標x, y, z要用-x, -y, -z來代替。如果宇稱變換前後系統是一樣的，那麼這個系統的宇稱是偶數。如果變換前後的系統反過來了，那它的宇稱就是奇數。不論哪一種情況，系統的物理可觀察性保持不變。1957年吳劍雄（1912～1997）和她的同事有了驚人的發現，即β衰變反應的宇稱不守恆；換句話說，自然界不存在倒轉的像。這是弱力的一般特性。

O P Q R

park 公園 室外的供公眾消遣遊憩的場所。最早時期的公園是波斯國王的苑囿，這些保留地因建有供騎射的馳道和遮蔽風雨的處所而逐漸成爲公園。另一類公園從希臘露天集會場地發展而來。這些露天場地，原是運動、社交場所和訓練運動員的場地，後來結合了雕刻畫廊與宗教中心的成分。廣闊的樹林、帶有浮雕的長廊、構造精美的大型鳥舍以及爲野生動物提供的框籠則是後文藝復興時期的公園的特點。與現代公園不同的是，以前的公園還提供一些設施以供人們消遣活動，包括戶外劇場、動物園、音樂會場地、用餐和跳舞場所、遊樂區、划船區以及運動區。亦請參閱national park。

Park, Mungo 巴克（西元1771～1806年） 蘇格蘭探險家，曾到尼日河探險。他是接受過培訓的外科醫生。曾到東印度旅行，之後擔任非洲協會的嚮導帶領探險隊尋找尼日河的源頭（1795～1797）。在此過程中他失去了大部分成員和供應品，又被敵對的阿拉伯人囚禁四個月，慘遭折磨，並深受病痛之苦。最後到達了塞古（在今馬利），但沒能到達尼日河源頭。返英後寫成歷險記《非洲內地旅行》（1797），大受歡迎。在第二次探險（1805～1806）中他到達了巴馬科，卻在返回途中被殺害。

Park, Robert E(zra) 巴克（西元1864～1944年） 美國社會學家。華盛頓，之後主要在芝加哥大學和菲斯克大學任教。在芝加哥大學時，他成爲社會學的「芝加哥學派」的主要人物之一，此學派的特點是經驗主義研究以及運用人類生態學的模式。他以論述種族的著作而享有盛名，尤其是有關美國黑人和人類生態學的著作。人類生態學這一說法也是由他提出來的。他與柏基斯合寫了《社會學導論》（1921）和《城市》（1925）兩本書。《人種與文化》（1950）和《人類團體》（1952）在他死後才發表。

Parker, Alton B(rooks) 派克（西元1852～1926年） 美國法官。曾在州和國家的司法部門任職。1898～1904年任紐約上訴法院院長，以維護工人的政治權利聞名。1904年被提名爲民主黨的總統候選人，但在選舉中慘敗給羅斯福。之後重操律師業。

Parker, Charlie 查理帕克（西元1920～1955年） 原名Charles Christopher。美國薩克管演奏家和作曲家，現代爵士樂咆哮樂風格的始祖，爵士音樂史上最傑出的即興演奏家之一。在到紐約領導自己的小樂團之前曾與麥克沙恩的大樂隊（1940～1942）、海因斯的樂隊（1942～1944）和比利艾克斯汀的樂隊（1944）合作演出（1940年代初期的別名菜鳥〔Yardbird〕，又被簡稱爲鳥，之後一生皆用此名）。1940年代中期與迪吉葛雷斯比密切合作，發行了一系列小樂隊的唱片，這些唱片表明咆哮樂已由搖擺樂時代後期的即席創作發展爲成熟的音樂風格。他將直接、短促的音調和空前的靈巧運用於次高音薩克管，這種手法發展迅速，幾乎引起咆哮樂傳統曲風的恐慌。他全面的、敏感而又和諧的理解力爲音樂帶來一股清新之風。他無疑是當時最具影響力的爵士

查理帕克
AP/Wide World Photos

音樂家，但他吸毒成癮，壯年早逝，使他成爲一悲劇性的傳奇人物。

Parker, Dorothy 派克（西元1893～1967年） 原名Dorothy Rothschild。美國短篇小說家和詩人。生長於紐約市一富家。曾爲《浮華世界》雜誌寫戲劇評論，後在《紐約客》雜誌寫書評（1927～1933）。還著有詩集《放情集》（1926）和《死亡與稅收》（1931）。她的短篇小說收錄在《悼生者》（1930）和《在如此歡娛之後》（1933）。她還創作過電影劇本，報導過西班牙內戰，並與人合寫過幾部劇本。爲「阿爾岡昆圓桌」的成員之一，主要以聰明才智聞名。

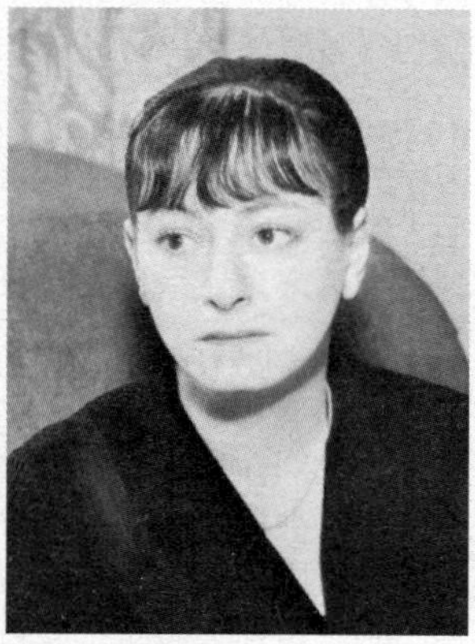

派克，攝於1939年
Culver Pictures

Parkinson, C(yril) Northcote 柏金森（西元1909～1993年） 英國歷史學家和作家。在倫敦的國王學院獲得博士學位。之後在英格蘭和馬來西亞的多所學校任教。1955年因發表的諷刺性的「柏金森定律」而享有盛名，這一定律指出「有多少時間完成工作，工作就會擴張占滿那整個時間」（Work expands to fill the time available for its completion）。在《法律與收益》一書中他提出了第二個定律，即「增加支出以配合收入」（Expenditure rises to meet income）。

parkinsonism＊ 帕金森氏症 神經性疾病，造成運動控制能力的逐漸喪失。最早是在1817年由英國醫師帕金森（1755～1824）所描述。帕金森氏症的原因不清楚。平均發病年齡是57歲，但是也有少年的病例。腦部原本產生多巴胺的神經元退化。當60～80%的神經元遭到破壞，抑制非故意運動的訊號中斷，症狀出現，包括休息時震顫、肌肉僵硬、動作起動困難與失去平衡。已知的病因如睡眠病；某些毒素；不斷地敲擊頭部，如拳擊；還有「設計師藥」MPTP。環境毒素或是遺傳敏感性可能也是病因。藥物療法必須謹慎規畫並結合耐藥性與副作用的延遲作用。外科的蒼白球燒灼術（破壞蒼白球，腦部有關運動控制的構造）以及移植胎兒多巴胺製造組織仍在試驗階段。

Parkman, Francis 巴克曼（西元1823～1893年） 美國歷史學家。哈佛大學畢業，1846年開始西部之旅，根據這次旅行寫出《加利福利亞及奧瑞岡小道》（1849）一書。其最著名的七部史學著作統稱爲《北美的英國和法國》，範圍始於1763年的殖民時期。其中包括《新大陸的法國先驅者》（1865）；《蒙卡爾姆和沃爾夫》（1884），該書證明了傳記能夠多麼深入地滲透到時代精神中去；以及《半個世紀的戰爭》（1892），該書表現了他的文學才華。

Parks, Gordon 帕克斯（西元1912年～） 美國作家、攝影家與影片導演。生於堪薩斯州的史考特堡，1948～1972年爲《生活》雜誌擔任編制內的攝影師，以其對貧民區的生活、黑人的民族主義者以及民權運動的描繪而逐漸聞名。第一部小說作品是1963年的《學問之樹》，這是一部關於1920年代堪薩斯州黑人青少年的小說。他在幾部作品集中結合了詩與攝影，如《詩人與他的相機》（1968）、《瞥見無限》（1996）。也執導過數部電影，如1971年的《矛》。

Parks, Rosa 帕克斯（西元1913年～） 原名Rosa McCauley。美國黑人民權運動分子。生於阿拉巴馬州塔斯基吉市，後來在蒙哥馬利市當裁縫，並在該地積極參加全國有色人種權益促進會（1943～1956）。1955年她曾因拒絕在公車上讓位給白人而遭逮捕，後來經由金恩等人的策畫，發展爲黑人對公車系統的集體杯葛行動，使黑人民權運動得到新的重視。1957年帕克斯搬遷到底特律，擔任國會議員康耶斯的行政助理（1965～1988）。1999年獲頒國會金質獎章。

Parlement＊ 大理院 指法國舊制度下的最高法院，是從早先卡佩王朝國王定期召集大臣和高級教士商討封邑和朝廷政事的君主法院發展而來。到13世紀中期這一司法機構便被稱爲大理院，其作用是審理對皇家法官判決不服的申訴。後來大理會也對皇帝頒布的法令進行復審，以判定它們是否公正合法。高級大理會設在巴黎，其他大理會則設在各省。大理會在法國大革命期間被廢除。

Parliament 議會 英國的立法機構，也指以該模式建成的其他政府的立法機構。英國議會是由英王、上議院和下議院。其源頭可追溯到1300年左右由大參議會和國王法庭組成的聯盟，這兩個機構主要是與國王進行協商，並提意見給國王。議會於14世紀分爲兩院，一個是與上院議員展開精神上和世俗性（即不僅包括貴族，還包括教會的高層）的辯論，另一院則與騎士和市議員進行辯論。14世紀議會也開始向國王遞交請願，若被批准，請願則能成爲法律。華爾波爾是第一個以首相身分領導政府的黨派領導人。亦請參閱parliamentary democracy。

Parliament, Canadian 加拿大國會 加拿大最高立法機構，依據「英屬北美法」設立。其中，衆議院設有301席，任期每屆最長五年，由各省依人口比率代表原則選舉產生；參議院設有105席，由加拿大總督自各地區任命產生，任期至七十五歲。國會有權行使軍事武力，並可規範貿易及商業活動、稅收；監督金融、信用、貨幣及破產行爲；制定刑法、監督郵政、漁業、鐵路、運河及通訊。國會亦保有不同意各省立法的權力。在國會大選中獲得最多數席次的政黨黨魁，即爲總理，由總督任命組閣。一般情況下，總理會挑選同黨當選議員組成內閣，在國會大選中獲得第二多席次的政黨，則成爲在野黨。

Parliament Act of 1911 1911年議會法 由英國議會通過的法案。該法案剝奪了上議院對立法所擁有的絕對否決權。它是由下院中的自由主義多數派提出的，根據這一立法，任何法案只要提出兩年，並在下議院的三次會議上未加改變而獲通過，即可呈交國王批准（必要時還可讓其成爲法律），而無需上議院的同意。這一讓上議院從屬於下議院的做法，被視爲使英國憲法更加民主。

parliamentary democracy 國會民主 一種民主的政府運作形式，由國會中最多席位的政黨組成政府，其黨魁即爲總理或首相。行政機能是由總理任命國會議員組成的內閣執行，少數席次政黨則對多數黨扮演反對角色，並有責任經常挑戰其地位。當總理失去多數黨或國會的信任時，即得辭職下台。國會民主體制最早起源於英國（參閱parliament），後來並被多個英國前殖民地國家採用。

parliamentary procedure 議會程序 亦稱rules of order。獲得普遍認可的規則、先例以及慣例，用於審議機構的管理。目的在於維持規範性，探知大多數人的意願，保護少數人的權利，並促進商業交往的順利進行。這議會程序的規則起源於英國16～17世紀，之後被世界各國的立法機構所採用。1876年美國將軍羅伯特（1837～1923）編撰了《羅伯特議事規程》，這一法案在過去的幾十年中，經歷了不斷的

O P Q R

修訂和補充，現在仍是美國法律的標準。

Parma 帕爾馬 義大利北部艾米利亞－羅馬涅大區城市（1996年人口約167,000），濱帕爾馬河。西元前183年由羅馬人建立，西元4世紀成爲主教區。後被提奧多里克一世所率的東哥德人破壞，但在中世紀重建。1545年成爲帕爾馬和皮亞琴察公國的一部分，後爲法爾內塞家族把持，再轉屬奧地利。1815年拿破崙把該市賜給他的第二任妻子瑪麗－路易絲。1861年歸屬義大利。第二次世界大戰期間受損嚴重，但後來重建。現爲農業區的商業中心，以出產帕爾梅森乳酪聞名。市內古建築包括12世紀的羅馬式大教堂、13世紀的洗禮堂，以及11世紀的大學。

Parmenides * 巴門尼德斯（西元前515年～） 希臘哲學家，埃利亞學派的領袖。其主要學說已由其最重要著作《關於自然》這篇長詩的僅存殘篇中重整出來。巴門尼德斯認爲現有事物的多樣性、其變化形式和運動，不過是唯一永恆的實體（「存在」〔Being〕）的表象而已，於是產生了巴門尼德斯原理「一切是一」（all is one）。並進一步指出所有有關改變及不存在的說法都是不合邏輯的。因爲他提出呈現存在邏輯觀的基本聲言方法而被公認是形上學的創立者之一。柏拉圖的對話作品《巴門尼德斯》曾論及其思想。

Parmigianino * 帕米賈尼諾（西元1503～1540年） 原名Girolamo Francesco Maria Mazzola。義大利畫家和蝕刻版畫家。出生於帕爾馬（其暱稱的由來）。他的一些早期濕壁畫作品是爲聖喬凡尼教堂繪製的。這些作品深受柯勒喬的影響，柯勒喬當時也供職於這家教堂。他根據凸面鏡中的人形而創作的自畫像（1524）充分體現了他的創意。《長頸聖母像》（1534）爲其後期作品的典型代表，其特點是模糊的空間組合，人物形象的加長以及對超脫自然的具有節奏感的美感的追求。在同時代重要的自畫像畫家中，帕米賈尼諾率先發展了矯飾主義優雅和具有人情世故的一面，影響了下一代畫家，他也是最早開始創作蝕刻版畫的義大利畫家之一。

Parnaíba River * 巴納伊巴河 巴西東北部河流。源出塔巴廷加山，向東北流入大西洋，在入口處形成一三角洲。全長1,700公里（1,056哩）。有重大經濟價值。吃水淺的船隻至少可從河口向南航行到卡寧德河的匯流處。位於河口附近的巴納伊巴港（人口約128,000〔1991〕）是一商業中心。

Parnassian poets * 高蹈派 指19世紀下半葉法國詩歌派的成員，以勒孔特．德．利爾和哥提耶爲首的一派法國詩人。高蹈派強調嚴謹性、客觀性、技巧上的完美和描寫準確，反對浪漫派詩人多愁善感和言過其實的表現手法。此派名稱源自一本他們合寫的詩集，題名《當代高蹈派》（3卷；1866、1871、1876）。他們的影響在現代主義等運動中很明顯，並帶領了在韻律和散文形式上的創新實驗，以及十四行詩的復興。

Parnassus, Mt. * 帕爾納索斯山 希臘中部山脈。位於班都斯山脈中，最高海拔爲2,457公尺。在古代是祭祀阿波羅和科里西安女神之地，可能是因爲它靠近德爾斐及其神諭之處。位於帕爾納索斯山的詩之泉是羅馬詩人的靈感之源。有人認爲繆斯女神也住在這裡。

Parnell, Charles Stewart * 巴奈爾（西元1846～1891年） 愛爾蘭民族主義領袖。在劍橋大學受教育後，回到愛爾蘭並在英國議會中任職（1875～1891），引進了妨礙者立法策略以讓人們關注愛爾蘭的需要。1877年成爲英國地方自治聯盟主席。他因發表了反對新土地政策的激烈言論而在1881～1882年間被監禁，後被釋放以平息日益增多的恐怖活動。他對鳳凰公園暗殺事件的譴責使他團結了愛爾蘭的黨派，贏得議會法案的支持，如格萊斯頓提出的自治法案。他在愛爾蘭一直很受歡迎，直到他被扯進其情婦凱薩琳．奧謝的離婚事件（1890）。

parochial education 教會教育 由宗教團體在學校興辦的教育。在美國和加拿大特指由天主教會、基督教會、猶太教組織所辦中小學校。這些學校不同於公立學校制度。課程包括宗教課程和一般課程。

parody 戲仿 在文學中被用來產生喜劇效果或用於嘲弄的作品。與詼諧作品之別在於它文筆深刻有力，而與歪曲模仿文之別在於後者對嚴肅的主題採取輕浮的態度，眞正的戲仿是對被模仿者的風格和思想的表現手法予以無情揭露，而如果對所譏諷的作品沒有透徹的鑒別和瞭解，戲仿是無法寫出的。這種文體產生於古希臘時代，之後幾乎在各時期的文學作品中都有應用。

parole 假釋 在犯人刑滿前准予釋放，但需受監督和一些條件的限制。現代假釋法的運用是源於刑罰哲學的變化，即強調感化和改惡從善，而不是報復和懲罰。有些司法條文對犯有某些罪行的犯人禁止假釋（如強姦犯和殺人犯）。假釋條件多種多樣，但在所有案例中，違背假釋條件都會再次被捕。假釋的監督有很大的彈性，包括從警察的定期稍嚴檢查，到受專職人員的嚴密監督。亦請參閱probation。

Parr, Catherine 凱瑟琳．帕爾（西元1512～1548年） 英格蘭國王亨利八世的第六任妻子。王室官員之女，1543年與亨利結婚前曾兩次喪夫。爲人機智圓滑，對亨利晚年發生有益的影響。她與亨利前妻們所生的小孩也相處融洽。1547年亨利死後，她嫁給英格蘭海軍司令西摩勳爵，但生下女兒不久即過世。

Parra, Nicanor 帕拉（西元1914年～） 智利詩人。曾攻讀數學和物理，於1952年開始在智利大學講授理論物理學。是當時最重要的拉丁美洲詩人之一。以其創造的所謂「反詩」（與傳統的寫詩技巧和風格相違背的詩歌）而享有盛名。1954年出版《詩歌與反詩》，書中的詩歌以明晰直接的語言、黑色的幽默和嘲弄的幻象來描寫一個怪異荒誕的世界的日常問題。其後期作品對語言進行各種嘗試，並延續了他的反詩風格。

Parrhasius 帕拉修斯（活動時期西元前5世紀） 亦作Parrhasios。希臘畫家。出生於以弗所（今土耳其），後來定居雅典。他被古代評論家譽爲線條圖大師。曾嘗試將臉部因心理及情緒作用而呈現的變化逼眞的表現出來。他的許多木版畫和羊皮紙畫被後世畫家認爲具有高度的研究價值。他的特修斯畫像使羅馬卡皮托神廟增光不少，其他作品主要是神話場面。其畫作均佚失，無留存者。

Parrish, (Frederick) Maxfield * 帕里希（西元1870～1966年） 美國畫家及插畫家，1920年代以前美國最受歡迎的商業藝術家和壁畫家，曾在賓夕法尼亞美術學院及費城德雷克塞爾藝術研究所攻讀藝術。以其對夢幻山水的描繪而聞名，而這些風景畫上盡是迷人的清秀佳人。他的構圖採用精確明顯的輪廓，以雜亂描繪的自然爲背景，而他的特殊用色，尤其是「帕里希藍」，更賦予他的畫作一股如夢如詩的氣氛。其名聲在1930年代末開始下降，而在1960年代及1970年代，其作品重新受到人們的喜愛。

O P Q R

parrot 鸚鵡 鸚鵡科約300種鳥類，其中約220種鸚鵡亞科的眞鸚鵡分布於全球溫暖地區（參閱parakeet）。許多種類有鮮艷的體色，舌尖鈍，吃種子、嫩芽、果實和昆蟲。其發聲構造使得許多種類可以精確地模仿人言。非洲灰鸚鵡有超群的說話模仿能力，體長約33公分，體羽淡灰色，但尾和面分別爲紅色和白色，有的個體壽命可達八十年。26種亞馬遜鸚鵡屬的鸚鵡也善於模仿說話，體長25～40公分，體羽主要爲綠色。其他5個亞科的鸚鵡主要分布於紐西蘭和澳大利亞。亦請參閱cockatiel、cockatoo、kea、lovebird、macaw。

Trichoglossus haematodus，鸚鵡的一種
Bruce Coleman Ltd.

parrot fish 鸚鵡魚 亦稱鸚嘴魚。鸚嘴魚科約80種熱帶珊瑚礁魚類的統稱，體長而深，頭圓鈍，體色鮮豔，鱗大。其顎齒硬化演變爲鸚鵡嘴狀，用以從珊瑚礁上刮食藻類和珊瑚的軟質部分。咽部的板狀齒能磨碎食物及珊瑚碎塊。體長可達1.2公尺，重可達20公斤。棲息於印度洋－太平洋地區或溪流中的帶紋鸚嘴魚體長46公分或更長。大西洋的種類有王后鸚嘴魚。

Calotomus屬的一種
Douglas Faulkner

parsec 秒差距 天文學家用來表示恆星和星系距離的一種單位。它代表地球半徑的軌道在1秒弧度時的距離，因此一個物體在1秒差距外會有一秒的視差。一個物體在秒差距中的距離是同秒弧度視差成反比的，如半射手座α的視差是0.76秒，而相對於太陽和地球的秒差距則爲1.33秒。一個秒差距等於3.26光年或3.09×10^{13}公里。

Parsi 帕西人 亦作Parsee。印度瑣羅亞斯德教教徒。其名意爲「波斯人」，他們的祖先即與瑣羅亞斯德教有關的波斯人，爲擺脫穆斯林的迫害於8世紀至10世紀期間移民到印度。他們遷到古吉拉特，並以務農爲生。17世紀末英國東印度公司控制了孟買，並在那裡實施宗教自由，帕西人也陸續遷往孟買，到19世紀已成爲富有階級。帕西人至今仍主要居住在孟買，也有部分居住在印度的班加羅爾和巴基斯坦的喀拉蚩。

Parsiism ➡ Zoroastrianism and Parsiism

parsley 歐芹 繖形科耐寒的二年生植物，學名Petroselinum crispum，原產地中海沿岸。其複葉使用於烹調中。繖形科，有時亦稱parsley family，包含300～400屬的植物，生境多樣，主要產於北溫帶。多數種類爲有羽狀葉的芳香草本植物。其花聚生成顯眼的傘狀花序（頂端平坦的花簇）。許多種類具有毒性，包括鉤吻。本科受歡迎的種類有胡蘿蔔、芹菜、歐洲防風和茴香。作爲藥草和香料的種類包括茴芹、蒔蘿、芫荽、葛縷子和歐蒔蘿。

parsnip 歐洲防風 繖形科植物，學名Pastinaca sativa。因其粗大、錐狀、可食用的白根而栽培，其根味甜而獨特，通常烹調作爲菜餚。夏末，根的主要成分是澱粉，經受一段時間的低溫後，許多澱粉轉化爲糖。根耐寒，能忍受土壤的凍結。原產於英格蘭、歐洲和亞洲溫帶地區，如今已在北美廣大地區歸化。

Parsons, Charles Algernon 帕森思（西元1854～1931年） 受封爲查爾斯爵士（Sir Charles）。英國機械工程師。於1877年在泰恩河畔紐塞的阿姆斯壯技術工廠開始其職業生涯。1889年自己開辦工廠，製造汽輪機和其他重型機械。1884年發明了連續多級式汽輪機，1891年該種汽輪機已被發電廠用來發電。今天的蒸汽發電廠和核電廠仍採用這一類型的汽輪機來帶動發電機。1897年這種多級汽輪機成功地用作「透平尼亞號」輪船的推進裝置，該船航速高達34節。帕森思發明的汽輪機使高速航行的遠洋輪船成爲可能。

Parsons, Elsie 帕森思（西元1875～1941年） 原名Elsie Worthington Clews。美國女社會學家、人類學家和民俗學者。曾攻讀社會學，早期作品包括《家庭》（1906）和《舊式婦女》（1913），提倡實現婦女的權利。後來在鮑亞士和克羅伯的影響下轉攻人類學。《普韋布洛印第安人的宗教》（1936）和《米勒塔：精靈之城》（1936）兩部作品至今仍是研究美國西南部普韋布洛和薩波特克印第安人文化的權威著作。其他一些關於西部印第安人和非洲－美洲民間傳說的作品集也頗爲著名。

Parsons, Talcott 帕森思（西元1902～1979年） 美國社會學家。1927～1973年在哈佛大學任教。他提倡用結構功能分析法來研究相互聯繫的團體是如何形成社會體系的結構的，正是這些方式維持了社會的存在並促進其發展。他主要負責將涂爾幹和韋伯的著作介紹給美國的社會學家。主要著作爲《社會行動之結構》（1937）。亦請參閱functionalism。

Parson's Cause 牧師案 有關英國殖民時代維吉尼亞州英國神職人員薪水支付的爭辯。當時英殖民者否決了殖民地法律，即以煙草折合爲貨幣支付神職人員的薪水（1759），該法案引起牧師們的控訴，要求討回薪資。在最爲轟動的個案（1763）中，亨利針對一殖民牧師的控訴爲其教區辯護，並勸服陪審團只給原告一便士的損失賠償。之後牧師們很快便放棄了抗議。

Parsvanatha＊ 巴濕伐那陀 印度耆那教教義中今世第二十三代渡津者。他創立了一個教團，並立下四個誓言（不殺、不偷、不撒謊、不擁有私人財產，之後大雄添加了一條保持獨身的誓言）將其成員緊緊團結在一起。據傳說，在一次由苦行者釋放的大火中，巴濕伐那陀曾將一窩困在原木內的毒蛇搶救出來。其中一條毒蛇後來轉世爲達拉納，即地下蛇王國的頭領，它在一次由敵對惡魔製造的大風暴中保護了巴濕伐那陀。巴濕伐那陀的塑像和畫像頭上有眾蛇盤成的寶蓋，這是他的特殊標記。

歐洲防風
G. R. Roberts

Pärt, Arvo 帕特（西元1935年～） 生於愛沙尼亞的德國作曲家。是虔誠東正教基督徒，他發展出一種基於聲音緩慢改變的風格，就像是鐘聲和純粹的人聲音調，讓人想起中世紀的聖母院樂派和東正教的聖樂。主要作品包括小提琴協奏曲《白板》（1977）、《紀念布里騰的聖歌》（1977）、《聖母瑪利亞頌對唱曲》（1988）、《法座》（1991）、《神像》（1991）和《連禱、讚美詩、三聖頌》。

Partch, Harry　帕奇（西元1901～1974年）　美國作曲家和樂器製造者。在亞利桑那州長大。在音樂上靠自學成材，在流浪途中形成了許多音樂構想。1930年左右開始製造一套不尋常的由原始打擊樂器和弦樂器組成的樂器組合，該組合的每個八度音階分爲四十三個可調音區。其作品常帶有戲劇性成分，反映出他對非洲人、日本人以當地美國人的習俗的興趣。主要作品包括《李白抒情詩》（1931）、《加州公路欄杆上八個搭車人提詞》（1941）、《美國快車》（1943）和《到了第七天花瓣落在貝塔盧馬》（1966）。

parterre＊　花壇　組成裝飾圖形的花圃，從中世紀的「花結園圃」——一種用樹籬按品種將花木分隔開來的花壇發展而來。16世紀時，爲了使花壇堅固又不變形，將樹籬改成木框或鉛框，或用排成行列的貝殼或煤塊代替，中間空隙填充帶色的砂子或碎石。18世紀興起的具有自然主義風格的英格蘭花園取代了裝飾精美的花壇。

Parthenon＊　巴特農神廟　雅典衛城上供奉希臘雅典娜女神的主神廟。建於西元前447～西元前432年，在雅典政治家伯里克利的主持下，由建築師伊克蒂諾與卡利克拉特承建，公認多立斯柱式的顛峰時期代表。白色大理石神廟雖歷代遭受破壞，大部分雕刻已損失，但基本結構尙存。由帶凹槽的柱身和方形柱頂石、鉢形柱頭而無柱礎的柱子組成的柱廊立在三層的基座上，其上所支承的檐部包括樸素條石額枋；檐壁上帶豎槽的石板和帶浮雕的平石板相間；東西兩端各有扁的三角形山形牆，其中也有浮雕。柱廊東西面各有柱八根，南北面各十七根，圍繞著帶牆的長方形內殿。內殿原本有一尊菲迪亞斯雕刻的黃金象牙雕像。神廟在建築上運用了許多細膩的手法，使之在造型上產生如雕塑似的形象。例如東西端的基座線微向上彎，同時檐部也相應翹曲；柱身的直徑向上收分時作難以覺察的微凸曲線；四根角柱加粗，以糾正從某個角度以天空爲背景時看來較細的錯覺。神廟的裝飾雕刻，其精細和諧可與建築本身媲美。東西端山形牆中的雕刻是圓雕，東面表現雅典娜的誕生，西面表現她和海神波塞頓爭奪雅典統治權的鬥爭。亦請參閱Elgin Marbles。

雅典衛城上的巴特農神廟
Alison Frantz

Parthia　安息　古代亞洲西部地區。大致相當於現在的伊朗東北部。曾是波斯帝國和亞歷山大帝帝國的一省，西元前250年左右塞琉西王朝瓦解以後，阿薩息斯一世建立了新的安息王國，他是阿薩息斯王朝的開國始祖，這個王朝一直到西元224年左右才被波斯推翻。西元前1世紀初，王國勢力達到鼎盛，以安息帝國知名，勢力範圍從幼發拉底河到印度河，阿姆河到阿拉伯海。後來因內部失序和羅馬人進犯而勢衰。後來的一個首都是赫卡通皮洛斯。另一座安息的大城市是泰西封，其廢墟現存於伊拉克。安息人以擅長騎馬、射箭聞名。

Parti Québécois＊　魁北克黨　加拿大次要政黨。1968年由勒維克及其他法裔加拿大分離主義者在魁北克省成立。該黨在1976年省級選舉中贏得議會多數席位，於是議會頒令法語爲魁北克唯一的官方及商業用語。1980年由分裂主義者策劃的爭取獨立的公民投票失敗後，該黨失去其議會成員資格。1990年代重新得到振興，並贏得1994年的省級選舉。1995年該黨舉行另一次公民複決尋求魁北克脫離，但這次選舉以極小的差距遭到否決。

partial derivative　偏導數　在微分學中，指具有數個變數的函數只對它的一個變數的變化求導數。偏導數可用來分析各種表面的極大值和極小值諸點，從而產生出偏微分方程式。與普通的導數一樣，一次偏導數表示切線的變化率或斜率。對於一個三維的表面，兩個一次偏導數分別表示兩個互相垂直方向上的斜率。二次、三次或更高次的偏導數給出函數在任何點上如何變化的更多資訊。

partial differential equation　偏微分方程式　數學上，含有偏導數的方程式，表示依據一個以上自變數的變化過程。可以當成在敘述沒有明確公式定義的狀況下過程如何發展。給定過程的初始狀態（像是在時間爲零時的大小）並描述其改變的方式（也就是偏微分方程式），定義公式可以用各種方法求得，大多數以積分法爲基礎。重要的偏微分方程像是熱方程式、波動方程式，以及數學物理學核心的拉普拉斯方程式。

particle accelerator　粒子加速器　加速高速移動帶電原子（離子）束或亞原子粒子束的裝置。加速器用來研究原子核的結構（參閱atom），亞原子粒子的性質及其基本相互作用。在接近光速時，粒子撞擊並分列出原子核及亞原子粒子，讓物理學家研究原子核的組成，推算出新類型的亞原子粒子。迴旋加速器加速正電荷粒子，貝他加速器加速負電荷電子。同步加速器與直線加速器可以用於正電荷粒子或電子。加速器也用於製造放射性同位素、治療癌症、生物消毒及放射性碳定年。

particle physics　粒子物理學　亦稱高能物理學（high-energy physics）。基本亞原子粒子的研究，包括物質（與反物質）以及量子場論所描述基本交互作用的載體粒子。粒子物理學涉及存在層次及底下的構造和力。基本粒子具有的性質有電荷、自旋、質量、磁性及其他複雜的特性，但是不能當成點狀。粒子物理學的所有理論牽涉到量子力學，對稱是最重要的成份。亦請參閱electroweak theory、lepton、meson、quantum chromodynamics (QCD)、quark。

parting　分金　冶金學中，將金和銀用化學或電氣化學方法進行分離的做法。金銀經常混合存在於同一礦石中，或作爲其他金屬提純過程後的副產品而混在一起。將兩種物質的混合物，即俗稱的錠，在硝酸中煮沸，即可將金銀進行分離。銀形成水溶性化合物硝酸銀，殘留的金，可過濾並清洗出來。將含銀化物的清澈溶液添加硫酸亞鐵後電解，即可沈澱出銀。這是試金法中用來測量樣品金、銀含量的傳統方法。

partnership　合夥企業　指兩個或兩個以上的人或實體，爲了分享利潤而對企業採取的聯合經營方式。有限責任的合夥企業被看作是單個實體，合夥者承擔有限責任。但傳統的合夥企業往往被視爲個人的聯合，而並非一個單獨的、獨立存在的實體。在合夥者去世後，合夥企業不能繼續存在。合夥人作爲獨立個體上繳稅款，並要親自爲民事侵權行

O P Q R

爲和契約義務承擔責任。每個合夥者都被看作是其他人的代理，傳統上他們是共同地或個別地來對任何一合夥人的侵權行爲承擔責任。

partridge　山鶉　雉科鳥類，小型獵禽，原產於舊大陸。歐洲灰山鶉被引進北美洲，臉和尾淡紅色，胸灰色，兩脇具橫斑，腹部有深色U形斑。雄性灰山鶉體長約30公分。每窩產15枚卵於莊稼地或籬笆上由草構成的杯形巢中。家族聚集成群尋找種子和昆蟲爲食。鷓鴣屬在亞洲5種，在非洲有35種，腿健壯，體長25～40公分。雪鶉棲息於亞洲高山中。山鶉較鶉體大，嘴和腳較強健。松雞類和山齒鶉常被誤稱爲山鶉。

parturition　分娩　亦稱birth、childbirth、labor或delivery。產婦將胎兒從子宮產出的過程，妊娠隨之結束。可分爲三個階段：第一階段爲開口期，開始時陣縮間歇期20～30分鐘，持續40秒，發作時伴腰痛，隨著產程的進展，陣縮加強，間歇縮短至3分鐘。當陣縮推擠胎兒時，子宮頸逐漸張開。本期持續時間較長，初產婦約13～14小時，經產婦所需時間較短。子宮頸開全後，便開始娩出期。羊水流出（如果它還未流出的話），產婦往往進行積極的努力。這一過程持續1～2小時或更短。正常情況下，嬰兒的頭應先出現，如果是其他部位就會使生產更加困難和危險。在第三階段，胎盤從子宮壁剝離，該過程不超過15分鐘。產後6～8周爲產褥期，此時產婦的生殖系統大部分復原或接近復原。亦請參閱cesarean section、lactation、midwifery、miscarriage、natural childbirth、obstetrics and gynecology、premature birth。

party system　政黨體系　一種政治體系，由具有共同政信仰的個人彼此組織而成爲政黨，並得參加選舉以取得統治權。其中，一黨制（single-party systems）存在於不容許政治衝突的國家；多黨或兩黨制（multiparty and two-party systems）則代表在多元社會中組織政治衝突的方法，因而是民主的指標。多黨制允許少數觀點者享有較大的代表性，因爲少數黨爲達到統治多數，就須與其他少數黨合作，而這種結盟關係通常都很脆弱，這種體系也會被認爲是不穩定的。亦請參閱electoral system。

雪山神女，朱羅王朝早期的青銅像；約做於西元10世紀；現藏華盛頓特區弗里爾畫廊
By courtesy of the Smithsonian Institution, Freer Gallery of Art, Washington, D. C.

Parvati＊　雪山神女　印度教大神濕婆之妻。她代表印度至高女神薩克蒂（參閱Shaktism）仁慈的一面。傳說她嚴格苦修，才爲濕婆所垂青。爲濕婆生有兩子，即象頭神和六頭之神塞犍陀。在雕塑中，雪山神女總以成熟的美女形象出現。宗教作品「坦陀羅」，就是以雪山神女和丈夫濕婆的對話爲內容。

Pas de Calais　加萊海峽　➟ Dover, Strait of

pas de deux＊　雙人舞　由兩位演員表演的舞蹈。爲古典芭蕾一大特色，包括一段男女演員共同表演的慢板共舞；一段男演員的變奏獨舞和緊接著的一段女演員的變奏獨舞；以及一段男女共舞顯示嫻熟技巧的「結尾」。在《睡美人》、《天鵝湖》、《吉賽兒》等芭蕾舞劇中都有著名的雙人舞。

Pasadena　帕沙第納　美國加州西南部城市，位於聖加布里埃爾山脈谷地。1874年建立，1886年設建制。在聖大非鐵路和通往西南部與洛杉磯相連的高速公路開通之後，成爲冬季療養地和柑橘生產中心，有高速公路通洛杉磯。現以加州理工學院及其所屬的噴射發動機實驗室爲基礎，發展成科研中心。每年舉行玫瑰盃美式足球賽和新年玫瑰花展，這是一個起源於1890年的花卉節。人口約134,000（1996）。

Pasadena　帕沙第納　美國德州東南部城市，位於休斯頓以東。1895年創建，1929年設建制。第二次世界大戰後在附近工業（尤其是石化業和航空業）的推動下城市發展迅速。該市東北部在聖哈辛托戰役後曾爲墨西哥將領聖安納所奪（1836）。人口約132,000（1996）。

Pasargadae＊　帕薩爾加德　古代波斯王國的城市遺址，位於波斯波利斯（即今伊朗設拉子）東北部。阿契美尼德王朝的創建者居魯士大帝選定這個地方作爲都城。據說建城的地方，就在西元前550年左右他打敗米底亞最後一任國王的戰場附近。西元前330年亞歷山大大帝攻占此城。其建築以宏偉而簡樸聞名於世，遺址包括幾個大型建築的地基和幾乎完整無損的居魯士墳墓。

pascal　帕斯卡　國際單位制中的壓力單位，簡稱帕（Pa）。爲紀念物理學家巴斯噶而命名。1帕等於每平方公尺1牛頓的壓力。在很多情況下，該單位由於太小而不便使用，工程上較通用的是千帕，即每平方公尺1,000牛頓。

Pascal＊　Pascal語言　電腦程式語言，以法國數學家巴斯噶命名，部分以ALGOL語言爲基礎。在1960年代晚期由蘇黎世聯邦科技研究所的維爾特發展，當作程式設計教學系統的教育工具，具有快速可靠的編譯器。在1974年開放給大衆，在之後十五年被許多大學採用。Pascal對後來發展的程式語言影響至深，例如Ada語言。複雜的資料結構與算法可以用Pascal簡潔地描述，程式容易閱讀和除錯。

Pascal, Blaise＊　巴斯噶（西元1623～1662年）　法國數學家、物理學家和宗教哲學家。數學家之子，爲小神童，在1640年就寫出圓錐曲線的論文，引起笛卡兒的嫉妒。1640年代和1650年代，對物理學（訂出巴斯噶原理）和數學（鑽研算術三角，發明計算機，並改進微分學）做了很大的貢獻。由於早期研究的工作成果，他被視爲現代機率論的創立者。同時，他逐漸捲入詹森主義的事件中。《給外省人》是捍衛詹森主義而攻擊耶穌會的一系列書信。他爲基督教教義辯護的鉅著《辯護》，從未完成，但他把大多數筆記和未完成稿收集在一起，這些在他死後以《思想錄》（1670）之名出版。後來他再次投入科學工作，對編《幾何原本》做出貢獻，並發表了他對旋輪線的發現，但不久又恢復宗教奉獻的生活，晚年在救助窮人中度過。帕斯卡（pascal）一詞即爲紀念他而命名。亦請參閱Pascal's wager。

Pascal's law　巴斯噶原理　亦稱巴斯噶定律（Pascal's principle）。在流體力學中，指密閉容器中的靜止流體的某一部分發生的壓力變化，其毫無損失地傳遞至流體的各個部分和容器器壁。由巴斯噶首先提出，他還發現靜止流體中任一點的壓力各向相等；通過一點所有平面上壓力亦相等。

Pascal's wager　巴斯噶賭注　由巴斯噶所提出對上帝的信仰的實質質問。在他的著作《沈思錄》（1657～1658）

中，他提出了下列的論點顯示宗教信仰的合理性：倘若上帝是不存在的，不可知論者即會因相信祂而沒有什麼損失，亦會因不相信而相對地所獲無幾；倘若上帝是存在的，不可知論者即會因相信祂而得永生，而會因不相信而失去至善。

Paschal II＊　帕斯加爾二世（卒於西元1118年）　原名拉涅羅（Raniero）。羅馬教宗（1099～1118年在位）。他贊助組織第一次十字軍東征，主張推行格列高利提出的改革，但在位期間主要忙於主教敘任權之爭。1107年與英格蘭國王亨利一世和法蘭西國王腓力一世取得協議，但同神聖羅馬帝國皇帝亨利四世和亨利五世進行的談判均以失敗告終。1111年被亨利五世監禁。囚禁期間帕斯加爾同意皇帝有權任命主教，並爲亨利加冕。但教會宣布這一妥協無效，並宣布絕罰亨利。

Pascin, Jules＊　帕散（西元1885～1930年）　原名Julius Pincas。保加利亞畫家。在奧地利和德國生活，周遊各地，並爲諷刺刊物做畫。1905年遷居巴黎，第一次世界大戰期間移民紐約，並成爲美國公民。但在1920年又返回巴黎，結交了夏卡爾、莫迪里阿尼、蘇蒂恩等猶太藝術家。他創作過肖像畫和一系列大型的有關聖經和神話題材的作品。儘管經濟收入一直不錯，但帕散的情緒始終不穩定。最後自縊身亡，年僅四十五歲。

Pashtuns＊　普什圖人　阿富汗東南部和巴基斯坦西北部操普什圖語的民族。在阿富汗的普什圖人口約750萬人，在巴基斯坦有1,400萬人。他們構成阿富汗的大多數人口。起源不詳，但他們傳統上自稱祖先是阿富哈那，他是以色列掃羅王的後裔，但大多數學者認爲他們的祖先是來自西部和北部的雅利安人以及後來的入侵者。每個普什圖部族又被劃分爲幾個氏族、次要氏族和族長制家庭。對財產、婦女的爭奪以及人身攻擊經常導致家庭之間或整個部落間的流血衝突。多數普什圖人是定居農民，有些則是遷移不定的牧人及馬幫。大多數人都願意服兵役。

Pašić, Nikola＊　帕希茨（西元1845～1926年）　塞爾維亞和南斯拉夫政治人物。他曾是塞爾維亞一家社會主義者報刊的編輯，1878年被選入立法機關，他反對獨裁君主政體，鼓吹議會民主。1881年他協助成立激進黨，但被迫在1883年逃亡保加利亞。1889年返回塞爾維亞後，在新國王的政府中擔任總理（1891～1892），並出任俄國大使（1893～1894）。因爲其政治上的激進觀點，他在1899～1903年再度被流放，回國後支持卡拉喬爾傑王朝和國王彼得一世。他是激進黨的領袖，1904～1918年的大部分時間擔任塞爾維亞的總理，後來幫助建立新的塞爾維亞－克羅埃西亞－斯洛維尼亞王國王國（後來的南斯拉夫）。但是那些自古以來獨立的小地區反對這種作法，不過在他擔任總理期間（1921～1926）還是推動一部中央集權制的憲法，鞏固塞爾維亞的統治地位。

帕希茨
H. Roger-Viollet

Pasionaria, La　熱情之花 ➠ Ibarruri (Gomez), (Isidora) Dolores

Pasolini, Pier Paolo＊　巴索里尼（西元1922～1975年）　義大利電影導演、詩人及小說家。他的小說描述羅馬貧民窟生活，同時又充滿詩意。1950年代中期成爲電影編劇。值得一提的是與費里尼合編的《加比里亞之夜》（1956）。他導演的第一部影片《乞丐》（1961），是根據其小說《暴力人生》（1959）改編的。最出名的影片爲〈馬太福音〉（1964），該片風格怪異，含蓄中滲透著激情。接下來的影片包括《伊底帕斯王》（1967）、《定理》（1968）、《美狄亞》（1969）、《坎特伯里故事集》（1972）和《一千零一夜》（1974）。因其影片涉及情欲、暴力以及墮落，而遭到義大利宗教界權威人士的譴責。後來在與一位同性戀者發生衝突時遭暴打而死。

pasqueflower　復活節花 ➠ anemone

passage, rite of　通過儀式　衆多儀式的通稱，存在於所有社會，這些儀式標誌著一個人通過一種社會或宗教地位到另一種社會或宗教地位。此術語由法國人類學者根納普（1873～1957）於1909年提出。許多重要的通過儀式是和生物學上生命的各階段有關：出生、成年、生育、死亡。另有一些則是慶祝那種完全是文化性地位變化的通過儀式，比如加入某個特殊的社會團體。在現代社會，從學校畢業也成爲一種通過儀式。學者通常認爲通過儀式是一種伴隨社會衝突和合併變化的機制，它不會打破對於維繫社會秩序所必要的平衡。亦請參閱secret society。

Passamaquoddy Bay　帕薩馬科迪灣　大西洋芬迪灣內的小海灣。在加拿大新伯倫瑞克省西南和美國緬因州東南部之間，位於聖克魯瓦河口。迪爾島和坎波貝洛島位於彎內南部。潮湧流量很大，每日兩次漲落交替時有約20億立方公尺的海水湧入和退出海灣。

passenger pigeon　旅鴿　鳩鴿科鴿亞科已滅絕的鴿，學名Ectopistes migratorius。體長約32公分，尾長而尖，雄鳥體呈淡粉紅色，頭藍灰色。19世紀初有數十億隻旅鴿棲息於北美東部，遷徙鳥群可遮天蔽日達數天之久。獵人開始大量屠殺旅鴿，還用火車運到城市裡的肉品市場銷售。最後一隻叫瑪莎的旅鴿在1914死於辛辛那提動物園。旅鴿的滅絕是獵禽銷售終止的主要原因，並爲促成保護運動的主要推動力。

裝架上去的旅鴿標本
Bill Reasons – The National Audubon Society Collection/Photo Researchers

passerine　雀形類　棲息枝頭的鳥類。雀鳥是鳥類最大的一目，稱爲雀形目，腳專門用來抓緊水平的樹枝上面（棲息）。雀鳥的腳是三根往前以及一根向後的腳趾。大多數的雀鳥的腳爪適度彎曲，尖銳。有些住在地面的物種（如百靈、鶺鴒）的腳較爲平長。多數時間在空中的物種（如燕子），腳小且弱。緊抓與攀緣的物種（如鳾）有強壯、尖銳、彎曲的爪子。雀鳥包括4,000種左右的鳴禽（鳴禽亞目）以及1100種次鳴禽（闊嘴鴨亞目；Tyranni亞目的翔食雀；Menurae亞目的琴鳥）。次鳴禽類少了鳴禽的鳴管或是只有發育不良的鳴管，不過有些可以發出複雜的聲音。所有的雀鳥都是陸生的鳥類，世界各地數量衆多，除了南極洲。大多數吃食蟲類，獨立構築杯形開口的巢。

Passion　受難曲　爲耶穌受難和被釘死於十字架的故事所寫的音樂。最早的受難曲完全由單聲聖歌構成。受難曲的禮拜式演唱形式始於中世紀初。其標誌性部分由單個的慶典參加者演唱，參加慶典的人群則演唱和聲部分。於15世紀出現了複調受難曲。以舒次的作品爲例，傳統上德國的受難曲類似於戲劇性的神劇，由獨唱演員或合唱演員演唱，與合唱團的演唱形成對比。受難曲的變體讚歌沒有獨唱部分，並取消了戲劇性衝突。廣泛的受難曲創作於18世紀後停止。

Passion play　受難劇　敘述耶穌基督受難、死亡和復活故事的宗教劇。早期的受難劇（用拉丁文寫成）由福音書組成，插入一些耶穌受難和有關題材的詩歌部分（如他在最後的晚餐和去世之間所經歷的折磨）。在這些故事中使用了本國語言，從而導致獨立的方言戲劇的發展。16世紀由於受世俗影響，許多受難劇已蛻化爲單純的流行娛樂。得以流傳到20世紀的最著名的受難劇是每隔十年在德國上阿默高劇院上演一次的那些劇目。亦請參閱liturgical drama、miracle play、mystery play。

passionflower family　西番蓮科　堇菜目一科，約含20屬，600種，草質或木質藤本，灌木或喬木，多分布於溫暖地區。許多西番蓮屬種類的果可食。西番蓮屬爲最大的屬，以其鮮豔奇特的花而極受珍視。花中心有一似台座構造，包含兩性的生殖部分。西番蓮科的花常被作爲耶穌基督的最後數小時的象徵物（耶穌受難），也解釋了其科名的由來。

passive resistance　消極抵抗 ➠ civil disobedience、satyagraha

Passover　逾越節　猶太教節日，用於紀念在埃及充當奴隸的希伯來人獲得自由。在擊殺埃及境內初生人畜之前，上帝吩咐摩西在門框上貼上特殊標誌以表明自己是死亡天使（比如寬恕居民），從而免遭擊殺。逾越節開始於尼散月（三月或四月）15號，並於該月22號（在以色列爲21號）結束。在此期間只能吃未發酵的麵包，以此來象徵希伯來人在奴役期間所遭受的苦難和他們離開埃及時的匆忙。在逾越節的第一個晚上要舉行逾越節家宴，席間還要誦讀哈加達。

passport　護照　由一國政府簽發的正式文件或證件，確認旅行者爲其公民，在出國時有權得到保護並有權回到公民的原籍國。護照通常爲一小本子，裡面有持照人的資料和驗明身分的照片。大部分國家要求旅遊者在進入其境前取得簽證，簽證爲有關當局在護照上的批註，表明護照已被檢查過，允許持照者前往該國，並獲准在一定期限內停留該國。

pasta　義大利麵　用粗粒小麥粉，即經過淨化的硬質小麥的胚乳，製成的澱粉類食品。傳統上義大利麵的做法與義大利烹飪法相近。儘管它很有可能是在13世紀蒙古人入侵時從亞洲傳入歐洲。在製作過程中，粗粒小麥粉被揉成麵團，並通過模子擠壓成帶狀、線狀、管狀和種種特殊形狀。形狀不同，叫法也不同（如細式麵條、通心麵）。然後在控制條件下使已成形的麵團變乾。義大利麵在煮熟後，搭配其他食物後即可供人享用。

pastel　粉彩筆　一種易碎、如手指粗細的繪畫粉筆，採用粉狀顏料與最低量的非油脂膠調製而成（通常是用托拉甘樹膠，從20世紀中葉起，改用甲基纖維素調製）。由於粉彩筆所用的顏料在色彩值上並未改變，效果立可顯現。色粉浮在紙上，如果不加玻璃或噴膠（或樹膠溶液）防護就很易擦掉。粉彩筆用於短筆畫或線條畫時通常歸爲素描；如果加以打磨、塗抹或是混合以取得繪畫效果時通常被看作繪畫工具。

Pasternak, Boris (Leonidovich)　巴斯特納克（西元1890～1960年）　俄羅斯詩人和散文家。曾學習音樂和哲學，1917年俄國革命以後在蘇維埃教育委員會的圖書館工作。早期的詩歌前衛但是很成功。然而1930年代他的作品與官方文學模式的差距越來越大，不得不以翻譯爲生。長篇小說《齊瓦哥醫生》（1957；1965年拍成電影）描寫俄國人在革命期間的徘徊、精神上的孤立、愛情以及革命帶來的後果。小說成爲國際暢銷書，但在蘇聯境內只能祕密流傳。1958年獲諾貝爾文學獎，但由於蘇聯打壓其作品，被迫拒絕受獎。

Pasteur, Louis＊　巴斯德（西元1822～1895年）　法國化學家和微生物學家。在高等師範學校學習後，開始研究極光對化合物的效應。1857年他成爲高等師範學校科學研究部主任。他研究酒和牛奶（變酸）的發酵，得出的結論顯示酵母菌能在無氧的情況下繁殖（巴斯德效應），因而推論發酵和食品腐壞肇因於微生物的活動，可藉隔絕或摧毀它們的方法來預防。他的工作推翻了自然發生的概念（生命起於沒有生命的物質），並促成了加熱式的巴氏殺菌法，在不腐壞的情況下生產醋、酒、啤酒。他在蠶病方面的工作拯救了法國的蠶絲工業。1881年他改良一種方法來分離並弱化細菌，進而仿效金納的做法，在綿羊身上發展出炭疽疫苗，並在雞身上發展出霍亂疫苗。後來把注意力轉向狂犬病，1885年拯救一名被狂犬咬傷的男孩，方法是爲他注入弱化的病毒。1888年創立巴斯德研究所，以研究、預防和治療狂犬病。

Pasteurella＊　巴斯德氏桿菌屬　爲紀念巴斯德而命名的桿狀細菌屬名，可使家畜、家禽罹患數種嚴重疾病，並使人類罹患較輕的傳染病。其成員爲革蘭氏陰性（參閱gram stain），不能運動，也不需要氧氣。所引起的傳染病總稱爲巴斯德氏桿菌病，傳布頗廣，一般由直接接觸傳染，偶由蜱與蚤的某些種傳播。可用疫苗防治，也可用青黴素或其他抗生素來治療。

pasteurization　巴氏殺菌法　對物質的局部滅菌法，尤其是指用加熱來消滅微生物而不破壞其本身化學成分的方法，在牛奶或其他飲料殺菌時常用到這種方法。首創者是巴斯德，並以其姓氏命名。牛奶的巴氏殺菌法要求溫度達到63℃（145°F），殺菌時間在三十分鐘以上，或在更高溫下加熱，時間稍短。這一方法可以殺死任何致病微生物（主要是結核分枝桿菌），以及能導致食物腐敗的微生物。亦請參閱food preservation。

Pastor, Tony　帕斯特（西元1837～1908年）　原名Antonio Pastor。美國歌舞團經理兼喜劇歌唱家，被認爲是美國歌舞雜耍表演之父。曾在紐約市巴納姆的美國博物館以神童之姿出現，1861年首次在綜藝節目中演出。帕斯特在經營一系列紐約劇院後，於1881年創立第十四街劇場。儘管當時的雜耍表演多流於粗俗的插科打諢，女士不宜觀賞，帕斯特卻爲自己的第十四街劇場打出這樣的廣告：「美國第一個高級雜耍劇場，品味一流。」結果生意異常興隆，促使其他劇院經理跟進，並由此產生了歌舞雜耍表演。亦請參閱music hall and variety。

帕斯特
Culver Pictures

pastoral＊　田園文學　文學作品的一種，通常以矯飾手法描繪牧羊人和農村生活，基本上以其純樸平靜簡單生活同城市或宮廷生活的悲苦和敗壞形成強烈對比。作品中的人物通常表達了作者的道德、社會或文學觀點。田園詩有時運用兩個或更多的牧羊人對歌的手法，牧羊人和牧羊姑娘常常是詩人和其朋友的化身。田園詩的傳統和主題主要是忒奧克里托斯確立的，他的牧歌是最早的田園詩典範。維吉爾的《田園詩集》以及文藝復興時期史賓塞的《牧人月曆》同樣具有很大影響。田園文學這種以一種簡單的世界對照了一個更複雜的現實世界的思想也出現在不同小說家的作品中，如杜思妥也夫斯基、卡羅爾和福克納。亦請參閱eclogue。

Pastoureaux＊　牧童　中世紀時法國兩次亂民暴力事件的參與者。第一次是法國東北部的農民。1251年國王路易九世在第七次十字軍中受挫，消息傳來，激起農民暴動。他們指責貴族、教士和中產階級對國王的命運漠不關心而開始搶掠教堂和城鎮。1320年爆發第二次牧童起義，他們群聚於巴黎，矛頭指向腓力五世，指責他未參加十字軍遠征。他們劫掠城市，打開監獄釋放犯人，並進軍鄉村，大規模屠殺猶太人和難民。

Pasupata＊　獸主派　奉濕婆爲最高神祇的早期印度教教派。到了12世紀又衍生出許多支派，活躍於印度北部和西北部，並傳播到爪哇和柬埔寨。獸主派的教義據說源出濕婆，濕婆的化身是拉庫林師父。該派興起的時間大致在西元前2世紀至西元2世紀。修行方法包括一日三次用灰塗身。從獸主派分化出兩個極端派別：髑髏派和黑臉派苦行僧及較溫和的濕婆教。

Patagonia　巴塔哥尼亞　阿根廷南部半乾燥灌木高原。爲美洲最大的沙漠地區，面積673,000平方公里。大致北起科羅拉多河，南至科奇河，東臨大西洋，西界安地斯山脈。這片廣闊的不毛之地有著各種野生動物，包括美洲駝、美洲獅和鷹。天然資源有石油、鐵礦石、銅、鈾和錳。

Patarine　巴塔里亞會　亦作Patarene。約1058年在米蘭的手工業者、商人和農民結成的團體的成員，主張改革專橫的教會。名稱取自集會所在的米蘭巴塔里亞區。巴塔里亞會反對教士娶妻或私通，抨擊教廷道德敗壞和掌握俗權。他們獲得教宗聖格列高利七世和後來革新派教宗的支持，他們參與了宗教改革，後來在12世紀繼續發展。

patch test　斑片試驗　使用生物或化學物質來對照試驗皮膚是否過敏。將少量試劑稀釋後塗在皮膚上，用一小塊布或薄紙和一小張不透性膜覆蓋48小時，然後觀察皮膚的反應，以0到4+的分數來記錄（4+表示嚴重起泡和皮膚呈火紅色）。

Patel, Vallabhbhai (Jhaverbhai)＊　帕特爾（西元1875～1950年）　以Sardar Patel知名。印度政治人物。在印度受教育，並於1900年成立了自己的律師事務所。後來到英國攻讀法律，直到1917年才進入政界。與尼赫魯不同的是，他和甘地一樣鼓吹保留在大英國協內的自治領地位，而不是尋求獨立。他反對實際的武裝鬥爭，而支持精神層面的抗爭，但對印度教教徒和穆斯林的團結合作不感興趣。帕特爾曾屢被提名爲印度國會議長的候選人，但因他對印度穆斯林的不妥協態度而使他失去甘地的支持，最終沒能獲選。在印度獨立（1947）後，他曾在內閣擔任各種職務，因達成印度封建各邦和平轉移爲印度聯盟並取得全國政治的統一而被聞名。

patent　專利　由政府授予可以在一定期限內製造、使用或出售某種發明的權利。對一個新穎實用且未曝光的工藝或方法，或對目前的工藝、機器、物質或材料的成分（包括無性繁殖的植物和基因工程的有機體）加以革新的方法等都可以授予專利。還可以授予任何新穎、獨創性和裝飾性設計的產品。在美國，設計專利有十四年的使用期限，而其他的專利則有二十年的使用權。專利是私人財產，可以出售、贈予或轉讓他人。

Pater, Walter (Horatio)＊　裴特爾（西元1839～1894年）　英國評論家、散文家和人文主義者。1864年被選爲牛津大學學術會員，論文集《文藝復興史研究》（1873）爲他贏得學者及審美家的美名。這些文章風格優雅、嚴謹，提出具有影響力的「爲藝術而藝術」的主張，不同於當時流行的以藝術的道德或教育價值的觀點來評論藝術，並成爲唯美主義的主要學說。富有哲理的傳奇小說《伊比鳩魯的信徒馬利烏斯》（1885）是他內容最充實的作品。

Paterson　帕特生　美國新澤西州東北部城市，位於紐華克北部，瀕臨帕塞伊克河。1791年在美國經濟獨立於歐洲的主張下建爲工業區。由漢彌爾頓開始的成功企業是實業協會。19世紀的帕特生是棉紡織產品、絲織業和機車製造業的中心，1851年設市，曾發生過許多勞工糾爭，到20世紀工業趨於多元化。人口約150,000（1996）。

Paterson, William　帕特生（西元1745～1806年）　愛爾蘭出生的美國法理學家。童年移民至新澤西州。1776～1783年任新澤西州司法部長。在美國制憲會議上，他積極擁護代議制，反對「維吉尼亞計畫」（大州計畫），提出「新澤西計畫」（小州計畫），主張各州享有平等選舉權。他保證了美國憲法在新澤西州順利通過，並被選爲新澤西州首屆美國國會參議員（1789～1790）。1790～1793年任新澤西州州長，1793～1806年任美國最高法院大法官。

Pathan ➠ Pashtun

Pathé, Charles＊　帕泰（西元1863～1957年）　法國電影業經理。1896年和其兄埃米爾創立「帕泰兄弟公司」（舊譯百代兄弟公司）。該公司把愛迪生發明的電影視鏡放映機器推廣到法國的所有電影院，還使用盧米埃兄弟改良的攝影機拍攝電影。1909年拍出第一部長片《悲慘世界》，並製作《帕泰公報》新聞片，這部影片在世界各國風行一直到1956年爲止。1914年帕泰兄弟公司發行《寶蓮歷險記》的第一集，該片爲最早的銀幕系列片之一。帕泰兄弟公司在世界各地設有發行機構，在20世紀初主宰了電影市場。1929年帕泰退休後，該公司仍爲電影發行商。

pathology　病理學　處理疾病的成因與異常症狀的構造及機能變化的醫學專科。屍體剖檢最初由於宗教緣故而遭到禁止，到中世紀晚期才較爲世人接受，人類因此認識到更多關於死亡的原因。1751年莫爾加尼（1682～1771）出版第一本在個別器官找出疾病的著作。在19世紀中葉，感染的體液免疫說開始由細胞爲基礎的學說（參閱Virchow, Rudolf (Carl)）以及後來科赫與巴斯德的細菌學說所取代。現今病理學家大多在實驗室工作，在檢驗樣本（如外科手術摘除的部分器官、血液與其他體液、尿液、排泄物、出水）之後與病患的醫師商討。感染器官的培養、染色、光纖內視鏡以及電子顯微鏡大幅擴展病理學家所能獲得的資訊。

patina ➠ desert varnish

Patinir, Joachim (de)＊　帕蒂尼爾（西元1480?～1524年）　亦作Joachim de Patinier或Joachim de Patenier。荷蘭畫家。早年生平不詳，但其作品反映出戴維作品的影響。雖然其作品都以宗教爲題材，也從未畫過專業化的風景畫，但他仍是第一個專畫風景畫的西方畫家。他的新穎之處在於其作品中的宗教主題被自然界的現象所掩蓋，如《基督受洗》（1515～1520）。他顯然還爲其他法蘭德斯畫家的人物畫繪製了背景中的景色。其風景畫結合現實主義與幻想，反映出他對博斯的作品十分熟悉。

patio　內院　在西班牙和拉丁美洲建築中，房屋內部的露天庭院。是由羅馬中庭發展而來的西班牙式建築，與義大利中庭相似，但是比較隱蔽，可能是由於摩爾人的習慣所致。現代美國住宅的內院是房屋旁或部分爲房屋所包圍的小院，常鋪設地面，通常爲戶外用餐所用。

patio process　混汞法　亦稱墨西哥法（Mexican process）。從礦石中離析銀的方法，顯然在前哥倫布時期發展起來的。用騾馬驅動粗磨機把礦石碾碎成細泥，然後將細泥攤放在庭院中，撒上水銀、鹽和硫酸銅，讓騾馬踐踏以使之混合。化學反應會使銀融化在水銀中，當混合徹底後，將該物質放在大桶中加水攪動並排除泥渣，然後收集留在桶底的汞合金，用蒸餾的方法將水銀蒸發掉。以往世界大部分地方約有三百五十年皆用此法生產銀，直到20世紀初才爲氰化法取代。

Patna＊　巴特那　印度比哈爾邦首府，位於印度東北部。瀕臨恆河，西元前5世紀建立，當時稱作華氏城（Pataliputra），直至西元前1世紀是摩揭陀的首都。後來由孔雀帝國統治。巴特那是個學術中心，在4世紀時成爲笈多王朝的都城，但7世紀再度荒廢衰落。1541年阿富汗統治者再建城市，稱巴特那，在蒙兀兒王朝統治下開始繁榮起來。1765年歸屬英國。城市附近有大量的考古發現。人口約1,100,000（1991）。

Paton, Alan (Stewart)　佩頓（西元1903～1988年）
南非作家和政治活動家。擔任黑人少年感化院院長期間，提出具有爭議性的進步改革作法，並寫了一本著名小說《哭吧！親愛的祖國》（1948），引起國際社會對南非種族隔離政策的注意。爲消除種族隔離，1953年他幫助成立了南非自由黨，並且領導該組織，直至1968年被禁。其他的作品包括小說《太遲了的法拉羅勃》（1953），以及傳記《霍夫邁爾》（1964）和《開普敦大主教克萊頓的時代和生平》（1973）。

佩頓，攝於1961年
UPI

patria potestas＊　父權　羅馬家庭法中，家庭的男性首領對子女及自然或收養的男系子孫的權力。起初這種權力是絕對的，包括有權將他們處死。父親可以讓男性子孫獲得自由，也可以把他的女兒置於其丈夫的權力之下，一切財產都屬於父親。到羅馬共和國末期（約西元前1世紀起），父親只能擁有輕微處罰的權力，兒子可以保留自己賺取的收入。

patriarch　牧首　《舊約》中瑪士撒拉、亞伯拉罕、以撒、雅各等領導者的稱號。也曾用於擁有很大權力的某些天主教主教。現在東正教中仍有使用，並有九個牧首區：君士坦丁堡、亞歷山大里亞、安提阿、耶路撒冷、莫斯科、喬治亞、塞爾維亞、羅馬尼亞和保加利亞。

patrician　貴族　古羅馬時期和平民階級相對立、形成特權階級的公民家庭集團成員。他們企圖壟斷所有地方官職、祭司職務和法律、宗教知識，羅馬共和國的大規模市民鬥爭就是那些平民努力想求得平等地位，打破貴族的壟斷。於是貴族逐漸喪失其壟斷地位，僅保留對某些祭司職務或臨時執政者方面的職務，而在共和國末期（西元前1世紀），貴族和平民的區分已失去政治上的重要性。但在西元前27年以後，出身貴族階級是登上帝位的必要條件。君士坦丁一世統治（337）以後，貴族成爲榮譽頭銜，並不賦予特別權力。

Patrick, St.　聖派翠克（活動時期約西元5世紀）　愛爾蘭的主保聖人。出身於羅馬化的不列顛家庭，十六歲被愛爾蘭人入侵者擄去當作奴隸，做了六年的牧羊人，後來逃脫，終於與家人在不列顛團聚。他受到託夢的影響到愛爾蘭傳播基督教，他重返愛爾蘭，四處遊歷，替酋長和國王施洗禮，皈依整個氏族。一個流行的傳說是聖派翠克用三葉苜蓿花向愛爾蘭人解釋上帝的三位一體。三葉苜蓿花是今日愛爾蘭國花。另有傳說他曾驅逐愛爾蘭的蛇。

patristic literature　基督教早期教父文學　西元8世紀以前的文學體裁，由基督徒所作（不包括《新約》在內）。多指教會神父寫的作品。大都是用希臘語或拉丁語寫成的，但很多保存下來的是用敘利亞語和其他近東語言寫的。使徒教父寫的作品包括了最早的基督教早期教父文學。到了西元2世紀中期，基督教教徒寫書是向羅馬政府爲他們的信仰作辯護，並駁斥諾斯底派。重要的教父文學作家包括殉教士聖查斯丁、奧利金、德爾圖良、優西比烏斯、聖亞大納西、聖大巴西勒、尼斯的聖格列高利、納西昂的聖格列高利、聖約翰・克里索斯托、聖安布羅斯、聖奧古斯丁、敘利亞人聖厄弗冷（306?～373）、聖哲羅姆、莫普蘇埃斯蒂亞的狄奧多爾、亞歷山大里亞的聖西里爾（375?～444）、懺悔者聖馬克西穆斯（580?～662），以及教宗聖格列高利一世。

patron saint　主保聖人　專門保護某一個人、社會、教會、地方、職業或活動並爲之代禱的聖徒。主保聖人的選定往往是根據他與守護對象的某些眞實或假想的關係，如聖派翠克是愛爾蘭的主保聖人，因爲據說是他把基督教傳到愛爾蘭。

patronage system　賜職制 ➠ spoils system

pattern recognition　模式辨識　電腦科學上，在輸入資料上加上特性，如語音、影像或一串文字，藉由所含模式及其關係的識別與描述。模式辨識的階段可能包括物件的測定來確認獨特的屬性，擷取特定屬性的特徵，並與已知的模式做比較，決定符合與否。模式辨識在天文學、醫學、機器人學、衛星遙測方面應用廣泛。亦請參閱speech recognition。

patternmaking　模型製造　材料加工時，澆鑄與鑄型製程的第一步，製作零件的精密模型，尺寸略微大一點，允許鑄造材料冷卻收縮。鑄造工人接著從模型製作模具，將液體倒進模子，並從模子拿出硬化的零件。金屬、玻璃、陶瓷等液態形式的材料加工通常稱爲鑄造，而塑膠及其他非金屬材料則稱爲鑄型。模型製造是高度技術的行業，採口傳心授的學徒制。

Patterson, Floyd　帕特森（西元1935年～）　美國拳擊選手。出生於北卡羅來納州維口，在紐約市布魯克林區長大。1952年獲奧運會中量級比賽金牌。後來當上職業選手，轉爲重量級，1956年擊敗摩爾，成爲繼馬西亞諾之後的世界重量級冠軍。1959年被約翰森擊倒，喪失冠軍頭銜，1960年又奪回（因此成爲第一個兩次獲得世界冠軍的選手），1962年被利斯頓擊倒而再次喪失。

Patton, George S(mith) 巴頓（西元1885～1945年） 美國陸軍將領。畢業於西點軍校，第一次世界大戰中在新成立的美國坦克兵團服役。後來升為少將，指揮第二裝甲師（1940）。第二次世界大戰中領導美軍在摩洛哥（1942）和西西里（1943）的軍事行動，接著率領第三軍團橫掃法國北部（1944），進入德國（1945）。他大膽使用機動的坦克戰術，並且領導嚴格，紀律嚴明，贏得部隊的尊敬，並被稱為「血膽老將」。曾因毆打一個懷疑裝病的住院士兵而受到批判，後來公開道歉。最後在德國因車禍意外身亡。

Paul, Les 保羅（西元1916年～） 原名Lester Polfus。美國吉他演奏家及其革新者。生於威斯康辛州的沃基沙，他彈奏流行音樂的風格相當多樣，最初是鄉村音樂，而後是爵士，1940年代則擔任國王柯爾和平克勞斯貝的伴奏。他發明了第一把實體的電吉他，對現在的多軌錄音的發展亦有貢獻。1940年代晚期和1950年代早期，把錄音加錄到原帶上去並加快錄音等作法，展現了錄音帶潛在的可能性。這些錄音有〈巴西〉（1948）、〈諾拉〉（1950）及〈月亮高掛天邊〉（1951）等，經常是由他的妻子福特（1924～1977）唱歌，與他合聲。他在八十歲之後偶爾還會繼續表演。

Paul, Lewis 保羅（卒於西元1759年） 英國發明家。約1730年起與韋艾特合作，發明了第一台動力紡紗機（參閱drawing frame），並於1738年獲得專利。紡紗機操作時透過幾對連續快轉的滾輪從棉花或羊毛抽出線來。這種機器最後被阿克萊特的水力紡紗機所取代。1748年保羅還取得一台梳理機的專利。

Paul, St. 使徒聖保羅（西元10?～67?年） 原名掃羅（Saul）。基督教早期的傳教士和神學家，非猶太人稱之為使徒。出生於小亞細亞的塔爾蘇斯，為猶太人，原被訓練為拉比，但後來以製作帳篷維生。他是熱誠的法利賽派，曾迫害第一批基督教徒，直到他有一次在大馬士革途中見到耶穌的幻影，才轉而皈依基督教。三年後他遇見使徒聖彼得和耶穌的兄弟雅各，此後被認為是第十三使徒。他從基地安條克出發，開始四處旅行，向非猶太人傳教。藉著主張基督的非猶太規定不必遵守猶太法律，有助於讓基督教成為一個獨立的宗教，而非猶太教的支派。在前往耶路撒冷途中，他引起猶太人的敵意，致使暴民聚集起來將他逮捕並囚禁了兩年。他的死亡情況不明。保羅的職務和觀點大致見於《新約》中所收集的書信或使徒書信，這本書是基督教第一部神學著作，也是基督教許多教條的出處。基督教成為世界性宗教，最要歸功於保羅。

Paul I 保羅一世（西元1754～1801年） 俄語作Pavel Peterovich。俄國沙皇（1796～1801），是彼得三世與凱薩琳二世的兒子，1796年繼承了王位。他改變了凱薩琳的很多政策，加強了獨裁，並建立了羅曼諾夫王朝男系的繼承權法。他殘暴的統治和反復無常的外交政策（導致與法國戰爭）引起貴族和軍隊的仇視。後來在一次貴族的陰謀策劃下廢黜了他，並改立其子亞歷山大（後來的亞歷山大一世）為帝，後遭暗殺。

Paul III 保祿三世（西元1468～1549年） 原名Alessandro Farnese。教宗（1534～1549年在位）。出身於托斯卡尼貴族家族。1493年擔任樞機助祭，在利奧十世任命他為樞機學院的校長前，還擔任過帕爾馬和奧斯蒂亞的主教。但他到了1519年才正式受神職。1534年在全體無異議的情況下當選為教宗。雖然早年在德行上有瑕疵（與情婦生有三男一女），但他當上教宗後銳意整頓教會，促成1545年特倫托會議的召開，並開始了反宗教改革運動。他也支持新成立的耶穌會，還是藝術的贊助者，是最後一個典型的文藝復興時期教宗。

Paul VI 保祿六世（西元1897～1978年） 原名Giovanni Battista Montini。教宗（1963～1978年在位）。在布雷西亞受教育，1920年受神職，他繼續在羅馬進修，取得民法與教會法學位。一生大部分從事教會外交工作，1954年擔任米蘭大主教。1958年升為樞機主教，1963年當選為教宗。保祿六世主持第二次梵諦岡會議的最後幾期會議，下令實行改革，包括修訂彌撒。他放寬了齋戒法規，並從教廷曆法中除去許多有疑慮的聖人。他提倡普世教會運動，也是第一個遊歷廣泛的教宗，曾到過以色列、印度、亞洲和拉丁美洲。

Pauli, Wolfgang 鮑立（西元1900～1958年） 奧地利出生的美籍物理學家。二十歲時就寫了一篇有關相對論的兩百頁百科全書條目。1928～1940年在蘇黎世教授物理，後來到普林斯頓高級研究所任教。1924年提出說明電子能態的第四個量子數其數值可取作＋1/2或-1/2。1930年提出當一個原子核發射出一個β粒子（電子）時，總有一些能量和動量喪失掉，喪失的能量和動量是被某種粒子（微中子）從核裡帶走了。這種粒子不帶電荷，無質量，幾乎不可能探測到。1945年以他在1925年創立了鮑立不相容原理而獲諾貝爾物理學獎。

Pauli exclusion principle 鮑立不相容原理 鮑立提出的主張，認為一個原子內不能有兩個電子同時處於同一狀態或組態。該原理說明了所觀察到的原子發射光譜。這個原理已被推廣到一大類稱作費米子的粒子。這類粒子的自旋永遠是1/2的奇數倍。如電子的自旋為1/2，可以占有相反自旋方向的兩個不同能態。因此，鮑立不相容原理指出，在每個原子能態上只允許有兩個電子，從而導致成功地建立圍繞原子核的軌道理論。這也避免了物質坍塌到極端濃縮的狀態。

Pauling, Linus (Carl) 鮑林（西元1901～1994年） 美國化學家。在加州理工學院獲得博士學位，1931年在該大學任教。他最早把量子力學原理應用到分子結構研究上，並卓有成效地利用了X射線衍射、電子衍射、磁效應及熱效應來計算化學鍵之間原子間的距離和鍵角。著作《化學鍵的本性以及分子結晶的結構》（1939）成為20世紀最具影響力的化學教科書之一。他是美國化學界諾貝爾獎的「朗繆爾獎」的第一位獲得者（1931），後來也成為路易斯獎章的首次得獎人（1951），並在1954年獲得諾貝爾化學獎。

鮑林，卡什攝
©Karsh from Rapho/Photo Researchers

1962年代表他的研究成果的核子武器控制方法以及反核子試驗使他獲得了諾貝爾和平獎，成為了第一位兩次單獨獲得諾貝爾獎的人。在接下來的年月裡，他致力於研究如何防止和治療因過度攝取維生素和礦物質而導致的疾病，尤其是維生素C攝食過量問題。

paulistas＊ 保羅客 一種特別稱呼，指巴西聖保羅州的居民，該州是拉丁美洲最富裕的工業中心。在巴西被殖民期間，保羅客是巴西開發的功臣，將國家的邊界向外延伸。16～17世紀，那些遠征各地搜尋礦脈財富以及捕捉印第安人為奴的奴隸獵取隊，就構成了聖保羅經濟和文化的核心。這些早期的保羅客聞名的特質，是他們高超的野地技巧、對權威的不屈服以及印第安戰士般的勇猛。而現今保羅客的聞名特質，則是他們在商場上的衝勁與眼光，以及快節奏的生活步調。

Paulus, Friedrich＊　保盧斯（西元1890～1957年）　第二次世界大戰時期德國陸軍元帥。第二次世界大戰中任德軍總參謀部副總參謀長，指揮德國在蘇聯的第六軍團。1943年在史達林格勒會戰中戰敗，因而率領三十萬德軍投降，德國對蘇聯的進攻也告終。被俘期間在德國戰犯中鼓動反對希特勒，後在紐倫堡大審時出庭作證。1953年獲釋，定居東德。

Pausanias＊　保薩尼阿斯（活動時期西元143～176年）　希臘旅行家和地理學家。所著《希臘述記》是古遺跡的寶貴指南。他描述了奧林匹亞和德爾斐的宗教藝術和建築，雅典的繪畫和碑銘，衛城的雅典娜雕像，以及（城外）名人和雅典陣亡戰士的紀念碑。引述弗雷澤的說法：「如果沒有保薩尼阿斯，這些希臘廢墟多半會成為沒有線索的迷宮、沒有解答的謎團。」

pavane＊　帕凡舞　亦稱孔雀舞。16世紀由南歐傳到英國的莊嚴宮廷舞蹈。舞曲為2/2或4/4拍子，基本動作為向前、向後的舞步。起初用於慶典舞會的開始，後來舞步變得更加輕快，舞曲變成快三拍。

帕凡舞，〈花園舞會〉，《玫瑰傳奇》中的裝飾畫，約做於16世紀早期；現藏英國圖書館
Reproduced by permission of the British Library

Pavarotti, Luciano　帕華洛帝（西元1935年～）　義大利男高音歌唱家。原本是一名教師，二十多歲才開始受聲樂訓練。1961年開始其專業歌唱家的生涯，兩年後幾乎唱遍整個歐洲。1965年首度在史卡拉歌劇院登台，1968年登上大都會歌劇院舞台。他的音色優美，高音純淨，直至六十多歲仍受到觀眾的喜愛，並以錄製輕音樂和最擅長的傳統義大利曲目而廣受歡迎。他將義大利高音傳遍全世界，也是20世紀後期最有名的古典男歌唱家。

pavement　鋪面　道路、步道、庭院、露台、跑道或其他這類地方的耐久表面。羅馬人是古代世界最偉大的造路者，用石塊和混凝土建造道路。在西元75年之前，印度就知道一些建造道路的方法，包括磚塊和石板鋪面，在城鎮常見鋪砌的街道。在中世紀晚期較小的鵝卵石開始用於歐洲的鋪面。18至19世紀鋪面系統發展（例如碎石路），利用碎石或碾碎的石塊作為輕質的道路表面。現代有彈性的鋪面包括緊密的砂、礫石或碎石由瀝青黏著（例如柏油或煤焦油），這類鋪面可塑性高，能夠吸收震動。硬鋪面的材料是混凝土，由粗細不等的骨材加上波特蘭水泥構成，通常用鋼條或鋼網強化。

Pavese, Cesare＊　帕韋澤（西元1908～1950年）　義大利詩人、評論家、小說家和翻譯家。為伊諾第出版社的創辦人，並長期擔任該社編輯。由於法西斯分子控制文學，扼殺創意，他只能翻譯1930年代和1940年代的英美作家的作品來抒發。大部分的作品集中在第二次世界大戰後期到他四十一歲自殺前，一些作品在他死後才出版。其中最著名的作品包括《與雷烏庫的談話》（1947），這是有關人類境況的詩意對話；小說《月亮和篝火》（1950），以及札記《生存之道》（1952）。1957年設立帕韋澤文學獎。

Pavia＊　帕維亞　古稱Ticinum。義大利北部倫巴底大區城市，瀕臨提契諾河。原為帕皮里亞部落的居民點，約西元前220年被羅馬征服。5世紀阿提拉和奧多亞塞掠奪該城，後來成為哥德人對抗拜占庭帝國的重要中心。約1395年起由維斯康堤家族統治（參閱Gian Galeazzo Visconti），成為義大利的主要城邦。1525年神聖羅馬皇帝查理五世在此地贏得了對法蘭西斯一世率領的法軍的決定性勝利，並俘虜了法蘭西斯一世。帕維亞在復興運動中扮演積極的角色，1859年加入義大利王國。城中仍然保有古羅馬城防布局以及中世紀建築遺跡。帕維亞大學建於1361年，起源於建於825年的舊法律學校。現為交通、農業和工業中心。人口約76,000（1993）。

Pavlov, Ivan (Petrovich)＊　巴甫洛夫（西元1849～1936年）　俄國生理學家。主要以條件反射的概念而知名。在其經典實驗中，發現訓練將鈴聲與食物關聯起來的狗兒，在飢餓情況下，就算沒有食物，聽見鈴聲也會分泌唾液。他擴展雪令頓脊椎反射的解釋。還嘗試將其法則應用在人類精神病與語言機能上。將複雜的條件簡單實驗的能力，以及關於人類行為與神經系統的開創性研究，奠定行為科學分析的基礎。在俄國革命之後，成為共黨政府的公開反對人士。1904年因消化分泌作用獲得諾貝爾獎。

Pavlova, Anna (Pavlovna)＊　帕芙洛娃（西元1881～1931年）　20世紀初俄國最偉大的芭蕾舞蹈家。1891年入皇家芭蕾舞學校學習，1899年加入馬林斯基劇院，1906年成為首席芭蕾伶娜。1908年起擔任多家舞團的客串藝術家，在歐洲進行巡迴演出。1913年率領自己的舞團到世界各地演出，表演了其許多出色的經典芭蕾舞，如福金的《垂死的天鵝》、《阿爾米德的涼亭》、《仙女》以及各種短小獨舞。她的巡迴演出使許多國家的觀眾第一次接觸到芭蕾舞，為芭蕾舞的普及做出了重大貢獻。

帕芙洛娃
Culver Pictures

pawnbroking　當鋪　對有動產或私人物品抵押的顧客提供借款之行業。最古老的當鋪交易，於二、三千年前的中國即已存在，而在古希臘和羅馬也有。在歐洲中古時代，雖然法律反對高利貸行為，但當鋪仍然十分常見。私營當鋪，尤其是猶太人開設的當鋪，經常由法律豁免稅賦。1462年聖方濟教會曾設立敬虔錢莊，對窮人提供無息借貸，不過為免基金過早用罄，後來仍被迫收取利息。公營當鋪在中世紀曾短暫出現過，到了18世紀又重新開設，以抒解借款者遭受私營當鋪的高利息剝削之苦。公營當鋪在大部分的歐洲國家至今仍維持運作；而在美國則只有私營當鋪還留存。隨著社會福利的普及、以及信用貸款的便利，當鋪的重要性已日趨式微。亦請參閱interest、consumer credit、credit card。

Pawnee＊　波尼人　北美大平原印第安人，操卡多語。一直生活於內布拉斯加州普拉特河沿岸。波尼部落由相當獨立的宗族組成，每個宗族分成若干村落。他們住於圓頂大型土屋，在獵捕水牛時則住皮製圓錐帳篷。婦女種植玉蜀黍、南瓜、豆類。酋長、祭司和薩滿組成統治階級。波尼人宗教信仰多種神靈，包括最高神明蒂拉瓦神、太陽神和晨昏星宿。波尼人還有軍事會社，許多波尼人擔任美國邊軍的偵察員。19世紀中期波尼人的土地割讓給美國，大部分波尼人移居到奧克拉荷馬州的保留地。現今人數約有2,300。

pawpaw ➠ papaw

Pax Romana＊　羅馬和平　從奧古斯都在位時期（西元前27～西元14年）至馬可・奧勒利烏斯在位時期（161～180），整個地中海世界所保持的相當昇平狀態。這種和睦情況也包括北非和波斯。受羅馬帝國統治和保護的各個行省在接受羅馬徵稅和軍事控制的同時，也獲准制定和實施自己的法律。羅馬和平確保了古典希臘和羅馬文化遺產的存續。

Paxton Boys uprising　帕克斯頓青年暴動（西元1763年）　賓夕法尼亞州邊疆居民對印第安人住地的襲擊事件。在龐蒂亞克印第安人暴動中，約有五十七名喝醉酒的白人殺害二十名無辜的印第安人。殖民地總督下令逮捕這些「帕克斯頓青年」，但這個地區的白人居民卻同情他們，拒絕執行。反而對保護西部開拓者的撥款不足而感到憤慨，1764年六百多名武裝邊疆居民向費城進軍。他們獲得費城人領袖的接見，包括富蘭克林在內。富蘭克林答應爲他們舉行聽證會。

payments, balance of ➠ balance of payments

Payton, Walter (Jerry)　佩頓（西元1954～1999年）　美國美式足球員。在傑克森州立大學開始打美式足球。1975～1987年爲芝加哥熊隊效力。他是總跑碼記錄保持者（16,726碼），總得碼數最高者（包括跑與傳球共21,803碼），最多球季跑逾1,000碼（10季），單一賽中得最多碼者（275碼）。1999年據透露他得了一種罕見的肝病。他被公認是美式足球史上最好的跑碼得分員。

Paz, Octavio＊　帕斯（西元1914～1998年）　墨西哥詩人、作家和外交家。畢業於墨西哥大學，1933年出版第一本詩集《林月集》，後來創辦並編輯了幾種重要文學評論刊物。由於受馬克思主義、超現實主義、存在主義、佛教和印度教的影響，他的詩歌常用一連串豐富的超現實的形象比喻來談論玄學問題。他最傑出的題材是人有能力透過情愛和藝術創造力來克服生存的孤獨感。散文作品包括《孤獨的迷宮》（1950），這是有關墨西哥歷史文化的具有影響力的論述。1962～1968年任墨西哥駐印度大使。1990年獲諾貝爾文學獎。

Paz Estenssoro, Víctor＊　帕斯・埃斯登索羅（西元1907年～）　玻利維亞總統（1952～1956、1960～1964、1985～1989）。原本是經濟學教授，後被選爲眾議院議員，1952年他曾協助創立的左翼組織民族主義革命運動（MNR）奪取政權後擔任總統。他把選舉權擴及至印第安人，實行土地改革，並將玻利維亞三家大錫礦公司收歸國有。1964年連任總統，同年因一次軍事政變被推翻。1985年再度擔任總統，實行經濟節約計畫，以減少危害玻利維亞經濟的高通貨膨脹率的影響。

Pazzi conspiracy＊　帕齊陰謀（西元1478年4月16日）　一次不成功的、企圖推翻統治佛羅倫斯的麥迪奇家族的陰謀。此一行動是由敵對的帕齊家族所領導，還有教宗西克斯圖斯四世作後盾，因爲教宗想要鞏固對義大利中北部的控制。整個行動是計畫在佛羅倫斯大教堂望彌撒時，刺殺麥迪奇家的兩個兄弟。結果是朱利亞諾・德・麥迪奇當場身死，洛倫佐・德・麥迪奇則逃過一劫。佛羅倫斯市民聚集在麥迪奇家族旗下，處死了許多參與陰謀者，洛倫佐・德・麥迪奇則因此事勢力大張、更盛於前，並展開對教宗長達兩年的戰爭。

PBS　公共電視網　全名Public Broadcasting Service。美國的一家私營和非營利的公共電視台公司。PBS向其會員台提供教育、文化、新聞和兒童節目，這些節目是它的會員和世界各地的獨立廠商製作的，這些會員台是靠公共基金和私人捐款來運作而不靠商業活動支持。其受歡迎的節目有《芝麻街》、《名著劇場》、《大型演出》、《吉姆・勒赫熱爾新聞時間》和《新知大觀》。公共電視網成立於1969年，以協調其會員台，並提供服務；現有會員台約350家。資金主要靠州政府、觀眾捐助、私人基金會的贈款提供；美國政府透過公共廣播公司提供約15%的經費。

PC ➠ personal computer

PCB　多氯聯苯　全名polychlorinated biphenyl。任何一種由氯與聯苯反應生成的非常穩定的二環有機化合物。商業用聯苯的氯化同分異構物混合物，爲無色、黏性的液體，幾乎無法融解於水中，在高溫之下亦不會變質，系一種良好的電介體。在1930年代、1940年代多氯聯苯被廣泛用作潤滑劑、熱轉換液體及變壓器與容電器中的耐火絕緣介質。1970年代中期被發現能引起肝臟的功能紊亂，還被懷疑是一種致癌物。因而它的生產和使用在美國和其他一些國家受到了嚴格控制，但仍有生產商進行違法傾銷。它們在環境中沈積下來，並進入食物鏈，尤其會對無脊椎動物和魚類產生很大危害。

pea　豌豆　豆科（參閱legume）一年生草本植物幾個種的通稱，包括數百個品種，種子可食，栽培遍及全世界。Pisum sativum即西方常見的圓豌豆，孟德爾即用此豌豆進行最早的遺傳研究。豌豆的起源尚未確定，但知豌豆是最古老的作物之一。有些稱爲甜豆的變種長出可食的豆莢，在東亞烹飪中很普遍。亦請參閱sweet pea。

圓豌豆
Walter Chandoha

Peabody, Elizabeth (Palmer)＊　皮巴蒂（西元1804～1894年）　美國教育家。1825～1834年擔任錢寧的祕書，後在奧爾科特創辦的譚普爾學校工作。1839年在波士頓開設書店，成爲超驗主義運動的活動中心。她曾出版富勒和霍桑的作品，以及出版並撰寫《日晷》。1860年受福祿貝爾作品的激勵，開辦美國第一所幼稚園。後來獻身於公、私立幼稚園的組織工作。她的姐妹分別嫁給了麥恩和霍桑。

Peabody, George＊　皮巴蒂（西元1795～1869年）　美國商人和金融家。早期因與人合夥批發乾貨生意而發跡，後來擔任東部鐵路公司的總裁（1836年起）。在一次赴英之行中，爲即將破產的馬里蘭州爭取到800萬美元的貸款。1837年皮巴蒂遷往倫敦並定居，建立商人銀行，專營外匯業務。他的銀行業務幫助美國在國外建立了信譽。他將財富大部分用於慈善事業，以獎勵教育和藝術，捐贈包括耶魯大學的一座自然歷史博物館和哈佛大學的一座考古學博物館。

Peace Corps　和平隊　美國政府的志工機構，1961年由甘迺迪總統建立。目的在協助他國進行開發，提供有關教育、農業、保健、貿易、技術以及社區發展等領域的專業人員。志工要出國工作兩年，做好睦鄰關係，講當地語言，以及過著與當地居民同樣水準的生活。到2000年已有150,00多名志工在和平隊服務過。

Peace of God　主的和約　中世紀天主教會終止私人爭戰的運動。在西元990年法國南部、中部所開的一些宗教會議中第一次出現，這項和平法令是在被逐出教會的痛苦，以及反對教會、神職人員、朝聖者、商人、女人、農民和畜牧等的私人或暴力爭戰的情況下，所頒布的，這些人生活在「主的和約」的轄區裡，並立誓要恪守、實行它。這項和約亦於利摩日會議（994）、普瓦捷會議（999）以及布爾日會議（1038）中頒布。

peace pipe　和平煙袋 ➠ calumet

Peace River　和平河　加拿大西部河流。由不列顛哥倫比亞省的加拿大落磯山脈的芬利河與帕爾斯尼普河匯流而成，向東流經亞伯達省邊界，在阿薩巴斯卡湖北部出口附近注入奴河。全長1,923公里。1792～1793年由麥肯齊勘察發現，後來成爲交易毛皮的主要路線。現在是重要的水力發電資源。

Peace River　皮斯河　美國佛羅里達州中西部河流。發源於科羅拉多州的波克郡，向南奔流，再向西南流到西南岸的沙羅特港灣。全長大約85哩（135公里）。

peach　桃　薔薇科小型至中型果樹和其果實，學名Prunus persica，生長遍及南、北半球溫帶。桃很可能起源於中國，並向西傳播。桃樹不能耐受嚴寒，但多數品種要求一定的冬寒以促使其在春季生長發育。葉亮綠色，披針形，葉尖細長。花爲粉紅色或白色，單生或叢生。果外部肉質、多汁，爲可食部分；裡面部分質硬，稱爲核。離核型的果實成熟後，果核易與果肉分離，黏核型則果核與果肉緊密相連。桃樹已育成數以千計的品種。桃果皮表面有柔毛，果皮光滑的品種稱爲油桃。桃被廣泛地使用於鮮食和甜點烘焙中。桃罐頭是許多地區的主要商品。近緣種包括扁桃、李和櫻桃。

桃
Grant Heilman

peacock　孔雀　雉科3種羽衣非常華美的鳥類的統稱，棲息於開闊低地的森林中。印度孔雀，或稱藍孔雀；綠孔雀，或稱爪哇孔雀，雄體體長90～130公分，有一條長達150公分的尾屛，呈鮮豔的金屬綠色，羽尖具虹彩光澤的「眼圈」，周圍並繞以藍色及青銅色。求偶表演時，雄孔雀將尾屛下的尾部豎起，展開尾屛並顫動。雌鳥的體羽顏色較不鮮豔，也無長尾屛。每隻雄孔雀擁有2～5隻雌孔雀，雌鳥產卵於地面窪處。剛果孔雀體羽主要爲藍和綠色相間，尾短而圓；雌鳥體羽淡紅和褐色相間，有冠羽。

Peacock, Thomas Love　皮考克（西元1785～1866年）　英國小說家和詩人。大半生都爲東印度公司工作。他是詩人雪萊的密友，受雪萊鼓舞而寫作。最好的詩文都在小說中，小說主要以人物對話爲主，諷刺當時的學術潮流。最有名的作品是《惡夢修道院》（1818），對於浪漫主義的憂慮加以嘲諷，其中人物分別取自雪萊、柯立芝和拜倫的作品。

Peale, Charles Willson　皮爾（西元1741～1827年）　美國畫家、發明家和博物學者。曾用馬鞍抵繳學費來學畫，後來前往倫敦追隨威斯特學畫，回國後成爲中部殖民地傑出的肖像畫家。後來皮爾因積極參與革命運動而終止了繪畫生涯。1786年爲研究自然規律、展示自然歷史和技術品而在費城創建一個機構，即有名的皮爾博物館，是美國第一座大博物館。同時期其他的博物館以及後來巴納姆所建的博物館都模仿皮爾博物館而建。他以替美國革命領袖們所作的肖像畫而聞名。

Peale, Norman Vincent　皮爾（西元1898～1993年）　美國新教牧師。生於俄亥俄州鮑爾村，父親是美以美會牧師，曾就讀於俄亥俄州衛斯理大學，後來被任命爲美以美會教會牧師。在先後於紐約布魯克林和雪城任職後，1933年他成爲紐約市馬伯協同教會牧師，此後神職生涯在此度過。1937年皮爾成立宗教－精神病診所，在身心健康醫療方面結合了宗教與精神學。他藉由電台、電視佈道會和自己的著作而聲名遠播，其中包括暢銷作《正面思考的力量》（1952）。1969年皮爾獲選爲美國歸正宗主席。

Peale, Rembrandt　皮爾（西元1778～1860年）　美國畫家和作家。查爾斯・威爾森・皮爾之子，最初師從其父，後到倫敦皇家美術學院深造，1808～1810年在巴黎期間成爲拿破崙一世的宮廷畫師。早期傑作有傑佛遜的畫像。皮爾以其父爲榜樣，在巴爾的摩開辦博物館和肖像畫廊，並建立了第一家煤氣照明廠。重新開始繪畫後轉向正式主題的作品，如1820年的《死亡之宮》。後又重拾肖像畫，首先爲華盛頓畫了一系列肖像畫。

peanut　花生　亦稱落花生（groundnut）。學名Arachis hypogaea。一年生莢果和可食用種子，其特徵爲莢果在地下成熟。花生原產南美熱帶，很早就傳到東半球熱帶地區。每一豆莢包含1～3粒長橢圓形種子，外覆淺灰到深紫顏色的種皮。花生爲濃縮食物，其單位重量內蛋白質、礦物質和維生素含量高於牛肝，脂肪含量高於奶油，所含熱量高於糖。花生主要用以榨食用油，磨製成花生醬，當做點心食用，或用於烹調。全株可作飼料。

pear　梨　薔薇科梨屬植物，尤指西洋梨。世界最主要的果樹之一，遍植於南、北兩半球溫帶國家。其數以千計的品種包括巴特利特梨（至今最廣泛種植者）、博斯克梨和安茹梨。在美國，大部分梨用於製罐頭，在歐洲主要用作鮮食及釀梨酒，其次方用於製罐頭。梨樹較蘋果樹高而直，梨一般較蘋果甜，較蘋果軟。硬細胞（石細胞）散佈於果肉中。

西洋梨
Grant Heilman

pearl　珍珠　軟體動物生成的結核，構成物質與軟體動物的殼相同（稱爲珍珠質或珠母質）。長期以來珍珠一直是一種極有價值的寶石，以其特有的半透明性和光澤以及表面柔和的色彩而倍受珍愛。珍珠形狀越完好、色澤越深，也就越有價值。珍珠的顏色由於母

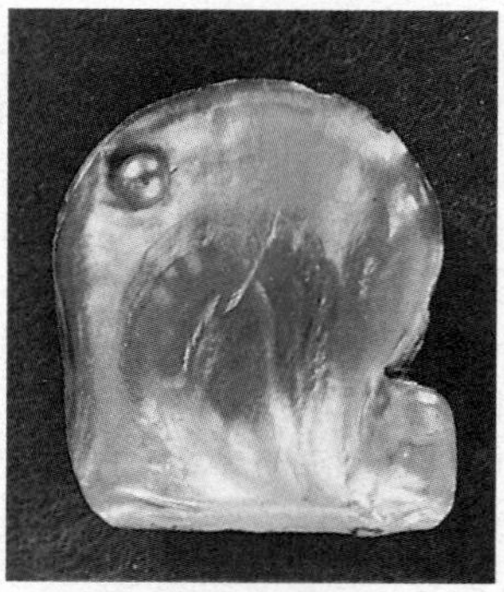
附著在馬氏珠母貝變種（Pinctada martensii Dunker）殼上的珍珠
By courtesy of The American Museum of Natural History, New York

O P Q R

體及其環境的不同而異。16～17世紀的珠寶商經常使用形狀不規則的產自多肉組織的「巴洛克」珍珠以組成動物或其他形象的身體。在歐洲和中國，珠母經常用作裝飾家具的鑲嵌材料。據說，將外物植入貝殼中以養殖珍珠起源於13世紀的中國。

Pearl Harbor　珍珠港　美國夏威夷州歐胡島南岸港口，在火奴魯魯（檀香山）以西10公里處，形成與太平洋相連的被陸地包圍的港口。1887年夏威夷准許美國獨自將此港當作加煤和維修站，1908年美國在此建立海軍基地。1941年日本空軍對珍珠港發動突襲，造成嚴重損失，並導致美國加入第二次世界大戰。現為美國太平洋艦隊總部。

Pearl River　珠江　密西西比州中部河流。往西南流，經傑克森轉入路易斯安那州，注入墨西哥灣。全長約660公里，形成密西西比和路易斯安那州的界線。皮卡尤恩西南三角洲地區的哈尼艾蘭沼澤以野生動物和魚類聞名。

pearlstone ➡ perlite

Pearson, Drew　皮爾遜（西元1897～1969年）　原名Andrew Russell Pearson。美國報紙專欄作家。在從事新聞業之前曾在賓夕法尼亞大學教授工業地理，因創作一本描繪美國首都情景的漫談式書籍《華盛頓走馬燈》（1931，與艾倫合著）而被《巴爾的摩太陽報》解雇。1932年起他以同樣的名字創作具有影響力的聯合專欄（與艾倫合作至1942年，1965年起與安德生合作，皮爾遜死後由安德生接手），專門揭發醜聞。他曾採訪過很多世界領袖，包括赫魯雪夫。

Pearson, Lester B(owles)　皮爾遜（西元1897～1972年）　加拿大總理（1963～1968）。曾在多倫多大學任教（1924～1928），1928年進入加拿大外交部，1935～1941年在英國任職，1942～1945年在美國任職，1945～1946年任駐美大使，1948～1968任職於加拿大海關，1948～1956年擔任外交部長，1948～1956年任加拿大駐聯合國代表，並於1952～1953年任聯合國大會主席。1957年因對解決蘇伊士危機卓有貢獻而獲諾貝爾和平獎。1958年任自由黨領袖，使得自由黨重新贏得1963年的選舉。擔任總理期間捲入魁北克日益熾烈的分離運動，並被譴責表態支持訪問戴高樂。1968年退休。

Peary, Harold　皮列（西元1909～1985年）　原名Harrold Jese Pereira de Faria。美國演員。生於加州的聖立安朱，為葡萄牙移民後裔，在1937年叫座的喜劇影集《菲伯麥克基與莫利》中，創造了基爾德列夫這個角色。1941～1950年在自己受歡迎的電台連續劇《偉大的基爾德列夫》擔綱演出，這部戲被視為首度從另一部劇集中所衍生出來的副產品。後來在《金髮女郎》（1957）、《菲伯麥克基與莫利》（1959）等電視劇集中演出。1970年代繼續在電台上演出。

Peary, Robert E(dwin)　皮列（西元1856～1920年）　美國探險家。1881年加入美國海軍，但獲准離職前往極地探險。他乘狗拉雪橇在格陵蘭探險（1886、1891），發現格陵蘭原是島嶼的證據，並多次返回格陵蘭（1893～1894、1895、1896）將大塊隕石運回美國。皮列宣布他想到達北極的意圖後，1898～1905年作了幾次嘗試，乘坐一艘專門建造的船，到達北極圈內280公里的地方。1909年4月6日，皮爾在亨森（1866～1955）和四個愛斯基摩人的陪同下到達目的地，成為極地探險之第一人；他以前的同事科克（1865～1940）聲稱自己在1908年即已到達極地，後經考證不足為信。但審查皮列的探險日記和1980年代的新文件後發現，皮列可能只到達距北極50～100公里的地方。

peasant　小農　耕種土地的小土地所有者或農業勞工階層。小農經濟通常擁有簡單的技術，按年齡與性別分工。基本的生產單位是家庭或家族。小農家庭自給自足，雖然一部分產品可以在市場上出售或付給地主。勞動者的平均生產力和土地單位面積產量通常都很低。隨著社會的工業化，小農階級趨於消失，但是類似小農的社會結構仍將可能在新的經濟形勢下存在。亦請參閱ejido、feudalism、hacienda、serfdom。

Peasants' Revolt　農民起義（西元1381年）　亦稱泰勒起義（Wat Tyler's Rebellion）。英國歷史上第一次大規模的民眾起義。直接原因是1381年的人頭稅激起本已對「勞工法規」（1351）修訂的工資限度十分憎恨的勞工和工匠。他們聚集在東英吉利和英格蘭東南部，由泰勒帶領肯特的起義民眾進入倫敦。他們占領倫敦塔，把負責徵收人頭稅的官員斬首。國王理查二世答允他們改革，但是倫敦市長當場將泰勒殺害。兩週後最後一批叛亂分子在東英吉利被鎮壓下來。

Peasants' War　農民戰爭（西元1524～1525年）　發生於德國的農民起義。受到宗教改革運動的啓發，德國西方和南方的農民要求神聖法賦予農民權利與自由，以免於受貴族和地主的壓迫。隨著農民起義蔓延到各地，有部分農民團體並進而組織軍隊。雖然受到茨溫利和閔采爾的支持，但馬丁·路德卻對他們的革命表示反對，最後遭士瓦本聯盟為主的軍隊打敗，約十萬農名戰死。隨後的報復行動及漸增的限制，使得企圖改善農民處境的努力受到重擊。

peat　泥煤　在較潮濕環境中，由輕質、海綿狀物質組成的有機燃料，主要是在排水不良情況下，由植物殘骸積聚和部分分解而成。在歐洲、北美洲和亞洲的北部都有巨大礦床，但只有在缺煤的地區才有人開採它。泥煤礦是形成煤炭的第一階段。乾燥的泥煤易燃，火焰帶煙且有特殊氣味。泥煤可作家用熱能，也可當作鍋爐燃料。愛爾蘭每年消耗數百萬噸的泥煤，俄羅斯、瑞典、德國和丹麥的消耗量也相當大。

peat moss　泥炭苔　亦稱sphagnum moss。組成泥炭苔屬的160餘種苔蘚植物，分布從熱帶至副極地地區，在池塘、樹沼、酸沼、潮濕的酸性懸崖和湖濱形成密叢。這些淡綠至深紅色的植物，吸水量可達其本身重量的二十倍。泥炭苔死亡和經過壓縮後能形成有機物泥炭，採收乾燥後可用作燃料，可用來覆蓋苗床，也可作為其他植物和活水生動物的運輸包裝材料。園丁將泥炭與土壤混合以增加土壤的濕度、孔隙度和酸度，並減少腐蝕。

pecan　美洲山核桃　胡桃科堅果和喬木，學名Carya illinoinensis，原產於北美溫帶地區。樹高偶達50公尺，樹皮深裂，羽狀複葉。其堅果富含油脂，氣味和質地獨特。本種是含油量最高的植物之一，其油脂的熱量值接近於奶油。美洲山核桃生產是美國東南部具相當規模的產業在當地，山核桃餡餅和山核桃糖都是傳統的甜食。

美洲山核桃
Grant Heilman

peccary＊　西貒　亦稱標槍西貒（javelin）。西貒科約3種新大陸具偶蹄的有蹄類動物，形如小豬。分布於德州到巴塔戈尼亞一帶，棲於荒漠和潮濕的熱帶森林中。體深灰色，有一白色帶橫過胸部，耳小而豎立，幾乎無尾。體長達75～90公分，體重15～30公斤。有一臭腺開口於背部皮下，發出一種強烈的麝香似的氣味，因此傳說西貒有兩個臍。上切牙似矛，以植物、小動物和屍肉爲食。5～25隻或50～100隻一群生活，其群居數量依種類而不同。

環頸西貒（Dicotyles tajacu）
Jen and Des Bartlett－Bruce Coleman Inc.

Pechora River＊ 白紹拉河 俄羅斯東北部河流。源自烏拉山脈北部，初向南流，然後折向西、北，後由三角洲注入巴倫支海。全長1,809公里，結冰期從11月初到翌年5月初。流域內有大型煤田、油田和天然氣田。

Pechora Sea 白紹拉海 俄語作Pechorskoye More。歐俄北部海域，巴倫支海的東南延伸部分。位於科爾古耶夫島和尤戈爾半島之間。雖然在11月至翌年6月會被浮冰封凍，但有鱈魚、海豹和其他海生動物可開發利用。主要港口是位於白紹拉河河口的納里亞－馬爾港。

Peck, (Eldred) Gregory 葛雷哥萊畢克（西元1916～2003年） 美國電影演員。最初在百老匯首次登台演出舞台劇《晨星》，後來又出演其他舞台劇。第一部拍的影片爲《光榮之日》。所扮演的都是具有人望、誠實、道德高尚的人，他主演的電影有《王國之鑰》（1944）、《意亂情迷》（1945）、《鹿苑長春》（1946）、《君子協定》（1947）、《晴空血戰史》（1949）、《黑霸王血戰史》（1950）、《羅馬假期》（1953）、《白鯨記》（1956）以及《梅崗城的故事》（1962，獲奧斯卡獎）。他的後期電影包括《麥克阿瑟》（1977）、《烽火異鄉情》（1989）以及《恐怖角》（1991）。

pecking order 啄序 一群家禽的社會組織基本形態，啄階級較低的鳥不用擔心報復，同樣得忍受較高等級的鳥來啄。對哺乳動物（如狒狒、狼）或其他鳥類群體，通常會使用「優勢階級」的名稱，等級通常與進食或交配有關。

Peckinpah, (David) Sam(uel)＊ 畢京柏（西元1925～1984年） 美國電影導演。曾在海軍服役，後來在南加州大學攻讀戲劇，1950年代中期從事電視工作，他編寫並導演了《槍煙》、《來福槍手》等片。首度擔任電影導演的銀幕處女作是《要命的同伴》（1961），隨後又拍了《午後槍聲》（1962）和《鄧迪少校》（1965）。後期電影有《日落黃沙》（1969）、《大丈夫》（1971）、《比利小子》（1973）以及《鐵十字勳章》（1977）。畢京柏酗酒，經常與好萊塢公司發生齟齬。其電影以壯麗的風景、受苦的人物以及暴力血腥而著稱。

Pecos River＊ 貝可斯河 美國新墨西哥州東部和德州西部河流。發源於新墨西哥州的桑格累得克利斯托山脈，向東南流經德州邊界，全長約800公里。在阿米斯特德國家遊覽區匯入格蘭德河。河上有多處水壩，如阿拉莫戈多、阿瓦隆以及雷德布拉夫等水壩。

pectin 果膠 一類存在於某些植物細胞壁與組織內的水溶性碳水化合物。主要由半乳糖複合物和乳酸組成。在果實中，果膠使相鄰細胞的細胞壁連結在一起，進而使果實保持堅固與形狀。果實熟透以後，果膠會分解成易溶於水的單醣，因而果實變軟並喪失原形。果膠加入少量果酸、糖和水後能形成厚凝膠狀溶液，因此在商業上可用來製備果凍、果醬和帶皮的酸果醬。其增稠性質也對製作糖果、藥物和紡織工業有用。

Pedersen, Holger＊ 佩澤森（西元1867～1953年） 丹麥語言學家。專門研究塞爾特語比較語法，但是在語言學的其他許多領域也取得傑出成就。除《塞爾特諸語言比較語法》（2冊；1909～1913）之外，他還出版了關於阿爾巴尼亞語、亞美尼亞語、俄語和印歐語系方言的著作，他的著作還涉及立陶宛語、西台語、吐火羅語、捷克語及土耳其語的音系學，印歐語與閃語和芬蘭－烏戈爾諸語言的關係，以及如尼字母的起源。

pedestal 台座 在古典建築中，柱子、雕像、瓶飾、方尖碑等的基座。可爲方形、八角形或圓形。一個台座可以支撐幾根柱子或列柱廊（參閱podium）。台座最早是由羅馬建築師採用，從底端到頂部由三部分組成：座頂（檐口）、座身、座腳。

pediatrics＊ 小兒科 處理兒童發育、養護和疾病的診斷治療的醫學專科。直到18世紀第一家兒童醫院成立後才成爲專門學科。早期的兒科醫師研究兒童期疾病（參閱Thomas Sydenham），但其治療方法卻很少。到了20世紀中葉，當抗生素和疫苗使當時已開發的世界控制了大部分的兒童疾病後，嬰兒和兒童的死亡率下降，小兒科於是把重點放在研究兒童正常的生長發育方面。近來，還增加兒童健康的行爲和社會適應方面的研究。

pedigree 系譜 表示世系或純種的記錄。在許多國家中，由政府或私人記錄協會或育種組織保存馴養動物的系譜。在人類遺傳學中，系譜圖用於追溯具體性狀、異常及疾病的遺傳。用標準符號代表男性、女性、配偶（婚姻）和後代。後代符號按出生順序從左至右排列，與婚姻線之間以垂直線相連。表示所研究性狀的個體用實心符號表示，而不具有所研究性狀的個體用空心符號表示。

pediment 山形牆 古典建築中，裝飾柱廊或建築正面的三角牆。爲古希臘神廟正面的頂部特徵。山形牆的三角形壁面，即山形牆壁面，常有雕刻裝飾。古羅馬人將山形牆用在門、窗上，特別是壁龕上作爲裝飾，常用三角形和弧形交替排列，這種處理後來又爲義大利文藝復興盛期的建築師所採用。巴洛克時代的建築師發展了多種缺口的、渦卷形的、反曲線式的山形牆。

pediment 麓原 地質學上，出現在山麓或沒有與山相伴生的平原，爲相當平坦的表土或岩床（裸露或被泥土砂礫輕微覆蓋）。在世界各地，麓原是盆地山嶺型沙漠地區最顯著的地形特徵，但也出現在濕潤地區。在熱帶，表面通常有土壤覆蓋，且爲植被遮蓋。許多熱帶河流城鎮都位於麓原上，比起上面陡峭的山坡和下面的河邊沼澤，麓原是較理想的建築地點。

pedology＊ 土壤學 全面研究土壤的學科，包括研究土壤的物理及化學特性、土壤形成中有機物的作用及其與土壤特性的關係、土壤單元的描述及測繪、土壤的起因及形成。土壤學包括土壤化學、土壤物理學和土壤微生物學等分支學科。在那些找不到地表下土壤露頭的地方，通常會採用土壤取樣鑽來取得土芯樣品，然後以一種有點類似繪製地面的地質礦床或地形的方法來進行土壤單元的鑒定、描述和測繪。

Pedra Furada＊ 富拉達石跡 巴西東北方一處爭議性的考古遺址。該遺址被認爲發現爐床和人造石器，而且時間約在48,000年前，比現在理論所接受的美洲首度出現人類定居的年代，還要再早35,000年。學者目前達成結論，認為這些早期的「住居用礦床」和相關的「人造」石器，可能是自然地質現象所形成的。

Pedrell, Felipe＊　佩德雷爾（西元1841～1922年）　西班牙作曲家和音樂學者。主要靠自學成材，後來獲得到羅馬研究的獎學金，使他得以透過保留在羅馬檔案室的資料接觸到西班牙音樂輝煌的過去。他因而決定發掘民間和古老的藝術音樂以及提倡作曲的民族風格來發揚傳統。作品包括歌劇、管弦樂作品和合唱作品。佩德雷爾被尊為西班牙民族音樂之父。

Pedro I＊　佩德羅一世（西元1798～1834年）　以Dom Pedro知名。巴西第一任皇帝（1822～1831），也曾短暫擔任葡萄牙國王。他是葡萄牙約翰六世之子，1821年為巴西攝政王，但在1822年與里斯本當局決裂，宣布巴西獨立。這塊舊殖民地成為一個君主立憲國家，而他就成為皇帝。他的獨裁傾向和對議會進行的過程的不耐煩引起強烈的反抗，迫使他將王位退讓給他五歲的兒子佩德羅二世。當約翰六世去世後，佩德羅一世成為葡萄牙的國王，稱佩德羅四世，但很快就將王位退讓給自己的女兒，即未來的女王瑪麗亞二世。亦請參閱Andrada e Silva, José Bonifácio de。

Pedro II　佩德羅二世（西元1825～1891年）　原名Dom Pedro de Alcântara。巴西第二位也是末代皇帝。在五歲時其父佩德羅一世退位，他繼位為國王。在攝政時期過後，於1841年登上王位。他關心自己的臣民、解決政治爭議的手腕以及在經濟事務的領導能力使該國情況逐漸穩定下來。他帶領巴西加入巴拉圭戰爭，使巴西的聲譽日隆並獲得大片領土。人民對他的支持消弭了對帝王特權的爭議問題。1888年廢除奴隸制，1889年佩德羅二世在一場軍事政變中被迫退位，巴西建立了共和國。亦請參閱Andrada e Silva, JosU Bonifácio de。

Pee Dee River　皮迪河　美國南、北卡羅來納州河流。發源於北卡羅來納州西北部的藍嶺，上游稱亞德金河，向東南注入南卡羅來納州喬治城附近的溫約灣，全長375公里。下游皮迪河可通航145公里。

Peel, Sir Robert　皮爾（西元1788～1850年）　英國首相（1834～1835、1841～1846），保守黨的主要創始人。1809年起擔任議員，1812～1818年擔任愛爾蘭首席秘書，並力圖阻撓天主教徒進入國會。在擔任內政大臣期間（1822～1827、1828～1830）改革英國的刑法，組建了倫敦第一支訓練有素的警察隊，這些警察因而被人暱稱為「巴比」（bobbie）或「皮勒」（peeler）。皮爾在第一次擔任首相的短暫任期結束後，1841年帶領新成立的保守黨贏得選舉的巨大勝利，並再次擔任首相。他徵收所得稅，改組英格蘭銀行，在愛爾蘭發動改革。皮爾還支持降低進口關稅，廢除「穀物法」，但是此舉導致了其內閣倒台。而皮爾在國會繼續支持自由貿易原則。皮爾是維多利亞時代中期穩定與繁榮的總工程師，遺憾的是他未能在有生之年看到自己的成就。

皮爾，油畫，林奈爾繪於1838年；現藏倫敦國立肖像畫陳列館
By courtesy of the National Portrait Gallery, London

Peel River　皮爾河　加拿大西北部河流。發源於育空地區西部，向東和向北在西北地區的皮毛貿易站麥克弗森堡附近注入馬更些河，全長684公里。上游流經皮爾高原，有很多深達300公尺的峽谷；下游大部分是自然保護區和禁獵區。

peerage　貴族階級　指英國爵位階級或有頭銜貴族的集合名詞。貴族有五個等級，由上而下依序是公爵（duke）、侯爵（marquess）、伯爵（earl，在英國以外稱count）、子爵（viscount）、男爵（baron）。在1999年以前，貴族階級在上議院都保有席位、並享有陪審義務豁免權。貴族爵位可能是世襲，也可能是終身享有。

Pegasus＊　珀伽索斯　希臘神話中長有翅膀的馬。它是梅杜莎被伯修斯斬首時從其血中跳出的飛馬。後由柏勒洛豐捕獲，柏勒洛豐騎著它立下了幾次功勞，包括與怪物喀邁拉作戰。後來柏勒洛豐還想騎著它上天，但被摔下馬，墜地而死。珀伽索斯則變成一個星座。在現代，飛馬上天被視為詩歌靈感的象徵。

pegmatite＊　偉晶岩　幾乎全部是結晶的火成岩，至少有一部分顆粒非常粗大，主要由在普通火成岩中能發現的基本礦物（如花崗石）組成，質地變化很大，尤其是顆粒的大小。通常有不規則的脈路和紋理，分布在全世界任何一個地區，是商業上的長石、片狀雲母、鈹、鉭－鈮和鋰礦石的主要來源。

Pei, I(eoh) M(ing)＊　貝聿銘（西元1917年～）　美籍華裔建築師。1935年移民美國，就讀於麻省理工學院和哈佛大學。在韋布與納普公司工作後，於1955年自創公司。他設計了科羅拉多州博爾德的美國國立大氣研究中心，仿照周圍群山起伏的輪廓。美國國家畫廊東館（1978）的創新設計被公認是他最優秀的建築之一。其他作品還包括波士頓的約翰·漢考克大樓（1973）、北京香山飯店（1982），以及備受爭議的巴黎羅浮宮博物館廣場上的玻璃金字塔（1989）。他所設計的日本滋賀縣美和博物館（1997），大部分位於地下，因建築物同周圍群山融為一體而使貝聿銘獲得普里茲克建築獎。

peine forte et dure＊　強硬刑罰　以前在英國法律上，指對那些被控犯有重罪但又拒絕申辯的人所施加的刑法。根據1275年的一項法律，強硬刑罰通常是監禁和餓死犯人，直至其屈服。1406年又加上用重物壓死的一條懲罰。1772年廢除這種刑罰。

Peipus, Lake＊　佩普西湖　愛沙尼亞語作Lake Peipsi。中歐北部湖泊，形成愛沙尼亞和俄羅斯的邊界。長97公里，寬50公里，結冰期半年。1242年俄軍在聖亞歷山大·涅夫斯基的率領下，於結冰的湖面上打敗條頓騎士團，迫使他們放棄對俄羅斯領土的要求，史稱「冰上戰役」。

Peirce, Charles Sanders＊　皮爾斯（西元1839～1914年）　美國科學家、邏輯學家與哲學家。出生於美國麻薩諸塞州劍橋，父親班吉明·皮爾斯（1809～1880）是數學家、天文學家。他就讀哈佛大學，學成後在美國海岸防衛隊擔任科學家達30年（1861～1891）之久。在科學界以機率論、重力研究、科學方法學邏輯上的貢獻而聞名。最後放棄物理學而專研邏輯，更廣義來說是研究符號學。1879～1894年在約翰·霍普金斯大學授課，餘生隱居從事寫作。公認是他創立了實用主義。雖然在演繹邏輯上做出突出的貢獻，他主要遵從「科學邏輯」：歸納、反演或外展，構成並接受假設的檢驗來解釋驚人的事實。一生的志向是在邏輯完全概念建立永久的外展與歸納法。

Peisistratus＊ 庇西特拉圖（西元前6世紀初～西元前527年） 雅典僭主（西元前560?～559、西元前556～555、西元前546～527年）。出身於貴族家庭，早年即因軍事上的傑出成就而聞名。西元前560年第一次當上僭主，之前庇西特拉圖就有野心，他懇請人民同意他擁有一支衛隊，他就是靠這支衛隊奪取雅典衛城。不過其統治時間很短暫，但在西元前556年再度奪取政權，仍爲時短暫。後被賴庫爾戈斯和麥加克勒斯趕下台。庇西特拉圖度過幾年的流亡生活後，帶領一支軍隊在西元前546年重返雅典，又奪得政權，並維持到他去世。他贊助藝術發展，完成許多公共工程，並盡力協助小農。他還統一了阿提卡並促進了雅典的繁榮，使該市成爲希臘最卓越的城市。

Peking ➠ Beijing

Peking man 北京人 ➠ Zhoukoudian

Pekingese＊ 北京狗 古代在中國培育的一種長毛玩賞犬，專供皇室玩賞並飼養於北京皇宮中。1860年英軍掠奪北京後傳到西方。因其外貌或膽量似獅而被稱爲「獅子狗」。體高15～23公分，體重可達6.5公斤。耳懸垂，口鼻部扁，帶皺褶，面部通常黑色，如戴面罩。被毛單色或雜色。中國皇族常將這種小型北京狗置於長袍的袖筒中，故稱「袖筒狗」。

北京狗
Sally Anne Thompson

Peko＊ 佩科 愛沙尼亞宗教中幫助穀物（尤指大麥）生長的農神。佩科由蠟像代表，埋在糧倉的穀物裡，次年早春取出，舉行儀式祈禱豐收。儀式結束時，剩餘的穀物被分給窮人，男子以摔跤或跳欄競賽來決定誰有權在下一年把佩科奉回自己的糧倉。

Pelagianism＊ 貝拉基主義 5世紀基督教的異端，強調自由意志和人性本善。英國教士貝拉基（354?～418年以後）在410年定居於非洲，熱心於提高基督教的道德水準。他反對那些將罪惡歸爲人類的缺點的觀點，認爲上帝予人以選擇善惡的自由，犯罪完全是自願的行爲。他的門徒塞萊斯蒂烏斯否認關於原罪的教義並宣稱沒有必要爲嬰兒洗禮。418年貝拉基和塞萊斯蒂烏斯同被逐出教會，但是仍有人爲他們的觀點作辯護，直至431年以弗所會議譴責了貝拉基主義。

Pelé＊ 比利（西元1940年～） 原名Edson Arantes do Nascimento。巴西足球運動員，爲當代世界最著名、報酬最高的運動員。1956年加入桑托斯足球俱樂部，1962年率此俱樂部獲得世界俱樂部錦標賽冠軍。他率領巴西國家隊贏得三次世界盃冠軍（1958、1962、1970）。1969年在其第909次比賽中射進第1,000個球。比利中等身材，腳力出衆，射門準確，有高超的預判能力。1975年加入北美足球聯盟紐約宇宙隊，1977年帶領宇宙隊獲聯盟賽冠軍後退役。1978年榮獲國際和平獎，1980年被譽爲「世紀運動員」。

比利
A. F. P. – Pictorial Parade

Pelée, Mt.＊ 培雷山 西印度群島馬提尼克北部活火山。位於法蘭西堡西北部，高1,397公尺。爲坡度較緩的火山錐，山上生長著茂密的森林。1902年劇烈噴發，毀滅了聖皮埃爾港，約有三萬人喪生。1929年發生一次小噴發。

Pelew ➠ Palau

Pelham, Henry 佩勒姆（西元1696～1754年） 英國首相（1743～1754）。1717年初次選入國會，擁護華爾波爾，後來成爲陸軍大臣（1724）和軍隊主計管（1730）。1743年繼華爾波爾爲首相並兼任財政大臣，其兄紐塞公爵在國會中輔助他實現了輝格黨穩定的統治。佩勒姆反對延長奧地利王位繼承戰爭的企圖，在1748年簽訂了「艾克斯拉沙佩勒條約」。他在戰後進行財政改革，包括降低軍費開支、少徵收土地稅，並整理國家債務。

Pelham-Holles, Thomas 佩勒姆－霍利斯 ➠ Newcastle (-under-Lyme), Thomas Pelham-Holles, 1st Duke of

pelican 鵜鶘 鵜鶘科鵜鶘屬約8種白或褐色水禽的統稱，特徵爲大而具有彈性的喉囊。某些種體長可達180公分，翅展可達3公尺，體重可達13公斤。鵜鶘將小魚群驅向淺水處，在該處用喉囊捕魚，並立即把魚吞下。棲息於全世界許多地區的淡水和海濱。鵜鶘成群繁殖於島嶼，通常產1～4枚卵在由樹枝構成的巢中。幼雛將嘴伸進親鳥的食道取食親鳥回吐的食物。

褐鵜鶘（Pelecanus occidentalis）
Norman Tomalin – Bruce Coleman Inc.

Pella 培拉 古代馬其頓王國首都。位於希臘北部的塞薩洛尼基西北，西元前5世紀末開始繁榮。原名布洛莫斯（Bounomos），腓力二世統治時期城市迅速發展，但在馬其頓末代國王被羅馬人擊敗後，該城地位降爲小鎮。1957年開始該城的考古發掘，發現了4世紀晚期的大型精美華屋，內有鑲嵌地板的房間。亞歷山大大帝誕生於此城。

pellagra＊ 糙皮病 主要因缺乏菸鹼酸而引起的一種營養性疾病，以皮膚損害、胃腸和神經功能障礙爲特徵。皮膚炎是最初症狀，且皮膚對日光異常過敏。初看似嚴重的曬斑，後呈紅褐色，粗糙並有鱗屑。胃腸道症狀通常爲便秘與腹瀉交替，伴有口、舌發炎，唇與口角皸裂並有鱗屑。較晚會出現精神障礙症狀，可能包括緊張、抑鬱和精神錯亂。輕症或可疑爲菸鹼酸缺乏症者只用均衡飲食治療即可收到滿意效果。如果飲食主要是含菸鹼酸和色氨酸（在體內能轉變成菸鹼酸）很低的玉米而沒有或只有少量蛋白質含量豐富的食物，也有可能出現糙皮病。糙皮病亦可發生於慢性酒精中毒。

Peloponnese＊ 伯羅奔尼撒 希臘大陸南部半島。遼闊、多山，向南延伸到地中海。面積21,439平方公里，通過科林斯地峽與希臘其他大陸地區相連。西元前第2千紀時，邁錫尼文明在此處的邁錫尼和皮洛斯繁榮起來。當時的主要城市有科林斯和斯巴達。在羅馬統治下，從西元前146年至西元4世紀，伯羅奔尼撒是亞該亞省的一部分。後成爲拜占庭帝國的一部分，13～15世紀被法蘭克人占領，稱作莫雷亞。現在半島北部的帕特拉斯（人口約155,0006〔1991〕）是重要的商業中心。

Peloponnesian League　伯羅奔尼撒同盟　亦稱斯巴達聯盟（Spartan Alliance）。斯巴達領導的希臘城邦聯盟，西元前6世紀建立。在由斯巴達人召開的議會中同盟決定有關戰爭、和平或聯盟之類的問題。伯羅奔尼撒同盟是希臘事務中的主要力量，是抵抗西元前490年和西元前480年波斯入侵以及在伯羅奔尼撒戰爭中與雅典人作戰的核心。371年同盟勢力在留克特拉戰役中失敗後開始衰退，並於西元前366或365年解散。

Peloponnesian War　伯羅奔尼撒戰爭　古希臘兩大城邦斯巴達和雅典之間爆發的戰爭（西元前431～西元前404年），再加上各自的盟國，幾乎含括了希臘所有其他的城邦。主要起因是害怕雅典的帝國主義擴張。雅典同盟依恃的是其強大的海軍，而斯巴達這邊靠的是強勢陸軍。戰爭分爲兩個階段，中間有一段六年的休兵期。西元前431年爆發戰爭，伯里克利負責指揮雅典軍。頭十年由阿希達穆斯率領斯巴達人進攻雅典，但屢遭失敗。西元前429年雅典遭到鼠疫的侵襲，伯里克利死於這次瘟疫，大批軍隊也損失泰半。西元前428年克里昂差點說服雅典人屠殺叛離雅典的萊斯沃斯的米蒂利尼公民，所幸雅典人臨時收回成命。西元前421年兩國同意締結「尼西亞斯和約」。雙方休養生息了六年，直到雅典人又發動了災難性的西西里島遠征。到了西元前413年，雅典軍隊幾乎全毀。西元前411年一個寡頭政權短暫接管政府。同年底，當海軍恢復民主領導人時，他們拒絕了斯巴達人談和的提議，戰爭於是繼續進行到西元前405年，當時斯巴達在波斯人的幫助下，在伊哥斯波塔米戰役摧毀雅典海軍。西元前404年，雅典城在遭封鎖的情況下受到圍攻。雅典帝國自此瓦解，斯巴達安置了三十暴君統治雅典。

Pelops＊　珀羅普斯　希臘神話中，邁錫尼的珀羅普斯王朝的創立者，爲宙斯之孫。他的父親坦塔羅斯曾把他剁成碎塊，供諸神食用。只有蒂美特因失去女兒普賽弗妮正悲痛無比而沒有辨識出來，吃了他的肩部。諸神下令恢復他的身體時，蒂美特吃的那一部分肩部找不到了，於是他的肩膀由象牙代替。在另一故事中，海神幫珀羅普斯娶得比薩國王俄諾瑪俄斯之女希波達彌亞公主。

pelota＊　西班牙回力球　運動員用手套或其他工具輪流擊打橡皮心球的運動。分爲兩種：直接式要求運動員面對面往返對打，或間接式要求運動員把球投到牆上反彈回來。後來發展爲壁手球和回力球，有二或四名選手，在一面、兩面或三面有牆的場地使用手套、球拍或球棒。在西班牙和其他某些地方，西班牙回力球是一種觀眾可下賭注的職業運動。

Pelusium＊　培琉喜阿姆　古埃及城市。位於尼羅河最東邊的河口（長期淤積），即塞得港的東南。曾是埃及第二十六王朝時期抵禦巴勒斯坦的主要邊境堡壘，對亞洲貨物收稅的關卡。西元前522年波斯人在岡比西斯二世帶領下，在這裡打敗法老薩姆提克三世。在羅馬時期，這裡是通往紅海路上的一個驛站；現存羅馬時期的廢墟。

pelvic girdle　骨盆　亦稱bony pelvis。骨的盆狀複合體，連接軀幹和腿部，支持和平衡軀幹，並包容和支撐腸、膀胱和內生殖器官。骨盆由一對髖骨組成，每對髖骨含有三塊骨頭：髂骨在上面至兩側、坐骨位於後下方、恥骨位於前方，它們在前面構成恥骨聯合，後面同骶骨聯合（參閱vertebral column）。此外還包括臀部的臼窩。骨盆將身體的重量從脊樑轉移到腿上。女人較寬大而圓的骨盆使產道容納得下胎兒的頭部通過。

pelvic inflammatory disease (PID)　骨盆炎症　女性急性骨盆腔炎症，由生殖系統的桿菌感染（通常是淋病或衣原體）引起。本病多透過性交傳染，通常發生在二十五歲以下性活動頻繁的婦女，而使用子宮內避孕器（IUDs）的婦女更易患此病。骨盆炎症同淋病相似，症狀包括腹部及下部盆腔疼痛、寒戰、噁心、陰道分泌物黏稠並有特殊異味。輸卵管瘢痕化會引起不育和異位妊娠。治療可使用抗生素，應臥床休息、服用止痛藥、戒房事直至感染消失。其性伴侶也應作治療以防止再度感染。

Pemex　墨西哥石油公司　正式名稱Petróleos Mexicanos。墨西哥國營的石油公司。1938年墨西哥總統卡德納斯將17家外國石油公司收歸國有，創設墨西哥石油公司，是拉丁美洲最大的石油公司，也是世界主要的化石燃料輸出者。墨西哥石油公司的營業項目，包括石油與天然氣的探勘、生產、精煉、運輸、儲存、配送及販售。在1970年代，當時的總統洛佩斯·波蒂略－帕切科對石油開採樂觀，使得國家消費失去節制，而導致國家財政留下大筆債務。但後來全球原油產量遽升爲三倍，1981年國際石油價格大跌，使得墨西哥石油公司的資產87%抵押給外國銀行；1982年整個國家實質上已經破產。1990年代末期，墨西哥石油公司進行重整，並且部分民營化釋股。

pen drawing　鋼筆畫　全部或部分用鋼筆、墨水繪成的美術作品。基本上是運用線條的方式來創造形象。藝術家以畫出一系列緊密並列的影線或交叉平行線，或用畫筆塗上顏色來增加立體感。常用的墨水有三種：炭黑墨水，最好是中國墨水或現代印度墨水；棕色墨水，以前的大師經常使用；鐵膽汁，一種化學墨水。這三種鋼筆爲羽管筆、蘆桿筆和金屬筆。羽管筆因具有彈性並能修飾出細膩的線條而最受歡迎。到20世紀，鋼製筆成爲主要類型。

penal colony　流放地　在偏僻處或海外設立的、用強制勞動和與世隔絕的辦法來懲罰罪犯的地區。這類流放地多數是由英國、法國和俄國人發展起來的。英國曾將罪犯遣送到美洲殖民地，直到爆發美國革命爲止；澳大利亞從開始殖民起到19世紀中期一直是流放地。法國流放地法屬圭亞那因其毫無人性而惡名昭彰，惡魔島直到第二次世界大戰期間還在使用。俄國流放地西伯利亞是在沙皇統治時期建立起來的，但在史達林時代才被廣泛使用。多數流放地以其刑罰殘酷、食物不足而臭名昭著，如今多已廢除。

Penang＊　檳榔嶼　馬來西亞島嶼，位於馬來半島西北部海岸外，檳榔嶼州的一部分。位於東北部的喬治城是其首府和主要港口（人口約220,000〔1991〕）。1786年英國開始在此建立殖民地。1826年檳榔嶼（1867年以前稱爲威爾斯親王島）與麻六甲、新加坡合組爲海峽殖民地。19世紀中葉起，檳榔嶼是錫和橡膠市場。1948年成爲馬來亞聯邦的一部分，後來成爲馬來西亞的一部分。20世紀檳榔嶼成爲馬來西亞主要的旅遊中心，主要在北海岸巴都菲寧宜有豪華的度假飯店。人口約1,100,000（1991）。

Penates＊　珀那忒斯　羅馬家神。珀那忒斯既被當作家神崇拜，也在公開場合被當作羅馬國家的保護神而受崇拜。他們有時與維斯太等其他家神有關，而且名字常與拉爾混用。家家戶戶供奉眾珀那忒斯之像，家人共餐或在特殊場合時要向他們敬拜。供物可以是一份便飯，也可能是特製的餅、葡萄酒、蜂蜜和熏香。但是珀那忒斯的數目和確切身分對古人來說也是一個謎。

pencil drawing 鉛筆畫 指用鉛筆（石墨作芯，木作殼）繪製的圖畫。石墨雖在16世紀已被開採出來，但17世紀以前畫家還不懂得去使用。17～18世紀，石墨主要用於畫出初步輪廓，而後再用其他畫筆更詳細的作畫，很少用於成品。18世紀晚期出現了現代鉛筆的始祖，由一段石墨芯嵌入中空的圓柱形木頭製成。筆芯由石墨和黏土的混合物製成，現代石墨鉛筆的眞正原型在1795年才出現。這一改進使鉛筆比較好控制而為更多人使用。鉛筆畫的大師主要以簡單線條作畫，加以少量的陰影。但18～19世紀的許多畫家以捲緊的紙或羊皮來磨擦軟石墨以營造光影的細緻效果。

pendant 懸垂裝飾 亦作pendent。在建築中，從拱頂或天花板懸垂下來的雕刻裝飾物，尤其是指與英國垂直式風格有關的一種扇形拱頂的交叉拱肋在接合點的拉長浮凸飾（雕刻的楔石）。由於教堂中堂的寬度較以往增大，懸垂拱頂以懸垂體解決了在石製天花板中使用扇形拱頂的困難。中堂內以高強橫拱支承加長的拱楔塊，橫拱下端作懸垂形，居間的肋板拱頂從此升起。

pendant 懸飾 垂吊在手鐲、耳環或項鏈上的飾物，源自原始人類把護身符或辟邪物環掛在脖子上的習俗。這一習俗可追溯到石器時代，當時的懸飾由牙齒、石頭和貝殼製成。紀念或裝飾性的懸飾在古埃及、希臘和羅馬很常見。在中世紀，聖物匣或祈禱用的懸飾以及十字架被裝上珠寶。到了16世紀初，文藝復興的藝術家們把懸飾當作裝飾品而非宗教飾物來創作。19世紀末的新藝術運動在懸飾上常見的題材多是婦女人像、蝴蝶或花朵。

新藝術懸飾，戈翠特（L. Gautrait）約製於1900年；現藏德國普福爾茨海姆施穆克博物館
By courtesy of the Schmuckmuseum, Pforzheim, Ger.

pendentive 穹隅 建築中，在方形或多邊形平面上建造圓屋頂時，於支座轉角上形成的三角形球面。羅馬時代的建築師未能解決如何在方形房間上支承圓屋頂這一重要問題，直到拜占庭時期建築師才創造了穹隅，並日臻完備（參閱Hagia Sophia）。穹隅是建築史上的一項偉大發明，在文藝復興和巴洛克時期極為重要。受拜占庭文化影響，穹隅在伊斯蘭教建築中也很常見。穹隅的曲線與圓屋頂連成一體的拱形結構稱為穹圓頂。

Penderecki, Krzysztof＊ 彭德雷茨基（西元1933年～） 波蘭作曲家、指揮家。畢業於克拉科夫音樂學院，後為該院教授（1972～1987）。早期的音樂（1960～1974）包括大量的聲音和程序，發展了一種圖形記譜法來表現所要達到的效果，因而產生的生動作品吸引了國際注意，這些作品包括《廣島死難者悼歌》（1960）、《聖母悼歌》（1962）、《路加受難曲》（1965）和歌劇《勞敦的魔鬼》（1969）。1975年以後他的音樂較為傳統，表現在歌劇《失樂園》（1978）、小提琴協奏曲（1977）、大提琴協奏曲（1982）、中提琴協奏曲（1983）和《永恆之光》（1983）。

Pendergast, Thomas J(oseph) 彭德格斯特（西元1872～1945年） 美國政治家。曾活躍於密蘇里州堪薩斯城的市政活動中，1916年成為該市的民主黨政治領袖。他的政治機器主導了州、市府政治達二十五年之久，並對民主黨的全國代表大會具有強大的影響。在早期政治生涯中曾幫助過杜魯門。後被政敵攻擊他縱容堪薩斯城的腐敗習氣，1939年被控逃漏所得稅，後來在監獄服刑一年。

Pendleton, George (Hunt) 彭德爾頓（西元1825～1889年） 美國政治人物。1857～1865年任眾議院議員，1864年被提名為民主黨的副總統候選人（同麥克萊倫搭檔）。後加入「綠背紙幣運動」，提出「俄亥俄倡議」來解決南北戰爭時期的公債償還問題。1879～1885年任參議院議員，提出「彭德爾頓文官制度法」。1885～1889年任駐德國公使。

Pendleton Civil Service Act 彭德爾頓文官制度法（西元1883年） 美國法規，建立了用人唯賢的聯邦傳統和現代文官制。源出公眾普遍要求改革文官制度以取代以政黨關係（分贓制）為基礎的文官制，參議員彭德爾頓因此提出此法案，主張透過由文官委員會主持的競爭性考試來遴選公務員。起初這項法律只含括10%的政府工作，但是後來國會擴大其範圍，包括了90%以上的聯邦雇員。

pendulum 擺 在萬有引力影響下，懸掛於定點的物體能往復擺動。單擺由懸在一條繩線下端的擺錘（重量）構成。擺的週期運動是恆久不變的，但可透過加減繩的長度來使擺的週期變長或變短。擺錘質量的變化對週期無影響。由於其永恆性，長久以來擺被用於調控時鐘的運動。其他特殊的擺可用於測量重力加速度的g值，以及用於顯示地球繞軸自轉。亦請參閱Foucault pendulum。

peneplain＊ 準平原 高度接近海平面的起伏緩和、幾乎毫無特色的平原。理論上，這種地形是由各種侵蝕過程將起初隆起的地殼變為平坦的地殼而形成的。這一學說因現代準平原的缺乏而備受懷疑，但某些地形學家把這一現象歸因於晚近地質時期地殼運動或上升。另外一些地貌學家卻對地殼是否曾長期保持穩定從而足以完成準平原化表示懷疑。

Peneus River ➡ Pinios River

penguin 企鵝 企鵝目18種不能飛翔海鳥的通稱，主要棲息於亞南極區水域島嶼上和非洲、澳大利亞、紐西蘭和南美洲的涼爽海岸邊。少數種棲於溫帶，加拉帕戈斯企鵝分布於南美洲以外的赤道熱帶地區。各個種的主要區別在於個體大小和頭部色型，皆為背部黑色和腹部白色。體型最小的小藍企鵝體長40公分，而體型最大的帝企鵝體長則達120公分。出海一次可達數週，成群捕食魚、烏賊和甲殼動物。

penicillin 青黴素；盤尼西林 由青黴屬黴菌衍生而來的抗生素。1928年由佛來明發現，到1940年，福樓雷、柴恩和其他人生產出商業用的青黴素，在治療戰爭傷員中發揮重要作用，使青黴素成為人體細菌注射的第一種成功的抗生素。許多天然和半合成的青黴素（如氨苄青黴素、阿莫西林）從此也出現了。所有的青黴素都是透過抑制細菌細胞壁合成發生作用的（因此對沒有細胞壁或擁有某些易變的細胞壁的微生物沒有作用，如結核病的結核菌）。對青黴素敏感的細菌，包括咽炎、腦膜炎、氣性壞疽、梅毒和淋病的致病菌。過度使用會導致抗藥性。青黴素的主要副作用是過敏，有可能導致生命危險。

penicillium＊ 青黴屬 青黴屬中藍或綠黴的統稱（眞菌門，參閱fungus）。青黴菌見於食品、皮革和織物上，在抗生素（參閱penicillin）、有機酸和乳酪（如英國的斯第爾頓乳酪、義大利的戈爾貢佐拉乳酪、法國的羅克福爾乳酪）生產上有重要經濟效益。

Peninsular War 半島戰爭（西元1808～1814年） 拿破崙戰爭的一部分，在伊比利半島進行。法國軍隊占領葡萄牙（1807）和拿破崙將其兄約瑟夫·波拿巴立爲西班牙國王後，馬德里發生叛亂，開始了所謂的西班牙「獨立戰爭」，很快其他城市也發生叛亂。到1810年法國平定了馬德里和西班牙其他地方的叛亂。與此同時，英國軍隊在未來的威靈頓公爵的率領下登陸葡萄牙，並與法國持續作戰到1812年。拿破崙撤軍以援助入侵俄國後，威靈頓開始向西班牙進軍。英軍維多利亞戰役（1813）的勝利和向法國西南部的進軍迫使法國從西班牙撤軍，並且改立費迪南德七世爲國王（1814）。

penis　陰莖　男性性器官，也是身體的排尿通道。由三段長圓柱狀組織組成，並由彈性組織和一層薄皮覆蓋。在其末端擴展爲蘑菇狀（龜頭），含有尿道（參閱urinary bladder），在陰莖頭頂端呈裂隙狀開口。在性刺激中，整個組織會充血，血管收縮保留住血，使陰莖在勃起時變長變硬。龜頭的起始部位的一環狀皮膚皺褶向前伸展蓋住龜頭，稱爲包皮，通常被切除（參閱circumcision）。亦請參閱reproductive system, human。

Penn, Irving　潘（西元1917年～）　美國攝影家。早年渴望成爲畫家。但二十六歲時擔任《時尚》雜誌的封面攝影設計，不久成爲時尚攝影家。第二次世界大戰後開始拍人物肖像，因拍名人照片而受到歡迎。他透過清楚的線條和布局而非道具和背景使樸素的形象表現出優雅和精緻。

Penn, William　彭威廉（西元1644～1718年）　英國貴格會領導人、賓夕法尼亞州創立人。他因自己的新教信仰而被驅逐出牛津大學，被派到愛爾蘭管理家族產業，1667年在那裡加入了公誼會。他曾因出書、小冊子以及公開支持貴格會教義而四次遭囚禁，其中一次監禁成爲「布歇爾案」的先例，建立了獨立的司法制度。在《良心自由的大問題》（1670）一書中，他支持宗教上的寬容並設想了一個建立在宗教和政治自由基礎上的殖民地。在其父去世後，他繼承了父親的遺產，並影響查理二世，查理二世賜予他德拉瓦河旁一大片土地以抵償他父親的債務。他在1682年到達賓夕法尼亞州，起草了一個政府草案，建立了信仰自由，規畫了費城城市藍圖，並同印第安人建立和平關係。1684年返回英國針對近鄰馬里蘭提出的要求而捍衛其利益。在他的朋友約克公爵詹姆斯二世繼承王位後，他釋放了所有被關押的貴格會教徒並發表「信教自由聲明」（1687），對宗教採取寬容政策。彭威廉後來返回賓夕法尼亞州（1699～1701），寫了「權利憲章」，批准議會更大的自治權。之後又返回英國，後來碰上經濟困難。

Penney, J(ames) C(ash)　彭尼（西元1875～1971年）　美國商人。1902年在懷俄明州與人合開一家乾貨店。五年後，彭尼買下其他合夥人的股份開辦彭尼公司。他的商店貨品多樣且便宜，並且採用分紅計畫，原本是經理級，後來擴及整體員工。到1929年，該公司在全美有1,329家分店，到彭尼去世時已發展爲全國第二大零售商，僅次於西爾斯－羅巴克公司。

Pennines＊　本寧山脈　亦稱Pennine Chain。英格蘭北部山脈，從蘇格蘭邊界向南延伸至達比郡。最高峰是克羅斯費爾峰，海拔893公尺。水流運動形成地下石灰石洞穴，並被廣泛開採。綿羊飼養也很重要。此區考古遺址有羅馬時代的哈德良長城。

Pennsylvania　賓夕法尼亞　美國東部一州，屬中大西洋地區。德拉瓦河爲其東部州界。阿利根尼河和莫農加希拉河在匹茲堡匯合成俄亥俄河。在17世紀歐洲人抵此時，原由印第安人占據，包括肖尼人和德拉瓦人。1664年英國人奪取此區，1681年英王把這一地區授予彭威廉，他在1682年以宗教寬容的基礎建立了一塊貴格會殖民地。法國印第安人戰爭的大部分戰鬥是在該州進行的。第一次和第二次大陸會議是在費城召開，1776年在那裡簽署了「獨立宣言」。是最初十三州之一，1787年加入聯邦，成爲美國第二個州。南北戰爭期間是軍事活動中心（參閱Gettysburg, Battle of）。戰後出現了經濟、工業和人口的大幅成長，鞏固了該州的強大商業勢力。爲經濟最繁榮的一個州，以農業、礦業、製造業和高科技產業爲主。該州並繼續生產全國特有的鋼，煤的儲量亦豐。費城和匹茲堡是重要港口，擁有優良的教育、文化和音樂機構。面積117,348平方公里。首府哈利斯堡。人口約12,281,054（2000）。

Pennsylvania, University of　賓夕法尼亞大學　費城私立大學，常春藤聯盟的傳統成員。1740年初創時是一所慈善學校，1753年成爲學院，富蘭克林任第一屆董事會主席。1765年創立北美的第一所醫學院，並升格爲大學。如今，除文、理學院和醫學院外，還包括科研、商學院（華頓學院）、傳播（安能堡大眾傳播學院）、教育、工程、美術、法律、護理、牙醫、獸醫藥和社會工作學院。研究機構包括威斯塔解剖學和生物研究所，菲利普斯遺傳學和公共疾病學研究所。它的大學博物館是一個關於考古學和人種學的教學和科研機構。註冊學生人數約21,000。

Pennsylvania Railroad Co.　賓夕法尼亞鐵路公司　美國大鐵路公司。1846年爲修建哈利斯堡與匹茲堡之間的鐵路，經賓夕法尼亞州議會特許而成立，兩年後開始客運服務。1856年透過收購匹茲堡－威恩堡－芝加哥鐵路，該公司業務擴展到芝加哥。南北戰爭後，發展爲西至聖路易和辛辛那提，南至維吉尼亞州諾福克的長達16,000公里的鐵路系統。20世紀中期開始虧損，1968年被其對手紐約中央鐵路公司併購，成立賓州中央運輸公司。1970年賓州中央運輸公司宣布破產，1971年客運業務由全國鐵路客運公司接管。1976年其資產由聯合鐵路公司收購。亦請參閱Thomson, J(ohn) Edgar。

Pennsylvania State University　賓夕法尼亞州立大學　美國賓夕法尼亞州公立高等教育系統。主校區在大學公園市，另有多個分校座落在不同地區，包括位於赫爾希的赫爾希醫學中心、位於卡萊爾的狄瑾蓀法學院。最初是在1855年獲得農業高級中學的特許而設立，1962年被指定爲該區域的聯邦土地補助大學。該校到1953年才採用現在的校名。重要研究機構包括生物科技中心、應用行爲科學中心、分子科學與工程中心等。整個大學系統現有學生人數約爲80,000人。

Pennsylvanian Period　賓夕法尼亞紀　北美洲的一段地質時期，大致相當於國際標定的晚石炭紀（距今3.23億～2.9億年）。由於這段時期內所產生的岩層在美國賓夕法尼亞州境內分布廣泛，所以有些美國地質學者寧願用這個術語而不肯用歐洲首先採用的晚石炭紀。

Penobscot River＊　佩諾布斯科特河　美國緬因州中部河流，向南流進佩諾布斯科特灣。爲緬因州最長的河流，長560公里，班戈以下河段可通航97公里。曾是鮭魚主要產地，由於其水力設施在經濟上對伐木、紙漿和造紙業也很重要。17世紀初由英法航海者發現，名稱取自佩諾布斯科特印第安人。

penology＊　刑罰學　犯罪學的一個分支，涉及監獄管理和如何對待人犯。刑罰學研究致力於闡明刑罰的道德基礎以及社會施加刑罰的動機和目的；對整個歷史和各個國家的刑罰法律和程序進行比較研究；並研究在某個特定時期執行的政策所產生的社會後果。具有影響力的歷史著作包括貝卡里亞的《論罪與罰》（1764）、邊沁的「圓形監獄」設計（1800?）、隆布羅索的《罪》（1876）和傅科的《紀律與懲罰》（1975）。

pension　退休金　連續而定期地對年老、失能或由於工作已滿規定期限而退休的人員的貨幣支付。這種支付通常延續到領取者死亡爲止，有時也支付給其遺孀或其他活著的親人。軍人退休金已實施好幾個世紀；個人退休金計畫始於19世紀的歐洲。基本的退休金計畫有兩種：確定提撥制與確定給付制。確定提撥制是每段時期定量投資，個人對怎樣投資需要有判斷力。退休金給付的數量取決於這些投資是否成功。確定給付制根據某些計算公式支付，但是投資於基金的數量可能有所不同。儲存退休金的方式可能將其給付交給信託基金經營或向保險公司購買年金保險。在所謂的「多雇主計畫」中，由不同的雇主捐款給一個中央信託基金，由一個信託聯合董事會管理。

Pentagon　五角大廈　美國維吉尼亞州阿靈頓縣內一座五邊形的大建築（1941～1943），爲美國國防部總部。由伯格斯特龍設計，竣工時爲當時世界最大的辦公大樓，占地14公頃，可用空間約有344,000平方公尺，可容納工作人員25,000人。由結構鋼和鋼筋混凝土建成，耗資8,300萬美元，樓高五層，由五座同心的五角形大廈組成，透過十條輪狀走廊連接起來。2001年9月被自殺式恐怖分子同時劫持的四架飛機中的一架，撞毀大樓西南邊一部分，造成許多人員傷亡。

Pentagon Papers　五角大廈文件　記載美國在第二次世界大戰到1968年間印度支那地區扮演的角色的祕密文件。美國國防部授權整理了該文件，曾參與該項計畫的艾爾斯伯格（1931～）因反對美國參加越戰而將該文件詳情透露給了新聞界。1971年6月《紐約時報》開始刊登根據此項研究撰寫的文章。美國司法部引用國家安全法令暫時得到法院支持勒令該報不准刊行。美國最高法院認爲政府沒有資格限制別人發表，該文件因此得以廣泛曝光，引發人們對美國的越戰政策的不滿情緒。

Pentateuch　摩西五經 ➠ Torah

pentathlon　五項全能運動　需要進行五種不同比賽的運動競賽。古希臘奧運會上，五項全能包括短跑、跳遠、擲鐵餅、擲標槍和角力。1912～1924年恢復比賽的奧運會包含了修改過的五項全能（以中距離賽跑取代角力）。現代（或軍事）五項全能在1912年奧運會首次將之列入比賽項目，成隊比賽則始於1952年，包括障礙賽跑、擊劍、射擊、自由式游泳以及越野賽跑。1981年女子五項全能（推鉛球、跳高、跨欄賽跑、短跑和跳遠）由七項全能運動取代。

Pentecost　聖靈降臨節　基督教節日，紀念當年聖靈在耶穌基督被害、復活和升天後於猶太人的五旬節降臨人間。門徒開始用多種語言與聚會的人群講話，象徵門徒將基督的訊息傳遍全世界。猶太聖靈降臨節是對小麥第一次收穫的感恩宴會，並與紀念上帝在西奈山頒賜摩西律法有關。基督教聖靈降臨節是在復活節之後五十天的星期日。

Pentecostalism　五旬節派　19～20世紀起源於美國的新教運動。該派認爲基督徒必須追求一種叫作聖靈的洗禮這類後來改變信仰的宗教體驗。這種經驗與聖靈第一次在耶路撒冷降臨在基督十二使徒身上的情況相同（聖靈降臨節），以說方言、預言、治病爲證。五旬節派是從19世紀的聖潔運動發展而來，並且和聖潔運動同樣強調按字面解釋聖經、悔改重生以及道德力量。天主教的神授超凡能力運動和基督教的主流派別表現了同樣的精神。現今美國和全世界有許多五旬節派別，包括神召會。五旬節派在加勒比海地區、拉丁美洲及非洲尤爲盛行。

penthouse　閣樓　建築物頂部的封閉區。閣樓可以是公寓屋頂部分，也可以是建築物的頂層，或是用作電梯井或樓梯井的頂部或安裝空調設備的建築。常設在建築物垂直面的後縮處，但如果當作房地產名詞，閣樓可指任何頂層而無關屋頂平台。現在此詞常指大樓頂層能遠眺風光的豪華公寓，但以前的閣樓是單坡屋頂、小屋或其他依附於一個較大建築的小建築。

Pentium　Pentium（奔騰）　英特爾公司發展的微處理器家族。1993年推出，接替英特爾80486微處理器，Pentium在單一晶片內有兩個處理器，大約330萬個電晶體。採用CISC（複雜指令及電腦）架構，主要特點是32位元的位址匯流排，64位元的資料匯流排，內建浮點與記憶體管理單元，2個8KB（千位元組）快取記憶體。處理器速率在60 MHZ（百萬赫茲）至200 MHz之間。Pentium快速成爲個人電腦處理器的上選。後來由速度更快功能更強大的處理器取代：Pentium Pro（1995）、Pentium II（1997）、Pentium III（1999）以及Pentium 4（2000）。

Penutian languages＊　佩紐蒂諸語言　北美印第安諸語言的假設性的超語族，由美國西部和加拿大的許多語言和語系組成。佩紐蒂假說1913年由克羅伯提出，1921年由薩丕爾改進。和霍卡假說（參閱Hokan languages）一樣，佩紐蒂假說試圖在世界語言分歧最大的地區之一減少不相關的語系的數量。其核心爲加利福尼亞中部海岸和中央谷地的一組語言，包括霍隆語系（科斯塔諾語系）、米沃克語系、溫頓語系、邁杜語系和約庫茨語系。薩丕爾加進了奧瑞岡佩紐蒂語系（曾在奧瑞岡東部通行的語言）、齊努克語系（哥倫比亞河下游語言）、高原佩紐蒂語系（高原地區印第安人語言）、欽西安語系（英哥倫比亞西部語言）以及墨西哥佩紐蒂語系（在墨西哥南部通行）。除墨西哥組外，所有的語言或已消亡或是只有老年人說。雖然這一假說未被證實，但是這組語言中至少有幾種語言相互關聯。

Penzias, Arno (Allan)＊　彭齊亞斯（西元1933年～）
德國出生的美籍天體物理學家。隨家人逃離納粹德國，在哥倫比亞大學取得博士學位，後來加入貝爾電話實驗室，在那裡與威爾遜合作，開始監視來自環繞銀河系的一個氣體環的無線電輻射。他們意外地探測到一種均勻的背景天電，並認爲那是整個宇宙間到處存在的一種熱能，約相當於-269℃的溫度，現在大多數科學家認同這就是源於幾十億年宇宙大爆炸的宇宙背景輻射殘餘。由於這項工作，他們在1978年共獲諾貝爾獎。1981年彭齊亞斯任貝爾實驗室副總裁。

peonage＊　勞役償債制　一種非自願的勞役形式，其起源可追溯至西班牙征服墨西哥時期，征服者驅使窮人尤其是印第安人爲西班牙種植園主和礦主工作。在美國用苦工一詞表示根據契約以勞役償還債務的工人。儘管聯邦法律禁止這種制度，但是在南方某些州仍以州法律強迫勞動的形式存在。另一種形式的勞役償債制是被判服苦役的犯人在勞改營的勞動。

peony＊ 芍藥 芍藥科中唯一屬芍藥屬約33種顯花植物的統稱，以花大豔麗而著稱。分布於歐洲、亞洲和北美洲西部。草本芍藥為多年生，高約1公尺，由一年生的莖上生出大型、有光澤、多分裂的葉和白色、粉紅色、玫瑰色或深紅色的單瓣花或重瓣花。木本芍藥是高達1.2～1.8公尺的灌木，有永久的根莖和木質莖，莖上開出從白色到淡紫色、紫色和紅色的花朵。

People's Liberation Army 人民解放軍 中國陸、海、空三軍的聯合組織。人民解放軍是一支擁有300萬人的部隊，為世界上最龐大的軍隊。起源可追溯1927年在南昌暴動中，共產黨用以對抗國民黨的部隊。人民解放軍最初稱為紅軍，在朱德的領導下，從1929年的5,000名部隊，到1933年已成長至20萬人。這支軍隊經歷為逃避國民黨的長征而存活下來。其大部分之成員，即八路軍，曾在中國北方與國民黨聯手對抗日本。在第二次世界大戰後，共產黨將其軍隊改名為人民解放軍，它擊敗國民黨，促成中華人民共和國於1949年正式成立。亦請參閱Lin Biao、Mao Zedong。

Peoria 皮奧利亞 美國伊利諾州中部城市（1996年人口約112,000），位於伊利諾河擴展形成皮奧利亞湖處。此處最早的定居點為1680年法國人拉薩爾建立的要塞。隨後法國人、印第安人和其他殖民者陸續建立定居點。1845年設市。現為重要港口，以及廣大農業區的貿易和轉運中心。城市已高度工業化，生產挖土機、化工品等。

Pepin, Donation of ➠ Donation of Pepin

Pepin III＊ 丕平三世（西元714?～768年） 別名矮子丕平（Pepin the Short）。法蘭克國王（751～768），加洛林王朝的第一任國王，查理曼之父。鐵錘查理之子，後成為紐斯特里亞和勃艮地市長，741年擔任普羅旺斯市長。747年其兄進入修道院後，他成為法蘭克人的實際統治者。在教宗支持下，他廢除了梅羅文加王朝末代統治者希爾德里克三世，並於751年加冕為王。丕平幫助史蒂芬二世對抗在義大利的倫巴底人（754、756）。丕平還鎮壓了薩克森和巴伐利亞的暴亂，並試圖征服叛亂的亞奎丹。

pepper 辣椒 亦稱庭園椒（garden pepper）。茄科辣椒屬許多種植物的通稱，其中著名者有一年生Capsicum annuum、灌木狀C. frutescens以及C. boccatum。原產於中美和南美地區，因其辛辣可食的果實而大量栽培於亞洲熱帶和赤道美洲地區。紅、綠、黃椒或甜椒，富含維生素A及C，用作調味料或蔬菜。辣椒，包括朝天椒、辣椒和卡宴辣椒，其辛辣味來自果實內部的辣椒素化合物。香料黑胡椒則來自於另一無親緣關係的種類。

紅辣椒（Capsicum annuum），為製辣椒粉的原料
G. R. Roberts

pepper, black ➠ black pepper

Pepper, Claude (Denson) 裴柏（西元1900～1989年） 美國政治家。生於阿拉斯加州杜德利維爾市，先在佛羅里達州擔任執業律師，而後當選美國參議員（1936～1950），並推動開辦社會安全制度、最低工資保障、老人醫療補助等立法工作。1950～1962年重執律師工作，1962～1989年當選眾議員，並出任老年問題委員會主席，積極推動立法，主張廢除聯邦機關的強迫退休制，及要求私人部門將退休年齡提高至七十歲（1968）。1989年獲頒自由獎章。

peppermint 胡椒薄荷 薄荷科多年生草本植物，學名Mentha piperita。具強烈香味，普遍用作調味料。原產歐洲及亞洲，在北美已歸化。葉具柄，光滑，暗綠色。花淡紫帶粉紅色，集生成長圓形花簇，兩者乾製後常用於調味。胡椒薄荷油廣泛用於甜食、口香糖、牙膏牙粉及藥劑等調味，主要成分是薄荷醇，在醫藥上長期用做舒緩軟膏。

PepsiCo, Inc. 百事可樂公司 美國跨行業聯合企業。其軟飲料百事可樂由一名製藥師布拉德漢在1898年製成，並為他的飲料取名（源自希臘語pepsis，意為「消化」），並在1902年成立了百事可樂公司。在經歷兩次破產和幾次合併後，百事可樂的商標和資產在1931年被古思購買，他將配方改良，開始以5美分的價格銷售12盎司一瓶的飲料，取得了巨大成功。百事可樂在1941年同洛夫特蘇打水連鎖公司合併，在1965年同弗里托－萊公司合併，並採用了其目前的名字百事可樂公司。在1970年代和1980年代，百事可樂購買了連鎖食品店如必勝客比薩店、塔貝爾公司和肯德基公司，但在1997年將食品部門分離為獨立的百勝全球餐飲集團。總部在紐約州珀切斯。

pepsin 胃蛋白酶 胃液（參閱stomach）中一種消化能力極強的酶，能部分消化食物中的蛋白質。胃內的腺體通過胃液中的鹽酸將一種蛋白酶轉化為胃蛋白酶。它只在胃中特定的酸度環境下產生作用（酸鹼值為1.5～2.5或略低）；它在腸（酸鹼值為7）中不起作用。在商業上，它在製造乳酪時使用，也在皮革工業中被用來除動物皮上的毛和殘留的組織，還可被用來將廢棄的照相底片上含銀的白明膠層消化以回收銀。

peptic ulcer 消化性潰瘍 抵抗胃液的酸性能力減低時，胃部黏膜（女性較常見）與十二指腸（占潰瘍的80%，男性較常見）形成的缺損。消化性潰瘍造成燒灼疼痛與類似飢餓的痛苦。潰瘍會出血、腹壁穿孔或是消化道阻塞。早先都是歸因於壓力與飲食緣故，直到發現幽門螺旋桿菌以及長期使用阿斯匹靈與類似藥物是兩個主要原因。前者用組合藥物療法，後者則儘可能停用造成病因的藥物或是加上降低酸產生的藥物。罕見的病因是胃泌細胞瘤（左林格－埃利森症候群），腫瘤造成胃酸分泌增加。吸菸會減緩痊癒且促使復發。

peptide 肽 有機化合物，由一系列氨基酸組成，一個氨基酸的羧基與相鄰氨基酸的氨基形成肽鍵（參閱covalent bond）而連在一起。相當於十多個氨基酸那麼長的肽鏈就是蛋白質。肽的生物合成在核糖體中發生，來自核糖核酸分子轉化而成的一組氨基酸，並由酶控制和激化。許多激素（荷爾蒙）、抗生素以及其他參與生命體的化合物都是肽。

丕普斯，油畫，海爾斯（John Hayls）繪於1666年；現藏倫敦國立肖像畫陳列館
By courtesy of the National Portrait Gallery, London

Pepys, Samuel＊ 丕普斯（西元1633～1703年） 英國日記作家和官員。出身寒微，約1659年擔任財務部職員，並在1660年1月在那裡開始寫日記。他逐漸平步青雲，後來成為海軍上將的祕書，當選為議員，並擔任皇家學會的主席，

成爲查理二世和詹姆斯二世的心腹，也廣交當時知名的學者。他的日記一直寫到1669年（1825年出版），呈現了復興時期的倫敦官員及上層社會生活的迷人畫面，對日常瑣事和大事件均有翔實而生動的記載，包括當時的瘟疫和倫敦大火。

Pequot＊　佩科特人　操阿爾岡昆語的印第安人，住在今康乃狄克州東部的泰晤士河谷。以種植玉米和漁獵爲生。曾短暫的與美國殖民者友好相處，但後來隨著土地壓力的增大而關係緊張。清教徒牧師鼓動暴力對抗異教的佩科特人，1636年戰爭爆發，損失慘重。後來原由佩科特首領統治的莫希干人爆發叛亂，進一步導致了佩科特的毀滅。1655年剩下的爲數不多的佩科特人被安置在米斯蒂克河畔。如今僅剩五百人左右。

Perahia, Murray＊　佩拉希亞（西元1947年～）　出生於美國的英國鋼琴家。生於紐約市，在曼尼斯音樂學院接受訓練。1972年以全體無異議投票通過，贏得里茲國際鋼琴比賽；1975年與他人共享第一屆費施爾獎。1982年起擔任奧德堡音樂節的音樂總監，並定居於英格蘭。他所錄製的音樂，範圍從韓德爾到巴爾托克，以鍵盤樂器來處理的莫札特的協奏曲是他最著名的錄音。

Peranakans＊　僑生　在印尼，指出生於印尼的印尼人和外國人的後代。通常指中國僑生，爲最大和最重要的僑生團體，19世紀中期其構成穩定的社群，部分地採取當地的生活方式，通常講當地土語。然而，20世紀初一股巨大的華人移民潮又形成了一個新客華人（Totok，外國出生）的華人社會。與僑生華人不同的是，新客華人保留了漢語和中國習俗。

perception　知覺　把感官刺激轉化爲有意義之經驗的過程。感覺與知覺之間的界線隨著術語的定義方式而不同。普遍的差異爲：感覺是簡單的感官經驗，而知覺是簡單元素互相結合起來的複雜構造。另一個差異爲：知覺較易受到學習影響。雖然人們已經探索過聽覺、嗅覺、觸覺和味覺，視覺還是最引人注意。鐵欽納等結構主義研究者把重點放在視覺的組成元素，而格式塔心理學強調組織化整體的需要，相信人類具有辨識模式的傾向。視覺物體儘管有持續變化的刺激特徵（如環境光線、視角、場所，相對於形體排列），還是顯得穩定，使觀察者能夠把知覺之物體與理解中存在之物體合而爲一。知覺可能受到期待、需要、無意識想法、價值、衝突的影響。

Perceval　帕爾齊法爾　亞瑟王傳奇中的英雄。他的孩子般天眞使他免受世俗的誘惑。在克雷蒂安·德·特羅亞的《聖杯故事》中，帕爾齊法爾走訪了受傷的漁人王的城堡，看見了聖杯，但是沒有問關於聖杯的問題，也就沒有治好漁人王的傷。他後來又出發尋找聖杯，並且逐漸成熟。後來聖潔騎士加拉哈特爵士取代他成了尋獲聖杯的英雄，但是帕爾齊法爾繼續扮演了重要的角色。沃爾夫拉姆·封·埃申巴赫的《帕爾齊法爾》，講述了他的故事，成爲後來華格納的歌劇《帕爾齊法爾》（1882）的基本題材。

Perceval, Spencer＊　珀西瓦爾（西元1762～1812年）　英國首相（1809～1812）。1796年進入國會，支持小庇特對法國的作戰政策。1802～1806年任檢察總長，1807～1809年擔任財政大臣。1809年起任首相，以管理有效和反對宗教寬容而著稱。後被一個對政府不滿的精神錯亂者刺殺。

perch　鱸　鱸形目鱸科兩種魚——歐亞普通鱸和北美金鱸的統稱。爲著名的食用和遊釣魚。有些人認爲這兩種其實是同一種鱸魚。都有一刺鰭和一軟鰭組成的背鰭。肉食性，生活於平靜的池塘、湖泊、溪流及江河中。歐亞普通鱸體色爲淡綠色，體側具暗色垂直帶，下部各鰭均呈淡紅或橙色，重約3公斤，鮮少有更重的鱸魚出現。金鱸形似河鱸，但色更黃，可長達40公分，重達1公斤，是受歡迎的食用魚。亦請參閱sauger、sea bass、walleyed pike。

Percheron＊　佩爾什馬　亦譯潑雪龍馬。原產於法國佩爾什地區的一種重型挽馬，可能源出中世紀的法蘭德斯「大馬」，引入東方馬以及挽馬血統以育成適合幹重農活的馬種。1850年代廣泛分布於美國，對美國農業的影響較其他挽馬都大。平均身高163～173公分，重860～950公斤，多爲黑色或灰色。身軀雖大，但動作靈活敏捷，性情溫和。

percussion instruments　敲擊樂器　受到敲擊（有時也因受到震動或摩擦）而發音的樂器。主要可分兩類：因樂器本身振動而發聲的非膜質敲擊樂器，和因緊繃的覆面皮膜振動而發聲的膜鳴樂器；兩類中均有音高固定和不固定的樂器。這兩類樂器都主要用以刻畫節奏，但很多敲擊樂器也能演奏出悅耳的旋律。包括鐘、排鐘、鈸、鼓、揚琴、甘美朗、鐘琴、馬林巴琴、鋼琴、鋼鼓、塔布拉鼓、鈴鼓、定音鼓、顫音琴和木琴。

Percy, John　柏西（西元1817～1889年）　英國冶金學家。在獲得醫學學位之後轉向冶金學，1848年設計從銀礦提煉銀的方法，隨即廣泛運用。改進柏塞麥煉鋼法，是全面探勘英國鐵礦的第一人。在倫敦都會科學學院訓練下一代的冶金學家。多卷作品《冶金學》（1861～1880）雖然沒有全部完成，很快就獲得經典地位。

Percy, Walker　柏西（西元1916～1990年）　美國小說家。兒時父母雙亡，由密西西比州的堂兄撫養長大。在擔任病理學家期間得肺結核症，在康復過程中，決心以寫作爲業，同時改信天主教。他的第一部同時也是其最著名的小說《熱愛電影的人》於1961年問世。書中提出有關「精神不振」的病理概念，認爲這是在一個無處生根的現代世界中感到絕望所引起的一種病症。其他作品以在經過工業和技術改造後的新南方尋找愛和眞理爲題材，包括《廢墟中的愛》（1971）、《第二次到來》（1980）和《薩納托斯症候群》（1987）。

peregrine falcon＊　遊隼　亦稱鴨鷹（duck hawk）。隼科猛禽，學名Falco peregrinus。遍布全球，但因殺蟲劑的生物體內累積而變得稀少。體長33～48公分，上體淡藍灰，下體白色，具黑色橫斑。遊隼飛得高，能急速俯衝（可達每小時280公里，鳥類中最高的速度），用握緊的爪攻擊並殺死獵物。經常築巢於近水的陡崖高處突出的一個淺坑，附近有許多鳥類可捕食。飼育計畫將遊隼重新引入野外和都會區，遊隼在都會區以摩天樓當作懸崖而棲息其中，主要以原鴿爲食（參閱pigeon）。雖然該飼育計畫成功，遊隼數量的維持仍脆弱易受傷害。

遊隼
Kenneth W. Fink－Root Resources

Pereira＊　佩雷拉　哥倫比亞中西部城市。位於中科迪勒拉山脈西麓的考卡河谷地。1863年在卡塔戈舊址建立。現爲生產咖啡和牛的中心，也有一些輕製造業。人口約434,000（1997）。

Perelman, S(idney) J(oseph)＊　佩雷爾曼（西元1904～1979年）　美國幽默作家。曾在布朗大學就讀，不久開始爲早期的馬克斯兄弟公司撰寫銀幕劇本，包括《惡作劇》（1931）和《胡說八道》（1932）。他是一名善用雙關語的大師，經常向《紐約客》等雜誌投稿，許多文章收錄在《哈！向西走》（1948）和《到密爾塘的路》（1957）等書中。他還同韋爾合寫了音樂劇《愛神輕觸》（1943）。後期的劇本還包括《環遊世界八十天》（1956，獲奧斯卡獎）。

perennial　多年生植物　存留數年的植物，通常在季節更迭從部分器官長出新的葉子來維繫。喬木和灌木是多年生植物，有些草本開花植物與植被同樣是多年生。多年生植物花期有限，但是維持整個生長季，提供造園景觀花木繁茂的景觀。常見的開花多年生植物像是風鈴草、菊、耬斗菜、鎖針花、蜀葵、福祿考、石竹、罌粟與報春花。亦請參閱annual、biennial。

Peres, Shimon＊　裴瑞斯（西元1923年～）　原名Shimon Perski。出生於波蘭的以色列政治家。1934年隨家人移民到巴勒斯坦，1947年加入了哈加納。以色列取得獨立後，曾擔任一些國防職位（1948～1965），1967年協助建立以色列工黨。1984年在一場難決勝負的選舉後，他同聯合黨候選人夏米爾達成了共同執政的協定，兩人輪流擔任總理。裴瑞斯在任期內（1984～1986）使以色列軍撤出黎巴嫩（參閱Lebanese civil war）。他在拉賓（1992～1995）的政府中擔任外交部長，並與拉賓、阿拉法特共獲1994年諾貝爾和平獎。在拉賓遇刺後成爲總理，在1996年選舉中因些微之差被納坦雅胡擊敗。

perestroika＊　重建政策　（俄語意爲「重新建構」）1980年代戈巴契夫在蘇維埃聯邦實施的政治與經濟重建方案。戈巴契夫提議共產黨降低對各國政府的直接干預、提高地方政府的實權。戈巴契夫希望提升蘇聯的經濟能力，並追上德、日、美等資本主義國家的水準，因此他解除國家對經濟的集中式統制，且鼓勵企業財務自負盈虧。但由於經濟官僚擔心失去權力與特權，因此戈巴契夫的計畫受到不少阻撓。

Peretz, Isaac Leib＊　佩雷茨（西元1852?～1915年）　亦作Peretz, Isaac Loeb或Peretz, Isaac Löb。亦稱Yitskhok Leybush Perets。波蘭作家。著作甚豐，多用意第緒語寫作，帶來新的表現力和來自於西歐藝術和文學的現代化影響。他從東歐窮極潦倒的猶太人生活中汲取素材，編寫了哈西德派傳說（如《沈默的靈魂》叢書）。其故事集作品還包括《民間故事》（1908）、劇作《金鏈條》（1909），許多文章都旨在鼓勵猶太人更廣泛地獲取世俗知識。

Pérez (Rodríguez), Carlos (Andrés)　裴瑞茲（西元1922年～）　委內瑞拉總統（1974～1979、1989～1993）。十八歲便開始其政治生涯。民主行動黨的建立者之一，在貝坦科爾特的支援下於1973年當選總統。將整個石油工業收歸國有，同時維持外國的技術和管理人員，以確保石油工業有效地運作。裴瑞茲也下令減產石油以保護資源，採取刺激小企業和農業發展的措施，並利用石油收入發展水力發電、教育等計畫和建設鋼鐵廠。1989年再次當選總統，任期內提倡自由市場經濟改革。經歷過兩次失敗的軍事政變後，1993年被控侵占和濫用公款而被監禁。

Pérez de Cuéllar, Javier＊　裴瑞茲・德奎利亞爾（西元1920年～）　聯合國第五任祕書長（1982～1991）。出生於祕魯，1940年進入外交部工作，1944年進入外交使團，先後在祕魯駐法國、英國、玻利維亞和巴西大使館任職。在擔任了駐瑞士大使和祕魯的第一任駐蘇聯大使之後，擔任祕魯駐聯合國常駐代表，直至任聯合國祕書長。任職期間主張利用聯合國安全理事會維持和平，並將其作爲協商的講壇。在第二任期間親自談判達成了結束兩伊戰爭實際敵對行動的停火協定。

Pérez Galdós, Benito＊　裴瑞茲・加爾多斯（西元1843～1920年）　西班牙小說家。1870年代開始創作一套包含四十六部短篇歷史小說作品集《民族軼事》（1873～1912），並因此而被人與巴爾札克、狄更斯相提並論。他的一些最佳作品記錄了當代西班牙社會情況，包括《剝奪了繼承權的夫人》（1881）和其代表作《福爾塔娜和哈辛塔》（1886～1887），這部作品反映的是兩位已婚婦女的不幸生活。其早期作品反映出他改革的熱情和反對教權的思想，但1880年代之後轉而表現出對西班牙莫大的同情和其特異性，如在《納薩林》（1895），《憐憫》（1897）等一系列作品中表現出托爾克馬達式風格。他還創作了一些很受歡迎但較不具藝術價值的劇本。他被視爲塞萬提斯之後西班牙最偉大的作家。

Pérez Jiménez, Marcos＊　裴瑞茲・希梅內斯（西元1914～2001年）　委內瑞拉軍人和總統（1953～1958）。畢業於委內瑞拉陸軍軍官學校，曾參與1945和1948年的政變。後由軍隊指派爲總統，1953年受其操控的制憲會議選他爲總統，他實施了大型的公共建設計畫。他和同僚從每個計畫中都抽取傭金。在任職期間言行放縱，大肆貪污，透過警察鎮壓，結果失業率上升，通貨膨脹嚴重。1958年被迫下台，後因挪用公款而被捕。後幾次試圖重返政壇，均未果。

perfect gas　理想氣體　亦稱ideal gas。其物理性質符合一般氣體定律的氣體，表明一定量氣體的壓力（P）和體積（V）的乘積與絕對溫度（T）成正比，即方程式PV=kT，k爲常數。理想氣體是假設由大量的處於不規則運動並服從牛頓運動定律的分子組成。分子體積與氣體占有的體積相比顯得很小，可略而不計，且除了在彈性碰撞的瞬間外，分子不受任何作用力。雖然沒有任何氣體具備這些性質，但是在高溫和低壓下的眞實氣體的性質仍可較好地用通用氣體定律來描述。

performance art　行爲藝術　1960年代興起於歐洲和美國的藝術。早期的範例，通常稱爲「即興演出」，藉由創造出一種不能被捕捉或購買的藝術經驗的類型，表示一種對於正統藝術形式與文化軌範的挑戰，典型的行爲藝術所採用的方式是，以活生生的表演者攜帶道具，並採用諸如詩歌、音樂、舞蹈和繪畫等藝術爲憑藉。它可以在異於慣例的地點，如咖啡館、吧台、街巷等地，就地演出。今天有許多行爲藝術家主要是獨白者。傑出的行爲藝術家有凱基、奧本海姆、歐諾、白南準、孟克和安德生。

perfume　香精　用來散發香味的液體，由天然香精或合成香料以及定色劑製成。香精是按照一定比例將一些香料混合製成的。古代中國人、印度人、埃及人、以色列人、阿拉伯人、希臘人和羅馬人都知道製造香精的工藝，製造香精的參考資料在《聖經》中已有記載。用來製造香精的原料包括動植物的天然產品和人工合成的材料。上好的香精還可能是用上百種香料調配而成。

perfume bottle　香水瓶　盛香水的瓶子。最早是埃及約在西元前1000年製作的。香精在希臘流行以後，在那裡出現了用赤陶或玻璃製成的帶有動物和人頭形的香水瓶。羅馬人用澆鑄過的帶孔玻璃來做香水瓶。基督教興起後，香水的生產開始滑落，玻璃製造業亦隨之衰落。12世紀香水在法國再度流行以及13世紀威尼斯玻璃製品的發展使香水瓶的生產復甦。

Pergamum＊　帕加馬　亦作Pergamus。小亞細亞西部的古代希臘城市，位於今土耳其貝爾加馬鎮附近。至少在西元前5世紀即已存在，但直到希臘化時代阿塔利德王朝奠都於此才顯示出它的重要性。西元前263～西元前133年達到鼎盛。後被傳交給羅馬。羅馬滅亡後，由拜占庭人統治，直到14世紀初落入鄂圖曼人之手。曾是古代城市規畫最優秀的典範，擁有僅次於埃及亞歷山大里亞圖書館的大圖書館。1878年開始由柏林博物館主持發掘，掘出很多古代珍寶。

pergola＊　藤架　花園中的棚架，也包括棚架下的常帶有兩排圓柱的散步小徑或陽台。頂部是空的構架，可供植物攀附，形成一個可供休憩的陰涼場所，藤架本身也有觀賞性。古埃及就有這種藤架，文藝復興初期在義大利的園林中普遍採用，後來傳遍整個歐洲。20世紀初的藝術和手工藝運動時期，藤架在英國再次流行。亦請參閱arbor。

Pergolesi, Giovanni Battista＊　裴高雷西（西元1710～1736年）　義大利作曲家。1732年被任命為那不勒斯王子的禮拜堂唱詩班指揮，由此踏上成功之路。1732年創作了一部喜歌劇《愛僧》，接著在1733年創作了一部正歌劇，其幕間劇《女傭作主婦》反而走紅。由於健康情況逐漸衰退，1736年遷移到一家方濟會修道院，在此完成了《聖母悼歌》和《告慰女王》，去世時年僅二十六歲。曾在歐洲進行《女傭作主婦》的巡演，1752年在巴黎的演出極為成功，但該劇也引起了爭論，稱之為《滑稽歌劇之戰》。由於死後名聲大振，很多作品假冒了其名。

佩里安德，大理石胸像；現藏羅馬梵諦岡博物館
The Mansell Collection

Periander＊　佩里安德（卒於西元前588?年）　科林斯的第二個僭主（西元前628?～西元前588?年）。基普塞盧斯之子，庫普賽洛斯王朝的建立者。是古希臘早期最慘無人道的暴君之一，他親手殺死自己妻子，為了給死去的兒子報仇，把三百名科西拉男童送去閹割（因他們計畫逃脫）。他對待貴族殘酷，但在他統治時期科林斯的商業十分繁榮。其最大的建築計畫是修建了水陸聯運大道，成為船隻過往科林斯地峽的通道。

伯里克利，大理石像；現藏梵諦岡博物館
Anderson – Alinari from Art Resource

Pericles＊　伯里克利（西元前495?～西元前429年）　雅典的將軍和政治人物，對雅典民主和雅典帝國的全面發展曾做出重大貢獻。因與深具影響力的阿爾克邁翁家族有親戚關係，在西元前461年之後獲選當權，之後很快協助進行了基本的民主改革。他聲稱雅典控制提洛同盟，使用聯盟的財政重建了遭受波斯人破壞的雅典衛城。其很有勢力的配偶阿斯帕西亞為他生了一個兒子，在其合法兒子們都死後被立為合法繼承人。西元前447～446年雅典失去了麥加拉，使得斯巴達能長驅直入阿提卡。雖然雅典和斯巴達同意簽訂三十年和平協定（西元前446～西元前445年），但伯里克利仍加強了從雅典到比雷埃夫斯港的長牆防禦工事。當戰爭在西元前431年爆發時，他靠海軍供應城市食物。阿提卡的人口被安置於長牆內，留下鄉村任由斯巴達人蹂躪。當瘟疫爆發後，奪去1/4人口的性命，他被迫下台並受罰款。後來雖再度當選，但最終也死於這場瘟疫。其偉大的葬禮演說（約西元前430年）是至今最著名的捍衛民主演說之一，而他那個時代也被認為是雅典的黃金時期。

peridot＊　貴橄欖石　亦稱precious olivine。寶石級透明綠色的橄欖石。在緬甸發現過非常大的晶體。美國的貴橄欖石很少大於2克拉。黃綠色貴橄欖石曾被稱做chrysolite（希臘語意為「黃金石」），這個術語用於各種不同的無關係的礦物，對於寶石來說已不常用了。

peridotite＊　橄欖岩　一種粗粒、深色、比重大的火成岩，含有橄欖石（至少10%）和其他富鐵、富鎂礦物（一般為輝石），而長石的含量不超過10%。橄欖岩是所有鉻礦石和天然金剛石以及幾乎所有的纖維蛇紋石石綿的基本來源。在溫暖、潮濕的氣候中，橄欖岩和蛇紋石都風化成為土壤和有關的礦床，這些礦床目前雖然只是小規模地開採，但卻是鐵、鎳、鈷的巨大潛在資源。

Périer, Casimir(-Pierre)＊　佩里埃（西元1777～1832年）　法國政治人物。金融家之子，1801年與人合開一家銀行，1814年已成為巴黎最重要的銀行家。1817年選入法國眾議院，任職期間反對查理十世。1830年的七月革命推翻了查理十世後，路易－腓力登位，佩里埃當選為總理（1831），並很快恢復了國內秩序。他積極參與外交事務，派軍援助比利時抵抗荷蘭的入侵（1831），並下令占領安科納以遏制奧地利在教廷國的支配地位（1832）。其獨斷專橫的作風遭致左右兩派的攻擊，有時甚至使國王也疏遠他。

Périgord＊　佩里戈爾　法國南部歷史和文化大區。佩里戈爾伯爵曾對亞奎丹騷亂事件起過作用。1259年起成為英法兩國爭奪的對象。1470年轉歸阿爾布雷家族所有，後為那瓦爾王室繼承。1607年被亨利四世併入法國王室。

period　紀　在地質學上，地質年代表的基本單位。在紀的時期內，形成特殊的岩石系統。最初，是根據地層學和古生物學來確定各紀的相對先後順序。現在用碳－14年代測定法和類似的方法來確定不同紀的絕對年齡。

periodic motion　週期運動　在等時間間隔進行的重複運動。每一間隔的時間被稱為週期。週期運動的例子有：晃動著的搖椅、彈跳著的球、振動的吉他弦、搖晃的擺以及水波等。亦請參閱simple harmonic motion。

periodic table　週期表　所有的化學元素按它們的原子量逐漸增加的順序有組織地排列。它們呈現出某些特性的重複出現，由門得列夫在1869年首先發現。在週期表的同一欄裡的元素通常具有相似的性質。20世紀，在了解原子結構後，週期表可精確地反映原子序數增加的順序。表中同一族的元素的原子最外面的殼層上都有相同數目的電子，形成相同類型的化學鍵，通常還有相同的原子價；稀有氣體的最外層是滿的，一般就不形成化學鍵。於是，週期表大大地加深了對化學鍵和化學行為的認識。

periodical　期刊　以固定或規律的間隔發行的出版物。一般認爲期刊包括報紙，頁面通常較大，而且不固定，並有立即性的內容；也包括雜誌或報刊，頁數較少，一般是固定或裝訂，通常是更爲專業化、較不依附時間的內容。

periodontitis＊　牙周炎　牙齒周圍軟組織的炎症。若不注意牙齒衛生，就會有菌斑黏附牙齦線下的牙齒，從而刺激並侵蝕鄰近的組織。若仍不治療，牙齦的發炎邊緣會開始退縮而把齒根暴露出來。最後侵犯到使牙齒固著的齒槽骨，使牙齒鬆動，最後脫落。如這時除去所有的菌斑堆積物和被侵犯的軟組織尚可制止齒槽的損壞但不能使它復原。

periosteum＊　骨膜　覆蓋骨表面的一層緻密纖維膜。外層（纖維層）含有神經纖維和許多血管，能供應骨細胞。內層的成骨細胞在胚胎期及幼兒期非常旺盛，骨形成處於顛峰時期。成年後數目減少，但仍保持著成骨的功能。若遇外傷便大量增殖，產生新骨以修復組織。

periscope　潛望鏡　用於陸戰、海戰、水下導航以及其他方面的光學儀器（參閱optics, principles of），它使觀察者可以在掩體下面、裝甲後面或在水下窺視周圍情況。潛望鏡包括兩塊鏡子或反射稜鏡，用以改變由所觀察的場景射來的光的方向：第一個使水平光折入豎直管向下，第二個使光再轉向水平，這樣場景就容易被看到。

peristalsis＊　蠕動　肌肉的一種向前推進的波狀運動，主要發生於食道、胃及小腸，偶亦見於身體其他空腔臟器。可表現爲短促的、局限性的反射活動或爲長距離的、連續性的、運動範圍達器官全長的收縮。食道的蠕動可將其前方的食團推入胃內。胃的蠕動有助於將胃內容物混合及將食物推向小腸。小腸內的蠕動可將食糜推向前方，並使之與腸壁接觸，以便吸收。大腸內的蠕動將糞便推入肛管，在排出結腸內的氣體及抑制細菌生長方面發揮十分重要的作用。

peritoneoscopy ➠ laparoscopy

peritonitis＊　腹膜炎　腹膜（參閱abdominal cavity）的炎症。特點爲腹膜腔內積存膿液，症狀爲腹痛、腹脹、嘔吐和發熱。可分急性或慢性，瀰漫性或局部性。急性腹膜炎常繼發於體內其他部位的炎症（如由細菌感染散佈）。胃腸道穿孔，尤其闌尾穿孔，是腹膜炎的常見原因。控制感染後，腹膜炎症可得緩和，或有黏連形成而閉合腹腔，或形成局部性膿瘡（抗生素治療後其發生率已大爲降低）。

periwinkle　蔓長春花　植物學上，夾竹桃科蔓長春花屬所有植物的通稱。小蔓長春花花淡紫藍色，爲常綠蔓性多年生植物，原產歐洲，目前已廣佈北美洲東部許多地區。大蔓長春花花紫藍色，其葉和花較小蔓長春花者爲大，原產歐洲大陸，在英國已呈歸化狀態。從蔓長春花提煉出的生物鹼對抑制癌症病情進展有幫助。

periwinkle　濱螺　動物學上，濱螺科約80種海生螺的統稱，分布廣泛，主要爲草食性。常見於岩石、礁石或高潮標誌與低潮標誌之間的樁材上。普遍濱螺是體型最大的北方種，長度可達4公分，通常爲深灰色，殼陀螺狀而厚實。約1857年引入北美，如今常見於大西洋海岸一帶。濱螺科的所有種類是許多濱鳥喜愛的食物。

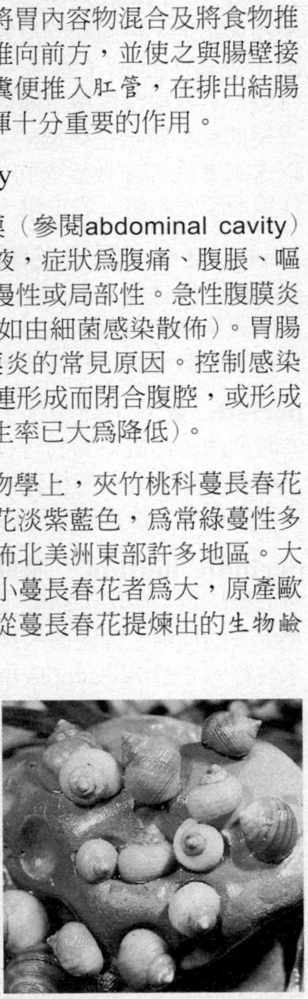

濱螺屬（Littorina）的一種
Jane Burton – Bruce Coleman Ltd.

Periyar River＊　佩里亞爾河　印度西南部喀拉拉邦中部河流。全長225公里，發源於坦米爾納德邦邊境附近的西高止山脈，向北注入佩里亞爾湖，該湖爲攔河建壩的人工湖。湖水透過水道向東注入韋蓋河，用於灌溉。佩里亞爾河出佩里亞爾湖後流向西北，最後注入阿拉伯海。

perjury　僞證罪　指在經過宣誓後自願地、故意地或惡意地作出假證。其陳述必須要對審判起了實質性影響。如果僞證妨礙對案件作出正確的判斷，對僞證者可以加重懲罰。一個作了虛假陳述然後又自行糾正的人不構成僞證罪。

Perkins, Anthony　安東尼柏金斯（西元1932～1992年）　美國的影片演員。生於紐約市，演員歐斯固柏金斯之子，曾就讀於哥倫比亞大學。在電影界的第一部作品是1953年的《女演員》，之後還年《友善地說服》（1956）以及《恐懼出局》（1957）等電影中出現，但直到1960年在希區考克的《精神病》一片中飾演謀殺行凶的旅館老闆貝特才出名。後來出現在幾部歐洲的電影中，包括《審判》（1963）、《香檳謀殺案》（1967）和《十日奇觀》（1972），以及美國影片《美麗毒藥》（1968）、《第二十二條軍規》（1970）及《美國女足職業大聯盟》（1970）。後死於愛滋病併發症。

Perkins, Frances　珀金斯（西元1882～1965年）　原名Fannie Coralie Perkins。美國官員。曾在紐約市擔任社會工作者，後成爲改善婦女工作條件的組織領導者。1929～1933年在羅斯福手下擔任州工業委員會委員。羅斯福當選總統後任命她爲勞工部長，爲擔任內閣閣員的第一名女性。在她長期的任職期間（1933～1945），竭力提倡規定每週最低工資額和最高工作時數，給予失業補助金，幫助起草「社會保障法」，指導「公平勞動標準法」（1938）。1945～1953年任美國行政事務委員。

Perkins, Jacob　珀金斯（西元1766～1849年）　美國發明家。約1790年製造了一台製釘機，可一次完成釘頭和釘身。後來他發明一種鈔票雕版法，能使僞造鈔票極端困難。由於這項發明未引起美國的注意，珀金斯乃與合夥人於1819年赴英國設立了一家印鈔廠。珀金斯也試驗高壓蒸汽鍋爐，1827年造出水平蒸汽機。1829年設計出一種經過改良的明輪。1831年發明水在鍋爐中能自由循環的方法，最終設計出現代水管鍋爐。

Perkins, Maxwell (Evarts)　珀金斯（西元1884～1947年）　美國編輯。曾任《紐約時報》記者，後到斯克里布納出版公司工作，後來成爲編輯主任和副總裁。珀金斯最出名的一次編輯工作是把渥爾夫雜亂無章的手稿大幅修改後再加以出版，但他也曾幫助過一些初出茅廬的作家，如費茲傑羅、海明威、拉得諾、考德威爾、威爾遜和佩頓。

Perl　Perl　全名實用摘錄與匯報語言（Practical Extraction and Reporting Language）。高階電腦程式語言，撰寫共通閘道介面（CGI）文本最常用的語言，也是全球資訊網最重要的文本（直譯）語言。由於來自於UNIX作業系統，語法類似C語言，包括數個UNIX的功能。因其具有優越的文字處理能力，廣泛被系統管理員採用（撰寫管理工作），特別適合開發程式的原型。因爲是解譯語言，程式具有高度可攜性，跨越不同的作業系統。最初是美國國家航空暨太空總署噴射推進實驗室的華爾於1986年發展出來，之後由數百位研究人員義務加以改良。就像Linux作業系統一樣可以免費取得。

perlite 珍珠岩 亦稱珍珠石（pearlstone）。具有同心圓形裂紋而能破裂成珍珠狀小顆粒的天然玻璃。它由黏稠的熔岩或岩漿迅速冷卻而成。珍珠岩多孔，表面有蠟光，通常爲灰色或淺綠，但也可能呈棕色、藍色或紅色。從約1950年起，在新墨西哥、內華達、加利福利亞和其他西部各州就有大量的礦床開採。經熱處理後的珍珠岩是輕質塗料和混凝土中沙的替代品。珍珠岩被用來隔熱和隔音，也是輕型陶瓷和過濾劑。

Perlman, Itzhak 帕爾曼（西元1945年～） 以色列出生的美國小提琴家。四歲患小兒麻痺症，左腿癱瘓。爲音樂神童，十三歲就在美國參加了第一次電視演出。入紐約茱麗亞音樂學院後，師從加拉米安（1903～1981）和迪萊（1915?～）。他的天賦被發覺後，成爲傑出的管弦樂獨奏者和室內樂演奏家，並灌製了大量名曲唱片。他在電視上露過面，演奏爵士和克雷茲姆音樂，很受大衆歡迎，也投身於教育年輕的音樂家。

permafrost 永凍土 常年凍結的土地，連續兩年或多年溫度低於0℃。永凍土約占地球陸地面積的20%以下，在西伯利亞北部深達1,500公尺。它占阿拉斯加的85%，占俄羅斯和加拿大的一半以上，而南極洲幾乎全部爲永凍土。永凍土對動植物有重要作用，並在工程項目中產生特殊的問題。凍土環境中的土地利用必須考慮當地特殊的地形敏感性，如果微妙的自然平衡沒有得到保持，便可能導致大面積的永凍土退化，對生態造成破壞。

permeability, magnetic ➠ magnetic permeability

Permian period 二疊紀 距今2.90億～2.48億年的一段地質年代。爲古生代六個紀中最後的一個紀，在石炭紀之後。二疊紀時期，各大陸組合成了一個單一的超級大陸板塊盤古大陸。乾熱的環境遍布大地，沙漠大面積擴展。生物沿著既成的路線繼續演化。海生無脊椎動物演化成若干譜系。海生和淡水魚類以及兩生類興旺繁榮。爬蟲類演化爲三個明顯不同的類別：杯龍類、盤龍類和獸孔類。陸地植物從蕨類和種子蕨類演化爲毬果植物並適應了稍爲乾燥和排水良好的陸地條件。在二疊紀末期，許多生物形式都發生大規模的滅絕，其原因不明。

permittivity＊ 電容率 通用的電學常量，出現在靜電力的數學公式裡。一種絕緣的或電介質材料的電容率一般都用希臘字母 ε 表示。真空的電容率用 ε_0表示，比例 $\varepsilon / \varepsilon_0$ 是材料的介電常數。電容率的國際單位是平方庫侖每牛頓－平方公尺（C_2/N-m^2）。

permutations and combinations 排列和組合 從給定的物件集合中選出子集的可能方式的數目。在排列中，次序是重要的；而在組合中不重要。於是，在三個字母A、B、C中一次選擇兩個字母的排列有六種（AB、AC、BC、BA、CA、CB），而組合卻只有三種（AB、AC、BC）。從n個物件的集合中選擇r個物件的排列數，用階乘來表示是$n! \div (n - r)!$，而組合數是$n! \div [r!(n - r)!]$。在二項式$(x + y)n$的展開式中，第$(r + 1)$項的係數正好與從n個物件中一次選擇r個物件的組合一致（參閱binomial theorem）。從研究賭博發展出來的機率論包括找出玩撲克牌的組合或馬賽中得勝機率的排列。在17世紀它的發展過程中這樣的計算方法起了重要的作用。

Pernambuco 伯南布哥 ➠ Recife

pernicious anemia 惡性貧血 一種慢性疾病，由於維生素B_{12}（參閱vitamin B complex）不足而引起紅血球減少。惡性貧血是食物中缺乏維生素B_{12}所引起，也可能由於胃底壁細胞內因子（該因爲腸內吸收維生素所必需）缺乏或其無法與維生素結合，而影響食物中維生素B_{12}的吸收。會引起虛弱，蠟樣蒼白，舌光滑以及胃部、腸內和神經方面的病症。其慢性發展將引發嚴重貧血。每月對肌肉注射維生素B_{12}可快速改善貧血，但這種注射得終身持續下去。

Perón, Eva (Duarte de)＊ 愛娃・庇隆（西元1919～1952年） 別名艾薇塔（Evita）。原名María Eva Duarte。阿根廷總統胡安・庇隆的第二任妻子。她雖不是正式的政治領袖，但握有實權。出身貧寒，與庇隆結婚時是一名演員。爲庇隆首次競選總統獲勝立下汗馬功勞，並贏得群衆擁護。她雖未任公職，但扮演了眞正的衛生與勞工部長，對工人慷慨地增加工資。由於商界、勞動工會以及社會名人的「自願」捐助，她建立了許多醫院、學校和孤兒院。三十三歲時死於癌症，擁護她的哀傷工人階層曾試圖在她死後追封其爲聖徒。

Perón, Isabel (Martínez de) 伊莎貝爾・庇隆（西元1931年～） 原名María Estela Martínez Cartas。阿根廷總統（1974～1976），胡安・庇隆總統的第三任妻子。出身中下層家庭，1955或1956年當舞蹈演員時結識庇隆。後隨庇隆流亡，1961年兩人結婚。1973年庇隆競選總統時，爲其競選伙伴。1974年7月庇隆去世，她繼任總統，面臨了通貨膨脹、政治暴力等問題，她試圖用印製鈔票和宣布緊急狀態等措施來解決，但無效。1976年被廢黜，遭軟禁五年後，被判犯有貪污罪。但獲假釋，流亡西班牙。

Perón, Juan (Domingo) 胡安・庇隆（西元1895～1974年） 阿根廷總統（1946～1955、1973～1974）。在念完軍事學校後，1930年代服役於義大利，在那裡見識到法西斯政權的成功。1943年協助別人推翻無效率的文官政府，後任勞動與社會福利部長，在勞動工人中累積了一群死忠派人士，1946年幫助他當選總統。庇隆的政治觀點既偏極左又偏極右，他在對勞工散發過多的福利的同時，卻嚴厲鉗制人民的自由。他的妻子愛娃・庇隆的魅力使他的政權越受歡迎。1951年再次當選總統，但嚴重的經濟衰退和社會上逐漸累積的不滿因素造成他在1955年被一群具有民主思想的軍官推翻。庇隆在西班牙流亡二十年，但對阿根廷事務的影響仍持續不斷。當庇隆主義黨合法後，他缺席當選爲總統，不過在他回國掌權後不到一年即過世。亦請參閱Peron, Isabel。

Peronist＊ 庇隆主義者 阿根廷民族正義運動的參與者。他們支持胡安・庇隆，附和他所鼓吹的平民主義和民族主義政策。庇隆主義爲一種沒有明確定義的政治哲學。它包括左、右翼的意識形態，結合獨裁的民族主義進行財富再分配，無視民權的存在。1974年胡安・庇隆死後，正義運動因派別紛爭而被削弱，但在阿根廷政治中仍起著重要作用，在其他地方也有擁護者。亦請參閱Menem, Carlos (Saúl)。

Perot, H(enry) Ross＊ 裴洛（西元1930年～） 美國商人。畢業於亞那波里斯海軍學院，1953～1957年在美國海軍服役，1957～1962年任職於IBM公司，之後成立自己的電子資訊系統公司。他經營有方，並於1984年以25億美元將公司出售給通用汽車公司。1992年成爲總統獨立候選人，因此而聞名全國。他在那些對傳統政黨政治不滿的選民中贏得廣大的支持，在普選中贏得19%選票。他的改革黨已逐漸脫離裴洛本人的色彩，建立自治權。

Pérouse Strait, La　拉佩魯茲海峽 ➠ Soya Strait

peroxide　過氧化物　任何由兩個氧原子以單個共價鍵相互結合在一起的一類化合物。許多有機（參閱organic compound）和無機（參閱inorganic compound）過氧化物已經用作漂白劑和氧化劑（參閱oxidation-reduction），用來引起聚合反應，以及用於製備過氧化氫（一種溫和的漂白劑和防腐劑）和其他氧化合物。過氧陰離子（化學式爲O_2^{2-}）存在於無機過氧化物中。

Perpendicular style　垂直式風格　英格蘭晚期哥德式建築的一個階段，時間上約略與法國的火焰式風格平行。這種風格關注的是，藉由裝飾以創造出富麗的視覺效果，其特色是在石製窗戶的窗花格（窗花格將窗戶擴充至更大的比例）中，垂直線居於主導的地位，以及將內的故事轉化爲單一、統一的垂直的廣闊區域。源起於細長圓柱或懸垂裝飾的扇形拱頂變得普及。這種風格現存最古老的範例可能是格洛斯特教堂（約始建於1335年）內唱詩班的座位；其他主要的遺跡包括劍橋國王學院的小禮拜堂（建於1446～1515年），以及西敏寺內亨利七世的小禮拜堂。在16世紀，由於將文藝復興的成分轉接至垂直式風格，促成了都鐸風格。

Perpignan＊　佩皮尼昂　法國南部城市。位於西班牙邊境以北，約建於10世紀，12世紀時爲魯西永首府，1276～1344年爲馬霍卡王國首都。法國和西班牙在爭奪此地時在此建起了很多堡壘。1659年歸法國所有。現爲附近農業地區的交易中心。這裡衆多的中世紀建築使得其旅遊業成爲經濟支柱。人口108,000（1990）。

Perrault, Charles＊　佩羅（西元1628～1703年）　法國詩人、散文家和故事作家。1660年左右以輕快的散文和愛情詩廁身文壇。爲孩子們創作的童話集《鵝媽媽的故事》（1697），是其最受歡迎的作品。此後畢生從事文學和藝術研究。爲法蘭西學院的領導人物，捲入了與布瓦洛著名的文學「古今之爭」，作爲對一般傳統的反抗，他支持現代派的觀點立場突破了傳統的束縛，立下了一個新的里程碑。

Perrot, Jules (Joseph)＊　佩羅（西元1810～1892年）　法國舞蹈演員和編導。以浪漫主義芭蕾而聞名。曾向情節芭蕾的主要代表維加諾等人學習。1830年在巴黎歌劇院首次登台表演。一直到1835年都與塔利奧尼搭檔，之後離開公司，在歐洲巡迴演出。他曾爲格里西（1819～1899）編過幾齣芭蕾，可能最著名的是在《吉賽兒》中的獨舞。1842～1848年在倫敦擔任舞者及芭蕾教師。1848～1958年移居聖彼得堡，在那裡繼續以表現性、戲劇性風格設計舞蹈動作。

舞者佩羅，版畫；據素描複製
By courtesy of the Bibliothéque de l' Opera, Paris; photograph, Pic

Perry, Matthew C(albraith)　伯理（西元1794～1858年）　美國海軍軍官。跟隨其兄奧利佛·伯理加入美國海軍，並擔任美國第一艘戰艦「富爾敦號」（1837～1840）的指揮官。在墨西哥戰爭中指揮美國海軍，並在韋拉克魯斯援助司各脫。1852年受費爾摩爾總統之命去敦促日本政府與美國建立外交關係。他認爲只有顯示海軍實力才能改變日本的孤立政策。1853年率艦四艘駛入浦賀港，並說服日方接受美國總統要求簽約的信件。1854年又率艦九艘陳兵江戶灣（今東京灣），與日本締結了兩國間第一個條約。該條約承認美國的貿易特權，並向美國開放遠東。

Perry, Oliver Hazard　伯理（西元1785～1819年）　美國海軍軍官。馬修·伯理之兄，1799年加入美國海軍，在西印度和地中海服役。1813年前往賓夕法尼亞州伊利市籌建美國海軍艦隊，與英國在1812年戰爭中爭奪五大湖控制權。他以十艘小型兵船備戰英軍六艘軍艦（1813年9月10日）。在他的旗艦被擊中後，改乘「尼加拉號」，率隊衝入英艦陣列，終以優勢火力，迫使六艘英艦全部投降。他在彙報英國人投降的情形說：「我們遇見了敵人，現敵人已完全降服。」

Perse, Saint-John ➠ Saint-John Perse

Persephone＊　普賽弗妮　拉丁語作Proserpina。希臘神話中宙斯和蒂美特的女兒。在採花時被哈得斯劫持，哈得斯把她帶到陰間，並娶其爲妻。她的母親蒂美特得知女兒被劫持的消息後，異常悲憤，不再關心大地的收穫或豐產與否，於是發生了大規模的饑饉。宙斯命令哈得斯把普賽弗妮交還給她的母親。但由於她已在冥界吃了一顆石榴子，所以她不能完全脫離冥界，一年要有四個月的時間和哈得斯在一起，其餘時間則回到母親那裡。季節變換以及萬物在一年中枯榮循環都源於該傳說。

普賽弗妮被哈得斯劫持，大理石雕像，貝尼尼製於1621～1622年；現藏羅馬博蓋塞藝廊
Anderson－Alinari from Art Resource

Persepolis＊　波斯波利斯　波斯古城和古都，位於伊朗西南部設拉子東北處。這座位於偏遠山區的城市爲大流士一世所建，定爲波斯國都，以取代舊京帕薩爾加德。西元前330年遭亞歷山大大帝劫掠，並焚毀了薛西斯的宮殿。現僅存一大片廢墟和一些石柱建築，包括早期波斯國王的宮殿、大片樓梯、一座觀衆廳席和珠寶庫。

Perseus　佩爾修斯（西元前212?～西元前165?年）　馬其頓最後一任國王（西元前179～西元前168年）。腓力五世之子，曾同羅馬人（西元前199年）和埃托利亞人（西元前189年）作戰。他勸說其父王廢黜了他的兄弟德米特里。當上國王後，將自己的勢力擴展到附近的國家，並試圖取得希臘世界的信任，但反因率兵造訪德爾斐而引起希臘恐慌。帕加馬的歐邁尼斯二世提醒羅馬佩爾修斯的企圖，造成了第三次馬其頓戰爭（西元前171～西元前168年）。這場戰爭以羅馬人打敗馬其頓人告終，也結束了其君主統治，而佩爾修斯也在監禁中度過殘生。

Perseus　伯修斯　在希臘神話中，他是殺死戈爾貢梅杜莎的人。爲宙斯和達那厄的兒子。出生後，他的外祖父就把他們母子兩人裝在一個箱子裡扔入海中，因爲有預言說他會被這個外孫殺死。他和母親存活下來，伯修斯長大後被派去割取梅杜莎的頭。回家途中從一頭海怪手中解救出衣索比亞公主安德洛墨達，她嫁給伯修斯。後來他帶著母親返回故鄉阿戈斯，一次在投擲鐵餅時不慎砸死外祖父，應驗了當初的預言。

Pershing, John J(oseph)＊　潘興（西元1860～1948年）　美國軍官。畢業於西點軍校。1886～1898年在西部邊境服役，並參加美西戰爭，後任駐菲律賓美軍師長（1899～1903、1906～1913），鎮壓比利亞領導的革命（1916）。第一次世界大戰期間被任命爲美國派遣軍司令官，主張保有兩百萬人的美國派遣軍的獨立性，反對聯盟軍試圖將美軍作爲英法聯軍代替品的做法。1918年9月率軍成功襲擊聖米耶勒，並在加默茲－阿爾貢戰役中幫助擊敗德軍。1919年被升爲陸軍上將。1921～1924年任陸軍參謀長。別名「黑傑克」，因爲他早年曾在一黑人軍團效力。他的回憶錄於1931年獲普立茲獎。

潘興，攝於1917年
By courtesy of the Library of Congress, Washington, D. C.

Persia　波斯　歷史上指位於南亞的伊朗王國。幾個世紀以來被廣泛使用，尤其在西方。該名稱起源於伊朗南部的波西斯或帕爾薩地區。帕爾薩是一個印歐語系的游牧民族，約於西元前1000年移居這一地區。由於古希臘人和其他西方民族把「波斯」用於指整個伊朗高原，這個名稱的使用就逐漸廣泛起來。伊朗人民一直稱呼他們的國家爲伊朗，1935年伊朗政府要求人們使用「伊朗」來取代「波斯」。

Persian cat　波斯貓　矮胖圓頭的家貓品種，絲質長毛（顏色衆多），圓形大眼，短鼻，襟毛濃密。這個品種一般當作長毛貓的典型。

Persian Gulf　波斯灣　阿拉伯海海灣。長885公里，平均深度100公尺，透過荷姆茲海峽與阿曼灣和阿拉伯海相連。灣中有島國巴林，濱臨此灣的國家有伊朗、阿拉伯聯合大公國、阿曼、沙烏地阿拉伯、卡達、科威特和伊拉克。經濟以石油生產爲主。是1991年波斯灣戰爭的發生地。

Persian Gulf War　波斯灣戰爭（西元1990～1991年）　亦稱海灣戰爭（Gulf War）。1990年因伊拉克入侵科威特而引發的國際衝突。雖然伊拉克領袖海珊認爲科威特違法從伊拉克油田攫取了石油，但這次入侵被認爲主要是爲了奪取科威特大片的油田爲動機。美國和其同盟北大西洋公約組織在阿拉伯國家聯盟的支持下開始於當月派遣軍隊到沙烏地阿拉伯。在聯合國安理會要求的最後撤軍期限沒有如期實現後，在美國主導下的對伊拉克空襲開始了（1991年1月16/17日）。伊拉克領袖海珊將大量科威特石油傾入大海作爲回應。一場激烈的陸地戰（2月24～28日）立刻取得了勝利，雖然在此之前海珊還沒有火燒油井，但最後還是花了八個多月後才撲滅之。估計伊拉克軍隊死亡人數約有8,000～100,000，而聯盟國則損失約300人。海珊後來面臨了國內廣泛的人民起義，但被他奮力平息了。一個聯合國批准的貿易禁令在戰後仍生效，在接下來的十年間仍因伊拉克的生物和核子武器研究問題懸而未決。

Persian language　波斯語　亦稱法爾斯語（Farsi language）。一種伊朗語，在伊朗約有2,500多萬人把它當作母語，並有數百萬人把波斯語當作第二語言。現代波斯語是由7～9世紀伊朗西南部的方言發展而來的共同語，在引進伊斯蘭教後從阿拉伯語吸入不少外來詞。11～12世紀波斯語在東北部波斯和亞洲中部得以標準化和文學化。波斯以外的國家（如蒙兀兒王朝的印度和鄂圖曼土耳其）都曾在一定歷史時期扮演文化中心的角色。波斯語在這些國家的地位對烏爾都語和鄂圖曼土耳其語都產生了較大影響。突厥諸語言和印度－雅利安諸語言、高加索諸語言以及伊朗諸語言都曾大量借用波斯語。如其他現代伊朗語一樣，波斯語在聲音結構上也與古伊朗語有顯著不同，動詞形式大量減少，名詞和形容詞已不再有格的變化。書寫形式與阿拉伯字母系統稍有不同。

Persian Wars　波斯戰爭（西元前492～西元前449年）　亦稱波希戰爭（Greco-Persian Wars）。希臘諸城邦與波斯的一系列戰爭，尤指西元前490及西元前480～479年波斯對希臘的兩次入侵。西元前522年大流士一世在波斯當政後，安納托利亞的愛奧尼亞希臘諸城邦處於波斯的控制之下，他們在愛奧尼亞叛變（西元前499～西元前494）中曾起而反抗但是失敗。由於雅典曾支援叛亂，大流士以此爲藉口進攻希臘本土（西元前492），但因爲大部分部隊被大風暴摧毀而撤回。西元前490年他又組織一支人數衆多的部隊在雅典附近登陸，在馬拉松戰役大敗後撤退。西元前480年在薛西斯一世的率領下，波斯人再度侵略希臘以爲上次的失敗雪恨。這次所有的希臘人都團結起來，由斯巴達統領陸軍，雅典統領海軍。萊奧尼達斯率領的斯巴達部隊在溫泉關一役中大敗，使波斯軍隊前進到雅典，並將其洗劫一空（西元前480）。波斯艦隊在薩拉米斯戰役徹底失敗後，薛西斯即撤回波斯。西元前479年薛西斯的軍隊在普拉蒂亞戰敗，被趕出希臘，海軍在安納托利亞海岸的米克利也遭到同樣的命運。此後零星的戰役持續了三十年，其間雅典人成立提洛同盟發起進攻以解放愛奧尼亞諸城邦，直到西元前449年「卡利亞斯和約」才結束戰爭。

persimmon　柿　柿科柿屬2種喬木和其圓形可食用的果實。美洲柿原產美洲，樹形矮小，果深紅色到紫醬色，多含幾粒頗大的扁平種子，分布自墨西哥灣各州至賓夕法尼亞中部及伊利諾中部。東方柿廣泛種植於中國和日本，果黃色到紅色，較美洲柿果實大且澀。柿爲維生素A和維生素C的良好來源，可鮮食、燉食或做果醬。

美洲柿
H. R. Hungerford

personal computer (PC)　個人電腦　爲供個人使用而設計的微電腦。一台典型的個人電腦配備包括中央處理器，由RAM（隨機存取記憶體）和ROM（唯讀記憶體）組成的內部記憶體，資料儲存裝置（包括硬碟、軟碟或唯讀光碟），各種輸入／輸出裝置（包括顯示器、鍵盤、滑鼠和印表機）。個人電腦生產開始於1977年，當時由蘋果電腦生產了「蘋果二號」電腦。無線電室和科莫多爾商業機器公司也在同年推出了個人電腦。IBM公司在1981年進入了個人電腦市場。IBM電腦在記憶體能力上不斷提升，並在其大規模銷售的組織支持下迅速樹立工業標準。蘋果電腦公司推出的麥金塔電腦（1984）對桌上排版尤其有用。微軟公司在1985年推出了MS Windows作業系統，一種圖形使用者界面，提供許多麥金塔所具有的功能，最初它是覆蓋MS-DOS上的系統。視窗系統逐漸取代MS-DOS成爲個人電腦的主要作業環境。當這種機器功能越來越強大和應用軟體隨之倍增時，使

OPQR

用個人電腦的人也成倍成長。如今，個人電腦已經具有文書處理、上網和其他處理日常事務的功能。

personal-liberty laws 人身自由法 北方各州政府爲抵制「逃亡奴隸法」而制訂的規定。印第安納州（1824）和康乃狄克州（1828）違抗此法，規定逃亡奴隸享有陪審權，佛蒙特州和紐約州（1840）亦規定逃亡奴隸享有陪審權，並向他們提供律師。其他一些州政府通過了不准州當局協助捉拿和送還逃亡奴隸的法律。在「1850年妥協案」後，大多數北方州進一步保證實行陪審制度，明令對非法逮捕被認定的逃亡奴隸要給予嚴厲的懲處。支持奴隸制度的勢力引用這些法律來對國家法律進行攻擊，並將其作爲脫離聯邦的一種口實。

personal property 動產 ➠ real and personal property

personalismo 個人統治 在拉丁美洲指抬高一個領袖人物的做法。通常犧牲政黨、意識形態和立憲政府的利益以效忠領袖。拉丁美洲政黨的組成，往往靠個人追隨某一領袖，這種事實反映在這些政黨通常以領袖的名字來稱呼，如阿根廷的民族正義行動黨黨員被稱爲庇隆主義者或古巴卡斯楚的追隨者被稱爲菲德爾主義者。亦請參閱caudillo。

personality 人格 個人行爲和情感特徵的總和。人格涵蓋人的情緒、態度、意見、動機，還有思考、知覺、說話、表現的風格。人格造成個人獨特性的一部分。人格理論早已存在於大部分的文化和有史記載中。古希臘人運用生理學觀念來解釋氣質的異同。18世紀康德、孟德斯鳩、維科提出理解個人及團體差異的方法，而在20世紀早期，克雷奇默和心理分析學家弗洛伊德、阿德勒、容格等人都提出了競爭性的人格理論。弗洛伊德的模式基礎是受到原我、自我、超我結構分調和的性心理驅力，還有意識與無意識動機的交互作用。個人所運用的一系列防衛機制是特別重要的。和弗洛伊德一樣，容格強調無意識動機，但不強調性，他提出一種典型理論，把人區分爲內傾與外傾，並宣稱個別人格是源自傳承性種族記憶庫「集體無意識」的人格面貌（社會面貌）。後來埃里克松、奧爾波特、羅傑茲的理論也具有影響力。當代的人格研究傾向經驗主義（以投射測驗的施行或人格調查表爲基礎）而理論上較不全面，強調個人的認同及發展。人格特質通常被視爲遺傳傾向和經驗的產物。亦請參閱personality disorder、psychological testing。

personality disorder 人格障礙 亦稱性格障礙。被視爲不恰當或異於常人人格的一般行爲模式和態度。人格障礙不算是疾病，特點是人格上長久和持續發展的反社會文化標準的行爲。分爲依賴型、反覆無常型、自戀型、強迫比較型、反社會型、迴避型、不穩定型、偏執狂型以及精神分裂症型。病因有遺傳方面的，也有環境因素。最爲有效的治療方法是結合行爲療法和心理治療。

personnel administration 人事行政 ➠ industrial and organizational relations

perspective 透視法 在二度空間平面上描繪立體（3D）物體和空間關係。西方美術通常運用直線透視法體系以構成立體感和空間感。當一物體離觀者越遠，看上去就覺得越小，因此各物體平行線和平面都會聚到無窮遠的一些消滅點上。希臘人和羅馬人可能早已會使用這種消滅點的概念，但後來失傳，一直到15世紀初義大利的布魯內萊斯基才再度發現透視畫法的直線或「數學」規則。直線透視法在西方繪畫中持續到19世紀末，直到塞尚將文藝復興傳統的畫面空間平面化爲止。立體派和20世紀的其他畫家都放棄了這種三度空間的畫法。亦請參閱aerial perspective。

Perspex 珀斯佩有機玻璃 ➠ Lucite

perspiration 出汗 由皮膚排出自表皮直接蒸發成蒸氣的水分或由汗腺分泌並蒸發以冷卻身體的液體。當體溫升高時，交感神經系統刺激汗腺將水分分泌到體表，並蒸發來冷卻體溫。人體的汗液實質上是一種含有痕量其他血漿電解質的稀氯化鈉溶液。在極端的環境中，人體可以在一小時內排出幾公升汗液。

Perth 伯斯 澳大利亞西澳大利亞州首府。位於斯旺河河口灣畔，距河口16公里。1829年建成。1890年由於在庫爾加迪發現黃金而發展迅速，1897年開放弗利曼特港口。現爲主要工業中心，經濟發展迅速。1987年在該地舉辦了美洲盃。市內設有西澳大利亞州立大學和默多克大學。人口約1,263,000（1995）。

Perth 伯斯 蘇格蘭中部城鎮。濱臨泰河，位於愛丁堡西北部。曾是羅馬殖民地，1210年爲皇家自治市，1437年以前爲蘇格蘭首都，直到國王詹姆斯一世在那裡被謀殺。1559年諾克斯在聖約翰教堂公開譴責偶像崇拜，結果導致鎮內修道院和祭壇被掠奪。在1715和1745年的蘇格蘭暴亂期間爲一詹姆斯黨城市。經濟以威士忌釀造業和製造業爲主，也是農業交易中心。人口約42,000（1995）。

pertussis ➠ whooping cough

Peru 祕魯 正式名稱祕魯共和國（Republic of Peru）。面積1,285,216平方公里。首都：利馬。人口約26,090,000（2001）。幾乎有一半的人口是克丘亞印第安人，近1/3是梅斯蒂索人（印第安人和西班牙人的混血後裔），還有一小群白人和艾馬拉印第安人。語言：西班牙語、克丘亞語和艾馬拉語（均爲官方語）。宗教：天主教和新教。貨幣：新索爾（S/.）。祕魯是南美洲第三大國，可劃分爲三個地理區（由西到東）：沿海區，爲狹長的沙漠低地地帶；高地區，主要是安地斯山脈的一部分；廣闊、有森林覆蓋的東部山麓和平原區，主要由亞馬遜河流域的熱帶雨林構成。祕魯屬開發中混合型經濟，以製造業、服

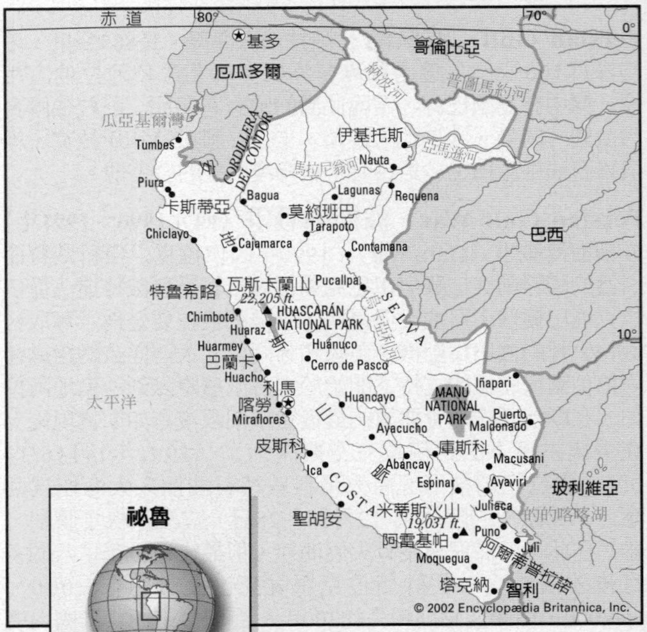

務業、農業和礦業爲基礎，大多數工業（包括石油）已在1960年代晚期和1970年代初國有化，不過在1990年代許多企業再度私有化。政府形式是多黨制中央集權共和國，一院制。國家元首暨政府首腦是總統。祕魯曾是印加帝國的中心，與其首都庫斯科一起建於1230年左右。1533年爲皮薩羅所征服，此後爲西班牙統治了近300年。1821年宣布獨立，1824年獲得自由。1879～1884年與智利發生太平洋戰爭，結果戰敗。與厄瓜多的邊界糾紛在1941年爆發了戰爭，結果祕魯控制了亞馬遜河流域的一大部分；進一步的紛爭持續下去，直至1998年畫定邊界爲止。1968年政府爲一軍事執政團所推翻，1980年才恢復文人統治。1992年藤森謙也的政府解散了議會，次年頒布新憲法。後來成功戰勝了光輝道路派和圖帕克·阿馬魯的叛亂活動。1995年藤森謙成功連任，但在2000年大選時，被控有詐欺的嫌疑，同年底他的政府潰敗下來。2001年托萊多成爲祕魯第一個民選出來的克丘亞族總統。

Peru, viceroyalty of　祕魯總督轄區　西班牙爲治理美洲屬地所設立的四個的第二個。於1543年設置，最初包括西班牙大部分的南美洲屬地，但逐漸喪失對領土的管轄權給其他總督轄區。祕魯因出產大量銀礦，是西班牙眼中在美洲最有價值的屬地。到了18世紀末，印第安人叛亂造成該區政局不穩，1821年聖馬丁所率的革命軍進入利馬，該轄區竟無力防禦。1824年成爲祕魯和智利的一部分。亦請參閱New Granada、New Spain, Viceroyalty of、Río de la Plata, Viceroyalty of the。

Perugia＊　佩魯賈　義大利中部翁布里亞大區首府。位於羅馬北面，台伯河和特拉西梅諾湖之間。由翁布里亞人建立，後成爲伊楚利亞人的十二個主要城市之一。從西元前310年起由羅馬人統治。西元592年成爲倫巴底公國。曾是偉大的翁布里亞畫派中心，15世紀是該畫派的全盛時期（參閱Perugino、Pinturicchio）。在義大利復興運動中扮演過積極的角色，於1860年併入統一的義大利。現爲農業貿易中心，以產巧克力聞名。市內有著名的伊楚利亞人城牆殘跡，同時也是一座保存很好的中世紀城市。人口約151,000（1996）。

Perugino＊　佩魯吉諾（西元1450?～1523年）　原名Pietro di Cristoforo Vannucci。義大利畫家。出生於佩魯賈（Perugia）附近（別號由來），可能是弗朗西斯卡的彼埃羅和韋羅基奧的學生。其最有名的濕壁畫之一《接受天國之鑰的聖彼得》（1482～1482），懸掛於西斯汀禮拜堂，其作品明晰的構圖和空間關係的處理都成爲文藝復興盛期的重要美學原則。1490～1500年爲其藝術生涯的顛峰時期，當時他爲佛羅倫斯帕吉的聖瑪麗亞馬達萊納修道院創作了《釘死於十字架》。晚年他的藝術開始走下坡，約1500年他離開倍受批評的佛羅倫斯藝術圈而到翁布里亞工作。1508年短暫回來受託製作梵諦岡的德伊薩狄奧宮室的天花板圓形裝飾工程。該宮的壁畫交由他的學生拉斐爾來完成，後者已顯現出比他的老師更爲高超的藝術才華。

Perun＊　霹隆　古斯拉夫宗教崇奉的雷神。保佑農事，淨化乾坤，扶正保安，克制惡神（即黑神）。閃電是他的形象，滾石隆隆之聲、公牛公羊的叫聲（即雷聲）是他的聲音，斧刃是他的感覺。到了基督教時代，對霹隆的崇拜逐漸轉變爲對聖以利亞的崇拜，但民間仍然相信霹隆的力量。直到現代，在俄羅斯還在7月20日這一天爲霹隆舉行祭祀和慶典。

Perutz, Max Ferdinand＊　佩魯茨（西元1914～2002年）　奧地利出生的英國生物學家。與肯德魯在劍橋大學共同創立了醫學研究理事會分子生物學組，他發現血紅素在接收和釋放氧氣是會發生結構變化，從而完全解釋了由血色素進行輸送的氧氣的分子結構。因對血紅素結構進行X射線衍射分析，而與肯德魯共獲1962年諾貝爾化學獎。他還用晶體學來研究冰川的流動。

Pesaro＊　佩薩羅　古稱Pisorum。義大利中北部馬爾凱大區城市，亞得里亞海港口。536年被東哥德人摧毀，拜占庭將軍貝利薩留把其當作是彭塔波利斯的城市之一，對其進行了重建。1445年賣給斯福爾札家族，1631年成爲教廷國的一部分。作曲家羅西尼誕生於此（1792）。第二次世界大戰期間於1944年遭到聯軍的入侵破壞，所幸大部分古老建築受損不大。爲海濱度假勝地，周圍是農業區。馬約利卡陶器博物館是義大利藏品最多的博物館。人口89,000（1991）。

Peshawar＊　白夏瓦　巴基斯坦西北邊境省首府。位於開伯爾山口附近的巴拉河以西，曾經是古代佛教王國犍陀羅的首都，也曾是來往於阿富汗和中亞一帶的商旅貿易大中心。約在西元1世紀成爲印度－西徐亞人建立的貴霜帝國的都城，988年遭穆斯林人入侵，16世紀前爲阿富汗人統治，1849～1947年爲英國殖民地和重要的軍事基地，現仍具重要軍事價值。其古老的集市至今仍是外國商人和貿易商的交易場所。人口566,000（1981）。

Pessoa, Fernando António Nogueira＊　佩索阿（西元1888～1935年）　葡萄牙詩人。七歲隨繼父（葡萄牙領事）前往南非，因而熟諳英語。回到里斯本後，從事商業翻譯工作，同時爲各前衛派刊物，尤其是現代主義運動的喉舌《奧菲斯》（1915）雜誌撰稿，並成爲起領導作用的審美學家。在死後他的詩中特別豐富的夢幻世界，以及其中有無數虛構的「分身」，才普遍爲人所知。最重要作品有《費爾南多·佩索阿詩集》（1942）、《阿爾瓦羅·德·坎波斯詩集》（1944）、《阿爾貝托·卡埃羅詩集》（1946）和《里卡多·雷斯頌詩集》（1946）。

pest　有害生物　任何生物體，通常是對人類有威脅的動物。大多數有害生物同人類爭奪自然資源或將疾病傳播給人類以及莊稼和牲畜。無脊椎有害生物包括一些原生動物、扁形蟲、線蟲類、軟體動物、蜘蛛類節肢動物，尤其是昆

《聖伯納的幻像》，畫板畫，佩魯吉諾繪於約1491～1494年；現藏慕尼黑舊繪畫陳列館
By courtesy of the Alte Pinakothek, Munich

蟲。哺乳動物和鳥類也可能是有害生物。人類的活動，如：單一的耕作、廣譜農藥的使用和外來物種的引進都有可能造成有害生物物種的繁殖。一些菌類、桿菌和病毒也被認爲是有害生物。植物類的有害生物往往被稱爲雜株。

Pestalozzi, Johann Heinrich*　裴斯泰洛齊（西元1746～1827年）　瑞士教育改革者。1805～1825年領導納沙泰爾附近的伊韋爾東研究所，這裡有來自全歐洲的學生和教育者（包括福祿貝爾）。裴斯泰洛齊強調集體而非個人的背誦，課程以學生能夠積極參加的活動爲主，如繪畫、寫作、唱歌、體操、製作模型、採集標本、繪製地圖和郊遊等等。他主張教學要爲學生的個別差異留有餘地，學生分組要根據能力，而不要根據年齡，還倡導正規的教師培訓，這些觀念在當時被認爲是激進的革新思想。

pesticide　殺蟲劑　用於殺滅動物或植物的任何有毒物質，從而損害了作物或觀賞植物，或對家畜和人類的健康有所危害。所有的殺蟲劑是以干擾目標種類的正常代謝過程來發生作用，一般按所欲控制的生物類型而進行分類（如殺蟲劑〔insecticide〕、除草劑、殺眞菌劑）。許多殺蟲劑也直接或透過消耗目標生物體而對環境中的其他生物造成危害，這種危害往往不被人注意。

pet　寵物　任何被人飼養來作伴或娛樂而非使用的動物。寵物與一般馴養動物間的主要區別在於它們和主人之間的接觸程度不同。主人對寵物的關心也與對一般馴養動物不一樣，這種關心多能得到回報。狗在史前時代就已是人類的寵物，貓在西元前16世紀成爲寵物，而馬至少在西元前2000年。其他常見的寵物包括鳥、野兔、囓齒類、浣熊、爬蟲類和兩生動物，甚至昆蟲。現在把國外的動物（如猴子和把小豹貓）當作寵物漸成趨勢，令人憂心，因爲主人很少能滿足這類寵物的需要。此外，爲了得到最適合當作寵物的幼獸，許多成年野獸遭到殺戮，已經嚴重到使這些動物有絕滅的危險。

PET ➠ positron emission tomography

Pétain, (Henri-)Philippe*　貝當（西元1856～1951年）　法國將軍。1876年開始在法國軍隊服役，後在軍事學院任教，1916年凡爾登戰役中的傑出表現使他成爲民族英雄，1918年任總司令和法國元帥，戰後被任命爲最高戰爭委員會（1920～1930）副主席和陸軍部長（1934）。1940年德軍侵入法國後，貝當於八十四歲高齡上被任命爲總理。他與德國達成停戰協定，成爲維琪法國的元首，他試圖與德國合作達成讓步。1942年德國強迫他接受任命拉瓦爾爲總理，作爲國家元首的他有名無實。盟軍攻入法國後逃往德國，1945年受審，被判死刑，後改爲終生監禁，九十五歲時死於獄中。

Petén Itzá, Lago*　佩滕伊察湖　瓜地馬拉北部湖泊。長約48公里，面積約98平方公里。曾是伊察族馬雅印第安人的據點，直到他們於1697年被西班牙人征服。湖岸現分布有現代城鎮，包括弗洛雷斯和聖貝尼托。周圍有大片茂密熱帶雨林，弗洛雷斯附近還種植有可可、甘蔗和熱帶水果。

Peter I　彼得一世（卒於西元969年）　保加利亞的沙皇（西元927～969年在位）。西美昂一世的第二個兒子，在927年父親去世後繼承王位。只是他並未能維持住保加利亞帝國的國勢，因爲帝國內部的分裂以及馬札兒人、拜占庭人與其他的外患，嚴重削弱了帝國的國力。彼得最後被迫向拜占庭皇帝羅曼努斯一世．萊卡佩努斯低頭，娶了皇帝的孫女。

Peter I　彼得一世（西元1672～1725年）　俄語全名Pyotr Alekseyevich。別名彼得大帝（Peter the Great）。俄羅斯沙皇（1682～1725）。阿列克塞沙皇之子，1682～1696年與同父異母兄伊凡五世共同統治，1696年起才開始獨自統治。他對西歐的進步勢力感到興趣，1697～1698拜訪了幾個國家。回到俄國後，引進了西方的技術，讓政府及軍事體系現代化，並把首都遷到新城市聖彼得堡（1703）。他進一步削弱貴族和俄羅斯正教會勢力，增強君王的權力。某些改革實施地太過粗暴，造成相當多的傷亡。由於懷疑兒子阿列克塞密謀造反，1718年對阿列克塞行刑至死。他致力於外交政策，讓俄國能夠通達波羅的海及黑海，1695～1696年與鄂圖曼帝國開戰，並與瑞典爆發第二次北方戰爭（1700～1721）。他對波斯發動戰爭（1722～1723），爲俄國鞏固了裏海南岸和西岸。1721年被尊爲皇帝，後由他的妻子繼位，成爲凱薩琳一世。由於讓俄羅斯躋身歐洲強權，彼得被廣泛視爲俄羅斯歷史上傑出的統治者和改革者，但也被民族主義者譴責，因爲他拋棄了許多俄羅斯獨特的文化，後來的史達林把他視爲楷模，一樣粗暴地改變俄羅斯生活。

Peter I　彼得一世（西元1844～1921年）　塞爾維亞國王（1903～1918），1918年起爲塞爾維亞、克羅埃西亞和斯洛維尼亞王國（後來的南斯拉夫）國王。亞歷山大．卡拉喬爾傑大公之子，其父在1858年被迫退位後，他與家人一起流亡國外。普法戰爭期間與法軍並肩作戰，並與塞爾維亞人一起對抗土耳其人（1875）。1903年亞歷山大．奧布廉諾維奇遇刺，他當選爲塞爾維亞國王。他主張建立君主立憲政府，其自由政策也獲得認同。第一次世界大戰期間與法、俄軍聯合，但被同盟國打敗。1918年返回貝爾格勒，就任塞爾維亞、克羅埃西亞和斯洛維尼亞王國國王。

Peter II　彼得二世（西元1715～1730年）　俄語全名Pyotr Alekseyevich。俄國沙皇（1727～1730年在位）。彼得大帝（彼得一世）之孫。凱薩琳一世指定他爲皇位繼承人，凱薩琳一世去世後由他登基繼位，時年十一歲。由緬什科夫攝政，把持朝政。彼得二世處於多爾戈魯基貴族家庭的影響之下。多爾戈魯基後來驅逐了攝政王緬什科夫並遷都莫斯科（1728），還安排彼得與多爾戈魯基家族的一個公主結婚。但就在婚禮之日彼得死於天花，年僅十四歲。

Peter II　彼得二世（西元1923～1970年）　南斯拉夫末代國王。亞歷山大一世之子，1934年父王遇刺後即位，王位有名無實，由叔父保羅親王（1893～1976）攝政。1941年保羅在一次政變中被廢。彼得親政不過數週，德國軍隊的入侵就迫使他逃亡倫敦。1945年南斯拉夫廢除君主政體之前他一直在領導一個流亡政府。後來他移居美國，工作是公共關係方面。

Peter III　彼得三世（西元1239～1285年）　西班牙語作Pedro。別名佩德羅大帝（Peter the Great）。亞拉岡國王（1276～1285）及西西里國王（1282～1285，稱彼得一世）。1262年與西西里霍亨斯陶芬家族的女繼承人結婚。1282年鎮壓了西西里人暴亂，儘管遭到歸爾甫派和教宗的反對（參閱Sicilian Vespers），他仍然自立爲王。亞拉岡的貴族和一些自治城市不滿於他在西西里的冒險行徑，迫使彼得確認他們的合法權利，並減少王權。1285年法國的腓力三世入侵亞拉岡想要推翻彼得，結果被彼得擊敗。

Peter III　彼得三世（西元1728～1762年）　俄語全名Pyotr Fyodorovich。原名Karl Peter Ulrich, Herzog (Duck) von Holstein-Gottorp。俄國沙皇（1762）。彼得大帝（彼得一世）之孫。其姨母伊莉莎白在成爲俄國女沙皇（1741）後就把年

輕的公爵帶到俄羅斯。他被宣布為俄國皇位繼承人，但其親普魯士的態度在宮廷中很不得人心。1762年繼承伊莉莎白之位後，他改變伊莉莎白的外交政策，與普魯士媾和並退出七年戰爭。由於迫使俄羅斯正教會採用路德宗的宗教儀式而得罪了俄羅斯正教會。六個月後，在其妻凱薩琳（後來的凱薩琳二世）、奧爾洛夫伯爵及與之勾結的一群貴族逼迫下退位，並在叛亂者的監管下被謀殺。

Peter IV 彼得四世（西元1319?～1387年） 西班牙語作Pedro。別名暴君彼得（Peter the Cruel）。亞拉岡國王（1336～1387）。1343～1344年從馬霍卡那裡奪取了巴利阿里群島和魯西永；1348年又擊敗了亞拉岡貴族們而成為雅典和內奧帕特拉斯公爵。1356～1366年他挑起了對卡斯提爾王國的戰爭，但終未從中獲得任何領土。1369年後法國轉而傾向支持卡斯提爾而非亞拉岡。彼得努力在百年戰爭中保持中立，並為此與他的繼承人約翰一世（後來被法國的陰謀所利用）爭執而反目。

Peter Damian, St.＊ 聖彼得達米安（西元1007～1072年） 義大利樞機主教和教義師。曾任亞平寧山區豐特阿維拉納修道院副院長，1057年被任命為樞機主教。為11世紀修道院改革運動的領導人，在教廷改革中提倡教士獨身，抨擊牧師買賣聖職聖物的行為，並提倡自願清貧。他擁護教宗亞歷山大二世對抗偽教宗洪諾留二世，並調解亞歷山大與拉韋納市之間的不和。

Peter Lombard 倫巴底的彼得（西元1100?～1160年） 法國主教和神學家。曾在波隆那求學，後在巴黎聖母大學教授神學。1159年成為巴黎祝聖主教。所編纂的《教父名言集》（1148～1151）在中世紀是標準神學教材，收錄了早期基督教教父的教導和中世紀諸神學家的見解，論及各種教義問題，從上帝、三位一體到「最後四事」（死亡、審判、地獄和天堂）。他認為聖事不僅是「無形恩惠的有形象徵」，而且還是「它所象徵的恩惠的起因」，判斷人的行為善惡，要看原因和動機。

Peter the Apostle, St. 使徒聖彼得（卒於西元64?年） 原名西門（Simon）。耶穌基督的門徒，十二使徒之首。耶穌稱彼得為「磐石」（Cephas，阿拉米語意為「石頭」，還原為希臘語為Petros），而且說要把教會建造在這磐石上。耶穌被捕時，正如他所預言的那樣，聖彼得三次否認與他相識。關於聖彼得的生平和神職源於四福音書、〈使徒行傳〉、保羅書信以及〈彼得前書〉、〈彼得後書〉。曾與使徒聖保羅一起在安提阿工作，後在小亞細亞擔任神職，最後殉難。據說聖彼得大教堂就建在其羅馬墓地旁。天主教會認為他是第一代教宗。耶穌曾許諾交給他天國的鑰匙，因此人們普遍認為他是天堂的看門人。

Peter the Great ➠ Peter I (俄羅斯)、Peter III (亞拉岡)

Peter the Great Bay 彼得大帝灣 太平洋西北面日本海的海灣。位於俄羅斯東南部，自圖們江河口向東北延伸185公里直至波沃羅特尼角。該灣深入內陸達88公里，包含符拉迪沃斯托克（即海參崴）。每年12月初至次年4月中旬海水結冰。

Peter the Hermit 隱修士彼得（西元1050?～1115年） 法國宗教領袖。一位魅力非凡的苦行者。為支持第一次十字軍東征，他在歐洲廣泛傳道，並於1096年帶領其狂熱的信徒到達了君士坦丁堡。他們繼續推進到了尼科美底亞（今土耳其伊士麥），但是那時彼得已經無法維持信徒們的紀律，於是他返回君士坦丁堡向亞歷克賽一世・康尼努斯尋求幫助。但就在這段時間裡，他的軍隊被土耳其人消滅了。1099年彼得到達耶路撒冷，後來返回法國，成為一所奧古斯丁會修道院的院長。

Peter the Venerable 尊敬的彼得（西元1092?～1156年） 法國克呂尼修道院院長（1122起）。與克萊爾沃的聖貝爾納一同支持教宗英諾森二世，並削弱偽教宗阿納克萊圖斯二世的地位。他與阿伯拉德友好，幫他與貝爾納、教宗和解。彼得對克呂尼修道院的整頓使這所修道院在整個歐洲的教會中聲名遐邇。

Peterhof 彼得戈夫 ➠ Petrodvorets

Peterloo Massacre 彼得盧大屠殺（西元1819年8月16日） 指在曼徹斯特聖彼得廣場上發生的一件粗暴驅散集會的事件。這次集會是未來抗議失業和食品價格的飛漲，並要求議會改革，約有六萬人參加，包括許多婦孺。如此大規模的集會嚇壞了市政當局，他們命令市內志願騎兵隊逮捕演講者。未經訓練的騎兵用軍刀攻擊和平集會的群眾，職業士兵則被派去加入攻擊。經過十分鐘的混亂情況後，約有五百人受傷，十一人被殺。此意外事件象徵了托利黨的專制（被比作「滑鐵盧」）。

Peters, Carl 彼得斯（西元1856～1918年） 德國探險家和在東非的殖民者。在學習英國殖民法後，成立德國殖民協會（1884），並與東非的酋長訂約，將他們的領土割讓給他。他協助德國在東非建立保護地坦干伊喀，在1885年成立德屬東非公司。1891～1897年擔任帝國駐吉力馬札羅高級專員，並到尙比西河岸地區探險（1899～1901），在那兒發現了古城遺址和金礦。

Peter's Pence 伯多祿獻金 中世紀的英格蘭地主每年須向羅馬教宗繳納的稅金。伯多祿獻金在第7或第8世紀時形成制度，並持續運作到16世紀，至今在北歐一些王國仍留存著。

Petersburg Campaign 彼得斯堡戰役（西元1864～1865年） 美國南北戰爭最後幾個月在維吉尼亞州南部展開的一系列軍事行動。維吉尼亞州鐵路樞紐彼得斯堡是美利堅邦聯首都里奇蒙附近的防守戰略要地。1864年6月北軍開始包圍這兩座城市，交戰雙方迅即構築起長達56公里的工事。美利堅邦聯南軍的李將軍固守城池，但是備糧吃緊，又因缺少馬匹，李將軍統率的五萬人部隊無法機動調度。1865年4月由格蘭特統率的北軍十二萬人迫使南軍撤退到彼得斯堡的最後一道防線。最後南軍都被迫撤離這兩座城市，不久南軍就在阿波麥托克斯投降了。

Peterson, Oscar (Emmanuel) 彼得森（西元1925年～） 加拿大鋼琴家和作曲家，現代爵士鋼琴的音樂大師。成長於加拿大蒙特婁，學習古典鋼琴。其爵士樂演奏受到塔特姆和國王柯爾的影響，音符如瀑布傾瀉，激情搖擺。1949年在卡內基音樂廳首演後，成為最繁忙的爵士鋼琴家，或是伴奏，或是獨奏，還組織了一個三重奏。他是一位卓越的、外向的即興演奏家，也是一個敏感的伴奏家。他的演奏既體現了他的搖擺樂根底，也具有咆哮樂派傳統。

Peterson, Roger Tory 彼得森（西元1908～1996年） 美國鳥類學家。高中時代就開始畫鳥。他的著作《鳥類野外考察指南》（1934）圖文並茂，強調了野外鳥類的特徵，有助於讀者辨識，在歐美引發大眾對鳥類研究的興趣。後來又寫了許多指南。因為他在培養美國民眾對鳥類的廣泛關注方面貢獻卓著，獲頒包括美國鳥類學家聯合會布魯斯德獎章（1944）和世界野生動物基金會金質獎章（1972）在內的許多獎項。

Petipa, Marius＊　佩季帕（西元1819～1910年）　法裔俄國舞者和編舞家，對俄羅斯現代的古典芭蕾影響巨大。出生於馬賽，自幼接受擔任芭蕾舞教師的父親的訓練，1847年加入皇家劇院之前曾在法國、比利時和西班牙擔任主要舞蹈演員。在皇家劇院他也創作了幾齣芭蕾舞劇，其中的《法老之女》使他於1869年升任劇院首席編導。截至1903年退休，他為聖彼得堡和莫斯科的皇家劇院創作了超過六十部芭蕾舞劇，其中包括《唐吉訶德》（1869）、《舞姬》（1872）、《睡美人》（1890）、《天鵝湖》（1895）和《四季》（1900），這些劇目成為俄羅斯經典保留劇目的核心。

Petit, Roland＊　珀蒂（西元1924年～）　法國舞者和編舞家。1940～1944年加入巴黎歌劇院芭蕾舞團，之後創立了幾個舞團，並到歐美巡迴演出。他的戲劇式芭蕾結合了幻想和當代寫實主義的元素，包括《流浪藝人》（1945）、《年輕人與死》（1946）、《卡門》（1949）。1950年代他為電影編排舞蹈，後來為他的妻子尚瑪麗排演過舞台時事諷刺劇。1973年擔任馬賽芭蕾舞團團長。

petit jury＊　小陪審團　亦稱審判陪審團（trial jury）。指通常由十二個人組成的陪審團，被挑選出來審理和決定審判中的爭議事實問題。是適用於民事審判和刑事審判的標準陪審團。小陪審團的處理權比想像中的要小。審判法官對它進行監督，決定哪些證據可以審查、什麼法律適用，有時指導或在審判的最後宣布裁斷無效。亦請參閱grand jury。

petition　申請書　指寫給某個人、某個官員、某個立法機關或法院要求洗刷冤屈或給予優待的書面文件。申請書被足夠多的人數提出時（用他們的簽名表示），可以使候選人獲得選票，或是在選民面前提出問題（參閱referendum and initiative），也可以用來對代表施加壓力，要他們按一定方式進行投票。在美國，遞交申請書的權利是由憲法第一條修正案保障的。

Petition of Right　權利請願書（西元1628年）　由議會向查理一世提出的情願書，反對其一系列違法法律的行為。該情願書請求達成四項規定：不得違反議會的規定收取稅金；不得隨意監禁他人；不得非法屯軍；在和平時期不得實行軍法。為了繼續得到資助，查理一世不得不接受了這些條件，但在後來卻再度違反。

Petőfi, Sándor＊　裴多菲（西元1823～1856?年）　匈牙利詩人和革命家。第一部作品《詩集》（1844）的出版就使他出名。1848年革命前，他寫的詩就充滿政治的熱情光芒；其中一首〈起來，匈牙利人〉成為讚美歌。1849年他消失了，被認為死於戰鬥中；但在1980年代找到的檔案表明，他被押送到西伯利亞，並死在那兒。他的作品特色是寫實主義、幽默和生動活潑的描寫，以及顯著的活力，具有採用民歌傳統的直率風格。《勇敢的約翰》（1845）是一部使人入迷的童話，也是他最受歡迎的敘事詩。

Petra＊　佩特拉　約旦西南部廢墟城市。從約西元前312年起即是納巴泰人王國的首都；直到在西元106年它被羅馬人打敗，成為阿拉比亞行省的一部分。當時是個繁榮的貿易中心，幾個世紀後，由於到幼發拉底河和波斯灣的貿易路線改變而衰落。7世紀時被穆斯林奪占。1812年瑞士旅行家布克哈特發現了此廢墟。在此挖掘出了許多岩石切割的石碑，包括正面精雕細刻的墳墓，上面刻有深紅色的玫瑰和周圍小山的紫色砂岩。

Petrarch＊　佩脫拉克（西元1304～1374年）　義大利語作Francesco Petrarca。義大利學者、詩人和人文主義者。1326年後放棄學法律，轉向其真正愛好的文學和宗教生活。他接受了一個小神職職位，搬到亞威農，1327年他在那兒第一次遇見蘿拉，成為他寫作純潔的愛情和著名的義大利愛情抒情詩的理想化主題；其主要的十四行詩和頌詩作品寫了超過二十年，大多數收錄在他的《歌集》（1360）中。他是當年最偉大的學者，尤其在古典拉丁語方面，他旅行各地，遍訪名士，搜集手稿，並從事外交使命。他極力倡導古典文化和基督教啓示合一，在結合這兩種理念上他被認為是人文主義的奠基人和偉大代表。他的拉丁著作反映了他的宗教和哲學興趣，包括《名人傳》（約始作於1337年）、敘事詩《阿非利加》（約始作於1338年）、自傳體《佩脫拉克的祕密》（1342～1358）、《孤獨生活》（1345～1347）和《詩體書簡》（約始作於1345年）。1367年後他住在帕多瓦市或其附近。他對歐洲文學的影響是巨大和持久的，對古典歷史的深刻認知成為現在的文學和哲學意義的源頭，為文藝復興打下重要的根基。

petrel　圓尾鸌　鸌形目若干種海鳥，尤指鸌科的某些種，包括鸌科圓尾鸌屬和燕鸌屬24種稱為虻圓尾鸌（因其飛行時拍動翅膀的樣子而得名）的種類。大多數種類上體色深，下體色淡，翅長，尾短而楔形。在熱帶和亞熱帶地區島嶼上組成鬆散種群並築巢。雙親共同照料幼雛直至其羽毛近乎完全長成。在非繁殖期，漂泊在大海上，以烏賊和小魚為食。鸌鸌科中的種類被稱為潛鸌鸌。亦請參閱fulmar、shearwater、storm petrel。

Petrie, (William Matthew) Flinders＊　皮特里（西元1853～1942年）　受封為弗林德斯爵士（Sir Flinders）。英國考古學者，對考掘和年代測定的技術有卓著貢獻。在1880年代中期的埃及發掘中，皮特里提出一種按序測定年代的方法，建立在對不同類型的陶瓷碎片的比較上，使得從材料遺存中重建古代歷史成為可能。他的發掘和謝里曼對特洛伊遺址的發掘共同象徵了對遺址發掘逐層檢查的開始，一改以往任意發掘的方法。在埃及和巴勒斯坦他做出了許多重要的發現。他的《考古學的方法與目的》（1904）是當時的權威之作。1892～1933年他任教於倫敦大學。

Petrified Forest National Park　石化林國家公園　美國亞利桑那州東部的國家公園。1906年闢為國家保護區，1962年起為國家公園，占地398平方公里。特色為在幾個

佩特拉納巴泰人的阿德代爾石刻遺跡
Brian Brake from Rapho/Photo Researchers

「矽化木」區中展示了化石樹葉、植物、斷掉的原木和多色沙漠，其他特色包括岩石雕刻和古代普韋布洛印第安人遺址。

petrified wood　矽化木　天然木質纖維的空隙被礦物滲透而形成的化石，通常被矽氧礦物（二氧化矽，SiO_2）或方解石（碳酸鈣，$CaCO_3$）滲透。通常這種由礦物沈積的有機組織的取代是如此精確，以致於不僅如實地體現出外部形狀，還體現出內部構造，有時甚至可以決定細胞構造。

Petrobrás＊　巴西石油公司　正式名稱Petróleo Brasileiro SA.。巴西石油及天然氣公司，政府持有大多數股份。1953年創立，業務內容包括在巴西境內及外海探勘及提煉原油、天然氣及其他碳氫化合物；精煉汽油；運送販售石油、天然氣及相關石化產品。政府中設有專門機構負責制定公司營運政策，以及規畫發展遠景。巴西石油公司在中東、非洲及哥倫比亞等地，擁有利益可觀的油田，同時也生產其他產品及經營相關貿易活動。原先採取國營專賣，是為了免於受到外國勢力的經濟宰制，但近年來，政府已逐漸進行民營釋股。

petrochemical　石油化學產品　嚴格地說，指從石油和天然氣獲得的一系列化學產品中的任何一種（不包括燃料）。該類別現已擴大到包括有機化合物和一些無機化合物（包括碳黑、硫和氨）的更寬的範圍。一些產品難於劃分，因為它們具有可替代的來源（苯從煤來，乙醇從發酵而來）。和原油和天然氣一樣，大多石油化學產品主要由碳和氫組成，稱為烴。用作原材料的石油化學產品（「給料」）包括乙烯（最大量）、丙烯、丁二烯、甲苯、二甲苯和萘。石油化學產品包括塑膠（polyethylene聚乙烯、聚丙烯、聚苯乙烯）、肥皂和洗滌劑、溶劑、藥物、肥料、殺蟲劑、炸藥、合成纖維、橡膠、顏料、合成樹脂、地板和絕緣材料、皮箱、唱片和磁帶。

Petrodvorets＊　彼得城　舊稱彼得戈夫（Peterhof，1944年以前）。俄羅斯西北部城市。靠近聖彼得堡，1709年彼得大帝（彼得一世）在此建造鄉間別墅，從而建立。他在1717年訪問法國後，決定建造一座勝過凡爾賽宮的皇宮。巴洛克式大宮殿（1714～1728）由特雷齊尼設計，它的花園由勒布朗建造（1679～1719），完工後成為俄羅斯皇家最奢華和最受歡迎的避暑地。如今巴洛克式大宮殿（現在是博物館）和大公園，有63公里的溝渠連接了噴泉的複雜系統，是彼得城內1,000公頃保護區的一部分。人口約82,000（1995）。

Petrograd　彼得格勒 ➠ Saint Petersburg

petrol ➠ gasolille

Petróleos de Venezuela, SA＊　委內瑞拉石油公司
委內瑞拉的國營石油和天然氣公司。1976年因委內瑞拉石油業國有化而建立，該國石油業從第一次世界大戰末一直被外國公司控制。委內瑞拉石油公司從事石油、石化產品和天然氣的開發、提煉和市場銷售，包括石油和石油產品的出口。它為委內瑞拉賺進最多的外匯。它是石油輸出國家組織（OPEC）的一員，傾向於溫和派，總公司設在加拉卡斯。

petroleum　石油　亦稱原油（crude oil）。是烴類的複雜混合物，來源於地質變化和生活在幾億年前的動植物遺體的分解。以液態（原油）、氣態（天然氣）或固態（煙煤、瀝青）的形式存在於地球。石油和天然氣是最重要的主要化石燃料。瀝青自古以來就用來防止船漏水和鋪路。19世紀中期，石油在電燈照明方面開始取代鯨油，1859年第一口專門的油井開掘了。汽車的發展使石油成為汽油來源，扮演了新的角色。石油和其產品自此開始用作加熱燃料，提供陸地、空中和海洋的運輸燃料，為發電和石油化學產品來源，還用作潤滑劑。原油和天然氣多產自沙烏地阿拉伯、美國和俄羅斯，現在占有世界能源消耗量的約60%，美國是到目前為止最大的消費者。照目前消耗的速度，已知用量會在21世紀中期消耗殆盡。石油透過鑽井開採，再透過管道或油輪運輸到精煉廠，在那兒轉變為燃料和石化產品。

petroleum trap　石油圈閉　石油的地下儲集場所。石油總有水伴隨，也常伴有天然氣，它們都被封閉於孔隙性的岩層之中。天然氣最輕，居於圈閉頂部，其下為石油，再下為水。有一種稱之為蓋層石的滲透層，防止了石油的逸失。被石油和天然氣所實際占有的那部分圈閉稱為油藏。

petrology　岩石學　研究岩石的成分、結構、構造、產生、分布及其成因的學科。涉及火成岩、變質岩和沈積岩三大岩類。分支學科實驗岩石學涉及在實驗室合成岩石來確定它們形成的物理和化學條件的研究。另一分支岩石記述學主要和使用岩類學顯微鏡進行系統研究和岩石記述有關。

Petronas Towers＊　國油雙子塔　馬來西亞吉隆坡的一對由天橋連接的不銹鋼外表的摩天大樓。有88層，高達451.9公尺，這個數字包含各塔頂上的尖頂，屬世界最高的建築之列（但用屋頂線來測量，西爾斯大廈更高）。雙塔由佩利（1926～）設計，呈圓形、逐漸變細的外觀，於1998年完工，馬來西亞國家石油公司的總部設於此。其建築結構包含了高度強化的鋼筋混凝土。

Petronius Arbiter, Gaius　佩特羅尼烏斯・阿爾比特（卒於西元66年）　原名Titus Petronius Niger。羅馬作家。出生於貴族家庭，屬於追逐逸樂的階級，但擔任亞細亞的比西尼亞省總督和羅馬執政官的高位時，顯現出才幹。被任命為尼祿的「雅鑑主官」（arbite elegantiae，因此稱為「仲裁者」）後，他被控訴密謀謀殺皇帝，雖然是清白的，但仍然自殺了。他據稱是《薩蒂利孔》的作者，這是一部生動描寫了當代羅馬社會的歹徒的滑稽的題材小說，講述了三個聲名狼藉的冒險家的出軌行為，間雜著不相關的故事和作者對羅馬生活的評論。

Petty, Richard　佩蒂（西元1937年～）　美國賽車手。生於北卡羅來納州的列佛克羅斯，1958年進入職業賽車界，在漫長的職業生涯中，贏得超過200場的勝利。1975年創下全國房車賽協會（NASCAR）單一賽季13勝的記錄。綽號「理察王」（King Richard）的他還拿過7次代托納500（Daytona 500）的冠軍和7個NASCAR重要的全國冠軍。他的父親、兒子和孫子都是退休或現任的賽車手。

Petty, William　佩蒂（西元1623～1687）年）　受封為威廉爵士（Sir William）。英國政治經濟學家、統計學家。放棄水手生活後，開始學醫，並在牛津教授解剖學。他在愛爾蘭從事礦業、鐵工廠生產和水產業，並研發了好幾項發明，還是皇家學會的創立者之一。他是政治算術的創始人之一，認為政治算術是用數字來表明政府有關事務的推理藝術。他最著名的大作是《賦稅論》（1662），裡面主張自由發揮自我利益的個人力量，但國家有責任維持高水準的就業。他還證明生產所必需的勞動是交換價值的主要決定因素。

petunia　矮牽牛　茄科矮牽牛屬所有顯花植物的通稱，原產南美洲。具有豔麗呈喇叭狀花朵的無數變種相當受歡迎。可大別為兩類：一為密集直立型，適植於夏季花床；一為匍匐長莖的陽台型，常缽植於垂吊花籃及窗台。花由初夏怒放至霜降，有單瓣與重瓣的變種，花朵易碎、有裂瓣或具褶邊，其色澤令人嘆爲觀止，由純白到深紅或紫色不等，並常帶有色彩對比的斑點或脈紋。葉質軟弱，被覆細硬毛。矮牽牛在學術上雖屬多年生，但一般常作一年生植物栽培。

Pevsner, Antoine＊　佩夫斯納（西元1886～1962年） 原名Natan Borisovich Pevzner。出生於俄國的法國雕刻家兼畫家。去巴黎和奧斯陸旅行後，回來成爲莫斯科美術學院教授。他幫助成立了「至上主義者」團體（參閱Suprematism），1920年和其弟伽勃發表了構成主義的《現實主義宣言》。1923年定居巴黎。早期雕塑使用鋅、黃銅、銅和賽璐珞；晚期主要運用將焊接在一起的平行排列的青銅線連在一起，形成複雜的造型。

Pevsner, Nikolaus＊　佩夫斯納（西元1902～1983年） 受封爲尼可勞斯爵士（Sir Nikolaus）。出生於德國的英國藝術史家。曾就讀於不同的德國大學，1929～1933年任教於格丁根大學，直到遷往英格蘭逃避納粹主義。他在英格蘭任教於倫敦大學、牛津大學和劍橋大學。以論述建築的著作而知名，特別是他從1951年開始出版至1974年，達四十六冊，指出英格蘭每一郡之建築的指南《英格蘭建築》，可說是20世紀學術研究的偉大成就。他構思並編輯《鵜鶘藝術史》系列（1953～），其中許多個別的卷冊已成爲經典著作。

pewter　白鑞 錫基合金，用來製作家庭器皿。白鑞可以追溯到最少2,000年前的羅馬時代。古代白鑞大約含有70%錫和30%鉛。這樣的白鑞，也叫做黑金屬，因爲鉛和酸性食物接觸容易流失，白鑞隨著年月會變得很暗。含鉛少或不含鉛的白鑞質量較好，含銻和鉍的合金比較耐用，也更光亮。現在白鑞大約含91%錫、7.5%銻和1.5%銅；不含鉛可以安全地用作盤碟和飲料容器。現代白鑞具有清晰光亮或光澤柔和似緞面的藍白色表面，可永久不喪失光澤並保持色彩和完美。

peyote＊　佩奧特掌 仙人掌科仙人掌屬兩種植物。原產於北美，幾僅分布於墨西哥。無刺，質柔軟，通常藍綠色，株高僅5公分，寬約8公分。常見種威廉斯仙人球花粉紅色到白色。L. diffusa較原始，花白色到黃色，植株黃綠色。因具致幻作用（主要由於一種仙人球毒鹼的生物鹼）而聞名，這兩種植物主要用於某些美洲印第安人的原始和近來的宗教儀式。許多地方法律禁止出售、使用和持有該植物（無論是乾燥花球或活的植物）。

威廉斯仙人球，佩奧特掌的一種
Dennis E. Anderson

peyotism　仙人掌教 ➠ Native American Church

pH　酸鹼值 溶液中酸（和鹼）的強度的定量量度，其定義爲用克分子／升表示的氫離子（H^+）濃度的自然對數的負數：$pH = -\log_{10}[H^+]$。其名源自這樣的事實，即pH是氫離子濃度（H）的冪數（p）。水中H^+和OH^-（氫氧化物離子）的濃度的乘積總在10～14左右。最強的酸溶液約有1克分子／升的H^+（約10～14的OH^-），對應於pH=1。最強的鹼溶液約有10～14克分子／升的H^+（約1的OH^-），對應pH=14。中性溶液的H^+和OH^-的濃度大約都是10～7克分子／升，對應pH=7。用酸鹼度計、滴定或指示劑（例如石蕊）倏來測定pH值，可以幫助化學家了解物質的性質、組分或反應的程度，幫助生物學家了解有機體或它們的各部分或流體的組成和環境，幫助醫生了解整個身體系統的功能情況，幫助農學家們了解土壤對作物的適應性，是否需要作任何處理等。現在已用電化學的表示方法來定義pH了。

Phaedra＊　菲德拉 希臘傳說中，米諾斯國王的女兒。在特修斯遺棄她的姐姐阿里阿德涅後，她成爲特修斯的第二任妻子。之後她愛上繼子希波呂托斯，但遭拒，竟誣告他強暴了她。結果希波呂托斯被殺，她也自縊而死。

Phaedrus＊　費德魯斯（西元前約15～西元約50年） 羅馬寓言家。奴隸出身，在奧古斯都皇宮中成爲自由人。他是第一個全用拉丁文寫寓言故事的作者，以抑揚格韻腳把希臘散文寓言改寫爲自由詩，後用伊索的名義流傳於世。費德魯斯的描寫以其具有吸引力、簡潔和教訓意味聞名，在中世紀歐洲極爲流行；這些傑作包括「狐狸和酸葡萄」和「狼與小羊」。

Phaethon＊　法厄同 希臘神話中，太陽神赫利俄斯和仙女的兒子。由於被人說成是私生子而感到受了嘲弄，乃向父親要求允許他駕馭金車遨遊天空一日，以證明赫利俄斯是他的父親。結果法厄同無法控制馬匹，在天空中畫下一道裂縫成爲銀河後，又靠地球太近，幾乎把地球燒毀。宙斯爲了防止他釀成更大的災禍，擲出一道雷電把他打死。

Phag-mo-gru family　帕木竹家族 西藏家族，曾在14世紀使西藏脫離蒙古的控制。當時的西藏由居住於中國蒙古（元朝）宮廷中的薩迦派喇嘛所統治。在強曲堅贊（1302～1364）的領導下，帕木竹家族解放了西藏的中部地區。接下來的一百年裡，西藏境內重新建立起類似中央集權的政治。

phage　噬體 ➠ bacteriophage

phalanger　袋貂 ➠ possum

phalanx＊　方陣 幾列並排站立的全副武裝步兵的縱隊戰術隊形。爲蘇美人首創，古希臘人將之充分發揮，如今被視爲歐洲軍事發展的開端。西元前7世紀希臘城邦國家採用八人一列的方陣。希臘的甲兵在堅固列隊中行軍的壯觀景象對敵人極具有威懾力，但方陣難有隨機變化，如果佇列遭到破壞，便易於陷入混亂中。

phalarope＊　瓣蹼鷸 鴴形目瓣蹼鷸科3種濱鳥。頸細，體長約20～25公分，足具蹼，喙細長而直。在夏季，其灰白色羽衣上具紅色斑點。雌鳥進行占區爭鬥和作求偶表態，體型較小且體色較不鮮艷的雄鳥則負擔孵卵任務，並在秋季帶領幼鳥向南遷飛。有兩個種類繁殖於北極圈周圍，於熱帶海洋中越冬，在該處被稱爲sea snipe。三色瓣蹼鷸繁殖於北美洲西部，主要遷徙到阿根廷彭巴草原。

Phan Boi Chau＊　潘佩珠（西元1867～1940年） 亦稱Phan Giai San。原名Phan Van San。越南抗法運動人物。其父爲貧苦學者，他在1900年獲得博士頭銜，那時已成爲堅定的民族主義者。在越南反對法國統治，他組織力量安排民族主義者彊柢親王（1882～1951）登上王位。1905年將抗法運動移到日本，他在那裡遇見了孫逸仙和潘周楨。他的君主制主義者計畫和暗殺法國印度支那總督的計畫都失敗了，1914～1917年入獄。1925年當他又被逮捕的時候，數以千計的越南人進行抗議，後來被釋放，在寧靜退休生活中度過了餘年。

Phan Chau Trinh＊　潘周楨（西元1872～1926年） 越南民族主義領袖和改革家。孩童時期就在反抗運動中作戰，逐漸認爲現代化是自治的國家發展的前提，因此將現代化作爲他的主要目標。他敦促用職業學校和商業公司取代文官體系，但他試圖勸服法國進行重大改革的努力失敗了，並兩次入獄。死後被哀悼爲民族英雄。亦請參閱Phan Boi Chau。

Phanerozoic eon ＊ 顯生宙 從大約5.43億年以前（元古宙結束）到現在的地質年代。顯生宙即可見生物的時期，分爲三個主要時期：古生代、中生代和新生代。雖然生命起源於先寒武紀時期，但直到顯生宙許多生物形式才迅速發展和演化。地球透過板塊構造、造山運動和大陸冰川作用等過程，逐漸形成現在的形態和自然特徵。

pharaoh ＊ 法老 從約西元前1500年開始用於埃及國王的稱謂。法老被看作是神，甚至在死後也保持著他們神聖的地位。法老的旨意是至高無上的，在維齊的幫助下，他根據王室法令進行統治。然而普通百姓仍依據其所作所爲來評價一個法老；許多被批評、密謀反對、甚至被廢和被殺。亦請參閱Akhenaton、Amenemhet I、Amenhotep II、Amenhotep III、Ramses II、Thutmose III、Tutankhamen。

Pharisee ＊ 法利賽派 巴勒斯坦猶太教團體的成員，約西元前160年反對撒都該人。法利賽派教徒主張猶太族的口傳法統和托拉一樣有效。他們爲猶太教民主化而奮鬥，認爲對神的崇拜不能只限於耶路撒冷聖殿，力主會堂也可成爲宗教禮拜處所。他們堅信運用理智來詮釋「托拉」，並將之運用於當代問題上，現在成爲猶太神學的基礎。

pharmaceutical industry 製藥工業 藥物－－用於疾病診斷、治療、預防和有機功能矯正的物質－－的製造者。有關藥用植物和礦物最早的記錄出現於中國、印度、地中海的文明。藥品早先由醫師準備，後來由藥店準備。19世紀發現可以大規模而有效製造具有高度活性的醫療化合物，現代製藥工業因而開始。隨著這些藥品取代早期的藥草，風濕熱、傷寒、肺炎、小兒痲痺、梅毒、結核病等嚴重疾病的出現大爲減少。許多藥品萃取自植物物質，奎寧、古柯鹼、嗎啡等生物鹼是最佳的例證。其他藥品由動物物質製成，如用來生產胰島素的腺萃取物。製藥工業研究大大幫助了醫學發展，而在工業實驗室中已發現並製出許多新藥。漸增的保健支出、政府節制、研究倫理都是製藥工業關心的議題。

pharmacology ＊ 藥理學 醫學的一門分科，研究藥物在身體裡的反應－－包括治療效果和有害後果－－以及新藥物、現有藥物的新用法的改進和測試。雖然西元1世紀時已編輯出第一部西方藥理學著作（草藥植物的清單），但科學的藥理學僅在18世紀開始才成爲可能，那時藥物才能被純淨化和標準化。在美國，由食品和藥物管理署管理藥物生產。藥理學家從植物和動物來源提煉藥物，製作它們的合成品，還在它們或其化學機構基礎上製作新藥物。他們還檢測藥物，首先在試管中（在實驗室）觀察生物化學活動，然後在活體上（在動物、人類志願者和病人身上）檢測其安全性、效力、副作用和與其他藥物的反應，找到最合適的劑量、服藥時間和服藥方式（口服或注射等）。藥物產品的效力和純度不斷被檢驗。亦請參閱medicinal poisoning、pharmacy。

pharmacy 藥劑學 研究藥物的收集、製備及標準化的科學。藥劑師必須具有合格的學位，並製備和分發指定藥物。以前他們根據醫生的處方從原料中合成和調配藥物產品，還負責表明、存儲和提供正確藥物用量，現在通常由製藥公司生產成預先調配好的藥片或膠囊。他們也建議病人如何使用處方藥和非處方藥。管理製藥行業的法律建立在國家藥典上（在美國，爲美國藥典或USP），後者規定多種藥用產品的純度和劑量。

Pharsalus, Battle of ＊ 法薩盧斯戰役（西元前48年） 古羅馬內戰中凱撒和龐培之間的決定性戰役。不久前兩人在希臘相遇時，凱撒被龐培擊敗。雖然龐培擁有比凱撒多兩倍人數的士兵，但凱撒出奇制勝打敗了他。龐培逃走，其軍隊約有一半人投降，其餘的被殺或逃走。

pharyngeal tonsils 咽扁桃腺 ➠ adenoids

pharyngitis ＊ 咽炎 咽部的炎症和感染（常爲細菌或病毒感染）。症狀有疼痛（喉嚨痛，吞咽時更甚）、紅腫、淋巴結腫大和發燒等。鏈球菌感染（鏈鎖狀球菌喉炎）如果沒有及時使用抗生素治療，會引起風濕熱。對濾過性毒菌感染使用抗生素則無療效，只能緩解症狀。區分這兩種感染的唯一辦法就是對喉部的細菌的辨別。

pharynx ＊ 咽 位於喉內，自口腔、鼻腔（參閱mouth、nose）直到氣管和食道。它有三個相連的部分：鼻咽，位於鼻腔的後部；口咽，位於口腔的後面，直到會厭（吞咽時封閉喉的一組織瓣）；咽喉，從會厭一直到食道。口咽含有上顎扁桃腺。咽鼓管將中耳連接到咽上，可調節作用在鼓膜上的氣壓。咽部疾病有咽炎、扁桃腺炎和癌症。

phase 相位 在波動中，一個點在上一次通過參考位置後所經過的時間與完成整個週期所需時間的比例數。兩個週期運動的相應點同時達到位移的最大值或最小值，這樣的兩個週期運動就稱作是同相的。如果兩個波峰同時通過同一點，則它們在那個位置上是同相的。如果一個的波峰與另一個的波谷同時通過同一點，則它們的相角差180°，稱這兩列波是反相的。在交流電技術中相位差是重要的（參閱alternating current）。

phase 相 熱力學中指化學上和物理上都均勻的物質部分，可以用機械方法從非均勻混合物分離出。相可以是單質，也可以是幾種物質的混合物。物質的三種基本相是固體、液體和氣體；也有人認爲還有晶態、膠態、玻璃狀、非晶態以及電漿等相。純物質的各不同的相之間溫度和壓力存在著固定的關係。例如，如果固體的溫度上升的夠高時，或壓力減得夠小時，就會變成液態。

pheasant 雉 雞形目雉科約50種多數尾長的鳥類，主要分布於亞洲，有些種已歸化於別處。大多數棲於開闊林地和田野，所有種類均能發出沙啞的叫聲。其腳和下肢無羽毛覆蓋。雌鳥色彩不鮮豔。多數種雄鳥羽衣豔麗，雄雉有距一至多個，有些種類面部有裝飾用的肉質突起物。雄鳥在求偶時會格鬥至死。雄性的環頸雉，或稱普通雉體長約90公分，有一長束的尾羽，胸部黃銅色，頸紫綠色，具耳羽束，廣佈於美國北部。日本綠雉在地震將臨時齊聲鳴叫。

普通雉
H. Reinhard－Bruce Coleman Inc.

Pheidias ➠ Phidias

phenol ＊ 酚 以羥基（-OH；參閱functional group）與芳香族化合物環上的碳原子相連爲特徵的一類有機化合物。最簡單的成員石炭酸（C_6H_5OH），也稱爲苯酚。酚和醇相似，但與水結合成更強的氫鍵（參閱bonding），因此它們更容易溶解在水中，沸點也更高。它們可能是無色液體或白色固體；許多酚有強烈的芳香氣味。一些存在於精油中。具有高分子量的酚類和苯酚的衍生物是工業消毒劑的代用品。

phenol ➠ carbolic acid

phenomenalism　現象主義　關於物質對象的命題都能還原為關於實際的和可能的感覺材料的命題的觀點。現象主義者認為，一種物質對象並不是存在於感覺到的現象「後面」的一種神秘的東西。如果是這樣，物質世界也就成為不可知的世界；實際上，物質這一名詞如果不能參照感覺經驗給它下定義，它本身就會是難理解的。所以在談到一個物質對象時，一定要牽涉到可能和實際的感覺材料系統。這樣，用感覺分析物質概念，就能獲得一個「經驗主義的眞實價值」。亦請參閱Berkeley, George。

phenomenology　現象學　胡塞爾提出的哲學學派。他發展了現象學方法，使得對「直接經驗到的現象的基本結構的描述性說明」成為可能。現象學強調經驗的直接性，嘗試將它孤立，並排除於存在或因果影響的假設之外，顯露出它的基本結構。現象學將哲學家的注意力限定在意識的純材料，不受形上學理論或科學假設感染。胡塞爾生活世界的概念，即個體直接經驗的個人世界，直接表達了同樣的思想。胡塞爾主編的《哲學和現象學研究年鑒》（1913～1930）出版後，他的個人化哲學已發展成一個國際運動。其最著名的門徒是謝勒和海德格。

phenotype＊　表現型　可觀察到的生物體的所有性狀，如形狀、大小、顏色、行為等，這些性狀是它的基因型（整個基因的結構）對環境反應的結果。一組形體相似的生物體的共同類型有時也稱作表現型。在個體的一生中，隨著因年齡增長而出現的變化和環境的變化，表現型也不斷地變化。不同的環境可以影響遺傳性狀的發展（如大小受可獲得食物的供應情況影響），相似的基因型在不同環境中也會改變表現方式（如在不同家庭環境中成長的孿生子長大時可能不同）。此外，基因型中不是所有的遺傳可能性都會出現在表現型中，因為有些是惰性的、隱性的或受控基因存在的結果。亦請參閱variation。

phenylalanine＊　苯丙氨酸　見於普通蛋白質、尤其是血紅素中的一種基本氨基酸。使用在醫學和營養學上，是組成天門冬氨醯苯丙氨酸甲酯的兩種氨基酸之一。患有苯丙酮尿症的人不能進行苯丙氨酸的正常代謝，必須採取沒有苯丙氨酸的飲食方式。

phenylketonuria (PKU)＊　苯丙酮尿症　亦稱苯丙酮酸性精神幼稚病（phenylpyruvic oligophrenia）。苯丙氨酸不能進行正常代謝時的症狀，而它的堆積會阻礙正常孩童的發育。中樞神經系統影響的後果包括精神遲緩和精神病發作（參閱epilepsy），在四～六個月大小時就可以看見該種行為特徵。反常的新陳代謝也導致低黑素含量，使得頭髮、眼睛和膚色很淺。據試驗檢測每10,000個新生兒中即有一個苯丙氨酸含量過高，總數裡面有三分之二為隱形遺傳紊亂（參閱congenital disorder和recessiveness）。飲食時排除苯丙氨酸的攝取（避免肉類、乳製品、高蛋白質食物和天門冬氨醯苯丙氨酸甲酯成分的一切食物），並一直控制到青少年期，可以確保正常發育。蛋白質可以在無苯丙氨酸的飲品中供給。患有此症的懷孕婦女必須控制飲食，防止嚴重損害胎兒。

pheromone＊　費洛蒙　生物體分泌的一種微量化合物，可以引起同種的其他生物體的特殊反應。費洛蒙在昆蟲和脊椎動物（除了鳥類）中普遍存在，在一些眞菌、黏土和藻類中也有。該種化合物可由特定的腺體分泌，或混雜在其他物質（如尿）中，可以隨意散發或是置於特意選擇的地方。費洛蒙用來將生物聚集在一起（如在白蟻、蜜蜂和螞蟻群體中），引導它們尋找食物（如蟻類留下的臭跡），發出危險訊號（如受傷的魚類警告其他同類而釋放），吸引配偶並發生性行為（無數的例子，也許包括人類），影響性行為的進行（存在於許多哺乳動物和某些昆蟲中）。比起其他類型，警告性的費洛蒙常持續更短的時間，並經過更短的距離。在脊椎動物中，化學刺激物常會影響年輕雙親的反應。用作性引誘劑的費洛蒙在特定產品中用來誘惑和捕捉多餘的和有害的昆蟲。

Phi Beta Kappa　優等生榮譽學會　美國頂尖榮譽性社團，會員自全國各學院及大學中挑選。這是美國歷史最悠久的希臘字母社團（Greek-letter society），創設於1776年，原是威廉與瑪麗學院校內的一個祕密文哲性社團，後來在19世紀逐漸演變為榮譽性的社團。目前會員得享有獎學金，新會員由優等生榮譽學會評審會挑選。

Phibunsongkhram, Luang＊　鑾披汶・頌堪（西元1897～1964年）　原名披萊克・吉泰孫卡（Plaek Khittasangkha）。泰國軍事元帥和首相（1938～1944和1948～1957年）。在法國受過軍事訓練後，幫助組織了1932年結束暹羅獨裁君主政治的促進派革命。1939年將國名改為泰國。第二次世界大戰時擔任首相，和日本結盟，當戰爭對日本不利時，他的政府隨即垮台。1947年軍隊奪取政權，次年重新立他為首相。他反對共產主義，冷戰期間進一步將泰國和西方聯合起來，協助建立了東南亞公約組織。1957年被其軍事同僚趕下台，逃往日本。

Phidias＊　菲迪亞斯（活動時期西元前約490～430年）　亦作Pheidias。希臘雕刻家。主管始自雅典伯里克利發動的巴特農神廟這個偉大的建築工程，監督並可能設計了廟中全部裝飾雕刻。他還創造了裡面最重要的神像，包括巨大的雅典娜雕像（438～436）。巴特農神廟的許多雕像（埃爾金大理石雕塑品）現存於大英博物館。古代作家認為他的代表作是奧林匹亞宙斯神廟的宙斯雕像（約430年）。他創立了理想主義的古典風格，成為西元前5世紀晚期和西元前4世紀希臘藝術的特色。

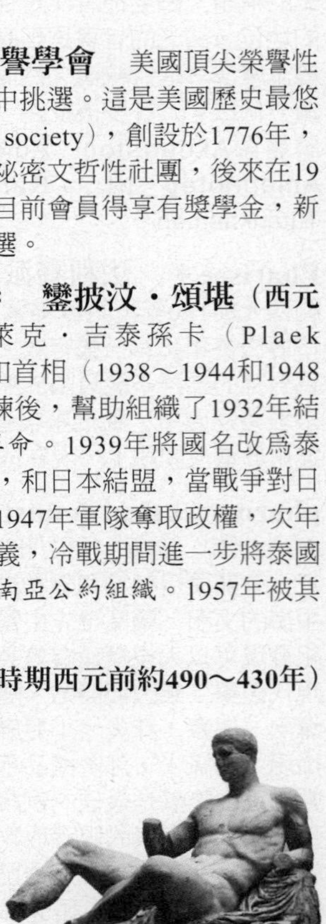

菲迪亞斯的《赫丘利斯》，大理石雕像，雅典巴特農神廟的山花，約做於西元前5世紀；現藏大英博物館
By courtesy of the trustees of the British Museum; photograph, J. R. Freeman & Co. Ltd.

Philadelphia　費城　美國賓夕法尼亞州東南部的城市和港口，位於德拉瓦河和斯古吉爾河的匯流處。1682年彭威廉建市以前，這裡居住著德拉瓦印第安人。1683～1799年為賓夕法尼亞州的首府，1790～1800年是美國的首都。費城在反對英國的政策中扮演過重要的角色，這裡是第一和第二次大陸會議的開會所在地，也是簽署美國「獨立宣言」和召開美國制憲會議的地方。18世紀時人口增長，有許多來自蘇格蘭、愛爾蘭和德國的移民。19世紀時是美國最大和最重要的城市，也是反奴隸制運動的中心。1876年美國獨立百年博覽會在費城舉辦。費城擁有美國最古老的美術館（1805）及第一家美國醫院（1751）。是賓夕法尼亞州最大城和商業、金融、工業以及文化中心。有許多教育機構，包括賓夕法尼亞大學。人口約1,436,000（1998）。

Philadelphia Inquirer　費城詢問報　美國東部歷史悠久也是最有影響力的日報之一。1847年創刊，當時稱爲《賓夕法尼亞詢問報》，1860年左右改名《費城詢問報》。19世紀和20世紀初期，該報在銷售戰中因提供大量新聞報導並不斷更新廠房和器材，因而得以生存。1936年爲安能堡購得，此後一直在其家族的掌控下經營，1969年爲奈特所收購。1974年成爲合併後的奈特－里德報業集團的一部分。

Philae＊　菲萊　上埃及尼羅河中以前的小島。是伊希斯女神的聖地，建有許多廟宇，最早可追溯到西元前7世紀。1970年亞斯文高壩建成後，在菲萊被大水淹沒以前，這些廟宇遷移到附近的阿加勒凱島。

philanthropy　仁慈　基督教理論中的人類之愛，廣義說法則爲人性之大愛或對人有益的作爲。仁慈是以基督教人類學爲根基，認爲從每個人身上都能看到基督的身影，後世信徒則眼見當今上帝的形像，從出生、遭受苦難至死，但又爲了引領全人類回到天國而復活。教會歷史一開始即將遴選教條（參閱Calvinism、predestination）視爲與人類所認爲的上帝之愛背離，因爲上帝之愛遠較渴望罪惡終將遭受天譴的正義更爲寬容、偉大。自奧利金時代開始，這個態度即存在於神祕主義者、東方教會和西方基督教國之中。

Philaretus ➡ Geulincx, Arnold

philately＊　集郵　對郵票的收藏和研究。第一張郵票是在1840年的英國發行。美國首次發行郵票是在1842年。郵票收藏家通常都是專門化的，他們專門收藏某個一國家、某段時期或某個主題（如鳥類、花卉、藝術）的郵票。郵票的價值由其稀有程度和保存狀況決定。郵票發行中的印刷錯誤可能提高郵票的價值。

1918年美國飛機顛倒的航空錯票
Lee Boltin

Philby, Kim　菲爾比（西元1912～1988年）　原名Harold Adrian Russell Philby。英國情報人員和蘇聯間諜。1930年代在劍橋大學就讀時加入共產黨。1933年成爲蘇聯的諜報人員。1940年被柏基斯（參閱Burgess, Guy (Francis de Moncy)）吸收，加入英國情報機構的祕密情報局（MI-6），成爲反間諜任務的負責人。1949年被調派至華盛頓特區擔任英美情報機構之間的最高聯絡官。他將最高機密洩漏給蘇聯，並於1951年警告柏基斯與麥克萊恩，說他們正遭懷疑，授意他們潛逃。後來菲爾比本人也遭到懷疑，於1955年被逐出MI-6。後來他在貝魯特擔任記者，1963年逃往蘇聯。在蘇聯他爲KGB工作，升至上校軍銜。他是冷戰時期最成功的蘇聯雙面間諜，對許多西方諜報人員的死負有責任。

Philemon and Baucis＊　菲利門和巴烏希斯　希臘神話中，他們是弗里吉亞一對虔誠的老夫婦。他們殷勤款待了微服出巡的宙斯和赫耳墨斯，而比較富有的鄰人卻把這兩位神趕了出去。神爲了獎賞他們，於是使其免遭洪水之災，把他們的房舍變成神殿，並讓他們成爲裡面的祭司。多年以後，按照他們的心願，准許他們同時死亡，並被變成大樹。

Philip (of Swabia)　菲利普（西元1178～1208年）　德語作Philipp。日耳曼霍亨斯陶芬王朝國王（1198～1208）。神聖羅馬帝國皇帝腓特烈一世之幼子。亨利六世皇帝死後被選爲日耳曼國王。但擁護韋爾夫王朝的諸侯則推選奧托四世爲國王，由此引發內戰。1207年雙方達成停戰協定。1208年教宗英諾森三世承認了菲利普，並允諾爲他加冕爲帝，但未及加冕菲利普即被謀殺。

Philip, Duke of Edinburgh　菲利普（西元1921年～）　以菲利普親王（Prince Philip）知名。英國女王伊莉莎白二世的丈夫。希臘－丹麥的安德魯親王（1882～1944）和維多利亞女王的長孫女艾麗斯公主（1885～1969）的兒子，在英國長大。第二次世界大戰中隨皇家海軍作戰。1947年入英國籍，隨其母姓蒙巴頓，放棄繼承希臘和丹麥王位的權利。1947年娶伊莉莎白公主爲妻，繼續在皇家海軍中服役，直到1952年伊莉莎白即王位爲止。威爾斯親王查理是他們的兒子（參閱Charles (Philip Arthur George), Prince of Wales）。

Philip, King　菲利普王 ➡ Metacom

Philip II　腓力二世（西元1342～1404年）　法語作Philippe。別名大膽者腓力（Philip the Bold）。勃艮地公爵（1363～1404）。父親約翰二世授予腓力以勃艮地公國。他透過聯姻和購買，獲得法國中部和北部、法蘭德斯和尼德蘭的若干土地。在其侄查理六世未成年期間，腓力和他的兄長們共同治理法國，與英國、德意志保持友邦關係。到1392年查理精神錯亂時，腓力成爲法國的實際統治者。他與英國結盟（1396），並撤銷了對亞威農教廷的支持（1398）。

Philip II　腓力二世（西元1165～1223年）　法語作Philippe。別名腓力・奧古斯特（Philip Augustus）。法國國王（1179～1223）。法國卡佩王朝的第一位偉大國王。他逐步奪回了被英格蘭國王掌控的法國領土。他與英國的理查一世一起加入第三次十字軍東征，但不久兩位國王就反目成仇。1191年腓力二世回到法國，襲擊英國領土。理查在回國途中在奧地利被囚，直到1194年才獲釋放，旋即投入對法國的戰爭。1199年理查被殺後，他的兄弟約翰與腓力簽訂和約（1200），但不到兩年兩國又重啓戰端。1204年腓力征服了諾曼第，占領曼恩、圖賴訥、安茹和普瓦圖（1204～1205）。約翰後來組織了反法聯盟，但在1214年的布汶戰役中被腓力擊潰。腓力還將法國領土伸展到法蘭德斯和朗格多克。

Philip II　腓力二世（西元前382～西元前336年）　別名馬其頓的腓力（Philip of Macedonia）。馬其頓的第十八任國王（西元前359～西元前336年）。亞歷山大大帝之父。原爲其侄子的攝政王，結果篡位。起初與鄰國保持和平，利用這段時間建立軍隊，引進新型裝備和戰略，加強訓練並鞏固西部防線。他在東部邊界上的活動激怒了希臘人，從而組成了反腓力同盟。腓力插手聖戰，支持德爾斐脫離培奧尼亞，與底比斯和色薩利同盟結成盟友，並在同盟中成爲領導者。狄摩西尼通過抨擊腓力的演說《反腓力辭》（西元前346～西元前342年），使雅典人與腓力爲敵，同時底比斯人也開始視腓力爲一威脅力量。腓力在喀羅尼亞戰役中擊敗了雅典人和底比斯人，成爲整個希臘的領導者。他將希臘城邦組成科林斯同盟以攻擊波斯人，但因爲家族政治而取消。因爲再娶，他的第一任妻子奧林匹亞斯帶著亞歷山大離開了他。腓力後來被一名馬其頓貴族刺殺，很可能是與奧林匹亞斯和亞歷山大共謀策劃。

Philip II　腓力二世（西元1527～1598）年）　西班牙語作Felipe。西班牙（1556～1598）和葡萄牙國王（稱腓力一世，1580～1598）。查理五世皇帝的兒子，從其父親處獲得米蘭公國（1540）、那不勒斯和西西里王國（1554）、尼德蘭（1555）、西班牙和西班牙海外帝國（1556）。他從1555年開始統治尼德蘭，1557年發動了對法國的戰爭，並且獲勝。從1559年開始統治西班牙，修建了埃爾埃斯科里亞爾的宮殿，促進了西班牙文學的黃金時代。他支持反宗教改革，但未能鎮壓尼德蘭的暴動（始於1568年），征服英格蘭也失敗了，西班牙無敵艦隊被擊敗（1588）。他在勒班陀戰役（1571）中打敗了鄂圖曼人的進攻，在地中海地區取勝，並從1580年成爲葡萄牙國王後，統一了伊比利半島。在他統治時期，西班牙國勢最爲強盛，疆域廣闊，影響極大。

腓力二世，油畫，提香繪；現藏羅馬科爾西尼畫廊
Alinari – Art Resource

Philip III　腓力三世（西元1396～1467年）　法語作Philippe。別名善良的腓力（Philip the Good）。勃艮地公爵（1419～1467）。勃艮地瓦盧瓦家族的公爵中最重要的一個，15世紀他建設了勃艮地公國，與法國分庭抗禮。他還與英格蘭的亨利五世簽訂「特魯瓦條約」（1420），承認他對勃艮地的權利，並維持和英格蘭的結盟關係，但在他試圖侵占加萊未果（1435～1439）時，就破壞了這種關係。腓力避免和法國的衝突，反而攻擊它的鄰近小國，到了1443年已征服了埃諾、布拉班特、荷蘭、澤蘭和盧森堡。他也是著名的藝術贊助者，建造了一座歐洲最豪奢的宮廷。

Philip III　腓力三世（西元1578～1621年）　西班牙語作Felipe。西班牙和葡萄牙國王（1598～1621）。腓力二世的兒子，他無心統治，任由王室心腹當權。1609年起他的政府持續實施驅逐摩里斯科人（摩爾人後裔的基督教徒）的政策，引起嚴重的經濟問題。他花費在宮廷娛樂上的巨大開銷加劇了西班牙日漸惡化的經濟問題。

Philip IV　腓力四世（西元1268～1314年）　法語Philippe。別名美男子腓力（Philip the Fair）。法國國王（1285～1314）。一開始繼承法國王位，便效仿他的祖父路易九世。他也是那瓦爾國王（稱腓力一世，1284～1305），和他的妻子（那瓦爾的瓊一世）共同執政。因締結和約，並把其女嫁給未來的英格蘭國王愛德華二世而結束了對英格蘭的戰爭（1294～1303）。1305年腓力強迫法蘭德斯人簽訂一個嚴酷的條約。他與卜尼法斯八世長期不和（1297～1303），但等到幾個繼任的教宗才開始緩和下來，包括克雷芒五世（他開始了亞威農教廷）。腓力將猶太人驅逐出法國（1306），並迫害聖殿騎士團（1307）。

Philip IV　腓力四世（西元1605～1665年）　西班牙語爲Felipe。西班牙國王（1621～1665）和葡萄牙國王（稱腓力三世，1621～1640）。他繼承其父腓力三世的王位，將統治的行政權交給他的心腹大臣奧利瓦雷斯公爵（1621～1643）和公爵的侄子哈羅（1643～1661）。西班牙的工業和商業衰落了，而對荷蘭、法國和德國的戰爭進一步削弱了西班牙的經濟。葡萄牙重獲獨立（1640），在「西伐利亞和約」（1648）中又喪失荷蘭。腓力是個詩人，也贊助藝術，他是畫家委拉斯開茲的朋友，也常成爲其作畫的對象。

Philip V　腓力五世（西元前238～西元前179年）　馬其頓國王（西元前221～179年）。德米特里二世之子，繼安提哥那三世爲王。支持希臘同盟反對斯巴達、埃托利亞和伊利斯（西元前220～217年），並於西元前215年與漢尼拔結盟，進攻伊利里亞地區受羅馬保護的城邦。羅馬在第一次馬其頓戰爭中反擊。由於密謀對抗埃及和他對羅得島和帕加馬的海戰失敗促使羅馬發動了第二次馬其頓戰爭，羅馬在庫諾斯克法萊獲勝（西元前197年）。在腓力與羅馬共同對付希臘人後，羅馬的苛刻條件才有所放鬆。但腓力擔心羅馬會再次對付他，故試圖進攻巴爾幹地區（西元前184、183、181年）來擴張領土，在西元前179年的第四次嘗試中過世。

Philip V　腓力五世（西元1683～1746年）　西班牙語作Felipe。原名安茹公爵腓力（Philippe, duc d'Anjou）。西班牙國王（1700～1746）。法國路易十四世的孫子，西班牙腓力四世的曾孫，爲繼承無子嗣的查理二世王位而取名腓力，於1700年當上國王。路易拒絕將腓力排除於法國王位的繼承者之列，引起了西班牙王位繼承戰爭。結果締結的「烏得勒支條約」（1713）剝奪了腓力對西屬尼德蘭以及部分義大利的領地的繼承權，但留給他西班牙和西屬美洲地區。最初透過他的妻子（薩伏依的瑪麗亞・路易絲）受到法國顧問的影響，在她死後（1714），又受到第二任妻子伊莉莎白・法爾內塞和她的義大利顧問的影響。因試圖保護在義大利的領土而促成反法的四國同盟成立（1718）。腓力後來把西班牙捲入奧地利王位繼承戰爭中。他的統治象徵西班牙波旁王朝的開始（參閱Bourbon, House of）。

Philip VI　腓力六世（西元1293～1350年）　亦稱瓦盧瓦的腓力（Philip of Valois）。法語作Philippe de Valois。法國瓦盧瓦王朝第一代國王（1328～1350）。他繼續卡佩王朝的政策，使國家中央集權化，但對貴族、教士和資產階級作了讓步。他的騎士在卡塞爾戰役（1328）中殺害了數以千計的叛亂的法蘭德斯人。他和英格蘭的愛德華三世的紛爭導致百年戰爭的爆發（1337）。法國在斯勒伊斯海戰（1340）和克雷西戰役（1346）中的慘敗造成法國的危機，直到黑死病（1348年起）的擴散壓倒了其他的隱患爲止。

Philip Augustus ➠ Philip II

Philip Morris Cos. Inc.　菲利普・莫里斯公司　美國的控股公司，創立於1985年。原本始於1919年和紐約的菲利普・莫里斯股份有限公司的合併；1930年代和1940年代成爲一家製造香煙的大公司，其萬寶路香煙的歡迎程度隨著1950年代中期使用牛仔的形象進行宣傳而更加成長。其他的香煙品牌包括班森與赫奇、維珍妮和美里特，現在是世界上最大的煙草公司。1969年菲利普・莫里斯公司獲得米勒啤酒釀造公司的控制權。透過收購通用食品公司（1985）和卡夫公司（1988）等其他公司而減少對煙草業的依賴。1998年爲了解決美國幾乎所有的州對它和其他煙草製造商的控告，同意參與分攤付給各州作吸煙相關的保健費用的2,060億美元賠償金。2000年它收購了納比斯科公司（參閱RJR Nabisco, Inc.）。

Philip of Hesse　黑森的菲利普（西元1504～1567年）　日耳曼貴族和黑森伯爵，也是宗教改革運動的擁護者。其嫻熟的管理才能使黑森成爲一個主權國。菲利普受到馬丁・路德的事業的感召，成爲德國宗教改革運動的領袖。1529年在馬爾堡建立第一所新教大學，1531年又聯合一些親王和鄉鎮組成了施馬爾卡爾登同盟。然而，他荒唐的重婚情事毀損了聲譽。在皇帝粉碎了同盟之後，菲利普被囚禁（1547～1552）。長期的牢獄生活摧毀了他的影響力和健康，但他終於親見了「奧格斯堡和約」（1555）賦予了路德宗與天主教同樣的平等地位。在他去世那年，將黑森王國分給四個兒子。

O P Q R

Philip of Macedonia 馬其頓的腓力 ➠ Philip II

Philip the Bold 大膽者腓力 ➠ Philip II

Philip the Good 善良的腓力 ➠ Philip III

Philipon, Charles＊ 菲利蓬（西元1806～1862年） 法國漫畫家、石版畫家和新聞記者。是一個優秀的素描畫家，具有豐富的諷刺才能和強烈的政治觀點，出版了一系列的政治諷刺雜誌。1830年出版《漫畫》，1835年遭查禁；1832年創辦《喧嘩》，成爲《笨拙週刊》的靈感來源，取副名爲《倫敦喧嘩》。他的素描把路易－腓力的轉變描繪成梨的形狀，從此建立以梨當作國王的普遍象徵。他吸引並激勵了法國最好的漫畫家，如杜米埃和多雷。

Philippe Égalité 平民腓力 ➠ Orléans, Louis-Philippe-Joseph, duc (Duke) d'

Philippi＊ 腓立比 希臘馬其頓中北部地區的廢墟山城。約西元前357年腓力二世在此設防，以控制附近的金礦。西元前42年是一場羅馬戰役的決戰地點，即安東尼和屋大維在此擊敗了刺殺凱撒的主謀布魯圖和加西阿斯．朗吉納斯。現存許多基督教的廢墟，尤其是西元5～6世紀的古蹟。使徒聖保羅曾在這裡向皈依基督教者傳播福音。

Philippine-American War 美菲戰爭（西元1899～1902年） 亦稱菲律賓起義（Philippine Insurrection）。美國和菲律賓革命者之間的戰爭，可以看作是反對西班牙統治的菲律賓革命的延續。「巴黎條約」（1898）把菲律賓的主權從西班牙手中移交到美國手上，但未得到菲律賓的領袖們的承認，他們的軍隊控制了首都馬尼拉以外的整個群島。1902年時美國軍隊已經平息了叛亂，但零星的戰鬥仍持續到1906年。美國保持對群島的控制權，直到1946年爲止。

Philippine Revolution 菲律賓革命（西元1896～1898年） 菲律賓人民爭取獨立的鬥爭，但未能結束西班牙在菲律賓的殖民統治。在西班牙殖民統治的三百多年間，菲律賓人民經常舉行半宗教式的叛亂，但19世紀晚期昆特羅和其他一些人的著作爲菲律賓獨立促進了更廣泛的基礎運動。西班牙不願改革它的殖民政府，於是在1896年爆發了武裝叛變。倡導改革而不革命的黎利因爲煽動暴亂而被槍斃，他的犧牲加速了革命的進行。阿奎納多的叛軍未能擊敗西班牙人，但在西班牙於美西戰爭（1898）潰敗的餘波中，菲律賓人宣布他們獨立。西班牙在「巴黎條約」中將菲律賓割讓給美國，但阿奎納多不得不繼續進行革命戰鬥，不過是轉向反美。亦請參閱Philippine-American War。

Philippine Sea, Battle of the＊ 菲律賓海之戰（西元1944年6月19～20日） 第二次世界大戰期間日本與美國之間的海戰。6月19日，美國入侵塞班島後，日本遣送430架飛機去破壞美國船隻，但在第二天撤退前遭美國運輸機重創。號稱是第二次世界大戰中最壯觀的一次航空母艦戰役，最後以日本損失300多架飛機和2艘航空母艦，而美國損失飛機130架和一些艦隻遭到些微損壞而告終。

Philippines 菲律賓 正式名稱菲律賓共和國（Republic of the Philippines）。亞洲東南海岸外的群島國家。面積約299,536平方公里。人口約78,609,000（2001）。首都：馬尼拉，奎松市是國家政府預定地。菲律賓人的祖先主要屬馬來人的後裔，通常還有中－菲、菲律賓－美國或西班牙－菲律賓混血人。語言：菲律賓語和英語（均爲官方語）；其他主要的語族有宿霧語、伊洛卡諾語、希利蓋農語和比科爾語。宗教：天主教、伊斯蘭教和新教。貨幣：菲律

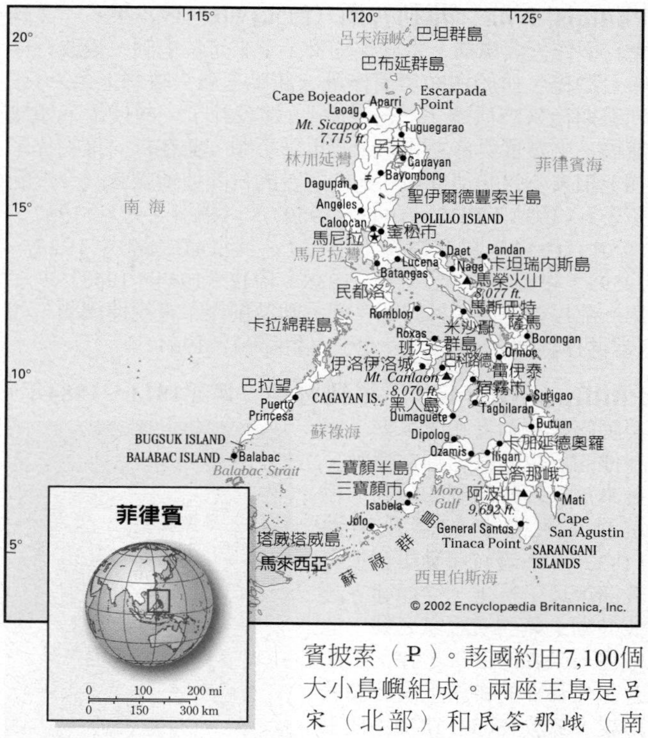

賓披索（P）。該國約由7,100個大小島嶼組成。兩座主島是呂宋（北部）和民答那峨（南部）。米沙鄢群島位於菲律賓中部，民都洛位於呂宋島正南方，而巴拉望爲西方孤島。菲律賓地形多樣，休眠火山和山巒爲多數較大島嶼的顯著的特色。該國屬市場經濟，主要以農業、輕工業和服務業爲基礎。政府形式爲中央集權共和國，兩院制。國家元首暨政府首腦是總統。1521年由麥哲倫發現，西班牙人在該群島殖民，並一直控制到1898年美西戰爭後才把它割讓給了美國。1935年建立菲律賓聯邦，爲該國在政治和經濟上的獨立作準備，但因第二次世界大戰和日本入侵而使獨立推遲了。1944～1945年美國軍隊解放了這個群島，1946年宣布成立菲律賓共和國，按照美國模式成立政府。1965年馬可仕當選總統。1972年他宣布實施戒嚴法，並持續到1981年。經過二十年的專制統治後，1986年馬可仕被趕下了台。艾奎諾成爲總統，實施民主統治，並在1992年羅慕斯當選總統後繼續下去。1990年代，菲律賓政府試圖與南部諸島的獨立鬥士議和。

Philips Electronics NV 飛利浦電器公司 荷蘭語作Philips' Gloeilampenfabrieken, NV。生產電子消費品、家用電器、照明設備以及電腦設備的荷蘭大公司。由荷蘭工程師傑拉德．飛利浦成立於1891年，生產白熾燈，1912年組成現在名字的飛利浦電器公司。1914年成立飛利浦研究實驗室這個獨立組織，使得其強大的研究成果更爲鞏固。1920年代開始製造收音機，第二次世界大戰後從事立體音響設備、電視和其他產品的生產，以飛利浦、馬格納沃克斯、諾雷爾科等商標販賣。飛利浦公司還協助創造了光碟、錄音帶和錄影機。在全世界設有製造和銷售子公司。

Philistines 非利士人 起源於愛琴海的一個民族。約西元前12世紀在以色列人到達時定居於巴勒斯坦南部海岸地帶。他們居住在五座城市，這些城市組成了「非利士人土地」（Philistia），這是希臘人把它們取名爲巴勒斯坦（Palestine）的由來。西元前11世紀他們首次和以色列人交戰。10世紀時被以色列國王大衛打敗；《聖經》描述了他殺了他們的勇士，即巨人歌利亞。後來他們相繼被亞述、埃及、巴比倫尼亞、波斯、希臘和羅馬人統治。沒有留下書面記錄。

Phillips, Irna 菲利普斯（西元1901～1973年） 美國電台製作人與導播。生於芝加哥，本來是位老師，後改行爲電台撰稿，並於1930年製作第一部肥皂劇《夢想上色》。菲利普斯後來被稱爲「肥皂皇后」，她設計了一些技術，如機關橋，來讓幕與幕之間的過渡更爲平順，並在每一集的片尾加上扣人心弦的預告等。她在電台的日間連續劇有《今天的孩子》（1933～1938、1943～1950）、《指引之光》（1937～1956；1952年起在電視上播出）、《生命之路》（1937～1959），以及《白衣女子》（1938～1942，1944～1948）——第一部以醫院爲題材的肥皂劇。她還創作了電視連續劇，如《當世界轉動》（1956）、《另一個世界》（1964）。

Phillips, Wendell 菲利普斯（西元1811～1884年） 美國廢奴運動者和改革家。原在他的出生地波士頓當律師，後來加入反奴隸制的運動。爲抗議洛夫喬伊的謀殺事件（1837），在廢奴運動集會上發表演說以示抗議，從而建立起能鼓勵士氣的演說家名聲。他成爲加里森的助手，在美國反奴隸制協會的會議上廣泛發表演說，並於1865～1870年任主席。他還支持禁酒、女權、監獄改革、企業規則和勞動改革等。

菲利普斯
By courtesy of the Library of Congress, Washington, D. C.

Phillips curve 菲利普曲線 用圖形表示失業率與貨幣工資變動率之間的相反關係的方法。1958年菲利普分析了英國失業率和貨幣工資變動率，發現當失業率低時，雇主更可能以高薪從他們的競爭對手中挖角。他聲稱這是一個穩定的關係。1960年代宏觀經濟學家用通貨膨脹當作經濟政策的工具，認爲同時發生低失業率和低通貨膨脹的情況是有問題的。貨幣主義者（包括弗里德曼）聲稱這種關係是不穩定的。

Philo Judaeus * 斐洛（西元前15/10～西元45/50年） 亦稱亞歷山大里亞的斐洛（Philo of Alexandria）。講希臘語的猶太哲學家。是埃及亞歷山大里亞的猶太人集團領袖，約西元40年曾代表猶太人向卡利古拉要求不要強迫猶太人崇拜他。他的著作清楚表達了海外猶太人的猶太教發展。其哲學受柏拉圖、亞里斯多德、新畢達哥拉斯主義、犬儒學派和斯多噶哲學的影響。他的上帝觀第一個堅持一個能懸置自然界規律的獨立的上帝存在，這和盛行的希臘觀點相反，後者堅信宇宙的上帝自己是服從於自然律的。他第一個嘗試將宗教信仰與哲學理性相結合，在哲學歷史上占有獨特地位，被視爲希臘化時代的猶太教代表人物，也是基督教神學的先驅。

philodendron * 喜林芋屬 天南星科的一屬，約200種植物，大部爲攀緣草本，原產美洲熱帶。有些種在較寒冷的地帶栽作室內觀葉植物，在較暖地區則作風景植物。葉通常大，邊緣光滑或具程度不等的裂或缺刻。室內栽培時花序罕見。培養品種極多，其中最重要的爲普通心葉喜林芋。再大型的還有鏟形葉喜林芋和喜林芋，前者葉三角形，長達60公分，後者葉具深裂，長可達1公尺。

Philopoemen * 菲洛皮門（西元前252?～西元前182年） 亞該亞同盟的將軍。任同盟聯軍的騎兵司令（西元前210?年）和同盟將軍（西元前208～207年、西元前206～205年、西元前201～200年），採用馬其頓的裝甲和戰術打敗了埃托利亞人和斯巴達人。第四次擔任將軍（西元前193～西元前192年）時，在海上敗給斯巴達人，但摧垮了他們在陸地上的軍隊。羅馬的弗拉米尼努斯下令他停止奪占斯巴達，但當斯巴達的領導者被暗殺後，他將這個城邦併入了同盟。他在麥西尼叛變時被捕，後被下毒害死。

philosophe * 啓蒙哲學家 18世紀法國的一批文人、科學家及思想家的統稱，雖然他們個人的觀點有所不同，但一致相信人類理性的卓越性和功效。他們受到笛卡兒的哲學、持自由思想者（或自由思想家）的懷疑論以及豐特奈爾（1657～1757）的科學普及化的影響，致力於振興科學和非宗教思想和啓蒙運動的開放思維。代表人物包括伏爾泰、孟德斯鳩、狄德羅、達朗伯和盧梭。這些啓蒙哲學家編撰了《百科全書》，是當時偉大的學術成就之一。

philosophical anthropology 哲學人類學 運用哲學方法對人類本性進行研究。其關注人類在宇宙中的地位、人類生活的目的或意義和人類能否成爲系統研究的對象等這類問題。哲學人類學的最重要著作有謝勒的《人在宇宙中的地位》（1928）、普萊斯納的《器官和人類的標準》（1928）、蓋倫的《人》（1940）和卡西勒的《論人》（1944）。

philosophy 哲學 對基本信念的根據加以批評檢視，並分析這類信念在表達時所運用的那些基本概念。哲學也可被定義爲對各式不同人類經驗的反思，或定義爲對人類極爲關懷之主題予以合理的、方法的以及系統的考量。哲學探索是許多歷史文明之思想史的中心要素。此學科的定義不易達成共識，這也部分反映了此一事實：哲學家們通常都來自不同領域，偏好省思不同的經驗範疇。世界上偉大的宗教都創造出影響深遠且相關的哲學學派。西方哲學家如托馬斯·阿奎那、柏克萊與齊克果將哲學視爲捍衛宗教之法，以及消弭唯物主義與理性主義所犯下的反宗教之錯誤的方式；畢達哥拉斯、笛卡兒與羅素等人主要是數學家，他們對實在和知識的觀點深受數學所影響。柏拉圖、霍布斯與彌爾等人關注的主要是政治哲學。前蘇格拉底哲學家、培根與懷德海等人則是以自然界的實體組成物爲理論起點。其他哲學領域包括有美學、知識論、倫理學、邏輯、形上學、心靈哲學以及哲學人類學。亦請參閱Analytic philosophy、Continental philosophy、feminist philosophy、political philosophy、philosophy of science。

phlebitis * 靜脈炎 靜脈壁的炎症。病因包括近處的感染、外傷、手術、分娩等。靜脈上部會疼痛、腫脹、變紅、發熱。皮下可以感到柔軟、線狀的物質。它通常出現於小腿的表皮靜脈，可以藉著止痛藥和臥床休息來治療，炎症消退後則進行溫和的運動。靜脈炎能夠持續數年，在這樣的情況下，靜脈內襯的刺激會導致血塊形成，這種情形稱爲血栓性靜脈炎（參閱thrombosis）。在較深處的靜脈裡，這需要抗凝劑來預防栓塞。

phloem * 韌皮部 亦稱bast。將葉製造的養分輸送到其他部分的植物組織。由幾種專門的細胞構成，包括篩管細胞和韌皮纖維。篩管（篩管細胞的柱狀物）在壁上有篩狀穿孔，爲營養物質通過的主要管道。韌皮纖維是彎曲的長細胞，能做成商用的軟纖維（如亞麻和大麻）。

phlox 福祿考 花荵科福祿考屬植物，約有65種。不論栽於庭園或野外，因其簇生頭狀花序而受人欣賞。除一種外，其餘均原產於北美。草本，葉卵形或長條形，花管狀，簇生成頭狀，花冠5裂。有些種類爲木本，但大多數爲一年或多年生草本植物。其大小從1.5公尺高的天藍繡球，到45

公分高，見於林地的多年生穗花福祿考，再到植株低矮蔓生，自由分枝，常綠，墊狀叢生，開粉紅色花的叢生福祿考都有。

叢生福祿考
Russ Kinne－Photo Researchers

Phnom Penh＊　金邊　柬埔寨首都及城市，位於洞里薩湖與湄公河的交匯點。建於1434年，爲高棉人的首都，曾被廢棄幾次，1865年重建。是個文化中心，建有許多高等學術機構。當赤棉於1975年奪取柬埔寨政權後，金邊的居民全部被強迫撤離，移居鄉村。1979年開始人口重新遷入，該市的教育機構開始了一段困難的重建時期，因受過教育的階級幾近根絕。該市距海290公里，但仍是湄公河河谷的重要港口，它透過湄公河三角洲的一條運河，經越南連通南海。人口約920,000（1994）。

phobia　恐怖症　對某種對象、某類物體或情景的極端無理性的害怕。恐怖症在分類上是焦慮失調（一種精神官能症）的形式，因爲焦慮是主要症狀。一般認爲，恐怖最初由一個危險處境造成的（如兒時一次幾乎溺死的體驗），後來轉向別的相似處境（如身體碰到水）就產生了恐怖症，而最初的恐怖經驗往往被壓抑或遺忘。行爲療法對克服恐怖症常有療效，它讓患病者逐漸處於會引起他焦慮的對象或情景下，讓他明白實際並沒有威脅存在。

Phocaea＊　福西亞　古代城市，濱臨愛琴海，小亞細亞西部沿海的愛奧尼亞人城市的最北部。西元前約1000～西元前550年的重要海洋區域，建立了許多殖民地，包括位於地中海西部的馬賽利亞（馬賽）。西元前約545年被波斯征服，從而衰落。現稱福卡（Foca）的這座城鎮坐落於一個種植橄欖樹和煙草的地區，並吸引衆多遊客前往參觀其古城廢墟。

Phocis＊　福基斯　希臘中部的古地區。由科林斯灣向北延伸，越過帕爾納索斯山到洛克里安山脈，形成北部邊界。其主要城鎮是伊拉提亞、德爾斐和多利斯。主要是放牧地區，早期歷史不詳。傳說福基斯人曾控制德爾斐神殿和神諭，但在約西元前590年的一場和臨近希臘城邦的戰爭中喪失控制權。在伯羅奔尼撒戰爭中和斯巴達聯盟，西元前346年被馬其頓國王腓力二世征服。

phoebe＊　菲比霸鶲　霸鶲亞目霸鶲科3種雀形類鳴禽的統稱。其習慣爲棲息時抽動尾巴。北美洲的東菲比霸鶲，體長18公分，體上部素灰褐色，下部稍灰白，一再重複發出尖刻的「fee-bee」鳴聲。在突出物上（常在橋下）以淤泥築巢，用苔蘚加固。北美洲西部原野的賽氏菲比霸鶲體稍大，下體淺黃色。黑菲比霸鶲，從美國西南部分布到阿根廷，體上部暗色，腹部則爲白色。

Phoenicia＊　腓尼基　範圍大致相當於現今黎巴嫩的古國，與現在的敘利亞和以色列的一部分接壤。主要城市有西頓、提爾和貝汝特（今貝魯特）。腓尼基人是西元前第1千紀地中海地區最著名的商人、貿易者和殖民者。該國陸續被亞述人、巴比倫人、波斯人和亞歷山大大帝征服。西元前64年併入羅馬的敘利亞行省。

Phoenicians＊　腓尼基人　古代腓尼基地區的民族。可能在約西元前3000年時來自波斯灣地區，多是商人、貿易者和殖民者。到西元前第2千紀時他們已經在黎凡特、北非、安納托利亞和塞浦路斯建立了殖民地。他們從事木材、布匹、染料、刺繡品、酒類和裝飾品的買賣；象牙雕刻和木雕品是腓尼基的特產，黃金飾品和金屬製品也很有名。他們的字母是以希臘字母爲基礎。

Phoenix＊　鳳凰城　美國亞利桑那州首府城市，濱索爾特河。該河谷早在西元1300年被史前印第安人占領，即現稱的霍霍坎文化，他們在15世紀初突然消失。現代鳳凰城建立於1870年，1881年設市。1889年成爲該準州首府，1912年正式成爲州首府。第二次世界大戰後範圍擴大，1950～1960年間人口成長了四倍。地處山脈、良田環繞的半乾旱河谷，經濟以農業、製造業、採礦業和旅遊業爲主。人口約1,159,000（1996）。

phoenix　鳳凰　在古埃及和古代傳說中的一種鳥，同太陽崇拜有關。據說埃及的鳳凰和鷹一樣大，有紅金兩色豔麗的羽毛，鳴聲悅耳動聽。鳳凰通常只有一隻，壽命不超過五百年。快要死亡時，它便用芳香的樹枝和香料造巢，然後點燃，把自己燒死在裡面。從柴火堆裡再新生出一隻鳳凰，將其前身的骨灰放到沒藥蛋裡，並帶著骨灰飛到埃及的赫利奧波利斯，把骨灰存放在太陽神殿的祭壇上。因此，鳳凰成爲不朽的象徵。亦請參閱feng-huang。

Phoenix Islands　費尼克斯島　太平洋中西部的島嶼，由八個小珊瑚環礁組成，屬於吉里巴斯，位於夏威夷西南方約2,650公里處。這些低矮、沙質的環礁總面積約28平方公里，19世紀被美國捕鯨船發現。1889年被英國占領，1937年歸屬吉柏特和埃利斯群島。1979年劃歸獨立後的吉里巴斯。坎頓是唯一有人居住的環礁。

Phoenix Park murders　鳳凰公園暗殺事件　1882年5月6日英國官員在都柏林遇刺的案件。剛上任的愛爾蘭事務大臣加文狄希和副官柏克傍晚在都柏林的鳳凰公園散步時，遭到激進的愛爾蘭民族主義祕密團體「常勝軍」分子的襲擊，遇刺身亡。此謀殺事件引起人們對恐怖主義的反感，並促使巴奈爾在國會中使愛爾蘭民族聯盟服從較溫和派的愛爾蘭自治運動黨。

phoneme　音位　指一個詞與另一個詞（或詞素）相區別的最小言語單位（如tap中的p音把tap一詞與tab和tag等詞區別開）。音位這一術語通常限用於元音和輔音範圍內，但某些語言學家卻將音調、重讀和韻律等差別也包括在內。一個音位可能有很多變體，這些變體的發音不同，但卻對意思沒有影響。音位可以用特殊符號記錄下來，如國際音標。在抄寫時，語音學家習慣於將音位放在兩條斜線之間如：/p/。

phonetics　語音學　研究言語的聲音學科。語音學研究它們的發音（發音語音學）、聲學性質（聲學語音學），以及如何組合起來構成音節、詞語和句子（語言語音學）。最早的語音學家爲印度學者（西元前300?年），他們試圖保存梵文經文的發音。古代的希臘人被證明是首次以語音字母作爲書寫系統的人。現代語音學的創立者爲貝爾（1819～1905），其《語音圖解法》（1867）研發一套書寫語音的精確符號體系。20世紀時，語言學家專注於開發一種分類系統，可以用來比較所有的人類語音。現代語音學關注的另一個方面是語音感知的心理過程。

phonics＊　自然發音法；字母拼讀法　將語言分解成最簡單的成分，用以教導閱讀的方法。兒童首先學習個別字母的發音，而後學習結合字母或簡單單字的發音。經過調控字彙的簡單閱讀練習，可以強化此一過程。以發音爲基礎的教學法，在面臨來自「全面性的語言」（whole-language）教學法的競爭，近年有所衰歇。在後一種教學法中，每次介紹給兒童完整的單字，並給予兒童眞正的文學作品，而非閱讀練習，並鼓勵兒童寫日記；而在日記中，兒童獲准有創意地進行拼字。對於全面性的語言教學法的強烈反動，已經使得閱讀指導此一領域淪爲戰場，而當今大多數的教師願意結合兩種技巧來進行教學。

phonograph 留聲機 亦稱電唱機（record player）。使聲音重放的裝置。留聲機的唱片以針在旋轉表面的蜿蜒紋道上刻出一連串的波紋來儲存聲波拷貝。放聲時另一針與紋道接觸，當唱盤旋轉時，會再變成聲音。一般認爲留聲機是愛迪生於1877年發明的。立體音響在一條紋路上有兩個獨立聲道的立體音響系統，該產品在1958年首次進入市場。所有的現代留聲機系統都有共同的部分：帶動唱片旋轉的圓盤、沿唱片紋道走動的唱針、把唱針的機械振動轉換成電脈衝的揚聲器、增強電脈衝的放大器和將放大信號還原成聲的揚聲器。直到1980年代留聲機和唱片被卡式錄音帶（參閱tape recorder）和光碟大量取代前，它們是家庭聽音樂的主要工具。

phonology * 音系學 一門研究各種語言內部語音模式的學科。歷時音系學（歷史音系學）考查和分析語音聲音體系在一段時間內的變化，如英語sea（海）和see（看見）這兩個詞中的母音曾一度發音不同，而演變至今則發同樣的音。等時音系學（描寫音系學）研究一種語言在其發展的某一個別階段的語音，揭示它可能存在的語音模式（如英語裡nt和dm這兩組音只能出現在詞的內部和詞尾，而不能出現在詞首）。

phonon * 聲子 固態物理學中，指晶格振動能量的量子。類似於光子（光的量子），聲子可以看作帶有粒子性的波包（參閱wave-particle duality）。聲子的行爲方式決定或影響著固體的各種性質。例如，熱導率就是用聲子的相互作用來解釋的。聲子也爲理解某些金屬的超導電性提供了基礎。

Phony War 虛假戰爭（西元1939～1940年） 第二次世界大戰剛開打的前六個月，因爲未發生重大交戰而得名。虛假戰爭一詞是新聞記者創造出來的，用來嘲諷在1939年9月德軍入侵波蘭後，同盟軍和德軍有六個月的期間（1939年10月至1940年3月）都未進行任何地面作戰。

phosgene * 光氣 亦稱碳醯氯（carbonyl chloride）。無色劇毒氣體，用於化學戰以及工業生產過程，包括製造染料和聚氨酯樹脂。可單獨使用，或和氯混合使用，在第一次世界大戰中當作軍用毒氣。味道聞起來類似發黴的乾草。吸入數小時後會對肺造成嚴重傷害。1811年首次製備，由一氧化碳與氯在催化劑作用下反應產生。氣態光氣通常被壓入鋼瓶以液態形式或以甲苯溶液形式貯運。光氣與水反應生成二氧化碳和鹽酸。

phosphate 磷酸鹽和磷酸酯 與磷酸（H_3PO_4）有關的許多化合物的統稱。磷酸鹽是無機化合物，包含磷酸根離子（PO_4^{3-}）、磷酸氫離子（HPO_4^{2-}）或者磷酸二氫根離子（$H_2PO_4^-$），加上任何陽離子。磷酸酯是有機化合物，其中磷酸中的氫被有機基團（如甲基、乙基、苯基）取代，它們的一個碳原子與磷酸根中的氧原子結合。核酸和三磷酸腺苷都包含磷酸根；骨骼和牙齒中有磷酸鈣。磷酸鹽類的岩石（主要是磷酸鈣）是四種最重要的基本化學商品之一。以前磷酸鹽用於洗滌劑，清洗後被帶入河流和湖泊，造成水藻和細菌的水華現象（參閱eutrophication）；現在這種用途一般已被禁止或受限制。在肥料、發酵粉和牙膏中還有使用磷酸鹽。

phospholipid * 磷脂 亦稱phosphatide。任何一種結構中含有磷酸鹽和磷酸酯，以及碳、氫、氧或者還有氮的類脂有機化合物。每個分子的一端可溶於水和水溶液（包括細胞質），另一端爲脂肪。他們自然構成一個雙層結構（油脂雙分子層），其中脂溶性的一端被夾在中間，水溶性的一端朝外伸出。這樣的油脂雙分子層是膜的結構基礎。磷脂是神經元的髓磷脂外殼。磷脂包括卵磷脂、腦磷脂、磷酸肌醇（存在於腦中），以及心磷脂（存在於心臟中）。

phosphorescence 磷光 受到輻射而發光的物質，在激發的輻射消去後，仍以餘輝持續發光的現象。與螢光不同，螢光只有在受激發後約10^{-8}秒內發光，而在磷光的情況中，所吸收的多餘能量儲存在亞穩態，以後再發射出去。磷光的持續時間可以從10^{-3}秒到幾天甚至幾年。磷光這個名詞也常常用於生物體的發光。

phosphorite * 磷塊岩 亦稱磷酸鹽岩（phosphate rock）。是磷酸鹽高度富集的一種岩石，呈結核狀或緻密塊體。磷酸鹽可能有各種不同的來源，包括分泌磷酸鈣貝殼的海洋無脊椎動物，以及脊椎動物的骨骼和糞便。典型的磷塊岩層約含30%的五氧化二磷（P_2O_5），並構成世界上大部分磷肥生產原料的主要來源。美國磷塊岩的重要礦床有愛達荷州的弗斯弗里亞層和加州的蒙特里層。祕魯的塞丘拉沙漠也有大型礦床。

phosphorus 磷 非金屬化學元素，化學符號P，原子序數15。其普通的同素異形現象爲「白磷」，是無色有毒、半透明和柔軟的蠟狀固體，在黑暗中可發光（磷光），暴置於空氣中可自燃，形成白色濃煙狀的氧化物；用於滅鼠劑和軍用煙幕。熱或日光將其轉化爲「紅磷」，一種紫羅蘭紅色的粉末，不會發出磷光也不會自燃。紅磷的反應性和溶解力不如白磷強，用來生產其他磷的化合物和半導體、化肥和安全火柴。將白磷在壓力下加熱產生「黑磷」，和石墨一樣薄。磷在自然界中很少單獨出現。磷酸鹽和磷酸酯數量很多，分布廣闊，在磷灰石、磷塊岩和很多其他礦物中都存在。磷在化合物中的原子價爲3或5，工業用途很多。磷化氫（PH_3）是一種化學原料，也是固態電子化學物的摻雜劑。有機磷化學物用作可塑劑、汽油填加劑、殺蟲劑（如巴拉松）和神經毒氣。

Photian Schism ➠ Schism, Photian

Photius, St. * 聖佛提烏（西元820～891?年） 君士坦丁堡牧首（858～867和877～886年在位）。原本位居高官，後來在教會晉升得很快，繼依納爵任君士坦丁堡牧首，這惱怒了教宗尼古拉一世。聖佛提烏拒絕恢復先前由羅馬轉交給拜占庭的主教教區，更加加劇了他和教宗之間的矛盾。由於羅馬教宗尼古拉一世不承認聖佛提烏爲牧首，聖佛提烏一怒之下將教宗處以絕罰（867），因此開始了佛提烏分裂。同年聖佛提烏被免職，但在877年其繼任者死後又復職。他和教宗若望八世同意將保加利亞歸還給羅馬教會，但允許希臘保留主教。

Photo-Secession 攝影分離派 受新藝術主義運動影響的美國攝影家團體。1902年由施蒂格利茨，這個藝術團體試圖將攝影當作一種藝術，以其自身的觀念來評判。它和倫敦的連環會團體類似，其名稱表明他們也是分離派運動團體（儘管以數字291聞名，那是施蒂格利茨的畫廊的地址）。施蒂格利茨並不追求潤飾或處理負片或相紙，但該團體的其他攝影家如施泰肯，則是印象主義的柔焦學派和新技術的擁護

O
P
Q
R

者。關於攝影分離派的記錄都保存在季刊《照相機工作》(1903～1917)中。

photocell 光電管 亦作photoelectric cell或electric eye。一種固體探測器，有一個對光靈敏的陰極，受到光照時能發射電子，還有一個用於收集所發射電子的陽極。光照激發陰極上的電子，產生與光照強度成正比的電流。在光電壓器件中，光用來產生電壓。在光電導器件中，光用來調節電流。光電管用於控制系統中，在遮斷光束時，系統就打開電路，從而開啓繼電器，爲所需要的動作（如開門或啓動警報器）提供動力。光電管也應用於光度學和光譜學。

photochemical reaction 光化學反應 由於吸收了可見光、紫外輻射或紅外輻射的能量而引起的化學反應。初級的光化學過程是作爲一種中間結果發生的，接著可能發生二級過程。最重要的例子是光合作用。視覺取決於眼睛中發生的光化學反應（參閱retina、rhodopsin）。在攝影中，光啓動硝酸銀，使它處於一種狀態，在顯影過程中很容易還原到金屬銀。洗衣過程中的漂白、皮膚的曬黑、太陽電池中能量的儲存以及許多工業的反應也都是光化學反應。某些空氣污染物在光化學反應中變得活性更強，形成有毒的化合物。

photocopier 照相影印機 使用光、熱、化學藥劑或靜電荷複印圖文的設備。大部分現代的影印機都採用一種稱作靜電影印的方法。影印機複印速度快，效率高，十分有利於商業的發展，但卻導致了版權問題和對紙張的巨大消耗，以及隨之而來的環境問題。

photoelectric effect 光電效應 物體吸收輻射能後（參閱radiation）釋放帶電粒子的現象。常常是指可見光照在金屬板表面而引起電子發射。如果輻射的波長範圍是紫外輻射、X射線或γ射線，也可以發生光電效應。發射表面可以是固體、液體或氣體，發射的粒子可以是電子，也可以是離子。光電效應是赫茲在1887年發現的，愛因斯坦對它作出了解釋，爲此，愛因斯坦獲得了諾貝爾獎。

photoengraving 照相凸版 任何以照相方式製造印刷的方法（參閱photography攝影）。通常是以塗有感光材料的版片對著膠片上的影像曝光，然後再依版片是用於凸版印刷或凹版印刷而進行不同的處理步驟。透過網目凸版製版法翻拍照片時，照相凸版尤其重要。亦請參閱offset printing。

photography 攝影術 在膠捲或感光材料上用照相機的透鏡放射出的光線爲物體攝取永久影像的方法。該方法來自於19世紀兩個法國人（尼埃普斯和達蓋爾）對藝術的熱望，他們發明了第一種成功的商業攝影法，即達蓋爾式照相法（1837）。而兩個英國人（維吉伍德和塔爾博特）申請了正負片卡羅式照相法專利，開現代照相技術之先河。攝影術對社會有深遠的影響，最初用來拍攝肖像和風景。1850年代和1860年代，布雷迪和芬頓開始將攝影用於軍事用途和新聞報導。相關的方法包括放射線攝影（透過X射線、電子光波和核輻射記錄影像）、電視和錄影帶（使用電磁訊號記錄光影像的傳播）。亦請參閱digital camera。

photolysis＊ 光解 經由光的吸收導致分子破裂成較小單元。閃光光解是由艾根、諾里什和波特共同提出的實驗性技術，研究許多光化學反應中生成的短暫化學中間體。第一次閃光劇烈而簡短，把分子解離成短壽命的碎片；在第二次較弱的閃光時，可用分光光度學來分析這些碎片。

photometry＊ 光度學 指對恆星和其他天體亮度、顏色和光譜的精密測量，以獲得它們的結構、溫度和成分的資料。大約西元前130年，喜帕恰斯使用了一種體系，將星分爲六星等，從最亮的到最暗的。在17世紀開始使用望遠鏡，發現了許多更暗的星，使星等尺度擴展。從1940年代起，照相器材和光電設備使天文光度學的靈敏度和波長範圍大增。主要的分類體系（UBVRI）使用紫外輻射、藍色、可見光、紅色和紅外輻射波段範圍。更精確的系統可以區分出巨星和矮星，探測恆星的金屬型態，以及判定體表面引力。

photon 光子 亦稱light quantum。電磁輻射的細微能包。1900年普朗克發現熱輻射是以獨特單位發射和吸收的，他把這些單位叫做量子。1905年愛因斯坦解釋了光電效應，認爲光也存在分離的能包。1926年就出現光子這個詞來表示這些能包。光子的能量從高能的γ射線和X射線到低能的紅外和無線電波，儘管所有的光子都以同樣的速度（光速）運動。光子不帶電荷或靜止質量，它們是電磁場的攜帶者。

photoperiodism 光週期現象 動物或植物對白天與黑夜的日常變化、季節性變化或者年度變化的反應。動物的睡眠、遷徙、繁殖和換羽都在一定程度上由白天的長度來決定。在家禽業中，光週期現象常由人工光線形成，目的是使產蛋量和家禽的體重最大化。植物的生長、播種、萌芽、開花和結果都受到晝長的影響。其他影響有機物反應的因素包括溫度和營養。

Photorealism 照相寫實主義 20世紀晚期奠基於攝影術的繪畫風格，這種風格將以精細嚴密的細節將眞實的景像加以處理。照相寫實主義是普普藝術的旁支。1970年代流行於照相機影像的藝術家中，成爲一股美國繪畫界中的潮流。雖然至遲在19世紀，像是德拉克洛瓦等人，就已經開始用攝影術來作爲眞實的替代物。但照相寫實主義憑據照片本身，以大量如眞實一般的細節複製照片，然後在它之上以壓克力畫爲基礎。照相寫實主義的主題通常包括反射性的表面（鍍鉻的餐車、機車、鏡面建築物等等）。它在技術上令人畏服的精準、明亮的顏色配置以及視覺上的複雜性，爲此風格贏得廣泛的流行。最著名的實踐者是愛迪（《給H的新鞋》，1974）、伊斯特（《食物店》，1967）以及傅雷克（《皇后》，1976）。

photoreception 光接收 光的刺激引起的生物反應，大多論及視覺機制。單細胞生物如變形蟲，整個細胞都對光敏感。蚯蚓在身體散布著光接收細胞，比較不同的方向的光線強度，有助於適應周遭環境。大多數動物有不同複雜度的局部光接收器。人類的光接收依靠光敏色素視紫紅質的化學反應，位於眼睛的視網膜的光接收細胞。這些細胞將刺激導向神經系統。人類就像其他脊椎動物，有兩種光敏細胞：視桿細胞與視錐細胞。視桿細胞負責光線微弱時的視覺；視錐細胞傳達白天的視覺與顏色。光接收通常也指植物的光合作用。亦請參閱sense。

photosphere 光球 肉眼可視的太陽表面，厚約400公里。直接傳抵地球的太陽光大部分由光球發出。光球的溫度範圍從底部的10,000℃到頂部的4,000℃；密度約爲地球表面空氣密度的1/1,000。太陽黑子是光球上的現象。光球還有顆粒結構。每個顆粒（細胞）都是直徑幾百公里的熱氣團，它們源自太陽內部，放射能量，幾分鐘後又沈下去，其他的又升上來，如此循環往復不止。

photosynthesis 光合作用 綠色植物和某些特定生物體吸收光能並將其轉變爲化學能的過程。在綠色植物中，葉子中葉綠體所含的葉綠素吸取光能，並將水、二氧化碳和礦物質轉變成氧氣和富含能量的有機化合物（簡單和複雜的醣

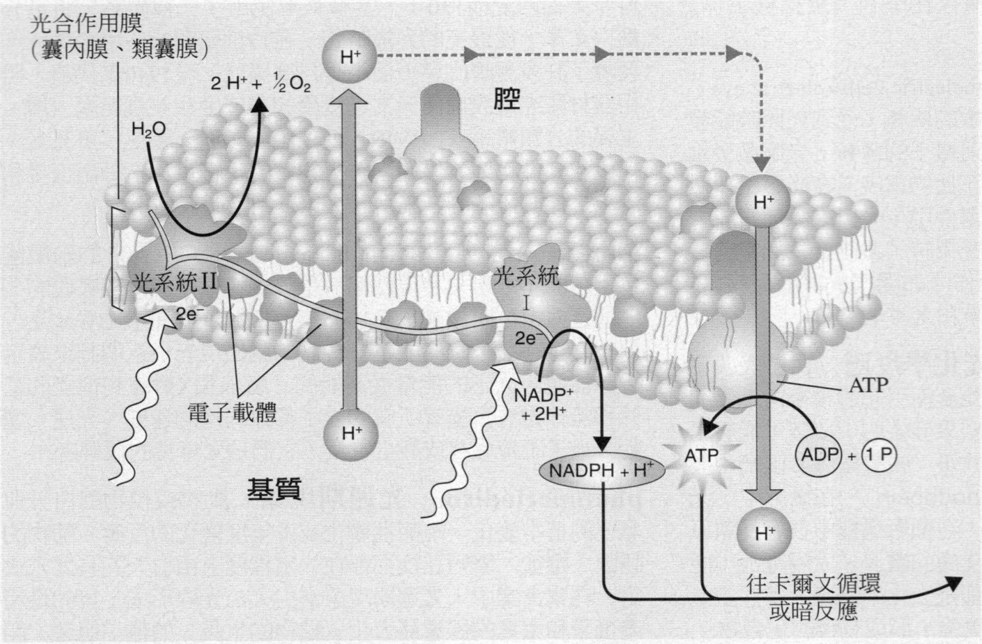

光合作用的光反應。光反應產生於兩個光系統（葉綠素分子單位）。光能（用波浪狀箭頭表示）由光系統II吸收而形成高能電子，沿著電子傳遞鏈的一系列受體分子轉移到光系統I。光系統I從水分子取得替換電子，使水分離成氫離子和氧原子。氧原子結合形成氧分子，釋放進入大氣。氫離子進入腔內。多餘的氫離子由電子受體分子抽進腔內，而在腔內產生高濃度的離子。氫離子回流通過囊內膜提供能量驅動富集能量的分子ATP的合成。光系統I吸收光能放出的高能電子用來驅動NADPH的合成。光系統I從電子傳遞鏈取得替換電子。ATP提供能量而NADPH提供氫原子來驅動後續的光合暗反應，或稱卡爾文循環。

類），該有機化合物爲構成植物和動物生命形式的基礎。光合作用由一系列的光化學反應和酶反應組成。光合作用分爲兩階段。在依賴光照反應的階段（光階段）期間，葉綠素吸收的光能將色素分子中的某些電子激發到更高能階，這些電子離開葉綠素並經過一系列的分子，釋出能量形成NADPH（酶的一種）和高能量的三磷酸腺苷。做爲光合作用副產物的氧氣，由葉片的毛細孔釋出至大氣層中。NADPH和三磷酸腺苷則進行第二階段不需要光線的暗反應（或卡爾文循環，由卡爾文所發現）。在暗反應中利用大氣中的二氧化碳生成葡萄糖。光合作用對維持地球上的生命是相當重要的，若是停止了光合作用，很快的地球上將只有少數食物和有機物質存在，而幾乎大部分的生命都會消失。

phototube ➠ photoelectric cell

photovoltaic effect　光生伏打效應　緊密接觸的兩種不同物質受到光或其他輻射能照射時起電池作用的過程。在某些元素的晶體中，如矽和鍺，電子通常不能在原子之間自由運動。照在晶體上的光提供了能量使電子從束縛狀態解放出來。這些電子從一個方向上跨越兩種材料之間的結比從另一個方向跨越要容易得多，所以結的一側相對另一側就獲得了負電壓。只要光一直照在這兩種材料上，光電池就能不斷提供電壓和電流。該電流可以用來測量光的亮度或當作電源，就像太陽電池。

Phrachomklao ➠ Mongkut

Phrachunlachomklao ➠ Chulalongkorn

Phramongkutklao ➠ Vajiravudh

phratry＊　胞族　古代希臘有血緣關係的氏族或親屬集團組成的集體。每個胞族的最高首領都是有某種世襲權的貴族氏族，如舉行祭祀的權力。胞族和氏族都是父系的。雅典的胞族十分有名。每個土生土長的雅典男人都屬於一個胞族；他們關心諸如血統的正統性和遺產之類的問題。

Phraya Taksin ➠ Taksin

phrenology＊　顱相學
指分析頭顱的輪廓以測定他的智力和性格特徵。加爾指出一條原則，即天生的智力能力的各個方面都以某個大腦部分（器官）爲基礎，該部分大小反應了個人能力突出的方面，並由顱相表現出來。他查看了具有特殊特點（包括「罪犯」特徵）個體的頭骨，以找到可以證明自己觀點的地方。其門生斯珀津姆（1776～1832）和庫姆（1788～1858）將頭皮分區，分別貼上標簽，表明好鬥、謹慎和形成知覺。儘管20世紀裡仍很流行，顱相學被證明是完全不科學的。

Phrygia＊　弗里吉亞
小亞細亞中西部的古國。得名於被希臘人稱爲弗里吉的民族，他們曾於西元前12世紀西台人衰敗之後控制小亞細亞，直到西元前7世紀里底亞興起爲止。弗里吉亞人的祖先可能是色雷斯人（參閱Thrace），他們在戈爾迪烏姆建都。傳說中其王國彌達斯在西元前700年隨西米里族人的入侵而結束，西米里族人燒毀了首都。弗里吉亞人的金屬工藝、木雕、地毯製造和刺繡是非常出色的。他們的宗教儀式是「眾神之母」，後傳給了希臘人。1945年以後，美國考古學家在那裡發現了有雕刻的石墓和神殿。

Phumiphon Adunlayadet ➠ Bhumibol Adulyadej

Phyfe, Duncan＊　法伊夫（西元1768～1854年）　原名Duncan Fife。蘇格蘭出生的美國家具設計師。1784年隨家人移居美國紐約州的阿爾巴尼；開始學做家具，後自開工廠。1792年他遷居紐約市，改了名字，事業蒸蒸日上，雇用了一百個雕工和家具師。他是最先採用工廠生產方式製造家具的美國人之一。他不開創新的家具樣式，而是詮釋流行的歐洲款式——雪里頓式、英國攝政時期風格、執政內閣時期風格和帝國風格——這些產品十分優雅，使他成爲新古典主義風格家具的代表人物。他的家具都有典型時期的裝飾，如豎琴和葉形，都由優質桃花心木製作。

桃花心木無扶手單人椅，法伊夫設計於1807年；現藏德拉瓦州溫特圖爾博物館
By courtesy of The Henry Francis du Pont Winterthur Museum, Delaware

phyle＊　宗族　古代多里安人全部和大部分愛奧尼亞希臘城邦最大的政治族別。宗族同時是一種血緣集團，包括所有公職人員和牧師，地方行政和軍事單位。雅典原來的四個宗族由克利斯提尼政治下的十個宗族取代（西元前508或西

元前507年）；斯巴達原本的三個宗族到西元前8世紀由五個宗族取代。

phyllite＊ 千枚岩 細粒的原生沈積岩（如泥岩或葉岩）經過重新結晶而形成的細粒變質岩。千枚岩具有明顯的易裂特點；由於有微小的雲母片，千枚岩的表面上可能有光澤。千枚岩的顆粒比板岩的大，而比片岩的小。

phylloxera＊ 瘤蚜 同翅目根瘤蚜屬多種昆蟲，主要分布在北美洲，有許多是嚴重危害植物的害蟲。瘤蚜在樹根形成蟲癭，並會使樹葉掉落，特別是山核桃和美洲山核桃。亦請參閱grape phylloxera。

phylogenetic tree＊ 種系樹 表示有共同祖先形態的一類生物間演化的相互關係圖。祖先為「樹幹」，由其衍生出的聖物置於「樹枝」頂端。類與類之間的距離表示親緣關係的遠近；也就是說，關係親近的類彼此距離較近。儘管種系樹為推測，但為研究種系關係與演化提供了一種簡便方法。亦請參閱phylogeny。

phylogeny＊ 種系發生史 一個種或類群的演化史，尤注重研究各大類群生物的世系及親緣關係。種系發生史的基本觀點是不同物種的動植物皆源自相同祖先。但此類關係的證據幾乎總是不完全的，故對種系發生過程的判斷大部分基於間接證據及謹慎的推測。現代分類學是將生物分門別類的科學，以種系發生史為基礎。早期的分類系統並無理論基礎，生物係根據外表上的相似來分類。提出種系發生史的生物學家，由古生物學、比較解剖學、比較胚胎學和生物化學領域獲得證據。關於種系發生史的資料和結論表明，今天的生物是歷史演化過程的產物，各種系之間以及種系內部的相似程度都由其所源自的共同祖先的世襲關係程度來決定。亦請參閱phylogenetic tree。

physical anthropology 體質人類學 人類學的一支，涉及人類演化和人類生物變異的研究。對人類演化的研究包括人類遺存化石的發現、分析和描述。兩個關鍵目的是區分人類和其人類與非人類的祖先，以及澄清人類的生物突生現象。採用的定量方法多樣，包括遺傳密碼的比較分析。對現代人的生物多樣性的研究曾十分依賴種族這個概念，但現在遺傳學原則和血型分類等因素的分析已在很大程度上將種族排除在科學分類之外。

physical chemistry 物理化學 化學的分支，涉及材料的交互作用與變換。與其他學門不同，物理化學處理所有化學交互作用底下潛在的物理定律（例如氣體定律），測量、對比並解釋反應的定量觀點。量子力學幾乎完全闡明了物理化學，將最小的粒子、原子及分子模式化，讓理論化學家利用電腦和複雜的數學方法來了解物質的化學行為。化學熱力學處理熱與其他形式化學能的關係，化學反應速率的動力學。物理化學底下再細分為電化學、光化學、界面化學與催化作用。

physical education 體育 為增強體能和獲得增強體能的技能而進行的訓練。美國的大部分小學和中學都要求有體育課。一般包括柔軟體操、體操和各種體育運動，以及一些關於健康的知識。從20世紀早期起就有了主修體育的大學生。教學大部分在體育館進行，但也同樣重視戶外運動。

physical medicine and rehabilitation 物理醫學與復健 亦稱理療學（physiatry）、物理療法（physical therapy）或復健醫學（rehabilitation medicine）。利用物理療法來治療慢性疾病和殘障，使病人在患病的狀況下仍能恢復舒適的和參加生產勞動生活的醫學專科。其目的為減輕疼痛、改善或維持運動功能、日常生活主要活動的訓練和肌力、關節活動度、呼吸肌能力和肌肉協調性等方面的功能測試。物理醫學使用透熱療法、水療法、按摩、運動和功能訓練等療法。功能訓練可以是指學習和領路狗或使用假體工作，或是在少了某一肢體的狀況下學習完成日常活動的新方法，有時也會使用輔助設備來完成。復健醫師領隊的復健團隊包括物理治療師、復健工程師、復健護士和心理諮詢人員，有時還加上呼吸或語言治療師。亦請參閱occupational therapy、orthopedics手術。

physics 物理學 研究物質的結構以及可觀察宇宙的基本組份之間相互作用的科學。長期以來把物理學稱作自然的哲學（來自希臘語physikos），關注的是自然界的一切方面，包括在給定力的作用下物體的行為，以及引力場、電磁場和原子核力場的性質和起源。物理學的目的是要系統全面地說明一些原理，將所有看得見的現象都歸在一起並作出解釋。亦請參閱aerodynamics、astrophysics、atomic physics、biophysics、mechanics、nuclear physics、particle physics、quantum mechanics、solid-state physics、statistical mechanics。

physics, mathematical ➠ mathematical physics

physiocrat 重農主義者 在18世紀法國建立的一個經濟學派的成員，認為政府政策不應干預自然經濟法則的作用，相信土地是一切財富的源泉。一般認為它是第一個科學的經濟學派。重農主義派（該詞在語源上意味著「自然法則」）由魁奈創立，他闡述了工場和農場之間的經濟關係，並斷定只有農場才會增加社會財富。重農主義者設想一個成文法和自然法協調的社會。他們描繪出一種農業占支配地位的社會，攻擊重商主義，因為它強調生產和對外貿易以及大量的經濟規則。魁奈的追隨者包括米拉波和內穆爾（1739～1817）。1768年左右該學派開始勢衰，1776年親該學派的總審計長被免職以後，重農主義的領袖遭到流放。儘管他們的許多理論（主要是財富理論）後來都被推翻，但他們為經濟引入了科學方法，對這門學科產生了深遠影響。

physiology＊ 生理學 研究活的生物體或其組織或細胞功能的科學。直到高倍顯微鏡顯示細胞和分子層面的結構和功能不可分離之前，生理學和解剖學常被分開考慮。瞭解生物化學對生理學來說是最基本的。生理學過程是動態的；細胞根據其周圍環境組成的變化來改變自己的功能，生物體對其內部和外部環境的變化都會作出反應。許多生理反應的目的都是保持內部的物理和化學環境不變（自我恆定性）。亦請參閱cytology。

phytoflagellate＊ 植鞭毛蟲類 數種具鞭毛的原生動物，有許多與典型藻類共同的特徵，尤其是葉綠素及各種附屬色素。有些種類雖形體相似，但缺乏葉綠素。植鞭毛蟲類可由光合作用、通過體表的吸收作用，或吞吃食物顆粒等方式而獲得營養。隱滴蟲為其中較重要的種類之一。

phytoplankton＊ 浮游植物 植物群中自由漂浮的微小水生植物，通常隨水流而漂流。與陸生植物一樣，能利用二氧化碳，釋放氧，並把礦物質轉變為動物能利用的形式。淡水中，大量綠藻類常使湖泊、池塘呈現顏色，而藍綠藻會影響飲用水的味道。海洋浮游植物直接或間接地作為其他海洋生物的原始食物來源。包括含矽骨骼組成的類群，例如矽藻和腰鞭毛蟲，浮游植物的數量隨季節變化，在春秋兩季，光、溫度及礦質營養有利其繁殖。

pi　π　在數學中，指圓周同直徑之比。它是一個無理數，也是一個超越數，近似值爲3.14159265，而其確切的值必須用一個符號即希臘字母π來表示。在包含圓周、球體、圓柱體和圓錐體的長度、面積和體積的計算中都要用到π。它也會出現在處理某些週期性現象（如擺的運動、交流電流）的問題中。爲了使這類計算更精確，現代的電腦已經把π計算到小數點後面2,000億位。

Piaf, Edith＊　皮雅夫（西元1915～1963年）　原名Edith Giovanna Gassion。法國女歌唱家。母親爲咖啡館歌手，皮雅夫一出生即遭遺棄，三歲時因腦膜炎而失明，但四年後視力恢復。其父爲馬戲雜技演員，帶她四處巡迴演出，並鼓勵她唱歌。在巴黎街頭唱歌數年，過著卑微的生活，直到一夜總會老闆建議她改名爲皮雅夫，這是巴黎人稱麻雀的俚語。不久她就在巴黎的大音樂廳唱歌。第二次世界大戰期間，她爲法國戰犯表演，並協助其中一些人逃跑。戰後，她到各地巡迴演出，以〈玫瑰人生〉和〈不，我絲毫不後悔〉等歌曲聞名於世。1950年代她成爲世界上酬金最高的表演者之一。儘管事業上取得巨大成功，她的生活卻遭到疾病、事故和不快事情的打擾，享年四十七歲。

Piaget, Jean＊　皮亞傑（西元1896～1980年）　瑞士心理學家。曾接受動物學和哲學教育，皮亞傑後來在蘇黎世師從容格和布洛伊勒學習心理學（從1918年開始），從1929年到他去世一直在日內瓦大學任教。他提出了「發生知識論」（genetic epistemology）的理論，即兒童思維能力發展的自然時間表，其中他考察了四個階段——感覺運動階段（0～2歲）、前運算階段（2～7歲）、具體運算階段（7～12歲）和形式運算階段（直到成年）——每個階段的認知能力和運用符號的能力都不斷增強。1955年皮亞傑在日內瓦建立了一所國際發生知識論中心，並任負責人一直到1980年。著有大量作品，包括《兒童的語言和思維》（1923）、《兒童的判斷與推理》（1924）、《兒童智慧的起源》（1948），還有《兒童邏輯的早期成長》（1964）。他被認爲是20世紀發展心理學的先驅。

piano　鋼琴　亦稱pianoforte。一種裝有金屬弦的鍵盤樂器，彈奏鍵盤使琴槌擊弦，弦即發聲。鋼琴在1720年以前由法國人克里斯托福里發明，目的是表現音符到音符的連續變化（大鍵琴就缺乏這種變化）。它和擊弦鍵琴的區別在於其琴槌（而不是擊弦金屬小片）敲弦並彈回，使受敲擊的弦發出響亮的聲音，其活動幅度較大。鋼琴使用能夠承受琴弦巨大能力的鑄鐵弦框。鋼琴有各種形狀，原來的大鍵琴（翼琴）式鋼琴現仍以現代的平台式鋼琴存在，較便宜的方形鋼琴（實際上是矩形的）在19世紀初成爲標準形式，後被豎式鋼琴取代，改鋼琴的琴弦是垂直的。在西方音樂中，鋼琴至少有一百五十年都是最重要的樂器。

piano nobile＊　主層　義大利語意爲「高貴的樓層」。文藝復興時期房屋底層以上的第一樓層。在義大利王子興建的典型宮殿中，這種大而天花板較高的接待室就位於這個主層。常有豪華的室外樓梯或者成對的樓梯，自地面直到主層。

Piave River＊　皮亞韋河　義大利東北部河流。發源於卡爾尼克阿爾卑斯山脈，即靠近奧地利邊境的利恩茨南部，向南或東南方向流動，在威尼斯東邊流向亞得里亞海。全長220公里。在第一次世界大戰中，其河谷成爲反抗奧地利人的數場戰役的戰場（參閱Caporetto, Battle of）。1966年該河衝破了堤壩，洪水氾濫成災。

piazza＊　露天廣場　在義大利的鄉鎮或城市中，指一塊由建築所圍繞的開放廣場或市場。相當於講西班牙語的國家中的廣場（plaza）。16～18世紀這個詞的使用越來越廣泛，代表任何一大片周圍有建築環繞的開放空間。在17～18世紀的英國，長而有屋頂的人行道，或長廊設有由圓柱支撐的屋頂，也稱爲柱廊（piazzas）；在19世紀的美國，這個字則是突出的屋簷所形成的陽台的另一名稱。

Piazzetta, Giovanni Battista＊　畢亞契達（西元1682～1754年）　亦稱Giambattista Piazzetta。義大利畫家、插畫家和設計師。原本從父學木雕，後來轉學繪畫，並成爲18世紀最傑出的威尼斯藝術家。其藝術從17世紀的義大利巴洛克式傳統逐步發展爲洛可可風格。他對年輕的提埃坡羅產生強烈影響，當時他創作出早期宗教作品中最優秀的一部作品，即《聖雅各殉教》（1722）。其最受歡迎的作品爲1740年所畫的《占卜者》。1750年威尼斯學院建立時，他擔任第一任院長。

Piazzolla, Astor＊　皮亞佐拉（西元1921～1992年）　阿根廷作曲家。生於布宜諾斯艾利斯，在紐約的布隆克斯區住到十五歲，而後返回阿根廷，在一個由特羅伊歐（1917～1975）所領導的探戈樂團中，彈奏班多鈕手風琴（bandoneon，手風琴的一種）。1944年起開始率領自己的樂團。他對於古典音樂的興趣，引導他在1954～1955年向布朗熱求教，也讓他發展出自己的作曲風格，將爵士與現代音樂融入探戈之中。他的音樂在一開始並非總是受到探戈樂迷的歡迎，但如今世人已承認他的音樂重新恢復了一種藝術作品的類型，並極大地擴充它藝術上潛在的可能性。

Picabia, Francis＊　皮卡比阿（西元1879～1953年）　法國油畫家、插圖畫家、設計師、作家和編輯。父爲古巴外

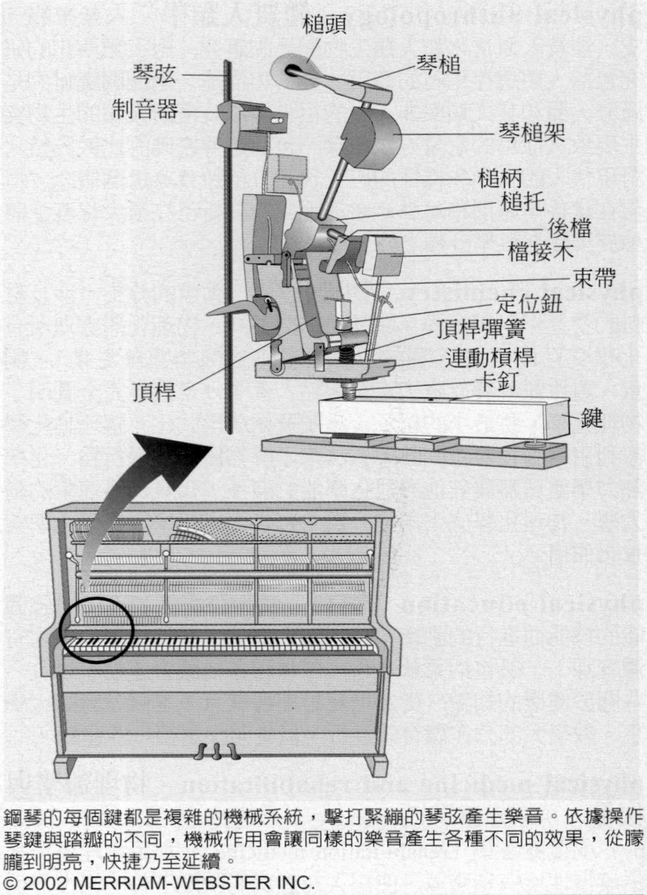

鋼琴的每個鍵都是複雜的機械系統，擊打緊繃的琴弦產生樂音。依據操作琴鍵與踏瓣的不同，機械作用會讓同樣的樂音產生各種不同的效果，從朦朧到明亮，快捷乃至延續。

交官，母爲法國婦女。一生歷經印象主義、新印象主義、野獸派、立體主義和超現實主義等藝術運動。1915年他在紐約和杜象、曼雷共同發起一個美國達達主義運動。1920年代回到歐洲，轉向超現實主義風格，然後畫出抽象的、比喻性的作品。他以擅於發明創造、適應性強、滑稽幽默、畫風千變萬化著稱。1917～1924年創辦一份前衛性雜誌，並向其他雜誌投稿，並出版了許多小冊子。

Picardy＊　皮喀第　法語作Picardie。法國北部歷史區。1790年以前該區的周圍邊界爲多佛海峽、阿圖瓦、法蘭德斯、香檳、諾曼第以及英吉利海峽。13世紀時，該地區包括亞眠諾瓦和韋芒杜瓦的伯爵領地，1185年起都由腓力二世併入法國王室。1435年併入勃艮地地區，1482年成爲法國一省。在兩次世界大戰中，該區都是戰事激烈的戰場所在，尤其是1916年的第一次索姆河戰役。

picaresque novel　流浪漢小說　早期的長篇小說形式，通常採第一人稱敘事，主角是流浪漢或出身卑微的冒險者（西班牙語作picaro），故事記述主角四處流浪、出入不同社會環境中求生的冒險故事。流浪漢小說開始於西班牙，其原型爲阿萊曼的《古斯曼・德阿爾法拉切的生平》（1599）。18世紀中期以前出現於歐洲不同的文學作品中，但後來現實主義小說的出現導致了流浪漢小說的衰敗。由於這類小說可以進行諷刺，以歹徒爲題材的小說豐富了許多後來的小說，如果戈里的《死魂靈》（1842～1852）、馬克吐溫的《頑童流浪記》（1884）、托瑪斯・曼的《騙子菲利克斯・克魯爾的自白》（1954）。

Picasso, Pablo (Ruiz y)　畢卡索（西元1881～1973年）　西班牙裔法國畫家、雕塑家、版畫家、陶瓷家和舞台設計師。由擔任素描教授的父親給予訓練，十三歲首度展出作品。1904年永久遷居巴黎後，他以「粉紅色時期」（1904～1906）的陶瓷和肉體色調取代所謂「藍色時期」（1901～1904）的支配性藍色調。他的首件傑作《亞威農的少女》（1907）具有爭議性，因爲其中暴烈地處理女體，並有源自非洲藝術習作的面具似臉龐。翌年，他與友人布拉克從塞尚身上找到靈感，然後開始實驗立體主義。1912年把上膠的紙和其他材料貼在畫布上，進一步發展了立體主義。1917～1924年畢卡索爲佳吉列夫的俄羅斯芭蕾舞團設計舞台布景。1920年代和1930年代超現實主義者刺激他去探索新的題材，特別是彌諾陶洛斯的影像。西班牙內戰可能啓發了他創作出最偉大作品，即巨幅的《格爾尼卡》（1937），其中暴烈的影像譴責了生命遭受摧殘的情形。第二次世界大戰後，他加入共產黨，並獻身於雕塑、陶瓷、平版畫和油畫。晚年他創作了早期藝術家作品的變異，其中最著名的是以委拉斯開茲《小公主瑪格麗特》爲本的一系列五十八幅畫。在八十年生涯皆是革新者，畢卡索似乎跳脫了批評，也幾乎讓20世紀每位藝術家都感受到他的影響。

Piccard, Auguste＊　皮卡德（西元1884～1962年）　瑞士出生的比利時物理學家，熱氣球和海底探險家。他在蘇黎世學習物理，後又教授該學科課程，1922～1954年任教於布魯塞爾大學。1930年代他設計了有塡充壓縮空氣的密封艙，可以升入同溫層研究宇宙射線。1932年他乘坐熱氣球飛到了16,650公尺的高空。他和兒子雅克一起設計探海艇，1953年潛入海底3,000公尺。其孫子伯納德・皮卡德1999年進行了首次環遊世界的熱氣球飛行。

Piccolomini(-Pieri), Ottavio＊　皮科洛米尼－皮里（西元1599～1656年）　義大利將軍。1616年進入哈布斯堡王朝的軍隊，後任華倫斯坦的衛隊長。儘管得到提升，他轉向反對自己的上級，並參與密謀暗殺華倫斯坦（1634）。後來他參加西班牙軍隊，在尼德蘭對法軍作戰，1639年贏得蒂永維爾戰役，被封爲阿馬爾菲公爵。1648年國王斐迪南三世任命他爲總司令，指揮三十年戰爭的最後一場戰役。他在紐倫堡大會上代表奧地利（1649），該會議協商「西伐利亞和約」沒有解決的問題。

picker　收割機　收割作物（如玉蜀黍、棉花）並加以處理準備貯存的機器。機械收割機主要是割除植物的可用部分（例如玉蜀黍的玉米粒和穗軸，棉花的棉鈴）而非將整棵植株砍下。

pickerel　美洲狗魚　狗魚科幾種北美狗魚的統稱，其與白斑狗魚和北美狗魚的區別在於體型較小、頰部及鰓蓋完全被鱗及具帶狀或鏈狀花紋。暗色狗魚長約0.6公尺，重達1.4公斤。帶紋狗魚及蟲紋狗魚的最大體重約0.5公斤。

Pickering, Timothy　皮克令（西元1745～1829年）　美國政治人物。1766年加入民兵，美國革命中曾任職於華盛頓手下，成爲民兵指揮官（1777～1778）和軍需官（1780～1785）。後來歷任美國郵政部長（1791～1795）、陸軍部長（1795）和國務卿（1795～1800）。他是聯邦黨的領袖，1803～1811年在美國參議院工作，1813～1817年在眾議院工作。他反對1812年戰爭，是艾塞克斯派的成員。退出政壇後，從事農業實驗和教育。

picketing　糾察運動　一種勞工的抗議行動，方法是派人站在工作場所門口附近，以喚起勞工不滿情緒、阻止勞工接受資助安撫，在罷工期間則對罷工破壞者進行反制。糾察運動也常被用於非勞工的抗議行動。1932年美國爲了限制法院使用強制令反對罷工，通過了「諾里斯－拉加蒂法案」，放寬勞工行使糾察運動的規定，但1947年通過的「塔虎脫－哈特利法案」則禁止大規模的糾察運動。

Pickett, George Edward　皮克特（西元1825～1875年）　美國軍官和美國南北戰爭時期美利堅邦聯軍隊軍官。畢業於美國西點軍校，1861年受命加入聯盟軍隊。後被提升到少將，在弗雷德里克斯堡戰役中指揮一支部隊。在蓋茨堡戰役中皮克特指揮了著名的「皮克特衝鋒」，其軍隊的4,300人只占朗斯特里特將軍所率軍隊人數的一半。原本企圖通過里奇墓地突破聯邦界限，但因傷亡慘重（60%的士兵死亡）而打消。儘管皮克特的指揮受到批評，但他仍留任師指揮官。

Pickford, Mary　畢克馥（西元1893～1979年）　原名Gladys Mary Smith。美國女電影演員。五歲時隨一個輪演劇團登台表演，八歲巡迴演出，十八歲時開始在百老匯的舞台上表演。1909年在格里菲思的影片《寂寞的別墅》中擔任主角。1913年開始大量拍攝電影。她是首批電影明星之一，被塑造成天真的形象，並被稱爲「美國甜心」。其無聲電影包括《暴風雨之鄉的苔絲》（1914）、《可憐的小姑娘》（1917）、《太陽溪農莊的麗蓓卡》（1917）和《波利亞娜》（1920）。她精通生意，和第二任丈夫費爾班克斯及其他演員一起建立了名演員劇團（1919）。1933年退出影壇，1975年獲得特別學院獎。

Pico Bolívar ➠ Bolívar, Pico

Pico della Mirandola, Giovanni, conte (count) di Concordia＊　皮科・德拉・米蘭多拉（西元1463～1494年）　義大利學者、哲學家和人道主義者。1484年定居佛羅倫斯，作爲親王麥迪奇和菲奇諾的門客。1486年他在

O P Q R

羅馬公布了九百條有關邏輯、數學、物理及其他主題的論點，接受任何反對者的挑戰。隨此公布而發表的作品《論人的尊嚴的演說》(1486)，被視爲文藝復興時期人文主義的縮影。他被教宗控訴爲異教，後來又恢復清白，受薩伏那洛拉的影響轉向正統教派。皮科是用喀巴拉教義（參閱Kabbala）來支持基督教神學的第一位基督教學者。其他著作包括《七論》（用七個論點闡述〈創世記〉），以及概論柏拉圖和亞里斯多德的論著——《論存在於合一》是其中一篇。享年三十一歲。

picornavirus＊　小核糖核酸病毒　最小的動物病毒（pico意指體積小，rna是核糖核酸的核心）。這組類似球體的病毒包括侵襲脊椎動物腸道的病毒，也經常侵入中央神經系統（如小兒麻痺症病毒），侵入脊椎動物的鼻組織的病毒（鼻病毒）和口蹄疫病毒。

pictography＊　圖畫文字　用圖畫（圖畫文字）表達詞語和思想的手段，常被視爲眞正文字的祖先。圖畫文字有固定的表示方法，並略去不必要的細節。用來表達單個概念或意義的圖畫文字叫做意符（ideogram）。如果圖畫文字表示單個的詞，則叫做詞符（logogram）。

Picts＊　匹克特人　居住在現蘇格蘭東部和東北部的古代民族之一。族名源自拉丁文picti，指「塗上顏色的」，可能指他們在身上塗顏色或可能刺花的習慣。他們可能是前塞爾特人的後代。297年攻擊哈德良長城，後不斷和羅馬人作戰。7世紀建立了兩個王國，並改信基督教，843年蘇格蘭國王肯尼思一世將兩部分土地統一爲阿爾巴王國，即後來的蘇格蘭。

picturesque　如畫　18世紀後期、19世紀初期一種主要結合建築和園林造景的風尚。在英國，如畫的定義爲美學品質的特徵爲令人愉悅的變化、不規則、不對稱和有趣的結構；自然風景中的中世紀遺跡被認爲是如畫的。納西創作了最具代表性的作品來體現這種風格。亦請參閱folly。

Picus＊　皮庫斯　羅馬神話中的啄木鳥，是馬爾斯神的聖鳥。皮庫斯是農事小神，專司施肥養地之事。古義大利人十分崇拜皮庫斯。這個神話後來的說法是，皮庫斯原爲義大利早期的一個國王，其新娘喀耳刻使他變爲啄木鳥。在藝術品中他被表現爲柱子上的一隻鳥，後來變爲頭上帶有啄木鳥的青年。啄木鳥也是占卜術所使用的重要鳥類。

pidgin＊　皮欽語　使用有限辭彙和簡單語法的語言。沒有共同語言的人們間用作相互交往的手段；如果該語言成爲一個群體的母語，則成爲混合語。如中國洋涇浜英語（皮欽英語）和美拉尼西亞皮欽語是英語國家的商人同遠東及太平洋島嶼的居民交流的語言。其他皮欽語出現在非洲的奴隸買賣和加勒比海地區種植園中的西非奴隸。皮欽語少量辭彙中的大部分（美拉尼西亞皮欽語中只有2,000詞，中國洋涇浜英語只有750個詞）通常來自一種語言（如美拉尼西亞皮欽語中英語占了90%）。

Piedmont＊　皮埃蒙特　義大利語作Piemonte。義大利西北部自治區，與法國和瑞士接壤。在羅馬時期其通道連接了義大利和高盧的山外各省。在中世紀，這裡的薩伏依王室是最高權力機構。19世紀復興運動時期，這裡是統一義大利的中心。原皮埃蒙特和薩丁尼亞的國王維克托．伊曼紐爾二世在1861年成爲現代義大利的第一位國王。四周被群山環繞，位於波河河谷中部。有義大利最好的牧場，盛產小麥，稻米，和葡萄酒。這裡的水力發電廠爲義大利北部大部分地區供電。首府杜林。人口約4,289,000（1996）。

Piedmont　皮得蒙　美國東部一地理區。北至新澤西州，南達阿拉巴馬州，西傍阿帕拉契山脈，東鄰大西洋沿岸平原。南北長950公里。地勢較低，有許多河流切割。土地肥沃，農業發達。

Pielinen, Lake＊　皮耶利斯湖　芬蘭東南部湖泊，近俄羅斯邊界。長約90公里，面積約1,093平方公里。湖水經皮耶利斯河向南注入塞馬湖，湖中島嶼甚多。四周湖岸多森林，西岸尤多。西湖岸邊的科里山是冬季運動的中心。

Pieman River＊　皮曼河　澳大利亞塔斯馬尼亞州西北部河流。由麥金托什與莫契生河匯合而成。發源於中部高地的西側邊緣，全長115公里。往西流，注入印度洋。1870～1890年代之間，這一地區發現有一些金礦和錫礦。名稱取自著名的罪犯亞歷山大．皮爾斯（皮曼的吉米），他在從麥加利港灣的流放地逃跑後在皮曼河河口再度被捕。

pier　墩　建築構造中豎直的承重構件，如橋樑中支承兩個開間（或跨度）的端部的橋墩。體積比柱子大，比牆小。可用來支援拱門或橫樑。若加寬墩的下部，能更好地分配來自於上部建築結構的壓力。在羅馬式和哥德式建築中，中央廣場的拱廊就是用的墩。這種墩的橫截面採用的是十字形，並在凹壁處裝有桿狀物。

Pierce, Franklin　皮爾斯（西元1804～1869年）　美國第十四任總統（1853～1857）。律師出身，曾任衆議員（1833～1837）及參議員（1837～1842）。後又重拾律師本行，並在墨西哥戰爭（1846～1848）時短期出任公職。1852年的民主黨提名大會陷入僵局，他因而被提名爲折衷候選人。作爲一名並無知名度的候選人，他意外地在大選中擊敗司各脫。爲了保持和諧局面和促進經濟繁榮，反對過激的反奴情緒並盡力安撫南方的意見。他主張擴張美國領土，引發了關於「奧斯坦德宣言」的外交爭端。皮爾斯政府還完成了外交領事人員的改組，並創立了美國索賠法院。其內政措施包括支援興建一條橫跨新大陸的鐵路的計畫以及批准加茲登購地案。爲了鼓勵人民移民到西北部，還批准了「堪薩斯－內布拉斯加法」。但卻無力處理在堪薩斯發生的衝突。1856年不敵布坎南未能再度被推選爲候選人，便從此退出政治生涯。

皮爾斯
By courtesy of the Library of Congress, Washington, D. C.

Piero della Francesca＊　弗朗西斯卡的彼埃羅（西元1420?～1492年）　義大利畫家。父親是佛羅倫斯共和國的富裕皮革和羊毛商人。作品以使用安寧祥和且嚴謹有序的透視法而聞名。1450年代他在阿雷佐爲聖方濟教堂創作的一系列壁畫《眞十字架傳奇》，表現出樸實明朗的構圖和掌握得當的透視，以及寧靜的氣氛。爲蒙太費爾特羅伯爵和其

弗朗西斯卡的彼埃羅的《基督受洗》（1440?～1445），畫板畫；現藏倫敦英國國立美術館
By courtesy of the trustees of the National Gallery, London; photograph, A. C. Cooper Ltd.

妻所畫的雙聯畫像（1470?）也是其著名作品，對人物形像採用了非理想化的表現，並以風景作背景。儘管彼埃羅對同時代的畫家產生的影響不大，但他在科學和詩意方面的重要性對文藝復興時期的繪畫貢獻很大，現代已經獲得大家的肯定。他還發表過有關幾何學和透視學的學術論文。

Piero di Cosimo＊ 科西莫的彼埃羅（西元1461/1462～1521年） 原名Piero di Lorenzo。義大利畫家。曾協助他的老師科西莫・羅賽利爲西斯汀禮拜堂創作濕壁畫，並沿用其老師的名字科西莫。後期神話主題的畫作呈現出一種怪誕的浪漫主義風格。很多畫作充滿了幻想的人、獸混雜的形式，他們或喧鬧（如《發現蜂蜜》，作於約1500年），或打鬥（如《半人半馬怪與拉庇泰人的戰爭》，作於約1500年）。其藝術反映出他的古怪個性。他不屬於任何畫派，但卻博採衆長而形成獨特風格，學習的對象包括波提且利和達文西。

Pierre＊ 皮耳 美國南達科他州首府。瀕臨密蘇里河，位於該州地理位置的正中央。原有阿里卡拉印第安人定居於此。1880年建市，爲芝加哥－西北鐵路西端終點站。因靠近礦區，又爲貿易中心，故發展迅速。1889年成爲州首府。皮耳爲一廣袤的多樣化農業區的中心。附近的湖泊爲大規模的旅遊業提供了基礎。人口約13,000（1993）。

Pietà＊ 聖殤 基督教藝術題材，描繪聖母瑪利亞支撐著耶穌基督的遺體。源出「耶利米哀歌」的主題，呈現的是耶穌從十字架上被取下和被埋葬之間的那一刻情景。14世紀初第一次在德國出現。15世紀這種題材在北歐比義大利更加流行，然而最傑出的代表作卻是米開朗基羅所作的《聖殤》（1499），位於聖彼得大教堂。聖殤題材廣泛見於畫像和雕像。在16世紀以前，米開朗基羅標準的聖殤樣式是聖母坐著，耶穌的遺體橫臥在她雙膝上，後來的藝術家則開始描畫耶穌躺在聖母的腳下。17世紀後，宗教藝術大多日趨衰落，但此一題材在整個19世紀仍是普遍的主要題材。

米開朗基羅的《聖殤》大理石雕塑（攝於1972年雕像損毀前），做於1499年；現藏羅馬聖彼得大教堂
SCALA – Art Resource

Pietism＊ 虔敬主義 17世紀興起於德國路德宗內部的宗教改革運動。起源於路德派牧師斯彭內爾（1635～1705）組織的「虔敬會」，即定期舉辦教徒聚會，進行靈修閱讀活動和精神交流。斯彭內爾主鼓勵凡俗信徒參與更多的崇拜聖事，更加廣泛的研讀《聖經》，教牧人員的培訓應注重虔誠和學識而非論辯。其後繼者弗蘭克（1663～1727）使哈雷大學成爲這一運動的中心。虔敬主義對摩拉維亞教會和衛理公會（參閱Methodism）產生了影響。

Pietro da Cortona 科爾托納的彼得羅（西元1596～1669年） 原名Pietro Berrettini。義大利建築師、畫家和裝飾家。父親是托斯坎納區科爾托納的一名石匠。曾師從佛羅倫斯的一名畫家。早期重要作品是受教宗烏爾班八世的委託爲羅馬聖比比亞納教堂創作的一系列壁畫（1624～1626）。因受教宗的巴爾貝尼尼家族的資助，他的繪畫事業得以進一步發展。這些豐富的壁畫創作爲其後來最聞名於世的作品－－巴爾貝尼尼宮的天頂畫《關於天意的寓言》（1632～1639）打下了基礎。這一作品充分體現出他對幻想的出色掌握，拱頂的中央像是朝天空敞開，上面的圖像猶如在空中盤旋。也曾爲佛羅倫斯的碧提宮創作了一系列壁畫。身爲建築大師，其最傑出的建築成就是羅馬聖路加與聖馬丁納教堂（1634），這是第一座被當作整體來修建的巴洛克式教堂。

piezoelectricity＊ 壓電現象 某些不導電晶體受到機械壓力時產生電場的現象。某些晶體（如石英）受壓後它的正電與負電的中心會稍稍分開而極化。從而產生電場，並可測出電勢差。這種現象具有可逆性，即對晶體施加電壓可使晶體發生形變。利用這一效應，可以把高頻交流電（參閱alternating current）信號轉換成同一頻率的超音波。反過來，利用正壓電效應，也可以將聲波等機械振動轉換成相應的電信號。壓電現象被應用於麥克風、留聲機唱片以及電話通訊系統。

pig 豬 野豬科偶蹄有蹄類動物，包括野豬與家豬。豬爲體肥腿短的雜食動物，皮厚，通常被有稀而短的鬃，口鼻部長且可活動，尾小，蹄有四趾，僅兩趾有功能。原產於歐洲、亞洲和北非森林。野豬用獠牙尖銳的末端覓食和自衛，而源自於約西元前1500年歐洲野豬的家豬，其獠牙則不若野豬發達。豬被認爲有高度智力。家豬有三種基本類型，依其可製出的主要產品而分爲大骨架脂肪型（脂肪層厚，宰後體重至少100公斤）、鹹肉型（宰後體重約70公斤）和豬肉型（宰後體重約45公斤）。豬也爲製造皮革的來源。如今豬隻是以幾乎完全關起來的方式飼養。亦請參閱boar、hog。

pig iron 生鐵 從高爐直接煉得並在模中鑄出的粗鐵（參閱cast iron）。這種被稱爲生鐵的粗鐵，和廢料以及合金一起經過再熔化，可獲得不同種類的鐵和鋼（參閱Bessemer process、finery process、puddling process）。

Pigalle, Jean-Baptiste＊ 畢加爾（西元1714～1785年） 法國雕刻家。出身於木匠名門，十八歲便開始在巴黎學習雕刻，之後又赴羅馬學習（1736～1740）。返國後，塑造出其第一座著名雕像《繫鞋的墨丘利》，後來以另一座的《墨丘利》雕像獲選爲皇家美術院院士（1744）。由於該作品廣受歡迎，因此法國路易十五世命其重刻一尊如眞人大小的大理石雕像，於1748年當作禮品贈予普魯士王腓特烈二世。他同時也是一位著名的肖像雕刻家，代表作《裸體的伏爾泰》（1776），讓人見識到他對這位年老哲學家所作的近乎解剖學式的寫實描繪，這幅作品一經推出即造成轟動。

pigeon 鴿 鳩鴿科鳥類的統稱，其體型圓胖、小喙，行一夫一妻制。鴿遍布世界，主要特徵爲昂首闊步時頭會不停點動。不像其他鳥類，鴿吸食液體，並以反芻後的「鴿乳」餵雛。175種典型鴿包括遍布世界的鴿屬和美洲大陸的斑鳩屬，所有種類皆以種子和果實爲食。常見的街鴿，或岩鴿，即爲歐亞大陸岩鴿的後代。鴿自古即被訓練成能長距離飛行以傳遞訊息。約115種食果鴿主要分布在非洲、亞洲南部、澳大利亞及太平洋島嶼。鳳冠鳩屬的3種扇形冠羽鴿，產於新幾內亞，其體型幾與火雞等大。亦請參閱dove、mourning dove、passenger pigeon、turtledove。

pigeon hawk 鴿鷹 ➠ merlin

pigment 顏料 顏料是能使其他材料著色的有強烈色彩的化合物。與染料不同，顏料不能溶解，而是以磨細的固體顆粒形式使用。它們用於塗料、印刷油墨和塑膠中。分爲有機的（即含碳）和無機的兩類，但是有機顏料通常比無機顏料更鮮明和耐久。天然顏料已使用了若干世紀，但是今天使用的顏料中大多數是合成的。最重要的白色顏料是二氧化鈦。黑色顏料主要由炭顆粒產生。氧化鐵用來賦予從微黃到橙黃，再到深褐之間的各種褐色。有些鉻化合物用於提供黃、橙和綠色。各種鎘化合物用於顯現明亮的黃、橙、紅。黃或栗色。鐵藍或稱普魯士藍，是主要的無機藍色顏料。有機顏料主要是由芳香烴類合成的。包括偶氮顏料（紅、橙、黃，參閱azo dye）和銅酞菁顏料（明亮、強烈的藍色和綠色）。葉綠素、胡蘿蔔素、視紫紅質和黑素是用動植物製成的用作特殊用途的顏料。

pika＊ 鼠兔 兔形目鼠兔科鼠兔屬許多無尾圓耳動物的統稱，分布在亞洲、歐洲東部和北美西部的一些地區。雖非野兔，有時也被稱爲鼠野兔和小脣長兔。其後肢發育不如兔發達，鼠兔經常是疾走而非跳躍前進。毛柔軟長而厚，呈淺褐或淡紅色。體長15～30公分，重125～440克。大多生活在多岩的山地，但有些亞洲種則爲穴居。鼠兔似乎不冬眠，但在夏天和秋季，鼠兔「收穫」植物，放在太陽下曬乾，然後放在安全地點（例如岩石下）作爲冬糧。

Ochotona princeps，鼠兔的一種
Kenneth W. Fink－Root Resources

pike 狗魚 鮭形目狗魚科數種貪吃的淡水魚類的統稱。體長形，鱗小；頭長，吻鏟狀，口大，牙強；背、臀鰭靠近尾部。北美、歐洲及亞洲北部所產的白斑狗魚，體長約1.4公尺，重約20公斤。爲靜伏於水中或潛匿於水草叢中的獨居性掠食魚類，突然猛衝捕捉接近的魚或無脊椎動物，較大個體也取食水鳥和小型哺乳動物。亦請參閱muskellunge、pickerel。

白斑狗魚
Russ Kinne－Photo Researchers

pike 長矛 古代和中世紀步兵兵器，由金屬製、尖而長的矛頭和3～6公尺長的木質沈重矛桿組成。14世紀瑞士步兵使用，長矛導致封建騎士衰落。騎馬鬥牛士在鬥牛時也使用長矛。

Pike, Kenneth L(ee) 派克（西元1912年～） 美國語言學家和人類學者。其一生的研究工作始終與薩莫語言學協會（現在是國際薩莫語言學協會）有關，這一機構從事的是對一些不知名的、口頭語言的研究，並是聖經翻譯的附屬機構。他發明了「法位學」（tagmemic）的語言理論。法位是一個包含一種功能的單位（如一個主語）和實現這一功能的項目類別（如名詞），能夠依其語意和句法功能來鑒別諸法位。

Pike, Zebulon Montgomery 派克（西元1779～1813年） 美國探險家。十五歲加入軍隊服役。1805年率探險隊前去探查密西西比河源頭；他從聖路易經3,200公里到達明尼蘇達州北部，並將這裡的利奇湖誤認是河源。1806年被派往西南部考察阿肯色河和紅河，經過科羅拉多時，曾試圖攀登一座高達4,301公尺的山峰，但未能成功，該山峰後被命名爲派克峰。其同伴繼續深入新墨西哥州北部（1807），派克對聖大非地區的報告，促進了日後往西南方擴張的活動。1812年戰爭中，在進攻約克（多倫多）的戰鬥中陣亡。

Pikes Peak 派克峰 美國科羅拉多州東部的山峰。位於落磯山脈的前嶺，臨近科羅拉多泉。海拔4,301公尺，因便於眺望而遠近聞名。1806年被探險家派克發現。據說貝特斯在這裡觀景後獲得了寫作美國頌歌〈美哉美國〉（1893）的靈感。

pilaster＊ 壁柱 古典建築中，龕入牆面的扁矩形截面柱，並略微突出於牆面。它有頂端和底部，並根據柱式中的一種來建造。在古羅馬建築中，壁柱逐漸失去結構意義而成爲裝飾，用以避免牆面的單調。

Pilate, Pontius＊ 彼拉多（卒於西元36年以後） 猶太總督（西元26～36），主持對耶穌之審判，並下令將耶穌釘死於十字架上。照《新約》所述，他是個軟弱且優柔寡斷的人。他並不認爲耶穌有錯，但爲了取悅那些要致耶穌於死地的人而宣判了他死刑。後來他奉命返羅馬受審，罪名是酷行與壓迫百姓。按一不確定之傳說，他在西元39年被卡利古拉賜死。另一種傳說是，彼拉多夫妻後來皈依基督教。

pilchard＊ 皮爾徹德魚 英國對其他地方所指的歐洲沙丁魚的俗稱。分布於地中海地區，以及西班牙、葡萄牙、法國和英國的大西洋沿岸。

Pilcomayo River＊ 皮科馬約河 南美洲中南部巴拉圭河西岸主要支流。發源於玻利維亞中西部的安地斯山脈東麓，往東南流經巴拉圭的大廈谷平原，於亞松森對岸注入巴拉圭河，全長2,500公里。構成阿根廷和巴拉圭的邊界一部分。

pile 樁 房屋建造中，柱形的基礎構件，史前時期即已使用。若土壤鬆軟，而不能在其上直接建地基，就必須建樁來將建築物的重荷轉移到穩定的地下層（參閱foundation）。樁是通過獲得石塊或堅實的土壤的支援或依靠其長截面產生的摩擦，來支撐建築物產生的荷載。在現代土木工程中，將木、鋼或混凝土製的樁打入地下，以支承其上的結構。橋墩建築物地基可以由若干組樁來支承。

pile ➡ hemorrhoid

pileworm 樁蛆 ➡ shipworm

pilgrimage 朝聖 指造訪聖徒墓地或其他聖地，其用意可能是祈求超自然的護持、感恩、表示懺悔或虔誠。中世紀的基督教朝聖者在專門爲朝聖者修建的旅館中過夜，在返途中會佩帶上朝聖地的帽子和徽章。中世紀的主要朝聖地是聖地巴勒斯坦、西班牙的聖地牙哥－德康波斯特拉和羅馬。此外還有在若干地區享有盛名的幾百處朝聖地，其中有阿西西的聖方濟墓以及坎特伯里的貝克特墓。較晚近的朝聖地包括墨西哥的瓜達盧佩聖母馬利亞聖地（1531）、法國的盧爾德（1858）、葡萄牙的法蒂瑪（1917）等聖地。朝聖在佛教中也有重要意義，佛教的聖地包括菩提伽耶，是佛陀受到啓迪的地方，以及瓦拉納西，佛陀在這裡進行他的首次布道。在伊斯蘭教中所有的信徒都被要求要朝聖，即到麥加參加朝聖，一生中至少一次。

Pilgrimage of Grace 求恩巡禮（西元1536年） 英格蘭北部發生的起事，以表示對英格蘭國王亨利八世的宗教改革運動法令的不滿。皇室頒發的要求解散修道院的命令在林肯郡和約克郡引發了暴動。當地三萬多名武裝叛亂者在阿斯克的領導下攻占約克郡，他們要求重新服從羅馬教宗，並召開不受國王控制的國會。諾福克公爵第三佯裝安協以等待

OPQR

皇家軍隊來支援，作了一些含糊的承諾，起事者以爲他們已獲勝便相繼解散，後來卻遭到逮捕。約有220人被判死刑，包括阿斯克在內。

Pilgrims 清教徒前輩移民 普里茅斯（麻薩諸塞）的第一批移民，普里茅斯是美洲新英格蘭（1620）第一個永久殖民地。1620年英格蘭分離教派（激進的清教主義）教徒與三十四名殖民者一起搭乘「五月花號」赴北美洲，並在那裡成爲主要的統治團體。後來這些移民者被統稱爲前輩。1820年紀念兩百周年慶典上韋伯斯特首次使用「清教徒前輩移民」的名稱。亦請參閱Mayflower Compact、Plymouth Company。

pill bug 球潮蟲 亦稱wood lice。等足目Armadillidium科及Armadillo科陸生甲殼動物的統稱，原產於歐洲，現爲世界性分布。其外表和行爲類似微型的犰狳，體灰色，體節板狀，受驚擾時捲成小球狀。體長約19公釐。球潮蟲生活在乾燥、陽光充足處和落葉層中以及林區邊緣。亦請參閱sow bug。

普通球潮蟲（Armadillidium vulgare）
E. S. Ross

pillar 支柱 任何獨立的豎直建築構件，如柱、墩、束柱等，可用整根木料或石料製成，也可用砌塊如磚砌成。截面可爲任何形狀。一般起荷重或穩定作用，也可單獨存在，如勝利柱、紀念柱等。壁柱是附在牆上的一種支柱。

Pillars of Hercules 赫丘利斯之柱 直布羅陀海峽東端兩個巨大岩石。分別是歐洲的直布羅陀巨岩（位於直布羅陀）以及北非的摩西山（位於摩洛哥的休達）。根據希臘神話，這兩大巨岩是大力士赫拉克勒斯所立，爲他捕回三體巨妖葛里昂之行留下紀念。

Pillars of Islam ➡ Islam, Pillars of

Pillsbury Co. 比斯柏利公司 美國食品製造公司。1871年創設於明尼亞波利，初名Pillsbury & Co。創辦人是比斯柏利（1842～1899），在1880年代把公司打造爲世界最大的磨坊工廠，他爭取到優惠的運輸費率，並在美國西北區建立專屬的穀倉，事業版圖因而大幅擴張。他後來把公司賣給英國企業集團，但他保留了總經理的職位直到辭世。比斯柏利公司逐漸成功地發展爲食品的製造商，附屬的知名品牌包括：漢堡王、喜見達、綠巨人等。在1989年的一次惡性併購中，比斯柏利公司被大都會PLC公司（現名迪亞吉歐PLC公司）所收購。

Pilon, Germain＊ 皮隆（西元1525～1590年） 法國雕刻家。他爲法蘭西斯一世國王陵墓所做的裝飾屬早期作品，體現出他受到義大利影響。後將古典藝術、哥德式雕塑和米開朗基羅風格的各種成分同楓丹白露式的矯飾主義熔於一爐，形成一種更鮮明的法國情調。最著名的作品是爲亨利二世和其王后卡特琳的聖但尼陵墓雕塑（1561～1570）。其作品在哥德式和巴洛克式雕塑之間起到了過渡作用。

pilot fish 引水魚 鰺科分布廣泛的魚類，學名Naucrates ductor。肉食性，見於所有暖溫帶和熱帶外海。體細長，尾鰭叉形，尾基兩側各有一縱稜脊，背、臀鰭前方各有少數小棘。體長可達60公分，但通常爲35公分長。體淡藍色，體側有明顯的5～7條暗色垂直條紋。喜追隨鯊和船隻，一般認爲它追逐鯊魚和船隻是爲了攝食寄生物和丟棄的殘餘食物。過去被認爲是率領，或「引導」較大型的魚類至食物所在之處。

pilot whale 巨頭鯨 海豚科巨頭鯨屬1～3種齒鯨的統稱，除南北極外分布於所有海洋。巨頭鯨擱淺時會發出吼叫聲，所以亦稱caa'ing whale。體黑色，喉和胸上常有些淺色斑，前額圓而凸出，吻部尖而短，鰭形肢細長而尖。通常約4～6公尺長。巨頭鯨喜群棲，一群有時達上千或上萬頭。主要以槍烏賊爲食。巨頭鯨被飼養於大型海洋水族館中，並訓練其進行表演。

Pilsudski, Józef (Klemens)＊ 畢蘇斯基（西元1867～1935年） 波蘭革命者和政治家。從小就對俄羅斯人的壓迫產生了憎恨。因參與社會主義行動被流放西伯利亞（1887～1892）。回國後，加入波蘭社會主義黨，成爲領袖。於1908年創建祕密軍事行動聯盟；這一組織於一戰期間，在奧匈帝國指揮下與俄作戰。1916年提出要實現波蘭的獨立，這在1918年得以實現。在1922年制定憲法以前，他擔任國家第一任國家首腦。在1926年策動政變之後，任總理（1926～1928）和國防部長（1926～1935），由於總理人選都經他用心挑選，他實際上是波蘭的獨裁者。

Piltdown hoax 皮爾丹人 僞造的人類化石。它們阻礙了20世紀初對人類演化的研究。在英國路易斯區附近皮爾丹公地發現的顱骨碎片，於1912年被首次提出是一種新的史前人類（「皮爾丹人」）。直到1954年才發現這個顱骨是用一塊人類的頭蓋骨巧妙裝上猩猩的顎。這一騙局有可能是顱骨的發現者道生設計的。

Pima＊ 皮馬人 操猶他－阿茲特克諸語言的北美印第安人。傳統上住在亞利桑那州南部，這裡是史前霍霍坎文化的中心地區，皮馬人很可能是他們的後裔。原本過著定居農業生活，種植玉米爲生，住所僅有一間房屋，利用希拉河和索爾特河來灌溉。也進行狩獵和採集。村落比其有近緣關係的帕帕戈人的居民點更大，也擁有一個更爲強固的部落組織。皮馬人長期以來與白人友好相處，而與阿帕契人爲敵。皮馬人現今約有一萬人，多集中於亞利桑那州居留地。

pimiento 西班牙椒 亦稱pimento。番椒屬各種味道溫和、獨特但缺乏辛辣感的辣椒，包括歐洲辣椒粉。辣椒粉爲匈牙利菜餚中常見的調味料，由乾辣椒磨粉而成。由於早期西印度群島和中美洲的西班牙探險家，將熱帶多香果樹上高度芳香的漿果誤認爲辣椒的一種，並稱其爲pimenta，因此西班牙椒有時也指多香果。

pin (fastener) 銷釘 在機械與土木工程中緊固件和構件的銷式扣件。木銷釘被用來緊固機械部件，有時不需要鋼性的連接物（像一捆銷釘那樣）。錐形銷釘被用來把齒輪或滑輪的中心固定在軸上。開口銷釘被用來防止螺帽在門閂裡轉動，並使上得不緊的銷釘保持原位。馬蹄形銷釘在一端有橫片，通過在另一端的孔內裝開口銷得以固定。在不同的機械中採用不同種類的銷釘。

Pinatubo, Mt.＊ 皮納圖博山 菲律賓呂宋西部的火山，位於馬尼拉西北方約90公里，1991年爆發（六百年來第一次）前高達1,460公尺。爆發時產生的煙塵柱高30公里以上，使得約十萬人無家可歸。大量落塵迫使居民撤離此區，美國位於附近的空軍基地也被迫關閉。皮納圖博山爆發可說是20世紀最大的一次。

Pinchback, Pinckney (Benton Stewart)　平奇巴克（西元1837～1921年）　美國政治家。母爲黑奴，父親是白人種植園主。早年爲輪船侍者。南北戰爭爆發後，他來到由美利堅邦聯控制的紐奧良，在那裡召募黑人義勇兵，組成「非洲軍團」（1862～1863）。戰後當選路易斯安那州參議員（1868），1871年爲副州長。後來相繼當選爲衆議員（1872）和參議員（1873），因被指控在競選中有欺騙行爲而被革除所有職務，儘管這一指控並未得到證實。後來成爲律師，並移居華盛頓特區。

Pinchot, Gifford＊　平肖（西元1865～1946年）　美國森林業和自然保護的先驅。畢業於耶魯大學，後在歐洲學習林業。1892年成爲美國第一位專業林務學家。1896年任全國科學院全國森林委員會委員，幫助制訂了美國森林保護地（後來的國有森林）計畫。1898～1910年擔任美國林業管理局局長，他建立了林業管理系統。還創建了耶魯林業學院，並在1903～1936年間任教。1923～1927和1931～1935年兩次任賓夕法尼亞州州長。

Pinckney, Charles　平克尼（西元1757～1824年）　美國外交家。查理·寇茨沃斯·平克尼和湯瑪斯·平克尼的堂弟。曾參與美國革命的戰鬥。1784～1787年在大陸會議工作時，曾促成召開美國制憲會議。他代表南卡羅來納州出席該次會議，提出的許多方案都被收入新的憲法草案。他還協助修正南卡羅來納州州憲法。歷任州長（1789～1792, 1796～1798、1806～1808）、參議員（1798～1801）及美國駐西班牙公使（1801～1805）。

Pinckney, Charles Cotesworth　平克尼（西元1746～1825年）　美國外交家。查理·平克尼的堂兄，湯瑪斯·平克尼的哥哥。美國革命時期，曾擔任華盛頓將軍的副官，曾指揮塞芬拿戰役。1783年被升爲准將。1787年參加制憲會議。1796年擔任駐法國公使，參與結束XYZ事件的談判。平克尼於1800年被提名爲聯邦黨副總統候選人，1804和1808年被提名爲總統候選人，但均告失敗。

Pinckney, Eliza　平克尼（西元1722～1793年）　原名Elizabeth Lucas。美國女種植園經營家，父親是南卡羅來納州的英國人地主。她從1739年起開始掌管其父的種植園。試種各種農作物，首次種植成功的美國木藍在銷售方面亦大獲成功。1744年她同律師查理·平克尼結婚，在她的種植園裡恢復養蠶繅絲事業。1758年丈夫去世，平克尼夫人再次成爲種植園經營者，管理家族的龐大產業。查理·寇茨沃斯·平克尼和湯瑪斯·平克尼是她的兒子。

Pinckney, Thomas　平克尼（西元1750～1828年）　美國外交家。查理·寇茨沃斯·平克尼的弟弟，查理·平克尼的堂弟。歷任南卡羅來納州州長（1787～1789）、駐英國公使（1792～1796）。1795年擔任特命全權公使與西班牙議訂「聖洛倫索條約」（亦稱「平克尼條約」）。該條約確定了美國的南部邊界，准予美國在密西西比河上的航行權，以及在紐奧良的寄存貨物的權利（貨物的貯藏）。在1812年戰爭中任陸軍少將。

Pindar　品達爾（西元前518/522～西元前438?年）　古希臘詩人。出生於波奧蒂亞貴族家庭。在雅典完成學業，主要生活在底比斯。早期詩作品幾乎全部失傳，但他的名聲可能主要建立在後來的歌頌諸神的讚美歌作品。後成爲古希臘最偉大的抒情詩人，在整個希臘世界都受到尊崇。他的十七卷作品集幾乎包括了各類合唱抒情詩，但只有四卷被完整保留下來，但樂譜已丟失。現存的詩歌，可能是其代表作，都是以史詩形式創作的頌詩（參閱Pindaric ode），是爲了慶祝希臘各種運動比賽的勝利而作的。其作品文風高雅，帶有宗教色彩，以複雜的內容、豐富的比喻和動人的語言而聞名。

Pindaric ode　品達爾體頌歌　以品達爾風格寫出的禮儀歌。品達爾在詩歌中採用三部結構，第一部爲一詩節（將兩行或更多的詩行重復，而構成一個單元），緊接其後的是使用和諧的對照樂節和不同韻律的頌詩。這種結構類似於在希臘戲劇中合唱隊所表進行的舞台演出。品達爾的以史詩形式創作的頌歌唱詩在16世紀被發表以後，代表其風格的頌詩得以產生，即用各種方言創作的韻律不規則的頌詩。這類用英語創作的頌詩是英語頌詩創作中的極品。包括德萊敦的〈亞歷山大的宴會〉、華茲華斯的〈永生的了悟頌〉和濟慈的〈希臘古甕〉。

pine　松　松科中10屬針葉樹（鮮少爲灌木，參閱conifer）的統稱，原產於北溫帶，尤指松屬約90種觀賞和材用常綠毬果植物。其針狀葉和毬果單生或成束排列。淺根系統使得松易受風和地面侵擾的影響。松科的植物包括樅、黃杉、鐵杉、雲杉、落葉松和雪松。許多種類爲軟木材、紙漿、油和樹脂的來源。有些種類則栽種爲觀賞用植物。

奧地利松（P. nigra）的帶花粉的小孢子葉毬
Grant Heilman

pineal gland＊　松果體　亦稱pineal body或epiphysis cerebri。腦內的內分泌腺體，可調節黑素細胞凝集素的產生。兒童的松果體相當大，但於青春發動期之初開始萎縮，成人的松果體重稍逾0.1公克。有跡象顯示人類松果體的功能在性成熟、日夜節律與睡眠誘導、季節性情緒失調和抑鬱症上極爲重要。動物體內的松果體則在性發育、冬眠與代謝和季節性生育上，均扮演著重要角色。

pineapple　鳳梨　鳳梨科產果實的植物，學名Ananas comosus，原產美洲熱帶和亞熱帶，後傳播到其他地方。在產地可鮮食，並製成罐頭銷至世界各地。鳳梨爲玻里尼西亞菜餚中的主要材料。植株外表像龍舌蘭科或某些絲蘭屬植物，有30～40片肉質硬葉緊密叢生於一肥厚肉質莖上。種植約15～20個月後，在花軸上長出一有限花序。受精後，許多淡紫色花肉質化後聚合成1～2公斤重的果實，始花後5～6個月成熟。

鳳梨
By courtesy of Dole Company

Pinero, Arthur Wing＊　皮尼洛（西元1885～1934年）　受封爲亞瑟爵士（Sir Arthur）。英國劇作家。進入戲劇界時是歐文的戲劇公司的一名演員。所寫的第一個劇本《每年兩百英鎊》於1877年上演。創作過一系列成功的滑稽劇，如《法官》（1885），後轉爲創作反映社會問題的嚴肅劇。《坦克瑞的續弦夫人》（1893），是他第一部描繪婦女面對社會的遭遇情況，建立了他的聲譽，接著寫的這類作品包括《聲名狼藉的艾布史密斯小姐》（1895）和《舞台上的特里勞尼》（1898），使他成爲當時最成功的劇作家。

Ping Pong　乒乓球 ➠ table tennis

Pinilla, Gustavo Rojas ➠ Rojas Pinilla, Gustavo

pinion　小齒輪 ➠ gear、rack and pinion

Piniós River＊　皮尼奧斯河　亦稱Peneus River。希臘中北部色薩利地區河流。發源於班都斯山脈。全長200公里，往東南和東北流經色薩利平原和滕比河谷，注入塞洛尼卡灣。史前時代它是一個巨大的湖泊，還未穿過滕比河谷。下游可通航。

pink family　石竹　石竹科中89屬約2,070種顯花植物，主要產於北溫帶。石竹屬中約300種爲典型石竹，極易於栽培，在岩石庭園中因其豔麗芳香的花朵而受歡迎。雖然石竹科的植物在外表和生境上各有不同，但多數種類具膨大的葉及莖節。該科植物包括康乃馨、滿天星、美國石竹、冠軍花和繁縷。

pink salmon　細鱗大麻哈魚　產於北太平洋的鮭科食用魚類，學名爲Oncorhynchus gorbuscha，占漁業中太平洋鮭魚捕獲量的一半。重約2公斤，具大而不規則的斑紋。一般在潮坪產卵，孵化後的幼魚隨即入海。

Pinkerton National Detective Agency　平克頓全國偵探事務所　美國私家偵探事務所。1850年由伊利諾州科克縣前代理警長亞倫·平克頓創立，專辦鐵路竊盜案件、保護火車安全、捉拿搶劫火車的盜賊。該事務所於1866年破獲了亞當斯快遞公司竊盜案，又於1861年在巴爾的摩阻止了暗殺林肯總統的陰謀。後來參與反勞動工會的活動（參閱Homestead Strike），也在瓦解莫利社祕密組織中扮演了重要角色。

Pinkham, Lydia E(stes)＊　平卡姆（西元1819～1883年）　美國醫藥專利女所有人。她開始研製植物化合物時，是把它當作一種家用藥物，並送給鄰居使用。該合劑爲一種藥草混合物，含18%的酒精。1875年，平卡姆一家決定從商，經銷藥物。平卡姆宣稱她的藥物能治療從神經衰弱到子宮下垂的任何一類女性疾病。該藥物很快得到認可，她家藥廠每年收入近三十萬美元。到1920年代，聯邦加強了對藥物和廣告的監管，平卡姆制藥公司才減少了藥物中的酒精含量，並減少所誇稱的療效。

pinniped＊　鰭腳類　食肉目鰭腳亞目哺乳動物，水棲，足如鰭狀（參閱carnivore）。現存3科：海象科（參閱walrus）、海豹科和海狗科（參閱seal）。

Pinochet (Ugarte), Augusto＊　皮諾契特（西元1915年～）　智利軍事執政團領袖（1974～1990）。爲職業軍官，他策劃並帶領一次軍事政變，阿連德總統在該次政變中身亡。他不久即著手鎭壓智利的自由主義反對派，三年間逮捕約十三萬人，其中不僅有智利人，還有外國人。他們之中有很多人遭到嚴刑拷打，有些被迫害致死。他快速轉型爲自由市場經濟，雖然減緩了通貨膨脹，卻使得下層人民生活更艱難。1981年通過的新憲法，使他的任期被延長八年。但在1989年的全民公投中被否決，1990年的自由選舉推翻了皮諾契特，艾爾文當選爲新總統。在西班牙要求下，他於1998年在英國被捕，因其在執政期對西班牙人犯下的罪行而受審。十六個月之後獲釋。

pinochle＊　皮納克爾　一種紙牌遊戲。使用48張牌。每張牌的兩面都有花色。名字來源於一種類似於比齊克牌遊戲的德國遊戲牌。通過將牌以某種方式組合起來得分或以贏得有得分牌的牌局爲勝。

pintail　針尾鴨　鴨科鴨屬的4種長尾、長頸、羽色油亮的水鳥統稱，屬鑽水鴨類。飛行迅速，是受歡迎的獵禽。普通針尾鴨（即北方針尾鴨）廣佈於北半球，作長距離遷徙。有些阿拉斯加的普通針尾鴨會遠至夏威夷越冬，體長約66～75公分。雄鳥的頭和喉部褐色，胸白色，背灰色，尾黑色。雌鳥褐色有斑紋。喜食草籽。褐針尾鴨又稱黃嘴針尾鴨，巴哈馬針尾鴨亦稱白頰針尾鴨，均主要產於南美。紅嘴針尾鴨產於非洲，體呈灰色。

Pinter, Harold　品特（西元1930年～）　英國劇作家。出生於工人家庭。1959年之前一直與各種表演團體一起進行巡迴演出。先後創作的獨幕劇《一間房子》（1957）、《升降機》（1957）和多幕劇《生日晚會》（1958）、《看房者》（1960）以及《歸家》（1965），和其早期作品一樣，他採用不連貫的對話和對話中長時間的沈默來表達人物的思想，而這種思想往往和語言相矛盾，這爲他奠定了一種獨特戲劇風格創始人的地位，有時也被看作是荒謬劇。後來的作品包括《昔日》（1971）、《虛無鄉》（1975）、《背叛》（1978；1983年拍成電影）、《山的語言》（1988）和《月光》（1993）等。他也從事廣播劇本、電視劇本和電影劇本的創作，《連環套》（1963）、《巫山夢》（1967）和《一段情》（1971）等電影劇本就是由他創作的。

pinto　美國花馬　具斑點的馬品種。又稱彩色馬（paint）、斑點馬（piebald）和花斑馬（skewbald），或採用其他一些描述顏色、花紋不同類型的術語來命名。以前美國西部的印第安小型馬常屬美國花馬。美國花馬的色型包括桃花馬（從腹部向上不規律地分佈著白色斑片，與較深的顏色相混合）和兩色斑花馬（從背部向下分布著邊緣光滑清晰的白斑）。

Pinturicchio＊　平圖里喬（西元1454?～1513年）　亦作Pintoricchio。原名Bernardino di Betto di Biago。義大利畫家。曾協助佩魯吉諾爲梵蒂岡的西斯汀禮拜堂創作壁畫（1481～1482）。相對於純設計而言，他對裝飾效果更感興趣。其最重要的作品是在教宗亞歷山大六世博爾吉亞寓所的六間房間內創作的裝飾性壁畫，以明亮的色彩、鍍金和古代羅馬的裝飾性圖案爲特徵。後期較重要的作品是爲錫耶納大教堂皮科洛米尼圖書館所畫表現教宗庇護二世生平十個場面的壁畫。他同時還是一個多產的版畫家。

pinworm　蟯蟲　常見的寄生於人類（尤其是兒童）體內的線蟲，學名Enterobius vermicularis或Oxyuris vermicularis。雌體長13公釐，雄體則更小得多。尾端長，因此其外表如針狀。在上胃腸道處交配，通常於大腸內，雌體受精後向肛門移動，並在肛門附近的皮膚上排卵，隨即死亡。蟯蟲在皮膚上爬動引起癢覺，搔癢時蟲卵黏在指甲縫，之後可能被吞下。蟲卵亦可隨空氣被吸入體內。蟲卵或幼體在體內移動至腸內，再次重覆蟯蟲的生命循環。

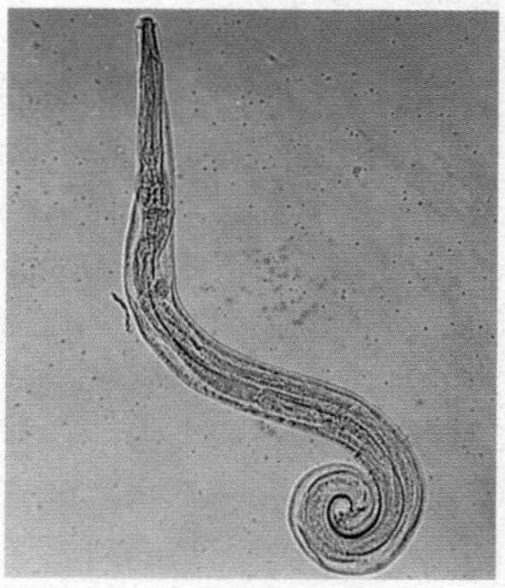

蟯蟲
Walter Dawn

Pio, Padre　畢奧（西元1887～1968年）　原名Francesco Forgione。義大利神父，出生於虔誠的天主教家庭。五歲即被奉獻給耶穌，十五歲加入嘉布遣會並取名畢奧，1910年成爲神父，同年他身上首次出現了與耶穌相同的

O P Q R

受難傷痕，雖然曾被治癒，但1918年又再度出現，自此伴隨他一生。這些與他的其他神蹟（如散發氣和據稱具有同時在兩地現身的能力）致使他的信徒與日俱增。1999年畢奧被行宣福禮。

Piombo, Sebastiano del ➠ Sebastiano del Piombo

Pioneer 先驅者號 美國最早的不載人的一系列外太空探測器的統稱。「先驅者1號」是美國國家航空暨太空總署美國國家航空和宇航局發射的第一艘太空船（1958）。「先驅者1號」至「先驅者4號」都被用於作繞月飛行，但只有「先驅者4號」成功掙脫出地球的引力（1964）。「先驅者6號」至「先驅者9號」都被射進繞太陽軌道（1965～1968），被用於研究太陽風，太陽磁場和宇宙射線。1972年發射的「先驅者10號」實現了第一次橫穿行星帶並掠過木星（1973），發現木星磁層伸展出來的巨大磁尾。科學家利用「先驅者11號」發回的資料和照片發現了兩顆以前未知的衛星，環繞土星的另外一條光環以及磁層的輻射帶。「先驅者－金星」1號和2號於1978年開始繞金星飛行，並發回了關於金星雲層和下層大氣層的觀察資料以及金星表面的雷達照片。「先驅者－金星」2號還發射了四枚探測器到金星大氣層。

pipa 琵琶 亦拼作p'i-p'a。短頸的中國式魯特琴。琵琶的琴身呈洋梨狀，指板處呈格子狀，需以手指甲撥彈絲絃。它在京劇的管弦樂團相當重要，亦可作為合奏、伴奏和獨奏的樂器。琵琶與日本式的魯特琴頗為相似。

pipe, sacred 神煙袋 ➠ calumet

Pipestone National Monument 派普斯通國家紀念地 美國明尼蘇達州西南部的國家紀念地。1937年建成。占地114公頃。紀念地內有開採一種紅色石頭的採石場，大平原印第安人曾用這種石頭來製作一種象徵和平的長桿煙斗。現在這些石頭保留給印第安人，在國家公園管理處許可時，印第安人方可開採。朗費羅的〈海華沙之歌〉使這些採石場聞名於世。

pipit 鷚鴒 亦稱fieldlark。雀形目鷚鴒科約50種鳥類的通稱，為小而細長的地棲鳥類，除南、北極和一些島嶼外分布於世界各地。具淺褐色條紋，體長12.5～23公分，嘴細而尖，翼尖，後趾和爪很長。以其發出的鳴聲而得名，鷚鴒行走和跑動迅速（但決不齊足跳），沿地面覓食昆蟲。飛行起伏很大，其白色的外側尾羽，在飛行中顯露得最清楚。亦請參閱wagtail。

piracy 海盜行為 指出於私人動機，在不屬於該國正常管轄範圍的公海內進行的搶劫、滯留或其他暴力行動。通常是一私人船隻針對另一船隻的行為。空中海盜行為（如劫持飛機）是新近出現的現象。歷史上的各個階段，都發生過海盜行為：腓尼基人、希臘人和羅馬人都從事這種活動。斯堪的那維亞人、摩爾人以及其他的歐洲人也不例外。海盜行為也出現在亞洲人當中。在16世紀末與西班牙進行的伊利沙白戰爭中，一艘艘由墨西哥進入加勒比海的滿載著珠寶的輪船自然成為了海盜的目標。在16～18世紀，地中海的商船遭到來自於北非巴貝里海岸的海盜的襲擊。由於商船的體積不斷增大，海軍巡邏得到改善，而且各國政府一致認為海盜行為是一種國際罪行，所以在19世紀末，海盜行為已經大大減少。亦請參閱Blackbeard、Drake, Sir Francis、Laffite, Jean、Morgan, Sir Henry。

Piraeus＊ 比雷埃夫斯 希臘城市，雅典的港口。該港口和它的「長城」，即將比雷埃夫斯和雅典連接起來的防禦工事，是在西元前5世紀中期建成的。長城在伯羅奔尼撒戰爭結束時被斯巴達人毀壞，又於西元前393年在雅典首腦科農領導下被重建起來。西元前86年羅馬司令官蘇拉摧毀該城。直到1834年雅典成為新獨立的希臘的首都，該城的重要性才得以恢復。現為希臘最大的港口，是與希臘各島海上交通的中心。人口約170,000（1991）。

Pirandello, Luigi 皮蘭德婁（西元1867～1936年） 義大利小說家和劇作家。在德國波昂大學獲語言學博士學位。後開始創作詩歌，短篇小說和長篇小說。《已故的帕斯卡爾》（1904）便是其成功的長篇小說。他的第一部主要劇本《誠實的快樂》（1917），探討真理的相對性，這也是他一生都關注的主題。於1921年和1922年先後創作了《六個尋找作者的劇中人》和《亨利四世》，前者反映了藝術和生活的衝突。其他作品包括《各行其道》（1924）和《今夜準備》（1930）。他在羅馬開創了藝術劇院，並和他的公司一起到世界巡演（1925～1927）。被認為是20世紀戲劇界的重要人物，於1934年獲諾貝爾獎。

皮蘭德婁
By courtesy of the Italian Institute, London

Piranesi, Giovanni Battista＊ 皮拉內西（西元1720～1778年） 亦稱Giambattista Piranesi。義大利製圖者、版畫家、建築師和藝術理論家。二十歲來到羅馬，為威尼斯大使館製圖。1747年定居羅馬後，其銅版技法有高度發展，作品結構精美，明暗對比強烈。其關於古典時期和新古典主義時期羅馬建築物的版畫作品，對傳統考古學和新古典主義藝術的發展有重要貢獻。1745年根據想像創作的版畫系列《監獄》是其最著名的作品。其作品是西方建築版畫中最有表現力的典範。

piranha＊ 鋸脂鯉 亦稱caribe。脂鯉科鋸脂鯉屬體深、肉食性魚類的統稱，以凶殘貪吃聞名，盛產於南美東部和中部的江河中。最危險種類之一的大鋸脂鯉，最大可達60公分長，但大多數種類都比較小。體色多樣，有的銀白色而胸腹部呈橙色，有的幾乎完全黑色。所有種類皆生有鋸狀齒，上下剪狀相接。成群游動，掠食其他魚類，可為血腥氣味誘集，在短時間內甚至能把一隻大動物啃食至只剩一副骨架。

Pirquet, Clemens, Freiherr (Baron) von＊ 皮爾凱（西元1874～1929年） 奧地利醫師。1906年發現曾接受馬血清注射或接種過牛痘疫苗的人再次接受這些物質時常迅速出現快速的嚴重反應（他稱之為「過敏」）。他透過對牛痘接種反應的研究，還提出有關傳染病潛伏期及抗體形成的新理論。發明了皮爾凱氏試驗：將一滴結核菌素滴在皮膚上，畫破皮膚，若局部出現紅腫（皮爾凱氏反應），則表明受試者已感染結核病。

Pisa＊ 比薩 古稱Pisae。義大利中部城市。位於阿爾諾河河畔。當地早期居民可能為伊楚利亞人。約西元前180年成為羅馬殖民地，到了西元313年成為一個基督教主教轄區。中世紀時為托斯卡尼的主要都市中心而繁榮起來。由於參與十字軍活動，而成為熱那亞和威尼斯的競爭對手。1860年成為義大利王國的一部分。該城在第二次世界大戰中歷經激戰。現為重要的鐵路樞紐。市內古蹟包括大教堂（和比薩斜塔），吸引了眾多遊客。設有比薩大學（1343年建）。也是伽利略的出生地。人口約97,000（1994）。

Pisano, Andrea ＊　皮薩諾（西元1295?～1348?年）　亦稱Andrea da Pontedera。義大利雕刻家和建築家。為佛羅倫斯大教堂洗禮堂創作了最早的三座銅門（1330～1336）。1337年喬托去世後接替其職位，成為佛羅倫斯大教堂鐘樓的主要建築師，他將鐘樓增加了兩層，飾以嵌板浮雕。1347年任奧爾維耶托大教堂的總建築師。他是14世紀義大利最重要的雕刻家之一，作品以風格樸素、嚴謹、人物布局巧妙而聞名。

Pisano, Giovanni　皮薩諾（西元1250?～1319年）　義大利雕刻家和建築家。早期作品風格與其父同時也是其師尼可拉·皮薩諾的風格相似。1285年左右開始建造錫耶納大教堂的正面，他的設計雕飾富麗堂皇、井然有序，使錫耶納大教堂實際上成為爾後義大利中部所有哥德式教堂正面裝飾的典範。他的另一偉大作品是皮斯托亞佈道壇（1298?～1301），該作品中人物、動物、衣飾和景色形體上皆扭曲成不可思議的形狀，表現出極為生動的特色。他為比薩大教堂作的佈道壇（1302～1310）帶有更古典主義的風格，與當時處於優越地位的喬托紀念碑式風格相一致。皮薩諾雖被視為義大利唯一的哥德式雕刻家，但從未忽略過古典時期羅馬的遺風。

Pisano, Nicola　皮薩諾（西元1220?～1278?年）　義大利雕刻家。皮薩諾與其子喬凡尼·皮薩諾的作品開創了13世紀末、14世紀初義大利雕刻的新風格。他最偉大的作品比薩大教堂的洗禮堂佈道壇（1260），在汲取前人風格的基礎上表現出迥然不同的新風格，並吸收羅馬浮雕、早期基督教壁畫和鑲嵌裝飾藝術、法國哥德式雕刻和建築等各種藝術理念而開藝術表現的新途徑。皮薩諾把這種種藝術表現吸收，進而將之完美的融為一體，也為托斯卡尼藝術觀念開拓了一條新方向。

《博士朝拜》，比薩洗禮堂的大理石佈道壇，皮薩諾做於約1255～1260年
Alinari－Art Resource

Pisces ＊　雙魚座　天文學中在白羊座與水瓶座之間的星座；占星術中，是黃道帶第十二宮，主宰2月19日～3月20日前後的命宮。雙魚宮的形象是聯在一起的兩條魚。它與愛芙羅黛蒂和厄洛斯的希臘神話有關，他們為了擺脫怪物堤豐的追捕，跳進了河裡，被變成了魚。在另一個版本的神話中，是兩條魚引導他們獲得安全。

Pishpek ➠ Bishkek

Pisidia ＊　皮西迪亞　小亞細亞南部古地區。大部分是托羅斯山脈，為抵抗持續不斷的侵略者而違反法律的人群提供了一個避難所。西元1世紀早期，它併入羅馬的加拉提亞行省，西元74年成為韋斯巴薌皇帝統治下呂西亞和潘菲利亞的一部分。約297年戴克里先皇帝將皮西迪亞納入亞洲教區中。在拜占庭時代，一直是個不斷暴亂的地方。1204年拜占庭人將該地區的控制權讓給了土耳其人。

Pissarro, (Jacob-Abraham-)Camille ＊　畢沙羅（西元1830～1903年）　西印度群島出生的法國印象派畫家。丹麥屬地西印度群島的猶太富商之子，1885年遷居巴黎。最早的油畫是大量的人物畫和表現出對大自然的精細觀察的風景畫，成為他藝術的一個特色。1871年他在巴黎郊外的蓬圖瓦茲買下一棟房子定居下來。日後約有三十年其周圍的景物成為他藝術創作的題材。儘管有急性眼病，晚年的創作是最多的。這段時期的有關巴黎和地方的畫作有《法蘭西劇院廣場》（1989）和《布魯日的橋》（1903）。畢沙羅是唯一一個參加了所有八次群體展覽的印象派畫家。

畢沙羅的《自畫像》（1903），油畫；現藏倫敦泰特藝廊
By courtesy of the trustees of the Tate Gallery, London

pistachio ＊　阿月渾子屬　漆樹科阿月渾子屬9種原產於歐亞的植物，另在北美西南部和加那利群島各有1種，多為芳香喬木或灌木，有些為觀賞用植物。商業上使用的阿月渾子樹堅果為P. vera果實的種子，帶有愉悅溫和的樹脂香味，廣泛用作食品及黃綠色的糖果著色劑。樹冠開展，有寬厚的革質羽狀小葉，小型果簇生。

pistil　雌蕊　花的雌性生殖部分。位於中心，有著典型的腫脹基部即子房，它含有潛在的種子（胚珠）。從子房伸出莖來（花柱），花柱頂端接受花粉的部分叫柱頭，柱頭形式多樣，常有黏性。可以只有單個雌蕊，如百合；或有幾個到多個雌蕊，如毛茛。每個雌蕊由1個至多個捲曲的葉狀結構，即心皮構成。雌蕊的組成和形態差異，可用來作為顯花植物分類的一個依據。亦請參閱stamen。

pistol　手槍　用於單手射擊的小型槍支。該名或許來源於義大利城市皮斯托亞，該城早在15世紀就開始製造手槍。最初是騎兵的武器。手槍分成左輪手槍和自動手槍兩種類型。自動手槍裝有靠後座能量驅動的裝置，透過槍托裡的彈匣填塞槍彈。

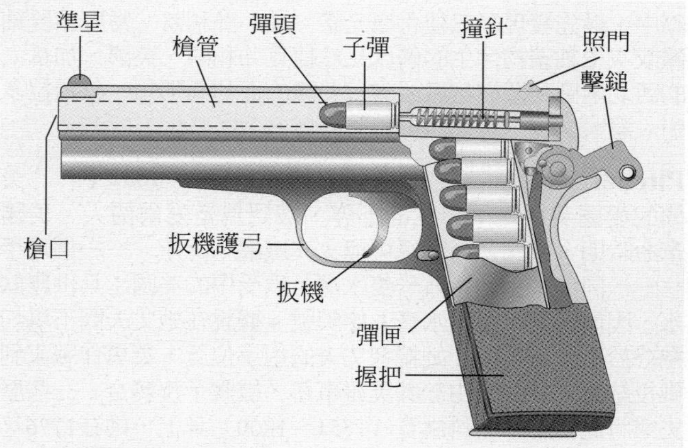

半自動手槍的零件
© 2002 MERRIAM-WEBSTER INC.

piston and cylinder　活塞和汽缸　在機械工程中，頭部封閉的滑動汽缸（活塞），在略大的光滑圓筒（汽缸）內藉助或對抗流體的壓力而上下（往復）運動，如發動機或泵。蒸汽機的汽缸兩端都用蓋封住，使得與活塞剛性連接的活塞桿穿過蓋的一端。內燃機的汽缸在一端用蓋封住，叫做頭，另一端敞開，使連接活塞和曲軸的連桿能自由擺動。

pit bull terrier　鬥獸場牛頭㹴　亦稱斯塔福郡㹴（Staffordshire terrier）。㹴的一個品種，19世紀於英格蘭育成，用來與鬥狗場中的其他狗類鬥狗時用。是由鬥牛犬（在當時，其腿較長且動作較敏捷）和㹴交叉育種而成，可能為獵狐㹴。過去曾被稱為bull-and-terrier和half-and-half，斯塔福郡㹴體矮壯，肌肉發達，其顎強而有力，通常為一強壯的狗類，體高43～48公分，重約14～23公斤。被毛硬而短，毛色多樣，為單一色或雜色。亦請參閱bull terrier。

pit viper　小蝰蛇　響尾蛇亞科蝰蛇的通稱。眼睛和鼻孔下方的眼前窩來「聞」獵物（大多是齧齒動物）。它們通常從獵物頭部開始吞食，但對較大或較危險的獵物是先咬住然後將之放走。在這類攻擊中，它們的眼睛和眼前窩由褶皮保護妥當。從沙漠到雨林都可見，但以新大陸為主。它們可能是陸棲、樹棲，也有可能是水棲動物。有的小蝰蛇產卵，有的直接產下小蛇。亦請參閱bushmaster、copperhead、fer-de-lance、moccasin、rattlesnake。

Pitcairn Island　皮特肯島　太平洋中南部島嶼。皮特肯島群唯一有人居住的島，該島群還包括亨德森、迪西和奧埃諾。面積約有5平方公里。1767年由英國人發現，1790年英國船「邦蒂號」的叛亂者在克里斯琴帶領下定居該島，才算有人居住。1839年被英國吞併。1856年由於人口太多，居民被遷到諾福克島。一些人回到了皮特肯，他們的後代組成了現在的人口，這些人靠捕魚和耕種為生。1970年英國駐紐西蘭高級專員任該殖民地總督。人口約65（1995）。

pitch　音高　音調根據音波每秒振動的次數（赫茲，Hz）變化，而顯得有高有低的性質。較高的音高有著較高的振動次數。以2倍比率振動的音波似乎是彼此連在一起的；這樣的音高說是來表明「八度音階等價」的，因此它們都指定為一個字母（像C或F調）。音高今天普遍標準化了；中央C上面的A被廣泛的用作標準，為440赫茲，這意味了平調音階中的其他所有音符的音高。亦請參閱interval、tuning and temperament。

pitchblende　瀝青鈾礦　是結晶質鈾化礦物晶質鈾礦的一種無定形的密實的黑色瀝青狀形態；是鈾的原生礦石之一。瀝青鈾礦以粒狀塊的外表存在，有脂狀光輝。在瀝青鈾礦中，最先發現了三種化學元素：鈾、鈈和鐳。常與晶質鈾礦或次生鈾礦物伴生的礦床見於捷克共和國、英國、加拿大的西北地區和薩斯喀徹溫省、美國的亞利桑那州、科羅拉多州、蒙大納州、新墨西哥和猶他州。

Pitcher, Molly　莫利水壺（西元1753?～1832年）　美國的愛國英雄。早年生活不詳，被認為是愛爾蘭人。美國革命時期，在蒙茅斯戰役中與丈夫威廉．海斯——一個炮手——一同作戰；她背負一隻水壺，為受傷的美國士兵供應飲水，因而得到「莫利水壺」的綽號。據說在她丈夫因不堪灼熱終於不支倒地後，她接替丈夫的炮手位置，英勇作戰直到戰役結束。1822年由於其英雄事跡，被贈予州獎金。一些歷史家將此事跡歸於科爾賓（1751～1800）身上，她在1776年華盛頓要塞戰役中取代了她丈夫的炮手職位。

pitcher plant　瓶子草類　具有瓶狀、喇叭狀、或壺狀葉的食肉植物之通稱，分屬於各科中：豬籠草科（舊大陸的瓶子草類）、捕蠅草科、蘿藦科，尤其是瓶子草科（新大陸的瓶子草類，特別是原產北美東部的瓶子草屬）。瓶子草類生長於酸沼、森林沼澤、潮濕或多沙的草地或稀樹草原中，該處的土壤富含水分、呈酸性且缺乏硝酸鹽和磷酸鹽。其罕見的管狀葉上有一系列的蜜腺，沿瓶唇向下延伸到瓶內並吸引昆蟲。昆蟲一旦進入瓶內，即跌落瓶底液池，在該處迅速沈沒、溺斃，然後被葉內分泌的酶消化，釋放出硝酸鹽和其他養分（酸沼提供的養分中所缺乏的部分）。多數的瓶子草類在春天生出捕捉昆蟲的一系列瓶狀葉，在秋季則生出另一系列無管葉。其花鮮艷，有令人愉快的香味。

黃瓶子草（Sarracaenia flava）
©Jeff Lepore/Photo Researchers

pitot tube*　皮托管　測量流體流速的儀器。由皮托（1695～1771）發明，將短而直角彎曲的管垂直置於運動流體之中，彎曲部分的開口對著上游方向，連接的裝置測量壓力，壓力大小取決於流動快慢，以此計算流速。皮托管在風洞內及飛機上測量空速，亦可用來測量液體的流動（參閱flow meter）。

Pitt, William　庇特（西元1708～1778年）　受封為占丹伯爵（Earl of Chatham）。別稱老庇特（the Elder Pitt）。英國政治家和演說家，兩次擔任實際的首相（1756～1761、1766～1768）。1735年進入國會，其處女演說批評了華爾波爾的內閣而引起爭議。隨著七年戰爭的爆發，他被指定為國務大臣，成為實際的首相。他的領導帶給英國許多勝利，使得英帝國大大擴張了。他廣受歡迎的吸引力使他獲得「偉大的平民」的綽號，但由於他的高壓作風，政府中很多人並不喜歡他。1761年內閣拒絕對西班牙宣戰，他便辭職了。雖然得了痛風病，他還是自由的擁護者，為支持美國殖民地居民反抗「印花稅法」而演講。1766年他成立了另一個內閣，他擔任掌璽大臣。但在1768年因病辭職。1778年去世，舉國哀悼，葬於威斯敏斯特教堂。

Pitt, William　庇特（西元1759～1806年）　別稱小庇特（the Younger Pitt）。英國政治家和首相（1783～1801、1804～1806）。老庇特之子，1781年進入國會，任財政大臣（1782～1783）。1783年任首相，進行了消減由美國革命而導致的大量國家債務的改革，減少關稅，並成立政府控制的東印度公司，在印度重建政府。在法國革命戰爭中捲入和法國的衝突中，他便促成了反對法國的歐洲國家的一系列聯盟（1793、1798、1805）。庇特回應了激進分子的要求，用壓制性措施進行議會改革。1800年他使和愛爾蘭締結的「合併法」獲得通過，但在1801年他的解放天主教徒的提案被否決後辭職。在擔任第二任首相時期（1804～1806）經歷了烏爾姆戰役和奧斯特利茨戰役後第三次聯盟的垮台，這些消息使他已衰弱的身體更加惡化。

小庇特，油畫，霍普納（John Hoppner）繪；現藏倫敦國立肖像畫陳列館
By courtesy of the National Portrait Gallery, London

pittosporum*　海桐花科　海桐花科海桐花屬常綠灌木或喬木，主要分布於澳大利亞和紐西蘭，平常亦被稱為澳大利亞月桂。尤其是在溫暖地區栽培作為觀賞植物。最受歡迎、質地最堅硬的種類，即海桐花，原產於中國和日本，是溫暖地區常見的芳香圍籬植物，在其他地區則為好看的室內植物。

Pittsburgh　匹茲堡　美國賓夕法尼亞州西南部城市。位於阿利根尼河與莫農加希拉河匯合處，兩河在此形成俄亥俄河。1758年英國在此占領了法國迪凱納堡，該址重命名為庇特。1794年建區；1816年設市。19世紀迅速發展為一個鋼鐵製造中心。1881年美國勞聯在此成立（參閱AFL-CIO）。爲該州第二大城市，是包括鄰近幾個城市的城區工業聯合體的中心。該地區有超過150個的工業試驗室。設有匹茲堡大學、卡內基－梅隆大學和其他教育機構。人口約350,000（1996）。

Pittsburgh, University of　匹茲堡大學　美國州立大學系統，由位於匹茲堡的主校區及其他地區的四個分校所組成。創設於1787年，早期稱匹茲堡學院。匹茲堡大學是一所綜合性的研究大學，包含醫學、牙醫、法律、工程、社會工作等學院。校內重要設機構還包括生態學研究中心、學習與發展研究中心等。目前主校區學生人數約爲26,000人。

Pittsburgh Platform　匹茲堡綱要　猶太教改革派的宣言，由1885年在美國賓夕法尼亞州匹茲堡舉行的拉比會議所起草。此一綱要宣稱猶太教正經歷演變的過程，並主張塔木德應該被視爲宗教文學而不是不可變的律法。直到1937年「哥倫布綱要」將猶太教改革派拉回到比較傳統的路線爲止，「匹茲堡綱要」一直是美國猶太教改革運動的正宗哲學。

pituitary gland *　腦下垂體　亦稱hypophysis。位於腦下方的內分泌腺體。對內分泌系統的調節起重要作用。它的前葉分泌腦下垂體激素最多，促進生長（參閱growth hormone）、卵和精子發育、乳汁分泌、釋放由甲狀腺、腎上腺和生殖系統分泌的其他激素和產生色素。後葉存儲和釋放下視丘分泌的激素，控制腦下垂體功能、使子宮收縮和乳汁釋放，達到血壓和血流平衡。

Pius, Sextus Pompeius Magnus ➠ Pompeius Magnus Pius, Sextus

Pius II *　庇護二世（西元1405～1464年）　原名Enea Silvio Piccolomini。羅馬教宗（1458～1464）。原是義大利外交官，後來成爲第里雅斯特（1447）和錫耶納（1449）的主教，在日耳曼各邦和羅馬教宗之間進行調解，還安排了腓特烈三世加冕爲神聖羅馬帝國皇帝（1452），並與亞拉岡和那不勒斯和平相處。在擔任教宗時試圖聯合歐洲各國組成十字軍討伐土耳其人，但未能贏得基督教各國君主的支持。庇護也是著名的人文主義者，也是撰有當時歷史事件的多產作家。

Pius V, St.　聖庇護五世（西元1504～1572年）　原名Antonio或Michele Ghislieri。羅馬教宗（1566～1572）。十四歲入道明會，1528年任牧師，以對異端分子嚴酷著稱，1551年任異端裁判所的宗教審判官，1556年任樞機主教，1566年當選教宗。他狂熱推行教會改革，成功地將新教驅逐出義大利。1570年宣布絕罰英國女王伊莉莎白一世，使得天主教徒在英國的地位更糟糕。1571年勒班陀戰役中，他負責組織這場戰役，使西班牙、威尼斯和教宗的艦隊戰勝土耳其人。

庇護九世
Felici

Pius IX　庇護九世（西元1792～1878年）　原名Giovanni Maria Mastai-Ferretti。羅馬教宗（1846～1878）。1827年成爲大主教，1840年成爲樞機主教，格列高利十六世死時任教宗。他開始進行自由主義改革，但被1848年的革命熱情嚇壞，轉而成爲極端保守派。他宣稱無原罪始胎（1854），召集第一次梵諦岡會議（1869～1870），該會發布了教宗永無謬誤論的教理。在義大利統一後，義大利國王維克托·伊曼紐爾二世奪取了教宗的世俗權力，他把自己看作是梵諦岡的囚犯，拒絕和義大利政府進行任何接觸。庇護是歷史上在位期間最長的教宗。

Pius X, St.　聖庇護十世（西元1835～1914年）　原名Giuseppe Melchiorre Sarto。羅馬教宗（1903～1914）。1884年成爲曼圖亞主教，1893年任威尼斯牧首，1903年當選爲教宗，不久即因其虔誠和堅定的宗教、政治保守主義而聞名。庇護鎮壓了所謂的現代主義天主教知識分子運動，反對這個政治運動所要求的社會改革，稱天主教民主。他組織世俗階級合作編寫教會的使徒著作，改革天主教禮拜儀式，系統化教會法規。1954年被封爲聖徒。

Pius XII　庇護十二世（西元1876～1958年）　原名Eugenio Maria Giuseppe Giovanni Pacelli。羅馬教宗（1939～1958）。出生於羅馬，曾服務於教廷的外交部門，擔任教廷國務卿職務，1939年繼庇護十一世爲教宗。第二次世界大戰中他積極參與囚犯和難民有關的人道主義工作，但因沒有公然抨擊大屠殺而備受批評。戰後時代他捍衛了共產主義國家受迫害的天主教徒。以其嚴厲的保守主義聞名，1950年他確立了處女身體權利的法令。

庇護十二世，卡什攝
©Karsh－Woodfin Camp and Associates

pixel　像素　全名圖像元素（picture element）。視訊影像最小的解析單位，有特定的光度和顏色。像素大小是由掃描光柵（構成影像點的形狀）形成的線數以及沿著每條線的解析度來決定。在最常見的電腦繪圖類型，數以千計的微小像素構成一幅影像，投影在顯示幕上變成發光的點，遠看好像連續的影像。電子束產生像素的網格，是從左至右一次一個像素地描繪水平線，從上而下。像素亦是高感度裝置的最小元素，例如使用電荷耦合元件的相機（參閱CCD）。

Pizarro, Francisco　皮薩羅（西元1475?～1541年）　奪取印加帝國的西班牙征服者。1510年參加探索新大陸的遠征，三年後加入巴爾沃亞領導的探險隊，發現了太平洋。他沿著哥倫比亞海岸進行了兩次航海的發現（1524～1525、1526～1528），並繼續向南探索，並把新領地命名爲祕魯。1531年他和四個兄弟、一百八十個人和三十七匹馬，動身前往祕魯。不久遇到印加皇帝阿塔瓦爾帕的使者，他們安排了一次會面。當時他的人屠殺了皇帝沒有武裝的家臣，俘虜皇帝當作人質。皮薩羅在收了贖回阿塔瓦爾帕的豐厚贖金後，卻把他絞死了。其餘生致力於鞏固西班牙對祕魯的統治。他建造了利馬（1535），後來在那裡被自己背叛過的西班牙同夥所殺。

Pizarro, Gonzalo　皮薩羅（西元1502?～1548年）　西班牙探險家和征服者。他和同父異母兄弟法蘭西斯科·皮薩羅一起參加征服祕魯的行動（1531～1533），由於戰功被授予大片土地，並被派任爲基多總督（1539）。1541～1542年率領一次遠征，到基多以東人跡罕至的地區探險，結果損失慘重，約有200名西班牙人和4,000名印第安人喪命。歸來時獲悉西班牙已限制了征服者的特權；西班牙征服者乃發動叛亂反抗總督，皮薩羅領導反保皇黨軍隊在阿那基多戰役中獲勝，但在1548年他們被打敗了，他遭處決。

Pizarro, Hernando　皮薩羅（西元1475?～1578年） 西班牙征服者。與其同父異母兄弟法蘭西斯科·皮薩羅一起征服祕魯（1531～1533），然後回到西班牙。1536年他回到祕魯，在庫斯科被阿爾馬格羅所拘禁。獲釋後，賀南多·皮薩羅率其兄弟的軍隊在1538年俘虜並處死了阿爾馬格羅。他回到西班牙想為皮薩羅家族爭取在祕魯的權利，結果下獄二十年（1540～1560）。

pizza　比薩 發源於那不勒斯地區的食物，在平盤上鋪生麵包糰，上塗橄欖油，放上番茄和莫薩里拉乳酪，快速焙烤，趁熱食用。比薩現在為義大利全國人食用，比薩上面的餡料隨地區的不同而有所變化。比薩隨著義大利移民引進美國；1905年第一家美國比薩餅店開業了，第二次世界大戰後比薩成為全國最喜愛的食物之一。上面的餡料還可以加上一些不尋常的食物，如牡蠣和鳳梨。

PKK ➠ Kurdistan Workers Party

PKU ➠ phenylketonuria

PL Kyodan＊　完全自由教團 全名Perfect Liberty Kyodan。1946年由御木德近創建日本宗教團體，作為其父人道教的復興。和日本的主要宗教傳統全然不同，它教導人生的目標是快樂地表現自我。不幸和苦難來源於對上帝的忘卻，但信徒可以祈禱將自己的痛苦轉到教主身上，教主經過團體的集體祈禱，能增加法力，代受苦難。今天完全自由教團宣稱在全世界的信徒有250萬人。該宗派的總部在大阪附近的羽曳野市。

placenta＊　胎盤 多數哺乳動物子宮內與胎兒一起發育的器官，居間負責代謝交換。臍帶連接胎兒肚臍的位置。母體血液中的養分與氧氣通過胎盤到胎兒，代謝廢物及二氧化碳從胎兒反方向通過胎盤；兩種血液替換而不混合。母體血液的其他物質（如酒精或藥物）也會通過胎盤，造成新生兒的先天性疾病與藥物成癮（參閱fetal alcohol syndrome）；有些微生物會經過胎盤感染胎兒，但是母體的抗體同樣也會進入。胎盤在妊娠後期重約半公斤，在分娩時排出。有些動物將胎盤吃掉當作養分來源，有些物種藉此刺激泌乳作用。

placer deposit　砂礦 運動中的顆粒受重力影響而造成的重礦物的天然富集體。當比重大而又穩定的礦物受到風化作用從基質中游離出來時，就慢慢地順山坡往下被沖刷到河裡，河水則迅速把比較輕的基質漂洗掉。這樣重礦物就富集在河流礫石、海灘礫石和滯留（殘留）礫石裡，形成可以開採的礦床。砂礦中的礦物包括金、鉑、錫石、磁鐵礦、鉻鐵礦、鈦鐵礦、金紅石、自然銅、鋯石、獨居石等，還有各種寶石。

placer mining　砂礦開採 從沖積層回收黃金的最古老方法。該法利用金的比重較高，能比共生的輕含矽物質較迅速地在水流中沈澱。19世紀的開採者使用淘盤法，此法是在盤中放入少量含金泥土或砂礫和大量的水；使之成漩渦狀運動，開採者然後將含矽物質沖洗掉，遺留下金和重物。挖掘法現在是最重要的砂礦開採的方法。世界上普遍採用的是鏈斗式採砂船。泄水時，使用叫做箱式溜槽的稍傾斜的木製水槽，或是叫做表溜槽的堅硬砂礫或岩石上的溝口，作為攔帶黃金的砂礫被水流帶走的通道。橫置於水閘底部的格條使得水流旋轉進入小水池，使水流減速，沈澱出黃金。

Placid, Lake ➠ Lake Placid

plagioclase＊　斜長石 產量豐富的長石礦物系列。常呈顆粒或晶體出現，顏色從輕到中等到灰色不等，透明到半透明。斜長石組成上是鈉長石和鈣長石的混合物。用在玻璃和陶器的製造業上；帶暈彩的變種可當作寶石。然而斜長石的主要重要性在於它在岩石形成中所發揮的作用。

plague＊　鼠疫 由鼠疫耶爾森氏菌所致的發熱性傳染病，通過鼠蚤傳播。僅在蚤類跑出齧齒宿主時才向人類傳播。有三種形式：腹股溝腺炎鼠疫，最溫和的一種，特徵是淋巴結腫脹（腹股溝淋巴結炎），只由蚤類傳播，占鼠疫病例的3/4；肺鼠疫，更多的牽涉到肺，從肺以小滴形式傳播，缺乏治療時3～4天即可致命；敗血性鼠疫，細菌破壞血管，其他症狀還沒發病，24小時就會死亡。14世紀鼠疫橫行歐洲和亞洲，稱為「黑死病」。青黴素對鼠疫不起作用，但其他抗生素有效。加強衛生措施可撲滅疫情：消滅鼠蚤、隔離患者、對可能染菌的物體進行徹底消毒等。疫苗也能夠制止鼠疫。

鰈
Jacques Six

plaice　鰈 有經濟價值的比目魚，學名Pleuronectes platessa。最大體長可達90公分，兩眼均位於頭右側，眼附近有骨質隆起約4～7塊。體褐色，有紅或橙色斑點。美洲鰈，既產於歐洲（叫做紅比目魚），也產於美洲，體色淡紅或淡褐色，可長達約60公分。

plain　平原 地球表面近於平坦的陸地，呈現出緩和的斜坡及小型局部地貌（海拔的差異）。平原占陸地表面1/3稍多一點，除了南極洲以外，所有的大陸都有分布。一些平原為樹木所覆蓋，另一些則長滿了草。還有其他一些平原，上面生長著灌木叢和叢生的草類，而一些平原則是幾乎無水的沙漠。除某些情況例外，平原已成為人口、工業、商業和運輸業的主要中心所在。

Plain, The　平原派 法語作la Plaine。法國大革命時在國民公會中的中間派議員。他們在公會成員中占大多數，對任何決策的通過都有著實質性的作用。他們的名字來源於他們在公會的場地上的位置，他們的上方就坐著山岳派成員，或是「山民」。在西哀士的領導下，平原派開始支持吉倫特派，但後來在投票處決路易十六世的問題上加入了山岳派。1794年他們幫忙推翻了羅伯斯比爾和其他極端的雅各賓分子（參閱Jacobin Club）。

Plain of Esdraelon ➠ Esdraelon, Plain of

Plain of Reeds ➠ Reeds, Plain of

Plain of Sharon ➠ Sharon, Plain of

Plains Indians　大平原印第安人 原來居住在美國大平原地區和加拿大南部的不同美洲印第安部落的任一支系。他們包括阿拉帕霍人、阿西尼博因人、黑腳人、夏延人和科曼切人，還有平原克里人、克勞人、希達察人、基奧瓦人、曼丹人、奧薩格人、波尼人和蘇人。

Plains of Abraham ➠ Abraham, Plains of

planarian＊　渦蟲 片蛭科及近緣科（渦蟲綱）約3,000種分布廣泛，多數獨立生存的扁蟲。通常發現於淡水中，海中或陸地環境也可找到。體伸長時呈葉片狀，柔軟，有纖毛。頭鏟形，有兩眼，有時具觸鬚。尾尖。口在腹面後側，常在距尾不及體長一半處。體長一般約3～15公釐，有的超過30公分。波浪式游泳或匍匐前進。多數夜出取食原生動物、小螺和蠕蟲。

Planck, Max (Karl Ernst Ludwig)＊　普朗克（西元1858～1947年）　德國物理學家。他在慕尼黑大學和基爾大學求學，後來成爲柏林大學的理論物理學教授（1889～1928）。他致力研究熱力學第二定律和黑體輻射，最後找出輻射的革命性量子理論，爲此獲頒1918年諾貝爾獎。他也發現運動量，今稱普朗克常數（h）。他提倡愛因斯坦相對論這種特別的理論，但反對波耳、玻恩、海森堡在量子力學面世後引進的非決定論、統計式世界觀。1937年辭職之前，他一直是具有影響力的威廉學會（後來的普朗克學會）主席，他向希特勒陳情，希望改變他慘無人道的種族政策。他的兒子後來牽涉到反希特勒的七月密謀而遭到處決。

plane tree　懸鈴木　懸鈴木科唯一屬懸鈴木屬10種植物的統稱，原產於北美、東歐和亞洲。懸鈴木對空氣污染及病害有抗性，故廣泛種植於城市中。懸鈴木生長快，迅速成蔭。其特點包括：樹皮易剝落；葉大而呈掌狀分裂，秋天脫落；頭狀花序球形，種子圓形。光滑而呈球狀的果序常一個個懸掛空中，迎風搖擺，並常在葉脫落後宿存，爲主要的辨別物。冬季時樹皮呈斑駁狀具自然美，外部樹皮成片脫落後，露出白、灰、綠、黃各色的內部樹皮。

planer　刨床　一種金屬切削機床，工件固定在單刃刀具下作往復運動的水平工作台上。刀具夾持裝置安裝在橫樑上，刀具通過工作台時可以作小量的側向運動。由於刀具幾乎能以任何角度移動，它能刨削各種各樣的溝槽和平面。機械刨床或平面刨床，還可以把光滑木材刨到同一厚度。刨床和牛頭刨床的作用是同樣的，但能夠將工件加工到15公尺的長度。

planet　行星　環繞太陽或其他恆星（參閱planets of other stars）的大型物體，通常大於彗星、流星體（參閱meteor）或衛星。planet一詞來自希臘文，意思是流浪漢，因爲行星相對於恆星的位置不斷變動著。已知繞行太陽有九大行星，距離太陽由近而遠分別是水星、金星、地球、火星、木星、土星、天王星、海王星與冥王星。前四個稱爲類地行星，再來四個是類木行星。冥王星不屬於這兩類，而像是類木行星的冰質衛星。類地行星的直徑小於1萬3000公里，由岩石組成，大氣較爲稀薄或微不足道。一般認爲是太陽的熱使得原始太陽星雲的氣體無法在這些行星大量凝結。類木行星形成的位置較遠，溫度低，氣體能夠凝結，因此這些行星發育得極爲巨大，並保有大量以輕質氣體組成的大氣，主要是氫和氦。類木行星又稱氣體巨星，結構似乎都很類似，都沒有可以觸及的表面。冥王星是九大行星最小的一個，外頭可能還有行星（如X行星）。內行星和外行星由小行星帶分隔開來，這個帶由數萬個小行星組成。西洋占星術重要的步驟就是將行星放入黃道十二宮之內。亦請參閱planetesimal、solar system。

Planet X　冥外行星　設想中太陽系的一顆遙遠的行星，是對天王星和海王星的軌道效應的計算的基礎上假設提出的。約1905年由羅厄爾首次提出這個概念，雖然他的預言最終導致了冥王星的發現，但冥王星的質量不足以解釋天王星和海王星的明顯攝動現象。然而，現代測量儀器表明，外層行星的軌道上並沒有重大差異。

planetarium　天文館　從事天文學及其相關學科，尤其是太空科學的普及教育機構，其主要的教育工具是用一個稱爲天象儀的儀器把地球上所看到的天象投影在一個半球形的螢幕上。主要的天文館都有大天象廳、收藏品陳列室、相當規模的職員、直徑25公尺以上的投影圓頂和能容納六百多人的座位。

planetary nebula　行星狀星雲　一類用小望遠鏡觀看頗似行星的亮星雲（參閱nebula），實際上都是一些垂死星體周圍的發光氣體的擴展的外殼。行星狀星雲是由一顆紅巨星散發的外部包層，這種巨星還不夠大到成爲超新星。相反地，星體高度熾熱的中心暴露出來（參閱white dwarf star），並使氣體的周圍外殼離子化，該外殼以每秒16公里的速度擴張。

planetesimal＊　星子　假設在太陽系歷史早期從灰塵和氣體中凝聚而成的連在一起組成行星的一類星體。根據星雲假說，星際塵埃和氣體的雲塊經歷重力的收縮後，最後形成太陽星雲。收縮時在它的中段平面留下了塵埃塊，結合成鵝卵石大小、漂石大小、然後是跨若干到幾百公里的星子。然後這些在重力的作用下結合成原行星，這是現在行星的前身。

planets of other stars　系外行星　亦稱太陽系外行星（extrasolar planets）。繞行太陽以外其他恆星的行星。系外行星存在於地球許多光年之外，這幾年已經獲得證實。現代的偵測方法，基於行星在環繞恆星時產生的重力效應，僅能發現極爲巨大的行星。目前，在三十個以上的恆星四周找到的行星質量從木星的一半乃至木星的六十倍大。約有三分之一是極爲扁平的橢圓軌道，其餘的比水星更接近其恆星。這讓人懷疑太陽系是否具有代表性，只是現在的方法只對接近恆星的巨大行星較爲靈敏。這類行星如1995年發現的飛馬座51，其所繞行的恆星類似太陽。

plankton　浮游生物　淡水和海水中一切懸浮生活的生物統稱，無活動能力，或因太小太弱而無力逆流活動。浮游生物是海水和淡水生態系統繁殖力的基礎，爲較大的動物提供食物，因爲所捕獲的漁獲以其爲食，所以也間接地爲人類食物來源。以人類資源的方面來看，對浮游生物的研究和利用才剛剛起步。形似植物的種類被稱爲浮游植物，而形似動物者則被稱爲浮游動物，但對許多浮游生物而言，更好的稱呼則是原生生物。多數的浮游植物爲浮游動物的食物來源，但有些浮游植物則處於有光層之下。浮游動物則爲魚類（包括鮭）或哺乳動物（包括鯨魚）的直接食物來源，但食物鏈中的數個環節通常在人類可消化浮游生物前已經跳過。

plant　植物　植物界中所有生物的統稱，由多細胞、眞核的生命形式組成（參閱eukaryote），六項基本特徵爲：幾乎均通過光合作用取得營養；分生組織能無限制的生長；細胞壁含纖維素，因此多少較爲堅韌；缺乏運動器官；缺乏感覺器官和神經系統；生活史中顯現世代交替。沒有一個定義能完全排除所有非植物的生物體或包含所有的植物。例如，許多植物並非綠色，不能進行光合作用自製養料，而是寄生於其他活的植物體上（參閱parasitism），另一些則從死亡的生物體獲取營養。許多動物具類似植物的特徵，例如缺乏移動能力（如海綿）或生長方式類似植物（如某些珊瑚和苔蘚動物），但一般來說這些動物缺少上述的其他植物特徵。過去的一些分類系統（參閱taxonomy），將一些難歸類的類群，如原生動物、細菌、藻類、黏菌和眞菌（參閱fungus）歸入植物界，但這些生物體在形態上和生理上與植物有很大的不同，這使大部分科學家將它們畫出植物界。

plant virus 植物病毒 能引起植物病害的各種病毒（如煙草花葉病毒）。在經濟上具有重要意義，因爲有許多會感染農作物和觀賞植物。許多植物病毒爲桿狀，可容易從植物組織中提純結晶。與許多動物病毒不同，植物病毒多無脂膜，而都含有核糖核酸（RNA）。植物病毒傳播方式有多種，最重要的爲透過昆蟲叮咬，主要是蚜蟲和葉蟬。受病毒感染的植物症狀有顏色改變、矮化和組織變形。某些鬱金香的顏色條紋的出現是由病毒引起的。亦請參閱reovirus。

Plantagenet, House of＊ 金雀花王室 亦稱安茹王室（House of Anjou）。英格蘭王室（1154～1485），曾出現十四代國王，其中有六位屬幼支蘭開斯特王室和約克王室。他們是安茹伯爵傑弗里（卒於1151年）和英格蘭國王亨利一世的女兒瑪蒂爾達公主的後代。一些歷史學家把安茹王室或安茹帝國的名稱用於亨利二世、理查一世和約翰，而將其後繼者，包括愛德華一世、愛德華二世和愛德華三世歸爲金雀花王室的國王。該名可能是源於傑弗里伯爵的綽號（金雀花種植者），他栽種金雀花叢（拉丁語爲"genista"）以改善其狩獵場地的地面。1485年薔薇戰爭中金雀花王室最後的國王理查三世被打敗。其正統世系至瓦立克的愛德華（卒於1499年）結束。

plantain＊ 車前草 車前科車前屬約265種常見於庭園、草坪和路邊的雜株。缺乏葉片固有的葉身爲其獨特之處。其看起來像葉身的部分則爲延長的柄（葉莖），加上數條平行的主要葉脈，簇生於莖基部。穗狀或頭狀花序，頂生於長且無葉莖上，花小。大車前的成熟籽穗可作鳥食。長葉車前，或英國車前和中型車前是令人討厭的雜草。有些種類在醫藥上有其作用（例如用作緩瀉藥）。

plantain 大蕉 芭蕉科的高大植物，學名Musa paradisiaca，與普通香蕉近緣。據信大蕉原產於東南亞，株高3～10公尺，假「莖」圓錐形，由螺旋形排列、長而薄的葉片所組成的葉鞘構成。果綠色，大於香蕉，所含的澱粉比香蕉豐富。因澱粉在果實成熟前含量最高，所以不生食而煮食或用油煎食，加入椰汁或糖調味。也可曬乾作爲稍後烹調或磨成粉使用，更可進一步精製成麵粉。大蕉爲東非人的主食及製啤酒原料，在加勒比和拉丁美洲等地也食用大蕉。

plantation walking horse 種植園走馬 ➠ Tennessee walking horse

Plante, (Joseph) Jacques (Omer) 普蘭提（西元1929～1986年） 加拿大冰上曲棍球選手。生於魁北克省的沙威尼干佛，生涯的第一場NHL比賽就完封對手。他是強大的蒙特婁加拿大人隊的一員，他們創下連續五個球季奪得史坦利盃（1956～1960）的記錄。他是史上第一位帶著防護面罩的守門員（1959）。十八年的NHL光榮職業生涯，使他成爲NHL有史以來最成功的守門員之一。

Planudes, Maximus＊ 普拉努得斯（西元1260～1310?年） 原名Manuel Planudes。希臘正教會學者、編纂家和論辯家。他在君士坦丁堡建立起一座學校，因其人文學科的課程獲得了強大的聲譽。把拉丁古典哲學著作和文學作品以及阿拉伯數學著作譯爲希臘文，將這些領域的知識介紹給希臘拜占庭文化界。主要以其神學著作聞名，他還修訂了《希臘詩文集》，收集約自西元前700～西元1000年間的希臘散文與詩歌，對希臘文學歷史做出了傑出貢獻。

plasma＊ 血漿 血液除去血球和血小板後的液體部分（包含溶解其中的化學物質）。人血漿爲草黃色，其功能有作爲血液運輸的介質、幫助維持血壓、分配身體熱能和保持血液和身體的酸鹼值平衡。含有90%以上的水，7%的蛋白質和少量其他物質（代謝後的廢物）。重要的血漿蛋白有白蛋白、凝血因子和球蛋白（包括γ球蛋白和刺激紅血球生成的激素）。血清爲血液凝固後所剩液體部分。

plasma 電漿 當氣體中的原子電離後產生的導電介質，其中帶正電的粒子數與帶負電的粒子數大體相等。有時把電漿稱作物質的第四態（前面三態是固態、液態和氣態）。電漿以獨特的方式與它自己、與電場和磁場以及與它的環境相互作用。可以認爲它是離子、電子、中性原子和分子以及光子的集合體，其中有些原子正在電離，與此同時，有些電子正與其他的離子結合而形成中性粒子，光子則在不斷地產生和被吸收。據估計，宇宙中99%以上的物質以電漿的狀態存在。

plasmid＊ 質粒 染色體外遺傳因數。存在於許多菌株中。爲環狀去氧核糖核酸（DNA）分子，可獨立於細菌染色體複製。非細菌生活所必需，但可使細菌具有一種選擇性優勢。一些質粒決定能夠殺死其他細菌的蛋白質的產生；其他能使細菌具有對抗生素的抗藥性。質粒在分子生物學和遺傳學，尤其是遺傳工程領域裡是十分珍貴的研究工具。

plasmodium＊ 瘧原蟲屬 瘧原蟲屬的寄生原生動物的統稱，爲瘧疾的病原生物。感染哺乳動物、鳥類和爬蟲類的紅血球，瘧原蟲遍布世界各地，尤以熱帶和溫帶爲甚。透過瘧蚊屬蚊叮咬傳遞至人類體內。未成熟的瘧原蟲從血液進入肝細胞，分裂形成成蟲階段後，再度進入血液中感染紅血球細胞。該寄生蟲的快速分裂造成紅血球細胞的破壞並釋出毒素，使寄主產生週期性畏寒和發熱的典型瘧疾症狀。

plaster of paris 熟石膏 一種快凝石膏灰漿，爲精細的白粉（半水硫酸鈣），摻水後再次乾燥時硬化。將石膏加熱到120～180℃即可製得。古代便開始使用熟石膏，因調製品泰半來自巴黎盛產的石膏而得名。可用於製作陶器的模具和雕塑藝術品等，也可預製裝飾構件固定在天花板和簷口上，還可用於整形外科的模子。在中世紀和文藝復興時期，石膏粉（熟石膏和動物膠的混合物）被塗抹於木版、膠布、石頭或帆布上，用做蛋彩畫和油畫的背景。

plasticity 可塑性 某些固體在應力作用下流動或永久性地改變形狀的能力，此應力的大小介於產生暫時性變形，或彈性行爲和引起材料破壞或斷裂（參閱fracture）的作用之間。可塑性允許固體能夠在外力作用下產生永久變形而不致於斷裂；彈性則是當負荷撤除後，固體仍回復到原來形狀的特性。塑性變形發生在許多金屬成型過程（軋製、擠壓、鍛造、拔絲）和地質過程中（在極高壓和高溫下地球內部的岩石摺曲和岩石流動）。

plastics 塑膠 常用加熱和加壓進行塑造或成型的聚合物。大多是重量輕、透明、不能很好傳導電的堅韌有機化合物。主要分成兩類：熱塑性樹脂（如polyethylene和聚苯乙烯）能反復熔融和固化；熱固性樹脂（如聚氨酯、環氧化物），一旦成型，加熱只能被破壞，而不能熔化。很少塑膠只含樹脂，許多也含有可塑劑（以改變熔點，使其變軟）、著色劑、加固劑、填塞物（提高機械屬性如硬度）、穩定物和抗氧化劑（以保護免遭老化、光照或生物製劑作用）。塑膠不能生物降解，但塑膠的資源的回收與再利用，尤其是熱塑性樹脂，已成爲一個重要的行業。塑膠的主要工業用途包括汽車、建築、包裝、紡織、塗料、粘合劑、管道、電和電子元件、修復術、玩具、毛刷和家具等。普通的塑膠包括聚對苯二甲酸乙二醇酯或PET（如使用在飲料瓶上）、聚氯乙

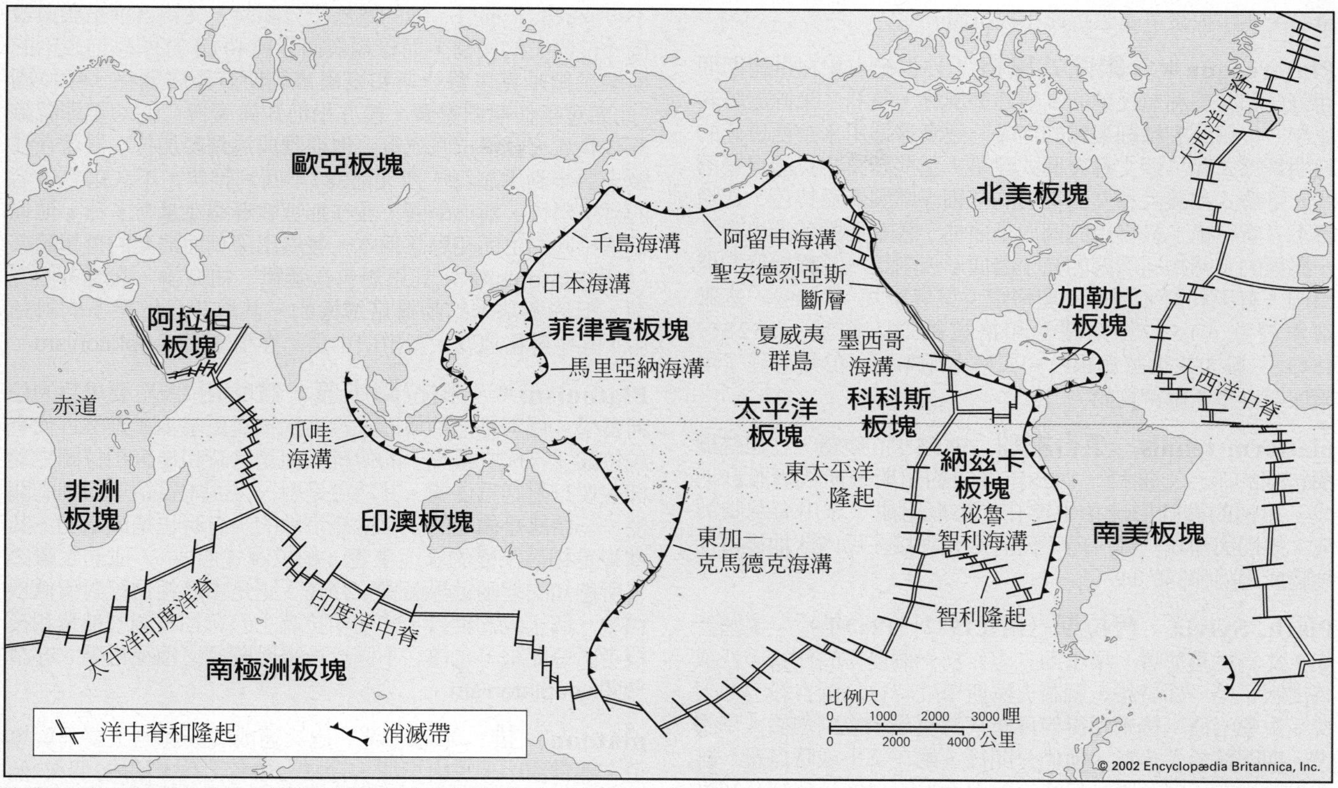

地球岩石圈主要的構造板塊。新的岩石圈在特定的板塊邊界湧出岩漿生成，稱為擴張中心或洋脊，在此處板塊分離。在稱為隱沒帶的板塊邊界，板塊聚合，直到其中一塊隱沒下去進入地球內部。大陸牢牢地連在各自的板塊上，隨著板塊以每年數公分的速率移動。
© 2002 MERRIAM-WEBSTER INC.

烯（軟管）、起泡沫的聚苯乙烯、或聚苯乙烯泡沫塑膠（隔熱的食物容器）和盧西特（防碎玻璃）。亦請參閱Leo Baekeland。

plastic surgery　整形外科　與矯正畸形、恢復受損功能或修飾容貌有關的外科專業。可包括改造或移植組織來填補凹陷、覆蓋傷口或改善容貌。僅僅爲改善容貌的化妝性外科不是整形外科的主要重點。用於灼傷或手術移除腫瘤後的外形損傷治療，或重建性手術，可包括隱藏皮膚褶皺裡的切口，或使用隱祕的縫合線來縫合傷口。重建整形手術可矯正嚴重的功能性損傷，修正生理上的畸形，補正因外傷或手術造成的組織缺失。顯微手術和電腦化的影像診斷已使這個領域發生了革命性變化。

Plata, Río de la　拉布拉他河　位於烏拉圭和阿根廷之間的巴拉那河和烏拉圭河的河口灣。約275公里長，入口處最寬，約220公里；蒙特維多處約97公里寬，布宜諾斯艾利斯對面及以上爲40～45公里寬。1516年由西班牙人發現，1520年麥哲倫對該河進行了勘探，1527～1529年卡伯特也堪探了它。1537年亞松森成爲該地區第一個永久的居民點。

Plata, viceroyalty of Río de la ➠ Río de la Plata, viceroyalty of the

Plataea＊　普拉蒂亞　希臘中東部波奧蒂亞的古城，位於底比斯南部。波奧蒂亞人原定居於此，他們驅逐了較早的青銅時代居民。普拉蒂亞人在馬拉松戰役中和雅典人一起作戰，反抗波斯（西元前490年）。是普拉蒂亞戰役（西元前479年）中希臘獲得對入侵波斯人勝利的所在地。西元前427年被斯巴達人破壞，但在馬其頓國王腓力二世和亞歷山大大帝時期重建，被視爲希臘人抵抗波斯的勇氣的象徵。

Plataea, Battle of　普拉蒂亞戰役（西元前479年）　在波奧蒂亞的普拉蒂亞（今普拉泰伊）附近西塞隆山斜坡上發生的希臘和波斯軍隊之間的戰爭。主要是斯巴達的軍隊，包括希洛人，打敗了薛西斯一世的馬多尼奧斯領導下的波斯軍隊，此勝利象徵波斯試圖侵略希臘大陸的結束。

plate tectonics　板塊構造學說　將地球岩石圈（地殼與上部地函）分爲12大塊及及幾個小塊，漂浮並獨立在軟流圈上移動的學說。這個學說是地質科學的革命，1960年代結合早期的大陸漂移想法與新的海底擴張概念成爲連貫的整體。每個板塊是由洋脊上湧的岩漿所生成的堅硬岩石組成，在洋脊處板塊分離。兩個板塊聚合處形成隱沒帶，其中一個板塊被迫往下進入地函。地球表面主要的地震和火山是沿著構造板塊的邊界產生。板塊內部移動就像剛體，僅有少量的收縮，少許的地震，較少的火山活動。

plateau　高原　平坦高地的廣闊區域，通常四面八方全是陡崖，但有時周圍是高山。高原分布甚廣，連同所包圍的盆地一起，大約共占地球陸地面積約45%。高原最基本的特徵是地勢相對高差低而海拔相當高。地勢高差低將高原和高山區別開來，雖然它們的起源可能相似。高原由於海拔高，常產生獨有的局部性氣候，高原及其周圍的地形學常產生乾旱和半乾旱的情形。

Plateau Indians　高原地區印第安人　居住於東邊的落磯山脈與西邊的喀斯開山脈間之高原地區的北美洲印第安人部落的任何成員。這個部落包括科達倫人、扁頭人、克拉馬斯人、庫特內人、莫多克人、內茲佩爾塞人、史波坎人、湯普生人和薩利什人。

platelet　血小板　亦稱血栓細胞（thrombocyte）。小型、無色、形狀不規則的血球細胞，在凝血過程中起重要作用。血小板在骨髓內產生，儲存於脾臟。血管破損時血小板凝集，堵塞破損處，使在其表面形成血凝塊的纖維蛋白收縮，並參與凝血因子的轉換過程。血小板還能儲藏、運輸多種化學物質，此外還能吞噬異物（如病毒）。人於反復輸注全血或血小板後可產生抗血小板抗體。

Plateresque＊ 銀匠式風格 15世紀末和16世紀期間西班牙和其美洲殖民地的主要建築風格。該名（來源於將其比作一位銀匠的精細複雜的作品）逐漸普遍用來指西班牙的晚期哥德式和早期文藝復興式建築，這些建築物以源自摩爾式、哥德式和義大利文藝復興的精細浮雕裝飾爲特色，建造時不考慮結構。最喜用的圖形是曲柱、紋章盾牌和漩渦卷。一簇簇的裝飾物同廣闊的光平牆面形成對比。該種風格的傑出例子有巴利阿多利德的聖格雷戈里奧學院（1488）、塞維爾鎮禮堂（1527年始建）和格拉納達大教堂（1528～1543）。腓力二世認爲銀匠式風格太過華麗，於是修建了埃爾埃斯科里亞爾博物館。

platform tennis 平台網球 板網球的變種，在鐵絲柵欄包圍的平台上進行。1928年在紐約州斯卡斯代爾設計而成。短柄的橢圓形球拍由穿孔的夾板組成；球用海綿膠製成。規則與網球一樣，所不同的是允許接在場內落地後再從後牆或邊牆彈回的球。

Plath, Sylvia 普拉斯（西元1932～1963年） 美國詩人。父爲昆蟲學者，早年即立志作爲一個優秀的作家，八歲時出版了第一部詩集。就讀史密斯學院時曾試圖自殺，必須接受電擊治療。後來獲得傅爾布萊特獎學金後到劍橋大學讀書，期間嫁給了休斯。他們分開後，她在三十歲時自殺。雖然生前沒有任何名氣，但死後聲譽大振。1970年代被公認爲是當代的大詩人。其作品常充滿著孤寂、死亡、自戕式的懺悔，詩集包括《巨人》（1960）、《埃里厄爾》（1965）、《詩集》（1981，獲普立茲獎）和半自傳體小說《鐘罩》（1963）。

plating 鍍覆 對金屬或其他一些材料，如塑膠或瓷器，鍍上一層硬而密實的金屬表面，以提高耐用性並增進美觀。早期鍍覆的物品（「老雪非耳盤」）由布爾索弗發明的過程製成，透過把銅嵌入兩層銀中組成。如今如金、銀、不銹鋼、鈀、銅和鎳等表面鍍層，都是把被鍍物浸在含有想要的鍍層材料的溶液中，通過化學或電化學作用，使這種金屬材料沈積形成的（參閱electroplating）。許多鍍覆是爲了裝潢，但更多的是爲了提高較軟材料的耐用和耐腐蝕性能。大多數汽車部件、大小器械、家用器皿、食具、小五金、管件和電子設備、線材製品、航空和太空用品以及機械工具，都爲了耐用而鍍覆。亦請參閱galvanizing、terneplate、tinplate。

platinum 鉑 金屬化學元素，過渡元素之一，化學符號Pt，原子序數78。是一種非常重的銀白色貴金屬，質地軟，具延展性，熔點很高（1,769℃），耐腐蝕和抗化學反應。一般加入少量的銥形成更硬、更強的合金，而又包括了鉑的優點。通常鉑在砂礦中以合金形式存在，其中包含80～90%的純鉑，或者不多見的是與砷或硫結合在一起。在高溫實驗室的工作中它有不可取代的地位，用作電極、容器以及電接觸，即使在非常熱的情況下仍然能抗化學作用。鉑還用作補牙的合金以及外科手術用的別針。鉑被稱爲「白金」，用作貴重的首飾，比金要貴得多。重量和長度的國際標準原型用90%的鉑，10%的銥製成。76.7%鉑與23.3%鈷的合金是已知最強的永久磁體。鉑在它的原子價裡有2價或4價。這些化合物中有許多是配位錯合物。鉑與它的某些化合物都是有用的催化劑，尤其用於氫化作用中，以及用作催化轉化劑。

Plato＊ 柏拉圖（西元前428?～西元前347?年） 原名Aristocles。希臘哲學家，其教學和著作成爲西方哲學中的不可或缺的一部分。他的家族十分顯赫，父親自稱是雅典最後一位國王的後裔，而母親與西元前404年寡頭恐怖政治的極端派領袖克里蒂亞斯和夏爾米德斯有親屬關係。柏拉圖（此名意指他額頭寬廣，後亦指他知識廣博）從幼年即認識蘇格拉底。蘇格拉底死後，他從雅典逃到麥加拉，接著在往後十二年到處旅行。西元前387年回到雅典，不久創立著名的哲學學校，稱爲學園，並在那裡教導過亞里斯多德。他以蘇格拉底的生活和思想爲本，發展出深刻而浩瀚的哲學體系（參閱Platonism）。其思想包含邏輯、知識論、玄學各個方面，但許多基本的動機是道德的。其思想見於衆多的對話中，其中蘇格拉底大多扮演主角。亦請參閱Neoplatonism。

Platonism＊ 柏拉圖主義 體現柏拉圖主要思想的任何哲學，特別是把抽象形式視爲比物質更基本。雖然古代有柏拉圖「不成文學說」的傳統，但是當時和後來柏拉圖主義卻主要以對話爲依據。其特色是對人生的本質給予特別的關注－－始終是倫理的，經常是宗教的，有時也是政治的，其基礎是相信不變的永恆事實（柏拉圖式形式），他們脫離感官所感知的變動世界而獨立存在。正是由於相信絕對價值根植於一個永恆的世界，才使柏拉圖主義與柏拉圖的前輩和後繼者區分開來，也使它不同於後來受闡發之種種哲學。亦請參閱Neoplatonism。

platoon 排 軍隊中連、砲兵連或騎兵連的主要下屬單位。通常由中、少尉指揮，有25～50名士兵，編成2個或2個以上由士官指揮的班。該詞在17世紀首次使用，指在一場齊射中，與另一個排一起輪流開火的一小部分步兵。1779年起美國軍事手冊中一直使用排這個名詞。19世紀期間它指半個連隊。1913年重新引進英國軍隊。亦請參閱military unit。

Platt, Orville Hitchcock 普拉特（西元1827～1905年） 美國政治人物。在州立法機構工作（1861～1862、1864、1869），後來成爲國家參議員（1879～1905），提出了有關專利、著作權等法案，包括1891年的國際著作權法案。他是領土委員會的主席（1887～1893），該會贊成承認六個新的西部州的地位。因提出「普拉特修正案」（1901）而聞名。

Platt Amendment 普拉特修正案（西元1901年） 美國撥款案的附加條款，規定了美西戰爭以來留駐古巴美軍的撤軍條件。該修正案在1901年寫入古巴的憲法，影響了古巴締結條約的權利，並允許美國保留在關塔那摩灣的海軍基地，允許美國對古巴事件「爲維護古巴獨立」進行干涉。1934年羅斯福總統支持廢除該修正案，但利用海軍基地的權利除外。亦請參閱Good Neighbor Policy。

Platte River 普拉特河 美國內布拉斯加州中部河流。由北普拉特河和南普拉特河匯合而成，全長500公里。向東南流向內布拉斯加州的卡尼的大彎道，然後在奧馬哈以南的普拉茨茅斯匯入密蘇里河。水淺不通航，全年大部分乾旱。河水主要用於灌溉和城市供水。

Plattsburgh 普拉茨堡 美國紐約州東北部城市，位於加拿大邊境南部的山普倫湖的西岸。1784年由普拉特建造，是1812年戰爭中美軍在山普倫湖取得重大勝利的地點，避免了英軍經哈得遜河谷對紐約的進犯。1902年設市，成爲山普倫湖旅遊區的中心。人口約19,000（1995）。

platyhelminth ➡ flatworm

platypus 鴨嘴獸 亦稱鴨獺（duckbill）。單孔類、兩棲的哺乳類動物，學名*Ornithorhynchus anatinus*。棲於澳大利

亞東部和塔斯馬尼亞的湖泊和溪流中。體長約60公分，身體短粗，吻部似鴨嘴，肢短，趾間有蹼，其尾似河貍尾。以甲殼類、魚類、蛙類、軟體動物、蝌蚪和蚯蚓為食，每天食量約相當於其體重，缺少牙齒，以嘴內的突起壓碎食物。雌獸產1～3枚卵於窩中，其窩位於水線上長而彎曲的通道裡。幼仔孵化4個月後斷奶。雄獸後肢上有一連接毒腺的毒距。其天敵是大魚，或許還有蛇。以前，為了其濃密柔軟的毛皮，鴨嘴獸常被誘殺，現已受法律保護。

Plautus＊　普勞圖斯（西元前254?～西元前184年） 古羅馬喜劇作家。關於他的生活確定所知的甚少，但傳統認為他從小就和戲劇有關係。和其他羅馬劇作家一樣，他從希臘作家處借鑒情節和戲劇技巧，尤其是新喜劇劇作家，如米南德。他的戲劇用詩節寫作，常是有著認錯人和鬧劇機會的情節的滑稽劇，他使吹牛的士兵和狡猾的僕人等人物形象深入人心。在早期殘存的拉丁語作品中，現存有他二十一部喜劇，包括《一罐金子》、《俘虜》、《兩個巴克斯》、《吹牛軍人》、《撒謊者》。從文藝復興開始他的作品就影響著歐洲的喜劇發展，特別是莎士比亞的《錯中錯》和莫里哀的《吝嗇鬼》。

play　遊戲　動物學上，指表現出來的含有目的的一切行為因素但沒有明顯理由的行動。遊戲行為僅在哺乳動物和鳥類中觀察到。最常見於未成年的動物，但成年動物也會遊戲。馬、牛和其他蹄類動物即使不是為了逃脫捕食者或自我防衛，也會奔跑和尥蹶子。狗用進攻姿勢來誘使其他狗參加爭鬥遊戲。水獺以其類似泥流緩慢流下的行為著稱。雄鳥在沒有入侵對手時會本能地表演它們的領土之歌。

play ➠ theater

playa＊　乾荒盆　亦稱作乾淺盆（pan）、淺灘（flat）或乾湖（dry lake）。週期性被水覆蓋的平底窪穴。乾荒盆出現於內地沙漠盆地，毗鄰海岸，在乾旱和半乾旱地帶內。定期被水淹沒，這水緩慢滲入地下水系，或蒸發入大氣，結果沿窪穴底部和邊緣周圍形成鹽、沙和泥。

Player, Gary (Jim)　普萊耶（西元1935年～）　南非的職業高爾夫球運動員。1955年起參加美國職業高爾夫球協會的巡迴賽。三次在英國公開賽中獲冠軍（1959、1968、1974），三次獲名人賽冠軍（1961、1974、1978），兩次獲美國職業高爾夫球協會錦標賽冠軍（1962、1972），1965年獲美國公開賽冠軍。其屢獲主要冠軍勝利的時間超過三十年，比以前任何職業高爾夫球運動員還長。

player piano　自動鋼琴　一種機械鋼琴，可將藉助孔而記錄在紙卷上的音樂用機械方法進行彈奏。原始形式稱為「皮阿諾拉」（Pianola），1897年由美國工程師沃蒂發明。該鋼琴為一箱櫃，置於普通鋼琴前，有一排木製「手指」伸出在鍵盤上方。帶記錄的紙經過引導連桿，後者使氣動裝置排出氣流，於是木製手指起動而在鍵盤上敲出音符；使用者可以通過槓桿和踏板控制速度和響度。不久，該裝置被嵌入琴身內。後來再生產出的自動鋼琴可以精確複製名家演奏的速度和動力，記錄紙由表演本身產生。1920年代之後，隨著留聲機的發明使該樂器迅速被打入冷宮。現代形式的自動鋼琴如山葉自動鋼琴，由電腦磁片上的數位記憶體來操作。

史坦威－韋爾特自動鋼琴（1910），現藏英國米德爾塞克斯布倫特福德不列顛鋼琴與音樂博物館
By courtesy of The British Piano and Musical Museum, Brentford, Middlesex, Eng.

playing cards　撲克牌　一種有號數或圖案（或兩者俱備）的成副紙牌。有時用於占卜和魔術。現代撲克分為四種花色：黑桃，紅心，方塊和梅花。完整的一副牌中，每種花色有13張牌（10張數位和3張宮廷人物牌－－國王、王后和傑克）；還有另外兩張牌，叫大王和小王（中世紀小丑的形象）。撲克牌來源不明（中國和印度是最有可能的發源地）撲克牌圖像的象徵意義也不明確。紙牌最早在歐洲出現是1299年在義大利。52張一副的法國紙牌現在是世界範圍內的標準紙牌，但德國和西班牙的紙牌數量更少。也有用其他圖像的紙牌的（如德國用鐘，西班牙和義大利用杯子）。亦請參閱tarot。

plea bargaining　認罪協商　起訴人和被告辯護人之間的協商，被告對較小罪行或者（在多項罪行的情況下）對一項或多項起訴罪行認罪，以交換更寬容的審判、建議、特別審判或撤銷其他起訴。支持者認為認罪協商加快了法律審判程序，並確保定罪；反對者認為其妨礙司法執行。

plebeian＊　平民　拉丁語作plebs。古羅馬指普通公民，以區別於特權貴族階級。平民原來不能進入元老院，不能擔任任何公職，但可以擔任軍事護民官，不得與貴族通婚。為了取得平等權利，他們發起撤離運動，建立獨立的政治組織，至少五次宣布脫離國家。當一個平民獨裁者（西元前287年任命）制定的措施在平民會議通過，對全體公民都有約束力，此時運動才停止下來。

plebiscite＊　公民投票　由整個國家或地區的全體人民投票決定某些議題。選民不是在幾個提議中選擇一個，而是表明接受或拒絕一個提議。透過公民投票，政黨作為政治媒介的地位下滑。因為公民投票提供了不需要允許反對黨參與而使統治被接受的方式，極權主義政府用這種方法來使其政權合法化。亦請參閱referendum and initiative。

Plehve, Vyacheslav (Konstantinovich)＊　普列韋（西元1846～1904年）　俄國政府官員。1881年任內務部警察司長。1894年成為帝國大臣，1899年成為駐芬蘭國務秘書，1902年任內務大臣。他致力於維護專制制度，鎮壓革命運動和自由運動，對少數民族嚴格執行俄羅斯化政策，並支持由警察控制的工會。後被社會革命黨人暗殺。

Pleiades＊　昴星團　位於黃道星座金牛座中的疏散星團，距地球約400光年。星團中包含大量發亮的星雲物質和數百顆恆星，其中有6或7顆恆星肉眼可見，在許多國家的文學作品和神話故事中都有關於它們的生動描述。對於北半球上的人來說，自古以來就把每年春季黎明時昴星團與太陽一同升起看作是航海和農耕季節的開始，而把秋季清晨昴星團沒入地平線看作是農耕和航海季節的結束。

Pleistocene epoch＊　更新世　構成地球歷史的第四紀的兩個世中較早的也是較長的一個世。開始於約180萬年前，約1萬年前結束。前面是第三紀的上新世，後面是全新世。在更新世冰期，地球上超過30%的大陸面積被冰川覆蓋；在間冰期，大約只有10%被覆蓋。更新世的動植物開始和現代動植物相似。顯花植物增多，出現新的大陸哺乳動物，如人類。該世結束時，出現了生物的大量滅絕：北美有三十多種大型哺乳動物在2,000年之內消亡。猜測出的原因中最可能的兩個為：氣候和環境的變化，以及生態環境為早期人類所破壞。

Plekhanov, Georgy (Valentinovich)＊ 普列漢諾夫（西元1856～1918年） 俄國馬克思主義理論家。從1874年開始積極參加民粹派運動，成爲國家和自由組織的領袖（1877～1880）。爲了躲避追捕，他流亡到日內瓦很長時間（1880～1917）。1883年他建立了俄羅斯第一個馬克思主義革命組織，勞動解放社，後來成爲俄國社會民主工黨（1898）。在《社會主義和政治鬥爭》（1883）和《我們的意見分歧》（1885）兩書中，他描繪了分兩階段的革命計畫，影響了俄羅斯的馬克思主義思想。1890年代其追隨者包括列寧。1903年黨派分裂之後，他參加了孟什維克派，但花了多年時間嘗試統一該黨。他在第一次世界大戰中支持盟軍，並反對布爾什維克奪取政權。1917年回到俄羅斯短暫逗留，後來在流亡芬蘭時去世。

Plessy vs. Ferguson 普萊西訴弗格森案 美國最高法院（1896）確立了關於種族隔離的「隔離而平等」的原則。該案件是對路易斯安納法律的挑戰，要求在有軌電車上隔離黑人和白人。儘管獲有法律的支持，哈倫提出著名的反對論點，認爲美國憲法是有「色盲的」。「普萊西訴弗格森案」的判決於1954年被「布朗訴托皮卡教育局案」推翻。

Pleurococcus 肋球藻屬 ➠ Protococcus

Pleven, René＊ 普利文（西元1901～1993年） 法國政治人物，兩次任總理（1950～1951、1951～1952）。早先爲律師和企業管理者，戰時在戴高樂政府任職（1940～1945）。1945年被選入國民議會，和密特朗一起建立了民主社會抵抗聯盟，1946～1953年任聯盟主席。戰後多次任內閣職務，包括國防部長（1949～1950、1952～1954）。他提出了普利文計畫，建立統一的歐洲軍隊，但根據該計畫建立的歐洲防衛集團於1954年失敗。1969～1973年任司法部長。

Plexiglas 普列克斯玻璃 ➠ Lucite

Pleyel, Ignace Joseph＊ 浦雷爾（西元1757～1831年） 原名Ignaz Josef。奧地利裔法國作曲家、音樂出版家和鋼琴製造家。少年隨海頓學音樂（1772～1777）。後在維也納和史特拉斯堡任職，遊歷義大利之後定居巴黎。其邁森浦雷爾出版社出版了海頓的全部絃樂四重奏（1801），1802年首次出版了用於學習的袖珍總譜，但其出版社只經營了三年。其鋼琴公司則經營到1960年代。其音樂作品包括四十五首交響樂和七十多部絃樂四重奏，都曾十分受歡迎。

Plimsoll, Samuel＊ 普林索（西元1824～1898年） 英國改革者。倫敦地方商人，1868～1880年任職於國會。他以《我們的海員》（1873）這本著作幫助國人克服對「商船法案」的抗拒，法案裡的改革在於規定貨運船隻的載運限制。每艘貨運船隻都要在船身上畫上一條載貨吃水線，標示出該船隻可以安全載運的最高水深度。

Pliny the Elder＊ 老普林尼（西元23～79年） 拉丁語作Gaius Plinius Secundus。古羅馬學者。出身富裕之家。少時開始戎馬生涯，任軍事職位（包括西班牙代理總督），後來過半隱退的生活，從事研究和寫作。其出名之作爲《博物誌》（77），是一部不甚精確的百科全書式作品，但在中世紀之前曾是歐洲科學事物方面的權威之作。其他六部著作現已失佚。他在觀察維蘇威火山大噴發時死於煙霧窒息。

Pliny the Younger 小普林尼（西元61/62～113?年） 拉丁語作Gaius Plinius Caecilius Secundus。羅馬作家和行政官。老普林尼的侄子。曾是律師，任公職，包括執政官、軍事首長和元老院的財務官。他以九本私人信札集出名，這九本書出版於西元100～109年間。這些信札寫得很精緻，這在當時的富人當中是一種風尚，但普林尼將其變爲藝術。他的書信包括文學的、社會的和民主的不同主題，寫得很謹慎，詳細的描繪了羅馬帝國全盛時期的社會生活與個人生活。

Pliocene epoch＊ 上新世 第三紀中最後的也是最短的一個世。距今約530萬～160萬年。繼中新世之後，在第四紀的更新世之前。上新世的環境通常比第三紀的前幾個世涼爽些，也乾燥些。一般而言，上新世的哺乳動物體型比早期的要大。更高級的靈長類動物繼續演化。第一個可被稱爲人的南猿（參閱Australopithecus），可能就是在上新世後期發展的。

Plisetskaya, Maya (Mikhaylovna)＊ 普利謝茨卡亞（西元1925年～） 俄羅斯首席女芭蕾舞者，精湛的技巧和整合戲劇表演和舞蹈的能力而聞名。她在莫斯科的大劇院芭蕾舞學校學習，1943年作爲獨舞者加入該公司。她隨大劇院芭蕾舞團在世界巡迴演出，出任過一些公司的客座藝術家，其中包括巴黎歌劇院。她也在幾部電影中飾演舞者，包括《天鵝湖》（1957）。1980年代她先後在羅馬和馬德里擔任客座芭蕾舞指導。

1961年普利謝茨卡亞在《天鵝湖》中的演出
Paris Match – Pictorial Parade

PLO ➠ Palestine Liberation Organization

ploidy＊ 倍性 細胞核中染色體組中所含染色體的數目。在正常人體細胞中，染色體成對存在，這種現象稱爲二倍性。在減數分裂過程中細胞生成性細胞（配子），配子中染色體數目爲正常體細胞的一半，這種現象稱爲單倍性。一個卵子和一個精子通過受精作用結合的時候，二倍性得到恢復。多倍性指細胞核中染色體的數目爲單倍體細胞中染色體數目的三倍或三倍以上。多倍體生物通常無繁殖能力。非整倍性細胞的染色體數目反常，它不是單倍體細胞染色體數目的整數倍。非整倍性多數是由一些異常引起，這些異常導致細胞分裂過程中染色體的不均等分配。

Plotinus＊ 柏羅丁（西元205～270年） 羅馬帝國時期埃及哲學家。可能出生在埃及，在波斯學習，西元224年遷往羅馬。在羅馬，他成爲有影響力的知識分子圈的中心。約265年在坎佩尼亞建立柏拉圖式的共和國的努力因加列努斯而終止。他是新柏拉圖主義的創始人。他的文集《九之書》由六組論文組成，每組九篇，由他的弟子波菲利（232?～305?）編寫而成。《九之書》是第一部也是最偉大的新柏拉圖派著述。柏羅丁認爲哲學不僅是抽象思考，也是一種生活方式和宗教。他的著作強烈影響了早期的基督教神學，其哲學也被廣泛的研究和仿效長達數個世紀。

Plovdiv＊　普羅夫迪夫　保加利亞中南部城市。濱馬里乍河，位於洛多皮山脈北麓。西元前341年被腓力二世征服，被改名爲菲利波波利。自西元46年稱爲特里蒙蒂姆，爲古羅馬色雷斯省省會。中世紀時不斷易主，1364年被土耳其人占領。1885年加入保加利亞。1919年後採用現名。它是一個重要的鐵路樞紐和食品加工中心，擁有多樣工業。人口約344,000（1996）。

plover＊　鴴　鴴形目鴴科約36種胸部突起的濱鳥，分布於世界大部分地區。體長15～30公分，翅長，腿稍長，頸短，嘴直而短。許多種類上體純褐、灰或沙色，下體蒼白。有些鴴，包括金鴴和黑腹鴴，於繁殖期上體有漂亮圖案，下體黑色。許多種類沿海岸奔走取食，捕食小型水生無脊椎動物。能發出悅耳的囀鳴。雙親共同孵2～5枚的卵並照顧幼雛。亦請參閱killdeer。

金斑鴴（*Pluvialis apricaria*）
Kenneth W. Fink－Root Resources

plow　犁　亦作plough。有史以來最重要的農具，用來翻土並弄碎土壤，埋蓋作物殘茬，並協助除去雜株。犁的雛形是一種老式的挖掘桿。最早的犁毫無疑問是帶有推拉手柄的挖掘桿。羅馬時代以前，犁一直是用牛或馬拉動的，現在則由牽引機拉動。

plum　李　薔薇科李屬各種喬木和其可食果實的統稱。在美國與歐洲，李爲分布最廣的核果，本地和栽培的品種數量最多，能適應的土壤和氣候條件範圍也最廣。李的大小、味道、顏色和質地差異很大。廣泛用於鮮食、烹煮或烘烤酥皮糕點之用。花朵盛開時，李樹被豔麗的團團花簇所覆蓋。果實表皮光滑，外部肉質、多汁，內部則形成堅硬的核。可經乾燥或已乾燥而不引起發酵的李品種稱作prune。

plumbago　筆鉛 ➡ graphite

plumbing　室內給排水設施　爲輸送分配可飲用的潔淨水和排出污水而在房屋內部安裝的管道及裝置系統。與爲建築群或一個城市設計的供水及下水道系統相比，室內給排水設施通常有明顯的不同。室內給排水設施體系的改進非常緩慢，從使用輸水道系統的羅馬時代一直到19世紀都幾乎沒有任何進步。最終，獨立的地下供水與下水道系統的發展消滅了開放性溝渠。現在的水管通常由鋼、銅、黃銅、塑膠或其他無毒性材料製成。一棟建築的廢物處理系統有兩個組成部分：排水系統和通風系統。排水部分由一系列管道組成，這些管道將多個設備排水口與主排水管相連，主排水管則與下水道系統相通。通風系統則由一端爲氣口（通常開口在屋檐上）的管道組成，管道另一端開口於排水系統內的多個孔洞。透過在系統內提供空氣的循環，通風系統可以保障室內衛生器具的水封處不致出現虹吸反應或倒灌的壓力。亦請參閱sewage system、water pollution、water-supply system。

Plunket, St. Oliver　聖普倫基特（西元1629～1681年）　愛爾蘭高級教士，是英格蘭最後一位爲天主教信仰殉教的人。曾在羅馬受神職，並教授神學，還代表愛爾蘭主教出席宗座會議。1669年被任命爲阿馬大主教兼全愛爾蘭總主教，爲重建組織混亂的愛爾蘭教會而努力。1673年對天主教的再次迫害迫使他藏匿起來。在由歐次陰謀引起的反天主教狂潮（1678）中，他被人出賣，被捕後囚禁在都柏林城堡（1679）。在倫敦的一場鬧劇似的審判中，被寇上叛國罪的罪名，處以絞刑，再剖腹裂屍。1975年受封爲聖徒。

pluralism　多元主義；多元論　在社會政治思想中，社會不同集團享有的獨立自主權，或指一種學說，認爲這些享有獨立自主權的集團的存在是有益的。在多元的社會裡，沒有哪個單獨的利益集團或階級占有統治地位。大力提倡多元主義的作家包括20世紀初期的梅特蘭、拉斯基和20世紀末的達爾、杜魯門。

pluralism　多元論　在形上學中與一元論相對的信念。一元論者如巴門尼德斯、斯賓諾莎與黑格爾主張實在界僅由一個終極實體所組成，多元論者則力陳實在界包括了許多不同類型的多樣實體，而且事物的多元歧異，比事物的一統更顯著、重要。詹姆斯（特別是在《多元宇宙》〔1909〕中）認爲，注意事物的可變性、事物的多樣性存在與事物彼此間的關聯以及世界乃是未完成的這一特性，就是以經驗爲出發點的思想家的特質。

plurality system　多數決制　以得票最多的候選人當選的選舉程序。它與得過半數票者當選制不同，後者要求候選人所得票數超過所有其他候選人得票總和時才能當選。得票最多者當選，是選擇公職候選人最通用的方法。其主要優點是不需要再重選一次就可以產生優勝者。而主要的不利點是它可能使得只獲得不足半數票的競選者當選。這種方法在兩黨制下運作得最佳，在這種情況下，投給任何第三黨的少量選票將幾乎不對投票者的意願產生任何有扭曲的嚴重影響。

Plutarch＊　普魯塔克（西元46?～119年以後）　希臘語作Plutarchos。拉丁語作Plutarchus。希臘傳記作家。一名傳記作家、哲學家之子。曾在雅典學習、羅馬任教，遊歷四方，結識了許多重要的朋友，後回到故鄉皮奧夏。一生著述無數，但最流行的是《比較列傳》，對一系列著名的希臘人與羅馬人配對記述，加以比較。此書所展現出的他的學識和研究工作令人印象深刻。列傳表現了貴族的事跡與品質，提

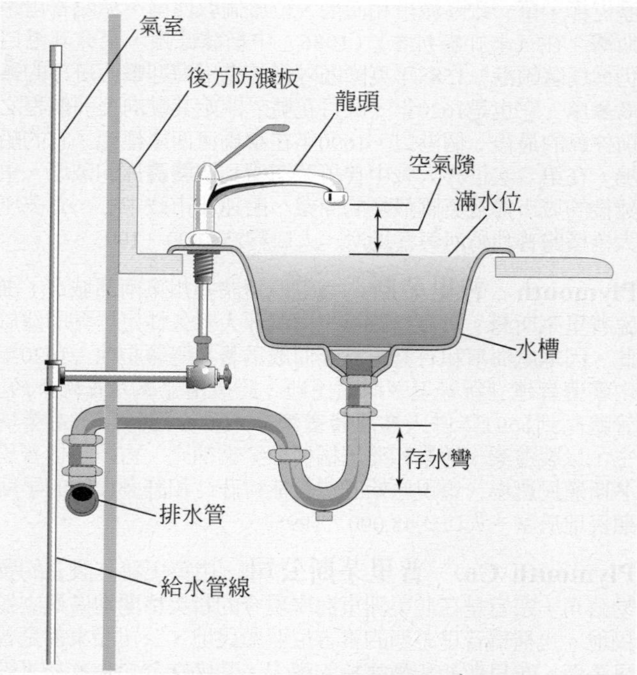

室內給排水設施的基本元件有給水管線、控制水流的閥門或龍頭，以及將廢水排出的排水管。氣室可以增加給水管線受到水錘作用的緩衝。存水彎在管線中留下一些水塞住，防止討厭的污水氣體從排水管進入室內。
© 2002 MERRIAM-WEBSTER INC.

供了行爲方式的模範。《道德論》與《倫理論》收入了他在倫理、宗教、物理、政治和文學主題方面的其他作品。他的著作深刻地影響了16到19世紀歐洲隨筆、傳記和歷史作品的革命，其中尤爲重要的是諾斯爵士的翻譯作品《希臘羅馬名人傳》(1579) 和莎士比亞取材於他的羅馬歷史劇而創作的作品。

Pluto　冥王星　太陽系中第九大行星。1930年由湯博發現，以希臘神話中地獄之神命名。通常認爲冥王星是已知大行星中最外圍的一個，其到太陽的平均距離約爲59億公里。但是由於其偏心軌道的作用，在其248年的軌道週期中有22年它比海王星更加靠近太陽。由於距離和星體大小的緣故，冥王星通常顯得相對黯淡，即使是透過天文望遠鏡觀察也是如此。冥王星的自轉軸心與其軌道的傾角爲122°，這使它的自傳方向近似於反向；自轉週期爲6.387天，與其唯一的一個衛星冥衛一的軌道同步鎖定。冥衛一於1978年被發現。冥王星直徑約爲2,400公里，約是月球大小的三分之二，質量不足地球的1%，表面重力約爲地球的6%。紅外輻射觀測（參閱infrared astronomy）表明冥王星極冠的成分是甲烷冰，這種冰態冠有時會延伸到距冥王星赤道半程處。據估計，冥王星的平均表面溫度爲零下205攝氏度。它稀薄的大氣中包含甲烷和很可能一些較重的氣體，可能是氮。

plutonium　鈽　具有放射性（參閱radioactivity）的金屬化學元素，化學符號Pu，原子序數94。錒系過渡元素及其化合物，是最重要的超鈾元素，用作核反應爐燃料和核子武器裝料。鈽廣泛用作核反應爐（參閱nuclear power）燃料和核子武器裝料。原生性的鈽僅在鈾礦石中有痕量發現，由自然的中子輻射作用產生，造成這種中子輻射的是鈾－238。鈽爲銀白色金屬，在空氣中會失去光澤。因α衰變釋放的能量使得鈽是溫暖的。它的所有同位素都是放射性的，因其放出的α粒子易於被骨髓吸收而具有高度的放射性毒性（參閱radiation injury）。儘管具有潛在的致命性，它的毒性通常是被誇大了的。

Plymouth　普里茅斯　英格蘭得文（Devon）的地理和歷史郡，單一政區城市和海港，位於倫敦西南，瀕臨普里茅斯灣。在《末日審判書》(1086) 中稱薩德頓，至今其港口仍稱爲薩頓港。1588年英國艦隊從該港出海迎擊西班牙的無敵艦隊。它也是1620年「五月花號」開始其駛向美洲航程之前停靠的最後一個港口。1690年在泰馬河西岸建起了它的船塢。在第二次世界大戰中普里茅斯遭到空襲轟炸的破壞。重建後的城市擁有英國最好的商業、船運和市政中心，有多座大橋橫跨普利姆河與泰馬河。人口約258,000（1995）。

Plymouth　普里茅斯　美國麻薩諸塞州東南部城市，瀕臨普里茅斯灣。新英格蘭第一個歐洲人永久性定居點即建於此。因地處海濱和有歷史意義而成爲著名避暑勝地。1620年由朝聖者建立新普里茅斯殖民地，此後由「五月花號公約」管轄直到1691年併入麻薩諸塞灣殖民地。經濟以旅遊業爲主，以製造業、漁業和蔓越橘種植業爲補充。古蹟包括普里茅斯殖民農場（重現原始的清教徒村莊）和許多復原的早期殖民地房屋。人口約48,000（1995）。

Plymouth Co.　普里茅斯公司　由英王特許設立的貿易公司，宗旨是在北美洲東海岸現今的新英格蘭地區建立殖民地。也稱爲普里茅斯的維吉尼亞殖民地，公司股東都是普里茅斯、布里斯托和愛塞特的商人。其姊妹公司倫敦公司經營更加成功。1607年普里茅斯公司在緬因海岸建立了一個殖民地，但很快又放棄了。1609年後公司停止了活動，1620年因新的特許狀而重組，改名爲新英格蘭理事會。

plywood　膠合板　用三層或多層的木材薄片膠結在一起製成的複合板材。相鄰兩層紋理互相垂直。與其他膠合木製品相似，膠合板以其堅固和廉價成爲硬木的替代品。它被廣泛應用於家具板材（箱、櫃、衣櫥和桌子）和房屋建造（牆體、天花板、底層地板、門板和水泥模板）。

PMS ➡ premenstrual syndrome (PMS)

pneumatic device＊　氣動裝置　產生和利用壓縮空氣的工具與儀器。如鑽岩機、路面破碎機、鉚釘槍、鍛壓機、噴漆器、噴拋清理機和噴霧器等。壓縮空氣動力使用靈活、經濟安全。一般來講，氣動系統運動機件較少，因而可靠性高，維護成本低。

pneumatic structure　氣壓結構　用壓縮空氣的壓力來穩定平衡的薄膜結構。空氣支撐的結構是由內部的氣壓來支撐。纜線的網絡撐起織物，這個組件則是由旁邊堅固的環來支撐。圓頂內部的氣壓比正常的大氣壓力略高，由壓縮機或風扇來維持。入口需要裝置氣閘防止內部氣壓的流失。空氣支撐的薄膜是1940年代晚期由博德最早設計出來，隨即用於遮蔽游泳池、臨時倉庫及展覽會場。充氣結構是由充氣建築元件內的加壓空氣支撐，設計用傳統的方式來支撐荷重。氣壓結構可能是極長跨距建築最經濟實惠的類型。

pneumococcus＊　肺炎球菌　一種球狀細菌，學名Streptococcus pneumoniae。可導致人罹患肺炎、鼻竇炎、耳朵感染和腦膜炎。通常發生於上呼吸道，此革蘭氏陽性（參閱gram stain）球菌，常呈鏈狀排列，外包由多醣組成的莢膜。肺炎球菌根據其莢膜多醣的特性而分型。肺炎球菌的致病力在於莢膜可以阻止或延遲血液中吞噬外來物的細胞對細菌的破壞作用。

pneumoconiosis＊　肺塵埃沈著病　通常爲長時間吸入有機或無機塵埃或化學刺激物而引起的各種肺病。某些塵埃（例如矽氧礦物、石綿）吸入少量即可引起嚴重反應。吸入的塵埃集中於肺泡，造成肺泡炎性反應，在正常肺組織上留下瘢痕，彈性減退。胸悶和氣短可進展成慢性支氣管炎和肺氣腫。吸煙可導致許多種類的病情惡化。矽（參閱silicosis）是導致嚴重病情的最常見原因。石綿（參閱asbestosis）、鈹和鋁塵在短時間內接觸就能引起嚴重的肺塵埃沈著病。有機致病因子包括黴菌的孢子（參閱allergy）和紡織物纖維。氨、酸類和二氧化硫等有刺激性的化學物質，均能經肺的內壁迅速吸收而造成肺水腫，並可導致慢性支氣管炎。

pneumonia＊　肺炎　肺組織因感染、吸入異物或受照射而產生的炎症和病變，但最常見者爲由細菌所引起。肺炎枝原體是健康人體內最常見的致病原因。支氣管和肺泡有可能發炎。咳嗽成爲主要症狀，痰中可帶血斑。本病症狀嚴重，但致死率低。肺炎鏈球菌較常見，一般來說病情也較嚴重，但通常只影響抵抗力較弱者，尤其是醫院內的病人。肺炎克雷伯斯菌引起的肺炎，幾乎只在免疫力低下的住院病患中發生，致死率很高。其他細菌性肺炎包括卡氏肺囊蟲性肺炎（少見，愛滋病患除外）和退伍軍人病。許多種類的肺炎可以抗生素治療。病毒藉削弱個體的免疫系統提供細菌性肺炎病原體滋生的環境，而非直接導致肺炎。真菌性肺炎通常發生於抵抗力低的住院病人身上，但經由受污染的塵埃也可感染健康的人。發病快速並可能致死。胸內組織經X射線治療（參閱radiation therapy）後可導致暫時性肺炎。

Po Chü-i ➡ Bo Juyi

Po Hai ➡ Bo Hai

Po River 波河 古稱Padus。義大利北部河流。爲該國最長的河流，全長約652公里。源出西部邊境的科蒂安阿爾卑斯山脈，向北流至杜林，然後向東流經皮埃蒙特區和倫巴底區匯入亞得里亞海。擁有全歐洲最複雜的河流三角洲之一，其三角洲內有至少十四個河口。從河口上溯到帕維亞河段均可通航。流域內的工業城市包括米蘭、帕多瓦和維羅納。該河曾經歷過數次破壞性的秋季洪水氾濫，包括589年、1438年、1951年和1966年的大洪水。

Pobedonostsev, Konstantin (Petrovich)＊ 波別特諾斯采夫（西元1827～1907年） 俄國政府官員。曾在莫斯科大學寫作並教授民法（1859～1865）。爲沙皇亞歷山大二世之子任家庭教師，後來成爲亞歷山大三世的親密顧問，在其影響下，亞歷山大三世採用了他的反動政策。他身爲俄羅斯正教會的主教公會領袖（1880～1905），對教育、宗教和檢查制度方面的內政擁有很大的權力。波別特諾斯采夫成爲俄國君主獨裁專制主義的象徵，綽號「異端大裁判長」。

Pocahontas＊ 波卡洪塔斯（西元1595?～1617年） 波瓦坦族印第安婦女，在維吉尼亞州的詹姆斯敦善待殖民者，從而維持了英國殖民者與美洲原住民之間的和平。爲有權勢的波瓦坦人酋長之女。她插手營救了被俘的殖民地創建者史密斯一命，其後改信了基督教，並與移民羅爾夫結婚，進一步確保了雙方的和平。她後來到英國旅行，獲國王接見，但在英國死於天花。

波卡洪塔斯，肖像畫（1616）
By courtesy of the Library of Congress, Washington, D. C.

pocket billiards ➟ pool

pocket gopher 囊鼠 ➟ gopher

pocket mouse 小囊鼠 更格盧鼠科小囊鼠屬約30種夜行性北美洲齧齒類動物的統稱，具覆毛的外頰囊，開口於嘴旁。毛淡黃褐至深灰色，體長6～13公分（不含幾與身體等長的尾）。通常獨居，棲息在乾旱和荒漠地區。用頰囊把食物（主要是種子）運送到地穴裡儲存起來。棘小囊鼠（多數爲更格盧鼠科中的棘小囊鼠屬和更格盧鼠屬），分布於墨西哥到中美洲一帶，毛灰、褐或黑色，穴居，夜間活動，棲於乾旱荒漠田野和潮濕森林地區。

podesta＊ 波德斯塔 （義大利語意爲「權力」〔power〕）中世紀義大利城邦最高地方司法和軍事長官。此職系神聖羅馬皇帝腓特烈一世爲治理反叛的各個倫巴底城邦而設。從12世紀末起，各城邦紛紛開始選舉自己的波德斯塔，常爲一個受過法律訓練的貴族。波德斯塔任期六個月或一年，負責召開城邦議會、統率城邦軍隊、審理民事和刑事案件。

Podgorica＊ 波德戈里察 舊稱鐵托格勒（Titograd, 1946～1992）。塞爾維亞與蒙特內哥羅南部蒙特內哥羅首府。歐洲中世紀初期爲封建邦國首府，稱爲里布尼察。1326年起稱波德戈里察。1474年落入土耳其人之手，1878年爲蒙特內哥羅收復。1916年被奧地利人占領。1941年被義大利人占領。1943年被德國人占領。1946年改稱鐵托格勒，以紀念南斯拉夫領導人狄托元帥。1992年共產黨垮台後恢復舊名波德戈里察。市內有一大學（1974建成）。人口約117,875（1994）。

Podgorny, Nikolay (Viktorovich)＊ 波德戈爾內（西元1903～1983年） 蘇聯政治人物。曾在糖廠當工程師，後於1940年擔任蘇聯食品工業副人民委員。他在共產黨黨內曾升任烏克蘭共產黨委員會第一書記（1957～1963）、蘇共中央政治局委員（1960）和蘇聯共產黨中央委員會書記（1963～1965）。在與布里茲涅夫的政治鬥爭中被降職爲沒有實權的蘇聯最高蘇維埃主席團主席（1965～1977）。

podiatry＊ 足醫術 亦稱chiropody。醫學上特別指人體足部疾病的診治。足醫師診斷和利用物理醫學與復健、特殊的鞋子及其他機械裝置、藥物和小外科手術來治療足疾病、足無力和足畸形。

podium 基座牆；台基 建築中規模很大的台座。可以指形式各異的多種作爲建築結構的基礎的部件，如古典神廟中作爲地板和地基的平台，支撐廊柱的矮牆，或一面牆上出於結構或裝飾需要而被強調的最低的部分。此詞也可用於指其他一些類型的突起的平台，如樂隊指揮台。

Poe, Edgar Allan 愛倫坡（西元1809～1849年） 美國詩人、評論家和短篇小說家。生於波士頓，1811年其母死後在維吉尼亞州里奇蒙由養父母撫養長大。曾入維吉尼亞大學短期學習，後返回波士頓，並於1827年在那裡出版了一本拜倫風格的青年詩歌。1835年以前他在里奇蒙的《南方文學使者》報社當編輯，那是他編輯撰稿的數份期刊中的第一份。在里奇蒙他與十三歲的表妹結婚，1847年喪妻。他曾數度遷居巴爾的摩、紐約和費城。酒精與無規律的放蕩生活的毒害造成了他的早逝，死時年僅四十歲。其作品以其對神秘和恐怖的渲染而聞名。所寫的故事包括〈厄舍古廈的倒塌〉、〈紅死病的面具〉、〈黑貓〉、〈洩密的心臟〉、〈陷阱與鐘擺〉、〈莫格街兇殺案〉和〈失竊的信〉開創了現代偵探小說的先河。他的詩歌（現在的評價不如以往那麼高）如〈鐘鈴集〉中所展現的那樣，優美而富有韻律感，集音韻效果之大成；其中既有由女人而激發靈感的動人詩篇（如〈安娜貝爾·李〉），也有風格離奇之作（如〈烏鴉〉）。

poet laureate 桂冠詩人 原是英國頒予優秀詩人的稱號。始於1616年，1668年正式確認了這一職位並從此不斷有任命。獲此頭銜的詩人即成爲拿薪俸的英國王室成員。原先桂冠詩人應爲宮廷和國家的重大場合創作詩歌，但自1843年任命華茲華斯以來，桂冠詩人這一職銜就已成爲詩才卓越的獎賞，而不再擔負特定責任。1985年美國政府也設立了桂冠詩人的職位，由國會圖書館的詩歌顧問擔當。

poetry 詩 詩是一種語言的選擇和安排，利用其語義、語音和韻律來表達某種濃縮過的、充滿想像力的對經驗的體驗，從而創造某種特定的情緒反應的寫作方式。與散文相比，詩更加精煉，運用更多的格律和韻，以行爲語句單位，辭彙量更大，句法更加靈活。它的感情通過多種技巧來表達，從直接描述到象徵主義，其中包括明喻與暗喻的運用。亦請參閱prose poem、prosody。

Poetry 詩 1912年門羅在美國芝加哥創辦的詩刊，他也是這份刊物長期的編輯。這份詩刊成爲英語世界裡現代詩的主要發聲地，並歷經第二次世界大戰而存續下來。由於它的起始與芝加哥文藝復興同時，所以經常被人與桑德堡、馬斯特茲、林賽和安德生等人原始的、富於地方色彩的詩相提並論，但它也擁護新的形式主義的運動，包括意象主義。龐德是它在歐洲的通訊記者；它所刊布的作者，包括艾略特、史蒂文斯、摩爾、勞倫斯和威廉斯。

OPQR

Poggio Bracciolini, Gian Francesco＊　波焦・布拉喬利尼（西元1380～1459年）　義大利人文主義者和書法家。波焦在作手稿抄錄員工作時發明了一種人文學者字體，這種字體後來成為印刷使用的「羅馬式」字體的原型。他遊歷歐洲各地的修道院，發現了許多過去遺失、遺忘或忽略了的古代拉丁文手稿，包括西塞羅和盧克萊修的著作。他還把盧奇安和色諾芬及其他一些人的作品翻譯成拉丁文。著作包括一些道德對話錄以及《詼諧書》（1438～1452），後者是一部收集了當代人的諷刺文學幽默故事集。

pogrom＊　集體迫害　俄文意為「蹂躪」或「暴動」。由當局贊同或予以寬容對待的對宗教上的少數派、少數種族或少數民族生命財產所施的聚眾攻擊行為。該名詞通常用來指稱19世紀末、20世紀初對俄國境內之猶太人的多次攻擊。第一次廣泛的集體迫害猶太人是在1881年沙皇亞歷山大二世遭到暗殺後發生的，當時有關猶太人與謀殺事件的誤傳挑起了俄國兩百多個城鎮的暴民對猶太人襲擊和劫掠其財產。1880年代集體迫害稍微緩和，但1903～1906年間又盛行起來。儘管迫害並不是由政府組織的，但是政府的反猶政策（1881～1917）和對攻擊事件採取不積極的態度使得許多反猶分子認為他們的暴力行動是合法的。集體迫害還發生在希特勒政權下的波蘭和德國。

pogy ➠ menhaden

Poincaré, (Jules-)Henri＊　龐加萊（西元1854～1912年）　法國數學家、理論天文學家、科學哲學家。出生於一個文職人員出身的顯赫家庭（參閱Poincare, Raymond），在心算和記憶力方面能力非凡。1879年寫作了微分方程式方面的博士論文，隨後加入巴黎大學（1881）直到去世。致力於天體力學和數學分析，獨立得出了愛因斯坦狹義相對論中的許多結論，並在1906年的一篇關於電子動力學的論文中發表。後來撰寫了關於科學與數學的意義與重要性方面的科普書籍。

龐加萊，攝於1909年
H. Roger-Viollet

Poincaré, Raymond＊　龐加萊（西元1860～1934年）　法國政治人物。曾任律師，1887～1903年任下議院議員，1903～1912年進入上院，1893、1895兩度任教育部長，1894、1906兩度任財政部長。1912～1913年擔任總理和外交部長，加強了法國與俄國及英國的關係。1913～1920年擔任第三共和的總統，積極支持民族團結。1922～1924年與1926～1929年，他再任總理，在穩定法郎以解決法國的財政危機方面功勳卓著，使法國出現了一段新的繁榮時期。

poinsettia＊　聖誕紅；一品紅　大戟科最有名的顯花植物，學名Euphorbia pulcherrima。原產墨西哥和中美洲。生長在潮濕、有林木的山谷中或岩石山坡上。其有色葉狀苞片貌似花瓣，苞片中央具黃色小花一簇。栽培的品種有白色、粉紅色、斑紋和條紋的苞片，聖誕節期間最受歡迎的是深淺不同的紅色品種。易敏感的人和動物對其莖葉的乳汁過敏，但並非如誇張的那樣有劇毒。

聖誕紅
Grant Heilman

Point Four Program　第四點計畫　美國向未開發國家提供技術和經濟援助的政策。因杜魯門總統在其1949年的就職演說中把它列為第四點而得名。該計畫經國會批准後由國務院專設機構掌管，直到1953年與其他援外計畫合併為止。技術援助常常是透過與美國工商企業和教育組織簽訂合同的方式提供的，主要集中在農業、公眾健康和教育領域。為協助開展此計畫還成立了一些組織，如美洲開發銀行。

Pointe-Noire＊　黑角　剛果共和國西南部城市和港口。1950～1958年為法屬赤道非洲中剛果地區首府。1958年剛果獨立後，布拉薩取代黑角成為剛果首都，但它在貿易方面仍然十分重要。1939年其港口設施建成，並在第二次世界大戰期間擴大。為剛果的第二大城市，也是主要的港口城市和商業中心，石油工業方面尤為突出。人口約576,000（1992）。

pointer　指示犬　為獵犬、西班牙獵犬和蹲伏獵犬的後裔，最早記錄為約1650年在不列顛，以指示獵物方向的刻板姿勢而為其命名。最初用於指示野兔，之後被訓練為獵鳥用獵犬。體高58～71公分，體重23～34公斤。鼻口部長，耳懸垂，尾尖細。被毛短而平滑，常為白而帶黑色斑點。德國短毛指示犬會追蹤、指示和銜回，其體型約等於指示犬的大小，被毛短帶純豬肝色或豬肝色和灰白色。

德國短毛指示犬
Sally Anne Thompson

pointillism＊　點彩畫法　繪畫中指作畫時在畫面上點很小的色線或明暗對比強烈的色點，使人從一定的距離觀看時具有融為一體的效果。這一辭彙（同義詞為divisionism）最早被用來形容秀拉的畫作。亦請參閱Pissarro, Camille、Signac, Paul。

Poiret, Paul＊　普瓦雷（西元1879～1944年）　法國時裝設計師。曾在沃思的巴黎時裝設計公司裡當過設計師，1902年自己開店。1908年他復興了拿破崙一世時代法國流行的帝國款式。約1911年時他發明了胸罩，他追求恢復女裝的自然風格，是捨棄束胸的主要推動者。最著名的設計是窄底裙，後來在這種裙上增加了一件長至膝蓋的打褶束帶束腰上衣。帶流蘇纓絡的斗篷、五顏六色的羽毛和白狐披肩的運用使他的設計具有豔麗的舞台效果。他設計的飄逸希臘式禮服在第一次世界大戰前極為流行，但1920年代之後事業開始走下坡，最終死於貧困。現今通常公認他是最有影響的時裝設計師。

poison 毒物 任何會損害活組織、致傷或致死的物質（自然物或合成物）。由活的生物機體自然產生的毒物通常被稱爲毒素，若由動物產生則稱爲動物毒液。毒物可能是被咽下、吸入或由皮膚吸收。毒物不一定具有全或無效應；一些毒物的毒性比另一些毒物要大得多，如0.25克氰化鉀就足以致命，而一次服用大量的精製食鹽也會致命。毒性可以是急性的（攝入一劑之後立刻出現症狀）或者慢性的（反覆或持續攝入毒物後最終出現症狀，攝入化學性的致癌物質就是這樣）。中毒反應可以是局部的（蕁疹、水泡、發炎）或全身的（全身出血、抽搐、嘔吐、腹瀉、感覺模糊、麻痺、呼吸或心跳停止）。農業上的殺蟲劑通常對人類是有毒的。一些工業用化學品具有高度毒性或是致癌物質。大多數藥劑和保健品在不恰當服用或超量服用情況下都是毒物。大多數形式的放射線也是有毒的（參閱radiation injury）。亦請參閱antidote、arsenic poisoning、fish poisoning、food poisoning、lead poisoning、medicinal poisoning、mercury poisoning、mushroom poisoning。

poison hemlock 鉤吻 繖形科幾種有毒草本植物的統稱，尤指芹葉鉤吻（傳說蘇格拉底就是被這種植物毒死）。鉤吻如今在美國已像其在歐洲般普遍。二年生，植株高，莖綠色，有紅色或紫色斑點，大型複葉，花白色。雖然有毒物質多集中於種子，但新鮮植物的全株對家畜仍有危險性。雖有相同名稱hemlock，鉤吻並非毬果植物（參閱hemlock）。水鉤吻（毒芹屬植物）與本科種類相像且具危險性。

poison ivy 毒葛 漆樹科兩種具有白色果實的木質藤本或灌木，原產北美洲。發現於北美東部的毒葛極爲普遍，西部的poison oak則較不常見。分類學家將兩者歸於漆樹屬或鹽膚木屬。經由接觸而中毒，皮膚上會產生嚴重的皮膚炎和水疱。辨別關鍵爲由3枚連指手套形狀小葉組成的葉。主要毒性物質爲漆酚，可以經由接觸過毒葛的衣服、鞋子、工具或土壤，經由動物或經由燃燒植株產生的煙而傳播。由於漆酚幾乎不具揮發性，故衣服接觸過毒葛一年之後再穿著，仍可能帶有毒性。

東部毒葛（Rhus toxicondedron）
Walter Chandoha

poison oak 毒櫟 漆樹科毒葛植物種類，原產北美洲西部。與其他許多通常被稱爲櫟樹（又譯橡樹）的圓裂片植物一樣，毒櫟其實並不是櫟屬的一種櫟樹。

poison sumac 毒鹽膚木 株形美觀，莖枝生長緊密的灌木或小喬木（毒鹽膚木或毒漆），屬漆樹科或腰果樹科，也稱作毒接骨木。原產於北美洲東部的沼澤酸性土壤中。與其他漆樹果實微紅、有茸毛且集合成簇不同，毒鹽膚木核果爲白色，果肉似蠟質，果枝低垂。其樹液澄清，遇空氣即變黑色，對許多人的皮膚具有高度的毒性和刺激性。

Poitier, Sidney＊ 薛尼鮑迪（西元1924年～） 美國演員。出生於邁阿密，在巴哈馬群島長大，後來在紐約市美國黑人劇團學習並演出。銀幕處女作是《沒有出路》（1950），後來在很多影片中扮演了一些著名角色，包括《漆黑的原始森林》（1955）、《挑釁者》（1958）、《流浪漢》（1963，獲奧斯卡獎）、《午夜熱力》（1967）、《吾愛吾師》（1967）和《誰來晚餐》（1967）。他在百老匯演出《陽光下的葡萄乾》（1959）贏得盛譽。他是最早扮演有格調電影角色的黑人演員之一，也是打破美國電影業中膚色障礙的重要人物。他還執導了數部電影，包括《花花公子和傳道師》（1972）、《讓我們再來一次》（1975）和《油腔滑調》（1980）。

Poitiers, Battle of (732) ➠ Tours/Poitiers, Battle of

Poitiers, Battle of＊ 普瓦捷戰役（西元1356年9月19日） 英法百年戰爭中，法國國王約翰二世遭到慘敗的戰役。黑太子愛德華率領的英國軍隊被約翰二世可能稍占優勢的兵力所追擊。在普瓦捷以南的灌木叢和沼澤地帶英軍得以自保，而法國騎兵則陷入沼澤成爲了英國弓箭手的活靶子。約翰二世被俘，爲求寬釋，不得不答應了對己不利的「布雷蒂尼條約」和「加萊條約」。

Poitou＊ 普瓦圖 法國中西部歷史大區。邊界與布列塔尼、安茹、都蘭、馬奇和大西洋相接。古代居民爲高盧族的庇克東納人，後成爲羅馬帝國亞奎丹尼亞的一部分。作爲南北方文化的匯合地，其黃金時代（11～12世紀）以偉大的羅馬式藝術和建築爲特徵。普瓦圖伯爵由英格蘭的安茹國王繼承，但到1375年法國奪回了這一地區。到法國大革命之前它是法國的一個省，大革命中被分爲三個區。普瓦圖是個典型的農業區，地方性特產包括海產品和白葡萄酒。

poker 撲克牌戲 一類紙牌遊戲，遊戲者打賭自己手中的牌的值大於其他人的。每個跟進的遊戲者必須或者等於或者提高賭注，否則就退出，賭局最後持有最高牌值的玩家獲勝。發展出了兩種主要的規則：暗式與明式；前者中五張牌標準的玩家拿的所有牌都面向下放置；後者中一張或兩張牌向下放置，其餘的向上（五張牌類）或是最後一張向下，其餘的向上（七張牌類）。在平局撲克牌中，牌可以放棄，另外開始拿牌。玩家傳統的分級是（1）同花順（同一花色的按次序排列的五張牌，最高的順序——A、K、Q、J、10——叫做同花大順），（2）相同的四張，（3）滿堂紅（三張相同的牌，加一對），（4）同花（一個花色的五張牌），（5）順字（按順序排列的五張牌），（6）三張同樣的牌，（7）兩對，（8）一對。類似的五張牌的遊戲從16世紀起就在歐洲進行；法國撲克遊戲在18世紀由法國殖民者帶入路易斯安那，19世紀早期傳向北部和西部。

pokeweed 十蕊商陸 亦稱pokeberry或poke。氣味濃烈的灌木狀植物（學名*Phytolacca americana*），根有毒而形似辣根，原產於北美東部潮濕或沙質地區。花白色。漿果紅黑色。葉深綠色，通常具紅脈，葉柄紅色。漿果中包含一種紅色染料成分，可用於酒汁、糖果、布匹和紙張的著色。與其根相似，成熟的紅色或淡紫色莖也有毒，但低於15公分的嫩綠幼條可食。

Pokrovsky Cathedral 波克羅夫斯基大教堂 ➠ Saint Basil the Blessed

Pol Pot 波布（西元1925～1998年） 原名Saloth Sar。柬埔寨總理（1975～1979）。出生於小農村，曾就讀過中等專業學校。1949到法國學習無線電技術，在那裡認識了胡志明並加入了柬埔寨共產黨。1953年回國教授法語直到1963年受到警察懷疑。接下來的十二年裡他一直在組建共產黨。美國在柬埔寨的反共行動，包括推翻施亞努國王和對鄉村的轟炸，促使很多人加入他的組織。1975年他領導的赤棉武裝組織占領了金邊，他命令金邊全城人撤出，即使是病人也被拉下病床。據估計僅在第一週內就有數萬人死亡。爲了追求回到「零年」，建立一個人種純粹的農業性共產主義國家，他的冷血統治導致了兩百萬人死亡。1979年他被越南人推翻，轉而領導了反越游擊戰，直至他被赤棉批判並判決入獄

(1997)。入獄第二年去世。

Poland 波蘭 正式名稱波蘭共和國(Republic of Poland)。歐洲中部國家。面積312,683平方公里。人口約38,647,000(2001)。首都：華沙。居民大部分是波蘭人，其他的少數民族是烏克蘭、德國和白俄羅斯人。語言：波蘭語(官方語)。宗教：天主教和東正教。貨幣：茲羅提(zl)。波蘭在北部和中部地區幾乎全是低地。蘇台德山脈和喀爾巴阡山脈形成南部大部分的疆界。主要河系維斯杜拉河和奧得河均注入波羅的海。工業包括採礦、製造業和公用事業。政

府形式為共和國，兩院制。國家元首是總統，政府首腦為總理。西元922年在梅什科一世治下建立王國，1386年在亞蓋沃王朝(1386～1572)下，波蘭與立陶宛聯合，成為歐洲中東部的主要強權國家，享有一段繁榮昌盛的黃金時期。1466年從條頓騎士團手中奪取了普魯士西部和東部，其領土最後擴展到了黑海。17世紀後期與瑞典(參閱Northern War, First和Northern War, Second)和俄羅斯的戰爭使它喪失了相當多的領土。1697年薩克森的選侯們當上波蘭的國王，眞正結束了波蘭的獨立地位。18世紀末，波蘭被普魯士、俄羅斯和奧地利瓜分(參閱Poland, Partitions of)，國家已不存在。1815年以後，前波蘭的土地歸俄羅斯統治，1863年起，波蘭成為俄羅斯一省，遭到強烈的俄羅斯化。第一次世界大戰後，同盟國建立一個獨立的波蘭。1939年波蘭遭蘇聯的和德國的入侵，加速了第二次世界大戰的爆發。大戰期間，納粹對波蘭的文化以及大量的猶太人進行了整肅。1945年蘇聯再度占領波蘭，1947年起受一個由蘇聯控制的政府統治。1980年代，由華勒沙領導的團結工會勞工運動達成了重大的政治改革，1989年舉行自由選舉。1990年實施經濟緊縮計畫，加速向市場經濟的過渡。1999年波蘭加入北大西洋公約組織。

Poland, Partitions of 瓜分波蘭(西元1772、1793、1795年) 俄國、普魯士和奧地利對波蘭領土的三次瓜分，使得波蘭領土不斷減少直到國家不復存在。第一次瓜分(1772)時，被內戰和俄國的干涉削弱了的波蘭接受了俄普奧三國簽訂的一項條約，該條約剝奪了波蘭一半的人口和幾乎三分之一的國土面積。第二次瓜分(1793)中，波蘭被迫割讓更多的領土給普魯士和俄國。第三次瓜分(1795)中，為鎮壓柯斯丘什科領導的全國大暴亂，俄國與普魯士入侵波蘭並與奧地利一起瓜分了波蘭全部殘存的領土。直到1918年波蘭共和國建國後，波蘭才收復了瓜分中的失地。

Polanski, Roman* 羅曼波蘭斯基(西元1933年～) 波蘭裔法國電影導演。生於巴黎一個波蘭與猶太人聯姻的家庭。在波蘭成長，於納粹統治下度過了飽受創傷的戰爭童年。1962年他的第一部長片《水中刀》令他蜚聲國際。同年他離開波蘭前往英國拍攝了《厭惡》(1965)，後又到美國，所拍攝的《失嬰記》(1968)獲得巨大的成功。1969年他的新婚妻子、女演員塔特被曼生的追隨者謀殺。1971年他執導了《森林復活記》(1971)，即沙翁的《馬克白》圖解改編版，1974年又執導了受到盛讚的驚悚片《唐人街》。1977年他因強姦罪被捕，在保釋期內逃到法國，在法國他執導了《黛絲姑娘》(1979)、《驚狂記》(1988)、《苦月亮》(亦譯《偷月迷情》，1922)和《死亡與處女》(1994)。

polar bear 北極熊 白色、半水棲的熊，學名Ursus maritimus。分布於整個北極地區，通常見於漂流的大塊浮冰上。行動迅速，活動範圍很大，善於游泳，悄悄跟蹤並捕捉獵物。主要以海豹為食，也吃魚、海藻、草、鳥和馴鹿。公熊重410～720公斤，肩高約1.6公尺，體長2.2～2.5公尺，尾短。寬大的腳掌多毛，除保暖外，還能有助於冰上行走。北極熊雖易受驚嚇，在面對敵人時仍具危險性。

北極熊
Roger Evans/Robert Harding Picture Library

polar wandering 極移 地質時期地球的南北磁極的位移。科學研究證據表明，地球的磁極曾緩慢地在地球表面上遷移。根據對不足2,000萬年歷史的岩石標本進行的測量計算得出的磁極位置與現在的磁極位置相差並不大，但時間長於3,000萬年的岩石則反映出連續的不斷擴大的「眞實磁極」距離差。這表明曾有巨大的移動發生。對極移的測算構成了大陸漂移研究最為重要的依據。

Polaris* 北極星 亦稱North Star。地球目前的北方指極星(在北半球可見的地軸所指向的星)。位於小熊星座的小熊座的尾的末端。北極星實際上是一顆三合星，由一個物理雙星和一顆造父變星組成，地球地軸的旋進將使得12,000年後天龍星座的紫微右垣(天龍座α)成為新的北極星，地球北極將指向天琴座的織女星。

polarization 偏振 某些類型電磁輻射的特性，這類輻射中振動電場的方向和大小是以特定的方式相關聯的。代表光波中電場大小和方向的電向量垂直於波的運動方向。非偏振光中包含沿相同方向前進的各種波，它們的電向量圍著傳播軸無規地指向各個方向。平面偏振光中的波只在一個方向上振動。圓偏振光中，電向量繞傳播方向轉動。光透過反射後可以變成偏振光，或者經過一個偏振器，如某種晶體，透射出來的振動就在一個平面上。偏振光在結晶學、液晶顯示、濾光器以及鑒定有光活性的化學化合物中都很有用。

Polaroid Corp. 拍立得公司 美國製造照相設備與器材的公司。1932年蘭德和惠爾賴特創立了蘭德－惠爾賴特實驗室，生產蘭德的第一件發明物：廉價的塑膠偏振片(參閱polarization)。1936年蘭德開始在太陽眼鏡和其他光學設備上使用偏振片。1937年該公司以「拍立得」來命名。第二次世界大戰後，蘭德發明了第一架立即成像的照相機。1947年

蘭德拍立得照相機投入市場，照相曝光後60秒即可取得相片。1960年代公司將彩色膠片引入拍立得照相機上，1977年又製成瞬得電影片。其公司總部位於麻薩諸塞州的劍橋。亦請參閱Eastman Kodak Co.。

Pole, Reginald 波爾（西元1500～1558年） 英格蘭天主教高級教士。亨利七世之表親。1521～1527年被亨利八世派往義大利學習，並在教會中任低等公職。他反對亨利的反教廷政策，寫作了《維護教會的統一》（1536）以維護教宗的精神權威。後來擔任樞機主教，教宗保祿三世派他去策動歐洲信奉天主教的君主共同反對英王亨利。這些行為激怒了亨利，他處死了波爾的兄弟蒙塔古勳爵（1538）和母親索爾斯伯利伯爵夫人瑪格麗特（1541）。1541年波爾任教宗駐聖彼得區長官，後來擔任使節主持了特倫托會議。1553年信奉天主教的瑪麗．都鐸即英格蘭王位（稱瑪麗一世）後，他被任命為駐英格蘭使節，波爾在那裡進行教會改革並對女王產生了重大的影響。1556年被任命為坎特伯里大主教，但是羅馬教宗與英格蘭盟國西班牙之間的鬥爭使得教宗削奪了波爾的權力並宣布他為異教徒。受到瑪麗女王去世的沈重打擊，他在女王死後十二小時也去世。

pole construction 桿造術 追溯至石器時代的建築方法。歐洲的古蹟顯示環狀的石塊可能是支撐由木桿作成的房舍，或是將獸皮作成的帳篷重量往下由中央桿支撐。兩種美國印第安人的桿結構是棚屋和長形房屋。桿與茅草的住屋常見於加勒比海與中美洲、太平洋的島嶼；竹桿住屋多見於亞洲的潮濕地帶。南非的方法是利用環狀的桿插入地面，集合於頂點，巧妙地蓋上茅草。現今桿造術利用於加壓處理木桿牢固嵌入地面的垂直結構，作為樁基礎。亦請參閱tent structure。

pole vault 撐竿跳高 田徑運動項目，藉助一根長竿跳越高處的橫竿。19世紀中期成為體育運動比賽項目並被納入現代奧運會。通常是男性運動員的競賽。比賽時，運動員對每一個高度試跳三次。橫竿高度逐步上升直到淘汰決出第一名。

polecat 艾鼬 鼬科數種主要的哺乳類食肉動物的統稱，棲息於歐亞大陸和非洲。夜間捕食小型哺乳動物、鳥類、爬蟲類、蛙、魚和卵。不同種類的艾鼬，其大小和體色各異。歐洲艾鼬，因有臭味，又名臭貂，體重0.5～1.4公斤，體長35～53公分，尾長13～20公分，毛長而粗，上部褐色，下部黑色。在美國，北美臭鼬也被稱為艾鼬。亦請參閱ferret。

歐洲艾鼬
Russ Kinne – Photo Researchers

Polesye＊ 普里佩特沼澤地 亦作Pripet Marshes或Pripyat Marshes。白俄羅斯南部及烏克蘭西北部的廣闊沼澤區。是歐洲大陸最大的沼澤地，位於濃厚、茂密的普里皮亞季河盆。面積約270,000平方公里。該地區林森葉茂，大部分面積杳無人煙，孕育了種類繁多的伐木業。20世紀期間進行了大規模的土地開墾，包括排水處理，這促進了農業地區的發展。

police 警察 為了維持公共秩序和公眾安全、執行法律和調查犯法行為而組織起來的人員。適用於大多數警察力量的特徵包括：準軍事化組織、穿著制服的巡邏隊、交通管理力量、進行犯罪調查的便衣組織和一整套用以保障社團生活方式強制性權力。警察機構可以先由中央政府統一設立，然後貫徹到地方，也可以各個地方自行設置警察機構，後來才由中央政府加以合併和統籌管理。新兵通常要接受專門化訓練並參加考試。現代城市警察始於約1829年由皮爾在英國建立的倫敦城市警察。祕密警察通常是由國家政府建立的獨立祕密組織，旨在維持政治和社會正統，通常在無限制或極少限制的情況下運轉。

police power 警察權力 指為了維護公眾的健康、安全、道德和一般福利而賦予一個政府在其許可權範圍內的對公民和財產的控制權。通常被視為美國憲法範圍內保留給各州的權力之一。在考慮涉及警察權力的運用的案例時，法院運用被稱為「權衡利益」的原則，來確定公眾的健康和福利權是否重於私人或個人的考量，也應關心法律的正當程序能否確實執行。

poliomyelitis＊ 小兒麻痺症 亦作polio或infantile paralysis。病毒引起的急性傳染病，會造成隨意肌癱瘓無力。造成許多人死亡或癱瘓的嚴重傳染病，大多數是幼童與青少年，直到1960年代沙克死毒注射疫苗及沙賓口服馴化疫苗在已開發國家控制了小兒麻痺症。類似流行性感冒的症狀，帶有腹瀉，可能進展為背部和四肢疼痛，肌肉敏感，頸部僵硬。破壞脊髓運動細胞造成癱瘓，短時間的虛弱，乃至有將近20%的病人長久完全癱瘓。病人會喪失四肢動作、呼吸或吞嚥說話的能力。可能需要物理治療與復健、呼吸輔助或是移除分泌物的氣管抽吸裝置。有些病例在數十年後發生「後小兒麻痺症候群」，再次造成肌肉無力。

polis＊ 城邦 古代希臘的獨立城市，與其周圍的地區一起由一個統一的政府管轄。城邦可以源於山脈和海洋的自然地理分區，也可依當地部落和宗教祭祀來分。通常城鎮有圍牆，內有位於高地的衛城（acropolis）和廣場（agora）。理想中的城邦應是全體公民都參與政府管理、宗教儀式、防禦和經濟。非公民包括婦女、未成年人、外僑和奴隸。在希臘化時代，城邦制度曾傳到中東大部分地區。亦請參閱Athens、city-state、Sparta、Thebes。

Polisario＊ 玻里沙利歐 正式名稱薩吉亞阿姆拉與里奧德奧羅人民解放陣線（Popular Front for the Liberation of Saguia el Hamra and Rio de Oro）。北非的政治和軍事團體。最初是反抗西班牙控制西撒哈拉的叛亂行動，1976年在西班牙撤離後變成反對摩洛哥與茅利塔尼亞瓜分該地區的運動。茅利塔尼亞於1979年與玻里沙利歐媾和，但摩洛哥卻乘機吞併了整個西撒哈拉地區。玻里沙利歐繼續其抵抗運動。1991年同意停火及進行公民投票，但被摩洛哥一再延期。亦請參閱Hassan II、Saharan Arab Democratic Republic。

Polish Corridor 波蘭走廊 波蘭通向波羅的海的狹長地帶。根據「凡爾賽和約」（1919），這一部分被移交給新成立的波蘭。這一走廊寬30～110公里，將東普魯士與德國本土分割開來。德國人對此十分憤怒。然而這一地區在「瓜分波蘭」之前歷史上確屬於波蘭，且大部分居民為波蘭人。

O P Q R

1939年希特勒要求收回自有港口城市但澤及越過波蘭走廊建造一條享治外法權的德國公路，波蘭加以拒絕，德國即抓住這一藉口侵入波蘭（1939），由此開始了第二次世界大戰。

Polish language　波蘭語　波蘭的西斯拉夫語，約有410萬人使用，其中200至300萬人在北美洲，約150萬人在前蘇聯。最早的寫有若干連貫的波蘭語的手稿時間是14世紀。16世紀形成了結合西部和東南部方言的標準波蘭語。波蘭語用拉丁字母書寫，利用連字（字母的組合）與區別音符來分辨其相當精妙的輔音。重音固定在倒數第二個音節上。

Polish Succession, War of the　波蘭王位繼承戰爭（西元1733～1738年）　一場歐洲衝突戰爭，表面上是爲了決定波蘭國王奧古斯特二世的繼承人。奧古斯特死後，奧地利和俄國支持他的兒子奧古斯特三世爲波蘭國王。但大多數的波蘭人和法國、西班牙卻支持斯坦尼斯瓦夫一世，此人曾在1704～1709年任波蘭國王，是法國國王路易十五世的岳父。斯坦尼斯瓦夫於1733年當選爲國王，但俄國的恐嚇迫使他逃離波蘭，國王王位由奧古斯特取得。1733年法國與斯坦尼斯瓦夫和西班牙結盟，向奧地利宣戰，要求奧地利歸還在義大利控制的領地。1735年簽訂了初步的「維也納條約」，重新劃分了有爭議的義大利領土，承認奧古斯特爲波蘭國王，從而結束了一場不確定的戰爭。該條約最終在1738年簽訂。

Politburo＊　政治局　在俄羅斯和蘇維埃歷史中蘇聯共產黨最高決策機關。其他國家的政治局均以它爲樣板。1917年布爾什維克黨中央委員會在俄國首創政治局，以便領導起義。布爾什維克黨的奪權目的達成後，政治局隨之解散。1919年召開的黨代表大會要求中央委員會成立新的政治局；其權力後來很快便超過中央委員會。1952年政治局被撤銷，代之以編制較大的中央委員會主席團。史達林死後，「集體領導」受到外界壓力，被要求糾正其濫用權力的做法。1966年主席團又恢復了舊名政治局，其成員包括中共中央總書記、國防部長、格別烏（KGB）頭目以及最重要的加盟共和國或市黨部的首腦。隨著1991年蘇聯解體，政治局也不復存在。

Politian＊　波利齊亞諾（西元1454～1494年）　原名Angelo Poliziano或Angelo Ambrogini。義大利詩人和人文主義者。他很早便表現出詩歌方面的才華，後成爲麥迪奇的朋友，並受其贊助。是文藝復興時期古典文學研究先驅之一。1473～1478年間用拉丁文創作詩歌，這些詩歌成爲人文主義詩歌的最佳典範。曾與洛倫佐一起領導義大利文學革命。用義大利語創作的作品包括《比武篇》（1475～1478）以及劇本《奧菲歐》（1480），前者是八行詩中的傑作。

political action committee (PAC)　政治行動委員會　美國政治組織，旨在籌募及分配競選經費給角逐公職的候選人。1971年「聯邦選舉法」通過後，PAC的地位愈形重要。該法對特殊的公司、協會及私人所能捐贈的款項數額予以嚴格的限制。但PAC在向爲數甚多的私人捐款者籌募經費時，都設法避開這些限制。至20世紀末期，PAC所籌措的鉅額款項已大幅提高競選美國聯邦公職所需的費用，也引發了有關競選經費籌措的爭論。

political convention　政黨會議　在美國政治上，是指地方、州或全國範圍的黨代表會議，以選出公職候選人和決定黨的政策。在選舉前也透過政黨會議來鼓舞士氣。從1830年代開始實施政黨會議，而不再採用透過非正式的祕密會議來決定候選人及政策的做法。人們希望政黨會議能開誠布公地處理事務，並且不受政黨領袖的指揮。如今透過初選選出州和地方層級的候選人，政黨會議僅對其表示認可。在國家層級上也一樣，總統初選的成長意味著政黨會議的權力大部分被限制在認可由選民選出的候選人上。

political economy　政治經濟學　探討個人與社會、市場與國家之間關係的一門學科，所使用的研究方法援引自經濟學、政治學及社會學。這個詞源自於希臘文的polis（城市或邦）和oikonomos（掌理家務的人）。故而政治經濟學所關注的是如何管理國家，且同時考慮政治及經濟因素。現今這個領域包含好幾種研討範圍，諸如經濟關係的政治學、單一國家內部的政治和經濟課題、各種政治和經濟系統間的比較研究，以及國際政治經濟情勢的研究等。

political machine　政治機器　美國政治界用語，指一個政黨組織掌握了足夠選票以控制地方政治及行政資源。19世紀美國都市的快速成長，造成市政的重大難題，市政府經常無法順利組成、且無法有效提供服務。行動積極的政治人物，對於新進市民多會給予一些好處以交換選票取得支持，例如工作機會或住宅的優惠補助。政治機器通常都只把市政府重新改造成獨厚自己選民的形態，並且造成施政品質不佳（因爲工作機會常被當作政治酬庸）、貪瀆橫行（因爲合約和專賣權常被當作政治回報）、種族及族群仇恨惡化（因爲政治機器經常不能反映多樣化意見）。不過，改革措施、郊區發展及人口流動造成的鄰里聯帶關係淡化，都會導致政治機器控制力削弱。美國史上著名的政治機器有：紐約的特威德、波士頓的柯利、堪薩斯市的彭德格斯特、芝加哥的戴利。亦請參閱civil service。

political party　政黨　經由選舉或革命以取得政權的團體。政黨可以群衆爲基礎，力爭獲得所有選民的支持；也可以幹部爲基礎，黨員必須爲積極的精英分子。大多數政黨均兼具上述兩類特徵。所有的政黨都爲自身設計一定的意識形態，以吸引支持者。目前大多數國都實行一黨制，兩黨制或多黨制（參閱party system）。正式的政黨於19世紀初產生在英國和美國。但在兩國的憲法中都未提及政黨。在美國，國家層級的初選，往往用來選舉政黨候選人。

political philosophy　政治哲學　哲學的一支，用來分析國家和其相關概念，如政治義務、法律、社會司法以及憲法等。依照西方觀點，政治哲學的第一個主要產物是柏拉圖提出的共和制。亞里斯多德的政治學是對政治制度的經驗化的詳細研究。羅馬的傳統被西塞羅和波利比奧斯用來作爲最好的例證。聖奧古斯丁的《天主之城》開基督教政治思想之先河，托馬斯·阿奎那又進一步發展了這一思想。馬基維利對自然進行研究，並限制政治的力量。霍布斯的《利維坦》（1651）提出了以現代形式呈現的行政義務的問題。霍布斯之後，又有斯賓諾莎、洛克和盧梭提出了社會契約論。該理論遭到休姆和黑格爾的否認，後者的《法哲學原理》（1821）成爲19世紀政治思想的基礎。黑格爾對私有財產的捍衛遭到馬克思的批判。彌爾發展了邊沁提出的關於法律和行政機構的功利主義理論，指出這兩者應與獲得個人自由的要求相吻合。新近研究工作的特點是將馬克思主義者和傳統意義上的自由思想家相區分，但在各傳統間還存在著很多差異。

political science　政治學　指用科學分析方法對政治進程進行系統的研究。其研究對象包括國家的性質、政府的職能、選舉人行爲、政黨、政治文化、政治經濟和政治觀點。儘管它起源於柏拉圖和亞里斯多德的著作，但它在現代社會的發展卻是伴隨著社會科學的創新得以進行的。聖西門和孔德在19世紀便發展出這門學科的科學性特徵。政治學自由學院是第一所專做此方面研究的機構，於1871年在巴黎成立。

Polk, James K(nox)　波克（西元1795～1849年） 美國第十一任總統（1845～1849）。原爲田納西州律師，傑克森的朋友及支持者。在後者的幫助下當選衆議員（1825～1839）。後任田納西州州長（1839～1841）。在1844年民主大會出現僵局時，他被提名爲折衷候選人。被視爲總統大選中的第一匹黑馬，他支持西進運動，提出"Fifty-four Forty or Fight"爲口號展開競選活動，解決奧瑞岡問題。四十九歲時當選總統，是當時最年輕的總統。他成功地解決了與英國之間的奧瑞岡邊界糾紛（1846），並在同年通過「瓦克爾關稅法」，該法案降低了進口關稅，促進了美國對外貿易的發展。領導了對墨西哥戰爭的訴訟，雖使美國在領土上獲益不小，但也重新引發了擴展奴隸制的討論。在執政期間還設立了內政部，創辦了美國海軍軍官學院和史密生學會，監督對財政制度的修改，宣布門羅主義的合法性。儘管是一位能力出衆的總統，在處理國會事務方面遊刃有餘，但終因精力不支，而沒有爭取連任。退休後三個月便去世。

波克，布雷迪以達蓋爾式照相法攝於1849年
By courtesy of the Library of Congress, Washington, D. C.

polka　波卡 一種起源於波希米亞民間的輕快活潑的雙人舞蹈（波卡爲捷克語，意爲「波蘭女人」）。它的特點是合著雙拍子的音樂做三個快踏步和一個跳踏步。起源於19世紀初，在歐洲、北美、南美的舞廳中極爲盛行。在20世紀波卡既是民族舞蹈，也是舞廳舞蹈，仍然十分流行。

poll tax　人頭稅 對個人徵收的數額相同的稅收。英國歷史上最著名的人頭稅是1380年徵收的一次人頭稅，它是1381年農民起義的主要起因。在美國，南部諸州把繳納人頭稅作爲投票選舉的先決條件。因爲只有繳納人頭稅後，才有選舉權，所以貧窮的黑人（往往還包括窮困的白人）都有力地抵制這種選舉。1966年美國最高法院裁決：各州在州和地方選舉中均不得將徵收人頭稅作爲投票選舉的先決條件。

pollack　青鱈 亦稱pollock。鱈科兩種具重要經濟價值的北大西洋食用魚類。學名Pollachius virens或Gadus virens，在歐洲被稱爲saithe或coalfish。深綠色，腹部色淡。具一短小頦鬚（肉質隆起）、3背鰭和2臀鰭。肉食性，活潑，常集群，體長可達約1.1公尺，重16公斤。另一種類狹鱈明太魚，與青鱈非常相似。

Pollaiuolo, Antonio del and Piero del＊　波拉約洛兄弟（安東尼奧與皮耶羅）（西元1432?～1498年；西元1441?~1496年） 原名Antonio and Piero di Jacopo d'Antonio Benci。義大利兄弟雕刻家、畫家、雕工和金飾工。安東尼奧很可能曾隨吉貝爾蒂學習金工，而皮耶羅可能從卡斯塔尼奧學畫。1460年後，兩兄弟始終共同合作，他們的作品都採用組合式簽名，很難區分那件作品是哪一個人的。安東尼奧被認爲是一名傑出的圖案設計者，也是將解剖學用於人體形態研究的第一人。皮耶羅的個人作品在藝術上較不具重要性。他們在佛羅倫斯的作品包括：聖米尼亞托蒙地禮拜堂內的祭壇雕刻和聖母領報堂內普奇小教堂的《聖塞巴斯蒂安殉教》雕刻（1475）。兩人在羅馬共同創作的作品包括西克斯圖斯四世之墓和教宗英諾森八世之墓。安東尼奧的名作《裸體者的戰鬥》是15世紀義大利最大和最重要的雕刻作品。

pollen　花粉 種子植物的微小孢子堆，常爲細微顆粒。每顆花粉粒是一個微小個體，形狀、構造各異，由種子植物的stamen產生，經由各種方式（參閱pollination）傳送到雌蕊，受精過程在該處發生。花粉粒的外壁堅固，用劇熱、強酸和強鹼進行處理也難使其解體。花粉壁的構造經常相當獨特，甚至某些屬單用花粉粒就可以鑑定。花粉是近代及古代地質沈積物的共同成分，所以花粉粒對於地面植物生命的起源及地質史研究能提供許多資訊。由於花粉產量相當多，它乃是地球大氣層中重要成分。許多花粉粒（如豚草和許多禾草類）所含的似蛋白質的物質會產生過敏反應，通稱爲枯草熱。

pollination　傳粉 種子植物的花粉粒在雄蕊處形成後傳遞到雌蕊的過程。傳粉是受精製造種子的先決條件。花粉粒萌發於雌蕊表面（參閱germination），並形成花粉管向下正常至胚珠處。受精時，花粉中的精細胞與胚珠中的卵細胞結合，導致植物胚胎的生成，胚珠之後形成種子。由於雄蕊上含花粉的部分鮮少能與雌蕊直接接觸，所以植物通常需依靠外來媒介傳遞花粉。昆蟲（尤其是蜜蜂類）和風是最重要的花粉傳播者，其他媒介則包括鳥和一些哺乳動物（尤其爲某些蝙蝠）。以水作爲傳粉媒介則罕見。卵細胞的受精方式有自花傳粉（從同一朵花或同一植株的另一朵花獲得精細胞而受精）或異花傳粉（與不同株的花粉粒的精細胞結合而受精）。

Pollini, Maurizio　波里尼（西元1942年～） 義大利鋼琴家。九歲就登台首演；1960年十八歲時贏得蕭邦鋼琴大賽，是該次比賽最年輕的參賽者。1968年首度在美國演出。他錄音與表演的範圍，從巴哈到施托克豪森的作品，而對貝多芬特別精擅，但對所有彈奏的作品，都付出相同的投入。他結合智識上的領會與嚴肅，以及異常卓越的技藝，使他在協奏的世界占有罕見的地位。

polliwog ➠ tadpole

Pollock, Frederick　波洛克（西元1845～1937年） 受封爲弗雷德里克爵士（Sir Frederick）。英國法學家。1883～1903年在牛津大學任教。1920年成爲國王的顧問。他以《愛德華一世時代以前的英國法歷史》（1895；與梅特蘭合寫），以及幾本標準教科書而聞名於世。六十年來一直保持和小霍姆茲通信，這些信件在1941年始發表。

Pollock, (Paul) Jackson＊　波洛克（西元1912～1956年） 美國畫家。在加州和亞利桑那州長大。1930年代初在紐約師從班頓，學習繪畫。後來受聘爲公共事業振興署聯邦藝術計畫工作。在心理治療的刺激下，他進行過幾年半抽象畫的創作。之後於1947年開始採用一種繪畫方法，即將帆布平放在地板上，再分步地將顏料潑撒或滴在帆布上。採用這一方法的作品包括《第十號》（1949）、黑白畫《第三十號》（1950）以及壁畫大小的《薰衣草薄霧》（1950）。儘管「滴畫」的新穎性使得其個人技巧賦予畫作的個人表現力黯然失色，但他在在世時一直被認爲

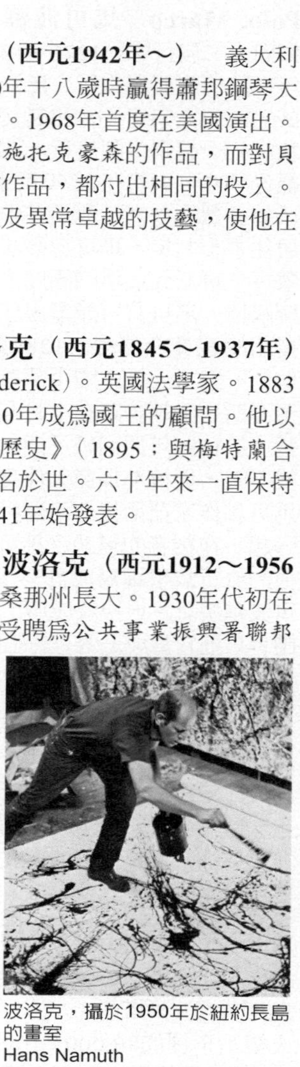

波洛克，攝於1950年於紐約長島的畫室
Hans Namuth

O P Q R

是抽象表現主義的先驅，尤其是以被稱作行動繪畫的繪畫形式。在格林伯格和其他人的擁護下，他名聲大振。與同是藝術家的妻子克雷斯納（1908～1984）離異後，四十四歲死於癌症。

Pollock v. Farmers' Loan and Trust Co. 波洛克訴農家貸款和信託公司案（西元1895年） 美國最高法院案例。在該案中，最高法院裁決1894年「關稅法」中有關對美國公民和公司徵收直接所得稅的規定無效。1913年這個裁決由於聯邦憲法第16條修正案被批准而引起爭論（未解決），因為這項修正案授權國會「規定和徵收所得稅」。

pollution 污染 ➠ air pollution、water pollution

Pollux, Castor and ➠ Dioscuri

polo 馬球 參賽者騎在馬背上使用長柄有彈性的球棍，在草場上兩球門間逐擊一個木球的遊戲。西元前6世紀首度出現於波斯，後傳播到阿拉伯半島、西藏（polo在緬藏語中意為「球」）、南亞和遠東。19世紀中在印度出現了馬球俱樂部，幾十年後，這一運動被傳播到美國。因為購買和飼養一匹優良的馬球「小型馬」（實際上是已經長大的成年馬，它們順從，跑得快，有耐力而且聰明）花費較高，因此在很長一段時間裡，馬球都是一種貴族運動。標準的馬球隊由4名隊員組成，其定位用1～4來表示。每場比賽分6節，每節7.5分鐘稱為「一巡」。場地長274.3公尺，寬146.3公尺。室內的比賽場地則較小。

Polo, Marco 馬可波羅（西元1254?～1324年） 威尼斯商人、旅行家。1271～1295年從歐洲到亞洲旅行。出生在威尼斯商人家庭。曾和其父以及叔叔一起到中國旅行，他們經過絲路，大約在1274年到達了忽必烈的皇宮。他們在中國居住了十七年，馬可還幾次被蒙古皇帝派到遙遠的國度去瞭解國情。馬可有可能還出任過揚州的官員（1282～1287）。他們一家三人從中國東部航行至波斯，又經陸路在土耳其旅行。於1295年回到威尼斯。之後不久，便被熱那亞人俘獲，馬可和作家茹斯提切洛關押在一起，在後者的幫助下馬可將他的旅行故事編寫成書。《馬可波羅遊記》很快就成為了一本暢銷書，儘管大多中世紀的讀者只把它當成是帶有誇張的冒險故事，而非眞實的故事。

馬可波羅，1477年《馬可波羅遊記》初版封面
By courtesy of the Columbia University Libraries, New York

polonaise＊ 波洛內茲 莊嚴的慶典舞蹈。17至19世紀宮廷舞會通常以此舞開場。該舞曲採用3/4拍，並常伴有打點的節奏。原先可能是武士的凱旋舞。約於1573年波蘭皇宮即以此舞作為正式的佇列行進。滑步行進時重拍在每個第三步，跳舞者到此微微一屈膝。貝多芬、韓德爾、尤其是蕭邦，都採用過這種舞曲形式，蕭邦創作的用鋼琴演奏的波洛內茲帶有英雄主義色彩。

Poltava, Battle of＊ 波爾塔瓦戰役（西元1709.7年） 第二次北方戰爭中俄國對瑞典的決定性勝利。雙方交戰地在烏克蘭的波爾塔瓦。一方由彼得大帝（彼得一世）和緬什科夫親王指揮的80,000名俄軍，另一方由查理十二世統率的17,000名瑞典軍。雖然已近衰竭的軍隊得不到有力補給，查理仍於1709年5月包圍了波爾塔瓦。他們建起了一個反包圍的戰壕，迫使瑞典人進攻。查理原打算大膽地突破俄軍防線，但他在這一過程中受傷，而他的指揮官未能完成這一進攻。後俄方發動反擊，除查理和其1,500名部下外，瑞典全軍非死即受俘。這次戰役結束了瑞典的大國地位，並象徵俄國稱霸東歐的開始。

Polybius＊ 波利比奧斯（西元前200?～西元前118?年） 希臘政治家和歷史學家。亞該亞政治家之子。西元前168年1,000名顯赫的亞該亞人被送到羅馬當人質，波利比奧斯也在其中。在那裡，他成為了小西庇阿的良師益友，波利比奧斯的政治滯留結束後不久，便隨西庇阿遠征迦太基，親眼目睹了迦太基被摧毀。當羅馬和亞該亞之間爆發衝突時，他代表其同胞與羅馬進行談判，並力圖恢復秩序。以記錄羅馬崛起過程的四十卷通史確立了自己的不朽名聲，但其中只有五卷被完整保留下來。

polychaete＊ 多毛類 多毛綱環節動物中約5,400種海生蠕蟲的統稱，體分節，每一節上有許多剛毛。體色多鮮豔，體長可從2.5公分到約3公尺長。大部分體節有一對疣足（扁葉狀的長出物），上有剛毛。頭部有短的感覺突和觸手。幼體自由游泳，成體可自由游泳或定棲。遍布全世界，多毛類在翻轉海底沈積物方面有重要作用。其中有一稱為血蟲的種類，為受歡迎的海水魚餌。亦請參閱tube worm。

Polyclitus 波利克里托斯（活動時期西元前5世紀） 亦作Polycleitus或Polykleitos。希臘雕刻家。其作品《荷矛者》（西元前440?年）俗稱「法式」（Canon），因為它是這本同名書的圖解。在該書中他進一步闡述了關於理想的數學比例關係的理論，並且指出雕刻家所追求的，就是使人體放鬆的拉緊的軀幹部分以及它們的運動方向達到生動的平衡。他製作的年輕運動員青銅雕像，如《束髮的運動員》（西元前420?年），具有平衡性和節奏感，是對其理論最好的論證。他使希臘雕刻家從表現剛性的正面姿勢的傳統中解放出來。與菲迪亞斯同為同時代最重要的希臘雕刻家。

Polycrates＊ 波利克拉特斯（活動時期西元前6世紀） 愛琴海薩摩斯島的僭主（西元前535～西元前522年）。他在一次赫拉節日期間，除掉了與他分享權力的兩個兄弟，從而獲得了控制權。為了統治附近諸島和愛奧尼亞，經常進行海盜活動，因而惡名昭彰。曾與埃及結盟，但於西元前525年連同波斯人，進攻埃及。在斯巴達人的幫助下，其反對者一直未能推翻他，直到薩迪斯的波斯總督奧里特斯誘他前去，把他釘在十字架上。他不僅為薩摩斯帶來了財富和政治地位，還資助作家，阿那克里翁就是其中之一。

polycystic ovary syndrome 多囊卵巢症候群 亦稱斯坦因－利文撒爾二氏症候群（Stein-Leventhal syndrome）。婦女內分泌疾病，因雄激素過高而阻礙了排卵（參閱reproductive system, human）。該疾病導致婦女不育。症狀多樣，常包括多毛症、粉刺和肥胖。可能會出現月經不調、閉經或月經過多。卵巢常會增大，且呈現囊腫。該疾病可能會在婦女要懷孕時才被發現。根本原因目前尚未完全清楚。治療措施減少雄激素的分泌，不育可以用氯底酚胺促使排卵或用腹腔鏡檢查。

polyester 聚酯 單體之間以酯鍵連接而形成的一類聚合物，為有機化合物。通常由等當量的甘醇和二元羧酸製備，它們經過聚合作用而生成聚酯和水。聚酯很堅韌、不褪色、耐腐蝕和抗化學作用，但容易積累靜電。除了熟悉的纖維和薄膜（如滌綸、聚酯薄膜）外，聚酯還用來製作增強塑膠、汽車零件、船殼、泡沫塑膠、層壓製件、磁帶、管道系統、瓶子、容易處理的濾布、封裝用料以及塗料。

polyethylene (PE)　聚乙烯　乙烯的聚合物，塑膠最龐大的類別。乙烯單體簡單基本結構可以是線性（如高密度聚乙烯HDPE及超高分子量聚乙烯UHMWPE）或是分叉（低密度聚乙烯LDPE及線性低密度聚乙烯LLDPE）。LDPE和LLDPE有類似的結構（低晶性含量）、性質（高延展性）與用途（包裝膜、塑膠袋、護蓋層、絕緣、易擠塑膠瓶、玩具與餐具）。HDPE有緻密、高晶性的結構，強度高，硬度適中；吹模的HDPE瓶受到許多回收計畫的認可，不像射出成形的HDPE桶、工具箱和玩具。UHMWPE是由HDPE分子量6至12倍的材料製成，可以轉動拉長成堅硬、高晶性的纖維，張力強度是鋼的許多倍，用於防彈背心。

polygamy＊　多偶婚制　同時有一個以上配偶的婚姻。常被用作是一夫多妻制（有不只一個妻子的婚姻）的同義詞。一夫多妻制曾廣泛流行於世界上很多地區，至今還在非西方國度裡普遍存在。這一制度似乎使丈夫獲得了更多的特權，經濟穩定性以及性的交往。同時也使妻子們能分擔勞動負擔，而且從制度上解決了未婚婦女過剩的問題。性方面的嫉妒和爭執是一夫多妻制家庭中的普遍問題。爲了求得和諧，通常是第一個妻子具有較高的地位。每個妻子和她的孩子都有各自的住處。一妻多夫制（有不只一個丈夫的婚姻）相對較少，在西藏和尼泊爾，兄弟們有可能會娶同一女子爲妻。這一做法是爲了限制子孫的數目，也是在家庭中保持有限土地的方法。

Polygnotus　波利格諾托斯（西元前475?～西元前450?年）　亦稱Polygnotos。希臘畫家。其作品無一傳世，只有關於他在德爾斐的奈達斯禮廳的兩幅不朽壁畫作品的敘述，即《特洛伊的浩劫》和《尤里西斯拜訪哈得斯》。其作品特徵是透過面部來表達人物情緒，並將人物安置在整個畫面中，而不是按照當時的原則，在單一基線上安排人物。

polygon　多角形　在幾何學上指由一組線段（邊）組成的任何閉合曲線，其中任何兩條邊都不相交。最簡單的多角形是三角形（三條邊）、四邊形（四條邊）和五角形（五條邊）。如果把任何一條邊延長而不與多角形相交，那它就是個凸多角形；否則它就是凹的。所有的邊都相等的多角形是等邊多角形。所有內角都相等的多角形是等角多角形。既等邊又等角的多角形是規則多角形（如等邊三角形、四方形）。

polygraph　多項描記器 ➠ lie detector

polyhedron＊　多面體　歐幾里德幾何學中，由有限個多邊形（面）構成的三維物體。嚴格來說，多面體是這個物體內外之間的界面。一般來講，多面體的名稱依據面的數目。四面體有四個面，五面體有五個，以此類推。立方體是六個面的正多面體（六面體），每個面都是正方形。面交會的線段稱爲邊，邊交會的點稱爲頂點。亦請參閱Euler's formula。

polymer＊　聚合物　由高分子構成的天然的或合成的物質，而這些高分子又由多個單體構成。這些單體並不一定相同或有同樣的結構。聚合物可能包含由無支鏈的或有支鏈的單體組成的長鏈，也可能是單體連接的耳維或三維網狀結構。他們的支柱有可能是靈活的，也有可能是剛性的。無機聚合物可以是元素，也可以是化合物，包括鑽石，石墨，長石和玻璃。許多重要的天然原料是無機聚合物，包括纖維素（由糖類單體形成）、木質素、橡膠、蛋白質（由氨基酸形成）以及核酸（由核苷酸形成）。合成的有機聚合物包括多種塑膠，如聚乙烯、尼龍、聚氨酯、聚酯，乙烯基（如聚氯乙烯）和合成橡膠。帶有由矽和氧原子組成的無機支柱以及有機側面基團的矽樹脂是最重要的有機－無機混合型化合物。

polymerase chain reaction (PCR)＊　聚合酶鏈反應　能快速、準確複製新大量特定去氧核糖核酸實驗室技術。在分子生物，法院鑒定（DNA指紋分析），演化生物學（對遠古標本的DNA片段進行放大）以及醫學的各種實驗和過程中都需要進行這種反應。由馬利斯發明，該反應需要有一用於複製的DNA模板（大小如同一個分子），進入複製品的引物，另外還要有一些酶DNA聚合酶來促成核苷單體團的形成。這一分三步（分離DNA鏈，複製片段末端，促使新結合體的形成）進行的過程，只需幾分鐘就能複製出DNA鏈。多次重復這一過程，會使DNA數量成冪倍的增加。

polymerization＊　聚合　單體化合成聚合物的過程。這些單體分子－－通常從至少一百到數千－－可能相同，也可能不相同。在自然界裡，酶促使聚合在普通環境中發生，以形成蛋白質，核包核酸以及碳水化合物的聚合物。在工業中。該類反應常常在高溫或高壓狀態下由催化劑促成。在加聚聚合中，位於成長鏈末端的自由基通常能使單體附著到新鏈上，同時在新的一端釋放一個自由基。在縮聚聚合中，產生出新單體的反應能分裂出副產品的分子，常常是水。

polymorphism　多態現象　不連續的基因變異。能使同一性狀產生幾種不同的個體類型。多態現象最明顯的例子就是在高級生物體中出現了雌、雄兩性的分化。另一例子就是人類血型具有不同種類。持續了幾代的多態現象往往會維持下去，因爲沒有一種形式在自然選擇的過程中有壓倒性優勢或劣勢。有的多態現象並無明顯的現象。在社會生物中出現的等級是一種特殊的多態現象，更多是出於營養的原因，而不是基因方面的原因。

Polynesia＊　玻里尼西亞　位於中東部太平洋海面上一個巨大三角形地帶的島嶼群。是大洋州的一部分，包括紐西蘭、夏威夷群島、薩摩亞群島、萊恩群島、法屬玻里尼西亞、科克群島、費尼克斯島、吐瓦魯、東加和復活島。斐濟由於生活著很多玻里尼西亞人，有時也被列入玻里尼西亞的範圍內。大部分島嶼都是小型環狀珊瑚島，有些是因火山爆發形成的。島上大部分居民都是玻里尼西亞人，他們中有些還和馬來人有親緣關係。他們所操語言爲南島諸語言亞系，18世紀末因西班牙冒險者的到來而接觸到歐洲文化，玻里尼西亞的生活也隨之發生根本性改變。具有吸引力的西方信仰體系以及文化方式的殖民者對當地傳統和風俗造成了極大的衝擊。薩摩亞群島和東加群島比其他群島保留了更多的傳統文化。

polynomial　多項式　代數學上，依據特定形態組合的數字及變數構成的式子。具體來說，多項式是單項式的總和，單項式的形式是ax^n此處a（係數）可以是任意實數，而n（次）必須是整數。多項式的次是其最高次的單項式。就像整數一樣，多項式也有質數或可分解成質數的乘積。多項式含有任意數目的變數，規定每個變數的次方是非負整數。變數是代數方程式求解的基本，指定多項式爲零，就成了多項式方程式；與變數相等的結果就是多項式函數，是模擬物理試驗情況特別管用的工具。多項式方程式與函數可以用代數學與微積分的方法完整地分析。亦請參閱orthogonal polynomial。

polynomial, orthogonal ➠ orthogonal polynomial

O P Q R

polyoma virus＊　多瘤病毒　存在於野鼠身上、數量極少、致病力不強的一種感染性小病原體。此病毒若生長於組織培養基中或以相當數量注射於新生鼠、幼田鼠、天竺鼠或兔等動物體內時，可能產生惡性腫瘤。屬於乳多空病毒組。

polyp＊　息肉　具黏膜的腔壁上形成的突起物。形狀各異；可能有肉莖或許多裂片。息肉通常出現在鼻腔、膀胱及消化道，特別是直腸和結腸。若有症狀的話，要看位置與大小；可能是壓力或是通道阻塞造成。息肉偶爾造成出血。因爲少部分是癌症的前兆或是實際上含有癌細胞，建議摘除並用顯微鏡檢查，五十歲以上定期進行結腸鏡檢查。

polyp　水螅體　動物學上，兩種主要的刺胞動物形態之一，有時是苔蘚動物群落內的個體。刺細胞水螅體是中空的圓筒構造。下端附著在其他生物體或表面。上端透空的口往上，周圍伸長的觸手具有刺般的構造，稱爲刺絲胞。觸手捕捉獵物，接著拉進口中。水螅體獨居（參閱sea anemone）或群居（參閱coral）。體壁由三個皮層組成。另一種刺細胞體形態是水母體。

Polyphemus＊　波呂斐摩斯　希臘神話中的獨眼巨人（即庫克羅普斯）。波塞頓和仙女索歐撒的兒子。當奧德修斯及其同伴被沖到西西里海岸時，落到了波呂斐摩斯手中，他把奧德修斯和他的同伴關進洞穴，並打算吃掉他們。但奧德修斯終於把波呂斐摩斯灌醉，並趁他熟睡時用一根燃燒著的木棍弄瞎了他的獨眼。當波呂斐摩斯第二天一大早打開洞門時，奧德修斯和他的六個朋友（其餘的人已被波呂斐摩斯吞食）攀附在被放出去吃草的綿羊的腹下得以逃脫。

polyploidy　多倍體性 ➠ ploidy

polysaccharide＊　多醣　由單醣形成的長鏈食糖中的任何一種。鑒於有的帶有支鏈，有的不帶支鏈，單醣也可能爲不同種類，因此有多種不同方式對多醣進行分類。纖維素、澱粉、肝醣和左旋糖苷都是葡萄糖類的多醣，但具有不同的結構。果膠是由半乳糖變異體和葡萄糖變異體角素構成。連接組織、連接流質和軟骨中便含有二元多醣，包括肝素。

polysiloxane ➠ silicone

polytheism　多神論　認爲存在多神的信仰。儘管猶太教、基督教和伊斯蘭是一神教（參閱monotheism），但其他宗教在歷史上都一直是多神論。在衆多神祇中往往有一個或者一些占統治地位的神。這些神最初是源於對天、海、人等自然力量或者愛、戰爭、婚姻或藝術等社會功能的抽象。在很多宗教中，天神是力量之神和全知之神（如迪夫斯），地神具有母性，並和豐產聯繫在一起。死神和陰間也同樣重要（如俄賽里斯和海爾）。除了有衆多神靈之外，多神論中還往往有代表善良和邪惡的精神力量。亦請參閱god and goddess。

polyurethane　聚氨酯　一類十分多樣的聚合物，製成軟泡沫和硬泡沫、纖維、合成橡膠（彈性聚合物）以及表面塗料。通過異氰酸酯（帶功能團－NCO）與醇類（帶－OH功能團）反應而成。聚氨酯泡沫用含羧基的有機化合物製成，異氰酸酯與這類化合物反應時會釋放出二氧化碳，在產品中形成氣泡。斯潘德克斯合成纖維具有良好的彈性，在紡織業中已大量取代天然和合成的彈性纖維。聚氨酯合成橡膠可製作汽車零件、滾筒、軟模具、醫學儀器以及鞋底。聚氨酯表面塗料可作爲木材、水泥以及機器零件的密封劑。

polyvinyl chloride ➠ PVC

Pombal, marquês (Marquess) de＊　蓬巴爾侯爵（西元1699～1782年）　原名Sebastião (José) de Carvalho (e Mello)。葡萄牙改革家。曾任駐英國和維也納大使，後成爲約瑟夫國王的首席大臣。1750～1777年爲葡萄牙的實際統治者。他鼓勵發展工商業，並積極與巴西開展貿易。1755年里斯本發生地震後，他組織了救援重建工作。他對貴族的權力加以限制，監禁那些陰險之人，或將他們送去羅馬（1759），重組葡萄牙軍隊，改革高校教育制度。約瑟夫去世（1777）後，蓬巴爾的權力也隨之而去。在瑪麗亞一世女王執政期間，遭指控濫用權力，被逐出里斯本，回到自己的領地。

pomegranate＊　石榴　石榴科兩種植物的果實，一種爲原產於亞洲的灌木或小喬木，學名Punica granatum；另一種產於索科特拉島，對其所知甚少。原產於伊朗，但很早已在地中海沿岸地區和印度栽培，也生長於新大陸溫暖地區。果實大如柑橘，有6條不明顯的邊，外皮光滑，革質，褐黃色至紅色；裡面分隔成數室，含有許多形小透明的顆粒，顆粒外層是微紅的多汁果肉，內有一粒具稜角的長形種子。果可鮮食，石榴汁可製石榴糖漿，用於調味和甜露酒。植株高可達5～7公尺，有鮮綠色橢圓形葉和美麗的橘紅色花。在整個東方，石榴自古與葡萄、無花果一樣重要。在《聖經》、先知穆罕默德的話語和希臘神話中都曾提及石榴。

Pomerania＊　波美拉尼亞　歐洲東北部的歷史地區，瀕臨波羅的海，在奧得河與維斯杜拉河之間。居民爲斯拉夫人和其他一些民族。在10世紀時受波蘭王子的統治。12世紀末德國移民開始來到波美拉尼亞的西部和中部。1308年起東部波美拉尼亞就由條頓騎士團的爵士進行統治，直至1466年被波蘭占領。直到17世紀，這一地區都由波蘭公爵以神聖羅馬帝國的名義進行統治。1637年公爵領地由布蘭登堡選侯獲得。1815年普魯士統一了波美拉尼亞的中西部，並設波美拉尼亞省。波美拉尼亞的大部分地區現在都屬波蘭，只有最西部地區屬於前東德。

Pomeranian＊　博美狗　玩賞犬的一種，與凱斯狗、薩摩耶德犬和挪威獵麋狗都育種自同一種雪橇犬。據說爲19世紀初在波美拉尼亞公國從一種重14公斤的狗所培育而成。活潑馴順，頭似狐，耳小而直立。批毛長，頸和胸部尤其濃密，顏色有白、黑、棕或紅棕色。體高約14～18公分，體重約1.5～3公斤。

pommel horse　鞍馬 ➠ side horse

Pomo　波莫人　操霍卡語的加利福尼亞印第安人。其生活地區以俄羅斯河谷爲中心。當地盛產魚類、水禽、鹿和野生可食性植物。沿海居民以木料和樹皮構築房屋；內地居民則用木柱、柴草、葦席，建成各式房舍。波莫人的宗教包括祕密會社、舞蹈、典禮和裝扮神靈。波莫人的編筐技術在加利福尼亞堪稱最佳。現今大約有3000名波莫人散居在其原來土地上的二十個社區。

Pomona＊　波姆那　古羅馬的水果神。四季之神威爾廷努司愛上了她，但波姆那卻拒絕了他以及其他的求愛者，寧可耕種自己的果園。威爾廷努司並不氣餒，他化裝成一位老太太，前來勸說波姆那。最後終於說服波姆那，答應做他的妻子。

Pompadour, marquise (Marchioness) de＊　龐巴度侯爵夫人（西元1721～1764年）　原名Jeanne-

Antoinette Poisson。以龐巴度夫人（Madame de Pompadour）知名。法王路易十五世的情婦。受過藝術和文學教育，1741年嫁給埃蒂奧爾。後成爲巴黎社交界紅人，因而博得國王的青睞。並於1745年被國王招進凡爾賽宮。與丈夫離異後，被封爲龐巴度侯爵夫人。她的弟弟也被任命爲王室建築總管。她、國王以及她弟弟三人一起規畫並建造了巴黎軍事學校、協和廣場、凡爾賽的小特里阿農宮以及其他許多宮殿。她和路易還鼓勵畫師、雕塑家、細木工和各類工匠，在她掌權的二十年中，藝術品位得以攀上高峰。而她在政治方面的影響卻不如在藝術領域。她提議與奧地利結盟以對抗德意志新教諸侯，導致了損失慘重的七年戰爭。

龐巴度侯爵夫人，肖像畫，布歇繪；現藏愛丁堡蘇格蘭國立美術館
By courtesy of the National Gallery of Scotland, Edinburgh

pompano＊　鯧鰺　鱸形目（尤指鰺科鯧鰺屬）數種魚類的統稱，體較高，無牙，體色銀白，廣佈於暖水水域沿岸。有些是名貴食用魚。鱗小，尾基窄，尾鰭叉形。佛羅里達鯧鰺產於美國大西洋沿岸及墨西哥灣沿岸，體長約45公分，重達1公斤。非洲鯧鰺，亦稱短吻絲鰺，產於大西洋及東太平洋，長約90公分，背、臀鰭均有特長的絲狀鰭條。太平洋鯧鰺則爲屬於鯧科的種類。

佛羅里達鯧鰺
Robert Redden－ Animals Animals

Pompeii＊　龐貝　義大利南部古城，位於那不勒斯東南方。由奧斯坎人建於西元前6世紀時或更早，他們是坎佩尼亞地區新石器時代居民的後裔，曾受過希臘和伊楚利亞人的影響，西元前5世紀末曾被義大利的一支種族薩謨奈人占領。曾與羅馬聯盟，到西元前80年受其殖民。西元63年遭地震破壞，79年維蘇威火山大爆發，該城完全被毀。火山灰屑掩埋了該鎮，但也長年保護了這座廢墟。1748年開始考古挖掘，恢復城市的大部分原貌，包括廣場、神殿、浴池、劇院和數百戶人家。亦請參閱Herculaneum。

龐貝的阿波羅神廟，背景為維蘇威山
Edwin Smith

Pompeius Magnus Pius, Sextus＊　龐培・馬格努斯・庇護（西元前67?～西元前35年）　亦作Pompey the Younger。羅馬大將龐培之子，也是龐培的政敵的對手。西元前48年其父在與凱撒交戰後陣亡，他逃往西班牙，繼續與凱撒的軍隊作戰。凱撒死後（西元前44年），他被安東尼任命爲海軍司令，次年便因新出爐的一部法律而被革職，這部法律是針對與凱撒被刺有關的人而設。曾進攻義大利海岸，幫助安東尼反對屋大維（後來的奧古斯都），並脅迫兩人任命他爲西西里總督（西元前39年），均未果。他被屋大維的軍隊擊敗後，逃到小亞細亞，但仍被擒獲並處死。

Pompey the Great＊　龐培（西元前106～西元前48年）　拉丁語全名Gnaeus Pompeius Magnus。羅馬共和國的政治家和將領之一。其早期的軍事生涯極爲輝煌。在同盟者戰爭中，曾協助蘇拉有效地對馬略進行打擊，奪回西班牙（西元前76～西元前71年），粉碎了最後一支斯巴達克思軍，消滅地中海地區東部的海盜（西元前67年起），戰勝了米特拉達梯六世（西元前63年），鞏固和擴大了東部省份和邊境領地。西元前61年與凱撒和克拉蘇形成三頭政治。克拉蘇死後（西元前53年），龐培與凱撒發生衝突。西元前52年羅馬處於無政府狀態，他被任命爲唯一的執政官。西元前49年凱撒違背元老院的旨意，發動內戰，龐培率其海軍向東逃離，凱撒爲追擊龐培而渡過魯比孔河。龐培在法薩盧斯戰役（西元前48年）中被擊敗後，龐培和他的艦隊一起逃到埃及，但沒想到埃及人會站在凱撒一邊，當他走下船，準備踏上埃及國土時，便被殺害。

Pompidou, Georges(-Jean-Raymond)＊　龐畢度（西元1911～1974年）　法國總理（1962～1968）和總統（1969～1974）。第二次世界大戰以前在學校任教。1944～1946年擔任戴高樂的助手。後加入巴黎的羅斯柴爾德銀行，並很快成爲銀行總裁（1959）。任戴高樂首席助理期間（1958～1959），幫助起草第五共和憲法。1961年在阿爾及利亞戰爭中祕密達成停戰協定。次年被任命爲總理。1968年他出色地解決了法國學生與工人大罷工。1969年當選爲法國總統，繼續執行戴高樂的政策。龐畢度中心就是以他的名字命名的。

龐畢度
Dennis Brack－Black Star

Pompidou Centre＊　龐畢度中心　亦稱Beaubourg Center。法國國立文化中心，位於巴黎沼澤區博堡大街。全名爲法國國立喬治龐畢度藝術文化中心。該中心於前法國總統龐畢度任內委辦，故即以其名命名。於1977年正式揭幕。其外觀爲色彩鮮麗的管子、輸送管路和其他各種裸露的設施，這種外觀招致各種非議，但很快便成爲世界上造訪人次最多的文化會堂之一。最初只是一所20世紀視覺藝術博物館，但也舉辦短期展覽，此外，還擁有一個公共圖書館、一個工業設計中心、一個電影博物館以及一個音樂和聲學研究中心。

Ponce de León, Juan＊　龐塞・德萊昂（西元1460～1521年）　西班牙探險家，有可能曾參與1493年哥倫布的遠航。後來在西印度群島參戰（1502），並成爲伊斯帕尼奧拉島總督。在波多黎各建立拓殖，並在今天的聖胡安附近建立了殖民地定居點。由於聽說在巴拿馬群島發現了不老泉，於1513年出發遠征，但他偏向登上了今佛羅里達北部海岸的聖奧古斯丁附近。後來沿佛羅里達海岸向南和向西航行，然後返回西班牙，以保住他軍事總督的頭銜（1514）。1521年再次遠航到佛羅里達拓殖，在印第安人的襲擊中受傷，死於古巴。

Pondicherry　本地治里　印度中央直轄區。1962年由本地治里、加里加爾、亞南和馬埃等四個前法國殖民地組成。前三者沿著東部海岸分布，馬埃則位於西部海岸。是印度最小的中央直轄區之一，主要是因四地共同信仰印度教而合併爲一區。本地治里是該區行政首府。人口約894,000（1994）。

Pondicherry　本地治里　印度東南部本地治里直轄區城鎮和首府，位於科羅曼德爾海岸。1674年從一位當地統治者購得，成爲一法國貿易中心。1693～1697年受荷蘭人統治。1761～1803年間曾幾次被英國人占領。1816～1954年受法國人統治。本地治里現在是一個海濱風景勝地，內有印度教沈思冥想小舍（阿室羅摩），現在是一個國際研究中心。人口約203,000（1991）。

Pondoland　蓬多蘭　南非南部開普省的東部地區。瀕臨印度洋。16世紀末，操班圖諸語言的姆蓬多人在此定居。1894年並入開普殖民地。蓬多蘭地處一狹長地帶，從海岸伸展到西部的內地高原。內陸蓬多蘭是富饒的畜牧區，也有肥沃的農田。

Pont-Aven school＊　阿望橋村畫派　指1880年代末至1990年代初在高更指導下聚會於法國布列塔尼半島阿望橋村的一批擁護綜合主義的青年畫家，其中有貝爾納、拉瓦爾、塞律西埃、菲利格、梅葉爾·德·哈恩、塞甘和夏梅拉。他們的畫作體現出一種全面的簡化，對於色彩的具有高度表現力的使用，還具有精神意義很強的主旨。在高更離此前往大溪地島之後，該畫派的成員轉爲發展象徵主義的理論和技巧。

Pontchartrain, Lake＊　龐恰特雷恩湖　美國路易斯安那州東南部湖泊。長64公里，寬40公里，面積1,619平方公里。應看作是一個潮汐潟湖，湖水略有鹹味，魚類豐富，可供垂釣。通過博格內湖與墨西哥灣相連，另有一運河將其與密西西比河連接起來。龐恰特雷恩堤道成爲該湖的分界線。橫跨該湖的38.4公里長的大橋，是世界上最長的鋼筋水泥橋，該橋北部起點在紐奧良。

Pontecorvo, Guido＊　蓬泰科爾沃（西元1907～1999年）　義大利出生的英國遺傳學家。受墨勒的影響，於1938年設計了一種研究方法，以研究經過雜交通常只能產生不孕雜種的物種的遺傳差異。用這種方法研究了果蠅屬的演化趨異現象。他深信透過研究微生物遺傳學，可以增加第二次世界大戰中急需的藥物——青黴素的生產，從而在1943年轉而致力於真菌遺傳學。1950年發現在僅營無性生殖的構巢曲黴中能發生基因重組，而無性基因重組技術有助於探索基因作用的本質。

Pontiac　龐蒂亞克（西元1720?～1769年）　美國渥太華印第安人酋長。曾領導聯盟對抗占領五大湖區的英國人，史稱「龐蒂亞克戰爭」（1763～1764）。他起初與白人友好相處，後來意識到如不阻止白人的進一步侵犯的話，便會失去原本屬於自己的領地。於是組織單個部落向十二個英軍要塞發動襲擊，並取得巨大勝利。他親自領導了對底特律堡壘的襲擊。他們也爲連續的對英軍發起的進攻付出了代價。1766年龐蒂亞克終於決定簽定和平條約。1769年他被一伊利諾族印第安人刺殺身死。這一事件引發了幾個北部阿爾岡昆部落的報復行動，導致了伊利諾人的實質性滅亡。

Pontifex　大祭司 ➠ Scaevola, Quintus Mucius

pontifex　大祭司　古羅馬大祭司團的成員。負責掌管民法（有關宗教實踐的法律）。在君主政體下大祭司團由三人組成，到了凱撒時期已達十六人。其中一人是由牧師長或大祭司長任命的。維斯太貞女也是大祭司的執行管理委員。大祭司的職責包括制訂曆法，組織贖罪典禮、獻祭儀式，安排祭祀物件，監督婚姻與家庭，執行收養法和繼承法。

Pontoppidan, Henrik＊　彭托皮丹（西元1857～1943年）　丹麥寫實主義作家。進行長篇小說和短篇故事的創作。曾攻讀工程學，在從事協寫作之前，當過教師。他的小說筆調冷峭、超然，近似史詩筆法，內容涉及丹麥生活和他所生活的那個時代的各個層面。其早期作品表達了對社會進步的渴望，後期作品則體現出對現實的絕望。主要小說作品包括半自傳體小說《幸福的彼爾》（1898～1904）、《死人的王國》（5卷；1912～1916）。1917年與吉勒魯普共獲諾貝爾獎。

Pontormo, Jacopo da＊　蓬托莫（西元1494～1556年）　原名Jacopo Carrucci。義大利佛羅倫斯畫家。其父親也是畫家。曾先後在達文西、科西莫的彼埃羅和安德利亞·德爾·薩爾托等大師級畫家手下當學徒，對他產生了極大的影響。其作品背棄了盛期文藝復興藝術的對稱和平靜風格，而反映出一種不安的，甚至於神經質的情緒。他富於表現力的風格有時被看作是早期矯飾主義。他主要是一位宗教畫家，但也創作了一些生動的肖像畫。並受雇於麥迪奇家族，用表現神話主題的畫作裝飾他們的波奇奧塞阿諾別墅。

Pontus　本都　古代地區，位於小亞細亞東北部與黑海的毗鄰區。是一獨立王國，首都在阿馬塞亞。建成於西元前4世紀。之後國土疆域不斷擴大，直到西元前66年，它的最後一任國王米特拉達梯六世被龐培大將軍打敗。西元前63年併入羅馬帝國。

pony　小型馬　背高不及144公分的數種小型馬品種，以溫馴耐勞著稱。常見的品種有謝德蘭小型馬；強壯耐勞，體態優美的威爾斯小型馬；以高步動作著稱的威爾斯矮腳馬；埃克斯穆爾小型馬及達特穆爾小型馬，原產於英格蘭的穆爾高地，今用於繁殖打馬球用的小型馬；高地小型馬，粗壯，呈灰色，供騎乘用。

Pony Express　快馬郵遞（西元1860～1861年）　美國歷史中，在密蘇里州聖約瑟夫和加州沙加緬度之間，由驛馬和騎手接替傳遞郵件的制度。全程2,900公里，有157個驛站。每跑10～15哩便要更換騎手。跑完全程大約需要十天。創辦這項事業的拉塞爾、梅傑斯和沃德爾公司雇用了科迪（野牛比爾）、哈斯拉姆之類的有名騎手。這套郵遞系統是當時聯絡西部的重要方式，但卻因經濟困難，還隨著橫越大陸的電報系統的完善，快馬郵遞十八個月的生命便告終結。

poodle　貴賓狗　德國水中拾獵犬。口鼻部長，耳懸垂，尾短如絨球。單一毛色、厚而捲曲的上層被毛包覆著羊毛狀的底層。貴賓狗的被毛過去被修剪成爲了在拾獵時能有效率地游泳的樣式，如今則多修剪爲供觀賞用的造型。被毛若未經修剪而長成繩索狀者則稱爲corded poodle。標準型體高可超過38公分，重可達32公斤；小型者高25.5～38公分；玩賞型低於25.5公分，重約3公斤。貴賓狗爲法國的國狗，法國人過去曾對其加以訓練，利用貴賓狗嗅出並採掘松露。貴賓狗被認爲是家狗中最聰明的一個品種。

標準型貴賓狗
Sally Anne Thompson

pool 落袋撞球 亦作pocket billiards。撞球的一種，用1個白色主球和15個球在一張有6個落袋的長方形台上進行。開局時15個的球擺成金字塔形，塔尖位於球台上靠近台腳的一點。開球者擊主球，令主球撞擊金字塔而使球散開。要想繼續擊球，此人必須至少令一球落袋。在流行的「八球制」中，先將所有7個單色球（1到7號球）或所有7個花球（9到15號球）擊入落袋，並以8號黑球落袋結束的一方勝出；在「九球制」中，只用到1到9號球，它們必須被按序號擊入落袋，誰先將9號球擊入落袋誰勝出。落袋撞球運動約於1800年以前在英國和法國形成現在的形式。今天這種運動在北美洲最受歡迎。

Poona ➠ Pune

Poor Laws 濟貧法 向窮人提供救濟的法律。產生於16世紀的英國，經過若干改動，一直延續到第二次世界大戰之後。最初的濟貧法提出了一些減免規定，包括對老人、病人和貧窮兒童提供救濟，並在當地教區爲健康人安排工作。19世紀，其囊括領域有所減小，當時認爲健康人的貧困是一種道德墮落。1930年代和1940年代「濟貧法」被一整套公共福利制度所取代。

Pop art 普普藝術 以通俗文化中常見的事物，如漫畫、肉汁罐頭盒、路標、漢堡等爲題材的藝術。普普藝術同其他藝術形式相比，更追求客觀的、非個人的和非精英的藝術而不是像抽象表現主義那樣追求高度主觀、個人和帶威脅性的藝術。它起源於達達主義和杜象的畫作，最開始的代表人物有約翰斯、里弗斯和勞申伯格。雖然它通常被認爲是美國1950年代後期和1960年代的現象並以的利希滕斯坦、沃荷、奧頓伯格、印第安納和西格爾的作品爲代表，但其影響力和它對高低等藝術形式界限的毀壞至今仍影響著視覺藝術。

Popé＊ 波佩（卒於西元1692年） 特瓦普韋布洛印第安人巫醫，1680年領導印第安人叛亂，反抗侵入今美國西南部的西班牙人，將他們驅逐到了聖大非之外，並暫時恢復了普韋布洛人的生活方式。他認爲他受到部落祖先的靈魂卡奇納指導。在領導了普韋布洛暴亂後，贏得極大的榮耀，但是成功使他變得專制暴戾，最終被廢黜。

pope 教宗 天主教會之首，羅馬主教的神職稱號。在早期的教會裡（尤其是在3～5世紀），這是對任何主教的尊稱。至今仍被用來稱呼東正教亞歷山大里亞的牧首和東正教的司祭，但在9世紀，它在西方開始被用來專指羅馬教宗。天主教教義認爲教宗是使徒聖彼得的繼承人，因此將教會在信仰和道德上的最高統轄權以及教會的紀律和管理權賦予他。1870年第一次梵諦岡會議規定教宗在教義上是永無謬誤的。亦請參閱papacy、Roman Catholicism。

波普，肖像畫，哈得遜繪；現藏倫敦國立肖像畫陳列館
By courtesy of the National Portrait Gallery, London

Pope, Alexander 波普（西元1688～1744年） 英國詩人和諷刺家。爲早熟聰慧的孩子，因信仰天主教而被剝奪了受正式教育的權利，因此自學成才。他因脊柱畸形和其他健康問題而使身體的生長受到限制，並妨礙了他的行動，但也因此使他能更加專注於閱讀和寫作。他的第一部重要作品《批評論》（1711）對寫作的藝術作出了評價，其中一些經典警句已經成爲了成語（如「錯誤人皆有，寬恕最難能」〔To err is human, to forgive, divine〕等）。他智睿的諷刺史詩《奪髮記》（1712～1714）諷刺了當時的社會。他一生中最偉大的成就是翻譯了荷馬的史詩《伊里亞德》（1720年）和《奧德賽》（1726），其成功使他在經濟上獲得了保障。他開始捲入許多文學論戰中，使他寫了嚴厲的諷刺詩《群愚史詩》（1728）和《致阿巴思諾特醫生書》（1735）。他的哲學散文《人論》（1733～1734）原本是一個長篇的一部分，但最終沒能完成。

波普
By courtesy of the Library of Congress, Washington, D. C.

Pope, John 波普（西元1822～1892年） 美國軍官。畢業於西點軍校，曾參加過墨西哥戰爭。在美國南北戰爭爆發時，被任命爲志願軍准將，率軍直下密西西比河，幾乎抵達孟菲斯。1862年受命指揮維吉尼亞軍。在第二次布爾溯戰役中，他的軍隊被擊潰。他試圖將責任轉嫁給其下屬，包括波特在內，但還是被解除職務，調往明尼蘇達州平息蘇人動亂。內戰後，他擔任密蘇里戰區司令（1870～1883）。

Popish Plot 天主教陰謀（西元1678年） 在英國史上的一個純屬虛構卻被人們廣爲相信的陰謀，據說當時的耶穌會士計畫謀殺國王查理二世並擁立其弟，即信仰天主教的約克公爵（後爲詹姆斯二世）。這一謠言是歐次捏造的，他曾將一份發過誓的證言的「證據」交給一個倫敦的司法官。當後者被謀殺後，在人民當中引起了恐慌，並帶來了一系列的指控和審判，使三十五人無辜受到牽連。直到歐次被審判後，恐慌才逐漸平息。

poplar 楊 至少35種楊柳科和多個自然雜交種中的任何一個品種。廣泛分布在北部溫帶地區，有少數種類甚至分布在北極圈以內。它們生長迅速，但壽命相對較短。因其葉柄側扁，故葉片在微風中也會顫動。其木質相對較輕，被用來做壁櫥、柳條箱、紙品和薄扳。北美有三種原產的楊樹：三角葉楊類、白楊和脂楊。

poplar, yellow 黃白楊 ➠ tulip tree

Popocatépetl＊ 波波卡特佩特 墨西哥中部偏東南普埃布拉州的火山，位於普埃布拉市西部。頂峰終年積雪，對稱型火山錐高達5,465公尺。西班牙人第一次攀登該山是在1519年。在沈寂五十年後，1994年噴發，1996年再度噴發。

Popol Vuh＊ 聖書 馬雅文獻，是有關古代馬雅人神話和文化的極其珍貴的資料。成書於1554～1558年，所用語言爲基切語，文字則採用西班牙字母。記述了人類的創造、天神的活動、基切人的來源和歷史，還載有1550年前基切諸國王的年表。該書在18世紀被瓜地馬拉高地的教會牧師希門納發現，曾抄錄原文並翻譯成西班牙文，現已遺失。

popolo＊ 波波洛 義大利語意爲「人民」。13世紀義大利各城邦中爲反對當權貴族和維護平民利益而組成的集團。波波洛是在貴族廣泛控制城邦政府後，當時的富商擴展勢力的手段。1250～1260年以及1282年以後波波洛在佛羅倫斯掌握了政府。到14世紀初，其元老組成城邦的最高行政機構。

歷任教宗與偽教宗

彼得	?～64?
利努斯	67?～76/79
阿納克萊圖斯	76～88或79～91
克雷芒一世	88～97或92～101
埃瓦里斯圖斯	97?～107?
亞歷山大一世	105～115或109～119
西克斯圖斯一世	115?～125?
泰萊斯福魯斯	125?～136?
希吉諾斯	136?～140?
庇護一世	140?～155
阿尼塞圖斯	155?～166?
索泰爾	166?～175?
埃留提利烏斯	175?～189
維克托一世	189?～199
澤菲利努斯	199?～217
加里斯都一世	217?～222
烏爾班一世	222～230
蓬提安	230～235
安特魯斯	235～236
法比安	236～250
科爾內留斯	251～253
*諾瓦替安	251
盧西烏斯一世	253～254
史蒂芬一世	254～257
西克斯圖斯二世	257～258
狄奧尼修斯	259～268
菲利克斯一世	269～274
優迪基安	275～283
加伊烏斯	283～296
馬爾塞林努斯	291/296～304
馬爾塞魯斯一世	308～309
優西比烏斯	309/310
米爾提亞德斯	311～314
西爾維斯特一世	314～335
馬可	336
尤里烏斯一世	337～352
利貝里烏斯	352～366
*菲利克斯（二世）	355～358
達馬蘇斯一世	366～384
*烏爾西努斯	366～367
西利修斯	384～399
阿納斯塔修斯一世	399～401
英諾森一世	401～417
索西穆斯	417～418
卜尼法斯一世	418～422
*攸拉利烏斯	418～419
切萊斯廷一世	422～432
西克斯圖斯三世	432～440
利奧一世	440～461
奚拉里	461～468
辛普利修斯	468～483
菲利克斯三世（或二世）♀	483～492
基拉西烏斯一世	492～496
阿納斯塔修斯二世	496～498
西馬庫斯	498～514
*勞倫蒂烏斯	498,501～505/507?
何爾米斯達斯	514～523
若望一世	523～526
菲利克斯（四世或三世）♀	526～530
*狄奧斯科魯斯	530
卜尼法斯二世	530～532
若望二世	533～535
阿加佩圖斯一世	535～536
西爾維留斯	536～537
維吉里	537～555
貝拉基一世	556～561
若望三世	561～574
本篤一世	574/575～579
貝拉基二世	579～590
格列高利一世	590～604
薩比尼安	604～606
卜尼法斯三世	607
卜尼法斯四世	608～615
狄烏迪弟	615～618
卜尼法斯五世	619～625
洪諾留一世	625～638
塞維里努斯	638～640
若望四世	640～642
狄奧多爾一世	642～649
馬丁	649～655
尤金一世	654～657
維塔利安	657～672
阿德奧達圖斯	672～676
多努斯	676～678
阿加托	678～681
利奧二世	681～683
本篤二世	684～685
若望五世	685～686
科農	686～687
塞爾吉烏斯一世	687～701
*狄奧多爾二世	687
*帕斯加爾（一世）	687～692
若望六世	701～705
若望七世	705～707
西辛尼烏斯	708
康斯坦丁	708～715
格列高利二世	715～731
格列高利三世	731～741
札迦利	741～752
史蒂芬（二世）§	752
史蒂芬二世（或三世）§	752～757
保祿一世	757～767
*君士坦丁（二世）	767～768
*腓力	768
史蒂芬三世（或四世）§	768～772
亞得連一世	772～795
利奧三世	795～816
史蒂芬四世（或五世）§	816～817
帕斯加爾一世	817～824
尤金二世	824～827
瓦倫廷	827
格列高利四世	827～844
*若望	844
塞爾吉烏斯二世	844～847
利奧四世	847～855
本篤三世	855～858
*阿納斯塔修斯(教廷圖書館館長)	855
尼古拉一世	858～867
亞得連二世	867～872
若望八世	872～882
馬里努斯一世	882～884
亞得連三世	884～885
史蒂芬五世（或六世）§	885～891
福爾摩蘇斯	891～896
卜尼法斯六世	896
史蒂芬六世（或七世）§	896～897
羅馬努斯	897
狄奧多爾二世	
若望九世	898～900
本篤四世	900～903
利奧五世	903
*克里斯托弗	903～904
塞爾吉烏斯三世	904～911
阿納斯塔修斯三世	911～913
蘭多	913～914
若望十世	914～928
利奧六世	928
史蒂芬七世（或八世）§	929～931
若望十一世	931～935?
利奧七世	936～939
史蒂芬八世（或九世）§	939～942
馬里努斯二世	942～946
阿加佩圖斯二世	946～955
若望十二世	955～964
利奧八世＊	963～965
本篤五世＊	964～966?
若望十三世	965～972
本篤六世	973～974
*卜尼法斯七世（第一任）	974
本篤七世	974～983
若望十四世	983～984
*卜尼法斯七世（第二任）	984～985
若望十五世（或十六世）#	985～996
格列高利五世	996～999
*若望十六世（或十七世）#	997～998
西爾維斯特二世	999～1003
若望十七世（或十八世）#	1003
若望十八世（或十九世）#	1004～1009
塞爾吉烏斯四世	1009～1012
*格列高利（六世）	1012
本篤八世	1012～1024
若望十九世（或二十世）#	1024～1032
本篤九世（第一任）	1032～1044
西爾維斯特三世	1045
本篤九世（第二任）	1045
格列高利六世	1045～1046
克雷芒二世	1046～1047
本篤九世（第三任）	1047～1048
達馬蘇斯二世	1048
利奧九世	1049～1054
維克托二世	1055～1057
史蒂芬九世（或十世）§	1057～1058
*本篤（十世）	1058～1059
尼古拉二世	1058～1061
亞歷山大二世	1061～1073
*洪諾留（二世）	1061～1072
格列高利七世	1073～1085
*克雷芒（三世）	1080～1100
維克托三世	1086～1087
烏爾班二世	1088～1099
帕斯加爾二世	1099～1118
*狄奧多里克	1100～1102
*艾伯特	1102

歷任教宗與偽教宗

*西爾維斯特（四世）	1105～1111	切萊斯廷五世	1294	格列高利十三世	1572～1585
基拉西烏斯二世	1118～1119	卜尼法斯八世	1294～1303	西克斯圖斯五世	1585～1590
*格列高利（八世）	1118～1121	本篤十一世	1303～1304	烏爾班七世	1590
加里斯都二世	1119～1124	克雷芒五世	1305～1314	格列高利十四世	1590～1591
洪諾留二世	1124～1130	若望二十二世#	1316～1334	英諾森九世	1591
*切萊斯廷（二世）	1124	*尼古拉（五世）	1328～1330	克雷芒八世	1592～1605
英諾森二世	1130～1143	本篤十二世	1334～1342	利奧十一世	1605
*阿納克萊圖斯（二世）	1130～1138	克雷芒六世	1342～1352	保祿五世	1605～1621
*維克托（四世）	1138	英諾森六世	1352～1362	格列高利十五世	1621～1623
切萊斯廷二世	1143～1144	烏爾班五世	1362～1370	烏爾班八世	1623～1644
盧西烏斯二世	1144～1145	格列高利十一世	1370～1378	英諾森十世	1644～1655
尤金三世	1145～1153	烏爾班六世	1378～1389	亞歷山大七世	1655～1667
阿納斯塔修斯四世	1153～1154	*克雷芒（七世）	1378～1394	克雷芒九世	1667～1669
亞得連四世	1154～1159	卜尼法斯九世	1389～1404	克雷芒十世	1670～1676
亞歷山大三世	1159～1181	*本篤（十三世）	1394～1423	英諾森十一世	1676～1689
*維克托（四世）	1159～1164	英諾森七世	1404～1406	亞歷山大八世	1689～1691
*帕斯加爾（三世）	1164～1168	格列高利十二世	1406～1415	英諾森十二世	1691～1700
*加里斯都（三世）	1168～1178	*亞歷山大（五世）	1409～1410	克雷芒十一世	1700～1721
*英諾森（三世）	1179～1180	*若望（二十三世）	1410～1415	英諾森十三世	1721～1724
盧西烏斯三世	1181～1185	馬丁五世※	1417～1431	本篤十三世	1724～1730
烏爾班三世	1185～1187	尤金四世	1431～1447	克雷芒十二世	1730～1740
格列高利八世	1187	*菲利克斯（五世）	1439～1449	本篤十四世	1740～1758
克雷芒三世	1187～1191	尼古拉五世	1447～1455	克雷芒十三世	1758～1769
切萊斯廷三世	1191～1198	加里斯都三世	1455～1458	克雷芒十四世	1769～1774
英諾森三世	1198～1216	庇護二世	1458～1464	庇護六世	1775～1799
洪諾留三世	1216～1227	保祿二世	1464～1471	庇護七世	1800～1823
格列高利九世	1227～1241	西克斯圖斯四世	1471～1484	利奧十二世	1823～1829
切萊斯廷四世	1241	英諾森八世	1484～1492	庇護八世	1829～1830
英諾森四世	1243～1254	亞歷山大六世	1492～1503	格列高利十六世	1831～1846
亞歷山大四世	1254～1261	庇護三世	1503	庇護九世	1846～1878
烏爾班四世	1261～1264	尤里烏斯二世	1503～1513	利奧十三世	1878～1903
克雷芒四世	1265～1268	利奧十世	1513～1521	庇護十世	1903～1914
格列高利十世	1271～1276	亞得連六世	1522～1523	本篤十五世	1914～1922
英諾森五世	1276	克雷芒七世	1523～1534	庇護十一世	1922～1939
亞得連五世	1276	保祿三世	1534～1549	庇護十二世	1939～1958
若望二十一世#	1276～1277	尤里烏斯三世	1550～1555	若望二十三世	1958～1963
尼古拉三世	1277～1280	馬爾塞魯斯二世	1555	保祿六世	1963～1978
馬丁四世※	1281～1285	保祿四世	1555～1559	若望・保祿一世	1978
洪諾留四世	1285～1287	庇護四世	1559～1565	若望・保祿二世	1978～
尼古拉四世	1288～1292	庇護五世	1566～1572		

說明：

- 加註*號者爲僞教宗。
- 4世紀以前，教宗通常是指羅馬主教而言。
- ♀355～358年在位的教宗菲利克斯（二世）通常列爲僞教宗，如果把他列爲教宗，則使用較高的序數，如483～492年在位的教宗便是菲利克斯三世。
- §史蒂芬（二世）雖在752年3月23日當選爲教宗，但兩天後即逝世，沒有正式登位，故通常不將他列入，表中列出他的名號序數，頗不正常。
- ＊利奧八世或本篤五世都可列爲僞教宗。
- #教宗若望十四世（983～984年在位）之後，以若望命名的教宗在序數方面情況混亂，因爲有些11世紀的歷史學者誤認爲在僞教宗卜尼法斯七世和眞教宗若望十五世（985～996年在位）之間，還有一位名爲若望的教宗，因此他們把眞正的教宗若望由十五世至十九世，誤列爲由十六世至二十世。後來在習慣上這些教宗已重行排列爲十五世至十九世，而教宗若望二十一世和若望二十二世則假定在他們之前眞正有二十位教宗若望，繼續使用他們所正式採用的序數。所以在近代的教宗世系序數排列中，並沒有若望二十世。
- ※13世紀時，教廷法院把兩位教宗馬里努斯誤念爲馬丁。這項錯誤使1281年登位的西蒙・德・卜利從馬丁二世變成馬丁四世，而世系表並沒有加以改正，因此沒有馬丁二世和馬丁三世。

Popper, Karl (Raimund)　波普爾（西元1902～1994年）　受封爲卡爾爵士（Sir Karl）。奧地利裔的英國自然科學及社會科學哲學家。他在《科學發現的邏輯》（1934）一書中反對傳統的歸納法觀點，該觀點認爲一項科學假說可以透過累積許多支持該假說的觀察而獲得證實（verify）；與此相反，波普爾認爲科學假設只能被否證（falsify）。他後來的著作包括《開放社會及其敵人》（1945）、《歷史主義的貧困》（1957）以及《再論科學發現的邏輯》（3卷，1981～1982）。

poppy family　罌粟科　約200種，大多數爲草本，也有些木本（小喬木或灌木）。本科以庭園觀賞植物（主要爲罌粟屬種類）和藥用植物著稱，多見於北半球。所有種類具杯狀花，果爲蒴果，葉通常深裂或分裂成小葉，汁液有顏色。包括鴉片罌粟和虞美人，其種子可休眠數年。後者被視爲第一次世界大戰的象徵，因其盛開於受戰爭侵擾的地區。亦請參閱California poppy。

popular art 大衆藝術 各種舞蹈、文學、音樂、戲劇或其他任何以城市文化主導下具有文化和先進技術的社會中的人民大衆爲物件的藝術形式。它傾向於用敘述的方法來加強沒有衝突的觀點和情緒，支援社會機構，爲某一社會群體創造其特色。在20世紀，它主要依賴電視、攝影、數位光碟、磁帶錄影機、電影、廣播和卡式錄影機等複製或傳播的技術。

popular front 人民陣線 1930年代工人階級政黨和中產階級政黨爲保衛民主制、防禦法西斯進攻而結成的聯盟。「人民陣線」在第三共產國際（1935）公布反法西斯主義，其中不僅包括了共產黨人士和社會主義人士，還包括了自由主義者、溫和派人士，甚至保守主義者。人民陣線政府在1936年成立於法國和西班牙，但法國政府在布魯姆領導下採取的經濟改革的結果證明無效，而西班牙政府則在西班牙內戰中被佛朗哥推翻。

Popular Front for the Liberation of Oman (PFLO) 阿曼人民解放陣線 原名杜法爾解放陣線（Dhofar Liberation Front）。1963年由阿拉伯民族主義及宗教保守分子創立的反抗組織，後來並罷黜阿曼國王賽義德·泰木爾（1932～1970年在位）。1968年解放陣線由馬克主義者取得控制。1970年國王泰木爾被他的兒子卡布斯·賽義德罷黜，新國王則利用軍事結盟和經濟優惠的方式，使反抗勢力減低。

popular music 大衆音樂 從歷史上來看，大衆音樂是任何並非民間音樂、而獲得極大歡迎的音樂——從中古的吟遊詩人、到原先只想爲少數精英聽衆的精緻藝術音樂的成分，都變得受到廣泛的接受。工業革命之後，眞正的民間音樂開始消失，而維多利亞時代與20世紀早期廣爲流傳的音樂，是那些音樂廳堂與諷刺性輕歌舞劇的音樂，而這些音樂擁有由奧芬巴赫、赫伯特以及其他人的華爾茲音樂與輕歌劇所主導的上層領域。在美國，黑臉歌舞秀表演的是像佛斯特這樣的詞曲作家所作的曲子。1890年代，錫盤巷浮現，接著是達到高度精緻化的音樂劇。以繁拍爲起點，在1890年代，非裔美人開始將複雜的非洲旋律與歐洲的和聲結構相結合，此一綜合最終創造出爵士樂。音樂的聽衆大幅擴充，部分是科技的原因。至遲於1930年，留聲機唱片開始取代活頁樂譜，成爲音樂在家庭中的主要來源，促成未受音樂訓練者也能聆賞廣泛流傳的歌曲。麥克風也減輕了歌唱者訓練嗓子的需要，而能將聲音貫遍於大型的廳堂。電台廣播有能力達到鄉村社群，也有助於新的音樂風格，有名的例子是鄉村音樂，以及程度略遜的藍調。美國的大衆音樂，在第二次世界大戰後的幾十年間達到國際性的主宰地位。在1950年代，非裔美人向北部城市的遷移，已使得藍調與爵士樂的快節奏相互激蕩滋養，而創造出節奏藍調。搖滾樂，在諸如艾維斯普里斯萊和小理查這樣的人物之下，很快就發展成一種融合節奏藍調、鄉村音樂以及其他影響的混合物。在1960年代，英國的搖滾樂團，包括披頭合唱團和滾石合唱團，成爲具有國際影響力的樂團。搖滾樂很快就吸引了西方青少年的熱誠擁戴，他們在擁有新的可處置的收入，取代了年輕成人成爲大衆音樂的主要聽衆。從1960年代晚期開始，黑人的流行音樂開始爭取到大量的白人的聽衆。流行樂的歷史在整個1990年代基本上是屬於搖滾樂及其變化的歷史，包括狄斯可、重金屬音樂、龐克搖滾和饒舌樂，這股音樂已經散布至全世界，並成爲許多國家年輕人標準的音樂慣性。

Popular Party (Italy) ➡ Italian Popular Party

Popular Republican Movement (MRP) 人民共和運動 法國社會改革政黨。成立於1944年，是第四共和的有力核心，並代表了天主教民主。它在1950年代只贏得了大選中25%的選票，力量開始衰弱，不及右翼和左翼黨派。1966年同其他一些右翼黨派一起成立民主中心黨，在大選中只贏得13%的選票。1968年影響力已小，形同一個政治俱樂部。

popular sovereignty 人民主權論 允許美國各聯邦州自主決定成爲聯盟的自由州或奴隸州的一個政治學說。由道格拉斯提出以作爲「堪薩斯－內布拉斯加法」的折衷辦法。批評該學說者稱其爲「牧場借用者的主權論」。接下來在反對和支持奴隸制的黨派（參閱Bleeding Kansas）之間展開的暴力活動，意味著人民主權論的失敗。亦請參閱Dred Scott decision。

Populares ➡ Optimates and Populares

Populations I and II 星族I和星族II 兩類大型的星族，其成員在年齡、化學組成和在銀河系中的位置等許多方面互不相同。這一概念由巴德（1893～1960）提出。星族I由年輕的恆星和星群組成，存在於在銀河系和其他旋渦星系的旋臂及其附近和某些年輕的不規則星系（如麥哲倫星雲）中。星族I中的成員被認爲是源自星際物質的不同變化過程，包括超新星的爆炸，並因此使其組成物質帶有偏重的元素。星族II由較老（通常在10至150億年）的恆星和星群組成，被認爲是源自在銀河系早期形成的星際物質，主要由氫和氦構成，存在於星系暈、星系和球狀星團中，在橢圓星系中也大量存在。天文學家們有時用星族III來指在大爆炸後出現的第一代恆星。

populism 民粹主義 尊崇一般人民的政治哲學，通常是用來與精英對比，以凸顯人氣。民粹主義通常會與左派或右派的元素結合，反對大型企業和金融集團，但經常也會挑起對少數族群、種族和移民的敵視。這個名詞最早起於1890年代美國的平民黨運動。

Populist 民粹派 亦稱Narodnik。俄國19世紀社會主義運動的成員。1860年代和1870年代，這項運動吸引了一批知識分子，他們相信，在農民（narod的意思是「人民」）中進行政治宣傳能促使他們反抗，從而使沙皇政權自由化。這種喚醒農民的嘗試造成了政治上的迫害和逮捕，這反過來使社會主義者們採取更激進的方法，包括恐怖行動。1870年代中期成立了革命的土地和自由集團，由普列漢諾夫領導，繼續在農民中工作，直到1879年分裂爲止。20世紀時，該運動的民粹思想又被社會革命黨復興起來。

Populist Movement 平民黨運動 1890年代美國中西部和南部農業改革者的政治聯盟。發展自1880年代反對降低的農作物價格和信貸短缺的農民聯合會。其領導人組成了平民黨或人民黨黨派（1892），支援有助於農民的政策。該黨派的總統候選人韋弗（1833～1912）贏得了一百萬以上的選票。許多州和地方平民黨候選人在中西部被選舉。1896年該黨派同民主黨合作支持自由鑄造銀幣運動和未能成功當選的布萊安。該運動之後開始衰落。

porcelain 瓷器 一種用白色細顆粒的材料製成的通常爲不透明的玻璃化陶瓷。首先在中國唐朝（618～907）生產，在元朝（1279～1368）技術得到改進。主要的三種瓷器有硬質瓷（眞瓷）、人工瓷（軟質瓷）以及骨灰瓷。中世紀歐洲工匠在試圖製造硬質瓷的過程中發現了可以用銼刀切割的軟陶。硬質瓷的祕密約1707年在薩克森被發現。當斯波德（1754～1827）將一種煅燒後的骨頭加到硬陶配方中後，在約1800年制出了軟陶。硬質瓷雖然堅硬，但比骨灰陶易碎。

亦請參閱Bow porcelain、Chantilly porcelain、Chelsea porcelain、Meissen porcelain、Nymphenburg porcelain、Saint-Cloud porcelain、Sevres porcelain、stoneware。

porch　門廊　在建築的前部和邊上的開放式的帶頂建築，從建築正面突起，用來保護入口。如果被加上列柱，則被稱爲柱廊。走廊通常就是有欄杆的長門廊，通常在建築的幾個方向修建。簡單的門廊在英國和美國18世紀晚期之後的家庭建築中都很常見。在哥德式的教堂中，中堂往往是一個小的山牆，從中央的北部或南部突出。亦請參閱loggia、narthex。

porcupine　豪豬　體笨，獨棲，行動遲緩，夜間活動的齧齒類動物，有豪針（變態的毛）披於背和尾部，在某些有鬃毛的種類，其頸和肩部也披有豪針。豪針經接觸可輕易掉落。新大陸豪豬（美洲豪豬科4屬）爲樹棲，豪針有倒鉤；舊大陸豪豬（豪豬科4屬）爲地棲，豪針無倒鉤。北美豪豬體長約75公分，尾長20公分，豪針長約8公分，以有力的尾抽打來犯者，喜吃樹皮下的嫩組織層。冠豪豬，爲典型的舊大陸豪豬，遇敵時豪針豎立，向後跑將豪針嵌入攻擊者的肉裡，以植物根、果實和植物的其他部分爲食。非洲豪豬是歐洲和非洲最大的地棲齧齒動物，重達27公斤，豪針長達35公分。

porgy＊　鯛　鯛科約100種魚類的統稱，一般居於淡水，廣佈於熱帶及溫帶水域。有時也叫作sea breams，是典型的高背魚類，有一背鰭，口小，具堅利牙齒，以魚和硬殼無脊椎動物爲食。體長大多不及30公分，但有些可長到120公分。南非的食貝魚爲受歡迎的遊釣魚，可重達45公斤。在澳大利亞和日本，眞鯛屬的幾個種類爲重要食用魚（在澳大利亞稱爲鰳魚）。紅鯛棲於歐洲的深水中。亦請參閱sheepshead。

金眼門齒鯛（Stenotomus chrysops）
Runk/Schoenberger from Grant Heilman

pork　豬肉　豬的肉，通常在豬被飼養到六個月至一年時宰殺。通常被切割成不同的樣式和部位（包括排骨、臘腸、熏火腿、鹹肉、香腸或別的產品）作爲食用肉類出售。因爲豬會被寄生蟲引起的旋毛蟲病傳染，因此必須被加溫至71℃以殺死寄生蟲。伊斯蘭教和猶太教規定禁食豬肉。

pornography　色情作品　企圖引起性興奮的對色情行爲的描寫。原意是指描述妓女生涯的任何美術或文學作品。但是該辭彙的起源是很古老的，早期歷史已不清楚，因爲在傳統上認爲不宜流傳。色情畫作的出現促進了色情文字的產生，目的在於娛樂和引起興奮。最早的純粹爲了引起興奮的現代色情作品出現在18世紀的歐洲。而色情作品和電影的發展促其成長。在第二次世界大戰期間，書面的色情作品被大量的視覺色情作品取代。

porphyrin＊　卟啉　任何一類水溶性的雜環化合物的名稱，有特殊的化學組成和結構，有4個溶合的圈和氮原子。當它們的衍生物同蛋白和金屬離子混合時產生的化合物包括血紅素蛋白質（如血紅素、細胞色素、加速過氧化氫物衰敗的酶）。

porphyry copper deposit＊　斑岩銅礦床　大型的火成岩，有特殊的晶體和相對較細的顆粒，含黃銅礦和其他硫化物。這種礦床含有大量按重量計有1%含銅量的鐵礦，雖然品位低，卻是銅的重要來源，因爲能夠以很低的成本進行大規模開採。開採大型斑岩銅礦床的地方有美國西南部（鉬爲副產品）、索羅門群島、加拿大、祕魯、智利、墨西哥等。

porpoise　鼠海豚　鼠海豚科（有些專家將其歸屬海豚科）齒鯨的統稱。其中4種普通鈍吻海豚或港灣鈍吻海豚（隸於鼠海豚屬），常成對或成大群棲息，主要食魚，體上部爲灰或黑色，下部爲白色。膽怯的大西洋鼠海豚分布遍及北半球，很少跳出水面。鼠海豚屬另外幾種分布加州和南美洲海岸。北太平洋的多爾氏鈍吻海豚和日本的特魯氏鈍吻海豚群棲，性情活躍，常游在海船前方，常2～20隻爲一群，以頭足類和魚爲食，均爲黑色，體兩側各有一大白斑。黑色無鰭鈍吻海豚體小，動作遲鈍，分布於太平洋和印度洋。最大長度約2公尺，鼠海豚的體型較海豚小而豐滿，吻鈍。與海豚一樣，鼠海豚也因具高智力而出名。

port　埠　個人電腦的輸入／輸出管線。序列埠是爲了作爲資料終端設備與資料通訊設備之間的界面而設計的。依序處理資料，成爲一系列的位元，用來連接設備（如數據機或滑鼠）到電腦。平行埠以平行方式處理數個資料位元，用於連接如電腦印表機與光學掃描器之類的周邊設備到電腦上。平行埠較快，不過序列埠比較便宜，需要的電力較少。亦請參閱USB。

port　波特酒　產於葡萄牙的甜味加強型葡萄酒，有濃郁的味道和香氣。得名於其傳統的釀造地和分裝地波多。波特酒生產的特點在於在發酵期間要給酒添加大量的白蘭地。通常要製成上好的波特酒需要很多時間，大概幾十年左右。

Port Arthur　亞瑟港 ➠ Lüshun

Port-au-Prince＊　太子港　西印度群島海地共和國首都和主要海港。位於戈納夫灣東南部海濱。該城市由法國人在1749年修建，1751年和1770年毀於地震，並常常受火災和民衆衝突的破壞。1807年，該港口開始向國外商船開放。它是該國最重要的港口和商業中心，出產糖、麵粉、棉花籽油和紡織品。人口：都會區約1,255,000（1992）。

Port Blair　布萊爾港　孟加拉灣中印度安達曼－尼科巴群島直轄區的首府。1789年被英國人占領，但很快被遺棄。1858年成爲流放地，1942～1945年被日本侵占。1945年廢除流放地。現爲集鎮，有幾座地方歷史博物館和一座機場。人口約75,000（1991）。

Port-de-France ➠ Noumea

Port Jackson　傑克森港　南太平洋小海灣，位於澳大利亞東南部新南威爾士州，是世界天然優良港灣之一。1770年被科克船長發現，其入口在南口和北口之間，爲海軍和軍事基地所在。雪梨位於其南部海灣，而雪梨的北郊位於其北部海岸，透過雪梨灣橋（1932年建）相連。

Port Louis　路易港　模里西斯首都和主要港口。1736年由法國人修建，當時是輪船繞好望角穿行於亞洲和歐洲之間的港口。1869年蘇伊士運河建成後，其重要性下降。它是模里西斯島最重要的商業中心，主要出口食糖。人口約146,000（1995）。

Port Moresby　摩爾斯貝港　巴布亞紐幾內亞巴布亞灣東南部海灣城市。它廣大而隱蔽的海港在1873年被摩爾斯貝上校所發現。1883～1884年被英國占領。第二次世界大戰時爲盟軍主要基地。1974年在此建立國家首都地區，包括了全部摩爾斯貝港地區。1975年巴布亞紐幾內亞獨立後，摩爾斯貝港成爲首都。現爲商業中心，設有一座大學。人口193,000（1993）。

Port-of-Spain　西班牙港　千里達與托巴哥的城市（1995年人口約52,000）、海港與首都。曾爲西印度聯盟首都，位於千里達島的西北部，濱帕里亞灣。該市是加勒比海地區的航空中心，經濟形式多樣，出產蘭姆酒、啤酒和木材。也是一個重要的港口和船運中心，出口石油、食糖、柑橘和瀝青。

Port Said＊　塞得港　埃及東北部港口城市（1994年人口約460,000）。位於地中海蘇伊士運河的北端。1859年建於將地中海同曼宰萊湖分割開的低地沙土帶，成爲了世界上最重要的加煤站。在1956年埃及運河國有化引起的蘇伊士危機期間，塞得港是英法軍隊登陸的地方。1967年「六日戰爭」中，以色列軍占領了運河東岸，蘇伊士運河一直被封閉到1975年才開放。該市在1975年後才恢復了活力，工業包括紡織、服裝、化妝品和玻璃製造。

Port-Vila＊　維拉港　亦稱維拉（Vila）。太平洋西南部萬那杜海港（1996年人口約32,000）、首都和最大城鎮。居民包括英裔、法裔、萬那杜人和越南人。第二次世界大戰期間爲美軍基地，現爲萬那杜商業中心。

porte cochere＊　車輛門道；停車門廊　法語意爲車道。建築或外牆通路的通道，爲車輛通行進入內院而設計。車輛門道常見於仿法王路易十四世和十五世建築風格的宏偉富麗的府邸中。此詞後來指建築物入口處同車道臨近的有頂建築。

Porter, Cole (Albert)　波特（西元1891～1964年）　美國作曲、作詞家。出身富裕家庭，孩提時學過小提琴和鋼琴，並在十歲時創作了一部輕歌劇。在耶魯大學期間曾作了約三百首歌，包括〈硬漢〉。後來在哈佛學習法律和音樂。1916年在百老匯因《先看美國》一舉成名。之後，他來到法國，成爲了一個到處遊蕩的花花公子。雖然他公開承認是同性戀，但他仍同一個富裕的離婚女子結婚。他爲百老匯寫的歌曲《巴黎》（1928）取得了成功，其後的作品包括《快活的離婚者》（1932）、《什麼都行》（1934）、《紅的、熱的、藍的》（1934）、優秀的《吻我，凱蒂》（1948）、《康康舞》（1953）和《長絲襪》（1955）。他同時還創作了一些電影歌曲，包括《高等社會》（1956）。波特個人創作歌詞並譜曲的充滿智慧的複雜歌曲還包括〈夜與日〉、〈我從你那裡得到樂趣〉、〈跳起比金舞〉、〈我愛巴黎〉和〈你乃至上〉等。1937年一場騎馬事故導致他半殘，他在動過三十次手術後不得不截去一腿。

Porter, David　波特（西元1780～1843年）　美國海軍軍官。1798年加入海軍，曾參加的黎波里戰爭。在1812年戰爭期間，被任命爲美國活躍於太平洋水域的第一艘軍艦「艾塞克斯號」艦長，曾俘虜了幾艘英國捕鯨船並占領了馬克薩斯群島最大的島嶼努庫希瓦（1813）。他後來在智利的法耳巴拉索被英國護衛艦包圍，並在1814年投降。1815～1823年擔任海軍專員，帶領一空軍中隊鎮壓西印度群島海盜（1823～1825）。他因未經許可在波多黎各對西班牙當局採取了行動而被停職送交軍事法庭。1826年辭職，1826～1829年擔任墨西哥海軍司令。

Porter, David Dixon　波特（西元1813～1891年）　美國海軍軍官。在1829年加入美國海軍之前，曾在西印度群島和墨西哥海軍擔任父親大衛．波特手下的部將。他在美國南北戰爭期間晉升爲副艦長，在他的養兄弟法拉格特手下擔任部將，協助贏得了紐奧良戰役。1863年指揮艦隊強行打通美利堅邦聯南軍在維克斯堡的要塞，同格蘭特將軍的軍隊會合，完成了爲北軍打開密西西比河通道的任務。戰後擔任美國海軍軍官學校校長（1865～1869），1870年晉升海軍上將。

波特
By courtesy of the Library of Congress, Washington, D.C.

Porter, Fitz-John　波特（西元1822～1901年）　美國軍隊長官。畢業於西點軍校，1849～1855年間在該校任教。在南北戰爭期間擔任志願軍准將。在第二次布爾溯戰役中擔任波普的下屬，被指責該爲北軍失敗負責。在軍事法庭上，波特認爲波普的命令不清楚，且沒有可行性，但他仍被判有罪。1879年法院經過復查，宣布他無罪。

Porter, Katherine Anne　波特（西元1890～1980年）　美國女作家。曾在芝加哥和丹佛當新聞記者，1920年前往墨西哥，並以其爲背景寫了一些小說。作品包括《開花的紫荊樹》（1930），是第一部也是最受歡迎的作品；《灰色騎士，灰色馬》（1939），包括三篇中篇小說；以及《短篇小說集》（1965，獲普利茲獎及國家圖書獎）。其作品結構嚴謹，描繪了只有在小說中才存在的複雜人物性格。《愚人船》（1962）是她唯一的長篇小說。

portico　柱廊　建築物有柱的走廊或入口，或有一定間隔的柱子支承的帶頂通道。是古希臘廟宇建築的主要特徵之一，因此也是羅馬及以後所有受古典主義啓示的建築的一個重要組成部分。

Portillo, José López ➠ López Portillo (y Pacheco), José

Portland　波特蘭　美國緬因州西南部海港城市。1632年始有人定居，1676和1690年被印第安人破壞。1786年設爲鎮，1820～1832年是該州主要城市。1866年的一場大火毀壞了市中心大半，但後來重建。現爲該州第一大城市，是南波特蘭和西布魯克大都會區及周邊城鎮的中心。主要修建在兩個多山的半島上，可俯視卡斯科灣。工業包括紙漿和紙品、造船業、出版、商用漁業和木材生產。朗費羅誕生於此。人口約62,000（1992）。

Portland　波特蘭　美國奧瑞岡州西北部最大港市，位於威拉米特河與哥倫比亞河匯流處的東南部。早期是印第安人野營地，1829年建於其址上。1844年開始規畫，1851年設建制。早期的繁榮是受到淘金熱和沿奧瑞岡小道而來的移民的影響。現在是該州最大的城市和主要港口。出口品包括木材、鋁和小麥。造船和肉製品包裝業是其重要工業。市內設有許多教育機構，包括路易斯和克拉克學院（1867）以及列德學院。人口約481,000（1996）。

portland cement　普通水泥　現在所用混凝土的代用品。這是用石灰石和黏土或葉岩焙燒後磨細而成的一種灰色粉末，由阿斯普丁（1799～1855）發明，1824年獲得專利權。這種水泥因凝固後與英國波特蘭島上的石灰岩極爲相似而得名。這種水泥與水混合後會產生化學變化而凝結硬化。

Portland Vase　波特蘭花瓶　西元1世紀在深藍色玻璃上飾以白色圖案的羅馬花瓶，是現存最精美的古羅馬寶石玻璃製品。18世紀時屬波特蘭公爵所有，後被人多次仿製，尤其是在維多利亞時代。最爲逼眞的要數用碧玉石陶器製成、有白色浮雕的花瓶（1790年由維吉伍德製造）和1876年用玻璃製成的仿製品。1845年大英博物館進行重建（當時存放在那裡）時，原始花瓶被打碎，不得不費心修復。

波特蘭花瓶，羅馬寶石玻璃，做於西元1世紀；現藏大英博物館
By courtesy of the trustees of the British Museum

Porto＊　波多　葡萄牙語作Oporto。葡萄牙西北部港口城市，位於斗羅河右岸。羅馬時期稱爲波圖斯卡萊，是斗羅河南岸一早期繁榮的居住地。後被阿蘭人、西哥德人、摩爾人和基督教教徒相繼占領，14世紀成爲一重要港口。1394年航海家亨利在此出生。1809年是英國在半島戰爭中擊敗法軍的地方。這裡出產的波特酒名揚世界。現爲葡萄牙第二大城市和該地區商業和工業中心。人口311,000（1991）。

Pôrto Alegre＊　阿雷格里港　巴西南部靠大西洋海岸的海港城市。約1742年由亞速群島移民建成，原名爲卡塞斯港。在19世紀有很多德國人和義大利人來此定居。濱瓜伊巴河，是內陸航運中心。現爲巴西聖保羅以南最重要的商業中心，出口產品包括稻米、煙草和獸皮。工業包括造船、紡織業、製藥和化學製品。同時還是教育中心。人口：都會區約3,349,000（1991）。

Porto-Novo＊　波多諾伏　貝寧首都和港口城市，濱臨西非幾內亞灣。位於該國東南部沿海礁湖上，可能是在16世紀末建立，成爲波多諾伏當地王國的中心。葡萄牙人在17世紀在此修建商站，成爲奴隸買賣的中心。1863年成爲法國的保護地，1904年成爲法國西非達荷美殖民地首府。該市還有非洲的古老宮殿廢墟和殖民地時期風格的建築，包括古老的葡萄牙人大教堂。人口約200,000（1994）。

Portsmouth＊　樸次茅斯　英格蘭罕布郡單一政區和城市，位於英吉利海峽波特西島上。1194年建立並獲得第一張特許狀。1496年建爲海軍造船廠，1689年以後大爲擴建。造船廠面積超過120公頃，是該市最大的雇主。樸次茅斯在第二次世界大戰期間曾遭德國猛烈轟炸。主要工業包括造船和航太工程。狄更斯誕生於此。人口：單一政區和城市約189,900；樸次茅斯城區409,341（1991）。

Portsmouth　樸次茅斯　美國維吉尼亞州東南部城市和港口，隔伊莉莎白河與諾福克相望。與諾福克以及新港紐斯共同組成漢普頓錨地港口。該市始建於1752年，取名英國的樸次茅斯，在美國革命期間曾爲英、美軍占領。1858年建市。在美國南北戰爭期間，北軍撤出美國海軍造船廠，使美利堅邦聯南軍得以儲存軍備。1862年北軍重新奪回。現爲漢普頓錨地的美國軍事區一部分。經濟以造船和輪船修理業爲主，還有別的製造業。人口約101,000（1996）。

Portsmouth, Treaty of　樸次茅斯和約（西元1905年9年5月）　結束日俄戰爭的和約。其斡旋者爲美國總統羅斯福，在新罕布夏州樸次茅斯附近的美國海軍基地簽訂。根據規定，戰敗的俄國人承認日本在朝鮮的統治權，把亞瑟港（今旅順）和遼東半島的租借權轉與日本，而把庫頁島南部割給日本。日俄雙方同意恢復中國對滿洲的主權。

Portugal　葡萄牙　正式名稱葡萄牙共和國（Portuguese Republic）。古稱Lusitania。位於西南歐伊比利半島西部的國家。面積92,389平方公里。人口約10,328,000（2001）。首都：里斯本。人民大部分是葡萄牙人。官方語：葡萄牙語。宗教：天主教。貨幣：歐元。大西洋中的亞速群島和馬德拉群島在行政上也屬葡萄牙。葡萄牙大致被太加斯河一分爲二。高地大多起自太加斯河以北，並往東北延伸到西班牙。葡萄牙擁有工業化經濟，包括公、民營部門。1974年在一場軍事政變後，大部分的工業已國有化，但在1980年代晚期許多部門已轉爲民營。工業以輕工業爲主，產品包括紡織和成衣，紙張和木製產品，以及化學品。政府形式爲共和國，一院制。國家元首是總統。政府首腦爲總理。西元前1千紀，塞爾特人在伊比利半島定居下來。西元前140年前後，羅馬人征服了他們，並一直統治到西元5世紀日耳曼部落入侵這個地區。711年穆斯林入侵，僅存葡萄牙北部還在基督教的手裡。1179年該地區成爲葡萄牙王國，隨著重新取得穆斯林所占據的部分而擴張起來。現代歐陸的葡萄牙疆界是在1270年國王阿方索三世手中完成的。在15和16世紀，該君主國鼓勵探險，促使葡萄牙的航海家們紛紛到非洲、印度、印尼、中國、中東和南美洲去探險。雖然曾建立了若干殖民地，但都逐漸獨立了（參閱Brazil、Goa、Cape Verde、East Timor、Angola、Guinea-Bissau、Mozambique和Macau）。20世紀中葉，獨裁者薩拉查統治葡萄牙，1974年發生一場政變將他驅逐。1976年通過一部新憲法（1982年修改），恢復了文官統治。葡萄牙是北大西洋公約組織的創始會員，也是歐洲聯盟的成員。

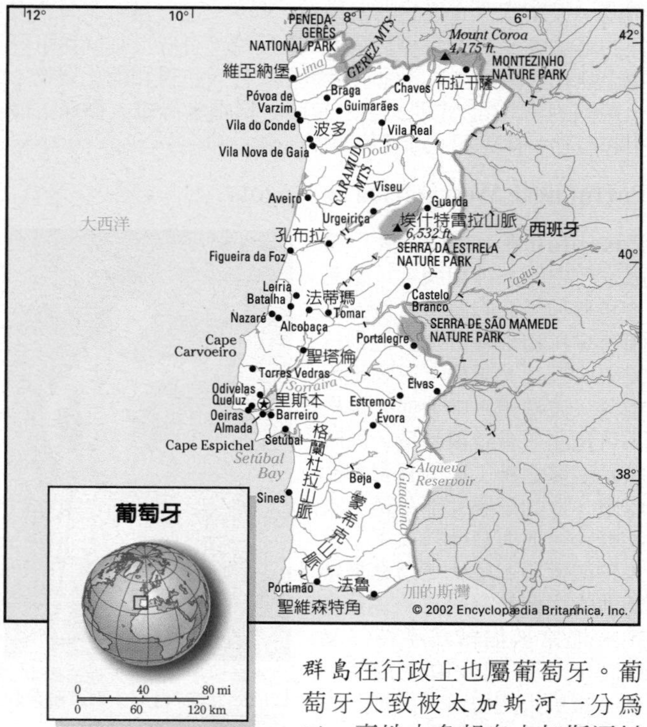

Portuguese East Africa ➡ Mozambique

Portuguese Guinea ➡ Guinea-Bissau

Portuguese language　葡萄牙語　一種羅曼語（參閱Romance languages），通行於葡萄牙、巴西、葡屬殖民地。葡萄牙語文學著作則出現於13～14世紀。標準葡萄牙語以里斯本方言爲基礎，國內方言變體不多，但與巴西葡萄牙語、歐洲葡萄牙語歧異較多，其中有若干語音變化、動詞詞

形變化和句法方面也有所不同。葡萄牙語4組主要方言是：北部葡萄牙方言（或稱加利亞西亞方言）、中部葡萄牙方言、南部葡萄牙方言（包括里斯本方言）及海外方言（包括巴西方言和馬德拉方言）。

Portuguese man-of-war　僧帽水母　水螅綱僧帽水母屬所有飄浮、暖洋海產刺胞動物的統稱，分布於全世界，但最常見於墨西哥灣流以及印度洋和太平洋。僧帽水母體由半透明、果凍狀、充氣的浮器構成，長9～30公分。下面有成簇的水螅體，其觸手可下垂達50公尺深，有些具刺絲囊可麻痺小魚和其他獵物。其他水螅體則吸住、包覆和消化獵物。水螅體的第3種形式則與生殖有關。僧帽水母螫人極痛，能引起發熱、休克和心肺功能障礙。

Portuguese West Africa ➠ Angola

Poseidon＊　波塞頓　希臘宗教中的水神和海神，是克洛諾斯和瑞亞的兒子。他的兄弟有宙斯和哈得斯。當他們三兄弟廢黜其父親後，王國統治權落入波塞頓手中。他的性格不可預測，有時很暴戾，同時還是地震之神，與馬有密切的聯繫。他的子嗣大部分是巨人和野人。他與梅杜莎生下了飛馬珀伽索斯。地峽運動會是崇祀他的主要比賽節日。在藝術中，他常被描繪為手持三叉戟、有海豚和金槍魚相伴的神。羅馬人把他當作海神，等同於尼普頓。

波塞頓，米洛斯的大理石雕像，做於西元前2世紀；現藏雅典國立考古博物館
Alinari－Art Resource

Posen ➠ Poznań

positivism　實證主義　任何局限於經驗資料、拒斥先驗知識的或形上學的思辨、強調科學成就的哲學體系。實證主義同經驗主義、實用主義和邏輯實證論有緊密關係。從狹義上來講，此詞指孔德的哲學，他認為人的思想必然要經過一個神學的階段上升到一個形上學的階段，然後再上升到一個積極或科學的階段。他認為儘管天啓宗教已經衰敗，宗教衝動卻依然倖存，他構想出一種人的崇拜，包括教會、曆法和教階制度。

positron＊　正電子　一種亞原子粒子，質量與電子相同，但電荷為+1（電子的電荷為-1）。它是電子的反粒子（參閱antimatter）。狄拉克的電子理論（1928）假設了正電子的存在，1932年安德生（1905～1991）在宇宙線中發現了這種粒子。雖然正電子在眞空中是穩定的，但它們與普通物質中的電子很快發生反應，通過湮沒過程而產生γ射線。富含質子的放射性原子核在正β衰變過程中發射出正電子，而且是以電子偶產生的形式。

positron emission tomography (PET)　正子放射斷層攝影術　用作診斷和生化研究的成像技術。這一技術將一種可發射正電子的化學物質注射入人體，在它們同電子相混合並被其消除時，探測器就可以測量它們的活動，在經電腦分析整合以後，可在電腦上呈現被掃瞄器官重組的影像。正子放射斷層攝影術對研究腦和心臟功能特別有用。

possession, adverse ➠ adverse possession

possible world　可能世界　所有事物可能會發生的狀況的概念，通常相對於事物實際已發生的狀況。萊布尼茲在《神正論》（1710）中，以「可能世界」的概念試圖解決道德和實體惡魔的神學問題，他論說完美的上帝會實現所有可能世界之中最佳的可能世界，此一概念後來在伏爾泰《憨第德》（1759）中遭到諷刺。此後，哲學家建立了數種不同「可能世界」概念的規範。

possum　飛袋貂　亦稱趾趾鼲（phalanger）。結趾鼲科數種夜行性、棲樹有袋類動物的統稱，產於澳大利亞和新幾內亞。包括長且能纏物的尾，全長55～125公分，其毛為絨毛。所有種類以果實、樹葉和花朵為食，有些也吃昆蟲和小脊椎動物。以後肢抓握樹枝。大多數在樹洞、廢棄的鳥巢，少數在自己用樹葉築的巢裡生育幼仔。由於捕食、為了毛皮而誘捕和居住地喪失而瀕於絕滅，但帚尾袋貂則被視為是有害生物。亦請參閱opossum。

Post, C(harles) W(illiam)　波斯特（西元1854～1914年）　美國早餐穀類食品製造商。在伊利諾州春田長大，曾擔任巡迴推銷員。1880年代他成為密西根州巴特克里心理諮商治療機構的凱洛格的一個病人，並在那裡開始對生產凱洛格提供的那一類健康食品產生了興趣。1895年他成立了波斯塔姆穀類公司，即通用食品公司的前身。他的第一種產品波斯塔姆麥片粥，其後還生產了葛雷伯堅果和波斯特吐司。

Post, Emily　波斯特（西元1872～1960年）　原名Emily Price。美國評論社交禮儀的權威。出生於波士頓一個富裕的上流社會家庭，在經歷一次離婚後陷入貧困，開始寫輕鬆小說和雜誌文章。在她的出版商建議下，她開始撰寫主要作品《禮節：社交慣例藍皮書》（原名為《社會、商場、政界和家庭禮儀》），書中為普通中等收入的人們提供了常識性的建議，而不像以前的作家那樣來處理同樣的主題。該書在1922年首次出版，在她一生中曾再版十次。讀者來信激發和鼓勵了波斯特的報紙專欄創作，後被結集出版。

波斯特
Brown Brothers

post-and-beam system　樑柱體系　房屋建造中由兩根豎直構件（柱子）支承跨在其頂上的水平構件（過樑）所形成的結構體系。在美國，過樑往往指橫過窗戶或門的短樑。柱和樑構成羅馬史前建築的基本構架，並在巨石陣等古建築中得到體現。所有建築的通道都是從這一體系演變而來的，只在列柱廊和框架結構中才能看到其最簡單的形式。門、窗、天花板、屋頂的支柱往往隱藏在牆體中。過樑必需能承受本身及其上部的荷載而不致變形或斷裂。樑柱體系在現代建築中多被鋼筋框架取代。

post-traumatic stress disorder　創傷後壓力症候群　發生嚴重壓力事件後的心理反應，徵狀為抑鬱症、焦慮、景象重現、反複夢魘、逃避回憶事件等。創傷事件可能包括車禍、強暴、凌辱、戰爭、虐待、集中營監禁，或是天然災禍如洪水、火災、地震等。這種症候群的長期影響，會造成婚姻及家庭問題、就業困難以及酗酒和濫用藥物。較常使用的治療方法為心理治療，包括集體治療。

postal system　郵政系統　將信件、小包或包裏遞交給世界上任何收件人的系統。這一系統通常是屬於政府管制、由政府補貼和使用者付費共同支援的機構。最早的類似機構出現在約西元前2000年的埃及和西元前1,000年的中國周朝。古羅馬帝國也設置了多種集中傳遞信件的系統。中古時代並無中央郵政系統。私人郵政服務同文藝復興時期的發展同步進行，後來成爲了政府壟斷的機構。根據重量而不是距離遠近以及使用郵票的系統在1837年被建議使用。郵政總聯盟（1875；後稱爲萬國郵政聯盟）改進了世界範圍內的郵件傳遞服務，建立起保留其在寄遞國際郵件所收之郵資，同時同意以對待國內信件的方式處理由國外寄來之郵件的成員系統。航空郵件和自動郵政系統在20世紀得到發展。

poster　海報　引人注目的用於宣傳某一事件、促進產品銷售或提倡某一觀點的印刷圖畫。海報在19世紀中葉能使色彩鮮明的海報得以方便而廉價地生產的平印的發明後開始流行。土魯斯－羅特列克因其出色的廣告畫技巧而出名，他常常宣傳巴黎的歌舞表演。海報藝術隨著新藝術的興起而繁榮，從穆哈的作品便可得知。在第一次世界大戰期間，海報主要被用來徵兵和宣傳政治，而20世紀早期的工業繁盛則使人們將海報用於宣傳任何可能想想到的產品和事件。後來興起的電影和電視廣告逐漸搶走海報藝術的光彩。

Postimpressionism　後印象主義　西方繪畫史上的藝術運動，代表印象主義的延伸，同時也反對印象主義風格本身的限制。這一術語是由弗賴所創，指塞尚、秀拉、高更和土魯斯－羅特列克等人的作品。其中大部分畫家是印象主義畫家，但他們都摒棄了印象主義來建立自己的獨特風格。這些畫家的作品爲現代藝術和當代藝術的許多潮流奠定了基礎。後印象主義畫家們常共同展出作品，但同印象主義不同的是，他們不集體作畫，而主要是單獨創作自己的作品。亦請參閱Neo-Impressionism。

postmodernism　後現代主義　大約始自1960年，有好幾股藝術運動都在挑戰現代藝術與現代文學的哲學與作法。在文學中，這股思潮針對世界有其秩序的觀點，提出反動，因而它也反對文本的形式與意義有固定的觀念。在它所反對的現代主義的理想中，諸如藝術本身有其目的以及眞正獨創的名著等，後現代主義的論著與藝術反而強調諸如拼湊模仿（pastiche）、諷刺模仿（parody）的手段，以及反小說與魔幻寫實的定型化的技巧。後現代主義也導致批評理論的激增，最著名者爲解構及其支流；以及拆卸一切分出「上層」文化與大衆文化的區辨。

postmortem　屍後檢驗 ➠ autopsy

poststructuralism　後結構主義　自1960年代晚期開始，法國文學評論界中的運動。這個運動基於索緒爾的語言學理論、李維－史陀的人類學（參閱structuralism），以及德希達的解構主義理論（參閱deconstruction），中心觀念是：語言並非我們可藉以望見「眞理」或「眞實」的通透之物，而是一個本身不可能具備絕對之意義的結構或符號。後結構主義者相信，所有的意義位於「互文」，也就是文本與過去之間的關係、非文學性的文本與符號之間的關係；他們也排斥西方傳統堅持文本只有單一而正確的解讀。與此運動相關聯的作者有巴特、拉岡、克麗絲提娃和傅科。

Potala Palace＊　布達拉宮　位於中國西藏近拉薩之處，爲政教合一的宮殿。布達拉宮位於高出拉薩河谷425英尺（130公尺）的小山頂，覆蓋面積達5平方哩（13平方公里）。白宮（落成於1648年）曾爲西藏政府的所在地和達賴喇嘛的主要住所。自18世紀中葉起，則作爲冬宮使用。紅宮（落成於1694年）內含數間小寺院、聖像以及八位達賴喇嘛的墳墓，至今仍爲西藏佛教徒主要的朝聖之所。這座政教合一的宮殿擁有的房室總計達一千以上，於1994年被宣布爲世界遺產保護區。

potash＊　鉀鹼　泛指鉀的各種化合物。主要指碳酸鹽（K_2CO_3），呈白色晶體，以前從木材的灰燼中提取。它們被用來製造各種玻璃、鉀矽酸鹽（一種脫水劑）、色素、印刷油墨和肥皂，也被用來刷洗粗羊毛，同時被用做實驗試劑和食品添加劑。氫氧化鉀常被稱爲腐蝕性碳酸鉀，在肥料工業中，也把氧化鉀稱作鉀鹼。

potash mica ➠ muscovite

potassium　鉀　一種鹼金屬化學元素，化學符號K，原子序數19。是一種柔軟、銀白色的金屬，自然界不存在游離狀態。由於它化學性質極端活潑，所以幾乎不把它作爲金屬使用（除了做化學反應劑）。鉀是生命活動必須的，存在於各種土壤中。在電化學脈衝傳輸和輸導過程中鉀離子（K^+）和鈉離子在細胞膜上起作用。鉀在化合物中的原子價是1。鉀的氯化物用作肥料以及生產其他化合物的原料。氫氧化鉀用於製造液體肥皂和洗滌劑，並用於製備各種鹽。在食鹽中加入碘化鉀以防碘缺乏。硝酸鹽亦稱硝石，碳酸鹽亦稱鉀鹼。

potassium-argon dating　鉀－氬年代測定法　根據岩石內氬－40的含量來測定火成岩形成年代的方法。放射性鉀－40衰變成放射性氬－40需要大約13億年，因此使得該方法被用來測定10億年以上的岩石的年齡。一種更爲複雜的氬－氬年代測定法利用岩石中氬－40和氬－39的比值來測定原有的鉀－40量以確定一個更加精確的數值。

potato　馬鈴薯　茄科一年生草本植物，學名Solanum tuberosum。世界上主要作物之一，馬鈴薯與其他作物的不同處在於其可食用部分爲塊莖。馬鈴薯易消化，有多種食用方式，並爲澱粉、氨基酸、蛋白質、維生素C和維生素B的主要攝取來源。莖高50～100公分，複葉呈螺旋排列。莖在地下延伸成匍匐枝，其先端膨大，形成1～20個不同形狀和大小的塊莖。塊莖上有螺旋形排列的芽（「眼」），在塊莖成熟後可休眠10週以上，從芽長成的植株與母株完全相同。原產於安地斯山地區，16世紀時由西班牙人把馬鈴薯（亦稱普通馬鈴薯、白馬鈴薯或愛爾蘭馬鈴薯）引入歐洲。17世紀末，成爲愛爾蘭的主要作物，18世紀中期，晚疫黴對馬鈴薯造成的災難性破壞引發愛爾蘭馬鈴薯饑荒。亦請參閱sweet potato。

馬鈴薯
Grant Heilman

potato beetle　三帶負泥蟲　葉甲科的一種具破壞性甲蟲，學名Lema trilineata。不足6公釐長，體黃色，鞘翅上有三條黑紋。卵產在馬鈴薯葉背面，成蟲和幼蟲均食馬鈴薯葉。幼蟲背面負有糞便堆以爲僞裝。每年兩代，第二代的蛹在地下越冬。亦請參閱Colorado potato beetle。

potato bug　馬鈴薯葉甲 ➠ Colorado potato beetle

Potemkin, Grigory (Aleksandrovich)＊　波坦金（西元1739～1791年）　俄國陸軍軍官。1755年參加馬隊騎

兵，幫助凱薩琳二世當權（1762）。他在俄土戰爭（1768～1774）戰爭中英勇奮戰，後成爲了凱薩琳二世的情夫（1774～1776），被任命爲「新俄羅斯」（烏克蘭南部）的總督。1783年凱薩琳二世封他爲陶里斯親王。他從1784年起擔任陸軍元帥，在軍隊中進行改革，建立了塞瓦斯托波爾港，並在黑海建立了一支艦隊。他試圖將烏克蘭平原變爲殖民地未遂，並低估了其花費，使許多工程未能完工。他成功地掩飾了他管理上的弱點，使人們認爲是他建立了「波坦金村」，並在凱薩琳二世經過該地區時向其展示。他在第二次俄土戰爭期間指揮俄軍。

波坦金，版畫；瓦克爾（James Walker）據蘭皮（Johan Baptis Lampi）的肖像畫於1789年複製 Reproduced by courtesy of the trustees of the British Museum; photograph, J. R. Freeman & Co., Ltd.

potential, electric ➠ electric potential

potential energy　位能　由物體的位置確定的物體儲能。如物體從地面升高獲得位能，其大小等於反抗地球引力所做的功。當它再回到地面的時候，這個能量就釋放出來轉化爲動能。相似地，一根拉長了的彈簧具有儲存的位能，當彈簧回到正常狀態時，這個能量就釋放出來。位能的其他形式包括電位能、化學能以及核能。

Potenza＊　波坦察　古稱Potentia。義大利南部城市，巴西利卡塔區首府。位於亞平寧山脈上，海拔819公尺，西元前2世紀，羅馬人初建該市，後成爲重要的道路樞紐，逐漸繁榮。中世紀時爲貴族封地。1860年成爲義大利南部第一個將兩西西里王國的波旁統治者趕出的城鎮。該城多次遭地震毀壞並得以重建。現爲農業中心，並出口大量蔬果。人口68,000（1989）。

potestas patria ➠ ➠ patria potestas

potlatch　散財宴　西北太平洋沿岸美洲印第安人，特別是夸扣特爾人，實行的對財產和禮物的禮儀性分配。散財宴由後嗣或繼承人舉辦，爲的是讓他新繼承的社會地位有效化。其正式的儀式包括宴請客人、進行演說和根據繼承人的社會地位進行財物分配。人類學家爲了明瞭其財產、財富、名譽和社會地位的性質而對這種儀式作了大量的研究。亦請參閱gift exchange。

Potok, Chaim＊　波特克（西元1929～2002年）　原名Herman Harold Potok。美國猶太教教士和小說家。波特克是波蘭移民者的後裔，在正統的猶太教家庭中長大，曾被授予保守派猶太教教士的榮銜。他傳授猶太教知識，直到1960年代開始另一個生涯：編輯並寫作學術性與娛樂性的文章及評論。他的小說爲美國小說界介紹了正統猶太人生活的精神面與文化面，包括有《選民》（1967；1981年改拍成電影）、《承諾》（1969）、《我的名字是阿希爾·利未》（1972）、《達維塔的豎琴》（1985）以及《阿希爾·利未的禮物》（1990）；還有2001年出版的三部情節連貫的中篇小說《午夜的老者》。

Potomac River＊　波多馬克河　美國中東部河流，發源於西維吉尼亞州阿伯拉契山脈，全長616公里。向東南流經哥倫比亞特區，注入乞沙比克灣。航船可經該河達華盛頓特區，之後水流湍急，多瀑布，包括尼亞加拉大瀑布。波多馬克河沿河風光秀麗，多歷史名勝。華盛頓故鄉芒特佛南在華盛頓特區下游河岸，乞沙比克和俄亥俄運河國家歷史公園與其平行。

Potosí＊　波托西　玻利維亞南部城市（1993年人口約123,000）。1545年當地發現銀礦後建市，後成長爲拉丁美洲人口最多的城市。其人口在1650年左右達到頂峰（160,000）後開始衰退，尤其是在銀礦產量減少後更是驟減。但在19、20世紀，隨著包括錫礦開採在內的工業的引進，其人口又開始回升。它是世界上海拔最高的城市之一，高約4,176公尺，是玻利維亞主要的工業中心。

Potsdam　波茨坦　德國布蘭登堡州首府。位於柏林西南的哈弗爾河河岸。西元933年首見記載，當時爲斯拉夫人居民點，1317年獲特許狀。1640年在大選侯腓特烈·威廉統治時期成爲布蘭登堡邊疆伯爵的選侯駐地。在腓特烈二世在位期間爲皇室住地和普魯士文化、軍事中心。該城市在第二次世界大戰期間遭到嚴重破壞，但許多紀念碑仍存留了下來，另外一些則被修復。1945年在此召開了波茨坦會議。該市工業包括機車、工程學和紡織業。還設有幾所科學和技術研究所。人口約137,000（1996）。

Potsdam Conference　波茨坦會議（西元1945年7月17日～8月2日）　在第二次世界大戰中，德國投降後在柏林郊外波茨坦舉行的盟國會議。杜魯門、史達林和邱吉爾（後被艾德禮取代）聚首討論恢復歐洲和平、德國和奧地利戰後管理、賠款、東歐政治和領土計畫以及繼續對日本作戰等問題。在會議中，法國得到許可參與德國的管理，德國和波蘭邊境被重新劃分，史達林拒絕讓西方勢力干涉他對東歐的控制。

Potter, (Helen) Beatrix　波特（西元1866～1943年）　英國作家和兒童讀物插畫家。其童年時期主要在蘇格蘭或英格蘭湖區度過假期，由此激發了她對動物的特別愛護之心，也激勵她創作富於想像、技巧精湛的水彩畫。二十七歲時她送了一些帶插圖的故事給一個生病孩子，後被出版發行，名爲《兔子彼得的故事》（1902），成爲了有史以來最暢銷的兒童書籍。後有二十多部續集出版，書中繼續講述了原有的角色小魚傑瑞米、小鴨傑邁瑪和泰吉·溫克爾夫人的故事。

波特
Pictorial Parade/London Daily Express, reproduced with permission of Frederick Warne & Co.

Potter, Dennis (Christopher George)　波特（西元1935～1994年）　英國劇作家。曾在牛津大學就讀，此後將自己奉獻給寫作，特別是電視劇本。他充滿獨創性的影集《天降財神》（1978）結合了天馬行空的情節以及樂曲，劇中演員必須同步演唱之前錄製的樂節。最膾炙人口的作品當推分爲八章的《偵探歌者》（1986）。這部自傳性故事說的是讓他行動不便的類風濕性關節炎，結合了幽默、悲愴以及奇幻的樂章。其他的電視作品包括據說有褻瀆之嫌的《悍婦與糖蜜》（1976；1987年在電視播出）和《衣領上的口紅印》（1993）。電影劇本包括《高爾基公園》（1983）和《夢童》（1983）。

pottery　陶瓷　最古老和廣泛傳播的裝飾藝術之一，是用黏土加熱變硬而成的器具（多數爲帶實用性的器具，如器皿、盤子、碗等）。陶器是最古老和簡單的陶瓷形式，而石陶器則是在高溫下形成的玻璃狀硬器皿，瓷器則是一種精緻半透明的陶瓷。中國人在新石器時代就已經開始製作複雜的陶瓷，並在西元7世紀開始製作瓷器。中國的陶瓷或稱爲「瓷器」被廣泛出口到歐洲，對歐洲的生產工藝和品質，都產生了深刻影響。古希臘和伊斯蘭文化也因其在陶瓷工藝上的獨創性而著稱。

Poujade, Pierre(-Marie)＊　布熱德（西元1920年～）　法國政治領袖。爲聖塞雷一家書店老闆，1953年組織當地的商家進行一次罷市活動，抗議政府徵收重稅。他把活動擴大到其他城鎮，爲他的「商人與手工業者保衛同盟」吸收了八十萬會員。他的右翼運動被稱爲布熱德主義，吸引了不滿現狀的農人和商人。1956年該同盟贏得國會五十二個席位。但布熱德的影響很快減弱，不過他仍在1970年代成立了一個非同盟工人組織。

Poulenc, Francis (Jean Marcel)＊　普朗克（西元1899～1963年）　法國作曲家。十幾歲時隨文斯（1875～1943）學鋼琴，後來結識了薩替及「六人團」的作曲家們。曾創作了很多鋼琴和管弦樂，包括大鍵琴協奏曲、兩支鋼琴和管風琴曲以及一些室內樂，但他最著名的還是聲樂方面，包括歌劇《泰蕾絲》（1944）、《加爾默羅會修女們的對話》（1956）和《人類的形象》（1958），而他的宗教作品和許多倍受歡迎的歌曲則反映了他對天主教的虔誠信仰，其中包括《G大調彌撒曲》（1937）、《聖母悼歌》（1950）和《光榮頌》（1959）。

poultry farming　家禽　畜牧業中商業飼養或家養用以取蛋、肉或羽毛的禽類。珠雞、雞、鴨、火雞和鵝是商業上最重要的禽類。珠雞和矮肥鴿主要是地方性的。雖然人馴化雞的歷史已約4,000年，但直到約1800年以後，雞肉和雞蛋才成爲大量生產的商品。

pound　磅　常衡重量單位，是歐洲傳統的重量體系（已被併入大英帝國和美國的度量衡單位體系），等同於16盎斯或7,000喱或0.4536公斤。在金衡和藥衡制系統（其他兩個傳統的度量衡系統）中也是一個重量單位，等於12金衡磅或藥衡制的盎斯，5,760喱或0.37公斤。磅的羅馬祖先是libra，即縮寫lb的來源。金衡磅通常被用來計量貴金屬，而藥衡制則用來計量藥物。英國的貨幣鎊在歷史上同銀幣（先令）的鑄造有關。量付款常寫成「英幣鎊」，後簡化爲「英鎊」。亦請參閱gram、International System of Units、measurement、metric system、ounce。

Pound, Ezra (Loomis)　龐德（西元1885～1972年）　美國詩人和評論家。曾就讀於漢米敦大學和賓夕法尼亞大學，學習了多種語言。1908年坐船到歐洲，在那裡度過了大半生。他很快成爲了意象主義的領導人，對英美詩歌具有顯著的影響，並提攜了很多作家，包括葉慈、喬伊斯、海明威、佛洛斯特、勞倫斯和艾略特，爲艾略特編寫的《荒原》十分精緻。在第一次世界大戰後，他出版了最重要的兩首詩歌〈向塞克斯圖斯．普洛佩提烏斯致敬〉（1919）和《休．賽爾溫．毛伯利》（1920）。他還開始發表史詩式的長詩《詩章》，成爲了他一生中最主要的詩歌創作。在德國經濟蕭條時期到來時，他開始對歷史和經濟產生濃厚的興趣，並專注於提倡貨幣改革，表達了他對墨索里尼的崇拜。在第二次世界大戰期間，他發表了支持法西斯主義的廣播演說，1945年被指控叛國而被美軍逮捕，最初被監禁在比薩。著名的長詩《比薩詩章》（1948，獲博林根詩歌獎）就是在那裡寫成的。之後，他被關在美國的一家精神病院中，直到1958年返回義大利爲止。《詩章》（1970）中收集了他的117首完成的詩章。

Pound, Roscoe　龐德（西元1870～1964年）　美國法學教育家和植物學家。在哈佛學習後擔任一名律師，後獲得了植物學博士學位（1897）。在內布拉斯加擔任州植物調查所主任期間（1892～1903）發現了一種稀有的眞菌（羅斯柯龐德眞菌）。後來他在幾個法律學校任教，主要是在哈佛大學（1910～1937），並擔任了法學院院長（1916～1936），引進了很多改革。他可能是美國社會學法學主要的倡導者，該學說認爲法律條文和法院的裁決受到社會環境的影響。他的主張影響了羅斯福的新政計畫。第二次世界大戰後，他協助改革了中國國民黨的司法制度。

龐德
By courtesy of the Library of Congress, Washington, D. C.

Poussin, Nicolas＊　普桑（西元1594～1665年）　法國畫家。除擔任過路易十三世兩年的宮廷畫師外，在羅馬度過全部的藝術生涯，成爲了古羅馬文明的一個景仰者。早期畫作主要取材自古典神話，在美術風格上類似威尼斯畫家提香。後爲了尋求靈感而轉向學習拉斐爾的畫風，在1630年代中期開始發展一種以古典的明晰和宏偉爲特徵的畫風（如約1637年的《劫掠薩賓婦女》和1634～1642年的組畫《七件聖事》）。後期傑出作品如《台階上的聖家族》等，則刻意表現美德和正直的人格，只有少數幾個人物是在極端樸素的後景前施以光彩奪目的彩色。他的風景畫如《獨目巨人風景畫》（1649）中，自然界的雜亂被歸納成幾何學的次序。他一絲不苟和高度有序的畫風影響了法國後來的許多畫家，包括大衛、安格爾和塞尚等。

powder metallurgy　粉末冶金　由粉末而不是經熔融金屬鑄造或在軟化溫度下進行的金屬鍛造。在某些情況下，粉末法更加經濟，如製作小型機器所用小型金屬零件時，鑄造法則要有相當多的切屑損失。而在另一些情況下，熔融法則並不切實可行（如有些金屬的熔點很高）。粉末鍛造法還常被用來生產液體或氣體能滲透的多孔性金屬製品。亦請參閱metallurgy、sintering。

Powder River　保德河　美國懷俄明州北部和蒙大拿州東南部的河流。起源於懷俄明州大角山脈，北流782公里至蒙大拿州特里附近與黃石河匯流。其支流包括小保德河和克雷齊伍曼河。

Powderly, Terence V(incent)　鮑德利（西元1849～1924年）　美國勞工領袖。父親是一名愛爾蘭移民，他在十三歲時成爲鐵路工人，十七歲時當機械學徒工。1871年加入機械工與鍛工聯合會，三年後加入勞動騎士團的祕密團體，1879年被選至最高領導職位，即大師傅。他在該聯合會成員最多的時期擔任領導人，但曾遭到對手古爾德等人的抨擊，並導致了成員人數下降。鮑德利開始捲入內部紛爭，最後在1893年辭職。亦請參閱trade union、Stephens, Uriah Smith。

Powell, Adam Clayton, Jr.　鮑威爾（西元1908～1972年）　美國政治家。他繼承了父親職位擔任紐約市哈林區阿比西尼亞浸信會牧師（1937），並將其成員擴展到了13,000人。1941年被選爲紐約市政委員會委員，是爲該機構服務的第一位黑人。1945～1967及1969～1971年在美國衆議院期間，他協助通過了很多社會立法並通過了反貧困法案以及聯邦教育資助等法案。由於其作風比較浮誇且不講究禮儀，因此常被人中傷，並因一件金錢瀆職案而受調查。1967年衆議院投票通過取消其議員資格，但美國最高法院後來推翻了這一決定。

Powell, Anthony (Dymoke) ＊　鮑威爾（西元1905～2000年）　英國小說家。在倫敦一家出版社工作期間出版第一部小說《下午的人們》（1931）。後轉入新聞界，並參加了第二次世界大戰。戰後出版了其自傳體諷刺小說《與時代合拍的舞蹈》（1951～1975）系列的前十二本。這是他最著名的小說，反映了他對戰前戰後幾十年英國社會的見解和其自身經歷。後來的小說包括《漁業大王》（1986）。

鮑威爾，攝於1974年
Fay Godwin

Powell, Bud　鮑威爾（西元1924～1966年）　原名Earl Rudolph。美國鋼琴家和作曲家，是最具影響力的現代爵士鋼琴獨奏家之一。1940年代晚期在加入萌芽狀態的咆哮樂活動前，曾於威廉斯的大樂隊合作演出（1943～1944）。他的風格在後搖擺時代的鋼琴家中卓絕出色。他不讓左手發揮其常見功能，而只是讓它彈奏簡短切分的和弦音以襯托右手單一的長旋律線。他在1959年遷往巴黎，1964年返回美國。1945年受到激進分子的一次襲擊，因此留下腦部傷害，使其事業因神經受損而幾度被中斷。

Powell, Colin (Luther)　鮑威爾（西元1937年～）　美國軍官。他在大學畢業後入伍服役，曾參加越戰。後來在國防部擔任過幾項職務，並在1983年成爲國防部長的高級軍事助理。1987年加入國家安全委員會，雷根總統任命他爲國家安全事務助理（1988）。1989年晉升爲四星上將，擔任布希總統的參謀長聯席會議主席，是第一位擔任該職的黑人軍官。他曾領導策劃入侵巴拿馬（1989），並參與波斯灣戰爭的運作。他是一名廣受愛戴的軍官，在1996年參選總統。2001年在布希的政府擔任美國國務卿。

Powell, John Wesley　鮑威爾（西元1834～1902年）　美國地質學家和人種學家。1881年擔任美國地理測量局局長，在繪製水源圖和推進灌溉工程等方面積極工作。他發展了美國印第安語的第一個分類方案（1877），是史密生學會美國人種局首任局長（1879～1902）。他把在科羅拉多河的數次探險（1871～1879）多數記錄在《對西部科羅拉多河及其支流的考察》（1875）一書中。

Powell, Lewis F(ranklin), Jr.　鮑威爾（西元1907～1998年）　美國法官。曾在華盛頓和李大學以及哈佛大學學習法律，然後回到維吉尼亞州擔任律師。在擔任里奇蒙市公立學校委員會主席時，在1959年和平地促成了該市的黑白學童混合就讀。之後擔任了該州教育委員會主席以及美國律師協會的主席。1971年尼克森總統就職時，他被提名爲最高法院的大法官，但他並不情願地默默接受這一職位（1972～1987）。他在民權、反歧視行動和政教分離等問題上採取溫和、自由的立場，在執法上是個保守分子。

Powell, Michael (Latham)　鮑威爾（西元1905～1990年）　英國電影導演。1931年初執導筒，拍攝第一部電影《擁擠的兩小時》，此外還拍了二十來部低成本的電影，直到科達網羅他與電影編劇普雷斯伯格共同製作成功的《U－艇》（1939）。後來他們成立了電影公司，拍攝出《巴格達之賊》（1940）、《老軍官的生與死》（1943）、《通往天堂的樓梯》（1946）、《黑水仙》（1947）、《紅鞋》（1948；公認這是他們最好的一部）、《霍夫曼故事》（1951），還有備受爭議的《偷窺狂》（1960）。鮑威爾的電影以色彩鮮明、幻想與實驗性的攝影技巧著稱。

Powell, Robert Baden- ➠ Baden-Powell, Robert (Stephenson Smyth)

Powell, William　鮑威爾（西元1892～1984年）　美國電影導演。生於匹茲堡，1912年起在百老匯表演，1922年首度在電影《福爾摩斯》中擔綱演出。他在默劇中飾演惡棍，而隨著有聲電影的興起，他轉換跑道、演出輕鬆推理劇，在《金絲雀殺人事件》裡飾演警探。在《瘦弱的人》（1934）中擔任男主角，和洛伊搭檔演出，扮演一名世故機巧、但不得頭緒的偵探尼克，本片的續集也非常成功。他後期成功的電影包括《歌舞大王齊格飛》（1936）、《妙管家》（1936）和《伴父生涯》（1947）。

power　功率　在科學與工程中，指做功或傳遞的能量與時間的比率。功率（P）可以表示爲所做的功（W）或所傳遞的能量被時間間隔（t）來除：P=W／t。一定量的功可以由小功率的發動機在長時間內完成，也可以由一台大功率的發動機在短時間內完成。功率的單位是功（或能量）／每單位時間，如呎－磅／分、焦耳／秒（或瓦特），或爾格／秒。功率也可表示爲移動一個物體所加的力（f）與物體在力的方向上的速率（v）的乘積：P=fv。亦請參閱horsepower。

Power, Charles Gavan　包爾（西元1888～1968年）　加拿大政治人物。生於魁北克省希樂利市，曾在第一次世界大戰中嚴重受傷，1917～1955年擔任加拿大衆議員，並在總理金恩內閣中先後出任年金與國民健康部長（1935～1939）、郵政部長（1939～1940）。在擔任空防部長（1940～1944）期間，促成加拿大空軍由英國指揮以增加空防利益，並在歐洲建立加拿大中隊。

Power, Tyrone (Edmund)　鮑華（西元1914～1958年）　美國演員。他是一個演員家族的後代，在百老匯首演《羅密歐與茱麗葉》（1935）一舉成名之前，曾隨莎士比亞劇團巡迴演出。第一部電影是《羅意德海上保險》（1936）。因在很多影片中扮演動作冒險的角色而聞名，其中包括《暴雨寒梅》（1939）、《蒙面俠蘇洛》（1940）、《碧血黃沙》（1941）、《夢魘小巷》（1947）以及《密西西比賭徒》（1953）。同時，他也沒有放棄在戲劇舞台表演，如《聖女貞德》（1936）、《羅伯次先生》（1950）及《回到瑪士撒拉》（1958）。

power of attorney ➠ attorney, power of

Powers, Hiram　鮑爾斯（西元1805～1873年）　美國出生的義大利雕刻家。曾在辛辛那提一家蠟像館擔任美術助理，後遷到華盛頓特區，雕塑了傑克森等人的半身像（1834）等。1837年在佛羅倫斯永久定居。1851年雕刻了一個被土耳其人俘擄的身戴鏈鎖的裸體女子的大理石雕像《希臘奴隸》（1843），在倫敦水晶宮展覽會上轟動一時。他是一名技能精湛的藝術家，在當時是最受歡迎的雕刻家之一。

鮑爾斯的《希臘奴隸》
By courtesy of the Corcoran Gallery of Art, Washington, D.C.

Powhatan＊　波瓦坦人　至少包括三十個部落、操阿爾岡昆諸語言的北美印第安部落聯盟，曾居住在今維吉尼亞沿海低窪地區和乞沙比克灣東岸。得名自其具有影響力的首領波瓦坦，他曾得到各部落對他提供的軍事支援，並實物形式向他納稅。許多村莊有很多長形房屋，房屋覆以樹皮或葦席，村莊周圍多設柵欄。波瓦坦婦女種植玉米、豆類和南瓜，男人主要從事狩獵和作戰，主要敵人是易洛魁人。同英國居民之間的斷續敵對常引起波瓦坦戰爭（1622～1644），直到波瓦坦聯盟崩潰才停止。如今約有3,000名波瓦坦人居住在維吉尼亞沿海地區。

Powhatan　波瓦坦（卒於西元1618年）　北美洲印第安人酋長，波卡洪塔斯之父。在最強盛時期，曾控制波瓦坦人聯盟中的128個村莊（約9,000居民）。他並不反對在詹姆斯敦的英國居住者，但他的一些部落居民堅持要攻擊散居的英國人。1614年波瓦坦在協商了一個和平協定後不久，與一名英國人結婚。

powwow　帕瓦儀式　美國印第安人的儀式或各式各樣的集會。這個詞最初用在治療儀式，不過也可以用在狩獵豐收或打勝仗時伴隨著唱歌跳舞的華麗慶典。部族會議也常常稱爲帕瓦儀式。今天此詞用在大型的印第安社交聚會，通常不只一個部族，並伴隨著傳統的擊鼓、歌唱和舞蹈。現在的帕瓦儀式同時吸引了遊客及參與者，現場並販售工藝品和紀念品。

Powys＊　波伊斯　威爾斯中東部地區。現爲威爾斯郡，首府在蘭德林多德韋爾斯。因位於威爾斯和英格蘭邊界的波伊斯威爾斯王子領地而得名。在12世紀最強盛時期，該王子領地因太靠近威爾斯和英格蘭邊界區（當地兩種文化混合）而沒能在威爾斯獲得優勢。其主要地形是通向舒茲伯利和赫里福德的山谷低地。這裡還殘留著鐵器時代和羅馬居住地的遺跡。

poxvirus　痘病毒　引起人類及其他動物多種痘病的病毒的統稱。痘病毒能引起天花（人類水痘則是由水痘－帶狀疱疹病毒引起）。病毒顆粒有外膜，磚形，表面有空心的釘狀突起，含去氧核糖核酸。痘病毒與其他DNA病毒不同，似乎完全生活於受染細胞的細胞質中。在澳大利亞曾成功地用兔痘病毒來控制野兔的數量。

Poynings, Edward＊　波伊寧斯（西元1459～1521年）　受封爲艾德華爵士（Sir Edward）。英國士兵和行政官。他是亨利・都鐸（後來的亨利七世）的支持者，曾擔任國王的愛爾蘭代理人（1494～1495），他曾通過了一些立法（「波伊寧斯法律」），將英國當時的公法推行到了愛爾蘭，並要求愛爾蘭議會必須受英格蘭國王和樞密院的監督。

Poznań＊　波茲南　德語作Posen。波蘭中西部城市（1996年人口約582,000），瀕臨瓦爾塔河。它是波蘭最古老的城市之一，西元9世紀起就已存在，15～17世紀爲一個貿易中心達到了繁盛的頂峰。但在第二次北方戰爭後開始衰落。1793年被歸入普魯士版圖，使其在13世紀開始的德國化趨勢加強。1918年被歸還波蘭。第二次世界大戰期間曾被德國人占領並遭到嚴重破壞。戰後重建後，成爲波蘭西部的一個行政、工業和文化中心。同時也是一個研究中心，建有很多科學和文學機構。其多樣化的工業包括紡織工場、冶金廠和化工廠等。

Practical Learning School　實學　亦作Silhak。18世紀朝鮮興起的一個思想流派，致力於實際的管理國家的途徑。實學派反對新儒學，尤其反對它的形式主義和繁文縟禮。實學派中有不少人提出改革社會和發展農業的主張。該學派的傑出人物有李瀷（1681～1763）和朴趾源（1737～1805）。李瀷主要論述土地改革以及消除階級障礙。朴趾源則提倡發展商業和技術。自19世紀晚期西方文化輸入朝鮮後，實學派對推動朝鮮實現現代化的浪潮作出了貢獻。

practical reason　實踐理性　一種理性能力，（理性的）行動者藉以指導其行爲。在康德的道德哲學中，它被定義爲一個理性的存在者依據原則（亦即依據概念化法則）而行動的能力。與倫理直覺主義者（參閱intuitionism）不同，康德從不認爲實踐理性是以直覺去感知特定行動或道德原則的正當性。對他而言，實踐理性基本上是形式性的而不是具體性的，是形式原則的架構而不是特殊規範的來源。這正是他特別強調自己首次將絕對命令公式化的原因。由於缺乏對道德領域的洞察力，人類僅能自問他們所提議該做的事是否帶有形式法則的特性，亦即對所有處於類似境遇的人都適用的特性。

Prado Museum＊　普拉多美術館　西班牙國家美術館，收集了世界上最豐富和偉大的西班牙畫作和其他歐洲畫派的作品。它由費迪南德七世於1818年在馬德里修建，1819年作爲皇家藝術館對公衆開放。其收藏品是在接下來的三個世紀中由西班牙的哈布斯堡家族與波旁家族君王收集而成。1868年在伊莎貝拉二世被流放期間成爲普拉多國立美術館。1872年從西班牙修女院和修道院中得到了很多著名的畫作。收藏品包括葛雷柯、委拉斯開茲和哥雅以及西班牙大師里貝拉和蘇巴朗的無數作品。別的收藏品還包括希臘羅馬雕像和許多法蘭德斯以及義大利的名作。

Praeneste＊　普勒尼斯特　今稱帕勒斯替那（Palestrina）。義大利中部拉丁姆古城，位於亞平寧山脈的山嘴。始建於西元前8世紀，在成爲羅馬帝國的一部分之前曾經歷許多同羅馬人的戰爭。它是女神福爾圖娜的崇拜中心，其神廟和發布神諭的神殿被一群龐大的建築群包圍。後成爲許多富有的羅馬人（如奧古斯都、哈德良和小普林尼）最喜愛的夏季度假勝地。現代的城鎮是帕勒斯替那的出生地。

praetor＊　行政長官　古羅馬的司法官，在有關公正的案件方面以及執政官不在時擁有廣泛的權力。他還負責提供很多公共競技的進行方法。在一年任期後，行政長官將前往管理一個省區。最初只由貴族法官擔任，從約西元前337年起開始有平民擔當此職務。到西元前1世紀，行政長官的數量上升到了八個，兩個負責民事，另外六個負責專有法庭。在不同的領導人和帝王執政時期，這一職位不斷發生變化。到了最後一個帝國時，只有負責公共競技的行政長官還被保留。

Praetorian Guard＊　禁衛軍　拉丁語作cohors praetoria。羅馬皇帝的御林軍。始於西元前2世紀，當時的羅馬將軍的貼身護衛，後得名於將軍的帳篷（praetorium）。在內戰期間，軍事首領們都有自己的貼身護衛，但在西元前27年奧古斯丁創立了一種長期兵團以保護皇帝，並將其成員駐紮在羅馬。西元23年塞揚努斯擔任司令時，他們對政治具有影響力，此後在選舉皇帝時往往是一支重要的力量。他們曾選舉克勞狄為皇帝（41），也曾導致了68～69年間的混亂，並曾將暗殺圖密善的兇手淩遲處死（97），還導致了埃拉加巴盧斯的謀殺案（222）。312年君士坦丁一世解散了禁衛軍。

Pragmatic Sanction　國本詔書（西元1713年）　皇帝查理六世所頒的使哈布斯堡家族諸王國及領地永保統一的命令。其規定，該家族遺產應由長子繼承，如無長子，則歸長女。1720年在哈布斯堡王國成為法令，查理的後期統治主要是保證該法令被其他歐洲勢力接受。他的兒子在出生後不久去世（1716），使他的女兒瑪麗亞・特蕾西亞成為了繼承人。在查理六世去世（1740）後，這一法令引起普魯士和巴伐利亞的爭端，最終導致了奧地利王位繼承戰爭。

Pragmatic Sanction of Bourges＊　布林日國事詔書（西元1438年7月7日）　法國國王查理七世在議會審議巴塞爾會議文件後所頒發的政令，批准了宗教會議高於教宗的決議。根據這項決議高盧派教會享有自由權，教宗權力應受限制，教宗在許多方面必須服從國王。這項政令於1461年為路易十一世所廢除，但在16世紀前曾被屢次恢復。

pragmatics　語用學　語言學與語言哲學的分支，研究語言表達和使用者間的關係。通常被認為與句法和語義學相對，為研究支配意義表達以完成溝通行為的用語規則和慣例（參閱speech act theory）。語義學與語用學之間的差異，就像是說話者所用語詞的嚴謹原義（語義學研究範圍）跟這些語詞在特殊狀況下使用時的意義（語用學研究範圍）之間的不同。反語和隱喻，則代表了一個句子的原義跟該句在特殊表達方式下所具有之意義兩者間的歧異。

pragmatism　實用主義　首次由皮爾斯和詹姆斯的學說形成的哲學系統，後來被杜威傳承和改造。實用主義者強調知識作為一種適應和控制現實的工具的實用功能。實用主義與經驗主義都強調經驗對於先驗知識的優先性。當真理在傳統上用一致性（參閱coherentism）或相通性被解釋時，實用主義認為真理是在查證的過程中被發現的。實用主義將觀念作為行動的工具和計畫。同現實形像的概念相對的是，實用主義強調觀念的實用功能：認為觀念是可能的行為的暗示和預期，是一個已知行為的結果的假設或預言，是現實世界中組織行為的方法而不是其複製品。亦請參閱Quine, Willard Van Orman、Rorty, Richard (McKay)。

Prague＊　布拉格　捷克共和國首都，橫跨伏爾塔瓦河兩岸。現址上最早的居民點始於9世紀。到14世紀已是歐洲主要的文化和貿易中心。17世紀初是反哈布斯堡王室統治的中心（參閱Prague, Defenestration of）。1866年在此簽署條約結束普奧戰爭。1918年成為獨立的捷克斯洛伐克首都。第二次世界大戰期間為德軍占領，1968年為蘇聯和其他華沙公約組織的軍隊進占（參閱Prague Spring）。1989年成為一個和平地推翻共產主義政府運動的中心。現為全國主要的經濟和文化中心，以音樂、文學和建築聞名。人口約1,193,270（1999）。

Prague, Defenestration of　布拉格扔出窗外事件（西元1618年5月23日）　波希米亞人反抗哈布斯堡王朝的意外事件。1617年波希米亞天主教會官員違反了1609年所作的宗教自由的保證，封閉了新教教堂。新教徒召開了會議，帝國攝政們在審判中被認定有破壞保證的罪行，被人從布拉格城堡的會議室窗戶扔了出去。他們雖然未受重傷，此意外事件卻激發了波希米亞人反哈布斯堡王朝斐迪南二世的暴亂，並引發三十年戰爭。

Prague Spring　布拉格之春（西元1968年）　由杜布切克在捷克斯洛伐克所領導的自由改革運動的短暫時期。1968年4月，杜布切克展開農業與工業改革，重新制定憲法保障民權，容許斯洛伐克自治，並推動政府與共產黨的民主化。到了6月，許多捷克人起而要求更快速地走向真正的民主。雖然杜布切克自信可以控制局面，蘇聯和華沙公約組織的成員國卻警惕到一個社會－民主制捷克斯洛伐克的威脅，因而在8月時舉兵侵入捷克，免除杜布切克的職務，重新任用強硬路線的共產黨員為領導階層而逐漸再度掌控時局。

Praia＊　普拉亞　維德角首都和港口。位於聖地牙哥島南岸，濱大西洋，距西非海岸約640公里。輸出農產品包括香蕉、咖啡和甘蔗，同時是海底電纜站。人口約68,000（1995）。

prairie　北新大陸草原　為平坦或地勢起伏的草地，尤指見於北美中部者。降雨量從東部森林邊緣的約1,016公釐，逐漸減到西部荒漠狀邊緣的305公釐以下，而隨著降雨量的變化，北新大陸草原的物種組成也有不同。植被主要由多年生禾草組成，雜有豆科和菊科的顯花植物。多認為北新大陸草原有三個主要亞型：高草北新大陸草原、中草（或混合草）北新大陸草原和低草北新大陸草原（或稱低草平原）。沿海北新大陸草原、太平洋（或加利福尼亞）北新大陸草原、帕盧斯北新大陸草原和荒漠平原草地，主要覆蓋著混合草和低草兩者的不同組合。

prairie chicken　草原雞　草原榛雞屬2種北美松雞類的統稱，以在競偶場作集體求偶表演聞名。較大型的草原雞體長約45公分，重約1公斤。體羽褐色，下部有很多橫斑。尾短圓，暗色。分布自薩斯喀徹溫到德克薩斯和路易斯安那海濱，分布最北方的種群稍有遷徙性。大草原雞的東部亞種，即琴雞，已絕滅。小草原雞體較小，色較淡，其分布限於乾旱的中部大平原的西部。尖尾松雞在產地亦俗稱草原雞。

prairie dog　草原犬鼠　草原犬鼠屬5種矮胖、腿短、陸生松鼠的統稱，因尖銳的犬吠似的叫聲而得名。草原犬鼠曾大量繁殖於美國西部和墨西哥北部草原，現主要分布於懷俄明、德克薩斯、奧克拉荷馬和南達科他等州的保護區內。包括長3～12公分的尾在內，全長30～43公分。主要以草為食。有明確的領域，由一隻雄鼠、數隻雌鼠和未成年的幼鼠占據和保衛。黑尾草原犬鼠居住的地穴有漏斗形的入口土丘，受到細心管理，用來防止水淹和作為觀察哨。白尾草原犬鼠棲息處海拔比黑尾種的高，有多眠習性，較少集群。

Prairie school　草原風格　約1900～1917年由萊特、埃爾姆斯利（1871～1952）和柏恩（1883～1967）等人在美國中西部發明的住宅建築的一種風格。草原風格的房屋主要由磚、木頭和灰泥建成，有灰泥的牆以及帶窗櫺的窗戶。草原建築師強調水平的線條，修建起低矮的屋頂和寬闊、突出的屋簷。他們放棄了精緻的地板結構和環繞中央火爐的流線型室內空間的細節構建。由此得出的是低矮擴展開的建築結構和通光良好的空間。它們同自然親近，而不是同別的建築混在一起。

Prajapati ＊ 生主 古代印度吠陀時代所信奉的創世之神。早期吠陀文化（參閱Veda）中，這一名稱指的是很多原始的人物。後來專指一個神靈，「創世者」，他被認爲是在苦修後創造了宇宙和所有生靈的神。其他傳說認爲他是從原始的水中創造出世界的。他的女性化身是Vac，是此詞的人化形象。黎明女神被認爲是他的女伴或女兒。在後吠陀時代，生主與梵天被混爲一體。

Prajnaparamita ＊ 大般若波羅蜜多經 佛經主體以及在大乘佛法中的闡釋。其主要典籍寫作於西元前100年到西元150年，代表智慧和最高完美境界以及通向涅槃的主要道路。這一智慧的內容是徹悟一切現象（包括此世界和超經驗世界）皆是虛妄。「Prajnaparamita」一詞還指文學或智慧的人化，通常被描繪爲手呈教導姿勢或手持蓮花和經文的女性。

Prajnaparamita的人化，東爪哇石雕，做於13世紀；現藏印尼雅加達普薩特博物館
By courtesy of the Rijksmuseum voor Volkenkunde, Leiden, Neth.

prakriti and purusha ＊ 原質與原人 印度哲學、自然和靈魂學派數論用語。原質在萌芽狀態是自然材料，是永恆和無法臆測的。當它同靈魂或自我接觸時，開始一個多階段的演化過程，直到成爲現實的世界。在數論學派看來，只有原質是活動的，自我則是被束縛在物質性當中並且毫無作爲，只能觀察和體驗。自我在認識到其徹底的不同性後從原質中脫離出來，與物質世界毫無關聯。

Pramudya Ananta Tur 普拉姆迪亞・阿南達・杜爾（西元1925年～） 亦作Pramoedya Ananta Toer。爪哇小說家和短篇小說作者。因參加印尼人反對延續的殖民統治而被荷蘭人囚禁（1947～1949），這段期間他寫了第一部出版的小說《逃亡者》（1950）。在1949年印尼取得獨立後，他開始創作將日常用語和古典爪哇文學相結合的作品。1965～1979年因參加共產黨政變被囚禁時，寫了四部小說系列——《這塊全人類的大地》（1980）、《衆邦之子》（1980）、《足跡》（1985）和《玻璃房子》（1988），描寫了在荷蘭統治下的爪哇社會。他是印尼獨立後最卓越的小說家。

Prandtl, Ludwig ＊ 普朗特（西元1875～1953年） 德國物理學家，被尊爲空氣動力學之父。1904～1953年在格丁根大學任教。他在1904年發現貼近在空氣或水中運動的物體的表面層，即邊界層，從而使人們理解到表面摩擦阻力以及流線型（參閱streamline）設計是減少飛機翼和其他運動物體阻力的方式。他在機翼方面的理論解釋了氣流拂過機翼的過程。

prasada ＊ 神之恩寵 印度教裡指奉獻食物予神，之後將之分送予膜拜者，而收受的膜拜者會將其視爲神所賜予的恩惠。神之恩寵見於寺廟儀式，在當中提供供品予如黑天等諸神，儀式結束後將供品分予僧侶；亦見於自家所設的神龕，先供奉供品予神，之後將之分送予家庭成員。亦請參閱puja。

pratitya-samutpada ＊ 緣起 佛教中從生到死的相繼原因的過程。佛教認爲生存是一類相互依存的事件產生另一類相互依存的事件的連續，通常被稱爲十二因緣：（1）無明，由此而導致（2）行，即關於實體的謬誤構思；由此構思而產生（3）識；識的物件是（4）名色，即個體同一的原則；通過（5）六處（即五官及其通過意識觀察的物件）而導致（6）觸（外物與知覺的接觸）；由接觸而產生（7）受，由於有愉快的感受而產生（8）愛；由貪愛而產生（9）取（如男女相悅）；由此而產生（10）有，即變化的過程；其結果爲（11）生，最終導致（12）老死。

Pratt, E(dwin) J(ohn) 普拉特（西元1883～1964年） 加拿大詩人。曾受訓擔任神職，後在多倫多大學從事教學多年。早期的作品集《巨人們》（1926）包括了他的兩首被人們廣泛閱讀的詩歌〈抹香鯨〉。《深仇大恨》（1940），這是他最好的作品，按年代記錄了耶穌傳教士的犧牲。後來的作品集包括《敦克爾克》（1941）、《他們在歸途中》（1945）、《在航海日誌背後》（1947）以及《爲了打最後一顆道釘》（1952）。

Pratt, Francis Ashbury 普拉特（西元1827～1902年） 美國發明家。與惠特尼在康乃狄克州哈特福特設立普拉特－惠特尼公司，製造機床。對於採用標準尺寸系統的採用頗有貢獻，並發明金屬刨機（1869）、齒輪切割機（1884）及銑床（1885）。

Pratt Institute 普拉特學院 美國私立高等教育學校。位於紐約市布魯克林區，1887年由工業鉅子普拉特創辦。原本是一所商業學校，現在設有建築學院、藝術暨設計學院、人文暨科學學院、資訊暨圖書館學院、在職進修中心等，其中以藝術暨設計學院最爲著名。學校頒發學士及碩士學位，現有學生人數約3,400人。

pratyaya ＊ 緣 佛教中事物的輔助性的間接原因，以區別於直接的因（hetu）。如種子是植物的直接因，陽光、水和土則是輔助緣。有時緣也泛指一般的因。緣的概念在佛教的生死輪迴的概念中很重要（參閱pratitya-samutpada）。

pratyeka-buddha ＊ 辟支佛 佛教中指通過自身努力而證得覺悟的人，而不是因聽受佛陀教導而覺悟的聲聞弟子。自我覺悟的方法只在上座部傳統中有所保留。大乘佛法反對個人領悟，認爲其太過狹隘，反之提倡支援菩薩，他曾因要解救更多的世人而推遲了自己的最終覺悟。

Pravda ＊ 眞理報 以前在莫斯科出版發行全國的報紙，1918～1991年爲蘇聯共產黨官方機關報。1912年由列寧和他的兩個同事創刊於聖彼得堡，爲地下報紙。後來成爲蘇聯的官方報紙和資訊教育機關，爲人們提供科學、經濟學、文化專題和文學各方面文筆流暢的文章和分析，並向人們灌輸共產主義理論和綱領。國際關係問題則由蘇聯政府的官方報紙《消息報》報導。在1991年共產黨勢力結束後，其讀者群消失了，立場轉爲保守的民族主義觀點，1996年停刊。

Praxiteles ＊ 普拉克西特利斯（活動時期西元前370?～西元前330年） 希臘雕刻家。唯一存留的作品是大理石雕像《赫耳墨斯與嬰孩戴奧尼索斯》，其造型雅致，雕琢精細。其他作品存有羅馬複製品。他最著名的雕像是《尼多斯的愛芙羅黛蒂》，被老普林尼認爲是世界上最美的雕象。在普拉克西特利斯的影響下，當時的雕像都是姿態優美、線條複雜、輕巧地站立在底座上的人物，這是希臘化時代雕刻家發展出來的一種雕刻人物姿態。他是4世紀阿提卡最偉大和富有獨創性的雕刻家，對後來的希臘雕刻產生了深刻影響。

prayer 祈禱 無聲或有聲的對上帝或神靈的祈願。祈禱在歷史上的所有宗教中都可見到。其特有的姿勢（低頭、跪拜和俯臥）以及手部姿勢（抬高、伸出或合掌）表現了一種服從和虔誠的態度。祈禱通常包括坦白罪過、請求、感激、讚美、祈求犧牲或發願完成某事等。除了自願私人的祈禱外，許多宗教還有禱告的固定程式（如：主禱文），通常要集體念誦禱告詞。四大宗教（猶太教、基督教、伊斯蘭教和瑣羅亞斯德教）規定每天都要有個人的祈禱，如舍瑪，每次由每位男性猶太人念誦兩遍，而伊斯蘭教的禮拜則每天要念誦五遍。

prayer wheel 轉經筒；轉經輪 在藏傳佛教中，使用這種器具，相當於唸誦曼怛羅。轉經筒由一個中空的金屬圓筒所組成，通常筒面上有美麗的浮雕；它鑲嵌在桿子上，並覆蓋寫有眞言、經過祝禱的神聖經文。每用手轉一遍轉經筒，即被認爲相當於口頭誦唸禱詞。手持的轉經筒有多種變型，包括能夠用手推動的大型圓筒，或者附著於風車或水車上，使其持續旋轉。

西藏鍍銀轉經筒，製於18～19世紀；現藏華盛頓州西雅圖美術館
By courtesy of the Seattle Art Museum,Washington,Eugene Fuller Memorial Collection

praying mantis ➡ mantid

Pre-Raphaelites＊ 前拉斐爾派 由但丁·加布里耶爾·羅塞蒂、亨特和米雷領導的一群英國年輕畫家，在1848年因反對他們認爲的沒有想像力和歷史藝術的18世紀晚期和19世紀早期藝術而解散，開始在他們的作品中尋求一種新的道德嚴肅性和眞誠性。取名「前拉斐爾派兄弟會」是要推崇義大利拉斐爾時代以前簡單自然的作品，而他們自己的作品中的象徵主義、意象主義和風尙風格則展現了一個假造的中世紀世界。後來的成員包括柏恩－瓊斯和瓦茲（1817～1904）。該組織還作爲一個畫派存在，常使用中世紀的背景，有時製造出一個驚人的效果，如莫里斯的《圭尼維爾的自行辯解》（1858），其主題爲愛和性。雖然他們活躍的時期不到十年，但是這一群體對藝術產生了深遠影響。

pre-Socratics 前蘇格拉底哲學家 （在蘇格拉底之前）最早的希臘哲學家都將注意力放在自然世界的起源與性質的問題上，這使得他們被稱爲宇宙論者或自然論者。其中最重要的是米利都人泰利斯、阿那克西曼德和阿那克西米尼、色諾芬尼、巴門尼德斯、以弗所的赫拉克利特、恩培多克勒、安那克薩哥拉、德謨克利特、埃利亞的芝諾和畢達哥拉斯。

Preakness Stakes 普利克內斯有獎賽 美國賽馬的經典比賽，三冠王賽之一。它每年5月中旬在美國巴爾的摩市皮姆利科跑馬場舉行，賽程約1.9公里。參加者須爲三歲純種馬。

Prebisch, Raúl＊ 普雷比希（西元1901～1986年） 阿根廷經濟學家及政治人物。曾在阿根廷政府及學術機構中擔任多個不同職務，他提出理論建議發展中國家應刺激國內生產、減少進口產品、降低對先進工業國家的依賴。他也呼籲拉丁美洲整合爲一個規模經濟體，並要求進行土地改革，以改善所得分配不均，避免國內市場發展受阻。他是聯合國拉丁美洲經濟委員會的重要領導人，疾呼富國與窮國貿易關係不平等問題應受重視。

Precambrian time 先寒武紀時期 指距今約40億年（已知最古老的岩石的年齡）到54.3億年前（寒武紀開始）的一段地質時期。這一時期代表了約80%的地質記錄，因此提供了各大陸如何通過時間發生演變的重要史料。先寒武紀被分成兩個宙：太古代和元古宙，二者之間的時間界限在距今25億年前。最初被定義爲寒武紀生命出現前的紀元。但現在所知生命是從太古代早期開始的。在先寒武紀末期出現了無骨架的軟體生物。

precast concrete 預鑄混凝土 在工廠的環境將混凝土鑄成構件，然後運到建築工地。預鑄是20世紀發展的技術，增加構件的強度與耐久性，並減少時間與建築成本。混凝土在凝固後需要長時間養護，設計強度通常需要28天。使用預鑄混凝土去除現地澆灌混凝土與其能承受荷重之間的時間耽誤。預鑄混凝土元件包括樓板、樑、柱、牆、樓梯、組合箱，甚至廚房與浴室都有預鑄的配件。亦請參閱prefabrication。

precession 旋進；進動 陀螺儀或陀螺動作相關的現象，自轉物體的旋轉軸較爲緩慢的轉動，大約是與一條自轉軸斜交的直線。外來的轉矩作用在物體上會產生這種結果。旋進的例子像是陀螺平滑緩慢地畫著圓圈（不規則的擺動稱爲章動〔nutation〕）。地球自轉軸的進動是天體位置看似隨著時間更迭而有條不紊地漂移的原因。亦請參閱equinoxes, precession of the。

precipitation 降水 任何從雲降到地面的固態或液態水，包括毛毛雨、雨、雪、冰晶和冰雹。降水顆粒和雲的顆粒最大的區別是顆粒的大小。雨水的平均大小大約相當於一百萬個雲的小顆粒。降水元素（在可溶性物質分子周圍形成的冰晶或水滴）直接從氣態水形成，在碰撞和合併的過程中變大。最終大到足以被地球引力吸引而降落到地面。

Precisionism 精確主義 主要在1920年代，一些美國畫家最初爲增強油畫表現力而把物體輪廓畫得十分清晰（如：曼哈頓地區、煙囪林立的工廠區、建築和機器、有穀物升降運送機和穀倉點綴的田園景色，或一望無垠的沙漠和空闊遼遠的天空等）的一種光滑而又精微的繪畫技法。這些場景通常沒有人和人活動的痕跡。精確主義是一種「冷酷」的藝術，使觀者對其敬而遠之。它源自立體主義、未來主義和奧費主義，反過來又影響了普普主義藝術。雖然精確主義不是一個有正式計畫的學派或運動，但其畫家們，包括德穆思和奧基芙，常常一起展出作品。

predation 捕食 一種動物追擊、捕捉並殺死其他動物並將捕殺的獵物馬上吃掉（甚至活吞）的捕食行爲。許多捕食性動物都是多面手，會捕食不同種類的動物。專業的捕食性動物，如食蟻獸，則只吃某一種或少數幾種動物。同類嗜食是同一種動物之間相互取食的行爲。食用種子也被認爲是捕食行爲，因爲整株植物的胚胎都被食用了。

predestination 得救預定論 基督教中認爲凡得救之人和要受處罰之人都早已爲上帝預先選定的教義。基督教教義史上先後出現過三種得救預定論。一種理論認爲，上帝的預知是預定何人得救的根據，因爲他預先見到了這個人的優點。另一種理論（通常同喀爾文的說法混淆）認爲上帝從亙古已預定拯救什麼人與咒詛什麼人，根本不考慮他們有無善行。而第三種教義則由托馬斯・阿奎那和馬丁・路德提出，認爲人得救是蒙受自己本來沒有資格享受的恩典，但將善行的缺乏同罪過相聯繫。在伊斯蘭教中，得救預定論和自由意志得到了廣闊的討論。穆爾太齊賴派認爲上帝如果拯救所有人的行爲，那將是不公正的。而艾什爾里派提倡的嚴格的得救預定論則成爲了伊斯蘭教的主流觀點。

predicate calculus 謂詞演算 現代符號邏輯學的一部分，系統化證明涉及量詞（如「所有」、「有些」）的謂詞之間的邏輯關係。謂詞演算通常建立在一些命題演算之上，並採用量詞、自變數與謂詞字元。命題形式「F所有東西不是G的就是H的」，符號表示爲$(\forall x)[Fx \supset (Gx \vee Hx)]$。「F有些東西是G的也是H的」符號表示爲$(\exists x)[Fx \wedge (Gx \wedge Hx)]$。一旦基本命題形式的眞假情況決定，演算內的命題分爲三種互斥的類別：一、謂詞符號的意義每個可能的規範都爲眞，如「每件東西是F或者不是F」；二、每個規範都爲假，如「有些東西是F且不是F」；三、有些爲眞，其餘爲假，如「有些是F而且是G」。分別稱爲永眞命題、不相容命題與偶然命題。特定的永眞命題可能當作公理或是推論的基礎。一階（或是較低）謂詞演算存在多重完備的公理化（「一階」的意義是量詞組合自變數，而非範圍超過個別謂詞的變數）。亦請參閱logic。

preeclampsia and eclampsia＊ 先兆子癇和子癇 由懷孕引起的高血壓狀態。先兆子癇患病者主要在懷孕後半期或分娩後出現高血壓、蛋白尿和手部、面部水腫症狀。持續的高血壓會危及胎兒的供血並毀壞母親的腎。注意血壓和體重增加量可在症狀（頭痛、視覺障礙、胃痛等）出現前查出此病。子癇可能伴隨5%左右的患者，並會出現痙攣，對母親和胎兒都會造成威脅。該病可通過特殊飲食、藥物治療、限制活動和早期分娩來控制。

preemption＊ 公地優先購買權 美國歷史上允許公地上的首批移民或居住者購買他們所開墾的土地的政策。因移民開墾的土地會被投機商人奪走並在拍賣會上高價出售給居住者，這項臨時的法令使他們可以不經過拍賣就購買到土地。1841年的安協方案允許移民在土地拍賣之前有權以每英畝1.25美元的最低價格購買160英畝公地。1862年的「宅地法」使公地優先購買權成爲了美國土地政策的一項法令。亦請參閱Homestead Movement。

prefabrication 預製 預製是指標準建築構件在其他地點而不是在建築所處的最終位置上進行的裝配。其構件包括門、樓梯、帶窗的牆板，牆面、地板、屋頂構造、房屋大小的構件甚至整棟建築。預製要求建築師、廠商和施工人員之間按照模型的單位合作來完成。在美國建築業中，高2.4公尺、寬1.2公尺的面板是一個標準單位。建築師的藍圖和廠商預製的牆體都是按照這一模板的要求來製作的。預製的好處包括節約大量生產的開支、提供使用實際材料來生產構件的機會以及樣板的快速裝配和修建。其主要缺點是無法在質量上確定各自的責任。亦請參閱precast concrete。

prefect 長官 古羅馬掌理不同職能的各種高級官員，主要執掌司法和執法權。共和國初期，執政官於他不在羅馬期間指派城市長官代理政事。他們在行政長官代理職務（西元前4世紀中葉）後失去了其重要性。但奧古斯都統治時期，他重新任命了五名長官監督城市的消防、糧食供給和禁衛軍，爲這類長官增添了活力。禁衛軍長官有很大的權力，常常是皇帝的眞正首宰。

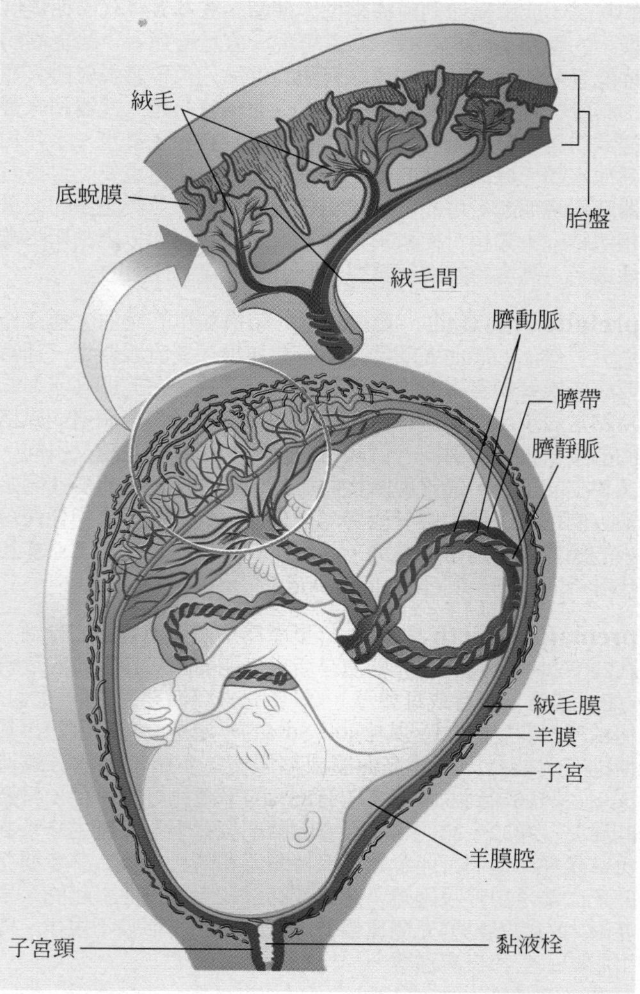

在子宮內足月的胎兒。羊膜構成內部胎膜，裹著胎兒。羊膜和胎兒之間的空隙（羊膜腔）充滿羊水。最外面的胎膜稱為絨毛膜，在外側發展出指狀的突起（絨毛），擴大並穿透子宮的底蛻膜層。絨毛膜的絨毛和底蛻膜組成胎盤。母體的血液填滿絨毛周圍的空隙（絨毛間隙）；氧和養分擴散進入絨毛並經由臍靜脈進入胎兒體內。排泄物經由臍動脈離開胎兒，從絨毛向外擴散進入母親的血液之中。

pregnancy 妊娠 從受精到分娩（參閱parturition），胎兒在女性體內發育的過程，又稱爲懷孕。在來自男性的精子與來自卵巢的卵在輸卵管融合（參閱fertility、fertilization）的那一刻開始。受精卵（合子）向前往子宮的時候藉由細胞分裂而增大，陷入子宮壁並長成胚胎，接著成爲胎兒。發育出胎盤與臍帶作爲母親與胎兒之間的養分與廢物交換之用。充滿液體的羊膜包裹並保護胎兒緩和震動。妊娠早期較高濃度的雌激素與孕酮使月經停止，造成噁心，通常還會嘔吐（孕婦晨吐），乳房變大並做好泌乳的準備。隨著胎兒發育，子宮擴張迫使其他器官移位。妊娠正常會多9至11.5公斤。要提供胎兒營養需求，母親必須攝取更多熱量，更重要的是蛋白質、水分、鈣和鐵。在妊娠早期建議補充葉酸，避免神經管缺陷。吸煙、酒精以及許多合法非法藥物會造成先天性疾病，在妊娠期間應該避免。超音波成像通常用於檢查胎兒的組織發育與機能進展狀況。預產期是從最後一次月經算起280天；90%的嬰兒是在預產期的兩個星期內出生。亦請參閱amniocentesis、preeclampsia and eclampsia、premature birth。

prehistoric religion 史前宗教 從考古發現所推斷之史前人類的宗教行爲與信念。證實擁有死後來生之信念的最古老墓葬，可追溯至西元前50,000～30,000年。埋葬屍體時附帶諸如石製工具的物品以及部分的動物，暗示有安撫死者的嘗試，或者爲他們前往來世作準備。舊石器時代中期提供最早的動物祭獻的證據；祭獻可說一直是給死者、給更高的權能者，或爲了動物物種之繁殖的供品。也曾發現史前人類的祭獻，且通常是女性和小孩。從青銅時代起，武器和珠寶經常作爲祭獻（可能是戰利品的祭獻）被丟入泉水、水井和其他水體。像熊這樣的動物在史前宗教中相當重要；自舊石器時代晚期起，可能就被視爲守護的精靈，並與魔法的力量相連結。人類也行使祈求土地繁衍的儀式，如以維納斯小雕像爲名、高度誇飾胸部與臀部的小型肥胖女性體態。

prelude 前奏曲 篇幅短小、結構簡單的樂曲，通常作爲另一作品的序曲而演奏。前奏曲作爲一支流派產生，通常要經過風琴彈奏者改進來適應教堂的儀式。它們即席演奏的特點常表現出節奏的自由和狂想的風格。其中一個這一風格的部分常常被引導向一個賦格曲性質的結尾。有時又引向一個獨立的部分，通常與賦格曲並存。在17世紀，前奏曲開始被人們用笛子或大鍵琴演奏。後來這一辭彙被用來指任何短小的鋼琴曲，通常成系列，其創作者有蕭邦、史克里亞賓和德布西。亦請參閱chorale prelude。

premature birth 早產 早產爲孕期不足37週的分娩。在23～24週分娩的嬰兒即使存活也可能面臨終身傷殘的危險（如：腦癱、眼盲或耳聾等）。早產兒占存活嬰兒的8～9%，但占死亡嬰兒的2/3。其中40～50%的早產是沒有原因的，其他則有可能是因母體高血壓或糖尿病、多胎或胎盤分離造成。在照顧周到的情況下，有85%的早產兒可能倖存。早產的嬰兒（在32～34週之前）會因肺部發育不全而產生呼吸窘迫症候群。他們可能會難以保持體溫和防止感染。許多嬰兒的死亡都是由呼吸困難、感染或肺部和腦部出血引起的。早產最大的特點是嬰兒體重偏低、個頭偏小、呼吸不規律、皮下脂肪過少和皮膚過薄。

premenstrual syndrome (PMS) 經前症候群 40%的女性在月經來潮前顯現的種種生理及心理的症狀，其中10%的女性症狀可能較嚴重。其生理反應包括頭痛、痙攣、背痛、脹感、便祕或腹瀉。情緒上的表現有暴躁、昏睡、易生敵意、惶惑、攻擊性和強烈的沮喪。其理論上的原因一般集中在荷爾蒙分泌、營養缺乏和壓力（這是影響症候嚴重度的因素之一）。因症狀的不同，其治療方法包括運動、避免身心的壓力、營養療法和藥物療法。在飲食上要限制鈉鹽的攝取，多吃高蛋白、低醣類食物，避免黃鹼（包括咖啡因）。增加鈣的攝入量近期被證實可以防止或減少疼痛，可用伊布普洛芬來治療。

O P Q R

premier ➠ prime minister

Preminger, Otto＊ 普雷明傑（西元1906～1986年） 奧地利裔美籍導演。當他還在家鄉維也納攻讀法律時，就加入賴恩哈特的戲院，很快便成爲專屬導演。1935年遠赴美國執導百老匯的《毀謗》後受邀至好萊塢，執導一部相當成功的驚悚片《蘿蘭祕記》（1944），該片對奠定黑色電影的基礎功不可沒。在組成自己的電影公司之後，他陸續拍過幾部有影響力的電影，如挑戰好萊塢電影檢查尺度的《月亮是藍的》（1953）、純黑色的《卡門瓊斯》（1954）以及描述吸毒情形的《金臂人》（1955）。後期的電影包括《桃色血案》（1959）、《出埃及記》（1960）與《田野淚》（1967）。

Prendergast, Maurice (Brazil) 普倫德加斯特（西元1859～1924年） 出生於加拿大的美國畫家。1868年隨家人一起遷到波士頓。在巴黎學習（1891～1894）後，他將大半生花在旅行和到國外作畫上。他是第一位完全吸收了印象派和後印象派的美國畫家。他用幾何形體的浮蕩色塊來對街景進行生動描繪，產生一種鑲嵌式的效果（如1903年的《中央公園》）。他用水彩來作出了他最出色的作品（如約1895年的《野餐：波士頓公園》以及1899年的《維尼斯》）。晚年居住在紐約，並在1913年的軍械庫展覽會中同八人畫派一起展出了作品。

Prensa, La＊ 新聞報 （Presa在西班牙語中意爲「新聞」。）阿根廷的一份日報，被認爲是全世界最優秀的西班牙語報紙。1869年在阿根廷布宜諾斯艾利斯創刊，很快就打破了報紙強調宣傳作用的傳統，而強調新聞報導應準確、專業化，社論要有獨立見地。該報一貫關心人民福利，因而一直面臨著來自政府的刁難，尤其是在1940年代遭到胡安·庇隆政府的管制，1951年終於爲政府所控制成爲庇隆主義的宣傳喉舌。庇隆下台後，1956年該報重新以獨立日報的姿態出版。

preparatory school 預備學校 爲學生升學作準備的學校。在歐洲，由於中等教育是選拔性的，所以預備學校是爲準備進學術中學的學生辦的。在北美，由於接受中等教育的競爭不那麼激烈，所以預備學校一般是指爲學生上大學作準備的私立中學。

Preparedness Movement 備戰運動 美國參加第一次世界大戰之前的一次運動，旨在增強美國的軍事實力和使美國民衆認識到加入歐洲戰爭的必要性。諸如羅斯福和伍德這樣的該運動的領導者極力督促總統威爾遜加強美國的國防，許多支援備戰運動的組織資助了遊行活動，以引起民衆的注意和爭取民衆支援。這一運動造成了1916年「國家防務法」的通過；第二年美國參戰。

prerogative court＊ 特權法院 在英國法中，指保留給國王行使自由裁量權、優惠特權和法定豁免權的法院。這些法院是在國王的權力大於國會的時期產生的。16世紀星法院、高等宗教事務法院和大法官法院都發揮了重要的作用。到了17世紀，特權法院受到來自普通法法院的挑戰，並爲政治上利益而競爭，但不久就被廢除了。亦請參閱Privy Council。

Presbyterianism 長老會制 建立在長者或長老的統治基礎上的教會管理制度。管理教會的長老們按層級組成一個團體，最高權力層級是會員大會。長老由定期召集的集會成員選舉產生，這種機會體系目的在於確保基督徒的平等。長老會制這個術語也指實行長老會制的教會。現代各長老會的前身是不列顛群島上的喀爾文派教會。在歐洲大陸上的該教會則統稱歸正宗。長老會於1557年由諾克斯在蘇格蘭創立，其力量也以在蘇格蘭最爲強大，不過在英格蘭、威爾斯和美國的發展也很好。亦請參閱Calvinism。

preschool education 學前教育 指兒童從幼兒到五或六歲這一時期的教育。世界各地的學前教育組織有很廣泛的差異，名稱也不盡相同（如infant school、day care、maternal school、nursery school、crèche、kindergarten）。福祿貝爾首先提出了兒童早期學前教育的系統理論，他同時也是幼稚園的創始人。其他有影響的理論家還包括蒙特梭利和皮亞傑。學前教育最引起人們關注的是對語言能力的發展，老師們通常會組織聽力和語言遊戲。亦請參閱elementary education。

Prescott, William H(ickling) 蒲萊斯考特（西元1796～1859年） 美國史學家。出身富裕家庭。1814年畢業於哈佛大學。由於健康狀況和視力不佳而不能從事法律或商業。他的朋友（包括歐文在內）引導其從事畢生的事業：敘述16世紀西班牙及其殖民地的歷史。他的《墨西哥征服史》（1843）和《祕魯征服史》（1847）最爲著名，其中運用了大量原始資料，並爲他贏得了美國首位科學歷史學家的美譽。

prescription　法定期限　在財產法中指時間的流逝對設定和取消權利的影響。「取得法定期限」（acquisitive prescription）允許個人在某種明確的占有狀況持續了一段特定時間後，就取得不動產和動產的某種權益（如道路權），但不是取得財產本身。亦請參閱adverse possession。

prescriptivism　規約論　形上學中，認爲道德判斷是規範，並因此擁有命令的邏輯形式的觀點。規約論首先由黑爾（1919～）在《道德語言》（1952）中所提倡。黑爾主張，不可能從一套描述性的語句中推導出任何規範，儘管如此，他仍嘗試，在受到道德判斷必須是「可普遍化」的限制之下，爲道德推論提供立足點：也就是說，一個人判斷一項特定行動爲錯誤，他也必須判定所有在「指涉上」相似的行動爲錯誤。可普遍性並不是一項實質的道德準則，而是道德語詞的邏輯特性：任何使用諸如「正確」和「應該」的語詞的人，在邏輯上都勢必導向可普遍性。

preservation, food ➠ food preservation

preservative　防腐劑　各種可防止或延遲食物因化學變化（如氧化、長黴）而腐敗並保持食品原有的外觀與組織的化學添加劑。抗黴劑如鈉與鈣的丙酸鹽、山梨酸可阻止黴的滋生；抗氧化劑（如BHT）能延遲各種含脂肪及油脂的食物的腐敗；抗生素（如四環素）可抑制細菌的生長；保濕劑可保持碎椰仁等食品的含水量；防乾化劑（如硬脂酸單甘油脂）可保持焙烤食品的水分和鬆軟。某些防腐劑還有美化食品外觀的作用（在肉類上使用的硝酸鹽或亞硝酸鹽）。

president　總統　政府行政機構中賦予行使國家權力的官員。在有些國家，總統是國家元首但不是政府首腦，這種情況下該職位就主要是禮儀性的，沒有或只有很小的政治權力。在其他國家，總統既是政府領導人又是國家元首。總統可以是直接選舉出的也可以是間接選舉的，任期有限或終生。在美國，總統的主要職責是保證國家法律被忠實地執行，他主要透過多個執行機關和借助其內閣的幫助來完成這一任務。總統還是海陸空三軍的總司令，可任命美國最高法院的法官，並與外國政府簽訂條約（須經參議院追認）。亦請參閱prime minister。

Presley, Elvis (Aaron)　艾維斯普里斯萊；貓王（西元1935～1977年）　美國流行歌手，「搖滾樂之王」。出生於密西西比州圖珀洛，在孟菲斯長大，從小唱的是五旬節教會音樂，聽的是黑人音樂家的藍調音樂和電台大奧普里廣播。還聽過黑人音樂家的藍調音樂。1954年他開始爲製作人菲利普斯錄唱片，這位製作人一直在尋找一位聲音酷似黑人的白人歌手。1956年在新經理人「團長」派克的掌控下，他發行了專輯《心碎旅店》，這張包括了〈獵犬〉、〈全身擺動〉的歌曲成爲了他的首張白金唱片，此後還有無數張白金唱片問世。同年，他還主演了全部三十三部演技普通電影中的第一部《溫柔地愛我》，還出現在許多電視節目中，其中最著名的是「埃德·沙利文劇場」。他的無數歌迷，其中大多數爲女性，狂熱的崇拜他。1958年到1960年的軍隊服役結束後，他重新開始了錄音和表演，在早期的那種沙啞的風格已有所緩和。1968年他開始了一場以拉斯維加斯爲基地的與管弦樂隊和福音唱詩班合作的巡迴演出。普里斯萊開始對抗強大的公衆壓力、體重增加和對毒品的依賴，經歷了人生的最低潮時期。四十二歲時去世，原因是自然死亡。數十萬的歌迷在他孟菲斯的豪宅格雷斯蘭爲他哀悼，這棟房子至今仍是其仰慕者的朝聖地。普利斯萊在世時其唱片銷量超過了五億張，這也使他成爲唱片史上最成功的獨唱藝術家。

Prespa, Lake　普雷斯帕湖　馬其頓、阿爾巴尼亞、希臘三國交界處的湖泊。23公里長、13公里寬，海拔853公尺，經地下河道向西北注入奧赫里德湖。其南部水域爲小普雷斯帕湖，裡面有一座聖阿奇利斯島，該島在10世紀時是保加利亞沙皇薩穆伊爾的早期首都。1970年代該湖成爲了旅遊和垂釣中心。

Pressburg ➠ Bratislava

Pressburg, Treaty of　普雷斯堡條約（西元1805年12月26日）　拿破崙在烏爾姆戰役和奧斯特利茨戰役戰勝奧地利以後，奧法兩國於1805年12月26日在普雷斯堡（今斯洛伐克的布拉迪斯拉發）簽訂的協定。根據協定，奧地利應將威尼斯領土讓給拿破崙的義大利王國，將蒂羅爾和福拉爾貝格讓給巴伐利亞。奧地利承認將拿破崙盟友符騰堡選侯與巴伐利亞選侯升級爲國王，這就使奧地利在德意志的影響大減。奧地利對義大利的影響也被排除了。這一條約是拿破崙得以在法國以外建立起一系列法國的屬國。

pressure　壓強　單位面積上的垂直作用力，或容器中某點處的應力。一個固體作用在地面的壓強等於它的重量除以接觸面積。地球上大氣的重量形成大氣壓力，大氣壓各處不同，但總是隨高度而減小。容器內氣體所作用的壓強是氣體分子大量地、連續不斷地作用在容器壁上的力的平均效果。流體的靜壓強是一種應力或壓力，作用在容器中流體各點的所有方向上。岩體靜壓是地殼內部岩體受周圍岩石施加的應力，隨地表下深度的增加而增加。壓強的國際單位是帕斯卡（Pa），等於每平方公尺上1牛頓的力。

pressure gauge　壓力計　測量流體（液體或氣體）狀況的儀器，它用靜止狀態下流體單位面積上所受的力來標示，其標度爲磅／平方吋（psi）或帕斯卡（Pa）。尺規上的讀數，稱爲計示壓力，通常是兩個壓力數之差。當受測壓力高於大氣壓時，總壓力（或絕對壓力）就是計示壓力與大氣壓之和。

Prester John　祭司王約翰　傳說中信奉基督教的東方統治者。據說他是聶斯托留派信徒，是國王兼祭司（Prester祭司是長老Presbyter的簡寫，意爲長者或牧師），統治地區在遠東，具體地區不詳。有關祭司王約翰的傳聞首先出現在12世紀的十字軍東征時期，在歐洲基督徒中間流傳，這些基督徒希望祭司王約翰會加入結盟從薩拉森人那裡奪回聖地。13～14世紀，包括馬可波羅在內的許多傳教士與旅行者到亞洲尋找他的王國。14世紀中葉以後探索祭司王約翰之國的活動集中在衣索比亞境內，因爲人們認爲他就是信奉基督教的這個非洲國家的某代皇帝。

Prestes, Luís Carlos *　普列斯特（西元1898～1990年）　巴西革命家。1924年他帶領一支反叛部隊進行穿透巴西內陸的三年長征，努力想要點燃鄉村間的叛亂火花。儘管這番努力終告失敗，他卻成了傳奇英雄。他繼續領導巴西的共產黨，鼓吹免除人民欠付國家的債務，將外資公司收歸國有，並進行土地改革。在1935年一場暴力動亂後被逮捕入獄，到了第二次世界大戰後獲釋出獄，後來短暫擔任了參議員。

O P Q R

Preston 普雷斯頓 英格蘭蘭開郡首府，濱臨里布爾河。該鎮最初在一座羅馬要塞周圍發展起來，1179年獲第一張特許狀。爲一個貿易中心，以其毛紡和亞麻織物及棉紡廠而聞名。英國內戰期間，普雷斯頓是蘭開郡保皇軍總部。1648年克倫威爾於普雷斯頓擊敗保皇軍。儘管其棉紡織工業衰落了，但多元化發展使得該鎮的經濟仍然很強勁，這裡生產飛機和機動車輛。人口：城鎮177,660；自治市約135,000（1998）。

prestressed concrete 預力混凝土 用預拉法或後拉法來強化混凝土，使其比普通的鋼筋混凝土承受更大的荷重或跨距。預拉法是將鋼筋或鋼纜置於空的模子之中並加以拉長。放入混凝土讓其凝固，並釋放鋼纜縮回原來長度時將混凝土受壓。後拉法是混凝土養護完成後才將鋼筋拉長。預力使混凝土構件置於壓縮狀態，這些壓應力抵消承受荷重產生的彎曲拉張應力。此法是由法國工程師弗萊辛涅特在20世紀初發明。

Pretoria＊ 普勒多利亞 南非共和國行政首都。1991年城鎮地區人口約爲108萬。1855年建立，1860年成爲特蘭斯瓦首府，1910年設爲南非行政首都，1931年設市。1899年南非戰爭期間，邱吉爾被囚禁於此直至越獄成功。普勒多利亞主要是政府機構所在地，大多數人口都從事服務業。該市也是重要的鐵路中心，其工業經濟以鋼鐵業爲基礎。教育機構包括南非大學和普勒多利亞大學。人口：都會區約1,080,000（1991）。亦請參閱Bloemfontein、Cape Town。

Pretorius, Andries＊ 比勒陀利烏斯（西元1798～1853年） 南非布爾人大遷徙中的著名領袖，來自英國控制的開普殖民地，後成爲納塔爾和特蘭斯瓦地區的軍事與政治統治人物。比勒陀利烏斯的軍隊1838年在血河戰役、1840年在馬格諾戰役兩次打敗祖魯人。1842年他在反對英國吞併納塔爾的戰鬥中失利。1848年英國吞併特蘭斯瓦之後，他的軍隊再度發起進攻但又遭失敗。1852年他參加了桑德河會議，在這次會議上特蘭斯瓦的獨立獲得了承認。他還領導了爭取橘河主權國獨立的談判，並於1854年的布隆方丹會議上得到最終承認。其子馬西納斯·維塞爾·比勒陀利烏斯（1819～1901）是南非共和國的第一位總統（1857、1864、1869），也是橘自由邦的總統（1859～1863）。英國吞併特蘭斯瓦後，馬西納斯加入造反的布爾人領袖之列，幫助贏得了獨立。直到1883年克魯格當選總統之前，馬西納斯一直是三頭統治的一員。

preventive medicine 預防醫學 針對整個社會及個人的旨在預防疾病的嘗試。包括對病人的訪問和測試發現危險因素、在家庭、社區醫療機構中的衛生措施、對病人的教育、飲食與運動計畫以及預防性藥物和手術。預防醫學有三個層次：第一級（如預防健康人患冠心病）、中級（如預防心臟病患者心臟病發作）和第三級（如防止心臟病發作後的殘疾與死亡）。第一個層次目前來看是最經濟的。預防醫學的重要發展包括牛痘接種（參閱vaccine）、抗生素、影像診斷和重視心理因素。亦請參閱epidemiology、immunology、industrial medicine、quarantine。

Prévert, Jacques(-Henri-Marie)＊ 普雷韋爾（西元1900～1977年） 法國詩人和電影編劇。曾爲店鋪工人，服完兵役後開始寫作。受到象徵主義者運動的影響，重振口述詩的古老傳統，發展出描寫巴黎街道生活的「歌詩」，收錄在詩選《文字》（1845）中。許多詩被譜曲，極爲流行。他爲卡爾內寫作的優秀劇本包括《天堂的小孩》（1945）、《奇景》（1951）和《這些故事和其他故事》（1972）。他還爲法國的電視寫作，也爲兒童寫作動畫電影。

Previn, André (George)＊ 普烈文（西元1929年～） 原名Andreas (Ludwig) Priwin。德國出生的美國鋼琴家、作曲家和指揮。1939年與他的家人逃離納粹迫害，移居洛杉磯。1940年代和1950年代爲米高梅公司編管弦樂曲和配樂，此後爲多家製片廠撰寫電影音樂。其間，他已成爲著名的古典和爵士鋼琴家並開始指揮。在休斯頓交響樂團、倫敦交響樂團、匹茲堡交響樂團和洛杉磯愛樂管弦樂團及皇家愛樂管弦樂團擔任過首席指揮。他創作過交響曲、協奏曲和歌劇《慾望街車》（1998）及其他流行歌曲。1996年他受封爲英國爵士，1998年獲頒甘迺迪中心榮譽獎。

Prévost d'Exiles, Antoine-François＊ 普雷沃（西元1697～1763年） 以普雷沃教士（Abbé Prévost）知名。法國小說家。早年在軍旅生活與宗教神職生活間周折往返，直到1728年以他的逃亡而結束。往後的歲月則以衆多的豔遇情史和累累負債爲標誌。其聲譽完全得之於一部作品《曼儂·萊斯科》（1731），講述一個出身良好的青年爲了一個妓女而毀了一生的故事。根據這部小說改編的有兩部著名的歌劇：馬斯奈的《曼儂》和普契尼的《曼儂·萊斯科》。

PRI ➠ Institutional Revolutionary Party

Priam＊ 普里阿摩斯 希臘神話中的特洛伊最後一位國王。他繼承父親拉俄墨東的王位，並逐漸將特洛伊的勢力，控制了赫勒斯滂。他和妻子赫卡柏生下許多孩子，其中包括海克特和帕里斯。特洛伊戰爭發生在他在位時期，他在戰爭最後一年失去了十三個兒子。其中三人在同一天裡被阿基利斯殺死。海克特的死使他精神崩潰，他低聲下氣地向阿基利斯要求贖回海克特的屍體。特洛伊城陷落時，阿基利斯的兒子涅俄普托勒摩斯在祭壇上殺死了這位年邁的國王。

Priapus＊ 普里阿普斯 希臘宗教中的牲畜和植物繁衍之神。他被諷刺漫畫描繪爲人形，古怪畸形，並生有一巨大的陰莖。向他奉獻的供品是驢，大概是因爲驢象徵好色，並與該神的性能力有關。他的父親是酒神戴奧尼索斯，母親是一地方仙女或愛之女神愛芙羅黛蒂。在希臘化時期，對他的崇拜遍及古代世界，他也被視爲園藝之神。

Pribilof Islands＊ 普利比洛夫群島 美國阿拉斯加州白令海東南部群島。由聖保羅島、聖喬治島及其他兩座小島組成。東距大陸500公里。1867年俄國把該群島與阿拉斯加一起賣給美國。群島多山、無海港，每年4～11月海豹來此繁殖生息。1957年美、蘇、日、加簽訂的一項協定管理商業性的海豹捕獵。該群島還是無數鳥類和藍白狐的棲生地。本土居民爲阿留申人。

price 價格 爲取得某一產品、服務或資源所必須支付的貨幣數額。以一種價值尺度運作，價格具有一種重大的經濟功能，透過供求的調節，將供應稀缺的產品、服務和資源分配給最需要他們的人。資產的價格稱爲工資、利息或租金。價格機制這一體系基於這樣一個原則：只有當價格被允許自由浮動時某種特定商品的供需才會平衡。如果供給過量，價格就會走低，產量也會減少，這會導致價格上升直到達到供需平衡爲止。如果供給不足，價格就會很高，刺激產量的增長，反過來引起價格下降直到供需均衡。完全的自由價格機制在現實中是不存在的，即使是在自由市場經濟中，獨占和政府調控也會限制價格成爲左右供需的決定因素。在中央計畫經濟下，價格機制可能被集權化的政府控制所取代。試圖不靠價格機制來運作經濟，通常會造成不想要的商品過剩、想要的產品短缺、黑市出現及經濟成長的停滯。

O P Q R

Price, (Mary Violet) Leontyne 普賴斯（西元1927年～） 美國女高音歌唱家。曾在茱麗亞音樂學院學習。被湯姆生選中重演「三幕戲中的四位聖人」，並在《波吉與貝絲》（1953～1955）的世界巡演中確立了自己的聲譽。1960年在史卡拉劇院演唱阿伊達一角，1961年在大都會歌劇院首演。此後的二十多年裡她是大都會歌劇院最受歡迎的明星之一。她飾演了巴伯的《安東尼和克麗奧佩脫拉》（1966）中的克麗奧佩脫拉，這也是大都會歌劇院搬到林肯中心的首場演出。1985年她最後一次演唱阿伊達一角。

Price, Vincent 普萊斯（西元1911～1993年） 美國演員。生於聖路易市，1935年於《維多利亞女王》一劇中飾演艾伯特親王，在倫敦首度登台，然後又在百老匯中重新詮釋這個角色。1938年來到好萊塢，因為彬彬有禮的風度與圓潤悅耳的嗓音受到注意，在《江山美人》（1939）、《哈得遜灣》（1941）以及《豪情三劍客》中都有吃重的演出。他也經常在恐怖電影中扮演侵略性十足的惡棍，如《蠟像院魔王》（1953）、《狂人日記》（1963），以及一系列改編自愛倫坡小說、由羅傑寇曼執導的影片，其中包括《紅死病的面具》（1964）。

price discrimination 差別取價 儘管各項交易的銷售成本費相同，但仍將一種商品以不同價格售給不同買家，這種做法叫差別取價。對買家的差別取價依據可能是其收入、種族、年齡或地理位置。差別取價要成功必須保證其他的企業不能夠以較低的價格購買產品再以高價售出。

price index 物價指數 一組價格的變化量數，包含一系列數字，目的是要對兩個時間或地點之物價進行比較，以顯示兩個時間的物價變化、或兩個地點的物價差異。物價指數是最早發展出來的生活支出變化量數，為的是要決定如何調整可維持基本生活水準的工資。物價指數主要有兩類。第一類是拉斯佩耶斯指數：先選定某一基期內的財貨市場組合，再利用其物價來檢定該財貨在不同時空的物價變化，計算出該財貨今日價格和基期價格的比例。拉斯佩耶斯指數有兩種最常用的指數，分別是消費者物價指數（CPI）和生產物價指數（PPI，舊稱躉售物價指數）。CPI測量基本財貨（如食、衣、住）零售物價的變化，PPI則測量製造廠和躉售商出貨價格的變化。第二種是帕舍指數：先選定當前的財貨市場組合，再利其物價來檢定過去時間同樣財貨的物價變化；帕舍指數最常用的指數是國內生產毛額平均指數，在美國用於國民收入會計，以計算經常貨幣總額與當前貨幣總額的差異。

prickly pear 仙人果 仙人掌屬莖扁平，帶刺植物的統稱（參閱cactus），或指某些種類的可食用果實。原產西半球。恩格爾曼仙人果和O. basilaris通常分布於美國西南部。印度無花果是熱帶和亞熱帶國家的一種重要食物。由於莖含水分多，仙人果可作為飼料作物和乾旱季節的應急飼料。某些仙人果也作為觀賞植物栽培，因其花大而受重視。

恩格爾曼仙人果
Grant Heilman

Pride, Thomas 普賴德（卒於西元1658年） 受封為湯瑪斯爵士（Sir Thomas）。英國軍人。英國內戰時期加入國會軍，在1645年的內茲比戰役中指揮一個團，後為克倫威爾效命，助其在普雷斯頓擊潰入侵的蘇格蘭人（1648）。同年晚些時候，當中立派控制的軍隊占領倫敦時，他在下議院門前逮捕或驅逐約140名長老會議員（稱「普賴德清洗」）。他是審訊查理一世的委員會成員之一。

Pridi Phanomyong＊ 比里・帕儂榮（西元1900～1983年） 亦稱Luang Pradist Manudharm。泰國政治領袖與首相。在法國取得法學博士學位。在那裡深受社會主義的影響並曾與鑾披汶・頌堪及其他人一起密謀推翻泰國的專制君主政體。他參加了促進派革命，並於1932年12月協助起草了憲法。比里推動了鑾披汶・頌堪親日政府的倒台（1944），1946年成為泰國首位普選首相。同年因阿南達國王刺殺事件而被不公正地歸咎於他，他被迫辭職，並於1947年逃離了泰國。他在中國居住到1970年，然後移居法國。

Priene＊ 普里恩 古代愛奧尼亞城市，位於土耳其西南門德雷斯河之北。據斯特拉博所述，普里恩是愛奧尼亞人和底比斯人所興建。西元前7世紀曾被洗劫一空，但西元前6世紀又重新贏得其地位。在羅馬人和拜占庭人的統治下曾欣欣向榮，但後來逐漸衰敗。13世紀落入土耳其之手後被廢棄。考古發掘出了一座建在梯田上的希臘城鎮，附近的山頂上有雅典娜神廟，該神廟是有亞歷山大大帝於西元前334年興建奉獻的。

priesthood 祭司職分 具有關於崇拜儀式和宗教典禮程式的特別知識而被尊為精神首腦的禮儀專家的職位。儘管酋長、王和家族頭領有時候也兼負宗教職能，但在大多數文明中，祭司職分都是個專門化的職位。祭司的職責主要並不是單純地習演法術技巧，而是正確執行一個神靈所要求的典禮禮儀。如許多非洲的社會中，負責崇拜部落祖先的薩滿和祭司又有不同。主持祭獻通常是祭司最重要職責之一。並不是一切高度發達的宗教都必然有祭司職分，最明顯的例外就是伊斯蘭教。「信者皆為祭司」也是宗教改革運動的重要教義，新教派別認為教會成員之間不需要祭司當仲介，聖靈在諸如公誼會這樣的教派最清楚。

Priestley, Joseph 普里斯特利（西元1733～1804年） 英國神學者、政論家和自然科學家。做過各種科目的老師和講師，1767年加入政府部門。早期科學研究成果見於他的《電的歷史和現狀》（1767）一書，成為該領域的基本教材。他的《政府論》（1768）影響了後來的實用主義。他在化學反應和變化領域做出了重要工作。他是氮、一氧化碳、氨和其他一些氣體的發現者，1774年他第一個探測到了氧氣；他的報告使得拉瓦節重覆實驗，推知出氧氣的性質和作用，並命名了它。他的神學著作包括《基督教的訛傳教義史》（1782），1785年作為冒瀆之物被焚燒，還有《基督教概史》（6卷，1790～1802）。他的不從國教派宗教觀點和政治活動，尤其是對法國大革命的支持，使他逐漸在英格蘭受到爭議，最後他於1794年移居美國。

primary education ➠ elementary education

primary election 初選 一種選舉機制，提供政黨內部篩選競選公職的候選人。正式的初選制度最早見於美國，20世紀初期開始被廣泛運用。美國大部分的州在總統大選前都會舉辦初選，並選出支持某位特定候選人的代表去參加全國大會，再於會中投票選舉總統。封閉式初選只限定黨員參加，開放式初選則開放給選區內所有選民投票。被提名者名單的產生方式，大致有：合格公民宣布參選即可、事先集會提名、或一定數選民連署。亦請參閱electoral system、party system。

O P Q R

primate 靈長類 靈長目有胎盤哺乳類動物，約9,750萬年前以居於森林的形式出現。靈長類因具有下列一至數項的特徵而與其他哺乳動物有所區別：未特化的構造、特化的行爲、鼻口部短、嗅覺退化、手足善於抓握，具5指或趾、扁平的指（趾）甲、指、趾端無爪、視覺敏銳，具一定程度的雙眼視覺、雙眼向前直視、腦的體積較大和長時間的出生前或出生後的發育。許多種類哺育1幼仔並居住於由雄性領導的集群中。猿猴亞目包含8科：狐猴（狐猴科、大狐猴科、侏儒狐猴科、鼬狐猴科）、指猴（指猴科）、嬰猴和懶猴（懶猴科）、眼鏡猴（眼鏡猴科）。類人猿亞目（被稱爲狹鼻類的一群）包含9科：新大陸猴（狨科、捲尾猴科、Aotidae科、Atelidae科、Pitheciidae科）、舊大陸猴（猴科）、小型類人猿（長臂猿科）、大型類人猿（猩猩科）和人（人科）。巨猿有時也與人被一同列入人科中。

Primaticcio, Francesco＊ 普利馬蒂喬（西元1504/1505～1570年） 義大利－法國畫家、雕刻家和建築家。1532年法蘭西斯一世邀請他幫忙裝飾楓丹白露宮，普利馬蒂喬成爲法國最主要的藝術家之一，餘生都在此度過，僅到義大利做短暫旅行。他在繪畫和灰泥雕刻中的裝飾風格特別強調人物形象，其人物造型通常表現出誇張的肌肉組織和活動的、修長的外表，對16世紀的法國藝術影響極大。他是法國最早用古典神話主題代替宗教主題的藝術家之一，給義大利風格主義帶來了寧靜的法國典雅風味。

prime minister 首相；總理 亦作premier。議會制國家政府行政機構的首腦（參閱parliamentary democracy）。首相是政黨領袖，或與執政多數者聯合，由國家元首正式任命。該職位由英國的華爾波爾發展起來，其權力在小庇特手中加強。英國的首相已成爲許多聯邦國家、歐洲和日本政府的首腦的典範。首相有任免權，負責政府的立法計畫、預算和其他政策。他的任期一直到下一屆預定的選舉或他失去了立法支持爲止。在法國既有總統又有總理，總統握有較大的權力，但總理控制國內的立法議程。亦請參閱chancellor。

prime number 質數 大於1而只能被1和它自己整除的任何一個正整數。它們的先後順序是2, 3, 5, 7, 11, 13, 17, 19, 23, 29…，但沒有什麼明顯的規律可循。關於質數的分布是規則的還是不規則的問題是數論中最重要的問題之一，也是數學中讓人最感興趣的未解問題之一。至少在西元前300年，質數已被人認識，當時厄拉多塞和歐幾里德已對它們作了研究，他們對存在無窮多個質數給出了漂亮的證明。一個整數的質數因數是指它們的乘積等於該整數的那些質數（參閱fundamental theorem of arithmetic）。

primitive culture 原始文化 用來指有著無書面語言、相對孤立、人口少、技術比較簡單和社會文化變革進展緩慢特徵的社會的名詞。該詞和殖民主義以及社會文化演化的過時含義相關時，結果就衍生出負面的含義，由此「更簡單」意味著「更低等」，或是精神、智力上的劣等，今天的人類學家普遍採用「在有文字記載以前的」或「小規模的」這樣的詞。

Primo de Rivera, José Antonio＊ 普里莫・德里維拉（西元1903～1936年） 西班牙政治人物。獨裁者普里莫・德里維拉將軍的兒子，於1925年開始其律師生涯。1933年籌組西班牙法西斯政黨，即長槍黨，並被選入國會（議會）。他在自己發行的《西班牙長槍報》（1934）和《向上報》（1935）中闡揚自己的觀點，並在西班牙各地做演講。在左派人民陣線掌權後（1936），他被捕，草草審判後即遭處決，時年三十三歲。他被視爲由佛朗哥將軍發動的民族主義運動的烈士。

Primo de Rivera, Miguel 普里莫・德里維拉（西元1870～1930年） 西班牙將軍和獨裁者（1923～1930）。1888年起擔任軍官，歷任加的斯（1915～1919）、瓦倫西亞（1919～1922）和巴賽隆納（1922～1923）軍政府首長，他在那裡堅決鎮壓騷亂。由於認爲議會制度是腐敗的，他在1923年的政變中奪權，解散了議會，停止實行憲法中的各項保證。他成功的結束了摩洛哥戰爭（1927），解決了勞工爭端，著手於公共工程，但實行農業改革政策失敗了。由於對他高壓性的統治漸生不滿，以及缺乏軍隊的支持，逼使他在1930年辭職。約瑟・安東尼奧・普里莫・德里維拉是他的兒子。

primogeniture＊ 長嗣繼承制 按照法律或習俗，遺產繼承優先給予長子及其子嗣的制度。實行這種制度的動機通常是爲了確保死者的財產或財產的一部分完整無損，並在社會等級上承認年齡資歷的重要性。在大多數司法權上不再是繼承的公認原則。

primrose 報春花 報春花科28屬中的報春花屬500餘種顯花植物的統稱，主要產於北半球涼爽地區或山區。多數爲多年生低矮草本，少數二年生。通常高25～50公分，也有矮至5公分和高達120公分者。許多種類因其漂亮的花朵而作爲栽培花卉，花爲五瓣，有紅、粉紅、紫、藍、白、黃諸色。報春花科中還包括仙客來屬和海綠屬植物。柳葉菜科的月見草實際上並不是眞正的報春花。

Primus, Pearl＊ 普賴默斯（西元1919～1994年） 美國（千里達出生）舞者、編舞家和人類學家。兩歲時就在紐約市居住。1943年在新舞團舉行個人的舞蹈首演，是該團第一位黑人舞者，次年成立自己的舞團。她的表演吸取美國黑人的經驗和自己在非洲和加勒比海地區所作的人類學研究成果。這些作品如《非洲祭典》（1944）和《婚禮》（1961）反映了她對這些方面的興趣，也使得她獲得哥倫比亞大學的博士學位。

Prince 王子（西元1958年～） 原名Prince (Rogers) Nelson。美國歌手與詞曲創作者。生於明尼亞波利，父親是一名爵士鋼琴家，自青少年時即自學多種樂器，並組成自己的樂團。十九歲時發行第一張專輯，在專輯裡秀出了所有會彈的樂器。第二張專輯是《王子》（1979），之後不斷發行新專輯，包括暢銷專輯《1999》（1982），在戲裡也軋一角的《紫雨》電影原聲帶，與《鑽石與珍珠》（1991）。由於他充滿性暗示的歌詞與舞台表演，其本身常引發爭議。1993年他把名字改成一個無法發音的象徵符號，人們稱他做「以前叫做王子的藝人」，不過在2000年他又回復先前的名字。

prince 親王 歐洲的一種等級稱號，通常指享有完全或幾乎完全統治權的人，或指皇家成員。親王的妻子便是王妃。在英國，該稱號直到1301年才使用，愛德華一世授予他的兒子－－未來的愛德華二世－－威爾斯親王的稱號。從愛德華三世時期開始，國王（或王后）的最年長的兒子和繼承人通常被授予這樣的稱號。

Prince, Hal 普林斯（西元1928年～） 原名Harold Smith。美國戲劇導演。生於紐約市，曾爲導演艾博特工作，後來兩人協力合導一部成功的音樂劇《睡衣仙舞》（1954）。他獨立導演或與人合作導演出超過三十部的音樂劇，有《討厭的北方佬》（1955）、《西城故事》（1957）、《春光滿古城》（1962）以及《屋頂上的提琴手》（1964）。他經常與桑德海姆合作，曾執導音樂劇《卡巴蕾》（1966）、

O
P
Q
R

《公司》（1970）、《傻子》（1971）、《戆第德》（1974）《斯維內・托德》（1979）、《艾維塔》（1979）、《歌劇魅影》（1986）與《畫舫璇宮》（1995）而贏得東尼獎。

Prince Albert National Park　艾伯特王子國家公園　在加拿大薩斯喀徹溫省中部公園。主要入口位於艾伯特王子市西北部。1927年建立，面積3,875平方公里，主要爲森林和湖泊，分布著河流和天然小徑。是鳥類、駝鹿、麋鹿、馴鹿和熊等動物的禁獵區。

Prince Edward Island　愛德華王子島　加拿大省份。加拿大濱海諸省之一，且是全國最小的省，是位於聖羅倫斯灣南部的一座島嶼，諾森伯蘭海峽將其與新斯科舍省和新伯倫瑞克省分開。省會夏洛特敦。1534年由卡蒂埃發現，是印第安民族米克馬克人捕魚和狩獵的所在地。1720年法國人在此拓殖，1763年該島割讓給英國。1864年在此召開夏洛特敦會議，爲加拿大聯邦奠定了基礎，故該島有「聯邦的搖籃」之稱。1873年建省。其東側和南側有天然良港。很少開發工業，該島的大部分地區用於農業。漁業和旅遊業在經濟上很重要。1997年開通一條連接愛德華王子島和大陸的路橋。人口約138,900（2000）。

Prince of Wales Strait　威爾斯王子海峽　班克斯島和維多利亞島西北部之間的狹窄水道，位於加拿大西北地區的北極群島的西南部。長約274公里，構成西北航道的一部分，連通大西洋與太平洋。它在1850年爲愛爾蘭探險家麥克盧爾發現。

Prince Rupert's Land ➠ Rupert's Land

Prince William Sound　威廉王子灣　美國阿拉斯加州南部阿拉斯加灣的入口。位於基奈半島的東面，寬145～160公里。1778年由英國溫哥華船長命名，以表示對國王喬治三世的兒子的敬意。1989年發生歷史上最大的漏油事件，艾克森瓦爾迪茲號油輪在布萊暗礁觸礁，1,090萬加侖原油洩入灣區，對其生態造成了災難性影響。

princeps　元首　古羅馬皇帝的非正式稱號，從羅馬皇帝奧古斯都（約西元前27年至西元14年在位）到戴克里先（約284～305年在位）這一段期間稱之爲元首統治。該稱呼源於羅馬共和國時期，由元老院的領導成員專用。奧古斯塔斯使用這個名稱以強調聲稱自己是共和制度和美德的恢復者，雖然他和後繼者實際上是獨裁者。

Princeton, Battles of Trenton and ➠ Trenton and Princeton, battles of

Princeton University　普林斯頓大學　位於美國新澤西州普林斯頓的私立大學，是常春藤聯盟的傳統成員。1746年成立，當時稱新澤西學院，在美國歷史悠久的大學中名列第四，是最富聲望的大學之一。威爾遜於1902～1910年間任該校校長。除了大學學院和一間研究所外，普林斯頓大學還設有工程和應用科學學院、建築和城市設計學院。其伍德羅・威爾遜公共和國際事務學院長久以來一直維持是訓練政府官員的普林斯頓傳統。該大學自1969年來招收女生。註冊學生人數約6,500人。

Princip, Gavrilo＊　普林西普（西元1894～1918年）　塞爾維亞民族主義者和法蘭西斯・斐迪南大公的刺殺者。波士尼亞的塞爾維亞人，追求統一南斯拉夫，並破壞奧匈帝國在巴爾幹半島的統治；接受過黑手黨社團的恐怖主義訓練。1914年6月奧匈帝國大公夫婦到塞拉耶佛進行官方訪問時，普林西普對他和其妻子蘇菲開槍射擊。刺殺行動促成第一次世界大戰的爆發。普林西普被判入獄二十年，在牢裡因手臂切除手術而去世。

Príncipe ➠ São Tomé and Príncipe

Pringle, John　普林格爾（西元1707～1782年）　受封爲約翰爵士（Sir John）。英國醫師。在擔任英國軍隊的總醫師期間（1740～1748），將自己的醫學知識運用到醫院和軍營中。在《對軍隊疾病的觀察》（1752）中，略述了改善醫院通風和營地衛生的概括程序。他認識到各種形式的痢疾都是一種疾病，認爲醫院熱與監獄熱是同一種疾病，並創立流行性感冒一詞。他認爲交戰雙方應共同保護野戰醫院的安全，這一主張最後導致紅十字會的創立。

printed circuit　印製電路　印製電路是一種電器裝置，在絕緣材料板上覆蓋一薄層導電材料，在導電材料上印製出某種圖案，組成電路中的導線以及某些元件。第二次世界大戰後，許多電器設備中都用印製電路取代了傳統的導線。與以前用的手工焊接電路來，它大大地縮小了尺寸和重量，同時提高了可靠性和均勻性。常用的是將積體電路安裝在板上，用作電腦、電視機以及其他電子設備中的插入單位。大規模生產的印製電路板可以實現電子元件的自動組裝，明顯降低了生產成本。

printer, computer　印表機　接受電腦來的文字檔案或影像，轉換成紙張或膠卷等媒介的電子裝置。印表機可以直接連到電腦或是間接透過網路，分爲撞擊式印表機（列印媒介實際受到撞打）及非撞擊式印表機。大多數撞擊式印表機是點陣式印表機，在列印頭上有一些針打出字元。非撞擊式印表機分爲三大類：雷射印表機用雷射光束將碳粉吸附在紙張的面上，噴墨印表機噴灑液態墨水，熱感式印表機用加熱針轉印影像在特殊塗布的紙上。印表機重要的特性包括解析度（每吋的點數）、速度（每分鐘列印的頁數）、顏色（全彩或黑白）、快取記憶體（影響檔案列印的速度）。

printing　印刷　將圖文複製的一種技術方法，傳統上是在壓力的作用下使油墨轉移到紙上，但今天包括了許多其他的方法。在現代商業印刷中，要使用三種基本技術。凸版印刷靠機械壓力將凸起的著墨的圖像轉印到待印的表面。而凹版印刷則轉印不同深度的凹陷小孔的油墨。在膠印中，圖版的印刷和非印刷區域的差別不在高度上，而在可濕性上。

printmaking　版畫製作　指利用各種多元性技術來製作圖像的藝術形式，由藝術家直接監製或親手製作，通常印製在紙上，偶爾也利用紡織品、羊皮紙、塑膠或其他素材。這些精緻的版畫成品即使可多次複製，仍被視爲藝術原作。主要技術包括凸版、凹版和平版（如平印和孔版版畫）。早期版畫製作是受到想要多次複印的影響，但藝術家發現當一幅畫可轉化爲版畫時，使它獲得全新的特性，這樣的變態形式對藝術家具有最強烈的吸引力。亦請參閱engraving、etching、mezzotint、woodcut。

prion＊　普利子　一種致病因數，由普魯西納發現，能引起各種致命性神經變性疾病，即所謂傳遞性海綿狀腦病。致病的普利子是哺乳動物和鳥類身上一種正常狀況下無害的蛋白質的異常形式，由傳染可進入大腦，或來自於解讀蛋白質的基因的突變。一旦在大腦中出現，它便使正常的蛋白質打褶成異常形狀。隨著普利子蛋白質複製，它們積聚在神經細胞裡，破壞細胞最終使腦組織變得布滿孔洞。由普利子引起的疾病包括庫賈氏病、狂牛症和痒病。普利子不同於其他已知的致病生物在於它們看來沒有核酸（脫氧核糖核酸〔DNA〕或核糖核酸〔RNA〕）。

OPQR

Pripyat Marshes ➠ Polesye

Pripyat River＊　普里皮亞季河　亦稱普里佩特河（Pripet River）。烏克蘭西北部和白俄羅斯南部河流。發源於波蘭邊境附近的烏克蘭西北部，向東流經普里佩特沼澤後到達莫濟里，在基輔水庫與聶伯河匯合，全長775公里。可通航483公里，透過運河與布格、涅曼河相連。

Priscian＊　普里西安（活動時期約西元500年）　拉丁語作Priscianus Caesariensis。拉丁語語法學家。他以亞浦隆尼希臘語語法理論爲指導，來寫作自己的古典拉丁語語法著作。他的《語法基礎》引用了拉丁語作家的著作，成爲中世紀語法教學的範本。其他著作包括一篇關於度量衡的論文和一篇關於泰倫斯詩律的論文。

prism　棱鏡　磨製的有精密角度和平面的玻璃片或其他透明材料。對於分析和折射光有用（參閱refraction）。三角形的棱鏡不同量地折射光不同的波長，可以將白光分解成其組成的顏色。較長的波長（在光譜的紅色端的波長）被轉折得少，較短的波長（紫紅色端的波長）被轉折得多。結果便出現可見光的光譜，即彩虹。棱鏡用於某些光譜學和各種光學系統上。

prison　監獄　對因重大犯罪判刑者處以監禁的機構。監獄和監牢（jails）不同，二者的差別在於判刑司法階層的差異、及監禁刑期長短的差異。通常監牢用於被地方司法體系判刑、監禁者刑期在一年以下者；而監獄則用於被較高層級政府部門所判刑者、刑期也較長。另外，嫌犯在等待審判時須遭受羈押，而這種羈押其實也是將嫌犯視爲可能犯罪而處罰。早期的美國監獄，囚犯是被單獨隔離監禁；在19世紀，囚犯則被允許一起工作，但不准交談。到了19世紀末期，獄政改革成功，開始根據罪行、年齡、性別將囚犯分類隔離，對表現良好者給予獎勵，並提出彈性刑期、職業訓練、假釋等措施。

prisoner's dilemma　囚犯的兩難　賽局論所提出的假設性情境。其中一個版本如下：兩名囚犯被控告有罪，一、如果一人認罪而另一人不認罪，則認罪者當庭釋放、不認罪者須監禁二十年；二、如果兩人都不認罪，則兩人都只須監禁幾個月；三、如果兩人都認罪，則兩人都須監禁十五年。囚犯彼此是不能交談的。賽局論認爲，如果兩人都純粹以自我的利益來計算，那麼他將會決定認罪；但吊詭的是，一旦他想要追求自我的極大利益，那麼不管認罪與否，結果都比不是利己主義者還要糟。亦請參閱egoism。

Pristina＊　普里什蒂納　塞爾維亞與蒙特內哥羅南部城市。是塞爾維亞共和國的科索沃自治區省會。1389年在科索沃戰役中，土耳其人打敗了巴爾幹半島的基督教軍隊，之前它是塞爾維亞國家的首府。該市是科索沃阿爾巴尼亞人的文化中心，1999年減少了很多阿爾巴尼亞人居民，當時他們被塞爾維亞的「種族清除」運動逐出該市（參閱Kosovo conflict）。人口約155,000（1991）。

Pritchett, V(ictor) S(awdon)　普里切特（西元1900～1997年）　受封爲維克多爵士（Sir Victor）。英國長篇小說家、短篇小說作家和評論家。1922年成爲專任新聞記者，1928～1965年爲《新政治家》的文評家，以其觀察敏銳的評論和尖銳、細緻修飾的短篇小說聞名。他的文集對中產階級生活進行了生動、諷刺的描寫，有《掌握自我》（1938）、《盲目的愛情》（1969）、《粗心的寡婦》（1989）。他也寫長篇小說、遊記，以及受人稱讚的回憶錄《門邊的馬車》（1968）及《午夜的油》（1971）。

Prithvi Narayan Shah＊　布里特維・納拉延・沙（西元1720～1775年）　尼泊爾廓爾喀（廓咯）公國統治者伊朗王家族成員，征服了瑪拉三王國（瑪拉時代），並將之鞏固成立了現代的尼泊爾國。尼泊爾統一後，他繼續吞併印度北部的領土、西藏高原以及內喜馬拉雅山山谷的大部分地區。他封閉了邊界，拒絕和英國人進行貿易。

Pritzker Architecture Prize　普里茲克建築獎　全世界建築領域的無上榮譽。普里茲克是芝加哥首屈一指的富商，基於博愛的精神創立這個獎項，並於1979年首度頒發給得主，每年選出一名得主，須同時在建築與社會貢獻上都有卓著成績，可獲得10萬元獎金。評審團來自各個領域，包括建築師、藝術家、歷史學家、研究院院士、批評家以及企業總裁。

privacy, rights of　隱私權　指一個人私人性質的事情免受侵犯的權力。雖然隱私權在美國憲法裡沒有明確被提及，但在「權利法案」裡它具有絕對的地位，提供某些領域如婚姻和避孕方面免受無根據的政府的侵犯的保護。一個人的隱私權可能會被強制的國家利益所侵犯。在侵權法上，隱私權是不讓某人的隱私生活和事件暴露於公共輿論下，或以別的方式被侵犯的權利。對於政府官員和其他由法律規定的「公衆人物」（如電影明星），提供的隱私權範圍較窄。

privateer　武裝民船　爲交戰國徵用以攻擊敵方船隻（常是商船）的私有武裝船隻。有史以來，所有國家在19世紀之前都曾利用武裝民船進行私掠行動。船員工資不由政府支付，但有權獲取部分掠奪自船隻的貨物。將武裝民船的行動限制在徵用他們時所徵用的範圍內是困難的，私掠者和海盜之間的界限也常弄混。1856年「巴黎宣言」發表後，英國和歐洲主要國家（西班牙除外）都宣布武裝民船之私掠行動爲非法；美國最終在19世紀末取消了它，西班牙則在1908年同意禁止武裝民船。亦請參閱buccaneer、Drake, Sir Francis、Kidd, William、Laffite, Jean。

privatization　民營化　政府提供服務或資產移轉到私人部門。原本國有的資產，可以出售給私人、或由法令規定私有企業與公有企業之間必須增加競爭；而原本由政府提供的服務，也可以透過外包方式處理。民營化的目的，經常是爲了增加政府的效率，但執行的成果則可能對政府歲收產生正面或負面的影響。民營化是國有化的相反，是政府企圖由大企業取得歲收的政策手段，當國有企業如不採行民營化便可能受到外來利益控制時，民營化政策也經常會被使用。

privet＊　女貞　木犀科女貞屬約40～50種灌木或小喬木，廣泛栽作綠籬、屏障並供觀賞。原產於歐洲、亞洲、澳大利亞和地中海地區。常綠或落葉，葉光滑呈橢圓形，乳白色花簇生，通常芳香，核果黑色。普通女貞耐寒，原產於東北歐和英國，在北美東北部歸化，廣泛種作綠籬。歐女貞（木犀科歐女貞屬）的小型、亮紅色果實在成熟後轉變成紫黑色。

privileged communication　特許保密通訊　亦稱保密通訊（confidential communication）。在法律上，指持兩方間的通訊於保密關係，這樣通訊的當事者可以免除作爲證人而公開祕密的義務。律師和當事人、丈夫和妻子、醫生（尤其是精神病醫師）和病人，還常有牧師和教民、新聞記者和消息來源者之間的通訊，法庭通常承認是特許保密的。

Privy Council＊　樞密院　在歷史上，指英國國王的私人委員會。一度權力很大，但今天主要關心頒布王室憲章、管理政府的研究問題，並作爲教會和其他較小法院的上訴法院。源於中世紀的一種法庭庫里亞（curia，即國王法庭〔curia regis〕），但自17世紀中葉喪失了大部分的司法、政治功能。亦請參閱prerogative court。

Prix de Rome＊　羅馬獎　全名羅馬最高獎（Grand Prix de Rome）。法國政府頒發的藝術獎學金，1666年由路易十四世和勒布倫設立。本獎學金使法國的年輕畫家、雕塑家、建築師、雕版師和音樂家能到羅馬學習。每個藝術科類的最高獎得主，可到羅馬的法蘭西學院進修四年。過去幾世紀以來，許多偉大的法國藝術家或音樂家都曾獲獎，包括弗拉戈納爾、大衛、白遼士和德布西。至今仍持續頒發，但聲望已經降低了。

prize cases　船隻捕獲案（西元1863年）　美國最高法院支持林肯總統捕獲船隻（船隻捕獲）的行動的司法爭端。1861年4月，國會宣布進入戰爭狀態的前三個月，林肯下令封鎖南部同盟的港口。在那三個月期間，一些商船偷越海上封鎖，被聯邦海軍捕獲。在法庭上捕獲的合法性受到了挑戰；對此控訴，最高法院裁決總統爲對抗騷動的行動是合法的，認可了總統在緊急情況下使用某些權力的合法性。

probability theory　機率論　分析隨機現象的數學分支。概率是對可能性的數位評估，範圍從0（不可能）到1（絕對肯定）。概率通常表示爲一個事件可能發生的次數與可能發生的事情總數之比（如從52張紙牌中抽出一張方塊牌有13種可能，所以抽到一張方塊牌的概率就是13/52，或者說是1/4）。機率論就是在企圖弄清楚紙牌遊戲以及賭博的過程中成長起來的。隨著科學變得越來越嚴格，某些生物、物理和社會現象與憑機會的遊戲之間的相似之處日益明顯（如新生嬰兒的性別與擲鋼幣的正反結果遵循類似的順序）。於是，概率成爲現代遺傳學以及許多其他學科的一個基本工具。機率論也是保險業的基礎，出現在保險統計中。

probate　遺囑檢驗　法律中在法庭（遺囑檢驗法庭）上確定一個文件是否爲死者合法的最後的意願和遺囑的程序。該術語也廣泛用來指管理遺產的過程。除非一個聲稱是遺囑的文件受到爭議或是表明含有明顯的反常之處，否則幾乎不需證明的鑒別證據（遺囑檢驗的承認）。遺囑檢驗法院也對遺囑執行人管理死者財產方面進行監督，還對兒童的監護與其他失能者的財產保管有管轄權。

probation　緩刑　在承諾表現良好並同意接受監督，而且服從特殊要求的情況下，對犯人的判決有條件的暫停執行。與假釋有區別，緩刑並不要求犯人服刑。對犯有重罪和有前科者不考慮緩刑。若干國家的研究證明，70～80%的緩刑犯圓滿地完成了緩刑；另外的有限證據說明累犯可能低於30%。

problem play　問題劇　亦作thesis play。19世紀發展起來的以寫實的方法處理爭議性的社會問題、揭露社會弊病並促使觀眾加以思考和討論的一種戲劇形式。以易卜生的戲劇爲典型代表，他的許多大師級作品都表現了人性的虛僞、隱藏的社會腐敗等問題。在他的影響下，別的作家也用這一形式來進行創作。其中蕭伯納用其劇本及其長而機智的前言將問題劇帶向智慧的頂峰。後來從事問題劇創作的作家包括歐凱西、富加德、米勒和威爾遜。

problem solving　問題解決　對一個問題致力尋求解決的過程。多數動物平常對遷徙、覓食、住居等問題的解決，是利用嘗錯試誤（trail and error）的方法。較高等的動物，例如猿猴類和鯨類動物，則有較複雜的問題解決能力，包括辨別抽象刺激物、學習規則、應用語言或類似語言的操作。人類則不只會嘗試錯誤，還能透過對原理的了解、歸納及演繹法則（參閱deduction、logic）、多樣性及創造性的思想（參閱creativity），而得到解決問題的訣竅；而解決問題的能力和風格，也因此就會因人而異。

proboscis monkey　長鼻猴　猴科一種棲息在婆羅洲森林、沼澤地帶的長尾、樹棲舊大陸猴，學名Nasalis larvatus。晝行性，食植物，約20隻成一群。體色紅褐，腹部灰白，幼仔臉部藍色。雄性的鼻長而懸垂，雌性的較小，幼猴的鼻子則朝上翹。雄性體長56～72公分，尾長66～75公分，體重12～24公斤，雌猴較小而輕。

procedural law　訴訟法　規範權利和義務的執行程序和方法，並進行錯誤補正的法律。這一法律同實體法不同（即創造、說明以及規範權利和責任的法律）。訴訟法是一套成形的用於審判和規範事前事後事件處理方式的法則。它規定了司法、上訴和開庭、選舉陪審團、蒐集證據、執行法官審判、辯護律師陳述、解決費用、登記（如權利財產的移轉和登記）、對犯罪進行起訴、轉讓（契約、財產等的轉讓）以及別的一些相關問題的解決方法。

process philosophy　過程哲學　20世紀西方哲學的一個學派，它強調經驗現實中的生成、變化和新奇事物等要素，反對傳統西方哲學對存在、永久性和一致性的重視。包括自然世界和人類世界在內的現實在這一觀點中是來自（或產生於）過去並前進到新的未來裡的，所以舊的靜止空間概念因常常忽略人所經驗的宇宙中的現世和新穎這兩個方面而無法瞭解它。過程哲學最首要的貢獻者是柏格森和懷德海。

Proclamation of 1763　1763年公告　法國印第安人戰爭結束時英國政府宣布的制止白人繼續蠶食印第安人領土的公告。公告宣布從阿帕拉契山脈以西、哈得遜灣以南至佛羅里達建立英轄居留地，並命令在此定居的白人撤離該地區。這一公告正式規定了印第安人的土地所有權，禁止在沒有向擁有所有權的部落購買土地或簽訂條約的情況下頒發土地特許狀。由於遭到美國殖民者和拓荒者的反對，該公告後被斯坦尼克斯堡條約取代。

proconsul　總督　古羅馬共和國執政官，其權力在一年任期終了後可被延長一定的期限。這一權力的延長因戰爭等突發事件而成爲必要。其任期原經人民投票決定，但很快被議員取代。任期得到延長的各行省首腦通常也擔任總督。在羅馬帝國時期（西元前27年以後），有元老院的行省管理人也被稱爲總督。

Procopius＊　普羅科匹厄斯（生於西元490?～507?年間）　拜占庭史學家。他曾對貝利薩留第一次對波斯的戰爭（527～531）提出建議，後參加了在非洲對汪達爾人的戰爭，直到536年回國。他曾在義大利西西里同貝利薩留一起對抗哥德人，直到540年戰爭結束，並描述了542年君士坦丁堡的瘟疫。他的著作是研究當時歷史的寶貴資料，包括《戰爭》、《建築》和《祕史》。

Procter, William (Cooper)　普羅克特（西元1862～1934年）　美國製造商。祖父是寶鹼公司創立人。1883年開始在該公司工作。1907～1930年擔任該公司總裁，在此期間營業額從2千萬美金上升到2億美金以上。在他的領導下，該公司在勞動關係方面處於領先地位，他爲職員引進了一種利潤分享的計畫（1887），並保證他們一年的工作時間爲48週（1920）。他還爲員工設有傷殘撫恤金、人壽保險，並派雇員代表出席董事會。

Procter & Gamble Co.　寶鹼公司　美國生產肥皂、清潔劑及其他家庭用品的大製造商。1837年英國蠟燭製造商普羅克特與愛爾蘭肥皂製造商甘布林合併生意，在辛辛那提市成立了寶鹼公司。該公司在南北戰爭戰期間爲北軍供應肥皂和蠟燭，並在戰後繼續興盛。其產品包括象牙肥皂（1879）、克利斯可酥油（1911）、名爲「汰漬」的最早合成洗衣粉（1946），以及名爲「歡喜」的最早合成除垢劑（1949）。1932年寶鹼公司贊助了最早的廣播肥皂劇。其後又開始生產個人清潔用品，包括牙膏、洗髮精、除臭劑；烤糕餅的混合料和咖啡等食品，以及紙纖維漿和化學產品等各類用品。

proctoscope＊　直腸鏡　用來檢視直腸和下部結腸的有照明設備的管子。這種管子長25公分，能使整個直腸得到檢查，看是否有生病的症狀。它被插入肛門，並在病人感到舒適的情況下逐漸深入直腸。現代的光纖直腸鏡使醫生能進行更加詳盡的觀察並減輕病人的不適。直腸鏡檢查或直腸結腸鏡檢查（包括下部結腸檢查）是老年人身體檢查的標準項目。亦請參閱endoscopy。

producer goods　生產者貨物　亦稱資本貨物（capital goods）或中間貨物（intermediate goods）。指爲進一步加工、製造或轉售所製造和使用的貨物。中間貨物可以成爲最終產品的一部分，或在生產線上失去原有的性質，而資本貨物則是用於生產最終產品的廠房、設備和存貨。中間貨物對一個國家國內生產毛額的貢獻可以透過加值方法來計算出每一個生產環節對最終消費品的增值量。這一系列的價值被累計起來就可估算最終產品的總價值。

product rule　積法則　找出兩個函數積的導數的法則。若f和g均可微分，積就是fg。亦即 $(fg)' = fg' + gf'$ 或 $(fg)' = f'g + g'f$。

production function　生產函數　用以表明所耗用生產要素（如勞動力和資本）的數量和所得到的產量之間關係的方程式。它在假設運用最有效的生產方法的條件下計算生產要素各種組合所生產的產量。生產函數因此可被用來測定一定的生產要素的邊際生產力理論率，並決定既定生產量的各生產要素最經濟的組合。

production management　生產管理　亦稱作業管理（operations management）。爲了使工業生產過程能以規定水準順利進行而作的計畫與控制，其技巧同時被運用在服務業和製造業。生產管理的職責常歸類爲5M：人（men）、機械（machines）、方法（methods）、物料（materials）及金錢（money）。經理必須敏捷地擇取公司的新配備與計畫，維持生產過程的彈性與工人配合能力。生產經理對物料的職責包括物質（原料）與資訊（文書業務）兩方面的流程管理，其他的職責涉及了金錢，以及庫存控制，這是最重要的。庫存包括原料、組件、正在加工品、成品、包裝與綑紮材料及一般現貨等。生產週期需要銷售、財務、工程和計畫部門密切地交換資訊（如銷售預測、庫存量和預算），直到生產管理部門迅速下達詳細的生產指令爲止。經理也必須監控運作過程，以確保生產達到計畫產量的水準，同時符合成本和品質的目標要求。

productivity　生產力　經濟學中指生產成品與生產該產品所需投入物之間的比率。雖然生產力的計算因土地或資本難以計算而很少眞正把它們加入計算，但在原則上任何傳統的生產要素（土地、勞動力或資本）都可被用作這一生產比率的分母。勞動力在多數情況下很容易計算，如可用某一產品占有的勞動者數量來計算。在工業國家中，生產力提高的結果主要表現在勞動力的使用上。生產力不僅可以被視爲有效的計量方法，還是經濟發展的一個指標。從原始採集經濟發展成技術上較複雜的經濟時，生產力會提高。歐洲和美國生產力的提高是伴隨著蒸汽、鐵路和汽油發動機等技術的發展而產生的。生產力的提高一般會長期提高工人的實際工資。

proenzyme ➠ zymogen

profiler　斷面機　用來切割複雜不規則形狀的機械工具，由何奧發明。高速旋轉的刀具由指針引導，順著圖案的輪廓四周描繪。斷面機是美國製造系統的重要組成，使大量生產得以實現。

profit　利潤　在企業中指在一定時期內總收入超過總成本的餘額。在經濟學中，利潤指超過資本、土地和勞動力三項收益的餘額。因爲這些原料都是按照機會成本來計算的，因此其經濟利潤可被忽略不計。利潤的來源很多，引進新的生產技術可以獲得企業利潤；消費者愛好的改變可能使一些廠商獲得暴利；而廠商可以透過限制產量來防止價格降低到成本以下（壟斷利潤）。

profit sharing　利潤分享　企業按預定方案將利潤的一部分分給雇員的制度。這種紅利可因工資高低而不同，是正常工資的額外收入。這一計畫最初可能是在19世紀早期在法國當作對工人的激勵開始發展起來的。現在這種計畫在西歐、美國和拉丁美洲的一部分國家也得到了採用。利潤分享可即期分配或延期分配，也可將這兩種分配方式結合。即期分配是立即用現款或公司股票將紅利分配給雇員。而延期分配的紅利可支付給信託基金，以後雇員逐年支取年金。

progeria＊　早衰症　以過早出現老化症狀爲特徵的疾病。患病者皮膚變薄、毛髮早禿或變白，與正常人相比在年紀尚輕時即患有某些老年疾病。但並非所有的器官均出現老化，中樞神經系統不會有老化的徵象。早衰症主要有兩種，哈欽生－吉爾福二氏症候群的患者在十歲時其外貌就如六十歲老人，平均死亡年齡爲十三歲。而罕見的維納氏症候群出現在青年期，患者外貌比實際年齡大三十歲左右，平均壽命爲四十七歲。

progesterone＊　孕酮　女性生殖系統分泌的類固醇激素，主要起調節子宮內膜（參閱uterus）的變化、使之爲受精卵發育作準備的功能。如果卵子沒有受精，孕酮水平就會下降，子宮內層剝落，產生月經。如果卵子已經受精（參閱pregnancy），胎盤就會分泌孕酮，其功能包括使乳腺爲泌乳期作好準備。許多口服避孕法即使用合成的孕酮。

program, computer　電腦程式　一組有條理的指令，讓電腦能夠執行特定的工作。程式的準備工作最初是將作業公式化，然後以適當的程式語言陳述出來。程式設計人員可能用機器語言或組合語言來工作，不過大多數應用程式設計人員是用高階語言（如BASIC語言或C++語言），或是更近似人類溝通模式的第四代語言。接著將程式翻譯成指令成爲機器語言，給電腦使用。程式儲存於永久性介質（如硬碟）並載入RAM（隨機存取記憶體）而由電腦處理器執行，一次只執行程式內的一個指令。程式通常分爲應用程式與系統程式。應用程式執行如文書處理、資料庫功能或存取網際網路等工作。系統程式控制電腦本身的功能；作業系統是極大的程式，控制電腦操作、檔案交換以及其他程式的作業。

programmed cell death 計畫性細胞死亡 ➠ apoptosis

programming language 程式語言 電腦程式設計人員書寫指令給電腦執行的語言。有些語言稱為程序語言，如COBOL、FORTRAN、Pascal和C語言，因為是利用一系列的命令去具體指定機器如何解析問題。其他語言為函數語言，如LISP，程式設計都是呼叫程序（程式中執行的部分程式碼）。支援物件導向程式設計的語言取得資料，在變動的時候加以處理。程式語言通常也會分成高階或低階。低階語言以電腦可以直接理解的方式書寫，但是距離人類語言十分遙遠。高階語言處理的概念是人類設計且能理解，但是必須經由編譯器翻譯成為電腦能夠理解的語言。

Progressive Conservative Party of Canada 加拿大進步保守黨 亦稱保守黨（Conservative Party）。加拿大主要政黨。起源於非正式的保守黨聯合溫和的自由派組成的由麥克唐納（1854）領導的自由保守黨。在1873年以前一直當權，1878～1896年重新獲得優勢，並更名為保守黨。在麥克唐納去世（1891）後由博登（1901～1920）領導，並同魁北克民族主義者（1911～1920）聯合重新上台。該政黨在1926年及1930～1935年曾暫時失勢。當進步論者布拉肯在1942年成為黨魁後，更為現名，但通常簡稱保守黨。在迪芬貝克（1958～1963）、克拉克（1979～1980）和穆羅尼（1984～1993）領導下，該政黨再度當政。

progressive education 循序漸進的教育 19世紀晚期在歐洲和北美形成的一種教育運動，反對傳統教育的狹隘性和形式主義。它的主要目的之一是教育「全面發展的兒童」，即不但關注他們智力的發展，也關注其身體和感情的發展。開創性的和手工藝在課程中占有重要地位，孩子們受到鼓勵進行實驗和獨立的思考。循序漸進的教育的概念和實踐在美國主要是由杜威發展起來的。亦請參閱Summerhill School。

progressive locomotor ataxia 進行性運動性共濟失調 ➠ tabes dorsalis

Progressive Party 進步黨（西元1924年） 分三個時期在美國短暫存在的獨立政黨。第一個進步黨又稱為公麋黨，成立於1911年。第二個進步黨在1924年組成，並推選拉福萊特當作其總統候選人，1925年拉福萊特去世後解散。第三個進步黨由華萊士成立於1947年，並因專注於外交政策的改革和支持對蘇聯的安撫政策而有別於前兩個進步黨。華萊士在1948年選舉中獲得一百萬張選票，但該政黨從此不再有如此大的影響力。

progressive systemic sclerosis ➠ scleroderma

progressive tax 累進稅 指稅率隨應課稅的數額遞增而遞增所徵收的稅。其目的在於向富人徵收較多的稅，其觀點是有錢人應當承擔更多的稅務負擔。累進所得稅可保證一定數額下的工資免稅，或根據收入的提高而建立起越來越高的收入稅。扣除額的存在也可產生一個稅的累進。累進稅在通貨膨脹或經濟衰退時期都是一項穩定力量，因為稅收額的變化按比例要大於人們收入增減的變化。例如，在通貨膨脹的經濟中，儘管物價上漲和收入增加，但納稅人的收入大部分要用來繳稅。但這一系統的副作用是低收入的納稅人在通貨膨脹很高的時期內可能難以維持生計。為了彌補這一缺憾，許多經濟學家提倡採用指數化，許多國家每年在通貨膨脹期調整稅收率，通常同消費者物價指數保持一致。亦請參閱regressive tax。

prohibition 禁酒令 禁止酒精飲料的釀製、銷售或運輸的法律。在美國，禁酒令運動在1820年代起源於宗教信仰的復興。緬因州在1846年通過了第一個禁酒令，引起了一陣類似的州法令的改革。在1893年反沙龍聯盟成立後，刺激了全美國禁酒令的實施。當三十三個州都實行禁酒令後，1920年美國憲法第18次修訂案生效。禁酒令在美國各地受到不同程度的歡迎。在都市區，私酒生意導致集團犯罪，並出現了卡彭之流的歹徒。部分因為犯罪率上升，其支持者於是開始覺醒。1933年第21次修正案取代了第18次修正案，到1966年，所有的州都廢棄了禁酒令。

Prohibition Party 禁酒黨 美國現存歷史最悠久的小政黨。該黨建於1869年，當時為制定禁止釀造和銷售烈酒的法律而競選。該政黨在鄉村和小城鎮同新教教堂相關的選民中勢力很大。它曾為州政府和地方政府提名候選人，並在1888和1892年的總統選舉中獲得2.2%的選票，在全國獲得支持。1900年以後，禁酒黨的力量主要局限於地方範圍。

projective geometry 射影幾何 研究幾何圖形及其由射影產生的影像（映射）之間關係的數學分支。射影的例子有電影、地球表面的地圖以及物體的影子。刺激這一課題發展的因素之一是要瞭解繪畫中的透視。被射影物體的每個點與它影像中的相應點必須處在通過射影中心的射影線上。現代射影幾何強調的是射影中保留的數學性質（比如線的直線性以及交叉點）而不管長度、角度和形狀的畸變。

prokaryote＊ 原核生物 所有缺乏細胞核的細胞生物。細菌（包括藍綠藻）為原核生物。其他生物則為真核生物。原核生物缺少核膜，也缺少大部分真核細胞所具有的成分。核區通常由環形的雙鏈去氧核糖核酸組成。許多原核生物又含有附加的能自我複製，被稱為質粒的遺傳物質。原核生物的鞭毛在結構和運動方式均與真核生物不同。細胞器（小型、內含能執行特定功能的細胞部分），如貯積泡，被主要由蛋白質構成的膜所圍繞。

Prokofiev, Sergei (Sergeievich)＊ 普羅高菲夫（西元1891～1953年） 俄羅斯作曲家和鋼琴家。他是一名鋼琴家的兒子，在五歲時開始學鋼琴，九歲時創作了一部歌劇。他曾在聖彼得堡音樂學院學習（1904～1914），師從林姆斯基－高沙可夫和其他的音樂家。他多產而高傲，1910年起開始靠當鑒賞家為生。他在畢業演出時演奏了自己的第一首協奏曲。在第一次世界大戰期間，他寫了《西徐亞組曲》（1915）和他的第一部（古典）交響曲（1917）。1912年他的歌劇《三個橘子的愛情》在芝加哥上演。從1922年起，巴黎成了他的據點，他在1920年代完成了三部新的交響樂和完整的歌劇《憤怒的天使》（1927）和《賭徒》（1928）。在1930年代，他回到了俄羅斯，寫了很多芭蕾劇，包括《羅蜜歐與茱麗葉》（1936）和《彼得與狼》（1936）等，並為愛森斯坦的電影《亞歷山大・涅夫斯基》（1938）創作了歌曲。在第二次世界大戰的影響下，他為愛森斯坦的電影《恐怖的伊凡》（1942～1945）創作了歌曲，並寫了歌劇《戰爭與和平》（1943）。政府在1948年對他的作品的譴責對普羅高菲夫而言是一個沈重的打擊，健康狀況每況愈下，並同史達林在同一天去世。

prolapse 脫垂 內部器官脫離其正常位置向下脫出，常用指直腸或子宮因支持的肌肉弱化而脫出體外的情況。直腸脫垂時直腸內膜由肛門脫出，常見於患有便秘的老年人用力大便的時候。慢性的直腸脫垂需要外科修補。子宮脫垂至陰道常是因產傷造成局部弱化，而地心引力又加重了這種弱化而造成。輕度子宮脫垂可藉助暫時性支托和增骨盆腔肌肉的練習而減輕症狀，但嚴重脫垂則必須以子宮切除術來治療。

proletariat＊　無產階級；普羅階級　社會地位及經濟地位最低下的階級。在古羅馬時期，他們是貧困無地的自由民，因奴隸制的擴張而被排擠出勞力市場，成為經濟的寄生蟲。馬克思將此詞用來指在工廠生產中掙取工資的勞動者（更廣泛的詞「勞動階級」則包括了所有為了生存而被迫工作的人）。馬克思的另一個類別是流氓無產階級（lumpen-proletariat，lumpen意為「衣衫襤褸」〔rags〕）指的是邊際工人、沒有被雇用的工人、赤貧者、乞丐和罪犯。

proline＊　脯氨酸　非必需氨基酸的一種，廣泛存在於很多蛋白質特別是膠原中。由於其分子內含的氨基是環狀結構的一部分（使其成為一個雜環化合物），它的化學性質同蛋白質中的其他氨基酸不同。它被應用在生化、營養學和微生物研究中，也是一種飲食補充物。

promenade＊　散步場所　供人們在閒暇時間散步（古代騎馬）以達到運動、炫耀或遊樂目的的場所。通常為步行大道，有宜人的風景或俯瞰風景的地理位置，常修建在水邊或公園裡。交通工具有可能受到限制。

Prometheus＊　普羅米修斯　希臘神話中的泰坦和火神。他是一位能工巧匠，也是善用詭計的神，有時同造人相關。根據傳說，普羅米修斯從天神處盜火給人類並因此引起宙斯的憤恨。宙斯創造了潘朵拉，把她送給普羅米修斯為妻，將所有的罪惡釋放到了世界上。另一個傳說認為宙斯將普羅米修斯用鏈條捆在山上，讓鷹啄食他的肝臟，但又讓他的肝臟每天夜裡重新長出來，由此使他永遠受到折磨。

promissory note　期票　一種短期信用票據，包括一個書面的協定，由出票人書面承諾即期或在某一將來日期向持票人支付一定金額。通常情況下是協商達成的，並且因雙方的承諾而得到保障。期票在中世紀起開始在歐洲使用。在20世紀，其形式和使用手段有所改變。附加了不同的支付和其他條款，如批准雙方的出售、允許期限的延長並在默認情況下准許提前付清。亦請參閱acceptance、bill of exchange。

Promoters Revolution　促進派革命（西元1932年6月24日）　泰國歷史上一次推翻國王的不流血政變，促使了憲法時期的開始。這一政變由「促進派」集團領導，包括了泰國社會名流、著名知識分子和一些心懷不滿的軍官。他們的第一個章程是「臨時憲法」，它剝奪了國王的權力，將其轉到了促進派手中。之後的「永久憲法」或「十二月憲法」則恢復了王族的部分權力和尊嚴，並引進了西方一些自由的改革。後來的泰國憲法則再也沒有如此有效地限制政治權力或提供決定政治爭端的方法。亦請參閱Luang Phibunsong-khram、Pridi Phanomyong。

pronghorn　叉角羚　叉角羚科唯一的現存種，棲息北美平原和半沙漠地區的反芻動物，學名Antilocapra americana。肩高約80～100公分。體淺褐紅色，生有深褐色的短鬃毛，腹部為白色，喉部有兩條白色帶條，臀部有一圓形大白斑。兩性都有直立的角，角尖分為兩叉，較長的角尖向後彎曲，較短的角尖向前方。夏天獨棲或成小群，冬季組成大群。叉角羚為北美速度最快的哺乳動物，每小時能跑70公里，躍起可達6公尺高。雖然過去曾有數以千萬計的叉角羚漫遊於西部，但在20世紀初由於被獵殺而幾近滅絕，如今其數量因受到保護而增加。

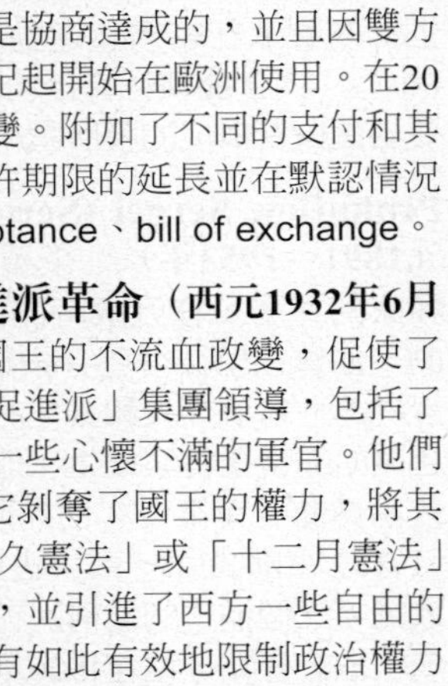

叉角羚
Leonard Lee Rue III

proof　證明　在邏輯學和數學上，指確定命題有效性的論證。正規地講，證明是按照公認的規則得出的有限序列的公式。每個公式可以是條公理，或者也可以是從以前已經確立的定理推導出來的，最後一個公式就是所要證明的敘述。證明是演繹推理（參閱deduction）的根本，是歐幾里德幾何以及由此啓發出來的所有科學方法的基礎。證明的另一種形式，稱作數學歸納法，用於透過計算數字的過程而定義的那些命題。如果命題對於n=1成立，只要對於n=k（常數）成立，那就可以證明對於n=k+1也成立，於是對所有的n值都成立。例如，前n個計數之和等於n（n+1）/2。

propaganda　宣傳　對可以影響公眾觀點的資訊的操作。此詞來自「傳播信仰會」（Congregation for Propagation of the Faith），是1622年由教宗創立的一個傳教士組織。宣傳家們強調支持他們立場的資訊因素，而不強調或排除此外別的因素。誤導性的言論甚至謊言可能被用來製造預想的大眾反應效果。遊說和傳教士活動都是宣傳的形式，但此術語多被用來指政治活動。到20世紀為止，圖片和書面媒體是宣傳的重要手段，而廣播、電視和電影後來也加入了這一行列。獨裁和極權主義政體常常使用宣傳來贏得並保持人民的支持。在戰爭中，宣傳能鼓舞人民和士兵的士氣，而針對敵人的宣傳則是心理戰的一個因素。

propane　丙烷　無色、易液化的氣態烴（C_3H_8，完整形式為$CH_3CH_2CH_3$）。能從天然氣、輕質原油和煉油廠氣中被大量分離出來，以液化丙烷的形式或作為液化石油氣（LPG）的主要組分而供應。它是乙烯和石油化學產品工業的重要原料，也被用作製冷劑、提取劑、溶劑和氣溶膠推進劑，並被使用在氣泡室的混合物中。

propeller　螺旋槳　有中央槳轂和輻射形槳葉的裝置，每一槳葉都組成螺旋面的一部分來對船舶或飛機等交通工具起到推動作用。當它在水中或空氣中旋轉時就對槳葉產生推力，然後推動交通工具前進。

proper motion　自行　指恆星在天球上垂直於觀測者視線的視運動，通常用角秒／年表示。任何徑向運動（不論是朝太陽或背太陽）都不包括在內。哈雷是第一個發現自行的人，自行最大的星是蛇夫座巴納星，每年約十秒。

Propertius, Sextus＊　普洛佩提烏斯（西元前55/43～西元前16年以後）　羅馬詩人。生平不詳。最著名的是他的四部哀歌中的第一部《欣西婭》，出版於西元前29年，他在這一年遇見了該部作品的女主角（他的情婦，眞名為賀斯提亞）。她在他的詩歌中是一個美麗、純潔、愛嫉妒和有魅力的女子。第二部哀歌的主題仍是愛情。他還考慮過寫史詩，並被死亡的思想占據，曾抨擊當時的物質主義。在第三和第四部哀歌中，對語言的應用很大膽，並採用多種文學形式，主題包括了羅馬的神話和歷史。

property　財產　法律上指人占有的東西。財產的概念在不同的文化中有不同的含意。在西方社會，通常被認為是可以有形（如土地和貨物），也可以無形的（如股份、債券或專利）。西方強調財產個人所有權，而許多非西方的社會則不強調或被認為是公眾所有的。財產的使用在西方得到廣泛的規範。在英美法系國家中，土地所有者的利益如被毗鄰的土地使用而受到妨害，那他可以起訴。相似的法令在民法國家中也存在。在西方，財產可以透過不同的手段獲得。「占有」使個人能成為先前非自己的或他人財產的所有人。而更廣義的占有財產還包括從以前的主人手中轉讓到自己手中。這樣的轉讓包括出售、捐贈和遺產繼承。亦請參閱adverse possession、community property、easement、intellectual property、prescription、real and personal property。

property tax　財產稅　指對固定財產（土地和房屋）和個人財產（如汽車、珠寶和家具）徵收的稅務。在某些國家，這一稅收還可能擴展到農場設備、商業設備和無形財產，如股票和債券等。財產稅通常由地方或州政府收取而不是國家政府執行，是稅收的主要來源。財產稅在古代最初是作爲土地稅產生的，後來擴展到了農場房屋、牲畜等。財產稅的執行包括認定財產、評估價值、決定稅率和收取稅金。雖然這對貧困人口有時是一個負擔，但財產稅通常是將財富的利益從高收入群體轉向低收入群體，因爲他們通常要爲窮人支付學校和其他服務的費用。亦請參閱capital-gains tax、consumption tax、income tax、progressive tax、regressive tax。

prophet　先知　在神靈的指引下傳達或解釋神的意願的人。先知在歷史上很多宗教中都存在。西方最著名的是《舊約》中的領導人，如摩西、以賽亞和但以理以及先知穆罕默德。他不同於回答私人問題的預兆（參閱divination）占卜人或解說人，先知常對一個群體解釋神靈和道德。一些先知試圖建立一個新的能實現他們的預言並建立起新的宗教社會。其他的先知則只是想改革或淨化現存的社會。先知預言變化很大，可能是出神入化的狀態、受靈感激發的言語、對充滿激情的社會批判的種族熱情、對未來的預測或是對天啓的期待。

Prophet, The　先知（西元1768～1834年）　原名Tenskwatawa。北美印第安人領導。是特庫姆塞的兄弟。他成爲了一名宗教復興運動領導人，並在1805年揚言得到「生命之主」的啓示並同超自然接觸，之後一直爲肖尼人所追隨，力主恢復印第安人的傳統生活方式，拒絕白人帶來的酒類、紡織衣物和個人財產所有制觀念，並同特庫姆塞一起力圖建立一個印第安人同盟以抵制美國侵犯。在特庫姆塞不在時，他使肖尼印第安人捲入蒂珀卡努戰役（1811），最終戰敗。

Prophet's Mosque　先知清眞寺　在麥地那穆罕默德居住過的庭院處所修建的清眞寺，被認爲是世界三大伊斯蘭教聖地之一。最初是一個土坯結構的簡單房屋，門前是有圍牆的庭院，是當年人們聽先知講道的地方。後來穆罕默德修建了一個帶屋頂的迴廊來爲人們遮蔽風雨，並在628年修建了一個講台。706年哈里發瓦利德一世拆毀土坯建築，在原址建清眞寺，其中包括了穆罕默德的墳墓。該清眞寺成爲後世伊斯蘭教建築的楷模。

proportional representation　比例代表制　一種選舉制度，依據全民投票得票的比例，由政黨相對應分配席位。這種制度出現於19世紀中期的歐洲，以便在多數黨或多數決制底下，保障少數黨可以獲取較多的代表席次。支持者認爲這種制度能較精準地反映公共意見；反對者則認爲在立法部門引入較多政黨，將導致政府效能減弱且不穩定。比例分配席次有兩種方法：一種是「單一可轉移投票制」（single-transferable-vote method），投票者依據偏好對候選人排序；另一種是「名單投票制」（list system），投票者不是對個別候選人投票，而是對候選人的政黨名單投票。亦請參閱legislative apportionment。

proportion/proportionality　成比例　代數學上，兩個比值相等。在式子a/b = c/d，a和b的比例相同於c和d。例如某個三角形大小是另一個三角形的兩倍，則前者的每個邊相對於後者的比例都相同，都是2比1。比例最常用於求字問題的解，四個量的其中一個量未知。求解的方法是將一個分子乘以另一端的分母並將乘積等於另一對分子和分母的乘積。成比例這個術語描述所有等比值關係。例如作物中的蘋果數量與果園的果樹數目成比例，比值則是每個果樹上蘋果的平均數。

propositional attitude　命題態度　由特定動詞所表達的心理狀態，但須透過從屬子句才能完整表達。一些動詞像是「相信」、「希望」、「害怕」、「欲要」、「意圖」、「知道」，都是在表達命題態度。使用命題態度而產生的語言學脈絡是典型的「指涉上隱晦」（referentially opaque，參閱intentionality），因爲在脈絡內同指涉（co-referential）的表達並不能自由相互替換。以羅素所舉的例子來說明：彼得會相信司各脫是蘇格蘭人，但不會相信小說《威弗利》的作者是蘇格蘭人（其實作者就是司各脫），彼得相信那本小說是美國人寫的。

propositional calculus　命題演算　命題與其邏輯關聯的形式系統。命題演算是謂詞演算的反面，運用尙未分機的簡單命題而不是謂詞來當成基本（原子）單元。單純（原子）命題是用小寫的羅馬字母表示，複合（分子）命題則用標準符號∧代表「與」，∨代表「或」，⊃代表「若……則」，¬代表「否」。作爲形式系統，命題演算專注於確定從公理所能證明的式子（複合命題形式）。命題之間的有效推論是從可證明的公式得來，因爲A⊃B只有當B是A的邏輯上的必然結果才能證明。命題演算在沒有式子存在情況是符合的。A且 ，A是可以證明的。加入無法證明的式子作爲新的公理會引起矛盾，道理上也很完備。再者，要決定給定式子能否在系統內證明已有常規可循。

propositional function　命題函數　把命題中出現的常數改用變數代替而得到類似命題的式子。例如「x是y的父親」可能是從「甲是乙的父親」來的。命題函數因此沒有眞值，只有當其自由變數由適當的語法類型常數取代（如「亞伯拉罕是以撒的父親」）時才有眞或假。

proprietary colony　特許殖民地　英國在北美（1660～1690）建立的一種定居形式。爲了償還政治和經濟債務，從查理二世起的英國國王將殖民的紐約、新澤西、賓夕法尼亞、馬里蘭和卡羅來納的大片土地授予其支持者。這些業主實際上是在監督和發展殖民地的開發，並成爲成功的企業家。到了1690年，爲防止殖民地獨立，英國官方剝奪了這些業主的所有權。

proprioception＊　本體感覺　動物對於與本身位置、姿勢、平衡或內部狀態有關的刺激的感覺。骨骼肌肉和腱上的感受器（神經末梢）可提供四肢位置和肌肉協調動作的連續訊息。對平衡改變的感覺包括對重力的感知。對於人類而言，重力、姿勢和方位是由細小的被稱爲耳石的小顆粒，在內耳的兩個液體囊中對姿勢和方位的變化作出反應而感知的。它們的運動可被細小的感覺毛測到。旋轉可以由半規管中的惰性液體察覺到在三個方向上的旋轉。亦請參閱sense。

propylaeum＊　山門　古希臘建築，是聖區的入口或大門，通常至少包括一個在內外兩側都設有列柱的門廊。此詞常在通廊中被使用。最著名的例子是由姆奈西克里設計的雅典衛城的入口。山門這一名稱也指18、19世紀新古典主義和浪漫時期的紀念性通道。

proscenium＊ 台口 劇院中將舞台與觀眾廳分開的拱形或框架結構，觀眾透過它來觀看演出。在古希臘劇院中，台口起初是指永久性劇場背景建築的前面區域，後來則指整個舞台。現代意義的台口於1618年首次裝置在帕爾馬的法爾內塞劇院。雖然這種拱形結構確曾包含一個舞台幕，但其主要目的是想提供創作氣氛和壯觀感，換景依然在觀眾的注視下進行。直到18世紀舞台大幕才被作爲遮蓋換景的工具。台口的開啓對19世紀一些寫實主義劇作家而言非常重要，因爲台口可作爲觀眾注視舞台人物的一個畫框。

prose 散文 一種文學手法，與詩不同點在於其不規則性、豐富的韻律，以及與日常對話極爲類似的形態。雖然它與詩歌的不同點還在於它不將一個句子視爲一個正式的單位，但二者間最明顯的不同還是在於其語氣、步調，有時主題也不盡類似。

prose poem 散文詩 具有詩的某些技巧或文學特性（如節奏、特定的結構樣式或情感及想像的昇華等）的短篇作品，但其形式卻是散文。名稱源自波特萊爾的《小散文詩》（1869）。其他散文詩作家包括19世紀的馬拉美、蘭波、賀德齡、諾瓦利斯和里爾克，以及20世紀的羅厄爾（在她寫的「多韻散文」）和現代詩人如阿什伯雷等。

prosecutor 公訴人 在刑事案件中負責以國家名義將被告人提交法庭的政府律師。在某些國家（法國和日本），公訴由獨立的機構來提出。在美國，各州和縣都有自己的公訴人。只有聯邦層級才是單獨的系統，聯邦各地區的地方檢察官由聯邦總檢察長辦公廳任命。無論是選舉還是任命的公訴人都要承受政治壓力。一個公訴人在犯罪事件發生後要負責調查、在大陪審團審訊時提供證據並在審判期間盤問證人。亦請參閱independent counsel。

Proserpina ➠ Persephone

prosody＊ 韻律學 對語言成分，尤其是對詩歌中有助於產生節奏和聽覺效果的格律的研究。英語中「傳統」的韻律學基礎是按照每行詩的重讀音節進行的對詩歌的分類。其效果包括所採用的節奏、押頭韻和類韻都會對一首詩的「聲音效果」產生影響。無韻律研究有時也用在現代詩歌上，而視覺詩則是按照排字的樣式來表達內容的詩歌。韻律學還包括對詩歌韻律的細微研究、其「源流」（即所屬的歷史時期）、詩歌的流派以及單個詩人的個人風格。

Prosser, Gabriel ➠ Gabriel

prostaglandin＊ 前列腺素 在許多動物組織中具有多種類似激素作用的一群有機化合物（參閱hormone）。其一般的化學結構爲自脂肪酸衍生出的帶20個碳原子的化合物。對血壓、凝血能力、疼痛知覺和生殖機制有重要作用，但一種特定的前列腺素，在不同的組織中可以產生不同的甚至相反的效果。前列腺素也許可用以治療心臟病和病毒性疾病，並對避孕可能有效。抑制前列腺素合成的物質（參閱aspirin），在止痛、止喘、控制過敏性休克和用作抗凝血藥等方面有效。

prostate cancer 前列腺癌；攝護腺癌 前列腺內的惡性腫瘤。前列腺癌主要患者是五十歲以上的男性，在北美洲男性中，黑人男性的患病率是白人的兩倍。其症狀包括排尿困難、尿中帶血、性功能障礙、腹股溝淋巴球腫脹、骨盆痛、臀痛、背痛或肋骨痛。如果有家族病史，其患病可能性將增加一倍。治療方法包括手術、放射治療、激素治療、化學療法或以上任何兩種或多種療法的綜合。

prostate gland＊ 前列腺 栗形而緊貼膀胱下方的雄性生殖器官，在射精時爲精子添加分泌物。腺體圍繞尿道（參閱urinary bladder），頂部成圓形，向前下方逐漸形成尖部。前列腺由30～50根腺體組成，周圍爲支撐腺體的結締組織，將液體排入尿道和兩個射精管。這兩個射精管也輸送精子和由精囊排出的液體，並在前列腺中同尿道合併。人的精液中15～30%爲前列腺液。它在青春期達到其正常成熟的大小，五十歲左右萎縮，分泌量下降。中年以後若體積變大可能是由於發炎或惡性腫瘤引起。亦請參閱prostatic disorder。

prostatic disorder＊ 前列腺疾病 前列腺的功能障礙或疾病。六十歲以上的男性中約有一半有良性的前列腺肥大或增生（BPH）。最後可能壓迫尿道造成排尿問題。嚴重時可導致感染、膀胱結石、尿路梗阻和腎功能衰竭。也見於老年人的前列腺癌可致死，但由於其生長緩慢，所以多數病人在癌細胞擴散前即因其他原因而死亡。由於手術和放射線治療經常會造成失禁和性無能，因此許多病例以前列腺特異抗原測試（PSA）來監控病情，並在必須時才施以手術治療。淋病和其他細菌感染導致的前列腺疾病可用抗生素治療。

prosthesis＊ 假體 身體缺失部分的人造替代物，通常指假手和假腿。假體從木頭的腿和代替手的吊鉤發展到了合成塑膠、玻璃纖維和金屬假體，專爲在不同部位截肢設計。它們可能有活動的關節並可以透過擴大肌肉收縮產生的電流或依靠附著在病人肌肉上的儀器來產生運動。假手常常可以抓取物體並進行操作。外部安裝的或移植的乳房可以在乳房切除手術後使用。

prostitution 賣淫 同非配偶或朋友的個人發生性關係以直接換取金錢或其他值錢物品的行爲。賣淫可能是異性也有可能是同性的活動，但多數賣淫是女性爲主，男性爲客的。賣淫是一種古老的、普遍都有的現象，對妓女的譴責也是世界性的，但對顧客的譴責則相對較弱。妓女通常受到某種程度的孤立。在古羅馬，她們必須穿上特殊的服裝；希伯來的法令規定只有外籍婦女才能充當妓女；在戰前的日本，她們必須居住在城市特定的區域。在歐洲中世紀時期，對妓女要頒發執照並按法律進行管理；16世紀發生的一場傳染性病和後宗教改革運動的道德行爲致使妓院被關閉。在美國，賣淫是第一個被「麥恩法」（1910）限制的，到了1915年，許多州都禁止了妓院的經營（內華達州是一個典型的例外）。無論如何，賣淫在美國和歐洲的許多城市得到了寬容，其政策活動的主要精力集中在犯罪活動上。妓女通常都很貧困，並缺乏謀生的技能。在許多傳統社會中，婦女如果沒有家裡的幫助，很難找到謀生的行當。在非洲和亞洲的開發中國家，賣淫是導致愛滋病傳播和成千上萬兒童被遺棄的主要原因。

Protagoras＊ 普羅塔哥拉（西元前485?～西元前410年） 希臘哲學家，是第一個和最著名的智者派（詭辯派）學者。一生主要在雅典度過，他在那裡對當時的道德和政治思想產生極大的影響。他主張要在日常生活的行爲當中教導人們應當有「道德」。最著名格言是：「人是一切事物的尺度」，這是相對主義的一種說法。他在《論諸神》中表達了不可知論。被控以不信神之罪，著作被公開焚毀，並在約西元前415年被逐出雅典，流亡在外。

protectionism 保護主義 利用關稅、補貼、進口配額或其他對進口商品的限制來對國內工業進行保護、避免同國外競爭的政策。主要的保護性政策是，政府徵收關稅，提高進口物品價格，使進口物品較之國內較低廉的產品不再具有消費吸引力。進口配額是限制進口商品的數量，這也是保護政策之一。歷史上的戰爭和經濟蕭條往往導致保護主義政策的增加，而和平和經濟繁榮則更加鼓勵自由貿易。保護主義政策在17～18世紀重商主義下的歐洲很常見。英國在19世紀放棄了很多保護性政策，在第一次世界大戰之前，整個西方世界的關稅都很低。經濟和政治上的混亂導致歐洲在1920年代關稅壁壘的提升，而大蕭條時期的保護政策更是急劇增加，造成了世界貿易的劇烈緊縮。美國有較長的保護性政策歷史，其關稅在1820年代和大蕭條時期達到頂峰，但在1947年成爲簽定「關稅暨貿易總協定」（GATT）的國家之一，關稅因此降低。雖然有GATT這樣的協定，但是當許多國家的工業受到國外競爭的強烈衝擊時，採用保護主義的呼聲仍然會響起。亦請參閱trade agreement、World Trade Organization。

protectorate 保護關係 一國對另一國實行某些決定性控制的關係。控制的程度從保護國承諾保護另一國安全到變相吞併，情況不一。雖然此種關係古已有之，但採用保護關係這個術語始於19世紀。現代大多數保護關係都以條約形式建立，按其條款，弱國將其全部重要的國際關係管理權交出，並因此喪失部分主權。

protein 蛋白質 爲數眾多的有機化合物，生物化學作用所需的複雜氨基酸聚合物。蛋白質中出現的氨基酸共有二十種，數百個到數千個單位串連起來。有效的蛋白質具有三層重要結構：一級結構（氨基酸序列）由基因決定；二級結構（幾何形狀，通常是螺旋）由氨基酸之間或內部共價鍵的角度來決定；三級結構（環狀或折疊的整體形狀）由氫鍵（參閱hydrogen bonding）與氨基酸側鏈來決定。三級結構具有突起、裂縫或囊穴的球形或片狀，掌握酶活動的關鍵。蛋白質有單純蛋白質（僅含氨基酸）與接合蛋白質（參閱conjugation），接合對象通常是飲食中少量需求的維生素或金屬。血紅素是接合蛋白質。蛋白質會與醣類（醣蛋白）、磷（磷蛋白）或硫（硫蛋白）共價連結。構造上的蛋白質是膠原蛋白與角蛋白。酶幾乎都是蛋白質。生物其他的活性蛋白質包括激素（如胰島素、促腎上腺皮質激素、生長激素）；攜帶物質通過細胞膜或到身體不同部位的輸送蛋白質；還有抗體。蛋白質在工業上有黏著劑、塑膠與纖維等用途，不過大多還是用於食品。

proteolysis* 蛋白質水解 藉由蛋白酶將蛋白質部分分解成肽（縮氨酸）或完全分解成氨基酸的作用。蛋白酶出現細菌和植物之中，不過動物體內含量最多。食物中的蛋白質在胃中由胃蛋白酶著手處理，小腸內主要是胰臟分泌的胰蛋白酶和胰凝乳酶。蛋白酶是由酶原分泌，本身藉由蛋白質水解轉換成活性型。許多其他的酶原或先驅物質經歷蛋白質水解形成活性酶或蛋白質（如血纖維蛋白原到血纖維蛋白）。在細胞中，老舊蛋白質的分解是細胞維護的一環。

Proterozoic eon* 元古宙 先寒武紀時期兩個分支中較晚的一個單元，距今25億年到5.43億年前。元古宙的地層在所有大陸上都已被認定，並常常構成金屬礦石的重要來源，特別是鐵、金、銅、鈾和鎳的礦石。在早先寒武紀時期形成的許多小的原始大陸在元古宙的起始階段之前就合併成爲一個或幾個大的地塊了。元古宙岩層中含有原始生物類型的很多肯定的遺跡，如細菌和藍綠藻之類微生物遺體的化石。

Protestant ethic 新教倫理 按照一定的新教教義規定，尤其喀爾文派信徒的觀點中的有關個人勤奮工作、節儉和講究效率的價值觀。韋伯在《新教倫理與資本主義精神》（1904～1905）一書中認爲這種新教倫理是歐洲資本主義早期階段新教徒集團在經濟上獲得成功的重要因素，因此被解釋爲得到上帝救贖的徵兆。韋伯的論題遭到各種各樣的批判，並在20世紀擴張。亦請參閱Protestantism、Richard H. Tawney。

Protestantism 新教 基督教三大分支之一，起源於16世紀的宗教改革運動。此詞指的是不遵從天主教或東正教的基督教徒的信仰。在宗教改革運動中發展出了很多新教派別。馬丁・路德的追隨者建立了德國和斯堪的那維亞半島的福音派教會；喀爾文的追隨者和更加激進的改革者，如茨溫利，則在瑞士和蘇格蘭（長老會制）等別的一些國家建立了歸正宗。新教的另一個重要分支（由英國聖公會和美國聖公會代表）源自16世紀的英國，是現在在神學和崇拜上最接近天主教的新教分支。不同的新教教會在教義上的區別也很大，但都強調聖經至高無上的地位，看重信仰和秩序、因信稱義而不是透過工作來判斷人的善行，以及所有信徒的祭司職分。亦請參閱Adventist、Baptist、Friends, Society of、Mennonite、Methodism。

Proteus* 普洛透斯 希臘神話中，海中能占卜未來的老人和海畜（如海豹）的牧人。他是海神波塞頓的下屬，是對過去、現在和未來無所不知的天神，但從不願告訴任何人。那些想向他求教的人在他睡覺時把他捆綁起來。但他會試圖變形逃跑。如果捉住他的人死死不放，他只能告訴人們想得到的答案，然後跳入大海。

prothrombin* 凝血酶原 血漿中的一類碳水化合物糖蛋白，是凝血系統中的必要成分。在流血時，一種複雜的凝血膠原會在凝血致活元素的作用下轉變成凝血酶，再將纖維蛋白質轉化爲血纖維蛋白。血纖維蛋白和血小板一起形成血栓。血友病就是因爲遺傳上缺乏一種凝血膠原引起的。維生素K在合成凝血膠原過程中是必需的，因此在維生素K的吸收發生障礙的情況下，凝血膠原的產生就會減緩，並導致流血時間的延長。

protist* 原生生物 原生生物界所有眞核生物的統稱，包括藻類、原生動物及低等眞菌（參閱fungus）。絕大多數爲單細胞生物，雖然藻類常爲多細胞生物。原生生物多能活動，藉鞭毛（參閱flagellum）、纖毛（參閱cilium）或似腳的延伸物（僞足）而運動。原生生物界這個概念的發展，是爲了指一些居間的生物體，即使它們具有某些動物或植物的特徵，卻未顯示出能指示其爲動植物的專化特徵。有些原生生物被認爲是多細胞動植物和眞菌的祖先。原生生物一詞係海克爾於1866年提出。隨著高等生物化學、遺傳學和影像技術的發展，許多以前確定的關係受到詳細檢視，有幾類生物的親緣關係不如以前所想的那麼近。結果，儘管原生生物的分類往往是爲了工作的方便，也不再被認爲完全令人滿意。

Proto-Geometric style 原幾何風格 古希臘的視覺藝術，象徵了西元前12世紀在米諾斯文明和邁錫尼文明隕落後工藝上的熟練和創新精神的復活。這一風格局限於圓形、弧形、三角形和波浪形，所有這些形狀都源自希臘描繪水生動植物生活的米諾斯－邁錫尼文化。在陶藝上，這些設計元素被精心地安排在平行的橫帶上，主要是在花瓶的肩部或腹部。其較低的部分往往保留原來的本色或用青銅時代藝術家的做法，只塗以帶光澤的黑色塗料。

雅典出土的原幾何風格雙耳陶瓶，做於西元前10世紀早期：現藏雅典凱拉梅科斯博物館
Hirmer Fotoarchiv, Munich

protoceratops＊　原角龍屬　化石見於蒙古戈壁沙漠的白堊紀（1億4400萬～6500萬年前）沈積物中的四足恐龍類。後肢比前肢強壯，背部成拱形。成體長約2公尺，體重約180公斤。頭骨的長度約占全身長的1/5。頭骨上向後長有中間穿孔的飾邊。顎像鳥嘴，上顎有一些齒。口鼻部頂上可能有一角狀構造。發達的尾上長有長椎棘，暗示其爲半水棲習性。

Protococcus＊　原球藻屬　亦稱肋球藻屬（Pleurococcus）。綠藻的一屬。一般稱爲苔，但並不是眞的將其歸爲此類。生於樹木、岩石和土壤的潮濕蔽陰面，呈綠色薄層覆蓋其上。細胞球狀，單生或集結成短的假絲體，具厚壁以防止過度失水。每個細胞均含一大而緻密的葉綠體。其分類地位未定。

protocol　協定　電腦科學中，一組在電子裝置之間傳送資料的規則或程序。爲了讓電腦交換資訊，必須有事先存在的協議說明資訊組織的方式，以及每一邊傳送與接收的方式。若是沒有協定，發送的電腦可能用8位元的封包送出資料，而接收的電腦可能以爲資料是16位元的封包。協定由國際或工業組織制定。電腦界最重要的協定或許是OSI（開放系統互連），一組在電腦之間實行網路通訊的指導原則。最重要的網際網路協定是TCP/IP、HTTP和FTP。

proton　質子　一種穩定的亞原子粒子（重子的一種），帶單位正電荷，質量是電子質量的1,836倍。質子與中子都在原子核中被發現。每一種元素的原子核裡的質子數總是相同的，也就是它的原子序數。質子有與它相對應的反物質（反質子），它們的質量相同，但反質子帶的是負電荷。在粒子加速器中，質子作爲射彈來產生和研究原子核反應。質子是初始宇宙線的主要組分，也是放射性衰變以及原子核反應的產物之一（參閱radioactivity）。

protoplasm　原生質　一個細胞的細胞質和細胞核的總稱。該名稱在1835年被首次定義爲生命物體的基本物質，並爲所有生命過程所必需。細胞是原生質的片斷或容器，但其細胞內結構，尤其是細胞核形成的原因卻得不到解釋。如今此詞只被用來指細胞質和細胞核。

protozoal diseases＊　原蟲病　原生動物造成的疾病。這些生物可能整個生命周期都待在人體宿主內，但是多數的生殖循環部分是在昆蟲或其他宿主。例如蚊子是造成瘧疾的瘧原蟲病媒。亦請參閱entamoeba、Giardia lamblia、sleeping sickness。

protozoan＊　原生動物　任何微小的（常常在顯微鏡下才能觀察到的）單細胞原生生物。它們在大多數土壤、乾淨的水和海洋中都可見到。大多數是單獨存在的個體，但也有不同的群居物種。原生動物之間以及原生動物和原生生物之間在分類學上的關係時常被改動。最小的已知原生動物是小於2微米的小型血液寄生蟲，而最大的則可能有16毫米長，能被肉眼看見。原生動物在形態變化上有差別，但都有一些共同的眞核生物特點，如都有油性蛋白質的膜和帶膜的液泡及細胞器官（參閱eukaryote）。它們在活動方式、營養和生殖上的差別很大。在原生動物的分類上存在不同的分類系統。主要的門包括肉鞭門（帶鞭毛的和帶延展細胞質，即僞足）、纖毛門（帶纖毛的）、頂覆門、微孢子門和黏體動物門（能產生孢子的）。頂覆門和微孢子門常常被包括在簡單的孢子亞門中。常見的原生動物包括腰鞭毛蟲、阿米巴和草履蟲（參閱Paramecium）。

protractor　量角器　用以繪製和測量平面角度的儀器。最簡單的量角器是一個半圓形的、標注了0°到180°刻度的圓片。複雜一點的在航海上確定方位用的量角器被稱爲三臂量角器或三角分度儀，由一個圓形的刻盤與三條臂連接而

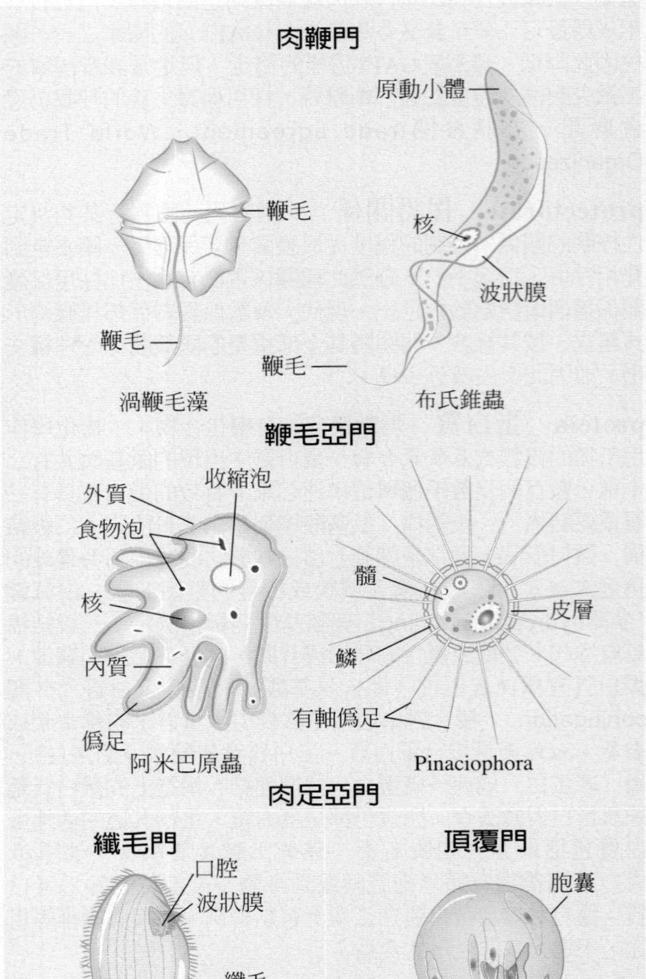

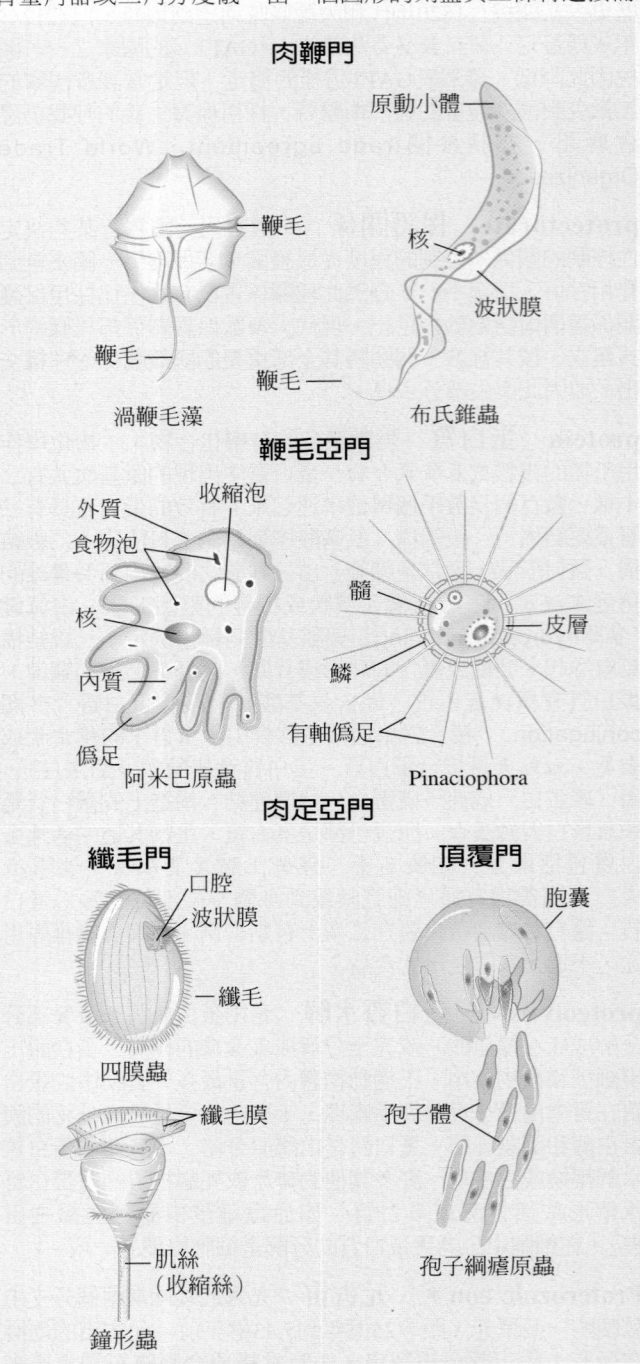

代表性的原生動物。動鞭毛蟲綱的布氏錐蟲是非洲睡眠病的病因。植鞭毛蟲綱的渦鞭毛藻是紅潮產生的腰鞭毛藻之一。阿米巴是最常見的肉足亞門動物。其他肉足亞門的成員如放射蟲、太陽蟲及有孔蟲，通常有保護層。太陽蟲Pinaciophora由鱗片覆蓋。纖毛亞門包括四膜蟲和鐘形蟲，是原生動物種類最多的一群，但同質性最高。造成瘧疾的瘧原蟲是經由蚊子叮咬將孢子（孢子體）注入血液來散布。
© 2002 MERRIAM-WEBSTER INC.

成。中間的臂是固定的，而另外兩條外臂則可以向任意一個同中心相連的方向旋轉。與之相關的一個儀器是路線量角器，它可以測量北方和航線圖上的航道之間的角的距離。

Proudhon, Pierre-Joseph＊ 蒲魯東（西元1809～1865年） 法國新聞記者和社會主義者。曾當過畫家，後在1838年遷往巴黎並參加了社會主義運動。他的《什麼是財產？》（1840）曾用「財產就是盜竊」這樣的語句來引發人們的情緒。在里昂工作期間（1843～1848），他遇見了織布者的無政府組織社團共濟會的會員，並在後來將這一名稱用來指他的無政府主義的形式。他的《經濟矛盾的體系》遭到馬克思的抨擊，並開始了無政府主義者同馬克思主義者之間的分歧。1848年蒲魯東在巴黎出版了激進觀點的報紙，並在1849～1852年遭到監禁，被釋放後因受警察不斷騷擾，於是在1858年逃到比利時。1862年返國時，在工人當中產生了影響，包括第一國際的一些創始人。

Proulx, (Edna) Annie＊ 普魯勒（西元1935年～） 美國作家。生於康乃狄克州諾唯曲，曾就讀於佛蒙特大學。她接受委任開始了寫作生涯，寫的是非文學類的書籍：烹飪、園藝以及鄉村生活。在佛蒙特創立地方報紙《不合時宜》，同時身任編輯（1984～1986）。也在男性的戶外雜誌發表故事。第一本小說《明信片》，描述一個小小農場的腐敗，贏得了福克納小說獎。接下來有《筆下有晴天》（1993，獲普立茲獎及美國國家書獎）、《眞情快遞》（1996）。她的故事選輯《心曲旅程》（1988）及《近距離》（1999）也都獲得很高的評價。

Proust, Marcel＊ 普魯斯特（西元1871～1922年） 法國小說家。出身富裕，曾學習法律和文學。其社交關係使他成爲一名對貴族最隱秘的生活的觀察家，他爲巴黎多家雜誌撰寫了很多社會性的文章。曾出版隨筆和故事書籍，包括故事集《悠遊卒歲錄》（1896）。童年起就深受哮喘困擾，1897年左右開始退出社交圈，健康開始不佳。他有一半血統是猶太人，並成爲了德雷福斯的支持者，使法國的反猶太情緒成爲了一個高度爭議性的全國問題。他的母親在1905年去世，對他造成很大影響，使他更加遠離社交圈。1909年一塊甜餅在無意中勾起了他對童年的不情願的回憶，他完全退進了一個封閉的世界，在自己封閉的臥室中埋頭創作《追憶逝水年華》（1913～1927）。這部由七個部分組成的小說是他的自傳，同時也是法國社會在第一次世界大戰前後的一個全景圖，也是對愛情、嫉妒和藝術，以及同現實關係的思考。這是歷史上最傑出的著作之一，爲普魯斯特帶來了國際聲譽，並影響了20世紀小說的整個環境。

普魯斯特，油畫；布朗歇（Jacques-Émile Blanche）繪
Permission S. P. A. D. E. M. 1971 by French Reproduction Rights, Inc.; photograph, J. E. Bulloz

Provençal language 普羅旺斯語 ➠ Occitan language

Provence＊ 普羅旺斯 法國東南沿海的歷史和文化地區。曾是羅馬高盧納爾榜南西斯的一部分。當羅馬帝國在5世紀末期崩潰後，連續遭到西哥德人、勃艮地人和東哥德人侵犯。在約536年成爲了法蘭克人管轄地。13世紀期間捲入阿爾比派十字軍。在1481年併入法國，使用語言爲普羅旺斯語，是中世紀文學的一個重要分支，其羅馬式建築是中世紀文化的傑出成就。16世紀曾遭宗教戰爭的破壞。1790年法國大革命時期，喪失其行政地位，被劃分爲幾個省。

proverb 格言 簡潔而精闢的諺語，一般用以表達普遍持有的見解和信念。格言是每一種口頭語言和民間文學的組成部分，起源於口述傳統。同樣的格言經常在世界不同的地方以不同的形式出現。從古埃及開始的文化社會就收集它們的格言。最早的英語格言集之一《阿佛列的格言》可以追溯到約1150～1180年。在北美最著名的集子可能是《窮漢理查的曆書》裡的格言，這是由富蘭克林在1732～1757年出版的一本年鑒。

Providence 普洛維頓斯 美國羅德島州城市和州首府。位於納拉甘西特灣上端，瀕臨普洛維頓斯河。威廉斯於1636年發現了它，作爲宗教異議者的避難所；1676年在菲利普王戰爭中部分遭到破壞。在美國革命中起到重要作用，是18世紀和西印度群島的主要貿易港口。1831年建市，1900年成爲該州的唯一首府，而自1854年起它還和新港共享這份榮耀。現爲海港和工商業中心，是包括坡塔克特和東普洛維頓斯的大都會區的中心。教育機構有布朗大學和羅德島設計學院。人口約153,000（1996）。

Provincetown 普羅溫斯敦 美國麻薩諸塞州東部城鎮，位於科德角北端。1620年首批清教徒前輩移民在此登陸，在港內簽署了「五月花號公約」。1727年建制，19世紀爲捕鯨港和漁港。爲科德角國家海濱遊覽區環繞，是避暑勝地和藝術家聚居地。普羅溫斯敦劇團發源於此。人口約4,000（1990）。

Provincetown Players 普羅溫斯敦劇團 美國的戲劇團體（1915～1929），由麻薩諸塞州普羅溫斯敦的戲劇作家和藝術家團體成立，旨在鼓勵新的實驗性劇目。其最早的劇目之一是歐尼爾的第一部戲劇，上演於成員的家中，歐尼爾是隨著劇團而開始自己的職業生涯的創始元老。他們在那裡引進了歐尼爾更多部的劇本，以及米雷、格拉斯拜、格林和許多其他劇作家的戲劇。1929年股市崩盤後劇團解散了，但普羅溫斯敦劇場仍斷續被當作戲院使用，一直到21世紀。

Provisions of Oxford ➠ Oxford, Provisions of

Provisors, Statute of 聖職授與法（西元1351年） 英國國會在愛德華三世時通過的法律。這個法律爲英國王室逐步控制教宗任命英格蘭境內教會聖職一事，開啓了方便法門。不過，英國與教會之間的關係自也不免因此而受損。

Provo 普羅沃 美國猶他州中北部城市。瀕臨普羅沃河，位於猶他河與瓦塞赤嶺間，1849年由摩門教徒殖民者創建。1870年代通鐵路後城市發展迅速，成爲採礦的銀、鉛、銅、金中心。1875年成立的楊百翰學院（現楊百翰大學）也促進了普羅沃的發展。城市的工業包括鋼材、罐頭製造、電子和紡織。附近有廷帕諾戈斯洞窟國家保護區。人口約100,000（1996）。

Proxima Centauri ➠ Alpha Centauri

Prozac 百憂解 第一種抗抑鬱藥，類別名稱爲選擇性血清素再回收抑制劑，學名fluoxetine hydrochloride。1986年推出治療臨床抑鬱症，百憂解亦用於治療其他各種精神疾病，包括強迫觀念－強迫行爲症與神經性暴食症。百憂解是口服藥，似乎是干擾神經傳導物質血清素在腦內的再吸收來達到療效。

Prudhoe Bay＊ 普拉多灣 美國阿拉斯加州北部波弗特海小海灣。1968年阿拉斯加北坡發現大油田，該灣成爲鑽探石油中心。泛阿拉斯加輸油管將該地區連通到威廉王子灣的瓦爾迪茲。

Prudhome, Sully ➠ Sully Prudhomme

Prud'hon, Pierre-Paul＊ 普呂東（西元1758～1823年） 法國畫家。在羅馬時（1784～1788），從柯勒喬的作品中獲得靈感，將更加柔和的效果引進法國畫壇，當時畫壇上大衛的嚴謹畫風占主導地位。他爲雕刻師畫素描，後來受到拿破崙的注意，他的約瑟芬皇后的畫像（1805）展示了其賦予女性畫像的誘人、神秘的特質。他的寓意畫《復仇和正義追擊罪惡》（1805）使他獲得名聲，並得到榮譽勳位。他優雅的風格是18世紀晚期的新古典主義邁向19世紀浪漫主義的橋樑。

Prusiner, Stanley (Ben) 普魯西納（西元1942年～） 美國神經學家。從賓夕法尼亞大學獲得醫學博士學位，陸續在加州大學舊金山分校（1974～1984）和加州大學柏克萊分校（自1984年起）任教。任醫師期間，目睹一名病人死於庫賈氏病（CJD），由此被海綿樣腦病吸引，後來研究相關的綿羊痒病，1982年完成其據聞的病原體的分離。他的理論最初遭到批評，但最終被普遍接受了；當狂牛症在英國出現時，他的研究獲得了全世界的關注。該理論對阿滋海默症和帕金森氏症也有啓發作用，這兩種病和普利子所致的疾病具有共同特徵。這些成就使他獲得1997年的諾貝爾獎。

Prussia 普魯士 德語作Preussen。在歐洲史上，指東歐和中歐的任何三個地區：一、波羅的海東南沿岸的普魯士人領土，中世紀由波蘭人和日耳曼人統治；二、自1701年開始由德意志霍亨索倫王朝統治的王國，包括普魯士及布蘭登堡，以柏林爲首都，18～19世紀中攫取了德意志北部及波蘭西部大片土地，並於1871年作爲盟主統一了德意志；三、1918年霍亨索倫王朝垮台後設置的邦，包括前王國大部地區，1947年德國在第二次世界大戰中戰敗後，作爲政治上重建德國的組成部分，其建制爲盟軍撤銷。

Prynne, William＊ 普林（西元1600～1669年） 英格蘭清教派小冊子作家。受訓爲律師，但從1627年開始就出版清教派小冊子，攻擊英國國教的恪守禮節。他在所著的《演員的悲劇》（1633）抨擊流行的娛樂活動，尤其是戲劇。大主教勞德將他關入監獄；他撰寫更多的小冊子來攻擊勞德和其他英國國教徒後，他的耳朵被割下了。1640年獲釋後，普林讓勞德被判有罪，並被處決（1645）。1648年選入國會，由於攻擊激進清教徒被遣散，後來又因拒絕繳稅入獄（1650～1653）。他不服從克倫威爾的共和國，成爲查理二世的支持者。

Przewalski's horse＊ 普爾熱瓦爾斯基氏野馬 20世紀僅存的野馬亞種（學名Equus caballus przewalskii）。呈微黃色或淺紅色（暗褐色），身高12～14掌（122～142公分）。鬃及尾色較深，背部常有條紋。鬃短而直，無額毛。1870年代發現於蒙古西部。1960年代在野外失去蹤影，但早期被帶入歐洲動物園的該種類後代在1990年代開始重新引進蒙古草原。

普爾熱瓦爾斯基氏野馬
Kenneth W. Fink from Root Resources

psalm＊ 詩篇 聖歌或聖詩。這個詞是以《舊約》中的〈詩篇〉最爲人所知。這一百五十篇的詩歌，其主題範圍從愉悅的信仰和感恩之歌，到苦痛的抗議與哀嘆之歌，可以列入所有時代不朽的詩歌中。這些作品對於猶太教和基督教的禮拜儀式一直有深遠的影響。關於這些作品的年代與眞正的作者，有非常大的疑難；傳統上將它們歸之於大衛王的看法，已不再被接受。在原始的希伯來文本中，這些歌本並沒有名字。當希伯來聖經翻譯爲希臘聖經（七十子希臘文本聖經）時，它被題爲「Psalterion」，指的是伴奏這些歌曲的弦樂器。

Pseudo-Demetrius ➠ Dmitry, False

Pseudo-Dionysius the Areopagite 僞丟尼修（活動時期約西元500年） 可能是敘利亞修士。他假託大法官丟尼修的筆名寫了一系列的論文，將新柏拉圖主義哲學和基督教神學與神秘主義的經驗結合起來。它們學說的內容涉及三位一體、天使世界、肉身化和救贖，提供了對所有這些的解釋。他的論文〈以神的名義〉討論了冥思祈禱的本質和效果。其狂歡文集被吸收進希臘和東部基督教神學中，還影響了西方教派的神秘主義。托馬斯・阿奎那是對這些作品撰寫注釋的人之一。

pseudomonad＊ 假單胞菌 數量大與各種各樣的桿狀的、常彎曲的細菌群體。許多都能運動，由一根或多根鞭毛推動。一些水生種類以長絲或長桿附著於水面。大多存在於土壤或水中；一些在植物中引起疾病，少數能在人類和其他哺乳動物中引起嚴重疾病。一種十分普遍、分布廣泛的種類－－銅綠假單胞菌，能造成人類很嚴重的疾病，引起抵抗力弱的個體罹患抗生素抵抗感染。假單胞菌跟手術傷口與嚴重燒傷組織的院內感染、使用免疫抑制劑藥品的癌症病人的致命性感染都有關係。

psilomelane＊ 硬錳礦 鋇和錳的含水氧化物，化學式爲$BaMnMn_8O_{16}(OH)_4$，一種重要的錳礦石礦物。舊稱硬錳礦，現在知道是幾種錳氧化物的混合物，romanechite是其中的主要成分。這樣的錳氧化混合物可以形成大規模礦床，也可富集於湖泊或沼澤形成的層狀礦床和黏土中；產於德國、法國、比利時、蘇格蘭、瑞典、印度及美國。名字「硬錳礦」（來自於希臘詞語「光滑的」和「黑色的」）與它典型的黑色、光滑表面、呈葡萄狀或鐘乳狀塊體有關。

psoriasis＊ 銀屑病 一種慢性復發性皮膚病，特徵爲紅色、輕度隆起的斑塊或丘疹，上覆以銀白色鱗屑。皮損可融合成較大形狀的斑塊，圍繞著一正常區域。指甲若受累，則變厚，表面凹凸不平，並從指甲床處分離。誘因包括皮膚外傷、感染、壓力和某些藥物。皮膚細胞自眞皮加速移至表皮處，並在表皮脫落引起發炎症狀。某些病例中，病人同時患有關節炎。通常在夏季及婦女懷孕時病情較不嚴重。無治癒方法，但使用藥物和紫外輻射照射可幫助緩解病情。

Psyche＊ 賽姬 古希臘和羅馬神話中，贏得丘比特愛情的貌美絕倫的公主。她的美貌是如此動人，使得崇拜者開始從維納斯轉向她，嫉妒的女

有翅膀的賽姬，古典雕像；現藏巴黎羅浮宮
Alinari – Art Resource

神命令她的兒子丘比特使賽姬愛上最可鄙的男人。但丘比特自己陷入了愛情，將賽姬藏在遙遠的宮殿裡，並在黑夜的掩飾下和她祕密相會。一個夜晚她點亮了燈火，發現了她的情人的身分。他憤怒地離開了，賽姬開始四處找他。維納斯抓住了她，但當丘比特救了她後，朱比特使她成仙，並把她許給了丘比特。

psychiatry 精神病學 和精神性疾病有關的醫學分支。直到18世紀，精神健康問題仍被看作是惡魔附身的形式，後來才逐漸地被視作需治療的疾病。19世紀對精神病的研究、分類和治療有了進展。弗洛伊德的心理分析學說在很多年都占據主導地位，後來20世紀中期受到行爲認知療法和人文主義心理學的挑戰。精神病醫師持有醫學博士學位，能夠開藥，進行精神療法和其他醫學治療。精神病醫師經常是心理醫療團隊的一員，該團隊還包括門診的心理學家和社會工作者。

psychoanalysis 精神分析 一種治療心理疾病的方法，強調探測潛意識心理過程。這個方法的根據，來自19世紀末20世紀初奧地利心理學家弗洛伊德提出的心理分析論。心理分析要求患者對某些事物自由聯想，並告訴治療者他想到的任何事情。作夢和說溜嘴會被認爲是窺探潛意識心理運作的鑰匙。治療的「工作」，就是要揭露存在於以下三者之間的緊張：原我（id）的本能性驅力、自我（ego）的知覺與行動、以及超我（superego）道德感引發的抑壓。他們認爲對兒童期經驗必須謹愼處理（尤其是有關性方面的問題），因爲一些記憶可能因爲被當作罪惡或創傷而壓抑下來；透過「回想」與「經驗分析」的過程，被認爲可以幫助患者免於因爲壓抑造成的焦慮及其他官能症，或是更嚴重的精神病（參閱neurosis、psychosis）。一些弗洛伊德早期的合作夥伴，著名的像是容格和阿德勒，則對弗洛伊德的部分理論表示反對，並提出其他分析方法。另外還有多位重要的心理分析大師，例如埃里克松、霍爾奈、弗洛姆等人，基本上也是在弗洛伊德的理論架構上加入自己的修正。

psycholinguistics 心理語言學 研究和語言的感知、產生及獲得有關的心理過程。心理語言學的大量研究工作是有關兒童學習語言的問題和兒童以及成年人的言語處理和理解力。在1960年代、1970年代，喬姆斯基的理論激發了許多研究，最近若干年心理語言學家也使用其他的模式。亦請參閱linguistics。

psychological development 心理發展 一個人生命史上認知、情緒、智力、社交能力和機能之發展。心理發展是發展心理學的主要研究課題。人類在嬰兒時期，開始習得語言，知覺、情緒、記憶逐漸成形，學習及肌肉技巧也開始發展；在兒童時期，開始可以說話，由具體認知能力進步到抽象認知能力，情緒反應逐漸複雜，並開始出現同理心和道德感；到了青少年期則是情緒和智力快速成長的時期，成人期則所有發展過程都臻成熟。

psychological testing 心理測驗 運用測驗來測量一個人或團體的技巧、知識、智力、能力、態度。最著名的即爲智力測驗，其他測驗尙有成就測驗（評估學生成績或表現程度）及人格測驗。人格測驗有以下幾種類型：調查型，即問題－回答式的測驗；投射型，例如羅爾沙赫墨跡測驗；主題統覺型，例如圖片-主題測驗；這些測驗經常被心理學家和精神科醫師門診用來協助診斷心理疾病，也常被心理治療師及諮商師用來協助評估患者。實驗心理學家經常性地在進行測驗，以取得知覺、學習、動機的資料。亦請參閱experimental psychology、psychometrics。

psychological warfare 心理戰 在必要的軍事、經濟和政治手段支援下，利用宣傳來對付敵人。這種宣傳一般是爲了使敵人喪失鬥志，或是使其改變觀點。心理戰古代就有了，成吉思汗（元太祖）的征服，得力於巧妙地散佈有關其軍隊裡有大批兇殘的蒙古騎兵的謠言。心理戰的專門機構在第二次世界大戰間的德國聯軍、韓戰和越戰間的美國軍事力量中，都是部隊的重要部分。戰略心理戰是指在廣大區域內或對大量聽衆進行宣傳；戰術心理戰則同作戰行動直接相關（如對敵人招降）。鞏固心理戰包括在某個先進部隊的後方散發宣傳品，以保護交通運輸線，建立軍政府並由它來做行政工作。

psychology 心理學 研究人類和動物心理過程和行爲的科學。心理學的字面意思是「對心理的研究」，重點放在個人和群體行爲上。臨床心理學和心理疾病的診斷和治療有關。心理學的其他專門領域包括兒童心理學、教育心理學、運動心理學、社會心理學和比較心理學。心理學家研究的課題涉及廣闊的範圍，包括學習、認知、智力、動機、情緒、知覺、人格以及個體差異被遺傳或環境影響的程度。在心理學研究中使用的方法包括觀察、面談、心理測試、實驗和資料分析。

psychometrics 心理計量學 一門心理測量的科學。心理計量學專門研究心理測驗的設計及處理（參閱psychological testing），一方面要將心理過程轉化爲實證資料，另方面則要去提升對測量技術的了解，以及對結果進行統計分析。重要的課題包括測驗的信度和效度，以及結果的常模化或標準化。

psychomotor seizure＊ 精神運動性發作 癲癇的一型，特徵爲出現主觀感覺（先兆），隨後出現神志混濁和自動症。可出現多種感官的幻覺、關於物體或人的不眞實感、似曾相見、極度恐懼、腹部不適、亦可感到呼吸或心跳加快。然後個體反應遲鈍，或表現出沮喪的意識，這持續幾分鐘，僅僅記得先兆。很少情況下，頻繁的精神錯亂會持續數小時或數日，意識呈波動狀態，並作出一些不得體的行爲。發作的不同類型起因於不同的腦部位置。

psychoneurosis 精神神經症 ➠ neurosis

psychopathology 精神病理學 ➠ abnormal psychology

psychopharmacology 精神藥理學 研究藥物對心理和行爲（特別是研製來治療精神障礙的藥物內容）的影響效果的科學。20世紀精神藥理方面大爲進展，包括發明安定劑、抗抑鬱藥、碳酸鋰（治療兩極性精神病）、某些興奮劑（包括苯異丙胺）、抗精神病藥物（如氯丙嗪）、福祿安和哈泊度錠（Haldol滴劑）等藥物。

psychophysics 心理物理學 心理學的一個分支，研究生理刺激（如聲波）對心理事件造成的效果。該科學問在19世紀中期由費希納建立，從此開始其研究中心一直爲刺激和感覺間的量化關係。其主要原則爲韋伯氏定律。今日，心理物理學方法應用於視覺研究、聽力學、心理測驗和商業產品間的比較（如煙草、香精、酒類）。

psychosis＊ 精神病 嚴重精神錯亂，特徵爲感覺缺失或脫離現實。精神病主要爲精神分裂症和妄想障礙（例如誇大狂），但抑鬱症和躁鬱症的嚴重病例、物質誘發的譫妄和某些種類的失智，已知也與精神病有共同的重要特徵。除了妄想和幻覺外，其主要症狀有說話與行爲紊亂，經常有情緒上的侵擾。治療方法通常由藥物和有系統的諮商組成。

psychosomatic disorder　心身性疾病　心理或情緒上的侵擾所導致的身體上的病痛和症狀，乃是心理壓力對生理（身體）機能有不良影響乃至產生焦慮痛苦的情形。心身性疾病可能有高血壓、呼吸系統的病症、胃腸道侵擾、偏頭痛與緊張頭痛、性功能障礙、皮膚炎和潰瘍。許多心身性疾病患者對藥物和心理治療的混合療法有反應。亦請參閱hypochondriasis。

psychosurgery　精神外科　用腦外科方法來治療精神病或其他心理疾病的手術。該科的第一個手術方法為前額葉腦葉切開術。相當常見於1930～1950年代，腦葉切開術減緩了神經系統的症狀，諸如焦慮和侵略性行為，但也對病患造成冷漠和有限度的情緒反應等影響，因此如今已大多為鎮靜劑和抗精神病藥物所取代（參閱psychopharmacology）。精神外科最近的發展為精確地在腦中找出小病變的位置，並使手術不影響智力或生活品質，這些技術可以用於治療強迫觀念－強迫行為症的患者，偶而也使用在有嚴重焦慮的病人身上。

psychotherapy　心理治療　經由患者和受過訓練的諮商者或治療師間的溝通，來治療心理或情緒上的障礙。現代的個別和集體治療方法的目的在建立信任的中心關係，使小組成員或患者能自在地表達個人想法和情緒，以對自身情況有所頓悟，並一同分享言語治療的效果。此類療法包括精神分析及其變體（參閱Adler, Alfred、Jung, Carl (Gustav)）、成員為中心的或非直接式心理治療、格式塔療法（參閱Gestalt psychology）、戲劇與藝術治療和一般諮商。相反地，行為療法則著重於藉強化方式來改變行為，而不涉及其內心狀態。

Ptah＊　卜塔　埃及宗教中的造物神。是手工藝人尤其是雕塑家的保護人，被希臘人看作是赫菲斯托斯，即神聖的鐵匠。形如乾癟模樣的常人，戴著無邊便帽，蓄有短直的假鬍鬚。他最初是孟斐斯的地方神，孟斐斯城自第一代王朝起即為埃及的首都；它的政治重要性使得卜塔的信徒擴展到埃及上下。他和塞赫邁特、奈費爾廷合為孟斐斯三神。

握著生命與權力象徵的卜塔，孟斐斯的青銅小塑像，約做於西元前600～西元前100年；現藏大英博物館
By courtesy of the trustees of the British Museum

ptarmigan＊　雷鳥　雷鳥屬3或4種產於寒冷地區松雞類的統稱。羽色可自冬季時的白色轉變為春夏季時帶有橫斑的灰或褐色。腳趾上下均有硬羽。普通雷鳥見於不列顛群島、歐洲和北美（在北美稱為岩雷鳥）。雷鳥在北極和高山頂上僻靜之處越冬，吃灌叢枝，剝取地衣和乾葉，並在雪堆裡睡眠。雄鳥早春成群地進行求偶表演，然後分開，各在相鄰的巢區裡進行單獨求偶表演。

Pteranodon＊　無齒翼龍屬　絕滅的飛行爬蟲類屬，是翼指龍的後代。化石見於歐洲、亞洲和北美的晚白堊紀（9900萬～6500萬年前）沈積物中。翼展約7公尺或更長，最大型的標本其翼展就有15.5公尺長。身體約只和現代火雞一樣大。頭骨後有嵴，沒有齒的顎部很長，類似鵜鶘。似乎有築巢的行為，多數時間在海面上滑翔搜尋魚類。可能依靠氣流而非振動雙翼來起飛。

pterodactyl＊　翼指龍　翼指龍亞目的翼龍的統稱，化石最初見於東非和歐洲的晚侏羅紀至白堊紀（1億5900萬～6500萬年前）。典型的翼指龍屬的成員，其軀體約等於麻雀至信天翁的大小。翼指龍有細長而脆弱的齒，向前成一定角度（可能作為過濾裝置），掌骨長，尾短。大概是能滑翔的動物，但不足以能活躍地飛翔，且其顯然缺乏羽毛。不像始祖鳥屬的成員，翼指龍並非鳥類的祖先。

pterosaur＊　翼龍　繁盛於侏羅紀和白堊紀的飛行爬蟲類（2.06億～0.65億年前）。休息時靠長而細的後腿懸掛。它們靠脆弱的皮膜雙翼來飛翔和滑翔，膜附著在每個前肢細長的第4指上，向後沿體側延伸到膝蓋。前面3個指骨為爪狀的細長鉤，有細長的嘴，腦子大。喙嘴龍屬有強固、尖銳的牙齒，一條長尾，翅展1公尺。很可能潛水捕魚獲取食物。

Ptolemaïs＊　托勒密　昔蘭尼加沿海城市，位於尼羅河左岸，孟斐斯的南部。西元前3世紀托勒密三世將昔蘭尼加併入埃及，此城遂以他的名字命名。其經濟建立在內部貿易上，在希臘化時代和羅馬帝國初期十分繁榮；而在3世紀末羅馬皇帝戴克里先把它設為上利比亞行省省會時起，再度繁榮。

Ptolemy＊　托勒密（活動時期西元127～145年）　拉丁語作Claudius Ptolemaeus。希臘天文學家和數學家。主要成果在亞歷山大里亞完成。在他偉大的天文學著作《天文學大成》中，很難決定哪些發現是托勒密的，哪些是喜帕恰斯的。他相信太陽、月亮、行星和恆星附於水晶球體之上，以地球為中心，轉而創造了晝夜循環和太陰月等等。為了解釋行星的逆行，他創製了複雜的幾何週期模型，可以在這些週期中非常成功地預測行星在天空中的位置。托勒密的地心體系變成西方基督教所主張的學說，一直到哥白尼體系的日心學說出現，才取代它。他的地理學包含了對地球大小的估測、地表的描述和用經緯度定位的地點清單。托勒密還涉足力學、光學和音樂理論。

Ptolemy I Soter＊　救星托勒密一世（西元前365?～西元前283/282年）　埃及統治者（西元前323～西元前285年）和托勒密王朝的建立者。為亞歷山大大帝的馬其頓將軍，在亞歷山大死後和其他將軍分割了帝國，成為埃及總督。亞歷山大的後繼者馬上發起戰爭。雖然他和其他人反擊了安提哥那一世對埃及的進攻，但在西元前306年托勒密仍被安提哥那打敗。在羅得島戰中（西元前304年）擊敗了安提哥那後，獲得救星的稱號，但直到西元前301年的伊普蘇斯戰役中安提哥那才最終被征服。托勒密透過聯盟和婚姻確保並擴展了他的王國。他和其後繼國王贏得了對馬其頓的德米特里一世的最後一戰的勝利（西元前288～西元前286年），將雅典從馬其頓的占領下解放了出來。他獲得了島上居民聯盟（包括了愛琴海的大部分島嶼）的控制權，這形成了埃及海上霸權的基礎。作為國王他尊重埃及文化，融合希臘和埃及民族和宗教，成立了亞歷山大里亞圖書館和博物館。死後埃及人將他尊奉為神。由兒子托勒密二世繼承了他的王位。

Ptolemy II Philadelphus　托勒密二世（西元前308～西元前246年）　埃及國王（西元前285～西元前246年），也是托勒密王朝的第二任國王。西元前285～282年他和其父親救星托勒密一世聯合執政，而後清除他家族的對手，包括他的第一任妻子，並娶了她的妹妹阿爾西諾伊二世。同塞琉西王朝的統治者及安提哥那王朝的戰爭削弱了他在愛琴海的勢力，並帶給其同盟雅典和斯巴達戰禍。他用外交和聯姻手段結束了這些戰爭，並成功重獲他在愛琴海的影響力。他設法畫出一種領土緩衝地帶來使埃及免於襲擊，並透過外交和對手周旋。托勒密二世是個謹慎和開明的統治者，促進經濟發展，使得亞歷山大里亞成爲詩人和學術研究中心。

Ptolemy III-XV　托勒密三世～十五世　埃及托勒密王朝的馬其頓諸王。托勒密三世（施主）（活動時期西元前246～西元前221年）在第三次敘利亞戰爭（西元前245～西元前241年）中打敗塞琉西王朝統治者。托勒密四世（愛其父）在荒淫無度的統治下（西元前221～西元前205年），使埃及國勢衰微。托勒密九世（救星二世）與母后共治（西元前116～110年、西元前109～107年），直到母后放逐了他，並以其弟托勒密十世（亞歷山大，西元前107～西元前88年）取代他。亞歷山大的統治不得人心，導致他也被放逐，西元前88年死於海上。救星二世乃恢復單獨統治（西元前88～西元前81年），並將其弟的遺孀（即他的女兒）迎回，與他聯合執政。托勒密十一世（亞歷山大二世，西元前80年）是埃及最後一位完全合法繼承王位的托勒密國王。他娶了托勒密九世（救星二世）的遺孀爲妻，並共治，在蘇拉的指揮下，他謀害了她以獨攬政權，但人民殺死他替王后報仇，他僅執政十九天。托勒密十四世（神愛其父二世，西元前47～西元前44年）與姐姐克麗奧佩脫拉共同執政，可能被其姐謀殺，以便爲她與凱撒所生的兒子鋪路。托勒密十五世（凱撒）與母后從西元前44年開始共同執政，在西元前30年克麗奧佩脫拉自殺後，他也被屋大維殺害。他的死象徵羅馬征服埃及，王朝結束。

puberty　青春期　人類生理學上指首先轉變爲能夠有性生殖的時期。青春期女孩約出現在十二歲，男孩約在十四歲，以生殖器官的成熟、第二性特徵的發育和女孩月經的出現爲特徵。兩性都會經歷身高的快速增長和體形、結構的變化。青春期象徵青少年期的開始。

pubic louse　陰蝨 ➠ louse, human

Public Broadcasting Service ➠ PBS

public debt ➠ national debt

public health　公共衛生　透過有組織的社會活動來預防疾病、延長壽命、促進健康的科學和藝術。包括衛生設施、傳染病的控制、衛生學教育、早期診斷和預防措施以及適當的生活水準。它不僅需要掌握流行病學、營養學和殺菌措施，還需要掌握社會科學。歷史上的公共衛生措施包括中世紀痲瘋病受害者的隔離和14世紀瘟疫流行後的提高衛生條件的努力。1750年代歐洲人口的增長使得他們對嬰兒死亡和醫院的快速發展逐漸重視。1848年的英國「公共衛生法」建立了一個專門的公共衛生部門。現今在美國，由疾病控制和預防中心研究公共衛生，並在全國進行協調；世界衛生組織在國際上扮演著同等角色。

public house　酒店；酒吧　亦作pub。以消費爲前提的供應酒精飲料的商店，尤其是在英國。根據英國普通法，聲明旅館和客棧的酒店要負責旅行者的安全健康。酒店接待所有在合理情況下願意付錢買食物、飲料和住宿的旅客。在都鐸王朝的英國，客棧老闆的人選需經皇家法令批准，以維護社會安定；少數還擔任非官方驛站站長。早期酒店以有動物特徵的簡單標誌作區別，如獅子、海豚或天鵝。在18世紀，「武器」一詞加進了許多酒店的名稱裡，表明該商店處於貴族家族的保護之下。雖然英國的酒店傳統上由獨立的、獲有許可狀的持有者擁有和經營，但20世紀初許多已爲釀酒公司擁有，或多少與它們有關。

public relations (PR)　公共關係　一種傳播形式，致力推銷一個人或團體自覺滿意的形象，以博取公眾的注意。公共關係作法最早出現在20世紀初的美國，開拓者是主張公關人員專業化概念的伯奈斯和李。英國和美國的政府部門很快就開始聘請專業公關人員，以爭取民眾對政策和計畫案的支持，公關行業也在第二次世界大戰後蓬勃發展。公關的客戶可以是個人，例如政治人物、演藝人員和作家，也可以是機關團體，例如公司行號、政府機構、慈善事業和宗教社團。訴求的對象之範圍，可能只限定在21～30歲男性的另類音樂樂迷，也可能廣大到全世界所有人。公關人員的作用，包括創造令人喜歡的廣告、洞悉什麼樣的故事會受媒體青睞等。公關工作的複雜度，隨著市面媒體的多樣化而增加：除了報紙、雜誌、廣播、電視，還有專業團體刊物、直接郵件名單、現場宣傳會等等。公關的基本原則就是誇大好新聞、封阻壞消息；如果發生災難危機，公關人員必須馬上評估狀況，協助客戶回應狀況以將損害減至最低，尚須彙整及提供訊息給媒體。

Public Safety, Committee of ➠ Committee of Public Safety

public school　公學　亦稱私立學校（independent school）。英國一種少數專門爲上大學或未來擔任公職的學生做準備的收費中學。「公學」的名字可追溯到18世紀，那時學校開始招收鄰近地區以外的學生，成爲「一般公衆」可讀的學校，而與當地學校有所區分。這種學校實際是在國立系統之外的私人學校。重要的男校有溫徹斯特（1394）、伊頓公學、威斯敏斯特（1560）和哈羅學校（1571）；著名的女校有切爾滕納姆、蕾汀和懷科姆修道院學校。公學以一套行爲、言談和儀態的有階級意識模式來培育學生，從19世紀初就在英國官場中樹立了一種行爲標準。亦請參閱college、secondary education。

public television ➠ PBS

public transportation ➠ mass transit

public utility　公用事業　爲公衆提供某些類服務的企業，包括公共運輸（公共汽車、飛機、鐵路）、電話和電報服務、動力、供熱和照明，以及供水、衛生公共設施。在多數國家，這種企業是國有和國營的；但是在美國，這些企業大都是私人的，並在政府的嚴密控制下經營。從產品的生產技術和分配來考量的話，它們被認爲是天然獨占性的企業，因爲這種企業的資本花費很大，如果有競爭或類似系統的存在會是極端的昂貴和浪費。政府的管理（尤其是州級），致力於保證安全運行、合理價格和對所有顧客的同等條件的服務。近年來一些州試著對電力和天然氣撤銷管制，來刺激價格下降，並透過競爭提高服務水準。

Public Works Administration　公共工程署（西元1933～1939年）　美國政府機構（1933～1939）。是新政的一部分計畫，建立該機構以透過修建公路和公共建築來降低失業。根據「國家工業復興法」（1933）設立，由伊克斯負責。花費了約40億美元修建學校、法院、市政廳、公共衛生設施、公路、橋樑、水壩和地鐵。第二次世界大戰中隨著國家轉向軍事工業經濟而逐漸解散。

Public Works of Art Project (PWAP) 公共事業藝術規畫 美國聯邦藝術計畫，乃經濟大蕭條時期新政的一部分。1933年成立組織，提供工作給數千名失業的藝術工作者。藝術計畫的成品（許多未完成）包括大約7,000件的版畫與水彩畫，1,400件的壁畫與雕刻，2,500件印刻藝術作品，以及許多其他作品——用來美化裝飾非聯邦公共建築及公園。較爲突出的成就是舊金山柯特高塔的壁畫、愛荷華州立大學中伍德的壁畫，以及沙恩以禁酒令爲主題的壁畫設計。許多在此藝術計畫時期1934年結束時未能完成的藝術作品都在公共事業振興署聯邦藝術計畫下完成創作。

publishing 出版 傳統而言，即指選擇、準備及發行某種印刷品——包括書籍、報紙、雜誌及宣傳小冊。不過當代的出版還包括製作數位格式的作品，例如光碟；也包括在網路上以電子形式發行的作品。出版已經從古代小規模、與法律或宗教有關的起源，演化成今日龐大的企業，能夠散播各式資訊。就現代觀點而言，便是一個能夠提供世俗大眾閱讀資訊的影印行業。出版始於古希臘、羅馬與中國。在紙張於11世紀從中國傳至西方後，西方最主要的出版革新就是由古騰堡發明的活體印刷。到了19與20世紀，科技進展、識字率與休閒活動的提升，加上更多的資訊需求都讓出版業的發展突飛猛進。現代出版業必須面臨的議題包括監督體系、版稅法、作者版稅及代理權公司的仲介費用等等。此外還有新型態的行銷方式、來自廣告業主的壓力都會影響編輯的自主權；另有來自財團收購獨立出版公司的壓力及競爭媒體如電視及網路的成長。

Pucci, Emilio, marchese (Marquess) di Barsento＊ 普奇（西元1914～1922年） 義大利時裝設計師和政治人物。當時是由一位《時尚》雜誌的時裝攝影師注意到他設計新穎的滑雪裝，才請他設計女滑雪裝，由此成了設計師。其最著名的是緊身山東綢的「普奇褲」和眞絲印花連衣裙和女襯衫。他爲布蘭尼夫航空公司服務人員設計的鮮豔、不那麼正式的制服，是這類服裝最早的設計。後來他兼營男式時裝、製作香水和陶器。1963～1972年擔任義大利國會議員。

Puccini, Giacomo (Antonio Domenico Michele Secondo Maria)＊ 普契尼（西元1858～1924年） 義大利作曲家。出生於管風琴演奏家和唱詩班指揮的世家，在聽了威爾第的《阿依達》後決心寫作歌劇。在米蘭音樂學院師從龐基耶利（1834～1886）。在音樂出版商里科爾迪和博伊托聽過他從頭到尾演唱其第一部歌劇《隨想交響曲》後，他獲得了表演機會。第二部歌劇《愛德加》（1889）雖然未獲成功，但《曼儂・萊斯科》（1893）爲他贏得國際聲譽。《波希米亞人》剛開始不怎麼成功，但《托斯卡》成功了。受雇的捧場者擾亂了《蝴蝶夫人》（1904）在史卡拉歌劇院的首演，但次年重演時引起熱潮。因家庭醜聞使他心煩意亂，《西部女郎》在大都會歌劇院初演時已是1910年。隨後在1918年演出三部曲《三聯劇》（包括《賈尼・斯基基》）。死前是世界上最受歡迎的歌劇作曲家，他未完成的《杜蘭朵》由阿爾法諾（1875～1954）完成。

Pucelle, Jean＊ 皮塞勒（活動時期西元約1319～1334年） 法國書籍裝飾畫家。背景不詳，但他的大型工作室在14世紀初的巴黎繪畫界占有主導地位，當時他享有宮廷贊助，作品索價甚高。最著名的作品是《貝爾維爾日課經》（約1325～1328年）是由女王委託製作的小型私人祈禱用書，以他一貫的風格裝飾無數滑稽笑談（頁邊圖案），顯示他善於運用取自義大利和法國的藝術天分，以滑稽的插圖爲宗教作品帶上幽默色彩。

puddling process 攪煉法 將生鐵轉成熟鐵的方法，將其在熔爐中加熱並且頻繁攪拌，暴露於氧化物質之中（參閱oxidation-reduction）。1784年科特發明（取代精煉法），是第一種大規模生產熟鐵的方法。

Puebla 普埃布拉 墨西哥中部偏東南的州（1995年人口約4,624,000）。爲阿納瓦克高原的一部分，海拔從1,500～2,400公尺不等，有東馬德雷山脈形成的沃谷。此區居民一向稠密，前哥倫布時期該區民族已有高度發達的文化，現存許多考古遺址。西班牙人把普埃布拉建設成一個經濟和宗教中心，自19世紀起已是重要的農業和工業中心。首府爲普埃布拉，面積33,902平方公里。

Puebla (de Zaragoza) 普埃布拉 墨西哥東南部普埃布拉州首府（1990年人口約1,100,000）。1532年建城，位於東馬德雷山脈山麓平原，海拔2,162公尺。位於墨西哥城和韋拉克魯斯之間，在墨西哥戰爭期間曾被美軍占領。其西班牙殖民建築和西班牙城市托萊多的相似。現爲重要的農業和工業地區中心，也以琉璃瓦、玻璃和陶器著稱。1973年墨西哥中部發生強烈地震，受損嚴重。

pueblo 普韋布洛 美國西南部普韋布洛印第安人的集體居所，由大型土坯磚塊構築而成的多層公寓式住房組成，約始於西元1000年。獨立式的結構有五層高，建於中心庭院周圍，逐層依次縮進；整個結構類似一座鋸齒形金字塔，下層房頂即成上層平台。雖然房間有連接的門口相通，上下層間用木梯經由天花板上的洞口出入。底層房間沒有出外門，專供貯藏之用。每個普韋布洛至少有兩個地下禮堂。許多普韋布洛仍住有人；阿科馬人村被認爲是美國一直有人居住的最古老村落。在陶斯、伊斯雷塔、拉古納和祖尼有一些最大的普韋布洛。亦請參閱cliff dwelling。

Pueblo Incident 普韋布洛號事件 1968年美國軍艦「普韋布洛號」在北韓的海域上被北韓俘獲。美國在和北韓談判時，堅稱該船（一艘海軍情報船）當時是在公海上，希望他們釋放八十三名船員。結果協議允許美國公開否認船員已簽署招認的供詞，但美國同時要承認船艦入侵領海的事實並道歉，而且在形式上承認船員被囚時簽下的供詞。後來對這次供認和軍艦指揮官的處置是否不當進行了調查，但沒有明顯的懲戒行動。

Pueblo Indians 普韋布洛印第安人 史前阿納薩齊人的有史時期的後裔，幾百年來定居於現在的亞利桑那州東北和新墨西哥州西北的普韋布洛。當代普韋布洛人分爲東西兩支，東支包括新墨西哥州格蘭德河沿岸的聚居地（最著名的是陶斯普韋布洛人），西支包括亞利桑那州東北部的霍皮人諸村落和新墨西哥州西部的祖尼人、阿科馬和拉古納人諸村落。

Pueblo pottery 普韋布洛陶器 美洲本土印第安人發展的最高藝術之一。普韋布洛陶罐只由部落中的婦女製作，

普韋布洛印第安人製造的陶器：（左）阿科馬水壺，做於1890年；（中）聖塔克拉拉花瓶，約做於1880年；（右）聖伊爾德豐索水壺，做於1906年；現藏科羅拉多州丹佛美術館
By courtesy of the Denver Art Museum, Denver, Colo.

由長「香腸」的黏土逐圈上捲再壓平而成。圖案有幾何圖案和花卉鳥獸。該方法在古典普韋布洛時期（約1050～1300）發展起來，今天仍在使用。

Puente, Tito＊　普安第（西元1923～2000年）　原名Ernesto Antonio Puente, Jr.。美國樂團團長，打擊樂手，作曲家，是撒爾撒音樂的代表人物。生於紐約，父母是西班牙裔。第二次世界大戰時在海軍服役，之後進入茱麗亞音樂學院就讀。1940年代末期，他自組樂團並以曼波舞嶄露頭角，隨後帶動1950年恰恰舞的熱潮。因為具有實驗創新的精神，他開風氣之先，融合拉丁爵士樂。他的音樂作品包括〈佩爾·科切羅〉及〈對你說聲好〉。曾與許多藝人合作過，特別是希莉亞庫茲，共錄製了超過一百首專輯。

puerperal fever＊　產褥熱　亦稱childbed fever。分娩或流產後女性生殖系統受到感染，最初十天內體溫可達到或超過38℃。子宮的內面是最常受感染的，但生殖管道任一部分的傷口都可導致細菌（常為釀膿性鏈球菌）進入血管和淋巴系統，引起敗血症、蜂窩性織炎（細胞發炎）和骨盆或一般的腹膜炎。嚴重程度不一，產褥熱在已開發國家已極少見，但在環境不衛生下實施墮胎後仍可能發生。

Puerto Rico　波多黎各　正式名稱波多黎各聯邦（Commonwealth of Puerto Rico）。美國在西印度群島的自治島嶼聯邦。面積9,104平方公里。人口約3,829,000（2001）。首府：聖胡安。居民混雜了多種民族，主要是西班牙人和非洲裔人。語言：西班牙語和英語（均為官方語）。宗教：天主教。貨幣：美元（U.S.$）。波多黎各是個多山島，可分為三個地理區：內陸山脈區、北部平原區和沿海平原區。屬開發中自由市場經濟，以製造業、金融業和貿易（大多是和美國）為主。旅遊業也是重要的收入來源。國家元首是美國總統，政府首腦為總督。16世紀初西班牙人到此定居時，島上已居住著阿拉瓦克印第安人。18世紀末以前，島上的經濟大致未經開發。1830年以後逐漸發展以甘蔗、咖啡和煙草等出口作物為基礎的種植園經濟。19世紀晚期開始獨立運動，1898年美西戰爭後，西班牙將該島割讓給了美國。1917年波多黎各人獲得美國公民身分，1952年該島成為美國一個聯邦，在內部事務上享有自治權。波多黎各的國家地位問題一直是個政治爭議問題，1967年全民公投批准聯邦制，1993年再次獲得通過。

Puerto Vallarta＊　巴亞爾塔港　墨西哥中西部城市（1990年人口約111,000）。濱班德拉斯灣，位於太平洋沿岸低地，阿美卡河河口南部。是哈利斯科州主要港口，出口香蕉、椰子油、皮革和上等木材。還是國際旅遊勝地，以水上運動、捕魚（尤其是鯊魚）和狩獵出名。

Pufendorf, Samuel＊　普芬道夫（西元1632～1694年）　受封為普芬道夫男爵（Freiherr (Baron) von Pufendorf）。德國法學家和史學家。牧師的兒子，捨棄神學轉向研究法學、哲學和歷史。受格勞秀斯和霍布斯的影響，最著名的作品是《法學知識要義》（1660）和《自然和族類法》（1672），他在書裡捍衛了自然法的思想，證明沒有天生奴隸的人存在，所有的人有平等和自由的權利。他任教於海德堡大學（1661～1668）和隆德大學（1670～1677），後來成為瑞典查理十一世的史官（1677～1688）和布蘭登堡選侯的史官（1688～1694）。

puffball　馬勃菌　亦譯塵菌。擔子菌綱灰孢目的各種眞菌的統稱，分布於草原地區和林地的土壤或腐木上。馬勃菌因其成熟球形果體（擔子果）的乾粉狀組織搖晃時會釋出大量粉塵似的孢子而得名。在成熟之前可食用。

puffer　魨；河魨；河豚　亦稱blowfish。魨科約90種魚的統稱，在受到干擾後能充氣或充水而鼓脹如球。主要分布於世界暖水及溫帶海區，但有些也見於半鹹水或淡水。皮膚堅韌，常有小刺；牙癒合呈喙狀，上下顎各在中間有一縫。最大的魨體長可達90公分，但多數則相當小。雖含劇毒，但有時供食用，尤其是在日本，魨（稱作fugu）由經過特殊訓練的廚師烹煮。

Arothron stellatus，魨的一種
Douglas Faulkner

puffin　海鸚　亦稱sea parrot。海雀科3種潛鳥的統稱。嘴大，顏色鮮豔呈三角形。大群在海邊和島嶼懸崖營巢，能連續捕捉多達十條小魚，橫叼在嘴裡攜帶回巢（深的洞穴），餵養幼雛約六週。然後，親鳥離開，讓幼雛以身上儲存的脂肪維生，獨自等待飛羽長成，最後自己飛出海。普通海鸚，或北極海鸚體長約30公分。太平洋種則有角海鸚和簇海鸚兩種。

北極海鸚
Ben Goldstein – Root Resources

pug　巴哥犬　可能起源於中國的玩賞犬品種。由荷蘭商人於17世紀末帶到英國。體方形，肌肉豐滿，口鼻部扁，尾捲曲很緊，頭大，眼凸出，耳小而下垂。體高26～28公分，體重約6～8公斤。被毛短而光滑，黑色或似銀色，或杏黃褐色，面部黑色如面罩。性機警，對主人忠誠，是珍貴的伴侶狗。

巴哥犬
Sally Anne Thompson

Pugachov, Yemelyan (Ivanovich)＊　普加喬夫（西元1742?～1775年）　俄國哥薩克人領袖。曾在俄國軍隊中參戰（1763～1770），後在不同政見的舊禮儀派的聚居地上漫遊。在1772年哥薩克人叛亂失敗後，他深知其不滿的情緒，於是自稱是沙皇彼得三世，頒布了廢除農奴的法令。他發誓要廢黜凱薩琳二世，並在烏拉山地區召集大批哥薩克人和農民。在對俄軍取得初步的勝利後，他被打敗、捕獲並處死。

Puget, Pierre＊　普傑（西元1620～1694年）　法國雕刻家、畫家及建築師。年輕時受雇於科爾托納的彼得羅，為佛羅倫斯碧提宮作天花板裝飾。其後主要在法國從事繪畫和雕刻。他的作品雖具有羅馬巴洛克式的傳統，但在《克羅東的米洛》（1671?～1682）這樣的雕塑中，手被樹樁夾住的壯士受到一頭獅子的襲擊，顯示出了有著米開朗基羅作品風格的緊張和痛苦的表情。

Puget Sound＊　普吉灣　太平洋海灣。位於華盛頓州西部，從胡安·德富卡海峽的東端向南延伸，1792年由英國航海家溫哥華探勘。擁有許多深水港，包括西雅圖、他科馬、艾威特和湯森港，是河口灣沿岸的肥沃農業區的海運出口港。爲遊艇娛樂活動和鮭魚捕撈提供一個隱蔽的地區。

Puglia＊ 普利亞 亦稱阿普利亞（Apulia）。義大利東南部自治區。位於亞得里亞海、亞平寧山脈和塔蘭托灣之間。中世紀初被哥德人、倫巴底人和拜占庭人統治過，最光輝的時期是在霍亨斯陶芬王朝皇帝統治時期，尤其是13世紀在神聖羅馬帝國皇帝腓特烈二世統治下。1861年成爲義大利王國一部分。該地區的葡萄酒是義大利最濃烈的酒，用來調兌其他濃度較低的酒類。該區首府巴里有化學和石化工業，塔蘭托則有鋼鐵工廠。人口約14,083,000（1996）。

Pugwash Conference 帕格沃什會議 著名科學家爲討論核子武器和世界安全問題而召開的一系列國際會議。第一次會議於1957年在新斯科舍省帕格沃什村的伊頓的莊園裡召開的。會議建立帕格沃什組織以召開以後的會議，討論控制武器和裁軍問題；後來曾在蘇聯、英國、印度和美國召開過。1995年該組織和它的主席、創始會員羅伯拉特（1908～）共同獲得了諾貝爾和平獎。

puja＊ 禮拜 印度教禮拜儀式的一種。包括簡單家常儀禮和隆重的寺廟儀禮。典型的禮拜對待神像有如尊貴的客人，神被溫柔地從睡夢中喚醒，行儀式上的沐浴和著裝，一天侍奉三餐，最後再行以儀式上床。儀式還可包括一個犧牲品，並獻給聖火。一些禮拜可由崇拜者單獨舉行，其他有的需要貞潔的人來行禮。禮拜可因專門目的而舉行，也可以只是熱心奉獻的表現。

Pukaskwa National Park＊ 帕卡斯夸國家公園 加拿大安大略省中部國家公園，位於蘇必略湖東北岸。建於1971年，是安大略省最大的國家公園，面積1,878平方公里。包括崎嶇的加拿大地盾荒原和蘇必略湖湖岸80公里的地區，有岩石小島、水灣和陡崖。已經挖掘出史前印第安人的遺址。野生動物包括大灰狼、黑熊、貂、山貓、白尾鹿、駝鹿和林地馴鹿。公園裡有大面積的森林，長有白雲杉、黑雲杉、短葉松、白楊和樺樹。

Pulcher, Publius Clodius ➠ Clodius Pulcher, Publius

Pulitzer, Joseph＊ 普立茲（西元1847～1911年） 美國（匈牙利出生）的報紙編輯和發行人。1864年移居美國，並參加南北戰爭。戰後成爲記者，後在聖路易斯營德語報紙，並參與密蘇里州政治活動。1878年他將《聖路易斯快報》（創刊於1864年）和《郵報》（創刊於1875年）合併成《快郵報》，該報很快成爲該市的主要晚報。他將興趣轉向紐約後，買下《世界報》（1883），創辦了《世界晚報》（1887）。他採用公開自我宣傳的手段和聳動的報導方式，結合對政治腐敗的揭露和調查性報導，建立起現代報業的模式。死後在遺囑中捐款給哥倫比亞大學新聞學院，並設立普立茲獎。

Pulitzer Prize＊ 普立茲獎 哥倫比亞大學設立的一系列年度獎，授予美國新聞界、文學界和音樂界爲公眾服務成績突出和成就卓著者。也頒發獎金，金額最初爲五十萬美元，由普立茲捐贈，極爲人們重視，自1917年起，每年5月根據普立茲獎金委員會的推薦授獎，該委員會由大學指定的評委組成。獎金的數額和類別逐年不同。目前在新聞領域頒發十四項獎，文學領域六項獎，音樂領域一項獎，還有四個獎金名額。

pulley 滑輪 力學上的一種裝置，在邊緣裝有活動繩索、弦、纜、鏈條或帶子的輪。滑輪可以單獨或組合使用來傳遞能量和運動。在帶傳動中，滑輪裝在軸上，皮帶在各滑輪上不停滑動而在軸間傳送能量。一個或多個獨立的旋轉滑輪可以用來獲得機械利益，在舉起重物時更爲有益。滑輪的轉軸可以安裝在架子或砧板上，滑輪、砧板以及繩索的組合稱爲滑輪和滑車組。滑輪被認爲是五種簡單機械之一。

Pullman, George M(ortimer) 普爾曼（西元1831～1897年） 美國實業家。年輕時遷往芝加哥，爲他哥哥工作，當裝修匠。1858年他爲當地一家鐵路公司把兩天旅途的長途客車改裝成可睡覺的臥車，最後他成立自己的公司，第一輛眞正的普爾曼臥車出現於1865年。他因這項發明而致富，1867年成立普爾曼豪華汽車公司；第二年研製出第一輛餐車。1880年他爲公司工人修建了普爾曼城（現在併入芝加哥市），該城是一個令人議論紛紛的社會實驗品，也是著名的1894年普爾曼罷工事件的發生地。

Pullman Strike 普爾曼罷工事件 1894年5月11日到7月20日發生的一次大規模鐵路罷工事件。在發生金融恐慌時，普爾曼豪華汽車公司削減工人薪資25%後，當地工會會員發起罷工。公司董事長喬治・普爾曼拒絕仲裁，工會主席德布茲號召全國聯合抵制普爾曼汽車，二十七個州跟著舉行同情式罷工。芝加哥也爆發暴力事件，州長阿爾特吉爾德拒絕介入。美國司法部長奧爾尼獲得禁令，反對罷工工人妨礙郵政系統運行，聯邦軍隊被召喚進城。德布茲被判陰謀危害州際貿易罪，從而確立了援用反托拉斯法來制裁工會的活動。

pulmonary alveolus＊ 肺泡 肺內的約3億個小氣囊，於此，二氧化碳從血中排出，氧氣進入血液。肺泡形成叢集的肺泡囊，經由肺泡管連接至支氣管。肺泡壁薄，多毛細血管，由網狀的彈性纖維和膠原纖維加以支撐，經由擴散交換氣體。肺壁上的一層脂質（表面活性物質）能降低肺泡表面張力，防止肺泡萎陷並使肺較易擴張。肺泡巨噬細胞（參閱leukocyte、lymphoid tissue）則爲可活動的清道夫，吞噬肺中的異物顆粒。

pulmonary circulation 肺循環 形成心臟和肺之間閉合通路的血管系統。不同於體循環，靜脈運送帶氧血，而去氧血被排至動脈。右心室將血液排入肺動脈，再分爲兩枝至左、右肺。在毛細血管中，血液攝取肺泡中的氧氣，放出二氧化碳，經由肺靜脈將氧氣運送至左心房。血液自左心房再被擠入左心室，進入主動脈和體循環中。亦請參閱cardiovascular system、circulation。

xpulmonary heart disease 肺原性心臟病 亦稱cor pulmonale。因肺部疾病、肺血管疾病或胸壁畸形而致右心室擴大，最後發生右心衰竭。慢性肺原性心臟病通常是由慢性支氣管炎或肺氣腫所導致。症狀包括慢性咳嗽、活動後呼吸困難、哮喘、衰弱、下肢水腫、右上腹痛和頸靜脈怒張。肺部毛細血管網被緩慢破壞，肺動脈血壓增高導致右心室肥大，若不改善，最後發生心臟衰竭。治療方式包括使用呼吸機、低鈉飲食、服用利尿劑與洋地黃和應用抗生素對抗呼吸道感染。因肺栓塞而造成的急性病例則以移除阻塞部位治療。

pulsar 脈衝星 全名脈衝無線電星（pulsating radio star）。宇宙天體的一類，表現出發射極度有規律的無線電波脈衝的特徵。少數幾個也發出可見光、X射線和伽馬射線的短州週期脈衝。1967年休伊什和貝爾・伯奈爾用專門設計的無線電望遠鏡發現了它們，認爲是快速自旋的中子星。至今已發現的脈衝星達五百顆以上。所有的表現都相似，但脈衝之間的間隔不同，範圍在1秒鐘的千分之一到4秒鐘之間。從表面發出的帶電粒子進入星體的磁場，磁場將它們加速，使

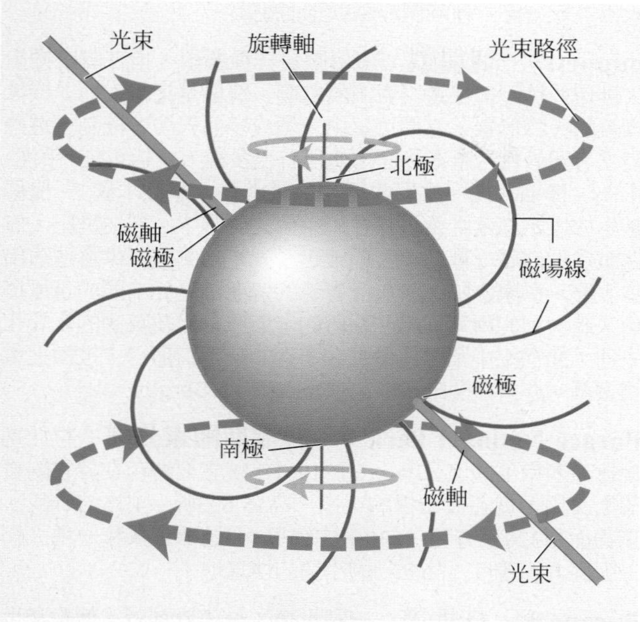

脈衝星順著磁軸發出兩道光束（例如無線電波）。如果磁軸偏離旋轉軸，光束會隨著恆星轉動掃出圓形的路徑，而不是維持一個固定的位置。在光束掃射時，在光束路徑的觀察者會看到周期性無線電脈衝。
© 2002 MERRIAM-WEBSTER INC.

得它們產生輻射，從磁極處以強粒子束釋放出來。輻射束的方向與脈衝星自轉軸方向不一致，因此當星體自旋時，輻射束像燈塔般來回擺動，看起來就像是脈衝。已經證明無線電脈衝星一直在減速，典型的減慢速度為每年百萬分之一秒。計算得知約一千萬年後脈衝星的磁場變得足夠弱時，脈衝星就會「熄滅」。

pulse　脈搏　心臟收縮造成的動脈中的壓力波動。在動脈貼近皮膚處可以觸知，通常在頸或手腕的動脈處可摸到。它的頻率、強度和節奏以及波形提供了寶貴的資訊，但必須與相關情況聯繫起來看（如快速脈搏發生在嚴重心臟疾病、普通感冒或劇烈運動中）。成人的平均脈率是每分鐘70～80次；頻率與年俱降，通常女性會更快一些。

puma ➠ cougar

pumice＊　浮岩　一種氣孔極多的泡沫狀火山玻璃，長期作為磨料用於清潔劑、拋光劑和擦洗劑。也用在石工預製件、澆注的混凝土、隔熱和吸聲瓦以及灰漿裡。浮岩是火成岩，因冷卻得太快來不及結晶。凝固時，溶解在其中的蒸氣突然釋放出來，使整個熔岩塊膨脹起來成為泡沫，並立即凝固。在有利的條件下，任何類型的熔岩都可以變成浮岩狀態。

pump　泵　消耗能量以提升、輸送或壓縮流體的機械。根據它們給流體傳輸能量的方式來將它們分類。基本的方式是體積位移、增加動能和使用電磁力。用機械方法完成位移的泵稱為正位移泵。動力泵依靠高速旋轉的葉輪（葉片）將動能傳給流體。為了利用電磁力，被抽送的流體必須為優良的導電體。用來輸送氣體或使氣體增壓的泵類稱為壓縮機、鼓風機或風扇。

pumpkin　南瓜（大果）　葫蘆科西葫蘆或南瓜某些品種的果實。在美國，西葫蘆的速生、灌木狀（或非蔓生）小果品種稱為南瓜（小果），生長季節長且具長蔓的大果品種稱為南瓜（大果）。植株具極長蔓和重4～8公斤橘黃色球形的果實。巨大和小型的品種都有。果皮光滑，通常具淺溝或肋，果柄硬而木質化。果實於早秋成熟，置於溫暖乾燥處可保存數月。南瓜在北美、英國和歐洲普遍栽培供食用及作牲畜飼料。南瓜在歐洲主要用作蔬菜，南瓜餡餅在美國與加拿大則是感恩節和聖誕節的餐後甜點。南瓜在美國也作為萬聖節前夕的裝飾品。

Punch　龐奇　提線木偶和木偶劇中的鷹鉤鼻、駝背人物（參閱puppetry）。該木偶人物改編自義大利即興喜劇中的一個丑角人物，在1660年代由義大利木偶操縱者帶到法國和英國。到1700年時，英國的每部木偶劇都刻畫了龐奇（從丑角角度）和他的妻子朱蒂。1790年代時提線木偶不太受歡迎，使用更小的手套木偶來表演流行的龐奇和朱蒂劇。19世紀樹立起欺詐的龐奇的無恥行為，今天仍繼續取悅觀看木偶表演的觀眾。

Punch　笨拙週刊　英國插圖期刊，1841～1992年期間出版，1996年以改版形式重新發行。最初是激進的週刊，以其諷刺性幽默、漫畫和卡通著稱。早期著名的員工有薩克萊和但涅爾。1849～1956年一直使用多伊爾的封面圖畫，雖然《笨拙週刊》的傳統人物和他的狗托比總會出現在某處，但每期的封面卻都不盡相同。

punch press　衝床　將壓力加到裝有工件的模具上，以改變一片材料，通常是金屬片的大小和形狀的機床。模具的形狀和結構決定了工件上生成的形狀。衝床有兩個組成部分：衝頭，裝在機器來回運動（前後或上下地）的撞錘（活塞）上；模具，夾在床身或砧座上，床身或砧座平面與撞錘的運動方向垂直。衝頭推壓裝於模具中的工件。衝床通常由電動機驅動。亦請參閱hydraulic press。

punctuation　標點符號　用於書寫和印刷文本的一套標準符號，為使意思更清楚，並劃分句子、詞和詞組。它經常標明論述特點，如聲調的高低和停頓。也能傳達與講話方式無關的某詞語的資訊（如複合詞裡的連字符號）。在英語裡，句號（.）表示一個句子或縮寫詞的結尾。逗號（,）通常隔開從句、短語或一系列的條目。冒號（:）常引入一個解釋或一系列例子。分號（;）通常隔開獨立的從句。破折號（－）表示一個突然的轉折。感歎號（!）表示驚訝。問號（?）表示疑問。省字號（'）表示所有格或字母的省略。引號（“ ”）或限定引用的詞語，或表示具有特殊意義的詞語。插入句子中的文句用方括號 [ ] 或圓括號 ( ) 表示。

Pune＊　浦那　舊稱Poona。印度西部城市。素有「德干女王」之稱，是馬拉塔民族（參閱Maratha confederacy）的文化首府。17世紀成為邦斯勒王朝馬拉塔人的首府，首次獲得了重要地位。曾被蒙兀兒人短期占領，當落入英國之手後，1714～1817年重新成為馬拉塔首府。曾作為孟買管轄區的季節性首府，溫和的氣候使得它成為受歡迎的遊覽勝地。現為重要的教育中心，是印度軍隊的南方指揮總部；市郊四周散佈著工業區。人口約2,940,000（1995）。

Punic Wars＊　布匿戰爭　或稱迦太基戰爭（Carthaginian Wars）。羅馬和迦太基之間進行的三次戰爭（西元前264～241年、西元前218～201年、西元前149～146年）。第一次是爭奪西西里和地中海西部的海上航道的控制權；以羅馬獲勝結束，但雙方都損失了大量的船隻和人員。西元前218年漢尼拔襲擊羅馬領土，從西班牙出發，軍隊和象群從陸上進軍義大利。在迦太基獲得初始勝利後，他去任何地方，都受到費比烏斯・馬克西姆斯的阻擾，但又不和他戰鬥。羅馬人放棄這種策略後，在坎尼戰役（西元前216年）中大受損失；這次失敗將羅馬人團結在一起，雖然已經疲憊不堪，但他們重整旗鼓，最終打敗了漢尼拔，並將他逐出義

OPQR

大利（西元前203年）。第三次布匿戰爭本質上是對迦太基的圍攻，導致迦太基的毀滅和其民族受奴役，以及建立起羅馬在地中海西部的霸權。迦太基的領土成爲羅馬的非洲行省。

Punjab＊ 旁遮普 印度西北部一邦（1994年人口約21,695,000）。鄰巴基斯坦。18世紀時印度錫克教教徒在旁遮普建立了一個強大的王國，1849年納入英國統治。1947年該區分別畫給印度和巴基斯坦兩個新國家，比較小的東部歸印度。旁遮普是印度唯一錫克教徒占多數的邦。印度人約占人口的1/3，此外還有少數基督教徒、耆那教徒和穆斯林。經濟基礎是農業和中小型工業。昌迪加爾爲該邦和哈里亞納邦的聯合首府。面積50,370平方公里。

Punjabi language 旁遮普語 亦作Panjabi language。指通行於印度和巴基斯坦旁遮普地區的印度－雅利安語。在印度約有2,600萬人講旁遮普語；而在巴基斯坦，這個數字則可能超過6,000萬，約爲該國人口的一半。但是，語言學家們有時會認爲巴基斯坦旁遮普省的西南、西部和北部地區人們所講的方言是一種不同的語言。至於旁遮普省南部，雖然當地居民講的西萊基語和講旁遮普語的人之間可以相互溝通，但是他們還是強烈要求承認他們的方言西萊基語是另外一種獨立的語言（有1,200萬多人講這種方言）。從語言學的角度而言，旁遮普語有一種鮮明的特色，那就是在帶濁輔音的音節中具有發音獨特的聲調的變化。

punk rock 龐克搖滾 龐克一詞源於1960年代美國的車庫樂隊，他們音樂風格獨特，與1970年代電台盛行的嬉皮風、軟搖滾相抗衡。龐克搖滾源自反文化的搖滾樂，其藝人團體如「非法利益」和「伊吉（流行）與配角」，1970年代中期由如史密斯和「雷蒙」合唱團這些藝術家們在紐約發展起來。龐克搖滾很快在倫敦紮下根來，出現了與衆不同的「龐克」時尚，包括穗狀的頭髮和襤褸的衣衫，風靡一時。代表性的樂團有「性手槍」、「衝擊」等，以及接著在美國加州的「X與黑旗」和「死甘迺迪」等走紅的龐克樂團。龐克搖滾以其充滿挑釁的快節奏、刺耳的吉他夾雜突然的和弦變奏，以及彌漫虛無主義的歌詞爲顯著特徵。龐克的變種風格包括新浪潮（更趨流行化、通俗化）和硬核（以極快的速度演奏簡短、刺耳的歌曲爲特點），後者一直延續到1990年代。

O P Q R

Punnett, Reginald Crundall＊ 龐尼特（西元1875～1967年） 英國遺傳學家。通過與貝特森的接觸，他開始支持孟德爾的學說，1905年發表其第一本有關孟德爾遺傳學的教科書。他和貝特森一起用家禽和甜豌豆做實驗，發現了孟德爾遺傳學的一些基本過程，包括連鎖、性別決定、性連鎖以及無性染色體連鎖的第一個實例。他證明了利用性連鎖羽色因子鑑別雛禽的雌雄的價值，從而得以早期鑑別出用途不大的雄雛，這個過程稱爲性別自動鑑定。

Punt＊ 朋特 在古埃及和古希臘地理中，對紅海南岸及毗鄰的亞丁灣沿岸的統稱，相當於現代的衣索比亞和吉布地沿海地區。早在西元前2200年，埃及探險家們就曾到此，曾頻頻出現於古代寓言傳說中，是埃及香料、象牙和鴕鳥羽毛的產地。埃及女王哈特謝普蘇特曾到過這裡遊覽，並將所見所聞寫在位於底比斯附近的達爾巴赫里神廟的牆上。西元前4世紀晚期，希臘人才有貿易路線通往朋特。

pupa＊ 蛹 昆蟲生命中經歷完全變態時的不活動、不進食階段。在保護層（繭，亦稱chrysalis）的包裹下，幼體轉變爲成蟲。化蛹時受激素的控制，幼蟲結構解體，成蟲結構形成，初次出現翅。成蟲經由蛹皮裂開，咬開一條出路而蛻出；或分泌一種液體將繭軟化而蛻出。

puppetry 傀儡戲 傀儡戲是一種藝術，指在劇院裡由人創作並控制傀儡進行表演的戲劇。傀儡是指被人而非機械操縱的人物形象。它們可以由一個或多個表演者控制，這些表演者隱於舞台幕布後面。傀儡有很多種，包括布袋（手控）木偶、桿控木偶、皮影木偶和提線木偶（線控木偶）。傀儡戲始於原始部落社會，存在於每個文明當中。到18世紀，傀儡戲在歐洲廣受歡迎，人們建起了固定的劇院以供巡迴演出者表演。多家劇院上演最受青睞的傀儡戲，如法國的吉尼奧爾、義大利的阿萊基諾、德國的卡斯佩勒以及英國的龐奇和朱迪。20世紀中葉，傀儡戲在亨森的芝麻街節目中被搬上電視螢幕。亦請參閱bunraku、Obraztsov, Sergey。

Puracé National Park＊ 普瑞斯國家公園 位於哥倫比亞西南部國家公園。設於1961年，主要特色在於它的普瑞斯火山，就在波派揚的東南，高15,603呎（4,756公尺）。涵蓋面積320平方哩（830平方公里），是眼鏡熊和一種大約一呎高名爲普度（pudu）的小鹿的棲息地。

Purana＊ 往世書 《往世書》是印度神話、傳說和世系源流類百科全書，有五個傳統主題：宇宙起源、輪迴再造、神靈和聖人的世系源流、偉大時代以及王朝歷史。《往世書》的歷史可追溯到西元400年到1000年，全書採用敘事對句詩體裁。現存的十八個主要故事按照它們讚揚的是毗濕奴、濕婆還是梵天來分類。最受歡迎的是《薄伽梵往世書》，記述了黑天的早年生活。

Purari River 普拉里河 新幾內亞中東部河流。發源於巴布亞紐幾內亞中部高地，流入珊瑚海的巴布亞灣，全長約470公里，其中約有190公里可通航。下游分爲五條叉流，形成人口密集的沼澤三角洲。雖然1887年就發現了普拉里河，並畫出部分地圖，但是直到1930年代人們才徹底探明這條河。

Purcell, Henry＊ 菩賽爾（西元1659?～1695年） 英國作曲家。出身不詳，但是從少年時代起就是皇家教堂唱詩班的歌童，或許還曾師從韓福瑞（1647～1674）及布洛（1649～1708）。八歲即寫出第一部作品。變嗓後，改任王室樂器管理員助手，爲的管風琴修理和調音，並分別在1679和1682年成爲西敏寺和皇家教堂的管風琴師。他寫的樂曲種類繁多，其中最重要的是歌劇《狄多與伊尼斯》（1689），其次就是三部半歌劇體裁的樂曲《亞瑟王》（1691）、《仙后》（1692）和《印度女王》（1695）。他還寫了很多配樂，兩百五十多首歌曲，十二首古提琴幻想曲，以及其他的聖歌和讚美詩。他被公認爲是繼伯德之後、20世紀之前最偉大的英國作曲家。

purdah 深閨制 深閨制就是用衣服（包括面紗）遮覆，或利用圍牆、屏風及簾幕等，將女人困於家中，和外界隔絕。此風俗源於波斯；西元7世紀阿拉伯人征服今伊拉克所在的地區時，始成爲穆斯林習俗。穆斯林控制印度北部之後，深閨制又在印度上流社會流行。英國對印度的統治結束後，遂廢除此風俗。但在現今許多伊斯蘭國家中，這一風俗仍然流行。

Purdue University 普度大學 美國印第安納州州立大學系統。主校區在西拉斐特，另有兩個分支校區。1869年成立，是根據「莫里爾法案」而撥贈土地設立的大學，並以創校的主要捐贈者普度爲名。兩個分支校區與印第安納大學共同運作，另外有九個技術校區，地點遍布全州。主校區則是一所綜合性研究大學，主要課程包括管理、藥學、獸醫，以及其他八大領域。重要研究機構還包括一個工程實驗站、一所稀有同位素測量實驗室。主校區現有學生數約35,000人。

pure culture 純培養 微生物學用語，只含一種微生物的實驗室培養物。通常得自於混合培養物（包含多個物種），方法是將各種細胞分開，當它們繁殖時，每種細胞就會形成單獨的與衆不同的菌落，利用這些菌落來建立新的培養基就可確保只存在一種微生物。如果初始混合的培養物的生長媒質適合某種微生物而不利於其他微生物的生長，那麼就更容易分離出純培養物。

Pure Land Buddhism 淨土宗 信仰阿彌陀佛的宗教，是當今東亞大乘佛教中最流行的派別之一。此宗派相信只要虔誠念誦「阿彌陀佛」的人都可以再生在西方極樂世界（即淨土）。在中國，淨土宗可追溯到西元4世紀，當時學者僧人慧遠（333～416）將默念阿彌陀佛名字的僧人和俗家弟子聚集在一起。西元6、7世紀，他的弟子們整理並弘傳其教義。淨土宗的教義由天台宗的僧人傳入日本。

purgatory 煉獄 在天主教教義中，煉獄指那些體面而死但罪惡未獲寬恕的人在地獄所受的煎熬。這些罪行包括未獲寬恕的輕罪或已獲寬恕的重罪。負有此類罪行的亡靈在升入天堂之前必須先經過淨化。天主教還認爲，在世信徒可透過虔誠祈禱、施捨、免罪罰等善功來拯救煉獄中的亡靈。但是新教教會和大多數東正教教會都不相信煉獄的存在。

purge Trials 清黨審判 蘇聯史達林發動的一場清除異己的審判。在基洛夫被暗殺後，很多傑出的布爾什維克黨人被指控陰謀推翻史達林政權。在三場大公開的審判（1936～1938）中，被告均被判有罪而遭處決或入獄，但是他們的供詞都是屈打成招或由祕密警察捏造的。無數蘇聯軍事將領被祕密審判處決，同時在軍隊中進行了大整肅。這一系列的審判雖然清除了那些對史達林不滿的人以及他的潛在敵手，包括布哈林、加米涅夫、李可夫、圖哈切夫斯基、雅戈達和季諾維也夫等，但卻遭到了世人的唾棄。

Purim＊ 掣籤節 猶太人的喜慶節日，以紀念西元前5世紀猶太人在波斯統治下死裡逃生的事跡。根據〈以斯帖記〉，波斯國王亞哈隨魯的宰相哈曼陰謀策劃了一場針對猶太人的大屠殺，並用占卜的方法定下了日子。王后以斯帖爲猶太人求情，國王允許猶太人攻擊他們的敵人。猶太人在掣籤節的前一天即亞達月13日（二月或三月）禁食一天，以示節日的開始。掣籤節是追尋快樂、大吃大喝的一天，猶太人在教堂誦讀〈以斯帖記〉，相互饋贈禮物，並周濟貧寒之人。

purine＊ 嘌呤 嘌呤是對由碳、氮原子組成的雙環結構的雜環化合物的統稱。結構最簡單的這類化合物就是嘌呤本身（$C_5H_4N_4$），但並不常見，常見的是具有這種結構的它的衍生物，如尿酸、咖啡因、核酸中的兩種核苷酸、鳥嘌呤及腺嘌呤。

Puritan Revolution ➠ English Civil Wars

Puritanism 清教主義 16、17世紀英格蘭教會內部的「淨化」運動，這場運動導致了英國的內戰以及北美洲英國殖民地的建立。很多清教徒在英國內戰中加入了國會黨，並取得了相當大的權勢。但王政復辟後，他們再次成爲持不同政見的少數派。那些相信自己是被上帝選中來改造歷史的清教徒們遷移到美國（參閱Pilgrim Fathers）建立了麻薩諸塞灣殖民地。麻薩諸塞清教徒強調皈依經歷，上帝的選民透過皈依而經受恩典的降臨。在他們的神權政治中，儘管所有受過洗禮和正統規矩的人都可享受教徒的特權，但只有上帝的選民才享有選舉和統治的權利。

Purkinje, Jan Evangelista＊ 普爾金耶（西元1787～1869年） 捷克實驗生理學家。他發現了普爾金耶氏效應（當光減弱時，紅色物體比藍色物體消失得快）、普爾金耶氏細胞（小腦中的大支神經原）和普爾金耶氏纖維（將自然起博器的脈動傳導遍布心臟）。在布雷斯勞大學，他創立了世界上第一個獨立的生理學系和第一個正式的生理學實驗室。他還首創「原生質」這一術語，設計出製備顯微鏡樣品的新方法，發現了皮膚汗腺和未成熟的卵細胞核，確認了指紋的獨特性，還指出胰臟分泌液能夠消化蛋白質。

普爾金耶
CTK－Czechoslovak News Agency

purpura＊ 紫癜 一種皮膚出血的症狀，因止血功能障礙所致。這種病症的主要原因有五種：小動脈壁受損、血小板減少、凝血因子缺乏、循環中存在的各種抗凝物質和纖維蛋白質溶解，使通常休眠的系統破壞凝塊。每種原因都有可能在不同情況下發生。依據發生原因的不同，採取不同的治療方法，如補充類固醇、輸入缺少的血液成分或切除脾臟等。

Purus River＊ 普魯斯河 南美洲中部偏西北的河流，是世界上最蜿蜒曲折的河流之一。發源於祕魯境內，總體上流向東北，穿過祕魯和巴西的雨林區。在巴西境內，在馬瑙斯附近匯入亞馬遜河上游支流索利蒙伊斯河。在河口，分叉爲無數支流。全長3,211公里，大部分可通航，而且在其河岸附近形成的許多湖泊也可以通航。沿岸森林產橡膠。

purusha 原人 ➠ prakriti and purusha

Pusan＊ 釜山 南韓港口和城市，位於朝鮮半島的東南端。該市於1876年和日本通商，1883年向世界開放口岸。在日本統治時期的1910～1945年期間發展成一個主要的港口城市。韓戰期間被立爲臨時首都。現在是韓國最大的港口及第二大城市。爲直轄市，行政上的地位和省相等。主要工業包括造船業和製造業。在東北郊區有許多溫泉。人口約3,814,000（1995）。

Pushkin, Aleksandr (Sergeyevich) 普希金（西元1799～1837年） 俄羅斯作家。出身貴族世家，在柴斯科耶塞羅的皇家學院（後改名普希金學院）讀書期間，就開始了文學創作。第一部主要作品是浪漫主義詩歌《盧斯蘭與魯密拉》（1820）。後來寫了很多政治詩和警句詩，開始與革命運動發生關係，在1825年的十二月黨叛變中達到高峰。暴動失敗被流放到外省期間，他寫了一組浪漫主義敘事詩，並確立了他成爲當時俄國主要詩人和1820年代浪漫主義文學的領導人地位。他還寫了重要的歷史悲劇《鮑里斯・戈都諾夫》（1831）以及他的代表作，即敘事體小說《葉甫蓋尼・奧涅金》（1833）。1826年尼古拉一世允許他返回莫斯科，普希金放棄了他的革命情感，致力於諸如《銅騎兵》（1837）等詩歌中對彼得大帝人物的塑造。這一時期的其他作品包括經典短篇小說《蜘蛛女皇》（1834年）、戲劇《石頭客人》（1839年）等。普希金晚期作品多以農民叛亂爲基調。他一直是朝

O P Q R

廷圈內懷疑的對象，三十七歲時死於一場迫不得已的決鬥。他通常被推崇爲俄國最偉大的詩人、俄國現代文學的奠基人。

Putin, Vladimir (Vladimirovich)＊ 普丁（西元1952年～） 俄羅斯總統（自2000年起）。曾在蘇聯格別烏（KGB）長期任職，主要在德勒斯登，後來被調到列寧格勒。不久當上副市長，到1993年時實際上行使市長的控制權。1996年遷居莫斯科，顯然繼續擔任KGB的工作，負責處理那些國家裡已關閉的俄國情報機關所遺留的資產問題。1997年葉爾欽提拔他爲副總理，1999年又任命他爲總理。1999年葉爾欽卸任時確定他爲總統候選人。三個月後，普丁在總統選舉中大獲全勝，除了因前總統的青睞外，部分是由於他成功阻止了車城的叛離活動。

Putnam, Hilary 普特南（西元1926年～） 美國的科學哲學家。生於芝加哥，任教於普林斯頓大學、麻省理工學院（MIT）和哈佛大學（自1965年起）。他在知識論、邏輯、語言哲學以及心靈哲學方面有重大的貢獻，並以其所倡導的科學的實在論最爲人所知。在他的《理性、眞理與歷史》（1981）一書中，他捍衛「內在的實在論」，認爲科學眞理應該被界定爲，增進我們科學理論之過程的理想限制。

Putnam, Israel 普特南（西元1718～1790年） 美國革命時期軍事將領。從1740年起他一直在康乃狄克州當農夫。在法國印第安人戰爭中服役，獲得「印第安鬥士」的稱號。1775年被任命爲大陸軍少將，在邦克山戰役中，戰績卓著，但在長島戰役中其軍隊被擊潰。後來被指控在防守哈得遜高地時，棄守蒙哥馬利堡和柯林頓堡，而任由英軍侵占。後一直擔任低階軍職，直到1779年中風退役。

Putnam, Rufus 普特南（西元1738～1824年） 美國革命軍官。爲以色列・普特南的堂弟，也曾參加法國印第安人戰爭。1775年加入大陸軍，1776～1777年在波士頓和紐約、1778年在西點構築防禦工事，並參加了薩拉托加戰役。1783年晉升爲准將。戰後參與成立了俄亥俄聯合公司，爲退伍軍人重建家園提供土地。1788年他帶領這群人建立了俄亥俄州的瑪麗埃塔鎮。1796～1803年任美國測量總監。

putting-out system 包出制 ➡ domestic system

Putumayo River＊ 普圖馬約河 南美洲西北部河流。發源於哥倫比亞西南部，全長約1,575公里，向東南流經熱帶雨林，在哥倫比亞和祕魯兩國間形成一條極長的天然國界。越過邊界流經巴西的那段河道稱爲伊卡河，最後注入亞馬遜河。這條河幾乎全線可通航，是一條運輸要道，尤其是對當地出產的橡膠運輸更爲重要。

Puvis de Chavannes, Pierre(-Cécile)＊ 皮維斯・德・夏凡納（西元1824～1898年） 法國畫家。曾在巴黎德拉克洛瓦門下受教過一段時間，並定期參加巴黎沙龍美展。他以在巴黎公共建築牆上作大幅帆布油畫而著名，包括先賢祠（1874～1878、1893～1898）、巴黎大學神學院（1889～1891）、別墅旅館（1891～1894）以及阿米安博物館（1880～1882）。他還裝飾了波士頓公共圖書館（1895～1896）的樓梯。作品用蒼白、平淡、類似壁畫的色彩，以簡單的形式，完美展現了古風，或將抽象主題作寓言表示。爲19世紀後期法國重要的壁畫家，對後印象主義派影響極大。

Puzo, Mario 普佐（西元1920～1999年） 美國小說家。生於紐約市，父母是義大利裔，他曾在紐約社會研究院心學院攻讀社會研究，亦曾就讀哥倫比亞大學。他的小說《教父》（1969），描述黑手黨家庭的事跡，連續5年維持暢銷不墜，後來改編成電影廣受好評；電影由科波拉執導。他後來陸續完成《西西里》（1984）、《最後教父》（1996）與《終極教父》（2000）。普佐經常被人詢及黑手黨的事，他坦承在出版《教父》之前，從未結識過幫派分子。

PVC 聚氯乙烯 全名polyvinyl chloride。屬於有機聚合物的合成樹脂。通常用過氧化物催化劑處理乙烯基氯製得。混以增塑劑或與其他乙烯基一同聚合，可得到依照模具形狀的製品。聚氯乙烯樹脂混以可塑劑（參閱Semon, Waldo）、穩定劑和顏料，能製出柔韌的物件（如雨衣、玩具、包裝薄膜等）。不經增塑的樹脂用於製造水管、管道配件和唱片等硬物。由於考慮到它會把乙烯氯化物帶入食品中，因此在食品包裝方面的應用受到限制。聚氯乙烯一旦燃燒，便會分解成氫氯化物，這也引起人們的擔憂。除聚乙烯外，聚氯乙烯是目前生產量最大的塑膠。

Pydna, Battle of＊ 彼得那戰役（西元前168年） 在第三次馬其頓戰爭中，羅馬人戰勝佩爾修斯和馬其頓人的決定性一戰。戰役就在彼得那（今希臘的凱特羅斯）附近的平原上打響。羅馬將軍保羅斯（西元前229?～西元前160年）機敏地引誘馬其頓軍隊到此，羅馬軍團穿透進馬其頓的方陣，羅馬人的短劍比馬其頓人的長矛更有效。佩爾修斯在潰敗之際逃亡。羅馬人結束了馬其頓王國並將之分成四個共和國。

pyelonephritis＊ 腎盂腎炎 腎組織及腎盂的感染（通常爲細菌性）和炎症。急性腎盂腎炎通常只影響局部區域，其發病多無明顯誘因。症狀包括發熱、寒顫、下背部疼痛和尿內有細菌及白血球。使用抗生素治療需持續一～三週。在感染處形成瘢痕組織，但腎功能通常不受影響。慢性腎盂腎炎起因於反覆的細菌感染，可能無症狀出現，但數年下來有越來越多的組織被破壞。若在大多數功能喪失前被診斷出來，手術治療可能有幫助，但尿毒症、嚴重感染和心血管功能障礙則會導致死亡。透析或腎移植有時可延長患者生命。

Pygmalion 皮格馬利翁 希臘神話中的塞浦路斯國王，他愛上愛芙羅黛蒂女神的雕像。女神因憐憫他而使雕像復活，他們結爲夫妻。另一個說法是：皮格馬利翁是一個雕刻家，因爲厭惡世俗女人的缺點而雕刻了一幅女神像，後來雕像被賦予生命，他爲她取名爲卡拉蒂亞。

Pygmy 俾格米人 身高不足150公分的赤道非洲人的統稱。俾格米人有時也可指南部非洲的桑人或亞洲所謂的尼格利陀人（如菲律賓伊朗格特人）。除了身材矮小外，俾格米人還因他們擁有世界上最高的基礎代謝率和鐮狀細胞性貧血的高發病率而出名。住在伊圖里森林的姆布蒂人是研究俾格米人最佳的實例。亦請參閱race。

Pyle, Ernie＊ 派爾（西元1900～1945年） 原名Ernest Taylor。美國新聞記者。派爾離開印第安納州立大學後就職於一小鎮報紙當記者，後爲斯克里普斯－霍華德報系流動記者。他以這些經歷爲素材，在第二次世界大戰以前爲兩百多家報社寫專欄。他在北非、西西里、義大利和法國進行戰地採訪，並獲得1944年的普立茲獎。四十四歲時在沖繩戰役中死於日軍的機槍下。由他的專欄文章集結而成的作品包括《厄內・派爾在英國》（1941）、《勇敢的人們》（1944）和《最後一章》（1946）。

pylon＊ 塔門 希臘語意爲「入口」，在現代建築中，指任何高大的支承體，如架設電纜的鋼塔和橋墩等。塔門原指古埃及神廟的紀念性門樓，可以是一對高大的平頭金字塔，中間設門；或是有塔門的樓狀結構。

Pym, John＊ 皮姆（西元1584～1643年） 英國政治人物。1621～1643年擔任國會議員，不久成爲金融和殖民地事務方面的專家。在英國內戰第一階段，他是國會戰勝查理一世的策劃人。他參與制定的稅收制度在英國一直沿用到19世紀。身爲國會的謀略家，他的技巧手腕使國會保持統一，並拉近了政府和倫敦市之間的關係。

Pynchon, Thomas＊ 平欽（西元1937年～） 美國作家。曾在康乃爾大學攻讀物理，在投入小說創作之前短暫寫過一些技術性文章。第一部小說《V》（1963）是一部複雜荒誕的諷刺小說，混合了1950年代嬉皮生活場景和整個世紀的象徵性形象，作品結合了黑色幽默和幻想，描寫人類在現代混亂社會中的疏離感。另一部小說《四十九批郵票的拍賣》（1966）和代表作《萬有引力之虹》（1973）都以陰謀論爲中心。《萬有引力之虹》是關於第二次世界大戰末的一部不尋常小說，充滿了狂熱的幻想、荒誕的人物形象、深奧的科學，以及人類學資料。晚期作品包括小說《葡萄地帶》（1990）、《梅遜－狄克森線》（1997）和短篇小說集《學得慢的人》（1984）。他已隱居或隱姓埋名多年，拒絕採訪和拍照。

Pyongyang＊ 平壤 北韓首都，濱大同江。據傳建立於西元前1122年，是朝鮮最古老的城市。西元前108年中國人在此設立貿易殖民地。原爲高句麗王國的首都（427～668），後被中國侵占。1592年陷入日本統治，17世紀初受滿族蹂躪。在中日戰爭中，該城市大部分被毀。日本統治朝鮮期間（1910～1945），平壤被建設爲一個工業城市。1950年韓戰期間受聯合國軍隊管轄，後又被中國共產黨軍隊接收。1953年在蘇聯和中國的幫助下重建。現在是重工業中心和交通運輸的樞紐。人口約2,500,000（1996）。

pyramid 金字塔 用磚、石材料建造或表面覆以磚、石的古代紀念性建築物，地基爲矩形，四面爲傾斜的三角形在頂端交會。金字塔建於不同的時代，分布於不同的地方，最有名的是埃及和中南美洲的金字塔。古埃及金字塔是帝王陵墓，每個金字塔內部都有一間內室，存放去世的國王（通常製成木乃伊）、陪葬者和手工藝品等。金字塔的其他部分包括大圍牆、緊鄰的神殿和通往拱廳的樓道。在埃及現存有約八十座金字塔墓，最大的是在吉薩。美洲金字塔包括特奧蒂瓦坎的日月金字塔、奇琴伊察的卡斯蒂略以及安地斯山居民區的許多印加、奇穆人建築結構。這些金字塔通常由泥土造就，表面覆以石頭。它們是典型的階梯狀結構，頂端爲平台式或寺廟結構，用作祭祀，包括人祭。

Pyramus and Thisbe＊ 皮拉摩斯和西斯貝 奧維德《變形記》中巴比倫愛情故事的男女主人翁。雙方父母禁止他們來往，於是他們在兩家的牆上打通一個洞私會，最後決定私奔，並約定在一棵桑樹下相會。西斯貝先到，但她被一隻獅子嚇跑了，逃跑過程中丟落的面紗被獅子撕得粉碎。皮拉摩斯趕到時發現了撕碎的面紗，以爲她已死，遂自殺身亡。當西斯貝返回時，發現皮拉摩斯已死，也自殺了。從那時起，原本是白色的桑葚被這對情人的鮮血染成了紫黑色。

Pyrenees＊ 庇里牛斯山脈 歐洲西南部山脈。東起地中海，西迄大西洋的比斯開灣，綿延430公里，爲法國和西班牙之間的天然屏障，通常它的山脊就是兩國的分界線。在山峰頂端有一個很小的自治公國安道爾。最高點爲阿內托峰，海拔3,404公尺。山上少有通道，只有龍塞斯瓦列斯山口因在12世紀根據龍塞斯瓦列斯戰役（778）寫成的《羅蘭之歌》中提到而出名。

Pyrenees, Treaty of the 庇里牛斯和約（西元1659年11月7日） 法國和西班牙之間的和平條約。自1648年的三十年戰爭結束起到1659年，西班牙和法國之間的戰爭就沒有停止過。當西班牙國王腓力四世沒有得到預期來自哈布斯堡的支援時，就決定割讓邊界領土給法國以和平結束戰爭。該協定還包括法國國王路易十四世和西班牙公主瑪麗．泰蕾莎之間的婚約，這婚約使路易成爲歐洲權力最大的國王。

pyrethrum＊ 除蟲菊 菊屬數種植物的統稱，原產於南亞，芳香頭狀花序研磨成粉末，可構成殺蟲劑的活性成分。但用作殺蟲劑的除蟲菊粉濃度對植物及高等動物無害，因此這些殺蟲劑廣泛用於家庭與家畜的噴灑以及可食植物的撒布。典型種爲多年生的紅花除蟲菊，其深玫瑰紅色的大型舌狀花環繞著中央黃色的管狀花盤，整個頭狀花序著生在不分枝的莖頂；葉具細缺刻。

pyridine＊ 吡啶 帶六元芳香環（由5個碳原子和一個氮原子組成）的芳香族化合物的統稱，是一種雜環化合物。最簡單的一種就是吡啶本身（C_5H_5N）。自然界帶吡啶環的化合物包括菸鹼酸和吡哆醛（參閱vitamin B complex），抗結核病藥物異煙肼，以及其他植物產品（如尼古丁）。吡啶是各種藥物、維生素以及殺眞菌劑的原料，還可用作溶劑。它有令人噁心的氣味和辛辣口味，所以可以把它們加入酒精和防凍劑裡，使它們不能飲用（參閱denaturation）。

pyrimidine＊ 嘧啶 具有環狀結構（由4個碳原子和2個氮原子組成）的一類雜環化合物。最簡單的成員是嘧啶本身（$C_4H_4N_2$）。嘧啶不常見，但帶這種環結構的衍生物很普遍，如硫胺素（維生素B_1）、若干種磺胺藥、巴比妥酸鹽以及核酸中的三種基（胞嘧啶、胸腺嘧啶和尿嘧啶）。

pyrite 黃鐵礦 亦稱iron pyrite或愚人金（fool's gold）。一種天然形成、金色的鐵二硫化物礦物。由於顏色的關係常使外行人以爲是發現了金塊。純黃鐵礦（FeS_2）含有47%的鐵和53%的硫。在商業上黃鐵礦是硫的來源，尤其是用來生產硫酸。由於可獲得許多更好的鐵礦資源，所以一般不把黃鐵礦當作鐵礦石來利用。多年以來西班牙是黃鐵礦的最大產國，其他重要產國是日本、美國、加拿大、義大利、挪威、葡萄牙和斯洛伐克。

pyrometer＊ 高溫計 用以測量較高溫度（如爐內溫度）的儀器。大多數高溫計的工作原理都是測量待測物體的輻射（其優點是無須與待測材料接觸）。光學高溫計測量發光物體溫度的方法是將一根能調節溫度並標有度數的白熾燈絲用目視法與熾熱物相比較。電阻高溫計是將細金屬絲與物體接觸，並將因受熱造成的電阻變化換算爲物體溫度的讀數。

pyroxene＊ 輝石 一族重要的矽酸鹽礦物，成分變化不定，以富含鈣、鎂和鐵的變種居多。常見的輝石分屬兩個亞族：一、鈣含量低的頑火輝石（鐵輝石）系列$(Mg,Fe)SiO_3$；二、鈣含量高的透輝石－鈣鐵輝石系列$Ca(Mg,Fe)Si_2O_6$。其他少見的輝石有硬玉、霓石和錳鈣輝石。亦請參閱enstatite。

pyroxenite＊ 輝石岩 幾乎全部由輝石組成的深色火成岩，顆粒中等到粗糙。附屬的礦物包括普通角閃石、黑雲母或橄欖石。輝石岩類數量不豐。

O P Q R

pyrrhotite＊ 磁黃鐵礦 一種鐵的硫化物礦物，其中鐵與硫原子的比例不定，但通常是鐵稍少於硫。一般與其他硫化物伴生。磁黃鐵礦的變種－－隕硫鐵，其成分近似於硫化鐵（FeS），是某些隕石的重要組成部分。

Pyrrhus＊ 皮洛士（西元前319～西元前272年） 古希臘的伊庇魯斯國王。在他與德米特里結盟並作爲人質後，救星托勒密一世便視他爲友，他也因而復國。西元前281年希臘飛地塔倫托姆（即塔蘭托）請他幫忙對付羅馬，他在赫拉克萊亞和奧斯庫盧姆付出重大代價才取得勝利。他穿過西西里，征服了大部分迦太基的領土，但是希臘的西西里人暴動反抗他的專制統治。在他返回義大利途中（西元前275年）損失慘重，但在馬其頓（西元前274年）戰勝了安提哥那二世，並當上馬其頓國王。在阿戈斯的一場試圖幫助斯巴達的小戰役中陣亡。他付出重大代價才取得的那些勝利，衍生出了一個詞「皮洛士的勝利」（Pyrrhic victory）。

Pythagoras＊ 畢達哥拉斯（西元前580?～西元前500?年） 希臘哲學家和數學家。據說出生於薩摩斯島，後來定居於科羅敦（義大利南部）。在科羅敦他創建了一個教團，擁有一大批堅持他所描繪的生活方式的追隨者。他的哲學學派將所有的意義都歸結於數字關係，並且認爲所有現存的物體根本上說都是由形式而非物質實體組成。畢達哥拉斯主義的原則包括相信永生、靈魂的重生以及節欲和禁欲的解放力量。該主義影響了柏拉圖和亞里斯多德的思想，促進了數學和西方理性哲學的發展。畢達哥拉斯最先研究了音樂的音程與音階之間的比例關係。他還是第一位影響深遠的西方素食主義者。他的著作都沒有保存下來，而且很難區分是他自己的思想和來自他學生的想法。畢氏定理使人們對他還保有部分的記憶，該定理可能是在他死後由他的學派發展而來的。

Pythagorean theorem＊ 畢氏定理 關於直角三角形邊長的規則。這個定理指明，勾股的平方和等於弦（直角的對邊，又稱斜邊）的平方。表示成$a^2 + b^2 = c^2$此處的c是弦的長度。滿足這個定理三個一組的整數（如3、4和5）稱爲畢氏數（商高數）。亦請參閱cosines, law of、sines, law of。

Pythagoreanism＊ 畢達哥拉斯主義 哲學流派，可能是由畢達哥拉斯創立於西元前525年。原本是旨在改革社會道德的一種宗教兄弟會或同盟，會友發誓恪守嚴格的忠誠和保密。這一同盟與奧費主義教團有很多相似之處，後者試圖通過儀式和節欲來淨化信徒的靈魂，從而逃脫「生死輪迴」。畢達哥拉斯主義聲稱現實的最深層是數學的，哲學可以用於靈魂的淨化，靈魂可以昇華至與神合而爲一，還稱某些符號具有神祕的意義。它是西方思想體系中第一個宣揚素食主義的重要學派。該學派在西元4世紀中葉消亡。

Pythian Games＊ 皮松運動會 從西元前5世紀以前到西元4世紀，在古希臘人們爲紀念阿波羅而舉行的各種各樣的體育和音樂比賽，主要在德爾斐舉行。它在每兩屆奧運會（奧運會每四年舉辦一次）之間的第三年秋季舉行。比賽項目與古代奧運會的相似。

python＊ 巨蛇 蟒科巨蛇亞科約20～25種行動緩慢、溫馴無毒的蛇類的統稱，分布於非洲西部至中國、澳大利亞及太平洋島嶼一帶的熱帶和溫帶地區。中美洲的短體巨蛇有時歸入巨蛇亞科。以鳥類和哺乳動物爲食，用纏繞的方法殺死獵物。多見於水域附近，有些樹棲。均卵生，產卵量取決於身體的長度，一般爲15～100枚。亞洲網紋巨蛇可能是世界上最長的蛇（蚺蛇的重量可大於巨蛇），曾有超過9公尺的標本記錄。

Q

Qadariya＊ 卡達里派 伊斯蘭教中信奉意志自由說的人，卡達里派也被穆爾太齊賴派採用。伊斯蘭教一切派別都參加關於人的自由意志與阿拉的先定問題的爭論，許多派別各走極端，卡達里派堅持阿拉公義的原則，他們認爲，如果人對於自己的行爲沒有責任，也沒有意志自由。

Qaddafi, Muammar al-＊ 格達費（西元1942年～） 亦作Muammar al-Khadafy。利比亞領袖（1969年起），貝都因農夫之子，出生於利比亞沙漠帳篷內。畢業於利比亞大學和利比亞軍事學院，其後在軍中逐漸穩定地發跡，1969年的軍事政變中推翻伊德里斯國王，掌握政權。遵奉其個人的伊斯蘭教義，外交政策是反西方和反以色列。1970年關閉美國和英國在利比亞的基地，並將義大利和猶太居民驅逐出境。宣布飲酒與賭博爲非法。1973年將石油工業收歸國有。促使利比亞與其他阿拉伯國家統一，均告失敗。其政府廣泛資助世界各地的革命或恐怖團體，其政府也涉嫌介入鄰近國家的流產政變，1986年美國戰機轟炸利比亞，造成他的幾個孩子死亡或受傷，他自己也險些失蹤。

qadi＊ 卡迪 穆斯林法官，其職責是根據伊斯蘭教法斷案。從理論上講，卡迪可以審理民事和刑事案件，但實際上卡迪僅僅審理宗教案件，如涉及財產繼承、宗教捐贈、結婚、離婚等問題。第二任哈里發歐麥爾一世是第一個設立卡迪之職的領袖，讓他不必再親自判決社會中引發的每一種糾紛。

Qadisiyya, Battle of＊ 卡迪希亞戰役（西元約636年） 發生在薩珊王朝軍隊與阿拉伯入侵者之間的一場戰役。戰場在一條幼發拉底的運河處，即現今伊拉克的希拉赫附近。阿拉伯人擊敗薩珊國王伊嗣埃（632～651年在位），象徵了最後一個波斯本土王朝的末日，而瑣羅亞斯德教雖爲阿拉伯官方所容忍，卻還是逐漸自大部分波斯地區消失。

Qaeda, al 凱達組織 亦稱al-Qa'idah。（阿拉伯語意爲「基地」〔the Base〕）爲賓拉登於阿富汗所成立的大型伊斯蘭教軍事組織，其成員在1979～1989年的阿富汗戰爭時支援穆斯林戰士。之後該組織被驅散，但仍繼續在伊斯蘭教領土上反對世俗化的穆斯林政權和外國勢力（指美國）。凱達組織策動過無數恐怖攻擊行動，包括1993年世界貿易中心的炸彈攻擊、1998年於非洲炸壞兩座美國大使館，以及2000年以自殺炸彈攻擊美國「柯爾號」戰艦等。這段時間凱達組織合併了其他伊斯蘭教極端組織，最後再度於塔利班所控制的阿富汗建立總部，訓練成千穆斯林武裝份子。2001年十九名這類武裝份子發動了九一一事件，美國與聯軍隨後在阿富汗對塔利班和凱達勢力予以還擊，殺死和俘擄了數千人，倖存者紛紛隱匿。

Qajar dynasty＊ 卡札爾王朝（西元1794～1925年） 統治伊朗的王朝。由阿迦・穆罕默德・汗建立。他消滅了包括桑德王朝最後一位君主在內的所有群雄，並重申伊朗的統治權包括昔日的疆土喬治亞和高加索。他的繼承者法塔赫・阿里・沙（1797～1834年在位）在兩次戰爭中都被俄國人打敗。在他的統治下，伊朗與西方的外交接觸日增。納賽爾・丁・沙利用英俄之間的猜忌以保持伊朗的獨立。但是他的後繼者無法妥善處理歐洲人的干涉和第一次世界大戰的後果，1925年王朝結束。亦請參閱Reza Shah Pahlavi、Mosaddeq, Mohammad。

Qara Qoyunlu ➠ Kara Koyunlu

Qaraghandy ➠ Karaganda

Qaraism ➠ Karaism

Qarqar ➠ Karkar

Qasimi, Sheikh Sultan bin Muhammad al-＊ 卡西米（西元1942年～） 「波斯灣沙加大公國」的統治者，1972年開始掌權，權位是繼承自他被暗殺的兄長。他在政治上實行中間主義，主張強化阿拉伯聯合大公國聯邦政府的權力。後來他的另一名兄弟策動謀反，但計畫失敗，卡西米倖免於難後，即同意進行財政及行政改革，並同意冊封他的兄弟爲王儲、擁有繼承王位的權力，不過後來卡西米反悔，在1990年遭他的兄弟推翻放逐。

Qatar＊ 卡達 正式名稱卡達國（State of Qatar）。位於波斯灣西岸的獨立國家。面積11,427平方公里。人口約596,000（2001）。首都：杜哈。主要人口爲阿拉伯人及南亞和伊朗外來移民工作者。語言：阿拉伯語（官方語）、英語。宗教：伊斯蘭教（國教）。貨幣：卡達里亞爾（QR）。卡達地區大都多石、多砂且貧瘠，爲鹽質平地、沙丘沙漠及乾燥平原。主因石油和天然氣的出口而使卡達人的平均每人國民生產毛額躍居世界最高之列。政府擁有全部農田並引導卡達的大部分經濟活動，而私人企業只能參與貿易和小規模的承包活動。爲君主國家，法律基礎是伊斯蘭教法律。國家元首暨政府首腦是埃米爾，由首相輔助。18～19世紀部分由巴林人控制，後來成爲鄂圖曼帝國名義上的領土，直到第一次世界大戰。1916年成爲英國的保護地。1940年發現石油，卡達於是迅速現代化。1971年宣布獨立，終止與英國的保護關係。1991年在波斯灣戰爭中爲轟炸伊拉克的空軍基地之一。

Qazvin 加茲溫 亦作Kazvin。伊朗西北部城市（1994年人口約299,000）。西元250年建立，當時稱爲沙德沙普爾，在穆斯林的統治下，到7世紀時它繁榮起來了。成吉思

汗廢棄了這個城市，但後來它又復甦了，成爲波斯的首都（1548～1598）。18世紀後期，它成爲與裏海、波斯灣和小亞西亞地區的對外貿易基地。1921年，加茲溫發生政變，導致伊朗在禮薩・沙・巴勒維領導下團結

鞏固了起來。它是一個地區性的交通中心，有一些製造業。

qedesha＊ 克德沙 古代中東地區出現的一種神娼階級，尤其是與崇拜生育女神阿斯塔特有關。這種神娼有女性也有男性，通常在正式神廟祭禮中發揮重要作用。儘管以色列先知們反對，早期的以色列人仍採用迦南人神娼儀式，直至西元前7世紀約西亞改革為止。

Qi 齊 亦拼作C'i。在中國早期的分裂時期（約西元前771～西元前221年），眾多國家中疆域最廣與勢力最強的國家之一。在東周時期，齊是第一個完整設置統一稅制、中央軍隊以及基於才能而非世襲等級的中央集權官僚制的國家。齊國於西元前651年與各國組成聯盟，擊退來自北方和南方的侵略，但其霸權為時甚短。西元前221年，齊國被秦朝所吞併。

qi 氣 亦拼作ch'i。中國哲學思想認為，氣無所不在，是構成萬事萬物的本質。早期道家思想家和煉丹術士認為，氣是與氣息以及身軀裡的流體相關聯的生命力量，並尋求控制它在身體裡的運行，以求獲得長壽和精神上的力量。在中國的靜坐、醫學和武藝中，對氣的操縱至關重大。西元10～13世紀的新儒學認為，氣是從太極中，透過宇宙間的排列原則「理」而發散出來，並藉由陰和陽轉變成基本元素（參閱yin-yang）。

Qianlong emperor 乾隆皇帝（清高宗）（西元1711～1799年） 亦拼作Ch'ien-lung emperor。本名弘曆。中國清朝的第四任皇帝。乾隆是中國史上在位期間（1735～1796年）最長的皇帝。這段期間中國的疆界擴張至最大的限度，囊括蒙古、西藏、尼泊爾、台灣和部分的中亞。乾隆贊助纂修儒家經典（參閱Five Classics），該套編集所使用的記述目錄至今仍在使用。同時，他也下令刪除或摧毀所有包含反滿情緒的書籍。兩千六百部書遭下令毀滅。乾隆個人與在北京的耶穌會傳教士，關係極為良好，但官方仍禁止羅馬天主教傳教。在其統治的前期，農業大幅成長，超越歐洲大多數區域。稅負輕而教育普及，甚至農民也接受教育。之後，軍事遠征以及政府的腐敗日漸惡化，對清朝造成恆久的傷害，埋下清朝在19世紀衰弱的種子。亦請參閱Heshen、Kangxi emperor、Manchu。

qilin 麒麟 亦拼作ch'i-lin。中國神話中，一種罕見的獨角獸，其出現常伴隨著智者或明君即將誕生或死亡。麒麟出現也能顯示在位皇帝的仁慈。麒麟在前額上有一支角，腹部呈黃色而背部斑爛，具有馬蹄和鹿的軀幹，以及牛的尾巴。傳說中，孔子的母親懷孕時，麒麟曾經出現。

Qin dynasty 秦朝（西元前221～西元前206年） 亦拼作Ch'in dynasty。中國史上第一個建立龐大帝國的朝代。秦（西方語文中的「中國」〔China〕即源於此）所創建的行政體系的基礎與疆域，大致為所有後續朝代所跟隨。秦朝的成就包括將中國文字標準化、建造長城。秦朝亦以其「秦焚書」－－所有非實用性的書籍遭下令焚毀－－而惡名昭彰。由於施政嚴厲，秦朝在第一任皇帝死後四年即告滅亡，其後為漢朝所承繼。

Qin Gui 秦檜（西元1090～1155年） 亦拼作Ch'in Kuei。南宋高宗皇帝的主要顧問。秦檜對外以和北方的女真簽署和約來維持安全，對內則削弱主要將領的權力來維持國內的安全。在這些將領中，以主張和女真作戰的岳飛最為著名，他便是遭秦檜處決的。由於將中國北方讓與女真，秦檜被後世視為叛國賊。

Qin tomb 秦始皇陵 亦拼作Ch'in tomb。中國主要的考古地點，靠近古代的都城長安（今西安），占地20平方哩（50平方公里），是由第一位擁有至高權力的皇帝：秦始皇帝，所興建的密閉陵墓。1974年，鑽井的工人發現地底下有個大型密室，裡頭大約有六千座真人大小的赤陶俑，臉部各自表現細微不同的表情，另外還有陶土鑄成的馬、武器和其他物品，組成一批陪葬的軍隊；而在附近三個密室中，也挖掘出超過一千四百具的塑像；墓葬本身至今尚未開挖。考古學者預測，要掘出這座構造複雜的陵墓的其餘部分，將花費多年時間。這座陵墓是聯合國教科文組織的世界遺產地點。

Qing dynasty 清朝（西元1644～1911/1912年） 亦拼作Ch'ing dynasty，或稱為Manchu dynasty。中國最後一個帝制皇朝。1636年滿族首度以「清」為國號在滿洲建立王朝，而後當滿洲人統治中國時，繼續沿用這個國號。清朝期間，中國的領土大幅擴張，人口也大為提高。文化態度則極為保守，新儒學仍是居於主導地位的思想。藝術蓬勃發展：文人畫廣為流行，以白話書寫的小說有相當大的進展；京劇也有所發展。清朝的瓷器、紡織品、茶葉、紙、糖和鋼鐵外銷至世界各地。18世紀後期的軍事戰役耗盡政府的財政收入，貪污賄賂層出不窮。上述的情況，再加上人口壓力以及自然災害，導致太平天國之亂和捻亂。這些動亂最後使清朝更為衰弱，以致於無力制止外國強權在19世紀後期的勒索。清朝結束於1911年的共和革命，末代皇帝於1912年退位。

Qinghai 青海 亦拼作Ch'ing-hai。舊稱庫庫諾爾（Koko Nor）。中國的湖泊、位於青海省境內。中亞地區最大的山區封閉湖，最長之處為65哩（105公里）、最寬之處為40哩（64公里），其表面面積隨季節有所變動，介於1,600至2,300平方哩（4,200至6,000平方公里）之間。青海是在更新世晚期，由消融的冰河所形成，位於海拔10,515英尺（3,205公尺）的南山上，有二十三條河流和溪流注入青海。

Qinghai 青海 亦拼作Tsinghai、Ch'ing-hai。中國華北地區西部省份（2000年人口約5,180,000）。省會西寧。青海位於中國的遍遠地區，處於中國歷史久遠之省份的西邊。它構成西藏高原東北部的一部分，絕大部分地區都高於10,000英尺（3,048公尺）。黃河的源頭位於青海的山脈裡。青海有部分地區從西元前3世紀即受中國控制。幾世紀以降，它偶爾會被遊牧的牧民，主要是西藏人和蒙古人所占據。稍多時候，則是由中國農民所進駐。經過多年，中國人口逐漸增加。1928年設省。此地的經濟活動包括農耕、放牧、採礦、伐木以及製造業。青海擁有中國最佳的牧地，並以飼育馬匹而著名。

Qishon River 吉雄河 亦作Kishon River。以色列北部河流，源出吉勒博阿山脈附近。流向西北穿過埃斯德賴隆平原，在海法北部注入地中海。全長約40公里。《聖經》中多次提到此河，其中包括以色列人在底波拉統帥下戰勝迦南的將軍西西拉，以及巴力的先知們企圖在此殺害以利亞。現今，吉雄河河口已經發展成海法港的一部分，是以色列主要的捕魚船基地。

Qiu Chuji 丘處機（西元1148～1227年） 亦拼作Ch'iu Ch'u-chi。號長春。道教的道士及煉丹術士。丘處機的門徒李志常在《長春真人西遊記》一書中，依時間順序記述丘處機會見成吉思汗（他希望向丘處機請教）的過程。該書描繪從長城到喀布爾、從黃海到鹹海之間的土地與人民。丘處機所屬的教派以極度的禁欲以及「性命」的教義而聞名，該教義主張人類所失去的自然狀態能夠透過戒律而回復。

Qu Yuan 屈原（西元前343?年～西元前289?年） 亦拼作Ch'ü Yüan。中國詩人。屈原出身於楚國的統治家族，年輕時即為楚國統治者所重用。日後，屈原遭到流放，在絕望中漫遊，他一邊創作並觀察民情風俗，而其作品也深受地方風俗影響。屈原最後自沈而死。他最著名的詩篇是風格憂鬱的《離騷》（遭遇憂患）。屈原身爲中國古代最偉大的詩人，以其高度原創性的韻文對後世的詩人發揮深遠的影響。

quack grass 庸醫草 ➠ couch grass

quadrangle 四方院子 全部或部分圍有學校建築或民用建築的矩形露天庭院。庭院的地面爲四邊形，常鋪有草地或按庭園布置。四方院子類似以前修道院中供默禱、學習或休息的地方，後爲學院所沿用。英國牛津大學的新學院的四方院子建築（1386年完成）一部分連接到建築物，對後期學院建築產生了重大影響。

quadratic equation 二次方程式 在最優化處理中尤爲重要的一種代數方程。一個更富有描述性的名字是二次多項式方程。它的標準形式是$ax^2+bx+c=0$，其解由一個二次式給出：

$$x=\frac{-b\pm\sqrt{b^2-4ac}}{(2a)}$$

該式保證有兩個實數解、一個實數解或兩個複數解，取決於b^2-4ac是大於、等於還是小於0。

quadrille＊ 卡德利爾舞 流行於18世紀末葉和19世紀的舞蹈。由四對男女排成方形表演。1815年英國貴族從巴黎舞廳學來的這種舞蹈，由四段或五段「對舞」（參閱country dance）組成，如同對舞，卡德利爾舞著重要求舞蹈者配合默契，跳出種種錯綜複雜的圖案，而舞步並不複雜，伴奏音樂通常爲由歌劇旋律編成的樂曲。亦請參閱square dance

Quadros, Jânio da Silva 奎德羅斯（西元1917～1992年） 巴西總統（1961）。具傳奇色彩且行徑怪誕的民粹主義者，他曾拿著掃把競選以表達他「掃除貪瀆」的誓約。在七個月的總統任期中，他禁穿比基尼泳裝、禁止鬥雞、重修與蘇聯的外交關係、授勳給古巴革命領袖格瓦拉、拒絕支持美國入侵古巴豬玀灣等。他聲稱他突然辭職是因爲「恐怖勢力」要密謀對他不利。他後來被褫奪政治權利並在1968年被放逐，1980年他獲得特赦，並返國參政，當了兩任聖保羅市市長。

Quadruple Alliance 四國同盟（西元1718年） 奧地利、英國、荷蘭及法國組成的聯盟，以共同阻止西班牙改變「烏得勒支條約」(1713)的條款。當西班牙國王腓力五世奪取薩丁尼亞和西西里，英國艦隊運送奧地利軍隊至西西里，而法國則派兵侵入西班牙北部。迫使腓力放棄對義大利的主權。

Quadruple Alliance 四國同盟（西元1815年） 1813年由英國、俄國、奧地利及普魯士最初締結，聯盟目的即在擊敗拿破崙；1815年聯盟正式重建，並實施維也納會議達成和平決議。聯盟同意歐洲政治形勢的發展符合1815年和平解決歐洲問題的各項條款。該方案爲艾克斯拉沙佩勒會議、特羅保會議、萊巴赫會議及維羅納會議幾次會議予以部分實施。

quaestor＊ 財務官 拉丁文原意「審查者」。古羅馬最低階級的正式長官，其傳統職責爲司庫。西元前509年共和政體肇建，兩名原稱行政長官的執政官各任命一名財務官擔任公庫監督人。西元前447年以後，兩名財務官每年都由部落議會選舉產生。同世紀後期，法令公告平民亦可擔任此職，且將財務官名額增至四人。如果兩位執政官在戰地，兩名財務官擔任軍需官，另兩名留在羅馬管理公庫的財務。奧古斯都時代財務官有二十人，大多數負責徵稅和擔任省長的助理。

quahog＊ 圓蛤 蛤的可食種。簾蛤科有北圓蛤（又稱櫻桃核蛤、小頸蛤、硬殼蛤）和南圓蛤。北圓蛤長約8～13公分；殼白色，無光澤，厚實，圓形，具明顯的同心圓紋；分布於聖羅倫斯灣至墨西哥灣一帶的潮間帶，是大西洋沿岸最重要的食用蛤。南圓蛤長約8～15公分；殼白色，重而厚實，分布於乞沙比克灣至西印度群島一帶的潮間帶。

quail 鶉 雉科小型短尾狩獵鳥類的統稱。類似山鶉，但較爲瘦小，體長13～33公分。東半球的鶉95種，西半球約36種。鶉喜歡棲息於開闊的野地和灌叢邊緣。春季約產12枚稍呈圓形的卵，雄鳥可能幫助孵卵。主要以種子和漿果爲食，但也吃葉、根和昆蟲。最有名的種類是鵪鶉，是歐、亞、非洲最普通的鶉類。亦請參閱bobwhite。

珠頸翎鶉（*Callipepla californica*）©William H. Mullins, The National Audubon Society Collection/Photo Researchers

Quaker Oats Co. 桂格麥片公司 國際食品雜貨製造商，1891年與其他兩家穀物公司創建美國穀物公司，1901年將美國穀物公司改爲桂格麥片公司。並開始生產燕麥和小麥穀類食物、玉米片粥和嬰兒食品等。20世紀晚期公司增加了數以百計的食品，隨著1960年代和1970年代公司發展到經營化工產品、餐館連鎖店和玩具業。但到1990年代初期，桂格公司已將這些資產中的大部分售出，而重新集中力量經營食品。總部設在美國芝加哥。

Quakers 貴格會 ➠ Friends, Society of

quality 質 在哲學上指的是應用於事物的單一特質，與應用於成雙或三者以上的關係相對。這個概念是由伽利略及洛克所開發，將質區分爲主要及次要兩方面，激發了現代科學家揭示未受支援的感覺所傳達關於實體內在特質的錯誤或不完整訊息。物理現象的數學闡釋則似在指出多數感覺訊息或許對實體知識無所貢獻。在這個觀點裡，形狀、數量、運動等爲主要質，是由數學所描述的事物眞實特質，而臭味、口味、聲音、色彩或溫度等則爲次要質，僅只存乎於人類意識而不屬於事物本體。

Quant, Mary 匡特（西元1934年～） 英國青年式樣的女裝設計師，1960年代英國的「切爾西裝」以及迷你裙、「熱褲」的廣泛流行都與其有關。1957年開設一家名叫「市場」的婦女時裝用品商店，立即獲得成功，並大量生產她設計的時裝，每年產值達幾百萬美元。

Quantrill, William C(larke)＊ 昆特里爾（西元1837～1865年） 美國惡棍，美利堅邦聯的游擊隊隊長。先後在俄亥俄州和伊利諾州的學校教書。後移居堪薩斯州，初試農耕，不大起勁。1860年盜馬和捲入行竊，南北戰爭爆發後，加入美利堅邦聯軍隊，但後來糾集一伙游擊隊，襲擊和搶掠聯邦政府各州的城鎮和農場。聯盟軍則於1862年收編他們爲正式隊伍。1863年他那群約450人的隊伍突然襲擊勞倫斯，燒殺搶掠。後來襲擊聯邦軍的一支分遣隊，屠殺了約90人。他本人在肯塔基州劫掠時，傷重身亡。

quantum 量子 物理學中能量、電荷、角動量或其他物理量取分立值的天然單位。例如，光在某些方面表現爲連續的電磁波，而在亞微觀水平上，它是以分立量或量子發射和吸收的。給定波長的光，所發射或吸收的一切量子的能量和動量都相同。這樣的類粒子的光包稱爲光子。其他形式的電磁能，例如X射線、γ射線等等的量子也稱爲光子。晶體原子層中的亞微觀機械振動也同樣以量子（稱爲聲子）方式放出和吸收能量或動量。亦請參閱quantum mechanics。

quantum chromodynamics (QCD) 量子色動力學 描述強力的作用的理論。強力的特性，主要是夸克上，將夸克緊縛在原子核的質子和中子內，也同樣緊縛於那些較不穩定的奇異物質形式中。量子色動力學建立在以下概念上：因爲夸克帶有「強荷」，才通過強力相互作用，該強荷被命名爲「色」；三種不同類型的色荷，稱爲紅、綠和藍，它們類似於光的三種原色，但和通常意義下的顏色沒有一點關聯。

quantum computing 量子計算 用於量子力學現象的計算試驗方法。結合量子論與測不準原理，量子電腦允許位元同時儲存0與1的值，同步進行多行的探索，最後結果取決於不同計算產生的干涉形態。亦請參閱DNA computing、quantum mechanics。

quantum electrodynamics (QED) 量子電動力學 研究荷電粒子與電磁場相互作用的量子理論。它不僅用數學描述了光與物質的所有相互作用，而且描述了帶電粒子之間的相互作用。狄拉克用他發現的描述電子運動和自旋的方程式奠定了量子電動力學的基礎，它把量子理論和狹義相對論結合起來。1940年代後期予以改進並使之完善。並有荷電粒子通過發射和吸收光子而相互作用的想法。量子電動力學的成就使它成爲其他量子場論的楷模。

quantum field theory 量子場論 將量子力學和狹義相對論聯合起來說明亞原子現象的理論。具體來講，用亞原子粒子與場（如電磁場）之間的相互作用來說明亞原子粒子之間的相互作用。然而，場是量子化的，用粒子來表示，如用光子代表電磁場。量子電動力學是描述電磁場中帶電粒子相互作用的量子場論。量子色動力學描述的是強力的作用。電磁力與弱力統一的理論電弱理論獲得了實驗上相當大的支持，有可能擴展而把強核力也包括進來。能把引力（參閱gravitation）也包括進來的理論則更是一種推測了。亦請參閱grand unified theory、unified field theory。

quantum mechanics 量子力學 處理原子和亞原子系統的數學物理學分支。它所關心的現象的尺度是如此之小，因此不能用經典的辦法來描述，而完全要用統計概率的概念和方法來作系統表達。量子力學被認爲是20世紀偉大的思想之一，主要由波耳、薛定諤、海森堡和玻恩等人發展起來，這個理論導致了對客觀現實概念的重新評價。量子力學解釋了原子、原子核（參閱nucleus）和分子的結構；亞原子粒子的行爲；化學鍵的性質；晶體的特性（參閱crystal）；核能以及穩定已坍塌星體的力。量子力學還直接導致了雷射、電子顯微鏡以及電晶體的發明。

Qu'Appelle River＊ 卡佩勒河 在加拿大薩斯喀徹溫省南部和馬尼托巴省西南部，阿西尼博因河的支流。全長430公里。河名爲法語，意爲「呼喊者」，據印第安人傳說，水中常有鬼怪呼喊。河谷現開闢爲小麥田。

quarantine 檢疫 阻留可能已經有過傳染病接觸史的人或其他生物，一直到可以確認其已經沒有傳染性爲止。在疾病控制用語中，檢疫和隔離經常混用。隔離是指把病人同正常人分隔開，直至病人不再具有傳染性爲止。中世紀爲了防止鼠疫傳播，威尼斯在入港的船隻，以四十天爲期進行隔離檢疫。雖然，對某些具體病例採取適當措施，如白喉。不過，隔離對於某些通過中間媒介物傳播的傳染病來說，可能無效，在有些病例，接觸（如肝炎病患的家族）是通告的，採取預防教育及監視病情的發展。檢疫更常用於動物（如狂犬病）。

quark 夸克 被視爲物質基本組分的任一種亞原子粒子。和質子與中子組成原子核相似。1964年，蓋耳曼和茨韋格首次提出夸克概念，這個名詞採自喬伊斯的小說《爲芬尼根守靈》。夸克包括靠強力相互作用的全部粒子。夸克有質量和自旋，並遵循鮑立不相容原理，它們沒有明顯的結構，即不可能分割爲更小的組分及絕不單獨存在。量子色動力學有說服力地闡明了夸克的性狀。夸克有六類，通常稱爲「上」、「下」、「奇異」、「魅」、「底」和「頂」。只有上夸克和下夸克構成質子和中子，其餘發生在重的和不穩的組分。

Quarles, Francis 夸爾茲（西元1592～1644年） 英國宗教詩人，以《紋章和象形文字》（1635）著稱，該書是用英文寫的紋章書（收集符號式圖形，通常還附帶韻文與散文）之中最著名的一本。該書極爲成功，他又寫了一本《人類生活的象形文字》（1638）。1639年二書合爲一冊，可能是17世紀最流行的散文書。他還寫了《指南》（1640），是極受歡迎的格言集。

quarter horse 美國四分之一哩賽馬 爲參加四分之一哩賽馬而培育成的馬的品種。不及英國純種馬跑得快。後在美國西部及西南部用爲種馬。身材矮壯，肌肉發達，胸寬而深。因用於放牧中驅分畜群，故要求能速動速停，轉身敏捷，能在短距離內疾跑。毛色各異。身高145～163公分，體重431～544公斤，性安，易訓練。

quarter-horse racing 四分之一哩賽馬 美國1/4哩短距離直線快速賽馬。維吉尼亞州的早期移民在詹姆斯敦建成（1607）後不久，即開始此項比賽。傳統賽程爲1/4哩，今日有十一種經正式認可的賽程，比賽距離從220～870碼不等。以1/100秒爲單位計時。

quartermaster 經理官 預先安排部隊紮營和移防的軍官。該職位在15世紀的歐洲即已存在。路易十四世時期法國的戰爭指揮官創立了經理署部門，負責在鄉間地區依策略安排食物、糧草、軍火及裝備的補給。在18世紀歐洲部分國家，經理官的職責還包括協調部隊行進、部署以及起草操作準則；在美國，經理官都維持專職的行政和後勤功能，直到1962年經理軍團才納編到其他單位。

quartz 石英 廣泛分布的由二氧化矽（SiO_2）組成包括許多變種的礦物，在經濟上很重要。許多石英變種是寶石，包括紫水晶、黃水晶、煙水晶、薔薇水晶。主要由石英組成的砂岩是重要的建築材料。大量的石英砂用來製造玻璃和瓷器，並在金屬鑄造中用於鑄模。石英在砂紙、噴砂、磨石和砂輪中被用作研磨材料。石英和石英玻璃在光學上用來透過紫外輻射。由石英熔製的管道和各種容器在實驗室裡具有重要的用途。石英纖維用在高度靈敏的稱量設備中。

quartzite 石英岩 轉變爲堅硬的石英質岩石的砂岩。石英岩通常是雪白色，具有平滑的斷口，在冰凍作用下碎裂爲角礫。砂岩轉變爲石英岩可以是通過來自地下隙間水中的二氧化矽的沈澱來完成的，這些岩石被稱爲沈積石英岩。而那些在高溫高壓下由重結晶作用產生的是變質石英岩，由於風化緩慢，常成爲丘陵或山岳。阿帕拉契山脈的很多著名山脊，就是由石英岩層所組成。純石英岩是冶金用和製造矽磚的二氧化矽的來源。石英岩還被開採來作爲鋪路石塊和屋頂材料。

quasar＊　類星體　全名類星射電源（quasi-stellar radio source）。在極爲遙遠的距離上觀測到的高亮度和強射電的稀有宇宙天體的統稱。這個名詞常常也用於具有相同光學外觀但不發射無線電波的類型相近的物件，即所謂的QSOs（類星體）。大多數類星體都呈現出很大的紅移，表明它們正在以極大的速度（接近光速）遠離地球，它們是宇宙中已知的一些最遙遠的物體。類星體的大小尺度不到1或2光年，而亮度卻比直徑約100,000光年的巨大星系還高出1,000倍。類星體的超常亮度使之得以在100億光年之外的距離上被觀測到。許多研究人員認爲這種巨大的能量是以高速做螺旋運動的氣體進入一個超大質量的黑洞時產生的，若是正常星系，該黑洞就處在中心位置上。亦請參閱active galactic nucleus。

Quasimodo, Salvatore＊　夸齊莫多（西元1901～1968年）　義大利詩人、評論家和翻譯家。畢業後原在義大利政府擔任工程師，空餘時間寫詩。第一部詩集《水與土》（1930）出版後，逐漸成爲「隱逸派」詩人的領袖。第二次世界大戰後，他的社會信念體現在他所寫的作品《日復一日》（1947）裡。他出版了不少豐富多采的譯作，編輯了詩歌選集，並寫了許多重要評論文章，均收集在《詩人、政治家及其他隨筆》（1960）一書中。1959年獲得諾貝爾文學獎。

Quaternary period＊　第四紀　爲一段地質時期，其界限已定爲自距今160萬年至現代。第四紀繼第三紀之後，是新生代的一部分。被劃分成更新世和全新世。第四紀的特徵是氣候在全球規模上有大的週期變化。這些變化引起了廣大地區遭到冰蓋的反覆侵襲，所以這個紀常被稱爲大冰期。從生物學看，第四紀的主要特點是人類的演化和擴散。第四紀氣候和環境的激烈變化引起了特別是哺乳類的迅速演化和滅絕。大型哺乳動物的滅絕可能也同當時人類領土的迅速擴大有關係。

Quayle, (James) Dan(forth)　奎爾（西元1947年～）美國政治人物，1989～1993年任美國副總統。1974～1976年又擔任家族報紙《亨丁頓前鋒報》的副發行人。1976～1980年選舉中獲勝進入美國眾議院，1980～1988年被選入參議院，1988年奎爾被共和黨總統候選人布希選中，作爲他的副總統競選伙伴。

Quebec　魁北克　加拿大東部一省（1996年人口約7,420,000）。瀕哈得遜海峽、昂加瓦灣、紐芬蘭、聖羅倫斯灣、新伯倫瑞克、美國、安大略及哈得遜灣。省會魁北克。最初居民是伊努伊特人（參閱Eskimo）、阿爾岡昆人、克里人及其他印第安部落。17世紀初期法國人在此建立駐地，法國印第安人戰爭割讓給英國，英國與法國之間因權限爭執不休，導致了1837年法語加拿大人的反叛遭到鎮壓。1867年新斯科舍、新伯倫瑞克、魁北克和安大略四省組成加拿大聯邦。大多數人口爲法裔。主要工業有採礦，水力發電和林業。20世紀主張魁北克獨立運動持續進行。1976年，魁北克黨贏得選舉。獨立計畫在1980年的公民投票中失敗；1995年舉行的第二次公民投票以些微的票數失敗。全省面積1,540,680平方公里。

Quebec　魁北克　亦稱魁北克市（Quebec City）。加拿大魁北克省港市（2001年都會區人口約682,757）和省會。位於聖羅倫斯河與聖查理河匯流處，西南距離蒙特婁240公里，處於河上游隆起的一塊岩石上。爲加拿大最古老城市，1608年法國人建爲貿易站。1663～1763年成爲新法蘭西的首府，1763年割讓給英國。1791～1841年成爲下加拿大的首府，1841～1867年成爲加拿大東區的首府。1867年成爲省會。大多數居民信奉天主教並使用法語。該市設有拉瓦爾大學、其他學院和文化機構。製造業包括新聞用紙、穀物加工、紙煙和服裝。造船和旅遊也很重要。

Quebec, Battle of　魁北克戰役（西元1759年9月13日）法國印第安人戰爭中的決定性地戰役。6月，渥爾夫率英軍8,500名、艦250艘在聖羅倫斯河布列戰陣圍攻魁北克，在蒙卡爾姆所部法軍防禦下，歷時兩月未能得手。9月密遣4,000名英軍潛渡登陸，逼使法軍於亞伯拉罕平原倉皇應戰。法軍全線崩潰，兩軍統帥俱戰死陣前。

Quebec Act　魁北克法（西元1774年）　英國法案，設立魁北克的政府和擴大疆界。魁北克政府設總督和行政委員會；允許天主教繼續活動及採用法國民法。該法案旨在解決將法國在加拿大的這一殖民地改造成英帝國在北美的一個省而引起的一些主要問題，也擴大魁北克省的邊界，俄亥俄河、密西西比河之間的地區。「魁北克法」被美洲殖民者視爲強制性措施，從而成爲引起美國革命的一個主要原因。

Québécois, Parti ➠ Parti Québécois

Quechua＊　克丘亞人　住在由厄瓜多爾到玻利維亞的安地斯高原上的南美洲印第安人。15世紀初期被昌卡人征服，昌卡人後被印加人打敗。克丘亞人在印加人大要求下其傳統生活方式影響不大。但在16世紀西班牙人征服後，才有劇烈改變。傳統的克丘亞人現在在安地斯山區的窮鄉僻壤過著無足輕重的農民生活。他們的宗教信仰是羅馬天主教與本族民間信仰的混合體。亦請參閱Quechuan languages。

Quechuan languages＊　克丘亞諸語言　與南美洲印第安語言關係密切的語言，至今在哥倫比亞南部、厄瓜多爾、玻利維亞和阿根廷北部仍有約1,200萬人使用。南祕魯克丘亞語（克丘亞諸語言的一支），在印加人帝國時期是一種共同語和官方語，並隨著印加文明散播到各地。克丘亞語早先被認爲是艾馬拉語的一種，艾馬拉語是主要流行於玻利維亞的另一種重要的安地斯語言，這種語言在類型和語音上類似南祕魯克丘亞語，但這種假設尚有爭議。

Queen, Ellery　奎因　美國兩位作家共有的筆名。這兩位作家是丹奈（Frederic Dannay，原名內森〔Daniel Nathan〕；1905～1982）和李（Manfred Bennington Lee，原名勒波夫斯基〔Manford Lepofsky〕；1905～1971），他們是表兄弟。兩人合寫有以奎因爲主角的多達三十五集的系列偵探小說。爲參加偵探小說競賽而寫的一篇規定之作《羅馬帽子的祕密》（1929）。它的成功爲奎因開闢了前程。他們兩人還使用羅斯這個筆名，塑造了第二個偵探萊恩，他們還在1914年創辦《埃勒里．奎因偵探雜誌》，編輯了許多文集，共同創建了美國偵探小說作家協會。

Queen Anne style　安妮女王風格　英國裝飾藝術階段，在安妮女王當政時期（1702～1714）達到鼎盛。安妮女王時期家具的最大特徵是家具腿呈動物腳爪樣。女王的安樂椅靠背是按照人的後背曲線而製成的薄板。木料用胡桃木，鑲嵌裝飾、飾面和漆器裝飾紋樣的典型主題是扇貝殼、渦捲形紋飾、東方人像和動植物圖案等。

Queen Anne's lace　野胡蘿蔔　亦作wild carrot。學名爲Daucus carota，繖形科二年生植物，原產歐亞大陸，現幾乎遍及世界。是栽培胡蘿蔔的祖先。株高達1.5公尺，具剛毛。葉分裂，繖形花序，花白色或粉紅色，花序中心有一朵深紫色花。根肥大可食，味辛辣。果具稜，有銳刺。

Queen Anne's War　安妮女王之戰（西元1702～1713年）　西班牙王位繼承戰爭期間，在美洲發生的一次戰鬥。這是英、法兩國爭奪北美的第二次軍事對抗。美洲殖民地定居在與加拿大接壤的紐約－新英格蘭邊境。經常遭受法軍及印第安人的襲擊。1710年英軍攻克羅亞爾港，將阿卡迪亞改爲英屬新斯科舍省。根據「烏得勒支條約」（1713），英國進一步取得紐芬蘭和哈得遜灣地區。

Queen Charlotte Islands　夏洛特皇后群島　加拿大不列顛哥倫比亞西部島群（1991年人口約5,000）。約有150個島嶼，最大的格雷厄姆和摩爾斯貝兩島，形狀不規則，海拔約1,200公尺。島上居民有海達印第安人，以捕魚和放牧爲生。面積9,596平方公里。

Queen Charlotte Sound　夏洛特皇后灣　北太平洋東部寬闊的深水灣，向加拿大不列顛哥倫比亞省中西部延伸成鋸齒狀。北至夏洛特皇后群島，南達溫哥華島。該灣注入一系列海峽。東面有衆多島嶼、水灣和峽灣。

Queen Elizabeth Islands　伊莉莎白女王群島　加拿大北部群島，是加拿大北極群島的一部分，範圍涵蓋北緯74°30′以北的所有島嶼，其中包括帕里群島和斯韋爾德魯普群島。其中大的島嶼有埃爾斯米爾島、梅爾維爾島、得文島和阿克塞爾・海伯格島。陸地總面積逾390,000平方公里。該群島最早的到訪者可能是西元1000年左右的維京人，1615～1616年部分爲英國航海家巴芬和拜羅特所探勘。現今在行政上歸西北地區和紐納武特管轄，1953年取名伊莉莎白女王群島，以示對英國女王伊莉莎白二世的敬意。

Queen Elizabeth National Park　伊莉莎白女王國家公園　亦稱魯文佐里國家公園（Ruwenzori National Park）。烏干達西南的國家公園。建於1952年，面積1,978平方公里，位於愛德華湖東面。是烏干達最大的公園之一，有些區域有雨林和大草原。國家公園位於東非裂谷系的西支，有更新世的火山口點綴。野生動物有黑猩猩、豹、獅子和大象。

Queens　皇后區　美國紐約市五個區中面積最大的一個（1990年人口約1,950,000），範圍相當於皇后縣，位於長島西部。第一個居民點1636年由荷蘭人建立。1664年被英國統治。1683年建縣。1898年成爲區。在19世紀大部分是鄉村。1898年皇后區成爲大紐約市的一部分。昆士伯勒橋和長島鐵路隧道的建成，推動當地的發展。大部分是住宅區。長島市周圍有大規模製造業，沿伊斯特河有儲運設施，紐約市的甘迺迪國際機場和拉加爾迪亞機場均在該區內。

Queen's University at Kingston　京斯敦女王大學　加拿大安大略省的私立大學。1841年創立，它是在醫學、基礎科學、工程、人文和社會科學等方面一所主要的研究大學。加拿大檔案館之一。在20世紀後期，該校有17,000餘名學生。

Queensberry rules　昆斯伯里規則　拳擊規則的稱號，由錢伯斯（1843～1883）執筆，1867年在昆斯伯里侯爵道格拉斯（1844～1900）的贊助下首次發表，昆斯伯里侯爵以促使王爾德落難而聞名。規則主張戴手套，禁止摔抱，要求被擊倒的拳擊手在十秒鐘內站立起來，規定每一回合持續三分鐘，回合與回合相隔一分鐘，禁止其他人在回合比賽中進入拳擊台。

Queensland　昆士蘭　澳大利亞東北部的一州（1996年人口約3,369,000），北部臨太平洋和大堡礁。大分水嶺縱貫全州，內陸地區爲廣大平原，少數地方間有較低的山嶺和丘陵。採礦和牧場是重要的資源。旅遊業發達。科克船長曾於1770年將昆士蘭海岸地帶繪成海圖。19世紀，黃金的發現吸引了許多的移民，政府頒布了一項土地承租方案，進一步鼓勵了移民。1901年宣布成立澳大利亞聯邦，昆士蘭成爲聯邦的一州。首府爲布利斯本。面積1,727,200平方公里。

quenching　淬火　金屬物體從成形時的高溫浸入油或水中迅速冷卻。淬火通常是爲了保持一些特性，在緩慢冷卻的過程中這些特性會喪失掉。淬火常用於鋼件，使之具有高的硬度。選擇淬火過程中所用的介質以及攪拌的類型來獲得某些特殊的物理性質，而且使內應力和形變達到最小。油是最溫和的介質，而鹽水的淬火效果最強。在一些特殊的情況下，鋼在熔融的鹽浴中冷卻並保持一段時間，鹽浴保持在略高於或者略低於開始生成馬氏體的溫度下。這兩種熱處理過程分別稱爲馬氏恆溫和奧氏恆溫，兩種處理過程都能使金屬中的形變更小。鋼件在常溫下經錘擊或其他形變而硬化後，可透過加熱和淬火而恢復韌性。亦請參閱tempering。

Queneau, Raymond＊　凱諾（西元1903～1976年）　法國作家。曾任記者，隨後擔任《七星全書》的審稿人，1955年任主編。文字遊戲的愛好、黑色幽默的傾向和對權威的嘲弄態度，呈現在他的散文和詩歌中。其中包括了他最著名的作品《地下電車的莎姬》（1959）和《藍花》（1965）。

Quercia, Jacopo della ➠ Jacopo della Quercia

Quercy＊　凱爾西　法國西南部歷史文化區。該地區建於高盧-羅馬時代，6世紀時爲法蘭克人占領。中世紀爲英國和法國爭奪地。1472年該地區後併入法國皇室領地，16世紀該地遭到數次宗教戰爭的嚴重蹂躪。凱爾西種植了大片櫟屬櫟樹，該區地名也由此而來。該地區卡奧爾附近的葡萄園還生產一種濃郁的紅葡萄酒。

Querétaro＊　克雷塔羅　墨西哥中部一州（1997年人口約1,297,575）。該州地處中央高原，北部爲山區；南部是平原和谷地，並形成墨西哥巴希奧地區的一部分。1531年西班牙人占領該地區，並於1550年代開始殖民。1824年建州以前爲瓜納華托管轄。該州主要礦產品有蛋白石和水銀。盛產藥材、甜薯、水果和穀類等。首府爲克雷塔羅市。面積約11,449平方公里。

Querétaro　克雷塔羅　墨西哥克雷塔羅州首府（1990年人口約386,000）。位於墨西哥高原地區，海拔1,865公尺，爲典型的西班牙殖民地城市。該城市由印第安人奧托米人建立，1446年併入阿茲特克人帝國。1531年受西班牙控制，成爲瓜納華托和薩卡特卡斯礦產豐富地區重要的供應中心。1867年馬克西米連皇帝被華雷斯擊敗，後在此地被處死。1917年墨西哥憲法在此地完成。該地是墨西哥最早、最大的棉紡廠所在地，該地也產紡織品和陶器。

Quesada, Gonzalo Jiménez de ➠ Jiménez de Quesada, Gonzalo

Quesnay, François＊　魁奈（西元1694～1774年）　法國醫師、經濟學家。在任路易十五世宮廷御醫時對經濟學產生了興趣，他在《經濟表》（1758）這一著作中，用圖表來說明社會各經濟階級和部門的相互關係，以及在它們之間支付的流通。並提出了經濟平衡的假說。他提倡自由放任經濟政策（參閱laissez-faire）。他是重農學派的領袖，政治經濟學體系的先驅。

Quételet, (Lambert) Adolphe (Jacques)＊　凱特爾（西元1796～1874年）　比利時統計學家、社會學家和天文學家。以將統計學和概率論應用於社會現象而聞名。他收集並分析的政府在犯罪、死亡率和其他主題的統計資料，並對人口普查方法進行改進。在《論人類》（1835）和《人體測定》（1871）中，他發展了homme moye理論，即統計學上的「平均人」（average man）理論。他是定量社會科學的創始人，因其尚未成熟的方法論而遭到廣泛批評。

quetzal＊ 綠咬鵑 咬鵑科綠咬鵑屬幾種鳥類。嘴短，翅圓形，腿短，腳弱。第二趾（內趾）固定向後，此點甚為獨特。生活在熱帶森林中。分布於墨西哥南部至玻利維亞，是古代馬雅人和阿茲特克人的聖鳥；今天其形象見於瓜地馬拉的國徽；該國貨幣名格查爾，意即綠咬鵑。尾羽長而呈藍綠色。頭具圓形髮狀羽冠，胸金綠色，背藍色，翕羽捲曲而帶金黃色澤，腹部紅色。

Quetzalcóatl＊ 魁札爾科亞特爾 即羽蛇（Feathered Serpent），是古代墨西哥崇奉的一個主神。在特奧蒂瓦坎文明中開始被人當作植被之神。對托爾特克人來說，祂成為晨昏星之神。阿茲特克人把祂當作祭司的庇護者、曆法和書籍的發明者，以及金匠和其他工匠的保護人。他還被視同為金星，是死亡和復活的象徵。在神話故事中，魁札爾科亞特爾是一個白人祭司兼國王，用蛇製造的木筏出海航行。人們相信終有一天，魁札爾科亞特爾會在蒙提祖馬二世的帶領下從東方返回，人們把科爾特斯看作是預言實現了。

魁札爾科亞特爾，900～1250年間墨西哥瓦斯特克文化的石灰石塑像；現藏紐約布魯克林博物館
By courtesy of The Brooklyn Museum, New York, Henry L. Batterman and Frank S. Benson Funds

queuing theory＊ 排隊論 對排隊行為（等待線）及其要素的研究。排隊論是研究電腦系統部分參數操作的工具，在找出發生「瓶頸」的原因（即某一特定階段大量資料等待導致電腦執行不暢的原因）時特別有用。根據優先順序、大小或到達時間等因素，對排隊的尺寸和等待時間加以考慮，或對排隊細項進行研究和操作。

Quezon (y Molina), Manuel (Luis)＊ 奎松（西元1878～1944年） 菲律賓政治家，參加反美獨立爭鬥。相信唯有和美國合作，才能使菲律賓取得獨立。1907年選為議員。1909年任菲律賓在美國眾議院的常駐專員，為菲律賓盡速脫離美國獨立而奔走呼籲。1916年為爭取美國國會通過「瓊斯法」曾發揮重要作用。該法案保證菲律賓獨立，但未規定確切的日期。1935年當選為自治領政府總統。1941年再度當選總統。1942年日本侵占菲律賓，他去美國組織流亡政府，他沒有等到菲律賓完全獨立，就因肺病死去。奎松市命名以向他表示敬意。

Quezon City＊ 奎松市 菲律賓呂宋島城市（1994年人口約1,677,000）。馬尼拉東北側。1939年由菲律賓總統奎松選定，故名。1948年取代馬尼拉為首都，1976年遷回馬尼拉。沿環城公路有輕工業區。市內設有兩所大學。

Quiche 基切人 亦作K'iche或Kiche。居住在瓜地馬拉高地的印第安人，是使用馬雅語言的所有種族中最大的一個。在前哥倫布時期，基切馬雅人已具有先進的文明。根據《聖書》中保存的歷史和神話記載，傳統的基切人以務農為主，住房為茅草屋，擅長織物和製陶。他們在名義上信仰天主教，但也參與異教徒的儀式。1980年代初期，基切人因瓜地馬拉軍事叛亂戰爭而被殺或被迫遷移，現今人數在70萬～80萬之間。

quicklime ➠ lime

quicksand 流沙 指飽含水的沙失去其支撐能力而具有流體性質時所處的狀態。流沙通常見於大河流的河口以及沿河流或海灘平坦地段的窪坑裡。水坑被沙部分地充填，沙下面的一層黏稠的黏土或其他致密的物質又阻止了排水。有些天然的沙、結構極為鬆散，以致於只要有腳步之類引起的微微的擾動，就足以使那種鬆散的構造瓦解而造成「流動」狀態，於是就會使人或動物像陷在流體裡那樣陷進去；但由於這種沙和水的懸浮液，密度超過人體的密度，所以人體不會沈到表面以下。如果掙扎就可能導致失去平衡而被淹死。

quicksilver ➠ mercury

Quiller-Couch, Arthur (Thomas) 奎勒枯赤（西元1863～1944年） 受封為亞瑟爵士（Sir Arthur）。英國詩人、小說家和文選家。以編纂《1250～1900年牛津英國詩選》（1900, 1939年修訂）和《牛津歌謠集》（1910）著稱。曾在牛津大學三一學院求學。定居康瓦耳前在倫敦一家出版社擔任編輯。1912年任教於劍橋大學。出版的著作有《論寫作藝術》（1916）和《談讀書的藝術》（1920）。他以清晰簡潔、流暢自如的風格著稱。其中包括許多小說、短篇故事、散文及評論。

quilombo＊ 魁倫波 亦作mocambo。在殖民地時代的巴西，由亡命的奴隸所組成的團體。魁倫波通常位於僻遠難至之處，人數也很少超過百人，他們都是橫徵暴斂及盜賊肆虐下的倖存者。最大及最有名的魁倫波是帕爾馬里斯，在1690年代發展成一個擁有兩萬名居民的自治共和國。它的繁榮來自於充分灌溉的土地，以及從葡萄牙人大農莊勸誘而來的奴隸。實際上，這些被勸誘而來的奴隸都被監禁起來，以防止他們逃脫。葡萄牙人與荷蘭人曾發動過幾次針對帕爾馬里斯的征討；1694年，一支旗隊終於成功摧毀了帕爾馬里斯。

quilting 絎縫繡 將兩層織物縫合在一起的一種工藝，通常在兩層織物之間填以軟而厚的物料。使用羊毛、棉花或其他填充物可有隔絕效果；絎縫繡的針法使填充物分散均勻，同時也能在圖案和技術方面表現出藝術性。絎縫在世界許多地方久已用於縫紉，特別是在遠東、中東和非洲穆斯林地區。後由於美國開始流行使用襯裙和羊毛圍巾，使得絎縫繡獲得最完善的發展。至18世紀晚期，美國絎縫繡已形成獨特的風格，如在外層縫上彩色的織物以及縫紉襯托出外層的圖案等。

quince 榲桲 薔薇科榲桲屬果樹。多分枝灌木或小喬木。榲桲原產伊朗和土耳其，可能也原產於希臘和克里米亞。果皮金黃色，果肉於烹煮後帶粉紅色，故製成的果醬及蜜餞等色澤鮮豔。日本榲桲為小灌木，花美麗，在冬末春初先於葉開放。

Cydonia oblonga，榲桲屬的一種
Walter Chandoha

Quincey, Thomas De ➠ De Quincey, Thomas

Quine, W(illard) V(an) O(rman) 奎因（西元1908年～） 美國邏輯學家和哲學家。在卡納普指導下進行數學研究。1936～1978年任哈佛大學講師和教授。主張系統的、結構式哲學分析。雖然早年曾更多地把邏輯的技術方面強調為哲學的基礎，但後期著作卻主張把一般哲學問題在一個系統的語言構架之內進行研

究。著作：《一個符號邏輯的系統》(1934)、《語詞和對象》(1960)、《邏輯哲學》(1970) 和《指標之源》(1973)。

quinine* 奎寧 在金雞納樹和灌木樹皮中發現的生物鹼。這種雜環化合物的化學結構是大而複雜的，內含數個圈。在1940年代之前的300年間，在新型抗瘧藥出現之前，奎寧一直是西方醫學中治療瘧疾最爲有效的藥物。奎寧是第一個使用化合物治療傳染病的成功例子，比史上任何其他這種藥物治療的傳染病患者數都多。奎寧通常用於治療疼痛和發燒，以及用作一些碳酸飲料的調味劑，包括奎寧水。

Quinn, Anthony 安東尼昆（西元1915～2001年） 出生於墨西哥的美國演員。有混合愛爾蘭與墨西哥的血緣，安東尼昆1936年起出現於大銀幕上，一開始演些印地安人或外國人之類的小角色。自從在百老匯擔綱演出《慾望街車》之後，他重返好萊塢，並因演出《薩巴達傳》(1952) 與《梵谷傳》(1956) 榮獲奧斯卡金像獎男配角獎。以充滿陽剛氣知名，共演出一百餘部電影，著名的有費里尼導演的《大路》(1954)，以及《拳王爭霸戰》(1962) 與《希臘左巴》(1964)。

quinone* 醌 在六元不飽和環中，含有兩個緊鄰的，或被乙烯基（-CH=CH-）撐隔開的羰基（-C=O）的環狀有機化合物的統稱。醌結構對化學結構和顏色關係的理論起著重要作用。醌類化合物存在於細菌、某些眞菌以及各種高等植物組織中。少數動物中，則是從它們所食的植物攝取的。維生素K就是一種萘醌。在酸性溶液中，對苯醌能可逆地還原成氫醌（$C_6H_6O_2$）；具強烈氣味的亮黃色固體，主要用作照相的顯影劑及製造染料和臭菌劑。

Quintana Roo* 金塔納羅奧 墨西哥東南部猶加敦半島東部一州（1990年人口約493,277），與加勒比海、百里斯相鄰，其北岸濱臨墨西哥灣和加勒比海之間的猶加敦海峽。面積50,212平方公里（19,397平方哩），首府是切圖馬爾。這裡曾多年作爲政治犯流放地，最初是從猶加敦州和坎佩切灣州的一部分畫分出來的一塊領地，1974年設州。境內有許多馬雅人廢墟。主要生產糖膠樹膠和少量的椰仁乾，產於科蘇梅爾島海岸附近，1519年科爾特斯在此登陸。

Quinte, Bay of* 昆蒂灣 加拿大安大略省東南部安大略湖的一個狹窄湖灣。從阿默斯特島附近入口處一直延伸到西部的默里運河，全長121公里。爲度假旅遊勝地，灣內港汊交錯，風景秀麗。灣邊主要居民點有特倫頓市、貝勒維爾市、德西龍托市和皮克頓市。灣名取自灣內西部湖岸一個叫做Kente的印第安人村莊。

Quintero, José (Benjamin)* 昆特羅（西元1924～1999年） 生於巴拿馬的美國戲劇導演，紐約市外方內圓劇院的創辦人之一。1949年首次執導戲劇。1950年起開始在外方內圓劇院正式執導戲劇。1952年導演田納西．威廉斯的《夏日煙雲》，該劇塑造了一位明星佩姬，並建立起昆特羅的名聲。昆特羅因重導20世紀的重要戲劇，特別是威廉斯和歐尼爾的作品而聞名。包括《賣冰人來了》(1956)、《長夜漫漫路迢迢》(1956)。除舞台劇外他也執導過電影、電視專輯和幾部歌劇。

Quintilian 昆體良（西元35?～96年以後） 拉丁語全名Marcus Fabius Quintilianus。古羅馬修辭學家與教師。出生於西班牙，可能受教於羅馬並受到當時第一流雄辯家的實際訓練。西元69～88年教授修辭學，成爲羅馬第一名領受國家薪俸的修辭學教師。並任法庭辯護士。巨著《雄辯家的培訓》共十二冊，此書論述教育的首要目的是造就熟練的演說家。他主張教師應因材施教和道德教育。他認爲教育的最終目的是發展學生的身心與陶冶學生的情操。其教育思想雖在17世紀以後因崇古思想沒落不再起作用，但當代全面發展的教育觀點則是從他那裡直接繼承下來的。

Quirino, Elpidio* 季里諾（西元1890～1956年） 菲律賓共和國獨立後第二任總統。在菲律賓獨立之前曾擔任許多當選的和被任命的職位。1934年季里諾陪同奎松前往美國尋求「泰丁斯－麥克達菲法」的庇護，這個法案確定了菲律賓獨立的日期。菲律賓獨立後，季里諾擔任羅哈斯政府副總統。1948年羅哈斯去世，由他繼任總統。任總統期間，季里諾大力進行戰後重建，實行全面經濟振興計畫，但並未解決根本社會問題（導致虎克暴動），政府貪污的問題也很普遍。

Quirinus* 基林努斯 羅馬神話中僅次於朱比特和馬爾斯，的主神。此三神的祭司是羅馬最主要的祭司（參閱flamen）。基林努斯與馬爾斯相似，一些人認爲他無非是馬爾斯的另一化身。到了共和後期，他完全與羅慕路斯合而爲一。基林努斯節在2月17日。

Quisling, Vidkun (Abraham Lauritz Jonsson) 吉斯林（西元1887～1945年） 挪威政治人物，第二次世界大戰時與德國人合作。曾任駐彼得格勒和赫爾辛基武官，1931年任國防部長，1933年辭職，組織法西斯主義的民族統一黨。1940年德軍侵入後，吉斯林積極與德國人合作，並在德國統治的挪威政府服務。吉斯林試圖使挪威人民信奉國家社會主義，但遭到強烈反對。吉斯林在挪威解放後被逮捕，以叛國罪和其他罪行遭處決。他的名字成爲「賣國賊」的同義詞。

Quito* 基多 厄瓜多爾的首都（1997年人口約1,488,000）。位於皮欽查火山山麓的一個狹窄的安地斯山谷地（海拔2,850公尺）中。1487年併入印加帝國。1534年西班牙人占領該城，基多是所有南美大陸首都中最古老的。1535年在該城建立的藝術學校是南美洲同類學校中最古老的。基多是全國兩個主要工業中心之一，產紡織品和輕便消費品。設有數所高等教育學校。

quiz show 智力測驗節目／益智猜謎節目 ➡ game show

Qumran* 庫姆蘭 死海西北岸地區。1947年在該地一洞穴中發現《死海古卷》。在離死海不到1.6公里的廢墟陸續發現古建築遺跡，據考證該區是猶太教艾賽尼派一個教團的住處，而《死海古卷》就是這個教團所使用的經籍。主要建築包括寫經房、一個製陶坊、一個磨麵房和一個頗具規模的引水系統。有些學者認爲猶太教艾賽尼派於西元前2世紀中葉在庫姆蘭建立了一個教團。西元68年，該中心爲羅馬軍團所毀。

quoin* 隅石 在建築中，房屋的外角上所用的石塊。由於在接縫、色彩、質地或大小上都和牆體本身不同。這種隅石既有結構作用又起裝飾作用。大都數的隅石都用不同長度的石塊有規則地長短交替砌築。古羅馬曾使用此類砌築方式。

quoits* 投環 一種遊戲，即使用鐵環或是繩環（兩者都被稱爲投環）投向一個直立的標棍（鐵架），試圖將其套中或是盡可能接近。投環遊戲可能早已盛行於羅馬人統治下的不列顛（西元1世紀到5世紀），並可能發展爲擲蹄鐵遊戲。

quota 配額 在特定期間內，政府對進出口商品或勞務實行的數量限制，或（在特殊情況下）價值限制。配額在限制貿易上，特別是在某種商品的國內需求對提高價格並不敏

O P Q R

感時，比關稅更爲有效。某種商品如果按照配額進口的數量比不實行配額時要進口的數量少，則國內價格可能上漲。大規模定量貿易限制是在第一次世界大戰期間和戰後不久實行的。配額在1920年代間逐漸由關稅所取代。大蕭條期間又開始了配額保護的另一高潮。第二次世界大戰後，西歐國家開始逐步取消定量進口限制，而美國則有加強使用這種限制的趨勢。亦請參閱free trade。

quotient rule 商法則 找出兩個函數商的導數的法則。若f和g均可微分，商就是F(x)= f(x)/g(x)。簡寫成 $(f/g)' = (gf' - fg')/g^2$。

Quqon＊ 浩罕 亦作Kokand。烏茲別克東部地區。在18世紀以前是一個強大的汗國。1760年左右承認中國的宗主權。1876年爲俄羅斯征服，並以古代名稱費爾干納設爲突厥斯坦一省。1924年成爲烏茲別克蘇維埃社會主義共和國的一部分，1991年則爲獨立的烏茲別克共和國一部分。其主要城市亦稱浩罕（人口約184,000〔1993〕），建於1732年，不過遠在10世紀時已有人居住。

Quran＊ 可蘭經 亦作Koran。伊斯蘭教聖典，伊斯蘭教徒認爲它是阿拉對先知穆罕默德所啓示的眞實語言。西元7世紀首次匯集成書，使用阿拉伯文編寫，分爲114章（sura），各章長短不同。最早的章節要求根據審判日的來臨做到道德和宗教的服從；後來又加上對社會結構的產生給予指點，這種社會結構將會維護眞主所要求的道德生命。《可蘭經》同時也對天堂的歡樂和地獄的痛苦作了細節描述。穆斯林相信眞主對穆罕默德說的話，即眞主被猶太教信徒和基督教信徒所崇拜，但是這些宗教對這些啓示並不是完全接受的。在眞主嚴厲的審判問題上，強調的是審判並非如此嚴厲，從而顯示眞主的仁慈和寬容。《可蘭經》要求絕對服從於眞主，聽從眞主的話，這也是伊斯蘭教法律的主要來源。《可蘭經》在形式和內容上是不可變的；傳統上禁止翻譯《可蘭經》。現今的翻譯文本通常被認爲是一種推動理解眞實文本的解釋。

qurra＊ 誦經人 伊斯蘭教用語，指專職誦讀《可蘭經》的人。在伊斯蘭教早期，背記誦讀《可蘭經》全部經文在虔誠的穆斯林中很常見。《可蘭經》古阿拉伯語抄本字跡難辨，因而在讀音和詞義問題上學者往往需要請教於這些誦經人，9世紀時，誦經人已成爲一種被確認的專業人員。各清眞寺現在仍設專人誦讀《可蘭經》，以便向信徒解釋啓示。在某些阿位伯國家裡，誦經的職務一般由盲人擔任。

Qutb, Sayyid＊ 古提巴（西元1906～1966年） 埃及宗教領袖與作家，後來被總統納瑟處決。出身鄉紳家族，但他的生活一直相當困頓，最重要的作品是嚴厲批判納瑟統治的《路標》。1954年穆斯林弟兄會試圖行刺納瑟，古提巴一行人隨之被捕入獄（1954～1964），1966年古提巴再度被捕，並被控密謀叛亂，定罪後即被處決。

Qwa Qwa＊ 庫瓦 南非橘自由邦前非獨立黑人區，與賴索托和納塔爾省相鄰。面積655平方公里，爲南非最小的前黑人區。1974年庫瓦獲准自治。1994年併入橘自由邦省（今自由邦省）。工業包括磚廠、碎石開採廠及家具廠。

Ra ➠ Re

Rabanus Maurus 拉班（西元780?～856年） 亦稱Hrabanus Maurus。德國神學家。本篤會修士。803年任法蘭克福附近富爾達修道院所屬學校的校長，他把富爾達建設成歐洲重要的學習中心。822年當選富爾達修道院院長，使修道院成爲整個歐洲基督教傳教的基地。847年被立爲美因茲大主教。拉班有許多著作，包括《論事物的性質》（842～847），是一部包羅所有知識的百科全書。他還寫了關於教育和語法的論文以及對《聖經》的注釋。他的著作對德國文學的發展有著重大貢獻，他因而獲得「德國之師」的稱號。

Rabat＊ 拉巴特 阿拉伯語作Ribat。摩洛哥首都（1994年拉巴特－塞拉都會區人口約1,386,000）。位於大西洋沿岸的布賴格賴格河口，與塞拉隔河相望。是摩洛哥四皇城之一。12世紀時阿爾摩哈德王朝的統治者阿布杜勒．慕敏在此爲他反對西班牙人的聖戰建立軍營。1609年後，拉巴特－塞拉成爲大量從西班牙趕出來的安達魯西亞摩爾人的家園。後來又成爲最讓人畏懼的巴貝里海岸海盜的居留地。1912年後，拉巴特是法國保護地的行政首府。現在它是紡織工業的中心，以生產地毯、毯子以及皮革手工製品著稱。

Rabban Gamaliel ➠ Gamaliel I

rabbi＊ 拉比 亦作rebbe。在猶太教中指學過希伯來文經籍和「塔木德」，有資格擔任猶太教會眾的精神領袖的人。可以由任何一位拉比來授予拉比稱號，但一般都由候選人的老師來頒發證書。雖然拉比應該是老師而不是祭司，但他們也主持宗教儀式，協助舉行受誡禮，主持婚禮和葬禮。在離婚的問題中，拉比的作用由專門的猶太法院來決定。拉比還負責會眾的諮詢和慰問，監督年輕人的宗教教育。

rabbinic Judaism＊ 拉比猶太教 猶太教的一種主要形式，西元70年耶路撒冷第二聖殿（參閱Jerusalem, Temple of）被毀後發展起來。它起源於法利賽派的教導，強調需要對托拉作出評注性的解釋。拉比猶太教主要研究「塔木德」，辯論由它引起的法律和神學問題。世界各地的猶太人至今還遵循它的禮拜模式和生活準則。

rabbit 兔 兔科所有小型蹦跳、嚙齧哺乳動物的統稱。耳長，尾短，後腿長，有兩對上門牙，其中一對生在另一對較大、具功能的門牙後。許多種類被毛爲灰或褐色。體長約25～45公分，重約0.5～2公斤。主要以草爲食。兔的生產率高，不像野兔。兔初生時裸露無毛，眼不能睜開，需要母體照顧。多數種類夜間行動、獨棲於地穴，但產於歐洲和亞洲的歐洲兔，亦稱舊大陸兔，爲所有家兔的祖先，住在許多洞穴組成的穴群裡。13種北美棉尾兔（棉尾兔屬），尾下側爲白色。

Sylvilagus floridanus，棉尾兔屬的一種
Steve and Dave Maslowski

Rabéarivelo, Jean-Joseph＊ 拉貝阿利維洛（西元1901～1937年） 馬達加斯加作家。主要依靠自學成材。曾在出版社當校對員維持生計。在法國他寫了七卷詩集，其中最重要的有《近乎夢想》（1934）和《黑夜的表述》（1935）。在他詩中所創造的神祕和超現實的世界強烈地表現出他的個性，充滿著死亡、災難和孤獨感。由於受到法國當局的折磨，加上吸毒成癮，最終自殺身亡。被尊爲馬達加斯加的現代文學之父。

Rabelais, François＊ 拉伯雷（西元1494?～1553年） 法國作家和教士。初習法律，受神職爲方濟會教士。後來由於一場爭論而轉入本篤會。1530年離開本篤會習醫，成爲他以後畢生從事的專業。他是位重要的人文主義學者，翻譯發表了希波克拉提斯和加倫的著作。他的名聲主要來自五部喜劇小說（其中一部的作者尚有懷疑），合稱《卡岡都亞和龐大固埃》，包括經典傑作《龐大固埃》（1532）和《卡岡都亞》（1534），還有《第三本書》（1546），是他最著名的作品。這些作品的用詞賞心悅目，是講故事的高手。與以前任何法國作品不同，他將學術、文學和科學的模仿拼湊在一起而表現出很深的人文主義精神。由於這些作品的諷刺性內容以及粗俗的幽默而遭到民間和教會當局的禁止，然而在歐洲仍被廣泛閱讀。因其醫生的職業，使他受到許多有勢力的人的保護而獲得自由。

Rabi, I(sidor) I(saac)＊ 雷比（西元1898～1988年） 波蘭出生的美國物理學家。他在哥倫比亞大學獲得博士學位後，在該校教授物理（1929年起）。1940～1945年間在麻省理工學院領導一個科學家小組參與研製雷達。1952～1956年間繼承奧本海默任原子能委員會總顧問委員會主席。他是歐洲核子研究組織國際高能物理實驗室的創始人，並參與建立了紐約布魯克黑文國家實驗室。他發明的測量原子、原子核和分子磁性的方法（1937）導致出現了原子鐘、邁射、雷射、磁共振成像以及用於分子束和原子束實驗的中心技術。這些成就使雷比獲得了1944年諾貝爾物理學獎。

rabies＊ 狂犬病 溫血動物感染的一種病情凶險的中樞神經系統急性病毒性傳染病。接觸已被感染動物的唾液來散播，通常因被咬而感染。彈狀病毒使它從傷口沿神經組織而到達大腦。通常在感染後4～6小時出現症狀，開始時表現爲興奮易怒，具有攻擊性。野生動物會不怕人類，稍受刺激就咬人，家養寵物也一樣。接著出現精神萎靡和癱瘓。出現症狀後3～5天便會死亡。人類甚至可能在中樞神經受壓抑的症狀發展之前的早期階段就會發作而死亡。狂犬病又稱恐水病，是因爲吞咽時喉部收縮而疼痛。人類得了狂犬病如果不及時（一兩天內）用帶抗體的血清以及一系列的疫苗接種處理的話，必定會致命。立即用肥皂和水沖洗動物咬的傷口可以除去大部分病毒。

Rabin, Yitzhak＊ 拉賓（西元1922～1995年） 以色列第一位本土出生的總理。曾參加以色列獨立戰爭，1964年任參謀長。1967年他的戰略幫助贏得了六日戰爭。從軍隊退役後（1968），曾任駐美國大使（1968～1973）。作爲以色列工黨的領袖，他兩次擔任總理（1974～1977和1992～1995）。在他的第一屆任期內，他確保了與敘利亞在戈蘭高地的停火，並下令襲擊恩德比（參閱Entebbe incident）。任國防部長期間（1984～1990），他以武力回答巴勒斯坦的抗暴行動。1993年與巴勒斯坦人祕密談判，最後達成政治解決，同意在加薩走廊和約旦河西岸實行有限的巴勒斯坦人自治。爲此，他與裴瑞斯和阿拉法特分享了1994年的諾貝爾和平獎。他被一名右翼猶太極端分子刺殺身亡。

raccoon 浣熊 亦稱環尾浣熊（ringtail）。浣熊科浣熊屬2～7種雜食性、夜間行動的食肉動物的統稱，其特徵爲多毛、環狀條紋的尾和臉部黑色面罩。北美浣熊體矮胖，腿短，吻尖，耳小而豎立。全長75～90公分（包括25公分尾長），重約10公斤。毛粗而蓬鬆，鐵灰至淺黑色。腳細長似人手。浣熊以節肢動物、齧齒類動物、蛙、漿果、果實和植物爲食，在城鎮中則吃垃圾。喜居於水邊的樹林，通常居於樹洞中。南美的食蟹浣熊與北美種相類似，但毛較短粗。

北美浣熊
Leonard Lee Rue III

race　種族　原本是體質人類學慣用的字彙，指稱一種人類的分支，他們共同具有族裔相傳的體質特質，且是足以明顯辨認的獨特人類類型，例如高加索人、蒙古人、黑人等。但現在此一字彙已不太具有科學意義，隨著老舊的分類方法（例如頭髮形式、體格指標）漸被淘汰，取而代之的是去氧核糖核酸（DNA）比較分析法和基因頻率，以及一些相關係數，像是血型分類、氨基酸分泌、先天酶缺陷等。在今天，所有人類的基因都被發現是極爲相似，因此大部分研究者都已放棄種族的概念，而改用連群（cline）的概念，意指沿著一條環境或地理轉化線而產生的漸變式系列差異。這其實是反映了新的認知，承認人類族群永遠處於流動的狀態，而基因是恆常地由一個基因庫流到另一個基因庫，只會受限於生理界限和生態界線。然而族群的相對孤立，確實保存了基因的差異，也使得人群在一段長時期中，可以擁有最強的能力去適應氣候和疾病；因此現存的族群完全是基因「混合」，但他們之間的差異其實並不能將他們進行簡單分類。今天「種族」這個字彙基本上是社會學的名詞，使擁有相同外在體質特徵及文化歷史共同性的群體能自我確認。亦請參閱climatic adaptation, human、ethnic group、racism。

racemate＊　外消旋體　兩種分子結構互爲鏡像的對映體（參閱isomer）的等量混合物。兩種對映體使偏振光向相反的角度旋轉，彼此抵銷，所以外消旋混合物沒有光學活性。外消旋作用是把一種化合物的光學活性形式轉化爲外消旋的混合物；這個過程的逆過程稱爲拆分（resolution）。

racer　游蛇　游蛇科幾種體大、行動敏捷的蛇類的統稱，是縊縮游蛇的幾個亞種。分布於北美洲、中美洲和亞洲。尾長，眼大，鱗片光滑。不同亞種間的體色和斑紋各異，有些體長可達1.8公尺。爲行動最快的蛇類之一，游蛇每小時可行動5.6公里。游蛇用盤曲的軀體的重量壓倒獵物（常爲小型溫血動物），然後吞咽下去。遭受攻擊時擺動尾部，頭部側向運動，反覆進攻，可將人的皮膚撕裂。亦請參閱black snake。

縊縮游蛇
©1971 Z. Leszczynski－Animals Animals

Rachel　拉結　在〈創世記〉中，雅各兩位妻子之一。爲了迎娶拉結，雅各爲她的父親拉班服務了七年，但最後卻受騙娶了她的姐姐利亞。後來他獲准娶拉結，但條件是還要服務七年。開始時拉結沒有孩子，最後生了約瑟，但在生便雅憫時去世。

Rachmaninoff, Sergei (Vassilievich)＊　拉赫曼尼諾夫（西元1873～1943年）　俄羅斯裔美國作曲家和鋼琴家。曾在聖彼得堡和莫斯科音樂學院學習。在以鋼琴學生身分在畢業時演奏了他第一支協奏曲後（1891），他繼續學習取得作曲的學位，十七天中寫出了他的第一部歌劇《阿列科》（1892）。他的第一部交響曲（1897）是一場災難，使他在三年內都無法作曲。作爲鋼琴家，他以偉大的鑑賞力著稱。他周遊各地，同時又回到了多產的作曲狀態。1917年革命後移居美國。他的作品大部分富有晚期浪漫主義的風格，包括三部交響曲、四部鋼琴協奏曲、歌劇《法蘭西斯卡．達．里米尼》（1906）、音樂詩《死之島》（1909）、《聖約翰．克里索斯托的禮拜》（1910）以及《交響舞曲》（1940）。

Racine, Jean(-Baptiste)＊　拉辛（西元1639～1699年）　法國劇作家、法國古典悲劇大師。早年父母雙亡，成爲孤兒。在詹森派女修道院受的教育，但他不顧他的撫養環境而選擇了戲劇。1664年他的第一部戲是莫里哀演出的。當拉辛把他的下一個劇本《亞歷山大大帝》（1665）交給競爭對手劇院，並且誘姦了莫里哀的情婦和女主角後，他與莫里哀之間的友誼就終結了。那位女主角在拉辛的《安德羅瑪克》（1667）中擔任主角，該劇取得了成功，反映出他悲劇性的狂熱愛情的主題。《訟棍》（1668）是他唯一的喜劇。接下來是兩部偉大的悲劇《布里塔尼居斯》（1669）和《貝蕾尼斯》（1670）。這兩部戲導致拉辛與高乃依絕交。高乃依原是老戲迷們的偶像，但聲望正在下降。接著，拉辛又推出了《巴雅澤》（1672）。根據希臘神話悲劇寫完他的傑作《菲德拉》（1677）後，他退出寫作而成爲路易十四的史官。他最後的兩個劇本《愛絲苔爾》（1689）和《阿達莉》（1691）是奉國王的妻子曼特農侯爵夫人之命而寫的。

racism　種族主義　任何反映種族觀念的行動、習性或信仰，這樣的意識形態，相信人類可以區分爲隔離且互斥的生物實體，他們稱爲「種族」並認爲人格、智力、道德和文化都與遺傳性的體質特質有因果關聯，因此認定某些種族天生就優於其他種族。對於北美奴隸制、西歐人跨海擴張殖民地和打造帝國的時代，種族主義正是其核心思想，並在18世紀達到高峰。在美國南方，種族觀念被創造出來誇大人群的差異：一種人是歐洲裔的美國人，另一種人則是祖先被迫帶到美國爲奴的非洲裔後代。主張奴隸制度的人，透過把非洲人及其子孫貶低爲較次等人種，爲這種剝削制度找到正當化理由；但另一方面，他們卻同時把美國描寫成充滿自由、人權、民主、機會、平等的堡壘與殿堂。這種奴隸制度和人權思想的矛盾，在人類自由和尊嚴的哲學之下，似乎必須將那些奴隸的人性去除不管。到了19世紀，種族主義更加成熟並且散布到全世界。源自我族中心主義的種族主義，以體質來區分差異，並認爲這些人群間的差異是不可改變的。雖然族群認同被認爲是後天得來的、族群特質是習得的行爲形式，但相反的，種族則被認爲是天生而且不可改變的認同形式。到了20世紀後半葉，世界上很多衝突被解釋爲種族的紛爭，但其實衝突的根源只是長期以來許多人類社會的族群敵意（例如阿拉伯人與猶太人；英格蘭人與愛爾蘭人）。種族主義表露了人群分裂的最深刻形式，並意指不同團體之間的差異大到無法跨越。亦請參閱ethnic group、sociocultural evolution。

rack and pinion　齒條和小齒輪　一種機械裝置，由一條矩形截面的桿（齒條）和一個與齒條上的齒相嚙合的小齒輪組成。如果小齒輪繞固定軸轉動，齒條則沿直線運動。某些汽車在以這種方式運轉的轉向機構中就有齒條和小齒輪傳動裝置。如果齒條固定，小齒輪裝在工作台的軸承上，而工作台所在的導軌與齒條平行，那麼小齒輪的軸轉動時，就會帶動工作台平行齒條而移動。在機床中，利用這個原理來使工作台快速移動。

O P Q R

racketeering ➠ organized crime

rackets 壁球 二或四名運動員在四面有牆的場地上用球拍擊球的一種運動。與軟式壁球和短柄牆球不同，壁球用的球是硬球，場地也較大（大約9×18公尺）。與其他類似遊戲一樣，壁球的目的是讓球從前面或其他幾面牆上彈回而不讓對手碰到並擊彈回來。19世紀初，此項運動從英國開始發展起來。

Rackham, Arthur 亞瑟瑞克漢（西元1867～1939年） 英國藝術家與插畫家。從在報社擔任藝術工作職位開始，他就開始爲書畫插圖。他使用網目凸版製版法的技巧十分嫻熟，高度精細的畫法展現出獨特的想像力。1900年出版的《格林童話》爲他帶來名聲，1905年爲《李伯大夢》所畫的插圖則讓他贏得美國人的認可。他總共繪製過六十本以上的書籍，包括兒童經典名著以及莎士比亞、狄更斯、密爾頓、華格納與愛倫坡的作品。

racquetball 短柄牆球 與壁球相似的一種比賽，在一個四面都是牆的球場中，拿著一支短柄有網的球拍，打一個比壁球所用還大些的球。這種運動是索北克（1918～1998）因爲對壁球不滿意而在1950年發明的。到1990年代晚期，全世界已經有91個國家、850萬的短柄牆球運動人口。

radar 雷達 利用電磁波的反射來檢測並定位空間目標的系統。它也可以精確測量目標的距離（範圍）以及目標趨向或離開觀察裝置的速率。雷達（該名稱是「無線電檢測和測距」的簡稱）起源於1880年代赫茲的實驗工作。第二次世界大戰中，英國和美國的研究人員研製出一種軍事上用的高功率微波雷達。如今雷達用於辨認和監視地球軌道中的人造衛星，用於幫助飛機和海洋船隻導航，在一些重要的飛機場還用雷達來控制空中交通。

radar astronomy ➠ radio and radar astronomy

Radcliffe, Ann 賴德克利夫（西元1764～1823年） 原名Ann Ward。英國哥德式小說女作家。在富裕家庭長大。1787年與一位報人結婚，他鼓勵她從事文學工作。她因第三部小說《林中豔史》（1791）一舉成名。寫了第四部《尤道弗神祕事跡》（1794）後，賴德克利夫成了英國最受歡迎的小說家。《義大利人》（1797）揭示了罕見的內心世界，表明她已達到最佳境地。在她的故事裡，陰森恐怖和焦慮懸疑的場景裡充滿著浪漫主義的情調。

Radcliffe-Brown, A(lfred) R(eginald) 芮德克利夫－布朗（西元1881～1955年） 英國社會人類學家。曾在開普敦、雪梨、芝加哥和牛津等大學任教。在其關於功能主義的書中，把社會的各組成部分（如王權系統、法律系統）看作具有彼此不可缺少的功能，一個部分的繼續存在取決於其他部分的存在。他還發展出一個系統的概念框架，與小規模社會的社會結構有關。他對英國和美國的社會人類學有明顯的影響。主要作品包括《安達曼島民》（1922）和《原始社會的結構和功能》（1952）。

Radek, Karl (Bernhardovich)＊ 拉狄克（西元1885～1939?年） 原名Karl Sobelsohn。俄國共產主義政治家。他參加1905年俄國革命。1906～1914年間在波蘭和德國爲左翼報紙寫稿。1915年結識列寧後，1918年參與組織德國共產黨。1919年回到俄國，在第三國際中上升到領導地位。1924年因支持托洛斯基而被開除。1929年公開認錯後，成爲熱情的史達林分子。任《消息報》編輯委員（1831～1936）。儘管他已經轉變，但在清黨審判中還是被捕並受審，被判十年徒刑。後死於獄中。

Radetzky, Joseph, Graf (Count)＊ 拉德茨基（西元1766～1858年） 奧地利軍官。在拿破崙戰爭中他對抗法軍戰績突出。作爲陸軍參謀長，他努力使奧地利軍隊現代化。曾擔任駐義大利北部奧地利軍隊的總司令（1831～1857），1848年鎮壓了奧地利人統治的倫巴底和威尼斯兩省的起義。1849～1857年間任這兩省的總督。拉德茨基在保守派人的眼裡是位民族英雄，老約翰·史特勞斯爲他譜寫了《拉德茨基進行曲》。

Radha＊ 羅陀 印度教神話中指黑天在沃林達沃納牧人中間生活時的情婦。雖然羅陀是另一個牧人的妻子，但她是黑天最愛的長期伴侶。在毗濕奴教的守貞專奉運動中，羅陀象徵著人類的靈魂，黑天象徵神的靈魂。在許多印度文的詩歌中都頌揚了羅陀與黑天寓意式的愛情。羅陀也往往與黑天一起受到崇拜，尤其在印度的北部和東部。

radial engine 輻射型引擎 內燃機的型式，主要用於小型飛機，汽缸（數目從5至28個，看引擎大小而定）環繞機軸成圓形排列，有時候會有兩排以上。曾經是主要的活塞引擎類型，輻射型引擎現在僅有少量生產，大多數的需求都是現有產品重新生產而來。

radiant heating 輻射式供暖 由加熱表面輻射傳熱的供暖系統。輻射式供暖系統通常利用電阻線路或熱水加熱管線嵌進地板、天花板或牆壁。面板供暖是輻射式供暖的一種形式，特點用極大的面積（通常是整面天花板或地板）內含電導體、熱水管線或熱氣管。這類系統很多在室內是看不見供暖設備的。

radiation 輻射 能量從一來源發射出來，並通過周圍的媒質傳播的過程，或者指這個過程中所包含的能量。輻射由原子或亞原子粒子流或者由波組成。熟悉的例子有光（電磁輻射的一種形式）和聲（聲子輻射的形式）。電磁輻射和聲輻射都可以用一定範圍頻率和強度的波來描述。電磁輻射也常被處理成分立的能量包，稱作光子。所有物質都不斷地受到來自宇宙或者地面源的輻射。放射性元素發射幾種類型的輻射（參閱radioactivity）。亦請參閱Cherenkov radiation、Hawking radiation、infrared radiation、synchrotron radiation、thermal radiation、ultraviolet radiation。

radiation injury 輻射傷害 曝露在電離輻射中造成的組織損傷。具有快速增殖細胞的組織（例如皮膚、胃或腸的內壁以及骨髓）對輻射最靈敏。後兩種受到高劑量的輻射會造成輻射病。幾個小時後頭暈和噁心會消退。在腸道受輻射的情況下，隨之會出現腹痛、發燒和腹瀉，導致脫水和致命的類似休克的狀態。在骨髓受輻射後（二～三星期後），出現發燒、虛弱、脫髮、感染以及出血。在嚴重的情況下，由於感染或不可控制的出血會導致死亡。低輻射劑量會造成癌症（明顯的有白血病和乳癌），有時要在幾年後才發作。妊娠早期受到輻射會造成胎兒異常，因爲胎兒的細胞增殖很快。

radiation pressure 輻射壓力 電磁輻射撞擊表面所產生的壓力。壓力來自輻射攜帶的動量。當輻射被反射而不是被吸收時，輻射壓力就加倍。有時輻射壓力會大到能產生有用的力。

radiation therapy 放射療法 亦作radiotherapy或therapeutic radiology。利用輻射源來治療或緩解疾病，通常用於惡性腫瘤（包括白血病）。主要利用電離輻射來破壞疾病細胞，因爲輻射對快速生長的癌細胞作用最大。然而，輻射也會引起癌症（參閱radiation injury），所以不再用於良性腫瘤。其他併發症包括頭暈、脫髮、體重減輕以及虛弱。可以把放射性物質植入腫瘤（參閱nuclear medicine）。外部的輻射療法一般在幾個月內作十～二十個療程，可以在手術切除後進行，或者在不可能做手術的情況下使用。外部源比植入的源可以向深處的腫瘤提供更大的劑量。紅外輻射和紫外輻射可用來緩解炎症。

radical　基　化學用詞，有一個主要的和兩個次要、鬆散的意義。最常用來指自由基，也可以指一個離子或一個官能團。

radical　激進派　政治上指要求對部分或全部社會秩序實行激烈變革的人。1797年福克斯要求實行包括成年男子享有普選權在內的「激進的改革」時，首先用了這個詞（該詞出自拉丁文的「根」，意味著從系統的根部開始改變）。法國在1848年以前，把共和黨人以及主張男性普選權的人稱作激進派。後來這個詞用於馬克思主義者（參閱Marxism），他們主張根本的社會變革，消除社會的階級劃分。作爲大衆用詞，激進派指的是政治極端主義，不必一定使用暴力，而且既可用於左派，也可用於右派。

Radical Republican　激進派共和黨人　1860年代美國共和黨內要求解放黑奴，實行種族平等的成員。積極反對奴隸制的黨員在國會中向林肯總統施壓，要求把解放黑奴作爲戰爭目的之一。後來他們又反對在總統控制下對南方寬大的重建政策，要求實行嚴厲的「韋德－戴維斯法案」。林肯死後，激進派支援詹森總統，但不久就要求由國會控制重建。詹森試圖衝破激進派的勢力，卻導致他們通過了「任職法」。詹森對法案提出質疑，遭到彈劾。激進派共和黨人的領袖包括戴維斯（1817～1865）、史蒂文斯、索姆奈和巴特勒等人。1870年代隨著白人恢復了對南方各州政府的控制，激進派的影響日趨減弱。

Radical-Socialist Party　激進社會黨　法國政黨。是法國歷史最久的政黨，成立於1901年，但起源於19世紀。1870年代由克里蒙梭領導的法國共和黨改革派，成爲知名的激進派，在20世紀初的國家管理中有過重要影響。傳統上，它是個中間黨派，在第三共和和第四共和時期最爲突出。1920年代和1930年代與法國社會黨合組聯合政府。1945年後，它領導其他中間集團組成重要的政治聯盟。

radio　無線電　比可見光或紅外輻射頻率低（因此波長較長）的電磁輻射，包含的頻率範圍用於導航信號、調幅（AM）和調頻（FM）廣播、電視傳輸、手機通信以及各種形式的雷達。用於無線電傳輸時，信號用載波傳送，通過改變（調制）載波的振幅、頻率或間隔來實現。無線電技術源自法拉第、馬克士威、赫茲、馬可尼以及其他人的工作，隨著真空管、電子管振盪器、調諧電路以及其他部件的發展而不斷改善。後來的發明還包括用電晶體取代了電子管，印製電路取代了導線。亦請參閱radio and radar astronomy。

radio and radar astronomy　無線電和雷達天文學　通過測量天體發射或反射雷達波長的能量來研究天體。始於1931年，央斯基發現了來自地球外源的無線電波。1945年後，巨大的雷達圓盤天線、改進過的接收器和資料處理方法以及無線電干涉儀等，使得天文學家能夠研究更昏暗的源並得到更多的細節。無線電波能穿透太空中大多數的氣體和塵埃，比起光學觀察來，能給出銀河系中心清楚得多的圖像以及銀河系的結構。這樣就能研究我們的銀河系中的星際物質，發現以前不知道的宇宙天體（例如，脈衝星、類星體）。在雷達天文學中，無線電信號送往接近地球的天體或現象（例如，流星尾跡、月球、小行星、附近的行星），然後測出它們的回波，從而提供目標的距離及其表面結構的精確測量結果。由於雷達波能夠穿透濃密的雲層，所以它爲我們提供了金星表面的唯一地圖。在人類登上月球以前，對月球所作的無線電和雷達研究就已經揭示了月球的沙質表面。無線電觀察也提供了關於太陽的許多知識。亦請參閱radio telescope。

radio broadcasting ➠ broadcasting

radio telescope　無線電望遠鏡　由無線電接收器和天線組成的裝置，在無線電天文學中（參閱radio and radar astronomy）用於觀察。無線電望遠鏡形式多樣，但都有兩個基本部件，即一個大無線電天線以及一個輻射計或無線電接收器。由於有些天文的無線電波源在地球上看來異常昏暗，所以無線電望遠鏡一般都非常大，並且只能使用最靈敏的無線電接收器。第一台大型可操縱無線電望遠鏡於1957年在英國的焦德雷爾班克完成。世界上最大的可操縱無線電望遠鏡的天線直徑爲100公尺，在德國的普朗克無線電天文研究所裡使用。世界上最大的單個無線電望遠鏡是在波多黎各的阿雷西沃天文台，其固定的球形反射器直徑305公尺。無線電天文望遠鏡使得研究人員能夠發現來自木星的強烈無線電發射，並用來測量了所有行星的溫度。

在英國赤郡焦德雷爾班克的可操縱無線電望遠鏡——洛弗爾望遠鏡
Jodrell Bank Science Centre

radio wave　無線電波　電磁波譜中比紅外輻射頻率更低的波動部分。無線電波的波長從1公釐到數千公尺，用於通訊信號的傳送與探測，在空氣中以直線前進，或由電離層反射，或與位於太空中的通訊衛星來往。無線電波用於電視、導航、空中交通管制、通訊、雷達、遙控玩具與其他許多用途。

radioactive series　放射性系　四組不穩定的重原子核，通過一系列α衰變和β衰變直至達到穩定的核爲止。天然的放射性系是釷系、鈾系和錒系。這三個系領頭的元素都是天然存在的不穩定原子核，其半衰期與地球的年齡差不多。第四個系是錼系，以錼－237爲首，半衰期爲200萬年。錼系的成員在自然界不存在，而是通過原子核反應人工生成，半衰期都較短。

radioactivity　放射性　某些類的物質自發發射輻射的特性。1896年貝克勒耳第一個報告在鈾鹽中發現了這一現象，不久發現由於鈾有放射性，所以所有的鈾化合物都是放射性的。1898年居里夫人和她的丈夫發現了另外兩種天然存在的強放射性元素，鐳和釙。不穩定的原子核（參閱nucle-

OPQR

us）在試圖變得更穩定的過程中發射出輻射。放射性的主要過程有α衰變、β衰變和γ衰變。1934年發現通過人工蛻變，普通物質也能誘導出放射性來。

radiocarbon dating ➟ carbon-14 dating

radiology　放射學　醫學的分支，利用輻射來診斷（影像診斷）和治療（放射療法）疾病。最初只是用X射線來診斷，用X射線、γ射線以及其他的電離輻射來治療。現在的診斷方法包括同位素掃描（參閱nuclear medicine）、使用非電離輻射，如超音檢查和磁共振成像、還有放射免疫測定（激素抗體中的放射性同位素能檢測出微量的激素以診斷內分泌紊亂）。現在治療癌症的輻射療法還包括放射性激素以及化學治療藥物。

radiotherapy ➟ radiation therapy

radish　蘿蔔　十字花科一年生或二年生植物，學名爲Raphanus sativus。可能起源於東方，栽培食用其肥大肉質根。熱量低且體積大，味辣，常生食。根的可食部分的形狀和顏色因品種不同而異，從白色至粉紅色、紅色、紫色和黑色。大小從僅重數克的歐美品種至重達超過1公斤的日本種（日語稱大根）。

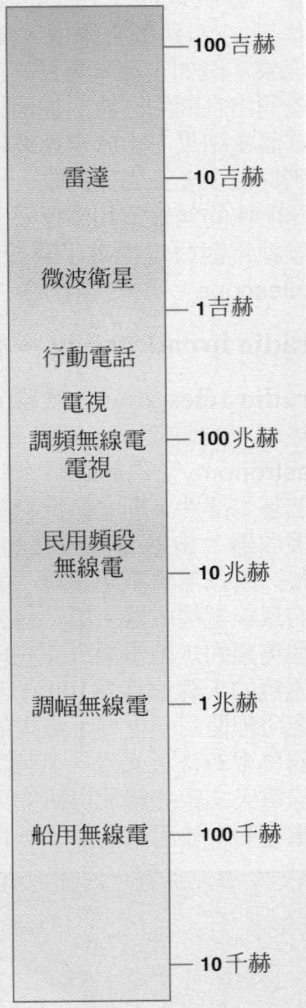

無線電波位於電磁波譜的低頻端。主要用於各種形式的通信。偵測自然無線電波源在電波及雷達天文學也很重要。在波譜上顯示一些應用的大致位置（對數尺度）。微波是無線電波譜一部分，波長範圍從從1至100公釐，換算頻率為1至100吉赫。微波區特別用於各種形式的雷達，太空載具及衛星通訊（例如全球定位系統），還有微波爐。業餘通訊如民用波段無線電以極短波無線電，約在10兆赫附近。海運導航和通訊系統專門在1兆赫以下的頻率運作。其他利用無線電的裝置或系統如金屬探測器、遙程導航系統以及磁共振成像技術。
© 2002 MERRIAM-WEBSTER INC.

Raphanus sativus v. radicula，蘿蔔的一種
Ingmar Holmasen

Radishchev, Aleksandr (Nikolayevich)＊　拉季舍夫（西元1749～1802年）　俄羅斯政治作家。雖然出身貴族，但他追求的是民間公僕的職業，與社會各階層人士接觸。受到像盧梭等作家的影響，其著作《從聖彼得堡到莫斯科旅行記》（1790）描寫了許多社會不公平的情形，希望他對農奴制度、專制制度以及檢查制度的批評能夠啓發凱薩琳二世。誰料結果反而是他被捕而流放到西伯利亞。1801年獲亞歷山大一世赦免，一年後自殺身亡。他激勵了後來的革命者，包括那些十二月黨叛變的煽動者。

radium　鐳　最重的鹼土金屬化學元素，化學符號Ra，原子序數88。1898年由居里夫人發現，1910年分離成功。鐳的所有同位素都是放射性的。在自然界鐳不存在游離狀態，但存在於天然礦石中，如瀝青鈾礦，是更重元素（包括鈾）放射性衰變的產物。由於它的成本太高，所以在醫學中的用途（參閱radiation therapy、radiology和nuclear medicine）已經減少；由於它會造成輻射傷害，所以在消費品（照亮鐘錶表面的指標和數位、儀器的錶盤）中已停止使用。在某些輻射照相術中還在使用鐳。鐳也用作中子源。

radon＊　氡　化學元素，化學符號Rn，原子序數86。氡是最重的稀有氣體，無色，無臭，無味，有放射性，相對不活潑（只與氟組成化合物）。在自然界很稀少，因爲它所有的同位素都是短壽命的，還因爲它的來源（鐳）是稀有的。它從某些土壤和岩石（如花崗岩）中滲漏出來進入大氣，會在地面附近通風不好的空間裡（包括地下室）積聚起來。現在知道使用這樣的空間會增加罹患肺癌的危險，除了吸煙以外，其影響比其他常見的因素都要嚴重。氡用於放射療法、放射照相術以及用於研究。

Raeburn, Henry　雷本（西元1756～1823年）　受封爲亨利爵士（Sir Henry）。蘇格蘭肖像畫家。早期曾當金匠的學徒，沒有受過畫家的正式訓練。他主要是位細密畫畫家。在肖像油畫方面別具一格，不經過構圖，直接在畫布上塗上油彩。他的肖像畫的特色是油料的嚴格掌握，光線效果生動而帶有實驗性，通常從被畫者頭後射過來。1812年當選爲愛丁堡藝術家協會會長，1815年任皇家學院院長。1822年封爵，並被指定爲蘇格蘭陛下的畫師（1822）。

Raeder, Erich＊　雷德爾（西元1876～1960年）　德國海軍軍官。第一次世界大戰中任海軍艦隊參謀長，後升任海軍上將。1928年起任海軍總司令，提倡建造潛水艇（「凡爾賽和約」禁止的）和快速巡洋艦。1939年升爲大元帥。1940年督導入侵丹麥和挪威。由於與希特勒意見相左，1943年被解除最高指揮權。在紐倫堡大審中被判終身監禁，1955年因健康原因而獲釋。

Raetia　雷蒂亞　亦作Rhaetia。多瑙河以南古羅馬的省。包括如今的奧地利、瑞士和德國的部分領土。本地居民可能是伊利里亞人和塞爾特人的混合血統。西元前15世紀被羅馬人征服，由於它地處義大利與多瑙河流域以及高盧與巴爾幹國家之間的交通要道上，所以很快成爲羅馬帝國的重要部分。由於它是個邊緣省份，當德國部落侵入後，它的邊界就發生移動。西元1世紀時，北部邊界擴展到內卡河，而到3世紀時，西部和北部邊界又拉回來了。到450年，羅馬只控制高山地區。

RAF＊　英國皇家空軍　全名Royal Air Force。負責英國防空和其他國際防務義務的武裝機構。起源於1911年，當時成立了一個皇家工兵航空營，該營有個氣球連和飛機連。第一次世界大戰中英國空軍海軍聯隊和空軍聯隊分離，但1918年它們合併爲英國皇家空軍。1920年在林肯郡的克蘭威爾建立了一所皇家空軍軍官學校。1922年一所皇家空軍參謀學校在罕布郡的安德福成立。第二次世界大戰爆發後，皇家空軍的前線力量約有2,000架飛機。皇家空軍飛行員在不列顛戰役中對抗數量占優勢的德國納粹空軍而建立了功勳。

Raffles, (Thomas) Stamford　萊佛士（西元1781～1826年）　受封爲斯坦福爵士（Sir Stamford）。英屬東印度公司的行政官員，新加坡的奠基人。十四歲進入東印度公司，他勤奮工作，被任命爲檳榔嶼（今屬馬來西亞）政府的助理祕書。在那兒他努力研究馬來民族。他豐富的學識在英國擊敗爪哇的荷蘭－法國聯軍中起了關鍵作用。1811年成爲爪哇的代理總督。他開始了大量的改革工作，目的是改變荷蘭的殖民體系，改善當地居民的生活條件。東印度公司責怪他的改革費用太高而把他召回。雖然他在倫敦很出名（1816年封爵），但當他恢復到東方服務時，他的權力卻大受限制。但他並不退縮，1819年繼續建設港口城市新加坡以保證英國進入中國海的通道暢通。1824年荷蘭人放棄了對新加坡的一切要求。萊佛士爲創建英國的遠東帝國作出了貢獻。

raga　拉格　古典印度音樂，與調式有關的一種原則。拉格可視爲旋律主體的一個字彙，主要用來強調音階某些特定樂音，讓拉格有著獨特的情緒，彰顯即將即興演奏的音樂。這種對某種高音的特別強調，有效地將音樂分成主要及次要樂音；次要樂音用來裝飾主要樂音，因此讓音樂的重點所在更加明確。每個音階能有許多拉格，端賴哪些樂音是被視爲主要樂音。拉格的藝術特色有兩個額外因素：主要與次要樂音間的分界不一定都是明確而快速的，第三階（裝飾音的裝飾）通常能經由演奏者演奏出來。拉格的概念可能在西元9世紀前出現，最後影響遍及南亞與東亞。

Ragae ➠ Rhagae

Raglan (of Raglan), Baron　拉格倫男爵（西元1788～1855年）　原名FitzRoy James Henry Somerset。英國陸軍軍官。任威靈頓公爵的助手，後來是他的軍事祕書。克里米亞戰爭（1854）時任命他爲英軍總司令。在巴拉克拉瓦戰役中，由於他發布的命令含糊不清，造成卡迪根伯爵所領導的輕騎兵旅傷亡重大。1854～1855年間的冬季，戰爭沒有進展，部隊的補給又不充分，拉格倫成了這一切的替罪羊。有一種衣袖稱爲拉格倫袖，可能源自滑鐵盧戰役後拉格倫截肢留下來的外套衣袖。

Ragnarok＊　世界末日　斯堪的那維亞神話中指神與人的終結。從10世紀的冰島詩《沃盧斯帕》以及其他來源得知，在世界末日到來之前，會發生嚴酷的冬天和道德的混亂。巨人和魔鬼們將對諸神發起進攻，諸神將像英雄般戰死。太陽將變得昏暗，衆星消失，大地將沈入海中。後來，大地會再次升起，無辜者死而復生，正直的人們將生活在金頂的大廳裡。華格納歌劇的名字《諸神的曙光》是世界末日的德語名。

ragtime　繁拍　美國於19世紀末20世紀初的流行樂風，特色在於其切分音甚多的旋律。繁拍特色能在結構嚴謹的鋼琴曲調中找到。左手的重音節拍由右手快速敲擊的旋律陪襯，讓音樂充滿前進式的衝力。（這個名詞可能來自「切分」）。繁拍通常以中等速度的三四段16小節的曲調呈現。最有名的繁拍作曲家爲喬普林。繁拍的旋律與結構對爵士樂發展有重要影響。

ragweed　豚草　菊科豚草屬約15種雜草（參閱weed）的統稱，多數種原產於北美。莖粗糙被毛，葉多分裂，花不明顯，稍帶綠色，聚生成小型的頭狀花序。普通豚草遍布北美大陸。豚草於夏末產生大量花粉，是北美東部及中部枯草熱的主要病原。因爲這些種類爲一年生，在傳粉季節前割除可將其消滅。

維吉尼亞秧雞
John H. Gerard from The National Audubon Society Collection/Photo Researchers

rail　秧雞　秧雞科約100種瘦小沼澤鳥類的統稱，遍布全球。翅短圓，尾短，腳大，趾長。尤其在夜間，其響亮的鳴聲揭露了其在稠密草叢中的行蹤。體羽主要爲暗灰和褐色，常具有橫斑。體長變化很大，約11～45公分。短嘴種類常被稱爲田雞。王秧雞、長嘴秧雞、維吉尼亞秧雞和卡羅來納秧雞（亦稱黑臉田雞，學名爲Porzana carolina），在美國遭人捕獵，有些種類已瀕臨絕滅，某些種類則是已絕滅。

railroad　鐵路　陸上運輸的一種模式。裝有凸緣輪的車輛由機車牽引或自備發動機推動，在兩條平行的鋼軌上運動。最早的鐵路建於16世紀歐洲的礦區，使用人力或馬力拉動軌道上的車輛。隨著蒸汽機車的發明，1825年修建了第一條鐵路，近代鐵路就迅速發展起來。美國的第一條鐵路，從巴爾的摩到俄亥俄，於1827年投入營運。後來爲運送貨物和乘客而製造出專門的車輛，包括1859年由普爾曼研製的臥鋪車。在19世紀，鐵路對每個國家的經濟和社會發展都有著重要的影響。在美國，1869年完成了橫貫大陸的鐵路，開始了鐵路擴張和鞏固的時代，一些金融帝國建築商都捲入進來，如范德比爾特、古爾德、哈里曼、希爾和史丹福等。20世紀初鐵路在美國的重要性開始下降，但在歐洲、亞洲和非洲，鐵路仍是國家內部以及國家之間充滿活力的運輸線。亦請參閱Orient-Express、Trans-Siberian Railroad。

Railway Express Agency　REA捷運公司　曾辦理全美國陸地和航空捷運業務的最大的公司。由美國政府在1918年以美國鐵路捷運公司成立，而當時的美國主要捷運公司亞當斯公司、美國運通公司、威爾斯－法戈公司和南方捷運公司合併成一個公共的機構。1929年一家聯合鐵路運輸公司開始運作，並開始將捷運公司作爲一家鐵路捷運公司。其名稱在1970年改爲REA捷運公司。後因管理不善、罷工和競爭導致的嚴重損失而在1975年破產。

railways, national　國營鐵路　政府所有、國家營運的鐵路運輸事業。美國的鐵路是私人所有民間營運，不過聯合鐵路公司是由美國聯邦政府與全國鐵路客運公司（Amtrak）創立，利用公共基金來補助私人營運來往各大城之間的客運列車。加拿大有幾個小型私鐵，不過主要鐵路客運公司加拿大國鐵，直到1995年還是由政府提供資金。許多國家的中央政府擁有並營運國有鐵路系統，雖然有些國家將國有鐵路事業民營化希望藉由競爭增加效率並降低成本。這些系統通常是由不同的私鐵併購聯合而成，或是政府將其國有化。法國的私鐵在20世紀初由政府逐步收回，在1938年最後一條私營路線國有化，併入法國國鐵。英國的鐵路在1948年國有化，成爲英國鐵路公司，但在1994年民營化。法國在1987年將國營鐵路民營化。國營鐵路民營化的主要考量是這些公共事業在無法獲利的方面將會刪減，對地方的人口有不利影響，民營化計畫試圖以不斷修正的方式來處理這個爭議。

Raimondi, Marcantonio＊　拉伊蒙迪（西元1480?～1534年）　義大利版畫家。他在波隆那師從佛蘭洽，但他那遒勁的線條以及明暗的交替卻是受杜勒的影響。1510年前後移居羅馬，專門從事複製其他藝術家，尤其是拉斐爾的作品。他保持了拉斐爾理想化的人物形象，同時又提供他自己的背景和風景。他的版畫銷售量很大，在他的一生中，向整個歐洲傳播文藝復興時期的版畫風格。

rain　雨　水滴直徑大於0.5公釐的液態降水，較小水滴的降水通常稱爲毛毛雨。雨滴可能由小水滴碰併而成。這些小水滴是由碰撞或落入近地面暖空氣的雪花和其他冰粒融化而成。夏威夷的懷厄萊阿萊峰二十年內年平均降雨量爲11,700公釐，是地球上已知最潮濕的地方；最乾燥的地區部分是位於沙漠區，當地的降雨有時甚至無法觀測。對所有大陸來說，年平均降雨量低於250公釐和超過1,500公釐，大致都表明降雨量異常。

rain dance 祈雨舞 爲了祈求灌溉作物所需之雨水而表演的儀式性舞蹈。從古埃及到馬雅人文明以及20世紀巴爾幹國家的民族，許多文化都有祈雨舞的習俗。祈雨舞往往包括一群年輕女子圍成圓圈，披掛青綠枝葉，全身赤裸，潑水，急速旋轉以示風的魅力。祈雨舞也可以包括對男性生殖器以及生育的崇拜。

rain forest 雨林 一種茂盛的森林類型，多由高大的闊葉樹組成，通常分布於赤道附近的潮濕熱帶地區，主要分布在中、南美洲，中、西非洲，印尼，部分東南亞地區，以及澳大利亞熱帶地區。這些地區終年濕度很高，無明顯季節變化。依據年降雨量，其樹木有常綠樹或主要爲落葉林，前者需要更多的水量。溫度很高，白晝間一般溫度在30℃左右，夜間約20℃。土壤的營養情況隨地區和氣候的不同而變化，大多數雨林的土壤往往終年潮濕且並不肥沃，因爲高溫高濕條件下，有機物分解很快，並很快地就被樹根和眞菌所吸收。雨林中植物和動物的發育呈許多垂直層次狀態。最高的植物層（冠層）高30～50公尺，該層的動物多數在葉枝之間尋找食物和逃避肉食性動物。次冠層植物由小喬木、藤本植物和附生植物組成。雨林地表面被樹枝、細枝和落葉所覆蓋。許多種類的動物居於下層。雨林的地面並不如一般所認爲的那樣不可通行，多數地面除了薄薄一層腐植質和落葉外多是光裸的。生活於這個層次的動物（例如犀、大猩猩、象、豹和熊）善於行走和短距離的攀爬。在地表下生活著穴居動物，如犰狳、蚓螈。此外土層中許多微生物能將各層動、植物遺留的有機物質分解。地層的氣候異常穩定，因爲冠層和低層樹枝過濾了陽光和熱輻射，減弱了風速，使得雨林中晝夜溫度相當均勻。

rainbow 虹 當來自遠處光源（通常爲太陽）發出來的光照到一群水滴（如雨、噴水或霧）上時，可以看到的一系列同心的彩色圓弧。虹的彩色光線是由進入到水滴裡的光線經過折射和內反射，每種顏色彎曲的角度稍有不同而引起的。因此，原本合在一起的顏色從水滴中出來時就分開了。最鮮豔也最常見的虹稱爲主虹，是在水滴中經過一次內反射就折射出來的。弧的顏色（從外到裡）爲紅、橙、黃、綠、藍、靛和紫。有時可以看到強度較弱的次級弧：它的彩色順序正好反過來。

Rainbow Bridge National Monument 虹橋國家保護區 美國猶他州內部的國家保護區，位於納瓦霍印第安人保留地境內，靠近猶他州與亞利桑那州的邊界。建於1910年，占地65公頃。中心處在一座虹形砂岩橋上。低於橋面88公尺處有一條溪流，蜿蜒流入科羅拉多河。該橋長85公尺，可能是世界上最大的天然橋。該保護區位於峽谷之中，只能靠步行、騎馬、或者乘小船由鮑威爾湖進入。

rainbow trout 虹鱒 鮭科魚類，學名爲Oncorhynchus mykiss，以善於跳躍，上鉤後激烈拼搏而聞名。已從北美西部引殖到很多國家。棲於湖泊和急流，體色鮮豔。體上布有小黑斑，體側有一紅色帶。出海型虹鱒又名硬頭鱒，體大、淡藍色，也是受到重視的遊釣魚。虹鱒體重可達約2.8公斤，硬頭鱒（和大型湖泊中的類型）則約4.5～9公斤，甚至更重。另一虹鱒類型愛達荷州坎盧普斯虹鱒（亦稱Kootenay），可重14公斤以上。

Rainer, Luise＊ 露易絲雷（西元1909年～） 德裔奧地利女演員。在幕尼黑、瑞士與維也納長大。自1927年到前往歐洲拍片的那段時間，在賴恩哈特的公司中即是受人矚目的舞台劇女演員。之後前往好萊塢，1936年演出《歌舞大王齊格飛》與《大地》兩部片，同時爲她贏得了奧斯卡金像獎。在經歷過與奧德茲的短暫婚姻及演藝生涯，她退隱到歐洲，多年後重返銀幕只演出一部《賭徒》（1997）。

Rainey, Ma 雷尼（西元1886～1939年） 原名Gertrude Malissa Nix Pridgett。美國歌手。十七歲時與丈夫威廉・雷尼（黑臉歌唱團的喜劇演員）一起參加一支歌舞隊，在美國南方帳篷、碼頭和酒吧巡迴演出。1920年代她領導自己的歌舞團，不時還有貝西史密斯和多爾西來參加。簡陋的舞台陳設，以豔麗的服裝著稱，1923～1928年間，雷尼與鄉村藍調樂手以及黑人爵士樂手一起錄製了九十多首歌曲（包括〈騎士西西〉和〈瑪・雷尼的黑臀〉）。1933年退休。她是第一位偉大的職業藍調女歌手，被譽爲「藍調之母」。

Rainier, Mt.＊ 來尼爾山 美國華盛頓州中西部的高山，位於他科馬的東南。海拔4,392公尺，是喀斯開山脈的最高點，也是全州的最高點。占地260平方公里，周圍是美國除阿拉斯加外最大的單峰冰川系，四十一道冰川從它寬闊的山峰向四周輻射。來尼爾山是座休眠的火山，上一次的噴發是在2,000年前。爲來尼爾山國家公園的主要部分，該國家公園成立於1899年，占地95,423公頃，是個著名的旅遊和度假勝地。

Rainier III＊ 雷尼爾三世（西元1923年～） 原名Rainier-Louis-Henri-Maxence-Bertrand de Grimaldi。摩納哥親王（自1949年起），第三十一任世襲統治者。他使摩納哥的企業（包括工業）強化、擴大及多元化。通過塡海造田，使摩納哥的領土擴大了1/5。其最重要的政治改革是頒布了一個新憲法，既不否認傳統，卻又建立在現代的原則基礎上。1956年他與凱利的婚禮吸引了全世界的注意力。

Rainy Lake 雨湖 跨越加拿大－美國邊界的狹長湖泊，位於明尼蘇達州與安大略省之間。長約80公里，面積932平方公里。湖岸不規則，被刻成深齒形。湖中有五百多個島嶼。該地區有若干印第安人保留地，是狩獵、捕魚及泛舟的好地方。

Rajang River＊ 拉讓河 亦作Rejang River。馬來西亞婆羅洲島上沙勞越中部的主要河流。它流向西南和西，注入中國海，全長約565公里。遠洋輪船可航行130公里到達詩巫。它有個寬闊、多沼澤的三角洲。沿岸有若干集鎮。

Rajasthan＊ 拉賈斯坦 印度西北部的邦。與巴基斯坦接壤，面積342,266平方公里。首府爲齋浦爾。考古的證據表明，人類持續在該地居住已有十萬年的歷史。西元7～11世紀，曾有幾個拉傑普特人的小邦興起，16世紀時達到鼎盛時期。阿克巴皇帝將拉傑普特各邦納入蒙兀兒王朝。19世紀時，英國人控制了該地區。1947年印度獨立後，該地區組織成拉賈斯坦聯盟，1956年重組。拉賈斯坦的地形主要是阿拉瓦利山脈以及塔爾沙漠。以前它是一個以農業和畜牧業爲主的邦，現在它是印度最大的羊毛產地。人口約48,040,000（1994）。

Rajneesh, Bhagwan Shree＊ 拉希尼希（西元1931～1990年） 原名Chandra Mohan Jain。印度精神領袖。拉希尼希爲哲學老師，授課行跡廣及全印度，並在浦那成立了阿室羅摩。他散播一種折衷結合了東方神祕主義、個人奉獻與性自由（sexual freedom）的信念，累積了大筆個人財富。1970年代早期他的信衆多達二十萬人，當中有許多來自歐洲和美國。1981～1985年間拉希尼希與信徒在美國奧瑞岡州建立的社區生活，直到因非法移民而被驅逐出境。拉希尼希在浦那度過晚年，並在那裡重新建立了自己的阿室羅摩。

Rajputana＊ 拉傑布達納 印度西北部的一個地區，包括現在的拉賈斯坦邦以及中央邦和古吉拉特邦的小部分。阿拉瓦利嶺從東北向西南穿過該地區的南部。西北部主要是塔爾沙漠，但它的東南部非常肥沃。1818年根據條約拉傑普特諸小國接受英國的保護。1948年該地區的大部分面積組成拉賈斯坦邦。

Rajputs＊ 拉傑普特人 主要集中在印度中部和北部的以父系氏族組織的土地所有者等級，有1,200萬人。拉傑普特人自稱是爲帝利（武士統治）等級的後裔或成員，儘管事實上他們之間的地位相差很大。笈多王朝覆滅後，印度西北部的入侵者與本地人可能就結合起來，這兩群人的領袖都成爲剎帝利。9～10世紀時，拉傑普特人在政治上占有重要地位，幾個世紀來，他們都沒讓穆斯林完全統治印度教的印度。最後他們承認蒙兀兒人的最高統治權。1818年拉傑普特人承認英國爲宗主國。

Rakaia River＊ 拉凱阿河 紐西蘭南島中東部的河流。發源於南阿爾卑斯山脈的冰川，流向東和東南，經過班克斯半島西面的三角洲後，注入太平洋的坎特伯里灣。全長145公里。

Rákóczi family＊ 拉科齊家族 17世紀匈牙利著名的馬札兒貴族家族。該家族成員包括喬治一世（1593～1648），他作爲特蘭西瓦尼亞（1630～1648）親王，與瑞典結盟反對哈布斯堡王室，爲匈牙利的新教徒們贏得了宗教自由。他的兒子喬治二世（1621～1660）爲特蘭西瓦尼亞親王（1648～1660），曾與瑞典聯手進攻波蘭（1656），但被迫撤退。他後來在與來犯的土耳其人作戰時喪生，讓土耳其人從新控制了特蘭西瓦尼亞。喬治二世的兒子法蘭茨一世（1645～1676）成爲天主教徒，與克羅埃西亞聯手在匈牙利反叛哈布斯堡王朝，但沒有成功。他的兒子法蘭茨二世（1676～1735）爲特蘭西瓦尼亞親王（1704～1711），領導了匈牙利人民反抗哈布斯堡王朝的鬥爭（1703）。這場鬥爭開始時取得了成功，但1711年被奧地利軍隊擊敗。

Raleigh＊ 洛利 美國北卡羅來納州首府。1788年被選爲該州首府，1792年開始規畫。爲北卡羅來納州東部一個主要的船運零售點和食物批發市場，有紡織、電子儀器、電腦和食品加工等工業。還是一個教育中心，是北卡羅來納州科研三角區的一部分，有達拉謨和查珀爾希爾，也是一個文化、科學、教育機構的中心，包括杜克大學和北卡羅來納大學。人口約244,000（1996）。

Raleigh, Walter 洛利（西元1554?～1618年） 受封爲華特爵士（Sir Walter）。英國探險家，也是伊莉莎白一世的寵臣。1578年他和他的半親兄弟吉柏特一起加入了一個盜竊性質的反西班牙探險隊，1580年參加了在明斯特的對愛爾蘭起義的鎮壓。他在愛爾蘭對英國政策的公開評論吸引了女王伊莉莎白一世的注意，將他當作了宮中的寵臣。他在1584年被派去參加佛羅里達探險，他將探險隊命名爲弗吉利亞，並在佛羅里達北部海岸洛亞諾克島建立了一個不成功的殖民地。他在1585年被伊莉莎白封爲爵士。從約1592年起，他漸漸失寵，帶領了一個不成功的探險隊去奧利諾科河找黃金，他在《發現圭亞那》（1596）一書中對此有描寫。當伊莉莎白一世去世（1603）後，他被控陰謀推翻詹姆斯一世，被囚禁在了倫敦塔裡。1616年被釋放後，他帶領了另一支探險隊在圭亞那尋找黃金，但也以失敗告終。當他的船員在一個西班牙人聚居地被燒死後，他被詹姆斯一世再度逮捕並在西班牙大使的要求下附加上原來的判國罪被處死。

rally driving 長途賽車 使用公路和普通交通規則進行的汽車比賽。其目標是在檢查點間保持一定的平均速度，其路線在比賽前對選手和導航人保密。長途賽車開始於1907年，其地點是在北京和巴黎之間（12,000公里）。蒙地卡羅長途賽車開始於1911年。最長的長途賽是定期在東非舉行的涉獵，通常爲6,234公里。

Rally for the Republic (RPR) 保衛共和聯盟 亦稱Gaullists。法國政黨。由席哈克在1976年成立，作爲在戴高樂和龐畢度統治的第五共和時期占主導地位的戴高樂派聯盟的繼承者。這一政黨的先行者存在於1947年戴高樂組織的法國人民聯盟中。它後來發展成了新的共和國聯盟（1958～1962），後成爲了新的共和國民主聯盟（1968～1976），直到它採用目前的名字爲止。

ram 撞角 固定在戰艦艦首的用以撞毀敵船的突出物。它可能是在西元前1200年由埃及人發明的，但卻被古代腓尼基、希臘和羅馬的槳帆船廣泛採用。復興於19世紀中葉，主要應用在美國內戰中，將撞角裝在帶鐵甲的蒸氣戰艦上有效地對付了木製的帆船。但海戰武器的發展和金屬殼船的使用很快將其再度廢棄。亦請參閱battering ram。

RAM＊ RAM 全名隨機存取記憶體（random-access memory）。電腦主要的記憶體，裡面有特定的容量給中央處理器在極短時間內直接存取（讀與寫），不管其記錄的次序（亦即位置）。有兩種記憶體是用隨機存取電路：靜態隨機存取記憶體（SRAM）與動態隨機存取記憶體（DRAM）。單顆的記憶體晶片是由數百萬個記憶體單位構成。SRAM晶片只要有電源供應，每個記憶體單位就可以一直儲存著數位位元（1或0）。DRAM晶片必須週期性爲記憶體單位充電才能保留資料。因爲元件較少，DRAM所需的成本比SRAM低，因此DRAM晶片可以容納更多記憶體，雖然存取比較費時。

Rama 羅摩 印度教主神。該名稱與羅摩旃陀羅（Ramacandra）有關聯，是毗濕奴的第七個化身，其故事在《羅摩衍那》中有記載。他被認爲是理性、美德和正義的化身，是守貞專奉崇拜的主神之一。他常被描述成一個站立著，右手持箭，左手持弓的形象。其廟宇中的塑像有其妻子悉多、異母弟弟羅什曼那和神猴哈奴曼的塑像陪伴。

Rama IV ➠ Mongkut

Rama V ➠ Chulalongkorn

Rama VI ➠ Vajiravudh

Rama IX ➠ Bhumibol Adulyadej

Ramadan＊ 賴買丹月 伊斯蘭教中禁食的教曆九月，爲的是紀念穆罕默德得到《可蘭經》的降示。作爲一種贖罪，穆斯林教徒按規定齋戒，在齋月日落前不得進行房事。按照陰曆記載規定的齋月可能是一年中的任意一個季節。齋月被認爲是伊斯蘭教五功之一，齋戒的最後有一個重要的伊斯蘭宗教節日。

Ramakrishna (Paramahamsa) 羅摩克里希納（西元1836～1886年） 原名Gadadhar Chattopadhyaya。印度神祕主義鼓吹者。他生於一個貧窮的婆羅門家庭，在加爾各答的一個教堂擔任牧師，在那裡他得到了神靈啓示並開始按照不同的宗教傳統進行精神上的修行。他拋棄性欲和金錢這兩個將精神修行變得遙不可及的惡，不接受階級制度，認爲所有的宗教的精髓都是一樣的，並且都是眞的。他的教義被他的門徒們傳播，其中包括了辨喜。有一個宗教派別以他的名字命名，總部在加爾各答，並向世界各地派送傳教士。

Raman, Chandrasekhara Venkata＊ 拉曼（西元1888～1970年） 受封爲Sir Chandrasekhara。對印度科學發展有相當影響力的物理學家。他發現光在穿過一透明物體時，部分反射回原來的光柱的光的頻率（拉曼頻率）會按該物質的特性發生改變，因此在1930年獲諾貝爾獎。他對幾乎任何一個當時的印度的研究機構都有貢獻，並創辦了一本物理學雜誌以及一個科學院，並培養了幾百名學生。

Ramana Maharshi＊ 羅摩納大仙（西元1879～1950年） 原名Venkataraman Aiyer。印度教精神領袖。他出生在南印度一個婆羅門家庭，在十七歲時爲到阿奴耶查羅山隱居而離開了自己的村子，在濕婆進入了創造出的世界。他是印度最年輕的宗教領袖之一，認爲死亡和罪惡都是一種幻想，並可以通過個人沈思來驅散，爲了達到再生的解脫，修行守貞專奉（奉獻性的犧牲）無論對濕婆還是對羅摩納大仙而言都是必要的。

Ramananda＊ 羅摩難陀（西元1400?～1470?年） 印度精神領袖。他在定居於瓦拉納西（即貝拿勒斯）學習吠陀文和羅摩奴闍的哲學之前曾是一名修道者。他是第五代羅摩奴闍，但他卻決心拋棄階級區分，因此與別的哲學家的追隨者不和。他與他的二十一名追隨者一起建立了他自己的派別羅摩難陀派，進行對羅摩的崇拜。他的教義與羅摩奴闍的相似，但他放棄了對進餐時階級區分的禁令以及用梵語講授經文的要求，他自己用印度土語講經，以便使不懂梵語的人們能聽懂。

Ramanuja＊ 羅摩奴闍（西元1017?～1137年） 印度神學家和哲學家，是印度教最有影響力的思想家。在印度進行了長時間的朝聖後，他建立了傳播對毗濕奴和吉祥天女的崇拜的中心。他在吠陀、梵天經文和薄伽梵歌中爲守貞專奉崇拜提供了一個理智的基礎。他是適任不二論學派的主要人物，強調將精神與個人的神相結合。他的主要哲學貢獻認爲現象的世界是眞實的，並提供眞實的知識，而每天的日常事務與精神生活並不衝突。

羅摩奴闍，12世紀的青銅雕像；現藏印度坦傑羅縣的毗濕奴寺廟
By courtesy of the Institut Francais d' Indologie, Pondicherry

Ramanujan, Srinivasa (Aaiyangar)＊ 拉曼紐簡（西元1887～1920年） 印度數學家。他極端貧苦，從十五歲起開始自學。1913年開始與哈代（1877～1947）通信，後者將他帶到英國，在那裡，他在很多方面，尤其是數位原理、數位分割和連續片段方面有了很大進步。他在英國和歐洲的雜誌上發表了他的論文，並在1918年成爲了首位被選入倫敦皇家學會的印度人。在三十二歲時死於肺結核，雖然不廣爲人知，但卻被認爲是一位數學的天才。

Ramatirtha＊ 羅摩提爾塔（西元1873～1906年） 原名Tirath Ram。印度宗教領袖。他在與辨喜會見前是一位數學教授，但辨喜加強了他追求宗教生活的願望。1901年離開了他的妻子和孩子到了喜馬拉雅山隱居，後來旅行到了日本和美國，因其對吠檀多的詩化翻譯以及用一種愉快的方法來尋求宗教修行以達到個人解放而著名。他後來在恆河中淹死。

Ramayana＊ 羅摩衍那 印度史詩，西元前300年用梵語創作。它與《摩訶婆羅多》一起組成印度的兩大史詩，由約24,000組對句組成，分爲七章，描述了羅摩的高貴出生以及他是如何喪失王儲身分的。後來他與妻子悉多和異母弟羅什曼那一起退居森林，度過十四年流浪生活。魔王後將悉多擄走，羅摩衍那遂與猴王須羯哩婆結盟，在神猴將軍哈奴曼的幫助下將悉多救回。羅摩衍那重新得到他的王國後因懷疑悉多的貞潔而將她流放，悉多在證明了自己清白後被大地吞沒。

Rambert, Marie＊ 蘭伯特（西元1888～1982年） 後稱瑪莉夫人（Dame Marie）。原名Cyvia Rambam。波蘭裔英國籍芭蕾舞製作人和導演。她師從雅克－達爾克羅茲，後在俄羅斯芭蕾舞團教授動學訓練技術，影響了尼金斯基絢麗的舞蹈編排。她繼續與切凱蒂（1850～1928）學習，並使用他的方法在1920年建立了一家芭蕾舞學校。她在1930年協助成立了卡瑪戈學會，1935年建立了芭蕾舞俱樂部（後來的蘭伯特芭蕾舞團）。她鼓勵新的舞蹈編導如：阿什頓，並支援新生的舞蹈演員和舞台設計，幫助建立起英國芭蕾舞的重要地位。她的團隊在1987年被更名爲蘭伯特舞蹈公司，至今仍在繼續演出。

Rameau, Jean-Philippe＊ 拉摩（西元1683～1764年） 法國作曲家和音樂理論家。他是一名風琴師的兒子，在四十九歲以前一直擔任風琴師的職位。從1733年起，他寫了一系列極度成功的歌劇，包括《易波利與阿利希》（1733）和《殷勤的印地人》（1735），確定了他作爲盧利之後法國重要歌劇創作人的地位。《滑稽歌劇之戰》（1752～1753）是關於法國和義大利歌劇的一部藝術爭議性作品，因拉摩自己的音樂風格而偏向法國。他還因他的許多鍵盤作品而出名，主要是大鍵琴作品。他的《論和聲》（1722）使他成爲了一名主要的音樂理論家。在這本書中，他認爲和諧是音樂的基礎，而主要被認爲是低音之上的間隔組的和聲則應該是表達更基本的和諧因素的音樂部分。這些見解都很獨到且深刻，對音樂創作有很大幫助。

ramjet 衝壓式噴射發動機 工作時沒有重要運動部件的一種噴射發動機。它靠飛行器的向前運動吸進空氣，用特殊形狀的進氣通道把空氣壓縮，供燃燒之用。當噴入發動機的燃料被點燃之後，燃燒就自持下去。與其他噴射發動機一樣，向前的推力是來自向後噴出熾熱廢氣的反作用。衝壓式噴射發動機在馬赫數爲2（音速的兩倍）或更高時工作得最好。亦請參閱turbojet。

Ramkhamhaeng＊ 蘭坎亨（西元1239?～1298?年） 暹羅北中部速可台王朝第三代國王。他締造和統治了13世紀東南亞地區第一個大泰國。他聯合了擁有共同宗教信仰（小乘佛教）的地區。在他的統治時期，藝術發展了獨特的泰國藝術表現方式，並創造了頗有造詣的青銅雕。他還被認爲是泰國字母表的發明者，這種文字是對孟高棉楔形文字的一種修改。1834年暹羅蒙庫國王（後來成爲一名佛教僧人）發現了蘭坎亨1292年的銘文，而此前蘭坎亨一直只是在傳說中被人們緬懷。因此，他開始被視爲民族英雄，一個公正而寬大的統治者，他給予了這個地區文化上的統一。現在銘文的眞實性已經受到質疑。

rammed earth 夯土 亦稱pisé de terre。通過壓製和烘乾堅硬的由粘土、沙子或其他集料以及水組成的混合物而製成的建築材料。它在許多文明社會中得到應用。作爲最爲經久耐用的土質建築材料（參閱adobe），它被加工成建築塊料或是被衝壓在可抽取的木質層狀模具中來修建牆。中國的二里崗（約西元前1600年）就是夯土防禦工事的一個典範，占地3.2平方公里，動員100,000人耗時十二年多方才建成。

Rampal, Jean-Pierre (Louis)＊　朗帕爾（西元1922～2000年）　法國長笛演奏家。1947年起他在室內樂演奏和獨奏會中頻繁亮相。1950年代，他創建了自己的室內演奏樂團，1956年至1962年他同時還在巴黎歌劇院參加演奏。普朗克等人爲他作曲。他演奏時音調的甜美和對巴洛克音樂的藝術領悟力，使他成爲第一個達到國際演奏標準的長笛演奏家。

Ramses II＊　拉美西斯二世（卒於西元前1213年）　別稱拉美西斯大帝（Ramses the Great）。古埃及國王（西元前1213～西元前1279年在位）。其家族在易克納唐統治時期之後幾十年開始執政。他著手恢復埃及的勢力，征服了敘利亞南部的反叛，在著名的卡疊什戰役中暫時打敗了西台人。他在加利利和埃莫攻城掠地，但是不能徹底擊敗西台人，西元前1258年他終於同意簽訂和平協定。他娶了一個或是兩個西台人國王的公主爲妻，此後他的統治時期再也沒有發生戰爭。該時期的繁榮程度可以用他承辦的建築數量來衡量。早期他爲自己在尼羅河三角洲修建了一個居住城市作爲軍事活動基地，並繼續修建由他父親統治時期就開始修築的奧西里斯古神廟。他將這個神廟修築在凱爾奈克，並在盧克索爲他的父親修建了墓葬神廟。在努比亞，他修建了六座神廟，最著名的幾座位於阿布辛貝。

拉美西斯二世，底比斯出土的花崗岩像上半身部分，製於西元前1250年；現藏大英博物館
Reproduced by courtesy of the trustees of the British Museum

Ramses III　拉美西斯三世（卒於西元前1156年）　古埃及國王（西元前1187～西元前1156年在位）。埃及第二十王朝創建人塞特納赫特之子。在他即位的第五年他擊敗了利比亞入侵者，兩年後他又擊敗了海上民族（由來自小亞細亞和地中海的移民匯集而成）。在又一次對付利比亞人的衝突之後，他獲得了長久的和平。拉美西斯三世重組埃及社會，按職業劃分階級，並繼續神廟的修建。他鼓勵貿易和製造業，國運昌盛。西元前約1158年，在底比斯一次給神廟修建者每月定量配給發放的延誤導致了第一次有記載的勞動糾紛。

拉美西斯三世，花崗岩石棺的棺蓋像，約製於西元前1187～西元前1156年；現藏劍橋菲茨威廉博物館
By courtesy of the Fitzwilliam Museum, Cambridge

Ramu River＊　拉穆河　巴布亞紐幾內亞最長河流之一。全長約645公里。起源於該國東南部，流向西北經中部窪原，在此它接受了許多發源於多山地區的溪流。1943年第二次世界大戰期間盟軍從日本人手中奪回該河流域。1993年這裡發生過地震。

Rana era　蘭納時代（西元1846～1951年）　尼泊爾政權掌握在蘭納家族手中的一段時期。容格・巴哈杜（1817～1877）於1846年攫取政權，並讓自己成爲終身總理。他被賜予蘭納這個世襲稱號。在蘭納家族的掌權下，尼泊爾仍與資助它的英國保持關係。當1947年英國撤離印度時，蘭納家族便暴露在新的危險中，1950年即面臨了一場革命。1951年在印度的壓力下，尼泊爾國王特里布汶終於坐上擁有實際君權的寶座。

ranch　大牧場　用於放養和繁育牛、羊或馬的大型農場。大牧場起源於殖民初期的美國南部和墨西哥，那時西班牙殖民者引入了牛和馬，在彭巴斯草原照管它們。它是一種巡迴家畜農業形式：牧群放牧在開曠草原，一年集攏兩次牲畜，給牛犢打上烙印，把成熟的牲畜趕到市場上出售。1880年代，巡迴大牧場達到了頂峰。到20世紀早期，過度放牧、隔離檢疫法令頒布、鐵道競爭以及有刺鐵絲網的設置結束了牲畜飼養的動力和開曠草原放牧。現在的大牧場幾乎都是不遷徙的，但極大規模的大牧場仍然存在。

Rand, Ayn　蘭德（西元1905～1982年）　原名Alice Rosenbaum或Alissa Rosenbaum。俄羅斯裔美國女作家。從彼得格勒大學畢業後，1926年移居美國，在好萊塢做電影劇本作家。她的兩本暢銷書代表了她的信仰，即一切眞正成就都是個人能力與努力的結果，自由放任的資本主義最適合於發揮才幹，自私是美德，而利他卻是罪惡。她也因此贏得了追隨者的崇拜。在《源泉》（1943）中，一個高傲的個人戰勝了傳統主義和因循守舊。寓言式的《阿特拉斯聳肩膀》（1957）將科學幻想小說和政治寓言結合在一起。在非小說的散文文學作品中，她詳細闡釋了她自稱爲「客觀主義」的哲學，並作爲兩家期刊的編輯，她成爲激進自由主義的代表。

RAND Corp.　蘭德公司　超黨派的民間智庫，研究主題集中在美國國家安全事務。最初是道格拉斯飛機公司在1945年接受美國陸軍航空隊委託的研究發展計畫，該公司名稱RAND即爲「研究與發展」（research and development）的縮寫。1948年成爲私人的非營利單位，1960年代研究領域擴展到國內公共政策議題，現在的主旨則是透過研究與分析以促使政策與決策之改進。蘭德公司聘用了數百位各個領域的學者，其經費來自於政府合約、慈善基金會與私人企業捐助、以及基金本息收入。總部設在加州聖大芭尼加，另在華府、紐約和海外設有多處辦公室。

Randolph, A(sa) Philip　蘭道夫（西元1889～1979年）　美國民權運動領導人。1911年移居紐約。1917年他與人共同創辦了《信使》期刊（後來的《黑人工人》），要求在軍事工業和軍隊中提供更多的職位給黑人工人。1925年他創辦了臥車搬運工兄弟會，第一個成功的黑人工會，1968年以前一直擔任主席。1941年他遊說羅斯福總統禁止在國防工業和聯邦機構中存在的歧視。1948年他影響了杜魯門總統，促使他禁止軍隊中的種族隔離。1955年他當選剛剛合併成立的美國勞聯－產聯副主席。1960年爲了對抗美國勞聯－產聯內部的種族歧視，他組建了美國黑人勞工理事會。

Randolph, Edmund Jennings　蘭道夫（西元1753～1813年）　美國政治人物。他幫助起草了美國憲法（1776），1779年至1782年在大陸會議中供職。他是安納波利斯會議和美國制憲會議的代表。制憲會議上，他展示了維吉尼亞的方案，這一方案影響了美國憲法的最終草案。1786至1788年任維吉尼亞州州長，他影響並力促批准憲法。1789至1794年他擔任美國司法部長，1794年至1795年擔任美國國務卿。他因被錯誤的指控接受法國的賄賂來影響美國政府反對英國而辭職。此後他重新執業爲律師，在1807年的訴訟案中擔任伯爾的首席辯護律師。

Randolph, John　蘭道夫（西元1773～1833年）　美國政治人物。1799年當選美國衆議員，1829年以前幾乎一直在衆議院任職。他是著名的演說家，他也是州權理論的堅定鼓吹者，並極力反對中央銀行和聯邦保護關稅。他支援奴隸制，領導反對密蘇里妥協案。1826年他斥責克雷支援亞當斯競選，並與克雷進行了一場決鬥，結果雙方都未受傷。

random-access memory ➠ RAM

Random House　藍燈書屋　美國出版公司。由瑟夫與克洛卜佛於1925年成立。在興盛的同時出版過許多享譽甚隆的作家書籍，銷售也十分成功，後來更買進許多家公司，成爲一出版集團。被收購的公司包括有阿佛列・諾夫公司（1960年收購）、潘希恩圖書公司（1961）、伯倫廷圖書公司（1973）、佛塞特圖書公司（1982）以及皇冠出版集團（1988）。在1998年成爲世界最大媒體公司之一的博德曼集團子公司之前，藍燈書屋也曾數度被收購。

random variable　隨機變數　統計學上，函數可以表示成有限個的值，每個值對應機率；或者無限個的值，其機率由密度函數概述。用於研究機遇事件，定義隨機變數來說明事件所有可能的結果。當其有限（如丟擲三枚硬幣，人頭在上的次數）時，稱爲離散隨機變數，結果機率總和爲1。如果可能的結果有無限個（如燈泡壽命的期望值），稱爲連續隨機變數，對應的密度函數，全部結果之上的積分等於1。特定結果的機率決定於加總機率（離散型）或是在對應結果的區間作密度函數的積分（連續型）。

range finder　測距儀　用於測量從儀器到一個選定的點或物體之間的距離的儀器。光學測距儀，主要用在照相機裡，由一系列置於管道末端的透鏡和棱鏡組成。目標物體的距離通過測量管道末端的光線束形成的角來確定。該角越小，距離越大，反之亦然。從1940年代中期至今，雷達已經替代了光學測距儀用於軍事目標瞄準。1965年發展起來的雷射測距儀廣泛替代了光學測距儀用於測量，並在某些軍事應用中代替了雷達。

Rangeley Lakes * 　蘭吉利湖區　緬因州西部一系列湖泊區。包括了蘭吉利湖、摩斯洛克美根地湖、理察森湖和溫巴哥湖。這些湖泊分布長度超過50哩（80公里），面積80平方哩（207平方公里），海拔高度大約1200～1500呎（365～460公尺）之間。

Ranger　徘徊者號　美國國家航空暨太空總署（NASA）於1961～1965年發射的不載人太空探測器系列，共九枚。是NASA最早期探索月球表面的專案。「徘徊者4號」（1962）是美國第一個碰撞月球的太空船，它按計畫墜毀在月球表面。該系列後三個探測器（1964～1965）墜毀前發回17,000多張高解析度月球照片。亦請參閱Luna、Pioneer、Surveyor。

Rangoon ➠ Yangon

Ranjit Singh * 　蘭季特・辛格（西元1780～1839年）　旁遮普錫克王國的創立者和王公（1801～1839年在位）。1792年他父親去世，他成爲蘇克爾切卡（一個定居於現今巴基斯坦境內的錫克族部落）的酋長。1799年他攻占旁遮普省首府拉合爾。1801年他自立爲旁遮普王公。1802年他攻占錫克教聖地阿姆利則，1820年他鞏固了他對蘇特萊傑河和印度河之間的整個旁遮普省的統治。他創立的錫克教國家，軍隊和內閣中都有錫克教徒、穆斯林和印度教徒，在他死後很快崩潰了。

Rank, J(oseph) Arthur　蘭克（西元1888～1972年）　受封爲蘭克男爵（Baron Rank (of Sutton Scotney)）。英國電影發行人和製片人。1935年他的英國全國電影公司製作了第一部商業電影。同年他和伍爾夫創立電影發行總公司，代理環球影片公司在英國的影片發行業務。到了1941年蘭克已擁有英國三大電影院線中的兩個。1946年組建的約瑟夫・亞瑟・蘭克機構，在1940年代後期和1950年代控制著英國的影片製造。1946～1962年擔任蘭克機構主席，1962～1972年擔任董事長。1960年代後期該機構從電影事業中撤出，轉而入股旅館及其他有利可圖的企業。

Rank, Otto * 　蘭克（西元1884～1939年）　原名Otto Rosenfeld Rank。奧地利心理學家。他是弗洛伊德的門徒。他早期的作品中，包括《藝術家》（1907）和《英雄誕生的神話》（1909），他拓展了精神分析理論用於解釋神話的重要性。1912至1924年他負責編輯《國際精神分析雜誌》。《出生時的創傷》（1924）的出版，被認爲破壞了精神分析的原則，因爲該書聲稱焦慮性神經症的基礎是個體出生期間的心理創傷。這導致了他被維也納心理分析學會開除。蘭克1936年定居紐約，他後來的工作集中於意志在個性發展中的導向作用。

Ranke, Leopold von * 　蘭克（西元1795～1886年）　原名Leopold Ranke。德國歷史學家。1825年至1871年在柏林大學任教。受尼布爾使用科學方法進行歷史研究的啓發，他積極挑戰基於對原始資料的文獻學和符合原文的考據的客觀寫作。他的學術研究方法和教學方法（他是建立歷史研究會的第一人）對西方歷史的編纂產生了巨大的影響。他有許多著述，涉及許多論題，是對歐洲國家和政治歷史一些特殊歷史時期的詳盡記述，但和他所採用的原始資料一樣，相對而言，他很少關注社會和經濟力量。

Rankin, Jeannette　蘭金（西元1880～1973年）　美國改革家，美國國會第一個女性議員（1917～1919、1941～1943）。1909年起成爲社會工作者，在婦女投票工作中表現活躍。1916年當選美國衆議員，提出了第一個要求給予婦女投票權的法案。作爲一個和平主義者，她投票反對向德國宣戰（1917）。1918年她失去美國參議員職位，回到社會工作。1940年她再次當選衆議員。她是唯一投票反對向日本宣戰的議員。謝絕再度競選，她繼續她的社會改革演講。1968年以八十七歲高齡領導5000名婦女組成「蘭金旅」反對越戰。

蘭金，攝於1918年
By courtesy of the Library of Congress, Washington, D.C.

Rankine, William J(ohn) M(acquorn) * 　蘭金（西元1820～1872年）　蘇格蘭工程師和物理學家，熱力學奠基人之一。名著《蒸氣機及其他原動機手冊》（1859）是有系統的闡述蒸汽機理論的第一次嘗試。他設計出一種熱力循環（蘭金循環），成爲衡量蒸汽動力裝置性能的標準。在蘭金循環中，冷凝蒸汽被用作流體。他還在地壓和擋土牆的研究中取得顯著成就。

Rankine cycle　蘭金循環　熱機（如蒸汽機）中流體（如水）的壓力和溫度變化的理想迴圈序列。由蘇格蘭工程師蘭金於1859年提出。被用作衡量蒸汽動力裝置性能的標準。在蘭金迴圈中，熱機的作用物質經歷四個連續變化：（1）定容加熱（就像在鍋爐裡那樣）；（2）汽化並定壓過度加熱；（3）在熱機中等熵膨脹；（4）定壓冷凝，所獲液體回到鍋爐。亦請參閱Carnot cycle。

Ransom, John Crowe 蘭塞姆（西元1888～1974年） 美國詩人和評論家。曾就讀並任教於范德比爾特大學，在那裡成爲逃亡派的領導者。該派詩人對南方及南方的地區傳統抱持共同信念，出版了很有影響的刊物《逃亡者》（1922～1925）。在肯陽學院創立了《肯陽評論》，並於1939年至1959年間任該刊編輯。他的文學研究成果包括《新批評》（1941），這本書在重要的評論運動中爲他贏得聲望（參閱New Criticism）。他被視爲第一次世界大戰後南方文學復興的重要理論家。他的《詩選》（1945，1969年修訂版）獲國家圖書獎。

rap 饒舌樂 一種吟唱有節奏文字的音樂風格，常有音樂伴奏，主要的重點在於節拍。饒舌樂最早出現在紐約市的黑人與拉丁美洲人社區，後來在Sugar Hill Gang的Rapper's Delight中（1979）成爲全國知名的曲風。它以稍帶節奏的歌詞吟唱齊克（Chic）的迪斯可金曲並伴有貝斯演奏。在1980年代初期，霹靂舞趨勢更助長了饒舌樂的流行，當時的著名藝人包括Kurtis Blow、Grandmaster Flash and the Furious Five、Run-DMC、LL Cool J與Public Enemy。1980年代末則出現了「黑街饒舌」，充滿了厭惡女性的歌詞，更讚揚毒品與暴力。這趨勢在1996～1997年因爲Tupac Shakur與The Notorious B.I.G兩位饒舌歌手的被殺而達到高峰。近年的知名饒舌藝人則有Master P與Sean "Puffy" Comb。如今饒舌樂也有廣大的白人樂迷，因此未來發展的熱度仍然持續上升。

Rapa Nui ➠ Easter Island

Rapallo, Treaty of＊ 拉巴洛條約（西元1922年4月16日） 德國與蘇聯於義大利的拉巴洛所簽訂的條約。條約由德國的拉特瑙與蘇聯的契切林磋商，重建兩國間的正常關係。兩國同意取消彼此間一切的債權債務，而且也藉由條約加強相互的經濟與軍事關係。這是德國自第一次大戰以來以獨立身分締結的首份條約，爲此惹惱了西方盟國。

rape 油菜 十字花科一年生植物，學名爲Brassica napus，原產於歐洲。植株高30公分，直根細長。葉光滑呈藍綠色，具深圓齒，黃色花叢生。每一長圓形的角果有短喙，含多粒種子。種子可榨油（油菜籽油，亦稱卡諾拉〔canola〕），爲所有食用油中飽和脂肪酸含量最少者，因此使用於烹飪中極受歡迎。也可作爲肥皂和人造奶油的成分之一，並可作燈油使用。

油菜
Ingmar Holmasen

rape 強姦；強制性交 強迫或是在暴力威脅情況下進行的違背受害者意願的非法性活動（通常指性交）。傳統意義上限於男子對女子的性攻擊，近年來強姦的定義被拓展到同性之間的性攻擊和對由於精神疾病、陶醉或其他原因不能有效表達意願的受害人進行的性攻擊。法律上的強姦，或與低於某年齡（十四～十八歲不等）的人進行性交，長久以來在多數法律中是一種嚴重的犯罪行爲。強姦一般被視爲強姦犯憤怒或攻擊性的表現，暴力的病態主張。受害者的心理反應各不相同，但通常會包括羞恥、屈辱、迷惘、恐懼和憤怒。由於法庭上令人痛苦的針對受害人的審查和推斷有罪過程中缺乏目擊證人的困難，許多強姦受害者沒有報案。亦請參閱assault and battery。

Raphael 拉斐爾 《聖經》和《可蘭經》所載大天使之一。在經外書《托比特書》中，他裝扮成人，征服了惡魔阿斯莫德斯。他的名字在希伯來語中意爲「上帝已經康復」。在《托比特書》中，他的職責是治癒地球。拉斐爾是屈指可數的幾個東西方教堂都供奉的聖人之一。

Raphael＊ 拉斐爾（西元1483～1520年） 原名Raffaello Sanzio。義大利畫家和建築師。作爲佩魯吉諾畫室的一員，十七歲他獲得了自己的技藝並開始被委以重任。1504年，他移居佛羅倫斯，在那裡他完成了許多著名的聖母題材作品。他融合的布局和對繁枝冗節的抑制在《聖母金翅雀》（約1506年）中表現明顯。雖然受到達文西明暗法和渲染層次的影響，他的人物形象是他自己的創作，有著一張文雅的圓臉，揭示了人物情感，突現其莊重和寧靜。1508年，他被召到羅馬爲梵諦岡的教宗宮殿裝飾。這組壁畫可能是他最偉大的作品。最著名的是《雅典學院》（1510～1511），華麗的羅列了寓言的世俗理解，展示了建築師眼中的古希臘哲學家。他在羅馬期間創作的聖母像顯示了他從早期作品的寧靜向強調運動和莊嚴的轉變，這一變化部分來自於米開朗基羅的影響。《西斯汀聖母》（1513）展示了顏色的華美，構圖的新穎大膽，是他羅馬時期作品的典型。他成爲羅馬最重要的肖像畫家，設計了十幅巨大的織錦懸掛在西斯汀禮拜堂，還設計了一座教堂和一座小禮拜堂。布拉曼特死後，他擔任了聖彼得大教堂的指揮工作，並在事實上負責教宗任期內建築、繪畫和文物保護方面的所有專案。他在三十七歲生日那天去世，他最後的傑作《主顯聖容》組塑，被放置在他棺材的前面。

Rapier, James T(homas)＊ 拉皮爾（西元1837～1883年） 美國政治人物。奴隸和富有的種植園主之子。他在加拿大和蘇格蘭受教育。南北戰爭後回到阿拉巴馬州，在此他成爲一名成功的棉花種植園主和共和黨第一次代表大會代表。1873年當選美國眾議員。他致力於通過1875年「公民權利法案」，競選連任失敗。他回到阿拉巴馬，積極從事勞工組織活動，並出版了刊物《蒙哥馬利哨兵》。

raptor＊ 攫禽 通常指任何食肉鳥類，包括貓頭鷹。攫禽有時僅指鷹、鵰、隼、兀鷲等隼形目鳥類，皆爲「抓住並奪走」被捕獵者生命的晝行性食肉動物。

raptures of the deep ➠ nitrogen narcosis

rare earth metal 稀土金屬 一個化學元素大家族中的任何一種，包括鈧（原子序21）、釔（原子序39）以及從57號元素（鑭）到71號元素（參閱lanthanide series）。稀土金屬元素本身以氧化物或是這些氧化物的混合物存在，起初認爲這些元素十分稀有。然而，最多的一種稀土金屬鈰，其儲量是地殼中鉛儲量的三倍。稀土金屬不存在游離態，在礦物中不存在純氧化物。這些金屬的化學性質十分相似，因爲它們的原子結構通常相似；它們都可以與其他元素形成化合物，包括穩定的氧化物、碳化物、硼化物，它們在其中的原子價爲3價。

Ras Nasrani＊ 納斯拉尼角 舊稱爲沙姆沙伊赫（Sharm al-Sheikh）。埃及西奈半島東南部小海灣和海角。它是埃及軍事基地所在，1956年西奈戰役中被以色列軍隊占領（參閱Arab-Israeli wars）。1967年六日戰爭之後，以色列又一次占領該地區，直到他們1980年代初從西奈半島撤軍。1972年新城鎮奧菲拉在此建立。現在該地區已經發展成爲娛樂和旅遊地區。

Rashi＊ 拉希（西元1040～1105年） 全名Rabbi Shlomo Yitzhaqi。中世紀法國《聖經》和猶太教法典評注

家。他在沃爾姆斯和美因茲的學校裡學習，約1065年成爲塞納河流域當地的猶太人領導者。他有影響力的關於聖經的著作檢查了原文的字面意義，並用寓言、比喻和象徵手法來分析非字面意思。他對猶太法典劃時代的注釋成爲聖經式和後聖經式猶太教義的經典介紹。

Rashid Rida, Muhammad＊　拉希德・里達（西元1865～1935年）　敘利亞伊斯蘭教學者。《燈塔報》的創始人（1898）和出版者，他幫助穆斯林明確表達了關於使他們的宗教傳統適應現代世界問題的機智。他關注穆斯林國家的倒退，他提出通過復興原來的伊斯蘭教義來加以矯正。他提倡統治者與宗教領導人協商以明確政府政策。他還強烈要求阿拉伯人仿效西方的科技進步。

Rashidun＊　拉什頓　伊斯蘭教國家最初的四個哈里發：阿布・伯克爾、歐麥爾、奧斯曼和阿里。作爲穆罕默德之後伊斯蘭國家最早的統治者，他們承擔了穆罕默德除了預言以外的所有職責。他們領導集會祈禱，發表星期五佈道演說，指揮軍隊。拉什頓的領土擴展到阿拉伯以外，進入伊拉克、敘利亞、巴勒斯坦、埃及、伊朗和亞美尼亞。他們還負責回曆的使用，並確立了強制閱讀《可蘭經》的制度。

Rashnu＊　拉什努　瑣羅亞斯德教的正義之神，決定亡魂的命運。在密斯拉和斯拉奧沙的幫助下，拉什努站在報應橋上，用金秤衡量欲通過該橋的亡魂生前的德行。這個神聖的三人組合有時也試圖爲靈魂調解，爲他們的原罪獲得諒解。每月18號是膜拜拉什努的日子。

Rasht　拉什特　伊朗中北部城市。位於裏海以南，薩菲河的一條支流沿岸。17世紀俄國向南擴張時成爲基蘭地區省會。兩次世界大戰中被俄國占領軍嚴重破壞。周圍是稻田和已部分開墾的林區。這裡是大米、茶葉、花生和絲綢的貿易和加工中心。人口約374,000（1994）。

Rask, Rasmus (Kristian)＊　拉斯克（西元1787～1832年）　丹麥語言學者。印歐諸語言學者，比較語言學的主要奠基人。他發現日爾曼諸語言中單詞的輔音是按照某種規律從其他印歐語同義詞變化而來，這個現象後來被格林兄弟明確的提出來，成爲了比較語言學的一條基本定則，被稱爲格林定律。拉斯克還對古諾爾斯語作了廣泛的研究，1818年出版了《古諾爾斯語或古冰島語起源研究》。他一生共精通二十五門語言與方言。

Raskob, John Jakob＊　拉斯科布（西元1879～1950年）　美國金融家。1902年開始爲杜邦公司工作，在20世紀初杜邦公司的擴展上扮演重要角色。1915年他加入了通用汽車公司的董事會。自1918年擔任通用汽車的財務委員會主席起，他極大地提高了公司的銷售額和收入，創建了通用汽車承兌公司（GMAC），透過該公司，銷售商可爲汽車存貨籌措資金、向顧客提供長期信用貸款。1928年拉斯科布離開通用汽車公司，成爲民主黨全國委員會主席並幫助史密斯競選總統，最終落敗。之後，他與史密斯共同領導了帝國大廈的建造工程。

raspberry　懸鉤子　薔薇科懸鉤子屬所有結果的灌木的統稱。採收時，多汁的紅、紫、黑色漿果自果心分離，與之近緣的黑莓，其果心則爲果實的一部分。紅懸鉤子靠母植株上的根出條（參閱suckering）或自根插枝繁殖。黑色和紫色品種的莖呈拱形，用枝端壓條繁殖。懸鉤子含鐵和維生素C，可生食，使用懸鉤子果醬做爲糕餅餡料極受歡迎，也用作甜露酒調味品。

黑懸鉤子（Rubus occidentalis）
Grant Heilman

Rasputin, Grigory (Yefimovich)＊　拉斯普廷（西元1872?～1916年）　原名Grigory (Yefimovich) Novykh。俄國神祕主義者，在沙皇尼古拉二世和皇后亞歷山德拉宮廷中頗有影響力。他是一個目不識丁的農民，因其早年的放蕩行爲而得名「拉斯普廷」（即「淫棍」之意）。皈依宗教之後，以其能治病而在農民中獲得了聖人的名聲。因此爲沙皇尼古拉和體弱的亞歷山德拉所知，並被證明他可能是借助了催眠術這樣的方法而能夠爲他們患有血友病的兒子止血。雖然不斷有人報告他惡名昭著的放蕩醜行，他仍然成爲了宮廷中的寵臣。1915年尼古拉留下亞歷山德拉處理內政，拉斯普廷在亞歷山德拉對教會官員和無能的內閣大臣的任命上起了很大的影響。爲了消除他帶來的災難，包括尤蘇波夫親王在內的一群貴族在經過了多次嘗試之後終於成功的暗殺了他，先是下毒，然後槍擊，最後將他扔進了結了冰的尼瓦河。幾週後即發生了1917年俄國革命。

Rastafarian＊　塔法里教　牙買加和其他幾個國家的黑人的政治宗教運動。該教崇拜海爾・塞拉西，視他爲彌賽亞。他們相信黑人是猶太人轉生，被邪惡的白種人欺壓是因爲自己有罪而受上帝懲罰，黑人最後將獲得救贖而被送返非洲，並迫使白人轉而爲他們服務。這一信仰首先於1953年被闡明，可以追溯到數名獨立的先知，尤其是貴維。隨著運動的發展，重返非洲的理想逐漸讓位於黑人戰爭或是神秘主義。塔法里教式的生活通常包括素食主義、蓄「駭人」長髮綹和吸食大麻。

Rastatt and Baden, Treaties of＊　拉施塔特和巴登條約　分別簽訂於1714年3月6日和9月7日。神聖羅馬帝國皇帝查理六世與法國簽訂的兩個和約，結束了查理繼續通過戰爭獲得西班牙繼承權的努力。在這些條約裡，查理六世放棄了對西班牙王位的要求，但事實上並未與西班牙講和。

Rastenburg Assassination Plot ➡ July Plot

rat　大鼠　鼠科家鼠屬500餘種亞洲齧齒類動物的統稱，已引入世界各地。「家鼠」一般指黑家鼠和挪威家鼠，富攻擊性的雜食動物。因覓食容易，所以喜居住於人類分布的區域。感官特別發達，可攀緣、跳躍、挖洞或囓咬出一條通往似乎無法到達之處的通路。繁殖速度極快（一年內可產150隻幼仔），天敵種類少。大鼠可傳播多種人類疾病，經常破壞穀物供應。黑家鼠體長20公分，不含較長的尾。挪威家鼠（亦稱褐鼠、倉鼠、溝鼠或碼頭鼠）的耳和尾在比例上來說較小和短。實驗用大鼠就是由褐家鼠馴化的品種。未特殊指明時，大鼠一詞也可指其他齧齒類動物（例如更格盧鼠、林鼠）。

挪威家鼠
John H. Gerard

rat snake　鼠蛇　游蛇科錦蛇屬40～55種蛇類和相近種類的統稱，分布於北美洲、歐洲和亞洲的林地和農田房舍周圍。無毒，以縊縮的方法絞殺鼠類，亦食蛋卵和家禽。有的種類在樹林中捕捉鳥類。卵生，運動緩慢而溫順，自衛時擺動

阿斯克勒庇俄斯蛇（Elaphe longissima）
Anton Thau－Bavaria Verlag

尾部，排出一種難聞的液體，並能豎起身體向人衝擊。美國東部的黑鼠蛇亦稱pilot black snake，體長可超過2.5公尺。

ratchet　棘輪　傳遞間歇性轉動或僅容許轉軸作單向旋轉的機械裝置。回動棘輪用於套筒扳手，在扳手無法完全鎖緊的位置可以輕易地旋轉或鬆開螺栓。它們還用於機械千斤頂上，在每次連續的提升之後鎖定千斤頂桿。

Rathbone, Basil　羅斯彭（西元1892～1967年）　英國演員。1911年首度登台，之後在倫敦及紐約扮演重要角色。1924年起在好萊塢電影中現身，通常飾演浪漫多情的角色。因爲嗓音獨特、骨瘦如柴，也在數部絶華與弗林主演的驚險傳奇電影當中演壞蛋。他因爲《羅密歐與茱麗葉》（1936）和《如果我是國王》（1938）贏得讚賞，不過要等到在一系列由《幽靈犬》（1939）開始的電影中擔綱演出福爾摩斯後，才聲名大噪。

Rathenau, Walther＊　拉特瑙（西元1867～1922年）　德國實業家、政治家。1915年起他開始領導由他父親埃米爾（1838～1915）創辦的德國通用電力公司。第一次世界大戰中他爲作戰部門組織原料的保存和分配。1918年他協助創建德國民主黨，支援與社會民主黨的合作。1921年至1922年出任建設部長。後來改任外交部長，與蘇聯談判訂立拉巴洛條約。作爲一名猶太人和「爬行社會主義」的推動者，他觸怒了極端民族主義者，於是遭到暗殺。

Rathke, Martin H(einrich)＊　拉特克（西元1793～1860年）　德國解剖學家、胚胎學家。他最早描述了哺乳類和鳥類胚胎的鰓裂與鰓弓。他認爲這些是退化的鰓，但在相應的血管形成過程中顯示其重要性。1839年他最早描述了拉特克囊，一種發育成腦下垂體前葉的胚胎結構。他還是倡導海洋動物學研究的先驅。

ratio　比　兩個數值的商。a比b的比值寫成a:b 或是用分數a/b。不論用哪一種寫法，都稱a 爲前項，b爲後項。只要作比較，就會有比的產生。爲了簡明起見，通常會簡化成數值最小的項。因某個學校有1000個學生和50個教師，學生／教師比就是20比1。矩形的長度與寬度的比又稱縱橫比，例如古典建築的黃金比例。兩個比用等式連起來的方程式稱爲比例。

rational number　有理數　可以用兩個整數的商來表示的（即分子不能爲零）任何數。有理數集包括所有的整數以及所有的分數。在十進位中，有理數的位數有限，或者可以重複。

rational psychology　理性心理學　形上學的學科，試圖藉由先驗知識的論證來確定人類靈魂的本質。在沃爾夫的形上學區分裡，理性心理學是以「特殊形上學」爲題的三種學科之一（其餘兩者爲理性宇宙論〔rational cosmology〕及理性神學〔rational theology〕）。康德在他的《純粹理性批判》中對理性心理學的矯揉造作有一番批判。

rationalism　理性主義　一種哲學觀點，認爲推理是知識的主要源泉和檢驗標準。理性主義長久以來一直與經驗主義對立，後者的學說認爲一切知識最終來源於感知經驗，並由經驗檢驗。與這一學說相對立，理性主義者堅持認爲理性有超越感知範圍，把握具有確定性和普遍性的眞理的能力。爲了強調「自然法則」的存在，理性主義者反對主張奧秘知識的各種體系，不管它是來自神秘的經驗、啓示，或是來自直覺。理性主義與各種非理性主義也是對立的，非理性主義往往在損害理性的情況下強調生物性、感情或是意志、無意識，或是存在。

rationing　配給制　一般在戰時、饑荒或其他緊迫情況下政府採取的對稀有資源和消費品進行分配的政策。根據使用情況，配給制禁止商品的不重要用途（如休閒旅行相對於公務旅行中汽油的使用）。數量配給限制了每個索取者所能獲得商品的數量（如每月一磅黃油）。價值配給限制了消費者能夠用於購買難以標準化的商品（如衣服）的貨幣總額。點配給制規定各種商品的點值，給每個消費者分配一定數量的點值。從商家的優惠券裡我們能看到配給制的影子。優惠券分發給消費者，只能用於交換核准數量的配給商品。配給經濟中的消費者通常被鼓勵存錢或是投資於政府債券，以至於未支出的貨幣不會用於購買非配給商品或黑市商品。

ratite＊　平胸鳥　胸骨扁平如筏，沒有用以固著飛行肌肉的龍骨，因此不能飛行的鳥類的統稱。包括一些古今最巨大的鳥類。兩種已滅絕的種類，馬達加斯加的行動緩慢、體型笨重的象鳥和紐西蘭的恐鳥，可長至3公尺高。現存的平胸鳥包括食火雞、鴯鶓、幾維、鴕鳥和美洲鴕。

Rattigan, Terence (Mervyn)　拉蒂根（西元1911～1977年）　受封爲泰倫斯爵士（Sir Terence）。英國劇作家。完成兩部喜劇之後，他因戲劇《溫斯洛男孩》（1946年，1948年被拍成電影）而備受稱讚。他最著名的作品《分桌》（1955年，1958年拍成電影），以生硬地將社會習俗強施於人而造成孤立爲主題。他其他的戲劇作品包括《伯朗寧的譯文》（1948）、《羅絲》（1960）和《留給國家的遺贈》（1970）。他爲以自己作品改編的電影撰寫劇本，還爲《黃色香車》（1965）和《萬世師表》（1969）寫了電影劇本。

rattlesnake　響尾蛇　分類於兩屬中約30種新大陸小蝰蛇的統稱，特徵爲尾部具響環，擺動時發出聲響。響環由疏鬆連接若干角質環片組成，每次蛻皮便增加一節。侏響尾蛇屬種類頭頂上有大鱗片。響尾蛇屬種類頭頂上的鱗片都很小。體型大小範圍爲30～250公分。多數種類捕食小型動物，主要是齧齒類動物、鳥類和蜥蜴。皆爲卵胎生。響尾蛇在炎熱地區爲夜行性，寒冷地區則群集休眠。頭部兩側各有具熱感受能力的器官，有助於尋找捕捉獵物。響尾蛇咬傷雖然痛苦，如今經過治療已不會致死。亦請參閱sidewinder。

木紋響尾蛇（Crotalus horridus）
Jack Dermid

Ratzenhofer, Gustav　拉岑霍費爾（西元1842～1904年）　奧地利將軍、法學家、社會學家。在成功的軍事生涯中他獲得了陸軍元帥的軍銜，此後他發展了他在社會科學中的興趣，尤其是社會達爾文主義。他相信人類的相互作用刻畫爲人種之間的「絕對敵意」，但通過社會學人種能演進到更高的結合形式。他的著作包括《政治的性質及目的》（3卷，1893年）和《社會學感知》（1898年）。

Rauschenberg, Robert＊　勞申伯格（西元1925年～）　原名Milton Rauschenberg。美國畫家和圖畫藝術家。他在艾伯斯的指導下學習。1950年代他的「混合畫」將汽水瓶、路障和鳥類標本等物體結合在一起，引領了普普藝術運動。在後來的作品中，他使用絲漏模版和其他技術將商業列印媒體的形象和他自己的照片轉換到帆布上，並加深圖像，將它們和粗線條的繪畫成分統一起來。他的作品植根於達達主義和抽象的識別現成物派。

Ravana＊　羅波那　印度教神話中的十首魔王。羅波那有十頭二十臂，會飛。他統治楞伽國，放逐兄弟俱毗羅。他誘劫羅摩之妻悉多，最後爲羅摩所敗，這是史詩《羅摩衍那》

O P Q R

所載的主要故事。許多人記住他是因爲羅波那搖撼吉羅娑山，濕婆介入，把羅波那囚在山下1,000年。每年在民間受歡迎的里拉節的高潮就是表演羅波那失敗故事並焚燒巨大的羅波那像。

多頭魔王羅波那，選自《羅摩衍那》（1720?）；現藏克利夫蘭藝術博物館
By courtesy of the Cleveland Museum of Art, Ohio, gift of George P. Bickford

Ravel, (Joseph) Maurice * 拉威爾（西元1875～1937年） 法國作曲家。十四歲被巴黎音樂學院錄取。完成他的鋼琴學習後，他向佛瑞學習作曲，寫了重要的鋼琴曲《水之嬉戲》和《弦樂四重奏》。接下來的十年間，他創作了許多著名的樂曲，包括《夜之幽靈》（1908）和《加斯巴之夜》（1908）。他受佳吉列夫的委託完成了偉大的芭蕾樂曲《達菲尼與克羅埃》（1912）。其他作品包括歌劇《西班牙時光》（1911）和《兒童與巫師》（1925），組曲《高貴而傷感的圓舞曲》（1911）和《庫普蘭之墓》（1917），管弦樂《圓舞曲》（1920）和《波利樂舞》（1928），兩首鋼琴交響樂，以及許多優美的歌曲。作爲一位細心、準確的管弦樂作曲家，拉威爾很有天賦，他的作品以其高超的技能受到普遍讚譽。至今仍是法國最受歡迎的作曲家。

raven 渡鴉 鴉科鴉屬數種喙厚，通常獨居的鳴禽的統稱，曾大量分布於北半球，現僅分布於不受干擾的區域。普通渡鴉是最大的雀形類，體長可達66公分，翅展可達1.3公尺以上。其暗色具虹彩的羽衣更爲蓬鬆，尤其喉部的羽毛。以齧齒動物、昆蟲、穀粒、鳥卵等爲食，在冬季則食腐肉和垃圾。被捕捉的雛鳥能學會模仿少數單詞。巢大，爲枯枝構成的粗糙構造，築於懸崖或大樹頂上。

Ravenna * 拉韋納 義大利東北部城市。位於內陸，通過一條運河與亞得里亞海相連。西元5世紀時是西羅馬帝國的首都。6～8世紀爲東哥德王國和拜占庭義大利都城。它的藝術和建築反映了羅馬形式和拜占庭鑲嵌圖案以及其他裝飾的融合。遺跡包括6世紀的聖阿波里納長方形基督教堂和聖維塔雷八角形教堂。1861年成爲義大利王國的一部分。如今爲一個農業和工業城市，有石油、天然氣精煉企業。人口：都會區約137,000（1996）。

Ravi River * 拉維河 印度西北部和巴基斯坦東北部河流。旁遮普地區五條河流之一。發源於印度喜馬偕爾邦喜馬拉雅山脈，流經昌巴，在查謨和喀什米爾分界處轉向西南。然後流向巴基斯坦邊境，沿兩國邊界進入巴基斯坦旁遮普省。流經巴基斯坦拉合爾，在卡馬利亞附近轉向西流，注入傑納布河。全長約725公里。

Rawalpindi * 拉瓦平第 巴基斯坦北部旁遮普省城市，位於伊斯蘭堡西南。古代屬阿凱門尼德波斯王國。附近的廢墟被認定是塔克西拉古城遺址。它控制著通往克什米爾的道路，也是重要的英國軍事站的所在，戰略地位十分重要。1959年至1969年作爲巴基斯坦首都，它是巴基斯坦軍隊總部所在，也是一個行政、商業和工業中心。該地區主要種植小麥、大麥、玉米和粟等農作物。城市南方曼基亞爾爲西元前3世紀的佛塔窣堵波遺址。人口795,000（1981）。

Rawlings, Jerry J(ohn) 羅林斯（西元1947年～） 迦納軍事和政治領袖，1979和1981年兩次推翻政府奪取政權。第一次政變之後，羅林斯，一個下級空軍指揮官，向一個自由選舉產生的文職總統利曼交出了權力，兩年後他驅逐了利曼。作爲迦納的統治者，他創造了工人委員會，建立了生產和價格控制，但後來又放棄了這些措施。他的政策給迦納帶來政治和經濟的相對穩定。1996年他又一次當選，2001年從總統職位上卸任。

Rawlings, Marjorie Kinnan 羅林斯（西元1896～1953年） 美國短篇和長篇小說家。羅林斯當過記者，後來移居未開墾的佛羅里達，並專心致志寫小說。取材於她周圍的人和土地，她寫了豐富的富有藝術氣息的作品，這些作品有點類似於活潑的紀實報導，並因其迷人的風景描寫而聞名。她最著名的小說《鹿苑長春》（1938年，獲普立茲獎），講述了一個來自貧困家庭的男孩和他收養的一隻小鹿的故事。她後來的作品包括《跨越小溪》（1942）和《暫居者》（1953）。

Rawls, John 羅爾斯（西元1921～2002年） 美國哲學家。生於巴爾的摩，曾先後於康乃爾大學（1962～1979）與哈佛大學（1979年起）任教。他的著作主要是在談論倫理學與政治哲學。在《正義論》（1971）中，他提出取代功利主義的另一觀點，導向一些極其不同的關於正義的結論。他斷定，如果人們必須在「無知的面罩」（veil of ignorance）下——這面罩限制了他們對自己在社會中的位置所能有的認知——選擇正義的原則，他們就不會尋求最大的整體利益，取而代之的是保護自身自由、防護自己遠離最壞的可能後果。他們因此只會認可那種對最貧困者有利的不平等（如財富不平等）——因爲這種不平等是對全部人都有利的那些動機所必需的。

ray 魟 鰩目300～350種主要爲海生的軟骨魚，遍布全世界，並分類爲電鰩、鋸鰩、鰩和刺魟。許多種類棲於海底，游動緩慢。鰓孔和口位於扁平的身體下側。翼狀的胸鰭沿頭的兩側延伸生長。除電鰩外，所有種類皆尾部細長，上面通常有鋸齒緣的毒刺和粗糙有棘的表皮。亦請參閱manta ray。

牛鼻鱝（*Rhinoptera bonasus*），一種刺魟
Painting by Richard Ellis

Ray, James Earl 雷伊（西元1928～1998年） 美國刺客。他是慣犯，曾多次入獄。1967年從密蘇里州監獄越獄潛逃。1968年4月4日在田納西州孟菲斯市，他從公寓窗口開槍射殺金恩，當時金恩正從汽車旅館中走出過馬路。雷伊逃往多倫多、倫敦、里斯本，後又回到倫敦，6月8號在倫敦被捕。押回孟菲斯市後，被判有罪，判刑九十九年。他後來翻供。多次試圖使他的案子得以重審，甚至得到了金恩家人的支援，但都是徒勞。

Ray, John 雷伊（西元1627～1705年） 英國博物學家和植物學家。鐵匠的兒子，在特別基金的幫助下，他得以進入劍橋大學，並留校許多年。在威勒比的幫助下，他從事了對生物進行完整分類的工作，出版了許多卷冊。他對植物學不朽的遺產是確立了種作爲分類法的終極單位。他試圖以他的分類系統爲基礎劃分所有生物的結構特徵，包括內部剖析，而非單一的外形特徵。通過堅持心肺結構的重要性，他有效構建了哺乳動物類，他根據是否存在多元變態來劃分昆蟲。雷伊完成了一個比他同時代的人更接近眞實自然的分類系統，使林奈後來的貢獻成爲可能。

Ray, Man 曼雷（西元1890～1976年） 原名Emmanuel Radnitsky。美國攝影家、畫家和電影製作人。他在紐約長大，學習了建築學、工程和藝術。1917年與杜象合作形成了紐約的達達主義，產生識別現成物派。1921年他遷居巴黎，與超現實主義聯合。他重新發現了把物體放置在感光紙上製作「不用照相機」的圖畫或照片的技術，他稱這一技術爲「光影圖像」，也重新發現負感作用技術，這一技術部分用底片、部分用正片製作圖像。他轉向肖像攝影，完成了對1920年代和1930年代巴黎文化名人的完整記錄。作爲1920年代前衛的電影攝製者，他做出了重要的貢獻。

Ray, Nicholas 雷伊（西元1911～1979年） 原名Raymond Nicholas Kienzle。美國電影導演。學習建築學和戲劇，1930年代中期開始執導戲劇。他在紐約與豪斯曼和伊力卡山一起工作，此後跟隨他們來到了好萊塢，在此他導演了《以夜爲生》(1948)。他受到許多風格導演理論信奉者的崇拜，由於在電影中形成了個人風格而受到讚揚，這些電影包括：《孤獨地方》（1950）、《強人》（1952）、《荒漠怪客》（1954）、年輕人逆反心理的里程碑式電影《養子不教誰之過》（1955）、《早點長大》（1954）、《痛苦的勝利》（1958）和《北京五十五日》（1963）。

Ray, Satyajit 雷伊（西元1921～1992年） 印度電影導演。在隨泰戈爾學習之後，他成爲廣告代理商的藝術指導和插圖畫家。爲了拍攝他的首部電影《大路之歌》（1955），他變賣了所有的財產。這部電影是一個鄉村生活故事，在坎城影展上獲得了巨大的成功。隨著《不可征服的人》（1956）和《阿普的世界》（1959）的上映，他完成了傑出的阿普三部曲，使印度電影獲得世界的關注。他後來拍的電影也備受稱讚，像《女神》（1960）、《兩個女兒》（1961）、《大城市》（1964）、《寂寞的妻子》（1964）、《棋手》（1977）、《家和世界》（1984）和《遊客》（1990）。他自己撰寫了所有的電影劇本，這些劇本因其人文主義和詩歌而著名。他還經常爲他自己的電影配樂，雖然他的短篇小說和故事才是他的主要收入來源。1992年獲奧斯卡終身成就獎。

雷伊
Camera Press

ray flower ➠ Asterales

Rayburn, Sam(uek) (Taliaferro) 雷伯恩（西元1882～1961年） 美國政治人物。早年在學校教書，後來成爲德州的一名律師，1907年至1913年一直在德州立法會任職。1912年以民主黨員當選美國眾議員，並任該職達四十八年，期間十七年（分別在1940年至1946年，1949年至1953年，1955年至1961年）擔任發言人。他是一個訓練有素的戰術家，他影響了許多新政立法的通過，他合寫議案要求爲農村電氣化制定法律。他是約翰遜長期的政治顧問，也是從羅斯福至甘迺迪總統可以信賴的顧問。

Rayleigh (of Terling Place), Baron ＊ 瑞利勳爵（西元1842～1919年） 原名John William Strutt。英國物理學家。1873年繼承了他父親的頭銜，並用他的財產建立了一個研究實驗室。1879年至1884年他在劍橋大學講授物理。1884年至1895年成爲皇家學會部長。他的研究領域包括電磁學、色彩學、聲學和光柵衍射，他解釋天空爲什麼呈藍色的理論演進爲瑞利散射定律。1904年他由於分離出氬而獲諾貝爾物理學獎。1908年成爲劍橋大學名譽校長。他有影響力的著作《聲學原理》（1877，1878）探討了振動和媒體共振的問題。

Rayleigh scattering 瑞利散射 半徑小於輻射波長約1/10的粒子對電磁輻射的色散。爲紀念瑞利勳爵而命名，他於1871年描述了這一現象。由於藍光處在可見光譜波長較短的一端，所以它比波長較長的紅光更容易散射。由於觀察者只能看到被散射的光，所以天空顯現藍色。瑞利定律預測了散射光的偏振和強度變化。

Raymond, Antonin 雷蒙（西元1888～1976年） 捷克裔美國建築師。1910年移民到美國，協助萊特建造東京的王子飯店（1916）。而後繼續留在日本，與夥伴雷度建造了許多建築物，多半是爲美國人建造的。他是當時日本少數的現代建築師之一，日本建築師前川國男與吉村順三都深受他影響。其他作品有東京的讀者文摘大樓（1951；已毀）、名古屋國際學校（1967年開辦）——學校的圓形建築與它彈性講求進步的教育方案密切相關。

Raymond IV 雷蒙四世（西元1041?～1105年） 法語作Raimond。別名Raymond of St. Gilles。土魯斯伯爵（1093～1105）和普羅旺斯侯爵（1066～1105）。參加第一次十字軍的第一個西歐統治者，他幫助奪取了安提俄克（1098）和耶路撒冷（1099），但他拒絕代表十字軍當耶路撒冷國王。他還在1102～1105年征服的黎波里。

Raymond VI 雷蒙六世（西元1156～1222年） 法語作Raimond。土魯斯伯爵（1194～1222）。他最初容忍清潔派異端，但後來參加了征討他們的阿比爾派十字軍。雖然在第四屆拉特蘭會議上失去了自己的頭銜，雷蒙爲了保衛自己的領土向十字軍宣戰。儘管教宗英諾森三世努力安排妥協調解，他還是通過征服重新獲得了他的大部分領土。曾兩次被逐出教會，所以死後未能行基督教葬禮。

Raymond VII 雷蒙七世（西元1197～1249年） 法語作Raimond。土魯斯伯爵（1222～1249）。他幫助其父（雷蒙六世）重新獲得被奪走的土地，並與來自法國北部的渴望土地的十字軍談判，達成了停戰協定。由於未能鎮壓清潔派異端，他被逐出教會並受到法國的入侵。1229年通過談判，他割讓土地給法國並同意阿比爾派十字軍繼續留在朗格多克。1242年，他聯合英國亨利三世，反叛路易七世的鬥爭失敗。他被迫接受大法國政權對土魯斯的領導。

Raymond of Peñafort, St. ＊ 佩尼弗特的聖雷蒙德（西元1185?～1275年） 西班牙語作Raimundo。加泰羅尼亞道明會修士，在闡釋教會法方面很有影響力。他曾在波隆那學習和教授教會法典。後來回到巴塞隆納，加入道明會，爲懺悔者撰寫了指導手冊，在中世紀後期被廣泛使用。1230年他被教宗格列高利九世任命爲羅馬教廷告解司鐸，受委託彙編教宗的敕令和統治法令爲教會法規，這些教令集（1234）在1917年以前一直作爲教堂法規的一部分而保留。他後來在突尼斯和莫夕亞開辦學校，開展阿拉伯和希伯來研究。

Rayonism ＊ 射光主義 （俄語Luchizm意爲「ray-ism」）由拉里奧諾夫（1881～1964）及其妻子岡察羅娃（1881～1962）在1912～1913年間創立的俄國藝術運動，代表了俄國向抽象藝術發展的第一步。射光主義是立體主義、未來主義和奧費主義的結合，被拉里奧諾夫形容爲「是通過不同物體折射的光線的交叉來達到的空間藝術形式」。該運動在拉里奧諾夫夫婦1914年前往巴黎後結束。

Rayonnant style ＊ 輻射式風格 法國風格（13世紀），代表哥德建築的高峰。這個時期的建築師對於建築物大小較不感興趣，反而更加著墨於裝飾風格上，例如高塔、凹凸形狀，特別是窗飾。這個風格的名稱反應了玫瑰窗的放射性特色。其他特色還包括垂直構件的變窄、窗戶的擴大，以及教堂拱廊與高窗的結合，讓室內明亮區域增大，使牆壁與窗飾、放射狀窗框與玻璃合而爲一。亞眠大教堂（1220～1270）便是輻射式窗格最早的代表作。其他傑出的代表作品包括巴黎聖母院、特魯瓦聖耳班教堂（1262年成立）及巴黎的聖禮拜堂（建於1248年），它是路易九世的皇家教堂。亦請參閱cathedral。

Razi, ar-＊　拉齊（西元865?～925?年）　全名Abu Bakr Muhammad ibn Zakariya' ar-Razi。拉丁語作Rhazes。波斯煉金術士和哲學家。他認爲自己是伊斯蘭哲學界的蘇格拉底、醫學界的希波克拉提斯。在《醫學集成》一書中，他對希臘、敘利亞、早期阿拉伯和一些印度的醫學知識進行了研究，並加上了自己的觀點。他的哲學著作包括《拉齊的精神醫學》，是一本廣受歡迎的道德論文，並包括了他的重要煉金術研究成果。他稱自己是柏拉圖的追隨者，但對阿拉伯人解釋的柏拉圖的觀點不同。他關於物質構成的理論與德謨克利特相似。被認爲是伊斯蘭世界中最偉大的醫學家。

Razin, Stenka＊　拉辛（西元1630?～1671年）　原名Stepan Timofeyevich。俄國哥薩克人起義者。出生於富裕家庭，支持從波蘭和俄國逃亡到該地區尋找土地的農奴。1667年領導一群新來的農奴在頓河上游建立了一個村落。1667～1670年他們侵略裏海附近的俄國和波斯人的居住區，獲得了大量的財富。他後來領導哥薩克無政府主義者進軍伏爾加河地區，在那裡與圖謀叛變的農民聯合起來。在取得了察里津（今窩瓦格勒）、阿斯特拉罕和薩拉托夫的土地後，他的缺乏組織紀律性的20,000軍隊被辛比爾斯克的軍隊打敗。拉辛被捕，在受迫害後被處決。他成爲俄國民間傳說中的不朽英雄人物，被記載在歌曲和傳奇中。

razor clam　蟶　竹蟶科數種海產蛤類的統稱，常見於潮間帶的泥沙中（尤其在溫帶海域）。殼窄長，剃刀狀，長可達20公分。斧足大而活躍，能在洞穴中迅速上下移動，受驚時很快撤退縮回洞內。以短虹吸管（水管狀）攝食海水中食物顆粒。有的種可藉虹吸管噴水而作短距離游泳。

razorback whale ➠ fin whale

RCA Corp.　美國無線電公司　美國主要的電子和廣播集團。它是奇異公司的一個子公司，總部在紐約。它的分支包括了國家廣播公司。美國無線電公司成立於1919年，當時被稱爲國家廣播美國無線電公司，並將美國馬可尼無線電報公司兼併。在那時，它是唯一一家能夠處理橫越太平洋商業無線電通訊的公司。美國無線電公司在1926年成立了國家廣播公司，以擴展該公司的廣播業務。1939年美國無線電公司發展了第一台實驗型的電視機，七年後其黑白電視機開始投入市場。國家電子在1986年購買了美國無線電公司，並在1987年將美國無線電公司的顧客電子部出售給了法國唐姆笙公司。美國無線電公司還參與軍事活動、空間電子技術和衛星通訊。

Re＊　瑞　亦稱Ra。古代埃及宗教中萬物的創造者和太陽神。被認爲是在白天乘坐太陽船橫跨天空，夜晚乘坐另一船駛過地獄，在他重生之前必須戰勝撒旦。作爲萬物的創造者，他從海中的混沌中誕生，先創造出自身，然後生成其他八個主神。從第四王國起，埃及國王都稱自己是瑞的兒子，瑞後來成爲國王即位時皇冠名稱的一部分，也被附加到阿蒙和塞貝克這些神的身上。

reactance　電抗　當電流變動，或者是交流電的時候，電路或部分電路對電流表現出的阻礙作用（參閱electrical impedance）的量度。在一個方向上沿著導體流動的穩定電流所遇到的阻力稱爲電阻，而沒有電抗。當導體攜帶交流電時，在電阻上還要加上電抗。在直流電流接近或離開穩定流動的過程中（比如合上或打開開關時），短時間內也會發生電抗。電抗有兩類，電感的和電容的。感抗與載流導線或線圈周圍的磁場變化有關。容抗與彼此由絕緣介質分開的兩塊導電表面（平板）之間的電場變化有關。電抗的單位是歐姆。

reaction, heat of　反應熱　在化學反應期間，爲了保持所有參與物質處於同一溫度而必須加入或除去的熱量。如果這個熱量是正的（必須加入熱量），就說這個反應是吸熱的；如果反應熱是負的（放出熱量），那就是放熱反應。爲了正確設計化學過程中所用的設備，需要知道反應熱的精確值。通常查閱彙編好的熱力學資料表（許多已知材料的生成熱和燃燒熱）來估計反應熱。活化能與反應熱無關。

reaction rate　反應速率　化學反應進行的速度，用單位時間內產物的生成量或反應物的消耗量來表示。反應速率與反應物的性質以及化學變化的類型有關，還有溫度和壓力，在有氣體參與時這兩個量尤爲敏感。一般來講，離子反應的速率就很快，而要形成或打破共價鍵的反應就比較慢。催化劑通常能提高反應速率。對反應速率的預測、測量和作出解釋是化學中的一個分支化學動力學的主題。亦請參閱mass action, law of。

read-only memory ➠ ROM

Reade, Charles　利德（西元1814～1884年）　英國小說家和戲劇作家。雖曾在牛津大學學習法律，並在那裡擔任官員，之後卻將自己的大部分時間和精力用在寫作和排演他的情節劇上。他的小說以強烈的義憤表現了當時社會的不平等。他以歷史小說《教堂和爐邊》（1861）而出名，其餘作品還包括攻擊監獄狀況的《亡羊補牢未晚》（1856）、揭露對精神病人的虐待的《硬幣》（1863）以及對工聯主義者的恐怖活動進行描寫的《設身處地》（1870）。

Reader's Digest　讀者文摘　美國發行的月刊。由華萊士夫婦在1922年創刊，當時是一本刊載從縮寫於其他刊物的能引起大眾興趣並具有娛樂價值文章的雜誌。從1934年起開始發表流行書籍的摘錄，後開始發表帶有原文的書籍。雖然最初是一本公正的刊物，但讀者文摘傾向於用保守的觀點來影響讀者。可能是世界上發行量最大的刊物，在全球有48個版本，以19種語言出版。

Reading＊　瑞丁　英國倫敦西部伯克郡的首府。早在西元871年就已經是丹麥人的居住地，1253年亨利三世爲其頒發了城鎮特許狀。17世紀中期英國內戰時曾遭受嚴重破壞。在那時，該城鎮的商業，尤其是紡織業開始下降。1897年王爾德曾被監禁在這裡。現爲農業中心，因出產苗圃球莖植物而著名。它是一所大學的所在地，工業包括電腦生產、麥芽製造和釀造業。人口約139,000（1994）。

ready-made　現成物品　將日常生活用品作爲主題設計的藝術品。這一名稱由杜象杜撰而成，其第一批現成物品包括在紐約一個雪天拾到的雪鏟和一個椅子上的輪子（1913）。它們表達了對過度強調藝術重要性的抗議。杜象的反美學行爲使他成爲當時達達主義的領導人之一，而他的現成物品的概念雖然在當時的幾十年中被認爲是對藝術的褻瀆，但後來卻被勞申伯格、沃荷和約翰斯等藝術家接受。

Reagan, Ronald W(ilson)＊　雷根（西元1911年～）　美國第四十任總統。曾在Eureka大學就讀，1937年前往好萊

O P Q R

塢之前曾擔任廣播體育播音員。身爲一名演員曾參演五十多部電影，兩次擔任電影演員同業工會主席（1947～1952，1959～1960）。後來成爲奇異公司的代言人，並在1954～1962年間主持了其電視影院節目。當他的政治傾向漸漸從保守的共和黨轉到開放的民主黨後，1967～1974年間被選爲加利福利亞州州長。1980年，他打敗了當時在任的卡特成爲總統。就職後不久，他在一次暗殺中受傷。他採用了供給面經濟學來促進經濟的快速增長並減少聯邦赤字。他的大部分建議在1981年被議會採納，在降低通貨膨脹方面起了積極作用，但到1986年底使國家債務加倍。他開始了美國歷史上最大的和平時期軍備，並在1983年提議建立戰略防衛計畫。他的外交政策包括限制中程核武的INF條約和對格瑞納達的侵略。1984年，他以絕對優勢壓倒孟岱爾再度當選。他的行政措施包括1986年的伊朗軍售事件，大大地降低了他的支援率和權威地位。雖然他管理政府的智慧常常遭到貶低，但他富有技巧的交流方式使他實行了很多保守政策並因此取得了很大成功。1994年他透露自己已經患了阿滋海默症。

real and personal property　不動產和動產　英國普通法中的基本形式，大致相當於民法中的固定財產和流動財產的分類。不動產包括土地、房屋、莊稼和其他資源以及土地的附屬品和改進物。而動產則主要包括除了不動產之外的全部財產，包括貨物、牲畜、金錢和交通工具。

real number　實數　數學中指能用有限或無限位小數表示的量。計數的數、整數、有理數和無理數都是實數。與計數得出的測量結果不同，實數用於測量連續變化的量（如大小、時間）。「實」這個字是用來把它們與虛數分開。

realism　寫實主義　視覺藝術中強調精細地、忠實地對自然和現實生活加以記錄的美學觀點。寫實主義摒棄形象的理想化，推崇對外部表像的仔細觀察。它是法國1850和1880年間的藝術主導形式。1730年代早期，巴比松畫派的畫家在他們對臨近鄉村風景的忠實再現中提出了寫實主義。庫爾貝是第一位宣揚和採用寫實主義手法的藝術家；他的《奧南的葬禮》和《石工》（1849）以其對農民和勞動者的眞實記錄而震驚了公衆和評論家。在杜米埃的諷刺畫像中，他使用了強有力的線條和大膽的細節來批評他在法國社會中看到的不道德行爲。寫實主義在美國主要出現在荷馬和伊肯斯的作品中。20世紀與新客觀派一起的德國畫家用寫實主義風格來表達他們對第一次世界大戰後社會的幻滅。被稱爲社會寫實主義的大蕭條時期運動採用了接近於寫實主義的手法來表現美國社會。亦請參閱naturalism。

realism　寫實主義　文學中指忠實於自然和眞實生活並準確記載日常生活、不將其理想化的理論和實踐。18世紀狄福、費爾丁和斯摩里特的作品是英國早期寫實主義的代表。在19世紀法國被認爲是美學的一種實驗而採用，當時的人們對記錄現實生活和社會的興趣與日俱增。福樓拜的《包法利夫人》（1857）在歐洲文學界建立起了寫實運動。寫實主義強調超然和客觀性，對社會的認識評價清醒而有一定限度，並在19世紀末期與小說結合起來。該詞現已被用來指對細節的過度重視或對細小主題的誇大。亦請參閱naturalism。

realism　實在論　哲學中任何不依人的觀察和思考爲轉移的存在作爲人的知識物件的觀點。與否認萬物都是現實存在（除了語言外）的唯名論和將萬物作爲意念中的概念存在的概念論不同的是，實在論認爲萬物是獨立於表達它們的語言以及人類的意念存在的。而與觀念論和現象主義相反的是，它宣稱物質的存在和其本身特性是獨立於人的概念的。同樣地，道德實在論認爲行爲的道德特性（例如在道德上的好、壞、漠不關心或倫理上的正確、錯誤或義務等）是屬於行爲本身而不應該作爲思考並接受或摒棄它們的頭腦的產物來解釋。與保守主義相反，實在論認爲科學理論在客觀上因其相應性而有正確性和錯誤性，與存在的現實相獨立。

realpolitik　現實政治　不是光憑理想、而是基於實務目標的政治。雖然英文用的是「眞實」（real）一字，但其意義指的是「事實」（things）之義，因此現實政治的意思，乃是適應現存事實的政治。現實政治要求實用、不浮誇的觀點，對道德考慮則大爲貶抑。在外交政策上，現實政治爲了追求國家利益，作法雖然叫做現實，但經常是殘酷無情。

reamer　鉸刀　圓柱或圓錐形的旋轉切削刀具，用來對鑽孔、鏜孔或鑄孔進行擴孔並完成精加工的過程。鉸刀不能用來鑽孔。所有的鉸刀都有縱向凹槽，其刀背和刀面都可用來切割。鉸刀由高碳鋼、高速鋼和硬質碳化物製成。

reaper　收割機　任何用來收割穀類的農業機械。早期的收割機只將穀物收割並不加捆紮堆放。現代收割機則包括收穫機、聯合收割機（參閱combine）和割捆機，並能進行其他收穫作業。亦請參閱McCormick, Cyrus Hall。

reason, practical ➠ practical reason

Réaumur, René-Antoine Ferchault de＊　列奧米爾（西元1683～1757年）　法國物理學家和昆蟲學家。他發明了以他的名字命名的溫度表（參閱thermometry）。在列氏刻度上，0度代表水結冰的溫度，而80度則代表水沸騰的溫度。他還發明了不傳熱的列奧米爾瓷，改進了鋼鐵冶煉技術，發現小龍蝦失去的附肢有再生功能並將胃液分離。他的《昆蟲志》（1734～1742）雖然沒有完成，但卻是昆蟲學歷史上的一個里程碑。

rebate　回扣　退還給以全價購買某產品或服務的買家的貨款。公正的回扣只是激勵消費者的一種方法。所謂的延期（或光顧性）回扣通常被出售易腐敗物品或耐用品的大商家採用。爲了得到這一回扣，買家必須同意在一定時期內只從某一個賣家購買某種貨物或服務。在19世紀，回扣是常見的一種營銷手段，常常被大工業使用來減少競爭。美國鐵路工業因向重要顧客提供祕密回扣而採用了不公正價格，而標準石油公司和托拉斯使用的回扣則使它在石油工業市場取得了壟斷地位。

rebbe ➠ rabbi

Récamier, Jeanne-Françoise-Julie-Adélaïde, dame (lady) de＊　雷卡米耶夫人（西元1777～1849年）
原名Jeanne-Françoise -Julie-Adélaïde Bernard。以雷卡米耶夫人（Madame de Récamier）知名。法國沙龍女主人。富有銀行家的女兒，在嫁給一名銀行家後開始廣泛交際。她以極大的個人魅力和智慧將19世紀早期許多的重要政治和文學界人士吸引到了她的沙龍，其中包括1805年逃亡的拿破崙的許多反抗者。1815年拿破崙落敗後，她返回巴黎，晚年時夏多布里昂成爲她的伴侶和她沙龍上的主角。她的朋友斯塔爾在小說《高麗娜》中創造了她的文學形象。

receivership　涉訟財產的監管　法律上財產由一名法庭委派的人員管理，負責保存、清算某一破產集團的產業以保護或償還債權人的債務。這是一個合法的財經困難解決方法，不一定要求停止其法人執照。亦請參閱bankruptcy、insolvency。

Recent epoch ➠ Holocene epoch

recession 經濟衰退 經濟週期中的下滑趨勢，特徵是生產和就業的下降，反過來又影響家庭收入和消費的減少。即使並不是所有的家庭和企業的實際收入都減少，但他們對將來的預期不太肯定，因而延遲購買大宗商品或延遲投資。消費者較少購買耐用的家庭用品，企業則很可能減少添置機器設備，並更可能盡量賣掉現有的庫存而不是增加庫存。這種需求的降低導致產量的相對減少，從而使經濟狀況進一步惡化。經濟衰退是否會發展到嚴重和持續的經濟蕭條，要取決於許多情況。如前期繁榮階段中信貸的範圍和品質、允許的投機總量、政府爲挽回經濟下降趨勢所實行的貨幣和財政政策的能力以及現存的過剩生產能力的總量等等。亦請參閱panic。

recessiveness 隱性 個體的一對基因（等位基因）其中一個由於另外一個性質相反的顯性基因影響力較大而無法用可見的方式表現自身性質。等位基因影響的遺傳特徵是相同的，但是隱性基因存在與否無法由觀察生物而確定；雖然存在於生物的基因型（基因構成），隱性的特徵在表現型（可見的特徵）並不顯現。隱性用於具有隱性條件對偶基因的生物特徵，亦用於效力被相同基因的另一個對偶基因僞裝的對偶基因。

Recife＊ 累西腓 舊稱Pernambuco。巴西東北部海港。爲葡萄牙人在16世紀上半葉建立，1595年遭英國武裝民船襲擊並掠奪。1630～1654年間由荷蘭人占領，當時因其縱橫的水道和連接各部分的衆多橋樑而被稱爲巴西的威尼斯。位於臨近普拉塔角的卡皮貝里比河和貝貝里比河交匯處，是北美最南端的一個點，也是巴西重要的港口，有很多現代化的設施。它同時還是教育和文化中心，有幾所大學和劇院。人口約1,297,000（1991）。

reciprocity＊ 互惠 在國際貿易中相互同意在關稅和配額或其他貿易限制上給予退讓的政策。互惠意味著這些退讓不能擴展給與締約雙方有貿易條約的別的國家。互惠協定可以在雙方國家或集團之間達成。世界貿易組織成員國在一定程度上排除了互惠條約的簽定，因爲世貿組織成員國應有義務向所有別的成員國提供最惠國待遇。

recitative＊ 宣敘調 一種模仿演講的韻律和重音的、有伴奏的獨唱。古希臘人爲了理想地表達他們精通的音樂背景而發明的一種約16世紀與歌劇前後出現的音樂形式。第一部歌劇主要就是用宣敘調寫成的。宣敘調逐漸從抒情詠歎調中分離出來。宣敘調和詠歎調的規則交替成爲歌劇和清唱劇的規則，而宣敘調還成爲宗教戲劇的精華。它仍是歌劇的基本成分；宣敘調（與口頭對話相對比）的存在，明顯將歌劇與音樂劇及相關類型劃分開來。

recognizance＊ 保證金 法律上，在法庭或法官面前保證完成某項義務（例如出席法庭），通常包括一筆罰款。最常見的保證金在刑事案件中與保釋相關。在不要求保釋的情況下，定罪人也有可能交納其「自我保證金」而被釋放。

recombination 重組 遺傳學上在形成性細胞（配子）時將母方和父方的基因重新組合的過程。重組在自然界中以減數分裂的正常現象隨機發生。可通過交換來改善重組（參閱linkage group）。重組是保證沒有兩個子細胞會完全相同或在基因內容上與父母完全相同。實驗室中對於重組的研究對瞭解基因機制做出了重大貢獻，使科學家們能夠對染色體作圖，區分連鎖組，找出某些遺傳異常的原因，並通過將基因從一條染色體移植到另一染色體來實現人工重組。亦請參閱genetic engineering、molecular biology。

recompression chamber ➠ hyperbaric chamber

Reconstruction 重建時期（西元1865～1877年） 美國南北戰爭後解決前邦聯州問題的時期。將南方十一個州重新組織的問題首先由林肯總統提出，他計畫將這些至少有10%的選民同意忠於聯邦的州重新編入聯邦。這一仁慈的方法遭到通過韋德－戴維斯法案的激進派共和黨人的反對。詹森總統延續了林肯的溫和政策，但在南方實行了黑人法令並在北方要求實行更嚴格的立法制度而引發了1867年的重建法案。這些措施在南方建立軍事地區，並要求南方接受憲法的第14和15次修正案，以保證自由人的民權。南方對這一強加其上的政府──包括共和黨人、提包客和南方佬──的仇恨，以及對被解放黑奴事務管理局的行動的仇恨，導致了3K黨和白山茶花騎士團（Knights of the White Camelia）等恐怖組織的出現。到了1870年代，保守的民主黨再度幾乎控制了所有的南方州政府。雖然重建時期往往被認爲是一個腐敗的時期，但許多具建設性的法律和教育改革是在此時引進的。

Reconstruction Finance Corporation (RFC) 復興金融公司 1932年爲提供鐵路、銀行和商業貸款而設立的美國政府機構。復興金融公司由胡佛總統提出，爲的是處理大蕭條時期的早期反應，試圖將金融機構從拖欠資金中解救出來。它被羅斯福在新政中大量採用並在第二次世界大戰中作爲經濟防範機構使用。第二次世界大戰後，復興金融公司的勢力和作用逐漸轉移給了其他的機構。

Reconstructionism 文化重建主義 1920年代在美國興起的猶太教運動。認爲猶太教只是一種特殊的人類文化，反對傳統的超然的上帝與他的選民立約的說法，不接受《聖經》是上帝的啓示錄。它的法則正如卡普蘭闡明的那樣，是建立在猶太人能在不遵守宗教法則，並且在一個典型的猶太文化中生存的信仰上。現在的文化重建主義分子約60,000人。

record player ➠ phonograph

recorder 豎笛 帶孔的圓柱形吹奏樂器，通常是木材做成。爲一種管樂器，它的圓潤的音調是靠把氣引去衝擊下面的銳邊產生的。一個大型的豎笛家族包括從超高音直笛到低音大提琴的多種樂器。豎笛最初出現在14世紀，在文藝復興晚期和巴洛克時期常常被合唱隊和管弦樂隊使用。後被長笛代替，但在20世紀復興。

rectum 直腸 大腸的末段（參閱digestion），糞便排出前在此存積。長13～15公分，上覆黏膜，與肛管之間有肌肉相隔。肌肉收縮將糞便排出體外。糞便進入直腸時，腸壁擴張予以容納，刺激神經衝動產生便意。

recycling 資源的回收與再利用 亦稱廢物利用（materials salvage）。指重新利用消費後產品中的可用成分的行爲。資源的回收與再利用的目的在於減輕資源的不足和自然資源（包括石油、天然氣、煤炭、礦石和樹木）的高消耗情況，並防止大氣（參閱air pollution）、水資源（參閱water pollution）和土地因廢棄物而造成的污染。資源的回收與再利用有兩種類型：內部的和外部的。內部資源的回收與再利用是在某一生產過程中重新利用在該生產過程中產出的廢棄物，這在金屬工業中比較常見（參閱scrap metal）。外部資源的回收與再利用是回收廢棄物品中消耗或不再有用的東西，例如回收廢報紙和雜誌來生產新的印刷紙或別的紙品。

Red Army 紅軍 蘇聯陸軍。1917年布爾什維克革命後共產黨政府所創建，首任人民委員爲托洛斯基，爲傑出的策略和行政者。紅軍成員全部自工農群衆中徵募而來，缺乏軍官團，因此托洛斯基動員前帝國陸軍軍官，直到訓練出全新的、政治上可靠的軍隊爲止。共產黨在各軍隊單位都安置有人民委員以確保政治上的正統性。1937年史達林整肅了軍中的領導，也因此造成軍隊士氣低落，無法抵抗1941年德國的奇襲。1945年紅軍勢力恢復，當時只有美國的軍隊能在兵力上勝過紅軍，兵力超過1,100萬人。1946年蘇聯武裝部隊名稱中的「紅」字被除去，1960年政治委員對軍隊的控制轉移至軍官身上。

Red Army Faction 紅色軍團 ➠ Baader-Meinhof Gang

red blood cell ➠ erythrocyte

Red Brigades　紅色旅　義大利語作Brigate Rosse。在義大利組織的左翼極端恐怖組織。其自我宣稱的目標是破壞義大利這個國家並爲「革命無產階級」領導下的馬克思主義巨變鋪路。據說由庫爾喬（1945年出生）建立，1970年以炮火轟炸開始其恐怖活動，後升級到綁架（1971）和謀殺（1974），最著名的是1978年莫羅謀殺案。鼎盛時期約有400～500名全職成員，1,000名零星人員和幾千名支持者。在1980年代對其領導人和一般成員的大量逮捕大大地削弱其力量。

Red Cloud　紅雲（西元1822～1909年）　原名Mahpiua Luta。美國印第安領導人。是奧格拉拉－特頓－達科他族（蘇人）的主要首領，1865～1867年領導蘇人和夏延人反對美國在蒙大拿修建通往金礦的鐵路。他們殘酷襲擊從拉勒密堡（今懷俄明州）到蒙大拿州沿線的工人，拒絕與美國政府協商。直到其停止該工程，他才放下武器並同意居住在內布加斯加州的紅雲地區。

Red Cross　紅十字會　正式名稱爲國際紅十字和紅新月運動（International Movement of the Red Cross and Red Crescent）。舊稱國際紅十字會（International Red Cross）。在世界範圍內有盟國的國際人道主義機構。爲了救護在戰爭中受傷的人員而建立，現在主要協助防止和減輕人類的磨難。該會出於杜南的提議，在所有國家建立一個自願的救護組織的建議，最初成立於1864年。最初在1906年被鄂圖曼帝國採用的紅新月這一名稱至今仍在穆斯林國家沿用。在和平時期，紅十字會幫助遭受自然災害襲擊的人，保持血庫供應並提供健康協助服務。在戰爭期間，它是交戰雙方之間的協調者，並參與傷兵營的救護工作，提供救助物資、郵遞和與親友保持聯繫的途徑。其工作宗旨是人道、公正和中立。總部在日內瓦，單獨的國家組織則開展社區計畫並協調自然災害救助資源。美國紅十字會由巴頓成立於1881年，1900年首次獲得政府特許令。它管理世界上最大的捐血服務。1901年，杜南獲得了第一個諾貝爾和平獎，紅十字會則在1917、1944和1963年獲得該獎項。

red deer　馬鹿　原產於歐洲、亞洲和北非的鹿類，有時亦稱麋鹿，學名爲Cervus elaphus。棲於林地，人們獵殺馬鹿爲樂或取食其肉。雌雄分群而居，繁殖季節則除外，雄鹿（hart）會互相格鬥爭占雌鹿（hind）。肩高約1.2公尺。毛淺褐紅色，腹部顏色較淡，臀部淺色。雄鹿角長，生長勻稱的鹿角上有10個或更多的分叉。有些種類已瀕於滅絕。亦請參閱wapiti。

red elm ➠ slippery elm

Red Eyebrows　赤眉之亂　西元2～11年由於黃河改道，釀成災難，發生水災和饑荒，造成社會動蕩與內戰；中國的農民也結合成集團因應此一局勢。他們在臉部塗畫出鬼怪的模樣，因而獲得「赤眉軍」的名號。他們的領導者都透過靈媒來發表談話。西元23年赤眉軍的武力推翻篡奪、中斷漢朝的王莽政權。

red-figure pottery　紅彩陶器　盛行於西元前6世紀末至西元前4世紀末的希臘陶瓷。約西元前530年在雅典發展起來，迅速取代了黑彩陶器，成爲花瓶圖案的主要形式。在紅彩陶器工藝中，其背景被塗爲黑色，而其圖案的輪廓也被塗上（而不是雕刻上）黑色線條，但圖案的剩餘部分則不上色，保持其天然的橘紅色。與雕刻相對比，繪畫的細節使人物形象、運動、表情和遠景中帶上了更多的細節。因爲大部分裝飾都是敘述性的，這樣的技巧對陶器製作而言很重要。

雅典的紅彩陶杯，布賴格斯畫家（Brygos Painter）繪於西元前490年左右；現藏巴黎羅浮宮
J. E. Bulloz

red fox　紅狐　亦稱common fox。兩種狐類的統稱：遍布於歐洲、亞洲溫帶和非洲北部的紅狐和分布於北美洲的美洲紅狐。毛微紅褐色，尾尖白色，耳和腿黑色。全長約90～105公分（包括38公分的尾），肩高約40公分，重約7公斤。食物包括小型哺乳動物、卵、果實和鳥類。人們因娛樂和爲取其毛皮而獵殺紅狐，並飼養以取其毛皮作爲商業用途。美洲紅狐則有黑狐和銀狐色型。

Red Guards　紅衛兵　激進的大學生和高校學生，在中國的文化大革命中組成近乎軍隊組織的單位。1966年紅衛兵響應毛澤東的號召，力圖復興中國共產黨的革命精神。但他們過於激進，以致於企圖徹底清除中國在共產主義之前的一切文化。擁有紅衛兵資格的人數達數百萬，他們攻擊、迫害地方上的共黨領袖、學校教師以及其他知識分子。在1967年初，他們已經在許多地方上推翻共產黨的權威。當紅衛兵的各個團體爭執誰最能代表毛主義的思想時，內部的鬥爭隨之而來。他們使工業生產與城市生活陷入混亂，迫使政府於1968年將他們導入鄉間，此一運動亦逐漸平息下來。

Red River　紅河　中國稱元江（Yuan Chiang）。越語作Song Hong。亞洲東南部的河流。發源於中國南部雲南省，向東南流經越南、穿過河內進入東京灣。它是越南北部主要河流，全長約805公里，在河內東部有一個寬闊、肥沃的三角洲。

Red River　紅河　美國中南部的河流。發源於新墨西哥東部高原，向東南流經德州和路易斯安那州到達巴頓魯治河西北點並注入阿查法拉亞河。全長2,080公里，是德州和奧克拉荷馬州以及德州和阿肯色州邊境的一部分。在德州，它是紅河印第安戰爭（1874）的舊址。

Red River Indian War　紅河印第安戰爭（西元1874～1875年）　印第安戰士（阿拉帕霍人、夏延人、科曼切人、基奧瓦人和卡塔卡人）在保留地開展的起義。當西南部的幾個部落在奧克拉荷馬州和德州幾個保留地居住後，因不滿而爆發出襲擊白人移民和居民的起義。1874年的一次起義殺死了六十名德克薩斯人。聯邦軍隊在雪曼將軍的領導下在德州紅河河谷集中攻擊印第安人。印第安人堅持與美國軍隊進行了十四次激戰，最終投降返回保留地。

Red River of the North　北紅河　流經美國北部和加拿大馬尼托巴省南部的河流。發源於明尼蘇達州和北達科他州邊界，向北流至馬尼托巴省並注入溫尼伯湖，全長877公里。1732～1733年間被開發，因河水帶起的紅褐色泥沙而得名，是溫尼伯湖和密西西比河系統的航運連接水道。紅河居住區是一個農業區，1811年始建於溫尼伯湖附近。它的肥沃土壤盛產穀類、馬鈴薯和甜菜，並適合畜牧業發展。

red salmon ➠ sockeye salmon

Red Sea　紅海　阿拉伯半島和北非之間的狹長內陸海。它從埃及蘇伊士向東南延伸1,930公里到連接亞丁灣的曼德海峽，然後通向阿拉伯海。它將埃及、蘇丹、衣索比亞和沙烏地阿拉伯及葉門分隔開。有世界上最溫暖和最鹹的海水。因通過蘇伊士運河與地中海相連而成爲世界上最繁忙的海峽，負責歐洲和亞洲之間的航運。該名來源於其水中顏色的變化。

red shift　紅移　天體的光譜線向更長的波長的位移（由可見光轉移到光譜的紅端）。1929年，哈伯認爲遙遠星系的紅移與其距離成比例（參閱Hubble's constant）。因爲紅移可以因物體與觀察者之間距離的加大而引起（參閱Doppler effect），哈伯得出結論，認爲星系是在向銀河系遠方位移的。這成爲宇宙擴張學的基礎。在現代宇宙學理論中，紅移是光子在穿越宇宙空間時產生。

red soil　紅土　溫暖、潮濕的氣候下，在落葉林或混合林底下發育的土壤，具有薄層的有機及有機礦物質覆蓋在一層黃棕色的淋溶層之上，底下是澱積（參閱illuviation）的紅色土層。紅土一般是形成自含鐵豐富的沈積岩，通常是發育不良的土壤，養分與腐植質少，難以耕作。

red spider　葉蟎 ➠ spider mite

Red Square　紅場　莫斯科中心的開放廣場。位於莫斯科河北部，面積73,000平方公尺。從15世紀後期起，它就是一個繁忙的市場和俄國歷史的焦點，是處決死刑、抗議、暴動和遊行的地點。周圍有國家歷史博物館（1875～1881）、有八個塔樓的聖瓦西里大教堂（1555～1560）和前國營百貨公司和列寧墓。

red tide　赤潮　腰鞭毛蟲在週期性大量增殖時引起的海水變色。這些腰鞭毛蟲釋放有毒物質到水中，能致魚和其他海洋生物於死命，刺激人的呼吸系統。海濱遊憩區有時會因浪花飛濺將毒物釋入空氣中而暫時關閉。赤潮的成因不明，可能需要集合數種自然現象才會產生，而這些自然現象跟人類可能有關也可能無關。

Red Turbans　紅巾軍　元朝（1206～1368）末年在中國北方聲勢浩大的農民反抗運動。紅巾軍的領導人被視爲是彌勒菩薩的化身，他們反抗蒙古的異族統治。1330年代，因洪水與農作歉收所導致的饑荒，更增強了紅巾軍的發展。紅巾軍從1350年代起開始到處劫掠，甚至遠達韓國，導致高麗王朝覆滅。雖然紅巾叛亂被平定，但由朱元璋（1328～1398）所率領、與紅巾敵對的反叛勢力則推翻元朝，創建了明朝。亦請參閱Hongwu emperor。

redbird ➠ cardinal

redbud　紫荊　豆科紫荊屬灌木或小喬木的統稱。原產北美、南歐和亞洲。以其早春時節綻放的豔麗花朵和有趣的枝條形狀而廣爲種植。花紫紅色，簇生於老莖和枝條上，先於葉開花。葉心形到近圓形，初張開時爲青銅色，迅即變綠，秋天變黃。加拿大紫荊是最耐寒的品種。

加拿大紫荊
Kenneth & Brenda Formanek

redfish　鱸鮋　亦稱rosefish或ocean perch。鮋科有重要商業價值的食用魚，學名爲Sebastes marinus，產於北大西洋歐美沿岸。口大，眼大，頭上及頰部均有棘刺。可長達1公尺。其近緣種有東方的食用魚奧氏鱸鮋和歐洲的胎鱸鮋，二者亦均呈紅色，可長達25公分左右。

Redford, (Charles) Robert　勞勃瑞福（西元1937年～）　美國電影演員與導演。出生於加州聖蒙妮卡，他在1959年首次在百老匯登台演出，並以《裸足佳偶》（1963；1967年拍成電影）一炮而紅。金髮英俊的勞勃瑞福隨後開始出現在1960年代末期許多電影裡，包括與保羅紐曼合演的賣座巨片《虎豹小霸王》（1969）及《刺激》（1973），此外他也曾演出《候選人》（1972）、《猛虎過山》（1972）、《天生好手》（1984）、《驚天大陰謀》（1976）、《遠離非洲》（1985）及《桃色交易》（1993）。他首次執導的作品則是《凡夫俗子》（1980，獲奧斯卡獎），後來還導演了《荳田戰役》（1988）、《大河戀》（1992）、《益智遊戲》（1994）及《輕聲細語》（1998）。1980年他創辦了日舞機構，支持年輕電影工作者的創作，到1990年代日舞影展已經成爲美國獨立電影的主要展示管道。

Redgrave, Michael (Scudamore)　麥可蕾格烈夫（西元1908～1985年）　受封爲麥可爵士（Sir Michael）。英國演員。1934年首次參加演出，曾在老維克劇團和國家劇院扮演莎士比亞、易卜生以及契訶夫筆下的經典人物，也曾參演《家族重聚》（1939）和《蓋茨之虎》（1955）。他因精緻的外表和富有感情的聲音而聞名，因參演《貴婦失蹤案》（1938）而開始他的電影事業，後在《夜之死》（1945）、《哀傷成爲多餘》（1947）和《白朗寧說法》（1951）中演出。

Redgrave, Vanessa　凡妮莎蕾格烈夫（西元1937年～）　英國女演員。她是麥可蕾格烈夫的女兒，在1958年首次在倫敦登台演出，並且因在《皆大歡喜》（1961）中飾演羅莎林獲得讚賞。她在《摩根》（1966）、《放大》（1966）、《鳳宮劫美錄》（1967）、《絕代美人》（1968）、《蘇格蘭女王瑪麗》（1971）與《茱莉亞》（1977，獲奧斯卡獎）等片中的演出，讓她廣受全球影評肯定，也被視爲世上最偉大的女演員之一。雖然她激進的左翼政治思想飽受抨擊，特別是在巴勒斯坦議題上，她在舞台與大銀幕上的演出仍然屢獲獎項肯定。她近期的作品包括《波士頓人》（1984）、《此情可問天》（1992）以及《戴勒維夫人》（1998）。她的妹妹琳恩（1944～）也是在倫敦及紐約兩地大名鼎鼎的舞台演員，以演出經典劇本著稱。琳恩最近在銀幕上的傑出成就包括《喬治女孩》（1966）、《鋼琴師》（1996）及《眾神與野獸》（1998）。

Redi, Francesco＊　雷迪（西元1626～1697年）　義大利醫生和詩人。在他擔任托斯卡尼公爵的醫生期間，於1668年在最早的生物實驗中在適當的控制下指出腐肉中的蛆並非自然發生。雷迪安排了很多有不同肉類的曲頸瓶，其中一半密封、一半敞開。他重複該實驗，將曲頸瓶用紗布覆蓋。雖然所有瓶子裡的肉都腐爛了，但是雷迪發現只有蒼蠅能自由進出的未覆蓋的瓶子裡的肉有蛆。作爲一名詩人，他因寫了《巴古科斯在托斯卡尼》（1685）而聞名。

Redon, Odilon＊　雷東（西元1840～1916年）　法國畫家、平版畫和銅版畫家。曾在熱羅姆指導下學畫，並向方丹－拉圖爾學習平印。與象徵派畫家有所關聯（參閱Symbolism）。他的油畫和粉彩畫，主要畫靜物和花草，得到馬諦斯和其他畫家的讚許，把他看作重要的色彩家。其版畫創作（共約兩百幅）表現幻想甚至死亡的主題，是超現實主義與達達主義運動的先驅。

雷東，自畫像，繪於1904年
Archives Photographiques, Paris

Redouté, Pierre Joseph＊ 賀道（西元1759～1840年） 法國植物畫家。生於比利時，後來成爲法國宮廷喜愛的藝術家，並曾由路易十六世與路易－腓力等國王贊助。他細緻的植物畫作不僅被當作繪畫欣賞，也曾複製在瓷器上。他的《百合圖錄》（1802～1815）收錄了五百幅百合。不過他的專長仍在於玫瑰：《玫瑰圖錄》（1817～1821）被視爲他最偉大的作品，其經典的玫瑰圖像至今仍廣爲複製流傳。

redox ➠ oxidation-reduction

redstart 紅尾鴝 鶲科紅尾鴝屬約11種舊大陸鶥鶲鳥類（參閱chat）的統稱，或指林鶯科12種在外形、行爲上略近似的新大陸種類。舊大陸的紅尾鴝，尾紅色，經常擺動尾部。體長約14公分。普通紅尾鴝的雄鳥體灰色，面及喉黑色，胸淺紅色。新大陸紅尾鴝（Setophaga屬和彩鴝屬）通常具有鮮艷的黑、白和紅色。

美洲紅尾鴝（Setophaga ruticilla）
Hal H. Harrison from Grant Heilman

reduction 還原 任何一類使同原子或原子團的電子數目增加的化學反應。被還原的物質被另一種物質取代，通常是因此被氧化的氫（H_2）。亦請參閱oxidation-reduction。

reduction division ➠ meiosis

redwood 紅杉 亦稱sequoia。杉科常綠針葉材用喬木，學名爲Sequoia sempervirens，分布在美國奧瑞岡州西南到加州中部，見於海拔1,000公尺以下的沿海霧帶。其屬名是爲紀念切羅基印第安人塞闊雅而來。紅杉有時稱爲岸邊紅木，以區別山紅木（亦稱巨杉）和日本紅木（亦稱日本柳杉）。紅杉高達90多公尺，是現存的最高樹種，甚至有高達112公尺者。典型樹幹直徑爲3～6公尺或更長。紅杉需400～500年方成熟，已知某些植株樹齡在1,500年以上。隨樹齡的增長，下部的枝條脫落，露出無椏枝的圓柱樹幹。其木材普遍用於木工，製作家具、牆面板、籬笆樁、鑲板，和製作精緻木製品。今日許多現存的紅杉分布區已被列入保護（參閱Redwood National Park、Sequoia National Park）。亦請參閱dawn redwood。

Redwood National Park 雷德伍德國家公園 美國加州西北角的國家公園。建於1968年，1978年其範圍有所變化。它保存了原始紅杉小樹林，包括世界上最高的112.1公尺高的紅杉。它還包括了65公里長的太平洋海岸。包括三個國家公園，總面積445平方公里。

reed 蘆葦 植物學中數種高大水生禾草類的統稱，尤指早熟禾科蘆葦屬的4個種。普通蘆葦（亦稱水生蘆葦，P. australis）分布極地到熱帶的湖泊、沼澤、濕地和河流邊緣。葉寬，株高約1.5～5公尺，花序羽狀，莖挺硬光滑。刺香蒲（黑三稜屬）和葦豆蔻（香蒲草屬）不屬早熟禾科。乾燥的蘆葦莖過去一千年以來用作茅屋頂和建屋材料，編籃筐，製箭桿、筆和樂器（參閱reed instrument）。

Reed, Carol 列德（西元1906～1976年） 受封爲卡羅爵士（Sir Carol）。英國電影導演。在1924年以演員身分首次登台，1927年成爲導演，演出華萊士的偵探恐怖小說。1935年開始導演電影，以《星星下凡》（1939）、《夜車》（1940）和戰爭半紀錄片《眞實的光輝》（1945）而獲好評。他最大的成功包括恐怖片《諜網亡魂》（1947）、《墮落的偶像》（1948）和經典影片《第三人》（1949）。後期電影包括《鑰匙》（1958）、《我們在哈瓦那的戰士》（1959）和《孤雛淚》（1968，獲金像獎）。

Reed, John 列德（西元1887～1920年） 美國記者。出生於富有家庭，曾就讀於哈佛大學，1913年開始爲激進的社會黨雜誌《大衆》寫新聞稿。他報導了墨西哥革命戰鬥（1914），並因領導工人罷工而多次被捕。他在第一次世界大戰期間擔任新聞記者，成了列寧的好朋友，親眼見證了1917年俄國革命，並在他的書《震撼世界的十日》（1919）中描寫了這次革命。他後成爲美國共產主義勞工黨領導人，因煽動罪被起訴，逃亡蘇聯，後死於斑疹傷寒，被安葬於克里姆林宮牆旁。

Reed, Thomas B(racket) 列德（西元1839～1902年） 美國政治人物。1877至1899年間在美國參議院任職。身爲參議院發言人（1889～1891和1895～1899），他引進了程序上的變化，並因此增強了主要黨對立法的控制，增加了發言人和統治層的權力。「列德規則」遭到了反對者的攻擊，並因他強烈要求通過該規則而稱其爲「沙皇列德」。十年後，發言人的權力被削減。

病理學家和細菌學家列德
The Bettmann Archive

Reed, Walter 列德（西元1851～1902年） 美國病理學家和細菌學家。他在十八歲時在維吉尼亞大學獲得醫學學位，並在1875年參加了美軍陸軍醫務隊。他在美西戰爭時期在軍隊中研究了傷寒，後來成爲華盛頓特區的陸軍總醫院院長。黃熱病一向被認爲是由被褥等物傳播的，但芬萊在1886年認爲它是由蚊蟲傳播的，並將其理論化。列德的研究隊伍消除了細菌致病的可能，並建立起支持蚊蟲傳播理論的模式。受控制的實驗證明了黃熱病是由蚊子叮咬傳播，1901年一場爲期九十天的消滅蚊蟲的運動在哈瓦那成功地展開。

Reed, Willis 瑞德（西元1942年～） 美國籃球選手。生於路易斯安那州的希科，在榮鳥的那一年以平均9.5分拿下當年的新人王頭銜。1964～1974年效力於紐約尼克隊。1970年成爲唯一一位同時奪得季賽、冠軍賽和明星賽最有價值球員的選手。退休之後擔任過尼克（1977～1979）和其他球隊的教練。

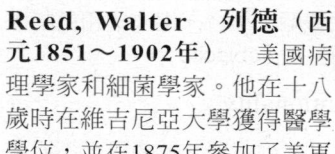

reed instruments 簧樂器 任何使氣流從氣室通過而振動簧片、葦片或金屬片而在一個封閉的空氣柱或開放的空氣中產生聲波並發聲的樂器。簧樂器有單簧與雙簧兩種。單簧可以靠衝擊框架發聲（打擊簧樂器），例如單簧管和薩克管，或靠緊密聯合在一起的框架自由震動發聲（自由簧樂器），例如口琴或手風琴。木管樂器中的打擊簧樂器與簧的長短有關（取決於手指的運動），可決定音高。自由簧樂器有自己的單獨音高，取決於它們的厚度和長度。雙簧樂器例

如雙簧管和低音管，由兩個緊密連在一起的相互撞擊的管子組成。亦請參閱English horn、shawm。

reed organ ➠ harmonium

Reeds, Plain of　里茲平原　越南語作同塔梅平原（Dong Thap Muoi）。湄公河三角洲向西北延伸的部分，位於越南南部及柬埔寨東部，爲地勢低窪、狀似盆地的洪氾沼澤區。同塔梅平原現已被修建爲圩堤和排水系統。

reef, coral ➠ coral reef

Refah Party＊　福利黨　亦作Welfare Party。土耳其宗教政黨，1983年由厄巴坎創立。1990年在地方選舉中表現頗佳，1995年又在國會選舉成爲席次最多（29%）的政黨，並成爲土耳其第一個贏得大選的宗教政黨。1996年福利黨組閣，但幾個月後，就在其他政黨組成中間偏右聯盟的逼迫下垮台。福利黨偏好的自由外交政策，屢遭保守派軍方的掣肘。

reference frame　參照系　亦作參照框架（frame of reference）。用以描述與物體相關的時間和位置的分度線系統。其位置的中軸線或線條被稱爲原點。當一個點運動時，它的速度可以用位移和方向的變化來描述。參照系是隨意選擇的。例如：如果一個人坐在移動的列車上，那對他的動作的描述就取決於參照系的選擇。如果參照物或框架是列車，那麼這個人就被視爲相對於列車是靜止的；而如果參照物或框架是地球，那麼這個人相對於地球是運動的。

referendum and initiative　複決權和創制權　選民對政府的政策或法案表示意見的選舉方式。選擇性複決投票在一定數量的選民簽署申請書要求對議會通過的法律舉行公民投票進行認可時舉行。而強制性複決投票則是按法律規定進行的。自願複決投票是立法機關要求公眾決定某項法令或測試公眾意見的方式。創制權被用來對提議的法案或憲法修改進行公眾投票。直接創制權由規定數量的選民直接投票，而間接創制權則被提交給立法機關來舉行。複決權和創制權在美國和瑞士經常採用。亦請參閱plebiscite。

referential opacity ➠ intentionality

reflection　反射　當波動投射到不同介質邊界而不能通過時方向被改變的一種現象。當波被投射到這樣一個介質邊界時，它會反彈或反射，就像球從地面彈起一樣。入射的角度等於波的傳播方向與該平面垂線之間的夾角。而反射的角度則是同一條垂線和反射波方向之間的夾角。所有反射波都遵從反射法則，反射角與入射角相同。一種材料的反射率是該材料的反射波能量與入射波能量的比值。

reflex　反射　生物學中對刺激的一種機械性的天生反應，包括通過神經細胞傳向肌肉或腺體的非意識性神經反應。簡單的反射包括吮吸、吞嚥、眨眼、抓癢和膝蓋痙攣。多數反射都由許多相關肌肉的運動組成的複雜的模式構成，並形成許多動物的條件反射。例如：行走、站立、貓的扶正反射以及基本的性動作等。

Reform Bill of 1832　1832年改革法案（西元1832年）　英國議會擴展選舉權的法案。它將選舉權從貴族和縉紳控制的小市鎮轉移給人口密集而代表力弱的工業城鎮。該法案由首相格雷起草，羅素提出，曾三次通過下院，但卻一直遭到上院反對，直到格雷威脅要加封五十名新的自由黨人（足以使法案通過）才最終使他們同意該法案的實行。這一法案在下院中重新分配了席位，降低了選舉資格限制，使小有財產者也有了選舉權（多爲中產階級）。

Reform Bill of 1867　1867年改革法案（西元1867年）　英國議會將選舉權擴展給城市和城鎮中的工人的法案，首次產生了主要由工人階級組成的選區。主要由迪斯累利起草，其目的是爲了擴展他的支持者範圍。

Reform Bill of 1884-85　1884～1885年改革法案（西元1884～1885年）　英國議會將選舉權給農業工人的法案。1885年「議席重新分配法案」規定每一國會選區以50,000名選民爲基數選出一名代表，使選舉權的代表力得到了均等化。而這兩個法案則使選民人數增加爲原來的三倍，並爲男性普選權打下了基礎。

Reform Judaism　猶太教改革派（西元1937年）　修正或摒棄了很多傳統猶太教信仰和實踐以使猶太教適合現代社會的運動。於1809年起源於德國，1840年代由魏斯領導傳播到美國。猶太教改革派允許男性和女性在猶太教會堂坐在一起，將唱詩班和管風琴樂曲在祈禱中結合，並批准爲女孩舉行與男孩子的受誡禮等同的儀式，不檢查日常禱告或嚴格的宗教法令的執行，也不對安息日的正常活動作出限制。其原則最初公布在「匹茲堡綱要」（1885）中，後在「哥倫布綱要」（1937）中得到改進，支持傳統的習俗和儀式以及對希伯來語的禮拜。猶太教改革派（1937）後不顧其責難持續向正統派猶太教發展。

Reform Party　改良黨　加拿大1830年代和1840年代的政治運動。上加拿大（後來的安大略）的改良黨人由鮑德溫領導，催促地方政府對立法部門的選舉負責任（「有責任的政府」）。一個由麥肯齊領導的極端主義者組織在1837年的叛亂中反對政府。下加拿大（後來的魁北克）的改良黨人與帕皮諾和他的愛國黨聯合。改良黨選舉人在加拿大省（上下加拿大的聯合）曾被選爲總理（1842～1843，1848～1854）。1850年代，該黨派分裂出一個與麥克唐納的加拿大進步保守黨聯合的溫和黨和一個激進的分支晶砂黨，並從中衍生出了加拿大自由黨。

Reforma, La　革新運動　墨西哥自由主義政治和社會革命（1854～1876），主要由華雷斯領導。它由推翻獨裁者聖安納開始，接連廢除了教堂和軍隊的特權、沒收了教堂的土地、壓迫修道院、創立民眾婚姻、建立起自由聯合的憲法並將軍隊置於人民的控制之下。沒收的教堂財產被分配給沒有土地的人，但這一政策被證明是革新運動的最大失敗處，因爲大土地所有者的數量和財產因之上升。革新運動在迪亞斯於1876年奪取政權後結束。

Reformation　宗教改革運動　或稱新教改革（Protestant Reformation）。16世紀與天主教脫離並建立新教教堂的運動。雖然胡斯和威克利夫等改革者在中世紀晚期就已經抨擊了羅馬天主教教堂的濫用職權，但宗教改革運動通常被認爲起源於1517年，以路德將他的「九十五條論綱」黏貼在威登堡教堂的大門上爲標誌。各種新教運動迅速由更加激進的改革者，如茨溫利和再洗禮教教眾建立起來。喀爾文在轉向新教後在日內瓦建立了一個神權國。宗教改革運動很快席捲了其他歐洲國家並擴展到了北歐。西班牙和義大利堅持抵制新教，成了反宗教改革運動的中心。在英國，亨利八世在1534年建立了英格蘭教堂，這次宗教改革運動的根源本是政治性而非宗教性的，主要因教宗拒絕同意亨利的離婚引起。在蘇格蘭，喀爾文派的諾克斯領導了長老會教堂的建立（參閱Presbyterianism）。

Reformed church　歸正宗　深受喀爾文派影響的幾個新教團體。它們往往以國家名稱命名（如瑞士歸正宗〔Swiss

Reformed〕、荷蘭歸正宗〔Dutch Reformed〕等等）。這一名字最初由各個從16世紀宗教改革運動中產生的教會使用，但後來被局限在歐洲大陸的喀爾文教會的範圍內，大部分都採用了長老會的教堂管理形式。英國各島的歸正宗教堂後來成爲了現在所知的長老會教堂（參閱Presbyterianism）。

refraction 折射 一列波動在離開一個介質而進入另一個介質時的方向變化。波（像聲波和光波）在不同的介質中以不同的速率傳播。當一列波以小於90°的角進入新的介質時，發生速率的改變，波的一側要比另一側快些，造成波的彎曲，或稱折射。當水波以一個角度接近較淺的水時，水波就會發生彎曲而與岸平行。當將一支鉛筆部分插入水中時，從水面上方看來鉛筆明顯彎曲，這就可以用折射來解釋。折射還會造成海市蜃樓的光學幻覺。

refractory 耐火材料 在高溫下不變形不損壞的材料。用於製造坩堝、焚化爐、絕緣層和工業用爐，尤其是冶金爐。耐火材料可以生產成幾種形式：不同形狀的模製磚，大塊的粒狀材料，將潤濕的集料壓實而成的塑性混合物，乾集料與黏合劑組成的可鑄料，加水混合後能像混凝土一樣澆鑄，以及用於砌磚的砂漿和水泥。

refrigeration 冷凍 除去封閉空間或物質中的熱量以降低其溫度的過程。在工業化國家以及發展中國家的富裕地區，冰箱主要用來在低溫下儲存食品，抑制細菌、酵母和黴菌的破壞作用。許多容易腐爛的產品冷凍起來，可保持數月甚至數年，其營養和口味損失很小，外觀也幾乎沒有改變。亦請參閱air-conditioning、cooling system、heat exchanger。

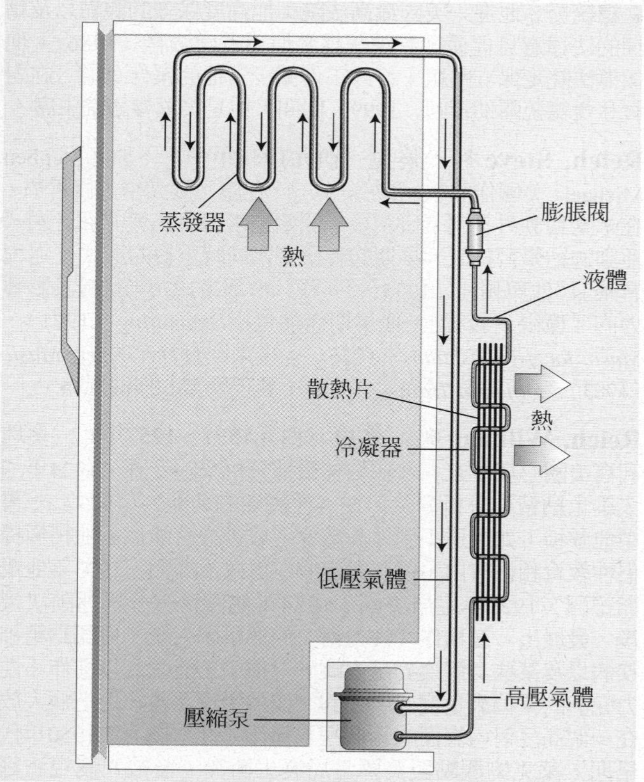

冰箱的組件。壓縮機將冷媒氣體壓縮，加熱並迫使其通過系統。氣體在冷凝器之中冷卻並液化，將熱送給外面的空氣。液體在通過膨脹閥時，溫度和壓力降低。冷的液體進入蒸發器線圈，從較溫暖的冷凍庫汲取熱量而蒸發。氣體然後回到壓縮機重複循環。
© 2002 MERRIAM-WEBSTER INC.

refugee 難民 非自願離開自己家園的人。19世紀晚期以前，國家之間的邊界尚未固定和關閉，難民潮總是被相鄰的國家吸收。移民的限制和難民人數的增加成爲救助他們的必要行動。1921年南森曾創「國際聯盟護照」允許難民自由的在各國遷移，那時候只有不自願地離開家園而到另一個國家尋求庇護的移民，才可確定爲難民身分。1938年難民的定義擴展到包括懼怕由於種族、宗教、民族、加入某一團體或政見不同而遭到迫害的移民。後來，這一標準再次擴大，包括逃離家園但還在自己國內者。當移民安置下來或者返回家園後，難民的身分即終止。如今，世界難民的大多數（超過五百萬）都在非洲，雖然前南斯拉夫境內以及冷戰結束後的歐洲其他地方的衝突也明顯地增加了難民的人數。亦請參閱International Refugee Organization、United Nations High Commissioner for Refugees, Office of the、United Nations Relief and Rehabilitation Administration。

Refusés, Salon des ➠ Salon des Refusés

Régence style＊ 法國攝政時期風格 約1710～1730年間法國風格的裝飾藝術，在奧爾良公爵腓力二世擔任法國攝政期間發展起來。它標誌著從路易十四世風格中龐大直角式的家具風格過渡至路易十五世風格中的洛可可風格。作爲對路易十四宮廷的浮華奢侈作出的反應，出現了較小的、更親切的房間取代正式的國家套房，但要求更雅致的風格。精巧的攝政時期家具避免了笨重而平淡的雕琢裝飾，而代之以曲線紋飾，往往帶葉簇和花束，四周是飄動的緞帶和蝴蝶結。胡桃木、黃檀木和桃花心木等家具材料來源豐富，但在品味上主要靠與面板裝飾形成對照。新品味中還採用了複雜的黃銅窗花格以及烏檀木上用烏龜殼鑲嵌的細工。有屜櫃和寫字台都是在這個時期引入的。

Regency style 英國攝政時期風格 一種裝飾藝術和建築風格，是英格蘭在攝政時期（1811～1820）和喬治四世統治時期（1820～1830）產生的。設計人員從希臘和羅馬古代藝術中借用了不少結構以及裝飾要素。1798年拿破崙的埃及之戰激起了對埃及紋飾的興趣，成爲攝政時期時尚的一部分。中國特色再度流行，表現在摹擬竹子以及「日本式」的漆器上。親王對法國家具的青睞使得帶黃銅鑲嵌圖案的法國風格流行了起來。裝飾主要依靠外國木材面板裝飾與金屬或油漆的應用所產生的對比，而不是用大量的雕刻。

Regents of the University of California vs. Bakke＊ 加州大學董事訴巴基案 美國最高法院的判決（1978），裁定專業學校使用固定配額給少數族群申請人的作法違憲。事件起於一個州立醫學院的反歧視行動，因爲根據法令，新生名額至少需包含某個數量的少數族群，卻因而導致一名符合資格的白人申請者（巴基〔Allan Bakke〕）兩度遭到拒絕。法院認爲學校在決定招生時「可以將種族納入考慮」，但是使用固定配額的方式則違反了美國憲法中的同等保護權條款。

Reger, (Johann Baptist Joseph) Max(imilian)＊ 雷格（西元1873～1916年） 德國作曲家和管風琴演奏家。當地的管風琴手祕密地把他的一些作品送給黎曼（1849～1919）看，黎曼就收雷格爲學生並讓他當助手。後來成爲歌曲、鋼琴曲、尤其是管風琴樂曲的多產作曲家。他的音樂結合了進步與保守兩方面的要素，常有較高的半音應用。比起其他地方，他的作品在德國更受歡迎。

reggae＊ 雷鬼 牙買加流行的一種音樂和舞蹈風格。起源於1960年代中期的窮困的牙買加人民，反映了對社會的不滿以及塔法里教運動。它的配樂特點是高音量的電子低音樂器爲主，圍繞著它有一組管風琴、鋼琴、各種鼓以及加強節律的電吉他，演奏一些短小的固定音型，在弱拍上加以有規律的重音。雷鬼在美國是透過敘述歌手吉米・克利夫故事的電影《愛的愈認眞》（1973）、巴布馬利與哭泣者樂團的巡迴演出，以及通過圖茲與梅塔爾斯樂團而流行開來的。在白人搖滾樂手中可以感覺到他們的影響。

Reggio di Calabria＊　卡拉布里亞雷焦　古稱Rhegium。義大利南部城市，卡拉布里亞地區的舊首府，瀕臨墨西拿海峽。西元前8世紀建立爲希臘殖民地，西元前5世紀與雅典結盟，西元前280年左右與羅馬結盟。從西元5世紀起，它先後被西哥德人、東哥德人、拜占庭人以及阿拉伯人統治。1060年前後被羅伯特領導的諾曼人征服，成爲兩西西里王國王國的一部分。曾被薩拉森入侵者以及地震數度破壞，反覆重建。它是個旅遊勝地和海港，出口用於香水和製藥工業的乾藥草和精油。人口約180,000（1996）。

regiment　團　大多數國家的陸軍中，由一名上校指揮的隊伍，下分連、營或中隊。早在1558年法國的騎兵單位稱作團。在早期美國的軍隊裡，像當時的歐洲軍隊一樣，通常一個團下設十個連。19世紀初，拿破崙將法軍的每個團分成三個營。1901年美國陸軍也採用了一個步兵團轄三個營的編制。

Regina＊　里賈納　加拿大城市，薩斯喀徹溫省省會。位於該省的中南部，瓦斯卡納溪畔。最初是獵人的宿營地，獵獲野牛剝皮取肉後留下一堆白骨，故稱該地爲Pile O'Bones（骨堆）。1882～1905年間，它是西北地區的行政總部，然後成爲省會。1920年前是皇家加拿大騎警隊的總部所在地。第二次世界大戰後，它發展很快，成爲廣大農業地區交通運輸、製造以及集散的重要中心。當地的礦產資源以及肥沃的草原支援著主要以石油、天然氣、鉀鹼精煉以及食品加工爲基礎的經濟。人口179,000（1991）。

regional development program　地區開發規畫　政府爲經濟消退或受高失業率困擾的地區所設計的計畫，目的是鼓勵該地區工業和經濟的發展。自第二次世界大戰以來，大多數工業化國家都採取了某種地區開發規畫。最常用的鼓勵開發辦法是，對遷入該地區或在該地區內擴大的企業提供補貼、貸款以及貸款保證。例如，法國根據投資量和創造新工作機會數目提供相應的補貼以及貸款、利息補貼和免費的土地。英國、德國、日本、尼德蘭以及美國的地區開發規畫，也擴大貸款補助的範圍。並提供稅收優惠政策來刺激企業向經濟衰退地區投資。政府還可以向工人提供廉價住房，並在開發電力、照明、交通運輸以及衛生設施方面給予幫助。亦請參閱development bank。

regression　回歸　統計學上，確定代表一組資料一般趨勢的直線或曲線的方法。線性回歸結果是最佳配適的直線，從假定的線到資料組的點垂直距離的平方總和最小（參閱least squares method）。其他類型的回歸可能以更高階的多項式函數或指數函數。例如利用二次回歸函數（二階多項式函數）做出最佳配適的拋物線。

regressive tax　累退稅　隨著課稅基數增大而降低稅率的稅種。通常認爲稅率遞減是不可取的，因爲較窮的人會比富有的人負擔百分比更高的所得稅。消費稅和營業稅由於稅率結構所致，通常都被認爲是累退的。煙草、汽油以及酒類的營業稅都是主要的稅收來源，是最大的累退稅。爲了限制累退率，美國的一些州減免了醫藥和日常雜貨的營業稅。財產稅也常被考慮成累退稅，因爲比起較富的人來，較窮的人要花費更多的收入在住房方面。亦請參閱progressive tax。

regular polyhedron　正多面體　所有的面都是完全相同的正多角形，所有角度均相等的幾何立體。僅有五種這樣的多面體。立方體是由正方形構成，十二面體由正五邊形構成，四面體、八面體與二十面體由等邊三角形構成。雖然是由歐幾里德描述，這些通常稱爲柏拉圖立體，因爲柏拉圖嘗試將其與當時認爲構成世界基本的五大元素關聯起來。

Regulators of North Carolina　北卡羅來納改革者協會（西元1764～1771年）　美國北卡羅來納西部邊疆的自衛組織。爲了對抗殖民地政府的苛捐雜稅和腐敗行爲，該組織試圖實行改革，拒絕納稅，煽動反對公衆官員，並採取暴力行動。總督特賴恩派遣軍隊在阿拉曼斯戰役（1771）中將起義鎮壓了下去。起義領袖以叛逆罪而被處絞刑。許多追隨者逃往田納西，在美國革命中站在效忠派的一邊。

regulatory agency　管理機構　獨立的政府委員會，負責爲私營經濟部門的特殊行業制定標準並負責實施。1887年美國政府發明了這個概念，並幾乎只在美國存在管理機構。該理論認爲，由待管理行業的一些專家組成委員會來管理會勝於立法或行政部門。設計思想是要在最低限度的行政或立法監督下來運作，管理機構具有行政、立法以及司法功能，它們的管理具有法律效力。重要的管理機構包括食品和藥物管理署、職業安全與健康管理處、聯邦通訊委員會以及證券交易委員會等。

Rehnquist, William H(ubbs)＊　雷恩奎斯特（西元1924年～）　美國法官。從史丹福大學取得法律學位，任傑克森的職員。1953～1969年間在鳳凰城從事律師工作，活躍於共和黨保守派中。1967～1971年間在美國司法部工作，他反對民權立法，主張大幅度擴大警察的權力。1972年尼克森總統提名他進入美國最高法院；他高度保守的觀點以及精煉的法律意見促使雷根總統提名他爲首席法官（1986）。他領導法院走保守路線，行政工作減少了他的案件負擔。在對柯林頓總統彈劾審判（1999）期間，他是美國參議院主席。

Reich, Steve＊　萊克（西元1936年～）　原名Stephen Michael。美國作曲家。生於紐約市，在康乃爾大學主修哲學。在米堯和貝利奧門下研習後，開始追求巴里島與非洲音樂，並到迦納學習打鼓。早期的音樂探索同時重複的形式（「過程音樂」）。他與賴利（1935～）、格拉斯都是1970年代最具影響力的「極限主義者」。他早期作品包括*Drumming*（1971）、*Music for 18 Musicians*（1976）；後來則有*The Desert Music*（1983）、*Different Trains*（1988），展現豐富的作曲風格。

Reich, Wilhelm＊　萊克（西元1897～1957年）　奧地利裔美國心理學家。曾在柏林精神分析學院受訓，1924年加入維也納精神分析學院。在《性高潮的功能》（1927）一書中他聲稱，如果達不到性高潮會造成神經官能症。他積極提倡性教育和性自由，還有激進的左翼政治觀點。1933年他離開德國，1939年定居美國。1934年他與精神分析運動決裂後，發展出一套稱作「性力術」的僞科學系統。他認爲精神疾病以及某些身體疾病是由缺少一種宇宙能量（以稱作「性力元」的單位來量度）引起的。作爲治療手段，他把病人放在一個高反射內表面的箱櫃裡（稱作「性力櫃」）。1950年代早期，萊克的觀點與美國當局發生衝突；後被判藐視法庭罪，卒於獄中。

Reichstadt, Duke of ➠ Napoleon II

Reichstag fire＊　國會縱火案（西元1933年2月27日）　柏林的德國國會大廈起火。希特勒利用這場火來把公衆的視線轉移到他的反對派，特別是共產主義者身上，說縱火的兇犯是一名荷蘭的共產主義者。他頒布命令暫停保護民權，實際上開始了納粹黨的獨裁統治。人們廣泛認爲這場火是納粹自己策劃的，但也有些人認爲沒有納粹陰謀的證據。這個問題尚有待爭論和研究。

Reid, Thomas 利德（西元1710～1796年） 蘇格蘭哲學家。原爲牧師，後成爲哲學教授，繼承亞當斯密在格拉斯哥大學的道德哲學之位（1764～1780）。他反對休姆的懷疑論經驗主義，主張「常識哲學」，認爲休姆的懷疑論與常識不相容，因爲人類的行爲以及普通的語言兩方面都已提供了足夠的證據，支援物質世界的存在，以及在連續的變化中可以辨認出個人。重要的著作有《探討人的精神》（1764）、《論人的智力》（1785）以及《論人的積極力量》（1788）。

Reign of Terror 恐怖統治（西元1793～1794年） 法語作la Terreur。法國大革命的一個時期（1793～1794），始於1793年9月5日，法國政府決定對涉嫌與革命爲敵的人（其中包括貴族、教士和囤積居奇者）實行嚴厲的鎮壓。在救國委員會和羅伯斯比爾的控制下，這次恐怖鎮壓剷除了左翼（埃貝爾和其追隨者）和右翼（丹敦和其親信）中的敵對分子。1794年6月救國委員會通過了一項法案中止嫌疑犯獲得公審和法律救助的權利，該法引起了熱月反動。1794年7月27日羅伯斯比爾下台，恐怖統治結束。在此期間被逮捕的疑犯約達三十萬之多，約一萬七千人被正式處決，還有許多人死於獄中。

Reims 理姆斯 亦作Rheims。法國東北部城市。古代萊米的高盧部落首府，被羅馬人征服。5世紀時，法蘭克國王克洛維一世在理姆斯接受洗禮；爲紀念此事，後來大多數法國國王都在理姆斯舉行加冕禮。在兩次世界大戰中受嚴重破壞，1945年5月德國軍隊在這裡無條件投降。它是主要的葡萄酒生產中心，尤其以香檳酒聞名。其他工業包括飛機和汽車儀錶製造。13世紀的聖母院大教堂是法國最著名的哥德式教堂之一。人口185,000（1990）。

法國理姆斯的聖母院大教堂
Paul Almasy

reincarnation 轉世 亦作transmigration of souls或metempsychosis。靈魂再次或多次相繼重生爲人、動物或植物。對轉世的信仰是亞洲宗教的特點，尤其是印度教、耆那教、佛教和錫克教。它們共同信奉業報說，即今生的行爲會影響來世。在印度教裡，認爲人只有達到啓蒙領悟的狀態，才可能擺脫生與再生的迴圈。佛教認爲，通過修行和冥想可能使追求者達到涅槃而擺脫生與再生的輪迴。摩尼教和諾斯底派，還有現代的精神運動如神智學，都接受轉世的概念。

reindeer 馴鹿 鹿科馴鹿屬的北極鹿的統稱，尤其是舊大陸種類，有些種類已被馴養。新大陸種類常稱爲北美馴鹿。薩米人（拉普人）飼養馴鹿用來拉車、載物，並食其肉、乳，取其皮毛作帳篷、靴子和衣服。在西伯利亞，馴鹿也用於載物和乘騎。

Reiner, Carl 雷納（西元1922年～） 美國演員、作家、導演、製作人。生於紐約布朗尼克區，在與凱撒合作演出電視喜劇影集《秀出你的本事》（1950～1954）之前已經活躍於舞台上。1961～1966年創造並製作電視影集《范戴克秀》，並以該劇贏得多項艾美獎。小說《加入笑料》於1958年出版，1963年改編爲舞台劇，1967年改編爲電影。他也導演多部喜劇電影，例如《老爸在哪裡》（1970）、《喔，上帝！》（1977）以及《姦情一籮筐》（1993）。他的兒子羅伯·雷納（1945～）在許多電視影集中演出，以在《甜蜜一家親》（1971～1978）劇中扮演「角頭」開始成名。羅伯以《這就是骨椎穿刺》（1984）一片開始他的電影導演生涯，接著拍出如《站在我這邊》（1986）、《公主新娘》（1987）、《當哈利碰上沙莉》（1989）、《戰慄遊戲》（1990）、《軍官與魔鬼》（1992）等賣座的片子。

Reiner, Fritz＊ 藍納（西元1888～1963年） 奧地利－匈牙利－美國指揮家。隨巴爾托克學習鋼琴後，在布達佩斯（1911～1914）和德勒斯登（1914～1922）任歌劇指揮。1922年移民美國，在辛辛那提（1922～1931）和匹茲堡（1938～1948）任交響樂指揮。從1953年到1962年，他領導芝加哥交響樂團，使該團首次獲得了國際讚賞。他還在柯蒂斯學院教授指揮（伯恩斯坦是他的一名學生）。他是位嚴格的監理，激勵起許多演奏人員全力投入工作。

reinforced concrete 鋼筋混凝土 將鋼嵌進混凝土之中，以這兩種材料一起抵抗作用力。扮演強化作用的鋼棒、鋼條或鋼網，吸收混凝土結構的拉張、剪切的應力，有時候還有壓力。混凝土本身不大能承受風力、地震、震動與其他力源造成的拉張和剪切力，因此不適用於大多數的結構用途。鋼筋混凝土裡面鋼的拉張強度及混凝土的壓縮強度共同作用，使構件承受這些應力相當一段時間。19世紀發明鋼筋混凝土造成建築業革命，混凝土成爲世界上最常用的建材之一。

Reinhardt, Ad(olf Frederick) 萊因哈特（西元1913～1967年） 美國畫家。生於紐約州水牛城。從哥倫比亞大學畢業後學習藝術。1930年代和1940年代他應用了幾種抽象風格。到了1950年代初，他改用單色作畫，在相似顏色的背景上畫一些對稱放置的方塊和拉長了的形狀，背景中的圖樣、線條、畫法、結構、用光以及大多數其他的視覺元素都被隱藏起來了。他解釋他的風格是有意識地追求一種與生活完全脫離的藝術。他以身爲一個善辯家更勝於畫家的身分影響了1960年代的極限主義。

Reinhardt, Django 萊因哈特（西元1910～1953年） 原名Jean-Baptiste Reinhardt。法國吉他演奏家，歐洲第一位優秀的爵士樂獨奏者。雙親均爲吉普賽人，早年就開始學習吉他。1928年一場大篷車火災使他失去了兩根手指，但沒有影響他的演奏技術。1934年與爵士樂小提琴家史蒂芬·葛瑞波里（1908～1997）一起組織了法國五重奏熱情俱樂部。1946年萊因哈特與艾靈頓公爵一起到美國巡迴演出。他是爵士樂中第一重要的吉他手，他混合了搖擺樂的風格，他的吉普賽傳統，還有他那不落陳套的演奏技巧都使他成爲一個獨特的傳奇人物。

萊因哈特，攝於1947年
By courtesy of down beat magazine

Reinhardt, Max 賴恩哈特（西元1873～1943年） 原名Max Goldmann。德國戲劇導演。先在維也納學習戲劇，在薩爾斯堡演出。1894年參加了柏林布拉姆的劇團。1902年導演了第一部戲，1903年起管理一個小劇院。到1905年時，他已導演了四十多部戲，其中在《仲夏夜之夢》中他所發揮的創造性使他聲名大噪。他買下了柏林的德意志劇院，並用最新的布景和燈光重新加以改造。他的作品以誇張的戲劇性以及驚人的視覺效果著稱。他在《奇蹟》（1911）

中推出的宗教壯觀場面贏得了一片讚揚。1920年他參與開創「薩爾斯堡戲劇節」，在大教堂廣場上演改編的《普通人》。1933年離開德國，最後定居美國。他幫助提高了導演的創作權，對20世紀的戲劇有重要影響。

Reinsurance Treaty　俄德再保險條約（西元1887年6月18日）　俄國與德國之間達成的祕密條約。三帝同盟瓦解後，俾斯麥安排了此項協定。條約規定，如締約國任何一方與第三國發生戰爭時，另一方必須保持中立；但如果德國進攻法國或俄國進攻奧地利，則上述條款不適用。德國承認俄國在保加利亞的勢力範圍。1890年該條約沒有續訂，於是開始形成法－俄聯盟。

Rejang River ➠ Rajang River

relapsing fever　回歸熱　由Borrelia屬數種螺旋體引起反覆發熱的傳染病，由蝨、蜱和臭蟲傳播。本病發病急，高熱並伴以大汗，持續約一週。約一週後症狀再次出現。可能重複出現2～10次，嚴重情況會逐漸降低。通常病死率是0～6%、饑饉時若發生流行則病死率可達30%。首次以顯微鏡從人類相關重症中發現病原體（1867～1868），回歸熱患者對致病螺旋體產生免疫時，新的變異型螺旋體又出現，引致症狀回歸。青黴素及其他抗生素治療有效。若用量不足則停藥後每可再發，可能螺旋體潛匿腦中，藥物濃度在該處不足以殺滅之，停藥後即侵入血流，引致再發。

relation　關係　在邏輯上，關係R被認為是被指定的兩者、三者或四者等間的關聯。所指定的兩者被稱為兩地(或雙值)關係，所指定的三者則稱為三地（或三值）關係，依此類推。一般說來，關係是一種被指定的數項物件之間的關聯。關係的重要特質包括了對稱性、傳遞性和反射性。兩地（或雙值）關係被稱為關係R，R若存在於x和y值之間則可視為對稱，可以$(\forall x)\ (\forall y)\ [Rxy \supset Ryx]$表示之，「x與y並行」則為對稱關係之一例。R在一個物件和第二個物件、或第二個物件與第三個物件之間則為傳遞性，可以$(\forall x)\ (\forall y)\ (\forall z)\ [(Rxy \wedge Ryz) \supset Rxz]$表示之，「x大於y」則為其例。R在任何物件與其自身皆具反射性，可以$(\forall x)\ Rxx$表示之，「x至少跟y一樣高」為其例，因為x總是「至少與自己一般高」。

relational database　關聯式資料庫　所有資料都以表格形式表現的資料庫。特定對象是由一組屬性的值來描述，儲存為表格的一列或記錄，稱為值組或列錄。不同記錄的類似項目是以表格的行來呈現。關聯方式支援包含數個表格的查詢，在表格之間做自動連結。例如薪資資料可以儲存於一個表格，津貼獎金存在另一個表格，只要將員工的識別碼加入表格之中，就可以獲得員工的完整資訊。在更強大的關聯式資料模型，項目可以是程式、文字、沒有特定結構的二進位大文本資料，或是其他使用者要求的格式。關聯式方法是目前資料庫管理系統最常見的模型。亦請參閱object-oriented programming。

relative density ➠ specific gravity

relativism　相對主義　一種觀點，主張關於一個特定主題之陳述的對錯，並非由一個普遍有效的方法來決定，而是依照考量這些陳述的人或社會或者依照作出這些陳述時的狀況而有所不同。亦請參閱ethical relativism。

relativity　相對論　物理學概念，處在不同運動狀態的觀察者考慮的測量結果的變化。在經典物理學中，認為宇宙中任何地方的觀察者對空間和時間間隔測量的結果都是一致的。根據相對論，這些測量結果是不同的。所有的測量取決於觀察者與觀察目標的相對運動。有兩種不同的相對論，二者都是愛因斯坦提出來的。狹義相對論（1905）是從愛因斯坦認為光速在所有參照系中都相同，與參照系之間的相對運動無關這一點發展起來的。它處理的是非加速的參照系，主要關心的是電現象和磁現象以及它們在空間和時間中的傳播。廣義相對論（1916）主要為了處理引力的問題，還包括了加速參照系。這兩個理論都是近代物理歷史上的重要里程碑。亦請參閱equivalence principle、space-time。

relay race　接力賽　隊與隊之間的比賽，各隊成員相繼完成全程的指定區段。在徑賽中，如400公尺（4×100公尺）和1,600公尺（4×400公尺）接力賽，運動員跑完一段後在接力區內將接力棒交給下一名選手。在游泳比賽中，如4×100公尺和4×200公尺自由式和4×100公尺混合式，選手游完一程觸池壁時就表示由下一個隊友開始進入比賽。

relief　浮雕　亦作rilievo。在雕塑中，指圖像從支撐背景（通常為平面）凸起的作品。淺（低）浮雕的圖案只稍有凸起，常見於古代埃及、亞述以及中東其他地區的石建築牆上。高浮雕的圖像至少凸起它們自然周長的一半以上，首先由古希臘人使用。義大利文藝復興時期的雕塑家們把高、低兩種浮雕結合成令人驚歎的幻覺式組合，就像吉貝爾蒂在佛羅倫斯所做的青銅門就是實例。巴洛克時期的雕塑家們繼續這些嘗試，而常以更大的規模出現（例如阿爾加迪的《阿提拉和教宗利奧相會》〔1646～1653〕）。文藝復興時期浮雕概念的戲劇性表現被後人應用的例子有呂德的《馬賽曲》（1833～1836）和羅丹的《地獄門》。

哀悼的雅典娜，西元前5世紀雅典衛城的中浮雕；現藏雅典衛城博物館
Alinari－Art Resorce

relief　救濟　對於受到天災、戰爭、經濟動蕩、長期失業或其他困境而無法謀生的人，由公家或私人給以經濟需求方面的幫助。不過，對動亂及災禍受害者的救濟，與對長期失業等社會困境的救濟，二者是有區別的，後者現在通常稱為福利。17世紀的中國政府即曾在飢荒期間實行「平準法」。19世紀歐洲的災難救濟作法，大致是透過倉卒組成的委員會提供糧食、衣物、醫療的緊急救助。在20世紀，災難救濟已成為國際紅十字會及其他國際組織的主要活動。傳統上，公共基金對貧困者的濟助都嚴格設限，例如英國1834年的「濟貧法改革法」，即要求有工作能力者都必須要進習藝所才能得到公共救助。美國政府因應大蕭條時期的「新政」，也是強調採取工作救濟方案，例如工程進度管理署。到了20世紀晚期，上述以工代賑的救濟作法，在大多數國家都已廢止，貧窮者也多直接收到現金給付，不過，美國在1996年實施的「工作福利」法令，對於四肢健全卻拒絕接受政府提供工作的人，則停止發放社會福利救助金。

relief printing ➠ letterpress printing

religion　宗教　人類與上帝、諸神或者他們認為神聖的任何物件之間的關係，有些情況中僅僅是迷信。考古證明，自第一個人類社會以來一直存在著宗教信仰。一般都是由社會共有，通過神話、教義和儀式表達社會的文化和價值。禮拜可說是宗教最基本的要素，但道德行為、正確的信仰和參與宗教組織等也是宗教生活的要素。宗教試圖通過與聖者或超自然力量的關係，或者通過（如佛教的情況）對現實的眞實性質的感悟來回答關於人類內在的一些基本問題（爲什麼我們遭受苦難？世界上爲什麼會有罪惡？我們死後會發生什麼？）廣義地講，某些宗教（如猶太教、基督教和伊斯蘭教）關注的是外向，而另一些（如耆那教和佛教）則關注的是內向。

religion, philosophy of　宗教哲學　哲學分支，研究重要的形上學的和知識論的概念與原則以及宗教問題。宗教哲學所關注的主題包括神的存在與本質、關於上帝之知識的可能性、人類自由（自由意志問題）、個人認同、不朽，以及道德、自然邪魔和受苦問題。自然神學試圖不靠啓示來建立關於上帝的知識。有關上帝存在的傳統論證包括本體論論證、宇宙論論證與意匠論等。

Religion, Wars of　宗教戰爭（西元1562～1598年）　法國的新教與天主教之間的衝突。由於喀爾文派在法國的傳播，促使法國統治者卡特琳・德・麥迪奇更寬待胡格諾派教徒，而這觸怒了有勢力的天主教吉斯家族。後者的黨徒們屠殺了一個位於瓦西的胡格諾派教團（1562），因而引發了該省的一場動亂。大大小小的衝突接連不斷，妥協也陸續於1563、1568與1570年達成。在胡格諾派領袖科利尼於聖巴多羅買慘案（1572）中被謀殺後，內戰再度爆發。1576年的和平協議准許胡格諾派教徒的信仰自由。一種不安的和平氣氛一直持續到1584年，胡格諾派領袖那瓦爾的亨利（也就是後來的亨利四世）繼承了法國王位。此事導致三亨利之戰，又招來西班牙的援助天主教徒。戰事終結於亨利的皈依天主教，以及亨利頒布南特敕令（1598）保證胡格諾派教徒可以獲得宗教的寬容。

Religious Science　宗教科學派　霍姆茲（1887～1960）在美國創立的運動。1926年發表了他的主要著作《精神科學》後，1927年建立了宗教科學與哲學學院。1949年建立宗教科學派；不久就分成兩支。該派的思想是，個人精神與普在精神是同一的，宇宙是普在精神的物質表現。與新思想派一樣，他們認爲對人性眞正更高的同一性冥頑無知就會生出罪惡，祈禱不僅能治癒精神疾病，而且能治癒身體疾病。

Remagen＊　雷馬根　德國西部城鎮。位於萊茵河左岸，波昂的東南。原爲羅馬要塞，現在還有羅馬遺跡。第二次世界大戰時，在它的鐵路橋上，盟軍在戰爭中第一次強渡萊茵河（1945）。人口約15,000（1992）。

Remak, Robert＊　雷馬克（西元1815～1865年）　德國胚胎學家和神經病學家。他發現了早期胚胎發育中的三個胚層，並爲它們命名：外胚層、中胚層和內胚層。他還發現了雷馬克纖維（無髓鞘神經纖維）以及雷馬克神經結（心臟中的神經細胞）。他還是神經病電療法的創始人。儘管普魯士的法律禁止猶太人任教，但由於他學術上成績卓著，還是取得了在柏林大學授課的資格。

remanent magnetism ➠ paleomagnetism

Remarque, Erich Maria＊　雷馬克（西元1898～1970年）　原名Erich Paul Remark。德國－美國－瑞士小說家。十八歲時被征入德國陸軍，在第一次世界大戰中服役，多次負傷。主要由《西線無戰事》（1929）一書出名。小說殘忍而眞實地描寫了普通士兵刻板的日常生活，它可能是關於第一次世界大戰的最著名和最有代表性的作品。1939年到美國，但第二次世界大戰後定居瑞士。其他的作品還有《歸途》（1931）、《凱旋門》（1946；電影，1948）和《黑色方尖碑》（1956）。

Rembrandt (Harmenszoon) van Rijn＊　林布蘭（西元1606～1669年）　荷蘭畫家和蝕刻畫家。萊頓富裕的磨坊主之子，從當地大師學習並到阿姆斯特丹當學徒。他的早期作品呈現出光影的聚光效果，這種效果後來支配著晚期作品。1631年遷居阿姆斯特丹後，很快成爲當時最時髦的肖像畫家，1632年接受委託繪製聞名的《尼古萊・杜爾普博士的解剖學課》。冀望被承認爲《聖經》及神話畫家，1635年他做出《獻祭以撒》，1636年完成無可爭議的傑作《達奈》。1634年他娶了富有的莎斯基亞爲妻，到1642年他已爲她畫出許多柔情的肖像。同年莎斯基亞死去，他也完成最大的繪畫——超凡而具有爭議性的《民兵》。《夜巡》是他生命和藝術的分水嶺。此後他的肖像委託大減，他逐漸轉向蝕刻畫及聖經題材。他的《基督在艾摩斯》（1648）爲他晚年靈性的靜態尊嚴及高貴立下典範。1656年在把大部分財產過繼給兒子後，他申請破產。在最後十年，他把聖經人物和許多自畫像處理得像肖像，許多這些繪畫造出一個時間靜止的寧靜、深沈世界。他的繪畫特點是筆觸華麗、顏色豐富、明暗對比熟練。靜默的人物（林布蘭的主題）有助於讓人感到觀者與圖畫之間的共鳴，也是林布蘭偉大和受歡迎的基礎。

Remington, Eliphalet　雷明頓（西元1793～1861年）　美國火器製造商和發明家。美國康乃狄克州薩菲爾德一個鐵匠的兒子，在他父親位於紐約州烏提卡附近的鐵匠鋪裡長大。1816年他做了第一把燧發機步槍。1828年他在如今紐約州的伊利興建了一家大的軍火廠。他和兒子非羅在武器製造方面作了不少改進，如用反射法校直槍管，成功做出美國第一支鑄鋼鑽孔步槍槍管等。1847年他提供美國海軍第一批後膛裝填的步槍。在美國南北戰爭以及第一和第二次世界大戰中，他的雷明頓武器公司爲美國政府生產小型武器。

Remington, Frederic　雷明頓（西元1861～1909年）　美國油畫家、插畫家、雕塑家和戰地記者。就讀於耶魯大學和紐約藝術學生聯合會。他遊歷各地，專門描繪印第安人、牛仔、士兵、馬群以及大平原上生活的各個方面。他的作品以善於捕捉迅速變化的動作以及細節的精確著稱。在美－西戰爭（1898）期間任戰地記者。大量複製他的作品作爲報紙的版畫，給他帶來了財富和名譽。

remora＊　印魚　亦稱sharksucker或suckerfish。鮣科8～10種海魚的統稱，以能吸附在鯊、其他海生動物或遠洋船體上遨遊而聞名。依靠頭頂上扁平的卵圓形吸盤吸附。印魚體細長，色深，長30～90公分。生活於全世界較暖水域，攝食寄主的食物殘渣，或其載送者體外的寄生物。

一種印魚（學名Echeneis naucrates）與其「寄主」半帶皺唇鯊
Douglas Faulkner

ren　仁　亦拼作jen。儒家學說中，「仁」是所有品德的根本；在英文中，「仁」則翻譯成「人道」（humaneness）或「良善」（benevolence）。「仁」本來是代表統治者對於臣民的仁慈，但孔子將「仁」界定爲完美的品德，孟子則使「仁」成爲人性中最顯著的特性。在新儒學中，「仁」是由天所賦予的道德品質。

Renaissance＊　文藝復興　中世紀晚期歐洲文明中的文化運動，爲古典學習和價值帶來了更新後的興趣。文藝復興開始於13世紀晚期的義大利，15世紀中擴展到整個歐洲，於16世紀和17世紀初結束。受到古代希臘和羅馬作品的啓發，文藝復興時期藝術家們在對看得見的世界作觀察的基礎上繪畫和雕塑，並按照平衡、和諧以及透視等數學原理進行創作。新的美學信條表現在一些義大利藝術家的作品裡。這些藝術家包括達文西、波提且利、拉斐爾、提香和米開朗基羅。佛羅倫斯成了文藝復興的藝術中心。在文學世界中，像伊拉斯謨斯這樣一批人文主義者反對宗教正統，提倡研究人的本性。義大利的佩脫拉克和薄伽丘、法國的拉伯雷以及英國的莎士比亞等一批作家寫出的作品強調人性的複雜性。亦請參閱Renaissance architecture。

Renaissance architecture　文藝復興時期建築　建築的一種風格，反映了古典文化的重生，最早出現在十五世紀初的佛羅倫斯，然後擴散到歐洲，取代了中世紀哥德式建築。是一種古羅馬形式的再生，包括柱頭及圓形拱廊，拱頂，圓形屋頂。基本的設計要素是柱式。古典建築的知識來自於古建築物遺跡以及維特魯威的著作。如同在古典時期，對稱是美感的來源；文藝復興時期建築家建立了人與建築之間的對稱性平衡。這種對於對稱的關注使得文藝復興時期建築以簡潔，易於理解的空間與廣袤，而得以與較爲複雜的哥德風格區分開來。布魯內萊斯基被認爲是第一個文藝復興時期建築家。受到維特魯威啓發，由阿爾貝蒂所寫的《建築十書》其地位有如文藝復興時期建築的聖經。早期的文藝復興時期建築風格從佛羅倫斯開始，再遍及整個義大利。布拉曼特就是在這股文藝復興高漲的氣氛催促下搬到羅馬（1500～1520）。人性主義，文藝復興晚期風格（1520～1600），特徵是以更考究、複雜及莊嚴取代對稱，清晰，反映出高文藝復興式建築風格。後期的文藝復興風格裡也可以看到許多建築理論化，塞里奧（1475～1554）、維尼奧拉（1507～1573）以及帕拉弟奧都留下了許多有影響力的著作。

renal calculus ➠ kidney stone

renal carcinoma＊　腎癌　亦稱透明細胞癌（clear-cell carcinoma）或腎上腺樣瘤（hypernephroma）。腎的上皮細胞的惡性腫瘤。多發生於四十歲以後。疼痛僅見於晚期。腎癌往往要轉移到其他部位（如肺、腦、肝和骨）後，這些部位有症狀產生時才被發現。早期可能出現無痛性血尿，但往往未引起患者本人注意。在初期階段作X射線檢查即可發現這種變形。腎癌可自行消退。腫瘤手術切除後可無復發，但也可能二十年後方復發。

renal cyst　腎囊腫　腎內幾種不同的類型囊腫。或爲先天性，或爲腎小管梗阻所致。體積較大的囊腫可引起背痛及牽扯感。患腎血管疾病、腎小管梗阻、先天性疾病、感染絛蟲時都易形成多個小囊腫。最嚴重的是骨髓質囊性病，本病一般無明顯症狀，但患者會出現貧血、低鈉及高氮質血症和尿毒症。腎實質縮小，表面呈顆粒狀，可見多個小囊腫及大片瘢痕組織。囊腫有合併腫瘤的可能，故常需手術探查及切除。亦請參閱urogenital malformation。

renal failure ➠ kidney failure

renal system ➠ urinary bladder

renal transplant ➠ kidney transplant

Renan, (Joseph-)Ernest＊　雷南（西元1823～1892年）　法國哲學家、歷史學家和宗教學者。曾接受神學訓練，但於1845年離開天主教會，因爲他感到它的教義與歷史評論的發現不相容，不過他對上帝還保持著準天主教徒的信仰。他的五卷《天主教起源史》（1863～1880）包括了《耶穌的一生》（1863）；試圖重構耶穌作爲一個完整的人的思想，遭到教會猛烈攻擊，卻被一般大衆廣泛閱讀。後來的著作包括《以色列人史》（1888～1896）系列叢書。

雷南，油畫，博納（Leon Bonnat）繪於1892年；現藏法國特雷吉耶的雷南博物館
Archives Photographiques

renga＊　連歌　日本頭尾字句相連關連的詩的雛形，其中兩個或更多詩文作爲段落的替換。這種形式源起於兩個人在傳統的五行詩裡作連接組合。在古代曾經非常流行，連偏遠的鄉村地區也在這股潮流中，15世紀達到全盛期。流傳到王公貴族詩人那裡後，由他們建立規則以使連歌成爲一種藝術。連歌的例子可見於悲傷的《水無瀨三吟百韻》（1488），由飯尾宗祇、肖柏及宗長集結。連歌最初的形式後來進一步發展爲俳句。

Reni, Guido＊　雷尼（西元1575～1642年）　義大利畫家。十歲時師從法蘭德斯派畫家卡爾弗特。後來受到他本國的波隆那畫派卡拉齊家族的新自然主義、拉斐爾的壁畫以及古代希臘－羅馬雕塑的影響。他在羅馬完成了許多重要任務，包括著名的屋頂壁畫《奧羅拉》（1613～1614）。在他的宗教和神話作品中，他把巴洛克的華麗複雜與古典主義的嚴謹、敏感寧靜的心境以及精緻的色彩調和在一起。19世紀羅斯金輕視他以前，他一直受到很高的尊重；自那以後，他作爲17世紀最著名畫家之一的地位重新確立了起來。

Renner, Karl　雷納（西元1870～1950年）　奧地利總理（1918～1920，1945）和總統（1945～1950）。原是律師，1907年起任下院議員。1918年任新奧地利共和國第一任總理，但未能阻止第一次世界大戰結束時奧地利喪失領地。1920年代，他領導社會民主黨的右翼，1938年支援德奧合併。1945年他努力重建對奧地利的國內統治，被選爲共和國總統。他寫了許多關於政府和法律方面的著作。

Rennes＊　雷恩　法國西部城市，位於伊爾河與維萊納河的交匯處。曾被羅馬占領，中世紀時是布列塔尼的首府，並爲南特的競爭對手。1561～1675年間是布列塔尼的議會所在地。1720年的一場大火幾乎把它完全焚毀，後來重建。第二次世界大戰中遭到轟炸而部分被毀。它是商業和工業中心，生產鐵路設備、汽車和化工產品。也是布列塔尼的文化中心。人口204,000（1990）。

Rennie, John　倫尼（西元1761～1821年）　蘇格蘭土木工程師。他在倫敦的泰晤士河上修建了三座橋樑：滑鐵盧橋（恢復前）、老薩瑟克橋（1814～1819）和新倫敦橋（1831年完成）。在林肯郡的沼澤地修建大規模的排水工程；修建泰晤士河上的倫敦和東印度碼頭；改進普里茅斯、樸次茅斯、占丹和希爾內斯的造船廠；並開始修建保護普里茅斯灣的大防波堤。

Reno＊　雷諾　美國內華達州西部城市。位於特拉基河畔，靠近加州邊界、塔霍湖以及內華達山脈。1900年前主要是運輸集散地，後來由於州法律比較自由，有幾位知名人士在此離婚又很快結婚，所以使雷諾成爲繁忙的離婚和結婚中心。它也是個常年的度假中心。1931年賭博在內華達合法化，雷諾開始增設賭場來吸引遊客。人口約155,000（1996）。

Renoir, (Pierre-)Auguste＊　雷諾瓦（西元1841～1919年）　法國畫家。父親是利摩日的裁縫，1844年全家遷居巴黎。十三歲時當陶瓷裝飾工，晚間學習繪畫。與同學莫內建立親密友誼，後成爲巴黎印象派畫家的重要成員。他的早期作品是眞實生活的印象派快照，充滿閃耀的彩色和光線。早期的傑作包括《煎餅磨坊》（1876）和《船上的午餐》（1881）。1881～1882年間到義大利訪問，研究了拉斐爾的繪畫，在他的畫中注入了明晰線條和光滑著色的表現力。1880年代中期，他與印象主義決裂，而在作品中應用更有訓練的正規技術，如作品《浴女》（1884～1887），強調容量、形式、輪廓和線條。在後來的作品中，他離開古典的嚴格規則來畫多彩的靜物、肖像、裸體以及他於1907年定居的法國南部的風景。1912年風濕病把他限制在輪椅上，但他從不停止作畫，常常將畫筆固定在手上。尙・雷諾瓦是他的兒子。

Renoir, Jean　雷諾瓦（西元1894～1979年）　法國電影導演。父親是皮埃爾－奧古斯特・雷諾瓦。在第一次世界大戰中負傷，養傷期間發現自己對電影的熱忱。1924年執導第一部電影。他電影的特點是敏銳的畫面意識和對人性不可預測性的深刻評價。他還參與他許多電影的劇本編寫，包括《跳河的人》（1932）、《包法利夫人》（1934）、《朗基先生的犯罪》（1936）和《衣冠禽獸》（1938），與他的兩部傑作《大幻影》（1937）和《遊戲規則》（1939），這些影片都列入迄今爲止最優秀電影的行列。1940～1951年間他生活在美國，執導了《南方人》（1945）、《女僕日記》（1946）和《河》（1951）。1975年榮獲奧斯卡獎。

雷諾瓦
Globe Photos

Rensselaer Polytechnic Institute＊　倫斯勒技術學院　私立高等教育機構，位於紐約州特洛伊。1824年由倫斯勒創辦，是美國最早開辦科學與都市規畫課程的學院。包括建築、工程、人文與社會科學、管理、科學等學院，提供大學部及研究所課程。校內研究機構有一座科技公園、傳播中心、工業創新中心。現有學生約6,500人。

rent　租金　在日常使用中指爲享用他人財產的權利所必須的付出。在古典經濟學中，租金是指種植或改善土地所得除去所有生產成本後的收入。在現代經濟學中租金是指一種生產要素（土地、勞動力、資本）的總收益與其供應價格（爲獲得服務所需的最小金額）之差。租金加上成本就是付給生產資源的總收入。資源所有者爲得到獨占利益所做的努力被認爲是一種追求租金行爲。

Renta, Oscar de la ➠ de la Renta, Oscar

Reorganized Church of Jesus Christ of Latter-day Saints　重整耶穌基督後期聖徒教會　1830年由斯密約瑟成立的教會派別，其主體成爲耶穌基督後期聖徒教會，或稱摩門教。1852年重整教會分裂，拒絕楊百翰的領導而代之以斯密約瑟的兒子；它反對一夫多妻制和摩門教的稱號。它的教義以《聖經》、《摩門經》以及《教義和聖約》爲基礎，是它的信徒們所接受的啓示書。如今該教會約有二十萬成員，總部設在密蘇里州的獨立城。

reovirus＊　呼腸孤病毒　小群動物和植物病毒的統稱，呈球狀並包含核糖核酸的核心。最知名的種類有正呼腸孤病毒、環狀病毒、輪狀病毒和水稻萎縮病毒。前三類感染動物；最後一類能夠破壞稻米、玉米和其他作物。

reparations　賠款　一個國家在戰爭中戰敗所支付的金錢或實物。第一次世界大戰之後，依照凡爾賽和約德國被要求賠款給協約國。原先的賠款金額是330億元，不過後來根據道斯計畫和楊格計畫而降低，並在1933年完全取消。1920年代德國曾有極端民族主義者利用反對賠款之由而挑起政治動亂。

repertory theatre　戲目劇院　由居留當地的演出劇團在一個演季中上演幾部不同的戲劇。所選劇目可以是由著名劇作家寫的經典作品，也可以是新生劇作家們新編的作品。演出這些劇目的劇團常被用作年輕演員的培訓場所。在英國，此類活動開始於20世紀初，目的是使整個國家都能看到高質量的戲劇。最初戲目劇團（亦稱stock company）在一周內每晚上演不同的劇目，同時準備和排練新劇。發展到現在，這種形式變成每個劇裡表演一系列短小連續的段落。

Repin, Ilya (Yefimovich)＊　列賓（西元1844～1930年）　俄國畫家。在聖彼得堡美術學院跟隨一位外省肖像畫家學習後，取得獎學金遊學法國和義大利。回國後開始從俄國歷史取材繪畫。1873年以《窩瓦河船夫》享譽國際，畫中堅忍不拔、強壯有力的人物形象成爲蘇維埃社會主義現實主義的模型。他最著名的作品中有《恐怖的伊凡和他的兒子伊凡》（1895），描繪伊凡謀殺他的兒子。他還畫充滿活力的肖像畫（包括托爾斯泰和穆索斯基）。1894年列賓成爲聖彼得堡學院的歷史畫教授。

replacement deposit　交代礦床　地質學名詞。經過化學作用分解了原始的岩石而在原地沈積下新的礦床。亦請參閱metasomatic replacement。

representation　代表制　政治上指讓選民通過他們選舉的代表來參與立法和政府政策的方法或過程。現代政治中，代表制是必要的，因爲所管理的人口太多不能直接集會。亦請參閱proportional representation。

Representation of the People Acts　民意法案（西元1918、1928年）　英國國會爲了擴大人民參政權而通過的法案。1918年的法案給予所有年滿二十一歲的男子與年滿三十歲的女子投票權，選民因此而增加三倍。1928年的法案則賦予二十一至三十歲的女子選舉權。這些法案可說是自改革法案（參閱Reform Bill of 1832、Reform Bill of 1867、Reform Bill of 1884-85）以來有關擴大選舉權改革的一個持續。

representationalism　表象論　一種知識論。它斷言，頭腦所感知的只是外部物質物件的精神表像，而不是物件本身。於是，人類知識的有效性就受到質疑，因爲需要證明這樣的影像是眞實反映了外部物件的。這種學說現在仍存在於某些哲學圈子中，其根源是笛卡兒主義、洛克和休姆的經驗主義以及康德的觀念論。

repression　抑制　在代謝之中，一種蛋白質分子的控制機制，與控制酶合成作用的去氧核糖核酸（DNA）結合（因此妨礙其活動）來防止酶的合成。雖然抑制作用主要是用微生物研究，一般相信較高等的生物也以類似的方式發生。亦請參閱inhibition。

repression　阻遏作用　代謝過程中的一種控制機構。稱作阻遏物的蛋白質與控制酶合成的去氧核糖核酸結合（因而妨礙了DNA的作用），從而阻止了酶的合成。雖然主要在微生物中研究了這個過程，但相信在更高級的生物體內也會類似地發生。亦請參閱inhibition。

reproduction　生殖　生物複製自身的作用，確保物種的延續。兩種基本形式是無性生殖與有性生殖。無性生殖（如分裂生殖、孢子形成、再生以及營養生殖）產生的後代基因與親代完全相同。有性生殖透過特殊性細胞（配子）的結合產生新的個體，通常來自不同的親代個體。配子是減數分裂的結果。配子結合產生合子，新生物體的第一個細胞。有性生殖確保每個後代的基因都是獨一無二（除了一個合子分裂出的多個後代）。大多數動物都行有性生殖，包括所有的脊椎動物。

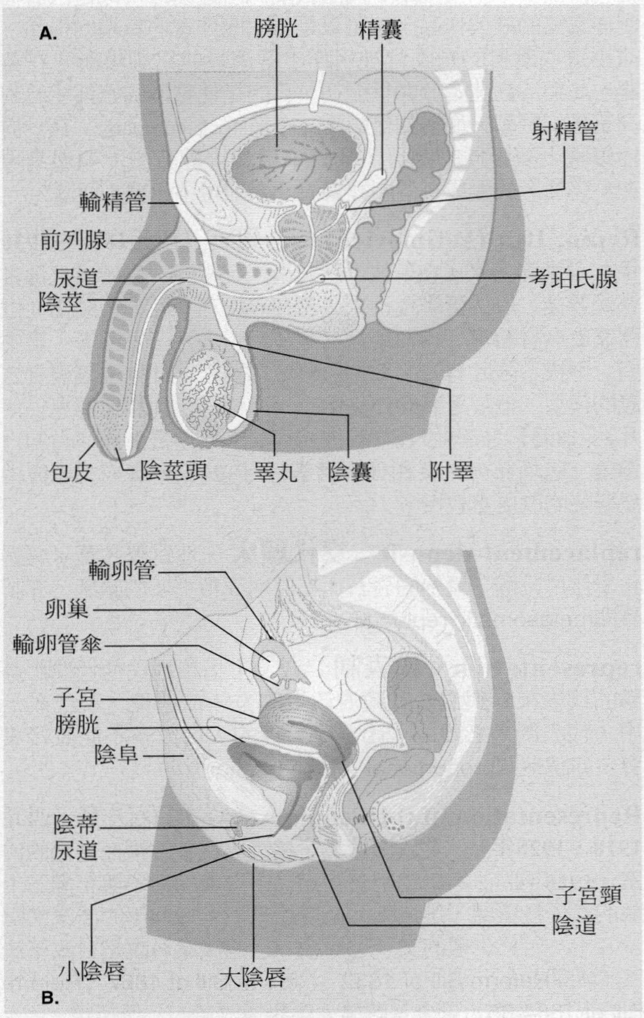

A. 男性生殖系統。陰囊是皮膚組成的囊袋，分為兩個囊，各有一個睪丸與其附睪。睪丸內的小管容納各種發育階段的精細胞。當精子離開睪丸，會進入附睪，極度纏繞的小管當成精子的儲藏器。輸精管是離開附睪的輸送管，在通過前列腺時連接精囊的導管，形成單一的小管（射精管），通向尿道。尿道將精子與尿液經由陰莖排出。
B. 女性生殖系統。月經來潮的女性，每個月在兩個卵巢的其中之一有個卵泡成熟。成熟的卵泡破裂放出卵子，就發生排卵，進入該卵巢相關有指狀突起（輸卵管傘）的輸卵管。受精通常發生在輸卵管，卵子往子宮前進的路上。受精卵在子宮成功著床，結果發育成胚胎。陰道是通到子宮的肌肉管道，讓精子進入子宮並當成胎兒分娩的通道。
© 2002 MERRIAM-WEBSTER INC.

reproductive behavior　生殖行為　動物延續物種的活動。最常見的模式是有性生殖，發生在雌性的卵與雄性的精子受精之時。獨一無二的基因組合造成遺傳變異，增加物種的適應性。兩性接近、確認及交配的過程經過完善的演化，避開了掠食者且避免浪費卵和精子。大多數的單細胞及一些較為複雜的生物行無性生殖。亦請參閱courtship behavior。

reproductive system, human　人類生殖系統　人類生殖的器官系統。女性的卵巢位置靠近輸卵管的開口，輸卵管將卵從卵巢帶往子宮。子宮頸從子宮的下端延伸進入陰道，陰道的開口以及尿道的開口（參閱urinary bladder），是由四摺的皮膚（陰唇）覆蓋；陰蒂是小型勃起器官，位於陰唇前方連接處。除了妊娠及哺乳期間之外，卵巢與子宮的活動在生育年齡每個月都有變化周期（參閱menstruation）。男性的睪丸在皮囊（陰囊）之中。細長的導管（輸精管）將兩個睪丸的精子引導至攝護腺裡面的射精管；這些管連接到尿道，繼續通過陰莖。在尿道中，精子與貯精囊、攝護腺及尿道球腺的分泌物混合，形成精液。胎兒早期的生殖系統並不確定。出生之後，生殖器官與其性別相稱發育但是沒有起作用。生殖器官繼續發育到青春期時活動增加並成熟，方能行有性生殖。

reptile　爬蟲類　爬蟲綱約6,000種呼吸空氣脊椎動物的統稱，體內受精，體外被鱗片，為冷血動物。多數種類腿短或無腿，尾長，產卵。現存的爬蟲類包括有鱗爬蟲類（有鱗目，蛇和蜥蜴）、鱷（鱷目）、龜（龜鱉目）和獨特的楔齒蜥（喙頭目）。由於為冷血動物，爬蟲類並不分布於極冷的地區，在寒冷地區則會冬眠。其體型有小至3公分長的壁虎，到大至9公尺長的巨蛇。龜鱉類中體型最大的是稜皮龜，體重約680公斤。已絕滅的爬蟲類包括恐龍、翼龍和似海豚的魚龍類。

republic　共和　一種政府形式，領導人依據憲法任命且有固定任期。最先只是反對政府領導人經由世襲產生，但現在已被用於指稱：一個國家是由人民選舉產生的代表來領導，而且人民是全部擁有投票權的。「共和」一詞也被用來和直接民主（direct democracy）做對照，不過代議式民主（representative democracies）基本上就是共和。

Republican, Radical ➠ Radical Republican

Republican Party　共和黨　亦稱老大黨（Grand Old Party; GOP）。美國兩大政黨之一。1854年由前輝格黨、民主黨和自由土壤黨人組成。他們取這個名稱是為了重溫傑佛遜的共和主義，將國家利益置於局部利益和各州的權利之上。這個新政黨反對奴隸制，反對堪薩斯－內布拉斯加法推出的將奴隸制向新的領地擴展。1856年它的第一任總統候選人弗里蒙特在十一個州取得了勝利；1860年，它的第二位總統候選人林肯則以十八個州的選舉人票當選總統。美國南北戰爭中共和黨與聯邦軍的勝利使它在相當長的時期內占有優勢。1860～1932年間的十八次總統選舉中共和黨贏得了十四次，他們取得北方各州以及中西部農場主和大企業利益集團的聯合支援。羅斯福任總統期間產生出共和黨的進步派，使該黨發生分裂，把控制權交給了民主黨（1913～1921）。1933～1953年間，共和黨無力對付大蕭條帶來的影響，使它失去了領導權。直到艾森豪任總統期間溫和派聲望日高，但共和黨的綱領還是保守的。它採取堅決反共產主義的立場，減少政府對經濟的管制，降低賦稅，阻止民權立法。共和黨獲得中產階級郊區居民以及受到1960年代民主黨反對種族隔離政策干擾的南方白人新的支援。尼克森輸掉了1960年的總統競選；1964年保守派再次獲得共和黨的控制權，但他們的候選人高華德卻失敗了。尼克森以微弱的優勢贏得了1968年的總統選舉，但1972年由於水門事件而於1974年辭職。雷根（1980、1984）與他的副總統布希（1988）的競選成功使保守派再次控制了共和黨。1992年民主黨的柯林頓當選總統，但1994年共和黨在四十年內第一次重獲國會的控制權。

Republican Party, National ➠ National Republican Party

Republican River　里帕布利肯河　美國中部河流。發源於科羅拉多州的東部，全長679公里。向東北和東流經內布拉斯加的南部，然後向東南經過中部堪薩斯的東北部，在章克申城與斯莫基希爾河匯合而成堪薩斯河。它是密蘇里河流域洪水控制和土地開墾工程的一部分。

Requiem 安魂彌撒曲 為死者舉行彌撒時用的音樂。（拉丁文requiem的意思是「安息」，是彌撒的第一個詞。）安魂彌撒曲與標準的彌撒曲不同。一般要刪去它的歡樂部分，只留下「慈悲經」、「聖哉經」和「羔羊經」，再與其他部分結合在一起，包括「憤怒日」。第一個留下來的多音部作品是奧克岡寫的；後來著名的安魂曲作曲家包括莫札特、白遼士、威爾第、佛瑞、布拉姆斯和布瑞頓。

resale price maintenance 轉售價格維持 生產廠家或經銷商為對其商品的轉售價格（對商品的再出售收取的價格）實行控制而採取的措施。僅有少數幾類商品實行轉售價格維持，包括醫藥品、書籍、攝影器材和烈酒。轉售價格維持最早於1880年代興起。其反映了商標宣傳的成效及由此而導致的零售商之間日益加劇的競爭。在美國這種現象最為常見，但第二次世界大戰後趨於衰落。在有的國家這是被禁止的，包括加拿大和瑞典。工業化國家市場渠道的複雜性使得生產廠家建立和加強單一價格甚至產品最低價格變得越來越困難。亦請參閱fair-trade law。

research and development (R&D) 研究與發展 工業上兩個緊密相關的過程，通過技術創新創造出新產品和老產品的新形式。主要集中在兩類研究：基礎研究和應用研究。基礎研究針對一般目的（例如，藥物實驗室裡的基因研究）。應用研究將基礎研究的結果引向具體的工業需求，開發出新的或修改過的產品或生產過程。除了進行基礎和應用研究和開發原型外，研究和發展工作人員還可以對生產的效率和成本作出評估。

resin * 樹脂 由非晶態固體（無定型固體）或黏稠液體或它們的混合物組成的合成有機化合物的統稱。天然樹脂通常是透明的，或者是半透明的黃色到棕色物，能夠熔化和燃燒。大部分在樹皮受傷後從樹木中滲出，尤其是松樹和冷杉樹（參閱conifer）。通常流體分泌物會變乾和硬化（於是成為「催乾油」）。天然樹脂可溶於酒精（如用於療傷的鎮痛膏；松節油；用於清漆中的膠黏劑和蟲膠），或者溶於油（如琥珀、東方漆）。合成樹脂與塑膠沒有明顯差別；樹脂往往是指原始的塑膠產品，或者指要加工成塑膠的聚合物液體。某些合成樹脂可用作離子交換介質（參閱ion-exchange resin）。

resistance 電阻 材料或電路對電流的阻力。它是電路的一種性質，在它對抗電流流動的過程中把電能轉換成熱能。電阻R、電動勢V和電流I三者之間由歐姆定律聯繫在一起。導體的電阻通常隨溫度的升高而增加。在電燈和加熱器中就要利用電阻。電阻的常用單位是歐姆，1歐姆等於1伏特／安培（參閱electromotive force）。

Resistance 抵抗運動 亦稱地下組織（Underground）。第二次世界大戰中，在德國占領下的歐洲各地成立的各種反納粹統治的祕密團體。這些團體有民間的，為反對納粹占領而祕密工作；也有武裝黨派或遊擊戰士。抵抗運動的活動包括幫助猶太人以及到敵方領地執行破壞任務而被擊落的盟軍飛行人員逃跑；伏擊德國巡邏人員；以及向盟軍傳遞資訊。抵抗運動團體並非總是團結一致的；在有些國家，按照共產主義和非共產主義劃分為相互對立的團體。然而在法國，祕密的抵抗運動全國委員會協調了所有法國的團體。支持諾曼第登陸，並參加了1944年解放巴黎的八月起義。1944～1945年其他北歐國家的抵抗運動團體也採取了軍事行動協助盟軍部隊。

resistivity 電阻率 導體在單位截面和單位長度內的電阻。導體的電阻率取決於它的成分和溫度。電阻率是每種材料的特徵量，在比較各種材料的導電能力時就要用到電阻率。當溫度升高時，金屬導體的電阻率通常會增加，而半導體的電阻率則通常會減小。

Resnais, Alain * 雷奈（西元1922年～） 法國電影導演。他在法國巴黎高等電影學校學習後，製作了他的第一批視覺藝術的短片（《梵谷》，1948）和一些紀錄片（《夜與霧》，1956）。他的第一部電影《廣島之戀》（1959）製造了一個過去與現在交替的場景，被認為是最早的和最優秀的新浪潮電影。他在接下來的《去年在馬倫巴》（1961）中繼續探索時間和記憶的複雜主題。他的後期電影包括《莫瑞爾》（1963）、《斯塔維斯基》（1974）、《我的美國男人》（1980）、《生死戀》（1984）和《我想回家》（1989）。

雷奈
By courtesy of the French Film Office, New York

resonance 共振 物理學中指一個物體或系統與外加的振動同步時作出相對大的選擇性回應。當發出某個音調的聲音時，附近的樂器（如吉他）的音箱就會感應出相同的振動；或者人在講話時，口腔或鼻腔裡也會發生同樣的振動，這些都是聲共振的實例。機械共振，例如由颶風或士兵的齊步行進引起橋樑振動，最終會使振動大到足以使橋樑坍塌。對頻率敏感的電路中發生的共振可以使某些通信裝置接收某些頻率的信號而拒絕其他的信號。當電子或原子核回應外加磁場而發生磁共振時，它們就發射或吸收電磁輻射。亦請參閱nuclear magnetic resonance。

Respighi, Ottorino * 雷史碧基（西元1879～1936年） 義大利作曲家。1891到1901年間在波隆那學習音樂，後在俄羅斯管弦樂團演奏中提琴，並師從林姆斯基－高沙可夫，從他那裡學到了許多譜寫管弦樂曲的知識和技巧。他最著名的作品是絢麗多彩的音樂詩《羅馬的噴泉》（1916）和《羅馬的松樹》（1924）。他對古老的音樂感興趣，根據拉摩的作品改編了《鳥》（1927），並根據羅西尼的作品改寫了《幻想商店》。

respiration 呼吸 從空氣中攝取氧和從體內排出二氧化碳的生理過程。人類平均呼吸（潮氣容積）從空氣中吸入和排出的呼吸量約為儘可能的呼出空氣後可吸入量（肺活量）的1/8。腦中的神經中樞控制呼吸肌肉的運動（膈和胸壁肌肉）。肺循環中的血液將從組織處攜帶的二氧化碳排出，並將肺泡中的氧氣運送至心臟和全身。由於身體幾乎不儲存氧氣，因此經窒息、淹沒或胸肌癱瘓而造成的呼吸阻礙，在超過數分鐘後即可致死。影響呼吸的障礙包括過敏、哮喘、支氣管炎、肺氣腫、肺炎和結核病。亦請參閱respiratory system、respiratory therapy。

respiratory distress syndrome 呼吸窘迫症候群 亦稱特發性呼吸窘迫症候群（idiopathic respiratory distress syndrome）或透明質膜病（hyaline membrane disease）。嬰兒常見的併發症，尤其發生在早產嬰兒。其特徵為呼吸極端困難、皮膚黏膜發紺和動脈血含氧量低。肺泡缺乏表面作用素，使表面壓力增加，阻礙肺部擴張。肺泡萎陷（參閱atelectasis），同時肺泡管中出現「玻璃樣」透明質膜。此病從前是早產嬰兒主要的死因，今日通常使用正氣壓通氣機（參閱respiratory therapy）施以數日的治療，並不會留下後遺症。成人呼吸窘迫症候群（ARDS）可隨肺部傷害後出現。

respiratory system　呼吸系統　呼吸作用相關的器官系統。人類的橫膈與肋骨之間的肌肉產生抽吸作用，推動空氣通過管道系統（傳送的氣道）進出肺臟，分爲上下氣道系統。上氣道系統由鼻腔（參閱nose）、鼻竇與咽頭組成；下氣道系統則由喉頭、氣管、支氣管與肺泡管（參閱pulmonary alveolus）組成。血液與心血管系統可以當成呼吸系統運作的要素。亦請參閱thoracic cavity。

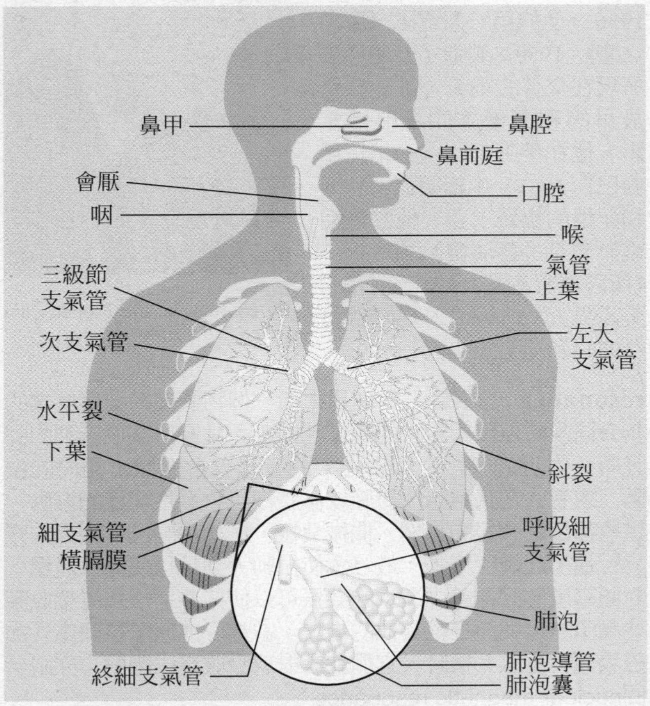

當空氣經由鼻孔進入鼻腔，鼻甲的黏膜加以加溫和溼潤，然後進入咽。鼻腔內的鼻前庭有挺直的毛髮襯裡，有助於過濾進入的空氣。鄰近鼻腔的鼻竇內充滿空氣，製造黏液。喉以氣管連接咽。軟骨組成的會厭防止食物在吞嚥的時候進入喉部。左右支氣管從氣管供應空氣給兩邊的肺，更細分為次支氣管和三級節支氣管；最小的分支稱為細支氣管，到達杯形薄壁的肺泡。肺泡成群出現，稱為肺泡囊。氧和二氧化碳在肺泡與毛細血管之間交換。兩側的肺各有一個斜裂將肺分為上葉和下葉。右肺的水平裂形成中葉。橫隔膜沿著肋骨和肋肌的運動造成肺在呼吸時擴張及收縮。

respiratory therapy　呼吸療法　亦稱吸入療法（inhalation therapy）。在肺功能受影響時確保病患氧氣供給和維持呼吸功能的醫學特別療法。其治療爲通過抽吸把呼吸道內的分泌物清除，使用氧帳和氣霧劑（有時含藥物成分）幫助呼吸，並傾斜身體以促進引流。較複雜的機械換氣包括使用正氣壓通氣機，可依不同的壓力程式設計來運送混合氣體。氣體可以經由口鼻上的面罩、經口鼻插入至氣管的管子（插管）或皮膚上切口（氣管切開術，當腫脹或出血阻塞呼吸道時使用）的方式運送。

restaurant　餐館　向付錢的顧客提供茶點或正餐的場所。雖然多少世紀以來，小旅館和小飯店一直向過路人提供簡單的食品，然而，第一家可以讓顧客根據菜單點菜的餐館據說屬於賣肉湯的商人布朗熱。1765年他在巴黎開店，招牌上寫的就是restoratives或restaurant，指的是他的各類肉湯。到1804年巴黎已有五百多家餐館，法國也立即以它的烹調技術享譽國際。其他的歐洲餐館包括義大利的trattorie（小酒店），是以當地的特色名吃爲特點的小飯店；德國的Weinstuben（酒館），是非正規的餐館，經營各種酒類；西班牙的tapas（酒吧），提供各種開胃小吃；還有英格蘭的酒店。亞洲的餐館有日本的清酒酒吧和提供正式的懷石料理的茶館，還有中國的麵館。大多數美國餐館處在不斷創新中。1849年舊金山淘金熱時出現了自助式餐館，其特點是自我服務，並在櫃檯上擺出許多種食物。美國也是速食業的先驅，如懷特堡（建於1921）和麥當勞（參閱Kroc, Ray），通常採取連鎖經營，提供有限的功能表。

Reston, James (Barrett)　雷斯頓(西元1909～1995年)　蘇格蘭出生的美國專欄作家和編輯。十歲時全家移居美國。曾當過體育作家，1939年加入《紐約時報》，先後任記者、全國報業辛迪加專欄作家、華盛頓分社社長（1953～1964）、執行編輯（1968～1969）以及副總裁（1969～1974），1989年退休。他是美國影響最大的新聞工作者之一，他與美國總統以及世界上各領導人之間的接觸是他人無法匹敵的。他往往是第一個披露重大新聞事件的人。曾兩度獲得普立茲獎（1945、1957）。1970年他參與創建了第一個輿論－社論版面。他還雇用並培訓了許多有才能的年輕新聞工作者。

Restoration　王政復辟時期　1660年英格蘭的君主政治復辟。指克倫威爾執政的國協時代結束後，查理二世重登王位（1660～1685年在位），在國會中設置主教，建立嚴格的英國國教式政權。這段復辟期間，包括詹姆斯二世（1685～1688年在位）時代，英國的殖民地大舉擴張且發生英荷戰爭，英國的戲劇與文學也重新復甦（參閱Restoration literature）。

Restoration literature　王政復辟時期文學　英國在1660年結束君主專制王政復辟時期之後的英聯邦文學。一些文學歷史學家將這一時期與查理二世（1660～1685）統治時期等同，而另外一些則將詹姆斯二世（1685～1688）時期的作品也包括在內。許多典型的現代文學形式（如：小說、傳記、歷史、遊記和日記）開始在復辟時期發展起來。小冊子和詩歌（典型的是德萊敦的作品）在此期間繁榮，但這一時期主要因其輝煌的評論性風尚喜劇聞名，其劇作家包括艾塞利基、沙德威爾、韋策利、凡布魯、康格里夫和法科爾。

restraint of trade　貿易限制　爲了防止商業自由競爭而採取的某些行動或條件，例如操縱價格或獨占市場。美國長期以來就透過反托辣斯法維持商業自由競爭的政策，最著名的即是1890年的雪曼反托拉斯法，規定「任何對貿易限制的合約、結盟……或陰謀」都是不合法的行爲。

restriction enzyme　限制性內切酶　由細菌產生的一種蛋白質，能在特定的地方切斷去氧核糖核酸分子。已知的限制性內切有上百種，由不同的細菌產生，每一種組成一個特殊的核苷排序。這些細菌的DNA由甲基團（-CH3）在特定的地方保護DNA。在細菌的細胞中，這些酶破壞（即限制）侵入病毒的DNA（噬菌體），並消滅感染。在實驗室中，它們被作爲操縱DNA的片段，如：帶有基因的片段，並成爲生物技術上強而有力的DNA重組工具。

restrictive covenant　限制約款　在財產法中指一種契約規定，經當事各方同意，通過諸如禁止商業用途或某種結構類型來限制自由使用或占據財產。限制約款與財產法一樣古老，在羅馬法律中已經完善建立。限制約款這個詞也用於商業法中，指一種約定，即一方承諾在一段時間內，在某一地區不從事同樣的或類似的商業活動。

retailing　零售　向消費者直接銷售商品。早在幾千年前就開始有零售，小販們在最早的市場上兜售他們的物品。零售非常具有競爭性，零售商的倒閉率是相當高的。價格是最重要的競爭因素，但也有其他的因素，包括位置是否方便、商品的選擇和陳列、企業的吸引力、還有聲譽等。零售的形式多種多樣，現在常用的有自動販賣機、上門銷售和電話銷售、直效行銷、折扣店、專賣店、百貨商店、超級市場以及消費者合作社等。

retaining wall　擋土牆　亦稱revetment。為支撐住大片泥土或防止堤岸受侵蝕而構築的牆。它也可以是內傾的，牆面向它的支撐負載傾斜。增強型擋土牆的最基本類型是大塊混凝土的重力牆，依靠它的切向重力以及巨大的體積而不致倒坍。懸臂樑（L形的）擋土牆靠它的懸臂樑底座，即分散型的底座（參閱foundation）來阻止它倒坍和滑動。

reticuloendothelial system＊　網狀內皮系統　亦稱巨噬細胞系統（macrophage system）或單核吞噬細胞系統（mononuclear phagocyte system）。人體防禦系統的一部分，由廣泛分布於人類體內的一類細胞組成。網狀內皮細胞可阻擋並破壞細菌、病毒和外來物質，破壞衰老或異常的細胞和組織。骨髓中的前體細胞可形成單核球（參閱leukocyte），並釋放至血液中。多數會進入身體組織，形成更大的巨噬細胞，在不同環境中有不同的外形。有些可漫遊於循環系統和細胞間，並合併成單一細胞以包圍吞噬外來物。網狀內皮細胞可與淋巴球在免疫反應中互相作用。脾臟中的細胞可破壞衰老的紅血球細胞並回收其血紅素，此過程若無法控制可導致貧血。網狀內皮系統的腫瘤可發生於局部或擴散至全身。亦請參閱lymphatic system。

retina＊　視網膜　覆蓋眼球後方2/3的神經組織層。光線經由眼的水晶體集中於視網膜，刺激兩種光敏細胞：對弱光敏感的桿狀細胞和提供精細視覺和色覺的錐狀細胞。細胞中的化學物質產生神經衝動，由視網膜間複雜的神經連接集合成形，經視神經傳至腦中的視覺中心。影響視網膜和中心黃斑的病變會減退視力並可導致眼盲。亦請參閱detached retina、macular degeneration。

retraining program　再培訓計畫　為幫助工人再就業而設計的職業培訓計畫。第二次世界大戰結束時，歐洲首先提出正式的再培訓計畫，幫助軍事人員回到民間生活，並為了降低失業率。再培訓計畫也是為了解決某些行業勞力不足的問題。對於正在衰落的行業或者受到進口競爭嚴重影響的行業所造成的結構性失業，再培訓計畫至少提供了部分的解決方案。在西歐最為普遍的此類計畫可能包括在培訓期間的貨幣津貼、重新安置費用以及家屬津貼。在有些國家裡，若工人拒絕參加再培訓計畫，就會被取消享受失業救濟金的資格。

retriever　拾獵犬　數種狗類品種的統稱，會銜回獵物，被毛厚且防水力強，嗅覺靈敏，銜獵物時咬得鬆，不致傷害獵物。體高55～62公分，體重25～34公斤。黃金獵犬其頸部、大腿和尾上的被毛長，為金黃帶棕色。拉布拉多犬被毛短，呈黑或深棕色。兩種都經常作為領路狗，且為受歡迎的寵物。其他品種的拾獵犬包括乞沙比克灣獵犬、捲毛拾獵犬和平毛拾獵犬。

黃金獵犬
Sally Anne Thompson

retrograde motion　逆行　天文學上指一個天體的實際或表觀運動的方向與類似天體的占絕對優勢的運動方向（「順行」）相反。從觀察和歷史來看，逆行是指行星在通過恆星的幾個月內在每個會合週期中所呈現的運動表觀反轉。用宇宙的地心說模型（參閱Ptolemy）對此需要作複雜的解釋，但是用日心說模型（參閱Copernican system）就可以用地球經過在軌道中的行星時的表觀運動而自然地得到解釋。現在知道，從地球北極的上空來看，太陽系中幾乎所有的天體都以相同的反時針方向繞太陽轉動，並且以相同方向自轉。這個共同的方向可能是在太陽星雲形成時就發生的。很少幾個順時針方向運動的天體（如金星、天王星和冥王星的自轉）就被稱為逆行。

retrovirus＊　反轉錄病毒　一類病毒的統稱，不像其他多數的病毒和所有的細胞有機體，其基因藍圖以核糖核酸（RNA）的形式存在。能引起某些動物腫瘤和病毒感染，並引發至少一種的人類腫瘤。反轉錄人類免疫不全病毒是造成人類愛滋病的致病原因。其名稱指出反轉錄病毒利用核糖核酸合成去氧核糖核酸，與平常的細胞過程相反。此過程使反轉錄病毒的基因訊息可進入並成為受感染細胞基因中永久的一部分。

Retton, Mary Lou　雷頓（西元1968年～）　美國體操選手。生於西維吉尼亞州的費蒙特，四歲就開始學習舞蹈和雜技。1984年的奧運會中，以最後兩項滿分的成績，神奇的後來居上拿到金牌，成為第一位奪得奧運金牌的美國人。她的風格、速度、精確度和力道，使得女子體操為之丕變。她也是第一位進入美國奧林匹克名人堂的體操選手（1985）。

Reuchlin, Johannes＊　羅伊希林（西元1455～1522年）　德國人文主義者。1481年取得法學學位。從1480年代到1512年，在符騰堡及其首府斯圖加特的法院任法官。在德國的人文主義者中，羅伊希林僅次於伊拉斯謨斯，是對古典希臘語進行科學研究的先驅，翻譯了許多古典文本。他關於語法和辭彙的著作《希伯來語語法綱要》（1506）使對希伯來語的研究發生了革命性的變化，並且推進了對《舊約》的研究。他反對多米尼克毀掉所有希伯來文學的計畫。1516年教宗代理撤銷了他的異教罪。梅蘭希頓是他的侄子。

Réunionc＊　留尼旺　西印度洋馬斯克林群島的島嶼和法國的海外省。位於馬達加斯加以東684公里，長約63公里，寬約45公里。地形主要是被奔流的江河切割的崎嶇山地。大部分人口都是混血的後代（克里奧爾人），主要是非洲人後裔。17世紀時法國人在此定居，他們從東非帶來奴隸為他們種植咖啡和甘蔗。1946年以前一直是法國的殖民地，之後成為法國的一個海外省。經濟基礎幾乎完全靠蔗糖的出口。其他產品包括蘭姆酒、糖蜜、煙草、天竹葵和香子蘭。首府聖丹尼。面積2,512平方公里。人口約733,000（2001）。

Reuter, Paul Julius＊　路透（西元1816～1899年）　受封為路透男爵（Freiherr (baron) von Reuter）。原名Israel Beer Josaphat。創辦路透社的德國人。他原是銀行職員，一家小型出版社的合夥人。1849年在巴黎創立了一個新聞服務機構的原型，在他的通訊網內使用了電報和信鴿。1851年移居英國，開辦電報公司，為銀行、仲介公司以及重要的企業服務。他逐步穩定地擴大他的商業新聞服務，1858年獲得了第一份報紙客戶的訂單。有了海底電纜後，他就把服務擴展到了其他大陸。

Reuters＊　路透社　英國的合作通訊社。1851年由路透創辦，最初只關心商業新聞。1858年倫敦的《廣告晨報》訂購其稿件後，報社客戶就越來越多了。經過一段時間的競爭，路透社與兩個與它競爭的通訊社達成協定，分割領地，許多年內在世界出版業的服務中占有事實上的壟斷地位。1925年前公司的所有權一直掌握在私人手裡，1925年後公司結構開始走向英國和澳大利亞出版業的集體所有。作為一個集體企業，它取得了廣大範圍內的資源，直接地或通過國家通訊社向世界上大多數國家提供服務。

Reuther, Walter (Philip)＊　盧瑟爾（西元1907～1970年）　美國勞工領袖。十六歲時在工具模具作坊當學徒。1930年代周遊世界。在蘇聯汽車廠工作了兩年後，產生出終生厭惡共產主義的情緒。在底特律成爲當地的工會領袖，參與組織就地罷工，使美國聯合汽車、航空和農機工人國際工會（UAW）成爲汽車工業中的一支力量，而他本人在罷工期間受到了野蠻的人身攻擊。1946年起擔任美國聯合汽車、航空和農機工人國際工會主席直到去世。在爲工人爭取提高工資和縮短工時的努力中，他是個有效的談判能手。1952年成爲產業聯合會（CIO）的主席，促成了1955年美國勞聯－產聯合併。在勞聯－產聯中，他的權力僅次於米尼；然而，他們二人反覆發生衝突，部分原因是盧瑟爾堅決支援民權，反對越南戰爭。1968年盧瑟爾領導聯合汽車工人工會退出了勞聯－產聯，與卡車司機工會組成了歷時不長的聯盟。後死於飛機失事。

revelation　啓示　神向人傳遞旨意。在西方，對於諸如猶太教、基督教和伊斯蘭教等一神教來說，啓示是宗教知識的基礎。人類之所以知道神和神的意願，是因爲神有選擇地把自己向人類袒露。神可能通過夢境、幻象、或者物理表象來與他所選擇的僕人通信。也可啓發先知，由他們來把神的資訊傳遞給人們。神的意願也可以直接翻譯成書寫的形式，即流傳下來的神律（如十誡）或經文（如《聖經》和《可蘭經》）。其他宗教強調的是「宇宙的」啓示，世界的任何方面或者所有方面都可能揭示背後那個單一神力的性質（如吠陀中的婆羅門）。

Revelation, Book of　啓示錄　亦稱Revelations或Apocalypse of John。《新約》的最後一卷。它有兩個主要部分，第一部分包括對小亞細亞幾個基督教會的道德告誡，第二部分是歷史上曾作過各種解釋的一些異常的幻象、寓言和象徵。一種流行的解釋認爲啓示錄針對的是由於羅馬方面的迫害而可能造成當代基督徒的信仰危機。它規勸基督徒們保持堅定的信仰，相信上帝最後會征服他們的敵人。多次提及「千年」，使有些人期望經過一個完整的千年（參閱millennium）後，終將贏得戰勝魔鬼的勝利。現代學者接收這樣的說法，即這本書不是門徒約翰所寫，而是由各個不知名的作者於西元1世紀晚期寫成的。亦請參閱apocalypticism。

Revels, Hiram R(hoades)　雷維爾斯（西元1822～1901年）　美國教士和政治人物。在北方接受教育。受神職爲牧師，成爲巴爾的摩黑人學校的牧師和校長。在南北戰爭中，他幫助聯邦軍組織了黑人志願軍團。戰後移居密西西比州的納切斯。1869年當選州參議員。1870年被選入美國參議院，填補戴維斯尚未屆滿的任期，成爲被選入參議院的第一位黑人。後來他擔任黑人高等學校奧爾康農業和機械學院院長（1871～1874、1876～1883）。

revenue bond　收益債券　亦稱limited obligation bond。由市、州、或授權建設、收購、或改善某項能產生收益的財產（如自來水工程、發電廠或鐵路）的公共事業機構所發行的債券。與一般公債依靠各種稅收償還不同，收益債券只能由指定的收益來償還，通常就是由爲它發行債券的設施來償還。收益債券的利息高於一般公債的利息。把收益債券的責任與市政的其他債券責任分開是爲了使市政把合法的債務控制在有限範圍內。

revenue sharing　稅收分享　一種款項的安排方式，某一政府單位將部分稅收轉讓給其他政府單位。例如，省或州可以分享地方政府的稅收，或中央政府可以分享省或州的稅收。稅收如何分享由法律制定公式，以限制出錢單位對收錢單位的控制權，並規定收錢單位是否必須支付相對款項。很多國家都採用稅收分享的形式，例如加拿大、印度及瑞士。1972年到1986年美國也推動一個稅收分享計畫，州和地方政府會收到聯邦政府認爲適合撥付的款項。

reverberatory furnace　反射爐　用於熔煉、精煉或溶化的爐子。燃料不與熔煉物件直接接觸，而是從另一個腔室吹來火焰將它們加熱。反射爐用於銅、錫和鎳的生產，用於某些混凝土和水泥的生產以及回收鋁的過程中。在煉鋼中，這種過程（現在大部分已經廢棄）稱作平爐煉鋼法。熱量通過爐膛，然後再輻射回到（反射）熔煉物件上。爐頂呈拱形，最高點在燃燒室的上方。它向下朝煙道橋的方向傾斜，從而使火焰轉向而反射回去。

Revere, Paul　列維爾（西元1735～1818年）　美國愛國者和銀匠。生於波士頓。他加入他父親的行業成爲銀匠和雕刻工。他是殖民地人事業的熱情支持者，曾參加波士頓茶黨。他是波士頓安全委員會的首席騎士，將信號燈放在波士頓的老北方教堂的尖頂以警示英國人正在接近：「從陸上來點一盞燈，從海上來點兩盞燈」。1775年4月18日，他騎馬奔馳勒星頓，將英軍已經開拔的消息通知殖民地人民，並警告亞當斯和漢考克逃離。雖然被英國巡邏隊截住，他還是能設法警示了愛國者領袖們。由於他的警告，民兵們作好了勒星頓和康科特戰役的準備，並拉開了美國革命的序幕。朗費羅的著名詩篇中（1863）慶祝了列維爾這次單騎報警的功績。在獨立戰爭中，列維爾建立了一個麵粉廠來供應殖民地武裝部隊。戰後，他發明了碾壓銅板材的過程，開辦了一家軋製廠來生產船體（如「美國憲章號」）外殼。他還繼續設計美觀的銀碗、扁平食具以及各種器皿用具，如今有些陳列在博物館裡。

revetment ➠ retaining wall

Revillagigedo＊　雷維亞希赫多群島　太平洋中墨西哥的島群，位於下加利福尼亞半島以南約500公里，墨西哥以西595公里處。總面積830平方公里。由許多火山島組成。最大的索科羅島高出海平面1,130公尺。該群島富產硫、魚類和鳥糞。屬墨西哥科利馬州管理。

revivalism　奮興運動　再度喚起基督教價值及忠誠的運動。而振興式的傳教傳統上透過巡迴式、具領袖魅力的傳教士對大批聚眾演說，被認爲是將背離者拉回宗教軌道的極有力方式。許多新教派別自17世紀起即在不同階段經歷了奮興運動，當中並有多數成爲奮興運動者，最著名的即爲循道主義。他們的一般主題在更爲嚴謹地詮釋《聖經》，拒絕對聖經做文學性或歷史性研究，著重於皈依經驗和倡導虔誠生活。奮興運動可視爲20世紀基督教基要主義的先驅。亦請參閱Great Awakening、Moody, Dwight L(yman)。

revolution　革命　對已經建立的秩序作根本性的、快速的、往往是不可逆轉的改變。從政治意義上說，革命是政府的根本改變，通常伴隨著暴力，結果也可能造成經濟體系、社會結構以及文化價值方面的變化。希臘人認爲只有當社會崩潰後才有可能發生革命；一個根深蒂固的價值體系會阻止革命的發生。隨著文藝復興時期人文主義的出現，相信政府的改變有時可能是必須的和有利的，革命就有了更多正面的內涵。密爾頓認爲革命是實現自由的手段。康德相信革命是推動人類前進的動力。黑格爾認爲革命是人類命運的實現。黑格爾的哲學又影響了馬克思。亦請參閱coup d'etat。

Revolution of 1688 ➠ Glorious Revolution

Revolutionary War ➠ American Revolution

Revolutions of 1848　1848年革命　歐洲反對君主政體的一系列共和派的叛亂。1848年1月革命運動首先在西西里島掀起，然後擴展到法國、德國和義大利諸國，以及奧地利帝國。法國的革命取得勝利，建立了第二共和，確定了普選權。在中歐，則出現自由政治改革和民族統一之類的運動。然而，軍隊仍忠於王室，君主不久即重建其政權，廢除大部分承諾的改革。叛亂最後都以失敗告終，自由主義者自此覺醒。

revolver　左輪手槍　依靠旋轉彈膛進行連射的手槍。一些早期的左輪手槍，如：胡椒盒子，有多個槍筒。但在17世紀，就開始生產用旋轉彈膛向一個槍管連續裝彈的手槍。第一個實用型的左輪手槍直到1835年才被設計出來，專利權由柯爾特獲得。他建立了多膛左輪手槍的標準，每一個槍膛在槍筒後相繼被鎖定到發射的位置，並在扳機的壓力下發射子彈。早期的柯爾特單發槍的槍筒同人工把手一起轉動。而相繼產生的雙發的左輪手槍的把手則是固定的，槍筒在扳機動的時候自動旋轉。同時設計出的還有金屬的彈藥筒。

revue　時事諷刺劇　劇院的短小、鬆散的諷刺故事、歌曲和舞蹈。最初從中世紀的法國街頭表演起源，現代時事諷刺劇則是19世紀早期在巴黎的馬里尼遊樂廳產生，後來出現在女神遊樂廳。英國的時事諷刺劇發展出了兩種形式：一種是1890年代的服裝展示和皇家劇團的演出，另一種則是1920年代的「夏洛特時事諷刺劇」和倫敦的競技表演，主要強調巧妙的應答和時事性話題。在美國，「齊格飛時事諷刺劇」開始於1907年，通常表達一個中心人物的性格。時事諷刺劇在百老匯和西區舞台定期上演，直到電影和電視的競爭將其形式改爲短小的夜總會和劇院的表演。

Rexroth, Kenneth　雷克斯羅思（西元1905～1982年）美國畫家、散文作家、詩人和翻譯家。主要靠自修，青年時期花很多時間在西部旅行，組織工會並爲工會說話。早期寫的詩是實驗性的，受超現實主義的影響。後來的作品結構嚴謹，充滿才智和人情味，頗受讚賞。他是敲打運動的早期擁護者。作品包括散文《試金》（1962）和《耳聞目睹》（1970）；還翻譯了許多日文、中文、希臘文、拉丁文和西班牙文的詩歌。

Rey ➠ Rhagae

Reye's syndrome＊　雷氏症候群　隨流行性感冒、水痘或其他病毒感染後發生於兒童身上的急性神經疾患。病童於病毒病痊癒後，開始出現嘔吐、嗜眠與精神混亂，數小時或數日內，則顯現倦睡、定向力缺失、抽搐、呼吸停止和昏迷。最嚴重時可導致脂肪肝變性和可能致命的腦腫脹。雖然此病沒有特別的治療法，但矯正各種失衡現象的治療可幫助逾70%的病人存活（有些留有腦部損傷）。自從知道其經常隨兒童罹患病毒病時使用阿斯匹靈或其他水楊酸衍生物後發生，雷氏症候群的發生率已減低，父母也被告知此訊息。此病亦可在黃麴毒素或殺鼠靈中毒後發生。

Reykjavík＊　雷克雅未克　冰島首都，位於法赫薩灣的東南角。據說是在874年由北歐人英歐維爾·阿納松建立。20世紀前一直是個小漁村，由丹麥人統治，大部分居民也是丹麥人。1918年成爲丹麥國王統治下自治冰島的首府，1944年成爲獨立的冰島共和國的首都。第二次世界大戰中是美國海軍和空軍的基地。1986年美國和蘇聯在雷克雅未克舉行控制軍備的談判。它是冰島的商業、工業和文化中心和主要漁港，全國工業幾乎半數都在這裡。人口約105,000（1996）。

Reymont, Wladyslaw (Stanislaw)＊　萊蒙特（西元1867～1925年）　原名Wladyslaw Stanislaw Rejment。波蘭小說家。早年輟學，當過店鋪的學徒、修道院的在俗修士、鐵路職員和演員。他的小說使用短句，以自然主義、寫實主義的風格寫成。最好的作品《農民》（1904～1909）是一部描寫農民一年四季生活的四卷長篇記事史，用農民的方言寫成。已被譯成多種語言。這部作品使萊蒙特獲1924年諾貝爾獎。

Reynaud, Paul＊　雷諾（西元1878～1966年）　法國政治人物和總理（1940）。曾在第一次世界大戰中服役。1919～1924和1928～1940年間在國民議院工作，1930～1932年任內閣職位。身爲財政部長（1938～1940）和總理（1940），他主張法國抵抗納粹德國。德國侵入後，雷諾寧願辭職而不願休戰。1940到1945年間他被捕並一直遭拘禁。1946到1962年間回到國民議會，參與起草第五共和憲法。

Reynolds, Joshua　雷諾茲（西元1723～1792年）　受封爲約書亞爵士（Sir Joshua）。英國肖像畫家。其父是神父兼校長。1740年在倫敦一個肖像畫家處當學徒。他的大型肖像群畫《艾略特家族》（約1746）顯示出范戴克的影響。在義大利的兩年（1750～1752）給他留下了深刻印象。尤其在威尼斯，對他今後一生的繪畫都有影響。1753年在倫敦建立了肖像畫室，立即取得了成功。他在倫敦早期畫的肖像給英國的肖像畫注入了新的活力。1760年後，隨著希臘－羅馬古典式風格的興起，他的畫風也逐漸增加了古典和自我意識的特色。1768年被選爲皇家藝術學院的第一任校長。通過他的藝術和教育，雷諾茲使英國的繪畫離開18世紀初的趣聞軼事畫而走向正式的講求技巧的大陸學院式繪畫。他的著作《藝術演講錄》（1769～1790）主張嚴格的學院式訓練以及對老繪畫大師們的研究，是當時最重要的藝術評著之一。

Reynolds, Osborne　雷諾茲（西元1842～1912年）英國工程師和物理學家。在劍橋大學接受教育。1868年成爲曼徹斯特大學首位工程學教授。以研究水力學和流體動力學聞名。他確立了平行水道中的阻力定律（1883）、潤滑理論（1886）和用於湍流研究的標準數學框架（1889）。他還研究了江河中的波動工程和潮汐運動，對群速度的概念作出了開創性的貢獻。湍流運動流體中的雷諾應力以及雷諾數都是以他的姓氏命名的。

Reynolds number　雷諾數　流體力學中的一個數，表示一種流體（液體或氣體）的運動是絕對穩定的流動（流線型流動或層流），還是具有小的不穩定起伏的平均穩定流動（湍流；參閱turbulence）。雷諾數簡寫爲N_{Re}或Re，是個無量綱的量（參閱dimensional analysis），定義爲流量的大小－－如管道的直徑（D）乘以平均流速（v），再乘以流體的密度（ρ）－－除以流體的絕對黏度（μ）。1883年雷諾茲證明了當雷諾數超過2,100後，管道中的層流就改變爲湍流。

Rg Veda ➠ Rig Veda

Rh blood-group system　Rh血型系統　按照紅血球中有無Rh抗原（因子）而劃分血液的系統。Rh陰性者接受Rh陽性血液輸血時會產生抗Rh抗體，之後若再輸入Rh陽性血液，則抗體將攻擊這些Rh陽性的紅血球，引起嚴重的症狀，有時甚至死亡。爲Rh陰性的婦女，若曾接受過Rh陽性血液輸血或懷孕，則抗體亦會攻擊爲Rh陽性的胎兒的紅血球（參閱erythroblastosis fetalis）。雖然Rh陰性血型者在世界上罕見，但較常見於某些種族中。亦請參閱blood typing。

rhabdovirus＊　彈狀病毒　一類病毒的統稱，可引起狂犬病和水疱性口炎（牛、馬的一種急性疾病，其特徵爲口內及四周的水疱，似口蹄疫）。子彈形的病毒顆粒包裹在脂膜中，內含核糖核酸。

Rhaetia ➠ Raetia

Rhaetian Alps ＊ 雷蒂亞阿爾卑斯山脈 阿爾卑斯山脈中部的一段，沿義大利－瑞士以及奧地利－瑞士邊界延伸，但主要處於瑞士的東部。義大利邊境上的伯爾尼納峰是最高點，海拔4,049公尺。東部是瑞士國家公園，成立於1914年，面積169平方公里。以崎嶇險峻的阿爾卑斯景色以及野生動物著稱。

Rhagae 拉伊 亦稱Ragae。波斯語作Rey。古代米底亞城市。曾是伊朗的大城市，其舊址爲現代德黑蘭附近的拉伊。這一居住地始建於西元前3千紀。3～7世紀在薩珊王朝的統治下，是瑣羅亞斯德教的中心。641年遭到穆斯林人侵略；在12世紀重要性加強，後因宗教衝突而力量被削弱。1220年被蒙古人毀滅，其居民遭屠戮。它因生產裝飾性藝術絲織品和發達的製陶業而出名。在《一千零一夜》中請願的哈倫·賴世德約在765年出生於此。如今倖存的建築塔樓只有兩座。

Rhazes ➠ Razi, ar-

Rhea ＊ 瑞亞 希臘女神，泰坦之一。烏拉諾斯和該亞的女兒，嫁給她的兄弟克洛諾斯。克洛諾斯吞下了他們所有的孩子，只有宙斯因爲瑞亞把他藏了起來而倖免於難。後來宙斯打敗了克洛諾斯，並恢復了他的兄弟姊妹。

rhea ＊ 鶆䳍 美洲鴕鳥科兩種鴕鳥型、足生3趾的南美洲平胸鳥類。普通鶆䳍體高約120公分，重約20公斤。其羽毛生長茂密，上體爲棕或灰色，其下則爲白色。達爾文鶆䳍體較小，體淡褐色，羽尖爲白色。居於曠野，常與放牧動物結群，逃離捕食者的追趕。以各種的動植物爲食。兩種都已瀕臨絕滅。

Rhee, Syngman 李承晚（西元1875～1965年） 南韓第一任總統。是在美國大學（普林斯頓）取得博士學位的第一個朝鮮人。1910年回到朝鮮，正是日本吞併朝鮮的那一年。因無法掩飾他對日本統治的敵對態度，1912年再次前往美國。在以後的三十年裡一直爲朝鮮的獨立奔走呼籲；1919年當選流亡的臨時政府總統。由於他是美國熟知的唯一朝鮮領袖，第二次世界大戰結束時，他先於競爭對手回到了朝鮮；1948年當選爲大韓民國總統。擔任總統直到1960年，由於遭到對他極權政策（包括宣布反對派進步黨非法）的反對而被迫辭職。流亡到夏威夷，並在那裡去世。

Rheims ➠ Reims

rhesus monkey ＊ 恆河猴 一種廣佈於南亞和亞洲南部森林的沙色獼猴，學名爲Macaca mulatta。體長約47～64公分，不含20～30公分長的尾部，體重約4.5～11公斤。以果實、種子、根、草本植物及昆蟲爲食。在印度的某些地區恆河猴被視爲神聖的。恆河猴易豢養，有高度智力，性情活潑，幼時是很好的寵物，但成年後脾氣也許會變壞。常被用於醫學研究中。人血中的Rh（來自rhesus一詞）因子是因與恆河猴的血發生反應而測定。亦請參閱Rh blood-group system。

恆河猴
Ylla from Rapho/Photo Researchers

rhetoric 修辭學 有效地講話和書寫的技巧。它可能指對古代評論家們所制定的作文原則和規定的研究，也可以指把寫作和講話作爲交流和說服的手段來研究。古典修辭學可能是在西元前5世紀時與敘拉古的民主一起發展起來的。當時，被剝奪了財產的土地所有者們在跟隨他們的民眾面前論說要求討還權力。精明的講演者到演說老師（修辭學教師）那裡去尋求幫助。對語言的運用也是一些哲學家感興趣的題目，如柏拉圖和亞里斯多德，因爲演說的論點會引發出語言、眞理以及道德之間的關係問題。羅馬人認知到組織講話過程的幾個分開的方面，這種劃分隨著時間而日益明顯。文藝復興時期的學者和詩人很關注修辭學的研究。但到了19世紀，修辭學這個詞成了空洞的政治演說，或者是沒有實質內容而精心泡製的一種風格。

rheumatic fever ＊ 風濕熱 由某些形式的鏈球菌引起的全身性疾病，主要見於兒童及青年。症狀爲溫和或急性發熱、關節痛和炎症，出現於鏈球菌感染後數日至數週內，通常爲咽部感染（參閱pharyngitis），體徵爲皮下小結、皮疹、舞蹈病、腹痛、鼻出血和體重減輕。心臟的炎症，伴隨心率加快、心臟雜音和心臟擴大，可致心臟瓣膜瘢痕，壽命明顯縮短。存活者治癒後易再復發。初期感染經診斷使用青黴素治療後可預防風濕熱發作。否則，水楊酸衍生物或類固醇可幫助緩解症狀。

rheumatoid arthritis ＊ 類風濕性關節炎 慢性進行性的自體免疫疾病，造成結締組織炎症，多發生於關節滑膜。可發生於任何年紀，多發於女生，且疾病的後果難以預測。其發病通常緩慢漸進，一個或多個關節出現疼痛和發硬，繼以腫脹和發熱。肌肉痛可持續、加劇或消退。滑膜的炎症和增厚使關節構造留下瘢痕並破壞軟骨。嚴重病例中，黏連帶造成關節移位和畸形，附近的皮膚、骨骼和肌肉萎縮。假如高劑量的阿斯匹靈、伊布普洛芬和其他非類固醇抗發炎藥（NSAIDs）無法緩解疼痛和功能障礙，可使用小劑量類固醇。物理療法和復健使用熱療和增大運動幅度的運動，有助於緩解疼痛和腫脹。骨科器械可糾正或預防明顯的畸形和功能不良。可經由手術以假體取代被破壞的髖、膝或指關節。該病亦有兒童期型。

Rhiannon ＊ 里安農 高盧地區司掌馬匹的女神艾波娜和愛爾蘭女神瓦赫的威爾斯化身。從馬比諾吉昂中知道，她騎著灰白神馬去會見浦伊爾國王，後來嫁給了他。誣告說她殺害了自己的男嬰，她被罰像馬一樣任人騎在背上，直到她兒子回來證明她無罪爲止。

Rhine, Confederation of the ➠ Confederation of the Rhine

Rhine River 萊茵河 德語作Rhein。歐洲西部的河流。發源於瑞士阿爾卑斯山脈，流向北方和西方，經過德國西部，通過荷蘭的三角洲地區而注入北海。全長1,319公里，其中870公里可以通航。許多條運河把它與隆河、馬恩河和多瑙河系統連接起來。1815年以後它成爲一條國際水路（參閱Vienna, Congress of）。在德國歷史上和傳說中，萊茵河都起過顯著的作用。第二次世界大戰中，它的河道是一條重要的防禦陣線。沿岸的主要城市有巴塞爾、曼海姆、科布倫茨、科隆、杜易斯堡和鹿特丹。

Rhineland 萊茵蘭 德語作Rheinland。德國萊茵河以西的地區，面積約23,300平方公里。主要城市是科隆。19世紀時是德國最繁榮的地區。第一次世界大戰後，協約國軍隊占領了與法國接壤的部分地區。1920年代，萊茵蘭地區危機迭起，矛盾重重。1936年希特勒命令軍隊進入不設防的萊茵蘭地帶；協約國微弱的反對聲預示著希特勒後來對蘇台德的兼併。

rhinoceros 犀 犀科5種現存的、棲於非洲和亞洲的3趾有蹄類動物的統稱。爲最大型陸上動物之一（白犀體型僅次於象），犀的特徵爲吻部上表面生有1個或2個角，由角蛋白組成。所有種類皆皮厚，幾乎或完全無毛，在肩和大腿上形成鎧甲狀褶皺。體長2.5～4.3公尺，肩高1.5～2公尺，成年犀重3～5噸。犀多獨棲於開闊的草地、灌木林或沼澤，但蘇門答臘犀現今只見於森林深處。非洲黑犀食肉質植物，白犀和印度巨犀以矮小草類爲食，蘇門答臘犀和爪哇犀則以灌木和竹子爲食。在20世紀後半期，犀因獵人捕殺而瀕臨滅絕邊緣，多數是爲了其吻上的角，在亞洲被視爲珍貴的催欲劑。如今只有數千頭犀存活，幾乎都位於保護區內。

非洲黑犀
Camera Press – Pictorial Parade

rhinovirus＊ 鼻病毒 一群能引起人類普通感冒的小核糖核酸病毒的統稱。鼻病毒被猜測是以空氣中的微粒爲介體傳播到上呼吸道。由於感冒病毒數量衆多，幾乎不可能發展用以對抗的疫苗。亦請參閱adenovirus。

rhizome 根莖 水平生於地下的植物莖，能向上長出幼芽和向下長出新植株的根系，使其可行無性繁殖，並能使植物在地下生存度過一年不利生長的季節。有些植物（例如睡蓮、許多蕨類和森林草本植物）只有根莖，因此，通常只能見到它們的葉和花。

Rhode Island 羅德島 正式名稱羅德島暨普洛維頓斯種植園州（Rhode Island and Providence Plantations）。美國東北部一州。新英格蘭地區之一，爲美國最小的一州，面積3,139平方公里。首府爲普洛維頓斯。以大西洋爲邊界。原始居民爲納拉甘西特族印第安人。1636年被逐出麻薩諸塞的威廉斯和其追隨者首次在此建立歐洲人居住點。1663年國王查理二世頒給威廉斯特許證。雖然該地從未正式加入新英格蘭殖民地，許多居住地仍在菲利普王戰爭中遭到嚴重焚燬，損失慘重。爲聯邦的原始成員之一，1790年批准聯邦憲法，爲正式加入聯邦的第十三州。1790年斯萊特在波塔基特建立的棉花紡織坊，是美國工業革命的開始。其原本特許狀在1842年多爾反叛（參閱Dorr, Thomas Wilson）前有效，並造成選舉權的擴大。其經濟主要倚靠製造業，產品包括珠寶和銀器、紡織品和衣服、電子機械和電器製品。人口約1,048,319（2000）。

Rhode Island, University of 羅德島大學 羅德島的公立大學，位於金斯頓市，另有分校位於納拉甘塞特灣、普維敦斯，以及西格林威治一所密布森林、面積廣達2,400畝的西艾頓瓊斯分校。羅德島大學是聯邦土地補助、海洋補助型大學，1888年獲得特許建校，1951年改制爲大學。該校提供多種碩士及博士學位課程，並設有海洋學研究學院。現有學生人數約16,000人。

Rhode Island School of Design (RISD) 羅德島設計學院 美國最有名的美術學院之一，位於羅德島的普洛維頓斯。成立於1877年，但直到1932年才提供大學本科教育。它將專業的藝術訓練與範圍很寬的文學藝術課程結合在一起。提供美術、設計以及其他領域的學士和碩士學位。該校的美術館收藏了大量美國的繪畫和裝飾藝術品。學生人數約2,000。

Rhodes 羅得島 希臘語作Ródhos。希臘島嶼。是多德卡尼斯群島中最大的島，也是愛琴海中最東邊的島。主要城市羅德位於島的北部尖端。已知最早的居民是約西元前1000年的多里安人。在古希臘時期，羅得島在雅典人、斯巴達人和波斯人的手裡來回變換。約西元前225年的一場災難性的大地震破壞了位於那裡的羅得島巨像。中世紀時被拜占庭人、薩拉森人以及聖約翰騎士團（參閱Knights of Malta）占領。騎士團將羅得島建成要塞，占據了兩個世紀，直到1523年被土耳其控制。1912年義大利從土耳其手中奪取了羅得島。1947年根據條約將它歸屬希臘。該島全年適宜旅遊，羅得島就是依靠旅遊業而繁榮昌盛起來。人口約45,000（1995）。

Rhodes, Alexandre de 羅德（西元1591～1660年） 法國教士，是第一位到越南的法國人。1619年到印度支那傳教，他後來估計他使得約6,700的越南人皈依了天主教。1630年被驅逐出境，返回前在澳門教授哲學十年，1646年又被驅逐。1658年在羅德的思想的基礎上梵蒂岡發起了一個越南傳教計畫，但他自己被派往波斯，並死在那兒。他編撰了一本越南－拉丁－葡萄牙語辭典，改進越南文拉丁化文字的作品「越南拼音文字」（Quoc-ngu，越南意爲「國語」，由早期傳教士發展而來），這方便了基督教義對越南人的傳輸，並在人群中提高了文化程度。

Rhodes, Cecil (John) 羅德茲（西元1853～1902年） 英國南非金融家、政治人物和帝國創業人。羅德茲在英國鄉下長大，1871年送往南非幫助他兄弟做生意，在那裡對鑽石藏礦產生了興趣。他組成了德比爾斯聯合礦業公司（1888），直至1891年，他的公司擁有世界鑽石生產的90%。他試圖向北方擴展，夢想修建一條從卡普到開羅的鐵路，便說服英國在貝專納建立了保護國（1884），和布林總統克魯格發生衝突。他從羅本古拉那兒獲得採礦特許權（1889），但後來在軍事上打敗了他（1893）。在他的煽動下，英國特許成立英國南非公司（1889），羅德茲任主管。他將公司的控制權延伸到兩個北方的省份，最終它們以他的名字命名，稱爲南羅德西亞（現在的津巴布韋）和北羅得西亞（現在的贊比亞）。他對礦藏富饒的德蘭士瓦省的興趣使他陰謀策劃推翻克魯格（1895），但這個想法被詹姆森破滅了，羅德茲被迫引退，只擔任卡普殖民地的總理和英國南非公司的領袖。他生命最後幾年盡是因拉濟維烏公主的謀略而引起的失望和醜聞。他的遺囑將他的大部分財產用來建立羅德茲獎學金。

Rhodes, Colossus of 羅得島巨像 位於希臘羅得島的太陽神赫利俄斯巨青銅像，高逾100公尺，聳立在港口。是由林都斯的查理所作，用以紀念羅得島解除了德米特里的長期圍困（西元前305～西元前304年）。爲世界七大奇觀之一，曾在西元前225年左右的一次地震中倒塌。直至西元653年，倒塌的巨像仍留在原地，就在那時襲擊者阿拉伯人分解了它的殘餘部分，將青銅小片賣掉。

羅得島巨像，建於西元前292～西元前280年左右；木雕複製品，巴克利（Sidney Barclay）製於1875年左右
Historical Pictures Service, Chicago

Rhodes scholarship 羅德茲獎學金 在牛津大學設置的獎金。這項獎學金根據羅德茲的遺願而於1902年設立。1976年以前，候選者應是未婚

男子，並系在大英國協或美國、南非共和國或美國的公民。從1976年開始，女子也被接受。每年從德國也選出兩個候選人。該獎學金爲期兩年，具有高度競爭力。

Rhodesia　羅得西亞　中非南部的地區，現在劃分爲南邊的津巴布韋和北邊的贊比亞。以英國殖民行政官塞西爾·羅德茲的名字命名，19世紀由英國南非公司統治，並開採了大部分金礦、銅礦和煤礦。1911年分爲南羅德西亞和北羅得西亞；南羅德西亞成爲自治的英國殖民地（1923），北羅得西亞成爲英國的保護國（1924）。1953～1963年它們聯合尼亞薩蘭成爲羅得西亞和尼亞薩蘭聯邦。亦請參閱Malawi。

Rhodesia ➠ Zimbabwe

Rhodesian ridgeback　羅得西亞獵犬　亦稱非洲獵獅狗（African lion dog）。一種南部非洲獵犬，特徵爲沿背部有一窄束毛，向前生長，其走向與其他被毛相反。該獵犬是從當地一種半野生的獵犬和歐洲狗交叉育種而來。體壯，活潑，耐勞。被毛短而整齊光滑，耳懸垂，體褐色。體高61～69公分，體重30～34公斤。可用於守衛、狩獵（尤其是獵獅）和極佳的伴侶狗。

羅得西亞獵犬
Walter Chandoha

Rhodian Sea Law＊　羅德島海洋法　拜占庭帝國的貿易航海管理條例。羅德島海洋法建立在查士丁尼法典和古代羅得的海洋法律基礎上，主要解決損失的貨物問題。它規定損失的代價在船主、貨主和乘客中共同分擔，這樣成爲對抗風暴和海盜的保險措施。它在7～12世紀期間發揮了作用。

rhodochrosite＊　菱錳礦　由碳酸錳（$MnCO_3$）組成的碳酸鹽礦物，是鋼鐵生產中鐵錳合金的錳的來源。常見於中溫下形成的礦脈、高溫變質礦床以及沈積礦床中。

rhododendron＊　杜鵑花　杜鵑花科杜鵑花屬約800種木本植物的統稱，種類極富變化，花葉均美觀。主要原產於北溫帶，特別是南亞和馬來西亞。杜鵑花的習性由常綠到落葉，由低矮的地表覆蓋植物到高大的喬木不等。花通常筒狀至漏斗狀，顏色變異頗大，有白、黃、粉紅、緋紅、紫及藍等色。亦請參閱azalea。

rhodonite＊　薔薇輝石　產於各種錳礦石中，常與菱錳礦共生的矽酸鹽礦物。它是一種含錳的矽酸鹽（$MnSiO_3$），含少量鐵和鈣，產於烏拉爾山脈、瑞典、澳大利亞、加州、新澤西州和其他地方。薔薇輝石是一些重要的氧化錳礦床的原生來源，比如印度的錳礦。透明粉紅色的細粒薔薇輝石是一種令人喜愛的寶石或裝飾石料。

從瑞典出土的薔薇輝石
By courtesy of the Field Museum of Natural History, Chicago; photograph, John H. Gerard

Rhodope Mountains＊　洛多皮山脈　歐洲東南方巴爾幹半島的山脈。該山脈向東南沿著保加利亞和馬其頓間、希臘的邊界伸展，被馬里查河的支流抽幹了。它形成了重要的氣候屏障，保護沿愛琴海的低地不受冷風侵襲。山脈在土耳其統治期間（15～19世紀）是斯拉夫民族的避難地，也是古代習俗的保存地。湖流、河谷縱橫，森林密布，爲旅遊勝地。

rhodopsin＊　視紫紅質　亦稱視紫質（visual purple）。眼內視網膜對光線敏感的杆狀細胞中含有的一種組織化合物，幫助使眼睛適應微弱光線。由連在視網膜上的一種蛋白質即視蛋白（opsin）組成，這種蛋白質是由維生素A形成的帶色物質。強光下視紫紅質分解爲視網膜和視蛋白，都是無色的；弱光下或黑暗中這個變化就逆行，又形成視紫紅質。

Rhone River　隆河　瑞士和法國的河流。歷史上爲南方交通孔道，是歐洲大陸上唯一直接注入地中海的大河，長813公里，適於航行的部分約485公里。具有阿爾卑斯山特點，水道由附近的山脈形成。源自瑞士阿爾卑斯山，注入日內瓦湖，然後穿過侏羅山脈進入法國。繼續向南流經里昂、阿維尼翁和塔拉斯孔，到達阿爾勒，進入馬賽的地中海西部地區。

rhubarb　大黃　蓼科大黃屬幾種植物，尤指食用大黃，一種耐寒的多年生植物，其葉柄巨大、多汁、可食。大黃最適應生長於寒溫帶地區。其肉質、辛辣和極酸的葉柄用在餡、水果羹和蜜餞中，也用制甜酒和開胃酒。根耐寒力強。早春期間伸展的巨葉對牲畜和人有毒；晚春大的中心花莖可以長滿無數小的、綠白色的花和有角的翅果。大黃根一直認爲有著導瀉和通便的效果。

食用大黃（Rheum rhaponticum）
Derek Fell

rhyme　韻　指最後音節發音相似的兩個或更多的詞，由於位置靠近而產生的相應和的現象。韻用在詩中（偶爾是散文）來發出聲音打動讀者耳朵，以及統一和確定一首詩詩節的形式。尾韻（出現在一行詩的結尾）常用來做修飾。「眞正的韻」的種類包括陽韻，即兩個詞的詞尾具有相同的母音－子音的組合結構（stand/land）；陰韻（或雙韻），即兩個音節相押的韻（profession/discretion）；和三音節的韻，即三個音節相押的韻（patinate/latinate）。

rhyolite＊　流紋岩　和花崗岩化學組成相似的、爲花崗岩的火山對應物的火成岩。世界各地和各個地質年代都有流紋岩發現；大都發現在大陸上或緊靠大陸的邊緣上，但在遙遠島嶼上也有少量出現。

Rhys, Jean＊　里斯（西元1890～1979年）　原名Ella Gwendolen Rees Williams。英國小說家，多明尼加人。十六歲時離開西印度群島去倫敦學習表演。後來搬去巴黎，在那兒受福特鼓勵開始寫作。在1920年代和1930年代她以歐洲吉普賽人世界爲背景的短篇故事和小說獲得稱讚，包括《早安，午夜》（1939）。在康沃爾定居後，將近三十年未發表任何東西，後來寫出《遼闊的藻海》（1966），這是關於布朗蒂家族的《簡愛》中的羅契斯特的第一任西印度人妻子的回憶性小說；還出版了兩部故事集。

rhythm and blues (R&B)　節奏藍調　在美國由黑人藝人發明將多種相近的音樂形式擇一組合發展而成的音樂風格。多變的風格乃基於一種混合了受到歐洲爵士樂節奏與特別是無底洞似的藍調和弦所影響的結果。從南方鄉村地區的藍調脫胎換骨，混合了勞動時抒發深邃情感的隨口吟唱，並受福音音樂極大影響。可區分爲三種主要形式。最早期被稱爲種族音樂，是一種跳躍團體的風格，強調熱烈的節拍，獨秀（特別是薩克斯風獨奏），以及咆哮吶喊式的藍調唱腔。

第二種形式通常稱為「芝加哥藍調」，由一些表演者如沃特斯示範，典型的表演方式是由一個小團體利用豐富的樂器表演。第三種主要形式以唱腔表現為主，通常在小型管弦樂隊伴奏下表達出與福音音樂密切相關的和諧感。1950年代中期節奏藍調這個名詞被希望吸引黑人聽眾的音樂產業採用；加上種族藩籬漸漸消失，芝加哥藍調開始被視為民俗傳統而非種族音樂，同時福音音樂也轉型為廣受讚賞的靈魂樂。節奏藍調可說是搖滾樂的始祖。

rhythm and meter　節奏與節拍　西方音樂裡構成拍子組織的兩種成分。節奏由短音符和長音符組成，測量的方式是由這個音符的開始到下一個音符的開始，通常呈現不規則。節拍，像詩的格律，通常有漸增及漸減的固定形式，提供脈絡使節奏得已被理解。在樂譜上，拍子以拍號標示－－下面的數字表示拍子的基本單位或速度的基本單位（例如，8通常代表8分音符為一拍），上面的數字代表拍子的速度－－也就是段落一開始的速度，然後以小節線區分出不同段落的拍子。

rhythmic sportive gymnastics　韻律體操　和體操以及舞蹈有關的運動比賽，參賽者不論團體或個人，都藉助於繩、環、球、棒、帶等輕器械作有系統的韻律表演。在得分點上，藝術的性質比特技更有價值。該項運動源於18世紀。雖然一些體操運動員從1948年到1956年就參加了奧運會，但直到1984年才成為正式的奧運會比賽項目。

Ribalta, Francisco＊　里瓦爾塔（西元1565～1628年）　西班牙畫家。其早期作品是矯飾主義。1598年移居瓦倫西亞，受到卡拉瓦喬的影響，形成更暗淡、更自然的風格（比如他的《聖地牙哥》組塑，1603）。1612年後他的類似《基督擁抱聖伯納》的作品有獨創性，氣勢非凡。他的晚期作品以造型有力、構圖簡明和光線逼真著稱，是委拉斯開茲、蘇巴朗和里貝拉作品的先聲。

Ribaut, Jean＊　里保（西元1520?～1565年）　法國殖民者。在科利尼下的法國海軍服役，1562年被派往佛羅里達建立一個法國的胡格諾派的殖民地。他在聖約翰河口（佛羅里達）登陸，向北航行，建立查理堡（現在位於南加州）。他回到法國，後被派回佛羅里達（1565）支援在聖約翰河邊的殖民地加羅林堡。西班牙宣布占有該地區，派梅嫩德斯進攻並毀滅了該殖民地，他還對法國包括里保進行了大屠殺。

Ribbentrop, Joachim von＊　里賓特洛甫（西元1893～1946年）　德國外交官，納粹時期的外交部長。在一戰中服役後，成為酒推銷員。1932年遇到希特勒，成為他的主要外交事務顧問。他曾參加「英德海軍協定」的談判，任駐英大使（1936～1938），向希特勒建議英國不能有力地幫助波蘭。作為外交部長（1938～1945），他與義大利簽訂「鋼鐵條約」、「德蘇互不侵犯條約」，與日本和義大利還簽訂了三國軸心協定。他的影響在第二次世界大戰中衰退，後來紐倫堡大審上被判有罪，處以絞刑。

Ribble River　里布爾河　流經英格蘭西北的河流。有120公里長。發源於北約克郡，向南向西流經蘭開郡，經過普雷斯頓延伸出的河口注入愛爾蘭海。達愛爾蘭海岸的水道被拉直，成為到普雷斯頓的船隻航線。

Ribera, José de＊　里貝拉（西元1591～1652年）　亦作Jusepe de Ribera。西班牙畫家和版畫家。出生於西班牙，據說在那裡受訓於里瓦爾塔，但一生大半在那不勒斯（然後是西班牙領地）度過。他的大部分作品是關於宗教題材的，像在《聖巴塞洛繆的殉難》（1630?）中，生動的光線、陰影和某些可怕的細節強調了悔罪者或殉難的聖徒的精神和肉體苦楚。晚期作品中他的造型稍微柔和，色彩更加豐富，展現了強烈的人類同情心，如《畸形足男孩》（1642）。他的銅版畫屬於義大利和西班牙在巴洛克時代最精美的作品。

riboflavin＊　核黃素　亦稱維生素B_2（vitamin B_2）。存在於乳清和蛋清中的黃色含氮醇，是動物必須的營養素。它可由綠色植物及許多細菌、眞菌合成。乳清及蛋清中有黃綠色螢光就是因核黃素的存在。1933年核黃素被確認為維生素，1935年被首次合成。已知此種維生素參與糖和氨基酸代謝過程中的氧化反應。同維生素B_1一樣，它以複合物的形式（如核黃素單核甙酸〔FMN〕、核黃素腺嘌呤二核甙酸〔FAD〕等）發揮作用。維生素B_2廣泛分布於植物和動物體內，但它們的含量差異很大。乳、蛋、腎、肝等是良好的食物來源。成人每天需要這種維生素1.2～1.7毫克。亦請參閱flavin。

ribose＊　核糖　核糖核酸中的五碳糖。（去氧核糖核酸中相應的糖類和去氧核糖密切相關）核糖分子和腺嘌呤、鳥嘌呤、胞嘧啶或尿嘧啶形成核苷；再加上磷酸鹽和磷酸酯便成為核苷。一個核苷的核糖和下一個磷酸鹽相連，形成核糖核酸的支柱。核糖磷酸基是各種輔酶的成分，微生物靠它來合成組氨酸。

ribosome＊　核糖體　一切活細胞中都有大量存在的小顆粒，是蛋白質合成的部位。這些小顆粒或游離存於細胞內，或附著於內質網的膜上。它們由40%的蛋白質和60%的核糖核酸組成。一個細胞的核糖核酸總量有一大部分是核糖體。新形成的蛋白質則脫離核糖體，轉移到細胞的其他部分以供利用。

Ricardo, David　李嘉圖（西元1772～1823年）　英國經濟學家。一個荷蘭猶太人的兒子，隨著父親進入了倫敦證券交易所並致富，後來開始學習政治經濟學，在這個領域受到亞當斯密的作品的影響。他確立金屬貨幣標準的文章頗有影響。在他的代表作《政治經濟學及賦稅原理》（1817）中，他研究了工資的變化和價值的決定因素，斷言商品的國內價值大部分是生產它們所需的勞動決定的。他的工資鐵定規律表明提高勞動者的眞正收入是無用的，工資總穩定在生存水平上。雖然他的許多思想已經陳舊了，但他是古典經濟學的發展中的重要人物，被視為使經濟學系統化的第一人。

Ricci, Matteo＊　利瑪竇（西元1552～1610年）　將基督教傳入中國的天主教耶穌會士。出生於貴族家庭，受到耶穌會士的教育，在羅馬學了法律後也加入了這個行列。他志願去海外傳教，1578年到達果阿，1582年來到中國。他到達時中國內部是對外國人封閉的，但他願意吸收中國語言和文化給了他機會。1597年他被任命為耶穌會士在中國的活動的總管。1599年他定居於南京，並學習了天文和地理。1601年他最終被允許來到北京，並在那兒傳授福音、對學者講解科學，還將基督教著作翻譯成中文。

Riccio, David＊　里奇奧（西元1533?～1566年）　原名Davide Rizzio。義大利音樂家，蘇格蘭女王瑪麗的親信。他隨著薩伏伊大使的公爵來到英格蘭，為瑪麗效勞當樂師（1561）。他成為她親近的顧問，幫助安排了她嫁給達恩里勳爵（1565）。他由於傲慢不被喜歡，被蘇格蘭貴族視為除掉瑪麗的計畫的阻礙。在瑪麗的宮殿就餐的時候，他被武裝的貴族一夥人抓住，包括魯思文家族，然後被刺死。

rice　水稻　禾本科一年生禾草類植物和其生出的可食用、澱粉質的穀物。世界上近一半人口，幾乎整個東亞和東南亞的人口都以稻米為主食。4,000多年前首次栽種於印度，後

O P Q R

逐漸向西傳播，如今廣泛栽植於水田和熱帶、亞熱帶和溫帶區的三角洲河谷。高約1.2公尺，葉長而扁，圓錐花序由許多小穗組成，所結子實即稻穀。只去掉外殼的稻米叫糙米，含約8%的蛋白質和鐵、鈣及B族維生素。碾去外殼和米糠者叫白米，其營養價值大大降低。強化白米則加入了B族維生素和礦物質。所謂的菰是禾本科中一種莖葉粗大的一年生禾草，其穀物長久以來即為北美印第安人的重要食物，現常視為美味。

栽培稻（Oryza sativa）
Grant Heilman

Rice, Jerry (Lee)　萊斯（西元1962年～）　美國美式足球明星。生於密西西比州的斯塔克維，在密西西比山谷州立大學時代就是全美明星球員。1985年加入舊金山四九人隊，保有好幾項全記錄，包括接球（1,139+）、總碼數（17,612+）及達陣次數（164+），還有一連串的單季和超級盃記錄。他是公認的史上最偉大的外接員之一。

Rice University　萊斯大學　位於德州休士頓的私立大學。1891年由萊斯捐款創辦。現設有人文、社會科學、建築、音樂、自然科學、工程等學院，以及管理學研究學院。該校提供多個領域的大學部及研究所課程，現有學生人數約4,500人。

Rich, Adrienne (Cecile)　里奇（西元1929年～）　美國詩人、學者及評論者。生於巴爾的摩，就讀於賴德克利夫學院期間所寫的詩曾入選並發表於耶魯年輕詩人選集；最後並集結成冊名為《世界的改變》（1951），這本書奠定她在詩壇的地位。接著她便努力從一個受過良好訓練但仿傚舊時詩作的工匠詩人，朝更具個性及力量的詩人轉型。她逐漸往婦女運動及女同性戀／女性主義美學靠近，形成她作品中的政治意識。作品集包括《潛入沈船》（1973，獲美國國家圖書獎）以及《語意的夢境》（1978）。她的非文學類作品《生自女人》（1976，獲美國國家圖書獎）受到廣泛的閱讀。

Rich, Buddy　里奇（西元1917～1987年）　原名Bernard Rich。美國樂團領隊，生於紐約市，爵士樂界最有活力及最令人目眩神迷的鼓手。是歌舞雜耍表演的天才兒童。在他自組自己的大樂團之前，曾參與許多爵士搖擺樂團演出，其中以蕭（Artie Shaw, 1939）和多爾西（1939～1942、1944～1946）最為人熟知。1950年代他與許多知名爵士樂界偉大樂手合作演出並參與錄音。他擊鼓的清晰度及速度使他成為傳奇。

Richard, (Joseph Henri) Maurice　理察（西元1921～2000年）　加拿大冰球選手。生於蒙特婁，在蒙特婁加拿大人隊打右翼（1942～1960。是NHL第一位在單一球季（1943～1944）得了50分（50場）的選手。綽號「火箭」（Rocket）得自於他著名的速度和侵略性的打法，他同時也以致勝一擊的功力著稱。

Richard I　理查一世（西元1157～1199年）　別名獅心王理查（Richard the Lionheart）。法語作Richard Coeur de Lion。亞奎丹公爵（1168～1199）和普瓦捷公爵（1172～1199），英格蘭國王、諾曼第公爵和安茹伯爵（1189～1199）。從其母親，亞奎丹的埃莉諾，繼承亞奎丹。那兒真正的權威受到否定後，他起義反抗她的父親亨利二世（1173～1174），後來獲得法國腓力二世的支援，在對抗亨利的戰役中勝利（1189）。該年亨利去世，他便被奉為英格蘭國王，並策劃第三次十字軍東征（1190），在西西里停留，任命坦克雷德為王，征服塞浦路斯。他在聖地取得勝利，但未能取得耶路撒冷，和薩拉丁簽訂了休戰協定（1192）。回家的路上他被奧地利的利奧波德捕獲，交到德國的亨利六世手上，並被囚禁直到支付了贖金（1194）。理查回到英國，從他的兄弟約翰手中再度獲得王位，將其餘生在諾曼第對抗腓力二世中度過。

Richard II　理查二世（西元1367～1400年）　英格蘭國王（1377～1399）。愛德華三世之孫。少年時代繼承王位，朝政由他叔父岡特的約翰和其他貴族把持。黑死病帶來了經濟問題，導致農民起義（1381），理查用虛假的諾言鎮壓了起義。他在貴族中的敵人對他的皇權進行了限制（1386～1389），但他後來對他們進行了報復。他驅逐了岡特的約翰的兒子亨利，並沒收了他的龐大的蘭卡斯特王室的財產。在理查未在愛爾蘭的期間，亨利入侵了英格蘭（1399），攫取了權利，為亨利四世。理查放棄了王位，並死於監獄。

Richard III　理查三世（西元1452～1485年）　約克家族的最後一個英格蘭國王。他的兄弟約克的愛德華罷黜了軟弱的蘭卡斯特王室國王亨利六世，攫取了權力，為愛德華四世，然後在1461年他被封為格洛斯特的公爵。1470年理查和愛德華被放逐，但是回來後在1471年擊敗了蘭卡斯特人。愛德華死後（1483），理查成為愛德華兒子、十二歲的國王愛德華五世的監護人，但他篡奪了王位，將愛德華和他的弟弟監禁在倫敦塔，並在那兒被謀殺。亨利．都鐸（後來的亨利七世）起兵反抗理查，理查在博斯沃思原野戰役中被打敗並被殺。後來理查的都鐸歷史畫像都為怪物，這也許是誇大的事實。

Richards, I(vor) A(rmstrong)　理查茲（西元1893～1979年）　英國評論家和詩人。在劍橋作講師的時期，他寫出了有影響力的作品，包括《文學批評原理》（1924），裡面他介紹了讀詩的新方式，這便是新批評派。作為心理學學生，他推斷詩通過將各種人類衝動調整為審美整體，從而具有治療的功能。在1930年代，他花費大部份時間研究基礎英語，這是一種有850個基本詞彙的語言體系，他相信能促進國家間的瞭解。從1944年起在哈佛大學任教。

Richards, (Isaac) Vivian (Alexander)　理查茲（西元1952年～）　西印度職業板球選手，公認是板球史上最偉大的打擊者之一。生於一個運動家庭，於1974年西印度隊與印度隊的第一次對仗時首度出賽，不過直到在同年第二次與印度隊的比賽中打出192分才一鳴驚人。1976年得到破記錄的1,710分。他在1985年以56次投球失100分創下職業板球比賽的記錄。在西印度隊兩次的世界盃勝利中，理查茲都扮演關鍵性的角色。在擔任該隊隊長的50場比賽中他們贏了27場，並且保持一項記錄：擔任隊長期間從未連續輸掉一個系列的比賽。1977年獲選威士登年度板球手，也是威士登在2000年精選的世紀五大板球手之一。在即將退休的1991年，以球員的身分當西印度隊的教練，1999年被安地瓜政府封為爵士。

Richardson, Dorothy M(iller)　理查生（西元1873～1957年）　英國小說家。她十七歲起當過教師、抄寫員並在報界工作過。其大半生致力於系列小說《人生歷程》，全書有十三卷，開頭是《尖角屋頂》（1915）。最後一卷《三月的月光》在她死後十年出版。該書是關於一名女性的不斷展開的意識的自傳體性質的感性敘述，是意識流小說的先驅作品。雖然該書在她生前的同齡人中受到接納，並廣泛討論，但很少人閱讀。

Richardson, Henry Handel　理查生（西元1870～1946年）　原名Ethel Florence Lindesay Richardson。英國小說家，澳大利亞人。1888年她離開了澳大利亞，去德國學習音樂，和她丈夫羅伯遜在1904年定居於英國，在國外度過餘生。她的第一部反羅曼主義小說《莫里斯·蓋斯特》（1908）描寫一個音樂學生的悲慘的愛情命運。她的代表作《理查的命運》（3卷，1917～1929）描寫一個澳大利亞移民在金礦場中的生活和工作，以及頑強的學習精神，被認爲是當時澳大利亞現代小說的頂峰。

Richardson, Henry Hobson　理查生（西元1838～1886年）　美國建築師。先後在哈佛大學和巴黎美術學院學習。他設計的波士頓布萊特廣場（1870～1872）和三一教堂（1872～1877）使他獲得國家聲譽。他設計住宅、圖書館、郊區鐵路車站、學校校舍及商業和民用建築。與他的同代人運用比例狹長的哥德式風格不同，他喜用水平線條、簡潔的橫向輪廓和大尺度的羅馬式和受拜占庭風格啓示的細部。位於美國麻薩諸塞州昆西的奎因紀念圖書館（1880～1882），有著花崗岩的基座、高側天窗、平鋪的人字形屋頂和似巨穴的出入拱門，是他成熟期的最好作品。他的羅馬式風格有著他的模仿者很少有的完整性，他的設計體現的機能主義是沙利文作品風格的先兆。

Richardson, John　理查生（西元1796～1852年）　加拿大作家。他在1812年戰爭英國軍隊中的經歷和後來在國外的經歷，給他的一些作品提供了素材。他是第一個用英語寫作的加拿大小說家，因其第三部小說也是唯一不朽的作品《瓦庫斯塔》（1832）獲得稱讚，這是一本關於龐蒂亞克領導的印第安人起義的哥德小說。他的散文包括《成年的理查生的個人回憶》（1838）和《1812年戰爭》（1842）。

Richardson, Ralph (David)　理查生（西元1902～1983年）　受封爲拉爾夫爵士（Sir Ralph）。英國演員。自十八歲開始演戲，在1930～1940年代聲望突出，在老維克劇團中出演了如皮爾·剛特、彼得魯基奧、福斯塔夫和沃爾波內這樣的角色，獲得他那個時代最偉大的演員之一的名聲。他在1933年開始拍片，以扮演文雅、機智的角色聞名，後來還扮演行爲古怪的老人。他有許多的影片，包括《逃亡者》（1939）、《坍塌的偶像》（1948）、《女繼承人》（1949）、《進入夜晚的長途旅行》（1962）、《齊瓦哥醫生》（1965）、《大衛·科波菲爾德》（1970）和《泰山傳奇》（1984）。

Richardson, Samuel　理查生（西元1689～1761年）　英國小說家。十歲時和他的家庭搬去倫敦，開始跟著一個印刷工作學徒，1721年建立起自己的商行。他很快變得十分富裕。1730年代他開始編輯寫作小冊子，後來突發靈感，使用同一主題的一系列信件寫作一部書。他的代表小說是書信體小說《帕美勒》（1740），關於一個逃避誘惑而獲得婚姻獎賞的僕人；他的巨作《克拉麗莎》（7卷，1747～1748）是有多個講述者的悲劇，展示了深度暗示性的對立意見的相互影響。《葛蘭底森爵士的一生》（1753～1754）將倫理討論和喜劇結尾相結合，影響了後來的作家，尤其是珍·奧斯汀。

Richardson, Tony　理查生（西元1928～1991年）　原名塞西爾·安東尼奧·理查生（Cecil Antonio Richardson）。英國導演。皇家宮廷劇院演出他導演的奧斯本的《憤怒的回顧》（1956）使他獲得稱讚，劇院也重新詮釋古典戲劇，還演出了尤涅斯科和貝克特的作品。他在百老匯上演了《藝人》（1958）和《嘗一口蜂蜜》。他和奧斯本成立了一家電影公司（1958），攝製奧斯本戲劇的電影版本和《長跑選手的寂寞》（1962）、《湯姆·瓊斯》（1963，獲奧斯卡獎）。他的後期影片有《英烈傳》（1968）、《內德·凱利》（1970）和《藍天》（1993）。他娶了凡妮莎蕾格烈夫；他們的女兒米蘭達和約麗都是電影演員。他死於愛滋病。

Richelieu, cardinal et duc (Duke) de＊　黎塞留（西元1585～1642年）　原名Armand-Jean du Plessis。法國政治家和路易十三世的主要大臣。出生於一個二流貴族家庭，1607年任命爲牧師，成爲呂松的主教。他是法國推行特倫托會議頒布的改革的第一個主教，給被宗教戰爭毀滅的主教教區帶來了秩序。1614年他被選爲三級會議教師的代表，作爲調和力量而聞名。1616年成爲瑪麗·德·麥迪奇的顧問，後來成爲她兒子路易十三世的議員。1622年被提名爲紅衣主教，從1624年起任職首席大臣，在法國政策中具有控制性影響力。他抑制胡格諾派教徒的政治權力，減小貴族的影響，在法國建立起皇權專制主義。在對外政策上，他試圖削弱歐洲的哈普斯堡皇室的控制，加入到三十年戰爭中去。他狡猾而有才氣，加強了波旁王室的權力，在法國建立起有秩序的政府。他還建立了法蘭西學院並重建索邦學院。

黎塞留，肖像畫，尚帕涅（Philippe de Champaigne）繪；現藏巴黎羅浮宮
Giraudon－Art Resource

Richelieu River＊　黎塞留河　加拿大魁北克省南部河流。長338公里，從山普倫湖向北至索雷爾流入聖羅倫斯河。1609年山普倫對它進行了探索，法國和英國殖民者在此交戰，後來也有經商的樵夫和漁夫加以利用。有一條水閘使吃水淺的船隻能夠通過聖羅倫斯河、黎塞留河、山普倫湖和哈得遜河，往來於蒙特婁和紐約之間。

Richler, Mordecai　里奇勒（西元1931～2001年）　加拿大小說家。成長於猶太工人階級的鄰里，這也是他的小說的背景。1951～1952年住在巴黎，在那裡受到存在主義的影響；他後來住在英國。《杜德·克拉維茨的學徒生涯》（1959）寫一個蒙特婁猶太少年以及他如何變成冷酷無情的商人，有淫穢描寫。《狂妄》（1968）和《聖於爾班的騎士》（1971）檢視了英國的北美人。他的晚期小說有《約書亞的過去和現在》（1980）和《所羅門·格爾斯基曾在那裡》（1989）。他還寫作幽默短文、劇本和刻畫了雅各布人物形象的兒童書籍。

Richmond　里奇蒙　美國維吉尼亞州首府城市。位於該州中部的東部，詹姆斯河邊。1637年建爲貿易戰點，1742年設鎮，1779年成爲該州首府，並在美國革命中起到重要作用。美國南北戰爭期間爲美利堅邦聯的首府。1865年格蘭特將軍占領此地，大部分商業地區被焚毀。現爲重要的煙草市場和商業、行政中心；其大學有里奇蒙大學（成立於1830年）和維吉尼亞州立大學（1838）。人口約198,000（1996）。

Richter, Conrad (Michael)＊　芮奇特（西元1890～1968年）　美國短篇故事作家及小說家。1928年搬到新墨西哥州以前是個編者及報導者，並創立青少年雜誌。後來開始著迷於美國歷史並花費數年研究前線生活。他最有名的著作包括《草的海洋》（1936），這是一本關於美國西南方的史詩型著作，以及描寫前線生活的三部曲：《樹》（1940）、《戰場》（1946）和《城市8》（1950，獲普立茲獎）。《克洛諾斯之泉》（1960，獲美國國家圖書獎）則是他半自傳小說。

Richter, Curt Paul＊　里希特（西元1894～1988年）　美國生物學家。約翰·霍普金斯大學博士。在1927年的論文提出生物時鐘的想法用於動物內在週期（參閱biological rhythm）。他推論古人發現火改變其習性，造成腦部結構改變，增加其學習與溝通的能力。並協助發現控制睡眠、壓力與疾病侵襲的行為與生物化學之間的關聯。

Richter, Sviatoslav (Teofilovich)　李希特（西元1915～1997年）　蘇聯鋼琴家。十五歲任敖得薩歌劇院伴奏，十八歲就開始指揮。1949年，從莫斯科音樂學院畢業兩年後，他的天賦使他獲得史達林獎。他遊覽歐洲、遠東和美國，在他的個人表演中表現出高超的技巧和熾熱的感情，成為傳奇人物。他還被視作優秀的伴奏者和室內演員，和羅斯托波維奇、奧伊斯特拉赫錄製了著名的三重唱唱片。

Richter scale＊　芮氏規模　廣泛用於地震規模的單位，1935年由美國地震學家古騰堡（1889～1960）與芮克特（1900～1985）提出。芮氏規模是對數尺度，因此每增加一個單位，代表規模（震波的振幅）增加10倍。規模接著轉變成釋放的能量。比起最初選定規模為零還要微小的地震，則給予負數。雖然這個規模沒有理論上限，最劇烈的地震不會超過9級。從1993年採用的震矩規模對於大型地震更加精確：考慮斷層滑動量、破裂面積大小、斷層材料性質。

Richthofen, Manfred, Freiherr (Baron) von＊ 里希特霍芬（西元1892～1918年）　綽號紅色男爵（The Red Baron）。第一次世界大戰期間德國的王牌飛行員。出生於著名的富豪家庭，1912年開始其軍事生涯，任騎兵上尉。1915年調到空軍，1916年領導一個戰鬥聯隊，這個聯隊以修飾了的朱紅色的飛機名噪一時，稱為「里希特霍芬飛行隊」。他曾獲得德國最榮耀的王牌飛行員稱號，以擊落敵機80架聞名，後來在二十五歲時被擊落身亡。

里希特霍芬男爵
Pictorial Parade

Ricimer＊　里西梅爾（卒於西元472年）　原名Flavius Ricimer。羅馬將軍。父為一日爾曼民族首領，母為西哥德公主，在羅馬軍隊中崛起，但因被視為野蠻人而不能問鼎皇位，相應地成為王國裡的擁立國王者。他在西西里打敗了汪達爾人，廢黜了皇帝阿維圖斯，立馬約里安為皇帝（457），馬約里安提拔他為領事。461年里西梅爾罷黜並殺死了馬約里安，任命塞維魯為西羅馬皇帝。東羅馬皇帝後來選定安提米烏斯為西羅馬皇帝，但里西梅爾選中奧利布里烏斯（472）當皇帝，並殺死安提米烏斯。

Rickenbacker, Eddie　里肯巴克（西元1890～1973年）　原名Edward Vernon。第一次世界大戰時美國王牌飛行員和工業家。出生於美國俄亥俄州的哥倫布，先為頂級賽車手，1917年加入軍隊，任一個空軍上校的司機，上校幫助他成為戰鬥機飛行員。在第一次世界大戰中擊下26架敵機，獲得榮譽獎章。他後來成立並管理了自己的汽車公司，從1932年起成為幾條航線的經理。1938年到1959年任東方航空公司的主席，管理它成長為一家大公司。

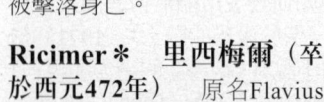

rickets　佝僂病　亦作維生素D缺乏病（vitamin D deficiency）。嬰幼兒疾病，特徵是骨骼發育不全，因為缺乏維生素D。磷酸鈣沒有恰當地沈積在骨骼上，因而骨骼變得柔軟、彎曲且矮小。早期症狀包括心神不寧、多汗、四肢與腹肌無力，頭骨軟且發育遲緩。肌肉會痙攣抽搐。若不及早治療，可能會造成弓腿、膝內翻，在肋骨與胸骨之間起泡。胸部與骨盆狹窄會增加往後肺部疾病與難產的敏感性。治療方法是給予高劑量的維生素D補給、日光與平衡的飲食。高緯度地區在牛乳中添加維生素D，因為在那裡皮膚無法產生足夠的維生素D。

Ricketts, Howard T(aylor)　立克次（西元1871～1910年）　美國病理學家。從西北大學獲得醫學學位。他發現了引起落磯山斑點熱和流行性斑疹傷寒的病菌（命名為立克次體）。1906年他證明落磯山斑點熱可通過某種蜱的叮咬而傳遞，並描述了在受染動物的血液、蜱及其卵中發現的微生物。他發現在墨西哥的流行性斑疹傷寒由一種蝨子傳播，並在受害者血液和蝨體內找出了相關微生物。他將該病傳播給猴，猴產生了免疫。次年他自己死於斑疹傷寒。

rickettsia＊　立克次體　組成立克次體科（以立克次命名）的所有杆狀細菌。呈杆狀或不定球狀，大多數為革蘭氏染色陰性（參閱gram stain）。是某些節肢動物的天然寄生蟲，在人類和其他動物可造成嚴重疾病，通常藉節肢動物媒介物的叮咬而傳播。因某些種類可抵禦極度乾燥，所以細菌傳播也可通過吸入節肢動物的糞便或通過皮膚傷口進行。斑疹傷寒、戰壕熱和落磯山斑點熱都是立克次體感染。最有效的治療是及時和長時期的用途廣泛的抗生素的使用。

Rickey, Branch (Wesley)　里基（西元1881～1965年）　美國棒球隊經理。在俄亥俄衛斯理大學學習時就進行職業棒球比賽。1917年開始和聖路易紅雀隊的長期合作（1917～1919年任主席，1919～1925年任經理，1925～1942年任總經理）。1919年提出訓練球員的分會訓練法。後來成為布魯克林道奇隊總裁兼總經理（1943～1950）。1945年他不顧強烈反對，率先吸收兩名黑人選手加入無黑人的聯盟棒球隊（1945），其中包括羅賓遜（J. Robinson），打破了長久以來的種族藩籬。他後來和匹茲堡海盜隊進行了合作（1950～1959）。

Rickover, Hyman G(eorge)　李科佛（西元1900～1986年）　美國海軍核子工程師，出生於俄國。1906年全家遷到美國，他在芝加哥長大。從亞納波里學校畢業後，他在潛艇及其他船隻上服役，在第二次世界大戰中領導船隻海軍部電力處工作。1947年起主持海軍核子推進專案；他的團隊創造了第一部自行推動的潛艇鸚鵡螺號，並於1954年下水。他負責原子能委員會的核反應爐研究發展工作，在賓夕法尼亞州希平波特協助建立了第一座完整的實驗性核能發電廠（1956～1957）。1973年擢升為海軍上將，以直言無諱和一心發展核子動力的執著而著稱。

Rida, Muhammad Rashid ➠ Rashid Rida, Muhammad

riddle　謎語　一種故意曖昧或含糊的問題，需要仔細加以思考而給以機智的答案。這是一種猜謎遊戲的形式，自古以來大多數文化中都有這種民俗。西方學者一般認為有兩種謎語：描述性謎語和機智或詼諧的問題式謎語。前者通常把所描繪的動物、人、植物或物體故意說得曖昧不明（這樣蛋就是「一座小白屋，既無窗戶也無門」）。後者一個經典的希臘例子是「什麼是所有東西中最強大的？」——「愛：鐵是堅硬的，但鐵匠更加強壯，而愛可以征服鐵匠。」

Ride, Sally (Kristen)　萊德（西元1951年～）　美國太空人。生於美國洛杉磯，1977年獲得史丹福大學博士學位，同年進入美國航空暨太空總署。1983年她參與第七次太空梭任務，登上「挑戰者號」擔任飛行工程師，成爲飛入外太空的第一位美國女性（世界排名第三位女性進入外太空，之前有1963年俄羅斯的捷列什科娃，1982年的薩維茨卡亞）。擔任加州大學聖地牙哥分校的加州太空研究所主任。

Ridgway, Matthew B(unker)　李奇微（西元1895～1993年）　美國陸軍軍官。畢業於美國西點軍校，第二次世界大戰前擔任過參謀職務。1942年指揮一個空降師參加了西西里入侵（1943），這是美國軍事史上第一次空降突擊行動。他指揮他的傘兵參加了諾曼第登陸，負責了橫跨歐洲的空降行動。在韓戰中，他領導美國第八集團軍聯合聯合國軍隊，將中國逐出南韓。提升爲將軍，接替麥克阿瑟將軍任遠東盟軍司令（1951）。後來他擔任了歐洲盟軍最高司令（1952）和美國陸軍參謀長（1953～1955）。

Riefenstahl, Leni＊　里芬施塔爾（西元1902年～）　原名Berta Helene Amalie Riefenstahl。德國電影導演和攝影師。1920年代爲舞蹈演員和德國自然風光影片的女演員。建立製片公司後，製作並出演了奧祕片《藍光》（1932）。她爲希特勒導演了宣傳影片《意志的凱旋》（1935），一部歌頌紐倫堡大會的紀錄片。以《奧林匹亞》中的出色技巧受到稱讚，這是一部關於1936年柏林奧運會的紀錄片。第二次世界大戰後被囚禁，最後被解除參與納粹戰爭罪行的共謀嫌疑，但她的電影生涯沒有恢復，之後主要作爲攝影師工作。

Riel, Louis＊　里爾（西元1844～1885年）　加拿大西部混血人的領袖。出生於馬尼托巴湖的聖博尼費斯。1869年領導了反抗加拿大人在西部的擴張的起義，使得馬尼托巴建省（1870）。間歇的敵對持續了之後幾年，里爾被官方放逐了。1885年他在薩斯喀徹溫省領導了混血人起義，被加拿大人擊垮。里爾被判叛國罪，處以絞刑。他的死導致了魁北克省和安大略省的種族衝突，標誌著民族主義運動的開端。

Riemann, (Georg Friedrich) Bernhard＊　黎曼（西元1826～1866年）　德國數學家。曾就讀於柏林和格丁根大學，後來主要在格丁根大學任教。他的論文（1851）是關於函數論的。他相信數學理論能夠和磁學、光學、引力學、電學和特定領域理論相連，其中圍繞電荷的空間也許可以用數學來描述。在繼續進行將數學主題統一在物理規則的過程中，他創立了黎曼幾何（或稱橢圓幾何），這成爲愛因斯坦相對論中的時空模型的基礎。其他概念中的黎曼曲面、黎曼積分、黎曼曲率對理解曲線和曲面以及微積分很有幫助。他和高斯一起使得格丁根建立起數學研究的世界領導地位的名聲。他的作品廣泛的影響了幾何學和分析。

Riemannian geometry　黎曼幾何 ➠ elliptic geometry

Riemenschneider, Tilman＊　里門施奈德（西元1460?～1531年）　德國雕刻家。造幣廠廠長的兒子，1483年定居在符茲堡，開設了一家極其成功的工場。做過市議員（1504～1520）和市長（1520～1525），在農民起義（1525）期間一度因同情革命者被監禁。他的木石雕刻，有著極深折痕，展現出平滑布料的特徵，包括紀念碑和祭壇裝飾以及獨立的雕像和浮雕，使他成爲德國晚期哥特式藝術的主要代表人物之一。

Rienzo, Cola di ➠ Cola di Rienzo

Riesener, Jean-Henri＊　里茲內爾（西元1734～1806年）　法國家具工匠。他是科隆選舉者法庭的一個接待員的兒子，後進入巴黎的工場，其主人逝世後成爲工場頭。1774年任王室工匠，從那時起便爲瑪麗－安托瓦內特的長期家具供應商。他喜用桃花心木；偶爾用漆或螺鈿鑲嵌飾面。他的家具是路易十六世風格的例子。

有腳的珠寶箱，外層飾以桃花心木、懸鈴木等，里茲內爾做於約1780年；現藏倫敦維多利亞和艾伯特博物館

By courtesy of the Victoria and Albert Museum, London

Riesman, David　里斯曼（西元1909～2002年）　美國社會學家。在哈佛大學及其法學院受到教育，是布蘭戴斯的助手，並在水牛城大學和芝加哥大學任教，後來回到哈佛教書（1958～1980）。他主要研究城市中產階級的社會性質，以《孤獨的人》（1950）一書著名，該書的標題成爲現代城市社會中的表現個體疏離的典型用語。

Rietveld, Gerrit (Thomas)＊　里特弗爾德（西元1888～1964年）　荷蘭建築師和家具設計師。先在父親的家具店當學徒（1899～1906），後赴烏得勒支學建築。1918年創造了他著名的紅藍扶手椅，以強調幾何圖形和原色運用體現了風格派的原則。他的傑作是烏得勒支的施羅得住宅（1924），以運用直角形與面和線的交錯穿插而著稱。

Rif　里夫人　生活在摩洛哥東北部里夫地區的穆斯林柏柏爾人。他們的文明以耕種、放牧及捕魚爲基礎。他們說柏柏爾語的一種方言，但阿拉伯語和西班牙語也廣泛使用。他們素來輕視中央政府控制，經常發動起義和嘗試政變。在阿布杜勒・克里姆領導下，他們宣布了里夫共和國（1919～1926）的成立，這個獨立的共和國存在時間很短，被法國和西班牙的聯盟摧垮。亦請參閱Kabyle。

Rif ➠ Er Rif

rifle　步槍　有線膛（即裡面刻有螺旋槽，使子彈產生旋轉）的槍枝。步槍一詞通常是指肩射武器，也可能代表線膛火炮。至少在15世紀就有了線膛槍，那時發現使子彈旋轉後能增加射程和準確度。最早的前裝步槍裝彈比滑膛槍困難，但金屬彈藥筒的發明促進了後膛裝彈裝置的發展。動作筒式步槍使用需手動操作的彈膛將彈筒送進槍膛，是打獵用的最普遍的類型。亦請參閱assault rifle。

Rift Valley ➠ East African Rift System

rift valley　裂谷　由位於斜面或正常的斷層間的地球表殼的某一段下沈而形成的延伸槽。裂谷大都是狹長的，底部相對較平。兩側逐漸分層下沈。裂谷存在於大陸上，也沿著洋脊頂部存在。它們出現於組成地球表面的平板分離的地方（參閱plate tectonics）。海底裂谷通常是海底擴張假說的中心，這裡岩漿從地函噴射而出。最廣闊的大陸裂谷是東非的裂谷系列；其他著名的例子包括俄國的貝加爾裂谷和德國的萊茵裂谷。

Rig Veda　黎俱吠陀　亦稱Rg Veda。世上最古老的宗教經籍，且爲吠陀中最被敬重的一部，完成於西元前第二千紀，或更早時日。黎俱吠陀有逾一千首獻給諸天的讚美詩，反映了多神論的概念，主要著重於取悅與天、大氣有關的眾神。它是婚喪儀式的參考準則，縱使有部分和當今印度教所

O P Q R

施行的不大一致；它亦為多數印度思想的起源，對它的研究公認是了解印度的基本途徑。

Riga＊ 里加 拉脫維亞首都。該城市位於西杜味拿河兩岸，在里加灣河口附近。1201年作為一個商站建立於舊利弗人的居民點，在1282年被並入漢撒同盟。在中世紀時期，該城市被條頓騎士團占領，16世紀曾發生波蘭和俄國人爭奪該地區的戰爭。1621年瑞士人占領了該城市，並將其作為自治領，但在1721年割讓給了俄國。它在1918～1940年間是獨立的拉脫維亞首都，後被並入蘇聯。在1991年拉脫維亞獨立後再度成為了其首都。它是波羅的海的一個重要港口，也是一個行政、文化和工業中心。其中世紀遺址包括一個13世紀的教堂和一座14世紀的城堡。人口約827,000（1996）。

Riga, Gulf of 里加灣 波羅的海大型海灣。位於拉脫維亞和愛沙尼亞邊境，面積約18,000平方公里。每年12月至次年4月冰封，最深處冰層達54公尺。沿岸多為低矮沙地，有幾條重要河流，其中西杜味拿河在此注入大海。該地有幾處港口和度假區，包括沿岸的里加。

Riga, Treaty of 里加條約 波蘭和俄國在拉脫維亞的里加簽定的條約，條約規定結束1919～1920的波蘭－俄國戰爭，並設立雙方的邊境。該條約使波蘭在第二次世界大戰前一直擁有白俄羅斯和烏克蘭，第二次世界大戰後的新條約重新規定了邊境。

right 右派 在政治光譜中偏向保守派思想的部分。這個名詞源自1790年代法國大革命時期的國會席次安排，當時保守派議員都坐在主席的右側。在19世紀，右派指的是擁護權威、傳統和財富的保守派人士，而在20世紀右派則又發展出分歧、激進的形式，即法西斯主義。亦請參閱left。

right-to-work law 工作權利法 指美國任何禁止要求所有工人加入工會的法令。該法令的支持者認為他們同意一個人選擇加入或不加入工會是非常公正的，但其反對者認為該法令因削弱了工會協商的力量而降低了工人們的工作保障。

right whale 露脊鯨 露脊鯨科北極露脊鯨屬和露脊鯨屬3種鬚鯨的統稱，體粗短，頭部巨大。right一詞指的是兩種「適合」(right) 獵殺的鯨，因其經濟價值高，行動緩慢，且死後漂浮於水面。上顎明顯拱起，下唇兩側向上彎曲，使下顎成鏟斗形。除小露脊鯨（形小，罕見，分布南半球）外，均無背鰭。弓頭露脊鯨（Balaena mysticetus）分布於北極區和北溫帶海域，體黑，頦、喉為白色，有時腹部亦為白色。體長可達20公尺。黑露脊鯨（B. glacialis）體長約達18公尺，外形似弓頭露脊鯨，但頭較小，拱起的程度也較輕，嘴上可能有一「帽」樣的角質生長物，上面長有寄生物。兩種皆自1946年開始被完全保護。

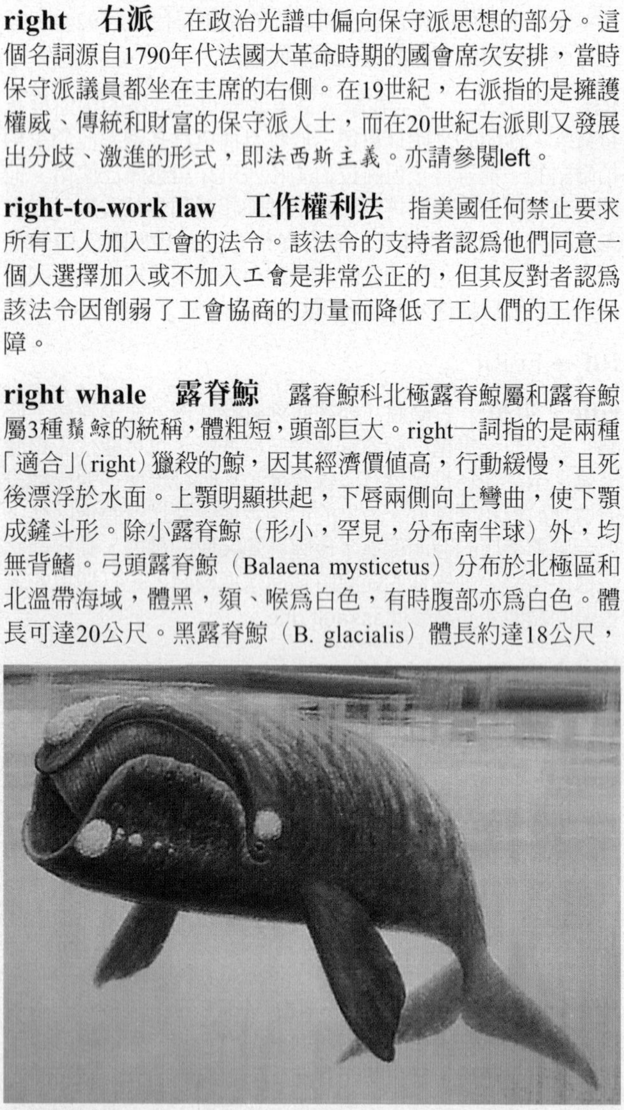

南露脊鯨（Balaena australis）
Illustration by Larry Foster

rights of the accused ➠ accused, rights of the

Riis, Jacob A(ugust)＊ 里斯（西元1849～1914年） 美國籍丹麥新聞記者和社會改革家。他在二十一歲時移民美國，成為了《紐約先驅論壇》（1877～1888）和《紐約夕陽》（1888～1899）的治安記者。他真實記載了紐約下東區的貧民窟生活情況，拍攝了那裡的房屋和走廊的照片。他將他的發現記錄在《另一半人怎樣生活》（1890）一書中，引起了全國人民的社會關注，並促進國家通過了第一個重要的改進貧民窟生活的立法。

Rijn, Rembrandt van ➠ Rembrandt Harmenszoon van Rijn

Rikken Seiyukai＊ 立憲政友會 1900創建的、在1900～1940年間占據日本政界主要席位的政黨。該政黨由伊藤博文建立，最初代表政府中逐漸提升的議會力量。它由大地主階層和財閥集團利益支援，與其主要對手民政黨相比稍顯保守。

Riley, James Whitcomb 賴利（西元1849～1916年） 美國詩人。在早期工作時曾同印第安納的鄉村平民接觸。他的詩歌主要向《印第安納波里日報》投稿，使用了農夫平時所用的印第安納方言，建立起了他「平民詩人」的聲譽。他最著名的詩歌包括〈霜降南瓜〉和〈衣衫襤褸的人〉等。他的詩集包括《舊游泳池》（1883）、《澤克斯布里的老爺煙斗》（1888）和《家鄉人》（1900）。

rilievo ➠ relief

Rilke, Rainer Maria＊ 里爾克（西元1875～1926年） 原名René Maria Rilke。德國籍奧地利詩人。童年生活不幸，只受過不是很好的學前教育，而後在整個歐洲漂泊了一生。在俄國時，激發他創作了第一部重要作品，即長詩系列《時間之書》（1905）。在1902年以後的十二年間，主要居住在巴黎，並發展出一種新的詩歌風格，試圖表現物體的可塑性，寫出了《新詩集》（1907～1908）以及其散文版《布里格記事》（1910）。接下來的十三年間，由於對作家的壓制，他極少寫作。在1922年最終完成了他的十首詩《杜伊諾哀歌》（1923），是對人存在的矛盾的思考，成為20世紀詩歌的經典之作。其後以驚人的速度出人意料地創作了《獻給奧菲斯的十四行詩》，是悼念一名少女之死而寫的五十五首組詩，延續了《杜伊諾哀歌》對死亡、再生以及詩歌本身的思考。這兩首詩為他帶來了國際聲譽。

Rimbaud, (Jean-Nicolas-) Arthur＊ 蘭波（西元1854～1891年） 法國詩人和冒險家。他是一名上尉的兒子，在十六歲時開始寫作暴力的、褻瀆神明的詩歌，並創立了一種美學的教義，認為詩人必須成為一名預言家，應該打破束縛、控制人格以成為永恆的代言人。他受魏倫邀請來到巴黎，同其建立了同性戀關係並開始了放縱的生活。在其最優秀的詩歌《醉舟》（寫於1871

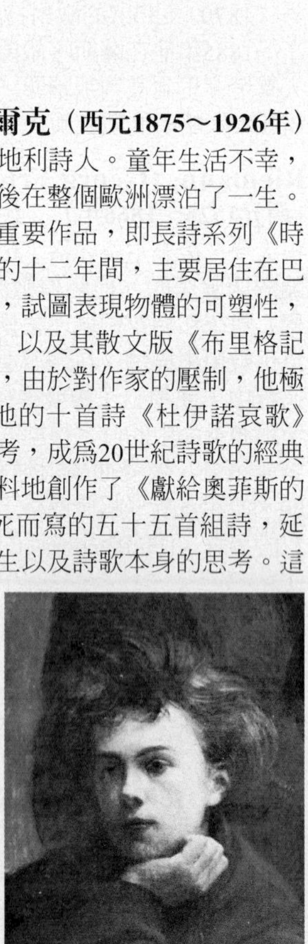

蘭波，方丹－拉圖爾所繪《桌子的一角》（1872）油畫之細部；現藏巴黎羅浮宮
Giraudon－Art Resource

年）中展現了他的口頭藝術鑒別能力和對形象和比喻的大膽取材。在其散文詩選集《靈光篇》（寫於1872～1874）中，試圖打破現實同虛幻之間的界線。其散文同歌詞交替的《在地獄中的一季》（1873）成爲他十九歲時告別詩歌的作品。在一次爭吵之後，魏倫開槍打傷蘭波，後來又在一次激烈爭吵中結束了他們的關係。蘭波放棄了文學，並在1875年起開始當商人在世界各地遊蕩，主要是在衣索比亞。他在三十七歲因截肢而去世。在他詩歌中的酒神精神和從形式中解放出來的語言極大地影響了後來的象徵主義運動以及20世紀的詩歌創作。

Rimsky-Korsakov, Nikolay (Andreyevich)　林姆斯基－高沙可夫（西元1844～1908年）　俄國作曲家。他在彼得堡大學海軍學校念書時結識了其他一些作曲家。巴拉基列夫對他很感興趣，從1867年起成爲「強力五人團」的一員。後來跑去當船員，從第一次返航回來（1865）後完成了一支交響曲，由巴拉基列夫擔任指揮。1873年擔任其組建的海軍樂隊督察。他協助鮑羅定編寫了管弦樂《伊果王子》，並修改了穆索斯基的一些作品。他還寫了許多豐富多彩的歌劇，在俄國很受歡迎，其中包括《薩特闊》（1896）、《莫札特和薩里耶里》（1897）、《薩爾丹沙皇的故事》（1903）、《隱城基捷日傳奇》（1905）和《金雞》（1908）等。其他作品還包括三首交響樂、《舍赫拉查德》（1888）組曲和《俄國的復活節》序曲。他所有的作品都有精彩的管弦樂作曲方法。他的學生包括葛拉左諾夫、普羅高菲夫、雷史碧基和史特拉汶斯基。

rinderpest　牛瘟　急性、高度傳染性的濾過性反芻動物（包括野生偶蹄動物）疾病，在非洲、印度次大陸和中東地區常見。這一病毒由近距離直接或間接接觸傳染。是牛群中傳染性最強的疾病，具有突發性，死亡率很高。起初爲發燒和食欲不振，之後出現眼鼻分泌物、呼吸困難、腹瀉、仰臥、昏迷，並在6～12天內死亡。地區性防治主要是在野生動物身上進行疾病控制，消滅已經感染的家禽，並用疫苗加隔離的方法進行控制。

ring　指環　金、銀或其他珍貴或裝飾性材料製成的環，通常戴在手指上，有時也戴在腳趾、耳朵或鼻子上。最早的指環是在古埃及墳墓中發現的。除了作爲裝飾佩帶外，指環還是權力、忠誠或社會地位的象徵。在羅馬共和國早期主要由鐵製成，而金指環只有很高社會地位的人才可佩帶。但到了西元前3世紀，除了奴隸以外的任何人都可佩帶戒指。據說是羅馬人首先發明了結婚戒指，代表對婚姻的承諾。在中世紀，圖章戒指在宗教、法律和商業上有很重要的用處。紀念性、帶銘文的和個人懷念性質的指環被作爲紀念物留存。魔戒被認爲帶有神奇的力量，而囚徒的指環上有凹面並嵌有毒藥，可用來自殺或殺人。

ring　環　在近代代數學中，指一些元素以及符合某些條件的加法和乘法兩個算符的集合。這些條件規定，這個集合在加法和乘法運算下是閉合的，對加法來說它組成可交換群（參閱group theory），但對乘法來講只是個結合群，服從乘法對加法的分配律。如果集合中還包含了每個非零元素的乘法的倒數，這個集合就稱除法環。整數的集合是個環，而有理數、實數和複數各自形成一個場。

Ring of Fire　火環　大致環繞太平洋周圍的地震與火山活動帶。包括安地斯山脈、中美洲與北美洲的沿海地區、阿留申群島與千島群島、堪察加半島、台灣、印尼東部、紐西蘭、日本、菲律賓群島，以及西太平洋的島弧。歷史上記錄到的所有活火山有70%左右出現在這個帶。亦請參閱plate tectonics。

Ringgold, Faith　林戈爾德（西元1930年～）　美國藝術家、作家以及政治運動者。生於紐約市，1950年代在紐約市公立學校教授藝術。1963年她開始創作「美國人民」的系列畫作，這是一個從女性觀點探討民權運動的系列畫作。1970年代她積極促成紐約藝術界女性藝術以及種族的整合。她最有名的「拼湊故事」，靈感來自西藏的唐卡，以非裔美國人歷史爲脈絡敘述故事。她擷取其中一則《柏油海灘》，改編爲兒童讀物，此後並陸續發表了許多給小孩閱讀的作品。

Ringling Brothers　林林兄弟　美國馬戲團經營家族。1882年該家族七名兄弟中的五名組成了一個歌舞團後，他們開始在表演中添加更多的馬戲動作。1884年他們在家鄉威斯康辛州巴拉布組成了自己的第一支小馬戲團，開始用馬戲車在中西部巡迴演出。1890年他們開始用火車來運送道具。從1900年起收購了一些小馬戲團，並在1907年將巴納姆－貝利馬戲團建成了美國領先的馬戲團。其經理先是查理·林林（1863～1926），後是約翰·林林（1866～1936），後者在1929年併購了美國馬戲團，使十一家主要的馬戲團收歸到其手下。林林兄弟和巴納姆－貝利馬戲團在1967年林林家族退出管理後繼續演出。

約翰·林林
Keystone

rings　吊環　男子體操項目。用一對從屋頂或橫槓上懸垂的橡膠套環來表演懸掛、擺動或平衡動作。吊環必須是固定的，在一次表演中至少有兩次手倒立，其中一次靠手臂力量支援，另一次靠身體擺盪完成。在吊環上的力量動作包括十字懸垂（雙手向兩邊完全展開、身體同手臂垂直）和水平支撐（雙臂伸直，身體水平展開）。

ringworm　癬　由生長在皮膚上、靠角蛋白生存的眞菌（參閱fungus）引起的皮膚表面疾病。所導致的皮膚反應從輕度起殼到水泡和明顯的角蛋白分裂（取決於身體部位和眞菌的種類），通常呈圓圈狀。癬包括足癬、皮癬，以及身體、手、指甲、鬍鬚和頭皮的眞菌感染。其中頭皮眞菌感染性很強，而別的幾種的傳播則取決於易感性和受感染傾向的因素（如過度排汗）。癬可以將藥物塗抹在患處或口服藥物治療。適當的紫外輻射照射有助於治療。

Rio de Janeiro　里約熱內盧　巴西東南部城市和港口。16世紀爲葡萄牙人發現，18世紀成爲黃金和鑽石礦出口港，地位重要。地處世界最大的港灣之一，以風景優美著稱，1822～1960年爲巴西的首都，1960年首都才遷往巴西里亞。是全國第二大製造業中心，僅次於聖保羅。主要工業包括冶金和食品加工業。該市以廣闊的街道、公共建築、海灘（參閱Copacabana）和公共公園、花園聞名，是主要的觀光遊覽勝地。人口約5,474,000（1995）。

Río de la Plata ➡ Plata, Río de la

Río de la Plata, viceroyalty of　拉布拉他總督轄區　西班牙爲統治新世界殖民地而設的四個總督管轄區中的最後一個。建於1776年，當時是西班牙帝國實施地方分權統治的一部分。所管轄的地區原是祕魯總督轄區治理，範圍包括現在的阿根廷、烏拉圭、巴拉圭和玻利維亞。相繼就任的總督保衛了該區，抵抗葡萄牙和英國的侵略，並將布宜諾斯艾利斯建設成西班牙帝國最繁盛的港口之一。來自內陸牧牛場的

O P Q R

醃製肉類出口滿足了奴隸對廉價食品的市場需求，爲該殖民地帶來意外的財富。1810年克里奧爾人成立了一個地方集團，並將總督放逐。亦請參閱New Granada、New Spain, Viceroyalty of。

Río de Oro　里奧德奧羅　西撒哈拉的南部區。主要城鎮是達赫拉（舊稱維拉西斯尼羅斯），是一個小港口，飲水必須依賴進口。位於達赫拉的大西洋狹窄港口，葡萄牙人稱其爲Rio de Oro（意爲金河），因爲此地有來自西非金沙的熱絡交易活動。從1880年代起到1976年，該地區受西班牙人統治。1979年摩洛哥人占領之。當地原住民爲穆斯林和大多是遊牧的柏柏爾人。

Rio Grande＊　格蘭德河　在墨西哥境內稱布拉沃河（Río Bravo）。北美洲河流，是北美洲最長的河流之一，發源於科羅拉多州西南部落磯山脈南部，一直流到墨西哥灣，全長3,000公里。在聖胡安山脈地勢較高，此後一般往南流，穿過德州和墨西哥，形成完整的邊界線。16世紀時最早的歐洲人住地是沿著河谷下游地帶，但許多普韋布洛印第安人在新墨西哥的居住地可追溯到西班牙征服該地之前。在西班牙統治時期，該河中上游稱作北河，下游則稱布拉沃河。主要是灌溉的水源，流經大彎國家公園。

Rio Treaty　里約協定　正式名稱生物多樣性公約（Convention on Biological Diversity）。1992年地球高峰會議通過的國際環境協定。聯合國環境計畫主辦，從1988年開始協商。目標是保育地球生物多樣性，公平使用其資源。協定在高峰會之後一年之內由168國政府簽署。

Riopelle, Jean-Paul＊　李奧佩爾（西元1923年～）　加拿大畫家、雕塑家以及圖畫家。生於蒙特婁，1947年遷至巴黎，與著名的自動主義畫家博爾迪阿成立加拿大「自動創作人」繪畫團體。風格從早期抒情，抽象到漸趨於濃烈，塗料厚重有力；他以運用許多不同創作媒介（包括水彩、墨水、油料、蠟粉以及白堊）廣爲人知，並創作許多大型拼貼壁畫。以三幅巨大聯畫《孔雀》（1954）揚名國際。是同年代加拿大抽象畫家的領導者。

rip current　離岸流　或作riptide。狹窄的射線狀水流，偶爾會以垂直於海岸的方向朝海洋流數分鐘。離岸流這一名稱用得並不恰當，因爲這種水流和潮汐根本沒有關係。離岸流在長的海岸線上形成，海岸上有同海岸線幾乎平行的潮汐沖刷海岸。在淺海區，一般的海浪運動在每次沖刷時將臨近的海水沖向海岸。在大浪來回之間，海水在海岸上沈積並由長海岸上間歇的浪潮帶走。沈積的海水在幾分鐘內能從海水斷裂處沖出，形成浪潮，對泳者比較危險。

OPQR

riparian right＊　堤岸權　在法律上擁有堤岸土地的人（臨近或包括河流）即擁有堤岸和水源的權利。這些權利是一種不動產權（參閱real and personal property），並同土地一起繼承。一個財產是海洋、湖泊或池塘的地主被認爲享有沿岸的土地所有權。不同州之間的水資源使用權不同。

Ripken, Cal(vin Edwin), Jr.　瑞普金（西元1960年～）　美國棒球選手。生於馬里蘭州哈佛格雷斯的一個棒球世家，父親和兄弟都打過職業棒球。從1981年起就是巴爾的摩金鶯隊的一員。1990年創下游擊手單季最佳的守備率（.996）以及最少的失誤次數（3）的記錄，1993年他又打破游擊手的全壘打記錄。1995年，超越格里克保持多年的連續出賽記錄（2,130），直到1998年休息了一天，他最終創下連續出賽2,632場的記錄。

Ripley, George　黎普列（西元1802～1880年）　美國新聞記者和改革家。哈佛神學院畢業後成爲一神論牧師。他是超驗主義俱樂部的一名成員，也是一家文學雜誌的編輯。他在1841年建立了烏托邦的共產主義「布魯克農場」，並擔任其領導人和倡導者。當該農場在1847年關閉後，他在《紐約論壇報》找到工作以歸還債務。其經濟狀況一直到他出版流行的參考書《百科全書》（1862）後才穩定下來。

ripple mark　波痕　一系列的小淺海、湖泊或河流特徵，由對稱的波狀斜坡、尖峰和圓形波谷構成。波痕在沙底由波的擺動形成，只有波才能在這種狀態下快速前進，其實在的水分子包括幾乎所有的封閉垂直軌道。其底部限制了最低的軌道，使之幾乎成爲橢圓形，而底部的水則有節奏地來回流動。如果這一運動的水平最高速度能移動其底部的顆粒，就會形成波痕。亦請參閱wave。

RISC＊　精簡指令集計算　全名Reduced Instruction Set Computer。使用有限數目指令的電腦結構。1980年代在微處理器中普遍採用精簡指令集計算。傳統的複雜指令集計算（CISC）結構使用許多指令，完成冗長、複雜的運算。RISC的每條指令執行起來比CISC的指令要快得多，因此處理大部分的計算工作可以更快。許多指令集把CISC與RISC的屬性結合了起來。

risk　風險　經濟學或金融學投資或貸款的危險程度。倒帳風險指借款人不還債務的危險。如果銀行認爲一個借款人無力還債，那麼就會在收取眞正利息外附加倒帳風險金。該風險金取決於風險程度。所有的股票投資都有隱藏的風險，因爲投資回收是沒有保障的。貿易或變動風險是回收金額與預期投資發生上下變化的風險。

Risorgimento＊　復興運動　19世紀的義大利統一運動。拿破崙時期由法國人引進義大利各邦的改革，一直維持到1815年義大利各邦的舊統治者復辟後，並爲該運動提供了動力。青年義大利黨等祕密組織鼓吹義大利統一，而創辦《復興運動報》（1847）的加富爾、加里波底和馬志尼等領導人則要求進行自由改革，建立統一的義大利。1848年革命失敗後，領導權轉到了加富爾和皮埃蒙特手中，他們同法國結爲反抗奧地利的聯盟（1859）。1861年義大利大部分領土統一，之後併吞了威尼斯（1866）和羅馬教廷（1870），象徵復興運動的結束。

Ritalin　利他林　一種溫和的苯異丙胺（安非他命），學名派醋甲酯（methylphenidate），用來治療注意力障礙（及過動）異常。口服利他林對於治療其他疾病同樣有效，如發作性睡病（猝睡症）。雖然這種藥物大多被當成興奮劑使用，利他林會使注意力障礙（及過動）異常的患者安靜並集中注意力。利他林的作用方式還不清楚，醫學專家認爲是藥物是藉由增加腦部神經傳導物質的總量與活性來減輕症狀。

rite of passage ➠ passage, rite of

Ritsos, Yannis＊　里特索斯（西元1909～1990年）　希臘詩人。1934年加入希臘共產黨，同年發表第一本詩選集《牽引機》。第一本和第二本詩選集都混合了社會主義哲學以及他個人受難經驗。第三本詩選集《葬禮的行列》（1936），成了希臘左派的誓詞基礎。他在納粹占領以及希臘內戰期間以一名共產主義者之名戰鬥，並被捕入獄四年。1967年被逮捕後又被放逐，作品被禁止發表直到1972年。儘管有這些阻礙，他還是寫了117本書，包括許多劇作及論文。

Ritt, Martin　瑞特（西元1914/1920～1990年） 美國電影導演。出生於美國紐約市，後來加入其朋友伊力卡山所在的同仁劇團擔任演員，後開始在百老匯（1946～1947）和電視界（1948～1951）從事導演工作。在1951年被當作共產黨人而列入黑名單後，返回百老匯執導了其第一部電影《城市邊緣》（1957），並因處理社會主題而聞名。演過的電影包括《原野鐵漢》（1963）、《柏林諜魂》（1965）和《諾瑪蕊》。

Rittenhouse, David　黎頓郝斯（西元1732～1796年） 美國天文學家和發明家。曾是一名鐘錶匠，也曾製作數學儀錶，並被視爲美國第一架望遠鏡的發明人。他在1769年觀測到金星淩日，並注意到金星也有大氣。黎頓郝斯曾在賓夕法尼亞州擔任財務員（1777～1789），是美國賓夕法尼亞州造幣廠首任主席（1792～1795），也是美國賓夕法尼亞州哲學學會主席（1791～1796）。

Rivadavia, Bernardino＊　里瓦達維亞（西元1780～1845年） 阿根廷共和國第一任總統（1826～1927）。他曾積極參加1810年反西班牙獨立運動，在1811年成爲革命三巨頭統治集團的中心人物。他解散了西班牙人民法院，廢除檢查制度，並結束了奴隸買賣。1826年當選爲聯合省的總統，並繼續其改革，但卻未能將其國家從與巴西之間的無謂戰爭中解脫出來，還不斷捲入省區軍閥的糾紛中。他因未能達成一個中央集權式憲法的共識而辭職。其文化政策（包括布宜諾斯艾利斯大學的建立）是他最偉大的政績之一。晚年多在流放中度過。

river　河流 帶堤岸的自然水道。河流是水分循環中最基本的連接，在形成地表方面起重要的作用。甚至連看上去很乾燥的沙漠也在降水季節因洪水通過乾枯的河道而受到河流運動的影響。河流因河水的注入和排放之間的差異而保持其水流。河流由陸地的水、地下水和融化的雪原和冰川提供水源。直接的注入對水量的影響很小。水流量的減少可能是因爲往多孔的和易浸透的岩石、沙礫或沙地的滲透或蒸發造成，河流最終都流歸大海。

river blindness　河盲症 亦作盤尾絲蟲病（onchocerciasis）。由盤尾絲蟲這種蠕蟲引起的疾病，因黑蠅（Simulium屬）的叮咬而傳染到人身上。此病主要發生於熱帶美洲和非洲。之所以名爲河盲症，是因爲傳染此病的昆蟲在河邊繁殖，最常感染居住河邊的人們。目盲是由死去的微小血絲蟲引起的。成蟲生產的幼蟲在人眼內生長，可長達十五～十八年。河盲症常見於非洲草原區和瓜地馬拉及墨西哥。1987年，世界衛生組織開始使用抗原蟲藥異阿凡曼菌素（起先開發出來消除家畜寄生蟲），它雖不殺成蟲，但殺滅微絲蚴的效力十分強大。

Rivera, Diego　里韋拉（西元1886～1957年） 墨西哥壁畫家。在墨西哥城和西班牙學習後，1909～1919年定居巴黎。曾擁護立體主義，但很快就在1917年左右放棄了它，轉而尋求簡單形體的視覺語言和更大膽的色塊運用。1921年返回墨西哥後，他希望在墨西哥革命的覺醒基礎上建立一種以改革爲主題的藝術。他創作了很多公共壁畫，其中最著名的是國家宮殿的壁畫（1929～1957）。1930～1934年他在美國工作。他爲紐約洛克斐勒中心創作的壁畫激起很多爭議，最終因帶有列寧的形象而被毀。後來曾在墨西哥城的藝術宮重製該畫。他與奧羅茲科和西凱羅斯一起創作了壁畫的復興圖，成爲墨西哥對20世紀藝術最重要的貢獻。他的大幅教育性壁畫包括了墨西哥歷史、文化和工業的場景，其中表現了印第安人、農夫、征服者和工廠工人，他們都作爲人群和狹小空間中的人物出現。里韋拉在1929年與卡洛結婚，婚姻關係一直維持到1954年。

Rivera, José Antonio Primo de ➠ Primo de Rivera, José Antonio

Rivera, Luis Muñoz ➠ Muñoz Rivera, Luis

Rivers, Larry　里弗斯（西元1923～2002年） 原名Yitzroch Loiza Grossberg。美國畫家。與抽象表現主義和普普藝術有密切關係。曾在茱麗亞音樂學院就讀，是一名專業的爵士薩克斯風手，後轉學繪畫，師從霍夫曼。早期的作品因常使用複雜、片段性和多重的視角而出名，其中最著名的是現實主義的《伯迪雙像》（1955）。從1960年代起，他的作品加入了商業形象以及抽象拼貼、建築和雕像等元素。這種多重元素的精緻代表作是《俄國革命史》（1965）。

Riverside　里弗塞得 美國加州南部城市，濱臨聖安娜河。與聖伯納底諾、安大略形成洛杉磯東部的一個大都會區。1870年代開始有人居住，1883年建市，成爲種植柑橘地區。經濟現在包括製造業和教育事業。人口約255,000（1996）。

Riviera＊　里維耶拉 法國東南部和義大利西北部的地中海沿海地區。範圍從法國坎城一直延伸到義大利的拉斯佩齊亞。義大利的里維耶拉被分爲熱那亞的西里維耶拉和熱那亞的東里維耶拉。法國的里維耶拉也被稱作蔚藍海岸（Cote d'Azur），因其風景和宜人的氣候而聞名，是歐洲主要旅遊勝地之一。因當地冬季氣候溫和，許多嬌貴的植物都能在此生存，並種植有非當令鮮花供應給北部的市場。亦請參閱Nice、Monte-Carlo。

Riyadh＊　利雅德 沙烏地阿拉伯首都，位於該國中東部地區。在1824年被選爲紹德王朝首都，在1881年拉希德家族當權前一直是紹德王朝統治的中心。1902年伊本・紹德重新取得統治權，使之成爲征服阿拉伯半島的中心。當沙烏地阿拉伯王國在1932年成立後，利雅得成爲其首都。1930年代該國發現大量石油，使這座古城成爲現代科技的展示中心。古代城牆在1950年代爲急劇擴大的城市騰出空間而被拆除。除了行政功能外，該市還是全國的商業、教育和交通運輸中心。人口：都會區約2,800,000（1997）。

Rizal (y Alonso), José＊　黎剎（西元1861～1896年） 全名José Protasio Rizal Mercado y Alonso Realonda。菲律賓愛國人士、醫生和文人。從年輕時就開始從事西班牙統治下的祖國改革工作，曾在1882～1892年旅居歐洲，出版曝露西班牙統治下的罪惡的小說，成爲宣傳運動的領袖，發表了針對改革的文章、雜誌和詩歌。返回菲律賓後，建立一個非暴力的改革社團，後被流放到民答那峨，在那裡居住了四年。1896年民族主義社團卡的普南民族主義祕密社團發動叛亂後，西班牙人逮捕並處決了黎剎，即使他並未與該社團有任何關係，也未曾參加叛亂。他的壯烈犧牲使菲律賓人意識到除了脫離西班牙獨立外別無選擇。

RJR Nabisco, Inc.　雷諾－納貝斯克公司 1985年由雷諾工業公司和納貝斯克公司合併組成的聯合公司。其起源可追溯到雷諾在1875年所建立之首座嚼煙製造廠（位於北卡羅來納州溫斯頓）。雷諾煙草公司成爲煙草產品的主要生產商，出產包括駱駝、溫斯頓和塞萊等品牌在內的香煙。雷諾的產品在1960年代開始多元化，並在1970年更名爲雷諾工業公司。納貝斯克公司起源於1898年合併的兩家餅乾廠家。該公司成爲世界上最大的包裝食品公司，出產曲奇餅、脆餅乾、乾果、零食和熱麥片等。雷諾公司在1985年購買了納貝斯克公司，並在1986年採用了雷諾－納貝斯克公司這一名稱。1999年這兩家公司分開，2000年納貝斯克公司被菲利普·莫里斯公司併購。

RKO Radio Pictures, Inc.　雷電華影片公司　美國電影製片廠。該製片廠在1928年美國無線電公司購買了吉斯－愛爾比－奧菲埃姆連鎖電影院和一家製片廠後成立，當時取名為雷電華（Radio-Keith-Orpheum）。在1930年代，雷電華因製作了亞斯坦和羅傑絲的音樂劇、凱薩琳赫本的早期影片，以及《壯志千秋》（1931）、《告密者》（1935）和《大國民》（1941）等影片而聞名。它在1948年被休斯購買，但因其經營不善而衰敗，1953年停工並在1957年賣給德西露電影製片廠。在多次改組後，改名雷電華總公司（RKO General, Inc.）延續下去，旗下擁有廣播、電視台和電影院等。

RNA　核糖核酸　全名ribonucleic acid。兩種主要的核酸之一（另一種是去氧核糖核酸〔DNA〕），負責所有活細胞中細胞蛋白質的合成作用，並在有些病毒取代DNA作為遺傳資訊的媒介。就像DNA一樣，RNA是由核苷酸股一節一節結合而成，只是股是單獨而非像DNA是成雙的，且在DNA胸腺嘧啶的地方由尿嘧啶取代。傳訊RNA（mRNA）是從DNA股複製而來的單獨股，當作其樣板，攜帶來自DNA的遺傳碼訊息（在染色體之中）到蛋白質合成的地方（核糖體）。核糖體RNA（rRNA）是核糖體建構材料的一部分，參與蛋白質合成。轉移RNA（tRNA）是最小的一種，核苷酸單位少於100（mRNA與rRNA的單位數以千計）。MRNA上的每個核苷酸三聯體具體說明胺基酸將要合成的蛋白質，而tRNA分子在突出端具有三聯體的互補體，指定胺基酸到鏈結成蛋白質的定位。還存在各種較小的RNA種類，至少有些是作為催化劑（核糖酶），長久以來認為專屬蛋白質的功能。

roach　擬鯉　鯉科常見的歐洲遊釣魚類，學名Rutilus rutilus，廣佈於湖泊及水流緩慢的江河中。體黃綠色，背高，眼紅色，鰭淡紅色。長約15～40公分，重達2公斤。常小群游動，以植物、昆蟲和其他小動物為食。可供食用或作釣餌。在北美，該詞亦指鯉科的紅眼魚、黃金色閃光魚和一些日鱸科魚類。

roach ➡ cockroach

Roach, Hal　羅奇（西元1892～1992年）　原名Harold Eugene。美國電影製片人。曾嘗試金礦探察，後在好萊塢表演，飾演一些小角色（1912）。他同勞埃成為朋友，並執導和製作了他的《簡直胡來》一片（1915），組建了哈爾·羅奇製作室（1919），接下來製作了其他一些勞埃的喜劇片如：《安全放在最後》（1923）。在1920年代和1930年代，他製作了無數的喜劇短劇，以《音樂盒》（1932）和《厭倦教育》（1936）獲得了奧斯卡獎。除了製作羅傑絲的電影和「我們一夥」系列短劇外，羅奇還在1927領導了勞萊與哈台製作他們的第一部電影和接下來的一系列電影，包括《讓他們笑去吧》（1928）和《向西走》（1937）以及其他一些成功的影片如《更高》（1937）和《人鼠之間》（1939）等。1984年獲得奧斯卡終生成就獎。

Roach, Max(well)　羅奇（西元1925年～）　美國樂隊領隊和作曲家，是現代爵士樂最重要的鼓手之一。在1940年代中期曾同許多咆哮樂鍵盤手一起表演，包括迪吉葛雷斯比和查理帕克。他發展了一種同鐃鈸而不是低音鼓先協調的輕鬆靈活的音樂風格，使打擊樂的在新音樂中的角色得到提升，並探究了他的獨奏中鼓在旋律上可能發揮的作用。他同小號手布朗一起在1954年組成一支五重奏，並在1956年布朗去世後擔任該樂隊領隊。

O P Q R

road　道路　人、動物或車輛行走的交通道。最早的道路是在西元前3000年帶輪子的交通工具的發明後從小路和小道發展而來的。道路系統在早期文明中是為了因應商業發展，第一條大道是從波斯灣到愛琴海的長2,857公里的道路，於西元前3500～西元前300年使用。羅馬人用道路來保持他們對其帝國的控制，在其領地上有85,000公里以上的道路。羅馬人的建築技術和設計在18世紀末期以前一直處於領先地位。在19世紀早期，碎石路修建技術的發明提供了一種快速建造持久道路的方法，也開始利用瀝青和水泥。20世紀的機動車導致了限制通道的公路的產生，第一條公路在紐約市的公園道路（1925）。高速公路在1930年代也在義大利和德國產生。1950年代，美國連接各州的道路系統也在全國各主要城市間修建起來。

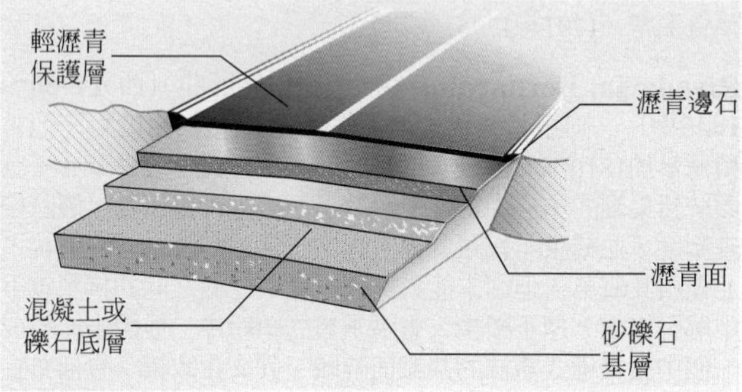

現代瀝青道路的組成。

roadrunner　走鵑　亦稱chaparral cock。杜鵑科兩種地棲杜鵑的統稱，分布於美國西南部和墨西哥荒漠區，尤指加州走鵑。體長約56公分，羽衣褐和白色相間，有條紋。羽冠短而蓬鬆。眼後皮膚裸露，藍紅相間。腿粗壯，淺藍色。尾長，凸形，向上翹。飛行笨拙且易疲乏，通常喜跑步。捕食昆蟲、蜥蜴和蛇，用結實的喙將其啄死，然後從頭部開始吞下。小走鵑產於墨西哥和中美洲，體稍小，毛色較黃，且條紋較少。

加州走鵑
Russ Kinne – Photo Researchers

Roanoke＊　洛亞諾克　美國維吉利亞州西部城市。濱臨洛亞諾克河，位於謝南多厄河谷南端。1740年始有人定居，1882年以後發展起來，成為鐵路交通樞紐，以及維吉利亞及西維吉利亞煤礦的出口港。1874年獲得特許狀，當時名為Big Lick鎮，1882年改名洛亞諾克，這是印第安語，意為貝殼錢幣。其製造業包括鐵道車輛、金屬和鋼鐵製品、服裝、化學藥品和家具。人口約96,000（1990）。

Roanoke Island　洛亞諾克島　美國北卡羅來納州近海島嶼。位於阿爾伯馬爾灣南面入口，長約19公里，寬5公里。是英國在北美的第一個居住點。其原始殖民者是1585年洛利領導的探險隊，他們在此僅停留了十個月。第二支隊伍在1587年到達該島，不久戴爾在此出世。1590年當一艘補給船到達該地時，所有的殖民者卻都消失不見了，他們的命運一直是個謎。美國南北戰爭時期，柏恩賽德領導的聯軍占領該島（1862）。該島現為度假勝地和住宅區。

Roanoke River　洛亞諾克河　美國維吉利亞州南部和卡羅來納州東北部河流。由西維吉利亞州的各汊流匯合而成，向東南流，注入北卡羅來納州阿爾伯馬爾灣，即大西洋，全長612公里。在維吉利亞和卡羅來納的邊界的正北方有丹河匯入，是其主要支流。從河口到北卡羅來納州韋爾登可通行小船。

roasting　烤　冶金學中，將礦石熔煉以提煉金屬的第一個步驟。礦石在大量空氣中被烤去水分，如果金屬礦石是一種硫化物，還需要將其轉爲氧化物。硫化物烤出的廢氣在以前是環境污染的主要污染源之一。

Rob Roy　羅布・羅伊（西元1671～1734年）　原名Robert MacGregor。蘇格蘭高地不法分子。他是麥格雷戈氏族首領的侄子，在確立已久的邊境區是個著名的牲畜偷盜和勒索者。1693年反麥格雷戈氏族的懲戒法再度實施後，他採用了坎貝爾這一姓氏，並常簽名爲羅布・羅伊（意爲「紅色強盜」，指的是他的一頭紅髮。他在1712年經濟情況不好後開始強盜生涯，並藉口防盜匪而向人強索保護費。1722年被捕後，於1727年獲得赦免。他在司各脫的小說《羅布・羅伊》中被描寫爲一名蘇格蘭的羅賓漢。

Robbe-Grillet, Alain＊　霍格里耶（西元1922年～）　法國作家。他曾接受統計員和農藝學的教育，後成爲一名作家和「新小說」（1950年代在法國出現的反小說）的主要理論學家。他的敘述沒有傳統的時間順序情節元素，主要由反覆出現的形象和重複的對話片段組成。作品包括小說《橡皮》（1953）、《妒》（1957）和《神靈》（1981）；散文《爭取新的小說》（1963）和散文集《鏡子中的群鬼》（1984）。他還是一名劇作家和電影導演，最好的媒體作品是《去年在馬倫巴》（1961）銀幕劇本。

robber fly　食蟲虻　亦稱assassin fly。食蟲虻科約4,000種會捕食的雙翅類昆蟲的統稱，分布全球。是雙翅類中最大的昆蟲，有些體長有8公分長。體多褐色而粗壯，像熊蜂。眼面大，在眼之間有剛毛。足長，能在飛行中捕食，在進食時用足把住食物，往捕獲物中注入液體以消化其肌肉。少數種類爲養蜂業的大害。

食蟲虻科昆蟲
William E. Ferguson

robbery　搶劫 ➠ theft

Robbia family, Della ➠ Della Robbia family

Robbins, Jerome　羅賓斯（西元1918～1998年）　美國舞蹈家、舞蹈編導和導演。1940年加入了芭蕾舞劇院（後來的美國芭蕾舞劇團），在《藍鬍子》和《羅密歐與茱麗葉》中進行了角色創作。他的第一部成功的芭蕾舞編導是伯恩斯坦的《自由的想像》，後成爲音樂劇《錦城春色》（1944）。之後，他又創作了很多成功的百老匯音樂劇和電影，包括《西城故事》（1957）、《吉普賽人》（1959）和《屋頂上的提琴手》（1964）。1949年加入紐約市芭蕾舞團，在1950～1959年間擔任導演助理，1969～1983年擔任常任舞蹈編導和芭蕾舞大師，並與馬丁斯合作導演直到1990年退休爲止。他的編導以現代、學院和美國式的流行舞蹈形式而著稱。

羅賓斯在《自由的想像》（1944）中劇照
Fred Fehl

Robert I　羅伯特一世（西元1274～1329年）　亦稱Robert the Bruce。蘇格蘭國王（1306～1329年在位）。雖然他是一名盎格魯－諾曼祖先，在英格蘭和蘇格蘭都有土地，卻和蘇格蘭人一起反對英格蘭並在華萊士領導下發動反抗。1306年在爭吵中刺死了對手後取得了蘇格蘭王位。他曾兩次被愛德華一世打敗（1306）並成爲流亡人，在愛爾蘭一個遙遠的小島上生活。一年後，羅伯特返回蘇格蘭開始召集支持者，並在1314年的班諾克本戰役中打敗愛德華二世。愛德華三世最終在1328年承認了他的王位並確定了蘇格蘭的獨立。

Robert II　羅伯特二世（西元1054?～1134年）　亦稱Robert Curthose。諾曼第公爵（1087～1106），威廉一世的長子，被認爲是其父的繼承人，但卻兩度遭到流放（約1077年和1082年）。羅伯特被流放到義大利，但在父親亡故後成爲公爵返回。他將諾曼第抵押給弟弟威廉二世，參加了第一次十字軍東征，在戰場上英勇作戰，協助奪取了耶路撒冷（1099）。他在亨利一世成爲國王後領導了一次失敗的對英侵略（1100）；之後亨利入侵諾曼第（1105～1106）並俘虜了羅伯特，他在監獄中度過了殘生。

Robert II　羅伯特二世（西元1316～1390年）　蘇格蘭國王（1371～1390年在位）。他是布魯斯羅伯特一世的孫子。在他的叔叔大衛二世被英格蘭人流放和監禁期間，他擔任攝政王的職位，並在1371年大衛去世後成爲了斯圖亞特家族的第一位國王以及斯圖亞特王室的創立人。他的統治時期並非英國的繁榮期，他對政治和軍事產生了極少的影響，在與英格蘭的持續戰爭（1378～1388）中表現遲鈍。他去世後的王位繼承問題成爲了他衆多的孩子（合法和私生的）以及其後代之間的爭端。

Robert III　羅伯特三世（西元1337?～1406年）　蘇格蘭國王（1390～1406年在位）。他先以父親羅伯特二世的名義統治（1384～1388），父親去世後繼承了王位。1388年因被馬踢成殘疾，他一直未能成爲英國眞正的君王。他的兄弟法夫伯爵羅伯特，即後來的奧爾巴尼公爵，在羅伯特二世晚年執政並在羅伯特三世掌權期間一直執政，期間只有三年的時間是由羅伯特三世的長子羅斯西公爵大衛來代替他的位置。羅伯特三世的另一個兒子成爲詹姆斯一世。

Robert Guiscard＊　羅伯特（西元1015?～1085年）　諾曼探險家和阿普利亞公爵（1059～1085）。他出生於一個諾曼騎士家庭，在南部義大利與其兄弟和同父異母兄弟會合，打敗了拜占庭人、倫巴底人和羅馬教宗（1053）並占領了阿普利亞。他和教宗聯合（1059）同意反對拜占庭，並將阿拉伯人逐出西西里。他的兄弟羅傑（後來的羅傑一世）幫助他占領了西西里和卡拉布里亞區，並在1076年取得了薩萊諾控制權，使之成爲了其公爵領地的一部分。羅伯特後來試圖奪取拜占庭王位未遂（1083），但返回義大利後協助打敗了教宗聖格列高利七世的敵對軍。

Robert-Houdin, Jean-Eugène＊　羅貝爾－胡迪（西元1805～1871年）　原名Jean- Eugène Robert。法國魔術師，被認爲是現代魔術之父。他曾受訓擔任鐘錶工人，但在皇宮劇院成爲一名魔術師（1845～1855），穿著晚禮服而不是普通的巫師服裝在空曠的舞台上進行表演。他用人們熟悉的事物來製造幻覺，然後用可信的解釋來說明其中的技巧。他是第一位使用電力的魔術師，揭露了利用超自然的解釋來說明其技藝的魔術師。他在1856年被法國政府派往阿爾及利亞模仿伊斯蘭教托缽僧的絕技以反抗他們的影響。

Roberts, Charles G(eorge) D(ouglas)　羅伯次（西元1860～1943年）　受封爲查爾斯爵士（Sir Charles）。加拿大詩人。他最初是一名教師和編輯，後在紐約市擔任記者，在多倫多定居前曾在英國倫敦居住。他最著名的詩歌是簡單的描寫家鄉伯倫瑞克和新斯科舍鄉村生活和風景的詩歌。出版過十二卷散文，包括《不同的心境》（1887）和《流浪的歲月》（1927）。他的散文包括表現他豐富的加拿大叢林生活知識的短篇小說，其中包括了《大地之謎》（1896）和《紅狐》（1905）。他被認爲是1867年聯邦後第一位表達民族感情的詩人。

Roberts, Oral　羅伯次（西元1918年～）　美國福音傳教士。生於奧克拉荷馬州的阿達附近，爲五旬節派傳教士之子，1935年皈依。曾在美國南方數個城鎮擔任牧師，並成立了自己的宗教團體五旬節派聖潔教會。羅伯次曾於奧克拉荷馬浸禮學院就讀（1943～1945），並以循道主義者之姿展露頭角。他宣稱可直接和上帝交談，1940年代晚期成爲以信仰治療人心的巡迴傳教士。歐羅．羅伯次福音協會以土耳沙爲據點，爲其他後繼者的母機構，該單位尚發行影片。羅伯次還以奢華的生活方式著稱，1950年代起他透過電台和電視將觸角伸向廣大群眾，1963年在土耳沙興辦歐羅．羅伯次大學，並擔任董事長，1990年代初期退休。

Roberts, Richard　羅伯次（西元1789～1864年）　英國發明家。他是一名未受過教育的威爾斯採石工，後與莫茲利一起工作並建立了自己的機械工具廠。他是金屬刨床的發明家之一，並對車床作出了重大改進。他的自動走錠紡紗機是紡紗技術上的一大革新。他還發明了一種螺絲車床、製造過齒輪切割機和打孔機、可裝配的鐵路機車、自動沖孔機和第一台成功的煤氣表。雖然據說他改進了所有他觸摸過的東西，但他並非一名精明的商人，最終在貧困中死去。

Robertson, Oscar (Palmer)　羅伯遜（西元1938年～）　美國籃球選手。生於田納西州的夏洛特，是辛辛那提大學的第一位非裔美人籃球員。作爲辛辛那提皇家隊的一員（1960～1969），「大O」（the Big O）兩度在得分、籃板和助功平均合計方面領先聯盟其他球員（1961～1962、1963～1964），1970～1974年加入密爾瓦基公鹿隊。生涯成績如下：26,710分，7,804個籃板，以及9,887次的助功。

Robertson, Pat　羅伯遜（西元1930年～）　原名Marion Gordon Robertson。美國福音傳教士。生於維吉尼亞州勒星頓，曾就讀於華盛頓與李大學，後來在海運公司任職，並獲耶魯大學法學學位。在皈依宗教後，羅伯遜至紐約神學院進修，1959年被指派爲南方浸信會牧師。1960年在維吉尼亞州的樸次茅斯開辦了美國第一個基督教電視台，並將之進而歸納爲基督教廣播網之一，該台主力是羅伯遜的脫口秀《700俱樂部》。1988年羅伯遜參與角逐共和黨的總統候選人的提名；1989年成立基督教聯盟，爲一保守政治團體，在美國形成一股強大的影響力。

Roberval, Jean-François de La Rocque, sieur (Lord) de＊　羅貝瓦爾（西元1500?～1560/1561年）　加拿大的法國殖民者。他是法蘭西斯一世宮廷的一名成員，被任命爲早期由卡蒂埃發現的北美領地的陸軍總督，派往管理該地區。他在1542年到達了卡蒂埃在魯日角的前總部，今魁北克附近。卡蒂埃原本應該擔任他的嚮導，但卻在1541年離開。在寒冬後，他們建立殖民地的嘗試失敗，羅貝瓦爾返回了法國。

Robeson, Paul (Bustill)＊　羅伯遜（西元1898～1976年）　美國歌唱家、演員和社會活動家。父親曾是一名奴隸，後成爲了牧師，母親是貴格會信徒。他曾就讀於卡蒂埃大學，成爲了全美足球運動員。作爲全班佼佼者畢業後，他在哥倫比亞大學攻讀法律學位。由於黑人沒有機會讀法律，他轉向戲劇舞台發展，參加了包括歐尼爾在內的一個劇團，並在他的《上帝的兒女都有翅膀》（1924）和《瓊斯皇帝》（1924；電影1933年）中演出，在紐約和倫敦都取得了成功。羅伯遜良好的男低音和中音因在《畫舫璇宮》（1928）中演唱〈老人河〉而聞名世界。他在《奧賽羅》中扮演的角色在倫敦（1930）和百老匯（1943）取得了很高的讚譽。1934年訪問蘇聯，成爲左翼分子，並繼續他的演出生涯。因拒絕退出共產黨，其護照在1950年被沒收。因在美國遭到惡意的排擠，便離開了美國旅居歐洲，並在蘇聯集團的國家中旅行，但在1963年因健康問題返回美國。

Robeson Channel＊　羅伯遜海峽　連接巴芬灣和北冰洋的最北端水道。該海峽位於埃爾米斯島和格陵蘭島西北部之間，從霍爾盆地向北延伸80公里到達林肯海。在夏季有短暫的時間可以通航。

Robespierre, Maximilien (François-Marie-Isidore) de＊　羅伯斯比爾（西元1758～1794年）　法國革命者。他曾是阿拉斯的成功律師（1781～1789），後被選舉入國會（1789），成爲了一名支援個人權利的臭名昭著的激進代言人。他在國民公會中成爲了山岳派領導人。在通過判處路易十六世死刑後，他領導了雅各賓派（參閱Jacobin Club）和救國委員會（1793）展開恐怖統治，在此期間作爲法國獨裁者，他將從前的朋友如丹敦等人處決。雖然他曾在早期支持巴黎人民，後者還將他稱爲「清廉的人」，但他最終還是失去領導地位並在熱月反動中被推上了斷頭台。他常常被認爲是一名暴力的獨裁者，但後來其減輕不平等和全民工作保障的社會理想受到重視。

robin　鴝　鶇科兩種鶇的統稱。美洲鶇體長25公分，上體灰褐色，胸赭色，居住於落葉林中，有時則居於城鎮中。以蚯蚓、昆蟲和漿果爲食。歐洲鴝（亦稱紅胸鴝）繁殖遍布歐洲、西亞和部分北非地區。體長14公分，上體橄欖褐色，腹白色，面和胸赭橙色。

Robin Hood　羅賓漢　英國傳奇中的犯罪分子。他是14世紀民謠的主角，是搶劫和殺死地主和政府官員並將所得分給窮人的反叛者。他對婦女和普通人很謙恭，無視限制森林狩獵的法律。他最大的敵人是諾丁罕的郡長。這些民謠起源自1381年農民起義中的土地拓荒造成的動盪局勢。羅賓漢的存在沒有歷史依據，雖然後來的傳統認爲他生活在約翰王時期。在中世紀後的民謠和故事中，他是一個失去土地後在雪伍德森林隱居的貴族。他周圍的人還包括小約翰和塔克修士，他的愛人是瑪麗安。

Robinson, Bill　羅賓遜（西元1878～1949年）　原名Luther Robinson。亦稱Bojangles。美國踢躂舞明星。培養了很出色的踢躂舞技巧。他是白人歌舞雜耍表演中第一位黑人演員，後來成爲了齊格飛活報劇中的首名黑人演員。他曾在美國多數領先的劇院和夜總會中演出，也曾參與電影演出，尤其是與鄧波兒一起演出的四部電影和全部由黑人演出的《暴風雨天氣》（1943）。在他演出生涯的六十週年慶典上，紐約市長宣布那天爲「比爾．羅賓遜日」，在他去世時英國王室和白宮均表達哀悼之意。亦請參閱tap dance。

Robinson, Edward G. 羅賓遜（西元1893～1973年） 原名伊曼紐爾・戈登伯格（Emmanuel Goldenberg）。羅馬尼亞出生的美國電影演員。成長於紐約的下東區。靠獎學金進入美國戲劇表演藝術學院學習。在出現有聲電影以前，他主要從事舞台表演。因在《小凱撒》（1931）中扮演幫派老大一角而名聲大震，此後便經常出演強悍的角色和罪犯。之後的電影作品包括《北非海岸》（1935）、《雙重賠償》（1944）、《窗戶中的女人》（1944）、《鮮紅的街道》（1945）、《我的兒子們》（1948）、《蓋世梟雄》（1948）以及《辛辛那提的孩子》（1965）。死後，於1973年授予奧斯卡榮譽獎。

Robinson, Edwin Arlington 羅賓遜（西元1869～1935年） 美國詩人。曾在哈佛大學學習，但時間不長。在詩作受到人們注意之前，他一直忍受著窮困潦倒的生活。最有名的作品為戲劇化的短詩，這些詩描寫的是新英格蘭一個小村莊裡的村民的悲慘生活和不幸遭遇，包括〈理查・科里〉和〈米尼弗・奇維〉。他的作品集有《夜之子》（1897）、《天邊人影》（1916）和《詩選集》（1921，獲普立茲獎）。也創作敘事長詩，包括《梅林》（1917）、《蘭斯洛特》（1920）、《死過兩次的人》（1924，獲普立茲獎）、《特里斯丹》（1927，獲普立茲獎）以及《阿馬蘭思》（1934）。

Robinson, Frank 羅賓遜（西元1935年～） 美國職業棒球選手，第一位大聯盟棒球隊黑人經理。主要在辛辛那提紅人隊（1956～1965）和巴爾的摩金鶯隊（1966～1971）。1966年獲「三冠王」：全壘打王（49支）、打點王（122分和打擊王（打擊率.316）。後來先後擔任克利夫蘭印第安人隊（1975～1977）、舊金山巨人隊（1981～1984）和巴爾的摩金鶯隊（1988～1991）等球隊的經理。

Robinson, Henry Peach 羅賓遜（西元1830～1901年） 英國攝影家。在厭倦了畫肖像畫以後，開始從事「高尚藝術」攝影。他的攝影作品模仿當時流行的用於表現軼事的繪畫，方法就是把幾張負片部分重疊在一起（「結合式印刷」）。《消逝》（1858）這張照片便由五張不同的負片巧妙印成，表現了一名年輕女子在悲傷的家人的陪伴下平靜死去的場景。他應用穿戴整齊的模特來拍攝其工作室內田園般的布景。他撰寫的攝影中的圖示效果（1869）在幾十年中都是攝影實踐方面最有影響力的英文著作。

Robinson, Jackie 羅賓遜（西元1919～1972年） 原名Jack Roosevelt。美國棒球選手。美國棒球大聯盟中第一名黑人運動員。在Pasadena Junior College和加州大學洛杉磯分校就讀時，就已是好幾個運動專案的優秀運動員，之後為幫助母親照料家庭而輟學。第二次世界大戰期間，曾在軍中任少尉。曾在黑人聯盟中為堪薩斯州的City Monarchs棒球隊效力，之後透過里基與布魯克林道奇隊簽約（1945～1946）。1947年入選大聯盟，入選初期，他不失尊嚴的忍受著針對他的惡意。但他很快便取得了成功，盜壘數居國家聯盟之首，還當選為年度最佳新人。反對者的聲音也隨之沈寂。1949年以0.342的打擊率贏得打擊王，當選為全聯盟最有價值球員。1956年從道奇隊退役。生涯平均打擊率為0.311。在晚年積極支援為美國黑人爭取公民權利的事業。

羅賓遜，攝於1946年
UPI

Robinson, James Harvey 羅賓遜（西元1863～1936年） 美國歷史學家。在弗賴堡大學獲博士學位，之後回到美國教歐洲史，主要是在哥倫比亞大學（1895～1919）。1921年出版《新史學》，提倡應將社會科學應用於史學研究，並提出一個具有爭議性的觀點，即研究過去主要是為改進現在服務。其他著作包括《發育期的心智》（1921）和幾本有影響力的教科書，如《現代歐洲的發展》（1907～1908，與比爾德合著）。

Robinson, Joan (Violet) 羅賓遜（西元1903～1983年） 原名Joan (Violet) Maurice。英國女經濟學家。1931～1971年在劍橋大學任教。參與發展凱因斯理論，1933年發表《不完全競爭經濟學》一書，受到廣泛注意。在該書中她主要分析了分配問題，還特別就剝削（參閱monopolistic competition）這一概念進行了闡述。1940年代開始將馬克思主義的一些思想引入其著作。由於提出非正統的觀念，並對非資本主義國家抱有同情－－包括中國，曾寫過三本關於中國的書籍－－在整個職業生涯中都被捲入論戰之中。

Robinson, Mary 羅賓遜（西元1944年～） 原名瑪麗・柏克（Mary Bourke）。愛爾蘭政治家，以及第一位愛爾蘭女總統（1990～1997）。在都柏林大學取得法學士學位，並成為執業律師（1969～1975），後來當選愛爾蘭參議員，並加入勞工黨。1990年多個政黨聯合推舉她參加總統大選，結果以些微差距險勝原被看好的共和黨候選人。1997年她被任命為聯合國人權事務高級專員。

Robinson, Smokey 羅賓遜（西元1940年～） 原名William Robinson。美國歌手及作曲家，摩城唱片公司歷史的代表人物。生於底特律，高中時就組樂團。如同奇蹟降臨一般，他們發表了第一支單曲，由戈迪製作，這位製作人在很短時間內創立了摩城唱片公司。摩城唱片的第一支代表作是〈四處尋找〉（1961），接著推出〈你眞的抓住我了〉、〈我贊成那份感情〉以及〈我的淚痕〉；羅賓遜也寫了其他摩城唱片代表作，如誘惑合唱團的〈我的女人〉以及瑪麗・威爾斯的〈我的男人〉。1972年成為摩城唱片董事長，這段期間他單獨演出。1987年入選搖滾樂名人堂。

Robinson, Sugar Ray 羅賓遜（西元1921～1989年） 原名Walker Smith, Jr.。美國職業拳擊手。其拳擊生涯開始於在紐約度過的高中時代。曾在89場業餘比賽中保持不敗。六次獲世界冠軍，其中一次為次中量級（147磅）冠軍（1946～1951），五次次重量級（160磅）冠軍（1951～1960）。共參加201場職業拳擊賽，109次擊倒對手。只輸過十九次，大都是在四十歲以後。他出色的能力和光輝的人格使他成為全世界拳擊迷心中的英雄。有時被認為是歷史上最優秀的拳擊手。

robot 機器人 用來代替人力工作的機械裝置，但看上去並不一定像人，也不一定以人的方式來行事。機器人這個名字源於恰彼克所創作的劇本《R.U.R.》（1920）。1960年代之後，在微電子技術和電腦技術方面所取得的主要進展，使得機器人技術有了顯著進步。今日，先進的、能出色完成任務的機器人被用於汽車製造和太空船裝備等領域。電子公司把機器人和別的受電腦操縱的裝置一同使用，以區分和檢測成品。

robotics 機器人學 設計、製造並使用機器（機器人）執行原本由人類進行的工作。機器人廣泛用於工業，例如汽車製造過程中單調重複的工作，以及必須暴露在對人類有害環境的工作。機器人學在許多方面包括人工智慧；機器人可能配備與人類感官相當的裝置，像是視覺、觸覺與感應溫度的能力。有些甚至能做簡單的決策，現行的機器人學研究準備設計具有自給自足程度的機器人，容許在無結構的環境具有機動和決策能力。現今的工業機器人外貌並不像人類；人類形態的機器人特稱爲人形機器人。

Roca, Cape＊ 羅卡角 葡萄牙的一處海角，位於歐洲大陸最西端。在大西洋海岸，里斯本西北方。羅馬人稱爲普羅蒙托里烏瑪農，羅卡角是一個狹窄的花崗岩懸崖，海拔144公尺，形成辛特拉山脈的最西端。

rocaille＊ 羅卡爾 18世紀西方建築及裝飾藝術風格，以精仿殼狀、岩石狀以及花朵，蕨類植物和漩形之紋樣爲其特色。由於這些源於人工洞穴的奇異的貝殼裝飾品最初是由國王指定製造的，因此羅卡爾也成爲路易十五世風格的代名詞。多見於小型家具和鼻煙盒之類的個人物品。「洛可可」一詞便是「羅卡爾」和「巴洛克」兩詞的結合。

Rochambeau, comte (Count) de＊ 羅尚博伯爵（西元1725～1807年） 原名Jean-Baptiste-Donatien de Vimeur。法軍將領。曾參加奧地利王位繼承戰爭，1761年升爲陸軍准將。1780年奉命率領約6,000名法軍與美國革命中的大陸軍聯合。在等不到法國海軍支援的情況下，他次年在紐約州的懷特平原與華盛頓將軍的部隊會師，並迅速同抵約克鎮。他們在約克鎮戰勝英軍，並迫使其投降。1783年返回法國，在法國大革命期間指揮北方軍團作戰，後成爲法軍元帥。

Roche, (Eamonn) Kevin＊ 羅切（西元1922年～） 愛爾蘭裔美國建築師。師從密斯・范・德・羅厄學習建築，是沙里寧的主要設計合作者（1954～1961），後與丁克盧（1918～1981）合作，完成了杜勒斯國際機場大樓（1962）和聖路易圓拱門（1965）。1966年兩人創辦了自己的建築事務所。羅切的設計風格與沙里寧的風格有幾分相似，但卻採用更加簡潔的幾何形狀。著名的設計有：紐約市的福特基金會總部（1968），紐約州拉伊的通用食品公司總部（1977）和巴黎城外的布伊格世界總部（1983）。羅切於1982年獲普立茲克建築獎。

Roche, Mazo de la ➠ de la Roche, Mazo

Roche limit＊ 洛希極限 一顆大衛星在不被行星潮汐力瓦解的條件下能靠近行星的最短距離。若衛星和行星的化學組成相同，則理論上的極限値約爲較大星體半徑的2.5倍。土星環系中的有些環就是位於洛希極限內，它們可能是一瓦解了的衛星的碎片。這一極限是由洛希於1850年首先計算出來的。

O P Q R

Rochefoucauld, duc de La ➠ La Rochefoucauld, Francois VI, Duke de

Rochester 羅契斯特 美國紐約州西北部城市及港口。建立於1811年，1834年設市。伊利運河及鐵路網的建成使該城成爲一新興城鎭。是瑪格麗特・福克斯和凱特・福克斯的家鄉，這兩位唯心論者在1840年代以她們被稱之爲「羅契斯特靈之聲」的降神會引起了全世界的關注。1847年道格拉斯在這裡發行了反奴隸制的報紙，此地也是地下鐵道的終點。1866～1906年安東尼生活在此。1890年代伊士曼在這裡發明了照相設備。該城的製造業仍包括相機和其他照相設備的生產。這裡是文化和教育中心，也是羅契斯特大學、伊士曼音樂學院和羅契斯特理工學院的所在地。人口約222,000（1996）。

Rochester, Earl of 羅契斯特伯爵（西元1647～1680年） 原名John Wilmot。英國宮廷才子、詩人。王政復辟時期宮廷中聲名狼藉的放蕩之人，同時也是宮廷中最優秀的詩人及英國諷刺詩的重要奠基人之一。在《對人類的諷刺》（1675）中，他透過將人類的背信棄義和動物界的本能智慧作對比，嚴厲譴責了唯理主義和樂觀主義。〈呆笨者的歷史〉（1676）深刻猛烈抨擊了查理二世的政府。1680年身患疾病，在宗教信仰上有所轉變，於是拋棄過去，命人燒毀其「褻瀆而淫蕩的作品」。唯一的戲劇作品是《瓦倫泰尼安》（1685）。

Rochester, University of 羅契斯特大學 私立大學，位於紐約州羅契斯特，創辦於1850年。設有藝術暨科學、工程暨應用科學、音樂（伊士曼音樂學院）、商業管理、教育暨人力發展等學院。另有一所醫學中心，下設醫學、牙醫、護理等學院。重要研究機構另有道格拉斯非洲裔與亞非裔研究所，現有學生人數約8,400人。

rock 岩石 地質學中指天然存在的由多種礦物黏結起來的集合體。岩石按其形成過程分三大類：火成岩、沈積岩和變質岩。這三類岩石根據不同因素又可細分爲許多類別，其中最重要的因素是化學成分、礦物成分和結構構造特徵（例如酸性和鹼性岩石、結晶岩、噴出岩）。亦請參閱felsic rock、intrusive rock、mafic rock。

rock art 岩畫藝術 古代或史前時代在石頭上記錄、作畫或其他類似事情。岩畫藝術包括岩畫（pictograph，畫或塗上去）、岩雕（petroglyph，刻上去或鑿入）、鐫刻（engraving，用尖石刺入）、岩石形狀（petroform，石頭呈現一種模群擺設）以及寶石雕刻（geoglyph，地底雕刻）。這些關於古代動物，工具以及人類行爲的描繪幫助我們一窺遠古的日常生活，即使圖樣經常是象徵性的。有時某個地區的岩畫遺跡可以流傳超過好幾世紀。岩畫藝術也在史前宗教扮演重要角色，可能與古代神話或薩滿的行爲有關。重要的岩畫遺跡可見於南非、歐洲、北非以及澳洲。

rock crystal 水晶 矽氧礦物石英的透明變種。由於它的透明度和完全無色或無裂紋而被人珍視。水晶以前被廣泛地拿來作雕琢之用，但是現在已被玻璃和塑膠代替；萊茵石最初就是在萊茵河中發現的石英卵石。水晶的光學性質使它被用作透鏡和棱鏡，其壓電性（參閱piezoelectricity）則被用來控制電路的振盪。

rock glacier 石流 見於高山森林邊界線以上的、順山谷緩慢下移的、由粗大岩石碎塊構成的舌狀體。岩石物質往往是從穀壁上墜落的，並且可能含有巨礫，和在眞正冰川末端上留下的物質很相似。一個石流可以有30公尺厚，將近1.5公里長。

rock music 搖滾樂 亦作rock and roll。出現在美國的音樂風格，從1950年代中期開始最後成爲流行全世界的音樂強項。雖然搖滾樂使用許多不同樂器，但基本的配備是一個或多個人聲、一把擴音電吉他（包括貝斯、節奏器和導線）以及鼓。一開始的形式很簡單，以厚重的、舞蹈取向的節奏，不複雜的旋律與和弦，以及抒情輕快的和音反映聽衆關心的主題－－年輕人的愛情、青春期的壓力、汽車。搖滾的源頭基本上是節奏藍調而非鄉村音樂或其他音樂風格；不論是節奏藍調或鄉村音樂，1950年代初期過後就不再是流行音樂的主流，直到克立夫蘭的DJ 佛瑞得（1921～1965）推出結合節奏與藍調的音樂節目以前，音樂基本上只演奏給黑人聽衆聆聽。佛瑞得節目的成功，使他稱呼（即使不是發明）他的音樂爲搖滾樂這一名詞成爲潮流。1955～1956年間這種由查克貝里、哈利和他的彗星樂團，以及特別是艾維斯普里斯萊表演的快節奏、情緒高昂的音樂，在當時已成長爲青春期的美國戰後嬰兒潮中掀起狂波巨瀾，創造了大產業。1960年代，在多種影響的綜合之下，搖滾樂從輕柔及機械化形式脫胎換骨。在英國，搖滾樂發展得比較晚，當披頭合唱團和滾石合唱團以他們早期的新鮮風格在美國獲得巨大迴響，英國成長中的新世代渾然不知新的巨星已經誕生。同時，巴布狄倫和其他美國歌手也發展出民謠搖滾，一種結合搖滾、傳統民謠和詩的音樂，年輕的音樂人開始觸及政治與社會議題。如亞伯樂團、傑佛遜飛機以及門合唱團（參閱Morrison, Jim）以抒情曲風加上精湛技巧，其經典畫面就是個人超長獨奏，還有珍妮絲賈普林以及吉米罕醉克斯在傳統的節奏藍調中融入精心設計的異國風味都帶動了許多跟隨者。1970年代早期出現能寫能唱的歌手如艾爾頓強、大衛鮑伊以及布魯斯史賓斯汀，搖滾樂進一步吸收其他音樂風格而有流行搖滾，爵士搖滾以及龐克搖滾的誕生。1980年代，音樂錄影帶的出現使搖滾樂更形完備，每一支流行單曲都拍攝了音樂錄影帶。

Rock River　羅克河　美國中北部河流。源出威斯康辛州東南部，流經伊利諾州的西北角，並在該州岩島匯入密西西比河。全長480公里。下游兩岸窪地春季易受洪水災害，需建堤保護。

Rockefeller, David　洛克斐勒（西元1915年～）　美國銀行家和慈善家。約翰·洛克斐勒的孫子，納爾遜·洛克斐勒的弟弟。在芝加哥大學獲博士學位，並在第二次世界大戰期間服役。1946年入紐約大通銀行工作，1952年升任高級副總經理。後將曼哈頓銀行合併，成立大通曼哈頓公司。1969～1981年任該銀行董事長。

Rockefeller, John D(avison)　洛克斐勒（西元1839～1937年）　美國實業家、慈善家。1853年隨家遷往克利夫蘭。於1859年開設經營乾草、穀物、肉類及其他貨物的代辦所。1863年建立煉油廠，並使其很快成爲當地最大的煉油廠。1870年與人合辦俄亥俄標準石油公司和托拉斯。他通過收買競爭對手的全部產權，實現了對克利夫蘭（1872）乃至後來對全美煉油業（1882）的控制。發行公司股票，並在其他州設立分支機構，這些機構一律受董事會監管。在美國建立起第一家主要的信託公司。後因反托拉斯訴訟，而將信託公司改組爲控股公司。1890年代，開始將注意力轉向慈善事業，先後建立了芝加哥大學（1892），洛克斐勒醫學研究所（1901，後來的洛克斐勒大學）以及洛克斐勒基金會洛克斐勒基金會（1913）。生前捐款逾五億美元。其子洛克斐勒（1874～1960）以及其他子孫將他的慈善事業延續下去。

Rockefeller, Nelson (Aldrich)　洛克斐勒（西元1908～1979年）　美國政治人物。約翰·洛克斐勒之孫。曾在幾家家族企業中任職，包括克里奧爾石油公司（1935～1940）。先後出任國務院美洲事務協調人（1940～1944）和助理國務卿（1944～1945）。1953～1955年任衛生、教育和福利部副部長。1959～1973年任紐約州州長期間，負責擴充州的財政、文化以及教育政策。1964年和1968年兩次參加總統競選，但其自由主義觀點遭到保守派的反對。在福特任總統期間出任副總統（1974～1977）。是一位重要的藝術資助人，建立了原始藝術博物館（後來被併入大都會藝術博物館）。

Rockefeller Center　洛克斐勒中心　美國紐約市曼哈頓中間區由十四棟石灰岩大樓組成的建築，占地5公頃，1929～1940年間建造。由以荷夫邁斯特、科貝特、胡德和哈里森爲首的建築師小組設計。使木貼面、壁畫、鑲嵌細工、雕刻、金屬裝飾和其他各種藝術形式與建築渾然一體。內部的裝飾藝術以無線電城市音樂廳（1932）而聞名。

Rockefeller Foundation　洛克斐勒基金會　美國慈善團體。1913年由洛克斐勒捐贈設立，宗旨爲減緩全世界人類之苦痛。洛克斐勒將很多基金會活動交由他的兒子小洛克斐勒協助處理，該基金會贊助醫學研究及教育，並提供研究補助及獎學金給許多計畫案，包括社會科學、農業、全球環境研究，以及有關民主和國際慈善事業等議題。

Rockefeller University　洛克斐勒大學　紐約私立大學，致力於生物醫學之研究及研究所教育。1901年由洛克斐勒創立，1954年隸屬紐約州立大學。學校爲少數天才學生（約125人）免費提供進階教育及研究機會。洛克斐勒大學的畢業生及教職員中，已有十五位榮獲諾貝爾獎。

rocket　火箭　以固體或液體推進劑爲燃燒提供燃料和氧化劑的噴射推進裝置。火箭一詞通常也指由上述推進裝置提供動力的各種運載工具，包括煙花焰火、導彈、太空船和運載火箭。一般來說，熱氣流以極高的速度向後噴出（參閱Newton's laws of motion），其反作用力就產生了推力（即向前運動）。最普通的火箭類型是用固體或液體的化學推進劑作燃料。燃燒產生的熱氣流通過火箭尾部的噴嘴噴射出來。

rocket　黃花南芥菜 ➟ arugula -

rockfish　岩魚　亦稱石魚（stonefish）。鮋科幾種魚類的統稱，包括蓑鮋、鱸鮋和斑馬魚。在北美地區也指蔭魚科的東部蔭魚，一種生活於冷水泥底池塘、湖泊和溪流的生命力較強的魚類，常把身體（首先是尾巴）埋在爛泥中，常被拿來當作釣餌用。

Rockford　洛克福　美國伊利諾州北部城市（1996年人口約144,000）。臨羅克河。伊利諾州第二大城市，1834年由新英格蘭人創建。最初名爲米德韋（Midway）。因河對面的淺灘而被改名爲洛克福。1852年設市。1844年興建的水壩提供的水力使其發展成爲農業區中部的製造業中心。該地的主要產品包括機床、五金器具、農具、家具和種子等。

Rockingham, Marquess of　羅京安侯爵（西元1730～1782年）　原名Charles Watson-Wentworth。英國政治人物。1751～1762年任喬治二世和喬治三世的近侍。1765年7月喬治三世任命他爲首相。他在撤銷「印花稅法」之後，又頒布了聲明法案。1766年他的內閣由於內部矛盾而垮台。他和柏克在國會中領導一個強大的反對派，爲美殖民地爭取獨立。在第二次曇花一現的內閣期間（1782），他開始爲愛爾蘭議會與美洲殖民地人民進行和平談判。

Rockne, Knute (Kenneth) *　羅克尼（西元1888～1931年）　挪威出生的美國美式足球教練。他使聖母大學校隊成爲一支主要的美式足球球隊。1893年隨家遷往芝加哥。他參加田徑，並在聖母大學美式足球隊任邊鋒。在他加入的傳球組合中使得向前傳球成爲主要的進攻方式。後來在多個職業球隊打邊鋒。退役之後，先後任聖母大學校隊的助理教練（1914～1918）和主教練（1919～1932）。在13個球季中，他率領的「戰鬥愛爾蘭隊」贏得105場比賽，輸12場，5場平手。羅克尼訓練出吉普和名爲四騎手的著名球員。他活潑的個性使公眾對他充滿想像。

Rockwell, Norman　洛克威爾（西元1894～1978年）　美國插圖畫家。曾在藝術學生聯合會學習。十七歲時，以自由投稿人身分得到第一份訂單。1916～1963年間爲《星期六晚郵報》繪製了317幅封面。他所描繪的主題大多是理想化的小鎮和家庭生活，且常以幽默的手法處理。第二次世界大戰期間，由他繪製的《四大自由》，被戰時新聞署複製成海報廣為散發。其作品雖受大衆喜愛，但卻常常被評論家所摒棄。在職業生涯後期，轉向創作較為嚴肅的題材（比如為《瞭望雜誌》繪製的一系列有關種族問題的作品），也開始受到更加嚴肅的關注。他遭到批判的名聲在1990年代獲得了肯定的評價。

Rocky Mountain goat ➠ mountain goat

Rocky Mountain National Park　落磯山國家公園　美國科羅拉多州中北部的國家公園，1915年建立。位於落磯山脈前嶺山區，面積106,109公頃。境內多海拔逾3,000公尺的山峰，其中朗斯峰海拔4,345公尺。除高山外，還有寬闊的山谷和高山湖泊。公園高處的凍土地帶為被低緯度植物包圍的北極植物島狀帶。動物有大角羊、鹿、山獅及各種鳥類。

Rocky Mountain spotted fever　落磯山斑點熱　立氏立克次體（參閱rickettsia）引起的症狀似斑疹傷寒的疾病，透過各種蜱傳染，在落磯山地區被首次發現。重症病例的皮疹往往為出血性。尤其容易出現在腕踝部。中樞神經系統受累會導致煩燥不安、失眠和譫妄。症狀可由衰竭發展為昏迷，然後有可能在一周或稍長時間內死亡。死亡率隨年齡增加而上升。恢復過程緩慢，但通常會在視力障礙、耳聾、精神錯亂等現象消失後完全康復。即時使用抗生素治療可大大縮短病程並降低死亡率。預防方法主要是穿淺色長衣服來防止被蜱叮咬，使用驅蟲劑，並檢查有無蜱存在。疫苗在一定程度上降低了受感染率，而且大大降低了死亡率。

Rocky Mountains　落磯山脈　亦稱Rockies。北美洲西北部山脈。由墨西哥邊境經美國西部和加拿大延伸至北冰洋，全長約4,800公里。落磯山脈在美國境內的最高峰為科羅拉多州的埃爾伯特山，海拔4,399公尺；加拿大境內的最高峰為不列顛哥倫比亞省的落布森山，海拔3,954公尺。位於落磯山脈內的大陸分水嶺割斷了東西流向的河流。野生動物有灰色大熊、大黑熊、麋鹿、大角羊和美洲豹。這一地區有富饒的銅、鐵、銀、金、鉛、鋅以及磷酸鹽、鉀鹼、石膏等礦藏。落磯山國家公園、黃石國家公園和大堤頓國家公園為主要的遊樂設施。

Rococo style＊　洛可可風格　亦稱後期巴洛克風格（Late Baroque）。18世紀早期發源於巴黎的室內設計、裝飾藝術、繪畫、建築和雕刻風格。洛可可一詞衍生自法文rocaille，原指用來裝飾人造岩穴的表面覆以貝殼的岩堆。與路易十四世時期拙重的官式巴洛克風格不同，洛可可風格表現為明亮、雅致，裝飾精巧。牆壁，天花板以及裝飾嵌線以交錯的曲線以及貝殼表面或其他天然物品表面的S或C形的反向曲線為特徵。中國圖案也被用於洛可可風格（參閱chinoiserie）。洛可可繪畫的特徵是，用自在的手法來表現神話和求愛主題，畫法精緻，色彩美麗。著名的實踐者包括華托、布歇和弗拉戈納爾。該風格遍及法國和其他國家，主要是德國和奧地利。德國境內最精美的洛可可風格之作是由諾伊曼設計的位於十四聖徒修道院的教堂。

Rodchenko, Aleksandr (Mikhailovich)＊　羅琴科（西元1891～1956年）　俄羅斯畫家、雕刻家、設計師和攝影家。最初他使用直尺和圓規作出一種完全抽象和高度幾何的畫風。他的一系列「黑上之黑」幾何畫作（1916）是對馬列維奇的畫作《白上之白》的直接回應。在塔特林的影響下，羅琴科於1919年開始製作三度空間的懸掛體，這些作品實際上是一些活動裝置。為構成主義運動（該運動旨在創作與工人日常生活相適的作品）的領導者，他放棄畫架，接受其他的藝術形式，包括攝影、書籍、家具以及設計。他在攝影方面進行的照明革新影響了愛森斯坦。1930年代重新開始畫架繪畫。

Roddenberry, Gene　羅登貝里（西元1921～1991年）　美國電視及電影製作人。生於德州厄爾巴索，在成為電視影集《搜索令》及《基爾代爾博士》的編劇之前，曾當過船員（1945～1949）及警察（1949～1953）。他創造了《星際爭霸戰》系列影集，並從1966年擔任該劇製作直到1969年該劇結束；後來他重新發展該系列，造就了許多被封為「星艦迷」（Trekkies）的崇拜者。他製作了六部《星艦奇航記》系列電影，並從1987年開始製作電視影集《星艦奇航之銀河飛龍》。

rodent　齧齒類　齧齒目所有動物的統稱，種的數目約為現存哺乳類的一半。齧齒類是啃咬動物，多數為草食性有胎盤哺乳動物。上、下顎各有一對切牙，這些牙終生生長。當下顎拉向後時，頰牙相觸以磨碎食物；當顎拉向前、拉向下時，則大對的上、下切牙頂端相遇以啃咬。齧齒類包括以下數科：松鼠（松鼠科）；舊大陸小鼠（參閱mouse）和大鼠（鼠科）；麋鼠、沙鼠、倉鼠、旅鼠、麝鼠、林鼠和田鼠（倉鼠科）；河貍（河貍科）；囊地鼠（囊鼠科）；豚鼠（豚鼠科）；小囊鼠（參閱pocket mouse）、更格盧鼠和鼠（更格盧鼠科）新、舊大陸豪豬（美洲豪豬科和豪豬科）；和烏提亞硬毛鼠（硬毛鼠科）。

rodeo　牛仔騎術競技　競賽性質或表現性質的公開表演，內容包括騎野馬，套牛，與閹牛摔跤以及騎公牛。起源於19世紀中期牛仔間舉行的非正式的競技比賽。丹佛向來被認為是需付費觀賞的牛仔騎術競技的發源地，這一做法在該地開始於1887年。延續至今的最古老的一年一度的表演是在懷俄明州夏延舉行的騎術競技（始於1897年）。在套牛和與牛摔跤中，競爭者都試圖在盡可能短的時間內將動物摔倒。在騎術表演中，競爭者要盡可能長的停留在馬背上，並根據其風度，對馬的控制和其他方面來被評分。

Rodgers, Jimmie　羅傑斯（西元1897～1933年）　原名James Charles Rodgers。美國鄉村音樂歌手及吉他手。生於密西西比州梅里迪安，十四歲便離開學校到火車上工作，以一個「唱歌的鐵路員」傳奇生涯為人所知。在火車上工作期間學會了吉他及班卓琴，也從黑人工作夥伴身上學到藍調技巧，最終創造出他獨特的唱腔——傳統勞動、藍調、流浪漢、牛仔歌曲的融合，以及他的註冊商標「藍調約德爾」（blue yodel）。1924年左右他的肺結核病情使他無法繼續在火車上工作；他開始表演，並很快成為唱片銷售最佳歌手，他也是第一個鄉村音樂明星。灌錄超過110張唱片，其中包括〈藍調約德爾第一集〉以及〈密西西比河藍調〉。三十五歲去世。是首位三度選入鄉村音樂名人堂的歌手之一。

Rodgers, Richard　羅傑斯（西元1902～1979年）　美國作曲家，是在音樂劇方面最偉大的人物之一。在哥倫比亞大學求學，在這裡他結識了哈特，後來在音樂藝術學院學習作曲。與哈特共同創作的第一部成功之作是輕鬆歌劇《加立克的狂歡》（1925）。他們合作創作的喜劇《準備行動》（1936）以及爵士芭蕾舞《第10街上的屠殺》，使嚴肅舞蹈成為音樂喜劇中必不可少的組成部分。其他合作作品還有《懷中佳麗》（1937）、《雪城的小夥子》（1938）和《好夥伴宙伊》（1940），後者於1952年再度上演時，獲得巨大成功。哈特去世之後，羅傑斯開始與漢莫斯坦合作。他們創作的《奧克拉荷馬》（1943，獲普立茲獎）在百老匯上演2,248場，在當時創下記錄。在二人長達十七年的合作中，創作了包括《南太平洋》（1949）《國王與我》（1951）和《眞善美》（1959）等成功劇本。成為美國音樂劇歷史最前列的搭檔。

Rodin, (François-)Auguste (René)＊ 羅丹（西元1840～1917年） 法國雕刻家。早年經濟上破產，又一再被修飾藝術派Ecole拒之門外，他只能靠製作裝飾用的石雕來維持生活。年過三十五歲，他才在一次義大利之旅之後，擺脫學院派的桎梏，形成自己的風格。《青銅時代》（1878年展出）奠定了他作爲雕刻家的聲譽。這件作品表現出強烈的現實主義，以致有人控訴它是以活人爲模子的。1880年受委託開始爲裝飾藝術博物館製作青銅大門《地獄之門》，這件作品到他去世時也未能完成。但這件作品衆多形象中的兩個爲他後來最著名的作品《沈思者》（1880）和《吻》（1886）提供了基礎。他創作的肖像包括雨果和巴爾札克的浮雕。儘管這兩件作品和其他許多作品因打破常規，而引起爭論，但羅丹仍舊取得了輝煌的成就。在他的工場裡，他只需要完成模子，而將鑄銅和雕刻大理石的工作交由助手完成。除雕刻之外，他還繪製書籍插圖，銅版畫和大量素描，大多爲裸體女性。他使雕塑重新成爲一種個人表現藝術，也被認爲是最偉大的肖像畫家之一。

Rodney, Caesar 羅德尼（西元1728～1784年） 美國革命領導人。曾任印花稅大會代表（1765）和大陸會議代表（1774～1776、1777～1778）。他爲德拉瓦代表團投出打破僵局的一票，使得決定美國獨立的決議得以通過。美國「獨立宣言」的簽字人之一。1777年擔任德拉瓦民兵準將司令。1778～1781年任德拉瓦「長官」。

Rodrigo, Joaquín 羅德里戈（西元1901～1999年） 西班牙作曲家。雖三歲失明，但自幼學習音樂。以其成功的吉他曲和管弦曲《阿蘭輝茲協奏曲》（1939）而享有盛譽。他創作了大量的各類音樂，包括用鋼琴、管弦樂器以及用豎琴和管弦樂器演奏的協奏曲、吉他獨奏曲、鋼琴獨奏曲、一部歌劇和六十多首歌曲。

roe deer 狍 幾乎無尾的鹿，學名爲Capreolus capreolus，原產於歐亞大陸。以小家族群棲息在樹木稀疏的林區。肩高66～86公分。夏季淺紅褐色，冬季淺灰褐色，帶有鮮明的白色臀斑。雄狍生有基部粗糙的分三叉的短角。受驚時吠聲如犬。

Roe v. Wade 羅伊訴韋德案 美國最高法院的判例（1971），承認婦女擁有墮胎的權利，政府不得給予過度的限制性干預。德州的法律原本禁止墮胎，但卻受到一名未婚懷孕婦女（羅伊）的挑戰，最高法院宣判該婦女勝訴，裁定州政府侵犯了她的隱私權。大法官布萊克蒙陳述多數（七位）大法官的報告指出，隨著懷孕周數的增加，各州保護未出生生命的法律顧慮也將增加。裁定書雖然認爲州政府得禁止婦女在懷孕後期進行墮胎，但也宣示婦女在接受醫學諮詢後，在懷孕前期可不受限制進行墮胎、在懷孕中期可在合法醫療機構內進行墮胎。羅伊案可能是美國法院史上爭議性最高的判決，至今仍是討論墮胎權議題的核心主題。

Roebling, John Augustus＊ 羅布林（西元1806～1869年） 德國裔美國土木工程師，吊橋設計的先驅。1831年移民到美國。最著名的作品是紐約的布魯克林橋。在1850年代和1860年代，他和兒子華盛頓（1837～1926）一起修建了四座吊橋：兩座在匹茲堡，一座在尼加拉瀑布城（1855），一座在辛辛那提（1866）。當他提出的建造連接布魯克林和曼哈頓島吊橋的方案被採納後，他被任命爲總工程師。這個工程由華盛頓於1883年完成。他從1872年起就因減壓病而無法繼續勝任工作。這個工程的完成在很大程度上要歸功於他的夫人埃米莉・瓦倫・羅布林。

Roentgen, Abraham＊ 倫琴（西元1711～1793年） 德國家具設計師和工匠。於1759年在科隆附近的新維德開設工場。他在這裡生產的洛可可式的家具品質優良，其內部還常鑲嵌有象牙和其他半寶石做成的裝飾品。許多作品都是爲德國不同宮廷製作的。1772年把公司交由其子大衛（1743～1807）經營，大衛並被指定爲法國瑪麗－安托瓦內特的工匠。在他的指導下，這家家族工場生產的音樂盒、鐘以及機械玩具和精美家具一樣聞名。倫琴工場或許是18世紀最成功的家具製造公司。

Roentgen, Wilhelm Conrad ➠ Rontgen, Wilhelm Conrad

Roethke, Theodore＊ 羅特克（西元1908～1963年） 美國詩人。曾就讀於密西根大學和哈佛大學。後來在幾所大學任教，主要是在華盛頓大學（1947～1963）。其詩作以內省和強烈的抒情爲特徵，被收集於《敞開的房屋》（1941）、《醒著的人》（1953，普立茲獎）、《給風的話》（1957，博林根詩歌獎、國家圖書獎）和《遙遠的原野》（1964，國家圖書獎）中。後因狂躁性抑鬱症接受住院治療，事業也從此中斷。

Roger I 羅傑一世（西元1031～1101年） 別名羅傑・奎斯卡德（Roger Guiscard）。西西里的伯爵（1072～1101）。1057年至義大利，幫助其兄羅伯特自拜占庭帝國手中奪取卡拉布里亞（1060）。1061年他們開始征服不同的穆斯林統治下的西西里。1072年占領巴勒摩後，羅傑被賦予對西西里和卡拉布里亞縣有限的統治權。羅伯特死後，羅傑奪得全部的統治權，並建立起一個高效率的中央集權政府。

Roger II 羅傑二世（西元1095～1154年） 西西里公爵（1105～1130）和國王（1130～1154年在位）。羅傑一世之子。是一位能幹、精力充沛的統治者。先後取得了卡拉布里亞（1122）和阿普利亞（1127）的全部大陸領土。被僞教宗阿納克萊圖斯二世封爲國王，1139年又強迫教宗英諾森二世確認他的統治權。他建立起一支強大的海軍，但卻拒絕參加第二次十字軍東征，更願意統治衆多的阿拉伯人，並對穆斯林人表示寬容。於1140年頒布法典，他的宮廷成爲阿拉伯和西方學者的交流中心。

Rogers, Carl R(ansom) 羅傑茲（西元1902～1987年） 美國心理學家。曾就讀於哥倫比亞大學師範學院（1931年獲博士學位）。在紐約一兒童機構擔任過領導工作，之後在各大學任教。1963年在加州拉約拿協助建立起一個個人研究中心。被認爲是委託人中心式或非直接式心理治療的發明人，參與創立了人文心理學。其著作包括《諮詢與心理治療》（1942）、《委託人中心式治療法》（1951）、《心理治療與人格改變》（1954）和《邁向成人之途》（1961）。

Rogers, Fred 羅傑茲（西元1928年～） 美國電視節目主持人及製作人。生於賓夕法尼亞州拉特羅布，在當地公共電視台製作《孩童的角落》（1954～1961）後，緊接著爲加拿大電視台製作了一個類似的節目《羅傑茲先生》（1963～1964），1968年更發展成《羅傑茲先生的鄰居們》。羅傑茲以其溫和有禮的風度及熱愛教育出名，1962年被指派爲長老教會牧師，他在節目中利用木偶、音樂以及來賓去教導兒童觀衆多樣主題及感情。《羅傑茲秀》是美國有史以來壽命最常的兒童電視節目，獲得許多殊榮。

Rogers, Ginger 羅傑茲（西元1911～1995年） 原名Virginia Katherine McMath。美國電影演員。在雜要表演中開始她的舞蹈生涯。1929年在百老匯首次登台。在出演《瘋姑娘》（1930～1931）後前往好萊塢。在《飛向里約》（1933）

中首次與亞斯坦一同演出，該片極受歡迎，使他們繼續在其他九部影片中搭檔，包括《離婚者》（1934）、《禮帽》（1935）和《時光倒轉》（1936）。其他演出作品有戲劇《女人萬歲》（1940，獲奧斯卡獎）、輕喜劇《湯姆、狄克和哈利》（1941）和《少校和少女》（1942）。

Rogers, Robert　羅傑茲（西元1731～1795年）　美國邊疆戰士。曾徵集並指揮一支被稱為「羅傑茲的遊騎兵」的民兵部隊，在法國印第安人戰爭和龐蒂亞克戰爭期間曾經贏得廣泛的讚譽。曾帶領第一支英國探險隊探測密西西比河上游地區以及大湖區（1766），但未能到達預定目標太平洋。在美國革命期間被認為是效忠派的間諜；被華盛頓監禁。逃跑之後組織建立女王騎兵隊，指揮他們在紐約附近作戰。1780年戰敗後，逃到英國。

Rogers, Roy　羅傑茲（西元1911～1998年）　原名Leonard Franklin Slye。美國演員及歌手。生於辛辛那提，1929年為了與家人採水果搬到加州，他在那裡組成了一個名為「拓荒者的兒子們」的歌唱團體，在電台表演，後來也參與電影演出。他與奧區一起演出西部片，當奧區加入軍隊後，他便取而代之成為牛仔之王。他的電影包括《紅河谷》（1941）及《德州黃玫瑰》（1944）。他和妻子黛兒・艾文斯數度同台演出，通常騎著他最有名的馬崔格。他也在廣播節目《羅傑茲秀》（1944～1955）以及同名電視劇中擔綱演出（1951～1957）。

Rogers, Will(iam Penn Adair)　羅傑茲（西元1879～1935年）　美國幽默作家、演員。在印第安準州長大（現在的奧克拉荷馬州）。在西部表演和歌舞雜耍中便表現出他的轉繩技巧，後來又逐漸把含手織物的本領加進自己的演出。從1905年起，開始在紐約受到歡迎，並出演齊格飛的《午夜歡樂聚會》（1915）。1922年起為紐約時報的專欄撰稿，寫過一系列書籍，其特徵是對時事進行善意而又尖銳的批評。參與過電台節目和電影拍攝，如《遊行集市》（1933）和《汽船繞過彎道》（1935）。在飛機失事中與飛行員波斯特（1899～1935）一同遇難，各地都對他的逝世表示哀悼。

羅傑茲
Culver Pictures

Roget, Peter Mark＊ 羅熱（西元1779～1869年）
英國醫生和語言學家。1814年發明了可供計算數位之根及乘方的滑尺。他在建立倫敦大學時（1828）發揮了重要作用。以《英語單詞和短語彙編》（1852）一書而聞名，該書把他在退休後收集的同義詞或口語等詞進行了全面的分類。曾任皇家學會會員（自1815年起）和秘書長（自1827年起）。

Rohan, Henri, duc (Duke) de＊　羅昂公爵（西元1579～1638年）　法國胡格諾派領袖。十六歲時加入亨利四世的軍隊，1603年被亨利四世封為法國貴族。亨利死後（1610），羅昂領導胡格諾派成員反對瑪麗・德・麥迪奇（1615～1616）的統治，並在1620年代的內戰中成為胡格諾派最重要的將軍。在他著名的《回憶錄》中，他闡述了第三次戰爭（1627～1629）期間發生的事件。之後前往威尼斯。1635年返回法國後，在倫巴底成功指揮了法軍對哈布斯堡王室的突襲。1637年前往瑞士，在三十年戰爭的萊茵費爾登戰役中陣亡。

Rohan, Louis-René-Édouard, prince de　羅昂親王（西元1734～1803年）　法國牧師。1779～1801年為史特拉斯堡主教，他一生中大部分時光都是在法國宮廷度過的。他不經瑪麗－安托瓦內特王后授權，就為王后購買項鍊，而被捲入鑽石項鍊事件（1785）。他以欺騙行為受審，後被無罪釋放，但出於羞辱而逃離宮廷。成為女王敵人的烈士，並對皇室的專制主義進行批判。

Rohe, Ludwig Mies van der ➠ Mies van der Rohe, Ludwig

Röhm, Ernst＊　勒姆（西元1887～1934年）　德國挺進隊領袖。在第一次世界大戰中晉升為少校。其後又很快協助成立納粹黨。作為希特勒的支持者，他為後者提供他自己強大的武裝力量（後來成為挺進隊）。因參與啤酒店暴動（1923），被短期監禁。之後前往玻利維亞，在那裡任軍事指揮（1925～1930）。後應希特勒之邀，返回德國改組並指揮挺進隊。勒姆企圖用挺進隊來排擠或兼併正規軍的野心遭到希特勒及其顧問的反對。最後在長刀之夜被謀殺，作為藉口的原因是他和挺進隊預備推翻希特勒。

勒姆，攝於1933年
Heinrich Hoffmann, Munich

Rohmer, Eric＊　侯麥（西元1920年～）　原名Jean-Marie-Maurice Scherer。法國電影導演。曾任學校教員，1950年成為《電影報》的創刊編輯。後擔任有影響力的新浪潮期刊《電影筆記》的編輯（1957～1963）。在執導了幾部短片之後，侯麥拍攝了一系列道德劇情片，其中包括成功之作《莫德家一夜》（1968）、《克萊兒之膝》（1970）和《午後之戀》（1972），都是對浪漫愛情進行深入觀察後的探討。之後的影片包括《O女侯爵》（1976）、《巴黎的滿月》（1984）和《秋日傳說》（1999）。

Rojas Pinilla, Gustavo＊　羅哈斯・皮尼利亞（西元1900～1975年）　哥倫比亞職業軍人和獨裁者（1953～1957）。他在軍中平步青雲，最終從殘暴的戈麥斯政府（1889～1965）手中奪得統治權。他許諾實現和平、公正和自由，但實際上卻靠法令進行統治。他關閉了持反對觀點的報刊，挑起反對基督教新教教會的暴力行動，還挪用公款。後遭到控告，而被流放。但在返回之後，又建立一反對派政黨，並競選總統。在1970年的選舉中以微弱劣勢落敗，並宣稱其中有欺騙行為；他的支持者起來鬧事，於是政府宣布戒嚴令。1974年他的女兒參加總統競選，遭到慘敗。

Rokitansky, Karl, Freiherr (Baron) von＊　羅基坦斯基（西元1804～1878年）　奧地利病理學家。他鼓勵塞麥爾維斯學習醫學，後又支持他所進行的用消毒方法來消除產褥熱的努力。他是在惡性心內膜炎中發現細菌，並且描述脊椎前移（一根脊椎超過另一根脊椎的前移錯位）的第一人。他對產生於肺葉和細支氣管的肺病進行了區分。研究了急性黃色肝萎縮，確立了有關肺氣腫的微生物病理學。他的《病理解剖學手冊》（3卷；1842～1846），確立了病理學在科學中的地位。在其從醫生涯中，進行過30,000多例屍體解剖。

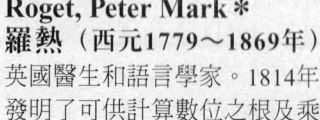

Rokossovsky, Konstantin (Konstantinovich)＊ 羅科索夫斯基（西元1896～1968年） 蘇聯軍事將領。1917年加入紅軍，在軍中積功升遷。1938年史達林大整肅時被捕入獄，在1941年德軍入侵蘇聯時獲釋。後成爲第二次世界大戰中著名的將領，尤其在史達林格勒會戰中。戰後先後任蘇聯主宰下的波蘭的國防部長（1949～1956）和蘇聯國防部副部長（1956～1962）。

Roland, Chanson de ➠ Chanson de Roland, La

Rolfe, John＊ 羅爾夫（西元1585～1622?年） 英國殖民地官員。1609年來到維吉尼亞，透過進行煙草種植實驗，培育出第一種出口作物，振興了殖民地經濟。1614年與波卡洪塔斯結婚，在這一婚姻的幫助下，他與當地部落和平相處。夫婦二人於1617年帶著出生不久的兒子前往英國。他們受到熱情的接待，波卡洪塔卻因病去世。羅爾夫回到維吉尼亞，並被任命爲殖民地參議會參議。最終死於屠殺。

Rolland, Romain＊ 羅曼羅蘭（西元1866～1944年） 法國小說家、劇作家、隨筆作家。十四歲時前往巴黎求學，並與精神混亂者建立起關係。他的生活和作品也開始反映他對主要的社會、政治和精神事件的關注。1910年起在索邦大學教授音樂史。最著名的小說是《約翰・克利斯朵夫》（1904～1912），這部十卷史詩的主人公一半以貝多芬，一半以他自己爲原型。他的小冊子《超乎混戰之上》（1915）呼籲德法兩國在第一次世界大戰的爭鬥中尊重眞理和人性。1920年代開始闡述亞洲，尤其是印度的神秘哲學，如在《聖雄甘地》（1924）等作品中。另外還創作了幾部主要的傳記，如《貝多芬傳》（1910）。1915年獲諾貝爾獎。

Rolle, Richard (de Hampole)＊ 羅爾（西元1300?～1394年） 英格蘭神秘主義者。曾求學於牛津大學，因不滿該校的課程設計，未獲學位即離校而去，成爲隱士。因考慮到女性讀者，羅爾用英語進行創作，在作品中他推崇隱居冥思的生活，強調與上帝進行喜悅而神秘的結合。晚年可能擔任漢波的修女們的精神顧問。

roller bearing 滾柱軸承 滾動或減少摩擦的兩種軸承之一，另一種是球軸承。就像球軸承，滾柱軸承有兩條凹溝，但以滾柱取代滾珠。滾柱可以是圓柱形或短圓錐。若滾柱是圓柱形，只能承受徑向的荷重（垂直轉動軸），圓錐形的滾柱可以承受徑向和軸向（平行轉動軸）的荷重。在給定的空間內，滾柱軸承可以比滾珠軸承承受更大的徑向荷重。

roller-skating 溜冰運動 參加者穿上裝有滑輪的鞋在溜冰場上或鋪平的地面上滑行的運動。傳統的看法認爲，溜冰是比利時人梅林在1760年代發明的。但是第一雙實用的四輪鞋是美國麻薩諸塞州麥德福特的普林頓於1863年設計的。溜冰競速在20世紀初開始流行。後來，溜冰競速隊在傾斜的跑道上表演「溜冰大賽」，溜冰就變成觀賞性的運動。20世紀晚期，冰刀溜冰的勢頭蓋過滑輪溜冰，冰刀式溜冰鞋的滑輪爲單獨的一排，而不像傳統冰鞋那樣呈標準的矩形。

Rolle's theorem＊ 羅爾定理 微分中值定理的特殊情況。若是連續曲線在一定區間內通過x軸兩次，區間內各點的切線均不同，而在兩個交點之間的某處其切線會平行x軸。

rolling 軋製 在工藝學中，使被熔化的金屬、玻璃或其他物質成爲截面尺寸小於長度的形狀（如加工成棒、板、杆、鋼軌、樑和線材等）的主要成形方法。軋製是應用最廣的金屬成形方法，對製鋼尤爲重要。生產工藝是使金屬在若干對軋棍間通過，每對軋棍的轉速相同，但轉動方向相反，其間隙稍小於金屬的厚度。

Rolling Stones 滾石合唱團 英國樂團。最初成員爲傑格（出生於1943年）、理查茲（出生於1943年）、瓊斯（1944～1969）、懷曼（出生於1936年）和瓦茲（出生於1941年）。1969年泰勒（出生於1948年）取代瓊斯，1976年伍德（出生於1947年）又取代泰勒。滾石合唱團組建於1962年。當時一直斷斷續續在倫敦某藍調樂團演出的傑格、理查茲和瓊斯吸收懷曼一起組成自己的樂團。瓦茲於1963年加入。傑格主唱，瓊斯和理查茲彈吉他，懷曼奏低音吉他，瓦茲擊鼓。「滾石」這一名稱源自沃特斯的一首歌曲。1966年一首又一首的優秀歌曲使它成爲搖滾樂聽眾心目中僅次於披頭合唱團的樂團。演出的歌曲大多出自傑格和理查茲筆下。它的音樂的特徵是強烈的基調節奏、一針見血的諷刺性歌詞、簡單但富有表現力的樂器伴奏。隨著《乞丐的宴會》（1968）和《流亡梅因街》（1972）等專輯的發行，滾石合唱團聲名大噪，達到頂峰。在其他1960年代的正統搖滾樂團先後解散很久後，滾石樂團仍繼續演出。

Rollins, Sonny 桑尼・羅林斯（西元1930年～） 原名Theodore Walter。美國薩克管演奏家、作曲家。對高音薩克管演奏產生過重大影響，是最優秀的爵士樂即興演奏家之一。從霍金斯和查理帕克那裡獲得靈感，在1940年代末與眾多音樂家一起演出過，包括邁爾斯戴維斯。1955～1957年爲布朗－羅奇五重奏組合的成員，之後開始領導自己的樂隊組合。他那有力的音色和純熟的演奏技巧與實現其單曲反映的理念所需的運動員般的耐力相得益彰。

Rollo 羅洛（西元860?～932?年） 斯堪的那維亞海盜，諾曼第公國創建人。在遠征蘇格蘭、英格蘭、法蘭德斯和法國，從事海盜活動之後，約911年定居在塞納河一帶。曾與法王查理三世交戰。羅洛以同意結束海盜活動作爲交換條件，從查理三世處獲得紐斯特里亞的部分地區，也就是後來的諾曼第。

Rolls-Royce PLC 勞斯－萊斯公司 英國飛機引擎及其他動力技術產品製造商。在20世紀很長一段時間內，該公司都進行豪華汽車生產。汽車和飛機駕駛的先驅查理・斯圖爾特・勞斯和工程師兼起重機製造商亨利・萊斯於1906年成立了勞斯－萊斯公司。該公司製造的外型美觀，設計完美的轎車包括銀色幽靈（1906年推出的「40/50馬力」型）、幻影系列（1925）、銀色黎明（1949）、銀雲（1955）、銀影（1965）和銀色天使（1998）等車型。1931年勞斯－萊斯公司購得一家上等汽車製造公司，班特利汽車公司。以1914年鷹式引擎的生產爲開端，該公司也生產了一系列螺旋槳飛機和噴射飛機所使用的引擎。它的渦輪式引擎最終成爲其銷售額的主要部分。由於與洛克希德飛機公司（參閱Lockheed Martin Corporation）簽訂了一分固定價格的合約，生產裝置在L-1011客機上的引擎，迫使勞斯－萊斯公司在1971年宣告破產。之後，公司被拆爲兩部分：生產飛機引擎的一部分由英國政府接管，後被私營化，成爲勞斯－萊斯上市公司，生產汽車發動機的一部分被重組爲勞斯－萊斯發動機股份公司，後也被私有化。後者於1980年被Vicers公司購得，它將勞斯－萊斯發動機股份公司於1998年轉賣給福斯汽車公司，合約中規定寶馬汽車廠將於2003年起，用勞斯－萊斯之名生產轎車，而福斯汽車公司則獲得班特利公司的生產線。

Rølvaag, Ole E(dvart)＊ 羅爾瓦格（西元1876～1931年） 挪威裔美國小說家和教育家。1896年移民美國，大半生在聖奧拉夫學院（明尼蘇達州Northfield）度過，在那裡教授挪威語言、文學和挪威移民史。用挪威文寫作，作品以現實主

O
P
Q
R

義筆法著稱，表現了挪威移民在達科他大草原的生活以及美國當地文化和外來文化間的衝擊。《土地裡的巨人》(1927)是他最著名的作品，是其兩部小說中的一個譯本。

Rom ➠ Gypsy

ROM＊　ROM　全名唯讀記憶體(read-only memory)。電腦記憶體類型，在切斷電源供應之後不會流失其內容，一旦製造或寫入之後就無法覆寫。一般用於無須修改就可重複使用的程式，例如個人電腦的啓動程序，ROM用於儲存電腦控制單元的程式。亦請參閱CD-ROM、compact disc。

Romains, Jules＊　羅曼（西元1885～1972年）　原名Louis-Henri-Jean Farigoule。法國小說家、劇作家和詩人。曾任哲學教師。羅曼是以詩人和「一體主義」詩歌的倡導者（約1908～1911）的身分開始爲世人所知的。「一體主義」是一個將四海之內皆兄弟的信念與集體意識的心理概念相結合的運動，由羅曼與謝納維埃共同發起。1923年創作的關於醫生的諷刺喜劇《克諾克醫生》是他最受歡迎的作品。《善意的人們》(27卷，1932～1946)是他的傑作，他試圖透過這部連續性長篇小說來重新樹立法國社會從1908～1933年這一完整時代的精神，並且在書中舉例證明了一體主義在集體生活中的重要性。

roman　羅馬體　西方活字印刷術中使用最廣泛的一種字體，也是對採用該字體的書籍中的文本的通稱。其特點是形狀簡單，不加修飾。於15世紀開始被使用，提供了不同於繁重的，又尖又長的黑體字的另一種選擇可能。或許由於人文主義學者的出現，抄寫員開始嘗試一種被他們認爲是古羅馬人使用的字型，於是在寫字間裡便出現了一種更易刻製和辨讀的新字體。歷史學家認爲，羅馬體最早應追溯到阿爾昆在9世紀頒布的查理曼法令。在一個世紀內，羅馬體就在歐洲範圍內取代了其他所有字體；只有德國例外，在那裡黑體一直被使用到20世紀。

roman à clef＊　眞人眞事小說　（法語意爲「帶鑰匙的小說」〔novel with a key〕）一種小說類型，其特徵是不以文學性爲重心，而旨在描述眞實人物的故事，並對其稍加喬裝，使之成爲小說中的虛構人物。這種做法可追溯到17世紀的法國，當時貴族文人圈子中的成員把路易十四世宮廷中的名人描述成歷史小說中的人物。毛姆的《大吃大喝》(1930)是近代的眞人眞事小說，一般認爲該書描繪的是哈代和華爾波爾。波娃的《達官貴人》(1954)屬於較常見的眞人眞事類型，書中假借的人物在知情者的小圈子中能立刻被識破。

Roman Africa ➠ Africa

Roman alphabet ➠ Latin alphabet

Roman Catholicism　天主教；羅馬公教　世界上最大的基督教單一教會，信徒人數接近十億，或者說占世界人口總數的18%。天主教對西方文明的發展有過深厚的影響，並將基督教傳播到世界的許多地方。天主教認爲本教是耶穌基督的唯一合法繼承者，從使徒聖彼得開始不間斷地延續到現在。教宗是神啓的一貫正確的解釋者。教會組織有嚴格的等級。由教宗指定並統領約150名樞機主教。教會500名大主教中的每一個都是一個大主教轄區的首領。這些大主教轄區又分成約1,800個主教轄區，每個轄區有一名主教爲首。在主教轄區內有許多堂區，每個堂區有一個教堂和一個神父。只有男子可以擔任神職，女子想從事聖職可以當修女，修女們也可組織修會和建立女修道院。禮拜的基本形式是彌撒，是慶祝聖餐的聖事。從神學上說，天主教與新教的不同之處在於它們對啓示的來源和恩典的手段的理解不同。東正教認爲經籍和教會傳統都是基督教信仰基礎和教會政策的展示。天主教確立了七種聖事（洗禮、贖罪、聖餐、婚禮、聖職授任、堅振禮和塗油於病人）；另外還有其他的奉獻行爲加入此豐富的聖事生活中，主要是聖餐儀式和向聖人奉獻。第二次梵諦岡會議（1962～1965）放寬了教會在許多方面的限制，但婦女在教會中的角色地位、神職人員的禁欲、教會反對離婚、人工避孕以及墮胎等問題至今尚未解決。

Roman Curia　羅馬教廷機構　設在梵諦岡以輔佐教宗對羅馬天主教會行使最高權力的機構。教廷的工作在傳統上與樞機團相聯繫。國務卿是協調教廷內各項活動的樞機。教廷各聖部分管各方面行政事務，比如聖徒事業部便負責授福、聖者追封以及遺體保存。教廷司法機構由三個裁判所組成，其中宗座簽署爲最高審判機構。

Roman de la Rose＊　玫瑰傳奇　中世紀晚期最受歡迎的法國詩歌之一。以奧維德的《愛的藝術》爲藍本，存留於三百多頁手稿中。開頭4,058句由紀堯姆所寫，這一部分約寫於1230年，是一個以典雅愛情傳統爲素材的動人的寓言故事。直到大約1280年，尙・德・默恩創作了其餘的21,000多句，這一部分包括大量的百科知識和對當時各種問題的見解，使得這首詩名聞遐邇。喬叟後來翻譯了這部作品，這也是他最重要的文學作品之一。

Roman law　羅馬法　羅馬共和國與羅馬帝國的法律。羅馬法對大多數西方文明的發展都有影響。它涵蓋了繼承權益、義務關係（包括契約）、財產（包括奴隸）和個人權益。大多數法律都是在主要由貴族家族主導的議會上通過的，雖然行政官的裁定也很重要。後來的皇帝們都越過這些形式而發布他們自己的政令。法官的解釋也在法律上占有份量。儘管作了各種嘗試來收集和簡化現有的法律（從十二銅表法開始），但至今最成功的是查士丁尼一世所做的努力，他的法典超越了所有以前的法律，成爲羅馬帝國的法律遺產。羅馬的法律程序是現代民法國家中的程序基礎。在共和國早期，原告必須請被告上法庭，或用武力迫使他出庭。然後由行政官在陪審員或傑出人士（門外漢）面前決定是否要繼續審理該案件。陪審員傾聽辯護律師的論點，並向證人提問；他可作出決定，但無權執行。在共和國後期，行政官和法院有了更大的權力：由法院發出傳喚；只在一個行政官面前舉行審判；並由法院負責判決的執行。

Roman mythology　羅馬神話　口頭或文字上一切有關古羅馬人的神、英雄、自然和宇宙歷史的傳說。許多後來變成羅馬神話一部分的都是借自希臘神話，羅馬的神令人聯想到希臘的神。如同希臘神話，羅馬神話中的英雄（如羅慕路斯與雷穆斯以及埃涅阿斯）也被賦予半神地位。亦請參閱Roman religion。

Roman numerals　羅馬數字　古羅馬人發明的表示數位的方法，即用I、V、X、L、C、D和M構成的字母組合來表示數位，這些字母分別代表印度－阿拉伯數字裡的1、5、10、50、100、500和1,000。一個符號若放在等於或大於它的值的符號之後，則加上它的值（例如II＝2、LX＝60、CC

羅馬數字

1	I	8	VIII	40	XL	900	CM
2	II	9	IX	50	L	1,000	M
3	III	10	X	60	LX	5,000	$\overline{V}$
4	IV	11	XI	90	XC	10,000	$\overline{X}$
5	V	19	XIX	100	C	50,000	$\overline{L}$
6	VI	20	XX	200	CC	100,000	$\overline{C}$
7	VII	30	XXX	500	D	500,000	$\overline{D}$

＝200）；一個符號若放在大於它的值的符號之前，則減去它的值（例如IV＝4、XL＝40、CD＝400）；在符號上加一橫，它表示的值則擴大一千倍。

Roman question　羅馬問題　義大利國家與教會之間的爭論。義大利在1870年已完成統一，然而教宗卻反對義大利人奪取羅馬及教廷國。衝突在1929年由於「拉特蘭條約」而得到解決，梵諦岡城也因此而出現。

Roman religion　羅馬宗教　指在西元4世紀基督教成爲羅馬帝國合法宗教之前羅馬人的宗教信仰。羅馬人相信，每樣東西都由神支配，宗教的目的是獲得神的協助和垂憐。用祈禱和奉獻來博取神的好感，往往在專爲具體某些神設的寺廟裡進行，並由祭司主持（參閱flamen）。羅馬主祭司是國家宗教的領袖，稱爲大祭司；在其他祭司集團中著名的是占卜師，他用占卜來確定神是否准許某個行動。最早的羅馬諸神是天神朱比特、戰神馬爾斯以及基林努斯；其他重要的早期神祇有雅努斯和維斯太。許多其他的神借自希臘宗教或與希臘諸神相關，編入羅馬神話中的故事往往直接取自希臘神話。家庭中的神龕是爲神化了的祖先或保護神拉爾和珀那忒斯設立的。羅馬帝國時期，死去的諸皇帝都被提升到神的地位，人們以尊敬和感激的心情看待他們。

羅馬神祇和女神

阿波羅	太陽日光、預言、音樂及詩歌之神
奧羅拉	黎明女神
巴克斯	酒神
貝婁娜	戰爭女神
刻瑞斯	農業女神
丘比特	愛神
狄安娜	豐產、狩獵、月之女神
迪斯或奧爾庫斯	陰間之神
法烏努斯	牧草、森林、香料之神
福羅拉	花之女神
雅努斯	門神
朱諾	婚姻、婦女之神
朱比特	至高之神，天空、天氣之神
利比蒂娜	葬禮女神
邁亞	生長、增產之女神
馬爾斯	戰神
墨丘利	神之使者，商業之神
密涅瓦	智慧、藝術、貿易女神
密斯拉	光明之神
尼普頓	海神
歐普斯	豐饒女神
帕里斯	羊羣及牧羊人之女神
波姆那	果樹、水果之女神
珀塞芬	陰間女神
薩圖恩	播種、收穫之神
維納斯	美麗、愛情女神
費圖納斯	季節之神
維斯太	灶之女神
伏爾甘	火神

Roman republic and empire　羅馬共和國與羅馬帝國　曾統治西方世界的古國。西元前509年以羅馬城爲中心建立共和國，西元前27年創建羅馬帝國，直至西元5世紀西羅馬帝國最後瓦解。共和國政府由兩名執政官、元老院、地方長官（最初全是貴族），以及兩個一般的平民議會（軍事百人團大會和平民部族大會）組成。西元前451年頒布的成文法典十二銅表法，成爲了羅馬私法的基礎。到西元前3世紀末，整個義大利都屬於羅馬版圖。到西元前3世紀末，羅馬領土包括了整個義大利；至共和國後期，其版圖包括西歐大部分、北非以及近東地區，並將這些領土劃分爲行省。凱撒是在經過一段時期的內戰後，以獨裁者身分掌管國家大權。他遭暗殺（西元前44年）後，安東尼、雷比達和屋大維之間發生衝突，最終屋大維獲勝（西元前31年），即位爲皇帝，稱奧古斯都（西元前27～西元14年在位）。帝國政府（元首統治）結合了共和政體和君主政體。395年帝國分裂爲東西兩部分，西羅馬帝國受到來自野蠻民族的嚴重侵略，羅馬於476年遭日耳曼人入侵；東羅馬帝國則繼續存在，稱爲拜占庭帝國，一直存續到整個中世紀時期。

romance　傳奇故事　12世紀中葉以來在法國貴族宮廷中發展起來的文學形式。12世紀中葉到13世紀中葉在法國和德國達到鼎盛，當時的傳奇故事大師包括克雷蒂安·德·特羅亞和戈特夫里德·封·史特拉斯堡等人。其主要題材爲騎士的冒險經歷（參閱chivalry），有時也以愛情故事和宗教寓言爲題材。大部分傳奇故事根據古典歷史和傳說來構思情節，如亞瑟王傳奇以及查理曼和其騎士的冒險經歷。雖用本國語創作，但卻帶有異國情調，給人以遙遠、神奇之感。在以後的幾個世紀中也發現有人使用這一形式，如18～19世紀時的浪漫主義和現今流行的浪漫小說中。

Romance languages　羅曼諸語言　衍生自拉丁語的一些相關語族。約有近四億人口把羅曼諸語言當作母語。其中最主要的語言是法語、西班牙語、葡萄牙語、義大利語和羅馬尼亞語，也都是他們的民族語言。法語可能在國際上的地位最爲重要，但西班牙語爲十八個美洲國家和西班牙的官方語，擁有最多的使用者。通行範圍較小的語言有加泰隆語、奧克西坦語、薩丁尼亞語以及雷蒂亞－羅曼語。羅曼諸語言剛開始是通俗拉丁語的方言，這種通俗拉丁語在羅馬占領義大利、伊比利半島、高盧以及巴爾幹半島期間，在這些地區散播開來，並在5～9世紀發展爲幾種各自獨立的語言。後來透過歐洲人殖民和貿易往來接觸，傳布到美洲、非洲以及亞洲。

Romanesque architecture　羅馬式建築　盛行於歐洲11世紀中葉的建築風格直到哥德式建築出現。一種融合羅馬，查理曼王朝及奧圖曼，拜占庭以及德國地方傳統的建築形式，是10～11世紀修行制度極致擴張的產物。極大的教堂得以容納大量修道士以及僧侶，及前來目睹聖跡的朝聖者。爲了防止火災，粗石開始取代木造結構。羅馬式教堂的特徵融合了半圓形狀的窗戶，門以及走廊；隧道式走廊或拱頂支撐中堂的屋頂；巨大的牆柱及牆面只用很少的窗戶，包裹住向露出的天空開展的半圓形拱窿；兩側邊廊上嵌有陽台，一個大塔橫跨半圓形頂棚及左右兩翼；較小的塔則位於教堂西側盡頭。法國教堂則常是早期基督教巴西利卡的延伸，結合放射狀禮拜堂以容納更多僧侶，走廊環繞著方便朝拜者的後堂，兩側耳堂連接後堂及中堂。

Romanesque art　羅馬式藝術　約1075～1125年在西歐達到高潮的雕刻和繪畫藝術。融合了羅馬藝術、加洛林王朝藝術、奧托藝術、拜占庭藝術和當地的日耳曼藝術傳統。10～11世紀修道院的擴張，使得沈寂了六百多年紀念性雕刻藝術得以復甦。浮雕雕刻是將有關聖經的歷史和教會教義寫在柱頭或教堂的大門上。自然界物體被自由揮灑爲視覺形象，以抽象的線形設計和扭曲變形的表現，產生了渲染力。在手抄本裝飾畫裡的大寫字母和邊頁裝飾也可看出線形風格化設計。羅馬式藝術關注超自然的價值，同古典主義早期和後來的哥德式藝術的傳統的自然主義和人文主義形成強烈的對比。模仿雕刻的紀念性繪畫占據了教堂的內牆。無論繪畫還是雕刻，題材範圍十分廣泛，還包括神學作品在內，反映

O P Q R

歷代羅馬皇帝

奧古斯都	27 BC～AD 14	巴爾比努斯	238	君士坦提烏斯二世	337～361
提比略	14～37	戈爾狄安三世	238～244	馬格嫩提烏斯	350～353
卡利古拉	37～41	腓力	244～249	尤里安	361～363
克勞狄	41～54	德西烏斯	249～251	約維安	363～364
尼祿	54～68	霍斯提利安	251	瓦倫提尼安一世（西）	364～375
加爾巴	68～69	加盧斯	251～253	瓦林斯（東）	364～378
奧托	69	埃米利安	253	普羅科匹厄斯（東）	365～366
維特利烏斯	69	瓦萊里安	253～260	格拉提安（西）	367～383
韋斯巴薌	69～79	加列努斯	253～268	瓦倫提尼安二世（西）	375～392
提圖斯	79～81	克勞狄・哥德庫斯	268～270	狄奧多西一世	379～395
圖密善	81～96	昆提盧斯	270	馬克西穆斯	383～388
內爾瓦	96～98	奧勒利安	270～275	阿卡狄烏斯（東）	383～408
圖雷真	98～117	塔西圖斯	275～276	洪諾留（西）	393～423
哈德良	117～138	弗洛里安	276	狄奧多西二世（東）	408～450
安東尼・庇護	138～161	普羅布斯	276～282	君士坦提烏斯三世（西）	421
馬可・奧勒利烏斯	161～180	卡魯斯	282～283	瓦倫提尼安三世（西）	425～455
韋魯斯	161～169	卡里努斯	283～285	馬西安（東）	450～457
康茂德	177～192	努梅里安	283～284	馬克西穆斯（西）	455
佩提納克斯	193	戴克里先（東）	285～305	阿維圖斯（西）	455～456
狄第烏斯・尤里安	193	馬克西米安（西）	286～305	利奧一世（東）	457～474
塞維魯	193～211		306～308	馬約里安（西）	457～461
卡拉卡拉	198～217	加萊里烏斯（東）	305～311	利伯留・塞維魯（西）	461～467
蓋塔	209～212	君士坦提烏斯一世・克洛盧斯（西）	305～306	安提米烏斯（西）	467～472
馬克里努斯	217～218	塞維魯（西）	306～307	奧利布里烏斯（西）	472
埃拉加巴盧斯	218～222	馬克森提（西）	306～312	格利塞里烏斯（西）	473～474
塞維魯・亞歷山大	222～235	李錫尼（東）	308～324	內波斯（西）	474～475
馬克西米努斯	235～238	馬克西米努斯	310～313	利奧二世（東）	474
戈爾狄安一世	238	君士坦丁一世	312～337	芝諾（東）	474～491
戈爾狄安二世	238	君士坦丁二世	337～340	羅慕路斯・奧古斯圖盧斯（西）	475～476
普皮耶努斯・馬克西穆斯	238	君士坦斯一世	337～350		

出學術的復甦。亦請參閱Romanesque architecture。

Romania　羅馬尼亞　亦作Rumania。歐洲東南部國家。面積237,500平方公里。人口約22,413,000（2001）。首都：布加勒斯特。人民大部分是羅馬尼亞人，少數是匈牙利人。語言：羅馬尼亞語（官方語）。宗教：羅馬尼亞東正教。貨幣：列伊（leu）。境內以喀爾巴阡山脈的大圓弧地帶為主，最高點是摩爾多韋亞努峰（海拔2,544公尺）。多瑙河形成南部界線，與保加利亞相隔。1948～1989年在共產黨的統治下實施中央計畫經濟，從農業轉向工業的經濟型態。自1991年起，後共產主義政府開始把工商企業私人化。政府形式為共和國，兩院制。國家元首是總統，政府首腦為總理。1862年摩達維亞與瓦拉幾亞聯合組成羅馬尼亞（更早的歷史參閱Dacia）。第一次世界大戰期間，站在同盟國一邊，1918年因加入了特蘭西瓦尼亞、布科維納和比薩拉比亞，領土擴大一倍。第二次世界大戰中與德國結盟，1944年被蘇聯軍隊占領，1948年成為蘇聯的衛星國。1960年代，羅馬尼亞的對外政策經常不受蘇聯的干預。1989年推翻了希奧塞古的共產主義統治，1990年舉行自由選舉。20世紀整個1990年代，羅馬尼亞試圖穩定經濟，並同猖獗的腐敗現象和組織犯罪奮戰。

Romanian language＊　羅馬尼亞語　主要通行於羅馬尼亞和摩爾多瓦的羅曼語（參閱Romance languages）。羅馬尼亞語往往被看作是達西亞－羅馬尼亞語，後者是巴爾幹羅曼語的四種主要方言之一。另外幾種方言包括：在希臘、馬其頓、阿爾巴尼亞和保加利亞境內的分散居民點使用的阿羅馬尼亞語（馬其頓－羅馬尼亞語）；通行於希臘北部的幾近消亡的梅戈來諾－羅馬尼亞語；以及在克羅埃西亞的伊斯特拉半島使用的伊斯特拉－羅馬尼亞語。達西亞－羅馬尼亞語的最早文獻可追溯至1521年。羅馬尼亞語的音系、語法以及辭彙反映出它與其他羅曼諸語言有相當疏離的關係，而與斯拉夫諸語言較接近。19世紀之前它都用西里爾字母書寫，現採用拉丁字母。

Romano, Giulio ➠ Giulio Romano

Romanov, Michael ➠ Michael

Romanov dynasty＊ 羅曼諾夫王朝 1613～1917年的俄國統治者們。羅曼諾夫家族從羅曼·尤列夫（卒於1543年）獲其姓氏，他的女兒阿納斯塔西亞·羅曼諾夫娜是沙皇伊凡四世的第一個妻子。她的侄子侄女們取羅曼諾夫爲姓，1613年米哈爾·羅曼諾夫當選爲沙皇，從而開始了羅曼諾夫王朝。米哈爾的兒子阿列克塞（1645～1676年在位）繼承皇位，接著是阿列克塞的兒子費多爾三世以及伊凡五世與彼得一世的聯合統治。彼得單獨統治時，1722年他頒布政令，宣布君主可以選擇他的繼承人，但他無力影響法律，所以他的皇位傳給了其妻子凱薩琳一世、其孫彼得二世以及伊凡五世的女兒安娜。這條繼承線回到了彼得的女兒伊莉莎白（1741～1762年在位）、她的侄子彼得三世及其妻凱薩琳二世大帝以及他們的兒子保羅一世手中。保羅建立了確定的繼承次序，其後是他的兒子亞歷山大一世（1801～1825年在位）和尼古拉一世（1825～1855年在位）。尼古拉之後是其子亞歷山大二世、其孫亞歷山大三世以及俄羅斯君主國的最後一名統治者，其曾孫尼古拉二世（1894～1917年在位）。

Romanticism 浪漫主義 於18世紀在歐洲興起的文學、藝術和哲學運動，大約持續到19世紀中葉。浪漫主義非常強調個人的自我意識，既是啓蒙運動的延續，也是對它的一種反動。浪漫主義強調個性、主觀、非理性、想像、個人、自發、情感、空幻及玄奧等取向。其看法如下：對自然之美的深入欣賞；普遍將情感和感覺分別置於理性和智力之上；轉向自我世界並對人的個性加強檢視；對天才、英雄及突出人物的關注；創新地將藝術家視爲至高無上的個體創作者；強調想像力爲求得超凡經驗和精神上的眞諦的途徑；對民間文化、民族與倫理文化起源及中世紀的濃厚興趣；對異國、遙遠、神祕、怪誕、玄奧、荒誕、疾病，甚至惡魔等題材的偏好。亦請參閱classicism、Transcendentalism。

Romanus I Lecapenus＊ 羅曼努斯一世·萊卡佩努斯（西元872?～948年） 拜占庭皇帝（920～944年在位）。原爲拜占庭帝國多瑙河艦隊海軍司令，後與女婿君士坦丁七世一起共享王位。直到944年才由他掌握一切實權。後被自己的兒子們逼退，迫使他成爲修道士。

Romanus III Argyrus＊ 羅曼努斯三世·阿爾吉魯斯（西元968?～1034年） 拜占庭皇帝（1028～1034年在位）。原爲拜占庭一般貴族，皇帝君士坦丁八世死前命他娶其女佐伊，並立他爲繼承人。但事實證明，他不能勝任軍事和財政事務，1030年率軍抵抗穆斯林入侵者，結果敗北。據說他是被妻子毒死的。

Romanus IV Diogenes＊ 羅曼努斯四世·戴奧吉尼斯（卒於西元1072年） 拜占庭皇帝（1067～1671年在位）。軍事貴族政治的一員，1067年娶君士坦丁十世·杜卡斯的遺孀。曾率軍與塞爾柱土耳其人作戰，在曼齊刻爾特戰役中戰敗被俘（1071）。在被關押期間，君士坦丁之子被加冕爲邁克爾七世·杜卡斯。獲釋後，被這位新皇帝弄瞎了眼睛，並被流放到馬爾馬拉海的一座島嶼上。

Romany language＊ 吉普賽語 羅姆人（即吉普賽人）講的印度－雅利安諸語。通行於世界上許多國家，使用者主要集中在東歐。吉普賽語被認爲是在西元1000年前後從北印度語諸語言分化出來的。它的方言中有很多外來詞，這些外來詞源自吉普賽人曾生活過的地方所使用的語言，並依據對它產生過影響的語言來分類，這些語言是希臘語、羅馬尼亞語、匈牙利語、捷克斯洛伐克語、德語、波蘭語、俄語、芬蘭語、斯堪的那維亞語、義大利語、塞爾維亞－克羅埃西亞語、威爾斯語及西班牙語。吉普賽語沒有書寫傳統，不過卻有著豐富的口語傳統。20世紀東歐出版了一些吉普賽語詩歌和民間故事的作品集。

Romberg, Sigmund 龍白克（西元1887～1951年） 出生於匈牙利的美國作曲家。曾在維也納學習工程技術和作曲，並且成爲技巧熟練的小提琴家和管風琴樂師。1909年前往紐約市，在一家餐廳擔任樂隊指揮，也在咖啡館裡演奏鋼琴。受雇於樂團經理雅各·舒伯特期間，曾爲四十多場音樂表演編寫樂譜。第一部傑出的輕歌劇《5月時節》於1917年上演。此後的作品包括《繁花時節》(1921)、《學生王子》(1924)、《沙漠之歌》（1926）和《新月》（1928）。最後一部成功之作是《在中央公園》（1945）。總共創作了近八十部舞台劇。

Rome 羅馬 義大利語作Roma。義大利首都。位於國家的中部，台伯河畔。羅馬的歷史位置在它的七座山丘上，早在青銅時期（西元前1500?年）就有人占據。西元前6世紀初該城市在政治上就統一了。它成爲羅馬帝國（參閱Roman republic and empire）的首都。羅馬人逐漸征服了義大利半島（參閱Etruscan），將他們的疆土擴展到整個地中海盆地（參閱Punic Wars），並將他們的帝國擴展到了歐洲大陸。在龐培和凱撒的統治下，羅馬的影響擴展到了敘利亞、耶路撒冷、塞浦路斯和高盧。亞克興戰役後，所有的羅馬土地都被奧古斯都控制，他成爲第一位羅馬皇帝。作爲帝國的首都，羅馬城內有許多宏偉的公共建築，包括宮殿、廟宇、公共浴室、劇院以及體育場等。在1世紀末和2世紀初，它達到了華麗壯觀以及古代人口的頂峰。直到西元330年君士坦丁一世建成君士坦丁堡（現在的伊斯坦堡）以前，它一直是羅馬帝國的首都。到6世紀末，羅馬天主教會（參閱Holy Roman Empire）負責對城市的保護，但只有在15世紀才實現對它的絕對統治。文藝復興時期城市繁榮起來，是羅馬教廷和教廷國的所在地。1870年它成爲統一後的義大利首都。1920年代和1930年代轉變成一個現代的首都，是義大利的行政、文化和交通中心。人口約2,654,000（1996）。亦請參閱Vatican City。

Rome, March on 向羅馬進軍 1922年10月使墨索里尼得以執掌義大利政權的暴動。法西斯黨的領袖利用社會不滿情緒，藉機取得對義大利政府的控制權。他們在黑衫黨的武裝分隊的支援下，策劃向羅馬進軍，並迫使國王維克托·伊曼紐爾三世召喚墨索里尼組閣。因爲國王不願出動義大利軍隊來保衛羅馬，政府只得對法西斯分子提出的要求讓步。進軍後來轉變爲遊行活動，以表示法西斯黨對墨索里尼擔任新首相支持。

Rome, Treaties of 羅馬條約 1957年由比利時、法國、西德、義大利、盧森堡和荷蘭等國家在羅馬簽訂的兩項國際條約。其中一項條約規定組織歐洲經濟共同體，另一項條約規定組織歐洲原子能聯營。

Rome-Berlin Axis 羅馬－柏林軸心 義大利與德國在1936年形成的同盟。義大利外交部長齊亞諾構思的一個協議，1936年10月25日非正式地將兩個法西斯國家（德國與義大利）聯繫起來，並透過1939年的「鋼鐵協約」正式形成。軸心國則還包括日本。

Rommel, Erwin (Johannes Eugen)＊ 隆美爾（西元1891～1944年） 第二次世界大戰中的德軍司令。在軍事院校擔任教師期間，編寫了備受好評的教科書《步兵進攻》(1937)。於1940年統帥一裝甲師入侵法國，後率領他的非洲軍團在北非戰役中與同盟國軍隊作戰，並取得初期勝利。由於敢於進行大膽突襲，因而以「沙漠之狐」著稱，並晉升爲陸軍元帥。儘管他已要求撤回其精疲力竭的軍隊，1942年還是奉命攻擊開羅和蘇伊士運河。在經歷了阿拉曼戰役的失敗並撤退到突尼西亞以後，返回德國。1944年受命防守法國西北海岸。他提出的戰略建議未被採納，在同盟國軍隊開始展開諾曼第登陸後，便深信德軍敗局已定。因參與謀殺希特勒的七月密謀而被迫服毒自殺，從而使希特勒避免了審判這位深受人們敬重的「人民的元帥」。

隆美爾，攝於1941年
Ullstein Bilderdienst, Berlin

Romney, George　隆尼(西元1734～1802年)　英國肖像畫家。父親為蘭開郡家具師。在北部各郡旅行期間，以幾個幾尼一幅畫的價格為人畫肖像畫，從而開始其職業生涯。1762年在倫敦奠定了肖像畫家的地位，且很快博得上流社會主顧的喜愛。他的成功取決於討好的相像性，不會透露出畫中人的一絲性格或敏感性特徵。因被傾心於愛瑪・哈特（即後來的漢彌爾頓夫人）而為她繪製了五十多幅肖像畫。在其作品中，著重用線條而非色彩，羅馬古典雕塑的流暢節奏和輕鬆的姿勢構成其作品的平順模式基礎。

隆尼的《自畫像》(1782)，油畫；現藏倫敦國立肖像畫陳列館
By courtesy of the National Portrait Gallery, London

Romulus and Remus　羅慕路斯與雷穆斯　傳說中創建羅馬城的雙胞胎。為馬爾斯和阿爾巴隆加王國的維斯太貞女及公主西爾維亞所生。他們的叔叔阿穆利烏斯擔心他們會危及到自己的地位，故將這一對雙胞胎扔進台伯河。他們在一隻母狼的哺乳下，由一位牧羊人撫養成人。他們長大後，廢黜了阿穆利烏斯，使外祖父努米托復位，並在他們獲救的河邊建立起一座城市。當羅慕路斯在修建一道城牆時，雷穆斯躍過城牆，被他的兄弟殺害。這座城市因而取名為羅慕路斯。該城也一直由他統治，直至他消失在一次暴風雨中。羅馬人相信他已經成神，此後便把他當作基林努斯來供奉。

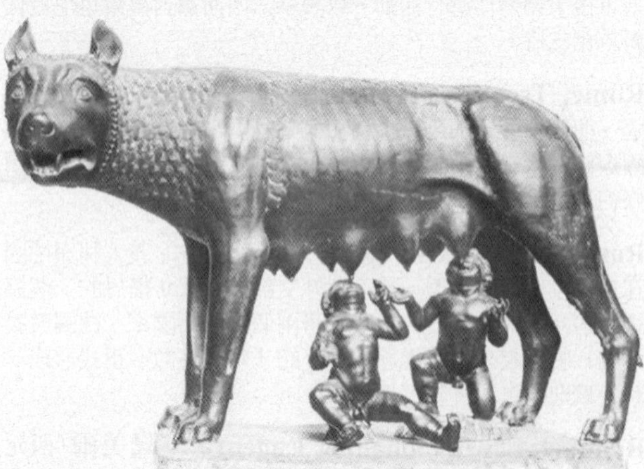
羅慕路斯與雷穆斯和養育他們的母狼，青銅雕像；現藏羅馬孔塞爾瓦托里宮的博物館
Alinari – Art Resource

Roncesvalles, Battle of＊　龍塞斯瓦列斯戰役(西元778年8月15日)　亦作Battle of Roncevaux。巴斯克人在西班牙北部庇里牛斯山脈一個山口襲擊查理曼軍隊的一次戰役。時當查理曼與西班牙的穆斯林交戰之後返回亞奎丹的途中發生了這場戰役，他的後衛部隊中了巴斯克士兵的埋伏並遭到屠殺。11世紀的史詩《羅蘭之歌》描述了這場戰役，不過詩中的攻擊者換成是摩爾人，後衛部隊則由查理曼的侄子羅蘭率領。

Rondane National Park＊　龍達訥國家公園　挪威中南部公園。1970年建為國家公園。面積572平方公里，為多山地區。最高峰龍德斯洛泰特海拔2,178公尺。植被稀疏，為數不多的樹木大多為低矮的樺樹和針葉樹。

rondeau＊　輪旋曲　14和15世紀法國抒情詩和抒情歌曲中幾種固定樂思之一，後流行於眾多英國詩人之間。輪旋曲只有兩個韻（可以不重複壓韻的詞），一行詩句有8或10個音節，一首輪旋曲有13或15行詩句，被分為3個詩節。第一個詩節第一行的開頭作為第二、第三個詩節的疊句。

rondo　輪旋曲　器樂曲式。其特徵是由一個旋律作開頭的呈示和週期性的反覆，並在每次反覆之間插入對比的素材。起源於法國巴洛克式的大鍵琴輪旋曲，這種大鍵琴輪旋曲後來受到義大利男低音歌劇演唱者採用的輪旋曲的影響。大多數輪旋曲為五段式或七段式。輪旋曲在18世紀末和19世紀是一種非常流行的曲式，常被用作奏鳴曲、四重奏、交響曲以及協奏曲的終曲樂章。

Rondon, Cândido (Mariano da Silva)＊　蘭登(西元1865～1958年)　巴西探險家和印第安護者。曾是巴西內陸負責延長電話線的年輕士兵。1913～1914年和美國總統羅斯福聯手主導一項探險，找尋馬德拉河的一條支流，和內陸的印第安部落有密切接觸。他擔心他們受到外界的迫害，因此協助成立一個保護他們的官方機構。1982年從原來的瓜波雷領地分離出來設立的蘭登尼亞省，就是依他而命名的。

ronin＊　浪人　沒有主子的日本武士。因為日本武士依靠他們所效力的主子來維持生計，所以從根本上講，沒有主子的武士便是浪子，除非他們能為另外的主子效力。浪人能在社會中製造混亂：17世紀初，他們領導了反對德川幕府的叛亂，但未果。有四十七位浪人最為著名，近松門左衛門在《忠臣藏》劇目中頌揚了他們的行為。這四十七位浪子不顧幕府將軍頒布的禁止族間仇殺的命令，而為他們去世的主子復仇，最後被迫自殺，被視為武士道理想的具體體現。

Ronsard, Pierre de＊　龍薩(西元1524～1585年)　法國詩人。出身貴族，因病部分失聰後，轉為從事學術和文學。是「七星詩社」最重要的詩人，該詩社是一個運用古典的和義大利模式來提升法語作為文學表現方法的團體。在有生之年被公認是詩歌泰斗，所創作的各類作品包括《頌歌集》(1550)，這部作品的創作靈感來源於賀拉斯；《龍薩的情歌》(1552)；《法蘭西亞德》(1572)，模仿維吉爾的《伊尼亞德》，想要把它寫成一部民族史詩，但未能完成；以及《給愛蘭娜的十四行詩》，這部作品如今或許是他最著名的詩集。他改進並確立了亞歷山大詩體，使之成為表達尖刻諷刺、哀怨情懷、悲淒激情的經典形式。

倫琴
Historia – Photo

Röntgen, Wilhelm Conrad＊　倫琴(西元1845～1923年)　亦作Wilhelm Conrad Roentgen。德國物理學家。曾

先後在吉森大學（1879～1888）、符茲堡大學（1888～1900）和柏林大學（1900～1920）任教。1895年發現了一些不顯示出反射或折射等特性的射線，並錯誤地認爲它們與光無關。由於這些射線具有神祕的性質，他將它們稱之爲X射線。他後來拍攝了第一批X射線照片，用它們來顯示金屬物質的內部和他太太的手骨。他在衆多其他領域也進行過重要的研究。1901年成爲獲得諾貝爾物理獎的第一人。

roof　屋頂　建築物頂部覆蓋部分。屋頂曾被建造成各種各樣的形式——平的、斜的、拱狀的、圓屋頂式，或是這幾種樣式的結合——依據地區、技術和美觀方面的考量而定。用茅草蓋的、往往有所傾斜的屋頂是最早的屋頂樣式，至今仍在非洲鄉村或其他地方被採用。在歷史上，平屋頂多被用在較乾旱的地方，因爲在這些地方，屋頂的排水並不重要，如在中東和美國西南部。19世紀出現了防水的新型屋頂材料，使得平屋頂更爲普遍，鋼筋混凝土的使用也使得平屋頂更加實用。傾斜屋頂有多種不同形式，最簡單的一種是倚靠式（或棚式）屋頂，只有一個斜面。有兩個斜面的屋頂在兩端各成一個三角形，稱爲山形牆屋頂。帶斜脊的屋頂有傾斜的側面和在斜向突出的拐角處匯合的末端。複斜屋頂在兩側各有兩個斜面，上方的斜面不如下方的陡。複斜屋頂在四個面上都各有兩個斜面，一個較淺的上部斜面和一個較陡的下部斜面。亦請參閱hammer-beam roof。

roof pendant　頂垂體　圍岩插進侵入岩體頂面的向下延伸的部分。大部分有頂垂體的侵入體都相對較淺；頂垂體作爲圍岩的孤立碎塊出現在侵入岩體內。因爲頂垂體是由於上覆岩石被侵蝕掉而暴露出來的，所以它的出現表明所見的火成岩體已經接近頂面了。對頂垂體的研究，可確定發生侵入時存在的某些條件，如岩漿的溫度和成分。

rook　禿鼻烏鴉　鴉科中數量最豐的歐亞大陸鳥，學名Corvus frugilegus。體長45公分，體黑色，具蓬鬆的股羽，尖嘴基部有裸露的白色皮膚。屬於遷移性鳥類，從英國斷續地分布到伊朗和中國東北。喜在草地和耕地挖掘幼蟲和蠕蟲。在高樹上（有時在城鎮內）築成大群鳥巢（禿鼻烏鴉群），其巢以小枝和泥土築成，構造堅固，可年年使用。

Roon, Albrecht Theodor Emil, Graf (Count) von＊ 羅恩（西元1803～1879年）　普魯士軍官。曾協助威廉王子（後來的威廉一世）鎮壓在巴登爆發的起義（1848）。在陸軍部長任內（1859～1873），透過實行普遍徵兵制和成立一支永久性的後備軍，改進了普魯士軍隊。他的改革爲普魯士軍隊在七週戰爭（1866）以及普法戰爭（1870～1871）中的決定性勝利作出了貢獻。這兩次勝利使德意志晉升歐陸最強大的國家。

Rooney, Mickey　隆尼（西元1920年～）　原名Joe Yule, Jr.。美國電影演員。生於紐約布魯克林區，兩歲起便與家人一起在他們的歌舞劇團演出，並於1926年的電影處女秀中飾演一名侏儒。他在雷電華影片公司五十部喜劇短片如《米奇·麥圭爾》（1927～1933）擔任主角，並以扮演《仲夏夜之夢》（1927～1933）以及《孤兒樂園》（1938）中的角色獲獎。1937年開始經常與迦倫共同在一系列受歡迎的電影中扮演狂妄、精力充沛的安迪·哈地。其後成功的電影作品還包括《人間喜劇》（1943）、《玉女神駒》（1944）、《娃娃臉尼爾森》（1957）以及《黑神駒》（1979）。1979年以《蜜糖甜心》在百老匯初試啼聲成功，1983年榮獲奧斯卡榮譽獎。

Roosevelt, (Anna) Eleanor＊　羅斯福夫人（西元1884～1962年）　美國的第一夫人和外交家。是西奧多·羅斯福的侄女。1905年與遠房表兄富蘭克林·羅斯福結婚。將他們的五個子女撫養成人，並在丈夫小兒麻痺症病發後（1921），積極參與政治活動。身爲第一夫人（1933～1945），她在美國進行廣泛的旅行，以向她的總統丈夫彙報眞實的社會狀況和公衆的看法。她還支持兒童福利、平等權利以及社會改革等人道主義事業。第二次世界大戰期間，訪問了英國和南太平洋地區，以及美國軍事基地，以鼓舞士氣。她透過聯合報業發表專欄「我的一天」，並撰寫過幾部書籍。曾積極呼籲成立聯合國，在丈夫去世之後擔任駐聯合國代表（1945、1949～1952、1961）。1946～1951年擔任聯合國人權委員會主席，參與起草了「世界人權宣言」（1948）。1950年代以聯合國代表身分到世界各國訪問，並依舊在美國民主黨內十分活躍。

羅斯福夫人，攝於1950年
Brown Brothers

Roosevelt, Franklin D(elano)　羅斯福（西元1882～1945年）　美國第三十二任總統（1933～1945）。是堂兄西奧多·羅斯福的仰慕者，他對政治感到興趣，開始活躍於民主黨。1905年娶愛琳娜·羅斯福（羅斯福夫人）爲妻，後來成爲極佳的顧問。曾服務於州參議院（1910～1913），並成爲美國海軍部助理部長（1913～1920）。1920年被提名爲副總統候選人，翌年罹患小兒麻痺；雖然無法行走，他仍活躍於政界。1929～1933年擔任紐約州長，設立美國第一個州立救援局。1932年他在法利協助下贏得民主黨總統候選人提名，並輕鬆擊敗現任總統胡佛。在面對全國1,300萬失業人口的就職演說中，他聲稱：「我們害怕的事只是害怕本身」。在任期最初一百天之內，國會通過他的「新政」計畫中所作的大部分改革。1936年以壓倒性多數勝過蘭登連任。爲了解決「新政」的法律挑戰，他提議擴大美國最高法院，但他的「法院包裹」計畫引起強烈反對，最後不得不放棄。到1930年代晚期，經濟復甦趨緩，但羅斯福更擔憂戰爭的威脅漸增。1940年他又打敗威爾基，空前地第三度連任。他在歐戰中保持美國中立，但批准租借原則，1941年又與邱吉爾會面，草擬了「大西洋憲章」。隨著美國加入第二次世界大戰，他動員工業爲軍事生產，並與英國、蘇聯組成聯盟；他與邱吉爾、史達林在德黑蘭（1943）和雅爾達（1945）會面，謀商戰爭策略。儘管健康欠佳，1944年卻擊敗杜威，第四度連任，但就任幾個月即過世。被普遍公認是美國歷史上最偉大的總統之一。

Roosevelt, Theodore　羅斯福（西元1858～1919年）　別名泰迪·羅斯福（Teddy Roosevelt）。美國第26任總統（1901～1909）。1882年當選紐約州議員，成爲反對民主黨政府的共和黨領袖。在經歷政治上的失敗和喪妻之痛後，到達科他準州經營牧場。後來返回紐約，在美國公務員委員會任職（1889～1895），後任紐約市警務處處長（1895～1897）。他是馬京利的支持者，1897～1898年任海軍部助理部長。美西戰爭爆發後，他奉命組織騎兵部隊——莽騎兵。之後以英雄身分返回紐約，並於1899年當選爲州長。後被提名爲共和黨副總統候選人，並在馬京利再次當選後上任。馬京利在1901年遭暗殺後，羅斯福繼任爲總統。在任職早期提出的一個動議就是反對商業壟斷的「雪曼反托拉斯法」。1904年擊敗派克，名正言順地當選爲總統。在他的強力要求下，國會規定了鐵路運費，並於1906年通過食物、肉類、藥材的檢驗法，爲消費者提供了新的保障。他下令保留國家森林、公園以及礦藏、油田和煤礦等資源。他和國務卿羅德宣布了門羅主義的「羅斯福推論」，從而加強了美國身爲西半球捍衛者的地位。由於他調停日俄戰爭，從而結束戰爭，在1906年獲得諾貝爾和平獎。他確保了與巴拿馬簽訂的關於修建跨地峽運河的協定得以實施。他本人已無心連任，但確保了塔虎脫爲候選人。在到非洲及歐洲旅行之後，他在1912年試圖再次獲得共和黨總統提名。被拒絕後，他組建了公麋黨，推行新國家主義政策，但仍在選舉中敗北。此後，他繼續從事寫作，出版的作品涉及歷史、政治、旅遊以及自然等各方面。亦請參閱Big Stick policy、Theodore Roosevelt National Park。

Roosevelt Island 羅斯福島 舊稱布萊克韋爾島（Blackwell's Island，1921年以前）或福利島（Welfare Island，1921～1973）。美國伊斯特河中島嶼，在紐約市曼哈頓區和皇后區之間。行政上屬曼哈頓區，面積56公頃。1637年荷蘭人向印第安人買下該島。1828年紐約市獲得該島，並在此設立監獄。1973年爲紀念總統羅斯福而改名。如今島上建有中等收入階層之住宅及購物廣場，透過高架軌道電車系統與曼哈頓區相連接，而以橋樑和皇后區連接。

root 根 植物學名詞，指一般植物在地下起固定作用的部位。在地心引力作用下，根朝下生長，其作用在於吸收水分和溶於水中的礦物質，並儲備養料。主要的根部體系具有較深的結實的主根（在裸子植物和雙子葉植物中，參閱cotyledon）和較小的次根或側生根，以及根毛。草類和其他的單子葉植物長有大片很淺的纖維性次根。莖部的分支也能爲植物提供支撐（如玉米和蘭花），它們被稱爲外來根或支撐根。用來儲存養料的肉質根可以是經過變質處理的主根（如胡蘿蔔、蕪菁和甜菜）或經過變質處理的外來根（如木薯）。馬鈴薯一類的塊莖就是經過變化的肉質地下莖，或根莖。生長在地面上的根由莖部長出，或經過一段距離後著地，或一直懸在空中。

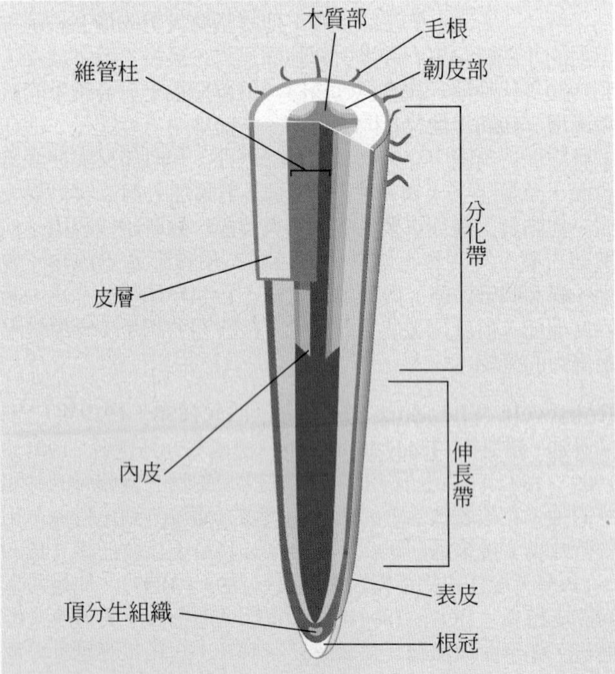

根的構造。頂分生組織是活性分裂細胞的地方，形成根部所有的細胞。根冠提供保護外層，讓根順利穿透土壤。在分化帶或成熟帶細胞特化成特定功能。表皮讓水分與溶解物質進入內部。皮層貯存食物並輸送水分與物質到內皮，調節其進入維管柱，裡面有木質部和韌皮部。

Root, Elihu 羅德（西元1845～1937年） 美國律師和外交官。1883年成爲美國律師。1899～1903年任陸軍部長。美西戰爭結束後，他在Puerto Rico 建立起民間政府，並組織美國對非律賓人的控制。1905～1909年在羅斯福手下任國務卿期間，與日本及南美洲國家簽訂條約，以改善他們同美國的關係。1912年獲諾貝爾和平獎。1909～1915年在美國參議院任職。是國際聯盟的支持者，曾參與制定建立國際法庭的條例。

rope 繩索 將聚集的纖維、細絲或金屬線以絞撚或編織的方式製成的長而有韌性的繩索。金屬的繩索常被稱爲電纜。採用繩索的基本要求是即使當它被彎曲、絞扭和拉伸時仍能維持堅實和結構上的穩定。繩索最重要的特性是抗張強度。短纖維也能被撚成長而有韌性的紗線，因此實際上任何纖維都可製成繩索。編織成的繩索比扭結成的繩索耐用。

Roper River 羅珀河 澳大利亞北部地方河流。向東流入卡奔塔利亞灣的利門灣。全長約525公里，約有145公里長的河段可通航。爲安恆地區的南部邊界。河口以北的「安恆地區廢墟城」爲一砂岩地區，經風化的砂岩的形狀讓人想起廢墟狀建築。

Rorik ➡ Rurik

rorqual＊ 鯆鯨 鯆鯨科鯆鯨屬5種鬚鯨的統稱，包括藍鯨、鰭鯨、鰮鯨、布萊氏鯨和小鬚鯨。該詞亦常包括駝背鯨，該科中除鯆鯨屬種類外唯一的一種。

Rorschach, Hermann＊ 羅爾沙赫（西元1884～1922年） 瑞士精神病學家。是美術教師的長子。在學生時代因喜愛素描，得綽號Kleck，意爲「墨水斑點」。1912年獲蘇黎世大學醫學博士學位後，成爲執業心理醫生。1919年被選爲瑞士精神分析學會副主席。他發明了羅氏墨跡測驗法，用以檢測病人的知覺能力、智力及情緒等特徵。他還應用該法來搜集資料，在《心理診斷學》（1921）中作總結。

Rorty, Richard (McKay) 羅逖（西元1931年～） 美國哲學家。生於紐約市，曾分別於普林斯頓大學（1961～1982）和維吉尼亞大學（1982年起）任教，以提倡修復分析哲學和歐陸哲學之間的歧異而聞名。他的《哲學與自然之鏡》（1979）爲對表象論的批判，在書中他宣稱自笛卡兒開始在哲學領域上即貫徹著無疑的假想，並以實用主義的態勢提出辯解。他對表象論的抗拒意味著，再也沒有任何偏向傳統知識論的課題能建立起與我們的理念和現實相符的準則。最近的著作爲《偶然、反諷與團結》（1988）。

Rosa, Salvator 羅薩（西元1615～1673年） 義大利畫家和蝕刻畫家。曾在那不勒斯求學，受到里貝拉的影響。但他大部分職業生涯是在羅馬度過的，其間也在佛羅倫斯得過樞機主教麥迪奇的資助。他創作的風景畫、海洋畫以及戰爭畫以其獨特的狂野和浪漫主義格調而聞名。羅薩個性張揚，也是一位有造詣的詩人、諷刺作家、演員和音樂家。

Rosario 羅薩里奧 阿根廷中東部城市和河港。瀕臨巴拉那河。1725年建成。19世紀晚期開始發展爲主要城市。現爲阿根廷第三大城市。1819年曾被革命分子燒毀。1860年羅薩里奧歡迎國內外的遠洋輪船進入其天然海港，這一海港亦成爲主要港口。該市的出口產品包括穀物、肉類和木材。也是一個工業城市，製造鋼鐵、汽車和農業機械。同時還是個教育中心。人口：都會區約1,119,000（1991）。

rosary 玫瑰經 宗教虔修方式。即一邊背誦祈禱文，一邊數珠串或打節的繩索，這些珠串和繩索也被稱爲玫瑰經。這類器件大多都具有很強的裝飾性，且鑲有寶石。使用玫瑰經或「算珠」的做法在世界上各宗教中流傳甚廣，包括基督教，印度教，佛教以及伊斯蘭教。在基督教中，最普遍的玫瑰經是聖母瑪利亞的玫瑰經。起源不詳，但與聖多米尼克有關，並在15世紀形成確定形式。

rosary pea　雞母珠　亦稱印度甘草（Indian licorice）。豆科熱帶植物，學名Abrus precatorius。種子堅硬，紅黑各半，雖含劇毒，但印度和其他熱帶地區仍用它串成項鍊和念珠等裝飾品。在印度還把它當作一種重量單位（ratti）。

Rosas, Juan Manuel de＊　羅薩斯（西元1793～1877年）　阿根廷軍事和政治領導人。出生於富裕之家。在長年的國家內戰中成長，後來成爲一名聯邦主義英雄，1829年擔任布宜諾斯艾利斯市市長。1833年離職，參加反對印度人的戰爭。1835年再次擔任布宜諾斯艾利斯市市長，並實行獨裁統治。他是擁有實權的領袖，也是一位暴君，扶持了一批對他極爲忠誠的黨羽，以脅迫和任命的方式進行統治。儘管自稱忠於聯邦主義，但卻在全國建立中央集權式統治。1852年被推翻，被迫逃亡英國。

rose　薔薇　薔薇科薔薇屬約100種植物的統稱，特徵爲具漂亮芳香的花朵。薔薇大概是最爲人熟知和喜愛的觀賞用顯花植物。數以百計的薔薇種類栽種於各式各樣的環境中，且有許多雜交種。薔薇可感染許多疾病，其中大部分由眞菌引起。薔薇科含約3,000種，占薔薇目種類數量的45%。薔薇科中其他受歡迎的庭園和觀賞用植物包括繡線菊、委陵菜、山楂、花楸和開花的櫻桃。該科亦產有許多重要的果實，包括蘋果、桃、草莓、梨、李、杏、扁桃、榲桲、黑莓和懸鉤子。某些種類的植物含危險的氰化物。許多種類具刺和棘刺。

草原薔薇（Rosa setigera）
John H. Gerard

Rose, Fred　羅斯（西元1897～1954年）　美國歌手及作曲者，鄉村音樂的先驅。生於印第安納，在聖路易長大，青少年時在芝加哥夜總會表演。1920年代他創作並灌錄受歡迎的音樂，包括〈誠實與眞實〉。當鄉村音樂漸漸發展，羅斯成爲最主要的作曲者之一。他擁有個人納什維爾電台秀，後來爲奧區的電影寫歌。所寫的許多歌後來都變成經典，包括〈我枕頭上的淚花〉（1941）以及〈山丘上的宅邸〉（1948），後者由他與威廉斯共同創作，威廉斯因這次合作而跨出生涯一大步。1942年與艾克夫共同創立了羅斯－艾克夫唱片公司。羅斯是首度三次獲選入鄉村音樂名人堂的其中一人。

Rose, Pete(r Edward)　羅斯（西元1942年～）　美國棒球選手。八歲開始參加棒球組織打球。曾先後爲辛辛那提紅人隊（1963～1979、1984～1986）、費城人隊（1980～1983）以及蒙特婁博覽會隊（1984）效力。他目前仍保持著打數4,256次，出場次數3,562場的記錄。他在職業生涯中的積分（2,165）僅次於柯布、貝比魯斯和漢克阿倫。1989年因涉嫌對棒球賽下賭注，其中包括他自己所屬的紅人隊，而受到調查。此後被終身禁賽。

Rose Bowl　玫瑰盃美式足球賽　正式名稱爲帕沙第納美式足球賽（Pasadena Tournament of Roses）。美國歷史最悠久的季後大學美式足球賽，每年元旦於加州帕沙第納舉行。每場球賽之前都要舉行以精美花車爲特色的「玫瑰遊行」。第一次慶典於1890年舉行，首屆美式足球賽舉行於1902年。玫瑰盃體育館於1922年建成開放。從1947年起，參賽隊伍被限制爲「十大聯盟」（美國中西部）中的一支獲勝球隊和一支來自於太平洋海岸聯盟（即現在的太平洋十校聯盟）的球隊。

Rose of Lima, St.　利馬的聖蘿絲（西元1586～1617年）　原名Isabel de Flores。祕魯和全南美洲的主保聖人，是天主教會所封的第一位出生於西半球的聖者（1671）。出生於祕魯富裕之家。於1606年克服母親的阻撓，加入道明會。她隱居在自家庭園裡的小屋中，沈思冥想並忍受著苛刻的苦行生活。她戴著荊棘的冠，禁食，睡在布滿玻璃碎片的床上，屢見異象，尤其是魔鬼的幻影。直到去世前三年才離開隱居地。傳說她死後出現許多奇蹟。

rose of Sharon　木槿　錦葵科灌木或小喬木，學名Hibiscus syriacus或Althaea syriaca。原產於亞洲東部，花豔麗，作爲觀賞植物被廣泛栽種。高可達3公尺，通常低分枝，植株呈塔形。花似錦葵，白色、粉紫色到紫色。莖一般深紅色。某些品種有重瓣花。該詞有時也指無親緣關係的弟切草，爲金絲桃的親緣灌木種。

rose quartz　薔薇石英　二氧化矽礦物石英半透明的粗粒變種，見於偉晶岩中。薔薇石因爲具有或淺或深的粉紅色，所以具有價值，這種顏色是由於極少量的鈦形成的。自古以來薔薇石英就被用於雕刻和被琢磨爲光面，成爲光澤明亮的寶石。它的乳狀外貌是由於有細針狀金紅石包裹體的緣故，當包裹體呈定向排列時，被拋光的薔薇石英便出現星芒（星狀圖形的光學現象），就像在藍寶石中出現的那樣，但不如藍寶石那樣明顯和強烈。薔薇石英產於巴西、馬達加斯加島、瑞典、那米比亞、加利福利亞州、緬因州以及其他一些地區。

rose window　圓花窗　哥德式建築中裝飾富麗的圓窗，窗上常裝有彩色玻璃。最早出現在12世紀中葉的大教堂。主要用在中堂的西端和耳堂的兩端。哥德式盛期的圓花窗的欞條窗花格是由若干個放射形的圖形組成，每個圓形的外側都有一尖角的拱形做裝飾。巴黎聖母院的圓花窗尤爲引人注目。火焰式風格晚期的窗花格放射形窗櫺爲雙曲線波狀欞條組成的錯綜網狀物。

Roseau＊　羅梭　西印度群島島國多米尼克首都。位於島嶼的西南海岸，羅梭河河口。其港口輸出酸橙、熱帶蔬菜和香料。該市有植物園。市郊有瀑布和溫泉。1805年該鎭被法國人燒毀。1979年遭颶風襲擊，全城幾乎再次成爲一片廢墟。人口約16,000（1991）。

Rosebery, Earl of＊　羅斯伯里伯爵（西元1847～1929年）　原名Archibald Philip Primrose。英國政治人物。曾在格萊斯頓的內閣中擔任負責蘇格蘭事務的內政部次官（1881～1883）和外交大臣（1886、1892～1894）。後接替格萊斯頓（1894～1895）成爲首相，但在解決自由黨內部衝突中表現無能，也無力在保守派占支配地位的上議院通過立法。因反對愛爾蘭自治運動而與自由黨決裂（1905），並從此退出政壇。

Rosecrans, William S(tarke)＊　羅斯克蘭斯（西元1819～1898年）　美國將領。原在軍中服役，後來辭職去當建築師和土木工程師。在南北戰爭期間指揮北軍在密西西比州的艾尤卡戰役和科林斯戰役，以及田納西州的默弗里斯伯勒戰役中獲勝。1863年他率軍進攻駐紮在查塔諾加的由布萊格統帥的美利堅邦聯軍隊，並將他們趕出該城。由於指揮失度，在奇克莫加戰役中慘遭敗北，他統帥的軍隊被迫撤退到查塔諾加，並在此遭到包圍。羅斯克蘭斯的過失導致他丟掉了司令之職。後任駐墨西哥公使和美國衆議院議員（1881～1885）。

rosefish ➠ redfish

rosemary　迷迭香　唇形科多年生常綠小灌木，學名Rosmarinus officinalis。其葉用於多種食物的調味。高1～2.3公尺，葉短呈線形，似彎曲的松針，深綠色，上面光亮，下面白色。花藍色，簇生。蜜蜂特別喜愛迷迭香。古代認爲迷迭香能增強記憶，在文學作品和民間傳說中，它是紀念和忠誠的象徵。迷迭香原產於地中海地區，已在美洲溫帶地區和歐洲歸化。

Rosenberg, Alfred　羅森貝格（西元1893～1946年）德國納粹主義理論家。他引用英國種族主義者張伯倫的觀點來著述，在書中所倡導的日耳曼人種族純淨和排猶主義，加強了希特勒本人的極端偏見。第二次世界大戰期間，他負責將掠劫的藝術品運回德國，並在東部占領區任政府官員。戰後在紐倫堡大審中以戰犯罪被處絞刑。

Rosenberg, Julius and Ethel　羅森堡夫婦（朱利葉斯與艾瑟爾）（西元1918～1953年；西元1915～1953年）　艾瑟爾原名Ethel Greenglass。美國間諜。夫婦兩人均加入共產黨。朱利葉斯於1940年成爲美國陸軍通信兵工程師。他和妻子艾瑟爾一起提供軍事機密給蘇聯。參與這一間諜活動的還有艾瑟爾的兄弟大衛．格林格拉斯和戈爾德，前者是參加洛塞勒摩斯原子彈研究計畫的機械師，後者是美國間諜圈的送信人。他們在1950年代中期均被逮捕。格林格拉斯和戈爾德被判監禁，羅森堡夫婦被判處死刑。儘管進行過數次上訴，在全世界還爆發了爲他們爭取減刑的運動，但他們仍於1953年在辛辛監獄被處死。成爲唯一因間諜罪而被處死的美國公民。

Rosenquist, James　羅森基斯特（西元1933年～）美國畫家以及美國普普藝術代表人物。一開始是一個抽象派畫家後來成爲普普藝術家。畫作中被視爲代表普普文化肖像的巨大帆布畫，廣告招牌以及拼湊不相干意象的表現或可上溯至他年輕時受雇爲招牌作畫的經驗。他同時也創造了混合平版畫、照相、蝕刻畫以及拼貼的巨型畫作。

Rosenzweig, Franz＊　羅森茨維格（西元1886～1929年）　德國猶太裔宗教存在主義者和宗教哲學家。在柏林和弗賴堡當學生時就拒絕接受黑格爾的理想主義。曾有過皈依基督教的念頭，但事實上卻更加深入地研讀希伯來人的經典名著。在第一次世界大戰中服役時，開始闡述他對信仰和信念的存在主義理解，正是這一理解促成了他的主要著作《拯救之星》（1921）。他與布伯一同翻譯了《舊約》，在譯文中，他試圖恢復他所認爲的原作的存在主義基調。

Roses, Wars of the　薔薇戰爭（西元1455～1485年）在蘭開斯特家族和約克家族之間爆發的旨在爭奪英國王位的一系列王室內訌。這場戰爭是用兩個家族的標誌來命名的，即約克家族的白玫瑰和蘭開斯特家族的紅玫瑰。雙方都因是愛德華三世的後嗣而要求獲得王位。自1399年起，由蘭開斯特家族擁有王位，但在亨利六世統治期間，國家陷入了近乎無政府狀態。1453年，在亨利的一次瘋病發作期間，約克家族的公爵被宣布成爲這一地區的保護人。亨利在1455年恢復了他的統治權，戰爭也開始爆發。約克黨人於1461年成功地將愛德華四世推上王位，但戰爭仍在繼續，他們於1471年在倫敦塔內殺害了亨利六世。1483年愛德華三世拒絕了其外甥提出的繼承王位的要求，並且疏遠了許多約克黨人。在博斯沃思原野戰役戰役中，蘭開斯特家族的都鐸（亨利七世）戰勝並殺死了理查德，結束了這場戰爭。他通過婚姻將兩個家族聯繫起來，並在1487年挫敗了約克派的起義。

Rosetta Stone＊　羅塞塔石碑　刻有銘文的石碑，現被保存於大英博物館，爲解讀埃及的象形文字提供了重要線索。這是一座外形不規則的黑色玄武岩石碑。碑文是用象形文字、通俗體埃及語文字以及希臘文字雕刻而成的。1799年，拿破崙的軍隊在亞歷山大里亞東北部的羅塞塔鎮附近發現了這塊石碑。碑文記載的是托勒密五世（西元前205～西元前180年）自他即位第九年起的功績。碑文的解讀是由楊開始，並由商博良完成的，前者將通俗體文本中的專有名稱孤立出來，後者意識到有的象形文字是表示語音的。

羅塞塔石碑，最上部為埃及象形文字，再下來的部分是通俗體文字，希臘文字則是在最底端；現藏大英博物館

By courtesy of the trustees of the British Museum

Rosewall, Ken(neth Ronald)　羅斯沃爾（西元1934年～）　澳大利亞網球運動員。出生於雪梨。1956年獲溫布頓雙打冠軍和法國單打冠軍。這也是他首次獲得冠軍頭銜。在接下去的二十五年中，他一直是一位強有力的選手，共獲18次四大比賽冠軍。1973年爲澳大利亞奪得台維斯盃團體錦標，這也是他最後奪得的一個主要勝利。

Rosh Hashana＊　歲首節　猶太教曆新年。有時亦稱審判日，在提市黎月初一（西曆9月或10月），之後的十天爲自省悔罪之期，十天中的最後一天是贖罪日。儀式包括吹奏公羊角，目的在喚醒猶太人的精神去聯想摩西在西奈山的啓示。歲首節也被稱爲「紀念節」，因爲猶太人在此日紀念世界的誕生，並提醒猶太民族做爲上帝的選民所應負的責任。這是一個莊嚴而又充滿希望的節日；人們享用沾蜂蜜的麵包和水果，預示著來年的甜蜜。

Rosicrucian＊　玫瑰十字會　散見於世界各地的祕密結社。其成員聲稱有古傳祕術。該會以玫瑰花和十字架圖案爲標誌，故名。現存最早的有關史料是1614年出版的《兄弟會的傳說》，該書講述的是羅森克洛茲的故事，據說他是玫瑰十字會的創始人。據記載，他生於1378年，在去中東的旅行中獲得了智慧，在返回德國之後，又將這一智慧傳授給他的信徒。現在，他往往被視爲一種象徵，而非眞實的人物。也有人認爲帕拉塞爾蘇斯是該會眞正的創始人；另一些人認爲玫瑰十字會教義是將柏拉圖、耶穌基督、斐洛、柏羅丁和其他人的至理名言累積而成。關於該會17世紀以前的歷史沒有可靠記載。國際「古代神祕玫瑰十字會」成立於1915年；它和其他的玫瑰十字會至今仍在開展工作。

Ross, Betsy　羅斯（西元1752～1836年）　原名Elizabeth Griscom。美國愛國者。她以裁縫和室內裝飾商爲業。在丈夫於美國革命期間被殺害之後，她接管了他所經營的室內裝潢業。據傳說，華盛頓、莫里斯以及他丈夫的叔叔喬治．羅斯曾於1776年拜訪過她，請她以華盛頓繪製的草圖爲基礎，爲新成立的國家製作一面國旗。儘管羅斯夫人曾爲海軍製作旗幟，但關於她製作國旗的流傳尙缺乏確實的證據。1777年大陸會議採用星條旗作爲美國國旗。

Ross, Diana ➠ Supremes

Ross, Harold W(allace)　羅斯（西元1892～1951年）美國報刊編輯。曾從事記者和編輯工作。在一位闊友的贊助下，於1925年創辦了《紐約客》。這本新創刊的雜誌很快便以其創新的風格和羅斯的鼓勵吸引了衆多作家、藝術家以及年輕人才。羅斯有名的不經修飾的演講及恫嚇，似乎與他雜誌中的詭辯並不一致，也掩蓋了他非凡的編輯本能和才華。直到他去世，羅斯都一直是《紐約客》的幕後領導人，儘管他在晚年已放棄了許多職責。

Ross, John　羅斯（西元1790～1866年）　印第安名桑猶茲地（Tsan-Usdi，意爲「小約翰」〔Little John〕）。美國印第安人酋長。父親爲蘇格蘭人，母親有切羅基人血統，他以切羅基人的身分長大成人。1813～1814年間參加了傑克森領導的克里克戰爭。後成爲切羅基人的國民議會的主席（1819～1826）。身爲切羅基族的主要首領（1828～1839），他抵制政府沒收切羅基人在喬治亞州的農場和土地的做法，並請求傑克森總統保護印第安人的權利，但未能成功。1838年羅斯被迫率領他的人民踏上臭名昭著的通向奧克拉荷馬州的「哭泣之路」。在那裡當選爲新成立的切羅基聯合部落的首領。

Ross, Martin ➠ Somerville, Edith (Anna Oenone)

Ross, Ronald　羅斯（西元1857～1932年）　受封爲羅隆爵士（Sir Ronald）。英國細菌學家。獲得醫學學位之後，進入印度醫務署任職，並在第三次英緬戰爭中（1885）服役。曾在倫敦學習細菌學，返回印度之後，於1897年在按蚊屬蚊蟲胃腸道中發現了瘧原蟲屬寄生蟲（瘧疾的致病因子）。他使用被感染的以及健康的鳥類來研究瘧原蟲的整個生命週期，包括在蚊蟲唾腺中找到的瘧原蟲，展示出瘧疾是如何通過叮咬被傳播的。1902年獲諾貝爾獎。

Ross, Sir William David　羅斯（西元1877～1971年）　蘇格蘭道德哲學家。曾任牛津大學奧瑞爾學院院長多年（1902～1947），之後擔任牛津大學副校長。羅斯爲功利主義批判者，主張一種倫理直覺主義。他認爲「好的」（good，關於動機）和「正確的」（right，關於行動）是兩種難以定義、無法簡化的形式（參閱naturalistic fallacy），但亦是衆所周知、由成熟態度所反映出的明確、常識性道德原則（如這兩者均需要守信諾、說實話和正義感）。羅斯的著作包括《亞里斯多德》（1923）、《對與善》（1930）、《倫理學的建立》（1939）、《柏拉圖的思想理論》（1951）及《康德的倫理理論》（1954）。

Ross Ice Shelf　羅斯冰棚　世界最大的浮動冰體。位於羅斯海上端，爲南極大陸一巨大的凹入處。據估計它的面積與法國面積差不多。探險隊長羅斯首先發現冰棚前緣是雄偉壯觀的白色障壁，高60公尺。這一冰棚一直是進入南極大陸內部探險的重要關口，經過此地的探險包括阿蒙森和司各脫在1911～1912年間進行的前往南極的探險以及伯德的探險（1928～1941）。這裡也是幾個永久研究站的所在地。

Rosse, Earl of　羅斯伯爵（西元1800～1867年）　原名William Parsons。愛爾蘭天文學家。他製作的「利維坦」長16.2公尺，是19世紀最大反射望遠鏡，其反射鏡直徑達183公分。透過這面望遠鏡，羅斯發現了許多當時被歸爲星雲的具顯著螺旋形的天體，而現在則被判定是獨立的星系，他還研究並命名了蟹狀星雲。他也是第一個發現了雙子星和三合星。爲奧克斯曼鎮的大領主，他於1821年到1834年間在下議院就職。1841年繼承了其父的伯爵爵位，並由此進入上議院。

Rossellini, Roberto＊　羅塞里尼（西元1906～1977年）　義大利電影導演。1941年導演了他的第一部長片《白色的船》。第二次世界大戰期間，他一方面導演一些宣傳法西斯的影片，另一方面又祕密地爲反法西斯運動製作電影。他運用紀錄片腳本製作的電影《不設防的城市》（1945）被認爲是義大利新現實主義的最早代表作之一。該片的編劇費里尼還與他在1946年的《游擊隊》一片中再度合作。從《火山邊緣之戀》（1949）一片開始，他導演了多部由英格麗褒曼主演的電影，然而二人的婚外戀醜聞以及後來的婚姻破壞了他們的事業。後來他執導了《羅貝萊將軍》（1959）和舞台劇及電視作品，包括一系列歷史教育片。他的女兒伊莎貝拉羅塞里尼（生於1952年）出演了包括《藍絲絨》（1986）和《長夜》（1996）在內的一些電影。

Rossellino, Bernardo＊　羅塞利諾（西元1409～1464年）　義大利建築師和雕刻家。受到多那太羅、布魯內萊斯基和德拉·羅比亞的影響，他發展了溫和的古典主義風格。1444～1450年在佛羅倫斯的聖克羅切教堂爲布魯尼建造的陵墓開創了一種新的紀念碑雕刻類型，被視爲文藝復興初期雕刻的最傑出成就之一。該作品在雕塑與建築、人像與裝飾之間的完美平衡使其成爲了當時最典型的壁龕式陵墓。他還設計了聖彼得大教堂的後殿和大教堂與皮恩札城的皮科洛米尼宮（1460～1464）。可能對他的弟弟安東尼奧（1427～1479）進行了訓練，安東尼奧經常輔助羅塞利諾的工作。身爲雕刻中的肖像大師，安東尼奧在模仿的細緻入微和惟妙惟肖上成就極高。他最著名的作品是位於佛羅倫斯城外的聖米尼亞托教堂的葡萄牙紅衣主教禮拜堂，那是一座融合了建築和肖像雕塑的精妙之作。

Rossetti, Christina (Georgina)＊　羅塞蒂（西元1830～1894年）　英國女詩人。羅塞蒂之幼女，但丁·加布里耶爾·羅塞蒂之妹。她從自己堅定的宗教信仰中尋找到了至爲激情澎湃的靈感。詩集《妖怪集市和其他詩》（1862）和《王子的歷程及其他詩》（1866）收錄了她絕大多數最好的作品。她的詩作最妙處在其感情的強烈、個人化和自然流露。她的成功之處來自於她將自己本性中的虔誠克制與洋溢的激情兩方面融合統一的能力。她的兒歌詩集《歌唱》（1872，1893年增補）是19世紀最爲卓越的兒童文學作品之一。1871年一次甲狀腺疾病發作之後，她主要寫作禱告詩。

羅塞蒂，粉筆畫，但丁·加布里耶爾·羅塞蒂繪於1866年
Reproduced with permission from Harold Rossetti; photograph, J. M. Cotterell

Rossetti, Dante Gabriel＊　羅塞蒂（西元1828～1882年）　原名Gabriel Charles Dante。英國畫家及詩人。羅塞蒂之子，克莉絲蒂娜·羅塞蒂之兄。曾在皇家藝術院就讀，爲選擇繪畫還是寫詩而猶豫不決。他是布朗的門外弟子，吸收了布朗對於德國拿撒勒派的讚賞之情。1848年，他和幾位朋友一起建立前拉斐爾派。透過詩歌、繪畫與社會理想主義相結合，並將「前拉斐爾派」詮釋爲浪漫主義化的中世紀藝術的同義詞，羅塞蒂擴展了兄弟會的宗旨。在他的油畫作品受到嚴厲的批評時，爲

羅塞蒂，卡羅爾（Lewis Carroll）攝於1863年
The Bettmann Archive

了能夠更容易的將畫賣給熟人，他轉而在文學作品的基礎上創作水彩畫，並且大獲成功。1852年兄弟會破裂，但1856年羅塞蒂與柏恩－瓊斯和莫里斯一起又復興了兄弟會。1862年他長期患病的妻子去世，可能是死於自殺，此後他作品的主題由文學轉向了女人，特別是莫里斯的妻子簡的肖像。1875年，他對簡的愛戀導致了他與莫里斯關係破裂，餘生在嗜酒的隱居生活中度過。

Rossetti, Gabriele (Pasquale Giuseppe) 羅塞蒂（西元1783～1854年） 義大利詩人、革命分子及學者。曾爲一名劇本作者，後成爲那不勒斯一家博物館的館長。因其詩作抨擊時政及參加一個革命團體而被判處死刑。1824年他逃往英國。1831年在英國出版的作品對但丁的《神曲》有獨到的詮釋，認爲其主要表達的是反教宗的政治的意義。該作品爲他贏得了倫敦的國王學院的教授席位，他從1831年任職到1847年。他以其四個具天賦的子女而最爲聞名，包括克莉絲蒂娜·羅塞蒂和但丁·加布里耶爾·羅塞蒂在內。

Rossini, Gioacchino (Antonio) 羅西尼（西元1792～1868年） 義大利作曲家。童年時在教堂唱歌及出演歌劇中的小角色。十二歲開始作曲，十四歲進入波隆那音樂學校學習，在那裡主要創作宗教音樂。1812年起他以驚人的速度創作劇院作品。十五年中他一直主導了義大利歌劇的舞台。他的主要成功作品包括《阿爾及爾的義大利女郎》（1813）、《奧塞羅》（1816）、《塞維爾的理髮師》（1816）、《鵲賊》（1817）、《摩西的埃及旅程》（1818）、《科林斯之圍》（1826）和《塞米拉米德》（1823）。他的速度和冷淡態度使他看起來似乎顯得隨意粗心，但實際上並非如此。他創造的音樂規則一直主宰著義大利歌劇的形式直到威爾第的出現，而他的機智與運用新發明的能力則是無人可匹敵的。從1824年起他大部分時間都在巴黎度過，在那裡創作了其傑作《威廉·泰爾》（1829）。1832年後他的健康狀況不佳，鮮有作品，直到1868年問世了精彩的系列鋼琴套曲與歌曲集《我晚年之罪孽》。

Rosso, Giovanni Battista (di Jacopo) * 羅索（西元1494～1540年） 別名Rosso Fiorentino。亦稱Il Rosso。義大利畫家和裝飾家。曾在安德利亞·德爾·薩爾托指導下與蓬托莫一起接受訓練，由此成爲矯飾主義運動的領導者。在他後期的作品中，早期作品（如1513～1514年創作於佛羅倫斯聖安農齊亞塔教堂的壁畫《聖母升天》）中的那種高漲的情緒化元素被大大弱化了，《天使環繞中的基督之死》（1525～1526）中表現出來的是一種新的風格。1530年他應法蘭西斯一世之邀前往法國。在法國成爲楓丹白露派的奠基人，他所發展出的裝飾性風格影響了整個北歐的裝飾藝術。直到去世前他一直都爲皇家服務。

Rostand, Edmond(-Eugène) * 羅斯丹（西元1868～1918年） 法國戲劇家。在他的第一部舞台劇《一隻紅手套》1888年上演之前，他寫作詩歌、散文及爲木偶劇團寫劇本。他最受歡迎的作品是英雄喜劇《大鼻子情聖》（1898），描寫一個大鼻子的醜陋士兵的故事，他絕望於不能贏得自己所愛姑娘的芳心，因此幫助自己的一位朋友追求她。該劇是法國浪漫主義戲劇的最後一個範例，在世界上獲得了巨大的成功。他還爲貝恩哈特創作了《雛鷹》（1900）。

Rostock * 羅斯托克 德國東北部城市與海港，位於瓦爾諾河上，距波羅的海13公里。始建於1218年。14世紀時是漢撒同盟的強大成員。當地船塢從中世紀時代就開始建造木船，直到1851年製造第一艘德國汽輪。在第二次世界大戰的盟軍的轟炸中破壞嚴重。戰後重建了市區中心，後發展成爲東德的主要海港。它是重要的漁業和造船中心，還生產柴油發動機和化學產品。人口約228,000（1996）。

Rostov * 羅斯托夫 俄羅斯中西部城市。最早的史料記載爲西元862年。在俄羅斯中世紀初期爲重要的中心城市。曾爲羅斯托夫蘇士達公國的首都，1474年公國爲莫斯科所控制。16世紀晚期成爲莫斯科與白海間通路上的重要貿易中心。至今仍在生產傳統的手工搪瓷器。人口約36,000（1991）。

Rostov-na-Donu * 頓河畔羅斯托夫 英語作Rostov-on-Don。歐洲的俄羅斯南部城市。位於頓河上，距亞速海約45公里。1749年設立時爲海關關卡。很快就被加強城防。由於其位置作爲交通中心與港口具有關鍵性的地位，因而隨著19世紀的俄羅斯殖民地的開拓而穩定的成長起來。第二次世界大戰中被德軍占領，遭到全面的破壞，後來重建。現爲運輸與工業中心。附近的頓內次盆地在近幾十年裡引發了大型的工業化運動。人口約1,000,000（1996）。

Rostropovich, Mstislav (Leopoldovich) * 羅斯托波維奇（西元1927年～） 俄羅斯裔美國大提琴演奏家和指揮家。自1943年開始在莫斯科音樂學院學習作曲（與蕭士塔高維奇一起）、鋼琴和大提琴。爲他譜寫作品的作曲家包括蕭士塔高維奇、普羅高菲夫和布瑞頓。1974年他因持不同政見而離開蘇聯，從此在西方展開其藝術生涯。定居美國後，他擔任了國家交響樂團的音樂總監（1977～1996），但仍然繼續進行許多獨奏演出，成爲全世界最著名的大提琴演奏家。身爲鋼琴家，他爲其妻子，女高音歌唱家維什涅夫斯卡亞（出生於1926年）伴奏演出。

Roswitha ➠ Hrosvitha

Rota, Nino 羅塔（西元1911～1979年） 義大利電影配樂家。生於米蘭，十三歲就爲一部歌劇與一部神劇作曲。於費城的寇蒂斯音樂學校修業結束後，開始爲電影作配樂。1950～1978年在巴里出任里切歐音樂學院院長。1950年他同時開始與費里尼的長期合作關係，爲《大路》（1955）、《甜蜜生活》（1960）、《八又二分之一》（*8 1/2*, 1963）以及《往事》（1973；1974年美國首映）等片配樂。他的其他電影配樂作品包括科波拉執導的《教父》（1972）與《教父第二集》（1974）。

rotary engine 旋轉式發動機 燃燒室、汽缸與從動軸一起圍繞著連接活塞的固定控制軸旋轉的內燃機。燃燒產生的氣壓被用於推動軸的旋轉。汪克爾發動機是研製最完善、應用最廣泛的旋轉發動機。在汪克爾發動機中，三角形的轉子在特殊形狀的缸體中按軌跡運動，在轉子邊和缸體曲線壁之間形成旋轉的月牙形燃燒室。

rotary press 輪轉印刷機 使紙在支撐滾筒和印版滾筒之間通過並在其上進行印刷的機器。與之相對比的平台印刷機則具有一個平面的印版。輪轉印刷機主要用於由捲筒紙高速給紙的印刷中，例如報紙印刷。許多大型輪轉印刷機不僅能套印四種顏色，而且能夠在完全連續性的自動操作中完成裁切、折疊及加封裝訂。紙張通過一些印刷機的速度可達到幾乎30公里／小時。大型輪轉印刷機能在一小時內印出多達60,000冊128頁標準開本的書籍。亦請參閱Hoe, Robert and Richard (March)。

Roth, Philip (Milton) 羅斯（西元1933年～） 美國作家。新澤西州紐華克本地人。就讀芝加哥大學，最初以《哥倫布再見》（1959）而成名，其中一篇同名小說露骨地描寫一個郊區家庭世俗的物質中心主義。其作品的特點是注重對話，關心猶太中產階級的生活，關注兩性與家庭之愛的痛苦糾葛。他後來的小說有富於戲劇性和爭議性的《波特諾伊的抱怨》(1969) 和以年輕作家祖克曼爲中心人物的一個備受讚美的小說系列，包括《捉刀文人》(1979)、《鬆綁後的祖克曼》(1981)、《解剖課》(1983) 和《替代生活》(1986) 四部。後期作品包括語帶猥褻的辛辣鬧劇《安息日的劇院》(1995，獲國家圖書獎) 和《美國牧歌》(1997，獲普立茲獎)。

Rothko, Mark　羅思科（西元1903～1970年）　原名Marcus Rothkowitz。俄國出生的美國畫家。1913年全家定居奧瑞岡州波特蘭。1925年搬到紐約後開始作畫，主要是自學。他的早期寫實主義風格在1930年代末的《地鐵》組畫中達到頂點。從半抽象的《洗禮情景》(1945) 起到1948年，他發展出了一種高度個性化的抽象表現主義風格。他將後半生的事業都投入到提煉一種基本的風格中，以兩、三個幾乎充滿了整面牆大小的畫布的軟邊矩形爲特徵，避免像當時的抽象表現主義畫家那樣使用有力的筆觸和油彩的潑濺作畫。1965～1966年間他完成了十四幅特大的布上油畫，畫中的陰暗光度揭示了他深受神祕主義影響。這些畫現放在休士頓的一所教堂內，在他自殺去世後這所教堂被命名爲羅思科教堂。

Rothschild family　羅思柴爾德家族　歐洲銀行世家。創始人爲羅思柴爾德（1744～1812），從法蘭克福的一家銀行起家。家族的姓氏來源於邁耶的祖先居住的一所位於猶太人區的房子上的紅色盾牌。1792到1815年的拿破崙戰爭時期的金融交易形成了羅思柴爾德家族財富的基礎。邁耶及長子阿姆謝爾（1773～1855）坐鎮法蘭克福掌管當地的生意發展，而內森（1777～1836）於1804年在倫敦建立分行。詹姆斯（亦稱Jakob，1792～1868）1811年在巴黎定居，1820年代薩洛蒙（1774～1855）和卡爾（1788～1855）分別在維也納和那不勒斯建立了辦事機構。後來的家族生意主要關注政府債券和對企業，包括鐵路、煤業、製鐵、石油和冶金行業在內的投資。他們強大的實力最終受到新興的商業銀行的挑戰，到19世紀末羅思柴爾德家族集團已不是最大的銀行財團。羅斯柴爾的家族的成員獲得過諸多榮譽：邁耶的五個兒子都被奧地利帝國授予男爵勳位；一位後人成爲首位進入英國國會的猶太人，另一位則是被升爲英國貴族的第一人。自其在奧地利的房產被納粹查封之後，只有居住在英國和法國的羅斯柴爾德家族還在從事銀行業，這部分成員大多數以科學家和慈善家著稱。羅斯柴爾德家族的菲利浦男爵（1902～1988）是第一流的葡萄酒釀造家，擁有穆頓羅斯柴爾德葡萄園。

rotifer＊　輪蟲　袋形動物門輪蟲綱約2,000種微小、多細胞、居於水中的無脊椎動物的統稱（參閱worm）。輪蟲的纖毛冠（前端的活動纖毛簇組成輪盤）造成水流，將細菌、原生動物和碎屑吸入口中，也吃其他較大的生物（其他輪蟲、甲殼類、藻類）。其咽具肌肉，有硬顎。不同種類間體型差異頗大。在各大洲的淡水中常見，但有些種類亦居於鹹水中。生活型態各異，自由生活或寄生；單個或群體生活；自由游泳、爬行或固著。

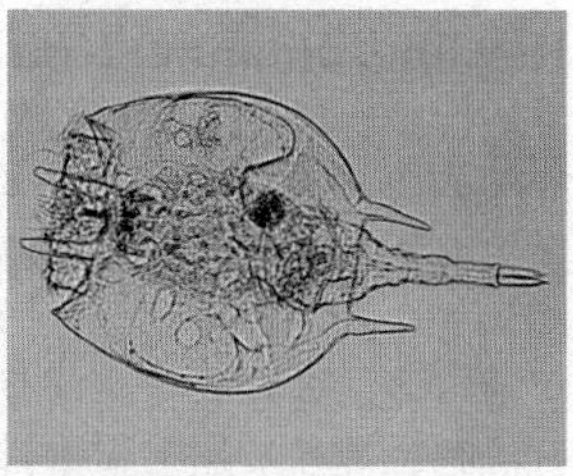

輪蟲（Platyias quadricornis）
Runk/Schoenberger from Grant Heilman

Rotterdam　鹿特丹　荷蘭西部的城市和海港。位於北海附近的新馬斯河兩岸。始建於13世紀，發展成爲重要的港口和商業城市。從1795年到1813年爲法國占領。第二次世界大戰中遭到德軍的嚴重破壞，戰後按照新計畫全面重建。爲世界上最繁忙的集裝箱裝運港之一，鹿特丹是歐洲內陸的主要轉運港口，萊茵河上駛來的成千上萬艘駁船都使用其港口設施。它是荷蘭的第二大城市，擁有數座大型煉油廠，生產化學藥品、紙張和布料。它還是文化和教育中心。人口約593,000（1996）。

Rottluff, Karl Schmidt- ➠ Schmidt-Rottluff, Karl

Rottweiler＊　洛威拿　德國洛威拿地方古羅馬兵團留下的牧牛狗的後代。從中世紀到約1900年間洛威拿在辦貨的旅程中伴屠夫前往市場，攜帶著放置金錢的頸袋。也用於守衛、驅趕牲畜、拖曳或充警犬。體粗壯，肌肉發達，體高約56～69公分，體重41～50公斤。被毛短，黑色，頭、胸、腿有棕褐色斑紋。

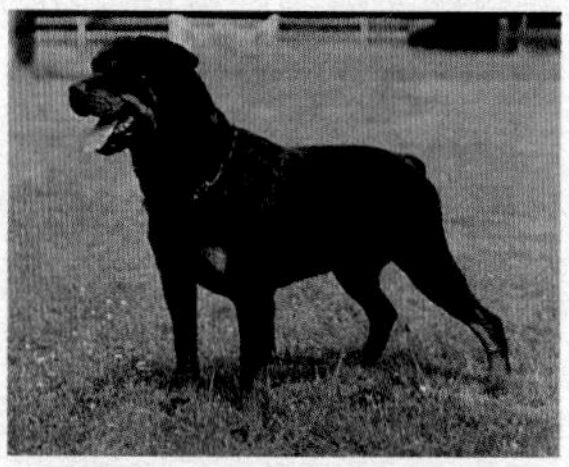

洛威拿
Sally Anne Thompson

rotunda　圓形建築；圓形大廳　古典建築或新古典主義建築中，平面爲圓形、覆以圓屋頂的建築或大廳。萬神廟就是一座古典羅馬圓形建築。由帕拉弟奧設計的位於維琴察的羅通達別墅則是義大利文藝復興時期的一個範例。美國國會大廈的中央大廳是在紀念性的公共建築中應用圓形大廳的一例。

Rouault, Georges(-Henri)＊　魯奧（西元1871～1958年）　法國畫家。曾在一家玻璃坊當學徒，專門復原中世紀的玻璃窗彩畫（1885～1890），這段經歷對他作爲一名畫家的成熟期的風格影響重大。在經歷了早期的學院派時期之後，他的風格趨向於野獸主義，直到他確立了自己個性的表現主義風格爲止。身爲虔誠的羅馬天主教徒，他繪畫的題材顯然是不那麼優雅的：妓女、可悲的小丑和無情的法官們。1914年後他的繪畫內容更加具有宗教色彩，更強調宗教的救贖，他也從水彩轉向了油畫。他的色層渾厚豐富、形體簡潔，其色彩和粗的黑線令人想起彩色玻璃。1930年代他創作了一個以耶穌受難與死亡爲主體的恢弘系列，還經常改畫自己早期的作品。1940年代的小丑系列實際上是他的自畫像。他還製作了許多版畫，還有陶器、掛毯畫和彩色玻璃。

Rouen＊　盧昂　法國西北部城市，位於塞納河畔。西元3世紀隨著聖梅隆傳入基督教，這個城鎮變得重要起來。876年被諾曼第人占領後成爲諾曼第王國中世紀時期的首都。1066年與1419年兩度落入英國統治之下。1431年聖女貞德在此遭囚禁和處決。1449年爲法國收復。歷史建築包括14世紀的聖烏昂修道院和大主教宮，後者最古老的部分始建於11世紀。高乃依和福樓拜都出生於此。人口105,000（1990）。

Rough Rider　莽騎兵　美西戰爭中的首支志願騎兵團。該兵團由羅斯福和伍德招募並領導，由牛仔、礦工、執法官員和大學運動員等組成。他們在古巴發動的最著名的攻勢是在聖地牙哥戰役（1898年7月1日）中的攻占制高點的戰鬥，該戰俘虜了敵將希爾並衝鋒橫穿了整個山谷以確保奪下聖胡安山脈及其制高點聖胡安峰。該兵團被美國新聞界廣泛報導，也幫助確立了羅斯福的聲譽。

roulette＊　輪盤賭　一種賭博方式，玩家賭一個小球會停在轉盤的哪一個標有數字的紅色（或黑色）的格子上。輪盤賭（法語的意思是「小轉盤」）出現在18世紀晚期歐洲的娛樂場上。所有的賭注都押給莊家，即賭場主。在小球減速即將停下來掉進一個格子裡之前，都可以下賭注。賭注可以下在一個數或是不同數的組合上。後一種情況下，如果最終結果在組合裡，獲利的機會會小一些。玩家也可以選擇賭紅格或是黑格，奇數或是偶數。

roundworm ➠ nematode

Rousseau, Henri＊　盧梭（西元1844～1910年）　別名Le Douanier Rousseau。法國畫家。曾在軍隊服役，此後開始做收費員（不是收稅官，這是他的朋友後來使用的綽號），但他抽時間素描和繪畫。完全靠自學，1886年在獨立者沙龍展出一些早期的作品，包括《狂歡節之夜》。和他後來的作品一樣，這是一幅稚拙派藝術的代表作。一切都畫得很精細，雲朵是那麼純粹，服裝比人物得到更多注意，獲得了顯著的情緒影響力和神祕感。1893年他辭職專心繪畫，1894年他的《戰爭》爲他贏得了前衛派的第一次認可。他最著名的作品是色彩豐富的有關茂密的叢林、野獸和異域人物的圖案（如《沈睡的吉普賽人》〔1897〕）。1905年他和野獸派畫家（參閱Fauvism）一起展出了《餓獅》。死時極爲窮困，在他死後人們才認識到他的偉大。

Rousseau, Jean-Jacques　盧梭（西元1712～1778年）　瑞士裔法國哲學家。1728年從日內瓦逃往義大利，旅行多年，1741年定居於巴黎。爲狄德羅的《百科全書》撰寫音樂和經濟學部分。盧梭發表《論科學與藝術》（1750），斷言人類已被社會與文明腐化和奴役，雖然社會和文明本質上不是惡，但因越發錯綜複雜而變得愈有害。這一觀念隨著盧梭對它的不斷發展終使他與保守和激進兩派分道揚鑣。他的輕歌劇《鄉村卜者》（1752）雖是未經正統訓練寫成的作品，仍獲得長期成功並因而使盧梭成名。《論人類不平等起源及其基礎》（1754）抨擊私有財產。《社會契約論》（1762）爭論說若公民社會或國家能建立在一種眞正的社會契約論的基礎上，人們就會以其獨立自主換取更大的自由。該作品成爲法國大革命的基礎，雖然社會契約論看似長期支持極權政體和激進民主。小說《愛彌兒》表達他對教育的觀點，在接下來的世紀有廣泛的影響，但出版該書引起的爭論迫使盧梭逃往瑞士。約1767年出現精神不穩定的症狀，因發瘋而去世。《懺悔錄》（出版於1781～1788年）爲所有最著名自傳的其中之一。

Rousseau, (Pierre-Etienne-)Théodore＊　盧梭（西元1812～1867年）　法國畫家。裁縫之子。十四歲開始畫畫，很快就到戶外寫生，這在當時是一個新奇的開始。由於他偏離了學院派道路，他的作品一直被沙龍拒絕。1830年起他在巴比松有規律的作畫，在那裡成爲巴比松畫派風景畫的領導人。他的油畫與新古典主義恬淡、理想化的風景相反，將自然表現成一種野性而難以馴服的力量。其小而高度粗糙的筆觸預示了印象派的特徵。

Roussel, Albert (Charles Paul Marie)＊　魯塞爾（西元1869～1937年）　法國作曲家。他曾是海軍學校學生，後來決定以音樂作爲畢生的事業，接下來的十年在巴黎的歌唱學校學習。他早期的音樂作品受到他的老師丹第很大影響。他的芭蕾舞歌劇《帕德馬瓦蒂》（1918）由於其印度風情，贏得了來自年輕作曲家們的巨大熱情。他的其他作品包括芭蕾舞劇《蜘蛛宴》（1913）和《巴古科斯和阿里阿涅》（1931）以及第三、第四交響曲（1930、1934）。

Roussillon＊　魯西永　法國南部的歷史和文化區。伊比利亞人最早在此定居，西元前2世紀被羅馬帝國征服。5世紀被西哥德人占領，後來先後被阿拉伯人和加洛林王朝占領。9世紀被巴塞隆納的伯爵們奪得。修道院制度從10世紀開始盛行，這一地區有很多羅馬式建築遺跡。12世紀成爲亞拉岡王國的一部分。1659年通過談判從西班牙手中獲得。主要城市有佩皮尼昂。這裡有許多加泰隆吉普賽人，加泰隆語被廣泛使用。

router　移動式成形器　木器和家具製造中使用的輕便電動工具，由電動機、機座、兩個把手和一組刀頭（切削刀具）組成。移動式成形器能切削隔板的精緻棱邊，風雨窗和擋雨條的開槽，加工圓形和橢圓形的光滑邊緣，以及各種類型的圓角等。

Rowe, Nicholas＊　羅伊（西元1674～1718年）　英國作家。他的作品大大促成了家庭悲劇的發展（在他的作品中，主角往往是中產階級而非貴族）。這些作品包括《有野心的繼母》（1700）、《帖木兒》（1702）、《美貌的懺悔人》（1703）、《簡·肖爾的悲劇》（1714）、《簡·格雷郡主的悲劇》（1715）。他還因爲第一個校勘莎士比亞作品而被人紀念（《莎士比亞先生的作品》，1709、1714）。他的詩作包括頌詩和翻譯作品。1715年成爲桂冠詩人。被視爲18世紀英國最重要的悲劇劇作家。

rowing　划船運動　用槳推動使艇前進的運動。划船運動涉及兩種船：單槳船，由八位划手在一位舵手的指揮下拉單槳推進的輕型賽艇；雙槳船，由一位或兩位划手使用雙槳（一幅單槳）推進的賽艇。1820年代有組織的比賽始於牛津大學和劍橋大學之間。1839年舉行的亨利賽船會（1851年起改名爲亨利皇家賽船會）使這項運動達到高潮。在美國，1851年哈佛大學和耶魯大學首次進行比賽。奧運會的男子賽艇比賽始於1900年，女子始於1976年。

Rowlandson, Mary＊　羅蘭森（西元1637～1710/1711年）　原名Mary White。英國出生的美國殖民地作家。她是麻薩諸塞州蘭開斯特原來經營者的女兒，她和身爲牧師的丈夫以及四個女兒一起生活在蘭開斯特。1676年印第安人將這個定居點夷爲平地，她被俘獲爲人質達十一個星期。後被贖回，和她的丈夫以及兩個倖存的孩子移居康乃狄克。1682年出版對囚禁生活的記述，在倫敦和殖民地都很受歡迎。

Rowlandson, Thomas　羅蘭森（西元1756～1827年）　英國漫畫家。商人之子。曾在皇家藝術學院和巴黎學習。開設一家肖像畫室之後，他開始畫漫畫來增加收入，以此獲得成功因而專職漫畫。他創造的漫畫人物諷刺了當時人們熟悉的社會人物類型，像古物收藏者、衣冠不整的酒吧間女招待和雇傭文人。羅蘭森也爲斯摩里特、哥德斯密和史坦恩的作品畫過插圖。

Rowling, J(oanne) K(athleen)　羅琳（西元1965年～）　英國作家，創造了受歡迎及讚賞的哈利波特系列。預計出版七集的哈利波特系列第一集，《哈利波特與哲人之石》（美國書名爲《哈利波特與神秘魔法石》），出版於1997年。透過栩栩如生的描述及富想像力的情節，一個孤獨的孤兒發現自己擁有魔法並進入霍格華茲魔法學校學習巫術，成爲一個不凡的哈利波特英雄。這本書甫推出即成功，同時吸引了兒童（最初設定的讀者）及成人。續集《哈利波特和消失的密室》（1998）、《哈利波特和阿茲卡班的逃犯》（1999）以及《哈利波特和火盃的考驗》（2000），都成爲暢銷書籍，根據第一集改編成的電影於2001年上映。羅琳因有功於重新引燃兒童閱讀的興趣，而於2001年成爲英國皇家會員一員。

Roxas (y Acuna), Manuel＊　羅哈斯（西元1892～1948年）　菲律賓共和國第一任總統（1946～1948）。身爲律師，1917年開始了他的政治生涯。爲菲律賓從美國獨立的鼓吹者，成爲國務會議委員，在修改的菲律賓獨立和聯邦法案（「泰丁斯－麥克達菲法」，1934）基礎上草擬了憲法。第二次世界大戰期間與親日政府合作，但在戰後審判中受到麥克阿瑟將軍的庇護。1946年菲律賓獲准獨立，他成爲菲律賓第一任總統。羅哈斯從美國獲得援助基金，但被迫批准了美國軍事基地，和其他一些大的讓步。他的政府由於腐敗和警察暴力而受到損害，也爲虎克暴動提供了舞台。

Roy, Ram Mohun　羅伊（西元1772～1833年） 印度宗教、社會、政治改革家。出生於富裕的婆羅門家族，年輕時他到處遊歷，接觸了不同的文化，形成了印度教非正統思想。1803年他寫了一本小冊子公開抨擊印度的宗教分裂和迷信，提倡一神論的印度教，即只崇拜一個至高的神靈。他提供了《吠陀》和《奧義書》的現代譯本，這也爲他的信仰提供了哲學基礎。他鼓吹言論自由，宗教自由，抨擊等級制度和殉夫制。1826年他創辦了吠檀多學院，1828年創辦梵社。

Royal Academy of Art　皇家藝術學院 英國國家藝術學院。1768年由喬治三世創立。1768～1792年間第一任會長是雷諾茲。成員由會員和合作人選舉確定，人數固定在四十位。成員的名字前往往加上皇家學會會員（「Royal Academician」）的大寫首字母R.A.。陳列室中有過去的會員如根茲博羅和透納的作品。1991年學院開了新的邊廳薩克勒陳列室。

Royal Air Force ➠ RAF

Royal Ballet　皇家芭蕾舞團 英國芭蕾舞團和學校。1931年德瓦盧娃和貝利斯成立了維克－威爾斯芭蕾舞團，以進行演出的兩個劇院（老維克和薩德勒的威爾斯）命名。1940年代該團因其劇院而稱爲薩德勒的威爾斯芭蕾舞團。1946年移至科文特哥登。瑪爾科娃、芳婷和赫爾普曼都是該團的早期成員。1950年代該團拓展到包括一個自己的學校和一個獨立的旅行公司。1956年重組，受到皇家授權，成爲皇家芭蕾舞團。舞者如紐瑞耶夫，舞蹈指導如阿什頓、麥克米倫和尼金斯卡都曾加入該團。

Royal Botanic Gardens, Kew ➠ Kew Gardens

Royal Canadian Mounted Police　皇家加拿大騎警隊 亦稱Mounties。加拿大聯邦警察部隊。也是除安大略省和魁北克省之外的其他各省的刑事警察隊，西北育空地區和努納武特特區的唯一警察力量。1873年成立時稱「西北騎警」，三百人奉命到加拿大西部對付一些用威士忌酒向印第安人換取牛皮產生嚴重破壞的美國商人。後來又在克朗代克淘金熱（1898）和後來的西部定居中成功維持了和平。1920年成爲全加拿大聯邦警察隊伍後採用現名，並將總部遷到渥太華。

Royal Dutch/Shell Group　荷蘭皇家蜆殼石油公司 跨國集團公司，由海牙的荷蘭皇家石油有限公司和倫敦的蜆殼運輸貿易公司擁有。兩家母公司開始是競爭對手。1878年在倫敦，塞繆爾接管了他父親的進出口業務（其中包括東殼牌）並開始控制煤油。他後來進入了遠東的石油市場，1897年建立了蜆殼運輸和貿易有限公司。同時期，1890年爲了在荷蘭的東印度殖民地開發油井，一群荷蘭商人建立了荷蘭皇家公司，並於1892年在蘇門答臘島建立了第一家煉油廠。1907年兩家公司合併爲荷蘭皇家蜆殼石油公司。該公司收購了在埃及、伊拉克、羅馬尼亞、俄國、墨西哥、委內瑞拉、加利福尼亞、奧克拉荷馬的煉油公司。該公司在美國的主要分支機構是蜆殼石油公司（1922年成立）。如今，荷蘭皇家蜆殼石油公司是世界上十大公司集團之一。

Royal Greenwich Observatory *　格林威治天文台 英國的天文台，英國最古老的科學機構。英王查理二世於1675年爲航海目的在格林威治所創立。它主要的貢獻是在航海、計時、恆星定位和天文曆書的出版。1767年開始出版基於格林威治經度時間的《航海天文曆》。它在航海者中的流行導致了1884年格林威治子午線成爲地球的本初子午線和國際時區的起點（參閱Greenwich Mean Time (GMT)）。

Royal National Theatre　國立皇家劇院 英國劇團。1962年成立，稱國家劇院，1963～1973年由奧立佛擔任導演，擁有許多來自老維克劇團的演員。1976年該劇團從倫敦的老維克劇院移至一座位於泰晤士河南岸新建的三劇院聯合建築。1988年女王伊莉莎白二世特准該劇院冠以「皇家」之名。由政府資助部分經費，該劇院上演了古典和現代混爲一體的保留劇目。它的導演包括霍爾（1973～1988）和埃爾（1988年以後）。

Royal Navy　英國皇家海軍 英國海軍組織。在英國，首次使用有組織的海上力量的人是阿佛列大帝，他派遣船隻抵禦北歐海盜的入侵。16世紀，亨利八世組成了一支裝備大型火炮的艦隊，並建立海軍管理機構。在伊莉莎白一世的領導下，海軍發展成爲英國主要的防禦力量，並成爲英帝國全球擴張的手段。查理二世將海上力量定名爲皇家海軍。18世紀中，皇家海軍與法國海軍爲爭奪海上霸權進行了漫長的鬥爭。在英國抵禦拿破崙的戰爭中，皇家海軍發揮了關鍵作用。在19世紀剩下的歲月裡，皇家海軍有助於維持所謂英國式的和平，即依賴於英國海上霸權的長期相對和平局面。直到20世紀中葉它仍然是世界上最強大的海軍。兩次世界大戰中，它在保護船隻免遭潛艇襲擊上表現活躍。今日則保持著一支裝備核子武器的潛艇部隊和許多水面艦艇。

Royal Shakespeare Co.　皇家莎士比亞劇團 英國重要的劇團。起初是阿文河畔斯特拉福德的莎士比亞紀念劇團，開辦於1879年，作爲一年一度莎士比亞戲劇節的場所。這個常駐的劇團在1961年前被稱爲莎士比亞紀念公司，之後該公司被重新命名並重組爲兩個部分，一個在斯特拉福德，另一個在倫敦。斯特拉福德的劇團上演莎士比亞和其他伊莉莎白和詹姆斯時期的作品，而倫敦的劇團基於巴比肯藝術混合體，也上演現代劇和其他時代的古典作品。

Royal Society (of London for the Promotion of Natural Knowledge)　皇家學會 英國最早的科學學會。成立於1660年，早期的成員包括虎克、列恩、牛頓和哈雷。它推動了科學思想在英國的發展，其成就舉世矚目。《哲學學報》是西方最早的期刊之一，發表科學論文。論文的摘要出現在《彙編》中。學會頒發幾個享有聲望的獎章。如今該會有超過1,000個特別會員和九十個外國成員。

Royall, Anne Newport *　羅亞爾（西元1769～1854年） 原名Anne Newport。美國作家。一般認爲她是首位美國女記者。五十多歲時成爲寡婦，開始在國內到處旅行，1826～1831年發表了十部遊記，這些著作至今仍是社會史的有價值的資料。她是一個古怪而刻薄的女人，1829年在華盛頓特區與當地基督教長老會對抗的結果，她以「潑婦」的罪名被判有罪。1831年在她揭發醜聞的華盛頓報紙《好奇者》上發表她對不同問題坦率、引起爭議的觀點。後來又出版《女獵人》（1836～1854）。

Royce, Josiah　羅伊斯（西元1855～1916年） 美國哲學家。在轉到哲學之前，他學習的是工程。1882年起在哈佛大學任教直至去世。他是一個黑格爾傳統的絕對理想主義者，教授一元觀念論（參閱monism），並幫助提高哲學的智力標準。身爲一個多元的思想者，他還對心理學、社會倫理學、文藝評論、歷史學和玄學做出過貢獻。著述豐富，有《哲學的宗教面貌》(1885)、《現代哲學的精神》(1892)、《善與惡之研究》(1898)、《世界與個人》(1900～1901)和《忠誠的哲學》(1908)。他強調個性與意志高於智力，對後來的美國哲學影響很大。

Royko, Mike　羅伊科（西元1932～1997年）　原名Michael Royko。美國專欄作家。道地芝加哥人，韓戰期間放棄學業投效空軍。1959年加入《芝加哥每日新聞報》，1964年成爲全職專欄作家。他毫不留情、尖酸刻薄、洞見觀瞻的政治及社會議論文章反映了他的工人階級立場，經常揭露與一般大衆有關的不公義現象。後來轉往《芝加哥太陽報》任職，然後再轉往《芝加哥論壇報》。1972年以所寫專欄贏得普立茲獎榮耀。他集結專欄發表成書，其中最暢銷的是以當時芝加哥市長戴利爲對象的《老闆》(1971)。

Royster, Vermont (Connecticut)　羅伊斯特（西元1914～1996年）　美國記者。1936年羅伊斯特以華盛頓通訊員身分加入《華爾街日報》。第二次世界大戰中在海軍服役，之後回到華爾街日報社，成爲編輯（1958～1971）和該報發行公司（道－瓊斯公司）高級副總裁（1960～1971），1971年退休。身爲榮譽退休編輯，他撰寫了一個週刊專欄「仔細考慮」直到1986年。他獲得過兩次普立茲獎（1953、1984）和總統自由勳章（1986）。

Rozelle, Pete　羅澤爾（西元1926～1996年）　原名Alvin Ray。美國體育行政管理人和全國美式足球聯盟主任。畢業於舊金山大學，起初在公共關係部門工作。1960年被任命爲全國美式足球聯盟主任。他使聯盟規模擴大了一倍，幫助創立了超級盃美式足球賽，與電視網路談判，以決定高額利潤的電視轉播權分配。1966年，羅澤爾確立了一份將全國美式足球聯盟與其競爭對手美國美式足球聯盟合併的協定。1970年他說服美國廣播公司廣播「星期一美式足球之夜」，獲得巨大的成功。全國美式足球聯盟的觀衆人數在他的任期內增至原來的三倍，其任期於1989年結束。

RU-486　RU-486　美服培酮（mifepristone）的通用名稱，用於妊娠最初幾星期內促成流產的藥物。RU-486能阻擋維繫妊娠所必需的激素孕酮（黃體素）的受體。該藥物導致子宮內膜剝落，連同胚胎一起從陰道流出。從1988年起在法國開始用於終止早期妊娠，於2000年獲准在美國使用。RU-486的名稱是來自製造公司Roussel-Uclaf及其產品序號。

Ruanda-Urundi＊　盧旺達－烏隆迪　中東非地區過去的版圖。1922～1962年間由比利時統治，在此期間從1946年開始成爲聯合國託管領土。1925～1960年是比屬剛果的一部分。1962年成爲盧旺達和烏隆迪兩個獨立國家。

Rub al-Khali＊　魯卜哈利沙漠　阿拉伯半島南部的大片沙漠。面積約650,000平方公里。主要在沙烏地阿拉伯東南部，小部分在葉門、阿曼和阿拉伯聯合大公國境內。是世界上最大的連續沙漠地區，占沙烏地阿拉伯領土的1/4以上。這裡實際上杳無人跡，大部分未開發。1948年在此發現世界上最大的油田蓋瓦爾。

rubber　橡膠　也稱天然橡膠（natural rubber）。有機化合物，一種富有彈性的聚合物，用取自不同橡膠樹（rubber tree）或印度橡膠樹（rubber plant）的乳膠製成。天然橡膠在工業上仍很重要，但現在面臨人工合成替代物的競爭（參閱neoprene）。橡膠的用途在於它獨特的彈性使其能夠變形（伸展）並恢復原形。透過添加硫或另一種交叉鏈結劑，伴隨著加速劑和催化劑的硫化過程（本質上將聚合物的熱塑性變爲熱硬性，參閱plastic）使上述功能成爲可能。塡充劑和其他一些添加劑的加入使得物體可以用於想要的用途（如透過發泡、定型與漂白）。半數以上的橡膠被用於製造輪胎，其餘的主要用於製作皮帶、膠管、墊圈、鞋、衣物和玩具。

rubber plant　橡膠樹　亦稱印度橡膠樹（India robber plant）。學名爲Ficus elastica，爲原產於亞洲東南部及其他溫暖地區的大喬木，但在別處則爲常見的室內盆栽植物。具大而厚的長圓形的葉，長可達30公分。果像無花果，成對生於小枝兩旁。具乳狀液汁（或稱乳膠），曾是次等天然橡膠的主要來源。幼樹抵抗力強，在不理想的室內條件下生長良好。有的栽培的變種具較闊及較深綠色的葉，其他則具雜色的葉。亦請參閱rubber tree。

rubber tree　橡膠樹　南美洲的熱帶喬木，大戟草科，學名Hevea brasiliensis。栽種於熱帶與亞熱帶的種植園內，特別是在東南亞和非洲西部，取代20世紀早期的橡膠樹（rubber plant），作爲主要的天然橡膠來源。木質柔軟，高大，分歧的樹枝以及大面積的樹皮。乳狀的液體（乳膠）從樹皮的傷口滲出，濃縮成60%的橡膠含量，用來製造浸製品（外科手套、避孕用具、玩具、瓶子、鞋子和球）。

rubella＊　風疹　亦稱德國痲疹（German measles）。一種病程溫和的病毒性疾病，但對懷孕不足二十星期的婦女例外，可能引起胎兒發育不良（眼、心臟、大腦和大動脈）或死亡。起先喉嚨痛和發熱，隨後腺體腫脹、起疹子。多達30%的感染在沒有症狀的情況下出現。一旦感染，終生免疫。腦炎是少見的併發症。19世紀以前無法區分風疹和痲疹，在1941年前不知道其危險性。1962年病毒被分離出來，1969年製造出疫苗。

Rubens, Peter Paul　魯本斯（西元1577～1640年）　法蘭德斯畫家和外交官。在安特衛普當學徒之後，1598年爲畫家協會承認。1600年前往義大利。1608年前爲曼圖亞公爵工作。1603年，公爵派他到西班牙向腓力三世展示繪畫和其他才能，是他後來三十年替不同國家完成的諸多外交任務中的首件。他獲得的巨大聲名使他在皇室很受歡迎。君主們經常在站立請他畫肖像的時候和他談論國家大事。1608年他回到西屬荷蘭（現在的比利時），他被委任爲西班牙哈布斯堡攝政王的宮廷畫家。接下來的十年他畫了許多祭祀畫。身爲虔誠的天主教徒，他成爲北歐反對改革的主要藝術支持者。1620年他簽下合約爲耶穌教堂設計三十九幅天頂畫，由他的助手完成，包括年輕的范戴克。他在法國爲瑪麗·德·麥迪奇畫了二十一幅油畫，爲路易十三世畫了織錦畫系列。他爲英國畫的《和平和戰爭的寓言》(1629～1630)則紀念他爲結束英國和西班牙的敵意所作的成功外交。他爲查理一世的皇家宴會廳做裝飾。在西班牙他爲腓力四世的狩獵行宮畫了六十多幅油畫草圖。查爾斯和菲利浦都授予他爵位。他的作品產出量頗大。他的風格是佛蘭德現實主義、義大利復興古典主義和他自己令人驚駭的創造力的融合。其油畫中豐滿的人物產生活潑、動態成分的運動滲透感。他的風格產生的深遠影響延續了三個世紀。

rubeola ➠ measles

Rubicon＊　魯比孔河　小溪，在羅馬共和國時代是阿爾卑斯山南麓高盧與義大利的分界線。西元前49年凱撒率兵跨過此河進入義大利。這一行動違背了將軍不得領兵越出他所派駐的行省的法律。凱撒的行動等於向羅馬元老院宣戰，結果引起三年內戰，凱撒從此稱雄於羅馬世界。「跨過魯比孔河」因此成爲俗語，指下定決心投身於某一行動而必須採取的步驟。

rubidium-strontium dating＊　銣－鍶測年法　根據岩石形成時所含不穩定同位素銣－87衰變後形成的穩定同位素鍶－87的含量測值，來估算岩石、礦物、隕石年代的方法。此法適用於非常古老的岩石，因爲銣－鍶的轉化非常緩慢，半衰期，即原始銣含量消滅一半所需時間，大約爲488億年。

Rubinstein, Anton (Grigor'yevich)　魯賓斯坦（西元1829～1894年）　俄國作曲家和鋼琴演奏家。作爲一名鋼琴演奏家巡演期間，他在巴黎結識了蕭邦、李斯特，在柏林結識了梅耶貝爾。經過幾年的學習，1848年定居在聖彼得堡，1862年創立了聖彼得堡音樂學校，此後投入大量心力致力於提高俄羅斯音樂教育水平。他過去很受歡迎的作品，包括六部交響曲、五部鋼琴協奏曲、許多室內樂作品和鋼琴曲（包括「F大調旋律」），很多已經從保留劇目中消失。他的弟弟尼古萊（1835～1881）也是一位著名的鋼琴演奏家和教師，並在1860年代創立了莫斯科音樂學校。

魯賓斯坦
By courtesy of the Royal College of Music, London

Rubinstein, Arthur　魯賓斯坦（西元1887～1982年）　波蘭裔美國鋼琴演奏家。師從姚阿幸，1900年首次登台演出。後也以帕德瑞夫斯基爲師，其演奏獲得成功。與小提琴手易沙意（1858～1931）共同演出過幾年，此後五年（1932～1937）暫停演出以提高他的技藝，並以20世紀音樂天才的形象重新出現。移居美國後，他既是著名的獨奏者，也是著名的室內音樂家，合作者有海飛茲和皮亞第戈爾斯基（1903～1976）。八十多歲時他仍然活躍在舞台上，演出曲目自巴哈至20世紀西班牙作曲家的作品都有。他對蕭邦和布拉姆斯作品的演奏尤其讓人拍案叫絕。

Rubinstein, Helena　魯賓斯坦（西元1870～1965年）　波蘭裔美國化妝師、企業經理人和慈善家。1902年來到澳大利亞，開辦了一所美容院，並爲她從波蘭帶來的某種護膚面霜做免費諮詢。迅速走紅之後，她回到了歐洲，1908和1912年先後在倫敦、巴黎開設美容院。1914年移民美國，在紐約和其他城市開辦美容院。1917年她開始經營化妝品批發業務。第二次世界大戰後，她在五大洲都建立了自己的工廠。1953年她創立了海倫娜・魯賓斯坦基金會，向博物館、大學和扶貧機構進行捐贈。

Rublev, Andrei＊　魯勃廖夫（西元1360?～1430?年）　亦稱Andrei Rublyov。俄羅斯畫家。他接受的完全是拜占庭藝術的程式化傳統教育，但他在14世紀已經被接受的人文主義手法中加入了眞正的俄羅斯特色，一種完全的超脫，使他的作品明顯區別於他的前輩和後輩。他曾是希臘畫家狄奧凡的助手，幫助裝飾莫斯科的報喜節大教堂。作爲最偉大的中世紀俄羅斯聖像畫家，他最著名的作品是《三聖像》（約1410）。在晚年成爲一名修道士。

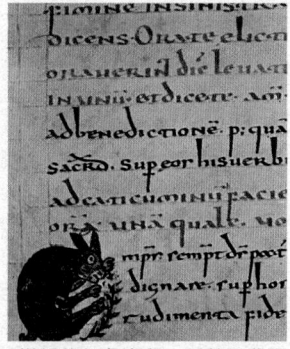

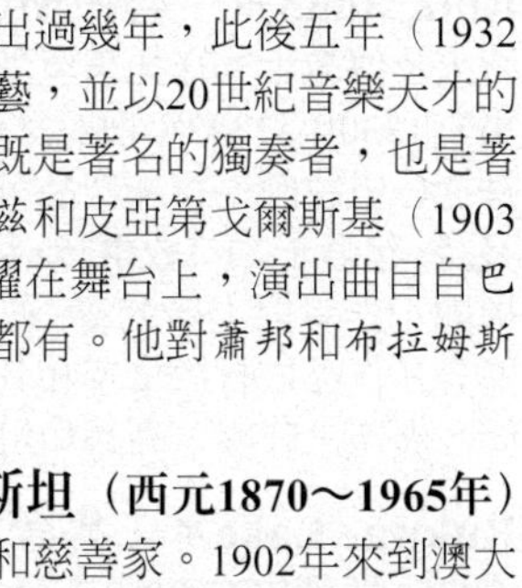
8世紀的紅色寫印，現藏巴黎國家圖書館
By courtesy of the Bibliothéque Nationale, Paris

rubrication＊　紅色寫印　在書法或活字印刷術中，指在一頁上使用不同顏色的筆跡或活字書寫或印刷。起源於用紅色襯托宗教儀式領儀書或法令標題的習慣作法。紅色寫印尤其多用於每日祈禱書、祈禱書和彌撒書中提出的舉行宗教儀式的教規。雖然紅色是傳統顏色（此詞源於拉丁語rubricare，意謂「染紅」），但現在此詞泛指其他顏色的墨水，無論手寫體或印刷體均可包括在內。

ruby　紅寶石　由透明紅剛玉組成的寶石。其顏色爲深紅至淡紅，在某些情況下具有紫色色調，依其內含剛玉和鐵量而定，最有價值者呈鴿子血紅色。在琢磨和拋光後，紅寶石是一種發亮（色散弱）的寶石，但缺乏火彩。紅寶石是一種分布很有限的礦物，最有名的產地是在曼德勒東北的上緬甸，在泰國和斯里蘭卡及其他地方也有發現。人工生產紅寶石曾獲得很大成功。含有2.5%鉻的氧化物的人造紅寶石，具有珍貴的鴿子血紅色。

Rude, François＊　呂德（西元1784～1855年）　法國雕刻家。1812年獲羅馬最高獎，但卻因爲拿破崙戰爭無法去羅馬。他早期的作品屬新古典主義，但新古典主義的諸多限制讓他很不舒服，很快他就採用了一種動態、富於激情的風格。他是一名熱情的波拿巴主義者，他最著名的作品爲凱旋門上的《1792年義勇軍出征》（1833～1836），俗稱《馬賽曲》，捕捉到了拿破崙時代尙武的精神。

Rudolf　魯道夫（西元1858～1889年）　奧地利大公、皇儲。皇帝法蘭西斯・約瑟夫之子，曾受過廣博的教育，並周遊各地。作爲奧地利皇儲，他希望對帝國進行改革，但他自由主義的觀點使他與他的父親疏遠，被排斥在政府事務之外。1881年起，他考慮加冕匈牙利帝國，並意圖復興波蘭王國。結果讓他很失望，和他的情人費采拉一起自殺。兩人死於位在邁耶林的打獵行宮。掩蓋事實的努力帶來了許多流言，而浪漫的作家從中獲得了寫作靈感。

Rudo, Lake ➡ Turkana, Lake

Rudolf I　魯道夫一世（西元1218～1291年）　亦稱哈布斯堡的魯道夫（Rudolf of Habsburg）。哈布斯堡王朝首位德意志國王（1273～1291年在位）。他繼承了阿爾薩斯、阿爾高、布賴斯高，並透過通婚和談判拓展了自己的領地。在許諾領導一支新的十字軍，放棄對羅馬、教宗特區、義大利的皇權後，獲格列高利十世承認，1273年加冕爲德意志國王。魯道夫擊敗了他的對手鄂圖卡二世（1276、1278），占領了奧地利的領土，並將這些領土分封給他的兒子們。他致力於對抗法國的擴張政策，但法國人在教廷的影響使他無法加冕爲神聖羅馬帝國皇帝。

Rudolph, Wilma (Glodean)　魯道夫（西元1940～1994年）　美國短跑選手。她幼時多病，十一歲以前一直穿矯形鞋。1960年的奧運會中，她在200公尺短跑中創下世界記錄（22.9秒）後，又獲得100公尺和200公尺短跑冠軍，還是獲得勝利的4×100公尺接力賽的一員，成爲美國首位在單屆奧運中贏得三面田徑金牌的女子。

魯道夫，攝於1961年
AP/Wide World Photo

Rudolphi's rorqual ➠ sei whale

rue family　芸香科　亦稱citrus family。由160屬約1,700種灌木或喬木植物組成，少數種爲多年生草本。因可作木材、果實可食和作爲觀賞植物而受珍視，分布於全世界暖溫帶及熱帶地區。其花朵因色彩鮮豔，或氣味芬芳，或具花蜜而引人注意。本科中具重要經濟價值的種類包括檸檬、酸橙、柑、葡萄柚、枸櫞和金橘。觀賞用植物有普通芸香和不尋常的火燒樹，具油腺，經擠壓即將所含油質釋入空氣中，可用火柴點燃。

ruffed grouse　流蘇松雞　北美松雞類，學名爲Bonasa umbellus，有時誤稱爲山鶉。主要以漿果、果實、種子和嫩芽爲食，也吃許多動物性食物。體長爲40～50公分，下肢有羽毛覆蓋，扇形尾上具一條黑色帶。雄鳥的頸兩側豎起黑色羽毛如皺領狀，迅速拍打翅膀振動空氣而發出咚咚如鼓的聲音，來表示這裡是它的領域。

Ruffin, Edmund　拉芬（西元1794～1865年）　美國農業學家和分離論者。1813年開始經營他父親的煙草農莊。發現土地使用過度和耕種方法落後使得土壤酸性過重，無法保持肥料；1832年他出版了一本有影響的書，提倡使用泥灰降低土壤酸性，幫助南方農莊恢復了生產力。他還出版了《農民記事》（1833～1842），廣泛發表關於農業的演說。1850年代捍衛奴隸制，提倡分離主義。他是第一批在薩姆特堡國家紀念碑開槍的人之一（1861）。由於不能接受南方的失敗，便自殺了。

rug and carpet　地毯　通常指用較厚原料製成的用以覆蓋地板的任何裝飾性紡織品。用織成辮的燈芯草做成的地板覆蓋物可追溯到西元前5,000～西元前4,000年。中亞和西亞首先製作地毯，作爲泥土地面的覆蓋物；它們也用作毯子、鞍蓋、存儲包、帳篷門和墳墓覆蓋物。祈禱用地毯設計成可隨身攜帶。東方的地毯在16～17世紀進口到歐洲，由於認爲太過珍貴而沒有鋪在地上，經常被用作裝飾物。在俄國它們還是流行的牆壁裝飾物。地毯編織在16世紀的波斯到達其藝術頂峰。在西方，出色的地毯是在17世紀的法國和18世紀的英國的工廠裡生產出來的。大多數手工地毯都是羊毛做成，直到19世紀引進化學染料之前，都是以天然染料染色。亦請參閱Aubusson carpet、Axminster carpet。

rugby　英式橄欖球　與足球和美式足球類似的運動，比賽時每隊有隊員13人（職業）或15人（業餘），使用充氣的橢圓形球。比賽是持續的，沒有暫停時間或取代時間。可以踢球、帶球，或側面、向後傳球（但不能向前）。目標是將球踢進對方球門的門線上，從而得分（3分），或是將球帶進對方球門線的後面（持球觸地，4分）。兩隊並列爭球，或列隊爭球（混戰），是指每邊的前鋒集合在緊湊隊伍裡，當球在他們中間投出的時候奮力去獲得球。英式橄欖球起源於1823年英國的沃里克郡的洛戈壁的橄欖球學校。1895年出現了職業的橄欖球。今天橄欖球仍是英國、澳大利亞和紐西蘭最受歡迎的運動。

Ruhr occupation　魯爾占領（西元1923～1925年）　法國與比利時軍隊對德國魯爾河河谷工業區的占領行動。起因是德國虧欠（根據第一次世界大戰後的賠償條款）應當交付給法國的煤炭與焦炭。法國首先在1921年占領杜塞爾多夫、杜易斯堡和魯爾特，接著在1923年與比利時一起占領整個魯爾區。德國工人在占領區的消極抵抗癱瘓了魯爾區的經濟，並使得德國的貨幣陷於崩潰狀態。爭論最後由道斯計畫所平息，占領行動則在1925年結束。

Ruhr River＊　魯爾河　河流，位於德國西部。是萊茵河的一條重要支流，發源於溫特堡的北側，向西流轉146哩（235公里）。魯爾河谷地是一個重要的工業區與礦產區；它包括了埃森、杜塞道夫和多特蒙德等工業城。魯爾煤田是世界上最大的煤產區之一，全德國大半的生煤產自此地。工業肇始於19到20世紀克魯伯與提森家族在此地的興盛（參閱Thyssen Krupp Stahl）。這條河流在一次世界大戰有軍事上的重要性，河谷在1923～1925年間曾被法國人和比利時人占領（參閱Ruhr occupation）。德國納粹時代是重要的工業中心，二次世界大戰曾遭到猛烈的轟炸，1945年被盟軍占領；1954年才完全回歸西德統轄。目前它是鋼鐵生產與各種化學工業製造中心。

Ruisdael, Jacob (Isaakszoon) van＊　雷斯達爾（西元1628/1629～1682年）　荷蘭風景畫家。可能受身爲框架製作者和藝術家的父親所教育。1648年他加入哈勒姆畫家協會，約1656年在阿姆斯特丹定居。他是傑出的多才多藝的藝術家，創作約七百幅作品。儘管早期荷蘭藝術家僅把樹當作裝飾的圖案，但雷斯達爾（他的名字也拼成Ruysdael）將它們作爲他的畫的主題，並透過有力的筆觸和濃烈的顏色賦予強有力的個性。在著名的《猶太人墓地》（約1660年）中明顯展現了他作品的情感力量，裡面三座墓碑在生生不息的自然裡碎成一片遺跡。他的晚期作品有許多是荷蘭平坦的鄉間的全景畫，地平線低遠，並爲茫茫的雲空所籠罩。

Ruisdael, Salomon van ➠ Ruysdael, Salomon van

Ruiz, Juan＊　魯伊斯（西元1283?～1350?年）　西班牙詩人及傳教士。在托萊多受教育，當他寫完代表作《眞愛詩集》（1330年，1343年增訂；《對上帝的愛》）時，正在一個村莊裡擔任主牧師。這部作品可能是中世紀西班牙文學最重要的長詩，包含十二首敘事詩，每首敘述不同的愛情故事。它的名稱顯示作者對上帝的愛（眞愛）與盲目的愛（即肉欲之愛）之區分。作品取材於文學和其他來源的使人印象深刻的材料範圍，展現了旺盛、高昂和用諷刺的眼光看待的中世紀生活。

Rukwa, Lake＊　魯夸湖　非洲東部坦尙尼亞西南部的淺湖。面積約2,600平方公里，位於坦干伊喀湖和馬拉威湖的中途，海拔約800公尺。它沒有出口，有時完全是乾涸的。湖水有鹽味，靠近其西南端有鹽盤。鱷魚和河馬棲息於湖中，魚類豐富。

Rule of the Community ➠ Manual of Discipline

rules of order ➠ parliamentary procedure

rum　蘭姆酒　從甘蔗製品，主要是糖蜜生產出來的蒸餾酒。記錄裡最早提到它是在約1650年的巴貝多。蘭姆酒曾用在奴隸貿易中：非洲的奴隸在西印度買賣，交換糖蜜；糖蜜在新英格蘭製成蘭姆酒，然後蘭姆酒賣到非洲，換取更多的奴隸。英國水手從18世紀到1970年代得到定期的蘭姆酒配給量。兩種主要類型在市場上交易：清淡柔和型的蘭姆酒，傳統上產於波多黎各和古巴，用人工培養的酵母發酵，在連續蒸餾器內蒸餾，沈澱後陳釀1～4年；深色烈性的蘭姆酒，傳統產於牙買加，利用空氣中的酵母孢子，在簡易壺裡蒸餾，沈澱後陳釀5～7年。蘭姆酒可直接或混合飲用，用在甜點醬汁和其他菜餚中。

Rumania ➠ Romania

Rumi, Jalal ad-Din ar-＊　魯米（西元1207～1273年）　亦稱Mawlana。安納托利亞－波斯神祕主義者和詩人。原本在安納托利亞執教，也是一個教義學家，後來結識聖者沙姆斯，他對魯米透露神的莊嚴、美好的神祕事跡。他們的親密關係讓魯米的追隨者感到羞憤，因此之故他們殺害了沙姆斯。在《沙姆斯詩集》中，魯米以詩文表達了對沙姆斯的愛。其主要著作是兩行詩體《瑪斯納維》（*Masnavi-ye Manavi*; Spiritual Couplets〔訓言詩〕），對穆斯林神祕主義思想和文學有廣泛影響。據說他在寫詩時處於入神狀態，並常伴著他的詩旋轉起舞。死後，他的門徒組成毛拉維教團，在西方稱作旋轉德爾維希（托缽僧）。魯米被視為最偉大的蘇菲派神祕主義大師和波斯語詩人。近年來，其英譯作品已普受歡迎。

ruminant＊　反芻動物　偶蹄目反芻亞目有蹄類動物的統稱，包括羚、駱駝、家牛、鹿、長頸鹿、山羊、獾㹢狓、叉角羚和綿羊。大多數反芻動物的胃有4室，腳具2趾。上門齒退化或缺無。駱駝和鼷鹿的胃為3室。反芻動物吃得快，將大量草（牧草）或葉（嫩葉）儲存在胃的第一室（瘤胃）裡，使食物軟化。之後把反芻的植物反回口中咀嚼，進一步分解成不能消化的纖維素。經過咀嚼的食物直接送到其他胃室，生活在胃裡的微生物幫助進一步消化。

rummy　蘭姆　紙牌遊戲中的一類，兩人或多人玩耍，每個玩家努力形成三張或更多的同花順或套牌，爭取最先將它們合併。卡納斯塔是蘭姆的一種，其中不允許次序排列。亦請參閱Gin Rummy。

Rundstedt, (Karl Rudolf) Gerd von＊　倫德施泰特（西元1875～1953年）　第二次世界大戰期間的德國元帥。第一次世界大戰期間任軍參謀長，戰後積極參加祕密重新武裝德國的工作。第二次世界大戰中提升為集團軍司令（1940），指揮軍隊參加了波蘭、法國和蘇聯的入侵。擔任西線總司令時（1942～1945），加強了法國對預期聯盟軍隊入侵的反抗。暫時從司令部離職後（1944），回來指揮突圍之役。1945年被捕，但因病釋放。

Runeberg, Johan Ludvig＊　魯內貝里（西元1804～1877年）　用瑞典語寫作的芬蘭詩人。在其學術生涯中斷時期，他成為內地鄉村教師，在該地感受芬蘭的風景和過去的英雄傳說。他的史詩作品《麋鹿獵者》（1832）和《漢娜》（1836），結合了浪漫主義感覺的古典風格和對農夫生活和性格的理解，使他在瑞典文學上贏得一席之地；《孔・弗亞拉爾》是源於古老傳說的一套傳奇文學。他的愛國詩篇《我們的國土》源於《軍旗手斯托爾的故事》（1848、1860），成為芬蘭的國歌。魯內貝里被認為是芬蘭的民族詩人。

runic writing　如尼字母　亦稱富托克字母（futhark）。是北歐、英國、斯堪的那維亞和冰島各日爾曼民族的文字體系，通用於約3至16或17世紀。起源不明，但顯然是由地中海地區諸字母表中的一種派生而來。三種主要類型在不同的地區和時間段使用：早期或共同日爾曼（條頓）如尼字母、盎格魯－撒克遜或盎格魯如尼字母、北歐或斯堪的那維亞如尼字母。有4,000多件如尼文字銘文和一些手稿流傳至今，其中約2,500件來自瑞典。

runner ➠ stolon

Runyon, (Alfred) Damon　藍揚（西元1884～1946年）美國記者和短篇小說家。青少年時在美西戰爭中服役。回到美國後，為西部一些報紙撰稿。1911年遷至紐約，形成重點報導城市側面生活的風格，開始寫小說。他最著名的是《紅男綠女》（1931），使用獨特俚語寫作關於百老匯的原味片斷的故事，使用俚語成為他的標誌，這部作品被萊塞改編為音樂喜劇（1950），大獲成功。

rupa-loka＊　色界　在佛教中，棄絕感官欲望的存在物再生成的存在的十六界之一。位於物質存在產生的愛界和只有意識存在的無色界之間。它的高級標準稱為純潔住所，是那些在後來的出生中不會到低界的存在物的產生地。色界，沒有感官欲望，但仍以外在形式為條件，被神居住著。亦請參閱karma。

Rupert, Prince　魯珀特王子（西元1619～1682年）英國內戰時期的保皇派指揮官。父為巴拉丁領地選侯腓特烈五世，母為英王詹姆斯一世之女伊莉莎白，深受舅父查理一世的喜愛，並在1642年到英國投奔至查理一世處。英國內戰期間被任命為騎兵司令，並以大膽戰術獲得布里斯托（1643）和蘭開郡（1644）戰鬥的勝利而聞名。在馬斯敦荒原戰役中敗北，但被任命為保皇軍總司令。因為使布里斯托淪陷（1845），而被解職逐出英國。他領導著一小隊保皇軍隊從事掠奪英國船隻的活動（1648～1650），後來退出前往德國（1653～1660）。王政復辟時期後，他在英荷戰爭中被任命為海軍司令。他是哈得遜灣公司的成立者和第一任總督。

Rupert's Land　魯珀特蘭德　亦稱Prince Rupert's Land。加拿大北部和西部的歷史地區，由哈得遜灣的排水盆地組成。它是英王查理二世1670年所封給哈得遜灣公司的領地。以查理二世的堂兄弟和公司第一任總督魯珀特王子命名。1869年成為加拿大自治領的一部分。

Rupnarayan River＊　魯布納拉揚河　印度東北部西孟加拉邦河流。源出布魯利亞東北面的焦達那格浦爾高原山麓，上游稱托萊索里河，往東南蜿蜒流經班古拉鎮，並在這兒稱為杜瓦爾蓋斯沃爾河。全長240公里，注入胡格利河。昔為恆河西部出水口，現有灌溉之利。

rural electrification　農村電氣化　美國政府在1930年代的一項工程。為新政的一部分，1935年建立農村電氣化管理局（REA）實現農村電氣化，從而提高鄉間生活水準，減緩農村工人移民到城市的速度。該項工程向農村地區提供低息貸款修建發電廠和架設電線，最終提供了美國農場98%以上的電力。

Rurik　留里克（卒於西元879?年）　亦稱Rorik。俄國基輔羅斯的留里克王朝的半神話式創立者。他是北歐海盜（瓦蘭吉人）的王子，根據俄國12世紀的編年史，諾夫哥羅德人民請他掌管混亂不堪的政府（約862年）。有些歷史學家則認為他征服了諾夫哥羅德人，或是他和他的軍隊是造反的商人。伊戈爾據說是留里克的兒子，被認為是俄國王室的真正創立者。

Rus ➠ Kievan Rus

rusalka＊　魯薩爾卡　斯拉夫民間傳說和神話中，將一個未受洗禮就死去的兒童的靈魂，或一個被淹死的處女的靈魂具體體現的仙女。她們的外表和行為的細節有著廣泛的不同，但統一的特徵是她們試圖引誘男人。在一些地區，她們是初夏節日的主題，認為她們會從水中顯現，在晚間起舞。在德弗札克的歌劇中，魯薩爾卡試圖嫁給一個人類的王子，但被她的本性抑制住。

rush　燈心草　數種顯花植物的通稱，具圓柱形柄或空心、稈莖狀葉。見於溫帶地區，特別是潮濕或多蔭處。燈心草科包括燈心草屬（俗稱普通燈心草）和地楊梅屬（俗稱木燈心草）。普通燈心草在世界許多地方供織椅墊、蓆和編成籃子。髓部則作開放式油燈的燈心或燈心草蠟燭用。其他燈心草種類包括燈心草（香蒲科）、木賊（亦稱擦磨燈心草）、

O P Q R

花燈心草（花藺科）和甜燈心草（亦作sweet flag，屬天南星科）。

Rush, Benjamin　拉什（西元1746～1813年）　美國醫師和政治領導者。就讀於普林斯頓的新澤西大學。身爲醫生，他是專斷的理論家，提出所有的疾病都是由血管受刺激過度所致的熱病，簡易的治療方法即爲放血及通便。他提倡對精神病患者受人道主義對待；他認爲精神錯亂常從身體疾病發展而來的思想標誌著一個顯著的進步。撰寫了第一本化學教科書和美國第一部精神病學專著。他是早期的積極的美國愛國者，也是大陸會議的成員，起草促進獨立的決議，簽署了「獨立宣言」。

Rush, Richard　拉什（西元1780～1859年）　美國外交官。拉什的兒子，1814～1817年擔任聯邦司法部長，1825～1829年爲財政部長。任美國代理國務卿時（1817），他和英國議定了「拉什－巴戈特協議」，規定1812年戰爭結束後在五大湖區解除武裝。1817～1825年任駐英國公使時，簽訂以北緯49度線爲美國和加拿大邊界的協定。在討論關於拉丁美洲的會議裡，他協助形成了門羅主義。

Rushdie, (Ahmed) Salman＊　魯希迪（西元1947年～）　印度裔英國小說家。曾就讀於劍橋大學，1970年代在倫敦當廣告文案作者，後來因《午夜的孩童》（1981年，獲布克獎）獲得意想不到的成功，這是關於現代印度的諷喻式小說。他的第二部小說《羞恥》（1983），是對巴基斯坦的政治和性道德的嚴厲刻畫。《魔鬼詩篇》（1988）涉及一些令人駭異的以先知穆罕默德的生活爲基礎的情節，被憤怒的穆斯林領導者抨擊爲褻瀆神明的作品；1989年魯希迪被伊朗的何梅尼判處死刑。他成爲國際廣泛的注意焦點，被迫藏匿了幾年。他的晚期小說有《荒野的最後一歎》（1995）和《她足下的土地》（1999）。

Rushing, Jimmy　羅辛（西元1903～1972年）　原名James Andrew。美國歌手，搖擺樂年代最偉大的藍調歌手之一。1935年加入貝西伯爵的第一個團體，經由錄音獲得許多曝光機會並留在該團體直到1950年。接著他自組一個小樂團或與班尼固德曼、克萊頓合作，偶爾也繼續與貝西伯爵合作。羅辛的中音唱腔，雖然在貝西伯爵時期是以藍調風格爲主，其實也非常適合大衆流行歌曲及民謠。

Rushmore, Mt.　拉什莫爾山　在美國南達科他州西南的布拉克山的頂峰和國家紀念碑。該山的花崗岩面上雕刻著美國總統華盛頓、傑佛遜、林肯和羅斯福的巨大頭像，海拔1,829公尺。四座頭像每座約高18公尺，分別象徵著創建國家、政治哲學、捍衛獨立、擴張和保守。該紀念碑於1925年提出，1927～1941年間在博格勒姆指導下進行施工。

Rusk, (David) Dean　魯斯克（西元1909～1994年）　美國公共官員和教育家。1934～1940年間在米爾斯學院任教，第二次世界大戰中在史迪威將軍手下任職。後來在國務院和戰爭部任職，1950年任副國務卿時協助發動了韓戰。1952～1960年任洛克斐勒基金會董事長後，1961～1969年爲美國國務卿，位於甘迺迪和詹森之下。他是美國參與越戰的一貫贊成者，成爲反戰抗議者的目標。他還反對對共產中國的外交承認。從公共生活退職後，直到1984年一直在喬治亞大學任教。

Ruskin, John　羅斯金（西元1819～1900年）　英國藝術評論家。出生於富裕家庭，主要在家裡受教育。他是一個有天賦的畫家，但其最佳天賦是在寫作上。他的多卷本《現代畫家》（1843～1860），原本計畫爲對透納的維護，卻擴展成爲對藝術的總體考察。他在特納身上看到了風景畫裡「忠實於自然」的思想，便繼續在哥德建築中尋找同樣的眞實性。他的其他著作還有《建築的七盞燈》（1849）和《威尼斯的石頭》（1851～1853）。他是前拉斐爾派的維護者。1869年他獲選爲牛津第一位美術史萊得（Slade）教授。1879年惠斯勒贏得對他的誹謗訴訟案後，他引退了。羅斯金的個人生活雜亂無章。他的婚姻從來沒有圓滿過，他的妻子獲得婚姻無效的判決後，嫁給了米雷。晚期他使用繼承的財富促進理想主義的社會事業，雖然他強而有力的文辭仍舊具有驚人的洞察力，但被固執和偶爾的語無倫次所破壞。羅斯金仍是19世紀英國的卓越的藝術評論家。

羅斯金，油畫；米雷繪於1853～1854年
By courtesy of the Royal Academy of Arts, London

Russell, Bertrand (Arthur William), 3rd Earl Russell　羅素（西元1872～1970年）　英國邏輯學家和哲學家，最著名的是他在數學邏輯方面的著作和代表倡導各種社會和政治事件，尤其是和平主義和解除核武。羅素出生於英國貴族家庭，是羅素伯爵的孫子。伯爵兩度擔任19世紀時的英國首相。他在劍橋大學研究數學和哲學，在那兒受到觀念論哲學家麥克塔格特的影響，但他很快拋棄了觀念論，轉向柏拉圖式的極端現實主義。在早期論文〈關於指示〉（1905）中，他顯示了比如這樣的沒有指示物的短語「法蘭西的現任國王」是怎樣在邏輯上作爲普遍陳述而不是恰當的名稱而起作用的，從而解決了哲學語言上的一個著名的難題。羅素後來認爲這個名爲「描述理論」的發現是他對哲學最重要的貢獻之一。在《數學原理》（1903）和劃時代的另一本《數學原理》（3卷，1910～1913）中，後者爲他和懷德海合作而成，他試著證明整個數學起源於邏輯。在第一次世界大戰中持和平主義態度，因而喪失了在劍橋大學的講師職位，後來入獄。（1939年在納粹侵略面前他願意放棄和平主義。）羅素最詳盡的形上學說，邏輯原子論，強烈影響了邏輯實證論學派。他的晚期哲學著作有《心的分析》（1921）、《物的分析》（1927）和《人類的知識：它的範圍和界限》（1948）。《西方哲學史》（1945）是爲普通讀者而寫，成爲一部暢銷書，很多年來都是他的主要收入來源。在他許多關於政治和社會話題的書籍中，有《自由之路》（1918）、《布爾什維克的實踐和理論》（1920）——是對蘇聯共產主義的嚴厲批評、《論教育》（1926）和《婚姻和道德》（1929）。由於他在晚期著作中支持某些有爭議的觀點，1940年他在接受紐約城市大學的教師職位時受到阻礙。第二次世界大戰後成爲解除核武運動的領導者，是關於核子武器和世界安全的國際帕格沃什會議以及解除核武運動的第一任主席。1961年八十九歲的時候，因爲煽動國內起義而第二次入獄。他在1950年代獲得諾貝爾文學獎。

羅素，攝於1960年
By courtesy of the British Broadcasting Corporation, London

Russell, Bill　羅素（西元1934年～） 原名William Felton。美國籃球運動員。身高208公分，中鋒，在他帶領下舊金山大學隊兩次獲得全國大學生體育協會（NCAA）錦標賽冠軍（1955～1956）。參加波士頓塞爾蒂克隊（1956～1969），領導該隊在13個賽季中拿了11次全國籃球協會錦標賽冠軍－－在最後兩次錦標賽上擔任教練，1967年成爲主要職業球隊中第一個黑人教練。羅素的生涯以彈跳著稱（21,620），僅次於他的主要對手張伯倫，他一直被視爲最優秀的防守中鋒之一。曾5次當選爲全國籃球協會最有價值球員，美聯社選他爲1960年代傑出的職業籃球運動員。1973～1977爲西雅圖超音速籃球隊教練。

Russell, Charles Taze　羅素（西元1852～1916年） 美國宗教領導者。提升到會衆教堂，但拋棄了它的學說，因其不能將上帝的仁慈和地獄的概念相融合。受基督復臨派影響，採取了千禧年主義理論。1872年他成立了國際聖經學者協進會（1931年更名爲耶和華見證人），教導世人最後的末日將在1914年到來，地球上的基督王國將在資本主義和社會主義的戰爭後開始。1884年他成立了守望塔聖經和書刊社，現成爲世界最大的出版社之一。他的書籍、小冊子和雜誌被廣泛傳播，雖然他的世界末日的預言破滅了，但仍擁有許多皈依者。

Russell (of Kingston Russell), Earl　羅素（西元1792～1878年） 原名John Russell。英國政治人物和首相（1846～1852、1865～1866）。他是顯要的羅素家族成員，1813年進入國會。是改革的強烈支持者，並由此成立輝格黨，主導促使1832年改革法案獲得通過。他在墨爾本子爵的政府擔任內政國務祕書（1835），減少易受經濟懲罰的犯罪行爲數量，開始公共教育的政府支援。1840年代他提倡自由貿易，迫使皮爾離職。1846年羅素成爲首相，在工廠建立起每日十小時的工時（1847）和公共健康委員會（1848），但政黨的不統一使得他更廣泛進行社會和經濟改革的嘗試失敗了。

Russell, (Henry) Ken(neth Alfred)　羅素（西元1927年～） 英國電影導演。在英國廣播公司擔任紀錄片導演時，以將著名的作家和藝術家小說化的「生物圖片」（biopics）聞名。他的第一部劇情片是《法國時裝》（1963），在《戀愛中的女人》（1969）中的誇張改編贏得大批觀衆。在晚期許多影片中因爲使用驚悚和色情手段受到批評，包括《音樂情人》（1971）、《魔鬼》（1971）、《野蠻的救主》（1972）、《衝破黑暗穀》（1975）、《改變的國家》（1980）和《白蚯蚓的窩》（1988）。

Russell, Lillian　羅素（西元1861～1922年） 原名Helen Louise Leonard。美國歌手和女演員。十幾歲時就初登舞台。在《蒙兀兒大帝》（1881）取得演員身分，後來在《蓋羅爾施泰因的大公夫人》（1890）中獲得稱讚。1899到1904年間，她隨著滑稽表演公司出現於英國和美國。她代表著她那個時代的女性理想，其眩人的私生活與其沙漏狀身材、美麗和歌喉同樣聞名。1912年第四次婚姻後，她在多家報紙同時發表關於保健、容貌和愛情的專欄文章，還在輕歌舞劇觀衆面前就上述題材發表演講。

Russell, William, Lord　羅素（西元1639～1683年） 英格蘭輝格黨政治家。英國國會下議院的成員，參加反對查理二世親法政策的派別。1678年他被認爲參與了歐次僞造的天主教陰謀，1680年時領導了下議院拒絕查理的兄弟詹姆斯（後來的詹姆斯二世）繼承王位的鬥爭。1681年查理解散議會後，羅素繼續和輝格黨持不同政見者聯合。1683年他被控參與殺害查理的麥酒店密謀案。該案沒有被證實，但羅素被判叛國罪，並遭斬首。

Russell Cave National Monument　拉塞爾洞窟國家史跡保護地 美國阿拉巴馬州東北部國家保護地，位於阿拉巴馬州及田納西州交界處的正南方。爲約1953年發現的洞穴的一部分。該洞穴長64公尺，寬33公尺，高8公尺。它保留了遠溯自西元前7000年以來幾乎未曾間斷的人類居住的考古學記錄。1961年該處被畫定爲一座國家史跡保護地。

Russell family　羅素家族 英國輝格黨家族。在都鐸王室時成爲顯要的家族，當時羅素（John Russell，死於1555年）因協助鎮壓反抗愛德華六世新教改革的起義，而被封爲貝都福伯爵（1549年）。該家族在英國內戰時與議會黨有關聯。首位著名的輝格黨成員爲羅素。後來的成員包括羅素伯爵和其孫，即哲學家羅素。

Russia　俄羅斯 正式名稱俄羅斯聯邦（Russian Federation）。歐洲東部及亞洲北部國家，前蘇聯的共和國之一。面積17,075,383平方公里。人口約144,417,000（2001）。首都：莫斯科。大多數人民爲俄羅斯人，其他少數民族包括韃靼人、烏克蘭人。語言：俄語（官方語）、突厥語和烏拉語等多種語言。宗教：俄羅斯東正教、伊斯蘭教，但大部分人民沒有宗教信仰。貨幣：盧布（Rub）。俄羅斯的地形和環境多種多樣，包括烏拉山脈和西伯利亞東部山脈，最高峰位於堪察加半島。俄羅斯平原有大窩瓦河和北杜味拿河，西伯利亞平原則有鄂畢河、葉尼塞河、勒那河和黑龍江等河谷。北部廣闊地區爲凍原覆蓋，南部爲森林、大草原和肥沃地區。1917～1945年經濟工業化，但到1980年代經濟嚴重衰退。政府於1992年下令徹底改革，由中央計畫經濟轉向以私人企業爲基礎的市場經濟。政府形式爲共和國，兩院制。國家元首爲總統，政府首腦是總理。聶斯特河與窩瓦河之間的地區，自古以來即有許多民族曾居住於此，包括斯拉夫人。西元前8世紀到西元6世紀期間，該地區主要活動著一些游牧民族，先後有西蒂安人、薩爾馬特人、哥德人、匈奴人以及阿瓦爾人。10世紀左右，出現了來自基輔的基輔羅斯公國邦聯的統治。11～12世紀基輔羅斯的霸權落入幾個獨立的公國手中，包括諾夫哥羅德和弗拉基米爾。諾夫哥羅德在北部崛起，成爲13世紀躲過蒙古金帳汗國統治的唯一俄羅斯公國。14～15世紀時，莫斯科諸大公逐漸推翻了蒙古人；在伊凡四世的領導下，俄羅斯開始擴張。1613年形成羅曼諾夫王朝。彼得大帝（彼得一世）和凱薩琳二世時期繼續擴張。1812年拿破崙侵入該地區；拿破崙戰敗後，1815年俄羅斯接收了大部分華沙公國的領地。19世紀裡，俄羅斯吞併了喬治亞、亞美尼亞以及高加索的領土。俄羅斯向南挺進對抗鄂圖曼帝國，這對歐洲至關重大（參閱Crimea）。克里米亞戰爭中俄羅斯被打敗。1858年中國將黑龍江左岸割讓給俄羅斯，標誌著俄羅斯在遠東地區的擴張。1867年俄羅斯把阿拉斯加賣給了美國（參閱Alaska Purchase）。日俄戰爭中俄羅斯的失敗導致了1905年不成功的起義（參閱Russian Revolution of 1905）。第一次世界大戰中與同盟國作戰。1917年民衆推翻了沙皇的統治，標誌著蘇維埃政府的開始（參閱Russian Revolution of 1917）。布爾什維克將前帝國的主要部分都帶入共產主義的統治之下，並組成俄羅斯蘇維埃聯邦社會主義共和國（範圍與今日的俄羅斯相同）。1922年俄羅斯蘇維埃聯邦社會主義共和國與其他的蘇維埃共和國一起組成蘇維埃社會主義共和國聯邦（U.S.S.R.，亦稱蘇聯，關於1922～1991年的歷史，參閱Union of Soviet Socialist Republics (U.S.S.R.)）。1991年蘇聯解體後，重新更名爲俄羅斯蘇維埃聯邦社會主義共和國，並成爲獨立國協的領導成員。1993年通過新憲法。1990

年代俄羅斯在數條戰線上奮鬥，受到經濟困難、政治腐敗以及獨立運動等方面的困擾（參閱Chechnya）。

莫斯科公國、俄羅斯、俄羅斯帝國和蘇聯的領袖

莫斯科公國的王公和大公：丹尼洛維奇王朝*	
丹尼爾（亞歷山大·涅夫斯基之子）	1276?～1303
尤里	1303～1325
伊凡一世	1325～1340
西美昂	1340～1353
伊凡二世	1353～1359
季米特里·頓斯科伊	1359～1389
瓦西里一世	1389～1425
瓦西里二世	1425～1462
伊凡三世	1462～1505
瓦西里三世	1505～1533
伊凡四世	1533～1547
俄羅斯沙皇：丹尼洛維奇王朝	
伊凡四世	1547～1584
費多爾一世	1584～1598
俄羅斯沙皇：混亂時期	
鮑里斯·戈東諾夫	1598～1605
費多爾二世	1605
偽季米特里	1605～1606
瓦西里（四世）	1606～1610
空位時期	1610～1612
俄羅斯和俄羅斯帝國的沙皇和女皇：羅曼諾夫王朝**	
米哈伊爾三世	1613～1645
阿列克塞	1645～1676
費多爾三世	1676～1682
彼得一世（1682～1696年與伊凡五世共治）	1682～1725
凱撒琳一世	1725～1727
彼得二世	1727～1730
安娜	1730～1740
伊凡六世	1740～1741
伊利莎白	1741～1761(.10.22)
彼得三世☆	1761～1762(.10.22)
凱撒琳二世	1762～1796
保羅	1796～1801
亞歷山大一世	1801～1825
尼古拉一世	1825～1855
亞歷山大二世	1855～1881
亞歷山大三世	1881～1894
尼古拉二世	1894～1917
臨時政府	1917
蘇聯共產黨主席（或第一書記）	
列寧	1917～1924
史達林	1924～1953
馬林科夫	1953
赫魯雪夫	1953～1964
布里茲涅夫	1964～1982
安德洛波夫	1982～1984
契爾年柯	1984～1985
戈巴契夫	1985～1991
俄羅斯總統	
葉爾欽	1990～1999
普丁	2000～

＊丹尼洛維奇王朝是留里克王朝的末支，名稱取自其開山始祖丹尼爾。

＊＊1721年10月22日，彼得大帝冠上「皇帝」稱號，他認為這一頭銜比「沙皇」大，也更為歐洲化，然而，一般人卻習慣採用一種奇怪的輪換方式稱呼之：對每個男君主繼續稱作「沙皇」（稱其妻為「沙皇皇后」），但對每個女君主則習慣稱作「女皇」。

☆羅曼諾夫王朝嫡系在1761年伊利莎白（彼得一世之女）過世後就告終。然而，「好斯敦－戈托普朝」之繼任者（第一位是彼得三世，他是查理·腓特烈之子，而安娜是彼得一世之女）仍沿用羅曼諾夫的名號。

Russian Civil War　俄國內戰（西元1918～1920年）　新成立的布爾什維克政府和其紅軍反抗俄國的反布爾什維克軍隊的鬥爭。和德國締結的令人不快的「布列斯特－立陶夫斯克和約」，使得反列寧的社會主義者和布爾什維克破裂，加入了極右白俄，其自願軍受鄧尼金指揮。在第一次世界大戰中試圖創建另一個戰場，協約國只給予白俄有限的支持。莫斯科政府回應漸長的反布爾什維克運動，將孟什維克和社會革命黨的代表從政府驅逐出去，開始了「紅色恐怖」運動，賦予祕密警察漸增的權力以逮捕和處死嫌疑犯。當布爾什維克保持對國家心臟地區的控制時，反布爾什維克人在烏克蘭和鄂木斯克地區掌權，在那裡高爾察克和其他異議團體結合一起對抗紅軍。俄國的白俄、烏克蘭民族主義者和協約國被共產主義者之間的鬥爭困惑了，1919年取消了對他們的支持。對紅軍取得早期軍事勝利後，高爾察克領導下的白俄軍隊在1920年初被擊敗。尤登尼奇領導下的白俄軍隊占領聖彼得堡失敗。最後的白俄據點是在弗蘭格爾領導下的克里米亞半島，他是鄧尼金的繼承者，1920年11月也被打敗，因而結束了俄國內戰。

Russian Formalism　俄國形式主義 ➠ Formalism

Russian language　俄語　東部斯拉夫諸語言，有俄羅斯、蘇聯前共和國和團體國家內的約1.7億人使用。對同時代的俄國內外的非俄羅斯民族群體而言，俄語是通用的第二語言和通用語。從中世紀起，俄國逐漸將語言地區從它的歷史所在地向北和向東擴展到伏爾加河上游和聶伯河排水區域。操俄語者在16世紀深入到西伯利亞，於17世紀到達太平洋。俄羅斯在18世紀成為充分發展的文學語言國家，最終取代了斯拉夫教會（參閱Old Church Slavonic language）。考慮到俄語使用的巨大領域，俄語中的方言差別不大，20世紀的劇變使這樣的區別繼續存在。俄語是許多斯拉夫語言的典型，有精細的格系統，在完成式和未完成式的動詞形式上也有差別，以字首和尾碼的結合來表達。

字母	英語發音	字母	英語發音	字母	英語發音
А а	a	К к	k	Х х	kh
Б б	b	Л л	l	Ц ц	ts
В в	v	М м	m	Ч ч	ch
Г г	g	Н н	n	Ш ш	sh
Д д	d	О о	o	Щ щ	shch
Е е	e或ye	П п	p	Ъ ъ	（清音）
Ё ё	o或yo	Р р	r	Ы ы	y
Ж ж	zh	С с	s	Ь ь	（濁音）
З з	z	Т т	t	Э э	e
И и	i	У у	u	Ю ю	yu
Й й	y	Ф ф	f	Я я	ya

俄羅斯西里爾字母表，與其相當的英語發音。最初用於書寫古教堂斯拉夫文，在前蘇聯的斯拉夫語及非斯拉夫語的書寫上有不同的現代形式。

Russian Orthodox Church　俄羅斯正教會　俄國東正教教會，實際上是它的國教。988年基輔的弗拉基米爾王子（後來的弗拉基米爾一世）支持拜占庭東正教，命令他的國民進行洗禮。到14世紀，基輔和所有俄國（俄羅斯教會的總部）的大城市都屬於莫斯科；不滿意的西部俄國公國獲得了暫時

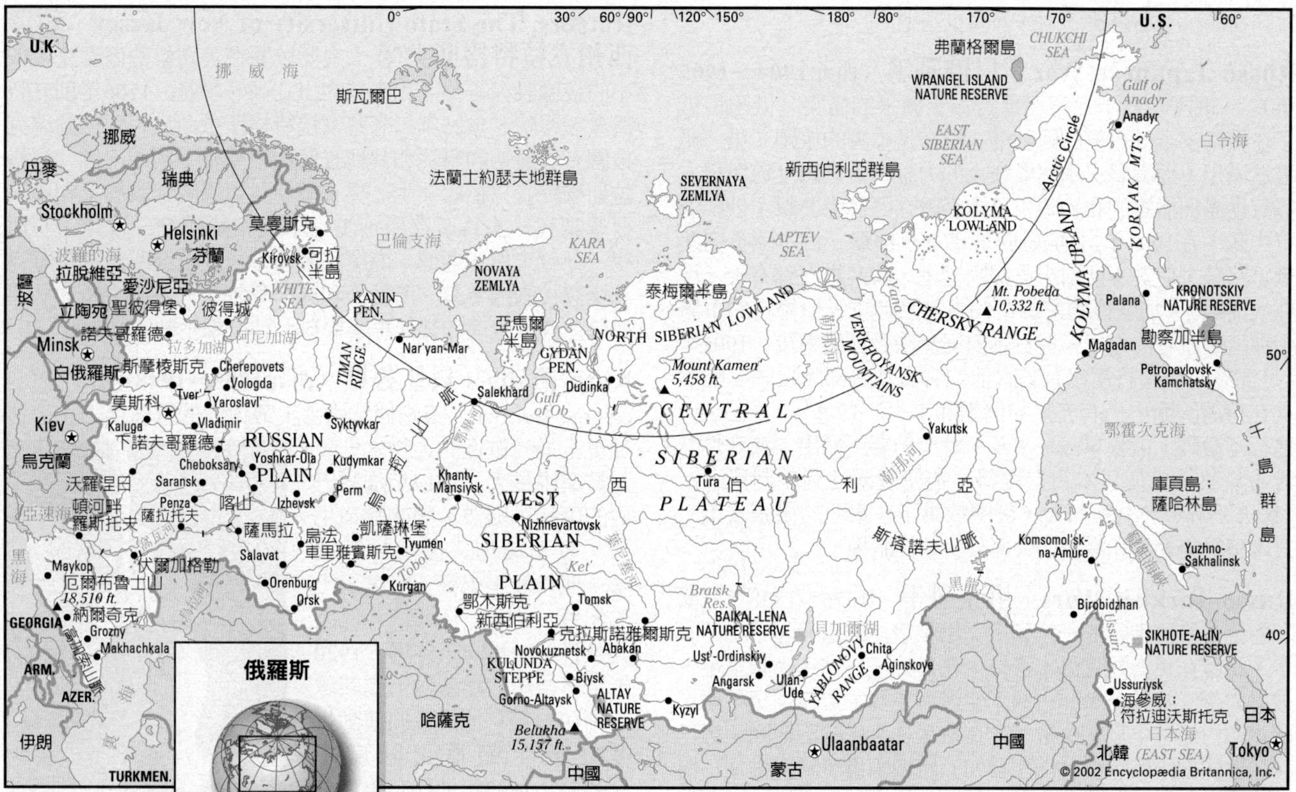

的單獨的大城市，但主權後來重新集於莫斯科下。15世紀該教會放棄接受大城市伊西多爾和西部教會的聯合（參閱Ferrara-Florence, Council of），指定了它們自己獨立的大城市。莫斯科視自己為「第三個羅馬」和眞正東正教的最後壁壘；1589年俄羅斯教會的領導者獲得族長的稱號，將自己置於君士坦丁堡、亞歷山大、安提俄克和耶路撒冷族長的地位。尼康的改革在教會裡引起了分裂（參閱Old Believer），彼得大帝（彼得一世）在1721年廢除了族長統治，使教會管理成為國家的一個部門。族長統治重建於1917年，即布爾什維克革命的兩個月前，但在蘇維埃下，教會被剝奪了合法權利，實際上被鎮壓。隨著蘇聯的分解（1991），它經歷了巨大的復興。美國的俄羅斯正教會在1970年從莫斯科獨立出來。

Russian Revolution of 1905　1905年俄國革命　俄國反對獨裁政治政體的起義，但未成功。經過幾年不斷增長的不滿後，一次和平的示威因沙皇尼古拉二世的軍隊的流血星期日屠殺而破滅。在聖彼得堡和其他工業城市相繼進行大罷工。起義擴展到非俄羅斯人地區，包括波蘭、芬蘭和喬治亞。反革命團體，包括the Black Hundreds，對社會主義者激烈攻擊，並對猶太人進行集體迫害，以此反對起義。1905年10月，大罷工擴展到所有大城市，工人委員會或是蘇維埃（通常由孟什維克領導）成為革命政府。罷工的強大使得尼古拉二世接受了維特的提議，頒布了「十月宣言」，許諾成立被選舉的政府。讓步使得中等階級滿意了，但更多的激烈的革命者拒絕妥協，政體恢復權威性後，對波蘭、喬治亞和其他地方的一群反抗進行了殘酷鎮壓。雖然多數革命領袖包括托洛斯基被捕，革命迫使沙皇開始了比如新憲法和杜馬的改革，但他沒有完全實現各種曾許下的改革。

Russian Revolution of 1917　1917年俄國革命　推翻了沙皇的統治，使得布爾什維克奪取了政權的革命。漸增的政府腐敗、尼古拉二世的反動政策和第一次世界大戰中俄國的慘敗導致了廣泛的不滿和經濟困難。1917年2月，在彼得格勒（聖彼得堡）爆發了食物缺乏的騷亂。當軍隊加入叛亂時，尼古拉斯被迫退位。由李沃夫領導的臨時政府於3月任命，試著使俄國繼續參與第一次世界大戰，但被強大的彼得格勒工人的蘇維埃反對，後者贊成俄國從戰爭中撤軍。在其他城市和城鎮形成了另一些蘇維埃，從工廠和軍隊選取成員。社會革命黨領導了蘇維埃運動，布爾什維克和孟什維克跟隨在後。從3月到10月，臨時政府重組四次；克倫斯基在7月成為領導人，鎮壓了科爾尼洛夫發起的政變，但沒能停止俄國陷入政治和軍事混亂中。9月時，布爾什維克在列寧的領導下，在彼得格勒和莫斯科蘇維埃贏得大多數支持，在饑餓的城市工人和士兵中漸獲支持。10月他們進行了幾乎是沒有流血的政變（「十月革命」），占領了政府大樓和戰略點。克倫斯基試圖組織反抗，但未成功，然後逃離俄國。蘇維埃大會批准了新政府的形成，主要由布爾什維克組成。亦請參閱April Theses、Guchkov, Aleksandr Ivanovich、July Days、Russian Civil War。

Russian Social-Democratic Workers' Party　俄國社會民主工黨　馬克思主義革命政黨，即蘇聯共產黨的前身。1898年在俄國的明斯克建立，認為俄國只有發展擁有城市無產階級的資本主義社會，才能達到社會主義。由於列寧領導的布爾什維克派和馬爾托夫領導的孟什維克派就列寧提議政黨應由專業的革命者組成而引起爭論，1903年該黨分裂。該黨成員在1905年俄國革命中表現積極。在1917年俄國革命的混戰中，布爾什維克派和孟什維克派徹底破裂，將他們的名字改為「俄國共產黨」（布爾什維克）。

Russo-Finnish War　俄芬戰爭（西元1939～1940年）　亦稱冬季戰爭（Winter War）。第二次世界大戰初，「德蘇互不侵犯條約」簽訂後，蘇聯對芬蘭發動的戰爭。由於芬蘭拒絕了蘇聯要求轉讓一個海軍基地和進行其他讓步，蘇聯軍隊在1939年11月從數個方向向芬蘭發起進攻。在數量上極占優勢的芬蘭人在曼納林領導下，進行了有效的防禦，直到1940年2月，俄軍採取大規模炮火轟擊突破了芬蘭南方防線。1940年3月簽訂了和平協約，將卡累利阿西部割讓給俄國，允許在漢科半島修建一個蘇聯海軍基地。

Russo-Japanese War　日俄戰爭（西元1904～1905年）　俄國和日本在東亞進行領土擴張的衝突。俄國租借了在戰略上十分重要的阿瑟港（現在是中國的旅順）後，擴張進滿州，面臨著日本逐漸強大的力量。當俄國反悔與日本簽訂從滿洲撤軍的和約時，日本艦隊在阿瑟港襲擊了俄國海軍中隊，在1904年2月開始對城市進行襲擊。日本陸軍切斷俄軍路線，使其不能前來支援阿瑟港，將其推回到奉天（現在的瀋陽）。加強後的俄軍在10月發動進攻，但糟糕的軍事指揮阻礙了它的作用。在日本對阿瑟港長期襲擊後，1905年1月混亂的俄國將領沒有諮詢他的官員就率部隊投降，雖然其在持續防衛上仍有充足的儲備和軍火。1905年3月在奉天進行了激戰，俄國軍隊在庫羅帕特金領導下撤出。決定性的對馬海峽之戰使日本占有優勢，迫使俄國回到談判桌上。「樸次茅斯和約」簽訂後，俄國放棄了在東亞的擴張政策，日本獲得對朝鮮和滿洲的大部分有效控制權。

Russo-Turkish Wars　俄土戰爭　1676～1878年俄國和鄂圖曼帝國進行的一系列十二場戰爭。俄國發起了早期戰爭，試圖在黑海建立溫水港口。在1695～1696年的戰爭中，彼得大帝（彼得一世）占領了亞書海要塞，但18世紀早期試圖占領巴爾幹半島卻失敗了。在凱薩琳二世統治期間，第一次主要的俄土戰爭（1768～1774）將俄國邊境向南推進，使俄國獲得對土耳其蘇丹的基督教國民的模糊保護權。1783年凱瑟琳又加上了克里米亞半島，1792年俄國還獲得整個烏克蘭西部黑海海岸。19世紀在達達尼爾海峽、博斯普魯斯海峽、高加索山脈和克里米亞半島進行了戰爭（參閱Crimean War）。1877～1878年的俄土戰爭中，俄國和塞爾維亞與土耳其爭奪波士尼亞赫塞哥維納。俄國獲勝，但它的戰利品被焦急的英國和奧匈帝國在柏林會議中所限制（1878）。

rust, blister ➠ blister rust

rustication　粗面光邊石工　建築上一種裝飾性石工，做法是將石塊表面沿邊刨平，中央部分留作粗糙面或明顯的突出。粗面光邊石工可使外牆表面呈華美粗豪狀。早在西元前6世紀就使用在居魯士大帝的陵墓上。義大利早期文藝復興建築家使用粗面光邊石工來裝飾宮殿。在矯飾主義（文藝復興晚期）和巴洛克時期，粗面光邊石工在花園和別墅設計中占重要地位。在蛭石形裝飾的工程中可獲得奇異的表面效果，其中表面被波狀、蜿蜒的圖形或垂直、下滴的形狀所覆蓋。

Rustin, Bayard　魯斯汀（西元1910～1987年）　美國民權運動領袖。生於賓夕法尼亞州西卻斯特市，1941年他籌組了「種族平等議會」紐約支會，並參與「調停協會」的工作（1941～1953）。1950年代成爲金恩的顧問，並協助他組織南方基督教領袖會議。1963年爭取加速人權法案立法的「向華盛頓進軍」大遊行，魯斯汀即是主要的策畫者。後來擔任一個民權組織「蘭道夫研究所」的總裁（1966～1979）。

rutabaga＊　蕪菁甘藍　芥科的一種瑞典蕪菁。耐寒的2年生植物，爲涼爽季節的作物，爲了其肉質根和嫩葉而栽種。與蕪菁有親緣關係，需要更長的生長期，但也更耐寒；還有它的植物體更加堅硬，富有營養，根部在冬季更能保存。白色植物體的變種有著粗糙、綠色的外皮和明亮的淡黃色花朵。黃色植物體的變種有著光滑的綠色、紫色或青銅色外皮，和淺黃色或淡桔紅色的花朵。蕪菁甘藍在加拿大、英國和歐洲北部當作蔬菜和牲口飼料作物而廣泛種植，在美國則分布較不廣泛。

Rutgers, The State University of New Jersey　新澤西州立拉特格斯大學　主要校園在美國新伯倫瑞克、較小的校園設在紐華克和康登的州立高等學府。1766年創立時爲皇后學院，1825年以慈善家拉特格斯重命名。新伯倫瑞克校園有著最初的學院和其他三個住宿學院，其中一個（道格拉斯學院）只招收女生，另一個（科克學院）設農業和環境科學課程、文科研究所、工程學院和藥學院、教育、心理學、社會工作、通信、商業和藝術學校或研究所。在紐華克和康登校園內各有一所藝術和科學學院、一所研究所、法律學院、商業管理和其他專業學科。註冊學生數約48,000。

Ruth, Babe　貝比魯斯（西元1895～1948年）　原名George Herman。美國棒球選手，最偉大的擊球員之一，運動史上最受歡迎的人物之一。在貧窮中長大。1914年加入巴爾的摩的小聯盟，開始職業生涯，賽季後加入波士頓紅襪隊。他以投手出賽，有著傑出的記錄（94勝，46負），但因其強打能力轉向了外場。1920年被賣給紐約洋基隊，在該隊待到1934年；他最後的運動生涯在波士頓勇士隊度過（1935）。1938年他任布魯克林道奇隊教練，但他以缺乏責任感聞名，也因此無法獲得永久的教練或經理職位。他的強大的重擊贏得他「重擊蘇丹」的綽號。1927年創下單季擊出60支全壘打的整個棒球史中最著名的記錄，該記錄保持到1961年。有4個單獨球季全壘打超過50支，11個球季全壘打超過40支。他的職業生涯長打率（0.690）保持著無人能比的記錄；他在生涯全壘打數（714，漢克阿倫之後）、得分（2,174，柯布之後）、打點（2,213，又在漢克阿倫之後）均排名第二，二壘以上安打總數則排名第三（1,356，位於漢克阿倫和穆西爾之後）。

貝比魯斯
UPI

Ruthenian language ➠ Ukrainian language

Rutherford, Ernest　拉塞福（西元1871～1937年）　受封爲拉塞福男爵（Baron Rutherford）。紐西蘭裔英國物理學家。就讀於坎特伯里學院後，搬往英國，就讀於劍橋大學，並在那裡與湯姆生在加文狄希實驗室一同工作。自1919年開始任加文狄希實驗室主席前，曾在蒙特婁的麥吉爾大學（1898～1907）和曼徹斯特的維多利亞大學（1907～1919）任教。1895～1897年間的實驗過程中，他發現了兩種射線形式，並爲之命名，即α衰變和β衰變。之後證明α粒子實質上是氦原子，並將其使用於發現原子核的過程中。1902年與蘇第得出放射性轉換過程理論的結論。1919年成爲使元素人工蛻變的第一人，1920年假設了中子的存在。其成就對了解放射性元素的蛻變有很大的影響，並成爲20世紀大多數物理學的基礎。1908年獲諾貝爾獎。1914年受封爲爵士，1931年成爲貴族。爲紀念拉塞福，因此以他的名字將第104個化學元素命名爲鑪。

Ruthven family＊　魯思文家族　16世紀顯要的蘇格蘭貴族家族。它的成員有帕特里克·魯思文領主（約1520～1566）、佩思教務長（1553～1566）和蘇格蘭女王瑪麗手下的新教徒個人議員。他幫助安排了她和達恩里勳爵的婚姻（1565），領導了對她的秘書里奇奧的謀殺行動，之後逃往英國。他的兒子威廉·魯思文（約1541～1584）也參與了反對里奇奧的陰謀中，成爲高級財政領主(1571)。他是「魯思文襲擊」的主要陰謀者，1582年捕獲了孩子國王詹姆斯六世（後來英國的詹姆斯一世），之後魯思文被寬恕，但後來因叛國罪被斬首。他的兒子約翰·魯思文，即高里伯爵(約1577～1600)，繼承了密謀的家族傳統，投身服務於女王伊莉莎白一世，然後帶頭反對詹姆斯六世。在「高里陰謀」中，魯思文在他佩思的住宅被殺，可能是策劃讓詹姆斯六世入獄的計畫失敗的結果。

rutile＊ 金紅石 商業上有重要價值的鈦礦物（二氧化鈦，TiO2）。呈細長晶體，紅色至紅褐色，堅硬，具亮金屬光澤。金紅石在作爲製造瓷器及玻璃的染色劑，以及煉製某些鋼材和銅合金時用途不大。也可作爲寶石，但人造金紅石比作寶石用的天然晶體更優越；它有像金剛石一樣的火彩（折射率）和輝度（色散）。金紅石開採於挪威，在阿爾卑斯、美國南部、墨西哥和其他地方廣泛分布。

產自加州莫諾郡的金紅石
B. M. Shaub

Ruwenzori National Park ➠ Queen Elizabeth National Park

Ruysdael, Jacob van ➠ Ruisdael, Jacob (Isaakszoon) van

Ruysdael, Salomon van＊ 雷斯達爾（西元1600?～1670年） 原名所羅門·德高耶爾（Salomon de Goyer）。荷蘭風景畫家。雷斯達爾的叔父，1623年加入哈勒姆畫家協會，1648年成爲該協會主席。不同於該時期其他風景畫家，包括他的侄子，雷斯達爾通常繪畫眞實的風景，有時在一幅圖中結合幾個地方的主題。他的晚期作品氣勢宏大，展現了風景畫元素的要求和爲獲得效果對色彩的漸增的使用。

Rwanda＊ 盧安達 正式名稱盧安達共和國（Republic of Rwanda）。非洲中東部國家。面積25,271平方公里。人口約7,313,000(2001)。首都：吉佳利。人口大部分是胡圖人，少數是圖西人。語言：盧安達語、法語、英語(均爲官方語)。宗教：天主教、伊斯蘭教、原住民信仰。貨幣：盧安達法郎（RF）。盧安達是一個多山的內陸國家，大部分地區位於海拔1,500公尺以上；有竹林、森林區和稀樹草原，野生動物豐富且種類繁多。盧安達屬開發中國家，經濟主要是以農業爲基礎的自由企業。政府形式爲臨時政府，有一立法機構；國家元首暨政府首腦爲總統，由總理及副總統輔佐。盧安達最早的居民是特瓦人（俾格米人的一支）。當圖西人於14世紀出現時，胡圖人已在此建立居民點。15世紀圖西人征服了胡圖人，在吉佳利附近建立王國，並一步步擴大版圖。20世紀初，盧安達成爲中央集權軍事體制的統一國家。1916年被比利時占領，1923年國際聯盟設立盧旺達－烏隆迪託管地，委任比利時管轄。圖西人一直保持支配地位，直到1962年盧安達贏得獨立前不久，胡圖人取得對政府的控制，剝奪圖西人的大部分土地。許多圖西人逃離盧安達，胡圖人控制著國家的政府系統，並開始了零星的內戰，直到1994年中，國家領導人因飛機失事罹難，爆發大規模暴力活動。在近五十萬圖西人遭胡圖人殺害後，由圖西人領導的盧安達愛國陣線（RPF）以武力掌控了國家。當盧安達愛國陣線勝利後，兩百萬難民（大部分是胡圖人）逃至鄰邦剛果（薩伊）。

Ryan, (Lynn) Nolan, Jr. 萊恩（西元1947年～） 美國棒球選手。1965年加入紐約大都會隊小聯盟。參加過大都會隊（1968～1971）、加州天使隊（1972～1979）、休斯頓太空人隊（1980～1988）、德州遊騎兵隊（1989～1993）。1983年成爲第一個超過約翰遜1927年的3,508的職業三振王的記錄的投手，1993年退休，這時年高四十六歲，有著驚人的5,714次的記錄。他還創下一個賽季中最多的三振王的記錄（1973年是383次）和最多的無安打比賽記錄（7次）。

Ryan, Robert 萊恩（西元1909～1973年） 美國電影演員。生於芝加哥，在賴恩哈特設於好萊塢的工作坊接受表演訓練，第二次世界大戰後成爲一個成功而有特色的演員。經常扮演壞蛋及惡漢，以《沙灘上的女人》(1947)、《走火入魔》(1947)、《出賣皮肉的人》(1949)、《暴力行動》(1949) 等片中扮演的角色贏得讚賞。接下來參與演出的電影還包括《黑岩喋血記》(1955)、《惡徒末日》(1959)、《水手比利巴德》(1962) 以及《日落黃沙》(1969)。

Rybinsk Reservoir＊ 雷賓斯克水庫 俄羅斯西北部、窩瓦河上游的湖。由窩瓦河及其支流舍克斯納河上的兩座堤壩構成。1947年該項工程完工的時候，形成了面積4,580平方公里的湖；當時是世界最大的人工湖。其作用是控制窩瓦河的流量，提供莫斯科和其他城市的電力，並且是窩瓦－波羅的海航道的一部分。

Ryder, Albert Pinkham 賴德爾（西元1847～1917年） 美國畫家。出生於漁港附近，從未失去對海的痴迷。約1870年定居於紐約，短暫地學習了繪畫。其高度個性化的海景畫，包括《海上辛苦工作的人》，反映了他對人在自然力量面前無能爲力的觀念。在諸如《跑道》和《灰馬上的死亡》的繪畫裡，厚重的黃色光（一般是月光）增加了神秘的情緒。他是一個引人注目、富想像力的畫家，雖然個性孤獨，但其作品在他的時代十分著名。

賴德爾的《海上辛苦工作的人》(1884年以前)，畫板畫；現藏紐約市大都會藝術博物館
By courtesy of the Metropolitan of Art, New York, George A. Hearn Fund, 1915

Ryder Cup 賴德爾盃 兩年舉辦一次的高爾夫球隊賽，始於1927年。最初爲美國和英國的高爾夫隊交鋒，從1979年以後改由全歐洲的選手與美國隊對抗。獎杯由英國種子商賴德爾捐贈。

rye 黑麥 禾草類穀物和其可食用的穀粒，學名爲Secale cereale，主要用做黑麥麵包和黑麥威士忌，作爲飼料和牧草。原產於南亞，現廣泛種植於歐洲、亞洲和北美，主要因當地氣候和土壤條件不利於其他穀物生長，且若以冬小麥爲冬季作物，則溫度又太寒冷。黑麥在高海拔地區生長良好，在所有小粒穀物中，其抗寒力最強。黑麥碳水化合物含量高，含少量蛋白質、鉀和B族維生素。只有黑麥和小麥擁有適合做麵包的質地，但因黑麥缺乏小麥所具有的彈性，因此常與小麥粉混合使用。其堅韌的纖維質秸稈多作爲動物用墊草，以及屋頂、床墊、草帽和造紙原料。黑麥也栽培作爲綠肥。

Rye House Plot 麥酒店密謀案（西元1683年） 英國歷史上，所謂的輝格黨因查理二世的親天主教政策，企圖進行暗殺的陰謀。該案的名字源於赫特福德郡豪茲頓的麥酒店，靠近查理據說從馬會旅行時會被殺的道路。國王意外的提前動身可能粉碎了密謀，後來被知情者告發。眞相至今仍不明，但主要的密謀者有蒙茅斯公爵、羅素勳爵、西德尼爵士（1622～1683）和阿姆斯壯爵士。後三位被審判定爲叛國罪而斬首。

Ryerson Polytechnic University 懷爾森技術學院 私人捐助的高等教育機構，位於加拿大多倫多市。創於1948年，以教育家懷爾森（1803～1882））爲學校命名。學校課程包括工程暨應用科學、藝術（含人文及社會科學）、應用藝術、商業、社區服務、以及終身教育。基本上以四年制大學部爲主，現有學生約14,000人。

Rykov, Aleksey (Ivanovich)＊ 李可夫（西元1881～1938年） 蘇聯官員。十八歲起就積極參加布爾什維克革命運動，成爲一黨領袖，並在列寧逝世後成爲人民代表委員會的主席（1924～1929）。他是新經濟政策的堅定支持者，史達林聯合他擊敗經濟激進分子（和史達林的對手）托洛斯基、季諾維也夫和加米涅夫。當史達林後來採納了他的對手的激進觀點時，李可夫被剝奪了職位，被迫放棄他的「右翼反對」觀點（1929）。1936年他被示意構成陰謀罪，在史達林清黨審判上被審，因叛國罪被處死。

Ryle, Gilbert 賴爾（西元1900～1976年） 英國哲學家。1945～1968年在牛津大學任教，成爲「牛津哲學」或「普通語言」的領導人物，後者是試圖消除源於語言誤用的迷惑的運動。他的傑作《精神的概念》（1949）挑戰了笛卡兒關於身體和心靈的傳統學說。賴爾認爲笛卡兒二元論是邏輯上不連貫的教條，他將其標注爲機器中的幽靈的學說。在《困境》（1954）中，他分析了看上去不調和的命題。其他傑作有《哲學辯論》（1945）、《一個理性動物》（1962）、《柏拉圖的前進》（1966）和《思想分析》（1968）。

Ryle, Martin 賴爾（西元1918～1984年） 受封爲馬丁爵士（Sir Martin）。英國無線電天文學家。從牛津大學獲得物理博士學位後，在第二次世界大戰中協助設計了雷達裝備。他是地外無線電信號的早期研究者。賴爾主持了劍橋無線電天文小組，進行無線電源編目工作。《第三本劍橋編目》（1959）幫助發現了第一個類星體。爲了測量遙遠無線電源，他發展了稱爲孔徑合成的技術，將無線電望遠鏡的解析能力大大提高，用來定位第一個脈衝星。1974年他和休伊什同獲諾貝爾獎。

Rymer, Thomas＊ 賴默（西元1643?～1713年） 英國評論家。雖然1673年在酒吧工作，他幾乎立即轉向了文學評論。他以將法國形式主義者的新古典主義評論原則引入到英國而出名。他的作品有《上一時代的悲劇》（1678）和《對悲劇的淺見》（1693），兩書對現代戲劇進行深刻評價，並推崇古典悲劇。他的觀點直到19世紀都很有影響力。1692年被任命爲皇家史官，彙編了大部分的*Foedera*，這是英國締結的所有條約的彙整，對中世紀研究家有相當大的價值。

Ryoan-ji＊ 龍安寺 日本京都的佛寺，以其抽象的庭園聞名（約建於1500年），該庭園占地約30×50呎（10×20公尺），覆蓋著耙平的沙和十五塊被分於五堆不均等的石頭，呈現的景象猶如海中的石島等之類，但其特出之處即在這十五塊石頭之間的關係和擺設是無法從單一視角觀察得出來。

Ryukyu Islands＊ 琉球群島 日本的一系列島鍊。從日本南部呈拱形延伸970公里至台灣北端。五十五個島嶼和小島有著2,254平方公里的總陸地面積。古代時是獨立的王國，但14到19世紀期間中國和日本主權相繼強加給該群島。1879年琉球群島成爲日本完整的一部分。日本在第二次世界大戰中失敗後，美國掌握了該島的控制權；1972年時將它們全部歸還。美國在沖繩島上設有軍事設施。群島大部分爲鄉村，經濟以農業爲主。人口1,222,000（1990）。

SA 挺進隊 全名Sturmabteilung（德語意爲「攻擊分隊」〔Assault Division〕）。別名「衝鋒隊」（Storm Troopers）或「褐衫隊」（Brownshirts）。納粹的准軍事組織，對希特勒的攫取政權扮有關鍵性角色。1921年由希特勒在慕尼黑建立，隊員來自初期加入納粹運動的自由軍團成員。他們仿傚義大利之法西斯主義的黑衫黨而穿褐衫，保護納粹黨的集會，並襲擊政敵。從1931年起由勒姆領導，1932年增至四十萬人。勒姆想要在他領導下把正規軍和褐衫隊合併，但希特勒對挺進隊逐漸壯大懷有戒心。1934年希特勒下令「血洗」挺進隊，即爲著名的長刀之夜。此後挺進隊勢力大減，在政治上微不足道。

Sa-skya pa＊ 薩迦派 西藏的佛教宗派，由忽必烈授與他們統治西藏的最高權力，以其對哲學和語言學的貢獻而聞名。薩迦派的梵學專家慶喜幢（Kun-dga'-rgyal-mtshan, 1182～1251）寫了一篇闡述佛教邏輯學的重要論文。

Saadia ben Joseph＊ 薩阿迪亞・本・約瑟（西元882～942年） 阿拉伯語作Said ibn Yusuf al-Fayyumi。出生於埃及的巴比倫猶太評注家和哲學家。約在905年離開埃及，最後定居巴比倫尼亞，擔任希伯來語的蘇拉學院院長。他編成一部希伯來文－阿拉伯文辭典，並把大部分的《舊約》譯成阿拉伯語。935年出版主要的哲學著作《信仰和評價》。他的神學理論視上帝的唯一與公平原則而定，後者與盛行於伊斯蘭教中僅依上帝旨意行事的觀點相左，他認爲在人類中所發現的道德標準無一合乎上帝的旨意。薩阿迪亞及穆爾太齊賴派反對這種原則，他們認爲公平與不公平是人類行爲的眞正特性，不能藉由神諭而改變。

Saale River＊ 薩勒河 德國中東部河流。爲易北河左岸支流。源出巴伐利亞高地，往北流，在巴爾比之上與易北河匯合。全長426公里。流經圖林根時，進入一段兩岸有多座城堡矗立的深谷。

Saar, Betye 沙爾（西元1926年～） 美國藝術家及教育家。生於加州洛杉磯，攻讀設計、教育及印刷。1968年左右她開始對三維物體產生興趣並加入團體工作。她的作品融合了各種既有對象－－從禮儀民俗到傳統基督教。許多作品挑戰了種族迷思與刻板印象。例如作品《牙米媽姑媽的解放》（1972），是一個小「媽咪」塑像置於一個蜜糖膚色的黑人女性先祖，一個又大又黑的塑像之前，後者一手拿著掃帚一手拿著來福槍。1970年代後期沙爾擴大她作品的規格及規模。有教室那麼大的裝置藝術像在敘述神祕主題，有時甚至把神龕也容納進去。

Saar River＊ 薩爾河 法語作Sarre。流經法國、德國的河流。爲摩澤爾河右岸支流，全長246公里，流經法國東北部後進入德國，至特里爾匯入摩澤爾河。河谷北部是釀製葡萄酒地區；位於薩爾布魯根和迪林根之間的中游地區爲重工業中心。

Saarbrücken＊ 薩爾布魯根 德國西南部薩爾州首府。瀕臨薩爾河。1321年設建制，屬拿騷－薩爾布魯根伯爵所有，直到1793年爲法國人所占領，1815年落入普魯士之手。1919年成爲薩爾地區首府。1909年由原薩爾布魯根和布爾巴赫－馬爾斯塔特、聖約翰以及聖阿努阿爾等地合併組成現在的城市。古建築包括18世紀的巴洛克式路德維希教堂、聖阿努阿爾的哥德式修道院教堂（1270?～1330）及薩爾河上的古橋（1546）。人口約187,000（1996）。

Saaremaa 薩雷馬 亦作Sarema。愛沙尼亞穆胡群島的最大島嶼，位於波羅的海和里加灣之間，面積2,671平方公里。13世紀時爲利沃尼亞騎士所占領，後來相繼爲丹麥、瑞典及俄羅斯人統治，1918年成爲愛沙尼亞的一部分。第二次世界大戰時德軍占領這裡。經濟活動包括農業、畜牧業和漁業。

Saarinen, Eero＊ 沙里寧（西元1910～1961年） 出生於芬蘭的美國建築師。其父艾利爾・沙里寧（1873～1950）爲芬蘭當代頂尖的建築師，主要的作品包括赫爾辛基火車站（1904～1914）、美國的克蘭布魯克基金會大樓（1923年移民美國後），以及密西根州的布倫菲爾德山莊（1925～1941）。埃羅自耶魯大學畢業後加入父親的建築事務所。在設計了聖路易的蓋特威拱門（1965年完成）之後，緊接著設計密西根州瓦倫市的大型通用汽車公司技術中心（1948～1956）。1953年設計的麻省理工學院的克雷斯吉禮堂和小禮拜堂均於1955年建成，前者採用八分之一球面體的穹窿頂，支承在三個支點上。紐約市甘迺迪國際機場的候機樓（1956～1962）採用兩個大型的懸臂式混凝土薄殼頂向外飛展，宛如雙翼。

Saarland＊ 薩爾 亦作Saargebiet。德國西南部一州。瀕臨薩爾河。該地區從17世紀爲法國、德國所爭奪，直到1815年法國根據「巴黎條約」將該區大部分割讓給普魯士。1871年亞爾薩斯－洛林加入德意志帝國時，薩爾就不再是一個邊界州，且快速發展爲採煤和工業地區，生產鋼鐵。第二次世界大戰後法軍占領該州，後來回歸德國，1957年設州。首府薩爾布魯根。面積2,569平方公里。人口約1,083,100（1996）。

Saba 薩巴島 加勒比海荷屬安地列斯群島的島嶼，位於聖尤斯特歇斯島西北26公里，與該島一起組成小安地列斯群島。面積13平方公里，實際上是一座死火山的山峰（齊納麗峰）。1632年荷蘭人到薩巴島定居，由於交通不便，道路崎嶇，經濟一直沒有發展，往往是海盜出沒之地。旅遊業是主要經濟支柱。人口約1,180（1993）。

Sabah dynasty 薩巴赫王朝 自1756年以來統治科威特的家族。1756年遷移到今日科威特地區的一些阿奈扎部落成員巴奴・烏圖，任命薩巴赫家族的一個成員薩巴赫・本・約伯（約1752～1764在位）爲其統治者。從那時起，截至今日一共有十三個埃米爾。目前的埃米爾之下有一個首相、一個內閣以及一個國民議會來協助其統治，不過薩巴赫家族仍擁有從自己家族內部挑選繼任之埃米爾的權利。

Sabbath 安息日 在猶太教和基督教中，每週抽空一天來崇拜和奉行宗教義務。猶太教安息日從星期五日落起到星期六日落止，在這段期間不能進行例行工作和勞動。對大部分的基督教派來說，安息日在星期日，所規範的行爲大爲不同，但所有的人都要參加禮拜是共同的特色。在伊斯蘭教，星期五是禮拜之日。

saber-toothed tiger 劍齒虎 亦作saber-toothed cat。貓科眞劍齒亞科一些滅絕的食肉動物的統稱。上顎有一對長劍形犬牙。從3,660萬年前生存到大約1萬年前，出現於北美洲和歐洲，再散佈到亞洲、非洲和南美洲。最有名的劍齒虎是短腿的美洲斯劍虎屬，比現代獅子大得多。上犬齒長達20公分，用來刺砍獵物，包括乳齒象之類，劍齒虎的絕滅與乳齒象的絕滅有密切關係。

Sabi River 薩比河 ➠ Save River

Sabin, Albert Bruce＊ 沙賓（西元1906～1993年） 美國醫師和微生物學家。出生於波蘭，1921年隨同雙親移居美國，1931年獲紐約大學醫學博士學位，首次證明人類神經組織中的小兒痲痺症病毒能在人體外生長，並證明小兒痲痺症非呼吸道感染，而是經由消化道傳染。他認爲口服疫苗會比沙克注射死病毒維持時間較長，並且分離出無致病力但保持免疫原性的所有三型小兒痲痺症病毒，1960年美國核准使用沙賓小兒痲痺症口服疫苗，後來變成全世界主要對抗小兒痲痺症的藥物。

Sabine, Edward＊ 色賓（西元1788～1883年） 受封爲艾德華爵士（Sir Edward）。英國天文學家和大地測量學學家。他曾伴隨羅斯（1818）和佩爾利（1819）的尋找西北航道探險隊去勘察。1821年開始進行實驗，透過觀測擺的擺動情況而更精確地測定地球的形狀。其後，把大半生精力投注於研究地球磁場，並負責監造世界各地許多地磁觀測台。1852年發現太陽黑子的週期性變化與地磁擾動的某種變化有關。1861～1871年任倫敦皇家學會主席。1869年封爵，1870年榮升爲將軍。

Sabine River＊ 色賓河 美國德州東部、路易斯安那州西部的河流。源出德州東北部，先往東南流，再轉南，至河口附近變寬，形成色賓湖，之後繼續從亞瑟港穿過色賓運河注入墨西哥灣。全長930公里。色賓河成爲德克薩斯與路易斯安那南部的邊界線，也是海灣沿岸航道的一段。

Sabines＊ 薩賓人 古義大利部落，定居台伯河東岸，據傳羅馬城創建者羅慕路斯曾邀請薩賓人赴宴，然後擄走（強姦）其婦女，充作其屬下男子們的妻子。可能是薩賓人的羅馬第二任國王－－努馬．龐皮利烏斯，據說實際創造了所有羅馬的宗教制度和習俗，後來，一些集團把薩賓人逐出羅馬。薩賓人最後爲羅馬所征服，西元290年被授予部分的公民權，西元268年獲得完整的公民權。

sable 紫貂 鼬科食肉動物，學名Martes zibellina。棲於亞洲北部森林，毛皮極爲名貴。sable一詞有時指與其有親緣關係的歐亞種及美洲的貂。體長約32～51公分，尾長13～18公分，體重0.9～1.8公斤。皮褐色到近乎黑色，獨居，習於樹棲生活，以小動物和鳥卵爲食。

Sabra and Shatila massacres＊ 薩伯拉與薩提拉屠殺（西元1982年） 基督教民兵屠殺貝魯特兩個難民營中的巴勒斯坦平民事件，發生在以色列入侵黎巴嫩期間。以色列入侵的目的是想要驅逐黎巴嫩境內的巴勒斯坦游擊隊。爲了達成此一目標，以色列與一些黎巴嫩的基督教團體結盟，包括長槍黨在內，長槍黨在血腥的黎巴嫩內戰（1975～1990）中，曾與巴勒斯坦人大打出手。隨著巴勒斯坦解放組織戰士在美國的斡旋下撤離貝魯特，以色列軍方在當時國防部長夏龍的領導下，允許長槍黨民兵進入上述的兩個難民營，無疑是想要斬除未來巴勒斯坦解放組織戰士的根苗。在接下來的幾天裡，被殺害的老弱婦孺估計有八百到數千人之多。雖然沒有任何民兵因爲這些暴行而被起訴，夏龍（稍後一個以色列的調查委員會認爲他應當負起疏忽的間接責任）還是被阿拉伯的輿論抨擊爲此一屠殺事件的罪犯。

Sabrata 薩布拉塔 亦作Sabratha。非洲羅馬帝國古城。特里波利斯三座城市中最西邊的一座。由迦太基人建爲貿易站，西元前4世紀始有永久性居民。考古發掘已開挖出該城一半以上的區域，包括羅馬和拜占庭碉堡、寺廟、噴水池、古羅馬廣場、劇院、會堂及若干教堂。

Sabre＊ 軍刀戰鬥機 亦稱F-86戰鬥機（F-86）。北美航空公司製造的單座、單引擎噴射戰鬥機。建造時將機翼後掠，以減少接近音障時的近音速阻力，俯衝時足以超越音速。最早的中隊於1949年開始運作；韓戰時曾大顯身手，1956年停產。機翼展11.3公尺，機身長11.45公尺。動力爲一系列渦輪噴射發動機，水平飛行極速近每小時1,100公里。除飛彈以外，其武裝包括機身內的五〇機槍或20公釐火炮，以及機翼下的火箭或炸彈。

Sabzavari, Hajji Hadi＊ 薩卜則瓦里（西元1797/1798～1878年） 伊朗哲學家和宗教學家。在他的出生城市薩卜則瓦創立一所學校，吸引了穆斯林世界許多學生前來學習哲學。其兩本重要哲學著作是《智慧的奧祕》和《詩的邏輯》，在其中他進一步發展了智慧（hikma）派思想，至今在伊朗仍有人研究。他過著虔誠的宗教及苦行的生活，據說他表現出神蹟。

Sac ➠ Sauk

Sacajawea＊ 薩卡加維亞（西元1786?～1812年） 肖肖尼印第安人婦女，曾背負幼兒，隨路易斯和克拉克遠征（1804～1806）跋涉蠻荒數千公里。雖然當遠征隊開始時，她已和她的族人分隔十年，薩卡加維亞幫忙購買馬匹並雇用一隊肖肖尼人爲嚮導（由其兄弟卡米亞韋特率領），使幾陷絕境的遠征隊重逢生路。薩卡加維亞不避艱難險阻的頑強毅力極富傳奇色彩。

saccharin＊ 糖精 合成的有機化合物$C_7H_5NSO_3$，比蔗糖甜200～700倍，糖精中鈉鹽和鈣鹽被廣泛用作食物療法的甜味劑，雖然獲食品藥物局批准，但卻因它會產生一點致癌物而引起安全性問題的爭議。亦請參閱aspartame。

Sacchi, Andrea＊ 薩基（西元1599～1661年） 義大利畫家。在羅馬及波隆那隨阿爾巴尼學畫，他和科爾托納的彼得羅曾一起受雇裝飾薩凱蒂家族莊園（1628）及巴爾貝尼尼宮，爲此他設計天頂壁畫《神智的寓言》（1629～1633）。他在無原罪聖母教堂（1631～1638）內的兩幅祭壇畫以古典主義而特別著名。其他的重要作品包括羅馬聖約翰教堂的八幅圓頂畫（1639～1645）。他是技巧純熟的畫匠，也是17世紀羅馬繪畫古典傳統風格的主要代表人物。

Sacco-Vanzetti case 薩柯－萬澤蒂案 美國麻薩諸塞州具有爭議性的謀殺罪審判案件（1920～1927）。1920年發生一樁鞋廠出納員及保鏢被搶並被殺的駭人事件，警察逮捕了義大利裔無政府主義者薩柯（鞋匠，1891～1927）和萬澤蒂（賣魚小販，1888～1927）。經審判裁決這兩人有罪。結果引發社會黨人和激進分子的抗議，他們認爲這兩人是無辜的，許多人認爲他們是因信仰而被定罪。1925年另有一名被證明有罪的謀殺者招認曾參與犯罪，但是企圖重審失敗，兩人在1927年被判死刑。結果掀起全國性的抗議集會，富勒州長任命一個諮詢委員會，委員會同意他拒絕行使從寬的權力，於是罪犯仍被處決。他們成爲激進分子心目中的殉難者，這些人認爲司法制度有私心。輿論對兩人是否犯罪一直持有不同的看法，但多數人認爲審判有瑕疵，應重新審判。

Sachs, Curt＊ 薩克斯（西元1881～1959年） 德裔美籍音樂學家。年輕時學習單簧管和作曲，但獲藝術史博士學位。在從事藝術評論後，決心重返音樂學領域，並成爲該專業領域中最重要學者之一，尤其是在樂器的分類研究方面（和霍恩博斯特爾合作）。1937年遷居美國，著有重要的教科書，並觀察、研究音樂制度的發展，還任教於哥倫比亞大學及紐約州立大學。

Sachs, Nelly (Leonie)　薩克斯（西元1891～1970年）　德國女詩人和劇作家。出身富裕家庭，寫詩多爲自娛，直至納粹出現才使她的作品變得黯淡起來，並被迫逃往瑞典。這時期的抒情詩既簡樸精練，又充滿種種溫柔、冷酷或神祕的意境。她的名詩〈啊！煙囪〉（收入同名詩集《啊！煙囪》，1967），描寫猶太人的屍體化作清煙從納粹的死亡營裡飄走。她最有名的劇本是《艾利》（1951）。1966年與艾格農同獲諾貝爾文學獎。

薩克斯，攝於1966年
UPI

Sachsen ➠ Saxony

Sachsenhausen＊　薩克森豪森　德國納粹集中營，位於德國北方薩克森豪森村附近。1936年建立，成爲中德的布痕瓦爾德和南德的達豪組成的一系列集中營的一部分。起初營中有一萬名猶太人犯，是在水晶之夜突襲之後，從柏林和漢堡捕捉而來的。在第二次世界大戰期間，拘於該營的總人數前後達二十萬，其中有十萬人死於疾病、處決和在附近軍火工廠的過分苦役勞動；其餘的許多犯人被轉到其他營區。亦請參閱Holocaust。

Sackler, Arthur M(itchell)　沙克勒（西元1913～1987年）　美國醫師、醫學出版商與藝術收藏家。生於紐約市，獲得紐約大學醫學學位。1949年在紐約創立克里德摩心理生物研究所，在心理生物學的領域開創研究。編輯《臨床與實驗精神病學期刊》並創立雙週報《醫學論壇》。提供資金給數個大學做研究之用，資助大學與博物館的藝廊，從個人龐大的收藏捐贈給大都會藝術博物館，其中包括世界最大的中國古代藝術收藏。

Sacks, Oliver (Wolf)　薩克斯（西元1933年～）　英裔美籍的精神醫學家與作家。於1960年移居美國，在加州大學專修精神醫學，1965年進入紐約愛因斯坦醫學院工作。他有許多關於精神病患個案病史的著作。對受到特殊病況折磨的同情，包括圖洛特氏症候群、健忘症、自閉症，已成爲其著作的特色。有關睡眠病的長期影響之《睡人》，於1990拍製成電影。其他的著作包括《錯把太太當帽子的人》（1986）、《火星上的人類學家》（1995）。

Sackville, Thomas　薩克維爾（西元1536～1608年）　受封爲多塞特伯爵（Earl of Dorset）。英國政治人物和詩人。曾擔任倫敦高等法院律師，1558年當選下議院議員。1585年成爲樞密院顧問，在1586年曾宣判蘇格蘭女王瑪麗死刑。後來出使海牙，1599～1608年擔任財政大臣，也曾以英國最早的一部無韻詩劇《高布達克的悲劇》（1561）的合著者而出名，另外還以《法官寶鑑》（1563）詩集中的〈前言〉最爲有名。

Sackville-West, Vita　薩克維爾－韋斯特（西元1892～1962年）　原名Victoria Mary Sackville-West。英國女小說家和詩人。父親是男爵，1913年她與外交家兼作家尼考爾生（1886～1968）結婚。其兒奈傑爾依據她的日記寫成《婚姻寫照》（1973）一書，描述一段由同性戀的雙方組成的快樂婚姻生活。她的長詩《土地》（1926）顯然具有喚起人們欣賞肯特郡鄉村美景的天分。最著名的小說有《愛德華時代的人們》（1930）和《激情耗盡》（1931）。她還寫過一些傳記和園藝書籍。她給予好友吳爾芙靈感，在其小說《歐蘭朵》中塑造了同名主角這號人物。

sacrament　聖事　宗教的活動或象徵儀式，被認爲神聖的力量是透過其中的物質要素或儀式表演來傳達。這種概念源自古代，史前人類相信神聖的力量可以經由儀式的表演有益地影響自然界中之事物，如天氣形態。在現代宗教中，聖事主要與基督教有關，而且據說是來自耶穌所制定的幾種儀式，如洗禮、洗腳及驅除魔鬼。由托馬斯・阿奎那編成法典，再由特倫托會議頒布的天主教聖事共有七項，即洗禮、堅振禮、聖餐、補贖、終傅、授聖職禮和婚配。亦請參閱samskara。

Sacramento　沙加緬度　美國加州首府。位於沙加緬度河和亞美利加河匯合處的中央谷地內。1839年由薩特首先建立居民點，當時稱新海爾維希，成爲淘金熱期間重要的貿易中心。現代城市規畫於1848年，且以沙加緬度河重新命名。1854年定爲州首府，後來發展爲繁榮的交通運輸及農產品中心。1856年成爲第一條加利福尼亞鐵路的終點站，而1860年成爲快馬郵遞西邊終點站。1963年一條航行船隻的運河完成後，該市成爲深水港。主要工業除了政府公共事業之外，還包括食品加工、印刷和太空工業。市內還有好幾所高等學府。人口約376,000（1996）。

Sacramento River　沙加緬度河　美國加州最大河流。源出該州北部的沙斯塔峰附近。往西南流，穿過喀斯開山脈和內華達兩山脈，流經中央谷地北段，與聖華金河匯合成三角洲後注入舊金山灣北汊。全長615公里，有290公里河段可通航。遠洋輪可上行至沙加緬度。1849年淘金熱時，這裡曾風光一時，該河還流經世界最富庶的農業區之一。

sacrifice　祭獻　向神獻上物品的行動而使之成爲神聖。祭獻的動機是要不朽（神聖而不滅），增強或重建人神之間的關係，祭獻時常是有意去獲得神的協助或安撫神的憤怒，這名詞已成爲特別適用於「血祭」，此常伴隨著而來的是死亡或祭獻東西的毀滅（參閱human sacrifice），水果、花和穀物的祭獻（不殺牲的祭獻）較常被視爲是牲禮。

sacrifice, human ➠ human sacrifice

Sadat, (Muhammad) Anwar al-＊　沙達特（西元1918～1981年）　埃及總統（1970～1981）。畢業於開羅陸軍官校，1950年參與納瑟廢黜埃及君主的陰謀，後來因而當上副總統（1964～1966、1969～1970）。1970年納瑟死後任總統。1973年他聯合敘利亞一起對以色列發動奇襲，雖然在軍事上失利，但在政治上獲利。1977年前往耶路撒冷向以色列提出和平解決的計畫。1979年他和以色列總理比金簽定和平條約，兩人在1978年共獲諾貝爾和平獎。沙達特在國內卻面臨了日益惡化的經濟問題，並壓制群衆的不滿。他被一位穆斯林極端分子伊斯蘭布里暗殺，引起全球的震驚和難過。亦請參閱Arab-Israeli wars、Camp David Accords、Mubarak, Hosni。

saddle　鞍　置於動物（通常是馬）背上供乘騎者用的坐墊。皮鞍發展於西元前3世紀至西元1世紀，大概是由亞洲大草原的民族最先使用，馬鐙及馬頸圈也發源於此。鞍可大爲改進騎士控制奔馳中的馬的能力，尤其是在戰鬥中。在中世紀歐洲，鞍的改良與封建時期騎士之間的戰役有很大關係。現代的鞍大致分爲兩類：一類是輕型、扁平的英式馬鞍（或稱匈牙利式馬鞍），用於運動或娛樂；另一類是西部式馬鞍，很堅固，本來是做爲固定套牛的套索，現也用於娛樂。

STUV

Sadducee＊ 撒都該人 猶太教祭司般的派別教徒，該派在耶路撒冷第二聖殿被毀（西元70年）前曾流行近兩百年。撒都該人一般比他們的對手（法利賽派）富有、保守，政治關係更良好。撒都該人只相信書面傳世的「托拉」（《舊約》的首五卷），因此不承認靈魂不滅、軀體死後復活，以及天使的存在。他們以不信任的眼光看待耶穌基督的傳教事業，據說耶穌的死多少和他們有點關係。他們富足多金，並對羅馬統治者妥協讓步，因而不受一般百姓的歡迎。

Sade, Marquis de＊ 薩德（西元1740～1814年） 原名Donatien-Alphonse-François, comte de Sade。法國小說家與哲學家。在七年戰爭結束放棄軍職之後結婚，同時捲入同妓女、被他誘拐的當地年輕人之間的放蕩與暴虐的性醜聞事件，爲此他多次被關，並曾經差點被處死。他不顧貴族出身，支持法國大革命，他視代表政治解放的革命與他自己所主張的性解放不相上下。他曾兩度被送至精神病院（1789～1790、1801～1814），最後在那裡過世。在監獄中他克服了厭煩和怒火開始寫色情小說和戲劇。1785年寫的《索多瑪的一百二十天》是四個浪蕩子誘拐受害者從事不停地反常縱欲狂歡的故事。最著名的小說《朱斯蒂娜或美德的不幸》（1791）中女主角因不能理解沒有道德的上帝及欲望是唯一眞實之事而被處死。其他的作品包括《臥室的哲學》（1793）和《情欲的罪行》（1800）。

sadhu and swami 薩圖和斯瓦明 印度人對宗教苦行者或聖人的稱呼。薩圖人是典型的流浪苦修者，以救濟金爲生。他們可能遵循一種特殊信仰體系的教義，如印度教或耆那教，但他們更常被看作是德高望重的人。斯瓦明一詞指的是在一特別儀式中授命的薩圖，並且特別與吠檀多派有關。薩圖和斯瓦明要不是群居在社區，就是離群索居，他們身無長物，不穿傳統的及現代化的衣物。他們或剃光頭，或長髮披肩，或盤髮於頂。

sadism＊ 施虐狂 透過使他人遭受痛苦來滿足性衝動的性心理障礙。此詞源自法國貴族薩德之名，他曾記述自己這種變態行爲。施虐狂的施虐行爲程度和範圍從輕微疼痛到極端粗暴都有，有時甚至會導致對方受到嚴重傷害或死亡。施虐狂常伴有受虐狂，許多有施虐傾向的人也會有受虐待的傾向。然而施虐者經常會找一個本身不是受虐者的被害人，因爲他們的一些性興奮是來自於受害人的不情願。

Sadowa, Battle of 薩多瓦戰役 ➡ Koniggratz, Battle of

Saenredam, Pieter Jansz(oon)＊ 薩恩勒丹（西元1597～1665年） 荷蘭畫家。一個雕刻師的兒子，他是建築師坎彭（1595～1657）的朋友，可能對他專攻建築畫有所影響。他是「教堂肖像畫」的先驅，也是荷蘭第一個放棄奇異構想的風格主義建築畫傳統的人，而贊成用一種新寫實主義手法來描繪特定建築物。他的教堂室內畫工整精確，表現出一種莊嚴宏偉和寧靜的感覺。

S T U V

Safaqis ➡ Sfax

Safavid dynasty＊ 薩非王朝（西元1502～1736年） 波斯王朝。由伊斯梅爾一世創建，他藉著把其子民的信仰從遜尼派轉變成什葉派而產生一種民族意識。他從白羊王朝手中奪得大不里士，並分別在1501和1502年成爲亞塞拜然、波斯的「沙」（國王）。阿拔斯一世在位時期（1588～1629）是薩非王朝的顚峰時期。首都伊斯法罕成爲薩非建築成就的中心。其後王朝開始衰落，受到鄂圖曼土耳其人和蒙兀兒人的威脅。當軟弱的國王塔赫馬斯普二世被其副官納迪爾・沙廢黜，薩非王朝就瓦解了。

Safdie, Moshe＊ 薩夫迪（西元1938年～） 加拿大籍以色列裔建築師。在加拿大麥吉爾大學建築學院學習後，在卡恩的建築事務所開始作事。他所設計的「1967年生境館」是一組以個人公寓爲單位的預鑄式混凝土住宅群，分布在鋸齒形構架上，狀如不規則地堆積起來的建築砌塊，使人想起了義大利的山城小鎮或印第安人集體居所「普韋布洛」，而且此類運用比例基準單位建造的預鑄組合式住屋是大膽的實驗，當時引起各國建築界的注意，但卻因造價不低的建造方式而無法風行起來。後來的作品有耶路撒冷的一所猶太教拉比學院（1971～1979）、馬里蘭州巴爾的摩附近的科德斯普林新城（1971）。1978～198年在哈佛大學擔任都市設計教授。

safe sex 安全性愛 在性交與類似活動時降低罹患性病風險的做法，特別是愛滋病。這個術語通常是指使用保險套來大幅降低感染機率，不過並不是百分之百有效。禁慾以及維持雙方都未受感染的單一性伴侶關係是絕對安全的。

safety 安全 爲了減少或消除足以傷害身體的危險因素而採取的各項行動。職業安全涉及人們工作場所可能遇到的各種危險，如在辦公室、工廠、農場、建築工地、商業設施以及零售據點等工作環境。公共安全主要是有關家庭、旅途、娛樂場所以及其他不屬於職業安全範疇的各種防險措施。亦請參閱life-safety system、OSHA。

safflower 紅花 菊科一年生顯花植物，學名Carthamus tinctorius，原產於亞洲、非洲部分地區，在美國、澳大利亞、以色列、土耳其和加拿大被當作油料作物而廣爲栽培。紅花油由種子提煉出來，含多不飽和脂肪，還具有很高的食用價值，主要供製人造奶油、沙拉油、食用油。由於紅花油不因久置而發黃，現用於清漆和顏料生產。株高0.3～1.2公尺；花紅、橙、黃或白色，以前是一種重要的紡織染料來源。

紅花
J. C. Allen and Son

saffron 藏紅花 亦稱番紅花。鳶尾科具鱗莖的多年生植物，學名Crocus sativus。其辛辣的金色柱頭很名貴，乾製後用於食品調味和上色，又用作染料。0.45公斤藏紅花即來自75,000朵花，所以它是世界上最名貴的香料。藏紅花的顏色和氣味在地中海地區和東方菜餚以及英國、斯堪的那維亞和巴爾幹的麵包中作調色和調味佐料。自古以來，藏紅花就是佛教高僧的法衣以及在幾個文化中皇家服裝所用的正式顏色。在古希臘和羅馬，把藏紅花當作香料撒在會堂、宮廷、劇場和浴室。

藏紅花
Emil Muench－Ostman Agency

Safi al-Din＊ 沙菲（西元1253～1334年） 伊朗舍赫，他創建了神祕主義的沙法維（沙菲）教團，後來發展爲薩非王朝。受到蘇菲派神祕主義及宗教領袖札希德舍赫（後來娶他的女兒爲妻）的影響。札希德死後，沙菲取得領導權，大多靠寬待所有尋求庇護者的策略而逐漸吸引更多的信徒。現今在伊朗西北部阿爾達比勒市（其出生地）有一座祠廟用來祭祀他。

Safire, William＊　薩費爾（西元1929年～）　美國記者。生於紐約市，曾於雪城大學求學。在他進入公共關係領域前，曾擔任過新聞記者，並在廣播和電視台工作。最後成功地創立了個人公司。他是安格紐與尼克森演說稿的撰稿人。在1973年他開始爲《紐約時報》撰寫他保守而富於活力的短論專欄，1978年獲普立茲獎。他同時也在《紐約時報雜誌》發表關於語言學方面的文章。他的著作包括《完全揭露》（1977）、《沈睡間諜》（1975）以及有關編纂詞典的作品。

saga　薩迦　在挪威和冰島國家中，基本上以散文形式敘述傑出的人物和英雄事件的文學體裁，尤其是指12世紀末及13世紀時冰島的手抄本中所記載的故事。曾經被認爲是口傳而最後被記載下來的歷史，但現在認爲薩迦是運用了各種不同程度的想像力並根據美學原則來重現過去的歷史。在薩迦中，英雄氣概和忠誠是重要的典型，而復仇也常占有一些份量。敘事時對行動的展現著墨較多，甚少描述主角的內心動機及觀點。現代學者將這一體裁劃分爲三大類：王室薩迦（記敘斯堪的那維亞各統治者的生平）、神話薩迦（主題從神話和傳說而來）和冰島家族薩迦。亦請參閱Grettis saga、Njáls saga。

Sagan, Carl (Edward)＊　薩根（西元1934～1996年）　美國天文學家和科學書籍作家。在芝加哥大學獲博士學位。1962～1968年在史密生天體物理天文台從事行星天文研究和塞提計畫（SETI）。薩根以清晰的寫作和對科學的熱忱聞名，成爲受歡迎的科普書籍作家和科學評論員。1977年出版的《伊甸園之龍：人類智力演化的推論》獲普立茲獎。他是1980年電視影集《宇宙》的製作人之一，也是敘事人，而與這個節目搭配的書是當時最暢銷的英語科普書籍。1980年代他參與研究核戰對環境造成的後果，「核冬」這個用語的普及與他推廣有關。

Sagan, Françoise＊　薩根（西元1935年～）　原名Françoise Quoirez。法國小說家、劇作家。就讀巴黎大學時，出版了最著名的小說，即尖刻的《問候哀傷》，當時才十九歲。此書成爲國際暢銷書，緊接著是《一笑緣》。她後來的小說主角通常是漫無目標的人物，關係錯綜複雜。劇作《對立的極端》（1987）主題風格就如同她的小說一般。

sage　鼠尾草　即藥用鼠尾草或洋蘇草。唇形科多年生芳香草本植物，學名爲Salvia officinalis。原產於地中海地區。乾葉或鮮葉用作多種食物的調味料。植株高約60公分。葉片廣橢圓形，具短絨毛，灰綠至白綠色，粗糙或具細皺。花有紫色、粉紅色、白色或紅色。用其葉片泡的茶，很久以來一直用作爲補藥和興奮劑。中世紀以來認爲鼠尾草能增強記憶和增進智慧。亦請參閱Salvia。

鼠尾草
Ingmar Holmasen

Sage, Russell　塞奇（西元1816～1906年）　美國金融家。他曾擔任過工友，同時在他空閒時研讀算術和簿記。1839年開起雜貨批發站，使他賺進足夠的錢去開始經營哈得遜河之航運貿易。1853～1857年服務於議會。他在威斯康辛州成功地投資拉克羅斯鐵路。最後在四十餘條鐵路中擁有股權並任二十條鐵路的董事或總經理。他還幫助組建大西洋及太平洋電報公司。1872年他首創股票出售權和購買權，持有人可在一定期限內按一定的市價出售或購買一定份數股票的選擇權。塞奇僅在1884年金融大恐慌時期在股票市場上有過一次失利，損失七百萬美元。此後未再做此項交易。他的遺孀瑪格麗特·塞奇在他過世後設立了塞奇基金及在紐約特洛伊創建羅素·塞奇學院。

sagebrush　灌木蒿　菊科蒿屬灌木種的統稱，原產於北美西部半乾旱平原和山坡。這種灌木既適合於乾熱夏季也適合於潮濕、溫和，吹有間歇性太平洋極區風的冬季。三齒蒿高1～2公尺，多分枝；葉銀灰色，帶苦香味，頂端三齒裂。

Sager, Ruth＊　塞傑爾（西元1918～1997年）　美國遺傳學家。獲哥倫比亞大學博士學位（1948），後在紐約市杭特學院和哈佛大學任教時，開始懷疑染色體基因是傳遞遺傳訊息的唯一工具這個傳統信念。1953年發現衣滴蟲屬中存在著第二種遺傳傳遞系統：位於染色體以外的一個基因。這個基因控制著細胞對鏈黴素的敏感性。她發現雌雄衣滴蟲都能傳遞非染色體基因。

Sagittarius＊　射手座；人馬座　在摩羯座與天蠍座之間的黃道星座，在占星術中，射手宮是黃道帶第九宮，被看作是主宰11月22日至12月21日前後的命宮。射手宮的形象是一半人半馬怪的騎士張弓拉箭或引滿待發的箭。早在西元前11世紀，巴比倫人就已把射手座看成是一位騎在馬上的弓箭手。

Sagittarius A　射手座A　來自射手座方向的最強的宇宙無線電波。1932年爲央斯基所發現。它已被證認爲銀河系的核心。該區相當小，還是很強的紅外輻射源，據認爲其中一部分是由恆星發射的，另一部分則由星周塵埃發射的。觀測表明，在星系核中，含有以黑洞形式出現的、質量相當於1萬至100萬個太陽的坍縮氣體。這些特徵多少顯示出具有其他活動星系核的某些特徵，只是規模小得多而已。

sago＊　西米　由幾種棕櫚樹幹內所貯碳水化合物製做的食用澱粉。主要原料是朗夫氏西穀椰子和碩莪樹西穀椰子兩種原產印尼群島的西米棕櫚。西米棕櫚生長在低窪沼澤地，通常高9公尺，幹粗。15年成熟後長出一花穗，莖髓充滿澱粉。當果實形成和成熟時，果實便吸收澱粉，使莖幹中空。樹在果熟後死去。栽培的西米棕櫚在花穗出現時，人們便將其莖幹砍斷劈開，取出含澱粉的髓磨成粉。西米是含88%的碳水化合物。在南太平洋地區是主要食物，用其粗粉做湯、糕餅和布丁。在世界各地，主要的食用方法是製布丁或醬汁增稠劑。紡織工業上用作挺硬劑。

saguaro＊　薩瓜羅掌　仙人掌科大型植物，學名Cereus giganteus。原產於墨西哥及美國亞利桑那及加利福尼亞（或將仙影掌屬分爲數小屬，本種劃歸巨卡內基氏掌）。初期生長緩慢，成熟的薩瓜羅掌最後可能高到15公尺，生長到50～75年始開花，株齡可達150～200年（重量可達10噸或9,000公斤），最主要死因是被風拔起或被雨水沖倒。根系分布淺而寬，適於大面積沙漠吸水，去援助沈重的頂部的生長。花白色，夜間開放，可延續到次日白天，此白花是亞利桑那州的州花。果紅色，是美洲印第安人的重要食物。

Saguaro National Monument　薩瓜羅國家保護區　美國亞利桑那州東南部的山區和沙漠帶。位於亞利桑那州圖森以東，1933年設立，面積321平方公里，區內有成片薩瓜羅掌仙人掌。稀有植物尚有其他肉質仙人掌、綠皮樹、牧豆樹及墨西哥刺木等。

Saguenay River＊ 薩格奈河 加拿大魁北克省中南部河流。源出聖尚湖，在魁北克市東北塔杜薩克注入聖羅倫斯河。薩格奈河流向東南，全程169公里，在其開始的1/3流程中下降90公尺，湍流奔瀉。薩格奈河上游及其支流是重要水電資源，薩格奈河兩邊河岸許多地方是高300～550公尺的懸崖峭壁。該河風光著名，是休閒的地區。

Sahara 撒哈拉沙漠 世界上最大的熱帶沙漠，幾乎包括整個北非。西臨大西洋，北接阿特拉斯山脈和地中海，東瀕紅海，南連薩赫勒。撒哈拉包括西撒哈拉、摩洛哥、阿爾及利亞、突尼西亞、利比亞、埃及、茅利塔尼亞、馬利、尼日、查德和蘇丹十一個國家的部分地區。主要的地形特點包括：季節性大片綠洲窪地；廣闊的多石平原；布滿岩石的高原；陡峭的山脈；以及沙灘、沙丘和沙海。撒哈拉廣闊地區完全沒有人跡，但在有稀少植物和可靠水源的地方，分散的小群居民在十分脆弱的生態平衡中生活。居民主要是游牧民，只有綠洲地區有人定居生活。面積8,600,000平方公里。

Saharan Arab Democratic Republic 撒哈拉阿拉伯民主共和國 指摩洛哥占領的具爭議性的西撒哈拉地區。該地區約自1884～1976年一直是西班牙的殖民地。西班牙人離開後，當地的撒哈拉威人游擊隊（參閱Polisario）以阿爾及利亞爲基地宣布成立流亡政府，與摩洛哥、茅利塔尼亞爭奪該地的控制權。1979年茅利塔尼亞求和，摩洛哥因而立即宣稱擁有其全部主權。摩洛哥曾承諾舉行全民公投來決定該區是否繼續留在摩洛哥內，還是獨立爲國家，但這場公投一再被推遲。亦請參閱Hassan II。

Sahel＊ 薩赫勒 非洲西部和中北部自塞內加爾向東延伸到蘇丹國的半乾旱地區。形成北面乾旱的撒哈拉沙漠和南面潮濕的大草原之間的過渡地帶。在20世紀晚期，由於人口不斷增加，要求土地比以前有更多的產出，出現土壤侵蝕和沙漠化，對薩赫勒造成越來越大的危害。雨水和大風帶走肥沃的表土，只剩下乾旱貧瘠的荒地。在1970年代早期得到明顯證實。到1973年，撒哈拉沙漠的一些地段已向南推進達100公里。1983～1985年，嚴重的旱災和飢荒再次襲擊薩赫勒，儘管政府近十年來推行一些重新造林的計畫，薩赫勒仍在繼續向南推展。

Saicho＊ 最澄（西元767～822年） 諡號傳教大師（Dengyo Daishi）。日本佛教天台宗創始人。十三歲出家，到中國留學，將天台宗教義傳入日本。天台宗採用妙法蓮華經，不像日本其他佛教派，天台宗主張物質世界能夠維持其意義及價值，也主張佛陀的教義很容易爲大家所做到，不是只適於挑選出來的少數人。他很快就得到天皇的讚許，但時常招致日本其他佛教派別領導者的憎恨，他建在比叡山上的僧院變成佛教徒修行的大中心之一。

Said, Edward W(illiam)＊ 薩伊德（西元1935～2003年） 巴勒斯坦裔美國人，文學評論家。1948年薩伊德一家離開巴勒斯坦赴埃及，之後他就學於普林斯頓與哈佛大學。自1963年起任教於哥倫比亞大學。《東方主義》（1978）一書可能是他最富盛名的作品，此書檢視了西方所認識的伊斯蘭世界之模型，並主張東方學者（Orientalist）的學問是建立在西方帝國主義之上。爲巴勒斯坦問題坦率的擁護者，關於中東有《巴勒斯坦問題》（1979）、《掠奪的政治》（1994）等著作。他較爲一般性的關懷在於文學與政治複雜的相互關係，可見於《萌芽》（1975）、《世界、文本與評論家》（1983）、《文化與帝國主義》（1993）。

Said ibn Sultan＊ 賽義德·伊本·蘇丹（西元1791～1856年） 亦稱Said Sayyid。馬斯喀特、阿曼及桑吉巴（1806～1856）的統治者，使桑吉巴成爲東非的主要國家和西印度洋的商業中心。在賽義德統治之下，桑吉巴的旅行商隊被派往中非去挑選象牙、奴隸和其他產品。1822年他禁止他的臣民販賣奴隸給歐洲的商人。從1828年賽義德發展桑吉巴島和奔巴島成爲世界最大的丁香產地。同時他建造一個龐大的海軍幫助他擴大商業利益。

Saigo Takamori＊ 西鄉隆盛（西元1827～1877年） 日本著名將領和政治領袖。是來自薩摩領地的一個武士。西鄉隆盛結合大久保利通和木户孝允從事於推翻德川幕府回復帝制。他指揮軍隊從德川幕府中接管了皇宮，並且繼續領導對抗幕府支持者的戰爭。皇帝復位後，他被賦予新皇宮侍衛的指揮權。1837年他贊成對朝鮮用兵，但他的意見被否決，他辭官回歸故里，著手辦學訓練武士。對政府不滿的前武士（等級之差異在1871年已經被廢除），從各地聚集。1877年他的學生謀反，他本人被裹脅爲首，戰爭持續六個月且導致雙方死亡12,000人，包括西鄉隆盛本人，他被日本人視爲悲劇英雄。

Saigon ➠ Ho Chi Minh City

Saikaku ➠ Ihara Saikaku

sailfish 旗魚 鱸形目旗魚科旗魚屬的重要食用魚和遊釣魚，分布於全世界熱、溫帶海域。吻延伸爲長圓形，矛狀，與近緣種類如槍魚的區別是體較細長，腹鰭長，特別是背鰭寬大如帆。體深藍色，腹側銀白，背鰭亮藍而有斑點。體長約3.4公尺，重約90公斤或更重。主要以其他魚類爲食。旗魚的分類尚無定論，可視爲一個種Istiophorus platypterus或幾個種。

Istiophorus platypterus，旗魚的一種
D. Corson－Shostal

sailing 帆船運動 亦作yachting。在任何以帆或以馬達推進的大船中所做的運動、航行消遣或競賽。一種現代的遊艇（yacht是來自荷蘭語，意爲追擊之船）被用於競賽的帆船。17世紀荷蘭君王行使早期的遊艇做爲娛樂。查理二世將此運動帶到英國，18世紀中葉開始在泰晤士河上舉辦帆船賽。荷蘭人於17世紀在紐約開啓了北美洲的帆船運動，後由英國人延續下去。第一個美國遊艇俱樂部建立於19世紀中葉。帆船競賽以兩種以上的路線舉行，一種是越野的，一種爲循環式的。遊艇競賽自從1900年以來已經成爲奧運會的項目之一。美洲盃是遊艇賽中傑出的獎項。

sailplane ➠ glider

Saimaa, Lake＊ 塞馬湖 芬蘭東南部湖泊。在赫爾辛基東北部。面積1,147平方公里，爲芬蘭最大的大塞馬湖系主湖，約120個湖泊及湖系中的無數溪流把芬蘭東南部絕大部分地表水經塞馬湖、武奧克薩河和塞馬運河（1856）排入芬蘭灣。湖系爲該區主要城鎮的運輸紐帶。湖系南部，尤其是和俄羅斯毗鄰的屈米省伊馬特拉，有大型水力發電站，供應區域內大鄉鎮。當地森林風景吸引著不少遊客。

saint 聖徒；聖人 神聖的人，在《新約》中使徒聖保羅用此詞彙指基督教會的任何一位教友，但它更普遍用來指那些在他們一生中或死後以他們的神聖而出名及受尊崇的

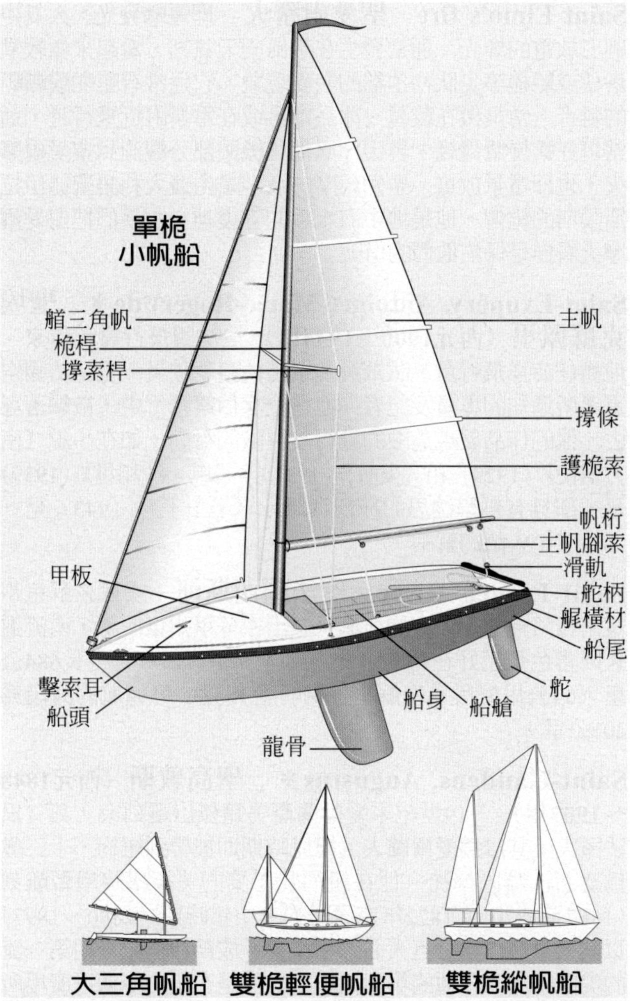

簡單帆船的主要部分。龍骨的重量有助於船隻保持直立；舵提供轉向的控制。最重要的帆稱為主帆；艏三角帆是較小的船首帆。護桅索提供桅桿側向的支撐。

人。在天主教和東正教中，聖人被教堂所公開承認且認爲是能爲神職人員生計而代求於上帝者。他們在特殊節日上被尊敬，他們的遺著和身邊常用的物品被當作遺寶一樣尊崇。基督教的聖人常常在他們的一生中有奇蹟顯現出來或者奇蹟在他們死後隨著他們名字發生，在伊斯蘭教中「吾力」（眞主之友）常被譯爲聖人。在佛教中阿羅漢和菩薩大致上也與聖人等詞，印度中的「薩圖」多少也相似。亦請參閱canonization。

Saint Albans Raid　聖阿本斯搶案（西元1864年10月19日）　美國南北戰爭期間美利堅邦聯軍隊從加拿大進入聯邦地區進行的一次搶劫。約有二十五名美利堅邦聯士兵侵入佛蒙特州聖阿本斯鎮，殺死一人，搶劫了三家銀行，然後逃回加拿大境內。一支美國武裝隊伍越過邊界追擊搶劫者，俘獲幾個人，但被迫交給加拿大當局處理。加拿大人歸還了搶匪所搶來的錢，但後來釋放了那些美利堅邦聯的士兵，此舉導致兩國間關係緊張。

Saint Andrews　聖安德魯斯　蘇格蘭法夫議會區和歷史郡的城市、皇家自治市（1160）和漁港。在蘇格蘭東方。曾是蘇格蘭的基督教會首府。它的宗教傳統於西元6世紀聖肯尼思在那兒被認爲已形成一個塞爾特宗教社區時開始的。1160年被授予皇家自治市的大部特權，在中世紀的蘇格蘭發展成爲最大的城鎮之一。1472年它的總主教被認可爲蘇格蘭的大主教，並參與了蘇格蘭改革時期的重要事務，爲受歡迎的海邊高爾夫球遊樂場，它以高爾夫球場及安德魯斯大學而著名。人口15,000（1995）。

Saint Andrews, University of　聖安德魯斯大學　蘇格蘭最古老的大學，1411年建於聖安德魯斯近郊。大學校舍包括許多中世紀建築如聖薩爾瓦多學院（1450）、聖李歐納德學院（1512）和1612年重建的大學圖書館；第三所學院聖瑪利學院（1537）僅限於教授神學。學生總註冊人數約5,000人。1747年聖薩爾瓦多學院和聖李歐納德學院合併。醫學院和牙科學院獨立成爲丹地大學。

Saint Augustine＊　聖奧古斯丁　美國持續有人居住最古老的城市。在佛羅里達州東北部。1513年西班牙人龐塞・德萊昂到此。尋找「青春之泉」，且要求土地歸屬西班牙。1821年歸屬美國。當地象徵西班牙統治的聖馬科斯堡（1672）是美國現存最古老的城堡（現爲聖馬科斯堡國家保護區）。美國革命時期，該城爲效忠派避難所。印第安人戰爭中，此地關押奧西奧拉以及其他的塞米諾爾人。它是冬夏之休閒度假之處，也是大西洋沿岸水道上的入口港。經濟以旅遊和捕魚爲主。人口約12,188（1992）。

Saint Bartholomew's Day, Massacre of　聖巴多羅買慘案（西元1572年8月24～25日）　法國天主教徒在巴黎屠殺法蘭西胡格諾派（新教）人士的慘案。當宗教戰爭仍在進行時，卡特琳・德・麥迪奇同意吉斯家族暗殺胡格諾派領導人科利尼的陰謀，而當科利尼僅皮肉之傷時，卡特琳唯恐事跡敗露，遂召集一幫貴族祕密開會，密謀把仍在巴黎歡慶未來的亨利四世婚禮的胡格諾派要人斬盡殺絕。8月24日屠殺開始並擴大範圍；在所有要人被殺之後，胡格諾派人士的住宅和商店被洗劫，主人遭殘殺，許多屍體被丟入塞納河。8月25日國王下令停止屠殺，但是巴黎的殺戮仍持續，而且延及外地。盧昂、里昂、布爾日、奧爾良和波爾多等地的胡格諾派人士多人慘死。動亂一直持續到10月初。在巴黎的胡格諾派人士已經被殺的約有3,000人，在其他省份中傷亡人士可能數以萬計。

Saint Basil the Blessed　瓦西里・布拉仁教堂　亦稱波克羅夫斯基大教堂（Pokrovsky Cathedral）。俄國沙皇伊凡四世爲了紀念征服韃靼人而在1554～1560年於莫斯科紅場南邊所建造而做爲謝恩奉獻的教堂。這所磚塊石頭的教堂是由俄國建築師波斯尼克和瓦爾馬二人設計（實際上可能爲同一人）。它奇特華麗建築上寓於想像的設計呈現出拜占庭的影響。八個上爲洋蔥圓頂的附屬禮拜堂圍繞著一個頂端尖塔有帳篷式屋頂及一小金色圓頂的中央教堂，每一個彩繪的圓頂在設計和顏色均不同。

Saint Bernard　聖伯納犬　一種救援狗。三百年間在本寧阿爾卑斯山脈大聖伯納山口服務的聖伯納創建的救濟院中擔任引路和救護，有救活2,500多人的光榮記錄。可能源出似獒犬的狗品種；約在17世紀末引入該救濟院。聖伯納犬體壯，肌肉發達。頭大而重，耳懸垂。體高至少可達65公分，體重50～91公斤。毛濃密爲紅棕色和白色相間或花白色。被毛或長或短且厚，也有中等長度的。在19世紀初與紐芬蘭犬雜交育成長毛型聖伯納犬。

Saint Bernard Pass ➠ Great Saint Bernard Pass

Saint Bernard Pass, Little ➠ Little Saint Bernard Pass

Saint Christopher and Nevis ➠ Saint Kitts and Nevis

Saint Clair, Lake 聖克萊爾湖 澳大利亞塔斯馬尼亞州中西部湖泊。位於克雷德爾山－聖克萊爾湖國家公園南部邊緣，塔斯馬尼亞高原，海拔737公尺。面積28平方公里。爲澳大利亞最深的湖，最深點約215公尺。

Saint Clair, Lake 聖克萊爾湖 美國密西根州和加拿大安大略省交界處的湖泊。大致呈圓形。湖面1,210平方公里，向北與聖克萊爾河和休倫湖相連，向南與底特律河與伊利湖相連。湖區爲受歡迎的夏季休閒區。西岸爲底特律郊區。

Saint-Cloud porcelain＊ 聖克盧瓷器 自17世紀最後二十五年至1766年產於法國聖克盧鎮的一種軟質瓷器。這種瓷器微帶黃色或奶油色，受中國明朝後期白瓷的影響很大；出現了梅花紋飾的淺浮雕模塑和中國人神態的塑像。

Saint Croix＊ 聖克洛伊島 加勒比海中美屬維爾京群島的最大島嶼，在聖湯瑪斯南面，面積218平方公里。首府克里斯琴斯特德，弗雷德里克斯塔德爲商業中心，1493年哥倫布來到該島時，將它取名爲聖克魯斯。17世紀中葉，聖克洛伊島輪流爲荷蘭人、英國人、西班牙人和法國人的殖民地。1733年被丹麥國王購得，1917年賣給美國。1989年受到颶風蹂躪，後得到美國政府的大量援助才得以重振家園。旅遊業是全島的經濟基石。甜酒被蒸餾釀造並出口。人口約50,139（1990）。

Saint-Denis＊ 聖但尼 法國聖但尼省城市。位於巴黎北郊。一直到19世紀中葉，它僅僅是以埋葬法國國王的著名修道院教堂爲中心的小鎮。7世紀達戈貝爾特一世國王在聖但尼墓上修建了修道院，聖但尼爲法國的守護神。修道院院長絮熱建造了一所新的長方形教堂，絮熱設計的教堂標誌著西方建築風格從羅馬式建築轉變爲哥德式建築。12世紀後期，大部分法國大教堂包括沙特爾大教堂皆以聖但尼建築風格爲基礎。其他最卓越的墓碑有路易十二世、布列塔尼的安娜、亨利二世和卡特琳·德·麥迪奇等。該市現已成爲重要工業中心。人口91,000（1990）。

Saint-Denis＊ 聖但尼 西印度洋法國海外省留尼旺島城鎮和首府。位於島北岸聖但尼河河口盆地。北臨印度洋，南爲陡峻山地。原是島上主要港口。1880年代爲在其西北岸修建的人工港勒波爾所取代。聖但尼是行政中心。人口約104,454（1994）。

Saint Denis, Ruth＊ 聖丹尼斯（西元1877～1968年） 原名Ruth Dennis。美國當代舞蹈革新家及教師。出生於新澤西州紐華克。在她根據東方（亞洲）舞蹈形式發展出她戲劇化的舞蹈之前，她是輕歌舞劇的表演者。她到歐洲巡回演出（1906～1909）獲得成功。回到美國做巡回演出，1915年她和她丈夫蕭恩共同建立了丹尼斯蕭恩學校和舞團，演出抽象的「音樂視覺化」的舞藝。她和她的舞團又巡回演出，直到1931年她和蕭恩分居才解散了舞團。之後她創辦了宗教藝術團體，促進舞蹈在宗教方面的應用。她繼續表演、教學及演講，一直到1960年代。

Saint Elias Mountains＊ 聖伊萊亞斯山脈 太平洋海岸山脈的一部分，在育空地區西南、阿拉斯加東邊。從弗蘭格爾山脈沿美國阿拉斯加－加拿大邊界向東南延伸400公里，止於克羅斯海峽。多5,200公尺以上山峰，包括聖伊萊亞斯山（5,489公尺，聳立在美、加邊界）、洛根山。1741年白令從他的船上看到聖伊萊亞斯山脈，他成爲第一位正式發現北美者。整個山脈有極地冰蓋以外的世界最大冰原。南端畫入冰川灣國家公園。

Saint Elmo's fire 聖愛爾摩火 即電擊發光。大氣中刷形放電的輝光。通常發生在暴風雨天氣裡，看起來像教堂塔樓或船桅等尖狀物頂端的發光現象。它通常有噼啪或嘶嘶的雜音。當飛機在乾雪、冰晶中，或在雷暴附近飛行時，通常可在螺旋槳邊緣、翼尖、風檔和機頭部分觀測到聖愛爾摩火，也即電暈放電。聖愛爾摩的名字是由義大利語聖徒伊拉斯謨斯的訛傳。他是地中海水手的守護神，水手們把聖愛爾摩火看作是保佑他們的信號。

Saint-Exupéry, Antoine(-Marie-Roger) de＊ 聖埃克蘇佩里（西元1900～1944年） 法國飛行員和作家。他擔任商業飛行員，試飛員及軍事偵察駕駛員，也是法國空軍衆所週知的專員及記者。他在一次偵察飛行中，被擊落身亡。他的作品展現危險的飛行及冒險的行動，如在小說《南方信使》（1929）和《夜航》（1931）。《風、沙和星》（1939）是一部具有哲學沈思的抒情實錄。《小王子》（1943）是一部給成年人讀的童話。

Saint Francis River 聖法蘭西斯河 美國密蘇里州東南與阿肯色州東方的河流。源出密蘇里州東南部，南流進入阿肯色州正好在赫勒拿北方匯入密西西比河。全長684公里，64公里河段爲密蘇里－阿肯色州界。可通航的河段爲201公里。

Saint-Gaudens, Augustus＊ 聖高敦斯（西元1848～1907年） 19世紀末愛爾蘭裔美籍傑出雕刻家。其父爲法國人，其母爲愛爾蘭人。嬰兒時期即被帶到紐約，十三歲爲寶石浮雕匠學徒。他在紐約及巴黎的美術學院學習雕刻（1867～1870）。1872年定居紐約。中年時期（1880～1897）以其大量名作獲得巨大名聲和榮譽。成爲19世紀後期第一流的美國雕刻家，他的第一個重要作品是在紐約麥迪遜廣場所做的法拉格特海軍上將紀念碑（1878～1881）。1897年在波士頓爲內戰時期一個黑人團的羅伯·蕭上校建一浮雕紀念碑。在首都華盛頓特區爲亞當斯夫人紀念碑（1886～1891），一臉部陰暗覆蓋面紗的神祕形象常被認爲是他最偉大的作品。

Saint George's 聖喬治 西印度群島上格瑞納達的首都。位於該島的西南岸的一個小半島上。法國人於1650年建爲居民點。該地1885～1958年爲前英屬向風群島首府。現爲港口，輸出可可、肉豆蔻、肉豆蔻乾皮和香蕉。它是1983年美國與加勒比海的部隊在軍事調停期間的戰場。人口約5,000（1991）。

Saint George's Channel 聖喬治海峽 愛爾蘭海與北大西洋之間的寬闊水道。長達160公里，愛爾蘭的康索爾角和威爾斯的聖戴維角之間爲最狹窄處，寬僅76公里。聖喬治海峽一詞源自聖喬治傳奇，在傳奇中敘述他經由海路旅遊至英國。

Saint-Germain, Treaty of＊ 聖日耳曼條約 結束第一次世界大戰的條約，簽字一方爲奧地利代表，另一方爲協約國代表。該條約於1919年9月10日在巴黎近郊聖日耳曼昂萊簽訂，於1920年7月16日生效。該條約正式載明哈布斯堡帝國的解體，承認捷克斯洛伐克、波蘭、匈牙利和塞爾維亞－克羅埃西亞－斯洛維尼亞王國（南斯拉夫）的獨立，奧地利割讓東加里西亞、南蒂羅爾和第里雅斯特。禁止奧地利與德國合併。該條約限制奧地利軍隊人數爲三萬人，解散奧匈艦隊。

Saint Gotthard Pass＊ 聖哥達山口 瑞士南部勒蓬廷阿爾卑斯山脈山口，是中歐與義大利之間重要的公路和鐵路通道。山口長26公里，海拔2,108公尺。羅馬人雖然已經知道這個山口，但在13世紀初以前並沒有廣泛用作穿越阿爾卑斯山的路線。一條長而蜿蜒曲折的汽車路通過山口。山口下的聖哥達隧道長14公里以上，通過隧道的鐵路連接瑞士的琉森和義大利的米蘭。

Saint Helena＊　聖赫勒拿島　南大西洋島嶼，在非洲以西1,950公里。面積122平方公里。詹姆斯敦爲其首府及港口。亞森欣島和特里斯坦－達庫尼亞群島組成英國直轄殖民地（面積308平方公里，1993年約有7,400人）。該島於1502年被發現。不久該島便成爲歐洲與東印度群島海上航線的停靠港。17世紀該島歸英國東印度公司所有。由於該島遠離歐洲，歐洲各強國用做拿破崙最後放逐之所（1815～1821）。1869年蘇伊士運河開通，聖赫勒拿島的重要性減低。人口：聖赫勒拿島約6,000（1991）。

Saint Helens, Mt.　聖希倫斯山　美國華盛頓州西南部喀斯開山脈的火山峰。1857年起處於休眠狀態。1980年噴發，爲北美洲有史以來最強烈的火山爆發中的一次。地震、火山熔岩的噴出及雪崩有六十人及數以千計動物死亡，1,000萬棵樹木被側面氣流所燒燬，火山爆發前聖希倫斯山高2,925公尺以上，爆發後使該山降低到2,550公尺。自1980年來又噴發多次，火山口內斷斷續續形成熔岩穹丘。1982年樹立了聖希倫斯國家火山紀念碑。

Saint-Jean, Lac＊　聖尚湖　加拿大魁北克省中南部湖泊。爲斷層湖盆。面積1,003平方公里，流入薩格奈河。20世紀，該湖若干支流上的伐木業導致湖區大型造紙廠的興建。自1926年兩座水電站大壩竣工後，湖水的季節性漲落已得到控制。近年來，聖尚湖已成爲以垂釣鮭魚著名的旅遊中心。

Saint John　聖約翰　加拿大新伯倫瑞克省最大城市。在芬迪灣的聖約翰河口。1604年山普倫曾到達此地，1630年代建造防禦工事，1758年爲英國所占領。1785年特許爲加拿大第一城市，1877年該市從損害慘重的火災中復原。有終年不凍港，海運、造船和漁業因之興起。爲該省最大城市和主要港口。工業有伐木、製漿和造紙等。人口74,969（1991）。

Saint John, Henry ➠ Bolingbroke, Viscount

Saint-John Perse＊　聖瓊・佩斯（西元1887～1975年）　原名Marie-René-Auguste-Aléxis Saint-Léger Léger。法國詩人和外交家。他從1914年起曾擔任不同的外交職務，直到1940年被通敵賣國的維琪政府免職。1940～1957年間被流放美國。他的詩歌語言很難而對大衆沒有太大吸引力，但其精確性和純淨性受到詩人們的崇拜。作品包括《征討》（1924，由艾略特翻譯）、《流放》（1942）、《風》（1946）、《岸標》（1957）和《飛鳥》（1962）等。他在1960年被授予諾貝爾獎。

Saint John River　聖約翰河　在美國東北部和加拿大東南方的河流。源出美國緬因州西北部。流向東北到加拿大邊境再轉東南，形成美加邊界；在加拿大流經新伯倫瑞克，在聖約翰注入芬迪灣。全長673公里，在聖約翰港的河口處形成「倒流瀑布」湍流是由於海灣強大潮湧上漲時可使河水逆流而上好幾公里。

Saint John's　聖約翰斯　西印度群島安地瓜與巴布達的首都。該城市位於安地瓜西北海岸，是一個度假區和重要港口，進出口蔗糖、棉花、機械和木材。附近的聖約翰港曾在幾個世紀間受地震、大火和颶風破壞（1690～1847）。人口22,000（1991）。

Saint John's　聖約翰斯　位於大西洋東南部的紐芬蘭省省會和港口。該城市在16世紀時爲小漁業基地，在1583年被英國人殖民化。後屢次遭到法國人入侵，從1762年起全由英國人居住，雖在19世紀曾因幾場大火而遭到毀壞，但它仍發展成一個漁港。該城市是一個商業和工業中心、主要海港和該省漁船基地。工業包括造船和漁產加工。每年在此地舉行的賽舟會是北美洲最古老的體育運動之一。信號山史蹟公園用於紀念許多事件，包括馬可尼在此接收到的從歐洲發過來的第一封無線電報（1901）。人口174,000（1996）。

Saint Johns River　聖約翰斯河　美國佛羅里達州東北部河流。該河發源於佛羅里達中東部，向北同海岸線平行流動，直到在傑克森維爾轉向注入大西洋，全長459公里，對船運和娛樂業都很重要。

Saint-John's-wort　金絲桃　金絲桃科8屬350種草本或矮灌木植物的通稱。該科植物有時被認爲是藤黃科植物。其多數種（約300種）屬於金絲桃屬。葉對生或輪生，有腺點，多全緣。其中幾個品種因其花朵美而在溫帶地區得到培植。貫葉金絲桃是一種在東西半球都能生長的花，其花蕾含紅色的油，長期以來被作爲神奇有藥效的植物。今天，該植物因其治療抑鬱症的功效而得到了廣泛利用和研究。

Saint-Just, Louis(-Antoine-Léon) de＊　聖茹斯特（西元1767～1794年）　法國革命領導人。他爲了支援法國革命而寫了激進的《法國革命與憲法的精神》（1791）並在1792年被選舉爲國民公會成員。他同羅伯斯比爾有密切聯繫，也是的救國委員會成員，在1793年被選舉爲國民公會主席並支援沒收革命敵人財產並分配給窮人的三月法令。他成功地在弗勒侶斯（今比利時境內）領導了對奧地利人的進攻。他是恐怖統治的狂熱領導人，在熱月反動中被捕並在二十六歲時被斬首。

聖茹斯特，肖像畫；據蓋蘭（Christophe Guerin）的粉筆畫於1793年所繪
By courtesy of the Bibliothèque Nationale, Paris

Saint Kitts-Nevis　聖基斯與尼維斯　正式名稱聖基斯與尼維斯聯邦（Federation of Saint Kitts and Nevis）。亦稱聖克里斯多福和尼維斯（Saint Christopher and Nevis）。由東加勒比海背風群島上的獨立國家。面積269平方公里。人口約38,800（2001）。首都：巴斯特爾。大部分人民是非裔黑人。語言：英語（官方語）。宗教：基督教新教。貨幣：東加勒比元（Eastern Caribbean dollar, EC$）。聖基斯與尼維斯以及松布雷羅島爲火山發源地，山區可達1,156公尺高。聖基斯與尼維斯均位於信風帶，內地山區大都草木茂密。經濟以農業爲主，製糖一直是島上經濟支柱，觀光占重要地位。聖基斯與尼維斯聯邦是一個擁有立法機構的君主立憲制國家及英聯邦的成員國之一。國家元首是總督（代表英國君主）。政府首腦爲總理。聖基斯在1623年成爲西印度群島第一個英國殖民地。17世紀形成英法抗衡延續了一百多年，根據「凡爾賽和約」，聖基斯與尼維斯兩島全部成爲英國領地。1882～1980年這兩個島嶼和安圭拉聯合成爲大英國協中獨立的聯盟國家（1983）。1997年尼維斯考慮要獨立。

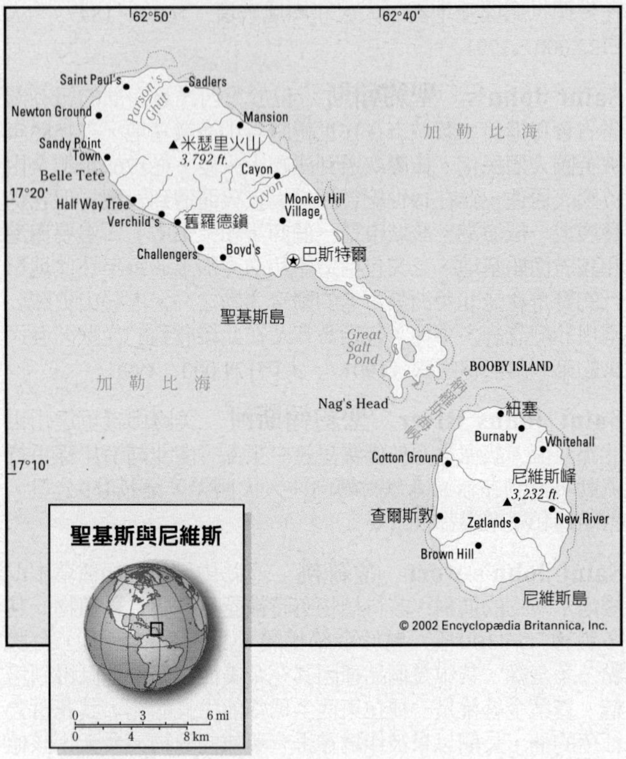

Saint Laurent, Louis (Stephen) ＊　聖勞倫特（西元1882～1973年）　加拿大總理（1948～1957）。曾在1942～1958年間在加拿大眾議院就職，並在金恩的內閣擔任司法部長兼總檢察長（1942～1946）和外交部長（1945～1948）。作爲自由黨領導人（1948），他繼承了金出任總理。他因將各省區的稅收統一而促進了加拿大統一，並擴展了社會保險和大學教育。他支持加拿大在北大西洋公約組織中的席位並協助修建了聖羅倫斯航道。

Saint-Laurent, Yves(-Henri-Donat-Mathieu) ＊　聖羅蘭（西元1936年～）　法國籍阿爾及利亞時裝設計師。他在中學畢業後到了巴黎學習時裝，並在十七歲時受雇爲迪奧的助手。當迪奧在四年後去世時，他被任命爲迪奧公司的領導人。1962年開了自己的時裝公司並迅速成爲了世界上最有影響力的設計師，尤其出色的是爲女性設計在各種場合穿著的褲子和廣泛的成衣設計。

Saint Lawrence, Gulf of　聖羅倫斯灣　臨加拿大西部的大西洋海灣。該海灣占地約155,000平方公里，其海岸線同加拿大一半的省區都有接觸，爲進入整個北美洲大陸內部提供了一道大門。其海事邊界在聖羅倫斯河口、紐芬蘭和大陸之間的貝爾島海峽以及卡伯特海峽。海灣內有許多島嶼，包括愛德華王子島及馬格達倫群島。

Saint Lawrence River　聖羅倫斯河　魁北克南部和安大略東南部河流。該河流從安大略湖東北部流出，注入聖羅倫斯灣，全長1225公里。它經過千島群島，並在接下來的195公里的河段中形成紐約和安大略之間的邊境。在進入魁北克後，聖羅倫斯變寬，並注入聖羅倫斯灣。主要支流包括渥太華、薩格奈、黎塞留和馬尼夸根等河，都在加拿大境內。它通過聖羅倫斯航道將五大湖與大西洋連接起來。

Saint Lawrence Seaway　聖羅倫斯航道　美國－加拿大航道和綜合體系。該航道位於上聖羅倫斯河，將大西洋同五大湖連接起來。建於1954～1959年間，包括清除蒙特婁和安大略湖之間的299公里的河道。它由湖泊、河流、水系和運河組成，延展3,766公里，將聖羅倫斯灣前部同明尼蘇達州的杜魯日相連接。它同大湖區一起組成15,285公里的航線，該航道使深水海船可到達五大湖周圍的富足工業區和農業區。航道的航行季節爲4月初至12月中旬。

Saint-Léon, (Charles-Victor-)Arthur (Michel) ＊　聖列翁（西元1821～1870年）　德國舞蹈家、舞蹈指導和小提琴手。他曾受訓於他的芭蕾舞教師的父親，曾環遊歐洲（1838～1859），常在舞蹈的同時演奏小提琴。他曾是聖彼得堡帝國劇院的芭蕾舞指導（1859～1869），他的《神駝馬》是第一部以俄羅斯民間故事爲主題的芭蕾舞。他在1870年成爲了巴黎歌劇院芭蕾舞指導，並在那裡完成他最著名的《葛蓓利亞》。他發展了早期舞譜體系，並在1852年出版。

Saint Louis　聖路易　密蘇里州中東部城市。該城市位於密西西比河畔，在密西西比河同密蘇里河交匯處下游。在1764年由法國人作爲一個商站建立，以法王路易九世的名字命名。它後來成爲了西進運動開發隊、皮毛貿易和穿過聖大非和奧瑞岡小道的拓荒者向西擴展的門戶。從19世紀汽船時代和1850年代鐵路交通初步發展起，該城市就成爲了重要的交通樞紐。其多樣的工業包括釀造、食品加工和飛機製造。它是該州最大的城市，是許多教育機構所在地，其中包括華盛頓大學和聖路易大學。該地還有沙里寧設計的「拱門入口」。人口約352,000（1996）。

Saint Lucia ＊　聖露西亞　加勒比海東部向風群島中的島國。面積616平方公里。人口約158,000（2001）。首都：卡斯特里。大部分人民是非裔黑人。語言：英語（官方語）、法語方言。宗教：天主教及新教。貨幣：東加勒比元

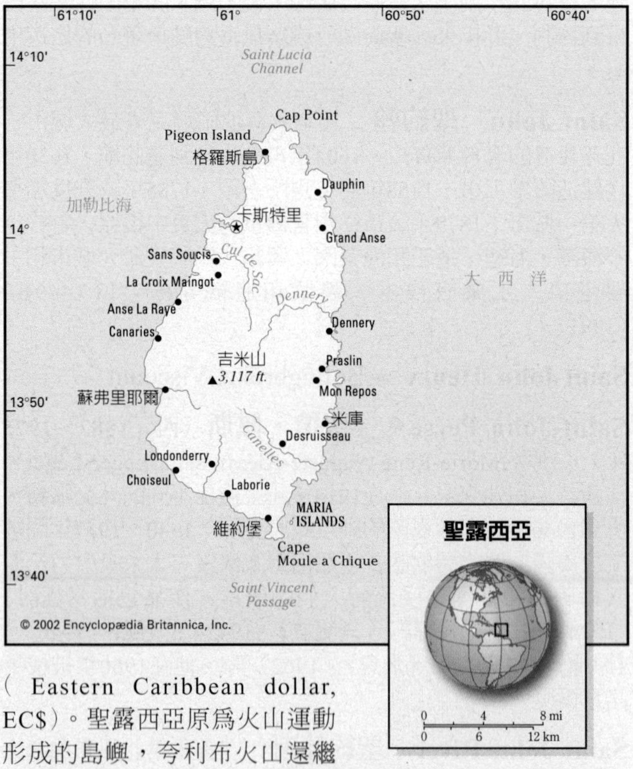

（Eastern Caribbean dollar, EC$）。聖露西亞原爲火山運動形成的島嶼，夸利布火山還繼續噴出蒸汽和瓦斯氣體，爲主要觀光景點，林木茂密的山脈呈南北走向，最高點爲吉米山（950公尺）。政府形式是君主立憲制政體，兩院制。國家元首是總督（代表英國君主），政府首腦爲總理。西元800～1300年間加勒比人趕走了原先居住在聖露西亞的阿拉瓦克人（最早的印第安人）。1650年法國人在此定居下來。1814年割讓給英國，1871年成爲向風群島中的一島。1979年，該島獲得完全的獨立。

Saint-Malo, Gulf of＊ 聖馬洛海灣 法國布列塔尼北岸英吉利海峽海灣。該海灣從布雷阿島向東延伸至諾曼第的科唐坦半島，包括了聖米歇爾山灣的岩石島嶼。在春秋低潮時期，該海灣的主要港口聖馬洛港中會露出大片土地。海岸有很多小型遊覽勝地。

Saint Mark's Basilica 聖馬可教堂 亦作San Marco Basilica。建於威尼斯，爲存放聖馬可遺體而建的教堂。最初的巴西利卡建於829年，976年在一次暴動中被焚毀。現存的建築完成於1071年，爲歐洲最爲著名的建築之一。建築平面爲正十字形（參閱church），有五個圓頂，設計具有明顯的拜占庭風格，並可能在建造和裝飾中同時聘用了拜占庭和義大利的建築師和工匠。內部用金地鑲嵌的細工作爲裝飾，地面用大理石和玻璃鋪嵌，在暗淡的光線下，鮮明濃重的色彩非常突出。數百年來，不斷增加的雕塑作品、鑲嵌細工作品和禮儀用品極度豐富了聖馬可教堂的收藏。

Saint Martin 聖馬丁 荷蘭語作Sint Maarten。西印度群島東部背風群島的島嶼。該島嶼位聖基斯與尼維斯西北部，占地85平方公里。由哥倫布發現，在1648年被法國和荷蘭分割。該島嶼的北部地區（52平方公里）屬法國海外省瓜德羅普。其主要城鎮是馬里戈特（人口26,000〔1990〕）。該島嶼的南部（34平方公里）是荷屬安地列斯的管轄地。其主要城鎮菲利普斯堡（人口32,000〔1990〕）是該島首府。該島的經濟支柱爲旅遊業。

Saint-Maurice River＊ 聖莫里斯河 魁北克省南部河流。全長523公里，主要支流是聖羅倫斯河，從古安水庫向南流，並在三河城注入聖羅倫斯河。它是主要的木材運輸河流，爲拉蒂克、格朗梅爾、沙威尼根和三河城的大型紙漿和造紙廠提供服務。從1900年起，它成爲了重要水力發電資源。

Saint Paul 聖保羅 美國明尼蘇達州首府。位於該州東部明尼亞波利正東方的密西西比河上，和鄰近的明尼亞波利形成雙子城。在1805年派克在這裡同達科他人（蘇人）達成了非官方的條約以占有該地區。1838年首次有人在此居住，在1841年前被稱爲「豬眼」，並在此興建了獻給聖保羅的木造的禮拜堂。由於位在密西西比河並修有鐵路而對於上中西部的發展很重要，並因此促進了其牲畜市場貿易。它是一個主要交通、商業和工業中心，有多種製造業，包括汽車、電器和食品生產。其教育機構包括麥卡萊斯特學院和康科迪亞學院。人口約260,000（1996）。

Saint Paul River 聖保羅河 西非河流。發源於幾內亞東南部，上游形成幾內亞和賴比瑞亞邊界的一部分。它在賴比瑞亞北部邦加入境，向西南流約450公里注入大西洋。有29公里上游河道可通航，與其主要支流灌溉幾內亞和賴比瑞亞的很多土地。該河流的兩支分支包圍了蒙羅維亞港所在地布什羅德島。

Saint Paul's Cathedral 聖保羅大教堂 英國倫敦聖公會的大教堂。現存的建築是古典巴洛克樣式的開放式的大型圓頂建築，由列恩設計並用波特蘭產石料修建（1675～1710）。它代替了原來在1666年倫敦大火中被焚毀的舊聖保羅大教堂。其內部有典型的鋼精架和精巧工匠設計的木刻。其華麗的圓頂修建在帶柱廊的房間上，高達111公尺。其細微處十分精美，設計師列恩只採用了很少的古典哥德風格。但他爲什麼要這樣設計至今仍是一個謎。

Saint Peter's Basilica 聖彼得大教堂 羅馬現存的聖彼得大教堂，由教宗尤里烏斯二世於1506年始建，1615年完工。它是教宗的教堂，也是世界上最大的教堂之一，爲代替原君士坦丁修建的保留有聖彼得傳統安葬地的舊聖彼得大教堂而興建。根據原布拉曼特的計畫，它應被修建成中央帶圓頂的希臘十字架形。布拉曼特去世後，後來的設計師包括拉斐爾在內，改變原來的設計，將希臘十字架形狀改爲了拉丁十字架形。小達・桑迦洛恢復了布拉曼特的對稱設計。米開朗基羅在去世前已經將中央巨大的圓頂基本完成。但教宗保祿五世（約1605～1621）堅持爲了禮拜而將其修建成縱剖面圖，並接受了馬代爾諾（1556～1629）的設計，將中央廣場擴展到東面。貝尼尼後來爲之增加了帶柱廊的橢圓形廣場作爲通往會堂的通道。教堂內部充滿了文藝復興和巴洛克時期的大師作品，包括米開朗基羅的《聖殤》、貝尼尼修建的華蓋、聖朗吉努斯像、烏爾班八世墓和聖保羅的青銅製主教座。

Saint Petersburg 聖彼得堡 俄語作Sankt-Peterburg。舊稱彼得格勒（Petrograd, 1914～1924）或列寧格勒（Leningrad, 1924～1991）。俄羅斯西北部城市（1997年人口約4,216,000）及港口，位於尼瓦河三角洲，尼瓦河注入芬蘭灣。聖彼得堡是俄羅斯第二大城市（僅次於莫斯科）。1703年爲彼得一世（彼得大帝）所建，1712～1917年爲俄羅斯帝國的首都。它是1825年十二月黨叛變以及1905年俄國革命中流血星期日攻擊工人的所在地。布爾什維克革命的原發地（參閱Russian Revolution of 1917）。使它在1918年失去了首都的地位而讓給了莫斯科。在第二次世界大戰期間，聖彼得堡遭受德軍圍攻（1941年9月～1944年1月），死亡人數多達一百萬（參閱Leningrad, Siege of）。從1990年一改革派的市議會和市長幫助國家脫離了共產黨的控制。聖彼得堡是文化、教育、工業中心以及俄羅斯最大海港。工業有機械工程、印刷、製造業及造船業。除了是歐洲最漂亮城市之一。該市有許多的運河縱橫交錯，六百多座橋樑橫跨河面。它有許多的皇宮、大教堂、博物館（參閱Hermitage）及歷史紀念碑。

Saint Petersburg 聖彼得堡 佛羅里達州中西部城市（1996年人口約236,000）。近皮內拉斯半島頂端，臨坦帕灣。1876年起開始有人居住，在1940年代成爲佛羅里達州最大的城市之一，鼓勵遊客在此度過他們的晚年。它是冬季是一個度假勝地，其大量的沙礁群島度假區被稱爲假日群島。

Saint-Pierre and Miquelon＊ 聖皮埃爾島和密克隆島 法國海外領地（1993年人口約6,000）。它由兩個紐芬蘭島南部大西洋海岸的島嶼組成。密克隆島面積爲215平方公里，聖皮埃爾面積爲26平方公里，後者爲該地區的行政和商業中心，約有90%的人口居住在這裡。在17世紀初由法國西部的航海人在此居住，後在法國和英國之間交替管理，直到1814年的條約使其最終成爲了法國領地。1946年劃分爲法國一領地。1976年成爲一個縣。1985年成爲一完整的屬地。鱈魚捕撈爲主要經濟基礎。

Saint-Saëns, (Charles) Camille＊ 聖桑（西元1835～1921年） 法國作曲家。他從孩提時代起即很富有天分，能做到過目不忘（十一歲時因演奏鋼琴出名，並要求獨奏貝多芬的奏鳴曲），後成爲沙龍上的寵兒和即席演奏名人。爲了促進法國作曲家的新音樂的發展，他在1871年成立了全國音樂學會。他的創作在效果上很華美，但並不深刻。在他的十三部歌劇中，《參孫與大利拉》（1877）是最成功的。他還寫了五首鋼琴協奏曲、三部交響樂（包括管風琴交響樂）和兩部大提琴行政區。他的詩曲《死之舞》（1874）和組曲《動物狂歡節》很有名。

STUV

Saint-Simon, (Claude-) Henri (de Rouvroy, comte) de＊　聖西門（西元1760～1825年）　法國社會理論家。他在十七歲時加入法國軍隊，被派往協助美國革命中的殖民地居民。他返回法國後（1783），在土地投機上致富，但不久就揮霍殆盡。他重新開始學習科學技術以尋求解決社會問題的方法，並寫了《歐洲社會的重組》（1814）和《工業》（1816～1818，同孔德合著），書中發表了他對直接被現代科學工業化的國家的見解。在《新基督教》（1825）一書中，他認爲宗教應該引導社會提高窮人的生活。他的信條影響了基督教社會主義的崛起。

聖西門，平版畫；戴馬盧（L. Deymaru）製於19世紀
BBC Hulton Picture Library

Saint Thomas　聖湯瑪斯　美國維爾京群島的主要島嶼，1990年人口爲48000。該島位於波多黎各，占地83平方公里。首都沙羅特阿馬利亞有一個避風港。由哥倫布在1493年發現，最初由荷蘭人將其作爲殖民地（1657），後來屬丹麥人（1666）。在1673年以後開始實行奴隸制，該島成爲了加勒比海地區主要的糖製品生產基地和奴隸販賣中心。在1820年食堂價格下跌和1848年廢除奴隸制後，該島經濟利潤下降。美國在1917年將其作爲海軍基地購買。其主要工業爲旅遊業。人口48,166（1990）。

Saint Vincent, Cape　聖維森特角　葡萄牙西南端的海角。與薩格里什角共同構成大西洋中一岬角。通往希臘和羅馬的一個勝地，因爲那裡有聖地。經濟以畜牧業和漁業爲主。薩格里什是主要的居住區。附近的因凡特鎮，是航海家亨利約於1420年建立航海觀察站和航海學校的地方。沿海曾發生過多次海戰。

Saint Vincent, Gulf　聖文生灣　印度洋三角形海灣。位於南澳大利亞州東南岸的約克半島和大陸之間。長145公里，寬73公里，通過調查者海峽和巴克斯泰斯海峽同海洋相連。坎加魯島橫在其入口處，而其東部有南澳大利亞州的優良海港阿得雷德港（人口38,000〔1991〕）。

Saint Vincent and the Grenadines＊　聖文森與格瑞那丁　加勒比海東部向風群島的島國。由聖文森島與格瑞那丁群島北部組成。面積388平方公里。人口約113,000（2001）。首都：金斯敦。人口大多數是非洲裔。語言：英語（官方語）、法語方言。宗教：新教。貨幣：東加勒比元（EC$）。聖文森由火山岩構成。其地形特徵爲南北走向，森林密布丁火山山脈，有許多急流小溪穿越其中。蘇弗里耶爾活火山爲最高峰（1,234公尺），該火山曾猛烈噴發，對該島造成嚴重破壞。農業一直是該國經濟支柱。出口的農作物爲香蕉和竹芋。旅遊業也很重要。政府形式爲君主立憲政體，一院制。國家元首是總督（代表英國君主），政府首腦是總理。法國人與英國人爲控制聖文森島一直爭鬥到1763年，最後根據「巴黎條約」將其讓給英國。該島原居民加勒比海人承認英國的統治權，但於1795年進行反抗。大多數加勒比人被放逐，而大部分留下的加勒比人則在1812年和1902年代火山爆發中喪生。1969年該島成爲英國的自治邦，1979年該國獲得完全獨立。

Sainte-Beuve, Charles-Augustin＊　聖伯夫（西元1804～1869年）　法國文史學家與評論家。他在1825年開始將所寫的評論文章向期刊投稿。在其隨筆合集《文學家畫像》（1832～1839）和《當代人物畫像》（1846）中，他發展了將廣泛的自傳研究同思想態度的理解相結合來對在世作家進行評論的方法。他著名的《月曜日漫談》於1849～1869年間發表在報紙上，是詳盡、全方位的文學研究，將歷史參考框架應用到當時的寫作上。他的方法是法國批評史上的改革，使其從個人偏見和一時激情中解放出來。他的《皇港》（1840～1848）是對修道院和17世紀法國的學術性研究。

Saintsbury, George (Edward Bateman)　聖茨伯里（西元1845～1933年）　英國文史學家及評論家。當他擔任教師的學校在1876年關閉後，他決定以寫作爲生。他寫了對法國文學的一些成功評論，並廣泛論述了英國文學。雖然他並沒有形成任何評論體系，但他的作品因將權威的觀點同大眾娛樂相結合而產生了很大的影響力。他的作品包括了《歐洲古代至今經典中文學評論和賞析的史程》（1900～1904），這是第一部對文學評論理論和實踐進行研究的作品。

Saipan＊　塞班島　西太平洋北馬里亞納群島一島。面積122平方公里。主要居住地查蘭卡諾亞是北馬里亞納共和國的中心。1565～1899年受西班牙統治。1899～1914年屬德國。1920～1944年是日本的託管地。在第二次世界大戰的激戰後，爲美軍所占領，成爲太平洋島嶼中美國託管地的總部（1990年終止託管）。主要出產椰乾。人口39,000（1990）。

Saïs＊　賽斯　埃及古城。位於尼羅河三角洲，瀕尼羅河支流卡諾匹克（羅塞塔）河畔。從史前時代就是戰爭和織布女神妮特的主神殿所在處。賽斯是薩姆提克一世（西元前664～609年在位）及其第二十六代王朝繼承者統治時的埃及首都。因地中海和非洲的貿易而致富，曾花費許多財富建造廟宇和宮殿，並在附近修造陵墓。在該址和附近村落發現的銘刻碑石，是這個曾盛極一時的城市僅留的殘跡。

Saivism ➡ Shaivism

saivo＊　賽沃　薩米人（拉普人）所稱的冥府。去世的人可以同家人和祖先幸福地生活在一起，其行爲習慣同在世時一樣。在挪威，賽沃世界據說在深山，而在波蘭，又常常

說成是在一個特殊的雙底湖的下面。賽沃所在之地被人們視爲聖地，也是神力之源，這種神力，只有薩滿(稱「挪亞德」)可以呼喚。挪亞德意欲進入昏迷狀態以降神時，就藉助於他的保護精靈們。

Sakakura Junzo＊ 坂倉准三（西元1904～1969年） 日本建築師。他是第一位將20世紀歐洲建築風格同日本傳統元素相結合的建築師。他的第一部中西方結合的優秀作品是1937年巴黎世界博覽會的日本館。他在巴黎的工作室同科比意（1931～1936）合作，被認爲是科比意風格在日本的主要倡導者。他的主要作品包括鎌倉現代藝術博物館（1951）、東京新宿車站廣場和小田急百貨公司（1964～1967）。

sake＊ 清酒 日本從發酵的稻子中製造出的日本酒精飲料。約西元3世紀開始製作。清酒顏色很淡，不含碳酸，略帶甜味，酒精含量約18%。通常被誤稱爲酒，但實際上製作方法卻接近啤酒。蒸熟的稻米同一種酵母混合並將澱粉轉化成發酵的糖。該混合物再被捏成團，在兩度發酵（同新鮮的稻米和水）後過濾裝瓶。在日本，它是全國性的飲料和日本神道教敬神飲料，在小瓷壺或陶壺中先加熱，然後在慶典中用小瓷杯飲用。

Sakha ➠ Yakut

Sakhalin＊ 庫頁島；薩哈林島 俄羅斯極東的島嶼，同千島群島一起組成俄羅斯行政區。它長948公里，寬26～161公里，面積74,066平方公里。庫頁島最初由俄羅斯人在1853年開始居住，後在1875年日本將其割讓給俄羅斯以交換千島群島。日本在1905～1945年占領南部地區，後將其同千島群島一起割讓給了俄羅斯。其經濟主要是漁業、木材、煤礦和北部的石油和天然氣開採。人口648,000（1995）。

Sakharov, Andrey (Dmitriyevich)＊ 沙卡洛夫（西元1921～1989年） 俄羅斯核子物理學家和倡導人權的學者。他曾同塔姆（1895～1971）一起研發出了俄羅斯的第一顆氫彈，但在1961年他卻反對赫魯雪夫在空中試爆一百萬噸當量氫彈的計畫。他在1968年在西方發表了「進步、共存和知識分子的自由」的文章，要求進行核子武器裁減並批評了俄羅斯對持不同政見者的壓迫。他和他的妻子邦娜繼續在蘇聯爲爭取公民自由和進行改革而努力。他在1975年獲得了諾貝爾和平獎，但卻被禁止前往奧斯陸領獎。他在1980年被流放到封閉的高爾基市（今下諾夫哥羅德），而他的妻子也在1984年被流放到這裡。他們在1986年被釋放並返回莫斯科。1989年恢復其名譽，而他的很多提議在戈巴契夫政府成爲國家政策。

Saki＊ 沙基（西元1870～1916年） 原名H(ector) H(ugh) Munro。蘇格蘭作家。早年曾是新聞工作者，撰寫政治諷刺小品，1908年定居倫敦之前任駐外記者。其喜劇短故事和小品文諷刺性的描述愛德華時代的社會現象，收集在1904年出版的《雷金納德》、《雷金納德在俄國》（1910）、《克洛維斯紀事》（1911）和《野獸和特等野獸》（1914）；其最著名的作品包括《托伯默里》和《開著的窗》。其作品警句甚多，結構嚴密，情節出人意料，帶有一絲殘酷，在關於孩子的描寫中可以看到他自己的影子。他在第一次世界大戰中陣亡。

Sakkara ➠ Saqqarah

sakti ➠ Shakti

Saktism ➠ Shaktism

Sakyamuni＊ 釋迦牟尼 梵語佛陀喬答摩的稱號，意爲「釋迦族的聖人」。釋迦族就是佛陀出生爲太子的氏族，他們的王土包含今日尼泊爾南部地區以及印度今日所謂的北方邦的部分。

Saladin＊ 薩拉丁（西元1137/1138～1193年） 全名Salah al-Din Yusuf ibn Ayyub。他是埃及、敘利亞、葉門和巴勒斯坦的庫爾德人蘇丹和阿尤布王朝的開國君主。年輕時喜歡學習宗教而不是軍事，後在其叔父引導下開始軍事生涯。他在叔父去世後命令將法蒂瑪王朝的力量強大的沙韋爾殺害，成爲了埃及的維齊爾。他在1171年廢黜了什葉派法蒂瑪王朝的哈里發並宣布在埃及恢復伊斯蘭教遜尼派的教義。他從1174年起作爲埃及和敘利亞的蘇丹，成功地將埃及、敘利亞、美索不達米亞北部和巴勒斯坦統一。他的聲望極高且被認爲是有品德的人，其嚴厲的統治重新激起了穆斯林人對十字軍的反抗。在1187年，他將自己的全部力量集中起來反抗拉丁的十字軍王國，將八十八年來處於十字軍統治下的耶路撒冷重新收回。當天主教軍隊濫殺無辜時，他的軍隊卻有嚴明有禮的秩序。他的勝利震驚了西方世界，並導致了歷史上的第三次十字軍東征（1189～1192），使他同理查一世對抗。他們之間的對峙最終以和平結束，使十字軍只得到了從克提爾到Yafo（雅法）的小片土地。薩拉丁被認爲是最偉大的穆斯林英雄之一。

Salado River＊ 薩拉多河 阿根廷東部河流。它流經彭巴草原，大致向東南流約640公里到達並注入布宜諾斯艾利斯東南部的大西洋。在1800年前，它是東北部西班牙殖民地和西南部印第安人原住民的界河。

Salamanca 薩拉曼卡 古稱Salmantica或Helmantica。西班牙西部城市，它是一個重要的伊比利人居住地，西元前217年被漢尼拔侵略。後來成爲了羅馬商站。8世紀被摩爾人占領後，1087～1102年間被天主教人再次征服。半島戰爭期間被法國人占領，是一個文化、商業和農業中心。它的許多風景點包括12世紀的羅馬式大教堂、哥德式的大教堂（始於1513年）和薩拉曼卡大學（1218年成立）。人口約167,000（1994）。

salamander 蠑螈類 有尾目的兩生動物的通稱，共10科約400種，在北半球溫帶地區淡水和潮濕的林地中常見。蠑螈類通常夜間活動、身體短小，約10～15公分長，顏色很亮，有尾巴和兩對幾乎同樣大小的肢體，皮膚潮濕光滑，雙頰和口腔上部都有牙齒，通常體內受精。最大的蠑螈是中國巨蠑螈，長達1.5公尺。蠑螈食取昆蟲、毛蟲、蝸牛和其他小型生物，包括自己的同類。亦請參閱hellbender、newt。

蠑螈（*Salamandra terrestris*）
Jacques Six

Salamis＊ 薩拉米斯 塞浦路斯古代城市。位於塞浦路斯東部海岸，同腓尼基、埃及和西利西亞都有頻繁的貿易往來。根據記載，該城市由特洛伊戰爭中的英雄陶瑟建立。在希臘和波斯戰爭時期是一個主要的希臘中心，也是西元前449年希臘海軍獲勝的地方。西元前306年德米特里一世在此打敗埃及的救星托勒密一世。後來使徒聖保羅和聖巴拿巴來到此地。在拜占庭統治下，它在337～361年經過君士坦丁二世的重建成爲了康斯坦蒂亞。647～648年被毀壞後遭遺棄。

Salamis, Battle of 薩拉米斯戰役（西元前480年） 波斯戰爭中的一次戰役，是歷史記載上第一次大型的海戰。

當時的希臘人在地米斯托克利帶領約370艘三層划槳戰船下，將波斯的800艘槳帆船引誘到了薩拉米斯島和希臘比雷埃夫斯港之間的狹窄水道，並在那裡擊毀了約300艘波斯船，而本方只失去了約40艘船。薛西斯一世因此不得不延遲他進攻大陸的計畫，使希臘城邦得以聯合起來對付他。

Salan, Raoul(-Aibin-Louis)＊　薩蘭（西元1899～1984年）　法國軍事將領，曾竭力阻止阿爾及利亞脫離法國獨立。他在軍事生涯中成爲法國軍隊最優秀的士兵，曾在法國、西非（1941～1944）、印度支那（1945～1953）和阿爾及利亞（1956～1962）參加戰爭。後來反對戴高樂解放阿爾及利亞的決定，並在1961年組成了右翼極端主義組織，在其最後被逮捕（1962）前在法國和阿爾及利亞開展了恐怖活動，後被判叛國罪。

Salazar, António de Oliveira＊　薩拉查（西元1889～1970年）　葡萄牙總理（1932～1968）。他曾是一名經濟學教授，後被卡爾莫納任命爲財政部長（1928），1932年成爲總理。他的新憲法建立了獨裁的新國家，削弱了政治自由，並致力於經濟恢復政策，而他本人也因此成爲了一名獨裁者。他贊同佛朗哥和軸心國，但在第二次世界大戰中堅持葡萄牙的中立地位。他極大地提高了該國的交通、統一和教育系統。他在普遍反殖民後還試圖保留葡萄牙在非洲的殖民地。在1968年罷工中失去權力，他在擔任了三十六年的總理後在未被通知的情況下被免職。

Salé＊　塞拉　阿拉伯語作Sla。摩洛哥西北部城市。該城市位於布賴格賴格河河口正對拉巴特的地方，成立於10世紀，後作爲一個中世紀商站而達到顛峰期。在1627年後，塞拉與作爲其屬地的拉巴特一起被置於布賴格賴格海盜共和國的統治下，成爲薩利的海盜基地，他們是巴貝里海岸海盜中最可怕的。這兩座城市在布賴格賴格分裂和塞拉港關閉前一直共同發展。塞拉有很多清真寺和陵墓，最大的神殿是當地守護神哈桑的陵墓。人口：都會區1,386,000（1994，與拉巴特合計）。

Salem　賽倫　美國奧瑞岡州首府。位於威拉米特河畔的波特蘭西南部，成立於1840年，因越過奧瑞岡小道的大量移民的遷入後繁榮起來。1859年成爲首府，在1870年代作爲早期的河港在鐵路發展的刺激下興盛起來。它是一個乳製品加工中心和水果出產地，有木材和輕工業製造廠。人口約123,000（1996）。

Salem witch trials　賽倫女巫審判　美國殖民地迫害女巫的事件。在麻薩諸塞灣殖民地賽倫鎮，幾名少女因受到一個西印度群島奴隸所講的神奇故事蠱惑，聲稱她們被魔鬼纏身並控訴三名女巫。在壓迫下，被指控的婦女以僞供控訴他人。受到一名牧師的鼓動，一個由三名法官（包括休厄爾）組成的特別民事法庭執行了審判。他們作出判決將十九名女巫吊死，近一百五十名監禁。在公眾熱情減退後，該審判終止後遭譴責。殖民地司法部門後來撤消了判決。

Salerno　薩萊諾　義大利南部城市。位於薩萊諾灣，由羅馬人在西元前197年成立，原爲古老的城鎮。從西元646年起是倫巴底公爵領地的一部分，後在839～1076年是獨立的倫巴底公國首府。在被諾曼人羅伯特占領後成爲了其首府。薩萊諾後來成爲了那不勒斯王國的一部分。在第二次世界大戰期間，該城市是盟國登陸部隊和德軍一主要戰役的戰場壹玖肆三年9月）。它是該工業區的一個繁忙港口，其主要建築包括一個醫學院（是歐洲最早的醫學院，可能是在9世紀建立）和有聖馬太及教宗聖格列高利七世陵墓的大教堂（始建於845年，在1076～1085年重建）。人口約144,000（1994）。

sales tax　營業稅　對銷售貨物和勞務所徵收的稅。對特定商品的製造、購買、銷售或消費所徵收的營業稅被稱爲貨物稅。雖然貨物稅自古就有，但一般的營業稅是一個相對較新的稅種。營業稅是從價稅，按照「商品價值」來對可徵稅的商品收取費用（即在金錢上的價值）。它們按照商業活動的環節歸類－－生產、批發或零售。它們是美國大多數州及加拿大各省稅收歲入的重要部分。在西歐廣泛使用的是營業稅的另外一種形式，即加值稅。多數營業稅都由消費者承擔，因爲即使他們在貨物的生產及批發時要被課稅，一部分或全部的價格也以較高的價格轉嫁到了消費者身上。由於營業稅在零售過程中是累退稅，因此食物、衣服或藥品有時是免稅的。亦請參閱progressive tax、income tax。

Salesbury, William＊　索爾茲伯里（西元1520?～1584?年）　威爾斯辭典編纂家和翻譯家。他大部分時間都在威爾斯的蘭盧斯特度過，對古物、植物學和文學進行研究。他的威爾斯諺語合集《威爾斯諺語集》（1546）可能是第一部用威爾斯語出印刷的書。索爾茲伯里還編撰了第一部威爾斯語－英語詞典（1547），並同理查．大衛合作，將《新約》譯成威爾斯語（1567）。

Salgado, Sebastião　沙加多（西元1944年～）　巴西攝影記者。生於巴西艾莫爾市，在他1941年轉向攝影之前，曾短暫地歷任過經濟學家。在往後的十年他拍攝過尼日的饑荒與莫三比克的內戰。1979年加入知名的攝影記者的瑪格納攝影協會，兩年後因爲他所拍的辛克利企圖暗殺雷根總統的照片而聲名卓著。自1980年代中期，沙加多全心致力於透過一系列的影像來說明故事的長期計畫，通常是以流浪漢與受壓迫者爲主題。他深受讚揚的攝影集包括《另類美國人》（1986）、《工人》（1993）、《移民：變遷中的人》（2000）。

salicylic acid＊　水楊酸　白色晶體有機化合物，主要用來製取阿斯匹靈和其他藥品，包括水楊酸甲基酯（冬綠的油，用於醫藥和調味用香料）、水楊酸苯酯（用於防曬藥膏和糖衣藥片）以及游離水楊酸（用於一種傷皮膚的殺真菌劑）。它和其衍生物在自然界的一些植物，尤其是繡線菊屬和柳屬植物中存在。在染料的生產中被大量使用。

Salieri, Antonio＊　薩利耶里（西元1750～1825年）　義大利作曲家。他在1766年隨加斯曼（1729～1774）遷至維也納，並在那裡度過了他的大部分職業生涯。在加斯曼去世後，他開始在帝國的宮廷中創作和指揮義大利歌劇，後來成爲了宮廷樂長（1788）。他是18世紀最後二十五年裡最流行的歌劇作家，有很多重要的學生，包括貝多芬、舒伯特和李斯特，除了四十多部歌劇外，他還寫了很多世俗歌曲和聖歌。雖然他和莫札特是對手，但他毒害莫札特的傳聞是沒有證據的，而他也不太可能在臨終甚至更早的時間裡宣稱過這一點。

Salinas＊　薩利納斯　美國加州西部城市。位於蒙特里灣東面薩利納斯谷地，是古西班牙小道和聖地牙哥及舊金山皇家大道的一個十字路口。它建於1856年，並成爲了牲畜集散地。1868年修建了南太平洋鐵路，促進了農業的發展。它是史坦貝克的出生地，在其作品尤其是《伊甸園東》中曾多次被提及。人口約112,000（1996）。

Salinas (de Gortari), Carlos＊　薩利納斯．德戈塔里（西元1948年～）　墨西哥總統（1988～1994）。墨西哥參議員的兒子，曾在哈佛大學獲得經濟學獲博士學位並擔任各種政府職位，直到在1988年以些微之差當選總統，其舞

S T U V

弊行爲受到廣泛譴責。他實施經濟緊縮和民營化計畫，賣掉數以百計低效率的國營公司並將部分款項用在基礎設施和社會服務建設上。他的政府在1991～1992年間參與北美自由貿易協定。他的協定立刻導致了經濟崩潰，使他成爲了被嚴厲批評的目標。他的黨內繼承提名人被暗殺，使人認爲是他的策劃，他因此被迫逃亡美國，最終到了愛爾蘭。他的兄弟勞爾因涉嫌廣泛受賄，並在1999年因另一樁謀殺案中被判處死刑。

Salinger, J(erome) D(avid)＊　沙林傑（西元1919年～）　美國作家。他在1940年開始在期刊上發表短篇小說。第二次世界大戰後，他以其在軍隊中的生活爲題材寫的小說在《紐約客》雜誌中逐漸出現，他的一生共寫了十三個小說，收錄在《九個故事》（1953）、《弗蘭尼和佐伊》（1961）、《木匠們，把屋樑升高》和《西摩，一個介紹》（1963）中。《麥田捕手》（1951）是一本描寫青少年期煩惱的小說，贏得極高評價並廣受讀者歡迎，尤其是受到大學生的喜愛。他後來神秘地隱居在新罕布夏並停止發表小說。1998年，一名曾伴隨他十九年的女子寫的回憶錄對他的名譽造成了損害。

Salisbury ➠ Harare

Salisbury, Earl of　索爾斯伯利伯爵 ➠ Cecil, Robert

Salisbury, Harrison E(vans)＊　索爾斯伯利（西元1908～1993年）　美國作家和新聞記者。他曾是合眾國際社的記者（1930～1948），後加入《紐約時報》，並在那裡獲得了1955年普立茲獎。他後來在《紐約時報》擔任編輯，後晉升爲副主編（1972～1974）。他是越戰中第一名派駐河內的西方記者，對自己親眼所見的事情進行了記載，並對戰爭的意圖提出了懷疑。他的二十九部作品中有十部關於俄國，另六部是關於中國的。

Salisbury, Marquess of　索爾斯伯利侯爵（西元1830～1903年）　原名Robert Arthur Talbot Gascoyne-Cecil Salisbury。英國首相（1885～1886, 1886～1892, 1895～1902）。他曾在迪斯累利政府擔任印度事務大臣（1874～1878）和外交大臣（1878～1880），並協助召開了柏林會議。他領導保守黨對抗上議院，在1885年後三次組閣擔任首相，通常還兼任外交大臣。他反對聯盟，維護國家的強大利益並擴張英國的殖民地王國，尤其是在非洲。他在1902年退休，將職位讓給了自己的外甥巴爾福。

Salishan languages＊　薩利什諸語言　包含二十三個北美洲印第安語之語族。過去和現在操此語的人口分布在太平洋西北及鄰接地區如愛達荷州、蒙大拿州、不列顛哥倫比亞南部。在今日，幾乎僅有年長者使用薩利什語。薩利什語以其精細的子音編排與少數的母音而著名。在文法上，除了質詞之外所有的字具有斷定性的功能，因此在薩利什語中並未清楚區分名詞與動詞。

saliva　唾液　口腔中經常存在的黏稠、無色的液體，由水分、黏液、蛋白質、礦物鹽及可分解澱粉的澱粉酶等組成。口中常會分泌少量的唾液，但食物的存在、香味甚至聯想都會引起唾液的增多。其主要功能是使口腔內壁滋潤並使言語表達更順暢、使食物分子更容易被消化並輔助吞嚥。它還可以協助控制身體的水分平衡，因爲唾液減少會刺激口渴感當喝水後，這種感覺便會降低。唾液會清除口腔中的食物殘渣、死亡的細胞和白血細胞以減少齲及消除炎症。

salivary gland＊　唾腺　任何分泌唾液的腺體。有三對主要的唾腺分泌唾液經由不同的管路進入口腔中：位於耳朵和下顎後部之間的腮腺（最大的唾腺）；下顎兩邊的下腺；和位於口腔底部靠近雙頰的舌下腺。另外還有無數的小腺體位於舌頭、上顎、嘴唇和雙頰。食物的存在、香味和聯想會引起唾液的增多。

Saljuq dynasty ➠ Seljuq dynasty

Salk, Jonas (Edward)＊　沙克（西元1914～1995年）　美國醫生和研究員。在紐約大學獲得博士學位，與其他一些科學家一起將小兒痲痺症歸類，並確認了早期認定的三種類型。他證實了清除這三種病毒可獲得免疫力而不導致任何疾病。沙克的疫苗在1955年開始在美國採用。1963年起開始指導聖地牙哥沙克生物學研究所。1977年被授予總統自由勳章。

Sallé, Marie＊　莎萊（西元1707～1756年）　法國舞者和編舞家。1721年在巴黎歌劇院首次演出。她在倫敦和巴黎富有表現力的和戲劇化的演出形式，爲日後諾維爾在「情節芭蕾」中所推崇。在《皮格馬利翁》（1734）中她成爲首位自導自演芭蕾舞的婦女，並成爲摒棄傳統的束身芭蕾舞服裝，而改用薄紗服的第一人。她和卡瑪戈的競爭使她更常出現在倫敦，在那裡她表演了一些韓德爾的芭蕾舞劇。1740年她退出巴黎歌劇院的舞台。

Sallust＊　薩盧斯特（西元前86?～西元前35/34年）　拉丁語全名Sallustius Crispus。羅馬歷史學家。他在西元前70～西元前60年間從事政治官職以前，可能有過一些軍事經歷。於西元前45年結束政治生涯，此後開始開始寫作，成爲偉大的拉丁語文學文體學家之一。他以描述政治人物、腐敗和黨派對敵的記事作品而聞名。他的作品中影響力深入往後羅馬歷史的編纂的有：《喀提林戰爭》（西元前43～西元前42年）論述羅馬政治的腐敗；《朱古達戰爭》（西元前41～西元前40年）中探討在西元前2世紀末羅馬的黨派鬥爭；以及只有一些殘篇存留的《歷史》。

salmon　鮭　原指大西洋鮭魚和但鮭科大麻哈魚屬6種太平洋鮭：大麻哈魚、大鱗大麻哈魚、細鱗大麻哈魚、紅大麻哈魚、銀大麻哈魚以及日本的櫻桃鮭。成年的鮭魚生活於海洋中，然後開始遷移，抗激流，躍過高水頭，到達它們產卵的溪流。太平洋鮭產卵後很快死亡，但許多大西洋鮭可存活到下次產卵。亦請參閱trout。

Salmon River　薩蒙河　美國愛達荷州中部河流。東北流，經薩蒙市與萊姆哈伊河匯合，折向西北在愛達荷南部－奧瑞岡－華盛頓州的邊界以南匯入蛇河，全長約676公里。薩蒙河爲蛇河最大支流，沿途流經一個廣袤的國家森林野生動物區。

salmon trout ➠ lake trout

salmonella＊　沙門氏菌屬　腸桿菌科中一類革蘭氏染色陰性兼性厭氧的桿狀細菌。它們主要生存於人類及其他動物的腸道。2,200種中有些種棲於動物體內並不造成任何疾病；另一些則爲人類嚴重疾病的病原體。沙門氏菌造成的各種輕重不等的感染統稱沙門氏菌病，包括人類的傷寒和副傷寒。冷凍可阻止細菌繁殖卻不能殺死它們；因此，沙門氏菌可在食物中孳生，食入時即可致胃腸炎。雞爲沙門氏菌屬主要的載體生物，雞肉和蛋是人類中毒主要的來源，其症狀有腹瀉、嘔吐、顫抖發寒和頭痛，其他沙門氏菌所存在的食物來源包括未經低溫殺菌處理的牛奶、絞肉和魚。

salmonellosis＊ 沙門氏菌病 某些由沙門氏菌屬引起的細菌性傳染病，包括傷寒，類似發燒，及胃腸炎（參閱food poisoning）。來自病禽、病畜的肉帶有細菌，任何食物都可能從土地中受污染的糞便或在儲藏過程中染上細菌，在加工過程中爲髒手所污染的食物或器具也會帶有細菌。病菌的來源有時難以追蹤。來自受污染的雞蛋裡面就會含病菌，不是只在蛋殼。該病起病急、有時很嚴重，伴有噁心、嘔吐、腹瀉、虛脫及低熱等症狀。多數病例於數天內恢復，且可獲得不同程度的免疫。防止沙門氏菌病需要小心處理食物，尤其要徹底煮熟。

Salome＊ 撒羅米（活動時期西元1世紀） 希律・安提帕的繼女。她導致了施洗者聖約翰之死。這一事件在〈馬可福音〉和〈馬太福音〉中有記載，儘管她的名字是由歷史學家約瑟夫斯所起。約翰因公開指責希律和希羅底之間通姦性質的婚姻，而被監禁，但希律並不敢殺害他。後希羅底之女撒羅米爲國王希律表演舞蹈，後者答應給她任何一樣想要的東西作爲獎賞，撒羅米要求得到放在盤中的約翰的頭顱。這個故事自古便是基督教藝術常採用的題材。

Salomon, Erich＊ 薩洛蒙（西元1886～1944年） 德國攝影家。曾在慕尼黑大學學習法律，但很快便放棄律師職業，轉爲開創攝影新聞工作。他專門拍攝出席國際會議和社交集會的沒有防備的國家首腦，目的是想表現世界領袖人物的性格，因爲直到當時，這些領袖人物一直被拍成老套的呆板的正式肖像。薩洛蒙在第二次世界大戰期間因其猶太血統而藏匿在荷蘭避難，但仍被逮捕，並死於奧斯威辛集中營。

Salomon, Haym＊ 薩洛蒙（西元1740～1785年） 波蘭裔美國愛國者和金融家。因從事革命運動而被迫逃離波蘭，於1772年來到紐約，並很快成爲成功的商人和金融家。曾在美國革命中支持殖民地人民，被英軍逮捕和監禁。1778年逃到費城，開辦經紀事務所。他爲新政府提供了總額逾60萬美元的貸款，並爲麥迪遜、傑佛遜、門羅和其他一些政治家提供了無息貸款。還爲美國政府爭取到法國貸款。

Salon＊ 沙龍 法國政府主辦的官方藝術展覽會。創始於1667年，當時路易十四世主辦了一個皇家繪畫雕塑學院院士的作品展覽會。由於作品陳列在羅浮宮內的阿波羅沙龍（阿波羅廳），故襲用了沙龍這個名稱。1737年之後沙龍藝術展覽會定爲每年舉行一次。1748年起選擇作品實行評定制度。在法國大革命期間，沙龍第一次開放給法國的所有畫家，但是學院派在19世紀的大部分時間中仍然左右著絕大多數展覽會，及幾乎全部的藝術教學。1881年法國藝術家協會成立，沙龍展覽改由該協會負責舉辦；其後前衛派藝術家作品獨立展出，日益受到重視，沙龍的影響和聲譽即趨衰落。

Salon des Indépendants＊ 獨立者沙龍 指獨立藝術家協會自1884年起在巴黎舉行的年度展覽會。組成第二落選者沙龍，它的成立是爲了回應官方主辦的沙龍的墨守成規。其第一次展覽展出了塞尚、高更、土魯斯－羅特列克、梵谷、秀拉等人的作品。到1905年爲止，盧梭、勃納爾、馬諦斯和野獸派畫家也都在那裡展覽。

Salon des Refusés＊ 落選者沙龍 1863年經拿破崙三世批准、爲被官方沙龍評選委員會拒絕接受作品的藝術家在巴黎舉辦的美術展覽。參加展覽的有畢沙羅、方丹－拉圖爾、惠斯勒以及馬奈。其中馬奈誹謗性的《草地上的午餐》被認爲是對傳統美學的公然冒犯。

Salonika ➠ Thessaloniki

salsa 撒爾撒 現代拉丁美洲舞曲。撒爾撒是在1940年代發展於古巴，利用當地的音樂型態如賈浪卡（主要是弦樂和長笛）及樂隊舞曲，包括人聲、小號與非洲打擊樂器，並混合爵士音樂要素。在1950年代撒爾撒開始風靡紐約，在此結合傳統的波多黎各節奏，後來還加上來自委內瑞拉與哥倫比亞音樂、節奏藍調等要素。撒爾撒音樂明星有希莉亞庫茲、普安第與科隆。

salsify＊ 蒜葉婆羅門參 亦稱牡蠣草（oyster plant）或蔬菜牡蠣（vegetable oyster）。菊科二年生草本植物，學名爲Tragopogon porrifolius，原產地中海地區。直根粗壯，白色，可作菜餚，味如牡蠣。花紫色；葉窄，葉片基部通常抱莖。草地婆羅門參爲歐洲雜草，在北美歸化；其黃色花冠大；偶爾作爲觀賞植物栽培，其花、根、葉有時被做成沙拉食用。

草地婆羅門參的花
Louise K. Broman from Root Resources

salt 鹽 酸中的氫被金屬或相當金屬的基團如氨（NH_4）取代後所生成的化合物。典型地，酸和鹼反應生成鹽和水。大多數無機鹽在水溶液中離解（參閱ion）。氯化鈉（普通的食鹽）是最熟悉的鹽；其他熟悉的鹽類有碳酸氫鈉（小蘇打）、硝酸銀以及碳酸鈣。

SALT 限武談判 全名限制戰略武器談判（Strategic Arms Limitation Talks）。美國與蘇聯間爲了削減生產戰略核導彈的談判。第一輪談判開始於1969年，達成了反彈道飛彈規範和凍結洲際導彈及水下發送導彈的條約，1972年由布里茲涅夫和尼克森簽定。第二輪談判（限武談判二，1972～1979）的基本問題是雙方的力量不均問題，後達成限制戰略導彈發射器的協定（參閱MIRV），由布里茲涅夫和卡特簽定。雖然美國國會從未正式通過這一協定，但雙方仍遵守協定的規定。後來的談判都稱爲裁減戰略武器談判。亦請參閱intermediate-range nuclear weapons、Nuclear Test-Ban Treaty。

salt dome 鹽丘 一種大型的地下地質構造，由埋藏在水平或傾斜岩層中的垂直柱狀鹽體構成。最廣義地講，這一術語既包括鹽核，也包括其周圍被「穹起」的岩層。在美國、墨西哥、北海、德國和羅馬尼亞，石油和天然氣的主要沈積都與鹽丘有關；海灣沿岸的鹽丘包含了大量的硫。在海灣沿岸和德國，鹽丘也是鹽和鉀的主要來源，它們也被用作液化丙烷氣的地下倉庫。在鹽中鑽孔，然後溶解出一個空腔，稱爲儲存「瓶」，可以用來置埋放射性廢料。

Salt Lake City 鹽湖城 美國猶他州首府。鹽湖縣縣城。位於約旦河畔，近大鹽湖東南端。1847年楊百翰和148名摩門教徒爲躲避宗教迫害而創建。1868年以前都被稱爲大鹽湖城。在興建鐵路網後發展成爲西部商業中心，1896年成爲州首府。是該州最大的城市。海拔爲1338公尺。現爲附近礦業的商業中心，有多種製造業。作爲耶穌基督後期聖徒教會總部所在地，鹽湖城影響著該州及這一地區的社會、經濟、政治以及文化生活。是摩門教寺廟和禮拜堂的所在地。人口約173,000（1996）。

Salt River 索爾特河 美國亞利桑那州中東部河流，希拉河支流。由布拉克河和懷特河匯合而成，西流320公里，於鳳凰城西南處注入希拉河。屬科羅拉多水系。水壩工程將一串湖泊連接起來，用以提供水力電氣。前哥倫布時期霍霍坎印第安人在索爾特河河谷進行耕作，並在此間開鑿灌溉運河。

Salta 沙爾塔 阿根廷西北部城市。沙爾塔省省會。位於安地斯山萊爾馬灌溉谷地，瀕臨薩拉多河的源頭。1582年建立，當時名爲萊爾馬桑非力。在1813年的阿根廷獨立戰爭中西班牙皇家軍隊在此被擊敗。現經濟以農業、伐木業、畜牧業和採礦業爲主。爲旅遊中心，附近有溫泉。作爲對印加人和其他前哥倫布時期印第安人文化進行考古研究的中心，沙爾塔的重要性不斷得到提升。人口：都會區371,000（1991）。

saltbox 鹽盒式住宅 初期的北美新英格蘭殖民地的一種楔形板住宅，前部二層，後部一層，雙坡屋頂，後坡較長。它起源於將廚房移出到屋後加建披屋的傳統。其屋頂即由原來屋頂的後部延長坡屋，產生了後房頂長的特殊形式。

Saltillo * 薩爾蒂約 墨西哥東北部城市，科阿韋拉州首府。1575年建立，是西班牙人在這一地區的第一個定居點。1824～1836年爲一廣大省（包括現今德州和西南美其他地區）首府。現爲商業，交通和製造業中心。生產毛織品、針織品和麵粉。附近山脈有金、銀、鉛和煤礦。海拔1,599公尺，氣候乾爽宜人，爲避暑勝地。人口441,000（1994）。

Salton Sea 索爾頓湖 美國加州東南方部的鹹水湖。原爲一鹽漬覆蓋的低窪地（低於海平面85公尺）。1905～1906年科羅拉多河分洪道在低於加州和墨西哥邊界處決口。河水向北湧入窪地形成湖泊。1907年建造堤防以防止窪地再加深。湖面積爲890平方公里，湖面低於海平面72公尺，湖水含鹽量約與海水相等。該湖爲州遊樂區的一部分，有游泳、划船和野營設施。

saltpetre 硝石 亦作niter。硝酸鉀的無色透明白色的粉末或結晶體，產於天然的礦床。硝石是一種強烈的氧化劑（參閱oxidation-reduction），被用於煙火、炸藥、火柴、肥料、玻璃器具製造工業、鋼鐵回火以及食物保存處理，也被用作試劑和堅固的火箭推進物的氧化劑。這一名詞也用於表示硝酸鈉（智利硝石）和硝酸鈣（石灰硝），此兩者在硝酸工業中被當作肥料使用。硝石也指硝酸銨（挪威硝石），一種高爆炸性炸藥和化學肥料。

Saluda River * 薩盧達河 美國南卡羅來納州中西部河流。發源於藍嶺山脈，由南北兩支流於格陵維耳匯合而成。主流向東南流經佩爾澤，流程約232公里，在南卡羅來納的哥倫比亞與布羅德河匯合後形成康加里河。薩盧達是源自印第安語，也許意指「穀物之河」。

saluki * 薩盧基狗 獵犬品種，其祖先可追溯到西元前7000年。古埃及人視它爲神聖的狗，將它稱之爲「埃及的忠誠狗」，用它來獵取瞪羚。視覺靈敏，耐勞。外形似靈。耳長，皮毛柔滑。顏色可呈全白色、淡棕褐色、紅棕色、也有黑色，淡棕褐色和白色混雜的。體高46～71公分，體重20～27公斤。

Salvador 薩爾瓦多 亦稱巴伊亞（Bahia）。巴西東北部城市和港口，巴伊亞州首府。位於萬聖灣和大西洋之間的半島的南端。爲巴西最古老的城市之一，建於1549年，當時是葡屬殖民地首府。由於是海灣沿岸糖的貿易中心，薩爾瓦多常遭海盜襲擊，荷蘭人也於1624年短暫占領該地。被葡萄牙人奪回後，成爲非洲奴隸貿易主要中心。1940年後開始蓬勃發展，該市的港口是全國最好的港口之一。重要工業包括食品和煙草加工，製陶業以及造船業。人口2,070,000（1991）。

salvation 救贖 宗教中指解救人類脫離苦難、邪惡、死亡或輪迴等根本性消極困窘狀態，在某些宗教教義中則指把自然世界恢復或提高到更高更好的境界。東方宗教強調通過自律和實踐實現的自助，有時要經歷幾世的時間，但在大乘佛教中菩薩和有的佛是有干預作用的神靈。在基督教中，耶穌是救贖的源泉，強調要相信祂的救贖能力。伊斯蘭教強調服從阿拉。猶太教認爲以色列舉族都要一併受到救贖。

Salvation Army 救世軍 國際基督教慈善組織。1865年由威廉・布思創建，其目的是爲倫敦的窮人提供食物和住處。1878年開始採用救世軍之名，並建立了軍隊形式的組織。其成員被稱作士兵，官員軍銜最低爲陸軍中尉，最高爲陸軍準將。要求皈依者簽署戰時條款，表示志願服務。其指導原則與其他新教教會的指導原則類似，但布思認爲沒有必要行聖事。集會特徵是歌唱，擊掌，用樂器奏樂，個人作見證，自由禱告以及公開邀請做懺悔。該組織的總部位於倫敦，救世軍現在世界上一百多個國家提供廣泛的社會服務。

salvia * 鼠尾草屬 唇形科一屬，約700種，草本或木本植物。一些種（如鼠尾草）是重要調味香料植物。因爲易於繁殖和移栽，也能在貧瘠的土壤和乾旱環境中生長，鼠尾草屬爲花園中的常見植物。西洋紅是該屬最著名的一種，高達30～90公分，原產巴西，一年生，穗狀花序顏色耀眼，與一年四季都呈深綠色的卵形葉映襯鮮明。藍花鼠尾草產於北美西南部，常被用在冬季的乾燥花中。

Salween River * 薩爾溫江 中國稱怒江（Nu River）。發源於西藏東部。長約2400公里。流經中國雲南省和緬甸東部，在毛淡棉注入安達曼海的馬達班海灣。下游構成緬甸和泰國間約130公里國界線。薩爾溫江是緬甸最長的河流，在某些河段可通小船。但危險的急流使其難以成爲重要水道。

Salyut * 禮炮號 蘇聯七個太空站之一（分兩種設計），爲科學實驗室和「聯合號太空船」人員在繞地球軌道上生活起居點。「聯合號太空船」和「進步號」運貨船與「禮炮號」例行集會並接合，將太空人和補給品送到太空站。1971年發射的「禮炮1號」是世界第一座太空站。但由於繞軌道運行過低，六個月後便重新進入地球大氣層。1982年發射的「禮炮7號」已由和平號太空站接替。

Salzburg 薩爾斯堡 古名朱瓦文（Juvavum）。奧地利中北部城市，位於薩爾察赫河河畔。最初爲塞爾特人定居點，後成爲羅馬人的城鎮。739年聖卜尼法斯將其設爲主教區，798年升格爲大主教區。1278年該地大主教成爲神聖羅馬帝國諸侯，薩爾斯堡市遂成爲他們有力的教會公國所在地。幾世紀以來，薩爾斯堡一直是音樂中心。莫札特在這裡出生。這裡舉辦一年一度的薩爾斯堡節。醒目的建築包括文藝復興時期和巴洛克時期的房屋，大主教的宅邸以及一座17世紀的大教堂。人口144,000（1991）。

sama * 聆聽 蘇菲主義用語，指運用聆聽音樂、吟唱及舞蹈作爲產生宗教上心曠神怡和神祕忘我境界的手段。實踐者認爲音樂能爲讓靈魂更深的理解神界事物，更好的欣賞神界音樂作好準備。通過這一系列活動，作爲美麗之源的阿拉也被認爲更易接近，因爲它們具有美甚或可以爲美提出例證。該教派強調音樂僅是接近心靈世界的一種手段，而堅強的苦修磨練要能夠確認如此運用音樂不會喚起基本本能。

samadhi＊ 等持 指意識高度集中的狀態，由冥思產生。在印度教中，等待是通過瑜伽實現的，在練逾珈的過中，意識集中於冥思的物件。在佛教中，等待是與洞察力發展（參閱vipassana）不同的心志發展的結果，佛教徒和非佛教徒都能實現。在禪宗裡，等待允許冥思者通過與冥思物件的結合而克服主客體的二元意識。

Samar＊ 薩馬 菲律賓中東部島嶼，該國第三大島，僅次於呂宋和民答那峨。屬米沙鄢群島，面積13,080平方公里。1942年被日本人占領。1944年又被美國人侵占。島內部地勢高低不平，人煙稀少。長住居民都住在沿海地區。主要經濟作物爲椰子和蕉麻。島上森林遍布，東海岸有伐木業和鋸木廠。人口1,247,000（1990）。

Samara＊ 薩馬拉 舊稱古比雪夫（Kuybyshev, 1935～1991）。俄羅斯東部城市和內河港。位於窩瓦河左岸，爲窩瓦河與薩馬拉河的匯流處。1586年建爲窩瓦河貿易通道上的要塞。1773～1774年曾在這裡爆發了普加喬夫反抗凱薩琳二世的起義。後成爲主要的商業中心。第二次世界大戰期間，莫斯科被德國人侵占後，許多政府部門遷來此地，促進了城市的發展。爲俄羅斯工業城市之一和管道運輸中心。石油加工和石化工業是該城市的主要工業。人口約1,200,000（1996）。

Samaria＊ 撒馬利亞 古代巴勒斯坦的中心地區。南北距離爲65公里，東西距離爲56公里。被加利利、猶太、地中海以及約旦河所圍繞。古代的示劍（在今納布盧斯附近）爲這一地區的十字路口和政治中心，直到西元前8世紀亞述人入侵以色列。撒馬利亞市爲地方首府，於西元前880年由暗利國王所建。西元前724～西元前721年左右被薩爾貢二世占領，當地居民被遣送到關押處。由希律大帝重建後將此城命名爲塞巴斯特以紀念羅馬皇帝奧古斯都（希臘語稱塞巴斯托斯）。西元6年，該城被並入羅馬朱地亞省。

Samaritans 撒馬利亞人 古代巴勒斯坦地區的撒馬利亞居民。西元前772年，亞述人占領以色列之後，這裡成爲了沒被驅逐的猶太人的避難所。猶太人返回家鄉後，在修建耶路撒冷聖殿的過程中拒絕接受後來被稱之爲撒馬利亞人的那些人的幫助。西元前4世紀，撒馬利亞人在納布盧斯（今約旦境內）修建了自己的神廟，該建築的一小部分存留至今。撒馬利亞人講阿拉伯語，但用希泊來語禱告。猶太人對撒馬利亞人的反感是「好撒馬利亞人」（Good Samaritan）這一寓言故事發生的背景（〈路加福音〉第10章第25～37節）。

Samarqand 撒馬爾罕 亦作Samarkand。烏茲別克中東部城市。1993年人口約爲362,000。中亞最古老的城市之一。西元前4世紀名爲馬拉坎達，西元前329年被亞歷山大大帝攻占。自西元6世紀起，該城相繼爲土耳其人、阿拉伯人以及伊朗薩曼王朝統治，在當時是中國到歐洲的絲路中的一個重要據點，直到1220年爲蒙古的成吉思汗所摧毀。1370年左右成爲帖木兒帝國的首都，帖木兒使它成爲這一地區最重要的經濟和文化中心。老城中有若干中古時代的建築。1887年成爲俄羅斯帝國的一個首府，在蘇聯時期領域有了很大擴張。

samba 森巴 源出巴西的交際舞，1940年代流行於美國和歐洲。伴奏音樂爲帶切分音節奏的4/4拍。特徵爲簡單的向前向後舞步，身體側傾，搖擺等。在巴西還有一種更古老的、非洲式森巴舞，這是一種舞者圍成圈或排成雙行來跳的集體舞。幾十年來主導巴西的流行音樂。

Sambhar Lake＊ 桑珀爾鹽湖 印度拉賈斯坦邦中東部的鹽湖。位於齋浦爾以西，面積約230平方公里，爲印度最大的湖泊。每年汛期由河水帶來含鈉的物質，它們在湖水蒸發的過程中堆積起來。湖面有鹽片覆蓋，遠視白如冰雪；溽暑時期該湖常常乾涸見底。

Samhain 夏末節 ➠ Halloween

Sami＊ 薩米人 亦稱拉普人（Lapp）。居住於斯堪的那維亞北部的游牧民族後代。拉普人可能爲古西伯利亞民族或來自中歐的山地居民。馴鹿飼養是早期的生活基礎，直至最近放牧業仍是其經濟的根本。拉普人在數世紀前才成爲遊牧民族，所使用的三種無法互通的薩米語有時被認爲是烏拉語系的芬蘭－烏戈爾諸語言其中的一種方言。現今人數約三萬。

samizdat＊ 祕密出版物 祕密地寫作、印刷和流傳被蘇聯政府禁止的文學作品的方式，也指文學作品本身。祕密出版物開始出現於1950年代，先在莫斯科和列寧格勒，後來遍及全蘇聯。祕密出版物一般都是以打字複寫稿的方式出版，並在讀者中間流傳。其主要類型包括：持異議的活動、對統治當局的抗議、政治審訊的記錄、社會經濟及文化問題的分析乃至色情文學等。1990年代初，隨著媒體不再受政府的管轄後，祕密出版物也消失殆盡。

Samkara ➠ Sankara

Samkhya＊ 數論 印度哲學的六個正統體系（見）之一。數論持一種前後一貫的物質和靈魂（參閱prakriti and purusha）的二元論。這兩者足以解釋宇宙的存在，無須以神的存在作前提。數論一方面將心理和身理功能作了徹底區分，另一方面建立了純粹「人格」。

Samnites 薩謨奈人 古代居住在義大利南部山區中心的好戰部落。這些部落可能與薩賓人有關。最初他們與羅馬一同抵抗高盧人（西元前354年），後來三次捲入反抗羅馬人的戰爭（西元前343～341年、西元前316～304年、西元前298～290年）。儘管被擊敗，但薩謨奈人後又幫助皮洛士和漢尼拔反抗羅馬人。他們還過參加同盟者戰爭和反蘇拉（西元前82年）的內戰，在內戰中被擊敗。

Samoa 薩摩亞 正式名稱薩摩亞獨立國（Independent State of Samoa）。舊稱西薩摩亞（Western Samoa）。位於太平洋中南部、紐西蘭東北方的一個獨立國家。面積2,831平方公里。人口約179,000（2001）。首都：阿皮亞（位於烏波盧島）。人民主要爲玻里尼西亞人，與東加人及紐西蘭的毛利人種族接近。語言：薩摩亞語與英語（官方語）。宗教：基督教。貨幣：塔拉（WS$）。薩摩亞爲薩摩亞群島的一部分，包括烏波盧島以及薩瓦伊兩個主要島嶼，此兩島皆爲火山，有七座小島，其中只有阿波利馬島和馬諾諾島有人定居。屬開發中經濟，以農業爲主，其他還有些輕工業、漁業、伐木業和旅遊業。政府形式是君主立憲政體，一院制。國家元首是該國的元首，政府首腦爲總理。玻里尼西亞人在18世紀歐洲人來到之前已在這群島上居住了數千年。該群島一直爲美國、英國以及德國所爭奪的，直到1899年，爲美國和德國所瓜分。1914年西薩摩亞爲紐西蘭所占領，1920年成爲國際聯盟託管地。第二次世界大戰後，薩摩亞成爲由紐西蘭管理的聯合國託管地區，1962年完成獨立。1997年西薩摩亞易名爲薩摩亞。

Samoa, American ➠ American Samoa

Samory Ture　薩摩利（西元1830?～1900年）　亦作薩摩利・杜爾（Samory Touré）。穆斯林改革家和軍事冒險家。爲馬林克人。1868年宣稱自己爲宗教首領，率一幫鬥士在幾內亞康康區建立起一酋長國。於1883、1886及1891年對抗法國，並設法將疆域擴大到蘇丹，但最後被迫將其王國遷移到上象牙海岸。1898年被俘，兩年後去世。

Sámos＊　薩摩斯　希臘愛琴海中的島嶼。位於土耳其的西海岸，在這裡隔著薩摩斯海峽與大陸相望。島上多樹木和山巒，面積爲276平方公里。愛奧尼亞人約於西元前11世紀在此居住。至7世紀薩摩斯已成爲希臘主要的商業中心。該地以文化成就而聞名，尤其是於西元前6世紀在波利克拉特斯所取得的雕刻方面的成就。曾先後被波斯、雅典、斯巴達、羅馬、拜占庭和土耳其人統治。1912年歸屬希臘。爲一富庶島嶼，出產葡萄、橄欖、水果、棉花和煙草。人口42,000（1991）。

Samoyed　薩摩耶德犬　亦稱Samoyede。在西伯利亞培育的一種狗。這種狗體壯如愛斯基摩犬。西伯利亞種族飼養它拉雪橇，做陪伴，也用於放牧馴鹿。耳直立，眼杏仁形，色深，帶一種特別的「笑容」。皮毛長而厚，呈白色、奶油色、灰黃色或白和淡褐色。體高48～60公分，體重23～30公斤。薩摩耶德犬性馴順、忠誠、伶俐，是能幹的守衛和好夥伴。

薩摩耶德犬
Sally Anne Thompson

sampo＊　薩姆波　芬蘭人神話中的神祕物件，具有多重身分，但一般認爲它是支撐天穹的宇宙之柱。因爲諸天體都圍繞薩姆波運轉，因此所有生命賴之以存在，並把它作爲萬善之源。在一個傳說中，描寫了造物主伊爾馬里寧爲地獄的女妖路希製造出薩姆波，然後又將其偷回。導致薩姆波幾乎毀滅。在卡勒瓦拉中，薩姆波是一個神奇的磨臼，它可以爲它的主人無止盡地磨出鹽、金子和餐食。

Sampras, Pete　山普拉斯（西元1971年～）　美國網球名將，生於華盛頓特區，搬到南加州之後，他開始學打網球。他是四次的美國公開賽冠軍（1990、1993、1995～1996）、七次的溫布頓冠軍（1993～1995、1997～2000），以及兩次的澳洲公開賽冠軍（1994、1997）。2000年當他贏得他第七座溫布頓男子單打冠軍獎杯時，山普拉斯創下十三次大滿貫冠軍的世界記錄。他以高速的強力發球、精準的截擊和謙遜的行爲舉止聞名。

Sampson, William T(homas)　桑普森（西元1840～1902年）　美國海軍軍官。畢業於亞那波里斯的美國海軍學院。在南北戰爭期間服過役。1886～1890年爲美國海軍學院院長。1893～1897年任軍械局長。美西戰爭爆發後，他指揮大西洋海軍中隊，將西班牙海軍封鎖在古巴聖地牙哥港內（1898）。當西班牙艦隊設法逃離海港時，被他指揮的海軍中隊擊潰。雖然桑普森負責規畫作戰計畫，但在作戰時他並不在現場。由於戰爭的勝利，桑普森晉升爲海軍上將。

samsara＊　輪迴　在佛教與印度教中表示生、死以及所有附有條件的存在之物被給予的再生之間無止境的循環。輪迴被認爲沒有能被覺察到的開始與結束。在輪迴中，個人遊歷的細節由因業來主宰。印度教中，解脫即是從輪迴中解除出來。佛教中認爲達到涅槃境界便超越了輪迴。輪迴的範疇可從最低等的昆蟲（有時也包括蔬菜和礦物質）延伸到梵天，神界的最高境界。

samskara＊　家祭　印度教徒一生從成胎那一刻到身後骨灰撒盡各個人生階段所舉行的個人儀禮。家祭儀式是根據習俗以及在《往世書》中所述之內容。它根據地區、世襲種姓或家族而大不相同。最普通的十六項傳統家祭，包括成胎禮、男性出生禮、取名禮、入法禮及結婚禮等，也有很多由女性來執行的，並對女性有益的不規範的家祭。

Samson　參孫　《舊約・士師記》中的以色列戰士英雄。天使曾告訴他的母親，她將生下一個獻身於上帝的兒子，並且他的頭髮始終不能被剪掉。參孫有過許多強有力的行爲，比如殺死一頭獅子和移動加薩之門。在他向一位非利士婦女大利拉透露了頭髮是他的力量之源這一祕密後，大利拉趁他熟睡時剪掉他的頭髮，讓他失去了力量。非利士人還弄瞎了他的眼睛，使他成爲奴隸。後來參孫重新獲得了力量，他將寺廟內的一根立柱推倒，當時有3,000非利士人聚集在寺廟中，他們與參孫一同被砸死。

Samuel　撒母耳（活動時期約西元前11世紀）　《舊約》中的先知。是繼摩西之後第一位也是古代以色列士師中最後一位。有關撒母耳的資料見於聖經中〈撒母耳記〉上、下兩書。這兩本書敘述在西元前11～西元前10世紀以色列的歷史。在這段期間，以色列第一個君主政體成立了，以色列的部族也都團結在該獨立王國之下。建都耶路撒冷。撒母耳得到啓示擁護掃羅就任國王，但不久宣布一神諭拒絕掃羅，並祕密爲大衛塗油，立其爲王。學者們均在爭議是否歷史上的撒母耳就是記載有他名字的那兩本書的作者。

Samuel　薩穆伊爾（卒於西元1014年）　西保加利亞沙皇（980～1014）。原來只統治馬其頓，後來又征服塞爾維亞、保加利亞北部、阿爾巴尼亞和希臘北部。他恢復了保加利亞的轄區（領土）並且在980年代打敗了巴西爾二世。然而他和拜占庭之間的爭鬥一直持續到1014年巴西爾在貝拉西察戰役中打敗了薩穆伊爾軍隊爲止，在巴西爾命令之下15,000名被俘虜的保加利亞人被刺瞎後釋回，據說薩穆伊爾因而被驚嚇而死。

Samuel, Herbert Louis　塞繆爾（西元1870～1963年）　受封爲塞繆爾子爵（Viscount Samuel (of Mount Carmel and of Toxteth)）。英國政治人物。早年在倫敦貧民區從事社會工作，1902年選入下議院。在下議院任內他完成立法建立了少年法庭和對少年犯所成立的博斯托爾制度。作爲郵政總長（1910～1914, 1915～1916），將電話系統國有化。1920～1925年間，被奉派爲英國第一位出使巴勒斯坦的高級地方行政長官，改善了這個地區的經濟狀況，並致力於各教派之間的和諧。1931～1935年爲自由黨領袖。1937年封子爵，1944～1955年任自由黨上議院領袖。作爲英國（後稱皇家）哲學研究所所長（1931～1959）。著有《實用倫理學》（1935）和《信仰與行動》（1937）等通俗著作。

Samuelson, Paul (Anthony)　塞繆爾森（西元1915年～）　美國經濟學家。在哈佛大學獲得博士學位。自1940年起在麻省理工學院任教。1986年成爲名譽退休教授。其《經濟分析基礎》（1947）闡述了其研究工作基本主題－－消費者行爲的萬能性質乃經濟理論之鑰－－的基本原理。他的研究領域包括經濟系統的動態學、公共財物分析、福利經濟學和公共支出。其最具影響力的著作爲乘數和加速效應的數學公式，以及在消費分析方面他所發展的偏好顯示學說。其經典的《經濟學》（1948）一直是美國最暢銷的經濟學教科書。基於他對幾乎所有經濟領域做出的奠基性貢獻，1970年成爲獲得諾貝爾經濟學獎的第三人。

samurai　武士　日本戰士階級。在日本早期歷史中，文明是與皇室相聯繫的，武士多受人蔑視。隨著私人莊園的出現，武士變得日益重要，因爲莊園需要武士的保護。武士的勢力不斷增強，當源賴朝建立起鎌倉幕府（1192～1333）後，武士成爲統治階級。武士以遵守紀律、禁欲以及服務爲特徵（參閱Bushido）。武士文化在足利幕府（1338～1573）時期有了進一步的發展。在德川家族（1603～1867）統治的兩個太平世紀中，武士在很大程度上演變爲世俗的官僚主義者。作爲政府雇員，武士領有固定的薪金，在18～19世紀江戶（今東京）和大阪的商業經濟蓬勃發展的過程中，薪金數額日益減少。到19世紀中期，官銜較低的武士渴望社會變革，同時希望面對西方列強的入侵能有一個強大的日本，他們於1868年在明治維新中推翻了幕府政府。封建階級在1871年被廢除。一些武士起來造反（參閱Saigo Takamori），但他們中的大多數使自己融進了日本的現代化進程。亦請參閱daimyo、han。

San　桑人　舊稱布西曼人（Bushmen）。現主要生活在非洲南部喀拉哈里沙漠及其附近的民族。桑人使用的語言屬科伊桑語族。兩個著名桑人民族爲昆人和格威人。傳統的桑人社會以有親戚關係的家庭組成的遊牧團體爲中心。桑人的住處是由樹枝、嫩枝和草搭成的半圓形結構，他們的什物都是隨手可以拿動的，他們的家私少而輕。他們一直使用弓和陷阱來狩獵。採集野生的蔬菜，水果和堅果爲食。其人口爲有50,000。由於歷史、政治方面的原因，他們被限制在荒蕪而乾旱的地區，爲了工資而在歐洲人的工廠工作，伺候其他非洲人，特別是茨瓦納人。

San, Saya＊　沙耶山（西元1876～1931年）　原名亞覺（Ya Gyaw）。緬甸政治領袖。曾在暹羅和緬甸當過佛僧、醫師和占星術士，並加入了極端民族主義派，這是一個組織農民起事的組織。他聲稱要當緬甸的國王，並於1930年稱王，在沙耶瓦底區發動反英起義。起義軍僅以劍和抵禦槍彈的符咒爲武裝，於1932年被使用機械槍的英軍擊敗，沙耶山被絞死。這次起義露出英國在緬甸的統治地位搖搖欲墜和不得人心。

San Andreas Fault＊　聖安德烈亞斯斷層　兩個構造板塊之間的轉換斷層區。穿經美國加州北部，長1,050公里，過舊金山附近入海。沿斷層的運動表現爲頻繁的地震，包括1906年的舊金山主要大地震，當時部分斷層線的移動超過了6.4公尺，以及輕微嚴重的1989年的地震。

San Antonio　聖安東尼奧　美國德州中南部城市。位於聖安東尼奧河源頭。於1718年由西班牙人在一個印第安村莊建立，當時是作爲一個傳教區。1731年規畫爲鎮。這個被稱爲阿拉莫的傳教區在1794年成爲軍事據點。1836年在這裡發生了歷史性的圍攻。19世紀末該城作爲奇澤姆小徑的起點，成爲了主要的運牛中心。軍事設施，尤其是航空和航太方面的設施，帶動該城在1940年之後快速發展。現經濟以行政服務、商業、製造業、教育和旅遊各業均衡發展。人口1,068,000（1996）。

San Bernardino　聖伯納底諾　美國加州南部城市。位於洛杉磯以東約100公里處。1852年規畫爲鎮。主要因爲周圍的柑橘林和葡萄園而發展成爲貿易中心。其他工業，如航太、電子和鋼鐵等，現已成爲經濟支柱。爲聖伯納底諾－利維塞得－安大略都市聯合體的一部分。人口約183,000（1996）。

San Bernardino Pass　聖貝納迪諾山口　瑞士東南部勒蓬廷阿爾卑斯山脈的山口。海拔2065公尺。聖貝納迪諾村莊正好位於山口以南，爲一四季遊覽地。山口下面的隧道於1967年通車，改善了該地區的交通。該山口以錫耶拿的聖爾伯納的名字來命名，他曾在15世紀初在這一地區佈道。

San Cristóbal Island＊　聖克里斯托瓦爾島　東太平洋加拉帕戈斯群島島嶼之一。爲加拉帕戈斯群島中人口最多和最富庶的島嶼，出產蔗糖、咖啡、木薯和酸橙。原爲火山。長約39公里，寬13公里。是該群島中唯一有定期供水設備的島。達爾文於1835年登上聖克里斯托瓦爾島的居民點，在該島搜集日後編入《物種起源》一書中的資料。

San Diego　聖地牙哥　美國加州西南部的港口城市。瀕臨聖地牙哥灣，是重要的空軍基地。1542年被西班牙人發現，取名聖米格爾（San Miguel），1602年改名爲聖地牙哥。1769年西班牙人在此建立軍事駐防地，塞拉在此建立了加利福尼亞第一個傳教團。1846年美國從墨西哥手中奪得之後，於1867年設計了一座新城市，1884年聖大非鐵路的通車刺激了該市的發展。工業以航太、電子和造船爲主。也是加州南部農產品的主要商業輸出口岸。巴爾博亞公園內及其園內的聖地牙哥動物園，以及這裡的大學園區都頗爲著名。人口約1,171,000（1996）。

San Diego Zoo　聖地牙哥動物園　世界上收集哺乳動物、鳥類及爬蟲類動物最多的動物園，位於美國加州聖地牙哥市，由該市的動物學會經管。該園占地40.5公頃，創建於1916年，約有800種動物和6,500種植物。1972年又在該園東北約52公里的聖帕斯夸爾峽谷開放了占地729公頃的聖地牙哥野生動物公園；那裡的250多種動物來自亞洲，非洲以及澳洲。1975年成立的研究機構－－繁殖瀕臨滅絕物種中心，促進了該公園在管理和飼養瀕臨滅絕物種方面取得的成功。

San Fernando Valley　聖費爾南多谷地　美國加州南部山谷，在洛杉磯市商業區西北面，群山環抱，臨接聖加布里埃爾山脈、聖蘇薩娜山、聖莫尼卡山以及錫米山。面積670平方公里，原爲農業區，現有洛杉磯的數個城郊住宅社區（恩西諾、影城、北好萊塢、聖費爾南多等）。

San Francisco　舊金山；三藩市　北加州城市及港口。位於太平洋和舊金山灣之間半島的北端。18世紀該城由西班牙人建立，1821年墨西哥獨立後，處於墨西哥人的統治之下。1846年爲美國軍隊占領後，由於在鄰近地區發現金礦（參閱gold rush），而使舊金山迅速發展。1869年它成爲第一條橫貫大陸的鐵路的終點。曾受到1906年地震與大火的強烈損壞。1960年代舊金山成爲美國文化改革中的重要城市。1989年它再次遭受大範圍的地震破壞。舊金山是商業、文化和金融中心，也是美國最具國際化的都市之一。除了是許多著名學府的所在地，還有舉世聞名的金門大橋。人口約745,774（1998）。

San Francisco Bay　舊金山灣　美國加州中西部幾乎全部爲陸地環繞的廣闊的海灣。由沒入海中的河谷形成。此灣經金門灣通太平洋，金門灣上建有金門大橋。爲世界上最佳天然港灣之一。灣內有數座島嶼（包括珍寶島、天使島、岩石島等），四周有舊金山、奧克蘭和柏克萊等大城市。

San Gabriel Mountains　聖加布里埃爾山脈　美國太平洋海岸山脈的一部分，位於加州南部。多海拔2,700公尺以上的山峰，最高峰聖安東尼奧山（或稱「老禿頭山」）高3,072公尺。帕沙第納北部的威爾遜山天文台也在該山脈。該山脈大部分處在安吉利斯國有森林境內。

San Jacinto Mountains＊　聖哈辛托山脈　美國太平洋海岸山脈的一部分，位於加州南部。最高峰聖哈辛托峰海拔3,293公尺。棕櫚泉位於山脈東部。山脈大部分爲自然保護區，爲州立聖哈辛托山州立公園和部分聖伯納底諾國有森林所在地。聖哈辛托山脈爲人們旅遊觀光、戶外休閒提供了場所，同時也是周圍地區的重要分水嶺。

San Joaquin River＊　聖華金河　美國加州中部河流。由內華達山脈中水流匯集而成，流經加州的斯多克東，在休桑灣上方匯入沙加緬度河。全長560公里，河上築有水電站。其河谷構成中央谷地的南段。沿岸爲美國最富庶農區之一。

San José＊　聖何塞　哥斯大黎加共和國首都（1996年人口約968,000）。約建於1738年，原爲努埃瓦鎮。在開闊、肥沃的山谷內，海拔1,160公尺。西班牙殖民時代慢慢地發展成爲煙草中心。1823年被設爲首都，1840年代爲咖啡生產中心。在整個19世紀，咖啡一直是哥斯大黎加收入的主要來源。作爲全國的政治、社會和經濟中心，這個城市在20世紀人口和面積都迅速增加。

San Jose＊　聖約瑟　美國加州中西部城市。位於舊金山的西南部。爲加州第一個居民點，1777年被建爲西班牙軍隊後勤補給地，後曾爲加州第一個首府（1849～1851）。1850年聖約瑟成爲加州首先獲特許成立的城市，此後變爲加州金礦區的交易點。從舊金山延伸而來的鐵路便利了該城附近農場的農產品運輸，使該市成爲出產水果及酒類的富庶農業區的加工及供銷中心。該市爲矽谷的一部分，其工業包括電子、電腦、航太元件的製造、汽車零件及多種家用品及消費品的製造。人口839,000（1996）。

San Jose scale　梨圓蚧　蚧的一種，學名爲Aspidiotus perniciosus。1880年發現於北美加州的聖何塞，可能原產於中國。雌蟲黃色，外被圓形蠟質介殼，直徑1.5公釐，殼中部隆起，周圍有一黃環。雌蟲交配後產出幼蚧，一年可繁殖幾代。梨圓蚧可蓋滿樹枝最終導致樹的死亡。

San Juan＊　聖胡安　波多黎各首府及港市。1508年龐塞・德萊昂曾到過該地，16世紀初期該城爲西班牙人所建，壁壘森嚴，成爲西班牙人探索新大陸的基點。後該城曾多次被英國人襲擊，其中包括1595年由德雷克所領導的戰役。在美西戰爭期間，該城於1898年爲美國人占領。該城在20世紀得到了迅猛發展，成爲西印度群島的主要港口和遊覽聖地之一。有煉油、製糖、釀酒、蒸餾等工業，並爲全國金融中心，許多美國銀行和企業在此設有辦事處或集散中心。埃爾莫羅和聖克里斯托瓦爾要塞就是在該市的歷史遺跡之內。人口434,000（1996）。

San Juan Island National Historical Park　聖胡安群島國家歷史公園　在美國華盛頓州西北部聖胡安群島上的歷史公園。建於1966年，面積710公頃。聖胡安群島由172個島嶼組成，行政上爲華盛頓州聖胡安縣。

San Juan Mountains　聖胡安山脈　美國落磯山脈南段的一部分，美科羅拉多州西南部。從美國科羅拉多州西南部沿格蘭德河向東南延伸，止於新墨西哥州北部的查馬河。北部山峰高度多超過4,300公尺，其中有伊奧洛斯山、斯奈弗爾斯山和紅雲山。最高峰安肯帕格里峰，海拔4,361公尺。該山脈主要由火山岩構成，地形崎嶇，密林覆蓋。

San Juan River　聖胡安河　尼加拉瓜湖出口的河流，位於尼加拉瓜南部。該河源於尼加拉瓜湖的東南端，沿尼加拉瓜與哥斯大黎加邊界注入加勒比海。全長199公里，在其出口處形成三個海灣：胡安尼洛美諾灣、里奧克羅拉多灣以及聖胡安島。

San Juan River　聖胡安河　美國西南部河流。源出科羅拉多州南部的聖胡安山脈，位於大陸分水嶺的西部。西南流進入新墨西哥州，後折向西北入猶他州，最後向西匯入科羅拉多河。全長580公里。不通航。該河流經新墨西哥州、猶他州、亞利桑那州、科羅拉多州的共同加界處，並使此處形成眾多深達三百多公尺S狀的溪谷。這些溪谷被稱爲「鵝頸」。

San Luis Potosí＊　聖路易波托西　墨西哥東北部一州（1995年人口約2,201,000），面積63,068平方公里。州首府聖路易波托西。土地肥沃，糧食多產於內陸高原和熱帶山谷低地。畜牧業占重要地位，出口皮革、牛脂和羊毛以及少量木材。境內有幾個墨西哥有名的富銀礦。

San Luis Potosí　聖路易波托西　墨西哥聖路易波托西州首府（1990年人口約526,000），位於中央高原，海拔1,877公尺。1583年始爲聖芳濟會所建，1658年爲市，成爲該地區殖民統治的中心。1863年爲華雷斯政府所在地。1910年馬德羅計畫在此公布，提出墨西哥革命的政治和社會目標。現爲銀礦業和農業區中心，也是製造業和金屬冶煉業中心。

San Marco Basilica ➠ Saint Mark's Basilica

San Marino　聖馬利諾　正式名稱聖馬利諾共和國（Republic of San Marino）。歐洲南部義大利半島中部國家。面積62平方公里。人口約27,200（2001）。首都：聖馬利諾。人口大多是義大利人。語言：義大利語（官方語）。宗教：羅馬天主教。貨幣：里拉（Lit）。其領土呈不規則長方形，最長13公里，有河川穿過，注入亞得里亞海。主要地形爲蒂塔諾山（739公尺），首都聖馬利諾（人口約2,300）坐落於此，四周有三層圍牆。

聖馬利諾的經濟以私人企業爲基礎，包括旅遊業、商業、農業、手工業和精美的印刷品，尤其是郵票。政府形式爲共和國，一院制。國家元首暨政府首腦爲兩位攝政首領。據傳，聖馬利諾於4世紀初由聖馬里納斯發現。12世紀時已發展成一個自治體，儘管鄰近的統治者，包括在義大利里米尼附近的馬拉泰斯塔家族的侵犯，自治體始終仍能保持獨立。聖馬利諾作爲義大利自治城邦的一處遺跡，在文藝復興後倖存下來。1861年義大利成爲一統一國家後，仍保持獨立共和國。聖馬利諾是世界上最小的共和國，可能是歐洲最古老的國家。

San Marino　聖馬力諾　美國加州西南部城市，位於洛杉磯東面，帕沙第納南面。1903年鐵路壟斷資本家亨丁頓（1850～1927）購買下聖馬力諾農場，開始在此建立社區，1913年設建制。亨丁頓莊園現爲公共遊覽地，內有亨丁頓圖書館（藏有許多珍貴的英美文獻）、美術館（展有根茲博羅的《憂鬱的男孩》）和植物園。人口約13,000（1995）。

San Martín, José de＊　聖馬丁（西元1778～1850年）　阿根廷民族英雄，領導了阿根廷人民反對西班牙（1812）、智利（1818）和祕魯（1821）的外來統治的鬥爭。其父爲職業軍人、殖民地管轄者。他在西班牙接受教育，起先爲西班牙國王效力，曾與摩爾人（1791）、英國人（1798）、葡萄牙人（1801）作戰。但1812年他回到南美後，開始投身那裡的革命運動。解放利馬的戰役是他領導的最重要的戰役，利馬的解放使阿根廷的獨立得到保證。這次戰役中，他大膽地採用跨過安地斯山脈的戰略計畫，率領軍隊完成了艱難的跋涉，取得了戰爭的勝利。1817年他解放了智利並將其移交給沃伊金斯，其後他率領艦隊駛向祕魯，封鎖那裡的主要港口，使保皇軍被迫撤退。隨後他率領軍隊進入利馬並宣告祕魯獨立，但他並沒有足夠強大的軍隊擊垮其內部的保皇黨人。1818年他與玻利瓦爾會面，他們之間發生的事情不爲世人所知，其後不久聖馬丁便流亡法國，由波利瓦爾完成解放祕魯的事業。

San Pedro Sula＊　聖佩德羅蘇拉　宏都拉斯西北部城市，該城位於距德古斯加巴西北部160公里處。1536年爲西班牙人所建，該城現在幾乎被完全重建。聖佩德羅蘇拉爲全國主要工業中心和第二大城市，生產多種商品，其中包括紡織品、食品、服裝、飲料、家具。人口約384,000（1995）。

San Salvador ➠ Bahamas, The

San Salvador　聖薩爾瓦多　薩爾瓦多首都。1525年西班牙人在蘇奇托附近建立，1528年該城遷至現址。1546年建制。1839年成爲薩爾瓦多首都。1970年代末該城成爲政府與左翼政治團體武力爭奪的焦點。該城爲國家的金融、商業和工業中心，主要生產紡織品、服裝、皮製品和木製品。該城也是薩爾瓦多國立大學的所在地。曾在1854、1873和1917年遭受地震襲擊，1934年又遭受洪水侵襲，該城屢次重建。1986年該城再次發生地震，九百餘人喪生。人口1,522,000（1992）。

San Sebastián＊　聖塞瓦斯蒂安　巴斯克語作Donostia。西班牙北部港口，位於法國邊界比斯開灣的烏魯梅阿河口。1014年始見記載，於1775年左右那瓦爾國王智者桑喬准許設建制。1813年半島戰爭期間，被英、葡聯軍從法軍手中奪取並焚毀。後曾爲西班牙王室避暑行宮，現成爲時尚的海濱渡假區。其附近的烏格爾山峰頂有16世紀建造的黏土城堡。

San Simeon　聖西米恩　美國加州南部，原爲赫斯特的產業。它被建造在占地99,000公頃的廣大私人的土地上，1860年代爲赫斯特父親所開發。1919～1920年赫斯特支持建築師摩根將其建成爲具有華麗的房邸和庭園的複合式建築，供爲鄉間邸宅。後來稱爲赫斯特古堡的主要宅第是西班牙文藝復興風格的建築。有一百五十個房間，外觀像大教堂，有兩個鐘樓，其豐富的內部裝飾緣自歐洲教堂和皇宮。這個古堡在1919～1948年間繼續不斷擴建、增建附屬建築物、地中海式的庭園、雕像、游泳池、噴泉、涼亭和自全球各地收集的無價的藝術珍寶。現闢爲州立歷史紀念地。

San Stefano, Treaty of＊　聖斯特凡諾條約（西元1878年）　俄土戰爭後由俄國強加給鄂圖曼政府的一項和平條約。條約內容包括建立一個獨立的保加利亞公國（公國將包括馬其頓大部分），將鄂圖曼帝國歐洲部分重新分配，將土耳其亞洲部分割讓給俄國。該條約受到奧匈帝國和英國的反對，在柏林會議上得到修改。

Sanaa＊　沙那　葉門首都，位於該國西部，其所在地爲原爲前伊斯蘭時期的古霍姆丹要塞遺址，據傳說此要塞在西元1世紀便已存在。632年該城皈依伊斯蘭教。雖名義上從1516年開始爲鄂圖曼統治，實際從17世紀早期到1872年，該城一直爲栽德派教長所控制。鄂圖曼在第一次世界大戰中戰敗後，該城成爲獨立的葉門的首都。1990年葉門與葉門人民民主共和國合併，沙那成爲統一後的國家首都。許多世紀以來，沙那一直是葉門高原的主要經濟、政治和宗教中心。人口972,000（1995）。

Sanaga River＊　薩納加河　喀麥隆中部河流，向西南方向流入與比奧科島對面的比夫拉灣。全長525公里。上游多瀑布、湍灘。河上建有堤壩、水庫，用來調節水流並進行水力發電。

Sánchez Cotán, Juan＊　桑切斯・科坦（西元1560～1627年）　西班牙畫家。篤信宗教，早期在托萊多創作靜物畫，受在那裡知識界盛行的天主教神祕主義影響。1603年進入修道院，其後一直爲加爾都西教會的俗家教徒。其宗教畫成就並不突出，但其靜物畫屬歐洲最傑出的作品。他的畫寫實細緻，和諧有致，虛實相生，表達出一種謙卑的精神和神祕的靈性。

桑切斯・科坦《榲桲、捲心菜、西瓜和黃瓜》（1602），油畫
San Diego Museum of Art, gift of Anne R. and Amy Putnam

Sanchi sculpture＊　桑吉雕刻　印度早期爲裝飾佛教遺址被稱爲桑吉大塔門的門廊所作的雕刻，位於中央邦，爲西元前1世紀的重要紀念碑。每一個門口用兩個頂端雕有走獸和侏儒的方柱築成，在頂部的橫樑上，有三寶和法輪。橫樑間的方座上滿布浮雕，描繪佛陀生平事跡。在門廊的石柱與最低的橫樑之間，雕有體態豐盈的自然女神。

印度中央邦桑吉地區大窣堵波（即1號窣堵波）北門橫梁
Art Resource

Sancho I　桑喬一世（西元1154～1211年）　別名Sancho the Founder。葡萄牙第二代國王（1185～1211年在

位）。阿方索一世之子。他在位期間，曾向葡萄牙人口稀少的地區移民，建立新市鎮，重建邊境要塞和城堡。他鼓勵外國人在葡萄牙定居，並將大片土地授給軍人。當葡萄牙被阿爾摩哈德－摩爾人所入侵時，他派遣十字軍艦隊去抵抗他們（1189），但1191年他又失去了太加斯河以南的葡萄牙土地。

Sancho II 桑喬二世（西元1207～1248年） 別名Sancho the Cowled。葡萄牙的第四代國王（1223～1245年在位）。在他執政時，派別鬥爭非常激烈，他努力實現政治上的穩定局面，但沒有成功。他曾再對摩爾人作戰，將葡萄牙的主權擴展到阿爾加維的大部分地區（1238～1239）。1245年他被廢黜，其兄弟阿方索三世被另立爲國王。

Sancho III Garcés＊ 桑喬三世・加爾塞斯（西元992?～1035年） 別名Sancho the Great。那瓦爾國王（1005～1035年在位），加西亞三世之子。他是一個老練的政治家，建立了那瓦爾對西班牙所有基督教國家的霸權。1010年娶卡斯提爾的桑喬・加西亞伯爵之女穆尼亞爲妻，1029年將卡斯提爾改爲王國。他將帝國分給四個兒子，導致了他死後兄弟自相殘殺的戰爭局面。

Sancho IV 桑喬四世（西元1257～1295年） 別名Sancho the Brave。卡斯提爾和萊昂國王（1284～1295年在位），阿方索十世的次子。桑喬依靠貴族和軍人的支持搶奪了阿方索十世繼承人的位置，在其父死後篡奪了王位。他曾粉碎非斯國王對安達魯西亞的入侵（1290），並將其女嫁給亞拉岡的詹姆斯二世，因此獲得了亞拉岡的支持。他很倚重好戰的王后瑪麗亞・德莫利納（卒於1321年）。

sand 砂 直徑爲0.02～2公釐的礦物的、岩石的或土壤的顆粒。大多數出現在地表上的造岩礦物都可以在砂中發現，但石英是最爲常見的。大部分的砂中含有少量的長石，也有少量的白雲母。所有的砂均含有少量的重造岩礦物，包括石榴石、電氣石、鋯石、金紅石、黃玉、輝石和角閃石。在陶器和玻璃製造業中使用很純的石英砂作爲二氧化矽的來源。製造酸性煉鋼爐的爐襯也需要類似的砂。在鑄造廠澆鑄金屬採用的鑄模是由砂和黏土黏合劑製成的。石英和石榴石砂廣泛地用作磨料。普通砂有大量的其他用途，例如，配製砂漿、水泥和混凝土。亦請參閱tar sand。

Sand, George＊ 喬治桑（西元1804～1876年） 原名Amandine-Aurore-Lucile Lucie Dupin。法國小說家。童年時她就深切熱愛鄉村，這一切後來都生動地反映在她的許多作品中。1822結婚，但不久就對他的丈夫杜德望男爵感到厭倦。其後先後捲入了幾段婚外戀情。她的情人中有梅里美、繆塞，最重要的是蕭邦。她以筆名出版的小說《安蒂亞娜》（1832）爲她贏得了聲譽，小說表達了她對那種不顧妻子的意願而將她束縛在丈夫身邊的社會傳統觀念的強烈抗議。之後在《萊莉亞》中（1833），她把對自由結合的理想引申到更廣泛的社會和階級關係上去。相同的主題及她對窮人的同情在她最優秀的作品中反覆出現，這些作品都以鄉村爲題材。其中包括《魔沼》（1864）、《棄兒弗朗索瓦》（1848）和《小法岱特》（1849）。

喬治桑
By courtesy of the Musee Carnavalet, Paris

Sand Creek Massacre 桑德河大屠殺（西元1864年11月29日） 亦稱奇文頓大屠殺（Chivington Massacre）。美國軍隊對夏延區的意外攻擊。美國約翰・奇文頓上校於1864年11月29日率領主要由科羅拉多志願軍組成的1,200人軍隊，對科羅拉多東南地區靠近里昂堡一個已經投降的夏延族印第安人發動的突襲。印第安人已在和里昂堡司令官談判議和。襲擊開始時，印第安人升起一面白旗，但軍隊繼續攻擊，有兩百多名印第安人遭到屠殺，這一場屠殺事件導致大平原印第安人戰爭。

sand dollar 楯海膽 海膽綱楯形目棘皮動物的統稱。體扁盤形。身體上表面呈5輻射對稱。此類動物鑽入沙底，以飄入嘴裡的有機質爲生。口位於體下面的中央。體表覆以細小的刺，用於挖沙和爬行。經常可見於北美和日本的海灘上的普通楯海膽，周邊直徑5～10公分。

sand dune 沙丘 小山、沙堆、沙埂或由風的作用形成的其他鬆散的物質。沙丘通常與沙漠地區和海岸有關。南極洲非冰地帶有大量的沙丘。

sand flea 沙蚤 亦稱灘蚤（beach flea）。跳蝦科的數種陸生甲殼動物的俗稱，善跳躍。歐洲沙蚤長1.5公公分。長角沙蚤分布在北美大西洋沿岸，其觸角與體等長，體長2.5公分，白蠟色。白天鑽入高潮線附近海灘的沙內，夜出尋食，以有機碎屑爲食。普通沙蚤生活在歐洲和美洲大西洋沿岸。

sand fly 白蛉 白蛉科（或歸爲毛蠓科的一部分）雙翅類昆蟲的統稱。幼蟲水生，生活在沿岸的潮間帶、泥中或潮濕的有機碎屑中。白蛉屬在地中海和南亞附近傳播白蛉熱病毒；其他則在南美洲、非洲和亞洲傳播引起黑熱病、東方瘤、美洲萊什曼病和巴爾通氏體病等的寄生原生動物。sand fly一詞又指蚋及擬蚊蠓。

sand shark 錐齒鯊 錐齒鯊科錐齒鯊屬約6種魚類的統稱。分布於各大洋熱帶與溫帶沿岸淺水水域，常在海底或近海底處活動。體長3～6公尺，體上部灰褐色，腹部顏色較淺。錐齒鯊性貪婪，但一般遲鈍。牙細長而尖，掠食魚類及無脊椎動物。大西洋錐齒鯊和澳大利亞的沙錐齒鯊被認爲具危險性。

錐齒鯊屬的一種
Grant Heilman

sandalwood 檀香 檀香科檀香屬半寄生植物或其木材，尤指眞檀香（即白檀）。可用作製成家具或提取其中的檀香木油製香水、香皂、蠟燭或薰香。近10種，分布南亞和南太平洋島嶼，檀香科植物包括400多種半寄生植物（其中包括灌木、草本和樹木），分屬36個不同的屬，分布於溫、熱帶地區。有些屬的檀香科植物的葉片呈鱗狀。其綠色葉片包含一定量的葉綠素，可供其製造養料，但所有的檀香科植物在一定程度上都是寄生的，從其宿主那裡獲得水分和養料。大部分（包括白檀）爲根部寄生植物，但也有一部分爲莖部寄生植物。

Sandalwood Island ➠ Sumba

sandbar 沙壩 亦稱濱外沙洲（offshore bar）。位於海面以下或部分露出的脊，由波浪從海灘向海運移的沙或粗粒沈積物構成。波浪在海灘附近海面上破碎時形成渦流擾動，在沙質的底上侵蝕出一條凹槽。一部分沙被向前輸送到海灘上，其餘則堆積在凹槽向海一側。在退浪流和退潮流裡懸浮的沙，添加到了沙壩上，正像有些從較深處向岸運動的沙添加到了沙壩上一樣。海浪在壩上破碎時的潑擊，使壩頂保持在靜海水平面以下。

Sandburg, Carl 桑德堡（西元1878～1967年） 美國詩人、歷史學家、小說家、民俗學者。桑德堡先後從事過各種不同職業並參加了美西戰爭。1913年，他來到芝加哥從事新聞業。1914年，他的作品在《詩歌》雜誌上發表，為他贏得了聲譽，其中包括最著名的〈芝加哥〉。他的惠特曼式自由詩歌頌了工人，如《煙與鋼》（1920）、《人民，是的》（1936）。《美國歌謠彙編》（1927）和《美國歌謠新編》（1950）中收集了他演唱過的民歌。他的其他作品有：《亞伯拉罕・林肯：草原歲月》（1926）、《亞伯拉罕・林肯：戰爭歲月》（1939，獲普立茲獎）、《紀念岩》（1948）和四本兒童讀物，其中包括《魯特巴格故事》（1922）。

桑德堡，攝於1949年
By courtesy of the Illinois State Historical Library, Springfield

Sanders, Barry 山德斯（西元1968年～） 美國美式足球員，生於肯塔基州的威契塔。他就讀於奧克拉荷馬州立大學時得過海斯曼盃（1988），還創下34項大學的持球衝鋒記錄。1989年加入底特律獅子隊擔任跑衛後，在他的前十個球季就衝了15,269碼，成為生涯總碼數僅次於佩頓的第二人。他保有最多場持球衝鋒超過150碼（25）、單季最多場100碼以上（14）以及超過50碼的最多達陣次數（15）的記錄。在1999年球季開賽前他宣布退休，為他的所有記錄劃下句點。

Sanders, Otto Liman von ➠ Liman von Sanders, Otto

sandhill crane 沙丘鶴 鶴形目鶴科的涉禽。身長90～110公分，頂部紅色，身體呈藍灰色或灰褐色並略帶淺黃色。叫聲長而刺耳。鶴類屬於最古老的鳥類，繁殖地從阿拉斯加到哈得遜灣；最初這種鳥繁殖於加拿大中南部和美國五大湖區，但現在在那裡已不多見。沙丘鶴中體形較小，不遷徙的一個亞種在佛羅里達和喬治亞南部繁殖後代，其餘種類被列為稀有動物或已瀕臨滅絕。人們使沙丘鶴代為撫養幼小高鳴鶴以防止其滅絕。

Sandinistas 桑定主義者 桑定民族解放陣線（FSLN）的成員。此組織成立於1962年，目的是為了推翻蘇慕薩家族的獨裁統治。該組織從學生、工人和農民中尋求支持。他們以宏都拉斯和哥斯大黎加為基地對尼加拉瓜國民警衛隊進行攻擊。到了1970年代中期，桑定民族解放陣線分裂為幾個派別，但於1978～1979年再度聯合並推翻了蘇慕薩的統治。以奧蒂加・薩維德拉為首的一個派別領導了桑定政府，推行掃盲和社區醫療計畫。美國為顛覆該政府對其實行貿易禁運，使國際借貸組織無法對其給予援助，並支持其反對集團。桑定民族解放陣線最終失去支持於1990年被顛覆。亦請參閱Chamorro, Violeta。

sandpainting 沙畫 流行於納瓦霍人和普韋布洛印第安人和藏族佛教徒中的藝術類型。沙畫是風格化的象徵性圖畫，用少量碾碎的各種顏色的沙石、木炭、花粉以及其他乾材料，慢慢撒在一塊潔淨而平整的沙底上而成。圖案包括各種神像、動物、閃電、彩虹、植物以及與各種儀式有關的聖歌中所描繪的其他符號。這些讚美的聖歌與各種宗教和治療儀式有關。

sandpiper 鷸 鷸科多種海鳥的統稱，幾乎在世界範圍內都有其繁殖地和越冬地。體長約15～30公分。鷸的喙和腿長度中等，翅窄，尾較短。上體由褐色、淺黃色和黑色區域組成複雜的「枯草」圖案，下體白色或淡黃色。鷸在海岸線和內陸水體的沙灘及泥灘覓食，沿水邊奔跑，揀食昆蟲、甲殼動物以及蠕蟲。飛行時及沿沙灘奔跑時發出尖細的叫聲。許多種鷸繁殖於北極，成群大批遷徙至南美和紐西蘭越冬。

白腰濱鷸（*Calidris fuscicollis*）
Helen Cruickshank from The National Audubon Society Collection/Photo Researchers

sandstone 砂岩 由直徑在0.06～2公分之間的砂粒構成的沈積岩。砂粒之間的間隙可以是空的或被化學膠結物氧化矽或碳酸鈣所充填，也可被細粒的基質充填。骨架的主要礦物組分是石英、長石和岩屑。砂岩可采來用作建築石料。砂岩因為其量甚多，結構構造和礦物成分多樣、複雜，故為地質學者們研究侵蝕作用和沈積過程提供了重要指示。亦請參閱graywacke。

Sandwich, Earl of 桑威奇伯爵（西元1718～1792年） 原名John Montagu。英國首位海軍大臣（1748～1751、1776～1781）。他曾任北方事務大臣（1763～1765、1770～1771），其間受到威爾克斯的控告。美國革命期間，被任命為海軍大臣，他堅持在歐洲海域保持大部分艦隊以防法國的進攻，因此受到指責。他鼓勵英國探險家科克船長領導的探險，1778年時科克以他的姓氏命名桑威奇島（夏威夷）。1762年他坐在賭桌旁24小時，僅用夾肉麵包充飢，「三明治」由此得名。

Sangallo the Younger, Antonio da ➠ da Sangallo the Younger, Antonio (Giamberti)

Sanger, Frederick 桑格（西元1918年～） 英國生物化學家。曾在劍橋大學學習，從1951～1983年在劍橋大學醫學研究理事會贊助下進行研究。桑格用十年時間闡明了牛胰島素的分子結構，1955年確定了該分子中所有氨基酸的準確順序。他發展的確定蛋白質中各氨基酸連接順序的實驗室技術，為確定許多其他複雜蛋白質的結構開闢了道路。因其取得的成就桑格獲1958年諾貝爾化學獎。1980年他成為第四位兩次獲得諾貝爾化學獎的人，同時獲獎的還有伯格和瓦爾特・吉爾伯特（1932年出生），其原因是他們闡明了一個小病毒的去氧核糖核酸分子中各核苷酸的排列順序。

Sanger, Margaret 桑格（西元1879～1966年） 原名Margaret Higgins。美國節育運動的先驅者。她曾在紐約市下東區實習產科護理業務，體會到了貧窮、無控制生育、嬰兒及產婦的死亡率和因拙劣非法墮胎致死之間的關係。1914年桑格夫人開始發行雜誌《女性反叛者》，後改名爲《節制生育評論》，後因被控其有傷風化而被取締。1916年她因郵寄主張節制生育的資料和再次設立美國第一家節制生育診所被逮捕。她的上訴使節制生育運動受到輿論界的注意和支持。聯邦法院不久頒布法案允許醫生開出避孕處方。1921年她成立了美國節育聯盟。其後不久她將這場運動推廣到世界範圍，組織了第一次世界人口會議（1927），成爲國際計畫生育協會的首任主席。

桑格
By courtesy of Planned Parenthood-Federation of America, Inc.

sangha＊ 僧伽 佛教名詞，即僧團。根據傳統，僧伽由比丘、比丘尼、在家男居士、在家女居士四種人組成。僧伽由佛陀所創，是世界上最古老的禁欲教團。佛、法、僧伽共爲佛教三寶，爲佛教基本信條。佛陀爲男眾建立了比丘僧伽，後來又爲女眾建立了比丘尼僧伽。僧人都不從事於商業或農業活動而仰賴大眾的佈施，現在僧團都依照律藏生活。

Sangre de Cristo Mountains＊ 桑格累得克利斯托山脈 落磯山脈南段的一部分。從美國科羅拉多州中南部向西南延伸400公里至新墨西哥州中北部。許多山峰海拔在4,300公尺以上。最高峰白朗卡峰高4,372公尺。爲貝可斯河和加拿大人河發源地。當地經濟以旅遊和採礦爲主。

Sanhedrin＊ 猶太教公會 在羅馬帝國統治下的巴勒斯坦地區的猶太人正式機構的統稱，從馬加比家族（約西元前165年）到族長統治時期（西元425年）。雖然這個名稱指的是猶太人的最高法庭，猶太教公會的實際組成和權力（宗教、司法、立法）卻有不同的說法。《聖經》中多次提到該公會參與了或者判決了對耶酥及聖徒聖彼德和約翰耶穌基督、使徒聖彼得及施洗者聖約翰的審判（在〈聖馬可書〉、〈路加書〉、〈使徒行傳〉中都有記載）。據「塔木德」記載，大公會由七十一名賢者組成，他們定期在耶路撒冷聖殿舉行會議，爲宗教立法機構，兼爲法庭並司掌宗教儀式。

Sankara＊ 商羯羅（西元700?～750?年） 亦作Samkara。印度哲學家和神學家。商羯羅生於卡拉迪村虔誠的婆羅門種姓家庭，其父死後他變爲遁世者。據說他曾到印度各地與各派哲學家辯論。商羯羅的梵文著作有三百多種，多爲對吠檀多派經文的評注和解釋。作爲吠檀多哲學中不二論學派最爲著名的代表，他的貢獻在於奠定了印度教的正統地位，削弱了幾世紀以來耆那教和佛教對印度的影響。

sankin kotai＊ 參覲交代 日本德川幕府創立的一種輪流伴隨的制度，即各地大名每年都要在藩（他們的封建領地）和在京城江戶輪流居住。這種制度開始於1635年且持續到1862年，這種制度使大名不能在他們的領地建立起可能造成威脅的權力基礎，且由於要維持兩個宅邸的費用使他們無法太富有。參覲交代的制度亦促成了都市文化和商業經濟的全盛時期，從而也使道路和交通得到改進。

sannyasi＊ 遁世者 印度教名詞，指與家庭和社會完全斷絕聯繫追求精神解放的修行者。遁世者爲薩圖和斯瓦明，他們不在群體中生活，而過著一種流浪乞討般的生活。被認爲已完全獲得自知的遁世者免受所有世俗慣例的支配，超越世襲階級的限制，也不必崇拜和祭祀神像。遁世者死後一般以坐禪姿勢土葬，而不用火葬。

sansculotte＊ 無褲黨 此詞原指法國大革命時期衣著襤褸、裝備低劣的革命軍志願兵，後來泛指巴黎極端民主派。無褲黨穿著長褲以區別穿套褲（culotte）的上層階級。在恐怖統治時期無褲黨與雅各賓派站在同一戰線（參閱Jacobin Club），其成員包括各階層的極端民主分子。隨著羅伯斯比爾倒台（1794）無褲黨逐漸失勢。

Sanskrit language 梵語 古印度－雅利安語，印度教徒的古典文學語言。始於西元前2000年末，其最早的形式爲吠陀梵語，始見於《梨俱吠陀》。約西元前5世紀帕尼尼在一本語法書中對梵語進行描寫和規範。文學作品使用所謂「古典梵語」，與帕尼尼記寫的語言在許多方面比較相近。古典梵語盛行於西元前500年至西元1000年左右，並延續至今。目前通行的梵語（通常用天城體寫成），不僅用於學術交流，也是婆羅門學者們的語言庫。梵語屬古代印歐諸語言，名、動詞的屈折變化繁複。

Sansovino, Andrea＊ 桑索維諾（西元1467?～1529年） 原名Andrea Contucci Sansovino。義大利雕刻家。早期代表作品有：爲佛羅倫斯聖斯皮里托教堂大理石祭壇（1485～1490），其特點是細部精緻，表情強烈；大理石雕《耶穌受洗》（1502），現置於洗禮堂中門上端，其沈著而尊嚴的姿勢，強烈而有節制的表情，使之成爲具有文藝復興盛期風格的第一批作品之一。他爲波波洛聖母堂兩位主教所作的墓碑（1509年完成），是其最有影響的創新之作。兩主教長眠的姿態頗爲新穎，與所雕刻的凱旋門正相適應。其作品反映了文藝復興由初期走向盛期的過渡，其溫和文雅風格的影響對16世紀米開朗基羅的巨大而強有力的雕刻起了抗衡作用。

Sansovino, Jacopo＊ 桑索維諾（西元1486～1570年） 原名塔蒂（Jacopo Tatti Sansovino）。義大利雕刻家及建築師。1502年入佛羅倫斯雕刻家安德烈亞・桑索維諾的作坊學習雕刻，欽佩其師而改從師姓。1505年赴羅馬，研究古建築及雕刻。1527年羅馬遭到劫掠後逃往威尼斯並出任威尼斯首席建築師（1529）。他設計的聖馬可教堂圖書館（始建於1537年）爲16世紀主要建築之一。他所作的生動的雕像常爲其設計的建築物的主要的裝飾。他最有名的作品爲位於威尼斯總督府石級上的巨型雕像《馬爾斯和尼普頓》（1554～1556）。在建築與雕刻的結合方面，他比文藝復興時期其他建築師都更有成就。

Santa Ana＊ 聖安那 薩爾瓦多西北部城市。爲全國最大的城市之一，主要的咖啡加工業中心，擁有世界最大的咖啡作坊。其他工業生產包括棉紡織品、家具、皮革製品。該市的科特佩克湖附近有夏日度假區，市西14公里處有印第安古城查爾丘阿帕廢墟。其附近還有聖安那火山（2365公尺）。人口約202,000（1992）。

Santa Ana 聖安娜 美國加州西南部城市。位於長堤東面，1869年規畫。1878年與洛杉磯通南太平洋鐵路後成爲聖安娜河谷農產品集散中心。第二次世界大戰後附近建起軍事設施和高速公路，促進了該市住宅和工業的發展。人口約302,000（1996）。

Santa Anna, Antonio (López de) 聖安納（西元1794～1876年） 軍人，曾任幾屆墨西哥總統（1833～1836, 1844～1845, 1847, 1853～1855）。聖安納幾乎爲當時所有爭執的雙方作過戰。幾次戰鬥的勝利使他聲望大增，其中包括抵抗西班牙重新占領墨西哥的戰鬥（1829）。但是他的

S T U V

失敗同樣使他聲名狼藉，1836年平定德克薩斯叛亂時，他於聖哈辛托被休斯頓擊敗並俘虜。墨西哥戰爭（1846～1847）爆發後，美國總統波克派船送他回國執行和平使命，但他回國後反而領導墨西哥軍隊反對美國，直到被擊敗而遭流放。馬克西米連被扶植登上墨西哥皇位時，他表示願意爲其效勞但同時也表示願與其反對者合作，均遭拒絕。1855～1874年他流亡國外，最後返回墨西哥在貧困中死去。亦請參閱Alamo、caudillo、Reforma, La。

聖安納，銀版照相；塞德斯（F. W. Seiders）製
By courtesy of the San Jacinto Museum of History Association, San Jacinto Monument, Texas

Santa Barbara　聖大巴巴拉　美國加州南部城市，位於太平洋沿岸。該城以航海者的守護神命名，1782年成爲西班牙軍隊的駐地。1786年建立聖大巴巴拉傳教會。方濟會西方總部的傳道館，自其建立以來一直在使用。後發展爲繁忙的港口，1850年建制。隨著南太平洋鐵路的通車（1887），聖大巴巴拉成爲海濱遊覽勝地。畜牧業和石油生產爲其經濟基礎。其教育機構包括利福尼亞大學聖大巴巴拉分校（1891）。人口86,000（1996）。

Santa Barbara Islands　聖巴巴拉群島 ➠ Channel Islands

Santa Claus ➠ Nicholas, St.

Santa Cruz＊　聖克魯斯　玻利維亞中東部城市，由從巴拉圭來的西班牙人在1561年修建於現在的聖何塞德奇基托斯地址上。1595年以前，它一直不斷遭到印第安人襲擊。後被遷出舊址到了現在的地址並更名爲聖克魯斯。1811年其居民宣布從西班牙獨立。作爲玻利維亞的第二大城市，它是一個農作物貿易中心，包括臨近地區種植的甘蔗和大米。該城市有一家煉油廠和一所大學。人口約767,000（1993）。

Santa Cruz de Tenerife＊　聖克魯斯－德特內里費　西班牙加那利群島特內里費島首府和港口城市，該城市始建於1494年，占據了兩道通常乾涸的峽谷之間的一個小平原。它在1657和1797年曾遭英國軍隊襲擊，其中1797年的將領爲納爾遜。在1877年，其發展由於香蕉和煙草貿易而加速，後發展海港和旅遊業。當時的加那利群島總將佛朗哥在聖克魯斯組織了全國性的反動，並導致了1936年西班牙內戰。其工業包括石油提煉。人口約205,000（1995）。

Santa Fe　聖大非　新墨西哥州首府。該城市位於桑格累得克利斯托山脈山麓，由西班牙人在1610年建立，在18世紀是地廣人稀的西班牙殖民地的行政、軍事和傳教士總部。在1846年墨西哥戰爭期間，該城市被卡尼將軍帶領的美國軍隊占領。在墨西哥對美國作出退讓後，聖大非在1851年成爲該地區的首府。1912年成爲州府。它是聖大非小道的西部終點站，因當地的印第安和墨西哥手工藝品成爲一個主要旅遊勝地。當地的眾多西班牙－美國人口使之成爲了西南部文化中心。該地區是一個受人歡迎的夏季度假勝地，而在冬季則吸引大批滑雪者來此。人口約66,000（1996）。

Santa Fe Railway ➠ Atchison, Topeka and Santa Fe Railway Company

Santa Fe Trail　聖大非小道　歷史上從獨立城到新墨西哥州的聖大非的著名車道。在1821～1880年間是重要的商業路線，由貝克內爾開闢供商人的運貨大篷車隊前進。它從密蘇里河沿阿肯色河和堪薩斯河各支流間的分水嶺向西到今堪薩斯州大本德，後繼續沿阿肯色河前行。在其西方的盡頭，三條分支轉南到達聖大非，最短的是穿過錫馬龍河河谷的「錫馬龍快捷方式」。當聖大非鐵路在1880年竣工後，該小道停止使用。

Santa Gertrudis　聖熱特魯迪斯牛　大量繁殖的家牛，在20世紀於德州金恩牧場由婆羅門公牛與短角母牛雜交培育而成。它通常全身發紅，額頭或脅部偶見小白斑。身體長，頸部、前胸和臍部附近的皮膚較鬆弛。

Santa Isabel ➠ Malabo

Santa Isabel　聖伊莎貝爾　亦作Santa Ysabel。南太平洋所羅門群島中部島嶼。該島嶼位於瓜達爾卡納爾島西北部，長約209公里，最寬處32公里。最高峰爲馬萊斯科特山，高1,219公尺。該島嶼在1886～1899年屬德國領地，其西北部海岸的雷卡塔灣在第二次世界大戰期間是一個日本基地。該地區主要經濟作物是可可種植和木材的發展。人口14,000（1986）。

Santa River　桑塔河　祕魯中西部河流。該河流發源於安第斯山脈的布蘭卡山系，向西北流並隨地勢下降形成農業人口密集的瓦揚卡地區。在經過瓦揚卡後向西轉並流入壯觀的甘農德帕圖峽谷山峽注入太平洋，全長300公里。能提供水電。

Santa Rosa　聖羅莎　加州西部城市。它位於索諾馬山麓舊金山的西北部。成立於1833年並在1868年合併，是索諾馬山谷的一個農產品加工和船運中心。其經濟依靠對居民的零售。該城市是植物種植家柏班克的家和花園所在地。附近建有傑克・倫敦紀念館。人口約122,000（1996）。

Santander＊　桑坦德　西班牙北部坎塔夫里亞自治區省會和海港城市。這是一個主要的海港和夏季度假勝地，位於馬約爾角南岸，有一個岩石半島向東延伸並遮掩了比斯開灣的小海港桑坦德海灣。該城市在1941年一場大火後重建。地區經濟除了旅遊業外，還有漁業、煉鋼和輪船製造。附近有阿爾塔米拉洞窟及卡斯蒂略洞窟。人口約195,000（1995）。

Santayana, George＊　桑塔亞那（西元1863～1952年）　原名爲Jorge Augustín Nicolás Ruiz de Santillana。美國籍西班牙哲學家、詩人和人文主義者。他出生在馬德里，後在1872年來到美國。在從哈佛畢業後，他留校同威廉・詹姆斯及羅伊斯一起擔任哲學教師（1889～1912）並開始撰寫美學、投機哲學和文學評論方面的文章，包括《美感》（1896）、《釋詩歌與宗教》（1900）和《理性生活》（1905～1906）。他在1912年返回歐洲。《懷疑主義和有生氣的信仰》（1923）最好地表達了他的即刻理解的精髓，並描繪了他的「生動信仰」在不同形式的知識中的作用。他還寫了小說《最後的新教徒》（1935）和自傳《人物和地點》（3卷，1944～1953）。

Santee River＊　桑蒂河　南卡羅來納州中東南部的河流。它全長230公里，向東南部流，並注入大西洋。河岸上修築了水壩以建成馬里恩湖水庫，通過可通航的水道莫爾特里湖和柯柏河同查理斯敦相連。整個河流水系是最重要的水道和南卡羅來納州的水電來源。

Santería＊　桑特利亞　發源於古巴的宗教活動。它將西非的約魯巴人信仰習俗和天主教的元素相結合，包括了對一個最高神的崇拜，但崇拜和儀式的中心是orishas，即將自然和人類特點相結合的神或聖人（同羅馬天主教聖人相似）。其儀式包括入迷的舞蹈、有節奏的擊鼓、鬼魂附身和動物獻祭。桑特利亞在美國，尤其是佛羅里達州及其他有大批非洲人及西班牙裔人口的地區有大量信徒。亦請參閱Candomblé、Macumba、vodun。

Santiago (de Chie)＊　聖地牙哥　智利首都。位於智利中部的馬波喬河河畔，海拔520公尺。由西班牙人在1541年建立，曾屢次遭受地震、洪水和內亂的破壞，在1817年獨立戰爭期間被占領。它在1818年成爲了獨立的智利首都，是該國的經濟和文化中心以及主要工業城市，出產紡織品、鞋類和食物。該城市擁有大都會的文化生活，也是智利大學所在地。人口5,077,000（1995）。

Santiago (de los Caballeros)　聖地牙哥－德洛斯卡瓦耶羅斯　多明尼加共和國中北部城市。該城市始建於約1500年，後在1562年的地震中被毀壞，重建在舊址幾哩外。在聖弗朗西斯科－德雅卡瓜區中仍然可以見到舊城的廢墟。它是該國第二大城市，經濟主要依靠出產藥品、煙草、蘭姆酒和咖啡。人口約365,000（1993）。

Santiago (de Compostela)　聖地牙哥　西班牙西北部加利西亞自治區首府。該城市有1211年竣工的羅馬大教堂，修建在聖徒詹姆斯的陵墓上。該陵墓在9世紀被發現，繼羅馬後成爲了歐洲最重要的天主教朝聖地區。位於陵墓附近的城鎮在997年被摩爾人毀壞，並在中世紀重建。主要經濟活動包括農業、紡織、木材雕刻以及亞麻布和紙張的製造。該城市有幾所學院和一所大學。人口88,000（1991）。

Santiago de Cuba　聖地牙哥－德古巴　古巴東部海港城市。它是古巴第二大城市，始建於1514年，後在1522年遷城至目前所在地。它在早期殖民時代占據了加勒比海北部一個重要的戰略位置，自1589年起成爲了古巴首都。它是美西戰爭的一個焦點，在1898年整個西班牙艦隊在該城市海岸附近全軍覆滅。它還是1953年卡斯楚率衆襲擊蒙卡塔兵營的地點。它是一個農業和礦產地區的中心，出口銅、鋼鐵、錳、食糖和水果。人口約440,000（1994）。

Santo Domingo　聖多明哥　多明尼加共和國首都。位於伊斯帕尼奧拉島東南岸，奧薩馬河口處。1496年由哥倫布的兄弟巴托洛米奧建立，作爲新大陸第一塊西班牙殖民地的首府。該市亦是西半球由歐洲人所建最古老的永久城市。1795～1809年被法國占領，1861～1865年隨國家歸屬西班牙。1865年多明尼加共和國脫離西班牙獲得獨立後，聖多明哥便成爲該國首都。1936年一度正式改名爲特魯希略，以向獨裁者特魯希略示敬，1961年特魯希略遇刺後復改稱爲聖多明哥。聖多明哥是多明尼加共和國的商業、文化中心及主要海港。重要的工業有冶金和石油化工業。哥倫布的遺骨即葬於該城。人口1,555,656（1993）。

Santo Tomé de Guayana ➡ Ciudad Guayana

Santorini ➡ Thíra

Santorio, Santorio　聖托里奧（西元1561～1636年）　拉丁語作Sanctorius。義大利醫生。他把伽利略的幾個發明改用於醫學，研製了一個臨床溫度計（1612）和一個脈時計（1602）。爲了驗證希臘醫生加倫的觀點，看人是否還可通過皮膚以「不自覺的發汗」形式進行呼吸，他建造了一個大形體重計，他就在上面進食、工作和睡眠，以研究體重的波動同固體及液體排泄的關係。經連續實驗三十餘年，他發現可見的排泄物總量要比攝入量爲少；他的研究將定量實驗方法用於醫學研究中。所著《論醫學測量》（1614）是第一部系統研究基礎代謝的著作。

Sanusi, al-＊　賽努西（西元1787?～1859年）　全名Sidi Muhammad Ibn Ali as-Sanusi Almuja-Hiri al-Hasani al-Idrisi。北非伊斯蘭神學家。他在摩洛哥非斯接受宗教訓練，當時摩洛哥是在強大的法國影響之下。他確信伊斯蘭教組織必須自我更生，以擺脫外國的統治。他運用策略在漢志的貝都因人中發展起來，他組織昔蘭尼的部落以反抗義大利的統治，建立一神祕的軍事組織，名爲賽努西教團（1837），爲20世紀利比亞獨立作出貢獻。伊德里斯一世爲其孫。

São Francisco River＊　聖弗朗西斯科河　巴西東部河流。是整個流域均在巴西境內的最大河流，它自河源向北流，再折向東越過廣大的中央高原，全長約2,914公里，從其河口注入大西洋。上游河谷爲多刺林帶植被；流域盆地的氣候既乾且熱。河裡產的魚是一項重要的食物來源。河上用於水力發電的水壩供應巴西東北部的用電。

São Paulo＊　聖保羅　巴西東南部城市（1995年都會區人口約16,417,000）。距大西洋港口聖多斯48公里。1554年由葡萄牙耶穌會建立，17世紀爲一重要的探險基地，1711年建爲市。1822年佩德羅一世在此宣布巴西獨立。19世紀晚期迅速發展。是拉丁美洲最重要的工業中心之一，生產鋼鐵、汽車和機械工具和各式的消費品，如紡織品和電器製品。聖保羅也是巴西最大城市，爲重要的文化和出版中心，亦是西半球人口最稠密的城市之一。

São Tomé＊　聖多美　聖多美普林西比的首都。處於聖多美島的東北海岸上，位在幾內亞灣的赤道上。是該國最大城市及主要港口。

São Tomé and Príncipe＊　聖多美與普林西比　正式名稱聖多美與普林西比民主共和國（Democratic Republic of São Tomé and Príncipe）。中非洲國家，地處於赤道上，位於非洲大陸西部幾內亞灣內。面積1,001平方公里。人口約147,000（2001）。首都：聖多美。人口大多數是非洲人。語

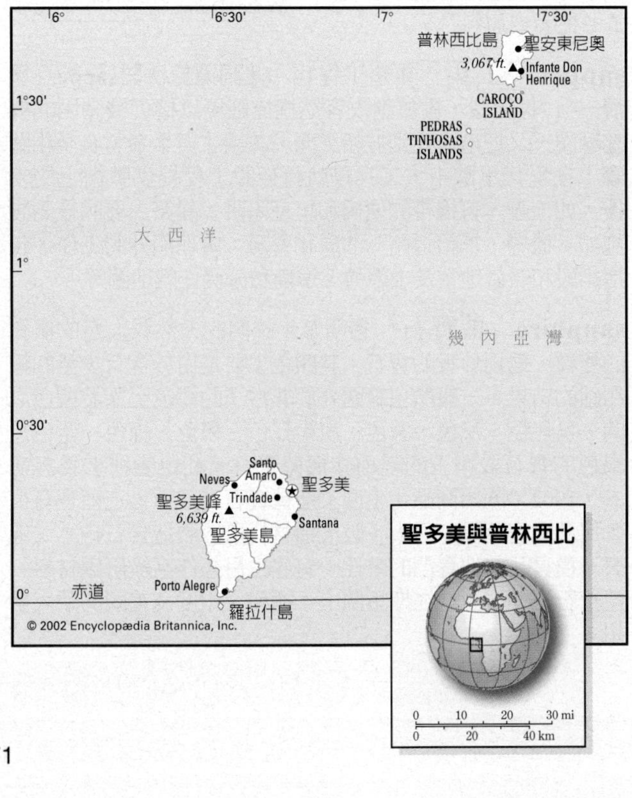

言：葡萄牙語（官方語）、克里奧爾方言。宗教：基督教徒（天主教爲主）。貨幣：多布拉（Db）。該國由聖多美與普林西比兩個主島及一些小島組成，兩主島隔海相距約145公里，其東北部均爲低地，中部位火山高地，有急流的河川。經濟部分受政府控制，部分爲私營。主要以農業和漁業爲基礎。政府形式爲共和國，一院制。國家元首是總統，政府首腦爲總理。1470年代，歐洲航海家首次抵達。16世紀由葡萄牙人殖民，並從事奴隸販賣和轉運。糖和可可是主要經濟作物。1951年該島成爲葡萄牙的一個海外省。1975年獲得獨立。近數十年來，該國經濟依賴國際援助甚深。

Saône River＊　索恩河　古稱Arar。向南流在里昂匯入隆河。從里昂上溯373公里有航運之利，有水閘三十個，幾乎完全運河化。下游駁船運輸量大，索恩河通過運河與萊茵河和塞納河相接。

Saoshyant＊　沙西安　瑣羅亞斯德教與祆教中最後一位救世主。在瑣羅亞斯德的三位身爲救世主的遺腹子中，他居於首要地位。人們指望他在世界最後一個千禧年結束之際現身，神奇地由一位在保存瑣羅亞斯德之「種」的湖中游泳的處女所孕育。他將征服惡魔的勢力，讓死者復活，並在所有的靈魂都潔淨後，賜予他們永恆的完美。

Sapir, Edward＊　薩丕爾（西元1884～1939年）　波蘭出生的美國語言學家及人類學家。人類文化語言學（探討文化和語言的關係）的奠基人和美國結構主義語言學派的主要建立者。他以對美洲印第安諸語言的研究著稱。《語言》（1912）是他最著名的作品。

sapodilla＊　人心果　山欖科熱帶常綠喬木和果實，學名Achras zapota或Manilkara zapota。原產於墨西哥南部和中美洲北部。暗褐色的果實在熱帶和亞熱帶許多地區很受重視，通常鮮食；味甜似梨與紅糖同食。當果實成熟時，黑亮的種子周圍包覆著黃褐色，透明，多汁果肉；未成熟果肉含單寧和乳液，味難吃。乳液是製取糖膠樹膠的來源，曾是口香糖的重要原料。

人心果
Walter Dawn

sapper　工兵　軍事工程兵。此詞源於法語sappe（壕溝）。17世紀時，由於進攻者挖掘掩蔽壕以接近被圍困的要塞城牆，又把地道挖到城牆下面，該詞才與軍事工程學相關聯。在現代軍隊中，工兵以執行架設工程提供戰術上的支援，如土壘、可攜帶的便橋和坦克陷阱；建築主要的後勤設施如：機場、補給道路、油庫和營房；處理額外的工作，包括銷毀和布置地雷及未爆彈，準備和分發作戰地圖等。

sapphire　藍寶石　透明至半透明的天然或人造的剛玉的變種，爲極珍貴的寶石。其顏色主要是由於含有少量的鐵和鈦的結果，一般顏色範圍介於非常淡的藍色至深靛藍色之間，呈無色、灰色、黃色、淡粉紅色、橙色、綠色、紫色及褐色的寶石級剛玉的變種亦稱藍寶石，紅色變種稱爲紅寶石。1902年開始商品化生產人造藍寶石，這種人造藍寶石很多用於珠寶貿易，但大多數人造材料用於製造寶石軸承、儀表、模具及其他專門的零件；有些也用來作高級研磨材料。藍寶石主要來源地在斯里蘭卡、緬甸、印度及美國的蒙大拿州。

Sappho＊　莎孚（活動時期約西元前610～約西元前580年）　希臘的抒情詩人。除了生於萊斯沃斯島及爲非正式的婦女社團的重要人物而爲人所知外，她的一生鮮爲人知。這些社交集會在當時只是上等人家的婦女參加從事高雅的娛樂消遣，特別是寫詩和吟詩。她的詩作充滿了愛、妒和恨，以口語、非正式的文學體寫作，措辭簡明、直接、生動，並表達了一連串的情感，包括了她對其他女性的愛，因此而衍生出「女同性戀者」（lesbian）一詞（採用該島名）。雖然她的許多詩作爲人們所讚賞，但大部分在中世紀初期都已佚失，只有在其他作家所寫的兩首長詩中引用的文句及一些殘存的遺稿中可見。

Sapporo＊　札幌　日本北海道城市。瀕臨石狩川，1871年被設計成有寬廣、沿途植樹的街道的城市，1886年成爲北海道首府。現爲重要商業中心，以臨日本海的小樽爲外港。主要工業有木材加工、印刷和出版業。該市爲大眾喜愛的滑雪及冬季運動中心，1972年曾在此舉行冬季奧運會。每年的雪祭將堆積的雪塊雕刻成巨大的雕像爲其特色。市內有兩所大學。人口1,756,968（1995）。

sapsucker　吸汁啄木鳥　鴷形目啄木鳥科的兩種北美鳥類的統稱。在樹上鑽一排排整齊且稠密的洞以獲得樹汁和昆蟲。黃腹吸汁啄木鳥約20公分長，是極少數愛遷徙的品種；在北部地區和山區南側繁殖，遷徙到西印度群島和中美洲。雌雄鳥頭部均有醒目的斑紋。威廉森氏吸汁啄木鳥見於美國西部的高松林中，但整個分布範圍內均不常見。

黃腹吸汁啄木鳥
Kenneth W. Fink from Root Resources

Saqqarah　塞加拉　亦作Sakkara。下埃及一處古廢墟，古城孟斐斯公共墓地的一部分，在開羅西南24公里和今塞加拉村莊西側的地方。這裡最早的遺存是最北方建於古風時期的公墓，這些大泥磚墓亦稱馬斯塔巴，埃及歷史開始之初這些墳墓便存在了。古風時期墓地以南由第三王朝第二代國王左塞（約西元前2650?～西元前2575?年在位）所建的階梯型金字塔，爲埃及最早的金字塔。

sarabande＊　薩拉班德　17～18世紀流行於法國宮廷和整個歐洲的三拍子節奏緩慢、嚴肅的行進舞。源於西班牙或墨西哥，最初是活潑的舞蹈，男女舞蹈者分別排成兩行，由輕快的音樂和響板擊節伴奏。原被認爲不合禮儀，而於1583年遭西班牙禁止。17世紀初，在法國和義大利該舞蹈被改成節奏慢且高貴的宮廷舞版本。通常在第二拍時會有一裝飾音的慢板薩拉班德，後成爲巴洛克式組曲的標準節奏。

Saracens＊　薩拉森人　中世紀基督教用語，指所有信奉伊斯蘭教的民族（阿拉伯人、突厥人等等）。這個名稱經由拜占庭帝國和十字軍傳入歐洲西部。這一名詞亦適用於在敘利亞和阿拉伯間沙漠的游牧民族。

Saragossa＊　薩拉戈薩　亦作Zaragoza。西班牙東北部亞拉岡自治區省會。位於厄波羅河南岸。西元前1世紀末，原爲塞爾特伊比利亞的薩爾杜巴城，被羅馬人征服，改名凱撒奧古斯塔，後來演變爲現在的名稱。3世紀中葉設主教。

714年又被摩爾人奪取。12～15世紀爲亞拉岡國國都。半島戰爭期間被法軍長期圍困（1808～1809），事跡在《恰爾德·哈羅德遊記》一詩中受到拜倫的歌頌。薩拉戈薩爲一工業中心，每年揭幕的全國交易會在這裡舉行。傑出的建築物包括哥德式聖保羅教堂和府邸。薩拉戈薩大學創立於1474年。人口約608,000（1995）。

Sarah 撒拉（活動時期約西元前第二千紀） 《舊約》所載猶太人祖先亞伯拉罕之妻，以撒之母。她至九十歲時仍未生下子女。根據〈創世記〉記載，上帝曾應許亞伯拉罕說，要使撒拉成爲「多國之母」，但撒拉並不相信，並且她已將其使女夏甲贈給亞伯拉罕，夏甲亦爲他生了以實馬利。然而撒拉的確在高齡懷孕，而且生了亞伯拉罕的兒子以撒。

Sarah Lawrence College 莎拉·勞倫斯學院 私立文理學院，位於紐約州布朗斯維爾市。創辦於1926年，原是一所女子學院，校名是創辦人勞倫斯取自他妻子之名。1968年該校改爲男女合校。註冊生人數約1,300人。

Sarajevo＊ 塞拉耶佛 波士尼亞赫塞哥維納首都。15世紀晚期突厥人入侵後，便發展成貿易中心和穆斯林文化的堡壘。從1878年開始成爲奧匈帝國的一部分（參閱Austria-Hungary）。1914年法蘭西斯·斐迪南大公遭塞爾維亞國家主義分子暗殺，而引發第一次世界大戰。1992年波士尼亞赫塞哥維納宣布獨立後，這裡成爲激烈的內戰戰場，塞爾維亞民兵從鄉下運來數以千計的波士尼亞穆斯林到城市避難（參閱Bosnian conflict）。內戰前該市的工業有釀酒、家具工廠、煙草工廠和一座汽車廠。1984年冬季奧運會在此舉行，這裡還是公路運輸網和連接亞得里亞海的鐵路的中心，塞拉耶佛有很強烈的穆斯林文化特色，有許多清眞寺和一處古集市。人口約360,000（1997）。

Saramago, José＊ 薩拉馬戈（西元1922年～） 葡萄牙小說家。出身貧困家庭，薩拉馬戈無法完成大學教育，但在擔任焊接工時仍持續半工半讀。後來轉而從事新聞和翻譯工作。1947年便出版第一部小說《罪惡的國家》，但至1982年才有新作《修道院紀事》問世。他後來的作品神奇的寫實主義與坦率的政治評論融合，包括了《石筏》（1986），這可能是他最佳作品；《盲》（1995）。1998年獲諾貝爾文學獎。

Saranac Lakes＊ 薩拉納克湖群 美國紐約州東北部三個湖泊，位於阿第倫達克山脈中，分別是上薩拉納克湖、中薩拉納克湖和下薩拉納克湖。面積長約13公里，寬約4公里，海拔469公尺。薩拉納克湖的村莊（人口約5,000〔1990〕）爲夏季和冬季運動勝地。旅遊業和以林業爲基礎的工業是該地主要收入來源。

Sarandon, Susan＊ 蘇珊莎蘭登（西元1949年～） 原名Susan Abigail Tomalin。美國電影女演員。生於紐約市，嫁給男演員克里斯莎蘭登並在1970年首次電影演出。《洛基恐佈秀》（1975）贏得影迷的喜好之後，蘇珊莎蘭登在《艷娃傳》（1978）、《大西洋城》（1981）中表現了演藝才華。當演出《百萬金臂》（1988）開始與男演員提姆羅賓斯（1958～）建立長遠的關係。提姆羅賓斯並分享她的革新性政治激進主義。她後來的電影包括《末路狂花》（1991）、《羅倫佐的油》（1992）、《越過死亡線》（1996，獲奧斯卡獎）。

Sarapeum＊ 薩拉貝姆 古埃及兩座神廟名，奉祀希臘－埃及大神薩拉匹斯。一座在尼羅河西岸塞加拉附近，是拉美西斯二世統治時期在原本奉祀俄賽里斯的地點所建造的。另一座薩拉貝姆在亞歷山大里亞，建於救星托勒密一世時期。羅馬時期在帝國各地建立其他的薩拉貝姆神廟。

Sarasate, (y Navascuéz), Pablo (Martín Melitón) de ＊ 薩拉沙泰（西元1844～1908年） 西班牙著名小提琴巨匠。八歲即做首次演出後，被送至馬德里學習，女王送給他一把史特拉底瓦里名琴，希望他一生都能演奏。在結束巴黎的學習後，他巡迴世界演出。許多傑出的作曲家專爲他寫過樂曲（包括聖桑、布魯赫等），薩拉沙泰也寫了技巧高超的小提琴音樂，最有名的作品是《流浪者之歌》（1878）和《卡門幻想曲》（1883）。

Saratoga, Battles of 薩拉托加戰役 美國革命期間的數起戰事。英國軍隊在伯戈因領導下從加拿大出發預備與其他英軍會合，在紐約的薩拉托加紮營後，與蓋茨所領導的大陸軍發生佛里門農莊戰役，即第一次薩拉托加戰役（9月19日）。英軍未能突破美軍戰線，後在比米斯高地戰役遭到美軍阿爾諾將軍的猛烈攻擊，此爲第二次薩拉托加戰役（10月7日）。由於軍力減少到只有5,000人，伯戈因開始撤退，但蓋茨率領20,000人包圍薩拉托加的英軍，強迫他們投降（10月17日）。美軍的勝利促使法國承認美國的獨立，並給予美國以公開的軍事援助。

Saratov＊ 薩拉托夫 俄羅斯西部城市。位於窩瓦河畔，1590年建爲要塞，以保障沿窩瓦河的貿易路線。1616年曾被遷至新址，1674年在一次暴動中城堡被摧毀後再次遷移。1870年代連接莫斯科的鐵路通車，薩拉托夫成爲主要商業中心。市內跨越窩瓦河公路橋（1965年通車）是歐洲最大的公路橋。今日，薩拉托夫是重要的工業中心，生產電氣與石化設備、機具。該市的教育機構有一所大學（1919年設立）和一所音樂學校。人口約902,000（1995）。

Sarazen, Gene＊ 薩拉曾（西元1902～1999年） 原名Eugene Saraceni。1920～1930年代美國著名職業高爾夫球運動員。生於貧困的義大利移民家庭。曾獲美國公開賽冠軍（1922、1923）、英國公開賽冠軍（1932）、名人賽冠軍（1935）和美國職業高爾夫球協會錦標賽冠軍（1922、1923、1933）。他的名人賽的勝利因其在15洞5桿的比賽中擊出雙鷹（低於標準桿3桿）的成績而爲著名。

sardine 沙丁魚 鯡科某些小型（15～30公分長）食用魚類的統稱，尤指沙丁魚屬、擬沙丁魚屬和小沙丁魚屬的種類。普通鯡遍布北大西洋。5種擬沙丁魚屬的魚類分別產於太平洋與印度洋的不同海域。沙丁魚爲細長的銀色小魚，背鰭短且僅有一條，無側線，頭部無鱗；密集群息，沿岸洄游。旋網爲最重要的捕魚裝置，其中特以稱作圍網者是。捕魚主要在晚上，趁魚群浮於水面取食浮游生物時施之。亦請參閱pilchard。

Sardinia 薩丁尼亞 義大利語作Sardegna。義大利島嶼和自治區。位於義大利南部外海，爲西地中海諸島中面積僅次於西西里島的第二大島；面積約23,813平方公里；首府卡利亞里。數千個稱爲努拉吉（nuraghi）的截頂圓錐體建築是該島顯著的特點，其歷史約在西元前1500～西元前400年之間。腓尼基人約在西元前800年在這裡定居，是這裡最早的定居者。其後是希臘人和迦太基人；西元前238年羅馬人開始統治這裡。中世紀初期比薩和日內瓦曾爭奪其統治權。薩丁尼亞王國集中在義大利西北部的皮埃蒙特和薩丁尼亞島。1720年開始受薩伏依王室的統治至1861年義大利統一爲止。農業、漁業和採礦是重要經濟來源。人口約1,661,000（1996）。

Sardinian language　薩丁尼亞語　通行於義大利的薩丁尼亞島的一種羅曼語（參閱Romance languages）。它是所有近代羅曼語中和通俗拉丁語最相近的語言。薩丁尼亞語沒有標準形式，只有薩多語是一種文學語言，多用於民歌創作。義大利語是島上官方語言，幾乎沒有薩丁尼亞語文學著作。最早書面材料約可溯源至1080年的法律契約。

Sardis＊　薩迪斯　亦作Sardes。小亞細亞古城，位於士麥那東部。西元前7世紀起為里底亞王國重要城市及首都，也是第一個鑄造金銀幣的城市。約西元前546年被波斯人占領，西元前133年歸屬羅馬人。西元17年毀於地震，後重建，直至拜占庭時代晚期依然為安納托利亞的大城市之一。1402年為帖木兒消滅。其遺跡包括了古里底亞城堡，但挖掘出的希臘化時代和拜占庭城市的遺存比古里底亞鎮的還多。

Sardou, Victorien＊　薩爾都（西元1831～1908年）　法國劇作家。他的最初成功應歸功於女演員德雅澤的演技，他曾為其創作了近七十部的作品，包括了《潦草的小字》。後來幾部作品是為貝恩哈特所作，其中包括了《菲朵拉》（1882）。他的《托斯卡》（1887）被普契尼改編成歌劇。《桑・熱內夫人》（1893）是他最後成功之作。1877年獲選為法蘭西學院院士。薩爾都的劇作非常依賴戲劇上的設計，至今仍被當作一位資產階級戲劇的技巧大師而受到人們懷念，其風格曾被蕭伯納輕蔑地稱之為「薩爾都式」。

Sarekat Islam＊　伊斯蘭教聯盟　印尼第一個贏得廣泛的支持的民族主義政黨。該政黨成立於1912年，目的是提升穆斯林商人的利益，後迅速開始為自治的荷蘭東印度公司工作。它的宗教使之成長迅速，到了1916年宣稱已有350,000名成員。它開始被捲入革命運動，共產黨的勢力開始進入該組織，宗教領袖和共產黨人開始爭奪權勢，最終導致該黨在1921年分裂。在其左翼部分離開後，伊斯蘭教聯盟沒落了。

Sarema ➠ Saaremaa

Sargasso Sea　馬尾藻海　北大西洋中的平靜水體。呈橢圓形，有馬尾藻屬褐色的海藻漂浮其上。它位於北緯20°與35°、西經30°與70°之間，包括了百慕達。哥倫布在1492年穿過此地時首次提及。海藻的存在暗示著大陸的存在並使哥倫布繼續前進，但早期的探險家們很擔心會被海藻纏住而折返了。

sargassum＊　馬尾藻屬　馬尾藻類海草家族的任何一種褐色海藻。儘管有的種類附著在沿海的岩石上，但它們很適應熱帶漂流。位於大西洋的馬尾藻海上就漂浮著大量的海草（尤其是馬尾藻）。馬尾藻還因其高度分支、漿果狀氣囊和許多帶鋸齒邊緣的葉片狀擬葉而被稱為海冬青。它們在紐西蘭被當作肥料，在日本則是湯料和醬油成分。

Sargent, John Singer　薩爾金特（西元1856～1925年）　英國裔美籍畫家。他是一對富裕的美國夫婦的兒子，出生在義大利，在歐洲長大，直到1876年才來到美國。他曾在巴黎學習繪畫，1879年旅行到馬德里和哈勒姆學習委拉斯開茲和哈爾斯的作品。他最優秀的作品在此之後很快產生了。最著名的是他的《某夫人》，在1884年的沙龍上引起了流言蜚語。評論家認為該畫怪異，被畫者的母親認為該畫將其女兒當作了笑柄。遭受這樣的挫折後，他遷往倫敦定居，但時常回美國。《蓓爾美爾新聞報》投票認為他的作品《維克斯姊妹》（1884）為年度最遭的畫，直到1886年贏得聲譽後他才快樂的在美國和英國度其餘生。他高貴的肖像畫創造了愛德華時期上流社會不朽的形象，其中最優秀的作品用文雅的畫風把握住了人物真情流露的瞬間。1907年幾乎放棄了肖像畫，終其餘生致力於壁畫和風景畫的創作。

Sargon＊　薩爾貢（活動時期西元前24世紀～西元前23世紀）　古代美索不達米亞統治者。他的事跡來源於神話和傳奇，其都城阿加德確實的位置不得而知。他原本可能是王室嘗酒侍臣，後來因打敗了閃米特國王而成名，並奪得了美索不達米亞南部的王國，成為了第一個操阿爾卡德語而不是蘇美語的國王。他將帝國從伊拉克擴展到了安納托利亞，其貿易在印度河流域、阿曼、波斯灣海岸、卡帕多西亞和地中海地區繁榮起來。

Sargon II　薩爾貢二世（卒於西元前705年）　亞述國王（西元前721～西元前705年在位）。他繼續進行父親提革拉－帕拉薩三世的帝國修建工程，其目標之一是擴展他所繼承的帝國以證明亞述神阿舒爾的威力。他的征討從巴比倫尼亞南部一直延伸到亞美尼亞及地中海地區。他可能是在波斯西北部的戰鬥中陣亡的。他的兒子辛那赫里布繼承了他的事業。

薩爾貢二世，豪爾薩巴德王宮的浮雕；現藏巴黎羅浮宮
By courtesy of the Musee du Louvre, Paris; photograph, Maurice Chuzeville

Sarmatians＊　薩爾馬特人　可能是西元前6～4世紀從中亞地區遷徙到烏拉山、在俄國（歐洲部分）的南部和巴爾幹東部地區定居的伊朗人的後代。他們同西徐亞人有緊密聯繫，是出色的馬術師和戰士，在行政和政治精明上有很廣的影響。薩爾馬特婦女可能是受了希臘神話中亞馬遜的影響，同男子一同征戰。到了西元前5世紀，他們已經控制了烏拉山和頓河之間的土地，到西元2世紀已經占領了西徐亞人統治了俄國南部大部分地區。他們同日耳曼部落聯合，在西元1世紀前一直對西方構成威脅。在入侵達契亞和下多瑙河後，他們被哥德人打垮。許多薩爾馬特人加入了哥德人對西歐的侵略。薩爾馬特人在370年後被匈奴人打敗。他們的後代在5世紀後已不可考。

Sarmiento, Domingo Faustino＊　薩米恩托（西元1811～1888年）　阿根廷教育家、政治家、作家和總統（1868～1874）。他曾是一個鄉村教師，後進入地方政界，因其坦率直言而被羅薩斯流放到智利。他在那裡成為一名重要的新聞和教育界人物。在其重要的著作《法昆多》（1845）中批判羅薩斯的獨裁和高楚人的文化。1852年返回阿根廷協助推翻羅薩斯統治。1868年被選為總統，結束了巴拉圭戰爭，並發展公立學校制度，建立技術和職業學校，支持公民自由。

Sarnoff, David　薩爾諾夫（西元1891～1971年）　美國（俄羅斯出生）通訊主管。他在1900年隨家人移民紐約，後離開學校成為了電報員和馬可尼電報公司的無線電操作員。他在1912年收到下沈的「鐵達尼號」的電報，並在他的儀器旁堅持播報新聞達72小時。1921年他很快被提升為新成立的美國無線電公司總經理。1916年提出了將無線電收

薩爾諾夫，攝於1971年
AP/Wide World Photos

音機市場化的建議，到1924年已經因出售收音機而獲得了八千萬美元的收入。他在1926年成立了電台網路國家廣播公司。他預見到了無線電的潛力，建立起一個實驗性的電視台（1928）並在紐約世界博覽會上展示了這一新的媒體（1938）。第二次世界大戰期間，他是艾森豪將軍的通訊顧問，後成爲准將。他在1930～1947年間擔任美國無線電公司總裁，在1970年前一直擔任董事長。

Saro-Wiwa, Ken＊　薩羅－維瓦（西元1941～1995年）　原名Kenule Benson Tsaro-Wiwa。奈及利亞作家與行動主義者。曾在拉格斯大學任教，在轉向寫作之前擔任過公職。最初的小說是《戰時之歌》（1985）與《索查男孩》（1985）。他一系列的電視節目《巴斯與同伴》諷刺奈及利亞人追求財富卻不努力。他還寫詩、童話與新聞專欄。他支持歐哥尼的村民抗爭石油公司而造成與政府的磨擦。儘管全球的抗議，他卻因被嫁禍四項謀殺罪名而遭到處決。

Saronic Gulf＊　薩羅尼克灣　希臘東南部海岸愛琴海的海灣。長約80公里，寬50公里，將阿提卡與伯羅奔尼撒分隔開，並通過科林斯運河同科林斯海灣相連。西元前480年希臘人在此將波斯人擊敗（參閱Salamis, Battle of）。其海港包括比雷埃夫斯和麥加拉。

Saroyan, William＊　薩洛揚（西元1908～1981年）　美國作家。他是一名美國移民的兒子，主要靠自學成材。他在大蕭條時期寫出許多魯直、原創而玩世不恭的故事來歌頌生活，而不是只看到當時的貧困、飢餓和不穩定。他的很多故事都是以他自己的童年和家庭爲背景的。其故事集包括《鞦韆架上的大膽青年》（1943）、《吸氣和吐氣》（1936）以及《我叫阿拉姆》（1940）。其他作品還包括戲劇《你生活中的好時光》（1939年，普立茲獎）和關於加州一個小鎮的小說《人間喜劇》（1943）。

Sarpi, Paolo＊　薩爾皮（西元1552～1623年）　義大利愛國者、學者和神學家。他是威尼斯人，二十歲時成爲了曼圖亞公爵府神學師，使他有實踐學習希臘語、希伯來語、數學、解剖學和植物學。後來，他還擔任政府顧問，支持威尼斯中限制教堂建設的權力並在王國的法庭中對非宗教犯罪（例如：謀殺）的神職人員進行審判，引起了教宗保祿五世的不滿。他所寫的《特倫托會議的歷史》（1619）是一部匿名出版的反對教宗絕對特權的重要作品。雖然被列入禁書目錄，該書仍然取得了很大成功。

Sarraute, Nathalie＊　薩羅特（西元1900～1999年）　原名Nathalie Ilyanova Tcherniak。法國小說家和隨筆作家。1940年左右以前一直是一名律師，後來成爲專業作家。她的《向性》（1938）是一部隨筆集，其中介紹了她的向性觀點，即「沒有說出來的事情和在我們的意念中一轉而過的念頭」。作爲一名早期的新小說和法國反小說的作家和領先的理論家，她拋棄了小說傳統的情節、時間順序、人物刻畫以及作者觀點。她的小說包括了《無名氏的畫像》（1948）、《馬爾特羅》（1953）、《天象儀》（1959）和《這裡》（1997），而她的戲劇則集中表現人類反映中非意識性的東西。

sarsaparilla＊　菝葜　百合科菝葜屬的幾種熱帶藤本植物，根可製取芳香調味劑。原產與墨西哥南部和西部海岸至祕魯一帶，植株大，多年生，攀緣或蔓生，有短而密的刺，地下莖長出許多具有棱刺的地上莖，由觸鬚支撐。一度曾是流行的酒類飲料，先在通常同冬綠及其他香料混合，用來製作淡啤酒和其他碳酸飲料，或用來做香料和藥物的糖衣。在北美洲，裸莖楤木是最大的野生菝葜和五加科的假菝葜，常被當作菝葜的替代品。

Sarto, Andrea del ➠ Andrea del Sarto

Sartre, Jean-Paul＊　沙特（西元1905～1980年）　法國哲學家、小說家和戲劇作家，也是存在主義的先驅。他曾在索邦大學學習，並在那裡遇見了他的終生伴侶和學術上的合作者波娃。第一本小說《噁心》（1938）表達了一個年輕人在遇到存在的問題時表現出的反感。《在密室裡》（1944，不存在）成爲了他的幾部戲劇中最受歡迎的一部。在《存在與虛無》（1943）中，他將人類的意識或空洞擺在了存在或物質的對立面上。意識是非物質的，因此可以逃脫所有先在決定的控制。他在其論文《存在主義和人道主義》（1946）中形成了戰後存在主義的原型。他還對胡塞爾的現象學進行了研究，並在應用在《想像力》（1936）、《情緒理論大綱》（1939）和《想像力的現象心理學》（1940）等書中。他後來還在《辯證理性批判》（1960）中研究了馬克思主義。他晚年的作品包括一部自傳《話語》和偉大的巨著《福樓拜》（4卷，1971～1972）。他是法國左翼黨的一名中心成員，反對越戰並支援1968年的革命。1964年拒絕接受諾貝爾文學獎。

沙特，弗洛恩特攝於1968年
Gisele Freund

Sarvastivada＊　說一切有部　在佛陀升天後的頭四或五個世紀中發展起來的小乘佛教的十八個學派之一。這一名稱的意思是對一切存在的東西進行講解，包括關於過去、現在和將來所有存在過的事物的概念。說一切有部在印度西北部和東南亞一部分地區有很大的影響力。

Sasanian dynasty　薩珊王朝（西元224～651年）　亦作Sassanian dynasty。波斯王朝（224～651）。阿爾達希爾一世（224?～241年在位）建立，並以其祖先薩珊（約西元1世紀）的名字命名。它取代了安息帝國（參閱Parthia）。其都城在泰西封。該王朝在其存在期間一直爲了生存而在西方與羅馬和拜占庭王國作戰，在東方與貴霜王朝和嚈噠作戰。3世紀時，其領土從粟特和喬治亞延伸到阿拉伯半島北部，東從印度河直到西邊的底格里斯－幼發拉底河流域。阿契美尼德王朝的傳統在這裡得到復興，瑣羅亞斯德教重新成爲國教，藝術和建築都得到了復興。該王朝的重要君王包括沙普爾一世（272年去世）、沙普爾二世（309～379）、霍斯羅夫一世和霍斯羅夫二世。薩珊王朝是阿拉伯入侵該地區以前最後的波斯人王朝。

Saskatchewan＊　薩斯喀徹溫　加拿大西部省區。它與亞伯達、馬尼托巴、西北地區以及美國接壤。首府在里賈納。這是一個平原地區，南部有草原，北部有林地，當地人過著富裕和多樣的叢林生活。在哈得遜灣公司宣布占有這片土地以前，克里人已經在這裡居住了5,000多年。該公司自1670年開始控制這片土地，直到1868年割讓給英國爲止。從1882年起，鐵路的擴張帶來了大量的歐洲移民。1905設省。其經濟依靠石油、天然氣、鉀鹼、穀類和牲畜。薩斯卡通是該省最大城市。人口1,024,000（1996）。

Saskatchewan, University of　薩斯喀徹溫大學　加拿大薩斯喀徹溫省公立大學，位於薩斯卡通市，1907年創

S T U V

立。設有多所學院，包括藝術與科學、研究所、農業、獸醫、工程、法律、醫學、牙醫、護理、藥學、商業、教育、體育等學院。註冊生人數約18,000人。

Saskatchewan River　薩斯喀徹溫河　加拿大東南部和中南部河流。它是亞伯達省和薩斯喀徹溫省的最大河系，發源於加拿大落磯山中，河源有兩條：北薩斯喀徹溫河和南薩斯喀徹溫河，前者長1,287公里，後者長1,392公里。兩條河流合流後，向東流550公里注入溫尼伯湖。它是皮毛貿易的主要商道，現在提供灌溉和水力發電。

Saskatoon＊　薩斯卡通　加拿大薩斯喀徹溫省中南部城市。該城市在1883年建立在薩斯喀徹溫河上，被提名爲當時自治殖民地的首府。1890年鐵路修建到這裡後開始迅速發展起來，並在1906年與鄰近的兩個城鎮合併。作爲薩斯喀徹溫省最大的城市，該市爲文化和教育中心，也是交通運輸的樞紐和物品集散地。教育機構有薩斯喀徹溫大學（1907年設立）。人口186,000（1991）。

Sasquatch ➠ Bigfoot

sassafras＊　檫樹　北美樟目的樹木，學名爲Sassafras albidum。有帶香味的樹葉和樹皮，根被用作香料，也是傳統的家庭藥物和茶葉。其帶香味的根可以出產2%的樟樹油，曾經是一種啤酒的特有配料。該樹最初種植在緬因到安大略和愛荷華、南到佛羅里達和德克薩斯的沙壤土。樹木通常很小，但可達到20公尺高。它有帶皺紋的表皮、鮮綠色的樹幹和簇狀小黃花，結深藍色的漿果，由三種不同形狀的樹葉，通常長在同一根枝幹上：三裂、二裂（斷裂的形狀）及完整的葉片。

Sassandra River＊　薩桑德拉河　象牙海岸西部河流。發源於西北部高地的捷巴河，與費雷杜古巴河匯流後成爲薩桑德拉河。後向東南流650公里，在薩桑德拉海港注入幾內亞灣。其上游出產鑽石，下游是塔伊水庫的東部邊界，因出產小河馬而出名。

Sassetta　薩塞塔（卒於西元1450?年）　原名Stefano di Giovanni。義大利畫家。他在其代表作錫耶納大教堂的祭壇畫《雪白的聖母》（1430～1432）以及他最富野心的舊金山聖塞波爾克羅的祭壇畫中表現出了對佛羅倫斯藝術的極大興趣。因將傳統和當代的元素結合從而改變了錫耶納藝術的風格，使之從哥德風格轉向文藝復興風格。他被認爲是15世紀錫耶納最偉大的畫家。

SAT　學術性向測驗　全名Scholastic Aptitude Test。美國高中學生申請大專學校需用的標準化測驗。測驗分爲兩大部分：語文與數學。主要是由柯能設計，試圖建立以才能原則（merit-based，而不是等級原則〔class-based〕）作爲招收大學新生的錄取標準，第二次大戰之前只有很少數學生接受測驗，但現在每年都有數百萬人參加。由於測驗分數隨著受測者增加而降低，1995年測驗分數重新制定，每部分以500分（分數分布在200～800之間）爲受測者的實際平均分數。由於現在SAT已被多數大學當作學生能力的指標，因此SAT測驗也持續受到批評，認爲測驗明顯有利白人中產階級，並認爲多重選項的測驗格式無法測出多樣的重要能力。

satanism　撒旦崇拜　對猶太基督教認爲是罪惡的代表以及上帝敵人的撒旦，或魔鬼的崇拜。與撒旦相結合的神早在17世紀已有記載。其中心特點是以黑色彌撒爲主，是基督教聖餐的墮落和相反的化身。其禮拜據說包括牲畜的祭獻和越軌的性行爲。其崇拜的基礎是撒旦的實力超出了善良的力量，因此其實現崇拜者力量的能力也更強大。

satellite　衛星　圍繞一個大型的天體運行的天然或人造天體，通常是一個行星。月亮就是最明顯的例子，也是在伽利略衛星發現前唯一已知的衛星。所有太陽系的行星除了水星和金星外，都有天然的衛星，在大小和組成上有很大差別，有的是完全由岩石構成（如：月亮），有的則是火山或整塊的冰。第一個人造衛星是「史波尼克1號」（1957）。從那時起，成千上萬的衛星已經被送上了地球、金星、火星、木星、太陽以及月亮上空的軌道。人造衛星被用來進行科學研究，並起到通訊（參閱communications satellite）、氣象預測、地球資源管理以及軍事情報等作用。亦請參閱Landsat。

satellite, communications ➠ communications satellite

sati ➠ suttee

Satie, Erik＊　薩替（西元1866～1925年）　原名Eric Alfred Leslie。法國作曲家。母親是蘇格蘭人，在他七歲時就去世了。他被送到住在諾曼第的祖父母處，由當地的管風琴師教他音樂。返回巴黎後，進入了巴黎音樂學院學習（1879～1882）。自1888年起，開始在黑貓歌廳一個波西米亞人的聚居地表演鋼琴，並成爲了「玫瑰十字會的正式作曲家」。他居住在一個工人階層的貧困地區，1911年因拉威爾演奏了他的《三首薩拉本舞曲》（1887）而開始出名，並被認爲是現代音樂的先驅。雖然被視爲名人，但他還是保持其怪異的生活方式，並經常同他的崇拜者，包括德布西、科克托和「六人團」發生爭執。他最著名的短篇鋼琴曲都很怪異和富有智慧，也像他一樣迷人。他還常常採用奇怪的名稱，如：《三首梨形樂曲》。

satin　緞紋織物；緞子　由三種基本的織物組織之一的緞紋組織織成的紡織品。緞子同斜紋布很接近，但沒有斜紋組織常有的線條。因此緞子也沒有很深的對角紋路，其質地光滑，沒有斷裂處。因爲緞子在摩擦或被扯到後會產生皺紋，因此被認爲是很奢侈的衣料。緞子因用途的不同而又不同的重量，包括服裝（特別是晚裝）。雖然它是由紗線製成的，但也可以用其他纖維來織造。

satire　諷刺作品　通過諷刺、嘲笑、鬧劇和反語等手法來表現個人的邪惡、愚蠢或其他缺點的藝術形式，有時也有對人性進行修正的意圖。文學和戲劇是其常用的表現手段，但也在電影、視覺藝術（如：諷刺畫）以及政治漫畫等媒體中出現。雖然諷刺在希臘尤其是亞里斯多芬的作品中也有體現，但通常是在賀拉斯或尤維納利斯之後才建立的。對賀拉斯來說，諷刺家是一名在各個地方都能看見的愚蠢的城市人，但對這樣的愚蠢通常採取嘲笑而不是氣憤的態度。尤維納利斯眼中的諷刺家則是一名正直的人，並受到腐敗墮落的恐嚇而因此氣憤。他們在觀點上的不同產生了諷刺的分支，後被德萊敦稱爲諷刺喜劇和諷刺悲劇。

Satnami sect＊　薩特拿米教派　印度對政治和宗教權威提出質疑並崇拜撒旦的宗教組織。它將伊斯蘭教和印度教的崇拜結合起來，特徵是反對印度種姓制度，並保持正統的吠檀多哲學。現代薩特拿米教派通常完全屬於底層的科瑪爾種姓，他們提倡社會平等以及宗教和飲食節制。

Sato, Eisaku＊　佐藤榮作（西元1901～1975年）　日本首相（1964～1972），他的政府使日本在第二次世界大戰後成爲一個新崛起的世界強國。因爲他在核子武器上的政策

S T U V

使日本簽訂了「防止核擴散條約」，並在1974年獲得了諾貝爾和平獎。擔任首相時，佐藤榮作改善了與其他亞洲國家的關係，並使琉球群島從美國人手中歸還給日本。

satrap 總督 阿契美尼德王朝各省的行政長官。大流士一世（約西元前522～西元前486年在位）建立了每年選舉二十名總督的制度。總督由國王指派，通常出身貴族或波斯的王族，並不定期地擔任官職。他們徵收稅務，是地方司法的最高長官，並對國內的安全負責，還要招募和維持軍隊。對他們權利的濫用也有相應的防範控制，但在西元前5世紀中葉後，隨著中央權力的減弱，總督開始獨立。後亞歷山大大帝和他的繼承人控制並保留了這個職位。

Satsuma＊ 薩摩 九州南部的日本封建主領地（藩）；爲今鹿兒島地區。薩摩從12世紀末起受到島津家族的控制，直到1868年的明治維新爲止。該家族在1609年占領了九州群島，並在德川幕府期間持續同九州有貿易往來，而當時日本別的地區與外界的貿易是遭禁止的。這一貿易促進了薩摩經濟的發展，並使它與外界有了聯繫。這在後來19世紀西方勢力壓迫下，日本被迫開放門戶後是很有用處的。這一地區還是學習西方技術的專家：島津重豪（1745～1833）建立了醫學院、數學學院和天文學院，而島津齊彬（1809～1858）則採用了西方的軍事技術和武器裝備。這些先進的條件與對德川家族的仇恨使薩摩人以其優勢成爲了推翻幕府政府的領導力量。亦請參閱Okubo Toshimichi、Saigo Takamori。

Satsuma Rebellion ➠ Saigo Takamori

saturation 飽和 有機化合物所有的碳分子都只由一個單獨的價的狀態。飽和也指溶液或蒸汽（參閱vaporization）的被溶化或蒸發物質在一定的壓力或溫度下達到最高濃度的狀態。有時可以讓溶液達到超飽和狀態（超過平衡的濃度），這樣的溶液或蒸汽是不穩定的，且可以在瞬間變成飽和狀態。亦請參閱fatty acid、hydrogenation。

Saturn 薩圖恩 羅馬的農業神，同希臘農事之神克洛諾斯一致。他的妻子是豐收女神奧普斯，其子女包括朱諾、尼普頓和刻瑞斯。他的慶典薩圖恩節（從12月17日開始）是羅馬節日中最流行的一個。其影響力在聖誕節和西方新年的衝擊下減弱。在薩圖恩節期間，所有的貿易暫停，人們交換禮物，奴隸可以享受自由。現今保留的薩圖恩的神殿位於羅馬大廣場。Saturday（星期六）之名就是來自薩圖恩。

Saturn 土星 從太陽數起的第六顆行星，得名自羅馬種植和種子之神。它是太陽系中僅次於木星的第二大非恆星體，約有地球的95倍大，重量則是地球的700倍。它的外層有大氣，主要是氫氣。其內部模型表明它的地核是岩石構成，週邊有液態氫化金屬，再往外一層是氫氣分子。土星有18個冰衛星（包括最大的土衛六）和一個擴展開的光環系統，從地球上的望遠鏡中可以觀察到主要的七個部分。土星的光環最初由伽利略在1610年觀察到，是由無數不同大小的分子組成，估計包括細小的塵埃和少數幾個幾十公里的天體。在其表面觀察到的冰分子可能組成了光環物質的大部分。土星的一天約有10.5小時，一年等於29.5個地球年。它自轉很快，由地核的電子流推動，產生強大的磁場和磁氣圈。其重力在大氣頂部約比地球重16%。距太陽的平均距離是14,270億公里。

Saturn 土星號 任何用於發射太空船的第二級和第三級大型運載火箭系列，由美國在1958年開始研發，1961年首次投入使用。「土星一號」是美國第一艘專爲太空飛行而設計的第二級火箭，將「阿波羅計畫」實驗中的太空船送上了軌道，還運送了無數的太空船。「土星五號」是美國製造的最大的運載火箭，被用來運送執行月球任務的阿波羅太空船並發射太空實驗室（參閱Skylab）。

saturniid moth＊ 天蠶蛾 亦稱巨蠶蛾（giant silkworm moth）。天蠶蛾科的近800種昆蟲的統稱，主要產於熱帶。成蟲軀體粗壯多毛，有寬闊的翅，色彩鮮亮有花紋。多數種的翅中央常有一眼斑。天蠶蛾科通常包括玉米尺蠶蛾、北美最大的土生蛾刻克羅普斯蠶蛾（翅膀寬15公分）、用來作爲商業蠶的多音天蠶屬的幾個品種、皇帝蛾以及月形天蠶蛾。

多音天蠶蛾（Antheraea polyphemus）
William E. Ferguson

Saturninus, Lucius Appuleius＊ 薩圖尼努斯（卒於西元前100年） 羅馬政治家。西元前104年起開始反對與他的極端主義自由立場相違背的議會。他作爲護民官（西元前103年）支持羅馬的最底層人民降低穀類價格、將土地分配給老兵以及設立法庭處理叛國罪的要求。羅馬執政官馬略最初支持他，但後來退出。薩圖尼努斯和他的追隨者們占據了卡皮托利尼山，但馬略捲土重來，並將此次行動的首領鎖在了議會。他們的敵人掀開議會大廳的屋頂將他們用石頭砸死。議會後來廢除了薩圖尼努斯的大多數立法。

satyagraha＊ 不合作主義 非暴力反抗或被動抵抗的哲學。甘地首次將它介紹到非洲南部（1906），並從1917年起開始在印度發展，以試圖脫離英國政府獨立。不合作主義尋求通過謙恭來獲勝。它包括拒絕投降或與任何認爲不對的事情合作，但堅守非暴力的原則來保持心靈的寧靜以獲取洞察力和理解力。該原則在金恩領導的美國民權運動中扮演了重要角色。亦請參閱civil disobedience。

satyr and silenus＊ 薩堤爾和西勒諾斯 希臘神話中生活在林地裡的半人半獸的野人，其獸身部分常被描述爲山羊或馬的腳。從西元前5世紀起，這一名稱就被用來指戴奧尼索斯的養父和老師。薩堤爾和西勒諾斯在藝術和文學中與他們追逐的仙女一起出現。普拉克西特利斯的雕塑開闢了一種新的形式，將薩堤爾刻畫成了年輕英俊的少年。

Saud＊ 紹德（西元1902～1969年） 全名Saud ibn Abdul Aziz al-Faisal al-Saud。沙烏地阿拉伯國王（1953～1964）。他是伊本．紹德的兒子和繼承者，在即位後繼續其父的現代化進程，強調醫藥和教育機構的建設。他在經濟上的失策導致了反對呼聲的加劇。後被迫退位給自己的弟弟費瑟（1905～1975），後者在經濟建設上比他更有能力。

Saud dynasty＊ 紹德王朝 現代沙烏地阿拉伯的統治者。在18世紀，從未受鄂圖曼帝國控制的阿拉伯村莊的首領穆罕默德．伊本．紹德（1765年去世）在瓦哈比教派宗教運動中掌權。他與其子阿布杜勒．阿齊茲一世（約1764～1803在位）占領了阿拉伯的大部分地區；紹德（約1803～1814年在位）在1804年占領了麥地那，1806年占領了麥加。鄂圖曼蘇丹勸服了埃及總督，在1818年成功地摧毀了紹德和瓦哈比的軍隊。穆罕默德．伊本．紹德的孫子圖爾基（約1823～1834年在位）在1824年重建了新的紹德王朝，使利雅得成爲其首都。當圖爾基的兒子費瑟（1843～1865）去世後，繼承權的爭奪引發了內戰。在1902年前，大權一直沒有在紹德王朝手中。伊本．紹德在1902年重新占領了利雅得，在1932年頒布皇家法令建立了沙烏地阿拉伯王國。他的兒子之一，法德（生於1923年）是該國現在的國王。

Saudi Arabia＊　沙烏地阿拉伯　正式名稱沙烏地阿拉伯王國（Kingdom of Saudi Arabia）。南亞國家，占阿拉伯半島4/5，臨紅海和波斯灣。面積2,240,000平方公里。人口約22,757,000（2001）。首都：利雅德。人口主要爲阿拉伯人。語言：阿拉伯語（官方語）。宗教：伊斯蘭教（國教）

（遜尼派）。貨幣：沙烏地里亞爾（SRls）。該國爲一高原區，沿狹窄的紅海沿岸升起，形成一個高聳動高地帶。境內95%以上是沙漠，其中包括世界最大的不間斷沙地魯卜哈利沙漠（又稱礦區）。沙烏地阿拉伯是石油輸出國家組織中最大的石油生產國，也是世界第三大石油生產國，其儲量占世界總量的1/4。其他產品包括天然氣、石膏、海棗、小麥和脫鹽水。爲君主國家，國家元首暨政府首腦爲國王。沙烏地阿拉伯是伊斯蘭教的發祥地，622年穆罕默德創立於麥地那。中世紀時，本地和外來統治者爭奪半島的統治權，1517妳鄂圖曼取得勝利。18～19世紀，伊斯蘭領袖支持宗教改革以奪回沙烏地阿拉伯領土，到1904妳收復了全部領土。1915～1927年英國將沙烏地阿拉伯作爲自己的保護國，隨後承認了漢志和內志王國的主權。1932年這兩個王國合併，成立了沙烏地阿拉伯王國。自第二次世界大戰，沙烏地阿拉伯一直支持中東的巴勒斯坦運動，與美國保持密切關係。2000年沙烏地阿拉伯與葉門解決了他們之間爲時甚久的邊界糾紛。

sauger＊　北美凸鱸　梭鱸（鱸科）的一種，學名爲Stizostedion canadense，是北美東部湖泊和鹹水中的食用魚和遊釣魚。北美凸鱸細長形，有暗色的斑點。它們通常有兩條背鰭，一般長度不超過30公分，重約1公斤。

Saugus Iron Works　索格斯鐵工廠　北美殖民地時期第一個成功的鐵工廠。由於麻薩諸塞州波士頓北方的索格斯發現大量沼鐵礦，1646年布立基與詹克斯遂於當地成立了一家鐵工廠。主要工作是鑄造家庭用具，替移民者輾壓、切割釘桿。1688年左右關廠，部份原址則被保留爲國家歷史遺跡。

Sauk＊　索克人　亦作Sac。操阿爾岡昆諸語言的北美印第安部落，與福克斯人和基卡普人屬近親，居住在今威斯康辛州綠灣地區。索克人通常在夏季居住在樹皮房屋中，婦女就在附近田地中種植玉米和其他作物。村莊在冬季分爲父系家庭組，居住在木柱和草搭的房子裡。春季，部落在愛荷華草原獵捕野牛。1800年左右，索克人一直居住在伊利諾州中部密西西比河沿岸，但他們後被迫將其土地割讓給美國人。1832年黑鷹領導了一批索克人和福克斯人試圖奪回他們在伊利諾州的土地，但未能成功。現在約有1,000名索克人居住在奧克拉荷馬州。

Saul　掃羅　希伯來語作Shaul。以色列第一代國王（約西元前1021～1000年在位）。有關他的全部資料記載在《聖經・撒母耳記上》和《聖經・撒母耳記下》中。他在將基列雅比城從亞捫人的壓害下解救出來後被先知撒母耳塗以聖油成爲國王。撒母耳後來對掃羅的否定以及掃羅對大衛的嫉妒導致了其毀滅。他在基列波山同非利士人作戰時犧牲。大衛釋放了以色列人，並對死亡的掃羅加以祭奠。

Saule＊　少勒　波羅的海地區神話中的太陽女神，管理世上眾生的幸福和繁衍。她通常被描繪成每天騎著銅輪戰車馳騁天空，拉車的戰馬終日不息，但從不疲倦或出汗。到了夜晚，她在大海中爲馬洗滌，後返回她在海的盡頭的城堡。紀念她的主要節日是仲夏利戈節，在這個節日中，人們在山上燃起大火以避開邪惡的鬼魂。

Sault Sainte Marie＊　蘇聖瑪麗　美國密西根州上半島東部城市，該城市位於蘇必略湖和休倫湖之間的聖瑪麗航道，通過鐵路和橋樑同加拿大安大略州的姊妹城蘇聖瑪麗（人口約81,000〔1991〕）相連接。美國和加拿大分別管理聖瑪麗斯福爾斯運河（或稱蘇運河）的一部分，是聖羅倫斯航道運輸樞紐。第一個美國的運河在1855年投入使用，後來被取代，現分成了北部運河（1919年竣工）和南部運河（1896年竣工）。加拿大運河有一道水閘，竣工於1895年。人口約15,000（1992）。

sauna　芬蘭浴　水在加熱的石頭上蒸發出水蒸氣並用以沐浴的方法。在古代就有很多地方採用，在芬蘭很常見，當地人將此作爲他們的習俗。通常芬蘭浴包括一個修建在湖邊的小木屋，內有若干排平石架。用木柴在地板上的一個空隙中燃燒石塊，然後將冷水澆在石頭上產生蒸汽。沐浴者坐在蒸汽瀰漫的木屋的板凳上，用樹條拍打自己直到皮膚變紅刺痛，然後跳進冷水裡，冬季則在雪地上打滾。這種極端的體溫變化被認爲對血液循環有幫助。經過改進後的芬蘭浴在現代的健身房或健康俱樂部中很流行。

Saura (Atarés), Carlos＊　索拉（西元1932年～）西班牙導演。因拍攝《狩獵》（1965）而受到矚目，這是他首部寓意性電影，其中批判了佛朗哥統治下的西班牙社會。自己撰寫或與人合作撰寫電影劇本，執導了《歡樂花園》（1970）、《安娜與狼》（1972）與《天使表妹》（1973）。他與編舞家加德茲在《血婚》（1981）、《卡門》（1983）與《愛上魔術師》（1986）等佛朗明哥歌舞劇中合作。後來的電影包括《弗拉明科》（1997）與《探戈》（1999）。

saurischian＊　蜥臀類　任何骨骼排列與現代爬蟲類相似、恥骨向前向下伸展的「蜥蜴狀」恐龍的種類（蜥臀目）。該目包括所有食肉類和一些大型的食草類恐龍。蜥臀目是從小型兩足類恐龍槽齒類演化而來的，最初出現在晚三疊紀（2.27億～2.06億年前）。該目包括了獸腳類、蜥腳龍和十字龍（十字龍亞目）。根據從一些不完整的種類遺骨上獲取的資訊，十字龍亞目看來是一種中型食肉類恐龍，同獸腳類相近。亦請參閱ornithischian。

sauropod＊　蜥腳龍　蜥腳形亞目任何四腳食草類蜥臀類恐龍。蜥腳龍包括所有最大的恐龍，也是世界上出現過的最大型的動物。它們生存在晚三疊紀到白堊紀（2.27億～0.65億年前）。所有的蜥腳龍都有一個很小的頭，頸很長，身軀龐大，腳像巨大的柱子，尾巴長，尖端很細，像一條鞭子。它們用細小稀疏的牙齒從最高的樹木上食取樹葉，很顯然是靠呑嚥石頭或細菌來消化植物。腕龍屬恐龍其身長因種類不同而介於15～30公尺之間，重達80噸。亦請參閱Apatosaurus、Diplodocus、theropod。

sausage　香腸　經過調味的肉類食品，通常爲豬肉或牛肉，常被充塞在準備好的腸衣中。香腸從古代起就有人製作。在其發源的城市中出現過好幾種做法：美因河畔法蘭克福的法蘭克福香腸、波隆那大臘腸和羅馬的香腸。香腸肉可以是新鮮的，也可以是燻製或鹽漬過的。它還可以與其他肉類及添加劑混合，如：穀類、植物澱粉、豆粉、防腐劑、人工色素和其他香料等。腸衣可以是動物的腸、石蠟處理的纖維袋或合成塑膠腸衣及重組的膠原質。除了乾臘腸（燻製過的）外，所有的香腸均需要冷凍保存。烹調過的香腸和乾臘腸都可直接食用，新鮮（或新鮮冷藏）的香腸則必須烹調後食用。

Saussure, Ferdinand de＊　索緒爾（西元1857～1913年）　瑞士語言學家。雖然他唯一的作品出現在其學生時代，但他仍作爲一名日內瓦大學的教師（1901～1913）而對該學科產生了影響力。他的兩個學生將他的講義和其他資料進行收集整理，編寫了《普通語言學教程》（1916），被認爲是20世紀語言學的起點。他認爲語言是有結構的系統，不論是在某一時期存在的語言還是隨時間發展的語言都可以得到學習。他還爲這兩種語言的學習提供了原則和方法。他的概念可以被認爲是語言結構主義的開端。

Sauveur, Albert＊　索弗爾（西元1863～1939年）　比利時裔美國籍冶金學家。1887年移民到美國，並在哈佛大學任教（1899～1939）。他對金屬結構的顯微鏡和顯微照相研究使他成爲了物理冶金學的創始人之一。他在金屬熱處理方面的工作被認爲是該學科上的一個里程碑。他寫了影響深遠的論文《鐵和鋼的金相學與熱處理》（1912）。

Sava River＊　薩瓦河　歐洲南部巴爾幹半島西部河流。全長940公里，其流域涵蓋了斯洛維尼亞、克羅埃西亞、波士尼亞及塞爾維亞北部的大部分地區。發源於尤利安阿爾卑斯山脈，源頭爲兩條河，在拉多夫利察匯合。後流經斯洛維尼亞和克羅埃西亞，形成了克羅埃西亞和波士尼亞的邊界，最終在貝爾格勒與多瑙河匯合流向塞爾維亞。

Savannah　塞芬拿　美國喬治亞州東南部城市。位於塞芬拿河河口，是喬治亞州最古老的城市，也是重要的港口。該城市由歐格紹普始建於1773年，也是喬治亞殖民地的舊址、殖民地政府所在地和1786年前的州首府。它在美國南北戰爭時期是美利堅邦聯的主要物資站，也是1864年雪曼將軍進軍海洋的目的地。該城市因其修建在一系列小公園周圍的古老美麗的建築而聞名，是旅遊業的中心。也是幾所古老的學府所在地。人口約136,000（1996）。

Savannah River　塞芬拿河　美國喬治亞州東部河流。發源於塔加盧和塞尼卡河在哈特韋爾壩匯合處，向東南流，形成喬治亞州和南卡羅來納州的邊界。流經505公里後在塞芬拿注入大西洋。在塞芬拿有8公里的水域內海船可以通航，奧古斯塔則可航行駁船。

Save River＊　薩韋河　亦稱薩比河（Sabi River）。非洲南部河流。起源於辛巴威，向東南東流過邊界進入莫三比克，續向東流入莫三比克海峽。全長645公里。自河口向上160公里可航行輕便小船。

Savigny, Friedrich Karl von＊　薩維尼（西元1779～1861年）　德國法官和歷史法學家。出身貴族家庭，其特權使之可以將一生奉獻給學術事業。他曾在柏林大學任教（1810～1842），協助建立了影響深遠的法學「歷史學院」。他的著作《中世紀羅馬法律歷史》（6卷，1815～1831）爲現代中世紀法律的研究打下了基礎。他在《現代羅馬法律系統》（8卷，1840～1849）一書中建立了一個系統，爲現代德國民法奠定基礎。他受浪漫主義的影響，認爲法律是人民習俗和精神的反映，因此不能將理性和正式的立法強加其上。

Savimbi, Jonas (Malheiro)＊　薩文比（西元1934年～）　安哥拉游擊隊領導人和政治家。他在國外獲得博士學位後回國，於1966年建立了爭崙安哥拉徹底獨立全國聯盟（UNITA）。在中國、南非和美國的支援下，爭崙安哥拉徹底獨立全國聯盟發展了龐大的游擊隊並開始進行大規模的戰爭，反抗由蘇聯支持的安哥拉政府。1991年薩文比同意參加自由的多黨選舉，但在失敗後繼續其軍事運動。後來的和平協定（1994）和協定（1996）同意UNITA加入聯合政府，許多協定條款在聯合國的支持下得以實現，但薩文比拒絕擔任副總統，並繼續其暴力鬥爭。

saving　儲蓄　將一部分當前的收入留下以備將來使用的過程，或指通過這種方法在一定時間內積蓄起來的資金。儲蓄可以通過銀行存款、保存現款或購買證券來實現。個人儲蓄的多少受個人對未來消費的偏好和他們對未來收入的期望影響。如果個人消費超過了他們的收入，那麼他們的儲蓄爲負數，被稱爲反儲蓄。個人儲蓄可以通過估算可供儲蓄的資金量減去目前消費支出來得出其數目。商業儲蓄的測量方法可通過計算資產負債表上的淨產值來實現。國民儲蓄總值被認爲是國家收入超出消費和稅收後的餘值。儲蓄因與投資有關而對國家經濟發展起到重大作用；產值的成長需要一些個人從其總收入的消費中保留一部分作爲投資的準備。

savings and loan association　儲蓄與放款協會　接受存款人的儲蓄並使用這些資金來借貸給購屋者的金融機構。儲蓄和放款協會起源於18世紀的英國建築協會，那裡的工人們聯合起來集資修建房屋。美國第一家儲蓄和放款協會在1831年成立於費城。儲蓄和放款協會最初是協會股東的合作機構，股東根據利潤提款紅利。但今天的儲蓄和放款協會已經成爲了雙邊的機構，可提供多種儲蓄方案。它們因可以向其他金融機構貸款來經營抵押證券、貨幣市場票證和股票而不一定要依靠個人儲蓄來提供資金。由於1970年代的高通貨膨脹和不斷提高的利率已使利率的抵押利潤極度減少，儲蓄和放款協會的條規得到了改進，它們獲准對抵押進行改動。1980年代後期，大量的儲蓄和放款協會因對抵押的不當調整導致的投資風險和詐騙而倒閉。政府因此被迫提供2000多億美元來賠償損失，1989年聯邦儲蓄與貸款保險集團破產。其保險功能被一個由聯邦儲蓄保險公司監管的新組織接手管理，後成立了清債信託公司來解決破產的儲蓄與放款協會的問題。

savings bank　儲蓄銀行　吸收存款並給存款人支付利息或股利的金融機構。它將消費比收入低的人的錢借貸給想消費多一些的人。這一功能由互助儲蓄銀行、儲蓄與放款協會、信貸協會和郵政儲金系統和市儲蓄銀行來執行。與商業銀行不同的是，這些機構不接受活期存款。許多儲蓄銀行是作爲鼓勵中等收入的人民參加儲蓄的慈善力量發展起來的。最早的市儲蓄銀行是從義大利的市政府當鋪發展起來的（參閱pawnbroking）。其他早期的儲蓄銀行於1778年在德國建立，而荷蘭的儲蓄銀行也在1817年成立。美國的第一所儲蓄銀行是非盈利性機構，於19世紀初因慈善目的而建立。

Savonarola, Girolamo＊　薩伏那洛拉（西元1452～1498年）　義大利傳教士、宗教改革家和殉教士。1475年加入道明會，並被派往佛羅倫斯在聖馬可女修道院傳教，並在那裡因其學識和禁欲主義聞名。他在需要改革的教堂傳教，認爲教堂應該遭到鞭笞以獲得重生。在推翻了麥迪奇家族的統治（1494）後，他成爲了佛羅倫斯的領導人，在那裡建立了民主但清苦的政府，並尋求建立一個天主教的共和國作爲改革義大利和教堂的基地。他遭到麥迪奇家族的支持者阿拉比亞黨和教宗亞歷山大六世的反對，教宗還試圖制止他對經文的闡釋以及他所宣稱的預言能力。薩伏那洛拉受到審判，被定爲異端（1498），被判處絞刑與火刑。雖然他受到廣泛崇拜，但試圖將他封爲聖人的努力最終沒成功。

薩伏那洛拉，巴托洛米奧（Fra Bartolomeo）繪：現藏佛羅倫斯聖馬可博物館
Alinari – Art Resource

savory　香薄荷　唇形科一年生芳香草本植物，學名爲Satureia hortensis，原產歐洲南部。其乾葉和開花的頂端可以用作香料及香精。冬香薄荷或矮香薄荷（即山地香薄荷）是一種冬季開花的薄荷，植株較小。它在烹調上有多種用途，並可以同夏季的薄荷品種交配。

Savoy　薩伏依　法語作Savoie。義大利語作Savoia。法國東南部和義大利西北部歷史地區。從11世紀起，薩伏依就是神聖羅馬帝國的領主阿爾勒王國的一部分。後完全獨立並越過阿爾卑斯山脈擴張，包括了義大利皮埃蒙特的平原地帶。18世紀皮埃蒙特和薩伏依被併入薩丁尼亞，薩伏依的公爵們成爲了薩丁尼亞的國王。薩伏依和皮埃蒙特在1792年被割讓給法國，但薩伏依在1815年恢復了其傳統統治，並將熱那亞納入版圖。1860年薩伏依、熱那亞和皮埃蒙特與其他義大利國家一起組成了義大利王國。薩伏依王室在1946年義大利共和國建立前一直是統治義大利的王室。

Savoy, House of　薩伏依王室　歐洲歷史上著名的王朝，1861～1946年統治義大利的宗室。其建立者爲擁有薩伏依、萊茵河以東及日內瓦湖南部地區的亨伯特一世（卒於1048?年）。中世紀時期，他的繼承人，包括阿瑪迪斯六世在內，將法國、義大利和瑞士交界的阿爾卑斯山西部併入了版圖。1416年該王室被提升爲神聖羅馬帝國的公爵，但此後直到16世紀晚期一直處於衰敗的狀態。雖然它在17世紀歸義大利統治，但該王室在維克托・阿瑪迪斯二世時代獲得了義大利東北部的領土並奪得了皇室的頭銜，先是西西里國王（1713），後改爲薩丁尼亞國王（1720）。薩伏依王室在復興運動時期很強盛，在國王維克托・伊曼紐爾一世和查理・阿爾貝特領導下對19世紀義大利統一作出了貢獻。它後來失去了其主導地位，其君王翁貝托一世和維克托・伊曼紐爾三世只是名義上的國王，1946年的選舉結束了薩伏依王室的統治。

saw　鋸　用來將固體材料切割成特定的長度或形狀的工具。多數鋸都是一邊帶有鋸齒的薄金屬片或邊緣帶鋸齒的金屬圓盤。其鋸齒通常根據切割的邊緣而調整，使鋸縫寬於鋸的厚度，這樣鋸片就可以自由地在鋸縫穿行而不會被夾住。薄帶鋸用於各種手工或機器操作中，而圓鋸則常用於動力機器操作中（參閱sawing machine、machine tool）。

saw palmetto　鋸棕櫚　數種灌木棕櫚，主要分布於美國南部與西印度群島，尖銳齒狀的葉柄，特別是一種美國東南部常見的鋸棕櫚，具有匍匐的莖。鋸棕櫚構成美國佛羅里達州大沼澤地的一部分。在未受干擾時會長成巨大的葉簇。鋸棕櫚近來受到關注，是治療前列腺癌的可能來源。

Sawatch Range＊　沙瓦蚩嶺　美國科羅拉多州中部的落磯山脈。該山嶺綿延160公里，位於阿肯色河與埃爾克山之間。它的中部與耶魯山、哈佛山和普林斯頓山一起被稱爲科萊買特嶺。許多山峰都超過4,300公尺，包括落磯山脈的最高點厄爾柏峰（高4,399公尺）。1860年在該地區發現金礦，吸引了大批人來此居住。牧場、乳製品場和旅遊業是當地的主要工業。

Sawchuk, Terry＊　索徹克（西元1929～1970年）　原名Terrence Gordon Sawchuk。加拿大裔美國籍冰上曲棍球隊守門員。在加入美國的全國冰上曲棍球聯盟（1949）前曾在另外兩支隊伍中擔任守門員，之後他曾在底特律紅翼隊（1949～1954、1957～1964）、波士頓棕熊隊（1955～1956）和多倫多楓葉隊（1964～1967）以及其他一些球隊參加比賽。他的職業記錄是共有103場比賽使對方未能攻進一球，與他的贏球記錄（435次）和參加比賽數（971）一樣，至今仍是一個傳奇。

sawfish　鋸鰩　鋸鰩科鋸鰩屬6種像鯊的魟類的統稱。鋸鰩有一個長長的頭和身體，吻也很長。其體長最多可達7公尺以上。它們棲息在亞熱帶和熱帶港灣、河口的淺水底部，有時會順江河向上游前行。有一些生活在淡水的尼加拉瓜湖中。它們一般不危險，鋸齒主要用來挖掘河底的動物或在水中揮舞以殺死或傷害別的魚。小鋸鰩是很好的魚類食品，一些地區的居民爲獲崙食物、油、魚皮或其他產品而捕捉它們。

鋸鰩屬的一種
Karl H. Maslowski

sawfly　葉蜂　膜翅目葉蜂總科的5個科數量龐大且分布廣泛的昆蟲。典型的葉蜂（葉蜂科）通常顏色鮮亮，在花叢中很容易發現。北美的梨櫻葉蜂食崙梨、櫻桃和桃樹的樹葉。許多別的4個科的幼蟲也會毀壞樹木。三節葉蜂（三節葉蜂科）食崙玫瑰、柳樹、橡樹和樺樹。北美的榆葉蜂（錘角葉蜂科）吃榆樹和柳樹。而北美的落葉松葉蜂（鋸節葉蜂科）則很常見，有時是松類樹木的害蟲。簡複葉蜂（簡複葉蜂科）則分布在南美和澳大利亞，只有一個屬。

葉蜂屬的一種
William E. Ferguson

sawing machine　鋸機　切割長條物料或是將原料板切割成形的機械工具。切割工具（鋸）可能是邊緣帶著鋸齒的

薄金屬圓盤，一邊帶有鋸齒的金屬薄刃或是柔韌的帶子，或是薄砂輪。這些工具會利用三種動作：正切割、研磨或摩擦產生的熔化。

sawmill 鋸木廠 電力驅動的將木材鋸成粗方材、厚板和板材的機器或工廠。一個鋸木廠爲完成加工工藝還可能包括刨平、成型、開榫及其他加工過程。切割可使用很多大型機器，組鋸、帶鋸或圓鋸在木材經過進料器時將其按不同的厚度切割開。最大的鋸木廠通常坐落在木材被水或火車運送走的地方，而木材的切割樣式則受到運輸方式的影響。

Sax, Adolphe 薩克斯（西元1814～1894年） 原名Antoine Joseph Sax。比利時樂器製造家。他是一名熟練的樂器製造商的兒子，曾在1842年前幫助父親工作，改進了單簧管和低音單簧管。他後來在巴黎開店，得到了白遼士和阿勒威（1799～1862）等音樂家的支持，但遭到法國樂器製造商的反對。他發明了幾種新的樂器家族，包括薩克小號、薩克大號和最成功的薩克管。他是一名優秀的木管樂器演奏家，曾於1857～1871年間在巴黎音樂學院教習薩克管的吹奏。

Saxe, (Hermann-)Maurice, comte (Count) de 薩克森伯爵（西元1696～1750年） 德裔法國籍將軍。薩克森選侯腓特烈·奧古斯特一世的私生子，曾在法蘭德斯的薩伏依的歐根手下工作，後在1711年被封爲薩克森伯爵。他在法國服役期間（1719）指揮一支德意志軍團，並對軍事訓練尤其是火槍訓練進行了改進。他在法國軍隊參戰的波蘭王位繼承戰爭中表現優於異母兄弟奧古斯特三世，並在1734年被封爲將軍。他在奧地利王位繼承戰爭中成功地領導了法國軍隊，占領了布拉格（1741）並入侵奧屬尼德蘭。在那裡，他贏得了豐特努瓦戰役（1745）的勝利，占領了布魯塞爾和安特衛普（1746）。他被路易十五世任命爲法國大元帥，1747年成功地領導了對荷蘭的入侵。

Saxe-Coburg-Gotha, House of 薩克森－科堡－哥達王室 ➠ Windsor, House of

saxifrage＊ 虎耳草 虎耳草科虎耳草屬約300種植物的統稱，該科的36個屬包含了多數多年生草本植物。虎耳草屬的植物因其在石壁和岩石縫隙中的生長能力而著稱。它們能適應任何潮濕的環境，但多數生長在北部潮濕陰暗的寒冷或溫暖地帶。其葉子在莖幹處可以轉動，有時帶裂紋或呈圓形。虎耳草的花通常成簇，顏色由淺綠到白色或黃色，或由淺紅和紅色到紫色。其果實爲蒴果。虎耳草被種植在岩石庭園和花園邊緣作爲裝飾，因其早春開放的小巧鮮亮的花朵和精緻的葉片而得到喜愛。虎耳草科其他著名的屬還包括了泡盛草屬、珊瑚鐘屬和嗩吶草屬。

Saxo Grammaticus＊ 薩克索·格拉瑪提庫斯（活動時期西元12世紀中期～13世紀初期） 丹麥歷史學家。他的生平很少爲人所知，他出身西蘭島的丹麥武士家庭，可能做過隆德大主教阿布薩隆的執事。他的十六卷的《丹麥人的業績》是丹麥歷史和丹麥對世界文學貢獻的第一部作品。這是一部對丹麥古代和傳統的全景描繪，給許多19世紀的丹麥浪漫主義詩人帶來了靈感，也是莎士比亞的《哈姆雷特》的創作藍本。薩克索流暢優美的拉丁語在14世紀爲他贏得了「格拉瑪提庫斯」的美名。

Saxons 撒克遜人 在古代居住在波羅的海沿岸，後向西移民到不列顛群島的日耳曼民族。他們在羅馬帝國衰亡時期曾是北海的海盜，後在5世紀初穿過德國北部和高盧及不列顛的海岸擴展勢力。他們與查理曼（772～804）展開戰爭，後被併入法蘭克帝國，與其他德國侵略者，包括盎格魯人和朱特人一起定居英國。

Saxony 薩克森 德語爲Sachsen。德國歷史地區，過去曾是州，今爲德國新建的州。1180年前，該名指的是在200～700年左右被日耳曼撒克遜人攻占的領地。8世紀晚期被查理曼征服並基督教化。9世紀中成爲日耳曼法蘭克王國的一部分。1180年該地區分成兩個較小且相距甚遠的州：位於易北河下游的薩克森－勞恩堡和位於易北河中游的薩克森－威登堡。從1422年起，該地名被用來指一個寬廣的地區，包括從圖林根至盧薩蒂亞的波西米亞周邊地區。1871～1918年間是德意志帝國的一部分，在1919～1933年威瑪共和期間是一個自由州。該州在1952年被崙消並分割爲東德的幾個區。當德國在1990年統一後，成立了新的薩克森州。

saxophone 薩克管；薩克斯風 帶圓錐形金屬管和指孔的單簧族管樂器。雖然它由黃銅製成，但卻被歸類爲木管樂器。其吹奏方法與單簧管類似。薩克管家族包括了至少八種不同的樂器，最常見的是高音和低音樂器。最小的（高音段）薩克管是直的；而其餘的薩克管則有彎曲的頸部，其喇叭口都是向上及向外彎。發聲部位向上。它將降B調和降E調調換，具有同樣的31/2八度音階。薩克斯於1846年獲得專利，他發明了兩個獨立的樂器家族，分別供軍隊和交響樂團使用。雖然很少有作曲家將薩克管加入樂曲的編排，但它們在軍隊、舞蹈和爵士樂隊中具有重要作用。

Say, J(ean-)B(aptiste)＊ 賽伊（西元1767～1832年） 法國經濟學家。他在成爲工藝美術學院教員（1817～1830）和法蘭西學院（1830～1832）前曾編輯一本雜誌並開辦過紡織廠。在其主要作品《政治經濟論述》（1803）中發展了關於市場的學說，認爲供給會自行創造需求。他將經濟蕭條歸因於某些市場的臨時生產過剩和另外一些市場的臨時生產不足而不是需求的普遍下降。這種不平衡一定會因生產廠家重新安排生產以迎合消費者的要求而得到自動調節。賽伊的學說在大蕭條前一直是正統經濟學的中心原則。

Sayan Mountains＊ 薩彥嶺 俄羅斯中東部與蒙古邊境上的大片高原地區。薩彥嶺從阿爾泰山至貝加爾湖大致形成弧形山地並與外貝加爾湖的哈馬爾達坂山系相連。該山脈的西部和東部各自有不同的地理歷史，在海拔3,000公尺的高地中心相連。

Sayers, Dorothy L(eigh) 塞爾茲（西元1893～1957年） 英國學者和作家。她在1915年成爲第一批從哈佛畢業的女學生。她的第一部重要作品是《誰的屍體？》（1923），其中創作了機智英勇的年輕紳士彼得·溫姆西偵探，在後來的短篇小說集和小說《強力毒藥》（1930）、《九個水手》（1934）和《公車司機的蜜月》（1937）等中還有刻畫。在1930年代後，她將精力集中在理論戲劇、書本、廣播戲劇和學術翻譯上，最著名的是翻譯但丁的《神曲》。

Sayles, John 約翰塞爾斯（西元1950年～） 美國導演。生於紐約州斯卡耐塔第，畢業自威廉學院，在他爲羅傑寇曼編劇前曾寫過短篇故事與小說，包括《會費》（1977）。首次執導的《重返席考克斯》（1980）獲得好評。通常自己寫劇本，在富思想性的電影中探討了社會與政治議題，例如《麗安納》（1982）、《怒火陣線》（1987）、《陰謀密戰》（1988）、《希望之城》（1991）與《寂星》（1996）。他也是兒童電影《人魚傳奇》（1994）的導演。

Sazonov, Sergey (Dmitriyevich)＊ 薩宗諾夫（西元1860～1927年） 俄國外交家。1910年成爲外交大臣後，與英國和法國建立了親密的關係，並支持巴爾幹同盟，對抗

S T U V

土耳其。他因堅持俄國對塞爾維亞的支持來反抗奧地利並堅持請沙皇尼古拉二世下令俄國軍隊實行動員（1914年7月30日）而促進了第一次世界大戰的爆發；兩天後，德國對俄宣戰。他將俄國的戰爭目標定位爲合併君士坦丁堡和土耳其海峽，但在催促沙皇允許波蘭自治時被解除職務。1917年俄國革命後，他遷往法國。

scabious＊ 山蘿蔔 川續斷科山蘿蔔屬約100種一年或多年生草本植物統稱。原產於歐亞大陸溫帶、地中海地區和東非山地。有些爲重要的園藝花卉，包括南歐的一年生針插花，亦稱紫盆花、甜山蘿蔔、圓山蘿蔔或輪鋒菊。所有的植株均有基生葉蓮座狀，莖生葉亦多。頭狀花序，邊花較大有的爲雌花；總苞葉狀。鬼咬山蘿蔔爲驟斷屬植物（參閱bluebonnet）。

高加索輪鋒菊（Scabiosa caucasica）
Valerie Finnis

Scaevola, Quintus Mucius＊ 斯凱沃拉（卒於西元前82年） 亦稱大祭司（Pontifex）。羅馬立法者。他曾連續擔任執政官和亞細亞行省總督，並從西元前89年左右起擔任大祭司。約西元前95年，他使「利奇尼亞・穆恰法」被通過，將一些人民從公民名冊上刪除，導致了西元前90～西元前88年的同盟者戰爭。他的主要作品是八十卷的民法系統論文，經常被後來的作家援引和執行。他的手冊《解說》是查士丁尼一世時期《學說彙編》中所摘引的最早的作品。

scaffold 鷹架 爲了在建築或機器上工作時提升並支撐工人和材料而搭建的臨時的平台。它由一個或多個木板搭成，用木材或立體的鋼架和鋁製框架來支撐，在一些亞洲地區也使用竹子。鷹架可以用棘輪或電動機控制的電纜來提升或降落。

scalawag 南方佬 支持重建時期的美國南方人。這一貶義詞還被用來指參與的背毛毯包者和支持共和黨政策的自由人。這一辭彙來源不明，從1840年代起開始使用，當時指的是價值極低的家畜，後來指一個沒用的人。南方佬包括從前的輝格黨人和同情北方聯邦政府山區農民，在美國南北戰爭後約占全體白人選民的20%。他們中有很多人在政府中占有席位並支持溫和的改良。

scale 音階 將調或調式限制在八度音階中的基本調子。音階因其相臨音符之間間隔的模式而產生區別。一個音階可以被看成從旋律中抽崙的一部分，亦即：旋律中按階梯式編排的音調。

半音、大調和小調音階範例
© 2002 MERRIAM-WEBSTER INC.

scale insect 蚧 亦稱介殼蟲。同翅目下幾個科，吸崙樹汁液、體外有蠟質介殼的昆蟲統稱。卵由雌性的身體、介殼或蠟絲塊保護。蚧可以侵襲植物的任何部位，但一些種類對宿主有所選擇。蚧有很多種類是嚴重的植物害蟲，其餘則有經濟價值。紫膠蚧被用在紅色的染料和蟲漆中。紅色的染料胭脂紅是由曬乾並研磨成粉的洋紅蟲製成的。亦請參閱cottony-cushion scale、San Jose scale。

Scalia, Antonin＊ 史凱利亞（西元1936年～） 美國法官。曾在喬治城大學和哈佛大學法學院學習，在那裡形成了他的法律觀點。曾先後從事多種工作，在克利夫蘭一家法律事務所工作（1961～1967），在維吉尼亞大學任教（1967～1974），擔任美國總檢察長的助理（1974～1977），及在芝加哥大學任教（1977～1982）。作爲一名堅定的保守派，獲雷根總統提名入美國上訴法院（1982）和美國最高法院（1986）。在那裡，史凱利亞反對實踐主義司法並對國會制定的法律進行了嚴格的解釋，對待州法律和地方法律則相對寬容，但後者不得與聯邦法律保守的憲政原則相違背。

Scaliger, Julius Caesar and Joseph Justus＊ 史卡利傑父子（朱里亞斯與約瑟夫）（西元1484～1558年；西元1540～1609年） 古典學者。朱里亞斯生於義大利定居於法國。他鑽研植物學、動物學與文法，不過主要的興趣在於理解與批判性地評估古代文化。他最受世人閱讀的著作是《詩學》（1561），在書中將希臘羅馬的修辭學與詩學作爲文學批評的基礎。他的兒子約瑟夫在語言方面相當早熟，曾在法國、德國與義大利研讀，並在他前往萊頓大學之前曾在法國教書，在萊頓大學他成爲當時最博學的學者。約瑟夫主要的著作有《有關改進時間的研究》（1583）與《時間的詞典》（1609），整理古代的編年。

scallop 扇貝 扇貝科的海產雙殼類軟體動物統稱。約400多種，遍布在世界各地的潮間帶到深海區。其兩片貝殼（閥）除去直立的蝶鉸兩端的翼狀突出後，通常呈扇狀，長2.5～15公分。它們一般較光滑，有時有輻射肋，呈紅色、紫色、橙色、黃色或白色。其纖毛可從水中過濾細小的微生物並將它們送到嘴裡。扇貝通過搧動貝殼而加速向前運動。其控制貝殼的肌肉是很受歡迎的食物。

scalping 剝頭皮 從敵人的頭上將其頭皮連同頭髮一起剝落的行爲。最著名的是北美印第安人的戰爭習俗。最初只局限於東部的部落，後因法國、英國、荷蘭、西班牙的統治者獎賞剝崙敵對的印第安人甚至有時是白人的頭皮而使這一行爲得以蔓延。許多美國邊疆居民和士兵也沿用了這一習俗。在大平原印第安人中，剝頭皮源自戰爭的榮耀，通常是從死亡的敵人頭上剝落，但有些士兵卻喜歡從活人頭上剝崙。這一行爲不一定致命，有時受害人可能因此獲得釋放。

scaly anteater ➠ pangolin

Scamander River ➠ Menderes River

scampi 挪威海螯蝦 亦稱都柏林灣匙指蝦（Dublin Bay prawn）或挪威龍蝦（Norway lobster）。可食用的龍蝦，廣泛分布在地中海和大西洋東北部。在其分布地區作爲美味食品出售。挪威海螯蝦居住在約10～250公尺深的軟沙海底。長約200公分，重約200克。其細長的鉗子可與身體同長。許多螯蝦都可用網捕捉，但某些品種需要用帶餌的龍蝦籠捕捉。

Scandinavia 斯堪的那維亞 歐洲北部的地區，通常認爲由挪威、瑞典和丹麥組成。它有時也泛指包括芬蘭和冰島的地區，挪威和瑞典位於斯堪的那維亞半島，丹麥則屬北歐平原。斯堪的那維亞民族因文化上的相似性而連接在一起，使用關係密切的日耳曼諸語言。

Scandinavian Peninsula　斯堪的那維亞半島　歐洲北部的大半島。由挪威和瑞典兩個國家占據，長約1,850公里，面積750,000平方公里，從巴倫支海向南延伸。該半島多山，東部平緩地向波羅的海延伸，西部則是達到海岸的山區，被峽灣切割成不同的部分。

scanner, optical　光學掃描器　電腦輸入裝置，利用光束掃描條碼、文字或圖像直接進入電腦或電腦系統。條碼掃描器廣泛運用於零售店的銷售點終端機。用手持掃描器或條碼筆掃過條碼或是用手把條碼橫過放在結帳櫃台或其他表面的掃描器，電腦儲存或立即處理條碼的資料。經由條碼確認產品之後，電腦確定價錢並把資訊送入收銀機。光學掃描器亦用於傳眞機，以及輸入圖形直接進入個人電腦。亦請參閱OCR。

Scapa Flow　斯卡帕佛洛　奧克尼群島的海域盆地。位於蘇格蘭最北端，長約24公里，寬13公里。在兩次世界大戰期間由於其環抱的寬廣海域而成爲英國主要海軍基地。德國在第一次世界大戰後在此鑿穿其船艦。該海域在1939年第二次世界大戰期間德國襲擊並擊沈戰艦「護王橡樹號」後防護加強。該基地在1956年關閉。

scapegoat　替罪羊　《舊約》中象徵性地承擔猶太人所犯之罪並在贖罪日被宰殺以洗刷耶路撒冷的不公正的山羊。相似的儀式在古代社會爲了轉移罪責而被廣泛採用。在古希臘，人類的替罪羊會被鞭打並逐出城市以減輕災難。在早期的羅馬法律中，一個清白的人也得到許可承擔他人罪責，天主教將這一行爲在耶穌爲人類罪惡而犧牲的教義中反映出來。

scar　瘢痕　傷口癒合後殘留在皮膚上的瘢痕。細胞產生的成纖維細胞產生膠原纖維並形成團來組成瘢痕組織。瘢痕可供血，但沒有皮脂腺或彈性組織，因此會有輕微的疼痛感和搔癢。增生性瘢痕會長得很厚，纖維增多，但仍停留在原來受傷的部位。瘢痕可能發展成被稱爲「瘢痕瘤」的瘤樣增生並超出傷口的範圍。這兩種瘢痕如果是由大面積燒傷（尤其是關節附近的燒傷）造成的，就可能會妨礙運動。所有的瘢痕，尤其是未經治療而自行癒合的三度燒傷導致的瘢痕可能發展成惡性腫瘤。嚴重的瘢痕是整形外科研究的主要難題之一。

scarab＊　甲蟲形護符　埃及宗教中常用於葬禮的、代表永生的標誌。它受到蜣螂生命輪迴的啓發，蜣螂把卵產在糞球中，再吃掉，以此餵養它們的幼蟲，代表了重生的輪迴，並同永生和太陽穿越天空相聯繫。許多甲蟲形護符由貴重的金屬製成，作爲護身符佩帶或被用作印章。甲蟲形護符最初出現在西元前2575～西元前2130年，在中王國和新王國時期大量流行。

紀念阿孟霍特普三世與泰伊女王婚姻的甲蟲形護符，做於18世紀；現藏芝加哥東方學會
Courtesy of The Oriental Institute of The University of Chicago

scarab beetle　金龜子　金龜子科近30,000種甲蟲的統稱，在全世界範圍內均可見，甲殼堅硬，身體粗重，呈橢圓形。觸角上有3個扁平的片狀結構，合起來形狀像棍子。前腳外部邊緣有齒或呈扇形。因種類的不同，體長在5～120公釐之間，包括已知最重的昆蟲。蜣螂中的一種Scarabaeus sacer在古代埃及被尊爲聖物。許多種類都是農業害蟲（如：chafer、Japanese beetle和June beetle），昆蟲收集者對它們很感興趣，因爲它們體積較大，顏色很漂亮，殼堅硬，前翅閃光。

Scarborough　斯卡伯勒　安大略省東南部城市。它與東約克、埃托比科克、約克、北約克以及多倫多一起組成大多倫多市。原名爲格拉斯哥，在1793年因其沿海峭壁讓居民想起英國斯卡伯勒的而更名。最初是農業地區，後發展成工業和居住區。人口525,000（1991）。

Scarborough　斯卡伯勒　英格蘭北約克郡城市。位於北海海岸，在10世紀爲維京人漁村，始建於4世紀羅馬人的信號站基礎上。12世紀在該地區修建諾曼第式城堡。1626年後，溫泉的發展使之成爲了旅遊勝地。它現仍是英格蘭東北部最受歡迎的海濱城市。人口約108,200（1998）。

Scarborough　斯卡伯勒　千里達與托巴哥島的托巴哥島深水港。最初名爲路易斯港，建立在臨海陡峭的山壁上。後在1796年繼喬治鎮成爲托巴哥首府。該城市位於椰子生長區。人口4,000（1990）。

Scarlatti, (Pietro) Alessandro (Gaspare)　史卡拉第（西元1660～1725年）　義大利作曲家。他可能曾與卡利西密在羅馬學習。他的第一部知名歌劇崙得了成功（1679），後在1680年成爲瑞典克里斯蒂娜女王的禮拜堂樂師。他後來離開這裡，擔任那不勒斯總督的禮拜堂樂師（1684～1702）。他的許多歌劇便是在此期間在這座城市完成的，但也逐漸流傳到了別的城市，包括萊比錫和倫敦。他的器樂和喜劇都屬晚期創作。他至少寫了七十～一百部歌劇和六百首世俗清唱劇。他的歌劇序曲對交響樂的先驅產生了重要作用。他的兒子是多米尼可・史卡拉第。

Scarlatti, (Giuseppe) Domenico＊　史卡拉第（西元1685～1757年）　義大利作曲家和鍵盤手。他是亞歷山德羅・史卡拉第的兒子，曾在那不勒斯擔任父親的助手。他從1705年起開始在羅馬居住。他的父親後來將他送到威尼斯，他在那裡一直生活到1708年。他可能在那裡遇見了韓德爾和韋瓦第，據說曾同韓德爾競賽，但韓德爾贏得了管風琴演奏，而史卡拉第贏得了大鍵琴演奏。他在1723年成爲西班牙公主瑪利亞・芭芭拉（後來的王儲）的教師，後一生中大部分時間均擔任此職位。雖然他曾寫過歌劇、神劇、清唱劇和其他作品，但他的名聲主要建立在他爲公主譜寫的555首精美的鍵盤奏鳴曲上，成爲了巴洛克作曲家中最偉大的作品之一。

史卡拉第，版畫
By courtesy of the Bibliothèque Nationale, Paris; photograph, J. P. Ziolo

scarlet fever　猩紅熱　亦作scarlatina。一種由某些類型的鏈球菌引起的急性傳染病。可出現發熱、咽痛、頭痛等症狀，而兒童可能出現嘔吐，兩三天後出現紅疹。其中1/3的患者出現皮膚脫落現象。在舌苔剝脫後舌頭腫大、發紅並出現突出物（草莓舌）。腺體也會發生腫大。鼻竇、耳朵（有時是乳突炎）和頸部也會出現並發症。膿瘡也很常見。後還可能出現腎炎、關節炎和風濕熱等症狀。可使用青黴素或γ球蛋白進行治療，需臥床休息、多喝水。從20世紀起，猩紅熱已經很罕見，症狀也在減輕，但與抗生素的應用無關。

Scarron, Paul＊ 斯卡龍（西元1610～1660年） 法國作家。他的第一部小說使詼諧作品成爲了當時典型的文學形式。《喬裝打扮的維吉爾》（七卷，1648～1653）是對維吉爾的《埃涅阿斯記》的成功模仿。斯卡龍的戲劇常源自西班牙，對巴黎的戲劇生活起到了重要作用。他現在只因小說《滑稽小說》（3卷，1651～1657）而聞名，敘述了一幫流浪演員的滑稽遭遇。書中的寫實主義使之成爲了一部研究法國17世紀社會狀況的無價的資料文獻。他的遺孀曼特農侯爵夫人後來嫁給了法王路易十四世。

scattering 散射 物理學中一個粒子與另一個粒子碰撞時運動方向發生改變的現象。這一碰撞可發生在兩個相斥的粒子之間，並不要求接觸下產生的撞擊。實驗證明，散落的粒子的軌道呈雙曲線，而入射粒子越對準散射中心，偏轉角就越大。散射這一辭彙也被用在遠端的地面電波接收中。亦請參閱Rayleigh scattering。

scaup 拾貝潛鴨 鴨科潛鴨屬的三種潛鴨的統稱。大拾貝潛鴨亦稱斑背潛鴨、大藍嘴鴨，生長於歐亞大陸和新北區的大部分地區。小拾貝潛鴨亦稱小藍嘴鴨，繁殖於北美西北部地區。這兩種潛鴨均爲狩獵者的喜愛，身長38～51公分，冬季越過美國沿海海岸過冬。雄性有黑色的胸脯和灰色的背部，但頭部和羽翼顏色不同。雌性羽毛爲褐色，藍色的嘴周圍具白斑。潛鴨主要以蛤類爲食。第三種潛鴨是紐西蘭潛鴨。

Schacht, (Horace Greeley) Hjalmar＊ 沙赫特（西元1877～1970年） 德國金融家。曾擔任德累斯登銀行副行長和德國國民銀行行長，後擔任財政部通貨管理專員（1923）並實行了嚴格的貨幣政策遏止了通貨膨脹，穩定了市場。後成爲德國國家銀行總裁（1923～1930及1933～1939）和德國經濟部長（1934～1937），但後因反對希特勒的重整軍備開支而被免職。在謀殺希特勒的七月密謀（1944）後被監禁，後被聯盟軍俘虜，在紐倫堡大審獲判無罪。後來在杜塞爾多夫成立了銀行並擔任國際財政顧問。

Schally, Andrew V(ictor)＊ 沙利（西元1926年～） 波蘭裔美籍內分泌學家。他隨家人在1939年逃離波蘭，1957年在麥吉爾大學獲得了他的生物化學博士學位。他在1977年因同吉耶曼和耶洛在分離和合成下視丘釋放的激素（荷爾蒙）方面的工作貢獻，而共獲諾貝爾生理學或醫學獎。

Scharnhorst, Gerhard Johann David von＊ 沙恩霍斯特（西元1755～1813年） 普魯士將軍。他在1778年加入了漢諾威軍隊，並在1790年代比利時與法國革命軍隊的戰役中表現突出。他從1808年起擔任普魯士軍隊的軍官，曾在軍事學院任教，後在反拿破崙戰爭中成爲主將（1806）。作爲軍隊改革的領導人（從1807年起），他發展了現代的將軍制度，並重組了普魯士軍隊。他同格奈澤瑙一起制定了速成兵制度和軍備使用方法。在被迫退休後，他成爲了布呂歇爾的參謀長（1813），後在呂岑戰役中受傷，並因此去世。

Schaumburg-Lippe＊ 紹姆堡－利珀 前德國州。紹姆堡是12世紀早期起最古老的伯爵領地。該伯爵家族在1640年消亡，而這一地區也被分割。它在1815年被併入日耳曼邦聯，1871年加入德意志帝國。它在1918年作爲自由州參加威瑪共和，1946年併入下薩克森州。

Schechter Poultry Corp. v. United States＊ 謝克特家禽公司訴美國政府案 美國最高法院1935年的判例，裁定廢除「國家工業復興法」，是新政時期的一個關鍵事件（參閱National Recovery Administration (NRA)）。法院認爲，國會已逾越權限賦予總統和工業團體過多的法律權力。法院並發現「國家工業復興法」中的「公平經營條款」試圖控制跨州的貿易活動，已超出了跨州商業的規定。「國家工業復興法」廢止後，重新通過「國家勞動關係法」（1935），這個羅斯福政府在大蕭條時期制定的法案，成爲解決的方案，並證明是法院可以接受的。

Scheherazade 山魯佐德 亦作Sheherazade。傳說中講述《一千零一夜》的蘇丹的妻子。根據這本框形結構故事的故事集，蘇丹沙赫里亞爾在發現他的第一任妻子不忠後，決定要仇恨所有的女人，於是他每天迎娶一位女子，然後殺掉。宰相的女兒山魯佐德爲了逃避他以前那些妻子的命運，每天晚上爲他講一個吸引人的故事，並承諾在第二天晚上將故事講完。蘇丹很喜歡這些故事，因而放棄了殺害她的念頭，並終於放棄他之前所有報復女性的想法。

Scheidt, Samuel＊ 沙伊特（西元1587～1654年） 德國作曲家。他從史維林克在阿姆斯特丹學習後返回家鄉哈雷，終生在那裡擔任各種音樂職位，包括教堂的管風琴師和後來的布蘭登堡侯爵禮拜堂樂隊指揮，與舒次是同事。三十年戰爭對哈雷的音樂造成了破壞，但沙伊特通過專業的嘗試和個人悲劇繼續進行大量創作。他用德語和拉丁語寫作了音樂聖詩，包括《宗教協奏曲》（1631～1640）。他的主要鍵盤作品（以管風琴爲主）是《新記譜法》（1642）用開放的組合而不是傳統的管風琴模式進行創作。

Schein, Johann Hermann＊ 沙因（西元1586～1630年） 德國作曲家。少年時代曾在薩克森的選舉人小禮拜堂唱歌，後在萊比錫大學學習，並於1616年成爲萊比錫聖托馬斯教堂樂監，這一職位後由巴哈擔任。在這裡，他是一名重要的教師，跟沙伊特、舒次成了朋友，將義大利聲樂同北部對立風格相結合創作了聖詩。他的《音樂的宴饗》、《聖歌集》（1617）是舞蹈音樂的合集，可能是第一次將舞蹈以普通的主題形式併入統一的篇章的書籍。他的聖詩作品包括《奧普拉諾瓦》（1618～1826）和聖歌合集《聖歌集》（1627）。

Schelde River＊ 須耳德河 亦作Scheldt River。法語爲Escaut。歐洲西部河流。發源於法國，流經比利時西部到安特衛普，後轉向西北方向，在尼德蘭境內注入北海，全長435公里。它與萊茵河下游及默茲河平行，流經世界上人口最稠密的地區之一。須耳德河西部的運河使遠洋船隻在漲潮時可抵達安特衛普。

Scheler, Max＊ 謝勒（西元1874～1928年） 德國哲學家。他主要因爲對現象學研究的貢獻聞名。他的《倫理學的形式主義和非形式價值倫理學》（1913～1916）包括了對康德理性主義的批判。在《人類在宇宙中的作用》（1928）一書中，他宣稱人類、上帝和世界組成一個有精神和生命道理這兩個支柱的宇宙過程。精神本身是沒有力量的，除非它的觀點可以同允許它們現實化的生命要素在一起「發揮功能」。這一概念與實用主義的概念相似。

Schelling, Friedrich Wilhelm Joseph von＊ 謝林（西元1775～1854年） 德國哲學家和教育家。他受到康德、費希特和斯賓諾莎的影響，試圖在《超驗主義理想系統》（1800）一書中將自己的自然觀點同費希特的哲學相結合。他認爲藝術是自然和物理世界之間的協調物，而自然（非意識性的）和精神（意識性的）的產物在藝術創造中得到統一。他認爲絕對在所有的存在中以主客觀結合的形式表達出來，這一觀點遭到了黑格爾的批判。在《論人類的自由》（1809）中，他宣稱人類的自由只有在善惡同時獲得自由的情況下才能實現。這形成了他晚年哲學的基礎。他是後康德觀念論哲學的一個主要人物，對浪漫主義有重要影響。

Schenker, Heinrich＊ 申克爾（西元1868～1935年） 奧－匈帝國音樂理論家。他出生在波蘭，曾隨卡羅爾．米庫里（1819～1897）學習鋼琴。他在維也納學習了法律和作曲，後在那裡定居，成爲了一名私人教師並偶爾演奏。他認爲拉摩的旋律理論爲了建立和諧的基礎地位而忽略了旋律的配合。他對巴哈作品的研究使他將旋律配合也放到了同樣的基礎性地位，並承認二者之間的細微綜合。他最具影響力的概念是音調音樂由不同層次的簡單音樂形式構成，爲一個完整的音樂如何吸引聽衆提供了最佳解釋。他在《和諧》（1906）、《旋律配合》（1910～1922）和《自由作曲》（1935）中提出的富有爭議性的理論和圖解觀念在1970年代廣爲流傳，到了20世紀末期成爲最廣泛採用的音調音樂分析手法。

scherzo＊ 詼諧曲 在19世紀快三步時期在交響曲、奏鳴曲和弦樂四重奏中代替小步舞曲的音樂運動。該名稱最初用以指巴洛克時期一種輕快的聲樂或器樂曲。起初比較像小步舞曲，爲二步圓舞曲，在其兩個部分之間有對比鮮明的第三部分，但其節奏通常較快，風格從遊戲性到激烈或壯觀的。

Schiaparelli, Elsa＊ 斯基亞帕雷利（西元1890～1973年） 義大利裔法國籍時裝設計師。曾在美國從事電影劇本寫作和翻譯，後定居巴黎並在1920年代開了自己的第一家商店。到1935年，她已經是高級時裝的領導人，並開始將生意擴展到香水、化妝品、女內衣、珠寶首飾和泳裝。她的設計將新穎和簡單結合，色彩既整齊又鮮亮。她的「豔粉色」（shocking pink）是1947年最流行的顏色，並在之後的不同時期內受到歡迎。她與迪奧一起將商業化的巴黎時裝推廣到全世界。

Schickard, Wilhelm＊ 施卡德（西元1592～1635年） 德國天文學家、數學家與製圖專家。1623年發明最早的計算機之一。建議克卜勒發展機械方法來計算星曆表（預測天體在定期時間間隔的位置），在改良製圖的精確度上貢獻卓著。

Schiele, Egon＊ 席勒（西元1890～1918年） 奧地利畫家、裝飾家和製版畫家。他受到青年風格的強烈影響，其作品的線條感和精緻性受到了克林姆裝飾手法的高貴性的影響，但他常常強調表達而不是裝飾本身，用激動人心的線條來加強感情深度。他耿直、鼓動和不安的形象曾引起轟動。他在1912年曾因不健康的畫作而遭監禁。他的風景畫展現了同樣的色彩質地和線條。1918年的維也納畫展曾爲他的作品專門留出一席之地，之後不久他於同年因流感去世。他從那時起被認爲是表現主義的偉大畫家之一。

Schiff, Dorothy＊ 希夫（西元1903～1989年） 美國報紙出版者。生於紐約市，爲富裕的社會名流，1939年以家族財產購買了《紐約郵報》大部分的股票。1943年成爲該報所有人並獲得總裁的頭銜，1962年成爲總編輯。在她的主導下，《紐約郵報》成爲鼓吹自由的報紙，堅定地支持聯邦與社會福利的立法。她將《紐約郵報》轉化成小報式的編排，包括大衆報導與專欄。結果1960年代該報成爲當地唯一能生存的晚報。1976年她將《紐約郵報》售與梅鐸。

Schiff, Jacob H(enry) 希夫（西元1847～1920年） 德裔美國籍金融家和慈善家。他在1865年移民美國，1875年加入了投資銀行庫恩－洛布公司。他在1885年繼承岳父成爲公司總裁，是美國鐵路銀行的主要銀行家之一。他在數家越洲的鐵路公司的重組中起到了重要作用，尤其是聯合太平洋鐵路公司和北太平洋鐵路公司的重組。在日俄戰爭期間，他在美國出售日本債券，並因此受到日本天皇嘉獎。他大量參加慈善活動，包括對巴納德學院和猶太神學院的捐助。

Schiller, (Johann Christoph) Friedrich (von)＊ 席勒（西元1759～1805年） 德國戲劇家、詩人和文學理論家，德國文學界最偉大的人物之一。他曾在一名飛揚跋扈的公爵指導下接受教育，後因無法忍受其專制，轉而從事寫作。他以第一部戲劇《強盜》（1781）而成功，並從此開始在作品中以對自由的探索作爲主題。他的第一部重要的戲劇詩《唐．卡洛斯》（1787）將無韻詩建成了德國詩劇的媒介之一。他的《歡樂頌》後來被貝多芬用在了《第九交響曲》中。他在1789年被聘爲耶拿大學歷史學教授，發展了他的著名歷史史詩劇《華倫斯坦》（1800）。在他建立自己的美學觀念的時期，他寫了很多哲學散文、精緻的思考詩和他最優秀的民謠。他晚年健康狀況下降，在威瑪與好朋友歌德一起度過餘生。他的成熟時期的戲劇包括《瑪麗亞．斯圖亞特》（1800）和《威廉．泰爾》（1804），探討了使人戰勝脆弱和物質生活壓力的靈魂深處的自由問題。

Schinkel, Karl Friedrich＊ 申克爾（西元1781～1841年） 德國建築師和畫家。他曾擔任普魯士國家建築師（從1815年起），爲威廉三世和其他王公貴族成員設計了大量作品。他的作品建立在各種歷史風格的復興基礎上。他爲路易絲皇后設計的陵墓（1810）和磚木結構的柏林韋爾德教堂（1821～1830）是歐洲最早設計出的哥德復興式的建築。他的其他作品還包括希臘復興式的皇家劇院（1818）和古代博物館（1822～1830），二者均坐落在柏林。申克爾在1830年成爲了普魯士公共設施建築總監，在柏林修建了新的林蔭道和廣場。他還因其舞台和鐵件設計爲人稱道。

schipperke＊ 小船工狗 原產於法蘭德斯的狗品種，主要用來看守駁船。小船工狗是洛文納爾犬的後代，並因此提升了比利時牧羊犬的地位。該狗毛短且厚，無尾，毛色爲黑色，頭似狐狸，高31～33公分，重可達8公斤。這是一種生性活潑的狗，很好奇，耐勞而精力充沛，能獵捕害獸，也是看守門戶的好手。

Schism, Photian＊ 佛提烏分裂 9世紀東西方教會之間的爭論，起因是羅馬教宗反對任命聖佛提烏爲君士坦丁堡牧首。爭執的內容還有保加利亞教會的管轄權問題以及西方教會將「和子」一句插入「尼西亞信經」本文問題。867年佛提烏被趕出與羅馬有關的宗教團體，886年被流放。

Schism, Western 西方教會大分裂（西元1378～1417年） 亦稱大分裂（Great Schism）。天主教會史名詞，指1378～1417年期間兩位、甚至三位教宗爭位的局面。教廷於駐在亞威農約七十年後遷回羅馬，不久巴里大主教當選爲教宗，稱烏爾班六世。一部分樞機主教選出僞教宗，稱克雷芒七世，在亞威農即位。分別擁護兩教宗的兩派樞機主教1409年在比薩召開會議，選出第三位教宗結束這場分裂。但這次分裂並未結束，直到1414年召開康士坦茨會議，三位教宗退出，並於1417選出新教宗馬丁五世，分裂局面才告結束。

Schism of 1054 1054年教會分裂 亦稱東西教會分裂（East-West Schism）。指東正教與羅馬教會的分裂。東正教與羅馬教會長期以來因對聖靈與聖父和聖子之間的關係有教義上的分歧而不和。羅馬教會強行實行神長獨身制，並限定只有主教才能主持堅信禮。這些做法引起東正教的反感。另外，羅馬與君士坦丁堡在管轄許可權上也有爭議。1054年教宗聖利奧九世與君士坦丁堡的大主教米恰爾．色路拉里烏，將對方從各自的教門逐出，這標誌著兩派的徹底分裂。雖然於20世紀教宗與東正教的大主教收回了將對方處以絕罰的命令，兩派至今仍未統一。亦請參閱Eastern Orthodoxy、Roman Catholicism。

schist＊　片岩　極易分裂成片的粗晶變質岩。多數主要由片狀礦物構成，如：白雲母、綠泥石、滑石、黑雲母和石墨等。許多片岩呈綠色，在一定溫度和壓力下形成，並因此在變質岩的礦物相分類中劃分出綠片岩相。片岩通常根據其在礦物學上的性質加以分類，名稱因其礦物性質和特點來變化。

schistosomiasis＊　血吸蟲病　亦作bilharziasis。由血吸蟲屬寄生的扁蟲（參閱fluke）引起的慢性疾病。由於其品種的不同，其雌性產生的成千上萬的卵可以通到腸道或膀胱，並通過糞便或尿液排出，在接觸到新鮮的水後繁殖。其幼蟲生長在螺類體內，在第二個階段進入水中，後侵入哺乳動物體內，並在血液中繁殖生長。初期會發生過敏反應（發炎、咳嗽、下午發燒、肝腫大等），糞便會帶血，由於蟲卵堆積在器官壁上導致纖維化。這一情況可因腸道疾病而導致嚴重的肝損壞或引起膀胱結石、其他器官的纖維化和泌尿系統細菌感染。在多數病症中，早期發現和持續治療可殺死成蟲並得到康復。

schizophrenia＊　精神分裂症　任何一組嚴重的精神障礙，共同的症狀有：幻覺、妄想、感情淡漠、思維障礙和脫離現實等。主要分爲四型：常受幻想中的迫害或非現實、無邏輯的思想以及幻聽困擾的類偏執型；言辭和行爲混亂、精神反應遲鈍且幼稚的錯亂型（青春型）；行動笨拙、愚鈍、言辭不清的緊張型以及還未區分開的未分化型。神經分裂症的發生率爲0.5～1%。醫學證明遺傳起到很大作用，但沒有單一的原因得到過證實。約有1/3的患者可以完全康復，1/3的症狀會反覆發生，而剩下的1/3則惡化成長期疾病。

Schlegel, August Wilhelm von＊　施萊格爾（西元1767～1845年）　德國學者和批評家。他曾擔任教師，並爲席勒的短期雜誌《季節女神》寫作，後來同弟弟弗里德里希．施萊格爾合創期刊《雅典娜神殿》（1798～1800），成爲了德國浪漫主義時期的機關刊物。他曾擔任耶拿大學教授，並在那時開始翻譯莎士比亞（1797～1810）的作品，成爲了莎劇的德語範本，是德國文學翻譯最優秀的作品之一。他的《戲劇藝術和文學講演錄》（1809～1811）被翻譯成多國語言並幫助了浪漫主義時期基本觀念在整個歐洲的傳播。他從1818年起直到去世一直在波昂大學任教。

Schlegel, Friedrich von　施萊格爾（西元1772～1829年）　德國作家和評論家。他將自己的許多計畫和理論通過與哥哥奧古斯特．施萊格爾在耶拿合創的《雅典娜神殿》（1798～800）等季刊雜誌發表。對梵文的研究使他出版了《印度人的語言和智慧》（1808），是比較印歐語言學的先鋒作品，也是研究印度－雅利安諸語言和比較語言學的起點。他在一般概念、歷史和比較文學方面的觀點影響深遠，而他提出過許多哲學思想，啓發了早期德國浪漫主義運動。

Schleicher, August＊　施萊謝爾（西元1821～1868年）　德國語言學家。他以研究古典斯拉夫語開始語言學家的生涯。受到黑格爾和達爾文的影響，形成了語言是一種生物體的理論，認爲語言也有發育、成熟和衰亡等階段。他發明了一種語言分類系統，同生物分類學相似，將語言按組編排並組成一個基因圖譜。他的模式（即「譜系樹理論」）是印歐諸語言研究的重要發展階段。他在著作《印歐、梵語、希臘及拉丁語法比較概要》（1874～1877）中對原印歐語的重建作出了嘗試。

Schleicher, Kurt von　施萊謝爾（西元1882～1934年）　德國將軍，威瑪共和最後一任總理。他是一名職業軍官，1929年被提拔爲少將，成爲威瑪共和的重要人物之一。其政治謀略讓他成功擔任了國防部長（1932）和總理（1932～1933）。他爲了將納粹置於軍隊的控制之下而提議與希特勒共同主持政府，但希特勒拒絕了他，並在後來將施萊謝爾當作主要敵人。後來興登堡免除其職務而讓希特勒繼任，後來在「長刀之夜」的血腥整肅中被殺。

施萊謝爾，攝於1932年
Archiv für Kunst und Geschichte, Berlin

Schleiden, Matthias Jakob＊　施萊登（西元1804～1881年）　德國植物學家。原學習法律，但後來很快轉而學習自然科學。他同施萬一起發展了細胞理論，認爲生物體是由細胞或細胞製成的物質構成的。他們因此成爲第一批構建起當時非正式的生物學理論的科學家，其重要性同化學上的原子理論等同。他還意識到細胞核的重要性，並意識到細胞核與細胞分裂有關聯。他是最早接受達爾文演化論的德國植物學家之一。

施萊登
By courtesy Bildarchiv Preussischer Kulturbesitz BPK, Berlin

Schleiermacher, Friedrich (Ernst Daniel)＊　施萊爾馬赫　1768～1834。德國神學家、傳教士和古典文獻學家。1796年成爲神職人員，在《論宗教》一書中提到了浪漫主義，並認爲浪漫主義同宗教的想法偏差不大。自1810年起直到他去世，他一直在柏林大學任教。1817年協助合併了普魯士的路德宗和歸正宗。主要作品是《基督教信仰闡明》（1821～1822）是對基督教教義的系統解釋。他的思想影響了整個19世紀和20世紀初的神學，而他被認爲是現代新教神學的奠基人。

Schlesinger, Arthur M(eier) and Arthur M(eier), Jr.＊　施萊辛格父子（施萊辛格與小施萊辛格）（西元1888～1965年；西元1917年～）　美國歷史學家。老施萊辛格自1924年起在哈佛大學任教達三十多年。他協助擴展了美國歷史學的研究，強調了其社會和都市的發展。他的著作包括《1763～1776年的殖民地商人與美國革命》（1917）和《1878～1898年城市的興起》（1933），還與福克斯合編了一系列《美國生活史》（1928～1943）。他的兒子出生在俄亥俄州哥倫布，曾在哈佛（1946～1961）和紐約城市大學（1966～1995）任教。他在自由政治圈一直很活躍，曾擔任史蒂文生和甘迺迪的競選顧問，並擔任甘迺迪的特別助理。著作包括《傑克森時代》（1946，獲普立茲獎）、《羅斯福時代》（3卷；1957～1960）、《一千個日子：甘迺迪的白宮歲月》（1965；獲國家圖書獎和普立茲獎）、《帝國總統》（1973）以及《美國史輪迴》（1986）。

Schlesinger, John (Richard)　施萊辛格（**西元1926年～**）　英國電影和戲劇導演。他在成爲英國廣播公司電視台紀錄片導演前曾擔任演員，並因主演《終點站》（1960）而出名。他的電影《一夕風流恨事多》（1962）和《撒謊者比利》（1963）是對英國城市生活的刻薄描述。而另一部成功電影《親愛的》（1965）則嘲笑了淺薄的女子，他在《遠離塵囂》（1967）中延續了這一主題。他的第一部美國電影《午夜牛郎》（1969）使他獲得了奧斯卡獎。後來的電影包括《血腥的禮拜天》（1971）、《曼哈頓人》（1976）、《美國佬》（1979）、《蘇莎嘉夫人》（1988）和《科德康福特農場》（1995）。

Schleswig-Holstein＊　什列斯威－好斯敦　德國西北部的歷史地區和州名。地處日德蘭半島南半部，包括波羅的海的費馬恩島和弗里西亞群島的衆多島嶼。從15世紀起，什列斯威和好斯敦的前公爵領地落入了丹麥、瑞典、神聖羅馬帝國、普魯士和奧地利的手中。丹麥人在1864年將自己占有的部分割讓給普魯士和奧地利，1866年全部落入普魯士手中（參閱Schleswig-Holstein Question）。什列斯威北部在1920年歸丹麥。什列斯威－好斯敦地區的德國部分在第二次世界大戰後被組建成西德的一個州。工業包括輪船修建、電力機械、造紙、紡織、服裝和旅遊業。首府爲基爾。人口約2,726,000（1996）。

Schleswig-Holstein Question＊　什列斯威－好斯敦問題　丹麥和普魯士之間針對什列斯威－好斯敦地區的衝突問題。1840年代什列斯威北部講丹麥語的居民在丹麥政府支持下，要求什列斯威脫離好斯敦而與丹麥合併，然而，這兩個公國裡占多數的德語系居民則主張併入日耳曼邦聯，成爲其內的一個邦。1848年該地區的德國人發動武裝暴動，並在戰爭中獲得普魯士軍隊的幫助，驅逐了丹麥軍（1848～1851）。1851～1852年簽署和約恢復該區原有狀態。1863年丹麥人又試圖兼併什列斯威，造成普魯士和奧地利於1864年對其宣戰。丹麥人在戴波爾戰敗，日德蘭被占領，最後被迫將什列斯威－好斯敦全都交給普魯士和奧地利。

Schlieffen Plan＊　施利芬計畫　在第一次世界大戰爆發時，德國軍隊實行的進攻計畫。該計畫以其策劃人、德國前總參謀長施利芬（1833～1913）的名字命名。爲了實現德國在西部同法國作戰並在東部同俄羅斯作戰的計畫，施利芬提議先經過比利時對法國進行突襲，然後用南部的小部分德國軍隊橫掃法國軍隊而先不進攻俄羅斯。這一計畫在第一次世界大戰初期曾被毛奇改動並使用，並因此減少了進攻軍隊的數量，成爲德國未能速戰速決的原因。

謝里曼，版畫：魏格（A. Weger）據照片複製
By courtesy of the Deutsche Staatsbibliothek, Berlin

Schliemann, Heinrich＊　謝里曼（**西元1822～1890年**）　德國考古學家，特洛伊、邁錫尼和梯林斯的發掘人。在年幼時熱愛荷馬史詩，最後學習了古代和現代希臘語，以及其他一些語言。後來在克里米亞戰爭中從事軍火生意，賺了一筆財富並在三十六歲時退休，從事考古工作。1873年他在土耳其的希薩利克發現了古特洛伊城遺址（證實了特洛伊戰爭這一歷史事件）和一個金質珠寶的寶藏（「普里阿摩斯寶藏」），並將其走私出了土耳其。因鄂圖曼政府阻止了他返回，他轉而在希臘發掘邁錫尼城，並在那裡發現了價值更高的遺物和財寶。1878年他和德普菲爾德一起繼續對希薩利克進行發掘，將遺址地層更加清晰地展現出來，並使用了先進的考古技術。1884年他們發掘了梯林斯防禦堅固的遺址。謝里曼的發掘工作使歷史遠景得以延長，並普及了考古學。著作雖然大多是捏造的，但其貢獻卻是重大的。

Schlöndorff, Volker＊　施倫多爾夫（**西元1939年～**）　美國籍德國電影導演。他曾在巴黎學習電影製作，並爲路易馬盧和雷奈工作。他返回德國製作了自己的第一部電影《年輕的托爾勒斯》（1966）。他展現了冷靜的導演風格並因此在德國新電影運動中脫穎而出。後來成立了自己的製作公司，並製作了《失節的凱瑟瑞娜》（1975）和《致命一擊》（1976）等電影。在《錫鼓》（1979）獲得了奧斯卡獎後，他贏得了國際聲譽。後期的電影包括《謊言的圈套》（1981）、《戀愛中的天鵝》（1984）和《亂世啓示錄》（1998）。

Schmalkaldic Articles＊　施馬爾卡爾登條款　1536年馬丁．路德所撰寫的路德宗信仰聲明之一，1537年爲施馬爾卡爾登同盟的領導人接受。這是回應教宗保祿三世爲處理宗教改革運動而召開的天主教普世議會所頒發的通諭，目的在於決定該同天主教協商哪寫條款，而哪一些是不可退讓的。其第一部分討論了上帝的一體、三位一體、道成肉身和基督等問題，在這些主題上，他們同天主教並沒有衝突。第二部分討論因信稱義，是爭論的主要重點。第三部分討論罪惡、懺悔、聖事和告解等問題。

Schmalkaldic League＊　施馬爾卡爾登同盟　由神聖羅馬帝國的新教諸邦建立的防禦同盟。1531年在德國施馬爾卡爾登建立，爲的是保護新成立的路德宗不受信奉天主教的皇帝查理五世的迫害。查理五世擔心其敵人法國的法蘭西斯一世會同他們結盟，因而最後在1544年承認了路德宗，當時他也同法蘭西斯一世達成和平協定。查理五世繼而開始在軍事上反抗同盟，到了1547年已將其毀滅。亦請參閱Schmalkaldic Articles。

Schmidt, Helmut＊　施密特（**西元1918年～**）　德國政治人物，西德總理（1974～1982）。他是社會民主黨成員，曾在1953～1961以及1965～1987年在聯邦議院工作。曾擔任國防部長（1969～1972）及財政部長（1972～1974），後繼勃蘭特在1974年成爲德國總理。他是個有能力的總理，受人愛戴，在維護德國在北約和歐盟中重要地位的同時繼續了東進政策。他在1982年因同聯合政府在社會福利政策上的分歧而辭職。還寫了很多關於西德政治和國際關係的書籍。

施密特－羅特魯夫的《戴單眼鏡的自畫像》（1910），油畫；現藏柏林國家畫廊
By courtesy of the Nationalgalerie, Staatliche Museen Preussischer Kulturbesitz, Berlin

Schmidt-Rottluff, Karl＊　施密特－羅特魯夫（**西元1884～1976年**）　原名Karl Schmidt。德國畫家和版畫家。曾在德勒斯登學建築，後

在1905年協助成立了橋社。他很快意識到了平面模型設計的表現潛力，其成熟的風格在《戴單眼鏡的自畫像》（1910）中展現出來，以大膽的不協調色彩和不整齊的形式為特點。1911年以後，他遷到了柏林，其繪畫和木版畫顯示了他對立體主義和非洲雕像的興趣。雖然他的作品在1930年代變得較傳統，但納粹稱其作品為「頹廢」。第二次世界大戰後，他教人藝術並繼續作畫，但作品已不復往日的風采。

Schnabel, Artur＊　史納白爾（西元1882～1951年） 奧地利鋼琴家和作曲家。七歲時隨家人到維也納，在那裡同雷協替茲基學習，後者告訴他，他的音樂天賦已超出了自己的教導範圍。他還結識了布拉姆斯等音樂家。1890年首次成名。1900～1933年在柏林期間，他從事作曲和教育，並傳奇式地完整演奏了貝多芬和舒伯特的百年慶典奏鳴曲。在1930年代，他成為了第一個完整錄製貝多芬名曲的人。在納粹統治期間，他居住在倫敦，然後到了美國。雖然他大部分時間是在演奏過去的曲子，但他自己的音樂是超現代的。今天，他仍受到正統音樂家的尊敬。

Schnabel, Julian＊　施納貝爾（西元1951年～） 美國畫家。生於紐約市，曾就讀於休士頓大學與惠特尼美國藝術博物館。在1980年代他是新表現主義的倡導者。他的作品表現了矛盾性情感的基調、破壞色彩的協調以及原始風格；他最知名的作品中加入了破盤的碎片。雖然他獲得了相當的成功，但是各界對於其藝術的品質與他激進的自我推銷卻有所爭論。1990年代起開始拍攝電影。因《走向夜幕》（2000）一片而廣受讚揚，這是一部有關古巴詩人阿里納斯的電影。

schnauzer＊　髯狗 德國培育的三種狗，毛硬而捲曲，黑色、胡椒鹽色或黑－棕黃色相間。標準型體高43～51公分，體重12～17公斤，源於15～16世紀；吻端鈍，頰毛密而長，體形方正。小型髯狗體高30～36公分，體重6～7公斤，19世紀時用標準型髯狗和猴㹴育成。大型髯狗是標準型髯狗與各種役用狗的雜交品種，站高53～66公分，體重30～35公斤。

Schnittke, Alfred (Garrievich)＊　史契尼可（西元1934～1998年） 俄國作曲家。最初於維也納學習音樂，後轉至莫斯科。1962～1972年在莫斯科音樂學院教學。他為超過六十部的電影配樂，並且是俄國首次嘗試採用序列主義的作曲家之一。在蕭士塔高維奇過世之後，他成為俄國頂尖作曲家，並因為發展高度折衷性的風格而獲得高度的國際聲譽。在1985年他遭受第一次嚴重的中風，不過依然持續作曲。他寫了九部交響曲、六部大協奏曲、許多的協奏曲、四部弦樂四重奏以及歌劇《與白痴的生活》（1992）、《傑蘇爾多》（1995）和《浮士德的歷史》（1995）。

Schnitzler, Arthur＊　施尼茨勒（西元1862～1931年） 奧地利劇作家和小說家。一生大部分在維也納行醫，也研究精神病學。他因心理劇和大膽刻畫人物的性愛生活而聞名，早期戲劇包括了《阿納托爾》（1893）。他最著名的戲劇《輪舞》（1897）是一套十組戲劇對話，描寫了在一系列情愛追逐中的男女關係，在1920年初次上演時被認為是誹謗性的。該劇在1950年被奧菲爾斯改編成電影。他的戲劇《以愛為遊戲》（1896）和他最成功的小說《唯有英勇》（1901）表現了奧地利軍隊榮耀下的空洞。

Schoenberg, Arnold (Franz Walter)＊　荀白克（西元1874～1951年） 奧地利籍美國作曲家。由猶太父母培養成天主教徒，在八歲時開始學習小提琴，後來自學大提琴。策姆林斯基（1871～1942）成為他唯一的作曲教師，後來當了他的姐夫。他的第一部絃樂四重奏（1898）受到好評，他在斯特勞斯的幫助下在柏林謀得一份音樂教職工作，但在作出Gurrelieder（1901，1913年改為管弦樂）後很快返回了維也納。從1904年起貝爾格和魏本同他一起學習，並對他們後來的藝術生涯產生了很大影響。在1906年左右，荀白克開始相信應該拋棄音調。他在「自由音調」（1907～1916）時期創作出了獨腳戲《成長》（1909）、《五首管弦樂曲》（1909）和著名的《月光小丑》（1912）。1916～1923年幾乎沒有任何作品，將時間花在教書和指揮上，但仍在尋求組織無音調的途徑。他的思想最終在他劃時代的12音調方法中確定下來（參閱serialism）。他在1930年開始對單一音調的三幕劇進行研究。《摩西和亞倫》直到他去世也沒有完成。納粹主義的興起使他重新認清自己的猶太人身分，並被迫逃到了美國，1936～1944年在UCLA任教。雖然他的音樂沒有受到大眾的廣泛歡迎，但他對20世紀的音樂仍產生了比其他任何音樂家都深遠的影響。

荀白克
Pictorial Parade

scholasticism　經院哲學 開始於11世紀的神學和哲學運動，尋求將世俗對古代世界的理解（以亞里斯多德為代表）同基督教啓示的暗含教義結合。其目標是對神學在知識系統中達到的顛峰進行綜合性的學習。早期經院哲學的主要人物有阿伯拉德、聖安瑟倫、大阿爾伯圖斯和培根。該運動在13世紀因對托馬斯・阿奎那的作品和教義的學習而繁盛起來。到了14世紀，經院哲學開始衰落，但仍為後來的復興和改革打下了基礎，尤其是教宗利奧十三世（1879）領導下的對中世紀經院哲學家見解的現代化。受經院哲學影響的現代哲學家包括馬利丹和吉爾松（1884～1978）。

Schönerer, Georg, Ritter (Knight) von＊　舍內雷爾（西元1842～1921年） 奧地利政治極端主義分子。1873年被當作左翼自由派分子選入聯邦議會。後來成為熱心的德國民族主義者和坦直的排猶主義者，1885年成立了泛德黨。1897年再度被選入議會，反對向捷克語言的傾向並將總理趕下了台。他協助二十一名泛德主義競選人在1901年當選入議會。他的暴力傾向阻擾了黨派的發展，到了1907年開始從奧地利政界消失，但他在意識形態上的影響仍然延續了下去。

Schongauer, Martin＊　施恩告爾（西元1435/1450～1491年） 德國畫家和版畫家。雖然他是個多產畫家，畫板畫在很多國家都可看見，但他的雕刻家地位在北歐是無人能及的。他的雕版包括115塊板，表現出高度精緻的晚期哥德式精神。他將版畫的對比和材料擴展，將藝術家的敏感擴展到了金屬工匠的技術範圍，因而使作品達到成熟。其作品的優雅風格在當時很受尊重，他被人們稱為迷人的馬丁和漂亮的馬丁。

school psychology　學校心理學 應用心理學的一個分支，大致是處理小學及中學的教學評估、心理測驗、學生諮商等。學校心理學者須接受教育心理學及發展心理學、一般心理學、諮商及其他學科的訓練。學校心理學者通常必須取得認證，以在特定學校區域執行工作。

S T U V

Schoolcraft, Henry Rowe 斯庫克拉夫特（西元1793～1864年） 美國探險家和人種學家。他在密蘇里和阿肯色南部開闢了金礦（1817～1818），並在前往蘇必略湖的探險隊（1820）中擔任測量地形人員，後同一名奧吉布瓦人女子結婚，並成爲了印第安人代理人。1832年發現*密西西比河*在明尼蘇達州艾塔斯卡湖的發源地。1836年簽定了一個和約，將奧吉布瓦人在密西根北部的土地割讓給了美國。他的六卷《美國的印第安部落》（1851～1857）書籍雖然很粗糙，但卻是一部先驅性作品。

schooling behavior 群游行爲 學者以鯡科類魚群（如鯡魚、鯷魚）的成群洄游爲比喻，指學校行爲的特色就像魚兒成群游在一起，彷若單一個體在行動。一群鯡魚可能包含數百萬隻大小相當的個別魚兒，魚隻如果尺寸與其他的魚差異過大，就會游離並另外找到適當的魚群。魚群這種行爲的最大好處，可能是對個體的安全感，因爲一旦受到威脅，原本散布範圍達數百公里的魚群，就會迅速聚縮到幾公里的區域來，以阻止大自然的獵食者攻擊單一個體。

schooner＊ 斯庫納縱帆船 兩桅或多桅的全帆裝備帆船。該帆船很明顯是從17世紀荷蘭人設計的帆船演化而來的，第一艘眞正的斯庫納縱帆船在北美殖民地建造，可能是在麻薩諸塞州格洛斯特由羅賓遜製成的。同方帆船不同的是，它們是沿海航行的好船，在沿岸不同的海風中更容易航行，且吃水較淺，適合在淺海中航行。比同樣大小的船所需的船員要少。到了18世紀末期，它們成爲北美最重要的船隻，用來進行沿海貿易和捕漁。1800年以後，在歐洲和全世界都很流行。*快帆船*採用了斯庫納縱帆船的設計而改變了原來的三桅船設計。

Schopenhauer, Arthur＊ 叔本華（西元1788～1860年） 德國哲學家。父爲銀行家和小說家，曾學習好幾個領域的知識，後來獲得哲學學位。他把《*奧義書*》同*柏拉圖*和*康德*的作品結合爲自己哲學系統的基礎，是形上學理論的基本組成部分和對*黑格爾*理想主義的反應。他的著作《意志和表象的世界》（1819）由兩個系列的反應組成，包括了自然知識和哲學的理論、美學和道德觀。他從精神和理性轉向本能、創造力和非理性，影響了（一部分是通過*尼采*）生命主義、生命哲學、*存在主義*和*人類學*的理念和方法。其他的作品還包括《以自然的意志》（1836）、《道德的兩個主要問題》（1841）和《哲學小品》（1851）。叔本華是一個鬱鬱寡歡、孤獨的人，其作品使他博得「悲觀主義哲學家」綽號。

叔本華，攝於1855年
Archiv für Kunst und Geschichte, Berlin

Schouten Islands＊ 斯考滕群島 *伊里安查亞*北部沿海桑德拉瓦希海灣入口處的太平洋群島。該島嶼占地3,188平方公里，主島包括比亞克、蘇皮奧里及農福爾島，其中農福爾島是伊里安查亞人口最密集的地區。另一個同名的群島位於新幾內亞島東北海岸外，是巴布亞紐幾內亞的領土。

Schreiner, Olive (Emilie Albertina)＊ 施賴納（西元1855～1920年） 南非作家。她沒有受過正式的教育，但涉獵廣泛，培養出高超的智慧和強烈的女性主義及自由的思想。在擔任一段時間的家教後，她（以Ralph Iron爲筆名）出版了半自傳性的小說《一個非洲莊園的故事》（1883）。這是第一部偉大的南非小說，描寫了一個在草原上獨居的女孩在惡劣的布爾人社會傳統中爭取獨立的故事。後期的作品包括抨擊*羅德茲*的《馬紹納蘭的騎兵彼得．霍爾克特》（1897）和婦女運動的聖經《婦女和勞動》（1911）。

Schröder, Gerhard＊ 施洛德（西元1944年～） 德國總理。年輕時曾加入社會民主黨和青年社會黨，並且在格丁根讀法律時也參加了1968年的學生運動。1980～1986年他進入西德聯邦議院，並在1990年出任下薩克森州總理。1998年當選聯邦總理，結束*柯爾*長達十六年的保守派執政。

Schröder-Devrient, Wilhelmine＊ 施羅德－德夫里恩特（西元1804～1860年） 德國女高音歌唱家。她是一名男低音歌唱家的女兒，1822年因扮演貝多芬的萊奧諾拉而獲得了國際聲譽。雖然她三十歲以後的聲音顯示出勞累的痕跡，但她仍因其在戲劇上的不凡能力而聞名－－她在舞台上眞摯地喊叫，被稱爲「眼淚皇后」－－她還創作了三個早期的華格納角色：阿德蓮諾（《黎恩濟》，1842）、桑塔（《漂泊的荷蘭人》，1843）和維納斯（《唐懷瑟》，1845）。

Schrödinger, Erwin＊ 薛定諤（西元1887～1961年） 奧地利物理學家。曾在蘇黎世（1921～1927）和柏林（1927～1933）擔任物理教師，後因反對迫害猶太人而離開德國。他在愛爾蘭定居，並在那裡加入都柏林高等研究院（1940～1956）。他對定量力學作出了基本的貢獻，因其在1926年開發出的波動方程式（現稱*薛定諤方程式*）而在1933年與*狄拉克*共獲諾貝爾獎。除了科學上的貢獻外，他還對哲學和科學歷史作出了貢獻。其著作包括《生命爲何物？》（1944）、《自然與希臘人》（1954）和《我的世界觀》（1961）。

Schrödinger equation＊ 薛定諤方程式 1926年由*薛定諤*發展出的一個基本方程式，建立了*量子力學*的數學。亞原子系統的類波特性由*波函數*描述，薛定諤方程式就是用來確定波函數的行爲的。方程式將*動能*與*位能*都與總能量關聯起來，解方程式求得系統的不同能級。薛定諤將此方程式應用於氫原子，以非凡的精確性預言了氫的許多特性。該方程式廣泛用於原子物理、原子核子物理以及固體物理中。亦請參閱wave-particle duality。

Schubert, Franz Peter＊ 舒伯特（西元1797～1828年） 奧地利作曲家。他從擔任小學教師的父親那裡學習小提琴，從哥哥那裡學習了鋼琴。他加入維也納男童唱詩班的前身（1808），在那裡取得了很大進步，使*薩利耶里*開始對他實行教導（1810～1816）。在他的家人的堅持下，他擔任教師。同年，演奏他的第一部彌撒，他還譜寫了第一批重要歌曲。1815年寫了兩部交響曲和一百多首歌曲以及四部舞台作品。1818年爲了追求自由而停止在父親的學校任教，開始擔任埃斯特哈齊的女兒們的導師。1819～1820年他寫了偉大的《鱒魚五重奏》和一部彌撒。1821年出版他的二十支最流行的歌曲，取得很大成功。同年，他寫了歌劇《阿方索與艾斯特雷拉》。1822年開始意識到自己的疾病（可能是梅毒）是致命的，但他驚人的創作力仍延續下去，包括他未完成的交響曲和《流浪漢狂想曲》。一生的最後五年一直受到疾病困擾，但其音樂創作仍然繼續下去。包括系列歌曲《美麗的磨坊少女》、《冬之旅》和最後三首鋼琴奏鳴曲和《C大調交響曲》。最後幾年因疾病而生活痛苦，但並不貧窮，實際上他的偉大已獲大家的認可。去世時年僅三十一歲，當時所寫的作品已經超過了歷史上任何一名作曲家。他創作的六百多首歌曲使*利德*成爲一種嚴肅的題材，並開啓了歌曲在接下來幾十年間的發展。

Schuller, Gunther (Alexander)＊ 舒勒（西元1925年～） 美國作曲家、演奏家和教育家。是一名小提琴演奏家的兒子，曾在曼哈頓音樂學院接受教育。從八歲起在辛辛那提樂隊演奏法國號，後在大都會歌劇院管絃樂團演奏（1945～1959），並曾同爵士音樂家邁爾斯戴維斯和「現代爵士樂四重奏」同台演出。他的「三流」音樂（將古典同爵士風格結合在一起）包括了《保羅．克利的七種主題研究》（1959）等作品。他曾擔任新英格蘭音樂學院的院長（1967～1977），並曾指導伯克夏音樂中心（1974～1984）。他是爵士樂權威，曾著有《早期爵士》（1968）和《搖擺年代》（1988），頗受好評。

Schultz, Dutch＊ 舒爾茨（西元1902～1935年） 原名Arthur Flegenheimer。美國匪徒。他（採用一古代匪徒的名字）從事搶劫和經營私酒活動，擁有釀酒廠和非法酒店，以及在布隆克斯和曼哈頓區作彩票賭博生意。當他正在策劃「荷蘭人計畫」謀殺杜威（曾讓他成為調查對象）時，紐約罪犯集團首腦們怕他的計畫導致警方大力掃蕩而先將他殺害，死時三十三歲。

Schulz, Charles＊ 舒爾茨（西元1922～2000年） 美國漫畫家。父為明尼亞波利的理髮師，曾學習漫畫技巧並擔任自由職業漫畫家。後來創作了漫畫《花生》（*Peanuts*，原名*Li'l Folks*, 1950）成為了有史以來最流行的漫畫系列。該系列的主角都是三～五歲的小孩子和具有豐富想像力的beagle，描述了日常生活中的失望和孩子中間存在的殘酷，通常具有哲學和心理寓意。在從事五十年的創作後宣布封筆不再畫後，不久即去世。

Schumacher, E(rnst) F(riedrich)＊ 舒馬克（西元1911～1977年） 德裔英國經濟學家。他在英國及美國求學，並於1937年移居英國。第二次大戰期間，在柏衛基指揮下，他致力研究完全就業政策的理論，為英國提出戰後福利國家的計畫，並在1950～1970年擔任英國國有化煤礦工業的顧問。1955年他曾訪問緬甸，之後即主張窮國如果要追求經濟發展，必須採用單一需求的「中階科技」（intermediate technology）。在他的重要著作《小即是美》（1973）當中，他論證資本主義雖會帶來較高的生活水準，但是人類的代價將是文化的破壞，而「大」（尤指大工業和大都市），其實是人類無法承擔的。

Schuman, Robert＊ 舒曼（西元1886～1963年） 法國政治家人物。從1919年起就是法國國民議會議員。第二次世界大戰期間曾參加抵抗運動，幫助成立人民共和運動。後來擔任財政部長（1946）、總理（1947～1948）、外交部長（1948～1952）、司法部長（1955～1956）。1950年提出促進歐洲經濟和軍事聯合的「舒曼計畫」，最終建立了歐洲煤鋼聯營和歐洲經濟共同體（EEC）。他曾擔任EEC協商機構的主席（1958～1960）。

Schuman, William (Howard)＊ 舒曼（西元1910～1992年） 美國作曲家和行政官員。在中學時曾同自己的好朋友萊塞一起寫歌。他在1930年開始同哈利斯學習作曲。他因《美國節日序曲》（1939）而獲得成功，並因《世俗清唱劇2號作品：自由歌》獲得了第一個普立茲音樂獎（1943）。其他作品包括葛蘭姆作的芭蕾舞曲、流行的《新英格蘭三聯畫》（1956）和十首交響樂曲。1945～1962年擔任茱麗亞音樂學院院長，使課程現代化。1962～1968年擔任林肯中心的第一任總裁，他把幾個音樂組織結合在一起，並建立第一個室內樂協會和莫札特音樂節節目。

Schumann, Clara (Josephine)＊ 克拉拉．舒曼（西元1819～1896年） 原名Clara Josephine Wieck。德國鋼琴家。她曾受到父親即著名的鋼琴教師維克（1785～1873）的指導，1830年同萊比錫的布商大廈管弦樂團一起表演而被譽為神童，後巡迴演出兩年。1835年她愛上1830年起在維克家寄住的羅伯特．舒曼。當她二十一歲時，不顧父親的反對同舒曼私奔。她的藝術地位在巡迴演出時已建立起來，但八個孩子的出生限制了她的職業演出生涯，雖曾自許成為音樂家，但從1853年起停止了創作。羅伯特精神上的惡化使她繼續將全部時間投入到巡迴表演中，1890年代因健康問題而停止演奏和教書。1853年起，她同布拉姆斯有了終生的親密關係。

舒曼夫婦，版畫
The Bettmann Archive

Schumann, Robert (Alexander) 舒曼（西元1810～1856年） 德國作曲家。他是一名書商的兒子，曾立志成為小說家。在遵從母親的願望學習法律後，開始同維克學習鋼琴而不去上課。1830年休學一學期成為了名家，並寄居在維克家中。1831年開始創作。1833年因早期交響樂得不到賞識、手部神祕受傷和長期疾病的困擾曾一度試圖自殺。後來重新振作，在1834年創辦了《音樂新雜誌》。他被十六歲的克拉拉吸引，後者也不顧父親的警告愛上了他。他們在1840年私自結婚，克拉拉父親的努力阻撓最終失敗。舒曼創作的第一個階段隨著大量鋼琴樂曲的出版而結束了（1837～18739），當時的作品包括《大衛同盟舞曲》、《嘉年華》、《兒時情景》和《克萊斯勒偶記》，他之後在一個時期專注於一個單獨的流派。1840年的「歌曲之年」後，他譜寫了《詩人之戀》、《女人的愛情與生命》和其他一百多首曲子。接下來的一年，他專心創作交響樂，譜寫了他的四部交響樂中的兩部（第一號和第四號）以及他的鋼琴協奏曲。他在1842年專心創作室內樂。最後的創作時期中，開始創作戲劇或半戲劇性的作品。由於精神上的惡化（或許同梅毒和家庭精神病史有關）加劇，他被送進了療養院，兩年後去世。

Schumpeter, Joseph A(lois)＊ 熊彼得（西元1883～1950年） 摩拉維亞出生的美國經濟學家和社會學家。曾在奧地利受教育，後在歐洲幾所大學任教，之後成為哈佛大學的教員（1932～1950）。因資本主義發展和經濟週期的理論而聞名。其普受喜愛的書籍《資本主義、社會主義與民主》（1942）認為資本主義發展終究會自行消亡。去世後出版的《經濟分析史》（1954）是對經濟學上的分析法發展歷程的研究。

Schurz, Carl＊ 舒爾茨（西元1829～1906年） 德裔美國政治人物和新聞記者。在被捲入一場失敗的革命運動後在1852年逃往美國。他在威斯康辛州定居，開始積極參加反奴隸制運動並加入共產黨。在

舒爾茨
By courtesy of the Library of Congress, Washington, D. C.

S T U V

南北戰爭中擔任志願軍總參謀，並親眼目睹了幾場戰役。戰後在聖路易擔任報社編輯（1867～1869），1869年在那裡成功當選入美國參議院。1877～1881年擔任美國內務卿，支持民政改革和改進後的印第安政策。後來編輯《紐約晚郵報》和《國民報》（1881～1883），並爲《哈潑週刊》編寫發刊詞（1892～1898）。他爲了自己在改革上的興趣，加入共和黨獨立派（1884），並領導全國民政服務改革聯盟（1892～1901）。

Schuschnigg, Kurt von＊ 舒施尼格（西元1897～1977年） 奧地利政治家和總理（1934～1938）。1927年當選入奧地利議會，曾在陶爾斐斯的政府擔任司法部長（1932）和教育部長（1933～1934）。在陶爾斐斯被謀殺後，被任命爲總理。1936年解散了保安團並試圖阻止德國占領奧地利。1938年2月對希特勒作出退讓後，在3月13日透過公民投票尋求國家重新獨立的途徑。但在3月11日德軍入侵奧地利並實行德奧合併，舒施尼格被關押到戰爭結束爲止。他後來到美國生活並擔任教師（1948～1967）。

Schutz, Alfred＊ 舒茲（西元1899～1959年） 奧地利裔美籍社會學家及哲學家。學術貢獻是將現象學理論運用於社會科學上。舒茲原本是個銀行員，1939年移民美國。他在學術界受到重視，始自提出以日常生活作爲理解社會的前提，以及人類是透過符號和行動來建構社會事實。他的理論後來被應用發展出俗民方法學，一種研究人類社會互動結構中之常識理解的學派。他的代表性著作爲《社會世界的現象學》（1932）。亦請參閱interactionism。

Schütz, Heinrich＊ 舒次（西元1585～1672年） 德國作曲家。父爲法國小旅店主人，一次唱歌時被住在旅店的一名貴族聽見，並資助他讀書。他到馬爾堡大學讀書。1609年開始在威尼斯師從加布里埃利學習。1614年德勒斯登的一名薩克森選侯「借用」舒次「幾個月」，並拒絕讓他回去。從1619年起在德勒斯登擔任樂長，出版了第一部聖歌合集《戴維的讚美詩》。1628年到義大利旅遊，結識蒙特威爾第，並一起對音樂進行了新的發展。他在《神聖交響曲集》（1629）中在合唱和樂器上加入了義大利風格的元素，後來出版了他的第二和第三部合集《神聖交響曲集》（1647、1650）。接下來的十五年間在丹麥和其他地區居住了很長時間。後來經濟狀況惡化，在1650年代已沒有收入，到1656年雇用他的選侯去世時情況有所好轉。

Schuyler, Philip John＊ 斯凱勒（西元1733～1804年） 美國解放戰爭軍官。他曾參加法國和印度戰爭，並幫助平息了殖民地對英國的宣戰（1761～1763）。他在1768～1775年在紐約立法機關就職，後在1775～1777及1778～1780年參加大陸會議。在美國獨立革命戰爭期間，被任命爲大陸軍的四個將軍之一。爲北部軍團的指揮，他計畫入侵加拿大。但疾病防礙了他的領導地位，他在泰孔德羅加戰役的失敗導致他的職位被蓋茨取代。後來曾斷續擔任紐約的第一批美國參議員（1789～1791及1797～1798）。

Schwab, Charles M(ichael) 施瓦布（西元1862～1939年） 美國企業家和鋼鐵工業的先驅。曾在賓夕法尼亞州布雷多克卡內基的鋼鐵公司當工人，並在卡內基王國中地位迅速爬升。1892年卡內基派他去恢復霍姆斯特德工廠在流血罷工後的正常生產。他成功地改善了勞工關係並提高了生產，使他在1897年被任命爲卡內基鋼鐵公司總裁，當時年僅三十五歲。施瓦布提議將幾個競爭的鋼鐵公司合併，並因此成立了美國鋼鐵公司，在1901年成爲其第一任總裁。他在1903年辭職，將精力轉移到了伯利恆鋼鐵公司，並將它建設成爲了美國最大的鋼鐵生產廠家。

Schwann, Theodor＊ 施萬（西元1810～1882年） 德國生理學家。他因確定了細胞爲動物結構的基本單位而建立現代組織學。施萬在他的要好同事施萊登發展了植物的細胞原理後，次年他將這一理論擴展到動物身上。在研究消化過程時，他從胃中分離出一種主要負責消化的物質，成爲第一種從動物組織中提取的酶，並將其命名爲胃蛋白酶。他還研究了肌肉的收縮和神經的結構，發現了上食道有條紋的肌肉和包繞周圍軸突的髓鞘。他杜撰了「新陳代謝」這一名詞，發現了微生物在腐敗過程中所起的作用，並透過觀察發現卵是一個單獨的細胞，後發育出完整的生物體而發展出了胚胎學的基本原理。

Schwartz, Arthur ➠ Dietz, Howard

Schwartz, Delmore＊ 施瓦茨（西元1913～1966年） 美國詩人、短篇小說家和評論家。曾在哈佛和其他學校任教，並編輯過《黨派評論》（1943～1955）。他的作品包括由詩歌和一個短篇小說組成的《責任在睡夢中開始》（1939）、韻文劇《謝南多厄》（1941）、《世事原是一場婚禮》（1948）和有關中產階級猶太人家庭生活的短篇小說集《成功的愛情及其他故事》（1961）。他的作品以其對文化隔離的詩化描寫和對個人的追求而著名。他頭腦靈活但性格不穩定，後來成了酒鬼並逐漸發瘋。

Schwarz inequality＊ 施瓦茨不等式 泛函分析的基本規則。描述向量空間、函數空間或其他內積空間，兩個元素的內積小於或等於其長度模數的乘積。以符號表示爲：$|(x, y)| \leq |x| \cdot |y|$。

Schwarzenberg, Felix, Fürst (Prince) zu＊ 施瓦岑貝格（西元1800～1852年） 將哈布斯堡帝國建立成歐洲強國的奧地利政治家。他在進入外交事務後成爲了梅特涅的保護人，並曾在奧地利大使館工作。在1848年革命中，他協助拉德茨基打敗義大利的反抗勢力。他成爲奧地利的總理和外交部長（1848～1852），讓國王法蘭西斯·約瑟夫取代了斐迪南。他使用新憲法在奧地利建立了新的秩序，將哈布斯堡帝國建設成了統一的中央集權國家。他還強迫普魯士簽訂了奧爾米茨條約。

Schwarzenegger, Arnold＊ 阿諾史瓦辛格（西元1947年～） 奧地利裔美國電影演員。奧地利的健美選手，1968年移居美國。在1980年退休之前從未失利，曾五度獲得環球先生，七度得到奧林匹亞先生的頭銜。在完成紀錄片《魔鬼先生》（1977）之後，開始出演賣座的《王者之劍》（1982）及其續集《毀天滅地》（1984）。他以非凡的體格與低沈的音調聞名，在《魔鬼終結者》（1984）後成爲國際巨星。其他電影包括《龍兄鼠弟》（1988）、《魔鬼孩子王》（1990）、《魔鬼總動員》（1990）、《眞實謊言：魔鬼大帝》（1994）與《魔鬼毀滅者》（1996）。

Schwarzkopf, (Olga Maria) Elisabeth (Fredericke)＊ 舒娃慈柯芙（西元1915年～） 後稱伊莉莎白夫人（Dame Elisabeth）。德裔英國女高音歌唱家。在柏林中學學習後，1938年因出演《帕西法爾》中的賣花女成名。1942年在柏林的表演使博姆邀請她到維也納國家歌劇院。1947年在柯芬園皇家歌劇院首演，並在那裡停留五年。她的聲音更加完美，並開始長期在薩爾斯堡音樂節（1949～1964）和史卡拉歌劇院（1949～1963）表演。她在每年舉辦的藝術歌曲獨唱會的表演都是傳奇。1972年退出歌劇舞台的告別演出是在《玫瑰騎士》中飾演瑪莎琳一角。1975年退休。

Schwarzkopf, H. Norman　史瓦茲柯夫（西元1934年～）　美國陸軍將領。畢業於西點軍校，曾參加越戰（1965～1966及1969～1970）。在擔任一些任務後，被提升爲少將（1983），並在入侵格瑞納達時擔任指揮。1988年成爲四星上將和美國中央司令部總司令，執行包括中東地區在內的任務。爲了抵擋伊拉克在1990年對科威特的進攻，他在沙烏地阿拉伯指揮七十萬美國和各國聯合軍隊，並在波斯灣戰爭中成功地執行了沙漠風暴計畫（1991）。戰後退休，結束多采多姿的軍事生涯。自傳是《身先士卒》（1992）。

Schwarzschild, Karl＊　史瓦西（西元1873～1916年）　德國天文學家。在十六歲時就發表了第一篇論文。在1901年成爲格丁根大學教授和天文台台長。他首次提出了解決愛因斯坦廣義相對論的準確方法，解釋了物質是如何形成宇宙的。他還使用重力方程式來演示不同物質天體如何獲得大於光速的逃逸速度，並由此造成天體自身不可能被直接觀察到。他的理論爲黑洞理論打下了基礎。

Schwarzschild radius　史瓦西半徑　亦稱引力半徑（gravitational radius）。爲紀念史瓦西而以此命名。當小於這一半徑時，物體質點間的引力將使物體發生不可逆的引力坍縮。這一現象被認爲是質量較大的恆星的最後歸宿（參閱black hole）。質量爲M的天體的引力半徑（R_g）表示爲：$R_g=2GM/c^2$，式中G爲萬有引力常數，c爲光速。對於像太陽這樣的恆星，史瓦西半徑約爲3公里。

Schweitzer, Albert＊　史懷哲（西元1875～1965年）　亞爾薩斯出生的德國神學家、哲學家、風琴家和傳教醫生。早年曾獲得哲學學位（1899），並成爲有成就的風琴師。在他爲巴哈寫的傳記（2卷；1905）中，他認爲巴哈是一名宗教神祕主義者。他還寫了有關風琴構造的書，並出版了一套巴哈的風琴作品。他的宗教書籍包括了對聖保羅的描述。他的《歷史眞實中的耶穌之研究》（1910）造成了很廣泛的影響。1905年宣布他將成爲傳教士醫生，並獻身慈善工作。他和妻子在1913年遷往法屬赤道非洲的蘭巴雷內（今加彭省），並在當地人的幫助下在奧果韋河畔修建了醫院，後附加了一個痲瘋病治療區。1952年以「國家之間的友好兄弟關係」獲得了諾貝爾獎。在他去世前兩年，他的醫院和痲瘋病治療區已有五百名病人。他的哲學書討論了他著名的「對生命的尊重」的理論。

史懷哲，卡什攝
© Karsh from Rapho/Photo Researchers

Schwitters, Kurt＊　施維特斯（西元1887～1948年）　德國達達主義藝術家和詩人。1918年起與柏林達達派藝術家交往，1924年移居漢諾威。他用各種日用品（火車票、線軸、報紙和郵票）組配成拚貼畫和其他雕塑品。他的詩歌是新聞標題、廣告語和其他印刷品用語的合成。他把自己的一切藝術活動（以及後來的日常活動，甚至他自己本身）稱爲「梅爾茨」，即截取單詞Kommerzbank（商業）所剩下的音節。1937年納粹黨宣布其藝術「頹廢」後，他移居挪威，後來又到英國。

施維特斯的《以光為中心的畫》（1919），拼貼油畫；現藏紐約市現代藝術博物館
By courtesy of The Museum of Modern Art, New York City

sciatica＊　坐骨神經痛　沿著坐骨神經的疼痛，從腰背往下到兩腿。通常是在腰背扭傷之後開始，且與脊椎盤突出有關。疼痛因咳嗽、打噴嚏或頸部彎曲而加劇。治療方法有肌肉鬆弛劑、鎮痛劑及神經刺激，但若是疼痛到無法行動或是神經功能逐漸失常（兩腳痲痺無力），就需要外科手術來減輕神經的壓力。坐骨神經痛很少是來自神經壓迫（如腫瘤）其他原因或是周圍神經系統相關的疾病。

science, philosophy of　科學哲學　哲學的分支，試圖闡明科學調查的本質－－觀測程序、爭論方式、表述與計算方法、哲學假設－－以及從知識論、形式邏輯、科學方法和形上學的角度評價其有效性。歷史上，科學哲學的兩個主要主題是本體論和知識論。本體論（通常與科學本身重疊）探討什麼樣的實體能夠適當的進入科學理論以及這樣的實體具有什麼樣的存在。在知識論上，科學哲學家分析和評價研究自然現象時所使用的概念和方法，包括所有科學調查所使用的一般的概念方法以及專門科學所具有的專門概念方法。

science fiction　科幻小說　主要描寫實際或想像科學對人或社會的影響的小說，更通常的說法是以科學事實作爲基本出發點的文學幻想。從凡爾納和威爾斯的作品開始，他們把科幻小說當作一種體裁出現在1926年成立的雜誌《驚人的故事》上。後來在1930年代晚期的雜誌《驚人的科幻小說》以及如艾西莫夫、克拉克和海因萊因等作家的作品中發展成眞正正規的小說。第二次世界大戰以後科幻小說掀起流行熱潮，衆多作家預言地球未來社會、分析星際航行的結果，並想像探索其他世界的生命。最近的許多科幻小說都屬於「網路叛客」體裁，內容涉及電腦及人工智慧對未來無序社會的影響。

Scientific American　科學美國人　美國月刊，向大衆讀者解釋科學發展。1845年成立了介紹新發明的報社。到1853年其發行量達三萬份，除發明之外，還報導各種科學，如天文學和醫學。1921年成爲月刊。該雜誌從成立以來一直使用木版畫插圖，並且是最早使用網版插圖的報紙之一。其文章牢牢建立在學術研究基礎之上，文筆優美，編輯仔細，並有插圖解釋科學術語，使其成爲美國同類雜誌中最具聲望的雜誌。

scientific method　科學方法　運用於自然科學的數學及實驗技巧。許多經驗科學利用從機率論與統計借來的數學工具，尤其是社會科學，因而產生決策理論、博奕理論、實用論與作業研究。科學哲學家處理一般性的方法學問題，例如科學解釋的本質與歸納的正當性。亦請參閱Mill's methods。

scientific visualization　科學視覺化　以視覺圖像說明科學抽象概念的方法。在科學概念啓發想像的層面上，視覺化是不可少的步驟，特別是在電腦科學。基本的視覺化技術包括表層成像、實體成像與動畫。利用高性能工作站或超級電腦顯示模擬結果，並發展高階程式語言支援視覺化程式設計。科學視覺化應用在醫學、生物學、化學、教育、商業、工程與電腦科學。

Scientology, Church of　山達基教會　1954年由賀伯特在美國發起的宗教和僞科學運動。該派使用一種稱爲戴尼提（Dianetics）的心靈療法，試圖將主題從過去經歷破壞性的烙印－－稱爲印痕（engram）－－中解放出來。山達基也包括一種處理生命起源、宇宙以及人的靈魂或精神個體（實際上是每個人的精神實體）的高度等級化的信仰體系。這一組織備受爭議，通常被認爲對其成員進行不合理的控制，也遭指控欺騙、逃稅和財務管理不當。

Scilly, Isles of＊　夕利群島　亦作Scilly Isles。約由五十座小島和許多礁石組成的群島，位於英格蘭西南部的地角附近。總面積約16平方公里，是康瓦耳大陸花崗岩地質構造的延伸。英國內戰期間，查理親王藏匿於此，直到1646年才逃往澤西。過去島上海盜出沒，也因走私活動而聲名狼藉。現在是康瓦耳歷史郡的一部分。

Scipio Africanus the Elder＊　大西庇阿（西元前236～西元前184/183年）　全名Publius Cornelius Scipio Africanus。第二次布匿戰爭中的羅馬將軍。生於貴族家庭，他的家族曾產生過幾名羅馬執政官。他在坎尼戰役（西元前216年）中擔任軍官，戰敗時設法逃脫。年輕時曾於西元前206年爲羅馬奪取西班牙，將迦太基人趕出西班牙，並爲他的父親報仇。西元前205年擔任執政官，受命進攻非洲的迦太基人。西元前202年，他在札馬戰役中打敗漢尼拔，結束了第二次布匿戰爭，得名西庇阿。但是他的政敵在加圖的領導下指責西庇阿及其兄盧修斯在與馬其頓的交戰中給予馬其頓過於仁慈的條件，並且沒能得到這些條件所應該帶來的錢。儘管這一罪行並無證據，西庇阿仍然引退，最後死於流放途中。

Scipio Africanus the Younger　小西庇阿（西元前185/184～西元前129年）　亦作Scipio Aemilianus。全名Publius Cornelius Scipio Aemilianus Africanus Numantinus。羅馬將軍，據信曾最後平息迦太基。爲保羅斯親生子，大西庇阿之子帕布琉斯・西庇阿的養子。波利比奧斯給他灌輸榮譽、光榮和軍事勝利的思想。最初在第三次馬其頓戰爭中（西元前168年）名聲大振。後來到西班牙作戰，又進入非洲（西元前150年），在非洲作爲軍官在與迦太基人的作戰中運用了極大的軍事技巧，並且要求指揮與迦太基人的戰役。西元前147年他被選爲執政官時年齡還不夠。後來又回到非洲，包圍並摧毀迦太基（西元前146年），結束第三次布匿戰爭，建立非洲行省。後來又成爲執政官（西元前134年），指揮塞爾特伊比利亞戰役（參閱Celtiberia），包圍並摧毀努曼提亞（西元前133年），奪取西班牙。回到羅馬後，在其友格拉古支持的一項法案中處於不受歡迎的地位，在他將要就問題作答覆時意外死亡。

sirocco ➠ sirocco

scissors　剪刀　剪切工具，由一對方向相反的金屬刀片組成，當其一端的手柄靠攏時，刀片接觸進行剪切。現代剪刀有兩種：常用的支軸式剪刀在剪切端和手柄端之間用鉚釘或螺釘連接，彈簧式剪刀有一C形彈簧連接兩個手柄。

SCLC ➠ Southern Christian Leadership Conference

scleroderma＊　硬皮症　亦稱進行性全身硬化症（progressive systemic sclerosis）。硬化皮膚並將其固著到皮下組織的慢性病。腫脹及膠原增長導致彈性喪失。病因至今不明，通常發生於二十五～五十五歲，大多數是女性，皮下組織嚴重發炎、僵硬、疼痛與皮膚緊繃粗厚。幾年之後可能造成全身性的問題，包括發燒、呼吸困難、肺臟組織纖維化、心肌或心膜發炎、胃腸失調以及腎臟功能障礙。皮膚底下鈣質沈澱增加。這個病症最後可能會穩定下來或者逐漸復原。類固醇可能有幫助，用熱療、按摩與被動運動（由治療專家運動四肢）的物理治療與復健有助於防止四肢固定與畸形。

Scofield, (David) Paul　斯科菲爾德（西元1922年～）　英國演員。第二次世界大戰中爲軍隊演出。1946年加入阿文河畔斯特拉福鎮的劇院（後來的皇家莎士比亞劇團），以扮演亨利五世和哈姆雷特而出名。在倫敦（1960）和紐約（1961～1962）以《四季之人》獲得極大成功，後來又在電影中重演（1966，獲奧斯卡獎）。他繼續出演舞台劇，最有名的有《萬尼亞舅舅》（1970）和《阿瑪迪斯》（1979）。他也出演了電影《李爾王》（1971）、《精巧與平衡》（1973）、《亨利五世》（1989）以及後來的《智力競賽》（1994）和《考驗》（1996）。

Scone, Stone of＊　斯昆石　長方形的黃色石頭，裝飾有塞爾特十字架，爲中世紀以來歷代蘇格蘭國王加冕所使用。傳說是聖地雅各的枕頭，後來被帶到愛爾蘭，又被蘇格蘭侵略者運走。840年肯尼思一世將其帶到蘇格蘭的斯昆村。後來又被愛德華一世帶到英格蘭（1296），將此石嵌在西敏寺的加冕寶座下，作爲英格蘭國王對蘇格蘭權力的象徵。1996年英國政府將此石交還給蘇格蘭。

Scopas　斯科帕斯（活動時期西元前4世紀）　亦作Skopas。希臘雕刻家和建築師。古代作家將他與普拉克西特利斯和利西波斯並列爲後古典時期的三大雕塑家。他使表現強烈感情成爲藝術題材。曾致力於三大古建築：泰耶阿的雅典娜神廟、以弗所的阿提米絲神廟以及哈利卡納蘇斯的摩索拉斯陵墓。在他的許多獨立式雕刻作品中，以德勒斯登的侍女和羅馬的帕索斯最引人注目。

Scopes trial　斯科普斯審判案　美國田納西州達頓的著名審判案。中學教師斯科普斯（1900～1970）因講授達爾文的演化論而被指控違反禁止講授任何否認上帝造人的學說的州法。這一審判通常被稱爲「猴審」，透過廣播直播，並引起了世界的關注。原告爲布萊安，辯護律師爲丹諾。法官將這一辯論限制在基本指控之內，以避免檢驗這項法律是否違憲以及對達爾文理論的討論。斯科普斯被叛有罪，罰款100美元。但後來又在一項學術討論中被宣告無罪。

score　總譜　音樂重奏中的所有樂器和歌手的部分，各譜表排成縱列，包含許多聲部。總譜在16～17世紀使用前的六百多年裡一直創作的是多聲部音樂。早期的總譜代表有聖母院樂派作品，早期的作曲家在作曲中也使用臨時總譜，可能寫在黑板上，以供每個部分的歌手抄寫。

Scorel, Jan van＊　斯霍勒爾（西元1495～1562年）　荷蘭人道主義者、建築師、工程師和畫家。曾爲戈薩爾的短期學生，受戈薩爾的鼓勵四處遊歷。後來在歐洲學習和工作五年，最後來到羅馬。1524年返回荷蘭，引進義大利文藝復興的一些特色，如裸體、古典織物和建築以及廣闊的想像風景畫。他最偉大作品是肖像畫，顯示出他的描寫特徵的天賦。他將義大利文藝復興的理想主義與北歐藝術的自然主義成功結合，並將這一風格傳給後來的荷蘭藝術家。

Scoresby Sound＊　斯科斯比灣　格陵蘭中東部海岸、挪威海的深海灣。深入海岸110公里，有很多海峽（最長的451公里）和兩座大的島嶼。1822年由威廉・斯科斯比繪製海灣地圖。

scoria＊　火山渣　很重的、深色的、含有許多氣孔的玻璃狀火成岩。泡沫狀火山渣的氣泡由固結的玄武岩質岩漿構成的極薄的殼，是爆發式噴發的產物（例如在夏威夷），一些熔岩的泡沫外殼。其他的火山渣有時稱爲火山灰渣，很像煤爐燒剩的結塊或爐渣。

Scorpio　天蠍座　亦作Scorpius。天文學上，天秤座和射手座之間的星座。在占星術上指黃道第八宮，主宰10月24日至11月21日這一段時期。其形象蠍子指希臘神話中螫奧利安的蠍子。據說這是蠍子座一升起獵戶座就落下的原因。另一希臘神話的說法是經驗不足的法厄同駕駛太陽馬車時，蠍子使馬逃走。

scorpion　蠍　蠍目螯肢動物亞門約1,300種蛛形動物的統稱，特徵為體細長，尾部分節，末端有毒刺，有6對附肢。第一對附肢小，用以撕開昆蟲和獵物。第二對附肢較大，強有力，呈鉗狀，水平地伸向前方，用作感覺器官，並在吸食獵物的體液時用以攫住獵物。後四對為步足，末端皆呈鉗狀。蠍毒或為血液毒，或為神經毒。前者對人類造成水腫、發紅和疼痛；後者則可能造成驚厥、癱瘓、心律不整及死亡。大多數蠍不會主動螫人，除非受到騷擾。蠍為夜行獵手，多數品種生活在熱帶或亞熱帶。

scorpion fish　鮋　鮋科，特別是鮋屬多種食肉海魚的統稱，廣佈於溫帶和熱帶水域。頭大而多刺，鰭棘粗強，有的還帶毒。許多品種的體色晦暗，因此與周圍環境混雜在一起，但有些品種的體色鮮豔，常呈紅色。最大品種體長約1公尺。鮋常靜伏海底，處於岩礁之間。亦請參閱lion-fish、redfish、rockfish、zebra fish。

加利福尼亞鮋（Scorpaena guttata）
Bud Meese from Root Resources

Scorsese, Martin＊　馬丁史柯西斯（西元1942年～）　美國電影導演。獲得紐約大學電影製作的碩士學位。執導幾部短篇電影後，以長篇電影《骯髒的街道》（1973）獲得評論關注，並以《計程車司機》（1976）獲得廣泛好評，同時使主角勞勃狄尼洛一舉成名。馬丁史柯西斯以對紐約街道生活的現實主義描繪和圖畫式暴力的使用而著稱，通過電影《紐約、紐約》（1977）、備受歡迎的《蠻牛》（1980）、《喜劇之王》（1983）、《金錢的顏色》（1986）、受到爭議的《基督的最後誘惑》（1988）、《四海好傢伙》（1990）、《恐怖角》（1991）、《純真年代》（1993）以及《賭國風雲》（1995）成為美國大牌導演。

scotch ➠ whiskey

scoter　海番鴨　亦稱sea coot。指三種潛水鴨（海番鴨屬），除繁殖期外主要生活於海洋中。雄鳥亮黑色。北美的斑頭海番鴨繁殖於加拿大和阿拉斯加的森林和凍原，在南部的佛羅里達州和加州南部海岸越冬。翅白或天鵝絨似的斑臉海番鴨以及普通海番鴨出現在幾乎全世界的赤道以北地區。這三種番鴨主要都以海洋小動物（如蛤）為食。

Scotland　蘇格蘭　英國最北的組成部分。面積：78,789平方公里。人口約5,120,300（1998）。首都：愛丁堡。人民是塞爾特、盎格魯和諾曼人的混合後裔。語言：英語（官方語）、蘇格蘭蓋爾語和蘇格蘭語。宗教：蘇格蘭長老會（國教）。貨幣：英鎊。蘇格蘭主要有三種地形：北方高地主要是一系列湖泊和格蘭扁山脈；低地包括蘇格蘭一些最好的農田；南部高地以分隔桌面山的狹窄平坦山谷為特點。氣候為溫和的海洋氣候。主要工業有煤、石油、電子、林產和海洋漁業。約西元80年羅馬入侵時此地為匹克特人居住。5世紀時分裂成四個王國：匹克特、蘇格蘭、不列顛及盎格魯。9世紀蘇格蘭開始統一。從11世紀開始蘇格蘭深受英格蘭的影響，1174年其統治者被迫向英格蘭王室效忠，導致以後的許多紛爭。1603年蘇格蘭女王瑪麗之子詹姆斯六世登上英國王位（稱詹姆斯一世）時，蘇格蘭和英格蘭王國統一。1707年蘇格蘭和英格蘭政府通過「聯合條約」時，蘇格蘭成為大不列顛聯合王國的一部分。18世紀英國平息了蘇格蘭的兩次叛亂。1745年以後，蘇格蘭歷史成為大不列顛歷史的一部分。蘇格蘭沒有行政主權，但是在立法和教育體制上保留古代主權的遺跡。1997年蘇格蘭透過公民投票允許在愛丁堡建立自己的議會，仍是英國的一部分，但同時擁有廣泛的政治表決權。1999年蘇格蘭議會第一次召開。

Scotland Yard　蘇格蘭警場；倫敦警察廳　正式名稱新蘇格蘭警場（New Scotland Yard）。倫敦大都會警察隊總部，廣義上是指警力本身。倫敦警察隊於1829年由皮爾爵士創立，原先的總部設於白廳街4號，該處成為新蘇格蘭警場，直到1967年搬遷才改名。除所有都市警察的普通職責外（包括偵察阻止犯罪、管理交通），在緊急時刻該部隊也授權執行民防，並有一支特殊的警力以保護造訪的貴賓、皇族和政要。蘇格蘭警場保存英國一切重大的刑事案件檔案。英國其他地方的警力常可尋求蘇格蘭警場的協助。該場還協助國協各國訓練警察。

Scott, George C(ampbell)　史考特（西元1927～1999年）　美國演員。生於維吉尼亞州衛斯，在登上舞台與電視之前曾在海軍服役。早期電影中的角色如《桃色血案》（1959）、《江湖浪子》（1961）與《芳菲何處》（1968）曾受到好評。具有強烈的銀幕個性，以其粗壯脖子與吼叫的聲音聞名。他以《巴頓將軍》（1970）一片獲得奧斯卡獎，不過他並未接受，稱這個競賽為炫耀肉體。晚期的電影包括《醫院》（1972）、《硬惹》（1979）、《熄燈號》（1981）與《惡意》（1993）。電視演出有《代價》（1970，獲艾美獎，同樣拒絕），以及《聖誕頌歌》（1984）中的角色史高哲。

Scott, Paul (Mark)　史考特（西元1920～1978年）　英國小說家。1940年代進入軍隊在印度服役，後來成為倫敦書商的主管，於1960年辭職專心寫作。以描述英國對印度統治的衰亡而知名，特別是《拉吉・庫特：皇冠上的珠寶》（1966）、《天蠍座的時代》（1968）、《寂靜之塔》（1971）、《掠奪的分配》（1975）以及《停留》（1977，獲布克獎）。他所有的作品，包括在印度之外的故事，都包含印度的主題或特色。

Scott, Peter Markham　司各脫（西元1909～1989年）　受封為彼得爵士（Sir Peter）。英國保育人士、藝術家。羅伯特・司各脫之子，從劍橋大學畢業後，隨即獲得野生動物畫家的名聲。1946年創立塞汶河野鳥信託（後來改名為野鳥與濕地信託）。藉由在其庇護所的圈飼繁殖計畫，在1950年代拯救夏威夷雁免於絕種。1961年創立世界野生動物基金會（世界自然基金會）。身為國際自然資源保育聯盟之物種保存委員會的成員（1962～1981），製作《紅皮書》（參閱endangered species）。1973年受封為爵士。

Scott, Ridley　雷利史考特（西元1939年～）　英國電影導演。曾專修藝術並成為設計師與英國電視台的主管。1967年建立了他自己的公司編製商業性電視節目。第一部電影是《掃描者大決鬥》（1977），接著是科幻驚悚片《異形》（1979）與《銀翼殺手》（1982）。由於票房賣座，使其生動的黑暗影像成為受崇拜的經典。後來的電影包括《黑魔王》（1985）、《黑雨》（1989），廣受推崇的《末路狂花》（1991）、《魔鬼女大兵》（1997）與《神鬼戰士》（2000）。

Scott, Robert Falcon　司各脫（西元1868～1912年）　英國探險家。1880年加入皇家海軍，證明他具有指揮南極探險隊的能力（1901～1904），晉升爲上尉。1910年進行第二次探險。1911年10月與其他十一名成員通過陸路前往南極。當他們的摩托雪橇拋錨、七名探險隊員返回營地後，司各脫與其他四名隊員艱苦跋涉八十一天，於1912年1月抵達南極，結果發現阿蒙森比他們早到一個月。他們筋疲力盡，又受惡劣的天氣和供給不足的困擾，全部死於返回途中，此時司各脫和其他兩名倖存者距營地僅有11公里。儘管司各脫的判斷能力受到質疑，他仍以其無畏的勇氣被視爲英國民族英雄。

Scott, Walter　司各脫（西元1771～1832年）　受封爲華特爵士（Sir Walter）。蘇格蘭作家，常被推崇爲歷史小說的創始者與最傑出的作者。從童年開始司各脫就熟知蘇格蘭邊境區的故事。1786年在律師父親身邊當見習生。後來成爲賽爾扣克的代理郡長和愛丁堡高等民事法庭的職員。他對邊界敘事詩興趣濃厚，收集整理出了《蘇格蘭邊境歌謠集》（1802～1803）。第一部浪漫詩歌創作《最後行吟者之歌》（1805）使他名聲遠揚。《湖上夫人》（1810）是他的浪漫詩歌的最成功作品。他也編輯了德萊敦的作品集（18卷；1808）和斯威夫特（19卷；1814）作品集。因債務纏身，1813年起司各脫部分是爲了掙錢而寫作。他已厭煩敘事詩的形式，轉向傳奇故事散文。最受歡迎的《威弗利》小說系列包括描寫蘇格蘭歷史的二十多部作品，其中傑作有《掃墓老叟》（1816）《羅布・羅伊》（1817）以及《米得洛錫安之心》（1818）。他在《劫後英雄傳》（1819）、《凱尼爾沃思》（1821）和《昆丁・杜華德》描述了英國歷史及其他主題。直到1827年，他的小說一直是匿名出版。

司各脫，油畫，蘭塞爾（Edwin Henry Landseer）繪於1824年；現藏倫敦國立肖像畫陳列館
By courtesy of the National Portrait Gallery, London

Scott, Winfield　司各脫（西元1786～1866年）　美國陸軍軍官。在1812年戰爭中參加奇珀瓦戰役和倫迪小路戰役（1814）。後來晉升爲少將，前往歐洲學習軍事策略。他主張軍人要受嚴格訓練和講求紀律，因強調軍隊禮儀而得「愛擺排場的老人」的綽號。1841年成爲美國陸軍指揮將領。後來在墨西哥戰爭中指揮作戰，領導美國軍隊入侵韋拉克魯斯，並取得塞羅戈多戰役的勝利。1852年代表輝格黨總統候選人參選，但是輸給皮爾斯。

Scott v. Stanford　司各脫訴桑福德案 ➠ Dred Scott decision

Scottish fold cat　蘇格蘭摺耳貓　家貓的品種，耳朵往前並向下摺疊。蘇格蘭牧羊人在1961年發現起源貓：蘇西，是白色的穀倉貓。蘇格蘭摺耳貓的毛有長有短，花色圖案不限。蘇西的摺耳是由於基因突變，在幼貓並不顯現。摺耳貓回溯至蘇西的血統譜系是必須出示的要件。蘇格蘭摺耳貓溫馴而安靜。

Scottish Gaelic language　蘇格蘭蓋爾語　蘇格蘭北部塞爾特諸語言的語言之一，是4～5世紀由侵略者帶到英國北部的愛爾蘭語的一支。蓋爾語逐漸取代匹克特語（參閱Pict）和英國的塞爾特低地方言，中世紀成爲所有蘇格蘭高地和部分低地的語言。直到17世紀，古典現代愛爾蘭語（參閱Irish language）成爲蓋爾語的書面語言，不過就在其衰敗後作家才開始有規律地使用蘇格蘭蓋爾語，以和愛爾蘭方言有所區別。但是蓋爾語不斷英語化，而且在可洛登戰役以後傳統文化被鎮壓，加上19世紀地域消除，這些都導致了蓋爾語地位的顯著下降。今天的蓋爾語可能眞正成爲一種社區語言，使用者不到八萬人的，主要通行於西北海岸和赫布里底群島。

Scottish law　蘇格蘭法　蘇格蘭的法律慣例與法律制度。1707年英格蘭議會和蘇格蘭議會合併時，兩國的法律制度是大不相同。蘇格蘭以從法國和荷蘭法律制度中改編的民法原則作爲對傳統法律的補充。在合併統一以後，蘇格蘭法律體系吸收了許多英國法，具有重大意義，尤其是在商法領域。蘇格蘭最高民事法庭爲終審法庭，由十八名法官組成，分爲內、外院。最高刑事法庭爲最高司法院。在這兩個最高法庭下有六個郡管區，每個郡管區都有自己的法庭，爲一種很古老的法制。輕微刑事案件則由地區法庭審理。

Scottish terrier　蘇格蘭㹴　亦稱Scottie。一種短腿㹴，可能是最早的高地獵犬。是一種強壯而勇敢的狗，體小而矮，有鬍鬚，眼機警，步態搖擺，與衆不同。高約25.5公分，重8～10公斤。被毛堅硬，有多種顏色。

Scotts Bluff National Monument　斯科茨峭壁國家紀念地　美國內布拉斯加州西部國家紀念地。設於1919年，面積13平方公里。其中心是一個大峭壁，高出北普拉特河244公尺，也是奧瑞岡小道上的一個顯著路標。峭壁下的博物館蒐集了拓荒者的歷史。

Scottsboro case　斯科茨伯勒案件　美國民事權利糾紛案件。1931年4月在阿拉巴馬州斯科茨伯勒，有九名黑人青年被控強姦兩名白人婦女。儘管醫生證明這兩名婦女並沒有被強姦，但全部由白人組成的陪審團卻對九名被告（除最小的外）判以死刑。1932年在公衆疾呼下，美國最高法院以被告未取得充足的法律辯護而撤銷原判。阿拉巴馬州對一名被告進行了重審，再次判刑。由於州陪審團蓄意將黑人排除在外，最高法院再次撤銷這一判決。阿拉巴馬州再次審判並且重新判決每個罪犯，但是迫於公衆壓力釋放或假釋八人，另外一人後來也逃脫。

Scotus, John Duns ➠ Duns Scotus, John

scouting　童子軍　以青年爲對象的活動及組織，散布各國及全世界，主旨是發展人格、公民概念及個人技巧。童軍活動創始於1904年，1908年貝登堡出版《發掘男童》，記述他在童軍活動中用來訓練騎兵部隊的遊戲和競賽，以及如何教導男孩們在領袖的率領下學習追蹤、偵察、繪圖及其他野外技能。貝登堡創辦童子軍時，對象是11～15歲的男孩，但童子軍概念後來則普及到出現各種個別組織，例如1910年的女童軍（Girl Guides或Girl Scouts）、1916年的幼童軍（Wolf Cubs或Cub Scouts）以及老軍童（又稱探察童軍〔Explorers〕）等。

Scrabble　縱橫拼字　一種用字母牌在225個方格的方盤上拼字的遊戲，2～4人玩。字母牌在縱橫的方格上拚出的單詞就像縱橫排字謎中的單詞。已拼成字的字母的分值累加起來就是單詞的得分。這種遊戲（最初叫做Lexico）於1931年由失業建築師巴特發明。1948年由巴特和布魯諾重新設計並改名爲縱橫拼字。在全世界已售出各種語言的數百萬縱橫拼字。

scrap metal　金屬廢料　使用過的金屬，是工業用金屬和合金的重要來源，特別用在鋼、銅、鉛、鋁、鋅的生產。從廢料中還可回收少量的錫、鎳、鎂和貴金屬。廢金屬中的有機物雜質，如木料、塑膠、塗料和織物，能被燒除。金屬廢料通常經過配混和重熔後生產與廢料成分類似的或更多元的合金。亦請參閱recycling。

screech owl　鳴角鴞　鴟鴞科角鴞屬多種鴞的統稱。新大陸品種和舊大陸品種（稱角鴞）均具臉盤和耳羽簇。雖然名爲鳴角鴞，事實上它們並不尖聲鳴叫。它們的體色隱蔽，類似樹皮。體長約20～30公分。主要以小型哺乳動物、鳥類和昆蟲爲食。著名的品種有北美的普通鳴角鴞、北美西部的花彩角鴞以及歐洲南部、亞洲和非洲的普通角鴞。

screenplay　電影劇本　電影製作的文字稿本。不僅包括角色對話，還包括簡要的劇情大綱。電影劇本可以由小說或舞台劇改編，也可以由電影劇作家及其合作者創作完成。通常要經過多次修改，劇作家也要聽取導演、製片人以及電影拍攝過程中的其他人員的意見。初稿一般只包括計畫拍攝的簡要提示，但是到拍攝之時，劇本就成爲詳細的分鏡劇本，其中行動和姿勢都要有明確說明。

screw　螺紋件　機器結構中帶連續螺旋肋的圓柱形件，用作緊固件或力和運動變換裝置。各種型號的螺釘被用來緊固機器部件。木螺釘的直徑和長度各異。使用木螺釘的時候，首先要鑽小洞，叫做導洞，以防止木頭裂開。變換力和運動的螺釘爲力螺釘。螺釘是五種簡單機械之一。亦請參閱wedge。

screwworm　旋麗蠅　南、北美洲幾種麗蠅的統稱，以其幼蟲類似螺釘的外形而命名，幼蟲長滿了小刺。旋麗蠅襲擊牲畜和其他動物，包括人類。羊旋皮蠅和肉旋麗蠅產生於腐爛的肉體表面，也侵襲健康組織。每個雌蠅在傷口附近產200～400個卵。幼蟲鑽入組織，成熟後掉在地上，化蛹而羽化爲成蟲。感染嚴重時（蛆病）可使動物死亡。

Scriabin, Alexsandr (Nikolaevich)＊　史克里亞賓（西元1872～1915年）　俄國作曲家和鋼琴家。曾在莫斯科音樂學院學習鋼琴，隨後開始了成功的音樂會生涯。他早期的音樂大部分是鋼琴曲（包括練習曲、前奏和奏鳴曲），也有兩首交響樂和一首鋼琴協奏曲。受華格納和尼采困擾，他開始創作一種以「神祕和音」爲基礎的嶄新的非音調風格，產生了第三交響曲和《神聖之詩》（1904）。後來相信通神論，創作了詩曲《狂喜之詩》（1908），又在他的《普羅米修斯》（1910）中試驗融洽的輕音樂，爲他宏大的歌劇儀式《神祕物質》做準備，但是未能開始。四十三歲時死於昏瘤。

史克里亞賓
Novosti Press Agency

Scribe, (Augustin) Eugène＊　斯克里布（西元1791～1861年）　法國劇作家和歌劇腳本作家。共寫了三百五十多部戲劇，大多數獲得極大的成功，他也成爲當時最受歡迎的歌劇腳本作家。他寫的歌劇包括羅西尼的《奧理伯爵》（1828）、貝利尼的《夢遊女》（1831）、董尼才第的《愛情的靈藥》（1832）、梅耶貝爾的《胡格諾派教徒》（1836）以及威爾第的《西西里晚禱》（1855）。

Scribner, Charles　斯克里布納（西元1821～1871年）　原名Charles Scrivener。美國出版商。1846年與貝克（卒於1850年）在紐約市合辦出版公司「貝克與斯克里布納公司」。1878年該公司改名爲「查理・斯克里布納之子」。最初出版哲學和神學（特別是長老會）書籍，後來出版英國和歐洲大陸文學作品的重印本和譯本。該公司出版的雜誌有《斯克里布納月刊》（1870～1881）。死後該公司由斯克里布納家族的其他成員繼續經營。

Scribner family　斯克里布納家族　美國出版商家族。其公司至1878年起稱爲「查理・斯克里布納之子」公司，出版書籍和雜誌。其創始人查理・斯克里布納死後，該公司相繼由他的三個兒子主持：布萊爾（1850～1879）、查理（1854～1930）、霍利（1859～1932）。次子查理擔任總經理的時間最長。他任職期間，該公司出版了如詹姆斯、羅斯福、華爾敦、海明威、梅瑞迪斯和吉卜林等作家的作品。後來的總經理有第二個查理之子查理・斯克里布納（1890～1952）和其子小查理（1921～1995），他也是1905年由他的祖父成立的普林斯頓大學出版社的總經理。1984年「查理・斯克里布納之子」由麥克米倫公司購買。

scrimshaw　貝雕　骨或象牙裝飾品，如鯨魚牙或海象牙，通常刻有奇怪的圖案。傳統上由英裔美國人或美國本土捕鯨員用折疊刀或帆針刻出畫面，然後用黑色（如燈嚴）進行蝕鏤。傳統的題材有捕鯨場面、捕鯨船、海戰、花束、共濟會會徽、盾形紋章以及愛爾蘭豎琴等。最早的作品可追溯到17世紀末，但是1830～1850年期間達到高潮。現在西伯利亞和阿拉斯加的捕鯨手仍然製作貝雕。

Scripps, Edward Wyllis　斯克利浦斯（西元1854～1926年）　美國報紙發行人。起初受雇於同父異母哥哥詹姆斯・艾德蒙・斯克利浦斯（1835～1906），在底特律的報社工作。1878年開始出版自己的報紙，最後擁有十五個州三十四家報紙。他是美國第一家報紙連鎖企業－－斯克利浦斯－麥克雷聯合報社（1894）的合夥人之一。1907年他將地區的斯克利浦斯報社聯合爲「合眾社」（1958年以後稱爲合眾國際社）。1922年他將股份轉讓給其子羅伯特斯克利浦斯。羅伯特與霍華德一起成立了斯克利浦斯－霍華德聯合公司。今天的斯克利浦斯公司除了報紙外，還包括多種媒體。

scripture　經籍　宗教聖書，在世界文獻中占很大一部分。經籍在體裁、卷冊多少、成書年代和神聖程度上差異很大。經籍大多先是口傳，一代代地靠背誦下傳，後來才書寫成文。在一些宗教中，尤其是伊斯蘭教、印度教和佛教，仍然強調朗誦經籍的意義。希伯來聖經（《舊約》）是猶太教的經籍，《聖經》（《舊約》及《新約》）是基督教的經籍，《可蘭經》是伊斯蘭教的經籍。印度教的經籍包括《吠陀》和《奧義書》。亦請參閱Adi Granth、Avesta、Mormon, Book of、sutra、Tripitaka。

scrod　小鱈魚　幼魚（鱈或黑線鱈），特別是指剝開去骨烹調的幼魚。原文的起源並不確定，但是一般認爲來自古荷蘭文，代表「切絲」。似乎是在1841年前後開始使用。

scroll painting　畫卷　主要在遠東流行的藝術。兩種主要形式是中國的山水畫卷和日本的敘事畫卷。山水畫卷爲中國在繪畫史上的最大的貢獻，在10～11世紀達到高峰，代表大師有許道寧和范寬。12～13世紀的日本畫卷將繪畫的敘事潛能發揮到極致。最早的形式爲紫式部的文學巨著《源氏物語》的配畫，以畫面和文字交替出現。後來插圖單獨成爲一部分。典型的主題是日本中世紀時流行的故事和傳記。

Scruggs, Earl ➠ Flatt, Lester

SCSI＊　SCSI　全名小型電腦系統界面（Small Computer System Interface）。標準界面類型，用於連接小型至中型電腦的周邊設備（磁碟、數據機、印表機等）。因爲所有的SCSI硬體裝置和軟體驅動程式都要符合SCSI標準，這代表所有符合SCSI標準的設備（電腦和周邊設備）可以一同工作，有時以菊鏈方式連接在一起。

scuba diving　水肺式潛水　在水面下使用水下呼吸器（SCUBA）一類整套裝備的游泳，與浮潛不一樣，浮潛只要求有通氣管、護目鏡和腳蹼。1943年庫斯托和加尼安發明水中呼吸裝置。隨著新技術的普及很快就成立了潛水俱樂部。水肺式潛水用於海洋學、水下探測和打撈工作、研究水污染以及娛樂。

sculpin　杜父魚　亦稱bullhead或sea scorpion。杜父魚科約300種不活潑、底棲的魚類統稱，主要產於北方水域。杜父魚體細長，皮光滑或具小刺。通常頭寬大粗重。多數品種生活於淺海，少數生活於較深的水，另有一些生活於淡水中。最大的品種能長達60公分；歐洲江河湖泊中常見的鉤杜父魚只有10公分長。鉤杜父魚屬的其他品種見於亞洲和北美洲。

sculpture　雕刻　一種立體藝術，尤其是透過雕刻和仿模將堅硬或塑膠材料製成立體圖案。設計可在獨立物體（如圓球）、浮雕或外界進行。可運用各種媒體，如泥、蠟、石頭、金屬、纖維、木材、石膏、橡膠以及鑄造品。可利用雕刻、仿型、模塑、鑄造、鍛冶、焊接、縫合、組裝或其他方法成形拼合質材。到20世紀雕刻才被看作一種具象藝術，但是自20世紀初也產生了一些抽象作品。亦請參閱environmental sculpture、kinetic sculpture。

scurvy　壞血病　亦稱維生素C缺乏病（vitamin C deficiency）。維生素C缺乏造成的營養失調。維生素C缺乏妨礙組織合成，造成齒齦浮腫出血、牙齒鬆脫、關節與腿部疼痛僵硬、皮下與深層組織出血、傷口癒合緩慢以及貧血。壞血病在長程海上旅程的折磨船員，於1753年確認與飲食相關，林德證明飲用柑橘果汁可以治癒並且預防，導致營養缺乏症的概念。完全成熟的壞血病現在並不多見，只要攝取適量維生素C就算嚴重的病情亦可在幾日內痊癒。

Scutari, Lake＊　斯庫台湖　巴爾幹半島最大的湖泊。位於蒙特內哥羅和阿爾巴尼亞邊境上。面積390平方公里。以前曾是亞得里亞海一個海灣。湖岸有陡峭的山嶺、平原以及沼澤地。也有很多小村莊，以古老的寺院和城堡聞名。

Scylla and Charybdis＊　斯庫拉和卡律布狄斯　希臘神話中，固守奧德修斯所經過的狹隘水域的兩個怪物。這一水域現被確定爲墨西拿海峽。一邊的海岸上是斯庫拉，爲六個蛇頭的怪物，他爬出洞來吞食奧德修斯的六個同伴。對岸有卡律布狄斯，爲漩渦的化身，每天吞吐海水三次。船失事以後，奧德修斯爬到岸上一棵樹上，直到他的木筏浮出水面。

西伯利亞的西徐亞金質皮帶吊，現藏聖彼得堡愛爾米塔什博物館
Novosti Press Agency

Scythian art＊　西徐亞藝術　裝飾品，主要爲珠寶飾品與馬匹、帳篷和車輛的飾物。爲西元前7世紀至西元2世紀遊牧於中亞和東歐的西徐亞人所製作。也稱爲草原藝術，主要描繪眞實或神話中的動物，雕刻於各種材料上，包括木頭、皮、骨、嵌花氈、銅、鋼、銀、金以及金銀合金。最爲突出的是金牡鹿，長約30公分，腿蜷曲，可能用於中央裝飾或圓形盾牌。

Scythians＊　西徐亞人　西元前8世紀～西元前7世紀從中亞遷徙至俄羅斯南部的具有伊朗血統的遊牧民族。爲兇猛的武士，並且是最早的熟練騎兵，因此得以建立從波斯西部穿過敘利亞和猶太到埃及的強大帝國，並將辛梅里安人驅逐出他們在高加索和黑海北部的領地。他們被米底亞人（參閱Media）趕出安納托利亞之後，仍占有波斯邊界到俄羅斯南部的領土。西元前513年他們擊退波斯大流士一世的入侵。其文明產生於富有的貴族（西徐亞皇室），他們的墳墓中有製作精美的金質和其他珍貴材料製成的物品。軍隊由自由人組成。士兵透過贈送敵人的首級分享戰利品。他們的武器有雙曲、三葉草形的弓箭，以及波斯劍。葬禮要以死者的妻子和僕人當作祭品。西元前5世紀西徐亞人皇室與希臘人通婚。西元前2世紀西徐亞被薩爾馬特人摧毀。亦請參閱Scythian art。

SDI ➠ Strategic Defense Initiative (SDI)

SDS ➠ Students for a Democratic Society (SDS)

Sea, Law of the　海洋法　1982年由117個國家簽訂的以條約形式編定的國際法，包括領海、航道和各種海洋資源的狀況及使用。起初由英國、西德、以色列、義大利，以及其他工業化國家簽訂，美國一直到1998年才接受大部分條款。條約規定，各國主權管轄的水域是從該國海岸起向外延伸22公里。每個沿岸國家都享有在離海岸200浬（370公里）範圍的水域內捕撈魚類和其他海洋生物的排他性權利。沒有簽約的國家則反對這些規定以及在國際海域（超過200浬範圍限制）開採海底礦藏的最大限度的決議。亦請參閱high seas。

sea anemone＊　海葵　海葵目1,000多種刺胞動物的統稱，各大洋都有分布，從海潮區到超過10,000公尺的深處，偶爾也生活於淡鹹水中。各種品種的直徑從不足3公分到約1.5公尺不等。體圓柱狀，其上端的口周圍有花瓣狀，通常爲彩色的觸手，觸手上的刺絲囊用於麻痺像魚類等獵物。有些品種只以微生物爲食。多數品種永久性地附著在硬物表面，如岩石或蟹背。

海葵，Tealia屬
M. Woodbridge Williams

sea bass　海鱸　鮨科約400種食肉魚類的統稱，大部分生活於溫帶與熱帶的淺水海域。海鱸體細長，鱗小，嘴大，尾直邊或圓形。背鰭包括前面的棘部與後面的軟條部，兩部分通常相連，有時則有槽口隔開。各品種體長從3公分到1.8公尺，重量可達225公斤。狼鱸科（有時認爲是鮨科的一個亞科）中約12個品種生活在溫帶水域。亦請參閱bass。

sea coot ➠ scoter

sea cow　大海牛　亦稱斯特勒氏海牛（Steller's sea cow）。已滅絕的水生哺乳動物，學名Hydrodamalis gigas。1741年白令探險隊的人發現大海牛，並對之加以描述。體長至少有7.5公尺，無牙，頭小，尾葉寬闊平坦、分兩叉；皮膚深褐色，有時有白色條紋或斑點。以海草爲食。俄國獵海豹者爲了食用和取它的毛皮，大肆濫捕大海牛；整個種群估計曾達5,000頭，至1768年時已被捕盡。大海牛一詞亦指儒艮和海牛。

sea cucumber　海參　海參綱棘皮動物的統稱，約1,100種，存在於所有的海洋中，多數在淺水區。體圓柱形，柔軟，長2～200公分，厚1～20公分。通常色單調、深暗，往往多肉疣。內骨骼退化爲皮膚中的許多微小骨片。多數品種有從口到肛門的5排管足。口周圍有10根或更多能伸縮的觸手，用於捕食（含營養物的泥土或水生小動物）或掘穴。海參像蛞蝓一樣移動。亦請參閱shellfish。

sea eagle　海鵰　各種大型食魚鷹（尤指鷹屬）的統稱，其中最著名的是白頭海鵰。除南美洲外，海鵰常見於世界各地的江河、大湖以及潮水附近。有些品種體長超過1公尺。所有的海鵰都有異常大的，高高拱起的喙以及無毛的下腿。趾的腹面粗糙，適於抓住溜滑的獵物。它們主要以腐肉爲食，有時也從水面捕殺、抓取魚類，並常常掠奪它們主要的競爭對手鶚。亞洲品種包括灰頭的或較大的捕魚鵰以及較小的捕魚鵰。

sea fan　海扇　柳珊瑚屬約500種珊瑚的統稱，以佛羅里達、百慕達和西印度群島的大西洋沿岸淺水區中最多。水螅體組成平面的扇狀群體生長。每個水螅體的觸手數均爲6的倍數，伸出的觸手組成一張捕食浮游生物的網。內部的骨架支撐著群體的所有分支。活組織（往往呈紅色、黃色或橙色）整體地覆蓋著骨架。扇形群體通常向橫截水流的方向生長，以提高它們誘捕獵物的能力。所有品種均高達60公分。

海扇
Douglas Faulkner

Hippocampus erectus，海馬的一種
Des Bartlett－Bruce Coleman Ltd.

sea horse　海馬　海龍科約24種魚類，通常生活在溫暖沿海，用它們向前彎且能纏捲的尾巴攀纏在植物上。各品種的體長範圍4～30公分。海馬身上有骨質的環而無鱗，雙眼可各自獨立活動。游泳時保持直立狀態，用鰭水平推進，靠鰾上升或下沈。用小口快速吸入小生物爲食。雌魚將卵產於雄魚尾部下面的育兒囊中，幼魚孵出時，雄魚將仔魚排出。

sea lavender　海補血草　300多種常綠植物，補血草屬，白花丹科，學名Limonium vulgare。花小，密生於穗狀花序，夏末開花時呈大片紫丁香花色。其花穗因能保持持久色澤經常用作乾燥花。

sea leopard ➠ leopard seal

sea level　海平面　氣－海界面的位置，陸上高度和水下深度都以它爲參照點。任何地點的海平面隨著潮汐、大氣壓和風的變化而不斷改變。長期變化則受地球氣候變化的影響。因此海平面最好是定義爲平均海平面，即長期內各種潮汐下海水表面的平均高度。

sea lion　海獅　海狗科5種有耳海豹的統稱，分布於太平洋兩岸，從阿拉斯加到澳大利亞都有。被毛粗短，無明顯的絨毛。除加州海獅外，所有雄性都有鬃毛。海獅主要以魚類、烏賊和章魚爲食。它們集大群繁殖；一頭雄海獅有3～20頭雌海獅。加利福尼亞海獅是馬戲團和動物園裡馴養的海豹。各品種的雄性體長從2.5～3.3公尺，體重從270～1,000公斤。

sea otter　海獺　亦稱大海獺（great sea otter）。罕見的、完全海棲的水獺，分布於北太平洋，通常棲於海底的海藻區。仰臥在水面，胸前壓一塊石頭，把軟體動物往石上猛擊使其碎裂。後腿粗大，呈鰭肢狀。長100～160公分，體重16～40公斤。毛皮厚，有光澤，淺紅至深褐色。在1910年前，人們爲了獲取它的皮毛而濫捕濫殺，幾乎絕滅；現在受到充分保護，數量正在逐漸增加中。

sea parrot ➠ puffin

Sea Peoples　海上民族　青銅時代末期，入侵安納托利亞東部、敘利亞、巴勒斯坦、塞浦路斯和埃及的任何侵略性的航海者集團。尤其活躍在西元前13世紀。雖然這些動亂的範圍和根源無從確定，據信海上民族曾導致如西台帝國等古老政權的滅亡。埃及人曾與海上民族兩次交戰（西元前1236～1223、西元前1198～1166年）。唯一永久居住在巴勒斯坦的主要部落是佩勒塞特人（即非利士人）。

sea power　海上力量　一國用來將其軍事力量向海洋擴張的手段。根據一國無視對手而使用海的能力來測量，由戰艦和武器、輔助艦隻、商船、基地以及訓練有素的人員組成。包括以航空母艦爲基礎或用於支援航船的飛機。主要用途是保護正常航行免受敵人襲擊，摧毀或阻止敵人航行。也可用於執行封鎖。最後，海軍力量也可用於從海上轟炸陸地目標。航空母艦的發展，使這種能力大爲增強，其作用幾乎與後來核潛艇的出現一樣。馬漢在《海上力量對歷史的影響》（1890）曾對海上力量扮演國家強大的基礎的角色作了經典的闡釋。

sea scorpion ➠ sculpin

sea slug ➠ nudibranch

sea snake　海蛇　海蛇科50餘種海棲毒蛇的統稱，身體扁平，尾呈槳狀。大多棲於澳大利亞和亞洲的沿海及海灣，有時集大群於海面曬太陽。黃腹海蛇，或稱浮游海蛇在整個太平洋中都有分布。鼻孔通常在吻的頂端，有瓣膜可開合。有幾種海蛇的軀幹比頭和頸部要粗得多。多數品種的體長約1～1.2公尺；日本的鮮美海味－－半環扁尾蛇，體長相當於一般種類的兩倍。雖然海蛇一般攻擊緩慢，但它們的毒素可能會致命。

sea squirt　海鞘　海鞘綱被囊動物的統稱，世界各海洋均有分布。其體形更似馬鈴薯而不似動物，它們永久性地固著在一個表面生活。成體在受到干擾時，它像花瓶一樣的身體會強力收縮而噴射出一注海水。岸邊礫石上動植物的殘屑及深水的浮游生物是它們的主要食料。成體的長度從不足2～30公分不等，有功能性的雄性和雌性生殖器官。卵排入水中異體受精，孵出的蝌蚪似的幼體自由游泳。有些品種單獨固著生活，有些則成群體。

sea star ➠ starfish

sea trout ➠ weakfish

sea urchin　球海膽　海膽綱約700種棘皮動物的統稱，世界性分布。體呈球形，表面覆有可移動的，有時還有毒的，長達30公分的棘刺。沿內部的骨架上有孔，孔中容納著細長的，可以外伸的管足，管足末端通常有吸盤。球海膽生活在海底，用它們的管足或棘刺來移動。口位於體下面；齒能伸出從岩石上刮取藻類和其他食物。有些品種能在珊瑚、岩石，甚至鋼鐵中開鑿隱蔽場所。在某些國家裡食用某些球海膽品種的卵。

石筆海膽（*Heterocentrotus mammillatus*）
Douglas Faulkner

Seaborg, Glenn (Theodore)＊　西堡格（西元1912～1999年）　美國核化學家。在加州大學柏克萊分校獲得碩士學位。他和利文古德、塞格雷以及其他人一起研究發現了一百多種同位素，包括許多經考證很重要的同位素，如碘－131、鎝－99。但是他最有名的成就是對超鈾元素的分離和辨識工作。1941年他和他的同事發現了鈽。此後繼續發現和分離一些元素如鋂、鋦、鉳、鉲、鑀、鐨、鍆、鍩（原子序爲95～102）。1942年他參加了「曼哈頓計畫」，並在研製原子彈中起了關鍵性的作用。他曾請求杜魯門總統不要把平民當作原子彈的目標，但最終失敗。1951年他與麥克米倫（1907～1991）共獲諾貝爾化學獎。他提出的一項重要的組織原則，即關於錒系過渡元素的重要理念，對於預測新元素的化學性質和在元素週期表上的配置位置有極大的作用。1961～1971年西堡格擔任原子能委員會主席。他強烈呼籲核子裁軍，領導了談判最後達成「限制核子試驗條約」（1963），後來又在通過「禁止核子武器擴散條約」中扮演積極的角色。1997年一種新發現的元素以他的名字命名，即106號元素（seaborgium），這是首度給予在世者如此高的尊榮。

seafloor spreading　海底擴張假說　一種認爲海洋地殼是沿著海底山脈帶形成的理論，這些山脈帶統稱爲洋脊體系，海洋地殼從這些帶橫向向外擴張。這一假說是1960年由美國地球物理學家赫斯提出的，對板塊構造學說的發展至爲重要。

seafood　海味　可食用的水產動物，既包括海水生物也包括淡水生物，但哺乳動物除外。海味包括多刺和軟骨的魚、甲殼動物、軟體動物、可食用的水母、海龜、蛙、球海膽和海參。一些種類的魚卵或蛋通常作爲魚子醬食用。除穀類外，海味可能是人類最重要的食物，占世界蛋白質攝取的15%。含脂肪少的魚類的蛋白質含量同牛肉或家禽相當（18～25%），但是大多數所含的熱量要低。大部分海味不用煮熟再吃，可以生吃、晾乾、熏乾、醃製、鹽鹵或發酵。也可整個煮熟或切成魚片、帶子或大塊。通常用於燉菜或湯中。

Seagram Building　西格拉姆大樓　紐約市一座摩天辦公大樓（1958）。由密斯・范・德・羅厄和約翰遜共同設計，位於派克大街。這座圓形的摩天大樓是用玻璃和青銅裝飾的直線棱柱的典範，將國際風格發揮到極致。儘管素樸而率直使用了最現代的材料，該大樓顯示了密斯・范・德・羅厄特別的均衡比例感和細部關注。

Seagram Co. Ltd.　西格拉姆有限公司　跨國公司，世界上最大蒸餾酒生產商和銷售商。該公司始於塞繆爾・布朗夫曼在蒙特婁所擁有的製酒有限公司，1928年收購約瑟夫・西格拉姆父子公司。新的西格拉姆製酒有限公司在隨後的二十年中迅速發展。起初公司只製造混合威士忌酒，到1950年代和1960年代發展爲生產和銷售蘇格蘭威士忌酒、波旁威士忌酒、蘭姆酒、伏特加酒、杜松子酒以及葡萄酒，且擴展到歐洲、拉丁美洲、東亞和非洲市場。西格拉姆有限公司的名字始於1975年。1990年代該公司又進入音樂和娛樂領域，購買了電影公司環球影城、媒體公司美國音樂公司（MCA）以及荷蘭音樂巨頭寶麗金唱片公司。該公司總部設在蒙特婁。亦請參閱Seagram Building。

seal　海豹　水生，食肉，有網狀鰭肢，流線型體形的哺乳動物的統稱。無耳（眞正無耳或覆毛耳）海豹（海豹科，18個品種）無外耳。在水中，它們靠伐動後肢游水，而用前肢操縱。在陸地上，它們靠腹部扭動，或用前肢拉行。無耳品種包括象海豹、斑海豹、格陵蘭海豹和豹形海豹。有耳海豹（海狗科，5種海獅和9種海狗）有外耳和更長的鰭肢。在水中，靠前闊鰭推進游水；在陸上，它們四肢著力在地面向前移動。

Sealyham terrier　西里漢㹴　19世紀晚期由愛德華培育的一種㹴。愛德華用這種狗在他的莊園西里漢內獵取狐狸、水獺和獾。這種狗體小，短腿而壯，以勇氣、毅力和善獵而著稱。被毛有兩層，下層鬆軟，上層堅硬，呈單一白色或體白而在頭和耳上有黑白相間的斑紋。體高約27公分，體重約9～9.5公斤。

Seami ➠ Zeami

seamount　海山　高出周圍深海底至少1,000公尺以上的大型海底火山，較小的海底火山叫海丘，平頂的海山叫几岳。海山有很多，出現於所有的主要海洋盆地。直到1970年代晚期，單在太平洋盆地發現的海山就有10,000多座。實際上幾乎所有的海洋探測都會發現新的海山。據估計世界上有大約兩萬座海山。

seaplane　水上飛機　可以在水面上起落、漂浮的飛機。第一架實用的水上飛機是在1911和1912年由寇蒂斯製造和飛行的。寇蒂斯既發明了漂浮水上飛機（實際上是帶有浮筒而不是輪子的陸地飛機），也發明了集主浮體和機身爲一體的水上飛機。後來又加上可回收的著陸輪，成爲水陸兩用飛機。到1920年代晚期，水上飛機一直保持飛機的速度及行程記錄。1940年代，隨著遠端陸地飛機、新的機場以及航空母艦的建立，水上飛機的使用逐漸下降。

search and seizure　搜查和扣押　執行法律時，對一人或前提的探測調查，以及爲獲得非法活動或罪行的證據，對財產或個人進行監督。警察執行搜查和扣押時所擁有的自由程度在各個國家各不相同。在美國，憲法第四次修正案禁止不合理的搜查和扣押，並要求有正當的理由和擔保。擔保必須寫明所搜索的地點以及扣押的人和物。

search engine　搜尋引擎　在網際網路或全球資訊網上找尋資訊的工具。搜尋引擎本質上是巨大的資料庫，涵蓋無邊的網際網路。大多數是由三個部分組成：至少要一個程式，俗稱蜘蛛、爬蟲或蠕蟲，在網際網路上爬行蒐集資訊；需要一個資料庫，儲存已經蒐集的資訊；還有一個搜尋工具，使用者輸入關鍵字描述想要的資訊（通常是在搜尋引擎所屬的網站）就到資料庫去搜尋。從爲數眾多的搜尋引擎挑選子集（通常約10個）搜尋並把結果編輯索引的整合搜尋引擎也越來越多人使用。

Searle, Ronald (William Fordham)　塞爾（西元1920年～）　英國漫畫家、畫家和作家。1930年代晚期出版第一部漫畫。第二次世界大戰期間成爲戰俘，後來出版了以在日本集中營的經歷爲基礎的畫集。1941年開始創作聖特立尼安學校女生漫畫，這套漫畫後來拍成四部電影，以《聖特立尼安學校女生》（1954）爲開端。1956年加入《笨拙》週刊編輯部。1961年移居巴黎。總共出版五十多部書籍。

Sears, Isaac　西爾斯（西元1730～1786年）　美國愛國者。爲紐約市商人，曾支助「印花稅法」暴動中的愛國事業。他身爲「自由之子社」的激進分子，帶頭抵制英國貨，以抗議「湯森條例」。在他的領導下，效忠派官員被驅逐出紐約市，並控制了市政府，直到華盛頓的軍隊趕到（1775）。從波士頓開始，他組織私掠船掠奪英國船隻。

Sears, Roebuck and Co.　西爾斯－羅巴克公司　美國商品公司、世界最大的零售商之一。1893年由合作經營早期郵購業務的西爾斯（1863～1914）和羅巴克（1864～1948）成立。公司通過郵購目錄以低價將商品出售給無其他方便管道購買零售品的農場和村落，因此公司發展迅速。在伍德（1928～1954年擔任總裁）領導下，西爾斯公司在美國各地建立了零售商店，到1931年該公司的零售業務已超過郵購業務。到1980年代公司又增加財政服務，並於1985年引進「發現」信用卡。但是在1992年公司開始賣掉金融服務的子公司。1993年公司停止其著名的郵購業務，並於1995年拋售了最大的子公司全州保險公司（1931年由西爾斯成立）。公司總部位於芝加哥附近的霍夫曼莊園。亦請參閱Montgomery Ward & Co.。

Sears Tower　西爾斯大廈　美國芝加哥的一幢摩天辦公樓。有110層，高442公尺，1974年落成時是世界上最高的建築。設計師是汗（1928～1982），他設計一個成捆的管狀結構（參閱skyscraper），以抵抗橫向風力。其設計圖被製成標準尺寸，由九個23公尺見方無柱的方形單位組成，外部裝修採用黑色鋁和青銅色玻璃。覆蓋了四個樓層的天窗完全被用作該建築的機械設施。在1996年馬來西亞吉隆坡的國油雙子塔建成之前，西爾斯大廈是世界上最高的建築。

season　季節　依據每年連續的天氣變化把一年劃分成四個部分。在北半球，冬天始於冬至（即12月22或23日）、春季始於春分（即3月20或21日）、夏季始於夏至（即6月21或22日）、秋季始於秋分（即9月22或23日）。在南半球，夏季和冬季的起始之日與北半球剛好相反，春秋兩季的起始日亦然。

seasonal affective disorder (SAD)　季節性情緒失調　發生在冬季的週期性情緒低落，似乎是日照不足造成。最常見於高緯度地區，因爲漫長的冬季，白晝極短。症狀包括重度憂鬱，並有自殺的風險。原因可能和身體的體溫和激素（荷爾蒙）調節有關，或許牽涉到松果腺與松果腺素。暴露強烈的全光譜光線證實是有效的治療方式，將日光燈置於燈箱之中配上散射的隔板。破曉模擬（在睡眠最後階段暴露在微光下）以及負離子療法可能有幫助。

Seastrom, Victor ➠ Sjostrom, Victor

SEATO ➠ Southeast Asia Treaty Organization

Seattle　西雅圖　美國華盛頓州城市和海港。爲該州最大城市，也是太平洋西北地區的商業、工業和金融中心。位於埃利奧特灣（普吉灣）和華盛頓湖之間，兩側爲奧林匹克山脈和喀斯開山脈。1853年規畫，歷經印第安人的進攻（1856）、反華人的騷亂（1880年代），以及一場災難性的大火（1889），現在成爲通往東方和阿拉斯加州的門戶港口。1990年代是育空和阿拉斯加淘金熱的主要補給站。第二次世界大戰爲這座城市帶來了極大的繁榮，造船和飛機製造工業扮演了重要角色。1962年世界博覽會的會址西雅圖中心裡有一根長185公尺的太空針塔。教育機構有華盛頓大學（1861）。人口約525,000（1996）。

Seattle Slew　西雅圖斯盧（西元1974年～）　美國的良種賽馬。是第一匹以全勝戰績奪得三冠王的賽馬（1977）。在其競賽生涯中，共參加17場比賽。曾獲14次第一名，兩次第二名，一次第四名。1978年退出馬賽，留做種馬。

seawater　海水　構成海洋的水。海水含有96.5%的水、2.5%的鹽類和少量的其他物質。地球上大量的鎂都是從海水

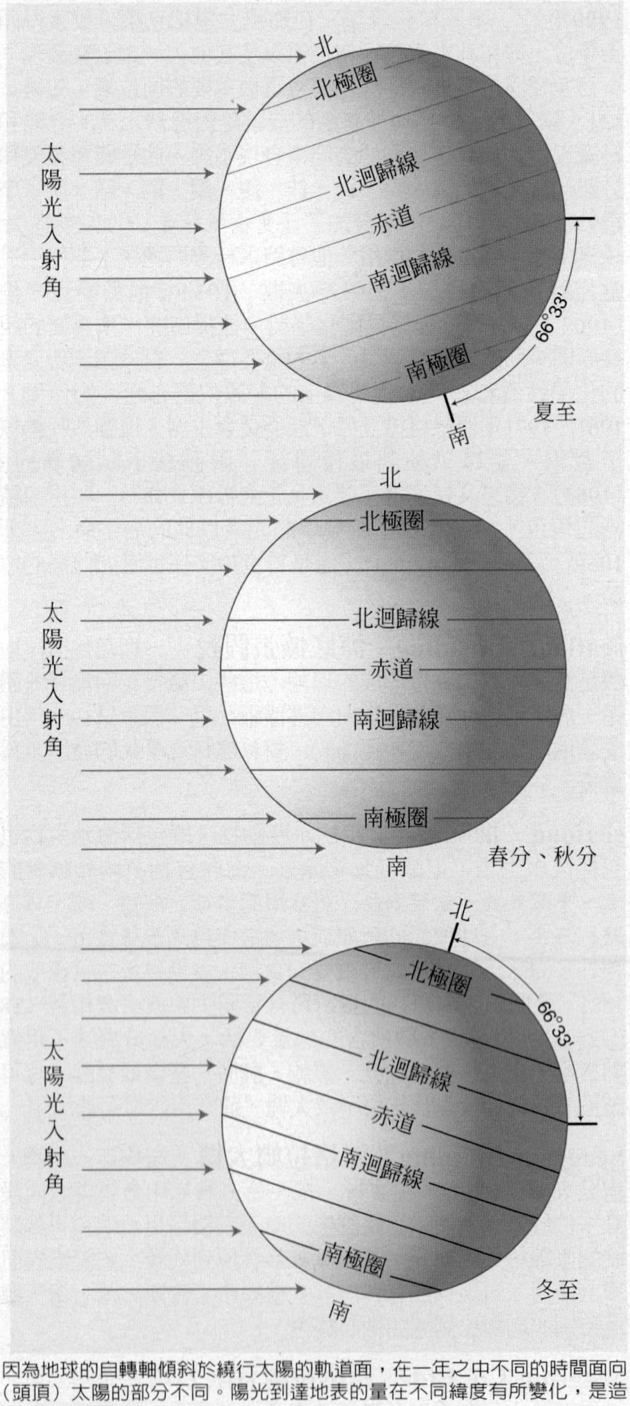

因為地球的自轉軸傾斜於繞行太陽的軌道面，在一年之中不同的時間面向（頭頂）太陽的部分不同。陽光到達地表的量在不同緯度有所變化，是造成季節的主因。

重新獲得的，大量的溴也是如此。世界上有些地方通過蒸發海水來獲取氯化鈉（食鹽）。此外，被除去鹽分的海水在理論上能提供無限量的飲用水，但過高的處理成本，使得這一點無法實現。在中東及別處一些乾燥的沿海地區已修建大型的海水淡化廠，以緩解淡水不足。

seaweed 海藻 任何一種紅色、綠色以及棕色的海產藻類。通常以根狀固著器固著於海底或某種固體結構上，固著器只起固著功能，而不像其他高等植物的根那樣要吸收養分。最常見的海藻是棕色海藻；在較淺的潮汐中能看到成片的苔蘚般紅色海藻。海藻在淺水中常常生長密集。常見的褐藻包括大型褐藻（最大的海藻就屬該類）和馬尾藻（馬尾藻屬）。有些海藻有空心氣囊，使葉狀體浮在水面。石蓴類海藻，即俗稱的海白菜，屬於海藻中較少見的綠藻。海藻可用作食用，褐藻被用作肥料。紅藻石花菜屬被用來生產凝膠狀的瓊脂。

sebaceous gland＊ 皮脂腺 皮膚中小的產油腺體。常附著於毛囊，向囊管內釋放皮脂，皮脂能在皮膚表面形成略帶油性的薄膜，以維護皮膚的彈性，防止過多水分的喪失或吸收。皮脂腺除手掌和足底外分布全身，以頭皮和臉部最爲豐富。皮脂腺在嬰兒剛出生時較大且發育良好，在孩童時期開始收縮，於青春期又開始增大，皮脂分泌也增多（顯然由於雄性激素的原因），常會導致痤瘡。

Sebastian, St. 聖塞巴斯蒂昂（卒於西元約288年） 被戴克里先迫害致死的殉教士。據傳出生於高盧，後到羅馬加入軍隊。軍官在得知他是尋找皈依者的基督教徒之後，命令射手將其處死，幸得不死，由一信基督教的寡婦護理恢復健康。在拜見皇帝之後，後者命令用亂棒將他打死。他的屍體被扔進下水道，後被找到，並得以埋葬。在文藝復興的繪畫中，他常被畫成亂箭刺身的英俊青年。

Sebastiano del Piombo＊ 塞巴斯蒂亞諾（西元1485/1486～1547年） 原名Sebastiano Luciani。義大利畫家。塞巴斯蒂亞諾在威尼斯時，受到老師喬爾喬涅的影響很大。他在1511年來到羅馬，躋身米開朗基羅的交際圈。米開朗基羅非常欣賞他，並交給他一些草圖，讓他來完成。塞巴斯蒂亞諾的《聖殤》（1513）、《基督遭鞭笞》（1516～1524）以及《拉撒路的復活》（1516～1518）都是根據米開朗基羅的草圖完成的，這些作品將威尼斯畫派的暖色調，跟米開朗基羅如解剖般的清晰風格與有力的雕塑般素描結合起來。拉斐爾去世之後，塞巴斯蒂亞諾成爲最著名的肖像畫家。教宗克雷芒七世（塞巴斯蒂亞諾1526年所創作的最好的肖像畫之一便以他爲對象）於1531年封他爲教宗印璽的保管人。由於該印璽是用鉛（義大利語爲piombo）做的，他的綽號Piombo就是來源於此。這項肥缺使他衣食無慮，創作因而開始減少。

Sebastopol ➠ Sevastopol

Sebek＊ 塞貝克 古埃及宗教中的鱷魚神。在法尤姆省的主要神殿內有一神聖的鱷魚，這隻鱷魚被認爲是神的化身。塞貝克原來可能是豐產神，兼司死亡或喪葬，後來在中王國時期（西元前1938～西元前1600?年）時成爲主要的神靈和國王的保護神。後來與太陽神瑞結合，代表以鱷形出現的太陽神，稱塞貝克－瑞。對塞貝克的崇拜一直持續到托勒密和羅馬時代。

Sebou River＊ 塞布河 摩洛哥北部河流。源出吉古河，往北流向非斯，然後往東流，在邁赫迪耶注入大西洋。全長450公里。其谷地爲橄欖、稻米、小麥、甜菜和葡萄主要產區。距離河口16公里的蓋尼特拉（人口約188,000〔1982〕）爲一繁忙的港口，許多遠洋船在這裡起航。

secession 脫離聯邦 1860～1861年美國南部十一個州脫離聯邦的行動。這一事件的導火線是林肯當選總統（1860）。大多數蓄奴州事前就發誓表示，若共和黨選舉獲勝，他們便脫離聯邦，因爲該黨堅決反對奴隸制及把它擴散到新的準州。於是南部各州右翼鼓吹者宣布脫離聯邦，並把這一做法看作是聯邦條約所允許的，即他們既能輕易地加入也能輕易地脫離聯邦。早在哈特福特會議（1814）期間，否認原則危機（1832）中及1850年代發生密蘇里妥協案之前就有一些州威脅要脫離聯邦。南卡羅來納州爲第一個通過脫離法令的州（1860）；其後，又有六個州在林肯就職前（1861年3月）宣布脫離。在林肯抗擊南部各州對薩姆特要塞的攻擊之後，又另有四個蓄奴州投票決定脫離聯邦，加入美利堅邦聯。

Second Empire 第二帝國 拿破崙三世統治法國的時期（第一個帝國是拿破崙帝國）。帝國早期（1852～1859）奉行獨裁統治，但經濟蓬勃發展，實施的對外政策也非常有利。1859年以後，逐漸引入了自由改革。但有的措施（如與英國商人簽訂的低關稅條約）造成了與法國商人之間的隔閡，政治上的自由化也使更多人反對政府。1870年的一份關於成立准議會政府的新憲法得到廣泛的支持，但法國在普法戰爭中色當戰役的失敗，導致了巴黎暴動（1870年9月4日）。結果政府被推翻，拿破崙三世退位，第二帝國就此結束。

Second Empire style ➠ Beaux-Arts style

Second International 第二國際（西元1889～1914年） 亦稱社會黨國際（Socialist international）。是社會主義政黨和工會的聯盟，對歐洲的勞工運動有很大的影響，同時支援議會民主和反對無政府主義。不像集權化的第一國際，它是一個鬆散的聯盟，不定期地在幾個城市聚會。1912年它代表所有歐洲國家、美國、加拿大和日本的社會黨，成員約九百萬。它重新肯定馬克思主義的學說，但它更關心的是防止一場歐洲的全面戰爭。當這個努力失敗後，1914年第二國際也就終止了。

約西元前600～西元前100年，上埃及的塞貝克青銅神像
By courtesy of the trustees of the British Museum

Second Republic 第二共和 1848年革命之後建立的法國共和國（緊接在法國大革命時期的原始共和國之後）。自由派共和黨人試圖建立永久民主政體的希望很快落空。1848年路易－拿破崙（後來的拿破崙三世）當選爲總統，而當選爲立法會議的議員大多是君主立憲派，他們通過一系列限制投票權和新聞自由，以及在教育方面賦予教會更多控制權的保守措施。路易－拿破崙不久即意識到其權力和將來的連任會受到議會的限制後，於1851年發動了政變。新憲法削弱了議會的權力，並且透過公

投表決贊同這項改變，還正式應全國請願要求恢復帝制。路易－拿破崙於1852年宣布爲帝，第二帝國由此誕生。

secondary education　中等教育　正規教育傳統上的第二階段，開始於11～13歲，通常結束於15～18歲。由於初中、高中以及其他各種劃分的學校迅速增加，初等教育和中等教育間的差別已逐漸變得不再明顯。在美國，處於中等教育年齡階段的學生有80%以上在念中學。在英國，大多數學生（占90%）在與美國高中相類似的綜合學校就讀，其餘則就讀於文法學校（如公共集資建成的預備學校）、技術學校或公學，這類學校實際上是私立學校。在法國，結束了中等教育第一階段學習（所謂的指導期）的15～18歲的學生，進入公立中學（lycée）學習，可以是普通（學術的）公立中學，也可以是職業公立中學。在德國，九年級畢業的學生，可進入高等小學（Hauptschule）學習，在那裡接受進一步的一般教育之後，便開始學徒期的培訓；也可進入實科初級中學學習，這類中學同時進行一般教育和專科教育，畢業之後可升入職業學校或開始學徒培訓；也可進入學術性的大學預科學習。

Secord, Laura＊　席科（西元1775～1868年）　原名Laura Ingersoll。1812年英美戰爭時，加拿大籍的保皇黨。出生於美國麻薩諸塞州的大伯靈頓，在1780年代隨同家人遷往加拿大。1813年獲悉美軍將突擊比佛壩的英軍據點，於是徒步穿越美軍防線去警告英軍指揮官；由於得到預警，英軍得以擊敗美軍。

secret police　祕密警察　國家政府設置用來遂行政治和社會控制的警察。祕密警察通常是行動隱密，組織運作也獨立於一般警察。在20世紀有不少惡名昭彰的祕密警察，例如納粹的蓋世太保、俄國的格別烏。祕密警察的任務包括逮捕、囚禁、凌虐政敵以及恫嚇非同路人。

secret society　祕密結社　立下盟誓相互結爲兄弟（或姐妹）、恪守條規、禍福同當的幫派組織。這些幫派組織通常都有入會儀式以指導新進者了解規矩（參閱passage, rite of）。希臘和羅馬的祕密教派都設有世俗版的祕密結社，有些並成爲政治反對運動的基地。非洲西部的祕密結社，例如男性的伯羅會（Poro）或女性的桑地會（Sande）組織，是爲了將經濟上的些微優勢和特權轉移到政治上；在新幾內亞的部分地區，男性祕密結社的作用是貯存部落知識的地方。兄弟會式的結社如共濟會、犯罪集團如黑手黨和中國的三合會，以及仇恨組織如3K黨，都可能被視爲是祕密結社。

Secretariat　塞克雷塔里西特（西元1971年～）　美國純種賽馬。1973年成爲自1948年褒獎以來第一個三冠王得主。在貝爾蒙特有獎賽上它以前所未有的31個馬長勝出。在兩年的職業生涯中，贏得十六次冠軍、三次亞軍和一次第三名。通常公認它是史上最優秀的純種馬。

secretary bird　文書鳥；鷺鷹　鷺鷹科的非洲攫禽，學名Sagittarius serpentarius，爲現代唯一生存的陸棲猛禽。腿長有鱗，淺灰色的體高1.2公尺，翅展長2.1公尺。重約3.5公斤。頭上有20根黑色冠羽，看似耳後帶著羽筆。文書鳥主要以蛇爲食，它們把蛇踩死或把蛇摔打在地面上致死，或者將蛇帶到空中然後摔到地上。它們的巢大，由樹枝構成，造在荊棘樹叢中。幼鳥以雙親反哺的食物餵養。在大多數非洲國家裡，文書鳥都受到保護。

Secular Games　百年節　拉丁語作Ludi saeculares。古羅馬慶祝新世紀或新一代開始的節日。與之類似的節日最初是由伊楚利亞人舉行的，當時被當作獻給地獄之神的禮物。羅馬人舉行的百年節最初也是爲了祀奉地獄之神，但後來又增加了祀奉阿波羅、黛安娜和勒托的持續三天三夜的節日。後來天數變得更多。第一屆爲人所知的羅馬百花節於西元前249年舉辦，第二屆和第三屆分別於西元前146和西元17年（在奧古斯都的統治下）。後來在47、88、147、204、248和262年曾舉辦過，項目包括運動、音樂、戲劇和馬戲表演。這一節日終止於4世紀君士坦丁一世的統治期，他皈依了基督教。

Securities and Exchange Commission (SEC)　證券交易委員會　於1934年由國會成立的美國管制委員會。其宗旨在於杜絕騙人的銷售活動和終止導致1929年證券市場崩潰的證券操縱，以恢復投資者的信心。它禁止在不付足夠資金的情況下購買證券，開始對有價證券市場和股票經紀人實施註冊制度，並對其進行監管，制訂了有關代理人的規則，禁止在股票交易中不公平地使用未公開的資訊（參閱insider trading）。還規定出售證券的公司要向公眾充分說明有關證券資訊的情況。

security　證券　證明持有人有權接受他當時並未掌握的某項財產的書面證明。證券最常見的形式爲股份和債券。政府、公司以及金融機構利用證券來籌集資金。股票是以權益所有權形式發行的證券。債券是採用債務形式的證券。債券是規定在某一日期支付一定數量的金額並按某一利率支付這段時間利息的承諾。大多數政府的證券都是每年支付一定利息的債券；與商業債券不同，政府債券的償還款項是保證會獲得的。股票和債券都是在有組織的交易所公開進行交易。世界上主要的交易所是紐約證券交易所、倫敦證券交易所和東京證券交易所。諸如國際問題，政府輪替以及國外股票市場上的動向等外界因素都會對證券價格產生影響。對於個人股票而言，公司當前的和未來的財政狀況，以及該行業內總趨勢扮演了重要角色。亦請參閱investment、saving。

Security Council, U.N. ➠ United Nations Security Council

Sedan, Battle of＊　色當戰役（西元1870年9月1日）　普法戰爭中法國嘗到敗績的戰役，結果導致第二帝國滅亡。麥克馬洪伯爵指揮的十二萬法軍在默茲河河畔的法國邊境要塞色當遭到毛奇指揮的二十萬德軍的進攻。法軍在麥克馬洪受傷之後，指揮部陷入混亂，未能突破有大量德軍騎兵部隊駐守的包圍圈。與麥克馬洪一同出征的國王拿破崙三世，意識到法軍敗局已定，率領83,000軍隊投降。

Seder＊　逾越節家宴　於逾越節第一晚舉行的宗教餐宴，以此來紀念猶太人逃離埃及。這一家宴由一家之長主持，家宴之前要進行聖餐儀式哈加達，是參加者牢記〈出埃

文書鳥；鷺鷹

© Stephen J. Krasemann/Peter Arnold, Inc.

及記〉的故事意義。這一儀式包括祝福、斟酒，以及讓家中最年幼者依禮就此節日的意義提問（如「爲什麼這個夜晚不同於其他夜晚？」）。餐食包括未發酵的麵包和苦野菜，麵包象徵以色列人離開埃及時的匆忙，野菜象徵奴隸所遭受的苦難。還要爲彌賽亞的先驅以利亞斟上一杯酒。

sedge family　莎草科　顯花植物最大的十個科之一。約五千種，爲禾草樣單子葉草本植物，分布於世界潮濕地區。莎草在生態學上具有特殊的重要性，形成食物網的基礎，爲水中及濕地動物提供食物和隱蔽處；也是重要的觀賞植物和雜草，可用於編織草蓆、籃子、帘子、涼鞋等。特徵（也是與禾草的主要區別）爲：莖實心，橫斷面常爲三角形；葉基部具葉鞘，葉鞘的兩側邊緣互相接合；花小，聚生成小穗，小穗外無葉狀的苞片包圍。莖的高度從2公分至4公尺不等。莎草屬爲本科最大的屬，是眞正的莎草；紙莎草、燈心草也是本科的代表植物。

Sedgwick, Adam　塞吉威克（西元1785～1873年）
英國地質學家。使地質學成爲一門大學學科（牛津大學的三一學院）的先驅。他命名了寒武紀和泥盆紀（與莫契生一起）。他的侄孫也叫亞當・塞吉威克（1854～1913），是個動物學家，是確立環節動物與節肢動物間演化鏈的第一人。

sedimentary facies＊　沈積相　同時期的並列的各不相同的沈積岩。陸源相，由從古老岩石被侵蝕剝落下來並被運送到沈積地點的顆粒積聚而成；生物成因相，由有機體的整個外殼或外殼碎片和其他堅硬部分積聚而成；化學相，由從溶液中析澱出來的非有機物質沈積而成。隨著環境的變化，相的形狀和性質也會改變。

sedimentary rock　沈積岩　在地表或靠近地表由於先前存在的岩石的碎片的堆積和岩化作用形成的岩石，或由於溶液在正常地表溫度下的沈澱所形成的岩石。只有在沈積物沈澱很長時間，並緊密結合在一起形成堅硬礦床或地層的地方，才能形成沈積岩。沈積岩是地表出露的最普遍的岩石，但它只占整個地殼組成的一小部分。其重要特徵是成層形成的，每層都有反映其沈積條件、源岩性質（經常還能反映其中的生物體的性質）和搬運方式的特徵。亦請參閱sedimentary facies。

sedimentation　沈積作用　在地質學上，指固體物質從流體（通常爲空氣或水）內的懸浮狀態或溶解狀態中沈積下來的過程。就廣義說，沈積物也包括冰川的堆積物以及那些僅在重力作用下聚集起來的物質，如山麓堆積物或陡崖底部的碎石堆積物。

sedimentology　沈積學　探討沈積岩物理與化學性質及其移動、沈積、岩化作用等形成過程的一門學科。衆多沈積學研究的目的是透過研究沈積物堆積的成分、組織、構造和化石含量來解釋沈積物源區域古代環境條件。

sedition　煽動叛亂　通過引起反抗合法國家當局的起義，騷亂或暴行，以達到顚覆或破壞意圖的犯罪行爲。因爲該行爲僅局限於組織和煽動對政府的反抗，而沒有直接參與顚覆，因此煽動叛亂不及叛國罪嚴重。在美國，展示某種旗幟或鼓吹某一特殊運動，如工團主義、無政府主義或共產主義等，在某段時期便被看作是煽動叛亂。在近幾十年中，法庭採用了更加嚴格的檢測，以確保憲法爲言論自由提供的保障不被削弱。亦請參閱Alien and Sedition Acts。

sedum＊　景天　景天科景天屬約600種肉質植物的統稱，原產於溫帶地區及熱帶山區。有的品種用於溫室栽種，因爲其獨特的葉形和白、黃、粉紅或紅色的有時顯得耀眼的花朵很適合岩石庭園及岩石牆，而且還可用作花壇邊緣植物。有的種形如苔蘚，密生成片，常見於岩石及牆上。

Seeckt, Hans von＊　澤克特（西元1866～1936年）
德國將軍。第一次世界大戰期間，曾先後擔任第十一軍團參謀長和土耳其陸軍參謀長。戰後成爲德國帝國軍隊的領袖（1919～1926），他祕密組建了一支小而有效的軍隊，從而避開了「凡爾賽和約」的限制。澤克特主張與蘇聯進行合作，並支持「拉巴洛條約」。後任中國人民解放軍的顧問（1934～1935）。

seed　種子　植物的繁殖器官，內含胚胎，通常帶有養料（胚乳，產生於受精期），外部覆有起保護作用的種皮。胚胎有一片或多片子葉。在典型的顯花植物（被子植物）中，種子在傳粉和受精之後產生。種子成熟後，包在胚珠外的子房便長成含種子的果實。大多數種子都很小，不到1克；最小的種子不含養料。相對較極端的是雙重椰子樹的種子可達約27公斤。動物、風以及水都很適合於傳播種子。環境有利時，水及氧氣滲入種皮，於是新的植物體開始生長（參閱germination）。種子的壽命長短差異極大，有的種子的生存萌發能力僅能維持一週左右，而有些種子已知可在數百年乃至數千年後萌發。

seed plant　種子植物　亦作spermatophyte。顯花植物（被子植物）、毬果植物及相關的植物（裸子植物）。種子植物與蕨類有許多共通的特徵，包括維管組織（參閱xylem、phloem），但與蕨類不同的是莖的側向分支與維管組織是繞著中心排列成串（束）。種子植物通常有較爲複雜的植物體，並以種子繁殖。作爲種子植物主要的散播單元，種子代表在孢子之上的重大改進，因孢子存活的能力有限。種子植物與蕨類不同的還有將配子體的體積減小放進孢子體之中（因此不易受到環境壓迫的破壞）。另一種陸生植物的適應方式是用風或動物來散播花粉。花粉的散播加上種子的散播，促使遺傳重組與物種分布於廣大的地理區。

Seeger, Pete(r)　西格（西元1919年～）　美國民歌歌手和歌曲作家。人種音樂學的先驅查理・西格（1886～1979）之子，作曲家克勞佛・西格的繼子。從哈佛大學輟學後，搭坐運貨火車到全國各地旅行，收集曲調，並學彈班卓琴。1940年與格思里組建了「年鑑」合唱團，到四處的工會大廳和農場集會演出。1948年他與海斯、吉柏特、黑勒曼另組「編織者」合唱團，但由於西格先前參與的左翼活動，該團體被列入了黑名單。樂團在1952年解散，但三年後再次組合，在卡內基音樂廳成功舉辦了演唱會。西格卻依然是黑名單的受害者，即使在他不與衆議院非美活動委員會合作的罪名於1961年得到平反之後。他促進了鄉間音樂（數位演出者相互伴奏和演唱）的成長，創作了〈花落何處〉、〈若我有鐵槌〉等標準民歌。他還是一位卓越的反戰、民權和環保事業的支持者。

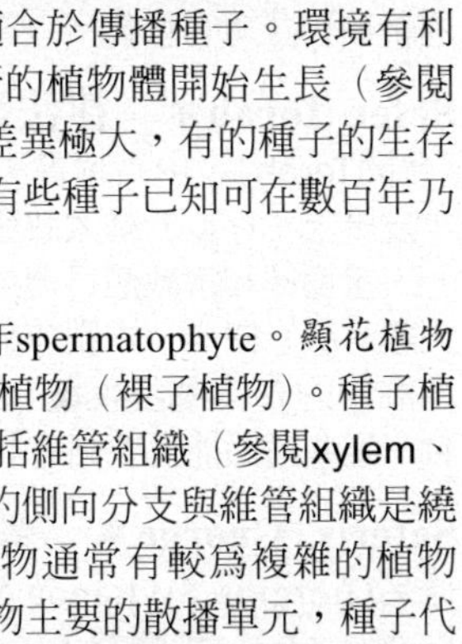

西格，攝於1971年
David Gahr

Seeger, Ruth Crawford ➠ Crawford Seeger, Ruth

Seeing Eye dog ➠ guide dog

Sefarim, Mendele Moykher ➠ Mendele Moykher

Sforim

Sefer ha-bahir＊　光明之書　《舊約》的希伯來語注釋，對喀巴拉派的發展產生過重大影響。主要是剖析希伯來字母的字形和讀音以闡發經文的神祕意義，大體上也影響了猶太教的象徵學。該書最早於12世紀出現在法國，儘管喀巴拉派教徒認爲它的產生時間遠早於此。該書引入了靈魂輪迴的概念和象徵神的創造力之流的宇宙或精神的譜系。儘管喀巴拉派教徒視它爲權威之作，但主流猶太教仍視它爲異端，不予接受。

Sefer ha-zohar＊　光輝之書　對喀巴拉派具有重要意義的經典著作，影響了猶太教的所有神祕運動。喀巴拉派內許多人認爲該書與「托拉」和「塔木德」同樣神聖。由於該書大部分爲阿拉米語，因此被認爲主要由萊昂的摩西所著。該書的主要部分是對聖經正文進行的神祕的、象徵性的解釋，尤其是對「托拉」、〈路得記〉的文段以及〈雅歌〉。其他章節是有關創作物的神祕，邪惡問題以及宇宙論角度論述的祈禱和善功的意義。

Sefer Torah＊　律法書卷　猶太教用語，指摩西五書（參閱Torah），由高超書法家用希伯來文抄在精製牛皮紙或羊皮紙上，存放於猶太教會堂的藏經櫃內。供安息日、星期一、星期四和宗教節日禮拜時公開誦讀之用。西班牙系猶太人經常將它置入一木製或金屬箱中；德系猶太人用帶有宗教裝飾物的布料覆蓋該書。根據所規定的禮節採用相應的卷軸，這些禮節能反映出它們受尊敬的程度。

Seferis, George＊　塞菲里斯（西元1900～1971年）　原名Giorgios Stylianou Seferiades或Yeoryios Stilianou Sepheriades。希臘詩人、散文家和外交官。曾在巴黎學法律，後擔任過多種外交職務（1926～1962）。他的詩作出版在衆多的作品集中，第一部作品集爲《轉捩點》（1931）。被認爲是「1930年代一代」中最傑出的希臘詩人，這一代人把象徵主義引入現代希臘文學。於1963年獲諾貝爾獎。

Segal, George＊　西格爾（西元1924～2000年）　美國雕刻家。曾在數所大學就讀。最初爲抽象派畫家。於1960年代初參與普普藝術運動，但他的雕塑品與衆不同，他按模特兒一樣的尺寸做成單獨或成群的單色石膏像，置於平常的布景中，這些作品以能夠捕捉住一種無個性特色和疏離的感覺而著名。其名作包括《加油站》（1963）、《卡車》（1966）和《熱狗攤》（1978）。

Segesta＊　塞傑斯塔　西西里西北部古城，位於今卡拉塔菲米附近。爲艾利米人的主要城市，其居民照推測應爲特洛伊人的後代（參閱Troy）。塞傑斯塔人的文化原爲希臘文化，但他們通常站在迦太基人一邊，對抗其希臘鄰居，並常與塞利努斯發生邊界糾紛。在第一次布匿戰爭之初，塞傑斯塔曾與羅馬結盟。這裡的遺址包括一個保存尙好的西元前3世紀的劇院和西元前5世紀的阿提米絲神廟。

segoni-kun＊　塞戈尼－孔　西非班巴拉人蒂瓦拉會社成員佩帶的雕刻精細的面具。以羚羊的形態爲原形，強調它的頭、頸和角。在種植儀式中，舞者帶著這種面具，模仿羚羊優美的動作翩翩起舞。人們相信，對農業豐產有著巨大力量的tyi-wara（一種勞作動物）的靈魂被包含在這種面具中。

Segovia, Andrés　賽哥維亞（西元1893～1987年）　西班牙吉他演奏家。幾乎全靠自學成材。1909年在格拉那達初次登台演出，於1930年代舉行國際巡演；年逾九十高齡時，仍舉行演奏會。在當時是將吉他應用於音樂會的最重要的人物。法雅、魯塞爾和維拉－洛博斯等人曾爲他作曲，他自己則將文藝復興時期至19世紀的音樂整理爲吉他獨奏曲。

賽哥維亞
AP/Wide World Photos

Segrè, Emilio (Gino)＊　塞格雷（西元1905～1989年）　義大利裔美國物理學家。曾在費米手下工作，後於1936年成爲巴勒摩大學物理實驗室主任。於1937年發現鎝，這是自然界未發現的第一種人造元素。1938年訪問加州大學時，被法西斯政府從巴勒摩大學撤職。後在加州大學柏克萊分校繼續從事研究，與同事一起發現了砈元素，及其同位素鈽－239，並發現它是可分裂的。1955年和張伯倫（1920～）使用質子加速器產生並辨識了反質子，這是與質子數量相同，但電性相反的粒子，從而爲其他許多反粒子的發現打下基礎。1959年與張伯倫共獲諾貝爾獎。

segregation　隔離　將個人或群體分離開來的做法。種族隔離是政治上占優勢的群體爲維持經濟利益和較高社會地位的手段，在近代一直主要爲白人所用，他們憑藉法令和社會的膚色禁令來維持他們對其他群體的優越地位。在美國南部各州，自19世紀末到1950年代在公共設施方面加以隔離（參閱Jim Crow law）。美國民權運動和1964年的「民權法」結束了在教育和公共設施使用方面的隔離政策，但在一般社會上的種族歧視仍存在。亦請參閱apartheid。

sei whale＊　鰮鯨　亦稱Rudolphi's rorqual。鯨科行動疾速的鬚鯨，學名*Balaenoptera borealis*。通常長約13～15公尺，背部淺藍灰色或灰黑色，腹部色較淺。鰭肢小，胸部有約50條較短的縱褶溝，鯨鬚深色，內側有白色絲狀鬚毛。棲息在從北極到南極的大洋中，夏季棲於寒冷和溫和的水域，冬季於較溫暖水域繁殖。

Seifert, Jaroslav＊　賽費爾特（西元1901～1986年）　捷克詩人。1950年以前以從事新聞工作爲生。儘管其早期作品反映出他青年時期對蘇聯共產主義未來情景的嚮往，但在1929年他脫離了共產黨。後期作品抒情成分明顯增多。發生在捷克斯洛伐克的歷史和現實事件是他近三十卷作品中最常見的題材。1980年代、1990年代，他的很多作品被翻譯爲外文，其中包括《蜜月之旅》（1938）、《波札娜·涅姆科娃的扇子》（1940）和《哈雷彗星》（1967）。他還爲一些報刊撰稿，並從事兒童文學和論文集的創作。1984年成爲獲得諾貝爾文學獎的第一位捷克人。

seigniorage＊　鑄造利差　從運到造幣廠供鑄造硬幣的金屬塊中扣除造幣費所高出的費用。從古代起，造幣費便是國王的特權。他們規定所要徵收的貨幣鑄造稅的數額。有時會用賤金屬來代替一部分金或銀，從而產生減色鑄幣。1966年英國取消了所有這些費用。現在發行的鑄幣，僅用作代幣，無需具有高的內在價值，低標準的白銀或某些賤金屬合金，都可以滿足需求。鑄幣的成本與其面值之間的差額被稱爲鑄造利差。

seignorialism ➠ manorialism

Seine River＊　塞納河　古稱Sequana。法國第二長河。源出第戎西北30公里處的朗格勒高原，向西北流經巴黎後，在勒哈佛爾附近注入英吉利海峽。全長780公里。其支流包括馬恩河和瓦茲河。塞納河在法國北部所占流域面積約爲78,700平方公里；其河道網構成了法國內地水路交通的一大部分。

Seinfeld, Jerry　森斐德（西元1954年～）　美國喜劇與電視演員。生於紐約布魯克林區，最初曾在夜總會與電視演出脫口秀。他與人共同創作並演出的電視影集《歡樂單身派對》（1990～1998），是受到他在紐約市生活的啓發。這是史上最成功的情境喜劇之一，表現了自私與神經質的性格，因畏於承諾與日常生活細節而困擾。

seismic sea wave　海嘯波 ➠ tsunami

seismic wave＊　地震波　地震、爆炸或類似現象產生的振動，在地球內部或沿地表傳播。地震主要產生兩種波：在地球內部傳播的體波和沿地表傳播的面波。震動圖（記錄振幅軌跡和地震波頻率）能提供地球及其地下構造的資訊。人工產生的地震波用於石油和天然氣勘探。

seismology＊　地震學　研究地震及地震波傳遞的一門科學。爲地球物理學的分支學科，提供了不少關於地球內部組成及狀態的資訊。新近的研究工作主要集中在對地震進行預測上，目的是降低地震給人類帶來的危險。地震學者還研究了人類活動造成的震動，如築高壩蓄水，將液體注入深井及地下核爆等。這種研究的目的是在找出控制自然地震的方法。

Seistan ➠ Sistan

Seiyukai ➠ Rikken Seiyukai

Sejanus, Lucius Aelius＊　塞揚努斯（卒於西元31年）　羅馬皇帝提比略的行政官員。西元14年任禁衛軍司令，並贏得了皇帝的信任。在提比略之子德魯蘇斯神祕死亡後（23），他懷疑大阿格麗品娜，因爲她的兒子很可能因此成爲繼承人。由於塞揚努斯被禁止與德魯蘇斯的遺孀結婚，他把皇帝調離到卡普里（27），並將阿格麗品娜和她的兒子尼祿流放（29）。皇帝懷疑塞揚努斯圖謀叛變，將其處死以安撫大衆。

Sejong＊　世宗（西元1397～1450年）　朝鮮的朝鮮王朝國王。在位期間（1419～1450）朝鮮文化發展到顛峰。世宗創造了朝鮮字母（參閱Korean language），禁止佛教僧侶進入漢城，從而削弱了佛教階層的權力和財富。

Seku, Ahmadu ➠ Ahmadu Seku

Selassie, Haile ➠ Haile Selassie

Seldes, George＊　賽德斯（西元1890～1995年）　美國新聞記者。生於新澤西州亞利安斯，1909年成爲播報員。曾在《芝加哥論壇報》（1918～1928）工作，後來辭職並成爲獨立的新聞記者。在《你不能印》（1928）中他批評了對於新聞的檢查與限制，這成爲他生涯中持續性的主題。他報導了1930年代義大利與西班牙法西斯主義的興起。1940～1950年間，與他的妻子出版《事實》這一個致力於新聞批評主義的刊物。其他批評的標的包括煙草產業與胡佛。1987年出版了回憶錄《見證一世紀》。弟弟評論家吉柏特．賽德斯（1893～1970）是1920年代《日晷》的執行編輯。賽德斯最廣爲人知的書籍爲《七種鮮活的藝術》（1924）。他是《紐約晚誌》與《週末晚郵報》的專欄作家，《新共和國》的影評人，哥倫比亞廣播公司新聞網的第一位電視總裁，賓夕法尼亞大學傳播學院的第一位院長。

selection　選擇　在生物中，指憑藉自然因素或人工控制因素，使具有某基因型的生物個體優先獲得生存和繁殖的機會或更容易被淘汰的現象。透過自然選擇的演化理論由達爾文和華萊士於1858年提出。人工選擇與自然選擇的區別在於，人工選擇中某一物種的遺傳變種是由人類透過有約束的育種來控制的，以使其達到人類所希望的經濟或審美品質，而不是爲了對自然環境中的生物體有益。

Selene＊　塞勒涅　拉丁語作Luna。希臘和羅馬宗教中代表月亮的女神。她的雙親是泰坦神許珀里翁和忒伊亞。兄弟是太陽神赫利俄斯。姊妹是黎明女神厄俄斯。塞勒涅愛上了英俊年輕的牧羊人恩底彌昂，她的丈夫宙斯讓恩底彌昂永睡不醒，塞勒涅來到恩底彌昂熟睡的山洞看望他，並與他生育了五十個女兒。在藝術作品中，她通常被描繪爲頭頂月亮的婦女。身爲月神，她在羅馬的阿文提山和帕拉蒂尼山上都有神殿。

Selenga River＊　色楞格河　蒙古和俄羅斯中東部河流。發源於蒙古境內庫蘇古爾湖以南，在蘇赫巴托爾與鄂爾渾河匯合，形成色楞格河。繼續北流，進入俄羅斯境內，最後流入貝加爾湖。全長1,480公里。從河口到蘇赫巴托爾以上，無冰期（5～10月）可以通航。

selenium＊　硒　半金屬化學元素，化學符號Se，原子序數34。通常以小量廣泛分布，偶爾出現游離狀態，但往往是以鐵、鉛、銀或銅的硒化物出現。硒有幾種同素異形現象；灰色的金屬結晶是在室溫下最穩定的。當受到光照時，它的電導率增加，可以將光直接轉換成電，所以硒被用於光電管、太陽電池以及測光計。它也用作整流器，將交流電轉換成直流電。還用作玻璃和釉面的著色劑。硒在化合物中的原子價有2、4和6三種。雖然硒元素無毒，但它的許多化合物是有毒的。二氧化硒是有機化學中重要的試劑。硒在身體中是一種抗氧化劑，因此對生命細胞是必需的，現在正在對它各種可能的有利效用進行研究。硒還用作營養補充劑和動物飼料。

Seles, Monica＊　莎莉絲（西元1973年～）　塞爾維亞與蒙特內哥羅裔美國網球選手。生於諾維沙德，1985年到美國接受訓練。她進步神速並成爲主宰1990年代女子網球界的明星，每項大滿貫賽都至少拿過兩次冠軍（法國公開賽1990～1992，澳洲公開賽1991～1993、1996，美國公開賽1991～1992）——除了溫布頓，她在這裡連續兩年（1991、1992）輸給葛拉芙。在1993年於漢堡比賽中被葛拉芙的一個球迷刺傷後，她暫時退出比賽。

Seleucia (on the Tigris)＊　塞琉西亞（底格里斯河畔）　伊朗中部古城，位於底格里斯河畔。西元前4世紀末塞琉古一世在此建立東都，取代巴比倫成爲美索不達米亞首府。居民大部分爲馬其頓人和希臘人，也有猶太人和敘利亞人。根據老普林尼估計，當時的人口約有六十萬。自西元前2世紀起安息人統治底格里斯－幼發拉底河流域期間，塞琉西亞一直維持了它的地位和貿易活動，儘管對希臘報以同情心態。西元165年被羅馬人燒毀，象徵了美索不達米亞希臘化時期的結束。亦請參閱Seleucid dynasty。

Seleucid dynasty＊　塞琉西王朝　馬其頓人建立的希臘王朝（西元前312～西元前64年），由塞琉古一世創立。是從亞歷山大大帝的帝國分割出來的，領土範圍包括從色雷斯到印度邊境的廣大地區，其中涵蓋了巴比倫尼亞、敘利亞和安納托利亞。西元前281年安條克一世繼塞琉古爲王，一直統治到西元前261年。之後的繼任者爲塞琉古二世（約西元前246～西元前225年在位)、塞琉古三世(約西元前225～西元前223年在位)和安條克三世(約西元前223～西元前187年在位)。在安條克三世統治時期，王國處於顛峰狀態。但在亞洲領土地區開始出現了抵制其王國勢力和希臘文化傳播的運動。安條克三世與羅馬人的交鋒象徵國勢的衰退，尤其是在西元前190年戰敗之後。馬加比家族從安條克五世(約西元前175～西元前164年在位)手中奪得猶太地區，在他去世後，王國加速衰退。德米特里一世和安條克七世即使想力挽狂瀾也無法阻止王朝終結的命運，西元前64年毀在羅馬的龐培手中。

Seleucus I Nicator＊　塞琉古一世(西元前359/354～西元前281年)　馬其頓的軍隊將領，塞琉西王朝的締造者。曾爲亞歷山大大帝效命。亞歷山大死後，塞琉古分得以敘利亞和伊朗爲中心的帝國一部分。後被安提哥那一世驅逐，他於是爲救星托勒密一世效力，於西元前312年奪回巴比倫。西元前305年塞琉古稱王，到西元前303年他已將疆域擴大到印度。西元前301年在伊普蘇斯戰役中幫人打敗安提哥那，因而獲得了敘利亞。後來從托勒密手中又奪走敘利亞南部地區。與德米特里一世之女的婚姻破裂。西元前294年，其子因愛上他的妻子(兒子的繼母)而害病，塞琉古將妻子讓與兒子，並讓他與自己聯合執政。爲了重建亞歷山大帝國，塞琉古俘獲了德米特里一世(西元前285年)，並戰勝了利西馬科斯(西元前281年)，後者也是以前亞歷山大的將領，當時已是小亞細亞總督。之後他挺進馬其頓，在該地被謀殺。

Seleucus II Callinicus＊　塞琉古二世(卒於西元前225年)　塞琉西王朝第四代國王(西元前246～225年)。其母毒死了他的父親安條克二世，宣布他爲國王，塞琉古由此成爲一國之君。其母的支持者又殺死了他的埃及繼母貝勒奈西(托勒密二世之女)，她曾與安條克有過短暫的婚姻。貝勒奈西的兄弟托勒密三世以入侵塞琉古王國爲報復，占領了東部省份。塞琉古打算奪回敘利亞北部和伊朗的部分地區，但被他的弟弟(現在其母支持他)擊敗(西元前235?年)，只好割讓托羅斯河以外的地區。最終墜馬而死。

self-defense　自衛　在刑法上指積極的防衛(如面對兇殺犯)，這種防衛表明被告是爲了保護自我而有必要地對他人施加重大傷害。一般來說，只有在有理由認爲在襲擊者面前有遭受重大身體傷害或喪失生命的危險，同時無法通過回避來避免這種情況發生時，才有自衛權。亦請參閱homicide。

Self-Defense Force　自衛隊　第二次世界大戰後的日本軍隊。日本戰後憲法第九條明定，日本拒斥戰爭、並誓言絕不擁有陸、海、空軍隊。1950年日本建立了一支稱爲「國家預備警察隊」的小型軍隊，1952年改爲國家治安部隊(National Safety Force)，1954年再成立國家自衛隊。自衛隊表面上絕不離開日本國土或海域，因此，當日本參與聯合國維和或調停任務時，就在國內及海外引起激烈的爭論，尤其是第二次世界大戰曾受日本侵略的國家。

self-determination　自決　某一人群建立自己的國家和政府的過程，他們通常具有某種程度的政治自覺。這一思想是從民族主義衍生而來的。根據聯合國憲章，一個民族有權組成國家或決定它與另一國家聯合的形式。每個國家有權選擇自己的政治、經濟、社會和文化等方面的制度。此外，從屬領土的行政管理當局應負責保障在這些地區實現政治的進步和自治的發展。

self-esteem　自尊　個人對自我的價值和能力的感覺，是個人認同的根本部分。幼年時期的家庭關係，被認爲在自尊的發展上扮演重要的角色。父母可以透過表達情感和支持以及幫助小孩設定能夠實現的目標，來培養小孩的自尊，而非強加一些遙不可及的高標準給他們。霍爾奈認爲低度自尊會造成過度渴望肯定和情感的人格，並且極端欲求個人的成就。根據阿德勒的人格理論，低度自尊會使人盡力想要克服自卑感及展現力量或天賦以得到補償。

self-fertilization　自體受精　同一個體產生的雌性與雄性細胞(配子)的融合。這種受精出現在雙性生物，包括大多數的開花植物，爲數衆多的原生動物，以及許多無脊椎動物。許多會自體受精的生物，亦可以異體受精的方式繁殖。自體受精作爲演化的機制，使孤立的個體得以產生局部的族群，穩定有利的遺傳壓力，但無法在族群內提供足夠的變異性，因此限制其適應環境變遷的可能。

self-heal　夏枯草　薄荷科多年生禾草，學名Prunella vulgaris，原產於北美洲並廣泛分布於整個大陸。長成高度14～36公分，夏枯草在草坪通常是低矮的禾草。通常倒臥的分支一旦接觸到土壤就立即生根。兩瓣紫色或白色的小花，聚集成引人注目的濃密花穗。葉子的邊緣呈稀疏的齒狀或光滑。在中世紀時被當成萬靈丹，乾燥的葉子和花仍然拿來沖泡以舒緩喉嚨痛。

self-incrimination　自我歸罪　在刑法中，指作證者提供揭露自己有罪的證據，特別是透過證詞。美國憲法的第五修正案中有保護公民不被強迫自我歸罪的規定，這一規定的意圖在於防止強迫證詞。儘管公民可能被要求作證，但如果答案會潛在地引起自我歸罪的話，他可以獲准拒絕回答提問。亦請參閱accused, rights of the、exclusionary rule。

Selim III＊　謝里姆三世(西元1761～1808年)　鄂圖曼蘇丹(1789～1807)。謝里姆即位時，鄂圖曼帝國正與奧地利和俄國交戰(1787～1792)，結果鄂圖曼帝國戰敗，謝里姆與他們簽訂了條約。1798年拿破崙入侵埃及，謝里姆與英、俄兩國結盟。但後來見到拿破崙如日中天的勢力，於1806年轉向法國友好。在國內，他嘗試推行稅收和土地改革，建立了歐洲式的軍隊，但面對兵變的反抗，他無力執行改革，最終放棄。其繼任者穆斯塔法四世下令將他扼死。

謝里姆三世，肖像畫，伯特斯(H. Berteaux)繪於19世紀早期；現藏伊斯坦堡托普卡珀宮博物館
Sonia Halliday

Selinus＊　塞利努斯　古代希臘城市，位於西西里島南部海岸。西元前7世紀由希臘移民所建，在西元前5世紀極爲繁榮，當時修建了一些多立斯柱式神廟。西元前409年迦太基軍隊協助塞利努斯敵對城市塞傑斯塔的居民攻入並毀壞了該城。此後未眞正恢復過元氣，西元前250年被迦太基人將它夷爲平地。這裡有廣大的遺跡，包括八座神廟的遺址。

Seljuq dynasty＊　塞爾柱王朝(西元11～13世紀)　亦作Saljuq dynasty。統治過波斯、伊拉克、敘利亞和安納托利亞的穆斯林土庫曼王朝。塞爾柱爲一游牧突厥部族的酋長。他的兩個孫子查格里·貝格和圖格里勒·貝格占領了伊朗境內領土。在艾勒卜－艾爾斯蘭和馬里克·沙一世的統治下，帝國疆域大爲擴展，範圍包括整個伊朗、美索不達米亞、敘利亞和巴勒斯坦。艾勒卜－艾爾斯蘭對拜占庭帝國的勝利導致了幾次十字軍東征。塞爾柱人爲遜尼派伊斯蘭教信徒，採用波斯人文化，並用波斯語取代了伊拉克境內的阿拉伯語。直到1200年，塞爾柱王朝的權力仍由安納托利亞的蘭姆蘇丹國掌握，該國在1230年反抗花剌子模王朝的戰爭中戰敗，1243年王朝被蒙古人推翻。亦請參閱Nizam al-Mulk。

Selkirk Mountains＊　塞爾扣克山脈　加拿大不列顛哥倫比亞省東南部、美國愛達荷州和蒙大拿州北部的山脈。連綿320公里，在多處陡然拔高到2,400公尺以上。最高峰桑福德山海拔3,522公尺。加拿大太平洋鐵路穿越該山脈，山區內包括冰川國家公園一部分和雷夫爾斯托克山國家公園。

Sellars, Peter　彼得謝勒（西元1957年～）　美國舞台劇導演。生於匹茲堡，曾就讀於哈佛大學，並在此開始發展出其獨創而又具爭議性的導演風格。他爲許多國際劇院編導迥異於原典的戲劇與歌劇，並以此聞名。在富爭議性作品《埃阿斯》（*Ajax*, 1986）中，他採取後越戰軍事考驗的形式。在他許多引人矚目的歌劇作品中，莫札特的《唐·喬凡尼》以城市貧民區爲舞台，而《費加洛婚禮》則以高樓幕爲背景。

Sellers, Peter　彼得謝勒（西元1925～1980年）　原名Richard Henry。英國電影演員。由於是歌舞團表演者之子，從小在他雙親的喜劇中表演。在1950年代早期，曾在收音機的通俗喜劇系列《傻瓜秀》中演出。1950年代中期開始登上電影，包括《河東鼠吼》（1959）、《我很好，傑克》（1959）、《洛麗塔》（1962）與《奇愛博士》（1964），在《奇愛博士》中所扮演的三個角色廣受認可。在《粉紅豹》（1964）喜劇及其續集中扮演經常出錯的探長克魯索特別受到歡迎。後來因爲在《妙人奇跡》（1979）中飾演一位心智單純的園丁而得獎。

Selye, Hans (Hugo Bruno)＊　塞耶（西元1907～1982年）　奧地利－匈牙利－加拿大內分泌學家。在早期研究應激所造成的影響時，他將卵巢激素注入大鼠體內，發現這種激素會刺激腎上腺發育，導致胸腺退化和多發性潰瘍，最後死亡。他後來還發現，身體上受到的傷害、環境造成的壓力以及毒素會產生類似的影響。塞耶還把他的理論應用到人類，證明了壓力誘導性內分泌系統功能紊亂會導致所謂的「適應性疾病」，如心臟病、高血壓等。他曾任國際壓力研究院院長，著書三十三部，其中包括《無痛苦的壓力》（1974）。

Selznick, David O(liver)　塞茨尼克（西元1902～1965年）　美國電影製片人。父親是製片人，對他加以栽培。1926年移居好萊塢。在米高梅、派拉蒙和雷電華公司工作期間所製作的影片包括《八時晚餐》（1933）、《金剛》（1933）、《塊肉餘生記》（1935）以及《雙城記》（1935）。後來創建了自己的塞茨尼克國際公司（1936），製作了諸如《一個明星的誕生》（1937）的高票房影片。他負責《亂世佳人》（1939）這部影片的整個拍攝過程，對影片每一方面都作有詳細的備忘錄，對該片獲得巨大成功至爲重要。他還邀請希區考克來到美國，拍攝了《蝴蝶夢》（1940）和《意亂情迷》（1945）。其他作品包括《太陽浴血記》（1946）、《第三者》（1949）以及由他第二任妻子瓊斯主演的《戰地春夢》（1957）。

semantics　語義學　對語言意義的研究，是語言學一個主要領域。對此語言學家有各種不同的方法。解釋語義學學派的學者對獨立於語境的語言結構進行研究。相反地，生成語義學學派的學者堅持認爲句子的意義就是句子的一種使用功能。另外還有一派認爲只有在研究人們如何獲得概念並使之與詞的意義相關聯的各種心理學問題後，語義學才能有所發展。

semaphore＊　信號標　通常利用旗幟或燈光作爲標識的視覺信號法。在發明無線電通信以前，信號標被廣泛用於海船間的消息傳遞。即站立著的一人將雙臂伸開，以一定角度揮舞手中的旗幟來表示字母或數字。在發明電報之前，相距遙遠的兩地就用信號標從高塔上傳送資訊，並用望遠鏡來讀取訊號。現代的信號標包括從高塔上舉示的可動臂板或一排類似臂板的燈光，一般用於對鐵路列車發送信號。

Semarang＊　三寶壠　印尼爪哇省城市。位於爪哇島北岸。臨三寶壠河。該河已被開鑿爲運河，與海運相通。三寶儘管是爪哇島最大的港口之一，但其海港仍無力抵禦季風的襲擊，港口的運行也會因此而中斷。該市有一所大學。人口約1,367,000（1995）。

Sembène, Ousmane＊　塞姆班（西元1923年～）　塞內加爾作家與電影導演。在第二次世界大戰對抗自由法國，戰後當過碼頭工人並自學法文。他的著作通常以歷史政治爲主題，包括《黑碼頭工人》（1956）、《上帝的木材》（1960）與《尼瓦姆與塔烏》（1987）。1960年左右開始對電影產生興趣，因爲是在莫斯科學習，他的電影強烈地反映了社會關懷，包括《黑女孩》（1966），這是第一部在撒哈拉沙漠以南非洲國家製作的電影。從《曼達比》（1968）開始他以沃洛夫語製片，後來的電影有《哈拉》（1974）、《切多》（1977）、《提亞洛耶營地》（1987）與《圭爾瓦》（1994）。

Semele＊　塞墨勒　希臘神話中卡德摩斯和哈耳摩尼亞的女兒，戴奧尼索斯的母親。塞墨勒成爲宙斯情人一事引起赫拉大怒，後者用甜言蜜語說服她向宙斯提出一個要求，即要看到宙斯佩帶齊全的樣子。宙斯早已許諾要滿足她的任何願望，因此被迫答應這一要求。結果塞墨勒被宙斯發出的霹靂殺死，宙斯從她的灰燼中救出了尚未出生的戴奧尼索斯。依照其他的說法，戴奧尼索斯後來下到冥府救出塞墨勒，並使之得到永生。

semen＊　精液　亦稱seminal fluid。從男性生殖管道射出的白色、黏稠流體，其中包含了精子和幫助它們存活的液體（精漿）。人類的睪丸產生的精子細胞占精液體積的2～5%，在精子向下移動的過程中，來自生殖系統的小管、腺體和儲存區的流體包覆著它們，使它們保持游動，或參與某些化學反應。在射精過程中，來自前列腺和精囊的液體將精子稀釋，並提供了一個舒適、略呈鹼性的環境。男性一次射精平均排出2～5毫升的精液，內含2～3億個精子。

Semey＊　塞米伊　舊稱塞米巴拉金斯克（Semipalatinsk，1991年以前）。哈薩克東部港口城市（1995年人口約320,000），位於額爾齊斯河河畔。1718年始建時爲俄國要塞，於1778年遷至現址。地當沙漠商路的交叉點上。1917年以前，每年有11,000多隻駱駝經過這裡。20世紀初透過鐵路與西伯利亞和中亞相連。哈薩克最大的肉類加工廠之一就位於該城。1991年哈薩克獨立後更名。

semi-Pelagianism＊　半貝拉基主義　西元429～529年盛行於法蘭西南部的宗教運動，被天主教會視爲異端。與當時年代相近的貝拉基主義不同，半貝拉基主義者認爲：人人皆有原罪，原罪是使人墮落的力量，如果沒有上帝的恩典，人無法克服這種力量。他們也認爲洗禮是必要的。但與聖奧古斯丁的學說相反，他們力辯人內在的腐敗並未嚴重到使人不能憑本身意志透過禁欲來克服。半貝拉基主義的主要代表人物爲聖卡西安（360～435）、萊蘭的聖樊尚（卒於450?年）和里茲的聖福斯圖斯（400?～490?）。

semiconductor 半導體 一類晶體材料，其電導率介於導體和絕緣體之間。這類材料經過化學處理後可以傳輸和控制電流。半導體用於製作像二極管、電晶體以及積體電路等電子器件。本質半導體的化學純度很高，而電導率很低。雜質半導體含有雜質，造成更高的電導率。常用的本質半導體是矽、鍺以及砷化鎵等的單晶；這些材料在技術上可以透過加入少量的雜質（這個過程稱作摻質）而轉化成更重要的雜質半導體。近年來半導體技術的發展與電腦運算速度的增加同步增長。

seminary 神學院 一種傳習神學的教育機構。在美國，這個名詞以前也用於指稱女子高等教育機構，尤其是女子師範學校。至少在西元4世紀，就已經出現訓練神職人員的神學院，而歷史上最早的著名神學院，聚集在安卡拉的聖巴西爾一帶，但神學院這個名詞在中世紀則被捨棄不用，而以修道院，以及後來的大學作爲神學訓練的地點。在宗教改革運動及新宗派出現之後，神學院一詞又再度被使用，尤其是在美國。16世紀的特倫托會議更命令各教區都必須開辦神學院。

Seminole＊ 塞米諾爾人 操穆斯科格語的北美印第安人。塞米諾爾人於18世紀晚期與克里克人分離，定居到佛羅里達北部，並在此與逃離喬治亞州的奴隸、印第安人和黑人相融合。其生活多依靠漁、獵業，而非農業。居住茅頂木柱的簡陋棚屋，著以明亮色彩的條紋做裝飾的用獸皮裁剪的衣服。爲了抗擊白人對其土地的侵占，塞米諾爾人進行了連續的戰爭（塞米諾爾戰爭）。現今約有2,000名塞米諾爾人居住在佛羅里達州，5,000人居住在奧克拉荷馬州。

Seminole Wars 塞米諾爾戰爭 美國與佛羅里達的塞米諾爾人之間的三次衝突（1817～1818、1835～1842、1855～1858）。第一次塞米諾爾戰爭起因於美國當局企圖抓回在塞米諾爾部落中生活的逃亡黑奴。在美軍奪取了西班牙人控制的彭薩克拉和聖馬克斯之後，西班牙人簽訂了跨「大陸條約」（1819），放棄其在佛羅里達的領地。第二次戰爭的起因是大多數塞米諾爾人拒絕按照印第安人移居法重新劃分居住地。他們在奧西奧拉的率領下，隱藏在沼澤地中，採用遊擊戰戰術來保衛其土地，在這次耗時很長的戰鬥中，美國士兵陣亡2,000多人。奧西奧拉被逮捕之後，抵抗開始衰退，大多數塞米諾爾人同意西移。第三次戰爭的起因是美國要驅逐仍居住在佛羅里達的塞米諾爾人。

STUV

semiotics＊ 符號學 亦稱semiology。研究符號及符號應用行爲的學科，尤其是在語言學中。這門學科是於19世紀末20世紀初，隨著索緒爾及皮爾斯的著作的出版而產生的，它當時是一種檢查不同領域的現象的方法。現代符號學包括美學、人類學、通訊、精神分析、語義學等領域。對於一些特殊符號之應用所依賴的那個結構的興趣，使符號學和結構主義的方法結合在一起。索緒爾的學說對後結構主義也非常重要。

Semite 閃米特人 使用一群相關語言的民族，推測原來起源自一個共通的語言，閃米特語（參閱Semitic languages）。此語包括阿拉伯人、阿卡迪亞人、迦南人以及部分的衣索比亞人與包含希伯來人的阿拉米人。閃米特人在西元前2500年開始由阿拉伯半島遷徙至地中海沿岸、美索不達米亞與尼羅河三角洲。閃米特人在腓尼基成爲航海家。在美索不達米亞則與蘇美文化相融合。希伯來人最後與其他閃米特人定居於巴勒斯坦，建立了新的宗教與國家。亦請參閱Judaism。

Semitic languages＊ 閃米特諸語言 通行於北非和南亞的亞非語系。該語系有著最悠久的書寫歷史——從西元前第三千紀至今。傳統的和近代的一些劃分法都把該語系分爲東西兩支。直到近期，唯一爲人所知的東部閃米特語是阿卡德語；如今有一些學者把埃卜拉語也算作東部閃米特語，埃卜拉語是在埃卜拉古城發現的楔形文字檔案中的語言，這些文件可追溯至西元前2300～2250年。西部閃米特語爲西北部閃米特語的主要分支，包括烏加里特語，這是從西元前1400～西元前1190年的楔形字母文本中被發現的文字；近緣的迦南語（包括摩押語、腓尼基語以及古希伯來語）；以及阿拉米語。更細的劃分則存在爭議；傳統上，阿拉伯語被歸爲西部閃米特語的一個獨特南支，儘管較現代的劃分把它歸入西北部閃米特語。南部閃米特語包括銘刻南部阿拉伯語；現代南部阿拉伯語（這一語族的六種語言通行於葉門東部、阿曼西南部以及索科特拉島）；以及衣索比亞諸語言。

Semliki River＊ 塞姆利基河 非洲中東部河流。連接愛德華湖與艾伯特湖，全長230公里。下游河段形成剛果和烏干達的部分疆界。野生動植物衆多，包括象、河馬、鱷魚和羚羊。三角洲上田皀角（一種生長很快的帶刺的樹木）和紙莎草叢生，並不斷向艾伯特湖擴展。

Semmelweis, Ignaz (Philipp)＊ 塞麥爾維斯（西元1818～1865年） 匈牙利語作Ignác Fülöp Semmelweis。匈牙利裔奧地利醫師。曾在維也納婦產科醫院任助理醫師，當時產婦死亡率因產褥熱高達30%。塞麥爾維斯發現在由助產士接生的產房中，產褥熱的死亡率低於爲醫學生授課的產房，而這些醫學生常常是從解剖室出來後直接進產房。他由此得出結論，是學生將疾病傳播給產婦。便要求他們在每次檢查前必須用漂白粉溶液洗手，使死亡率從18%降到1%。儘管他的觀點在匈牙利被廣爲接受，但他的著作《產褥熱的病原、實質及預防》（1961）在國外到處被駁斥，包括斐爾科在內。

Semmes, Raphael＊ 塞姆斯（西元1809～1877年） 美國海軍軍官。於1826年加入美國海軍。在墨西哥戰爭中，他指揮海軍在韋拉克魯斯登陸。他在阿拉巴馬州定居後，於1861年辭去軍職，後被任命爲南方各州聯盟的海軍司令。在擔任「阿拉巴馬號」軍艦（1862）指揮以前，他俘獲過十七艘北方聯盟的商船。在無數次的突襲行動中，他俘獲、擊沈或焚燬八十二艘北軍船隻，破壞了北方聯邦的商業。1864年在英吉利海峽與北方戰艦「基爾薩季號」的戰鬥中被擊敗，但得以逃脫。亦請參閱Alabama claims。

Semon, Waldo＊ 西蒙（西元1898～1999年） 美國化學家。生於愛達荷州波夕，哈佛大學博士，隨後在各個實驗室與大學工作。最著名的發現是可塑性的聚氯乙烯（PVC），結合高達50%的塑化劑，現在常見於地磚、水管、人造皮革、浴簾和塗料。亦在聚合物科學開疆闢地，包括新的橡膠抗氧化劑（防止硬化），在他的技術領導下發現三種重要的新聚合物家族：熱塑聚胺酯、合成「天然」橡膠、耐油的合成橡膠。

Semyonov, Nikolay (Nikolayevich)＊ 謝苗諾夫（西元1896～1986年） 俄羅斯物理化學家。專門從事對鏈和枝鏈化學反應結構的研究，所展示的都是化學變化中的標準結構。1956年與欣謝爾伍德共獲諾貝爾獎。

Sen, Amartya 森（西元1933年～） 印度經濟學家，由於他對福利經濟學和社會選擇的貢獻，於1998年獲諾貝爾經濟學獎。森因爲研究饑荒的起因而聞名，進而發展出限制食物短缺效應的方法。他曾在加爾各答的總統學院就讀，後來到劍橋大學三一學院讀書（1955年學士學位，1959年博士學位）。先後在賈達福布林大學（1956～1958）、德里大學（1963～1971）、倫敦大學經濟學院（1971～1977）、牛津大學（1977～1978）和哈佛大學（1988～1998）教授經濟學。他在《貧窮與饑荒：論權利與剝奪》（1981）中指出，工資減少、失業、食品價格上漲以及食品的低效分配會導致饑荒。他的觀點鼓勵了決策制訂者維持食品價格穩定。

Senate 元老院 古羅馬時代的管理和顧問議會，是羅馬政府機構中持續時間最長的單位。在君主制時期，元老院是一個顧問議會，權力並不明確。在共和國時期，元老院爲執政官提供諮詢，其權力應該僅在執政官之下。元老院的議員由執政官指派，但由於他們是終身制，因此到了共和國後期，元老院已獨立於執政官，享有廣泛的權力。在西元前312年左右，監察官從執政官手中接過任命議員的權力。西元前81年，蘇拉使選舉自動化，例行公事地承認了之前所有的財務官。元老院成爲主要的管理機構，控制著共和國的財政。後來凱撒把元老院議員的人數增加到900名。奧古斯都又把人數減少爲300名，並削弱元老院的權力，賦予其新的司法和立法功能。其人數後來上升到2,000人；其中很多爲地方人士，最重要的元老院議員爲富裕的大地主。元老院的權力不斷減弱，直至6世紀該機構最終消亡。

Sendak, Maurice (Bernard) 桑達克（西元1928年～） 美國藝術家和作家。父母爲波蘭移民。曾在藝術學生會聯盟學習。他爲其他作家創作的八十多本兒童讀物繪製過插圖，後開始自己寫作。在《肯尼的窗戶》（1956）之後，又創作了有革新意義的《野獸國》（1963）和《在那外邊》（1981）。後與金恩合作音樂劇《眞實的羅西》（1978），設計了舞台劇《魔笛》（1980）和《胡桃鉗》（1983）。

Sendero Luminoso ➠ Shining Path

Seneca＊ 塞尼卡人 操易洛魁語的北美印第安部落，是易洛魁聯盟中最大的民族，住在今紐約州西部和俄亥俄州東部。家族靠母系親緣關係聯繫在一起，共住在長形房屋；每一社區建有男丁議事會，以便指導村長的工作。秋季，塞尼卡人分爲小組，離開村莊，參加一年一度的圍獵，仲冬方歸；春季則爲捕撈季節。婦女負責種植玉蜀黍及其他蔬菜。塞尼卡人常與其他印第安部落作戰；在美國革命時期，塞尼卡人與英國人結盟，結果導致他們的村莊於1779年被沙利文將軍毀滅。他們於1797年在紐約州西部保住了十二個居留地，其中四個被保留至今。現今塞尼卡人約有4,500人。亦請參閱Cornplanter、Handsome Lake。

Seneca, Lucius Annaeus＊ 西尼加（西元前4?～西元65年） 羅馬哲學家、政治家和劇作家。曾被訓練成爲一個雄辯家，西元31年開始在羅馬從事政治和法律工作。因爲通姦罪而被流放到科西嘉島（41～49），在此期間他寫了哲學論文《安慰》。在尼祿成爲皇帝以前，西尼加曾擔任過他的老師。54～62年間是羅馬最主要的知識分子。他是斯多噶哲學的擁護者，撰寫過一些哲學著作，包括《論道德》，這是一部關於道德問題的論文集。還創作過一系列以暴力和流血爲特徵的悲劇詩篇，包括《提埃斯忒斯》、《赫丘利斯》和《美狄亞》。他創作的劇本影響了文藝復興時期伊莉莎白戲劇的發展，尤其是莎士比亞的《泰特斯·安德洛尼克斯》和韋伯斯特的《馬爾菲公爵夫人》。

西尼加，大理石胸像，據1世紀的胸像於3世紀複製；現藏德國柏林國立博物館
By courtesy of the Staatliche Museen zu Berlin, Germany

Seneca Falls Convention 塞尼卡福爾斯會議 1848年7月19、20兩日於美國紐約州塞尼卡福爾斯所舉行的大會，在這次大會上發起了美國婦女選舉權運動。這次會議是由斯坦頓（她住在塞尼卡福爾斯）和馬特發起的。與會者達200多人，其中有40位男性。大會通過了「觀點宣言」，該宣言以類似獨立宣言的口吻宣洩不平並提出要求，號召婦女們組織起來，爭取自己的權力。有關選舉權的決議案引起了爭議，最後勉強得以通過。

Senegal＊ 塞內加爾 正式名稱塞內加爾共和國（Republic of Senegal）。非洲西部的國家，面積196,722平方公里。人口10,285,000（2001）。首都：達卡。塞內加爾有七個主要族群，其中包括沃洛夫人、塞雷爾人、富拉尼人和馬

林克人，族群各自講不同的語言，還有其他若干較小的部族。語言：法語（官方語）。宗教：伊斯蘭教（超過人口的90%）。貨幣：非洲金融共同體法郎（CFAF）。氣候變化很大，從乾燥沙漠氣候到濕潤熱帶氣候。森林占土地總面積的31%。可耕地約占27%；約有30%土地可作爲草場或牧場。農業爲主要的產業，花生是最重要的經濟和出口作物。其他產業包括漁業、採礦、製造業和旅遊業。塞內加爾有豐富的磷酸鹽和鐵礦儲量。政府形式爲共和國，一院制。國家元首爲總統，政府首腦爲總理。西元10世紀，塞內加爾與北非各部族之間建立起聯繫；11世紀伊斯蘭教傳入，然而泛靈論在塞內加爾各地一直流行到19世紀。1445年，葡萄牙人登上塞內加爾沿岸探險。1638年法國人在

塞內加爾河河口建立貿易站。在整個17和18世紀期間，歐洲人從塞內加爾境內運走大批奴隸、象牙和黃金。19世紀初期，法國控制海岸地區，並向內陸擴張，阻止圖庫洛爾帝國（參閱Tukulor）的發展。1895年塞內加爾成爲法屬西非的一部分。1946年塞內加爾全體居民都成爲法國公民；並成爲法國的一個海外領地。1958年，塞內加爾成爲一個自治共和國；1959～1960年與馬利結成聯邦。1960年，被承認爲獨立國家。1982年與甘比亞成立邦聯，稱作塞內甘比亞。該邦聯於1989年解散。近幾年來，境內的暴動引起政治混亂。

Senegal River　塞內加爾河　非洲西部河流。發源於幾內亞，往西北流經馬利，然後向西注入大西洋，形成茅利塔尼亞和塞內加爾之間的分界線。全長1,641公里。有兩大源頭：巴芬河和巴科伊河在馬利匯合成塞內加爾河。河上建有大壩，用於控制洪水，並防止旱季的鹽水侵蝕。

Senegambia　塞內甘比亞　塞內加爾和甘比亞兩個國家的邦聯（1982～1989）。兩國達成協定，將軍隊和公安部隊進行合併；結成經濟和貨幣聯盟；協調外交政策和交通運輸；建立由塞內加爾控制的邦聯組織機構及制度，兩國雖然合併，但仍保持各自的獨立。1989年雙方達成協定，解散了該聯邦。塞內甘比亞一詞也用來指塞內加爾河和甘比亞河附近的地區。

Senghor, Léopold (Sédar)＊　桑戈爾（西元1906年～）　詩人，塞內加爾總統（1960～1980），非洲美術和文學中的黑人自覺運動創始人之一。在巴黎完成學業，並成爲那裡的教師。1939年被徵召入伍，後被俘獲，在納粹集中營裡度過了兩年，在集中營裡他創作了最優秀的詩篇。1945年被選入法國國民大會。於1948年編輯了*Hosties noires*，這是一部按照非洲作詩法用法語創作的文選，它成爲重要的帶有黑人色彩的作品。他於同年創建了塞內加爾進步者聯盟，該聯盟（自1976年起爲社會黨）一直是塞內加爾的執政黨。塞內加爾於1960年獲得獨立後，全體一致推選他爲總統。他提倡適度的「非洲社會主義」，既不要無神論，也不要過分強調物質生活，成爲在國際上受到尊重的非洲和第三世界的發言人。1984年成爲加入法蘭西學院的第一位黑人。

senile dementia＊　老人失智症　老年（大多在七十五歲以後）的失智，因爲神經元喪失與腦組織縮減。發病初期通常並不顯著。喪失記憶會發展到病人無法記住基本的社交禮儀，以及獨立的生存能力或職務。語言技巧、空間或時間方向感（參閱spatial disorientation）、判斷力及其他認知能力也會衰退，還會有性格轉變。約有一半的病例由阿滋海默症引起；其次一連串的輕微中風造成的多發性梗塞，逐步破壞腦部；治療高血壓或其他血管疾病有時可以預防或延緩病情。

senna　鐵刀木　豆科（參閱legume）植物的通稱，尤指鐵刀木屬植物，主要產於亞熱帶和熱帶地區。許多種用於醫藥；有些種樹皮含鞣質可用於製革；有些種則屬於最豔麗的開花樹木之列。在美國東部，野生的鐵刀木（無果鐵刀木和馬里蘭鐵刀木）可高達1.25公尺，花穗豔麗，花瓣黃色。有的種類爲東半球的灌木或小喬木。

Sennacherib＊　辛那赫里布（卒於西元前681年）　亞述國王（西元前705/704～西元前681年在位）。薩爾貢二世之子和繼承人。西元前703～西元前689年，他向埃蘭（伊朗西南部）發動了六次戰爭，因爲埃蘭當時正在煽動巴比倫尼亞的加爾底亞人和阿拉姆人部落；並在最後一次戰役中洗劫了巴比倫。西元前701年，他在巴勒斯坦採用強硬手段鎮壓了受埃及人支持的動亂，在接受鉅額補償的條件下，讓出了耶路撒冷。他重建了尼尼微城，在城市周圍種植了大量的果樹和外國植物，比如可可樹，並修建了爲種植園供水的大型運河。他設計了更爲省力的造青銅鑄件的方法，改進了提汲井水的方法。辛那赫里布在一次叛亂中被兒子謀殺。

Sennett, Mack　賽納特（西元1880～1960年）　原名Michael Sinnott。加拿大出生的美國電影導演。曾在滑稽劇和歌舞雜耍中表演，後於1908年加入比沃格拉夫工作室，不久便在格里菲思的指導下執導喜劇片。1912年辭職成立自己的基斯東公司。1914年他拍攝出第一部美國喜劇長片《蒂麗情史》，但他還是以其拍攝的1,000多部短喜劇片而最爲知名，這些短片常顯現出基斯東公司的鬧劇喜劇和瘋狂滑稽動作之特色。他聘請的明星包括諾曼德、阿柏克和卓別林等人。賽納特能夠出色地抓住喜劇恰當的時機、即席創作和有效編輯，他還利用絕妙的攝影技巧以及高速與慢動作攝影製作出著名的追逐場景。1937年獲得奧斯卡特別獎。

賽納特
By courtesy of the Museum of Modern Art Film Stills Archive, New York

sensation　感覺　由身體受到的直接刺激而引起的精神過程（比如視覺、聽覺和嗅覺），通常與知覺相區別。若刺激物撞擊某一感受作用器官，使有機體產生反映，便稱刺激物被感覺到了。亦請參閱psychophysics、sense-data。

sense　感受作用　亦稱sensory reception或sense perception。接受內外環境資訊的機能。神經接受到的刺激（有的情況下是由帶有對某一類刺激很敏感的接受細胞的特定器官接受到的刺激）在轉換爲衝動後，被傳送到大腦的特定區域，接受分析。除了「五種感官」——視覺、聽覺、嗅覺、味覺和觸覺——人類還有感受肌肉運動、熱、冷、壓力、疼痛和平衡的感受作用。溫度、壓力和疼痛屬於皮膚感受作用；皮膚的不同部位會對其中某一刺激特別敏感。亦請參閱chemoreception、ear、eye、inner ear、mechanoreception、nose、photoreception、proprioception、taste、thermoreception、tongue。

sense-data　感覺材料　作爲感覺的直接對象之實體。一個人在直視亮光之後閉上眼睛看到的影像，即爲一種感覺材料；馬克白幻視到短劍在他面前漂浮，雖然短劍並不眞的存在，也是意識到了一種感覺材料。上述兩個案例，同樣都有某件物品被人直接意識到的，不論這個知覺是眞實的或不眞實的。即使在正常的情況下，一個人也可以說是看到感覺材料；例如，當某人從某個角度注視一個銅板，並且看成橢圓形，那麼在他的視域當中就有一個橢圓形的感覺材料。

sensitive plant　含羞草　豆科中兩種植物的統稱，受觸碰後，其葉即閉合併下垂。這種通常快速的反應是由於葉柄基部特化的細胞迅速釋放水分所致。較常見的植物是Mimosa pudica（參閱mimosa），是一種帶刺的小灌木，葉形似蕨葉，花形小，球形，紫紅色。植株高約30公分，是一種分布廣泛的熱帶野生植物，亦作爲珍奇植物栽種於溫室。野含羞草對觸碰的靈敏度較低；植株較大，高50公分，原產於美國東部和西印度群島。

sensitivity training　感受性訓練　在集體中採用的一種指導性訓練，旨在培養對團體內所有成員的需求和情緒的感受力。這種訓練起源於集體治療，其目的是要在個體和群體間建立信任和交流。被廣泛應用於各種領域，如商業、工業等。

sentence　判決　在刑法上，指正式宣布對已定罪的被告人的科處懲罰的判決。其主要類型包括：並列判決，它與另一判決同時進行；連續判決，它在另一判決之前或之後進行；強制判決，作爲對某一進攻的懲罰，法規對這類判決做出了特殊要求；緩期判決，該類判決的強迫執行或執行被法院暫停。亦請參閱capital punishment、parole。

Seoul＊　漢城　朝鮮共和國（南韓）的首都（自1946年）和省級市。濱臨漢江，在未分開的朝鮮半島之中心附近。曾爲朝鮮的朝鮮王朝（1934～1910）首都，日本統治朝鮮期間（1910～1945），這裡也是國家中心。韓戰期間該城是美國軍事管制政府的首都，遭受到重大的破壞；1953年以後，大部分得以重建。1988年在這裡舉行了夏季奧運會。現爲南韓的商業、文化和工業中心，也是高等教育中心，設有漢城國立大學（1946）及幾所大學。人口10,229,000（1995）。

separation of powers　三權分立　將政府的權力分歸給各自獨立的部門，尤其是將立法、行政和司法職權分離的分權法。這樣的分權使政府的任何一個部門都難以專斷而濫用權力，因爲制訂、執行和掌握公共法律政策必須經過三方面認可。這一概念現有的形式首次由孟德斯鳩提出，他認爲這是最好的維護自由的方法。他的學說影響了美國憲法的制定者，並在接下來的19和20世紀影響了別的一些國家的憲法創立者。亦請參閱checks and balances。

Sephardi＊　西班牙系猶太人　自中世紀到15世紀末被驅逐這段時期定居在西班牙和葡萄牙的猶太人及其後裔。最初他們逃往北非和鄂圖曼帝國的其他部分地區，最後在法國、荷蘭、英格蘭、義大利和巴爾幹半島各國定居。與德系猶太人不同之處在於他們使用自己的傳統語言拉迪諾語，並且持守巴比倫猶太教傳統而不依循巴勒斯坦猶太教傳統。現今約有七十萬人，許多人居住在以色列。

Sepik River＊　塞皮克河　新幾內亞東北部河流。源出中部高地，經三角洲注入俾斯麥海。全長約1,100公里。由於帶來大量的沈積物，使河口（寬約1.6公里以上）以外32公里的海水變色。有483公里長的河段可供吃水淺的船隻航行。沿河的小部落群有豐富的藝術傳統，這一傳統稱之爲塞皮克河風格。

Sepoy Mutiny　士兵兵變 ➡ Indian Mutiny

seppuku＊　切腹　亦稱「腹切」(hara-kiri)。日本封建社會武士階級（武士）採用的剖腹的自殺方式。他們喜歡採用這一自殺方式是因爲切腹進行緩慢，極度痛苦，因此能夠證明勇氣、自制力和堅定的決心。自願切腹自殺的目的是避免被敵人俘擄的恥辱，用死來表示對主人的忠誠，表示對上司的某項政策的反抗，或是表示抵償失職之罪。被迫切腹自殺是對武士採用的一種極刑，他們在刺傷自己後，再被別人斬首。被迫切腹自殺於1873年被廢除，但自願切腹自殺的事件仍持續至今。三島由紀夫的切腹自殺便是20世紀的一個著名例子。亦請參閱bushido。

September 11 attacks　九一一事件　與伊斯蘭極端主義凱達組織有關的十九名武裝人員，針對美國目標展開的劫機和自殺性爆炸系列攻擊。攻擊事件事先計畫十分完善，劫機者多數來自沙烏地阿拉伯，他們在襲擊以前已旅居美國，有些人還受過商業飛行的訓練。2001年9月11日劫機人員分成小組工作，五人一組分別登上四架美國國內航班班機（據說還有第二十名成員），起飛後不久就控制了飛機。上午8時46分（當地時間），恐怖分子駕駛的第一架飛機撞入紐約市世界貿易中心的北塔樓。約15分鐘後，第二架飛機撞擊了南塔樓。兩座大樓都嚴重受損，升起了熊熊烈火，不久即坍塌。第三架飛機則在9時40分撞擊到華盛頓特區市郊五角大廈西南側。在下一個小時裡，第四架飛機墜落在賓夕法尼亞州，研判是機上乘客試圖制伏劫機者（有乘客打手機告知事件眞相）。估計紐約市約有2,800人罹難，五角大廈有184人，賓夕法尼亞州有40人；19名恐怖分子全部死亡。

septic arthritis　敗血性關節炎　一個或一個以上的關節感染造成的急性炎症。化膿性關節炎可能在某些細菌感染之後發生；關節腫脹、發熱、刺痛，並充滿腐蝕軟骨的膿液，若沒有立即給予抗生素治療、排出膿液、靜置關節，將造成永久性的傷害。非化膿性關節炎可能伴隨幾種細菌、病毒或眞菌造成的疾病；關節變得僵硬、腫脹，活動困難。治療方法包括休息、藥物，結核病患者需要矯形照顧預防骨骼畸形。

septicemia＊　敗血症　亦稱血中毒（blood poisoning）。在外科手術或傳染病之後，微生物（通常是革蘭氏陰性菌，參閱gram stain）與其釋出的毒素侵襲血液。毒素在血管中引發免疫反應及廣泛的凝結。在血壓降低之後，高燒、寒顫、虛弱、盜汗。通常造成多重感染，需要多用途的抗生素，並排出感染源。若沒有立即處理，緊接是敗血症休克，死亡率超過50%。微生物可能寄宿於黏膜，造成膿瘡形成。醫院的侵入技術與抗藥性細菌使得敗血症日益嚴重且常見。亦請參閱bacteremia。

Septimania＊　塞蒂馬尼亞　古代法國西南部領土。介於加倫河和隆河之間，以及庇里牛斯山和塞文山脈之間。羅馬皇帝奧古斯都在位期間，第七軍團的退伍戰士在此定居。是西班牙的西哥德人在高盧的最後一塊領地。723～768年這裡曾被法蘭克人占領，成爲在加洛林王朝統治下的亞奎丹王國一部分，並於817年成爲單獨的公國。9世紀時，該領地轉入土魯斯伯爵手中。

Septuagint＊　七十子希臘文本聖經　《舊約》現存最古老的希臘文譯本，是根據希伯來文本譯成的，據說是供埃及的猶太人閱讀的，當時的希臘語是通用語。「摩西五經」譯成時間在西元前3世紀中左右，《舊約》的其餘各卷譯成於西元前2世紀。據傳有七十二人參與翻譯工作，因此得名七十子本。該書影響深遠，取代了希伯來文《聖經》成爲古拉丁語、埃及古語、衣索比亞語、亞美尼亞語、喬治亞語、斯拉夫語和一些阿拉伯語版聖經譯文的基礎。

sequencing　定序　決定蛋白質中的氨基酸次序或是核酸中的核苷酸次序。定序結果增加生命作用機制的了解，且用途廣泛。鑑於桑格需要十年定出胰島素的結構和序列，要定出小病毒的DNA內的核苷酸序列大約也要相同的時間，自動化的實驗室儀器與技術現在可以在數日或數小時內完成這些工作。亦請參閱genetic code、polymerase chain reaction。

sequestration　強制管理　在法律上，指批准政府官員保管被告人財產的令狀，以強制執行某一判決，或在判決得以實施以前，保留該項財產。有的民法規定，有爭議的財產交由第三者保管，直到其所有者得以確定。

sequoia, giant ➡ big tree

Sequoia National Park　紅杉國家公園　美國加州內華達山脈國家公園。早在1890年，這片面積爲1,629平方公里的土地便被留出，用來保護世界上最大和最古老的生物－－巨杉。公園內最大的樹木的樹齡估計有3,000～4,000年。北接金斯峽谷國家公園，東部邊界上有惠特尼峰。

Sequoyah　塞闊雅（西元1760?～1843年）　亦作Sequoya或Sequoia。切羅基族書寫體系創始人。他深信白人掌握權力的祕訣在於書面文字，於是開始創造一種切羅基體系。他通過採用英語、希臘語及希伯來字母，創造出八十六音符體系，來表示切羅基語的所有音節。大多數切羅基人因此而能讀能寫。

Seram ➡ Ceram

seraph＊　撒拉弗　猶太教、基督教和伊斯蘭教經籍中記載的天上的一種生物。有兩對或三對翅膀，守衛著上帝的王座。據基督教天使學，撒拉弗是級別最高的天使。在藝術作品中，撒拉弗常被畫爲紅色，象徵火。在《舊約》中，它曾出現在以賽亞的幻象中，以賽亞看到的是一正在讚美上帝的六翼生物。亦請參閱cherub。

Serbia　塞爾維亞　塞爾維亞－克羅埃西亞語作Srbija。塞爾維亞與蒙特內哥羅的立憲共和國，占其領土面積的80%。前自治省伏伊伏丁那和科索沃都位於其境內。面積：88,361平方公里。人口約9,945,000（1997）。首都：貝爾格勒。種族包括塞爾維亞人、克羅埃西亞人、波士尼亞人和阿爾巴尼亞人。語言：塞爾維亞－克羅埃西亞語（官方）。宗教：塞爾維亞東正教、天主教和伊斯蘭教。貨幣：南斯拉夫新第納爾。該國多山，中部森林密布，北部爲低地平原。肥沃的伏伊伏丁那平原爲該國供應大量的穀物、煙草和甜菜，多山的中部地區在乳品業、水果種植和飼養牲畜方面都已專業化。1990年代爆發內戰以前，採礦業和製造業是該國的經濟支柱，工業以紡織業，以及鉛、鋅、煤、銅和石油礦藏爲主。塞爾維亞人在西元6～7世紀時已定居於此。在9世紀，名義上受到拜占庭封建統治的塞爾維亞人皈依了東正教。389年的科索沃戰役中，鄂圖曼土耳其人在此獲勝。經過一段時間的反抗，於1459年歸屬鄂圖曼帝國。1828～1829年的俄土戰爭後，成爲受土耳其封建統治和俄國保護的自治公國。1878年脫離土耳其，完全獨立。第一次世界大戰之後，成爲塞爾維亞、克羅埃西亞及斯洛維尼亞王國的一部分，該王國在1929年改名爲南斯拉夫。1946年塞爾維亞成爲南斯拉夫六個聯邦共和國之一。在南斯拉夫的經濟於1980年代出現衰退之後，國家開始出現分裂。1991年未能制止斯洛維尼亞脫離聯盟，此後，南斯拉夫軍隊中的塞爾維亞人便開始幫助波士尼亞的塞爾維亞人將穆斯林和克羅埃西亞人驅逐出波士尼亞赫塞哥維納北部。南斯拉夫解體後，塞爾維亞和蒙特內哥羅一起成立了新的南斯拉夫聯盟。該地區仍處於混亂中（參閱Bosnian conflict）。1995年簽訂的達頓和平協定使這一狀況稍有緩解。米洛塞維奇把持了權力，而科索沃的阿爾巴尼亞人爲了獲得更多自治權而奮鬥，導致了1998～1999年間的又一系列戰爭（參閱Kosovo conflict）。由於暴力不斷升級，北約採取了轟炸行動來對付，之後於1999年6月達成了和平協定。2000年底，南斯拉夫政府更替後，該國重新獲得了在聯合國以及歐洲理事會中的席位。不過，爭取獨立的抗爭活動仍在科索沃和蒙特內哥羅繼續。

Serbia and Montenegro　塞爾維亞與蒙特內哥羅　巴爾幹半島中西部聯邦國家，由塞爾維亞和蒙特內哥羅兩共和國組成。面積102,173平方公里。人口約10,677,000（2001）。首都：貝爾格勒。居民爲阿爾巴尼亞人、塞爾維亞人、蒙特內哥羅人、匈牙利人以及其他種族。語言：塞爾維亞－克羅埃西亞語（官方語）和阿爾巴尼亞語。宗教：塞爾維亞東正教、伊斯蘭教、天主教以及新教。貨幣：南斯拉夫新第納爾。塞爾維亞與蒙特內哥羅南部2/3是山脈，西部爲第拿里阿爾卑斯山脈，東部爲巴爾幹山脈。河流包括多瑙河、伊巴爾河、摩拉瓦河、蒂米什河和提蘇河。該國有石油、天然氣、煤、銅、鉛、鋅和金礦等礦藏。工業包括機械裝置、冶金、採礦、電子和石油製品。農產品有玉米、小麥、馬鈴薯和水果。政府形式爲共和國，兩院制。國家元首是總統，政府首腦爲總理。奧匈帝國在第一次世界大戰結束後解體，成立了塞爾維亞－克羅埃西亞－斯洛維尼亞王國。1920～1921年與捷克斯洛伐克和羅馬尼亞簽訂條約，象徵小協約國的開始。1929年建立專制君主制，改國名爲南斯拉夫，疆域未考慮到種族疆界來畫定。1941年軸心國軍隊入侵南斯拉夫，第二次世界大戰的後來期間，曾被德國、義大利、匈牙利和保加利亞軍隊占領。1945年成立南斯拉夫社會主義聯邦共和國，其中包括波士尼亞赫塞哥維納、克羅埃西亞、馬其頓、蒙特內哥羅、塞爾維亞和斯洛維尼亞。在狄托領導下的獨立共產主義形式激怒了蘇聯，導致1948年自共產黨和工人黨情報局開除。1980年代內部種族緊張局勢燃起，使得國家瓦解。1991～1992年克羅埃西亞、斯洛維尼亞、馬其頓和波士尼亞赫塞哥維納宣布獨立，塞爾維亞和蒙特內哥羅組成南斯拉夫聯邦共和國（人口約占先前共和國的45%，土地占40%）。長期種族緊張、敵意局勢，持續進行至1990年代（參閱Bosnian conflict）。雖在1995年簽訂達頓和約，但零星戰鬥仍持續著，1998～1999年塞爾維亞在科索沃進行鎮壓並驅逐種族人口（參閱Kosovo conflict）。2003年改國名爲塞爾維亞與蒙特內哥羅。

Serbian and Croatian language　塞爾維亞－克羅埃西亞語　亦作Serbo-Croatian language。南部斯拉夫語是克羅埃西亞、波士尼亞赫塞哥維納、塞爾維亞、蒙特內哥羅和科索沃等國約2,100萬人使用的語言。該語言於1991年以前在南斯拉夫占有統治地位，爲該聯邦大多數種族集團所使用和理解。中部新斯托卡維亞方言是構成標準塞爾維亞語和

標準克羅埃西亞語的基礎。從歷史上看，塞爾維亞的文字語言是教會斯拉夫語（參閱Old Church Slavonic language）的塞爾維亞變體。在19世紀，一種以塞爾維亞口語爲基礎的新的書面語由卡拉季奇成功推廣。用拉丁字母書寫的克羅埃西亞文最早出現於14世紀中期。在19世紀，以札格拉布爲基地的伊利亞人政治運動（旨在建立南部斯拉夫人聯盟）的便以作爲書面語言基礎的中部新斯托卡維亞方言爲手段，這種語言能夠團結克羅埃西亞人，並使他們更加靠近其斯拉夫同胞。政治上統一的南斯拉夫王國（1918～1941）以及奉行共產主義的南斯拉夫（1945～1991）都支持呈現一種統一的塞爾維亞－克羅埃西亞語。自南斯拉夫政治上解體以後，便不再開展實現語言統一的運動，從而產生了各不相同的塞爾維亞語、克羅埃西亞語和波士尼亞語。

Serbs, Croats, and Slovenes, Kingdom of＊ 塞爾維亞－克羅埃西亞－斯洛維尼亞王國 第一次世界大戰後於1918年成立的巴爾幹國家。包括先前獨立的塞爾維亞、蒙特內哥羅兩王國和先前屬於奧匈帝國的南部斯拉夫人的領土：達爾馬提亞、克羅埃西亞－斯拉夫尼亞、斯洛維尼亞和波士尼亞赫塞哥維納。由卡拉喬爾傑王朝統治。1929年亞歷山大一世試圖透過宣布皇室獨裁的方式來抗擊當地的民族主義者，並把國名更改爲南斯拉夫。

Serengeti National Park＊ 塞倫蓋蒂國家公園 坦尙尼亞中北部的野生動物保護區。1951年建成，面積14,763平方公里。該公園吸引了世界各地的遊客，是非洲唯一仍有衆多陸地動物棲息遷移的地區。公園有35種以上的平原動物、200多種鳥類，以及獅子、豹、大象、犀牛、河馬、長頸鹿和狒狒。偷獵是公園當局面臨的主要問題。

serfdom 農奴制 中世紀歐洲佃農被束縛在承襲的一塊土地上對地主唯命是從的狀況。農奴與奴隸的區別在於，奴隸的買賣與土地無關，而農奴只有在所勞作的土地被轉手以後，農奴才會更換主人。約從2世紀起，羅馬帝國原來由一批批奴隸耕作的大片私有土地已被打散，交由農民耕種。這些農民便開始依靠較大的地主，以免受亂世之害，而發誓效忠於領主也成爲一種普遍行爲。332年君士坦丁一世要求佃農爲地主提供勞務，並使得農奴制合法化。農奴不能結婚，不能改變職業，在沒有地主允許的情況下，也不能遷移，還必須把收成的大部分上交給地主。中央集權的政治勢力的發展，由黑死病造成的勞動力短缺，以及14～15世紀的地方農民起義使得西歐的農奴逐漸被解放。而在這一時期，東歐的農奴制卻變得更加堅實，奧匈帝國的農民直到18世紀末才得以解放，俄國的農奴1861年得以解放。亦請參閱feudalism。

serial 影集 以一系列單集放映長達數個月的影片。影集通常是冒險劇情片，可能是從雜誌月刊的連載的冒險故事發展而來。第一部風行國際的影集是《寶琳歷險記》（1914），由懷特主演，另一部影集《海倫的冒險》演出119集（1914～1917）。影集的重點在於連續，每一集的結尾都要扣人心弦。它在40年代仍舊受到電影觀衆的歡迎，特別是兒童。

serialism 序列主義；序列音樂 使用一組順序音高做爲樂曲的基礎。十二音音樂（twelve-tone music）與序列主義這兩個詞，雖然不完全同義，但常常可互相交換使用。這種方法是由荀白克在1916～1923年間所發展出來，雖然同時期豪爾（1883～1959）策畫設計出另一種序列方法。荀白克在19世紀末期到20世紀初期於其中表現出半音應用的高峰。考慮到他認爲該抹除其視爲腐舊但也瞭解即使對想要超越的音樂作曲家而言仍是不可抗拒的調性系統，荀白克的獨創方法規定（在其他數個需求中），於所有其他十一個半音音階音符被使用前，沒有音符可以重複。序列主義，一個較十二音更廣泛的詞，可應用在較十二音少的用途。「整體序列主義」是在1940年代出現的概念，企圖將不僅是十二個音高，更將其他如節奏，力度，音域及樂器演奏法等整合成有條理的組合。

serigraphy ➠ silkscreen

serine＊ 絲氨酸 一種不重要的氨基酸，存在於大多數普通蛋白質的水解溶液中（有時占5～10%）。也是磷脂的重要成分。在生化和微生物研究中，絲氨酸被用作食物添加劑和飼料添加劑。

Serkin, Rudolf 賽爾金（西元1903～1991年） 奧－匈牙利帝國裔美國鋼琴家。十二歲時在維也納首次登台演出，1920年起便是布希的親密合作者，並於1935年與布希之女結婚。1939年移民到美國，在柯蒂斯音樂學院任教，1968～1975年擔任該學院院長。1950年與布希一同組織了佛蒙特州萬寶路音樂節，這一音樂節在賽爾金的指導下成爲美國室內樂最重要的盛典。賽爾金也以演奏德國－奧地利古典曲目而聞名，他的演奏富於智慧，表現力豐富，同時不露鋒芒地演奏德奧經典作品。他的兒子彼得（1947～）也是一位能演奏各類曲目的著名鋼琴家。

Serling, (Edward) Rod(man) 謝林（西元1924～1975年） 美國電視編劇家與製作人。紐約州雪城，由廣播開始其事業，不過很快轉換至電視，1953年成爲獨立的編劇家。撰寫的電視劇本包括《卡夫電視劇場》、《一號播音室》、《娛樂90》與《拳王爭霸戰》（1956，獲艾美獎）。他是知名的超自然影集《陰陽魔界》（1959～1965）的創造者、旁白者與主要作家，也爲類似的影集《午夜畫廊》（1970～1973）作旁白。

Sermon on the Mount 登山寶訓 《新約．馬太福音》中記錄的宗教教義和耶穌發表的倫理演說。這是耶穌對其門徒和許多人做的訓誡，他教導大家生活的準則，這一準則是以愛的新律法爲基礎，甚至是對敵人的愛，取代了單講果報的舊律法。許多類似的基督教的佈道之詞和常從《聖經》中引用的段落都源於此，包括耶穌福祉和主禱文。常被看作是基督教生活的藍圖。

serotonin＊ 血清素 由色氨酸（一種氨基酸）衍生而來的化學物質（5-烴色氨）。出現在腦、腸道組織、血小板以及某些結締組織之中，是許多動物毒液（如黃蜂、蟾蜍）的成分。血清素是強力的血管收縮刺激素與神經介質，集中在某些腦部區域，特別是中腦和下視丘。有些抑鬱症似乎是因爲腦中的血清素量或活動降低所致；許多抗抑鬱藥對抗這個症狀。過度的腦血清素活動可能會造成偏頭痛與噁心。LSD可能有抑制血清素活動的作用。

serpentine＊ 蛇紋石 一種成分與鎂矽酸鹽（$Mg_3Si_2O_5(OH)_4$）相近似的富含鎂的矽酸鹽礦物。蛇紋石一般以三種形式存在：纖蛇紋石，這是石綿最常見的變種；葉蛇紋石和利蛇紋石也都是石綿的變種，兩者往往體積較大，且帶有細顆粒。從名稱即可看出它與蛇皮相似，多呈灰色，白色或者綠色，也有可能是黃色或藍綠色。很有光澤，有時用作裝飾石頭。

Serra, Junípero＊ 塞拉（西元1713～1784年） 西班牙傳教士。1730年加入方濟會，後來受神職。1750～1767

S T U V

年在墨西哥任傳教士。西班牙攻略上加利福尼亞地區（今加州）時，塞拉加入遠征軍，並於1769年建立聖地牙哥傳教所。1770～1782年他又建立另外八個加利福尼亞傳教所，從而鞏固了西班牙對這一地區的控制。基於他的貢獻，他獲得了加利福尼亞傳道者的稱號，於1988年列眞福。

Serra, Richard　賽拉（西元1939年～）　美國雕塑家。生於舊金山，以在鐵工場的工作支付加州大學求學的學費。1961年起在耶魯大學受教於艾伯斯。1966年左右定居紐約並開始實驗新的質材，1968年展示了橡膠與霓虹燈雕塑。1969～1970年間重力成爲其作品的中心主題。《支撐》系列由彼此相倚靠的大鉛盤所組成，僅由彼此間相反的重量來支撐。他以與環境互動的戶外作品而聞名，其體積龐大，有時具有爭議性。特別是1981年裝置在紐約聯邦廣場的《傾斜的弧》，不過在1989年被移除。

Sert, José Luis　塞爾特（西元1902～1983年）　加泰隆語作Josep Lluís Sert i Lopéz。西班牙裔美國建築師。從巴塞隆納高等建築學校畢業後，曾在巴黎與科比意合作。1937年獨立設計了巴黎世界博覽會中的西班牙館。1939年移美國之後，從事城市規畫，其發展規畫涉及到的城市包括波哥大、哈瓦那和其他幾座城市。1953～1959年任哈佛大學設計研究院院長，其設計作品的最佳典範是哈佛大學的皮巴蒂已婚學生住宅（1963～1965），這是一座高低協調相接的公寓。其傑出的博物館設計包括法國里維耶拉聖保羅德旺斯的梅特基金會博物館（1968），以及巴塞隆納米羅基金會（1975）。

Sertorius, Quintus＊　塞多留（西元前123?～西元前72年）　羅馬政治人物和軍事將領。西元前80～西元前72年統治著西班牙的大部分地區。曾在同盟者戰爭中任軍隊指揮，在馬略與蘇拉的戰爭中，他幫助前者奪取了羅馬（西元前87～西元前86年）。西元前83年被派往西班牙擔任行政長官。後由於蘇拉的追捕而逃到茅利塔尼亞，後來又推翻了蘇拉在外西班牙的統治。到西元前77年終於成爲西班牙大部分地區的統治者。當龐培和梅特盧斯・庇護趕來鎮壓暴亂時，他巧妙地將他們控制在海灣，等到海潮變得對他有利。在軍隊士氣下落後，他被將領們設計謀殺。

serval＊　藪貓　貓科動物，學名Felis serval，肢長，棲息在非洲次撒哈拉地區的水邊草地和灌木覆蓋地區。頸長，耳大而呈杯狀。體長80～100公分，尾長20～30公分，肩高50公分，體重可超過15公斤。毛長，腹面灰白色，背部淺黃色至淺紅褐色，全身分布黑色斑點或條紋；肯亞境內有全黑的藪貓品種。

藪貓
Christina LokePhoto Researchers

server　伺服器　網路電腦、電腦程式或裝置，處理來自客戶端的請求（參閱client-server architecture）。例如在全球資訊網，網站伺服器是使用HTTP協定的電腦，當客戶端提出請求，就傳送網頁到客戶端。在區域網路上，印表機伺服器管理一台或一台以上的印表機，列印客戶端電腦送出的檔案。網路伺服器（管理網路流量）與檔案伺服器（爲客戶端儲存及擷取檔案）則是另外兩種伺服器。

Servetus, Michael＊　塞爾維特（西元1511?～1553年）　西班牙醫師和神學家。他的觀點既疏離了天主教徒，又疏離了新教教徒。其開端是1531年發表的《論三位一體論的謬誤》，他在該書中攻擊三位一體。其最重要的著作是《聖帕吉尼譯的聖書》（1542），以其預言的理論聞名。在另外一些著作中，他也置疑浸洗的有效性，並對「尼西亞信經」提出批判。後遭到喀爾文的迫害，在日內瓦被判爲異端，並被燒死在樹樁上。他對醫學做出的顯著貢獻在於他準確地描述了血液的心肺循環。

Service, Robert W(illiam)　塞維斯（西元1874～1958年）　深受人們歡迎的英裔加拿大詩歌作家。1894年移民到加拿大，在育空地區居住了八年。他創作的有關在「冰封的北方」的生活的歌謠－－《拓荒者之歌》（1907）和《一個新來者的歌謠》（1909）極受歡迎。他被稱爲「加拿大的吉卜林」，作有〈丹・麥克古魯的射擊〉和〈山姆・麥克吉的火葬〉等用於耍鬧作樂的歌謠。其他作品包括《98的足跡》（1910）和《一個紅十字會會員的韻詩》（1916）。

service academies, U. S. ➠ United States service academies

service industry　服務業　提供服務而不是實物的經濟行業。經濟學家把全部的經濟活動的產物分成兩大類：商品與服務。工業包括農業、採礦業、製造業和建築業所生產的實物。服務業涵蓋的範圍很大，如銀行業、交通運輸業、批發與零售商業，以及所有的專業性服務，如工程和醫療、所有的消費服務和政府服務。20世紀時服務業在世界經濟中的比重迅速成長。在美國，1929年服務業的生產占國內生產毛額（GDP）一半以上，1978年占2/3，1993年超過3/4。由於機械自動化提高了生產力，以較少的勞力就能生產更多的商品，而分配、管理、資金和銷售也變得越來越重要。

servitude　地役權　指財產法中的一項權力，它規定屬某人所有的財產被用作指定用途，或者歸另外一人所有。在民法許可權中，地役權經常用來指對一項不動產承擔有利於他人的義務。這種地役權是隨起支配作用的財產的所有權而進行轉讓的。從屬的財產不能獨立於起支配作用的財產而單獨被轉讓。亦請參閱easement。

servomechanism　伺服裝置　利用誤差傳感反饋來自動修正機械裝置性能的一種裝置。伺服裝置這個術語只嚴格地適用於其中反饋和誤差修正信號控制機械位置或速度的系統。伺服裝置首先用於軍用和航海領航裝置。當今，伺服裝置的應用包括它們在自動機床、衛星跟蹤天線、望遠鏡上的天體跟蹤系統、自動導航系統和高射炮控制系統等方面的使用。伺服裝置的設計被看作是機器人學和控制論的一個分支。

sesame　芝麻　胡麻科一年生植物，植株挺直，種類衆多。學名Sesamum indicum，自古即栽培以及取其種子用作食物和調味品，亦用以榨油。種子帶殼，呈奶油色或珍珠白，體積微小，香味適度而似胡桃。在近東和亞洲烹調中廣泛地使用整粒種子。芝麻油以穩定且能抗氧化酸敗而著稱，常用作沙拉油或烹調油、製造糕餅起酥油和人造奶油；也用於製造肥皂、藥品和潤滑劑以及化妝品。

Sessions, Roger (Huntington)　賽興士（西元1896～1985年）　美國作曲家。曾在哈佛大學和耶魯大學學習。1925～1933年居住在義大利和德國，之後主要在普林斯頓大學（1935～1945、1953～1956）任教。在採用十二音階以前（1953），他曾採用新古典主義。其作品包括歌劇《盧庫盧斯的審判》（1947）和《蒙特茹瑪》（1963），《黑假面人》（1923）的配樂，八首交響曲，《管弦樂團協奏曲》（1982，獲普立茲獎），清唱劇《當庭園中最後的丁香盛放時》（1970），以及幾部被廣泛閱讀的關於音樂的著作。但他的嚴肅風格使其作品難以取悅廣大的聽眾。

set 集合 數學與邏輯上，事物（元素）的聚集，不論是否爲數學物件（如數字、函數）。集合的直覺概念或許比數字更加古老。例如一群牲畜與囊中的石頭對應，而不用實際去計算兩者的數目。這個概念無限延伸。例如1至100的整數集合是有限的，所有整數的結合是無限的。集合通常表示成所有成員的清單，用括號圍起來。沒有成員的集合稱爲空集合，以Ø代表。因爲無限集合無法列出，應用於計數集合元素的時候通常用產生集合元素的公式代表。所以{2x|x = 1,2,3,...}代表正偶數的集合（垂直線代表像這樣）。

set theory 集合論 研究集合性質的數學分支。它的最大價值在於應用到其他的數學領域，那些領域借用或採納了它的術語和概念，包括合併∪和交叉∩。兩個集合的合併是包含兩個集合中所有元素的集合，每個元素列出一次。交叉是原來兩個集合中共同元素的集合。在分析數學和邏輯中的困難概念時集合論很有用。康托爾把集合論置於堅實的理論基礎上，他發現清楚地組成的集合在分析符號邏輯和數論中的問題時的價值。

setback 收進 在建築中，高層建築物側面的台階似的向後收進。通常是由於建築法規要求要讓陽光達到街道和低層房屋，因此建築物每增加一定的高度，就得從街道收進一級。如果沒有這些收進，紐約的街道將始終處於陰暗之中。1990年代，建築師開始關心對收進的裝飾－－馬賽克；中國、馬雅和希臘裝飾紋樣或立體式的方塊；後來，建築師又不再重視裝飾。國際風格的帶玻璃牆的摩天大樓，是典型的不帶間隔式收進的建築，而是採用一巨大的位於地水準平面的收進來滿足分區要求，這樣的收進同時也產生出一個廣場。到了20世紀末，裝飾性的收進再次流行。

Seth 塞特 亦稱Set。古埃及的神，上埃及第十一區的佑護神。如同魔術師一般，塞特既是天之神，又是沙漠之主，還掌管著暴風雨、混亂和戰爭。他是俄賽里斯的兄弟，並將後者殺害，他還是俄賽里斯的姐姐伊希斯之子何露斯的對手。在西元前1000年，對塞特的崇拜已在很大程度上消亡，他也逐漸地被驅逐出萬神殿。他後來被看作是完全邪惡的，並被認爲是波斯人和侵入埃及者信奉的神。

SETI 塞提計畫 全名搜尋外星智慧生物（Search for Extraterrestrial Intelligence）。進行中的計畫，試圖搜尋外星生命。以美國爲基地，塞提計畫專注於接收並分析來自太空的訊號，主要是在電磁波譜的無線電波範圍，尋找可能是由智慧生命發出的非隨機型態。方法是將目標搜尋類似太陽的恆星並有條理地往各方向掃查。這項搜尋工作仍有爭議，美國國家航空暨太空總署從1988年開始提供資金給塞提計畫，但是國會在1992年終止，此後只能由私人提供資金。亦請參閱Drake equation、Ozma, Project。

Seti I 塞提一世（卒於西元前2379年） 埃及第十九王朝國王（西元前2390?～西元前2379年）。其父拉美西斯一世在位僅兩年。塞提才是偉大的拉美西斯王朝的眞正創建者，儘管其子拉美西斯二世更爲著名。塞提爲埃及的繁榮昌盛作出許多貢獻，他加強邊防、開採礦藏和採石場、挖掘水井、重修廟宇和神殿等等。他還繼續進行凱爾奈克大廳的修建工作，並在阿拜多斯建造了一座帶有精細雕刻浮雕的神廟。

Seton, Ernest Thompson＊ 席頓（西元1860～1946年） 原名Ernest Evan Thompson。加拿大裔美國博物學家、動物小說作家。全家於1866年從英國移居加拿大。有一段時間曾以野生動物畫家爲生，1898年出版了他最受歡迎的書《我所知道的野生動物》。他曾爲建立美國印第安人保留地盡了很大力量，並爭取爲瀕臨滅絕的動物設立公園。他在1902年創辦了印第安森林知識學習小組，爲孩子們提供瞭解自然的機會。後來成爲一個創建美國童子軍的組織的主席。

Seton, St. Elizabeth Ann＊ 聖席頓（西元1774～1821年） 原名Elizabeth Ann Bayley。亦稱席頓媽媽（Mother Seton）。美國宗教領袖和教育家。第一位被天主教會封聖的美國本土公民。出生於紐約一上層階級家庭，1794年與威廉・席頓結婚。1797年創立一爲帶有小孩的年輕寡婦減輕痛苦的協會。1803年她自己也成了帶著五個孩子的寡婦。於1805年脫離基督教聖公會改奉天主教。1809年在巴爾的摩成立一所免費的天主教小學。1813年創立仁愛姊妹會，這是美國的第一個宗教社團，她任該社團主席，直至去世。她常被視爲美國教會學校體制之母。1975年被封聖。

setter 蹲伏獵犬 由中世紀的獵犬培育出來的三種獵犬，當它發現鳥時，即蹲伏不動，等待獵人撒網將自己與獵物一齊罩住。蹲伏獵犬的耳、胸、腿和尾上有長毛。體重20～32公斤，站高58～69公分。15世紀培育的英格蘭蹲伏獵犬可以是全白色、黑與白－棕相間、或白色帶深色斑點。戈登蹲伏獵犬起源於17世紀的蘇格蘭；被毛柔軟似波浪，黑色帶棕褐色斑點。18世紀在愛爾蘭培育的愛爾蘭蹲伏獵犬被毛直而紅。

愛爾蘭蹲伏獵犬
Sally Anne Thompson

Settignano, Desiderio da ➠ Desiderio da Settignano

settlement 和解 在法律上，指訴訟當事人之間爲處理和結束訴訟而達成的解決爭議問題的妥協或協定。一般來說，和解的結果是撤回起訴或中止訴訟而無需判決。當事人雙方也可以將和解的條款寫入協定判決（consent judgment），由法院記錄在卷。現今提出的大部分訴訟不是撤訴，就是和解。

Settlement, Act of 王位繼承法（西元1701年6月2日） 英國議會規定1701年以後王位繼承的法案。該法案規定，若國王威廉三世或安妮公主（後來的女王）死後無嗣，王位由詹姆斯一世的孫女蘇菲亞（1630～1714）以及她的信奉新教的後嗣繼承。依據此法，漢諾威王室於1714年繼承了英國王位。該法案還宣布，以後的國王必須信奉英國國教；法官職位要通過良好的行爲來獲得，而不是靠討國王的歡心；由下議院通過的彈劾不受國王赦免的制約。

settlement house 社會服務所 亦稱social settlement或community center。臨近地區的社會福利機構。可以舉辦友誼俱樂部、學習班、運動隊及各種業餘愛好小組等，也可以雇傭職業顧問和社會工作者。社會服務運動始於1884年巴尼特（1844～1913）在倫敦成立的湯恩比服務所，並在19世紀晚期擴展到美國，最初是亞當斯在芝加哥建立的赫爾大廈。多數國家現在都成立了類似的機構。在19世紀末、20世紀初的美國，社會服務所在新移民當中很活躍，當時社會服務所提倡改善對工人們的賠償並修改有關童工的法律條文。

settling 沈降 在建築中，指建築物的逐漸下沈，在這一過程中，地基以下的土壤由於受到承載而更加鞏固。沈降在建築物完工後可持續數年。初級滲壓發生在水分從泥土間的空隙中被擠壓出來時，次級滲壓是由於土壤內部結構在長期載荷情況下出現調整導致的。只要存在發生沈降的可能性，就必須小心選擇與之相適應的建築體系和地基。末端固定的樑存在的問題是，它們在不均勻的沈降負荷下不能轉動，而且受到壓力時會發生彎曲；受簡單支撐的樑由於有末端起鉸鏈作用，能夠輕微地轉動，並且不會發生彎曲；帶有提升裝置的特殊立柱可被用來使樑水平。移動地基和樁經常用於克服建在鬆軟土壤上的建築物面臨的問題。亦請參閱soil mechanics。

Seurat, Georges(-Pierre)＊ 秀拉（西元1859～1891年） 法國畫家。1878年進入美術學校，1883年在沙龍展出作品，儘管當時他已對沙龍的保守政策不再有好感。他研讀科學著作，試圖通過科學的方法來實現印象主義者所追求的色彩效果。他進一步發展了點彩畫法，這是一種將有色彩對比的細小筆畫進行並列來描繪光色的技法。他使用這種方法創作了一些大構圖，包括《阿涅爾的浴場》（1883～1884）和經典之作《大碗島上的星期日下午》（1884～1886）。作爲美學理論家，他研究了由三原色以及它們的混合色所能產生的效果。

Seuss, Dr. 蘇斯博士 ➠ Geisel, Theodor Seuss

Sevan＊ 塞凡湖 亞美尼亞北部湖泊。面積1,360平方公里，四面環山，海拔1,905公尺，爲亞美尼亞最大的湖泊。湖域由相互連接的較小的小塞凡湖和較大的大塞凡湖組成，盛產魚類。湖濱有數座古亞美尼亞教堂。

Sevastopol 塞瓦斯托波爾 舊稱Sebastopol。烏克蘭南部克里米亞州海港城市。1783年俄國人併呑克里米亞，並在古希臘殖民地契爾松尼蘇斯附近開始建塞瓦斯托波爾灣海軍基地，該海灣是黑海的入口。19世紀初成爲商埠。在克里米亞戰爭期間，此地被英法聯軍包圍了十一個月（1854～1855），這一痛苦經歷被托爾斯泰載入其編年體著作《塞瓦斯托波爾故事》。遭到破壞的城市後得以重建。在俄國內戰期間（1918～1920），這裡成爲反抗布爾什維克的白軍的指揮部。第二次世界大戰期間，該市在經歷德國人長達一個月的圍困之後，再次被破壞，但之後又被重建。自19世紀初便是俄國黑海艦隊的基地，有大型造船廠和兵工廠。人口約365,000（1996）。

Seven, Group of 七人畫派 以多倫多爲中心的加拿大畫家團體，致力於風景畫創作（特別是北安大略題材）和創立一種民族風格。後來成爲該畫派成員的一批畫家於1913年碰面，當時他們是多倫多的商業畫家。在1920年舉辦的一次團體畫展上，該團體採用了「七人畫派」這一名稱。最初成員包括麥克唐納（1873～1932）、哈里斯、利斯麥爾、華萊、卡邁克爾、約翰斯頓和傑克森。該團體在1920年代、1930年代頗具影響力。1933年改名爲加拿大畫家集團。

Seven Cities of Cíbola ➠ Cíbola, Seven Golden Cities of

Seven Days' Battles 七天戰役（西元1862年6月25日～7月1日） 美國南北戰爭中的一系列戰鬥，使聯軍占領維吉尼亞州里奇蒙的企圖遭到挫敗。在雙方展開的一系列進攻和反攻中，李率領的美利堅邦聯軍隊迫使麥克萊倫率領的聯邦軍隊從距離聯盟首都以東6公里的陣地撤往詹姆斯河畔剛築成的基地。聯軍攻占里奇蒙失利和從波多馬克河撤軍標誌著半島戰役的結束。估計聯邦軍傷亡16,000人，美利堅邦聯軍隊傷亡20,000人。

Seven Oaks Massacre 七株橡樹大屠殺（西元1816年） 加拿大一從事皮毛貿易的移民地所遭受到的破壞。六十名混血人在西北公司代表的帶領下，準備掠劫經過競爭對手哈得遜灣公司的紅河移民區的供應品。他們在移民區附近七株橡樹這個地方被殖民地總督和二十五名士兵截住。雙方由爭論發展爲戰鬥，二十人被混血人殺死，包括殖民地總督。混血人繼續屠殺其餘移民，強迫他們離開移民地。該移民地於次年重建。

Seven Weeks' War 七週戰爭（西元1866年6月～8月） 亦稱普奧戰爭（Austro-Prussian War）。普魯士爲一方，奧地利、巴伐利亞、薩克森、漢諾威和一些德意志小邦爲另一方的戰爭。由俾斯麥策劃的對什列斯威－好斯敦問題之爭奪，引發了1866年6月普魯士攻擊奧地利在波希米亞的駐軍。受羅恩和毛奇組織的現代化的普魯士軍隊，在克尼格雷茨戰役和其他地方的戰役中快速地擊敗了奧軍。8月簽訂的「布拉格條約」宣告戰爭正式結束。該條約將什列斯威－好斯敦和其他領地劃歸普魯士。這場戰爭的影響是奧地利被排除於德國之外。

Seven Wonders of the World 世界七大奇觀 由衆多希臘－羅馬觀察家列舉出的卓越的古代建築及雕刻成就。最廣爲人知的有：吉薩的金字塔，爲奇觀中最古老的、唯一至今仍完整存留的建築；巴比倫的空中花園，位於塔廟頂上的一連串經美化的屋頂露台，由尼布甲尼撒二世或半傳奇的薩穆－拉瑪特女王所建；奧林匹亞的宙斯雕像，由菲迪亞斯用金子和象牙雕刻成的坐在寶座上的大型神像；以弗所的阿提米絲神廟，建於西元前256年，以宏偉的規模和用於裝飾的藝術作品聞名；哈利卡納蘇斯的摩索拉斯陵墓；羅得島巨像；以及法羅斯島燈塔，西元前280年建於亞歷山大里亞外的法羅斯島上，據說高逾110公尺。在這些奇觀的啓發下，產生了另外一些由後人列出的七大奇觀的名單。

Seven Years' War 七年戰爭（西元1756～1763年） 發生在歐洲的一次大衝突，參戰一方爲奧地利及其法國、薩克森、瑞典、俄國等同盟國，另一方爲普魯士及其盟國漢諾威和英國。主要是由於奧地利企圖收回在奧地利王位繼承戰爭中被普魯士奪走的富饒的西里西亞而引起的。1759年奧地利和俄國軍隊在法蘭克福附近取得了對普魯士軍隊的決定性勝利，抵消了腓特烈二世早先在薩克森和波希米亞取得的勝利（1756～1758）。在經歷了1760～1761年不太重要的戰鬥之後，腓特烈大帝決定與俄國言和（1762），並將奧地利人趕出西里西亞。這場戰爭引起了英、法兩國在北美（參閱French and Indian War）和印度的海外殖民地爭奪。「胡貝圖斯堡條約」結束了歐洲的衝突，腓特烈大帝憑藉這一條約使普魯士躋身於歐洲主要大國之列。

Seventh-day Adventist 基督復臨安息日會 ➠ Adventist

Severn River＊ 塞文河 威爾斯語作Hafren。古稱Sabrina。威爾斯東部和英格蘭西部河流。從源頭到入海處長290公里，是英國最長的河流。源出威爾斯中東部，經舒茲伯利附近的英國邊境後繼續南流，至布里斯托海峽注入大西洋。

Severus, Septimius＊ 塞維魯（西元146～211年） 全名Lucius Septimius Severus Pertinax。羅馬皇帝（193～221年在位）。皇帝佩提納克斯被殺害時，他在歐洲指揮著羅馬

最大的一支軍隊，其後被他的軍隊擁立爲皇帝。他進軍羅馬，並取得了王位。他努力將羅馬建設爲軍事君主制國家，賦予軍隊在政府中的支配地位，無視元老院，從羅馬騎士中挑選官員，將法院置於禁衛軍長官的控制之下。他吞併了美索不達米亞，但在試圖征伐不列顛島上尚未歸屬羅馬統治的地區時身亡，當時他已指定其子卡拉卡拉爲繼承人，從此建立起個人獨裁的王朝。

Severus Alexander　塞維魯・亞歷山大（西元208～235年）　全名Marcus Aurelius Severus Alexander。原名Gessius Bassianus Alexianus。羅馬皇帝（222～235年在位）。在其母親和祖母設法殺害埃拉加巴盧斯之後，於十四歲繼任成爲皇帝。在他在位期間實權都操在祖母和母親手中。由元老院議員組成的委員會賦予元老院名義上的權力。塞維魯對國家實行違法統治，由於他軍事上的無能，而被波斯人打敗。當他企圖餽贈財物給阿勒曼尼人以達成和解時，母子兩被憤怒的士兵殺死。

Sevier, John＊　塞維爾（西元1745～1815年）　美國邊疆居民和政治人物。生於維吉尼亞州紐馬基特，1773年遷居今田納西州東部，在此參加了鄧莫爾勳爵之戰。美國革命期間參加金斯山戰役（1780），取得勝利。1784年參加殖民地居民反抗北卡羅來納州的叛亂，後該州另成立臨時的富蘭克林州，塞維爾被選爲州長（1785～1788）。1789～1791年任北卡羅來納州參議會議員。田納西州加入聯邦之後，他兩度出任州長（1796～1801、1803～1809）。

Sévigné, Marquise de＊　塞維尼侯爵夫人（西元1626～1696年）　原名Marie de Rabutin-Chantal。法國作家。出身勃艮地舊貴族家庭，受過良好教育，1644年結婚後進入巴黎宮廷社交圈。後專心照顧子女，女兒結婚並移居普羅旺斯以後，塞維尼夫人開始寫信給她。這些信都不帶文學意圖，只是敘述發生的事件，描繪人物和日常生活的細節，並對許多話題發表評論。她們的通信共有1,700封，其中的故事和閒談筆調自然而不做作，生動的描繪出17世紀法國貴族階層的面貌。

Seville＊　塞維爾　亦作Sevilla。古稱伊斯帕利斯（Hispalis）。西班牙安達魯西亞自治區首府。位於瓜達幾維河畔，是西班牙最主要的內河港和第四大城市。原爲一伊比利城市，在羅馬人統治下，於西元前2世紀開始繁榮。西元5～8世紀在汪達爾人和西哥德人的統治下，成爲西班牙南部的主要城市。711年起受摩爾人統治，成爲文化和商業中心，直至13世紀被費迪南德三世率領的西班牙基督教徒占領。1492年後成爲西班牙與北美洲殖民地貿易的中心。1808～1812年被法國人占領，西班牙內戰期間（1936～1939），這裡由民族主義者控制。現爲西班牙主要旅遊中心之一，擁有歷史上著名的清眞寺、大教堂以及12世紀的阿爾卡薩爾宮。該城於1929和1992年分別舉辦了西班牙裔美國人展覽會和世界博覽會。塞維爾大學成立於1502年。人口：都會區約701,927（1998）。

Sèvres, Treaty of＊　塞夫爾條約（西元1920年8.月10日）　第一次世界大戰結束時協約國與鄂圖曼土耳其政府在法國塞夫爾簽署的協定。該條約取消了鄂圖曼帝國；強迫土耳其放棄對亞洲和北非阿拉伯地區的權利；承認亞美尼亞獨立，庫爾德斯坦自治和希臘人對達達尼爾海峽上的愛琴海諸島的控制。由於遭到新成立的土耳其共和國的反對，該條約於1923年被洛桑條約取代。

Sèvres porcelain＊　塞夫爾瓷器　法國的硬質瓷器（眞瓷）和軟質瓷器，從1756年至今皆產於塞夫爾皇家瓷廠（現爲國家瓷廠）。在邁森瓷器於1756年出現衰退後，塞夫爾瓷廠成爲了歐洲最好的瓷廠，這在很大程度上要感謝其贊助人——路易十五世的情婦龐巴度侯爵夫人，她聘請當時一流的藝術家（如布歇和法爾康涅）爲這家工廠工作。塞夫爾瓷器以多種風格和技巧而聞名，比如表現丘比特愛神、牧羊女或仙女的白色人物像以及有微細的金色圖形做修飾的瓷胎。

飾以花卉及丘比特的塞夫爾瓷花盆，製於1761年；現藏倫敦維多利亞和艾伯特博物館
By courtesy of the Victoria and Albert Museum, London; photograph, Wilfrid Walter

Sewa River＊　塞瓦河　獅子山河流。由巴貝河和巴菲河匯合而成，與萬傑河匯合後形成奇塔姆河，最後注入大西洋。全長240公里。爲獅子山最重要的商業河流，金剛石開採業分布廣泛。

sewage system　污水系統　社區廢水的水管與幹管、處理作業及流出管線（下水道）的統稱。早期文明通常在城市地區建立排水系統來處理暴雨逕流。羅馬人建造複雜的系統亦排出公共浴室的廢水。中世紀期間，這些系統因年久失修而荒廢。當城市的人口成長，若不有效地隔離污水與飲用水，就會爆發可怕的傳染病如霍亂、傷寒。19世紀中葉進行第一個步驟是處理廢水。人口集中，加上工業革命製造業廢棄物產生的廢水，使得有效的污水處理日益重要。污水管置於街道底下，留下進出口加上金屬蓋，以便定期檢查和清理。街角的沈渣阱以及街道的邊溝匯集暴雨的地表逕流，並導引到雨水下水道。土木工程師計算污水可能的體積、系統的路線以及管線的坡度，以確保藉由重力平穩地流動，不會遺留下污泥。在平坦的地區，有時候需要抽水站。現代污水系統包括民生與工業下水道，還有雨水下水道。污水處理廠經由一連串的步驟將廢水裡的有機物質去除。在污水進入處理廠時，先篩除大型物體（如木頭和碎石）；接著用沈澱或更細的篩網去除小礫石和砂。剩下的污水進入初級沈積槽，將懸浮顆粒（污泥）沈澱出來。剩下的污水曝氣並與微生物混合，分解有機物質。二級沈積槽讓剩下的顆粒全部沈澱，留下的液體放流水就排到水體之中。沈積槽的污泥可以在掩埋場處置、海拋、當作肥料，或是在加熱槽（消化槽）進一步分解產生甲烷氣體供應處理廠動力所需。

Sewall, Samuel＊　休厄爾（西元1652～1730年）　英國出生的美國殖民地商人和法官。幼年時移民到美國，後成爲新英格蘭殖民地印刷新聞的負責人（1681～1684）和總督委員會成員（1684～1725）。1692年被指定負責審理「賽倫女巫審判」，該案有十九人被判處死刑，他是後來唯一承認錯判的法官。他的三卷本《日記》（1878～1882年出版）記述了新英格蘭清教徒的生活。

Sewanee ➠ South, University of the

Seward, William H(enry)＊　蘇華德（西元1801～1872年）　美國政治人物。1830～1834年爲紐約州參議員，1839～1843年任州長。在美國參議院任職期間，他是輝格黨和共和黨內反對奴隸制的領袖。作爲林肯總統的顧問，他於1861～1869年任國務卿。他參與阻止外國政府承認美利堅邦聯，並解決了特倫特號事件。1865年被布思的同謀者刺傷，後得以康復。他因1867年成功達成阿拉斯加購買的談判而聞名，當時被批評家譏為「蘇華德的蠢事」。

Seward Peninsula＊　蘇華德半島　美國阿拉斯加州西部半島。其頂端－－威爾斯王子角－－位於白令海峽，為北美洲的最西端。長約290公里，寬209公里。最高峰1,439公尺，在基格盧艾克山脈。諾姆市位於半島南岸。

Sewell Anna＊　休厄爾（西元1820～1878年）　英國作家。在母親的引導下開始寫作，其母是深受青少年歡迎的暢銷書作者。自幼便關心仁慈的對待馬的方法，去世前幾年中，她臥病在家，創作出經典的兒童文學作品《黑美人》（1877），該書是關於一匹溫馴的良種馬的虛構自傳，帶有很強的道德意圖，據說對取消使用繮繩的殘酷做法起到了積極作用。

sewing machine　縫紉機　用於縫紉材料（如布料或皮革）的機械，通常有一根傳送線的針和梭子，由踏板或電力來帶動。1846年由何奧發明，並由何奧和辛格成功製造。縫紉機是最早被廣泛採用的家庭用機械，也是一種重要的工業用機器。現代的縫紉機一般都由電動機來帶動，但採用腳踏板的縫紉機仍在世界上很多地方廣泛使用。

sex　性　動、植物個體藉以分成在生殖方面互補的兩類－－雄與雌－－的多種特徵的總和。雌、雄生物不一定具有外觀構造上的差異，但他們在功能、激素和染色體方面總有不同之處。在某些物種中，也可以藉由行為方式（有時很複雜）來區分性。亦請參閱reproductive behaviour。

sex chromosome　性染色體　決定個體雌雄性別的染色體。哺乳動物的性染色體是以X和Y標明；人類的性染色體是總數23對染色體的其中一對組成。擁有兩個X染色體（XX）的個體是女性，擁有X和Y染色體各一個（XY）是男性。X染色體較大，攜帶的遺傳資訊彼Y染色體多。僅由出現X染色體的基因來控制的遺傳特質（如血友病、紅綠色盲）稱為性聯。性聯特質在男性出現較女性頻繁得多，因為男性遺傳了X染色體上隱性遺傳特質的對偶基因，Y染色體缺乏對應的對偶基因來抵消其作用。有幾種疾病是與性染色體的數目異常相關，包括特納氏症候群和克蘭費爾特氏症候群。

sex hormone　性激素　由性腺（卵巢和睪丸）或其他器官產生的有機化合物，可影響生物體的性徵。與其他許多激素（荷爾蒙）一樣，性激素也可人工合成。亦請參閱androgen、estrogen、progesterone。

sex linkage　性連鎖 ➠ linkage group

sextant　六分儀　測定地平線與天體（日、月或星）夾角的儀器，在天文導航中用於測定緯度和經度。該儀器包括有刻度的金屬電弧，電弧圓心處有一活動徑向尺；一具牢牢固定在機架上並與地平線對準的望遠鏡。徑向尺上裝有一面指標鏡，轉動徑向尺，使星像反射到一個與望遠鏡對準、半鍍銀的鏡中，並使望遠鏡中的星像看上去與地平線重合。這時就可從六分儀的刻度盤上讀出星體與地平線間的高度角。根據這個角度以及從時計上記下的準確時間（比如中午），就可從印製的表格中查出緯度（在數百公尺以內）。發明於1731年，取代八分儀成為領航的重要工具。

Sexton, Anne　塞克斯頓（西元1928～1974年）　原名Anne Gray Harvey。美國女詩人。曾當過模特兒、圖書管理員和教師。第一本詩集《欲去瘋人院半途歸》（1960），帶著強烈的自白分析她自己的精神崩潰和後來的康復；其後的《我一切美好的東西》（1962）和《生或死》（1966，獲普立茲獎）兩部作品中，她繼續剖析自己的生活。其他作品有非小說散文集《沒有邪惡之星》（1985）。死於自殺，有幾卷詩作在死後出版。

sexual dysfunction　性功能障礙　因生理或心理上的問題，而無法在平常情況下達到激發性或獲得性滿足。最常見的性功能障礙在傳統上稱為性無能（指男性）和性冷感（指女性），但這兩個名詞已逐漸被其他較專門的術語取代。大多數性功能障礙可藉由諮商、心理治療或藥物治療來解決。

sexual harassment　性騷擾　未經當事人同意、本質與性有關的語言或肢體行為。現在性騷擾的定義，已含括任何當事人認為被侵犯且具有性動機的行為。職場的性騷擾案件可透過法律追訴，雖然要加以定罪並不容易。1994年美國最高法院判決，如果他人的行為造成了不友善和不愉悅的環境，都可視為性騷擾與侵犯人權。

sexual intercourse　性交　亦稱交媾（coitus）或交合（copulation）。男性的生殖器官進入女性的生殖器官（參閱reproductive system, human）的行為。各種性活動（性交前的愛撫）會導致從高潮到消退的一系列生理變化（參閱sexual response）。若性交是完全的，則精液從雄性個體進入雌性個體體內。若條件有利於受精，精子便與卵結合，妊娠由此開始（參閱fertility、reproduction）；避孕可以防止這種結果產生。與不情願的女性進行性交是為強姦。亦請參閱reproductive behaviour、safe sex、sexuality, humasexually transmitted disease。

sexual response　性反應　發生於性激發過程中的生理反應，分為四個階段；不一定要完整地經歷四個階段，也不一定兩人同時經歷這些階段。自我激發稱為手淫；若兩人互相激發，便是相互手淫；若兩人為異性，則性反應可導致性交。在激動期，表現出肌肉緊張，心率加快；男性陰莖勃起；女性內陰道變寬，陰道壁變得濕潤，陰蒂增大。在穩定期，呼吸加快，肌肉繼續緊張；男性睪丸和陰莖頭脹大；女性則外陰道收縮，陰蒂後縮。在高潮期，神經肌肉的緊張很快得到緩解；陰莖反覆收縮，射出精液；陰道有規律的收縮。在消退期，二者的生殖器官都恢復到激發前的狀態；男性在數分鐘或數小時內不能再發生性激發，女性則能很快地再次發生性激發。

sexuality, human　人類的性　人類能激起性興奮或與性興奮有關的傾向或行為。對性造成很大影響的因素為：基因遺傳的確保生殖的性反應模式（參閱reproductive behaviour）、社會對性的態度以及個人的成長經歷。生理學僅對人的性做出了很寬廣的界定；而大部分發生在人身上的變化都產生於學習和訓練。在一個社會中被看作不正常的現象，有可能在另一社會中是正常的。性包括性別、性取向、實際行為以及人們對個人性的以上諸方面的接受度，這一點也許比其他細節更重要。亦請參閱homosexuality、transsexualism。

sexually transmitted disease (STD)　性傳染病　主要因為直接性接觸而傳染的疾病。性傳染病通常侵襲生殖器、生殖系統與泌尿系統，然而可能藉由口交和肛交擴散到口腔和直腸。在後期可能會侵襲其他器官和系統。最廣為人知的是梅毒、淋病、愛滋病和單純疱疹第二型。黴菌感染（參閱candidiasis）在女性會產生白色濃稠陰道分泌物以及外陰部發炎奇癢難耐，有時會讓男性的陰莖發炎。陰蝨寄生（參閱louse, human）亦可算是性傳染病。性傳染病的發生

STUV

牽由一些因素影響，如抗生素、生育控制方法及性行爲。亦請參閱chlamydia、hepatitis、pelvic inflammatory disease、trichomonad、wart。

Seybouse River＊ 塞布斯河 阿爾及利亞東北部河流。發源於塞提夫平原東緣，急速流過納祖爾山一處很窄的峽谷，流經兩岸樹木成行的河谷，在安納巴南方注入地中海。只有河口處能通航，全長232公里。

Seychelles＊ 塞席爾 正式名稱塞席爾共和國（Republic of Seychelles）。印度洋西部共和國。面積453平方公里。人口80,600（2001）。首都：維多利亞。居民爲法國人、黑人和亞洲人混血種人。語言：克里奧爾語、英語和法語。宗教：天主教。貨幣：塞席爾盧比（SR）。位於東北坦

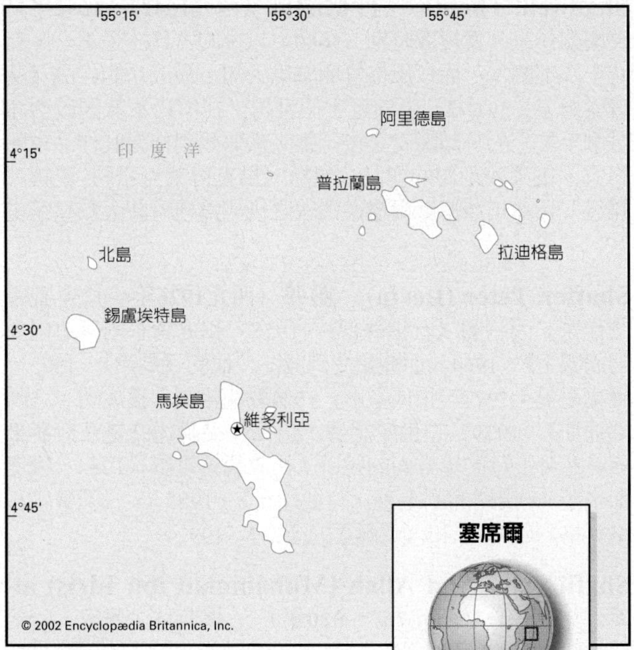

尚尼亞以東。塞席爾由兩個主要島群組成：一個是中部四十個多山島組成的馬埃島，另一個是由周邊七十多個平坦的珊瑚島組成的島群。該國的經濟屬開發中經濟，旅遊業爲經濟支柱。出口包括漁類、椰子和桂皮。政府形式爲共和國，一院制。國家元首暨政府首腦爲總統。1609年，東印度公司探險隊首次在荒蕪的塞席爾群島登陸。1756年該群島歸法國，1810年投降英國。1903年，塞席爾成爲英國直轄殖民地。1976年宣布獨立，但仍留在國協。自1979年，塞席爾爲一黨制社會主義國家。1990年代，塞席爾開始轉向較爲民主的統治。1993年通過新憲法。

Seymour, Jane 簡・西摩（西元1509?～1537年） 英格蘭國王亨利八世的第三任妻子。原爲王后亞拉岡的凱瑟琳和安妮・布林的女侍，約在1535年第一次吸引了國王的注意，但她拒絕成爲他的情婦。這可能加速了安妮的被棄和處決（1536），之後亨利與她祕密結婚。她讓亨利的女兒瑪麗（即後來的瑪麗一世）重獲寵愛，並替亨利生下唯一的子嗣，即日後的愛德華六世，但她在產後十二天即去世，亨利非常悲傷。

Seyss-Inquart, Arthur＊ 賽斯－因克瓦特（西元1892～1946年） 奧地利納粹溫和派領導人。1937～1938年在聯邦國務委員會任職，迫於德國的壓力，他被任命爲內政和公安部長，1938年接替舒施尼格擔任總理。他對德奧合併於德國表示歡迎，後成爲奧地利政府總督（1938～1939）。在第二次世界大戰期間爲德國駐尼德蘭高級專員（1940～1945），對荷蘭猶太人實施納粹政策。後在紐倫堡大審中受審，以戰犯罪處以死刑。

Sezession＊ 分離派 包括數個前衛藝術家團體，由奧地利與德國突破保守藝術家團體的成員所組成。第一個分離派團體於1982年在慕尼黑組成，接著是1982年由李卜曼（1847～1935）所組織的柏林分離派，其中包括藝術家柯林特。其中最富盛名的是1987年在維也納由克林姆所組成的團體，崇尚高度裝飾性的新藝術風格，而非當時主流的學院主義。稍後，克林姆爲維也納大學禮堂天井所繪的壁畫，由於其中情色象徵主義的表現，被視爲污蔑而遭到拒絕。分離派運動影響了包括席勒與霍夫曼等藝術家與建築師。亦請參閱Photo-Secession。

Sfax＊ 斯法克斯 亦作Safaqis。突尼西亞中東部港口城鎮。建於兩個古代殖民點上，後來發展爲伊斯蘭教貿易中心。12世紀諾曼人占領此地，16世紀爲西班牙人奪取，後來成爲巴貝里海岸海盜的據點。1881年該鎮遭到法國人轟炸，後來他們占領了突尼西亞，第二次世界大戰時再次遭到轟炸，成爲德軍基地，直到1943年被英國人奪占爲止。現爲突尼西亞第二大城，也是主要的漁港與交通樞紐。人口約231,000（1994）。

Sforim, Mendele Moykher ➠ Mendele Moykher Sforim

Sforza, Carlo, Count (Court)＊ 斯福爾札（西元1873～1952年） 義大利外交官。1896年進入外交界，在世界各國的大使館任職。1920～1921年任外交部部長，1922年2月奉派爲駐法大使，後因拒絕在墨索里尼領導下工作而辭去該職。斯福爾札是一名堅決的反法西斯主義者，曾自願流亡到比利時（直至1939年）和美國（1940～1943）。返回義大利後，擔任過多政府職務，包括外交部長（1947～1951）。

Sforza, Francesco 斯福爾札（西元1401～1466年） 義大利雇傭兵，米蘭公爵（1450～1466）。1434年任佛羅倫斯傭兵隊長，兩次戰勝米蘭（1438，1440）。米蘭人在創建共和國的鬥爭中（1447），雇傭他爲軍隊統帥。他後來封鎖城市，並奪取控制權，1450年成爲米蘭公爵。後來與佛羅倫斯結盟，以鞏固洛迪和約（1545）。亦請參閱Sforza family。

Sforza, Ludovico 斯福爾札（西元1452～1508年） 義大利文藝復興時期的攝政（1480～1494）和米蘭公爵（1494～1498）。弗朗切斯科・斯福爾札次子，因皮膚和頭髮皆黑，因而獲得「摩爾人」的諢名。曾圖謀奪取擔任其年輕侄子攝政的權力。他使米蘭成爲義大利各州中最強大的一州，加上他是學者和達文西等藝術家的保護人，使他的朝廷在歐洲享有名望。他賄賂馬克西米連一世，以使後者封他爲米蘭公爵。並發動戰爭，將法國人驅逐出米蘭。路易十二世占領米蘭後（1498），斯福爾札未能成功奪回該城（1500），後被逮捕，死於獄中。

Sforza family 斯福爾札家族 1450～1535年統治米蘭的義大利家族。原爲富裕農民，家族名稱源自雇傭兵隊長穆齊奧・阿滕多洛（1369～1424）的諢名「斯福爾札」（力量）。其私生子弗朗切斯科・斯福爾札於1450年成爲米蘭公爵。弗朗切斯科的兒子加萊亞佐・馬里亞・斯福爾札（1444～1476）於1466年繼承父位，他雖然是一位專制的統治者，但他引種了水稻、修建運河、鼓勵發展商業，同時還是各類

STUV

藝術的贊助人。後被反叛者暗殺，他們希望藉此挑起人們起義，但未能如願。其子吉安・加萊亞佐・斯福爾札（1469～1494）於1476年繼位，由他的母親和叔父盧多維科・斯福爾札攝政。後者在1481年篡奪政權，將米蘭建設爲最強大的城市。盧多維科於1499年被法國的路易十二世趕下台後，其子馬西米利亞諾・斯福爾札（1493～1530）返回米蘭，進行統治，但時間不長（1513～1516），他後來將公國讓給法國。在法國戰敗後，他的另一個兒子弗朗切斯科・馬里亞・斯福爾札（1495～1535）回到米蘭，自1522年起實行統治。由於他死後無嗣，公爵頭銜自1535年消亡，公國轉歸查理五世和哈布斯堡王室。斯福爾札・塞孔多（弗朗切斯科・斯福爾札的私生子）的後代成爲斯福爾札伯爵，包括外交官卡洛・斯福爾札。

SGML SGML 全名標準通用標記語言（Standard Generalized Markup Language）。標記語言，組織並標示文件的要素，包括標題、段落、表格和圖。標記要素是根據其意義以及與其他要素之間的關聯，而不是顯示的格式。標記過的要素接著可以依據不同用途的規則以不同的方式格式化。SGML可由人類與電腦程式來閱讀，用途廣泛，包括印刷出版、光碟與資料庫系統。電子稿件的一般編碼最早是在1960年代晚期提出，在1969年IBM研究小組發展GML，由美國賦稅署與國防部採用。在1970年代晚期，美國國家標準局成立委員會從GML設計出SGML，而在1986年被國際標準組織接受。亦請參閱HTML、XML。

Shaanxi＊ 陝西 亦拼作Shensi。中國華北東部省份（1996年人口約30,770,000）。省會西安，它可分爲三個明顯不同的自然區域：南部的山區、中央的渭河谷地，以及北部的山地高原，其中渭河河谷特別容易遭受地震災害。山西北部是中國最早有人定居的幾個地方，包括部分長城在內的古代建築工程的遺跡，仍可在此地發現。自西元前221年至唐朝，此地頗爲富庶，同時是許多政治活動的中心。但在它的灌溉系統日益惡化後，這個地區也隨之沒落。13世紀在蒙古的統治下，陝西取得目前的省政型態。1935年毛澤東的長征在此告終。1937年此地落入共產黨的掌控。山西古代的灌溉系統在現代重新恢復，這個區域再度成爲富庶的農業區，作物包括玉米、小麥、水果、煙草和棉花。

Shabbetai Tzevi＊ 沙貝塔伊・澤維（西元1626～1676年） 猶太教的假彌賽亞。他學習過喀巴拉教的神祕知識，在二十二歲時聲稱自己是彌賽亞。曾在黎凡特一帶遊歷，其間既贏得了追隨者，也樹敵不少。在掌權的修道士和政治人物的支持下，他的運動傳播到歐洲和北美洲部分地區。他在1666年預言以色列即將復興，結果被鄂圖曼蘇丹監禁，在酷刑逼迫下改信伊斯蘭教。他的大多數追隨者都離他而去，但仍有一些忠實於他，並力圖使他的主張和他現實中出賣猶太教的行爲調和起來。

Shabeelle River＊ 謝貝利河 衣索比亞語爲Shebele River。非洲東部河流。發源於衣索比亞地，向東南流經乾旱的歐加登高原。穿過索馬利亞後，流向摩加迪休附近的海岸，然後轉向西南，與海岸線平行約322公里。全長2,011公里。在衣索比亞的雨季，該河與朱巴河匯流，最後注入印度洋；而旱季時，在流經與朱巴河匯流處東北方的一系列沼澤和沙地後消失。

Shackleton, Ernest Henry 沙克爾頓（西元1874～1922年） 受封爲厄尼斯特爵士（Sir Ernest）。英國探險家。1901年參與司各脫的南極探險。1908年再次赴南極，由他率領的一支雪橇隊到達距離南極約156公里處。1914年率領英國橫越南極探險隊，打算經由南極點穿越南極洲。他的「耐力號」探險船撞到浮冰，漂流了十個月後終被壓碎。沙克爾頓和其他人員在浮冰上又漂流了五個月後到達象島。他和另外五人一同航行1,300公里來到南喬治亞島求援，然後帶領四支營救探險隊去援救他的人員。他在另一次南極遠征出發前死於南喬治亞。

shad 西鯡類 鯡科幾種上溯江河產卵的食用海魚的統稱。西鯡魚卵在美國被視爲珍品。成年西鯡無牙。西鯡屬中的西鯡品種下顎正好伸進上顎前端的凹槽。美洲西鯡以前僅產於大西洋沿岸，後被引入太平洋，是一種洄游性魚類，以浮游生物爲食，也是良好的遊釣魚。歐洲的艾利斯西鯡長約75公分，重約3.6公斤。亦請參閱whitefish。

Shadwell, Thomas 沙德威爾（西元1642?～1692年） 英國劇作家。爲復辟時期（1660）以後的宮廷才子之一，寫有十八部劇本，而以風俗喜劇廣爲人知，最成功的作品《艾普索姆泉》（1672）上演近半個世紀。在與德萊敦因政治和戲劇手法上的分歧斷交之後，兩人都開始創作諷刺作品攻擊對方。德萊敦創作的作品（包括《馬克傅萊克諾》）更讓人難忘。1688年沙德威爾繼德萊敦之後成爲桂冠詩人和皇家史官。

Shaffer, Peter (Levin) 謝弗（西元1926年～） 英國劇作家。因喜劇《五指練習》（1958）和史詩悲劇《追趕太陽的國王》（1964）而開始受到關注。他的《馬類》（1973，獲東尼獎；1977年拍成電影）在倫敦和紐約大獲成功；《阿瑪迪斯》（1979）也備受讚譽，這部作品講述的是薩利耶里與莫札特進行的單方面的競爭。後改編爲電影（1984，獲奧斯卡獎）。後期的劇本有《約納達布》（1985）、《萊蒂絲和洛瓦格》（1988）和《戈爾貢的禮物》（1992）。

Shafii, Abu Abd Allah (Muhammad ibn Idris) al-＊ 沙斐儀（西元767～820年） 穆斯林法學家，沙斐儀教法學派的創始人。爲穆罕默德的遠親，於貧困中在麥加長大成人，後穿越阿拉伯半島和黎凡特跟隨伊斯蘭教學者學習。他的一大貢獻是對伊斯蘭教法學思想進行創新性總結，將許多爲人熟知的但不成系統的思想歸結爲前後一致的形式，主要探討伊斯蘭教法的來源以及如何運用這種原始資料來解決當代問題。其著作《麗撒拉含》（817?）使他獲得「穆斯林法學之父」的稱號。

shaft seal 軸封 ➟ oil seal

Shaftesbury, 1st Earl of 沙夫茨伯里伯爵第一（西元1621～1683年） 原名Anthony Ashley Cooper。英國政治人物。曾參加英國內戰，起先爲國王而戰（1643），後又投向國會（1644）。後被克倫威爾任命爲國務委員會委員（1653～1654、1659），並在國會任職（1654～1660）。爲被派去邀請查理二世回國的十二名專員之一，查理還政後，他進入樞密院（1660），1661～1672年任財務大臣，1672～1673年任內閣大臣。在任貿易與海外殖民事務委員會委員期間（1672～1674），他在其被保護人洛克的協助下，爲北美的加州擬訂憲法草案。後因支持反天主教的「宗教考查法」及反對查理的兄弟詹姆斯（後來成爲詹姆斯二世）與天主教徒結婚，而被查理革職，之後成爲反對派輝格黨的領導人。他利用歐次造成的政治混亂，鞏固自己在國會中的勢力，並企圖通過拒絕詹姆斯登基的「排斥法案」，但未果。查理於1681年解散國會，沙夫茨伯里以叛國罪受到審判，但宣告無罪。1682年逃亡到荷蘭，在那裡去世。

Shaftesbury, 3rd Earl of　沙夫茨伯里伯爵第三（西元1671～1713年）　原名Anthony Ashley Cooper。英國政治人物和哲學家。沙夫茨伯里伯爵第一之孫，洛克指導過他早期的教育。1695年進入國會，1699年繼任爲第三代泊爵，在上議院工作三年。他的大量哲學論文都受到新柏拉圖主義的影響，收集在1711年出版的《人的特徵、風習、見解和時代》中，這些著作成爲英國自然神論的主要源泉，影響了波普、柯立芝和康德等人。

Shaftesbury, 7th Earl of　沙夫茨伯里伯爵第七（西元1801～1885年）　原名Anthony Ashley Cooper。英國政治人物和社會改革家。1811年其父繼承伯爵爵位，他成爲阿什利勳爵。任國會議員期間，他反對1832年改革法案，但支持天主教解放和廢除穀物法。1833年起成爲國會中工廠改革運動的領袖，促成「礦山法」（1842）和「十小時法」（1847）的通過，後者稱爲「阿什利勳爵法」，縮短了紡織工廠裡的工作時間。在任貧民免費學校聯合會主席期間（1843～1883），他爲貧困兒童提供免費受教育的機會。1851年繼承其父的爵位後，他繼續推行其工作，成爲19世紀英國最有成效的社會改革家之一。他還在英國聖公會內領導福音派運動，資助一些傳教士團體。

Shah Jahan＊　沙・賈汗（西元1592～1666年）　印度蒙兀兒帝國皇帝（1628～1658年在位）。在其父賈汗季在位期間，沙・賈汗所屬的派系在蒙兀兒王朝的政治中占有主導地位。賈汗季去世後，他贏得足夠的支持，自立爲王。在位期間以成功反抗德干各國著稱，儘管他收復失地的嘗試幾乎使得帝國財力不支，但他的統治使蒙兀兒宮廷到達鼎盛。在他偉大的建築成就中（包括他從阿格拉遷都到德里時修建的堡壘式宮殿），最著名的是泰姬・瑪哈陵。他是比他父親更保守的穆斯林，但又較其子（也是他的繼任者）奧朗則布開通；相對而言，沙・賈汗對待其印度人民比較寬容。

Shah of Iran ➠ Mohammad Reza Shah Pahlavi、Reza Shah Pahlavi

Shahn, Ben(jamin)　沙恩（西元1898～1969年）　立陶宛出生的美國油畫家和平面造型藝術家。1906年舉家移民到紐約，青年時代當過平版工學徒，後在紐約大學和紐約全國設計學院學習。1931～1933年創作的關於薩柯和萬澤蒂的組畫使他聲名大振，這一系列作品將現實主義和抽象主義相結合，表現出對社會政治的尖銳評論。1933年協助里韋拉創作洛克斐勒中心的壁畫，並參與公共事業藝術規畫的工作。1935～1938年在農業保險局擔任美術師和攝影師，並描繪了農村生活的貧困。第二次世界大戰後專注於架上畫、海報設計和書籍插圖的創作。

沙恩，卡什攝於1966年
© Karsh from Rapho/Photo Researchers

Shaivism　濕婆教　亦作Saivism。現代印度教三大派之一，主要崇奉濕婆。崇拜濕婆的教派始於西元前4世紀，西元3世紀的濕婆崇拜者所撰寫的經文是印度教和其他印度宗教坦陀羅的基礎。今天的濕婆教包括了不同的世俗和宗教活動，但都將濕婆作爲最高和力量最大的神和教導者，並將獲得濕婆的力量作爲人生最大目標。據說印度教複雜的儀式就是由此而來的。亦請參閱Shaktism、Vaishnavism。

Shaka＊　恰卡（西元1787?～1828年）　祖魯人酋長（1816～1828），南非祖魯帝國的締造者。因爲其父母的婚姻違反了祖魯人的習俗而成爲棄兒，但他證明自己是個傑出的戰士，而於1816年自立爲祖魯人首領。他致力於改進武器系統，成立團隊體制，採取標準戰略，對士兵實行鐵腕統治。他進攻並征服了沿海的祖魯蘭部落，導致1820年代的姆菲卡尼騷亂。其母1827年去世後，他患上了精神病，開始恐嚇和殺害自己的人民，最後被兩個異母兄弟殺死。

恰卡，平版畫；巴格（W. Bagg）製於1836年
By courtesy of the trustees of the British Museum; photograph, J. R. Freeman & Co. Ltd.

Shaker　震顫派　基督復臨歸一會的成員。爲崇尚獨身主義的千禧年教派，曾於18世紀在美國建立公社定居點。前身是英格蘭貴格會（參閱Friends, Society of）中的一個激進支派，1774年由文盲紡織女工李帶入美國，李的追隨者將她看作是耶穌的第二個化身。該運動從其紐約州奧爾班尼附近的基地開始，傳遍整個新英格蘭地區，後又傳到肯塔基州，俄亥俄州以及印第安納州，最後建立了十九個公社。在公社裡，財產歸公，人們奉行獨身生活，追求從事生產勞動的生活。儘管有時因其和平主義和被錯誤地歸結到他們身上的奇異信念而受到迫害，震顫派仍以他們的農場模式和有條不紊的繁榮的公社而贏得讚譽。他們具有創造簡單實用型設計的天賦，實現了大量發明和革新（參閱Shaker furniture）。震顫派運動在1840年代達到鼎盛，之後逐漸衰退，現在僅新罕布夏州有保留下來的公社。

Shaker furniture　夏克式家具　18世紀最後二十五年在美國建立的震顫派信徒定居點設計的家具。震顫派的設計反映出他們的信仰，即把一件東西製造好，其本身就是一種祈禱的行爲，同時形式必須服從功能。這種態度預示著一個世紀之後產生的功能主義。這些用松木和其他廉價木材製成的家具，每一件的設計都與人們賦予它的功用相適應，沒有任何裝飾。到了20世紀，夏克式家具和夏克式工藝重新引起人們的興趣，在大多數震顫派信徒定居點解體之後，人們如今正大量製造夏克式家具的仿製品。

Shakespeare, William　莎士比亞（西元1564～1616年）　英國詩人和劇作家，常被視爲世界文學最偉大的作家。在阿文河畔斯特拉福度過早年，至少受過文法學校的教育，十八歲娶當地女子哈瑟維爲妻。1594年時，他顯然是逐漸在倫敦嶄露頭角的劇作家，也是宮內大臣供奉劇團（國王供奉劇團）的重要成員，劇團從1599年起在環球劇院演出。莎士比亞戲劇的寫作及演出順序極難確定。最早的戲劇似乎可以追溯到1590年至1590年代中期，包括《愛的徒勞》、《錯中錯》、《馴悍記》、《仲夏夜之夢》，另有以英國國王生活爲本的歷史劇，包括《亨利四世》、《理查三世》、《理查二世》，還有悲劇《羅密歐與茱麗葉》。顯然是1596～1600年寫作的戲劇大致是喜劇，包括《威尼斯商人》、《溫莎的風流婦人》、《無事自擾》、《如願》，還有《亨利四世》、《亨利五世》、《凱撒大帝》等歷史劇。1600～1607年他可能寫了《第十二夜》、《皆大歡喜》、《以牙還牙》等喜劇，還有偉大的悲劇《哈姆雷特》（可能始於1599年）、《奧塞羅》、《馬克白》、《李爾王》，標示著莎士比亞藝術的高峰。晚期作品（1607?～1614）包括《安東尼與克麗奧佩脫拉》、《科里奧拉努斯》、《兩個貴族親戚》，還有幻想傳奇戲劇《冬天的故事》和《暴風雨》。莎士比亞的戲劇大致以五步抑揚格詩句寫成，散發著不尋常的詩意，有生動微妙而複雜的人物刻畫，還有高度自創的英文句法。他的154首十四行詩出版於1609年，但大致寫於1590年代，常以精心控制的形式呈現出強烈的感情。1610年以前莎士比亞退居斯特拉福，到死前一直以鄉村紳士的身分住在這裡。莎士比亞戲劇的第一版合集稱爲第一對開本，出版於1623年。和當時大部分作家一樣，人們對莎士比亞的生活及工作認識極少，而其他作家，尤其是牛津伯爵），常被指爲這些戲劇和詩歌的眞正作者。

shakti 性力 亦作sakti。印度教中指固有的來自神的「創造能量」，以女性節操、女性生殖器官或濕婆的妻子女神薩克蒂爲本。作爲一種能量，性力被看作由男性諸神所發射能力合併而成，是每個人都具有的。在坦陀羅印度教中，性力與最低的輪聯繫在一起，以一條盤旋的蛇（貢荼利尼）潛伏在體內，必須與頭頂的濕婆聯合才能升起而達到精神解放。亦請參閱Shaktism。

Shaktism 性力教 亦作Saktism。崇奉印度最高女神薩克蒂的教派（參閱shakti）。與毗濕奴教、濕婆教同爲現行印度教的主要形式。該教在孟加拉和阿薩姆尤爲盛行，根據對薩克蒂的不同概念，性力教有著多種不同形式。在流行的崇拜中，它有許多名稱，一些學者認爲印度教中的大多數女性神都是薩克蒂的不同表現。人們崇拜並供奉薩克蒂，把她看作是能引導人們實現精神解放的力量。性力教與印度祕教派信徒實現身心淨化的實踐體系有著密不可分的關係。

shakuhachi＊ 尺八 日本竹製笛。通過在其開口頂端吹奏來演奏音符，產生一種特別的帶呼吸聲的音質。有五個指孔。這種樂器的歷史悠久，曾廣泛地用作獨奏樂器，也用於小型合唱曲中，尤其常和日本古琴及三味線合奏。

shale 頁岩 由粉砂級和黏土級顆粒組成的細粒薄片狀沈積岩，約占地殼沈積岩的60%。在商業上有著重要用途，尤其是在製陶工業中，爲製造瓦片、磚塊和陶器的貴重原料，含有製造矽酸鹽水泥的主要原料氧化鋁。此外，開採方法的進步將使油頁岩成爲一種實用的液體石油來源。

shale oil 頁岩油 用分解蒸餾法從油頁岩中萃取的合成原油。這種從油頁岩中提取的油不能用天然原油煉製的方法加工，因爲頁岩油是含氫量低而含有大量氮和硫的化合物，必須加氫並用化學方法除去氮和硫後才能使用。由於這一處理成本過高，使得頁岩油無法在價格上與天然原油競爭。亦請參閱kerogen、petroleum。

shallot 青蔥 百合科微帶芳香的草本植物，學名爲Allium ascalonicum，可能源自亞洲，用於調味。青蔥爲耐寒的多年生植物，葉小、圓筒形、中空，與洋蔥和蒜近緣；花淡紫到紅色，聚生成緊密的傘狀花序；鱗莖小，長形，有稜角。鱗莖簇生在共同的基底上，與大蒜的植株頗相似。綠葉有時亦可食用。市場上大量銷售，稱作青蔥的綠色春蔥實爲洋蔥的一個品種。

shaman＊ 薩滿 能通過法術來醫治疾病，占卜未知事物或控制事件的人。傳統上，薩滿教與北極和中亞的某些民族有關。如今這一術語被用來指世界各地與之相類似的宗教和准宗教體系。作爲行醫術者和祭司，薩滿爲人治病，主持社團祭祀，並護送死者的靈魂進入另一個世界。他通過超脫的技法來進行操作，這是一種能讓他在恍惚狀態中任意離開軀體的力量。在有薩滿存在的文明中，患病往往被看作是失掉了靈魂，因此薩滿的任務就是進入精神世界，捉拿靈魂，把它重新置入人體內。一個人可由繼承或自我選擇成爲薩滿。亦請參閱animism。

Shamash＊ 沙瑪什 美索不達米亞宗教所崇拜的太陽神。與其父辛、女神伊什塔爾共爲聯立三神。作爲太陽神，沙瑪什是英勇的黑夜和死亡的征服者，他也以公平正義之神而聞名。據說他曾爲巴比倫國王陳述《漢摩拉比法典》。夜裡，他是地獄的法官。祭拜沙瑪什的主要中心在拉爾薩和西巴爾。

Shamil 沙米爾（西元1797?～1871年） 亦作Shamyl。達吉斯坦和車臣地方的穆斯林山民領袖。1830年加入當時正爲爭奪達吉斯坦而與俄羅斯人進行聖戰的蘇菲教派；達吉斯坦原爲伊朗北部的一部分，1813年起被俄羅斯人占領。沙米爾最終成爲達吉斯坦的伊瑪目，建立起一個獨立的共和國（1834），並成功的領導抵抗高加索地區的俄羅斯人的征戰達二十五年之久。爲了堅決鎭壓沙米爾，俄羅斯人從各方向他發動進攻，迫使他在1859年投降，有效地結束了高加索人對俄羅斯入侵的反抗。

Shamir, Yitzhak＊ 夏米爾（西元1915年～） 原名Yitzhak Jazernicki。波蘭裔以色列政治家。1935年移居巴勒斯坦，參與建立「以色列自由戰鬥者」，即後來的斯特恩幫。曾兩次被英國當局逮捕（1941、1946），均僥倖逃脫，最後在法國獲得庇護。以色列獨立之後，他擔任摩薩德的祕密工作人員直至1965年。此後又陸續擔任克奈賽（以色列議會）發言人（1977～1980）和比金的外交部長（1980～1983）。1983年當選總理；1984年的一次未分勝負的選舉讓他與工黨領袖裴瑞斯共同執政。自1986年起，夏米爾擔任了六年總理，其間他在1988年又經歷了一次未分勝負的選舉，並於1990年成立聯合政府，1992年失勢。

Shamun, Camille ➠ Chamoun, Camille (Nimer)

Shan 撣族 撣語作Tai。東南亞民族，主要生活在緬甸東部及西北部，也有一些生活在中國雲南省。撣族爲緬甸最大的少數民族，有四百多萬人口。他們主要生活在撣部高原的山谷和平原地帶，他們種植水稻，或行刀耕火種的農作法。撣族人爲上座部佛教徒，有自己的書寫文字和文學。在13～16世紀他們統治著緬甸的大部分地區。在過去的幾十年中，撣族常與緬甸政府就地方自治問題發生爭執。亦請參閱Tai。

Shandong 山東 亦拼作Shantung。中國東北部濱海省份（2000年人口約90,790,000）。山東省包括山東半島和內陸地區，後者土地肥沃，採精耕細作，屬於黃河流域盆地之一部分。半島部分在西元前3000年就已經開發；在西元前8世紀之前，此地業已成爲政治和軍事活動的中心。3世紀成爲中國北方最重要的海運中心，並維持此一地位達數世紀。19世紀毀滅性的洪水導致大量人口外移。19世紀晚期，此地接受到來自德國、英國和日本的各種影響。1937～1945年日本進占此地。1948年又歸共產黨控制。山東的生產品包括小麥、玉米、鐵礦砂、黃金、漁獲和蠶絲。孔子和孟子都出生在山東。

Shandong Peninsula 山東半島 亦拼作Shantung Peninsula。中國東部的半島。位於山東省的東部，向東北方伸入渤海和黃海之間。此地地形多丘陵，海拔約在600英尺（180公尺）左右，但嶗山高達3,707英尺（1,130公尺）。沿岸的漁業相當重要；丘陵上則種植水果。鐵礦、菱鎂礦和金礦相當豐富。有幾座中國最好的港口，就位於半島多岩而崎嶇的海岸上。

Shang dynasty　商朝　或稱殷朝（Yin dynasty）。傳統上認爲，商朝是繼夏朝之後中國的第二個朝代。直到晚近出土的文物才提供夏朝存在的考古證據，而商朝仍是第一個可確實驗證的中國王朝。關於商朝建立的日期，有各種不同看法，傳統上認爲商朝的統治期間從西元前1766～西元前1122年。商朝是個階層化的社會，包括帝王、統理各地方的諸侯，貴族以及從事農業耕作的民衆。商朝發展的曆法一年有12月、360天以及必須另外加置的閏月。中國文字亦於此時開始發展，有大量儀式的銘文的記錄留存至今。現存的人工製品包括樂器、精美的青銅器皿，在典禮和日常生活中使用的陶器，以及玉器和象牙裝飾。瑪瑙貝殼則被當作貨幣使用。亦請參閱Erlitou culture、Zhou dynasty。

Shanghai＊　上海　中國華中東部直轄市。濱黃浦江，因而能讓遠洋輪船靠近城市。約自西元1000年起即有人定居，後來在明朝期間，此地成爲密集的棉花產地。1842年當中國在鴉片戰爭中被英國擊敗後，上海成爲中國首批向西方開放通商的港口後，原爲棉產地的形勢開始轉變，開始主導國家的商業。1921年中國共產黨在此地成立；中日戰爭期間，在上海爆發劇烈的戰鬥；第二次世界大戰，日本占領此地。自共產黨於1949年獲勝後，成爲中國首要的工業與商業中心，以及高等教育和科學研究的領先之地。人口：城區8,937,175；市約14,740,000（1999）。

Shankar, Ravi＊　香卡（西元1920年～）　印度西塔琴演奏家。曾學習音樂和舞蹈，並跟隨其兄烏達伊的舞蹈團到處巡演，學習過數年的西塔琴。1948～1956年任全印廣播電台音樂指導，此後連續赴歐美巡迴演出。1955～1959年爲雷伊寫作《阿普三部曲》的電影配樂。爲印度國家管弦樂隊的創立人之一，並先後在孟買（1962）和洛杉磯成立了金納拉音樂學校。香卡與小提琴家曼紐因和原披頭合唱團成員的哈里遜合作演出，使印度音樂引起西方聽衆的廣泛注意。

Shannon, Claude (Elwood)　香農（西元1916～2001年）　美國電機工程師。生於密西根州佩托斯基，麻省理工學院博士。長時間擔任貝爾電話研究數學家（1941～1972）及麻省理工學院教授。以1948年的論文〈通訊的數學理論〉爲基礎，公認是資訊理論的奠基者。1966年獲得國家科學獎章，1985年獲京都獎。

Shannon, River　香農河　愛爾蘭河流。發源於卡文郡西北部，長約370公里，在利默里克市之下注入大西洋，爲愛爾蘭最長的河流。沿河多水草地和沼澤，多處河道展寬成湖泊，許多河心有島嶼。19世紀早期香農河在愛爾蘭水道中起著重要的連接作用，現用於遊船。

Shanxi＊　山西　亦拼作Shansi。中國華中北部省份。省會太原。山西是個大部分地區爲大量黃土沈積物所覆蓋的廣大高原，爲中國早期農業的發源地。大多數居民爲漢族，其他的民族族群包括回族、蒙古族和滿族。自古以來，此地因其作爲抵擋來自北方的侵略者的緩衝區，以及關鍵的貿易路線，成爲中國北方各個王國所不可或缺的一部分。這裡也是來自印度的佛教，進入中國的主要大道。當清朝於1911～1912年傾覆之後，軍閥閻錫山在此施行專制獨裁的統治，直到第二次世界大戰結束。日本在中日戰爭期間占領一部分的山西省；共產黨的軍隊則於1949年取得山西的控制權。此地擁有大量煤、鐵礦藏，以及中國最大的鈦礦和釩礦，也是中國最大的產棉省份。人口約30,770,000（1996）。

Shao Yong　邵雍（西元1011～1077年）　亦拼作Shao Yung。中國思想家，深刻影響新儒學中唯心論一派的發展。邵雍本來是道家信徒，他拒絕所有政府提供的職位，隱居在河南以外的處所。邵雍因爲學習《易經》，轉而對儒家學說產生興趣。他從中發展出，「數字」作爲所有存在之基礎的理論。他深信解開世界之謎的關鍵繫於「四」這個數字，循此宇宙可分爲四個部分：太陽、月亮、星辰和黃道帶；人體可分爲四種感覺器官：眼睛、耳朵、鼻子和嘴巴；而大地可區分爲四種本質：火、水、土和石。他也將佛教認爲世界是反覆循環的觀念帶進儒家學說。

shape-note singing　圖形記譜讚美詩集　宗教集會上演唱的讚美詩，使用有特殊形狀的符頭以便給未受過訓練的演唱者在讀譜時提供方便。音階的七個音不是唱成do-re-mi-fa-sol-la-ti，而是用早期英國殖民者帶到美國來的四音節體系來唱的fa-sol-la-fa-sol-la-mi。該體系表現出一些連續的三個音程在主音階中重複出現的現象。形狀上略有不同的符頭被分別用來表示四個音節。演唱者按照符頭的形狀來讀譜；不熟悉該體系的演唱者可將它們忽略掉。這個記譜方式在1880年代已基本上消亡，但在近幾年又再度流行。傳統的圖形記譜讚美詩集－－《神聖的豎琴》於1844年出版，至今仍被使用。

shaper　牛頭刨床　一種金屬切削機床。使用時，工件通常放在夾持於工作檯上的虎鉗或類似夾具中，可在恰當的角度用手動或機動方式將虎鉗或類似夾具送入形如砍鑿的單刃切削工具上的行程。在刀具每一行程終了時，工作檯使工件作小量間歇進給。調整的刀架能使刨床刨削出彼此差不多可成任意角度的溝槽和平面。最大的牛頭刨床有0.9公尺長的切削行程，能夠加工0.9公尺長的部件。亦請參閱planer。

Shapley, Harlow　沙普利（西元1885～1972年）　美國天文學家。1911年他通過測定互相交食的雙星的光度變化求出雙星系統成員星的大小，並提出造父變星是規則跳動的變星。1914年他進入威爾遜山天文台。他通過對星系中球狀星團的分布的研究得出，曾被認爲離星系中心很近的太陽實際上距中心有50,000光年（現在估計有28,000光年）。由此產生了第一次對星系的大小作出比較合乎實際的估計。他也研究臨近星系，尤其是麥哲倫星雲，並由此發現星系有成團的趨勢。

shar-pei＊　沙皮狗　發源於中國的古老犬種。沙皮狗明顯的特徵是鬆弛、縐褶的皮膚，特別是幼犬。毛皮有短鬃毛，寬鈍的口鼻，藍黑色的舌頭以及特殊的黑色齒齦。

Sharani, al-＊　沙拉尼（西元1492～1565年）　原名Abd al-Wahhab ibn Ahmad。埃及學者、神祕主義者，蘇菲派沙拉尼教團的創始人。他的一生試圖避免他在伊斯蘭各教派以及其他蘇菲派中所見的極端論，從各派中吸取精髓而忽略其衝突。由於他的思想漫無系統而著作也有失龐雜，其教誨主要在於他個人的表現。他死後，該教團逐漸沒落，儘管直到19世紀還很流行。

Sharansky, Natan ➠ Shcharansky, Anatoly

sharecropping　穀物分成制 ➠ tenant farming

Shari River ➠ Chari River

Sharia＊　伊斯蘭教法　又稱沙里亞。伊斯蘭教的法律和道德概念，在穆斯林紀元早期（8～9世紀）系統化。建立於四個基礎之上：《可蘭經》；「聖訓」中所記載先知的遜奈；伊智馬爾，或稱「公議」；格雅斯，或「類比法則」。

伊斯蘭教法與西方法律根本的不同在於它聲稱建立在眞主的啓示之上。現代穆斯林國家中，沙烏地阿拉伯和伊朗還保持伊斯蘭教法作爲本國的土地、世俗和宗教的法律。但大多數其他穆斯林國家，當認爲不可避免時，就脫離了伊斯蘭教法的箴言，而出現西方化的民事法規。大多數伊斯蘭教的正統派認爲，穆斯林國家應由伊斯蘭教法統治。

shark　鯊　鯊綱300多種食肉的軟骨魚類的統稱。是一種古代動物，在1億年中幾乎沒有變化。典型膚色爲暗淡的灰色，皮膚粗糙，上有似牙的鱗片。多數鯊的尾部富肌肉，尾鰭不對稱，向上翹起；鰭尖；吻部尖，有尖銳的三角形牙齒。鯊無鰾，必須不斷游動才能保持不沈。多數品種胎生。有幾種會對人類造成危險（如大白鯊、雙髻鯊、錐齒鯊、虺鯊）；體型較小的一些種類，如翅鯊類、角鯊類以及狗鯊等則有商業捕撈價值。亦請參閱basking shark、mackerel shark、mako shark、thresher shark、whale shark。

sharksucker ➠ remora

Sharm al-Sheikh　沙姆沙伊赫 ➠ Ras Nasrani

Sharon, Ariel＊　夏龍（西元1928年～）　以色列軍人和政治人物。以色列獨立後接受軍事訓練，從事情報和偵查工作。在「蘇伊士危機」和「六日戰爭」期間，他指揮軍隊奪取了具有戰略意義的米特拉山口。1973年的贖罪日戰爭期間，他領導以色列國民進行反擊。擔任負責新拓居地事務的農業部長（1977）之後，他極力鼓吹在占領的阿拉伯土地上建立猶太人定居地。擔任國防部長期間（1981～1983），他策劃了以色列對黎巴嫩的入侵（參閱Lebanese civil war）。由於以色列調查法庭認爲夏龍對巴勒斯坦難民營的大屠殺事件負有間接責任，夏龍於1983年被迫辭職。1980年代和1990年代夏龍繼續在內閣任職，1999年成爲聯合黨領袖。2001年被選爲總理。

Sharon, Plain of　沙龍平原　以色列西部地中海沿岸平原。從卡爾邁勒山脈延伸至台拉維夫－雅法，全長89公里，大致呈三角形，從遠古時期就有居住者。平原的名字曾在聖經中出現，在埃及的法老碑銘中也有提到。現代該地的移民定居是19世紀晚期猶太復國主義向巴勒斯坦農業地帶移民運動的一部分。到1930年代初期，該地區已成爲猶太巴勒斯坦最密集的定居點。盛產柑桔、蔬菜、棉花，並且是旅遊勝地。

Shasta, Mt.　沙斯塔峰　美國加州北部喀斯開山脈山峰。爲高聳的雙峰死火山，海拔4,317公尺，是方圓百里內的主要景觀。山坡上的幾處冰川使其成爲著名滑雪場和登山區。1854年第一次登上該山峰。

shath＊　沙提赫　伊斯蘭教蘇菲主義用語，指信徒在歸眞狀態下受眞主啓示所發的言語。蘇菲派認爲，當眞主臨在之時，修行者達到狂喜，一瞬間完全超脫現實世界。這一瞬間他們所說的話似乎不合倫次或褻瀆神明，必須按照隱喻法去理解。由於這種神祕狀態持續時間很短，這些話也就不超過六、七個字。但是蘇菲派仍認爲其所有著作，尤其是詩歌，具有沙提赫的成分。

Shatila ➠ Sabra and Shatila massacres

Shatt al Arab＊　阿拉伯河　伊拉克東南部的河流，由底格里斯和幼發拉底兩河匯流而成。流向東南，經伊拉克的巴斯拉港和伊朗的阿巴丹港，注入波斯灣，全長193公里。其水道後半部的東岸形成伊拉克和伊朗之間的邊界。在1980年代，阿拉伯河是曠日耗時的兩伊戰爭的戰場。

Shatuo Turks　契丹　亦作Sha-t'o Turks。一支游牧民族，在880～881年中國唐朝（618～907）發生黃巢之亂，導致首都洛陽和長安被攻陷時，曾出兵協助。後來契丹人的首領李克用（856～908）在唐朝滅亡之後，即成爲勢力最強的帝國王朝之一。

Shaughnessy, Thomas George＊　肖內西（西元1853～1923年）　受封爲肖內西男爵（Baron Shaughnessy (of Montreal and Ashford)）。美裔加拿大籍鐵路大亨。起初是芝加哥、密爾瓦基和聖保羅鐵路公司職員。1882年加入加拿大太平洋鐵路公司，擔任總採購，後來成爲副總裁（1891～1899）和總裁（1899～1918）、董事長（1918年開始）。他在任期間正好是鐵路史上擴展的顚峰時期，此時其公司亦擴張業務，增加運輸及採礦業。

Shaw, Anna Howard　蕭（西元1847～1919年）　英國出生的美籍女權運動者。1851年隨其家人來到美國。十五歲起在西部邊區小學教書，1880年成爲衛理公會的首位女牧師。1885年從事禁酒與婦女選舉權事業，並成爲這兩項事業的重要發言人。次年獲得醫學學位。1904～1915年擔任全美婦女選舉權協會會長，在婦女取得選舉權後不久去世。

Shaw, Artie　蕭（西元1910年～）　原名Arthur Arshawsky。美國單簧管演奏家，搖擺樂時代最流行的樂隊領導人。是一名技術純熟的單簧管演奏家。領導自己的樂隊前是自由職業者。1936年他與一個弦樂四重奏一起演出，後來將樂隊擴展爲更傳統的伴舞樂隊。第二次世界大戰期間曾領導一支海軍樂隊，後來又領導了各種樂隊，直到1954年退休。他最著名的唱片是《開始跳比金舞吧》以及《法蘭納西》。

Shaw, George Bernard　蕭伯納（西元1856～1950年）　愛爾蘭劇作家、評論家。1876年移居倫敦以後成爲音樂和藝術評論，並發表書籍和戲劇評論，同時是社會主義費邊社活躍的成員。在第一部戲劇《鰥夫的房產》（1892）中，他強調社會經濟問題而不是浪漫，採用了他的作品的一貫特點－－反諷喜劇的格調。蕭伯納形容這部戲劇爲「不愉快的」，因爲它迫使觀衆面對不愉快的事實。這些「不愉快的戲劇」還包括《華倫夫人的職業》（1893），該劇關注賣淫，一直被禁止演出，直到1902年。蕭伯納後來又寫了四部「愉快」戲劇，包括喜劇《武器與人》（1894）和《康蒂妲》（1895）。在《巴巴拉少校》（1905）、《醫生的窘境》（1911）和他的喜劇傑作《賣花女》（1913）中，他用高雅喜劇來探討社會的弱點。其他的著名戲劇包括《安德羅克勒斯和獅子》（1912）、《傷心之家》（1919）以及《聖女貞德》（1923）。他的其他作品和言論使他成爲一個備受爭議的公衆人物。1925年蕭伯納獲諾貝爾文學獎。

蕭伯納，卡什攝
Karsh – Woodfin Camp and Associates

Shaw, Lemuel　蕭（西元1781～1861年）　美國法理學家。1822年他起草了波士頓的第一個憲章，該憲章直到1913年還生效。1830年他被任命爲麻薩諸塞州首席法官，任職三十年。他作的裁決對麻薩諸塞州和美國法律都產生重要的影響。他的女兒嫁給了作家梅爾維爾。

shawm 簫姆管 雙簧片木管樂器，雙簧管的前身。其喇叭口和指孔都比雙簧管大。有一個木製的盤，用以支承雙唇。簫姆管從三重低音到最低音有各種型號。可能流行於2,000年前的中東，後來通過十字軍介紹到歐洲。簫姆管以其強大的音質被歸爲「高聲」或「戶外」樂器，用於舞蹈和儀式音樂中。

Shawn, Ted 蕭恩（西元1891～1972年） 原名Edwin Myers Shawn。美國現代舞蹈家、教師、編舞者。1914年與聖丹尼斯結婚，不久開始其舞蹈生涯。他們於1915年共同成立了丹尼斯－蕭恩舞蹈學校和舞團。其巡迴演出第一次將現代舞介紹到美國各地。1931年蕭恩和丹尼斯分手後，建立了男舞蹈演員公司，指導體現活力、男性美的舞蹈作品。1933年蕭恩創立了麻薩諸塞州的雅各之枕舞蹈節，作爲他的舞者的夏季根據地和劇場。1960年代他繼續從事舞蹈和編舞的工作。

演出《歡樂心情》（*Frohsinn*）的蕭恩
Pictorial Parade

Shawnee＊ 肖尼人 來自於俄亥俄河流域中部、操阿爾岡昆語的北美洲印第安人。他們在語言和文化上與福克斯人、基卡普人和索克人關係緊密，也受到塞尼卡人和德拉瓦人的影響。肖尼人在夏季成群地居住在樹皮搭建的房屋中，臨近的田地是婦女種植玉米的地方。男子從事的主要職業是狩獵。在冬季，他們分爲小組的父系家庭，住進打獵的營地。17世紀時肖尼人從他們的家園被易洛魁人驅逐並散居到廣闊的分割開的地區。1725年後，其部落在俄亥俄統一。在他們被韋恩將軍打敗後（1794），便分裂成三個獨立的分支，最後在奧克拉荷馬定居。今日，他們的人數約爲4000人。

shaykh ➠ sheikh

Shays's Rebellion 謝斯起義（西元1786～1787年） 1786～1787年間麻薩諸塞州西部的起義。在一段時間的經濟壓迫和爲抵債而被沒收土地後，幾百名農夫在謝斯（1747?～1825）領導下向春田最高法院前進，並使之無法實施取消抵押品贖回權和債務訴訟。謝斯後來領導約1,200人進攻附近的聯邦軍火庫，但被林肯領導的軍隊擊潰。爲回應這次的起義，該州頒布了放寬債務人經濟條件的法律。

Shcharansky, Anatoly (Borisovich)＊ 夏蘭斯基（西元1948年～） 後稱Natan Sharansky。蘇聯持不同政見者。生於烏克蘭，曾擔任過電腦專業人員，後成爲沙卡洛夫的翻譯。他是一個猶太人，1973年申請移民以色列，但遭到拒絕並被免職。他成爲異議分子的支持者，與西方媒體接觸來宣傳他們的主張。1977年他被格別烏以叛國罪和間諜罪逮捕，判處十三年監禁，流放到西伯利亞的古拉格集中營。已於1974年移民以色列的妻子阿維塔爾，一直支持他的理念。他在1986年獲釋，定居以色列，那裡建立了一個重視關心移民的政黨，並在1996年贏得了內閣的一個席位。

She-Ji 社稷 亦拼作She-Chi。中國古代結合土地和豐收的神祇。中國傳說中，最早的皇帝祭祀「社」（土地之意），因爲皇帝單獨對於整個大地和國家負責。因爲普通人不能參與宮廷祭祀，所以他們祭祀的焦點集中在穀物之神（稷）。地方上的神龕往往兼有兩種圖像，一爲「社」，一爲「稷」，最後這兩種圖像被認爲是丈夫與妻子。

shear legs 起重架 抬起重物的裝置，通常是臨時搭設。由三根桿組成，在頂部捆綁在一起，裝上滑輪組。起重架通常用在航行的船隻上裝設桅桿。

shear wall 剪力牆 建築物中剛性的垂直隔牆，能夠將來自外牆、地板與天花板的側向力，以平行其面的方向轉移到地面基礎。典型範例是鋼筋混凝土牆或垂直的桁架。風力、地震及不均勻沈陷荷重造成的側向力，加上結構物與居住者的重量，產生巨大的扭曲（扭力）。這些力會將建築物撕開（剪切）。在內部附加或放入剛性牆強化骨架以維持骨架的形狀，防止結合處產生轉動。剪力牆在高層建築遭受側向的風力和地震力時特別重要。

shearing 剪毛 在紡織業，將布料突出的絨毛切割成均勻的高度，美化外觀。剪毛機運作的方式很像旋轉式割草機，剪毛的量取決於絨毛要求的高度。剪毛亦可改變表面高度產生條紋或其他圖案。在畜牧業，剪毛是將綿羊或其他產毛的牲畜的毛用特殊的剪子切除。

shearwater 剪水鸌 鸌形目鸌科多種長翅海鳥的統稱，常張開堅挺的雙翅沿水波的波谷滑翔，因而得名。典型的剪水鸌是剪水鸌屬12～17種，黃褐色、喙細長，體長35～65公分，營巢於大西洋、地中海以及幾乎整個太平洋沿海山丘和近岸島嶼上。每一個群體可多達成千上百對；夜間，鳴叫的成鳥出入洞穴時，發出震耳欲聾的喧噪聲。亦請參閱fulmar、petrel。

sheathed bacteria 有鞘菌 自然界普遍存在於緩慢水流的一群細菌。許多物種附著在水下的物體表面，特徵是有絲狀分叉的細胞排列由鞘圈起來。有些種類的鞘是由不同的鐵或鎂氧化物形成的硬殼，依照水體而定。最著名的物種是常見的浮球衣菌，在受污染的水中鞘薄而無色，在無污染的水中，鞘是黃棕色鐵質硬殼，通常發育成長形的黏液纓穗。

Sheba, Queen of 席巴女王（活動時期西元前10世紀） 猶太教和伊斯蘭教傳說中阿拉伯半島西南部席巴王國的國王。在《舊約》中，她曾拜訪所羅門，以測試他的智慧。在伊斯蘭教傳說中，她名爲畢勒吉斯，最初崇拜太陽，後轉而崇拜阿拉，並嫁給了所羅門或海姆達尼部落的男子。在波斯傳說中，她被認爲是中國國王與仙女的女兒。衣索比亞傳說稱她爲瑪奇達，她與所羅門的兒子被認爲是衣索比亞皇朝的開創者。

Shebele River ➠ Shabeelle River

Sheeler, Charles 希勒（西元1883～1965年） 美國畫家和攝影師。他曾在費城工藝美術學校學習，最初以攝影謀生。他在密西根州魯日河的福特汽車廠拍了一套廣受好評的照片（1927），後又在沙特爾大教堂拍攝了一組照片（1929）。他的畫作受到早期立體主義的影響，在成熟期發展爲精確主義。他將工業和建築作爲主題，以抽象的現實主義手法加以表現，強調它們的形式特徵，例如在《滾滾動力》（1939）中就體現了一個機車頭的抽象力量。

Sheen, Fulton J(ohn) 西恩（西元1895～1979年） 美國宗教領袖。生於伊利諾州的厄爾巴索，他在1919年接受祝聖成爲教士前，曾就讀於教區學校以及聖維雅特學院。他並在美國與比利時尋求更深入的研究。1926～1950年任教於華盛頓特區的天主教大學。1930年開始從事長達二十二年的廣播事業，主持節目《天主教時間》，據估計其聽眾曾高達四百萬人。1951年升任爲主教。1950年代他開始從事每週播

S T U V

出的電視節目，其後又開闢另外兩個節目。在他死時，已成為美國最著名的牧師之一。

sheep　綿羊　牛類綿羊屬反芻動物。臉部與後腿有臭腺，有角者其角比山羊叉得更開。各品種的體重約35～180公斤。野生品種綿羊的外毛下有一層羊毛。綿羊成群食草，喜食矮而纖細的禾草或豆類植物。至少在西元前5000年時，中東、歐洲和中亞已經馴養野生綿羊。多數飼養的綿羊品種都能生產出優質的羊毛；少數只能生產粗而長被毛的品種逐漸培育為取用其肉。成年綿羊肉稱為mutton，羔羊肉稱為lamb。

sheep laurel　狹葉山月桂　亦稱lambkill。學名Kalmia angustifolia。歐石南科稀疏的直立灌木。高0.3～1.2公尺，葉光滑似革，常綠，花鮮豔，粉紅至玫瑰色。像其他月桂屬植物（包括山月桂）和其他歐石南科植物，它也含有毒素（梫木毒素）。這些植物生長在北美洲西北部廢棄的牧場和草甸的貧瘠土壤中，放牧的家畜（尤其是綿羊）會因食過多而中毒，甚至有死亡的危險。

sheepdog　牧羊犬　一般來說，培育來放牧羊群的犬種；或是專指邊界牧羊犬。大多數的牧羊犬品種約60公分高，體重23公斤。法國伯瑞犬有濃密的眉毛與長而防水的毛皮。比利時牧羊犬有長黑毛，豎立的耳朵。匈牙利波利犬的毛皮像長細繩。41～48公分高，體重14公斤。亦請參閱Old English sheepdog、Shetland sheepdog。

sheepshead　羊頭鯛　鯛科受歡迎的可食用遊釣魚，學名為Archosargus probatocephalus。常見於北美南部的大西洋沿岸和墨西哥灣沿岸，曾一度盛產於新英格蘭至乞沙比克灣一帶，但今已稀少，原因不明。羊頭鯛的額部高，銀色的體側扁，有寬而深色的垂直帶，幼魚時帶紋最明顯。牙大而扁，用以咬碎、研磨甲殼動物和帶硬殼的軟體動物。成魚一般長60～75公分，重約9公斤。

sheet　岩席 ➠ sill

sheet erosion　片蝕　雨水沖刷而導致的土壤顆粒脫離，以及由於水大片漫過地表面不是沿著固定河道流動而產生的土壤滑坡。在這種情況下，由細小微粒形成的較為均衡的表層會從一個地區的整個地表被移走，有時會導致大面積肥沃的表層土的大量流失。片蝕通常發生在剛耕作過的土地或其他土質固結不良、植被稀少的地方。

Sheffield　雪非耳　英格蘭南約克郡城市。位於本寧山脈山腳下。最初為盎格魯－撒克遜村莊，12世紀初成為城堡和堂區教堂所在地，中世紀時期因出產刃具而出名，到1700年已躍居英國刀具貿易的壟斷地位，直到今天都還是該行業的中心。19世紀中葉起發展鋼鐵工業，並對冶金作了一些創新，製作不銹鋼的方法就是從那裡起源的。1568年蘇格蘭女王瑪麗被囚禁於其北部的諾曼城堡（現已成為廢墟）中。人口529,000（1995）。

Sheffield plate　雪非耳盤　由銅製成並在外面通過熔合鍍上銀的製品。該工藝在約1742年由雪非耳（南約克郡）的刀匠布爾索弗發明，他注意到銀和銅經熔化結合後能保持各自的延展性，並在經處理時成為一體。其他英國、歐洲大陸和北美的工匠店也製作烹調和進餐用的雪非耳盤。在1840年電鍍發明後，雪非耳盤的生產下降。到1870年代已經完全停止了。因其柔和的、灰白色的光澤，雪非耳盤很快就為人們所珍視和收藏。

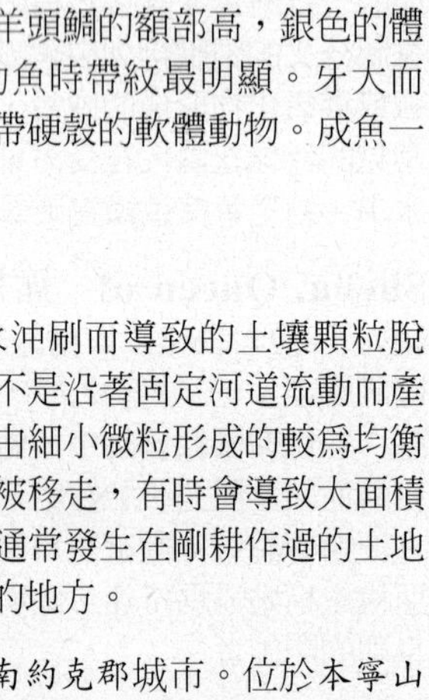

雪非耳盤室內燭台，博爾頓製於約1820年；現藏南約克郡雪非耳的雪非耳市立博物館
By courtesy of Sheffield City Museum; Mottershaw Photography

Sheherazade ➠ Scheherazade

sheikh＊　舍赫　操阿拉伯語的部落（尤指貝都因人）中家族的男性長者，同時也是構成整個部落組織的較大的社會單位的首領。舍赫由部落中的年長者組成的非正式委員會協助。這個詞還可作為尊敬的名稱或頭銜，或是任命宗教權威。

Shekhina＊　舍金納　猶太教神學名詞，表明上帝為永在之神。有時被認為是神光。儘管舍金納是耶路撒冷第二聖殿中缺少的五種物品之一，但據說它會降臨在聖所及所羅門聖殿之上。舍金納和聖靈之間存在著密切的關係，雖然兩者並不完全一致，但都表示了神的存在，並同預言相結合，會因罪惡的出現而消失，並同托拉的研究有關。

shelduck　翹鼻麻鴨　亦稱sheldrake。幾種嘴短，體型略似鵝，但腿稍長，姿態較為挺秀的舊大陸鴨的統稱。它們是麻鴨族（鴨科）中較小的成員。歐洲和亞洲的普通翹鼻麻鴨體羽黑白相間，有淺紅色胸帶；雄體嘴為紅色，嘴上有個結。赤麻鴨分布自非洲北部和西班牙至蒙古，全身橙色，頭色淺白，翼有白斑。通常雄鴨鳴聲悅耳，富進攻性。在北美洲，秋沙鴨有時也稱為sheldrake。

shelf fungus ➠ bracket fungus

Shelikhov, Gulf of＊　舍列霍夫灣　俄語作Zaliv Shelikhova。俄國東部海灣。位於西伯利亞大陸和堪察加半島之間，是鄂霍次克海延伸出的海灣。向北延伸670公里，最寬處達300公里。其北部海灣的潮汐量屬世界之最，每年12月到次年5月封凍。

shell　彈殼　火炮的投射物、子彈殼或霰彈槍的彈藥筒。始於15世紀，當時是金屬或石頭的容器，在容器離開槍炮後即爆炸發散。16世紀開始採用爆破性彈殼，該彈殼為中空的鐵鑄球體，中間充塞了火藥並用引線點火。在18世紀以前，這樣的彈殼只在高角度射擊中使用（包括迫擊炮）。在19世紀，彈殼被使用在直接發射的炮彈中，尤其是在榴霰彈中。現代的彈殼由子彈殼（通常為鋼鑄的）、發射推動藥和爆炸裝置構成。發射推動藥由彈殼底部的起爆劑和彈頭的引線點燃。在步槍、手槍和機槍的彈藥中，這一辭彙指的是整個彈藥筒，包括子彈、火藥、起爆劑和外殼。

Shell ➠ Royal Dutch/Shell Group

shell structure　殼層結構　建築上，彎曲的薄板結構，設計以表面作用的壓力、拉力與剪力來傳遞施加的外力。通常以混凝土加上鋼網強化（參閱shotcrete）。殼層結構開始於1920年代，第二次世界大戰之後一躍成為最重要的長跨距混凝土結構。以肋條加勁的拋物線殼層拱頂建造的跨距可達90公尺左右。更複雜的混凝土殼層結構形式如雙曲拋物面、馬鞍形及不到1.25公分厚度的交叉拋物線拱頂。前衛的薄殼設計師如坎代拉與內爾維。

Shelley, Mary Wollstonecraft　雪萊（西元1797～1851年）　原名Mary Wollstonecraft Godwin。英國浪漫派女小說家。她是威廉．戈德溫和瑪麗．沃斯通克拉夫特夫婦的獨生女。1814年，她與珀西．雪萊相識，並與之私奔。1816年，在珀西．雪萊的第一任妻子自殺之後，兩人正式結婚。瑪麗．雪萊最著名作品為《科學怪人》（1818），寫一位科學家人工造出了一個人，從而引起可怕的後果。1822年，在丈夫死後，她致力於宣傳珀西·雪萊的作品，並教育他們兩人的兒子。在其他作品中，《最後這個人》（1826）被認為是她的最佳小說，它描述未來一場瘟疫如何毀滅了人類的情景。

雪萊，油畫，羅斯威爾（R. Rothwell）繪，1840年首次展出；現藏倫敦國立肖像畫陳列館
By courtesy of the National Portrait Gallery, London

Shelley, Percy Bysshe　雪萊（西元1792～1822年）　英國浪漫派詩人。他是豐富財產的繼承人，但卻是個叛逆的青年，1811年因拒絕承認是《無神論的必要性》一書的作者而被牛津大學開除。就在同年的晚些時候，他與一個小旅館老闆的女兒哈麗葉·威斯特布魯克私奔。逐漸地，他把對個人愛情與社會正義的熱烈追求轉入到詩歌創作中去。他的第一篇主要詩作《仙后麥布》（1813）是一部烏托邦式的政治史詩，表露出他進步的社會思想。1814年他與瑪麗·戈德溫（參閱Shelley, Mary Wollstonecraft）一起私奔到法國；1816年哈麗葉投水身亡後，雪萊與瑪麗·戈德溫結婚。1818年他們移居義大利。脫離了英國的政治，他較少關注社會的改革，而更致力於在詩歌中表達他的思想。他編寫了詩歌悲劇《欽契一家》（1819）以及他的經典之作歌劇《解放了的普羅米修斯》（1820），與他最好的一些較短的詩篇一起出版，包括〈西風頌〉和〈致雲雀〉。《埃皮普錫乞狄翁》（1821）是一個關於精神戀愛的性欲望與藝術創作之間關係的但丁式寓言。《阿多尼斯》（1821）紀念濟慈之死。雪萊在二十九歲時，乘船在義大利沿海航行，遭遇暴風雨而溺水身亡，留下他未完成的最後一部，可能也是最偉大的一部幻想詩《生命的凱旋》。

雪萊，油畫，庫倫（Amelia Curran）繪於1819年；現藏倫敦國立肖像畫陳列館
By courtesy of the National Portrait Gallery, London

shellfish　水生有殼動物　有殼的水生軟體動物、甲殼動物或棘皮動物的統稱。牡蠣、蚌、扇貝和蛤的商業價值最為重要。某些腹足綱的軟體動物，如鮑、蛾螺和康克螺也是市場商品。屬甲殼類的主要食用種有蝦、龍蝦和蟹。棘皮動物中球海膽和海參在某些地區很受歡迎。捕撈上來後，所有的水生有殼動物都極易腐爛。許多品種都是活烹，以保護消費者不致受腐敗食物的影響。

sheltie ➠ Shetland sheepdog

Shenandoah National Park　謝南多厄國家公園　美國維吉尼亞州北部藍嶺山區的國家公園。1935年建成，占地78,322公頃。公園景色聞名，有東部州地區最開闊的景色。園內林木稠密，有硬木樹和針葉樹。野生動物有鹿、狐以及各種鳥類。

Shenandoah Valley　謝南多厄河谷　大部分在美國維吉尼亞州境內的河谷。長約241公里，寬約40公里。從西維吉尼亞州的哈帕斯費里附近向西南延伸，位於藍嶺和阿利根尼山脈之間。有謝南多厄河流經。谷地公路曾被圖斯卡羅拉和肖尼印第安人使用，後來在西部擴張中成為交通要道，現在是一條州際公路。這裡也是美國南北戰爭期間的戰場。今日，謝南多厄河谷有眾多的公園、石灰岩山洞和景色秀麗的汽車路線吸引著旅遊者。

sheng＊　聖　在英文中的意思接近智者（sage），或宗教上的聖徒（saint）。中國人則相信有道德的人可藉由自我修養而獲得非凡、或超自然的能力，並且作為他人的榜樣。孔子用這個詞來指稱過去的模範君主。

Shensi ➠ Shanxi

Shenyang　瀋陽　亦拼作Shen-yang。舊稱奉天（Mukden）。中國東北部城市，遼寧省省會。瀋陽歷史悠久，是滿族帝國在1625～1644年的首都。1895年後是俄羅斯與日本在滿洲（東北）的對抗中所爭奪的對象。1931～1945年日本占領此地，1948年共產黨部隊奪占該市，並成為征服中國大陸的基地。瀋陽是中國最重要的工業城，主要的製造業包括機械、電線電纜、紡織品和化學製品。也是文化與教育中心。人口約4,540,000（1991）。

Shepard, Alan B(artlett), Jr.　謝巴德（西元1923～1998年）　美國太空人。畢業於美國海軍軍官學校。第二次世界大戰期間在太平洋戰區服役。1959年成為水星號計畫的最初七名太空人之一。1961年5月在加加林完成第一次繞太空飛行二十三天後，謝巴德完成了人類第一次繞地球飛行。他進行了十五分鐘的亞軌道飛行，達到185公里的高度。1971年他指揮「阿波羅14號」太空船，完成第一次在月球高地著陸。

Shepard, Roger N(ewland)　薛波（西元1929年～）　美國心理學家及認知科學家。生於加州帕羅奧托市，在耶魯大學取得博士學位後，進入貝爾實驗室工作（1958～1966），而後赴史丹福大學任教（1968年起）。他最著稱的是有關多元尺度法的研究，以及運用空間模型來表達資料的同與異。他也進行檢測心象旋轉現象，一種印象轉化的形式。他在1995年得到國家科學獎章。

Shepard, Sam　謝巴德（西元1943年～）　原名Samuel Shepard Rogers。美國劇作家和演員。當過演員和搖滾樂手。之後嘗試創作獨幕劇和實驗劇。他所創作的劇目於1960年代在外百老匯上演後，幾次獲得奧比獎。其成功的大型劇目，常以超現實主義的影像吸引美國西部、科幻小說和通俗文化而聞名，其中包括了《罪惡之齒》（1972）、《飢餓者的詛咒》（1976）、《被埋葬的孩子》（1979，獲普立茲獎）、《真實的西部》（1980）、《愛情傻子》（1983；1985年拍成電影）、《心靈的謊言》（1985）和《闇夜驚狂》（1996）。他為《巴黎·德州》（1984）創作過電影劇本，還出演過多部影片，其中包括《天堂之日》（1978）、《太空英雄》（1983）、《玻璃玫瑰》（1991）和《絕對機密》（1993）。

shepherd's purse　薺菜　生長於草場和路邊的十字花科雜草，學名為Capsella bursa-pastoris。原產於地中海地區，現分布全世界。株高可達45公分。角果扁，心形，綠色，下方有箭簇狀抱莖葉。花莖從蒲公英狀的基生葉叢中長出，有分枝。花小，白色，簇生。薺菜被廣泛應用於對顯花植物的胚胎形成（由受精卵形成秧苗的過程）的研究。

Shepp, Archie (Vernon)　謝伯（西元1937年～）　美國薩克管演奏家與作曲家，前衛爵士的主要人物之一。生於佛羅里達州羅德岱堡，最初受到科爾特蘭的啓發，後來逐漸在寬廣的顫音與沙啞的音調上表現出韋伯斯特的影響。他偶爾爆發出尖銳的喊叫與重調（同時演奏兩種調子）的演出，成爲前衛薩克管技巧的標誌。他在1960年代初與獨立爵士鋼琴家泰勒錄製第一張唱片，往後成爲其團體的領導人。他同時還是劇作家與教育家，是新音樂與其社會意義的能言善道的代言人。

Sheraton, Thomas　雪里頓（卒於西元1806年）　英國家具製造家，新古典主義家具設計的主要代表人物。他的設計剛柔相濟，帶有一種後喬治王時代女性的嫵媚，後來這種式樣就以他的姓氏命名，爲18世紀後期家具領域內最有影響的權威。他所著的《家具製造和裝潢畫冊》（分爲四部分，1791）對英美兩國的設計產生了重大影響。雪里頓設計優點是自然的現代設計法：在設計中運用木料的本色，而不是用鍍金表面來過分地裝飾木料。

Sheridan, Philip H(enry)　謝里敦（西元1831～1888年）　美國軍官。畢業於西點軍校，曾在邊防服役。南北戰爭期間，率領聯合師進攻田納西，他的騎兵部隊攻占了米申納里嶺，爲奪取查塔諾加戰役立下汗馬功勞。1864年任東線騎兵部隊司令。在維吉尼亞州里奇蒙附近猛襲聯軍部隊。受命指揮謝南多厄方面軍，將厄爾利率領的南方聯軍逐出謝南多厄流域。後加入格蘭特，幫助取得彼得斯堡戰役的勝利。戰後晉升陸軍五星上將。

Sheridan, Richard Brinsley (Butler)　謝里敦（西元1751～1816年）　英國劇作家。在哈羅公學受教育，定居於倫敦，拒絕法律工作而從事戲劇事業。1775年他的喜劇《情敵》中的角色馬拉普羅太太廣爲人知，也使謝里敦成爲戲劇界的領軍人物。1776～1809年間他先任特魯里街劇院的經理，後成爲該劇院的老闆，在該劇院上演他的劇作。1777年上演他的喜劇《造謠學校》，贏得了廣泛的讚揚。《批評家》（1779）再次證明了他具有諷刺智慧的資質。他的戲劇成爲風俗喜劇史上連接王政復辟時期的戲劇與後來的王爾德戲劇之間的橋樑。1780年謝里敦成爲國會議員，是少數派輝格黨的著名演說家。

sheriff　郡長；縣長　在美國的縣法院執行司法職能的高級執行官。通常由選舉產生，有權任命副縣長，並受權代理縣長職責。縣長和副縣長擁有警察長官的權力，有權執行刑法，要求公民（地方武裝部隊）維護治安穩定。縣長的主要司法職務是執行訴訟程序和法院的令狀。英格蘭、威爾斯、蘇格蘭和北愛爾蘭也都設有郡（縣）長。英格蘭的郡長於諾曼征服（1066）前就已存在。

Sherman, Cindy　雪曼（西元1954年～）　美國攝影家。自布法羅的紐約州立大學畢業後，開始著手《無題》（1977～1980），這是她最爲人所知的計畫之一。這一系列8×10吋的黑白相片，以表現雪曼裝扮各種懷舊黑色電影角色爲特色。在她的生涯中，她持續以自己作爲攝影的對象，裝上假髮與變換服裝，表現出在廣告、電視、電影與時裝界中人物的形象。相對的，這也挑戰了由這些媒體所建構的女性刻板文化。在1980年代她的作品表現了傷殘的身體，並反映了飲食失調、經神錯亂與死亡。在1990年代她回到對於女性認同的諷刺評論，在攝影作品中出現了時裝模特兒與洋娃娃。

Sherman, John　雪曼（西元1823～1900年）　美國政治家。生於俄亥俄蘭開斯特，威廉·雪曼之弟。1855～1861年擔任美國眾議員。是一位財政專家，幫助建立全國銀行制度（1863）。支持立法使美國恢復金本位制。1877～1881年任財政部部長。在任職參議院期間（1861～1877, 1881～1897），提出「雪曼反托拉斯法」和「雪曼收購白銀法」（1890）。後來曾一度擔任國務卿（1897～1898）。

雪曼
By courtesy of the Library of Congress, Washington, D. C.

Sherman, Roger　雪曼（西元1721～1793年）　美國法理學家和政治家。生於麻薩諸塞的牛頓，在康乃狄克積極從事貿易和法律事務。1766～1785年任高級法院法官。1784～1793年任新哈芬市市長。爲大陸會議代表，曾參加簽署「獨立宣言」，並協助起草「邦聯條例」。在美國制憲會議上提出綜合了大、小州代表制方案的折衷方案，即結合兩方反對方案的各個方面。此次會議通過的「康乃狄克妥協案」爲美國兩院制聯邦政體奠定了基礎。

Sherman, William Tecumseh　雪曼（西元1820～1891年）　美國軍官。生於俄亥俄蘭開斯特，約翰·雪曼的哥哥。畢業於西點軍校，之後在佛羅里達和加利福尼亞服役。1853年脫離軍隊，進入銀行業。於南北戰爭爆發後再加入聯邦軍。曾參與布爾淵戰役，在塞羅任職於格蘭特手下期間晉升爲少將。和格蘭特將軍一起贏得維克斯堡戰役和查塔諾加戰役的勝利。作爲密西西比師的司令，他調集十萬大軍攻進喬治亞（1864）。在與約翰斯頓率領的同盟軍交戰後，攻下亞特蘭大，並放火燒毀該城。之後開始積極破壞性的「向海洋進軍」，以奪取塞芬拿。部隊所經之地成爲一片廢墟。1865年向北挺進，毀壞了同盟軍的鐵路和南、北卡羅來納的供應基地。4月26日接受約翰斯頓軍隊的投降。被晉升爲上將，並繼承格蘭特擔任軍隊司令（1869～1884）。由他提出的「戰爭即爲地獄」常被後人引用。是現代總體戰爭的主要設計者。

Sherman Antitrust Act　雪曼反托拉斯法（西元1890年）　美國國會爲了抑制那些妨礙貿易和削弱經濟競爭力的集中而通過的第一項立法。該法由雪曼參議員提議，使壟斷美國任何部分的貿易或商業的企圖都成爲非法。最初該法令用來對付工會，在羅斯福總統任期得到更廣泛的推行。1914年國會通過「克萊頓反托拉斯法」並成立聯邦貿易委員會，這兩項措施都加強了雪曼反托拉斯法。1920年美國最高法院放鬆了反托拉斯法的限制，只有通過獲取、兼併以及掠奪性定價的「不合理的」貿易抑制才構成違反「雪曼反托拉斯法」。後來的一些案件重新加強了對反獨占控制的禁止，包括1984年美國電話電報公司的解體。亦請參閱antitrust law。

Sherpas　雪巴人　尼泊爾和印度錫金邦的山居民族。雪巴人屬西藏文化和血統，操藏語方言。除農業和牧牛之外，雪巴人還紡織羊毛製品以維生。他們以喜馬拉雅高山上的挑夫著稱。人數約120,000。

Sherrington, Charles Scott　雪令頓（西元1857～1952年）　受封爲查爾斯爵士（Sir Charles）。英國生理學家。他以去掉大腦皮層的動物做實驗，發現必須把各種反射看作是整個機體的綜合活動，而不是孤立的「反射弧」的個別活動。雪令頓的定律指出：當一組肌肉受到刺激時，其拮抗肌組則同時受到抑制。他發現，肌肉的本體感受器及其神經幹，在反射活動中起重要作用，以保持動物的直立姿勢，對抗地心重力。他的研究影響了腦外科的發展及神經系統疾病的治療。他還創造了神經元和突觸等名詞。其經典著作爲《神經系統的整合作用》(1906)。1932年與亞得連(1889～1977)共獲諾貝爾生理學或醫學獎。

sherry 雪利酒 源於西班牙的一種加強葡萄酒。它的名字取自於西班牙的赫雷斯－德拉弗龍特拉。它獨特的口味來自它的釀造方法,葡萄發酵一段時間以後,稍微透點空氣,促使它發生類似發霉的現象。另一個獨特之處是用陳年葡萄酒勾兌。雪利酒在發酵後,用濃度高的白蘭地來增加酒精含量,一般爲16～18%。雪利酒主要用作開胃酒,某些更甘甜醇厚的雪利酒則用作甜食佐餐酒。

Sherwood, Robert E(mmet) 雪伍德(西元1896～1955年) 美國劇作家。曾任紐約一家雜誌的編輯和阿爾岡昆圓桌午餐會的成員。他的第一個劇本《通往羅馬之路》(1927)批評了戰爭的無聊。《石化的森林》(1935)贏得了廣泛的讚揚。《白痴的歡樂》(1936)、《亞伯・林肯在伊利諾》(1938)以及《不會有夜晚》(1940)都贏得了普立茲獎。1938年他參與成立了有影響的劇作家公司。第二次世界大戰期間,他爲富蘭克林・羅斯福總統寫講稿,並領導陸軍部情報局支部(1941～1944)。他寫的《羅斯福與霍普金斯》(1948)獲得普立茲獎。他寫的許多劇本被搬上了銀幕;早期的電影劇本包括《黃金時代》(1946,獲奧斯卡獎)。

Sherwood Forest 雪伍德森林 英格蘭諾丁罕郡林地和前皇家獵場。因與傳說中的羅賓漢有關而著名。以前森林幾乎覆蓋整個諾丁罕郡西部並延伸到達比郡,現面積已減小,分布於諾丁罕和沃克索普之間。

Shetland Islands 謝德蘭群島 亦作Zetland Islands。蘇格蘭約一百個島嶼的群島。位於蘇格蘭大陸以北210公里,北極圈以南640公里。該群島包含謝德蘭行政區在內。首府爲勒威克。群島上有居民的島不到二十個。爲英國的最北點。海岸呈峽灣狀。由於受北大西洋暖流的影響,島上氣候溫暖。8～15世紀這裡由古斯堪的納維亞人統治。1472年,該群島與奧克尼島同時劃歸蘇格蘭王室。島上的牲口頗爲有名,其中包括謝德蘭小型馬和謝德蘭綿羊,優良綿羊毛被用於極具特色的謝德蘭和費爾島花式針織品。北海的石油工業促進了當地的經濟發展。

Shetland pony 謝德蘭小型馬 一種小型馬。原產蘇格蘭的謝德蘭群島。能適應該島惡劣的氣候及貧乏的食物,初用作馱馬。1850年左右引入英格蘭充作煤礦的役馬。約於同時引入美國,被培育成適於兒童騎乘的體型更優美的品種。除某些侏儒小型馬外,謝德蘭小型馬是馬中最矮小者。平均身高102公分(謝德蘭馬不用手寬進行測量)。該種馬壽命長,容易飼養。只要訓練得法便溫和馴服。

Shetland sheepdog 謝德蘭牧羊犬 亦稱喜樂蒂(sheltie)。牧羊犬的一種,爲放牧謝德蘭群島上的小羊而培育的一種小型工作犬。貌似皮毛粗糙的柯利牧羊犬,但體型較小,體高33～41公分。體壯,敏捷,以善於牧羊,聰明和易親近的天性而著名。被毛長而直,通常爲黑色,棕色或藍灰帶黑色斑點。

謝德蘭牧羊犬
Sally Anne Thompson

Shevardnadze, Eduard (Amvrosiyevich)＊ 謝瓦納茲(西元1928年～) 蘇聯喬治亞籍政治人物。在共青團的組織機構裡青雲直上,1957～1961年任喬治亞共青團中央委員會第一書記。1976年任蘇聯共產黨中央委員會委員。1985年成爲政治局正式委員。在戈巴契夫政府擔任外交部長時(1985～1990、1991),執行1988年蘇聯自阿富汗撤兵的行動,與美國展開新武器談判,以及蘇聯默認1989～1990年間東歐各共產黨政府的垮台,並積極支援「開放政策」與「重建政策」的改革政策。蘇聯解體後,他回到新獨立的喬治亞共和國,並當選爲國家元首(1992)。

Shi Huangdi 始皇帝(秦始皇)(西元前260年～西元前210/209年) 亦拼作Shih Huang-ti。本名趙政。秦朝(西元前221～西元前206年)的創建者。其父是秦國君王。儘管中原國家認爲秦國過於野蠻,但秦國仍然在法家(參閱Hanfeizi)思想的指導下,發展出強大的官僚政府。趙政在李斯的協助下,於西元前221年之前,消滅了中國其他的國家,秦國取得最高的權力。趙政自稱爲「秦始皇」(秦朝第一位至高無上的皇帝),發動改革,計畫創造出一個充分中央集權的管理政府。秦始皇帝對於仙術與煉丹術頗有興趣,希望求得能長生不死的仙丹。他對方士的信賴遭到儒家學者強烈譴責,其中許多儒生並因此被他處決。儒家學者並倡導回歸到舊有的封建道路上。由於他們毫不屈服,導致秦始皇下令焚燒所有非實用性的書籍。傳統的歷史學家認爲他徹底的惡劣、殘酷、粗野與迷信。現代的歷史學者則強調其官僚與管理架構的持久性。雖然秦朝在秦始皇死亡後崩潰瓦解,但後世的朝代仍採用其行政架構。秦始皇被埋葬在一座巨大的陵墓中,其中附帶一支超過六千座的陶俑士兵與戰馬所組成的軍隊。亦請參閱Qin tomb。

shiatsu ➠ acupressure

Shibusawa Eiichi＊ 澀澤榮一(西元1840～1931年) 日本實業家和政府官員。出生於殷實農民之家。被幕府德川慶喜(1873～1913)授予侍的稱號。1868年德川幕府被推翻後,在新政府的財政部工作。1873年辭職,任日本第一國立銀行(現在的第一勸業銀行)總經理。1880年建立大阪紡織公司,確立了他在日本實業界的霸主地位。此外還建立一個從事棉紡織的財閥,或稱卡特爾,以幫助振興工業,讓發貨人和商人能互相利用對方的長處。這種方式在日本工業化過程中被普遍採用。他還幫助建立及管理其他多家公司,成立了東京商業和銀行商會。退休後,積極投身於社會福利事業。

Shigella＊ 志賀氏菌屬 志賀氏菌屬的桿狀細菌的統稱,通常寄居於人類腸道,能引起痢疾或志賀菌病。志賀氏菌都是革蘭氏陰性的(參閱gram stain),不形成芽孢,不能運動的細菌。痢疾志賀氏菌藉污水和食物散佈,具有很強的毒性,能引起極嚴重的痢疾,不過其他的品種也都是痢疾的病原體。

shih tzu＊ 獅子狗 由北京狗和拉薩犬在西藏繁殖成的一種玩賞犬。體健,腿短。體長約26公分,重約8公斤或更少。體長大於身高。嘴短,耳懸垂,尾巴上多毛。被毛厚,毛色多樣。皮毛垂在眼上,在臉上形成鬚。

Shiite＊ 什葉派 伊斯蘭教的一派,教內領導權之爭造成的第一次菲特納(即分裂)。什葉派人擁護穆罕默德的女婿阿里爲先知的繼承人;而當時穆斯林的多數(組成遜尼派)反對阿里,什葉派就成爲一場宗教運動。阿里的追隨者們堅持認爲哈里發或伊瑪目是阿里與他的妻子法蒂瑪的直系後裔。什葉派的合法傳統與遜尼派中四個主要派別的想法不同,被普遍地看作是最保守的。雖然什葉派只占全世界穆斯

STUV

林的10%左右，但在伊朗和伊拉克他們是多數，在葉門、敘利亞、黎巴嫩、東非、巴基斯坦以及印度北部也還有相當多的人數。什葉派中最大的支派是十二伊瑪目派，該派承認十二個歷史性伊瑪目（包括阿里）。其他較小的什葉派支派包括伊斯瑪儀派和栽德派。

Shijiazhuang 石家莊 亦拼作Shih-chia-chuang。中國東北部城市（1996年人口約1,338,796），河北省省會。石家莊位於華北平原的邊緣、太行山脈的山腳下。此地最早可追溯至前漢時期（約西元前206年），唐朝（7～10世紀）期間，石家莊只是個地方上的交易市鎮。1905年當鐵路抵達此地，刺激了貿易與農業之後，開始成長爲中國主要的城市。由於連結了其他的鐵路，加上廣大的公路網絡，使石家莊成爲交通中心。第二次世界大戰末，石家莊發展爲具有行政機能的工業城。現爲中國主要的工業、文化與經濟中心。

shikhara ➠ sikhara

Shikoku＊ 四國 日本四主島中最小的島。位於本州南部，九州東部。面積18,292平方公里，大部爲山地。人口集中在沿海城市區。稻米、大麥、小麥和柑橘爲島上主要農作物。工業包括石油、紡織、造紙和漁業。人口4,195,000（1990）。

Shillong＊ 西隆 印度東北部城市。自1864年成爲行政中心，先是地區首府，後成爲阿薩姆邦首府。於1972年成爲梅加拉亞邦首府。在1897年毀於地震後，已完全重建。爲印度東北部旅遊城鎮之一，也是農產品貿易中心。人口132,000（1991）。

Shilluk＊ 希盧克人 居住在蘇丹的尼羅河西岸民族。爲定居農民，飼養牛、綿羊和山羊。自古以來，就聯合成單一種族國家。領導國家的是神聖國王，他所具有的身體上和精神上的良好狀態被認爲是國家繁榮的保障。除了在皇室內劃分的幾個階層外，傳統上希盧克人被分爲皇家侍從、平民和奴隸。亦請參閱Nilot。

Shiloh, Battle of＊ 塞羅戰役（西元1862年4月6～7日） 美國南北戰爭中的第二個大戰役。在格蘭特將軍領導下，包括雪曼在內的聯邦軍駐紮在田納西河畔的匹茲堡蘭丁（靠近塞羅教堂），準備進攻。美利堅邦聯軍隊在約翰斯頓和波爾格的領導下突然進擊，聯邦軍措手不及，被迫撤退，然而約翰斯頓也身受重傷，生命垂危。第二天，聯邦軍重整旗鼓，奪回了失去的陣地，聯盟軍撤退到密西西比州的科林斯。雙方都宣稱取得勝利，但人們認爲這場戰鬥是邦聯軍的失敗。戰鬥中死傷慘重，雙方各損失約一萬人，數週內軍隊都無法調動。

Shimabara Rebellion＊ 島原暴動（西元1637～1638年） 有兩萬名日本農民參加的反抗橫徵暴斂的起義，得到浪人（無主的武士）的支援。由於當地大部分農民信奉基督教，從而堅定了日本政府將日本與外國勢力隔絕的決心。並堅決取締基督徒的信仰和活動。

Shimla ➠ Simla

shimmy ➠ chemin de fer

Shinano River＊ 信濃川 位於本州的日本最長河流。全長367公里。源出甲武信岳山腳。向北流轉東北，至新潟市注入日本海，信濃川長期以來一直是日本的內陸水道，河口衆多。

Shinbutsu shugo＊ 神佛習合 指佛教與日本神道教的混合。當佛教一在日本出現（西元6世紀中期），便開始了兩教的融合。8世紀起，人們開始在佛寺內建神社，神社附近建佛堂和浮圖。爲了改變這種局面，政府於1868年頒布法令，要求將與神道教有聯繫的佛教徒重新任命爲神道教士或者還俗。因爲日本國教爲神道教，因此政府禁止在皇家舉行佛教儀式。但大多數日本人在生活中仍將兩種宗教結合在一起。他們在神道教聖殿慶祝與生活有關的儀式（如出生、成年、結婚），喪葬和紀念儀式則依佛教之禮。

shinden-zukuri＊ 寢殿造 日本平安時代（794～1185）封建貴族邸宅的建築式樣。正中是寢殿（主殿），用長廊與附屬建築相連。這種建築，以寢殿爲中心，坐北朝南，宅前爲開曠的庭院，庭院內有帶有池塘的花園。東西的對屋（廂房），即輔助性的起居室，用寬闊的渡廊與主宅相連。另有狹窄的迴廊，自廂房向南延伸，兩端有小亭。在庭院周圍，形成U字形。亦請參閱shoin-zukuri。

shiner 閃光魚 鯉科美鯿屬和閃鱗屬多種小型淡水魚的統稱。普通的閃光魚是藍色和銀色的米諾魚，最長到20公分。金色的閃光魚有時稱爲美洲擬鯉，是一種淡綠色和金色的米諾魚，長約30公分，重約0.7公斤。可食用，更是極好的釣餌。

shingle 牆面板；木瓦 薄片狀建築材料，用木材、瀝青、石板或混凝土製成。以重疊狀鋪設，用來排水。多用爲住宅的屋面材料，有時也用作壁板材料（參閱Shingle style）。在美國常用柏木、紅杉或西部紅杉來製牆面板。

Shingle style 木板式 美國獨有的一種建築風格，流行於1870年代和1880年代，整個建築包括屋面和牆面均用木板覆蓋。木版式建築的最傑出代表是理查生雪曼府邸（1874～1875，羅德島新港）以及斯托頓府邸（1882～1883，麻薩諸塞州劍橋）。這種風格起源於安妮女王風格和早期的木構式，其興起與當時對美國殖民主義風格重受歡迎有關。木板面積小，便於覆蓋各種形狀。如同早期的木構式建築，木板式的特點亦爲空間流暢開朗，內外相互穿插，敞廊以及不規則的立面和屋頂輪廓線產生了別致開敞的鄉村風味。木板式對萊特影響很大。

shingles 帶狀疱疹 亦稱herpes zoster。一種侵犯皮膚和神經的急性病毒性傳染病，以沿著某些神經節段出現成群的水疱爲特徵。最常見於背部，水疱出現前患區先感鈍痛，水疱破裂時會很痛。病原與水痘相同，可能是具有部分免疫力的人體內潛伏的病毒又被激活所致。多數病例兩週內可自癒，但癒後神經痛可持續數月及至數年。

Shingon＊ 眞言宗 日本祕傳的佛教派別，建立於對9世紀中國佛教解釋的基礎上。該宗主張修成佛陀的永恆智慧，而傳播這種智慧得通過用身、口、意的特殊形式（參閱Yoga），如手印、咒語和精神的高度集中。其主要意圖是讓佛陀的固有性在所有生物體中能以精神方式存在。眞言宗的正典《大日經》在其他佛教派別看來是不正統的。眞言宗只被看作是金剛乘的一種形式。儘管空海對其做了較大修改，並使其系統化。

Shining Path 光輝道路派 西班牙語作Sendero Luminoso。在祕魯從事暴力革命的毛澤東主義派。1970年由哲學教授古斯曼．雷諾索（生於1934年）建立，爲祕魯共產黨之分裂團體。主張削弱祕魯傳統貴族的勢力，而賦予印第安人民權力，這一主張吸引了衆多追隨者。他們通過暴力和恐嚇控制了祕魯大部分地區。1992年古斯曼被捕入獄，光輝道路派的影響也開始衰退。以前的恐怖活動約造成25,000人死亡，並使祕魯經濟受到嚴重的打擊。

Shinran＊ 親鸞（西元1173～1263年） 原名松若丸（Matsuwaka-Maru）。日本哲學家和宗教改革家。九歲出家，在比睿山上最澄創辦的中心研究佛學二十年。後來遇到淨土宗的創始人法然。當時法然的運動遭到壓制，法然與親鸞均被流放。在二十多年的時間裡，親鸞過著著述和傳教的生活，編著了六卷他的教義。1224年他建立了淨土眞宗。他精煉淨土宗的教義，即通過念頌阿彌陀佛的名字便可得救，而且如果有眞正的信仰也足以得救。他提倡他的僧人結婚以盡量縮小僧俗之間的距離。淨土眞宗現已成爲日本最大的佛教教派。

Shinto 神道教 日本本土宗教，以對kami神的信仰爲基礎。採用神道教這一術語是爲了把日本人的本土信仰與對在6世紀傳入的佛教的信仰區別開來。該教沒有創建者，也沒有正式經籍，只是將其神話收集在《古事記》和《日本書紀》兩本寫於8世紀的書中。核心內容是對神祕創造力和對神的信仰。據說在最初的一批神道教者出現後，伊奘諾尊和伊奘冉尊二神孕育出日本各島和神，他後來成爲各氏族的祖先。日本皇室自稱是伊奘冉尊之女，即天照大神的後代。據說所有的神道教者相互合作，身心和諧。人們相信他們能產生得到保護、合作和支持的神祕力量。從對神社儀式的尊重和觀察（比如儀式的純潔性）來看，神道教的實踐者已開始理解神的意願，並與其和睦相處。亦請參閱Shinbutsu shugo。

shinty 簡化曲棍球 亦作shinny。與愛爾蘭式曲棍球和曲棍球相近的一種運動。在比賽中，隊員（每隊12人）爭取用曲棍將硬製小球擊入對方球門，從而得分。於17世紀前起源於愛爾蘭，並被視作愛爾蘭的民族運動。

ship 船舶 能在大洋中航行的大型漂浮船隻。以前船舶這個詞用於帶三根以上桅杆的航行船隻；在現代，通常是指能航行於公海的500噸以上的船隻。如今最大的船舶是巨型油輪，有的靜負荷可達50萬噸。其他一些專門的船舶（如貨櫃船）以標準的貨櫃載運一般的貨物，很容易裝卸和轉運。亦請參閱battleship、brig、clipper ship、corvette、dhow、frigate、junk、longship、ocean liner、schooner、yacht。

ship money 造船費 最初在中世紀，英國王室對沿海城市所征的稅，供戰時海防的需要。它要求那些受徵稅的城市須提供一定數量的軍艦或繳付等量的金錢。到了查理一世時期（1634），爲了增加財政收入，竟把它當作普通稅來徵收，因此引起人民的普遍反對，進而發展爲英國內戰。1641年國會宣布造船費爲非法。

ship of the line 戰列艦 一種揚帆的戰艦，是17世紀中期到19世紀中期西方世界大型海軍中的主力。從稱爲戰列的海戰戰術發展演變而來，海戰中，雙方船舶縱隊遙遙相對，舷炮齊發，轟擊對方。由於裝有最大大炮的最大船舶在戰鬥中往往獲勝，因而紛紛建造更大的戰列艦。這些三桅船往往長60公尺，排水量1,200～2,000噸，船員600～800人；通常在三層甲板的邊沿裝有60～110門大炮及其他的火器。最後被蒸汽驅動的戰艦取代。

Shipka Pass 希普卡山口 保加利亞中部巴爾幹山脈的山口。海拔1334公尺。保加利亞和土耳其之間的主要通道。是俄土戰爭中兩軍激戰的戰場。在1878年的一次戰役中，眾多土軍陣亡，其將領蘇萊曼也因此被稱作「希普卡劊子手」。

Shippen, William, Jr. 希彭（西元1736～1808年） 美國醫生。在愛丁堡獲醫學博士學位。1762年在費城建立美國第一所產科醫院。1765年與摩根合作在美國僑民中創建了第一所醫學院，並成爲第一位系統講授解剖學、外科學和產科學的教授。是最早用被解剖的人體來講授解剖學的人之一。1777年接替摩根出任大陸軍軍醫署長。他是美國最早的醫學院費城醫學院的創建者之一，並擔任過該院院長。

shipping 船運 藉由水路輸送乘客或貨物的行爲或商業。早期文明利用水路運輸，因水路而興盛。埃及人或許最早利用船舶（約西元前1500年），腓尼基人、克里特人、希臘人與羅馬人全都仰賴水路。在亞洲，中國船艦配備多桅桿及舵，在西元200年左右在海上航行，打從西元前4世紀，中國人就極爲仰賴內陸水路運輸糧食到各大城市（參閱Grand Canal）。日本多山，無法仰賴陸路從事大量運輸，從歷史早期就仰賴內陸與沿海的水路從事船運。香料貿易給予船運貿易重大的激勵。阿拉伯人在基督教時期之前航行到香料群島，歐洲船隊的出現也是因爲香料。茶葉貿易有類似的效果，在新大陸發現黃金亦然。17～19世紀黑奴貿易是大西洋船運的特色。美國和英格蘭是19世紀最強勢的船運國家，德國、挪威、日本、荷蘭與法國，在20世紀早期加入。目前船運仍舊是世界經濟重要的一環，是越洋運送大宗物資唯一可行的方式。許多美國商船隊在第三國註冊避免重稅。亦請參閱East India Co.、East India Co., Dutch、East India Co., French。

shipworm 船蛆 亦稱椿蛆（pileworm）。船蛆科常見的雙殼類海生動物，近65種，會嚴重破壞木結構，包括船殼和碼頭。其前端被殼遮住；身體其餘部分似管狀結構，有的可長達180公分。其白色的殼上有鋸狀脊，能以每分鐘8～12次的鋸動切割木材。它分泌出石灰質襯於穴道內壁，似管狀的部分伸回到穴道口。它從水中攝取食物粒子和氧氣；部分木屑也可作爲食料。

Shirakawa Hideki 白川英樹（西元1936年～） 日本化學家。生於東京，1966年東京理工學院博士。學成之後在日本筑波大學任教。1977年與希格、麥狄亞米德合作，帶領聚乙炔的實驗。研究證明有些塑膠可以化學變質來導電，幾乎和金屬一樣容易。後來發現其他導電的聚合物，而且一般認爲這些發現在新興的分子電子學上扮演重要的角色。與希格、麥狄亞米德共同獲得2000年諾貝爾化學獎。

Shiraz＊ 設拉子 位於伊朗中南部的工商業城市。在塞琉西（西元前312～西元前175年）、安息（西元前247～西元224年）和薩珊王朝（西元224?～651年）時期，該地均占有重要地位。10～11世紀爲該城的鼎盛期。於14世紀被帖木兒占領，而此時設拉子已成爲與巴格達競爭的穆斯林中心。1724年遭阿富汗侵略者洗劫。後成爲桑德王朝（1750～1794）首都。以葡萄酒，花園，神殿和清眞寺而聞名。是波斯詩人薩阿迪和哈菲茲的出生地。這兩位詩人也被葬於此地。人口1,043,000（1994）。

Shire River＊ 希雷河 位於馬拉威南部和莫桑比克中部的河流。也是馬拉威最重要的河流。全長402公里。源出馬拉威湖南岸，匯入尚比西河。在馬拉威境內流經80公里的峽谷區，大小瀑布連續不斷，總落差達384公尺。在利翁德修建的攔河大壩能起到調節希雷河流量和防洪的作用。

Shirer, William L(awrence)＊ 夏勒（西元1904～1993年） 美國新聞記者、歷史學家和小說家。1920～1940年代夏勒在歐洲和印度任駐外記者和電台播音員。夏勒將他對歐洲政治事件的印象編輯成書，名《柏林日記》(1941)。作爲一名左翼的支持者，他被列入了麥卡錫的黑名單。夏勒最著名的著作是《第三帝國的興亡》(1969，獲全國圖書獎)，對納粹德國作了大量全面的考察研究。夏勒的另一部重要的歷史著作爲《第三共和的崩潰》(1969)，對法國作了研究。1979年夏勒出版了《甘地》，回顧了1930年代他數次採訪甘地的情形。

shirk 捨眞主而拜他神 伊斯蘭教名詞，指偶像崇拜和崇拜多神論，這兩種崇拜均被視作異端。《可蘭經》強調眞主與他神不能並立，並警告說，相信其他偶像的人會在審判之日受到懲罰。隨著伊斯蘭教義的發展，崇拜他神這一概念逐步延伸，不僅指信奉非伊斯蘭教的偶像，而且成爲認主獨一一詞的反義詞。伊斯蘭教的法規將崇拜他神的程度進行了劃分，包括迷信，相信被創造之物的力量(比如敬畏聖人)以及相信先知，不過它們在眞正的崇拜多神前都相形見絀。

Shirley, William 謝萊（西元1694～1771年） 英屬美洲殖民地總督。原爲英國律師，1731年移居波士頓。1733年被任命爲海事法庭法官，1734年成爲皇家法律總顧問，之後任麻薩諸塞總督（1741～1749、1753～1756）。在喬治王之戰期間策劃攻克路易斯堡（1745）。1755年成爲北美英軍總司令，在對尼加拉要塞的遠征失敗後，被免職。1761～1767年任巴哈馬總督。

Shiva 濕婆 亦作Siva。印度教所崇奉的主神之一，集多種神威於一身。同毗濕奴一樣，他是一個複雜而矛盾的神話人物之一。他既是毀滅者，又是起死回生者；既是大苦行者，又是色欲的象徵；既有牧養衆生的慈心，又有復仇的凶念。他的配偶在雪山神女、難近母和卡利中有不同的形象。他在濕婆教中是主神。

濕婆，馬德拉斯的青銅像；約做於西元900年
By courtesy of the Government Museum, Madras; photograph, Royal Academy of Arts, London

Shklovsky, Viktor (Borisovich)* 什克洛夫斯基（西元1893～1984年） 俄國文學評論家和小說家，自1914年起即是俄國文學批評流派形式主義的主要代言人。他「務求新奇」(ostranenie) 的概念是他對俄國形式主義理論的主要貢獻。他認爲文學應以不尋常的新方法反映舊思想或世俗的經驗，而迫使讀者重新觀看世界。早期作品包括廣受稱讚的論文集《感傷的旅行：回憶錄》(1923) 和《作家的精妙技巧》(1928)。社會主義當局對形式主義的不滿迫使他在社會主義寫實主義約束下進行創作。他之後發表了歷史小說、電影評論和獲得高度評價的文學研究作品。

shock 休克 生理學用語。因循環系統衰竭，無法提供全身外周器官和組織所需的血液基本量而導致的一組病理綜合徵。臨床表現爲：脈搏速而弱，血壓下降，但不是每個案例都有這些症狀。造成的原因包括了低血容量，由燒傷和脫水引起；心排血量不足，見於大片心肌梗塞、肺栓塞、胸主動脈的夾層動脈瘤和大量心包積液壓迫心臟引起的心包填塞；因敗血症、過敏（包括了過敏反應）和藥物引起的血管擴大。這些都會導致血管血流的減少；反射作用增加心率並收縮小血管以保護重要臟器的血液供應。休克的處理要針對病因，但病因並不都是很清楚，無法給予正確的需要甚至偶而施以相反的治療（例如，大量補液可挽回大量失血的病人性命，但對衰竭的心臟會造成過重的負擔）。

shock absorber 避震器 控制用彈簧懸架的車輛有害運動的裝置。例如，在汽車上的彈簧在車軸和車身之間有緩衝作用，減少不平路面對車身的衝擊。在某種路面上，車子行駛時車身會產生極劇烈的上下運動，避震器——現代的避震器是液壓裝置，對彈簧的壓縮和拉伸都有阻抗作用——即可減緩這種震動。亦請參閱damping。

shock therapy 休克療法 用藥物或電流誘發休克從而治療某些精神疾病的方法。最早是給患者注射劑量逐漸增加的大劑量胰島素，使其出現暫時昏迷。胰島素休克療法曾被用來治療精神分裂症。電擊療法是在雙顳部各放置一塊電極板，通以交流電，使意識立即喪失並引起抽搐發作。該種療法被用來治療躁鬱症和其他類型的抑鬱症。這兩種休克療法都產生於1930年代；在發明了鎮靜劑和抗抑鬱劑之後，它們的用途減弱。

Shockley, William B(radford) 肖克萊（西元1910～1989年） 美國工程師和教師。自哈佛大學獲博士學位。1936年入貝爾電話實驗室工作，開始進行實驗，結果發明並發展了電晶體。第二次世界大戰期間，他任美國海軍反潛戰運籌學組研究主任；後來（1954～1955）任國防部武器系統鑑定組副主任。1955年參加貝克曼儀器公司並建立肖克萊半導體實驗室。1956年與巴丁和布喇頓一起研製成電晶體而共同獲得1956年諾貝爾物理學獎。1958～1974年在史丹福大學教書。1960年代晚期對黑人智力的論點，備受爭議。

shoe 鞋 人腳的保護性外套，通常以皮革製成，具有堅厚鞋底和鞋根，高度一般不超過足踝（與靴類有別）。在美索不達米亞發現的最早鞋型是簡單的皮革封套，基本結構像莫卡辛鞋（moccasin）；鞋在希臘化時代才變成奢侈品。羅馬人發展出鞋型各適合左足或右足的鞋子，他們的鞋類依性別與地位而不同。14～15世紀鞋開始變得特別的長和尖。鞋尖達45公分或更長。16世紀時，鞋的足趾部分極寬，形狀像鴨嘴。17世紀的鞋多帶有一定高度的鞋跟，並常用花邊和彩帶做成大型的玫瑰裝飾鞋子。18世紀金或銀製鞋扣的產生便源於此。1760年麻薩諸塞出現第一家製鞋廠。但一直到19世紀縫紉機之類的現代機器發展出來後，才能以低成本迅速製鞋。

Shoemaker, Bill 休梅克（西元1931年～） 亦稱威利．休梅克（Willie Shoemaker）。原名威廉．李（William Lee）。美國賽馬騎師。於1949年開始賽馬生涯。參加了24場肯塔基大賽，贏了4場。5次在貝爾蒙特有獎賽上奪魁，兩次奪得普利克內斯有獎賽冠軍。在他41年的賽馬生涯中，他所騎過的馬一共有8,800匹得了冠軍。於1989年結束其賽馬生涯。被看作是20世紀下半葉美國最傑出的騎師。

Shoemaker-Levy 9 休梅克－利未9號 1994年7月撞上木星的彗星，由休梅克夫婦與利未在十六個月之前發現。這個彗星在1992年接近木星時撕裂成二十個以上的碎片，二年之後就像一串斷線的珍珠項鍊相繼撞上木星，爲期一個星期，在撞擊點的木星大氣留下比地球還大的暗斑。

shoen* 莊園 日本史上（約8～15世紀）的私人領地，不納稅，常是自治的地產。它們削弱了中央政府的政治和經濟力量，並有助於地方集團的權勢發展。土地所有者將已分割成塊的土地奉送給享有免稅地位的顯赫家族或宗教機構，從而使自己也能獲得免稅地位。與土地有關的所有的人－勢力強大的貴族，土地所有者以及地產管理者－有權分享來自於土地的收入。在鎌倉時代幕府宣稱擁有莊園所有權，並派管事（日語稱爲地頭）到各塊土地去徵收稅款。戰國時期大名加強了對土地所有權的控制，莊園制度遂亡。亦請參閱samurai。

shogi＊ 將棋 日本象棋。棋盤上有81個方格，各方可調遣20個子。與西洋棋相比，有兩點不同：一、被吃的子不死，變爲敵方的子；二、卒按正常走法吃子。將棋來源不明。

shogun＊ 將軍 （日語意爲「征夷大將軍」〔barbarian-quelling generalissimo〕）日本在平安時代於作戰勝利後授予有功將領的一種頭銜。1192年源賴朝在控制日本後獲此頭銜，並成立鎌倉幕府。後來鎌倉的幕府將軍們名義上雖仍統治日本，實權卻掌握在北條家族之手。1338年足利尊氏獲得將軍頭銜後，建立了足利幕府，但其後繼者似乎不像鎌倉的將軍那樣有效控制全國，國家因而逐漸陷入內戰（參閱Onin War）。德川家康的幕府是維持時間最久的幕府，但後來將軍的實權被架空，由德川家主要氏族組成的一個元老會議在背後操控。由於將軍的頭銜最終來自天皇的授予，在明治維新時期天皇成爲那些想要推翻幕府者的一個號召力。

shoin-zukuri＊ 書院造 日本民用建築的一種式樣，其名稱來自書院shoin，即一種內帶書桌的書櫥。床之間和壁內書架是另外兩種常見的書院式樣。這種源於禪宗派的寺院住宅逐漸取代了室町時代（1338～1573）的寢殿造建築。其特點是比較樸素（失去收入來源的貴族迫於無奈），不對稱還有大片流線型土地。書院造還採用了牢固的牆壁結構和可以滑動的障子，而不像寢殿造那樣用可移動的隔離物來分割主要的起居空間。

京都金閣寺書院造內部，左後為壁內書架，右後為障子；建於15世紀晚期
Oguro Planning Co. – FPG

shoji＊ 障子 在日本的建築物裡，起到和外部隔離作用的滑動門窗，在木製的格子框架上黏糊著堅韌半透明的白紙。關閉後能透進柔和的光線。夏天可將其拉開或完全取下，使屋內與外界相通。由於日本極其潮濕，才出現了這種令人感到舒適的設計。障子是書院建築風格的一個特點。

Sholem Aleichem＊ 肖洛姆・阿萊赫姆（西元1859～1916年） 原名Sholem Yakov Rabinowitz。俄國作家。年輕時即喜愛寫作，十七歲任家庭教師，後來任政府所設拉比。從1883年起，即從第一篇意第緒文小說問世到去世時止，他寫了四十多本意第緒文小說和劇本，這些作品被廣泛翻譯。《猶太兒童和古老國家》是其十四卷全集裡英文譯作中的一篇。養乳牛者提瓦耶是他創作的最有名的人物形象，這位短篇故事中的主人翁後來成爲音樂劇《屋頂上的提琴手》（1964）的創作來源。

Sholes, Christopher Latham 肖爾斯（西元1819～1890年） 美國發明家。最初的實驗開始於頁碼編號機和打字機。1868年他和格利登、索爾共同獲得打字機的專利。之後對打字機的改進使他又獲得兩項專利。1873年他以12,000美元將專利權賣給雷明頓軍械公司。這家公司通過進一步改進，終於創造了在市場上銷售的雷明頓牌打字機。

Sholokhov, Mikhail (Aleksandrovich)＊ 肖洛霍夫（西元1905～1984年） 蘇聯小說家。出生於頓河流域。參加過紅軍，並於1932年加入共產黨。最爲著名的作品是長篇小說《靜靜的頓河》這部作品被譯爲《頓河靜靜的流》（1934）和《頓河流向大海》（1940）兩部分。它描寫的是哥薩克人和布爾什維克之間的鬥爭，被譽爲社會主義寫實主義的有力典型，成爲俄國流傳最廣的小說。索忍尼辛和其他一些作家認爲《靜靜的頓河》抄襲了哥薩克作家克留科夫（卒於1920年）的作品，從而引起爭議。肖洛霍夫的後期作品包括《未被開墾的處女地》（1932～1960）。他於1965年獲諾貝爾文學獎。

Shona 紹納人 居住在辛巴威東部和莫三比克西部的操班圖語民族。人口約爲850萬。紹納人種植玉蜀黍、小米和高粱等作物，並養牛。其村莊由竹泥棚屋，穀倉和普通牛欄組成。紹納人的傳統曾以其精美的鐵製品，陶器和音樂著稱，但在基督教的傳播以及某些城市化過程中正迅速衰落，幾乎未曾動搖的是他們對魔法、巫術及妖術的信奉。

shooting 射擊 射擊是使用步槍、手槍（包括左輪手槍）或獵槍向各種槍靶射擊以練習槍法的一種運動。世界錦標賽的競賽項目爲：小口徑步槍、自由步槍、中心發火手槍、自由手槍、快射手槍、空氣步槍、空氣手槍和獵槍。射擊從1896年現代奧運會開始即列入比賽項目；1984年設立女子項目。亦請參閱skeet shooting、trapshooting。

shooting star ➠ meteor

shopping mall 購物中心 亦稱shopping center。包括有許多獨立的零售商店、服務業以及停車場地的商業區，由一管理公司作整體規畫維護。在20世紀由人們對傳統市場的改良而來。在美國戰後時期大量居民由城市遷往郊區，同時也由於越來越多的人使用汽車，預示著有必要修建集中的購物場所。現在大型的購物中心，往往處在多個停車場的中心，與其前身，即那些較小的市區購物長廊間已無太多共同之處。購物長廊的產生是出於對天氣的考量。紐約的水牛城以及克利夫蘭是由鋼樑支撐的帶玻璃屋頂的建築，十分有吸引力。今年來在購物中心內出現了長廊氛圍復興的趨勢，常帶有健身房和陽台。世界上最大的兩家購物中心是加拿大亞伯達的西艾德蒙呑購物中心和美國明尼蘇達州布盧明頓的購物中心。

shore ➠ coast

Shore Temple 海岸神廟 印度莊嚴的神廟群（約建於西元前700年），爲在坦米爾納德邦沿岸的默哈巴利布勒姆許多印度教遺跡中的一個。它被視爲是中古早期印度南方神廟建築最精緻的典範。它與該地相鄰的大多數建築不同，是由切割的石塊所建成，而非挖鑿的洞穴。它擁有兩間聖殿，其中一座向濕婆致敬，另一座則奉獻給毗濕奴。它的風格以角錐形的庫提那式高塔爲其特色；這些高塔是由階梯狀的樓層所組成，頂端則爲小圓頂和頂端飾，與北印度的希訶羅頗爲不同。

Short Parliament 短期國會 ➠ Long Parliament

short story 短篇小說 簡短的虛構散文敘述。通常只敘述一個重要事件或場景。涉及人物有限。這種形式鼓勵了布景的節約和簡明的敘述；人物在行動和戲劇性遭遇中顯露內在，但很少完全發展出來。短篇小說的主要目的在於製造氣氛，而不在於講述故事。儘管有許多例子，短篇小說只是出現於19世紀的一種獨特文學類型，比如在霍夫曼、克萊斯特、愛倫坡、梅里美、莫泊桑和契訶夫等人的作品中。

Shorter, Frank 蕭特（西元1947年～） 美國賽跑選手。生於慕尼黑的美國家庭，1970年贏得他的第一個馬拉松比賽冠軍，成績（2小時12分19.8秒）比第二名快了兩分鐘。1972年的奧運會中，成爲六十五年來第一位贏得奧運馬拉松金牌的美國人；1976年的奧運再拿下一面銀牌。

Shorter, Wayne 蕭特（西元1933年～） 美國薩克斯風演奏家與作曲家。生於紐約州紐華克，曾就讀於紐約大學。1959～1964年與布萊基的樂團共同演出，成爲其音樂總監。後來加入了在1960年代中期極富盛名的邁爾斯戴維斯的團體，成員包括漢考克、貝司手卡特（1937～）與鼓手威廉斯（1945～）。1970年他與薩威努（1932～）成立了「氣象報告」樂團，與貝司手帕斯托里斯（1951～1987）組成1970年代最重要的融合爵士與搖滾的樂團。他還寫了許多知名的爵士樂。

shorthair cat 短毛家貓 一種家貓品種。按標準來說，短毛家貓應體格強健，腿粗壯，頭圓，眼圓，耳尖亦圓。毛短，顏色同長毛貓。某些顏色（如藍乳酪色）少見，而虎斑色（銀、棕、藍及紅色）較多見。

shorthand 速記 亦稱縮略書寫法（stenography）。運用符號和縮寫方式代替字母、詞或片語以進行快速書寫的文字系統。希臘羅馬時代便已使用，速記於16世紀流行於英國。現代速記法有皮特曼速記法、葛雷格速記法和快速書寫法三種。有許多是根據讀音來記錄的（如，在皮特曼系統中，deal、may和knife記成del、ma和nif）。現在速記廣泛用於立法團體之議事記錄、法庭審訊之證詞以及口授的商務通信等方面。

Shorthorn 短角牛 亦稱達拉謨牛（Durham）。於18世紀後期在英格蘭北部達拉謨郡，以本地家牛通過雜交育種育成。角短，體短而粗，毛色有單色、紅間白色斑紋、白色或雜色。是唯一有雜色的現代牛品種。短角牛廣泛飼育於全世界。其特殊品種包括乳肉兼用短角牛和無角短角牛，一種短角牛變種。

Shoshone * 肖肖尼人 北美印第安居民集團，傳統上占據著美國大盆地地區。肖肖尼語屬猶他－阿茲特克諸語言的努米克諸語言。歷史時期的肖肖尼人大體上可分成四個居民集團：西肖肖尼人（無馬肖肖尼人），集中居住在內華達州；北肖肖尼人（有馬肖肖尼人），居住在猶他州西北部及愛達荷州南部，風河肖肖尼人，居住在懷俄明州西部；科曼切人，居住在德州西部。西肖肖尼人以打獵和採集野生植物爲生。風河肖肖尼人和北肖肖尼人可能早在1680年即已得到馬匹，並很大程度上吸取了大平原印第安人文化；他們獵捕野牛，使用圓錐帳篷，以獸皮爲衣，部落間時有爭戰發生。從風河肖肖尼人中間分離出來後，科曼切人往南遷移。目前約有一萬肖肖尼人，大多數居住在居留地。

Shoshone River * 肖肖尼河 美國懷俄明州西北部河流，在黃石國家公園的阿布薩羅卡嶺間由兩支流匯合而成。向東北流經160公里後在蒙大拿州界附近注入大角河。因印第安人的肖肖尼部族而得名。

Shostakovich, Dmitri (Dmitriyevich) * 蕭士塔高維奇（西元1906～1975年） 俄羅斯作曲家。出生於知識分子家庭，並由於青年時代發生的政治騷動，十三歲就進入聖彼得堡音樂學院學習。他所創作的第一交響曲（1925）引起了國際注意。作品顯示出其能夠充分駕馭大調的能力。能表現多種風格，既有樸實的抒情，又有辛辣的諷刺，還有宏偉的史詩。他以後創作的交響曲以及《鼻子》（1928）、《黃金時代》（1930）和《姆欽斯克的馬克白夫人》（1932）等戲劇作品，可能是他最「現代派」的作品。《真理報》對《姆欽斯克的馬克白夫人》的批評，很有可能出自史達林，迫使蕭士塔高維奇採用了一種完全不同的風格。他於戰時創作的《第七交響曲》，被認爲是對德軍入侵的描繪，成爲愛國主義的象徵。在政府公開譴責其音樂後（1948），他再次消沈，並寄個人情緒於室內樂作品中，尤其體現在他的十五首四重奏中。1950年代後期解凍之後，他創作了兩部極爲個性化的交響曲，包括13號《巴比雅》（1962）。他被認爲是史特拉汶斯基之後最偉大的俄國作曲家。

shot put 推鉛球 將一金屬球擲出而比賽遠度的田徑項目。起源於古代推擲石頭的遊戲。後來用炮彈代替石頭進行比賽。1896年第一屆現代奧運會所規定國際比賽中所使用的鉛球，男子用球重7.3公斤，女子用球重4公斤。

shotcrete 噴製混凝土 亦作gunite。噴射施工用的混凝土。噴製混凝土是一種混凝料與普通水泥的混合物，由壓縮空氣輸送到噴槍的噴嘴處，在此和水。在建築施工中，噴製混凝土常用於鋼筋和鋼筋網結構的保護層。由於噴製混凝土可以作成任意形狀，易於著色，並且在噴射後可以進行雕塑，因此適用於各式混凝土建築物的施工，包括人造岩石牆壁、動物園的圍柵、棚頂、耐火襯裡、游泳池、水壩等。有時，在隧洞施工中也用噴製混凝土來襯護隧洞岩壁。

shotgun 獵槍 射出的多顆彈丸或鉛沙彈離開槍口後向四處散開的肩荷滑膛武器。獵槍主要用於射擊小型移動目標，特別是鳥類。最早的裝鉛沙彈的滑膛火槍是16世紀時出現於歐洲的鳥槍。1880年代出現了一次能同時上幾個彈藥筒的獵槍。現代獵槍的有效射程約爲45公尺。

Shotoku Taishi * 聖德太子（西元574～622年） 日本古代重要的攝政，提倡佛教和儒教，重新派遣使節出使中國，並採用中國的曆法和朝廷等級。他興修法隆寺，「十七條憲法」的制定有時會歸功於他，其內容爲儒家道德和中國的官僚制度。死後被看作是佛教聖人。

shoveler 琵嘴鴨 鴨科鴨屬4種喙大而長呈匙狀的鑽水鴨的通稱。會遷移的北方琵嘴鴨棲息於美、歐、亞、非各洲的淺水沼澤和鹹水湖。雄體頭部綠色，胸部白色，腹部和體側栗色，前翅有藍斑。用覆有板層結構的大喙從泥漿表層過濾出種子和小生物爲食；在較深的水中，從水面獲取浮游生物。其他3種是南美的赤琵嘴鴨、南非的黑頂琵嘴鴨（即開普琵嘴鴨或史密斯氏琵嘴鴨）、紐西蘭和澳大利亞的褐頭琵嘴鴨（即澳大利亞琵嘴鴨或藍翅琵嘴鴨）。

show jumping 超越障礙比賽 馬術比賽專案，要求騎手在規定時間內乘馬越過一系列障礙，以其跨越障礙的能力和速度來記分。從1912年起，個人和團體的超越障礙賽就已經被列爲了奧運會項目。總統盃是該項目的國際團體冠軍賽。

Showa emperor 昭和天皇 ➡ Hirohito

Showa period * 昭和時代（西元1926～1989年） 日本的一段歷史時期，相當於裕仁（昭和的皇帝）在位時期。昭和時代見證了1930年代的軍國主義，以及日本災難性地介入第二次世界大戰，結果導致國家的全面崩潰，最後並投降。戰後是一個復原時期，1956年加入聯合國，1964年主辦奧運會，1970年舉辦大阪世界博覽會，象徵其重建的成功。日本經歷過所謂的「經濟奇蹟」，1955～1960年平均成長率達10%，其後的數年則更高。到了1980年代，日本已成

S T U V

爲世界最龐大也是最複雜的一個經濟體，其國民平均所得甚至超越了美國。日本社會愈來愈都市化，到1980年代中期已有十分之一的人口居住在東京。美國對日本大衆文化的影響非常強烈，日本年輕人皆盡其可能地模仿美國的事物。昭和時代同時也可看到更多的人以核心家庭而非數代同堂的方式過活，更多人是戀愛結婚而非家庭安排，子女數減少，婦女也有更多的選擇機會。亦請參閱Akihito、Occupation (of Japan)。

shrapnel＊　榴霰彈　最初指以其發明者英國砲兵軍官施雷普內爾（1761～1842）名字命名的一種殺傷彈丸。榴霰彈由通常爲鉛質的霰彈或球形彈丸，以及使霰彈和彈殼碎片飛散的炸藥組成。在彈頭飛行的後段，當其接近敵方軍隊時，用定時導火線引爆炸藥。第一次世界大戰中，炮彈致傷的傷員大部分都是由榴霰彈引起的。第二次世界大戰中，可以將炮彈鐵殼炸成碎片的高爆炸藥使榴霰彈被淘汰。shrapnel一詞後來用來表示彈殼碎片。

Shreve, Henry Miller　施里夫（西元1785～1851年）　美國發明家、探險家。在賓夕法尼亞州西部邊疆地區長大。1799年他父親去世以後，他開始商業航行。在1812年戰爭期間成爲密西西比河上第二艘輪船「企業號」的船長，爲傑克森的軍隊運送補給品。雖然它是第一艘到達路易斯維爾的輪船（1815），這次航行卻使施里夫意識到有必要設計一種新的適合江河航運的船。他設計的船殼平而淺的「華盛頓號」將蒸汽引擎裝在主甲板上，並設計了雙層甲板。這成了密西西比河上航船的典範。爲了清潔河道上的垃圾，他後來又設計了第一艘清除水下障礙的船。他在路易斯安那州紅河上的工作營地成了永久性居民點，名爲施里夫港。

Shreveport　施里夫港　美國路易斯安那州西北角的一城市。1837年建於從喀多人手裡購買的紅河岸邊，在美國南北戰爭期間成爲盟軍首都和軍隊的總部。1906年在此發現石油後，該地區發展迅速，現已成爲附近三個州的商業和工業中心。路易斯安那州立大學建在該城。人口200,145（2000）。

shrew　鼩鼱　鼩鼱科290種食蟲類動物的統稱，分布於北半球和安地斯山區。被認爲是鼴，眼和外耳均小，顱骨窄，吻部突出於下唇之前。體長3.5～27公分，除了2.5～4公分的尾長。體重最小的僅2公克，可能是世界上最小的哺乳動物。鼩鼱主要地棲，生活在地面的枯枝落葉層中，有的穴居，極少數半水棲或樹棲。由於它們的太小，代謝率是哺乳動物中最高的（脈搏每分鐘亦高達800次），連續數小時不進食即不能生存。主要食無脊椎動物，有時亦食小型哺乳動物。有些種分泌有毒唾液，人被咬後亦感疼痛。猛禽和蛇類捕食鼩鼱，但多數哺乳動物都避之。有的專家將之歸類爲靈長類的樹鼩（樹鼩科）。

Shrewsbury　舒茲伯利　英格蘭什羅普郡首府。位處英格蘭－威爾斯邊界，被塞文河環繞。該城西元5世紀由波伊斯的威爾斯王國所建，在8世紀末成爲了盎格魯－撒克遜麥西亞王國的一部分。11世紀，羅傑·德蒙哥馬利在此建修道院，使之成爲第一個英國的伯爵領地。在中世紀末結束與威爾斯之間的戰爭後，該地區開始與威爾斯進行羊毛和亞麻貿易，並逐漸繁榮起來。它是達爾文的出生地。人口約63,000（1995）。

Shrewsbury, Duke of　舒茲伯利公爵（西元1660～1718年）　原名Charles Talbot。英格蘭政治家。他在七歲時繼承其父爵位，被作爲一名天主教徒養大。他在1679年成爲新教教徒，是1688年敦促奧蘭治親王威廉奪取詹姆斯二世的王位的七個革命人物之一。在成功地支援革命以後，他在1689～1690和1694～1699年間爲威廉三世擔任國務大臣，1694年被封爲公爵。在由輝格黨轉投托利黨以後，他在托利黨政府中擔任愛爾蘭陸軍中尉（1710～1714），並於1714年被安妮女王任命爲財政大臣。他被喬治一世當作合法繼承人，並確保了漢諾威王室的和平讓位。

shrike　伯勞　雀形目伯勞科約64種獨居掠食性鳴禽；尤指伯勞屬25種鳥類。能用喙啄死大型昆蟲、蜥蜴、鼠和小鳥，或將捕獲的餌物穿掛在荊刺上（故又名屠夫鳥）。多數種灰或褐色，鳴聲刺耳；歐亞大陸的幾種有淡紅或褐色斑紋。大灰伯勞在加拿大和美國稱爲北方伯勞，體長24公分，面黑如面罩狀。新大陸唯一的另一種是北美的呆頭伯勞，似大灰伯勞但較小。

shrimp　蝦　游泳亞目近2,000種十足類動物。體半透明、側扁、腹部可彎曲，末端有尾扇。腹肢是游泳肢。第二觸角長，鞭狀。海洋及淡水湖泊、溪流中都有。大小從數公釐到20多公分。體型大者稱爲大蝦。藉腹部和尾的彎曲可迅速倒游；吃微小生物，有的吃腐肉。許多種爲具重要商業價值的食物。亦請參閱fairy shrimp。

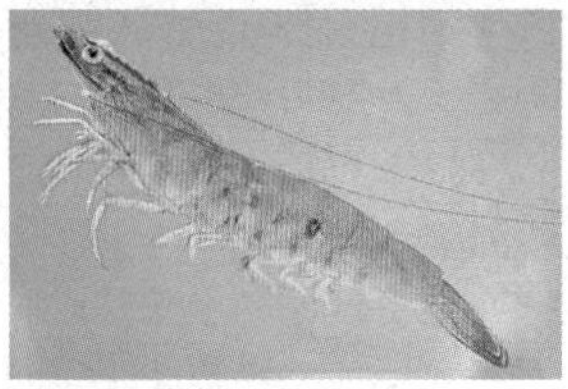

剛毛對蝦（Peneus setiferus），一種可食的蝦
Marineland of Florida

Shropshire＊　什羅普郡　亦稱薩洛普（Salop）。英格蘭西部一郡。被塞文河分爲兩部分，首府在舒茲伯利。曾發現大量新石器晚期和青銅器時期和鐵器時代早期的居住遺跡。西元1世紀，羅馬人在佛羅科尼厄姆建立了一個要塞，是羅馬不列顛最大的城鎮之一。撒克遜人統治時期修建了奧發大堤，成爲了英格蘭和威爾斯的邊界。1066年由諾曼征服後，在此建了一條雙層城堡防線以防範威爾斯。13世紀，當地產的優質羊毛促進了其經濟繁榮；18世紀初成爲英格蘭最大產鐵區。鐵礦發掘和農業仍是其重要經濟支柱。人口約420,000（1995）。

Shroud of Turin ➠ Turin, Shroud of

shrub　灌木　有幾株莖而沒有主莖的木本植物，通常低於3公尺。如有許多枝條而且很稠密，則可稱爲灌叢。介於灌木和喬木之間的是喬木狀的灌木，高3～6公尺。喬木一般是指高6公尺以上、具有主莖或樹幹並有一定冠形的木本植物而言。然而這些區別不完全確切，因爲有許多灌木，在特別有利的條件下可長成喬木狀灌木，甚至長成像小喬木一般。

Shu＊　舒　埃及宗教中代表空氣及承托蒼天的神，由太陽神阿圖姆創造。舒和他的妹妹特福努特（濕潤女神）是被稱爲赫利奧波利斯的九個神中的第一對夫婦。他們的結合產生了蒼天女神努特和大地之神蓋布。舒通常作人形，頭戴駝鳥羽，高舉雙臂支撐蒼天女神努特的軀體。後來舒被認爲是神聖瑞的兒子，並被認爲是戰神的化身。

Shu　蜀（西元907～965年）　四川的古名，也是中國十國時代（907～980?）的兩個國家名字，尤其是指前蜀（907～925）和後蜀（934～965）。蜀國位於現今的四川省。除了前、後蜀政權之間有十年的不穩定時期外，該地一直保持和平與繁榮。文風鼎盛，佛教和道教也很昌盛。亦請參閱Five Dynasties、Three Kingdoms。

Shu jing 書經 亦拼作Shu ching。中國古代的「五經」之一。《書經》記載中國古代的歷史，其中並包含中國最古老的寫作風格。該書共五十八章，一般認爲其中三十三章是西元前4世紀或更早時期的眞實作品。《書經》的前五章意在保存中國傳說中之黃金時代的皇帝的話語，並喚起人們對其事功的記憶。接下來四章記錄夏朝。又之後的十七章記述商朝。最後三十二章則包括周朝。

Shu Maung 舒猛 ➠ Ne Win, U

Shubert Brothers 舒伯特三兄弟 20世紀上半期美國合法劇院經理和製作人。1882年隨父母一起從俄國移民美國後，年長的兩兄弟李（1872?～1953）和山姆（1875～1905）於1890年代在紐約州雪城租借了劇院。1900年，雅各（1880～1963）也加入了他們的行列，三兄弟開始在紐約市租借劇院。由於與控制全美票房的劇院辛迪加發生了問題，他們開始通過合法鬥爭獨立與之抗衡。1905年山姆去世以後，李和雅各在全美修建了劇院，開始擁有超過六十座合法的房子、歌舞雜耍團和電影劇院。他們製作的一千多個不同的節目，包括六百齣戲劇、滑稽劇和音樂劇。這時開始出現演員協會等劇院聯合會就是他們經營手法的直接結果。在1950年被控壟斷之後，他們在1956年賣掉了一些劇院，但在很多城市仍然保留了很多有名的劇院。

Shubra al-Khaymah＊ 舒卜拉海邁 埃及城市。位於開羅北部郊區，尼羅河東岸。原本是一個從富饒的三角洲供給開羅農業產品的地區。在1820年代，鄂圖曼總督在此建立了埃及第一批歐洲式的工廠和學校，使之發展成爲了工業中心。它位於連接蘇伊士運河和尼羅河的伊斯梅利亞運河南端。人口約834,000（1992）。

shuffleboard 推移板遊戲 由兩個人或四個人用手或推桿將圓盤推至推移板（長15.8公尺、寬1.8公尺）上的不同得分區的遊戲。它早在15世紀已流行於英格蘭，尤其流行於貴族階層。後推廣至遠洋貨輪和巡航船。現代推移板遊戲在1924年定型於美國佛羅里達州聖彼得斯堡。

Shugen-do＊ 修驗道 日本教派，融合民間宗教神道教和佛教又吸收道教內容而成。修習者將身體和精神的修煉結合在一起，以尋求一種神的力量來抵抗邪惡。該教盛行於平安時期，並與深奧的佛教密宗天台宗、眞言宗相結合。許多佛教修習者也漸漸接受了一些修驗道的方法，修驗道修習者往往都是神道教的修習者。政府在1872年禁止了該教。1945年後，隨著宗教自由思想的建立，該教的一些團體試圖恢復其當年盛況，但其傳統的成員和影響大部分已消亡了。

Shula, Don(ald Francis) 舒拉（西元1930年～） 美國職業美式足球教練。曾在約翰．卡羅爾大學、巴爾的摩小馬隊和別的一些全國美式足球聯盟（NFL）打球。在擔任大學校際美式足球教練以後，他成爲了小馬隊的主教練（1963～1969）。在他的領導下，該球隊贏了71場比賽，輸了23場，還有4場平局。擔任邁阿密海豚隊教練期間（1970～1996），他成爲第一位在10個賽季中勝出100場比賽的全國美式足球聯盟教練。在1972～1973年間，海豚隊成爲了第一支在整個賽季和季後賽中大獲全勝的球隊，並以贏得超級盃而登峰造極。舒拉在整個教練生涯中共勝出347場，創下了全國美式足球聯盟的記錄。

Shull, George Harrison 沙爾（西元1874～1954年） 美國植物學家和遺傳學家。在1904年獲得博士學位，之後主要在紐約州冷泉港的卡內基學會和普林斯頓大學工作。他培育出了一種能在各種土壤和氣候條件下生長的玉蜀黍，並由此使得其產量增長了25～50%。沙爾在1910年前培育出了他的第一株雜交玉蜀黍，但他直至1922年才開始商業性生產。他在1916年創辦了《遺傳學》雜誌。亦請參閱East, Edward Murray。

Shun＊ 舜 在中國神話裡，與堯、大禹爲三位傳說中的皇帝，統治中國古代的黃金時代（約在西元前23世紀）。他們被孔子挑選爲正直與品德的模範。雖然舜的父親曾屢次企圖謀殺他，但舜仍然對父親保持忠誠。因爲上天與大地知道舜的美德，動物都前來協助他完成各種勞動。皇帝堯不將皇位傳給自己的兒子，選擇舜爲繼承人，並將兩名女兒婚配給他。舜的主要功績包括將度量衡標準化、整治河道，並畫分區域重組王國。

Shute, Nevil 叔特（西元1899～1960年） 原名Nevil Shute Norway。英國裔澳大利亞籍小說家，原是一名航太工程師。他將具體的工程知識融入了他的小說中。他早期的作品包括《如此受人蔑視》（1928）和《科貝特家發生的事》（1939），作品中預示了二戰中對平民的轟炸。戰後，他定居澳大利亞，寫出了他的後期作品，反映出他對人類前途的日益絕望。其主要代表有《像艾麗斯一樣的城市》（1950，電影發行於1956）和他最著名的描繪原子戰爭給人類帶來徹底毀滅的小說《在沙灘上》（1957，電影發行於1959）。

shuttle 梭子 織布時將交叉線（緯線）穿過縱線（經線）的紡錘狀裝置。現代的織布機並非都用梭子，無梭子的織布機從靜止的供線裝置拉出緯線。有梭子的織布機依據梭子的手動或自動來分爲兩類。後者通常稱爲自動織布機，除了織梭的運動之外，其他作業也並非自動，跟所謂的非自動織布機沒兩樣。亦請參閱flying shuttle。

Shwe Dagon＊ 大金塔 緬甸仰光的佛塔，是該國宗教生活的中心。是一個佛教寺院的綜合體，始建於15世紀，大金塔是一個磚結構的圓錐體建築，完全覆以黃金。建於聖者遺骨上，曾多次重建，1841年國王沙耶瓦底修築至今日的高度326公尺。該佛塔位於一山丘上，較仰光高168公尺。

Shymkent＊ 奇姆肯特 亦作Chimkent。哈薩克中南部城市。位於烏加姆山脈山麓，塔什干北部，海拔512公尺。原爲中亞通往中國的商路上的居民點，這條商路至少在12世紀就已存在。19世紀初成爲浩罕汗國的一部分，1864年被俄國人占領。位於突厥斯坦－西伯利亞鐵路線上。20世紀人口劇增。現在是工業和文化中心。人口約397,600（1995）。

SI system SI制 ➠ International System of Units

Sia 夏 ➠ Hu, Sia, and Heh

Siad Barre, Mohamed＊ 西亞德巴雷（西元1919?～1995年） 1969～1991年的索馬利亞總統。在義大利就讀軍事學校，1960年索馬利亞獨立時，他的職位是陸軍上校。1969年索馬利亞總統遭到暗殺，他未費一兵一卒即掌權。在他的統治下，索馬利亞軍隊在1977年入侵衣索比亞東南方一塊爭議性地區，但最後仍被逐出。西亞德巴雷政府被控訴違反人權，而政府軍自1988年起即一再與反抗軍發生衝突。1991年下台逃到奈及利亞，索馬利亞也隨之陷入內戰、全民都活在饑餓邊緣。

Siam 暹羅 ➠ Thailand

Siamese cat 暹羅貓 一種受歡迎的短毛小體型家貓，原產暹羅（今泰國）。多爲淺褐色或灰白色，耳、面、腿及尾有深色的斑點，顏色可爲深棕色（海豹斑）、藍灰色（藍點）、牛奶巧克力棕色（巧克力斑）、淺紅灰色（紫丁香斑）或橙紅色（紅點）。頭長呈楔形，眼可能稍斜，爲藍色。斜眼和帶斑點的尾巴均爲隱性性狀。暹羅貓很聰明，聲音柔和，能發出特殊的叫聲。

Siamese fighting fish 暹羅鬥魚 鱸形目格鬥魚科或攀鱸科的熱帶淡水魚。學名爲Betta splendens。以雄魚好鬥而聞名。原產於泰國，並被家養用於比賽。搏鬥時主要咬鰭，同時張鰓、展鰭、體色變深。體細長，長約6.5公分。野生者淡綠或褐色，具不很長的紅鰭。家養者則具飄垂的長鰭，體色紅、綠、藍或淡紫。

暹羅鬥魚
Douglas Faulkner

Siamese twins 暹羅孿生子 ➠ conjoined twin

Sian ➠ Xi'an

Siang River ➠ Xiang River

Sibelius, Jean＊ 西貝流士（西元1865～1957年） 原名Johan Julius Christian。芬蘭作曲家。幼年時開始學習小提琴和作曲，後跟隨高德馬克（1830～1915）學習作曲。在專注於室內樂後，他很快成爲了一名交響樂作曲家，並開始捲入芬蘭脫離俄國的獨立運動。他的愛國熱情被融入了他以芬蘭民間傳說爲藍本的作品，如：《庫雷沃交響曲》（1892），《凱萊利亞》組曲（1893），《卡勒瓦拉》傳奇樂章（1893）和《芬蘭頌》（1900）。他最重要的成就是他的七組交響樂（1899～1924），小提琴奏鳴曲（1903）和《塔比奧拉》（1926）。他的作品顯現出典型的悲傷的浪漫主義情調，在國際上享有盛名。在他生命的最後三十年裡，由於對當時流行的音樂沒有靈感，加之長期酗酒，他沒有再譜寫任何作品。

Siberia 西伯利亞 中亞北部地區，大部分在俄羅斯。西起烏拉山脈，東迄太平洋，北臨北冰洋，南抵哈薩克斯坦中部以及中國與蒙古的邊界。面積12,950,000平方公里。衆所周知它那漫長、嚴寒而又幾乎無雪的冬季。記錄到的最低溫度達-68℃。第一批居民可能在舊石器時代到達西伯利亞的南部。西元前1000年前後，該地區受中國的影響，接下來在西元前3世紀時受土耳其－蒙古的影響。16世紀晚期俄羅斯獵獸皮者以及哥薩克人探險者來此殖民，到了18世紀中葉，西伯利亞的大部分都在俄羅斯的控制之下。通過西伯利亞大鐵路將它與俄羅斯的其他部分連接了起來。西伯利亞東部是1918～1920年間高爾察克反布爾什維克政府的所在地。1922年，西伯利亞成爲蘇聯的一部分。蘇聯將罪犯和政治犯流放到西伯利亞，1930年代，史達林在那裡建立了勞改營，刺激了工業的成長。第二次世界大戰期間，蘇聯的許多工廠遷入西伯利亞，在戰爭中該地區發揮了重要作用。該地區有煤、石油、天然氣、金剛石、鐵礦石以及黃金等礦產資源。主要的工業產品包括鋼鐵、鋁和機械。西伯利亞南部生產小麥、黑麥、燕麥以及向日葵。主要城市有新西伯利亞、鄂木斯克、克拉斯諾亞爾斯克和伊爾庫次克。

Siberian husky 西伯利亞雪橇犬；哈士奇犬 愛斯基摩人在西伯利亞培育的工作犬。用於拉雪橇、守衛和給人做伴。該狗在1909年被帶到阿拉斯加參加雪橇犬比賽，成爲常勝將軍。其姿態優雅，耳直立，被毛厚而軟，體高51～60公分，體重16～27公斤。毛色常爲灰色、棕褐色或黑白相間。頭部可能有帽狀、面罩狀或眼鏡狀斑紋。該狗在西伯利亞已被純種培育了幾百年，以聰明、馴順聞名。

Siberian peoples 西伯利亞民族 指許多住在西伯利亞的小型種族集團。多數以飼養馴鹿和捕魚維生，少數還捕獵毛皮動物或從事農業及牧養馬及牛。在過去，許多西伯利亞人都擁有冬、夏住房，他們的冬季住房有的部分甚至全部在地下，而夏季住房則是不同樣式的帳篷。一般信奉薩滿教，家庭是社會的基本單位。蘇維埃政府企圖將西伯利亞民族安置在集體農場及從事新的工作，但有的種族，如科里亞克人和涅涅茨人，仍從事其傳統的工作。其他西伯利亞民族包括了楚克奇人、埃文基人、凱特人、漢特人、曼西人、雅庫特人和尤卡吉爾人。亦請參閱Paleo-Siberian languages。

Siberut＊ 西比路島 明打威群島中最大的島嶼，位於印尼蘇門答臘島西海岸外，島寬40公里，長110公里。沿海地區多爲低窪沼澤，內陸是熱帶大草原。經濟以農業爲主。

Sibyl 西比爾 希臘傳說中的女預言家，是傳說中神祕的人物，她的預言記述於希臘的六音步格詩句之中並流傳下來。西元前4世紀晚期，西比爾的人數急劇增加，「西比爾」就成爲了一種頭銜。西比爾常與神諭有關聯，尤其是其靈感來源阿波羅的神諭。她們常常被刻畫成生活在山洞裡的老太婆，在瘋癲的狀態下說出預言。著名的西比爾預言書《西卜林書》按傳統被保存在朱比特的神殿裡，只在緊急的情況下才可翻看。

Sichuan 四川 亦拼作Szechwan。中國西南部的省份，位於揚子江（長江）上游河谷。爲中國第二大省，四面環山，中央的凹地稱爲紅盆地。省會成都。四川是中國人口最密集、種族多元化的省份。它屬於在西元前1000年最早有中國人定居的地區之一。從周朝（西元前1122～西元前221年）到南宋（960～1279），四川歷經過各種不同的政治地理來加以管理。在清朝（1644～1911）時建省。中日戰爭期間，爲國民黨政府（位於重慶）的所在地；日本從未能深入這個地區。它主要生產稻米、玉米和甘薯、牛和豬。四川是中國西南工業化程度最高的省份，也是煤礦開採、提煉石油和化學產品的中心。人口約98,650,000（1996）。

Sicilian school 西西里詩派 指聚集在腓特烈二世（1197～1250年在位）的宮廷及其子曼弗雷迪（卒於1266年）周圍的義大利南部西西里和托斯卡尼的一群詩人。他們反對普羅旺斯語而改用方言寫詩來作爲義大利情詩的標準。他們還開創了兩種主要的義大利詩歌形式，即短歌體和十四行詩體。他們現存的詩歌還有約125首，主要由該學派的著名詩人賈科莫·達·倫蒂尼所作。西西里詩派的十四行詩成爲了義大利文藝復興時期最主要的詩歌形式，並在加以變化的基礎上成爲了英國伊莉莎白時期占主導地位的英國十四行詩，亦稱莎士比亞十四行詩。

Sicilian Vespers 西西里晚禱 西西里人屠殺法國人的事件，該事件開始了西西里人對安茹國王查理一世的叛變。在亞拉岡彼得三世的支援下，西西里人在巴勒摩城聖神教堂晚課時把一些污辱他們的法國士兵殺死後開始了起義。全城人民行動起來，殺死了城中的2,000名法國士兵。全西西里島的人民開始叛變，並從亞拉岡人那裡尋求幫助。這次叛變很快演變成了亞拉岡和法國之間爭奪西西里政權的戰爭。其爭端最終以西西里人在1302年選擇亞拉岡國王的弟弟腓特烈三世作爲君王告終。

S T U V

Sicilies, The Two　兩西西里王國　義大利以前的王國。它統一了義大利半島南部和西西里島。該地區在11世紀被諾曼人征服，但在1282年為大陸上的法國和島上的西班牙人瓜分，雙方統治者都宣稱自己是西西里王國。1442年亞拉岡的阿方索五世將這兩個地區重新統一，並自命為「兩西西里國王」。這一名稱有時在16至19世紀的西班牙和波旁王朝統治時期也被使用。1816年兩地管理得以統一，這一地區也成為官方領地，西西里失去了自治的地位。1860年加里波底占領該地區，兩西西里成為了義大利王國的一部分。

Sicily＊　西西里　義大利語作Sicilia。義大利島嶼和自治地區。隔墨西拿海峽與義大利半島相望。是地中海最大島嶼（面積25,460平方公里），島上還有歐洲最高的活火山埃特納火山。首府巴勒摩。因位於地中海戰略地位中心，使得該島一直處於歷史的十字路口上。西元前8世紀～西元前6世紀為希臘的殖民地。西元前3世紀成為羅馬第一個行省。西元6世紀受拜占庭統治，965年被北非的阿拉伯人征服。1060年被諾曼人接收。12～13世紀和18世紀兩次組成兩西西里王國。19世紀時成為革命運動的中心；1860年自波旁王朝的手中解放，1861年與義大利王國合併。農業是經濟重心；工業包括了煉油、食品加工、釀酒和造船。人口約5,095,000（1996）。

sickle-cell anemia　鐮狀細胞性貧血　嚴重的血紅素病，主要見於非洲下撒哈拉地區出身的人民及其後裔，另外在中東、地中海地區還有印度。大約每四百個黑人有一位罹患這種疾病，因為繼承雙親各一個隱性基因（全世界的黑人每十二個有一位有這種隱性基因）而造成，對瘧疾較有抵抗力。在此基因指示下，異常的血紅素（血紅素S〔Hb S〕）將紅血球扭曲成堅硬的鐮刀形狀。這種細胞塞住微血管，傷害或破壞各種組織。症候包括慢性貧血、呼吸急促、發燒、突發「危機」（腹部、骨頭或肌肉劇烈疼痛）。烴基尿素療法激發胎兒血紅素（血紅素F）生成，這種細胞不是鐮刀形，可大幅減低危機的嚴重性，增加其平均壽命，若不治療的話平均只有四十五歲。

Sicyon＊　西錫安　希臘南部，伯羅奔尼撒北部的古城。位於科林斯西北方18公里處。它在希臘歷史上具有很深的影響，在西元前6世紀雅典的克利斯提尼統治時期達到顛峰狀態。西元前4世紀因大量畫家和雕刻家學派的聚集而聞名，其中包括利西波斯。西元前3世紀，西錫安的亞拉圖使其解放並加入了亞該亞同盟。

Siddons, Sarah　席登斯（西元1755～1831年）　原名Sarah Kemble。英國女演員。隨其父的巡迴劇團演出，1773年嫁給同是演員的威廉·席登斯。1782年在倫敦的特魯里街劇院演出《致命的婚姻》劇中的伊莎貝拉一角，結果空前成功，並成為當時最主要的悲劇女演員。從1785年起到1812年退休為止，她演出許多莎士比亞劇本，其中最著名的是馬克白夫人。著名肖像畫家根茲博羅和雷諾茲的都曾為她畫過肖像。

席登斯，粉筆畫，唐門（J. Downman）繪於1787年；現藏倫敦國立肖像畫陳列館
By courtesy of the National Portrait Gallery, London

Side＊　錫德　土耳其西南部古城。古潘菲利亞的主要城市和港口，原地處地中海沿岸，現居內陸。該城市雖然是由希臘人所建，但通用的卻是一種非希臘語。亞歷山大大帝曾占領它；安條克三世於西元前190年在此落敗。西元前1世紀，海盜曾在錫德開設奴隸市場。該城主要的遺址為建有許多拱門的大劇場，被認為是小亞細亞最精美的建築之一。

side horse　橫馬　亦稱鞍馬（pommel horse）。使用鞍馬的一種男子體操項目。鞍馬由一塊長方形器械和兩個鞍環（U形把手）組成，底部有支架。比賽時運動員用兩手支撐在鞍環上或抓住前部（頸部）、中央（鞍部）或後部。該運動器械起源於羅馬人用於練習上下馬的木馬。

sidereal period＊　恆星週期　太陽系天體相對於固定的恆星完成公轉一周的時間間隔（從某一固定點進行觀察時）。行星的恆星週期可以從它的會合週期中計算出來。月球或人造地球衛星的恆星週期是它回到恆星背景上同一位置所需的時間間隔。亦請參閱day。

siderite＊　菱鐵礦　亦作chalybite。成分為碳酸鐵（$FeCO_3$）的一種分布廣泛的碳酸鹽礦物，可能是鐵礦石。菱鐵礦通常呈薄層與葉岩、黏土或煤系一同產出（作為沈積礦床），也產於熱液型金屬礦脈中（作為脈石或廢石）。

sidewinder　角響尾蛇　小型夜行性響尾蛇，學名為Crotalus cerastes。產於墨西哥和美國西南部的沙質荒漠。體長約45～75公分，眼上方各有一角狀鱗。淡黃、粉紅或灰色，背部和身體兩側呈不顯眼的斑點。在沙漠上側向盤繞前進，留下特有的j形痕跡。有毒，咬人後一般不會使人致命。

Sidgwick, Henry　西奇威克（西元1838～1900年）　英國哲學家。曾就讀於劍橋大學，畢業後留校任教（自1859起），1883年成為教授。他所寫的《倫理學方法》（1874）被認為是19世紀最重要的以英語寫成的倫理學著作。在融合彌爾的功利主義和康德的「絕對命令」的基礎上，他提出了「普天快樂主義」的主張，以解決個人和他人享樂的衝突問題。他的其他作品包括《政治經濟學原理》（1883）和《政治學原理》（1891）。他在1882年合作成立了心理研究學會，並協助建立了劍橋第一所女子學院。

siding　壁板　用於建築物的外表面，保護構件免於曝曬，防止熱的流失，將外觀一致。壁板這個字代表用於房子的木質元件或是仿木頭的產品。壁板的種類繁多，包括楔形板、水平疊板、垂直厚板以及牆面板。厚板與條板的壁板有時在木工哥德式木屋及極為普通的結構物中可見，與常見的護牆板不同的是以垂直木板構成，榫頭用條板蓋住，露出接縫的外觀。開發鋁質及塗上聚氟乙烯的壁板（通常稱為乙烯壁板）作為木質護牆板的替代方案，可以不用維護；模仿水平板。有時採用木漿壓製產品的纖維板，只是長期耐久性有限。在大型建築物，外表面稱為鑲面，可能是磚塊、玻璃帷幕、石板、混凝土或金屬面板。

Sidney, Sir Philip　西德尼（西元1554～1586年）　英國伊莉莎白時期的朝臣、政治家、軍人和詩人。生於貴族家庭，接受教育並成為了一名政治家和軍人。他曾在軍隊擔任小軍官，後轉而從文，為他的精力找到了一個出口。《愛星者和星星》（1591）的靈感來自於他對他姑姑的已婚女僕的熱愛，被認為是繼莎士比亞之後最好的伊莉莎白十四行詩。《詩辯》（1595）是一篇流暢的想像文學作品，將文藝復興時期理論家的評論觀點介紹給了英國。他的英雄浪漫詩《阿卡迪亞》雖未完稿，但卻仍被認為是16世紀英國小說中最重要的作品。他一生中從未發表過任何作品。他三十一歲時在荷蘭作戰負傷，後因感染身亡，在當時受到普遍哀悼，被認爲是那個時代最理想化的紳士。

Sidon＊　西頓　黎巴嫩西南沿海港口城市。位於西元前3千紀建立的一座古城舊址，在西元前2千紀是腓尼基重要城市，提爾城的前身。曾先後處在亞述、巴比倫和波斯的統治之下。西元前330年被亞歷山大大帝侵占。西元前1世紀受羅馬人統治，成爲玻璃和紫色燃料的主要生產地。在十字軍東征時期幾易其主，1291年成爲穆斯林領地。1517年後曾在土耳其人統治下繁盛，現今爲沙烏地阿拉伯石油管道出入地中海的一個終點站。人口約100,000（1991）。

Sidra, Gulf of＊　雪特拉灣　亦稱蘇爾特灣（Gulf of Sirte）。北非地中海海灣中部利比亞海岸的入口。向內陸延展443公里。八月海灣水溫爲31℃，是地中海水溫最高的海域。在第二次世界大戰期間是蘇爾特戰役的戰場，英國海軍護衛艦隊曾在此阻撓了義大利戰艦和德國炸彈的攻擊。

SIDS ➠ sudden infant death syndrome (SIDS)

Siegel, Bugsy＊　西格爾（西元1906～1947年）　原名Benjamin Siegel。美國黑幫匪徒。從小就詐騙紐約市東低坡猶太推車小販。在與蘭斯基合夥後開始走私酒類和詐騙，後來二人組成了「暗殺公司」。在1937年，他被派往西海岸發展詐騙活動，在那裡迅速建立起了賭博據點和輪船，並開始走私迷幻劑、勒索大集團。他1945年修建了弗拉明戈大飯店，並在拉斯維加斯開辦了賭場。這激怒了蘭斯基和別的合夥人，西格爾在自己的家中被殺。

Siegen, Ludwig von＊　西根（西元1609～1680?年）　德國畫家和雕版銅版畫家。他早期發明的美柔汀法源自黑森－卡塞爾的阿米莉亞・伊莉莎白的肖像；在這幅畫的啓發下，他發明了美柔汀法，也就是點刻而非線刻的方法。爲了刻出需要的點，他使用一種小滾刀，即帶有尖齒輪的刀具。他現存的用滾刀美柔汀法刻製的畫作共有七幅。

Siegfried＊　齊格飛　古諾爾斯語作Sigurd。日耳曼和古諾爾斯神話中的人物，因出色的勇氣和力量而著名。是《詩體埃達》和《尼貝龍之歌》裡的英雄，也在各種傳說敘述的故事中出現。在早期的故事中，他被刻畫成一個沒有父母的貴族男孩，但在別的故事中，他卻又受到了嚴格尊貴的管教。有一則故事敘述他如何與龍搏鬥，另一則故事則講述他如何獲取財富；他還在布隆希爾德的故事中出現，並最終身亡。他還是華格納的四部曲歌劇《尼貝龍的指環》中的主角。亦請參閱Kriemhild。

Siemens, (Charles) William＊　西門子（西元1823～1883年）　原名Karl Wilhelm Siemens。德國出生的英國工程師和發明家。他在1844年移民英國，在1861年發明了平爐煉鋼法，很快就在煉鋼也中得到應用，並最終取代了早期的柏塞麥煉鋼法。他還在鋼纜和電報工業中大發其財，並在第一次跨大西洋的成功發報（1866）中起到了重要作用。他的三個兄弟也都是著名的工程師和企業家。（參閱Siemens AG）。

Siemens AG＊　西門子公司　德國電氣設備製造商。第一代西門子公司西門子－哈爾斯克商行於1847年成立於柏林，生產電報設備。在維爾納・西門子（1816～1892）及其三個兄弟（包括威廉・西門子）的領導下，該公司擴大起來，生產發電機、電纜、電話、電力以及電燈。1903年西門子－哈爾斯克商行將電力工程方面的活動轉讓給了新的西門子－舒克特公司。1932年成立了西門子－賴尼格公司來生產醫療設備。在第三帝國時期，這幾家公司都得到了很大的發展；第二次世界大戰後，西門子的官員們被控使用奴工，並參與奧斯威辛和布痕瓦爾德集中營的建設和運作。1950年代西門子公司再度繁榮起來，到1966年合併組成西門子公司（由前面的三家西門子公司合併而成），進入世界上最大的電器供應商之列。西門子的產品包括電氣元器件、電腦系統、微波器件以及醫療設備等。

Siemens-Martin process ➠ open-hearth process

Siena＊　錫耶納　古稱Saena Julia。義大利西部城市。位於佛羅倫斯以南，由伊楚利亞人興建。後由羅馬人和倫巴比人統治。12世紀時該城市成爲了一個自治區。與佛羅倫斯之間的競爭使錫耶納成爲了吉伯林派在托斯卡尼的根據地。它在1270年被那不勒斯和西西里國王安茹的查理侵占，1270年加入了歸爾甫派（參閱Guelphs and Ghibellines）。它在13～14世紀被佛羅倫斯控制之前一直是重要的銀行和商貿中心。在1555年被神聖羅馬帝國國王查理五世侵占後，在1557年被割讓給了佛羅倫斯。現代錫耶納是一個集貿鎮和旅遊中心，歷史遺址包括歌特－羅馬式的城堡，錫耶納大學（建於1240年）和中世紀時期賽馬的發源地坎普斯廣場。人口約65,000（1995）。

Sienkiewicz, Henryk (Adam Alexander Pius)＊　顯克維奇（西元1846～1916年）　波蘭小說家。他在1869年開始發表受實證主義影響的評論文章。他曾擔任報社編輯並出版了一些成功的短篇小說。之後，他出版了他著名的三部曲《火與劍》（1884）、《洪流》（1886）和《伏沃迪約夫斯基先生》（1887～1888）。三部曲描寫了波蘭反抗哥薩克人、韃靼人、瑞典人和土耳其人的鬥爭，重點突出波蘭人的英勇精神，風格活潑，像史詩般的明晰和簡樸。被譯成多種文字的《暴君焚城錄》（1896）是一部描寫尼祿統治下的羅馬的歷史小說，爲他贏得了國際聲譽。1905年獲諾貝爾文學獎。

Sierra Club　峰巒俱樂部　美國自然資源保護組織，總部設在舊金山。該組織由包括繆爾在內的一群加州人在1892年創設，想在太平洋沿岸山區開展野外旅行活動。其第一任主席繆爾以自然保護的名義將該組織帶入了政治活動。峰巒俱樂部在全美五十州均設有分部，從事大眾環保教育，並力圖說服地方、州及聯邦政府立法保護環境。

Sierra Leone＊　獅子山　正式名稱獅子山共和國（Republic of Sierra Leone）。非洲西部國家。面積71,740平方公里。人口5,427,000（2001）。首都：自由城。獅子山約有十八個族群；其中以門德人和滕內人最多。語言：英語（官方語）、克里奧爾語（衍生自英語和多種非語）。宗教：伊斯蘭教、傳統的泛靈論宗教和基督教。貨幣：利昂（Le）。獅子山全境分四個地理區：沿海沼澤地區；獅子山半島爲林木茂密的山區，從海岸沼澤地升起；內陸平原，包括草原和林木茂密起伏不平的丘陵；東部高原地區，包括數條山脈。森林占土地總面積的1/4以上。野生動物有黑猩猩、虎貓、鱷魚以及多種鳥類。經濟主要以農業和採礦業爲基礎。米、木薯、咖啡、可可和油棕櫚爲主要農作物。礦產有鑽石、鐵礦石和鋁土礦。爲軍人政權統治，該政權於1997年中止憲法。國家元首暨政府首腦爲總統。最早的居民可能是布隆姆人。15世紀，門德人和滕內人到達獅子山。葡萄牙人於15世紀來到沿海地區，至1495年，在今自由城的所在地已有一個葡萄牙要塞。歐洲船隻定期停泊在當地沿海，從事奴隸和象牙貿易。17世紀英國人在近海島嶼建立了貿易站。1787年，英國的廢奴主義者和博愛主義者建立了自由城，作爲獲得自由和

逃亡奴隸的立身之地。1896年，該地區成爲英國保護地。1961年，獲得獨立。1971年成爲共和國。20世紀後期爲政治和經濟混亂時期，發生幾次軍事政權力圖獨攬大權。聯合國和平部隊在此駐紮，但對阻止流血和暴力活動起不了作用。

Sierra Madre　馬德雷山系　墨西哥的主要山系，包括東、西、南三條馬德雷山脈。西馬德雷山脈綿延約1,120公里，與加利福尼亞灣和太平洋平行；許多山峰的海拔超過1,800公尺，有的超過3,000公尺。東馬德雷山脈起始於格蘭德河的荒蕪丘陵地帶，向北綿延1,120公里，大致平行於墨西哥灣；平均高度約2,150公尺，在佩尼亞內華達山山峰處達到3,660公尺。南馬德雷山脈地區人口稀少，穿過墨西哥南部的格雷羅和瓦哈卡州，達到的高度約2,000公尺，少數幾個峰超過3,000公尺。

Sierra Nevada　內華達山脈　美國加州東部山脈。從莫哈維沙漠起向喀斯開山脈延伸400公里。寬度平均約爲80公里，山峰高3,350～4,270公尺。惠特尼峰是其最高峰。它是全年適宜的度假勝地，從任何一個州的大居住區都可直接抵達。

Sierra redwood ➠ big tree

Sieyès, Emmanuel-Joseph＊　西哀士（西元1748～1836年）　法國政治理論家。他是一名天主教神父，在1788年成爲沙特爾教區代理主教。在法國大革命前支援改革運動，並因發表小冊子《什麼是第三等級？》（1789）贏得了公衆支援，當選爲出席三級會議的第三等級代表。他領導了建立國民議會的運動，然後在國會任職，直到基金的雅各賓派在1793年攫取政權。在五人督政府期間，他被選入五百人院（1795～1799）和五人督政府中（1799）。他協助組織了霧月18日政變，使拿破崙當權。在1815年君主復辟時期，他流亡比利時，直到1830年回國。

Sigebert I＊　西日貝爾一世（西元535～575年）　梅羅文加王朝法蘭克國王。其父克洛塔爾一世去世後，成爲奧斯特拉西亞國王，並在其兄弟卡里貝爾特一世去世（567?）後擴大了他的領土。西日貝爾在562年和568年抵制了阿瓦爾人的侵略，娶西哥德人國王之女爲妻。爲報復其兄弟希爾佩里克一世殺害了他的姨妹，他對其宣戰並將之打敗，占有了他的大部分土地。正當他宣布占有他兄弟的一切時，他被希爾佩里克的第二任妻子的兩個僕人暗殺。

Siger de Brabant＊　布拉班特的西格爾（西元1240?～1281/1284年）　法國哲學家。任教於巴黎大學，是激進的亞里斯多德主義學派，或稱異端的領袖。約從1260年起，西格爾和他的一些同事不顧教會確定的教義，開始講授希臘、阿拉伯和中世紀時期一些哲學家們的著作。1276年被異端裁判所傳喚時，他逃往義大利。在《神曲》中，但丁把西格爾放入天堂之光中。

Sigismund＊　西吉斯蒙德（西元1368～1437年）　神聖羅馬帝國皇帝（1433～1437年）、匈牙利國王（1387年起）、德意志國王（1411年起）、波希米亞國王（1419年起）和倫巴底國王（1431年起）。他因締結婚姻關係而成爲匈牙利皇帝，並在1388年將自己的德國領土典押，以獲取防禦資金。他推行擴張主義政策，並因此而與自己的兄弟瓦茨拉夫不和。他在1402～1403年將瓦茨拉夫監禁，但其掠取波希米亞的意圖沒有得以實現。從1411年成爲德國皇帝以後，他協助結束西方教會大分裂。西吉斯蒙德曾在1396和1428年兩度被土耳其人打敗。他在1419年繼承了波希米亞的皇位，但與胡斯派的戰爭將他的加冕禮一直推遲到1436年。他在1433年稱帝，成爲盧森堡最後一位皇帝。

Sigismund I　西格蒙德一世（西元1467～1548年）　波蘭語作Zygmunt Stary（意爲老西格蒙德〔Sigismund the Old〕）。波蘭國王（1506～1548年在位）。他是卡齊米日四世的兒子，1506年成爲立陶宛大公和波蘭國王。1525年他的軍隊降服了東普魯士的條頓騎士團，他在普魯士公國確立了波蘭的宗主權。1529年，他把馬佐維亞公國（現在的華沙省）併入波蘭版圖。他實行司法和行政改革，並促使貨幣改革。他喜愛美術，召請義大利藝術家到波蘭，並促進文藝復興時期風格的發展。

Sigismund II Augustus　西格蒙德二世（西元1520～1572年）　波蘭語作Zygmunt August。波蘭國王（1548～1572）。他是西格蒙德一世的兒子，1530年與其父共主波蘭，從1544年起統理立陶宛公國。成爲波蘭國王（1548）以後，他支持利沃尼亞的條頓騎士團對抗俄國（1559），並按照條約將利沃尼亞併入了立陶宛（1561）。俄國的連續威脅，迫使西格蒙德二世將附屬波蘭之下的各領地聯合起來，並藉由「盧布令聯合」（1569）將波蘭和立陶宛以及它們各自的屬地合併。他無嗣而終，成爲了亞蓋沃王朝最後一名成員。

Sigismund III Vasa　西格蒙德三世（西元1566～1632年）　波蘭語作Zygmunt Waza。波蘭國王（1587～1632年在位）和瑞典國王（1592～1599年在位）。他是瑞典國王約翰三世（1537～1592）和波蘭西格蒙德一世的女兒凱瑟琳的兒子，1587年被選爲波蘭國王。1592年父親去世後，他接受瑞典王位，1594年加冕爲瑞典國王。返回波蘭，留叔父查理（後來的查理九世）爲瑞典攝政，但後來查理背叛了他，打敗了西格蒙德的軍隊

西格蒙德三世，魯本斯畫派畫作；現藏慕尼黑國立拜恩博物館
By courtesy of the Bayerische Staatsgemaldesammlungen, Munich

(1598)，並於1599年廢黜了西格蒙德。西格蒙德試圖重獲瑞典的王位，自1600年開始，波蘭與瑞典的戰爭時斷時續。他利用莫斯科大公國國內的「混亂時期」入侵俄羅斯，並占領莫斯科（1610～1612）。1621年重新爆發波蘭－瑞典的衝突，瑞典國王古斯塔夫二世占領了波蘭利沃尼亞的大部分領土，在1629年的休戰期間瑞典還一直占有著這片土地。

sign　標記　在市場交易上和廣告上，置於所交易和所廣告物件上或前面，以辨識其占有者和該處所作生意的性質，或置於所交易和所廣告物件的遠處，為某一生意或該生意的產品作廣告的圖案。古代的埃及人和希臘人用標記來達到廣告的效果，羅馬人當時也發明了標誌牌，將牆壁合適的地方粉刷以題字。早期的商店招牌在生意人與不識字的村落之間進行交易時被使用，目的是發明一種易於辨認的圖案來代表他們所做的生意。現代標誌被加上各種各樣的動畫和燈光。

sign language　手語　指任何用肢體語言代替口頭語言來進行交流的方式，尤其指用手和手臂。這種方式在很早以前就已經被相互之間語言不通的人們（例如：19世紀北美各個不同的大平原印第安人部落間）和聾啞人使用。查理－米歇爾（1712～1789）在18世紀中葉為聾人發展了第一種手語，他的這一系統傳入了法國，發展出了法國的手語（FSL），至今仍在法國使用。在1816年被加拉德特（1787～1851）引進美國以後，發展出了美國手語（ASL，或Ameslan），現仍有超過五十萬人在使用。各國的手語大致都是表達某些概念，而不是語素，因此比起各國的書面語言而言，其共同點更多。

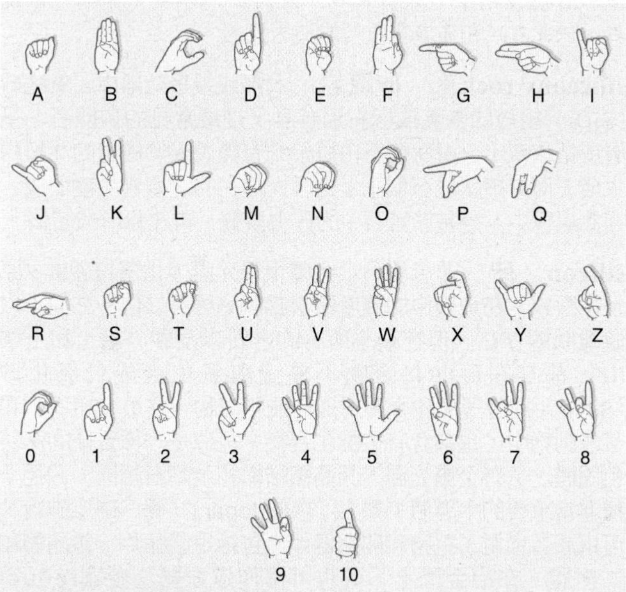

美國手語中表示26個字母及數字0～10的手勢
© 2002 MERRIAM-WEBSTER INC.

Signac, Paul＊　西涅克（西元1863～1935年）　法國畫家。他在十八歲放棄建築學轉而學習印象派畫作。在1884年成為獨立者沙龍的創立者。他同秀拉一起發展了一種精確的數學系統來使用點彩，並將這種方法稱為「點畫法」（參閱Neo-Impressionism）。他吸收了歐洲沿海風景畫和海景畫的精髓。在他晚年時，他創作了巴黎和別的城市的街景。他是一名水彩畫大師，並在自由運用水彩以獲得即景效果上取得了很大成就。他的畫作對馬諦斯產生了很大影響。

Signorelli, Luca (d'egidio di Ventura de')＊　西紐雷利（西元1445/1450?～1523年）　亦稱科爾托納的盧卡（Luca da Cortona）。義大利畫家。他深受佛羅倫斯畫家的影響，可能是弗朗西斯卡的彼埃羅的學生。他在1483年前往羅馬，在那裡的西斯汀禮拜堂創作了關於摩西的壁畫。在這幅畫和他的相似畫作中展現出的對肌肉力量的戲劇化刻畫使他在本質上成為了一名佛羅倫斯自然派畫家。他在奧爾維耶托大教堂的代表作《世界末日》和《最後的審判》深受米開朗基羅的影響，展現了各種姿勢的強壯裸體。

Sigurd ➠ Siegfried

Sihanouk, Norodom ➠ Norodom Sihanouk, King

Sikh Wars＊　錫克戰爭（西元1845～1846、1848～1849年）　錫克教徒與英國人之間的兩次戰爭。之前，英軍曾企圖攻擊錫克在旁遮普（參閱Ranjit Singh）的領地，引起錫克人攻打英國在印度的領地。錫克人被打敗，英國人將他們的部分領地畫入版圖，英軍軍隊和居民區設在拉合爾。第二次錫克戰爭源自錫克人的反英叛變，以英軍勝利告終，旁遮普被英國吞併。

sikhara　希訶羅　亦作shikara。印度北部寺廟建築中的塔形特徵。聳立在寺廟神殿上的希訶羅通常凸出向上呈錐形，由一層層逐漸縮小的屋頂板組成。表面覆蓋著藤狀蔥形拱窗花格；頂部是一個枕形帶槽的圓盤，盤上置尖頂寶瓶。希訶羅是在笈多王朝時期（西元4～6世紀）發展起來的，並逐漸變得越來越高，越來越精緻，如布巴內斯瓦爾11世紀的靈格拉哈寺廟高聳入雲的尖塔。在基本形式的一種變型中，在希訶羅的兩側都加上半個尖塔；傑出的例子是中央邦卡傑拉霍城內10世紀的拉克斯馬納和11世紀的亨達里厄默哈代瓦寺廟。除了曲線型的希訶羅外，還有一種較小的，直線型的希訶羅，經常用於寺廟大殿之上。

印度中央邦烏黛普爾烏黛希瓦爾寺廟內的布米迦式希訶羅建築，建於1059～1082年
P. Chandra

Sikhism＊　錫克教　5世紀後期由古魯那納克創建的一神宗教。它的180萬教徒被稱為錫克人，主要居住在旁遮普，那裡就是他們的聖地金寺的所在地，也是錫克人政權的中心阿卡爾寺。《本初經》被認為是他們的規範經文。它的教義以一個至高無上的神為基礎，管理正義、施以恩惠。教徒不論出身貴賤和性別差異，都有和神共處的機會。人自私的缺點可以通過對神虔誠信仰、辛勞工作、對人類作貢獻和與他人共用勞動成果而被克服。錫克人認為他們是十位古魯的信徒。他們接受印度教關於輪迴和因果報應的說法，並將自己看作是卡爾沙教團，即神挑選的遵從斯巴達原則的聖軍和主持正義的十字軍。卡爾沙教團的標誌被稱為5K，分別代表kes（留頭髮）、kangha（梳子）、kachha（長短褲）、kirpan（劍）和karka（鋼手鐲）。

Sikkim＊　錫金　印度東北部喜馬拉雅山脈東麓的一個邦。世界第三高峰干城章嘉峰形成其西部邊界。該邦面積7,107平方公里，首府甘托克，是全國唯一一個城區。作為一個獨立的國家，它在18世紀和19世紀曾與不丹和尼泊爾長期作戰。它在1817年首次受到英國影響，但它仍作為一個英屬印度和西藏之間的緩衝地帶存在。在1950年，它成為了印度的保護國，1975年成為印度的一個邦被併入版圖。它是印度最小的一個邦，經濟主要是靠出口農產品，是世界上主要的小豆蔻出產地。礦產資源包括銅、鉛、鋅、煤礦、鐵礦和石榴石。人口約444,000（1994）。

Sikorski, Wladyslaw (Eugeniusz) 西科爾斯基（西元1881～1943年） 波蘭將軍和政治家。生於奧地利統治下的波蘭，曾在第一次世界大戰期間在奧軍中服役，是波蘭軍團的領導人，參加了奧地利反俄國的戰爭。他在1923～1924年間擔任波蘭總理，1924～1925年間擔任軍事大臣。從1928年起，他加入了反對畢蘇斯基的反對派。在1939年德國入侵波蘭以後，他成爲了波蘭流亡政府的總理。當他要求史達林同意紅十字會調查卡廷屠殺案時，史達林中止了蘇波外交關係。他幾個月後在一次飛機失事中喪生。

西科爾斯基
By courtesy of Sikorsky Aircraft

Sikorsky, Igor (Ivan) 西科爾斯基（西元1889～1972年） 俄國出生的美國飛機設計的先驅。在基輔學習工程學後，他開辦了自己的商店發展直升機。在1910年試圖製造模型失敗後，他轉而研究固定翼飛機，在1913年建成了第一架四引擎的飛機，並創造性地附加了一個機艙。他在1919年移民美國，1930年造出了雙引擎的水陸兩用飛機，成爲了「泛美世界航空公司」快速飛機的原型。1939年，西科爾斯基最終製成了一個可行的直升飛機模型。他從1929年至1957年一直指揮著他的公司（聯合航空集團子公司）的運作。

silage＊ 青貯飼料 亦稱青貯料（ensilage）。指在成熟早期收割的玉蜀黍、豆科植物和禾草類等飼料植物，捆壓緊密以防止空氣進入，一般儲存在地窖、深渠或地道中。儲存適當的飼料只輕微發酵，能保存數月。一般供家畜食用。

silane＊ 矽烷 亦稱矽氫化物（silicon hydride）。一系列只含矽和氫元素的共價化合物的總稱，其通式爲SinH(2n+n)。矽烷結構與飽和烴相似，但穩定性差得多。當暴露於空氣中時均會發生燃燒或爆炸，易與鹵素或氫鹵化物發生反應，形成鹵化矽烷。與烯烴反應，會形成烷基矽烷。其產品常被用作防水劑或矽酮的原始材料。

silenus ➠ Satyr and Silenus

Silesia＊ 西里西亞 波蘭語作Shlask。德語作Schlesien。歷史地名，原地處歐洲中部偏東地區。該地區主要在波蘭西南部，有部分領土在德國和捷克共和國境內。它原本爲波蘭行省，後成爲波西米亞領地，因此在1335年是神聖羅馬帝國的一部分。由於繼承權上的糾紛及該地區的繁榮，在15世紀晚期，該地區至少有十六個西里西亞公國。它在1526年成爲了奧地利哈布斯堡王朝的領土；1742年被普魯士占領。第一次世界大戰後被波蘭、捷克斯洛伐克和德國瓜分。第二次世界大戰中，波蘭屬西里西亞地區被德國占領，成爲了納粹施加暴行的一個地區，後又受蘇聯勢力的不良影響。1945年盟軍將幾乎整個西里西亞地區劃歸波蘭，如今它是波蘭九省之一，其人口約占波蘭總人口的四分之一。

Silhak ➠ Practical Learning School

silhouette＊ 剪影 一種單色人物側面影像和圖像。這一名詞常用於指白底黑面或黑底白麵的側面人物肖像，用紙剪出或印成，在1750～1850年間作爲最流行的便宜肖像畫法。它得名於法國路易十五世的財政部長埃迪安·德·西盧埃特，以吝嗇和愛用紙剪影而著稱。17世紀的歐洲常用燭光或燈光投射人影以描繪其輪廓。當紙被普遍使用後，就常被徒手剪好。攝影技術的出現使剪影幾乎被淘汰，只作爲民間藝術而被流浪的工匠和漫畫家採用。

皮爾製作的肖像剪影，現藏美國國會圖書館
By courtesy of the Library of Congress, Washington, D. C.

silica mineral＊ 矽氧礦物 任何形式的二氧化矽（SiO_2）的統稱，包括石英、鱗石英、柯石英、方石英、斯石英、黑方石英、焦石英和玉髓。有許多種矽氧礦物已經可以由人工合成。

silicate mineral 矽酸鹽礦物 廣泛分布於幾乎整個太陽系裡的一大批矽氧化合物的統稱。矽酸鹽類約占地殼和上地涵的95%，是大多數火成岩的主要組分，在沈積岩和變質岩中，含量也相當多。在月岩樣品、隕石和大多數小行星中，矽酸鹽類也是重要的組分。此外，行星探測結果查明水星、金星和火星的表面上也有矽酸鹽類。在已知的將近600種矽酸鹽礦物中，只有長石、角閃石、輝石、雲母、橄欖石、似長石類和沸石有重要的造岩意義。

siliceous rock＊ 矽質岩 大部或幾乎全部由二氧化矽（SiO_2）組成的石英或燧石沈積岩，是最常見的矽酸石，呈層或結核產出。層狀燧石由原始的有機體或無機體的沈積物生成，而結核狀燧石似乎是由早先存在的沈積岩蝕變而成。在此過程中，分布於岩石中的矽土溶解，再沈澱形成結核。

silicon 矽 非金屬到半金屬化學元素，化學符號Si，原子序數14。在地殼中的豐度僅次於氧，居第二位。它從不以游離狀態存在，但在幾乎所有的岩石以及砂、黏土和土壤中，都存在矽的化合物：或者與氧化合成二氧化矽（SiO_2），或者與氧和金屬形成矽酸鹽礦物。在很多植物中和某些動物中，也都含有矽的化合物。純矽是一種質硬的深灰色固體，具有金屬光澤，其晶體結構和金剛石相同。矽是一種非常重要的半導體；摻入（參閱dopant）硼、磷或砷後，可用於各種電子電路和開關器件，包括電腦晶片、電晶體和二極體。在冶金學上，矽也可用作還原劑（參閱reduction），並用於鋼鐵、黃銅和青銅中。在化合物中矽通常爲4價。作爲砂和黏土的二氧化矽有許多用途；作爲石英，可以加熱而形成特種玻璃。矽酸鹽用於製造玻璃、搪瓷和陶瓷；矽酸鈉（水玻璃）用於肥皂、木材處理、水泥和染料。亦請參閱silane、silicone。

silicon hydride ➠ silane

Silicon Valley 矽谷 美國加州中西部的工業區。位於聖約瑟、帕洛阿爾托和聖塔克拉拉山谷，在1980年代早期成爲有名的高科技產業中心，其產業包括電子和電腦公司。「矽谷」這一（非官方的）名稱源自電子工業最常用的原料矽。

silicone 矽酮 亦稱聚矽氧烷（polysiloxane）。可製成液體、樹脂和彈性體多種形態的聚合物。其部分組成雖是有機化合物，但分子和大多數聚合物不同，在它的結構主鏈中沒有碳元素作爲主體，而是由矽原子和氧原子交替組成。大多數矽酮有兩個有機基團與每一個矽原子相連，通常爲甲基或苯基。矽酮通常都很穩定，屬惰性聚合物。矽酮液體常被用作液壓劑組成成分和乳液分層劑，並可被用黏合劑、潤滑劑、防水劑和保護層。矽酮橡膠常被用來做電絕緣材料、覆蓋物和清漆、絕緣墊圈、特殊管道絕緣層、汽車引擎成分、面罩和氣鎖的活動玻璃、層壓玻璃布，還可被用作外科手術膜和移植膜。

silicosis＊　矽肺　因長期吸入二氧化矽而造成的肺塵埃沈著病。最早在18世紀被發現，最常見於礦工、採石工、磨石工和拋光工，一般在暴露工作後十至二十年內發病。最小的二氧化矽顆粒往往會對把微粒吸入肺泡的巨噬細胞（參閱reticuloendothelial system）造成最大的傷害。死亡細胞聚集起來形成纖維組織小結，減小肺的彈性。肺容積的減小和氣體交換量的減少導致呼吸急促，然後引起咳嗽和呼吸困難、身體虛弱。病人易患結核病、肺氣腫和肺炎。在缺乏有效治療的情況下，控制矽肺主要在預防，要使用面罩、適當通風、定期對工人肺部進行X光檢查。

Siljan, Lake＊　錫利揚　瑞典中部湖泊，面積290平方公里。它是瑞典第三大湖。水源來自厄斯特河，並延伸出兩個海灣。湖邊樹木繁茂，其間綴有草坪和精巧的村落，是迷人的旅遊勝地。

silk　絲　某些昆蟲分泌的動物纖維，作爲繭或蟲網的材料。商業用絲幾乎全部來自幾種家蠶屬的蛾的幼蟲所結的繭，通常稱這些昆蟲爲桑蠶。絲是繞在每個繭上連續不斷的單絲。繅絲時，將繭在水中軟化，找出絲頭；同時從幾個繭子上抽出絲頭，輕撚成單股生絲。在拈絲的過程中，將幾股非常細的生絲拈成較粗、較堅實的紗線。第二次世界大戰以來，像尼龍這類合成纖維的取代大大縮小了絲綢工業，但絲綢仍是重要的華貴材料，是日本、韓國和泰國的主要產品。

Silk Road　絲路　古代連接中國與歐洲的貿易路線。絲路本來是一條約自西元前100年起，爲商隊採用的路線，總長約4,000哩（6,400公里）。始於中國的西安，沿著長城向西北，越過帕米爾山脈，穿越阿富汗，進入地中海東岸。貨物在此地由船運向羅馬。絲綢被運向西方，而羊毛、黃金和銀則載往東方。隨著羅馬的勢力衰弱，這條路線變得危險。絲路在蒙古人手中又重新恢復，馬可波羅曾於13世紀踏上這條路。

silkscreen　絹印　亦作serigraphy。用於表面印刷之精緻模版印刷技術，其是將塗料或墨水經拓印、滾動或塗抹的方式印刷於裁剪之紙張或其他薄且強韌物質所形成的圖樣上，以使塗料或墨水透過剪下的區域。此技術之發展可能起源於約1900年，且起初是應用於廣告業及出版業。在1950年代，優秀的藝術家開始使用這種製作法。絹印乃是因將具細緻篩孔之絲綢釘到木製框架上，以作爲黏貼於其上之印刷用裁剪紙張之支持而得名。爲了製作一個絹印，具有絹網的木框被放置在一個稍大的木質板上，而要印刷的紙則置於板上及絹網之下，塗料則被與絹網同寬之橡膠清潔器（橡膠刀）透過絹網而印壓。隨著每一種顏色分別使用不同的絹網，可以有許多種顏色。

silkworm moth　桑蠶　家蠶屬蛾的統稱。中國桑蠶用於商業絲生產已有千百年的歷史。成蛾翅展約50公釐，體粗壯多毛，壽命只有2～3天。雌蛾產卵約300～500粒。幼蟲（蠶）白色，無毛，主要以桑葉爲食。長到約75公釐時，開始化蛹。它們吐出一條長約900公尺連續的白色或黃色的絲，繞成一繭。爲保持絲的完整性，人們用熱空氣或蒸汽殺死其蛹。亦請參閱saturniid moth。

在桑葉上覓食的家蠶屬幼蟲
UPI

sill　岩床　亦稱岩席（sheet）。在地理上指與圍岩層面平行的板狀侵入體。雖然岩床具有各種方位形態，但以近似水平的岩床最常見。岩床的厚度可從數公分到數百公尺，長度可延展到幾百公里。岩床包含各種類型的岩石成分。

Silla　新羅　古代朝鮮的三個王國之一，668年統一於新羅王國。相傳爲西元前57年爲赫居世所建，在6世紀作爲一個羽翼豐滿的王國發展起來。眞興王時代（540～576）成立特殊的軍人組織花郎徒。西元660年聯合唐朝征服百濟，668年又征服高句麗。隨後趕走唐朝軍隊，建立統一獨立的王國。它採用了中國式的官僚政治結構，但貴族階層卻沒有被論功行賞的官僚階層取代。新羅藝術在統一前有抽象化的傾向，統一後表現出唐朝的自然主義風格。

Sillanpää, Frans Eemil＊　西倫佩（西元1888～1964年）　芬蘭小說家。出身於農場主家庭，曾學習自然科學，但卻在學成後返回家鄉從事寫作。1918年受芬蘭內戰震撼，寫出了他最充實的小說《赤貧》（1919），描寫一個微賤的佃農如何參加了赤衛隊的故事。在1920年代後期出版了幾本短篇小說集之後，他發表了他最著名的小說《少女西麗亞》（1931），描寫了一個古老的農民家庭。《夏夜的人們》（1934）是他最優美的詩化小說。1939年成爲第一位獲得諾貝爾獎的芬蘭人。

sillimanite＊　矽線石　亦稱fibrolite。棕色、淡綠色或白色玻璃狀矽酸鹽礦物，常出現在纖維性聚合物的細長針狀結晶中。它是一種鋁矽酸鹽（Al_2OSiO_4），產於經高溫區域變質、富含黏土的岩石中（如片岩和片麻岩）。矽線石產於法國、馬達加斯加及美國東部，斯里蘭卡的礫石中還產一種淺藍色的矽線石變種。

Sillitoe, Alan＊　西利托（西元1928年～）　英國作家。父親是一名硝皮工人。他從十四歲起開始在工廠做工。他後來的小說和故事中有不少是對下層勞動者生活的憤怒的描寫，包括他的第一部成功的小說《星期六晚上和星期日早上》（1958，電影製作於1960）。或許他最著名的小說是同名的小說集裡的《長跑選手的寂寞》（1959，電影製作於1962）。他的其他作品還包括小說《威廉・波斯特斯之死》（1965）、《寡婦的兒子》（1976）和《開著的門》（1989）以及短篇小說集《拾荒者的女兒》（1963，電影製作於1974）和《第二次機會》（1981）。

Sills, Beverly　西爾斯（西元1929年～）　原名Belle Silverman。美國女高音歌唱家。她童年即在電台唱歌，1946年首次登上戲劇舞台。從1955年起，她開始在紐約市歌劇團演唱。1966年在《凱撒》中的花腔女高音引起了人們的注意，並成爲了全世界最受歡迎的歌唱家。在隨公司演出二十五年後，她在1979～1989年間擔任藝術總監。她在1975～1980年黃金時期之後還隨大都會歌劇院演出。她性格開朗，在公眾廣播音樂會和歌劇表演中都很受歡迎。

Siloé, Diego de＊　德西洛埃（西元1490?～1563年）　西班牙雕刻家及建築師。雕刻家吉爾・德西洛埃（卒於1501

年左右）之子，可能曾跟隨父親並在義大利學習。他的作品被認爲是西班牙文藝復興時期最優秀的作品。他的雕刻風格被稱爲銀匠式風格，融合了義大利文藝復興、哥德式和西班牙穆斯林式的風格。他的主要建築作品是格拉納達大教堂（始建於1528年），是上述風格的最佳組合。

Silone, Ignazio＊　西洛內（西元1900～1978年）　原名Secondo Tranquilli。義大利小說家、短篇故事作家和政治領袖。1921年參與義大利共產黨的建立。在法西斯分子將他流放之前一直積極參與黨的工作。1930年在瑞士定居，開始對共產主義失去信心，並開始創作反法西斯作品。他因第一部小說《豐塔瑪拉》（1930）而出名，後又寫了《麵包和酒》（1937）、《雪地下面的種子》（1940）以及諷刺小說《獨裁者的學校》（1938）。第二次世界大戰以後，他返回義大利政界，在退休前寫了《一把黑莓》（1952）等作品。

silt　粉砂　直徑爲0.004～0.06公釐的積物顆粒，不考慮礦物類型。粉砂易受水流搬運，但在靜水中便沈澱下來。未固結的粉砂粒集合體也稱粉砂，而固結的集合體則稱爲粉砂岩。風成的粉砂沈積通稱黃土。沈積物顆粒很少完全由粉砂組成，更常見的是黏土、粉砂和砂的混合物。富含黏土的粉砂在硬結成岩時，常沿層面發育裂理，稱爲葉岩。若裂理不發育則這種塊狀岩石就被稱爲泥岩。

siltstone　粉砂岩　硬化沈積岩，主要由有稜角的粉砂顆粒組成，既不具紋層，也不易裂成薄層。粉砂岩堅硬耐磨，呈薄層狀，其厚度不足以劃分成岩層。它是介於砂岩與葉岩之間的過渡岩石，但卻又不像砂岩和葉岩那樣常見。

Silurian period＊　志留紀　距今4.43億～4.17億年前的一段地質時期。志留紀是古生代的第三紀，繼奧陶紀之後，在泥盆紀之前。它標誌著首次出現陸生植物和有顎魚類。志留紀期間各大陸的分布如下：加拿大的北極圈內地區、斯堪的那維亞以及澳大利亞這樣一些地區當時可能都處於熱帶；日本和菲律賓或許處在北極圈內；南美洲和非洲則很可能接近南極，而以今日的巴西或是今日非洲西部作爲南極點的位置。陸地表面都被冰層掩埋，其深度就像如今覆蓋在南極表面的冰層一樣。

Silva, Luís (Ignácio da)　西爾瓦（西元1946年～）　亦稱魯拉（Lula）。巴西左派勞工黨領袖。魯拉原是工廠工人，是工人聯盟運動轉型爲重要政黨的推手。1988年他所屬的政黨在聖保羅和幾個大都市的選舉中大獲全勝，而連續在1989、1995、1998年推舉魯拉競選總統，並提出有利巴西工人階級的政見，但三次都敗給保守派參選人。亦請參閱Collor de Mello, Fernando (Affonso)。

Silvassa＊　錫爾瓦薩　印度西部達德拉－納加爾哈維利直轄區首府。位於達曼剛河畔，距阿拉伯海約25公里。該城爲直轄區經濟中心，出產稻米、豆類和水果。人口12,000（1991）。

silver　銀　金屬化學元素，過渡元素之一，化學符號Ag，原子序數47。是一種色澤白亮的貴金屬，其價值之一就在於它漂亮的外觀。它的導電能力是所有金屬中最高的。在週期表中處於銅和金之間，在許多性能上銀也在銅與金的中間。以小量廣泛分布於自然界，可以呈天然金屬的狀態，也可存在於礦石中，通常是生產銅與鉛的副產品。1960年代工業上對銀的需求已壓倒製作銀錠和錢幣的用途，尤其在攝影術中要求使用銀。它還用於印製電路、電子導體以及電接觸。在將乙烯轉化成氧化乙烯（許多有機化合物的前身）的過程中要以銀作催化劑。它還用於標準純銀合金（92.5%的銀，7.5%的銅），鍍銀的銀器、裝飾品和首飾仍是它的重要用途；首飾中使用的黃金含25%的銀，鑲牙的金中含10%的銀。補牙用的銀是銀和汞的汞齊。銀在化合物中，最重要的是硝酸銀中的原子價是1。銀的氯化物、溴化物和碘化物都用於攝影，銀的碘化物還用作雲的催化劑。

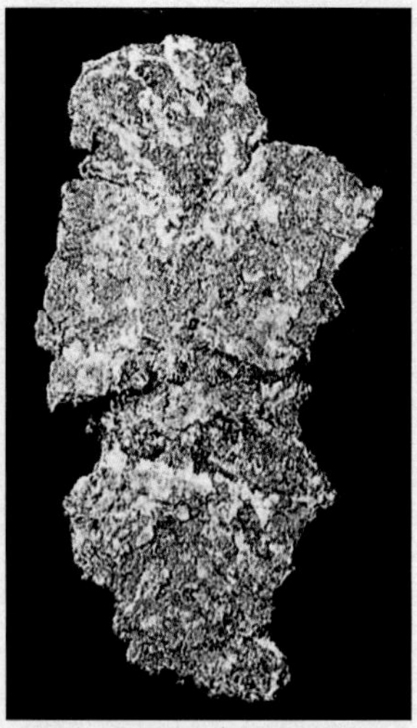

採自安大略的樹狀突銀礦
By courtesy of Joseph and Helen Guetterman Collection; photograph, John H. Gerard

Silver, Horace　西爾弗（西元1928年～）　美國鋼琴家、作曲家及現代爵士樂最富影響力的樂隊領隊。生於美國康乃狄格州諾沃克。1950～1951年與蓋茨合作，1952年組成了自己的三重唱組合。他從1954年起同布萊基一起共同領導「爵士使者」，後在1956年組成了自己的五重唱組合，表演他自己創作的音樂，並爲美國1950年代和1960年代的硬式咆哮樂（參閱bebop）提供了模板。受鮑威爾和瑟隆尼斯孟克的影響，西爾弗的音樂結合了咆哮樂音樂的複雜性和藍調音樂的通俗氣息，創作出了《傳教士》和《薩迪姊妹》等作品。

Silver Age　白銀時代　指拉丁文學中約西元18～133年這段時期，在文學成就方面僅次於在它之前的黃金時代。諷刺是當時最活躍的文學形式，其創作者包括尤維納利斯、馬提雅爾和佩特羅尼烏斯。其他著名人物還包括歷史領域的塔西圖斯和蘇埃托尼烏斯、採用書信體的老普林尼和小普林尼，和擅長文學評論的昆體良。當時的散文精致優美、風格詩化，許多名篇對人的心理有所發掘，並體現出人文主義的精神。亦請參閱Augustan Age。

silver nitrate　硝酸銀　無色透明、有刺鼻的氣味、帶腐蝕性的無機化合物（$AgNO_3$）。它是最重要的銀化合物，被用作製備其他銀鹽或作爲分析試劑。其稀釋溶液對淋菌有效，用作新生兒的滴眼劑以預防因淋病造成的眼盲。硝酸銀口服可引起劇烈腹痛和胃腸炎。

silver salmon ➠ coho

silver standard　銀本位制　一種貨幣本位制，規定了通貨的基本單位限定爲一固定量的白銀。特徵是常有銀鑄幣及銀的流通，其他貨幣可自由兌換爲白銀，結算國際債務可自由輸出、輸入白銀。現已無任何國家實行銀本位制。在1870年代，大多數歐洲國家採用了金本位制，到20世紀初期只有中國、墨西哥和一些小國家採用銀本位制。1873年，美國財政部停止發行銀幣，引起了「自由鑄造銀幣運動」Free Silver Movement，但布萊安的失敗使美國限制自由銀使用的憤怒被平息。亦請參閱bimetallism。

silverfish　衣魚　快速運動、細長、扁平、無翅的昆蟲，有三根短而硬的尾毛以及銀色的鱗片，學名爲Lepisma saccharina。世界性分布。雌蟲將受精的卵產在裂縫中和隱蔽的地方。孵出的幼體無鱗，附肢短。衣魚通常生活在室內，由於它們吃澱粉類的食物（如麵團、書籍的膠合劑以及壁紙等），因此會造成許多破壞。它們的壽命爲2～3年，一生不斷蛻皮。

silverpoint ➠ metal point

Silvers, Phil　希爾弗斯（西元1912～1985年）　原名Philip Silversmith。美國演員與喜劇演員。生於紐約市布魯克林區，最初曾在歌舞雜耍演出中擔任男孩歌手與喜劇演員。1940年第一次電影演出後，成爲許多電影中喜劇演員的替身。曾在《高跟鞋中的百老匯》（1947～1950）與《頂頭香蕉》（1951～1952，獲東尼獎；1954年改編爲電影）之中演出。他最爲人難忘的角色是在電視劇《希爾弗斯秀》（1955～1959）中所扮演的角色鬼頭天兵。他也在電影版的《春光滿古城》（1966）與《復出百老匯》（1972，獲東尼獎）之中演出。

Silverstein, Shel(by)　希爾弗斯坦（西元1932～1999年）　美國漫畫家，兒童文學、詩人及劇作家。通常與蘇斯博士相對照，希爾弗斯坦以兒童故事與詩作最富盛名。他的作品中令人難忘的角色有《謝比叔叔的拉夫卡迪歐故事：一隻向後開槍的獅子》（1963）中的主要人物，《愛心樹》（1964）中的小大人與樹，以及《失落的一角》中不完整的圓。希爾弗斯坦以幫助年輕讀者欣賞詩作而受讚揚，在他嚴肅的詩中，顯示了對於一般孩童焦慮與希望的理解。

Simcoe, John Graves　西姆科（西元1752～1806年）　英國軍人，加拿大殖民地總督。他曾在1777～1779年的美國革命中擔任指揮官，1779年遭監禁，1781年被釋放回英國。在議會憲法被通過後，他於1792～1796年擔任了上加拿大（現安大略）首位總督。他鼓勵移民和農業生產，支持國防和公路建設。

Simcoe, Lake　錫姆科湖　安大略省東南部湖泊，位於喬治亞灣和多倫多以北的安大略湖之間，面積743平方公里。有很多溪流以及特倫特運河爲該湖供給水源，湖長48公里，湖中有幾個島嶼，最大島喬治娜島爲印第安人保留地。該湖是一個著名的避暑勝地。

Simenon, Georges(-Joseph-Christian)＊　西默農（西元1903～1989年）　法國籍比利時小說家。他在1923～1933年間匿名撰寫了兩百多本低級趣味小說。他在第一本以眞名發表的小說《立陶宛人彼得的案件》（1931）中首次描寫了偵探小說中最有名的角色之一巴黎警探麥格雷。除此以外，他還創作了八十餘部以麥格雷爲主角的偵探小說、約一百三十部心理小說、無數的短篇小說和自傳，是20世紀最多產和發行範圍最廣的作家之一。他的小說的中心主題是描寫在孤獨中變得神經質和不正常的人。

西默農
© Jerry Bauer

Simeon I＊　西美昂一世（西元864?～927年）　別名西美昂大帝（Simeon the Great）。保加利亞帝國第一位沙皇（925～927）。鮑里斯一世的兒子，在他放蕩的哥哥弗拉基米爾的短期干涉統治（889～893）後，893年他繼承了父親的王位。他懷有當拜占庭皇帝的野心，因而在894～923年間五次向拜占庭帝國發動戰爭。925年自封「所有保加利亞人的沙皇」的稱號。他把他的勢力範圍擴展到馬其頓南部、阿爾巴尼亞南部和塞爾維亞，但可能失去了保加利亞對多瑙河以北的統治權。

Simeon Stylites, St.＊　柱頭修士聖西門（西元390?～459年）　亦稱老聖西門（Simeon the Elder）。敘利亞的苦行修士。原是牧羊人，進入修道院，但因過於嚴格而被逐，成爲隱士。420年前後，他的出了名的非凡奇蹟吸引了大量人群，以致使他住到一根2公尺高的柱子頂端，成爲第一個柱頭修士。後來他堅持住在第二根15公尺高的柱頭上直到去世。柱端圍上欄杆以防跌落，由他的門徒們爲他提供食物。他激勵了其他的苦行修士，人們稱他爲老聖西門以區別於6世紀時一個同樣名字的柱頭修士。直到19世紀俄羅斯仍有柱頭修士的記載。

Simic, Charles＊　斯密克（西元1938年～）　南斯拉夫裔美國詩人。十五歲時與母親遷往巴黎，一年後到美國與父親相聚。自紐約大學畢業後，開始將南斯拉夫詩文翻譯成英文。第一部詩集《小草說了什麼》（1967），以其生動與超現實的意象而受到認可。《世界並未終結》（1989）獲得普立茲獎。1984～1989年獲得麥克阿瑟獎助金。1973年起在新罕布夏大學任教。

simile＊　明喻　修辭學之一，指兩種不同實體的比較。與隱喻不同的是，在明喻中，相似之點是用「好像」、「彷彿」等詞明白表示出來的。明喻的一般傳統在日常用語中通常反映一些簡單比較，例如，「他吃東西像一隻鳥」或是「她像糖蜜那樣黏」。文學上的明喻，可以明確而直接，也可以比較冗長而複雜。荷馬式的明喻，或稱史詩式的明喻，往往長達好幾行。

Simla　西姆拉　亦作Shimla。印度西北部喜馬偕爾邦首府。該城在廓爾喀族戰爭（1814～1816）後由英國人建於喜馬拉雅山麓一山脊上，海拔2,200公尺。它在1865～1939年間一直是英國夏都，在1947～1953年間是旁遮普邦首府。由於氣候涼爽、風景優美，該城是印度最著名的避暑勝地之一。人口81,463（1991）。

Simmel, Georg＊　齊默爾（西元1858～1918年）　德國社會學家和哲學家。在柏林大學（1885～1914）和史特拉斯堡大學（1914～1918）講授哲學期間，他致力於在德國將社會學建立成一門基礎學科。他試圖把社會相互作用的一般形式或普通規律同某種活動（例如政治、經濟、美學的活動）的特殊內容分離開來。他特別注重權威和服從的問題。在《貨幣哲學》（1900）一書中，他將自己的原則運用到經濟上，強調貨幣經濟在社會活動的專業化方面以及個人關係和社會關係的反個性化方面所起的作用。他的理念對美國社會產生了很大影響，在巴克、斯莫爾和柏基斯的作品中均有體現。亦請參閱interactionism。

Simms, Willie　辛姆斯（西元1870～1927年）　非裔美國騎師，最早獲選進入紐約州沙拉托加泉賽馬名人堂國家博物館的騎師之一。1887年開始賽馬，也是最早採用短馬鐙的騎師之一，這種如今到處可見的短馬鐙，會將騎師抬到馬的鬐甲（馬肩胛骨之間的隆起部分）上，馬因而可以有更佳的平衡感。1895年辛姆斯成爲第一位在英國獲勝的騎師，英國的運動撰稿者很快就將短馬鐙和下彎的姿勢稱爲「美式座椅」（American seat）。辛姆斯贏得了1983、1984年的貝爾蒙特有獎賽，1896、1898年的肯塔基大賽馬，以及1898年的普利克內斯有獎賽；他也是唯一一位拿過所有賽馬三冠王冠軍的非裔美國人。1893、1894年，辛姆斯名列美國騎師的榜首（以勝場數爲準）。1901年退休，生涯勝率記錄24.8是有史以來的最佳成績之一。

Simon, Claude(-Eugène-Henri)＊　西蒙（西元1913年～）　法國作家。在第二次世界大戰中被俘後，他逃亡法國並參加了抵抗運動。他在戰爭期間完成了他的第一部小說。他的作品將敘述與意識流相結合，結構緊密，是1950年代出現的「新小說」或稱法國「反小說」的代表。他最重要的小說是他的迴圈小說《草》（1958）、《法蘭德斯公路》（1960）、《宮殿》（1962）和《歷史》（1967）這組人物和事件互有關聯的作品。他的其他小說還包括《風》（1957）、《三聯畫》（1973）和《阿拉伯樹膠》（1989）。1985年獲諾貝爾文學獎。

Simon, Herbert (Alexander)＊　西蒙（西元1916～2001年）　美國社會學家。1943年獲芝加哥大學政治學學士學位。1949年起在卡內基－梅隆大學講授心理學，後講授電腦科學。在《論行政行為》（1947）一書中，他認為團體人群作出的決定是有多方面因素（包括心理因素）的，而不是只將獲取最大利益作為原始動機的。他在1978年獲得諾貝爾經濟學獎。他後來致力於用電腦技術研究人工智慧的領域。

Simon, John Allsebrook　西蒙（西元1873～1954年）　受封為西蒙子爵（Viscount Simon (of Stackpole Elidor)）。英國政治家。作為一名成功的律師，他曾擔任下議院議員（1906～1918及1922～1940）。在1930年代，他曾領導自由黨，並連續擔任外交大臣（1931～1935）、內務大臣（1935～1935）和財政大臣（1937～1940）。他主張英國和納粹德國之間建立友好關係，並支援了張伯倫的綏靖政策和「慕尼黑協定」。

Simon, (Marvin) Neil　賽門（西元1927年～）　美國劇作家。生於紐約市，1950年代曾為凱撒撰寫喜劇劇本。《自吹自擂》（1961）為他一系列造成轟動的喜劇的第一部。其他包括《裸足佳偶》（1963；1967年拍成電影）、《單身公寓》（1965；1968年拍成電影）、《金屋三嬌》（1968；1971年拍成電影）、《陽光少年》（1972；1975拍成電影）與《加州套房》（1976；1978年拍成電影）。後來的戲劇有自傳性的三部曲《那一年我家》（1983）、《小卒將軍》（1985，獲東尼獎）與《百老匯東縛》（1986）。他的戲劇通常以紐約為背景，幽默地處理了一般中產階級在日常生活中的衝突。以《我的天才家庭》（1991）獲頒東尼獎與普立茲獎。他還採用其劇本撰寫電影劇本，並有關於數個音樂劇的著作，包括《美好時刻》（1966）與《允諾》（1968）。

Simon, Paul (Frederic)　保羅賽門（西元1941年～）　美國流行歌手和作曲者。1950年代他開始與葛芬柯（生於1941年）一起演出，使用的名字是「湯姆與傑利」。分開一段時間後，1964年二人以「賽門和葛芬柯」的名字重新合作。他們的第一首熱門的單曲是〈沈默之聲〉（1966）。在以後的六年中，其他的成功作品有〈羅賓遜太太〉（電影《畢業生》的插曲）和《惡水上的大橋》。兩人分手後，賽門出了幾張暢銷的專輯，包括《多年以後依然瘋狂》（1975），還為電影《醒悟》（1980）寫作並主演。他與非洲音樂家們一起錄製的《仙境》（1986）成為新崛起的「世界音樂」最成功和最有影響力的專輯。非洲和巴西的音樂加入了他後來的《聖者之節奏》（1990）。1998年他與瓦科特一起寫了百老匯音樂劇《穿斗篷的人》（1998）。

Simon & Schuster＊　賽門－舒斯特出版公司　美國出版公司。由賽門（1899～1960）與舒斯特（1897～1970）創立於1924年，最初計畫出版的原創性縱橫填字謎已成為暢銷書。其他的創新包括自1939年起的口袋書，成為美國最早的口袋書。該公司出版了多樣的書籍，包括許多暢銷書並獲得多次獎項。1975年售與海灣與西方公司，1989年改名派拉蒙傳播公司，1994年為維康公司所收購。隨著在1998年出售其教育、專業、國際與參考書部門，賽門－舒斯特重新集中於小說與非小說類的大眾讀物。

Simon de Montfort ➠ Montfort, Simon de

Simon Fraser University　西蒙・弗雷澤大學　加拿大的私人捐助大學，位於不列顛哥倫比亞省伯納比，另有一分校設於溫哥華。1963年創辦，校名取自探險家弗雷澤之名，設有藝術、科學、應用科學、研究所、商業管理、教育、在職進修等學院，並有一當代藝術學院。現有學生人數約17,000人。

Simonde de Sismondi, J(ean-) C(harles-) L(éonard) ➠ Sismondi, J(ean-) C(harles-) L(éonard) Simonde de

simony＊　買賣聖職聖物　指買賣教堂財產和勢力的活動。這一名詞來源於行邪術的西門，他曾試圖購買聖靈給人天賦的權力。買賣聖職聖物在9、10世紀遍布歐洲，牧師和主教的職務均由有錢有勢的人來擔任。在教宗聖格列高利七世的抨擊下，這一醜事直到15世紀才又重現，但在16世紀之後，這一臭名昭著的事絕跡了。

simple harmonic motion　簡諧運動　通過一個中心，或者稱平衡位置，來回重複的運動，一側的最大位移與另一側的相等。每一次完全的振動所用的時間都相同，稱為週期；週期的倒數是振動頻率。產生這種運動的力永遠指向平衡位置，而且與離開平衡位置的距離成正比。擺顯示的就是簡諧運動；其他的例子包括通有交流電的導線中的電子，以及攜帶聲波的介質中的振動粒子。

simplex method　單體法　解答最優化問題的線性規畫標準方法，通常包括一個函數以及幾個用不等式表示的限制條件。不等式定義一個多邊形區域（參閱polygon），最佳解通常是其中一個頂點。單體法是有計畫的步驟，測試每個頂點當作可能的解。

Simplon Pass＊　辛普倫山口　瑞士南部阿爾卑斯山脈山口和地道。它位於本寧阿爾卑斯山脈和勒蓬廷阿爾卑斯山脈之間，海拔2,006公尺。從13世紀中期起就是阿爾卑斯山脈的一條重要路線，拿破崙1800～1807年在此修建了一條馬車道後，該山口成為了連接中歐和南歐的一條重要路線。山頂附近有一旅店，從1235年起就有奧古斯丁會的教士在此居住。當冬天山口被雪封住後，車輛就要從山口下的一條20公里長的鐵路隧道通過，該隧道將瑞士的布里格和義大利的伊塞萊連接起來。

Simpson, George Gaylord　辛普森（西元1902～1984年）　美國古生物學家。獲耶魯大學的博士學位。他對演化理論的貢獻包括在對哺乳動物演化研究的基礎上對哺乳動物作了詳細分類，至今仍作為標準。他還以研究在過去的地質年代裡動物物種在大陸間的遷移著稱，尤其是南美洲的哺乳動物。他的著作包括《演化的速率和方式》（1944、1984）、《演化的意義》（1949）、《演化的主要特徵》（1953）以及《動物分類學原理》（1961）。

Simpson, James Young　辛普森（西元1811～1870年）　受封為詹姆斯爵士（Sir James）。蘇格蘭產科醫師。在愛丁堡大學獲博士學位，並成為了該校的一名產科學教授。在外科手術應用乙醚麻醉的消息傳到蘇格蘭後，他在

1847年開始將此技術應用於產科，以減輕分娩疼痛。後又抵制了產科醫生及牧師們的反對，以氯仿代替乙醚。他還創用了鐵線縫合法，並用壓迫的方法來止血。他還發明了辛普森鉗（長產鉗）。

Simpson, O(renthal) J(ames)　辛普森（西元1947年～）　美國美式足球員。在高中時任阻擋隊員和後衛。1965～1968年在南加州大學打球，創下帶球推進碼數記錄，被稱爲全美最佳選手，並贏得了海斯曼盃（1968）。他在1969年與比爾隊合作，並創下了新的記錄，成爲了一名有極大的票房吸引力的球員。膝傷後比爾隊即將他交易到全國美式足球聯盟舊金山四九人隊（1978），他在1979年球季後退休。由於他親切而英俊，他成爲了一名走紅的電影電視明星、成功的廣告代言人和優秀的體育解說員。1994年他的前妻尼科爾和其朋友戈爾德曼在尼科爾住家外被刺死。辛普森被控以謀殺罪，並成爲了歷史上最有名的審判中的被告。這次長時間轉播的審判成爲空前的公衆關注的焦點。1995年陪審團宣告辛普森無罪，但在1997年由尼科爾和戈爾德曼家人上訴的非正常死亡民事法庭的隔離審判中，辛普森被判有罪。

Sims, William Sowden　西姆斯（西元1858～1936年）　美國海軍官員。他畢業於亞那波里斯，後來撰寫航海教程，被廣泛採用。作爲美國駐巴黎和聖彼得堡大使館的海軍武官，他觀察到外國海軍的優勢。曾任海軍射擊練習督察（1902～1909），改革了美國海軍的炮術。第一次世界大戰中，他指揮美國在歐洲的艦隊，協助安全使用護航系統，保護盟軍的船隻不受德國潛艇的攻擊。1917～1918以及1919～1922年間西姆斯任美國海軍戰爭學院院長。

simulation, computer　電腦模擬　使用電腦來顯示一個系統受另一個模仿它的系統作用時所產生的動態反應。模擬以電腦程式的形式使用眞實系統的數學描述或數學模式，由再現眞實系統內部功能關係的數學公式組成。當程式運行時，其構成的數學動態類似於眞實系統的行爲，其結果則以資料的形式表現出來。模擬也可以取電腦圖像的形式，以生動的連續畫面來表示動態過程。電腦模擬常用來研究在眞實生活中不易得到或無法安全運用的條件作用於物體或系統時可能產生的反應，如核爆炸和天氣形態。個人電腦所作的較爲簡單的模擬主要是商業模擬和幾何模型。

simultaneous equations ➟ system of equations

Sin＊　辛　蘇美語作南那（Nanna）。美索不達米亞宗教的月神。他是太陽神沙瑪什之父，在別的一些神話中也說他是女神伊什塔爾的父親。辛被認爲是一名控制河水漲落和蘆葦生長、使牛群繁殖生長的神。他的神力尤其體現在幼發拉底河沿岸，人們對他的崇拜就是從那裡興起的。西元前6世紀在巴比倫萬神殿中，他被提升到了至高無上的地位。

sin　罪惡　惡行，尤其是違反道德或宗教法則的行爲。在《舊約》中，罪惡被認爲是對上帝的仇恨，因此故意違反其旨意。在《新約》中，罪惡是人類固有的弱點，也是耶穌要拯救世人的一個條件。基督教義將罪惡分爲「實罪」和「原罪」。「實罪」包括罪惡的行爲、語言和事件，並被劃分爲道德罪惡（人故意違反上帝的旨意）和可寬恕的罪惡（不太嚴重的無意冒犯）。在伊斯蘭教中，罪惡是對上帝指出的道路的迷失，預言家們因此被派下人間將人們領回正道。在印度教和佛教中，人一生的善行和惡行將會影響他的來生。

Sinai＊　西奈半島　埃及東北部半島。位於蘇伊士灣和紅海北端的亞喀巴灣之間，面積61,000平方公里。它的南部地區多山，西奈山也坐落於此。而它的北部2/3以上是乾旱的平原，被稱爲西奈沙漠。該地區在史前已有人居住，是著名的以色列人出埃及的路線。從1世紀起到16世紀被鄂圖曼土耳其人占領之前，它一直是羅馬帝國及其後繼王國的領土。西奈半島在第一次世界大戰後期主權歸回埃及。它曾是1967年以阿戰爭的主戰場，1967～1982年間被以色列人占領，後又歸還埃及。

Sinai, Mt.　西奈山　亦稱何烈山（Mount Horeb）。埃及西奈半島中南部山峰，海拔2258公尺。它被認爲是摩西傳十誡的地方。雖然人們按照《聖經》並不能確定現在的地點，但它在猶太教、基督教和伊斯蘭教的傳統中一向被視爲重要的朝聖地。世界上最古老的有人居住的修道院之一聖凱瑟琳修道院位於它的北部。

Sinaloa＊　錫那羅亞　墨西哥西北部一州。位於加利福尼亞灣，首府庫利亞坎。面積58,328平方公里，在1830年成爲單獨的州，包括一個熱帶沿海平原區，內陸向西馬德雷山系延展。馬薩特蘭坐落在其沿海。錫那羅亞主要是一個農業區，生產小麥、棉花、煙草和甘蔗。礦產有鹽、石墨、錳、金等。人口約2,426,000（1995）。

Sinatra, Frank　法蘭克辛那屈（西元1915～1998年）　原名Francis Albert Sinatra。美國歌手。1930年代中期開始其歌唱事業，被詹姆斯發掘後，立刻吸收他到樂隊工作。1940～1942年他與湯米．多爾西樂團合作演出，受到全國的歡迎。1943～1945年在廣播節目《流行歌曲風雲榜》演唱，後成爲劇院和夜總會最受歡迎的表演者。1953年他演唱及灌錄由里鐸、梅伊與詹金斯等人編曲的歌曲後，發行《短暫的時刻》（1955）、《獻給熱戀中情侶的歌曲》（1955）、《與我一同翱翔》（1955）和《只有寂寞》（1955），使他的事業達於頂峰。他一共演出八十餘部電影；在《亂世忠魂》（1953，獲奧斯卡獎）的演出拯救了他已走下坡的事業，後來在《紅男綠女》（1955）、《上流社會》（1956）、《酒綠花紅》（1957）等音樂片及戲劇《金臂人》（1955）和《諜網迷魂》（1962）的演出。1961年成立雷普萊斯唱片公司。他以特殊的樂句和延長音符詮釋歌曲，加上其歌聲所表達的敏銳抒情泛音，使他成爲無可匹敵的情歌歌手。

Sinclair, Upton (Beall)　辛克萊（西元1878～1968年）　美國小說家。當他撰寫《屠場》（1906）這部描寫和揭露芝加哥屠宰場情況的暢銷書時，還是一名普通的記者。作爲一部自然主義里程碑式的小說，它激起了公衆的憤怒，迫使美國通過了「衛生食品暨藥物法」。他還寫了一些其他主題小說，以及成功的以蘭尼．巴德爲主角的十一本現代史小說，描寫了一名反法西斯主義者。該系列以1940年出版的《世界的盡頭》爲首，還包括了1942年普立茲獎獲獎小說《龍之牙》。在1930年代，辛克萊組織了一場社會改革運動，爲他贏得了民主黨加州州長的提名。

Sind　信德　亦作Sindh。巴基斯坦東南部一省。其南部以阿拉伯海爲界。首府爲喀拉蚩。這裡曾是古代印度河文明的中心地帶，在西元前6世紀被古波斯的阿契美尼德王朝兼併。西元前325年被亞歷山大大帝征服後，這裡在西元前3世紀成爲孔雀帝國的一部分。大約在西元711年這裡落入阿拉伯人之手。16～17世紀這裡由蒙兀兒王朝統治。1843年英國人控制了此地。巴基斯坦獨立後，這裡一度併入西巴基斯坦省，但於1970年再次成爲一個單獨的省份。省內許多地區爲乾燥不毛之地，只有印度河河谷除外，這裡灌溉便利，出產棉花、小麥和稻米，也是人口的主要聚居地。人口約20,312,000（1983）。

sine ➠ trigonometric function

sines, law of　正弦定律　三角學的定律，假設在任意三角形中，邊長與其所對應角之正弦成比例：

$$\frac{a}{\sin A}=\frac{b}{\sin B}=\frac{c}{\sin C}$$

當a、b和c為邊，A、B和C為對應角。

Singapore　新加坡　正式名稱新加坡共和國（Republic of Singapore）。東南亞島共和國。位於馬來半島南端。由新加坡島和其他六十座小島構成。面積622平方公里。人口約3,322,000（2001）。首都：新加坡。3/4的人口為華人，其餘大部為馬來人和印度人。語言：英語、華語、馬來語和坦米爾語（均為官方語）。宗教：主要是儒教、佛教和道教，也有伊斯蘭教、基督教和印度教。貨幣：新加坡元（S$）。全境近2/3為起伏不平的低地，海拔不足15公尺。炎熱潮濕的氣候。雖然土地總面積的2%為可耕地，但新加坡的可耕地成為世界上產量最高的蔬菜水果產地。經濟的主要基礎是國際貿易和金融。新加坡有一百多家商業銀行，其中大部分屬於外國人所有，是亞洲美元市場的總部。新加坡是世界最大的港口之一，也是世界主要的石油精煉國之一。平均每人所得居東南亞國家之首。政府形式為共和國，一院制。國家元首是總統，政府首腦為總理。長期由漁人和海盜居住，是蘇門答臘室利佛逝帝國的前哨。一直到14世紀，後來先後受爪哇和暹羅所控制。15世紀，成為麻六甲蘇丹國的一部分。16世紀葡萄牙人控制該區域，17世紀當地又被荷蘭人所控制。1819年割讓給東印度公司，成為海峽殖民地和英國在東南亞殖民活動的中心。1942～1945年日本人占領該島。1946年成為英國直轄殖民地。1959年取得內部完全自治，1963年成為馬來西亞一部分，1965年獨立。新加坡在東南亞國家聯盟事務上極具影響力。獨立後的三十年來，該國政治上的主要決策者是李光耀。1990年代亞洲經濟危機期間，該國的經濟受影響，但是比鄰近許多國家較易復原。

Singapore　新加坡　新加坡共和國城市及首都。是新加坡島南部的一個自由港。由於該城市在整個島國具有舉足輕

重的地位，新加坡也時常被稱作城市國家。城內眾多的公共綠地以及綠樹成行的大街使它被譽為花園城市，來自亞洲各地的移民也使眾多不同的文化競現一城。按傳統說法，室利佛逝王子最早在此自立為王，13世紀時這裡已經成為一個重要的馬來城市。14世紀此地被入侵的爪哇人洗劫一空，此後直到1819年才在英國東印度公司的萊佛士手下得以重建。1833年它成為海峽殖民地的首府。以後當地的發展主要依循海港以及海軍基地建設的方向進行。如今這裡已經成為世界主要商業中心之一。發達的銀行、保險和證券業使它成為東南亞的主要商貿金融中心。城內有國立新加坡大學（1980年由原新加坡大學與南洋大學合併而成）。人口：都會區約2,792,000（1992）。

Singer, Isaac Bashevis　辛格（西元1904～1991年）　意第緒語作Yitskhek Bashyevis Zinger。波蘭出生的美國小說家和散文作家。辛格早年在波蘭華沙拉比派神學院受到傳統的猶太教育。在出版了第一部小說《撒旦在戈雷》後，於1935年移民到美國，為紐約的一家意第緒語報紙寫文章。此後雖然他主要還是以意第緒語寫作，但他親自對有關的英語翻譯進行指導。其作品描寫猶太人在波蘭和在美國的生活，融嘲諷、風趣與智彗於一爐，具有一種神祕怪異的獨特風格。其主要的長篇小說有：《莫斯卡特一家》（1950）、《盧布令的魔術師》（1960）、《冤家，一個愛情故事》（1972；1989拍成電影）；短篇小說集有：《傻瓜金佩爾》（1957）、《市場街的斯賓諾莎》（1961）和《羽毛做的王冠》（1973；獲國家圖書獎）；還有劇作《楊朵》（1974；電影，1983）。辛格於1978年獲諾貝爾文學獎。

Singer, Isaac Merrit　辛格（西元1811～1875年）　美國發明家和製造商。十九歲時成為了一名機械學徒。1839年獲得鑿岩機的專利，1949年又取得金屬和木料兩用雕刻機的專利。1951年他改進了何奧的縫紉機，之後很快成立了辛格公司（參閱Singer Company）。1854年何奧狀告他侵犯專利勝訴，但這並未能阻擋辛格生產他自己的機器。他的公司很快成為了世界上最大的縫紉機生產廠家。他在這方面獲得了很多項專利權，同時也是分期付款購貨辦法的先驅。

Singer Co.　勝家公司　亦譯辛格公司。美國一家以縫紉機製造業起家的公司。在取得首台家庭實用縫紉機的專利權后，辛格（1811～1875）於1851年創立辛格公司。到1860年辛格公司已經成為世界上最大的縫紉機製造廠商。1863年其業務由勝家製造公司接管。該公司於1910年開始大量生產家用電器，在市場營銷方面也屢屢創新。其後該公司擴大業務，生產動力工具、地板維護用品、家具以及電子產品。1963年改名勝家公司。1986年其縫紉機與家具生產業務被分離出去，另外成立了一家單獨的SSMC公司（勝家縫紉機公司）。1988年勝家公司被投資商保羅．比爾澤林轉手控制，公司資產被全部出售；新成立的雙灣公司於1991年破產。

Singitic Gulf＊　辛吉蒂克灣　希臘東北部愛琴海的海灣。延伸入希臘半島馬其頓區的兩個海灣中較大和較深的海灣（另一個海灣為伊厄里蘇灣）。西元前480年由薛西斯一世修建完成的運河的殘留部分將兩個海灣連接在一起。海灣上的歐拉諾波里斯為主要社區，也是旅遊者前往聖山的一個歇腳點。

single tax　單一稅　指只對土地價值徵課一種稅作為政府收入的唯一來源，用以代替一切現有的賦稅。亨利．喬治在《進步與貧窮》（1879）一書中提出了這一名詞。這一建議在以後數十年間獲得強大的支援，但卻從未被付諸實行。支持者們認為，既然土地是一種固定資產，那麼其收入應為經濟增長的產物，而非得自個人力量。因此應適當收取稅金資助政府。評論家認為單一稅沒有考慮個人支付能力，因為土地所有權與總財富或收益之間並無關聯。

singspiel＊ 歌唱劇；德國輕歌劇 用德語演唱的歌劇，包括對白、歌曲和合唱。它主要的發展，開始於1752年查理·科菲的敘事歌劇《麻煩將至》在萊比錫上演德語版之後。在維也納，它曾經有過一個短暫的繁榮時期，在此期間，莫札特創作了久負盛名的《後宮誘逃》（1782）和《魔笛》（1791）。歌唱劇帶有明顯的民歌主題和底層階級特點，將傳統的貝多芬的《費德里奧》和韋伯的《魔彈射手》領向了德國浪漫歌劇。亦請參閱musical、operetta、zarzuela。

Sinhalese＊ 僧伽羅人 斯里蘭卡最大的種族。相傳他們的祖先來自印度北部。僧伽羅人大多從事農業，信仰上座部佛教。同斯里蘭卡的其他民族一樣，社會階層按職業劃分，結構複雜。今天的僧伽羅人約有1,200萬。

Sinitic languages ➠ Chinese languages

sinkhole 落水洞 亦稱sink或石灰井（doline）。指地面下石灰岩被地下水溶解而形成的陷落地形。落水洞在不同的地區深度不同，面積可能很大。主要的兩類由洞頂塌陷而成或由土壤覆蓋層下的岩石慢慢溶解而成。塌陷的落水洞一般具有陡峭的岩壁，河流可能由此轉為地下河。土壤覆蓋形成的落水洞通常較淺，可能會因黏土堵塞而成為小湖。

Sinkiang Uighur ➠ Xinjiang Uygur

sinking fund 償債基金 公司或政府機構為定期償還債券、公司債券和優先股份而撥出的基金。這種基金由收益累積起來，撥出的基金可按未償清債務的固定百分比或按利潤的固定百分比來畫定。償債基金與公司週轉金分開，交由信託公司或託管人管理。設立償債基金的目的是向投資者保證，公司已作好到期償還債券的充分準備。

Sinn Féin＊ 新芬黨 愛爾蘭民族主義政黨。由格里菲思等人在1902年建立，政策包括對英國的消極反抗、停止繳稅和建立一個愛爾蘭自己的參議會。新芬黨在復活節起義之前都沒起什麼作用，直到它的領導人德瓦勒拉要求建立一個聯合的共和國的提議在1918年大選中贏得了105個席位中的73個。該政黨的力量在1926年德瓦勒拉建立替天行道士兵黨並吸收了一些新芬黨的成員後逐漸削弱。該政黨一直支持愛爾蘭統一事業，是愛爾蘭共和軍的一支有力的政治臂膀。1980年代和1990年代，在亞當斯的領導下，該政黨參加了北愛爾蘭的和平談判。

Sino-French War 中法戰爭（西元1883～1885年） 中國與法國之間因越南問題所引發的衝突，這場戰爭暴露出中國近代化的努力不足，並且激起中國南方民族主義的情緒。1880年當法國從它在越南南方所控制的三個省向北擴張勢力，中國派出軍隊，展開零星的戰鬥。清朝政府的總督李鴻章與法國交涉，雙方協議越南北部將為兩國共同的保護國。但中國政府裡態度強硬的黨派表示拒絕。法國於1883年擊敗中國的援軍，並提出新的對法國更為有利的談判條件。但中國再度拒絕。雙方加深的敵意導致中國的由十一艘蒸汽船所組成的新艦隊和福州造船廠遭到摧毀。1885年中國與法國簽訂和約，接受1883年的條件。

Sino-Japanese War 中日戰爭（西元1894～1895年） 中日兩國因為韓國所引發的衝突，這場戰爭顯示日本已掘起為世界強權，並暴露出中國的衰弱。雖然韓國長久以來一直是中國最重要的附庸國，但日本向來亦覬覦韓國的自然資源與戰略地位。當日本於1875年促使韓國開放門戶對外貿易後，韓國本土的激進派與保守分子間的緊張關係，將中、日兩國帶進衝突；前者支持日本並主張現代化，後者則多為中國所支持的韓國政府官員。外國的觀察家預言規模較大的中國軍隊將可輕鬆獲勝，但卻是日本在陸戰和海戰中取得壓倒性的勝利。在「馬關條約」中，中國承認朝鮮獨立，並割讓台灣、澎湖和遼東半島給日本。但日本後來被迫歸還遼東半島。1937～1945年中國在自己的領土上對抗日本的侵略也稱中日戰爭（參閱Manchuguo、Marco Polo Bridge Incident、Nanjing Massacre）。亦請參閱Tonghak Uprising。

Sino-Tibetan languages＊ 漢藏諸語言 包括漢語與藏緬語族兩個分支的語族。藏緬語族為數百個差異甚大的口說語言的集合體，約6,500萬人使用，涵蓋地區由巴基斯坦北部，東到越南，由西藏高原到南邊馬來半島。西部藏緬語族包括藏語和博多－喜馬拉雅語，主要使用於尼泊爾。印度東北的藏緬語族有博多－加羅語，使用於阿薩姆與那加蘭的北部那伽語；可能與其有關的是使用於緬甸北部的金浦。庫基欽語和南那伽語使用於東印度、孟加拉東部與緬甸西部。中部藏緬語族主要使用於印度的阿魯納恰爾邦以及中、緬交界的地區，包括錫金的官方語雷布查語。東北藏緬語族使用於中國四川西部與雲南西北部的異種語群。以及一個地理範圍廣闊的緬甸－羅羅語支，為緬甸的國語。儸儸語包括雲南彝或儸儸的口語，以及數個散播在雲南與部分東南亞的語言，如拉祜語與阿卡語。克倫語使用於緬甸與泰國的克倫人，形成獨特的子群。藏語與緬甸語是唯一具有長遠文學傳統的藏緬語。緬甸語採用了孟語（Mon）書寫文字（參閱Mon-Khmer languages）。大多數藏緬語具有音素的聲調與凝結構詞（參閱morphology）。

sinter 泉華 具有多孔狀或泡沫狀結構（有很多小的空隙）的礦物質沈積物。矽質泉華是蛋白石質或非晶質二氧化矽的一種沈積物，圍繞溫泉和間歇噴泉形成結殼，有時形成錐形丘（噴泉錐）或台階。鈣質泉華，有時叫上水石、含鈣石灰華或石灰華，是碳酸鈣的一種沈積物。

sintering 燒結 小顆粒的金屬在低於熔點的溫度下焊接在一起。這種方法可用來使複雜型件的成形、生產合金或對熔點非常高的金屬進行加工。燒結也可被用來使陶或玻璃的粉末成型，再經過焙燒定型。亦請參閱powder metallurgy。

sinus 竇 身體的腔洞或凹陷。鼻竇，通常簡稱為竇，是指鼻腔周圍的四對骨性含氣竇：上顎竇，容積最大，位於眼窩與頸和上顎之間；額竇位於眼窩之間和其上方；篩竇由鼻腔和眼窩之間的3～18個薄壁竇室構成；蝶竇位於鼻腔之後。這些鼻竇在剛出生時不是還沒出現，就是很小，青春期前緩慢發育，青春期後迅速擴大。可能和發聲功能有關，而且可能還有助於溫暖吸入的空氣。鼻竇黏膜產生的黏液則被排入鼻腔。因腫脹（因過敏或感染造成，參閱sinusitis）、息

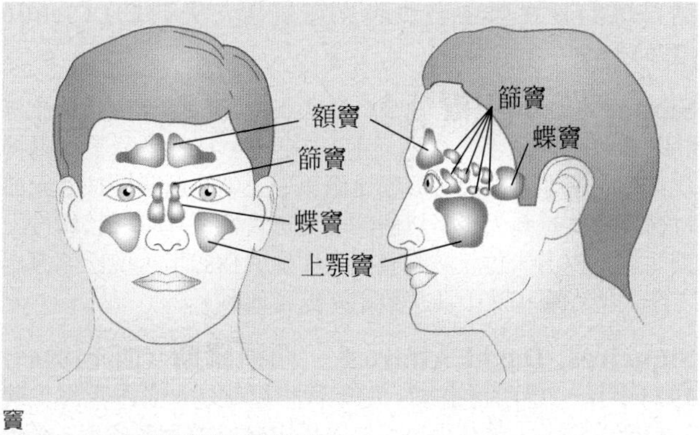

竇

肉或構造問題造成的出口堵塞可影響鼻的呼吸並導致嚴重感染。嚴重梗阻可能需要手術治療，且手術時須有極仔細的照護以免傷害到附近的腦部構造或眼部。

sinusitis＊　鼻竇炎　鼻竇的炎症。急性鼻竇炎通常是因諸如普通感冒的感染而引發，導致局部疼痛與壓痛、鼻塞、流涕和全身不適。鼻滴劑或吸入劑含有可收縮血管幫助鼻竇暢通的藥物成分。細菌感染時可使用抗生素。慢性鼻竇炎，症狀爲易感冒、流膿性鼻涕、呼吸不暢、嗅覺缺失和有時頭痛，可在急性鼻竇炎反覆發作或治療不及之後導致，特別是因爲鼻塞而通氣、引流受阻時。如抗生素治療或反覆行鼻腔灌洗無效，可能需手術治療以打開吸入通道。

Siouan languages＊　蘇語諸語言　北美印第安語系，主要在17～18世紀被應用於密西西比河西部。當時最主要的語言是威斯康辛的溫內巴戈語、愛荷華和密蘇里北部的奇韋里語（愛荷華語、奧圖語和密蘇里語）、從內布加斯加東部到阿肯色的中部平原區語族（蓬卡語、奧馬哈語、坎薩語、奧薩格語和夸保語）、蘇語或達科他語（多種方言，包括明尼蘇達的桑蒂語或達科他語，南、北達科他的特頓語或拉科他語，加拿大的阿西尼博因語），中部密蘇里河的希達察語和曼丹語，和懷俄明以及蒙大拿的克勞語。與蘇語的主要體系分隔開的有現已失傳的臨近墨西哥灣的圖費洛語和比洛克西語，關係較遠的南北卡羅來納州的卡陶巴語。現存蘇語主要或僅有一些老年人在用。

Sioux＊　蘇人　亦稱達科他人（Dakota）。操蘇語諸語言的北美大平原印第安民族（參閱Plains Indian），主要由桑蒂人（東蘇人）、揚克頓人以及特頓人（西蘇人）組成，其下再分成較小的分支（如黑腳人和奧加拉拉人）。17世紀，蘇人主要居住在蘇必略湖周圍地區，但奧吉布瓦人的攻擊將他們逐往明尼蘇達西部。他們逐漸適應了平原的生活，狩獵野牛，住在圓錐帳篷裡，重視戰爭中的勇猛，跳太陽舞。蘇人女子很擅長箭豬刺和念珠編織。蘇人在1862年極力抵制白人的襲擊，白人違反條約，使桑蒂人在小烏鴉領導下展開起義，落敗後被迫西遷至達科他州和內布拉斯加州的居留地。美國軍隊和揚克頓人以及特頓人之間的激烈戰爭在1876年的小大角河戰役中達到頂峰。1890年代，鬼舞道門鼓勵很多蘇人拿起武器，導致了傷膝大屠殺。現在，蘇人的數量只有75,000，主要居住在北達科他州、南達科他州、蒙大拿州及內布拉斯加州等地的居留地內。亦請參閱Sitting Bull。

Sioux Falls　蘇瀑　美國城市，位於南達科他州東南部。1857年建城，1862年印第安人起義後被遺棄。1865年在此地建立達科他堡後，居民陸續返回。現在，它是該州最大的城市以及農牧區最大的商業和金融中心，有全美最大的牲畜交易市場。附近有全世界最大的商用核電廠。地球資源觀測系統的資料庫中心也設在這裡。人口約113,000（1996）。

Sippar＊　西巴爾　巴比倫尼亞古城，在今幼發拉底河畔的巴格達西南部。從西元前3千紀起，它就是蘇美太陽神沙瑪什的聖地，後臣服於巴比倫第一王朝，但該城在西元前1174年受艾拉蘭人侵略以前的歷史史實殘留甚少。該城後又被亞述人攻占。對該城的發掘工作始於1882年，現已開發出一座大型寺廟和數千塊宗教和歷史泥刻板。

Siqueiros, David Alfaro＊　西凱羅斯（西元1896～1974年）　墨西哥畫家。從年青時起就是一名馬克思主義的積極追隨者，曾在卡蘭薩的隊伍中參加墨西哥革命，後受卡蘭薩資助在歐洲學習。1922年返回墨西哥，開始用壁畫裝飾公共建築，並組織畫家和工人聯合會。他同里韋拉和奧羅茲科一起成立了著名的墨西哥壁畫學校。他的激進主義曾使他數次被監禁、流放，後來參加了西班牙內戰，這些都使他的事業受阻。其壁畫的特色是活力充溢、構圖生動、畫幅巨大、氣魄雄偉，爲了戲劇效果只使用有限幾種顏色來突出明暗反差。他的架上繪畫（如1937年的《呼喊的回聲》）爲他贏得了國際聲譽。他在1968年成爲了墨西哥藝術學院的第一任院長。

Siracusa ➠ Syracuse

siren　塞壬　希臘神話中半鳥半女人的怪物，常用美妙的歌聲將水手引向死亡。荷馬認爲她們居住在斯庫拉暗礁；在《奧德修斯》中，奧德修斯和他的水手們用蠟封住了耳朵，將自己綁在船的桅杆上，才沒被塞壬的歌聲迷惑。在伊阿宋和阿爾戈英雄的故事中，奧菲斯的歌聲使水手們不再被塞壬的歌聲所吸引，根據後來的傳說，塞壬們因這次失敗而相繼自殺。

Sirhindi, Shaykh Ahmad＊　西辛迪（西元1564?～1624年）　印度伊斯蘭教神祕主義者、教義學家。據說是歐麥爾一世的後人。曾受傳統的穆斯林教育，後加入了蘇菲派一個重要的教團，致力於反對阿克巴的政策。其繼承人賈汗季則宣揚泛神論和什葉派教義。在他的書信集名作《馬克土馬特》記錄其重要觀點。死後葬於錫爾欣，該地已成爲一個朝聖地。

Sirica, John＊　西瑞卡（西元1904～1992年）　美國法官。生在康乃狄克州瓦特伯利，先擔任助理檢察官（1930～1934），再於哥倫比亞特區開業，成爲十分活躍的律師。1957年被選任爲特區區域法院法官，1971年成爲首席法官。他當年審理水門事件中的竊盜案，西瑞卡對證人的質問，才使他們暗指尼克森涉嫌主使。西瑞卡簽發傳票要求尼克森交出所有證據，包括關鍵的白宮錄影帶紀錄。西瑞卡另也曾審理米契爾、霍爾德曼、埃利希曼等人的訴訟案。

Sirius＊　天狼星　亦稱犬星（Dog Star）。夜空中最亮的恆星，目視星等爲-1.5等。大犬座中距太陽約8.6光年的一顆物理雙星。亮子星是一顆比太陽亮23倍的藍白星，體積約爲太陽的2倍，溫度則比太陽高得多。其伴星是第一顆被發現的白矮星。其名稱可能來自希臘語的一個字，意爲「發火花的」（sparkling）或「灼熱的」（scorching）。古埃及人以其偕日升起，來預測尼羅河三角洲每年的氾濫。古羅馬人則認爲，每年最熱的時節與犬星的偕日升起有關，並稱該時節爲「犬日」。

Sirk, Douglas　瑟克（西元1900～1987年）　原名Claus Detlef Sierck。德裔美國電影導演。1937年自德國流亡之前，曾在不來梅（1923～1929）與萊比錫（1929～1936）劇院擔任藝術指導並製作過數部電影。1939年進入好萊塢，在1950年進入環球影片公司之前，僅做些與編導有關的次要工作。在環球影片公司導演了喜劇、西部片與戰爭電影，不過以通俗音樂劇《地老天荒不了情》（1954）、《總有明天》（1956）、《苦於戀春風》（1956）與《碧海青天夜夜心》（1957）最爲人知。他在《春風秋雨》（1959）一片中獲得最大的成功，之後退休並回到德國。

sirocco　西洛哥風　亦作scirocco。吹過地中海和歐洲南部的、從南方或東南方吹來並帶來雨和霧的濕熱風。它形成於自西向東越過地中海南部的低壓中心的鋒面。西洛哥風起源於北非，本是一種乾燥的風，當吹過地中海時就獲得了濕氣。

Sirte, Gulf of ➠ Sidra, Gulf of

sisal＊ 瓊麻 亦稱劍麻、西沙爾麻。龍舌蘭科植物和其葉的纖維，學名爲Agave sisalana。其纖維可製造繩索，應用於航海、農業、運輸和工業，也用於製造蓆子、地毯、女帽和刷子。有時稱爲西沙爾大麻，但與眞正的大麻無關。主莖高約1公尺，直徑約爲38公分，主莖上密集叢生肉質矛形葉片，灰至深綠色，葉尖銳硬。坦尙尼亞和巴西是最主要的生產國。

Siskind, Aaron＊ 西斯金德（西元1903～1991年） 美國攝影師、教師和編輯。1932年在公學教英文時開始攝影事業。在拍攝大蕭條系列紀實照片時，他注重主題的設計。1940年代他開始拍攝卷繩、沙地足印、廢舊的車道和告示牌等平凡題材的照片。雖然他的作品沒有得到攝影師們的立時認可，但他的抽象作品受到了德庫寧和克蘭的景仰，並在後來與他們開辦攝影展。他曾擔任攝影教授和《精品》雜誌的編輯，使得他聲名遠播。

Sisley, Alfred＊ 西斯萊（西元1839～1899年） 英裔法籍風景畫家。父母爲英國人，出生在巴黎，最初是以業餘畫家的身分作畫。其早期作品受到柯洛的影響。後來他與莫內、雷諾瓦等人結識，成爲印象主義創始人之一。他的作品色彩十分柔美和諧。他的家庭毀於普法戰爭，使得他後來生活貧困。其才華直到他去世後才得到世人的肯定。

Sismondi, J(ean-)C(harles-)L(éonard) Simonde de＊ 西斯蒙迪（西元1773～1842年） 瑞士經濟學家和歷史學家。他從1789年起在一家法國銀行工作，在1794年隨全家遷往托斯卡尼的農場。1800年回到故鄉日內瓦居住，寫了他的《中世紀義大利共和國歷史》（1809～1818），鼓勵了義大利復興運動的領導人。他在其富有影響力的著作《政治經濟學的新原理》（1819）一書中批判了資本主義，主張規範經濟競爭，維持生產和消費平衡。他提倡社會改革以改善工人階級的生活條件。他的理論影響了後來的馬克思和凱因斯等經濟學家。

Sissle, Noble ➠ Blake, Eubie

Sistan 錫斯坦 亦作Seistan。伊朗東部和阿富汗西南部的邊境區域。人煙稀少，大部分人口和40%的土地屬伊朗。包含一個大沼澤地，是典型的沙漠氣候。它是傳說中著名的波斯卡亞尼王朝的發祥地，在波斯歷史中占有重要的地位，尤其是在薩非王朝統治時期（1502～1736）。它在19世紀是波斯和阿富汗爭端的中心，導致後來畫定了現在的邊界。

Sistine Chapel＊ 西斯汀禮拜堂 梵諦岡教宗宮中的教宗禮拜堂，由喬凡尼在1473～1481年爲教宗西克斯圖斯四世所建。它是教宗舉行典禮的主要場所之一。內部爲土褐色，未加裝飾，但內部的牆體和屋頂由佛羅倫斯文藝復興時期的大師，包括佩魯吉諾、平圖里喬、波提且利、吉蘭達約和西紐雷利飾以壁畫。牆體的一部分曾被裝飾以拉斐爾設計的掛毯（1515～1519）。其中最著名的是屋頂和西牆祭壇後由米開朗基羅所作的壁畫，被認爲是西方畫作的最高成就。屋頂的壁畫由教宗尤里烏斯二世在1508～1512年間委託米開朗基羅所作，描繪的是《聖經・舊約》的情景。西牆上的《最後的審判》是受教宗保祿三世所託繪製於1536～1541年間。一次引起爭議的對屋頂的整修恢復在1989年完成，1994年完成西牆的整修。

Sisyphus＊ 薛西弗斯 希臘神話中的科林斯國王，被罰在冥府把一塊巨石無休無止地推到山上。他是埃俄羅斯的兒子、格勞科斯的父親。當死神來抓他時，薛西弗斯將他捆了起來，因此在阿瑞斯前來幫助死神逃脫以前，沒有一個人死掉。當他要被帶到地獄時，他囑咐他的妻子不要把他安葬。當他到達冥府時，他被允許返回人間懲罰他的妻子，因此活到了很老的年紀，直到死神第二次來帶他走。他的伎倆使他受到了冥府的懲戒。

悉多，蒙兀兒繪畫；約繪於1600年
Pramod Chandra

Sita＊ 悉多 印度教神話所傳羅摩的配偶。她在國王遮那竭耕地時從犁溝裡跳了出來，因能綳開濕婆的弓而成爲了他的妻子。她曾被魔王羅波那誘劫，在《羅摩衍那》中有對她後來逃跑的描述。她長期持守貞節，後爲證實自己的清白而接受火驗。她是受苦和女性力量的象徵，是印度教中最受尊重的人物。

sitar＊ 西塔琴 北印度的一種長頸弦樂器，是印度斯坦人的主要樂器。它被用作獨奏樂器，與塔姆布拉琴（低音琴）和塔布拉鼓一起演奏。它源自中東的坦布爾琴。有一個厚的梨形琴身，金屬琴弦，調音部位在前方和側面，頸很寬。通常有四～五根旋律弦，用套在食指上的金屬線製成的撥子彈奏，還有幾根低音弦和無數和弦（能被別的琴弦引動的弦）。琴頸的軫斗一端的下面常有一個葫蘆。

Sitka National Historical Park 夕卡國家歷史公園 阿拉斯加州東南部國家公園。位於阿拉斯加灣內的巴拉諾夫島上，1910年定爲國家紀念遺址，1972年起設立國家公園，占地107英畝（43公頃）。園內有特林吉特族印第安人在1804年對抗俄羅斯移民時最後盤踞的城堡廢墟。也有古老海達族印第安人圖騰柱和美國境內最古老而不曾被破壞的俄式美國建築。

Sittang River＊ 錫當河 緬甸中東部河流。發源於撣部高原，向南流過420公里匯入安達曼海的馬塔班灣。雖然通航區很短，但卻被用作木材（主要是柚木）筏運向南部出口。在第二次世界大戰期間是主戰場之一。

Sitting Bull 坐牛（西元1831?～1890年） 美國達科他準州（今南達科他州）堤頓蘇人首領，蘇族在他領導下團結起來爲生存作鬥爭。1863～1868年間，美國軍隊與坐牛手下的鬥士們時常發生衝突，最後蘇人同意接受在南達科他州西南開闢的一個保留地。1870年代中期在布拉克山地區發現金礦後，情況再次惡化。在羅斯巴德戰役中，坐牛迫使克魯克將軍的部隊後撤。在其後的小大角河戰役中，將卡斯特中校同他手下的部隊全部殲滅。1877年坐牛帶領他的追隨者們進入加拿大，但是，隨著他們賴以生存的水牛幾乎被撲殺殆盡，飢餓最終迫使蘇人不得不投降。從1883年起坐牛居住在印第安人代管區，1885年曾一度參加水牛比爾的西大荒演出。在此後的「鬼舞道門」運動中，坐牛被捕；當他的手下鬥士試圖營救他時，坐牛在混亂中被殺。

situation comedy 情境喜劇 亦作sitcom。在連續事件中牽涉到連續角色陣容之無線廣播或是電視喜劇連續劇。通常被賦予不同典型的各個角色因情勢與共用一個環境--如公寓或工作場所--而被湊在一起。一般的長度是半個小時，其不是在現場觀衆前錄製，就是使用罐頭笑聲。這種情境喜劇因言詞爭吵及快速解決衝突而受到注意。

Sitwell family　西特韋爾家族　英國的一個作家世家家族。伊迪絲·西特韋爾是家族中的大姐，她同她的兄弟們一起反對喬治時期詩歌引起了人們的注意。她的早期作品強調聲音的價值，其中有《農夫陋室》(1918)以及《門面》(1923)，華爾頓後來爲後者配了曲。從《黃金海岸習俗》(1929)開始，她詩歌中早期的那種刻意的人工化和實驗風格逐步弱化，第二次世界大戰期間她更成了一位情感深沈的詩人。她的晚期作品則具有宗教象徵主義的色彩，如《園丁們和天文學家們》(1953)以及《被棄者》(1962)。她本人則以其傑出的品格，伊莉莎白時期的穿著以及古怪的見解著稱。她的弟弟奧斯伯特(1892～1969)，也因對抗文學與藝術的權威大老而與姐姐及弟弟一起著稱。其最著名的作品爲回憶錄，包括《左邊！右邊！》(1944)、《緋紅色的樹》(1946)、《多好的早晨》(1947)、《隔壁房間的笑聲》(1948)以及《高尚的本質》(1950)。在這些作品中，他以發自內心的懷鄉思緒刻畫了一個逝去的貴族時代。這一家族的小弟弟瑟謝佛勒爾(1897～1988)則以他關於藝術、建築以及旅遊的作品著稱。他的《南方巴洛克藝術》一書(1924)成爲許多有關學術研究的先驅。他的詩歌，諸如《人民的宮殿》(1918)和《格蘭德河》，主要是用傳統的風格寫成，顯示了他對藝術和音樂中規中矩的興趣所在。

Siva ➠ Shiva

Sivaji＊　西瓦吉(西元1627/1630～1680年)　印度國王(1674～1680年在位)，馬拉塔王國的創建者。他是虔誠的印度教教徒，成長於穆斯林統治下的印度，覺得其宗教統治令人無法忍受。1655年他聚集一些人進攻比賈布林邊境地區，1659年將蘇丹的軍隊引向毀滅，並因自己的軍事實力而在一夜之間成爲一個強大的軍閥。蒙兀兒皇帝奧朗則布派出了他最有名的將軍和十萬大軍去捉拿他，但西瓦吉大膽逃脫，之後變得更加強大，並加入了海軍的力量。他在1674年宣布成立一個獨立的領地，在南方與蘇丹達成協定，阻止了蒙兀兒統治的擴大。他的統治以宗教上的寬而著稱。亦請參閱Maratha confederacy。

Siwa＊　錫瓦綠洲　舊稱Ammonium。埃及西部綠洲，靠近利比亞邊境。該綠洲長10公里，寬6～8公里，有200眼泉水。土地很肥沃，種植有數千株海棗樹和橄欖樹。是阿蒙神寺院的所在地，有寺院的遺址和西元前4世紀的雕刻和羅馬遺跡。人口7,000(1986)。

Six, Les＊　六人團　1920年代的法國年青作曲家團體。由評論家科萊特(1885～1951)命名，成員包括奧乃格、米堯、普朗克、奧里克(1889～1983)、迪雷(1888～1979)和泰耶費爾(1892～1983)。主要成員都受打破傳統的薩替影響，也從科克托的音樂中得益。作爲六人團，他們共同合作了一張鋼琴專輯之後分道揚鑣。

Six-Day War　六日戰爭　亦稱1967年以巴戰爭(Arab-Israeli War of 1967)。以色列與埃及、敘利亞、約旦等阿拉伯國家發生的戰爭。戰爭的源起是巴勒斯坦游擊隊從位在敘利亞的基地向以色列發動攻擊，導致兩國之間的緊張情勢升高。後來則是各方接連嚴重誤判情勢，敘利亞擔心以色列將發動侵略，於是向埃及尋求支持。埃及的回應是要求聯合國維和部隊撤離西奈半島，並開動前往交戰地區。後來雙方不斷發出挑釁言論，埃及更與約旦簽署相互協防條約。由於以色列被阿拉伯國家所包圍，並擔心他們隨時會攻擊行動，於是在六月五日對三個阿拉伯國家發動自認是先發制人的攻擊。最後以色列占領西奈、加薩走廊、約旦河西岸、古城耶路撒冷以及戈蘭高地。這些占領區的狀態是後來雙方衝突不斷的主要焦點。

Six Dynasties　六朝(西元220～589年)　中國史上介於晉朝結束到隋朝創建的這段時期。六朝之名得自於其六個相繼在南京建都的王朝，包括吳(222～280)、東晉(317～420)、劉宋(420～479)、南齊(479～502)、南梁(502～557)以及南陳(557～589)。這段期間中國北方由來自中亞的入侵者接連建立的王國所統治。其中重要者如北魏、東魏、西魏、北齊和北周。儘管這是個混亂的時代，但在醫藥、天文學、植物學和化學上都有極大的進展。佛教和道教成爲極爲普遍的宗教，而翻譯佛教經典促使中國人將注意力集中在文學與書法上，同時促進寺廟與僧院的興建。

Sixtus IV　西克斯圖斯四世(西元1414～1484年)　原名Francesco della Rovere。教宗(1471～1484年在位)。原爲熱那亞方濟會修士，通過買賣聖職聖物和收取高額稅收而使家庭和教廷國致富。容許法國教會自由行動布爾日國事詔書曾造成西克斯圖斯同法國關係緊張，而西克斯圖斯四世使俄羅斯教會與羅馬教會重新聯合的意圖未能得以實現。他雖未曾認可對洛倫佐，麥迪奇的暗殺，但卻曾認可帕齊陰謀。他還唆使威尼斯向費拉拉進攻，其間變節，認爲威尼斯反教廷國而下禁令(1483)。他資助藝術和文學，修建了西斯汀禮拜堂，並以自己的名字命名。

Sixtus V　西克斯圖斯五世(西元1520～1590年)　原名Felice Peretti。教宗(1585～1590年在位)。在教廷國混亂時期被選爲教宗，他用嚴厲的措施使之恢復秩序，但也因此樹敵頗多。他靠貸款、稅收和買賣官職來籌集資金，並在羅馬修建了不少建築。他確定了樞機主教院(1586)的界限，整頓了羅馬教廷機構(1588)，並成爲了反宗教改革創始人。他的外交政策主要目的在於攻擊新教，並絕罰新教徒那瓦爾的亨利(後爲法蘭西國王亨利四世)，並承諾在西班牙入侵英國後給予其資助。

Sjaelland＊　西蘭島　亦作Zealand。丹麥最大與人口最稠密的島，位於卡特加特海峽與波羅的海之間，哥本哈根爲主要城市。島北部湖泊散佈其間，沿海岸有良好的海濱勝地。有多處石器時代和北歐海盜的遺跡，尤以約建於1000年的茨賴勒堡要塞最著名；還有一些中世紀的教堂、城堡和莊園住宅。種植穀物，經營牛奶場和飼養牲畜。旅遊業也是重要經濟來源。面積7,031平方公里。人口約1,972,711(1990)。

Sjahrir, Sutan＊　沙里爾(西元1909～1966年)　印尼民族主義者、總理。曾在荷蘭接受教育，後回到印尼，1930年代參加創立了民族主義黨。這一政黨主張採取西方的立憲民主政治，反對蘇卡諾的統治。第二次世界大戰後出任內閣總理，並從當時的總統蘇卡諾手中奪取政權，以免蘇卡諾與日本的串通損害印尼在國際上的形象。沙里爾經由與荷蘭的談判取得了對蘇門答臘和爪哇的主權。曾兩次被迫辭職(1946、1947)，隨後建立了印尼社會黨，但是未能贏得民衆支援，1960年被蘇卡諾取締，沙里爾也被捕入獄。

Sjöström, Victor＊　舍斯特倫(西元1879～1960年)　亦作Victor Seastrom。瑞典電影演員、導演。曾接受舞台演員訓練，1912年執導並主演了第一部影片《園丁》。憑著著名影片《英格保·賀姆》(1913)、《逃犯和妻子》(1918)、

《野草莓》（1957）中的舍斯特倫
By courtesy of the Museum of Modern Art/Film Stills Archive, New York City

《鬼車魅影》（1921），他使瑞典默片在第一次世界大戰後獨樹一幟。1923年舍斯特倫移居好萊塢，執導了電影《紅字》（1926）、《風》（1928）等。1930年舍斯特倫回到瑞典，並演出多部電影，最著名的是柏格曼的《野草莓》（1957）。

skaldic poetry＊ 吟唱詩 口頭宮廷詩歌，源出挪威，但主要是由冰島吟唱詩人於9～13世紀之間發展起來的。吟唱詩與埃達（即古冰島文學作品）同時代，但是在韻律、詞令和風格都有區別。埃達詩歌通常匿名、簡單、精練，常採用客觀的戲劇對話形式。吟唱詩有署名，具有描述性、偶然性和主觀性，其韻律有嚴格的音節而不是自由多變，語言有明喻和比喻修飾。正式的主題主要有刻在盾上的神話故事、對國王的稱讚、墓誌銘和家譜。

Skanderbeg＊ 斯坎德培（西元1405～1468年） 原名George Kastrioti。阿爾巴尼亞領導人。埃馬提亞大公之子，早年作為蘇丹的人質羈留土耳其。曾加入土耳其軍隊，被稱作伊斯坎德，並且成為貝伊。1444年離開土耳其軍隊，加入阿爾巴尼亞同胞反抗土耳其的鬥爭。他組織了阿爾巴尼亞王公聯盟，並任最高統領。1444～1466年他十三次擊退土耳其的進攻，1450年打敗穆拉德二世的軍隊，成為西方世界的英雄。他死後，阿爾巴尼亞還是成為鄂圖曼帝國的一部分。但是他一直被看作阿爾巴尼亞的民族英雄。

skandha＊ 蘊 佛教中組成人的全部精神和物質存在的五種因素。它們是：色蘊（物或體）、受蘊（知覺或感覺）、想蘊（關於知覺物件的理解）、行蘊（精神結構）、識蘊（知覺或意識）。四種精神集合體為性格或自我，但實際上只是在不斷的變化中產生，從屬於業。人死後，精神蘊從色蘊中分離，找到一個新的肉體，獲得新生。

Skara Brae＊ 斯卡拉布雷 歐洲現存最完整的石器時代村落之一，建於西元前2000～1500年，位於蘇格蘭斯坎德培島斯凱爾灣的海岸。曾被沙丘湮滅，1860年代開始發掘，發現了天然石板砌成的房屋，內有石質家具。房屋由石鋪的小道相連，有些用沙土、泥炭、垃圾圍墳，形成地下建築。村中有一下水道。村民主要以牛肉、牛奶和貝類為生，可能穿獸皮。用具都是就地取材，使用石塊、海灘卵石和動物骨頭。村民佩帶用羊的髓骨、牛的牙根、虎鯨齒和野豬長牙製成的飾物和彩珠。牆壁和小巷上塗有許多菱形或相似的直線形狀。發掘的陶器雖然做工粗糙，但是刻有花紋和浮雕，包括發現的英國史前唯一的螺旋圖案。

skarn 矽卡岩 地質學上，在火成岩侵入體周圍的接觸地區，當大量源於周圍火成岩的化學物質進入和代替碳酸鹽沈積岩時所形成的變質帶。許多矽卡岩含有金屬礦物，在其內部和附近曾發現有銅和其他有色金屬的大型礦床。典型的矽卡岩岩石是角岩，是由侵入岩漿放出的熱和溶液形成的細粒燧石質岩石。

skate 鰩 鰩亞目9屬中圓或菱形魟的統稱。這些底棲的魚類分布於熱帶到近北極水域，從淺海到2,700公尺以下的深水處。多數種類上表面有硬刺，有些則在細長尾部內有弱發電器官。鰩產長橢圓形、革質殼的卵，又被叫做「美人魚的荷包」，常見於海灘。其體長變化自50公分至2.5公尺長都有。游動靠胸鰭波浪狀擺動前進。以軟體動物、甲殼類和魚類為食，由上面突然下衝，困住獵物。鰩的「雙翼」（胸鰭）可食用。

skateboarding 滑板運動 一種年輕人時興的娛樂項目，人站在一條裝有滑輪的滑板上滑行。滑板運動出現在1960年代初，在加利福尼亞海濱的平地，作為衝浪愛好者在風平浪靜時的娛樂。1970年代出現了一種更快的、合成纖維的滑輪。後來又出現了滑板運動場，設有各種斜坡和堤面，以供急轉彎和特技之用。滑板熱帶來了冬季青年雪板運動的出現。

skating 滑冰運動；溜冰運動 穿上把冰刀或輪子固定在鞋底的鞋在冰上或其他表面滑行的一項娛樂和運動。亦請參閱figure skating、ice dancing、ice hockey、roller-skating、speed skating。

Skeena River 斯基納河 加拿大不列顛哥倫比亞省西部河流。源於該省北部，長約580公里，後注入太平洋的查塔姆灣。為鮭魚重要產區，河口有數家罐頭工廠。

skeet shooting 定向飛靶射擊 打靶人使用獵槍，朝由拋靶器拋向空中的泥靶（或鴿子）射擊的一種運動。與不定向飛靶射擊的區別，主要在於拋靶器固定在地上兩點，目標從射手的對角方向拋出。此項運動1968年被列入奧運會比賽項目。

skeleton 骨骼 人體的骨質支架。包括頭顱、脊柱、鎖骨、肩胛骨、胸廓、骨盆和手、臂、腳、腿的骨。骨骼支持人體並保護內部器官。骨骼由韌帶連接，並由附著其上的肌肉使關節可活動。骨骼系統包括骨骼和軟骨。

skeleton dance ➠ dance of death

Skelton, John 斯凱爾頓（西元1460?～1529年） 英國詩人。1489年成為亨利七世的宮廷詩人，後來成為亨利八世的老師，最終成為其顧問。1498年被任命為牧師。主要作品是具有獨特風格的短韻政治和宗教諷刺詩，即斯凱爾頓體，包括諷刺宮廷生活的《宮廷飲食》、諷刺葬儀社的《麻雀菲利普》、攻擊不稱職的牧師的《當心老鷹》。1516年斯凱爾頓寫了第一部英語世俗道德劇《壯麗》。他的作品《說吧，鸚鵡》（作於1521年）、《科林．克勞特》（1522）《你為何不進宮》（1522）鋒芒直指樞機主教沃爾西，並且具有人文主義色彩。

Skelton, Red 斯凱爾頓（西元1913～1997年） 原名Richard Bernard。美國喜劇演員。十歲時參加兜售藥品的廣告性巡迴演出，曾參與過黑臉歌舞秀、詼諧作品和歌舞雜耍的演出，1937年以他標誌性的甜甜圈啞劇在百老匯一炮而紅。1938年初次出演電影，後來在三十五部電影中擔任角色。並以在廣播（1941～1944, 1945～1953）和電視（1951～1971）上的「斯凱爾頓秀」而受到歡迎。斯凱爾頓最有名的是充分的幽默和熱情的性格，塑造了一系列角色，如小氣的威德小子、克雷姆．卡第德哈潑和揩油者佛雷迪。

skene＊ 永久性劇場背景建築 古希臘劇場中演出區後面的建築物，原是演員換面具和服裝的小屋。後來演變成一堵背景。西元前465年首次使用，最初只是個面對普通觀眾席的小型木質結構。後來發展成為一座兩層樓的建築物，裝飾有柱子和用於進出的三個門。側面由屏風相連。西元前5世紀末，木質結構被一種固定的石結構取代。在古羅馬劇場中，它是一座經過精心建造的建築物正面。

S T U V

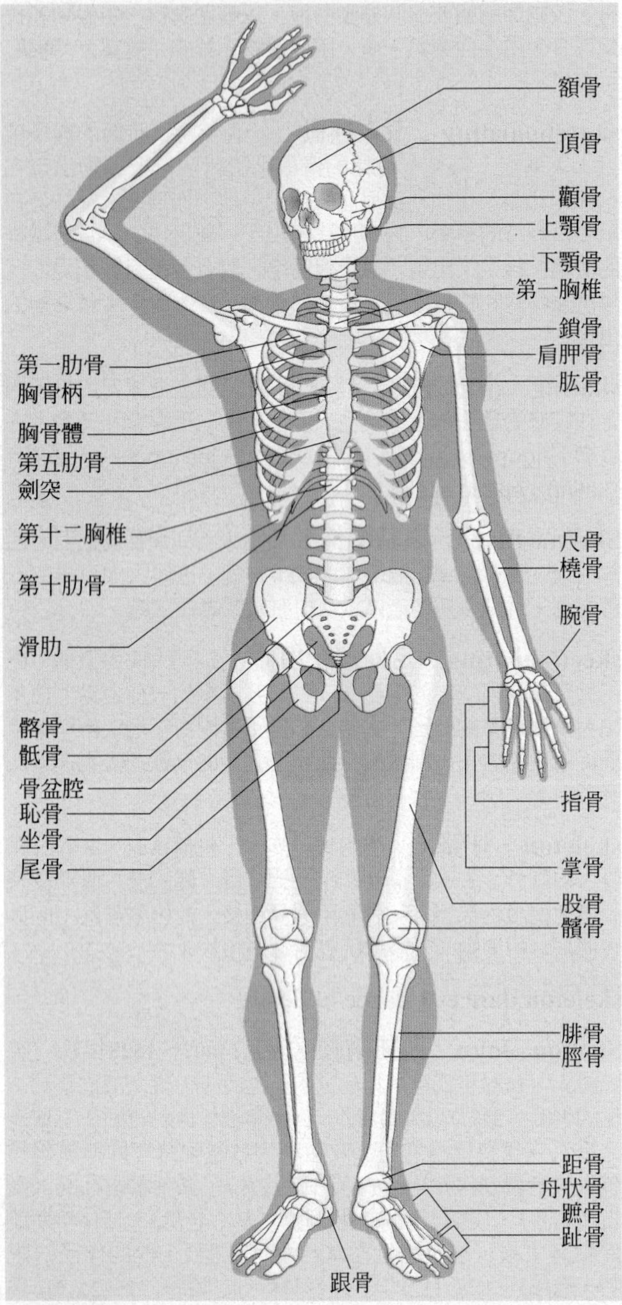

人體主要骨骼

skepticism 懷疑論 一種對各個領域提出的見解表示懷疑的哲學態度。從古到今，懷疑論者對哲學、科學、倫理學和宗教中的許多問題提出了挑戰。希臘懷疑論之父皮朗（西元前360?～西元前272年）不相信任何觀點以追求心靈的寧靜。他的這種態度導致了西元前1世紀皮朗主義的出現，其支持者主張通過有系統的反對各種觀點尋求判斷的中止。後來皮朗主義的領導人之一塞克斯都·恩披里柯努力達到一種冷靜的狀態。著名的現代懷疑哲學家有蒙田、培爾和休姆。

ski jumping 跳台滑雪 滑雪比賽項目，運動員先沿陡峭的滑道下滑至翹起的台端或起跳點，引體躍起，在空中水平滑翔盡可能長的距離。運動員採取下蹲姿勢滑下以積聚速度，可達每小時120公里。起跳以後，從腳踝開始身體就大幅度地前傾，雙膝挺直，拉開雪板朝前的兩端，使雪板呈V字形，以減小風的阻力而增強升力。得分根據距離和形式而定。

skiing 滑雪運動 一種運動以及運輸方式，採用將一對平滑的長滑板附著在鞋子或靴子底部在雪面上滑動來進行。滑雪最初發生於斯堪的那維亞地區，在瑞典和芬蘭的沼澤地發現的最古老的滑雪板有4,000～5,000年的歷史。早年的滑雪板往往短而寬。西元7世紀時滑雪板已經流傳到了中國北方。從13世紀直到20世紀初，滑雪還在斯堪的那維亞地區被用於戰爭。一直到今天，滑雪還被繼續用來運輸和行進。最早出現的滑雪運動是越野滑雪。1840年代挪威已經開始了越野滑雪競賽，1860年代此項運動傳入美國加州。大約在1860年前後滑雪運動設施的改善使更多的滑雪娛樂項目相繼出現。跳台滑雪最早出現在1870年代。高山滑雪最初受到下落後需要攀爬山峰的限制（在缺少山間索道或者空中纜車的情況下）；但1930年代專用於滑雪的提升設備開始修建。滑雪板最初是用單片的木料製作的，常見的有山核桃木，1930年代出現了層壓板的材料，1950年代還增加了塑膠的滑行面。最近幾十年木質滑雪板已經不再用於高山滑雪。滑雪運動從1930年代起越益商業化，1950年代和1960年代更是有了極快的成長。在奧地利、瑞士、義大利的阿爾卑斯山、美國的落磯山以及其他高山地區，分布著大量的滑雪運動場。亦請參閱Alpine skiing。

skimmer 剪嘴鷗 剪嘴鷗科3種水禽的統稱，嘴紅色，刀片狀，下顎較上顎長。剪嘴鷗主要見於溫暖地區寬闊河流和河口中。黃昏時掠過平靜的淺水，張開的嘴尖一直浸在水裡，當遇到魚或甲殼動物時，上顎馬上下閉。上體均呈暗色，下體白色，臉和前額均白，腿紅色，翼黑色。美洲黑剪嘴鷗體長達50公分。

skin 皮膚 身體表面的覆蓋體，保護身體並接收外界感官刺激，由表皮和較厚的眞皮層組成。表皮包括免疫細胞、感官接受體、色素細胞和產生細胞的角蛋白。角蛋白變硬，移到表面，形成死的、相對乾燥的不斷脫落的外層角質。眞皮包括感覺神經和一供應表皮營養的精密血管網路。皮膚顏色和組織的變化可能預示著身體失調。皮膚的疾病從皮膚炎和痤瘡到皮膚癌。皮膚顏色（如黃疸）或組織改變可能是疾病的徵兆。亦請參閱dermatology、hair、integument、nail、perspiration、sebaceous gland、sweat gland。

skin cancer 皮膚癌 皮膚的惡性腫瘤，包括某些人類最常見的癌症。即使早期診斷出來，仍有顯著的死亡率。淺膚色者的致癌機率最高，但可經由限制曝露於日光和電離輻射而減少風險。最常見的皮膚癌發生於表皮（皮膚外層），因大氣中臭氧層變薄而發生頻率越來越高。最嚴重的一型爲黑素瘤，若早期不以手術治療通常會致命。自眞皮發生的皮膚癌則罕見，最熟知者爲卡波西氏肉瘤。

skink 石龍子 石龍子科約1,275種蜥蜴的統稱。分布世界各熱帶地區和北美溫帶地區。體呈圓柱形，頭爲圓錐形，尾長漸尖。某些體長可達66公分，但多數不及20公分。其他

Eumeces laticeps，石龍子的一種
John H. Gerard from The National Audubon Society Collection/Photo Researchers

S T U V

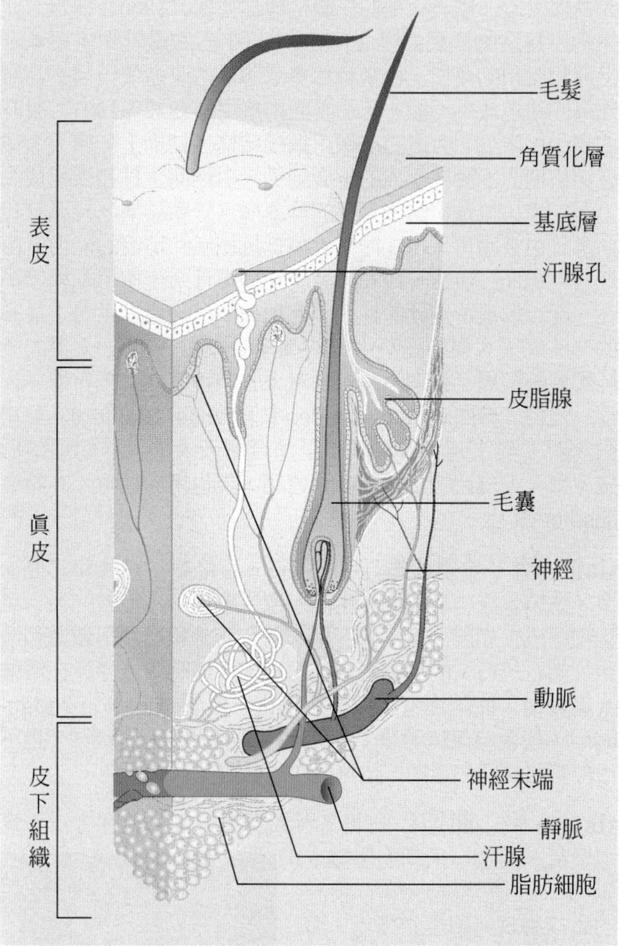

皮膚的剖面圖。外皮表面（角質化層）老舊壞死的細胞當作肉體的屏障，並不斷由基底層產生的細胞所取代。厚實的眞皮層容納神經末端、血管、汗腺、毛囊和皮脂腺。毛囊包裹住毛髮的根部。皮脂腺與毛囊聯合分泌油狀物質（皮脂），潤滑皮膚表面。管狀的汗腺從小孔放出水狀的分泌物到皮膚表面。眞皮底下是一層脂肪細胞。

種類可能有肢體不發達或完全退化以及耳鼓凹陷。多數隱匿地下或穴居，有些種類則樹棲或半水棲。以昆蟲和其他小型無脊椎動物爲食，大型種類則以植物爲食。卵生或卵胎生。

Skinner, B(urrhus) F(rederic)　斯金納（西元1904～1990年）　美國心理學家和行爲主義有影響力的代言人。在哈佛大學取得博士學位，以《生物行爲》（1938）而引起關注。1940年代中期，他設計了「空調小室」，這是一種隔音、無菌、有空調的盒子，可爲新生兒提供一個在兩歲內的最佳生長環境。在他最受歡迎但是具有爭議性的著作《華爾騰第二》（1948）中，他描述了一個以行爲工程學爲基礎的理想社會中的生活。斯金納主要在哈佛大學任教（1948～1974）。它的其他著作包括《科學與人類行爲》（1953）、《言語行爲》（1957）、《超越自由和尊嚴》（1971）和一本自傳（3卷，1976～1983）。1968年獲國家科學獎。

Skinner, Cornelia Otis　斯金納（西元1901～1979年）　美國演員，作家。首次職業性演出是與她父親、悲劇演員奧蒂斯·斯金納於1921年同台演出《碧血黃沙》。她的父親也在她的第一部劇本《憤怒的船長》（1925）中與她合作。1930年代她編寫並上演了一些單人劇，包括《亨利八世的妻妾》和《查理二世之愛》。她的獲得讚譽的演出有《候選人》（1939）、《溫夫人的扇子》（1946）和與泰勒合寫的《與他爲伴的樂趣》（1958）等。與人合著暢銷書《我們的心年輕而快活》（1942）。

skip rope ➠ jump rope

skipper　弄蝶　弄蝶科近3,000種鱗翅類的統稱，以飛行快速（可達每小時30公里）如跳躍而得名。成蟲的頭和肥短身體似蛾，但靜止時前翅多數像蝶那樣上舉。多數爲晝行性，又無蛾類典型的翅韁。幼蟲以莢果及禾草類植物爲食，常將葉子捲折結網，並在裡邊生活。在絲質繭或絲、葉交織成的薄繭內化蛹。

skittles　撞柱戲　用一個木盤或圓球撞9根柱子的英國遊戲。柱子布置成菱形，最先以最少的投擲撞到柱子的選手獲勝。這種遊戲幾個世紀以來一直流行於公共場所或俱樂部。

Skopas ➠ Scopas

Skopje＊　斯科普里　塞爾維亞語作Skoplje。馬其頓首都。舊城位於河岸階地上，階地上有一古城堡，城北有羅馬時代的水渠橋。是羅馬上莫西亞省的重要城市，也是中世紀塞爾維亞的首都。1392～1913年處於土耳其統治之下，後併入塞爾維亞。1963年的一場地震使城市80%的地區被毀，後在七十八個國家的援助下重建。今天的斯科普里是工業、商業、教育和行政中心。人口541,000（1994）。

skua＊　賊鷗　賊鷗科幾種掠食性海鳥的統稱，學名爲Catharacta skua。英國人稱其爲大賊鷗（在英國，賊鷗一詞還指獵鷗）。體長約60公分，形似海鷗，但較粗重，體淡褐色，具白色大翅斑。是唯一既在北極又在南極繁殖的鳥類。賊鷗敏捷而迅速，會迫使其他鳥類吐出食物，營巢於企鵝、圓尾鸌、海鴉和燕鷗的附近，盜食它們的卵和幼雛。亦食旅鼠和腐肉。

skull　頭顱　頭部骨架。除下顎外，頭顱由幾塊固定的骨癒合而成，藉以保護腦和感覺器官，並形成面。蓋住腦的頭蓋骨包含前沿、腔壁、枕骨、顳、蝶骨和篩骨。頭蓋骨呈球狀，比面部要大。底部有一孔，脊髓在此處與大腦相連。頭顱在脊椎頂部，使頭能夠前後運動。向側面運動時，脊椎轉向另一側軸。亦請參閱craniosynostosis、fontanel。

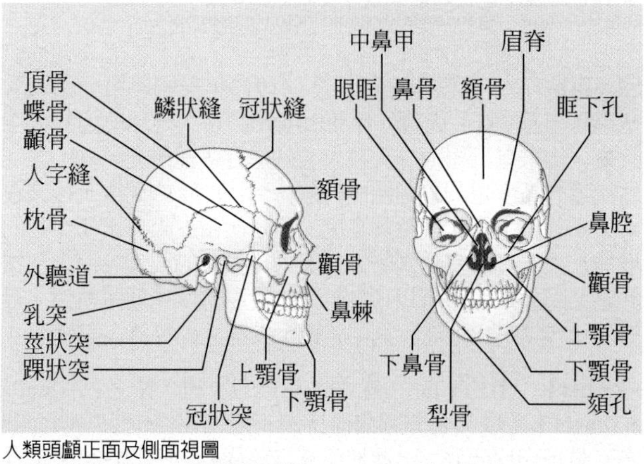

人類頭顱正面及側面視圖

skunk　北美臭鼬　鼬科數種新大陸食肉動物的統稱，皮毛顏色均爲黑白相間，受到威脅時能分泌一種惡臭的氣味（最遠可達3.7公尺）。該液體轉變成細微的煙霧，可致流淚和嗆到。臭腺分泌物可用於香水中。不同種類的體色和大小各異。多數體長爲46～93公分（含毛蓬鬆的尾），體重1～6公

加拿大星鼬
E. R. Degginger

斤。斑臭鼬屬中的兩種斑紋臭鼬，其體型則小得多。以齧齒動物、昆蟲、卵、鳥和植物爲食。條紋臭鼬（亦稱普通北美臭鼬）見於北美大部分地區。豬吻鼬屬中7種白背北美臭鼬則具裸出的長吻。冠臭鼬頸上有鬣領狀頸毛。普通北美臭鼬爲夜間進食的動物。臭腺移除後，有時也被當作寵物飼養。

skunk bear ➠ wolverine

skunk cabbage　臭菘草　生長在溫帶沼澤和草甸中的3種植物，生長時會發出難聞的氣味。北美東部的地湧金蓮，屬天南星科，具大型肉質葉，有紫棕色的佛焰苞，具臭菘樣氣味。西部臭菘草（亦稱黃色臭菘草）亦屬天南星科，有大的黃色佛焰苞，分布於加利福尼亞至阿拉斯加，向東到蒙大拿。另一種是加州藜蘆屬百合科，爲有毒的鳶尾植物，或假鹿食草，生長於新墨西哥、下加利福尼亞，向北到華盛頓州。

skydiving　跳傘運動　在空中（1,800公尺）從飛機上跳下，在打開降落傘前做各種動作的運動。競賽項目包括特技跳傘、定點跳傘和團體造型跳傘（如做自由落體造型）。運動降落傘比安全降落傘更容易操作。

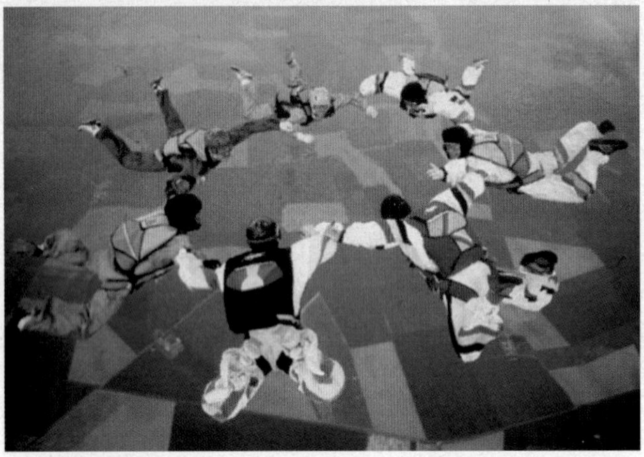

七人自由墜落接合
Guy Sauvage – Agence Vandystadt/Photo Researchers

Skylab　太空實驗室計畫　1973年美國將第一個太空站用「土星V號」火箭（參閱Saturn）送入地球軌道的太空計畫。後來有三組太空人在太空站進行各種研究試驗。太空站軌道的高度也調整到能使其運行到1983年的高度，後來在太空梭計畫中再次調整其高度。但是，由於太陽黑子活動的增加，太空實驗室遇到的大氣阻力比預計的要大，而太空梭計畫又因故推遲，所以1978年太空實驗室開始偏離軌道，最終於1979年墜入地球大氣中碎毀，大部分碎片落入印度洋。

skylark　田雲雀　舊大陸百靈的一種，學名爲Alauda arvensis。尤以其鳴聲圓潤而持續不變和在空中的鳴叫而聞名。體長約18公分，上體棕色有黑色條紋，下體白色，毛蓬鬆。在整個歐洲繁殖，已引入澳大利亞、紐西蘭、夏威夷和不列顛哥倫比亞。

skylight　天窗　設計以允許日光進入之覆蓋以半透明或透明玻璃或塑膠的頂部開口。天窗廣泛應用於穩定的透光，甚至在工業上、商業上及住宅建築之採光，特別是朝北的建築。裝設的範圍從單純的功能性日光照射到精緻的藝術型式。平坦屋頂的建築物可能有半球型的天窗，而在其他建築物中，天窗則可隨著屋頂的斜度變化。通常天窗或其一部分可作爲供空氣進入之可操作窗戶。

skyscraper　摩天樓　非常高的多層建築物。起初該詞用於十～二十層的建築，但是現在通常指超過四十或五十層的高樓大廈。摩天大樓的先驅是博加德斯（1800～1874）在紐約市建造的鑄鐵大廈（1848），以牢固的鐵骨架主要承載上層和屋頂的負荷。後來柏塞麥煉鋼法的改進使極高的高層建築的建造成爲可能。芝加哥的由詹尼（1832～1907）設計的國內保險公司大廈首次採用鋼樑結構。結構上，摩天大樓包括由地面下腳柱組成的下層結構，由地面上柱和樑組成的上層結構，以及緊緊依賴樑的帷幕牆。管狀結構、柱形管和捆綁管也被應用以增加摩天大樓抵抗側風和地震的能力。由汗（F. Khan, 1928～1982）發展的捆綁管系統使用細鋼管綁在一起以形成特別硬的柱子，此項技術已被用於世界上最高的一些摩天大樓的建築中（如西爾斯大廈）。摩天大樓的設計和裝飾經歷了幾個階段：沙利文強調垂直性；馬吉姆－米德－懷特（參閱McKim, Charles F.和White, Stanford）公司側重新古典主義。國際風格是適合摩天大樓設計的理想形式。摩天大樓起初是一種商業建築，現也用於住宅。亦請參閱setback。

slag　渣　金屬或礦石中的雜質，在熔煉、焊接和其他冶金、燃燒工序中形成的副產品。渣主要由一些元素的混合氧化物組成，如矽、硫、磷、鋁，以及灰分和它們與爐襯和熔劑（如石灰石）的反應生成物組成。熔煉時，渣漂浮在熔融金屬表面，能防止金屬與空氣氧化（參閱oxidation-reduction），使金屬保持潔淨。渣可用作某些混凝土的粗料，也可用作築路材料和道碴，也可用作磷酸鹽肥料的原料。

slalom＊　曲道　阿爾卑斯式滑雪項目，競賽者沿著彎道滑行，穿過一系列的旗幟或旗門。跑道是經過精心設計的，以測試運動員的技巧、節奏和判斷能力。漏掉一個旗門的運動員要被取消比賽資格，除非他從正確的一邊返回並通過該旗門。男子項目使用55～75旗門，女子使用45～65。大曲道滑雪兼有曲道滑雪和滑降滑雪的特點，旗門更寬，距離更大，路線比其他曲道滑雪更長。超大曲道滑雪則更接近滑降滑雪，滑道更陡更直，距離更長，有更多的急速轉彎。

滑雪選手正進行大曲道競賽
Laura Riley – Stock, Boston

slander ➠ defamation

slang　俚語　極不正式的、不標準的辭彙，一般而言並不限定在那個地區使用。俚語包括有新造的字詞、簡化的形式，或者是戲謔式地使用某些標準字詞（當然是大出原意之外）。俚語通常來自某些團體常用的辭彙：切口，某些年齡階層、族群、職業團體或是其他團體（如大學生、爵士樂手）慣用或索性自己造出來的字詞。行話，職業用語或某一行業的專門術語。暗語，盜賊或其他罪犯傳遞秘密信息時所使用的切口或行話。被大衆所接受的、介於標準語及非正式語詞之間的俚語，以及一些次級團體所慣用的特殊字詞，經常爲日後字彙的累積發揮了一種測試平台的作用。許多俚語已被證明爲有用，而被接受爲標準語或非正式語，至於另外一些就標準語而言，還是太過時髦了些。例如blizzard（大打擊）、okay（沒問題）、gas（胡扯）這幾個字已經是標準字了，而conbobberation（騷動）、tomato（女孩）則被放棄。不過，有些字詞則一直保持著俚語的身分，如beat it（溜走）一詞在16世紀時就已出現，可是它既沒有成爲英文的一個標準語，也沒有消失。

slapstick 打鬧劇 以滑稽幽默、情境荒誕、動作有力和激烈爲特徵的喜劇。由一種像滑槳的裝置而得名，可能是16世紀的即興喜劇的喜劇演員在劇中用來打人的。打鬧劇流行於19世紀的音樂廳和歌舞雜耍劇院，20世紀主要由無聲電影的喜劇演員扮演，如卓別林、勞埃、賽納特的基斯東警察，以及後來的勞萊與哈台、馬克斯兄弟和三個傻瓜。

slate 板岩 細粒的黏土質變質岩，極易劈或裂成具有很大的抗張強度和堅固性薄板。薄層產出的其他岩石由於能當作蓋屋頂的石料和用於類似的目的而被誤稱板岩。眞正的板岩一般不沿層理面而沿劈理面裂開，劈理面可以高角度與層理面相交。板岩可以是黑色、藍色、紫色、紅色、綠色或灰色的。供出售的板岩有時要做成一定尺寸的石板，主要用作配電板、實驗室台面、屋頂、地板，或者是破碎板岩，用於屋頂、骨料和填充料。

Slater, Samuel 斯萊特（西元1768～1835年） 英國籍美國工業家。最初跟阿克萊特的一個合夥人學藝，1789年移居到美國。在美國他根據記憶複製了阿克萊特的紡紗機，並於1793年在羅德島的波塔基特建立第一座成功的棉紡織廠。並建立了斯萊特斯維爾城。斯萊特被看作美國棉紡織工業的奠基人。

Slave Acts, Fugitive ➠ Fugitive Slave Acts

slave codes 奴隸法令 美國歷史上用來規範奴隸身分的法律，行之於准許蓄奴的美國諸州或殖民地。奴隸與其說是人，毋寧說是財產。他們幾乎沒有任何的法律權利：在法庭上，他們的證詞如果涉及白人即不被接受；他們不能簽契約，也不能擁有任何財產；受到白人攻擊時不能還手；除非有白人在場否則不得集會；不能學習閱讀和書寫；不准嫁娶。違反規定者會受到處罰：包括鞭打、烙印、監禁以及處死。亦請參閱black code。

Slave Lake, Lesser ➠ Lesser Slave Lake

slave narrative 奴隸記事 美國文學的一種體裁，由奴隸記述種植園日常生活的回憶錄組成，包括苦難、生來的恥辱和最終爲自由而逃。第一個例子是《不同尋常的苦難和出人意料的解救－－黑人布里頓・哈蒙記事》（1760）。奴隸記事的主要時期是1830～1860年。一些作品是眞實的自傳，另一些則被作者激起對廢奴運動同情的願望所影響或渲染。道格拉斯的自傳（1845）標誌著這種體裁達到頂峰。20世紀出現了記錄對以前的奴隸的採訪的記錄敘事。

Slave River 奴河 加拿大亞伯達省北部和西北地區南部河流。爲馬更些河水路的一部分。源於亞大巴斯卡湖，北流415公里，注入雷索盧申堡附近的大奴湖。中有和平河和幾條小河注入此河流。

slave trade 奴隸買賣 捕捉、販賣、購買奴隸的行爲。奴隸制在全世界歷史上存在已久，奴隸買賣也相當普遍。奴隸的來源主要來自幾個人口密集區：自古代到19世紀的斯拉夫人及鄰近的伊朗人；基督教時代的撒哈拉沙漠以南非洲人；維京人時代的日耳曼人、塞爾特人、羅曼人。奴隸買賣有複雜的交易網絡：例如在9～10世紀，維京人會把東斯拉夫人賣給阿拉伯人或猶太人的中間交易商，交易商再把奴隸帶到法國的凡爾登和里昂，然後可能就賣到摩爾人居住的西班牙地區或是北非。跨越大西洋的奴隸買賣，可能最爲世人所知。在非洲，人們會買賣婦女和兒童作爲服務役及協助傳後代的奴隸，但不會買賣男人來當奴隸；1500年開始，男人開始被捕擄並帶到海港賣給歐洲人，再轉運到加勒比海或巴西，然後在拍賣會公開出售並被帶到新大陸。到了17～18世紀，非洲奴隸多被賣到加勒比海地區採製糖蜜，這些糖蜜在美國殖民地製成蘭姆酒後，則再銷回非洲換取更多的奴隸。

slavery 奴隸制 一個人被另一個人占有的狀況。奴隸在法律上被視作財產或物件，並被剝奪自由人一般擁有的大部分權利。在各個大陸和幾乎整個有記載的歷史上都存在著奴隸制，尤其出現在能生產剩餘產品的市場經濟社會，在這種情況下，奴隸成爲用於買賣的商品。希臘、羅馬、馬雅、印加和阿茲特克人過去都是奴隸制。美洲大陸的歐洲人16世紀開始從非洲販運奴隸（參閱slave trade）。到19世紀中期，美國的奴隸已達到四百多萬人，大部分在南方種植園工作，其身分受「奴隸法令」的限制。隨著廢奴主義的興起，1833年英國廢除了其殖民地的奴隸制，法國1848年也採取同樣的做法。在美國，「解放黑人奴隸宣言」（1863）標誌著奴隸制的正式廢除。今天世界上的任何國家都不承認奴隸制。亦請參閱Dred Scott decision、Fugitive Slave Acts、serfdom、Underground Railroad。

Slavic languages * 斯拉夫諸語言 亦作Slavonic languages。印歐語系的一支，在中歐、東歐與北亞有超過31,500萬人使用。斯拉夫諸語言一般分爲數個語支：西斯拉夫語，包括波蘭語、斯洛伐克語、捷克語與索布語（盧薩特語、溫帝什語）；東斯拉夫語，包括俄語、烏克蘭語與白俄羅斯語；南斯拉夫語，有斯洛維尼亞語、塞爾維亞－克羅埃西亞語、保加利亞語與馬其頓語（參閱Bulgarian language）。波蘭語屬於列克提克語，屬西斯拉夫語支，其中包含了在今日波蘭西部有少於十五萬人使用的卡舒布語（在波蘭被視爲方言），以及數個現今已經消失的語言。這個語支的特色在於保存了原始斯拉夫諸語言的鼻音母音。另一個殘存的語言爲索布語，在德國東部有六至七萬人使用。西列克提克語與索布語爲原來更爲龐大的中歐操斯拉夫諸語言區地的遺存，約在9世紀後逐漸日耳曼化。在印歐諸語言中，斯拉夫諸語言最接近波羅的諸語言語系。

Slavic religion 斯拉夫宗教 古代東歐斯拉夫民族的信仰與宗教行爲，包括俄羅斯、烏克蘭、波蘭、捷克、斯洛伐克、塞爾維亞和克羅埃西亞、斯洛維尼亞人。大多數的斯拉夫神話學相信，神命令魔鬼從海底帶起一手掌的沙，並以此創造了大地。斯拉夫宗教常見的特色是二元論，其中有一位在詛咒稱呼其名的黑暗之神（Black God），以及另一位祈求庇護與恩典的光明之神（White God）。閃電之神與火神也很常見。古代的俄羅斯人似乎將神的偶像樹立在戶外，但波羅的海的斯拉夫人則興建神殿，將聖地封閉在內，在這些處所舉行祭典，且有動物獻祭以及以人殉祭的情形。這些祭典經常也包括各部落舉辦的宴席，從中食用獻祭動物的肉。

Slavonia 斯洛維尼亞 克羅埃西亞歷史地區。位於薩瓦河以北，德拉瓦河和多瑙河以南與以西地區。西元10世紀這裡是克羅埃西亞王國的一部分。它是克羅埃西亞傳統上的三部分之一。這三部分是：斯洛維尼亞－克羅埃西亞，達爾馬提亞以及伊斯特拉半島。

Slavophiles and Westernizers 斯拉夫派和西方派 俄國19世紀兩個對立的知識分子團體。活躍於1840年代～1850年代，斯拉夫派相信俄國不應以西歐爲其發展和現代化的模式，應走一條由其自身特色和歷史決定的道路。爲了完善俄國社會，他們希望使專制政體和教會恢復到它們的理想形式，因而主張改革，包括解放農奴，削減官僚機構等。這個運動在1860年代逐漸沒落，但其原則被極端國家主義者吸收，致力泛斯拉夫主義和民粹派革命。西方派是它的對立團體，強調俄國與西方有共同的歷史命運。

Slavs＊　斯拉夫人　歐洲各民族和語言集團中人數最多的一支。主要分佈在歐洲東部和東南部，也有一部分跨越亞洲北部遠達太平洋地區。習慣上分爲東斯拉夫人（俄羅斯人、烏克蘭人、白俄羅斯人），西斯拉夫人（波蘭人、捷克人、斯洛伐克人、文德人或索布人），和南斯拉夫人（塞爾維亞人、克羅埃西亞人、斯洛維尼亞人、馬其頓人）。歷史上，西斯拉夫人屬於歐洲，其社會沿著西歐國家的軌跡發展。東和南斯拉夫人曾遭受蒙古人和土耳其人的入侵，發展成爲更獨裁、更集中的國家。宗教上隨斯拉夫語和拉丁語的使用劃分（主要是東正教和天主教）。中世紀斯拉夫國家留下了豐富的文化遺產，並在波西米亞、波蘭、克羅埃西亞、波士尼亞、塞爾維亞、保加利亞繼續發展，但是18世紀末，這些國家都被其強大的鄰國同化（鄂圖曼帝國、奧地利、匈牙利、普魯士、俄國）。東斯拉夫歷史則以不成功的驅逐亞洲侵略者爲特點，直至16世紀後來的俄國向亞洲北部和中部擴張，成爲最強大的斯拉夫國家。泛斯拉夫主義對第一次世界大戰後新斯拉夫國家的形成有一定影響，儘管20世紀末，曾試圖把不同的斯拉夫民族組成單一國家的捷克斯洛伐克和南斯拉夫都處於分裂狀態，捷克斯洛伐克和平解體，南斯拉夫則通過暴力方式分成若干國家。

sled dog　雪橇犬　用於在冰雪上拉載有人或物的雪橇的工作犬。最常見的品種有阿拉斯加雪橇犬、萊卡狗、薩摩耶德犬和西伯利亞雪橇犬。所有的這些狗都碩大有力，皮毛豐厚，能耐久。亦請參閱Eskimo dog。

sleep　睡眠　意識自然的、階段性的終止，用於恢復身體的力量。人類通常在晚上睡眠，而夜間動物在白天睡眠。人類平均的睡眠要求是大約7.5小時。睡眠主要有兩種類型：REM（快速眼球運動）和NREM（非快速眼球運動）。睡眠期間這兩種類型交替規則出現。REM型睡眠的主要特點是前腦和中腦的神經活動增加，肌肉運動降低，做夢（參閱dream），快速眼球運動，性器官血管充血。NREM睡眠則分爲四個階段，最後一階段就是我們平常稱爲「好覺」的最能恢復精力的平靜熟睡。insomnia和narcolepsy。

sleeping sickness　睡眠病　有舌蠅咬傷所感染的原蟲病。由不同種類的鞭毛原蟲所導致的兩種形式出現在非洲的不同地區。寄生蟲進入血液，侵襲淋巴結和脾臟，導致其腫脹、變軟變弱。會出現不正常的發燒和神經疼痛遲緩。在羅得西亞型中，病人很快就會死於嚴重的毒血症。岡比亞型會進一步侵襲腦和脊髓，導致嚴重的頭疼、精神和身體疲憊、痙攣性或軟弱癱瘓、舞蹈病和深度困乏，接下來的兩三年則會有瘦弱、昏迷和死亡。某些病人已產生一定的忍耐性，但仍然攜帶錐蟲。這種病越早開始治療就有更大的機會康復。儘管作了很大的努力，睡眠病至今仍流行於非洲的部分地區。

Slidell, John＊　斯利德爾（西元1793～1871年）　美國南方聯邦外交官。1819年開始在紐奧良從事法律，後來進入美國衆議院（1843～1845）和參議院（1853～1861）。南北戰爭中加入美利堅邦聯外交部。在去尋求法國對聯盟政府的支援的路上，斯利德爾和梅遜被北方軍艦從英國蒸汽船「特倫特號」上驅逐。他們在隨後的「特倫特號事件」中獲釋。

Slim, William (Joseph)　斯利姆（西元1891～1970年）　受封爲斯利姆子爵（Viscount Slim (of Yarralumla and Bishopston)）。英國將軍，第一次世界大戰中在英國軍隊服役，1920年開始在印度軍隊服役。第二次世界大戰中指揮在東非和中東（1940～1941）的印度軍隊。作爲第一緬甸軍團的指揮，面對強大的日本軍隊，他領導部隊後退1,450公里，從緬甸撤回印度。1944年他率領部隊擊退日本對印度北部的進攻，1945年從日本手中奪回緬甸。後來晉升爲陸軍元帥（1948），任帝國總參謀長（1948～1952）和澳大利亞總督（195333～1960）。

slime mold　黏菌　約500種含眞核，既似原生生物又似眞菌（參閱fungus）的原始生物的統稱。原列入眞菌界，有些分類系統又認爲其屬於原生生物界。黏菌在陰暗、涼爽、潮濕的條件下生長繁盛（如森林中的地面）。細菌、酵母菌、黴和眞菌爲黏菌提供主要的營養來源。黏菌的複雜生活週期，有完全的世代交替，也許可澄清植物和動物細胞早期的演化。在有水的條件下，孢子釋出小團細胞質，稱爲游動細胞。游動細胞之後形成外形頗似阿米巴的細胞，稱爲變形菌胞。游動細胞和變形菌胞在性結合時可融合成爲合子或原質團，透過核分裂生長並形成孢子囊，在乾燥時裂開釋出孢子，從而開始另一個生活週期。

slippery elm　滑榆　亦稱赤榆（red elm）。產於北美東部的榆，學名爲Ulmus rubra或U. fulva。葉大，木質堅硬，內部樹幹具香味。樹皮內側有膠狀物質，從前將其樹皮浸在水中用以治療喉病，或研成粉用於泥罨劑，可嚼之以止渴，亦有其他用途。因其爲另類醫學中草藥藥典的一部分，出現於多種不適症狀的處方中，所以近年來又重新受到注意。

英國北斯塔福的掛漿陶盤，托夫特（Thomas Toft）製於約1680年；現藏倫敦維多利亞和艾伯特博物館

By courtesy of the Victoria and Albert Museum, London

slipware　掛漿陶瓷　經過半液體狀的黏土或泥漿處理過的陶器。這種技術起初用於掩蓋坯體顏色上的缺陷，後來發展成爲裝飾技巧，出現了刻釉、雕釉、釉繪、拖釉、大理石花紋釉和鑲嵌釉。刻釉是通過滑片雕刻以顯示下面不同的坯體顏色。17世紀英國的刻釉陶工以裝飾人物、花和點綴的刻痕滑片而著名。

Sloan, Alfred P(ritchard), Jr.　斯隆（西元1875～1966年）　美國公司經理。起初在新澤西州的海亞特滾軸軸承公司工作，十六歲任該公司總裁。後海亞特併入通用汽車公司，斯隆擔任通用副總裁，1923年擔任公司執行委員會主席。在他的領導下，通用公司銷售額超過福特汽車公司，成爲世界上最大的公司。從1937年至1956年退休斯隆一直擔任公司董事長。斯隆也是有名的慈善家，他捐贈了斯隆基金和紐約市的斯隆－凱特林癌症中心以及在麻省理工學院的管理學校。

Sloan, John (French)　斯隆（西元1871～1951年）　美國畫家。曾是費城的商業報紙畫家，並跟亨萊學畫，後隨亨萊到紐約。1908年他們和另外六位畫家在紐約一起展出「八人畫派」的城市寫實主義繪畫，因而得名「垃圾箱畫派」。他的作品《星期日，婦女晾頭髮》（1912）、《麥克索利酒吧》（1912）、《格林威治村裡的後院》（1914）表現了對工人的同情。他也偶爾在如《隨渡船醒來》（1907）等作品中表達一種浪漫的憂鬱。

Slocum, Joshua　斯洛克姆（西元1844～1909?年）　加拿大海員、冒險家。起初是船上的廚師，1823年成爲一艘商船的船長。1886年隨其家人在巴西海岸失事，後來他用船的殘骸建了一艘獨木舟，一路划回紐約。1895年從波士頓駕駛一艘長11.1公尺的漁船出發，花了三年兩個月零兩天的時間，環球航行74,000公里，抵達羅德島新港，成爲有記錄的單人環球航行第一人。他還著有幾本書，包括經典著作《單人環球航行》。1909年他又向大開曼島出發，後來失事沈於海中。

Slonimsky, Nicolas　斯洛寧斯基（西元1894～1995年）　俄裔美國音樂理論家、指揮家與作曲家。身爲望族的後裔、在就讀於聖彼得堡音樂學院之後，1923年離開蘇聯定居美國。1930年代指揮了艾伍兹、瓦雷兹與其他作曲家作品的首度公演。在《始於1900年的音樂》（1937）中逐日編排了20世紀的音樂生活。在《音樂漫罵詞典》（1952）中蒐集了頑固的音樂評論。《音階與旋律模式詞典》（1947）啓發了許多作曲家。編輯了四版的《貝克音樂與音樂家辭典》（1958～1992）。他以熱情與幽默進行其廣闊的學術工作，他長久的生涯爲札帕與其他音樂家所推崇。

slope　斜率　直線相對於水平線斜角傾向的數值單位。在解析幾何，直線、射線或線段的斜率是上面任意兩點的垂直對水平距離的比（斜率等於路程的爬升）。在微分學上，與函數圖形相切的直線斜率是由函數的導數產生，並表示自變數改變對於函數改變的瞬間速率。在位置函數（代表物體相對於經過時間前進的距離）的圖形，切線斜率代表物體的瞬間速度。

sloth　樹懶　樹懶科樹棲哺乳類，夜間活動，獨居，分布於南美洲和中美洲。體長約60公分，尾細小，齒尖，爪長而彎曲，前肢長。其蓬亂毛上生有綠藻。4種三趾樹懶，亦稱ai，只以喇叭紫薇的葉爲食。2種二趾樹懶（亦稱unau，二趾樹懶屬），前足上有二趾，以各種植物的果實、莖和葉爲食。樹懶不能行走，常垂直地抱著樹的枝幹，或倒懸於樹上（可以此姿勢睡覺，一日約15小時），或兩臂交替，極緩慢地活動（爲其名的由來）。樹懶的天然保護色是其用來躲避捕食者的主要保護。

三趾樹懶（Bradypus tridactylus）
Des Bartlett－Bruce Coleman Ltd.

Slovak language＊　斯洛伐克語　斯洛伐克的西斯拉夫語，在斯洛伐克、捷克共和國、匈牙利、塞爾維亞北部和北美約有560萬人講這種語言。斯洛伐克語直到18世紀晚期才成爲書寫語言，很大程度上是因爲匈牙利對斯洛伐克的長期政治上的統治和斯洛伐克語的近鄰捷克語早期文學的影響。現在的斯洛伐克文學語言是1850年代在斯洛伐克中部方言的基礎上加以鞏固的。

Slovakia　斯洛伐克　正式名稱斯洛伐克共和國（Slovak Republic）。歐洲中部國家。面積49,035平方公里。人口5,410,000（2001）。首都：布拉迪斯拉發。人口中約9/10爲斯洛伐克人。匈牙利人是最大的少數民族。語言：斯洛伐克語（官方語）。宗教：天主教、新教和東正教。貨幣：斯洛伐克克朗（SK）。全境地形以喀爾巴阡山脈爲主。西南部和東南部爲低地。摩拉瓦河和多瑙河形成南部的部分邊界。該國種植穀物－－甜菜和蔬菜作物，飼養豬、羊和牛。經濟以採礦業和製造業爲基礎，有大量鐵、銅、鎂、鉛和鋅礦開採。政府形式爲共和國，一院制。國家元首爲總統，政府首腦爲總理。西元最初的數世紀先有伊利里亞人、塞爾特人和日耳曼人在此居住。6世紀時，斯洛伐克人在此定居，9世紀成爲摩拉維亞的一部分。約907年被匈牙利人征服。該國歸在匈牙利王國，直至第一次世界大戰結束。1918年，斯洛伐克人結合捷克人共同組成新的國家捷克斯洛伐克。1938年，斯洛伐克人宣布自己是捷克斯洛伐克聯邦內的一個自治體。1939～1945年，斯洛伐克成爲德國保護下的一個徒有虛名的獨立國家。驅逐德國之後，斯洛伐克加入重組的捷克斯洛伐克。1948年蘇聯控制了捷克斯洛伐克。1969年捷克人與斯洛伐克人之間的伙伴關係建立了斯洛伐克社會主義共和國。1989年共產黨政權倒台後，導致對自治的興趣復活。1993年斯洛伐克成爲一個獨立的國家。

Slovene language＊　斯洛維尼亞語　亦作Slovenian language。南斯拉夫語言，使用者超過220萬人，主要在斯洛維尼亞、義大利與斯洛維尼亞相鄰的部分、奧地利、匈牙利以及歐洲之外的領地。最早文字記載拉丁文的弗賴辛殘稿是斯洛維尼亞語的最早形式。這種語言直到16世紀路德宗教改革將聖經翻譯爲斯洛維尼亞語才被確認。考慮到其人口和地區，斯洛維尼亞語的方言分歧很大，可能與國家的阿爾卑斯山地形和非操斯洛維尼亞語的統治者的長期統治有關。

Slovenia　斯洛維尼亞　正式名稱斯洛維尼亞共和國（Republic of Slovenia）。巴爾幹半島西北端國家。面積20,256平方公里。人口約1,991,000（2001）。首都：盧布爾雅那。人口絕大部分是斯洛維尼亞人。語言：斯洛文尼語（官方語）。宗教：天主教。貨幣：斯洛維尼亞多拉（SlT）。斯洛維尼亞多山區和森林，有肥沃的深谷地和衆多的河流。斯洛維尼亞是巴爾幹半島一個較爲繁榮的區域，經濟以製造業爲基礎。礦藏有煤、鉛和鋅，林業、畜牧業和農作物包括馬鈴薯、穀物和水果也很重要。政府形式爲共和國，兩院制。國家元首爲總統，政府首腦爲總理。西元6世紀，斯洛維尼亞人定居在該地區。8世紀併入加洛林王朝的法蘭克帝國版圖。9世紀該國被納入日耳曼，爲神聖羅馬帝國的一部分。在短暫的法國拿破崙統治（1809～1813）之後，大部分土地

屬於奧地利，直至1918年，組成了塞爾維亞－克羅埃西亞－斯洛維尼亞王國。1946年斯洛維尼亞成為組成南斯拉夫的一個共和國。1947年取得原義大利亞得里亞海海岸線的一段。1990年，斯洛維尼亞舉行了自第二次世界大戰以來南斯拉夫境內的第一次多黨選舉。1991年脫離南斯拉夫。1992年，其獨立得到國際的承認。

slug　緩步蟲　腹足類中以寬廣的錐形足滑行，殼可退化為一體內片狀結構、一列顆粒或完全消失的動物的統稱。多數以套膜腔（參閱mollusk）為肺。其體軟，有黏液，生活在陸地上潮濕的場所（淡水產者僅知一種）。皆為雌雄同體。在溫帶地區，蛞蝓以真菌和腐葉為食。有些熱帶種類以植物為食，而某些歐洲種類則食其他螺和蚯蚓。亦請參閱nudibranch。

slum　貧民窟　人口高度密集的低等住宅區，通常位在都市之內，且有衛生不佳、社會失序的現象。19世紀歐洲快速的工業化導致人口的快速成長，也使得勞工階級被迫集中在過度擁擠、簡陋的集合住宅。英國最先通過法律建造低收入住宅給符合標準者居住，也最先通過法律強迫拆除貧民窟。在美國，貧民窟正是隨著19世紀末到20世紀初大量移民潮的到來而出現，美國也在1800年晚期通過法律，規定都市住宅必須維持適當的空氣流動、火災防制、衛生環境。在20世紀，政府和私人機構開始建造低收入住宅，並提撥基金進行都市更新，同時提供低利貸款給購屋者。另外，有些破舊社區（shantytown）在開發中國家的都市中心經常可見，原因是吸納了許多由湧進都市謀職的鄉村移民，這也是另一種類型貧民窟，但至今仍無良善的解決方法。亦請參閱urban planning。

slump, submarine ➠ submarine slump

Sluter, Claus＊　斯呂特（西元1340/1360?～1405年）
荷蘭早期雕塑家。1385年開始給腓力二世雕刻，1389年成為其主要雕刻家。現存的作品都視為腓力建立的香普木加爾都西會修道院而雕刻的。斯呂特超越了流行的法國式的優雅的人物、微妙的運動以及布料的流動性，創造了一種高度個性化的自然主義形式。他的作品將靈性與莊嚴注入寫實主義，對15世紀北歐的畫家和雕刻家都產生了廣泛的影響。

Small Computer System Interface ➠ SCSI

small intestine　小腸　狹長而選繞的場館，大部分消化在此進行。從胃延伸到大腸，長6.7～7.6公尺。由腸系膜支援，腸系膜包含血液、淋巴和大量脂肪。自主神經系統提供開始蠕動的副交感神經和抑制的交感神經。小腸與微小的指狀絨毛相連，極大的增強其表面生化酶的分泌和食物的吸收。小腸的三個部分－－十二指腸、空腸、迴腸－－各有其特點。如果沒有如胃腸炎、窒息病或腸梗阻等疾病，食物穿過小腸要花3～6小時。

smallpox　天花　亦作variola。1977年以前世界上最恐怖的瘟疫之一。出現在古代中國、印度和埃及。16世紀蔓延到西半球的歐洲，對缺乏抵抗力的歐洲人具有毀滅性。天花是一種只發生在人類身上的病毒傳染病，會導致發燒，隨後出現丘疹、膿、然後乾縮，遺留明顯疤痕。天花不易傳播，但是病毒可長期存活於體外（如床上）。金納從牛痘中發展了一種疫苗。世界衛生組織的根除工程將天花的死亡人數從1967年的兩百萬下降到1977～1980年的零。現在天花病毒只存在於實驗室，一些小國可能為發展細菌戰生物戰而發展這種病毒。

Smalls, Robert　斯莫爾斯（西元1839～1915年）　美國海軍英雄。為南卡羅來納州的種植園奴隸之子，後來到查理斯敦，成為旅館服務員。南北戰爭中被迫充當美利堅邦聯海軍「種植園主號」巡防艦舵手。1862年他與另外十二名奴隸劫持該艦投歸聯邦海軍，成為該艦領航員，1863年成為船長。戰後進入美國眾議院（1875～1879，1881～1887）。

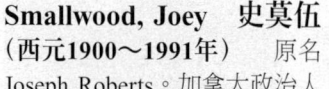

斯莫爾斯
By courtesy of the Library of Congress, Washington, D. C.

Smallwood, Joey　史莫伍（西元1900～1991年）　原名Joseph Roberts。加拿大政治人物。曾在紐約為一份社會主義刊物工作（1921～1925），後來回到紐芬蘭擔任工會幹部，並主持電台廣播節目。他鼓吹紐芬蘭加入加拿大聯邦，並被選為決定紐芬蘭前途的委員會成員（1946），他的積極遊說發揮效果，使紐芬蘭成為加拿大的一省（1948），史莫伍也在1949年被選為紐芬蘭省首任省長，一直到1971年都是政府及自由黨的領袖。

《摩西之泉》中的（由左至右）撒迦利亞、但以理和以賽亞，大理石雕像，斯呂特做於1395～1404/1405年；現藏法國第戎的香普木修道院
Foto Marburg/Art Resource, New York City

smart bomb　精靈炸彈　一種帶有能將飛行軌跡導向目標的制導系統的炸彈。由彈翼或尾翼驅動，聽從制導指令而活動。制導系統可以是電光、雷射或紅外輻射。電光感測器把目標區圖像傳送給空勤組的一位成員，此人將炸彈跟蹤目標或者全程作主動導引，直至擊中目標。雷射制導炸彈則跟隨由另一雷射源瞄準照射在目標上的雷射的反射光。紅外輻射制導是對目標發出的熱的反應。精靈炸彈的功能遠比第二次世界大戰中的技術有效，在越戰中曾被廣泛使用。

Smarta 傳承派 印度教正統派。由崇拜印度教教義中的全部神祇、恪守古經所規定的儀禮和行爲準則的上等種姓成員組成。由商羯羅創立。他在斯靈蓋里建立廟宇並任廟主，爲傳承派教徒的精神權威及印度主要的宗教人物。傳承派教徒以五神爲主：濕婆、毗濕奴、薩克蒂、蘇利耶、象頭神。他們積極研究各種學術，經常被稱爲學者。

Smeaton, John 斯米頓（西元1724～1792年） 英國土木工程師。1756～1759年重建渦石燈塔（普里茅斯外海），在此期間重新發現水下建築最好的灰漿是黏土含量高的石灰岩（羅馬滅亡後消失）。他建造蘇格蘭的佛斯－克萊德運河，建設了伯斯、班夫和科爾德斯特里姆等地的橋樑，並在拉姆斯蓋特完成了港口工程。他是從運用風力、水力改變爲運用蒸汽力的重要人物。由於他的改進，紐科門的大氣蒸汽機達到最好的性能。他爲煤礦、礦山、船塢設計了大型大氣抽水機。1771年他成立了英國土木工程師協會（現在是斯米頓協會）。斯米頓被看作英國土木工程的奠基人。

smelt 銀白魚 胡瓜魚科銀白色、細長、肉食性食用魚的統稱，具小脂鰭。見於北部冷水區，多數上溯附近江河中產卵。彩虹胡瓜魚已從大西洋引殖到五大湖，爲最大型的銀白魚，體長約38公分，歐洲胡瓜魚與此相似。太平洋的近緣種包括銀虹魚、毛鱗魚和蠟魚。蠟魚在產卵期油質很大，可乾燥後製成蠟燭燃燒，故名。銀邊魚（參閱grunion）和其他一些無親緣關係的魚有時亦稱銀白魚。

smelting 熔煉 從礦石中獲取金屬－－金屬元素或簡單複合物－－的加工，通常通過加熱超過沸點，並加入氧化劑（如空氣，參閱oxidation-reduction）或還原劑（如焦炭）。礦石爲氧化物的金屬（鐵、鋅、鉛氧化物）如在鼓風爐中（根據金屬的不同而設計）加熱到很高的溫度。氧化物在焦炭中含有碳，作爲一氧化碳或二氧化碳離開。其他雜質與熔劑結合形成熔渣後清除。如果礦石是硫化物（如銅、鎳、鉛、鈷），空氣或氧氣進入爐中，氧化礦石，生成二氧化硫，或將鐵氧化爲渣，只剩下金屬。亦請參閱metallurgy、ore dressing。

Smetana, Bedrich＊ 史麥塔納（西元1824～1884年） 捷克（波西米亞）作曲家。起初想成爲鋼琴家，但是他的第一場音樂會（1847）結束了這一夢想，後來開設兩所音樂學校，教授音樂。1860年代轉向歌劇，1866年成爲國家劇院指揮。他的第二部歌劇《被出賣的新娘》（1866）經多次修改後贏得持久的成功。隨後又創作了《達里波》（1868），其後又完成了五部歌劇。1874年因梅毒而變聾，但是他晚年仍然創作了一些最著名的音樂，包括《莫爾道河》（1875），四重奏《我的一生》（1876）。1883年精神崩潰，後死於精神病院。他的音樂的強烈的民族特點使他成爲卓越的捷克民族主義作曲家。

smew ➠ merganser

smilax＊ 菝葜屬 菝葜科的一屬，約300種木質或草質藤本植物，原產於熱帶和溫帶地區，亦稱爲catbrier和greenbrier。莖多有刺。下部葉鱗片狀，上部葉革質，全緣，具3～9條粗脈。在開白或黃綠色的花後，簇生出紅或藍黑色的漿果。普通菝葜和牛尾菜產於北美東部，有時栽培以形成不能通過的密叢。亦請參閱sarsaparilla。

Smith, Adam 亞當斯密（西元1723～1790年） 蘇格蘭社會哲學家和政治經濟學家。海關官員之子，在格拉斯哥大學和牛津大學求學。在愛丁堡的一系列公開演講（1748年起）讓他與休姆建立一生的友誼，也讓亞當斯密在1751年獲得格拉斯哥大學聘任。在出版《道德感情理論》（1759）後，他成爲未來之布克魯奇公爵的家庭教師（1763～1766），與他一起旅居法國，並在那裡親近其他重要的思想家。1776年在工作九年之後，亞當斯密出版《國富論》，爲政治經濟方面最早的綜合體系。他在書中論述以個人私利爲本的經濟體系較佳，好比由一隻「看不見的手」引領，以獲得最佳的好處，書中並把分工視爲經濟成長的首要因素。此書爲當時盛行之重商主義體系的反應，站在古典經濟學的開端。《國富論》立即爲他贏得巨大聲望，最後成爲出版史上對經濟影響最深遠的作品。雖然常被視爲資本主義的聖經，本書卻嚴厲批判了毫無節制之自由企業與壟斷的缺點。1777年亞當斯密奉派爲蘇格蘭海關專員，1787年成爲格拉斯哥大學校長。

Smith, Alfred E(manuel) 史密斯（西元1873～1944年） 美國政治人物。以在坦曼尼協會的工作開始其政治生涯。在州議會中（1903～1915），他成爲發言人，後來又在市政府任職。他曾兩度任紐約州州長（1919～1920, 1923～1928），爲提高住房、兒童福利和政府機構效能而鬥爭。1928年獲得民主黨總統候選人提名，是第一個被提名的天主教徒，但輸給了胡佛。後來史密斯反對羅斯福的新政。

Smith, Bessie 貝西史密斯（西元1894～1937年） 原名Elizabeth Smith。美國藍調和爵士歌手，經典藍調最具權威性的代表和當時最成功的黑人藝人之一。在遊吟詩人和歌舞雜耍舞台演唱通俗歌曲和藍調，1923年開始錄製唱片，1929年在電影《聖路易斯藍調》中演出。她的演藝代表了藍調鄉村傳統向城市結構和表現的完全轉變。貝西史密斯大膽、自信、聲音有力、用詞精確，被稱爲「藍調女皇」。後在一場交通事故中因種族偏見未能及時獲救而死亡。

Smith, Cyril Stanley 史密斯（西元1903～1992年） 英裔美籍冶金學家。起初是麻省理工學院研究員，後來在美國黃銅公司工作。隨後加入「曼哈頓計畫」，確定了原子彈的基本原料鈈和鈾的性質和技術。後來在芝加哥大學（1946～1961）和麻省理工大學（1961～1969）任教。出版了許多關於冶金學歷史的書籍，包括《冶金學歷史》。

Smith, David (Roland) 史密斯（西元1906～1965年） 美國雕刻家。起初在汽車廠從事金屬加工，1926年去紐約，一邊在藝術學生會學習繪畫，一邊從事各種工作。其雕刻從他的抽象繪畫作品中發展而來，並加入許多小塊的木頭、金屬，最後把畫布當作雕刻建築物上層結構所依據的模板。他是美國第一位焊接金屬雕刻家。1940年移居紐約博爾頓蘭丁，創作了大型但看上去很輕的金屬雕像。後死於車禍。他的抽象的生物和地理形式因其創造性、風格多樣和高度的美學價值而著稱。

Smith, Emmitt 史密斯（西元1969年～） 美國美式足球員。生於佛羅里達州的朋沙科拉，在佛羅里達大學時代創下校史的58項記錄。自1990年加入達拉斯牛仔隊成爲跑衛以來，他攻得的碼數以超過12,000碼，並幫助球隊贏得三座超級杯。1995年以單季達陣25次的成績創下NFL的記錄，他也是生涯最多達陣記錄的保持者。

Smith, Frederick Edwin ➠ Birkenhead, Earl of

Smith, George 史密斯（西元1824～1901年） 英國出版商。1846年接替他父親的書籍販賣和出版生意，他的公司出版了許多著名的維多利亞時期作家的作品，包括羅斯金、布朗蒂家族、達爾文、薩克萊、白朗寧、柯林斯、阿諾德和脫洛勒普。他最重要的出版品是《國民傳記辭典》第一版（66卷，1885～1901），後來由牛津大學出版社繼續出版。他還發行了圖解文學雜誌《康西爾雜誌》（1880）和文學報刊《佩爾梅爾報》（1865）。

Smith, Gerrit　史密斯（西元1797～1874年）　美國改革家、慈善家。生於富裕家庭，後來成為禁酒運動（1828）的積極參與者，並在彼得伯勒建立美國最早的禁酒旅館之一。1835年積極投身於廢除奴隸制的事業，其旅館成為地下鐵道的一個中轉站。他還幫助成立自由黨，1848和1852年被提名為該黨的總統候選人，但未能成功。他為被控違反「逃亡奴隸法」的人償付訴訟費用，並將一處農場贈給布朗，經常提供資金給他。

Smith, Hamilton O(thanel)　史密斯（西元1931年～）　美國微生物學家。在霍普金斯大學獲碩士學位。他與阿爾伯、內森斯在研究流感嗜血桿菌從噬菌體接受DNA的機制時，首先發現所謂II型限制酶。以前的限制酶在不定點切斷DNA分子，II型限制酶可在特定點切斷DNA分子。這種酶成為研究DNA結構和DNA重組技術的重要工具。他們三人因此共獲1978年諾貝爾生理學或醫學獎。

Smith, Hoke　史密斯（西元1855～1931年）　美國政治家。1887～1900年為《亞特蘭大日報》發行人，並利用此份報紙支持當時的進步措施（黑人民權除外）。1893～1896年任內政部長。在喬治亞州州長（1907～1911）任內，他設法改善教育、運輸及監獄的狀況。1911～1920年任美國參議員，支持進步的立法條款，但反對美國加入國際聯盟。

Smith, Ian (Douglas)　史密斯（西元1919年～）　英國殖民地南羅得西亞（1964～1965）第一位本地出生的首相。為白人統治的熱心鼓吹者。1965年宣布羅德西亞獨立，退出國協。1970年代的大部分時間裡他面對著穆加貝和恩科莫領導的游擊隊的攻擊。1977年終於被迫參加談判，將權力移交給黑人多數，整個移交過程在兩年後結束，此後繼續任國會議員至1987年。

Smith, John　史密斯（西元1580～1631年）　英國殖民者。曾參加軍事冒險，後加入前往北美洲建立殖民地的英國人之列。倫敦公司取得許可後，他們起航並到達乞沙比克灣（1607），建立英國在北美洲的第一個居民點詹姆斯敦，史密斯成為這塊新殖民地的首領。他在探索該地區周圍環境的航行中被波瓦坦印第安人俘擄，後被波卡洪塔斯營救。作為詹姆斯敦的首領，他目睹了該殖民地的擴張。1609年因受傷被迫返回英國。但是史密斯急於探險，與普里茅斯公司聯繫，1614年航行至他命名為新英格蘭的地區。他將沿岸繪製成地圖，撰文描述維吉尼亞和新英格蘭以鼓勵其他人拓殖。

史密斯，版畫；帕西（Simon van de Passe）製於1616年
By courtesy of the trustees of the British Museum; photograph, J. R. Freeman & Co. Ltd.

Smith, Joseph　斯密約瑟（西元1805～1844年）　耶穌基督後期聖徒教會（摩門教）創始人。青少年時期在紐約州巴爾米拉就曾有過神啓夢幻的經歷。1827年聲稱蒙天使指引發現了埋藏於地下的金片，上面有上帝的啓示；經他翻譯，便成了《摩門經》（1830）。他帶領信徒輾轉俄亥俄州、米蘇里州以及伊利諾州，並於1839年在伊利諾州將原先的一個小鎮改名諾伍，很快就使這裡成為全州最大的城鎮。在他試圖壓服摩門教的反對者們並因此引發動亂後，史密斯被以叛國罪逮捕。其後有暴民闖入關押他的監獄將他殺死，時年三十八歲。他的事業隨後由楊百瀚繼承。

斯密約瑟，油畫；現藏密蘇里州獨立城赫里蒂奇廳博物館
By courtesy of the Reorganized Church of Jesus Christ of Latter Day Saints, Independence, Mo.

Smith, Kate　史密斯（西元1909～1986年）　原名Kathryn Elizabeth Smith。美國歌手，長期以來以「廣播界第一夫人」聞名。生於維吉尼亞，移居紐約前學習護理，後來在百老匯飾演一個成為笑柄的胖女孩。1931年開始其極受歡迎的廣播節目《史密斯歌唱》，持續了十六年，其主題曲〈當月亮從山那邊出來的時候〉為成千上萬人熟知。1938年她創立了新聞和閒談節目「史密斯講話」，並介紹了伯林的歌曲〈天佑美國〉。1950年代她主持了幾部電視節目。1982年被授予美國自由勳章。

Smith, Maggie　史密斯（西元1934年～）　原名Margaret Natalie Smith。後稱梅姬夫人（Dame Maggie）。英國演員。最初贏得公眾承認是在百老匯演出《1956年的新面孔》。在《排練》（1961）、《瑪麗，瑪麗》（1963）中扮演的角色再次獲得讚譽後，加入英國國家劇院，在《奧賽羅》（1964；1965年拍成電影）一劇中與奧立佛配戲。此後參與拍攝的電影有：《瓊·布羅迪小姐的青春》（1969；獲奧斯卡獎）、《跟姑媽去旅行》（1972）、《加州套房》（1978；獲奧斯卡獎）、《朱迪·赫恩的孤獨感》（1987）以及《修女也瘋狂》（1992）。她的舞台表演以一種神經質的緊張感、敏銳尖刻以及恰到好處的時間感而聞名，著名的有《世相》（1985）和《萊替斯與拉維吉》（1990；獲東尼獎）。

Smith, Margaret Chase　史密斯（西元1897～1995年）　美國政治人物。生於緬因州史考西根市，丈夫克萊德·史密斯在1936年當選為共和黨籍眾議員，她原擔任其祕書，但他在1940年心臟病發，她臨時上陣代夫參選，後來陸續當選眾議員（1940～1949）及參議員（1949～1973），是美國史上第一位當過國會兩院議員的女性。雖然堅決反對共產黨，但她卻是黨內第一個公開譴責麥卡錫作法的人，她也因堅定的正義感而贏得尊敬。1972年敗選後即退出政壇。

Smith, Red　史密斯（西元1905～1982年）　原名Walter Wellesley Smith。美國體育專欄作家。曾為各種報紙寫稿，1945年起在《紐約前鋒論壇報》上刊載「運動概述」專欄，不久即在全美各報紙上發表。1971年加入《紐約時報》工作。他的作品大多關於主要的大眾運動，避免使用專業術語，充分展示他的文學才能、扭曲的幽默以及淵博的知識。1976年獲普立茲獎。其專欄收錄於五本書中，包括《出自紅色》（1950）和《冬天的草莓》（1974）。

Smith, Samuel　史密斯（西元1752～1839年）　美國政治人物。曾在巴爾的摩經商，後參加美國革命。1793～1803及1816～1822年在美國眾議院任職，1803～1815及1822～1833年在參議院任職。作為馬里蘭州的准將，他在1812年戰爭期間帶領美國軍隊保衛受英軍侵略的巴爾的摩。他在八十三歲時領導軍隊反抗叛亂者，其後當選為巴爾的摩市長。

Smith, Stevie　史密斯（西元1902～1971年）　原名Florence Margaret Smith。英國詩人。大部分時間隨姑母住在倫敦郊區，從事祕書工作多年。她的詩歌比較哀婉，但並不感傷，表達了一種富有創造性的視覺特點，在1960年代被人們廣泛閱讀，她還製作了廣播和錄音。她的《詩歌集》（1975）配上她仿照瑟伯爾作的插圖，包括了她的第一本書《人人都享受美好時光》（1937）以及被收錄在很多作品集裡的標題詩集《沒有揮手，只有淹沒》（1957）。

Smith, Theobald　史密斯（西元1859～1934年）　美國微生物學家和病理學家。在康奈爾大學獲得醫學博士學位。他發現經注射而被熱量殺死的致病原蟲樣本能使動物得到免疫體。他還發現了牛德克薩斯熱的致病原蟲，首次證實節肢動物在傳播疾病上的作用，並幫助科學學會認識蚊子在傳播瘧疾和黃熱病中的作用。史密斯是第一位將導致人和動物結核病的桿菌分開的科學家，也是第一位注意到過敏反應的科學家。他還改進了在實驗室製取疫苗的技術。

Smith, W(illiam) Eugene　史密斯（西元1918～1978年）　美國新聞攝影記者。先爲地方報紙擔任攝影工作，以後到紐約爲幾家雜誌社工作。1943～1944年爲《生活》雜誌的戰地記者，記錄了太平洋戰區的許多重要戰役。他爲《生活》雜誌創作了一系列的專題攝影報導，如《西班牙鄉村》（1951），表現村民們在貧瘠的土地上日復一日的辛勤勞作。最著名的作品《到天國樂園去》攝取了他自己的孩子們步入叢林空地時的一瞬，後來被選用爲攝影展《人類大家庭》的壓軸作品。

Smith, William　史密斯（西元1769～1839年）　英國工程師和地質學家，以地層學的創始人著稱。爲鐵匠之子，主要靠自學成才。他繪製的第一張英格蘭和威爾斯地圖爲現代的地質圖建立了樣本，以後又繪製了英國各郡的一系列地質圖。他所引入的許多技巧一直被人們沿用，包括用化石來認定地層的年代。當今英格蘭的地質圖與他當年繪製的地質圖主要是在細節上有所不同。當年他用來描述地層的許多有趣的名詞現在還在使用。

Smith & Wesson　史密斯－魏森　美國槍枝製造商。這家公司的起源是1852年史密斯（1808～1893）與魏森（1825～1906）的合作，設計並銷售槓桿裝置的連發匣式手槍，裝有獨立運作的彈匣。企業遇上財務困難，不得不賣掉。不過在1856年第二次合作，製造新型旋轉彈膛手機（現在稱爲點二二手槍）獲得成功。南北戰爭使史密斯－魏森成爲最重要的槍枝製造商。1867年開始在歐洲銷售。供應給第一次世界大戰的英國，第二次世界大戰的同盟國。1956年魏森家族賣掉公司，轉手數次之後，現在是英國湯姆金斯公司所有。

Smith College　史密斯學院　私立女子文理學院，位於麻薩諸塞州北安普敦市。1871年以蘇菲亞·史密斯（1796～1870）的遺產創辦。提供多個領域的大學部課程，以及教育、生物、舞蹈、戲劇、音樂、宗教、社會工作等學科的碩士班課程，其中社會工作學院並有博士課程。該校與其他四所學校有合作教學計畫，分別是阿默斯特學院、漢普夏學院、曼荷蓮學院及麻薩諸塞大學。現有學生人數約2,800人。

Smith Sound　史密斯海峽　加拿大埃爾斯米爾島和格陵蘭西北部之間的通道。寬約48～72公里，從巴芬灣向北延伸至凱恩灣，長88公里。1616年威廉·巴芬發現，以發現西北航道的倡導者史密斯的名字命名。

smithing　鍛工　在砧上或用動力鐵鎚用冷熱鍛造，或是用焊接等方法組合及修補金屬物體。傳統上鐵匠打鐵（古代稱鐵爲黑金屬）製作農具及其他工具，打造五金器具（如鉤、鉸鏈、把手）給農場、家庭和工業用，以及馬蹄鐵。鍛工也用於貴重金屬（金、銀）和其他金屬（如錫，包括馬口鐵）。

Smithsonian Institution　史密生學會　美國研究機構。由英國化學家詹姆斯·史密生（1765～1829）捐款創建，按照美國國會法令於1846年在首都華盛頓特區建立。史密生學會領導諸多機構，包括弗里爾畫廊、甘迺迪表演藝術中心、國家航空和太空博物館、美國國家畫廊、國立歷史和技術博物館、國立自然歷史博物館、國家動物園和史密生天體物理台。

smog　煙霧　廣佈於某一社區的污染空氣。此詞源自smoke（煙）和fog（霧），在20世紀早期被用來形容很多城市中由汽車或工業產生的廢氣。含硫煙霧是因使用含硫化石燃料特別是煤而造成的，並因濕度過大而惡化。光化煙霧既不賴於煙，也不賴於霧，而是來自汽車及其他來源所排出的各種氧化氮和烴類蒸氣，會降低能見度、對植物造成損害、刺激眼睛和呼吸道。

smoking　吸煙　吸入和呼出燃燒的植物所產生的煙，尤其是來自香煙、雪茄或煙斗中。儘管社會和醫學界都反對吸煙，但這個習慣仍然廣爲傳播。尼古丁和有關的生物鹼使生物實體產生心理反應，並在焦油（一種殘餘的樹脂和其他副產品的混合物）的共同作用下產生對健康不利的作用。這些不利作用包括肺癌、口腔癌和喉癌、心臟病、中風、肺氣腫、慢性支氣管炎和黃斑部退化。抽煙還會增加其他危險的發生率（參閱asbestosis）。被動吸煙（吸入吸煙者呼出的煙塵）會增加不吸煙者患肺癌的幾率，也可能導致嬰兒猝死症候群。想要戒煙的人可以在自己的控制和醫生的幫助下借助尼古丁戒煙糖來逐步減少吸煙量，這一方法已得到了普遍應用。反對吸煙的運動已使美國的煙民大量減少，儘管在別的國家吸煙的人數仍呈上升趨勢。

Smoky Mountains ➠ Great Smoky Mountains

smoky quartz　煙晶　二氧化矽礦物石英的常見粗粒變種，其顏色由近乎黑色到煙褐色。煙晶與無色石英之間沒有明顯界限，由於產量豐富，其價值大大低於紫晶或黃晶。加熱會使煙晶脫色，有時會成爲黃色，這些黃色的煙晶常常被充當黃晶銷售。

Smolensk＊　斯摩棱斯克　俄羅斯西部城市。爲俄羅斯最古老、歷史最悠久的城市，從9世紀起就是聶伯河上的重要堡壘，後因波羅的海與拜占庭帝國之間商船直通航線開通而成爲商業中心。1240年左右韃靼人入侵，後落入立陶宛手中，1340年被莫斯科攻占，1408年被立陶宛奪回，經歷了一系列戰爭後，1654年被俄羅斯占領。1812年拿破崙入侵俄國期間被燒毀，第二次世界大戰時又經歷了重大的戰爭破壞，1941～1943年被德國人占領。現在是輕工業和教育中心。人口約355,000（1995）。

Smollett, Tobias (George)＊　斯摩里特（西元1721～1771年）　英國諷刺小說家。一生從事醫生和作家兩種職業，最著名的小說是系列描繪英國海軍生活的流浪漢小說《藍登傳》（1748）以及關於英國18世紀社會的野蠻性的戲劇性描寫《皮克爾傳》（1751）。在他多產的一生中，還做了不少翻譯工作，編寫《英國通史》（1757～1758），爲《文獻評論》等報刊撰稿，並編寫一部五十八卷的《世界史》。1760

年代中期，他因肺結核病重而退休到法國，1766年出版至今仍有人閱讀的《法、義遊記》。他最優秀的作品是一部幽默書信體小說《亨佛利·克林克》（1771）。

斯摩里特，油畫，約繪於1770年；現藏倫敦國立肖像畫陳列館
By courtesy of the National Portrait Gallery, London

Smoot-Hawley Tariff Act 史慕特－郝雷關稅法案（西元1930年） 美國法令。內容爲將進口關稅提高50%，並對大蕭條時期的全球經濟景氣提出應對方法。當時雖有一千位經濟學家連署請願要求胡佛總統否決，但是爲了保護國內產業的理由，這個法案仍然通過。結果華爾街市場迅即失去信心，也代表了美國孤立主義立場。後來其他國家相繼展開報復，同樣提出保護性關稅，海外銀行於是開始崩潰。至1934年羅斯福總統簽署「貿易協定法」，關稅才又降低。

smrti＊ 傳承 印度教經籍，根據人的記憶寫成，與由神靈啓示而寫成的吠陀相區別。傳承用以解釋並綜合歸納吠陀的教義，其權威性略遜於吠陀，但流傳更爲廣泛。這一詞彙已被用於特指屬於法律和社會規範方面的書籍，包括劫波經、《往世書》、《薄伽梵歌》、《羅摩衍那》和《摩訶婆羅多》。

smuggling 走私 指祕密地、非法地進出口商品以逃避關稅或法律禁止的行爲，例如走私毒品、武器等。走私幾乎和最早的稅收和法制活動同時開始，其方法主要有兩種：在國境上通過祕密運輸渠道走私，或是將貨物藏在船舶、汽車、包裹、貨艙或人體的隱祕部位運走。

smut 黑粉病 由多種眞菌引致的穀物、玉蜀黍、禾草、洋蔥、高粱的病害。其孢子積聚成煤煙團狀，並在風中裂成黑色粉末以傳播。許多黑粉菌進入胚部或苗，在植株內發展，直到其快要成熟時才表現出來。有些黑粉病局部侵染生長旺盛的組織。其防治包括在未侵染土壤內種植抗病品種，用殺菌劑處理種子，或在孢子釋放前消滅受侵植株或受侵部位。

Smuts, Jan (Christian)＊ 斯穆茨（西元1870～1950年） 南非政治家、軍人及總理（1919～1924、1939～1948）。爲阿非利堪人，在劍橋大學學習法律，後返回非洲，1897年被克魯格總統任命爲國家辯護律師。曾參加反抗英國的南非戰爭，與波塔一起反對米爾納的求和條款。他在1905年認同了英國的統治，並在大英聯邦中保持南非的國家地位。第一次世界大戰期間再度與波塔一起鎮壓反抗，占領西南非，並在東非發起一場運動。他參加了華沙和會，支持建立同盟國。波塔去世後，他成爲總理，但在1924年被南非國民黨聯合擊敗。1933年協助赫爾佐格的勢力擺脫極端的民族主義者，並在1939年被赫爾佐格任命爲總理。在他的領導下，南非協同阻止德國和義大利對北非的入侵。1948年被馬蘭領導的國民黨擊敗，後在劍橋大學擔任名譽校長，直到去世。

Smyrna ➠ Izmir

Smyth, Ethel (Mary) 史密斯（西元1858～1944年） 後稱艾瑟爾夫人（Dame Ethel）。英國作曲家。生於軍人家庭，就學於萊比錫音樂學院，並受到布拉姆斯與德弗札克的鼓勵。1893年以成功的「D大調彌撒曲」而首次受到矚目。最爲人知的作品是《救難船》（1906），是當時最受推崇的英文歌劇。《女人進行曲》（1911）反映了她對女性選舉權的熱烈參與。她的喜劇歌劇《水手長》（1916）獲得了相當的成功。她的作品充滿折衷性，涵蓋傳統性到實驗性。她並寫下數卷的自傳《留下的印象》（1919～1940）。

Smythe, Conn＊ 斯邁思（西元1895～1980年） 原名Constantine Falkland Cary。加拿大冰上曲棍球運動員。在1927年成立多倫多楓葉隊，成爲頂尖的曲棍球俱樂部。從1965年起，人們每年將康恩·斯邁思獎頒給史坦利盃錦標賽中的最佳運動員。

snail 螺 任何用寬闊的細小腹足在地面上滑行的腹足類動物，通常有一個高聳的殼，可以完全將身體縮進去。螺在海洋、淡水和陸地上都可以見到。多數海洋螺的套膜中都有鰓（參閱mollusk），而大部分陸地和淡水中的螺則沒有，它們的套膜本身就起到肺的作用。螺可以食腐類（吃腐敗的樹葉或動物屍體），也可能是食肉類。有一些種類被作爲食物，另一些的殼可以作爲裝飾。亦請參閱limpet、periwinkle、nudibranch、whelk。

snail darter 螺鏢鱸 鏢鱸的稀有品種，學名Percina tanasi，最初只發現於美國東南部的小田納西河。1978年它們成爲法律爭論的主題，由於當時它們處在瀕臨滅絕的狀態，因而將特利科水壩的建設推遲了兩年。後來將這種魚成功地引入海沃西河後，這一情況就得到了解決。

snake 蛇 有鱗目蛇亞目中約11科爬蟲類的統稱，無四肢，不發聲，無外耳或眼瞼，只存一個功能肺和細長的身體。已知現存約2,700種，多數分布於熱帶。體表有鱗，視覺銳利，並一直以舌探試周圍環境。雖缺乏發聲構造，蛇仍可發出嘶嘶聲。多數生長於陸地上，有些則爲樹棲或水棲，亦有些居於洞穴中。藉肌肉收縮和伸長的腹鱗幫助而運動。蛇是大膽的捕食者，70%獨棲的蛇會跟蹤、捕捉並消化其活生生的獵物。其顎及身體的構造能將大型獵物整個活吞下去。交配和產卵（或行卵胎生）爲短暫的季節活動。約1/5的蛇類有毒，有些咬人後而使人類致死。其他種類靠縊縮身體或活吞而殺死獵物。體長範圍從不及12公分至超過9公尺。蛇類終生在生長，在每一生長期蛻去外皮。各大洲皆有分布，少數種類見於島嶼或冬季較長的地區。

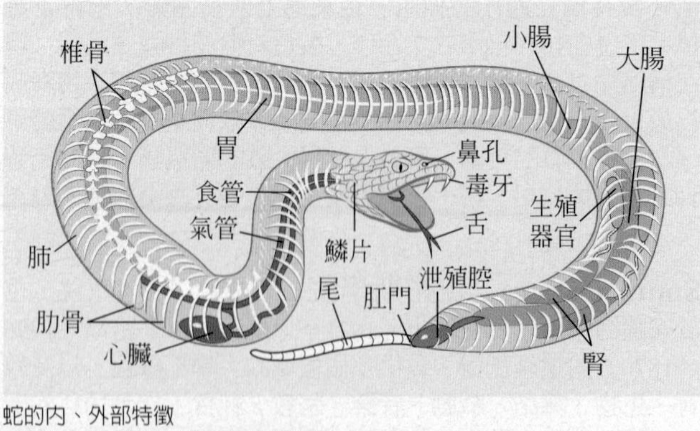

蛇的內、外部特徵
© 2002 MERRIAM-WEBSTER INC.

Snake River 蛇河 美國西北部河流。爲哥倫比亞河最大的支流，也是西北太平洋沿岸地區最重要的河流之一。發源於懷俄明州黃石國家公園的山脈，向南穿過愛達荷州，從華盛頓州東南部進入哥倫比亞河。全長1,670公里，下游流經地獄谷，是北美洲最深的河谷。

snakebird ➠ anhinga

奧瑞岡州和愛達荷州間地獄谷國家遊覽區內的蛇河下游部分
Greg Vaughn/Tom Stack & Associates

snakebite　蛇咬傷　被蛇咬後的傷口，通常是指有毒的傷。被無毒蛇咬的傷口可以像擦傷一樣治療；被毒蛇咬傷的人則需要盡快治療，注射相應的抗蛇毒血清，因此需要確認毒蛇的種類或準確描述。不同的動物毒液可以破壞不同的紅血球或侵入神經系統，導致癱瘓，局部組織的破壞會引起壞疽。及時注射血清可防止毒液向身體其他部位擴散。被咬傷的肢體應該用寬繃帶牢牢沿傷口纏繞（但不能纏得太緊），並保持在心臟的水平面下，防止過度用力和激動。最好不要截肢、吮吸、使用止血帶或是冰敷。

snapdragon family　玄參科　玄參目的一科，約190屬，4,000餘種顯花植物，廣佈世界。該科有許多有名的園藝觀賞植物，如骝龍花（金魚草屬種類）和洋地黃。金魚草屬包括北美西部和地中海西部的40多種植物。該科的其他成員包括蛋黃草（柳穿魚），都是野花。該科植物的花爲管狀，兩邊對稱（裂片二唇形）。

snapper　鰳魚　笛鯛科約250種珍貴食用魚類的統稱，盛產於所有熱帶海區。爲活躍群集魚類，體細長，口大，具銳利犬牙，尾鰭圓鈍或叉狀，體長可達60～90公分。以甲殼類及其他魚類爲食。有些種類，諸如大西洋犬笛鯛，則有毒。彎口笛鯛，體鮮紅色，產於大西洋深水。千年笛鯛體紅白二色，產於印度洋及太平洋。疾鯛從吻端到黃色的尾鰭有一黃色寬帶紋。

雜色裸頰鯛（Lethrinus variegatus）
Douglas Faulkner

snapping turtle　叩頭龜　鱷龜科兩種可食的雜食性淡水龜，見於北美洲和中美洲。棕黃至黑色，背甲粗糙，腹甲小呈十字形，尾長，頭大，下顎呈鉤狀。以具好鬥性而著稱，能撲向挑釁者和獵物，用有力的顎將其咬住。普通叩頭龜背甲長20～30公分，體重4.5～16公斤。大鱷龜爲美國最大的淡水龜，甲長40～70公分，體重18～70公斤。常靜伏於流動緩慢的水中，藉口腔底部一蠕蟲樣的附器誘食魚類。

普通叩頭龜
Walter Dawn

Snead, Sam(uel Jackson)　斯尼德（西元1912年～）　美國高爾夫球運動員。據報導從未受過任何正式的訓練，由於他常用力揮動草帽而被稱爲「Slammin' Sammy」。曾3次獲得職業高爾夫球協會比賽冠軍（1942，1949，1951），1946年獲得英國公開賽冠軍，3次獲得美國名人賽冠軍（1949、1952、1954），10次代表美國參加賴德爾盃比賽。總共贏得81次職業高爾夫球協會（PGA）比賽冠軍，是歷史上取得該項比賽冠軍最多的球員；他在世界錦標賽上取得的冠軍次數估計約135次。

Snell's law　斯涅耳定律　光線從一種介質進入另一種介質所走路徑與兩種介質折射率的關係。1621年由斯涅耳（1580～1626）發現，這條定律一直沒有發表，直到惠更斯提及了它。如果用n_1和n_2分別代表兩種介質的折射率，q_1和q_2分別是光線與垂直於介面的直線（法線）之間形成的入射角和折射角。斯涅耳定律說，$n_1/n_2 = \sin q_2/\sin q_1$。由於對於任何給定的波長來說，$n_1/n_2$是常數，所以對於任何角度來說，這兩個正弦之比也是常數。

snipe　沙錐　鷸科約20種鳥類的統稱，常出現於全球溫帶及暖和地區的濕草甸和沼澤地。腿短，身體肥短，具褐、黑、白色條紋和橫斑。翅呈尖角狀，喙長而靈活，用於探尋泥土中的蠕蟲。普通沙錐體長（包括嘴長）約30公分。

普通沙錐
Ingmar Holmasen

snook　婢鱸　婢鱸屬約8種熱帶海產魚的統稱，體長形，銀白色，具2背鰭，頭長，口頗大，下顎突出。產於北美和南美洲大西洋及太平洋沿岸，常見於河口及紅樹林中，有時也進入淡水。體長0.5～1.5公尺，是珍貴食用魚和遊釣魚。

snooker　司諾克撞球　英國人玩的撞球遊戲，用15個紅球和6個其他顏色的球。最先可能起源於印度，是1870年代士兵們玩的一種遊戲。參加者要盡量先擊進一個紅球，然後將別的非紅色的球擊進去，每個紅球記一分，其他顏色的球則按號碼記分。司諾克指的是當球桿擊中一個指定的球時的位置。

Snorri Sturluson＊　斯諾里·斯圖魯松（西元1179～1241年）　冰島詩人、歷史學家和首領。生於富有影響力的家庭，後成爲冰島最高法院的法律代言人（或大法官）以及挪威國王哈康四世的屬下。曾編寫《散文埃達》和關於挪威國王歷史的《挪威王列傳》，以歷史家眼光將見識到的事物用戲劇的直接表現手法形之於文字。與哈康四世的關係惡化後，被國王下令暗殺。

snout beetle ➠ weevil

snow　雪　水在大氣中結晶而成的固體形式，降於地面並永久或暫時性地覆蓋地球表面23%的地方。雪花大多數是由六角形的冰晶構成，降雪對於氣候、植物、動物和人類都有重要作用。它能增加太陽光的反射度，調節地表溫度，帶來寒冷的天氣。低溫的狀態能使幼小的植物不受冬季最低氣溫的侵害；從另一方面來看，春天積雪融化也可能延緩植物的生長。

Snow, C(harles) P(ercy)　斯諾（西元1905～1980年）　受封爲斯諾男爵（Baron Snow (of the City of Leicester)）。英國小說家、科學家和政府官員。曾在劍橋大學從事分子物理學工作達二十年，並擔任英國政府的科學顧問。他的十一卷系列小說《陌生人和兄弟們》（1940～1970）描寫官僚主義影響下的人以及權勢的腐敗，

斯諾
Camera Press－Pictorial Parade

S T U V

包括《大師》（1951）、《新人》（1954）和《權力的迴廊》（1964）。後來的《兩種文化與科學革命》（1959）和其他非小說作品，則描寫了科學與文學的研究者之間在文化上的差別。

snow leopard　雪豹　亦稱ounce。貓科長毛動物，學名爲Leo uncia。棲於中亞和印度的高山區，毛柔軟，包括尾長1公尺，體重27～55公斤，包括一層濃密的保溫隔熱的內部絨毛和外面一層長5公分的粗毛，淡灰色，有黑色的玫瑰花紋，體下部絨毛長達10公分，蒼白色。夜出獵食旱獺、野綿羊和家畜等動物。被獵捕的雪豹主要用於亞洲傳統醫學中。

snowberry　雪果　忍冬科雪果屬約18種低矮灌木的統稱。均原產於北美洲，僅有1個種原產中國中部。皆有鐘狀、淡粉紅色或白色的花和雪白色漿果。最著名的觀賞種如：尖葉雪果，高1公尺，莖柔軟，葉卵形，漿果大而多汁、白色；多果雪果，稍高大，葉橢圓形，漿果量多。creeping snowberry爲杜鵑花科白株樹屬植物。

多果雪果
Sven Samelius

snowboarding　雪板運動　用一塊雪板以衝浪姿勢從高山上滑下的運動。從衝浪運動演化而來，並同時受到滑板運動和滑雪的影響。1980年代中期在美國年輕人間興起，1998年正式成爲冬季奧運會項目。主要的兩種形式爲大曲道（類似阿爾卑斯大曲道）和使用一個大型的積雪覆蓋的通道（半管）的半管式，後者主要是要反覆騰到空中作出各種花樣表演。

Snowden, Philip　斯諾登（西元1864～1937年）　受封爲斯諾登子爵（Viscount Snowden(of Ickornshaw)）。英國政治人物。1893年起成爲社會主義獨立工黨的演說家和作家，後成爲其領袖（1903～1906）。他在眾議院中（1906～1918，1922～1931）因在社會和經濟問題上的辯論脫穎而出，1924以及1929～1931年在麥克唐納的政府中擔任財政大臣，1931年使英國廢棄金本位制。

Snowdonia National Park　斯諾多尼亞國家公園　威爾斯北部國家公園。建立於1951年，占地2,171平方公里。以其山脈聞名，大部分是火山岩及冰河時期冰川切割而成的峽谷。斯諾登山海拔1,085公尺，是英格蘭和威爾斯的最高山峰。

snowdrop　雪花蓮　石蒜科雪花蓮屬植物的統稱，約12種及許多變種，原產歐亞。有鱗莖，春天開白花。包括普通雪花蓮和大雪花蓮等幾種，因其俯垂，有時有芳香的花，而被栽種作爲觀賞植物。是春天最早開花的庭園花卉。名稱相似但卻相差頗多的種類，即安息香科的snowdrop tree，爲長於美國南部的高大喬木，其花朵呈鐘狀簇生。snowdrop bush產於歐洲東部和小亞細亞，高約6公尺，也與本種無親緣關係。

雪花蓮屬的一種
Derek Fell

snowshoe hare　雪鞋野兔　亦稱雪鞋兔（snowshoe rabbit）或變色兔（varying hare）。北美洲北部的野兔物種，學名Lepus americanus。毛色在夏季是棕色或灰色，到了冬季變成純白。後腳毛皮濃密，四腳相對於身體大小的比例都很大，類似雪鞋的適應作用使其能在雪上移動。

snowy egret　雪鷺　鷺科新大陸白鷺，學名爲Egretta thula或Leucophoyx thula。體長約60公分，背部和頭上有輕薄彎曲的羽毛。過去爲取其羽衣而獵捕，分布自美國到智利和阿根廷。

snowy owl　雪鴞　鴟鴞科中白色或褐白相間具橫斑的典型鴞類，學名爲Nyctea scandiaca。棲息於北極苔原，有時向南到歐洲、亞洲和北美洲。體長約60公分。翅寬，頭圓形，不具耳羽束。晝行性，吃小型哺乳動物（如野兔和旅鼠）和鳥類。營巢於開闊的地面上。

雪鴞
W. Suschitzky

Snyder, Gary (Sherman)　斯奈德（西元1930年～）　美國詩人。曾當過護林人、伐木工和海員，1958～1966年在日本研究佛教禪宗。他的詩歌早期與敲打運動有關，具有遠古、自然和神祕的風格。最早的詩歌同斯奈德在太平洋西北部的戶外工作經歷相關，後來則反映了他對東方哲學的興趣。詩集有《龜島》（1974，獲普立茲獎獎）和《無盡山水詩》（1996）。自1960年代晚期起成爲集體生活和生態保護運動的重要代言人。

Soane, John　索恩（西元1753～1837年）　受封爲約翰爵士（Sir John）。英國建築師。1788年爲英格蘭銀行的建築師，之後擔任各種政府任命的職位，1806年繼承他的老師丹斯（1741～1837）成爲皇家學院的建築學教授。其作品特徵是將古典的成分減弱至結構上必需的程度，並以簡潔的線條取代裝飾紋樣，採用較平的圓頂和頂部採光，對室內空間的處理也頗具匠心。

soap　肥皂　一種脂肪酸鹽類的有機化合物，通常是硬脂酸（有18個碳原子）或palmitic（有16個碳原子）。製作原料可以是任何植物油或動物脂肪。肥皂是一種乳化劑，常被用於洗滌，一直以來是從鹼液和脂肪被提取出來。洗滌劑完全是合成的，有可能不含肥皂。金屬皂比鈉重，可溶性不高。在硬水冷凝過程中產生的凝結物是肥皂中的脂肪酸產生的鈣鹽或鎂鹽。重金屬皂常被用於動物脂肪潤滑劑、替代凝膠加稠劑以及被用於繪畫中。凝汽油劑是一種鋁皂。

soap opera　肥皂劇　連續廣播劇，特點是：使用固定的演員組，故事有連續性，交織的人物關係，以及一直用情感的或通俗情節的方式處理。由於這種節目的主要贊助者多年來一直是肥皂和洗滌劑生產廠家，因此得名。肥皂劇開始於1930年代早期，是十五分鐘的日間廣播片斷；1950年代早期爲電視所繼承，並擴展到三十分鐘，後延長到一個小時。通常在日間播放，針對家庭主婦，最初關注中產階級家庭生活。但在1970年代，其內容擴展到變化性更大的人物和場景，在性方面也更加開放。到了1980年代，類似的連續劇開始在每晚的黃金時段播放（例如《朱門恩怨》、《朝代》）。亦請參閱Hummert, Anne and Frank、Morse, Carlton E.、Phillips, Irna。

soaring 翺翔運動 亦稱滑翔運動（gliding）。駕駛滑翔器或翺翔機的運動。其器械由帶能源的飛機牽引至約600公尺的高空，然後被釋放。滑翔員利用溫暖空氣的上升氣流，如陽光照射原野所產生的上升暖氣流，來保持或上升到一定的高度。使用的儀表包括高度表、空速表、磁羅盤和轉彎傾斜儀。每年舉行的國家比賽包括高度、速度、距離和定點降落等項目。

Sobat River＊ 索巴特河 非洲中東部河流。由巴羅河和皮博爾河在衣索比亞的邊境合流而成，在蘇丹境內同傑貝勒河匯流形成白尼羅河。爲尼羅河主要支流之一，全長740公里。

Sobukwe, Robert (Mangaliso)＊ 索布魁（西元1924～1978年） 南非黑人民族運動領袖。他堅持南非應歸還給原住民，即「非洲還給非洲人」。他控訴非洲民族議會已受到「非非洲人」的入侵污染，因此在1959年籌組泛非主義者議會，並成爲泛非運動領袖。1960年遭逮捕，終此一生都受監禁及軟禁。

soccer ➠ association football

social class ➠ class, social

social contract 社會契約論 指實際的或假想的被統治者與他們的統治者之間訂立契約的概念。最初的靈感來自於聖經中上帝和亞伯拉罕之間的契約，但與之最緊密的聯繫則是霍布斯、洛克和盧梭的作品。霍布斯認爲社會契約給予統治者絕對的權力，作爲回報，他們必須保障人民的自然狀態和福利。洛克則假定了一種良性的自然狀態，並認爲統治者不僅必須保護人民，而且必須保護他們的個人財產不受侵犯。盧梭認爲，人民犧牲了個人自由，因此具有道德和民權的義務，政府必須依照被統治者的普遍意志來實現統治。社會契約論的觀點影響了美國和法國的革命以及隨之而來的憲法。

Social Credit Party 社會信用黨 加拿大政黨。阿伯哈特於1935年成立，建立在英國經濟學家道格拉斯（1879～1952）的社會信用理論上。到1930年代末，該政黨主張職工參加分紅和入股等政策，1935～1971年領導在亞伯達的政府，並在1935～1980年的渥太華議會中取得少數席位。1980年代初期解散。

social Darwinism 社會達爾文主義 認爲個人、組織和種族都受到達爾文提出的關於自然界動植物的自然選擇法則制約的理論。著名的社會達爾文主義者有英國的史賓塞、白哲特和美國的索姆奈，他們認爲人類在社會中的生活如史賓塞所說的「適者生存」那樣，是一場爲了生存而進行的鬥爭。財富是自然優勢的象徵，而財富的匱乏則是不幸的象徵。這一理論從19世紀晚期起被用來支持資本主義無政府狀態和政治保守主義。隨著科學知識普及，社會達爾文主義逐漸沒落。

social democracy 社會民主主義 一種政治思潮，提倡利用已經建立的政治程序，採用和平、改良的政策來實現從資本主義到社會主義的轉變，反對馬克思主義的社會改革。1870年代在德國作爲政治運動興起。伯恩施坦在1899年提出資本主義正在解決馬克思見到的社會問題（包括失業和生產過剩），而大眾的贊同將會把政府和平轉變爲一個社會主義政府。1945年後，社會民主主義政府在西德（參閱Social Democratic Party）、瑞典和英國（工黨）當權。社會民主主義思潮逐漸認爲國家法則（在沒有國家所有權的情況下）可以保證經濟增長和收入的公平分配。

Social Democratic Party of Germany (SPD) 德國社會民主黨 德國政黨。成立於1875年，初名社會工人黨，1890年改現名。爲德國歷史最長、成員最多的單一政黨。第一次世界大戰前該黨的影響日益擴大，但第一次世界大戰中該黨分裂，中間派由考茨基領導，成立獨立社會民主黨；左派由盧森堡和李卜克內西率領，組成斯巴達克思同盟；以艾伯特爲首的右翼則參與鎮壓1918年在德國發生的蘇維埃式起義，並在1919年的選舉中贏得37%的選票。德國政府接受凡爾賽和約以及國內嚴重的經濟問題，導致該黨在1920年代的支持率下降。1933年被納粹取締，第二次世界大戰後在西德重建並迅速發展，1972年奪得幾近46%的選票。該黨先後與基督教民主聯盟（1966～1969）及自由民主黨（1969～1982）組成聯合政府，1990年與新近獲得獨立的前東德社會民主黨合併。

Social Gospel 社會福音 美國歷史上主要於1870～1920年由自由派新教團體倡導的宗教社會改良運動。運動宗旨集中於應用道德準則來改變工業化後的社會，特別是對童工現象、工資與工作時間以及工廠的法規進行改良。該運動的許多目標被以後的勞工運動以及新政規畫所吸收。

social history 社會史 歷史學的分支，強調社會結構及不同團體之社會互動，而不是強調國家大事。由經濟史衍生而出，並在1960年代拓展爲一個學科。社會史起初關注的焦點是權利受剝奪的社會團體，後來則較關注中上階級。該門學科的領域，一方面跨界到經濟史，另一方面則跨界到社會學和民族學。

social insurance 社會保險 針對各種經濟風險（如因疾病、年老以及失業導致喪失收入）提供保障的強制性的公共保險計畫。社會保險被認爲是社會保障的一種類型，雖然有時候這兩個詞語也可以相互替換使用。第一批強制性的國家社會保險規畫是由德國在俾斯麥執政時期建立的：包括1883年的健康保險，1884年的工人撫卹金，以及1889年的老年與傷殘退休金。很快的，奧地利和匈牙利也起而效仿。1920年後，社會保險在歐洲以及西半球迅速推廣。美國起步稍遲，1935年才通過「社會安全法案」。現在美國的社會保障提供退休金、六十五歲以上老人的醫療保健以及傷殘保險。社會保險的保險費用繳納通常是強制性的，可能由被保險人的雇主繳納，也可能由政府以及被保險人個人繳納。社會保險資金通常自我融資，將各方繳納的款項投放於特定的基金來增值。亦請參閱unemployment insurance、welfare。

social learning 社會學習 一種心理學說，認爲控制人類行爲變化的是環境的影響，而不是先天或內在的力量。在動物學中，社會學習在許多的鳥類和哺乳動物身上得到體現，他們都以觀察和模仿周圍的成年動物的行爲來修正自己的行爲。鳴囀便是一種社會學習行爲。

social psychology 社會心理學 心理學的分支，主要研究個人或群體在一定的社會交往中的人格、態度、動機和行爲。1920年代在美國興起，主要研究課題包括由知覺引起的社會地位的歸因、社會因素（如同等級別的人）對於個人處世態度以及信仰的影響、小群體和大組織的功用的發揮以及面對面交流的動力學。

Social Realism 社會寫實主義 約興起於1930年代的美國藝術流派，傾向於用自然主義方式來研究社會批判性的主題，例如貧困、政治腐敗和勞資糾紛等。這運動在一定程

S T U V

度上受到垃圾箱畫派、大蕭條和新政的藝術贊助計畫（包括公共事業振興署聯邦藝術計畫）的刺激而興起。這一流派的畫作有沙恩的《薩柯和萬澤蒂的受難》（1931～1932）和格勞波的《參議院》（1935）。

social science　社會科學　任何研究人類在社會方面和文化方面的行爲的學科，大體上包括文化人類學、經濟學、政治學、社會學以及社會心理學。法律比較研究和宗教比較研究（對不同的國家和文化之間的法律制度和宗教進行比較的學科）有時也被劃入社會學的範疇。

social security　社會保障　指保障所有個人經濟收入和社會福利的公益事務。社會保障計畫的實施是爲了保護個人以及家庭，使他們不會因爲失業、職業傷害、生育、疾病、老年和死亡而蒙受經濟損失，並通過公益服務來提高他們的福利。這一詞彙不僅包括社會保險，而且包括保健和福利事業以及各種收入保障計畫。第一個有組織、合作的提供社會個人保障的計畫是由一群工人組織、互惠社團和工會聯合提出來的，但社會保障的廣泛建立直到19、20世紀才得以實現。幾乎所有已開發國家現在都有社會保障計畫，透過多種主要途徑提供福利或服務，包括社會保險和基於需要、爲貧困人口提供福利的社會援助計畫。亦請參閱Social Security Act、unemployment insurance、welfare、worker's compensation。

Social Security Act　社會安全法案（西元1935年8月14日）　建立美國全國性老人年金體系的法令。由於對政府處理大蕭條的不滿，大約五百萬人加入「湯森俱樂部」聲援湯森（1867～1960）提出的計畫案，要求政府發給六十歲以上的老人每月200美元。羅斯福總統爲此成立一個經濟保障委員會（1934），後來該委員會建議促請國會進行立法行動。社會安全法案規定由薪資所得稅提供老人福利給付，後來這項法案並擴大實施到貧窮、殘障及其他人。

social settlement ➠ settlement house

social status　社會地位　個人在以榮譽和聲望爲基礎的社會等級體系中所享有的相對位置及其附帶的權力、義務和生活方式。地位一方面與性別、年齡、家庭關係及出身有關，所有這些將特定的人置於一個特定的社會團體，而可以同個人的能力與社會建樹沒有直接的關係。但另一方面，一個人的實際地位又往往是建立在教育程度、職業選擇、婚姻狀況及其他與個人努力密切相關的因素的基礎上。地位集團與社會階級不同，前者更注重社會聲譽而不是僅看重經濟地位。相對的地位高低是人們在社會交往中對某人採取某種姿態的重要的決定因素，爭取提高社會地位的競爭也是人類一種重要的心理動力。

Social War　同盟者戰爭（西元前90～西元前89年）　亦稱義大利戰爭（Italic War）或馬爾西戰爭（Marsic War）。古羅馬的義大利人同盟爲反抗羅馬人而發起的戰爭。義大利人曾經支援羅馬人的戰爭，卻被羅馬人剝奪了公民權。義大利中部的山區人民組成了一個聯盟並開始爲獨立而戰，在北部和南部打敗了羅馬人的軍隊。在羅馬人將公民權授予未參加起義以及願意立刻投降的人後，義大利人進行這場鬥爭的利益被削弱了。蘇拉在南部打敗了被削弱的反叛者們，並將波河以南的義大利統一起來。

social welfare ➠ welfare

social work　社會工作　對失能、貧困或傷病者提供社會服務的各種專業活動或方法，例如調查、處置治療或婚姻協助。社會服務事業源自19世紀晚期歐洲和美國的慈善組織。這些組織對志願工作者提供訓練，直接影響是促使社會工作學校成立，間接影響則是造成政府增加對失能者照護的責任。社會工作者服務的對象包括：兒童及家庭、貧民或流浪漢、移民、榮民、精神病患，還有綁架、強暴或家庭暴力案件的受害人，以及酗酒或吸毒者。亦請參閱welfare。

socialism　社會主義　私有財產和收入的分配受到社會控制的一種社會組織體系；也指將這類體系付諸實施的政治運動。由於「社會控制」一語的含義可作多種解釋，所以社會主義也有種種的差異，可以是中央集權論者，也可以是自由意志論者；可以是馬克思主義的，也可以是自由主義的。社會主義一詞最初是用來描述法國傅立葉、聖西門以及英國歐文闡發的理論，他們主張在一種非強制性的合作社區中，人們共同進行無競爭的勞動，謀求全體人民心靈和物質上的幸福（參閱utopia）。此後馬克思和恩格斯將社會主義看作是從資本主義通向共產主義道路上的一個歷史轉折階段，將社會主義運動中他們認爲有用的部分挪用來發展他們的「科學社會主義」。在20世紀，蘇聯是那種嚴格的中央集權社會主義的典範，而瑞典和丹麥則採納衆所周知的非共產主義的社會主義。亦請參閱collectivism、communitarianism、social democracy。

Socialist International　社會黨國際 ➠ Second International

Socialist Realism　社會主義寫實主義　1932年至1980年代中期盛行於蘇聯並爲官方承認的文學創作理論與方法。繼承19世紀俄國寫實主義的傳統，主張創作必須忠實、客觀地反映生活。但不批判社會，而是將通過鬥爭建立社會主義和沒有階級的社會作爲基本主題，提倡文學的教育意義，講求文學要忠於歷史，但其要求卻很少與其實際操作偶合，反而破壞了作品的藝術眞實性。

Socialist Revolutionary Party　社會革命黨　俄國政黨。1901年建立，繼承19世紀平民黨的理念，主張土地社會化，主要訴求農民的支持。20世紀初是俄國社會民主工黨的主要對手。該黨寄望於恐怖策略，進行過數百次政治暗殺。到1917年成爲俄國最大的社會主義政團，成員包括克倫斯基、切爾諾夫以及布雷夫科夫斯基。1917年俄國革命後該黨分裂，激進的一派加入布爾什維克政府，俄國內戰結束後遭列寧取締。

Société Générale＊　法國興業銀行　法國大商業銀行，總行設在巴黎。1864年設立，提供一般的銀行業務與投資服務，1946年與其他大商業銀行一起被收歸國有。其分公司與分行遍布全球，提供一般銀行業務、投資諮詢、證券承銷、外匯交易與電腦服務。

Society Islands　社會群島　法屬玻里尼西亞群島。首都帕皮提，位於主島大溪地島上。分爲兩組群島：向風群島和背風群島。原爲火山噴發島，多山。1767年被英國占領，1769年科克船長來到此地，對皇家社會（後成爲該島名稱）進行科學考察。1768年被法國人占領，1842年成爲其保護國，1881年起成爲法國的殖民地，1903年爲法屬大洋洲的一部分。主要出產椰乾和珍珠。人口163,000（1988）。

sociobiology　社會生物學　系統研究社會行爲的生物學基礎的科學。這一概念因威爾遜的著作《社會生物學》（1975）和道金斯（1941～）的著作《自私的基因》（1976）而得到推廣。社會生物學試圖以自然選擇及其他生物學過程爲基礎來了解並解釋動物（包括人類）的社會行爲。其主要原則之一是：在動物爲生存而進行的鬥爭中，基因的傳遞是最重要的激發因素，而動物行爲的方式能使它獲得盡可能多的機會以使自己的基因在後代中得到傳遞。雖然社會生物學爲動物行爲學提供了獨到見解（例如人類的利他主義以及某些物種的雄雌性差異），仍與人類社會行爲有所分歧。亦請參閱ethology。

sociocultural evolution　社會文化演化　文化與社會形態由簡單到複雜的發展。歐洲人曾試著解釋爲何有各種不同的「原始」社會存在著。有些人相信這些社會代表以色列的遺失部落；有些人則認爲這些原初人類是在亞當時代就從原始的野蠻狀態、或更低等的蠻荒狀態退化而成；相對的，歐洲社會則被當作是最高等狀態的縮影，也就是「文明」。在19世紀晚期，泰勒、摩根）提出非直線演化論，認爲文化體系的分類標準，必須要看他們的整體人文精神成長體系之程度，並檢視這個成長機制的型態。這種演化論的看法後來受到挑戰，尤其是鮑亞士提出的「文化史」分析取向，他們到初民社會密集進行田野工作，以確認眞實的文化和歷史過程，而不只是憑空想像成長階段。不過，懷特、斯圖爾特等人，則試圖重建社會文化演化論的一些論點，並提出一組前進式範疇，宗族、部落在一端，酋長領地和國家則在另一端。另外，晚近則有更多人類學家採用一般化體系研究，將文化視爲緊急生成體系來檢視。至於其他學者則繼續駁斥演化論思想，並以歷史偶連性、異文化接觸、文化符號體系操作及社會達爾文主義等論點來取代之。亦請參閱primitive culture、social Darwinism。

sociolinguistics　社會語言學　研究語言的社會學諸因素的課題。社會語言學家們試圖將那些用於特定環境的語言特徵與表示社會成員中不同社會關係及表示環境中各種能指因素的語言特徵區別開來。對語音的選擇、語法元素和詞彙方面產生影響的因素可能包括年齡、性別、教育、種族、職業、同儕群身分等。亦請參閱interactionism、linguistics、pragmatics、semiotics。

sociology　社會學　對社會、社會機構以及社會關係進行考察的學科，尤其是對有組織的人類群體的發展、結構、交流和集體行爲進行系統專業的研究的學科。它在19世紀末通過法國的涂爾幹、德國的韋伯和齊默爾以及美國的巴克和斯莫爾的著作建立起來。今天的社會學採用觀測技術、測量和採訪、資料分析、控制性的實驗以及其他方法來研究家庭、種族關係、學校教育、社會階級、官僚機構、宗教運動、異端學說論、老年問題和社會變化等課題。

sockeye salmon　紅大麻哈魚　亦稱red salmon。北太平洋食用魚，學名爲Oncorhynchus nerka。幾乎占太平洋鮭魚產量的20%。體重約3公斤，無明顯斑點。分布自白令海北部到日本，及由阿拉斯加到加州。可遷移逾1,600公里，溯河入湖或支流產卵。幼魚在淡水中棲留1～5年。科克尼紅大麻哈魚爲小型、不遷移的淡水亞種。

紅大麻哈魚
Jeff Foott－Bruce Coleman Inc.

Socotra＊　索科特拉島　印度洋葉門島嶼。在葉門東南方約340公里，面積3,600平方公里。內陸多山，植物包括沒藥、乳香、龍血樹等。該島在很多傳奇中都被提及，長期以來受葉門東南部馬赫里蘇丹國統治，1507～1511年曾受葡萄牙統治，1886年成爲英國的保護國，1967年歸屬於獨立的葉門。主要城鎭是泰姆里代（舊稱哈迪布）。

Socrates　蘇格拉底（西元前470?～西元前399年）　希臘哲學家，古希臘三大哲學家（還有柏拉圖、亞里斯多德）中的第一位，他爲西方文化奠立哲學方面的基礎。由於蘇格拉底沒有著作，關於其人格和教條的資訊主要見於柏拉圖的《對話錄》和色諾芬的《回憶錄》。生活於伯羅奔尼撒戰爭的混亂時期，道德價值淪喪，蘇格拉底覺得必須出面撐起生活的道德面，做法是勸人「認識自己」和探索美德的根本。參與戰鬥後，他在雅典立法會議中服務。他生活在貧窮中，身體力行自己的道德教化。他的教學方法大致包含了詢問尖銳問題，逐漸讓學生毫無根據的假設和錯誤觀念無所遁形（蘇格拉底法）。擁戴他的學生，包括柏拉圖、亞西比德和克里蒂亞斯（約西元前480～西元前403年），有許多是雅典的精英。當亞西比德成爲叛徒而克里蒂亞斯加入斯巴達所立的Thirty Tyrants時，蘇格拉底受到許多人譴責，包括亞里斯多芬。被控對神不敬和腐化雅典青年，西元前399年他被判死刑；柏拉圖的《斐多篇》描述了他的末日，還有他服從判決所表現出來的尊嚴。蘇格拉底影響了所謂的「小蘇格拉底派」（包括犬儒學派、昔蘭尼學派、麥加拉學派），但他的影響力主要經由柏拉圖而在往後歲月開花結果。

soda, caustic ➠ caustic soda

Soddy, Frederick　蘇第（西元1877～1956年）　英國化學家，曾同拉塞福一起發展分解放射性元素的理論。他在1912年首先得出結論，認爲元素可能以不同的原子量存在於各種形式中（即同位素），但在化學上不可分解。在《科學與生命》（1920）一書中，他指出同位素在確定地質年代方面的價值（參閱carbon-14 dating）。他由於放射性和同位素方面的研究獲1921年諾貝爾化學獎。

sodium　鈉　鹼金屬族化學元素，化學符號Na，原子序數11。鈉是很軟的銀白色金屬。其含量在地球上占第6位，通常以石鹽形式存在，不以單體存在於自然界中。鈉的化學性質活潑，被作爲化學反應物和原料，在冶金學中則作爲熱交換介質（用於nuclear power發動機和某些引擎中）和鈉蒸氣燈。鈉爲維持生命所必需，但鮮少在飲食中缺乏，高血壓則與鈉攝取過多有關。鈉的化合物，其原子價爲1者，有許多種在工業上相當重要，包括小蘇打、苛性鈉、硝石和氯化鈉。鈉的碳酸鹽化合物，爲四種最重要的基本化學產品之一，被用於製造玻璃、洗滌劑和清潔劑。以作爲家用漂白劑而爲人熟知的次氯酸鈉，也可用於漂白紙漿和紡織物，用於水的氯氣處理，和某些醫藥用途。硫酸鹽則用於硫酸鹽製漿法，也用於製造紙板、玻璃和洗滌劑。硫代硫酸鹽（亦稱hyposulfite或「hypo」）則使用於沖洗底片。

sodium bicarbonate ➠ bicarbonate of soda

sodium chloride　氯化鈉　亦稱食鹽（table salt）。鈉和氯的無機化合物，在這個常見的白色晶體之中，離子鍵將兩個成份結合形成鹽類。食鹽對健康是必需品，當作鈉的來源；血液及其他體液都是稀釋的鹽溶液。氯化鈉是化學工業最廣泛使用的材料之一，用於製造氯、氫氧化鈉、碳酸鈉、碳酸氫鈉、含氯聚合物，另外在陶瓷釉、冶金、食物保存、皮膚消毒、道路除冰、水的軟化、照相及許多消費商品（如礦泉水、漱口水）、調味用。鹽的來源有挖掘、海水提煉與鹽田。亦請參閱halite。

Sodom and Gomorrah＊　索多瑪與蛾摩拉　傳說中的古巴勒斯坦城市。據《舊約・創世記》記載，這是一個因邪惡而被「燃燒的硫磺」焚毀的罪惡的城市。古城址不可考，但可能是在現在死海附近。考古發現證明，這一地區可能曾經有肥沃的土地，可能是聖經中羅得被允許放牧的地方。該城市的惡名被記載在很多作家的作品中，包括季荷杜和卡山札基斯。

sodomy 所多瑪 正常男女性交行爲之外的有肉體接觸的性交合。有幾種不同的解釋：1.男子之間的同性戀行爲；2.肛門性交（雞姦）；3.人與動物之間的性交；4.其他多種性活動，包括與未成年人的性接觸等。所多瑪在很多法律中都屬犯罪行爲，並在某些國家受到嚴厲的法律制裁。英國的沃爾夫登委員會和美國的美國法律研究所均建議廢除認定此類行爲是犯罪的條款，除非涉及暴力、兒童或公開教唆牟利。這一建議在1967年被英國採納，美國的許多州中也被採用。

sofer 索佛 亦作sopher。西元前5～2世紀猶太教轉錄、編撰和解釋聖經的學者的稱號。第一位索佛是以斯拉，他同他的門徒們一起首倡拉比學術傳統，至今仍是猶太教的中心。它的興起是爲了迎合人們對《舊約》所持的願望以及人們在日常生活中的口頭文化傳統，並因此對托拉的多元化產生影響。後來，索佛這個詞被用來指教孩子們學習聖經的人或是有資格編寫托拉卷軸的人。

Sofia＊ 索非亞 古稱Serdica。保加利亞首都。西元前8世紀是色雷斯人的居住地，後在羅馬統治下繁盛起來。西元5世紀被匈奴人攻占，後被拜占庭帝國重建。809年成爲保加利亞的一個鎮，但在1018～1185年第二保加利亞帝國建立時轉而受拜占庭帝國統治。1382年起該地區受土耳其人統治，直到1878年被俄國人解放。1879年成爲保加利亞首都，是該國主要的交通運輸和文化中心，也是許多工業的所在地。教育機構有保加利亞最古老的大學索非亞大學（1888）。歷史名勝有建於6世紀的聖索菲亞大教堂。人口：都會區約1,193,000（1996）。

soft coal 軟煤 ➠ bituminous coal

soft drink 軟飲料 不含酒精的飲料，通常充有碳酸氣，含水（蘇打水）、香料和甜味劑。仿製有益於健康的天然礦泉水的努力起源於1700年前，普里斯特利對「充氣水」（二氧化碳）的實驗使日內瓦的施韋普在1790年代成功地製出含二氧化碳的「礦泉水」。到了19世紀初，這種飲料被裝瓶出售，現在市場上已有成千上萬種不同口味的軟飲料。一些世界上最大的軟飲料生產廠家（包括可口可樂公司和百事可樂公司）已經建立了專門的軟飲料生產商業。

soft money 軟錢 傳統用法指的是紙鈔，相對於硬幣或硬錢；但現代用法則指不受規約的政治獻金。19世紀和20世紀初，軟錢擁護者指的是鼓吹政府編列赤字預算以刺激消費和就業的人；相對的，對財政保守的人（只相信硬錢），則認爲政府不應該花用超過額度的經費。而在20世紀後期的政治支出，關於捐獻給特定候選人的來源、數目和用途，都有嚴格規範的管制（硬錢）；然而捐給政黨作爲一般推廣活動的獻金，則相對未受管制（軟錢）。

softball 壘球 與棒球相似的一種體育運動，但所用的球較大（周長30.5公分），手不過肩地投出。該比賽的第一組規則設立於1920年代，後作爲一種業餘體育項目在美國流行，到1960年代已成爲北美室外極爲流行的運動之一。在美國中學和高校中，這是一項流行的女子運動，女子壘球比賽在1996年被列爲奧運會比賽項目。

softshell turtle 軟甲龜 鱉科20餘種行動敏捷、肉食性龜類的統稱，見於北美、非洲和亞洲帶柔軟泥底的淡水水域。甲板扁圓似鬆餅狀，上覆以革質皮。趾間具蹼，頸長，吻部延長。常隱埋於泥沙中，偶爾出曬太陽。被捕捉時具攻擊性，可快速且狠狠地咬住敵人。兩種北美洲種類有灰色或褐色龜甲，長約35～45公分。兩種舊大陸種類甲長可達60餘公分。

鱉屬（Trionyx）的一種軟甲龜
E. R. Degginger

software 軟體 指示電腦如何工作的指令集。指與電腦系統的運作有關的全套程式、程序以及常式，包括作業系統。軟體一詞將這些指令與電腦系統的實體組件（即硬體）區分開來。主要的兩大類軟體分別爲系統軟體和應用軟體。系統軟體控制電腦的內部功能，應用軟體則指示電腦執行處理具體問題的命令。第三類軟體是網路軟體，負責協調與網路相連的電腦間的通訊。軟體通常由程式人員用某種電腦程式語言寫成。由此生成原始碼，原始碼必需經編譯器轉換成機器語言後電腦才能理解和執行。

softwood 軟材 產自針葉樹（主要是松杉類）的木材。除禿柏、美國落葉松和落葉松外，軟材皆爲常綠樹。波羅的海沿岸、斯堪的那維亞和北美地區爲主要產地。軟材約占世界木材總產量的80%。軟材一詞有時也不精確地被指稱所有在溫帶地區作爲建材的軟材和硬材。軟材中的長葉松、黃杉和紅豆杉類，其質地比若干硬材還要硬。

Soga family 蘇我家族 西元7世紀日本顯赫的貴冑家族，對佛教傳入日本有所助益。蘇我馬子（626年卒）力克權勢大且支持本土神道教的物部和中豊氏族，並極力促成其外甥女登上女皇寶座，再揀選一個外甥來擔任她的攝政（參閱Shotoku Taishi）。下一代則因驕縱專橫而與其他貴族反目疏離，在一連串的陰謀與刺殺之後，蘇我家族的權勢終於在645年垮台，主事者正是未來的天智天皇，而從旁使力者爲藤原鎌足，也就是藤原家族的創建者。亦請參閱Nara period。

Sogdiana＊ 粟特 古波斯帝國行省。位於肥沃的澤拉夫尙河谷，在今烏茲別克境內。西元前6世紀大流士一世統治時期成爲總督轄地，西元4世紀時被亞歷山大大帝占領。約西元前250年宣布脫離塞琉西王朝而獨立，成爲大夏王國的一部分，但在西元前2世紀被北方部落侵占。在蒙古入侵前，該地區是一個繁榮的地帶。在薩曼王朝統治時期（9～10世紀），是伊斯蘭教文化的中心。亦請參閱Bukhara。

Sogi＊ 宗祇（西元1421～1502年） 原名飯尾宗祇（Iio Sogi）。日本詩人。在京都時當過禪宗僧侶，三十多歲時成爲專業的連歌詩人。他因兩部連歌集：《水無瀨三吟百韻》（1486）和《湯山三吟百韻》（1491）而被公認是最偉大的連歌師。在這兩部集子裡，由他引導另外兩個詩人輪流造短句，聯成一首詩，情調和傾向變化多端。他是當代最傑出的詩人，留有九十多部作品，包括選集、日記、詩評和手札。

Sogne Fjord＊ 松恩灣 亦作Sognefjorden。挪威最長、最深的峽灣。從挪威海向內陸延伸204公里，最深處1,308公尺。峽灣及其分汊部分有挪威最綺麗的風光。

soil 土壤 覆蓋陸地表面的泥土物質，經由自然物理、化學和生物作用力而形成，位於鬆散的基岩和地球表面的礦

S
T
U
V

物質之上。土壤中最重要的組成爲黏土結晶和有機物。土壤主要是因風化和淋濾而形成。諸如降雨、地貌和植被等環境因素可影響土壤的形成和其質地，而一些動物的活動也會影響，以致於即使是同一生成環境也可形成相差甚巨的土壤質地。

soil mechanics　土壤力學　對土壤及其利用的研究，尤其在設計建築物和公路地基方面。某個指定地點的土壤如何支撐建築物的重量或者對建築過程中的應力取決於一系列因素（例如可壓縮性、彈性和滲透性）。測試技術包括挖溝渠、鑽孔、用抽水機抽出樣品土壤中的水，地震測試和電阻測量也能提供有益資訊。在公路建設中，土壤力學有利於決定哪種類型的公路（剛硬的或者柔韌的）的使用壽命更長。對土壤性質的研究也用來選擇開鑿地下隧道最合適的方式。亦請參閱foundation、settling。

soil science ➠ pedology

Soka-gakkai＊　創價學會　日本佛教在家信徒團體，與日蓮正宗有聯繫。是20世紀日本新興教派中最成功者，以13世紀日蓮的教義來招攬信徒。和其他日蓮宗運動一樣，將《妙法蓮華經》作爲主要經籍。該學會成立於1930年，20世紀晚期達到高峰，擁有會員六百多萬人。1964年成立公明黨，1980年代發展爲日本第三大政黨。該學會還從事教育與文化活動。

Sokhumi　索呼米　舊稱蘇呼米（Sukhumi）。古稱Dioscurias。喬治亞共和國海港。瀕黑海，原爲古希臘殖民地，其後陸續被羅馬人、拜占庭人、土耳其人和俄國人統治。爲遊覽勝地。喬治亞獨立後（1991），成爲阿布哈茲在1990年代爭取獨立的中心。人口約112,000（1993）。

Sokolow, Anna＊　索克洛（西元1910～2000年）　美國現代舞者、編舞者與舞蹈老師。1930～1938年受教於葛蘭姆並加入其舞團。她從事教學並在1934年組成自己的舞蹈團，直到1954年退休爲止都在此團體演出。1939～1949年她每年都抽空前往墨西哥城教學與編舞，在此創立了墨西哥第一個現代舞團。她持續爲她的舞團編舞，其主題多爲社會關懷。

Sokoto＊　索科托　奈及利亞西北部城鎮。在索科托河畔，地處向北穿過撒哈拉沙漠的古商道上。過去是富拉尼人帝國的首都，現爲主要農業和皮革工藝貿易中心。有蘇丹宮殿、清眞寺、奧斯曼・丹・弗迪奧的陵墓和其他聖殿，成爲朝聖中心。奧斯曼・丹・弗迪奧大學建於1975年。人口約205,000（1996）。

Sol＊　索爾　羅馬宗教中兩位太陽神的共同名稱。原來的索爾（本土索爾），每年都要在奎林那爾山上和大競技場舉行祭祀。敘利亞人不同的太陽神儀式傳入後，羅馬皇帝埃拉加巴盧斯在巴拉丁爲本土索爾立廟，意在把對祂的崇拜立爲羅馬主要宗教。皇帝奧勒利安重新提倡崇拜索爾，爲祂興建堂皇廟宇。崇拜索爾一直是帝國的主要宗教生活內容，直到基督教興起爲止。

solar cell　太陽電池　藉由光電作用（參閱photovoltaic effect）直接將光能轉成電能的裝置。太陽電池並非使用化學反應來產生電力，無運動零件。大多數的太陽電池是將陽光轉換成電。大型的陣列含有數以千計的個別電池，可當作核心電力供應站，如同核能、燃煤或燃油發電廠。大多數小型太陽電池配件用於提供偏遠地方的電力，如太空衛星。由於沒有運動零件，不需要維修或充塡燃料，太陽電池是太空中理想的電力來源。

solar cycle　太陽活動週期　幾種重要太陽活動重複發生的時間間隔，由施瓦貝（1789～1875）於1843年宣布發現的。這一週期平均爲22年，它包含兩個11年的太陽黑子週期，在每個週期中，太陽黑子的磁極性在太陽的南、北半球間改變，同期間也有兩次高潮和兩次低潮的現象變化（例如日珥、極光）。有人企圖把太陽活動週期與其他各種現象聯繫在一起，包括太陽直徑的微小變化、樹木年輪的變化，甚至是股票市場行情的漲落。

solar energy　太陽能　來自太陽的輻射，能夠產生熱，用於發電或引起化學反應。太陽能可以無窮盡地提供能量而且無污染，但不是一種高效能源，因爲地球大氣層吸收和散射超過50%的入射陽光。太陽能收集器將太陽輻射收集起來並轉換爲熱能，傳送給傳熱流體，可以用來取暖。太陽電池可以通過光電效應將太陽輻射直接轉換成電。

solar flare　太陽耀斑　太陽表面小區域的突然增亮，常出現於太陽黑子群附近。耀斑在幾分鐘內形成，可持續存在幾小時，發出強X射線和高能粒子流，似乎與太陽活動週期內磁場的變化有關。發出的粒子需要1～2天才能到達地球附近，會干擾無線通信，引起極光，對太空人造成輻射傷害。

solar heating　太陽能供暖　利用日光加熱建築物室內的水或空氣。有被動法和主動法兩種。被動供暖法依靠建築設計向建築物供暖，建築物的位置、結構和材料，全可利用來盡量加強所受日照的供暖（和照明）效果，從而降低甚至取消燃料的需要量。例如，保溫良好並具有南向大玻璃窗的建築物，可在晴天有效地捕獲熱量，並減輕對瓦斯、石油（取暖用）或電能（照明用）的依賴；磚、石頭或者瓦片牆壁表面可以吸收太陽能源，然後（通常是幾個小時之後）向房間內部輻射。主動供暖法則是利用機械方法貯存、聚集和

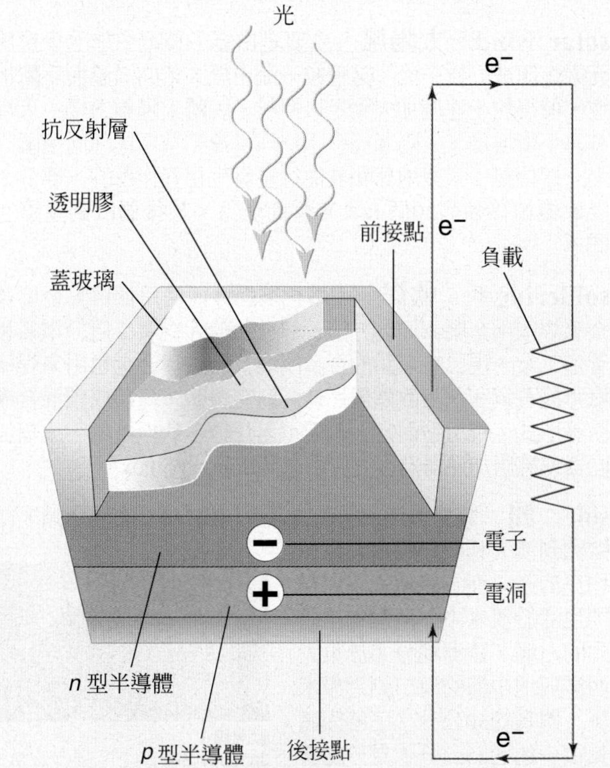

當陽光打在太陽能電池上，光電效應釋放出一個電子。兩種相異的半導體在電位（電壓）上具有本質的差異，造成電子流過外接的電路，提供負載動力。電的流動來自半導體的特性，完全由光打擊電池來推動。

在建築物內分配太陽能。在液基系統中，外部黑色的金屬板吸收陽光，捕獲熱量，然後傳遞至載熱流體，也可以唧筒推送載熱流體通過受到由反射鏡聚焦（從而聚光）的大量日光照射的玻璃管或一定體積的空間，來吸取熱量。載熱流體吸收來自集能器的熱量後，被推送到隔離的儲蓄槽。這個系統可以由儲蓄槽提供家庭熱水，或者以流經地板和屋頂的水管中的熱水為空間供暖。

solar nebula 太陽星雲 在太陽系起源的所謂星雲說中，凝聚成太陽和行星的氣體雲。德國哲學家康德在1755年提出，一個緩慢轉動的星雲在它自身引力作用下會收縮並扁化成為一個旋轉星雲盤，並從中形成太陽和行星。拉普拉斯在1796年提出一個相似的模式。馬克士威則指出，若已知行星所含的全部物質確曾一度分布在環繞太陽旋轉的圓盤上，則較差轉動所產生的剪切力將使各行星無法凝聚。另一種反對的意見是，太陽擁有的角動量似乎比理論所要求的小。在幾十年間，大多數天文學家傾向於所謂碰撞理論。根據這一理論，行星的形成被認為是由於某個恆星走近太陽的結果。這種對碰撞理論的異議比對星雲說的反對意見更有說服力。修改後的星雲說成為太陽系起源的主要說法。

solar neutrino problem ➟ neutrino problem, solar

solar prominence 日珥 太陽表面熾熱的電離氣體雲，有時延伸入色球或日冕。日珥有時長達幾十萬公里，可以在日全蝕時肉眼看到。它們依次排列，受太陽磁場的環線的支持，在磁場能維持數日。

solar system 太陽系 在太陽引力控制下，由太陽、行星及其天然衛星、小行星、彗星、流星體以及行星間塵埃和氣體組成的集合體。太陽質量占太陽系總質量的99%以上；剩餘的質量中，九大行星占據了主要部分，其中木星約占70%。太陽系的另一組成部分是太陽風。根據主流學派的學說，太陽系源起於太陽星雲。亦請參閱Mars、Mercury、Neptune、Pluto、Saturn、Uranus、Venus。

solar wind 太陽風 主要是由質子和電子加上少量重元素核組成的粒子流。這種粒子流由於日冕的高溫而不斷加速，使得粒子速度加大到足以使粒子脫離太陽重力場。太陽耀斑不斷增加。太陽風能引起地球磁層和彗星尾部向遠離太陽一端偏離。未與地球和其他行星發生相互作用的一部分太陽風繼續移動約20個天文單位而變冷，最後擴散到星際空間。

soldering＊ 軟焊 不熔化被焊件而使用低熔點金屬合金來焊接兩金屬表面的方法。鋅－鉛軟焊料廣泛用於電氣和管道工業，現已被無鉛的合金所取代。這種合金也用來焊接汽車的黃銅和銅製散熱器。軟焊料有線狀、棒狀或預混合糊狀等形式，視用途而定。軟焊可用焊槍、軟焊烙鐵、火焰加熱器或感應加熱器進行。亦請參閱brazing、flux。

sole 鰨 數種比目魚的統稱，專指鰨科約100種魚類。從歐洲到澳大利亞和日本的種類均為海產，而有些新大陸種類則生活於淡水中。兩眼均位於頭的右側。歐洲鰨分布於東大西洋與地中海的河口到近岸水域，體長約50公分。三鰭鰨體長很少超過25公分，見於從新英格蘭到中美洲的大西洋近岸淺水，也常見於深入內陸同大河川相連的淡水水域中。

歐洲鰨
Jacques Six

Solemn League and Covenant 莊嚴盟約（西元1643年） 英格蘭與蘇格蘭簽訂的一項協定。根據這項協定，蘇格蘭保證支持英格蘭國會黨人反對保皇黨，共同爭取把英格蘭、蘇格蘭和愛爾蘭在政治和宗教上統一於長老－議會制之下。1644年蘇格蘭人派遣一支軍隊進攻英格蘭，查理一世於1646年投降。後來他同意了莊嚴盟約，接受蘇格蘭的軍事協助（1647）。克倫威爾的共和政府和查理二世（1660年王政復辟時期後）都沒有履行盟約，盟約也再未續訂。亦請參閱Covenanter。

Solent, The＊ 索倫特海峽 英吉利海峽中的小海峽。長24公里，位於英國大陸和威特島之間，寬3～8公里。被海水淹沒的河谷原為向東流的河，是遊艇比賽場所，斯皮特黑德海峽以海軍檢閱式著名。

Soleri, Paolo＊ 索勒里（西元1919年～） 義裔美籍建築師。在杜林工業學院獲得博士學位之後，到美國亞利桑那州隨建築師萊特學習（1947～1949）。1959年為一系列緊湊的城市中心設計建築，其為高密度垂直型而不是橫向占據土地。設計這些巨型建築物意在保存能量和資源（部分依靠太陽能和減少城市裡汽車的使用），保護自然環境，將人類活動集中到綜合性的環境當中。1970年他開始在鳳凰城和弗拉格斯塔夫之間設計一個7,000人的居民點，稱為阿科桑底。這項工程主要由學生和志願者進行，現在仍未完工。

solfeggio 視唱 ➟ solmization

Solferino, Battle of＊ 索爾費里諾戰役（西元1859年6月24日） 第二次義大利獨立戰爭中奧地利軍和法國－皮埃蒙特聯軍在倫巴底進行的一次重要戰役。馬堅塔戰役失利後，奧地利軍隊向東逃亡，與拿破崙三世及維克托．伊曼紐爾二世率領的軍隊不期而遇。一場混戰之後，法國人終於突破奧地利中心線，但奧地利人頑強抵抗，使聯軍疲於追擊逃兵。此役奧軍死傷14,000人，法－皮聯軍死傷15,000人。由於傷亡慘重，因此拿破崙三世決定與奧地利停戰言和（自由鎮會議），促進了義大利的統一。

Soli＊ 索里 小亞細亞西利西亞古代港口城市。位於今土耳其中南部梅爾辛西邊。由來自羅得島的希臘殖民者建立。西元前333年亞歷山大大帝占領該地，西元前1世紀被亞美尼亞的提格蘭二世摧毀，後羅馬將軍龐培重建。現存古蹟有人工港口和一部分柱廊。

solicitation 教唆 刑法上指一個人要求、鼓勵或指示另一個人去犯罪。教唆他人的人視為犯罪同謀。這個名詞也指受賄，以及用性行為交換金錢的犯罪行為。

solicitor 初級律師 英國兩類律師中的一種，為當事人提供意見，在初級法院代表當事人，為高級律師進入更高級法院代理當事人做準備工作。初級律師必須完成法學院的學習以及跟隨職業律師見習五年。在美國，初級律師在法庭上通常代表聯邦政府，尤其是美國最高法院。

solid 固體 物質的三種基本狀態之一。固體由液體或氣體（另兩種形式）轉變而來，因為當物質中的原子開始處於比較有規則的三維結構時，原子的能量將減少。所有的固體都能承受垂直或平行地加在它某個表面上的載荷（分別為正壓力或剪切力）。固體一般分為：晶態（如金屬）、非晶態（如塑膠）或準晶態（如合金），取決於原子排列的有序度。

solid solution 固溶體 液體溶液的固體形式。如同液相之間一樣，在任何兩個共存的固相之間也存在著互溶的趨勢（如每種都和另一種混合）；兩種無機物的互溶性取決於固相間的化學相似性，可以像銀與金一樣達到100%，也可以如同銅與鉍一樣等於零。

solid-state device　固體探測器　以固體材料的電子性能、磁性或光學性能運行的電子設備，尤其是內部原子、離子或分子三維排列有序的固態晶體，整個晶體都會重複這種排列。由矽、鎵砷化物和鍺合成的晶體用於電晶體、整流器和積體電路。首部固體探測器是1906年的俗稱貓鬍子（cat's whisker）的偵測器，其中一條很細的電線穿過固體探測器去探測通信信號。亦請參閱semiconductor。

solid-state physics　固態物理學　物理學分支，處理固態材料的物理性質。處理原子晶格排列的性質，還有排列的錯位和缺陷。這些結構對於固態材料熱和電的傳導研究格外重要。

Solidarity　團結工會　波蘭語作Solidarność。波蘭工會。1980年格但斯克列寧造船廠的工人罷工，鼓舞了其他勞動工人罷工，要求政府同意工人建立獨立工會。團結工會成立的目的在於統一地區工會，華勒沙被選爲主席。在1981年蘇聯迫使波蘭政府鎮壓工會之前，工會運動贏得了經濟改革和自由選舉，成爲世界關注的焦點，後來轉爲地下組織活動，直到1989年政府才承認其合法性。在1989年的自由選舉中，團結工會的代表贏得議會中的大部分席位，建立聯合政府。1990年代工會在新國會中的角色隨自由波蘭的許多新興政黨崛起而走下坡。

soliloquy＊　獨白　戲劇中由一個人物直接向觀眾陳述或高聲訴說其思想的台詞。獨白在16～17世紀成爲戲劇傳統，被莎士比亞用來表達人物的內心思想。高乃依強調其抒情詩體，而拉辛則偏愛其戲劇效果。在英國文藝復興（1660～1685）的戲劇中過多的被使用，後來受到冷落。易卜生等散文劇作家拒絕這種方式，所以在19世紀晚期的自然主義戲劇中很少得到應用。許多20世紀的劇作家也避免用到獨白，儘管威廉斯和米勒採用它介紹敘述者，這些敘述者會間或沈思。現代劇作家如葛瑞和弗里爾使用獨白，使角色能夠說服觀眾的設想已被證明，可以爲習慣了採訪與紀錄片的觀眾接受。

solmization＊　階名唱法　亦稱視唱（solfeggio）。用音節唱出規定音符名稱的一種方法。可能是阿雷佐的桂多在訓練教堂唱詩班時所創造的。借用讚美詩每行的第一個音節ut、re、mi、fa、sol、la，這些讚美詩每段開始時都比上一段高一個音階，他認爲自己創造的方法讓唱詩班的成員能夠在兩年內學會用於教堂儀式的所有聖歌。這些音節至今仍在使用，不過ut通常由更加常用的do代替，ti或si已被添加進第七音階。

Solo River　索羅河　印尼爪哇島最長河流。源出拉伍火山山坡，北流轉東，注入爪哇海，全長539公里。上游大部分適合小船航行，三角洲的沼澤地被闢爲魚池。

Solomon　所羅門（活動時期西元前10世紀中葉）　大衛的兒子和繼承者。幾乎所有關於他的記載都來自《聖經》（〈列王紀〉第1～11章和〈歷代志〉第1～9章）。通過其母親拔示巴和先知拿單的努力，所羅門在大衛在世時被施以塗油禮。登基後，他無情的消滅敵人，將親友安排到重要職位上。他在王國邊界之外建立的以色列殖民地，和席巴女王等友好的統治者合作，以期促進商業。其龐大王國的防禦工事需要大的建築計畫，其中最壯觀的就是耶路撒冷聖殿。他重新劃分整個國家，分成十二個部落，分別處於十二個行政區。據說他有七百個妻子和三百多個妾。其子羅霍博姆繼位後，北部部落分離出去，形成以色列王國，結束了所羅門帝國的輝煌。其傳奇式的智慧都被記錄在《舊約》的〈箴言〉中，據說他是聖經所羅門之歌的作者。他被認爲是以色列最偉大的國王。

Solomon Islands　索羅門群島　南太平洋島國。包括瓜達爾卡納爾島、馬萊塔島、聖克里斯托瓦爾島、舒瓦瑟爾島、聖伊莎貝爾島、佛羅里達島、倫內爾島、羅素島、肖特蘭群島、聖克魯斯島和新喬治亞群島以及小島和環礁。面積28,370平方公里。人口480,000（2001）。首都：荷尼阿拉。人口以美拉尼西亞人爲主。語言：英語（官方語）、皮欽語（一種混雜英語），另有六十多種美拉尼西亞土語。宗教：基督教徒（多爲新教）。貨幣：索羅門群島元（SI$）。該群島包括七個大火山島群，形成兩串平行的島鏈，並集中於東南部。大部分島嶼林木茂密，地勢崎嶇不平，河流不長，但水流湍急。氣候炎熱。經濟以農業、漁業和木材業爲基礎。旅遊業已發展起來，以乘客輪遊覽和參觀第二次世界大戰戰場爲主。政府形式爲君主立憲政體，一院制。國家元首爲英國君主，由總督作爲代表。政府首腦爲總理。索羅門群島至少在西元前2000年就開始有人居住，大概是講澳斯特羅尼西亞語的民族。1568年西班牙人來到此地。荷蘭人、法國人和英國人也隨後探險至此。1893～1900年爲英國保護地，後成爲英屬索羅門群島。1942年，日本人入侵索羅門群島，其後三年在索羅門群島上的戰事是太平洋戰區中最爲激烈的，以瓜達爾卡納爾爲甚。1975年保護地被允許內部自治。1978年獲得完全獨立。其他群島稱作索羅門島，包括布干維爾島，爲巴布亞紐幾內亞的一部分。

Solomon's seal　黃精　百合科黃精屬約25種多年生草本植物，廣佈北半球。特別常見於美國東部和加拿大，黃精在潮濕、樹木茂盛的地區和灌木叢中生長茂盛。根莖粗壯匍匐，地上莖高而彎垂。花序生於葉腋，白色或淡綠色，之後長出下垂的紅色漿果。鹿藥屬植物與黃精很相似，但花簇生莖端，被稱爲假黃精。

Solon＊　梭倫（西元前630?～西元前560?年）　雅典政治人物、改革者、詩人，以「希臘七賢人」之一聞名。出身貴族，但家道平平。雖然在西元前594年左右便已擔任雅典的執政官，但直到約二十年以後才獲得作爲改革家和立法者的充分權力。他終止了世襲貴族的統治，廢除對血統的要求，允許所有取得一定財富的公民參與政務。他用更爲人性的法律取代德古拉法典，釋放了因債務被賣身爲奴的公民，贖回他們的土地，鼓勵職業化，改革貨幣以及度量衡制度。儘管來自各方面的非議眾多，人們還是接受這些變革。梭倫顯然曾離開雅典十年，進行了一連串的旅行；返回雅典後，他告誡雅典人提防別讓他的親戚庇西特拉圖成爲僭主。

Solow, Robert M(erton)＊　索洛（西元1924年～）　美國經濟學家。獲哈佛大學博士學位，1949年開始在麻省理工學院任教。他提出一個數學模式，可顯示導致國民經濟持續成長的各因素所起的相對作用。他表明：與傳統經濟學思想相反，技術進步的速度實際上較資本積累和勞動量增加還重要。自1960年代以來，在說服各國政府爲促進經濟成長而將資金投入技術的研究開發上，索洛的學說頗有影響。1987年獲諾貝爾經濟學獎。

solstice＊　至　指太陽的視徑到達南、北赤緯最大值的兩個時間點，即太陽在這兩個時間通過黃道的兩個點。北半球夏至（summer solstice）爲6月21或22日，冬至（winter solstice）在12月21或22日；而在南半球，冬至和夏至則與北半球相反。亦請參閱equinox。

Solti, Georg＊　蕭提（西元1912～1997年）　受封爲格奧爾格爵士（Sir Georg）。匈牙利裔英國指揮家。十二歲首次登台表演鋼琴，後隨巴爾托克學習鋼琴，又隨高大宜學習作曲。1936～1937年在薩爾斯堡擔任托斯卡尼尼的助手。戰爭爆發時他在瑞士，繼續彈鋼琴，成爲1942年日內瓦國際鋼琴比賽的冠軍。後來受命任慕尼黑的巴伐利亞國家歌劇院（1946～1952）、法蘭克福歌劇院（1952～1960）的音樂總監。作爲柯芬園皇家歌劇院（1961～1971）的音樂總監，1958～1965年他首次完全錄製華格納的《尼貝龍的指環》，成爲世界上最受歡迎的作品。1969～1991年在其領導下，芝加哥交響樂團獲得非凡的榮譽和成功。

solubility　溶解度　物質溶解於溶劑成溶液的程度（通常表示成每公升溶劑溶解多少克）。流體在另一種流體的溶解度可以是完全溶解（全部互溶；例如甲醇和水）或是部分溶解（油和水只略微溶解）。一般說來是「同類相溶」，如芳香族烴彼此互溶，在水中則不然。有些分離方法（吸收、萃取）是藉著溶解度的不同，以分布係數（物質在兩個溶劑的溶解度比）表示。大體說來，固體的溶解度隨著溫度上升而增加，氣體則會減少，並隨著壓力增加而增加。亦請參閱Hildebrand, Joel Henry。

solution　溶液　化學上，兩個以上的物質的均質混合物，相對的量可以連續變化，其中一個物質在另一個的溶解度達到極限（飽和）。大多數溶液是液態，但是也有氣態和固態的溶液，例如空氣（主要由氧和氮組成）或黃銅（主要由銅和鋅組成）。溶液中的液體是溶劑，加入的物質是溶質；若是兩者都是液態，通常將較爲少量的當作溶質。要是超過飽和點，多餘的溶質會分離出去。帶有離子鍵材料（如鹽類）和許多帶有共價鍵的材料（如酸、鹼、醇類）經過解離變成離子溶解，稱爲電解質。這些溶液可以導電並與其他非電解質的其他特性不同。溶液參與了大多數的化學反應、精煉與純化、工業製程和生物學現象。

Solutrean industry＊　梭魯特文化期工藝　距今約17,000～21,000年十分繁榮但時間很短的石器工藝，出現於法國西南部（包括梭魯特和洛熱列－歐特）和附近地區。由於製作精美而十分重要，除了冰鑿（雕刻工具）、刮刀和鑽孔器之外，還有加工成月桂葉形和柳葉形的石刀和各種帶肩的尖狀器。一些工具製作異常精美，非一般工具所能比，可能僅是一種奢侈品。

Solvay process＊　索爾維法　亦稱氨鹼法（ammonia-soda process）。近代製造工業碳酸鈉（純鹼）的方法，由索爾維發明，並於1865年在比利時庫耶建廠首次投入工業生產。1870年代，德裔英國化學家蒙德曾加以改進。在嚴格控制條件下，先後用氨和二氧化碳處理食鹽，得到碳酸氫鈉和氯化銨。加熱碳酸氫鈉即得成品碳酸鈉。用石灰處理氯化銨得到氨和氯化鈣，氨可供循環使用。利用此法可以低成本生產純鹼。

solvent　溶劑　其他材料在其中溶解形成溶液的物質，通常是液態。極性溶劑（如水）偏好離子形態；非極性溶劑（如烴類）則不然。溶劑可以是強酸、強鹼、兩性（酸鹼皆有）或無質子（兩者皆無）。有機化合物作爲溶劑的有芳香族化合物及其他烴類、醇、酯、醚、酮、胺，還有硝化與氯化的烴類。主要用途是作爲工業清潔劑、萃取製程、藥品、墨水，還有塗料、清漆、亮光漆。

Solway Firth　索爾韋灣　愛爾蘭海水灣。位於英格蘭西北與蘇格蘭西南的邊界上，向內陸延伸61公里。傳統上即是英格蘭與蘇格蘭的分界線。哈德良長城止於其南岸。

Solzhenitsyn, Aleksandr (Isayevich)＊　索忍尼辛（西元1918年～）　俄國小說家與歷史學家。第二次世界大戰中曾參軍作戰；1945年因批評史達林而被捕，在監獄和勞改營中服刑八年，刑滿後又繼續被流放三年多。1962年根據自己在勞改營中的經歷寫成《伊凡．傑尼索維奇的一天》，使他成爲政府鎮壓的雄辯的抗述人。此後的作品被迫在國外出版，包括《第一圈》（1968）、《癌症病房》和《1914年8月》（1971）。1973年《古拉格群島》第一卷問世，這是俄國文學中最傑出的作品之一，卻導致索忍尼辛被控以叛國罪。1974年索忍尼辛被驅逐出境，移居美國，享譽世界。1994年結束流亡重返俄國。1980年代末蘇聯實行「開放政策」（glasnost）後，索忍尼辛的作品又可以在俄羅斯出版，但人們也隨之失去了對其作品的興趣，對索忍尼辛本人聲稱他是俄羅斯歷史上的預言家的角色不予欣賞。1970年獲諾貝爾文學獎。

soma　蘇摩　古代印度宗教中一種種屬不明的植物，其汁液爲古代印度吠陀教祭典中所使用的主要祭品。用其莖壓榨出汁液經過羊毛過濾，和以水和奶。先祭奠衆神，然後由衆祭司和獻祭人飲用。因爲它使人興奮，也可能會使人產生幻覺，所以信徒珍視蘇摩酒。人們認爲蘇摩是神讓天使從天堂送到地球的。蘇摩神是植物之主，能醫治疾病並能使人發財致富。亦請參閱Vedic religion。

Somalia　索馬利亞　北非國家，位於非洲之角。從赤道延伸至紅海。面積637,000平方公里。人口7,489,000（2001）。首都：摩加迪休。人口絕大多數是游牧和半游牧的索馬利亞人。語言：索馬利語和阿拉伯語（均爲官方語）。宗教：伊斯蘭教（國教）。貨幣：索馬利亞先令（So.Sh.）。大部分國土爲半沙漠。中部和南部地區平坦。北部地區升起，形成崎嶇的山脈，全國土地面積僅有約2%爲可耕地。土地面積的一半以上是牧草地。索馬利亞屬開發中的混合型經濟，主要以畜牧業和農業爲基礎。是世界上最貧窮的國家

之一。西元7～10世紀期間，阿拉伯穆斯林和波斯的移民首先在沿岸一帶開闢了貿易站。到10世紀，索馬利亞游牧民族占領了自亞丁灣到內陸的地區；以畜牧爲基礎的奧羅莫人則居住在南部和西部。1839年英國

人占領亞丁之後，歐洲人在當地開始深入探險。19世紀後期，英國和義大利在該區建立起保護地。第二次世界大戰期間，義大利人入侵英屬索馬利蘭（1940），一年後英國軍隊又將該地奪回；此後，英國一直統治著整個地區，直到1950年義屬索馬利蘭成爲一個聯合國託管地。1960年，該託管地與前英屬索馬利蘭合併成爲獨立的索馬利亞共和國。從此以後，該國即遭受政治鬥爭和內亂，包括軍事獨裁、內戰、乾旱和飢荒。1990年代沒有有效的中央政府存在。1991年，一個分離的部族宣布成立索馬利蘭共和國，其領土相當於原英屬索馬利蘭。該共和國未受到國際承認，但其運作較傳統索馬利亞的區域平穩。1992年，聯合國和平部隊介入確保食物供給。戰爭持續不斷，1995年和平部隊撤離。境內仍一片混亂。1999年該國南部地區遭嚴重的水災破壞。

Somaliland＊　索馬利蘭　赤道和亞丁灣之間的東非地區的歷史名稱，包括索馬利亞、吉布地和衣索比亞的東南部。面積約777,000平方公里。該地區可能是古埃及人認爲的「朋特地區」。7～12世紀阿拉伯半島和伊朗的穆斯林商人來到沿海地區定居，並建立了伊斯蘭教君主領地。10～15世紀游牧索馬利亞人占領這個地區的北部，接受伊斯蘭教並在蘇丹國的軍隊中當兵，逐漸控制蘇丹國。19世紀末法國、義大利、英國瓜分了這個地區。1960年英屬索馬利蘭和義屬索馬利蘭聯合成爲獨立的索馬利亞共和國；法屬索馬利蘭於1977年獨立，成爲吉布地共和國。

Somalis＊　索馬利人　居住在索馬利亞全境和吉布地、衣索比亞、肯亞部分地區的居民。語言屬亞非諸語言庫施特語支。人數約七百萬人，分爲北、中、南三支。從14世紀起都爲穆斯林教徒。他們主要是游牧民族，由於對少量資源的激烈競爭，常常極端個人主義，並頻繁捲入與鄰近部落或民族的流血事件或戰爭中。第二範疇的索馬利人是以城市爲中心的居民和農民，特別是非洲之角沿岸的居民，其中許多人成爲阿拉伯世界和內陸索馬利人放牧部落之間的商業中間人。

somatotropin　促長激素 ➠ growth hormone

Somerset　索美塞得　英格蘭西南部行政郡、地理郡和歷史郡，郡首府在陶頓。在該地區附近發現了史前的村莊遺跡。羅馬人曾在此開採鉛礦，修建別墅；7世紀起屬於韋塞克斯王國最西端部分。索美塞得西部的一大部分由埃克斯穆爾國家公園組成，綿長的海岸線受到保護。主要是農業郡，以蘋果酒聞名；旅遊業也吸引了許多遊客到布里斯托海峽的度假城鎮和歷史遺跡去參觀。人口：行政郡約489,000；地理郡約845,000（1998）。

Somerset, Duke of　索美塞得公爵（西元約1500～1552年）　原名Edward Seymour。英國政治人物。1536年其妹簡．西摩與國王亨利八世結婚，他備受恩寵，青雲直上。任海軍大臣期間曾率兵進犯蘇格蘭，劫掠愛丁堡（1544）。1545年在布洛涅對法國作戰，又取得輝煌戰績。亨利八世死後（1547），他被任命爲愛德華六世的攝政，實際爲代理國王。他勸說蘇格蘭人自願與英格蘭合併，沒有成功，遂入侵蘇格蘭，1547年在平克戰役中獲勝。他採取溫和的新教改革措施，卻導致英格蘭西部的天主教起義；其土地改革遭到地主和諾森伯蘭公爵的反對，後者於1549年解除了索美塞得公爵的攝政職位。1551年因莫須有的罪名被關進監獄，次年被處以極刑。

Somerville, Edith (Anna Oenone)＊　薩莫維耳（西元1858～1949年）　愛爾蘭作家。薩莫維耳於1886年第一次見到其表妹馬丁（1862～1915），三年後兩人合作出版第一部小說《愛爾蘭表親》，用的是代表她們兩人的共同筆名：薩莫維耳和羅斯。她們共同寫作了十四本書，包括短篇小說集《一個愛爾蘭水兵的經歷》（1899），該書及其續集是她們姐妹兩最受歡迎的作品。她們的作品以俏皮的文筆和同情的態度描繪19世紀末期的愛爾蘭社會。薩莫維耳在表妹馬丁去世後，仍使用她們的聯合筆名從事創作。

Somme, Battle of the＊　索姆河戰役（西元1916年7月1日～11月13日）　第一次世界大戰中協約國的進攻戰役。英法聯軍對法國索姆河北部的德國軍隊發動正面進攻。經過一周的炮擊，英國步兵「跳出戰壕」開始發起進攻，但德軍陣地堅不可摧。進攻第一天英軍就傷亡近六萬人（兩萬人陣亡）。進攻戰役逐漸變成一場消耗戰。10月傾盆大雨將戰場變成無法通行的泥潭。到放棄該戰役時，協約國僅前進8公里。估計傷亡人數德國約65萬、英國約42萬、法國約19萬5千。索姆河戰役成爲徒勞無益和瘋狂殘殺的代名詞。

Somme River＊　索姆河　法國北部河流。源出聖康坦附近，向西流注入英吉利海峽，全長245公里。上游河谷的運河連接該河流與適和通航的水路，這些水路連接巴黎和法蘭德斯。上游盆地在第一次世界大戰中曾是激烈戰鬥的戰場，尤其是在1916年的索姆河戰役。

Somoza family＊　蘇慕薩家族　尼加拉瓜顯赫家族，影響該國政局達四十年之久。該家族的建立者安納斯塔西奧．蘇慕薩．加西亞（1896～1956）在1933年成爲尼國國民警衛隊的首腦，1936年廢除民選總統開始統治該國直到被刺殺，手段剛硬而貪婪。由大兒子路易斯．蘇慕薩．德瓦伊萊（1922～1967）繼承，後來是其小兒子安納斯塔西奧．蘇慕薩．德瓦伊萊（1925～1980），統治腐敗而殘忍，最後被桑定主義者推翻。在逃往邁阿密以前，安納斯塔西奧．蘇慕薩．德瓦伊萊將國家掠奪一空；後在巴拉圭被刺殺。

sonar　聲納　利用聲學方法偵測或測定水下物體的距離和方向的技術。其名稱來自sound navigation ranging（聲波導航和測距）的縮寫音譯。聲納設備探測從目標發射或反射的聲波，分析其中包含的訊息。在有源聲納系統中，聲發射裝置發出的聲波向外傳播並被目標反射回來。無源聲納系統僅具有接收目標（如艦船、潛艇或水雷）所發噪音的接收感測器。第三類聲納設備是聲通信系統，它在聲道兩端各有一個發射裝置和接收裝置。1916年首次用於探測潛艇。聲納的非軍事用途包括魚群尋找、深度探測、海底製圖、都普勒領航（參閱Doppler effect）、尋找失事船隻的殘骸等。

sonata　奏鳴曲　由一件或幾件樂器演奏的音樂作品的曲式，通常包含三或四個樂章。在義大利語中，這個名稱指「來自樂器的聲音」，原意僅僅是指非聲樂的音樂，在17世紀晚期用於不同的音樂類型。1650年代兩種奏鳴曲合奏－－教堂奏鳴曲（sonata da chiesa）和室內奏鳴曲（sonata da camera）得到確認。前者用於教堂表演，通常包含四個樂章，其中兩個爲慢節奏；後者通常是舞曲組曲。所謂獨奏的奏鳴曲（獨奏－－通常是小提琴，以及持續低音）和三重奏鳴曲（兩個獨奏和持續低音）成爲標準。1740年代開始編寫獨奏鍵盤奏鳴曲。巴哈創立了三個樂章的器樂奏鳴曲作爲標準，在經典時代一直保持其標準地位。二重唱也是同樣的形式，通常用於小提琴和鍵盤，漸漸變得非常流行。鍵盤奏鳴曲和二重唱直到今天都是標準形式。從巴哈的時代開始，第一個樂章的速度漸快，並採用奏鳴曲式。第二個樂章的速度通常較慢。最後一個樂章通常是小步舞、輪旋曲和主題和變奏。在一個四樂章的奏鳴曲中，第三個樂章一般是小步舞或詼諧曲。在這些方面，奏鳴曲和交響曲、弦樂四重奏很相似。

sonata form　奏鳴曲式　亦稱急速奏鳴曲式（sonata-allegro form）。大多是在第一個樂章以及通常在如交響曲、協奏曲、弦樂四重奏及奏鳴曲等音樂作品類型中之其他樂章中的表現形式。奏鳴曲形式是由兩部分形式，如：通常每一個部分分都會重複之巴洛克式組曲的舞曲演變而成。第二部分一開始傾向於類似第一部分但調的順序顛倒，並漸漸的增加而成為具重要分量的三部分形式。第一部分或一開始的闡述表現出通常分成兩個主旋律群之基本主旋律的樂章，而第二部分則屬調或是——如果該樂章屬小調——相對屬較大調。第二章節或接著的發展通常在前面的旋律較為自由，常常會變換各種不同的調。當返回主音調並且所有的主旋律在主音中重複時，這將引導出最後的章節或奏鳴曲形式的再現部。奏鳴曲形式在從大約1970年到最近的20世紀的西方藝術音樂中，是器樂曲中最常見的形式。

Sonderbund＊　分離主義者聯盟　1845年瑞士七個信奉天主教的州組成的聯盟。新教行政區試圖阻止耶穌會士接管琉森州的宗教教育，後來天主教行政區建立了分離主義者聯盟，激怒了自由行政區。1847年改革多數派在瑞士會議中投票決定解散分離主義者聯盟，並驅逐耶穌會士。1847年11月該聯盟採取武裝行動，但很快就被鎮壓。新的瑞士憲法於1848年生效，加強了中央政府的力量。

Sondheim, Stephen (Joshua)＊　桑德海姆（西元1930年～）　美國作曲家和歌詞作者。出生於美國紐約市，學習鋼琴和風琴，十五歲時在他們家的朋友漢莫斯坦的指導下寫出首部音樂劇。後來師從巴璧德，在百老匯的《西城故事》中第一次寫詞（1957），獲得成功。後來又為《吉普賽人》（1959）寫詞，還為《去法倫途中遇到的趣事》（1962，獲東尼獎）、《同伴》（1970，獲東尼獎）、《一支小夜曲》（1973，獲東尼獎）、《理髮師陶德》（1979，獲東尼獎）、《星期天與喬治同遊公園》（1984，獲普立茲獎）以及《拜訪森林》（1987）等作詞作曲。其舞台作品以內涵的智慧、音樂的複雜性和頻繁的陰暗基調見長。1993年獲甘乃迪中心榮譽獎，1997年獲國家藝術獎章。

song　歌曲　伴隨或不伴隨樂器演奏，以聲音表現之短且通常簡單、單一的音樂作品。民謠——以口頭而非書面形式傳述之不知作曲者的傳統音樂——已經存在數千年，但很少在先人資料中遺留下遺跡。實際上，所有已知的文字前社會都有歌曲的曲目。民謠常常伴隨著宗教的儀式、舞蹈、勞動或求愛，它們可能在於敘述故事或表達情感，而音樂則跟隨著明顯的習俗並常常是重複的。由特別的作曲者及詩人所寫的歌曲則較為不落俗套，也不會觸及特殊活動。在西方，世俗藝術歌曲的連續傳統開始於12、13世紀的遊吟詩人（troubadour）、行吟詩人（trouvère）以及戀詩歌手。發源於經文歌之具多音變化的歌曲則在13世紀開始出現。14世紀在固定樂思中產生了規模很大的多音變化歌曲。稍後，義大利牧歌成為最著名的作品。以符號表示伴奏的獨奏歌曲在16世紀出現。而浪漫的樂章使得19世紀成為藝術歌曲的黃金時期，特別是德國利德。在20世紀，大眾歌曲取代了較文雅的藝術歌曲，而且，大眾音樂在今日與大眾歌曲同義。

Song dynasty　宋朝（西元960～1279年）　亦拼作Sung dynasty。在1127年以前是統領全中國的朝代（北宋），在南方的政權（南宋）則維持到1279年，此時中國北方已為女真族所掌控。宋朝期間，商業繁榮、逐漸使用紙幣，並有數個城市號稱擁有上百萬的人口。王安石曾力求推行更為平等的稅制，並且以國家集權的辦法來解決中國的問題。印刷術的普及提昇了識字率，並擴大精英分子的組成。私人書院及公立學校的學生，參加中國文官制度的考試的人數也逐漸增加。12世紀朱熹將新儒學系統化。宋朝也是個學術蓬勃的時代，出版了農業和植物方面開創性的論文，以及司馬光頗富盛名的史著《資治通鑑》。一般認為風景畫在北宋時達到顛峰，同時北宋也以宏偉的建築聞名。

Song Hong ➠ Red River

Song Huizong ➠ Huizong

songbird　鳴禽　燕雀亞目雀形類鳴禽的統稱，皆具複雜的發聲器官，即鳴管。有些種類（例如鶇）鳴聲悅耳，其他種類（例如鴉）的鳴聲則刺耳，也有些種類很少或從不鳴囀。亦請參閱bird song。

Songhai＊　桑海人　住在馬利尼日河河套的人種語言集團，以原桑海帝國的地域為中心。人口大約為700,000。所操語言屬於尼羅－撒哈拉語系中一獨立語支。桑海社會等級分明，由貴族、自由民、工匠、音樂史官（griot，即行吟藝人、野史說唱者）組成，從前還包括奴隸。農作物大多是穀物，6～11月雨季是農忙季節。飼養少量家畜，捕魚較重要。長期以來商隊貿易使桑海人經濟繁榮。大批桑海青年離家赴沿海地區，尤以迦納較多。

Songhai empire　桑海帝國　亦作Songhay empire。15～16世紀西非的穆斯林商業大國。中心在尼日河中游，即今馬利中部，後擴大版圖，西至大西洋之濱，東達尼日和奈及利亞。由桑海人於西元800年前後建立，16世紀最為強盛，1591年落入摩洛哥軍隊之手。主要城市有加奧和廷巴克圖。

Songhua River　松花江　亦拼作Sung-hua River，或稱為Sungari River。中國東北部河流。發源於長白山脈，在奔流1,197哩（1,927公里）後，先與其主要支流嫩江匯合，才注入黑龍江。它是黑龍江最大的支流，並穿越肥沃的平原，其大部分河段皆可通航。

Songjiang　松江　亦拼作Sung-chiang。中國東部城鎮，隸屬於上海市。松江在明朝、清朝時是「府」級行政區。原本是個種植稻米的主要中心，但在18世紀以其棉紡織品贏得國際聲譽。太平天國之亂（1850～1864）時，松江在上海保衛戰時嚴重受創。此地也是在平亂戰事中統率「常勝軍」的美國冒險家華爾的埋骨之所。上海於19世紀大幅成長，取代這座城市原本作為商業中心的角色。20世紀松江完全處在上海的主導之下。人口490,300（1998）。

sonnet　十四行詩　有正式韻律的十四行抒情詩，有五個抑揚格韻腳，並遵循規定的格式。其在西方文學的詩歌格律中之所以占有獨特的地位，是因為五百年間大詩人一直喜歡用這種詩體寫詩。可能是在13世紀形成，源自宮廷詩人的西西里詩派。14世紀在詩人佩脫拉克的作品中臻於成熟。義大利（佩脫拉克體）十四行詩的特點是，前八行音階的節奏為abbaabba，用來提出一個問題或者表達緊張的情緒；後面六行詩節為不同的節奏，用來解決問題、回答問題或者消除緊張。採用新的詩體加速了伊莉莎白時期抒情詩的發展，形成了莎士比亞十四行詩體（或英國詩體）。這種詩體包括3組四行詩，每組詩有自己的節奏格式，以壓韻的對句結尾。

Sonni Ali＊　索尼・阿里（卒於西元1492年）　西非君主，對拓展桑海帝國疆土成就卓著。1468年首次占領城市廷巴克圖，這是日漸衰弱的馬利帝國的主要城市之一。歷經七年，於1473年占領城市傑內。在其執政期間，主要是擊退登迪附近富拉尼人、莫西人和圖阿雷格人的進攻。關於其統治情況，史料甚少，但阿拉伯編年史家將其描述爲殘忍且反覆無常的暴君。

Sonora＊ 索諾拉 墨西哥西北部州。北界美國，西臨加利福尼亞灣，面積182,052平方公里，首府埃莫西約。1530年代被西班牙人開發，成爲開採金、銀、銅礦的重要殖民地區。1830年成爲州，但雅基族印第安人直到20世紀才屈服。土地貧瘠，雨量少，依靠灌溉生產冬季蔬菜、穀物、棉花、煙草和玉米。人口約2,086,000（1995）。

Sonoran Desert 索諾蘭沙漠 北美洲西部不毛之地。面積310,000平方公里，跨越美國亞利桑那州西南部、加州東南部以及墨西哥索諾拉州西部、下加利福尼亞州北部；其下屬地區包括科羅拉多和尤馬沙漠。因灌溉形成大片肥沃農地，主要有科切拉谷地和帝王谷。這裡冬季溫暖，吸引遊客來度假，景點有棕櫚泉、圖森和鳳凰城。境內有許多印第安人保護區（參閱Papago、Pima）。

Sontag, Susan＊ 桑塔格（西元1933年～） 原名爲Susan Rosenblatt。美國作家。曾在芝加哥大學和哈佛大學學習，後在不同大學院校教授哲學。1960年代早期開始向《紐約書評》、《評論》和《派特森評論》之類的期刊上發表文章，其散文受法文影響，以哲學方式認眞探討極少被嚴肅對待的現代文化，包括電影、流行音樂和「營壘」的敏感性。其作品選集包括影響巨大的「反闡釋」（1968）和「偏頗意願」（1969）。後來的評論性作品有《論攝影》（1977）、《病痛之隱喻》（1977）和《愛滋病和其隱喻》（1988）。她還寫了一些劇本和小說，包括《火山情人》（1992）。

Sony Corp. 新力索尼公司 日本家用電子產品製造公司。1946年由井深大和盛田昭夫創辦，名爲東京通訊工業株式會社，1958年改現名。開始時公司生產伏特計、發聲器及其他類似裝置，所生產的第一項主要家用產品爲1950年在日本推出的卡式錄音機。此後繼續帶頭利用新技術來製造家用產品並在全世界推銷，包括1957年在全世界首先推出的袖珍式電晶體收音機，1969年推出彩色盒式錄影機，以及袖珍錄放機。1987～1988年從哥倫比亞廣播公司收購了世界最大的唱片公司CBS唱片集團；嗣後又於1989年購得哥倫比亞電影娛樂公司。

Soong family＊ 宋氏家族 20世紀中國極具影響力的家族。宋查理（1866～191年）在美國受訓成爲傳教士。他回到中國後以經營出版業致富，最初出版的書籍爲《聖經》，後來成爲孫逸仙的支持者，並爲其領導的國民黨（參閱Nationalist Party）籌措資金。宋查理的大女兒與一位也資助國民黨的實業家成婚；他的二女兒宋慶齡嫁給了孫逸仙；三女兒宋美齡則成爲蔣介石的第二任妻子。宋查理的兒子宋子文開創中國的中央銀行，於1920年代擔任國民黨政府的財政部長，1930年代曾出任外交部長。1949年共產黨接掌全中國，使宋氏家族宣告分裂。早先指責國民黨背棄孫逸仙理想的宋慶齡，留在中國大陸，並於1981年出任中華人民共和國的名譽主席。宋美齡則伴隨蔣介石到台灣，並爲他到西方宣揚理念。她以蔣夫人的身分在美國受到熱烈的歡迎。曾一度被譽爲世上最富有的宋子文則移居美國。

sopher ➠ sofer

Sophia＊ 蘇菲亞（西元1657～1704年） 俄語全名蘇菲亞・阿列克塞耶夫娜（Sofya Alekseyevna）。俄國攝政，沙皇阿列克塞長女。她拒絕接替其同父異母兄弟彼得大帝（彼得一世）出任沙皇（1682），鼓動王室禁衛隊弓箭手起義。她安排其弟弟伊凡五世與彼得同時執政，而她出任攝政。在其情人兼主要顧問戈利欽的幫助下，她促進工業的發展，1686年和波蘭、1689年和中國締結和平條約。在支援兩次反抗克里米亞半島的韃靼人的災難性的軍事戰役後（1687、1689），她試圖通過煽動王室禁衛隊取代彼得和其顧問來恢復影響，結果卻被彼得推翻（1689），被迫進入女修道院。

Sophists＊ 智者派 西元前5世紀晚期希臘著名巡迴職業教師、演說家和作家組成的團體。智者派運動興起時，人們對家庭價值和生活方式的絕對本質持懷疑態度。其反面觀點則在本質和習俗、傳統，或法律中產生，其中習俗被認爲是自然狀態的自由基礎上的障礙或者自然的無政府狀態的有益的、文明的克制。這兩種觀點智者派中有人代表；但前者更爲普遍。最傑出的代表爲普羅塔哥拉，其他有名的代表人物有萊昂蒂尼的高爾吉亞、普羅迪科斯、希庇亞斯、安梯豐、色拉西馬柯斯和柯里西亞斯。西元2世紀出現第二智者派學說。

Sophocles＊ 索福克里斯（西元前496?～西元前406年） 希臘劇作家，與艾斯克勒斯、尤利比提斯爲古希臘三大悲劇作家。身爲雅典聞名的公眾人物，他先後在雅典擔任司庫、司令、顧問等重要職務。他參與戲劇節比賽，西元前468年擊敗了艾斯克勒斯而贏得首次勝利。隨後達到無與倫比的成功，爲戲劇競賽寫作一百二十三部戲劇，並贏得二十次以上的勝利。只有七部戲劇留存至今，包括《安提岡妮》、《埃阿斯》、《厄勒克特拉》、《特拉奇婦女》、《菲羅克忒忒斯》、《伊底帕斯在克羅努斯》，而《伊底帕斯王》是他最著名的作品。他擴大了合唱隊的規模，並且率先引進舞台上的第三演員。他的戲劇語言流暢、人物描寫生動、形式完美，被視爲希臘戲劇的縮影。

soprano 女高音 最高的人聲音域，通常自中央C至其上的第二個A。雖然有童聲女高音和閹人歌手女高音，但通常指女性嗓音。女高音常根據其音色或敏捷等因素分類：音色圓潤有力者稱戲劇女高音；較輕快而婉轉者稱抒情女高音；音域更高（可達中央C上的第二個C，或更高的音）和講究技巧上極度靈敏者稱花腔女高音。適中的女高音的音域會低1/3。

Sopwith, Thomas (Octave Murdoch) 索普威思（西元1888～1989年） 受封爲湯瑪斯爵士（Sir Thomas）。英國飛機設計家。1910年自學飛行，同年因完成以最遠航程飛向歐洲大陸的飛行而獲得獎金。1912年建立自己的飛機公司，在第一次世界大戰中修建包括駱駝式、幼畜式及三翼式等飛機。他的公司在第二次世界大戰中建造颶風式戰鬥機及蘭開斯特轟炸機，後來製造一種直升飛機。1935～1963年任霍克・西德利公司董事長，該公司爲原公司的後續。

Soranus of Ephesus＊ 以弗所的索拉努斯（活動時期西元2世紀） 希臘婦產科醫生和兒科醫生。是敏銳的觀察家和具有非凡能力的臨床家，其著作影響醫學界長達1,500年之久。名著《助產術及婦女病》描述了多種避孕方法、婦產技術，直到15世紀仍被視爲新技術，也描述了現在定爲佝僂病的疾患。他建議的對緊張狀態的療法類同於現代的心理治療。他還寫了希波克拉提斯已知最早的一篇傳記。

Sorbs ➠ Wend

Sorby, Henry Clifton 索比（西元1826～1908年） 英國業餘科學家。他深信顯微鏡對地質學的價值，因此在

1849年開始製備岩石薄片（厚約0.025公釐），進行顯微鏡下研究。1865年提出一種用於分析有機顏料特別是分析微小血跡的新型光譜顯微鏡。他對流星的研究導致了對鐵和鋼的研究，後來的研究包括關於成層岩石的成因、風化作用以及海洋生物學。他發表的作品涉及到地質時期的自然地理、岩石的剝蝕和沈積，以及河流階地的形成。索比被認爲是「微觀岩石學之父」。

sorcery　法道 ➠ witchcraft and sorcery

Sorel, Georges(-Eugène)＊　索雷爾（西元1847～1922年）　法國社會主義者和革命工團主義者。曾學習土木工程，四十歲時開始對社會問題感興趣，1893年發現馬克思主義，厭惡他所看到的左派在德雷福斯事件中的剝削，開始相信社會的頹廢可以通過革命工團主義來淨化。在《論暴力》（1908）中，他論述了歷史進程中的神話和暴力，對革命來說暴力是必然的。1909年之後，對工團主義不再著迷，轉而支持法國君主制主義者運動，該運動希望重建一個統一和傳統的道德秩序。1917年俄國革命之後，他希望布爾什維克會帶來社會道德的重建。墨索里尼借用了索雷爾的部分觀點來支持法西斯主義。

sorghum＊　高粱　禾本科穀物類作物及其可食的含澱粉種子。可能原產於非洲。其中主要用來生產穀物的所有類型均屬高粱，該種包括供作乾草、飼料的穀高粱和草高粱變種以及用紮掃帚、刷子的帚高粱。高粱是粗壯禾草，通常高0.5～2.5公尺或更高。其種子較小麥種子小。雖含豐富的碳水化合物，高粱食用價值低於玉米。高粱耐熱抗旱，是非洲的一種主要穀物，美國、印度、巴基斯坦、中國東北部和華北也有栽培。大量種植則是在伊朗、阿拉伯半島、阿根廷、澳大利亞和南歐。高粱通常碾成粉做粥、小麵包乾和糕餅。

sorites＊　連鎖推理　哲學中，在一系列連鎖的三段論法中的第一格（figure），由於有所關聯，以致於，或者每一格的結論成爲下一格的小前提，或者每一格的結論成爲下一格的大前提。如果全部的一連串三段論（除了最後一個格）的結論都不看，只陳述剩下來的前提與最後的結論，則其推導的論證是從其陳述的前提中獲得有效的推斷（比如說，有部分狂熱分子顯露出貧乏的判斷力；所有顯露出貧乏判斷力的人會經常犯錯；那種經常犯錯的人不值得毫無保留的信任；因此，部分狂熱分子不值得毫無保留的信任）。一般情況下，在可能有n+1個前提下，而分析接著將產生出一連串n個連鎖的三段論。亦請參閱sorites problem。

sorites problem　連鎖推理問題　依循下列推論而提出的悖論：一粒沙並不能形成一堆沙；如果n粒沙不能形成一堆沙，則n+1粒沙也不能形成一堆沙。因此，無論有多少粒沙堆在一起，它們永遠不形成一堆沙。這個問題容易發生在與任何模糊不清的詞語有關聯之時。亦請參閱sorites。

Sorokin, P(itirim) A(lexandrovitch)＊　索羅金（西元1889～1968年）　俄裔美籍社會學家。1919年擔任彼得堡大學第一位社會學教授，1922年因反對布爾什維克主義而被蘇聯驅逐。移民到美國後，在哈佛大學建立社會學系。他把社會文化體系分成兩類：一類爲「感知的」（經驗的，依靠自然科學並促進自然科學），一類是「想像的」（神祕的，反智力的，依靠權力和信仰）。他認爲，將研究利他主義的愛作爲科學對改變世界的混亂狀態是必要的。

sororate　塡房婚 ➠ levirate and sororate

Soros, George＊　索羅斯（西元1930年～）　匈牙利裔美國籍金融人物。1944年離開祖國匈牙利，1947年定居倫敦，並在該地就學及進入一家商業銀行工作。1956年搬到紐約，並得到一份歐洲證券分析師的工作。1979年以前，他的大膽投資和投機性資幣操作，爲他賺取大量財富，他將部分用於成立索羅斯基金會，在東歐國家及俄羅斯致力建設開放社會（open societies）。其他的索羅斯計畫案，則致力於爲爭議性議題打造更寬廣的公共討論空間。1992年他在英國政府主導英鎊貶值的過程中，獲利約一億美元，財富也達到新高峰；但1998年在俄羅斯的貨幣投機交易則損失慘重。

sorrel　酸模　蓼科數種耐寒多年生草本植物的統稱，廣佈於溫帶地區。小酸模爲原產於歐洲並廣佈於北美洲的1種雜株，是草地、庭園、草甸和長滿草的坡地中引人注意又惹人討厭的侵入者。葉細長，三角形；花小，黃或淡紅色。葉酸辣，用作蔬菜，以及炒蛋和醬汁調味，或製奶油酸模湯。嫩葉可用於沙拉。兩近緣種爲酸模和法國酸模，皆分布於歐洲和亞洲。酢漿草屬中的酢漿草則不具親緣關係（參閱Oxalis）。

Sosa (Peralta), Sammy　索沙（西元1968年～）　原名Samuel Sosa。多明尼加裔美國棒球選手。小時候就到美國的他，十四歲時開始打有組織性的棒球。1985年與德州遊騎兵隊簽約，正式進入職業界，並於1989年首度在職業比賽中露臉，之後很快的被交換到芝加哥白襪隊，1992年再到芝加哥小熊隊。1993年這位右外野手成爲小熊隊有史以來第一個單季30－30（30支全壘打加30次盜壘）的球員，1994年他再度達成這項成績。在1998年和麥奎爾戲劇性的全壘打破記錄追逐賽中，他以66支結束，讓他拿下國家聯盟的最有價值球員。1999年，他以63支全壘打和麥奎爾成爲僅有的兩位連續兩個球季全壘打都超過60支的球員。

Soseki ➠ Natsume Soseki

Sotheby's＊　蘇富比公司　藝術品拍賣公司。1744年在倫敦由書商貝克創立，他死後由其侄子約翰·蘇富比繼續管理公司，直到1861年最後一位蘇富比成員去世，公司由他人接管。此後，公司和一系列夥伴合作生意十分興榮。19世紀和20世紀早期，蘇富比公司的業務主要集中在書籍、手稿和印刷物上。第一次世界大戰之後以其19世紀和20世紀的繪畫尤其是印象派作品出名。第二次世界大戰之後在紐約市建立公司，1964年收購帕克－伯尼特畫廊－－美國主要的藝術品拍賣行。1983年該畫廊由陶布曼收買。作爲蘇富比公司的財產，現在子公司已遍布世界。

Sotho＊　索托人　非洲南部高地草原說班圖語的文化集團（人口1,000萬），其文化和歷史均來源於恩古尼人。主要部族有北邊的佩迪人、洛維杜人，西邊的茨瓦納人，以及賴索托的巴蘇托人。大多數人靠農牧爲生，飼養牲畜。現在基督教的傳教佈道活動、城市化和部落組織解體等已經造成傳統文化的崩潰。

Soto, Hernando de ➠ de Soto, Hernando

soul　靈魂　通常指人的非物質方面或人的本質，人活著時和身體聯繫，人死後離開身體。關於靈魂的概念幾乎在所有的文化和宗教中都有記載，儘管各個解釋並不相同。古埃及人相信有雙重靈魂，一個守候在屍體附近，一個前往陰間。早期希伯來人並不認爲靈魂和身體有別，但後來的猶太作家察覺人身體和靈魂是不同的。基督教神學採用希臘靈魂不死的學說，並補充上帝創造了靈魂並將其作爲概念灌入身體。在印度教中，每個靈魂或我，都是在時間開始時產生的，都被囚禁在現世的肉體中，死亡後依據業的規律進入新的身體。佛教因果報應的教義否定靈魂的說法，認爲任何關於自身的理解都是虛幻的。

soul music　靈魂樂　首先由黑人音樂家所表演及歌唱之美國大眾音樂類型，其源於福音音樂及節奏藍調。這個名稱在1960年代第一次被使用來敘述結合節奏藍調、福音、爵士樂、搖滾樂，以及強調感覺和率眞強度的音樂。在其最早期的階段，靈魂樂最常見於南方各州，但是許多宣傳它的年輕歌手移居到北部的城市。底特律摩城唱片公司以及在孟菲斯市史塔克斯－伏特的成立，的確大大鼓勵了這種形式的音樂。最受歡迎的表演者包括詹姆斯布朗、雷查爾斯、山姆庫克、以及艾瑞莎富蘭克林。

sound　聲音　以縱波形式藉由固體、液體或氣體傳播的物理擾動。聲波是由振動的物體產生。振動造成介質的粒子壓縮（聚集的區域）和稀疏（稀少的區域）交替。粒子在波的傳播方向前後運動。聲音通過介質的速度取決於介質的彈性、密度與溫度。聲波的頻率就是感覺的音調，是單位時間通過定點的壓縮（或稀疏）數目。人耳聽得見的頻率約在20至20000赫茲。強度是單位時間內通過定面積介質的能量平均流動，與音量相關。亦請參閱acoustics、ear、hearing、ultrasonics。

Sound, The ➠ Øresund

sound barrier　音障　飛機速度接近音速時所出現的氣動阻力的急遽增大，過去曾是超音速飛行的障礙。如果飛機以稍小於音速的速度飛行，所產生的壓力波（聲波）比飛機的速度快，在飛機的前面傳播。飛機的速度一旦達到音速，飛機在飛行中就無法避開這些壓力波。在機翼和機身處形成很強的局部衝擊波，飛機周圍的氣流就變得不穩定，從而可能產生劇烈的抖震，飛機極難穩定，並將失去控制。通常爲超音速飛行而適當設計的飛機通過音障就沒有什麼困難，但這樣的設計對於亞音速飛行可能變得極危險。首位通過音障的飛行員是耶格爾（1947），當時他駕駛的是試驗飛機X-1。

sound card　音效卡　亦作audio card。產生音訊並送往電腦揚聲器的積體電路。音效卡可以接受類比音源（例如從麥克風或錄音帶）並將其轉換成數位資料，儲存成音效檔案，或是直接接受數位化的音訊（例如從音效檔案）並轉換成類比訊號而由電腦揚聲器播放。在個人電腦上，音效卡通常是插在主機板上的獨立電路板。

sound effect　音響效果　戲劇作品中伴隨演員動作和增強現實性的人工類比聲音。音效首先在劇院中使用，能再現許多對於舞台表演而言過於廣闊或過於困難的場景，從戰役、槍聲到馬兒的小跑、雷雨。幕後技術人員設計了很多不同的方法來再現聲音（如搖動一塊大金屬板可模仿雷聲）；現在，大多數音響效果已錄製在錄音帶上。作爲已經過時的廣播劇的一部分，人們仍然不辭辛苦的將音效加入到電視和電影音樂中去。

sound reception ➠ hearing

Souphanouvong＊　蘇發努馮（西元1909～1995年）　巴特寮革命運動領導人、寮國總統（1975～1986）。爲梭發那・富馬的同父異母兄弟，學習土木工程，1938～1945年在越南修築橋樑和道路。第二次世界大戰後，他與法國殖民統治的回歸作鬥爭，與自由老撾流亡政府決裂，與越盟聯合，建立共產主義傾向的巴特寮，曾在1974～1975年取得政權。

sour gum ➠ black gum

Souris River＊　蘇里斯河　加拿大薩斯喀徹溫省、馬尼托巴省以及美國北達科他州河流。源於加拿大薩斯喀徹溫省東南部，東南流進入北達科他州，後又轉向北流回加拿大，在馬尼托巴湖與阿西尼博因河匯合。全長966公里。在北達科他州亦稱馬烏斯河（Mouse River）。

Sousa, John Philip＊　蘇沙（西元1854～1932年）　美國軍樂隊指揮家、作曲家，被譽爲「進行曲之王」。父親是葡萄牙移民，母親是德國人，他在華盛頓特區長大，從小學習小提琴和其他樂器。1868年參加海軍陸戰隊，1880～1892年指揮海軍樂團，將它變成一個聚集了一批演奏家的樂團。1892年組建自己的樂團，並帶領這個樂團在國際上巡迴演出，獲得廣泛的讚譽和好評。他先後師從埃斯普塔和本克特修習和聲學與音樂理論。1867年繼承其父衣缽成爲長號手，後又應聘擔任管弦樂團小提琴手及指揮，同時開始作曲。他創作了136首軍隊進行曲，包括〈永遠忠誠〉（海軍官方進行曲）、《華盛頓郵報》、〈自由之鐘〉、〈星條旗永不落〉。他也成功地創作過一些小歌劇，包括《船長》（1896）和許多其他作品。1890年代他發展了一種稱爲蘇沙低音大號的樂器。

sousaphone　蘇沙低音大號　亦稱赫利孔（helicon）。一種盤旋形成圓形的低音或倍低音大號。傳統上是銅製，現在多爲了輕便而採用纖維玻璃材質。可能起源於俄國，但在1849年由維也納的斯托瓦塞爾加以改製完善，他把它製成各種大小尺寸。1892年美國軍樂隊指揮蘇沙把它設計爲可拆卸和喇叭口形狀。由於方便可攜，這種大號成爲行進樂隊的標準配備。

Souter, David H(ackett)＊　蘇特（西元1939年～）　美國法理學家。哈佛大學法學院畢業後進入州檢察院工作，1976年被任命爲州檢察長。1978年進入州高等法院，1983年進入州最高法院。1990年布希總統任命他爲美國上訴法院第一巡迴審判區法官，同年被任命爲最高法院法官。起初他是很保守的，但現在，在多數問題上他已經逐漸轉向中間派觀點。

South, University of the　南方大學　亦稱塞沃尼（Sewanee）。美國田納西州私立大學，創立於1857年，位於塞沃尼市。雖然是由美國聖公會創設，但其教學內容則是獨立自主的。設有藝術與科學學院、神學院、提供碩士及博士課程。該校著名的文學期刊《塞沃尼評論》則是創辦於1892年。現有學生人數約1,300人。

South Africa　南非　正式名稱南非共和國（Republic of South Africa）。舊稱南非聯邦（Union of South Africa）。非洲大陸最南端的國家。境內有賴索托王國。面積1,219,080平方公里。人口43,586,000（2001）。首都：普勒多利亞（行政）；開普敦（立法）；布隆方丹（司法）。3/4的人口爲黑非洲人：他們包括祖魯人、科薩人、索托人和茨瓦納人，1/8爲白人以及其餘多爲混血種人和印度人後裔。語言：阿非利堪斯語；英語和九種班圖諸語言（以上皆爲官方語）。宗教：基督教和傳統信仰。貨幣：蘭特（R）。南非有三個主要自然地理區：廣闊的內陸高原、周圍多山的半圓形大斷崖和狹長的海岸平原。屬溫和的亞熱帶氣候。南非是世界最大的黃金生產國，也是煤、金剛石、鉑和釩的主要生產國和出口國。政府形式爲共和國，兩院制。國家元首暨政府首腦爲總統。在石器時代，桑人和科伊科伊人作爲獵人和食物採集者生活在南非各地，到歐洲人來到此地的時代，發展了一種游牧文化。到14世紀講班圖語的民族定居在此，並建立了採金和採銅業以及活躍的東非貿易。1652年荷蘭人在好望角

建立殖民地。荷蘭殖民者被稱爲布爾人，後來又因其講阿非利堪斯語而被稱爲阿非利堪人；1795年，英國軍隊攻陷好望角，1830年代，爲了逃脫英國人統治，荷蘭殖民者向北大遷徙，並建立橘自由邦和南非共和國（後稱特蘭斯瓦）兩個布爾人共和國。到1902年，英國併吞了這兩個共和國（參閱South African War）。1910年開普殖民地、特蘭斯瓦、納塔爾和橘河等英國殖民地合併成爲新的南非聯邦。1961年獨立並自國協退出。在整個20世紀，維護白人對該國黑人多數的統治地位的議題一直在南非政治中占有支配地位。1948年，南非實行正式的種族隔離政策由於遭到世界各國的譴責，1980年代開始拆除種族隔離政策，1989年被廢除。1994年舉行自由選舉。曼德拉成爲南非第一位黑人總統。高愛滋病發病率和暴力犯罪使國家的新領導人陷於困境。

South African War 南非戰爭 亦稱布爾戰爭（Boer War）。1899～1902年英國與兩個布爾人（阿非利堪人）共和國——南非共和國（特蘭斯瓦）和橘自由邦——之間的戰爭。戰爭的起因是布爾人領袖克魯格拒絕給予內陸礦區的異國人以政治權利，以及英國高級專員米爾納的強硬態度和挑釁。開始時，布爾人在主要戰役中擊敗英國人，並包圍重鎮萊德史密斯、馬菲京和慶伯利。但基奇納和羅伯次率領的英國援軍解救了被圍困的城鎮，驅散布爾人軍隊，並於1900年占領布隆方丹、約翰尼斯堡和普勒多利亞。持續的布爾人突擊隊襲擊使基奇納實施焦土政策：搗毀布爾人的農莊，把布爾人平民關入集中營。結果導致兩萬多人死亡，激起國際社會的強烈憤慨。布爾人最終承認戰敗，簽署了「弗里尼欣和約」。

South America 南美洲 西半球大陸。瀕加勒比海、大西洋和太平洋。隔德雷克海峽與南極洲相望，巴拿馬地峽與北美洲相連。面積17,814,000平方公里。人口約308,770,000（1993）。南美洲的人口由四個主要種族組成：美洲印第安人，他們爲該大陸前哥倫布時期的居民；伊比利亞人，西班牙人和葡萄牙人，他們征服並統治該大陸，自16世紀至19世紀；非洲人，他們是販運來的奴隸；以及該地區獨立後來自海外的移民，多爲德國人和南歐人，但也有黎巴嫩人、南亞人和日本人。人口中90%爲基督徒，其中85%爲天主教徒。除巴西（葡萄牙語），法屬圭亞那（法語），蓋亞那（英語）以及蘇利南（荷蘭語）之外，整個南美洲的官方語言是西班牙語。也有講印第安語。南美洲有三個主要地理區：西部爲安地斯山脈，極易發生地震，沿該洲的太平洋海岸延伸；阿空加瓜山爲西半球最高峰；北部和東部爲高原，與低地沈積盆地相接，其中包括亞馬遜河流域，爲世界最大的河流流域；以及阿根廷東部的彭巴草原，該草原肥沃的土壤，是南美洲產量最高的農業區之一。重要的水系有亞馬遜河和奧利諾科河。4/5的南美洲在熱帶地區，也有溫帶、乾燥帶和寒帶地區。約7%的南美洲土地爲可耕地，主要種植玉米、小麥和水稻。約有1/4土地爲常年牧場。約一半土地被森林覆蓋，主要是廣闊但日益減少的亞馬遜雨林。南美洲的雨林、高原和沼澤地中生活的動物幾乎占全世界全部已知種類的1/4。南美洲的鐵礦床約占世界總儲量的1/8，和世界銅儲量的1/4。開發這些和數種其他礦產，在許多地區都很重要。經濟作物包括香蕉、柑橘、糖和咖啡。沿太平洋產魚。大多數國家屬自由市場經濟或國營和私營企業共存的混合型經濟。南美洲大多數國家的人民收入貧富不均，在爲數衆多的窮人與極少數富裕家庭之間，是人數日漸增多但仍占少數的中產階級。亞洲血統的狩獵者與採集者可能至少在12,000年前最先來到南美洲。約西元前2600年的農業發展開始了一段文化迅速演進的時期，最主要的文化發展出現在安地斯山區中部，以印加帝國（參閱Inca）的建立達到頂峰。1498年，哥倫布登上南美洲大陸，從此開始了歐洲人對該地區的探險。西班牙和葡萄牙探險家開啓了居住點。根據「托德西利亞斯條約」，葡萄牙獲得該區東部，其餘部分歸屬西班牙。原住民因患病死亡，甚多生存者大都淪爲農奴。1880年代南美洲大陸除圭亞那以外，完全擺脫了歐洲人統治。大多數國家採用共和政體。社會和經濟不均或邊界糾紛導致許多國家發生週期性革命。第二次世界大戰後，所有南美洲國家都加入了聯合國。1948年，除蓋亞那以外所有南美洲國家都加入了美洲國家組織。

South Asian art 南亞諸藝術 印度、巴基斯坦、孟加拉和斯里蘭卡的視覺藝術。這種產生於南亞的藝術因其協調性和一致性而受到關注。傳統上，藝術家爲出資人創作，神聖的書面教規指導他們作品的比例、圖像和其他藝術因素。這一點在壁畫和細密畫（畫在棕櫚葉或紙張上）中尤爲突出，而雕刻是表達藝術喜愛用的手段。雕刻大多是宗教作品，基本採用象徵性的和抽象的表現手法。4～5世紀展現印度教和佛教畫像的作品在印度的黃金時代達於頂峰。12世紀伊斯蘭教入侵後，伊斯蘭教的影響也融入了傳統的風格。19世紀末，印度民族主義的興起導致本土藝術傳統意識的復興。近來更多藝術家吸收了歐洲藝術風格的成分。

South Australia 南澳大利亞 澳大利亞中南部一州，面積984,381平方公里，首府阿得雷德。1627年荷蘭人拜訪了該海岸，19世紀初英國探險家來到這裡，1836年成爲英國的一個省，受到殖民統治。該州有廣闊的內陸地區，大片貧瘠的荒原，包括埃爾湖和夫林德斯嶺。爲世界主要的蛋白石產地，全國消費的大部分葡萄酒和白蘭地也出產於此，還有全國最大的造船廠。1901年該地區成爲澳大利亞聯邦的一個州。第二次世界大戰後，該州東南部實現了工業化。人口1,428,000（1996）。

South Bend 南本德 美國印第安納州北部城市。臨聖約瑟河，1820年法國人在此建立毛皮貿易站，後發展爲歐洲人居民區。高度工業化的經濟植根於19世紀在此地建立的一批先驅企業，包括史蒂倍克兄弟製造公司（後來成爲汽車廠）和勝家公司（縫紉機製造商）。市中心又稱密西安納，因爲它是密西根州南部和印第安納州北部的貿易與金融中心。附

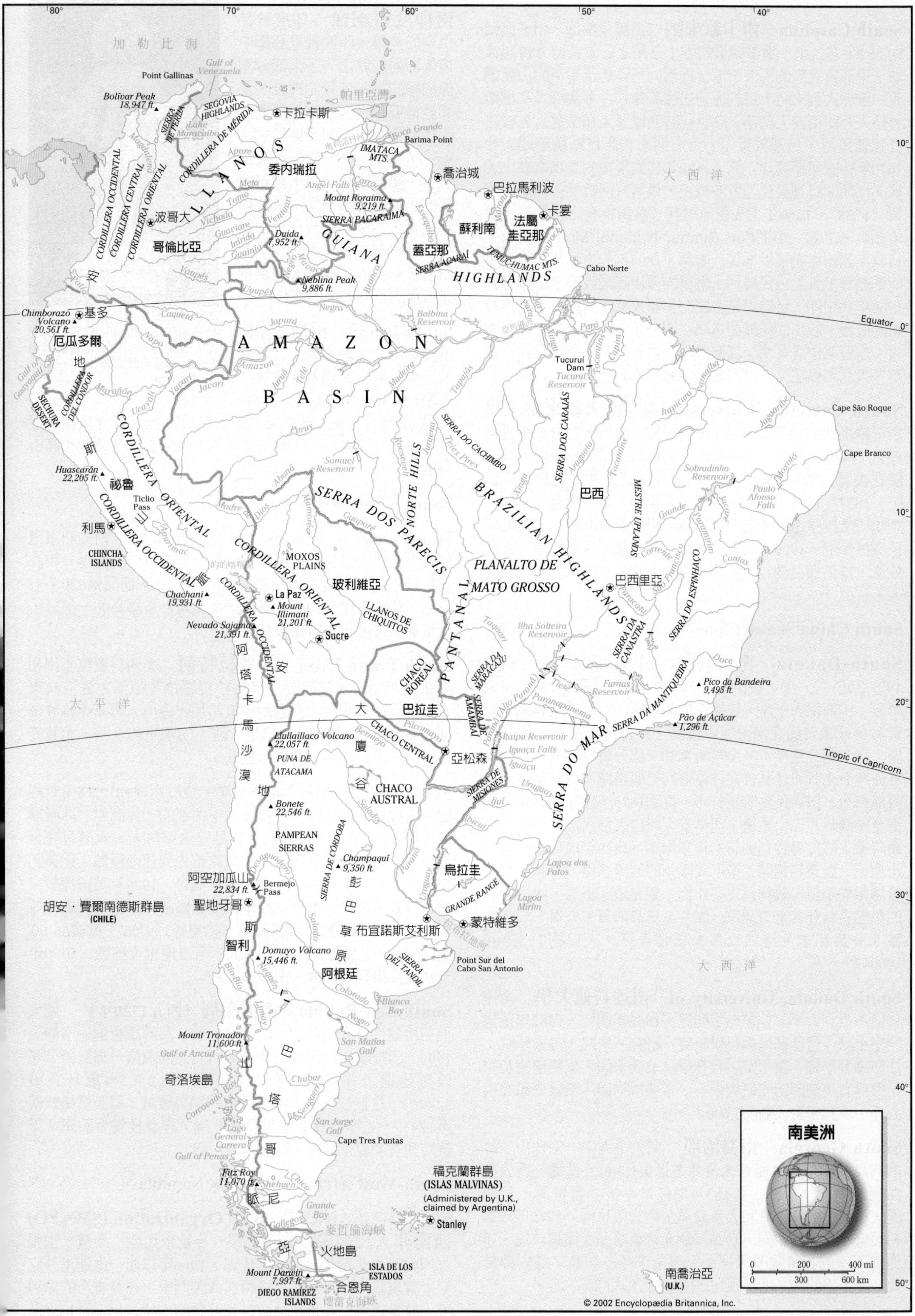

80°
70°
60°
50°
40°
10°
0°
20°
30°
40°
50°
加勒比海
Gulf of Venezuela
Point Gallinas
Bolívar Peak 18,947 ft.
SIERRA DE PERIJÁ
SEGOVIA HIGHLANDS
卡拉卡斯
帕里亞灣
Boca Grande
Barima Point
Lake Maracaibo
CORDILLERA DE MÉRIDA
LLANOS
IMATACA MTS.
委內瑞拉
喬治城
巴拉馬利波
大西洋
CORDILLERA OCCIDENTAL
CORDILLERA CENTRAL
CORDILLERA ORIENTAL
Magdalena
Apure
Meta
Tomo
Vichada
Guaviare
Inírida
Guainía
Vaupés
波哥大
哥倫比亞
Angel Falls
Caroní
Mount Roraima 9,219 ft.
SIERRA PACARAIMA
Duida 7,952 ft.
GUIANA HIGHLANDS
Neblina Peak 9,886 ft.
Essequibo
蓋亞那
蘇利南
法屬圭亞那
卡宴
SERRA ACARAÍ
TUMUCHUMAC MTS.
Oyapock
Cabo Norte
Branco
Negro
Uaupés
Caquetá
Japurá
Balbina Reservoir
Chimborazo Volcano 20,561 ft.
基多
厄瓜多爾
Equator
Napo
Pará
AMAZON BASIN
Amazon
Tucuruí Dam
Tucuruí Reservoir
Tocantins
Capim
Gulf of Guayaquil
CORDILLERA DEL CONDOR
SECHURA DESERT
Marañón
Ucayali
Yavarí
Javari
Juruá
Tefé
Madeira
Tapajós
Purus
Parnaíba
Itapicuru
Jaguaribe
Cape São Roque
Cape Branco
CORDILLERA ORIENTAL
Huascarán 22,205 ft.
祕魯
Ticlio Pass
利馬
CHINCHA ISLANDS
Samuel Reservoir
Abunã
Roosevelt
Juruena
Teles Pires
SERRA DO CACHIMBO
Xingu
Araguaia
SERRA DOS CARAJÁS
NORTE HILLS
SERRA DOS PARECIS
BRAZILIAN HIGHLANDS
巴西
MESTRE UPLANDS
Tocantins
Sobradinho Reservoir
Paulo Afonso Falls
Moxotó
Grande
Madre de Dios
Mamoré
Guaporé
Apurímac
CORDILLERA OCCIDENTAL
CORDILLERA ORIENTAL
MOXOS PLAINS
玻利維亞
La Paz
Mount Illimani 21,201 ft.
LLANOS DE CHIQUITOS
PLANALTO DE MATO GROSSO
巴西里亞
Corrente
São Francisco
Paracatu
SERRA DO ESPINHAÇO
Contas
Chachani 19,931 ft.
Nevado Sajama 21,391 ft.
Sucre
PANTANAL
Toquari
Ilha Solteira Reservoir
SERRA DA CANASTRA
Doce
SERRA DA MARACAJU
CHACO BOREAL
巴拉圭
Furnas Reservoir
Tietê
Pico da Bandeira 9,495 ft.
阿塔卡馬沙漠
太平洋
SERRA DE AMAMBAÍ
Paraná (Alto Paraná)
Paranapanema
SERRA DA MANTIQUEIRA
Pão de Açúcar 1,296 ft.
Llullaillaco Volcano 22,057 ft.
Bermejo
CHACO CENTRAL
Pilcomayo
亞松森
Itaipu Reservoir
Iguaçu Falls
Iguaçu
Tropic of Capricorn
PUNA DE ATACAMA
大廈谷
CHACO AUSTRAL
SERRA DE MISIONES
SERRA DO MAR
Uruguay
Ijuí
Bonete 22,546 ft.
Salado
PAMPEAN SIERRAS
SIERRA DE CÓRDOBA
Ibicuí
Champaquí 9,350 ft.
Lagoa dos Patos
烏拉圭
GRANDE RANGE
Lagoa Mirim
阿空加瓜山 22,834 ft.
Bermejo Pass
Desaguadero
胡安・費爾南德斯群島 (CHILE)
聖地牙哥
彭巴草原
布宜諾斯艾利斯
蒙特維多
智利
Domuyo Volcano 15,446 ft.
Salado
Point Sur del Cabo San Antonio
SIERRA DEL TANDIL
阿根廷
Colorado
Bío-Bío
Neuquén
Limay
Blanca Bay
Negro
San Matías Gulf
Mount Tronador 11,600 ft.
Gulf of Ancud
奇洛埃島
巴塔哥尼亞
Chubut
Corcovado Bay
Senguerr
San Jorge Gulf
Cape Tres Puntas
Lago General Carrera
Gulf of Penas
Fitz Roy 11,070 ft.
Shehuen
Chico
福克蘭群島 (ISLAS MALVINAS) (Administered by U.K., claimed by Argentina)
Stanley
Grande Bay
Gallegos
麥哲倫海峽
火地島
ISLA DE LOS ESTADOS
Mount Darwin 7,997 ft.
合恩角
DIEGO RAMÍREZ ISLANDS
德雷克海峽
南喬治亞 (U.K.)
南美洲
0 200 400 mi
0 300 600 km

近有聖母大學。人口約102,000（1996）。

South Carolina　南卡羅來納　美國東南部一州。面積80,582平方公里，爲美國最初的十三州之一，首府哥倫比亞城。東部爲寬廣的沿海平原，逐漸向內陸起伏不平的山麓過渡。歐洲人到來時，這裡原先居住著蘇人、易洛魁人和穆斯科格人等印第安人部落。16世紀時西班牙人和法國人先後建立起殖民地，但都放棄了。第一個永久居民點是英國人於1670年在查爾斯鎮建立的，1680年移到現在的查理斯敦。美國革命期間這裡發生過許多戰役，爲第八個批准美國憲法的州（1788）。1860年率先脫離聯邦，薩姆特堡之戰成爲美國南北戰爭之始（參閱Fort Sumter National Monument）。1868年該州從新被批准加入聯邦。1895年的憲法修正竭盡可能地剝奪黑人的公民權利，嚴厲的種族隔離政策一直持續到1960年代中期，當時席捲全國的美國民權運動終於推動了政策的改變。該州的紡織製造業在國內領先，工業基礎相當強大；旅遊業位居其次；農業對經濟也有貢獻，主要作物有煙草、大豆和棉花。人口約4,012,000（2000）。

South Carolina, University of　南卡羅來納大學　南卡羅來納州的公立大學，位於哥倫比亞市。1801獲特許權設立，1805年開辦第一所學院，名爲南卡羅來納學院。該學院在美國內戰時期曾一度關閉，學校建築物則充當野戰醫院。1837～1877年間黑人是獲准入學的，但白人教師及學生則紛紛離校強迫學校關閉；1880年學校重新開辦，名爲農業及機械學院，1906年改爲現在的校名。該大學系統現有八個校區，提供四百個以上的學位課程，現有學生人數約39,000人。

South China Sea ➠ China Sea

South Dakota　南達科他　美國中北部一州。面積199,730平方公里，首府皮耳。主要分爲三個區：東部是大草原；中部爲大平原，包括巴德蘭地區；西部爲布拉克山一帶。密蘇里河由北向南從中流貫。18世紀法國曾探勘該地區，1803年作爲路易斯安那購地的一部分賣給美國。1804年路易斯和克拉克遠征曾在此停留約七個星期。1861年設立達科他準州，但居民點零星分布，直到1875～1876年布拉克山淘金熱潮時才人口激增。印第安人與白人移民之間的戰事時斷時續，終於導致1890年的傷膝慘案。1889年成爲美國第四十個州。農業和相關工業形成該州的經濟基礎，牛和豬的產量居領先地位，穀物爲主要作物。觀光業亦重要，吸引遊客的景點有拉什莫爾山國家公園、溫德岩洞國家公園、巴德蘭國家公園和朱厄爾洞穴國家保護區等。人口約755,000（2000）。

South Dakota, University of　南達科他大學　南達科他州公立大學，位於弗米利恩。1862年創校，1882年正式開班上課。包括藝術與科學學院、研究所學院、美術學院、法律專業學院、醫學院、教育學院及商學院。重要研究及學術機構有美洲印第安研究中心、音樂博物館、樂器史研究中心等。現有學生人數約7,600人。

South Georgia　南喬治亞　南太平洋中一個多山、貧瘠的島嶼。位於英屬福克蘭群島以東1,300公里處，爲該群島屬島。南極氣候，該島3/4地區常年被冰雪覆蓋，是馴鹿、多種企鵝、海豹和大量海洋生物的棲息地。1775年科克船長宣布爲英國所有，1916年沙克爾頓第一次橫越該島，爲他那不幸的探險隊尋求援助。他後來死於該島，並安葬於此。過去爲捕鯨基地，現在是南極考察站的所在地。

South Indian bronze
南印度青銅像　印度教徒供奉的神像，印度視覺藝術中最傑出的成就之一。大部分銅像描繪的是印度教的神祇，尤其是濕婆和毗濕奴以及他們的配偶和侍者的不同聖像形式。8～16世紀這種神像產量極大，主要產地在今坦米爾納德邦的坦賈武爾和蒂魯奇奇拉帕利地區，其優異之製作水準維持了1,000年之久。尺寸大小從家庭供奉用的小尊神像到廟會遊行用的等身大神像都有。

濕婆像，坦米爾納德邦蒂魯文加杜的南印度青銅像，做於11世紀初；現藏坦米爾納德邦坦賈武爾博物館和藝術陳列館
P. Chandra

South Island　南島　紐西蘭兩個主要島嶼中較大且最南的島嶼。與北島隔科克海峽，面積151,971平方公里。山脈（包括南阿爾卑斯山脈）幾占該島面積的3/4，基督城和丹尼丁是該島主要城市，西南部峽灣地帶國家公園多峽灣和高山湖泊。人口931,000（1996）。

South Korea ➠ Korea, South

South Orkney Islands　南奧克尼群島　南美洲東南部南大西洋上的島群。由兩個大島（科羅內申、勞里）和許多小島組成，爲英屬南極洲領地的一部分。總面積620平方公里，荒無人煙。1962年以前爲福克蘭群島屬島的一部分，西格尼島常用作南極探險基地。

South Platte River　南普拉特河　美國科羅拉多州和內布拉斯加州西部河流。發源於科羅拉多中部，先流向東南，然後向東北流，穿過內布拉斯加州邊境，與北普拉特河匯成普拉特河。全長711公里。河上的水庫和水壩，尤其丹佛周圍，用於治洪、灌溉和發電。

South Pole　南極　地軸南端，位於南緯90°，爲所有經線的南起點。附近區域是南極洲中西部的一片高原，冰層厚度達到2,700公尺。每年有六個月完全爲白天，六個月完全爲黑夜。1911年挪威探險家阿蒙森首先到達南極點，比英國探險家司各脫率領的探險隊早到一個月。1929年美國探險家伯德飛到南極點。地理上的南極與羅盤磁針所指的南磁極並不一致，後者位於阿黛利海岸（約東經139°06'、南緯66°00'處），每年向西北位移約13公里。南磁極也會移動，1990年代初約在東經108°44'、南緯79°13'。

South Sea Bubble　南海騙局（西元1720年）　使大批英格蘭投資者破產的一次投機狂熱。英國議會通過南海公司的一項提案，由南海公司接收所有英國國債，導致該公司股票迅速上揚。僅九個月股價即從128.5%飆升突破1,000%，之後被高估的股票價值的騙局破滅，每股價格跌落至124%，並導致其他股票股價下滑，許多投資者破產。下議院調查發現了某些大臣的勾結行爲。

South-West Africa　西南非 ➠ Namibia

South-West Africa People's Organization (SWAPO)
西南非人民組織　西南非洲（今納米比亞）政黨，主張立即脫離南非獨立。1960年成立，1966年以前一直運用外交手段實現該黨的目標，其後轉爲武裝鬥爭。在努喬馬的領導下，該組織得到安哥拉執政黨和蘇聯的支持，以安哥拉爲基地進行游擊戰爭。1978年起，南非不時侵入安哥拉進行報復性打擊，同年聯合國承認西南非人民組織爲那米比亞人民的唯一代表。1988年南非終於接受聯合國的決議：南非軍隊從納米比亞撤離，納米比亞舉行自由選舉。

South Yorkshire　南約克郡　英格蘭中北部都市郡。1986年喪失行政中心的作用，現在只是一個名義上的郡，行政首府設在巴恩斯利。從西邊的本寧山脈荒地一直延伸至東邊的低沼地。羅馬人在此修築了道路網和要塞，盎格魯人以及後來的斯堪的那維亞移民清理了林地。19世紀該地區作爲一個重要的工業區迅速發展，唐河河谷成爲自雪非耳向東延伸的鋼鐵工業區的中心。今南約克郡地區涵蓋了英格蘭大部分煤田，工業生產鐵、鋼和刀具。人口約1,304,000（1995）。

Southampton　南安普敦　英格蘭罕布郡城市，英吉利海峽港口。羅馬人首先在此定居，1155年左右獲得亨利二世的特許，1445年建市。中世紀時爲英國主要港口，17～18世紀衰退，19世紀由於鐵路的建成而復甦，今爲英格蘭第二大港口。歷史建築有11世紀的聖米迦勒教堂和12世紀的約翰王宮，後者是英國最古老的住宅建築之一。人口約216,000（1998）。

Southampton, 1st Earl of　南安普敦伯爵第一（西元1505～1550年）　原名Thomas Wriothesley。英國政治人物。隨其任王室官吏之父進入宮廷，1533年成爲克倫威爾的私人祕書，1540年接任其位成爲亨利八世的國務大臣，爲亨利的主要顧問之一，1544～1547年任大法官。亨利死後，他被索美塞得公爵晉封爲南安普敦伯爵（1547），後來免去大法官職務。1549年支持推翻索美塞得公爵，1550年被逐出樞密院。

Southampton, 3rd Earl of　南安普敦伯爵第三（西元1573～1624年）　原名Henry Wriothesley。英國貴族，莎士比亞的保護人。爲南安普敦伯爵第一之孫，甚得女王伊莉莎白一世寵愛。他是許多作家的慷慨扶掖者，其中包括納西。莎士比亞曾將兩首長詩奉獻給他（1593、1594）。通常認爲他就是莎士比亞大多數十四行詩中所指的「年輕貴族」。曾隨艾塞克斯伯爵第二遠征加的斯和亞速群島（1596、1597）。1601～1603年因支持艾塞克斯叛亂而被囚禁，詹姆斯一世繼位後才得以重返王宮。1619年任樞密院顧問，但後因反對白金漢公爵第一而失寵。他與其子自願參加聯合省反對西班牙的戰爭，可是才登陸尼德蘭不久就雙雙死於熱病。

Southampton Island　南安普敦島　加拿大紐納武特省基韋廷地區島嶼。位於哈得遜灣入口處，全島略呈三角形，面積41,214平方公里。東北部高原有高達300公尺的海岸峭壁，地勢逐漸向南部低地傾斜。沿岸水域以捕撈北極鮭魚聞名。

Southeast Asia　東南亞　位於印度次大陸以東、中國以南的一大片亞洲土地。包括東南亞大陸以及大陸南面和東面的一系列島嶼。主要國家有緬甸、泰國、柬埔寨、寮國、越南、新加坡、馬來西亞、印尼、汶萊以及菲律賓。

Southeast Asia Treaty Organization (SEATO)　東南亞公約組織　地區性防禦組織（1955～1977），由澳大利亞、法國、紐西蘭、巴基斯坦、菲律賓、泰國、英國及美國組成。爲了防止該地區陷入共產主義的威脅，根據「東南亞集體防衛條約」設置，該組織爲條約的一部分。越南、柬埔寨和寮國未被接納爲成員國，而該地區其他國家寧可採取中立主義政策。東南亞公約組織沒有常設軍隊，但其成員國須參與聯合軍事演習。1968年巴基斯坦退出組織，1975年法國也中止財政支援，1977年該組織正式解散。

Southeast Asian architecture　東南亞建築　指緬甸、泰國、寮國、柬埔寨、越南、馬來西亞、新加坡、印尼與菲律賓的建築。大多數東南亞的大規模寺院都建造於13世紀之前。印度皇室的寺院支配了東南亞建築文化，其特色爲建立在有階梯的基座上，上面的塔狀神殿則可以不斷地排列延伸。理想上以石材建造，也能利用以雕飾有灰泥的磚。建築外部表現了彎曲而有韻律的邊飾與人體雕塑。約770年爪哇的沙倫答臘王朝開始建造一系列宏偉的石刻紀念碑式建築，在巨大的大乘佛教婆羅浮屠與印度教的羅盅哥莨（900?～930）達到巔峰。在880年左右，柬埔寨王闍耶跋摩二世爲寺院群建造一座磚山。由於爲了吳哥的基礎，這個立基於蓄水庫與運河的計畫更推進一步。歷代國王在此處建立了更多的寺院山群，在吳哥窟達到了頂點。緬甸的蒲甘市是東南亞最佳的建築聚點之一，其中有許多於1056～1287年之間由磚與灰泥所造的寺院與窣堵波。緬甸的窣堵波（例如仰光大金塔）的特徵爲擴散狀的鐘型基座，在其上有一個穹隆頂與螺旋狀的尖突。緬甸與泰國的許多僧院，正如同寮國與越南的例子，都經歷了反覆的擴大與重建。改建過的巴里島印度教建築富有活力與奇想，並裝飾了金箔與彩色玻璃。

Southeast Asian arts　東南亞諸藝術　指柬埔寨、緬甸、泰國、越南、寮國和印尼的視覺藝術。以超自然的或動物形象爲特徵的木雕是這一地區最早的藝術形式，由不同部落民族共同發展起來。西元1世紀印度的藝術家和手藝人隨商人來到東南亞，其後出現第二種藝術傳統。在很短的時間裡，東南亞人製造了他們獨特的印度式樣的本地款式，而他們在巨像上體現出來的技術、技巧和創新，有時甚至與印度藝術家的水平難分伯仲。隨著印度教和佛教的傳入，1～13世紀寺廟建築、雕塑和繪畫達到頂峰。儘管受到一些外界影響，東南亞諸藝術仍然保持著一種獨特的風格，這種風格混合了奇幻、現實主義的元素，著重表達人類生活的歡樂。

Southeastern Indians　美國東南部印第安人　任何居住在美國墨西哥灣以東的大西洋沿岸的印第安人。他們分別是：卡多人、卡托巴人、切羅基人、奇克索人、喬克托人、克里克人、納切斯人和塞米諾爾人。

Southend-on-Sea　濱海紹德森　英格蘭東南部艾塞克斯的旅遊勝地。瀕臨泰晤士河河口灣和北海，爲距倫敦最近的海濱勝地，吸引了數百萬遊客，還有許多住在這裡的通勤者。該鎮以其長達2公里的防波堤以及海灘、花園聞名，遊艇比賽也很受歡迎。一座12世紀的小修道院已成爲博物館。人口約176,000（1998）。

Southern Alps　南阿爾卑斯山脈　紐西蘭南島的山脈。長度上幾乎貫穿全島，爲大洋洲最高山脈。海拔從900公尺上升到超過3,050公尺，至高點爲海拔3,764公尺的科克峰。冰川自常年積雪的山頂向下流動。山脈在氣候上將島嶼分爲了兩部分，森林覆蓋的西部斜坡與狹窄的濱海平原的氣候比東部斜坡和寬廣的坎特伯里平原要濕潤得多。

Southern California, University of (USC)　南加州大學　美國私立大學，位於洛杉磯，1880年創校。設有文學藝術與科學學院、研究生學院、以及18個專業學院。提供約80個領域的學士課程，研究所及專科班則約有125個。最著名的課程是電影、法律、音樂、商學、工程、社會工作，重要的研究機構超過100個，包括地震研究中心、海洋科學中心、機器人與智慧系統中心、以及人口研究中心。該校圖書館擁有聞名的電影收藏。現有學生約28,000人。

Southern Christian Leadership Conference (SCLC) 南方基督教領袖會議 美國不分宗派的組織，1957年爲金恩及其追隨者所創建，旨在支援地方組織以爭取黑人的徹底平等。該組織主要在南方活動，推行領導人員培訓方案、公民教育計畫和選民登記運動。該組織在1963年歷史性的「向華盛頓進軍」、促成通過1964年「人權法案」和1965年的「選舉權法」的鬥爭中，都曾發揮重要作用。1968年金恩的被暗殺，艾伯納西成爲會議主席。1971年賈克遜在芝加哥創立「拯救人類人民同盟」，造成了南方基督教領袖會議的分裂。

Southey, Robert＊ 沙賽（西元1774～1843年） 英國詩人和散文家。沙賽青年時效仿柯立芝，熱衷於法國大革命的理想，1794年兩人結交爲友。他逐漸像柯立芝那樣保守起來。約1799年他開始投身於寫作；後來他爲了支撐他和柯立芝的家庭不得不耕耘不輟。1813年他受封爲桂冠詩人。他的詩現已少有問津，但他的散文風格流暢自然，十分精巧，這可以在《納爾遜傳》（1813）、《衛斯理傳》（1820）和一部幻想的、鬆散的雜記《醫生》（1834～1847）等作品中看到。

Southwest Indians 西南部印第安人 居住在現今美國西南部的美洲印第安人。西南部印第安人大致可以分成四部分：尤馬諸部落、皮馬人和帕帕戈人、普韋布洛印第安人、納瓦霍人和阿帕契人。

Soutine, Chaim＊ 蘇蒂恩（西元1893～1943年） 立陶宛裔法國籍畫家。在維爾紐斯學習美術，於1913年去巴黎美術學校深造。一位藝術品商人使他得以在法國南部作畫三年，在那裡顯露出他的成熟風格。其畫風雖然是表現主義的一種形式，但具有高度個人主義風格，以施厚顏色、運筆奔放、構圖節奏激盪、具有撥人心弦的力量爲特點。他最著名的習作描繪唱詩班男童和廚師、一系列僮僕的圖像和描繪吊死的家禽和家牛的屍體，生動地表現了腐爛時的顏色和光澤。

Souvanna Phouma＊ 梭發那．富馬（西元1901～1984年） 寮國首相（1951～1954、1960、1962、1974～1975）。雖爲寮國西薩旺馮國王的外甥，梭發那不支持第二次世界大戰後他叔叔歡迎法國統治者回來的決定。他和同父異母的弟弟蘇發努馮參加了「自由寮國」運動，在法國重新占領寮國時流亡。1949年法國開始承認其主權，他回到寮國，1951年開始擔任首相並緊縮開支。巴特寮共產主義者與極右派政府之間發生內戰；梭發那在那段時間斷斷續續任首相一職。他試著在越戰中保持寮國的中立，但後來又仰賴美國的軍事援助；美國從越南撤軍後，寮國穩定下來。梭發那擔任政府顧問直至去世。

Sovereign Council 最高委員會 在加拿大的管理新法蘭西殖民地的行政機構（1663～1702）。由總督和主教組成，他們任命其他五個委員，一個總檢察長和一個祕書。委員會任命法官和下級官員，控制公共基金以及同法國的商務，管制與印第安人的皮毛貿易。總督可以否決其決定。從1685年起，一個法國的行政官員作爲管理者，承擔了委員會的許多職責。1702年改稱高級委員會。

sovereignty 主權 政治理論中，指國家決策過程和維持秩序的最高權威。在16世紀的法國，博丹使用主權的概念來支持國王對其封建主的權力，宣布由封建制向國家制的轉變。到18世紀末，社會契約論的概念帶來了盛行的主權理念，一個屬於人民的通過有組織的政府實現的主權。海牙協定、日內瓦協議和聯合國都遵照國際法對主權國家在國際舞台上的權力進行限制。

soviet 蘇維埃 代表蘇聯政權機關的基本單位的會議。第一個蘇維埃成立於1905年俄國革命期間的聖彼得堡，來協調革命活動，但遭到鎮壓。在尼古拉二世退位前不久，社會主義領袖們建立了第二個蘇維埃，它由每一千個工人和每個連隊各派一名代表組成。1917年俄國革命後，布爾什維克在國內上下逐漸獲得了在蘇維埃的統治地位。1918年新憲法制定起蘇維埃作爲地方和地區政權的正式單位。1936年憲法設立一個直接選舉的最高蘇維埃兩院，但是每個地區的單個候選人由共產黨推選。

Soviet law 蘇維埃法 1917年俄國革命後在蘇聯發展起來的法律，該法律在第二次世界大戰後爲其他共產主義國家所吸收。在蘇維埃的法律制度中，法律的主要來源是包括蘇聯的憲法在內的立法，然後，由各加盟共和國依這些法結合各國的具體情況制定出自己的成文法法典。公法和私法不存在任何差別；所有的法律事務都和國家相關。法律被普遍認爲是重建社會和推動國家走向共產主義的力量。通常亦稱作社會主義法，社會主義法以馬克思和恩格斯的著作爲基礎。除了刑事罪和民事罪之外，「行政違法行爲」構成訟案的一大部分，並在法庭制度外處理。

Soviet Union ➠ Union of Soviet Socialist Republics (U.S.S.R.)

sow bug＊ 潮蟲 亦稱丸蝦（wood louse）。等足目的某些陸生甲殼動物，主要是潮蟲屬的種類。原產於歐洲，並引進北美。長18公釐，體卵圓形、灰色、背面拱起，有甲冑狀的寬板。一對肘狀的觸角，延伸至體長的一半，7對足。潮蟲居於潮濕的地方，尤其是石下、潮濕的落葉層和地下室內。亦請參閱pill bug。

潮蟲
Hugh Spencer

Soweto＊ 索韋托 南非共和國東北部城鎮。西南毗鄰約翰尼斯堡，其名源於「西南部黑人居住區」（South-Western Township）的首字母縮寫。最初是南非白人政府爲黑人居住建立的。組成索韋托的諸鎮區由以臨時搭蓋的陋屋爲主的地區發展而來，後者是隨著鄉村地區的黑人勞工於兩次世界大戰之間的到來而出現的。工業發展極小；索韋托的大多數居住者來到約翰尼斯堡找工作。它是該國的最大的黑人城市綜合區，其居住者活躍於抗議活動，這使得在1991年結束了種族隔離政策。人口597,000（1991）。

Soya Strait 宗谷海峽 亦作拉佩魯茲海峽（La Pérouse Strait）。俄羅斯庫頁島與日本北海道之間的國際水道。由法國探險家拉佩魯茲伯爵命名，連接鄂霍次克海與日本海。最窄處僅43公里，平均水深51～118公尺。以海流湍急聞名，冬季結冰。

soybean 大豆 一年生豆科植物（參閱legume）及其可食的種子，學名爲Glycine max

大豆
J. C. Allen and Son

或G. soja。大豆植株直立，有分枝，花白或微帶紫色，每個莢果含1～4粒種子。大豆被認爲是由原產於東亞的1種野生植物演化而來，在該地栽培已有5,000年歷史。1804年引入美國，在1930年代廣泛栽種大豆用作牲畜飼料，美國現已爲世界主要大豆生產國。爲世界上最具經濟價值的豆類，大豆爲數百萬人提供了植物性蛋白質的來源，並爲數百種化學產品的原料，包括油漆、黏合劑、化肥、殺蟲劑和滅火劑。因爲大豆不含澱粉，所以提供了糖尿病患良好的蛋白質來源。豆油可加工成人造奶油、起酥油、人造乳酪和人造肉類。豆粉是代替肉類的高蛋白食物，可製作多種食品，包括嬰兒食品。其他豆製食品則有豆漿、豆腐、豆芽沙拉和醬油。

Soyinka, Wole＊ 索因卡（西元1934年～） 全名Akinwande Oluwole Soyinka。奈及利亞劇作家。在英國的里茲學習後，回到奈及利亞，從事文學刊物的編輯、教授大學程度的戲劇和文學等工作，還成立了兩個劇團。他的戲劇用英語寫作，描繪西非的民間傳統，通常將重點放在傳統和進步間的緊張狀態上。包括《森林之舞》（1960）、《雄獅與寶石》（1963）、《死亡與國王的騎師》（1975）和《愛尼的濟亞敬上》（1992）。他寫了幾卷詩集；最著名的小說是《譯者》（1965）。作爲奈及利亞民主政治的支持者，他反覆地被監禁和流放。1986年成爲第一個獲得諾貝爾文學獎的非洲人。

索因卡
Vernon L. Smith

Soyuz＊ 聯合號太空船 1967～1981年蘇聯發射的一系列太空船，共四十艘。聯合1～10號，載一～三人，射入地球軌道。其餘三十次飛行大部分是「聯合號」太空艙與在軌道上的「禮炮號」太空站相連；交換一名「聯合號」乘員進入太空實驗室，進行較長時間的科學實驗。

spa 礦泉療養地 有可供飲用或沐浴的熱水或礦泉水的溫泉或旅遊勝地。該詞從比利時的一個鎮得名，據說其礦泉具有療效的功能。礦泉通常含有各種鹽類、微量礦物和氣體；許多具有天然的碳酸鹽。多數熱泉（參閱hot spring）也含有礦物質。溫水沐浴有助於放鬆（參閱hydrotherapy），高鹽分或硫磺含量可幫助改善肌膚。飲用礦泉水被認爲能幫助消化，具有特效礦物的泉水在特殊情況下使用。

Spaak, Paul-Henri＊ 斯巴克（西元1899～1972年） 比利時政治家。1921～1931年從事律師工作，1932年成爲衆議院的社會黨代表。1936～1966年間的大部分時間擔任了比利時的外交部長，並且兩次擔任總理（1938～1939、1947～1950）。他是歐洲合作的倡導者，致力於比荷盧經濟聯盟的建立（1944），還協助起草了「聯合國憲章」，1946年擔任第一屆聯合國大會主席。他簽署了「布魯塞爾條約」，幫助創立北大西洋公約組織，1957～1961年擔任其祕書長。他還致力於成立歐洲經濟共同體和歐洲原子能聯營。

Spaatz, Carl (Andrews)＊ 斯帕茨（西元1891～1974年） 原名Carl Andrews Spatz。美國空軍軍官。第一次世界大戰期間爲戰鬥飛行員。第二次世界大戰中他指揮歐洲的美國戰略空軍，指揮對德國進行戰略轟炸。雖然個人反對使用原子彈對城市進行轟炸，1945年在杜魯門的命令下他還是指揮了對日本的最後轟炸。1947年任獨立的美國空軍第一任參謀長。

space contraction 太空收縮 ➠ Lorentz-FitzGerald contraction

space exploration 太空探測 藉由載人或無人的太空船探索地球大氣之外的宇宙。研究利用火箭作爲太空飛行是開始於20世紀早期。1930年代德國研究火箭推進，結果發展出V-2飛彈。第二次世界大戰後，美國與蘇聯由德國科學家的協助，開啓「太空競賽」，在高級火箭技術上獲得大量的進展（參閱staged rocket）。雙方都在1950年代晚期發射第一顆人造衛星（參閱Sputnik、Explorer），之後還有其他人造衛星與無人的月球探測器，1961年發射第一艘載人的太空載具（參閱Vostok、Mercury）。緊接著是更遠更複雜的載人太空任務，最著名的是美國的阿波羅計畫，包括1969年第一次登陸月球，還有蘇聯的聯合號太空船與禮炮號任務。1960年代開始，美國和蘇聯科學家也發射無人的深太空探測器，研究太陽系行星與其他星體（參閱Pioneer、Venera、Viking、Voyager、Galileo），還有地球軌道的天文台（參閱Hubble Space Telescope (HST)）在地球大氣上方觀測宇宙的物體，不受大氣的濾光與扭曲失真的干擾。1970年代與1980年代，蘇聯專注於發展科學研究與軍事偵查的太空站（參閱Salyut、Mir）。在1991年蘇聯解體之後，俄羅斯繼續太空計畫，但由於經濟條件限制而縮小。1973年美國發射太空站（參閱Skylab），從1970年代中葉專注於載人的太空任務乃至太空梭計畫，近年則與俄羅斯等國合作發展國際太空站。

space frame 空間桁架 以三角形的硬度爲基礎，並由只能承受壓縮或繃緊之線性元件所組成之三度空間桁架。其最簡單的空間單元是一個具有四個接點及六個構件的四面體。一個空間桁架可形成一個非常強壯、厚實、有彈性、可水平地使用或是彎曲成任何形狀的結構組織。其重量輕之管狀斜線開放式格子網狀的美麗只在於其結構上的純淨。富勒在他的一些可活動且高效率計畫中使用這個技術，並在其巴頓魯治聯合油槽車公司（1958）中，利用空間桁架增強了巨大的圓頂建築。

space shuttle 太空梭 正式名稱爲太空運輸系統（Space Transportation System; STS）。由美國國家航空暨太空總署（NASA）研製的進入地球軌道，爲地球和軌道運行太空船運送人員和貨物，並能滑翔回地面著陸的可部分重複使用的火箭助推的運載機。1981年首次將太空梭送進軌道的飛行。這架飛機由一個裝載人員和貨物的有翼軌道飛行器、一個供軌道飛行器、三台主火箭引擎使用的液體燃料和氧化劑的可耗盡外貯箱、兩個可重複使用的大型固體推進劑集束器組成。飛行器像可耗盡的發動工具一樣垂直發射升空，但以類似滑翔機的無動力方式降落。每個飛行器設計爲可以重複使用一百次。爲了處理飛行器外面的貨物和其他材料，太空人使用可遠端控制的機器人手臂或穿著太空服走出飛行器。執行某些任務時，飛行器要在它的貨物艙帶著一種稱爲太空實驗室的歐洲人創造的加壓研究設施。在1981年和1985年，有四架軌道飛行器進行了服務，它們是「哥倫比亞號」（第一架進入軌道的）、「挑戰者號」、「發現者號」和「亞特蘭提斯號」。1995～1998年間，美國國家航空暨太空總署執行了將飛行器送入俄國「和平號太空站」爲國際太空站（ISS）的建立做準備的使命。從1998年開始，飛行器廣泛用來運送元件、補給和乘員到國際太空站。

space station 太空站 載人的人工結構物，在固定的軌道上運行的基地，作長期天文觀測、地球資源與環境研

S T U V

究、軍事偵查，以及無重力狀況下材料暨生物系統的研究。2001年時，在低地球軌道上安置有九座太空站，運作的時間長短不一。1971年蘇聯在地球軌道上設立世界第一座太空站禮炮1號（參閱Salyut）作爲科學研究之用。1974～1982年另外五座禮炮太空站成功進入軌道，兩座配備軍事偵查。1986年蘇聯發射和平號太空站的核心艙是科學用太空站，之後十年又擴充加入額外的五個艙。美國在1973年第一次發射太空站，稱爲太空實驗室計畫，配備太陽觀測平台與醫學實驗室。1998年美國與俄羅斯開始在軌道上建造國際太空站，綜合實驗室與居住艙，最後至少有十六個國家參與。2000年國際太空站接受第一名常駐的工作人員。

space-time 時空 愛因斯坦在相對論中假定的在四維結構中聯繫空間和時間的單個實體。牛頓宇宙中空間和時間是假定爲無聯繫的。空間被設想爲點的所有可能區域的平坦的、三維的排列，能夠用笛卡兒座標表示；時間被看作是獨立的一維的概念。愛因斯坦證明了相對運動的完整描述需要包括時間和三維空間的方程式。他還證明了時空是彎曲的，這使得他在廣義相對論中解釋了引力作用。

spacecraft 太空船 設計在地球低層大氣上按受控飛行路線運行的載人或不載人的飛行器。由於這種環境的高度眞空，流線型並不需要，太空船的外觀便根據它的任務來設計（參閱space exploration）。多數太空船不是自我驅動的，通常依靠兩級火箭來加速到必要的高速度，而兩級火箭在油料用光後便投棄掉。一個主要的例外是太空梭軌道飛行器，它使用三個隨之攜帶的液體燃料的重要引擎到達宇宙，而這又是由一個可任意使用的外部箱和一對固體燃料後援器來供給的。太空船進入圍繞地球的軌道，如果給予足夠的速度，它會繼續朝著太空的另一個目的地前進。該機器可以有它自己的小型火箭發動機來定位和發動。至於內在動力，繞地球環繞的太空船使用太陽電池和存儲電池、燃料電池，或是兩者的結合，而深太空探測器經常使用靠放射性元素加熱的熱電發生器。設計的高度複雜性，尤其是有人駕駛的有數百萬元件構成的太空船，要求高度的小型化和可靠性。

spadefish 鐽魚 鱸形目約17種海生魚類的統稱，主要爲熱帶魚，體高，側扁，銀白色身軀上帶有5或6條黑色直紋。身體上的直條紋會隨年齡的增長而消失，成年後身體呈純白色、黑色或銀色。大西洋鐽魚分布於自新英格蘭至巴西。主要以海洋無脊椎動物，尤其是甲殼類和櫛水母爲食。

Spagnuolo, Pietro ➠ Berruguete, Pedro

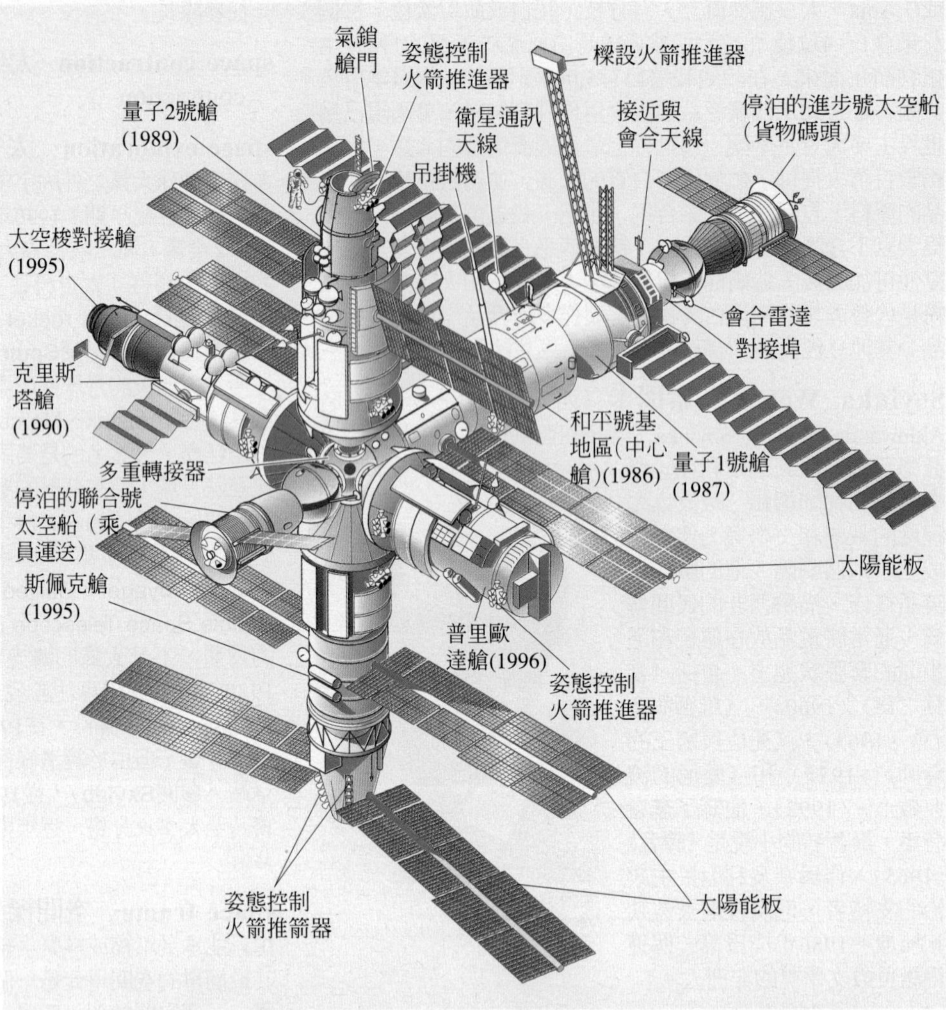

和平號太空站的艙與組件。多重轉接器將數個艙連接在一起，並讓聯合號太空船與太空站對接。氣鎖讓太空人離開和平號到外頭工作。太陽能板提供動力。括號內的數字是每個艙發射的年份。

Spahn, Warren (Edward) 斯帕恩（西元1921年～） 美國職業棒球投手。大部分職業生涯爲波斯頓（後來的密爾瓦基）勇士隊效力（1942，1946～1964）。退出棒壇時已取得2,583次三振出局的成績，在棒球運動史上居第三位。在13個球季中勝績達20場以上，這也是最高記錄；另一記錄是連續17個球季（1947～1963）每年三振打擊者100次以上。共取得363場大聯盟比賽勝利，創左投手記錄。

Spain 西班牙 正式名稱西班牙王國（Kingdom of Spain）。歐洲西南部國家。歐洲最大的國家之一，位於伊比利半島。也包括巴利阿里群島和加那利群島。面積504,783平方公里。人口40,144,000（2001）。首都：馬德里。西班牙人占人口的大多數，其他還有巴斯克人、加泰隆人和吉普賽人（羅姆人）。語言：卡斯提爾西班牙語（官方語）、加泰隆語、加利西亞語和巴斯克語。宗教：天主教（2/3）和伊斯蘭教。貨幣：歐元（euro）。西班牙的大片中央高地由厄波羅河流域、加泰隆尼亞山區、瓦倫西亞地中海沿岸地區、瓜達幾維河流域和從庇里牛斯山脈延伸至大西洋沿岸的山區所包圍。西班牙開發的市場經濟主要以服務業、輕工業、重工業和農業爲基礎。礦產資源包括鐵礦石、汞和煤。農產品有穀物和牲畜。西班牙也是世界主要的葡萄酒生產國之一。旅遊業也是西班牙的一個主要行業，尤其是在沿太陽海岸南部。政府形式爲君主立憲政體，兩院制。國家元首是國王，政府首腦爲總理。在西班牙境內曾發現約35,000年前石器時代的人類遺跡。西元前9世紀，塞爾特人來到這裡，接著是羅馬人。自西元前200年，羅馬人統治了西班牙，直到5世紀初西哥德人入侵。8世紀初，半島大部分地區落入來自北非的穆斯林（摩爾人）手中，此後一直由穆斯林控制直到該地區逐漸被卡斯提爾和亞拉岡的基督教王國及葡萄牙又重新占領。隨著亞拉岡的費迪南德二世和卡斯提爾的伊莎貝拉一世的成婚，西班牙於1479年統一。1492年，征服了最後穆斯林王國格拉納達。大約此時，西班牙也在美洲建立了殖民帝國。1561年將王位傳給哈布斯堡王朝。1700年，腓力五世成爲西班牙第一個波旁國王，結束哈布斯堡王室統治。腓力登基引發了西班牙王位繼承戰爭，結果喪失了許多歐洲屬地，使多數西班牙美洲殖民地的人民受到鼓舞，紛紛起來革命。1898年的美西戰爭（參閱Cuba、Guam、Philippines、Puerto Rico），西班牙在海外所剩的屬地喪失給美國。1931年西班牙成爲一個共和國。西班牙內戰（1936～1939）由佛朗哥將軍領導下的國家主義者取得勝利後告終。佛朗哥獨裁統治至1975年去世。國家元首的繼承人——胡安·卡洛斯就

任王位，恢復君主體制。1978年新憲法，實行君主議會制。1982年加入北大西洋公約組織。1986年加入歐洲共同體。1992年爲紀念哥倫布從西班牙首航美洲五百週年，西班牙在塞維爾舉辦博覽會並在巴塞隆納舉辦奧運會以示慶祝。1990年代西班牙同其他歐洲國家發展了較密切的關係，不過，國內仍受到巴斯克分離主義者要求獨立的威脅。

Spalatin, Georg＊ 斯帕拉丁（西元1484～1545年） 原名Georg Burkhardt。德意志人文主義者。曾就學於愛爾福特大學，1505年參加人文主義學者的團體。1508年受神職爲牧師，並任薩克森選帝侯腓特烈之子的教師。1511年在威登堡結識馬丁·路德，1512年起任腓特烈宮廷的圖書管理員，遊說選帝侯在關於贖罪券問題的爭論中一直庇護路德。沃爾姆斯議會上，經過薩克森繼任兩代選帝侯統治時期，他一直支持宗教改革。1530年他幫助梅蘭希頓擬訂「奧格斯堡信綱」的文本，在組織施馬爾卡爾登同盟（1531）上他也很有影響。有很多歷史著作，包括《宗教改革編年史》（1718）。

Spalding, A(lbert) G(oodwill) 斯波爾丁（西元1850～1915年） 美國棒球選手和經理、運動用品製造商。曾爲波士頓紅襪隊效力，後又效力於芝加哥白襪隊，並任經理（1882～1891）。1876年與兄弟在麻薩諸塞州奇科皮開辦後來成爲美國首要體育用品公司之一的斯波爾丁兄弟公司。他成立每年一次的斯波爾丁棒球公開賽，撰寫歷史記錄《美國的國家運動》（1911）。1939年選入棒球名人堂。

spandrel 拱肩 拱的兩側由通過拱頂的水平線、通過起拱點的垂直線和拱背線三者所包圍的、大致爲三角形的區域。在連續拱中則爲拱頂和拱腳線間的整個面積，通常被填實，稱爲拱肩牆；中世紀建築裡常有裝飾。在不止一層樓的建築物裡，拱肩是在窗台和窗戶下的牆面之間的區域。在鋼鐵或加固混凝土的建築物中，一道縱深的拱肩樑可以穿過這個區域。樓梯下方空間的三角形地區也稱作拱肩。

spaniel 西班牙獵犬 用以尋找隱藏獵物的幾種獵犬品種。起源於西班牙，但大多數現代品種是在英國培育的。不同品種其體高範圍爲36～51公分，體重10～25公斤。體型較大的品種稱爲史賓格（springer），體型較小者則稱爲可卡（cocker）。品種包括西班牙獵雞狗，頭圓、耳下垂；英國獵鷸犬和威爾斯獵鷸犬；美洲泅水西班牙獵犬，被毛捲、深棕色；布列塔尼西班牙獵犬，尾短的法國狗，是唯一指示獵物的西班牙獵犬；科蘭波西班牙獵犬，體矮而長；愛爾蘭泅水西班牙獵犬，善於在水中尋取獵物；日本獚狗；和英國玩賞獚狗。

西班牙獵雞狗
Sally Anne Thompson

Spanish-American War 美西戰爭（西元1898年） 美國和西班牙之間結束西班牙在美洲殖民統治的戰爭。戰事肇始於古巴人爭取獨立的鬥爭。赫斯特的報紙煽動起美國對起義的同情，這種情緒在緬因號戰艦炸毀事件後更加高漲。國會通過宣布古巴有權獨立的決議，要求西班牙撤除武裝力量。1898年西班牙向美國宣戰。海軍准將杜威領導海軍中隊在菲律賓擊敗了西班牙艦隊（參閱Battle of Manila Bay），謝夫特將軍率領正規軍及志願軍（包括羅斯福和他的「莽騎兵」）摧毀了古巴聖地牙哥港附近的西班牙加勒比海艦隊（1898年7月17日）。在巴黎條約中（1898年12月10日），西班牙宣布放棄對古巴的一切主權，將關島、波多黎各和菲律賓割讓給美國，標誌著美國成爲世界強國。

Spanish Armada 西班牙無敵艦隊 ➠ Armada

Spanish Civil War 西班牙內戰（西元1936～1939年） 反對西班牙政府的軍事叛亂。1936年的一系列選舉產生了一個主要受左翼政黨支持的人民陣線政府後，西班牙全國的駐軍城鎮發生武裝暴動，由反叛的國民軍爲首，支持者包括教士、軍隊和地主階層中的保守派以及法西斯主義長槍黨。由社會黨人拉爾戈·卡瓦列羅和內格林（1894～1956）擔任總理的共和政府以及自由派的共和國總統阿薩尼亞則受到工人、許多受過教育的中產階級以及好鬥的無政府主義者和共產黨人的支持。共和政府的軍隊撲滅了大部分地區的反叛，但西北與西南的部分地區被國民軍控制並任命佛朗哥爲國家元首。雙方都在各自控制的區域內鎮壓反對者，超過五萬受懷疑的人被處決或暗殺。國民軍從國外爭取支持，接納了來自納粹德國和義大利的軍隊、坦克和飛機；德國和義大利則乘機將西班牙當成新的坦克戰和空戰的試驗場。共和軍主要接受來自蘇聯的援助，由志願者組成的國際縱隊也加入了共和軍這一邊。雙方展開血腥的消耗戰，國民軍逐漸奪占地盤，1938年4月成功地從東到西將西班牙切成兩半，迫使二十五萬共和軍逃入法國，剩餘的共和軍於1939年3月投降。共產黨人和反共人員各自盤踞的馬德里於3月28日落入

國民軍之手。死於內戰的人數大約有五十萬人，並在西班牙人心中留下深深的創傷。戰爭的結束帶來了一段獨裁的歷史，幾乎一直持續到1975年佛朗哥死後才結束。

Spanish Guinea 西屬幾內亞 ➠ Equatorial Guinea

Spanish Influenza Epidemic ➠ Influenza Epidemic of 1918～1919

Spanish Inquisition 西班牙異端裁判所 ➠ Inquisition

Spanish language 西班牙語 西班牙和美洲大部分地區使用的羅曼諸語言。使用人口超過33,200萬人，在美國則超過2,300萬人。最早的書面資料源於10世紀，第一部文學作品可溯至1150年左右。現代標準西班牙語由卡斯提爾方言發展而來，後者產生於9世紀西班牙中北部（舊卡斯提爾），11世紀擴展到西班牙中部（新卡斯提爾）。15世紀末卡斯提爾王國和萊昂王國與亞拉岡王國合併，卡斯提爾語從而成爲整個西班牙的官方語，加泰隆語和加利西亞語（葡萄牙人的一種有效方言）成爲地區性語言，亞拉岡語和萊昂語降爲它們原來語言範圍的少數語種。拉丁美洲地區方言從卡斯提爾語發展而來，但在音系學上有所不同。西班牙語差不多完全失去了拉丁語的格體系。名詞和形容詞表現有陽性、陰性之分，動詞體系很複雜，但大多有規律。

Spanish Main 西班牙海 約從巴拿馬地峽到奧利諾科河的南美洲北海岸，其在西班牙控制年代的稱呼。這個詞亦指加勒比海及附近水域，特別是在此區受到海盜侵擾的年代。

Spanish Mission style ➠ Mission style

Spanish moss 鐵蘭 鳳梨科附生植物，學名爲Tillandsia usneoides。產於北美洲南部、西印度群島和中南美洲。常自喬木和其他植物（甚至電話線杆）垂下大型、鬚狀、銀灰色的莖葉團，但既不寄生，結構上也不與宿主纏繞在一起。經由覆在線狀葉和長形線狀莖上的細小毛髮狀鱗片，吸收二氧化碳和雨水或露水以進行光合作用。自塵埃和溶於雨水的物質中吸收養分，或是從氣生根旁的腐化有機物質中吸收。花則少見，黃色無花柄。鐵蘭可用作包裝箱填充物和家具被覆材料，也可圍繞在盆栽植物或插花周圍。

Spanish Netherlands 西屬尼德蘭 西班牙霸占的低地國家南部省份，大致相當於現在的比利時和盧森堡。1578年外交官法爾內塞代表西班牙前往尼德蘭，到1585年他已重新建立西班牙對南部省份的控制權，結束了根據根特協定與北方省份的聯盟關係。17世紀該地區經歷了經濟和文化發展的蘇醒時期。作爲新教和天主教諸州的緩衝地，該地區是長期戰爭的地點，曾被割讓給荷蘭共和國（1648）和法國（1659）。17世紀晚期該地區開始走向衰落。在西班牙王位繼承戰爭後，西班牙喪失了控制權，該地區於是歸屬神聖羅馬帝國皇帝查理六世，成爲奧屬尼德蘭。

Spanish Sahara 西屬撒哈拉 ➠ Western Sahara

Spanish Succession, War of the 西班牙王位繼承戰爭（西元1701～1714年） 因國王查理二世死後無嗣導致王位繼承的爭議從而引發的戰爭。查理二世是西班牙哈布斯堡王朝的末代國王，在世時曾提名法國波旁家族的腓力爲其繼承人。查理二世死後，法王路易十四世立腓力爲西班牙國王，號腓力五世，同時進犯西屬尼德蘭。於是，在大同盟戰爭中一度形成的反法同盟於1701年再次復活，成員有英國、荷蘭共和國和神聖羅馬帝國，後者在此前1698年和1699年的分割條約中已經答應成爲西班牙帝國的一部分。由馬博羅公爵率領的英國軍隊在1704～1709年針對法國的一系列戰爭中取得了勝利，其中布倫海姆戰役迫使法國撤出低地國家和義大利。另一位大英帝國的將軍薩伏依的歐根也在幾場戰役中得勝。1711年反法聯盟內部的爭議導致聯盟瓦解。1722年開始和平談判。1713年烏得勒支條約的簽署標誌著英國的崛起，法國和西班牙則爲此付出了代價。1714年又簽署了拉施塔特和巴登條約。一系列條約的簽署表明戰爭結束。

spanner ➠ wrench

Spark, Muriel (Sarah) 斯帕克（西元1918年～） 原名Muriel Camberg。英國作家。她在中非生活了幾年，第二次世界大戰期間返回英國。1957年前只出版詩集和評論集，包括雪萊夫人和布朗蒂家族的評傳。她的小說幽默而睿智地描寫嚴肅主題，常對善和惡進行質疑。《死的象徵》（1959）是她最廣泛受到表揚的小說；最有名的則是《琴·布羅迪小姐的青春》（1961；1969年拍成電影）。晚期小說主題更加接近險惡事物，包括《介於其中的策略家》（1974）、《與肯辛頓天壤之別》（1988）和《現實與夢》（1997）。

spark plug 火星塞 裝於內燃機汽缸蓋上的部件，上面有兩個由空氣間隙隔開的電極，從高壓點火系統來的電流通過電極放電產生火花，點燃燃料。電極和隔開電極的絕緣體必須能耐高溫，並能承受幾千伏的電壓。火花間隙的長度影響火花的能量，而絕緣體的形狀則影響工作溫度。

sparrow 雀 多種嘴圓錐形的小型鳴禽，主要以種子爲食。「雀」一詞主要指舊大陸織布鳥科的種類、家麻雀和新大陸燕雀科的多數種類。常見者爲燕雀科中一些種類。外表整潔的啁啾雀和樹雀具淡紅褐色頂部。有細條紋的稀樹草原雀和黃昏雀分布於草地。條紋濃的歌雀和狐雀則分布於林地。白冠雀和白喉雀體型大於多數種類，且頭頂有黑、白冠狀條紋。

白喉雀
William D. Griffin

sparrow hawk 雀鷹 鷹科鷹屬的小型鷹，分布於非洲、歐洲和亞洲。雀鷹上體灰色，下體白色具橫斑，尾有時具白色橫斑。以昆蟲、小鳥和小型哺乳動物爲食。美洲紅隼也稱爲雀鷹。

Sparta 斯巴達 亦稱拉塞達埃蒙（Lacedaemon）。古希臘城邦，拉科尼亞地區首府，伯羅奔尼撒主要城市。起源於多里安人，西元前9世紀建立，發展成爲嚴格的軍事主義社會。西元前8世紀～西元前5世紀征服鄰近的麥西尼亞。西元前5世紀起斯巴達的統治階級熱衷於戰爭，建立起希臘最強大的城市。經過和雅典在伯羅奔尼撒戰爭（西元前460～西元前404年）的長期競爭後，獲得了整個希臘的霸權。西元前371年斯巴達的勢力在留克特拉戰役中被底比斯破壞。西元前192年被擊敗後失去了獨立地位，被迫加入亞該亞同盟。西元前146年成爲亞該亞的羅馬省的一部分。西元396年被西哥德人占領並破壞。衛城、市場、戲院和神廟等遺跡仍保存至今。

Spartacists＊ 斯巴達克思同盟 亦稱Spartacus League。1914～1918年在德國活動的革命社會黨團體。由德國社會民主黨發展而來，1916年李卜克內西、盧森堡及其他人正式建立，強烈反對德國在第一次世界大戰中所扮演的角色，並要求社會主義革命。同盟促成了1918年12月的大遊行，由此導致1919年1月的斯巴達克斯暴動，但以失敗告終。暴動後，同盟的領導人被自由軍團成員殺害。此後同盟經改組成爲德國共產黨。

Spartacus＊ 斯巴達克思（卒於西元前71年） 抵抗羅馬的「角鬥士戰爭」（Gladiatorial War，西元前73～西元前71年）的領袖。色雷斯人，在羅馬軍隊服役。曾做過強盜，被擒後賣爲奴隸。他和其他角鬥士策劃了一次起義，逃出角鬥士訓練學校，在維蘇威火山上紮營；當地其他逃跑的奴隸和一些農民加入他的隊伍。他率領90,000人的武力，占領了義大利南部大部分，打敗兩個執政官（西元前72年）。他帶領他的軍隊向北面阿爾卑斯山的高盧挺進，他原本希望解散軍隊去尋找自由，但他們拒絕離開，寧願繼續戰鬥。南返時，他企圖越過海峽進占西西里，但沒有成功，克拉蘇的羅馬軍團在盧卡尼亞擊敗並擒獲奴隸軍隊，斯巴達克思在激戰中陣亡。龐培的軍隊攔截並擊殺了許多向北方逃亡的奴隸，6,000名囚犯被克拉蘇釘死在阿庇亞道沿路上。

Spartan Alliance 斯巴達聯盟 ➠ Peloponnesian League

Spassky, Boris (Vasilyevich) 斯帕斯基（西元1937年～） 蘇聯西洋棋大師，1955年獲國際特級大師稱號。經過一段時間斷斷續續的衝擊之後，於1969年擊敗彼得羅相奪得世界冠軍稱號。1972年敗於美國棋手費施爾。

spatial disorientation 空間定向障礙 一種病理生理現象，表現爲人喪失對於身體相對地面或環境間的相對位置、運動狀態及高度（或水中的深度）的判斷能力。可能源於大腦或神經的功能紊亂，或是因受到正常感官錯覺的限制而產生。人類定向多依靠眼、耳、肌肉和皮膚的感覺，但人類感覺器官常常不易察覺到逐漸的運動變化，或對驟然發生的運動變化的程度作出過高的估計從而在運動停止時作出過度補償反應。飛機飛行員和潛水員都會碰到對重力變化的錯覺問題，這會導致非常危險的後果，必須通過訓練加以克服。亦請參閱inner ear、proprioception。

speaker ➠ loudspeaker

Spearman, Charles E(dward) 斯皮爾曼（西元1863～1945年） 英國心理學家，以其在人類腦力尤其是智力方面的研究聞名。其中最著名的是他所提出的統計學的技術方法（因素分析），用於在心理學測試中測定個體差異和確認造成這些差異的潛在根源。著作有《人的能力》（1927）、《創造性的頭腦》（1931）和《人類的能力》（1950）。

spearmint 留蘭香 唇形科芳香草本植物，學名爲Mentha spicata。庭園中常見的薄荷，廣泛用於烹飪中。穗狀花序疏鬆漸狹，淡紫紅色的花似胡椒薄荷。尖銳鋸齒狀緣的葉片可鮮用或乾用於多種食品的調味。芳香和味道均似胡椒薄荷，但較淡。原產歐亞，已在北美歸化。

special education 特殊教育 對有特殊需要的學生（包括身體殘疾和智力發展遲緩者）的教育。對盲童教育的首倡者是阿維，他於1784年在巴黎開辦了一所專門學校，其後布拉耶繼續阿維的努力。教育聾人的嘗試在阿維之前便已開始，但直到希爾（1802～1874）提出了口授教育法，聾人教育才眞正建立起來。標準化手語的發展進一步推展了聾人教育。伊塔爾（1775～1838）對「阿韋龍的野男孩」的教育標誌著試圖用科學的方法教育智力遲鈍的兒童的開始。伊塔爾的工作對後來的理論家，如塞甘、蒙特梭利，有很大的影響。現在，具有行動能力缺陷的孩子一旦被認爲適用特殊教育，通常是被編入設有輪椅和改良型課桌的常規班級；而具有學習障礙和言語困難的孩子，則需要專門的技術來進行教育，這些方法通常是建立在個人基礎之上的。對那些具有社會交際和情感問題的孩子，可能需要提供特殊的治療和臨床服務。

special effects 特效 電影或電視演出所採用之人工視覺或機械效果。最早的特效是透過特殊的攝影鏡頭，或如在演員身後投影一個會動背景的戲法所創造出來。而隨著可將分開的影片片段結合起來並取代部分影像之光學影印機的發展，特效也因此具有較大的靈活度，因而允許如讓角色飛過天際的效果。透過使用如鋼絲、爆炸物及玩偶等裝置，以及藉由建造模擬如小規模戰役的壯麗場景，特效也可以機械地在舞台上被創作出來。使用電腦繪圖及電腦產生影像的增加，已經可創作出越來越好的精巧眞實地視覺效果。雖然以往每一個電影製片場都有其自己的特效部門，但是特效現在已經藉由如喬治盧卡斯之「工藝燈光與魔術」的個人公司來創造，以提供在《星際大戰》（1977）及往後的電影中所見的革命性特效。

Special Forces ➠ Green Berets

Special Olympics 特殊奧運會 以奧林匹克夏季和冬季運動項目爲內容對有智力缺陷的殘疾人提供全年體育訓練和運動競賽的國際活動。在施賴弗和芝加哥公園區的努力下，首屆特殊奧運會於1968年開幕，並於1988年正式被國際奧林匹克委員會承認。每兩年舉辦一次，冬季項目與夏季項目交替舉行。國際總部設在美國華盛頓特區。

special prosecutor ➠ independent counsel

speciation＊ 物種形成 具有明顯特徵的新的種的形成，從而使得一條演化線中分出兩個或更多個獨立的遺傳物種。物種形成是演化的基本過程之一，有多種方式。從前的研究者們藉由追蹤化石記錄中有機體結構組織的連續性變化來發現物種形成的證據；現在的遺傳學研究則表明上述的變化並不一定伴隨著物種的形成，因爲許多外觀一致的群體事實上處於生殖隔離的狀態（即他們不能經由種內繁殖產生具有生育能力的後代）。由於多倍體性（參閱ploidy），可能在兩、三代之內產生新的物種。

Specie Circular＊ 使用金屬通貨公告（西元1836年7月11日） 美國總統傑克森發布的行政命令，要求購買公共土地只能用金或銀支付（「金屬通貨」指硬幣），旨在抑制紙幣流通量的膨脹和遏止土地投機活動。該公告造成了嚴重的通貨緊縮，對所謂1837年經濟恐慌的經濟危機負有部分責任。1838年美國國會撤銷該公告。

species＊ 種 生物分類單元，由具有共同特徵、可以相互交育的相關生物個體組成。之所以將一些生物個體列爲同種，部分根據是其外形的相似，但在將有性生殖的生物體進行分類時，更重要的根據是這些生物體能成功地進行種內繁殖的能力。要被列入同種，生物個體必須能夠交配並產生具有生育能力的後代。因爲基因變異發生於種內的個體身上，這些個體又僅在種內遺傳它們的變異，故而演化只發生於種的層級上（參閱speciation）。雙名法國際系統（參閱nomenclature）爲每個新種賦予一個由兩部分構成的標準學名。

specific gravity 比重 亦稱相對密度（relative density）。是物質的密度與標準物質的密度之比。對固體和液體來說，通常以4℃的水爲標準物質，其密度爲1.00公斤／公升。氣體則通常與乾燥空氣比較，其在0℃、1大氣壓下時的密度爲1.29公克／公升。因爲比重爲兩個具同樣量綱（每單位體積的質量）的量之間的比例，因此比重沒有量綱。舉例來說，液態水銀的比重爲13.6，因爲其實際密度爲13.6公斤／公升，是水的密度的13.6倍。

specific heat　比熱　物體溫度升高1度所需的熱量與將質量相同的水溫度提高1度所需熱量的比值。也可用來表示1克物質溫度升高1℃所需的熱量（卡路里）。

speckled trout ➠ brook trout

spectacled bear　眼鏡熊　亦稱Andean bear。熊科中唯一南美種的熊。學名爲Tremarctos ornatus。棲息在山區的森林中，特別是在安地斯山脈。主要以植物的地上部分和果實爲食。善攀爬。肩高約60公分，體長1.2～1.8公尺，尾長7公分。毛粗厚，深褐至黑色。眼旁圍著一圈灰白至淺黃色的斑紋，如戴「眼鏡」，這種斑紋常往下延伸到頸部至胸部。

Spectacular Bid　雄圖（生於西元1976年）　美國純種賽馬，1979年在肯塔基大賽和普利克內斯有獎賽中獲勝，但未贏得貝爾蒙特有獎賽。1980年身價高達2,200萬美元，創賽馬史上的空前記錄，同年後期作爲配種用馬。

Spectator, The　旁觀者　1711年3月1日至1712年12月6日由斯蒂爾和艾迪生在倫敦每天出版的刊物，艾迪生於1714年又復刊（共出版八十期）。爲斯蒂爾1709年創辦的《閒談者》期刊的繼續。爲達到「以才智活躍道德，以道德磨練才智」的目的，《旁觀者》虛構了一個「旁觀者俱樂部」，透過想像中的俱樂部成員之口闡明作者對社會的看法。這份期刊使得對文學和政治的嚴肅討論變成了有閒階級的平常消遣，確立了自己的風格，並成爲18世紀期刊的時尚，同時幫助形成了一個能夠接納小說家的公衆群體。

spectrochemical analysis　光譜化學分析　以測量電磁輻射的波長和強度爲基礎的化學分析方法。主要用途是透過分子運動或其結構發生變化時所吸收的能量數量來確定化合物分子中原子和電子排列的情況。一般情況下，對該方法的運用是指發射紫外輻射（UV）和可見光的光譜學或吸收紫外輻射、可見光和紅外輻射的分光光度學測定法。

spectrometer＊　分光計　偵測與分析輻射的裝置，用於分子光譜學。包括輻射源、樣品，以及偵測與分析裝置。發射光譜激發樣品的分子到較高的能量狀態，並分析當其衰變回到原來能量狀態所放出的輻射。吸收光譜將已知波長的輻射穿透樣品，改變波長得到光譜；偵測系統展示出各個波長的吸收程度。傅立葉變換分光計類似吸收分光計，但是寬頻的輻射，電腦分析輸出找出吸收光譜。不同的設計用各種頻率、不同的溫度或壓力，或是至於電場或磁場之中來研究不同種類的樣品。

spectrophotometry＊　分光光度學　光譜學的一個分支，測量物體透射或反射的輻射能量與波長的函數關係。測量通常是與作爲標準的系統的透射或反射光譜作比較。不同類型的光度計可以涵蓋電磁波譜很寬範圍：紫外輻射、可見光、紅外輻射或微波。在檢測和定量溶液中的無色物質時，紫外分光光度學尤其有用。紅外分光光度學主要用於研究複雜的有機化合物的分子結構。亦請參閱colorimetry。

spectroscopy＊　光譜學　一種分析技術，用於鑒別化學元素和化合物，測量物質在外部能源的激發下，吸收或發射電磁波譜（包括γ射線、X射線、紫外輻射、可見光、紅外輻射、微波以及無線電頻率的輻射）中特徵波長的輻射能量，從而闡明其原子和分子結構。所用的儀器是分光鏡（用於直接觀察）和攝譜儀（用於記錄光譜）。實驗包括一個光源、一塊用來形成光譜的稜鏡或光柵、用來觀察或記錄光譜細節的探測器（視覺的、光電的、測輻射的或者攝影的）、測量波長和強度的裝置以及對測得的量作出解釋以識別它的化學身分，或給出關於它的原子和分子結構的線索。19世紀中葉用光譜技術分析太陽光譜而發現了氦、銫和銣。專門的光譜技術有拉曼光譜（參閱Raman, Chandrasekhara Venkata）、核磁共振、原子核四極矩共振、動態反射光譜、微波和γ射線光譜，以及電子自旋共振。亦請參閱mass spectrometry、spectrophotometry。

spectrum　光譜　依電磁輻射的波長（或頻率）而成的排列。可見的「彩虹」光譜是電磁波譜的一部分，爲人眼可以看見的光。有些光源只發射某些波長，產生的光譜是一些亮線，亮線之間則是黑的。這樣的線狀光譜是發射這些輻射的元素的特徵。帶狀光譜由一組波長組成，它們密集在一起，許多線看起來就像是一條連續的帶。原子和分子吸收某些波長，因此把這些波長從完整的光譜中除去，剩下來的吸收光譜在這些波長上就呈現出黑線或黑帶。

speech　言語　人類以語言爲手段的通訊。其過程爲：空氣從肺部呼出，通過喉部的聲帶，再從聲管（咽、口腔和鼻腔）出來。這股空氣流通過發音矯正器官的調節而發出不同的聲音，這些器官主要是舌、顎和唇（參閱articulation）。發音語音學即以所運用的發音矯正器官的位置和動作來描述每種聲音。言語也可以用句法、詞庫（字和詞素的總和）和音系學（聲）等術語來描述。

speech, figure of ➠ figure of speech

speech act theory　語言行爲理論　秉持著語言表達的意義可以以在表現各種語言行爲時管理其使用之規則來解釋的理論（如：警告、斷言、命令、呼喊、承諾、質疑、要求、警告）。與主張語言表現是由於其對句子發生之事實情況的貢獻而有意義的理論相較，語言行爲理論以在語言行爲中表現的字與句的使用解釋了語言的意義。一些學說的闡述者主張，一個字的意義不過就是對可因使用而被表現之自然的語言行爲做出貢獻。維根斯坦及奧斯汀對這個理論的發展提供了重要的刺激。

speech recognition　語音辨識　亦作voice recognition。電腦系統接受語音輸入，將其轉譯成書寫語言的能力。目前研究方向是應用自動語音辨識，目的在於將語音的內容轉換成訊息，成爲語言或認知工作的基礎，例如翻譯成另外一種語言。實際應用包括資料庫查詢系統、資訊擷取系統以及身分識別與確認系統，例如電傳銀行業務系統。語音辨識在機器人學大有可爲，特別是發展讓機器人能「聽」。亦請參閱pattern recognition。

speech synthesis　語音合成　利用人工方法產生語音，通常是用電腦。製造聲波模擬人類的語音歸類於低階合成。高階合成是處理書寫文字或符號轉換成爲要求聲波訊號的再現。在其他用途，此項技術提供語音協助予說話障礙者，閱讀協助予視障人士。

speech therapy　語言矯正　矯正說話缺陷的治療方法。這些缺陷可能起源於腦、耳（參閱deafness）或是聲道以及任何可能影響聲音、發音、語言發展或是學習語言之後說話能力的地方。療法剛開始先診斷身體、生理或情緒的功能障礙。可能牽涉呼吸訓練、語音利用、或者是說話習慣。

有些異常造成的語言錯亂（如裂顎、中風）在語言治療醫師開始作業前就可以改正到某種程度。亦請參閱aphasia、stuttering。

speed skating　冰上競速　滑冰競賽速度的運動。冰上競速的冰刀比冰上曲棍球或花式滑冰所用的冰刀要窄而長。國際冰上競速比賽的跑道有兩種：長跑道爲400公尺的水平橢圓圈道（兩邊爲直道，兩頭爲彎道），兩名運動員在跑道上同時比賽；更晚發展起來的短跑道爲111公尺的橢圓道，每輪有四～六名運動員比賽。1924年長跑道競速第一次成爲冬季奧運會項目，1992年增加短跑道競速。

Speer, Albert＊　施佩爾（西元1905～1981年）　德國納粹軍官。1927年成爲建築師，1931年加入納粹黨。他的效率和天分甚得希特勒賞識，1933年被任命爲第三帝國總建築師。他爲納粹黨代表大會設計了檢閱場和納粹集會旗幟，包括被里芬施塔爾拍攝下來的1934年紐倫堡大會。1942年任軍備和戰時生產部部長，擴大徵募和奴役體系以保證德國的戰時生產力。他在紐倫堡大審宣告有罪，被判監禁二十年。寫有回憶錄《第三帝國內幕》（1969）、《施潘道》（1975）。

Speke, John Hanning＊　斯皮克（西元1827～1864年）　英國探險家，第一個抵達維多利亞湖的歐洲人。他是柏頓探險隊的成員，1858年和柏頓成爲最先到達坦干伊喀湖的歐洲人。歸途中與柏頓分手，單獨向北前進，1858年7月到達他以維多利亞女王命名的大湖。他宣稱尼羅河發源於這個湖的論斷被人質疑，但是在1860～1863年的第二次探險中，他發現了尼羅河自此湖流出的出口。

spelling and grammar checkers　拼字與文法檢查程式　個人電腦的文書處理程式元件，參考相關的字典與正確用法的規則列表，找出明顯拼錯的字及文法錯誤。拼錯結果如果變成另一個合理存在的字（例如form打成from）的話，拼字檢查器無法找出；若是字典沒有輸入的字（例如外來術語）太多，亦難以使用。文法檢查器通常也能檢查標點、句子長度和其他文體方面，因依賴過於簡化的規則而顯得吹毛求疵。

Spelman College　史蓓曼學院　美國私立文理學院，傳統招收黑人女生，位於亞特蘭大。創校歷史可溯至1881年，最早是兩位波士頓來的女教師，在亞特蘭大一所教堂的地下室教導十一名黑人女孩讀書，這些女孩以前大都是奴隸。後來該校收到洛克斐勒的捐助，1884年學校開始成長，學校之名是取自洛克斐勒妻子的母親之名。史蓓曼學院提供超過二十個領域的大學部課程，該校是亞特蘭大地區六所非裔美籍的學院之一，六校並共同分享學生、教師及課程等資源。史蓓曼現有學生約2,000人。

spelt　斯卑爾脫小麥　小麥的亞種，學名Triticum aestivum spelta，兩粒淡紅色的穀粒有散開的穗芒及小穗。二粒小麥是古巴比倫人與古瑞士湖上居民所培育，目前栽培作爲牲畜草料並用於烘焙食物與穀類製品。

Spence, A. Michael　斯彭斯（西元1943年～）　美國經濟學家。生於新澤西州蒙特克萊，曾就讀於耶魯大學（文學士，1966）、牛津大學（文學士／文學碩士，1968）和哈佛大學（哲學博士，1972）。後來在哈佛大學和史丹福大學執教，之後並擔任史丹福大學商學院院長（1990～1999）。他以精煉了市場的非對稱資訊理論而聞名。他的研究證明，在某些情況下，知道較多資訊的人可以將資訊轉送給知道得較少的人，從而提高他們的市場回報；例如，汽車經銷商可以透過提供保證來轉達他們車輛的優越性能。由於致力於「市場信號發送」的研究工作，2001年與艾克羅夫、史蒂格利茲共獲諾貝爾經濟學獎。

Spencer, Herbert　史賓塞（西元1820～1903年）　英國社會學家和哲學家，社會達爾文主義理論的倡導者。他在《綜合哲學》（9卷，1855～1896）中認爲自然、有機體和社會領域都是內在聯繫的，它們的發展依據的是同樣的演化法則，與生物物種的演化相同。他認爲人類社會經不斷的勞動分工而演化，從無分化的游牧部落發展到複雜的文明。故而社會文化演化是一個不斷「個性化」的過程，個體天賦的卓越將壓倒社會，而科學將壓倒宗教。史賓塞的推測性的社會學說很快被文化人類學的發現和更有經驗基礎的社會學所代替。他是維多利亞時代最好辯的也是最常被討論的思想家之一。

Spender, Stephen (Harold)　斯賓德（西元1909～1995年）　受封爲史蒂芬爵士（Sir Stephen）。英國詩人和評論家。在牛津的大學學院求學時，遇見奧登和戴伊－路易斯兩位詩人，1830年代他們成爲政治上良心不安的左派「新寫作」的代表。他的詩表達了自我批判和富於同情心的人格特性，從《詩》（1933）到《海豚》（1994）的類似詩篇都編輯成冊。他更以富洞察力的評論聞名，體現於《破壞因素》（1935）、《詩的寫成》（1955）和《現代人的鬥爭》（1963）等，以及在他的有影響力的評論《遭遇》（1953～1967）中。他也寫作短篇小說、散文和傳記。

Spengler, Oswald＊　史賓格勒（西元1880～1936年）　德國哲學家。轉向寫作前是小學校長，其影響深遠的著作《西方的沒落》（2卷；1918～1922）使他獲得聲譽，這是一部關於歷史哲學的研究著作。他主張文明都必須經歷一個如同自然有機體般成長和衰落的生命週期，西方文明已不可改變地經歷了它的創造性階段，開始走向衰落。雖然在第一次世界大戰的喚醒中受到醒悟的公衆的讚揚，他的著作仍被專業學者和納粹黨批判，鄙視他論斷中的錯誤。

史賓格勒，鉛筆素描，格洛斯曼（K. Grossmann）繪於1920年
Deutsche Fotothek, Dresden

Spenser, Edmund　史賓塞（西元1552/1553～1599年）　英國詩人。進入劍橋大學以前的生活鮮爲人知。第一部重要作品《牧人月曆》（1579），可稱作英國文藝復興的第一部作品。1580年時他顯然正在列斯特伯爵手下服務，並成爲以西德尼爵士爲首的文人團體的成員。1580年擔任愛爾蘭領主的秘書，在那兒度過餘生；1588或1589年在科克附近的基爾科曼獲得一筆很大的財產。1590年出版長篇諷喻詩《仙后》的第一部分（首次頁碼版，1609），爲虛構的新教和清教間的辯護，是對英格蘭和伊莉莎白一世女王的讚美。這是伊莉莎白時期的重要詩篇，也是英語詩最偉大的作品之一；其所採用的富於革命性的九行詩節形式，稱爲「史賓塞詩節」，被後來的很多詩人採用。他爲這部詩計畫了十二部書，但只完成了剛過一半。其他詩作還有十四行詩組《愛情小詩》（1595）和《結婚曲》（1595）。1598年的愛爾蘭起義中，基爾科曼被燒毀，史賓塞可能在不久後於絕望中死去。

Speransky, Mikhail (Mikhaylovich)＊　斯佩蘭斯基（西元1772～1839年）　受封爲斯佩蘭斯基伯爵（Count Speransky）。俄國政治人物。曾任教於聖彼得堡神學

院，後進入政府工作，擔任沙皇亞歷山大一世的秘書（1807～1812），他提議的財政和行政改革激怒了貴族而被放逐（1812～1816）。他回到政府任職，1819～1821年任西伯利亞總督。1821年起在尼古拉一世下擔任樞密官，編輯第一部俄羅斯法律全集（1830）。1839年封爲伯爵。

sperm 精子 亦稱spermatozoon。雄性生殖細胞。在哺乳動物中，精子由睪丸產生，經生殖系統傳送。受精時，每次射精（參閱semen）平均約有三億個精子中的其中一個與卵（參閱ovary）結合產生下一代。青春期時，未成熟的細胞（精原細胞）開始其成熟過程（精子發生）。成熟的人類精子頭部扁平，杏仁狀，長4～5公忽，寬2～3公忽，頂端爲一帽狀頂體，含有可幫助精子進入卵子的化學物質。頭部主要爲細胞核，含23條染色體（包含可決定胎兒性別的X或Y染色體的其中一種）。鞭毛約長50公忽，推動精子前進至卵子處，進入女性生殖道的精子在性交後可存活2～3天。精子亦可冰凍和貯存供人工授精之用。

sperm whale 抹香鯨 亦稱cachalot。抹香鯨科體結實、嘴鈍形的齒鯨，學名爲Physeter catodon。有槳狀的小鰭肢，背上有一列圓形的肉突。頭部特大，側面觀近似方形，下頜狹窄，生有一些圓錐形的大牙。閉嘴時，下頜牙剛好嵌入通常無牙的上顎牙床中。體爲深藍灰色或淺棕色（梅爾維爾的《白鯨記》中提到的據推測爲患白化症者）。雄鯨體長可達18公尺。遍及全世界溫帶和熱帶水域，常以約15～20隻爲一群。潛水可深達350公尺，主要以頭足類動物爲食。抹香鯨因其鯨蠟（吻中的蠟質，用於製造油膏和化妝品）和龍涎香而遭捕殺。小抹香鯨屬的小抹香鯨是背面黑色的海豚形鯨，產於北半球，長約4公尺，無經濟價值。

spermatophyte ➠ seed plant

Sperry, Elmer (Ambrose) 斯派里（西元1860～1930年） 美國發明家和實業家。二十歲時這位早熟的有天賦的青年就在芝加哥成立了自己的工廠，製造發電機和弧光燈。他設計了一種工業用電力機車和市內電車用的電動機傳動機械，後來製造電力汽車，用他獲得專利的蓄電池作動力。他還發明了回收錫、製取鉛白和製作保險絲的方法。他最偉大的發明是陀螺儀（當時僅被視爲玩具），一經校準就始終指向正北方向。1911年他的陀螺羅盤首次安裝於「德拉瓦號」軍艦上。他將陀螺儀的原理運用到魚雷制導和駕駛船隻、穩定飛機的自動駕駛儀上，後來又用於船舶穩定裝置上。他一生創立了八家製造公司，取得四百多項專利。

Sperry, Roger 斯派里（西元1913～1994年） 美國神經生物學家。自芝加哥大學取得動物學博士學位。他研究大腦皮層兩半球的功能分化，檢查因大腦的胼胝體嚴重受損而患癲癇症的動物以及人類。他的研究表明大腦的左半球通常在分析和口頭表達事件上占優勢，而右半球主要負責空間事物、音樂和某些特定範圍。他的技術爲更專業的研究奠定基礎。1981年與休伯爾、維厄瑟爾共獲諾貝爾生理學或醫學獎。

Spey, River＊ 斯佩河 蘇格蘭東北部河流。發源於科里亞拉克森林，向東北流經蘇格蘭高地注入北海，全長172公里。以盛產鮭魚聞名，沿岸谷地是優質威士忌酒產地。

sphagnum ➠ peat moss

sphalerite＊ 閃鋅礦 亦稱blende或zincblende。鋅的硫化物（ZnS），是鋅的主要礦石礦物。在大多數重要的鉛－鋅礦床中與方鉛礦伴生。最重要的閃鋅礦礦床在美國密西西比河谷地區、波蘭、比利時和北非。亦請參閱sulfide mineral。

採自堪薩斯州巴克斯特斯普林斯的閃鋅礦
By courtesy of the Ted and Elsie Boente Collection; photograph, John H. Gerard

sphere 球 幾何學上，在三維空間相對於已知點（球心）相同距離（半徑）的所有點的集合，或是將一個直徑轉一圈的結果。球的構成要素和性質和圓類似。直徑是連接球的兩點通過球心的線段。圓周是大圓的長度，球與通過球心的平面交叉而成。經線是通過名爲極點的大圓。測地線是球上兩個點的最近距離，是通過兩點的大圓的弧。球表面的公式$4\pi r^2$，體積則是$(4/3)\pi r^3$。球的研究是地球地理學的基礎，亦是歐幾里德幾何學和橢圓幾何學的重要研究領域。

sphere, celestial ➠ celestial sphere

sphere of influence 勢力範圍 在國際政治中，一國對外國領土提出的控制權。這個術語在1880年代開始流行，當時歐洲列強對海外殖民擴張活動正接近完成。這包含了保證不干涉某一勢力範圍內的事務。殖民擴張活動終止後，地緣政治學比合法的勢力範圍更爲常見，例如，美國根據門羅主義將西半球建爲其勢力範圍；第二次世界大戰後蘇聯將東歐納爲其勢力範圍。

spherical coordinate system 球面座標系 幾何學上，座標系指定三維空間的點的方式是用其相對極軸的角度，以及在已知半徑的球面上相對於起始經線的旋轉角度。球面座標系點的座標表示成三個數量（r, θ, φ），此處 r 是點相對於原點的距離（半徑），θ 是相對於起始經線的平面旋轉角度，φ 是相對於極軸（從原點通過北極的射線）的角度。

sphinx 斯芬克斯 神話式獅身人首怪獸，常見於埃及和希臘藝術作品和傳說中。據說底比斯的有翼斯芬克斯用繆斯所傳授的謎語要求人們回答來爲難人，這個謎語是：今有一物，發一種聲音，但先是四足，後是兩足，最後三足，這是何物？猜不中的人就要被它吃掉。後來伊底帕斯答出正確答案「人」－－人在嬰兒時期匍匐爬行，長大時兩腳步行，年邁時拄杖行走；斯芬克斯隨即自殺。作爲藝術作品，最古老、最著名的斯芬克斯是埃及吉薩地方的大斯芬克斯臥像，約建於西元前2500年。斯芬克斯在西元前1600年左右出現於希臘世界，西元前1500年左右出現於美索不達米亞。

位於吉薩的大斯芬克斯像，做於第四王朝
E. Streichan－Shostal Assoc.

sphinx moth ➟ hawk moth

sphynx cat＊ 加拿大無毛貓 無毛的家貓品種，由兩種短毛貓自然突變而產生。最早出現在1975年，流浪貓珍那貝莉生下一隻無毛的雌貓埃皮德密絲，隔年又產下另外一隻。第二次發生在1978年，多倫多街頭救回一隻公貓與兩隻無毛的雌貓。無毛貓必須經常洗澡，維持皮膚不油膩，普通的貓會由毛皮吸收這些油，極大的耳朵也得經常清理，清除灰塵和泥土，避免耳垢堆積。

spice and herb 香料與香草 各種栽培植物的乾製部分，內含芳香、辛辣、藥用或其他人們所需要的物質。香料是熱帶、亞熱帶芳香或辛辣植物的製品，有小豆蔻、錫蘭肉桂、丁香、薑和辣椒。香料籽包括茴芹、葛縷子、歐蒔蘿、茴香、罌粟科和芝麻。香草是墨角蘭、薄荷、迷迭香和百里香等植物氣味芬芳的葉片。在遠古，香料和香草最主要的用途是製藥、製造聖油和油膏，又可用作春藥。也用作食物和飲料的調料，並抑制或遮掩食物變質。香料貿易（包括茶）在人類史上扮演著重要的角色。早期重要的貿易路線，包括亞洲與中東之間和歐洲與亞洲之間的路線，即是為取得外國香料與香草而形成的。15世紀時的探索之旅主要是因香料貿易而開始，17世紀時，葡萄牙和英屬、荷屬、法屬東印度公司間為取得控制權而有激烈的戰鬥（參閱East India Co.、East India Co., Dutch、East India Co., French）。

spicebush 香灌木 樟科落葉、濃密的灌木，原產北美洲東部，學名為Lindera benzoin或Benzoin aestivale。常見於濕潤的林地，高約1.5～6公尺。葉光滑，近長圓形，近基部楔形，長8～13公分。花小，黃色，密生於近無柄的小花束內。果肉質，紅色，種子有一層石質的包被。嫩枝、葉和果可以製茶。

香灌木
Walter Chandoha

spider 蜘蛛 蜘蛛目34,000種蛛形動物的統稱，具捕食性，多數陸生，除南極洲以外，分布於全世界。蜘蛛有兩個主要的身體部位、8隻足、兩個螯狀有毒附肢和2個吐絲器。體長從不及2.5公釐至約9公分。一些種類（例如隱居褐蛛）的毒液對人類有害。多數種類以自吐絲器吐出的絲網捕捉昆蟲獵物。蜘蛛在生長期間除體型外，其餘變化不大。其種類主要以眼的數量及排列位置和蛛網的型式來加以分類。亦請參閱black widow、tarantula、wolf spider。

spider crab 蜘蛛蟹 分布廣泛的蜘蛛蟹科中行動遲緩的海生蟹的統稱。喙狀頭部，體厚實而圓，足細長。蟹嘴流出像黏液的分泌物，把海藻、海綿或其他生物黏在覆在體表的毛、刺或瘤突上。多數為食腐動物，尤食腐肉。不同種類間體型相差頗大。歐洲長喙大足蟹的體長直徑小於1公分，而日本巨螯蟹的兩螯伸展時兩端相距逾4公尺，可能是最大的節肢動物。

Libinia屬的蜘蛛蟹
Walter Dawn

spider mite 蛛蟎 亦稱葉蟎（red spider）。葉蟎科的植食蟎類，通常以室內植物及重要農業植物為食。成蟎體微小，長約0.5公釐，體色通常為紅色。在受感染植物上結一疏鬆的絲網，植物受害嚴重時，葉子完全脫落。由於其抗藥能力日益增強，故難以防治。使用另一種捕食性的蟎類來對抗為有效的方法。

spider monkey 蜘蛛猴 捲尾猴科4種晝行性、樹棲的新大陸猴的統稱，分布自墨西哥到巴西。肢長，腹稍大，體長35～66公分，無拇指，尾長60～92公分，蓬鬆並能捲曲抓物。體色從灰到微紅、褐或黑色不等。有時用臂和尾悠盪於樹間，有時伸開手腳，從一棵樹跳到或落到另一棵樹上。以果實、堅果、花和嫩芽為食。容易感染瘧疾，常在實驗室用來研究這種疾病。雖然有時作寵物飼養，但成年個體可能會發脾氣，並可能給人帶來危險。

spider plant 蜘蛛草 百合科吊蘭屬植物，產於非洲。為受歡迎的室內植物，葉狹長，草綠色並帶白條紋。花莖呈週期性出現，小型白色花（並非每次出現）由新生小葉取代，葉片之後可落地生根。

spiderwort 紫露草 鴨跖草科紫露草屬20多種直立或匍匐狀、莖易彎曲的草本植物的統稱，原產南、北美洲。有些種在室內作為花籃植物，特別是白花紫露草，前者葉綠色，後者葉背帶紫色。白游絲草（亦稱白天鵝絨草）的葉和莖被白色絨毛。褶皺紫露草葉縱長，狹窄有皺紋，肉質。普通紫露草（亦稱widow's tears）莖直立，多汁，花白至紫色，栽於庭園。紫露草易繁殖，故為受歡迎的室內植物。

Spiegel, Der＊ 明鏡 德國聲名卓著的新聞雜誌週刊，為歐洲最好、發行量最大的雜誌之一。1946年創刊時名為《本週》，1947年在漢堡出版，以其新聞廣度和分析以及簡明文風而備受尊重。尤其以對政府的不當行為和政治醜聞進行咄咄逼人的揭露和攝影圖片而知名。該刊規格與《時代週刊》、《新聞週刊》相似，但厚很多。

Spielberg, Steven 史蒂芬史匹柏（西元1947年～） 美國電影導演和製片人。高中時就是業餘的拍片者。後為環球公司執導電視影片，拍攝了戰慄片《飛輪喋血》（1971），1974年導演故事片《橫衝直撞大逃亡》，隨後的戰慄片《大白鯊》（1975）成為電影史上最賣座的影片之一。他連續導演了一些極為成功的影片，如《第三類接觸》（1977）、《法櫃奇兵》（1981）和《外星人》（1982）。後期作品包括《侏羅紀公園》（1993）、《辛德勒的名單》（1993；獲奧斯卡獎）、《紫色姐妹花》（1985）、《太陽帝國》（1987）、《勇者無懼》（1997）和《搶救雷恩大兵》（1998；獲奧斯卡獎）。他幹練的剪輯手法、豐富的色彩處理、讓人追憶不已的配樂以及創造性的特殊效果，使他在一定程度上成為世界上最成功的製片。1994年史蒂芬史匹柏同他人一起成立製作影片、動畫和電視節目的夢幻工場公司。

Spillane, Mickey 斯皮蘭（西元1918年～） 原名Frank Morrison Spillane。美國恐怖偵探小說作家。最初為籌措學費為恐怖雜誌和滑稽書籍寫作。第一部小說《陪審團》（1947）塑造了偵探邁克・哈默，此人物也出現於從《我的槍法高明》（1950）到《黑巷》（1996）等作品中。其他小說均描寫暴力和放蕩的性生活，例如《海洋》（1961）、從《槍炮時代》（1964）開始的以國際間諜泰格・曼為主角的系列小說以及《殺人者》（1989）。在他鼎盛時期可能是世界上最暢銷的作家。

spin 自旋 與亞原子粒子或原子核相關的角動量的量。用等於普朗克常數除以2p的這個量（h-bar）的倍數量度。例如，電子、中子和質子的自旋都是1/2，而介子和氦核的自旋都爲0。複雜原子核的自旋是所有組成核的核子軌道角動量與內稟自旋的向量和。質量數爲偶數的原子核，這個倍數是個整數；質量數爲奇數的原子核，這個倍數爲半整數。亦請參閱Bose-Einstein statistics、Fermi-Dirac statistics。

spinach 菠菜 藜科一種耐寒、多葉的一年生蔬菜作物，學名爲Spinacia oleracea。葉可食，略呈三角形，平展或多皺，蓮座狀叢生，其後從葉叢中生出種柄。菠菜在涼爽的氣候條件下和富含石灰質的肥沃深土上生長快且葉可達最大面積。自早春至晚秋，每隔兩星期即可播種一次以提供穩定的供給。菠菜富含鐵、維生素A和C，爲有營養的蔬菜。

spinal column ➠ vertebral column

spinal cord 脊髓 身體的主要神經束，約45公分長，從腦底部起貫穿脊柱。外覆腦膜，受腦脊液保護。連接周邊神經系統（腦部和脊髓外表）和腦部，與腦部一起組成中樞神經系統。感覺刺激通過脊髓傳到腦部，腦部的刺激通過脊髓向下傳導到運動神經元，再通過周邊神經到達身體的肌肉和腺體。周邊神經通過脊髓神經和脊髓相連。人類有31對包含感覺和運動纖維的脊髓神經，產生於脊髓，在脊骨間新陳代謝，這些神經分出和接替運動衝動到達身體所有部分。脊髓損傷可能導致腦部間喪失交流，引起靠被損區域的範圍服務的身體某些部分的麻痺、知覺喪失和衰弱。因爲神經細胞和纖維是不能自我再生的，這些後果通常就會永遠存在。

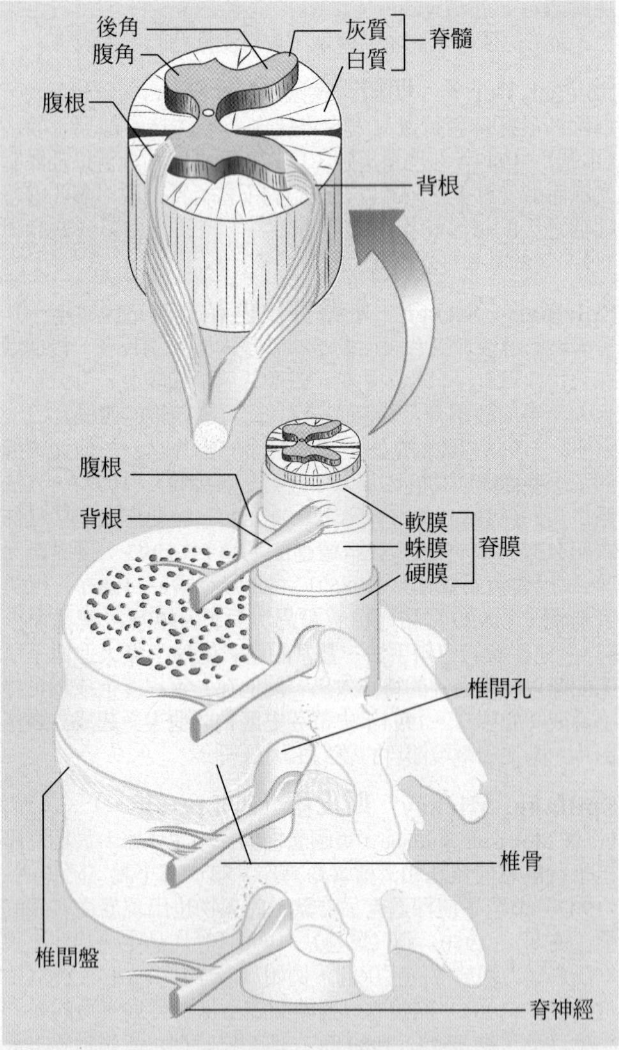

脊髓的橫切面。灰質後角的細胞體形成脊神經的運動纖維。腹角細胞體的纖維將從脊神經進入感覺纖維的脈衝帶到腦部。灰質內的中間神經元連接脊髓內部的脈衝。白質含有數束纖維，帶著感覺脈衝上行至腦部，而從腦部攜帶運動脈衝下來。神經纖維起自脊髓，通過椎間孔並形成腹根（含有感覺神經元纖維）和背根（含有運動神經原纖維），合併形成脊神經。

spindle and whorl 線軸與整速輪 亦作drop spindle。最早將纖維紡成線或紗線的裝置。紡紗人讓線軸落下拉出纖維，整速輪維持轉動提供必要的扭轉。手紡的線軸與整速輪由紡車取代。

spinel* 尖晶石 由鎂鋁氧化物（$MgAl_2O_4$）組成的礦物。也稱爲氧化鎂尖晶石，顏色因不同的純度而從血紅變化至藍、綠、褐色和無色。存在於基性火成岩、花崗結晶岩和接觸變質石灰岩礦床中，常和金剛砂同時出現。20世紀早期製造出人造尖晶石，以模仿寶石用途。尖晶石也泛指各種鎂、鐵、鋅或錳與鋁、鉻、鐵的混合礦物氧化物。

spinning 旋壓 金屬製品中一種製作空金屬容器和人造物品的技術。發展於19世紀，適用於大多數金屬。金屬盤置於一合適形狀的金屬或木製夾盤後的車床上；當車床轉動時，金屬被工具壓在夾盤上。典型的現代旋壓成品是鋁鍋。在大多數金屬製造技術中，當金屬在加工過程中變硬時（參閱hardening），採用退火或加熱來使金屬變柔軟。

spinning frame ➠ drawing frame

spinning jenny 珍妮紡紗機；多錠紡紗機 早期的多軸機械，精紡羊毛或棉花。手動的珍妮紡紗機是哈格里夫斯在1770年取得專利。紡車發展成珍妮紡紗機是紡織業工業化的重要因素，雖然其成品遜於阿克萊特的水力織布機。

spinning mule 走錠紡紗機 克倫普頓發明的多軸紡紗機（1779），使紡織業能夠大量製造高品質的線。克朗普頓的機器使得一位作業員可以同時操作一千個以上的線軸，不論粗細紗線都能精紡。

spinning wheel 紡車 早期紡紗機械，將紡織品纖維製成線或紗線以供織布機製成布。起源不詳，可能在印度，中世紀經中東傳入歐洲。18世紀英國織布機的改進引起紗線短缺，要求機械紡紗，促成工業革命的一系列發明，紡車被改革爲動力驅動的機械化裝置。亦請參閱drawing frame、spinning jenny、spinning mule、water frame。

Spinoza, Benedict de* 斯賓諾莎（西元1632～1677年） 希伯來語作Baruch Spinoza。荷蘭猶太人哲學家，17世紀理性主義的主要代表人物。出生於阿姆斯特丹，其父母爲逃避葡萄牙的天主教迫害而來到這兒。早期對新科學和哲學思想的興趣使他在1656年被逐出猶太教，其後靠磨鏡片和拋光工作來謀生。他的哲學代表了對笛卡兒哲學的發展和否定，其大多數震撼性的學說中很多都是對笛卡兒哲學難題的解決。他在笛卡兒形上學中發現了三個不足之處：上帝的超然存在、心靈和身體二元論、歸屬於上帝和人類的自由意志。斯賓諾莎認爲那些學說使世界變得難於理解，因爲這不可能解釋上帝和世界、心靈和身體的關係以及說明由自由意志引起的事件。在他的巨著《倫理學》（1677）中，他試著用極易理解和充分確定的方式來建構能解決這些問題的形上學一元論體系。他拒絕了在海德堡大學的哲學教授職位，以追求自身獨立。其他主要著作有《神學政治論》（1670）和未完成的《政治論》。

spiny anteater 針食蟻獸 ➠ echidna

spire 塔尖頂 塔或屋頂上尖銳陡峭的頂部。哥德式建築中，塔尖頂在建築形像上達到一種壯觀的視覺高潮，同時象徵著對天國的渴望。教堂塔尖頂起源於12世紀，原是一個加蓋於塔頂的簡單四邊角錐形屋頂。使八角形的塔尖頂與下方的四方形塔能協調的方式包括：八面錐形尖頂（在塔尖頂的四個面基部加上傾斜的三角形磚石建築，不與塔身的四個邊重合）；在塔尖頂的面上加入三角形的屋頂窗；和加在塔邊的陡直的小尖頂（角錐形或圓錐形豎向裝飾）。英國Decorated period（14世紀）期間，塔身邊緣的細長針狀的尖頂受到歡迎，邊緣的小尖頂和圍繞塔身邊緣的低矮女兒牆成為慣見的樣式。20世紀的建築師傾向於將它改造為較簡單的幾何形體。

spirea＊　繡線菊　薔薇科繡線菊屬近100種顯花灌木植物的統稱。原產北溫帶，因有宜人的生長習性和美麗的花簇而被普遍栽培。栽培最普遍的（也許是所有栽培灌木中最流行的）是菱葉繡線菊，亦稱笑靨花（由S. cantoniensis和S. trilobata雜交而成），可長到2公尺高，春天在優美的拱形樹枝上開出許多白色花朵。類似繡線菊的植物有灌木狀的薔薇科珍珠梅屬的假繡線菊，和多年生的虎耳草科落新婦屬的草本繡線菊。

繡線菊屬
E. R. Degginger

Spirillum＊　螺菌屬　螺菌科的一屬。為螺旋形細菌，除引起人類鼠咬熱的一種外，均為水生。通常泛指任何螺旋狀的細菌（參閱spirochete）。革蘭氏染色呈陰性，藉兩端的鞭毛運動。

spirits　烈性酒 ➠ distilled liquor

spiritual　靈歌　北美洲白人與黑人的民間音樂，用英語歌唱的民間讚美詩。白人靈歌來源多樣，主要源於17世紀中期「逐句吟唱」的聖歌。那時會眾不會讀詩篇，由一位領唱者帶有音調地吟唱其詞句，一次一行，根據會眾的每行詩的唱法來改變為一個熟悉的音調；緩慢吟唱的曲調用短音符、裝飾音和其他倚音或顫音來修飾。第二個來源是頌唱讚美詩，設定為借來的旋律，常是世俗的民間曲調。野營佈道會與奮興運動的特徵是自發性的群眾歌唱，採用呼應的形式和修飾過的旋律。主題有「回到應許之地」、「撒旦的失敗」、「戰勝罪惡」；典型的疊句是「流吧，約旦河」和「榮耀哈利路亞」。這些歌曲在與外界隔絕的地區用口授的方法保存下來，也存在於用圖形記譜（圖形記譜讚美詩集）的歌曲中。黑人靈歌部分從白人的鄉村民間讚美詩發展而來，但在音質、聲音效果、節奏和節奏性伴奏類型方面大為不同。黑人靈歌不僅是宗教禮拜歌曲，也是勞動歌曲，常反映出具體的任務。和白人福音歌曲一樣，現代黑人福音歌曲也起源於靈歌。

spiritualism　降靈論　認為死人的靈魂可以與活人進行溝通的一種信仰，通常有賴一個靈媒或處於反常心智狀態（例如恍惚狀態）進行。降靈論的基礎在於堅信靈魂是生命的本質，軀體死亡後靈魂繼續存在。靈媒是對靈界幽微訊息具有敏銳知覺的人，能舉行所謂「降神會」的聚會來尋找靈魂傳來的訊息。「帥巫靈」（control）是指向靈媒傳達訊息的靈魂，靈媒再把這些訊息轉達給活著的人們。靈魂也通過輕擊物體或使其升空等方式來彰顯自身。一些巫師聲稱具有超自然的救治能力。對巫師現象的科學研究一直是1882年成立於英國的物理研究協會的重點。

spirochete＊　螺旋體　螺旋體目中螺旋形細菌的統稱，一些為嚴重的人類致病菌，造成梅毒、雅司和回歸熱等病。螺旋體為革蘭氏染色陰性（參閱gram stain），可活動。螺旋體的獨特之處在於每個個體有2～200多條胞內鞭毛。多數螺旋體生活於液體環境（例如泥水，血液和淋巴）。有幾種螺旋體附於蝨和螺身上，藉此而傳播至人體。

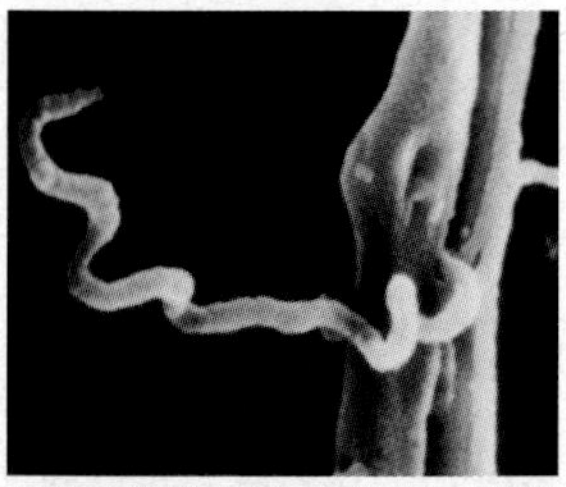

蒼白密螺旋體的掃描電子顯微圖，可見螺旋體正附著在睪丸細胞的細胞膜上
ASM/Science Source

spirulina＊　螺旋藻　螺旋藻屬的藍綠藻。在墨西哥與非洲部分地區的傳統食物來源，螺旋藻的維生素、礦物質與蛋白質含量異常豐富，且是少數的非動物性的維生素B_{12}的來源。現在廣泛研究其可能的抗病毒、抗癌、抗菌與抗寄生特性，並用於一些疾病如過敏、潰瘍、貧血、重金屬中毒與輻射中毒。亦用於減重計畫。

Spitfire　噴火式飛機　亦稱Supermarine Spitfire。英國在第二次世界大戰中的戰鬥機。為一低翼單翼機，1936年首航，1938年服役於英國皇家空軍。當時是最快的單座戰鬥軍用機，在不列顛戰役中發揮效能。機型修改後能用作戰鬥轟炸機和空中照相偵察機。1938年的機型具有每小時約580公里的最高速度，配有八挺7.7公釐機槍。噴火式XIV型飛機是戰爭中的最後機型之一，升限達12,200公尺，最高速度可達到每小時710公里。1954年自英國皇家空軍退役。

Spitsbergen　斯匹茨卑爾根　北冰洋的挪威群島。為斯瓦爾巴群島的主要島群，位於挪威北部580公里。主要島嶼有斯匹茨卑爾根島（舊稱西斯匹茨卑爾根島）、東北地、埃奇島和巴倫支島。可能聞名於北歐海盜間。17世紀因捕鯨權的歸屬幾個歐洲國家爭論不休，到20世紀同樣問題也發生在採礦權上。1925年挪威取得正式占有權。該地區還有豐富的煤儲藏。主要居民點在格林港。

Spitteler, Carl＊　施皮特勒（西元1845～1924年）　瑞士詩人。曾在俄國和芬蘭任私人教師，回國後寫出第一部偉大作品、神話史詩《普羅米修斯與埃比米修斯》（1881）。第二部偉大作品是史詩《奧林匹亞的春天》（1900～1905），在這裡他為大膽構思和生動的表達力找到充分的活動餘地。晚年改寫第一部作品，題名為《受難者普羅米修斯》（1924）。雖以其悲觀卻雄壯的詩篇出名，他也寫作抒情詩、故事、小說和散文。1919年獲諾貝爾文學獎。

spittlebug　沫蟬　亦作froghopper。亦稱吹沫蟲、鵑唾蟲。同翅目沫蟬科昆蟲，約2,000種，若蟲灰白色，其肛門分泌物與腹部腺體分泌物形成混合液體，再由腹部特殊的瓣引入氣泡而形成泡沫狀，可使若蟲不致乾燥和受天敵的侵害。成蟲長度很少超過1.5公分。草地沫蟬外形似蛙，善跳，分布於歐洲和北美洲。取食大量車軸草和苜蓿，導致嚴重阻礙生長，這會造成作物的50%以上的損失。某些非洲種類常成大群，並分泌大量泡沫，從樹枝上滴落猶如下雨。

spitz　狐狸狗　數種北方狗類的統稱，包括鬆獅狗、博美狗和薩摩耶德犬，特徵為被毛厚而長，耳尖而直立，尾捲於背上。在美國，該詞通常指小型、白色長毛的狗類，亦指美洲愛斯基摩犬。歐洲稱為狐狸狗的品種有被毛亮紅棕色的芬蘭狐狸狗，和被毛為白、棕或黑色的拉普蘭狐狸狗。

Spitz, Mark (Andrew) 施皮茨（西元1950年～） 美國游泳運動員。大學期間代表印第安納大學參加游泳比賽。1968年的奧運會上，他在團體接力賽中獲得兩面金牌。1972年奧運會獲得四項男子個人項目冠軍（並均創下世界記錄）和三項團體項目冠軍（一個世界記錄）。施皮茨創下的在一屆奧運會上獲得七枚金牌的偉績至今無人匹敵。

spleen 脾臟 位於腹部左側胃後面的淋巴器官，爲血液的主要濾過器官，紅血球、血小板的存儲處，以及網狀內皮組織細胞存在的四個地方之一（參閱reticuloendothelial system）。組織的兩種類型紅髓、白髓交織混合。白髓是包含淋巴球產生中心的淋巴組織；紅髓是充滿血液的腔管網，有濾過作用，是清除惡化的紅血球和進行血紅素循環的主要場所。都含有白血球，後者清除異質原料，開始進行抗體產生的過程。脾臟在某些傳染病中會腫大。在強力碰撞傷害中會破裂，需要外科切除，這使得病人更易感染嚴重的傳染病。

Split 斯普利特 古稱斯帕拉特姆（Spalatum）。克羅埃西亞達爾馬提亞海港。西元前78年羅馬人在附近建立薩羅納殖民地，國王戴克里先居住在斯普利特，直到西元313年去世。615年阿瓦爾人洗劫了這座城市後，居民在戴克里先以前的宮殿上修建了新城，其後不斷有人居住。9世紀處於東羅馬帝國的統治之下，1420年轉爲威尼斯，18和19世紀受奧地利控制，1918年又處於南斯拉夫之下，1992年成爲獨立的克羅埃西亞的一部分。第二次世界大戰期間港口設施受到破壞，但舊城損傷極小。爲商業、教育和旅遊中心。人口200,000（1991）。

Spock, Benjamin (McLane) 斯波克（西元1903～1998年） 美國小兒科醫師。自哥倫比亞大學取得醫學博士學位，後來鑽研小兒科，並教授精神病學和兒童發展學。他的《嬰幼兒保健常識》（1946；1998年第七版改爲《斯波克醫生的嬰幼兒保健書》），極力要求父母教導的靈活性和對常識的依賴，反對肉體懲罰；影響了幾代父母，以三十九種語言出版了五千多萬本，並持續修正、更新，提出新的社會和醫學話題。1967年停止投入反越戰運動。晚期提倡兒童素食的生活飲食（參閱vegetarianism），引起極大爭議。

Spohr, Louis＊ 史博（西元1784～1859年） 原名Ludwig Spohr。德國作曲家和小提琴家。1822年起任卡賽爾管弦樂隊指揮，在那兒度過餘生，指揮該地所有音樂。作品極爲豐富，包括十五部小提琴協奏曲、四部單簧管協奏曲、許多歌劇（包括《耶松達》，1923）、九部交響曲（包括《聲的奉獻》，1832；一部《歷史交響曲》，1839）、室內交響曲（包括三十多首弦樂四重奏和一部九重奏）。在很大程度上他一直被忽視了，但仍被看作是19世紀大師級的表演家和作曲家。

spoils system 分贓制 亦稱賜職制（patronage system）。美國政治中，政黨贏得選舉後報償黨員和工作人員的慣例。贊成者宣稱由給予支持者職位和承諾的方式能保持政黨組織活躍；批評者批評它任命不合格的人，是沒有效率的，因爲即使和公共政策無關的職位在選舉後就換人了。在美國，彭德爾頓文官制度法（1883）邁出了在政府工作人員雇用中引進功績制度的第一步。功績制度差不多完全替代了分贓制。亦請參閱civil service。

Spokane＊ 斯波堪 美國華盛頓州東部城市。位於斯波堪河瀑布處，創建於1810年的一個貿易駐地上。北太平洋鐵路通車後，於1881年設建制。1889年發生火災，城市大片被毀，但很快重建，並發展成爲周邊地區的貿易和運送中心。大古力水壩計畫（1941）的完成促進了其工業發展。設有貢薩加大學（1887）。爲斯波堪山勝地和幾處國家森林的門戶。人口約187,000（1996）。

sponge 海綿 多孔動物門約5,000種固著生活，多數爲海生，獨棲或群居的無脊椎動物的統稱，分布自淺水至深水（超過9,000公尺）水域。簡單的海綿呈中空圓柱狀，頂端有一大型開口，水和廢物經此開口排出。薄而穿孔的外表皮層覆蓋著多孔的骨骼，是由互相連結的碳酸鈣、矽或海綿硬蛋白（存在於80%的海綿種類中，爲似蛋白質的物質）所組成。海綿的體型直徑大小可自2.5公分至數公尺長，可能爲手指般大小、樹般大小或爲沒有形狀的一團物體。海綿缺乏器官和特化的組織，具鞭毛的細胞將水自孔送入中央空腔，個別的細胞消化食物（細菌、其他微生物和有機物殘骸）、排泄廢物和吸收氧氣。海綿可行無性和有性生殖。幼體可自由游泳，但所有成體皆固著生活。海綿自古代就被採收使用在吸水、沐浴和洗刷上。由於過度採收和更新的科技，今日所販賣的多爲人工合成海綿。

spontaneous abortion ➠ miscarriage

spoonbill 琵鷺 䴉科6種長頸長腿涉禽的統稱，棲息於新、舊大陸河口、鹹水牛軛湖和湖泊中。體長約60～80公分，尾短，喙長而直，頂端似刮刀狀。多數種類的羽毛呈白色，有時帶玫瑰紅色調。南美洲和北美洲的玫瑰紅琵鷺體羽深桃紅色，相當漂亮。用長嘴在濕泥和淺水中左右掃動覓食，主要捕食小魚和甲殼動物。飛行時頸和腿伸直，翅膀不停地拍動。成群繁殖，用樹枝在矮灌叢和樹中築大巢。含black-billed spoonbill在內的有些種類已瀕臨絕滅。亦請參閱ibis。

spoonerism 首音誤置 將兩個或兩個以上的詞的首字母或音節互換位置，例如「I have a half-warmed fish in my mind」（我心裡有條半溫的魚），這句話是「half-formed wish」（一個不太成熟的願望）之誤；又如「a blushing crow」（一隻臉紅的烏鴉），是「a crushing blow」（沈重一擊）之誤。該詞源於英國聖公會著名牧師、牛津大學新學院院長斯普納（1844～1930）的名字。他是一個神經質的人，犯過許多首音誤置的毛病。首音誤置有時是故意的，以期產生喜劇性的效果。

spore 孢子 不用和另一個生殖細胞結合就能夠發展成新個體的生殖細胞。孢子不同於配子，後者必須成對結合才能創造新個體。孢子是無性繁殖的代表，配子是有性繁殖的代表。孢子由細菌、真菌和綠色植物產生。細菌的孢子大部分處於生命週期的休眠或靜止狀態，以便在條件不利時可以保存下來。許多細菌孢子高度持久，甚至經過數年的休眠後仍能生長。眞菌的孢子和植物的種子功能類似；在適合的濕氣、溫度和可用性食物的條件下生長發育成新個體。在綠色植物裡（都有世代交替的生命週期特徵），孢子是無性世代的生殖代表（孢子體），產生有性世代（配子體）。

sporophyte＊ 孢子體 許多植物和藻類的世代交替中的無性世代，或是代表該種世代的個體。相應的有性世代是配子體。在孢子體的世代裡，二倍體（參閱ploidy）的植物體生長發育，最後通過減數分裂產生孢子。這些孢子經有絲分裂產生單倍體的配子體，進行有性繁殖。

sports and games 運動與比賽 指那些需要身體技巧、敏銳反應、常常還有運氣（尤其是在機會性的比賽中）的娛樂性或競賽性活動。遊戲是人類天性的必要部分。縱觀

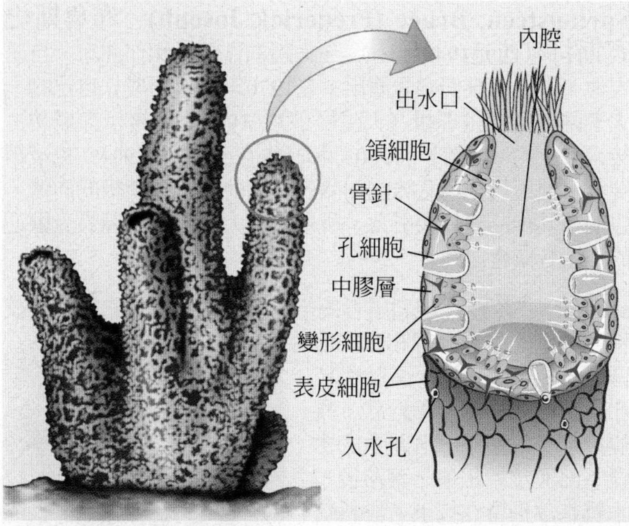

簡單的囊狀海綿。海綿表面由小孔（入水孔）貫穿，孔的構成是管狀的細胞（孔細胞），往內腔打開。膠狀的中層容納骨骼成分（骨針和海綿蛋白纖維），還有作用於消化、排泄、骨針及海綿蛋白形成的變形細胞。鞭毛狀的領細胞排列在內腔，製造水流，讓含有氧和食物的水進入海綿，並且消化食物顆粒。水和排泄物從水孔排出，孔的大小可以改變，調節通過海綿的水流。

歷史，人類創造運動和比賽活動的目的，主要是把它作爲一種社交聚會的手段，同時也爲了顯示技巧和體能，供人欣賞或提供刺激。最早期的運動可能建立在狩獵和採集活動上；現代隨著職業運動的出現，比賽繼續爲身體和情緒的發泄、娛樂、豐富日常生活提供服務，也扮演著顯著的經濟角色。

sports-car racing　輕型汽車賽　使用設計低矮、小巧的雙座汽車以達到反應快速、操作輕易和高速度行駛來進行汽車比賽的形式。不同於大獎賽所用的賽車，輕型汽車常爲批量生產，很少手製，某些汽車製造商（例如保時捷、積架等）的名譽於是用來作擔保。最著名的國際輕型汽車賽是勒芒耐力大獎賽。

sports medicine　運動醫學　爲運動員進行醫學護理監督和治療的學科。運動醫學分爲四個方面：賽前（訓練）準備，使用合理飲食、鍛煉和監督的行動過程來改進表現。預防檢查任何可能引起外傷或疾病的先在條件，包括熱身、伸展活動以及對保護設備的設計和使用。運動醫學中發展出來的許多外科技術，尤其是醫治膝蓋損傷，現在也用於一般群衆。復原（參閱physical medicine and rehabilitation）使受傷或患病的運動員在初期治療後能夠重返比賽活動。

spotted fever　斑點熱 ➠ Rocky Mountain spotted fever

sprat　棘魚　亦作brisling。鯡形目鯡科，學名爲Clupea sprattus之可食魚類。海生，體銀白色，群棲於歐洲西部海域，可供世界各地漁類工業所需。長不足15公分（6吋），較大西洋鯡小，故特別適合製沙丁魚（鯡科若干小魚之通稱）罐頭。可鮮食、油漬、鹽醃或製成燻魚。

Spratly Islands　南沙群島　中國海中的暗礁群。位於菲律賓和越南之間，越南、中國、台灣、馬來西亞、汶萊和菲律賓分別對其提出主權要求。在十二個主要小島中，最大的是36公頃的太平島。烏龜和海鳥是僅有的留居動物。第二次世界大戰後中國在太平島上建立了駐軍，國民黨政府遷到台灣後仍保持著駐軍。1951年日本宣布對該群島擁有主權。

spraying and dusting　噴撒　對植物、動物、土地和農產品施用化學殺蟲劑和其他化合物的常用方法。噴霧法是先將化學藥品溶解或懸浮於水中或有時在油質載體中，然後將此混合物以細霧的形式使用。撒粉法則將乾燥的、細微的粉末狀化學藥品與一種惰性載體相混合，然後用鼓風機撒布。熏蒸法是將氣體或揮發性化合物的蒸氣與欲處理的物料保持密切接觸。噴液和粉劑用於抑制植物的昆蟲、微生物、眞菌性和細菌性疾病，還有動物身上散播疾病的昆蟲，如蝨子和蒼蠅，以及雜草。也用於撒布無機肥料，增減果實數量，推遲快成熟果實的掉落，並使植物落葉以利收割（例如棉花；參閱defoliant）。噴液比粉劑能更好地黏附在被噴灑物的表面上。熏蒸法可用於抑制貯存產品中的昆蟲和某些疾病及土壤中的昆蟲，有時也可殺死土壤中的眞菌和雜草。噴撒逐漸擴大的應用使得人們關心它對自然、食物鏈、供水系統和公共衛生的影響，新的化學藥品和預防方法只能減少一部分危險。亦請參閱crop duster、fungicide、herbicide、insecticide。

spreadsheet　試算表　讓使用者輸入以類似會計帳簿的格式輸入數字行列的電腦軟體。表上的每一格可容納資料或者公式，描述插入的數值或從其他格的數值而來。當一格數字改變，程式重新計算所有格受到此次改變的內容。試算表廣泛用在個人電腦上進行商業計算。

Spree River＊　施普雷河　德國東北部河流。源出捷克邊界附近的盧薩蒂亞山脈，北流穿過柏林，匯入哈弗爾河，全長403公里。在科特布斯和呂本之間河道分成網路狀，形成沼澤森林地帶，稱爲「狂歡森林」。大部分地區已被開耕，也是郊遊勝地。

spring　泉　水文學中指流出地面或近地面處孔穴的地下水。可以流出地面，也可以直接流入河床、湖泊或海洋。地下水出露地面而無明顯水流的稱爲滲水。

spring　彈簧　一種有彈性的機器組件，能在承載時變形到預期的狀態，卸載後又恢復到原狀。一個壓縮彈簧中的力和位移組合就是能量，當活動負載被固定住或彈簧繞緊時，此能量就貯存在彈簧中，作爲力的來源（例如在錶中）。雖然大多數的彈簧是機械的，但也有液壓彈簧和空氣彈簧。

Spring and Autumn Annals ➠ Chunqiu

Spring and Autumn period　春秋時代（西元前770～西元前476年）　中國周朝的一段時期，得名自儒家的經典《春秋》。春秋時代，皇室家族的權威已經萎靡不振，而各地方的貴族相互爭奪權力，組成政治和經濟上的同盟，其目的不限於軍事，同時也包括水利計畫、渠道以及其他土木工程。商人和工匠也開始在社會上舉足輕重。中國的古典思想也在此一時期開始萌芽。亦請參閱Confucius、Five Classics。

spring balance　彈簧秤　利用載入與彈簧變形之間的關係來稱重的工具。這個關係一般是線性的，即載荷增加一倍，彈簧變形也增加一倍。彈簧秤在商業上廣泛應用。有著高負荷稱量的彈簧秤常常懸掛在起重機的吊鉤上，稱爲起重機秤。

spring peeper　春雨蛙　樹蛙的一種，產於美國池塘、沼澤和其他潮濕地區，學名爲Hyla crucifer。繁殖季節才可在林區池塘偶爾見到，其他時候則罕見。叫聲尖，是春天最先鳴叫的蛙類。體長約2～3.5公分，體灰色、棕黃色或橄欖綠帶棕色，背上有不規則的褐色「X」形斑紋。

springbok　跳羚　亦稱springbuck。羚的一種，原產於非洲南部無樹的開闊平原，學名爲Antidorcas marsupialis。

跳羚
George Holton/Photo Researchers

南非國家和運動的象徵。肩高約80公分，兩性都具有豎琴形帶環紋的角。從背中部到臀部有一皮膚皺褶，可以展開以炫示其白色的鬃毛。上體紅褐色，每側有一條深褐色的水平寬帶，下體、頭、尾和臀部白色。受驚時，頭朝下，四蹄合攏，背彎如弓，進行一系列的繃腿垂直跳躍，一躍可高達3.5公尺，稱為齊足跳。

Springfield　春田　美國伊利諾州首府。臨桑加蒙河，1818年創建；1837年經過林肯和其他立法會議員的努力，州首府被遷來此地。林肯在1861年當選總統之前一直居住在該地，他的墓地也位於此。為教育和政府中心，還是周圍富庶農區的批發零售中心。人口約113,000（1996）。

Springfield　春田　美國麻薩諸塞州西南部城市。瀕臨康乃狄克河，1636年創建，1641年設鎮。菲利普王戰爭（1675）期間被燒毀；美國革命期間為兵工廠所在地，1786年兵工廠在謝斯起義中遭攻擊；美國南北戰爭期間這裡的美國軍械庫（參閱Springfield Armory）首次研製出春田步槍。該地有數所高校，籃球名人堂亦座落於此，還是蓋澤爾的出生地。人口約150,000（1996）。

Springfield　春田　美國密蘇里州西南部城市。1829年建立，在美國大舉往西部移民以前一直發展緩慢，美國南北戰爭期間聯邦軍隊曾短暫據守該城。1860年代希科克曾在該地居住。高校的建立使得原本以農業為基礎的經濟得到了發展。神召會的國際總部也設在該城。人口約143,500（1996）。

Springfield Armory　春田兵工廠　美國國會1794年在麻薩諸塞州春田建立的武器工廠。源於1777年革命政府於春田市設立的兵工廠，位置的選擇有部分原因是英國軍力無法接近。兵工廠率先以大量生產的製造計算，生產的武器從早期滑膛毛瑟槍到第二次世界大戰的M1步槍。最知名的武器包括著名的春田步槍和格蘭步槍。1968年關廠，現為國家歷史遺址。亦請參閱armory practice、Blanchard, Thomas、Garand, John C(antius)。

Springfield rifle　春田步槍　美國陸軍在1873～1938年用做步兵制式武器的步槍，名稱得自春田兵工廠。最有名的一種始自春田1903型，為德國毛瑟槍改造而成。該型號經改進，可適用1906型彈藥，這就是歷史上最可靠和最準確的輕兵器春田.30-06。1938年以前春田步槍是美國最主要的步兵武器，直到第二次世界大戰中才被該廠設計的伽蘭德步槍取代。.30-06步槍退役後被廣泛改裝成流行的打獵用步槍，以其準確性佳而受人珍視。亦請參閱M16 rifle。

Springsteen, Bruce (Frederick Joseph)　布魯斯史賓斯汀（西元1949年～）　美國創作歌手和作曲家。自學吉他，曾參加幾個樂隊演出，在1970年代早期成立自己的十人樂隊。第三張專輯《天生好手》（1975）獲得巨大成功，後來發行的《河流》（1980）和《生在美國》（1984）也成績斐然。他極具抒情意味的作品表達出他對工人階級的同情，也使得其作品頗具吸引力。所舉辦的大型音樂會屬最受歡迎的搖滾音樂會之列。

spruce　雲杉　松科雲杉屬約40種觀賞和材用常綠樹的統稱，原產北半球溫帶和寒冷地區。樹冠金字塔形，具輪生枝和薄鱗片狀樹皮；葉針狀，螺旋排列，每葉以一個離生的木質基部與莖幹相連，葉落後，木質基部仍留在枝上。雲杉質地堅韌、紋理細緻、具共鳴性和柔韌性，因此可用做鋼琴的共鳴板和小提琴體，也用於建築、舟船、大桶和造紙。分布北美北部大部分地區的常見種類有黑雲杉，為雲杉樹膠的來源；和白雲杉，為良好木材的來源。藍雲杉（亦稱科羅拉多雲杉）因生長習性對稱和其淡藍色葉，而做為觀賞用植物。

黑雲杉
Grant Heilman

spruce budworm　雲杉色卷蛾　捲葉蛾的幼體，學名為Choristoneura fumiferana。北美危害最嚴重的害蟲之一。取食常綠樹的針葉和花粉，使雲杉和近緣的喬木的葉子完全落光，造成伐木業重大損失，並破壞自然景觀。

sprung rhythm　跳韻　一種接近於正常說話節奏的詩律。特點是頻繁出現單個重音節並列以及數量不變的音節，其排序中插入非重讀音節，而這些非重讀音節不計入韻律。因為重音音節在這種格律中連續出現，因而這種韻律被稱為「跳韻」。由英國詩人霍普金斯提出，他將跳韻看作是一系列英國早期詩歌和童謠的基礎，如朗蘭的《耕者皮爾斯》和兒歌「Ding, dong, bell / Pussy's in the well」（大寫字母表示強調）。

spurge　大戟　為顯花植物最大的屬之一，即大戟屬逾1,600種植物的統稱。其普通名稱取自於一群作為瀉劑的一年生草本植物，或大戟類。許多種類為重要的觀賞植物或藥物的來源、也有許多是雜草。最著名的其中一種為聖誕紅。大戟屬為大戟科的一部分，該科275屬中共含約7,500種一年或多年生顯花草本和灌木或喬木，多數分布於溫帶和熱帶地區。其花常缺花瓣，而大戟屬植物的花則簇生成杯狀。果為蒴果，通常為單葉，許多種類的莖含乳汁。除大戟屬外，該科具重要經濟價值的包括蓖麻、變葉木、木薯和橡膠樹。

Euphorbia venata，大戟的一種
Valerie Finnis

Sputnik＊　史波尼克　蘇聯發射的一系列人造地球衛星，標誌著太空時代的開始。「史波尼克1號」是第一枚由人類發射的人造衛星（1957年10月），1958年初墜入地球大氣層而隕落。「史波尼克2號」載了一隻狗來卡（Laika），

這是第一隻進入太空、繞地球飛行的生物。但由於在設計該衛星時並未考慮讓其能維持生命，所以來卡沒能在飛行過程中存活下來。以後又發射了八枚類似的衛星，用各種動物進行試驗，以檢測生命維持系統，也試驗了重返大氣層的程式，並提供有關太空溫度、壓力、粒子、輻射和磁場等資料。

Spyri, Johanna＊ 施皮里（西元1829～1901年） 原名Johanna Heusser。瑞士女作家。和律師丈夫一起住在蘇黎世。所寫的很多書被譯爲多國文字，其作品充滿了對家鄉的愛、對自然的感情、謙卑的虔誠和令人歡樂的才智。《海蒂》（1880～1881）是她最著名的小說，這部兒童文學經典講述的是一個孤兒被送到瑞士山區和其祖父一起生活的故事。

SQL SQL 全名結構化查詢語言（Structured Query Language）。電腦程式語言，用於擷取資料庫的記錄或記錄部分內容，進行各種計算，然後顯示結果。SQL特別適用於搜尋關聯式資料庫。具有正規、強大的語法，能夠容納邏輯算子。類似語句的結構有如自然語言，不過語法有限且固定。

Squanto 斯夸托（卒於西元1622年） 波塔克西特部族印第安人翻譯員和嚮導。曾險些被賣做奴隸，逃脫之後加入普里茅斯殖民地的紐芬蘭公司，並開始學習英語，後成爲布萊德福總督的印第安使者。在英國清教徒代表溫斯洛與萬帕諾亞格人首領馬薩索伊特談判期間擔任溫斯洛的翻譯員。

square 直角尺 量具中由兩根互成直角的直尺組成的工具。木工和機工用以檢驗校正直角，並用作切割前在材料上畫線或打孔時定位的基準。製圖中，丁字尺在製圖板上確立水平基線。

square dance 方塊舞 四對舞伴排成正方形而舞的舞蹈。是美國最流行的民間舞。由卡德利爾舞衍化而來，原稱方塊舞，以與雙縱隊舞（多對舞伴分男女面對面隔一段距離排成兩行）和輪舞（舞伴圍成一圈）相區別。在美國方塊舞中，舞者和著提琴、班卓琴、手風琴、吉他和鋼琴等傳統樂器的伴奏以及「舞步指揮」的歌聲指揮而翩翩起舞。

Square Deal 公平交易 美國總統羅斯福對他本人的治國方略的通俗說明。1902年礦工罷工結束後，羅斯福首次用這個詞表達大企業與工會和平共存的理想。1912年羅斯福成爲公麋黨的總統候選人時，公平交易的概念被納入該黨綱領中。

square of opposition ➠ opposition, square of

squash 南瓜（小果） 葫蘆科南瓜屬多種植物的果實，廣泛栽培用作蔬菜及牲畜飼料。主要的種類是筍瓜和西葫蘆的一些變種。夏季小果南瓜指生長迅速、果實形小、非蔓延生長或呈灌木狀的西葫蘆類型。形狀、顏色和表面質感多有不同，果實因不易貯藏，需在收割後盡快使用（參閱zucchini）。筍瓜爲冬季小果南瓜。具長藤，生長期長，果實較大。果實的大小、形狀及顏色多種多樣，果實收摘後，若保持乾燥及避免冰凍，可貯存數月之久。果皮較夏季小果南瓜硬，通常不適合食用，例如橡實形南瓜和南瓜（大果）。小果南瓜原產於美洲，歐洲人到該處定居前，印第安人即已大量種植。

squash (rackets) 軟式壁球 用長柄穿弦球拍和小橡皮球在四周有牆圍住的場地上進行單打或雙打的遊戲。球擊牆次數不限（只要擊中前壁）。軟式壁球是從壁球發展而成的，可能是在19世紀中葉左右發源於英國的哈羅學校。正式比賽用球質地較軟，速度較慢。在美國流行在較狹窄的場地上使用一種質地較硬、速度較快的球來打。這項運動的目的是將球打在前壁或令其反彈在前壁上，使對方接不准球或不能把球打在前壁上。

squash bug 南瓜緣蝽 亦稱leaf-footed bug。緣蝽科2,000多種分布廣泛的昆蟲的統稱，有許多是農作物大害蟲。多數體色暗淡，體長常超過10公釐。許多種類在足上有增大且扁平的擴展部。北美南瓜緣蝽是小果南瓜、西瓜和大果南瓜（葫蘆科植物）的重要害蟲。底色黃，上有大量小黑窩故呈黑色。幼體在地下取食，成蟲的口部可行刺穿和吸取功能，因此在殺蟲藥難以穿入的植物部位刺取汁液。

squash tennis 網球式壁球 類似軟式壁球的運動，在與軟式壁球場地一樣大小的場地上用一種大小與網球相同的充氣球來打。網球式壁球的球員在場上跑動體力要求不高，但是運動員在轉身時需要有更靈活的步法和更敏捷的反應。

squatter sovereignty ➠ popular sovereignty

Squaw Valley 斯闊谷 美國加州東部山谷。位於內華達山脈，在斯闊峰東坡，塔霍湖西北方。爲世界著名冬季運動場所，有溜冰設施、運送滑雪者的纜車和滑雪坡道。曾在此舉辦1960年冬季奧運會。

Squibb, E(dward) R(obinson) 斯奎布（西元1819～1900年） 美國製藥商。獲得醫學學位後，在美國海軍軍艦上擔任軍醫，因目睹海軍的藥品品質低劣，說服海軍當局應自造藥物。1851年受命到布魯克林海軍醫院服務，他在此地研製出安全製造麻醉劑乙醚、液體萃取劑和鉍鹽的方法。1858年在布魯克林設立自己的藥廠，南北戰爭期間他的藥廠爲聯邦軍提供大量藥品。到1883年他已製造324種藥品，並銷往世界各地。作爲貴格會信徒，他拒絕爲其藥品申請專利，並全心投入純藥品製造中。死後，他的工作成果被寫進1904年頒布的〈純食品與藥品法〉。

squid 槍烏賊 多種10腕頭足類動物的統稱，分布於岸邊和海水水域，捕捉魚類和甲殼動物爲食。長約1.5公分～20公尺以上（巨烏賊也列入其中，爲最大的無脊椎動物）。有二腕延伸爲細長的觸手，尖端有4行吸盤，內有帶齒的角質環。多數具內殼以支撐細長管狀的身體。烏賊眼幾乎與人眼一樣複雜，經常位於頭部兩側。烏賊可敏捷的游泳（以其套膜伸縮來推動自身前進）或僅飄浮而已，自頭部下方漏斗排出的水可使烏賊向後方移動。如同章魚，烏賊也會在危急時（遭遇其他捕食者中的抹香鯨、魚類或人類）自墨囊噴出一片黑霧。

往前游的一種槍烏賊（學名Illex coindeti）
Douglas P. Wilson

squint ➠ strabismus

squirrel　松鼠　松鼠科50屬約260種多爲晝行性的齧齒類的統稱，幾乎遍布全世界。許多種類爲樹棲，有些則地棲。所有種類皆有強壯的後腿和多毛的尾。毛色和斑紋變化很大，體長從約10公分的非洲侏儒松鼠到90公分的亞洲巨松鼠都有。樹棲種居於樹洞或窩內，多數爲終年活動。地棲種居於地穴，其中有許多進行冬眠或夏眠。主要以植物爲食，嗜食種子和堅果。有些吃昆蟲，或以動物蛋白質補充飲食。亦請參閱chipmunk、flying squirrel、ground squirrel、marmot、prairie dog。

squirrel monkey　松鼠猴　捲尾猴科松鼠猴屬2種常見的晝行性、樹棲新大陸猴的統稱。群居於中南美洲的河岸森林中，有時一群達數百隻。以果實、昆蟲和小動物爲食。體長25～40公分，尾粗大而不能捲曲，末端爲黑色，長37～47公分。臉小呈白色，眼大，耳大而常具叢毛，被毛短而柔軟，毛色灰至綠色，臂、掌和腳爲黃或橙色。普通松鼠猴具橄欖色或淺灰色毛冠。紅背松鼠猴有黑色毛冠和微紅的背部。常被飼養爲寵物。

普通松鼠猴
© Gerry Ellis Nature Photography

Sraosha＊　斯拉奧沙　瑣羅亞斯德教教義中至高之神阿胡拉·瑪兹達的使者、神諭的化身、人與神之間的媒介。瑣羅亞斯德教徒認爲只有他在場的典禮才是有效的。傳說中他是健壯而聖潔的青年，居住在有千根大柱的天宮裡；嚴懲那些每天夜裡擾民的惡魔，藉著人死後三天對其進行神裁法來引導正義。他終將促成惡魔的滅絕。

Sravasti＊　舍衛城　印度北部北方邦東北部古城。佛陀時期（西元前6世紀至西元6世紀）爲科薩拉首都及繁榮的貿易中心。該城與佛陀及後來佛教歷史中的重要人物有密切關係。城市遺跡中有一座修道院。

Sri Lanka＊　斯里蘭卡　正式名稱斯里蘭卡民主社會主義共和國（Democratic Socialist Republic of Sri Lanka）。舊稱錫蘭（Ceylon）。印度洋上的島國，面積65,610平方公里。人口約19,399,000（2001）。首都：可倫坡（行政）；斯里賈亞瓦德納普拉·科特（立法）。約75%的人口爲僧伽羅人。其他種族集團有坦米爾人和穆斯林。語言：僧伽羅語和坦米爾語（均爲官方語）；英語的使用亦很廣泛。宗教：佛教、印度教、伊斯蘭教和基督教。貨幣：斯里蘭卡盧比（SL Rs）。高地構成了斯里蘭卡的中南部地區和中心處，有狹窄的峽谷以及深深的河谷。四周圍低地有小山和肥沃的平原。斯里蘭卡屬開發中混合經濟，主要以農業、服務業和輕工業爲基礎。茶葉、橡膠和椰子爲主要出口品。斯里蘭卡因出口多種寶石而著稱於世，有藍寶石、紅寶石和黃寶石。在高級石墨生產方面居世界領先地位。政府形式爲共和國，一院制。國家元首暨政府首腦爲總統，由總理輔助。斯里蘭卡的僧伽羅人可能源自於原住民與西元5世紀左右自印度來到該地的印歐人混合種。坦米爾人是以後來自達羅毗荼印度的移民。他們的移民活動從西元初一直延續到西元1200年前後。佛教在西元前3世紀傳入。隨著佛教的普及，僧伽羅人王國的政治控制在錫蘭擴張開來，10世紀失於來自南印度的入侵者。從1200～1505年，僧伽羅人的勢力逐漸轉到該島西南部。與此同時，一個南印度王朝在北方崛起，並於14世紀建立了一個坦米爾王國。在13～15世紀，發生了來自印度、中國和馬來亞的入侵。1505年，葡萄牙人到達。到1619年，葡萄牙人控制了該島的大部分領土。僧伽羅人借助荷蘭人的幫助，把葡萄牙人趕了出去，但該島卻落入了荷屬東印度公司的手中，1796年讓予英國人。1802年，錫蘭成爲英國政府的直轄殖民地。1948年，獲得獨立。1972年成爲斯里蘭卡共和國。1978年改國名爲斯里蘭卡民主社會主義共和國。近幾年來，隨著坦米爾在斯里蘭卡北部要求單獨的自治國家，坦米爾與僧伽羅集團之間的內訌侵擾該國。

Srinagar＊　斯利那加　印度西北部查謨和喀什米爾邦的夏都。位於喀什米爾山谷，瀕臨傑赫勒姆河，四周有清澈的湖水及崇山峻嶺，長久以來旅遊業在其經濟中占有相當比重。傑赫勒姆河在該市河段有七座木橋横跨兩岸，鄰近的許多運河與河道中輕舟點點。達爾湖的「水上花園」是著名景點。人口約850,000（1990）。

Srivijaya empire＊　室利佛逝帝國（活動時期西元7～13世紀）　馬來群島的海上商業王國。興起於蘇門答臘，不久就向外擴張，控制了麻六甲海峽。其勢力以對海上國際貿易的控制爲基礎，與其他島國及中國、印度都建立了貿易關係。室利佛逝也是大乘佛教的宗教中心，爲中國佛教徒前往印度朝聖時的停留處。1025年被朱羅王朝打敗，此後國力日衰。

SS　近衛隊　全名爲Schutzstaffel。德國納粹黨的半軍事性部隊。1925年希特勒作爲個人衛隊建立，1929年起由希姆萊領導。他把一支不足300人的隊伍發展到250,000多人。他們身著黑色制服，佩帶特殊徽章（閃電式的如尼文字S's，骷髏頭徽章，銀色匕首）。1934年希特勒利用近衛隊整肅挺進隊（SA），近衛隊也自感優於挺進隊。主要分爲普通近衛隊和武裝近衛隊。普通近衛隊負責警察事務，包括祕密警察蓋世太保。武裝近衛隊包括集中營的看守部隊以及第二次世界大戰中的39個師。近衛隊成員的受訓內容是培養種族仇恨和對希特勒的絕對服從，他們曾大批屠殺政治上的反對派、吉普賽人、猶太人、共產黨黨員、黨派人士和蘇聯戰俘。1946年紐倫堡盟軍軍事法庭宣布近衛隊爲犯罪組織。

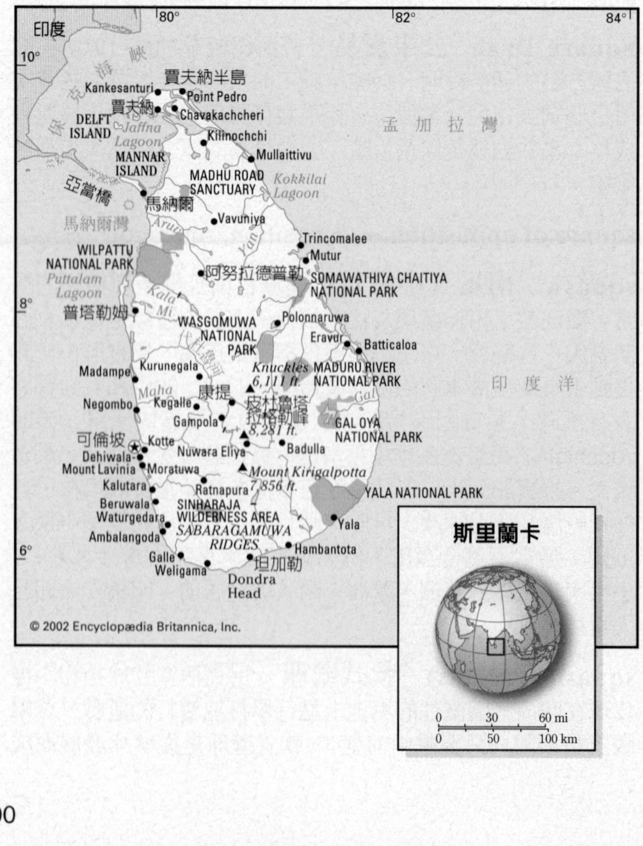

stability 穩定性 數學中指系統受到輕微擾動而不會造成重大破壞性效果的條件。一個微分方程式的解若是穩定的，那麼與它稍有不同的另一個解在x=0時與它接近，而在0附近的x值上依然與它接近。在物理學的應用中，解的穩定性很重要，因爲在測量中由於有誤差，所以不可避免地會偏離數學模型。穩定的解就可以不管這種偏離而繼續可用。

stabilizer, economic ➟ economic stabilizer

stadium 體育場 可供進行體育比賽，並爲大量觀衆提供成排座位的四周圍住的寬敞場地。這個名稱是從希臘度量衡單位演繹而來，stade（約185公尺）是古代奧運會賽跑的長度。體育場根據不同用途而有不同形狀，有的是帶彎道的長方形，有的是橢圓形，還有的是U形。作爲一種跨度較大的建築物，體育場在20世紀建築工藝上起過重要作用。鋼筋混凝土、鋼鐵以及薄膜結構的使用大大促進了體育場設施的建設，使建築設計有了大膽的革新。休斯頓的透明圓頂體育場是第一座全部有層頂覆蓋的大型體育場。使用鋼纜大大加快了建造進度，減輕屋頂的重量，並降低造價。明尼亞波利的大型韓福瑞圓頂館（1982年開放）就是用這樣的鋼纜系統建成的。

Staël, Germaine de＊ 斯塔爾（西元1766～1817年） 原名baronne (baroness) Anne-Louise-Germaine Necker, baronne de Staël-Holstein。以斯塔爾夫人（Madame de Stael）知名。法裔瑞士作家、政治活動家、沙龍交際家。早年以活潑機敏贏得贊譽，因《論盧梭的性格與作品》（1788）一書而一舉成名。其生涯中最出色的一段始於1794年，當時她在大恐怖結束後回到法國；她舉辦的私人沙龍十分興旺，文藝界和知識界著名人物爲她的沙龍帶來了聲譽。於此同時，她還發表了一些政治和文學論文，著名的有《論激情對個人與民族的幸福的影響》（1796），這篇文章成了歐洲浪漫主義的重要文獻之一。1803年厭憎她抱持敵對態度的拿破崙將她驅逐出巴黎，她則把自己在瑞士科佩的住所當成了行動總部。最重要的著作或許是《德國》（1810）一書，這是一本關於德國的風格、文學與藝術、哲學與道德以及宗教的嚴肅著作。其他作品有小說、劇本、道德散文、歷史研究以及回憶錄。

斯塔爾，肖像畫，伊薩貝（Jean-Baptiste Isabey）繪於1810年；現藏巴黎羅浮宮
Giraudon – Art Resource

Stafford 斯塔福 英格蘭中西部斯塔福郡首府。由阿佛列大王之女建成，自艾塞斯坦到亨利二世統治期間該鎮都有自己的財政來源。1206年獲特許狀，發展爲集鎮。1643年11世紀的城牆和城堡在英國內戰期間被國會分子毀壞。位於倫敦－伯明罕－曼徹斯特公路和鐵路線上，有電機、機械等工業。是華爾頓的出生地，這裡的天鵝旅館曾接待過狄更斯。人口約123,000（1994）。

Staffordshire＊ 斯塔福郡 英格蘭中部郡，首府斯塔福。北部高沼區爲本寧山脈南端，往南是北斯塔福煤田區，俗稱產陶瓷地區。現有新石器時代、青銅時代和鐵器時代的居民點遺跡。羅馬人修建了穿過這一地區的道路，7～9世紀末成爲麥西亞王國的中心，9世紀末遭丹麥人劫掠。自13世紀以來，該地即開採煤礦和鐵礦。陶器工業因維吉伍德所做的革新而在18世紀開始聞名。人口約802,000（1995）。

Staffordshire figure 斯塔福郡塑像 約1740年開始在英國斯塔福郡製作的陶瓷塑像。最初以上鹽釉的石陶器爲材料，後來以鉛釉陶器爲材料。主題包括音樂家、動物、牧羊人、古典的聖像、寓言中的人物、肖像、戲劇人物、政治人物，甚至罪犯。斯塔福郡藝術家包括陶工伍德家族。

斯塔福郡鉛釉陶器塑像，約做於1780年；現藏倫敦維多利亞和艾伯特博物館
By courtesy of the Victoria and Albert Museum, London; photograph, EB Inc.

Staffordshire terrier 斯塔福郡㹴 ➟ pit bull terrier

stage design 舞台設計 舞台演出中燈光、布景、服裝、音響等組合效果的美學創作。早在西元前4世紀的古希臘戲劇中，諸如描畫的屏風以及能旋轉的平台等就有所使用。但舞台設計中使用的大部分創新發明是在文藝復興時期的義大利出現的，當時繪景式背景、透視式建築背景以及衆多的布景變換都很常見。義大利的舞台置景技術於1605年由瓊斯介紹到英國。到19世紀後期，舞台置景更多地受到新起的自然主義的影響，主張要歷史地還原眞實的原貌。到了20世紀，簡化了的舞台設計更多地把注意力集中到演員身上。舞台設計一直受到燈光進步的影響，從文藝復興時代使用蠟燭，到18世紀使用油燈，直到19世紀使用煤氣燈和電燈。當代的舞台燈光由電腦控制板來操控，取得複雜的燈光效果，能將整個舞台的所有視覺元素組合成一個完整的統一體。

stage machinery 舞台機械裝置 爲達到劇場演出效果而設計的裝置，諸如快速換景、燈光、音響效果及幻覺。早在西元前5世紀就開始使用，當時希臘人發明了「舞台機關送神」裝置，可以讓演員從空中降落到舞台上。希臘人還使用安裝在輪子上的可移動布景。中世紀的神蹟劇也使用舞台機械裝置，包括讓魔鬼出現的活板門，以及供天使使用的空中飛行機械裝置。義大利文藝復興時期，人們開始爲教堂裡的祭日表演設計精巧的機械裝置。17世紀義大利人托雷利（1608～1678）發明了一種移動舞台兩翼裝置，能快速轉換布景。19世紀人們利用反射鏡和活板門製造出魔術般的幻景。到20世紀末，除音樂劇外，大場面已經過時，但液壓舞台機械裝置能快速、無聲地變換布景。

stagecoach 驛站馬車 沿固定路線定期在驛站間行駛的公共四輪大馬車。1640年已在倫敦使用，1660年巴黎也有了這種馬車。在英國和美國，19世紀是驛站馬車的極盛時期，1828年英國僅列斯特至倫敦每天就有十二趟驛站馬車。在美國，它甚至是長途陸上旅行和郵政交通的唯一工具，尤其是通向偏遠的西部。後被火車取代，只有偏遠地方仍在使用這種交通工具。

staged rocket 多級火箭 由幾個按垂直方向組裝的由幾個火箭系統所驅動的運載器。最下面的一級（第一級）火箭先點火，使運載器加速上升，燃料耗盡即拋掉，以減輕運載器的重量，並點燃第二級，使運載器進一步加速。大多數太空運載火箭由三級組成。亦請參閱spacecraft。

Stagg, Amos Alonzo 斯塔格（西元1862～1965年） 美國大學美式足球教練。曾在耶魯大學校隊打邊鋒，1889年選入全美大學第一隊。在芝加哥大學任美式足球教練四十一年期間（1892～1932），設計了幾種新戰術，如底線後衛繞跑、場上常有一名跑動的人員、比賽過程中隊員集在一起磋商和同等換位等。後又在其他三所大學任教練，1960年才退休，是美式足球運動史上任期最久（七十一年）的教練。享年一百零二歲。

Stahl, Franklin W(illiam) 斯塔爾（西元1929年～） 美國遺傳學家。曾在哈佛大學和羅契斯特大學求學，主要是在奧瑞岡大學任教。1958年與梅塞爾森一起發現並闡明去氧核糖核酸的複製方式，他們發現雙鏈螺旋分開後，每一鏈能生成一個新的姊妹鏈。

stained glass 彩色玻璃 裝飾窗戶和其他物件的各色玻璃。常用於製造大型的、用豐富的顏色拼湊成各種圖像而置於一鉛製框架中。藉由加入氧化物以熔化金屬的過程獲得顏色。作爲一種純西方現象，彩色玻璃最初是用於宗教教堂內的一種精美藝術。12～13世紀起被用於哥德式建築中，以產生一種燦爛輝煌的動人效果。13世紀後開始衰退，當時的彩色玻璃藝術家渴望實現文藝復興畫家所追求的寫實主義效果，但彩色玻璃技術無法實現這一效果，於是他們開始挖掘玻璃的反光作用。到近代，彩色玻璃藝術家取得了新的成就－－19世紀哥德復興式的復甦、蒂法尼的新藝術主義設計以及20世紀夏卡爾等藝術家的作品。

stainless steel 不銹鋼 含鐵的合金，其中鉻含量爲10～30%。鉻以及少量的碳使該合金具有顯著的耐腐蝕性和耐熱性。加入鈮、錳、鉬、磷、硒、矽、硫、鈦和鋯之類的元素也可獲得特殊性能的不銹鋼，具有對特殊環境耐腐蝕性及較強的抗氧化性（參閱oxidation-reduction）。

stairway 樓梯；階梯 亦稱staircase。兩層樓面之間的一系列踏階，是從一個樓層到另一樓層的通道。最早的階梯可能是西元前2000年埃及塔門中兩邊都有牆的階梯。古羅馬人也以他們的宏偉階梯聞名。20世紀應用鋼材和鋼筋混凝土作成各種形狀的樓梯，具有大膽的曲線和奇異的輪廓，是現代建築設計中的重要特徵。傳統的樓梯用木、石、鋼鐵製成。踏階的水平板稱爲踏板，垂直板稱爲豎板。踏階設在依樓梯角度傾斜的樓梯側板之間，樓梯側板支在立柱上，立柱也支承樓梯扶手和欄杆。

Staked Plain ➠ Llano Estacado

stalactite and stalagmite＊ 石鐘乳和石筍 由緩慢的滴水帶來溶於水中的各種礦物澱積而成的狹長形體。其中，石鐘乳像冰柱一樣由洞頂或洞壁向下懸垂；石筍則好像顛倒的石鐘乳，由洞底向上生長。並非所有的石筍都有對應的石鐘乳，但當二者成對出現時，最終可能連成石柱。這類沈澱物中的主要礦物是方解石。石灰岩和白雲岩溶洞中的石鐘乳和石筍形體最大。

stalactite work 鐘乳石狀裝飾 亦稱muqarnas。伊斯蘭教建築中內角拱（參閱corbel）上的一種蜂巢狀裝飾。由很多小壁龕組成，逐層向上挑出，或爲成行成列凸出的稜柱體，其頂端用小型的突角拱相連（參閱Byzantine architecture）。12世紀出現於伊斯蘭教世界，多用於圓形屋頂和其支架之間。14、15世紀發展到極盛期，成爲用在門頭、壁龕、簷口下和尖塔上的普遍裝飾形式。最華麗的鐘乳石狀裝飾見於艾勒漢布拉宮和西班牙的摩爾人建築中。

Stalin, Joseph 史達林（西元1879～1953年） 原名爲Iosif Vissarionovich Dzhugashvili。蘇聯政治人物和獨裁者。爲鞋匠之子，在一家學院求學，但因革命活動而在1899年被退學。他加入一個地下革命團體，1903年支持俄國社會民主工黨中的布爾什維克派。身爲列寧的信徒，他擔任次要的黨職，後來奉派至布爾什維克中央委員會（1912）。他一直活躍於幕後並流亡（1913～1917），直到1917年俄國革命讓布爾什維克掌權爲止。採用「史達林」（俄語意爲「鋼」）爲姓後，他在布爾什維克政府擔任國籍和國家控制方面的政治委員（1917～1923）。1922年起他成爲該黨中央委員會的總書記（這個職位後來成爲他獨裁的基礎），同時身兼政治局委員。列寧死後（1924），史達林戰勝了包括托洛斯基、季諾維也夫、加米涅夫、布哈林和李可夫在內的對手，掌握俄羅斯政治。1928年推行五年計畫，急劇改變蘇聯的經濟和社會結構，導致數以百萬計的人民死亡。1930年代他進行清黨審判和廣泛的暗殺及迫害，致力於消除權力上所受的威脅。第二次世界大戰期間，他簽訂了「德蘇互不侵犯條約」（1939），進而攻入芬蘭（參閱Russo-Finnish War），還兼併東歐部分地方，以強化西部邊界。當德國入侵俄羅斯時（1941），史達林掌控了軍事運作。他在德黑蘭會議、雅爾達會議、波茨坦會議中與英美結盟，證實了自己的協商技能。戰後他在東歐鞏固蘇聯的力量，並把蘇聯建設爲世界軍事強國。爲了控制國內異議分子，他持續政治上的壓迫措施；他逐漸變得偏執，死前正準備在所謂醫生陰謀案之後進行另一次整肅。史達林因把蘇聯變爲世界強國而聞名（人民付出了恐怖的代價），他留下了工業及軍事力量，也留下了壓迫與恐懼的遺產。1956年史達林和他的人格崇拜受到赫魯雪夫譴責。

Stalin Peak 史達林峰 ➠ Communism Peak

Stalinabad 斯大林納巴德 ➠ Dushanbe

Stalingrad 史達林格勒 ➠ Volgograd

Stalingrad, Battle of 史達林格勒會戰（西元1942～1943年） 第二次世界大戰期間德國對蘇聯的不成功的進攻。德軍於1941年開始進攻蘇聯，1942年夏推進到史達林格勒郊區（今伏爾加格勒），遭到崔可夫將軍指揮的紅軍的頑強抵抗。經過激烈巷戰，德軍挺進至市中心。11月蘇聯發動反攻，包圍了保盧斯率領的德軍，其所屬餘部91,000人於1943年2月投降。軸心國軍隊（德國、羅馬尼亞、義大利和匈牙利）損失800,000人，蘇聯軍隊死亡人數逾百萬。該戰役爲德軍進攻蘇聯所達最遠之處。

Stalinism 史達林主義 蘇聯領導人史達林及其在蘇維埃集團內的模仿者的統治方法或政策。掌權以後，史達林自稱是黨意識形態的唯一與絕對正確的詮釋者，不能容忍任何異議。他不急於進行無產階級革命鬥爭，而專注於「一國社會主義」學說。在蘇聯致力進行農業大規模集體化和快速工業化。儘管取得了廣泛的成效，卻犧牲了數百萬人的生命。1930年代的肅清運動（參閱Purge Trials）使數百萬人受迫害致死，反對者被視爲叛國，或被判處死刑，或被送到古拉格。史達林死後，赫魯雪夫批判史達林主義爲一場錯誤（1956）。亦請參閱Leninism、Trotskyism。

Stalino 史達林諾 ➠ Donetsk

Stallone, (Michael) Sylvester 席維斯史特龍（西元1946年～） 美國電影演員。生於紐約市，1970年開始演出電影，包括《狂野少年》（1974）與《復仇計畫》（1975）。他撰寫並演出意外賣座的《洛基》（1976），因飾演費城一位成爲冠軍的拳擊手而立即成名。他參與撰寫並演出其四部續集（1979、1982、1985、1990）以及一系列的動作片，並在《第一滴血》（1982）中塑造了藍波。其他電影有《顛峰戰士》（1993）與《警察帝國》（1997）。

Stamboliyski, Aleksandur＊　斯塔姆博利伊斯基（西元1879～1923年）　保加利亞政治人物和首相（1919～1923）。曾任農民聯盟機關報編輯，1908年以農民聯盟（農民黨）領袖身分進入國會。第一次世界大戰期間，他反對支持德國的斐迪南國王，主張站在協約國一方，結果被關入監獄（1915～1918）。1918年他領導起義，迫使斐迪南退位，1919年被選爲新成立的保加利亞共和國的首相。偏好親農政策，他向農民重新分配土地，並改革司法制度。他的和平主義傾向和提倡的民兵政策引起軍隊的不滿，因此斯塔姆博利伊斯基在一場軍事政變中被推翻處死。

stamen　雄蕊　花的雄性生殖器官。雄蕊末端囊狀結構稱爲花藥，產生花粉。雄蕊的數目通常等於花瓣的數目。雄蕊通常由纖細的柄，稱爲花絲，尖端有花藥。有些雄蕊和葉子類似，花藥長在邊緣或邊緣附近。小型分泌構造稱爲蜜腺，通常在雄蕊的底部，提供食物回報昆蟲和鳥類等授粉媒介（參閱pollination）。亦請參閱pistil。

Stamford　斯坦福　美國康乃狄克州西南部城市。位於長島海峽里波瓦姆河河口，1641年建鎮。1840年代鐵路尚未修築以前，爲一農業社區；1960年代晚期前一直爲紐約市郊住宅區，自1970年代起，許多大公司紛紛遷來此地，促進了當地經濟發展。破落的市中心被夷爲平地，摩天大樓拔地而起，現已成美國最大公司總部所在之一。人口約110,000（1996）。

Stamitz, Johann (Wenzel Anton)＊　斯塔密茨（西元1717～1757年）　匈牙利裔德國作曲家和小提琴演奏家。1741年進入曼海姆宮廷，不久便擔任管弦樂隊指揮，使該樂隊成爲全歐洲最優秀的樂隊。創作了約七十五首交響曲，並確立四樂章爲標準形式，還把義大利音樂中所採用的聲音漸強法介紹到德國。他和學生（包括他兒子）一起創立了曼海姆樂派。其子卡爾（1745～1801）也是一名作曲家和小提琴演奏家，在曼海姆及各地舉辦獨奏音樂會，創作了五十多首交響曲。

stammering ➠ stuttering

Stamp Act　印花稅法（西元1765年）　英國議會在美國殖民地實施的徵稅辦法。爲了支付法國印第安人戰爭所造成的巨大開支，英國想通過對印刷品徵稅的方法來增加國家收入。這一英國徵稅的普遍方式遭到殖民地人民的一致強烈抗議，他們拒絕使用郵票，合夥威脅郵票代理商。九個殖民地的溫和代表並在紐約召開印花稅法大會，請求英國議會取消法案。由於英國商人輸往殖民地的貨品受到抵制，他們也請求國會廢除該法。迫於壓力，國會於1766年取消該法，但又頒布聲明法案。

〈印花稅所造成的後果〉，1765年10月出現在《賓夕法尼亞日報》上表示反對印花稅法的圖案；現藏紐約公共圖書館
Rare Books and Manuscripts Division, The New York Public Library, Astor, Lenox and Tilden Foundations

stamp collecting ➠ philately

Standard Generalized Markup Language ➠ SGML

standard model　標準模型　將粒子物理學的兩種原子理論結合爲一單獨框架，以描述亞原子粒子間除引力以外的全部相互作用。電弱理論和量子色動力學理論以交換仲介傳遞子描述粒子間的相互作用。這一模式在預言相互作用方面已達到相當高的準確性，但還不能解釋關於亞原子粒子的所有問題，例如無法指出這些粒子的數量和規模。物理學家試圖找到更完善的理論，尤其是一種統一場論，用單一的理論結構描述強力、弱力和電磁力。

standard of living　生活水準　個人或團體所期望或可能達到的物質享受的水準。這不僅包括私人購買的商品和服務，還包括集體消費的商品和服務，例如公用事業和政府所提供的那些。決定一個團體——比如國家——的生活水準爲何，必須從該團體各組成部分的價值來仔細考察。如果其平均值是隨時間增加的，但與此同時，富者更富，而貧者更貧，那麼這整個團體不見得生活得更好了。各種各樣的量都可以用作測量標準，包括平均壽命、營養食品的消費和安全飲用水的供應以及醫療條件等。

Standard Oil Co. and Trust　標準石油公司和托拉斯　美國在1870～1911年間的托拉斯公司集團，幾乎獨占控制了美國境內的石油業。該公司起源於1863年間，當時洛克斐勒加入克利夫蘭的一家煉油事業，而後加上若干相關機構於1870年併屬於新成立的標準石油公司。到了1880年，該公司透過逐退競爭者、與其他公司合併以及優惠的鐵路回扣，控制了美國所產石油90～95%的提煉工作。在1882年，標準石油公司和其關聯公司合併爲標準石油托拉斯，最後，托拉斯成員包含了多達四十家的公司。1892年俄亥俄州高等法院下令解散此托拉斯，但其仍然透過紐約市的總部（之後位於新澤西州）有效運作下去。其壟斷手法被揭露於塔貝爾所著的《標準石油公司史》（1904）一書，之後經過美國政府提起的長期控告（參閱antitrust law），標準石油王國在1911年宣告解散。新澤西州標準石油公司在1972年更名爲艾克森公司，其他公司，諸如美孚公司、阿莫寇股份有限公司和雪弗倫公司，過去都曾爲托拉斯的成員。

standard time　標準時　一個地區或國家的法定當地時間。當地指的是由經度確定的太陽時，每向東進一度，時間也前進4秒。地球被這樣分爲24個標準時區，每個時區約有15°經度。時區間的準確分界線是由當地官方確定的，因此有的時區和15°經度相差較遠。不同時區間的時間往往差整小時數，分、秒相同。亦請參閱Greenwich Mean Time (GMT)。

Standardbred　標準種　19世紀在美國育成的一種馬，主要用於輕駕車賽馬。以1788年輸入美國的英國純種馬爲種馬育成。其後代之善小跑者又與其他品種（尤其是摩根馬）雜交，育成能快速小跑及溜蹄的品種。標準種馬一般身高152～163公分，體重410～450公斤，毛色各異，但以棗紅色居多。「標準種」一名最初來自1871年起實行的一項規定，該規定要求只有符合特定速度標準（如小跑速度每2.5分鐘達1.6公里）的馬匹才可以登記於官方的血統記錄簿上。

standardization　標準化　在工業生產中，指爲方便大批量生產而開發和使用可以通用於不同機械或部件的標準零件。採用的標準可以是工程標準，如材料參數、合適度、可准許偏差以及繪圖慣例；也可以是產品標準，具體描述製造項目的屬性與要素，運用在公式、技術說明、圖樣以及模型中。標準的採用可以方便廠商與供應商之間的通訊往來，也可以避免不同工業部門之間的爭執和工作重複。政府部門、貿易團體、技術團體參與行業標準的制定，而且通常建立一些專門機構來協調和推行標準，例如美國國家標準協會（ANSI）和國際標準化組織（ISO）。

Standards and Technology, National Institute of ➠ Bureau of Standards

standing　起訴權　法律用語，意指某人有資格向法院遞交訴狀的狀態，因爲其具有充分且應受保障的理由。法院裁示遭受實際傷害（肉體、經濟或其他方面）的痛苦或威脅之當事人，得具有起訴權。相對的，一名當事人若不能提示他所受到的傷害，則他將不具有起訴權，因此也不能起訴案件。

Standish, Myles　史坦迪許（西元1584?～1656年）　英裔美國殖民者。曾在尼德蘭作戰，在那裡遇見一些清教徒流亡者，1620年他與這些人同乘「五月花號」來到北美洲。作爲普里茅斯殖民地軍隊領導人，曾幾次率軍襲擊印第安部族。1644～1649年任助理總督和殖民地財務官。美國詩人朗費羅在《邁爾斯·史坦迪許的求婚》（1858）詩中敘述他央請奧爾登代爲求婚之事，並無史料可證。

Stanford, (Amasa) Leland　史丹福（西元1824～1893年）　美國企業家，第一條跨大陸鐵路建築者。出生於紐約州沃特弗利特，在遷居加州沙加緬度之前，曾在威斯康辛州當律師。遷居沙加緬度後，經營採礦用品業獲得成功，並積極參與當地政治，1861～1863年任加州州長。他大量投資於建設跨大陸鐵路的計畫，1861年中太平洋鐵路公司組成時任總經理（1861～1893），任職期間他將鐵路向東延伸，在猶他州普羅芒托里與聯合太平洋鐵路公司接軌（1869），在整個加利福尼亞和西南部的鐵路發展上發揮了主要作用。1885～1893年任美國參議員。1885年和妻子珍共同創建史丹福大學。

Stanford University　史丹福大學　美國加州帕洛阿爾托的一所私立大學。1885年由利蘭·史丹福與其妻子珍共同建立。校址大部爲史丹福原先在帕洛阿爾托的農場。校舍由奧姆斯特德設計，式樣類似昔時的教堂。爲美國最好的大學之一，共分法律、醫學、教育、工程、商業、地球科學、文學及理學院，研究機構包括史丹福大學食品研究院、「胡佛戰爭、革命暨和平研究所」、史丹福直線加速器中心以及霍普金斯海洋站。該校圖書館藏書逾六百萬冊。在校註冊生約14,000人。

Stanhope, 1st Earl　斯坦厄普伯爵第一（西元1673～1721年）　原名James Stanhope。英國軍人和政治家。1691年進入軍界，1708年在西班牙王位繼承戰爭期間很快晉升爲駐西班牙英軍總司令。1710年戰敗，被法軍俘擄，1712年獲釋回國，重新獲得下院席位（1701～1721）。在輝格黨政府中出任國務大臣，並參與針對西班牙的四國同盟談判（1718）。1717～1718年任財政部首席大臣，後因南海騙局醜聞失去部長職務。

Stanhope, 3rd Earl　斯坦厄普伯爵第三（西元1753～1816年）　原名Charles Stanhope。英國政治家和發明家。1780～1786年任英國下院議員，被稱爲馬翁勳爵。後繼承父親頭銜，並當選爲革命協會主席，主張進行議會改革。他同情法國的共和派，反對英國與革命的法國作戰。他還是一名科學家，曾發明計算器、一種印刷機、顯微鏡、凸版印刷機以及蒸汽機車，並用自己的名字命名該種顯微鏡。

Stanislavsky, Konstantin (Sergeyevich)＊　史坦尼斯拉夫斯基（西元1863～1938年）　原名阿列克謝耶夫（Konstantin Sergeyevich Alekseyev）。俄國導演及演員。十四歲即加入家庭組織的業餘劇團參加表演，1888年與他人一起成立文藝協會，附設一個永久性的業餘劇團。1891年演出第一部獨立製作的《啓蒙之果》，爲他帶來了聲譽。1898年與涅米羅維奇－丹欽科（1858～1943）一起成立莫斯科藝術劇院，因從新上演契訶夫的《海鷗》而受到歡迎。此後他繼續成功地導演和上演一系列俄羅斯戲劇，包括契訶夫的《凡尼亞舅舅》（1899）及《櫻桃園》（1904）。他訓練演員們從內心深處認同所飾演的角色，這種技巧後來稱爲史坦尼斯拉夫斯基表演法。1922～1924年藝術劇院到歐洲和美國巡演，而他的表演法也藉由他的著作《我的藝術生活》（1924）和《演員自我修養》（1926）對後來的同仁劇團以及演員工作室產生重大影響。

Stanislavsky method　史坦尼斯拉夫斯基表演法　亦稱Method acting。由史坦尼斯拉夫斯基發展的具有重要影響的話劇訓練體系。要求演員運用情緒記憶，即對過去經歷和情緒的回憶，從而使得在舞台上的行動和反應顯得是眞實世界的一部分。不同於19世紀的戲劇表演法。該表演法在美國著名的實踐者有史特拉斯伯格、馬龍白蘭度、達斯汀霍夫曼和瓦拉赫。

Stanislaw I＊　斯坦尼斯瓦夫一世（西元1677～1766年）　原名Stanislaw Leszczynski。波蘭國王（1704～1709、1733年在位）。出身於波蘭貴族，1702年瑞典國王查理十二世入侵波蘭，強迫波蘭貴族廢黜國王奧古斯特二世（1704），而把他扶上王位。1709年瑞典被俄軍打敗，奧古斯特二世重新登上波蘭王位，斯坦尼斯瓦夫離開波蘭，定居法國。他的女兒瑪麗嫁給法王路易十五世。奧古斯特去世（1733）後，斯坦尼斯瓦夫重新被選爲波蘭國王，俄國爲防止其與法國聯盟而入侵波蘭，發動波蘭王位繼承戰爭。斯坦尼斯瓦夫再次被罷黜，獲得洛林和巴爾兩省爲封邑。他在那裡推動經濟發展，並使他的呂內維爾宮廷成爲著名的文化中心。

Stanislaw II August Poniatowski＊　斯坦尼斯瓦夫二世（西元1732～1798年）　原名Stanislaw Poniatowski。波蘭國王（1764～1795年在位）。出身於波蘭貴族，1757年被派往俄國，以贏得其對波蘭利益的支持，卻成爲未來女皇凱薩琳二世的情人。1764年凱薩琳應用俄國軍隊和影響，使他被選爲波蘭國王。他力圖進行行政改革，但迫於波蘭貴族和凱薩琳的壓力，只能繼續扮演受俄國支配的傀儡國王。在他的努力下，終於通過了新憲法，但仍未能避免瓜分波蘭的命運（1772、1793、1795）。此後他放棄了王位。

Stanley, Francis Edgar and Freelan O.　史坦利兄弟（法蘭西斯與弗里蘭）（西元1849～1918年；西元1849～1940年）　美國發明家。蒸汽動力汽車的發明人。1883年發明照相乾底版工藝，並領導有關蒸汽機的實驗。1897年他們造出一輛蒸汽汽車，1902年開辦工廠生產史坦利蒸汽汽車。1906年兩兄弟造出的蒸汽汽車以每1.6公里28.2秒的速度創造了該年度世界車速最高記錄。1917年退休。他們的工廠繼續生產汽車，直到1924年，當時已出現了以汽油爲燃料的更易發動和操作的汽車，使得蒸汽汽車開始走下坡。

Stanley, Henry Morton　史坦利（西元1841～1904年）　受封爲亨利爵士（Sir Henry）。原名John Rowlands。英裔美籍的中非探險家。爲私生子，成長過程有一部分是在英國的一間濟貧院中，1859年以客艙服務員的身分，搭船來到美國。1867年成爲《紐約前鋒報》的新聞記者後，1871年開始了尋找李文斯頓的旅行，李文斯頓從1866年前往非洲後一直杳無音信。史坦利在坦干伊喀湖的烏吉吉地區找到了李文斯頓，史坦利說出了有名的一句話：「閣下就是李文斯頓博士吧？」1874～1884年的延長期間中，他進一步地探險了中非，並服務於比利時國王利奧波德二世之下，爲其鋪路建成剛果自由邦。史坦利最後一次非洲探險（1888），是爲了營救艾敏·帕夏，當時艾敏正被馬赫迪派信徒叛亂分子困圍在蘇丹，史坦利護送艾敏和其他約1,500名人員到達東海岸。他極受歡迎的著作包括《穿過黑暗大陸》（1878）和《最黑暗的非洲》（1890）。

史坦利，肖像畫，黑爾柯莫（Sir Hubert von Herkomer）繪；現藏英格蘭布里斯托市立畫廊
By courtesy of the City Art Gallery, Bristol, Eng.

Stanley, Wendell Meredith 史坦利（西元1904～1971年） 美國生物化學家。1948年起在加州大學柏克萊分校任教，直到去世。因提純並結晶病毒從而闡明其分子結構而聞名。他使煙草花葉病病毒結晶，還研究流行性感冒病毒，研製出一種疫苗。1946年與諾斯拉普、索姆奈共獲諾貝爾化學獎。

Stanley brothers 史坦利兄弟 美國藍草音樂二重奏，由演奏五弦琴的拉夫·愛德蒙·史坦利（1927～）與吉他手卡特·蓋林·史坦利（1925～1966）所組成。兩兄弟以演奏阿帕拉契藍草風格傳統宗教歌曲聞名，其特色爲和諧的高音調，受到門羅的強烈影響。兩兄弟與他們的樂團「克林奇山男孩」灌製了許多賣座的錄音。當卡特死於車禍後，拉夫重組其樂團。他錄製了超過150張的唱片。在1985年成爲「國家人文基金美國傳統音樂獎」的第一位受獎人。

Stanley Cup 史坦利盃 頒給每年一次的全國冰上曲棍球聯盟賽季中的冠軍隊伍的獎杯。由加拿大總督阿瑟捐贈，他是普雷斯頓地方的史坦利勳爵（1841～1908），該盃以他的名字命名。首次頒發是在1893～1894年賽季。史坦利盃爲北美洲職業運動員所能贏得的最古老的獎杯。

Stanleyville 史坦利維爾 ➠ Kisangani

Stanovoy Range＊ 斯塔諾夫山脈 亞洲俄羅斯東部山脈，爲北冰洋與太平洋之間分水嶺的一部分。總體上並不高，儘管東部海拔2,520公尺。蘊藏有金、煤和雲母。

Stanton, Edwin M(cMasters) 斯坦頓（西元1814～1869年） 美國陸軍部部長（1862～1868）。爲律師和廢奴主義者，1861年被任命爲司法部長，1862年被任命爲陸軍部部長，在美國南北戰爭期間不遺餘力地指揮龐大的聯邦軍事機構，後成爲調查林肯總統暗殺案的主要負責人。由於與詹森總統在重建政策方面意見不一致，以及在內閣中充當國會激進派共和黨人的祕密代理人，使得詹森總統不顧違反「任職法」，而要將其革職。斯坦頓拒絕解職，但在詹森總統的彈劾案未能生效後，他被迫放棄職務。

Stanton, Elizabeth Cady 斯坦頓（西元1815～1902年） 原名Elizabeth Cady。美國社會改革者和女權運動領袖。1840年與亨利·斯坦頓結婚，並開始爲在紐約通過一部賦予已婚婦女財產權的法案而努力。1848年與馬特夫人共同組織塞尼卡福爾斯會議。1850年與安東尼一同參加爭取婦女選舉權的運動。之後兩人合作出版女權刊物《革命週刊》（1868～1870）。1869年當選全國婦女選舉權協會首任主席。

Stanwyck, Barbara 史丹妃（西元1907～1990年） 原名Ruby Stevens。美國電影女演員。十五歲起成爲合唱團團員，參與輕歌劇舞蹈表演，因出演百老匯舞台劇《套索》（1926）而開始受人注意。1927年初登銀幕，之後演出了八十多部影片，多扮演意志堅強的獨立女性。電影作品有《史黛拉恨史》（1937）、《鐵馬》（1939）、《火球》（1941）、《雙重保險》（1944）、《對不起，號碼錯了》（1948）和《縱橫天下》（1954）等。後演出電視連續劇《大峽谷》（1965～1969）。1981年獲奧斯卡榮譽獎。

Staphylococcus＊ 葡萄球菌屬 球菌科一屬，爲球形細菌，其中人們熟悉的一些種普遍並大量存在於人類及其他溫血動物的黏膜和皮膚上。特徵爲多結合在一起，呈葡萄串狀；革蘭氏染色陽性，兼性厭氧。是創傷感染、癤癰及人類其他皮膚感染的主要病原菌，並爲食物中毒最常見的病原，又能引起人及家畜的乳腺炎。是傳染病的最大病源（約占15%）。因對多種抗生素有耐藥性，較難控制。

star 恆星 質量巨大的氣體天體，由內部產生的輻射能而發光。銀河系擁有數千億顆恆星，僅有極少的比例肉眼可見。最接近的恆星約距離太陽4.3光年；最遙遠星系裡的恆星則有數十億光年之遙。單一的恆星如太陽是少數，大多數恆星以成對、多重系統或星團出現（參閱binary star、globular cluster、open cluster）。星座並不是由這類組合所構成的，而只是一些從地球上看起來方向相同的恆星。恆星的亮度（星等）、顏色、溫度、質量、大小、化學組成與年齡差異極大。幾乎所有的恆星，氫是最多的元素。恆星以光譜（參閱spectrum）來分類，從藍白到紅分爲O，B，A，F，G，K，M，太陽是G型恆星。歸納恆星的性質和演化可以用特性之間的相關性與統計結果（參閱Hertzsprung-Russell diagram）。當氫與微塵顆粒所構成的緻密恆星際雲的一部分因爲自身的重力向內塌陷，就形成恆星。隨著雲氣壓縮，密度和內部溫度增加，直到足以在核心造成核融合（若不成功就成爲棕矮星）。在核心的氫耗盡之後，核心收縮並加溫，恆星外層明顯膨脹並冷卻，恆星成爲紅巨星。恆星演化的最後階段，不再能產生足夠的能量對抗本身的重力，就看其質量大小以及是否是密近雙星的成員（參閱black hole、neutron star、nova、Supernova、white dwarf star）。亦請參閱Cepheid variable、dwarf star、eclipsing variable star、flare star、giant star、supergiant star、T Tauri star、variable star、Populations I and II。

Star Chamber 星法院 擁有較大民事和刑事審判權的英國特權法院。其特徵是沒有陪審團在場，採用詢問制審判，而非責問制審判。從前設在威斯敏斯特宮內一屋頂上有星座裝飾的房間裡。在亨利八世統治時期，該法院能夠有效地執行法律，頗有威望，因爲當時其他法院由於貪污腐化而不能堅持執行法律。但是當它被查理一世用來推行不得人心的政治與宗教政策時，就成了壓迫議會和反對查理與勞德大主教的清教徒的象徵（儘管它從未宣判過死刑）。該法院於1641年被長期國會廢除。

Star of David ➠ David, Star of

Star Wars 星戰 ➠ Strategic Defense Initiative

starch 澱粉 數種由所有綠色植物製造的白色、粒狀有機化合物的統稱。澱粉是一種多醣，基本化學式是$(C_6H_{10}O_5)_n$，n的範圍自一百至數千，其組成單醣爲光合作用中製造的葡萄糖單體。葡萄糖鏈的形式有直鏈澱粉和支鏈澱粉，混合出現於澱粉中。動物攝取的澱粉在消化時由酶將其分解成葡萄糖。雖也常用麥、木薯澱粉、米和馬鈴薯澱粉來製造澱粉，然商業用澱粉大多是用玉蜀黍製造的。澱粉除在食物和食品加工業中有許多用途，也可用於製紙業、紡織業和個人衛生用品業，和製造黏著劑、炸藥和油井鑽井流體等的脫模劑。動物體內的澱粉則稱爲肝醣。亦請參閱carbohydrate。

stare decisis＊　遵循先例　普通法中，指某個問題已爲法院考慮和作出回答，則法院以後面對相同的問題時必須作出同樣的回答的原則。由於法院的判決不可能具有普遍適用性，實際上法院不得不經常作出決定：先前的判決不適用於某個特定案件。必須要有非常嚴格的理由才能偏離先前的判例，例如爲了避免出現不公正的情況。

starfish　海星　亦稱sea star。海星綱1,800種棘皮動物的統稱，具可再生的腕，圍繞在輪廓模糊的體盤四周，見於各海洋。輻徑1～65公分，多數20～30公分。其腕通常爲5隻，中空，並和體盤一樣有短棘和叉狀器官覆蓋其上。下面的溝內有管足（有的末端有吸盤），使海星能爬行或爬上陡峭的面。有些種類將有機物質掃入體盤底部的口中，其他則將胃翻至食餌上進行體外消化，或整個吞入。

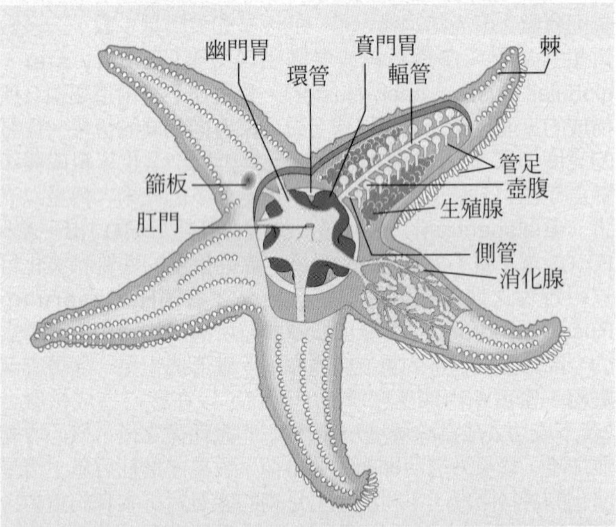

海星的主要特徵。水管系的水是經由篩板進入，再從環管到輻管及側管進入管足，管足的頂部連接囊狀的壺腹。管足收縮迫使水進入壺腹，產生吸力讓足末端的吸盤抓住物體表面。當壺腹收縮時水進入管足，伸展並放鬆。這種協同動作得以運動、附著並捕捉獵物。許多種類的海星，賁門胃從身體底面的口外翻來裹住獵物，可能還沒把胃收回來就在體外開始消化起來。
© 2002 MERRIAM-WEBSTER INC.

Starhemberg, Ernst Rüdiger, Fürst (Prince) von＊　施塔勒姆貝格（西元1899～1956年）　奧地利政治人物。1930年成爲奧地利法西斯准軍事防禦力量保安團的領導人。1932年協助陶爾斐斯成立右翼聯盟，將其命名爲祖國前線。1934年任副總理，力圖建立一個獨立於納粹德國的法西斯奧地利國家。德奧合併（1938）後不久離開奧地利，1942～1955年僑居阿根廷。

Stark, John　施塔克（西元1728～1822年）　美國革命時期的軍事將領。1754～1759年在法國印第安人戰爭期間效力於羅傑茲的騎兵部隊，獨立戰爭期間曾在邦克山戰役及新澤西作戰，指揮民兵在佛蒙特州本寧頓戰役中擊潰英軍。因功晉升爲大陸軍准將，率軍在薩拉托加戰役中迫使英軍全部投降，之後在羅德島駐防。1780年任安德雷少校領導的軍事法庭成員。

starling　椋鳥　椋鳥科約168種鳴禽的統稱，分布於歐亞、非洲和澳大利亞溫帶地區。最著名者爲紫翅椋鳥，體長20公分，結實，有黑色虹彩，喙銳長。已從歐亞引入世界大部地區（除南美洲外）。在北美洲有數百萬隻，是1890年在紐約市釋放的100隻鳥的後代。椋鳥在地面尋找廣泛種類的植物和動物食物爲食，並密集成群飛行。整年鳴叫，它模仿其他鳥的音調，亦發出本身的呼哧聲。

紫翅椋鳥
George W. Robinson from Root Resources

Starling, Ernest Henry　斯塔林（西元1866～1927年）　英國生理學家，他對淋巴分泌物的研究闡述了血管和組織之間液體交換中各種壓力的作用。他和貝利斯一起闡明神經對腸蠕動波的控制，並創造出荷爾蒙這個術語。他還發現被腎濾出的水和必要的化學物又被腎元的低端重新吸收。其著作《人體生理學原理》（1912）經過不斷修訂，現在仍是國際性的標準教材。

Starr, Belle　斯塔爾（西元1848～1889年）　原名Myra Belle Shirley。美國不法分子。1863年起住在達拉斯附近的一個農場上，與不法分子楊格（1844～1916）生了一個小孩，後來和列德育有另外一個孩子。1869年她和列德在德克薩斯偷盜牛、馬，以「盜匪皇后」自居，並身穿天鵝絨衣服，頭戴羽翎，或身穿鹿皮衣服，腳穿鹿皮靴子。1880年成爲切羅基族印第安人山姆．斯塔爾的合法妻子，住在奧克拉荷馬州一個大牧場，後來成爲不法分子聚集之地。山姆於1886年在一次槍戰中被殺，貝莉後來在農場附近被人殺害。

Stars and Stripes, The　星條旗報　爲美國軍人出版的報紙。美國內戰期間以單頁方式創立出版，1918年第一次世界大戰結束時，以週刊形式爲駐歐洲美軍重新發行。1942年重新發行，先爲週刊，後爲日報，此後歐洲版持續發行，太平洋版於1945年發刊，也繼續發行無間。許多名作家、編輯、漫畫家和攝影家都曾爲該報工作。作爲一份由國防部批准的、非官方的出版物，該報紙享有免於軍方檢查和控制的相對自由。

START　裁減戰略武器談判　全名Strategic Arms Reduction Talks。美國與蘇聯間爲了削減雙方核子武器及其運送系統而展開的談判。該談判包括兩輪協定（1982～1983，1985～1991），最終達成協定，由布希和戈巴契夫簽定，規定蘇聯將其核子武器由11,000減少到8,000，而美國則由12,000減少到10,000。蘇聯解體後（1991），一個補充協定（1992）規定烏克蘭、白俄羅斯與哈薩克將其核子武器在本土銷毀或交予俄羅斯。今天，美國對反導彈防禦系統的支持在武器控制方面引起了新的複雜情況。亦請參閱SALT。

Stasi＊　國家安全部　正式名稱爲Staatssicherheit。東德的祕密警察（1950～1990）。第二次世界大戰後，德國共產黨在蘇聯的幫助下於德國的蘇聯占領區內建立，負責國內政治監視和國外間諜活動。在其頂峰時期曾雇傭了85,000名全職官員，利用幾十萬密告者監控整個人口的1/3。其對外監視主要是針對西德（成功地滲入西德統治集團和軍事、情報部門）和北大西洋公約組織盟國。德國統一後被解散。

state　國家　在政治上組織起來的社會或全體人民，更狹義的說法是指政府機構。國家和其他社會組織不同之處在於它們的目的（建立秩序和安全）、方式（法律及其實施）、領土（許可權範圍）和主權。在一些國家（如美國），該術語也指非主權的政治上聯合起來的國民，相對於更廣義的國家或者聯邦。

state, equation of　物態方程式　把處於熱力學平衡的一定物質的壓強P、體積V和溫度T諸值聯繫起來的一類方程式。例如，將理想氣體的壓強、體積和溫度聯繫起來的方程式PV = nRT，其中n是氣體的莫耳數，R是普適氣體常數。實際氣體、固體和液體有更複雜的物態方程式。亦請參閱thermodynamics。

State, U.S. Department of　美國國務院　美國聯邦政府行政部門，負責執行美國外交政策。創立於1789年，是美國聯邦政府最古老的部會，是總統與外國締結條約或外交協議的主要管道。在其轄下設有美國對聯合國事務處、美國外交服務處，以及有關外交安全、外交情報、政策分析、國際藥物管制、外交禮儀、護照服務等多個辦公室。

Staten Island　斯塔頓島　美國紐約市紐約港內的島嶼。面積近155平方公里，由韋拉札諾海峽橋與布魯克林連接，並有數座橋樑可通往新澤西州，可載人車的斯塔頓島渡輪往返曼哈頓。1630年荷蘭人開始向該島殖民，但被德拉瓦印第安人擊退，直到1661年荷屬西印度公司將這些島交給法國，才建立殖民地。1664年英國人承認新尼德蘭之後，英格蘭和威爾斯的農夫開始在這個島上建立家園和農場。1898年成爲紐約市的一個自治區，稱爲里奇蒙；1975年正式命名爲斯塔頓島。島嶼的大部分地方爲居民區，但工業也有所發展，有造船廠、印刷廠、儲油庫和煉油廠。設有華格納學院（1883年建於羅契斯特，1918年遷此）。人口379,000（1990）。

States General ➠ Estates-General

states' rights　州權　一個聯邦的各個州根據聯邦憲法的規定保留的全部政府權利或權力。在一些聯邦制國家，這些權力是在憲法中列舉了中央政府的各項權力後剩餘的權力；在其他國家，聯邦和州這兩級政府的權力都有具體的憲法條文分別予以規定。在美國，一些州在19世紀要求獲得宣布聯邦權力無效的權力，並正式脫離聯邦，導致美國南北戰爭的爆發。在公民權利時期，州權的概念由反對公立學校中種族融合並且反對聯邦政府對種族融合的推動的人提出。聯邦政府甚至可以影響根據憲法屬於州權範圍內的政策（例如教育、當地的道路建設），如果州的決定與自己的願望不符，則截留其資金。1996年美國的福利改革反映了聯邦政府體制下州的特權正受到更多的關注。

statistical mechanics　統計力學　物理學的分支，將統計學的原理和方法與經典力學和量子力學的定律結合起來。統計力學考慮的是大量粒子的平均行爲而不是任何個別粒子的行爲。它深深紮根於概率定律，目的是根據宏觀（大塊）系統的微觀組分的性質和行爲來預測並解釋宏觀系統的可測量特性。

statistics　統計學　數學的一個分支，內容爲收集、分析資料並作出推論。原本只用於處理政府資料（如戶口普查資料），現在也用於其他學科。統計的工具不僅透過諸如平均數（參閱mean, median, and mode）和標準差來總結舊的資料，還可以藉由頻率分布功能來預測未來狀況。統計學提供了設計有效試驗的方式，用來消除費時的考試和錯誤。不記名投票、智商測驗、醫學、生物學和工業試驗都受益於統計學的方法和理論。儘管可能會發生變化，這些資料仍可用於預測事物將來的發展情況。亦請參閱estimation、hypothesis testing、least squares method、probability theory、regression。

Statue of Liberty National Monument　自由女神像國家紀念碑　位於紐約的紐約港自由島（原貝德羅島）的國家紀念地。占地58英畝（23公頃），包括在1886年由巴托爾迪所製作的巨大雕塑「自由女神像」，以及鄰近的愛麗絲島博物館。這座高達302呎（92公尺）的女性影像手持書板並高舉火炬，爲法國所贈，以紀念兩國的友誼。在底座上刻有拉札勒斯的詩。1924年宣布爲國家紀念碑，1965年鄰近的愛麗絲島被歸入這個紀念地。

Statute of Provisors ➠ Provisors, Statute of

Staubach, Roger (Thomas)＊　斯托巴赫（西元1942年～）　美國美式足球員。曾在美國海軍軍官學校（1962～1965）的比賽中獲得矚目成績，成爲全美大學優秀美式足球員，贏得海斯曼盃（1963）。其職業生涯主要擔任全國美式足球聯盟達拉斯市牛仔隊四分衛（1969～1979），在他的幫助下，該隊成爲一支優勢隊伍，除了1974年外，每年都率領該隊在最後決賽中獲勝，並四次參加超級盃比賽。

Staupers, Mabel (Keaton)　施陶柏斯（西元1890～1989年）　原名Mabel Doyle。出生於加勒比海的美國護士、行政官員。她與兩位醫師在哈林區建立第一座治療美國黑人結核病的醫院（1920）。擔任國家有色人種執業護理協會（NACGN）的執行祕書，積極活動合併護理部隊；壓倒性的大眾支持導致1945年完全整合成功，該協會接著在1948年整合美國護理公會。

staurolite＊　十字石　由雲母片岩、石片、片麻岩等地表岩石的變質作用形成的矽酸鹽礦物，通常和其他礦物在一起。十字石是一種易碎的堅硬礦物，光澤暗淡。其晶體通常爲褐色，以十字形孿晶生成（稱爲仙人十字架），可以用來做裝飾物。常見於加拿大、巴西、法國、瑞士和美國（北卡羅來納州、維吉尼亞州和喬治亞州）。

stave church　木構教堂　中世紀挪威的一種木造教堂。以石料作基礎，在其上平放四根木樑，再在四角立四根木柱，木柱頂上再加四根橫樑。從這個箱形框架上再向四周伸出木料，以支承一系列直立的杆。至少可以有四排木杆，其上有相同數量而體積逐漸縮小的三角形屋架。菩爾干德的教堂約建於1150年，是現存的約二十四座木構教堂之一。其六層雙層斜面屋頂、貝殼形的外牆和龍形與其他傳說題材的精細雕刻，都構成了其現在獨特而有氣勢的面貌。

Stavisky Affair　斯塔維斯基事件（西元1934年）　法國金融及政治醜聞。出生於俄羅斯的詐騙犯斯塔維斯基（1886～1934）經營的信託組織賣給工人階層的股票被證明毫無價值後，斯塔維斯基逃到沙莫尼，據說後來自殺。一些右翼人士認爲他是被謀殺，以阻止將政府官員捲入醜聞。反共和團體發起反對政府的遊行，包括法蘭西行動和火十字團，1934年2月6日達到頂點發展爲暴亂，造成十五人死亡；後續的兩個總理都被迫辭職，最後建立中立派的聯合政府以恢復公眾的信任。

STD ➠ sexually transmitted disease

Stead, Christina (Ellen)　斯特德（西元1902～1983年）　澳大利亞小說家。遊歷甚廣，曾在美國、巴黎和倫敦居住，1940年代早期爲米高梅影片公司編寫劇本。1974年回到澳大利亞。首次發表的作品爲短篇故事集《薩爾斯堡故事》(1934)；最著名的小說是《愛孩子的人》(1940)，講述新政時期華盛頓附近一個破裂家庭的生活。

steady-state theory 穩恆態理論 認爲宇宙膨脹一種觀點，但其平均密度保持不變，當老的恆星和星系後退至看不見時，新的物質就以同樣的速度不斷產生出來，形成新的恆星和星系。穩恆態宇宙在時間上無始無終，而且其平均密度和星系的分布在任何點來看都相同。各種年齡的星系都互相摻雜在一起。這一理論是由麥克米倫（1861～1948）在1920年代時首先提出的，霍愛爾隨後又加以發展，並與大爆炸宇宙模型中提出的問題聯繫起來。1950年代以來的觀測則發現有許多與穩恆態模型矛盾但支持大爆炸宇宙模型的證據。

stealth 隱形科技 使敵方雷達或其他電子探測設備難以發現己方運載工具或導彈的軍事技術。反探測技術的研究開發早在雷達發明後不久就已開始，在第二次世界大戰中，德國已經在其潛艇的水下通氣管上塗抹了可以吸收雷達波的材料。戰後的研究者們更加了解雷達反射波的性質，以及電磁輻射如何從物體表面反射回來。到1980年代，美國已經開發出多種隱形技術，包括一種能隱形的轟炸機。這種轟炸機的細節至今仍屬祕密，但大體情況已人所共知，例如其表面材料及塗層可以吸收雷達波，其光滑的外表和圓形的機體有利於減少雷達反射。將飛機攜載的武器收藏於機身內部可以使飛機更難於被探測到，將飛機發動機廢氣屏蔽起來也會使紅外輻射探測更爲困難。

steam 蒸汽 由水汽化形成的無形氣體。若蒸汽混有極細微的水滴，則呈白色雲霧狀。自然界的蒸汽是在火山運動中地下水受熱而產生的，由溫泉、間歇泉、噴氣孔及某些火山發出。蒸汽也可由技術設備大規模地產生，例如那些應用化石燃料燃燒的鍋爐以及各類核反應爐。蒸汽動力是現代工業社會的重要動力源：水在發電廠中先被加熱變成蒸汽，高壓蒸汽驅動渦輪機而產生電流——蒸汽的熱能轉變成機械能，再變成電能。

steam engine 蒸汽機 利用蒸汽的熱能做機械功的機器（因此是原動力）。在蒸汽機內，通常由鍋爐供應的熱蒸汽在壓力下膨脹，部分熱能轉化爲功。剩餘的熱可以排放，或者蒸汽可在單獨的冷凝器中於較低的溫度和壓力下冷凝，以便獲得最大的蒸汽機效率。蒸汽在發動機中膨脹後，溫度必須大幅度地下降以獲得高效率。最有效的性能，即相對於供給的熱量所能輸出的最大的功，是靠利用低的冷凝器溫度和高的鍋爐壓力取得的。亦請參閱Thomas Newcomen、James Watt。

steamboat 汽船 亦稱steamship。藉蒸汽機推進的船舶，狹義是指19世紀時廣泛在內河航行，尤其在美國密西西比河及其主要支流上航行的淺水明輪汽船。儘管美國人從1787年就開始試驗汽船，但首次正式航行於密西西比河的汽船直到1812年才造出。1870年汽船主宰美國中部的經濟、農業和商務。由於明輪產生的漩渦會侵蝕狹窄的河道，河裡的汽船更合適在寬闊的河流中航行。汽船首次航行海洋是在1809年的美國東海岸。歐洲人也迅速發展起汽船，能夠在歐洲多浪的狹窄的海上航行。1819年「塞芬拿號」完成汽船第一次跨大西洋航行，而首次商船航線肯納德航線建立於1840年（參閱Samuel Cunard）。19世紀晚期的航海汽船，以螺旋槳取代了明輪。亦請參閱ocean liner。

Stebbins, G(eorge) Ledyard 斯特賓斯（西元1906～2000年） 美國植物學家。在哈佛大學獲得博士學位，後在加利福利亞州大學任教。1950年發表《植物的變異和演化》，成爲首先將現代綜合演化論應用於植物演化的生物學家。該理論將基因突變和重組、自然選擇、結構變化和染色體數量變化、生殖隔離的基本過程加以區分。研究多倍體植物（由自然產生的染色體翻倍的新種屬），採用人工染色體加倍新技術從幾種野草中人工合成多倍體，首次人工合成能在自然條件下繁殖的植物新種。

Stedinger Crusade 斯特丁格爾十字軍（西元1229～1234年） 對抗斯特丁格爾而發動的十字軍。斯特丁格爾在不來梅主教的認定下被列爲異端，並在其取得教宗的支持後發動十字軍。事實上，異端的指控根本就是空穴來風，而所謂的「十字軍」也只不過是主教的兄弟與當地其他貴族所領導的一次攻擊。一直到1234年，教宗格列高利九世才被說服召募一支授予完整特權的十字軍。

steel 鋼 鐵的合金，約含2%以下的碳。純鐵質地柔軟，添加碳大幅增加其硬度。數種不同成份或晶體結構的鐵－碳組合：沃斯田鐵、肥粒鐵、波來鐵、雪明碳鐵、麻田散鐵，以複雜的混合物和組合共存，取決於溫度與碳的含量。每種微構造有不同的硬度、強度、韌度、耐蝕力以及電阻率，因此調整碳含量就能改變這些性質。熱處理法、在冷熱溫度下的機械加工、或加入合金元素也可以賦予更佳的特性。鋼主要分爲三類：碳鋼、低合金鋼與高合金鋼。低合金鋼（合金元素含量小於8%）異常強韌，用作機械零件、飛機起落架、機軸、手工具和齒輪，還有建築物與橋樑。高合金鋼的合金元素超過8%（如不鏽鋼）提供特殊材質。煉鋼包括融化、純化（精煉）及合金，在1,600℃左右進行。鋼的取得可由精煉鐵（從鼓風爐）或是廢鋼，藉由鹼性氧化鋼法、平爐法，或是在電爐內，然後去除多餘的碳和雜質，並加入合金元素。融化的鋼可以倒入鑄模，凝固成鑄錠；經過再加熱及輥軋變成半成品形狀，經過加工後做出成品。經由連續鑄造可以省去鑄錠澆鑄的一些步驟。將半成品的鋼塑造成成品形狀主要有兩種方法：熱加工主要是在高熱之下用鎚擊和熱壓（合在一起稱爲鍛造）、擠壓、輥軋鋼；冷加工包括輥軋、擠壓及抽伸（參閱wire drawing），通常用來製作鋼條、鋼線、鋼管、鋼片和鋼帶。融化的鋼也可以直接鑄造成製品。某些產品，特別是鋼片藉由電鍍、鍍鋅、鍍錫來防蝕。

steel drum 鋼鼓 一種有固定音高的鑼。用金屬鼓的底端和部分鼓壁、部分油桶製成。桶的底面被錘打成凹入的形狀，有幾個地方都有鑿刻的凹槽確定輪廓。將鋼鼓加熱錘煉，頂部被錘打成外部輪廓範圍；深度、彎曲以及每個頂部的大小決定其傾斜。複雜的伴奏旋律和旋律配合都可以使用橡皮頭的槌棒打擊鋼鼓奏出。鋼鼓源於1940年代的千里達

「李將軍號」和「納切斯號」汽船由紐奧良到聖路易競賽的情形，平版畫，柯里爾和艾伍茲（Currier and Ives）製
BBC Hulton Picture Library

S T U V

島。通常在合奏中演奏，稱爲鋼鼓樂隊，演奏人數不等。

Steele, Richard　斯蒂爾（西元1672～1729年）　受封爲理查爵士（Sir Richard）。英國報紙撰稿人、劇作家、散文作家和政治人物。與艾迪生的長期友誼開始於讀書時，在轉向寫作前曾從事軍旅生涯。他發行了散文期刊《閒談者》（1709年4月～～1711年1月），並爲其主要撰稿人（筆名以撒・比克斯塔夫），創造了一種教誨道德和消遣娛樂的混合風格，他與艾迪生在《旁觀者》中將該風格發揮的更好。斯蒂爾文風輕鬆動人，和艾迪生較沈穩、雕琢的文字相得益彰。之後他在新聞工作中做了許多大膽嘗試，其中有些偏向政治黨派，並擔任一些政府公職。1714年成爲特魯里街劇院主管，並創作出《自覺的情人》（1723），是20世紀最受歡迎的劇本之一，可能是英國感傷喜劇的最好典範。

Steen, Jan (Havickszoon)＊　斯滕（西元1626～1679年）　荷蘭畫家。啤酒製造商之子，1646年進入荷蘭萊頓大學學習，1648年成爲萊頓畫家協會的創立人之一。是荷蘭最著名的流派畫家之一，以其幽默和捕捉細微面部表情的能力著稱，尤其擅長捕捉兒童的表情。後期作品中的人物更大也更有個性，如玩撲克牌、九柱木或鬧飲取樂，並常以小酒店爲背景。作品表現出偉大的技巧，尤其是對顏色的熟練把握。後期作品越來越優雅，但缺少了一些活力。

steeplechase　障礙賽跑　指兩種不同的體育運動項目：（1）在設置障礙物（如圍欄和牆）的場地上賽馬；（2）在設置障礙物的場地上賽跑3,000公尺，然後越過一個水溝。其名稱來源於18世紀愛爾蘭獵狐人在自然的鄉間的即興比賽，以教堂尖塔作爲路標。騎馬障礙賽在英國、法國和愛爾蘭都很流行，但在美國不甚流行。最有名的騎馬障礙賽是全國大馬賽。田徑障礙賽要追溯到1850年英國牛津大學的一種比賽。其過程和距離於1920年由奧運會設定標準。

Stefan Decansky＊　史蒂芬・德錢斯基（活動時期約西元1280～1330年）　亦稱史蒂芬・烏羅什三世（Stefan Uros III）。塞爾維亞國王（1322～1331）。反叛他的父親史蒂芬・烏羅什二世（1282～1321年在位）後，他雙目失明，不再適合統治而被驅逐（1314～1320）。後來他證明自己並沒有失明，宣稱被神奇地治癒了，於是順利當上國王。他與在同安德羅尼卡三世（1327～1328年在位）的內戰中失敗的安德羅尼卡二世聯盟，但被他的兒子杜香廢黜。

Stefan Dusan＊　杜香（西元1308～1355年）　亦稱史蒂芬・烏羅什四世（Stefan Uros IV）。塞爾維亞國王（1331～1346年在位），塞爾維亞人和希臘人的皇帝（1346～1355）。1331年將父王史蒂芬・德錢斯基廢黜。是中世紀塞爾維亞最偉大的君主，1334年發動征服拜占庭的戰爭，1346年控制阿爾巴尼亞和馬其頓，1348年控制伊庇魯斯和色薩利。杜香按拜占庭模式重新組織塞爾維亞政府，引進法律。其對前拜占庭國土的統治受到約翰六世・坎塔庫澤努斯的威脅，死後帝國很快崩潰。

Stefan Nemanja　史蒂芬・內馬尼亞（卒於西元1200年）　亦作Stephen Nemanja。塞爾維亞國家的締造者。約1169年爲拜占庭統治下大族長（部落領袖），後來投靠威尼斯人，最後被拜占庭人打敗，不久獲得拜占庭人原諒。擴張了塞爾維亞的領土之後，1196年退位，進入修道院。

Steffens, (Joseph) Lincoln　斯蒂芬斯（西元1866～1936年）　美國新聞工作者和改革家。1892～1901年供職於紐約報界，1901～1906年爲《麥克盧爾雜誌》主編，開始發表著名的揭露醜聞的文章，後來彙編成《城市的恥辱》（1906）出版，揭發政治家和大企業之間的腐敗行爲。他到處演講，引起公衆尋求這個問題的解決方法和措施的興趣。他支持墨西哥和俄國的革命運動，1917～1927年住在歐洲。1931年自傳獲得巨大成功，促使他又開始巡迴演講。

Stegner, Wallace (Earle)　史達格納（西元1909～1993年）　美國作家。生於愛荷華米爾湖城，曾就讀於愛荷華大學，後來在數個大學任教，特別是史丹福大學。《大石糖山》（1943）是有關一個至西部旅行尋找財富的家庭的小說，使他首次在評論界和通俗大衆間獲得成功。後來的小說包括《流星》（1961）、《安眠的天使》（1971，獲普立茲獎）與《鳥目擊者》（1976，獲美國國家圖書獎）。非小說類的作品有兩部關於開拓猶他州的歷史《摩門鄉》（1942）與《天堂的聚會》（1964），以及鮑威爾的傳記。

stegosaur　劍龍屬　晚侏羅紀（1.59億～1.44億年前）的披甲恐龍類。四足草食性動物，軀體最長可達9公尺。頭骨和腦袋相當小，前肢比後肢短許多，背部拱起，足短而寬。背上以及尾部有兩行交錯排列的三角形骨板，可能用於調節體溫。尾部有2或3對長長的突起的骨刺，可能是用於防禦的武器。

Steichen, Edward (Jean)＊　施泰肯（西元1879～1973年）　原名Édouard Jean Steichen。盧森堡出生的美國攝影家。1882年隨家人移居美國，原習繪畫，對其以後從事的攝影工作有重要影響。他常在底片或相片上進行化學處理，以獲得像繪畫那種柔和、模糊和鬆散的效果。1902年與施蒂格利茨等人組成攝影分離派，以促使攝影成爲一種藝術。第一次世界大戰後，作品風格從摹仿繪畫中的印象派轉而爲精確而清晰的寫實主義。1920年代和1930年代他爲許多藝術家和名流人士拍攝的人像非常出色地展示了人物的內在性格。1955年主辦著名的大型影展《人類大家庭》，從兩萬多張照片中選擇503張，在世界各國作巡迴展覽，觀衆逾九百萬人次。

施泰肯，攝於1960年
Joanna T. Steichen

Stein, Gertrude　斯坦因（西元1874～1946年）　美國前衛派女作家。生於富裕家庭，去巴黎之前曾在賴德克利夫學院學習，1909年起和其終身伴侶托克拉斯（1877～1967）一起住在巴黎。他們的住所成爲先進藝術家和作家的沙龍，包括畢卡索、馬諦斯、布拉克、安德生以及海明威。她是立體派的早期支持者，試圖將其理論融入其作品裡，包括詩卷《柔軟的鈕釦》（1914）。其散文風格獨特，運用重複和片斷化的手法，尤其是其重要小說《美國人的成長》（1906～1911年寫成，1928年出版）。其唯一一本受廣泛閱讀的作品爲《艾麗斯・托克拉斯的自傳》（1934），其實是她自己的自傳。其他作品還有《三幕劇中

斯坦因，油畫，畢卡索於1906年左右繪；現藏紐約市大都會藝術博物館
By courtesy of the Metropolitan Museum of Art, New York City, bequest of Gertrude Stein, 1946

S T U V

四聖人》（1934）和《我們大家的母親》（1947），皆是由作曲家湯姆生編曲的歌劇劇本。

Stein, (Heinrich Friedrich) Karl, Reichsfreiherr (Imperial Baron) von und zum＊　施泰因（西元1757～1831年）　普魯士政治家。貴族家庭出身，1780年開始從事行政職務，1804～1807年任經濟大臣，1807～1808年任腓特烈·威廉三世的第一大臣，對行政、稅收和文官進行一系列改革，使普魯士政府實現近代化。他廢除農奴制，改革關於土地所有制的法律，並幫助重建軍隊。曾預計會與法國交戰，拿破崙施加壓力迫使他辭職（1808），後來逃往奧地利。作為沙皇亞歷山大一世的顧問（1812～1815），1813年在卡利什參加俄國與普魯士的條約談判，組成反對拿破崙的最後一個歐洲聯盟。

Stein-Leventhal syndrome　斯坦因－利文撒爾二氏症候群 ➠ polycystic ovary syndrome

Steinbeck, John (Ernst)　史坦貝克（西元1902～1968年）　美國小說家。在其作品取得成功之前，曾斷斷續續就讀於史丹福大學，同時從事體力勞動謀生。一生大部分時間在加州的蒙特里度過。其聲譽主要建立在1930年代創作的無產階級題材的自然主義小說之上，包括《托蒂亞平地》（1935；1942年拍成電影）、《勝負未決的戰鬥》（1936）、《人鼠之間》（1937；1939年拍成電影）以及頗獲好評的《憤怒的葡萄》（1939，獲普立茲獎；1940年拍成電影），該書喚起了人們對飄泊不定的農業工人悲慘命運的普遍同情。第二次世界大戰期間擔任戰地記者。後期小說有：《罐頭廠街》（1945；1982年拍成電影）、《珍珠》（1947；1948年拍成電影）、《任性的公共汽車》（1947；1957年拍成電影）以及《伊甸園東》（1952；1955年拍成電影）。1962年獲諾貝爾文學獎。

史坦貝克
EB Inc.

Steinberg, Saul　施泰因貝格（西元1914～1999年）
原名Saul Jacobson。羅馬尼亞出生的美國漫畫家和插畫家。曾在米蘭學習建築學，其間在義大利雜誌上發表漫畫作品，1942年定居紐約後，成為自由職業藝術家、插畫家和漫畫家，主要投稿於《紐約客》雜誌。其最有創意的作品通常為對美國現實的超寫實主義的、古怪的、惡夢般的表現，經常使用流行文化的奇特圖示。

施泰因貝格，紐曼攝於1951年
© Arndd Newman

Steinem, Gloria　絲泰茵姆（西元1934年～）　美國女權主義者、政治激進分子及編輯。起初在紐約當作家和新聞工作者，1960年代末深深捲入婦女解放運動，1971年成為國家婦女政治幹部會議的創立者之一。1972年創辦具創新風格的《女士》雜誌，後來任編輯，從婦女運動的遠景來論述當代的問題。1970年代和1980年代建立或參與建立其他婦女組織，包括國家婦女組織。其作品包括《強暴行為與日常生活裡的反叛行為》（1983）、《瑪麗蓮》（1986）和《內在革命》（1992）。

Steiner, (Francis) George　斯坦納（西元1929年～）
法國－美國－瑞士評論家。生於巴黎，1944年成為美國公民，不過大多數的時間居於歐洲，主要在劍橋大學與日內瓦大學任教。他研究特別是在現代社會中的文學與社會的關係。他關於語言與第二次世界大戰納粹屠殺猶太人的著作，普及於非學院的一般讀者。他的作品中，隨筆作品《悲劇之死》（1960）與《語言與沈默》（1967），探討了第二次世界大戰對於文學所造成的非人性化的影響；《巴別塔》（1975）討論了文化與語言學的關係。另外還有《藍鬍子城堡》（1971）與《真實存在》（1989）。

Steiner, Max(imilian Raoul Walter)　斯坦納（西元1888～1971年）　奧地利裔美國作曲家與指揮家。一位奇才，十四歲時編寫了一部於維也納上演一年的輕歌劇。1914年移民美國，在紐約擔任戲劇指揮家與編曲者的工作，1929年遷移至好萊塢。他成為第一代最佳的（即使不是最細膩的）電影配樂作曲家，藉由《金剛》（1933）、《告密者》（1935，獲奧斯卡獎）、《亂世佳人》（1939）、《旅人戀人》（1942，獲奧斯卡獎）、《自君別後》（1944，獲奧斯卡獎）、《漫漫長眠》（1946）、《根源》（1949）以及其他配樂作品，確立了許多後來成為標準的技術。

Steiner, Rudolf＊　斯坦納（西元1861～1925年）
奧地利裔瑞士社會哲學家、精神哲學家，靈智學的創立者。他編輯歌德的科學作品，並為歌德完整作品的標準版本作出努力。幫助建立德國神智學協會（參閱theosophy），1912年成立了來自於見神論之神祕信仰的社團，1913年建立第一個歌德學園，一所精神科學學校，位於瑞士境內巴塞爾附近多爾納赫城。1919年建立了進步學校是在瓦爾多夫工廠為工人建立的，導致後來的國際瓦爾多夫學校運動。作品有《精神活動的哲學》（1894）、《神祕科學》（1913）和《我的一生》（1924）。

Steinmetz, Charles Proteus＊　施泰因梅茨（西元1865～1923年）　原名Karl August Rudolf Steinmetz。德裔美籍電氣工程師。由於從事社會主義活動被迫離開德國，1889年移民到美國，1893年開始為通用電子公司工作。1902年起在協和學院任教。其試驗引出了磁滯現象定律，涉及當磁作用轉換為不穩定的熱時，所有電氣裝置發生的功率損失。他計算出的常數（二十七歲時），至今仍保留為電機工程字彙的一部分。1893年他提出一種簡化的符號方式用來計算交流電現象。他還研究電的瞬變現象（電路在瞬間的變化，例如閃電時）；其進行波定律開啓了他對高功率輸電線免於被電擊的裝置的發展，並設

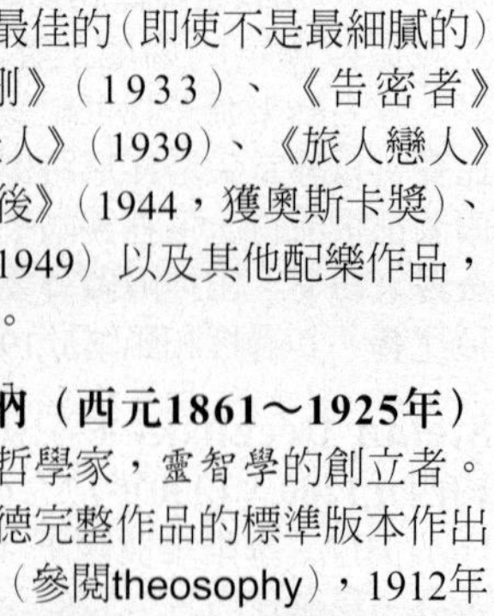
施泰因梅茨
By courtesy of Union College, Schenectady, New York

計高功率的發電機。他大約申請了兩百多項專利。

Steinway 史坦威（西元1797～1871年） 德裔美籍鋼琴製造家。曾在德國學習製造風琴，1836年開始製造鋼琴。1850年他和大部分家人隨同其子前往美國，在爲其他鋼琴公司工作了幾年之後，開始學習美國商務，1853年父子在紐約市建立自己的公司，後來在整個市場占優勢地位。1865年他將留在德國照顧生意的兒子也帶到美國，自己則主要進行研究和開發產品，他對鋼琴的改進奠下現代鋼琴的標準。

stele＊ 石碑 亦作stela。古代主要用作墓碑的直豎的石板，也用作紀念碑或界碑。具體起源不詳，但在古埃及、古希臘、亞洲以及馬雅帝國通常用作墓碑。在古巴比倫，著名的《漢摩拉比法典》即被刻寫在一塊高大的石碑上。石碑使用最多的是在希臘的阿提卡，大部分是用作墓碑。死者均按其生前形象雕刻，男人爲戰士或運動員，婦女由她們的孩子簇擁著，小孩則常和他們的愛畜或玩具在一起。

Stella, Frank (Philip) 史戴拉（西元1936年～） 美國畫家。曾在普林斯頓大學學習歷史，後移居紐約，在那裡開始其創造性的「黑畫」（1958～1960），畫面還配合一系列對稱的細白線條，當對著黑色背景看時，它們重複畫布的形狀。作爲極限主義運動的領導人物，1960年代中期開始在一系列有影響的繪畫中採用多色畫法，特點是幾何圖形與曲線圖形交錯，顏色活潑而和諧。1970年代開始製作顏色悅目、混合繪畫方式的浮雕，以表現更加錯綜的形狀爲特色。1970和1987年曾在現代藝術博物館舉辦作品回顧展。

Steller's sea cow ➠ sea cow

stem 莖 植物的主軸，其上著生芽和長葉的枝條，基部爲根，還包含維管（導管）組織（木質部和韌皮部），用來輸送水分、礦物質和養料到植物的其他部分。植物木髓（海綿體的核心）由傳導木質部和韌皮部的連絡束（在雙子葉植物中，參閱cotyledon）或維管束（在單子葉植物中）包圍，然後是皮層和最外部的表皮或樹皮。形成層（活躍的分裂細胞部分）就在樹皮下面。側面的萌芽和樹葉在稱爲節點的地方長出；莖上的節點之間的間隔稱爲節點間距。在顯花植物中，不同的莖的形態（根莖、球莖、塊莖、鱗莖、匍匐枝）能讓植物冬眠似地存活多年，貯存養分或進行無性繁殖。所有的綠色莖都進行光合作用，葉子也一樣，在仙人掌和天門冬屬等植物中，莖是進行光合作用的主要地方。

Stendhal＊ 斯湯達爾（西元1783～1842年） 原名Marie-Henri Beyle。法國小說家。生於格勒諾布爾，1799年到巴黎，部分原因是出於躲避父親的管束。1802年起開始寫日記（在他死後以《日記》爲名出版）以及其他一些記錄個人想法的文字。1806年起在拿破崙軍隊任職，1814年法蘭西帝國垮台後移居義大利。因在政治上及情感生活中受挫，他又返回法蘭西。1821～1830年在巴黎的社會生活和知識分子階層中相當活躍，也是在這一時期，他完成了代表作《紅與黑》（1830），該書對一位野心勃勃的年輕人的性格作了淋漓盡致的描繪，也是對法國復辟時期的精確描述。另一部主要

斯湯達爾，油畫，迪德瑞－多西（Pierre-Joseph Dedreux-Dorcy）繪；現藏法國格勒諾布爾市立圖書館
By courtesy of the Bibliothèque Municipale de Grenoble, Fr.; photograph, Studio Piccardy

著作《巴馬修道院》（1839），以其對人類心理的出色分析和對生活細緻入微的描畫而著稱。未能完成的自傳體著作《自我主義者的回憶》（1892）和《昂利．勃呂拉傳》也被歸入他最有創意的作品之列。

Stengel, Casey 斯坦格爾（西元1891～1975年） 原名Charles Dillon Stengel。美國職業棒球選手和經理。1912～1917年在布魯克林道奇隊任外野手，後來待過的球隊有匹茲堡海盜隊（1918～1919）、費城費城人隊（1920～1921）、紐約巨人隊（1921～1923）和波士頓勇士隊（1924～1925）。先在布魯克林道奇隊（1934～1936）、後在波士頓勇士隊（1938～1943）擔任經理，擔任洋基隊臨時經理（1949～1961）時，十二年中率領隊伍奪得十次美國聯盟冠軍（其中五年連續）、七次世界大賽冠軍（其中五年連續）。後來任新成立的紐約大都會隊副董事長和經理（1962～1965），以其早年低落的表現而出名。在其職業生涯中，以其主技演出的技巧和其對英語的特殊用法和濫用聞名（被稱爲斯坦格爾語）。

Stenmark, Ingemar 斯滕馬克（西元1956年～） 瑞典阿爾卑斯式滑雪運動員。十三歲開始隨瑞典少年國家隊受訓，1974年獲得第一次世界盃賽的冠軍。1976、1977、1978年成爲世界盃賽的全面勝利者（曲道、大曲道和滑降）。1980年奧運會上獲得曲道和大曲道滑雪金牌。後來成爲職業運動員，1989年退休。一共獲得八十六項世界盃冠軍，成爲記錄，他可能是最偉大的曲道和大曲道滑雪者。

Steno, Nicolaus＊ 斯蒂諾（西元1638～1686年） 丹麥語作Niels Steensen或Niels Stensen。丹麥地質學家和解剖學家。作爲一名傑出的內科醫生，1660年他發現了腮腺管（又名斯滕森氏管）。其地質觀察，是世界上第一次認識到地球外殼包含著地質事件的編年史，細心研究地層和化石，就可以把這部歷史解讀出來。化石是古代生命機體的遺骸。1669年他爲晶體的發現奠下基礎，指出各石英晶體在外觀上雖然差別很大，但在相應晶面之間的角度相同。後來他放棄科學，轉向宗教，1675年成爲牧師。

stenography ➠ shorthand

stenosis ➠ atresia and stenosis、mitral stenosis

stenotypy＊ 按音速記機 一種機器速記系統，其音節、詞、短語和標點符號用單個字母或一組字母按語音來表示。這種機器常用於商業或法庭報告中。機器使用時幾乎沒有聲音，而且每分鐘可以速記250個以上的詞。操作時可以兩手並用，同時按下數鍵，一次可打出一個完整的詞。

Stephen 史蒂芬（西元1097?～1154年） 亦稱Stephen of Blois。英格蘭國王（1135～1154年在位）。亨利一世的侄子，曾立誓支持亨利的女兒瑪蒂爾達繼承王位，但後來卻自己繼承王位。在國內爭鬥中他沒能贏得所有男爵的支持。瑪蒂爾達在1139年入侵，史蒂芬以騎士精神將她護送到布里斯托港口。她控制了英格蘭西部大部分地區，並在1141年的戰役中俘擄了史蒂芬，但其傲慢激起叛亂，被迫離開英格蘭（1148）。後經由一項協議，1153年入侵英格蘭的瑪蒂爾達的兒子安茹的亨利（後來的亨利二世）被任命爲史蒂芬的繼承者。

Stephen 史蒂芬（西元1435～1504年） 別名Stephen the Great。摩達維亞大公（1457～1504）。在瓦拉幾亞大公弗拉德三世．特佩斯的幫助下確保了摩達維亞君主的地位。1467年驅逐了匈牙利的進攻，後來又進攻瓦拉幾亞

(1471)，當時瓦拉幾亞還隸屬於土耳其。他擊退了土耳其的入侵（1475、1476），同意波蘭與匈牙利關於摩達維亞的計畫。1503年史蒂芬簽定了一項條約，保證摩達維亞的獨立，但摩達維亞必須每年都向土耳其進貢。

Stephen, James Fitzjames　史蒂芬（西元1829～1894年）　受封爲詹姆斯爵士（Sir James）。英國法律史學家和法官。其《英國刑法總論》（1863）是繼布拉克斯東之後系統地闡述英國法理學原理的第一次嘗試。1869～1872年供職於英國在印度的總督委員會，他幫助編纂印度的法典和改革印度法。1875～1879年在律師學院任教，並任職於高級法院（1979～1991）。其「可起訴罪法案」，儘管從未實行，但也極大的影響了英語國家刑法的改革。

Stephen, Leslie　史蒂芬（西元1832～1904年）　受封爲雷斯利爵士（Sir Leslie）。英國評論家。曾在伊頓公學和劍橋大學學習，後進入文學界，1871年開始長達十一年的《康希爾雜誌》的主編工作，爲該雜誌寫了許多評論。其最巨大的學術作品是《18世紀英國思想史》（1876），但流傳最廣的卻是1882～1891年主編的《英國人物傳記詞典》，他本人也爲該書撰寫了數百篇傳記。他是畫家貝爾與小說家吳爾芙的父親。

Stephen, St.　聖史蒂芬（西元1世紀）　基督教第一個殉教士。根據使徒行傳記載，史蒂芬是在外國出生的猶太人，住在耶路撒冷，很早就改信基督教。他是由傳教士選任的七名執事之一，負責照顧老年婦女、寡婦及孤兒。作爲已經希臘化的猶太人，他強烈反對猶太教的祭獻禮儀，爲了表述他的意見，他被帶到猶太教公會。他爲基督教所作的辯護激怒了聽衆，結果被用石頭打死。贊成處死他的人中有一個是後來成爲使徒聖保羅的掃羅。

Stephen I　史蒂芬一世（西元970?～1038年）　亦稱聖史蒂芬（St. Stephen）。原名Vajk。匈牙利第一位國王（1000～1038年在位），匈牙利國家的創立者。馬札兒大酋長之子，原爲異教徒，後受洗成爲基督徒。打敗其表兄後即匈牙利王位，其皇冠爲羅馬教宗西爾維斯特二世的禮物。其統治期間是和平的，除了1030年康拉德二世入侵和與波蘭、保加利亞的小衝突之外，後來他按照德國模式組織了匈牙利政府和教會管理機構。他被尊爲匈牙利的主保聖人。

Stephen II　史蒂芬二世（卒於西元757年）　教宗（752～757年在位）。從拜占庭辭去教宗職務，和法蘭克人聯合反對倫巴底人，當時倫巴底人正威脅羅馬。在高盧他爲丕平三世及其子查理曼、卡洛曼行塗油禮，授予羅馬人之王稱號。返回時，丕平率領軍隊進攻倫巴底國王艾斯杜爾夫（754, 756）。獲勝的法蘭克人授予教宗拉韋納、羅馬、威尼斯和伊斯特拉半島的土地，從此建立了教廷國。

Stephen Báthory＊　史蒂芬・巴托里（西元1533～1586年）　匈牙利語作István Báthory。波蘭語作Stefan Batory。特蘭西瓦尼亞大公（1571～1576年在位）和波蘭國王（1575～1586年在位）。1571年被選爲特蘭西瓦尼亞大公，作爲西格蒙德一世的女婿，1575年被波蘭貴族選爲波蘭國王。他是一個雄心勃勃的強大君主，成功的抵禦了俄國對波蘭境內波羅的海東部地區的襲擊，1582年迫使俄國割讓利沃尼亞給波蘭。他計畫統一波蘭、俄國和特蘭西瓦尼亞爲一體，到快去世時仍準備再和俄國開戰。

Stephen Decansky ➠ Stefan Decansky

Stephen Dusan ➠ Stefan Dusan

Stephen Nemanja ➠ Stefan Nemanja

Stephens, Alexander H(amilton)　史蒂芬斯（西元1812～1883年）　美國政治人物。1843～1859年爲美國衆議院議員，他維護奴隸制，但反對解散聯邦。喬治亞州宣布脫離聯邦時，他被選爲美利堅邦聯的副總統。他支持立憲政府，反對美利堅邦聯總統戴維斯破壞個人權利，並提倡交換戰俘的計畫。曾率代表團參與漢普頓錨地會議（1865）議和未果。南北戰爭之後，他被監禁在波士頓數月。後來重新回到衆議院（1873～1882），1882～1883年任喬治亞州州長。

Stephens, John Lloyd　史蒂芬斯（西元1805～1852年）　美國旅行家及考古學家。原爲律師，後遊歷中東，並據此經歷寫成兩部書。他與好友插圖畫家兼考古學家卡瑟伍德於1839年前往宏都拉斯，探索傳說中存在的馬雅人遺跡。他們在科潘、烏斯馬爾、帕倫克及其他地方發現了一些新的重要遺址，並據此寫成《中美洲、恰帕斯及猶加敦旅行記》（2卷，1841），描述這些發現。第二次考察結束後他們又著有《猶加敦旅行記》（2卷，1843）。他們的著述引起大衆與學者對此地區的濃厚興趣。

Stephens, Uriah Smith　史蒂芬斯（西元1821～1882年）　美國勞工領袖。曾在裁縫店當學徒，後來參與廢奴主義和烏托邦社會主義的改革運動中，1862年協助組織費城服裝裁剪工人協會。1869年參與建立神聖勞動騎士團，這是美國第一個全國工會組織；他後來成爲第一任領導人（或稱大師傅）。爲了使組織團結，以及組織新力量的敵意讓他傾向於在會議上保守祕密和履行複雜儀式，變得越來越有爭議性，和其反對者對待罷工的態度一樣。1878年辭去職務。

Stephenson, George　史蒂芬生（西元1781～1848年）　英國工程師和鐵路機車的主要發明家。其父是操作大氣蒸汽機的機械師，他本人則是煤礦場總機械師，對蒸汽引擎很感興趣，後來在機器上進行試驗，試圖從礦坑中拖出載滿煤的小車。1815年設計一個強有力的「蒸汽爆炸」系統，使機車成爲現實。1825年他製造出一台蒸汽機車，首次用於客運鐵路，以時速24公里運載了450名乘客從斯多克東駛到達令敦。1829年在其子羅伯・史蒂芬生的幫助下，他改進了機車「火箭號」，以每小時58公里的速度贏得了比賽，後來成爲機車的典範。他的公司製造了用於利物普到曼徹斯特的新鐵路的八部機車。

史蒂芬生，美柔汀畫，透納（C. Turner）據布立格茲（H. P. Briggs）的作品複製
By courtesy of the Science Museum, London

Stephenson, Robert　史蒂芬生（西元1803～1859年）　英國土木工程師，長跨度鐵路橋樑的建造者。是喬治・史蒂芬生的兒子，曾協助父親製造「火箭號」和幾條鐵路。在修建從紐塞到貝里克的鐵路中，他在泰恩河上建築了一座六拱鐵橋。負責在麥奈海峽建築連接安格爾西島和威爾斯大陸的堅固的鐵路大橋時，他設計了一座獨特的管桁橋，由於取得成功，他在英國和其他地方又建造幾座管桁橋。

Steptoe, Patrick (Christopher); and Edwards, Robert (Geoffrey)　史戴普脫與愛德華（西元1913～1988年；西元1925年～）　英國醫學研究人員。兩人完成人類試管受精，導致1978年誕生第一個「試管嬰兒」。史戴

普脫帶領不孕症及不妊症的研究，出版《婦科學之腹腔鏡》。愛德華在1968年成功讓人類的卵在子宮外受精。兩人從1968年開始合作，結果誕生了一千個以上的嬰兒。

stereochemistry　立體化學　最初由邁耶於1878年左右提出的一個名詞，指對立體異構體（參閱isomer）的研究。1848年巴斯德指出酒石酸具有光學活性，取決於它的分子不對稱性。范托夫和貝勒（1847～1930）於1874年分別獨立地解釋了與四個不同的基團結合的碳原子所組成的分子如何有兩種互為鏡像的形式。立體化學研究立體異構體以及不對稱合成法。康福思（1917～）和普雷洛格（1906～1998）在立體化學以及生物鹼、酶、抗生素和其他天然化合物的立體異構方面做了許多工作，因而共獲1975年的諾貝爾獎。

sterilization　絕育　任何用來永久結束生育力的外科方法（參閱contraception）。透過手術方法切除或阻斷精子及卵子的組織通路以避免受精（參閱reproductive system, human）。方法簡單，成功率達99%以上。男子進行的手術稱為輸精管切除術，女子進行的手術稱為輸卵管捆紮術（捆紮或切斷輸卵管）。儘管這些手術被認為是持久性的，顯微手術的發展可以提高重新生育的機率。雄性動物藉由閹割來絕育，雌性動物則以切除卵巢來絕育。

Sterkfontein＊　斯泰克方丹　南非境內相鄰三個考古遺址之一（另兩個是克羅姆德萊和斯瓦特克朗）。曾出土化石人類遺存，包括南猿屬的非洲南猿、粗壯南猿以及直立人。1996年研究者發現最完整的更新紀靈長動物的化石，此前曾發現非洲南猿個體的化石，取名為露西，具有類人猿的骨盆，卻有類似現代小猩猩的肢體。在北邊240公里的馬卡潘斯蓋發現了大約四十個非洲南猿個體的遺存。

Sterling, Bruce　史特林（西元1954年～）　美國科幻小說作家。生於德克薩斯州布朗斯維爾，1976年德克薩斯大學畢業，同年，出版第一篇故事《人造自身》。網路叛客、科幻小說的主要擁護者，處理電腦科技主宰都市社會的嚴酷未來題材，編輯《鏡影：網路叛客文選》（1986），並出版小說《分裂》（1985）、《網路之島》（1988）、《差分機》（1990，與吉布森合著）與《狂亂》（1999）。

Stern, Isaac　史坦（西元1920～2001年）　烏克蘭出生的美籍小提琴家。嬰兒時期隨家人移民美國，1936年首次在舊金山交響樂團表演，十七歲首次在紐約登台。戰後開始到處旅遊（包括1956年到蘇聯）。1960年和鋼琴家伊斯托明（1925～2003）、大提琴演奏家羅斯（1918～1984）一起表演著名的三重唱。他成功的阻止了卡內基大廳被破壞，幫助建立國家藝術基金會，是以色列音樂界中的重要人物。

Stern Magazin＊　明星雜誌　1948年創刊的德文週刊，以時事新聞與優良圖片聞名，該刊將輕鬆題材與嚴肅題材相結合，對帶色情取向的故事的生動處理擴大了其受歡迎程度。主要內容包括帶插圖的散文、名人特寫、採訪和其他方面，將感人的照片、一般新聞和當前流行事物的照片結合在一起。

Sternberg, Josef von　斯登堡（西元1894～1969年）
原名Jonas Stern。澳大利亞出生的美國電影導演。出身於維也納一個東正教猶太人家庭，少年時移民到美國。1923年成為好萊塢編劇和攝影，1927年拍出首部警匪片《下層社會》（1927）。他的電影特色為動人的視覺效果和光明與黑暗的氣氛營造。1930年在德國拍攝《藍天使》，讓主角瑪琳黛德麗成為國際影星。她後來和斯登堡一起回到好萊塢，主演他執導的《摩洛哥》（1930）、《上海特快車》（1932）、《金髮維納斯》（1932）、《紅衣皇后》（1934）和《西班牙狂想曲》（1935）。儘管他後來拍攝的電影《澳門》（1952）和《阿塔納漢傳奇》（1953）都受到讚揚，但事業已開始走下坡。

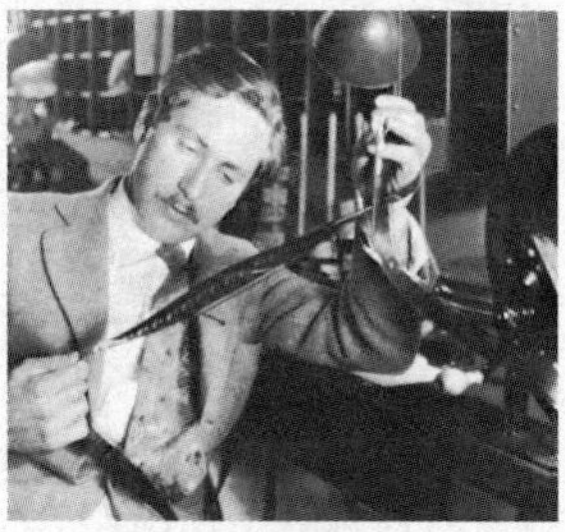
正在剪輯影片的斯登堡
Culver Pictures

Sterne, Laurence　史坦恩（西元1713～1768年）　英國小說家和幽默作家。曾在約克鎮任多年牧師，後來在教會爭議中寫諷刺文章以維護其職務時，發現到自己的潛力。成為助理牧師後，開始寫《項狄傳》（1759～1767），這是一部試驗小說，分為九個部分，由於受制於傳統格式，幾乎沒有情節，但被認為是心理學和意識流小說最重要的作品。長期遭受肺結核困擾，他離開空氣潮濕的英國開始旅行，並著手寫小說《感傷旅行》（1768），但未完成。該小說是喜劇小說，對傳統的旅遊書籍進行挑戰。

史坦恩，油畫，雷諾茲繪於1760年；現藏倫敦國立肖像畫陳列館
National Portrait Gallery, London

steroid　類固醇　由17個碳原子三維地排列成4個環的天然的或人造的有機化合物。內核自身的構型以及與內核相連的物質的特性及其位置決定了不同種類的類固醇。在動、植物中發現的類固醇已有數百種，人工合成或利用自然類固醇加工改造的類固醇則有數千種。類固醇在生物、化學及醫藥界有重要地位，許多激素（荷爾蒙）（包括性激素）、膽汁酸、固醇（包括膽固醇）以及口服避孕藥均是。洋地黃是西方醫藥界最早廣泛使用的一種類固醇。皮質類固醇（參閱cortisone）及其合成物可用來治療風濕病和其他炎症。亦請參閱anabolic steroids。

Stettin ➠ Szczecin

Stettinius, Edward Reilly, Jr.＊　斯退丁紐斯（西元1900～1949年）　美國實業家和政治家。曾為通用汽車公司工作，1931年任該公司副總經理。1934年進入美國鋼鐵公司，1938年任該公司董事長。1939～1940年任戰爭資源委員會主席，1941～1943年任租賃管理的負責人。1944～1945年為美國國務卿，在雅爾達會議上擔任羅斯福總統的顧問。他率領美國代表團到聯合國，組織舊金山的會議，是美國駐聯合國首任代表。

Steuben, Frederick William (Augustus)＊　施托伊本男爵（西元1730～1794年）　德裔美籍革命軍官。十六歲參加普魯士軍隊，七年戰爭中升為上尉，自稱曾被封為男爵。被推薦給華盛頓後，1777年來到美國，受命在賓夕法尼亞福吉谷訓練駐軍，建立一支訓練有素的戰鬥力量，成為整個大陸軍的楷模。後來被任命為陸軍監察長，領少將銜（1778）。曾協助指揮約克鎮圍城戰役。

Stevens, George　史蒂文斯（西元1904～1975年）　美國電影導演。1921年以前曾在他父親的巡迴劇團裡扮演角色，後到好萊塢擔任攝影師，拍過很多勞萊與哈台搭檔的喜劇片。1933年後轉任導演，他出色的攝影技巧以及刻意求工的製作，終於使他因《寂寞芳心》（1935）和《搖擺時刻》（1936）兩片成名。此後的影片有：《年度女人》（1942）、

《慈母淚》(1948)、《郎心如鐵》(1951，獲奧斯卡獎)、經典西部片《原野奇俠》(1953)以及《巨人》(1956，獲奧斯卡獎)。

Stevens, John　史蒂文斯（西元1749～1838年）　美國工程師和發明家。獨立戰爭時期任陸軍上校。他設計了多種鍋爐和發動機，為保護自己的發明權，向國會提出專利法草案。由於他的陳情，美國國會於1790年通過了「專利法」，這是美國現行專利制度的基礎。1802年他建成第一艘用螺旋槳推進的汽船。1809年他駕駛的「鳳凰號」成為在海上航行的第一艘汽船。1811年他在費城完成了世界上首次蒸汽船貨運服務。1825年七十六歲高齡的他製造了美國第一台蒸汽機車。他把自己在新澤西州的家園發展成霍伯肯市。他是羅伯・利文斯頓・史蒂文斯的父親。他的另一個兒子愛德溫・沃格斯特斯・史蒂文斯（1795～1868）發明了史蒂文斯犁具，是製造鐵殼戰艦的先驅，還利用一筆遺產建立史蒂文斯科學研究所。第三個兒子約翰・考克斯・史蒂文斯（1785～1857）帶領「美國號」賽艇駛往英國，贏得後來被稱為「美洲盃」的賽艇比賽。

Stevens, John Paul　史蒂文斯（西元1920年～）　美國最高法院大法官。西北大學法學院畢業後在美國最高法院當書記官，後加入芝加哥市一法律事務所，專門從事反托拉斯法業務，並同時在多個公共委員會兼職。1970年尼克森總統任命他為第七巡迴區上訴法院的巡迴法官，1975年福特總統任命他為最高法院大法官。他裁決獨立公正，也許是其他幾個同事離開後剩下的最民主的一個。

Stevens, Robert Livingston　史蒂文斯（西元1787～1856年）　美國工程師和船舶設計者，約翰・史蒂文斯的兒子。他試驗了第一艘螺旋槳汽船。1830年設計T形鐵軌，後又設計了鐵路道釘。他發現在鐵軌和枕木下面用碎石或礫石鋪築路基比以往任何方法都優越，他設計的鐵軌如今被普遍採用。

Stevens, Thaddeus　史蒂文斯（西元1792～1868年）　美國政治人物。原先在賓夕法尼亞州開業當律師，免費為逃亡的奴隸辯護。作為國會議員（1849～1853、1859～1868），他反對將奴隸制引入西部各州。南北戰爭後成為激進派共和黨人的國會領袖，力主公正對待黑人，堅持戰後南部各州在重新加入聯邦時必須履行嚴格的條件。他幫助建立被解放黑奴事務管理局，確保憲法第十四條修正案的通過。他反對詹森總統對南部持「寬容」態度的重建政策，提出彈劾總統決議案。

Stevens, Wallace　史蒂文斯（西元1879～1955年）　美國詩人。原在紐約市當律師，1916年加入一家保險公司並擔任副董事長一職直到去世。1914年他的詩歌開始在文學雜誌中發表。其第一本也是他動詞運用最巧妙的詩集《簧風琴》(1923)中，他開始寫「想像與現實」這一貫串他畢生創作的主題，並將他的作品串成一個整體。後來的詩集《關於秩序的思想》(1936)、《攜藍色吉他的人》(1937)和《秋天的晨曦》(1950)等在思想上和力度上進一步闡發這個主題。他一生坎坷，直到晚年才被承認是重要詩人，1955年因《詩歌選集》獲普立茲獎。現在人們常認為他是20世紀美國最偉大的詩人。

史蒂文斯，攝於1952年
© Rollie McKenna

Stevenson, Adlai E(wing)　史蒂文生（西元1900～1965年）　美國政治人物和外交官。祖父曾為美國副總統。1926年起在芝加哥任律師，在第二次世界大戰期間曾任美國海軍部長特別助理（1941～1944），後任國務卿助理（1945）。1946～1947年為出席聯合國會議的美國代表。在伊利諾州州長任內（1949～1953），推行自由派改革。因其出衆的口才和機智，兩次被提名為民主黨總統候選人（1952、1956），然兩次均為艾森豪所擊敗。後被任命為美國駐聯合國首席代表（1961～1965）。

Stevenson, Robert Louis (Balfour)　史蒂文生（西元1850～1894年）　蘇格蘭散文家、小說家和詩人。曾取得律師資格，但從未開業。他遊歷廣泛，部分是為了尋找有利於治療肺病的氣候，但最終還是因肺病而於1944年去世。他因為期刊寫遊記（如1879年發表的《驢背旅程》）和散文而出名，這些文章起先被收錄在《維琴伯斯・樸利斯克集》(1881)中。他那些倍受青睞的小說《金銀島》(1883)、《綁架》(1886)、《化身博士》(1886)和《巴倫特雷的少爺》(1889)是在連續幾年中寫成的；《兒童詩園》(1885)是19世紀影響力最大的兒童作品之一。他在薩莫亞度過生命的最後幾年，並寫出更臻成熟的作品，包括《法勒薩海灘》(1892)以及未完成的代表作小說《赫米斯頓的韋爾》(1896)。

Stevin, Simon＊　斯蒂文（西元1548～1620年）　法蘭德斯數學家。1585年發表小冊子《十分之一》，對十進位小數及其日常應用作了說明。儘管十進位小數並非他發明的，用的符號也不方便，但是他確立了它們在日用數學中的應用。

Stewart ➠ Stuart, House of

Stewart, Ellen　史都華（西元1931年～）　美國戲劇導演。生於路易斯安那州亞力山卓的黑人家庭，定居紐約，以外外百老匯劇院之母而聞名。1961年創辦「媽媽咖啡劇場」，專門整合音樂、舞蹈和戲劇的實驗劇場。許多年輕演員和編劇由此出身，包括貝蒂米勒與謝巴德。1965年歐洲巡迴演出使「媽媽劇場」成為歐洲前衛導演的發源地。屢次卓越的製作使「媽媽劇場」成為廣受尊崇的機構，贏得五十次以上的奧比獎。

Stewart, Henry ➠ Darnley, Henry Stewart, Lord

Stewart, James (Maitland)　詹姆斯史都華（西元1908～1997年）　美國電影演員。原為普林斯頓大學建築系學生，在加入好萊塢之前曾在麻薩諸塞州的劇團工作。1935年步入影壇，後演出卡普拉的《浮生若夢》(1938)和《華府風雲》(1939)中一個惹人喜愛的單純而又充滿理想的角色。第二次世界大戰中曾擔任轟炸機領航員。戰後演出的作品《風雲人物》(1946)成為聖誕節經典名片。其他影片有：《碧血煙花》(1939)、《費城故事》(1940；獲奧斯卡獎)、《哈維》(1950)、《格倫・米勒傳》(1954)、《河灣》(1952)、《血戰蛇江》(1955)、《桃色血案》(1959)以及

《風雲人物》(1946)中的詹姆斯史都華
Culver Pictures

希區考克的驚悚片《絞索》（1948）、《後窗》（1954）、《擒兇記》（1955）和《迷情記》（1958）。

Stewart, J(ohn) I(nnes) M(ackintosh) 斯圖爾特（西元1906～1994年） 蘇格蘭裔英國小說家、文學評論家和教育家。擔任大學教授期間開始寫作。在他的神秘小說中，他創造了調查員約翰·阿波比這個人物，爲以溫和幽默和書面妙計聞名的英國偵探。他以邁克爾·英尼斯爲筆名寫下了許多神祕小說，著名的有《製作者的哀嘆》（1938）、《旅程中的男孩》（1949）和《笨拙的謊言》（1971）等。他也以本名寫過其他小說和文學評論。自傳《本身與邁克爾·英尼斯》於1987年出版。

Stewart, Potter 斯圖爾特（西元1915～1985年） 美國最高法院大法官。耶魯大學畢業，第二次世界大戰後定居辛辛那提市，在該市市政委員會工作並擔任副市長。1954年被任命爲第六司法區上訴法院法官，1958年艾森豪總統任命他爲最高法院大法官，1981年卸任。作爲溫和派，他代表多數大法官在「謝爾頓訴塔克案」中寫道：要求教師登記其全部社會關係是違憲的。他還在「米蘭達訴亞利桑那州案」中寫下了意義非凡、值得紀念的不同意見。

Stibitz, George Robert 史蒂比茲（西元1904～1995年） 美國數學家、發明家。生於賓夕法尼亞州約克，康乃爾大學博士。1940年與貝爾實驗室的同事威廉斯發展出Model I複雜計算機，公認是數位電腦的前身。用電傳打字機將問題傳送求解，完成最早的遠端電腦運算，並率先將電腦應用於生物醫學領域，像是肺中氧氣的運動、腦細胞解剖學、養分與藥物在身體的傳播，以及微血管的運輸原理。擁有38項專利，1983年獲選進入發明家名人堂。

stibnite 輝銻礦 銻的硫化物（Sb_2S_3），爲銻的主要礦石礦物。這種硫化物礦物具有明亮的金屬光澤，呈鉛灰色至鋼灰色，很容易熔化。主要在溫度較低的水熱溫泉（參閱hydrothermal ore deposits）以及交代礦床處發現。已發現的重要輝銻礦礦床位於中國、日本以及美國（愛達荷州、加州和內華達州）。輝銻礦可用於製造火柴、焰火和雷管；古人並以其作爲化妝品（稱爲kohl），可使眼睛顯得較大。

Stick style 木構式 1860年代和1870年代美國常見的住宅設計樣式，是木板式的前身。木構式偏愛模仿木骨架構造效果，用木板以格狀貼在外牆使人聯想到發裡面的框架結構。其他的特點還有附屬的開放式木構陽台、突出的方形隔間、陡峭的斜屋頂與伸出的屋簷。強調尖角與垂直的元素。雖然與木工哥德式相關，木構式極少用薑餅裝飾。這個型式也代表著較爲寬敞的建築平面圖的開始。格林兄弟在20世紀初成功地將木構式重新詮釋。

stickleback 刺魚 刺魚科約12種魚類的統稱。產於北半球溫帶區的淡水或海水中，體型瘦小，無鱗。能生長至約15公分長。背部在背鰭鰭部前方有一行棘。尾柄細長，尾鰭呈方形，體側有硬甲片。刺魚以其生殖行爲聞名，通常由雄魚用植物質料築巢，然後誘哄一或數條雌魚進巢產卵，隨之使卵受精，並加以守衛看管，孵化後繼續保護幼魚免遭攻擊。

Stickley, Gustav 斯蒂克利（西元1858～1942年） 美國家具設計師和製作者。他在叔叔的製椅廠學會了製作家具，接任該廠後，他將廠址移到紐約州，先到賓厄姆頓，後到雪城。受到藝術和手工藝運動的影響，又因爲他經常拜訪在美國西南部的老家具設計師，1900年他設計出結構穩固的橡膠木家具的獨特線條。爲宣傳他的構思和設計，1910～1926年他出版發行頗具影響力的《工藝師》雜誌。1916年他的兩個弟弟成立一家家具生產公司，生產他設計的產品，並把他的設計風格命名爲「使命」，這一風格流行至今。

Stiegel, Henry William＊ 斯蒂蓋爾（西元1729～1785年） 原名Heinrich Wilhelm Stiegel。德裔美籍製鐵業者和玻璃製造商。1750年來到費城，很快成爲富有的製鐵業者，1762年在蘭開斯特縣買進一大片土地，投資建設一個市鎮，取名曼海姆。在那兒，他開設美利堅燧石玻璃廠，從威尼斯、德國和英國招來玻璃工人，製造實用的器皿和藍、紫、綠、水晶等各色精美食具。他有三處豪宅，進出有人敬禮並有軍樂伴隨。奢侈的生活和蕭條的經濟最終導致他破產。

Stieglitz, Alfred＊ 施蒂格利茨（西元1864～1946年） 美國攝影家，現代藝術展的先驅。1881年隨其富裕的家庭到歐洲求學，1883年放棄在德國柏林攻讀機械工程，改爲從事攝影工作。1890年回到美國，首批拍攝雪景、雨景和夜景的作品獲得成功。1902年成立攝影分離派團體，將攝影當成藝術來追求。1917～1927年他個人最爲成功的攝影作品或許是以他的妻子奧基芙爲肖像和以抽象雲景爲主題的兩組作品。他的攝影作品是最早在美國主要博物館中展出的。他在紐約開設的「291畫廊」則最先展出了歐洲與美國現代派畫家的作品，比著名的軍械庫展覽會要早五年。

施蒂格利茨，1934年攝於「291畫廊」；後面是他的妻子奧基芙的畫作
Imogen Cunningham

Stiernhielm, Georg＊ 謝恩赫爾姆（西元1598～1672年） 原名Jöran Olofsson或Georgius Olai或Göran Lilia。瑞典詩人和學者，常被稱爲「瑞典詩歌之父」。1640年開始在克里斯蒂娜女王的皇宮當侍從詩人。最重要的作品是寓意說教的史詩《赫丘利斯》（1658），詩中充滿人道主義精神，相當於一篇關於道德、榮譽的佈道文，爲文藝復興後期古典主義作品的優秀範例，極大地影響了瑞典詩歌的發展。他的所有詩作都收錄在《瑞典詩集》（1668）中。

Stigand＊ 斯蒂甘德（卒於西元1072年） 坎特伯里大主教（1051～1070）。1052年爲愛德華國王和戈德溫伯爵斡旋和平，並被任命爲坎特伯里大主教，以代替已經逃亡的諾曼人主教。直到1058年他才從僞教宗本篤十世手中接受大主教披肩。本篤被廢後，他被教宗尼古拉二世判處絕罰。他繼續任大主教成爲教廷於1066年支持征服者威廉一世入侵英格蘭的原因之一。

Stigler, George J(oseph) 施蒂格勒（西元1911～1991年） 美國經濟學家。在芝加哥大學獲博士學位，後執教於多所大學，1977年在芝加哥大學創建經濟與國家研究中心。他研究資訊經濟學後，對傳統理解中的市場運作的有效性作了闡述。他還研究政府調節並得出結論：政府調節通常有損於消費者的利益。1982年獲諾貝爾經濟學獎。

Stiglitz, Joseph E. 史蒂格利茲（西元1943年～） 美國經濟學家。生於印第安納州蓋瑞，1967年從麻省理工學院獲得博士學位，之後在若干所大學任教，包括耶魯大學、哈佛大學、史丹福大學和哥倫比亞大學。1997～2000年他是世界銀行的首席經濟學家，但常常不同意該組織的政策。史蒂格利茲幫助確立了現代發展經濟學，並且改變了經濟學家有關市場運作方法的想法。他對於市場上不對稱資訊的研究指出，掌握資訊少的人可以透過一種審查的過程從掌握資訊多的人那裡得到資訊，例如，保險公司在決定他們顧客的危險因素的時候就是如此。2001年與艾克羅夫、斯彭斯共獲諾貝爾經濟學獎。

stigmata＊　聖痕　基督教神祕主義名詞，指人體上出現與耶穌基督受難傷痕相應的瘢痕、傷疤或疼痛部位，或在手足、心臟附近，或在頭部（耶穌曾戴荊棘冠冕），或在肩上、背上（耶穌曾背負十字架並受鞭笞）。通常被認爲是宗教狂熱和神聖的象徵，最早出現聖痕的是阿西西的聖方濟（1224）。14～20世紀先後有330多人身上發現聖痕，其中60人被天主教會奉爲聖徒或受眞福。

Stijl, De＊　風格派　創立於1917年的荷蘭藝術派別，包括都斯柏格和蒙德里安。該派宣揚一種烏托邦式的「全宇宙的生命和諧」，追求生活和社會的純潔有序，追求藝術，也是喀爾文派的支持者。透過《風格派》這本雜誌，風格派的影響遍及繪畫、裝潢藝術（包括家具設計）、印刷和建築；主要是建築，因爲透過包浩斯和國際風格，風格派實現了他們的美學觀點。

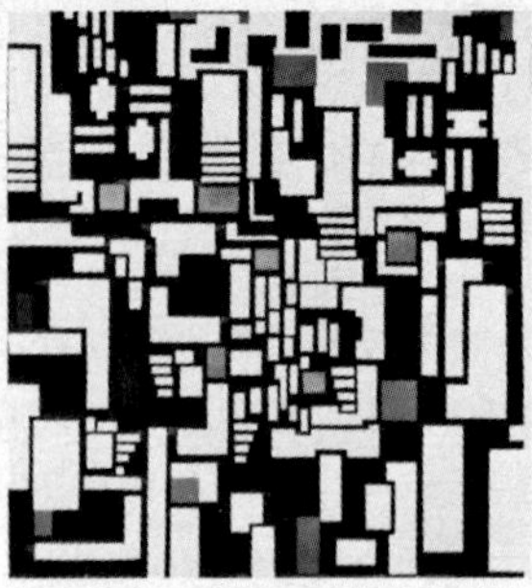

《玩牌者》，油畫，風格派畫家都斯柏格繪於1917年；現藏海牙格門特博物館
By courtesy of the Haags Gemeentemuseum, The Hague

Stikine River＊　斯蒂金河　加拿大不列顛哥倫比亞省西北部和美國阿拉斯加州東南部河流。發源於不列顛哥倫比亞斯蒂金山脈，以弧形向西和西南流入太平洋，全長540公里，其中270公里可通航。爲1896年克朗代克淘金熱時期的主要航道，也是現在通往卡西阿爾礦區的主通道。

Still, Clyfford　斯蒂爾（西元1904～1980年）　美國畫家。生於北達科他州葛蘭汀，就讀斯波堪大學與華盛頓州立學院。在試驗幾種風格之後專注於抽象表現主義，並且是極大單色繪畫作品的先驅。不同於其同儕紐曼、羅思科所用的未經調色的稀薄顏料，他用濃厚的不透明顏料（厚塗畫法）多色鋸齒狀的形狀表現原始風味的強勁力道。

Still, William Grant　史替爾（西元1895～1978年）　美國作曲家。原想當醫生，卻到奧伯林學音樂，學習單簧管、雙簧管和小提琴，曾爲百老匯熱門劇《閒逛》（1921）演奏。又向查德威克（1854～1931）和瓦雷茲學習作曲。初期風格標新立異，如《來自黑人區》（1926）。1930年開始致力於發展鮮明的非洲－美洲藝術音樂，創作五首交響樂（包括1930年的第一交響樂《美國黑人交響曲》）、芭蕾、歌劇以及其他獨唱曲、合唱曲，如《分離之歌》（1949）。

still-life painting　靜物畫　對無生命物體的描寫，以表現它們的外表、色彩、質地、組成，有時則是爲表現它們的寓言或象徵意義。古希臘和古羅馬就開始有靜物畫，中世紀出現於燈光照明後的文稿邊緣，文藝復興時期成爲獨立的繪畫形式。早期的尼德蘭靜物畫以頭蓋骨、蠟燭和沙漏寓意死亡，以四季鮮花和果實象徵大自然的循環。觀察並進而如實地描繪周圍實物細節的興趣，希望以藝術作品裝飾家庭的富裕中產階級的興起，以及宗教改革的長期影響致使人們對肖像畫以外的世俗性繪畫的需求不斷增長，都是導致靜物畫在16、17世紀興起的因素。荷蘭和尼德蘭畫家是17世紀靜物畫大師，從18世紀到第二次世界大戰後非客觀繪畫興起這段時間裡，法國一直是靜物畫的中心。

Stillman, James　斯蒂爾曼（西元1850～1918年）　美國金融家與銀行家。從紐約一家商號開始其職業生涯，1891年洛克斐勒家族購得國民城市銀行（參見Citigroup）的控股權後不久，斯蒂爾曼任該行總經理。在他的領導下，該行在1893年的金融大恐慌中，存款額反而增長一倍以上，在美國銀行界居於支配的地位。1897年該行是唯一一家有財力重整聯合太平洋鐵路公司的銀行。他死後留下一筆鉅額遺產。

stilt　長腿鷸　鴴形目反嘴鷸科濱鳥。腿和嘴細長，見於世界各地溫暖地區。體長35～45公分，生活於池塘周圍，在泥灘和雜草叢生的淺水中覓食甲殼動物和其他小型水生動物。普通長腿鷸體呈多少不等的黑、白色，腿粉紅色，眼呈紅色。

黑頸長腿鷸（Himantopus himantopus mexicanus）
G. W. Robinson－Root Resources

Stilwell, Joseph W(arren)　史迪威（西元1883～1946年）　美國陸軍將領。畢業於西點軍校，參加過第一次世界大戰。他學習過中文，曾在天津服役（1926～1929），在北平任武官（1935～1939）。第二次世界大戰爆發時，蔣介石聘他爲參謀長，命其指揮中國軍隊在緬甸作戰（1939～1942）。他後來指揮美軍在中國、緬甸和印度作戰，還監督利多公路（亦稱史迪威公路）的修建，這條公路是連接緬甸公路的軍事要道。1944年升任將軍，指揮美國第十軍在太平洋作戰（1945～1946）。

Stilwell Road　史迪威公路　舊稱利多公路（Ledo Road）。亞洲舊軍用公路。全長769公里，把印度東北部與緬甸公路連接起來。第二次世界大戰期間，美國工程隊和中國部隊一起修築了這條公路，以連接利多、印度和緬甸的莫岡。該公路以約瑟夫・史迪威將軍命名，越過帕開山脈最險峻的邦索關，延伸到緬甸。

Stimson, Henry L(ewis)　史汀生（西元1867～1950年）　美國政治家。曾當過律師，擔任過美國陸軍部長（1911～1913）、駐菲律賓島總督（1927～1929）和美國國務卿（1929～1933）。日本占領滿洲里後，他向日本遞交了外交照會，拒絕承認領土權的變化，重申美國的和約利益，這個照會後被稱爲「史汀生條約」。作爲第二次世界大戰期間的陸軍部長（1940～1945），他監督美國部隊的擴張和訓練。史汀生是羅斯福總統和杜魯門總統的原子政策主要顧問，曾建議向日本廣島與長崎投擲原子彈。

stimulant　興奮劑　能興奮機體功能的藥物。通常指刺激中樞神經系統的興奮劑，用於警醒、改善心情、提神消倦、增加言語和運動能力，以及控制食欲。其提神的作用往往使某些興奮劑（如苯異丙胺、咖啡因以及與之相近的古柯鹼和尼古丁）被濫用（參閱drug addiction）。用於兒童注意力障礙（及過動）異常的利他林，是一種軟性的興奮劑。

stingray　刺魟　亦稱whip-tailed ray。尾部呈細長鞭狀通常帶有鋸齒形毒刺的各種魟科魚類。大多數種類生活於溫暖海域，但南美的河流中也有少量生存。體寬從25公分到2公尺不等。以蠕蟲、軟體動物及其他無脊椎動物爲食。刺魟均底棲，常常將部分軀體埋於淺灘，受打擾時搖動尾部驅打。

大型刺魟的尾刺足以釘入木船。毒刺傷人可致劇痛，如果傷在腹部，可致人死亡。

Stirling　斯特淩　蘇格蘭中南部自治市（1991年人口約27,984），位於佛斯河畔。有證據顯示早期英國匹克特人曾在此居住。1130年成爲皇家自治市，1226年撥爲皇家住宅，是蘇格蘭國王詹姆斯二世的出生地以及蘇格蘭女王瑪麗和詹姆斯六世（後成爲英格蘭國王詹姆斯一世）的登基地。附近曾發生過兩次戰役：一次是斯特淩橋戰役（1297），蘇格蘭軍隊擊潰了英格蘭軍隊；另一次是班諾克本戰役（1314）。直到16世紀中葉，斯特淩曾十分繁榮，與愛丁堡同享首府特權，直到1603年蘇格蘭和英格蘭合併後才不再是國家的重要中心。現在是農業區的貿易中心及中央行政區所在地。

Stirling, Earl of ➠ Alexander, William

Stirling, James (Frazer)　斯特淩（西元1926～1992年）　受封爲詹姆斯爵士（Sir James）。蘇格蘭建築師。工作初期（1956～1963）和高恩合夥，進行新粗野主義風格設計。建成列斯特大學工程系館（1963）後，以其精確的水晶建築外表初次展露頭角。1971年起和威爾福德合作。1970年代，斯特淩形成了自己的建築風格——後現代主義，運用複雜的幾何抽象外觀、大膽的色彩和經典元素。斯塔特戈爾特的新斯坦茨格拉里博物館（1977～1984）是他最有名的代表作之一。1981年獲普里茨克建築獎。

stoa＊　柱廊　古希臘建築中，指單獨建立的列柱廊或有頂蓋的走廊，也指開敞的長條形建築，其屋頂由平行於後牆的一列或幾列柱子支承。柱廊圍繞在市場和神廟的四周，是交易和公衆散步的場所。柱廊後面常建單層或二層的房屋。雅典的阿塔羅斯柱廊就是典型例子，那是一座大型精緻的二層建築，後面有一排商店。

stochastic process＊　隨機過程　機率論中，指在某一指標集上定義的隨機變數族，對於此指標集上的每一個有限子集對應的隨機變數族有一個聯合的概率分布。爲概率中廣受研究的課題。隨機過程的例子有馬爾可夫過程（變數的現值取決於剛過去的事件，而不是由過去所有事情的因果關係決定的），如股市變動和時間序列（比如連續幾天溫度或降雨量應在每天的固定時間測量）。

stock　股份　金融用語，公司或有限責任公司的認購資本，通常被切割爲份額，並由可以轉移的證券代表。許多公司僅有一類股份，稱爲普通股。普通股是公司所有權的份額，讓持股者有權分得公司利潤和歲入的利益。股份帶有投票權，讓持股者能夠參與公司營運（除非這樣的權利在特定情況下被扣住，例如特殊類型的非投票股份）。支付給普通股的股利常是不穩的，因爲它們隨利潤而異；它們也通常少於利潤，這種差異被管理部門用來擴張公司。欲吸引那些想要確定經常收到股利的投資人，有些公司發行優先股——可以優先獲得公司所付的股利，而在大部分情況下，如果公司解散，可以優先獲得歲入。優先股的股利通常調整在固定的年利率，這必須在股利被分配給普通股持有人之前支付。亦請參閱security、stock exchange。

stock-car racing　房車賽　流行於美國的汽車比賽。參加的車輛外型應符合美國市場上銷售的標準車型，比賽一般在經過鋪設的橢圓形跑道進行。1947年成立於佛羅里達州德通海灘市的國家房車賽協會組織了首屆正式比賽。這一賽事原先叫代托納500哩賽。

stock exchange　證券交易所　亦稱股市（stock market），在歐洲大陸亦稱Bourse。買賣股份、債券等證券的組織性市場。交易由交易所的人員完成，他們充當掮客，爲其他人買賣並收取佣金。證券交易所把席位（交易權利）給予有限數量的成員，他們必須遵照合格要求。同樣地，股票必須迎合所列出的某些要求。證券交易所在各國的合格要求方面皆不相同，政府參與經營的程度也有所差異。例如，倫敦證券交易所是獨立的機構，並不受政府節制；在美國，紐約證券交易所和那斯達克－美國證券交易所並不由政府直接經營，但受法律節制；而在歐洲，證券交易所的人員常由政府官員任命，並擁有半政府的地位。亦請參閱Tokyo Stock Exchange。

Stock Market Crash of 1929　1929年股市大崩盤　加速大蕭條到來的美國經濟大災難。1920年代美國股票市場迅速擴張，1929年8月底達到頂峰。當時價格開始下滑而投機繼續加劇。10月18日證券市場開始急劇下跌。10月24日「黑色星期四」，交易量約爲1300萬股。雖然有許多大銀行和投資公司爲了力圖抑制恐慌而收購大宗股票，可是他們的努力並未奏效。10月29日「黑色星期二」，交易的股票達1,600萬股，股票市場徹底崩潰。這一股市大崩盤引發了持續十年的經濟大蕭條，影響遍及西方所有工業化國家。

stock option　股票選擇權　使持股者有權在特定期間依指定價格（不論當時市場價格如何變化）買賣股份契約協議。各種不同的股票選擇權包括認沽期權和認購期權，可在股價變動的預期中購買，作爲投機或套頭交易的方法。即使在市場價格下滑時，認沽期權能使持股人以固定價格賣出（或認沽）股份給另一方；即使在市場價格上揚時，認購期權能使持股人以固定價格買入（或認購）股份。美國公司常把股票選擇權發給主管，作爲薪資以外的補償形式，其理論基礎是：選擇權激勵人們改善公司的生意，進而提升股票的價值。如今，這樣的選擇權可能遠比薪資本身有價值。

Stockhausen, Karlheinz＊　施托克豪森（西元1928年～）　德國作曲家。第二次世界大戰時失去父母，靠接各種雜活（包括擔任爵士樂鋼琴師）來維持生活，直到1947年就讀科隆國家音樂學院。1951年在達姆施塔特聽了梅湘的音樂後，就跟隨他學習「純序列主義」。早期作品有《雜曲》和《電子習作一～四》（1952～1953）。他還學習聲學，在他著名的《年輕人之歌》（1956）中，男童聲音的錄音混合著高度複雜的電子聲音。他繼續用序列主義創作《拍子》（1956）和《組》（1957），成爲先鋒派的代言人。在《音陣》（1962）中，施托克豪森大段地將序列主義運用到音組中，而不僅僅局限於個別音節中。他還開始混合手法創作音樂。從1960年代晚期開始，他創作了一批主題更盛大的作品。在《光》音樂系列中，他混合了文學、舞蹈和宗教儀式。

Stockholm　斯德哥爾摩　瑞典首都。該市建在很多島嶼和半島之間由古橋和現代天橋相連，是世界上最美麗的首都之一。據歷史記載，斯德哥爾摩城於1250年由瑞典統治者雅爾伯吉爾所建。中世紀成爲瑞典主要貿易港口，1436年設爲首都。經歷多年瑞典和丹麥戰爭之後，古斯塔夫一世於1523年將該市從丹麥統治中解放出來。17世紀中期由於瑞典成爲強國，斯德哥爾摩發展迅速，18世紀成爲瑞典文化中心，19世紀又大規模重新開發。爲瑞典第二大港口，也是重要文化、貿易、金融和教育中心。人口：都會區約1,744,000（1997）。

stocking frame　織襪機　1589年發明的針織機，用來生產針織襪。針織襪是由一個或一個以上的紗線繞圈連結而成，每一列的環線都穿進前一列之中，織襪機一次就能製作一整列的環線。現代的針織工業有極為精密的機械，就是從這個簡單的設備發展而來。

Stockport 斯托克波特 英格蘭西北城市，大曼徹斯特都市郡的一部分。建於1220年，原城建在一峽谷中，泰晤士河和戈伊特河在此相匯，形成默西河。新城區擴展到高地。19世紀棉紡織業為主要工業，20世紀工業多樣化帶來了電子業和重型機械業。人口約201,000（1995）。

Stockton 斯多克東 美國加州中部城市，臨聖華金河，通過該河126公里長的深水道和舊金山灣相連。為美國兩大內陸港口之一，建於1847年，1849年淘金熱期間迅速發展為礦業供給點。建起灌溉系統和鐵路後，成為農產品和酒的市場。1933年鑿通深水河道後，成為主要港市和美國太平洋戰區補給品儲存地。人口約233,000（1996）。

Stockton, Robert F(ield) 斯多克東（西元1795～1866年） 美國海軍軍官。早年參加海軍，任指揮官（1838）。墨西哥戰爭爆發後，在今加利福尼亞接任指揮官，統率陸、海軍於1846年8月13日攻占墨西哥要塞洛杉磯。4日後成立文官政府，正式把加利福尼亞併入美國，自任州長。他和卡尼上校一起率軍鎮壓了當地墨西哥人的起義，並將整個省併入美國。1850年辭去海軍職務，選入參議院。現在的加州斯多克東就是為紀念他而命名的。

stoichiometry＊ 化學計量學 確定化學元素或化合物彼此反應的比例關係（用重量或分子數表示）。確定化學計量關係法則的基礎是質量守恆和能量守恆定律，以及化合重量或化合體積定律。所用的工具有化學式、化學反應式、原子量以及分子量或式量。亦請參閱molecule。

Stoicism＊ 斯多噶哲學 古希臘和羅馬時期興盛起來的一派思想。受蘇格拉底和戴奧吉尼斯教學的鼓勵，斯多噶哲學於西元前300由基提翁的芝諾在雅典建立，並影響著古希臘和羅馬直到西元200。它強調責任：認為通過理智，人類能夠認識到宇宙是基本正常的，是由命運而不是表面現象掌控的；並覺得通過制約自己的生活，學會堅定平靜地接受事實，建立崇高的道德價值觀，人類就能夠變得像宇宙那樣沈靜而有序。通過現存的西塞羅和羅馬斯多噶派著作西尼加、愛比克泰德和馬可·奧勒利烏斯等人的著作，斯多噶哲學流傳了下來。

Stoker, Bram 斯多克（西元1847～1912年） 原名Abraham Stoker。愛爾蘭作家。雖然七歲時還不能站立，後來竟鍛煉成為傑出的運動員。他在政府部門工作十年，當了二十七年歐文的經紀人，代其寫信，陪同演出。這期間他開始寫小說，代表作就是哥德式小說《吸血鬼》（1897），是一部非常成功的作品。這部小說基於吸血鬼故事，並為以後的類似文學和電影奠定了基礎。其他作品有《白蟻穴》（1911），無論在受歡迎的程度還是質量上，都無法和《吸血鬼》相匹敵。

Stokes, William 斯多克斯（西元1804～1878年） 愛爾蘭醫師。1825年獲愛丁堡大學醫學博士學位後回都柏林行醫及教學，繼續推行格雷夫斯的教育改革，鼓勵學生在教師監督下進病房工作，並鼓勵他們除醫學知識外要掌握普通知識。他接替其父親在都柏林大學的皇家醫學教授職位。著有《胸部疾病的診斷與治療》（1837）、《心臟與主動脈的疾病》（1854）以及一本關於聽診器使用的早期英語著作。他被認為是同時代歐洲最傑出的醫生之一。

Stokowski, Leopold Anthony 斯托科夫斯基（西元1882～1977年） 原名Antoni Stanislaw Boleslawowich。英裔美籍指揮大師和樂師。儘管口音奇怪，他確實出生於英國，並曾就讀於倫敦皇家音樂學院和牛津皇后學院。擔任樂器手並指揮一些音樂會後，他到辛辛那提交響樂團任指揮（1909～1912），並取得極大成功。後到費城交響樂團，將之發展成1912～1938年的世界盛會，創造了享譽全球的「費城之音」。他創作了很多現代音樂，很早就意識到錄音的重要性。他還在迪士尼的影片《神話》（1940）和其他電影中擔任演員，成了影星。他利用自己的名氣，促進那些躑躅不前的樂團發展，例如他自己在1962年建立的美國交響樂團。他積極支持新音樂，對結束美國音樂風格的地域差別作出很大貢獻。

Stoller, Mike ➠ Leiber, Jerry

stolon＊ 匍匐枝 亦作runner。植物沿地面水平生長的細長枝條，在某些特定的節點上能長出根或垂直的氣生枝。許多常年生長或一年生的禾草類（例如剪股穎）都有向外伸展的匍匐枝。

Stolypin, Pyotr (Arkadyevich)＊ 斯托雷平（西元1862～1911年） 俄國政治人物。在擔任兩省州長期間（1902～1903），他改善了農民的生活，也鎮壓了他們的起義，由此獲得尼古拉二世的寵信，先後被任命為內務大臣和總理（1906）。他提出土地改革，給農民更大的自由，選擇地方自治會市政廳代表和獲得土地，他相信這樣就能形成一批忠於沙皇的保守農民。但他鎮壓起義和恐怖分子的行為引起了民主派的敵意。當他的改革方案遭否決時，他立即將杜馬解散。後來他贏得了溫和派的支持。1911年被革命分子暗殺。

stoma 氣孔 亦稱stomate。葉和幼莖表皮上的小孔。通常在葉的下表皮氣孔較多。氣孔為外界與葉內的氣體交換提供通道，根據周圍兩個保衛細胞的膨脹壓力而張開或關閉。因為這些腸狀或豆狀細胞的內壁厚於外壁，細胞充水時體積膨脹，內壓增高，較薄的外壁凸起而拉開內壁，並使氣孔張開。空氣中二氧化碳的濃度降低也可會引起保衛細胞的膨脹。保衛細胞的作用是控制水分的過度損失。氣孔於天氣乾熱或颳風時關閉，而情況有利於氣體交換時即張開。

stomach 胃 人體左上腹腔消化器官，依內存食物量或漲或縮。人的胃分為四部分：與食道相連的賁門；位於賁門上側的膨出部胃底；胃體，也是容積最大的部分；在幽門處與十二指腸相連的狹窄部分。鐵及易溶於脂肪的物質（如酒精和某些藥物）可直接由胃吸收。胃的蠕動將食物與處於胃壁上的胃腺分泌的消化酶及鹽酸混合，由此形成的食糜被推送入小腸。胃的分泌及運動受迷走神經及交感神經支配，情緒激動可影響胃的正常功能。胃部常見的疾病有胃炎、消化性潰瘍、胃下垂和胃癌等。亦請參閱digestion、gastrectomy。

stomach cancer 胃癌 胃的惡性腫瘤。導致胃癌的主要危險因素有高鹽分飲食、煙燻或醃製食物、幽門螺旋桿菌感染、抽煙酗酒、年齡（六十歲以上）以及家族有胃癌病史。男性的罹患率幾乎是女性的一倍。病症包括腹部疼痛或有腫塊、體重驟減、嘔吐、消化不良。手術是治療的唯一途徑，放射性治療或化學藥物治療有時也用作手術的輔助手段或用於減輕症狀。

stone, building 建築石材 岩石切成塊狀及厚板狀或碎成碎片。其可以跟花崗石一樣堅硬也可以像石灰岩或是砂岩一樣柔軟。在可獲得的情形下，石材通常是紀念性建築物較喜愛使用的材料。其優點是耐久性，適合雕刻，以及可以在其自然狀態下被使用。但是其取得、運輸及切割也很困難，同時，其對張力的耐受性低也限制了它的用途。最簡單的石料加工品是粗石，在研磨機中粗略地破碎的石頭。方石加工品是由整齊地切割出具方形邊緣之石塊所組成。建築石材的取得，如果是柔軟的，即藉由鋸及利用楔子使其裂開，或是如果很堅硬，即藉由爆破的方式。很多裝置可以用來對石頭進行塑型及調整，從手攜式的工具到圓鋸，表面處理機器，以及車床。一些石頭夠強壯到可以作爲單獨（單一塊）的支持或樑，而在某些形式中（如：古代的埃及神殿），石頭的厚片甚至被做爲屋頂並以許多相近的圓柱支撐。在拱之前，建築者皆受限於石頭於其本身重量下有破碎傾向之現象。但是石頭在壓力下具有良好的強度，而羅馬人建造了巨大的石頭橋樑與溝渠。雖然石材在20世紀的建築上通常被放棄使用，但其被廣泛使用以作爲薄且不承受壓力的表面包覆。亦請參閱masonry。

Stone, Edward Durell　史東（西元1902～1978年）　美國建築師。獲得建築學位後即遊覽歐洲，之後加入一家曾設計無線電城音樂廳的紐約公司。1936年建立自己的建築公司。作爲國際風格的重要一員，他設計了巴拿馬城的巴拿馬旅館（1946）、新德里的美國大使館（1954）、布魯塞爾世界博覽會中的美國館（1958）、華盛頓特區的甘迺迪表演藝術中心（1964）和芝加哥的印第安納標準石油公司大樓（1969）。他還曾在紐約大學（1927～1942）和耶魯大學（1946～1952）任教。

Stone, Harlan Fiske　史東（西元1872～1946年）　美國最高法院大法官。畢業於哥倫比亞法學院，後擔任該校校長（1910～1923），同時兼當律師。1924年柯立芝總統任命他爲美國司法部長，任期內他重組了因蒂波特山醜聞及其他醜聞而名譽大損的聯邦調查局。1925年柯立芝總統任命他爲最高法院大法官。1941年羅斯福總統提升他爲首席大法官，他一直擔任此職到死。他寫了六百多條意見，很多是關於重要的憲法問題，人們常把他和布蘭戴斯及小霍姆茲相提並論。

史東，攝於1929年
By courtesy of the Library of Congress, Washington, D. C.

Stone, I(sidor) F(einstein)　史東（西元1907～1989年）　原名Isidor Feinstein。美國新聞工作者。曾在家鄉費城和紐約的報紙工作過，也曾爲左翼報*PM*寫過文章，最終自行創立調查性週刊。《史東週刊》（1953～1967）及《史東雙週刊》（1967～1971）的影響遠遠超出它的讀者範圍。它們的讀者包括美國最有名的政治家、學者和記者。身爲唯一的記者，他運用自己的才智創造出獨特的風格：針砭時宜，支持那些當時還未被自由運動接受的不太流行的見解，因此而非常有名。

Stone, Lucy　史東（西元1818～1893年）　美國婦女選舉權運動的先驅。曾擔任麻薩諸塞州反奴隸制協會的宣講人，爲爭取婦女權利到處演說，1850年代幫助成立女權大會。她嫁給布萊克韋爾（1825～1909），婚後仍保留自己的姓氏，作爲對已婚婦女不平等法律的抗議。效法她的婦女稱她們自己是「路茜・史東」。1869年她和丈夫參與創辦美國女權運動協會及極富影響的女權雜誌《婦女雜誌》，並擔任週刊撰稿人到死。他們後來得到了女兒艾麗斯・史東・布萊克韋爾（1857～1950）的協助，艾麗斯在1893～1917年擔任該雜誌主編。

Stone, Oliver　奧立佛史東（西元1946年～）　美國電影導演。生於紐約市，在耶魯大學就讀，而在進入紐約大學研讀電影製作之前在越南服役。首次執導是在《發作》（1974），並寫了幾部電影的劇本，特點是節奏快而狂暴，如《午夜快車》（1978）。自編自導的《前進高棉》（1986，獲奧斯卡獎）描繪他自己的越南體驗；其後又拍了《華爾街》（1987）、《七月四日誕生》（1989，獲奧斯卡獎）、《誰殺了甘迺迪》（1991）與《閃靈殺手》（1994）等，有些影片以反現行社會體制及偏執詮釋而出名。

Stone, Robert (Anthony)　史東（西元1937年～）　美國小說家。生於紐約市，曾在美國海軍服役，然後進入紐約與史丹福大學。《閃靈戰士》（1974，獲美國國家圖書獎；1978年改編爲電影）是他的第二部小說，深入呈現越戰的腐化。之後的作品包括小說《日升之旗》（1981）、《外橋地帶》（1992）與《大馬士革之門》（1998），短篇故事集《熊和女兒》（1997）。

Stone Age　石器時代　已知史前人類文化的最早時代，以利用石製工具爲特點。目前專家們已很少使用此一術語。亦請參閱Paleolithic period、Mesolithic period、Neolithic period、stone-tool industry、Bronze Age、Iron Age。

Stone of Scone ➠ Scone, Stone of

stone-tool industry　石器工藝　表現人類早期製作技術的人工製品的組合。這些石頭工具大量存在，是確定人行爲的有力證據。考古工作者已根據形式和用法將這些石器工藝分類，並用原始發現地來命名。主要的石器工藝包括（按時間順序）奧杜威文化期工藝、阿舍爾文化期工藝、穆斯特文化期工藝、奧瑞納文化、梭魯特文化期工藝和馬格德林文化。

stonefish　石魚 ➠ rockfish

stonefly　石蠅　襀翅目約1,550種昆蟲的統稱。成蟲體長約6～60公釐，一般呈灰、黑或褐色。觸角長，咀嚼口器不發達；膜翅兩對，靜止時折成扇狀，後翅一般較前翅寬而短。翅雖發達，但不善飛行。雌性產卵可多達6,000枚，成卵塊產入溪流。若蟲似成蟲，但無翅，體壁及腹部有外鰓；取食植物、腐敗的有機質和其他昆蟲。若蟲的壽命可達1～4年，成蟲卻僅活數週。

襀翅目的一種
William E. Ferguson

Stonehenge　巨石陣　史前時代將巨大石塊豎立按圓形排列的紀念物，坐落在英格蘭威爾特郡索爾斯堡附近。據信該巨石陣有三個主要建築時期，大約在西元前3100～西元前1550年。建築此巨石陣的具體原因不明，但據信是用於崇拜與舉行宗教儀式的場所。許多學者對巨石陣的建築作出了各種各樣的解釋（例如說是用來預測蝕），但至今都無法證實。在第二階段的石林建築中，石塊的排列與夏至那天的日出成一直線，說明可能有與此相關的宗教儀式。

Stonewall rebellion　石牆事件（西元1969年6月28日） 發生在紐約市的同性戀者行動。石牆客棧是位於格林威治村一處同性戀者經常出入的酒吧，由於一星期內二度被警方驅趕，因此同性戀者及聲援者約一千人聚集向警方辱罵並丟擲石塊，結果警方以武力回應。再來接連幾個晚上，同樣的暴動事件一再發生，最後演變成示威大遊行。這個事件標記了美國同性戀權益組織的萌芽，後來每年都會有男同性戀（女同性戀後來也加入）紀念此一「驕傲的一週」（Pride Week）。

stoneware　石陶器　一種在大約1,200℃（2,200℉）高溫中燒成達到玻化（即類似玻璃而不透明）的陶瓷。因爲石陶器是緻密的，所以上釉只是爲了裝飾。石陶器大約源於西元前1400年的中國，17世紀出口到歐洲，這些由紅到深棕色的石陶器被德國、英國和荷蘭相繼複製和仿造。亦請參閱bone china、porcelain。

科隆的鬍子罐，上有浮雕裝飾的鹽釉石陶器，約做於1540年；現藏倫敦維多利亞和艾伯特博物館
By courtesy of the Victoria and Albert Museum, London; photograph, Wilfrid Walter

Stono rebellion　史陶諾動亂（西元1739年）　美洲早期歷史上最大一次的奴隸動亂。1739年9月9日早晨，一群奴隸聚集在距離南卡羅來納州查理斯敦20哩（30公里）處的史陶諾河畔，他們搶劫了一家槍械店，然後啓程南下，沿途殺了二十幾個白人。白人自然是立刻武裝起來並開始追捕，到薄暮時已有一半的奴隸被擊斃，另一半則逃逸無蹤。其中絕大部分最後自然還是被捕並處死。這些奴隸原本可能是想逃到佛羅里達州的聖奧古斯丁去，因爲那兒的西班牙人會提供自由與土地給任何亡命者。白人殖民者很快就通過一條黑人條款，而所有奴隸的權利自然遭受到更嚴重的限制。

Stooges, Three　三個傻瓜　喜劇團體。最初是在1923年由霍華德兄弟（莫伊〔1897～1975〕，薛普〔1900～1955〕）組成的歌舞雜耍團，演出〈希利與其走狗〉。1928年加入法恩（1911～1974）一同演出，他在百老匯演出諷刺時事的滑稽劇。在薛普離開之後（1930），由弟弟庫爾利（1906～1952）入替。在幾部劇情片之後，1934年開始一系列喜劇短片，到1958年爲止總數超過兩百，主要都是極度低俗的鬧劇，像是拿著大榔頭輪流敲頭，或是用手指戳其他人的眼睛。

stools ➠ feces

Stoppard, Tom　斯托帕特（西元1937年～）　原名Tomas Straussler。捷克出生的英國劇作家。第二次世界大戰期間和家人住在東亞，後移民英國，改姓其繼父的姓氏。第一部作品《水上漫步》在1963年被拍成電視，荒誕劇《羅森克蘭茨和吉爾登斯特恩已死》（1967）使他成名。晚期作品語言生動，情節簡單，對重要歷史時刻的描寫顯得戲劇化，如《跳躍者》（1972）、《夜以繼日》（1974）、《每個好男孩都應受嘉許》（1977，由普烈文配樂）、《不爲人知的國度》（1980）、《眞實事物》（1982）和《阿卡迪亞》（1993）。他也寫廣播劇，還爲電影《太陽帝國》（1987）和《莎翁情史》（1998，獲奧斯卡獎）寫過劇本。

stored-program concept　預儲程式概念　將指令儲存於電腦的記憶體，使其能夠依序或立即執行各項工作。這個概念是1940年代晚期由馮．諾伊曼提出，建議程式可以用數位數字格式電子式儲存於記憶體裝置，指令可以由電腦根據中間計算結果決定是否修改。另幾位工程師，特別是莫奇利和埃克脫，對此概念也有貢獻，使數位電腦變得更具靈活，功能強大。第一部具有內部程式設計能力的數位電腦是EDVAC（1949）。

stork　鸛　鸛科17種不發聲的長頸鳥類，主要分布於非洲、亞洲和歐洲。體高約60～150公分，頭和頸的全部或部分可能沒有羽毛，但色彩鮮艷。飛行時交替地拍打翅膀，頸向前伸，腳向後伸直。多數白天進食，主要吃淺水灘和田野中的小動物，有些也吃屍體。通常成群結隊，哺育期成對活動，雙親共同抱卵。典型鸛嘴直或近乎直，有4種林鸛嘴彎曲。美國僅見一種林鸛，體羽白色，翅和尾黑色，嘴向下彎曲。亦請參閱ibis、marabou。

storm petrel　海燕　海燕科約20種圓尾鸌的統稱。體長約13～25公分，暗灰或褐色，有時下體色淡，腰通常爲白色。翅較短，翅尖呈圓形；除後小趾外，足趾均具蹼。尾呈方形、叉形或楔形。南部海洋繁衍的大多數種類捕食小型海洋生物時兩翅張開掠過水面；北方的大多數種類覓食時像小海鷗一樣向水面俯衝，偶爾飛落水面。

Storm Troopers ➠ SA

Stornoway　斯托諾韋　蘇格蘭北部外赫布里底群島海港。位於路易斯－哈利斯島上，18世紀後發展爲漁鎮，目前主要工業是哈利斯花呢生產。爲西部群島行政區中心。人口14,000（1981）。

Story, Joseph　斯多里（西元1779～1845年）　美國最高法院大法官。1801～1811年在賽倫當律師，1805～1811在美國立法委員會和國會供職。1811年雖然年紀輕（僅三十二歲），也沒有法院工作經驗，卻被麥迪遜總統任命爲最高法院大法官。他和馬歇爾一起修改美國憲法，擴大聯邦政府的權力。他在「馬丁訴杭特的承租人案」中爲最高法院所寫的意見，樹立了最高法院在所有涉及聯邦憲法、法令和條約的民事案件中有高於州的最高法院的上訴管轄權。在法院任職期間，他還在哈佛大學教書（1829～1845），並寫了一系列很有影響力的評論，包括《美國憲法評論》（1833）、《法律間的矛盾》（1834）和《衡平法理學》（1836）。他和肯特被認爲是美國衡平法理學的奠基人。

Stoss, Veit＊　施托斯（西元1445/1450～1533年）　德國雕塑家及木刻家。1477～1496年主要在波蘭工作。主要作品是波蘭克拉科夫聖母瑪利亞教堂內的高祭壇（1477～1489）。回德國後定居於紐倫堡，在當地和班貝格創作了很多木雕和石雕作品。他剛勁有力、有棱有角的外觀，寫實的細節和嫻熟的木雕手法，綜合了法蘭德斯和多瑙河地區藝術的雕刻風格，對德國晚期哥德式雕刻有巨大影響。

《大天使拉斐爾》，木刻，施托斯做於1516～1518年；現藏紐倫堡德國國立博物館
By courtesy of the Germanisches Nationalmuseum, Nurnberg

Stour River＊　斯陶爾河　英格蘭東部河流。源出於劍橋郡東部，向東流經東英吉利亞，形成沙福克和艾塞克斯兩郡之間的大部分界限。此河因

康斯塔伯的畫作而聞名全國。全長76公里，在哈威奇注入北海。

Stout, Rex (Todhunter) 斯托特（西元1886～1975年） 美國作家。從事寫作前靠打零工過活，1927年開始以寫作爲生。他因寫了四十六部神祕小說和中篇小說而被人們牢記，這一系列故事從《大毒蛇》開始，塑造了肥胖、卻很有才能的美學家渥爾夫，他處理犯罪案件時從不離開他在紐約市的公寓。渥爾夫就像斯托特一樣，喜歡珍饈美味和園藝。

Stowe, Harriet Beecher* 史托（西元1811～1896年） 原名Harriet Elizabeth Beecher。美國作家和慈善家。爲著名公理會牧師利曼・畢奇爾（1775～1863）的女兒，亨利・華德・畢奇爾和凱瑟琳・埃斯特・畢奇爾的姐姐。離開學校後在哈特福特和辛辛那提教書，並開始和奴隸們交往，認識了南方的生活，後和丈夫（一神學院教授）定居緬因州。她的反奴隸小說《黑奴籲天錄》（1852）對社會產生了巨大影響，在美國南北戰爭中經常被人引用（例如美國總統林肯）。其他作品有反奴小說《德雷德》（1856）和《牧師的求婚》（1859）。

Strabane* 斯特拉班 北愛爾蘭西部一區。由河谷、起伏不平的低地和斯佩林山脈沼地組成。最初的居民是北愛爾的奧內爾族人，17世紀蘇格蘭新教徒到此居住。低地放養牲畜，許多河谷可以釣鮭魚，主要經濟是紡織產業。商業區（人口12,000〔1991〕）位於莫恩河畔，也是該區的行政中心。人口約36,000（1995）。

strabismus* 斜視 亦稱squint或heterotropia。指兩眼視軸不能對準所視目標，有斜視毛病的眼睛有可能出現內斜視或外斜視。常由神經調節的某種異常所致，這種異常可發生於視網膜對圖像的光接收，亦可發生在通向腦高級中樞的傳導通路上或調節眼肌的運動神經上。兩種情況都會導致嬰兒雙眼視線無法一致，因而兩眼看到的圖像無法重合成一個。如果腦神經壓迫由斜視眼傳導過來的物體形象，則可能變瞎。可以通過鍛煉有缺陷的眼睛、加強其作用或者藉由手術或兩者配合治療的方法來醫治。

Strabo* 斯特拉博（西元前64/63～西元23?年） 希臘地理學家和歷史學家。出生於小亞細亞一交遊廣闊的家庭，初與亞里斯多德學派成員學習，後去羅馬學習亞里斯多德學派理論，最後又轉向斯多噶學派。寫有一本四十七冊的《歷史概論》，敘述西元前145～西元前31年之間發生的事（西元前20年出版），但只有很小一部分保留下來。所著《地理學》一書記載了奧古斯都統治時期希臘人和羅馬人所知道的民族和國家，是類似記載中唯一尚存的一部。

Strachey, (Evelyn) John (St. Loe)* 斯特雷奇（西元1901～1963年） 英國政治人物和作家。1929年作爲工黨成員進入議會，1930年代成爲共產主義者，寫了幾本關於馬克思主義和社會主義的書。第二次世界大戰後重新選入議會，在工黨執政時期擔任糧食大臣（1946～1950）和陸軍大臣（1950～1951）。後期作品有《現代資本主義》（1956）、《王國的滅亡》（1959）、《制止戰爭》（1962）。

Strachey, (Giles) Lytton* 斯特雷奇（西元1880～1932年） 英國傳記作家和評論家。劍橋大學畢業後成爲布倫斯伯里團體的領導人物。雖然他自己承認是同性戀者，但和吳爾芙曾有過一段婚約。他的《維多利亞時代名人傳》（1918）採取一種完全與過去無關的態度，開創傳體小說的新紀元。這部傳記講述四個維多利亞時代的名人，將他們描寫成多面的、有缺點的人。他常被人物的個性和動機所吸引，用獨特的、有時甚至是諷刺的口吻敘述人物。他還發表了《維多利亞女王傳》（1921）、《伊莉莎白和艾塞克斯》（1928）和《人物小傳》（1931）以及一些評論文章，尤其是對法國文學的評論。

Stradivari, Antonio* 史特拉底瓦里（西元1644～1737年） 義大利樂器製作家。1666年起在阿馬蒂店中學藝，後在克雷莫納建立自己的作坊，和兒子弗朗切斯科（1671～1743）、奧莫博諾（1679～1742）一起製作。雖然他也製作其他樂器（包括豎琴、笛子、曼陀林和吉他），但鮮有保存下來的。1680年後集中製作小提琴。他摒棄阿馬蒂的製作方法，而在1690年創立「長形」提琴製作法。後期製作的小提琴較小，以提高演奏者的演奏水平，是現代樂器的典範。1700～1720是他樂器製作的鼎盛時期，製作的樂器質量也最佳。

Strafford, Earl of ➠ Wentworth, Thomas

strain 應變 在物理科學和工程學中，描述彈性、塑性以及流體材料在外力作用下發生相對形變的數值。這種形變遍及整個材料，由材料中的粒子偏離了它們的正常位置而引起。正應變是由垂直於材料各個面或截面的力引起，就像在各個面上都受到壓力的體積中那樣。切應變是由與材料的各個面或截面平行並處於面內的力引起的，如繞縱軸扭轉的短金屬管內的應變。亦請參閱deformation and flow。

strain gauge 應變規 物體發生形變時，測量固體內不同點之間距離變化的裝置，用來獲得計算物體內應力的資料，或在測量力、壓力和加速度等物理量的裝置上用作指示元件。

Straits Question 海峽問題 19世紀和20世紀歐洲外交關係中，關於限制軍艦通過黑海和地中海之間的博斯普魯斯海峽和達達尼爾海峽而一再發生的爭端。兩海峽都在土耳其境內，俄國控制黑海北岸後，其船隻可以自由通過。俄國人想藉由「斯凱勒西村條約」（1833）控制非土耳其船隻的通過，但被「倫敦海峽公約」（1841）取代而作廢。「洛桑條約」（1923）允許所有船隻通過。後來「蒙特勒公約」（1936）修正了「洛桑條約」，重新確認土耳其對海峽設防擁有全權，並限制非黑海地區國家的海軍進入海峽。

Straits Settlements 海峽殖民地 英國以前在麻六甲海峽的殖民地，包括由英屬東印度公司建立或管轄的三個貿易中心：檳榔嶼、新加坡和麻六甲。1826年這些地區由印度控制，1867年成爲英國直轄殖民地。20世紀初科科斯群島、耶誕島和納閩也成爲海峽殖民地的一部分。第二次世界大戰期間被日本人占領，1946年新加坡成爲獨立的殖民地後，海峽殖民地宣告結束。剩餘的地區後歸入澳大利亞和馬來西亞。

Strand, Mark 斯特蘭德（西元1934年～） 加拿大出生的美國詩人和短篇小說家。在美國接受教育，後在多所大學任教。受拉丁美洲超現實主義和卡夫卡等歐洲作家影響，他的詩歌以極限主義觸感和象徵性意象著名。詩集包括《睜一隻眼睡覺》（1964）、《我們的生活故事》（1973）、《一場暴風雪》（1998）、足足一本書長的長詩《黑暗港口》（1993）以及《貝比夫婦和其他故事》（1985）等。1990年獲美國桂冠詩人稱號。

Strand, Paul 斯特蘭德（西元1890～1976年） 美國攝影家。他跟隨海因學拍攝；在海因的督促下，經常造訪施蒂格利茨的「291畫廊」，在那兒看到畢卡索、塞尚、布拉克等人的前衛繪畫，引導他在自己的攝影作品中強調抽象形式和圖案，如《華爾街》（1915）。他摒棄軟聚焦拍攝，贊同經由使用大型相機而獲致的入微細節和豐富、微妙的色調範圍。晚期拍攝的大都是北美洲和歐洲的生活場景和風景，還曾和希勒、洛倫茲合作拍攝紀錄片。

斯特蘭德拍攝的〈白色欄杆〉(1916)
By courtesy of Paul Strand

Strasberg, Lee　史特拉斯伯格（西元1901～1982年） 原名Israel Strassberg。俄羅斯出生的美國戲劇導演、教師和演員，美國著名的史坦尼斯拉夫斯基表演法的主要代表人物。七歲時隨家人從加利西亞（今烏克蘭）移民到紐約。跟隨一個史坦尼斯拉夫斯基的門徒學表演課後，成爲奎爾德劇院的演員和舞台導演。1931年與人聯合創辦同仁劇團，並在那裡導演了如《穿白衣服的人》（1933）之類的好作品。1941～1948年在好萊塢工作，後來重回紐約在演員工作室任藝術總監，在那裡他發展了技巧表演形式並帶出了很多好學生，如馬龍白蘭度、瑪麗蓮夢露、達斯汀霍夫曼、佩姬和哈利斯。

Strasbourg＊　史特拉斯堡　德語作Strassburg。法國東部城市，位於法、德邊界上。原爲塞爾特人村落，後成爲羅馬要塞，5世紀被法蘭克人占領，842年聯合東、西德的「史特拉斯堡誓約」就是在這兒簽訂的。1262年在神聖羅馬帝國時期成爲自由城市。1681年被法國占領，普法戰爭期間又被德國占領。第一次世界大戰後歸還法國，但第二次世界大戰期間再次被德國占領且受到嚴重破壞。爲內河港口和工業中心，也是歐洲委員會和國際聯絡中心的所在地。著名建築有重建的中世紀大教堂，帶有14世紀時期的天文鐘。1979年開始，歐洲聯盟議會都在這裡舉行。人口：都會區338,000（1990）。

Strasser, Gregor and Otto＊　施特拉瑟兄弟（格雷戈爾與奧托）（西元1892～1934年；西元1897～1974年）　德國政治人物。他們在1920年代早期加入納粹黨。格雷戈爾成爲該黨在北方的領導人，並在奧托的協助下開展全民運動。年輕的戈培爾因倡導民族主義和種族主義而吸引了大批中下層和工人階級。奧托在1930年因對希特勒的非社會主義目標失望而辭職。格雷戈爾成爲納粹黨的領導人，在權力上僅次於希特勒，但在1932年他也對其失望並辭職。格雷戈爾在1934年被希特勒下令謀殺，奧托逃亡加拿大，後於1955年返回德國。

Strassmann, Fritz　斯特拉斯曼（西元1902～1980年） 德國物理化學家，協助發展了地球年代學中的銣－鍶測年法。1934年初他與哈恩、梅特勒一起對鈾受中子撞擊後形成的放射性產物進行研究，1938年他們發現中子撞擊後鈾原子分裂爲2個較輕原子（核分裂）而產生的更輕的元素。1946年任職於美因茲大學，在那裡建立起無機化學研究所（後來成爲核化學研究所），並在1945～1953年在普朗克化學研究所擔任化學部主任。

Strategic Arms Limitation Talks ➠ SALT

Strategic Arms Reduction Talks ➠ START

Strategic Defense Initiative (SDI)　戰略防衛計畫 亦稱星戰（Star Wars）。美國提議的防止核襲擊的戰略防禦系統。由雷根總統在1983年提出，爲的是截取飛行中的洲際彈道飛彈以防止羽翼豐滿的蘇聯的襲擊。這一阻擊包括了當時還未能完全發展起來的太空基地和地球基地的雷射作戰站等技術。戰略防衛計畫的空中計畫部分使之沿用流行電影「星球大戰」的名字而被戲稱爲「星戰」。雖然國會在1980年代批准了首批資金，但該計畫激起了激烈的爭論，並遭到廣泛批評，被認爲是不可行的。該計畫還因可能加速武器備戰和破壞武器控制條約而被譴責。該計畫早期的發展很成功，並在蘇聯解體後被用於防範敵對國家的小規模突襲或單個偶爾發送的導彈。1999年美國宣布將實施一個新的戰略防衛計畫。亦請參閱antiballistic missile。

strategus＊　將軍　古希臘軍事將領，往往充任擁有廣泛權力的長官。克利斯提尼時期在雅典開始實行十將軍的聯席會議充任軍隊的指揮官；十人的權力相當，其中一位或數位對某項行動負責。到西元前5世紀，這些將軍們獲取了政治影響力，部分是因爲他們由選舉產生而且可以連選連任，在任職期間爲自己贏取了權勢。到了希臘化時代，將軍們已經在多數聯盟和同盟中成爲最高長官。在西元前3世紀至西元4世紀時的古埃及，他們成了文職長官。

strategy　戰略　在戰爭中以一個國家的全部力量來達到某個目的的方法。與戰術不同的是，戰略還包括了一個長遠的目標、對資源的準備以及在行動前、行動中和行動後如何使用這些資源的問題。這一詞彙的意義已經超出其原先的軍事範圍而得到了極大的擴展。隨著社會和軍事發展的逐漸複雜化，戰爭和尋求和平的過程中軍事和非軍事的因素已經密不可分。在20世紀，戰略學說－－用國家或聯盟的全部資源來贏得戰爭（或求取和平）－－這一的詞彙，在戰爭和國家管理的文獻中越來越常用。

Stratemeyer, Edward＊　斯特拉特邁耶（西元1862～1930年）　美國青少年通俗小說作家。他最初仿照阿爾傑和別的一些探險作家的風格創作，後編輯了一些出版物並開始寫作系列小說。他在1906年成立了斯特拉特邁耶文學辛迪加，後出版了《羅阜家的男孩們》、《哈代家的男孩們》、《湯姆．斯威夫特》、《鮑勃賽家的雙生子》和《南茜．德魯》等系列小說，由他自己和一批雇傭作家採用不同的筆名寫作。在他去世後，他的公司主要由他的女兒哈麗雅特．斯特拉特邁耶．亞當斯（1893?～1982）管理，她也寫了很多系列小說。

Stratford, Viscount ➠ Canning, Stratford

Stratford Festival　斯特拉福戲劇節　加拿大戲劇機構。北美洲最重要的古典戲目劇院，1953年帕特森創立於安大略省斯特拉福。有三座固定的劇院：220度開放舞台的節慶劇院、阿文劇院與保留給實驗作品的帕特森劇院。戲劇節的特色是演出莎士比亞的劇本（選擇斯特拉福的原因是其名與莎士比亞的出生地相同），但是也表演其他古典戲劇作品。

Stratford-upon-Avon　阿文河畔斯特拉福　英國中部瓦立克郡城鎮，臨阿文河。該城第一個特許狀頒發於1553年，曾在幾百年間作爲一個集貿城鎮存在，後因是莎士比亞誕生和去世的地方而成爲旅遊勝地，其墓地在聖三一堂區教堂中。當地的莎士比亞中心包括了圖書館、藝術畫廊（1881年開放）和劇院（1923年開放）。每年3～10月皇家莎士比亞劇院都會演出莎士比亞的劇作。人口約28,000（1995）。

Strathclyde　斯特拉斯克萊德　中世紀蘇格蘭的塞爾特王國。位於克萊德河南岸，始建於6世紀，首府鄧巴頓。8

～9世紀曾遭到皮克特人和維京人侵略，英國在10世紀早期侵占它時曾將其嚴重毀壞，盎格魯－撒克遜國王愛德蒙一世在945年將它租借給蘇格蘭國王馬爾科姆一世。11世紀其國王去世後成爲蘇格蘭的一個省區，曾在卡漢協助馬爾科姆二世打敗英格蘭人。

stratification　層理　在多數沈積岩和地表形成的火成岩（例如熔岩流和火山沈積物）中常見的層狀部分。其層次（地層）可呈覆蓋幾公里或只有幾公尺的厚透鏡狀。

stratigraphy＊　地層學　描述岩層順序並以通用地質年代加以闡明的學科。地層學是地史學的基礎，其定律與方法應用於石油地質學與考古學。地層學主要研究沈積岩，可能還包括來自火成噴出物質或沈積岩的成層火成岩（如接連幾次熔岩流形成的岩石）或變質岩。

Stratofortress　同溫層堡壘 ➠ B-52

stratosphere　平流層　大氣中位於對流層之上的層次。平流層的下邊界在約17公里的高空，上邊界（平流層頂）約在50公里的高空。臭氧層是其一部分。

Straus family＊　史特勞斯家族　德裔美國商業家族，在公共服務以及慈善事業方面聲名卓著。原居巴伐利亞，族長拉扎勒斯・史特勞斯於1852年移民到美國，其妻與三個兒子伊西多（1845～1912）、內森（1848～1931）以及奧斯卡・所羅門（1850～1962）也隨後到來。他們先開設了一家百貨店，用賺得的錢投資於梅西公司，最後在1896年實現了對梅西公司的全資控股。伊西多成立了亞伯拉罕與史特勞斯連鎖店，一度出任美國國會議員，並從事慈善事業。他和他妻子在「鐵達尼號」郵輪事件中喪生，他妻子將登上救生艇逃生的希望讓給了他們的女佣。內森也以熱心慈善事業著稱，1892年蕭條期間他在紐約分發食物和燃煤，向三十六個城市的兒童提供巴氏滅菌牛奶，1914～1915年的寒冬爲紐約的窮人提供食物。他晚年全身心投入巴勒斯坦的公共醫療服務事業。奧斯卡・所羅門曾出任羅斯福總統政府的商業與勞工部長，成爲美國內閣中第一位猶太人（1906～1909），後任美國駐土耳其使節以及威爾遜總統的顧問。他強烈主張保護歐洲的少數族裔猶太人。

Strauss, Franz Josef＊　史特勞斯（西元1915～1988年）　德國政治人物。曾在1945年協助建立巴伐利亞基督教社會聯盟（CSU），並在1949年被選爲西德聯邦議院成員，擔任國防部長（1956～1962）和財政部長（1966～1969）。1961年起擔任CSU領袖，1980年作爲該黨候選人參加西德聯邦總理競選但落敗。1978～1988年任巴伐利亞總理，他採行的經濟政策使巴伐利亞成爲德國最強盛的州之一。

Strauss, Johann (Baptist), Jr.＊　小史特勞斯（西元1825～1899年）　奧地利作曲家。他的父親老約翰・史特勞斯（1804～1849）是一個自學成材的音樂家，曾在維也納建立起一個音樂的王國。作爲一名小提琴手，他從1819年起開始在一個舞蹈樂隊演奏，當該樂隊在1824年分裂爲兩部分後，小史特勞斯參加了第二組，並開始譜寫華爾茲、加洛普舞、波卡舞和卡德利爾舞，總共發表了兩百五十多部作品。作爲當地樂團的指揮，他還寫了一些進行曲，包括《拉特斯基進行曲》。在他離開家後（1842），他的知名度和作曲量很快超過了父親，成爲著名的「圓舞曲之王」。他後來勸服弟弟約瑟夫（1827～1870）和愛德華（1835～1916）來接替他的指揮職務，因此贏得了更多的創作時間，譜寫他最著名的交響華爾茲，包括《藍色多瑙河》（1867）和《維也納森林的故事》（1868）。小歌劇有廣受歡迎的《蝙蝠》（1874）和《吉普賽男爵》（1885）。愛德華的兒子約拿（1866～1939）也曾在柏林擔任指揮和作曲，是這個音樂家族最後一名成員。

Strauss, Richard (Georg)　史特勞斯（西元1864～1949年）　德國作曲家和指揮家。父親是慕尼黑宮廷樂團的法國號演奏員，他六歲就開始樂曲寫作，二十歲之前他的兩首交響樂和一首小提琴協奏曲已作了首次公演。1885年指揮家畢羅挑選他作爲自己的接班人。其後他轉向華格納式的音樂風格，開始寫作標題交響詩，作品有交響詩《唐璜》（1889）、《死與淨化》（1890）、《梯爾・歐倫施皮格爾有趣的惡作劇》（1895）、《查拉圖什特拉如是說》（1896）、《唐吉訶德》（1897）和《英雄的生涯》（1898）。1900年後轉向歌劇，他的第三部歌劇《莎樂美》（1905）初獲成功。從歌劇《厄勒克特拉》（1908）開始，他與奧地利詩人兼劇作家霍夫曼塔爾開展一系列合作，其中包括他最傑出的歌劇《玫瑰騎士》（1910）、《阿里阿德納在納克索斯》（1912）和《沒有影子的女人》（1918）。此後他繼續寫作了八部歌劇。第二次世界大戰期間他滯留在奧地利，後來澄清他並沒有與納粹分子進行過合作。在多年少有作品問世之後，晚年又創作了幾部力作，包括《變形》（1945）和《四首最後的歌》（1948）。

史特勞斯，肖像畫，李卜曼繪於1918年；現藏柏林國家美術館
By courtesy of the Staatliche Museen zu Berlin, Germany

Stravinsky, Igor (Fyodorovich)　史特拉汶斯基（西元1882～1971年）　俄國出生移民法國和美國的作曲家。其父爲俄國傑出歌劇男低音歌唱家之一。史特拉汶斯基早年決定學作曲，師從林姆斯基－高沙可夫（1902～1908）。1908年創作《焰火》，演出經紀人佳吉列夫聽過演出後，約請他爲芭蕾舞劇《火鳥》（1910）創作音樂。《火鳥》的成功使他成爲俄羅斯年輕一代作曲家中的傑出人物。其後芭蕾舞劇《彼得魯什卡》（1911）再獲成功。1913年的《春之祭》以其發自內心的激情以及野獸派的音響效果成爲音樂史上的代表作。該劇在巴黎的首場公演帶來了一場騷動，確立了他的國際地位。此後他開始轉向短小的器樂和聲樂效果，創作了芭蕾清唱劇《婚禮》（1923）。儘管當時受到第一次世界大戰的影響，許多作曲家正在迴避對19世紀末葉作品的過度摹仿，他卻採用有所節制的新古典主義紛繁雜然的不同風格，並取材於舊日音樂中的一些搞笑片段，創作了《管樂八重奏》（1923）。他採用新古典主義手法的主要作品有《伊底帕斯王》（1927）、芭蕾舞劇《阿波羅》（1928）、清唱劇《聖詩交響曲》（1930）、《C大調交響曲》（1940）和《三個樂章的交響曲》（1945），以及歌劇《浪子的歷程》（1951），並以該歌劇爲其古典主義的創作作了一個總結。維也納作曲家荀白克去世後，史特拉汶斯基從1954年起開始了系列主義作曲階段，並很快形成自己的作品風格。後期作品有芭蕾舞劇《阿貢》（1957）、《哀歌》（1958）、《樂章》（1959）和《安魂曲》（1966）等，《阿貢》是他眾多由巴蘭欽編舞的芭蕾舞劇中的最後一部。

straw　秸稈　禾草類植物，尤其是小麥、燕麥、黑麥、大麥、蕎麥等穀物的莖稈。通常作集體名詞，指曬乾並脫粒後成捆或堆的莖稈。從古代起，人類就用秸稈來作草墊、飼料、鋪地的墊子、粗糙的墊褥甚至衣物，也可用於編織籃筐、草帽、地毯和家具覆蓋物。秸稈組成的屋頂通常有30公分厚，由結實的芯捆紮而成，其纖維排列的方向同雨水流動方向一致。化學處理後的秸稈漿用於製造粗紙和草紙板，或製成廉價的紙箱。

strawberry　草莓　薔薇科草莓屬8種水果植物的統稱。今栽植之變種主要來自原產於美洲的維吉尼亞草莓及智利草莓兩種。植株爲低矮草本，鬚根系，基生葉從根部生出。複葉，小葉3枚，葉緣齒裂，葉面被毛。花通常白色，簇生於纖細的花柄上。從園藝學而言，草莓果並不是眞正的漿果，而是由許多瘦果部分嵌入膨大的莖端（花托）而形成，俗稱種子。成熟的匍匐枝可用於草莓繁殖。草莓極易腐爛，適於低溫乾燥儲存。宜新鮮食用，常用作餐後水果和果餡。富含維生素C，還有鐵及其他礦物質。

Strayhorn, Billy　斯特雷霍恩（西元1915～1967年）　原名William Strayhorn。美國鋼琴家、作曲家和編曲家，與艾靈頓公爵合作近三十年。他在1938年經由一支曲子結識艾靈頓公爵，很快開始爲該樂隊編曲並進行原始製作。他在1941年錄製的〈乘上A號列車〉成爲該樂隊的主題曲。他的曲子同艾靈頓公爵的創作融爲一體，很難區分。他使表現力很強的民謠成爲其特色，並因其結構與和諧上的複雜性而聞名，代表作有〈生活〉、〈生存的目的〉、〈西番蓮花〉和〈白日夢〉。

streak　條痕　礦物在粉末形態下顯示的顏色，通常是將礦物在白色堅硬面（如一片無釉瓷磚）上磨擦產生一條細粉末線。一定礦物的條痕顏色通常不變，即使該礦物在礦場上顏色有變化或條痕同未研碎的礦物不同。條痕有助於鑒別，因爲可以藉由它來分辨外觀相似的礦石種類。

stream of consciousness　意識流　非戲劇性小說的一種敘事技巧，它產生無數連續不斷的印象，有視覺的、聽覺的、觸覺的和下意識的。這些印象影響個人的意識，並與其合理的思想傾向一起形成他的認識的一部分。意識流這個術語首先在美國心理學家威廉．詹姆斯的《心理學原理》（1890）一書中使用。當20世紀時心理小說發展起來以後，有些作家試圖去捕捉其作品中人物意識的全部流動過程，而不局限於單純描寫其合理思想，意識流小說通常使用內心獨白的敘述技巧。喬伊斯的《尤里西斯》（1922）、福克納的小說《痴人狂喧》（1929）和吳爾夫夫人的《海浪》（1931）都是著名的意識流作品。

streambed　河床　亦稱河槽（stream channel）。任何因流水衝擊而形成的狹長傾斜地帶。河床在寬度上從小溪的幾公尺到大河的幾千公尺不等。在任何時間內都可能有流水或呈乾涸狀態，有的河床只偶爾有流水。河床可以位於岩石之中，也可以穿過沙礫、黏土或其他非板結物質。

streaming　串流　以連續的資料流傳送媒體檔案的方法，在整個檔案全部送出之前，接收的電腦就可以先處理。串流的特點是利用資料壓縮，在從網際網路下載大型多媒體檔案特別有效，例如其允許視訊短片在從網站開始下載時，就在使用者的電腦開始放映。就算改進數據機和連線速率，沒有使用串流技術的下載與放映影音檔案還是需要久候。要接受串流資料，接收端電腦需要執行放映程式，將傳入的資料解壓縮，傳送所得的訊號給顯示器和揚聲器。影音檔案可能是預先錄製的，不過串流還是可以在網際網路當作實況播送。

S T U V

streamline　流線　在流體力學中，流體中假想粒子的路徑，沿著流線搬運。穩態流的流體粒子在運動，但是流線固定不動。流線聚集的地方流速相對較高；而在流線分散處流體流得比較慢。亦請參閱laminar flow、turbulent flow。

Streep, Meryl　梅莉史翠普（西元1951年～）　原名Mary Louise。美國女演員。生於新澤西州薩米特，就讀於瓦莎學院與耶魯大學戲劇學院，初在百老匯演出，接著在演出電視影片《死寂季節》（1977）與《大屠殺》（1978，獲艾美獎）。戲路極度寬廣且富表現力的女演員，在《越戰獵鹿人》（1978）、《曼哈頓》（1979）及《克拉瑪對克拉瑪》（1979，奧斯卡獎）的演出躋身一流影星之列。之後的電影如《蘇菲亞的抉擇》（1982）（學院獎）、《絲克伍事件》（1983）、《遠離非洲》（1985）、《暗夜哭聲》（1988）、《麥迪遜之橋》（1995）與《盧納莎之舞》（1998）。

streetcar　有軌電車　亦作trolley car。在城市街道的軌道上行駛的載客交通工具。1830年代時用馬來拉，後來用電動機作爲能源，通過頭頂的電軌運送電力。在1890年代到1940年代，有軌電車在全世界的城市中得到廣泛運用，後逐漸被汽車、公共汽車和地下鐵取代，到了1950年代幾乎絕跡。1873年在舊金山陡坡上設計使用的一種有軌電車，通過一根設置在軌道間槽溝中的循環纜繩牽引。

Streicher, Julius＊　施特賴謝爾（西元1885～1946年）　德國納粹煽動家和政治家。1921年加入納粹黨，成爲希特勒的朋友。他在1923年成立反猶太的週刊《暴動者》，集中反映了希特勒的種族政策。作爲最狂熱的迫害猶太人的支持者之一，他發起了導致1935年紐倫堡法令的運動。後被任命爲法蘭克尼亞行政區長官，但其暴虐行爲使黨內官員同其疏遠，並使他在1940年被解職，但因希特勒的保護繼續擔任《暴動者》編輯。1945年被同盟軍逮捕，在紐倫堡受審，以戰爭罪犯被絞死。

Streisand, Barbra　芭芭拉史翠珊（西元1942年～）　原名Barbara Joan。美國女歌手及演員。原爲夜總會歌手，1962年在百老匯舞台首次演出《我可以全部給你》，其後在百老匯音樂劇《妙女郎》（1964；1968年拍成電影，獲奧斯卡獎）中的演出使她成爲重要明星。她美麗的歌喉使她成爲1970年代和1980年代世界最受歡迎的大衆歌星之一。作爲一名活躍的喜劇和戲劇演員，她演出了許多影片，包括《我愛紅娘》（1969）、《愛的大追蹤》（1972）、《往日情懷》（1973）和《星夢淚痕》（1976），之後還導演並演出《楊朵》（1983）及《潮浪王子》（1991）。

streltsy　弓箭手　俄語意火槍手。俄國軍事部隊。建立於16世紀中期，此後一百年間構成俄軍的主力並組成沙皇的衛隊。在17世紀，弓箭手是一個世襲軍事階層，人數約55,000，在莫斯科承擔政策和安全責任並駐守周邊城鎮。1682年該部隊被捲入一系列爭鬥，導致蘇菲亞攝政。當她退位後（1689），弓箭手被彼得一世解散，其中成百上千的人被處死或流放，逐漸融入常規軍中。

strength of materials　材料強度　工程規範上關於材料利用時抵抗機械力的能力。在特定用途上的材料強度取決於許多因素，包括對於變形與破裂的抗性，還取決於構件設計的形狀。亦請參閱fracture、impact test、tensile strength、testing machine。

streptococcus＊　鏈球菌　鏈球菌科鏈球菌屬所有形似球體的細菌的統稱。其細胞呈鏈狀排列，革蘭氏染色呈陽性，不活動，厭氧。主要依據其引起紅血球爆裂的能力而分爲四類。某些種類可引起感染風濕熱、猩紅熱、鏈鎖狀喉炎和扁桃腺炎，其他的則在商業上被作爲黃油、脫脂奶和奶酪的發酵乳。亦請參閱pneumococcus。

Streptomyces＊ 鏈黴菌屬 鏈黴菌科的一屬，爲線狀細菌，見於土壤和水中。革蘭氏染色呈陽性，需氧，成熟時菌絲上有成串孢子。許多種類在分解土壤有機物中起重要作用，成爲土壤和腐敗樹葉的氣味的一部分，並可增加土壤的肥沃程度。某些種類還產生廣譜抗生素，如四環素和鏈黴素。亦請參閱actinomycete。

streptomycin＊ 鏈黴素 由在土壤中的放線菌土壤灰色鏈絲菌合成的一種抗生素。爲繼青黴素、短桿菌和短桿菌酪肽後最先發現的抗生素之一，1943年由瓦克斯曼發現。是第一種對結核病起作用的抗生素，可阻止結核菌合成一些重要的蛋白質。許多其他的細菌對鏈黴素敏感，但鏈黴素在治療肺結核之外很少使用，因爲很多物種都可以產生抗藥性，而且鏈黴素還會造成神經性耳聾。

Stresa Front＊ 斯特雷薩陣線 法國、英國和義大利在斯特雷薩達成的聯盟，以反對希特勒違反「凡爾賽和約」重新武裝德國的聲明。當義大利入侵衣索比亞時，法國和英國試圖與義大利達成和解以維繫該陣線，但很快即分裂。

Stresemann, Gustav＊ 斯特來斯曼（西元1878～1929年） 德國威瑪共和總理和外交部長，以國內事務專家和經濟問題作家著稱。1907年作爲國家自由黨的代表被選爲國會議員。1918年組織德國人民黨，嘗試與其他民主黨派組成聯合政府。在擔任總理（1923）以及外交部長（1923～1929）期間，力圖重新確立德國在國際事務中的地位，調和與協約國之間的關係。他參與了「羅加諾公約」談判，支持在道斯計畫和楊格計畫中從新審議減少德國的賠款，確保德國被接納進入國際聯盟。1926年與法國外長白里安共獲諾貝爾和平獎。

斯特來斯曼
By courtesy of Bildarchiv Preussischer Kulturbesitz BPK, Berlin

stress 重讀 語音學上指加大某個音節的語氣以起到強調作用。這種強調可能沒有任何意思，例如捷克語中常將第一個音節重讀。也可能是區別相近拼寫但讀音不同的單詞的方法，例如英語permit一詞，重讀第一個音節是名詞，重讀第二個音節則是動詞。還可以用來表達句子中某個詞語的重要性。亦請參閱intonation。

stress 應力 在物理科學和工程學中，材料由於受到外力作用、受熱不均或永久性變形，而在內部產生的單位面積上的力。正應力由與材料的截面垂直的力引起，切應力由平行於截面的力引起。應力用力除以面積的商來表示。

stress 應激 心理學中因改變平衡的因素的出現而產生的身體或神經的緊張狀態。應激是生存的一種不可避免的作用，也是現代工業社會中的一種複雜現象，並且與冠狀動脈心臟病、心身性疾病和各種其他精神及生理疾病有關。治療時通常必須諮商、心理治療和藥物治療結合進行。

strike 罷工 受雇員工集體拒絕在雇主設定的條件下工作。罷工多起於有關勞動薪資和工作條件的爭議。罷工可能起於員工互相同仇敵愾，也可能起於純粹的政治目的。多數罷工是由工會計畫組織；未經工會授權的罷工（俗稱野貓式罷工）會受到工會領袖及雇主的反制。幾乎所有工業國家都賦予勞工基本的罷工權，而罷工的歷史也幾乎可溯至19世紀的工會出現。大多數罷工的意圖，都是要加重雇主的成本而使他們達不到特定目標而讓步。日本的工會發動的罷工，則大都不打算長期阻止生產，因此多傾向採用示威的形式。在西歐及其他地方，工人則會發動大罷工，其目的已不只是要求雇主讓步，而甚至是企圖贏得政治體系的改變。亦請參閱boycott、lockout。

strike 走向 地質學用語，指斷層、岩層或其他層面與水平面交線的方向。走向可指示斷層、岩床、節理和褶皺等平面構造面貌的方位。

Strindberg, (Johan) August＊ 史特林堡（西元1849～1912年） 瑞典劇作家和小說家。他一邊當記者，一邊寫歷史劇《奧洛夫老師》（1872）。劇本雖被國家劇院所拒絕，並一直到1890年才獲出版，現在則被公認是第一部現代瑞典戲劇。以小說《紅房間》（1879）聞名，書中諷刺了斯德哥爾摩的藝術界。一生不幸，包括三段婚姻，以及間斷性的心理不穩定情況。在其創造力最豐富的時期，他毫不停歇地在歐洲四處旅行，在這段長達六年的時間裡寫下三部主要劇本：《父親》、《朱麗小姐》和《債主》，這些作品以悲苦和打破傳統爲特色，結合戲劇的自然主義與心理學手法來描述兩性之間的戰爭，如同三部小說一樣。在精神崩潰後，他轉向宗教尋求慰藉，激發他寫了幾部象徵性的戲劇，如《死之舞》（1901）、《一齣夢的戲劇》（1902），以及五部「室內劇」，其中包括《黑旗》（1907）。

史特林堡，平版畫，孟克製於1896年
By courtesy of the Munch-Museet, Oslo; photograph, O. Vaering

string quartet 弦樂四重奏 由兩把小提琴、中提琴和大提琴所演奏或爲這樣的樂器組合而譜寫的樂曲。從約1775年起，這樣的樂曲就開始成爲室內樂的主要題材。主要由海頓發展（亦有一說是海頓發明的），他在1757～1803年譜寫約七十首四重奏。莫札特、貝多芬、舒伯特、巴爾托克和蕭士塔高維奇是繼海頓之後的著名四重奏作曲家。弦樂四重奏的作品在傳統上遵循奏鳴曲和交響曲的四個樂章設計。同多數室內樂題材一樣，四重奏在傳統上主要供業餘音樂家的私人娛樂之用，而不是公開演奏的曲目。

string theory ➠ superstring theory

stringed instrument 弦樂器 任何透過弦線振動而發聲的樂器。其弦線可以是腸線、金屬、纖維或塑膠，可以透過撥、擊、琴弓拉或彈奏來發聲。樂團裡的弦樂器包括小提琴、中提琴、大提琴、低音大提琴和豎琴。鍵盤弦樂器包括擊弦鍵琴、大鍵琴、鋼琴和維吉諾古鋼琴。亦請參閱Aeolian harp、balalaika、dulcimer、guitar、kithara、koto、lute、lyre、mandolin、p'i-p'a、sitar、ud、ukulele、viol、zither。

S T U V

strip mining　剝離法開採　亦稱露天開採（surface mining）。移去煤層或其他礦層上面的表土和岩石（覆蓋層），開採顯露的礦物。此法在煤層埋藏不深的地方應用最爲合適，但許多現代化露天礦使用設備足以剝除厚達60公尺的覆蓋層。在歐洲，此法廣泛用於褐煤礦；而在美國，也用於開採大部分的無煙煤和煙煤。在水平延展的礦層進行大範圍的剝離是最經濟的方法；在起伏的山嶺地區則採用沿等高線剝離法建立台階，其一側是山坡，另一側幾乎是垂直的峭壁。露天開採由於其對環境的破壞而受到批判，尤其是在美國。亦請參閱placer mining。

strobilus　毬穗花序 ➠ cone

stroboscope　頻閃觀測儀　透過對旋轉物體或振動物體進行間歇照射來研究物體的運動或確定其旋轉速度或振動頻率的儀器。該儀器透過在短暫的間歇時間內對同一運動段內的物體進行照射來達到目的。使用頻閃觀測儀可以使機器的某個部位看上去像是在慢速運行或已經停止運動。

Stroessner, Alfredo＊　史托斯納爾（西元1912年～）巴拉圭軍事領導人和總統（1954～1989）。爲德國移民後裔，1932年加入軍隊，並在1951年提升爲總司令。他推翻了查維斯總統（1881?～1978），成爲1954年選舉中唯一一名總統候選人。他穩定了貨幣、緩和了通貨膨脹並修建了一些新的學校和公共醫療設施，但將國家收入的一半用在軍事建設上，以確保其實權並嚴酷鎮壓其政敵。在他第八次連任後，他在一場軍事政變中被推翻並遭流放。

Stroganov school＊　斯特羅加諾夫畫派　以其原來的贊助人（斯特羅加諾夫家族）命名的聖像畫派，在16世紀晚期及17世紀盛行於俄國。該畫派的畫家在莫斯科爲沙皇作畫。其畫作爲私人裝飾設計，主要以金褐色加以金色和銀色的邊線構圖。其細微處刻畫精緻，用金銀裝飾的畫框和邊緣襯托，代表了17世紀末期俄國中世紀繪畫藝術在西化前的最後一個重要階段。

《聖鮑里斯與聖格列布》，斯特羅加諾夫畫派一畫家繪於17世紀
Novosti Press Agency, Moscow

Stroheim, Erich von＊　史托洛海姆（西元1885～1957年）　原名Erich Oswald Stroheim。奧裔美國電影導演。父親爲猶太製帽匠。早年當過兵，後移民到美國。1914年到好萊塢，爲導演格里菲思工作，塑造了其普魯士軍官形象，令人難忘。1919年第一次執導《盲丈夫》，隨後又導演了《魔鬼的鑰匙》（1920）和《愚妻》（1922）。其代表作《貪婪》（1924）在正式上映前被大量剪輯；緊跟著又拍攝了《風流寡婦》（1925）、《結婚進行曲》（1928）和《女王凱萊》（1928）。過於追求豪華場面的奢侈以及對藝術控制的追求導致了他導演生涯的過早結束。他重新出任演員，其後引起關注的作品有《大幻滅》（1937）和《紅樓金粉》（又譯日落大道，1950）。

史托洛海姆在《愚妻》中的扮相
Brown Brothers

stroke　中風　亦稱腦血管意外（cerebrovascular accident; CVA）。因低氧導致的突發性腦功能障礙，可造成腦組織死亡。高血壓、動脈硬化、吸煙、高膽固醇飲食、糖尿病、老年、心房纖顫以及遺傳缺陷都可增加中風的風險。由血栓形成、栓塞和心房纖顫等造成的中風導致腦缺血，這一類中風應該與因出血導致的中風加以區分，後一類中風往往更爲嚴重且常常是致命的。中風可因其在腦中發生的不同部位產生不同影響，如失語、運動失調、局部癱瘓，或者喪失其他一種或數種感覺。嚴重的中風可導致半身癱瘓、無法說話、昏迷或者在數小時或數天之內死亡。使用抗凝血藥可以緩解因血栓或栓塞造成的中風，但如將此類藥物用於因出血造成的中風卻會釀成大禍。在致病點靠近腦主動脈的情況下，採用手術或許可以清除或掠過障礙。許多中風患者都可再活多年，所以病後應盡快在兩天之內就開始復健和言語治療，以便盡可能更多地保留和恢復機體功能。有些暫時性缺血中風（小中風）會使患者出現短暫的功能喪失，這是因血液流動的局部不順暢引起的。這種小中風可多次復發並越來越嚴重，最後導致多發性梗塞失智症（參閱senile dementia）或中風。

stromatolite＊　疊層石　主要由藍綠藻生長所形成的石灰岩組成的層狀岩石。這些結構通常是很薄的深淺相間的層狀岩石，呈波狀起伏或圓丘狀。疊層石在先寒武紀時期很常見（約5.43億年前）。一些地球上的早期生物形態在35億年前的疊層石中得以記錄下來。疊層石在今天的某些時期仍可形成，在西澳大利亞的沙克灣有大量疊層石存在。

Stromboli＊　斯特龍博利島　義大利西西里東北部火山島。是歐洲最活躍的火山之一，海拔926公尺。雖然其最後一次噴發是在1921年，但岩漿仍不斷從山口流向大海。該島以火山、氣候和海灘吸引遊客前往。

Strong, William　斯特朗（西元1808～1895年）　美國大法官。曾在賓夕法尼亞州擔任律師，1847～1851年擔任衆議員，1857～1868年在州最高法院任職。他在1870年被格蘭特任命爲美國最高法院法官。1871年在最高法院推翻赫本決定時，代表大衆利益發言，使國會有權發行法定紙幣，受到格蘭特的支持。1880年從最高法院退休。

strong force　強力　亦稱強核力（strong nuclear force）。物質的基本粒子，主要是夸克之間作用的一種基本的力。強力將夸克結合成堆形成質子和中子以及更重的短壽命的粒子。強力也把原子核結合在一起，是所有包含夸克的粒子相互作用的基礎。在強相互作用中，夸克間交換膠子。膠子是強力的載體，是一種沒有質量、內稟自旋爲1的粒子。強力在它很短的作用距離內（約10^{-15}公尺）隨距離而增強。在這樣的距離範圍內，夸克之間的強相互作用大約比電磁力大了100倍。

strontium＊　鍶　化學元素，鹼土金屬之一，化學符號Sr，原子序數38。鍶是軟金屬，新切開的表面有銀白色金屬光澤，但一接觸空氣會迅速反應。鍶及其化合物（原子價爲2）與鈣和鋇的性質很相近，所以人們只有在無法更爲廉價地使用鈣和鋇的少量情況下才會使用鍶。鹵化鍶、硝酸鍶和氯酸鍶極易揮發，並能使火焰呈亮猩紅色，用於各種照明彈、煙花和曳光彈中。經核爆炸形成的帶放射性的同位素鍶－90，被認爲是落塵中最危險的成分；它能取代食物中的一些鈣，集中於骨骼和牙齒，而造成輻射傷害。

structural geology　構造地質學　在不同程度上研究岩石變形的學科。其範圍包括顯微鏡以下的晶格變化到地殼中的斷層構造及褶皺體系。它在尺度上所使用的主要技術同岩石學、野外地質學和地球物理學上的方法很接近。由於導致岩石變形的過程很難直接觀察得到，所以該學科還使用電腦模型來研究。

structural system　結構系統　在建築施工時，組裝與建造建築物結構元件的特殊方法，安全地支撐並傳送實際荷重到地面，構件內的應力不超過限度。系統的基本類型包括受力牆、樑柱、構架、薄膜與懸臂。結構系統主要分爲三類：低層、高層與長跨距。長跨距建築系統（柱間隔超過30公尺）包括拉張壓縮系統（撓曲支配）以及纜索系統，設計於純粹拉張或壓縮。撓曲結構包括大樑、雙向格網和樓板。纜索系統包括纜線結構、薄膜結構以及拱頂。亦請參閱shell structure。

structuralism　結構主義　20世紀中期歐洲的重要運動。其係根據索緒爾認爲語言是獨立符號系統（亦即，意符〔signifier〕+符旨〔signified〕）之語言學理論，與李維－史陀認爲文化就像語言，是可被視爲符號的系統及可被其各組成間之結構關係而加以分析的人文主義。結構主義的中心思想是揭示一系統的無意識邏輯或「文法」的二元相對概念（例如：男性／女性，公衆的／私人的，煮熟的／生的）。文學建構主義視文學本文爲連鎖的符號系統，並追求使隱藏之邏輯管理工作的形式和內容更清楚。傅科、拉岡、雅科布松以及巴特的作品都相當的出色。採用並發展結構論作爲前提及步驟之研究領域包括符號學及敘事學。亦請參閱deconstruction。

Structured Query Language ➠ SQL

Struma River　斯特魯馬河　保加利亞西部和希臘東北部河流。發源於索非亞西南部的洛多皮山脈，向東南流415公里注入愛琴海。其上游山谷是保加利亞褐煤的主要產地，下游流經一個遼闊的農業河谷區。

Struve, Friedrich Georg Wilhelm von＊　斯特魯維（西元1793～1864年）　德裔俄籍天文學家。1808年離開德國來到俄國以逃避拿破崙徵兵，並成爲多爾帕特（今愛沙尼亞的塔爾圖）大學的教員，並擔任該大學天文台台長。他是現代雙星研究的創始人，在其研究的120,000多顆星球中，他測量了3,000多顆。他還是第一批測量恆星視差的科學家之一。1835年應沙皇尼古拉一世的委託前往普爾科沃監管新天文台的籌建，並在1839年成爲台長。他的兒子奧托・斯特魯維（1819～1905）曾擔任普爾科沃天文台台長（1862～1869），孫子古斯塔夫・威廉・路德維希・斯特魯維（1858～1920）曾擔任哈科夫天文台台長，而奧托・斯特魯維是他的曾孫。

Struve, Otto＊　斯特魯維（西元1897～1963年）　俄裔美籍天文學家。他的曾祖父是腓特烈・喬治・威廉・斯特魯維，他曾因在第一次世界大戰中加入俄國軍隊而中斷學業，後移民美國。他在擔任耶基斯天文台職員時對恆星分光學和天體物理學作出了重大貢獻，尤其是發現了太空恆星中廣泛分布的氫和其他元素。他曾擔任耶基斯天文台台長，後擔任其組建的德州麥克唐納天文台台長。他1947年在芝加哥大學和加州大學柏克萊分校任教，並在1959～1962年間在西維吉尼亞州格林班克的國立無線電天文台擔任台長。他是一名多產作家，曾出版七百多篇論文和幾本書。

Struve, Pyotr (Berngardovich)＊　斯特魯維（西元1870～1944年）　俄國經濟學家和新聞記者。1894年寫作了著名的俄國資本主義的馬克思主義式的分析論文，1898年爲新成立的俄國社會民主工黨編寫了宣言。1901年被逮捕並遭流放，同革命的馬克思主義分裂，非法編輯了雜誌《解放》（1902～1905），希望建立君主立憲制，結果廣受閱讀。1905年返回俄國，參加立憲民主黨，編輯了溫和性刊物《俄國思想》。1917年反對布爾什維克的顛覆活動並離開俄國前往巴黎，1928年後居住在貝爾格勒。

strychnine＊　士的寧　亦譯馬錢子鹼或番木鱉鹼。有機化學物，含毒生物鹼，提取自印度馬錢子樹（即番木鱉樹）以及其他相關的馬錢屬植物種子。不溶於水，也很難溶於酒精，味極苦。被用作毒鼠藥。服用二十分鐘之內便能導致疼痛異常的肌肉收縮和抽搐，使頭後仰，背部拱曲；死亡則通常由呼吸肌的抽搐引起。獸醫有時候會使用小劑量的士的寧作興奮劑。

Stuart, House of　斯圖亞特王室　亦作House of Stewart或House of Steuart。蘇格蘭（1371～1714）和英格蘭（1603～1649、1660～1714）王室。家族的最早成員可追溯到11世紀的布列塔尼，其中一人曾效力於蘇格蘭大衛一世，後被任命爲國王管家。1315年第六代管家華爾德（卒於1326年）與國王羅伯特一世的女兒結婚。他們的兒子羅伯特於1371年成爲國王羅伯特二世，即蘇格蘭的第一代斯圖亞特國王（1371～1390年在位）。其後代在15～17世紀中據有王位的有詹姆斯一世、詹姆斯四世、瑪麗二世和詹姆斯六世（他後來繼承英格蘭王位，稱詹姆斯一世）。1649年詹姆斯的兒子查理一世被處死後，斯圖亞特家族被排斥在王位之外，直到1660年查理二世復位。隨之繼位的有詹姆斯二世、威廉三世和瑪麗二世，以及瑪麗的妹妹安妮。斯圖亞特王室的傳承止於1714年，此後英格蘭的王位由漢諾威王室接替。詹姆斯二世的兒子詹姆斯・愛德華・斯圖亞特和孫子查理・愛德華・斯圖亞特後來曾經提出過傳承的要求，但沒有成功。

Stuart, Charles Edward (Louis Philip Casimir)　查理・愛德華・斯圖亞特（西元1720～1788年）　別名Bonnie Prince Charlie。英國斯圖亞特王室最後一個熱衷要求王位的人。出生於羅馬，老王位覬覦者詹姆斯・愛德華・斯圖亞特之子，流亡的英國國王詹姆斯二世之孫。他一心想奪回王位，1745年率領11～12人在蘇格蘭西海岸登陸，發動高地人民舉行暴動。後來召募約2,400人進入愛丁堡，在普雷斯頓潘斯擊潰英格蘭軍隊，並跨過英格蘭邊界，向倫敦進發。到達達比後，因缺乏詹姆斯黨人和法國人的強力支持，迫使他撤回蘇格蘭。1746年在可洛登戰役中被徹底打垮，後來在麥克唐納（1722～1790）的幫助下，假扮成她的女侍乘船逃到法國。此後即周遊歐洲各國尋求協助，但毫無成效。1766年到義大利定居。後來成爲一些歌謠和傳說裡的傳奇式人物。

Stuart, Gilbert (Charles)　斯圖爾特（西元1755～1828年）　美國畫家。1775年前往倫敦並與威斯特一起工作了六年。1782年開辦了自己在倫敦的工作室，取得了很大成功，但在1787年逃往柏林躲債。在柏林居住六年後，他返回美國，發展了一種獨特的美國肖像畫風格，並很快成爲美國主要的肖像畫家。評論家認爲他的作品美術風格獨特，色彩明亮，能恰當掌握人物心理。在

《耶芝夫人》，油畫，斯圖爾特繪於1793～1794年；現藏華盛頓特區美國國家畫廊
By courtesy of the National Gallery of Art, Washington, D.C., Andrew Mellon Collection

近1,000幅肖像畫中，最著名的是未完成的華盛頓的頭像。

Stuart, James (Francis) Edward　詹姆斯・愛德華・斯圖亞特（西元1688～1766年）　流亡的英格蘭國王詹姆斯二世之子，曾要求繼承英格蘭和蘇格蘭的王位，他在法國被撫養成天主教徒。1701年父親死後，法王路易十四世宣布他爲英格蘭國王，但英國國會通過一項法案剝奪了他繼承王位的權利。他在西班牙王位繼承戰爭（1701～1714）中，加入法軍作戰。1715年詹姆斯黨人發動叛亂時，他曾登陸蘇格蘭，但在兩個月內叛亂被鎮壓下去，他又返回法國。後來在教宗的庇護下於羅馬度過餘生。他以「老王位覬覦者」聞名，以別於他的兒子查理・愛德華・斯圖亞特。

Stuart, Jeb　斯圖爾特（西元1833～1864年）　原名James Ewell Brown Stuart。美國軍官。畢業於西點軍校。在打敗布朗對哈珀斯費里的襲擊一役中擔任美利堅邦聯南軍李將軍的助手。1861年他加入南軍，晉升爲少將，擔任騎兵軍司令官。在騎兵突襲中獲取重要情報，幫助己方奪取了七天戰役以及第二次布爾溯戰役的勝利。爲此，李將軍稱他爲「部隊的眼睛」。升爲少將後，在弗雷德里克斯堡以及錢瑟勒斯維爾戰役中協助己方贏得勝利。在蓋茨堡戰役之前，受李將軍之命對敵方進行偵察；但他耽誤了突擊，且在戰鬥開始後才到達。爲此他受到批評，但他仍繼續爲南軍提供情報。在斯波特瑟爾韋尼亞縣府戰役中，南軍戰敗，斯圖爾特也在戰鬥中身負致命傷。

Stuart style　斯圖亞特風格　英國斯圖亞特王室統治期間（1603～1714年，克倫威爾護國時期除外）產生的視覺藝術。雖然該時期包含了好幾個特殊的風格運動，但這一時期歐洲大陸的藝術家們仍尋求當代運動的靈感（主要是巴洛克風格），尤其是在義大利、法蘭德斯和法國。斯圖亞特風格的大師包括建築師瓊斯和列恩。亦請參閱Jacobean age、Queen Anne style。

Stubbs, George　斯塔卜斯（西元1724～1806年）　英國動物畫家和解剖製圖家。父爲富裕的製革商，曾在短期內當過畫師的學徒，但主要靠自學。他描繪獵人和跑馬的大師級作品爲他帶來了很多的訂單。他更擅長畫的是自在的馬群而不是單獨的馬匹，如《風景中的母馬和小馬》（1760～1770）。他還畫了很多別的動物，包括獅子、老虎、長頸鹿、猴子和犀牛，都是他在私人動物園中能觀察到的動物。他的著作《馬的解剖》（1767）包括了十八幅優秀的雕刻畫，受到廣泛讚譽。

stucco　灰泥裝飾　室內外的裝飾灰泥，可作立體裝飾、光滑的油漆表面或壁畫的濕底面。如今此詞多用來指外牆的粗糙硬膏表面。灰泥裝飾在世界各地均很常見，在西元前1400年就被用在希臘神殿的牆壁上。羅馬建築師用灰泥來裝飾大型建築的粗糙石頭或磚，如哈德良別墅的浴室。灰泥裝飾在巴洛克和文藝復興建築中也廣泛應用。由於灰泥有多種用途，這一裝飾方式一直很流行。在美國的溫帶地區，直到1920年代還有很多灰泥平房。

Studebaker family　史蒂倍克家族　美國汽車製造商，其公司是世界上最大的馬車製造商和汽車製造的龍頭。1852年克萊門特・史蒂倍克（1831～1901）與其弟亨利（1826～1895）在印第安納州南本德開辦了一家鐵匠和馬車店。後來他們的兄弟約翰、彼得和雅各也加入了他們的行列。該家族在南北戰爭期間供應交通工具給美國政府，後來爲西進的人提供馬車。到1902年，該公司已經生產出了第一台電力車，到了1904年開始生產汽油發動的車。1954年史蒂倍克集團同帕卡德汽車公司合併，1966年停產。

Students for a Democratic Society (SDS)　爭取民主社會學生會　美國的積極學生組織。1960年成立於密西根大學，其最初章程同美國民權運動有關。1962年的「休倫港聲明」原則要求新的「參與民主」權。在1965年組織了反對美國參加越戰的全國遊行後，該組織更加軍事化，組織學生參加靜坐以抗議大學參與國防相關的研究。到1969年底，學生會分裂爲幾個派系，最臭名昭著的是恐怖主義的「氣候人」（或稱「氣候人地下組織」）。到1970年代中期，該組織解散。

studio system　片場制度　美國電影公司藉以控制生產，分配及展示之所有部分的系統。在1920年代，如派拉蒙傳播公司及米高梅影片公司的製片公司需要連鎖的戲院來加強其對這個工業的垂直掌控，以及之後如華納公司、雷電華影片公司及二十世紀福斯影片公司也建立相似的帝國。片場的領導者盡力地控制電影製作的形式及導演和演員的租借，只有少數的導演在他們自己的影片中保有獨立性。片場制度亦發展出「明星制度」（star system），藉此，某些男演員及女演員被包裝成名演員的身分，片場經營者藉由選擇這些演員的角色，宣傳他們銀幕外令人感到魅惑的生活，並且藉由長期的合約控制他們。但這個制度在美國最高法院於1948年強迫大型片場必須賣掉他們的連鎖戲院的判決，以及來自電視競爭的增加迫使大型片場必須縮限他們的編制後就衰退了，而在1960年代被有效地終止。

stupa　窣堵波　爲紀念佛陀或佛教聖者而修建的紀念性建築，通常是一個聖地的標誌，用以紀念某一事件或存放某聖物。窣堵波是佛陀升天的象徵性建築。一個簡單的窣堵波包括圓形的底座支撐的大型穹頂，並撐起一個傘蓋，以示保護。這一基本的設計靈感來自於其他的佛教建築，包括在亞洲常見的佛塔。其膜拜包括順時針方向沿窣堵波行走。許多重要的窣堵波都成爲了朝聖地。

印度中央邦桑吉的第三號窣堵波和唯一的大門
Holle Bildarchiv

sturgeon　鱘　鱘科約20種大型魚類的統稱，在俄羅斯南部、烏克蘭以及北美附近最爲常見。鱘大多生活於海中，上溯至內陸河流產卵；但也有少數永居淡水。吻長，無牙，吻下具四條觸鬚；以鬚搜尋水底泥漿中的無脊椎動物和小魚爲食。鱘魚肉和卵（或製成魚子醬）可出售供食用。鰾可製作魚膠，是一種明膠。常見的舊大陸鱘和尖吻鱘也在北美洲東海岸被發現，通常長約3公尺，重225公斤左右。亦請參閱beluga。

Sturges, Preston＊　斯特奇斯（西元1898～1959年）　原名Edmund Proston Biden。美國電影導演。他的姓氏來自其母的第二任丈夫。原是一名編劇，曾寫作百老匯的著名戲劇《奇恥大辱》（1929）和《曼哈頓之子》（1931）。後來到好萊塢發展，成爲著名的劇作家，曾因其執導的第一部電影《偉大的麥金迪》（1940）而獲奧斯卡獎。此後，他繼續寫作並導演了著名的諷刺劇，如《七月裡的耶誕節》（1940）、《夏娃小姐》（1941）、《沙利文遊記》（1942）、《棕櫚海灘的故事》（1941）、《摩根溪奇蹟》（1944）、《向得勝英雄歡呼》（1944）和《您不忠實的朋友》（1948），因其機智的語言、節奏明快和令人印象深刻的角色而著名。

Sturm und Drang＊　狂飆運動　德國18世紀後半葉的文學運動，以反對啓蒙運動中對理性的崇尚和對法國文學的貧乏模仿爲特點。它提倡將自然、直覺、刺激、本能、情感、想像和天生的才能作爲文學的源泉。受盧梭、赫爾德和其他一些作家的影響，該運動採用了克林格（1752～1831）的劇本《狂飆與突進》作爲其名稱。戲劇作品是該運動最具特色的產品，其傑出代表是席勒和歌德，後者的《少年維特的煩惱》（1774）成爲了狂飆運動精神的縮影。

Sturtevant, Alfred (Henry)＊　斯特蒂文特（西元1891～1970年）　美國遺傳學家。曾在哥倫比亞大學獲博士學位，後主要在加州理工學院任教（1928～1970）。1912年發展了果蠅染色體特定基因的製圖定位技術。後來證明果蠅交換（即染色體間的基因交換）是可以防止的。他是第一批對核彈試驗後放射性塵埃的公害提出警告的科學家之一。

Sturzo, Luigi＊　斯圖爾佐（西元1871～1959年）　義大利牧師和政治領袖。在1894年受神職成爲牧師，後在羅馬獲得博士學位，然後返回家鄉西西里協助受壓迫的礦工和農民。1905～1920年擔任卡爾塔吉羅內市長，修建了社區住宅和其他公共設施。他在1919年成立了義大利人民黨，並成爲其黨書記。他因拒絕支持墨索里尼而在1924年被流放。1946年返回義大利，恢復其政治運動，組織天主教民主黨。1952年被任命爲終身參議員。曾寫過一些天主教社會哲學的書籍。

stuttering　口吃　亦稱stammering或dysphemia。影響說話節奏和流利性的語言缺陷，患者會非自願地重複語音或音節，並間歇地阻礙或延長語音、音節或詞彙。口吃者難以念誦以輔音開頭的單詞、句子中的第一個單詞以及多音節的單詞。口吃者可能是由於年幼時在公共場合講話產生壓力而造成的心理而非生理因素而導致口吃的。古代口吃者可能會受到嚴酷的折磨以改變其口吃的習慣。今天已知有約80%的口吃者可以無需治療而康復，通常在成年時可自動糾正，可能是因自尊心增強、不回避問題以及後來的放鬆心情。亦請參閱speech therapy。

Stuttgart＊　斯圖加特　德國西南部城市，濱內卡河。該市在10世紀時是馬匹養殖場，13世紀成爲城鎮並隸屬符騰堡伯爵，在19世紀以前一直是其首府。17世紀法國入侵的三十年戰爭和第二次世界大戰時期的轟炸使城市人口傷亡慘重。其後許多歷史建築都已重建，包括13世紀的一座古堡。現爲文化、交通、工業和出版中心。斯圖加特大學成立於1829年。人口約586,000（1996）。

Stuyvesant, Peter＊　斯特伊弗桑特（西元1592?～1672年）　荷蘭殖民地總督。1643年擔任荷屬西印度公司的經理，1645年成爲北美的荷蘭所有財產的總經理，包括新荷蘭和加勒比海地區。1647年到達新阿姆斯特丹（後來的紐約市），很快與公民要求的自治權起衝突。他建立起一個地方自治政府，但仍享有控制權。他解決了與康乃狄克州的邊境問題（1650），將瑞士人從德拉瓦河的新瑞士趕走，並將該殖民地併入荷蘭殖民地（1655）。來自新英格蘭殖民地和查理二世派遣一支軍隊的入侵迫使他將新荷蘭割讓給了英國（1664）。

sty　麥粒腫　亦稱瞼腺炎（hordeolum）。一種眼疾。可分爲兩種：外麥粒腫爲瞼緣皮脂腺的感染；患眼畏光多淚並有異物感；感染部位先變紅，然後腫脹。給予熱敷可促使潰破排膿。內麥粒腫是眼瞼下面的瞼板腺受到感染，較外麥粒腫疼痛，通常多由眼瞼內面破潰排膿，有時會在患處留下一種無痛性囊腫（霰粒腫）。亦請參閱boil。

Style Moderne　現代風格 ➠ Art Deco

stylistics　風格學　強調對各種風格的成分（如隱喻和修辭）進行分析的文學研究。古人將風格視爲思想的恰當修飾。在這一文藝復興時期流行的觀點中，風格的手法可以分類，而思想可以在例句和預先設計的適合例句的修辭幫助下得到說明。近代的理論強調風格同個人作家的現實觀點之間的關係。

stylolite＊　縫合線　由一系列交替連結的齒狀小石柱體組成的沈積構造，在石灰岩、大理石和類似的岩石中很常見。單個的石柱從不單獨出現，而只作爲一系列相互穿插的部分在岩石的橫截面上呈現出之字裂痕。多數地質學家認爲它們是次生的，也就是說，它們是因不同的化學過程（如透過固化岩石的裂縫地下水環流）而產生的。

Styne, Jule　斯坦恩（西元1905～1994年）　原名Julius Kerwin Stein。英國出生的美國歌曲作家。出生於倫敦，父母是烏克蘭猶太人，他同其家人在1912年定居芝加哥。第一首走紅的歌曲發表於1926年。爲了避免同另一位歌手混淆，他更改了自己的名字，並在1937年來到好萊塢爲電影創作音樂。1940年代同卡恩合作，爲法蘭克辛那屈創作民謠，並爲電影音樂劇《起錨》（1945）和百老匯舞台音樂劇《高鈕扣鞋》（1947）創作歌曲。他還同其他作詞者一起爲很多電影創作了歌曲，包括《紳士愛美人》（1949；1953年拍成電影）、《鈴兒響叮鐺》（1956；1960年拍成電影）、《吉普賽人》（1959；1962年拍成電影）、《哆來咪》（1960）、《爲睡眠修建的地鐵》（1961）和《妙女郎》（1964；1968年拍成電影）。他的歌曲包括《下雪吧》、《舞會已經結束》和《人民》。

Styria＊　施第里爾　德語作施泰爾馬克（Steiermark）。奧地利東南部州。面積16,378平方公里，首府格拉茨。從石器時代就有人居住，後來爲羅馬人控制，成爲塞爾特人的諾里庫姆王國的一部分。8世紀時由巴伐利亞人統治，976年之後歸屬於克恩滕的公爵，11世紀時成爲法蘭克王國的邊界領土，1180年成爲公爵領地，1282年成爲哈布斯堡王朝的加冕地。第一次世界大戰之後，南部的一片土地被讓給南斯拉夫。人口約1,205,000（1998）。

Styron, William　斯泰隆（西元1925年～）　美國小說家。曾就讀於杜克大學。1950年代他成爲美國旅居巴黎僑團的成員。他的第一部小說《在黑暗中躺下》（1951）講述的是一名神志不清的少婦自殺的故事。他的第四部小說《奈特·透納的懺悔》（1967，獲普立茲獎）極富爭議性，喚起了人們對奴隸時期的記憶。後期作品包括講述納粹大屠殺時期故事的《蘇菲亞的抉擇》（1979；1982年拍成電影）和描述自己情緒消沈的非小說性作品《可見的陰暗面》（1990）。作品常以豐富的福克納式風格處理暴力主題。

Styx＊　斯提克斯　希臘神話中的冥河。該名稱源自希臘語，意爲仇恨和極端的冷酷，表達了對死亡的厭惡。在荷馬的史詩中，神以斯提克斯的名義起誓作爲其最有信用的誓言。赫西奧德將此河擬人化，說它是俄刻阿諾斯的女兒，競爭、勝利、權力和力量的母親。古人認爲斯提克斯河的水有毒，能溶解除了用馬或驢的蹄之外製成的一切輪船。

Su Song　蘇頌（西元1020～1101年）　亦作Su Sung。中國皇室官僚體系中的學者、行政官員、經濟專家。他的《本草圖經》（1070）顯露出他對藥物、動物學、冶金學及相關技術的博學知識。他建構爲曆法改革基礎的渾天儀被置於11公尺高的塔樓，並由水輪及鏈傳裝置驅動，其機制預示了後來用於歐洲千百年的技術。

Suárez, Francisco＊ 蘇亞雷斯（西元1548～1617年） 西班牙神學家和哲學家。他在《形上學論文集》（1597）一書中引用亞里斯多德、托馬斯·阿奎那、鄧斯·司各脫和莫利納（1535～1600）的作品來討論自由意志以及其他一些哲學問題。他常被認爲是繼阿奎那後最偉大的經院哲學家（參閱Scholasticism）和耶穌會神學家。他後來偏離阿奎那的立場，建立了自己的獨立分支系統蘇亞雷斯主義。

Suárez, Hugo Bánzer ➠ Bánzer Suárez, Hugo

subatomic particle 亞原子粒子 亦稱基本粒子（elementary particle）。物質或能量的各種自我包容單位。1897年發現電子，1911年發現原子核。這些發現確立了原子是由圍繞著一個極小然而卻很重的核的電子雲所組成。到了1930年代初，發現原子核是由更小的叫做質子和中子的粒子組成。1970年代初，發現這些粒子由幾類稱爲夸克的更基本的單元組成。夸克與幾類輕子一起組成了所有物質的基本結構單位。第三組主要的亞原子粒子是玻色子，是它們傳送著宇宙中的各種力。至今已經檢測到200多種亞原子粒子，大多數都有相應的反粒子（參閱antimatter）。

subconscious 下意識 ➠ unconscious

subduction zone 俯衝消減帶 海溝區。按照板塊構造學說，海底俯衝在臨近的大陸板塊下，使沈積物被拖進地球的上地函中形成了俯衝消減帶。

Subic Bay 蘇比克灣 菲律賓呂宋島西南部中國海的小海灣。1901年起爲美國操縱的蘇比克灣海軍基地所在地，是菲律賓最大的海軍設施。該地區在第二次世界大戰期間曾遭嚴重破壞，並在1942～1944年間被日本占領。該基地在越戰（1955～1975）供給和維修中曾發揮重要作用。1992年歸還菲律賓，現有計畫將其建設成一個自由貿易區。

sublimation 昇華 物理學中指物質從固態不先經過液態而直接轉變爲氣態的狀態變化。一個例子是常壓常溫下二氧化碳（乾冰）的汽化。這種現象發生在固相與汽相平衡共存的壓力和溫度下（兩者都相對較低）。用凍乾法進行食品防腐用的就是眞空下食品中冰的昇華。

submachine gun 衝鋒槍 使用能量較低的手槍子彈並可從腰部或肩部射擊的輕型自動武器。衝鋒槍通常有10～50發的盒形彈匣或是有能裝更多子彈的鼓形彈匣。衝鋒槍屬短程武器，在180公尺以外很少能發射成功。每分鐘可發射650次甚至更多輪，重量2.5～4.5公斤。重要的衝鋒槍型號包括湯普生式衝鋒槍或稱托米槍（1920年獲得專利），第二次世界大戰中英國的司登槍，以及後來以色列的烏茲衝鋒槍。

submarine 潛艇 能在水下持續運行的海軍戰艦。18～19世紀美國的布什內爾（1742?～1824）和富爾敦等發明家開始作有關潛水艇的實驗。1898年霍蘭（1840～1914）的「荷蘭號」下水，該潛艇同時具備內燃機（水上航行時使用）和電動機（水下航行時使用）。美國政府於1900年購買了它。萊克（1866～1945）改良革新的潛水艇最先在歐洲獲得採用，後來美國也採用。到第一次世界大戰前夕，世界所有的主要海軍都採用這種潛水艇。德國的U－艇尤其是具有潛在的威脅武器。第二次世界大戰中，潛水艇戰在世界各大海域中都很常見。1940年德國人採用的柴油引擎通氣管爲水下的柴油引擎提供新鮮空氣，並因此使其不用浮上水面更換電池。美國軍艦「鸚鵡螺號」在1954年開始使用核潛艇。由鈾燃料核反應器提供的強大能源使潛艇可以在水下運行很長的時間。聲納在導航和偵探敵艦時發揮重要作用。潛艇可以配備帶有核頭的航行導彈和彈道導彈。由於潛艇的位置難以確定，在核武國家占有很重要的地位。亦請參閱depth charge、Trident missile。

submarine canyon 海底峽谷 在海底切入大陸坡之間的陡峭狹窄深谷。與陸地上的河流峽谷相似，海底峽谷通常也有直立垂懸的谷壁，在大部分的大陸坡沿線都可以發現海底峽谷。被認爲是最深的巴哈馬海底峽谷，切入大陸坡達5公里深。絕大部分海底峽谷長度不到50公里，但也有少數其長度超過300公里。

submarine fan 海底扇 陸源沈積物在海底的堆積。其形狀類似於圓錐體的一段，頂端位於海底峽谷的谷口。該類沈積物大部分爲砂質，由峽谷海流帶入下沈，逐層堆積。海底扇往往形成扇上谷地，地勢低矮，兩旁有天然沖積堤。幾個海底扇會形成橫向聯合。

submarine fracture zone 海底斷裂帶 分割大洋脊的狹長的海底多山構造帶，深度各異，落差可達1.6公里。位於東太平洋的一些最大的斷裂帶，長可超過1,600公里，寬100～200公里。大西洋中眾多較短的斷裂帶都與大西洋中脊緊密相聯。

submarine mine 水雷 在軍事行動時布置於水中不動的爆炸裝置，設計來摧毀碰觸或靠近的船隻。水雷是從19世紀中葉開始使用。裡面裝塡炸藥，以及船艦或潛艇在附近時會觸發炸藥的裝置。水雷由布雷艦放置或是用飛機投擲，以纜線固定於海底。水雷誘發方式包括接觸、靠近船艦的磁場、水壓改變、螺旋槳聲音等。第一次世界大戰期間水雷是最有效的反艦武器。在第二次世界大戰的角色更形重要，共擊沈1,118艘同盟國船艦及1,316艘軸心國船艦。亦請參閱land mine、minesweeper。

submarine plateau ➠ oceanic plateau

submarine slump 海底滑塌 在海底峽谷或大陸坡發生的沈積物和有機碎屑的迅速塌落，並逐漸堆積成不穩定或勉強穩定的物質。但當峽谷發生一次滑塌後，沈積物和有機碎屑往往繼續塌落，形成一系列物質堆直到其整體坡度變緩爲止。一個滑塌時期可能會引起其他向峽谷內運行的滑塌。

subpoena＊ 傳票 在法律上通知某人出席法庭、國民公會、大陪審團或其他機關並有懲罰條款的令狀。同法院傳票（summons）不同的是，這樣的傳票可能要求接收者提供某種解決法律問題或爭端的證據。

subsidy 補貼 爲了達到某種公共目的而提供的資金援助，常常透過直接支付或間接的方法如：降價或優惠政策等來實現。爲交通、住房、農業、採礦以及其他工業提供補貼的依據是這些事業的保留或擴展符合大眾利益。對藝術、科學、人文和宗教的補貼也在很多私人經濟難以維持的國家得到採用。補貼可透過直接現金支付、政府提供低於市場價格的物質或服務、政府用高於市場的價格採購貨物或服務以及減稅等方法來實行。雖然發放補貼的目的在於提高社會福利，但卻可能引起高稅收或消費品價格的提升。它們還可能引起工作效率低的工人失業。補貼只在提升公共利益而不是提升價格方面產生作用時才達到其理想效果（參閱cost-benefit analysis）。

subsistence farming 生存農業 一種農業形式，農民種植的作物或飼養的牲畜幾乎都是爲了維持其一家人的生存，並極少有剩餘來銷售或交易。工業革命前的全世界農業人口均從事這樣的生存農業。在都市中心發展起來後，農業生產開始專業和商業化，農民生產一定的剩餘作物以交換商品或賣掉求現。生存農業在一些撒哈拉沙漠以南的非洲及其他一些開發中國家仍然存在。

subsoil 心土 緊接著表土下方的土層，主要的組成是礦物質和淋溶的材料，像是鐵和鋁的化合物。腐植質和黏土積聚在心土，可是不管是肉眼可見的生物或是微生物都極少待在心土，而使表土富含有機質。心土下方是部分碎裂的岩層以及基岩。爲了種植作物整地而去除表土或是商業開發，造成心土露出且增加土壤礦物侵蝕的速率。

substantive law ➠ procedural law

subsurface water ➠ groundwater

Subud＊ 蘇布派 建立在自發和入迷的修習上的印尼宗教運動。它由蘇菲主義的修習者穆罕默德・蘇布成立於1933年，在1950年代透過古爾捷耶夫的著作傳到歐洲和美國之前一直局限在印尼範圍內。其主要特點是拉蒂翰禮拜，即一種精神活動，參與者透過不受控制的自然活動讓上帝的力量表現出來。未經排練的歌唱、舞蹈、大叫和大笑被認爲可以讓大家獲得大喜樂大解脫，並使心身康復。

subway 地下鐵 城市及其郊區運送乘客的地下鐵道系統。首條地下鐵1863年在倫敦通車，全長6公里，運行第一年載運950萬名旅客。1890年第一條電氣化地鐵在倫敦開始運轉。1896年布達佩斯地鐵線路開通，這是歐洲大陸上的第一條地下鐵道。1897在波士頓，1900在巴黎，1902在柏林，1904在紐約，以及其後在馬德里（1919）、東京（1927）和莫斯科（1935）都有地下鐵開通。從1970年代開始，地下鐵系統有了重大改進，利用電腦技術來遙控火車運行（如在舊金山、華盛頓特區以及洛杉磯），軌道和車廂的設計和建造更爲精緻，以使地下鐵能更快、更平穩地運行，噪音也更小。

succubus 女夢淫妖 ➠ incubus and succubus

succulent 肉質植物 任何具有可以貯水的肉質厚組織的植物。一些肉質植物（如仙人掌）只在莖部貯水，無葉或葉子很小，而別的一些（如龍舌蘭）則主要靠葉子貯水。許多肉質植物有深或寬大的根系，是沙漠或半乾旱季節地區的原生植物。在肉質植物中，氣孔在日間關閉、夜間張開（普通植物則與之相反）以將蒸騰作用降到最低。

Suchow ➠ Yibin

sucker 亞口魚 亞口魚科（胭脂魚科）約80～100種淡水魚類的統稱，大部產於北美洲。亞口魚與米諾魚可從其口部來加以區分，亞口魚口位於頭下部，有突出的唇，適於吮吸取食。通常行動遲緩，從湖泊和緩流溪水的底部吮吸碎石、無脊椎動物及植物。個體大小因種而有很大不同。如湖吸口魚體長僅25公分；大口水牛魚可長達90公分，重32公斤。

亞口魚屬（Catostomus）的一種
Grant Heilman

suckerfish ➠ remora

suckering 出條 植物從莖或根的不定芽形成新的莖或根系，不論是自然發生或人爲作用。這樣的無性生殖是基於植物再生組織和器官的能力。植物用出條散播的有紅懸鉤子、連翹、丁香花。出條讓園藝與農業工作人員可以一次又一次繁殖想要的植物而不會有明顯的變異。

sucking louse 吸蝨 吸蝨亞目400多種昆蟲的統稱。世界性分布，體小，扁平，無翅。以刺吸口器吮吸哺乳動物的血液和組織液爲生。若蟲經數次蛻皮變成蟲。不同種的吸蝨寄生對象不同：人蝨寄生於人體；其他如盲蝨屬和長顎蝨屬則侵襲家畜，如豬、牛、馬和狗。

suckling 吮乳 哺乳動物用嘴將乳腺中的乳汁吮吸出來的現象。人類則指餵奶或母乳餵養。此詞也指未斷奶的動物，即沒有停止哺乳的動物，在此過程中幼體逐漸地習慣於成體的飲食習慣。

Suckling, Sir John 索克令（西元1609～1642年） 英國騎士詩人、劇作家和廷臣。十八歲時繼承父親的龐大遺產，成爲朝廷的要人，以俠義和賭棍著稱，據說克里巴奇牌戲是他發明的。在參與營救倫敦塔中的斯特拉佛伯爵的謀畫後，他逃亡法國，相傳後來自殺身亡。他曾寫了四部劇本，最優秀的是生動的喜劇《妖精》（1638）。他最著名的詩是抒情詩，其中最好的作品是輕鬆自然的詩。他的巨著《詩人盛會》是按當時的街頭民謠的風格和韻律寫成的。

Sucre＊ 蘇克雷 玻利維亞的法定首都。1539年左右由西班牙人在查爾卡斯印第安人的居住地上建立，1561年成爲上祕魯查爾卡斯區首府，1609年成爲大主教管區。當地的許多殖民地教堂至今仍保留著。它是早期反抗西班牙起義叛亂的起源地之一（1809），1825年玻利維亞的獨立宣言也在此簽定，該市於1839年成爲首都。1898年因試圖遷都拉巴斯而引起了一場內戰，結果使這兩座城市同時成爲首都。國家最高法院也設於此地。現在逐漸成長爲商業中心。聖方濟・沙勿略大學（1624年建）坐落在此，是南美洲最古老的大學之一。人口約145,000（1993）。

Sucre, Antonio José de＊ 蘇克雷（西元1795～1830年） 厄瓜多爾解放者，玻利維亞第一任總統（1826～1828）。他是玻利瓦爾的親密戰友，曾在委內瑞拉、哥倫比亞、大哥倫比亞（今厄瓜多爾）、祕魯和上祕魯（今玻利維亞）參加革命鬥爭，在該地區打敗了皇家軍隊。他在1826年建立起一個玻利維亞政府，並短暫擔任過總統，但不久退休，前往大哥倫比亞。1829年爲保衛大哥倫比亞不受祕魯侵略而被召回國擔任官職。1830年被謀殺，年僅三十五歲。他被認爲是拉丁美洲爲獨立奮戰過程中最受人尊敬的一位領袖。

sucrose＊ 蔗糖 亦稱調味糖（table sugar）。有機化合物，溶於水帶有甜味的無色晶體。蔗糖（$C_{12}H_{22}O_{11}$）是雙醣；由轉化酶水解後產生轉化糖（名稱是因爲水解產物會將偏極光的平面反轉），果糖和葡萄糖各半，這是兩種單醣成份。蔗糖自然生成於甘蔗、甜菜、糖槭汁液、棗樹與蜂蜜之中。大量商業化生產（特別是甘蔗和甜菜）並幾乎都用於食用。

Sudan 蘇丹 亦作the Sudan。泛指非洲中北部地區面積廣大的開闊熱帶稀樹草原。綿亙五百多萬平方公里。北鄰撒哈拉沙漠和利比亞沙漠南緣，南抵赤道熱帶雨林的北界。西起非洲西海岸，東至衣索比亞高地和紅海，橫跨5,500多公里。薩赫勒地區爲其北部邊界。

Sudan＊ 蘇丹 正式名稱蘇丹共和國（Republic of the Sudan）。非洲北部國家。面積2,503,890平方公里。人口約36,080,000（2001）。首都：喀土木。穆斯林阿拉伯民族集團居於北部及中部，占該國人口的2/3，其餘尼羅人及蘇丹人等民族則住在南部地區。語言：阿拉伯語（官方語）；尚有

其他一百多種語言。宗教：伊斯蘭教（國教），傳統宗教和基督徒。貨幣：蘇丹第納爾（Sd）。蘇丹爲非洲最大國家，包含了一廣闊的平原，其北部是撒哈拉沙漠，西部爲沙丘，中南部爲雨量極少的灌木帶，南部則有許多沼澤和熱帶雨林。尼羅河流貫全國。野生動物有獅、豹、大象、長頸鹿和斑馬。爲開發中的混合經濟，以農業爲主。有全世界最大的灌溉計畫，由青尼羅河和白尼羅河供給農田用水。主要經濟作物有棉花、花生和芝麻；畜牧業亦重要。工業包括了食品加工和棉紡織。現由伊斯蘭教軍政府統治。證據表明，蘇丹有人居住的歷史可追溯到幾萬年以前。從西元前4千紀開始，努比亞（現在的蘇丹北部）週期性地處在埃及人的統治下。西元前11世紀到西元4世紀，它是庫施王國的一部分。在6世紀期間，基督教的傳教士們轉變了蘇丹的三個主要王國；這幾個黑色的基督教王國與他們在埃及的穆斯林阿拉伯鄰居們共處了數百年，直到13～15世紀，阿拉伯移民的流入才使它們崩潰。1874年埃及征服了蘇丹的全部，鼓勵了英國人干預這個地區；這引起了穆斯林的反對，導致馬赫迪的起義，1885年他占領了喀土木，在蘇丹建立起一個神權政治國家，直到1898年他的軍隊被英軍打敗。英國人統治了這個國家，總體上與埃及建立夥伴關係，直到1956年蘇丹實現獨立。此後，這個國家就在無效的國會政府與不穩定的軍事統治之間搖擺起伏。南方的非穆斯林人口反抗北方的由穆斯林控制的政府，導致近幾年來的飢荒以及約有四百萬人流離失所。

sudden infant death syndrome (SIDS) 嬰兒猝死症候群 亦稱搖籃死亡（crib death）。指外表健康嬰兒的意外死亡。世界各地皆曾發生，幾乎均發生在夜眠時，二～四個月大嬰兒最爲常見。臉朝下睡臥以及睡眠中吸入香煙的煙氣被指可能與此有關。早產、出生時體重過輕，以及孕期照應不周都會增加產後嬰兒猝死的可能。許多一度曾被認爲是嬰兒猝死症的病例以後已被證明是臥具導致的窒息或保暖過度。一些死於嬰兒猝死症的嬰兒過後也被發現有先天腦幹異常，導致他們在血液中出現高二氧化碳含量時無法作出適當反應。

Sudetenland＊ 蘇台德 西部、北部波希米亞和北摩拉維亞蘇台德山脈附近的地區。以前是奧地利的一部分，主要操德語，第一次世界大戰後被併入捷克斯洛伐克。1930年代期間納粹黨和當地領導人亨萊恩利用蘇台德地區德國人的不滿情緒煽動其獨立，這使英國和法國爲了避免戰爭而說服捷克斯洛伐克同意蘇台德自治。希特勒要求將該區割讓給德國最初遭到了拒絕，但後來在「慕尼黑協定」中如願以償。第二次世界大戰後，該地區又歸還給捷克斯洛伐克，並將境內德國人趕走，讓給捷克人居住。

Sudra＊ 首陀羅 印度瓦爾納（社會階級）中的第四等，即最低等。傳統上該階級由工匠和勞動者組成，最初可能包括了所有印度文明中被征服並編入社會系統的人民。其成員不能參加入法禮，也因此不能閱讀吠陀。首陀羅最高的成員包括一些地主，而最低成員則是不可接觸者。亦請參閱Brahman、Kshatriya、Vaishya。

Suetonius＊ 蘇埃托尼烏斯（西元69?～122年以後） 拉丁語作Gaius Suetonius Tranquilus。羅馬傳記家和古物收藏家。出身騎士階層。作品包括一部簡短的文學人物傳記《名人傳》，是古羅馬著名作家生平的根本參考資料。《諸凱撒生平》是他的另一部重要作品，記錄了羅馬前十一位皇帝生活的流言蜚語，生動描繪了羅馬社會生活和頹廢的領導人，這些資料主宰了人們的歷史看法，一直到現代透過非文字證據的考證才得以修正。

Suez, Gulf of 蘇伊士灣 紅海的西北部海灣，位於非洲本土和埃及西奈半島之間。長314公里，寬19～32公里，通過蘇伊士運河與地中海相連，是重要的航運道路。在1970年代和1980年代，該海灣中發現了無數石油礦藏。

Suez Canal 蘇伊士運河 埃及蘇伊士地峽的輪船運河。它將紅海同西邊的地中海相連，自塞得港向蘇伊士灣延伸160公里，使輪船可以直接航行於地中海和印度洋之間。該運河由法國屬的蘇伊士運河公司經過十一年的修建完成於1869年。其主權在1956年被埃及國有化並引起國際危機前一直掌握在法國和英國手中（參閱Suez Crisis）。蘇伊士運河最窄處爲55公尺，在低潮期深12公尺，是世界上最繁忙的運河之一。

Suez Crisis 蘇伊士危機（西元1956年） 埃及總統納瑟意圖將蘇伊士運河收歸國有以反對西方停止爲亞斯文高壩提供資金的行爲，並因此引起的國際危機。控制該運河利益的法國和英國派遣軍隊占領了運河地區。它們的同盟以色列占領了西奈半島。國際反對的呼聲使法國和英國很快撤出，而以色列也在1957年撤軍。該事件導致了英國首相艾登的辭職，並被認爲是結束了英國身爲國際主要強權的地位。而納瑟的聲望則因此在開發中國家得到提升。亦請參閱Arab-Israeli Wars。

Suffolk 沙福克 英格蘭東部行政和歷史郡。濱臨北海，北部有史前的燧石礦產。在盎格魯－撒克遜時代是東英吉利亞王國的一部分，薩頓胡船棺槨就是從當時起源的。中世紀因羊毛業的興起而十分繁榮。從那時起，農業成爲其主要經濟活動，農作物包括穀類、甜菜和蔬菜。紐馬基特因其賽馬訓練站而著名，沿海地區有幾處度假勝地。首府易普威治。人口約671,000（1998）。

S
T
U
V

Suffolk　沙福克羊　黑臉無角的中細毛綿羊品種，19世紀初在英格蘭以母諾福克有角羊配公南丘羊育成。沙福克羊多產，早熟，畜體質優，而且精力充沛，動作敏捷，耐力好。於1888年被引進美國，其羔羊肉很受歡迎。

Suffolk, Earl of　沙福克公爵（西元1561～1626年）　原名Thomas Howard。英格蘭海軍軍官和政治人物。諾福克公爵第四之子，曾擔任海軍指揮官，並在襲擊西班牙無敵艦隊中表現突出（1588）。曾在伊莉莎白一世統治期間領導海軍襲擊西班牙人。1603年受封爲公爵，在詹姆斯一世時期擔任宮廷大臣（1603～1614）和財政大臣（1614～1618）。1618年因盜用公款被撤職，曾同接受西班牙賄賂而犯罪的妻子一起被短期監禁。

Sufism＊　蘇菲主義　伊斯蘭教內的一種神祕派別，主張經由個人對眞主的親身體驗，來尋求神愛和神知。包含很多神祕的方法來探知人和神的本質，並使世上存在的神愛和神智易於感受。蘇菲主義是在穆罕默德去世後（632），以一種有組織的運動在一些不同的派別中崛起的，他們都認爲正統伊斯蘭教在精神上令人窒息。當時的蘇菲派的修行規定沒有一致性，但最重要的規定包括反覆念誦眞主的美名或《可蘭經》的某些詞語，作爲鬆懈自身卑微面的一切束縛，使靈魂能夠體驗更高的眞理，此即是靈魂所自然嚮往的目標。雖然蘇菲主義的修習者同伊斯蘭教神學和教法的主流常起衝突，但其在伊斯蘭教發展歷史中舉足輕重。蘇菲文學，尤其是愛情詩，代表了阿拉伯、波斯、土耳其和烏爾都語的黃金時代。亦請參閱Ahmadiya、dervish、Malamatiya、tariqa。

sugar　糖　存於種子植物汁液與哺乳動物乳汁中種種味甜、無色、溶於水的化合物。爲一類最簡單的碳水化合物。最常見者爲蔗糖，一種雙醣。其他還有許多種，如：葡萄糖和果糖（兩者皆爲單醣）；轉化糖（蔗糖經酶作用後生成的一種葡萄糖和果糖各半的混合體）；以及麥芽糖（由大麥發芽而製成）和乳糖（兩者爲雙醣）。商業化生產的糖幾乎全部供食用。

Sugar Act　食糖法（西元1764年）　英國爲增加北美殖民地稅收而實行的法律。它是對1733年未實行的「糖漿條例」的一個修訂，對食糖和糖蜜從非英國的加勒比海地區進口到殖民地進行了新的規定，並允許扣留違反新法令的船隻。這是第一個試圖從殖民地獲得對法國印第安人戰爭花費的補償，並爲英國在北美屯軍提供經費的法令。殖民地反對該法令，卻沒有提出代表，而一些商人則同意不進口英國貨物。在「印花稅法」通過後反對的呼聲更高了。

sugar beet　糖用甜菜　指各種甜菜。全球糖產的五分之二來自甜菜，爲僅次於甘蔗的糖料作物。與甘蔗不同的是，甜菜可以在氣候溫和或寒冷的地區種植，比如歐洲、北美和亞洲；而這些地區恰恰是人口稠密的發達地區，大部分的產出在當地即可被消費。在被用作糖料作物之前，甜菜曾長期被當作田園蔬菜及飼料栽培。

糖用甜菜
Grant Heilman

sugarcane　甘蔗　高大粗實的禾本科多年生草本植物，學名Saccharum officinarum。全世界熱帶和亞熱帶都有栽培，其甜的汁液是糖和糖蜜的主要來源。甘蔗植株的實心莖稈緊密叢生，莖稈呈有規律的節間隔，每節有一個芽，可用於無性繁殖。優雅的劍形葉類似玉蜀黍葉，捲曲成葉鞘裹在莖上。成熟的莖稈可高達3～6公尺，直徑2.5～7.5公分。製糖時將糖液中結晶出來的糖移去後所餘的糖漿俗稱糖蜜，可用來製蘭姆酒和飼養家畜。榨取糖液後所餘的蔗渣可用作燃料或用來造紙和壓製碎料板。

甘蔗
Ray Manley – Shostal Assoc.

Sugawara Michizane＊　菅原道眞（西元845～903年）　日本平安時代研究中國文學的學者，後被神化爲天神，爲文學和學術的庇護神。他曾被宇多天皇當作勢力強大的藤原家族的勢均力敵的對手而任以要職。當宇多的兒子即位後，菅原道眞的好運被扭轉，新天皇聽信讒言認爲菅原道眞陰謀叛變而將他流放。他在流放中去世後，在日本首都發生的災難被認爲是菅原道眞的復仇靈魂所爲，因此在死後名譽得以平反。學童通常要在天神神廟裡買一個護身符以保佑考試取得好成績。

Suger＊　絮熱（西元1081～1151年）　聖但尼大教堂的修道院長，路易六世和路易七世的顧問。出身農民家庭，曾在聖但尼修道院學習，是未來的路易六世的同學和密友。1122年被選爲修道院院長，他利用大衆對聖人的崇拜，而以教會的名義來爲國王召集軍隊。絮熱在聖但尼的工作對哥德式建築的發展有重要作用。他還起草了結束路易七世和他的封臣蒂博的內戰的條約，在國王進行第二次十字軍東征期間任攝政（1147～1149）。

Suharto　蘇哈托（西元1921年～）　印尼第二任總統（1967～1998）。他最初在荷蘭軍隊中服役，在日本占領印尼後（1942）加入日本人贊助的國防部隊。在日本投降後，他加入游擊隊以爭取印尼脫離荷蘭獨立。當印尼獨立（1950）後，他成爲中校。他是一個反共產主義者，1965年粉碎了一次共產主義政變並殘酷地將共產主義分子和左翼分子清除出印尼，共造成三十萬人死亡。他免除當時的總統蘇卡諾的職務，1967年自任爲總統。他建立獨裁統治，並在無人敢反對的情況下連任。1975年吞併了東帝汶，殺害了十萬多名東帝汶居民。1998年一場嚴重的經濟風暴使人民把注意力放在他貪腐的政府上，並導致大規模的示威活動，在他統領印尼三十一年後被迫辭職。

蘇哈托
AP/Wide World Photos

Suhrawardi, al-＊　蘇哈拉瓦迪（西元1155?～1191年）　全名爲Shihab al-Din Yahya ibn Habash ibn Amirak al-Suhrawardi。別名al-Maqtul。穆斯林神學家和哲學家。曾在伊斯蘭教學術中心伊斯法罕學習。他的作品包括兩種：教義性的和哲學性的，其中許多論及古希臘哲學家，還有較簡短的論文試圖將神祕主義引導向深奧的知識。他最著名的作品是《啓明智慧》，書中認爲存在是簡單的連續體，其發展高潮是代表眞主的純淨之光。正統伊斯蘭教長老們指控其學說爲異端，使他被薩拉丁的兒子馬立克·阿茲札希爾處死。

Sui dynasty＊　隋朝（西元581～618年）　爲時甚短的中國朝代，將分裂數百年的中國南、北方重新統一。隋朝期間，文化與藝術復興的風氣已經展開，並於唐朝達到高峰。隋朝開國皇帝創建了遍及全國、統一的政府體制，頒布新的法律體系、實施人口普查，並藉由考試徵召官員，以及重新恢復儒家典禮。隋朝曾3次發動戰役攻打高句麗，代價高昂卻未獲得成功。隋朝首都長安，是現代西安城面積的六倍大。

suicide　自殺　故意結束自己生命的行為。自殺可能是因為個人的心理因素，例如無法面對壓力或患有心理疾病；也可能是希望測試愛人的眞情、或想要懲罰愛人的疏遠，讓他們承擔罪惡感。自殺也可能來自社會和文化的壓力，尤其是那些想要讓自己更加孤獨的人，例如喪偶或獨居。在不同時期和文化背景，對待自殺的態度都不相同。古希臘被定罪的罪犯，可獲准自我終結生命；在日本，「切腹」的習俗允許武士進行儀典式的自殺，以作為保持榮譽和宣示效忠的方法；猶太人在遭遇強迫他們改變宗教信仰的古羅馬人和十字軍時，也是寧可選擇自殺。在20世紀，一些新宗教運動的成員，例如著名的人民殿堂和天堂門，都曾發起集體自殺。佛教僧侶和女尼也有自我奉獻的犧牲式自殺，是社會抗議的一種形式。第二次世界大戰期間，日本使用的自殺式炸彈神風特攻隊，是20世紀末恐怖主義份子自殺式炸彈的鼻祖，尤其是以色列極端主義者最常用。但一般來說，伊斯蘭教、猶太教、基督教都譴責自殺行為，而在很多國家，自殺未遂也必須遭受法律懲罰。現今世界上有些社會正在尋求立法，希望准許為告別病痛而在醫師協助下的自殺，某些國家已經可以公開執行安樂死，例如哥倫比亞和荷蘭。在現代社會中，企圖自殺經常被視為是求助的行為，而自1950年代自殺防制組織在很多國家設立之後，利用熱線電話就可以提供此種即時的諮商服務。

Suir River＊　舒爾河　愛爾蘭東南部河流。發源於提派累立郡北部，往南再往東流，在注入沃特福德港灣之前，與巴羅河、諾爾河匯流，全長183公里。1760年代，該河可通航至克朗梅爾。

suite　組曲　一套器樂舞曲或似舞曲的樂章。組曲起源於14～16世紀成對的舞蹈，如孔雀舞、低舞和薩爾塔列洛等。16～17世紀時，德國作曲家開始寫三或四支舞的組曲，如沙因的《音樂的宴饗》（1617）。在17世紀末，基本的四種舞曲類型－－阿勒曼德、庫朗特舞、薩拉班德和季格舞－－建立起組曲的標準。其他的舞蹈也同薩拉班德和季格舞穿插進行。19世紀，該詞用來指從歌劇和芭蕾舞中抽取出的音樂組曲。

Sukarno　蘇卡諾（西元1901～1970年）　印尼第一任總統（1949～1966）。父為爪哇教師，在語言方面表現傑出，精通爪哇語、巽他語、巴里語和現代印尼語，並對現代印尼語的發展作出了貢獻。他在印尼爭取獨立的運動中是個具有超凡魅力的領導人。1942年日本人入侵時，他擔任日方的主要顧問，並施加壓力迫使他們同意印尼獨立。日本一戰敗後，他立刻宣布獨立。但荷蘭人一直到1949年才移交主權。在他擔任總統後，印尼在醫療、教育和文化自覺方面有所進步，但民主和經濟則很失敗。他的政府貪污腐敗，通貨膨脹嚴重，國家經歷了一連串的危機。1965年的共產黨政變導致軍事強人蘇哈托接管了政府，其後並對共產黨分子進行掃蕩，造成三十萬人死亡。

Sukhothai kingdom＊　速可台王國　泰國中北部古王國。13世紀中葉建立，那時當地的一位傣族領袖起兵反對高棉人的統治。起初只是個小王國，但從約1279年王國的第三代統治者蘭坎亨國王繼位開始，將其霸權往南擴展到馬來半島，往西到達當今的緬甸，往東北擴展到現在的寮國。1298年蘭坎亨國王死後，速可台王朝的影響開始衰落。1438年被併入阿瑜陀耶王國。

Sukhothai style＊　速可台型　可能是14世紀從速可台（現泰國）發展起來的佛像典型式樣。速可台型的佛像－－典型姿態為坐在半圓的蓮花座上，右手觸地或一腳向前走動，右手同時撫胸－－展現了飄逸的風度。其身體各部分追求抽象的理念，以貼近自然的形態為基礎（如肩膀象大象的鼻子，身體像獅子）。神像的頭通常有一個隆起物，被認為是另一個頭顱。

Sukhoy　蘇愷設計局　正式名稱OKB imeni P.O. Sukhoy。舊稱OKB-51。俄羅斯航太設計局，是該國第二大的噴射戰鬥機製造商（僅次於米格設計局）。蘇愷設計局起源於1953年，蘇聯政府允許蘇愷重組他在第二次世界大戰領導的飛機設計團隊成為設計局，命名為OKB-51。在1950年代與1960年代，OKB-51計畫並建造一系列的超音速噴射戰鬥機，包括Su-7及Su-9，後來經過修改，廣泛為蘇聯及其他華沙公約國家採用。將Su-9改良推出Su-11及Su-15戰鬥攔截機。在蘇愷去世（1975）之後，設計局冠上他的姓。蘇愷設計局最著名的作品可能是多功能空優戰鬥機Su-27（1977年第一次飛行）。在1990年代設計局推出Su-37戰鬥轟炸機及重新設計的Su-39地面攻擊機。第五代戰機多任務空優戰鬥機S-37金雕（1997），有最先進的電子設備、前掠翼，推進動力控制。1997年俄羅斯結合設計局與生產工廠等相關公司成立部分國有的蘇愷公司。在21世紀開始多樣化，進入民用市場，生產運動飛機、貨機與客機。

sukiya style＊　數寄屋風格　發展於桃山時代（1574～1603）及江戶時代（1603～1867）的日本建築模式，起初是用於茶館，隨後亦用於私人住宅及餐廳。根據自然及農村儉樸的美學，數寄屋風格的建築傾向於與其周圍的環境相互協調。使用木頭的結構並保留木材自然的型態，有時樹皮依然留在上面。外牆一般多是使用泥土。對於細節及比例投注相當多的注意力，而呈現出精緻的儉樸。建築師吉田五十八（1897～1974）首先開創出使用當代建材的現代數寄屋風格。

Sulaiman Range＊　蘇萊曼山脈　巴基斯坦中部印度河以西的山地。綿亙約450公里，山峰平均高1,800～2,100公尺。最高峰為北端的雙聯峰，被稱為所羅門王冠。兩者中較高的山峰海拔5,633公尺，為著名的朝聖地。

Sulawesi＊　蘇拉維西　亦稱西里伯斯（Celebes）。印尼島嶼（1990年人口約12,521,000）。大巽他群島四大島之一，位於婆羅洲之東，連同附近小島面積共計227,654平方公里。島上多山，有些活火山，半島南部有較大平原，最高峰是蘭特孔博拉山，海拔3,455公尺。15世紀穆斯林抵達此地。1512年葡萄牙人首先登陸，當時是為了開發摩鹿加的香料貿易。1607年荷蘭人在望加錫建立第一個外國殖民點，與當地的原住民蘇丹發生權勢之爭，一直持續至20世紀。1950年加入印尼，不過，近幾年來發生了共產黨反中央政府的叛亂。東半島大部分未開發，人口稀疏，主要是自給性農業。西南半島和島的中部是國家移民計畫的中心，根據這個計畫，中央政府試圖從爪哇和巴里島大量移民來此定居，以減輕那些島嶼的人口壓力。這些地方的經濟因此日益發達，經濟部門也逐步多樣化。

Süleyman I＊　蘇萊曼一世（西元1495?～1566年）　亦稱Süleyman the Magnificent。鄂圖曼帝國蘇丹（1520～

1566年在位）。曾在祖父巴耶塞特二世和父親謝里姆一世手下擔任省區官員。後來成爲蘇丹，不久即領導反對天主教徒的戰爭，占領了貝爾格勒（1521）和羅得島（1522）。1529年包圍維也納，但未能成功占領它。在匈牙利的戰役（1541、1543）後把該國一分爲二，哈布斯堡主控一半，另一半由鄂圖曼帝國控制。他第一次反對波斯帝國的戰爭（1534～1535）占領了伊拉克和小亞細亞，而第二次戰役（1548～1549）則占領了小亞細亞南部凡湖附近地區。他的第三次戰役（1554～1555）未能取得成功。他的海軍在巴爾巴羅薩的領導下控制了地中海地區。他在自己的王國中修建了清眞寺、橋樑和溝渠，並在身邊雲集了偉大詩人和法學家。其在位時期是鄂圖曼文化的顚峰時期。亦請參閱Ottoman empire。

sulfa drug　磺胺藥　任何同時含有硫和氮原子的特殊化學結構的合成抗菌藥物。其抗菌效果最早於1932年被德國細菌學家和病理學家多馬克發現，此後即成爲首批用於系統地防治人類細菌感染的化學藥物。磺胺藥通過干擾細菌的正常代謝和生長所需的酶系統來抑制細菌的生長和繁殖。因磺胺藥具有毒性以及抗藥菌株的出現，目前已經很少使用（泌尿道感染除外），大部分已經被毒性小的抗生素取代。

sulfate　硫酸鹽；硫酸酯　任何與硫酸（H_2SO_4）有關的化合物。硫酸鹽是硫酸根離子（SO_4^{2-}）和任何陽離子的離子結合的無機化合物。而硫酸酯則是硫酸中的氫原子被有機基團（如甲基、乙基或苯基）取代而成的有機化合物，其中有機基團中的碳原子同氧原子結合，並同硫原子有二價結合（在磺酸鹽中，碳原子同硫原子直接結合）。亦請參閱bonding。

sulfide mineral　硫化物礦物　亦作sulphide mineral。硫與其他一種或多種金屬構成的化合物中的任意一種。硫化物中所含金屬最爲常見的有：鐵、銅、鎳、鉛、鈷、銀和鋅。硫化物礦物是許多工業中使用的金屬的來源（如銻、鉍、銅、鉛、鎳和鋅）。其他一些重要的工業用金屬如鎘和硒的含量雖少，但也可透過在衆多普通硫化物礦物的提煉過程中生成。

美國蒙大拿州比尤特的黃鐵礦
By courtesy of Joseph and Helen Guetterman Collection; photographs, John H. Gerard

sulfur　硫　非金屬化學元素，化學符號S，原子序數16。硫元素非常活潑，但可以以天然硫的形式存在，也以化合物的形式構成各種礦石（如黃鐵礦、方鉛礦、辰砂）、煤炭、石油和天然氣都含數量不等的硫化合物；有的礦泉水也含硫。硫是礦物的最豐富的組分之一，僅次於氧和矽居第三位。同時也是四種最重要的基本化學商品之一。純硫是無味無嗅的淡黃色脆性固體，呈晶體狀或非晶體狀，如硫黃石和硫華。它能與幾乎所有其他元素化合，原子價爲2、4或6。最常見的一種化合物是硫化氫，是一種具有臭雞蛋氣味的極毒氣體。除了金和鉑以外，所有的金屬都能跟硫化合生成硫化物，許多礦物就是這種硫化物。硫的氧化物有二氧化硫和三氧化硫，溶於水中時分別形成亞硫酸和硫酸。硫與鹵素的幾種化合物在工業上有重要用途。亞硫酸鈉可在紙漿生產和攝影術中用作還原劑。硫的有機化合物包括數種含硫氨基酸、磺胺藥以及多種除蟲劑、溶劑，以及用於製造橡膠和合成纖維等的許多原料。

採自西西里的硫結晶（高倍放大圖）
By courtesy of the Illinois State Museum; photograph, John H. Gerard

sulfur bacteria　硫細菌　能使硫及其化合物進入代謝過程的細菌，它們在自然界的硫循環中具重要作用。硫桿菌屬廣泛分布於海洋和陸地，能將硫氧化成可供植物利用的硫酸鹽；它們在地殼深層沈積物中能生成硫酸，硫酸能溶解礦石中的金屬，又可腐蝕混凝土和鋼鐵。脫硫弧菌可將水淹土壤和污水中的硫酸鹽還原爲硫化氫，後者是一種有臭雞蛋味的氣體。

sulfur butterfly ➠ sulphur butterfly

sulfur dioxide　二氧化硫　化學式SO_2。一種無機化合物，爲重而無色的有毒氣體，帶有類似擦火柴時產生的刺鼻臭味。在自然界，二氧化硫存在於火山氣體和某些溫泉水中。工業上大量製備二氧化硫用作漂白劑、還原劑以及食物防腐劑。二氧化硫很容易被氧化成三氧化硫，從而用於製備硫酸。在含硫燃料的燃燒過程中會產生大量的二氧化硫；20世紀後半葉廣泛採取了控制二氧化硫對大氣污染的措施。

sulfuric acid＊　硫酸　亦稱oil of vitriol。化學式H_2SO_4。一種比重大、無色、油狀、帶腐蝕性的液體無機化合物。硫酸是一種強酸，能生成氫離子（H^+）或水合氫離子（H_3O^+）、硫酸氫根離子（HSO_4^-）以及硫酸鹽（SO_4^{2-}）。也是一種氧化劑（參閱oxidation-reduction）和脫水劑，能碳化許多有機物。它是一種重要的化工原料，不同濃度的硫酸可用於化肥、顏料、染料、藥物、炸藥、洗滌劑、無機鹽類和無機酸的生產，也用於石油提煉和冶金過程中。還可用作鉛－酸蓄電池的電解液。工業上用三氧化硫（SO_3）與水反應製備硫酸，如果超越了飽合點則會形成發煙硫酸，可用於製備某些有機試劑。

Sulla (Felix), Lucius Cornelius　蘇拉（西元前138～西元前78年）　羅馬內戰中的勝利者（西元前88～西元前82年）和獨裁官（西元前82～西元前79年）。曾與馬略一起進攻努米底亞國王朱古達。他用巧計生擒朱古達，卻由此導致與馬略的分手。擔任掌握軍權的執政官後，他曾受命負責指揮對小亞細亞本都王國米特拉達梯六世的攻擊。當馬略被提名取代他時，他帶兵向羅馬開進，馬略逃跑了。雖然他成功地壓制了米特拉達梯，當時在羅馬掌權的平民派卻宣布他是人民的公敵。他從義大利南部出發，又一次成功地進軍占領了羅馬（西元前83年）。蘇拉成爲沒有任期限制的獨裁官（此時他給自己取名Felix，意爲「幸運」）。他重建了元老院的權力，增加了刑事法庭，頒發了新的叛逆法和公民保護法。儘管如此，他的統治大致上還是以其殘忍無情著稱。西元前79年宣布退位。

蘇拉，大理石胸像；現藏梵諦岡博物館
Alinari－Art Resource

Sullivan, Arthur (Seymour)　沙利文（西元1842～1900年）　受封爲亞瑟爵士（Sir Arthur）。英國作曲家。他

曾在倫敦皇家音樂學院和萊比錫音樂學院學習，後靠教書、彈奏風琴以及為地區盛會作曲為生。他是一名天生的重要音樂家，他為《暴風雨》所作的曲子（1861）以及愛爾蘭交響樂（1866）和眾多歌曲（包括〈前進吧！天主教士兵們〉和〈失去的和弦〉）得到了廣泛傳誦。1871年首次同吉柏特在喜劇中合作，1875年的作品《陪審團的審判》成為了一大流行曲目，為兩人的事業開拓了途徑。他們的合作延續了下去，寫出的曲子包括《魔法師》（1877）、《皮納福號》（1878）、《彭贊斯海盜》（1879）、《忍耐》（1881）、《約蘭特》（1882）、《艾達公主》（1884）、《天皇》（1885）、《魯迪戈》（1887）、《王室警衛》（1888）、《船工曲》（1889）等，多數在國際上流傳了一百多年。

Sullivan, Ed(ward Vincent)　沙利文（西元1901～1974年）　美國電視節目主持人。他最初作為新聞記者開始職業生涯，後為百老匯《每日新聞》專欄寫作。他因其發掘新演員的天賦而著名，曾被哥倫比亞廣播公司雇傭主持各種節目，包括「城裡最受敬仰的人」（1948～1955），後稱為「埃德·沙利文秀」（1955～1971）。他在那裡將不同的娛樂（如讓鋼琴師、唱歌的火警、拳擊裁判和好萊塢明星同坐一台）結合在一個節目中，在二十多年間成為全國最流行的節目。

Sullivan, Harry Stack　沙利文（西元1892～1949年）　美國精神病學家。他在馬里蘭的普拉特醫院期間（1923～1930）開始從事臨床研究，在使用心理治療法治療精神分裂症方面堅持研究，並認為精神分裂症是早期童年時代受挫的人際關係引起的。他認為神經症狀的發展是由個人同周圍的人及人際環境的衝突引起的，而人格也與此相似是在與其他人的相互關係中形成的。他協助建立了懷特基金會（1933）和華盛頓精神病學院（1936），還創辦了《精神病學》雜誌並擔任其編輯。作品包括《人際關係的精神病學》（1953）和《精神病學與社會科學的融會》（1964）等。

Sullivan, John L(awrence)　沙利文（西元1858～1918年）　美國徒手拳擊重量級冠軍。他在1882年以9個回合擊倒瑞安而獲得徒手拳擊重量級冠軍。1889年以75個回合擊敗基爾蘭，這是他在倫敦職業拳擊場（徒手）的最後一個冠軍頭銜。1892年在昆斯伯里規則下唯一的一次冠軍衛冕賽中，以21個回合挫敗。1878～1905年沙利文參賽35回合，贏得了31回合，其中16次為徒手。一些拳擊史學家只承認他是美國冠軍，因為他只參加過一次國際比賽，並曾拒絕同澳大利亞重量級黑人傑克森比賽。

沙利文
UPI

Sullivan, Louis H(enry)　沙利文（西元1856～1924年）　美國建築師，美國現代建築之父。年輕時期的沙利文曾在巴黎藝術學院學習，但並非一個安分的學生。他在為芝加哥幾家公司工作後在1879年加入了阿德勒（1844～1900）的公司，在二十四歲時成為阿德勒的助手。他們在十四年的合作中創作出了一百多個建築設計，其中不少成為象徵性建築。他們最重要的作品是會堂大廈（1889），是一座十七層的塔樓，正面的外部未經裝飾，內部則金碧輝煌。他們最重要的摩天大樓則是十層高的鋼筋構架的聖路易的溫賴特大廈（1890～1891），在其兩層高的底座上強調垂直的線條而非水平輪廓，頂部是帶裝飾的中楣和簷口。1895年沙利文同阿德勒的合作結束，他的創作開始下降。後期主要作品之一是芝加哥的施萊辛格與邁耶百貨公司大廈（1899～1904），以其寬闊的窗戶和自然的形態而聞名。他認為建築設計代表其功能是理所當然的，而只要功能不變，形態就不應該發生變化，因此他的設計理念是「形式服從功能」。

Sully, duc (Duke) de＊　蘇利公爵（西元1560～1641年）　原名Maximilien de Béthune。法國政治家。他是法國胡格諾派貴族，早年進入那瓦爾的亨利宮廷（後來的亨利四世）。他曾在宗教戰爭中作戰，並協助協商了「薩伏依和約」（1601）。他從1598年開始擔任財政委員會主任，對稅收和行政管理進行了改革。為國王信任的代理人，被酬以皇家職位，並在1606年受封為蘇利公爵。他提倡系統化的全國改革政策，鼓勵農業並加強軍事。他的政治生涯在亨利被謀殺（1610）後結束，1611年辭職。

Sully Prudhomme＊　蘇利·普律多姆（西元1839～1907年）　原名René-François-Armand Prudhomme。法國詩人。最初受到一次不幸的戀情的刺激，出版了流暢憂鬱的詩卷，以《長短詩集》（1865）為開頭，包括最著名的〈破瓶〉。後來接受了更客觀的高踏派寫作手法並試圖透過詩歌表現哲學概念。晚期最著名的作品包括《正義》（1878）和《幸福》（1888）。1901年擊敗當時廣受歡迎的托爾斯泰獲得諾貝爾文學獎。

蘇利·普律多姆
H. Roger-Viollet

sulphide mineral ➠ sulfide mineral

sulphur butterfly　黃蝶　亦作sulfur butterfly。鱗翅目粉蝶科的多種蝴蝶，分布於世界各地。成蟲翼展35～60公釐。許多種的顏色隨季節變遷，雌雄也不相同；但一般為鮮黃或橙色。有幾種具色彩的二型性，如苜蓿黃蝶通常為橙色，翅緣帶黑邊，但部分雌蛾卻是白色，翅緣帶黑邊。黃粉蝶的蛹通常以尾部的尖刺將自身固著於樹枝，以絲纏繞。其幼蟲取食紅花草，危害穀類。

Sulu Archipelago　蘇祿群島　菲律賓西南部民答那峨和婆羅洲之間的火山和珊瑚礁群島。為兩道平行的群島鏈，延伸270公里，由四百座有名字的島嶼和五百多個未命名的島嶼組成，占地2,688平方公里。其島民在15世紀中葉由阿布·伯克爾帶領改信伊斯蘭教。西班牙人最初稱當地居民為摩洛人，並曾妄圖征服，未果。該群島在19世紀最終成為西班牙保護地，1899年成為美國領地。1940年割讓給菲律賓。該群島為走私販和海盜的天堂。

Sulzberger, Arthur Hays＊　蘇茲貝格（西元1891～1968年）　美國報紙發行人。奧克斯的女婿，1918年加入《紐約時報》的工作行列。1935～1961年擔任報紙發行人，監督新聞涵蓋面延伸到特殊主題的領域，重大科技變化與發行量的成長。後由兒子亞瑟·奧克斯·蘇茲貝格繼承。

Sulzberger, Arthur Ochs　蘇茲貝格（西元1926年～）　美國報紙發行人。他是奧克斯的外孫、亞瑟·海斯·蘇茲貝格的兒子，曾擔任多年記者和其他相關報社職位，直到1963年成爲《紐約時報》的發行人。在他領導期間進行了很多改革，爲報紙的聲譽作出了貢獻，並實施現代化和效率化的管理。1964年將日常的《紐約時報》與星期日版統一起來，並提升了報紙在經濟、環境、醫藥、法律和科學方面的報導範圍。1992年將職位讓給自己的兒子小亞瑟（1951～）。

sumac＊　鹽膚木　漆樹科鹽膚木屬（漆樹屬）灌木或小喬木。原產於溫帶和亞熱帶。均含乳狀或樹脂狀樹液，某些種（例如毒鹽膚木）的樹液可致接觸性皮膚炎。以前多用作染料、藥品或飲料的原料，現在則用作觀賞植物、固土植物及覆蓋植物。用作風景樹的鹽膚木樹形優雅，秋葉美觀或果簇鮮豔。光滑鹽膚木（即猩紅鹽膚木）是最常見的種，原產於美國東部和中部。

Sumatra＊　蘇門答臘　印尼西部島嶼。該島嶼爲巽他群島之一，是印尼第二大島，長1706公里，寬400公里，主要城市爲巨港。蘇門答臘位於海上航線上，同印度文化有很早的接觸。室利佛逝帝國在7世紀崛起，並統治該島嶼的大部分地區。在14～16世紀麻喏巴歇帝國統治時期衰落。從16世紀起，葡萄牙、荷蘭和英國的商站相繼在此建立。第二次世界大戰期間該島被日本人占領，1950年成爲印尼共和國的一部分。出口產品包括橡膠、煙草、咖啡、胡椒和木材產品。礦產包括石油和煤礦。人口約35,835,000（1988）。

Sumba＊　松巴　英語作Sandalwood Island。印尼小巽他群島的一個島嶼。長225公里，最寬處80公里。全島主要爲一高地，北部海灣有良港。1756年荷蘭人控制此地時的一份條約規定當地實行酋長制。1950年成爲獨立的印尼的一部分。以優良馬匹和昂戈爾種牛著稱，當地的織布也以其獨特的圖案設計而聞名。玉蜀黍是主要作物，出口椰乾。人口約445,000（1990）。

Sumbawa＊　松巴哇　印尼小巽他群島島嶼。海岸線包括了印尼最好的港口比馬港。該島嶼長282公里，寬88公里，多山。其最高點爲坦博拉火山（海拔2,851公尺），曾在1815年噴發，造成五萬人死亡。曾是麻喏巴歇帝國的一部分。1674年松巴哇貴族簽定了條約給予荷屬東印度公司部分權利。荷蘭在20世紀初直接控制該島。1950年成爲獨立的印尼的一部分。農產品包括稻米、玉米、咖啡和椰仁乾。人口約373,000（1990）。

Sumer＊　蘇美　指古巴比倫尼亞、美索不達米亞南部和底格里斯－幼發拉底河河谷地區，在今伊拉克南部。最初由非閃米特人的歐貝德人居民在西元前4500～西元前4000年定居，是蘇美文明的最初來源，他們爲了農業生產而開闢出大片沼澤，並發展了商業。操閃米特語的蘇美人在西元前3300年來到此地並占領了該區，建立了世界上最早的城市，後成爲城邦。當城邦之間的競爭升高後，它們各自採用了君主政治機構，最後在一個城市和其他城市統治下形成鬆散的聯盟，開始於西元前2800年左右的基什。之後，基什、埃雷克、烏爾、尼普爾和拉格什爲爭奪統治地位而進行數百年的爭鬥。該地區後來成爲埃蘭領地（西元前2530?～西元前2450年），再轉手給阿卡德國王薩爾貢（西元前2334?～西元前2279年）領導下的阿卡德王國。在阿卡德王國崩潰後，各城邦之間又各自獨立，直到被烏爾第三王朝統一（西元前21世紀到西元前20世紀）。這是最後一個蘇美王國，而它也在外國人的入侵下土崩瓦解，富有特色的蘇美國家從此消失，在西元前18世紀成爲巴比倫尼亞帝國的一部分。蘇美人的遺產包括一些技術和文化上的發明，如已知的第一輛帶輪子的交通工具和陶工轉盤、一套文字系統（參閱cuneiform writing）和法典。

Summerhill School　夏山學校　英格蘭沙福克郡萊斯頓的實驗型寄宿小學和中學。1921年由尼爾（1883～1973）創辦該校，學校實行自治（學生和教員在管理政策上都有發言權），並強調學生的學習主動性（課程由學生選擇）。尼爾極具影響力和爭議性的書《夏山學校》（1960）激起了對傳統學校制度的選擇，尤其是在美國。

summons　傳票　法律上通知某人出席法庭的文書。在民事（非刑事）法庭中，傳票告知被告人他或她必須在一定的時間內出庭爲自己辯護（如作出答辯），否則將爲原告進行缺席審判。傳票在較輕的刑事案件（如交通違規）中也可使用，目的是通知被告出庭回答受到控訴的問題。亦請參閱subpoena。

Sumner, Charles　索姆奈（西元1811～1874年）　美國政治人物。在提倡廢奴、監獄改革、世界和平及教育改革的同時擔任律師。後被選入美國參議院（1852～1874），反對奴隸制。他公開指責「堪薩斯－內布拉斯加法」爲「反對堪薩斯的犯罪」，並嘲笑其提倡者道格拉斯和巴特勒。1856年，巴特勒的親戚（一位來自南卡羅來納的議員）闖進參議院襲擊索姆奈。1859年重返參議院並擔任外交委員會主席（1861～1871），協同解決了「特倫特號事件」。

索姆奈
By courtesy of the Library of Congress, Washington, D. C.

Sumner, James (Batcheller)　索姆奈（西元1887～1955年）　美國生物化學家。他曾在康乃爾大學任教（1925～1955）。他在1926年成爲了第一個將一種酶（尿素酶）結晶的研究人員，後還將過氧化酶結晶，並在許多別的酶的淨化方面進行研究，最終發現大多數酶都是蛋白質。這一工作使他與諾斯拉普、史坦利共獲1946年諾貝爾獎。1947年成爲因他的工作成就而建的康乃爾酶化學實驗室的主任。

sumo＊　相撲　日本的一種角力比賽。比賽的選手在被迫出場（一塊15呎直徑的圈地）後或身體除腳以外的任何部位觸地後被判輸掉比賽。在相撲中，選手的重量、身材和力量都是至關重要的因素，儘管速度和突發襲擊也會產生作用。選手要吃特定的蛋白質食品，有些體重達136公斤以上。他們只穿纏腰帶，用皮帶來纏住對手。相撲是有複雜排行的古代運動，其最頂尖的選手被稱爲「橫綱」（yokozuna，即大冠軍之意）。比賽有長時間的儀式和複雜的手勢，但比賽時間很短，往往只有幾秒鐘。

Sumter, Thomas　薩姆特（西元1734～1832年）　美國革命將領。曾在法國印第安人戰爭中服役，後遷往南卡羅來納州居住。在美國獨立革命戰爭期間，被任命爲准將，在查理斯敦失陷後逃往北卡羅來納（1780）。後來在幾次戰役中曾擊敗英軍。1789～1793及1797～1781年在美國眾議院中任職，後在參議院任職（1801～1810）。薩姆特要塞以他的名字命名。

sun　太陽　太陽系中心的恆星。年齡約50億年，是太陽系的主宰，占去全部質量的99%以上。每秒鐘在核心以核融合將500萬噸的物質轉成能量並產生微中子（參閱neutrino problem, solar）與太陽輻射。這些能量有少量穿透地球大氣提供生命所需的光和熱。太陽輻射也可作爲電力供給（參閱solar cell）。太陽是發光氣體構成的直徑139萬公里球體，約爲地球質量的33萬倍。核心溫度接近1,500萬℃，表面溫度約爲6,000℃。太陽是一個G型（黃色）恆星，性質大約是主序星（參閱Hertzsprung-Russell diagram）的平均值。太陽在不同的緯度自轉的速率不同。在兩極自轉一圈要36天，在赤道只需25天。光球不停運動著，太陽黑子的數量和位置隨著規律的太陽周期而改變。表面的現象包括延伸進入色球與日冕、太陽閃焰、日珥與太陽風的磁性活動。對地球的影響像是極光，以及無線電波通訊和電力線路的瓦解。除了這些活動之外，太陽似乎經歷數十億年而沒什麼變化。亦請參閱eclipse、heliopause。

sun bear　馬來熊　亦稱蜜熊（honey bear）。熊科中最小的種，學名Helarctos malayanus，棲息在南亞的森林中。夜間活動，能爬樹，體重僅27～64公斤，體長1～1.2公尺，尾長5公分，前爪長，被毛短，黑色，胸前有一橘黃色的新月形斑紋。其長而彎曲的爪子利於撒扒或挖掘，覓食昆蟲巢穴，尤其是蜂巢和白蟻穴。也雜食水果、蜂蜜和小型脊椎動物。馬來熊膽小但很聰明；在傳說中其胸前的新月形斑紋代表旭日。

sun dance　太陽舞　19世紀大平原印第安人最盛大和重要的宗教儀式。最初由每個部落在初夏時節舉行（並因此而得名），是透過儀式重申有關宇宙和超自然事物的基本信仰的場合。這一儀式在阿拉帕霍人、夏延人和奧格拉拉蘇人之間達到高度發展。其最重要的儀式爲舞蹈者爲實現一個誓言或尋求「力量」（精神力量和洞察力）而不吃不喝、不眠不休地連續舞蹈幾天，舞蹈最後在瘋狂和筋疲力盡中結束。在某些部落中，太陽舞還包括自我折磨和毀損。

sun worship　太陽崇拜　對太陽或代表太陽的神靈的崇拜。幾個早期文化中都有出現，尤其是在古代埃及、印歐文化和中美洲文化中，這些地區的都市文明化同崇拜神聖君王的強烈意識形態相結合，宣揚了國王受太陽力量的統治，並聲稱國王是太陽的傳人。太陽的形象是上天和人間的統治者，他每天都巡視這裡，並且無所不在。太陽英雄和神在很多神話中也有記載，包括印度－伊朗、希臘－羅馬和斯堪的那維亞神話。在後期羅馬歷史中，太陽崇拜占據極其重要的地位，後被稱爲「太陽一神教」。亦請參閱Amaterasu (Omikami)、Re、Shamash、Sol、Surya、Tonatiuh。

Sun Yat-sen＊　孫逸仙（西元1866～1925年）　亦拼作Sun Yixian。國民黨的領導人，又被稱爲締造現代中國的國父。孫逸仙在夏威夷和香港接受教育，他於1892年開始從事醫療事業。但他對於保守的清朝無力使中國免於遭受先進國家不斷的欺壓，深感憂慮，於是決定放棄兩年的行醫生涯，轉而從事政治活動。孫逸仙在一篇致李鴻章的書信裡，詳述中國該如何變法圖強，但這封信並未帶來任何進展，於是他轉往國外，試圖組織移居海外的中國人。孫逸仙在夏威夷、英格蘭、加拿大和日本度過許多年，1905年他成爲革命組織同盟會的首腦。在這段期間他協助密謀的叛亂皆告失敗，但在1911年發生在武漢的一場革命意外地成功推翻當地的省級政府。其他省份相繼脫離清朝控制，孫逸仙回國被選爲新政府的臨時總統。清朝皇帝於1912年退位，孫逸仙將統治權交付袁世凱。兩人在1913年決裂，孫逸仙在南方領導另一個獨立政權。1924年，孫逸仙在蘇聯顧問的協助下，改組他領導的國民黨，允許三位共產黨員加入中央執行委員會，贊同設置軍事學校，並交由蔣介石領導。孫逸仙在演講中發表政綱：三民主義（民族、民權和民生）後，於次年逝世，沒有機會將其政綱付諸實踐。亦請參閱Wang Jingwei。

孫逸仙
Brown Brothers

Sunbelt　陽光地帶　美國南部和西南部地區。其特點是有溫暖的氣候，從1970年起人口增長迅速，在選舉制上比較保守。由十五個州組成，從東南部的維吉尼亞和佛羅里達直到西南的內華達，包括加州南部地區。

sunburn　曬傷　一種急性皮膚炎症，由來自太陽光或其他光源的紫外輻射過度照射引起。皮膚色澤淺的人往往更易得病且更嚴重。其程度可由輕微潮紅、觸痛、劇痛、水腫直至起泡不等，有時還伴有休克、發熱和噁心。曬傷可以始於在太陽下曝曬15分鐘以後，但明顯表現常開始在第一次紫外輻射照射後6～12小時，症狀到達極點是在24～28小時以內。由表皮黑素細胞產生的黑素增加了皮膚上的黑斑。應用冷敷並服用止痛藥能舒解某些曬傷的疼痛。防止過多地曝曬在陽光下、使用防曬霜或穿上防曬衣物可以預防嚴重的曬傷。長期在陽光下的曝曬最終可能導致皮膚癌，也容易導致皮膚皺摺和變厚。

Sunda Isles　巽他群島　自馬來半島向摩鹿加延伸的群島。該群島組成印尼的大部分地區，除了北部和西北部的婆羅洲外均在印尼統治之下。它包括大巽他群島（蘇門答臘、爪哇、婆羅洲、蘇拉維西及鄰近小島）和小巽他群島（巴里、龍目、松巴哇、松巴、弗洛勒斯、帝汶、阿洛島及鄰近小島）。多數島嶼在地理上都是不穩定的火山活動島弧。該群島占主導地位的是馬來西亞文化和語言。

Sunda Strait　巽他海峽　爪哇島與蘇門答臘島之間的海峽。該海峽寬26～110公里，連通了爪哇海與印度洋。包括幾座火山島，其中最著名的是喀拉喀托島。

Sundanese　巽他人　印尼爪哇島上的三大主要種族之一。他們是西爪哇的高原民族，主要因語言及對伊斯蘭教的虔誠信仰而同爪哇人有所區別。西元8世紀始見記載，曾是大乘佛教的追隨者，後在穆斯林商人的影響下改奉伊斯蘭教。巽他人的村莊由首領和長老議事會領導。其婚姻、生育與喪葬儀式同爪哇模式相似，但往往帶有印度教色彩。現代發展使巽他人同爪哇人之間的區別減小。如今人數約有2,600萬。

Sunday, Billy　森戴（西元1862/1863～1935年）　原名William Ashley Sunday。美國宗教復興領導人。他在1883年在芝加哥白襪隊成爲職業棒球選手，後代表匹茲堡和賓夕法尼亞州參賽。1887年經歷了宗教信仰上的轉變，在1897年開始佈道，1903年被長老教會任命爲牧師。他是基本教義派的主要牧師，其佈道反映了從農村社會轉變爲工業社會所引起的社會動盪。他倡導嚴格的道德規範並主張實行禁酒令。曾主持了無數奮興會，參加人數約達一億。其受歡迎的程度在1920年代開始下降，但至死都堅持佈道。

Sunderland　巽得蘭　英國北部海港（1995年人口約296,000）。該城市位於北海威爾河口，在撒克遜時期被稱爲威爾口。先前包括了674年修建的受人尊敬的比得曾學習過的修道院舊址所在地芒克威爾茅斯。巽得蘭本身（得名於被河「隔開」的芒克威爾茅斯部分）在12世紀末期得到了特許狀。該港口在17世紀因煤炭貿易而迅速發展起來，到了18世紀中葉已經是一個主要的造船中心。現代工業包括玻璃製造業和汽車生產業。

Sunderland, Earl of　巽得蘭伯爵（西元1641～1702年）　原名Robert Spencer。英國政治人物，查理二世、詹姆斯二世和威廉三世三朝主顧問。他在擔任外交職務後曾兩次擔任國務大臣（1679～1681及1683）並成爲查理二世反法外交政策的主要建立人。他爲了維持在詹姆斯在位期間的影響力而改信天主教。在威廉三世即位後，巽得蘭拋棄天主教成爲國王和議會的中間人。1697年被任命爲宮廷大臣，但在輝格黨的反對下很快離職。

sundew　茅膏菜　茅膏菜科貉藻屬、捕蠅草屬、茅膏菜屬和露葉草屬約100種食肉植物的統稱。一年生或多年生，以能捕捉昆蟲而著名。廣佈於熱帶及溫帶地區。葉通常基生叢生。上下葉面均复有一層黏性的頂端具腺體的毛以及能網羅昆蟲的敏感觸手。觸毛分泌酶將捕獲的昆蟲消化後，葉又張開再布羅網。最著名的種類之一是捕蠅草。亦請參閱pitcher plant。

Sundiata＊　孫迪亞塔（卒於西元1255年）　西非古代馬利帝國君主。在組織一支私人軍隊並鞏固了他在馬林克人中的統治地位後，在1230年代發動了對周邊國家的侵略。1240年占領了昆比並將其夷爲平地，昆比是古迦納帝國的最後一個首都。在他統治馬利期間建立馬利自己的領土基地，並爲其未來的繁盛和政治統一打下了基礎。

sunfish　太陽魚　多種體色鮮明的北美肉食性淡水魚類的總稱，與莓鱸和黑鱸同屬鱸形目日鱸科（棘臀魚科）。體長通常不足20公分，被認爲是上等食用魚和遊釣魚。著名的有黑帶九棘日鱸（產於美國東部）以及藍鰓太陽魚（腹部橙色，頭及鰓蓋下緣藍色）。長耳太陽魚具橙色斑點及鮮藍色波狀條紋。瓜仁太陽魚腹部呈橙色，耳葉上有一紅斑。岩鈍鱸具不規則暗色斑紋。

瓜仁太陽魚
Jacques Six

sunflower　向日葵　60多種菊科向日葵屬一年生草本植物的統稱，原產於北美和南美洲。普通向日葵有一高約1～4.5公尺且多毛的粗莖；葉寬闊，呈疏齒狀，表面粗糙，長約7.5～30公分；扁平的複合花呈圓盤狀，很大，直徑可達7.5～15公分。心花棕色、黃色或紫色，螺旋狀緊密排列；邊花黃色。葉可用做飼料，花可提煉黃色染料，種子含油，用作食物。種子榨出的油可作食用油，也可用作製造肥皂和油漆的原料，以及用作潤滑油。僅少數品種有人工栽培，某些是因其花特別大而栽種。

向日葵（Helianthus annuus）
John H. Gerard

Sung-chiang ➠ Songjiang

Sung dynasty ➠ Song dynasty

Sung-hua River ➠ Songhua River

Sungari River ➠ Songhua River

sunna＊　遜奈　組成伊斯蘭教正統習俗的傳統合法風俗和法律。早期的穆斯林在遜奈上因其皈依的教眾先前習俗的變化多樣而沒有一致性，後經同化、團結或放逐而統一。在8世紀，穆罕默德的遜奈與記載的文書一致，被沙斐儀編成「聖訓」。後來的穆斯林學者們通過修訂各種穆罕默德傳規習俗的制度而增強了遜奈的權威性。亦請參閱ilm al-hadith、isnad、Sharia、tafsir。

Sunni＊　遜尼派　伊斯蘭教兩大派中較大的一派，包括世界上90%的穆斯林。他們認爲自己是伊斯蘭教的主流和傳統分支，同較小的分支什葉派相區別。他們承認前四個伍麥葉哈里發（參閱Umayyad dynasty），認爲他們是穆罕默德的合法繼承人。由於遜尼派認爲穆罕默德的神權是現世、暫時的統治，他們也樂於接受普通甚至國外的哈里發，只要他們的法令和宗教傳統能夠得以保留。遜尼派正統強調社區內大多數人的意見和習俗的一致性，並因此使他們能將不同的習俗和歷史上出現的同《可蘭經》無關的宗教法規統一起來。遜尼派承認六部眞實「聖訓」，並接受伊斯蘭教法學派的四大主要派別。現今遜尼派穆斯林約有十億人。

Sunnyvale　森尼韋爾　美國加州西部聖約瑟附近城市。1850年建立，1912年設建制。原爲水果加工中心，1930年代由於美國海軍在附近建立航空基地以及1942年喬舒亞亨迪鋼鐵廠（即後來的西屋電氣公司）擴建，該市經濟基礎發生變化。1960年代人口迅速增長。主要生產產品包括導彈。人口約125,000（1996）。

Sunset Crater Volcano National Monument　森塞特火山口國家保護區　美國亞利桑那州中北部保護區。建於1930年，占地13平方公里，內有1064年火山爆發所形成的色彩絢麗的火山錐，高300公尺，頂部火山口深120公尺，直徑約390公尺。該地區另有眾多熔岩流、噴氣孔和熔岩層。

sunspot　太陽黑子　與局部強磁活動有關的太陽表面氣體溫度低於平均值的區域。太陽黑子看上去像是太陽表面的黑點，其實它們只是相對於周圍溫度高數千度的明亮光球才顯得黑。黑子大的可比地球大幾倍，用肉眼（需要加一個濾光鏡片）就可看見，小的則用望遠鏡都難以察覺。它們隨太陽活動週期而出現或消失，通常成對或成群，可持續存在數月。太陽黑子的出現可能與每十一年爲一週期的太陽磁場的翻轉有關。關於太陽表面有這類明顯瑕疵的事實直到大約1611年才被人們普遍接受。太陽黑子活動的高峰期在地球上常伴有更爲明亮的極光以及對電子信號的干擾。

SUNY ➠ New York, State University of

Sunzi　孫子（活動時期西元前6世紀）　亦拼作Sun-tzu。中國軍事戰略家。曾是春秋時代後期（西元前770～西元前476年）吳國的一位將軍，傳統上一直認爲他是《兵法》一書的作者，這是一本已知最早有關戰爭和軍事科學的論著，雖然此書很可能是在戰國時代初期（西元前475～西元前221年）寫的。該書是戰略和戰術的系統指南，探討了各種軍事調動戰術、地形的影響，極力主張掌握敵人兵力精確資訊的重要性，並強調戰役的不可預測性和靈活反應的需要。書中陳述政治考量與軍事政策之間關係緊密的這一點影響了現代的戰略家，特別是毛澤東。

Super Bowl　超級盃美式足球賽　全國美式足球聯盟每年舉行的錦標賽，參賽者爲美國美式足球協會和全國美式足球協會中的優勝隊。第一屆超級盃美式足球賽於1967年舉行。比賽一般在一月進行，通常在一月的最後一個星期天。

該比賽的觀眾比任何賽事的觀眾都要多。

supercharger 增壓器 用於活塞式內燃機中的壓縮機或鼓風機，以增加活塞在每一進氣衝程中吸進汽缸的空氣量。由於有多餘的空氣，更多的燃料被燃燒，發動機的功率也增大。在航空發動機中，增壓作用可以補償高空大氣壓力的降低。燃汽輪機要求有不斷的空氣和燃料流動，其發展產生了渦輪增壓器，這是一種以發動機汽缸排氣爲動力的、由小型燃氣輪機驅動的離心壓縮機。

supercomputer 超級電腦 一種超強數位電腦，通常指在指定時間應用的最快且高度準確的系統。目前的個人電腦比幾年前的超級電腦功能更強。超級電腦起初用於科學和工程工作。與傳統電腦不同，超級電腦通常有不止一個中央處理器，且同時進行同樣的工作。現在這種系統發展出了更高性能的超級電腦，將成千上萬個單個處理器連爲一體。超級電腦具有巨大的貯存容量，能夠同時處理大批的數位元素而不是每次處理一對元素。

superconductivity 超導電性 某些材料當冷卻到接近絕對零度的溫度時出現電阻幾乎完全消失的現象。超導材料的特點是低能耗、高運轉速率和高靈敏度，它們還有阻止外部磁場進入它們內部的能力，是完全抗磁體（參閱diamagnetism）。1911年昂內斯首先在水銀中發現超導電性，目前已在大約25種化學元素及數千種合金和化合物中發現類似的現象。超導體的應用包括：醫療成像、磁儲能系統、發動機、發電機、變壓器、電腦部件以及靈敏的磁場測量儀器。

superego 超我 弗洛伊德精神分析理論中的人格的三個方面中的一種，另外兩個是原我和自我。超我是最後一個階段，是人格中的倫理成分，提供自我行動的道德標準。超我在人生的頭五年形成，與父母的好惡有關。孩子吸收父母以及周圍社會的道德標準發展超我，以控制攻擊性或其他爲社會所不容的衝動。對超我標準的侵犯會導致負罪感或焦慮情緒。

superfluidity 超流性 液態氦冷卻到-270.97℃以下時出現的異常性質。在這樣的低溫下，氦的熱導率大大增加，能迅速流過毛細管或沿容器的邊緣擴展成薄膜。爲了解釋這樣的行爲，而以「二流體」混合模型來描述這種物質，混合物中有正常氦和超流氦。正常氦中的原子處於激發狀態，而超流氦中的原子則處於基態。當溫度低於-270.97℃時，更多的氦變成超流氦。這種超流成分能夠無摩擦地流過容器，從而解釋了異常行爲。

Superfund 超級基金 一種政府設立的基金，用來支付有毒廢棄物棄置場址及外漏的清理費用。根據1980年法案設立，因爲經費來自一般稅收及汙染工業特別稅的組合而得名。美國環境保護署先負責列出汙染最嚴重的場址，處理方法有二：一是強迫汙染工廠支付清理費用；二是動用超級基金支付清理費用，再經由訴訟求償。在1995年之前超級基金已經累積了300億美元，但卻僅清理不到100處汙染場址，因此被廣泛批評爲浪費公帑及管理不當。亦請參閱Love Canel。

supergiant star 超巨星 體積和眞實光度都很大的恆星，明顯的比巨星亮幾個星等，並大好幾倍。如同其他星系，超巨星在實踐中通常通過鑒定其光譜中的某些特定譜線而鑒別（參閱spectroscopy）。超巨星的直徑一般比太陽大好幾百倍，光度大近百萬倍。其壽命也許只有幾百萬年，爲恆星中最短的。

Superior, Lake 蘇必略湖 美國和加拿大之間的湖泊。爲五大湖中最大的湖，也是世界上最大的淡水湖。長616公里，最寬處258公里，面積82,362平方公里，深達405公尺，以其獨特的海岸線和衆多的海難聞名。主要島嶼有羅亞爾島等。蘇必略湖爲五大湖至聖羅倫斯航道的源頭，東南端通過蘇聖瑪麗水閘與休倫湖相連。全年通航期八個月，運輸穀物、麵粉和鐵礦石。1667年法國耶穌會傳教士阿盧埃繪製出該湖的航行圖表。1763～1783年該地區受英國控制，一直到1817年美國皮毛公司接管加拿大南部邊境。

supermarket 超級市場 以自助方式爲基礎的大型零售商店，出售雜貨、農產品、肉類、麵包糕點以及牛奶製品，有時也出售非食物商品。最初於1930年代以不提供服務的廉價零售店在美國建立，1940年代和1950年代成爲美國主要食品市場渠道，1950年代傳播到歐洲。超級市場的發展是已開發國家降低成本、簡化銷售方式趨勢的一部分。1960年代超級市場在中東、亞洲和拉丁美洲的開發中國家出現，主要受中、上層階級歡迎。

supernova 超新星 一類猛烈爆發的恆星，其光度在爆發後比平常猛增數百萬倍至數億倍。與新星相類似，超新星的光度急遽上升並維持數週之久，隨後緩慢變暗；光譜上有藍移發射線，表明有灼熱氣體往外飛散。超新星爆發是恆星的一場災難，導致恆星瓦解成中子星或黑洞。爆發時相當於幾個太陽的物質被突然拋入太空，爆炸所釋放的能量能將其所在的整個星系全部照亮。17世紀以前歷史上只記載過七顆超新星，最著名的一顆出現在1054年，此次爆發的殘留物就是現在我們看到的蟹狀星雲。超新星爆發不但釋放出大量的無線電和X射線，還釋放出宇宙線和足以構成太陽系各成員的較重元素。

superstring theory 超弦理論 粒子物理學中的一類理論，它把基本粒子（亞原子粒子）看作是一維無限的「似弦」物體，而不是在時空中沒有大小的一些點。弦線的不同振動代表不同的粒子。1970年代引入這種理論試圖來描述強力。1980年代發現超弦理論有可能提供一種內在完全一致的量子場論，能夠描述引力以及弱力、強力和電磁力，因此這種理論就盛行起來。在理論粒子物理學中發展統一的量子場論是它的主要目標，但要把引力包括在內就會在計算中遇到無數難題。超弦理論提出了十維空間的概念，其中四維對應於三個普通的空間維以及一個時間維，其餘的維都是捲曲的，不能感知。

supervenience＊ 伴隨發生 哲學中，在一般情況下，兩組相異的屬性（如心靈屬性與物理屬性）之間，它們維繫著一種在本體上依存的不對稱的關係：充分條件且爲必要條件的是，如果每個在物件中屬於第一組的屬性（伴隨發生的屬性）發生的改變，是必然的結果，而且歸因於屬於第二組的屬性（基本屬性）中的改變。「伴隨發生」通常吸引那些希望主張物理主義而又拒斥同一論的哲學家：雖然不太可能將心靈屬性與物理屬性以一對一的方式視爲同一件事，但心靈屬性仍可能伴隨發生，並因此坐落在物理屬性的基礎之上。因此沒有兩件在物理上相似的事物，能夠在心靈上（或心理學上）有所不同，而一個存在的心靈屬性將由它的物理屬性來決定。

supply and demand 供求 生產者願售出的商品量與消費者願購買的商品量之間的關係。需求由商品的價格、相關產品的價格以及消費者的收入和品味決定。供給不僅取決於從商品中可獲得的價格，也取決於類似產品的價格、生產技術、實用性以及投入的成本。市場的作用就是通過價格機制調節供求關係。如果購買者所需要的某種商品量大於市場上出售的商品量，就會刺激價格上漲；反之，如果出售的商品量大於購買者所需要的數量，價格就會下跌。因此就會出現一個需求量與供給量正好相等的平衡價格的趨勢，供求對價格變化的反應就是供求的彈性。

supply-side economics　供給面經濟學　一種經濟學理論，研究勞動及財貨供給的影響，主張減稅及削減福利支出，以增加工作及生產財貨的誘因。該理論是由美國經濟學家拉弗（1940～）所提出，雷根總統1980年代在美國實際施行。支持者指出，1980年代的經濟成長證明該理論的有效性；反對者則指出，隨著成長率而來的，卻是龐大的聯邦赤字和投機心態。

suprarenal gland ➠ adrenal gland

Supremacy, Act of　至尊法（西元1534年）　英國國會通過的法律，承認亨利八世是「英國教會的最高元首」。該法也要求英國人民承認亨利八世與安妮．布林的婚姻、並對他誓言效忠。此法在1555年瑪麗一世任內被廢止，但1595年國會又在伊莉莎白一世任內通過新的「至尊法」。

Suprematism　至上主義　第一個藝術上的純幾何抽象運動，1913年在俄國提出。由馬列維奇發起，利西茨基和包浩斯流派將其傳播開來，對西方的藝術和設計影響深遠。馬列維奇旨在表達「藝術感覺至上」的思想，並認爲要通過簡單的視覺形式來表達。1915年馬列維奇舉辦第一次至上作品展，同年發表至上主義者宣言。他的作品《白上之白》（1917～1918）就是至上主義者理想的最純的體現。

Supreme Court of the United States　美國最高法院　美國司法體系的上訴終審法院、美國憲法的最終解釋者。根據1787年憲法而創立，有權審理涉及美國聯邦憲法、法律或美國參加的條約的案件，以美國爲一方的爭議案件、州與州之間或各州公民之間的爭議案件、海事管轄案件，以及侵犯大使、其他公使和領事的案件。其規模由國會設立，一直處於變化之中，直到1869年才確定爲九名法官。最高法院大法官的任命由總統徵求議會的意見並在議會同意下而決定。最高法院從一開始就行使司法審查。相對說來，最高法院受理的一審案件是很少的。進入最高法院的程序一般是通過上訴或調審令。最高法院的最重要的條款來源爲憲法的貿易條款以及正當程序和同等保護權條款，經常也處理涉及到公民自由的糾紛，包括言論自由和隱私權。最高法院的大部分工作都是闡明、精練和驗證憲法的哲學思想，並將其轉化爲運作原則。

Supremes　至上合唱團　美國三重唱，歷史上最成功的女性團體之一。最初的成員有戴安娜羅斯（1944～）、瑪麗威爾遜（1944～）與弗洛倫絲巴拉德（1939～1976），從底特律的高中畢業之後開始爲摩城唱片公司灌錄唱片（團名爲The Primettes）。長期盤踞1960年代中的摩城暢銷曲，許多歌曲是由霍蘭兄弟與多齊爾所寫，第一首是〈我們的愛去哪裡了？〉。在1966年弗洛倫絲巴拉德由辛蒂柏德松（1939～）取代。戴安娜羅斯在1969年離開至上合唱團，瑪麗威爾遜在1977年跟進。弗洛倫絲巴拉德死於心臟病。這個團體賦予百老匯音樂劇《尋夢女孩》（1981）創作靈感。戴安娜羅斯單飛極爲成功，並擔任電影主角（尤其是《魂歸離恨天》〔1972〕），1983年免費入場的中央公園演唱會吸引創記錄規模的觀眾。

Sur　蘇爾 ➠ Tyre

sura　章　亦作surah。《可蘭經》中的任何一章。《可蘭經》共有114章，每章從十餘字到幾頁，其內容爲穆罕默德所得啓示。只有3章採用眞主的指示的形式。語氣爲說教，要求服從超然的但是富有同情心的眞主。除了第一章法諦哈外，各章依次按照長度和序數的順序排列。其中包含傳統的名字（如黃牛、蜘蛛、血塊），從名字中所包含的意象取名，但不一定與名字的意義或主題相關。

Surabaya＊　泗水　印尼爪哇東北海岸海港城市。爲印尼第二大城市，自14世紀以來一直是東部爪哇的主要貿易中心。18世紀荷蘭殖民者控制該市，並建立其主要的東印度海軍基地。第二次世界大戰期間被日本占領，遭受嚴重破壞；印尼獨立戰爭期間（1945～1949）再次遭到破壞。現爲印尼主要海軍基地所在地，有一所海軍學校及艾爾朗加大學（1954）。

Surat＊　蘇拉特　印度中西部古吉拉特邦東南部城市。靠近達布蒂河河口與肯帕德灣（坎貝灣），從16世紀起即爲主要海港。1573年被蒙兀兒人征服，17世紀兩次落入馬拉地人之手。後來成爲紡織製造業和造船業的中心。1612年英國人在此建立第一個印度貿易站，標誌著大英帝國在印度的開始。直到17世紀晚期蘇拉特一直是英屬印度政府的所在地，後來轉移到孟買。18世紀該地開始衰敗，但隨著印度鐵路的開通又變得繁榮。蘇拉特的棉花、絲綢、織錦和金銀物品一直很有名。人口：都會區約2,811,466（2001）。

surface　曲面　幾何學上指二維的點集（平面）、截面爲曲線的三維點集（曲面）或任何三維固體的邊界。一般而言，曲面是將一個三維空間分成兩個區域的連續邊界。例如，一個球的表面將球的內部和外部分開；一個水平面將平面以上的一半與平面以下的一半分開。曲面往往用它們所包圍的區域名稱來稱呼，但面在本質上是二維的，具有面積，而它們所包圍的區域則是三維的，具有體積。曲面的屬性，特別是曲率的概念，屬於微分幾何的研究範疇。

surface　表面　材料或物質的最外層。因爲表面粒子（原子或分子）的旁邊和下方都有鄰居，上方卻沒有，表面的物理與化學性質不同於塊體材料；表面化學（界面化學）是物理化學的分支。晶體的生長、催化劑與洗滌劑的作用以及吸附、表面張力與毛細現象都是表面的行爲。表面的外觀在美學上很重要，不管是用電鍍、油漆、氧化－還原、漂白（參閱bleach）或其他方法來達成。

surface integral　面積分　微積分上，在一個曲面上計算幾個變數的函數積分。單變數的函數，在x軸的區間上計算定積分，結果是面積。雙變數的函數，最簡單的二重積分是在矩形區域計算，結果是體積。一般說來，面積分在平面或曲面上計算的積分代表體積，雖然有許多非幾何學上的應用。

surface mining　露天開採 ➠ strip mining

surface tension　表面張力　液體表面的性質，使液體表面表現爲像一張展開的彈性膜（參閱elasticity）。其力量取決於給定液體內部微粒間的引力，也取決於與該液體所接觸的氣體、固體或液體。表面張力使得某些昆蟲能夠站立在水面上，也能夠水平托起刮鬍子的刀片，即使刀片的密度比液體大並且不能漂浮。表面張力使滴液呈球狀，使液體的表面積趨向最小。

surfing　衝浪運動　駕馭海浪衝向海岸的一種運動，尤其指使用衝浪板。衝浪運動在史前時代起源於南太平洋。

1777和1778年科克船長最先描述了大溪地島和歐胡島的衝浪者。1821年傳教士認爲衝浪運動有傷風化而加以禁止，至1920年代夏威夷著名游泳家卡哈那莫庫（1890～1968）使衝浪運動復興。今天世界各地的衝浪者都在海灘享受衝浪運動，並有幾項國際錦標賽。其目標是在起伏的波浪上盡可能的駛向波峰（波管）。除了衝浪板，衝浪者也可以使用運動板或皮船，也可以不用任何工具進行人體衝浪。

surgeonfish 刺尾魚 亦稱tang。鱸形目刺尾魚科約75種體高而薄的熱帶海生魚類的統稱。鱗細小，背鰭一個，尾柄基部兩側各具一個或多個銳刺。刺或爲固定或後部有一鉸合關節，可以向外張開，並指向前方。刺尾魚多以藻類爲食，體長一般不超過50公分。黃鰭刺尾魚爲印度洋－太平洋種，藍刺尾魚產於大西洋及加勒比海。

刺尾魚的一種
Jane Burton－Bruce Coleman Ltd.

surgery 外科 醫學的一個分支學科，主要涉及需採物理手段而非僅用藥物的治療。除了需要涉入人體內部進行的手術外，外科也包括體外操作（諸如斷骨接合或皮膚移植）。現代外科始於19世紀中葉麻醉藥和抗生素的應用。其他方面重要的進展包括：影像診斷、血型分類、使用插管幫助呼吸、靜脈輸液和給藥、心－肺呼吸機（參閱artificial heart）、內窺鏡檢查以及各種監視機體功能的儀表。用於外科手術的特殊器具還有：切割體內組織的手術刀、擠壓血管使之關閉的止血鉗和掌控各類組織器官的鑷子、固定或擠壓組織的夾具、用來吸液以保持手術區域乾燥的紗布綿拭、保持切口張開的牽開器以及縫合切口的彎針等。術前與術後的護理對外科手術的成功具有決定性的意義。亦請參閱micro-surgery、open-heart surgery、orthopedics、plastic surgery、transplant。

Suriname＊ 蘇利南 正式名稱蘇利南共和國（Republic of Suriname）。舊稱荷屬圭亞那（Dutch Guiana）。面積163,820平方公里。人口約434,000（2001）。首都：巴拉馬利波。人口主要由東印度人、克里奧爾人和爪哇人組成，也有少數黑人、華人、南美洲印第安人和荷蘭人。語言：荷蘭語（官方語）、英語、斯拉南語（一種克里奧爾語）和印地語。宗教：基督教、印度教和伊斯蘭教。貨幣：蘇利南盾（Sf）。該國有一狹窄低平的沿海平原、內陸稀樹草原區、森林覆蓋的高原區及山脈。包括科蘭太因河、馬羅尼河蘇利南河在內的七條主要河流均注入大西洋。鋁土礦的開採、鋁的生產和農業占經濟的大部分。出口品有稻米、香蕉、甘蔗、柑和蝦。政府形式爲共和國，一院制。國家元首暨政府首腦是總統。在歐洲人前去定居以前，蘇利南居住著各種原住民。1593年西班牙的探險家們宣稱擁有所有權，但荷蘭人於1602年到那裡定居，接著是1651年英國人到來。1667年蘇利南割讓給荷蘭，1682年荷屬西印度公司引進了咖啡和甘蔗種植園，並帶來非洲的奴隸來種植它們。1863年廢除了奴隸制，於是從中國、爪哇和印度帶來契約勞工從事耕種，加入混雜的人口。除了穿插短期的英國統治（1799～1802, 1804～1815）外，蘇利南一直是荷蘭的殖民地。1954年獲得內部事務的自治權，1975年獲得獨立。1980年的軍事政變結束了文職控制，直到1987年全體選民批准了一部新憲法。1990年政變後恢復了軍人統治。1992年舉行選舉，接著又開始了民主政府。

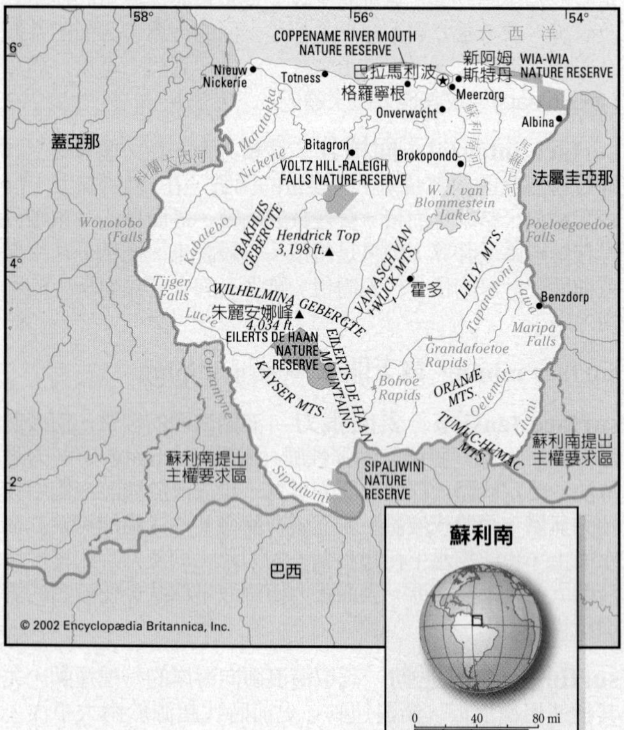

Suriname River 蘇利南河 蘇利南中東部河流。源於高原，向東北延伸480公里，在巴拉馬利波北部注入大西洋。在阿福巴卡築有攔河壩，形成蘇利南最大的湖泊布羅梅斯坦湖。

Surma River＊ 蘇爾馬河 印度東北部、孟加拉東部河流。發源於印度曼尼普爾邦北部，稱爲巴拉克河，向西流進孟加拉。在孟加拉境內穿過一片富饒的茶葉谷地後，注入布拉馬普得拉河故道，稱梅克納河，最後匯入恆河。全長900公里。

Surrealism 超現實主義 第一次和第二世界大戰之間興起於歐洲的視覺藝術與文學運動，因反對導致第一次世界大戰的「理性主義」而發展起來。詩人和批評家布列東於1924年首創「超現實主義」一詞，主張將夢和幻想同日常生活的現實結合起來，作爲一種中介來形成「一種絕對的現實、一種超現實」。布列東借用了弗洛伊德的理論，把無意識視作想像力的源泉。布列東本人是位詩人，但超現實主義的成就主要是在繪畫領域。超現實主義繪畫流派眾多，受到各方面的影響，諸如達達主義、博斯、雷東、希里科等。超現實主義畫家們在實踐中有的推崇器官的、象徵的或絕對的超現實主義，通過含有某種暗示卻又很不確定的生物形象來表達無意識衝動，諸如阿爾普、恩斯特、馬松和米羅等。其他人則選擇了另一種方式，將較爲眞實的形象置於一種好像完全不相關的背景中，構成一種荒誕的乃至驚世駭俗的組合，例如達利和馬格里特等。

Surrey 薩里 英格蘭東南部行政郡和歷史郡。位於倫敦西南。中世紀以牧羊爲主，16世紀發展起布料貿易。其森林覆蓋的山區是木炭、建築和造船業木材的主要來源。早期產品主要依靠河流運輸，1801年第一條公共鐵路薩里鋼鐵路的開通進一步促進運輸的發展，19世紀其北部發展成爲世界上最密集的郊區鐵路網。第二次世界大戰後郊區依規畫持續發展。人口約1,060,500（1998）。

Surrey, Earl of 薩里伯爵（西元1517～1547年） 原名Henry Howard Surrey。英國詩人。由於其貴族出身和背景，伴隨著亨利八世的政策，薩里捲入一場爭權奪利的鬥爭中。1546年從國外戰場返回英格蘭後，被對手指控犯有叛國罪。後來他的姐姐確認他是天主教徒，隨後他被處死，享年三十歲。他的大多數詩歌在他死後十多年才發表。薩里與韋艾特一起將義大利人文主義詩人的風格和韻律介紹到英國，爲英國詩歌偉大時代的來臨奠下基礎。他翻譯了兩卷維吉爾的《伊尼亞德》，首次在英語中使用無韻詩。他也是第一個發展後來被莎士比亞採用的十四行詩。

surrogate motherhood　代孕法　由一位婦女替代一對不能正常生育的夫婦來懷孕並生育的作法，通常是因爲夫婦中的女方不育或不能在整個孕期持續正常懷孕。代孕法或採取人工授精的方法用男方精子使代孕母親受精，或採集不孕夫婦的精子和卵子在體外授精後，再將胚胎植入代孕母親體內。按以往傳統，不論採用哪種方法，代孕母親都將放棄一切作爲母親的權利，但近年來這種作法已受到法律責難。

Surtees, Robert Smith　瑟蒂斯（西元1803～1864年）　英國小說家。年輕時即熱衷於狩獵，他的所有的作品幾乎都是關於馬和騎術。1831年創辦《新運動雜誌》。其最著名的喜劇角色，喬羅克斯先生－－一個沈溺於獵狐活動的反應遲鈍的倫敦食品商－－出現在他的小說《喬羅克斯的遠足和歡樂》（1838）、《漢德利十字碑》（1843）、《希林登大廳》（1845）中。其他小說也描述了英國鄉村生活的無趣、病態、不適以及粗食，包括《霍巴克．格蘭奇》（1847）和《羅姆福德先生的獵犬》（1865）。

Surtsey＊　敍爾特塞　冰島南部岸外火山島。1963年11月一次猛烈噴發後露出於大西洋上。四年中其火山核形成一座面積2.5公里的小島，海拔超過170公尺。其名稱源自冰島神話中的火神，現在是自然保護區，也是冰島和美國一項生物研究計畫的處所。

surveying　測量　在較大範圍內精確測定地球表面的方法，現代主要用於運輸、建築、土地使用以及交通。分爲平面測量（測量小塊面積）和大地測量（測量地球的大部分面積）。據說羅馬人曾使用過平面測量，主要使用一塊放在三角架或其他支撐物上的畫板以及一條畫線用的直尺。測量是第一個記錄或建立角度的裝置。隨著1620年對數表的發表，可攜帶的三角測量工具－－也稱爲地形學工具或經緯儀－－被投入使用，包括視覺旋轉支架，可用於測量水平和垂直角度。20世紀兩個具有革命性的發明是照像測量法（通過航太照片繪製）和電子遠距離測量法，包括使用鐳射。

Surveyor　勘測者號　1966～1968年美國向月球發射的七個不載人太空探測器系列。「勘測者2號」在月球墜毀，「探測者4號」在登陸前與地球失去聯繫；其餘的探測器則發回了上千張照片，有的採集了標本以檢測月球土壤。「探測者6號」第一次從地球以外的天體上起飛；「探測者7號」在月球高地登陸，其發回的資料顯示高地的地形和土壤與低地不同。亦請參閱Luna、Pioneer、Ranger。

Surya　蘇利耶　印度教中的太陽和太陽神。蘇利耶曾與印度教的其他主神並列，現在主要只作爲傳承派的五神之一和薩瓦拉派的最高神而崇拜。然而，正統印度教的日常祈禱中仍然供奉蘇利耶，蘇立耶的廟宇也遍布印度。蘇利耶是摩奴、閻摩和其他幾個神的父親。《往世書》記載眾神的武器都由蘇利耶修整的鐵片鍛造。

印度比哈爾邦代奧－巴魯納拉克的石雕蘇利耶神像
Pramod Chandra

Suryavarman II＊　蘇耶跋摩二世（卒於西元1150?年）　柬埔寨國王，著名的吳哥窟就是在他統治時期建築的。蘇耶跋摩大約於1113年建立對柬埔寨全境的統治，經歷了五十年的動亂之後將全國統一起來。他將王國擴展至現在的泰國的大部分、越南的一部分以及馬來半島的部分地區。他不像他的先輩那樣信佛教，而把毗濕奴教（印度教的一種）尊爲官方宗教，世界上最爲龐大的宗教建築吳哥窟就建於他統治的時期，蘇耶跋摩本人的像也成了吳哥窟的裝飾之一。蘇耶跋摩死於攻打占婆的一次征戰，吳哥最終也遭占婆擄掠。

Susanna　蘇撒拿　聖經外典中的人物。「蘇撒拿傳」講述的是在猶太放逐時期的巴比倫，一名婦女被兩個以前企圖引誘她的長者誣告通姦，後來由於但以理的干涉而免於死亡。這個故事是〈但以理書〉被翻譯成希臘文時添加到其傳統中的一段，其中老者偷窺她洗澡這一場景是廣受文藝復興藝術家歡迎的主題。

Suslov, Mikhail (Andreyevich)＊　蘇斯洛夫（西元1902～1982年）　蘇聯理論家。1921年加入共產黨，被送往莫斯科讀書，畢業後教授經濟學。1930年代在檢察委員會工作，監督烏拉和烏克蘭等地的史達林整肅運動。此後擔任高加索地區的負責官員，第二次世界大戰期間負責監督放逐少數民族。1952年進入蘇共中央政治局，1955年起在統治集團中占有重要地位。作爲政治上的保守派，他在1957年協助赫魯雪夫挫敗政治局中的反黨集團，但1964年他又組織了把赫魯雪夫趕下台的不流血政變，由布里茲涅夫取而代之。

suspension, automobile　汽車懸吊系統　設計用來緩和一部分道路的不規則對汽車載具碰撞的彈性構件。這些構件用其懸吊部分連接載具的輪胎，通常是由彈簧和減震器組成。用於汽車懸吊構件的彈簧元件包括（爲了增加單位重量儲存的彈性能）鋼板彈簧、螺旋彈簧、扭力橫槓、避震橡膠及空氣彈簧。這些彈簧吸收輪胎碰撞道路表面的能量，減少衝擊或利用液壓系統消散能量，因此載具的懸吊部分不會一直跳個不停。

Susquehanna River＊　薩斯奎哈納河　美國紐約州中部、賓夕法尼亞州和馬里蘭州河流。爲美國東部最長的河流之一，長約715公里。發源於紐約州中部的奧齊戈湖，穿過阿帕拉契山脈，注入乞沙比克灣北部。由於河中的障礙和激流，並不是重要的水上航道，但其河谷是通往俄亥俄河水系和一個採煤中心的重要路上通道。

Susskind, David (Howard)＊　蘇士侃（西元1920～1987年）　美國電視製作人與主持人。生於紐約市，在1952年組織明星聯合經紀公司之前擔任公關人員。製作許多電視節目，如《圓形劇場》（1955～1963）和《都彭月秀》（1957～1964），不過最出名的是擔任談話節目《開放式》（1958～1967）與《蘇士侃秀》（1967～1986）的主持人。煽動討論一些爭議性問題而聞名，如種族關係、組織犯罪與越戰，還訪問國際領袖如赫魯雪夫（1960）。

Sutherland, Graham (Vivian)　索色蘭（西元1903～1980年）　英國畫家。在倫敦學習藝術後，1926～1940年從事並講授版畫。早期作品爲嚴格的表現主義，後發展成超現實主義。約1935年主要轉向油畫，1941～1945年擔任官方

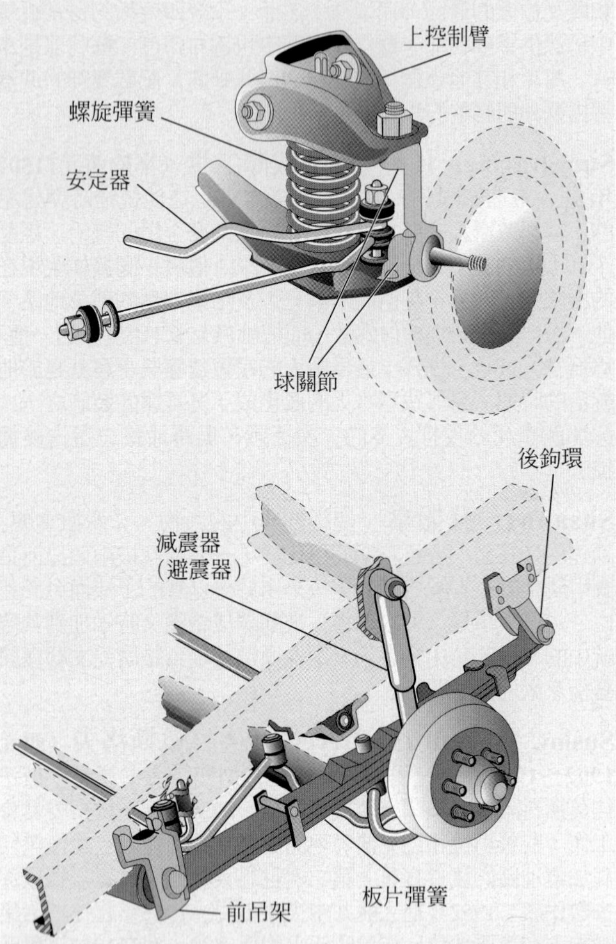

汽車藉由彈簧懸弔在輪子上，通常用螺旋彈簧或板片彈簧。路面不規則跳動的機械力傳遞到彈簧。壓縮彈簧的能量由螺旋彈簧裡面或板片彈簧旁邊的減震器加以消散。
© 2002 MERRIAM-WEBSTER INC.

戰地美術工作者，其戰爭作品記錄了一種荒涼。其「荊棘時期」以重要作品《耶穌受難》（1946）爲開端。索色蘭在他的晚期作品中加入了神人同形論、植物形式，尤其是荊棘，並將其轉化爲強大的、恐怖的圖騰形象。他還爲新科芬特里大教堂設計過巨幅壁毯（1955～1961）。

Sutherland, Joan　索色蘭（西元1926年～）　後稱瓊安夫人（Dame Joan）。澳大利亞女高音歌唱家。1947年在雪梨首次登台，後移居倫敦。1952年開始在柯芬園皇家歌劇院演出小角色，1959年在《拉美莫爾的露契亞》中擔任主角。1961年在紐約大都會歌劇院首次登台，因美麗高亢的聲音備受歡迎。以其美聲角色著稱於世，直到1991年退休。索色蘭總是在她的丈夫邦寧吉（1930～）的指導下表演。

Sutlej River＊　蘇特萊傑河　印度「五河」中最長的河流，旁遮普邦因其而得名。長1,450公里。發源於中國西藏西南部，向西流過喜馬拉雅山脈，穿過印度的喜馬偕爾邦和旁遮普省，再向西南穿過巴基斯坦的旁遮普省，形成印－巴105公里長的邊界。在巴基斯坦，蘇特萊傑河與傑納布河匯合，稱本傑訥德河，連接五大河和印度河。該河中游廣泛用於灌溉。

sutra＊　經　巴利語作sutta。印度教中簡短的格言式著作；佛教中指詳細的釋義作品，是上座部和大乘佛教經籍的基本形式。由於早期的印度哲學家不研究書面文章，後來的哲學家經常鄙視他們，因此有必要出現一種便於記憶的簡短的解釋性著作。最早的經僅記載宗教儀禮程序，但是其用途傳播開來，後來所有的印度哲學體系都有自己的經。亦請參閱Avatamsaka-sutra、Diamond Sutra、Lotus Sutra、Tripitaka。

Sutta Pitaka＊　經藏　三藏中的主要部分，上座部佛教的教規，大部分出自佛陀本人。分爲五部（阿含）：《長阿含經》（長部），34部長篇經，包括一些最重要的學說；《中阿含經》（中部），包括主題各異的152部經；《雜阿含經》（雜部），依主題分爲7,000多部經；《增一阿含經》（增一部），包括9,557部簡短經，爲方便記憶按數碼順序排列；以及小部。亦請參閱Abhidhamma Pitaka、Vinaya Pitaka。

suttee　薩蒂　亦作sati。印度的一種習俗，指寡婦在亡夫火化時跳入火中或在亡夫火化後不久自焚。這種習俗可能源於丈夫死後也需要伴侶的陳見，但反對者認爲這是一種對婦女的敵意觀念的體現。薩蒂在西元前4世紀發展，17～18世紀廣泛傳播。1829年在英屬印度被禁止，但其後很多年仍不斷出現，至今邊遠地區仍有發生。

Sutter, John (Augustus)　薩特（西元1803～1880年）　原名Johann August Suter。德國出生的美國拓荒者。由於破產，舉家離開瑞士，1834年到達美國。後來從墨西哥總督那裡獲得大片土地，建立新瑞士殖民地（即後來加州的沙加緬度）。1841年他在美國河畔建立邊境貿易站薩特堡。當1848年該地發現金礦時，他曾試圖保密。隨後而來的淘金熱使大批工人、淘金者蜂擁而至，薩特的土地遭踐踏，財產、牧畜被盜竊。美國法院否認他對墨西哥授地擁有主權，致使薩特於1852年破產。

Sutton, Walter S(tanborough)　薩頓（西元1877～1916年）　美國遺傳學家。獲哥倫比亞大學醫學學位，此後爲外科醫生。1902年提出最早的詳細證據證明常染色體（細胞染色體而非性染色體）呈現爲一對對的同源染色體，並假定染色體攜帶遺傳單位，而遺傳單位在性細胞的染色體分裂時的行爲就是孟德爾的遺傳定律的物質基礎。1903年他總結出染色體含有基因，而染色體在減數分裂中的行爲是隨機的。他的研究爲染色體遺傳學說奠下基礎。

Sutton Hoo　薩頓胡　英國沙福克莊園，內有一盎格魯－撒克遜國王的墳墓。爲在歐洲發現的最富麗堂皇的日耳曼墓葬之一（1939），內有一24公尺長的木船棺槨（但沒有屍體）。薩頓胡兼有異教和基督教的特點，有很多金銀器，如杯子和碗，可能是雷德沃爾德（卒於約624年）或埃塞爾希爾（卒於654年）的墳墓。墓葬的一些瑞典特色表明東英吉利亞皇室王朝的祖先可能是瑞典人。

Suva　蘇瓦　斐濟首都、港口城市，擁有南太平洋最好的港口之一。1849年建立，1952年設市，現爲南太平洋島嶼最大的城市中心之一，也是斐濟主要港口和商業中心，有許多教育和文化機構。人口：都會區約167,000（1996）。

Suvorov, Aleksandr (Vasilyevich)＊　蘇沃洛夫（西元1729～1800年）　俄羅斯軍事統帥。十五歲參軍，1754年成爲軍官，曾在七年戰爭中服役，著有一本戰爭訓練手冊，幫助俄軍贏得1768～1782年的俄波戰爭和1773～1774年的俄土戰爭。他在俄土戰爭中領導軍隊，後被封爲伯爵。1794年鎮壓波蘭叛亂後，被提升爲陸軍元帥。1799年在義大利指揮俄奧聯軍，占領米蘭，將大部分法軍驅逐出義大利。後奉命援救在瑞士的俄軍，穿越阿爾卑斯山脈，在強大的法軍包圍中成功突圍，擊退追擊的法軍，率領大部分軍隊撤離，取得顯著戰績。

Suwannee River ＊ 薩旺尼河 美國喬治亞州東南部和佛羅里達州北部河流。發源於奧克弗諾基沼澤，在薩旺尼海峽注入墨西哥灣，全長400公里，佛羅里達境內河段長56公里。該河即佛斯特的名曲〈雙親在家園〉中的薩旺尼河。1780年代薩旺尼海峽的海灣和入口是海盜的聚集地。

Suzdal ＊ 蘇茲達爾 中世紀公國，位於俄羅斯東北部奧卡河與窩瓦河上游之間。12～14世紀由留里克王朝的一個分支統治，與羅斯托夫統一，12世紀與弗拉基米爾合併。蘇茲達爾－弗拉基米爾公國的政治和經濟地位非常重要，但是13～14世紀分裂爲幾個小公國，後來被莫斯科吞併。亦請參閱Vladimir-Suzdal school。

Suzman, Helen ＊ 蘇茲曼（西元1917年～） 原名Helen Gavronsky。南非議員。出身於特蘭斯瓦的立陶宛移民家庭，畢業於約翰尼斯堡維瓦特蘭大學，後在該校教授經濟史（1945～1952）。1953年選入議會，她和其他十一名議員成立了進步黨以反對種族隔離政策。1961年選舉中，十二人僅她一人當選。直到1974年，她是議會中唯一反對越來越多的種族隔離措施的議員。1978年獲聯合國人權獎。直至她退休，她的意見仍在南非議會中具有重大的意義。

Svalbard ＊ 斯瓦爾巴 北極圈以北北冰洋群島。由九個主要島嶼組成，包括斯匹茨卑爾根島群。這些島嶼都多山，幾近60%的地區爲冰河與雪原覆蓋。1596年荷蘭人最先登陸該島嶼。20世紀初包括美國等許多國家爭論此群島的採礦權。1925年起正式爲挪威所有，成爲許多極地科學探險的所在地（開始於1773年）。當地人口有週期性變化，大約爲3,000人，並且沒有原住民。朗伊爾城爲行政中心。

Svealand ＊ 斯韋阿蘭 瑞典中南部地區。穿越整個瑞典，面積80,844平方公里。早在石器時代就有定居者，起初是斯韋爾的居住地，瑞典因此而得名。後來成爲政治和文化中心，瑞典由此而發展，後來取得獨立。經濟多樣，包括農業、製造業、林業和採礦業。

Svedberg, The(odor) ＊ 斯韋德貝里（西元1884～1971年） 瑞典化學家，因研究膠體化學和發明超離心機（參閱centrifuge）而獲1926年諾貝爾獎。離心機在生物化學和其他領域的研究中有著非常寶貴的作用，斯韋德貝里利用其準確地測定高度複雜的蛋白質（例如血紅素）的分子量。後來斯韋德貝里又在核化學領域進行研究，爲迴旋加速器的改進做出貢獻。他還協助他的學生蒂塞利烏斯（1902～1971）改進電泳。

Sverdlov, Yakov (Mikhaylovich) ＊ 斯維爾德洛夫（西元1885～1919年） 蘇聯政治人物。爲烏拉地區的布爾什維克組織者和鼓動者，因此經常被捕和流放。1917年俄國革命中，他領導布爾什維克祕書處，幫助策劃和執行布爾什維克奪取政權的十月政變。作爲國家的領導人，他與列寧緊密合作，以鞏固在共產黨中央委員會中的權力。三十三歲時死於傳染病，使得共產黨的組織機構出現空缺，後由史達林遞補。

Sverdlovsk 斯維爾德洛夫斯克 ➡ Yekaterinburg

Svevo, Italo ＊ 斯韋沃（西元1861～1928年） 原名Ettore Schmitz。義大利作家。早年由於家境貧困不得不離開學校任職銀行，自己閱讀並且開始寫作。他在小說《一生》（1982）中對無用的主角的分析和反思具有革命性，但未受到如同《年老之時》（1898）的重視。後來放棄寫作，直到受到喬伊斯（但是居住在第里雅斯特）鼓勵，才寫出他最著名的小說《塞諾的自白》（1923）。斯韋沃後來死於車禍，死後發表的作品有兩部短篇小說集、與蒙塔萊的書信集以及未完成的《塞諾的自白續集》（1969）。他被認爲是心理小說的先驅。

Svyatoslav I ＊ 斯維亞托斯拉夫一世（卒於西元972年） 基輔大公（945～972）。俄羅斯早期歷史上最偉大的瓦朗吉亞王子，曾打敗哈札爾人和其他北高加索部族（963～965），967年征服保加利亞人。他希望建立一個俄羅斯－保加利亞帝國，拒絕放棄征服拜占庭，直到被拜占庭軍隊擊敗，被迫放棄對巴爾幹領土的要求（971）。他在回基輔的途中中埋伏被殺。

Swabia 士瓦本 德語作Schwaben。中世紀德國公國，包括今巴登－符騰堡州、黑森州、巴伐利亞州西部以及瑞士東部和阿爾薩斯的一部分。士瓦本和阿勒曼尼部落從3世紀起即占領該地區，直到11世紀該地區一直被稱作阿勒曼尼亞。7世紀時愛爾蘭傳教士開始到此傳播基督教。大約從10世紀開始，士瓦本成爲早期中世紀德國五大宗族公國之一。約1077～1268年公國處於霍亨斯陶芬王朝的統治之下，並且分裂。14～16世紀成立士瓦本城市聯盟，即士瓦本聯盟；16～19世紀該地區成爲神聖羅馬帝國的分割領地。主要城市包括奧格斯堡、布賴斯高地區弗賴堡、康士坦茨和烏爾姆。

swage ＊ 型砧 打孔的鑄鐵或鐵塊，邊上有溝紋，鐵匠用來使工件成形，將其置於工件上（或是工件置於其上），並用鐵鎚敲擊。型砧塊用於手工打造螺栓頭與型鍛鐵條。

Swahili language ＊ 斯瓦希里語 通行於坦尚尼亞、肯亞、烏干達和剛果（薩伊）的班圖語，作爲母語使用者有200多萬人，作爲第二語言使用者約6,000多萬人。斯瓦希里語以19世紀時由桑吉巴的尋找象牙和奴隸的企業家傳播到內陸地區的庸古加（基庸古加）方言爲基礎，19世紀末被侵占東非的歐洲殖民政府鞏固。現代斯瓦希里語以拉丁字母形式書寫，但阿拉伯體的斯瓦希里文學可追溯到18世紀早期。在班圖諸語言中，斯瓦希里語以吸收大量的外來語著稱，特別是取自阿拉伯語。

swallow 燕 燕科74種鳴禽的統稱，幾乎遍布世界各地。體長10～23公分，翅長、尖而窄，喙短，足弱小，有些有一叉狀尾部，上部暗色的羽毛或帶有金屬光澤的藍或綠色。善用翅膀捕捉昆蟲。在樹洞或樹縫中營巢，或在沙岸上鑽穴，或把泥黏在牆上爲巢。有些種（如家燕）爲遠距離遷徙的候鳥；所有的燕都有強烈的歸巢本能。棲息於加州聖胡安卡皮斯特拉諾教堂的燕子是一種岩燕（紅石燕）。亦請參閱martin。

家燕
Stephen Dalton from the Natural History Photographic Agency

swallowing 吞咽 亦稱deglutition。將食物由口移到胃裡的運動。舌推動液體或咀嚼食物與唾液混合後進入咽，然後發生反射，軟顎上升堵塞住鼻腔，喉升高，會厭蓋住氣管，阻斷呼吸。口和咽喉裡的壓力將食物推向食道，食道上括約肌打開讓食物進來，然後關閉以防止倒流；呼吸隨著喉的降低而恢復。蠕動將食物推到胃，食道下端的下括約肌鬆弛，然後關閉以防止反流。吞咽困難通常由炎症引起，其他阻礙或失調引起的問題也會影響吞咽的動作。

swallowtail butterfly　鳳蝶　鳳蝶科鳳蝶屬500餘種蝴蝶的統稱。除北極外，遍布世界各地。部分種的後翅有一尾狀突。色彩因種、性、季節而異，有時候也隨不同地點而改變（參閱tiger swallowtail）。成蟲通常在含閃光的黑、藍、綠等底色上有黃、橙、紅、綠或藍色花紋，一般有兩性及季節的色彩二型性。色彩鮮艷的幼蟲食葉爲生。有的有像蛇頭上的黑、黃色斑，許多種在受驚時會散發臭氣。大鳳蝶翼展可達10～14公分，爲美國及加拿大最大的蝴蝶。

swami　斯瓦明 ➠ sadhu and swami

Swammerdam, Jan＊　斯瓦姆默丹（西元1637～1680年）　荷蘭博物學家，被認爲是在古典顯微鏡研究中觀察最精確的學者，1658年首先觀察和描述紅血球。在他的著作《昆蟲通史》中，精確地描述並闡明了多種昆蟲的生活史和解剖，並且將昆蟲分爲四大類，其中三類仍大致保留在現代的分類法中。他還研究蝌蚪和成蛙的解剖，描述哺乳動物卵巢的濾泡。他改進了屍體注射蠟和顏料的技術，對人體解剖研究有重大影響。他的獨特的試驗顯示肌肉收縮時只改變形狀而不改變大小。

swamp　森林沼澤　淡水濕地生態系統，特徵是有排水不良的礦物質土壤，植物以樹木占優勢。森林沼澤供水充足，以保持地面浸滿水。這種水含有很高的礦物質，以刺激有機體腐化，阻止有機物堆積。森林沼澤遍布世界各地。亦請參閱marsh。

swan　天鵝　鴨科天鵝屬水鳥，頸長，體堅實，腳大。爲水鳥中體形最大、游泳和飛行最快的；疣鼻天鵝（即啞天鵝）重約23公斤，是最重的飛鳥。天鵝通常在淺灘覓食。有5種全身白色腳呈黑色的種棲息於北半球，另有一種黑色黑頸的種生活於南半球。雌雄外形相似，結成終生配偶。平均每窩產6枚，雌天鵝孵卵時，雄天鵝在巢附近擔任警戒；幼雛通常需雙親照料數月。天鵝浮游於水面的優雅姿勢使它們數百年來一直被視爲美的象徵。

疣鼻天鵝和幼鵝
Arthur W. Ambler – The National Audubon Society Collection/ Photo Researchers

Swan, Joseph (Wilson)　斯旺（西元1828～1914年）　受封爲約瑟夫爵士（Sir Joseph）。英國物理學家和化學家。1871年發明了攝影乾板，爲攝影上的重大改進。1860年製造出早期的電燈泡，1880年又獨立於愛迪生單獨製造碳絲白熾電燈。他也取得了將硝化棉擠過小孔形成纖維的專利，這項技術在紡織工業中廣泛使用。

Swan River　斯旺河　澳大利亞西澳大利亞州西南部季節性河流。全長360公里，向西注入印度洋。上游稱爲阿文河，僅下游97公里一段稱爲斯旺河。伯斯位於其河口附近。夏、秋季經常乾涸。1829年在斯旺河岸建立第一個西澳大利亞居民點。

Swan River　斯旺河　加拿大薩斯喀徹溫省東部、馬尼托巴省西部河流。全長約175公里，東北流注入斯旺湖，斯旺湖面積約306平方公里。斯旺河鎮（人口4,000〔1991〕）位於河岸上。19世紀早期，該地區爲哈得遜灣公司和西北公司激烈的皮毛貿易競爭之處。

Swansea＊　斯溫西　威爾斯語作Abertawe。威爾斯南部海港。臨布里斯托海峽，是威爾斯第二大城市。歷史可追溯到12世紀，直到18世紀初一直是小市鎮和煤港，此後穩定發展爲工業中心，到19世紀中期已成爲世界銅貿易中心。1941年市中心幾乎全被德國人炸毀，後來重新發展。現在是威爾斯西南部主要的購物和服務中心。爲詩人湯瑪斯的出生地。

Swanson, Gloria　史璜生（西元1899～1983年）　原名Gloria May Josephine Svensson。美國電影演員。起初在賽納特製片廠的喜劇中扮演小角色，後來受聘於德米爾，演出一系列劇情片而成爲電影明星，包括《男女之間》（1919）、《舞姬莎莎》（1923）以及《桑斯．吉恩太太》（1925）。史璜生是迷人的無聲電影皇后，後來在其情人甘迺迪的支持下成立自己的製片公司，製作了《薩迪．湯普森》（1928）和損失慘重的《凱利皇后》（1928）。1934年退休後，她又在《紅樓金粉》（1950）中作爲成熟無聲電影明星東山再起。

SWAPO ➠ South West Africa People's Organization

Swarthmore College　斯沃斯莫爾學院　賓夕法尼亞州私立文理學院，位於斯沃斯莫爾，鄰近費城。1864年由基督教貴格會創立，經常被評鑑爲全美最佳學院之一，提供多種學科的大學部課程。該校參加數所大學院校的交換教學計畫，包括布林瑪爾、哈弗福德等學院以及賓夕法尼亞大學。現有學生人數約1,500人。

swastika　曲臂十字架　四臂依順時鐘方向折成直角的正十字形（卐）。在世界上廣泛使用，作爲繁榮和財富的象徵。在印度，曲臂十字架一直是印度教、耆那教和佛教的普遍的吉祥標記，在佛教裡面代表佛陀的腳或足跡。在中國和日本，曲臂十字架隨著佛教的傳播而流傳開來，用來表示多數、繁榮和長壽。早期基督教和拜占庭藝術以及馬雅和納瓦霍藝術中，曲臂十字架也是一種主題圖案。反時鐘方向的曲臂十字架在1910年被德國詩人和國家主義者李斯特用做反猶太組織的標誌，1919～1920年納粹黨成立時採用爲標誌。

Swazi＊　史瓦濟人　亦作Swati。居住在史瓦濟蘭草原及相鄰地區的講班圖語的居民，與祖魯人、科薩人一起組成恩古尼人語言群體。史瓦濟人主要是農業者和田園詩人。傳統上最高的政治、經濟和宗教權力由世襲的男酋長及其母親共同掌握。國王的妻子和孩子都住在皇家村莊，分布於整個領地。

Swaziland　史瓦濟蘭　正式名稱爲史瓦濟蘭王國（Kingdom of Swaziland）。非洲南部國家。面積17,364平方公里。人口約1,104,000（2001）。首都：墨巴本（行政）；洛班巴（立法）。約9/10的人口爲史瓦濟人和近1/10的祖魯人和其他極少數的少數民族。語言：史瓦濟語和英語（均爲官方語）。宗教：基督教、傳統宗教。貨幣：里蘭吉尼（E）。爲一內陸國，有高草原、中草原、低草原和東部的盧邦博陡崖。動物有河馬、羚、斑馬、鱷魚。包括科馬蒂在內的四條主要河流流貫全國並灌溉柑桔和甘蔗產區的土地。礦產有石綿和鑽石。政府形式爲君主國，兩院制。國家元首暨政府首腦是國王，另由總理輔佐。石器工具以及岩壁上的繪畫表示史前時代該地區就有居民，但直到18世紀操班圖諸語言的史瓦濟人移居該地後才定居下來，並建立起史瓦濟國家的核心。19世紀時，史瓦濟國王請求英國幫助對付祖魯人後，英國就取得了控制權。南非戰爭後，特蘭斯瓦的英國總督負責管理史瓦濟蘭；1906年總督的權力轉移給了英國的高級專員。1949年英國拒絕南非提出的聯合請求以便控制史瓦濟

蘭。1963年史瓦濟蘭獲得有限的自治，1968年獲得獨立。1970年代，在國王以及傳統的部落政府最高權威的基礎上制定了一部新憲法。1990年代期間，要求民主的力量升高，但該王國還維持原狀。

sweat gland　汗腺　兩種皮膚出汗的腺體之一。外分泌汗腺由交感神經系統控制，當身體溫度升高時分泌水分至皮膚表面，蒸發散熱。頂漿分泌汗腺通常與毛囊相連，主要集中於腋下和外陰部。汗腺在青春期由於激素刺激持續分泌一種脂性汗。一些特化的腺體，如乳腺、耵聹腺及許多哺乳動物的臭腺，可能是從頂漿分泌汗腺演化而來。

sweat lodge　汗房　美國印第安人所使用以舉行儀式或治療潔身的簡陋小屋或棚屋。通常是由彎曲的幼樹及覆蓋以樹皮或毯子所建成，並藉由潑在滾燙石頭上之水所產生的蒸汽而加熱。儀式通常環繞著汗房的建築而使用。一些部落相信，禮室成為六個本位方向、過去與現在以及人類與精神世界可以接通的象徵性中心。

Sweden　瑞典　正式名稱瑞典王國（Kingdom of Sweden）。瑞典語作Sverige。北歐國家，位於斯堪的那維亞半島。面積449,964平方公里。人口約8,888,000（2001）。首都：斯德哥爾摩。居民多屬同種族的，另有芬人、拉普人兩少數民族和10%的移民或其後裔。語言：瑞典語（官方語）。宗教：瑞典教會（路德派，國教）。貨幣：瑞典克朗（SKr）。瑞典分成三個區。多山的諾爾蘭涵蓋全國3/5的地區，有許多森林及豐富的鐵礦。斯韋阿蘭有起伏的冰川山脈和全國近90,000個湖泊大部分集中於此。約塔蘭則包含了包括斯莫蘭高地和極南端面積不大而富庶的平原斯科訥地區。瑞典北部近15%的土地在北極區內。經濟大多以服務業、重工業和國際貿易為主。有豐富的鐵礦；工業包括了採礦、伐木、鋼鐵生產和旅遊業。農產品則有穀物、糖用甜菜、馬鈴薯和畜產。為全世界最富裕的國家之一，以其廣泛的社會福利體系聞名。政府形式是君主立憲政體，一院制。國王是國家元首，總理是政府首腦。第一批居民明顯地是在西元前12000年前後從歐洲越過陸橋過來的獵人。在維京人時期（9～10世紀），瑞典人控制著波羅的海與黑海之間歐洲東部的河上貿易，並襲擊歐洲西部的土地。11～12世紀瑞典人鬆散地團結在一起，實現基督教化。12世紀時征服了芬蘭，14世紀時與挪威和丹麥統一在一個君主國下。1523年在古斯塔夫一世領導下退出聯合。17世紀時成為歐洲波羅的海地區一支強大的力量，但在第二次北方戰爭（1700～1721）中被擊敗後，它的優勢就衰退下來。1809年瑞典成為君主立憲國，1815～1905年間與挪威聯合；1905年承認挪威獨立。在兩次世界大戰中瑞典都保持中立。它是聯合國的創始成員，但在1990年代以前放棄北大西洋公約組織和歐洲聯盟的成員資格。1975年起草的新憲法將君主的權力減少到只作為國家的禮儀首腦。1997年瑞典決定開始關停它有爭議的核能工業。

Swedenborg, Emanuel　斯維登堡（西元1688～1772年）　瑞典科學家、神學家、神祕主義者。從烏普薩拉大學畢業後，他在國外花了五年的時間學習自然科學。回國後開始發表瑞典的第一部科學雜誌《北地代達羅斯》，國王查理十二世任命他為皇家礦務局顧問。由於他開始相信宇宙有一種基本的精神結構，他的著作逐漸轉向自然哲學和形上學。1744年他在幻想中見到耶穌，1745年接到放棄世俗學說的命令，餘生主要投注於翻譯聖經以及關於他在幻境中的所見。他堅持認為，上帝是所有生物的力量和生命，基督教的三位一體代表了上帝的三種基本品質：仁愛、智慧和活力。他相信贖罪存在於通過耶穌的光輝重新按照上帝的形象創造的人類中。他發表了三十多部著作，包括《真正的基督宗教》（1771）。後來他又成立了宣傳其泛神論的組織，尤其是1787年在倫敦建立的新耶路撒冷教會。1790年代斯維登堡派傳到美國。

Swedenborgians　斯維登堡派 ➠ New Church

Swedish language　瑞典語　瑞典民族語言，亦是芬蘭兩種官方語之一，使用者約有九百萬人。瑞典語屬於日耳曼諸語言東斯堪的那維亞語支，與挪威語、丹麥語關係密切。從共同斯堪的那維亞語時期（600～1050）到約1225年這段時間的瑞典語歷史，主要根據如尼字母銘文為世人所知。現代瑞典語通常追溯到1526年第一本《新約》譯本的印刷。17世紀標準語開始出現，大部分以斯德哥爾摩的斯維亞方言為基礎。標準瑞典語除了所有格外沒有名詞變形，只有中性和通性；大多數方言裡仍有陽性、陰性和中性的區別。和挪威

語一樣，瑞典語也有兩個聲調重音。

Sweelinck, Jan Pieterszoon＊　史維林克（西元1562～1621年）　荷蘭作曲家。1580年起為阿姆斯特丹老教堂管風琴樂師，由於其即席創作而出名。除偶爾的管風琴磋商之旅外，史維林克一直待在阿姆斯特丹老教堂，教授沙伊特和其他北德意志管風琴學派作曲家（通過巴哈達到頂點）。他的大多數音樂作品發表在《大衛聖歌》（1640～1614）和《聖曲》（1619）中，也出版了許多鍵盤音樂幻想曲、托卡塔和變奏曲。

sweet pea　香豌豆　豆科豌豆屬一年生草本植物，學名為Lathyrus odoratus。原產於義大利，因其花美麗芳香，各地廣泛栽培作觀賞植物。藤狀莖蔓生，長1.2～2公尺，藉捲鬚蔓延。羽狀複葉，互生。花白色、粉紅色、紅色、堇色或紫色，狀如蝴蝶，單生或2～4朵簇生。莢果具毛，長約5公分。已培育出數百個變種。龐尼特與貝特森在他們的遺傳學研究中曾以香豌豆為主體作過許多重要實驗。

香豌豆
Sven Samelius

sweet potato　甘薯　旋花科植物，學名為Ipomoea batatas，塊根可食。原產於熱帶美洲，廣泛栽培於熱帶及暖溫帶地區，與白色（或愛爾蘭）馬鈴薯及薯蕷無親緣關係。甘薯為橢圓形或帶尖的卵圓形塊根，外皮由淡黃色到棕色到紫紅色，果肉則由白色（含高澱粉）到橙色（富含胡蘿蔔素）直到紫色。莖長，蔓生；花冠漏斗狀，粉紅色或玫瑰紫色。塊根可供烤食或製成甘薯泥作餅餡。

sweet William　美國石竹　石竹科花園植物，學名為Dianthus barbatus，簇生的花小但色彩鮮豔。通常作二年生植物種植，第一年播種，第二年春季開花。植株能生長到約60公分高，花多，花瓣呈流蘇狀，白色、粉紅色、玫瑰色或紫羅蘭色，有時也有兩色。

美國石竹
Grant Heilman

sweetbrier　多花薔薇　亦稱eglantine。一種小而多刺的野生薔薇，葉香，花多而形小，呈粉紅色。學名為Rosa eglanteria或R. rubiginosa，原產於歐洲和亞洲西部。已廣泛移植到北美洲，種於路旁及從加拿大東部向西南到田納西洲與堪薩斯洲的牧場周圍。植株高約2公尺，可用作灌木屏籬隔離公路噪音，同時美化公路沿途環境。

Sweyn I　斯韋恩一世（卒於西元1014年）　別名Sweyn Forkbeard。丹麥國王（約987～1014年在位），挪威和英格蘭的維京人征服者。他發動暴動反對他的父親哈拉爾．布魯特斯（987），將他趕出丹麥。他與瑞典和挪威結為聯盟，約1000年打敗奧拉夫一世，成為挪威實際上的統治者。1003～1004年遠征英格蘭，經過一系列軍事行動後，於1013年成為英格蘭國王，迫使艾思爾萊二世流亡。斯韋恩死後，挪威又回到挪威統治者手裡，但是盎格魯－丹麥帝國傳給了他的兒子克努特。

swift　雨燕　雨燕科約75種鳥類的總稱，幾乎廣佈全球。其飛行速度是小型鳥類中最快的，可達每小時110公里。長約9～23公分，翅長，體粗短，羽色暗；頭寬，嘴短寬而微彎曲；尾或短或長，有分叉。雨燕能在飛行中捕食昆蟲、喝水、洗澡，有時還在空中配對。雙足常無法平直伸展，通常垂掛在一直立面上。巢由黏性的唾液黏合它物而成，築於洞壁或煙囪的內側以及樹洞內。

Swift, Gustavus Franklin　斯威夫特（西元1839～1903年）　美國肉類加工廠廠主。十四歲時做屠宰商幫手，1859年開辦自己的肉鋪。1872年成為一個波士頓肉類食品零售商的合夥人，三年後他將他們的牛肉經營業務遷至芝加哥。他相信如果能將鮮肉而不是活牛運到芝加哥，利潤將會提高，因此請人設計冷凍車廂，1877年第一次成功將一車鮮肉運到東部。1885年他和他的哥哥一起創辦了斯威夫特公司。擔任總經理長達十八年，公司資本從30萬美金增加到250億美金。就像他的競爭對手阿穆爾和莫里斯一樣，斯威夫特是一個綜合利用副產品的倡導人，也經營肥皂、膠水、化肥、人造黃油等相關行業。

Swift, Jonathan　斯威夫特（西元1667～1745年）　愛爾蘭作家，傑出的英語諷刺散文作家。1688年英格蘭發生反天主教革命時他正在都柏林的三一學院讀書，在愛爾蘭的天主教徒起而反擊時，他為安全起見避往英格蘭，在那裡時斷時續地住到1714年，1695年成為英國聖公會教士。第一部主要作品《一個澡盆的故事》（1704）由三篇諷刺宗教界和學術界的小品組成。此時他也因一些宗教與政治論文以及用「比克斯塔夫」（Isaac Bickerstaff）的筆名寫下的滑稽小冊子而成名。儘管斯威夫特並不願意放棄輝格黨人的信仰，但因為托利黨人支持建立教會，他開始為托利黨寫稿。《致斯特拉的信》（1710～1713年寫就）一書中的書信便記錄了他對變遷中的世界的態度。作為他為托利黨人編寫刊物的回報，1713年他被任命為都柏林聖巴特里克大教堂主教。他在愛爾蘭幾乎度過了他的餘生，致力於揭露英國的一些錯誤作法及其對愛爾蘭的不公正待遇，例如在他的諷刺作品《一個小小的建議》中，建議將愛爾蘭窮人的幼兒賣給富有的英格蘭地主當食物。著名諷刺小說《格利佛遊記》表面上看是小說主角在遠方遭遇到不同種族與社會的故事，實際上反映了斯威夫特揭示人性介於獸性與理性之間那種不確定地位的觀點。

斯威夫特，油畫，傑瓦斯（Charles Jervas）繪；現藏倫敦國立肖像畫陳列館
By courtesy of the National Portrait Gallery, London

swimming　游泳　憑藉臂和腿的協調動作在水中推進身體的一種娛樂或運動。游泳既是一種促進全身發展的運動，也是一項體育競技項目，深受人們歡迎。奧運會在1896年成立時，就把競技性游泳列為比賽項目，包括50公尺、100公尺、200公尺、400公尺、800公尺自由式（爬式）；100公尺、200公尺仰式、蛙式、蝶式；200公尺、400公尺個人混合式；4×100公尺和4×200公尺自由式接力；4×100公尺混合式接力。長距離游泳比賽，通常距離為24～59公里，一般在湖或內陸水域中進行。

swimming cat ➠ Turkish van cat

Swinburne, Algernon Charles　斯文本恩（西元1837～1909年）　英國詩人、批評家。進入伊頓和牛津就讀後，依靠父親的資助生活。詩劇《阿塔蘭特在卡利敦》

（1865）首次展現出他的抒情能力；《詩歌與民謠》（1866）收集了他最好的作品，表現出其對異教、受虐狂和鞭笞的專注；第二輯（1878）少了些狂熱和縱欲。其詩歌特點是有力的韻律、反覆出現的頭韻和中間韻、華麗的主題。1879年完全病倒，在一個朋友的監護下度過了剩餘的三十年。早期的詩歌因對韻律學的革新而聞名，而後期的作品則較不重要。傑出的評論作品是《研究文集》（1875）以及莎士比亞（1880）、雨果（1886）、班·強生（1889）的專論。

斯文本恩，水彩畫，羅塞蒂繪於1862年；現藏劍橋菲茨威廉博物館
By courtesy of the Fitzwilliam Museum, Cambridge

swine fever ➠ hog cholera

swing　搖擺樂　既有穩定節奏的爵士樂，兼採流行歌曲的和聲結構和藍調音樂為基礎進行即席創作、編排樂曲。作為約1930～1945年的美國流行音樂，搖擺樂以切分的節奏元素和一節4拍等重音為特徵。大型的爵士樂隊需要一些事先準備好的材料，亨德森、艾靈頓公爵和貝西伯爵是大型搖擺樂隊的早期革新者。在小型組合中，即興的樂器獨奏通常跟隨著悅耳音調的表演。亦請參閱swing dance。

swing dance　搖擺舞　始載於1940年代之社交舞形式。在美國配合搖擺樂的舞蹈，舞步有不同於地區性的變化，包括西海岸搖擺、東部的吉特巴－琳蒂舞（jitterbug-lindy）、南部的夏格舞（shag）以及在德州的推滑舞（push，達拉斯）與鞭舞（whip，休斯頓）。表演的版本包括使他們與日常社交搖擺舞做出區分之激烈體能移動。雖然搖擺舞在1960年已經絕大多數消失了，但是在1980年代後期又有復甦的跡象，並從那時起開始廣泛的流傳。

Swiss Bank Corp.　瑞士銀行公司　主要的瑞士銀行。1872年成立，原名巴塞爾銀行協會，專營投資銀行業務。1895年與蘇黎世銀行協會合併，成為一家商業銀行，改名為巴塞爾－蘇黎世銀行協會。1897年兼併其他兩家銀行，改名為瑞士銀行公司。1998年與瑞士聯合銀行合併，組成瑞士銀行集團（UBS）。

Swiss chard　瑞士蒼達菜 ➠ chard

switching theory　交換理論　組成理想數位裝置的電路理論，包括構造、行為與設計。包含布爾邏輯（參閱Boolean algebra），現代數位交換系統的基本構成要素。交換對電話、電報、資料處理與其他路由資訊必要的快速決策所需的技術是必要的。亦請參閱queuing theory。

Switzerland　瑞士　正式名稱瑞士聯邦（Swiss Confederation）。法語作Suisse，德語作Schweiz。義大利語作Svizzera。羅曼什語作Helvetica。歐洲中部的內陸國家。面積41,293平方公里。人口約7,222,000（2001）。首都：伯恩。人民為德國人、法國人和義大利人。語言：德語、法語和義大利語（均為官方語）。宗教：天主教（約占45%），新教（40%）。貨幣：瑞士法郎（Sw F）。瑞士地形分成三個部分：草地覆蓋的侏羅山脈；中部的中央高原，農業富庶及城市化地區；巍峨崎嶇的阿爾卑斯山脈區。該國是世界著名的金融中心之一；經濟主要以國際貿易、銀行業及輕、重工業為基礎。製造業主要生產手錶、精確儀器、機器和化學產

品。旅遊業和農業亦重要；農產品有穀物、糖用甜菜、水果和蔬菜、乳製品、巧克力和葡萄酒。除了有不同的種族、語言和宗教外，瑞士還維持了近七百年的民主體制，是世界最古老的民主國家。政府形式是聯邦國家，兩院制。總統是國家元首暨政府首腦。最初的居民是赫爾維蒂人，西元前1世紀被羅馬人征服。從3～6世紀起日耳曼部落向該地區滲透，10世紀期間穆斯林和馬札兒入侵者也前來冒險。9世紀時由法蘭克人統治，11世紀時屬神聖羅馬帝國。1291年三個州組成反哈布斯堡聯盟，成為瑞士邦聯的核心。它是宗教改革運動的中心，這場運動分裂了邦聯，並導致一段政治和宗教衝突的時期。1798年法國人把瑞士組織成為赫爾維蒂共和國。1815年維也納國會承認瑞士獨立並保證它的中立。1848年組成新的聯邦國家，首都為伯恩。瑞士在兩次世界大戰中都保持中立，並繼續保持這種姿態。歐洲聯盟成立後，它開始努力實現與歐洲經濟區的臨時性聯合。

Swope, Gerard　斯沃普（西元1872～1957年）　美國實業家。麻省理工學院畢業，1895年進入西方電氣公司工作，1913年任董事。1919年被任命為奇異公司國際子公司總裁，極大的提高了公司的國外業務。作為奇異公司總裁（1922～1939，1942～1944），他拓展了公司的消費產品線，率先推行利潤分享和其他員工收益計畫。曾在商務部諮詢委員會任職。他的主張和支持促成了一些重要的新政改革計畫，如國家復興署、「社會安全法案」。

sword　軍刀　手持兵器，由長長的金屬刀刃和長度適宜的刀柄組成。羅馬軍刀刀刃短而平，刀柄明顯區別於刀刃。中世紀歐洲的軍刀很重，配備了很大的刀柄和防護裝置或是圓頭；刀刃是直的，兩邊開鋒的，尖角。火器的引入並沒有使軍刀消失，但帶來了新的設計，捨棄護身鎧甲而要求劍手學會躲避，開始使用一種狹窄、尖角的雙刃軍刀。印度和波斯使用一種有彎曲刀刃的軍刀，並由土耳其人帶到歐洲。土耳其人的半月形刀，彎刃，一邊開刃，在西方被改進為騎兵的馬刀。日本人的軍刀因其堅硬和極端鋒利而聞名，是日本武士的武器。可重複的輕武器結束了軍刀作為武器的價值，但仍繼續在決鬥中使用，並由此產生了現代擊劍運動。亦請參閱kendo。

S T U V

sword dance　劍舞　男子跳的民間舞蹈。用劍或雙刃刀表現祭奉活人和牲畜以求豐收、摹擬戰鬥以及抵禦妖魔鬼怪等主題。起源於希臘和羅馬時代，1350年出現於德國，後來摹擬戰鬥的一類被搬上舞台，劍舞成爲宮廷芭蕾的一部分。蘇格蘭人的劍舞由早期的十字劍舞衍生而來，莫里斯舞保留了劍舞的殘餘。歐洲以外，印度、婆羅洲和巴爾幹也有此類舞蹈。

swordfish　劍魚　劍魚科上等食用魚和遊釣魚，學名爲Xiphias gladius。分布於世界的熱帶和溫帶海洋。體細長，無鱗，背鰭高，吻從鼻部前突如劍，用以砍殺獵捕魚類。吻劍扁平，而不是像槍魚那樣呈圓型。體上部淡紫色或淡藍色，下部銀白色，體長可達4.5公尺，最重約450公斤。雖爲常見的食用魚，魚肉中卻可能含有達到危險程度的水銀成分。

Sybaris＊　錫巴里斯　義大利南部古希臘城市，位於塔蘭托灣。約西元前720年由亞該亞人建立，以富有和奢侈聞名（因此英語稱之爲sybarite），是大希臘最古老的城市之一。兩次被克洛托那人夷爲平地（西元前510、西元前448?年），雖試圖重建，但再也沒有重現往日的繁榮。

sycamore＊　西克莫　幾種完全不同科、不同屬的樹木的統稱。在美國指美國懸鈴木（參閱plane tree），一種沿街種植的硬木樹種。此外，西克莫楓（假懸鈴木楓），有時也簡稱西克莫。《聖經》中所記載的「西克莫」，實際上是指西克莫無花果（參閱fig），古埃及人用於製作木乃伊箱。

Sydenham, Thomas＊　西德納姆（西元1624～1689年）　英國醫師。所著《醫學觀察》（1676）在兩個世紀內一直是標準的教材，這本書因其細緻入微的觀察和記述的準確而聞名。1683年他的關於痛風的論文被視爲傑作。他是最早解釋歇斯底里和聖維杜斯舞蹈病（西德納姆舞蹈病）本質的人之一，也是最早用鐵治療缺鐵性貧血的人之一。西德納姆還爲猩紅熱命名，區別其與痲疹的不同，同時最早使用鴉片酒（一種鴉片的酒精溶液）進行藥物治療，並協助推廣奎寧治療瘧疾。

Sydney　雪梨　澳大利亞最大的都會區，新南威爾士州首府。位於澳大利亞東南海岸，是澳大利亞最古老和最大的城市，也是重要的商業和製造業中心。1788年作爲犯人監禁地開始建立（參閱Botany Bay），迅速發展成爲貿易中心。整個城市建築在一些低矮的小山丘上，環繞著世界上最優秀的天然良港之一，港口設施完善。雪梨港灣大橋是世界上最長的單孔大橋之一，與雪梨歌劇院構成了雪梨的主要風景線，並以其水上運動、娛樂設施及文化生活著稱。雪梨大學（1850）、新南威爾士大學（1949）和麥加利大學（1964）都坐落於此。雪梨是2000年夏季奧運會的主辦城市。人口約3,986,700（1998）。

Sydney Opera House　雪梨歌劇院　澳大利亞雪梨港口的表演藝術中心。設計生動富有想像力，由丹麥建築師烏特松（1918～）所設計，在1956年的競賽中名列第一，使他獲得國際名聲。建築過程引發各種問題，許多是因爲設計大膽的一連串閃亮白色貝殼形屋頂。在數年的研究之後，他將拱頂設計得更趨於球形，使得建造更容易且經濟。屋頂是由預鑄混凝土塊構成，而用鋼纜支撐在一起。中心最後在1973年開幕。

Sydow, Max von＊　麥斯・馮・席鐸（西元1929年～）　原名Carl Adolf von Sydow。瑞典演員。就學於斯德哥爾摩皇家戲劇學校，後成爲馬爾默和斯德哥爾摩的著名演員。以演出柏格曼電影中憂鬱寡歡的角色聞名，著名的有《第七封印》（1957）、《魔術師》（1958）、《處女之泉》（1960）、《冬日陽光》（1963）、《獵狼時刻》（1968）、《羞恥》（1968）和《安娜之怒》（1969）。演出許多美國和國際電影，包括《一個從未講過的最偉大的故事》（1965）、《伏魔者》（1973）、《剷除征服者》（1988）、《必需的》（1993）。

syllable　音節　由一個元音加上（或不加）其前後若干輔音而組成的言語的切分成分，如a、I、out、too、cap、snap、check。音節性輔音，像button和widen中的尾音n也算一個音節。閉音節以輔音結尾，而開音節以母音結尾。音節在言語研究、語音學和音系學中扮演重要的角色。

syllogism＊　三段論法　辯論的形式，在最普遍討論的例子中有兩個直言命題作爲前提，一個直言命題作爲結論。三段論法的一個例子是下面的論據：「每個人都會死亡（每個M都是P）；每個哲學家都是人（每個S都是M）；所以每個哲學家都會死亡（每個S都是P）。」這樣的論據正好有3個名詞（人、哲學家、死亡）。在這裡，論據由三個直言（相對假設而言）命題組成，因此它是一種直言三段論。在直言三段論中，出現在兩個前提中而不出現在結論中的詞（人）是一個中詞；結論中的謂詞稱作大詞，主詞爲小詞。名詞S、M和P（小、中、大）排列的模式稱作三段論格。在這個例子中，三段論爲第一種格，因爲大詞出現爲第一個前提中的謂詞，而小詞出現爲第二個前提中的主詞。

syllogistic＊＊　三段論　三段論法的正式分析。約西元前350年亞里斯多德在他的《分析前篇》中發展了三段論的原始形式，代表了最早的正式的邏輯學分支。三段論包含兩個領域的研究：直言三段論，由簡單陳述句及其包含必然和可能這類模態詞的變體所構成；非直言三段論，爲邏輯推斷的一種形式，使用整個命題作爲其單位，可追溯到斯多葛學派的一種嘗試，後由凱因斯（1852～1949）充分發展形成。

Sylvester II　西爾維斯特二世（西元945?～1003年）　原名Gerbert of Aurillac。第一位法籍教宗（999～1003）。爲著名邏輯學家和數學家，曾被任命爲理姆斯大主教（991）和拉韋納大主教（998?）。作爲教宗，他與奧托三世關係緊密，在義大利和遙遠的邦國如基輔和挪威等地都加強了教宗的權力。他堅決反對買賣聖職聖物，要求教士謹守獨身生活，並限制主教的權力。寫有數學、自然科學、音樂方面的教科書及哲學著作《關於理性和理性的應用》。

Sylvius, Franciscus＊　西爾維烏斯（西元1614～1672年）　原名Franz de le Boë。法語作François du Bois。德裔荷蘭醫師、生理學家、解剖學家和化學家。其醫學體系建立於哈維對血液循環的新發現基礎上，他認爲無論是正常還是病理的情況下，最重要的生命過程都發生在血液中。他提出化學失衡不是血液中酸過量，就是鹼過量，並因而設計出藥物來進行中和。作爲一名傑出的教師，西爾維烏斯對學生進行臨床教學。他首先區分由具有收斂管道的小單位組成的腺體與形成圓塊的腺體。數種解剖上的結構都以他的名字命名。

symbiosis　共生　兩種不同生物個體之間任何形式的共同生活。包括共棲、互惠共生和寄生現象。共生的個體稱爲共生體。在共棲中，一個個體（共生生物）從宿主那裡獲取養料、庇護、支援或移動力，而宿主並不受到影響（例如印魚依附於鯊魚而移動和獲取食物）。在互惠共生中，生物體

STUV

雙方都受益。許多互惠共生關係都是固性的，任何一方都不能離開另一方而生存（例如寄生在白蟻體內的原生動物會消化白蟻吞食的木材）。

symbol 符號 用於表示或象徵人、物、群、過程或概念的通訊要素。符號可以用圖形（例如基督教的十字架，或是黑白對分圓的陰陽）或具象（例如山姆大叔代表美國，獅子代表英勇）來呈現。符號可以包括字母的關聯（例如C代表化學元素碳）或是任意指定（例如數學的無限符號或是貨幣符號）。符號本身不是一種語言，而是用來將過於複雜或激烈，無法用普通語言清楚表達的概念，在共同文化的人與人之間傳遞。每個社會都發展一套符號系統，反映特殊的文化邏輯，而且每個符號使用的功能在文化的成員之間傳播資訊，方式很像普通的語言，但是更爲巧妙。雖然符號可能是結婚戒指或圖騰柱的抽象形式，符號傾向於成群出現，取決於彼此之間的含意與價值的累加。亦請參閱semiotics。

symbolic interactionism ➠ interactionism

Symbolism 象徵主義 藝術上，1880年代和1890年代盛行的鬆散運動，與文學上的象徵主義運動緊密相關。反對寫實主義與印象主義，象徵主義畫家著重藝術的主觀、符號與美觀功能，試圖用視覺方式喚起精神主觀狀態，轉向晦澀神祕的方向。雖然象徵主義的觀點出現在高更、梵谷以及納比派的作品之中，代表人物是莫羅、雷東和皮維斯·德·夏凡納。雖然大多與法國聯想在一起，其實風行全歐洲，並產生巨大的國際影響力，影響20世紀的藝術與文學。

Symbolist movement 象徵主義運動 19世紀末葉一群法國詩人發起並擴展到繪畫與戲劇的文學藝術運動，影響了20世紀的俄羅斯、歐洲和美洲的文學。象徵主義的藝術家們竭力通過細緻入微地、富有暗示性地運用高度象徵化的語言去表達個人的感情經驗，反對在傳統法國詩歌中嚴格的陳規舊套，如高踏派詩歌中的精確描繪所顯示的那樣。具有神祕意味和間接意義的符號語言被運用起來以替代日益削弱的具有概括性和普遍性意義的語言。主要的象徵派詩人有：馬拉美、魏倫、蘭波和維爾哈倫。許多象徵主義者也被認爲與頹廢派運動相聯繫。正如象徵主義畫家青睞於幻想與想像力的運用而避免寫實性的表達，象徵派的劇作家依靠神話、情緒與氣氛的渲染來間接地、僅僅是間接地揭示生存的深層意義。

Symington, (William) Stuart＊ 賽明頓（西元1901～1988年） 美國政治人物。生於麻薩諸塞州阿默斯特，曾是多家企業的經理人（1927～1945），在1946～1950年間出任空軍部長，之後在密蘇里州當選參議員（1953～1977），他雖鼓吹強硬的國防政策，但卻直言批評美國不應捲入越戰，認爲越戰對國家安全並不重要，甚且傷害經濟。

Symington, William＊ 賽明頓（西元1763～1831年） 英國工程師。雖然他受的是當牧師的教育，最後卻成爲一名機械工程師。1786年製成一輛蒸汽驅動的馬路客車運作模型，翌年首次將蒸汽機用於船舶。1801～1802年研製成功一艘蒸汽驅動的明輪並將其用於推動最早的實用汽輪之一「沙羅特·鄧達斯號」。儘管他所設計的引擎成功地應用於1802年的佛斯－克萊德運河航行，但是過於謹慎的航運經理們仍於1803年停止這一專案。

Symmachus, Quintus Aurelius＊ 西馬庫斯（西元345?～402年） 羅馬政治家、演說家和作家。基督教的主要反對者，與聖安布羅斯競爭，試圖影響日益基督教化的皇帝格拉提安（367～383年在位）和瓦倫提尼安二世（375～392年在位），勸說他們寬容異教。387年他作爲元老院領袖向新皇帝馬克西穆斯驅逐了瓦倫提尼安而繼位致賀。當388年狄奧多西一世以瓦倫提尼安的名義重新控制義大利時，西馬庫斯獲得了寬宥，並受命出任執政官。

symmetry 對稱 幾何學上指圖形或物體的各邊以一條線（對稱軸）或一個面爲中心彼此反射的性質；生物學上指動物或植物的某些部分的有序重複；化學上指分子或晶體中原子有序排列的性質；物理學上指由像牛頓運動定律這樣的基本定律闡述的平衡概念。在自然界，對稱是關於美的最基本概念的基礎，涵蓋著平衡、秩序以及由此而來的一類神學原理。

Symonds, John Addington＊ 辛門茲（西元1840～1893年） 英國散文家、詩人和傳記作家。曾爲了健康的緣故而雲遊四方，最後定居於瑞士。其代表作《義大利文藝復興》（1875～1886）是一系列關於文化歷史的內容廣泛的散文的組合。他的作品包括譯作、遊記和對人物的研究，如雪萊、班·強生、西德尼、米開朗基羅和惠特曼。其詩歌主要是宣泄他個人感情生活上的挫折。《希臘倫理研究》（寫於1871年）和《現代倫理研究》（1881）是最早探討同性戀問題的嚴肅作品之一。

辛門茲，粉筆畫，奧爾西繪；現藏倫敦國立肖像畫陳列館
By courtesy of the National Portrait Gallery, London

Symons, Arthur (William)＊ 塞門茲（西元1865～1945年） 英國詩人和評論家。對先鋒派雜誌《黃皮書》做出了貢獻，又曾編輯《卷心菜》雜誌（1896）。其作品《文學上的象徵主義運動》（1899）是第一部在詩歌上支持法國象徵主義運動的英語作品，在其後十年間引發各種闡釋，並影響了葉慈和艾略特。他的詩大多充滿世紀末情感，主要輯錄於《剪影》（1892）和《倫敦之夜》（1895）中。他也翻譯魏倫的詩作，並寫了一些遊記。1908年經歷一次精神失常後，作品極少，只有《坦白》（1930），是關於他的疾病的令人感動的記述。

symphonic poem 交響詩 亦稱音詩（tone poem）。受非音樂的故事或概念，通常是文學題材的啓發而創作的管弦樂曲作品，通常是單樂章的。由標題性序曲（如孟德爾頌的《芬格爾的洞穴》）發展而成。命名此術語的李斯特寫作了十三部這類作品。著名的交響詩包括史麥塔納的《伏爾塔瓦河》（1879）、德布西的《牧神的午後序曲》（1894）、杜卡的《魔法師的門徒》（1897）和史特勞斯的《唐吉訶德》（1897）和西貝流士的《芬蘭頌》（1900）。

symphony 交響曲 爲管弦樂團寫作的大型樂曲，通常由幾個樂章組成。其名稱在原古希臘語中爲「數音同時和鳴」之意；在早期的義大利歌劇中是指器樂間奏，尤其是前奏的專門用語。在17世紀後期那不勒斯歌劇的前奏曲中，尤其是1680年前後史卡拉第的作品中，已經具有快－慢－快三個樂章的固定形式。很快的這類前奏曲在音樂會上被用於單獨演奏，就好像交響曲的另一個前身大協奏曲那樣。到18世紀初期，這類前奏曲和協奏曲已經在薩馬爾蒂尼的交響曲中被合併起來。1750年左右，德國和維也納的作曲家們開始爲其增加一個小步舞曲樂章。有「交響樂之父」之稱的海頓在1755～1795年寫了超過一百部交響曲，充滿創意、激情和輝煌。

從海頓開始，交響曲已被視爲最重要的管弦樂隊作品。莫札特寫有三十五部富有創意的交響曲。貝多芬的九部交響曲注入了作曲家的氣魄與雄心。此後重要的交響曲作曲家有：舒伯特、孟德爾頌、舒曼、布魯克納、布拉姆斯、德弗札克、柴可夫斯基和馬勒。20世紀的後起之秀有：佛漢威廉士、西貝流士和蕭士塔高維奇。

symposium 交際酒會 古希臘時貴族舉行的宴會，男人們聚在一起討論哲學和政治問題，並朗誦詩歌。開始是武士的節日。爲此還專門設計了聚會的房間。參加者全部是男性貴族，他們頭戴花冠，用左肘斜靠在沙發上，有許多酒類飲料，由奴童服侍。聚會開始和結束時都要祈禱；有時以上街遊行來結束酒會。在柏拉圖著名的《會飲篇》中，有一段蘇格拉底、亞里斯多芬、亞西比德和其他人之間關於愛情這一主題的虛擬對話。亞里斯多德、色諾芬和伊比鳩魯還寫了一些有關其他主題的交際酒會文學作品。

synagogue 會堂 猶太教中進行宗教活動、同時也可用於集會和學習的場所。會堂的起源不確定，但曾與古代聖殿崇拜共同興盛並在猶太人獻祭制度出現之前很久就已存在。羅馬皇帝提圖斯於西元70年將聖殿毀壞，猶太人的獻祭活動和祭司制度也就停止了，因此會堂在猶太人生活中無可置疑的中心地位就顯得更爲重要了。會堂的建築形式並沒有一定的標準。典型的會堂包括一個約櫃（收藏律法書之處），櫃前一盞長明燈、兩座燭台、數排長凳和一個講壇，有些還設有淨身池。

synapse＊ 突觸 神經細胞之間或神經細胞和效應器細胞（如腺體細胞、肌肉細胞等）之間傳導神經刺激的接點。分爲化學性突觸和生物電性突觸兩類。就化學性突觸來說，刺激穿越突觸間隙是通過稱爲「神經介質」的化學物質傳遞的；生物電性突觸則更直接地在神經細胞間發生。此時神經細胞間的細胞膜互相溶合，並有許多孔隙，允許帶電離子通過以傳導神經興奮。生物電性突觸多見於無脊椎動物或低等脊椎動物，其傳遞訊息快於化學性突觸。化學性突觸看來是隨更複雜的大型脊椎動物的神經系統演化形成的，在此類系統中，多種訊息需要通過較長的距離來傳遞。

Synchromism＊ 同步主義 一場以純粹注重色彩的抽象性運用爲宗旨的藝術運動。1912～1913年創始於巴黎，發起人是美國藝術家麥克唐納－萊特（1890～1973）和羅素（1886～1953）。同步主義（意爲「色彩的綜合」）將色彩理論與音樂調式相比照，與德洛內提出的奧費主義有很多相似之處。第一件同步主義作品是羅素的《綠色的同步》（1913），該畫於1913年在巴黎獨立沙龍中展出。同步主義主要吸引班頓等美國藝術家的注意。

synchronized swimming 水上芭蕾 在音樂伴奏下單人或多位運動員做各種動作以在水中形成變化的圖案的游泳技巧表演。該運動在1930年代發展於美國，1984年納入奧運會比賽項目（僅個人和雙人）。1996年改變規則，允許一組8位女隊員共同表演，依據規定動作和自選動作評分。

synchrotron＊ 同步加速器 環形的粒子加速器，用磁場把粒子限定在它們的軌道上。磁場強度隨著粒子動量的增加而增加。與粒子的軌道頻率同步的交流電場使粒子加速。同步加速器是以它們所加速的粒子來命名的。美國伊利諾州的費米國家加速器實驗室裡的質子同步加速器能產生迄今爲止所能達到的最高粒子能量。

synchrotron radiation 同步加速器輻射 以接近光速的速率運動的帶電粒子，當它們的路徑改變時所發射的電磁輻射。之所以這樣稱呼，是因爲它是由同步加速器中的高速粒子產生的。這種輻射是高度偏振化的（參閱polarization），而且是連續的。其強度和頻率取決於改變粒子路徑的磁場強度，還取決於這些粒子的能量。當高能電子在磁場中螺旋前進時（就像木星周圍的電子那樣）發射無線電頻率的同步加速器輻射。各種天體，從行星到超新星殘存體到類星體，都發射此類輻射。

syncope＊ 暈厥 供應身體某一部分的血液循環暫時出現障礙而引起的症狀。常用作昏厥（fainting）的同義詞，即血壓下降引起的腦部供血不足。往往先有面色蒼白、噁心和出汗，然後瞳孔擴大、打哈欠、呼吸加快、心跳加速。通常持續數十秒鐘至數分鐘，繼之出現頭痛、精神混亂、感覺虛弱。致病原因可以是器質性的（如主動脈狹窄、心力衰竭或低血糖），也可以是精神性的（如恐懼、焦慮等）。迷走神經或自主神經反應異常也能導致昏厥，而且往往毫無先兆，一些日常的活動如小便、吞嚥、咳嗽或起身站立以及壓迫頸部動脈都可能引起。局部暈厥的表現爲身體一小塊區域尤其是手指的發冷和麻木，通常因局部血流減少引起。

syndicalism＊ 工團主義 主張工人階級採取直接行動消滅資本主義制度（包括國家）、建立以生產單位的工人爲基礎的社會制度的運動。19世紀末起源於法國工會無政府主義，期待一場以工人階級勝利告終的階級戰爭，戰爭後社會將在工會這一由生產者自我管理的自由協會周圍組織起來，工會通過勞動力的交換而與其他的生產者相聯繫，這種工會將執行就業與經濟計畫機構的功能。在工團主義影響最高漲的時期，即第一次世界大戰之前，該運動在歐洲、拉丁美洲和美國擁有超過一百萬的成員。戰後工團主義者轉向蘇聯的共產主義模式，或者被工會和民主改革所允諾的工人階級的獲益前景所誘惑。亦請參閱corporatism。

Synge, John Millington＊ 辛格（西元1871～1909年） 愛爾蘭劇作家。曾在都柏林和法國學習語言和音樂，受到葉慈的影響而燃起了對愛爾蘭語和人民的熱愛之情。1899～1902年的夏天他都在阿倫群島度過，並以島民的故事爲藍本寫成早期的劇本《峽谷的陰影》（1903）和《騎馬下海者》（1904）。在愛爾蘭西岸的旅行給了他靈感，寫下最著名的劇本《西方世界的花花公子》（1907），由於劇中對愛爾蘭人性格特點的描寫毫不留情，該劇在阿比劇院首演時引起了暴動。他未完成的作品《禍水黛特》於1910年上演。作爲有力的詩劇作家，是愛爾蘭文學文藝復興的主要代表人物。

synodic period＊ 會合週期 從地球上看，行星、月球或人造地球衛星等太陽系內的天體回到相對於太陽而言的同一位置所需的時間。月球的會合週期是兩個同樣月相相繼出現的時間間隔（例如從這次滿月到下次滿月的時間間隔）。行星的會合週期是地球和行星在繞太陽運行時，地球趕上行星所需的時間，或它們趕上地球所需的時間（對運動較快的水星和金星而言）。亦請參閱sidereal period。

syntax 句法 詞在句子、分句、短語中的配列方式以及對句子構成及其各部分之間的關係的研究。在英語中，表示這類關係的主要手段是詞序；例如“The girl loves the boy.”（女孩愛男孩），這一句子就遵循了標準的「主動賓」詞序，改變詞序將會改變句子的意思，或者使句子毫無意義。在像拉丁語這樣的語言中，詞序就要靈活得多，詞尾具有標誌名詞或形容詞的作用。這種詞形變化使得句子不必依賴詞序來標示一個詞在句中的作用。

synthesizer 合成器 透過電子手段產生或修改聲音的機器，通常伴隨著數位電腦，使用在電子音樂的作曲及現場演唱。合成器會產生波形，然後改變其強度、持續時間、頻率及音色。合成器會使用減法合成（從包含一個基音及所有泛音的訊號中移除不需要的構件）、加法合成（從單純正弦波音調建立音調）或其他技術－－最重要的是所有聲音的樣品（通常來自視聽器材數位錄製的聲音）。第一個合成器是由美國無線電公司（RCA）約在1955年所發展出來的。簡單、商業上可行的合成器，通常帶有類似鋼琴的鍵盤，則是在1960年代由穆格（1934～）、布克拉（1937～）等人所生產。隨著電晶體科技，這些合成器很快變成方便攜帶且價格便宜，所以能使用於實際表演，這種設備也成爲搖滾樂團的固定裝備，通常用以取代電子琴及風琴。亦請參閱MIDI。

synthetic ammonia process 合成氨法 ➠ Haber-Bosch process

syphilis＊ 梅毒 由蒼白密螺旋體引起引起的一種性傳染病。如不加醫治，梅毒病程可分三期：一期梅毒的特徵是出現下疳腫塊且伴有低燒；半數患者於下疳出現數週或數月後出現第二期梅毒症狀，特徵爲皮膚和黏膜出疹，淋巴結腫大，骨、關節、眼和神經系統受累；經過可長達數年的潛伏期後，約1/4患者可出現第三期性狀。其中半數病程經過爲良性，另外半數可致殘或死亡。梅毒可由染病的母親傳給胎兒。其他一些種類的密螺旋體可導致非性交性的梅毒（參閱yaws），與性交性梅毒相類但程度較輕。幾種血清測試可以檢驗梅毒，即使尚在潛伏期也可以檢驗出。使用抗生素可以有效地進行治療。

Syr Darya＊ 錫爾河 古稱Iaxartes。亞洲中西部烏茲別克、塔吉克和哈薩克境內河流。由肥沃的費爾干納盆地內的兩條源流匯合而成，朝西－西北方流，注入鹹海，全長2,212公里。它的下游處在克孜勒庫姆沙漠的東部邊緣上。錫爾河是亞洲中部地區最長的河流，但水量不如阿姆河大。廣泛用於水力發電和灌溉。

Syracuse 敘拉古 義大利語作Siracusa。古稱Syracusae。義大利西西里島東岸海港城市。西元前734年由來自科林斯的希臘人創建，西元前485年被格拉的希波克拉底奪占，從此受暴君統治，直到約西元前465年發生一場革命運動，建立了民主憲政。西元前413年在伯羅奔尼撒戰爭中打敗雅典人的入侵軍隊。西元前405～西元前367年在狄奧尼修斯一世的統治下，敘拉古成爲最強大的希臘城邦，與對手迦太基進行了三次戰爭。西元前211年被羅馬人攻占，西元280年爲法蘭克人劫掠，878年被阿拉伯人占領，到中世紀其重要性衰退。現爲農業區的商業中心，也是漁港和旅遊中心，保留許多中世紀和文藝復興時期的建築典範以及希臘與羅馬時代的遺跡。忒奧克里托斯和阿基米德均出生於此。人口約126,000（1996）。

Syracuse 雪城 美國紐約州中部城市。位於奧奈達湖南端，曾是奧農達加印第安人的領地，也是易洛魁聯盟的大本營。17世紀法國人到此，印第安人的敵意和當地的沼澤區阻止殖民的到來，直到1786年建立商棧。以當地鹽泉爲基礎的鹽業開始迅速發展，在1870年以前這裡一直是整個美國所需的大部分鹽的供給地。作爲伊利運河上的重要港口，它是紐約州中部農業區的商品集散中心，還生產藥品和電子產品。有雪城大學（1870）和埃弗森藝術博物館（建於1896年）。人口約156,000（1996）。

Syracuse University 雪城大學 紐約州私立大學，位於雪城，1870年創校。設有以下學院：藝術及科學、視覺與表演藝術、人力發展、建築、工程、護理、傳播（紐豪斯學院）、社會工作、資訊研究、管理、公共事務（馬克士威學院）。研究機構包括老人醫學中心、電腦應用中心、科學與科技中心等。現有學生人數約14,500人。

Syria 敘利亞 正式名稱敘利亞阿拉伯共和國（Syrian Arab Republic）。南亞國家，位於地中海東岸。面積185,180平方公里。人口約17,156,000（2002）。首都：大馬士革。阿拉伯人是主要種族，庫爾德人是最大的少數民族。語言：阿拉伯語（官方語）、法語、庫爾德語、亞美尼亞語、英語。宗教：伊斯蘭教（遜尼派、阿拉維派和德魯士派）、基督教（少數）。貨幣：敘利亞鎊（LS）。敘利亞的地形有沿海地帶，水資源豐沛；包含前黎巴嫩山脈的山區；和敘利亞沙漠

的一部分。幼發拉底河是最重要的水源也是唯一有航運之利的河流。經濟是以農業、貿易、礦業和製造業爲基礎的混合經濟。農作物包括了棉花、穀物、水果、煙草和畜產品。礦產資源有石油、天然氣和鐵礦；製造業包括了紡織、水泥和製鞋。政府形式是共和國，一院制。國家元首暨政府首腦是總統，並且必須是穆斯林。法律系統主要以伊斯蘭法爲基礎。敘利亞有居民的歷史已達數千年。從西元前3千紀起，它在不同時期分別處於蘇美人、阿卡德人、阿莫里特人、埃及人、西台人、亞述人和巴比倫尼亞人的統治之下。西元前6世紀，它成爲波斯阿契美尼德王朝的一部分，西元前330年該王朝落入亞歷山大大帝手中。西元前301～西元前164年前後，塞琉西王朝的統治者們控制了它；然後是安息人和納巴泰人瓜分了這個地區。在成爲羅馬的一個省（西元前64～西元300年）和拜占庭帝國（300～634）的一部分而繁榮起來，直到穆斯林入侵並建立統治。1516年它歸於鄂圖曼帝國，除了被埃及短暫統治外，鄂圖曼帝國一直控制著它直到第一次世界大戰中英國入侵。大戰結束後，它成了法國的託管區；1944年實現獨立。1958～1961年間它在阿拉伯聯合共和國中與埃及聯合。在六日戰爭期間，它將戈蘭高地輸給了以色列。1980年代和1990年代，敘利亞的軍隊經常在黎巴嫩與以色列的軍隊發生衝突。阿塞德漫長和嚴酷的統治還表現在與敘利亞的鄰國土耳其和伊拉克的對抗。

STUV

Syrian Desert　敘利亞沙漠　南亞乾旱荒漠。遍及沙烏地阿拉伯北部、約旦東部、敘利亞南部及伊拉克西部大部分地區。大部分被熔岩流覆蓋，在近代以前一直是黎凡特和美索不達米亞兩人口居住區之間幾乎無法穿越的屏障，現有數條公路和輸油管貫穿。

syringomyelia＊　脊髓空洞症　腦脊液進入脊髓並在其中生成空洞爲特徵的疾病。該空洞可隨時間拖延而擴大，摧毀脊髓中樞，症狀隨空洞的大小及所在而不同。該病症常與小腦的先天畸形有關，但也可以是脊骨損傷、腦膜炎、腫瘤或其他病症而引起。症狀包括：喪失感覺尤其是溫度感，肌肉無力及肌強直，頭痛且經年累月地疼痛。脊髓空洞症可藉由磁共振成像來診斷。通過手術矯正致病因素，能使患者的身體狀況趨於穩定或得到改善。

syrinx ➠ panpipe

system of equations　方程式組　亦稱聯立方程式（simultaneous equations）。代數學上，兩個或兩個以上的方程式一起求解（解必須滿足方程式組的所有方程式）。方程式組要得到唯一解，方程式的數目必須等於未知數的數目。即使這樣不保證有解。如果存在解，方程式組是相容的，否則就是不成立的。線性方程式組可以用矩陣表示，矩陣的元素是方程式的係數。雖然兩個未知數、兩個方程式的簡單方程式組可以用代入法求解，較大的方程式組最好還是用矩陣方法來處理。

systemic circulation＊　體循環　向機體組織（不含肺部）供送氧合血液同時回收去氧血的血管通路。血液自左心室搏出，經主動脈和動脈到毛細血管；血液中攜帶的氧在相關組織以及器官的細胞中與二氧化碳互換後，血液經靜脈系統返回右心房。動脈血壓維持著全身的血液流動；如果血壓下降太多，身體組織就無法得到足夠的氧和養分。血流相對於各器官和各系統的次循環是各不相同的，例如飲食後流經消化道的血量增加，運動時流經肌肉的血量增加。亦請參閱cardiovascular system、circulation、pulmonary circulation。

systems analysis　系統分析　在資訊處理之中，系統工程的一個階段。系統分析階段的主要目的是詳列系統必須要符合用戶的哪些需求。在系統設計階段這些列表轉化成圖表階層，界定需要的資料，以及對資料的處理，因此可以表示成電腦程式的指令。許多資訊系統是以通用軟體來進行，而不是用那些特別定做的程式。

systems ecology　系統生態學　生態系生態學（研究能量收支、生物地球化學循環及生態群落的進食與行爲方面）的分支，嘗試明辨生態系統的結構與機能，藉由應用數學、數學模式與電腦程式。專注於輸入與輸出分析，並刺激應用生態學的發展：將生態法則應用於自然資源管理、農業生產與環境污染問題。

systems engineering　系統工程　利用工程與科學各學門的知識，將技術創新帶入系統規畫與發展階段。系統工程最早是在1920年代與1930年代應用於商業電話系統的組織。許多系統工程技術是在第二次世界大戰期間發展，爲了更有效率地部署軍事裝備。此領域在戰後成長是受到電力系統與電腦與資訊理論發展的激勵。系統工程通常包括結合新的技術到複雜的人造系統，某個部分的一點改變會影響其他許多部分。系統工程師使用的一種工具稱爲流程圖，以圖解的方式說明系統，幾何圖案表示不同的子系統，箭頭表示互相之間的影響。其他工具包括數學模式、機率論、統計分析與電腦模擬。

systems programming　系統程式設計　發展電腦軟體，作爲電腦作業系統或其他控制程式的一部分，特別是用於電腦網路。系統程式設計涵蓋資料與程式管理，包括作業系統、控制程式、網路軟體與資料庫管理系統。

Szczecin＊　什切青　德語作Stettin。波蘭西北部海港，靠近奧得河河口。幾個世紀以來一直是斯拉夫漁業和貿易中心，10世紀時被梅什科一世併入波蘭。1360年加入漢撒同盟，1648年爲瑞典所有，1720年歸屬普魯士，從此受德國控制，直到第二次世界大戰後移交給波蘭。戰爭中其港口完全被毀，城市人口劇減。在波蘭政府管理下，港口和城市都得以重建，現爲波蘭最大港口聯合體的一部分。是波蘭西部的文化中心，有數所高等院校位於此。人口約414,000（1996）。

Széchenyi, István, Gróf (Count)＊　塞切尼（西元1791～1860年）　匈牙利改革家和作家。出身於維也納－匈牙利貴族家庭，曾在歐洲各地旅遊。後返回布達佩斯建立匈牙利國家科學院（1825），並寫作數本著作倡議經濟改革，力促貴族爲匈牙利的現代化而納稅。他領導修繕道路的工程，使多瑙河航運可以直通黑海，還在布達佩斯修建第一座吊橋。1840年代他的追隨者轉投入更激進的科蘇特。1848年罹患精神病。

Szechwan ➠ Sichuan

Szell, George＊　賽爾（西元1897～1970年）　匈牙利裔美籍指揮家。十一歲即作爲鋼琴演奏家首演，二十歲生日之前就已成爲鋼琴演奏家、指揮和作曲家，與柏林愛樂樂團同台演出。曾在德國許多城市擔任歌劇指揮，包括柏林（1924～1930）和布拉格（1930～1936）。戰爭爆發後移民美國，先後在紐約市大都會歌劇院（1942～1946）和克利夫蘭交響樂團（1946～1970）擔任指揮。在那裡他排練極爲苛刻，並以其高度奉獻精神贏得樂團演奏者們的熱愛。他指揮樂隊所獲得的傳奇般的精確效果使該樂團成爲全世界最優秀的樂團之一。

Szent-Györgyi, Albert＊　森特－哲爾吉（西元1893～1986年）　匈牙利裔美籍生物化學家，因發現某些有機化合物（特別是維生素C）在營養素的細胞內氧化過程（參閱oxidation-reduction）中的作用，而獲得1937年諾貝爾獎。他從植物汁液及腎上腺提取物中發現並分離出一種有機還原劑，並證明該物質即維生素C。他在細胞中間產物方面的研究爲克雷布斯對三羧酸循環的解釋打下了基礎。晚年研究肌肉運動中的生物化學（論證了三磷酸腺苷的作用）和細胞分裂的生物化學。

森特－哲爾吉
Boyer－H. Roger-Viollet

Szilard, Leo＊　西勞德（西元1898～1964年）　匈牙利裔美籍物理學家。曾在柏林大學任教（1922～1933），後逃往英國（1934～1937）和美國，1942年起任職於美國芝加哥大學。他在1929年確定了熵與資訊轉移之間的關係；1934年幫助發展第一套人工放射性元素同位素分離法。他協助費米進行了第一次持續性核鏈鎖反應，並建造了第一座核反應爐。1939年，他是建立曼哈頓計畫的推動人物，在該計畫中他幫助改進原子彈。原子彈初次使用後，他積極宣傳原子能的和平用途和對核子武器的控制，創立了可居世界理事會（Council for a Livable World）。1959年獲得原子和平獎。

Szymanowski, Karol (Maciej)＊ 席曼諾夫斯基（西元1882～1937年） 波蘭作曲家。出身於一教養良好的家庭，曾在華沙學習音樂。因感到華沙的音樂生活無發展前途，他便到歐洲、非洲和中東旅行，由此拓寬了他的音樂品位。第一次世界大戰中他喪失了所有的財產，成爲狂熱的民族主義者，學習波蘭的民族音樂並將其結合於自己的作品中，包括歌劇《羅傑王》（1924）。因肺結核惡化而辭去華沙音樂學院院長之職（1927～1929）。他共寫作了四支交響樂、兩首小提琴協奏曲、一首鋼琴協奏曲、一部《聖母悼歌》（1926）、一部芭蕾舞劇《哈納謝》（1931）和許多首歌曲。他的鋼琴音樂包括《排檔間飾》（1915）、《假面具》（1916）和二十二首馬厝卡。

Szymborska, Wislawa＊ 辛波絲卡（西元1923年～） 波蘭女詩人。1953～1981年一直是《文學生活》週刊的編輯，獲得了詩人、書評家和法文詩譯者之名。最早的兩部詩集嘗試遵循社會主義寫實主義。後期的詩作則以其精確而具體的語言和富於反諷意味的超然態度表達她對共產主義的不滿，並對哲學、道德和倫理問題進行探討。她的詩作選集被翻譯成英文出版，名爲《一抔沙裡看世界》（1995）。1996年獲諾貝爾文學獎。

T1　T1　寬頻電信線路（參閱broadband technology）的類型，特別是用於連接網際網路服務提供者到網際網路的基礎設施。1960年代由貝爾實驗室發展，「T載波系統」提供全數位、全雙工資料交換在傳統電線、同軸纜線、光纖、微波傳送或其他通訊介質。T1線路每秒傳送1.5 MB的資料，T3線路則可傳送超過40 MB。不過這種系統通常對個別的網路使用者過於昂貴，乃改以ISDN線路、纜線數據機、DSL線路、一些無線方式、衛星系統來作高速的網際網路存取。

T cell　T細胞　兩種主要的白血球細胞之一，另一種是B細胞，免疫系統的必要組成。T細胞源自於骨髓，在胸腺成熟，在血液中行進到其他淋巴組織，如脾臟、扁桃腺與淋巴結。藉由其表面的受器分子，T細胞直接與入侵者（抗原）結合而加以攻擊，並將其從體內移除。因爲身體內有數以百萬計的T細胞和B細胞，攜帶許多特別的受器，幾乎對所有抗原都有反應。亦請參閱antibody、immunology。

T Tauri star＊　金牛座T型星　質量小於兩倍的太陽質量的新生恆星統稱。亮度上無法預測的變化爲其特徵，金牛座T型星處於恆星演進過程的早期階段，即剛剛由星際氣體和塵埃的快速引力收縮形成的恆星。這類年輕恆星的收縮越來越慢，但其十分不穩定的狀態會一直維持至內部溫度高到足以通過核融合產生能量爲止。現已知有五百多顆金牛座T型星。

Ta hsüeh ➠ Da xue

Ta-lien ➠ Dalian

T'a-li-mu Ho ➠ Tarim River

Ta-wen-k'ou culture ➠ Dawenkou culture

Ta Yu ➠ Da Yu

Taaffe, Eduard, Graf (Count) von＊　塔費伯爵（西元1833～1895年）　奧地利政治人物和首相（1868～1870，1879～1893）。皇帝法蘭西斯・約瑟夫少年時代的密友。1852年參加政府工作，晉陞很快，歷任上奧地利總督、內務大臣（1867，1870～1871，1879）、蒂羅爾總督（1871～1879）和首相。在第二任首相任期內，他促成一個保守的同盟，以對波蘭和捷克的民族主義者作出讓步，並將他們引入擔任哈布斯堡政府工作，來安撫奧地利帝國內民族主義者的秩序。

Taal, Lake＊　塔阿爾湖　舊稱Lake Bombon。位於菲律賓呂宋島西南部的湖。面積244平方公里，內有海拔3公尺以下的火山口。起源於湖內被稱爲塔阿爾的火山島（海拔300公尺），在島上也有一小型火山口湖（黃湖）。自1572年開始，該火山已爆發有二十五次，最近一次發生於1970年。塔阿爾湖已畫入國家公園，爲主要旅遊勝地。

Tabari, al-＊　塔百里（西元839～923年）　全名Abu Jafar Muhammad ibn Jarir Al-Tabari。穆斯林學者、《可蘭經》注釋者和歷史學家。曾在伊拉克、敘利亞和埃及等地的伊斯蘭學習中心學習。其作品《可蘭經注》，以聖訓裡法律、詞意和歷史上的解釋將《可蘭經》加以注釋。另一主要作品爲《歷代先知與帝王史》，敘述自天地創造之始到伍麥葉王朝消逝爲止的一段歷史。

Tabasco＊　塔瓦斯科　墨西哥東南部一州。面積24,662平方公里。首府爲比亞埃爾莫薩。前哥倫比亞印第安文化包括了基切人文化、奧爾梅克文化、塔瓦斯科文化和納瓦人文化。1518年歐洲人是最早來到塔瓦斯科的，1519年科爾特斯首次與印第安人發生衝突，其中部分印第安人在1530年代和1540年代被制服。1824年設州。農業、林業、養蜂業、墨西哥灣內的漁業和養牛業在1960年代石油開採前，爲州內的主要收入來源。州內現有三十個以上的油田。人口約1,817,703（1997）。

Tabernacle　聖所　在猶太教歷史中，指摩西在率領希伯來族到達迦南之前的一段流浪時期中爲拜神而立的可移動式的聖所。出埃及記中曾詳細描述，聖所分成外部的房間（即「聖地」）和放置法櫃的內室（即至聖所）兩部分。當耶路撒冷聖殿建成後，聖所即不再使用。在現代的天主教和東正教中，放置在神壇上保存聖餐中所用的餅和酒的容器也被稱爲聖所。

tabes dorsalis＊　脊髓癆　亦稱進行性運動性共濟失調（progressive locomotor ataxia）。少見的神經型第三期梅毒，造成脊髓背根的變性（參閱spinal cord）。若不加治療，脊髓癆會使患者越來越虛弱直到在沒有攙扶下會無法行走。其症狀主要影響下肢，可在初染二十五年之後才出現，最早症狀是短暫性的下肢刺痛（閃電似的疼）。神經性退化會造成腱反射喪失；逐漸嚴重的運動失調；對疼痛、溫度的感覺和本體感覺的喪失，這些感覺缺陷可造成小便失禁，嚴重的足部潰瘍，以及膝和髖的骨性關節炎。脊髓癆極少致死。用青黴素去除致病微生物可緩解疼痛但並不能扭轉神經變性。

tabla＊　塔布拉鼓　一對小鼓，爲北印度室內樂演奏中主要的敲擊樂器。其音高較高的達希那鼓，是約略呈圓柱體，單面皮的鼓，通常爲木製，一般是按拉格的主音定調。巴尼亞鼓是一種深的鍋鼓，通常爲銅製，演奏者用手掌後部的壓力改變音高。一塊黑色調音膏放在每個鼓上，以使它產生和諧的泛音。

table　桌　最晚在西元前7世紀爲西方使用的一種基本家具，由石板、金屬板、木板或玻璃板製成，用支架、腿或一根柱子支撐。雖然桌子被使用於古代埃及、亞述和中世紀希臘時期，但在封建主義下越來越多繁文縟節的生活，桌子在社交上的重要性日增。裝有固定桌腿的桌子於15世紀問世。16世紀巧妙地設計了一種活動桌面，可使桌子長度成倍增加。18世紀與東方的頻繁接觸，促進了對便桌樣式設計的專門化。

Table Bay　桌灣　大西洋岸的海灣，形成南非開普敦的海港。長19公里，寬12公里。雖然避風條件不比沿岸其他海灣好，但有充足的淡水供應，因此成爲開往印度和東方的船隻停泊地點。荷蘭人曾於1652年在岸邊永久定居。

table tennis　桌球　亦稱乒乓球（Ping-Pong）。一種以網球爲基本，使用木製球拍和一小型空心塑膠球在平面桌上進行的運動。競賽目的是擊球使之過網，彈跳在對手的那一半方塊的桌面上，而使對手無法觸及該球或正確地將該球擊回。有單人與雙人競賽模式。比賽分三戰兩勝制或五戰三勝制，由先贏得21點的選手或隊伍獲得勝利。創始於20世紀初的英格蘭，桌球運動很快地被傳到世界各地。自1950年代中期開始，東亞國家在桌球運動中占有主要地位。1988年開始，桌球成爲奧運會中男子和女子皆有的競賽項目。

taboo　禁忌　因畏懼來自超自然力量的直接傷害而對觸摸、說話或做某些事情予以禁止。該詞源於波利尼西亞語，最早是由科克船長於1771年到東加時首次注意到，而實際上禁忌在所有文化中都存在。禁忌可包括：禁止在某個季節捕魚或狩獵；禁止吃某些食品；禁止與社會中其他階級成員接觸；禁止接觸屍體和禁止經期婦女進行某些活動。儘管有的禁忌可以追溯出有礙健康與安全的依據，但對絕大多數其他禁忌卻沒有一個普遍接受的解釋，不過大體上都同意禁忌多與對維持社會秩序至關重要的事物相聯繫。

Tabriz＊ 大不里士 伊朗西北部城市。地震、阿拉伯人、土耳其人和蒙古人的入侵曾無數次毀滅了這個城市。1392年土耳其統治者帖木兒征服了該城。此後的兩百年裡政權數次在伊朗和土耳其之間易手。18～19世紀間，土耳其人和俄羅斯人輪流占領該城，他們還在第一次世界大戰中展開了對它的爭奪。1850年代，巴布與其四萬餘名追隨者在此地被處決。該城在伊朗政治中十分活躍，在兩伊戰爭（1980年代）中遭到轟炸的毀壞。著名的古代遺跡包括以其璀璨的藍色瓷磚裝飾而享有盛名的藍色清眞寺（1465～1466）和合贊的十二邊陵墓遺址。人口約1,166,000（1994）。

Tabriz school 大不里士畫派 14世紀初蒙古伊爾汗國創立的一個細密畫派。早期的大不里士派作品筆法清淡如羽毛、色彩柔和，試圖營造空間上的幻覺，反映了東亞傳統對伊斯蘭繪畫的滲透。在伊爾汗國被伊斯蘭的帖木爾王國（1370～1506）征服時該畫派達到了頂峰。儘管其光芒被設拉子和赫拉特的作坊所遮蓋，大不里士畫派在這一時期仍很活躍。

Tachism＊ 滴色主義 來源於法語tache，意爲「斑點」。第二次世界大戰後直至1950年代末巴黎繪畫的一種風格流派。與美國行動繪畫一樣，也是主要由直覺和偶發性支配畫筆。滴色派畫家包括哈當（1904～1989）和馬提厄（1921～），他們用蘸飽顏料的畫筆，以掃、滴、塗抹、灑、潑的方法畫大幅作品。滴色主義受到美國抽象印象主義的影響，是戰後所謂「非形藝術」（Art Informel）運動的一部分。

tachycardia＊ 心搏過速 心搏過速指心搏速率每分鐘超過100次（最高可達240次）的情況。作爲對運動和壓力的正常反應，心搏過速對健康人來說沒有危險，但如果心搏過速不是有心臟的自然心律調節器調節引起的，則爲心律失常。症狀包括疲勞、暈厥、呼吸急促和心悸等。可能在幾分鐘或數小時內停止，並無持續性的不良影響；但在嚴重的心肺或循環疾病情況下將會引發心房纖顫或心肌梗塞，必須立即加以治療。心搏過速的治療方法包括對心臟實施電擊、使用抗心律失常的藥物和抗心搏過速的心律調節器。

tachyon＊ 快子 一種假設的亞原子粒子，其速度總是大於光速。快子的存在看起來與相對論是一致的。正像普通粒子（如電子）只能在速度小於光速時才能存在，快子只有在速度大於光速時才能存在。在這樣的高速下，快子的質量才會是實的和正的。快子在失去能量時加速；它運動得越快，具有的能量越少。實驗上還沒有確認快子的存在。

Tacitus＊ 塔西圖斯（西元56?～120?年） 拉丁語全名Publius Cornelius Tacitus。羅馬演說家和高級官員。學習過修辭學。從一個低級的地方行政官員開始其政途，最終成爲亞洲總督，最高的省級行政長官（112～113）。西元98年他寫作了《阿格里科拉傳》和《日耳曼尼亞志》，前者是一本記錄他的岳父不列顛總督事跡的傳記，後者描寫的則是萊茵河上的羅馬邊境居民。他關於羅馬歷史的著作包括描寫帝國自西元69至96年間的《歷史》和後來寫成的描寫西元14～68年間羅馬帝國的《編年史》，後者當中有力的評價分析了他在《歷史》一書中描述的羅馬政治自由之衰落。兩書都僅有部分倘存。塔西圖斯或許是最偉大的一位歷史學家和最偉大的以拉丁文寫作的散文家之一。

Tacoma 他科馬 美國華盛頓州西部海港城市。瀕臨普吉海峽。1864年設居民點，後成長爲一個木材業與港口城市。船塢和小飛輪排列在其濱水地區。既是造船中心，也擁有冶煉、鑄造和電氣化學工廠。是通往來尼爾山國家公園的門戶，又有一座橋與奧林匹克半島遊樂區相連。普吉海峽大學（1888）和太平洋路德宗大學（1890）均位於此。人口約179,000（1996）。

Taconic orogeny＊ 塔康造山運動 影響美國東海岸沿線的阿帕拉契地槽的造山事件。這次造山運動的證據在阿帕拉契山脈北部最顯著，但其影響在遠至田納西州和喬治亞州都有跡象。由此運動造成的結果包括紐約州的塔科尼克嶺和佛蒙特州綠山的形成。原來認爲這次運動發生在奧陶紀和志留紀（約4.43億年前）的交界，現在大多數學者都認爲包含有好多次活動，從奧陶紀中期起，延續到志留紀早期。

Taconic Range 塔科尼克嶺 美國東北部阿巴拉契亞山系的組成部分。延伸自佛蒙特州南部到紐約州北部，長240公里。最高點埃奎諾克斯山海拔1,163公尺，位於佛蒙特州西南。在麻薩諸塞州，該嶺形成了波克夏山的西段。紐約州的塔科尼克州立公園是很受歡迎的山間遊覽區。

taconite＊ 鐵燧岩 美國明尼蘇達州的低品位含鐵地層。提取鐵需要細磨並使含鐵相富集（參閱ore dressing），然後又將其製成適合高爐使用的球團礦。隨著高品位的鐵礦石日益枯竭，鐵燧岩的重要性將會增加。

tactics 戰術 戰爭中打仗的技術和科學。包括戰鬥前之策劃、部隊及其他人員的部署、各種武器、船隻或飛行器的使用，以及攻防行動的實施。一般來說，戰術處理的是實戰中遇到的問題。戰術思想是試圖協調人力和現有的武器技術，並應用他們對付當前的地形和敵方武力，如此能使可用武器的效力達到最大。部署指將各型武器置於最足以重挫敵人或最能保護己方武力的位置上。進攻的時機和方向選擇也是重要的考慮因素。在海戰中，風向對於風帆驅動戰艦的時代更是至關重要。近代戰爭中，如實施空降攻擊，爲能發揮奇襲的效果，實際選擇便是非常重要的因素。亦請參閱strategy。

Tadema, Lawrence Alma- ➠ Alma-Tadema, Lawrence

Tadmor 泰德穆爾 ➠ Palmyra

tadpole 蝌蚪 亦稱polliwog。蛙和蟾蜍的水生幼體。蝌蚪的體短，呈卵形，尾寬，口小，無外鰓。大多數蝌蚪爲草食，但也有些品種爲肉食，甚至食其同類。其變態順序是：逐漸長出前後肢→尾消失→腸縮短→鰓消失→肺發育。變態完成後便成爲小蛙或小蟾蜍而離水登陸。

tae kwon do＊ 跆拳道 一種類似空手道的韓國武藝。跆拳道的特點是除了用拳猛擊以外，還大量使用高踢和跳踢。它既可以是一項體育運動，也可算是自衛防身術或精神修煉的方法。在拳擊中，出拳點到即止而不接觸對手。源於韓國自衛防身術的早期形式，跆拳道於1955年被正規化並被命名。2000年成爲奧運會比賽項目。

Taegu＊ 大邱 南韓東南部城市（1995年人口約2,449,000）。數個世紀以來一直是南韓的行政、經濟和文化中心。朝鮮王朝（1392～1910）期間發展成爲全國三大商業城市之一。擁有重要的紡織工業，但以其周邊地區的蘋果種植最爲聞名，出口到整個東亞和東南亞。該地區的若干公園、古塔和收藏有三藏的9世紀佛教寺院吸引了很多遊人。城內有多所大學和專科院校。

T'aejo ➠ Yi Song-gye

Taejon＊ 大田 南韓東南部特別城市、忠清南道首府。原爲一偏僻村莊，1990年代初的鐵路的修建大大刺激了城市的發展。在韓戰（1950～1953）期間是朝鮮共和國的臨時首都，城市的70%都被毀壞。後重建，發展了棉紡織業、機器製造業和化工業。國立忠南大學和其他五所專科院校位於大田。

Taeuber, Conrad and Irene Barnes-＊ 托伊伯夫婦（康拉德與愛琳）（西元1906～1999年；西元1906～1974年） 愛琳原名Irene Barnes。美國人口統計學、統計學及社會科學學者。兩人分別出生於南達科他州霍斯摩鎮、密蘇里州米德維爾鎮，都曾在多個政府機構工作。他們進行的學術普查工作，使人口統計學建立其科學地位，兩人也因此成爲美國人口流動研究的權威。他們1958年的著作《美國的變動人口》及《日本的人口》，被認爲是人口統計學的經典作品。

Taewon-gun＊ 大院君（西元1821～1898年） 最後一任朝鮮國王高宗（約1864～1907年在位）之父；1864～1873年間攝政。作爲攝政王，他制訂加強中央政權的改革方案。還實行了軍隊現代化。他反對向日本或西方作任何讓步，被綁架並送往中國拘禁達三年。三年間他的權力和許多改革都被削弱了。

Taff Vale case 塔夫河谷罷工案（西元1900～1901年） 英國塔夫河谷鐵路公司控告鐵路員工聯合會，經法院裁決取得勝利的案件。1900年8月，鐵路員工聯合會的會員舉行罷工，要求提高工資，但在公司的破壞下罷工在兩周內就平息了。公司起訴聯合會破壞了「財產保護法」，法院裁決聯合會可以爲罷工引起的損失承擔應訴責任，這就實質上否定了罷工作爲有組織勞工的武器的功能。對裁決的反對刺激了工黨的壯大，並促成1906年「勞資爭議條例」的通過，該條例取消了原裁決的有效性。

Tafilalt＊ 塔菲拉勒特 摩洛哥東南部的綠洲。面積達1,380平方公里，是全國最大的薩哈拉綠洲。包含了六個村寨和沿齊茲河床延伸達50公里的棕櫚樹林。原來的首府繁榮的柏柏爾人據點位於撒哈拉沙漠商隊道路上，創建與西元757年，最後被毀滅於19世紀。該綠洲以其椰棗聞名。

tafsir＊ 太甫綏魯 說明和闡釋伊斯蘭教經典《可蘭經》的學科。先知穆罕默德死後，爲了應付語義含糊、閱讀偏差、有缺陷的原文和手稿中的明顯矛盾之處而產生。從最早的純粹個人推測開始，太甫綏魯發展成爲了一個系統性的對《可蘭經》原文的注釋體系，逐節逐節有時是逐字逐字地進行注釋。初期階段依賴「聖訓」，形成了一種獨斷古板的太甫綏魯。最富於包容性的太甫綏魯是由撒哈比編輯的。穆斯林現代主義者將太甫綏魯作爲他們傳播改革思想的手段。

Taft, Robert A(lphonso) 塔虎脫（西元1889～1953年） 美國政治人物。美國第二十七屆總統塔虎脫之子，被選入美國參議院之前在俄亥俄州立法機關工作，1939～1953年供職於參議院，因擁護傳統的保守主義而贏得諢名爲「共和黨先生」。他反對在聯邦政府中加強中央集權，參與推動〈塔虎脫－哈特萊法〉以限制有組織的勞工。作爲孤立主義者，他反對美國參加戰後的國際組織。他是共和黨全國人民代表大會上最受擁護的候選人，特別是在1948和1952年，但黨內的國際主義者反對他的保守觀點。

Taft, William Howard 塔虎脫（西元1857～1930年） 美國第二十七屆總統（1909～1913）。曾供職於州最高法院（1887～1890），任美國司法部副部長（1890～1892年）及美國第六巡迴上訴法院法官（1892～1900）。被任命爲菲律賓委員會會長，到菲律賓組織文官政府，並成爲第一任總督。1904～1908年任羅斯福內閣的陸軍部長，羅斯福在1908年時支援了塔虎脫競選總統。他贏得了選舉但卻與保守的共和黨聯合，導致了與黨內改革派的不和。1912年他再度被提名，但與羅斯福與公麋黨的分裂使得威爾遜最終當選。他後來在耶魯大學教授法學（1913～1921年），1918年任職於美國戰時勞工委員會，是國際聯盟的支持者。作爲美國最高法院的首席法官（1921～1930），他引入了改革使其運作更有效率。他確保了1925年「法官法」的通過，這一法案使得法院有更廣的許可權決定是否接受案件。在「邁爾茲訴合衆國案」（1926）中他表明支援總統撤換聯邦官員的權力，這一表態作用重大。鑒於健康狀態不佳，他於1930年辭職。

塔虎脫，攝於1909年
By courtesy of the Library of Congress, Washington, D. C.

Taft-Hartley Act 塔虎脫－哈特萊法 正式名稱爲「勞工管理關係法」（Labor-Management Relations Act）。旨在限制工會的立法。由參議員塔虎脫和衆議員哈特萊提出。該法極大修改了支持工會的「瓦格納法」，儘管杜魯門總統投了反對票，但仍在由共和黨控制的國會中獲得通過。該法規定：工人有不參加工會的權利（宣布排外性雇傭制企業爲不合法）；要求工會舉行罷工必須提前通知資方；當罷工危及國民健康或國家安全時，聯邦法院有權下令禁止罷工八十天；縮小了不公正勞工行爲的定義防衛；詳細說明了不公正工會行爲；限制工會參與政治；要求工會工作人員必須宣誓聲明他們不是共產主義者。亦請參閱Landrum-Griffin Act。

Tagalog＊ 達加洛人 菲律賓最大的文化－語言集團。他們在馬尼拉及其附近的幾個省中都是人口最多的居民。大部分人信奉羅馬天主教、大多爲農民。他們主要的作物是甘蔗和椰子。馬尼拉的重要地理位置使城市裡的達加洛人在菲律賓經濟上具有領導地位。達加洛語是菲律賓國語的基礎。

Tagalog language 達加洛語 菲律賓的南島諸語言，是呂宋島上約1,700萬人和至少50萬菲律賓移民的第一語言。作爲菲律賓首都和主要大都市馬尼拉的當地語言，達加洛語很早以來就具有超出其使用地區的重要性。通過吸收來自菲律賓其他語言的詞彙，它已成爲菲律賓國語的基礎。菲律賓語廣泛用在教育和媒體界，現爲超過60%的菲律賓人所接受。儘管16世紀時達加洛語使用一種根源於南亞的字體（參閱Indic writing systems），所有近代的文字語言都使用的是經過改造的拉丁字母。

Taglioni, Marie＊　塔利奧尼（西元1804～1884年）　義大利芭蕾舞者，其嬌弱而柔和的舞蹈風格是19世紀初期浪漫主義的典型代表。主要接受擔任編舞指導的父親菲利普·塔利奧尼（1777～1871）的訓練，1822年在維也納初次登台。其父幫助她發展了自己獨特的技巧，1832年在巴黎歌劇院演出父親創作的《仙女》時獲得了巨大的成功。她在歐洲巡迴演出，1837～1842年在聖彼得堡與皇家芭蕾舞團一起演出。1847年退出舞台。她是最早用足尖跳舞的舞者之一，其首創的經典技巧包括空中飄浮的跳躍和「阿拉貝斯克」舞姿（一種舞者向前曲身，單腿直立，臂向前伸，另一臂及腿向後伸展的芭蕾舞姿），還首先穿著了寬鬆的薄紗連衣裙，這種裙子後來演化成了由腰部撐開的芭蕾舞裙（tutu）。

Tagore, Debendranath＊　泰戈爾（西元1817～1905年）　印度教哲學家、宗教改革家。出身於加爾各答的富有地主家庭。受過東西方哲學的教育。努力抵制印度教的陋習，猛烈抨擊薩蒂（殉夫）制度並努力普及教育。是梵社的活躍人士。出於對掃除偶像崇拜和非民主習俗的熱情，他斷然否定《吠陀》，認為它不足以指導人類的行為。他本想在激進的理性主義和婆羅門保守主義之間進行折衷而未如願，於是退出了社會活動。以「大聖」之名著稱。詩人泰戈爾是他的兒子。

Tagore, Rabindranath　泰戈爾（西元1861～1941年）　孟加拉語詩人、作家、作曲家和畫家。戴文德拉納特·泰戈爾之子。二十幾歲時即出版了幾本詩集，其中包括《心中的向往》（1890）。後期的宗教詩收錄在《吉檀迦利》（1912）中被介紹到西方。通過國際旅行和演講他將印度文化的全面地介紹給了西方，也將西方文化介紹到了印度。他熱心呼籲印度的獨立。為對「阿姆利則血案」表示抗議，他放棄了1915年受冊封的騎士爵位。他在孟加拉建立了一所試驗學校試圖融合東西方的哲學。這所學校即維斯瓦－瓦拉蒂大學（1921）的前身。1913年榮獲諾貝爾文學獎。

泰戈爾
EB Inc.

Tagus River＊　太加斯河　西班牙語作塔霍河（Río Tajo）。葡萄牙語作特茹河（Rio Tejo）。伊比利半島最長的河流。源出西班牙中東部，向西流經西班牙和葡萄牙，全長1,007公里，在里斯本附近注入大西洋。流域跨西葡兩國心臟地區，在經濟上具有重要意義。通過水庫大壩河水被用於灌溉和水力發電，並形成了大型的人工湖。下游約有160公里為通航河段，在里斯本有天然良港。

Taha Hussein　塔哈·侯賽因（西元1889～1973年）　亦稱Taha Husayn。埃及作家。兩歲時因病雙目失明。後任開羅大學阿拉伯文學教授，所持的觀點經常觸怒伊斯蘭宗教保守主義者。埃及文學史上現代派運動的傑出人物，寫作長篇小說、短篇小說、評論及社會和政治性論文。在國外以其自傳《日子》最為著名。該書英文版名為《一個埃及人的童年》（1932）和《流年》（1943），是在西方獲得好評的第一部現代阿拉伯文學作品。

Tahiti　大溪地島　南太平洋中部法屬玻里尼西亞社會群島東部諸島中的最大島嶼（1988年人口約131,000），面積1,042平方公里。帕皮提為本島行政中心，也是法屬玻里尼西亞的首府。島上內陸為山地，奧羅黑納山海拔2,237公尺。城市坐落於沿海平原。原住民為玻里尼西亞人。1767年英國海軍瓦利斯船長到過大溪地。布干維爾隨後於1768年來到島上，宣布本島為法國所有。最早來此定居的歐洲人是倫敦新教會的成員，他們於1797年到達。1880年這裡成為法國殖民地，目前這裡是自治的法屬玻里尼西亞海外領地的一部分。法國在該地區連續不斷的核試激怒了本地的居民，以致近年來當地要求獨立的呼聲不斷。旅遊業對該地經濟有重要影響。

Tahoe, Lake　塔霍湖　美國加州和內華達州邊界上的湖。位於內華達山脈北部的斷層盆地。面積500平方公里。南北長35公里，東西寬19公里，湖面海拔1,899公尺。近幾十年裡湖水水平面隨旱季的到來變化很大。有眾多溪流注入，深藍色的湖面與周邊的國家森林已成為了一個旅遊勝地。

塔霍湖
John F. Shrawder－Shostal

Tahtawi, Rifaa Rafi al-＊　塔塔維（西元1801～1873年）　埃及教師和學者。曾有五年的時間在巴黎任埃及留學生的宗教教師，後回到開羅主持一所語言學校和一個翻譯局的工作。他認為社會制度是真主所立，統治者作為真主的代表應該通過教育和其他方式提高國民的福利，可借助西方技術在和諧的政府與社會間實現物質文明的進步。作為最早解決與西方協調問題的埃及人之一，他在阿拔斯一世統治時期被流放到喀土木。

Tai＊　傣族　東南亞大陸上的民族。包括泰人或暹羅人（在泰國）、佬人（在寮國和泰國）、撣族（在緬甸）、潞人（主要在中國雲南省）、雲南傣族（在雲南）和部落傣人（在越南）。所有這些群體都操傣語諸語言，大部分為上座部佛教徒。所有的傣族都沒有種姓制度，傣族女性的社會地位很高。現在傣族人共約有7,600萬。

Tai ➠ Shan

Tai, Lake　太湖　亦拼作Tai Hu或T'ai Hu。中國東部湖泊，位於浙江省與江蘇省之間。太湖約略呈新月狀，涵蓋面積達850平方哩（2,200平方公里）。位於廣闊的平原之上，而整個水域是由無數個自然與人工的水道交錯而成，其中有些水道的年代可追溯至7世紀。太湖東面有數個島嶼，是歷史悠久、著名的道教和佛教的宗教聖地。此地美不勝收的自然景觀吸引了許多遊客。

t'ai chi ch'uan　太極拳　漢語拼音作taijiquan。中國自古流傳至今的健身運動，亦可作為進行攻擊和防禦的武術。太極拳作為一種運動時，在身體達到陰陽調和的過程中，能夠提供緩和與放鬆的作用。太極拳以細微講究的姿態和招式，展現出流動順暢及從容不迫的動作。太極拳作為攻擊和防守的武術時，與功夫類似，可視為一種武藝。太極的發展歷史可追溯至3世紀，主要由吳氏和楊氏兩家主要的宗派所組成。太極拳的招式數目依宗派而異，可從二十四種招式變化至超過一百種的招式。

T'ai-chung＊　台中　台灣中央西部城市，人口約1,009,387人（2003年12月）。台中市舊城區的大部分在日本占領時代（1895～1945）被拆除，代之以經過規畫的現代都市。19世紀以來即爲農業中心，並且是周圍地帶所生產的稻米、糖和香蕉的主要市場。1970年代，這座城市的西邊開闢了國際港口，台中被規畫爲加工出口區以鼓勵外商投資。台中也是文化中心，設有各種高等教育的機構。1999年台中因台灣有史以來最嚴重的地震之一而受創。

Tai languages 傣語諸語言 一種關係緊密的語族，東南亞與中國南部超過8,000萬人使用。依據廣泛使用的分類，傣語有三支。西南語支包括泰語，是泰國的國定語言；東北傣語（伊森）和寮國語用於泰國東部和寮國；南傣語用於泰國南部；撣族語在緬甸的東部和北部；黑傣與白傣主要是在越南北部。中部語支有龍安族與南壯族語，分布越南北部與中國廣西省的方言；齊族語分布在同一地區。北方語支有布依語與北壯族語，分布於中國廣西、貴州和雲南的方言。傣語全都是聲調語言，而且如同漢語及越南語一樣，自然詞彙的詞素大多是由單音節構成（至少歷史上如此）。多數學者相信傣語系與中國南部與越南北部少數民族所操的其他語言有關。連同傣語族，整個語族命名爲凱傣或傣-凱傣語族。

T'ai-nan＊ 台南 舊稱Dainan。台灣西南部城市，人口約749,628人（2003年12月）。台南是台灣島上最古老的都市聚落之一。漢人早於1590年即在此定居。荷蘭人於1623年抵達這座城市，一直待到1662年被鄭成功逐出爲止，鄭成功將台南建設爲他的首府。清朝重新掌控台灣後（1683），台南仍然是台灣首府。19世紀時，在中國的統治下，台南逐漸發展爲繁榮的都市，成爲台灣的商業和教育中心。1891年省會遷往台北，此後台南主要是作爲商業都市。日本占領期間（1895～1945）台南有所擴張發展。台南現在是重要市場和旅遊勝地。

T'ai-tsu ➠ Taizu

T'ai-tsung ➠ Taizong

Tai Xu 太虛大師（西元1890～1947年） 亦拼作T'ai Hsu。本名呂沛林（Lü Peilin）。中國佛教僧侶與佛學思想家。太虛在寧波附近接受成爲佛教僧侶的訓練後，於1912年協助成立中國佛教協進會。1921年太虛開始出版一份具有影響力的刊物《海潮音》。太虛因爲深受孫逸仙和1911年革命的影響，力圖改革佛教僧侶的教育，並推動社會福利的運動。1925～1941年他周遊日本、歐洲、美國、南亞及東南亞等地，發動成立全國性以及國際間的佛教組織。

Taieri River＊ 泰里河 紐西蘭南島東南部河流。源出拉默洛嶺，北流後折向東南，流程呈大弧形，全長288公里，流經平原和岩柱山脈最後在丹尼丁附近流入太平洋。上下游均有峽谷。

taiga＊ 泰加林 亦稱北方森林（boreal forest）。生長在通常爲地衣所覆蓋的沼澤地上的開闊針葉林（參閱conifer）。歐亞大陸北部（主要是俄羅斯，包括西伯利亞和斯堪的納維亞）和北美洲北部近極地地區的典型植被。北接更爲寒冷的苔原帶，南接較暖的溫帶。雲杉和松樹是優勢樹種。土壤中的生物體有原生動物、線蟲和輪蟲。較缺少能夠分解植物殘株的較大型無脊椎動物（如昆蟲），故而腐植質的沈積速度很慢。泰加林中有很多生有軟毛的動物（如黑貂、狐狸和白貂），還是麋鹿、熊和狼的棲息地。僅西伯利亞的泰加林就占了全世界森林面積的19%和總林木體積的約25%。儘管泰加林地處偏遠，它仍是建築用木材的主要來源，大片的寬闊區域都被一次性砍伐完畢。

Taiga, Ike no ➠ Ike no Taiga

tail 尾 軀幹後方的脊柱延伸，或是類似這種構造的細長凸出物。魚類及其他完全或部分生活於水中的哺乳動物，尾部在水中穿梭運動時非常重要。許多住在樹上的動物（如松鼠）利用尾部平衡並在跳躍時當作方向舵；在有些動物（如某些猴子），演變成抓樹的工具。鳥的尾羽有助於飛行操縱性。其他動物利用其尾部作爲防衛（如箭豬）、社交信號（如犬和貓）、警告信號（如鹿和響尾蛇）及狩獵（如鱷魚）。

Táin Bó Cúailgne＊ 奪牛長征記 英語作The Cattle Raid of Cooley。古愛爾蘭史詩式故事，是阿爾斯特故事中最長的一則。故事爲散文，夾雜韻文段落，寫於7～8世紀，作者熟諳諸如《伊尼亞德》之類的拉丁語史詩。故事主要描寫英雄庫丘林單槍匹馬阻擋了入侵的康諾特人，他們想要奪取一頭著名而寶貴的棕色牛。經過三天的格鬥，庫丘林雖獲勝，但康諾特人卻成功奪得那頭牛。當善戰王后梅德布用棕色牛擊敗其丈夫艾利爾的白角牛時，就取得凌駕其丈夫的優勢地位。

Taine, Hippolyte(-Adolphe)＊ 泰納（西元1828～1893年） 法國思想家、評論家和歷史學家。青年時代即相信知識必須建立在感官經驗、觀察和受控制的實驗的基礎上，這一信念指引了他一生的事業方向。1864～1883年間在巴黎美術學院任教，嘗試將科學的方法應用於人文學科的研究，被認爲是19世紀法國實證主義最受尊敬的代表人物之一。他的著作包括：《英國文學史》（1863～1864），解釋了他的文化與文學史理論和他對文學批評的科學態度；《論知識》（1871），一部心理學著作；《當代法國的由來》（3卷本，1876～1899），一部不朽的歷史分析著作。

Taino＊ 泰諾人 加勒比海伊斯帕尼奧拉島上的阿拉瓦克人印第安部族。也居住在波多黎各和古巴的東端。他們種植木薯和玉米，獵取鳥類和小型動物，還捕魚。其石藝和木藝技巧高超。他們的社會包括三個等級：貴族、平民和奴隸，由世襲的酋長和副酋長統治。他們的宗教信仰以自然神靈和祖先的等級爲中心。滅絕於被西班牙人征服後的一百年裡。

Taipei＊ 台北 台灣的城市與首都，人口約2,627,138人（2003年12月）。建城於1708年，19世紀中葉成爲重要的茶葉貿易中心。1886年建爲中國的一省，隨後以台北爲省會，在日本統治期間（1895～1945），台北仍維持是台灣首府。1949年，台北成爲中國國民黨政府的首都。台北是台灣的商業、金融、工業和運輸中心。市內有許多教育機構，包括國立台灣大學（1928）。台北的國立故宮博物院是世界上收藏中國藝術品最豐富的博物館之一。

Taiping Rebellion＊ 太平天國之亂（西元1850～1864年） 1850～1864年發生在中國，大規模反抗清朝的叛亂，蹂躪十七個省，造成兩千萬人因此喪命，平亂之後，清朝政府已無力重新有效掌控國家。1840年代，飽受洪水與饑饉之苦的農民，使得叛亂的時機成熟，就在洪秀全的領導下發動叛亂。洪秀全心中的意象使他深信自己是耶穌的胞弟，並以將中國從滿洲人統治底下解放出來，視爲上天賦予他的責任。他宣揚在神之下，所有人要有如兄弟姊妹般的情誼，財產應該公有。其追隨者富於戰鬥的信念，使他們團結成一支訓練有素的軍隊，並擴充到超過百萬的男男女女（在太平天國的反叛軍中，男女平等。）他們於1853年奪下南京，改名天京（意爲天國的首都）。太平軍企圖奪取北京，雖然失敗，但一支遠征長江上游河谷的部隊卻取得許多勝利。洪秀全過於偏重個人特色的基督教信仰，使得他與西方傳教士、中國學者士紳的關係疏離。由於缺乏士紳階級的支持，太平軍無力統治鄉間或有效支援他們占領的城市。太平軍的領導階層偏離最初的樸實，陷於權力鬥爭中，導致洪秀全缺乏有力的支助。1860年太平軍企圖奪取上海，但遭英人領導的英美軍隊所擊退。1862年曾國藩率領的中國部隊包圍南京。到1864年這座城市終於陷落，然而太平天國有近十萬的部眾寧願赴死，也不願被俘。各地方零星的抵抗持續到1868年。估計有超過兩千萬人在這場叛亂中喪生。亦請參閱Li Hongzhang、Nian Rebellion。

Taira Kiyomori＊　平清盛（西元1118～1181年） 強大的平清家族的領袖。第一個統治日本的武士階層成員。日本皇室宮廷起用了平清家族平定了日本內海的海盜。1156年，已退位的崇德上皇借助源氏武士家族的幫助支援一場反對後白河天皇的叛亂，平清盛則幫助後白河天皇打敗了源氏。1159～1160年間源氏集團捲土重來，但平清盛再次擊敗了他們，並處決了除源賴朝和源義經這兩個小孩之外的所有的源氏家族男性成員，而正是這兩個小孩後來推翻了他。在取得暫時的勝利之後，平清盛在宮廷中一人之下，並通過把自己的女兒嫁入皇室來鞏固權勢。平清系的軍隊沾染了貴族的衰微氣，完全無法與在前線勇敢作戰的源氏軍隊相匹敵，最終於1184年被打敗。亦請參閱Gempei War、Kamakura period。

Taisho democracy＊　大正民主　意指日本在大正時代走向更具廣泛民意基礎的政府體制。當時投票選舉的賦稅資格向下調整，使得更多人獲得選舉權，最後於1925年取消所有的資格限制。政黨政治蓬勃發展，並通過有利於勞工的立法。

Taisho period　大正時代（西元1912～1926年）　日本歷史時期，相當於大正天皇在位時期。接續明治時代，此一時期見證了日本持續在國際舞台上的活躍與國內的自由主義發展（參閱Taisho democracy）。日本繼續不斷強迫中國在經濟上與政治上讓步，並且與西方立下條約，承認日本在韓國、滿州與中國其他地方的種種利益。日本的農村並沒有和都市同步發展，而大正時代晚期的蕭條則導致更甚於前的困苦。亦請參閱Showa period。

Tait, Archibald C(ampbell)　泰特（西元1811～1882年）　英國神職員人。出身於長老會信徒家庭，在牛津大學學習時加入聖公會。1836年成為執事，此後的五年他同時擔任牛津附近兩個鄉村的助祭。1842年他接替阿諾德繼任橄欖球學校校長。1849年成為卡萊爾大教堂副主教。1856年任倫敦教會主教。在主教位置上他強調福音主義教徒和支持牛津運動的教徒之前的和解。擔任坎特伯雷大主教期間（自1868年起），他監督了聖公會在愛爾蘭的廢除和「葬禮法案」（1880）的通過，該法案允許在聖公會墓地裡提供非聖公會式的葬禮服務。

Taiwan　台灣　正式名稱中華民國（Republic of China）。舊稱福爾摩沙（Formosa）。中國東南方外海的島嶼。中華民國（台灣）與中華人民共和國（中國大陸）雙方都宣稱擁有台灣的主權。面積：包括離島為36,188平方公里。人口：約22,604,548（2003年12月）。首都：台北。幾乎由漢人構成全體人口。語言：國語（官方語言）；也使用台灣、福建與客家方言。宗教：佛教、道教、儒家學說、基督教（小部分）。貨幣：新台幣。台灣與中國大陸相距100哩（160公里），主要地形為山脈與丘陵，西部則有人口密集的

海岸平原。台灣是世上人口密度最高的地區之一。台灣是環太平洋區居於領導地位的工業中心，其經濟以製造業、國際貿易與服務業為基礎。最主要的出口產品包括電子設備、成衣以及紡織品。農業出口包括冷凍豬肉、糖、罐裝香菇、香蕉和茶葉。台灣是華語電影的主要生產地。台灣採行單一立法機關的共和體制；國家領袖是總統，政府首腦是行政院長。中國人早於西元7世紀就已發現台灣的存在，17世紀初期有中國人移居此地，屯墾各地。1646年，荷蘭人掌控了這座島嶼，直到1661年荷蘭人才被大批來自中國的避難者、明朝的支持者所驅逐。1683年台灣落入滿族手中，到1858年才再度向歐洲人開放。1895年中日戰爭後台灣被割讓給日本。在第二次世界大戰期間是日本的軍事中心，經常遭到美國軍機的轟炸。日本戰敗後，台灣歸還給中國，當時中國由國民黨統治。1949年共產黨接掌中國大陸，國民黨政府敗退至台灣，以台灣為政府所在地，由蔣介石將軍擔任總統。1954年，蔣介石與美國簽署共同防禦條約，台灣開始接受美國將近三十年的援助，發展出令人驚奇的經濟成就。在1971年台灣在聯合國的位置被中華人民共和國取代以前，許多非共產國家都承認台灣代表全中國。1949年起生效的戒嚴令，於1987年取消，1988年解除了前往中國大陸旅遊的限制。1989年，反對黨開始合法化。台灣與中國大陸的關係在1990年代逐漸趨於密切，然而在2000年，由於主張台灣獨立的陳水扁當選總統，兩岸關係也因而轉為緊張。

Taiwan Strait　台灣海峽　亦作福爾摩沙海峽（Formosa Strait）。太平洋西北邊的海灣。介於中國福建省海岸線與台灣島之間，最寬處約115哩（185公里）。台灣海峽連接中國海與東中國海。

Taiyuan　太原　亦拼作T'ai-yüan。中國山西省省會城市，濱臨汾河。太原自周朝時期即已聞名，在12～14世紀蒙古人統治期間，是戰略中心和行政管理的首府。1900年在義和團事件期間，許多外國傳教士在此地慘遭殺害；而在1911年太原也是率先反抗皇帝的城市。1937年日本入侵太原；1948～1949年太原再度遭共產黨軍隊圍攻。此地是中國最重要的工業城，生產水泥、鋼、鐵和煤。太原也是教育和研究的重鎮。該市自唐朝和元朝以來即有聞名遐邇的洞窟寺廟。人口：市2,766,700；城區2,086,251（1994）。

Taizong （唐）太宗（西元600～649年） 亦拼作T'ai-tsung。本名李世民（Li Shimin）。中國唐朝的第二任皇帝。李世民在其父反抗隋朝的戰爭中，負責征服東都洛陽。他在此建立一個地區性行政體系，並徵召有才能的官員隨侍身邊。據聞他的兄弟密謀殺害他，但卻是他先殺掉他們，不久後其父在支持他的立場下退位。唐太宗回復地方上正規的文官制度，創建一統的文官體制。他進一步發展了由其父所創建的國立學校，並開始編纂儒家經典。唐太宗在邊疆上與東、西突厥作戰，並在新疆的綠洲王國間建立至高的君權。雖然他入侵高句麗失敗，但他為唐朝贏得極高的威望，並廣受崇敬。

Taizu （宋）太祖（西元927～976年） 宋朝開國皇帝，他開始了統一中國的事業，而後由其弟完成。宋太祖最初是後周（951～960）創建者手下的一名將領，當周朝由一位幼子繼承皇位後，他的部眾說服他接管朝廷。宋太祖為人正直，他原諒官員的小過錯，但當他們在重要事務上犯錯時，太祖則會要求有所解釋。他讓大臣遞交文書草稿供他評閱，並經常微服出巡，觀察民間的情勢。他改革中國文官制度，避免用人有偏袒親信的弊端，並開始大量增加考生錄取的名額。宋太祖逐步將州郡的統治權從軍事將領的手中，轉交給文人官僚。在他死時，已為宋朝未來的發展奠下良好的基礎。

Taj Mahal* 泰姬・瑪哈陵 位於印度阿格拉郊外亞穆納河南岸的陵墓建築群。是莫臥兒皇帝沙・賈汗為紀念其妻，死於1631年的蒙泰姬・瑪哈而建。泰姬・瑪哈陵始建於約1632年，歷經二十二年才完工。其中央是一正方形花園，邊上是兩個較小的長方形區域，一為陵墓所在，一為門廊。陵墓由純白色的大理石建成，上嵌硬石。陵墓兩側配有兩座紅色砂岩建築，一邊是清眞寺，另一邊是一座完全一樣的建築以實現審美上的平衡。整個建築建立在一個高大的大理石底座上，每個角上都有一個尖塔。建築的四面完全相同，每面各有一座33公尺高的巨大中心拱門，都有一個球根狀的雙穹頂和四座穹頂涼亭。建築內部石雕裝飾精美，中心是盛放大理石棺的八角形廳室，石棺上方是一面鏤空雕飾的大理石屏壁。泰姬・瑪哈陵被認為是世界上最美麗的建築之一。

Tajikistan* 塔吉克 正式名稱塔吉克共和國（Republic of Tajikistan）。中亞西南部的國家。面積約143,100平方公里。人口約6,252,000（2001）。首都：杜尚別。大多數人口為塔吉克人（波斯人後裔），烏茲別克人是最大的少數民族。官方語：塔吉克語。宗教：伊斯蘭教（遜尼派）。貨幣：塔吉克盧布。塔吉克是個地形起伏多山的國家，全國半數海拔在3,000公尺以上，東部是帕米爾高原。阿姆河和錫爾河貫穿全國，有灌溉之利。生產棉花、牛隻、水果、蔬菜和穀物。重工業有採煤、石油和天然氣的提煉、金屬製造、氮肥生產。輕工業則有棉紡織、食品加工和紡織。政府形式是共和國，一院制。總統為國家元首，總理是政府首腦。大約在西元前6世紀，波斯人在此定居，塔吉克是波斯帝國以及亞歷山大大帝和他的繼承者們的帝國的一部分。西元7～8世紀阿拉伯人占領了塔吉克，引入了伊斯蘭教。15～18世紀烏茲別克人控制了這個地區。1860年代俄國奪取了塔吉克的大部分。1924年它成為烏茲別克蘇維埃社會主義共和國管理下的一個自治共和國，1929年它取得了共和國的地位。1991年隨著蘇聯的解體，塔吉克實現了獨立。1990年代的大部分時間裡都發生著政府軍與大多數為伊斯蘭教勢力的反對派之間的內戰，至1997年才實現了和平。

Tajumulco Volcano* 塔胡穆爾科火山 瓜地馬拉西部火山。為一段自墨西哥南部延伸至瓜地馬拉的山脈的一部分，高4,220公尺。是中美洲的最高峰，被認為是位於一座更古老的火山遺跡的頂上。

Takemitsu, Toru* 武滿徹（西元1930～1996年） 日本作曲家。1951年創立東京實驗工坊，促使日本音樂與現代歐洲的發展整合。很快受到公認為日本最重要的作曲家，探索將傳統日本主題與樂器與序列主義、偶然音樂、圖形記譜與電子音樂結合（例如1967年日本琵琶、尺八與管弦樂團合奏的《十一月的腳步》），創造獨特的音響世界，其中寂靜占很大的比例。

Takfir wa al-Hijra* 達克非 （阿拉伯語意為「破門與放逐」〔Excommunication and Holy Flight〕） 原本自稱為「穆斯林社團」的伊斯蘭激進組織，達克非這個名字是埃及政府對他們的稱呼。1971年成立，創辦者是一名年輕的農業學者穆斯塔法。穆斯塔法曾在1965年因散發穆斯林弟兄會的宣傳單而被逮捕入獄，於19971年獲釋。達克非認為主流社會已漸趨衰弱及腐敗，因此致力於恐怖主義行動，並且是暗殺埃及總統沙達特的幕後主嫌。

Taklimakan 塔克拉瑪干沙漠 亦拼作Takla Makan。中國西部沙漠，構成塔里木河盆地的絕大部分。世界上最大的砂質荒野，約橫跨600哩（965公里），面積達105,000平方哩（272,000平方公里）。兩側有高聳的山脈地帶，包括崑崙山；河流深入沙漠60～120哩（100～200公里），直到在沙漠中乾涸為止。風吹的沙粒所覆蓋的厚度深達1,000英呎（300公尺），可形成高達1,000英呎（300公尺），如金字塔般的沙丘。

Taksin* 達信（西元1734～1782年） 亦稱Phraya Taksin。暹羅將軍，後來成為國王（1767～1782），他擊敗緬甸後重新統一了暹羅（泰國）。當達信還是一個省太守的時候，1766～1767年其軍隊曾被緬甸軍隊包圍，但他逃了出來，招募新軍。他趕走了入侵者，擊敗了其他王位爭奪者，拓展他的勢力進入鄰邦。達信是個征服者，而非統治者，1782年被廢，可能被處死。

Talbot, William Henry Fox　塔爾博特（西元1800～1877年）　英國化學家和攝影先驅。1840年他開發卡羅式照相法，這是一種改良達蓋爾式照相法的早期照相方法，它使用一種攝影負像，由此可以複印多份照片。1835年他發表了第一篇文章記載了這一攝影上的發現，即相紙負片的發現。他的《自然界素描》（1844～1846）是第一本關於照相說明的書。塔爾博特還發表了許多有關數學、天文學、物理學的文章，他還是最早破譯尼尼微楔形文字銘文的人之一。

talc　滑石　常見的矽酸鹽礦物，以其異常柔軟而與幾乎所有其他礦物相區別。它的滑膩或滑溜的手感說明了皂石名字的由來，皂石由滑石和其他成岩礦物緊密結合在一起形成。古代的雕刻、裝飾和器具已經開始使用皂石。對大多數試劑都是穩定的，並具有中等耐熱性，因此特別適於做洗滌槽和櫃檯面。滑石也用於潤滑劑、皮革塗料、化妝粉、去污粉以及某些畫線筆中；在製陶、油漆、造紙、屋面材料、塑膠製品和橡膠製品中，用作充填劑；在殺蟲劑中作載體；在穀物研磨中作溫和的研磨劑。

Talcahuano＊　塔爾卡瓦諾　智利中南部城市。位於一個半島上，這個半島形成了康塞普西翁灣的西南海岸。它是智利主要的港口和海軍基地所在，也是重要的商業、漁業、製造業中心。1879年太平洋戰爭中被智利繳獲的祕魯裝甲艦「瓦斯卡爾號」現在還停泊在這個海港。人口約261,000（1995）。

Taliban＊　塔利班；神學士　阿富汗的政治宗教教派，擁有軍事力量，曾在1990年代中期執掌阿富汗政權。塔利班的波斯文原義爲「學生」，因該組織成員主要皆來自伊斯蘭教神學學生而得名。1989年蘇聯勢力撤出阿富汗（參閱Afghan Wars）之後，他們因不滿全國陷入混亂而展開反抗行動，在歐馬爾的領導下，1994～1995年間，塔利班的勢力由僅僅據有一個城市，擴張到幾乎控制了半個國家，並在1996年攻陷首都喀布爾，建立嚴苛的伊斯蘭教政權。在1999年以前，塔利班控制了幾乎整個阿富汗，但卻未能獲得國際承認，原因在於統治政策粗暴（例如幾乎完全禁止婦女在公共場所活動）、以及他們爲伊斯蘭教極端分子提供掩護，這些極端分子包括阿拉伯籍流亡在外的賓拉登，也就是據傳涉及多起國際恐怖活動的回教軍事網絡的領導人。2001年9月11日美國世界貿易中心及五角大廈發生恐怖攻擊後，塔利班拒絕美國交出賓拉登的要求，遭到美國及盟國的軍事報復。亦請參閱fundamentalism, Islamic。

Taliesin＊　塔里辛建築　萊特的家和建築學校。位於威斯康辛州斯普林格林附近，1911年創建，1914和1925年大火之後分別重建。塔里辛西校區位於亞利桑那州斯科茨代爾市附近，創辦於1938年，爲萊特和他的學生冬天的家。兩棟建築都不停地翻修和添加直至萊特於1959年去世。此後這裡繼續是萊特基金會所在地。萊特是威爾斯人後代，以威爾斯著名的詩人（活動時期約西元6世紀）來命名。

talk show　脫口秀　一個出名主持人訪問名流或其他特別來賓的廣播或是電視節目。由卡森、雷諾、賴德曼及歐伯令所主持強調娛樂的夜間節目，並穿插以音樂或喜劇。其他脫口秀則集中於政治（參閱Susskind, David (Howard)），爭議性的社會議題或煽情的話題（唐納休），以及情感治療（溫夫蕾）。亦請參閱Griffin, Merv (Edward)、King, Larry、Limbaugh, Rush、Paar, Jack。

Tallahassee　塔拉哈西　佛羅里達州城市和首府。原爲阿帕拉契印第安人村莊，1539年德索托拜訪此地後，這裡來了西班牙定居者。1824年成爲佛羅里達準州首府，1845年成爲佛羅里達州首府。美國南北戰爭期間，1861年宣布脫離聯邦，是密西西比東部僅有的沒有被聯邦軍攻克的南方州首府。現爲附近伐木、產棉和養牛區的批發銷售中心。教育機構有佛羅里達州立大學（成立於1851年）。人口約137,000（1996）。

Tallahatchie River　塔拉哈奇河　美國密西西比北部河流。源出密西西比州蒂帕縣，向西南流370公里匯入亞洛布沙河形成亞祖河。該河約有160公里可通航。上游部分有時被稱爲小塔拉哈奇河。

Tallapoosa River　塔拉普薩河　喬治亞州和阿拉巴馬州的河流。源出喬治亞州西北，向西南流大約431公里，在阿拉巴馬州蒙哥馬利北面匯入更大的庫薩河，形成阿拉巴馬河。有三座私人的電站大壩創造了水庫（包括馬丁湖），用於河水流量控制、發電和遊樂。

Tallchief, Maria　塔爾奇夫（西元1925年～）　具有美洲印第安血統的美國芭蕾舞者。跟隨尼金斯卡學習之後，加入了蒙地卡羅俄羅斯芭蕾舞團（1942～1947）。1948年加入紐約市芭蕾舞團，並成爲首席芭蕾舞者。在許多巴蘭欽（1946～1952年曾是她的丈夫）編排的芭蕾舞中擔當最主要的角色，其中包括《西班牙交響曲》（1947）、《旋轉樓梯》（1952）和《雙人舞》（1955）。1965年她離開了公司，成爲芝加哥抒情歌劇院芭蕾舞團藝術總監。1980年創辦了芝加哥市芭蕾舞團。

塔爾奇夫在《天鵝湖》中的扮相
Martha Swope

Talleyrand(-Périgord), Charles-Maurice de＊　塔列朗（西元1754～1838年）　法國政治家。受神職，1788年任歐坦主教。1789年被選爲僧侶代表參加三級會議，他成爲「革命的大主教」，要求徵用教會財產資助新政府，並代表神職人員支持「教士公民組織法」。1790年被教宗逐出教會，1792年被派往英國作爲外交特使。在恐怖統治時期，他被逐出法國，1794～1796年住在美國。後來回到法國任督政府的外交大臣（1797～1799）。由於捲入賄賂醜聞（包括XYZ事件），他被迫暫時辭職。塔列朗精於政治生存之道，他支持拿破崙，又一次成爲外交部長（1799～1807），後來出任宮廷侍衛長（1804～1807）。後來因反對拿破崙的對俄政策而辭職，但繼續對拿破崙提出建議，安排他與奧地利的瑪麗－路易絲結婚。當拿破崙面臨失敗時，塔列朗祕密運作恢復君主政體，1814年被任命爲路易十八世的外交部長，並出席維也納會議代表法國。1815迫於極端保皇派的壓力而辭職，後來還參加了1830年的七月革命，1830～1834擔任駐英大使。

Tallinn＊　塔林　舊稱Revel（1918年以前）。愛沙尼亞首都，海港城市。濱臨芬蘭灣。從西元前1000年晚期就存在設防的定居點。12世紀時這裡有一座城鎮。1219年被丹麥人占領，丹麥人建立新要塞。1285年該城加入漢撒同盟後貿易開始繁榮起來。1346年被賣給條頓騎士團。1561年轉歸瑞典。1710年俄國占領之。直到1918年才成爲愛沙尼亞首都，1940年愛沙尼亞併入蘇聯的一個加盟共和國（1940～1991）。第二次世界大戰期間，1941～1944年遭德軍占領，

S T U V

受到嚴重破壞。重建後，1991年成爲獨立的愛沙尼亞的首都。現爲愛沙尼亞的主要商業和漁業港口、產業中心、文化中心。這裡有許多教育機構。歷史建築包括一座中世紀的城牆和一座13世紀的教堂。人口約435,0009（1996）。

Tallis, Thomas＊ 塔里斯（西元1510?～1585年） 英國作曲家。1532年擔任修道院和教堂的管風琴師。1543年成爲皇家小禮拜堂的紳士階級，同時爲管風琴師和作曲家。雖然他是一個天主教徒，但他是第一個用英語爲聖公會寫讚美詩的人之一。在瑪麗一世的天主教統治時代，他寫了大量的拉丁彌撒曲，但他在伊莉莎白一世繼位後徵求她同意保持了這一喜好。他的力作《耶利米哀歌》被視爲其最偉大的作品曲集。他的四十聲部讚美詩《歌唱與讚美》也是最著名的作品。他還寫了三部彌撒曲和大約四十部其他的經文歌。1575年塔里斯和他的學生伯德是第一批被授予可在英格蘭印刷音樂樂譜的特權。

Talma, François-Joseph＊ 塔爾瑪（西元1763～1826年） 法國演員和劇團經理。1787年在法蘭西喜劇院首次登台演出。在大衛的影響下，他成爲歷史服裝的早期提倡者之一，並透過在舞台上穿著羅馬托加袍營造一種情緒。1789年公司因政治立場分歧而分裂，親共和派的塔爾瑪建立了一個劇團與之匹敵。他在舞台布景上發展出寫實主義，並堅持自然主義，而不是朗讀式的表演風格。1799年他的劇團重新與法蘭西喜劇院合併。身爲劇院經理，他還被視爲是那個時代最好的悲劇演員，贏得拿破崙的讚揚。

Talmud＊ 塔木德 猶太教中，對「密西拿」、「革馬拉」和其他口傳律法，包括「托塞夫塔」的系統性的詳細展開敘述和段落分析。有兩部「塔木德」存在，分別由兩群不同的猶太學者編纂：巴比倫系塔木德（600?）和巴勒斯坦系塔木德（400?）。巴比倫系塔木德的內容更廣泛，因而受到更多的尊敬。兩個塔木德都透過定義托拉和論證它們的完美和全面特徵來闡明他們自己的聖經詮釋學，以傳達他們的神學系統。塔木德保持了文本的中心重要性，尤其是在正統派猶太教裡。在以色列和美國繼續對現代塔木德的透徹研究。亦請參閱Halakhah。

Talmud Torah＊ 律法學校 探尋上帝已知內容的托拉的宗教學習。它透過探究希伯來經文或那些記錄上帝原始口述的經文，如「西奈山」、「密西拿」和「米德拉西」和「塔木德」專注於學習上帝對同時代人的訊息。律法學校也是猶太人主辦的初等學校的名稱，這種學校特別加強了對宗教的教育。

tamarin 塔馬林猴 獅面猴屬（或按照某些權威稱獅頭狨屬）和亞馬遜檉柳猴屬的25種長牙狨的統稱。塔馬林猴身長20～30公分，不包括它那30～40公分長的尾巴。皇帝塔馬林猴有灰色的長毛；淡紅色的尾以及長而白的觸鬚。獅面猴屬的3個品種瀕臨滅絕。亦請參閱golden lion tamarin。

tamarind＊ 酸豆 豆科（參閱legume）常綠喬木，學名Tamarindus indica。原產於熱帶非洲，現已在世界各地廣泛栽培爲觀賞植物，果實可食。樹高約24公尺，葉呈羽狀。花黃色，聚生成小花簇。莢果飽滿，不開裂。可食用的種子有1～12粒，大而扁平，外被柔軟棕色的果肉。東方廣泛將其種子用於食品、飲料和醫藥中。

酸豆
Walter Dawn

Tamaulipas＊ 塔毛利帕斯 墨西哥東北部一州。濱臨墨西哥灣，境內多山，但北部平原廣闊肥沃，海岸地區多沙丘和潟湖星羅棋布。大面積灌溉。農業是主要產業，物產有高粱、大豆、甘蔗、棉花、咖啡和水果。漁業和銅礦也很重要。這裡的天然氣產量占墨西哥的1/3，石油產量也日益增加。首府維多利亞城。面積79,829平方公里。人口約2,527,000（1995）。

Tamayo, Rufino＊ 塔馬約（西元1899～1991年） 墨西哥畫家和圖解藝術家。曾就讀於墨西哥城美術學院，後來任教於國立考古博物館（1921～1926）。他喜歡架上繪畫，而非史詩般巨幅尺寸及矯飾的政治內容，後者像奧羅茲科、里韋拉和西凱羅斯。其獨特的風格混合了立體主義和超現實主義，並結合了墨西哥民間藝術主題如半抽象人物、靜物和充滿活力色彩的動物。自1936年起，他主要居住在紐約。1950年在威尼斯雙年展中的展出使其獲得國際讚譽。他還爲墨西哥城國立美術宮（1952～1953）和聯合國教科文組織總部（1958）設計過壁畫。1974年他將所收藏的前西班牙藝術品捐贈給他的故鄉瓦哈卡。

Tambo, Oliver 坦博（西元1917～1993年） 1969～1991年任南非非洲民族議會（ANC）主席。1944年與曼德拉及其他人共同創建了非洲民族議會青年團。1958年任ANC副主席。1960年ANC遭查禁，被迫流亡尚比亞。1969年盧圖利去世後當選ANC主席。1990年拖著重病之身回到南非，但讓出黨主席之位給曼德拉。

tambourine 鈴鼓 小型框鼓。用一面皮釘或黏在圓形或多角形的扁框上，鼓上面常系著鈴鐺、球鈴或響弦。一隻手拿住，拍擊另一隻手，或只是晃動。古美索不達米亞、希臘、羅馬，尤其在宗教儀式上會使用鈴鼓。長期以來一直在中東民間和宗教中占有突出地位。13世紀十字軍戰士將它們帶到了歐洲。

Tamburlaine ➠ Timur

Tamerlane ➠ Timur

Tamil language 坦米爾語 達羅毗荼諸語言的一種，逾6,300萬人操此語。印度坦米爾納德邦的官方語言，亦是斯里蘭卡的官方語言之一。許多使用坦米爾語的族群居住在馬來西亞與新加坡、南非以及印度洋的留尼旺及模里西斯島。最早的坦米爾碑文可追溯至西元前200年左右；文獻有兩千年的歷史。坦米爾文字承襲印度南部的帕拉瓦文字（參閱Indic writing systems）。坦米爾語有幾種區域性的方言，婆羅門與非婆羅門種性方言，以及文言與口語形式之間明顯的分別（參閱diglossia）。

Tamil Nadu＊ 坦米爾納德 舊稱馬德拉斯（Madras）。印度東南部一邦（2001年人口約62,110,839）。濱臨孟加拉灣，境內有肥沃的高韋里河三角洲。到西元2世紀該區爲坦米爾王國（參閱Tamil）占領。後來是維查耶那加爾的印度王國，1336～1565年一直統治南部地區。1498年葡萄牙人進占該區。16～17世紀荷蘭人取代其統治地位。1611年英國人建立一個居民點。1653～1946年英國人向外擴張，從而使之成爲獨立的地區，稱爲馬德拉斯。1956年設州，成爲印度最早工業化的州。製造業包括汽車、電子設備和化學。首府爲清奈（即馬德拉斯）。面積爲130,058平方公里。

Tamils＊ 坦米爾人 原住在印度南部的民族，操坦米爾語。坦米爾人有悠久輝煌的歷史，航海、城市生活、商業很早就發展起來了。他們與古希臘人和羅馬人進行貿易。他們擁有最古老、有文化的達羅毗荼諸語言和豐富文學傳統。大多信奉印度教（印度境內的坦米爾人是傳統印度教中心）。現有兩支獨立的坦米爾種群在斯里蘭卡，即錫蘭坦米爾和印度坦米爾。1980年代和1990年代錫蘭坦米爾人和占多數的信奉佛教的僧迦羅人的緊張關係導致爆發了一場坦米爾游擊隊叛亂。坦米爾人數大約有5,700萬，其中320萬居住在斯里蘭卡。

Tamiris, Helen＊　塔米里斯（西元1905～1966年）　原名Helen Becker。美國編舞家、現代舞者和教師。1930年建立自己的公司和美國舞蹈學校，1945年以前一直擔任舞蹈學校的指導。許多她的舞蹈作品（如《先鋒記憶》和《沃爾特・惠特曼組曲》）是與美國題材有關的。1945～1957年為百老匯音樂劇設計舞蹈動作，如《畫舫璇宮》、《飛燕金槍》和《芬妮》。1960年她和她的舞者丈夫納格林創建塔米里斯－納格林舞蹈公司。

塔米里斯
By courtesy of the Dance Collection, New York Public Library, Astor, Lenox and Tilden Foundations

Tammany Hall＊　坦曼尼協會　紐約市民主黨執行委員會。為了反對聯邦黨的統治「貴族」而在1789年成立。1805年坦曼尼協會成為慈善機構。其名稱源自一個舊革命協會的名稱，當時以慈善的印第安酋長坦曼尼德（Tammanend）的名字命名。人們將這個團體視同該市的民主黨。1817年因愛爾蘭移民要求享有他們的會員資格及利益的權利，使協會發生改變。他們鼓吹擴展公民權給無財產的白人，在工人階級中很受歡迎。他們送禮物給窮人和在政治上作承諾使得坦曼尼候選人在選舉中獲得選民的支持。如特威德這樣的會長的出現伴隨著政治腐敗。它的勢力在19世紀末、20世紀初達到頂峰。1930年代在羅斯福總統和拉加第亞市長的整頓下，該協會開始走下坡。

Tammuz＊　坦木茲　美索不達米亞宗教的化育之神。水神恩基和母羊的化身杜特之子。對坦木茲的膜拜以每年兩個節日為中心。一個是在早春，他和女神依娜娜結婚時，象徵著來年自然豐饒；另一個在夏天，悼念他死於惡魔之手。他被認為是後來的幾個負責農業和豐產的神的先驅，如寧松、達穆和杜木茲－阿卜蘇。

從亞述出土的坦木茲浮雕（西元前1500?年）；現藏德國柏林國立博物館
Foto Marburg – Art Resource

tamoxifen＊　泰莫西芬　合成激素，以商品名稱Nolvadex銷售，防止雌激素與雌激素敏感的乳癌細胞結合。最初是用在乳癌治療後防止復發，後來發現可以預防高風險的女性的首次發生。最嚴重的副作用是增加血栓形成的風險，可能需要病人同時服用抗凝血藥。在對抗乳癌及其他癌症的效果仍持續研究中。

Tampa　坦帕　美國佛羅里達州中西部城市，位於坦帕灣東北端。1824年美國軍隊在此建立布魯克堡以監視塞米諾爾人印第安人的舉動。1855年設鎮。1886年該鎮第一家雪茄工廠建立後，發展為一個製造雪茄中心。現有多種工業，也是一個銷售中心。這裡還是冬季旅遊和釣魚的勝地，是主要的旅遊中心；另有布希花園等景點。人口約285,000（1996）。

Tampa Bay　坦帕灣　佛羅里達州西部墨西哥灣內的海灣。長40公里，寬11～19公里。該灣被利用於西海岸的聖彼得堡和東北的坦帕的娛樂和商業活動。1539年德索托抵達坦帕灣，開始他在美國東南部的探險。坦帕灣上跨有25公里長的陽光高架橋。

Tampico＊　坦皮科　墨西哥東北部塔毛利帕斯州東南部海港（1990年人口約272,000）。位於帕努科河畔，周圍幾乎全是沼澤地和潟湖。這裡由約1532年建的聖芳濟會修道院而發展起來。1683年遭海盜破壞，1823年才有人重新定居。1846年墨西哥戰爭期間暫時由美軍駐守，1862年又被法國占領。1901年以前因為環境不衛生而一直是個二流港口。隨著周圍石油資源的迅速開採，這裡也發展得很快。現在是墨西哥最現代化的港口，也是該國最主要的海港。同時也是海濱勝地。

Tan Cheng Lock＊　陳禎祿（西元1883～1960年）　馬來西亞華人社會領袖和政治家。出生於麻六甲（即今馬來西亞）一個富裕華人家庭。他曾參加反對「親馬來人」政策的鬥爭，主張賦予所有種族集團平等的權力，無論是移民還是原住民。第二次世界大戰後，他支持英國享有共同公民權的統一國家的提議，但這一提議被馬來人否決。在馬來西亞危機中，他同英國人合作促進國家統一。1949年他當選為馬來西亞華人公會主席，這是第一個羽翼豐滿的中間派馬來西亞華人政治團體。1957年馬來西亞獨立後，他繼續擔任公會的主席。

Tan Malaka, Ibrahim Datuk (Headman)＊　陳馬六甲（西元1894～1949年）　印尼共產黨領導人。1919年從歐洲回國擔任教師，成為一名共產主義者。1922年因企圖煽動一次全面罷工而被荷蘭政府流放。1944年返回爪哇，與蘇卡諾爭奪印尼民族主義運動的控制權。他建立了聯合陣線，1946年取得短暫的執政權。同年晚些時候由於被指控試圖政變而遭監禁。1948年荷蘭和印尼交戰期間，他宣稱自己是印尼元首。後來荷蘭人入侵而被迫逃跑，幾個月之內被逮捕，被蘇卡諾的支持者處死。

Tana, Lake　塔納湖　衣索比亞湖泊。該國最大湖泊，76公里長，71公里寬。是青尼羅河（參閱Nile River）的源頭，青尼羅河從這裡流過一個熔岩障礙，傾洩42公尺形成提斯厄薩特瀑布。中世紀時，在湖中兩座島上修建了科普特修道院。

Tana River＊　塔納河　肯亞河流，該國最長的河流。發源於阿伯德爾山，流向曲折，向東北流後轉向東最後又向南流注入印度洋，全長708公里。小船可往上航行約240公里。

Tana River＊　塔納河　挪威東北部河流。向北及東北流，最後注入挪威東北部沿海的塔納峽灣（為北冰洋內陸海灣），全長360公里。塔納河還是挪威和芬蘭的部分國界。

tanager＊　裸鼻雀　新大陸棲息於森林及庭園的200～220種鳴禽的統稱。多數品種體長10～20公分。頸短。喙的形狀多種多樣，但都稍具鋸齒，稍呈鉤狀。羽衣通常為鮮豔的紅色、黃色、綠色、藍色或黑色，有的具明顯的花紋。大多數裸鼻雀爲樹棲；主要以果實爲食，某些種類食昆蟲。緋紅、夏季以及西方裸鼻雀在溫和的北美洲繁殖。歐龍牙裸鼻雀的繁殖地從亞利桑那到阿根廷中部。其他品種大多生活在熱帶。

Tanagra＊　塔納格拉　希臘中東部波奧蒂亞的古城。原爲雅典氏族占領，這裡成爲波奧蒂亞東部主要城鎮，土地拓展到埃維亞灣。第一次伯羅奔尼撒戰爭期間，雅典人在這裡被斯巴達人擊敗（西元前457年）。西元前340～西元前150年間這裡出產極佳的模製陶俑，稱爲塔納格拉陶俑，並出口到地中海國家。

Tanagra figure　塔納格拉陶俑　西元前3世紀起開始出現的小赤陶人像，以其發現地希臘波奧蒂亞的塔納格拉命名。這些小雕像主要是服飾華麗的年輕婦女，或坐或立，都用模子翻製而成，原先覆蓋一層白色塗料，然後上色。19世紀發現它們以後，變得大量流行，並被廣泛而專業的仿製。

Tanaka, Kakuei＊　田中角榮（西元1918～1993年）　日本首相（1972～1974）。擔任首相後，推行了許多政府計畫，並帶動了日本西部的經濟繁榮，並與中華人民共和國建立了外交關係。1976年被控在首相任期內收受洛克希德航空公司兩百萬美元，影響所有的日本航空公司購買洛克希德的噴射機。1983年被判有罪。

Tanaka, Tomoyuki　田中友幸（西元1910～1997年）　日本電影製片家。田中與日本東寶電影公司合作近六十年，製片數量超過兩百部，最有名的即爲二十二部怪獸哥斯拉系列的電影，該系列最早一部是在1954年拍攝的《哥斯拉：怪獸之王》，最後一部是1995年的《哥斯拉對抗毀滅者》。田中也曾爲日本著名導演黑澤明的製片。

Tanana River＊　塔納納河　美國阿拉斯加中東部河流。源頭由弗蘭格爾山脈高處的兩個冰川源流匯合而成，流向西北885公里，匯入育空河，爲育空河的主要南部支流。19世紀中葉俄羅斯商人最早來此開發。該河的峽谷在1904年淘金熱中是重要的產金區。這裡也是木材產區和阿拉斯加主要的農業區之一。阿拉斯加公路幾乎全程沿著這條河谷而行。

Tananarive ➠ Antananarivo

Tancred＊　坦克雷德（卒於西元1194年）　西西里國王（1190～1194年在位），最後一位諾曼人統治者。他曾兩次（1155、1161）反叛他的叔叔西西里的威廉一世，威廉二世死後，他取得西西里的王位。在理查一世占領了墨西拿後，1191年他屈服於理查對威廉二世留下的遺產的要求及其妹妹瓊（也是威廉的遺孀）歸還嫁妝的要求。神聖羅馬帝國皇帝亨利六世欲從坦克雷德手中奪取西西里王位，1191年他包圍那不勒斯未獲成功，1194年再次進軍西西里。在亨利到達西西里之前，坦克雷德去世，亨利得以稱王。

Tandy, Jessica ➠ Cronyn, Hume; and Tandy, Jessica

Taney, Roger B(rooke)　陶尼（西元1777～1864年）　美國大法官。1801年開始執律師業，在擔任州檢察長（1827～1831）之前一直在馬里蘭立法機構任職。1831年被傑克森總統任命爲司法部長。由於反對美國銀行而聞名全國。1835年傑克森提名他爲美國最高法院法官，但參議院否決了這項提名。雖然遇到很大的阻力，同年他還是成爲馬歇爾大法官的繼任者。他的首席大法官任期是最高法院歷史上第二長的。主要以「德雷德·司各脫裁決」案爲人們所知。也因在「艾布曼對布思訴訟案」（1858）以及「查理河橋樑公司訴華倫橋樑公司案」中的觀點而聞名，前一案中他否決了州有阻撓聯邦法院程序的權力。雖然他認爲奴隸制是一種罪惡，但他相信要消除奴隸制是應逐步解決並主要是由那些蓄奴州自己解決。

陶尼，布雷迪攝
By courtesy of the Library of Congress, Washington, D.C.

tang ➠ surgeonfish

Tang dynasty　唐朝（西元618～907年）　亦拼作T'ang dynasty。中國朝代，繼承爲期甚短的隋朝，成爲中國史上詩歌、雕刻和佛教的黃金時代。首都長安在當時是世上最繁榮的國際性大都會，有來自中亞、阿拉伯、波斯、韓國與日本的商人與外交使節穿梭其中。聶斯托留派的基督徒社群也在長安出現；而廣州則建有多座回教寺院。8～9世紀唐朝的經濟蓬勃發展，鄉間的市鎮逐漸發展，而融入長安和洛陽的都會市場圈，形成經濟網絡。佛教備受尊崇，佛經的譯作紛紛問世；本土的佛教宗派亦有發展，包括禪宗。唐詩是這個時期最輝煌的榮耀，今天保留了兩千位詩人所創作的近五萬首作品。異國音樂和舞蹈大受歡迎，古代的管絃樂曲亦重新復興。由於北方遊牧部族不斷侵略，唐朝政府從未完全控制中國北部疆界；8世紀中葉以後時而發生的叛亂，也同樣削弱唐朝政府的威權（參閱An Lushan Rebellion）。唐朝末年，政府的重心已不在中亞，而是集中在中國東部和東南部。亦請參閱Taizong、Wu Hou。

Tanganyika, Lake＊　坦干伊喀湖　非洲中部湖泊。位於坦尚尼亞和剛果（薩伊）邊境上。爲世界上最長的淡水湖，長660公里，同時也是世界第二深的湖泊，深1,436公尺。有幾條河流匯入此湖，已日趨鹽化。陡峭的湖岸上種植水稻和油棕櫚等作物，河馬和鱷魚很多。1858年歐洲人找尋尼羅河的源頭時最早發現它。

Tange, Kenzo＊　丹下健三（西元1913年～）　日本建築師。在建立自己的建築工作室之前一直在前川國男事務所工作。早期作品最著名的是廣島和平中心（1946～1956）。高松的香川縣廳（1955～1958）被視爲現代建築和傳統建築相結合的典範。1959年他和學生發表了波士頓海港計畫，開創了代謝派。1960年代的作品採用更大膽的戲劇形式，也成爲熟練運用複雜幾何學的專家。他爲1964年東京奧運會設計的國家體育館堪稱楷模。近期的作品有新東京市政廳（1991）。同時他還是一位具有影響力的作家、教師和城鎮規畫者。1987年丹下健三獲得了普里茲克建築獎。

tangent ➠ trigonometric function

tangent line＊　切線　幾何學上，與圓恰好交於一點的直線；在微積分，與曲線碰觸於一點的直線，其斜率等於曲線在該點的斜率。將切線當成切點鄰近區域曲線的近似是特別管用，是許多估計方法的基礎，包括線性近似。函數圖形的切線斜率數值等於函數在此點的導數，是微分學的基本原則。亦請參閱differential geometry。

tangerine　橘　中國柑橘品種，果形較小，果皮薄，學名Citrus reticulata deliciosa。可能原產於東南亞，如今橘的栽培遍及全世界的亞熱帶地區，尤其是歐洲南部和美國的南部。橘樹株形小於其他柑橘類果樹，枝條細，葉呈矛狀。果實兩端稍扁，果皮易剝離，淺紅－橙色。瓤囊易分離，果肉柔細多汁，味濃，含大量維生素C。橘皮味芬芳，可提取精油，用於數種調味品及酒類。橘與葡萄柚雜交產生的品種稱橘柚。

橘
Grant Heilman

Tangier＊　丹吉爾　法語作Tanger。阿拉伯語作Tanjah。古稱Tingis。摩洛哥北部海港。位於直布羅陀海峽西端，古代爲腓尼基人的貿易港，後來相繼成爲迦太基人和羅馬人的定居點。羅馬人統治五個世紀之後，先後被汪達爾、拜占庭和阿拉伯人占領。1471年落入葡萄牙人之手。後來轉讓給英國。1684年英國人放棄該地予摩洛哥。1912年摩洛哥其他地區成爲法國的保護國，丹吉爾被賦予特殊的地位。1923年正式成爲一個國際城市，由一個國際共管委員會管理。此後長期爲國際共管地，直至1956年併入獨立的摩洛哥王國。1960年代成爲自由港和王室避暑地。這個古老城鎮由一座王宮和大清眞寺構成。爲繁忙的港口和貿易中心，工業包括旅遊、漁業和紡織，尤其是地毯。人口約522,000（1994）。

tango　探戈　一種活潑的西班牙佛朗明哥舞蹈，也是一種南美社交舞。可能受到古巴哈巴涅拉舞的影響，在布宜諾斯艾利斯演變成一種社交舞。卡斯爾夫婦使它在美國流行起來。到1915年風靡整個歐洲。早期的探戈活潑歡快，後來被改良爲較平緩的室內舞步，以時間較長的暫停、公式化的身體姿勢以及4/4拍的音樂爲特徵。

電影《四騎士》（1921）中范倫鐵諾與舞伴大跳探戈
By courtesy of Metro-Goldwyn-Mayer Inc., © 1921; photograph, from the Museum of Modern Art Film Stills Archive

Tangun＊　檀君　朝鮮神話中開國君王，西元前2333年開始統治。一種傳說是檀君的父親桓雄從天而降，居太白山頂以統治世界。一熊一虎求變爲人，桓雄命令他們躲入洞中一百天。虎忍耐不住離開了，熊則變成美女，就是檀君之母。佛教和道教認爲檀君建立了一國的宗教，提出了朝鮮格言「愛與人性」（Hongik-ingan，英譯爲Love humanity）。檀君的誕辰日是學校休假日。

Tangut＊　党項　歷史上居住在內蒙古南部的絲路終點的民族。党項人從事灌溉農業和放牧生活，並充當中國與中亞貿易的中介者。他們信奉佛教，立之爲國教，並創造出自己的文字。他們1038年宣布成立西夏王國，立國近兩百年。

Tanguy, Yves＊　湯吉（西元1900～1955年）　法裔美國畫家。早年在商船上工作。雖然沒有受過任何正規藝術訓練，1923年在畫廊中見到希里科的畫作後，深受感動，便即開始執筆作畫。1925年加入超現實主義派，並參加該派所有的主要畫展。他發展了一種獨特的風格，讓人想起達利的畫法，描繪古怪，將無定形的生物和無法識別的物體放置於有無限地平線空曠而明亮的地形中。儘管作品順暢，細節考究，但是仍然具有一種超越時間、夢幻般的特質（如《不可見元素》，1951）。1939年遷居美國。

Tanimbar Islands＊　塔寧巴爾群島　印尼摩鹿加群島東南方群島，約有三十座島嶼組成。最大的島嶼是買德納島，113公里長，45公里寬，附近的島嶼有拉拉特島和塞拉盧島。雖然這裡缺乏淡水，但土壤可以種植穀物、稻米、椰子、棕櫚和水果。1639年荷蘭人占領該群島，但直到1900年才建立統治制度。第二次世界大戰後，該群島成爲印尼的一部分。

Tanis＊　塔尼斯　《聖經》作瑣安（Zoan）。埃及尼羅河三角洲古城。曾是下埃及一個省的省會，一度爲全國首都，當時是距亞洲最近的重要港口之一，是第二十至第二十二王朝的基地。1939年在古代主要神廟院內發掘出一些完整的王室墳墓，裡面有很多銀棺材、金面具和金銀珠寶。

Tanit＊　坦尼特　古代迦太基人所信奉的主要女神，相當於腓尼基人的阿斯塔特。最早出現於西元前5世紀左右。雖然她似乎與天有某些關聯，但是她也是個母神，象徵豐饒。她是迦太基的主神巴力哈蒙的配偶，最終她的重要性凌駕了巴力的祭儀。考古學證據表明人們在禮拜此女神和巴力哈蒙時要宰殺兒童（可能是頭生子）舉行人祭。除了迦太基外，馬爾他、薩丁尼亞島和西班牙也信奉坦尼特。

Tanizaki Jun'ichiro＊　谷崎潤一郎（西元1886～1965年）　日本小說家。早期短篇小說受到愛倫坡和法國頹廢派的影響。後來轉向探索日本傳統之美的理想。其作品以情欲和諷刺機智爲特點。他的小說《食蓼之蟲》（1928～1929）講述的是關於婚姻的不幸，這種不幸其實是新與舊的衝突，其中有舊勢力會得勝的含義。《細雪》（1943～1948）以日本古典文學的閒散風格描述了現代世界粗魯地侵犯傳統社會。

tank　坦克　一種火力強大的重裝甲戰車，靠兩條稱爲履帶的環形鐵鏈帶動。通常配備一座架在旋轉式炮塔上的火炮和一些輕型的自動化武器。英國人在第一次世界大戰期間發明了坦克，以適應越過壕溝區泥濘而不平地形的裝甲攻擊車輛的需要。它們在第一次索姆河戰役（1916）中首次亮相。在第二次世界大戰中，德國的坦克部隊最初在歐洲是最有效率的，因爲它被編組成具有強大打擊力的快速集結部隊。戰後，坦克變得更大，裝備了更多的重型武器。多數現代主戰坦克重量超過50噸，公路行駛速度每小時50～70公里。標準的主戰武器是一部120公釐火炮，能夠發射穿甲彈。雷射測距儀和紅外輻射影像裝置可以幫助觀察戰場。

Tannenberg, Battle of＊　坦能堡戰役　1410年7月15日。波蘭和立陶宛聯合打敗條頓騎士團的一場主要戰役。雙方在波蘭東北部（舊稱東普魯士）的格倫費爾德和坦能堡村附近發生激戰。這場戰役象徵了教會在波羅的海東南沿岸擴張的結束，也是教會勢力衰落的開始。

Tannenberg, Battle of＊　坦能堡戰役　第一次世界大戰期間德國和俄羅斯在波蘭東北部進行的戰役（1914年8月26～30日）。兩支俄國軍隊侵入德國的東普魯士，但是他們失散了。興登堡指揮的德國軍隊襲擊了其中一支孤立無援的軍隊，迫使其撤退。俄國軍隊傷亡超過3萬人，俘擄9萬餘人。德國人傷亡約爲1萬3千人。俄國人在這場戰役中損失慘重，但這場戰役迫使德國抽調進攻法國的軍隊參戰。

Tanner, Henry Ossawa　達涅爾（西元1859～1937年）　美裔法國畫家。生於匹茲堡，在賓夕法尼亞美術學院師從伊肯斯，是該校當時唯一的黑人學生。1891年移居巴黎，1894年作品在一年一度的沙龍美展展出，1896年以《獅洞裡的丹尼爾》榮獲此展榮譽獎，並在1897年以《病人復甦》贏得獎章。以風景畫與聖經主題獲得國際讚賞及衆多獎項。1923年獲頒法國榮譽勳位騎士，1927年成爲國家設計學院第一位正式非裔美國人會員。

Tannhäuser＊ 唐懷瑟（西元1200?～1270?年） 德國抒情詩人和民間傳說英雄。爲職業的戀詩歌手，曾爲許多資助他的貴族效勞，很少作品傳世。有關他的傳說都保存在民謠《唐懷瑟》中。唐懷瑟曾過著花天酒地的生活，但不久就感到後悔，後前往羅馬朝聖請求寬恕。羅馬教宗曾對他說，由於他的朝聖杖再也長不出葉子來，而他的罪行也不能被饒恕。但是不久後，他那被棄置的朝聖杖又長出了綠葉，於是教宗遣人尋找唐懷瑟，但是再也沒找到他。這個傳說在19世紀的浪漫主義作家筆下十分盛行，作曲家華格納還根據傳說寫成歌劇《唐懷瑟》（1845）。

tannin 單寧 亦稱丹寧酸（tannic acid）。一類淡黃至淡褐色不定形物質的通稱，廣佈於植物中，主要用於製革、染織物、製墨水等用途。單寧溶液呈酸性，味道苦澀，通常由橡樹、漆樹、訶子（亞洲樹種）等樹木上分離而得。單寧有茶的澀味、顏色和香味。在工業上，單寧被用於澄清果酒和啤酒，降低油井中鑽泥黏度和預防水垢的生成。此外，單寧還具有藥用價值。

tanning 製革 將動物的生皮或毛皮製成皮革的化學處理過程。史前時代人類已經開始使用植物（樹皮、樹幹、樹根或漿果）製革。製革工藝是在去除生毛皮的毛髮、肉和脂肪後，使用製革劑將蛋白質纖維縫隙中的水分替換出來，使這些纖維組織結合在一起。使用最多的三種製革劑是植物單寧酸、無機鹽（如硫酸鉻），以及魚類或動物的油。受陽光照曬的皮毛製革方法是完全不同的，因爲紫外輻射光照將在表皮細胞中產生和重新分配黑素。

tansy＊ 菊蒿 約50種氣味強烈的有毒草本植物，尤指普通菊蒿，原產於北溫帶。普通菊蒿有鈕釦形黃色頭狀花序，花似盤（非傘形花），集生，花簇平頂。葉深裂，多莖。常栽培於草藥園內，用於藥物及殺蟲劑。亦請參閱chrysanthemum。

tantalum＊ 鉭 金屬化學元素，過渡元素之一，化學符號Ta，原子序數73。是一種高密度、堅硬、銀灰色的金屬，熔點極高（2,996℃）。相當稀少，自然界只有幾處地方發現。很難將它與鈮分開，鈮是週期表中鉭的上面一個元素，兩者具有許多共同的性質。鉭最重要的用途是製作電解電容器以及耐腐蝕的化工設備。還可製作牙醫和外科手術用具、工具、催化劑、電子管零件、整流器以及整形假體。相對來說，鉭的化合物沒有太大商業價值。碳化鉭用於醫療工具和印模。

Tantalus＊ 坦塔羅斯 希臘神話中西皮洛斯（弗里吉亞）國王。有關他的傳說有兩種說法：一種說法是坦塔羅斯是諸神的密友，曾被允許與諸神同桌進餐，直到他向世人透露諸神的祕密而觸怒了他們。還有一種說法是坦塔羅斯殺死其子珀羅普斯，並獻給諸神。後來他被關在冥界，站在齊頸的水中，口渴想喝水時，水就退去；他頭上懸著果樹樹枝，他想吃果子時，風就把樹枝吹開。

tantra＊ 坦陀羅 在一些印度宗教派別中神祕修煉的經文。在印度教和佛教中包含大量的坦陀羅著作和儀式，還有小部分保存在耆那教中。因爲坦陀羅代表了相當晚期發展的教義，並結合了不同傳統的各種因素，從而被正統的實踐者所疏離。在印度教中，坦陀羅論述了多種宗教風俗，如符咒、禮儀和標記。佛教中坦陀羅文獻被認爲可追溯至7世紀或更早，已提及大量的實踐活動，有些包括性活動，這些著作通常沒有正規的文學基礎。

Tanzania＊ 坦尚尼亞 正式名稱坦尚尼亞聯合共和國（United Republic of Tanzania）。非洲東部國家，包括了印度洋中的桑吉巴、奔巴和馬菲亞諸島嶼。面積935,037平方公

里。人口約36,232,000（2001）。首都：三蘭港；法定首都爲多多馬。約120種已確認的種族；其中最大的一支是蘇庫馬人，約占總人口的1/5。語言：斯瓦希里語和英語（均爲官方語）。宗教：伊斯蘭教、傳統宗教、基督教。貨幣：坦尚尼亞先令（T Sh）。雖然坦尚尼亞大部分地形屬平原和高原，它也有一些壯麗的景觀，如吉力馬札羅山和倫蓋伊山，後者是一座活火山。馬拉威湖、坦干伊克湖、維多利亞湖和魯夸湖部分或全部位於該國境內。尼羅河、剛果河和尚比西河主流亦是源於該國。塞倫蓋提國家公園是最著名的狩獵保留區。該國重要的礦產有黃金、鑽石、寶石、鐵礦、煤和天然氣。中央計畫經濟大部分以農業爲基礎；主要作物有玉蜀黍、稻米、咖啡、丁香、棉花、瓊麻、腰果和煙草。工業有食品加工、紡織、水泥和釀酒。政府形式是共和國，一院制。國家元首暨政府首腦是總統。西元前1千紀開始有人居住，到西元10世紀時，被阿拉伯和印第安部落以及操班圖諸語言的民族占據。15世紀晚期，葡萄牙人得到了沿海地區的控制權，但在18世紀晚期，被阿曼和桑吉巴的阿拉伯人驅逐。1880年代，德國的殖民者進入該地區，1891年德國宣稱該區域爲它的保護區，稱德屬東非。第一次世界大戰中，英國奪取了德國的領地，該地區成爲英國的託管區（1920），稱坦干伊喀。第二次世界大戰後它成爲聯合國的託管地（1946），英國繼續對該地區擁有控制權。1961年坦干伊喀獲得獨立，1962年成爲共和國。1964年它與桑吉巴聯合組成坦尚尼亞。近年來，它經受著政治和經濟兩方面的鬥爭。

Tanzimat＊ 坦志麥特 土耳其語意爲「再次改革」，是鄂圖曼帝國土耳其推動社會現代化發展和減低穆斯林教士影響的一系列改革（1839～1876）。這一系列改革的第一步（1839）是尋求轉變政府對待人民和財產的方式，並改革徵稅和徵兵政策。後來的改革（1856）建立一個世俗的學校體系和一套新的法律制度。雖致力於政府行政的中央集權化，

S T U V

但因所有的權力集中在蘇丹身上而未果。在承諾民主改革的同時，通過了1876年的憲法，試圖避開歐洲勢力的干涉。亦請參閱Abdülhamid II、Young Turks。

tao 道 亦拼作dao。中國思想裡的重要概念，代表正確或神聖的道路。在儒家學說中，「道」代表道德上通往正確行為的道路。在道家思想中，此一觀念則具有廣泛的涵意，涵蓋自然界中可見的過程；萬事萬物依循「道」而變化，而「道」也是潛藏於此過程底下的原則。此一原則，即稱為「至道」。雖然「至道」的實踐者無法完全徹底領悟它，但它卻是生命的指導原則。道家信仰者視生命與死亡為通往「至道」必經的階段，並提倡一種教人順從自然本質的生活方式。

Tao Hongjing 陶弘景（西元451～536年） 亦拼作T'ao Hung-ching。中國詩人、書法家、醫者和博物學家。陶弘景在年輕時即出任皇家宮廷的教師。西元492年，他退出官場，到茅山的山中隱居，全心投入研究道教。他在探究適當飲食與規律生活的過程中，深有心得，因而寫出一本中國重要的藥物學著作。陶弘景也編輯和註釋重要道家前輩的宗教著作，寫出了《眞誥》和《登眞隱訣》。

Tao-te ching 道德經 亦拼作Daode jing。中國思想的經典文書。撰寫於西元前6世紀～西元前3世紀之間，雖然一度按照傳統上視老子為其作者，而稱它為《老子》，但此書作者眞正的身分至今無法判定。《道德經》對於飽受混亂所折磨的國家，提出一種目的在於回歸和諧與平靜的生活方式。此書鼓勵一種無所作為的處事態度，但這種無所作為並非完全的消極，而應理解成避免任何不自然的行為，進而讓道自然地處理事情。此書的構思乃是作為統治者的手冊，主張統治者應以無為的態度來治理國家，不對臣民有任何禁制或約束。《道德經》對所有中國後世的思想與宗教學派一直擁有深遠的影響，長久以來對此書的評論達數以百計。

Taoism 道家；道教 亦拼作Daoism。中國思想與宗教的主要傳統。雖然所有中國的思想學派都運用道的觀念，但在將「道」提昇為社會的理想時，才產生了道家。傳統上認為老子是道家的創始人，以及經典文書《道德經》的作者。其他的道家經典包括《莊子》（成書於西元前4世紀～西元前3世紀，參閱Zhuangzi）和《列子》。在道家思想中，道是無從預測的力量或原則，但卻是潛在地包含所有現象的形式、實體與動力；而人不應該干涉此一自然的智慧。透過與自然秩序全然符合的行為，可以達成「德」（或稱之為優越的品德），而且可以讓德的完成者在其成就中，沒有留下他自己的痕跡。傳統上認為，所有的存在與事物，基本上都可合而為一。道家對自然與自然秩序的專注，補足了重視社會的儒家學說；而道家思想與佛教的融合，乃是禪宗的基礎。亦請參閱yin-yang。

Taos＊ 陶斯 美國新墨西哥州北部城鎮和旅遊勝地。位於桑格累得克利斯托山脈，瀕臨格蘭德河支流。該地由三個村莊組成：唐費南多德陶斯（即陶斯）、聖吉拉尼謨的普韋布洛（陶斯普韋布洛）和蘭考斯德陶斯。原為早期西班牙人居民點。1680年當地發生了陶斯暴動和其他普韋布洛印第安人反對西班牙起義。後來陶斯成為聖大非小道的重要商業中心。20世紀，包括勞倫斯在內的藝術家和作家遷至陶斯。現在卡森和勞倫斯的住所已成為陶斯的歷史名勝，而卡森的墓地就建在陶斯國家紀念公園內。人口約5,000（1996）。

tap dance 踢躂舞 一種美洲風格的舞台舞蹈，以精確的各種節奏型的腳的動作和擊地為其特點。踢躂舞主要源自英格蘭北部的傳統木鞋舞、愛爾蘭和蘇格蘭吉格舞和里爾舞及非洲的節奏性跺腳舞。19世紀流行於黑臉歌舞秀中，並發展成獨人踢躂舞（穿木製鞋底跳的激烈舞蹈）和軟底鞋踢躂舞（穿軟底鞋跳的緩和舞蹈）。1925年這兩種舞蹈再次混合在一起，舞鞋的前掌和後跟釘上了鐵片，以便發出更響的踢躂聲。踢躂舞在各種表演秀和早期的音樂劇中也很受歡迎。

Tapajos River＊ 塔帕若斯河 巴西中部河流。由特利斯皮里斯河與茹魯埃納河匯成，向東北方向流經1,298公里後，注入亞馬遜河。塔帕若斯河雖有一些急流，但全程可通航。沿岸有幾個重要的橡膠園。

tapas＊ 苦行 指為了獲得精神法力或贖罪而刻苦修行實踐。在印度教中，苦行與瑜伽都是淨化身體，為尋求解放準備進行更嚴格的精神實踐方法之一。在耆那教中，苦行是通過阻止新的業形成和擺脫舊的業，從而破壞輪迴規律。苦行包括多種手段，其中包括禁食、屏息、保持困難痛苦的姿勢等，一些薩圖人（參閱sadhu and swami）甚至還採取更加極端的形式，他們中的許多人由此獲得不同尋常的能力或喪失能力，並以此求得施捨。

tape recorder 錄音機 使用電磁原理錄製與再現聲波的錄音系統。錄音帶是在塑膠上塗上薄層細粒的磁粉。磁帶機的錄音頭是由小型的C形磁鐵構成，缺口剪貼著移動的磁帶。進入的聲波由麥克風轉成電力訊號，在磁鐵的缺口產生隨時間變化的磁場。當磁帶移動經過錄音頭，磁粉以此方式磁化，錄音帶就帶有錄製聲波的記錄。

tapestry 壁毯 沈重，可兩面使用，有圖案或圖形的手編編織品，通常是懸掛形式或做為室內裝飾的織品。壁毯通常被設計為單一片或主題或風格相關並打算掛在一起的成對織片。最早已知的壁毯是古埃及人利用亞麻所做的。壁毯的編織法是6世紀時在祕魯所建立的，而突出的絲壁毯則是開始於中國的唐朝（618～907）。在西歐，則從13世紀起將其做為裝飾。在歐洲最偉大的壁毯中，包括了15世紀的《仕女與獨角獸》以及16世紀的《使徒行傳》，後者是根據拉斐爾的諷刺畫。壁毯藝術在十九世紀晚期的英國隨著藝術和手工藝運動而恢復生機。在20世紀，抽象壁毯在包浩斯產生，同時，包括畢卡索及馬諦斯等畫家也准許他們畫被提供做為壁毯藝術的基礎。

tapeworm 條蟲 扁形動物門條蟲綱一種身體兩側對稱的寄生性扁蟲，約3,000種，呈世界性分布。體長從約1公釐到15公尺餘。頭節上有吸盤，通常還有鉤，用於固著在宿主的肝和消化道內。一旦固著成功，就通過其表皮吸收食物。整個軀體大體分為數段：頭或頭節，上有吸盤和鉤；不分段的頸；以及一列形狀相同的節片（具備雌雄生殖器官的身體部件）。節片由頸底部的一個生長區連續生成。受精後內含數千個胚體的成熟節片爆裂，隨宿主糞便排出。整個生命週期可能需要不止一個宿主，但一般說來會與旋毛蟲的生命週期十分相像。多種以人為宿主的條蟲屬於帶條蟲類；其中間宿主則可從其學名中辨識（如牛帶條蟲是以牛為中間宿主）。在美國東南部，人被條蟲寄生的現象頗為常見；人被條蟲感染的途徑主要是接觸了受到污染的土壤或水，以及食用了烹煮不充分的肉和魚。

Tapi River＊ 達布蒂河 亦作Tapti River。印度中西部河流。源於中央邦山區，至西流入坎帕德灣和阿拉伯海。該河長約700公里，且大部分河段不通航。

Tápies, Antoni＊ 塔皮耶斯（西元1923年～） 西班牙（加泰羅尼亞）畫家。1946年他放棄學習法律，開始全身心地投入繪畫。他早期的作品受到超現實主義、克利和米羅的影響較大。1953年在觀賞了迪比費的作品後，他開始轉向獨特的抽象混合畫，開始用厚塗法作畫，並以此揚名。塔皮耶斯曾出版過版畫評論刊物。對於普遍現象物質的有效表達，塔皮耶斯的信念已經形成了世界性的影響。1990年塔皮耶斯基金會於巴塞隆納成立，並收有他約2,000件藝術品。

tapir＊　貘　奇蹄目貘科貘屬現存4種有蹄類動物的統稱，體笨重，奇蹄，體長1.8～2.5公尺，肩高約1公尺。耳短，腿短，肉質的吻部懸垂於上唇上面。足有3趾。體毛通常短而稀疏，但有兩種則有短而硬的鬃毛。馬來貘（即印度貘）頭、肩和腿黑色，臀、背和腹部白色。中美洲唯一的種和南美的兩個種貘則通體褐色或灰色。貘生活在森林或沼澤深處。

南美貘（Tapirus terrestris）
Warren Garst－Tom Stack & Associates

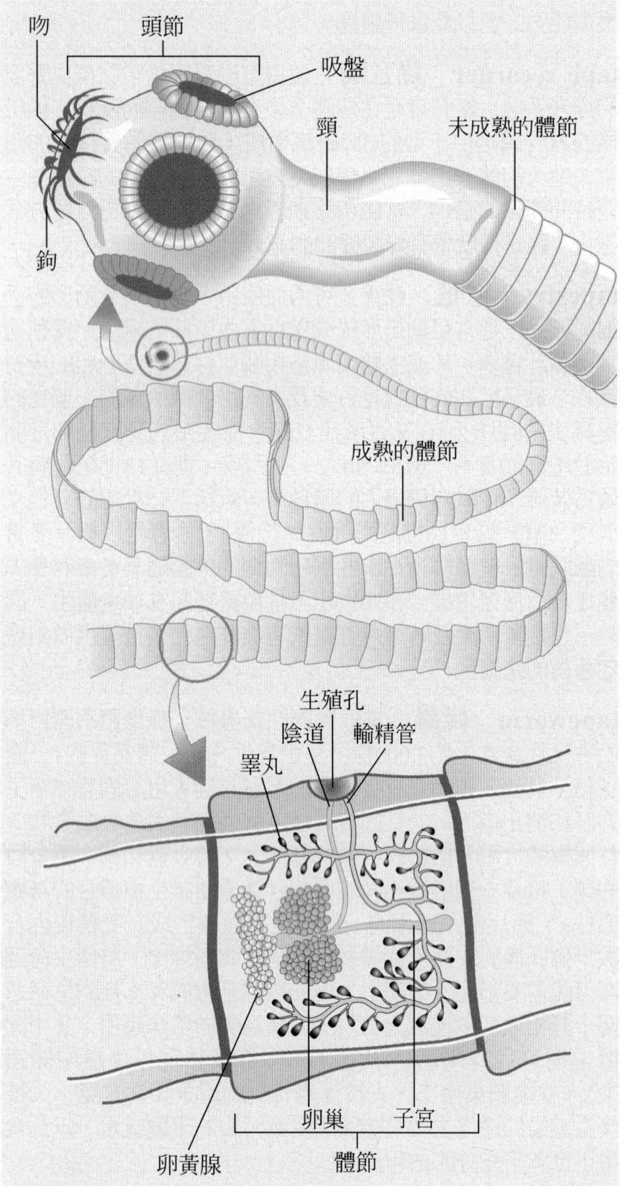

牛肉條蟲的主要特徵。頭節有吸盤和鉤來依附人類宿主。在頸的底部形成連續一系列的生殖器官（體節），在受精之後成熟並脫離。從宿主排泄物排出的每個體節含有數以千計個胚胎。若是牛隻（中間宿主）在攝食受到排泄物污染的食物時吞下這些體節，就會發展成幼蟲，鑽過腸壁進入循環系統帶往肌肉組織，在此鑽洞形成蟄伏的囊胞。如果肉類沒有適當地烹調，人類就會受到幼蟲感染，附著在腸閉上。
© 2002 MERRIAM-WEBSTER INC.

Tappan, Arthur＊　塔潘（西元1786～1865年）　美國商人和慈善家。曾處理經營多種商業貿易，其中包括與其弟路易（1788～1873）在紐約經營一個絲綢進口公司（1826～1837），他們還於1841年創辦了第一個商業貸款定額服務公司。塔潘使用自己的資金去資助那些教會團體及廢奴主義者，幫助創辦了美國反奴隸制協會，並當選爲該協會第一任會長（1833～1840）。在加里森分道揚鑣後，他又建立了美國和外國反奴隸制協會（1840）。後來他們兄弟二人支持地下鐵道。

taproot　直根　主要根系的主根。垂直向下生長。從直根長出較小的側根（次級根），再長出更小的側根（三級根）。大多數的雙子葉植物（參閱cotyledon），如蒲公英，就長出直根。這個根系可能會被改變成纖維狀或四散的系統，再最初的次級根的大小趕上或超過主根，就沒有明確的單一直根。纖維化的根系通常比直根系淺。胡蘿蔔和甜菜是從直根變成的塊根。

taqiya＊　塔基亞　伊斯蘭教用語，指爲了個人或穆斯林信徒免於傷亡而隱瞞信仰或不履行正常宗教義務的行爲。源於《可蘭經》，據說塔基亞的先例是穆罕默德本人所開，他當年決定選擇希吉拉（遷徙）。伊斯蘭教各種教條掌握著塔基亞的實行，並保證其不會成爲一種對懦弱者和違反教義者尋求寬恕的理由。在團體和個人的利益考量上，塔基亞通常更注重於團體的利益。

taqlid＊　塔格利德　在伊斯蘭教法中，指在不了解那些決議之依據的情況下對法定決議的絕對承認。在穆斯林不同宗派和學派中，對於塔格利德的看法差異很大。什葉派教徒必須執行塔格利德制度，而在遜尼派的四個法學派別中，沙斐儀學派、馬立克學派和哈乃斐學派都接受塔格利德原則，但罕百里學派卻予於拒絕。塔格利德制度實行主要基於早期穆斯林法學家是最有資格推出權威律法見解的信條，因爲當時這些法學家是最接近穆罕默德的。

tar sand　瀝青砂　亦稱bituminous sand。飽含高黏度瀝青松砂或爲部分固結砂岩的堆積物。採自瀝青砂的油通常稱作綜合原油，是一種具有潛在重要性的化石燃料形式。已知的最大瀝青砂沙床位於加拿大阿薩巴斯卡河谷，該地區在進行從瀝青砂中生產合成原油的商業計畫。

Tara＊　度母　亦稱救度母或多羅母。佛教所崇奉的普渡衆生的女菩薩，她有多種相。在尼泊爾、西藏和蒙古她有衆多的崇敬者。與男性菩薩觀世音相對應。據說觀世音滴淚成湖，湖中長出一朵蓮花，蓮花開放現出度母菩薩。她保佑旅人和朝聖者。在其典型藝術化身中，她手持一朵蓮花並生有三隻眼睛。人們用多種色彩表現她以反映她的神通廣大。

18世紀的尼泊爾白度母鍍金銅坐像，現藏舊金山亞洲藝術博物館
By courtesy of the Asian Art Museum of San Francisco, The Avery Brundage Collection; photograph, Martin Grayson

Tarai ➡ Terai

Tarantino, Quentin　昆丁塔倫提諾（西元1963年～）　美國導演與編劇。生於田納西州諾克斯維爾，在執導第一部電影《落水狗》（1993）之前擔任演員。廣受爭議的《黑色追緝令》（1994），幾乎不用道德觀點來描寫類似的暴

力行爲，獲得坎城影展金棕櫚獎。奧立佛史東的《閃靈殺手》（1994），是另一部快節奏的暴力調性的影片，源於昆丁塔倫提諾所寫的故事，他還爲《絕命大煞星》（1993）及《危險關係》（1997）撰寫劇本。雖然數量不多，他的電影廣泛作爲範本。

Taranto＊ 塔蘭托 古稱Tarentum。義大利東南部海港城市（1996年都會區人口約212,000），位於普利亞地區。瀕臨多倫多灣，該城市包括位於一個小島上的老城區和位於臨近陸地上的新城區。斯巴達人建於西元前8世紀，當時稱爲塔拉斯，是義大利南部希臘殖民區的主要城市之一。西元前4世紀在阿契塔的統治下，該鎮的經濟和軍事實力達到頂峰。西元前272年該城爲羅馬人統治，西元5～11世紀又在哥德人、拜占庭人、倫巴底人和阿拉伯人之間反覆易手。到15世紀成爲那不勒斯王國的一部分。1815年歸兩西西里王國所有，1861年加入義大利王國。在第一次和第二次世界大戰中成爲義大利海軍的重要據點。1940年遭到嚴重轟炸，1943年爲英國軍隊所占領。現在仍爲重要的海軍基地，建有大型的造船廠和鋼鐵廠。

tarantula＊ 塔蘭托毒蛛 最初僅指狼蛛，現爲捕鳥蛛科蜘蛛的泛稱。此蛛在美國西南以及南美大陸都有發現。多藏身於地穴，多數種類軀體和長腿有毛。主要於夜間捕食昆蟲，偶或亦捕食兩生動物。南美的一些種還捕食小鳥。在美國西南部，Aphonopelma屬的塔蘭托毒蛛的體長可達5公分，腿長可達12.5公分左右，被激惹時螫咬人甚痛。最常見的北美塔蘭托毒蛛是加利福尼亞龐蛛，壽命可達三十年。

美洲的塔蘭托毒蛛，Aphonopelma 屬的一種
Lynam – Tom Stack & Associates

Tarascans 塔拉斯卡人 居住於墨西哥中部米卻肯州的印第安人，生活環境是火山高原及湖泊的乾燥地帶。傳統維生方式是以農業爲主，也有人捕漁、狩獵，及從事商業貿易和到工廠當薪資勞動者。每個村莊都有特殊的工藝技術（例如木刻、編織、陶藝、織網、刺繡、縫紉等）。他們信仰羅馬天主教，受到前哥倫布時期的原始宗教之影響非常少，而是緩慢受到西班牙和馬雅的梅斯蒂索文化之涵化，但他們的主要語言仍是塔拉斯卡語。

Tarawa＊ 塔拉瓦 吉柏特群島的珊瑚環礁，吉里巴斯共和國首都拜里基的所在地。該環礁由沿35公里長的海礁分布的十五個小島組成。第二次世界大戰中該地被日本占領，1943年經過一場代價昂貴的戰役，美海軍獲得此地。現該地成爲商業和教育中心，南太平洋大學分校所在地，出口椰乾和珍珠母。1975年前爲吉柏特和埃利斯群島省會。人口28,800（1990）。

Tarbell, Ida M(inerva)＊ 塔貝爾（西元1857～1944年） 美國從事調查研究的女新聞工作者、講演者及美國工業史的編者。塔貝爾於1981年前往巴黎，靠爲美國雜誌撰寫文章以謀生。以其權威性著作《標準石油公司史》（1904）著稱，該書原以連載的方式在《麥克盧爾雜誌》上發表，其中對一家壟斷企業的興起及其使用不正當手段的描寫引發了政府對這家公司的反托拉斯制裁，此舉動具有重要意義。因此她被羅斯福稱之爲黑幕揭發者記者之一。她同時爲《美國雜誌》撰稿（1906～1915），並爲這家雜誌的擁有者和編輯之一。她的其他作品包括幾部受歡迎的傳記和她的自傳《不足爲奇》（1939）。

Tardieu, André(-Pierre-Gabriel-Amédée)＊ 塔爾迪厄（西元1876～1945年） 法國政治人物。擔任一個時期外交工作後，任《時報》國際編輯。1914年被選入眾議院。作爲巴黎和會的與會代表之一，他在起草「凡爾賽和約」中起了重大作用。早年爲克里蒙梭的支持者，在其政府中擔任不同職位，最後成爲法國總理（1929～1930，1932）和中右派政治領袖。因競選失敗對政局感到厭煩而於1936年退休。

Targum＊ 塔古姆 泛指希伯來文《舊約》的數種阿拉米文譯本或部分譯本。最早的「塔古姆」是猶太人被擄往巴比倫（巴比倫流亡）以後之作，目的是爲了滿足不識字的猶太人的需要，因爲他們看不懂希伯來文。「塔古姆」的地位與影響力的確立約在西元70年耶路撒冷第二聖殿被毀之後，此後猶太教會堂取代聖殿而成爲舉行禮拜的處所，因爲在會堂中人們普遍讀被譯成阿拉米語的《舊約》。對聖經的詮釋和解說最終也成爲這些誦讀的一部分。「塔古姆」在整個猶太法典時期（參閱Talmud）具有相當的權威性，並在5世紀開始漸漸被編譯成書。

Tarhun＊ 塔爾渾 亦作Taru。古代安納托利亞人所崇奉的司掌天氣之神，塔爾渾早在西元前1400年就有記載。他在西台宗教中是最高的神靈，是現存政權的化身。他是西台人的重要神祇太陽女神阿麗尼提的丈夫。他的神畜是公牛，有時在一些藝術品上塔爾渾像作騎公牛狀。塔爾渾被認爲是朱比特・多利刻努斯神的原形。

tariff 關稅 亦稱customs duty。商品通過關境時徵收的一種稅。通常被徵收關稅的物件是進口貨物，其中可能是指對所有的外國商品徵稅或者只對在關境外生產的商品徵稅。關稅有可能在邊境直接徵收，也可能通過要求商家提前購買進口許可權或通過限定進口商品的數量來徵收。過境稅是指關境對過境商品所徵收的一種稅。關稅爲國家財政收入和地方企業保護提供了有力支援。通過提高進口價格，可鼓勵國內的生產者提高商品的價格，或者利用稅收優勢制定較低的商品價格，從而吸引更多的消費者。關稅通常用來保護國家的「新興產業」和狀況不景氣的產業。因爲其影響商品價格，造成國內消費者消費升高，且該政策不利於提高國內產業的生產效率，有時關稅政策也受到指責。關稅價格根據各國之間的協商與簽署的協定來制定。亦請參閱General Agreement on Tariffs and Trade (GATT)、trade agreement、World Trade Organization。

Tarim River＊ 塔里木河 亦作T'a-li-mu Ho。中國新疆維吾爾自治區的主要河流。塔里木由兩條遠從西邊而來的河流匯合而成，其大部分的河道所流經的河床常不明確。塔里木河沿塔克拉瑪干沙漠的北部邊緣流動，再轉向東南。由於塔里木河經常改變河道，故其長度有所變化，但仍約有1,260哩（2,030公里）。塔里木盆地由天山、帕米爾和崑崙山所環繞，是歐亞大陸上最乾燥的地帶。

tariqa＊ 道乘；塔里卡 伊斯蘭教蘇菲主義禁欲神祕主義用語，原指信徒在直接認識眞主或實在之前所經歷的路途。對早期的蘇菲派神祕主義者而言，道乘指個別蘇菲派信徒的靈性修善路途。後來道乘指蘇菲派中某一派別所提倡的修善途徑，最後乃指一教派。每一個此類神祕主義教派都宣稱其教義精神源於穆罕默德。今天的蘇菲道乘教派的數量達數百個之多。

Tarkenton, Fran(cis Asbury) 塔肯頓（西元1940年～） 美國職業美式足球四分衛。1958～1961年就讀於喬治亞大學時，成爲披靡全美的四分衛。後曾效力於明尼蘇達海盜隊（1961～1966）和紐約巨人隊（1967～1971），在全國美式足球聯盟記錄中，傳球成功3,686次，傳球前進47,003碼，觸地得分342分，皆爲最高記錄（後全被馬里諾打破）。

Tarkington, (Newton) Booth 塔金頓（西元1869～1946年） 美國小說家和劇作家，以諷刺和幽默的筆調描寫美國中西部人物的作品最爲聞名。這些作品多描寫少年時代和青年時代生活，其中包括經典少年讀物《彭羅德》（1914）、《十七》（1916）和《溫柔的朱莉亞》（1922）。其三部曲小說《成長》（1927）中的《卓越的安伯生家族》（1918年獲普立茲獎，1942年拍成電影）描寫的是一個強大家族的衰敗過程。《愛麗絲·亞當斯》（1921）大概是他寫得最細緻完美的小說。塔金頓還發表過其他一些作品，其中包括改編的流行傳奇小說《博凱爾先生》（1901）。

Tarkovsky, Andrey (Arsenyevich)＊ 塔可夫斯基（西元1932～1986年） 俄羅斯電影導演。其父是一位詩人。塔可夫斯基曾在全蘇電影藝術學院學習，他的第一部故事片《伊凡的童年》（1962）受到了好評。他的宗教和美學觀點在影片《安德烈·魯比里奧夫》（1966）中有所表現，這部影片敘述的是一位中世紀聖像畫家目睹戰爭的殘酷的故事。他的後期作品以其鮮明的視覺影像、象徵式的幻想風格、脫俗的情節而著稱，其中包括《飛向天空》（1972）、《一面鏡子》（1975年）、《潛行者》（1978）。他的作品在蘇聯國內遭到當局禁演，在完成《鄉愁》（1983）一片後，塔可夫斯基於1984年決定留在西方，在那兒他完成了最後一部作品《犧牲》（1986）。

Tarn River 塔恩河 法國西部河流。發源於洛澤爾山，流向西和西南方，最後注入加倫河，全長375公里。該河長達48公里的河谷穿過石灰岩高原，景色壯觀，是著名的旅遊勝地。

taro＊ 芋 疆南星屬（又稱海芋屬）草本植物，學名爲Colocasia esculenta。可能原產東南亞，由此傳播到太平洋各島。是主要農作物之一，其地下塊莖大，圓球形，富含澱粉。生食有毒，但煮熟後可以食用。可作蔬菜，或用來製布丁和麵包等。玻里尼西亞人用芋製成一種稀薄、糊狀、易消化的發酵食物，在夏威夷被用來當作主食。葉大，生時也含毒，但可燉食。

tarot＊ 塔羅牌 用於占卜和遊戲的一種成套的紙牌。其眞正發源地不詳，類似現在形式的塔羅牌最早出現在14世紀後期的義大利和法國。標準的現代塔羅牌每付有78張牌，其中22張上印有圖畫代表各種勢力、人物、美德和邪惡。剩下的牌被分成四種花色：一、魔杖或棍棒（梅花）；二、杯（紅心）；三、刀劍（黑桃）；四、錢幣、五角星形或圓盤（方塊），每種花色14張牌，其中10張是數字牌，另外四張是宮廷牌（國王、皇后、騎士和侍從）。現代的撲克牌就是從後面描述的這種牌演變而成的。塔羅牌起先只用來娛樂，18世紀時被賦予深奧的含義，現在則普遍被用來作占卜。每一張牌的寓意按照牌在攤開時是否被顚倒放置、牌所處的位置和鄰近牌的涵義而有所變化。

月，大阿卡納牌（Major Arcana）的第十八張牌
Mary Evans Picture Library

tarpon 大海鰱 海鰱目大海鰱科海魚的統稱，背鰭的最後一根鰭條延長；突出的下顎兩側之間有一骨質喉片。鱗大而厚，銀白色。大西洋大海鰱產於大西洋熱帶近岸和中美太平洋沿岸，有時也見於河中。常浮出水面呑嚥空氣。體長一般可達1.8公尺，重可逾45公斤，是受人喜愛的遊釣魚類。太平洋大海鰱爲一近似種。

大西洋大海鰱
By courtesy of Miami Seaquarium

Tarquinia＊ 塔爾奎尼亞 舊稱科爾內托（Corneto，1922年以前）。義大利中部拉齊奧地區北部的城鎮（1991年人口約14,000）。爲伊楚利亞聯盟的主要城市之一，以古城塔丘納爲基礎而發展起來的。西元前4世紀，被羅馬所征服。西元前1世紀成爲羅馬的殖民地（塔爾奎尼）。西元6～8世紀期間，倫巴底人和薩拉森人入侵後，將該城遷到現址。古城遺跡有雄偉的伊楚利亞寺院，院中有赤陶翼馬群，被認爲是伊楚利亞的藝術珍品。該城著名的大墓地包括伊楚利亞人最重要的繪畫墓穴。

tarragon＊ 龍蒿 菊科叢生型芳香草本植物，學名爲Artemisia dracunculus。其乾葉和花頭常用於食品烹調，以增加一種強烈辛辣的氣味。在混合調味品（如法式調味香菜）中也是常見成分。鮮葉用於沙拉，用鮮龍蒿浸的醋別有風味。可能原產於西伯利亞。在歐洲和北美栽培的爲一法國變種。

tarsier＊ 眼鏡猴 眼鏡猴科眼鏡猴屬3種喜愛夜間活動的小型靈長類的統稱，主要棲於東南亞的一些島嶼上。眼大而突出，頭圓並能轉動180°。耳大呈膜狀，幾乎不停地在動。體長約9～16公分，細長的毛尾幾乎比身體長一倍，被用作平衡器和支撐。毛厚而柔軟，呈灰色到深褐色。眼鏡猴垂直地附著於樹，在樹幹之間跳躍。其後肢極長，趾端有盤狀肉墊。主要捕食昆蟲。幼仔初生即有毛且睜眼。

Tarsus 塔爾蘇斯 土耳其中南部城市，位於地中海海岸附近。從新石器時代開始有居民，後被夷爲平地，由亞述國王辛那赫里布於西元前700年左右重建。此後，該城由阿契美尼德和塞琉西王國輪流實行自治統治。西元前67年被併入羅馬新設的西利西亞行省，並成爲主要城市之一。西元前41年安東尼與克麗奧佩脫拉初次在此相識。該城同時也是使徒聖保羅的出生地。拜占庭初期，該城是主要的工業和文化中心。10～15世紀期間，曾被多個強權國家所統治，16世紀初歸鄂圖曼土耳其。今塔爾蘇斯仍然是農業和棉紡業中心。人口約230,000（1995）。

tartan 花格圖案 用不同顏色的條、帶或一定寬度和順序的線條按方格交叉形織成的呢料（有時用絲線交織）上的重復圖案（或方格）。儘管

皇家斯圖亞特花格圖案
The Scottish Tartans Society/Museum

這種圖案許多世紀以來已在多種文化中出現過，但人們仍把它看成是特殊的蘇格蘭圖案，是蘇格蘭家族或氏族的準紋章圖案。儘管人們早已認爲許多蘇格蘭家族或氏族的花格圖案具有重要意義和古代淵源，但出現於17世紀，甚至是18世紀的花格圖案通常被看作是部落的標誌的象徵。蘇格蘭花格圖案協會（創建於1963年）現在還保存著已知所有約1,300件花格圖案的記錄。

Tartars ➟ Tatar

Tartarus＊　塔爾塔羅斯　希臘神話中，冥界的最深處。永無止盡的黑暗，惡人在觸怒神祇死後在此接受懲罰。宙斯將泰坦幽禁於此處，由百臂巨人看守防止他們脫逃。之後古典時期作家有時候用哈得斯替換塔爾塔羅斯來掌理整個冥界。

Tartikoff, Brandon＊　塔爾蒂科夫（西元1949～1997年）　美國電視經理人。生於紐約市，成功地宣傳美國廣播公司（ABC）的地方電視台而戲劇化地被希爾弗曼聘爲ABC的經理。從1978年起兩人在國家廣播公司（NBC）共事，1980年塔爾蒂科夫成爲NBC娛樂部門的總裁，電視網歷史上最年輕的部門主管。協調製作連續劇如《波城杏話》與《希街藍調》，廣受大衆喜愛的情境喜劇《天才家庭》、《天才老爹》與《歡樂酒店》讓NBC成爲最受歡迎的電視網。後死於霍奇金氏病。

Taru ➟ Tarhun

tashbih＊　塔什比赫　伊斯蘭教用語，指以人擬眞主，把眞主比喻爲受造之物。在伊斯蘭教教義中，把人的特徵歸結到神靈的身上都將被視爲是一種罪惡，塔什比赫與塔爾提勒（稱眞主並無任何屬性）是完全對立的。伊斯蘭教內關於眞主性質衆說紛紜，分歧來源於《可蘭經》上某些互相矛盾的提法。《可蘭經》上一方面說眞主已具有獨特屬性；另一方面又說他有眼、耳、手、臉。塔什比赫和塔爾提勒的學說都被禁止，因爲塔什比赫可能誤導信徒信仰異教，而塔爾提勒則會導致信徒成爲無神論者。

Tashkent＊　塔什干　烏茲別克共和國首都（1995年人口約2,107,000）。關於該城的記載起源於約西元前1世紀，當時是連接歐洲與東方商隊路途上重要的貿易中心。8世紀初，阿拉伯人占領塔什干，13世紀被蒙古人征服，14～15世紀被土耳其人控制。1865年俄國人接管該城。1867年塔什干成爲突厥斯坦的行政中心，並在舊城旁建起另一座新式的歐洲城市。1966年該城由於地震遭到嚴重破壞。現塔什干仍然是中亞地區的經濟和文化中心，城內建有多個高等學府，其中包括烏茲別克科學院（1943）。

Tasman, Abel Janszoon＊　塔斯曼（西元1603?～1661年）　荷蘭探險家。在服務於荷屬東印度公司期間，他於1634～1642年勘察東南亞地區並進行貿易活動。1642年受命於范迪門前往太平洋南部地區探險，並尋找通往智利的航道。塔斯曼從巴達維亞（現在的雅加達）起航，到達南緯49度、東經94度處，然後向被航行發現塔斯馬尼亞，隨後他又沿紐西蘭海岸航行，並相信這就是所謂的南部陸地。同時，塔斯曼還發現了東加和斐濟島。1644年塔斯曼再次出航前往卡奔塔利亞海灣，並沿澳洲北部和西部海岸展開了航行旅程。

Tasman Peninsula＊　塔斯曼半島　澳大利亞塔斯馬尼亞東南部半島。塔斯曼半島長約42公里，寬約32公里，島嶼海岸多陡崖和奇石。1642年該半島被首次發現，1830年亞瑟港在此建立流放地開始有人居住。其部分遺址現已修復，現爲吸引遊客名勝。該半島爲澳大利亞國有土地（遺產保護區）的一部分。

Tasman Sea　塔斯曼海　南太平洋海域的一部分。位於澳大利亞東南岸和紐西蘭西岸之間。塔斯曼海寬約2,250公里，塔斯曼海盆初水深可超過5,200公尺。1642年由塔斯曼發現，1770年代再次被科克發現。塔斯曼海以其咆哮的風暴聞名，經濟資源包括漁產和石油儲藏。

Tasmania＊　塔斯馬尼亞　舊稱范迪門地（Van Diemen's Land）。澳大利亞的一個島州。塔斯馬尼亞靠近澳洲大陸的東南角，由巴斯海峽與大陸隔開。塔斯馬尼亞島州還包括衆多的小型海島。荷巴特爲州首府，其早期的居住者爲澳大利亞原住民。1642年被塔斯曼發現並將之命名爲范迪門地。1890年代初受英國控制，1825年成爲英國的殖民地。1850年代前該地一直被用作流放地。1856年被批准實行自治並重新命名爲塔斯馬尼亞。1901年塔斯馬尼亞成爲澳大利亞聯邦的一個州。主要經濟活動包括銅、鋅、錫和鎢等礦產開採和畜牧業，特別是毛羊生產。人口460,000（1996）。

Tasmanian devil　袋獾　袋鼬科有袋類哺乳動物，學名爲Sarcophilus harrisii或S. ursinus。在澳洲大陸已滅絕，僅殘存於塔斯馬尼亞的邊遠岩石地帶。體長75～100公分，身體矮壯，頭和下顎大，尾長呈帚狀。毛色黑或褐，胸部有白斑。外貌凶惡，嘎聲嗥叫，故俗名塔斯馬尼亞惡魔。主要覓食沙袋鼠和山羊的屍體，但也吃甲蟲的幼體，偶或也捕食家禽。幼仔3～4隻會在母體的袋裡生活約5個月。

袋獾
John Yates – Shostal

Tasmanian wolf　袋狼　亦稱塔斯馬尼亞虎（Tasmanian tiger）。袋鼬科已滅絕的有袋類食肉動物，體細長，面似狐，學名爲Thylacinus cynocephalus，體長約100～130公分。被毛淺黃褐色，背部和臀部有多條黑色條紋。夜出捕食沙袋鼠和鳥類。雌獸將幼獸置於一個淺腹袋中。曾見於澳洲大陸及新幾內亞，但在很早以前已局限於塔斯馬尼亞。因競爭不過引進的澳洲野犬，在澳洲大陸已絕跡。移居於塔斯馬尼亞的歐洲人認爲袋狼對家羊是個威脅而廣爲捕殺；最後爲人所見的袋狼1936年在囚禁中死去。

Tasmanians　塔斯馬尼亞人　原在塔斯馬尼亞的澳大利亞原住民，現已滅絕。塔斯馬尼亞人是澳大利亞原住民中被分隔在塔斯馬尼亞島上的一支，出現於2萬5千年至4萬年前。約1萬年前，由於海平面普遍升高淹沒巴斯海峽使塔斯馬尼亞與澳洲大陸分離。塔斯馬尼亞原住民僅依靠捕食陸地和海洋哺乳動物及採集貝類動物和野果維生。1803年第一個永久性白人定居點在此地建立，並於1804年挑起戰爭。當歐洲人第一次抵達塔斯馬尼亞時，該地的塔斯馬尼亞人口數量約爲4,000，到1830年人口數量下降到200。爲了尋求保護，塔斯馬尼亞人後來移居費林德斯島，但因不能適應新的生存環境，最終於1876年滅絕。

Tass＊　塔斯社　俄語全名蘇聯通訊社（Telegrafnoe Agentsvo Sovetskovo Soyuza，英譯名Telegraph Agency of the Soviet Union）。1925～1991年的蘇聯官方通訊社。該社是世界上主要的國際通訊社之一，也是蘇聯各種報刊、廣播和電視媒體的主要新聞來源，其發布的國家政策問題和國際事務新聞直接反映國家的官方立場。1991年蘇聯解體後，塔斯社改組爲兩部分：報導俄羅斯新聞的俄通社（ITAR）；和報導獨立國協及其他國家新聞的塔斯社。

Tasso, Torquato＊ 塔索（西元1544～1595年） 義大利詩人。身爲一名詩人和朝臣之子，塔索成爲費拉拉公爵阿方索二世的廷臣。在當時詩歌盛行的一段時期內，塔索寫成一部描寫理想化田園生活的牧歌劇《阿明達》（1581，1573年完成）。1575年他又完成傑作《被解放的耶路撒冷》（1581，完成於耶路撒冷），這部八行詩歷史史詩以第一次十字軍東征爲背景，穿插了浪漫的甚至超自然的插曲。1579～1586年間塔索患上被迫妄想症並被關入聖安娜醫院。《被解放的耶路撒冷》後來被翻譯成歐洲多種文字出版，並被效仿，而塔索也成爲數個世紀中的文學傳奇人物，並被認爲是文藝復興後期最偉大的義大利詩人。

taste 味覺 亦稱taste perception。從溶化的物質察覺並分辨酸甜苦鹹特性的特殊感官，由舌的味蕾傳達。舌上有9,000個以上的味蕾，當作味覺的化學接受器。有些味蕾會出現在口腔以及喉嚨的頂部。

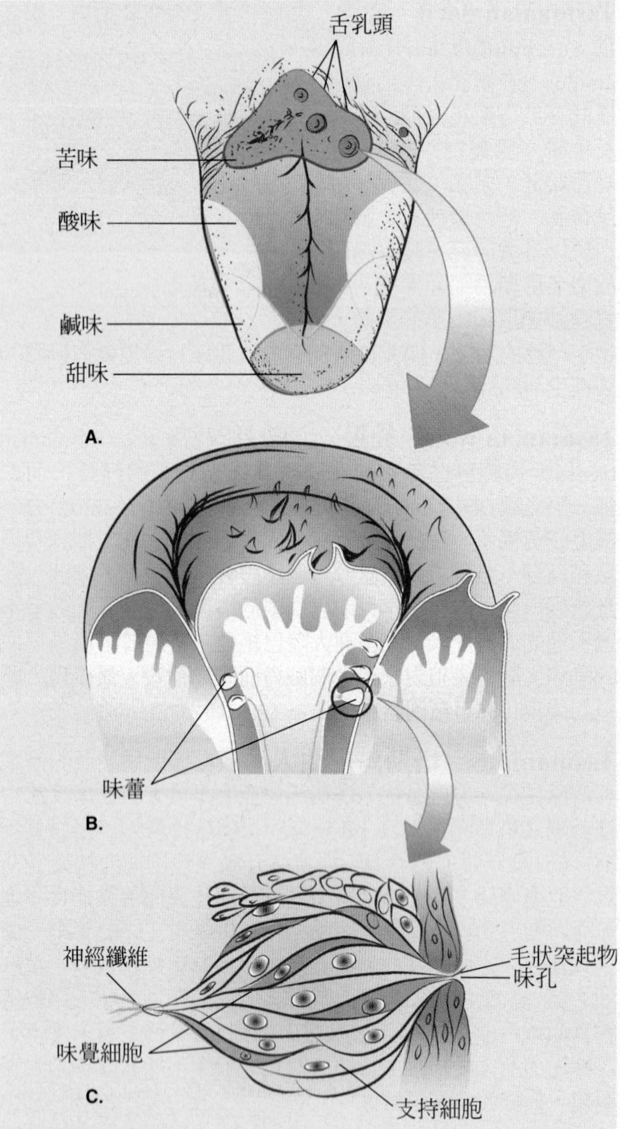

A.舌頭表面的味覺中心。舌尖的味蕾對甜味最敏感，兩側是酸味，後方是苦味，舌尖和兩側是鹹味。
B.舌乳頭的特寫，顯示味蕾的位置。
C.味蕾的構造。每個味蕾都是由窄小變形的上皮味覺細胞以及特殊的毛髮（微絨毛）組成，突出於舌頭表面的孔洞，支撐細胞較寬。來自味覺細胞的神經衝動經由神經帶往大腦。

Tatar language＊ 韃靼語 舊稱窩瓦－韃靼語（Volga Tatar language）。一種近800萬人使用的突厥語。操韃靼語者包括在俄羅斯境內韃靼共和國的低於半數的人口，其餘的散居在歐俄東部、西伯利亞、以及中亞各共和國。韃靼語就像關係密切的巴什喀爾語，特點是特別母音變音序列，而與其他突厥諸語言區分開來（至少以最具特色的種類）。有許多方言區別；慣例的畫分是中部語族包括大多數韃靼共和國的韃靼語以及基於喀山語的文學語言，一個西部語族，和一個東部語族。克里米亞韃靼語屬於突厥語的西南語族，丘雷姆韃靼語屬於東北語族，與韃靼語關係並不密切。

Tatar Strait＊ 韃靼海峽 位於太平洋西北部的寬闊通道，連接日本海和鄂霍次克海。坐落於庫葉島和俄羅斯大陸之間。韃靼海峽水深較淺，最深水域水深不超過210公尺，每年因海面結冰而封港時間可達半年之久。

Tatars＊ 韃靼人 亦作Tartars。。操突厥語的民族，現主要居住在俄羅斯中西部至東抵烏拉山脈地區、哈薩克及西伯利亞西部地區。韃靼人最早出現於西元5世紀蒙古東北部的游牧部落中，後來一部分人加入了成吉思汗（元太祖）的軍隊。14世紀，韃靼人與金帳汗國關係密切並改信伊斯蘭教，後來金帳汗國分裂爲幾個獨立的韃靼汗國（參閱khan）。韃靼人的經濟主要依靠多種經營方式的畜牧業，並一直將其作爲經濟支柱。後來韃靼人在伐木業、製陶業、皮革布料製造及金屬加工等方面的技能得到發展，成爲名聲遠揚的商人。現在韃靼人人口數量約爲六百萬，約占韃靼共和國的一半人口。亦請參閱Tatar language。

Tate, (John Orley) Allen 泰特（西元1899～1979年） 美國詩人和小說家。曾就讀於范德比爾特大學，參與創辦美國南部發行量最大的濃縮性詩歌刊物《逃亡者》（1922～1925），後出版詩歌《我會嚴陣以待》（1930），描述了一位逃亡者對地方保守社會的辯護宣言。泰特於1934年開始從事教學工作，曾在普林斯頓大學和明尼蘇達大學任教，成爲新批評派的主要代表。他強調作家必須遵循一個傳統；他自己遵循的傳統則是保守的、農業的南方文化，後來又遵循天主教，因爲他在1950年改奉天主教。他最著名的詩是《南軍死難將士頌》（1926）。

Tate, Nahum 泰特（西元1652～1715年） 英國愛爾蘭詩人和劇作家。畢業於三一學院，後前往倫敦。儘管泰特自己也寫過幾部劇本，不過他還是以改寫伊莉莎白時期的作品著稱，其中最著名的是他改寫的莎士比亞劇作《李爾王》，他給其加上一個幸福的結尾，該劇一直上演到19世紀。泰特還給普賽爾的《狄多與伊尼斯》（1689?）寫了腳本，並與布雷迪合譯了著名的《詩篇新譯》（1696）。泰特最好的詩歌作品是〈萬應靈丹：詠茶詩〉（1700），1692年成爲英格蘭的桂冠詩人。

Tate Gallery 泰特藝廊 倫敦藝術博物館，約從1870年開始存放收集英國藝術家的繪畫和雕像作品及現代英國和歐洲藝術家的藝術珍品。1890年糖業鉅子及糖塊的發明人亨利．泰特捐獻其私人收集的維多利亞女王時代的藝術藏品，建館陳列，並命名該館爲泰特藝廊。博物館建築由史密斯採用新古典主義風格設計，1897年開放公衆參觀。最初該館的管理權屬英國國立美術館所有，僅在1954年該館實行獨立管理。1987年該館增建克羅爾畫廊主要用於收集透納的作品。1988年其分館在利物浦開放。此外，經過裝修的泰特現代藝術博物館已於2000年開放，主要用於收集存放現代的藝術作品。

Tathagata＊ 如來 佛陀的稱號之一，佛常用以自稱。如來也用以指其先前和後來其他的佛。根據一般解釋，如來指證得覺悟，到達苦難盡頭，並逃脫輪迴的衆多佛陀之一，這也暗示其將教導人們搭上證得覺悟之路。在後世的大乘佛教教義中，如來指人人固有的潛在佛性。

Tati, Jacques＊ 塔蒂（西元1908～1982年） 原名Jacques Tatischeff。法國電影演員兼導演。曾爲職業英式橄欖球選手，1930年代成爲音樂廳娛樂演員，其表演主要靠面部表情和身體動作來勾勒運動員和裁判員的形象。後來參加了多部喜劇短劇的拍攝。塔蒂還編寫、執導並演出了一系列的滑稽喜劇電影，其中包括《節日》（1949）、《于洛先生的假日》（1953）、《我的舅舅》（1958）、《遊戲時間》（1968）、《交易》（1971）和《遊行》（1974）等影片，並以其形體喜劇的靈感及影片《于洛先生的假日》而聞名。

Tatlin, Vladimir (Yevgrafovich)＊ 塔特林（西元1885～1953年） 烏克蘭雕刻家和畫家。1914年塔特林赴巴黎參觀後，成爲一個莫斯科藝術家團體的領袖，他所領導的藝術家尋求將工程技術運用於雕刻創作中，並由此發展形成構成主義運動。塔特林是最早在抽象雕刻建築中使用鐵板、玻璃、木材和線材等材料的先驅。受蘇聯政府的委託，塔特林完成了著名作品第三國際紀念碑，這是第一件完全以抽象概念構思形成的作品，其設計高度超過400公尺，是世界上設計高度最高的建築物。該建築物的模型於1920年在蘇維埃代表大會上展出，但由於當時政府對抽象藝術持否定態度，致使該建造計畫沒有實施。1933年以後，塔特林一直從事舞台設計工作。

tattoo 紋身 指刺破皮膚而在創口敷用顏料使身上帶有永久性的記號或花紋圖案。在皮膚上造成隆起條紋瘢痕的作法，有時也稱爲紋身。紋身在全世界大多數地區均有，此行爲最早可追溯到西元前2000年埃及人和努比亞人的木乃伊，儘管紋身可能具有表明身分、等級、資格及渴望避免疾病和災難的發生等作用，但是紋身本身所具有的裝飾作用可能是導致此行爲最普遍的動機。根據1769年科克探險隊的記載，紋身一詞最早來自大溪地島。最早的電子紋身器械於1891年在美國獲得專利保護。

Tatum, Art(hur)＊ 塔特姆（西元1910～1956年） 美國鋼琴家，爵士樂中技巧最好的演奏能手之一。先天視覺能力喪失。由於受到沃勒和海因斯的影響，他的演奏風格合成了傳統鋼琴的演奏和搖擺樂演奏的特點，並形成了一種獨特的技術，協調控制鋼琴的演奏手法，能夠快速彈奏並可展示音調的複雜細節。到1937年，塔特姆被認爲是爵士樂中傑出的鋼琴演奏家。1943年，他設計了一支與吉他和貝司共同演繹的三重奏樂曲，但經常獨自表演以展露其獨特的演奏手法。

Tatum, Edward L(awrie) 塔特姆（西元1909～1975年） 美國生物化學家。曾在史丹福大學與比德爾共同進行合作研究，並證明了生物體所有的生化過程最終都由其基因而決定；所有這些過程都可細分爲序貫化學反應系列；各個反應均以某種方式受單個基因的控制；單個基因的突變只能改變細胞進行某一步化學反應的能力。而沒一個被發現的基因決定一種生化酶（「一種基因，一種酶」的假設）的結構。後來塔特姆與萊德伯格合作，發現在特定細菌中遺傳重組現象，或稱爲「性別」。經過他們的努力，細菌成爲研究細胞中基因控制生化過程主要的資料來源。1958年塔特姆、比德爾和萊德伯格共同獲得諾貝爾生理學或醫學獎。

Taunton 陶頓 英格蘭城鎮，索美塞得郡首府。陶頓於710年左右由一個盎格魯－撒克遜國王建立，其城堡在英國內戰期間被包圍，後被拆除。該地後來成爲蒙茅斯公爵的叛亂地點（1685）。陶頓是個農業區，旅遊業是其重要的經濟來源之一。人口約55,000（1995）。

Taupo, Lake＊ 陶波湖 紐西蘭北島的湖泊，也是紐西蘭最大的湖泊。其湖域面積達606平方公里，湖水覆蓋數座火山口。有懷卡托河橫穿此湖。該湖四周多地熱溫泉，並被作爲療養地和發電。

Taurus 金牛座 天文學中指位於白羊座和雙子座之間的星座；占星術中指黃道帶的第二宮，主宰著4月20日至5月20日之間的命宮。其象徵是一頭牛，通常代表希臘神話中宙斯變身劫持歐羅巴的白牛。

Taurus Mountains 托羅斯山脈 土耳其南部大山脈。與地中海沿岸平行。西起埃里迪爾湖，東至幼發拉底河上游，呈弧狀。其多數山峰海拔高度達3,000～3,700公尺。有西利西亞山口穿過塔爾蘇斯北部地區，長達61公里，自古以來常被用於商隊和軍隊通行。

Taussig, Helen Brooke＊ 陶西格（西元1898～1986年） 美國醫師。1927年獲得約翰·霍普金斯大學醫學博士學位。作爲巴爾的摩心臟病診所的支持者（1930～1963），她對「藍色嬰兒」（那些因心臟畸形引起血液含氧不足的嬰兒）進行研究，並首先採用螢光透視檢查和X射線來研究這些缺陷。其與布拉洛克共同制定的臨床手術方法挽救了數千名此類嬰兒的生命，陶西格的研究促使醫學界發展出許多治療普通心臟病的外科療法。她的著作《心臟的先天性畸形》（2卷，1947）全面地闡述了各種心臟缺陷，並且論及許多診斷工具和技術的用法及其發現。她也是對美國醫師提出沙利竇邁的危險警告的關鍵人物。

tautog ➠ wrasse

tautology＊ 重言式 邏輯中的一個陳述方式，否定之則產生矛盾。例如「所有的單身漢是男人或不是男人」，是對單身漢而斷言，指無論什麼人都是單身漢，單身或者是男人，或是不是男人。在命題演算中，如〔（A⊃B）∧（C⊃¬B）〕⊃（C⊃¬A）這樣的複雜運算式也可表明是重言式，方法是用一張眞值表顯示出它的主目A、B、C的T（眞）和F（假）的一切可能組合。A的重複是一種純粹形式的重言（一種陳述勝於另一種陳述），在一些用法中僅僅這種形式的眞實性是重言。

tautomerism＊ 互變異構體現象 兩種或多種化合物（同分異構體），具有相同的化學組成，但結構不同，很容易從一種轉換到另一種。一類主要的互變異構反應是氫原子在兩個其他原子間交換，與任何一方都生成共價鍵。例如，在酮基－烯醇基互變異構中，與羰（酮）基（－CH－C=O；參閱functional group）中的碳原子鍵合的氫原子移到了氧原子上，使它變成了烯醇基（－C=COH）。在許多醛和酮中酮基都是最主要的組分。烯醇基則組成酚。糖類（如葡萄糖）中有開放（鏈）式與閉合（環）式之間的互變異構。亦請參閱isomerism。

Tawney, Richard Henry 托尼（西元1880～1962年） 英國經濟史學家。曾就讀於拉格比公學和牛津大學，並在牛津大學學習期間完成其第一部重要著作《十六世紀的土地問題》（1912）。托尼從1913年開始在倫敦經濟學院任教。作爲一名熱心的社會主義者，托尼在1920年代和1930年代參與闡

S T U V

述工黨的經濟和道德觀點。在其最具影響的著作《貪得無厭的社會》(1920)中，他闡述指出資本主義社會的貪得無厭是道德敗壞的主要原因。其另一部作品《宗教與資本主義的興起》(1926)是以韋伯理論著作爲基礎寫成的，也是一部經典之作。

tax 稅 政府向人民、團體、或商業機構徵募之款項。納稅是納稅人的共同義務，不以求取其他利益回報作爲交換。稅自古代即已存在，例如古羅馬即有著名的財產稅和商業稅，不過對於當時的國家歲收，關稅比國內稅更重要。但是現代經濟則出現相反的趨勢，國家歲收絕大部分都是以國內稅爲主，並且逐步廢除關稅。稅有三種主要功能：支付政府的花費；維持經濟成長的穩定；減緩所得及財富分配的不公平。稅也可能用於非財政的理由，例如鼓勵或不鼓勵某些活動（例如香煙消費稅）。稅可分爲直接稅與間接稅，直接稅指的是納稅人不能轉移給他人的稅；主要是以人爲對象的稅、且是以個體的能力爲基礎來課徵，依據納稅人的收入或財富而徵收。直接稅包括所得稅、淨值稅、死亡稅（包括遺產稅和繼承稅）、贈與稅等。間接稅指的是可以全部或部分轉移給非法定納稅人的稅。間接稅包括貨物稅、銷售稅、加值稅等。稅也可根據其對財富分配的效果而分類，例如對所有納稅人都課以同樣相對負擔之比例稅，另外還有累進稅和累退稅。

Taxco (de Alarcón)＊ 塔斯科 墨西哥中南部格雷羅州城市（1990年人口約87,000）。在前哥倫布時期該地擁有豐富的銀礦資源，是最早的礦業中心之一，西班牙人定居於此。在殖民統治時期，塔斯科經濟繁榮，並以其銀礦資源豐富而聞名。塔斯科具有殖民時期的風貌，內有大鵝卵石街道和巴洛克式聖普里斯卡教堂，目前該城已被定爲國家紀念遺跡。

taxidermy 動物標本剝製術 將動物（通常是鳥類和哺乳類）的皮加工，並填充以各種支撐物，眞實地表現出其生前外形的技術。其應用可追溯到古代保藏獵物的風俗。18世紀初期，興起於博物學界收集和展示鳥類、獸類及珍品的愛好，運用化學方法保存動物皮膚、毛、羽以免腐壞，再用乾草填充動物皮張，從而栩栩如生地表現動物的外貌。在解剖學上，被用於構造和製作人體模模型。現代的動物標本剝制術主要以石膏作爲基本原料。

Taxila＊ 塔克西拉 印度西北部古城。其遺址包括寺院和一個堡壘。該城位於巴基斯坦拉瓦平第西部，曾是犍陀羅佛教王國的首府和學術中心。該城由羅摩的弟弟婆羅多建立，後成爲波斯人的控制範圍。西元前326年，亞歷山大大帝占領該城，後被其繼承人所統治，其中包括大夏人和西徐亞人。西元前261年左右，阿育王統治該城，使其成爲重要的佛教中心。據說使徒聖多馬曾於西元1世紀來到該城。由於塔克西拉位於三條商貿通道的交界，曾繁榮一時，後因其路線不復重要，該城開始衰敗，最終於5世紀被匈奴人摧毀。

taxol＊ 泰克索 在太平洋紫杉的樹皮中發現的有機化合物，具有複雜的多環分子。泰克索似乎在對抗某些癌症，如肺臟、卵巢、乳房、頭部和頸部等處的癌症，作用是中斷細胞分裂及干擾細胞核染色體的分離。以紫杉的樹針與嫩枝利用半合成的方法可避免摧毀紫杉林，完全人工合成的方法是後來才發展出來的。

taxonomy＊ 分類學 生物學上指將有機體從一般到特殊分成不同的層次組，以反映演化和通常的形態關聯，依次爲界、門、綱、目、科、屬、種。例如，黑頂山雀是一種有著脊柱神經索（脊索動物門）和羽毛（鳥綱）的動物（界：動物類），棲息（雀形目），喙小且短（山雀科），聲音聽起來像"chik-a-dee"（山雀屬），黑頭（atricapillus種）。大多數權威承認物種領域：原核生物、原生生物、眞菌、植物和動物。18世紀中期林奈建立了用拉丁文作屬名和種名給生物命名的方案；他的分類工作被後來的生物學家廣泛的修改。

Tay River 泰河 蘇格蘭最長的河流。發源於盧伊山北坡，穿過泰湖，經過丹地後注入北海。全長193公里，流域面積6,200平方公里，是蘇格蘭流域面積最大的河流。

Tay-Sachs disease＊ 泰伊－薩克斯二氏病 隱性遺傳代謝性疾病，多見於德系猶太人中，會導致進行性精神及神經系統退化以及五歲時的夭折。一種類脂化合物，即神經苷脂（ganglioside GM2），由於抵抗其的生化酶活動不足而在腦中聚集，對神經系統具有破壞性。患兒初生時表現正常，但很快就會出現精神萎靡，對外界環境無反應，失去運動能力，並且不能動彈。死亡前常出現失明及全身癱瘓。通過檢驗可發現胎兒的疾病以及攜帶泰伊－薩克斯的基因。這種病沒有治療方法。

Taylor, Elizabeth (Rosemond) 伊莉莎白泰勒（西元1932年～） 後稱伊莉莎白夫人（Dame Elizabeth）。美國電影女演員。第二次世界大戰爆發時隨其美國雙親離開英國。自小就以異常的美貌著名，後來在比佛利被星探發現。1942年拍攝第一部電影，1943年出現在《靈犬萊西》中，1944年以《玉女神駒》一舉成名。她在《岳父大人》(1950)、《美國悲劇》(1951)、《巨人》(1956)、《朱門巧婦》(1958)、《夏日痴魂》(1959)、《青樓豔妓》(1960，獲奧斯卡獎）以及《埃及豔后》(1963)中都是魅力四射的明星。在《靈欲春宵》(1966，獲奧斯卡獎）和其他電影中，泰勒和她的丈夫李察·波頓共同主演。她的私生活和她的八次婚姻備受大衆媒體的關注。晚年的泰勒積極支持愛滋病研究運動。

Taylor, Frederick W(inslow) 泰勒（西元1856～1915年） 美國發明家、工程師。後來進入米德瓦爾鋼鐵公司工作，創立了勞動時間研究以使商店管理系統化，降低生產成本。雖然他的體制進行到極端激起了勞工的憤慨和反對，但這一制度對大量生產技術的影響巨大，並且事實上影響了每個現代工業國家。泰勒被認爲是「科學管理之父」。亦請參閱production management、Taylorism。

Taylor, Geoffrey Ingram 泰勒（西元1886～1975年） 受封爲喬福瑞爵士（Sir Geoffrey）。英國物理學家。1911～1952年在劍橋大學任教。在流體力學方面有重大的發現，另外在固體錯位產生的應力與位移場的彈性靜力學理論、輻射的量子論、光子的干涉及繞射都有巨大的貢獻。

Taylor, John 泰勒（西元1753～1824年） 美國政治家。美國革命中曾在大陸軍（1775～1779）和維吉尼亞民兵(1781)中服役。1792～1794年、1803年、1822～1824年期間任美國議員。他積極倡導各州的權利，反對批准美國憲法。他在維吉尼亞立法機構(1798)提出維吉尼亞和肯塔基決議。他支持傑佛遜，並且著文論述耕地民主的重要性以反對過度強大的中央政府。

Taylor, Joseph H(ooton), Jr. 泰勒（西元1941年～） 美國物理學家。在哈佛大學獲得博士學位。後在麻薩諸塞大學任教（1968～1981），同赫爾斯共同發現了第一個雙脈衝星。他們的發現爲愛因斯坦的預言－－重力場加速下的物體會放射重力波——提供了證據。雙脈衝星由於與重力場的多種作用也會釋放出重力波，耗盡兩顆星的能量，減少其距離，可通過無線電釋放的時間逐漸減少而測量。1978年泰勒和赫爾斯顯示，這兩顆星以精確符合愛因斯坦預言的速度更快更近的圍繞對方旋轉。這一發現使他們獲1993年諾貝爾物理學獎。

Taylor, Lawrence (Julius)　泰勒（西元1959年～）　美國美式足球線衛。生於維吉尼亞州的威廉斯堡，就讀於北卡羅來納大學， 1980年獲選爲全美明星隊。在加入紐約巨人隊的十三年生涯中（1981～1994），兩度成爲年度最佳防守球員（1981、1982），並拿下一次的最有價值球員（1986），是第二位以防守球員獲此殊榮者。他保有擒殺四分衛最多次數（132.5）的NFL記錄。

Taylor, Maxwell D(avenport)　泰勒（西元1901～1987年）　美國陸軍軍官。畢業於西點軍校，第二次世界大戰初期協助組織美國陸軍第一個空降師。他指揮了諾曼第登陸和突圍之役中的跳傘進攻。曾任聯合國駐朝鮮軍隊指揮（1953），美國陸軍參謀長（1955～1959），以及參謀首長聯席會議主席（1962～1964）。後來被任命爲駐南越南大使，並且是詹森總統的特別顧問。他主張保持傳統的步兵團，但在戰時即謹慎地改爲徹底使用核子武器的部隊。

Taylor, Paul (Belville)　泰勒（西元1930年～）　美國現代舞蹈家、編舞家和導演。1953年加入葛蘭姆的舞團，成爲主要的表演者，直到1960年。1957年他成立了泰勒舞團，在美國各地和國外巡迴演出。泰勒指導了不同風格的一百多部作品，包括《二重奏》（1957）、《光環》（1962）、《天體》（1966）、《野獸之書》（1971）以及《茄》（1979）。他於1970年代退休，但退休後繼續領導該舞團。

泰勒與德永（Bettie de Jong）1967年演出《斯酷多拉馬》
Jack Mitchell

Taylor, Peter (Hillsman)　泰勒（西元1917～1994年）　美國短篇故事作家、小說家與劇作家。生於田納西州特棱頓，在1930年代幾位南方文學復興運動有關的詩人底下學習。曾在許多學校任教，包括維吉尼亞大學（1967年起）。以短篇故事著稱，通常設定於現代的田納西州，反映出古老鄉村社會與工業化「新南方」的衝突。中篇小說《平凡女人》（1950）或許是他最佳作品；後來的作品包括《老森林與其他故事》（1985）與《召喚曼菲斯》（1986，獲普立茲獎）。

Taylor, Zachary　泰勒（西元1784～1850年）　美國第十二任總統。在肯塔基邊疆長大，參加過1812年戰爭，黑鷹戰爭和佛羅里達的米諾爾戰爭，並且由於他不怕困難被稱爲「老馬虎」。後來前往的德克薩斯參加與墨西哥的戰爭，在帕洛阿爾托戰役和雷斯卡德拉帕爾瑪戰役中打敗墨西哥侵略者。墨西哥戰爭正式開始後，他收復了蒙特雷，批准了墨西哥軍隊八週的休戰。波克總統因此而發怒，並將泰勒最好的部隊調往司各脫指揮的入侵韋拉克魯斯。泰勒無視停留在蒙特雷的命令，向南進軍，在布埃納維斯塔戰役中擊敗強大的墨西哥軍隊。泰勒也成爲民族英雄，並且提名爲輝格黨總統候選人（1848）。後來擊敗卡斯贏得選舉。他的短暫的任期中出現了對新領土的爭議，產生了1850年妥協案。他任職期間也爆出了其內閣成員的醜聞。泰勒任職十六個月後死於霍亂，由費爾摩爾繼任。

Taylorism　泰勒主義　泰勒倡議的科學管理系統。以泰勒的觀點，工廠管理的使命在於幫工人找出最佳的作業方式，提供正確的工具及訓練，表現良好給予獎勵。將每個工作打散成爲個別的動作，分析哪些是必要的，用秒錶計時。消除不必要的動作，工人遵循機械化的動作，變得更有生產力。亦請參閱production management、time-and-motion study。

Taymyr Peninsula＊　泰梅爾半島　西伯利亞中北部、俄羅斯北部的半島。位於喀拉海、拉普捷夫海和維利基茨基海峽之間，包括亞洲最北點的切留斯金角，泰梅爾河穿越半島中部，全長644公里。

Tbilisi＊　第比利斯　舊稱Tiflis。喬治亞共和國首都，臨庫拉河。458年作爲喬治亞王國的都城。第比利斯在歐亞貿易路線中的戰略位置極爲重要，因此經常被占領，曾先後被波斯、拜占庭、阿拉伯、蒙古和土耳其統治，1801年被俄國占領。1921年定爲外高加索聯盟首都，1936年喬治亞蘇維埃社會主義共和國首都，1991年獨立的喬治亞共和國首都。1989年蘇聯軍隊在此屠殺了大批爲爭取獨立而遊行的平民。市中有一些古建築，該市現在是主要的文化、教育、研究、工業中心，市內有一所大學（1918）。人口約1,253,000（1997）。

Tchaikovsky, Pyotr Ilyich＊　柴可夫斯基（西元1840～1893年）　俄國作曲家。從幼年時代就對音樂靈敏，產生了濃厚的興趣。柴可夫斯基十四歲時在他母親去世後開始嚴肅作曲。1862年柴可夫斯基開始在新聖彼得堡音樂學院學習。1863年成爲自由作曲家。從1866年開始柴可夫斯基在莫斯科音樂學院任教。他的《第一號鋼琴協奏曲》由畢羅在波士頓初次公演，獲得極大成功。1875年他受大劇院芭蕾舞團委託創作了《天鵝湖》。1877年他接受富有的梅克（1831～1894）的委託，梅克後來成爲柴科夫斯基的資助人並且長期信件往來（1877～1890），不過他們同意永不碰面。接著柴可夫斯基創作了《葉甫蓋尼・奧涅金》（1878）。柴可夫斯基是同性戀者，但是仍有短暫的婚姻：三個月的不幸婚姻以後，柴可夫斯基試圖自殺。這以後的創作也因爲他的精神上的危機而失色。後來的創作有芭蕾舞劇《睡美人》（1889）、歌劇《黑桃皇后》（1890）以及偉大的芭蕾舞劇《胡桃鉗》（1892）。他的《b小調第六交響曲》（1893）在他死於霍亂的前四天首次公演。一種說法是他的性關係激怒了貴族，他被迫自殺，但這種說法毫無根據。他的芭蕾舞劇是19世紀最偉大的，他的交響樂也經久不衰。柴科夫斯基的音樂和諧、旋律優美感人，管弦樂作曲多彩、獨特。

TCP/IP　TCP/IP　全名傳輸控制協定／網際網路協定（Transmission Control Protocol/Internet Protocol）。網際網路的標準通訊協定，使數位電腦能夠長距離通訊。網際網路是封包交換網路，資訊分解成小封包，同時經過許多不同的路徑獨立傳送，然後在接收端重組。傳輸控制協定（TCP）是集合與重組資料封包的元件，網際網路協定（IP）則負責將封包送達正確的目的地。TCP/IP是在1970年代發展，1983年成爲ARPANET（網際網路的前身）的協定標準。

te ➠ de

Te Anau Lake＊　蒂阿瑙湖　紐西蘭南島西南部湖泊。爲南部湖泊中最大的，長61公里，寬10公里，是懷奧河的源頭。蒂阿瑙湖邊的高山森林覆蓋，景色秀美，該湖以捕魚和旅遊而著名。

Te Kanawa, Kiri (Janette)＊　滴・卡娜娃（**西元1944年～**）　後稱奇莉夫人（Dame Kiri）。紐西蘭女高音歌唱家（有一半毛利人血統）。在紐西蘭獲獎後，1966年卡娜娃赴倫敦深造，1970年在倫敦柯芬園皇家歌劇院首次演出。不久就出演主角，尤其以在《費加羅的婚禮》中飾演的伯爵夫人而出名。1974年在大都會歌劇院首次演出即獲得極大成功，並在最後一刻取代威爾第的《奧賽羅》。卡娜娃光采照人，表現冷靜，聲音豐富，1981年曾在查理王子的婚禮上演出，也錄製了許多唱片。

tea　茶　茶樹（屬茶科）的嫩葉和芽浸泡在開水中製成的飲料。茶樹包括40種喬木和灌木。西元350年中國的文獻中首先提到茶的栽培；根據傳說，大約從西元前2700年後中國已經知道種茶了。13世紀時在日本確立茶業，19世紀時，由荷蘭人傳播到爪哇，由英國人傳播到了印度。如今，茶是世界上消費最廣泛的飲料，世界上約有一半人喝茶（熱飲或冷飲）。根據加工的方法不同而分成幾個大類：發酵茶，或稱紅茶，生成琥珀色的、不帶苦澀的、口味濃郁的飲料；半發酵茶，或稱烏龍茶，產生略帶苦味的、淺棕－綠色的液體；非發酵茶，或稱綠茶，產生溫和的、略苦的、淺綠－黃色的飲料。茶的刺激作用來自咖啡因。在遠東，長期以來認爲綠茶有益於健康，近年來，以它許多可能的有利效應吸引著許多西方愛好者的注意。許多其他不相關的植物的葉、莖皮和根的浸劑和煎劑作爲草藥或藥茶也被普遍地飲用。

Tea Act　茶葉條例（**西元1773年**）　英國法律，將美國殖民地的茶葉壟斷權讓給英國東印度公司。該條例調整了關稅規則，使倒閉的公司以低於殖民地競爭者的價格出售剩餘茶葉。該條例被殖民者認爲是無代表徵稅的另一個例子而反對。其反抗導致了波士頓茶黨案。

tea ceremony　茶道　流行於日本的準備儀式以及喝茶。包括主人和一個或多個客人。茶、茶具、準備活動、上茶以及喝茶都有詳細的規則。茶由中國宋朝的禪宗高僧榮西（1141～1215）傳入日本後，主要是禪宗和尚們喝茶以保持清醒。而俗人的品茶競賽則在15世紀的武士貴族中發展成一種更爲精緻、冥想的形式。最有名的茶道代表者是千利休（1522～1591），豐臣秀吉的茶主。他首創一種叫做「侘茶」式的飲茶禮儀，提倡鄉村簡樸的茶具以及閒適簡單的環境。現在有三派流行的茶道派別都可以追溯到千利休，除此之外也有其他許多派別存在。20世紀，掌握茶道是一個有教養的年輕婦女必備的技藝。

Teach, Edward　蒂奇 ➠ Blackbeard

teaching　教學　授予指示、引導之專業，尤指在小學、中學或是大專院校中進行者。教學這種職業算是新興的行業，傳統上由父母、年長者、宗教首領以及賢哲智者們承擔起教育兒童如何行爲和思考以及信仰的責任。德國在18世紀設置了師範教育的首部正式法規。到19世紀，隨著整個社會的日益工業化，學校的概念也日益普及。在當今工業化社會，教師大部分都是大專院校畢業生。教師的培訓除常規科目外，還包括各種學術的、文化的或職業的特殊課程；對教育基本原理的研究；以及一系列專業課程與在特定的學校環境中具體教學實踐的相互結合。大部分國家都要求受過專業培訓的教師取得職業證書。亦請參閱American Federation of Teachers、National Education Association。

Teagarden, Jack　蒂加登（**西元1905～1964年**）　原名Weldon Leo。美國長號手和歌手，他所在的時代最偉大的爵士長號演奏家。曾與搖擺時代早期最流行的兩支樂隊——波拉克樂隊（1928～1933）和懷特曼樂隊（1933～1938）——合作。1938～1947年領導自己的樂隊，與路易斯阿姆斯壯合作演出，錄製唱片並與他們在國際上巡迴演出，直到1951年。他的標誌是放鬆的藍調手法，在其演奏和演唱中表現的都很明顯。他的迷人的德州口音更給他的演奏和歌曲增添了色彩。

teak　柚木　馬鞭草科（參閱Verbena）落葉喬木，學名爲Tectona grandis。是最名貴的和最耐用的木材之一。柚木在印度廣泛應用已有2,000年以上的歷史；有些寺廟裡柚木樑已超過千年。柚木的樹幹挺直，底部常常更粗，樹冠廣闊，小枝爲四稜形。葉質硬，表面粗糙，對生，有的輪生。枝端生許多小白花。未經乾燥的木芯有令人愉快的濃烈芳香氣味，顏色金黃，乾燥後變成褐色並雜有深色條紋。柚木具有抗水的能力，用於造船、高檔家具、門窗框架、碼頭、橋樑、冷卻塔的百葉窗、地板以及鑲板等。由於對它的需求量很大，已經造成熱帶雨林的過度採伐。

teal　水鴨　鴨科鴨屬約15種小型鑽水鴨的統稱，產於幾個主要大陸和許多島嶼上。許多是受歡迎的獵禽。全北區的綠翅水鴨體長約33～38公分，常結成密集的大群。藍翅水鴨體形小，在加拿大和美國北部廣大地區繁殖，於美國南部越冬。非洲的霍屯督水鴨十分沈著，即使附近有人開槍射擊，也常在草木中保持不動。水鴨主要是草食性的，但某些品種吃小動物。許多品種成群一同起飛，並一起改變飛行方向。

全北區美洲綠翅水鴨（*Anas crecca carolinensis*）
© Gordon Langsbury – Bruce Coleman Inc.

Teamsters Union　卡車司機工會　正式名稱美國卡車司機、汽車司機、倉庫工人和傭工國際工人兄弟會（International Brotherhood of Teamsters, Chauffeurs, Warehousemen and Helpers of America; IBT）。美國最大的勞工聯盟，代表卡車司機以及如航空等相關產業的工人的利益。該會成立於1903年，合併兩個司機聯盟。直到1930年代當地的馬車送貨人一直是聯盟的核心，後來卡車司機才成爲主要成分。從1907～1952年，聯盟由托賓領導，他使會員由1907年的40萬增至1950年前的100萬。1957年聯盟領導階層腐敗的曝光致使聯盟被驅逐出美國勞聯－產聯。1957～1988年間，三屆工會主席——貝克、霍法和威廉斯——都受到犯罪指控，並且都被判入獄。1987年聯盟重新進入勞聯－產聯，但是其形象仍然受損。

Teapot Dome Scandal　蒂波特山醜聞　祕密將美國政府土地租給私人的醜聞。1922年內政部長福爾將蒂波特山的聯邦石油保留地祕密租讓給私人石油公司，福爾也從該公司收取現金贈款以及無利息貸款。事情曝光後，國會指令哈定總統廢除租約。後來的調查也揭露了其他政府官員的非法行動，一些官員被處以罰款或被判入獄。這一醜聞成爲政府腐敗的代名詞。

tear duct and gland　淚管與淚腺　亦稱lachrymal duct and gland。生成、流布及排泄淚液的構造。杏仁狀的淚腺位於眼外緣上方，在上眼瞼的襯裡膜（結膜）和包覆眼球的膜之間分泌淚液。眼淚潮濕和潤滑結膜後，流入幾乎看不見的淚管開口（近眼球內緣），排至鼻腔。眼瞼邊緣腺體的脂性分泌物使淚液不能溢出眼外，因哭泣或刺激（諸如眼部刺激、強光或辛辣食物）引發的反射而導致的分泌增加則除外。

tear gas 催淚瓦斯 一類物質，大部分是合成的有機鹵化物，能刺激眼睛黏膜引起疼痛和流淚。也能刺激上呼吸道，引起咳嗽、窒息和全身虛弱感。催淚瓦斯最初是在第一次世界大戰中使用，後來由於持續效果短暫，幾乎沒有殺傷力，被執法機構用作非致命武器以疏散暴徒、打擊鬧事者和驅逐武裝嫌疑犯。

Teasdale, Sara 迪斯德爾（西元1884～1933年） 原名Sara Trevor。美國女詩人。常去芝加哥，最後加入了門羅的《詩歌》雜誌的小圈子。詩歌《江河歸大海》（1915）使她成爲有聲望的詩人。她以《戀歌》（1917）獲普立茲詩歌獎。她的技巧日趨完善，詩也逐漸變得簡短樸素。1929年離婚後搬到紐約，並且從此退出詩壇。在她最後一本詩集《奇怪的勝利》（1933）中，有許多詩都預示了自己四十八歲的死亡。

teasel＊ 川續斷 川續斷科川續斷屬植物，約15種。原產於歐洲、地中海地區和熱帶非洲。多爲二年生草本，粗糙多刺。由許多四瓣花組成高圓頂形頭狀花序，基部是狹窄多刺的苞片形成的皇冠狀環。家川續斷帶刺的乾果頭從羅馬時代起就用於在羊毛織物上拉起絨毛，這個過程稱爲縮絨。

Tebaldi, Renata＊ 泰芭第（西元1922年～） 義大利女高音歌唱家。1944年在梅菲斯托費勒中首次演出，1946年同托斯卡尼尼爲史卡拉歌劇院重新開張的音樂會演唱，並在史卡拉歌劇團演出十年。她在倫敦的柯芬園皇家歌劇院和紐約市大都會歌劇院的演出中都演唱苔絲德蒙娜。她在大都會歌劇院演唱了十七年，飾演過托斯卡、曼儂、萊絲考特、咪咪和維奧拉塔等角色。

technetium＊ 鎝 金屬化學元素，過渡元素之一，化學符號Tc，原子序數43。鎝的所有同位素都是放射性的（參閱radioactivity）；有些作爲鈾的原子核分裂產物在自然界有痕量存在。它的同位素鎝－97是第一個用人工生產的元素（1937；參閱cyclotron）。鎝－99是核反應爐的分裂產物，是原子核醫學中最有用的同位素。鎝在外觀上像鉑，而化學行爲像錳和錸。鎝在冶金上用作示蹤劑，還用於低溫化學以及抗腐蝕產品中。

technical education 技術教育 爲了那些與應用科學及現代技術相關的工作，學生預作理論及職業上的準備。強調理解及實際應用科學與數學上的基本原則，而不是要精通職業教育所側重的手工技藝。技術教育以畢業學生的就業準備爲目標，其職業層次高於技術性的手藝，但仍不及科學或工程方面的專業。一般稱這些受雇之人爲技術人員。

technology 技術 將知識應用於人類生活的實際目標，或應用在改造或控制人類的生存環境上。技術包括使用材料、工具、技巧以及能力資源使生活更容易、舒適，使工作更有效。科學考慮的是事情是怎樣並爲什麼發生，而技術則側重於使事情發生。技術在人類剛開始使用工具時就開始影響人類，並隨著工業革命和機器取代人力和物力而提高。但是技術的加速發展常以空氣或水污染以及其他負面環境效應爲代價。

tectonics 構造運動學 研究構成地殼的岩石變形以及導致此類變形的力的科學學科。該學科的研究對象主要爲：與造山運動相關的褶皺與斷層活動；地殼大規模的緩慢上下運動；以及沿著斷層突然的平行位移。該學科研究的其他現象還包括火成岩漿的作用過程以及變質作用。構造運動學的主要工作原理爲板塊構造學說。亦請參閱continental drift、seafloor spreading。

tectonism 大地構造作用 ➠ diastrophism

Tecumseh＊ 特庫姆塞（西元1768～1813年） 北美肖尼印第安人酋長（參閱Shawnee）。美國革命時特庫姆塞還很年少，但是參加了英國和印第安人對美國人的襲擊。1794年與韋恩將軍的軍隊作戰但是戰敗。特庫姆塞後來成立了由克里克人和其他國家軍隊組成的聯盟。1811年其兄在蒂珀卡努河襲擊哈利生的部隊，同樣戰敗。隨著1812年戰爭的到來，特庫姆塞在英國旗下組織了軍隊，占領底律特。特庫姆塞取得了幾次勝利，但後來死於安大略湖的泰晤士河。他的死亡標誌著印第安人對舊西北反抗的結束。

Tedder, Arthur William 特德（西元1890～1967年） 受封爲特德男爵（Baron Tedder (of Glenguin)）。英國皇家空軍元帥。1913年參加英國陸軍，1916年調到皇家陸軍航空隊。第一次世界大戰以後指揮一支皇家空軍。第二次世界大戰中任皇家空軍中東司令部司令，指揮在北非和義大利所有盟軍空軍的作戰。1944年被任命爲盟軍在西歐的空軍指揮。他轟炸德軍的通信網，給地面部隊提供了密切援助，爲諾曼第登陸以及聯軍開進德國的成功做出了巨大貢獻。特庫姆塞後來成爲第一個和平時期的空軍參謀長（1946～1950）。

Tees River＊ 蒂斯河 英格蘭北部河流。發源於本寧山脈北部，向東注入北海。全長110公里。有多處瀑布和水庫。河口的蒂塞德從1825年鐵路開通以來工業迅速發展。

Teflon 鐵氟龍 四氟乙烯（PTFE）或氟化的乙烯－丙烯（FEP）的聚合物的商標名。鐵氟龍是一種堅韌、蠟質、不易燃燒的有機化合物，表面光滑，很少幾種化學物質能黏附其上，在很寬的溫度範圍內保持穩定。它的這些品質使它能用於製作墊圈、軸承、容器和管道內襯、電絕緣、在腐蝕性流體中使用的閥門和加壓泵的部件，以及在炊具、鋸片和其他物品上的保護層。

Tegea＊ 泰耶阿 希臘南部阿卡迪亞東部的古城。西元前6世紀中期開始一直在斯巴達統治之下，西元前370年底比斯在留克特拉戰役中打敗斯巴達。後來泰耶阿參加過幾個同盟。西元1世紀初，泰耶阿爲阿卡迪亞的唯一重鎮。395～396年遭哥德人劫掠。在拜占庭和法蘭克統治時期達於全盛。城中有雅典娜神廟，最初由該城的建立者阿里厄斯修建，西元前4世紀由雕刻家斯科帕斯重建。

Tegernsee＊ 泰根湖 德國東南部的巴伐利亞南部湖泊。位於阿爾卑斯山腳下，面積9平方公里。青山環繞，是著名的休閒勝地。巴伐利亞國王馬克西米連一世的城堡位於湖的東岸。

Tegucigalpa＊ 德古斯加巴 宏都拉斯共和國首都。位於丘陵地區，四面有山環繞。1578年作爲金銀礦中心建立。1880年設爲宏都拉斯永久性首都。產紡織品和糖。主要建築由總統和立法機關的宮殿，宏都拉斯國立自治大學以及一座18世紀的教堂。人口約814,000（1997）。

Tehran 德黑蘭 亦作Teheran。伊朗首都。位於厄爾布爾士山脈南麓。原是古拉伊的郊區，古拉伊於1220年遭蒙古人摧毀後，德黑蘭成爲波斯薩非王朝的幾個統治者的首都（16～18世紀）。後來被卡札爾王朝的建立者阿迦穆罕默德可汗占領，定爲首都，德黑蘭也由此名聲大振。1925年以後德黑蘭現代化進程加快，尤其是在第二次世界大戰後。1943年在此召開了德黑蘭會議。1979年伊朗的伊斯蘭革命中，美國大使館被占，其工作人員也成爲伊朗好戰者的人質（參閱Iran hostage crisis）。德黑蘭是伊朗的運輸和工業中心，生產伊朗大約一半以上的製成品。市內有幾所大學，包括德黑蘭大學（1934）。人口6,758,845（1996）。

Tehran Conference 德黑蘭會議（西元1943年11月28日～12月1日） 第二次世界大戰期間，美國總統羅斯福、英國首相邱吉爾和蘇聯部長會議主席史達林舉行的一次會議，主要討論軍事戰略及政治問題。史達林同意從東發動軍事進攻，以配合聯軍有計畫的入侵德國占領法國。會議也討論了戰後東歐邊界，包括波蘭的戰後狀況及戰後國際組織問題，但未能達成協定。

Tehuantepec, Gulf of＊ 特萬特佩克灣 墨西哥東南部太平洋的小海灣。從瓦哈卡延伸至恰帕斯，長約500公里，灣口寬約160公里。海岸有許多環礁，特萬特佩克河及其他許多小溪都注入該海灣。南岸是特萬特佩克地峽。

Teide, Pico de＊ 泰德峰 亦作Pico de Tenerife。西班牙加那利島特內里費島中部的火山峰。海拔3,718公尺，是西班牙最高點。火山口內和斜坡上的出氣孔噴出許多灼熱的氣體。該峰爲德爾泰德山頂部的火山錐。埃爾泰德山本身則是若干火山結成的團塊。泰德峰的最後爆發是在1798年。它位於泰德國家公園內，附近是國際太陽系觀測台。

Teilhard de Chardin, (Marie-Joseph-)Pierre＊ 德日進（西元1881～1955年） 法國哲學家和古生物學家。1911年成爲耶穌會教士，從1918年開始在巴黎的公教學院教授地質學。1929年指導了中國周口店的北京人的發掘。這一工作和其他地理工作給他贏得極大榮譽，但是耶穌會並不贊同。他的哲學體系受到他的科學工作的巨大影響，他認爲科學幫助證明瞭上帝的存在。他的最有名的理論是，人類在精神和社會上都向一個叫做亞米茄點的最後精神統一點發展。他的主要哲學著作有《神界》（1957）和《人的現象》（1955），但是1920年代至1930年代，耶穌會禁止出版他的著作。

德日進
© Philippe Halsman

Tekakwitha, Kateri＊ 特卡奎薩（西元1656～1680年） 第一個被天主教會列爲聖徒的北美印第安人。她的母親是阿爾岡昆族基督徒，父親是摩和克人非基督徒。兒童時代由於天花部分失明。十一歲時遇見三個耶穌會傳教士，深受其言行和生活方式的感染，二十歲時受洗。但是她在故鄉遭到騷擾和威脅，於是奔走322公里逃到蒙特婁附近的印第安人傳教堂。由來由於其善良、忠貞，以及死前的英雄氣概被稱爲「摩和克部族百合花」。1980年行宣福禮。

tektite 玻隕石 任何一類只發現於地球表面的、與隕星碰撞有關的小型天然玻璃狀物體。大的隕星、彗星、小行星碰撞地球時產生極高的溫度和極大的壓力，熔化岩石，熔化的岩塊散佈在大氣層內外。這些融滴很快冷卻成玻璃狀，落回地球表面。

Tel Aviv-Jaffa＊ 台拉維夫－雅法 亦作Tel Aviv-Yafo。地中海城市。以色列最大的城市中心，1950年合併古代港口迦法和以前的郊區台拉維夫而成立。台拉維夫1909年建立，1948～1950年成爲以色列的首都。20世紀早期隨著猶太移民的增加而發展，1936年成爲巴勒斯坦最大最重要的城市。迦法是古迦南城市，西元前15世紀被埃及占領，後來被以色列國王大衛和所羅門占領。該城先後被托勒密人、敘利亞人、羅馬人統治，由十字軍占領，後來被馬木路克夷爲平地。1917年英國占領該城。第一次以阿戰爭（1948）時該城向猶太軍隊投降。台拉維夫－雅法是以色列的主要商業、通信和文化中心。該國一半以上的工廠都在此，還有該國證券交易所。市內有台拉維夫大學（1953）和巴－伊蘭大學（1953）。人口約353,000（1997）。

telecommunications 電信系統 彼此相隔一段距離的各方之間的通信。現代的電信系統能夠傳送電話、傳眞、資料、無線電或者電視信號，可以在長距離上傳送大量的資訊。爲了實現高的可靠性，免除噪音與干擾，採用了數位通信，而且數位開關系統的費用要比類比系統的低得多。爲了使用數位通信，類比信號必須經過類比－數位轉換的處理。在資料通信中，信號已經是數位形式的；大多數的電視、無線電以及聲音通信都是類比的，在傳送以前必須先數位化。可以通過電纜、無線的無線電中繼系統、或者通過衛星聯繫來實現通信。

telegraph 電報 一種電磁通信裝置。1832年摩斯爲電報系統勾畫出了輪廓，1835年他研製出一套代表字母和數位的代碼（摩斯密碼）。1837年他實現了通過一根導線傳輸電磁電報，並獲得了專利。同年，英國的發明家也取得了一個電報系統的專利，該系統有一塊刻有字母和數位的面板，系統可以讓五根指標指向某些字母或數位。1844年公衆開始使用摩斯的電報系統，並一直持續了一百多年。20世紀晚期，在發達國家中，電報的大部分應用已被用電腦技術的數位資料傳輸系統取代。亦請參閱Western Union Corporation。

Teleki, Pál, Gróf (Count)＊ 泰萊基（西元1879～1941年） 匈牙利政治家。曾任巴黎和會代表，但是1921年退出政壇。他也是著名的地理學家，任教於布達佩斯大學。後來作爲教育部長（1938～1939）重返政壇，之後成爲首相（1939～1941）。泰萊基最初與希特勒合作，試圖通過德國的力量贏會通過「特里阿農條約」（1920）失去的領土。1941年，他在德國要求匈牙利協助對抗南斯拉夫（匈牙利與南斯拉夫1940年簽訂友好條約）和英國威脅不得幫助德國的兩難中進退維谷。面對這些交相而來的壓力，泰萊基結束了自己的生命。

Telemann, Georg Philipp＊ 泰雷曼（西元1681～1767年） 德國作曲家。十歲時已經學會了幾種樂器，十二歲時創作歌劇，後來他的母親責令他停止。泰雷曼在萊比錫大學學習法律時，組織了學生音樂團體，成爲歌劇音樂指導（1702）、新教堂的管風琴師（1704）以及宮廷合唱團指揮（1705）。後來移居愛森納赫（1708），遇到巴哈，創作了法國風格的器樂和具有德國風格的宗教音樂。接著又去哥達（1717）和漢堡（1712），成爲歌劇的音樂指導（1722～1738），創作了幾十首受義大利風格影響的作品。他有六百多部清唱劇，總共創作2,000多篇，且品質很高。

telemetry＊ 遙測 高度自動化的通信過程。將放在遙遠或不易接近地方的儀器所收集到的資料發送給接收設備，以供測量、監視、顯示和記錄。資訊的傳輸可以通過導線，或者更常用的是通過無線電。該項技術已被廣泛地用於輸油管道的監測以及海洋學和冶金學中。1950年代，對火箭和衛星的遙測蓬勃發展，並在應用的複雜性和寬廣度上繼續成長。從正在測試的內燃機中、從正在運作的渦輪機中以及從載人或不載人的太空船上，都可以發送出資料來。遙測的主要科學應用包括生物醫學的研究，以及對高放射性材料運行的遠端觀察。

teleological argument ➠ argument from design

teleological ethics 目的論倫理學 一種主張責任來自作爲所要達到目的的理論，直接與義務倫理學相對。目的論倫理學認爲，責任的基本標準是行動對實現與道德無關的價值的貢獻。目的論理論在本質上與行動應該達到的與道德無關的善不同。幸福論學說強調指出一切行動的目的是培養行動者的德行或擅長。功利主義認爲，目的是在所涉及的快樂與痛苦中達到總體平衡。其他的目的理論認爲，行動的目的是生存和發展，正如倫理演化論（史賓塞），以及對其他人的權力（馬基維利和尼采），如實用主義（佩里和杜威）的滿足和調整，以及存在主義（沙特）的自由。

teleology * 目的論 結果通過目的（希臘語爲telos）來解釋實現的因果關係。目的論因此與有效因果關係有本質的不同。在有效因果關係中，結果取決於先在的事件。亞里斯多德的目的論認爲，對任何事情的充分解釋必須考慮其最終原因，最終原因就是事情存在或產生的目的。和亞里斯多德一樣，許多哲學家將生態進程看作包含有指導性的目的。現代科學趨向於在調查中只尋求充分原因。亦請參閱mechanism。

telephone 電話 設計用來同時傳送和接收語音的設備。它將人們聲音的聲波轉換成電流脈衝，傳送這種電流，然後再把它翻譯回到原來的聲音。1876年貝爾發明了一種裝置，能在電線上傳送聲音，並獲得了美國專利。人們往往稱這個發明是最有價值的。二十年內電話的形式已經完善，在以後的一個多世紀裡基本保持不變。1947年電晶體的出現使電路變得更輕便小巧（參閱cell phone）。電子學的進步帶來了各種「聰明」的特色，諸如自動重新撥號、來電顯示、呼叫等待以及呼叫轉發等。電話系統也是進入網際網路的重要途徑。

telescope 望遠鏡 收集遠處目標發出的光並得到它的放大圖像的裝置，毫無疑問，它是天文學上最重要的觀測工具。開始時的望遠鏡通過透鏡的折射來聚焦可見光；後來的儀器利用凹面鏡的反射（參閱optics, principles of）。傳統上把望遠鏡的發明歸於利珀希（1570?～1619?），他採用了列文虎克在顯微鏡中使用透鏡的辦法。最早的一批望遠鏡中有

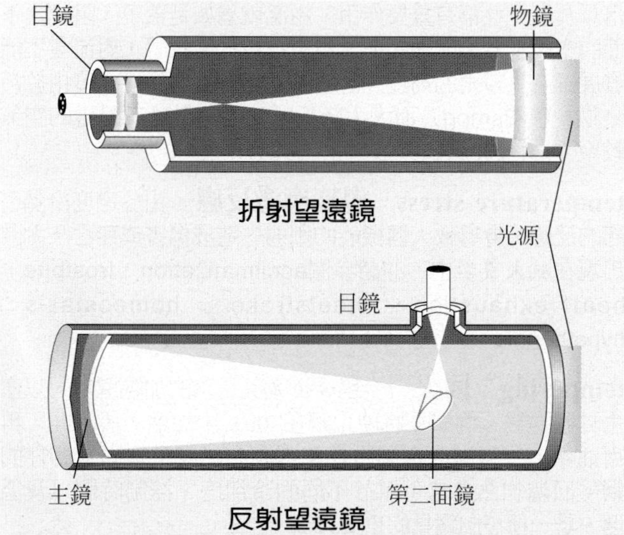

折射望遠鏡將來自遠方物體的光線利用透鏡聚焦形成影像。反射望遠鏡利用面鏡聚焦光線。兩種望遠鏡的目鏡都用透鏡來放大已經形成的影像。

伽利略望遠鏡，以伽利略製作的簡單儀器爲原型，伽利略是第一個利用望遠鏡來研究天體的人。1611年克卜勒設計出了一個改進型，成爲近代折射望遠鏡的基礎。1781年赫瑟爾家族用反射望遠鏡發現了天王星，反射望遠鏡也就自樹一幟了。1930年代以來，使用無線電望遠鏡使天體發出的無線電波成像。更近一些，設計出了檢測電磁波譜其他部分（參閱gamma-ray astronomy、infrared astronomy、ultraviolet astronomy、X-ray astronomy）的望遠鏡。太空飛行可以把望遠鏡帶入地球軌道以避免大氣的光散射和光吸收效應（如哈伯太空望遠鏡）。

Teletype 電傳打字機 通過無線電中斷系統傳送和接收列印資訊和資料的各種電報器械。1920年代電傳打字機普遍用於商業。1924年，電傳打字機公司介紹了一系列倍受歡迎的電傳打字機，電傳打字機在美國成爲電傳印刷機的代名詞。用於電傳打字機的代碼序列包括博多電碼的變體（1920年代），和美國標準資訊交換碼（1960年代）。隨著1980年代高速資料傳輸的到來，電傳打字機爲電子郵件和傳真所取代。

televangelism 電視福音 透過在電視上的宗教節目所傳播的福音。這種節目通常由持基要主義的新教徒教職人員所主持，他們會帶領禮拜儀式，並經常要求捐獻。葛理翰從1950年起透過他的電視特別節目而取得國際聲望。其他卓越的電視福音傳道者包括羅伯次、舒勒（1926～）、法威爾、史華格（1935～）以及羅伯遜。

television (TV) 電視 傳送靜止或移動的圖像給接收器、以在映像管或螢幕上重現圖像或聲音的電子系統。早期的（1900～1920）陰極映像管型號，放大電子信號的方法，以及電子掃描理論，後來都成爲現代電視的基礎。1932年美國無線電公司演示了第一台全電子電視。接著又出現了彩色電視（1950年代），有線電視系統（1960年代出現），錄製和重放機（1980年代，參閱VCR）。數位高解晰度電視系統（1990年代）能完整毫無干擾的提供更逼眞、更清楚的圖像和聲音，並且有將電視與電腦功能融爲一體的趨勢。

television, cable ➠ cable television

telex 電傳 由電傳打字機網路組成的國際電報資訊傳送服務。傳服務的用戶可以相互直接交換文本書信和資料。電傳系統起源於1930年代的歐洲，此後被廣泛使用。通過日常電話線進行高速數位通信導致了電傳使用的下降，但是電傳仍作爲資料傳輸服務應用於無需高速傳輸的時候或者不能裝備現代資料裝置的地區。

Telford, Thomas 特爾福德（西元1757～1834年） 蘇格蘭土木工程師。負責修建了埃爾斯米爾運河、喀里多尼亞運河以及約塔運河，還有倫敦的聖凱瑟琳船塢。他的最大的成就是設計建築威爾斯的吊橋麥奈橋（1819～1826）。他總共修建了1,200多座橋樑、1,000多公里的公路以及其他許多建築。他是英國土木工程協會（成立於1818年）的第一任主席。

Tell, William 威廉·泰爾 德語作Wilhelm Tell。瑞士民族英雄，但是他是否存在還有爭議。根據傳說，13世紀或14世紀初泰爾蔑視奧地利當局，令人憎恨的奧地利總督強迫他以十字弓射向八十步以外他兒子頭上的蘋果。他後來埋伏並殺死總督，該事件被認爲導致了反對奧地利統治的叛亂。一本從1470年開始的史書首次提到了泰爾。他的射手測驗（marksman's test）在民間傳說中廣泛流傳，這一故事與其他國家的神話也有類似之處。

S T U V

Tell Asmar 泰勒艾斯邁爾 ➠ Eshnunna

Tell el-Amârna 阿馬納 埃及尼羅河畔古城，位於底比斯和孟斐斯之間，約建於西元前14世紀。易克納唐在位時，在尼羅河東岸令人勘察新址構築此城，建爲王國的新都。19世紀時發現許多工藝品，包括數百塊楔形文字泥版。20世紀晚期進行考古發掘，出土許多雕刻和繪畫作品。

Tell Mardikh 泰勒馬爾迪赫 ➠ Ebla

Teller, Edward 泰勒（西元1908～2003年） 原名Ede Teller。匈牙利裔美國原子核子物理學家。生於富裕的猶太人家庭。在萊比錫大學獲得博士學位（1930）。1933年離開納粹德國，1935年定居美國。1941年加入費米的小組製作第一個自持的原子核反應裝置。1943年奧本海默吸收他參加曼哈頓計畫。大戰結束時，泰勒投身研製核氫融合彈，開始時受到政府阻止，但後來又獲得准許。1952年與烏拉姆一起成功的研製出氫彈。同年，他幫助建立了勞倫斯．利弗莫爾實驗室（在加州的利弗莫爾），該實驗室成爲美國主要的核子武器工廠。1954年他參與反對奧本海默繼續擁有安全准許。泰勒是個堅定的反共產主義者，他把他的大部分力量用於保持美國在核子武器方面領先於蘇聯的地位。他反對禁止核試驗條約，還是讓雷根總統相信需要戰略防衛計畫的主要人物。

泰勒
By courtesy of the University of California Lawrence Berkeley Laboratory, Berkeley, Calif.

Telloh ➠ Lagash

Telugu language＊ 泰盧固語 德拉威語，在印度南部和其他的移民團體中使用者有6,600多萬。是安得拉邦的官方語言。最早的泰盧固語碑銘出現於6世紀，文學作品則始於11世紀。泰盧固文字源於遮婁其王朝所使用的字母，與坎納達字母相近（參閱Indic writing systems）。與其他主要德拉威語一樣，泰盧固語有顯著的文言、口語之分以及社會方言之分。

telum figure 特盧人像 亦作tellem figure。石刻或木雕小型祈禱像，可能是原始社會用於對個人祖先的崇拜。特盧人像在新幾內亞西北海岸和在蘇丹的多貢人藝術中均爲人熟知。現存的特盧人像很少見，也許是因爲特盧人像的價值不及正式的祖先崇拜儀式上所使用的製作精細的石像。

Tempe＊ 坦佩 美國亞利桑那州中南部城市。瀕臨索爾特河，在鳳凰城附近。1872年開始有定居者，1880年重新命名爲坦佩谷。第二次世界大戰後，人口與經濟隨輕工業發展明顯增長。亞利桑那州立大學（成立於1885年）就位於該市，學校內有萊特設計的禮堂。人口約163,000（1996）。

Tempe, Vale of＊ 滕比河谷 希臘語作Témbi。希臘色薩利區東北部峽穀，在奧林帕斯和奧薩山之間。Piniosh河流過10公里的河谷，注入愛琴海。古希臘人將此作爲對太陽神阿波羅的崇拜。傳說中該河谷是海神波塞頓用三叉戟劈裂而形成。但地質學家認爲是因河流侵蝕形成。由於谷地是從希臘濱海區通往色薩利平原的要道，該處也是歷來入侵者必經之地。河谷中有古羅馬時期至中世紀期間修建的城堡要塞的遺跡。

tempera painting 蛋彩畫 以易溶水質媒介，如蛋黃、橡膠或蠟調製顏料所作的繪畫。蛋彩畫底是塗有薄薄數層石膏漿的硬木板，石膏漿是用熟石膏和皮膠調成。蛋彩畫對水具有抵抗力，且允許塗上更多的色彩。蛋彩畫往往塗覆稀薄透明的上光油，以產生色彩飽滿、色調沈著的效果。蛋彩畫是中世紀和文藝復興早期廣泛使用的版畫媒介，15世紀大部分被油畫所取代。

temperament 氣質 在心理學人格的研究中指個體的特徵、習慣愛好或情感反映方式。這個意義上的氣質概念起源於加倫。他從早期的理論中得出四體液學說：血液、黏液、黑膽汁和黃膽汁。20世紀的克雷奇默以及後來的理論家，包括米德，繼續研究這一課題。現代的許多研究者強調生理過程（包括內分泌系統、自主神經系統）以及文化和學識。

temperament 調律 ➠ tuning and temperament

temperance movement 戒酒運動 國際社會旨在通過推廣適度和節制控制飲酒的運動。始於19世紀早期在美國由教會發起的運動，由此吸引了許多婦女的努力。到1833年，美國有6,000多個地方戒酒社會。第一個歐洲戒酒社會於1826年成立於愛爾蘭。國際戒酒運動於1851年開始於紐約州的由提卡，後來傳播到澳大拉西亞、印度、西南非和南美洲。亦請參閱Nation, Carry (Amelia)、prohibition。

temperature 溫度 用幾種標度中的任何一種，比如華氏、攝氏或克氏溫標來表示冷熱的程度。熱量從較熱的物體流向較冷的物體，直到二者達到相同的溫度爲止。溫度是物體中分子的平均能量的量度，而熱量是物體中總的熱能的量度。例如，一杯開水的溫度與一大鍋開水的溫度都是100℃，但大鍋具有更多的熱量，或者說熱能。燒開一鍋水比燒開一杯水需要更多的能量。最常用的溫標建立在人爲規定的一些固定點上。華氏溫標規定水的冰點爲32°，水的沸點爲212°（在標準大氣壓下）。攝氏溫標規定水的三相點（在該溫度下固相、液相和氣相三相共存，達到平衡）爲0.01°，水的沸點爲100°。克氏溫標主要用於科學和工程的目的，規定零點爲絕對零度，而刻度的大小與攝氏溫標相同。

temperature inversion 逆溫 氣象中，氣溫隨高度而增加。這種增加與對流層中正常的溫度分布情況相反，對流層中的溫度通常是隨高度降低的。逆溫對決定雲的形狀、墜落以及可見性都有重要作用。逆溫就猶如是蓋子，阻止之下面的空氣上升。明顯的逆溫出現在較低海拔時，對流雲不能發展到產生陣雨的高度，同時，逆溫層下面的能見度由於污染物（參閱smog）而大大降低。又因逆溫層底附近的空氣較冷，常有霧出現。

temperature stress 溫度應激反應 由於過度冷熱引起的反應，會導致人體機能的削弱、造成傷害或死亡。尤其出現在航太醫學中。亦請參閱acclimatization、frostbite、heat exhaustion、heatstroke、homeostasis、hypothermia。

tempering 回火 金屬合金尤其是鋼的加熱處理，以產生具體物質。例如，將硬化鋼在400℃中加熱一段時間，再用油淬火，以減少金屬脆性和內應力，產生堅固有韌性的鋼。回爐加熱處理可用於不同的冷卻度、控制時間以及溫度，是一種控制鋼具的重要方法。

Tempest, Marie 坦佩斯特（西元1864～1942年） 原名Marie Susan Etherington。後稱瑪莉夫人（Dame

Marie）。英國演員。起初爲輕歌劇歌手，以在《多羅西》（1887）和《紅色輕騎兵》（1889）中迷人激動的演出受到好評。後來帶著作品《波西米亞女孩》和《彭贊斯海盜》等於1890年代在美國和加拿大巡迴演出。後來轉向純喜劇，在《英國的妮爾》（1900）、《貝奇・夏普》（1901）、《多特太太》（1908）《乾草熱》（1925）以及《第一個弗拉薩太太》（1929）中都有出色表現。

Tempietto* 坦庇埃脫 建於1502年的小型紀念碑，以紀念聖彼得在羅馬的殉難。由布拉曼特設計，圓形、穹頂、樸實，爲文藝復興盛期的傑作。外表面是托斯卡尼多立斯柱廊，是現代最早使用這種柱式的建築。這座小廟由於其比例顯示出大紀念碑的莊嚴。

Templar 聖殿騎士團 亦作Knight Templar。十字軍東征時成立的宗教軍事團體。成立之初（1119年），聖殿騎士團由八、九個法國騎士組成，這些騎士致力於保護前往耶路撒冷的朝聖者不受穆斯林武士侵犯。他們在以前的耶路撒冷聖殿的旁邊得到一住處，因此而得名。聖殿騎士團立誓保持簡樸和忠貞，顯示出極大的勇氣。部分的由於擬訂其生活原則的克萊爾沃的聖貝爾納的宣傳，該團的成員迅速增加。聖殿騎士團活躍了兩個世紀，擴展到其他國家，人數增加到20,000，獲取了大量的財富和財產。到1304年，對聖殿騎士團非宗教活動謠傳和褻瀆使他們成爲迫害的目標。1307年法國的腓力四世和教宗克雷芒五世開始對聖殿騎士團的進攻，導致聖殿騎士團最後在1312年被鎮壓。聖殿騎士團的財產被沒收，成員被關押或處死，其最後一任領袖莫萊（1243～1314），受火刑而死。

temple 廟宇 爲崇拜神而建的大建築。一般包括一個避難所和祭壇。古埃及有兩種廟宇：祭祀廟以祭奉死去的國王，有一個小禮拜堂以供奉祭品；神廟則供有神像。典型的神廟通常包括厚重的塔門入口，有一庭院通往多柱的大廳，在廟的中心設有神像的神龕。大部分古希臘廟宇呈直角，由大理石或其他石頭在很低的柱座（台階）上建成。坡屋頂由帶柱的門廊支承，兩端有門廊（無柱廟宇），廊柱在四周排列（繞柱神廟），或者圍有雙層柱子。地窖裡供著神像，祭壇位於廟宇之外。羅馬廟宇深受希臘風格影響，但是祭壇在廟的裡邊，廊柱通常爲附牆的柱子。印度教的廟宇在各地區各不相同，常包括高聳的神龕和帶柱子的大殿，牆面雕刻豐富。佛教的廟宇也有各種不同的形式，有雕刻豐富的神龕、塔或佛像。中國和日本的佛寺圍繞著祭祀用的庭院設置單層殿堂，雕刻和色彩豐富，而佛塔則爲色彩華麗、屋角如翼的多層建築。美洲印加人和馬雅人的廟宇是用石頭建造，雕飾繁多，一般作階梯式金字塔形，聖壇設在頂上。亦請參閱synagogue。

Temple, Shirley 鄧波兒（西元1928年～） 後名Shirley Temple Black。美國女電影童星。最初從舞蹈班裡被挑選出來試演電影，初上銀幕時才四歲。因演《起來，歡呼》（1934）一片而受到重視，接著又主演了《小麻煩》（1934）和《明亮的眼睛》（1934），且在後一部影片中演唱了「在愉快的洛利波普輪船上」。鄧波兒是一名謹慎的演員，以其臉上的酒渦和金色的鬈髮而著稱。在美國大蕭條的年月裡，她成了全國最受歡迎的女明星。1934年獲奧斯卡特別獎。其後的影片有《小上校》（1935）、《威・威利・溫季》（1937）和《小公主》（1939）等。成年後1974～1976年任美國駐迦納大使，1989～1992年任美國駐捷克大使。

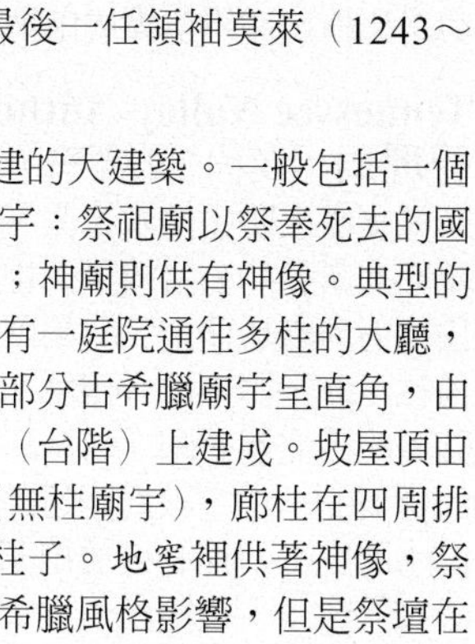

鄧波兒
Brown Brothers

Temple, William 譚普爾（西元1881～1944年） 受封爲威廉爵士（Sir William）。英國政治家。他在擔任駐海牙大使（1668～1670、1674～1679）時闡明了英國親荷蘭的外交政策，並且安排了奧蘭治的威廉與英格蘭瑪麗公主的婚姻（即後來的威廉三世和瑪麗二世）。1681年退出政壇，後來創作了大量的散文，由他的祕書斯威夫特整理出版。他也寫了著名的《對聯合省的觀察》（1673）。

Temple of Heaven 天壇 在老北京城外的大型宗教建築體，被認爲是傳統中國建築最輝煌的成就。它的輪廓象徵著天圓地方的信仰。三座建築物建在一條直線上。祈年殿（1420）有三個由許多粗大木柱組成的同心圓，象徵四季、十二個月和一天的十二個時辰；作爲工程上的卓越功績，這些木柱支撐了三重屋頂、一個巨大的方形支柱（地）、圓形的框緣（天）以及大量內部的小圓頂。皇帝祭天時住的天拱齋宮（1530；1572年重建）是一座較小的圓形建築，此宮沒有橫樑；其圓頂通過複雜的跨越工程來支撐。圓形的祭壇圜丘是一個三層白色石頭台地，四周圈了兩道牆，外面一道是方的，裡面一道是圓的。

Tempyo style* 天平式 日本奈良時期（710～784）的雕刻風格，深受中國唐朝（618～907）宮廷風格的影響。日本佛教藝術的許多傑出雕刻成就都在這時產生，通常雕刻在生泥、木頭以及鑄在活動心子的漆布上（一種叫做乾漆的技術）。天平式比奈良早期的作品更能把各部分融爲一體，產生一種活力感和寫實主義的觀察。這種寫實主義在肖像雕刻中更爲突出。

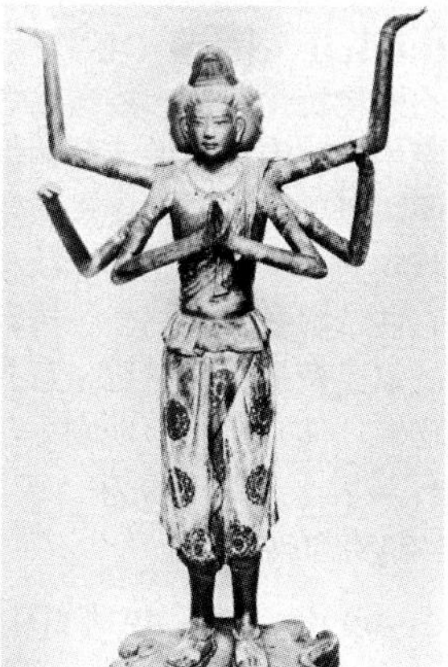

阿修羅的乾漆雕像，天平式風格，做於奈良時代晚期；現藏日本奈良興福寺
Asuka-en, Japan

Ten Commandments 十誡 猶太教與基督教奉爲神聖的一套宗教誡律。其中規定信奉上帝；在安息日拜奉上帝；尊敬父母；禁止崇拜其他神祇和偶像；禁止褻瀆神明、通姦、盜竊、作僞證、妄羨。《舊約・出埃及記》中記載，上帝在西奈山上啓示摩西，並將這些誡條銘刻在兩塊石板上。大部分神學家認爲十誡產生於西元前16～13世紀間，但也有人認爲晚至西元前750年。直到西元13世紀，十誡才爲基督教徒深爲信奉。

Ten Thousand Smokes, Valley of 萬煙谷 位於美國阿拉斯州加西南部的卡特邁國家公園和保護區內的火山區。面積145平方公里，形成於1912年的火山爆發。1912年諾瓦拉普塔與卡特邁火山爆發，熔岩覆蓋了整個山谷。1915年一個探險小組到達此地，他們發現地震形成的數萬個山谷地表裂縫噴出煙、氣體和水蒸氣。最大的噴氣孔直徑達46公尺，溫度有的高達649℃。約六十年後，噴氣孔剩下不到十二個。在1860年代，美國太空人把此地作爲登月訓練的場地。

tenant 租戶 ➡ landlord and tenant

S T U V

tenant farming　租佃制　一種農業制度。土地所有者將土地租給農民耕種，收穫後，收取現金或一部分產品作爲租金。土地所有者也可能提供一定的經營資金和管理。其中被稱作佃農耕作的方式指的是：土地所有者提供所有的資本（有時包括佃農所需的食物、衣物、醫療費用），並有可能實行監工。佃農則將收成的一部分交給土地所有者。其他形式的佃農租賃制中，佃農可能提供所有工具並在農田管理上享有實在的自治權。佃農及他們的家庭大約占據了世界農業人口的2/5。從英格蘭和威爾斯的情況看，租佃制可以是一種效率很高的農業制度。土地所有者的權力過大而佃農的社會地位較低時會產生地主對佃農的壓迫。

Tendai ➠ Tiantai

tendinitis　腱炎　亦稱腱鞘炎（tendonitis）。由過度使用在薄膜狀的腱鞘內滑動的腱或由細菌感染而導致的腱鞘發炎的炎症。許多病例是由患者的職業造成的，工作中過度重複使用腱是導致腱炎的原因。發炎腫脹使腱的滑動受到阻礙導致僵硬。治療方法是利用夾板、石膏模型或繃帶固定腱與腱鞘，發炎消退後，再逐漸增加腱的活動。注射類固醇可以加速炎症消退。治療後仍會復發。重複發炎將使腱鞘永久變厚，而變厚的鞘會使腱的活動受到限制。

tendon　腱　使肌肉附著骨骼或其他結構的組織，類似韌帶，腱由內含膠原纖維的緻密結締組織構成，因此堅韌有力，具有很高的抗張強度，能抗拒肌肉收縮造成的拉力而保持肌端緊連於骨部。

tendril　捲鬚　植物學名詞，指用來固定與支持纏繞莖的植物特化器官。捲鬚爲細長的鞭狀或線狀股，通常由莖節處生出，由莖組織或葉柄組織構成，蔓藤或其他植物藉著它便可攀爬。捲鬚對接觸敏感，當它碰著一物體時，就會轉向該物體，只要物體的形狀許可即將物體纏繞，刺激持續多久它便依附多久。然後，捲鬚內發育出強勁的力學組織，使其足以支持植株的重量。有些捲鬚末端膨大，扁化並分泌黏性物質，使它們牢牢地固定在支撐物上。捲鬚植物的常見例子有葡萄、英國常春藤、香豌豆、葫蘆類以及西番蓮（參閱Passifloraceae）等。

Tenerife, Pico de　特內里費峰 ➠ Teide Peak

Teng Hsiao-p'ing ➠ Deng Xiaoping

Teniers, David＊　特尼爾斯　兩位法蘭德斯畫家。少爲人知的是老特尼爾斯（1582～1649），作品主要是宗教主題。兒子小特尼爾斯（1610～1690）較爲知名並多產，最著名的類型是表現農家生活的景色，許多用作18世紀的掛毯圖樣。在開闊的風景之中放入衆多的景象是他的專長，並擅長用溫暖人性與幽默的筆法描繪人物。身爲威廉大公的宮廷畫家，也繪製大公蒐藏的小型副本；刻板印刷成《繪畫集》（1660），是17世紀繪圖蒐藏品目錄的重要來源。

Tennessee　田納西　美國東南偏中部一州。面積109,152平方公里，首府納什維爾。大煙山脈爲其東部邊緣，密西西比河則構成其西部邊界。田納西河谷穿越全州大部。氣候溫和，屬地大約半數爲森林覆蓋。早期原爲美洲印第安人聚居地，其中有奇克索人、切羅基人以及肖尼人。16～17世紀時西班牙、法國以及英國探險家們先後抵達。英國的卡羅來納特許以及法國聲稱對路易斯安那擁有主權時都曾將此地納入，但在法國印第安人戰爭後此地被正式割讓給英國。大約在1770年左右首批永久移民到達。在1785年之前這裡曾爲北卡羅來納州的一部分。但1785年當地居民試圖脫離北卡羅來納並成立了一個自由的富蘭克林州。1789年北卡羅來納撤回了其訴求，田納西於1796年成爲美國的第16個州。1861年田納西脫離聯邦；此後美國南北戰爭中的多次激戰，如塞羅戰役、查塔諾加戰役、斯通斯河戰役以及納什維爾戰役都發生在這裡。1866年田納西成爲首個再次被接納加入聯邦的州。在重建時期，當地黑人失去了他們本來就很少的一點權力。第二次世界大戰後，這裡成爲美國民權運動的一片試驗場。該州的經濟以製造業爲主。田納西河流域管理局擁有美國最大的電力生產系統。人口約5,368,000（1997）。

Tennessee, University of　田納西大學　美國田納西州州立大學系統，主要校地位在諾克斯維爾，另外在孟菲斯、查塔諾加及馬丁市設有分校。該校創設於1794年，而於1869年成爲聯邦土地補助大學。主校區設有人文、農業、商業暨管理、傳播、教育、工程、護理、法律、獸醫等學院，以及建築、圖書管理、社會工作等其他領域的研究學院，現有學生人數約26,000人。曼菲斯分校是一所綜合性的醫學研究及教學機構。

Tennessee River　田納西河　位於美國田納西州、阿拉巴馬州北部和肯塔基州西部的可通航河流。該河由霍爾斯頓河和佛蘭西布羅德河在田納西州東部匯合而成，長1,049公里，流入肯塔基州的俄亥俄河。美國南北戰爭期間，該河作爲北方軍隊戰略部署中，對南部邦聯西面的幾個州的進攻路線。從1933年田納西河流域管理局成立到現在，該河上已建成世界上最大的灌溉和水力供電系統之一的水利工程，並與湯比格比河相連構成田納西－湯比格比水道。

Tennessee Valley Authority (TVA)　田納西河流域管理局　美國政府機構，1933年創立。負責控制田納西河及其支流，防止洪水氾濫，改進河運，發展水力供電。該局屬國家所屬的公益機構，由董事會管理。管轄許可權於整個田納西河流域盆地，包括阿拉巴馬、喬治亞、肯塔基、密西西比、北卡羅來納、田納西及維吉尼亞等七州的部分地區。該局的成立屬美國「新政」計畫裡的所要建立的公益機構中的重要的一項。該局修建防洪堤壩系統使該地區長期以來的洪水問題得到控制，並挖深河道改善航路，促進了沿岸港口設施的改善。這些工程大大增加了田納西河的通航量，提供了廉價的電力，刺激了該地區長期不景氣的經濟的發展。亦請參閱Public Works Administration。

Tennessee walking horse　田納西走馬　亦稱種植園走馬（plantation walking horse）。小型馬的一個品種，其臀部傾斜，步態特殊，行走時似跑動。美國南部養殖這種馬以用來巡視種植園。高約157公分，體重約450公斤。毛色呈多樣。先前，所有行走時似跑步，生來具有這種特殊步態的馬都被稱作田納西走馬。後來，這個名字著重用來稱這種馬中最有影響的一個品種標準種。這種馬跑動似的行走比一般馬行走的速度快。其行走時身子較低，步態流暢，方向性強，前蹄落地瞬間，後蹄已前踏至前蹄印前方的幾英寸處。

Tenniel, John＊　但涅爾（西元1820～1914年）　受封爲約翰爵士（Sir John）。英國插圖畫家和諷刺畫家。以其牆壁裝飾引起人們的注意，於1850年被《笨拙》週刊聘爲插圖作者，不久成爲該雜誌主要的漫畫家。他的作品使政治性漫畫受到人們的重視。他爲許多書畫過插圖，其中最著名的是爲卡羅爾的作品《愛麗斯夢遊仙境》（1865）及《鏡中世界》（1872）所作的插圖。其作品以微妙精巧著稱。

tennis　網球　由兩位或兩對選手手執球拍，在一座以低網分隔的球場中擊打一個輕又有彈性的球的一種運動。網球可在戶外或戶內打，場地可以是硬地、紅土或草地。目的是將球打進對手一方的場地中，並讓對手追不到或無法回擊。每一局都由固定一位球手發球。得分以15、30、40和game表示（「love」表示0分）。平分（稱為「deuce」）時需要某位選手連得兩分才能獲勝。率先拿下6局並領先對手2局的球手即贏得一盤。一場勝負需要三盤兩勝（或五盤三勝）才能輸贏。1970年代之後，開始使用平局決勝局的規定以消除馬拉松式的一盤。網球源於1870年代英國的球拍和球（racket-and-ball）遊戲。世界第一場草地網球冠軍賽於1877年在溫布頓舉行，之後紅土與硬地網球陸續加入。目前的國際團隊比賽包括男子選手的台維斯盃以及女子選手的聯邦盃（1963年開打）；主要的個人巡迴賽，即英國（溫布頓）、美國、澳洲和法國四大公開賽，構成了網球大滿貫。

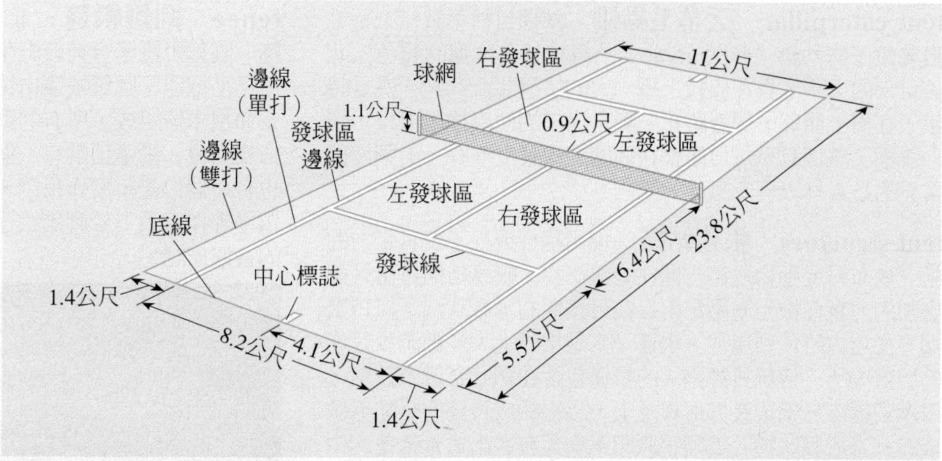

職業網球場。球員站在底線後方發球，在中心標誌的左右交替，必須讓球落在相對的發球區內。球場較窄的部分用於單打（一邊一位球員）而非雙打（一邊兩位球員），但是發球區的大小不變。雙打時，兩位隊友交替發球，除此之外在整個場地都可以自由移動。

Tennis Court Oath　網球場宣誓　法國大革命期間第三等級的代表們的宣誓。這些代表們被摒於會所凡爾賽宮外，他們深信剛成立的國民議會將被強行解散，於是移往凡爾賽宮附近的一個網球場聚會。他們宣誓：如未能為法國制訂出一部成文憲法，就絕不離散。第三等級的團結一致迫使國王路易十六世命令教士和貴族與第三等級一起參加國民議會。

Tennyson, Alfred＊　但尼生（西元1809～1892年）　受封為但尼生男爵（Baron Tennyson (of Aldworth and Freshwater)）。以但尼生勳爵阿弗列（Alfred, Lord Tennyson）知名。英國維多利亞時代最傑出的詩人。後成為男爵，被稱為阿爾弗雷德・但尼生男爵。就讀於劍橋大學期間，與阿瑟・哈萊姆建立了深厚的友誼，於1830年發表了抒情詩集。1833年發表另一詩集，其中包括〈食荷花人〉、〈夏洛蒂小姐〉等。同年，哈萊姆的不期而亡沈重打擊了田納西，促使他寫成後來收集到他的《悼念集》（1850）裡的一些詩篇，以及後來出現在創作時間較長的，他最喜愛的詩集《莫德》（1855）裡的一些抒情詩。接著他又於1842年創作了《詩集》，其中包括〈尤里西斯〉、〈亞瑟王之死〉、〈洛克斯利堂〉，於1847年創作了長篇反女性主義的奇幻故事《公主》，其中包括抒情詩〈甜美與粗俗〉，〈淚水，無用的淚水〉等。他於1850年結婚並封為英國桂冠詩人。其後他的主要作品有〈輕騎兵衝鋒〉（1855）、描述亞瑟王傳奇故事的《國王敘事集》（1859）、《伊諾克・阿登》（1864）。但尼生是一位造詣極高的詩人，有著憂鬱的詩人氣質，也被看為是英國中產階級的代言人。他的作品常常反映科學的進步對當時社會的傳統思想所帶來的衝擊。

Tenochtitlán＊　鐵諾帝特蘭　阿茲特克帝國的首都。位於現今的墨西哥城，約1325年建於特斯科科湖湖澤區。15世紀末與特斯科科及特拉可潘組成聯盟，並成為阿茲特克的首都。這座城市原本只是坐落在特斯科科湖中的兩座小島上，不過經由人工島嶼的興建，逐漸發展成一個占地5平方哩（13平方公里）以上的大城，且由數條堤道與大陸相聯。1519年時該城有四十萬人口，是中美洲有史以來最大的聚落。城中有蒙提祖馬二世的皇宮，據說有三百個房間；此外，尚有數以百計的神廟。1521年該城為西班牙征服者科爾特斯所摧毀。

tenor　男高音　男高音音域，約自中央C以下的第二個B音至中央C以上的G音。13～16世紀的複歌中，男高音是指反複音。男高音根據不同的嗓音特徵常分為戲劇男高音、抒情男高音。在樂器家族裡，男高音用來指中央部分音域基本與此音域重合的樂器（例如男高音薩克斯風）。

tenor tuba ➠ euphonium

tenpounder ➠ ladyfish

Tenrikyo＊　天理教　日本神道教勢力最大的一派。其創始者，具有號召力的農村婦女中山美伎（1798～1887）四十歲時宣稱自己被智慧的神附體。提倡拜神時唱歌狂舞及實行薩滿教的做法，宣傳仁慈愛人和誠心則靈、包治百病的教義。她的言行和所作的教文都被看作是神對的典範。天理教運動是第二次世界大戰剛結束的時期裡日本最有影響力的宗教運動，它的信徒在20世紀末約達到250萬。

tense　時態　動詞變形的一種語法類目，用以表達所述事情發生的時間與述說時間的關聯。時間通常被劃分為包含過去、現在、未來三大部分的連續，以定義所述事情與時間的聯繫。其他文法類目，包括語態和體態，都是用來進一步指定所述動作行為的確定性、完成性、連續性及重複性。

tensile strength＊　抗張強度　物質在斷裂前能承受的最大負載與它初始的截面積之比。小於抗張強度的應力除去後，材料會完全或部分地恢復到它初始的大小和形狀。隨著應力接近抗張強度，開始流動的材料會形成一個狹窄的收縮區，很容易發生斷裂。抗張強度的單位是力每單位面積。亦請參閱deformation and flow。

Tenskwatawa　鄧斯克瓦塔瓦 ➠ Prophet, The

tensor analysis　張量分析　數學的分支，研究那些與規定量的參照系無關的關係或定律。張量的概念是作為向量的延伸而發明出來的，對於流形的研究很重要。每個向量都是張量，但張量的涵義更廣，難以用幾何物件描繪。可以把張量想像為由一組分量（像幾何座標）確定的抽象物件，在座標變換時，遵循特殊的變換類型。張量是在愛因斯坦以前就提出來了，然而，廣義相對論的成功使得張量得到數學家和物理學家們的廣泛利用。

tent caterpillar 天幕毛蟲蛾 鱗翅目枯葉蛾科天幕毛蟲屬蛾子的幼蟲（參閱larva）。幼蟲往往有鮮豔的顏色。北美東部的天幕毛蟲在樹杈上織一大的帳篷狀公共網。盛夏時蛾子在樹上產卵，翌春孵化。孵化出來的幼蟲移居樹杈，織一絲網，整個夏季每日離網在周圍的樹葉上取食。美國南部常見的是森林天幕毛蟲。

tent structure 帳篷結構 使用桅杆或柱子及具張力的膜（如布料或動物皮革）圍住的建築物。帳篷結構藉由外部施加的力量而被預施壓，所以在可預期的承載狀況下保持緊繃。從遠古時代到現代，帳篷一直是世界上大多數游牧民族的居處場所。傳統貝都因人的帳篷包含在網狀布帶上拉緊，用牽索綁牢於架成長方形桿子上，以編織成長條的駱駝毛做成的長方形膜狀物。美國平原印第安人發展出圓錐帳篷。中亞的游牧民族所使用以竿作爲支撐的住所或圓頂帳篷，以動物皮革或紡織品作爲其遮蔽。亦請參閱membrane structure、pole construction。

Tenure of Office Act 任職法（西元1867年） 美國法案，規定美國總統不得到參議院同意無權撤除任何文職官員的職務。任職法法案越過詹森總統的否決權，由激進派共和黨人提交並在國會通過，目的旨在防止總統隨意撤換那些支持國會通過南方重建政策的內閣成員。後因詹森總統違反該法，解除陸軍部長斯坦頓職務，激進派共和黨人聯盟爲此對總統提出彈劾。1869年任職法部分失效，1887年被全部廢除。1926年任職法被認定違反了憲法規定。

Tenzing Norgay＊ 登京格·諾爾蓋（西元1914～1986年） 尼泊爾雪巴人登山者。在與希拉里爵士合作之前，他曾參與許多登山探險隊的工作。1953年登京格·諾爾蓋和希拉里一起首次登上埃佛勒斯峰最高峰。作爲一名佛教徒，他還在埃佛勒斯峰祭祀神靈。

teosinte＊ 類蜀黍 早熟禾科一種高大粗壯的一年生草本植物，學名爲*Zea mexicana*或*Euchlaena mexicana*。原產於墨西哥。與玉蜀黍有親緣關係。類蜀黍叢生，生長出多束包在外殼中的能結果的花穗，花絲從上端掛出花序外，類似玉米穗。近來已將幾種玉蜀黍與類蜀黍雜交產生多年生的玉蜀黍變種。

Teotihuacán＊ 特奧蒂瓦坎 墨西哥中部前哥倫布時期最大城市，在今墨西哥城東北約50公里處。在西元前900年之前，特奧蒂瓦坎的影響力曾一度遍及整個中美地區，後被托爾特克人所占領。特奧蒂瓦坎占地面積約21平方公里，最多時擁有居住人口十五萬名，城內建有廣場、廟宇和宮殿等，其中主要建築是月神金字塔和太陽神金字塔。特奧蒂瓦坎是早期中美洲文明的中心，同時還有專家認爲她也是托爾特克文化的中心。亦請參閱Tula。

Tepe Gawra＊ 高拉土丘 美索不達米亞古代城市，在今伊拉克西北部摩蘇爾附近。從西元前第6千紀中期到前第2千紀中期高拉土丘的居住情況都保持連續性，並被稱爲高拉時代（西元前3500?～西元前2900?年）。高拉土丘遺址包括由壁柱和凹穴裝飾建成的古廟，這種風格的建築在很長一段時間內都是美索不達米亞建築的主要風格。高拉土丘遺址的考古記載還表明了早期石器時代農村向複合居民點的過渡。

Tepe Yahya＊ 葉海亞堆 伊朗東南部古代商業城市，在西元前第5千紀至前第3千紀幾乎始終有人居住。葉海亞堆於前第2千紀被廢棄，此前該地一直是皀石的生產和分配中心。約自西元前1000年至西元400年左右又陸續有人居住於此。

tepee 圓錐帳篷 北美大平原印第安人居住的高大帳篷。圓錐帳篷適合捕殺野牛的印第安游牧部落，可折疊並可用馬匹拖運。圓錐帳篷由特定尺寸磨光展開後的野牛皮和20～30根木樁組成，所有的野牛皮延伸至帳篷頂端並在頂端被綁紮結實。帳篷頂端有一個可捲起的口蓋，以便散煙；底部也有一個口蓋，用作吊門。儘管棚屋、窩棚、泥蓋木屋和圓頂屋等作用不下於圓錐帳篷，但圓錐帳篷還是成爲印第安人的普遍標誌。

加拿大亞伯達省班夫的圓錐帳篷
Alpha

Tepic＊ 特皮克 墨西哥中西部納亞里特州首府，瀕臨特皮克河，位於死火山山腳。建於1542年。特皮克保持著西班牙殖民時期的城市風貌，由於交通不便，城市發展緩慢，1912年建起鐵路後，情況有所好轉，並發展成商業、工業和工業中心。托爾特克遺址就位於特皮克城附近。人口238,000（1990）。

tequila＊ 龍舌蘭燒酒；特奎拉酒 用墨西哥產植物龍舌蘭的醪液製成的一種蒸餾酒，無色透明，不經陳釀，含酒精40～50%。龍舌蘭燒酒是在西班牙人把蒸餾法引入墨西哥後不久發展起來的，爲此還建立了龍舌蘭鎮。龍舌蘭燒酒可與酸橙汁或橙汁調製成瑪格麗塔雞尾酒。梅斯卡爾酒也爲類似的蒸餾烈性酒，採用瓦哈卡地方的野生龍舌蘭爲原料。

Terai 達賴 亦作Tarai。印度北部和尼泊爾南部一個地區。與小喜馬拉雅山平行，西起亞穆河，東到布拉馬普得拉河。北緣多水泉，形成了包括卡克拉河在內的許多河流。河流交織使得此地區呈沼澤狀。經過排水墾殖，該地區原本傳播瘧疾的許多沼澤已經消失。

Terborch, Gerard＊ 泰爾博赫（西元1617～1681年） 亦作Gerard ter Borch。荷蘭畫家。1648年泰爾博赫完成在英國、義大利、西伐利亞和西班牙的旅程回國，並於1654年定居代芬特爾。他的作品幾乎一半是肖像畫，一半是風俗畫。在肖像畫中，他以微妙的色調層次和各種表面結構的描繪技巧，從而取得異常完美的效果。在風俗畫中，他通過莊重的色彩感觀表現特點，對17世紀荷蘭中產階級富裕的生活氛圍進行描繪，作品表現出優雅氣質和逼眞效果。

Terbrugghen, Hendrik＊ 泰爾布呂亨（西元1588?～1629年） 亦作Hendrick ter Brugghen。荷蘭畫家。據傳，泰爾布呂亨曾居住義大利長達十年，1615年他回到烏得勒支後其作品受到義大利畫家卡拉瓦喬影響很大，其兩個版本的《聖馬太的召喚》（1617?、1621）描繪技法都來自卡拉瓦喬。泰爾布呂亨使用明暗繪畫技法啓蒙於卡拉瓦喬，且比卡拉瓦喬技法更有氛圍感和亮度，如畫像《吹長笛的人》(1621)。泰爾布呂亨的傑作是《聖塞瓦斯蒂安由艾琳和她的女僕服侍》(1625)。此外，還與洪特霍斯特一起領導烏得勒支畫派。

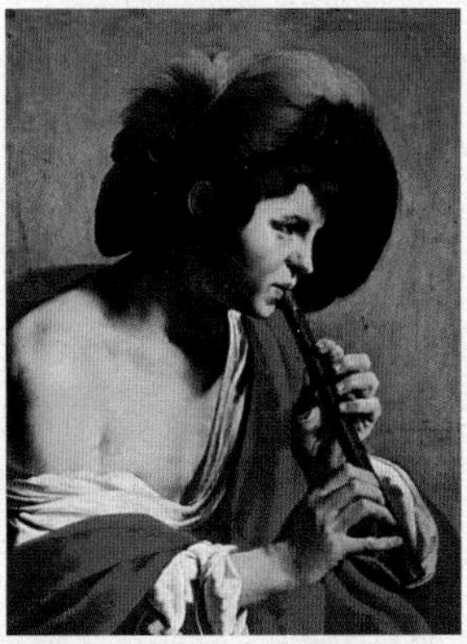
泰爾布呂亨的《吹長笛的人》(1621)，油畫；現藏德國卡塞爾國立藝術收藏館
By courtesy of the Staatliche Kunstsammlungen, Kassel, Ger.

Terence 泰倫斯（西元前195?～西元前159?年） 拉丁語全名Publius Terentius Afer。古羅馬著名喜劇作家，出生於迦太基。作爲一名奴隸，曾被主人帶到羅馬，並接受教育，後來獲得自由。他的六部詩劇目前保存完好，即《安德羅斯女子》、《岳母》、《自責者》、《閹奴》、《福爾彌昂》和《兩兄弟》，這些作品都創作於西元前166年至西元前160年之間，且大都根據希臘新喜劇（包括米南德的作品）改編而成。作品中，泰倫斯刪除其先前的序言，採用當時拉丁語口語體，並引入寫實主義寫作手法。後來的劇作家莫里哀和莎士比亞都受其作品的影響。

Teresa (of Calcutta), Mother 泰瑞莎修女（西元1910～1997年） 原名Agnes Gonxha Bojaxhiu。出生於阿爾巴尼亞的修女，天主教仁愛傳教會的創建人。她曾是一個雜貨商的女兒，後來前往印度成爲修女。後學習護理，並遷入貧民窟行善。1948年泰瑞莎創建仁愛會以救濟盲人、老者、痲瘋病人、殘廢人和生命垂危者。1963年印度政府因其所爲授予她「蓮花主」勳章。1971教宗保祿六世爲泰瑞莎頒發第一屆教宗若望二十三世和平獎。1979年她又獲得諾貝爾和平獎。儘管泰瑞莎晚年患有心臟病，但是她還是繼續爲窮人和病人服務，並申言反對離婚、節育和墮胎等。泰瑞莎的仁愛會在九十多個國家擁有數百個服務中心，約4000名修女及數百名法律工作者。後來在印度出生的諾瑪拉修女繼承了她的事業，泰瑞莎逝世兩年後宣布她爲聖人，教宗若望·保祿二世也發表特許公告對其加以讚揚。

Teresa of Àvila, St. 阿維拉的聖特雷薩（西元1515～1582年） 原名Teresa de Cepeda y Ahumada。西班牙加爾默羅會奧祕神學家、聖徒。二十歲進入修道院，並患重病。1955年聖特雷薩經歷了一場宗教覺醒運動，儘管其身體虛弱，但她仍然極力倡導加爾默羅會改革，並引導教會回到原始的嚴格實踐活動中，包括接受貧窮的生活並與世隔絕。爲了與反對者對抗，聖特雷薩創辦了新的女修道院（第一座修道院於1562年創建），在西班牙實行她的改革。十字架的聖約翰也加入她的行列，並建立了改革派加爾默羅會修道院。她主張的教義因對教徒祈禱生活作出經典的闡述而被接受，她的神學作品今天仍被廣泛傳誦，其中包括《內部的城堡》(1588)。1570年聖特雷薩成爲世界上第一位獲得教義師稱謂的女性。

Tereshkova, Valentina (Vladimirovna)＊ 捷列什科娃（西元1937年～） 俄國太空人。作爲一名跳傘員，1961年捷列什科娃開始接受太空人訓練計畫。1963年，她乘坐「東方6號」繞地球飛行48圈，歷時71小時，成爲進入太空的第一位女性。1990年代初，捷列什科娃離開太空計畫，此前她還參與飛行活動並曾在政府中多個部門任職。捷列什科娃被譽爲是蘇聯英雄，並兩次獲得「列寧獎章」。

Terkel, Studs＊ 特克爾（西元1912年～） 原名Louis Turkel。生於紐約市，美國廣播名人及作家。八歲時和家人移居芝加哥。放棄法律事業而成爲廣播音樂節目主持人與採訪人員，結果在1950年擁有自己的電視節目。1953年因爲左傾而被電視列入黑名單，回到廣播界在同一電台繼續工作長達四十五年。著作包括了描寫芝加哥的《區街》(1967)；敘述大蕭條的《艱困年代》(1970)；描述美國人與工作關係的《工作》(1974)；第二次世界大戰的《義戰》(1984，獲普立茲獎)；以及描寫美國人對於競賽情感的《競賽》(1992)。

Terman, Lewis M(adison) 特曼（西元1877～1956年） 美國心理學家。1910年在史丹福大學任教，修改了比奈－西蒙智力測試，並發表史丹福－比奈個人智力測驗(1916)。第一次世界大戰期間，特曼爲美國陸軍發展的集體智力測試在美國被廣泛應用。1921年他發起一項長期的計畫，以對天才兒童進行研究。特曼於1916年發表《智力測量》，並與他人合著了《天才的遺傳研究》(5卷，1926～1959)一書。

termite 白蟻 等翅目中約1,900種昆蟲的統稱，大多數生長在熱帶，是以纖維素爲食的社會性昆蟲，通常體軟、無翅。它們的腸道微組織能夠消化纖維素。白蟻群中包括一個生育的蟻后和一個蟻王（有繁殖能力）、工蟻（最多的）和兵蟻（參閱caste）。蟻王體長1～2公分，而蟻后可以長到超過11公分。工蟻和兵蟻都不能生育，而且是沒有視力的。它們能活2～5年；有繁殖能力的白蟻能活60～70年。白蟻生活在木頭或地下的封閉、潮濕的巢裡。地下的巢可能堆積成土丘。週期性地發育出一批帶翅翼的、有視力的成蟻，它們離開原來的蟻巢而開始組成新的蟻群。白蟻主要以木爲食。居住在土壤裡的白蟻攻擊與地接觸的木頭；比起居住在土壤裡的白蟻來，居住在木頭中的白蟻對濕度的要求較低，它們攻擊樹木、木柱以及木建築。

tern 燕鷗 鷗科燕鷗亞科中約40種體態修長、蹼足、遷移性水禽之統稱，幾乎在世界各地都能找到。不同品種的體長不等，在20～55公分之間。羽毛爲白色、黑白相間或黑色；喙尖銳，顏色爲黑、紅或黃色；足爲紅色或黑色。多數品種有長而尖的翅以及叉形的尾。燕鷗從空中潛入水中捕食甲殼動物和魚類。通常它們成群地在島嶼的地面繁殖。亦請參閱Arctic tern。

terneplate＊ 鍍鉛錫鋼板 鍍有鉛錫合金的薄鋼板。通過把鋼板浸在熔融的鉛錫合金中，鍍覆上鉛與錫的合金。鉛的融入使鍍鉛錫鋼板具有暗淡的外觀、抗腐性的表面和可焊接性。錫（占合金含量的12～50%）的作用是濕潤鋼使鉛與鐵能結合，否則就不會合金化。鍍鉛錫鋼板已大量被其他較易製造，而更耐用的鋼材所代替，但仍被用於屋頂、簷槽、落水管、容器襯裡，以及製造汽車油箱、油槽等各種容器。亦請參閱galvanizing、tinplate。

terpene 萜烯 ➠ isoprenoid

terra-cotta 赤陶 經燒製後其顏色從淡赭到紅色不等的粗而多孔的黏土。通常不上釉，是最具實用價值的一種陶器，價格低廉，用途廣泛，經久耐用。在希臘曾發現西元前3000年時代的小型赤陶塑像；其後一直到西元前4世紀的赤陶製品也有發現。赤陶的使用曾隨羅馬帝國的崩潰而一度絕跡，直到15世紀才在義大利和德國再次興起。

Terranova Pausania ➠ Olbia

S T U V

terrapin　水龜　水龜科雜食性水生龜的統稱，尤指菱紋背水龜。菱紋背水龜生活在新英格蘭至墨西哥灣一帶的近海水域和鹽鹼灘。其背甲略呈褐色或黑色，上有隆起的菱形紋樣。雌體甲長約23公分；雄體甲長約14公分。擬龜屬或稱錦龜屬的8個種有時亦稱水龜，分布於美國東北部至阿根廷一帶的淡水水域。雌體甲長15～40公分。紅耳龜的幼體在寵物商店出售。

《童貞聖母與聖嬰》（1470?），多彩上釉赤陶浮雕，韋羅基奧（Andrea del Verocchio）作；現藏紐約市大都會藝術博物館
By courtesy of the Metropolitan Museum of Art, Rogers Fund, 1909

紅耳龜
Leonard Lee Rue III

terrazzo＊　水磨石　由大理石碎片混在水泥或是環氧樹脂中所構成，利用傾注方式成形的一種室內地面類型，當乾燥水磨石於20世紀普遍存在商業及公共機構建築物中。可以有許多顏色，其形成堅硬、平滑、耐用而容易清洗的表面。

terrier　㹴　培育來找尋或捕殺有害動物以及用來獵狐與鬥狗活動的數個犬種，多半是在英國。培育作爲戰鬥或獵殺，通常性情好鬥，不過現在也培育出較爲友善的品種。因爲㹴必須鑽進齧齒動物的洞穴內，大多數體型小且瘦長，毛皮粗糙而堅硬，不需要花工夫修整。頭長、方頜，眼眶深。㹴在追逐與遭遇對手時全都會發出聲音並彎身。大多數品種是以其形成的地方命名。亦請參閱Airedale terrier、Bedlington terrier、Boston terrier、bull terrier、Dandie Dinmont terrier、fox terrier、Irish terrier、pit bull terrier、Scottish terrier、Yorkshire terrier。

territorial behavior　領域性行爲　動物學術語，指一隻或一群動物以保衛其領域免受同種內其他動物侵犯的方法。領域的邊界可以以聲音作標誌（如鳥鳴）、氣味，甚至還可以是糞便。如果此類的標誌沒能警退入侵者，就會發生隨後的追逐和拼鬥。動物的領域可能隨季節變化（通常是爲了撫育幼仔），或者固定在某個便於覓食和生活的地方。領域性行爲有益於物種的求偶行爲和對後代的撫育，因爲它防止了過分擁擠而造成的干擾並大大緩和了激烈的食物競爭。

territorial waters　領海　指屬一個國家行政管轄範圍內的海域，包括與一個國家海岸毗連的海域和內海。領海的概念從17世紀對海域所處地位的爭論演變而來。一方面海域被認爲是公開的，另一方面國家對其領海的行政管轄權也得到了承認。贊成海洋法的國家遵循其規定：領海的寬度爲12海浬（22公里）。制海權包括海域上方的制空權其對相應的海底的管轄權。亦請參閱high seas。

S T U V

Terror, Reign of ➠ Reign of Terror

terrorism　恐怖主義　有系統地使用暴力來製造某些人的恐懼，期以達成特定的政治目標。世界各地的歷史上都出現過恐怖主義活動，包括左派及右派的政治組織、民族主義者、特殊族群團體及革命分子。恐怖主義雖然常被認爲是顛覆及推翻既存政治體制的工具，但有時也會被政府用來對付人民以強化國家意識形態，例如某些古羅馬皇帝、法國大革命時期（恐怖統治）、納粹德國、以及史達林時代的俄國。恐怖主義的影響逐日加大，因爲一方面現代武器的致命性和科技複雜性愈來愈高，另一方面現代媒體傳散這類攻擊新聞的即時性也愈來愈高。有史以來最嚴重的恐怖攻擊發生在2001年9月：自殺性的恐怖分子劫持四架美國民航客機，其中兩架撞上紐約世界貿易中心的雙子星大樓，另一架撞擊華府的五角大廈，第四架則墜毀在賓夕法尼亞州匹茲堡附近。這些撞擊導致世貿中心幾乎全部崩坍、五角大廈西南角燒毀，造成飛機上266人罹難、撞毀的建築物內外數千人死亡。

Terry, Eli　特里（西元1772～1852年）　美國鐘錶商。他於1793年在美國辛辛那提州的普里茅斯建造了一家工廠。其特長是製造能走一晝夜的木殼鐘，尤其是1814年設計的「改良木鐘」，被譽爲「特里鐘」。由於他使用機械化技術製造能通用的零件，產量上升到年產10,000～12,000座鐘。

Terry, (Alice) Ellen　黛麗（西元1847～1928年）　英國女演員。生於戲劇家庭，九歲時初登戲台。參加過幾個劇團後，與亨利．歐文長期合作（1878～1902），爲其劇團的主要女演員。曾與多位名演同台飾演過許多莎士比亞戲劇中的角色。她熱情、親切、美麗，因此是英美人最爲喜愛的女演員之一。她的演藝生涯至1925結束。黛麗與蕭伯納之間的來往爲人們所稱道。戈登．克雷格爲其子。

Tertiary period＊　第三紀　自6,500萬年前持續到180萬年前的一段地質時期。構成了新生代的兩個紀中的第一個紀，第二個是第四紀。第三紀分爲五個世，從老到新依次爲：古新世、始新世、漸新世、中新世、上新世。在大部分第三紀期間，幾個主要大陸的空間分布情況在很大程度上同今天相似。大陸間陸橋的顯露和沈沒對陸地和海洋動植物的遷移都起了關鍵性的影響。實際上一切現有的主要的大山脈——部分或全部——都是在第三紀裡形成的。

Tertullian＊　德爾圖良（西元155/160?～220年以後年）　古代基督教神學家、倫理學家（155～220年以後）。出生並受教育於非洲迦太基城，德爾圖良深受虔信上帝的基督教殉教者的勇氣和宗教道德所影響而皈依基督教。後成爲非洲教會的領導者，也是早期的護教者之一。他花費二十年的時間投入寫作，作品主要包括對宗教信仰的維護、禱告詞、宗教虔誠和宗教道德以及基督教第一部關於施洗禮的書。後來，因目睹教會的鬆懈（尤其是同時期正統教會的鬆懈）而深爲失望，他參加了孟他努斯教派運動，以後又自立新派，該派在非洲一直延續至5世紀。

terza rima＊　三行連環韻詩　三行一節的詩體，詩節的第二詩行與下一詩節的第一和第三詩行押韻。這樣繼續下去，最後一個單行同上一詩節的第二詩行押韻。因此，它的韻式爲aba、bcb、cdc、...yzy、z。但丁在《神曲》中首次使用了三行連環韻詩。在韻詞不像義大利那樣豐富的語言中，這種要求嚴謹的詩體就不大流行。懷特於16世紀將該詩體引入英國。嘗試用此詩體寫詩的詩人有雪萊、羅伯特．白朗寧和伊莉莎白．白朗寧夫婦、奧登；瓦科特的長詩《奧梅羅斯》就是用此種詩體的變體寫成的。

Teschen＊　特申　原東歐公國。原屬波希米亞王國的侯國，1526年與王國一起歸屬哈布斯堡王朝。雖然西里西亞大部分領土於1742年爲普魯士占領，特申直至第一次世界大戰末一直屬於哈布斯堡王朝。1920年波蘭與捷克斯洛伐克爭奪並瓜分了此地。波蘭占領了東部，其中包括特申城（現爲切申），而捷克斯洛伐克則占領了其餘部分。1938年捷克人被迫將其占領的部分割讓波蘭。直到第二次世界大戰結束，

1920年所訂邊界重新生效，此地一直為德國人所占據。

Tesla, Nikola　台斯拉（西元1856～1943年） 克羅埃西亞裔美籍發明家、研究員。他在奧地利和波希米亞完成學業後，在巴黎工作，1894年到美國。他雖受雇於愛迪生和威斯丁霍斯，卻寧願進行獨立研究。他的發明使交流發電和傳輸成為可能。他於1890年發明的感應線圈——台斯拉線圈，至今仍被廣泛應用於無線電技術。西屋公司利用他開發的台斯拉系統在1893年為芝加哥世界博覽會提供照明。1893年在尼亞加拉瀑布上建立了一座發電站。他的研究還包括碳絲燈和電磁波的共振力。他於1899～1900年發現了大地駐波，將大地作為導體。由於資金匱乏，他的筆記中記載的許多設想未能得以實現，至今仍被工程師們所研究借鑑。

台斯拉
Culver Pictures

Test Act　宗教考查法（西元1673年） 英國的議會通過的一項法案，該法案規定所有擔任公職的官員（包括文職官員和軍官）必須信奉國教，必須按照英格蘭教會規定的儀式接受聖餐。雖然英國議會制定此項法案的初衷是為了壓制天主教，實際上卻限制了所有的非新教教徒。1689年該法案得以修改，取消了對多數非天主教徒的限制。1828年通過的一項法令撤消了該法案所規定的限制。美國憲法第六條規定：「不得以宗教考查」作為在合衆國擔任公職的必要條件。亦請參閱Catholic Emancipation。

testcross　測交 一種遺傳學技術，用基因型未知的生物體與某一性狀來說基因型已知的生物體進行交配，以測定前者的基因型。例如，某種狗的黑毛基因為顯性，紅毛基因為隱性。一隻毛色呈黑色的這種狗可能是具有兩個黑色基因的純種，或是具有一個黑毛基因、一個紅毛基因的雜種。為確定這隻狗的基因型，使這隻狗同一隻同種的紅毛狗交配（紅毛狗必定為純種，因為只有具備兩個隱性基因的狗毛色才呈紅色）。如果它們的所有子代均為黑毛，則這隻黑狗為具有兩個黑毛基因的純種狗，如果有一些子代為紅色，則這隻黑狗必為具有一個紅毛基因、一個黑毛基因的雜種狗。

testes　睪丸 亦作testicles。雄性動物的生殖器官（參閱reproductive system, human）。人類有兩個4～5公分長的卵形睪丸，產生精子及雄激素（主要是睪丸固酮），包含在陰莖後面的陰囊裡。每個睪丸分隔成200～400個小葉，每一小葉內有3～10條十分細的捲曲小管（輸精管），產生精子，通過收縮而將精子經過複雜的管網排入陰囊中另一個稱附睪的結構，作為臨時儲存。兒童時期睪丸中的細胞處於未發育狀態；在青春期時，受到激素的刺激而發育成有生殖能力的精子細胞。

testing machine　試驗機 材料科學用來決定材料性質的機器。設計來測量抗張強度、壓縮、切變與撓曲強度（參閱strength of materials）以及延展性、硬度、衝擊強度（參閱impact test）、斷裂強度、蠕變與疲勞的機器。機器與試驗過程的標準化是國際標準組織、美國國家標準局、英國標準局及許多企業組織的執掌。許多企業對其使用的材料有特殊用途的試驗機。

testosterone＊　睪丸固酮 睪丸產生的雄性激素。能促進男性器官的發育和男性第二性徵的形成（如長鬍鬚、男性肌肉、聲音粗、男性禿頂）。睪丸固酮可以通過處理較為廉價的類固醇製成。在醫學上它可以用來治療睪丸機能不全、某些類型的乳癌，性感缺失及抑制泌乳。

tetanus＊　破傷風 亦作lockjaw。由破傷風桿菌引起的急性細菌性疾病（參閱Clostridium）。該生物的芽孢廣泛分布於自然界，尤其是表土層。在深裂傷口中因遠離氧氣而適宜繁殖，尤其是刺傷時。其毒素刺激神經，造成肌肉強直和頻繁發作的痙攣。其症狀限於外傷部位，但若毒素經血流擴散至脊髓運動神經節，則症狀可出現於全身。咬肌幾均受累，此為lockjaw名稱的由來。每隔四年注射一次疫苗是最佳的保護措施，破傷風抗毒素可預防或延緩疑似病例的症狀發生，一旦細菌開始生長則治療效果有限。治療方式包括使用抗生素、鎮靜藥和肌肉弛緩藥。破傷風患者恢復後對該病並無免疫力。

Teton Range＊　堤頓山脈 落磯山系北段的一部分，跨懷俄明西北部。從美國黃石國家公園南緣向南延伸64公里，止於堤頓山口。部分山區延伸至愛達荷州東南部。平均峰高超過3,700公尺，最高峰為大堤頓峰，海拔4,196公尺，登山者於1872首次到達其峰頂。山脈的相當一部分位於大堤頓國家公園。

tetra　燈魚 南美洲和非洲的許多脂鯉科淡水魚類的統稱，體色鮮豔，常為家養觀賞魚。體小，活潑，生命力強，無攻擊性。細長的霓虹燈魚後部紅色閃光，體側有霓虹般的藍綠色條紋。閃光燈魚身體兩側有閃亮的紅色條紋。銀燈魚的側面扁平。

閃光燈魚
Jane Burton－Bruce Coleman Ltd.

tetracycline　四環素 抗菌譜廣的一族抗生素，具常見的基本構造，包括氯四環素（金黴素）、四環素和強力黴素。可直接由鏈黴菌屬幾種放線菌中分離出來，或自化合物中分離。可有效對抗立克次體、衣原體屬和枝原體。四環素和其他抗生素使用過量可導致對微生物的抗藥性。

Tetragrammaton＊　四字母聖名 （希臘語意為「有四個字母」〔having four letters〕）四個希伯來子音yod、he、vav與he——有JHVH、JHWH、YHWH或YHVH等不同的拼寫方式——合起來代表上帝的名字。傳統上四字母聖名並不發音；Jehovah與Yahweh則是兩個有聲之例。

tetrarch　郡守 古希臘羅馬時代的小諸侯，原為1/4個地區或行省的統治者。郡守這個稱號最初被用於馬其頓的腓力二世統治下的色薩利的四個領地分管者。在羅馬人於西元前169年征服希臘前，加拉提亞（位於小亞細亞）的分管者也被稱為郡守。敘利亞和巴勒斯坦的某些希臘化的小王朝統治者也習以為常地用「郡守」來稱呼相對獨立的小王國和地區的統治者。西元前4年，希律去世後，其領地由其三個兒子繼承，其中有兩個被稱為「郡守」。

Teutates　泰烏塔特斯 亦作Toutates。塞爾特人所崇奉的重要神祇。在西元1世紀羅馬詩人盧卡的詩有記載，除了泰烏塔特斯外，盧卡在詩人還提到了艾蘇斯和塔拉尼斯。向此神獻祭時，先將祭祠用的牲畜頭向前直投入甕中溺死，甕中所容不確定的液體，可能為麥酒。墨丘利和馬爾斯都被認作為此神的變身。傳說中征服愛爾蘭的神圖阿塔爾特克馬爾也可能是他另一個變身。

Teutoburg Forest＊　條頓堡林山　德語作Teutoburger Wald。德國北部森林覆蓋的山脈。西元9年此地爆發條頓堡林山戰役，德國部落擊敗古羅馬軍團，遂而將萊茵河定爲德國－羅馬邊界線。巨大的赫爾曼銅像，作爲此次戰役的紀念，坐落於山林東北坡代特莫爾德城外。此外，條頓堡林山山區的小城鎮還存有許多療養和度假勝地。

Teutonic Order　條頓騎士團　亦稱Teutonic Knights。正式全名House of the Hospitalers of St. Mary of the Teutons。中世紀後期歐洲東部重要的宗教團體。1189～1190年第三次十字軍東征期間創建於巴勒斯坦，負責爲傷員提供救護。1198成爲軍事組織，並在耶路撒冷和德國擁有領地。13世紀，該組織將其活動基地轉至歐洲東部地區，1283年控制了普魯士，建立軍事國家，馬林貝格爲其中心。此後，條頓騎士團的影響日益擴大，直到其在坦能堡戰役中戰敗（1410）。1466年條頓騎士團再次被波蘭人打敗，並被迫向波蘭割讓土地，成爲波蘭國王的附庸。1809年拿破崙宣布解散該團，並重新分配其占有的土地。1834年奧地利國王重建此團，作爲一個宗教慈善組織，其總部現設在維也納。

Tewodros II＊　特沃德羅斯二世（西元1818?～1868年）　亦作Theodore II。衣索比亞皇帝（1855～1868年在位），通常被稱爲衣索比亞近代史上第一個統治者。在打敗其主要競爭對手後，特沃德羅斯二世成功登基。他將衣索比亞各王國重新統一爲一帝國，並曾試圖置教會於王權之下，並取消封建制度，雖未成功，但爲以後繼承者指出方向。因拘押一些英國傳教士和使節，他受到率領的英國軍隊的攻擊，最終戰敗，其統治時代也隨之結束。

Texas　德克薩斯　美國中南部一州。面積691,030平方公里，就面積和人口來說都是美國的第二大州。首府奧斯汀。全州以平原和丘陵爲主，依次爲墨西哥灣畔肥沃的沿海平原，中部大平原的草場，一直到西北突出部干旱的高原。早在37,000年前，德克薩斯西部就有印第安人先驅的足跡。其中一些部落以後形成了卡多人的鬆散聯盟。當西班牙人在1528年到來時，印第安人，包括阿帕契人居住於此。1685年法國人最早嘗試在此定居，聲稱此地爲路易斯安那的一部分。美國通過1803年的路易斯安那購地案從法國手中得到此地，但1819年又出讓給了西班牙。1821年墨西哥獨立使這裡成爲墨西哥的一部分。1836年德克薩斯人宣布從墨西哥獨立，成立德克薩斯共和國。歷經十年掙扎的共和國最終在1845年成爲美國的第28個州。1848年的墨西哥戰爭後，其與墨西哥之間的邊界才算正式畫定。在美國南北戰爭中，它於1861年退出聯邦，然後於1870年重新被接納加入。南北戰爭後，鐵路的建設以及海運的增加加快了經濟成長，1901年石油的發現更是給該州帶來了根本變化。至今德克薩斯的石油和天然氣生產以及提煉石油的能力依然在美國全國領先，電子、航天以及其他高科技的製造業也越益占有重要地位。棉花生產、肉牛和綿羊的飼養量居全國首位。人口約19,439,000（1997）。

Texas, University of　德州大學　美國德州州立大學系統，在全州設有十三個校區。1883年創校，位於奧斯汀的主校區，是全美學生人數第二多的大學（48,000人）。奧斯汀德州大學是一所綜合性的研究教學大學，提供超過100種大學學位，190種研究所課程。校內並設有85個研究機構，包括生物醫學研究中心、經濟地理學中心、認知科學中心等，詹森圖書館暨博物館也設於該校。德州大學系統全部學生人數約有142,000人。

Texas A&M University　德州農工大學　德州州立大學系統，主校區設於學院站市。由1876年創立的德州農工學院發展而成，該大學系統另在州內有八所分校。位於學院站的主校區，設有十個學院提供五種大學學位、十五種碩士學位及兩種博士學位，其中健康科學中心（包括醫學院）創於1997年。學院站主校區現有學生人數約42,000人，另外，加爾維斯敦分校則以海洋科學及海洋研究著稱。

Texas Instruments, Inc.　德州儀器公司　美國電子大廠，生產計算機、微處理器及數位訊號處理器。該公司最早是1930年由卡齊爾和麥德摩所創辦，總部設在德州達拉斯，初期營運內容是提供地震學資料給石油公司。1951年才更名爲德州儀器公司（簡稱德儀〔TI〕），隨後向西方電子購買授權生產電晶體，1954～1958年德儀成爲世界上唯一有能力大量生產矽晶體的公司。1958年德儀的研究員基爾比共同發明了積體電路，德儀也得到一筆經費用於研發彈道飛彈導航系統。1967年基爾比發明了掌上型計算機的基本設計，1970年代德儀的半導體事業持續成長，尤其是在1973年德儀開始生產電腦用的動態隨機存取記憶體（DRAM，一般通稱爲RAM）晶片之後。1982年德儀又研發出第一個單晶片數位訊號處理器（DSP），並成爲該產品市場的支配者。

Texas Rangers　德克薩斯巡邏隊　組織較爲鬆散的德克薩斯警察單位。最初的巡邏隊成員是1830年代美國移民雇傭的民兵，用以防止印第安人的襲擊。巡邏隊員一律不穿正規的服裝，不向指揮官行禮，但是具有高度紀律性。他們以槍法純熟聞名，而且製造了美國西部特有的武器：六響槍（柯爾特式左輪手槍）。1870年代巡邏隊鼎盛時期，巡邏隊員爲德克薩斯數百公里的邊境線地區帶來了法律和秩序。1935年，德克薩斯巡邏隊併入州公路巡邏隊。

Texcoco, Lake＊　特斯科科湖　墨西哥中部湖泊。原是墨西哥谷地中五湖之一。17世紀早期，該湖通過湖道流入帕努科河致使湖水排乾，現爲墨西哥城東部鹽鹼灘小湖包圍。阿茲特克人的首都特諾奇蒂特蘭就坐落在特斯科科湖的島嶼，並通過河堤與陸地相連。

textile　紡織品　用於製造織物或布料的長絲、短纖維、紗線及其製成品。原僅指機織物，現亦包括織物、黏合物、氈和簇絨織物。製作紡織品使用的基本原料是纖維，這些纖維可以是天然的（如羊毛）中獲得，也可從化學製品（如尼龍和聚酯）中獲得。紡織品用於製造服裝、家用布料、床上用品、帷幔和簾幕、牆用織物、毛毯和地毯以及書籍裝幀用布。此外，紡織品還被廣泛運用於工業生產中。

Tezcatlipoca＊　特斯卡特利波卡　阿茲特克人崇奉的重要神明，主管大熊星座。作爲奴隸的保護者，特斯卡特利波卡給予那些殘酷的奴隸主嚴厲的懲罰。對於此神的崇拜興起於托爾特克人黃金時期的末期。此神的崇拜者每年都會挑選一名英俊戰俘向其敬供，而這名被選中的戰俘在此前的一年時間裡可享受奢華的生活。特斯卡特利波卡的胸膛或一隻腳爲黑曜岩鏡，通過它特斯卡特利波卡可看見世間的一切。

Thackeray, William Makepeace　薩克萊（西元1811～1863年）　英國小說家。曾學習法律和藝術，不久成爲一名多產的期刊作家，並使用過多種筆名。其早期作品出現於《勢利人臉譜》（1848，收集他在《笨拙週刊》的文章）及《雜記》（1855～1857）中，其中包括歷史小說《巴里．林頓》（1844）。薩克萊主要依靠其以拿破崙時代英國爲背景的小說《浮華世界》（1847～1848）和以18世紀早期爲背景的小說《亨利·埃斯蒙德》（1852）而揚名。此外，薩克萊還著有部分自傳體小說《潘德尼斯》（1848～1850）。在其生活的時代，薩克萊所著的當代小說使其成爲最可能與狄更斯競爭的小說家，但到20世紀，薩克萊受歡迎的程度開始降低。

薩克萊，油畫，勞倫斯（Samuel Laurence）繪；現藏倫敦國立肖像畫陳列館
By courtesy of the National Portrait Gallery, London

Thailand＊ 泰國 正式名稱泰王國（Kingdom of Thailand）。舊稱暹羅（Siam）。亞洲東南部王國。面積513,115平方公里。人口約61,251,000（2001）。首都：曼谷。人口以泰人占多數，其次是中國人、高棉人和馬來人。語言：泰語（官方語）。宗教：佛教（國教）。貨幣：泰銖（B）。該國的地形包括了森林覆蓋的丘陵和山脈，涵蓋了昭披耶河三角洲的中部平原，及東北部的高原。市場經濟大多以服務業、輕工業和農業爲基礎。以生產鎢和錫爲主。重要的農產品有稻米、玉蜀黍、橡膠、大豆和鳳梨；製造業包括了服裝、罐頭食品、電路和

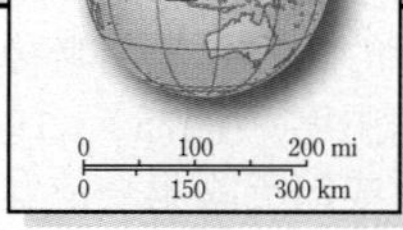

水泥。旅遊業亦重要。國家形式爲君主立憲政體，兩院制。國家元首是國王，政府首腦爲總理。泰國地區已連續被占據達兩萬年之久。從9世紀起，它是孟王國和高棉王國的一部分。10世紀前後，講傣語的民族從中國移民過來。在13世紀時出現了兩個傣族國家：一個是反抗高棉人成功後於1220年前後成立的速可台王國，另一個是打敗孟人後於1296年成立的清邁。1351年阿瑜陀耶的傣王國繼承了速可台。緬甸人是它最強的對手，在16世紀曾短期占領它，並在1767年破壞過它。1782年卻克里王朝興起，將首都遷到曼谷，沿著馬來半島擴展帝國，並進入了寮國和柬埔寨。1856年稱國名爲暹羅。雖然19世紀期間西方的影響增加，但暹羅的統治者們給歐洲國家特權以避免殖民地化；它是東南亞國家中唯一能如此做的。1917年參加第一次世界大戰，站在同盟國一方。1932年軍事政變後，它成爲君主立憲的國家，1939年正式更名爲泰國。第二次世界大戰中被日本占領。由於是聯合國部隊的成員而參加了韓戰。在越戰中它與南越結盟。與其他的東南亞國家一樣，泰國也經受了1990年代的區域金融危機。

Thailand, Gulf of 泰國灣 舊稱暹羅（Gulf of Siam）。中國海的入海口。泰國灣沿岸主要爲泰國邊界地區，其東南部海岸途經柬埔寨和越南。泰國灣寬500～560公里，長725公里，泰國的主要港口沿其海岸設立，其水域爲重要的漁場。

Thalberg, Irving G(rant) 索爾伯格（西元1899～1936年） 美國電影製作人。索爾伯格沒有接受過大學教育（醫生告訴他他患有風濕性心臟病將於三十歲前死亡），後加入環球影片公司，不久就成爲好萊塢製片場經理。1925年，索爾伯格受雇於米高梅公司成爲製片主任，並有「好萊塢神童」之稱。由於其監督劇本的選擇和影片的最終剪輯，索爾柏格嚴格控制了米高梅公司的影片輸出，並製作了高品質的影片，如《溫波街上的巴雷特家》（1934）、《叛艦喋血記》（1935）和《羅密歐與茱麗葉》（1936）等。他所製作的影片《不聽話的瑪麗亞塔》（1935）使愛迪和麥克唐納成爲明星。索爾伯格死於肺炎，享年三十七歲。

Thales of Miletus＊ 米利都人泰利斯（活動時期西元前6世紀） 希臘哲學家。其著作失傳，而當時的資料也已不在。泰利斯是西方哲學創始人這一說法主要源於亞里斯多德。亞里斯多德曾經提及，泰利斯是第一位提出水爲萬物本質的宇宙論。泰利斯的重要貢獻基於其試圖通過對自然現象的簡化來解釋自然，並將其原因歸因於自然，而不是同人一樣的神的主宰。

thalidomide＊ 沙利竇邁 過去曾用作鎮靜劑和妊娠時作爲止吐劑使用的藥物。合成於1954年，約五十個國家引進，包括西德和英國，由於有效且使用過量不會致死而在該國受到歡迎。1961年則發現其可導致先天性疾病，在妊娠早期應用沙利竇邁，約20%的胎兒可發生海豹肢畸形（參閱agenesis）及其他畸形，有5,000～10,000名這種畸形兒出生。美國不曾臨床應用本藥（參閱Taussig, Helen Brooke）。沙利竇邁似乎可有效治療痲瘋和某些愛滋病末期症狀，在某些國家已准許使用沙利竇邁治療這些疾病。

thallus＊ 原植體 藻類、眞菌及其他類似低等生物的植物體。原植體爲絲狀或片狀，大小不一，小的僅數個細胞，大的形態複雜如樹狀。那些可進行光合作用和所維生的細胞呈線形結構，但原植體則無根、莖、葉的分化，無輸導組織。大部分的原植體現在被歸屬爲複雜的原生生物。

Thames, Battle of the＊ 泰晤士河戰役（西元1813年10月5日） 1812年戰爭中美軍擊敗英國取得決定性勝利的戰役。伊利湖戰役英軍戰敗後，美軍在哈利生將軍率領下乘勝追擊，橫跨安大略省。由印第安人首領特庫姆塞率領的英軍（約600名正規軍和印第安人同盟1,000人）與美軍（3,500人）在安大略摩拉維亞鎮附近泰晤士河相遇。由於衆寡懸殊，英軍一觸即潰，特庫姆塞戰死。美軍的勝利瓦解了英國與印第安聯盟，哈利生將軍成爲民族英雄。

Thames River 泰晤士河 古稱Tamesis。英格蘭主要的河流。發源於格洛斯特郡科茲窩德，蜿蜒向東，穿過英格蘭中南部注入北海，河口寬闊，全長338公里。較爲湍急的河段長約104公里。泰晤士河在羅馬人和早期英國的編年史中都有所記載，在歷史上，一直受到吟遊詩人的歌頌。它是世界上最重要的商業水道之一，在此河上可以通航的船隻包括駛往倫敦的巨型輪船。

S T U V

thanatology＊　死亡學　有關死亡的描述及其心理學方面的研究。雖然精神病學家屈布勒－羅斯（1926～）於1969年提出的死亡過程的五個階段：否認、憤怒、討價還價、抑鬱以及接受影響較大，但是死亡過程並不全按著一個規律，有明確分期的順序發展。死亡學它涉及一般所理解的死亡概念，尤其是瀕死者的反應。死亡學的研究還涉及人們對死亡的態度，對待喪親亡友及個人悲痛的處理方式及其他方面。

Thanatos＊　桑納塔斯　古希臘的死亡化身。夜女神尼克斯的兒子，睡神許普諾斯的兄弟。在命運之神所定的時間已盡之時現身，將人帶往冥界。桑納塔斯曾被赫拉克勒斯擊敗，爲了拯救阿爾克提斯的生命而打鬥，還受到薛西弗斯矇騙，使其得到第二次生命。

Thani dynasty＊　薩尼王朝　卡達酋長國的統治家族。來自阿拉伯的塔米姆部落，19世紀中葉從吉布林綠洲往東遷徙至卡達半島。從1868年至今一共有8個首長，其中第二任舍赫卡西姆．賓．穆罕默德（1878～1913）被視爲此一酋長國的國父。第七任舍赫哈利法．本．哈馬德（1972～1995年在位）在1971年宣布卡達脫離英國獨立，成爲第一任的埃米爾。此一氏族有將近40%的人口來自當地原住民。

Thanksgiving Day　感恩節　美國假日。始於1621年秋天，在印第安人的幫助下，普里茅斯的移民獲得了豐收，其總督布萊德福邀請印第安人舉行了三天狂歡活動以感謝上天的慷慨恩賜。1863年被正式成爲國定假日，定於11月的第四個星期四。傳統的感恩節食物爲「新世界的食物」（火雞和南瓜餡餅）。加拿大於1879年11月首次慶祝感恩節，現將其定爲10月的第二個星期一。

Thant, U　吳丹（西元1909～1974年）　聯合國第三任祕書長，第一位任該職的亞裔人。生於緬甸，早年就讀仰光大學但並未完成學業，曾執教於高中，後進入政府部門供職。1952年吳丹進入聯合國，1957年被任命爲緬甸駐聯合國大使。1961年，聯合國祕書長哈瑪紹去世，他成爲聯合國代理祕書長，並於1962年正式就任此職。在吳丹兩任聯合國祕書長期間（1962～1971），他在古巴飛彈危機事件中發揮了外交作用，並制定計畫解決剛果內戰（1962）以及派遣維和部隊至塞浦路斯（1964）。

Thapsus, Battle of＊　塔普蘇斯戰役（西元前46年）　羅馬內戰期間，凱撒與龐培在北非地區進行的決定性戰役（西元前49～西元前46年）。當時凱撒對塔普蘇斯海港（今突尼斯Teboulba附近）進行圍攻。而龐培也得到了其岳父梅特盧斯．庇護．希皮奧領導的軍團的支援。戰役中，凱撒的軍隊失去控制，奮力戰鬥打敗敵人，並屠殺了約一萬人。此次戰役也是凱撒對龐培的最後一次打擊。

Thar Desert＊　塔爾沙漠　亦稱印度大沙漠（Great Indian Desert）。位於印度西北部和巴基斯坦東南部炎熱乾燥的沙漠地區，由沙丘、沙質平原以及陡立的荒蕪丘陵構成，地勢起伏不平。有數個鹽湖散佈在各地。塔爾沙漠覆蓋面積達20萬平方公里，與印度河平原、阿拉瓦利嶺、阿拉伯海及旁遮普平原接壤。

Thargelia＊　塔爾蓋利昂節　在希臘宗教中，指在雅典舉行的阿波羅神的主要節日之一，日期爲塔爾蓋利昂月（4～5月）的6日和7日。塔爾蓋利昂節的名稱來自最初收穫的水果或用新麥製作的第一批麵包。節日的第一天，一兩個人將被作爲雅典的替罪羊，其生殖器受到鞭打，並被驅逐趕出城外。第二天則是正式登記被收養的人。

Tharp, Twyla　撒普（西元1942年～）　美國女舞者、藝術指導、編舞家。1963～965年，效力於泰勒舞蹈團。後參與各種舞蹈團的舞蹈指導工作，並創作了多個舞蹈作品，其中包括《惡運馬車》（1973）、《養癰貽患》（1976）、《十三個》（1979）、《九首辛納屈的歌》（1982）和《既成事實》（1984）等。1965年撒普成立了自己的舞蹈團，撒普舞蹈團；後於1988年解散。1988～1991年，撒普成爲美國芭蕾舞劇團的常任編舞。她還曾參與百老匯戲劇（其中包括《轉輪》，1981）和數部電影（其中包括《阿瑪迪斯》，1984）的舞蹈指導工作。撒普以其詼諧幽默的編舞風格而聞名，特別值得指出的是撒普是美國第一位運用流行音樂創作舞蹈作品的美國人。

撒普
© Jack Mitchell

Thásos＊　薩索斯　希臘島嶼，位於馬其頓東北部地區，愛琴海北部。面積379平方公里。西元前700年該島成爲來自帕羅島希臘人的殖民地，而後希臘人在此開採金礦並建立了一所雕塑學校。西元前5世紀早期，波斯人占領該島，後該島又被雅典控制並成爲提洛同盟的一部分。西元前202年成爲馬其頓的附屬國，西元前196年又成爲羅馬人的統治地。從15世紀中期開始，土耳其人占領該島直至1913年其歸屬希臘。薩索斯的工業包括造船、捕魚和旅遊業，並於1970年代開始成爲近海石油基地。此外，薩索斯還保存西元前7～西元前2世紀的許多古代遺址。

Thatcher, Margaret　柴契爾（西元1925年～）　受封爲Baroness Thatcher (of Kesteven)。原名Margaret Hilda Roberts。英國政治人物和首相（1970～1990）。曾就讀於牛津大學並獲得多項學位，後從事化學研究工作。1951年與丹尼斯．柴契爾結婚後，她開始學習法律並專門研究稅法。1959年柴契爾當選爲議員，後擔任英國教育和科學大臣（1970～1974）。作爲英國保守黨新式右翼團體的一份子，柴契爾於1975年繼奚斯後成爲該黨的主席（1975）。1979年柴契爾成爲英國第一位女首相。柴契爾主張更多的個人獨立，反對勞工聯合，完成國營企業私有化，並支持醫療和教育機構私有化；同時還制定了嚴格的貨幣政策並簽署協定加入北約組織。1983年柴契爾再次當選爲英國首相，此次當選成功應部分歸功於其在福克蘭群島戰爭中英明決策。保守黨內部關於她的歐洲貨幣和政治一體化政策的分裂，最終導致她於1990年辭去職務。

柴契爾，攝於1983年
AP/Wide World Photos

theater　劇院　在觀眾眼前進行表演的建築物或空間。劇院包含觀眾廳和舞台。在西方戲劇發源（西元前5世紀）的古希臘，劇院建於山與山之間的自然空地。觀眾坐在成排的半圓場地，面對合唱席，這是進行表演的平坦圓形空間。合唱席後方是永久性劇場背景建築。伊莉莎白時期英國的劇院是透天的，觀眾從成疊的迴廊或庭院觀看。主要的革新是長方形伸出型舞台，三面由觀眾包圍。第一個永久型室內劇院是帕拉弟奧在義大利維琴察所建的奧林匹克劇院（1585）。帕爾馬的法爾內塞劇院（1618）設計出馬蹄形觀衆廳和第一個永久型台口拱。巴洛克式歐洲宮廷劇院遵循著這種安排，內部有精巧的皇室疊式包廂。華格納在德國拜羅伊特建立節日劇院（1876），它有扇形座位編排、深的管弦樂池、變暗的觀衆廳，與巴洛克式分層的觀衆廳截然不同，重新引進了仍被使用的古典原則。台口劇院盛行於17～20世紀，雖在20世紀依舊受到歡迎，卻由伸出型舞台、圓環形劇場等其他類型的劇院輔助。在亞洲，舞台安排仍是簡單的，觀衆通常非正式地群集於開放空間的周圍，値得注意的例外是日本的能樂和歌舞伎。亦請參閱amphitheater、odeum。

theater　戲劇　戲劇性動作的現場表演，以述說故事或造成景觀。「戲劇」一詞源於希臘字theatron（意爲「觀看之地」）。戲劇是全世界文化中最古老、最重要的藝術形式之一。劇本是戲劇表演中最基本的元素，也在不同程度上仰賴表演、歌唱、舞蹈，還有舞台設計、燈光等製作的技巧面。人們認爲，戲劇最早的起源是宗教儀式；戲劇經常上演屬於文化結構中心的神話或故事，或者藉著扭曲這樣的故事而創造出喜劇。在西方文明中，戲劇始於古希臘，而在羅馬時期受到改造；它在中世紀的禮拜式戲劇中復甦，並在文藝復興時期以義大利即興喜劇形式和17～18世紀的法蘭西喜劇院等固定劇團而達到頂峰。各種相異的戲劇形式可以演化而投合不同觀衆的品味（例如日本人民的歌舞伎和宮廷的能樂）。在19世紀和20世紀早期的歐洲和美國，戲劇是所有社會階級主要的娛樂來源，其形式從詼諧作品和歌舞雜耍表演到莫斯科藝術劇院表演風格的嚴肅戲劇，不一而足。雖然百老匯的音樂劇和倫敦西區劇院的鬧劇仍然保持廣大的吸引力，電視和電影的興起已使現場戲劇的觀衆減少，並傾向於使其觀看者限定在受過教育的精英。亦請參閱little theatre。

theater-in-the-round　圓環形劇場　亦稱圓形舞台（arena stage）。舞台位於觀衆廳的中央，觀衆可圍繞舞台而坐的劇場。這種形式是從希臘劇場演進而來的，中世紀時開始使用。自17世紀起，台口舞台把觀衆席限制在正對舞台的前方。1930年代莫斯科的寫實主義劇團的戲劇在圓形和環形舞台演出，開始取得歐洲和美國的好感。其優點是不拘泥於形式，以及在觀衆與演員之間營造出一種融洽關係，但演員必須不斷轉身來面對不同位置上的觀衆。

theater of fact ➠ fact, theatre of

theater of the absurd ➠ absurd, theatre of the

Theatre Guild　戲劇公會　美國戲劇協會，於1918年在紐約由勞倫斯・蘭納（1890～1962）等人成立。其目的在於促進高品質的、非商業性劇作的上演。戲劇公會董事會承擔劇本選擇、劇院管理和演出的責任。1920年在世界上首演蕭伯納的《傷心之家》後，公會便成了作者在美國的代理人，此後共演出了他十五部劇作。戲劇公會同時也成功上演包括歐尼爾、安德生及雪伍德等作家的劇作，此外，包括倫特和海絲在內的著名演員也曾在公會參加演出。公會還上演了美國的音樂劇《波基與貝斯》、《奧克拉荷馬！》及《喧鬧的酒會》，從而推動了美國音樂劇的發展。戲劇公會還成立了「戲劇公會廣播電台」（1945）播放廣播劇和現代電視劇。1950年戲劇公會成爲美國國家戲劇學院（ANTA）的一部分。

Théâtre National Populaire (TNP) *　國立大衆劇院　法國國立劇院。1920年創建，目的在於向大衆普及戲劇。在其創始人菲爾曼・熱米埃（1869～1933）的領導下，劇院最初演出一些其他國立劇團演出過的劇目。1951年國立大衆劇院成立了一個由維拉爾執導的永久劇團（1951～1963），每年在巴黎及周邊地區演出至少150場，且票價低廉，可與電影競爭。到1959年，國立大衆劇院的地位與法蘭西喜劇院不相上下。1972年一項劇院分散化的措施，法國政府將該劇院更名爲里昂的一個享有津貼資助的劇團。

theatricalism　風格化演出法　20世紀在西方戲劇中出現的強調19世紀自然主義技巧的運動。對主張風格化演出而言，其接受戲劇的觀衆身處劇院中，演員可在舞台上借助舞台燈光顯現的布置結構襯托出演出的眞實感覺。風格化演出反對給人以眞實的幻覺，但保持觀衆作爲觀賞者和對文藝作品進行批評的作用。風格化演出法出現於20世紀早期的表現主義、達達主義和超現實主義戲劇中，並一直被沿襲流行於現代戲劇的表現手法中。

Thebes *　底比斯　《聖經》中名爲挪亞們（No）。埃及北部著名的古城，坐落於尼羅河河岸兩側。早期的底比斯還包括卡那克和盧克索，列王山谷就位於該城附近地區。底比斯城內最早的遺跡始於西元前21世紀前後十一王朝，當時底比斯的統治者統一了埃及，並將底比斯立爲其首都，一直保持到中期王國的末期（約西元前18世紀）。後該城被多位入侵者統治，此間記載不詳。西元前16世紀底比斯國王重新收復埃及，並再次立底比斯爲其首府。在新興王國時期，底比斯因埃及是政治和宗教中心而興起一時，並以雕塑和建築物而聞名。西元前12世紀拉美西斯三世統治時期，底比斯開始衰敗。西元前7世紀中期，底比斯被亞述人征服；西元前6世紀～西元前4世紀被波斯人占領，後又於西元前30年左右成爲羅馬人的統治範圍。底比斯的遺址有大神殿和古墓，其中包括卡那克的亞蒙神神殿（約西元前20世紀）、列王山谷的圖坦卡門墓陵及宏偉的拉美西斯二世和哈特謝普蘇特的儀葬廟堂。

Thebes　底比斯　希臘語作錫韋（Thívai）。希臘中東部波奧蒂亞州主要城市、古希臘重要城市和強國之一。傳說稱底比斯由卡德摩斯神創建，爲伊底帕斯國王的住地，並且是許多希臘著名悲劇的發生地。城內著名建築七門牆通常被認爲是安菲翁神的特徵。在青銅器時代（西元前1500～西元前1200?年）底比斯是邁錫尼政權的一個中心。由於與雅典存在利益衝突，在波斯戰爭和伯羅奔尼撒戰爭中分別與波斯人和斯巴達人合作。隨後，底比斯人和斯巴達人之間爆發衝突，並被斯巴達人占領。約西元前380年，底比斯人起義並在Tegyra（西元前375年）和留克特拉（西元前371年）戰役中打敗斯巴達人。在隨後的十年時間裡，底比斯成爲希臘主要的軍事力量。西元前338年其與雅典人共同對抗馬其頓王國的菲利普二世，後在喀羅尼亞戰役中戰敗。西元前336年底比斯被亞歷山大大帝征服，並於西元前1世紀最終歸於羅馬人的統治之下。底比斯僅存的歷史遺址中包括古城牆遺跡、邁錫尼宮殿（西元前1450～西元前1350?年）和一座阿波羅神廟。

theft　盜竊　法律用語，指未經他人同意而取走其財物的犯罪行爲。在衆多法律條例中，盜竊包括偷竊、搶劫和入室行竊等犯罪行爲。偷竊是意圖竊取而擅自拿取或帶走私人物品的行爲。重大偷竊，或是實在價値財產的偷竊都是重罪，相反地，小規模偷竊，或是少量價値財產的偷竊是輕罪。與此相同的原則也適用於重大盜竊和小規模盜竊，盜竊不是一定要包括財物的「拿取」，但可能包括偷竊的行爲。兩種行爲的區分在於盜竊是一種盜用和欺騙的行爲。

theism　有神論　認爲一切有限的事物都以某種方式從屬於至高存在者或最終存在者的理論。這種觀點通常認爲對神的理解是超乎人的理解範疇，神是完美、持久不變的，但同時神又是與世界和一切事件相關的。有神論者尋求得到理性理論的支持，並呼籲進行實踐。神存在的理論包括以下四種主要類型：宇宙論、本體論、目的論及道德論。有神論的中心思想是順從於神，而神通常是伴隨著魔鬼的存在而存在，但又是萬能和完美的。亦請參閱agnosticism、atheism、Deism、monotheism、polytheism、theodicy。

theme and variations　主題和變奏　音樂的形式，主題或旋題或和聲型態的表達，繼之以一系列經改變爲不同形式的主題。這種最初是涉及到採用重複的貝司級進（低音部固定反復的樂句或基礎低音）的作法，始於16世紀早期在義大利與西班牙的舞蹈音樂。英國的鍵盤樂器作曲家，如史維林克與其追隨者，很快就發出廣泛的旋律變奏。基礎低音的形式，包括夏康舞曲和帕薩卡里亞舞曲，兩者通常採用一小段反覆多次的貝司級進。在17世紀，風琴和大鍵琴的變奏成爲在日耳曼的標準形式。19世紀鍵盤樂器的變奏通常採用大衆歌曲的音調或歌劇的旋律。在交響樂、四重奏與奏鳴曲中採用變奏也相當常見。這種音樂形式在古典時代後，重要性有所減低，但重要的作曲家從未停止運用這種作法。

Themistocles＊　地米斯托克利（西元前524?～西元前460?年）　雅典政治家和海上戰略家。作爲一個統治者，地米斯托克利在比雷埃夫斯建立了可防禦的海港。483年他說服公民大會提高海軍實力，他相信此舉將是防禦波斯人侵略的最好機會。當波斯國王薛西斯一世前來進犯時，希臘的一支海軍軍隊在阿提密喜安首先被打敗，但地米斯托克利卻引誘波斯國王薛西斯一世的艦隊並在薩拉米斯將其摧毀。儘管地米斯托克利取得了勝利，雅典人最終還是將其作爲一名政治發動分子而被驅逐（472）。後來斯巴達人指責其與波斯人合謀，地米斯托克利最後逃亡到伯羅奔尼撒半島，成爲波斯人控制的一些亞洲希臘人城市的管理者直到去世。

theocracy＊　神權政體　由被認爲具有神聖權力之人所領導的政府。可能政府領導人爲神職人員、也可能國家的司法體系是立基在宗教法之上。神權統治是人類早期文明的常態。西方國家的神權統治大都在啓蒙運動時期劃下句點，當代的神權政體則可見於沙烏地阿拉伯、伊朗、阿富汗、梵諦岡。亦請參閱church and state、divine kingship。

Theocritus＊　忒奧克里托斯（西元前310?～西元前250年）　希臘詩人。關於他的生平記載甚少。忒奧克里托斯僅存的詩歌有以鄉村爲背景的田園詩和啞劇，也有以城鎮爲背景的敘事詩、抒情詩和短詩。其中忒奧克里托斯的田園詩最具特點和影響力，他將田園文學引入詩歌之中，從而成爲維吉爾的田園詩和許多文藝復興時期詩歌戲劇的來源。忒奧克里托斯最著名的田園詩包括《泰爾西斯》和《收穫節歌》，前者是爲傳說中牧羊詩人達佛尼斯而作的哀歌，後者是以鄉下人的角度敘述詩人的朋友和敵人。

theodicy＊　上帝正義論　爲上帝辯解，以上帝爲正義，而設法調和上帝的聖善和正義與世上顯然存在的邪惡和災難之間的矛盾。多數這種辯解都是有神論的必要組成部分。根據多神論的觀點，這種矛盾被解釋爲邪惡是諸神之間意向的衝突。在一神論中，這種矛盾的解釋卻過於簡單，說法也不同。其中一些解釋認爲，由神懷念創造的完美世界由於人類的違背行爲或罪惡所擾亂；另一些解釋認爲這是神在創造世界後逐漸衰亡的結果。然而通常神都是被認爲是人間美好萬物的締造者，而人類卻是所有邪惡的始作俑者。

Theodora　狄奧多拉（西元497?～548年）　拜占庭皇后，查士丁尼一世皇帝之妻。其父爲君士坦丁堡馬戲團的馴熊師。狄奧多拉曾是一名演員，後成爲查士丁尼一世的情婦。525年查士丁尼一世與她正式結婚。527年查士丁尼繼承皇位，她被加冕爲皇后。狄奧多拉可能是拜占庭歷史上最具權力的女人，她是查士丁尼一世最信任的參謀。她還發起法律改革並在外交和國內政治事務中發揮重要影響力。同時她也建議對尼卡暴動（532）予以鎮壓。狄奧多拉承認婦女權利，並終止對基督一性論派進行迫害行爲。

狄奧多拉，義大利拉韋納聖維塔萊教堂中的拜占庭鑲嵌畫
Andre Held – J. P. Ziolo

Theodorakis, Mikis＊　狄奧多拉奇斯（西元1925年～）　原名Michael George Theodorakis。希臘作曲家。曾就讀雅典與巴黎的音樂學校。戰時反抗軍的成員，活躍於政壇，數次在希臘國會任職。因爲共產黨員的身分，在1967年的軍事政變被捕，因國際壓力在1970年釋放。在國外因其電影配樂而聞名，如《希臘左巴》（1964）、《Z》和《圍城》（1972），不過他也譜寫許多管弦樂，包括七首交響曲、四部歌劇、芭蕾舞劇（如1959年的《安提岡妮》）以及超過一千首藝術歌曲。在希臘受到崇敬爲民族英雄。

Theodore I Lascaris＊　狄奧多一世（西元1174?～1221年）　君士坦丁堡被十字軍占領後，拜占庭流亡政府尼西亞的第一代皇帝。曾在第四次十字軍東征（1203～1204）圍困君士坦丁堡期間屢建奇功。君士坦丁堡淪陷後，他將流亡者聯合起來，先後在布魯薩和尼西亞成立組織，並建立了新的拜占庭國家。1208年狄奧多一世稱帝，並成功抵禦了十字軍、土耳其和他的敵人康尼努斯皇帝對尼西亞的進攻。狄奧多一世於1214年左右與君士坦丁堡拉丁皇帝簽署了尼西亞邊界協定，並將其女嫁給拉丁皇帝的皇位繼承人。

Theodore II ➠ Tewodros II

Theodore of Canterbury, St.　坎特伯里的聖狄奧多爾（西元602?～690年）　第七任坎特伯里大主教。出生於小亞細亞的塔爾蘇斯。後從羅馬被送到坎特伯里，在那裡聖狄奧多爾幫助在修道院建立了一所著名的學校，後來稱之爲聖奧古斯丁學校。聖狄奧多爾將英國的教會進行組織和集中，並召開了第一次教會會議（672），以結束凱爾特人的活動，確認教會教義並劃分主教教區。677年聖狄奧多爾免除了約克主教聖威爾夫里德的職務，後又於686年恢復其職。聖狄奧多爾還爲麥西亞國王艾特爾雷德和諾森伯里亞國王埃克弗里思進行調解，從而使其建立正常關係。

Theodore of Mopsuestia＊　莫普蘇埃斯蒂亞的狄奧多爾（西元350?～428/429年）　敘利亞神學家，安提阿學派精神領袖。曾加入安提阿附近的教會，並在那裡生活和研究神學直到378年。381年，他被任命爲主教，並於392年前後正式成爲莫普蘇埃斯蒂亞主教。他的解經作品採用符合現代學術標準的科學的批判方法，從語言學和歷史學方面進行探討，這種解經方法是現代所用方法的先知。在神學上，他相信耶穌有兩種特性，即神性和人性，是一種聯合的特性。他還強調經文的文字理解，反對用隱喻解釋。第二次君士坦丁堡會議（553）對其觀點進行了批判，但是作爲一名「經文解釋者」，他被聶斯托留派所崇敬。人們認為是他將宇宙拯救教義引進聶斯托留派。

Theodore Roosevelt National Park 西奧多・羅斯福國家公園 位於美國北達科他州中西部的公園。建於1947年，目的在於紀念羅斯福總統對西部的關心而建立。西奧多・羅斯福國家公園總面積為285平方公里，沿密蘇里河建有數個景點，其中包括一個化石森林、溫德峽谷、侵蝕荒原和埃爾克霍恩農場屋。

Theodoret of Cyrrhus＊ 居比路的狄奧多萊（西元393?～458/466?年） 敘利亞神學家和主教。曾經是一名教徒，423年成為西爾哈斯主教。由於受到聖約翰・克里索斯托和莫普蘇埃斯蒂亞的狄奧多爾的影響，他反對對經文的隱喻解釋，將耶穌的特性歸為人性。後被作為聶斯托留派異端而受批判，後發表調和聲明接受瑪利亞為「生上帝者」之稱（從某種程度上承認耶穌的神性）。不過他還是被宣布是異端（449），並被驅逐。後來狄奧多萊得到卡爾西頓會議的支持（451），同意承認其為正宗基督教徒，但會議要求其譴責他的朋友聶斯托留，雖然不情願，但狄奧多萊還是答應了。

Theodoric 狄奧多里克（西元454?～526年） 別名狄奧多里克大帝（Theodoric the Great）。義大利的東哥德王國的創始者，東哥德王國國王。488年拜占庭皇帝芝諾令其入侵義大利，到493年他發動叛變殺害統治者奧多亞塞並使自己成為唯一的統治者。他以拉文納為首府，並擴展其勢力範圍至法蘭克和保加利亞，並掌握一個政局動盪的王國，該王國包括西西里、達爾馬提亞和德國部分土地。作為一名阿里烏派教徒（參閱Arianism），他容忍天主教教義，並推動哥德人與羅馬人之間的和平相處。

Theodosius I＊ 狄奧多西一世（西元347～395年） 別名狄奧多西大帝（Theodosius the Great）。全名Flavius Theodosius。東羅馬帝國皇帝（379～392）和東西羅馬帝國皇帝（392～395）。出生於西班牙基督教信徒家庭，後隨父從軍，其父當時是一名將軍。後在與薩爾馬特人作戰中戰功顯赫，遂被皇帝格拉提安任命為共治皇帝，統治羅馬帝國東部地區（379）。狄奧多西一世對真正的基督教教義舉行討論，後決定採用尼西亞信經作為基督教教義的標準（380）。387年，狄奧多西一世還與西哥德人簽署了一項協定。同年，西班牙人馬克西穆斯推翻羅馬帝國西部地區的新帝，馬克西穆斯後被狄奧多西一世打敗（388），此後狄奧多西一世在整個羅馬帝國擁有了至高無上的權力（392）。狄奧多西一世與聖安布羅斯曾就教會在帝國事務中的作用問題展開辯論，不同意教會擁有政治權力。392年由阿波加斯特和尤吉尼厄斯發起的提倡異教運動在羅馬影響日益擴大，後被狄奧多西一世鎮壓（394），狄奧多西一世宣稱，這是基督教的神戰勝了異教的神。

Theodosius I Boradiotes＊ 狄奧多西（卒於西元1183年以後） 君士坦丁堡的希臘東正教教長（1179～1183）。作為教長，狄奧多西主張為從伊斯蘭教進行的轉變制定嚴格的誓詞，並反對皇帝曼努埃爾一世的意願。同時，他也反對曼努埃爾向羅馬教宗亞歷山大三世和西方教會提出的建議，拒絕與基督教兩個分支的聯合進行合作。後受到皇帝曼努埃爾一世的繼承人的逼迫，放棄職權。

Theodosius II 狄奧多西二世（西元401～450年） 東羅馬皇帝（408～450年在位）。402年與其父阿卡狄烏斯（狄奧多西一世之子）一起被任命為共治皇帝。狄奧多西二世七歲時已成為東羅馬唯一的統治者，起初由攝政政權統治。狄奧多西二世性溫和，喜讀書，朝政則由親屬和大臣把持。他曾兩次打敗波斯人（422、447），但是沒有能夠把汪達爾人從羅馬人的非洲領地驅逐出去（429），且沒能抵禦住匈奴人阿提拉的入侵（441～443、447）。聶斯托留派的異端造成國內嚴重的騷亂。狄奧多西二世曾在君士坦丁堡建造城牆（413），創立君士坦丁堡大學（425），並編纂發布了《狄奧多西法典》（438）。

Theodosius of Alexandria 亞歷山大里亞的狄奧多西（卒於西元566年） 君士坦丁堡教長（535～566）。作為一名嫉妒一性論派的溫和分子，他遭到多數極端一性論者的反對，並拒絕接受卡爾西頓會議授予其正教教長之職（451）。為了防止狄奧多西執行其教長之職，極端一性論者將其囚禁於君士坦丁堡，但是他還是對安條克、敘利亞和埃及獨立派教會產生深刻影響。

theology 神學 研究上帝特性及人與神關係的宗教思想學科。神學一詞起源於柏拉圖及其他希臘哲學家的著作，其意義為講解神話。但是其含義在基督教中被擴展，並應用於所有的有神論宗教（參閱theism）中。神學旨在研究與宗教教義相關的課題，如「罪惡」、「信仰」及仁慈等，並探討與世間人類相關神的立約的術語，如「救贖」和「末世論」等。神學可代表性地認定一個宗教教士和權威性和一種宗教活動的正確性。神學與哲學的區別在於神學關注於證明並說明一種信仰，而不是質問這種信仰或對這種信仰作出根本的假設，但是神學通常也會運用類似哲學的方法。

Theophilus (Presbyter)＊ 特奧菲盧斯（活動時期西元12世紀） 原名可能是Roger of Helmarshausen。德意志修士和作家。其代表作《不同技藝論》（1110?～1140）詳細敘述12世紀上半葉各種手工藝的技術。從這部著作可以推斷他是一個信仰本篤會教義的技藝精湛的手工藝者。

theorem 定理 數學或邏輯學中指其有效性已經確立或證明了的陳述。定理包括假設和結論，以某種假設開始，這種假設對確立結果是必要和充分的。一些互為根據和論點的定理構成理論。然而，在任何理論中，只有那些基本的、重要的、或者有特殊興趣的陳述才被稱作定理。不太重要的陳述，通常是在證明更重要結果過程中的方法，被稱作輔助定理。作為定理直接結果的陳述稱作定理的推論。有些定理（甚至是輔助定理和推論）要單獨列出並冠命（例如，哥德爾定理、代數學基本定理、微積分基本定理、畢氏定理）。

theosophy＊ 神智學 起源於古代世界研究奧祕現象的一種宗教哲學。神智學稱只有在神祕的體驗（參閱mysticism）中通過直接體驗才能認識上帝，上帝的本質作為絕對真實的本體遍布於宇宙之間。神智學以道義深奧，且對神祕的現象感興趣。神智學的信仰起源於新柏拉圖主義哲學、諾斯底派和及喀巴拉的學生中，而伯麥卻發展了一套完整的神智學系統，並因此被稱為現代神智學之父。今天的神智學與神智社會學相聯繫，由勃拉瓦茨基夫人於1875年創立。亦請參閱Besant, Annie。

Thera ➠ **Thíra**

Theramenes＊ 塞拉門尼斯（卒於西元前404/403年） 伯羅奔尼撒戰爭後期有爭議的雅典領袖。西元前411年塞拉門尼斯幫助確立四百人議會的統治地位。後被四百人議會派遣鎮壓比雷埃夫斯港起義，但他不但沒有平息叛亂，反而成了叛亂的首領並廢除了會議制度。西元前410年，塞拉門尼斯與亞西比德合作在庫齊庫斯打敗了伯羅奔尼撒艦隊。後有

S T U V

授權於亞西比德對黑海船隻運來的貨物徵收稅金，幫助雅典經濟復蘇，並重建法制政府。伯羅奔尼撒人包圍雅典期間(405/404)，他去和來山得談判，並簽署了投降協定，但是雅典人民已經經歷了三個月的飢荒。塞拉門尼斯後被來山得任命為三十暴君領導人之一，後又由於其與克里提亞斯不合，被強迫服毒而死。

Therapeutae＊　特拉普提派　猶太教苦修派別，於西元1世紀定居在埃及亞歷山大里亞附近馬里奧提斯湖濱。該教派的起源與結局記載不詳，關於該教派的傳說源於斐洛。特拉普提派與艾賽尼派都持有肉靈二元論觀點（參閱dualism），但是他們的不同在於特拉普提派的目標是智慧的行為。他們以隱喻的手法解釋經文，並完全投身於向神祈禱和精神修行的活動中。特拉普提派教徒一周內有六天時間是獨自度過，安息日那天所有的教徒將在一起討論教義並共同進餐。

therapeutic radiology ➠ radiation therapy

therapeutics＊　治療學　為戰勝疾病或緩解疼痛或創傷的治療和照顧。其手段包括藥物、手術、放射療法、機械儀器、膳食療法和精神病學。治療可以是有效的，即治癒疾病（康復後不需進一步治療）、長期照顧或創傷癒合；可以是對症治療的，即緩解症狀至免疫系統治癒身體；可以是支持性的，即保持身體運作功能至疾病結束；或是姑息治療的，即對無法康復的病人僅減輕其不適。治療學總是包括預防，通常排在第三位（參閱preventive medicine）。治療措施依正確診斷可選擇、合併和量身定做以適合每位病患。亦請參閱alternative medicine、chemotherapy、holistic medicine、hydrotherapy、nuclear medicine、occupational therapy、physical medicine and rehabilitation、psychotherapy、respiratory therapy。

Theravada＊　上座部　流行於緬甸、斯里蘭卡、泰國、柬埔寨和寮國的主要佛教派別。上座部僅興存於小乘佛教中，並被看作是佛教中最古老、最正統和最保守的教派。該教派不受本地其他教派信仰的影響，並被相信由五百名高僧沿襲下來最為完好的教派，這些高僧都繼承了第一批僧伽佛教徒的傳統。儘管資歷老的教徒在上座部中受到尊敬，但該教派沒有等級權力之分。他們以古代巴利文經籍為正典（參閱Tripitaka），小乘佛教尊崇歷史上的佛陀，但他們不禮拜大乘佛教所崇敬的許多天界佛陀與菩薩。

Theresa of Lisieux, St.＊　利雪的聖德肋撒（西元1873～1897年）　原名Marie-Francoise-Therese Martin。法國加爾默羅會修女，羅馬天主教教會神學博士。出生於宗教家庭，十五歲進入利雪的加爾默羅女修道院。在那裡，她雖然持續承受沮喪與莫名的罪惡感之苦，但卻始終保持和顏悅色的態度。在修道院長的堅持下，聖德肋撒寫出一部關於其心靈成長的書信散文集，其中她號召對上帝要持有絕對信賴和臣服的態度，並稱之為微小做法。聖德肋撒二十四歲死於肺結核，而她的散文集於1898年以《靈魂經歷》之名出版發行，並使其廣受敬愛，而她在利雪的墓地後來也成為一個朝聖地。

Theresienstadt＊　特萊西恩施塔特　第二次世界大戰時期納粹德國建造的集中營。原為捷克共和國波希米亞地區北部市鎮。1941年成為納粹德國用作羈押猶太人的隔離區。1942年，少數非猶太人撤離該地區後，納粹將猶太人從德國、奧地利、捷克斯洛伐克、丹麥和荷蘭等地裝船運到該城。此後該城關押的猶太人總數約為141,000人，其中約33,500人喪生於此，約88,000人被運往種族滅絕集中營，主要是奧斯威辛。第二次世界大戰後，該地又恢復為捷克的市鎮，改名特雷津。

thermae＊　公共浴場　為公眾洗浴、休息和交際而設計的一系列房間，後來被古羅馬人發展得很複雜。羅馬人對公共浴場發展達到了複雜化和標準化的高等程度。一般的規畫包括一個空闊的大花園，周圍是俱樂部用的配房。主體建築有三大間浴室－－熱室，蒸氣室，溫室；小浴室若干間，冷室；庭院。皇家公共浴場如卡拉卡拉皇帝的浴場，規模廣大且設施齊全，其服務工作由奴隸通過地下通道完成，水也由地板下火焰產生熱空氣迴圈加熱，而巨大房間的照明問題則是用一個精心設計的高側窗系統來解決。

thermal conduction　熱傳導　相鄰物體之間，或者一個物體的相鄰部分之間，由於溫度的差別而引起的熱能轉移。在沒有熱泵的情況下，能量從溫度高的區域流向溫度低的區域。物質內部粒子間的相互碰撞造成能量轉移。能量的轉移率與接觸面的橫截面面積以及兩個區域的溫度差成正比。高熱導率的物體（如銅）是熱的良導體；低熱導率的物體（如木頭）是熱的不良導體。亦請參閱convection、radiation。

thermal energy　熱能　處於熱力學平衡狀態的系統由於它的溫度而具有的內能（參閱thermodynamics）。熱的物體比類似的較冷物體具有更多的內能，但一大浴缸的冷水比一杯開水可能有更多的內能。內能從一個物體（通常較熱）轉移給第二個物體（通常較冷）物體有三種途徑：傳導（參閱thermal conduction）、對流和輻射。

thermal expansion　熱膨脹　物質的溫度升高時其體積增加，通常用單位溫度變化引起的尺寸變化百分數來表示。當物質是固體時，熱膨脹通常用長度、高度或厚度的改變來描述。如果晶體在整體上的構型都相同，那麼在所有方向上的膨脹都是均勻的；否則就可能有不同的膨脹係數，固體就會隨著溫度升高而改變形狀。如果物質是液體，那麼用體積變化來描述膨脹更有用。由於不同物質中原子和分子間的鍵合力不同，所以膨脹係數是元素和化合物的特徵量。

thermal radiation　熱輻射　受熱表面發射能量的過程。這種能量是一種電磁輻射，所以以光速傳播，不需要承載媒質。熱輻射的頻率範圍從低頻的紅外輻射到高頻的紫外輻射。所發射射線的強度和頻率分佈由發射表面的性質和溫度決定；一般地講，物體越熱，波長越短。比起較冷的物體來，較熱的物體是較好的發射體；比起銀白色的表面來，深色的表面是較好的發射體。地球被太陽加熱就是熱輻射的一個例子。

thermal spring ➠ hot spring

Thermidorian Reaction　熱月反動（西元1794年）　法國大革命期間，發生於1794年熱月9日（7月27日）的暴動，目的旨在反對恐怖統治。當時法國全國對日趨增多的處決（僅6月就有1,300人）感到不耐，國民公會代表下令逮捕羅伯斯比爾、聖茹斯特和其他救國委員會成員，並將他們推上斷頭台，從而造成了針對法國各地雅各賓俱樂部的「白色恐怖」，隨後法國進入督政府時期。

thermocouple　溫差電偶溫度計　亦稱thermal junction或thermoelectric thermometer。兩種不同金屬的絲，末端連接在一起（結），組成測量溫度的裝置。將結放在待測溫度的地方，兩根絲的另一頭保持在恆定的較低溫度（參考溫度）下。把測量裝置接入電路。兩端的溫度差產生近似與它成正比的電動勢。從標準表上可以讀出溫度，也可以校準好裝置來直接顯示溫度。

thermodynamics 熱力學 研究熱、功、溫度以及能量之間關係的物理學。任何物理系統都會自發地達到平衡狀態，可以用諸如壓力、溫度或化學組分等特性量來描述平衡態。如果允許外部的限制條件改變，那麼這些特性一般也會改變。熱力學三定律描述了這些變化，並能預言系統的平衡態。第一定律陳述，無論能量何時從一種形式轉換到另一種形式，能量的總量保持不變。第二定律陳述，在一個封閉系統內，系統的熵不會減少。第三定律陳述，當系統接近絕對零度時，進一步抽取能量會變得越來越困難，理論上認為最後會變得不可能。

thermoluminescence 熱致發光 自某些熱源物質所發出之光，當上述物質暴露在高能輻射下引起晶格內發生電子位移時會釋出光能。對此類物質進行加熱時，位於激態的電子為了回至正常低能位置故放出能量。熱致發光強度與該物質在輻射下暴露之時間有關，若時間愈長則被提升的激態電子愈多，因而釋出之能量便愈多。通過測量此類物質釋放的光能，就可判斷其接受輻射時間的長短。因為熱致發光的這種特性，故已被用來作為推測各種礦物及古物年齡的方法。

thermometry＊ 測溫學 測量系統溫度或能力向另一系統轉移熱能的學科。測溫學在眾多領域被廣泛運用，其中包括製造業、科學研究及醫學。

thermonuclear bomb ➠ hydrogen bomb

thermonuclear weapon 熱核武器 ➠ nuclear weapon

Thermopylae, Battle of＊ 溫泉關戰役 波斯戰爭中發生在希臘北部的戰役（西元前480年）。當時波斯國王薛西斯一世率領大軍來犯，斯巴達國王萊奧尼達斯為了抵禦其向南推進，率領以斯巴達人居多的希臘軍隊守關三天。後希臘軍隊因叛徒出賣，被波斯軍隊包圍。萊奧尼達斯令希臘主力部隊撤退，自己率領一支小股部隊堅持抵抗，最終不敵被殺。

thermoreception 溫熱刺激感受功能 生物察覺不同熱能強度（溫度），以通過隨外界溫度變化（參閱homeostasis和temperature stress）而自動調節體內溫度的感官功能（參閱sense）。生物體的溫度感知能力是由皮下熱冷溫度接受體（不會停止運作）分別產生。某些動物，如吸血昆蟲和一些蛇（如小蝰蛇）可藉溫度感受器探查食物。

thermostat 恆溫器 測量溫度變化以便保持封閉區域內溫度基本恆定的裝置。恆溫器包括繼電器、閥門、電門等，當恆溫器高於或低於所需的數值時，恆溫器就發出信號，通常為電信號。恆溫器常用於控制燃油流入燃燒室、電流進入加熱或冷卻系統、加熱的或冷卻的氣體或液體進入工作區域。它也是某些火警系統的一個元件。

theropod＊ 獸腳類 獸腳亞目中雙足的、食肉的蜥臀類動物的統稱。已知體型最小的成年恐龍，大小如雞的新顎龍屬及細顎龍屬恐龍可能僅重1～2公斤；而巨大的屬（參閱tyrannosaur）體重可達數噸。獸腳類還包括異特龍、恐爪龍屬、斑龍、食蛋龍屬以及迅掠龍屬。從晚三疊紀到晚白堊紀（2.27億年～6,500萬年前）的地層中，除南極洲以外的各大陸均發現了獸腳類的遺跡。它們的後肢發達，適於支撐體重及行動；它們的前肢短小，手部活動靈活，可能適於攫住及撕碎獵物。儘管這個群族的名字含義是「獸」（即哺乳動物），但獸腳類的腳其實更似鳥類的腳。許多科學家相信所有的現代鳥類是由小型獸腳類的一支演化而來。

Theseum＊ 特修斯神廟 位於雅典的古希臘神廟，為供奉美術和手工藝的保護神赫菲斯托斯和雅典娜而建。該神廟約建於西元前450年左右，比巴特農神廟稍早一點。其中一些雕刻表現了特修斯的事跡（該廟也因此而一度被稱為特修斯神廟），不過廟中重新裝修的部分飾物表明它們其實是表現赫拉克勒斯受封為神的主題。神廟四周為一單列的多利斯式柱廊，兩邊各13柱，兩端各6柱。該廟是世界上保存最完好的古希臘神廟，主要得益於中世紀時該廟被改作基督教教堂。

Theseus＊ 特修斯 古希臘傳說中的英雄。是雅典國王埃勾斯之子。在其雅典之旅中，特修斯斬妖除怪，將辛尼斯、斯奇隆及普洛克路斯忒斯等惡人殺死。到了雅典他發現埃勾斯與美狄亞成了婚；美狄亞比他父親先認出了他，曾試圖將其毒死，但是最終失敗，後來埃勾斯宣布其繼承皇位。特修斯後來在克里特島遇到阿里阿德涅並將彌諾陶洛斯殺死；在返回雅典的途中，特修斯忘記扯起白帆以表示勝利，而繼續扯起黑帆，當埃勾斯看到黑帆時，他就跳下衛城自殺身亡。此後特修斯統一並擴展了阿提卡的勢力範圍。他還降服亞馬遜女王希波呂忒，為此亞馬遜人入侵雅典，希波呂忒戰死在特修斯軍中。後來他又綁架了海倫並試圖從冥府偷取普賽弗妮，但一直被扣押在冥府直至被赫拉克勒斯所救。後來他被斯基羅斯國王推下懸崖死亡。

thesis play ➠ problem play

Thesmophoria＊ 塞斯摩弗洛斯節 在希臘宗教中，指奉祀蒂美特・塞斯摩弗洛斯的一個古老節日。主持這一儀禮的人似乎都是已婚的自由婦女。她們保持貞潔數日，並禁食某些食物。節日中人們把豬拋進一個地下室，讓蛇吞食，然後將其腐爛的殘骸放置在祭壇上；人們相信如果將其與種子混合起來可帶來豐收。

Thespiae＊ 塞斯比阿 希臘中東部波奧蒂亞古城鎮。塞斯比阿是繆斯女神神廟和節日的發祥地，同時也是普拉克西特利斯著名雕像厄洛斯像的所在地。塞斯比阿在希臘史上的重要性主要在於它是近鄰底比斯的仇敵。西元前480年塞斯比阿與萊奧尼達斯領導的斯巴達軍隊合作與波斯人進行了溫泉關戰役，並於西元前479年在普拉蒂亞繼續進行抵抗。西元前379～西元前372年，塞斯比阿成為斯巴達的重要基地以與底比斯進行對抗。西元前371年，底比斯消滅塞斯比阿，但是不久又得到重建。在羅馬帝國時期塞斯比阿仍為重要的波奧蒂亞城市。

Thespis＊ 泰斯庇斯（活動時期西元前6世紀） 希臘詩人。常被認為是「悲劇的發明者」。約西元前534年泰斯庇斯在酒神節（戲劇節）上第一個獲得悲劇獎。根據修辭學家忒彌修斯的記載，亞里斯多德曾說過，悲劇在最初階段完全是合唱，直到泰斯庇斯才首次引進開場白和台詞。因此泰斯庇斯的確是第一個「演員」，悲劇的對話始於泰斯庇斯和合唱隊領唱的對白。

Thessaloniki＊ 塞薩洛尼基 舊稱薩羅尼加（Salonika）。希臘馬其頓地區海港城市。該海港建於西元前316年，西元前146年後為羅馬馬其頓省首府並逐步發揮其重要作用。使徒聖保羅約於西元49～50年參觀該城，後來向塞薩洛尼基的皈依者進行傳教。拜占庭帝國時代，儘管塞薩洛尼基受到阿瓦爾人和斯拉夫人的攻擊，但還是繁榮起來。1430～1912年間，塞薩洛尼基成爲鄂圖曼帝國的一部分。1908年該地成爲青年土耳其黨活動的中心，並於1913年回歸希臘。第一次世界大戰期間，塞薩洛尼基是同盟國重要的基地之一。第二次世界大戰時，該地被德國占領。塞薩洛尼基是希臘第二大城市和港口。人口378,000（1991）。

Thessaly＊ 色薩利 希臘中東部歷史遺址和現在的行政區域。其古城區域與現在大體相當。西元前第3到第2千年，該地是衆多文化的聚集地。到西元前1千年，希臘在此建立政權。西元前2世紀，該地加入羅馬的馬其頓行省。西元4世紀，該地成爲獨立的羅馬省。7世紀～13世紀，該地先後隸屬於斯拉夫人、薩拉森人、保加爾人、諾曼人的統治。14世紀晚期，色薩利成爲土耳其的勢力範圍。1881年回歸希臘。1941年色薩利見證了同盟國和軸心國之間的重大戰役。該地同時也是奧林帕斯山的所在地，而奧林帕斯山是皮尼奧斯河的發源地。

Thetis＊ 忒提斯 希臘神話中宙斯和波塞頓都愛戀的涅莉得。但當忒彌斯洩露稱忒提斯注定要生一個比他父親更強大的兒子時，兩位神祇便把她許給了密耳彌冬國王珀琉斯。但忒提斯不願嫁給凡人，她把自己變成各種形狀以拒絕珀琉斯的接近，但最終珀琉斯還是捉住她並與她結婚。他們的兒子是阿基利斯。根據一些傳說記載，忒提斯一共生了七個兒子，但都被其殺死，一種說法認爲忒提斯殺死兒子是希望他們都可以長生不死；另一種說法認爲是忒提斯對她與珀琉斯這種強迫結合的報復。

thiamine＊ 硫胺素 亦稱維生素B_1（vitamin B_1）。有機化合物，維生素B複合體的一種，爲日常飲食所必需。維生素B_1以化合的形式在醣代謝中具重要作用，如輔酶焦磷酸硫胺素。其分子結構包括一個置換的吡啶環和一個噻唑環。在所有穀物及某些種子中含量豐富，但在精製過程中會流失，如果缺乏將導致腳氣病。

Thiers, (Louis-)Adolphe＊ 梯也爾（西元1797～1877年） 法國政治家和歷史學家。1821年前往巴黎，成爲一名新聞記者。1831年，參與創辦反動報紙《國民報》。七月革命期間，他支持路易－腓力，並先後擔任內閣大臣（1832，1834～1836）、總理（1836）和外交大臣（1840）之職。作爲保守派領導人，梯也爾曾殘酷鎮壓所有起義運動。二月革命時期，他幫助選舉路易·拿破崙（後來的拿破崙三世）成爲第二共和的總統。作爲一名反對派領導人，他批評拿破崙三世的帝國政策。1871～1873年，梯也爾當選爲第三共和總統，並就結束法普戰爭與普魯士進行談判。同時他還取締巴黎公社以恢復內部條例。梯也爾曾撰寫過許多歷史作品，其中最重要的是《法國革命的歷史》（10卷，1823～1827）和《領事和帝國的歷史》（20卷，1845～1862）。

Thimann, Kenneth V(ivian)＊ 蒂曼（西元1904～1997年） 英裔美籍植物生理學家。曾就讀於倫敦帝國學院並獲得生物化學博士學位。1934年，蒂曼與其助手分離出一種重要的植物生長素，並證明了植物生長素可以促進細胞伸長、根系形成及芽的生長。在這些發現的基礎上，一種廣泛應用的合成植物生長素2,4-D研製成功。這種生長素與類似的化學製品可以防止植物果實早熟，並可刺激莖幹的生長，從而獲得豐收。對於大多數植物而言，高含量的生長素是有毒物質，從而合成生長素也被作爲有效的除草劑使用。

Thimphu＊ 廷布 不丹首都。位於喜馬拉雅山脈，坐落於拉伊達克河河岸。1962年被定爲政府所在地。喇嘛廟札什曲宗堡壘是不丹一座傳統的寺廟和傳統建築典範，現已成爲皇家政府公署。當地經濟主要依靠農業和伐木業。人口約30,000（1993）。

thin-layer chromatography (TLC) 薄層色層分析法 色層分析法的一種。將一薄層（0.25公釐）研磨很細的基質（矽膠或類似材料）塗在玻璃板上或合在塑膠膜上作爲靜態相。將待分析的混合物溶液滴在板的一邊。再以類似的方法加上參考化合物溶液。然後將板的這一邊浸入溶劑。溶劑通過毛細現象而沿板上升。由於樣品中各組分對基質的吸附程度不同，它們在顯色溶劑中的溶解度也不同，所以它們在溶劑中以不同的速率移動。這些組分分開成一些斑點，將它們移動的距離與已知的參考物作比較就可辨認出它們。此項技術用於生物混合物，尤其適用於動物或蔬菜組織中的類脂混合物、花卉和植物中的類異戊間二烯化合物和精油的分離。比起紙色層分析法來，此法中用的基質對強溶劑和顯色劑有更強的承受能力。

think tank 智庫 跨學科研究的機構、公司或團體，通常是接受政府或商業客戶委託。政府客戶的委託案，多是有關社會政策計畫及國家安全議題；商業客戶的委託案，主要爲新科技和新產品的發展及測試。智庫的經費來源包括基金、合約、私人捐獻、出售研究報告等。亦請參閱RAND Corp。

thinking 思維 亦作thought。用頭腦產生思想的過程，或對刺激作出符號性反應。思維的理論和思維過程主要集中在定向思維上，包括問題的求解。20世紀初，研究人員集中研究聯想。1920年代和1930年代的格式塔心理學理論認爲思維的要素是由經驗得出的各種模式的性質。如今，這些要素往往被看作是處理過程中的許多資訊片斷。亦請參閱cognitive psychology、information processing。

Thíra＊ 錫拉 古稱Thera。舊稱Santorini。希臘基克拉澤斯群島南部島嶼。該島包含一座已爆發過的火山的一半，並與熔岩圍繞形成一個礁湖。其島上熔岩斷壁高達300公尺。早在青銅器時代，該島就有人居住，米諾斯文明中保留的記載可追溯到西元前2000年之前。約西元前1500年錫拉爆發了一次最大規模的火山運動，此次火山爆發已經被人們拿來同諸如〈出埃及記〉和亞特蘭提斯的沈沒等現象聯繫起來。約西元前1000年，多里安入侵者開始在該島定居。

Third Estate 第三等級 法語作Tiers État。法國歷史中指法國大革命前與貴族、教士並列的三個階級之一，即無特權階級，三級會議的代表也由其中選出。該階級代表廣大平民階層。1789年國民公會舉行的網球場宣誓致使其發生轉變，並標誌著大革命的開始。

Third International ➠ Comintern

Third Reich＊ 第三帝國 1933年1月至1945年5月德國納粹黨的官方稱謂。作爲神聖羅馬帝國（800～1806，第一帝國）和德國霍亨索倫王朝（1871～1918，第二帝國）的假定繼承者，這個名稱反映了希特勒擴張主義政權的思想，希特勒還曾語預言第三帝國將持續1,000年之久。

Third Republic 第三共和 1870～1940年的法國政府。在第二帝國倒台和巴黎公社被鎮壓後，新的憲法法律於1875年被通過，允許建立一個以議會制度爲基礎的政權。儘管成立過許多短期的政府，但第三共和是法國社會穩定（除了德雷福斯事件）、工業化發展和專業民衆服務設施建立的標誌。1940年德國入侵法國導致其垮台。第三共和的總統包括梯也爾（1871～1873）、麥克馬洪伯爵（1873～1879）、格雷維（1879～1887）、卡諾（1887～1894）、福爾（1895～1899）、盧貝（1899～1906）、法利埃（1906～1913）、龐加萊（1913～1920）、米勒蘭（1920～1924）、杜梅格（1924～1931）及勒布倫（1932～1940）。其他著名的領導人還包括布魯姆、布朗熱、白里安、克里蒙梭、達拉第、費里、甘必大、赫里歐、饒勒斯、拉瓦爾、貝當和雷諾。

Third Section　第三廳　亦稱第三部門（Third Department）。1826年由沙皇尼古拉一世創立的政府機關，從事祕密警察活動。由本肯多夫伯爵（1783～1844）設計和領導（1826～1844），它蒐羅政治異議分子的資訊，把具有嫌疑的政治犯流放到偏遠地區。該部門與憲兵團（1836年成立）合作，憲兵團是活動遍及整個俄羅斯的一支軍隊，第三廳並與諜報人員組織網結合。後來該部門的手段變得越來越高壓，在1870年代裡逮捕了許多煽動農民的民粹派分子。1880年裁撤第三廳，其職能轉移到內政部的警察。

third world　第三世界　一種政治名詞，最初出現於1963年，用來描述那些不屬於第一世界（以美國為首的資本主義、經濟已發展國家）、也不屬於第二世界（以蘇聯為首的共產主義集團）的國家。第三世界的組成份子，主要是非洲、亞洲、拉丁美洲的發展中國家及前殖民國家。但冷戰結束、且某些發展中國家的競爭力逐漸增強，第三世界這個名詞已經失去其分析的清晰度。

Thirteen Principles of Faith　信仰十三條　亦作Thirteen Articles of Faith。猶太教基本原則的概括。邁蒙尼德在「密西拿」中所總結的猶太教基本信條，目的在於闡述正確的神和信仰的概念，並將其成為避免錯誤的工具。儘管以教條的形式呈現，但邁蒙尼德的闡述屬個人觀點，並常被爭論或加以修改。該原則闡述了與神的特性、法律和摩西相關的各種教條，並重申彌賽亞即將來到，彌賽亞死後重生。信仰十三條有多種版本，其中包括多數祈禱者禮拜的讚美詩《依格達爾》。

Thirty Tyrants　三十暴君（西元前404～西元前403年）　伯羅奔尼撒戰爭之後，斯巴達人用來統治雅典的寡頭政權。由克里提亞斯領導的這個極端保守的寡頭政權共有三十個委員。他們發動了一次血腥的整肅，大約有一千五百名市民被殺。許多溫和派逃離雅典，他們召募了一支軍隊，西元前403年重返雅典，在比雷埃夫斯一役擊敗了暴君的軍隊。三十暴君亡命海外，在以後幾年陸續被刺殺。

Thirty Years' War　三十年戰爭（西元1618～1648年）　由於宗教、王朝、領土及商貿競爭等多種原因引起的歐洲地區一系列斷斷續續的衝突。全面的戰爭主要是由奧地利哈布斯堡王室控制的羅馬帝國和由瑞典、荷蘭反天主教勢力支持的新教諸侯之間發生的鬥爭。其中也包含了與哈布斯堡王室聯合的反法勢力。衝突爆發於1618年，但是未來的皇帝斐迪南二世在其統治區域對羅馬天主教施壓，導致新教貴族起義。「布拉格扔出窗外」事件（Defenestration of Prague）是此次戰爭的導火線。戰爭的戰場集中在德國諸侯國，因爭奪戰利品導致這些諸侯國遭到嚴重破壞。天主教聯盟早期的勝利與瑞典的軍事積累相抵消。西伐利亞和約（1648）標誌著「三十年戰爭」的結束。此後，歐洲的勢力均衡已經被完全打破。法國成為主要的西方強權國家，而神聖羅馬帝國的諸國也完全獨立，建立了由獨立國家組成的現代歐洲框架。

thistle　薊　菊目菊科中薊屬、飛廉屬、藍刺頭屬、苦苣菜屬以及其他植物屬的雜草。通常指葉片帶刺的飛廉屬和薊屬植物，該兩屬頭狀花序中小花密集。花色通常為粉紅色或紫色。由於它們的莖帶刺，花序無傘狀花，故飛廉屬植物有時又稱無羽薊。加拿大薊為北美農田雜草，既吸引人，又造成麻煩。薊是蘇格蘭的國家象徵。

Thjórá River＊　肖爾索河　冰島河流。肖爾索河河水來源於數條冰河，其向西南方向流經230公里注入大西洋。該河是冰島最長的河流，其下游1/3流經廣闊的農業區。此外，該河是冰島水力發電的主要來源。

Thocmectony ➡ Hopkins, Sarah Winnemucca

Thomas, Clarence　湯瑪斯（西元1948年～）　美國法理學家。畢業於耶魯法學院，歷任密蘇里州助理檢察長（1974～1977）、蒙桑托縣律師（1977～1979）、密蘇里州共和黨參議員丹福思的法律助理（1979～1981）、聯邦教育部副部長（1981～1982）、平等就業機會委員會主席（1982～1990）。1990年布希總統任命其為聯邦上訴法院法官，後任最高法院大法官以接替馬歇爾。但由於1991年安妮塔．希爾（法律教授，生於1956年）控告其性侵害而使其聽政會複雜化，並使聽政會成為公眾關注的焦點。但湯瑪斯否認這種控告，後經參議院投票勉強使其通過。在最高法院中，湯瑪斯一直較少露面，但他的投票和決定顯示出強烈的保守主義。

Thomas, Dylan (Marlais)　湯瑪斯（西元1914～1953年）　威爾斯詩人和散文作家。十六歲離開學校成為一名記者。他早期的詩歌，如《愛情地圖》（1939）隱喻語言豐富、情懷激越，他也由此而聞名。在其最具影響的詩歌《死亡和入口》（1946）和〈羊齒蕨山丘〉中，他經常採用吟遊詩人般的語調。他所著的《在鄉間睡覺》（1952）中包括名句「Do Not Go Gentle into That Good Night」（不要溫和地走進那個良夜），此後他還著有《詩集》（1952）。湯瑪斯的散文包括喜劇《打扮成小狗的藝術家肖像》（1940），劇本《奶樹林下》（1954），和回憶錄《一個威爾斯小孩的聖誕節》（1955）。他所寫的名句名篇使其名聲遠揚。1930年代，湯瑪斯欠債累累，並嗜酒如命，後來在一次紐約之旅中湯瑪斯因飲酒過量身亡。

湯瑪斯，攝於1952年
Rollie McKenna

Thomas, George H(enry)　湯瑪斯（西元1816～1870年）　美國將軍。畢業於西點軍校。南北戰爭爆發時忠於北方聯邦，指揮在肯塔基東部的軍隊，並於1862年在此贏得北方聯邦在西部的第一個重要勝利。在奇克莫加戰役中他組織了一場不屈的保衛戰，升為陸軍準將，被譽為「奇克莫加磐石」。1864年在納什維爾戰役中打敗胡德將軍率領的美利堅邦聯，繼續得到提升，並受到國會嘉獎。

Thomas, Helen　湯瑪斯（西元1920年～）　美國新聞記者。父母親為黎巴嫩移民，她在底特律長大，1943年在華盛頓特區加入合眾國際社（UPI）。當時的新聞媒體對女性設有重重限制，她正是克服這些限制的先驅人物。她追逐新聞時，態度大膽而且不曲不撓。1961年，被指派負責白宮新聞。1974年，成為合眾國際社華府分社主管。她最出名的事情是：她一向是總統記者會上第一個被點名發問的記者。

Thomas, Isaiah (Lord), III　湯瑪斯（西元1961年～）　美國籃球選手及教練。生於芝加哥，曾是印第安納大學的籃球選手（1979～1981）。作爲底特律活塞隊的控球後衛（1981～1994），他生涯總共累積了9,061次助攻，並幫助球隊奪得兩次的NBA冠軍（1989、1990），被視爲有史以來最佳的得分後衛之一。之後成爲多倫多暴龍隊的總經理及球團所有人之一，然後又成爲電視籃球評論員。

Thomas, Lewis　湯瑪斯（西元1913～1993年）　美國醫師及作家。就讀於哈佛醫學院，後來在各所大學任教。1973～1983年擔任紀念斯隆－凱特林癌症中心醫院院長。後來他將對錯綜複雜的生物學的激情和興趣寫成了對生物學的沈思和反省，這些文章曾獲獎。他最有名的著作是《一個細胞的生命》（1947年，獲國家圖書獎）。

Thomas, Lowell (Jackson)　湯瑪斯（西元1892～1981年）　美國廣播評論員、記者、作家。二十多歲時在歐洲和中東任戰地記者，曾幫助勞倫斯發出了許多著名報導，後來又寫出了《在阿拉伯與勞倫斯在一起》（1924）。從1930年開始湯瑪斯是哥倫比亞廣播公司著名播音員，他的廣播晚間新聞曾是美國幾乎兩代人必不可少的節目。湯瑪斯很早也出現在電視上。他曾環遊世界，做過許多講座，履行見聞演講，寫出了五十多部探險書籍和評論，包括《愛斯基摩人的卡布魯克》（1932）和《世界七大奇觀》（1956）。

湯瑪斯
Brown Brothers

Thomas, Norman (Mattoon)　湯瑪斯（西元1884～1968年）　美國社會改革家及政治人物。受按立爲長老會牧師，後來又成爲紐約東哈林教堂牧師。1918年加入社會黨，辭去牧師職務，任「和睦共處會」的祕書。他協助成立了美國公民自由聯盟，1922～1937年擔任工業民主聯盟執行理事。湯瑪斯曾經是社會黨的州長（1924）、紐約市市長（1925、1929）和美國總統（1928～1948）候選人，並從1926年開始領導社會黨。第二次世界大戰以後，他成爲戰後世界理事會主席，爲推進裁減核子軍備而努力。

Thomas, St.　聖多馬（卒於西元53?年）　耶穌十二使徒之一。以不相信耶穌復活、要求耶穌復活的證據而出名。因此有「懷疑的多馬」之說。直到耶穌重新出現，多馬摸到他的傷口時，他才相信，說，「我主上帝」。多馬也成爲明確承認耶穌神格的第一人。多馬後來的歷史不確切，但據說曾到安息（今呼羅珊）甚至是印度傳福音。

Thomas à Becket ➠ Becket, St. Thomas

Thomas à Kempis　坎普滕的托馬斯（西元1379/1380～1471年）　原名Thomas Hemerken。德國修士及神學家。1392年來到荷蘭的代芬特爾，加入致力於關注和教育窮人的共同生活弟兄會。1837年進入阿格尼滕伯格的奧古斯丁修道院。1413年受神職，其後終身從事抄寫書稿和輔導新修士工作。據說他就是繼《聖經》以後基督教文學上最具影響力的信仰著作《效法基督》的作者。該書文詞風格樸實無華，強調精神生活高於物質生活，並確信以基督爲中心必得善報。

Thomas Aquinas, St.＊　托馬斯．阿奎那（西元1224/1225～1274年）　天主教會首席哲學家和神學家。雙親爲義大利貴族，他在那不勒斯大學就讀，加入道明會，並任教於巴黎大學一家多米尼克學校。他在巴黎的時間正好是亞里斯多德哲學（阿拉伯譯文中的新發現）來臨之時，他的偉大成就是把亞里斯多德哲學的活力融入基督教思想，就像早年教會的牧師在基督教早期調和了柏拉圖的思想。他堅持，理智能在信仰之內運作：哲學家僅僅仰賴理智，神學家則把信仰當作起點，然後藉著理智達成結論。這種觀點具有爭議性，他對自然之宗教價值的信仰亦然，爲此他辯稱，減損創造物的完美就貶低了造物者。他遭到聖波拿文都拉的反對。在他死後的1277年，巴黎的宗教大師公開譴責219條陳述，其中12條屬於聖托馬斯．阿奎那。不過，他仍在1323年被追諡爲聖徒，1576年被尊爲教會博士，19世紀末現代派危機期間被奉爲正統的提倡者。身爲多產作家，他寫過八十種以上的作品，包括《反異教大全》（1261～1264）和《神學大全》（1265～1273）。亦請參閱Thomism。

Thomism＊　托馬斯主義　托馬斯．阿奎那所發展的哲學家及神學體系。托馬斯主義堅持：人類靈魂是不朽的，也是獨有的存在形式；人類知識奠基於感覺經驗，但也仰賴內心的思考能力；所有生物皆有愛上帝的傾向，並能藉由恩典和實用來改善和提升。20世紀期間，托馬斯主義由吉爾松和馬利丹加以發展。第二次世界大戰後，托馬斯主義者面臨了三大任務：發展出足夠的科學哲學，解釋現象學和精神病上的發現，評價存在主義和自然主義的本體論。

Thompson, Dorothy　湯普生（西元1894～1961年）　美國記者。第一次世界大戰後她以一個自由撰稿記者身分前往歐洲。她對納粹黨的報導激怒了希特勒，以致於她在1934年成爲第一個被驅逐出德國的美國記者。她的專欄「讓記錄說話」備受歡迎，1941～1958年曾刊登在一百七十多份日報上。她的著作包括《新俄國》（1928）、《我見到了希特勒》（1932）、《難民》（1938）、《讓記錄說話》（1939）以及《敢於快樂的勇氣》（1957）。1928～1942年期間她的丈夫是小說家路易斯。

湯普生，攝於1934年
AP/Wide World Photos

Thompson, E(dward) P(almer)　湯普森（西元1924～1993年）　英國史學家。第二次世界大戰時曾到義大利服役，後任教於英國里茲大學（1948～1965）、瓦立克大學（1965～1971）。1956年由於蘇俄軍隊鎮壓匈牙利革命而退出共產黨，不過終其一生仍爲堅定的馬克思主義者與社會主義者。最有名的作品是《英國勞工階級的形成》（1963），是1780～1832年這段時期的精彩研究。其他著作還包括《輝格黨人與獵人》（1975）一書。1970年代末期他把大部分時間花在反核運動上。

Thompson, Emma　艾瑪湯普森（西元1959年～）　英國女演員。劍橋大學畢業後，即從事舞台劇及電視劇演出。並靠著迷你影集《高棉最後悍將》（1987）而成名。1989～1994年間與布萊納結婚，並在他的幾部電影中演出，包括《亨利五世》（1989）、《再續前世情》（1991）以及《都是男人惹的禍》（1993）。之後主演《此情可問天》（1992，獲奧斯卡獎）、《長日將盡》（1993）、《理性與感性》

S T U V

（1995）——因此片獲奧斯卡最佳編劇獎——以及《風起雲湧》（1998）。

Thompson, Hunter S(tockton)　湯姆生（西元1939年～）　美國記者。生於肯塔基州的路易斯維爾，年輕時曾經犯法，後來進入美國空軍，1965年他滲入地獄天使機車幫，並且在1966年發表他的《地獄天使記》。他的其他作品包括描述迷幻藥癲狂的*Fear and Loathing in Las Vegas*（1972；1998年拍成電影）、*Fear and Loathing on the Campaign Trail*（1973）以及*The Great Shark Hunt*（1979）。他創造了所謂「夢囈新聞報導」（gonzo journalism）的文體，他的文筆——特異主觀至極，卻又瘋狂可笑——讓他有許多黑道讀者。

Thomson, J(ohn) Edgar　湯姆生（西元1808～1874年）　美國土木工程師、鐵路經理。十九歲時加入賓夕法尼亞工程師工作隊。1947年擔任新成立的賓夕法尼亞鐵路公司總工程師。該公司旨在完成紐約和其他東部各州至西部的貿易路線。1852年他成為該公司總經理，修建了貫穿阿利根尼山脈的一條直通鐵路。其後的二十二年中，湯姆生將費城至芝加哥的鐵路線合併為統一的鐵路系統，並將該公司鐵路由400公里延長到10,000公里。

Thomson, J(oseph) J(ohn)　湯姆生（西元1856～1940年）　受封為約瑟夫爵士（Sir Joseph）。英國物理學家。畢業於劍橋大學，1884～1918年在劍橋大學的加文狄希實驗室任教，並將這一試驗室發展成為世界著名機構。1918～1940年任劍橋大學三一學院院長。1897年他指出，陰極線是迅速移動的微粒，並且通過電磁場測量其轉移得出，這些微粒比已知最輕原子粒子還要小2,000倍。這種微粒就是現在所說的電子，湯姆生起初將其稱為微粒子。這一發現是認識原子結構的一場革命。1903年湯姆生陸續提出了光線理論，預示了後來愛因斯坦的量子理論。後來湯姆生又發現了同位素，並發明了質譜測量。1906年湯姆生因研究氣體的電傳導獲諾貝爾物理學獎。湯姆生也是一名傑出的教師，他的七名助手也曾獲得諾貝爾桂冠。

Thomson, Roy Herbert　湯姆生（西元1894～1976年）　受封為艦隊街的湯姆生男爵（Baron Thomson of Fleet）。加拿大裔英籍出版商。安大略湖本地人。1930年代開始在安大略湖區創立無線電台和報紙，後來將其業務擴展到英國和美國，並增加了電視經營。1952年收購了《蘇格蘭人報》，前赴愛丁堡經營。1959年購得英國最大的凱姆斯利報系，包括《星期泰晤士報》在內。1967年他最重要的投資便是購買倫敦《泰晤士報》，給該報紙提供穩定的財務。現在國際湯姆生是世界上最大的出版聯合體之一。

Thomson, Virgil　湯姆生（西元1896～1989年）　美國作曲家、評論家。後來進入哈佛大學，希望成為鋼琴家和風琴家。後來赴巴黎隨名作曲教師布朗熱學習（1912），遇到音樂家「六人團」，並開始作曲。1925～1940年居住在巴黎，遇到斯坦因，並與斯坦因合作了歌劇《三幕四聖人》（1928）以及《眾生之母》（1946），充滿了迷人的天真風格。後來湯姆生回到紐約，成為《前鋒論壇報》（1940～1954）的音樂評論家。他的評論優雅，注重音樂而不是表演者，因此受到尊重。他的其他作品包括電影歌曲《破土之犁》（1936）和《路易斯安那的故事》（1949，獲普立茲獎）。

Thonet, Michael＊　索涅特（西元1796～1871年）　德裔奧地利籍家具生產工業化的先驅。1830年發展了蒸汽彎曲木板體系，創造了輕巧曲木椅。到1856年，他完善了通過加熱彎曲堅固的山毛櫸木材的方法，開始大規模的生產曲木家具。他在匈牙利和摩拉維亞建立工廠，從莫斯科到芝加哥都建立了沙龍。到1870年，他生產的家具品質遠超過今天的家具。他的家具今天仍被生產。

Thor　托爾　日耳曼神祇，常被描述為一個力大無窮、蓄著紅鬍鬚的武士。根據傳說，托爾是奧丁和地球女神喬之子。他專與有害的巨人作對，但是對人類卻很慈善。托爾的名字在日耳曼語中是雷的意思。他的武器是錘子——米約爾尼爾。托爾的大敵有盤繞在世界四周的毒蛇約爾孟岡德。托爾注定要殺死這一惡魔，最後在世界末日將其殺死。英語中的「星期四」就是以托爾命名的。

持錘的托爾，冰島北部出土的青銅小雕像，約做於西元1000年；現藏雷克雅末克冰島國立博物館
By courtesy of the National Museum of Iceland, Reykjavik

Thor rocket　雷神式火箭　起初由美國空軍研製（1958）的中程彈道飛彈，後來改裝為數種太空船運載火箭的第一級（參閱staged rocket）。1963年雷神導彈武器退役。在太空發射中，雷神式火箭裝有三個小型輔助發動機，能產生約為原來的兩倍的推力。

thoracic cavity＊　胸腔　亦稱chest cavity。人體第二大的空腔，被肋骨、脊柱和胸骨包圍，並以膈和腹腔隔開。胸腔含有肺、支氣管（食道和氣管的一部分）和心臟及主要血管。胸腔內壁有一層胸膜（壁層胸膜），一直連接到肺上，成為臟層胸膜；而胸腔其餘的空間及其內涵構造則稱為縱隔。其病變有胸膜腔中血液（血胸）或氣體（氣胸，可導致肺不張）方面的疾病，和胸膜的炎症（胸膜炎）。

Thoreau, Henry David＊　梭羅（西元1817～1862年）　美國思想家、隨筆作家、博物學家。畢業於哈佛大學，成為自然詩人前曾做過幾年教師。後來回到康科特，受愛默生的影響，並在超驗主義雜誌《日晷》上發表文章。1845～1847年為顯示簡單的生活的舒適，他住到康科特華爾登池邊的一個小屋裡，並寫出了記載他的生活的傑作《湖濱散記》（1854）。梭羅一生只出版了《康科特河與梅里馬克河上一周》（1849）。他曾在監獄冥思一晚，並在隨筆《公民不服從》（1849）中抗議美西戰爭。他的這一思想影響了後來的甘地以及金恩等人。後來梭羅對超驗主義的興趣逐漸減退，成為專注的廢奴主義者。他的許多關於自然的作品以及他在加拿大、緬因州以及科德角的見聞記錄顯示了自然主義者敏銳的思想。梭羅死後出版了二十卷作品集，並不斷有作品出版。

梭羅，肖像畫，羅塞（Samuel Worcester Rowse）繪於1854年；現藏麻薩諸塞州康科特大眾圖書館
By courtesy of the Corporation of the Free Public Library, Concord, Mass.

Thorez, Maurice＊　多列士（西元1900～1964年）　法國共產黨政治人物。十二歲時成為煤礦工人。920年加入法國共產黨，並因進行宣傳鼓動多次入獄。後來成為地方共產黨書記（1923），又升爲法國共產黨總書記（1930）。1932～1939年以及1949～1960年進入法國下議院，1936年幫助成立了人民陣線政府。1943～1944年期間居住在蘇聯，後來返回法國，擔任國務部長（1945）和代理總理（1946、1947）。他在赫魯雪夫以後仍然是忠實的史達林主義者。

Thorndike, Edward L(ee)　桑戴克（西元1874～1949年）　美國心理學家。從師詹姆斯和加太爾，後來在哥倫比亞大學任教（1904～1940）。他是動物學習和教育心理學領域的先驅，發展了一種叫做聯結主義的行爲主義學說，認爲學習是通過相關連接發生的。他對定量實驗方法的發展和提高學校教育的效率都做出了巨大貢獻。他的著作包括《心理和社會測量理論導言》（1904）、《教育原理的心理學基礎》（1906）、《動物智慧》（1911）以及《欲求、興趣和態度的心理學》（1935）。

Thorndike, (Agnes) Sybil　桑戴克（西元1882～1976年）　後稱西碧爾夫人（Dame Sybil）。英國女演員。在倫敦「老維克劇團」演出期間成爲主要的悲劇演員。以在現代劇和古典劇中多才多藝的演出而著名，還創造了蕭伯納《聖女貞德》中的主角（1924）。後來經營倫敦劇院，常與她的丈夫、演員兼導演的路易斯．卡森共同主演，一生演出了五十多年。

Thoroughbred　純種馬　1689～1724年間英格蘭引進的三種沙漠種馬的後代，用於賽馬和跳越障礙的輕型品種。純種馬頭形優美，身軀修長，胸闊，背短。多數爲栗色、紅棕色、棕色、黑色或灰色。站高約163公分，體重約450公斤。它們靈敏、鬥志昂揚，常被用來改善其他品種。

Thorp, John　索普（西元1784～1848年）　美國發明家。1828年發明了環錠細紗機。由於生產力高和結構簡單，1860年代該機代替了大部分克倫普頓的走錠紡紗機。

Thorpe, Jim　索普（西元1888～1953年）　原名James Francis Thorpe。美國運動員。具有美洲印第安人（索克人和福克斯人）血統。在賓夕法尼亞州卡萊爾的印第安人工業學校（1908～1912）就讀時，是少年美式足球的中衛，他還擅長棒球、籃球、拳擊、曲棍網球、游泳和曲棍球。1912年索普獲得奧運會十項全能和五項全能冠軍。但是由於調查顯示他曾任半職業棒球選手，於是奧委會追回所授予他的金牌。1913～1919年爲國家聯盟棒球隊外野手，後來又成爲早期職業美式足球明星（1919～1926）。1920～1921年索普擔任後來的全國美式足球聯盟第一任主席。退休以後極度不適，生活窘迫且酗酒。在他死後的1983年，他的奧運會金牌才被歸還。索普通常被認爲是整個20世紀美國最偉大的運動員。

索普示範踢反彈球
The Bettmann Archive

Thorvaldsen, Bertel＊　托瓦爾森（西元1770/1768～1844年）　丹麥雕塑家。父爲冰島木刻家，托瓦爾森曾在哥本哈根上學，後來獲得前往羅馬學習的獎學金。他在羅馬居住了四十多年，努力奮鬥成爲19世紀最成功的雕塑家之一。1838年回到哥本哈根，他的回歸被當作是一件國家大事來慶祝。其大部分的雕塑作品是針對經典人物和主題重新作詮釋，托瓦爾森也製作宗教神像和人物胸像。

Thoth＊　透特　埃及月神以及計算、學問與寫作之神。據說他發明了寫作、語言，代表太陽神瑞，爲諸神擔任文書、譯員和顧問。在奧西里斯神話中，透特保護懷孕的伊西斯，並治癒了其子何露斯的眼睛。他裁判死者並把結果報告給奧西里斯。跟隨他的動物爲朱鷺和狒狒，數百萬的這兩種動物都被製成木乃伊以紀念他。透特通常以人形出現，但爲朱鷺之頭。在希臘神話中透特是赫耳墨斯，被認爲是赫耳墨斯祕義書的作者。

thought, laws of　思維規律　傳統上，三個邏輯的基本法則：（一）矛盾律、（二）排中律和（三）同一律。也就是說，（一），對所有的命題P來說，不可能P與非P都成眞（以符號來表示，即$\neg(p \wedge \neg p)$；（二）P或者非P，其中之一必須爲眞，在兩者之間沒有第三種或居中的命題可以爲眞（以符號來表示，$p \vee \neg p$）；（三）如果，一個命題的函數F，對一個個別的變項x爲眞，則F確實適於x爲眞（以符號來表示，$(\forall x)\,[F(x) \supset F(x)]$）。另一個同一律原則的公式是，一件事物等同於它自身，或以符號表示成$(\forall x)\,(x = x)$。

Thousand and One Nights, The　一千零一夜　亦稱《天方夜譚》（The Arabian Nights'entertainment）。阿拉伯語作Alf Laylah Wa Laylah。東方故事集，年代與作者不詳。其所採用的框形結構故事樣式可能源自印度。故事中的國王每天娶一女子爲妻然後將她殺死，但聰明的山魯佐德挫敗了國王的復仇心理。山魯佐德用來誘勸國王並最終使國王不再想要殺死她的故事，分別源自印度、伊朗、伊拉克、埃及和土耳其，有的可能來自希臘。現在人們普遍認爲這些故事是將原先口頭流傳了數百年的傳說收集整理而成的。18世紀歐洲的一個翻譯本是已知最早出版發行的版本。柏頓爵士譯的《一千零一夜故事》（1885～1888）是最著名的英譯本。

Thousand Islands　千島群島　美國紐約州與加拿大安大略之間的大約1,500座小島，在聖羅倫斯河中延伸128公里。一些屬於加拿大，一些屬於美國。有夏日度假設施和加拿大聖羅倫斯國家公園。聖羅倫斯國家公園成立於1904年，面積400公頃。千島國際大橋有五個橋孔，連接一些小島，全長13.7公里，連接紐約和安大略。

Thrace　色雷斯　古代和現代巴爾幹東南部一地區。歷史上色雷斯的邊界在不同時期各有不同。在古希臘時代，色雷斯以多瑙河、愛琴海和黑海爲界。現代色雷斯則相當於今保加利亞南部地區、希臘的色雷斯省及土耳其的歐洲部分，包括加利波利半島。古色雷斯人爲印歐血統，西元前2000年已在此定居。其文化以詩歌和音樂著稱，其士兵則以勇敢善戰聞名。西元前7世紀希臘人在這裡建立起殖民地。西元前6世紀此地臣服於波斯。西元前4世紀又被馬其頓征服。西元1世紀時這裡成爲羅馬的一個行省，其北部被併入莫西亞。此後它又曾成爲拜占庭帝國的一部分，1453年又落入鄂圖曼土耳其人之手。1885年其北部地區併入保加利亞；東部地區則在1923年歸土耳其所有。當地盛產玉米、稻穀米和葡萄，養蠔和捕鰻也很發達；主要經濟作物爲土耳其煙草。

thrasher　美洲嘲鶇　新大陸17種嘲鶇科鳴禽的統稱，喙向下彎曲，常喧鬧地在茂盛的植被地面覓食，鳴聲響亮。美洲嘲鶇出現在加拿大北部至墨西哥中部以及加勒比海地區。北美落磯山脈以東的褐色美洲嘲鶇體長30公分，紅褐色的羽毛，腹部有條紋。在乾旱的美國西南部和墨西哥有一些長尾、黃褐色的品種。

褐色美洲嘲鶇
Thase Daniel

thread 線 圓形斷面的緊撚合股紗，用於縫紉機和手工縫紉。通常纏繞在線軸上，線的型號（長度和粗細）在線軸端部標出。棉線通常用於植物性纖維織物，如棉花和尼龍，也可用於人造纖維（一種植物，由纖維素製成）織物。絲線適用於絲、毛等動物纖維織物。尼龍和聚酯線適用於合成纖維織物和高彈性針織物。

thread cross 彩線十字網 由兩根木條紮成十字形，再以彩線圍繞木條兩頭捆成蛛網形，在西藏巫術中用以捕捉妖魔的物品。在南非、祕魯、澳大利亞和瑞典也有類似的東西。但形狀各不相同，有簡單的菱形，還有高達3公尺的複雜的輪形或盒形。通常綴有羊毛、鳥羽或紙片。

Three Emperors' League 三帝同盟 德語作Dreikaiserbund。19世紀後半葉由德國、奧匈帝國及俄國組成的同盟，同盟由德國首相俾斯麥策劃而成。其目的在於使俄、奧中立並孤立法國。第一次三帝同盟自1873至1875年有效。第二次三帝同盟訂於1881年6月18日，為期三年。1884年續訂，1887年廢除。兩次同盟的告終，均因奧匈帝國與俄國在巴爾幹的利益劇烈衝突所造成。俾斯麥去職後，此約未再續訂，法俄結成同盟。

Three Gorges Dam Project 三峽大壩計畫 設計跨越中國長江的大壩。預定在2009年完成後，它將是世界上最大的大壩，其水力發電量將相當於十五座燃煤發電廠所生產的電量。它還將創造出一個巨大的深水水庫，能讓萬噸貨輪從中國東海向內地航行2,250公里。這項引起極大爭論的工程要求重新安置一百多萬人口，並破壞優美的風景和許多考古遺址。批評者們還擔心水庫潛在的污染和淤積以及大壩倒塌的可能性。雖然該工程建設已於1993年開始，但全國人民代表大會中有三分之一的代表棄權或反對，世界銀行也提出環境和其他方面的考慮而不提供資金。批評者爭辯說在長江支流上建造若干較小的大壩可以實現同樣的目的而危險卻較小。

Three Henrys, War of the 三亨利之戰（西元1587～1589年） 法國的最後一次宗教戰爭，參戰三方是國王亨利三世、極端的天主教徒吉斯公爵第三洛林的亨利一世以及胡格諾派領袖那瓦爾亨利（後來的亨利四世）。在早期的衝突中，吉斯家族領導的神聖聯盟獲勝，迫使亨利三世於1588年簽訂了同盟法令，任命他為王國的中將。亨利三世受辱後刺殺了吉斯，但是同盟繼續保持指揮權，亨利不得不尋求其表兄那瓦爾亨利的幫助。保皇黨和胡格諾派教徒聯軍擊退同盟軍，但是亨利三世被暗殺。亨利三世死之前曾告誡未來的亨利四世信奉天主教。

Three Kingdoms 三國（西元220～280年） 中文拼音作San-kuo或Sanguo。中國漢朝覆亡後三個小國爭奪霸權的時期。曹操之子曹丕建立魏國，統治中國北部。劉備在諸葛亮的輔佐下在今四川建立蜀漢；吳國建立於南方，以建業（今南京）為首都。西元280年被納入晉朝，中國統一。三國鼎立的六十年間，一直是中國文學，特別是歷史小說的重要題材來源。

Three Mile Island 三哩島 美國賓夕法尼亞州靠近哈利斯堡的核電站。曾發生過美國核工業歷史上最嚴重的事故（1979年3月28日）。機器的故障和人為的錯誤造成了原子核的部分銷毀以及放射性氣體的釋放。儘管有保證說對健康無害，這場事故仍增加了公眾對核能的恐懼，加強了公眾對核能使用的反對，並有效的阻止了核反應爐的建立以及美國核電站的進一步發展。

3M ➠ Minnesota Mining & Manufacturing Company

threonine＊ 蘇氨酸；羥丁胺酸 一種必要氨基酸。存在於蛋、奶、明膠及其他蛋白質之中，可以經由水解酪蛋白而合成或取得。用在營養學和生物化學方面的研究，並作為飲食補給品。

thresher shark 長尾鯊 長尾鯊科5種鯊的統稱，以其鐮形長尾幾達體長之半而聞名。廣佈於世界熱帶和溫帶海洋。以烏賊與群集性魚類為食，先把獵物圈趕成小群，而後進行掠食。有時以尾擊暈獵物，或擊打水面以恐嚇獵物。通常認為對人無害。狐形長尾鯊為深色的大型魚，長可達6公尺。

thrips 薊馬 纓翅目中約5,000種昆蟲的統稱，體小，有翅，主要以植物為食，分布於世界各地的溫帶和熱帶地區。許多品種吸食植物的汁液，或傳播病毒性植物疾病，會損壞農作物。少數幾種捕食其他動物。薊馬能達到的最大長度為15公釐。大多數有兩對窄長、帶緣毛的翅翼。

thrombocyte 血栓細胞 ➠ platelet

thrombosis＊ 血栓形成 在心臟或血管內形成血凝塊（血栓）的一種病理現象。導致血栓形成的因素包括炎症引起的血管內膜損害（血栓性靜脈炎）或動脈粥樣硬化（參閱arteriosclerosis）、血流紊亂（例如因動脈瘤造成）或緩慢（例如長期臥床）、凝血異常（例如血小板增多或血中脂肪過高）。血栓形成是重大外傷後值得注意的風險，尤其是發生於腿部靜脈深處者。血栓可阻塞血栓形成處的血流或脫落形成栓子阻塞其他部位的血管（栓塞）。

throne 寶座 設置在台座上面鑾座，通常有一頂華蓋，代表著就座的顯赫人物的權力，有時則表示授予這種權力。在希臘歷史上，寶座就被看作與神座相同，不久寶座一詞表明占有者擁有世俗和宗教權力，並且在各國都有同樣的意思。保存至今的最古老的寶座是克諾索斯城牆（西元前1800年）裡面的一張。而最富麗堂皇的寶座大概要算德里統治者的鑲嵌寶石的孔雀寶座，1739年由波斯從印度偷走，後來成為波斯／伊朗王國的象徵。17世紀晚期和18世紀，寶座通常由銀製成，後來則由鍍金的木頭製成。

所謂的達戈貝爾特國王寶座，青銅製，可能做於西元8世紀，12世紀又加以修飾
By courtesy of the Bibliothèque Nationale, Paris

throttle 節流閥 調節供給流體（蒸氣）到發動機的閥，特別是指控制送往內燃機汽缸的汽化燃料的閥，又稱油門。汽車發動機內，汽油進入化油器上方的氣室，空氣從化油器的狹窄入口往下流動，通過節流閥進入進氣歧管。入口的管徑縮小，加速空氣流過這狹小通路，因為流過的量造成

壓力降低。入口壓力的下降造成燃料從噴嘴進入氣流。由發動機速度或油門位置的改變造成氣流的增加，都會對燃料造成壓力差的增加，造成更多的燃料流入。亦請參閱venturi tube。

thrush 鶇 鶇科約300種鳴禽的統稱，通常有細長的喙和帶「靴」的下腿（即下腿前面覆以單片長鱗，而非多片短鱗）。鶇體長13～30公分。多數的羽色不鮮豔，往往帶有鮮明的黃、紅或藍色塊斑。鶇爲世界性分布，但東半球（尤其非洲）種類最多。北方品種是強健的候鳥。鶇廣泛占據樹上和地上的棲所，食昆蟲和果實；少數吃蝸牛或蚯蚓。築敞口的杯形巢；少數占洞爲巢，產3～6枚卵。有些鶇，包括隱居鶇和黃褐森鶇，都有出名的美妙歌喉。亦請參閱blackbird、bluebird、chat、ouzel、redstart、robin。

Thuan Thien ➡ Le Loi

Thucydides＊ 修昔提底斯（西元前406?～西元前404?年） 古希臘最偉大的歷史學家。雅典人。曾在伯羅奔尼撒戰爭中指揮艦隊，但未能阻止重鎮安菲波利斯的淪陷，後來被流放二十年。流放期間，他寫了《伯羅奔尼撒戰爭史》。但是他生前未能完成，因爲該書記載到西元前411年就突然中斷。該書是史上第一部從政治與道德面分析國家戰爭政策的書，謹慎探究了衝突的原因、交戰兩國的特點以及戰争技巧，嚴格按年代記錄了事件，包括他自己曾參加的事件。

修昔提底斯，根據希臘雕像做成的羅馬胸像；現藏英格蘭諾福克霍爾克姆廳
By courtesy of National Monuments Reccords, London

Thugga＊ 土加 今作Dougga。北非古代城市。曾是重要的古迦太基城市，西元200年被羅馬吞併。是突尼斯保存最完好的羅馬遺跡；遺址包括一座紀念塞維魯的拱門、廣場、浴室、別墅、溝渠、劇院以及供奉丘比特、朱諾和密涅瓦的神廟。另外還有一座西元前2世紀羅馬之前的陵墓遺跡。

thumb piano 姆指琴 ➡ lamellaphone

Thunder Bay 桑德貝 加拿大安大略省中西部城市。位於大湖西北岸。最早的定居點爲1678年法國的皮毛貿易站。1870年代和1980年代，銀礦的發現以及加拿大太平洋鐵路的開通使得此處的亞瑟和威廉兩鎮得以迅速發展。其競爭隨著1906年港口設施的統一而結束。1970年兩鎮合併，產生了桑德貝市。現爲加拿大最忙碌的港口，也有穀物儲存和裝運倉庫。其他工業有造船業。人口114,000（1991）。

thunderbird 雷鳥 北美印第安人神話中的一個神通廣大的鳥形精靈，澆灌大地讓草木生長。閃電被認爲是從它的喙發出的閃光，它的翅膀的拍擊被認爲是隆隆雷聲。常被描繪成腹部還長有一個頭的大鳥，尤其是在圖騰柱上，通常還伴有其他的鳥精靈。雖然雷鳥在北美很著名，在非洲、亞洲和歐洲也發現過類似的圖案。

北美洲西北海岸海達印第安人的木製雷鳥，做於19世紀；現藏大英博物館
By courtesy of the trustees of the British Museum

Thunderbolt 雷電式戰鬥機 ➡ P-47

thunderstorm 雷暴 激烈的、短時間的大氣擾動，通常與積雨雲（很高且很密的雨雲）有關，常伴有雷和閃電。雷暴通常會產生強的陣風和大雨，偶爾還有雹和龍捲風。世界各地都會發生雷暴，但是在極地很罕見。在美國，佛羅里達半島和墨西哥海灣的雷暴活動最爲頻繁（每年有70～80天）。

Thünen, Johann Heinrich von＊ 屠能（西元1783～1850年） 德國經濟學家和農學家。曾用自己的財產調查商品運輸成本和產地的關係。後來在《孤立國》（1826）中提出其理論。他想像出一座孤立的城市，位於肥沃的平原中間，以創造一個同心圓式的農業生產地帶。沈重的產品和易爛產品在城鎮附近生產，而更輕和持久產品則在週邊生產。土地的報酬隨著到城裡的運費增加而下降。屠能模式影響了後來該領域的許多作者。

Thurber, James (Grover) 瑟伯爾（西元1894～1961年） 美國作家、漫畫家。就讀於俄亥俄州立大學，1926年來到紐約。1927～1933年供職於《紐約客》雜誌，此後一直是該雜誌的主要撰稿人。他爲自己的第一部書《性是必須的嗎？》（1929，與懷特合著）繪插畫，而他的卡通作品爲美國最受歡迎最熟知的作品。1940年瑟伯爾由於視力減退不得不停止繪畫。他的著作包括《我的生活和艱難歲月》（1933）、《當代寓言集》（1940）、《瑟伯爾畫冊》（1952）、《紐約客》文集《和羅斯在一起的歲月》（1959），以及兒童讀物《十三座鐘》（1950）。他以他所描繪的沈溺於幻想逃避現實的人著稱，如《華爾德·米蒂的祕密生活》（1939，1946年拍成電影）中的主角。

Thuringia＊ 圖林根 德語作Thüringen。德國歷史上著名的地區和州。包括以前東德西南部的圖林根森林周圍地區。首府愛爾福特。日耳曼圖林根人西元350年始見記載，5世紀中期被匈奴占領。1485年成爲薩克森的一部分，後來又分裂爲幾個小國。1871年這些小國加入德意志帝國，第一次世界大戰以後統一。隨著1945年德國的分治，圖林根成爲東德的一部分。1990年重新成爲統一德國的一個州。經濟主要以工業爲主。人口約2,504,000（1996）。

Thurmond, (James) Strom 瑟蒙德（西元1902年～） 美國政治家，1955年成爲參議員。曾任州參議員（1933～1938）及巡迴法庭法官（1938～1941）。任州長時（1947～1951）曾擴張州教育體制。1948年的民主黨全國代表大會中，他領導南方代表派反對民主黨的民權政策。迪克西民主黨人提名他爲總統候選人，獲得39票。1954年他入選美國參議員，成爲任期最長的議員。瑟蒙德非常保守，倡導州的權利，反對民權立法，支持增加軍費。

Thurstone, L(ouis) L(eon) 瑟斯頓（西元1887～1955年） 美國心理學家。起初在芝加哥大學任教（1927～1952）。他主要關注測量人的態度和智商，在發展心理測量學上起了重要作用。他的主要著作《智力向量》（1935，1947年修訂爲《多種因素解析》）提出了多種要素分析，以解釋心理測驗結果的相關性。

Thutmose III＊ 圖特摩斯三世（卒於西元前1426年） 埃及第十八王朝國王（西元前1479～西元前1426年

在位），古埃及最偉大的法老。十歲左右登基，但是他的阿姨哈特謝普蘇特起初爲其攝政，後來又獨自統治了二十年。她死後，圖特摩斯三世開始了在敘利亞和巴勒斯坦重建埃及霸權的戰爭。後來襲擊和打敗了埃及強大的美索不達米亞對手米坦尼王國，征服了南方的努比亞部落，將努比亞人發配到成爲埃及財富基礎的金礦中。他後來又發動更多的戰爭以鞏固他的勝利，並且規定，各地統治者每年都要向埃及進貢，並把他們的子嗣送到埃及宮廷接受教育作爲人質。在國內，他擴建了凱爾奈克的阿蒙神廟。他的木乃伊1889年被發現，陵墓發現於1962年。

thyme＊　百里香　唇形科薄荷屬芳香草本植物，學名爲Thymus vulgaris，原產歐洲南部、地中海地區、小亞細亞和中亞，也栽培於北美。爲一種低矮的小灌木，葉小，彎曲，揉碎有香氣。乾葉和花蓬常用作多種食品的調味劑。蜜蜂喜好百里香花，數百年來，西西里百里香蜜一直馳名。所含精油有防腐和麻醉的功效，用作內服藥；也被用於香科和牙膏製造。

百里香
Walter Chandoha

thymine＊　胸腺嘧啶　一種嘧啶類有機化合物，通常叫做基底，由含有氮和碳原子以及甲基的環形物組成。經常以組合形式出現於許多重要的生物分子中，尤其是去氧核糖核酸（其中的補充基底爲腺嘌呤）。胸腺嘧啶及其相關的核苷和核苷酸可以通過選擇性的水解技術由去氧核糖核酸製得。

thymus＊　胸腺　胸骨與心臟之間的角錐形的淋巴器官（參閱lymphoid tissue）。從青春期開始，胸腺體積逐漸縮小。沒有淋巴血管通往胸腺，胸腺也不能過濾淋巴。相反的，胸腺外皮層的莖細胞發展成爲不同的T細胞（參閱lymphocytes）。一些移到內骨髓，進入血流，沒有進入的則被毀掉，以阻止自體免疫反映。這一過程在嬰兒時期更爲活躍。如果新生兒的胸腺被切除，就不能產生足夠的T細胞，脾臟和淋巴結也不能產生組織，免疫系統破壞，造成逐漸的、致命的萎縮病。而成年人的胸腺切除幾乎沒有副作用。

thyroid function test　甲狀腺功能試驗　用於判定甲狀腺合成激素（荷爾蒙）、甲狀腺素（T_4）和三碘甲狀腺氨酸（T_3）功能的臨床和實驗室檢查方法。一些試驗用於測量甲狀腺激素的代謝效應。另外一些則估定其合成、釋放、轉運，通常通過身體對放射性碘的攝取來測量。這些碘集中在甲狀腺。

thyroid gland　甲狀腺　位於喉下方、分泌對新陳代謝和生長都很重要的激素（荷爾蒙）的內分泌腺。甲狀腺的激素分泌——大部分是甲狀腺素（T4）——由甲狀腺刺激激素（TSH）控制，在其血液水平降到一定極限以下時由腦下垂體釋放（參閱endocrine system）。這些激素對成人的主要作用是調節細胞的氧消耗（亦即組織的代謝速率）。還可降低血中膽固醇含量，爲正常生長和兒童發展必不可少的條件，兒童甲狀腺不足會導致呆小病。甲狀腺也製造降鈣素，這是一種阻止血清中鈣量增加太多的激素，以平衡副甲狀腺激素的活動。亦請參閱goitre、Graves' disease、iodine deficiency、myxedema。

thyroxine＊　甲狀腺素　亦作*l*-tetraiodothyronine T_4。甲狀腺分泌的兩種主要激素（荷爾蒙）之一（另一種是三碘甲狀腺氨酸）。主要功能是刺激氧消耗因而促進體內各組織細胞的代謝。甲狀腺素是把碘加到與甲狀腺球蛋白結合的酪氨酸分子上形成的。甲狀腺素分泌太多叫作甲狀腺功能亢進，分泌不足叫作甲狀腺功能減退。

Thyssen, Fritz＊　堤森（西元1873～1951年）　德國工業家、希特勒的財政支持者。1926年費茲・堤森繼承其父的產業和財富，經營家族的鋼鐵和煤礦生意（參閱Thyssen Krupp Stahl）。他創造了家族企業聯合，控制德國礦產資源的75%以上，並雇用工人200,000人。德國的社會主義浪潮興起後，堤森頗爲苦惱，因此支持希特勒，資助希特勒攫取德國總理席位。但是堤森反對希特勒後來的政策，並於1939年逃到瑞士，使得希特勒將其財產充公（約8,800萬）。後來堤森在法國被捕（1941），並被納粹黨投入監獄。戰後，堤森被判爲「小納粹分子」，被勒令交出全部財產的15%作爲對納粹受害者的賠償基金。

Thyssen Krupp Stahl＊　堤森・克魯伯鋼鐵公司　德國鋼鐵公司。克魯伯是1811年弗里德里希・克魯伯（1787～1826）創設的鋼鐵工廠，位於埃森，之後約一百五十年皆由家族勢力持有經營。克魯伯以製造高品質鋼鐵、加農炮及其他武器聞名，也隨著德國海軍崛起而壯大致富。在第一次世界大戰期間，克魯伯享有武器製造的壟斷權，其中性能最強的武器是「貝爾塔巨炮」。戰後德國被禁止製造武器，克魯伯部分廠房也被拆除，不過仍然是一座龐大的工業王國。1930年代德國在希特勒統治下非法重整軍備，克魯伯工廠即爲主要的製造中心。第二次世界大戰後，阿佛列・克魯伯（1907～1967）因使用俘虜工作而遭到戰犯審判，並被命令沒收全部財產；後來在韓戰爆發時阿佛列德獲得特赦及歸還財產。1968年，他的兒子宣告拋棄克魯伯的名稱及資產，克魯伯成爲公有公司，1992年克魯伯公司與赫施公司合併，成爲克魯伯－赫施公司。至於堤森公司則原是堤森（1842～1926）創辦的軋鋼廠，後來與其他七家鋼鐵公司合併成爲聯邦鋼鐵公司，但在1953年又恢復原始名稱堤森。這兩家競爭廠商在1999年合併成爲堤森・克魯伯鋼鐵公司。

Tiamat＊　提阿瑪特　美索不達米亞神話中的一位主要女神，她是鹹水的象徵，也是衆神之母。當其他神祇與她的夫婿亞普蘇起衝突，而造成亞普蘇的死亡時，提阿瑪特憤怒地對衆神宣戰，帶領著由她創造的惡魔兵團。她奮力作戰，敗於馬爾度克手下，乃是創造巴比倫的史詩*Enuma elish*的內容。馬爾度克後來從祂的軀體創造出天與地。

Tian　天　亦拼作T'ien。（英文中，與天空〔sky〕、天界〔heaven〕近似）在中國本土的宗教裡，天具有至高的權力，統治人類與較低層級的神祇。天這個詞可指神靈，和不具有人格的自然，或兩者兼具。天作爲超自然的神靈時，是種不具人格的權能，與至高的統治者「上帝」形成對比。但在中國，這兩者被緊密地視爲相同，兩者的名稱有時也當作同義詞來使用。在後一含意中，天可比作自然或命運。學者普遍同意，天是道德律令的根源，但長久以來關於天是否回應對人的行爲加以獎賞或懲罰的請求，或者世事僅僅遵循天的命令和原則，一直有所爭論。

Tian Shan　天山　亦拼作Tien Shan。中國西部的吉爾吉斯和新疆維吾爾自治區境內山系。天山的山脈與谷地延伸長約1,500哩（2,500公里），呈東西走向。最高峰爲吉爾吉斯境內的托木爾峰，高約24,406英呎（7,439公尺）。此座高峰於1943年由蘇聯探險隊所發現。該區域大部分的人口居住在費爾干納盆地。

Tiananmen Square＊ 天安門廣場 世界上最大的公共廣場之一，最初於1651年在北京設計和建造，1958年加以擴充。這座廣場得名於其北端的巨大刻石「天安門」（有如天界般的和平大門）。廣場之內與外圍都是會堂、博物館與紀念碑，包括以國家大典展示其遺體的毛澤東紀念館。天安門從1919年起一直是號召學生示威的聚集地。1989年廣場上擁護民主的浩大示威，最終吸引超過百萬人的抗議者，他們占據北京大部分的區域。後來當局下令坦克駛進廣場驅散群眾，造成數百人被殺（數目尚有爭議）、上千人遭到逮捕，從而有力地鎮壓這場運動。亦請參閱Fang Lizhi。

Tiancong ➠ Hongtaiji

Tianjin 天津 亦拼作T'ien-chin、Tientsin。中國東北部海港與直轄市，濱臨海河。天津藉由大運河與揚子江（長江）相連，是中國第三大城。自13世紀的元朝（蒙古王朝）以來即為主要的運輸與交易中心。明朝（1368～1644）期間是一座軍防城鎮。第二次鴉片戰爭（1856～1860）期間，英國和法國曾占領天津。1858年在天津簽署的條約中，中國開放了十一個對外貿易的港口。天津作為條約港口之一，發展迅速。1900年的義和團事件，在天津發生了激烈的戰鬥；之後天津委由國際託管，其城牆並遭拆毀。現為中國北方最主要的港口和中國第二大製造業中心。教育機構包括天津大學（1895年建）和南開大學（1919年創設）。人口：城區4,835,327人；市區9,590,000（1999）。

Tianshi Dao ➠ Five Pecks of Rice

Tiantai＊ 天台宗 日語作Tendai。6世紀智顗所創的佛教宗派。主要經典為《妙法蓮華經》，故又稱法華宗。基本教義是「三諦」：即一切的法缺乏存在的實體；雖然如此，它們具有短暫的實體存在；同時法是不真實的及短暫存在的——一個絕對的真理超越了其他。在天台宗裡，所有的佛教知識是按一個大的等級體系來排序的。在日本，最澄試圖結合禪定、修行原則和祕教儀式，也鼓勵融合神道教和佛教的思想。

Tibbett, Lawrence (Mervil)＊ 狄白特（西元1896～1960年） 原名Lawrence Mervil Tibbet。美國男中音歌唱家。開始是歌唱演員，後來轉向歌劇。1923年首次在大都會歌劇院演出，以後一直是大都會歌劇院演唱主要男中音，直到1950年退休。曾在《瓊斯皇帝》、《快樂山》、《西門·波卡涅加》、《彼得·格林》以及《霍凡希納》中飾演主角。也曾主演幾部音樂片，並出現在著名廣播節目《最流行的一批》中。

Tiber River＊ 台伯河 義大利語作Tevere。義大利河流。為義大利第二大河流，發源於亞平寧山脈，向南流過405公里，穿過羅馬城，最後奧斯蒂亞注入地中海。是羅馬時期重要的航海貿易路線。儘管幾個世紀以來一直在打撈其淤泥，現在河裡的淤泥一直限制其使用。

Tiberias＊ 太巴列 希伯來語作Teverya。以色列東北部加利利海岸的城市和勝地。低於海平面210公尺，是世界上最低的城市之一。西元20年由希律·安提帕創建，以當時的羅馬皇帝提比略命名。70年耶路撒冷被羅馬毀壞以後，太巴列成為猶太學問中心，後來又成為猶太教公會和拉比學校的所在地。3～6世紀，猶太法典在此編輯。1187年薩拉丁從十字軍手中奪回該城。現在的城市在1922年歸英國委任統治時重建，1948年成為獨立以色列的一部分。歷史古蹟包括邁蒙尼德陵墓。太巴列是猶太教四聖城之一（參閱Hebron、Jerusalem和Zefat）。人口約29,000（1982）。

Tiberias, Lake 太巴列湖 ➠ Galilee, Sea of

Tiberius 提比略（西元前42～西元37年） 全名Tiberius (Julius) Caesar Augustus。原名Tiberius Claudius Nero。古代羅馬第二代皇帝。由奧古斯都撫養長大。奧古斯都娶了提比略的母親德魯塞拉。二十二歲時初次指揮戰役，奪回幾十年前在安息丟掉的幾個羅馬軍團的旗幟，因而聲名大振。但是他被迫放棄心愛的妻子，娶奧古斯都的女兒朱利亞為妻（西元前12年）。儘管擔任羅馬執政官，他自願前往羅德島過著流放生活（西元前6年），成為憤怒的隱士。西元前4年其妻由於不守婦道被奧古斯都流放。奧古斯都將他召回羅馬並指定他為繼承人。成為皇帝以後，最初他能有效的管理國家，開始了一些改革，只是偶爾才很嚴酷，如藉口驅逐羅馬的猶太居民。其子德魯蘇斯神祕逝世以後，他開始信賴塞揚努斯，並移居卡布利（27）。從此他逐漸變得越來越強暴，隨意殺人拷打人。31年塞揚努斯成為執政官後，提比略懷疑其野心，並將其處死，指定卡利古拉為其繼承人。37年羅馬禁衛軍宣布支持卡利古拉，殺死了病床上的提比略。

年輕的提比略，大理石胸像，1896年埃及出土；現藏哥本哈根Ny Carlsberg Glyptotek
By courtesy of the Ny Carlsberg Glyptotek, Copenhagen

Tibet＊ 西藏 藏文作Bod。中文拼音作Xizang、Hsi-tsang。原本是國家，如今為自治區，位於中國西部。首府拉薩。1950年代之前，西藏以其佛教文化和宗教而自成一獨特的整體，並試圖孤離於世界的其他部分。西藏位於一座平均高於海平面4,900公尺的高原上，是世界上最高的地域。其周圍山脈包括崑崙山和喜馬拉雅山脈，埃佛勒斯峰則高聳於邊界，與尼泊爾相鄰。7～8世紀時西藏以強大的佛教王國而興起。13世紀由蒙古所統治；18世紀則由滿清王朝入主。1911～1912年中國革命以後，西藏在英國的影響下獨立。中國共產黨於1950年入侵並占領西藏，並於1959年嚴厲鎮壓反抗中國的叛亂。1965年西藏在名義上成為共產中國裡的自治區。其佛教文化在中國文化大革命期間幾乎陷於毀滅。從1970年代晚期以降，實施了部分宗教和經濟改革，但獨立運動從1980年代以後漸趨增長。西藏的精神領袖達賴喇嘛，於1959年在印度成立流亡政府，並持續嘗試為西藏獨立凝聚世界的輿論。人口約2,400,000（1996）。

Tibetan Buddhism 藏傳佛教 西藏從7世紀開始發展的大乘佛教形式。西藏佛教奠基於中觀學派和瑜伽行派的思想，並吸納早期上座部的寺院戒律的金剛乘的儀式，以及苯教的薩滿特色。過去三個世紀以來，西藏最占優勢的宗派是格魯派，它的精神領袖為達賴喇嘛。藏傳佛教的聖典可分為：大部分從梵文翻譯而來的神聖經文，名為甘珠爾（Bka'-'gyur，意為「聖言的翻譯」），以及印度宗師的註解，名為丹珠爾（Bstan-'gyur，意為「傳遞的聖言」）。1959年中國共產黨接管之後，西藏人開始大量向外移民，從而將藏傳佛教散布至世界各地。

Tibetan language　藏語　超過500萬人使用漢藏諸語言，他們分布在中國的西藏、青海省、四川省和甘肅省；不丹；尼泊爾北部；印度和巴基斯坦的查謨和喀什米爾。自從中國於1959年占領西藏，在印度的飛地裡講說西藏語的人散布至印度和世界其他各地。西藏語包含非常紛歧的方言，依慣例分爲以下幾個語族：西西藏語：包括在查謨和喀什米爾的巴拉提和拉搭奇；中西藏語：包括拉薩的口音以及大部分的尼泊爾方言（包含雪巴）；南西藏語：包括錫金和不丹的方言；康區或東南西藏語，包括內陸高原、青海南部、西藏東部和西川西部的方言；安多或東北西藏語，包括青海北部、甘肅南部和四川北部的方言。大部分西藏人共同使用一套共有、筆畫特殊的書面語文。這套文字的筆畫頗爲獨特，其起源尚有爭議，但可證實最早於8世紀已經出現。

tic　抽搐　肌肉的突然快速反覆收縮。常表現爲眨眼、噴鼻、肌肉抽搐或肩膀聳動。發作通常短暫，難以控制，且局限於身體的某個部位。發生的頻率從頭到腳逐漸降低。與痛性痙攣、舞蹈病及癲癇不同的是，抽搐的發作不影響其他活動，並可有意識地控制一會兒。但若反覆發作亦可養成習慣，且患者本人（常爲五～十二歲且精神緊張的少年）意識不到。大部分的抽搐可能是心理性的，但某些機體失調（如嚴重的腦炎）也可能導致這類動作。患有抽搐症的人往往知道自己在一定程度上可以控制抽搐，但卻不願去控制，因爲這樣做了才覺得舒服。緊張會增加抽搐的發生，分心的事則會導致抽搐減少。心理治療、鬆弛訓練以及生物反饋訓練在治療抽搐方面有一定功效。

Ticino River＊　提契諾河　瑞士和義大利河流。源於聖哥達山脈的山坡，向南蜿蜒至提契諾州，穿過馬焦雷湖，繼續向南注入波河。全長248公里。馬焦雷湖以下河段可通航。該河也是瑞士重要水電資源。西元前218年漢尼拔在提契諾河岸打敗羅馬軍隊。

tick　蜱　寄蟎目硬蜱亞目約825種寄生的蛛形動物的統稱，呈世界性分布。部分成蟲可稍長於30公釐，但大部分的種都要小很多。硬蜱在地面開始並結束其各發育階段，從卵到幼蟲到蛹直至成蟲。但在完成每一發育階段的過程中，它們都需要寄生於一宿主（通常是哺乳類動物），靠吸血生存，然後墜落地面。軟蜱則間歇取食，多次成蛹，寄生於宿主洞穴或窩巢。硬蜱可大量吸血，分泌能致人麻痺或死亡的神經毒素，同時傳染多種疾病。軟蜱也能攜帶各種致病細菌。鹿蜱則是萊姆病的主要傳播媒介。

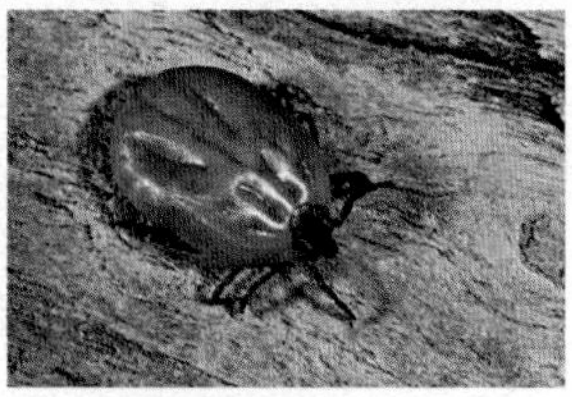

Boophilus屬的牛蜱
E. R. Degginger

Ticonderoga＊　泰孔德羅加　美國紐約東北部喬治湖岸上的小鎮（1990年人口約5,000）。1755年法國人在山普倫湖畔修建卡里隆堡。後來被英國人占領，該堡改名泰孔德羅加。美國革命中，艾倫及其格林山兄弟會的夥伴於1775年占領此堡。1777年英國人重新占領，但是薩拉托加戰役以後丟棄。經修復的芒特霍普堡以及城鎮附近地區現在是旅遊勝地。

Ticonderoga, Battle of　泰孔德羅加戰役　美國革命的一場戰役。1759年起即爲英軍占領的泰孔德羅加堡，1775年5月10日清晨被艾倫和阿諾德所率領的格林山兄弟會攻陷，英軍駐紮的火炮也被亨利・諾克斯移往波士頓，並成爲大革命中美國火炮的基礎。

Ticunas ➠ Tucuna

tidal flat　潮坪　河口灣邊緣平坦的泥質地面，隨潮汐水位變化而交替被淹沒或露出水面。除交替淹沒和暴露之外，受河流淡水和海洋咸水變化不定的影響，潮坪上的物理條件比其他任何海洋環境變化都大。潮坪的泥通常富含溶解的養料、浮游生物遺體及有機質碎屑，並有大量遊移和潛穴小動物，如螃蟹和蠕蟲。植物一般很稀少，但是也可能有藍藻或藍綠藻的藻氈和藻墊。

tidal power　潮汐能發電　利用潮汐的流動使水輪機工作而發電。某些地區可從潮汐中得到大量潛在的能量，如加拿大的芬迪灣，潮汐落差超過15公尺。但這種能量是斷續的，並且隨季節而改變。現代第一座潮汐能發電站1961～1967年建於法國，有二十四個發電機組，每一機組爲10,000瓩。

tidal wave　潮波 ➠ tsunami

tide　潮汐　海水表面規則的、週期性的起落，在大多數地方一天發生兩次。潮汐是由於其他星體（如月亮）在地球表面的不同點所施加的引力的不同而產生的。雖然任何天體（如木星）都可以產生瞬間的潮汐效果，地球表面的大部分潮汐都是由太陽（由於其巨大的質量）和月亮（離地球最近）引起的。事實上，月亮引起的潮汐要比太陽引起的強兩倍。最大的潮汐（春潮，高潮和低潮之間落差很大）發生在新月和滿月的時候，這時地球、月亮和太陽排成一線，太陽引起的潮汐同時增加到月亮潮汐上。最小的潮汐（小潮）發生在太陽和月亮成直角的時候（與地球），此時的日潮部分的被月潮所抵消。海岸線以及水盆地的地形也會影響潮汐大小。

Tieck, (Johann) Ludwig＊　蒂克（西元1773～1853年）　德國作家、評論家。先後就學於哈雷、格丁根和埃朗根大學。他最初的作品與早期的浪漫主義有關，注重感情而不是理智。《民間童話集》（1797）一書包括他最好的短篇小說《金髮的艾克貝爾特》。這一時期在他的奇異、抒情的劇作《聖吉納維夫的生與死》（1800）和《屋大維皇帝》（1804）中達到頂點。後來他的作品轉向寫實主義。蒂克擔任德雷斯頓劇院的顧問和評論時成爲偉大的文學權威，創作了四十多部短篇小說。

T'ien ➠ Tian

Tien Chih ➠ Dian, Lake

T'ien-chin ➠ Tianjin

Tien Shan ➠ Tian Shan

T'ien-shih Tao ➠ Five Pecks of Rice

Tientsin ➠ Tianjin

Tiepolo, Giovanni Battista＊　提埃坡羅（西元1696～1770年）　亦作Giambattista Tiepolo。義大利畫家、蝕刻師。1730年代他的名聲遠揚於故土威尼斯之外。後來接受委託裝飾米蘭的兩座宮殿（1731）、貝加莫的科利歐尼禮拜堂（1731～1732）以及比龍的洛斯奇別墅（1734）。1736年他應邀去雕刻斯德哥爾摩的皇家宮殿，但是由於威尼斯的教士和貴族競爭其作品，他在那裡一致待到1750年。1750年他與兒子們喬凡尼・多明尼各・提埃坡羅、洛倫佐・提埃坡羅（1736～1776）一同前往符茲堡裝飾大主教王子的宮殿。他的符茲堡壁畫和帆布油畫是他最大膽的色彩最明亮的作品。1762年他與兒子一同接受了繪畫馬德里皇家宮殿天花板的邀請，以逃避七年戰爭的政治動亂，這也是他最後的事業。此後他一直在西班牙，直到逝世。雖然他起初傾向於憂鬱的明暗風格，後來的作品則充滿了明亮的顏色以及大膽的筆繪。他的明亮的充滿詩意的壁畫既擴展了巴洛克屋頂裝飾的傳統，又概括了洛可可風格的輕盈與優雅。提埃坡羅現在一直被譽爲最偉大的畫家。

Tiepolo, Giovanni Domenico＊　提埃坡羅（西元1727～1804年）　亦作Giandomenico Tiepolo。義大利畫家、版畫複製匠。1745年在威尼斯跟隨其父喬凡尼．巴蒂斯塔．提埃坡羅學畫，1762年起在隨其父在馬德里工作，直到1770年父親去世爲止。他最著名的早期作品是維琴察的瓦爾馬拉那別墅具有中國風格的裝飾（1757）。回到威尼斯以後，他畫了《藝術喜劇》中的一些場景。他是很有天賦的風格畫家和漫畫家，爲收藏者繪畫了許多作品，並以按照他自己和他的父親設計創作的雕刻而著名。

Tierra del Fuego＊　火地島　南美洲最南端群島。德雷克海峽將其與南極群島分離。群島西南部分是安第斯山脈的延伸，最高峰超過2,100公尺。島上三分之二是智利人，另外三分之一是阿根廷人。主要島嶼火地島分屬智利（西部）和阿根廷（東部）。島上的阿根廷城市烏斯懷亞是世界上最南端的城市。1880年以前一直爲原住民居住，直到1880年隨著黃金的發現智利和阿根廷民族將其變爲殖民地。島上有智利的唯一油田。島的名字（火地）是指島上有很多火山。

Tietê River＊　鐵特河　巴西東南部河流。發源於大西洋沿岸的山區，全長1,130公里，向西北穿過聖保羅州，匯入巴拉那河。聖保羅州的大城市，包括聖保羅城，就位於河岸或附近。但由於多瀑布和險灘不便通航。

Tiffany, Louis Comfort　蒂法尼（西元1848～1933年）　美國畫家、工匠、慈善家、裝飾家和設計師。著名珠寶商路易．蒂法尼（1812～1902）之子，在美國從師因奈斯，後又到巴黎學畫，成爲公認的畫家。1875年開始試驗彩染玻璃。1878年在紐約的奎恩成立了玻璃製造廠。他發明一種名爲法夫里爾的虹彩玻璃，在歐洲受到廣泛歡迎。1900年以後他的公司又經營燈、珠寶、陶器和小裝飾品。國際上普遍認爲他是新藝術風格的最偉大力量之一。

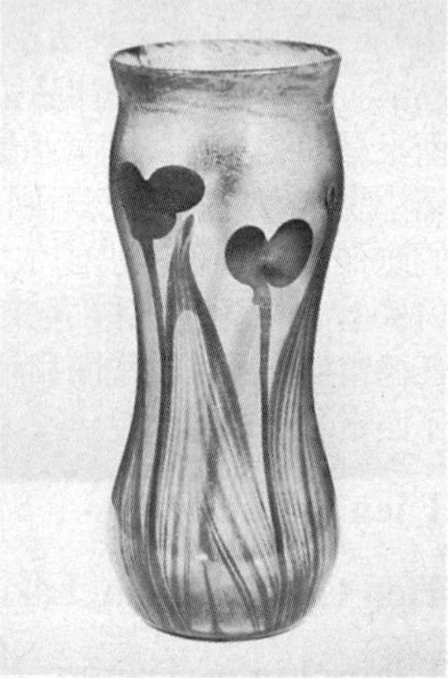
法夫里爾虹彩玻璃花瓶，蒂法尼做於1896年；現藏倫敦維多利亞和艾伯特博物館
By courtesy of the Victoria and Albert Museum, London

Tiflis ➡ Tbilisi

tiger　虎　大型貓科動物，毛色以棕紅或棕黃爲主，間有條紋，主要生活於俄羅斯東部、中國部分地區、南亞以及蘇門答臘的森林、草原和沼澤地帶。虎通常獨居，夜間捕食，捕食對象爲中型的哺乳動物（如鹿等）。不同地區和不同屬的虎其形體大小、毛色以及條紋多有差異。南方虎（如孟加拉虎）要比北方虎（如西伯利亞虎）體形小，毛色更鮮豔。雄虎肩高可超過1公尺，身長可達2.2公尺，且不包括約長1公尺的尾巴，體重則可達160～290公斤。虎的壽命大約爲11年。雖然人們在世界範圍內對虎加以保護，虎的生存仍受到嚴重威脅。在上一世紀虎的數量已經減少了90%以上，其中三個亞種已經滅絕。

孟加拉虎
© Silvestris/Australasian Nature Transparencies

tiger beetle　虎甲　虎甲科約2,000種習性貪食甲蟲的統稱，呈全球分布，但多見於熱帶和亞熱帶。幼蟲等候在最深可達0.7公尺的洞穴頂部，使用其鐮刀狀的上顎捕捉偶或路過的昆蟲。其腹部有一對鉤可固著於穴壁，避免捕獲物掙扎逃逸，捕獲物最終被拖入洞穴深處食用。成蟲身細腿長，體長通常不超過25公釐；有一對長顎，咬人甚痛。許多種呈帶光澤的藍色、綠色、橙色或腥紅色。

Cicindela屬的虎甲
William E. Ferguson

tiger moth　燈蛾　鱗翅目燈蛾科3,500多種蛾俗名，許多幼蟲多毛，俗稱毛毛蟲。成蟲體粗壯，翅呈白、橙或綠色。蟄伏時雙翅如屋面覆蓋於身。美國白蛾爲害甚烈。幼蟲吐絲在葉上築網，有時包被大片樹葉。燈蛾在地上作繭化蛹，其繭以絲同幼蟲体毛混合而成。具帶燈蛾翅展37～50公釐，翅黃色，翅及腹部有黑斑。

tiger shark　鼬鯊；虎鯊　眞鯊科有潛在危險的鯊種類，學名爲Galeocerdo cuvieri。廣佈於全世界暖水海區，從近海到外海均可見到。最大的體長可達5.5公尺，呈淡灰色，尾部上葉長而突出。牙大，一側深凹。貪食，捕食各種魚及其他鯊類、海龜、軟體動物、海鳥、動物屍體以及過往船隻棄物，如煤、馬口鐵罐及衣物等。可爲皮革及魚肝油的原料。亦請參閱sand shark。

tiger swallowtail　北美大黃鳳蝶　數種黑黃色北美鳳蝶的統稱。東部北美大黃鳳蝶是一種體型大，分布廣泛的種類。雄蝶體黃色，翅膀上有黑色邊緣和條紋。北方的雌蝶體色與雄蝶相似，當地沒有黑色、令人討厭的Battus philenor；在南方，兩者共存，當地北美大黃鳳蝶的雌蝶則通常爲全身或多數地方爲黑色。

tigereye　虎眼石　亦作tiger's-eye。閃光石英質次寶石，垂直呈脈狀，發冷光，如同貓眼。是由平行脈狀的藍色石棉（纖鐵鈉閃石）纖維首先蝕變成氧化鐵，然後被二氧化矽交代形成的。呈深黃色到褐黃色或褐色，經拋光後呈現美麗的金黃色光澤。最好的虎眼石料來自南非。亦請參閱cat's-eye。

Tiglath-pileser III＊　提革拉－帕拉薩三世（活動時期約西元前8世紀）　亞述國王，曾領導亞述擴張最後及最偉大的階段。提革拉－帕拉薩三世即位以後立即著手鞏固亞述。他將大省繼續細分，以取消獨立運動，並讓官員直接向他彙報，重新安置成千上萬的居民以保持穩定。他打敗北鄰烏拉爾圖（西元前743年），接著征服敘利亞和巴勒斯坦（西元前734年），奪取巴比倫王位。亦請參閱Ashurbanipal、Sargon II。

提革拉－帕拉薩三世，尼姆魯德出土的浮雕，做於西元前8世紀；現藏大英博物館
By courtesy of the trustees of the British Museum

tigon＊ 虎獅 亦作tiglon。動物園培育的雄虎和雌獅的雜交後代。但雄獅和雌虎的雜交則會產生獅虎（liger）。因爲獅和虎習性和棲息地不同，野生狀態下獅虎不可能雜交。虎獅和獅虎不同程度地具有親獸雙方的特點，但比雙親大，顏色更深。據認爲雄性虎獅大多數不育，雌性偶能生育。

Tigray＊ 提格雷 衣索比亞北部古地區。其地形富有戲劇性，包括海拔超過3000公尺的高原地區以及低於海平面的平原。儘管植被稀少，當地人口仍從事農業和畜牧業。提格雷包括古阿克蘇姆王國的中心以及衣索比亞最古老的城鎮－－有著3000年歷史的耶哈。該地區起初控制了從紅海通往南方國家的貿易路線。16世紀隨著失去對海岸的控制地位下降。隨後受南方統治，後來又遭受埃及、蘇丹、英國和義大利軍隊的威脅。1975年開始的一場反衣索比亞政府的叛亂使得1984～1985年間的旱災和飢荒更加嚴重。這場叛亂1991年取得勝利，使提格雷人民解放陣線的主席成爲總理。1999年衣索比亞與厄利垂亞的邊界戰爭導致提格雷300,000居民的轉移，隨後又發生了飢荒。

Tigris River＊ 底格里斯河 阿拉伯語作Shatt Dijla。《聖經》中稱希底結（Hiddekel）。土耳其和伊拉克東南部河流。底格里斯河全長1900公里，發源於托羅斯山庫爾德斯坦哈札爾湖，向東南方向流經土耳其和巴格達，並與伊拉克東南部的幼發拉底河匯合形成阿拉伯河。底格里斯河和幼發拉底河被定義爲美索不達米亞古代地區。由於該河在農業生產中具有重要的作用，從而爲該地區的文明發展帶來積極作用。該河的兩岸存有許多古城遺址，其中包括尼尼微、亞述、泰西封及塞琉西亞（底格里斯河畔）等。

Tijuana＊ 蒂華納 墨西哥下加利福尼亞州西北部城市。該城位於特卡特河畔，近太平洋，距聖地牙哥以南19公里。1862年該城獲准成爲牧場居民點，後成爲邊境上賭場遊樂地。20世紀該城爲美國遊客進入墨西哥的主要入口。該城建有許多美國投資的工廠、食物加工工廠及釀酒廠。人口699,000（1990）。

Tikal＊ 蒂卡爾 瓜地馬拉北部馬雅人古城。西元前900～西元前300年，該城是熱帶雨林地區的小村莊，後發展成爲重要的商業中心。西元600～900年是該城的鼎盛時期，出現了規模宏大的廣場、金字塔和宮殿建築，同時在雕刻和花瓶彩繪中顯現出馬雅文化藝術。在其全盛時期，該城成爲馬雅南部地區最大的城市中心，其市內居民達到一萬人，城郊居民約五萬人。該城主要的建築覆蓋面積都達到1平方哩。到西元10世紀，該城開始衰敗。1956年該城多數遺址古物被挖掘出土，現在該城是蒂卡爾國家公園的一部分。

Tikhomirov, Vasily (Dmitrievich)＊ 季霍米羅夫（西元1876～1956年） 俄國芭蕾舞者和最具影響力的芭蕾舞教師之一。曾在大劇院芭蕾舞學校接受芭蕾舞訓練，並於1893年加入大劇院芭蕾舞團。不久後，他成爲該團主要舞者，並在創作剛健的芭蕾舞風格中發揮重要作用。後來，他在大劇院芭蕾舞學校任教，開始向學生傳授這種風格的芭蕾舞形式。此後，他成爲該校最具影響力的老師（從1896年開始），並於1924～1937年間出任該校校長。在其妻子格爾采爾的幫助下，他在1917年革命後成功保存古典芭蕾技術。

Tikunas ➡ Tucuna

Tilak, Bal Gangadhar＊ 提拉克（西元1856～1920年） 印度學者和民族主義者。出生於中產階級的婆羅門家庭。曾任數學教師，1884年創辦德干教育學會向大眾普及教育。曾在兩種周末報刊中發表文章，批評英國對印度的統治，並希望將民族主義運動擴大。孟加拉分割事件後，他發起了抵制英貨運動和消極抵抗運動，這兩種形式的運動後來也被甘地所採用。1907年，他被指責煽動暴亂而離開印度國民大會黨，後於1916年重新加入，並與真納簽署了印度－穆斯林教徒聯合條約。儘管提拉克對於外國的統治充滿敵意，但在其晚年時期，爲了完成印度改革他提倡與英國進行合作。

tilapia＊ 吳郭魚屬 亦稱羅非魚屬。鱸形目慈鯛科（又稱麗魚科）一屬魚，種類繁多，大部分爲原產非洲的淡水魚。本屬魚之所以聞名是因其作爲食用魚即易飼養又頗豐產。生長快速，抗病力強，且以數量眾多的藻類和浮游動物爲食使這類魚利於商業養殖。利用溫水系統養殖吳郭魚的歷史可上溯至埃及文明早期。此後該類魚已被引進世界許多溫暖地區的淡水生境。

Tilden, Bill 狄爾登（西元1893～1953年） 原名William Tatem Tilden。美國網球運動員，1920年代稱霸網球球壇。狄爾登出生於費城一戶富人家庭。1918年打入美國網球錦標賽決賽。他曾經7次獲得美國網球錦標賽男子單打冠軍（1920～1925、1929），3次溫布頓錦標賽冠軍（1920～1921、1930），2次職業比賽冠軍。他也曾贏得許多雙打和混雙冠軍，在台維斯盃比賽中他表現突出，28場中勝21場。狄爾登壓倒性的勝利和喜怒無常的個性使其成爲他那個時代最具特點的運動員。

狄爾登
Culver Pictures

Tilden, Samuel J(ones) 狄爾登（西元1814～1886年） 美國政治人物。曾任紐約州民主黨主席。作爲一名正式的黨派領導人（1865～1875），他推翻了坦慕尼廳領導人特威德。1875～1876年間，狄爾登任紐約州州長，並繼續執行改革，揭發由政客及包商組成、專事行詐的運河幫而聞名全國。1876年，他成爲民主黨總統候選人。激烈的選戰由於四個州開出兩種計票結果而引起爭議。後來國會爲解決爭端而設立選舉委員會，將總統職位授予海斯。由於不願引起爭端，狄爾登接受了選舉結果，再次從事自己的法律事務。狄爾登死後將其財產捐在紐約市建立了一個公眾圖書館。

tile 瓦；磚 薄而扁平的板或砌塊，用作建築的結構材料或裝飾材料。過去一直是用上釉或不上釉的耐火黏土製成，現代則用塑膠、玻璃、瀝青、石綿水泥及軟木來製造。陶瓷磚由黏土通過機械壓製而成，結實耐用，通常用作牆壁、地板和工作台面結構材料。機製花磚（通過用作地面裝飾材料）和陶瓦磚，採用天然黏土製成，耐力較小並有空隙，但因其經濟實惠且造型美觀而廣爲使用。建築磚由黏土燒製而成，此類磚總心多孔洞，通常用於建築隔離物。烘製或大理石屋盯磚通常見於古希臘建築中。此外，磚塊建築也被廣泛用於伊斯蘭建築中。有色玻璃磚早期（參閱azulejo）已經在西班牙被普遍使用，並傳到葡萄牙和拉丁美洲國家。西元15世紀，製磚工業已經在歐洲北部聞名，尤其是代夫特的藍色面磚。現代的黏土屋頂面磚或平坦或彎曲，在地中海地區，S形面磚（波形瓦），表面凸凹起伏，並被普遍使用。而現代的牆磚多採用玻璃磚或半玻璃磚。

tilefish　馬頭魚　亦作blanquillo。鱸形目馬頭魚科24種細長海生魚類的統稱，主要分布在熱帶和暖溫帶海域。馬頭魚可食用，大型山脊頸弱棘魚尤具商業價値。該種魚生活於大西洋和墨西哥灣的深水中，頭部有一肉質突出，上體及魚翅局部有黃斑。嘴大，偏斜，齒利，長背鰭上有許多弱刺。

till　冰磧物　地質學中指直接由流動冰沈積的沒有層理的混雜物質。有時也叫（冰）礫泥，通常是由黏土、中等大小的漂礫或兩者的混合物構成的。岩石碎塊多棱角尖銳，因冰川沈積很少經過水流搬運。卵石和漂礫在冰川中可能因碾磨而具有磨光面和條痕。

till-less agriculture ➟ no-till farming

Tillich, Paul (Johannes)＊　田立克（西元1886～1965年）　德裔美國新教神學家。曾就讀於柏林圖賓根大學和哈雷大學，後任第一次世界大戰期間任隨軍牧師。後來又陸續在馬爾堡、德勒斯登、萊比錫、法蘭克福等大學任教。1933年，納粹黨接管德國政權後，他在尼布爾的幫助下移民美國，並任紐約協和神學院教授。由於其講道清晰並著有著作《系統神學》(3卷，1951～1963）而備受尊敬。1955年，他任哈佛大學教授，後於1962年前往芝加哥大學任教。他的神學系統是一種不同尋常的聖經、存在主義與超自然主義的結合，他還試圖既不依靠啓示也不依靠科學來傳達一種對神的理解。他的其他著作還包括《生存的勇氣》（1952）和《信仰的動力》（1957）。

Tillman, Benjamin R(yan)　蒂爾曼（西元1847～1918年）　美國政治家。曾是一個農場主，1880年代成爲貧窮白人農民的發言人。1890～1894年，任南卡羅來納州長。他提倡美國人民黨改革，普及公共教育，向富人繳重稅，並制定鐵路規畫。同時，他也支援制定「吉姆．克勞法」，並考慮向執法措施中加入可對黑人動用私刑的條文。1895～1918年期間爲美國參議員，並支持土地改革。因對政敵猛烈攻擊他還贏得「長柄叉」的綽號。

Tilly, Graf (Count) von　蒂利（西元1559～1632年）　原名Johann Tserclaes。三十年戰爭中巴伐利亞將軍。出生於荷蘭的西班牙人。1585年在法爾內塞麾下任職。1594年加入皇帝魯道夫二世的軍隊，與土耳其人作戰。後受命於巴伐利亞統治者馬克西米連一世重新改組軍隊（1610）。蒂利創建了一支強大的軍隊，並成爲三十年戰爭中天主教聯盟的先鋒部隊。他後來率領天主教聯盟部隊在白山戰役（1620）和盧特戰役（1626）中獲得勝利。1630年他又把帝國軍隊納入其領導之下。1631年他率兵圍攻新教城市馬德堡，但是該城被毀從而造成其損失慘重。由於沒有能夠阻止瑞典人進攻德國，他在布賴滕費爾德戰役（1631）中被瑞典人打敗，後在一次戰役中重傷身亡。

Tilsit, Treaties of＊　季爾錫特條約（西元1807年）　法國分別與普魯士和俄國在普魯士北部的季爾錫特（今俄羅斯蘇維埃茨克）簽署的條約。該條約於拿破崙在拿破崙戰爭中取得勝利並且在歐洲中部和西部建立起其霸主地位後簽署。後來法國與俄國結盟共同占據歐洲的統治地位，並降低了普魯士和奧地利在歐洲的影響力。通過採取祕密手段，俄國加入反對英國貿易活動的大陸封鎖。到1810年，俄國的貿易受到傷害，因此沙皇將俄國各港口開放給中立國船隻使用，從而引起法俄結盟破裂，並導致拿破崙於1812年入侵俄國。

tilth　耕性　土壤的自然條件，特別是其適合種植或栽培作物相關的特性。決定耕性的因子包括土壤顆粒的組成及粒團的安定性、含水量、通氣程度、水的入滲率與排水。土壤的耕性會快速改變，取決於環境因子如含水量的改變。耕耘（用機械翻攪土壤）目的在於改進耕性，因而增加作物產量；但就長期而言，傳統的耕耘方式通常會有反效果，特別是犁耕會造成土壤破碎並變得緊密。

timber framing　木骨架　樑柱構造建築使用的大型、厚重的木材，通常尺寸超過13公分，體現一種厚重的自然建築風格。露木結構中作爲內、外牆的木結構框架，框架中塡充（非結構）材料，如磚塊、石灰、泥等，並被廣泛運用於亞洲和歐洲地區。露木結構最巔峰的表現是都鐸風格的建築。亦請參閱framed structure、post-and-beam system。

timbre＊　音品　分辨由樂器、聲音或其他聲音來源的音調所產生的聽覺品質。聲的音品主要取決於不同樂器產生的泛音特性的結合。當長笛和豎笛、女高音和男高音甚至可以區別弦樂器和瓜奈里家族製造的小提琴從同一個定音區域發出聲音時，這種特殊的結合（通常變化穿過定音區域）可以使聽衆將其區別開來。音品的要素取決於聲音產生的方法（吹法、運弓法和打擊法等），特別是音符開始瞬間的聲音。

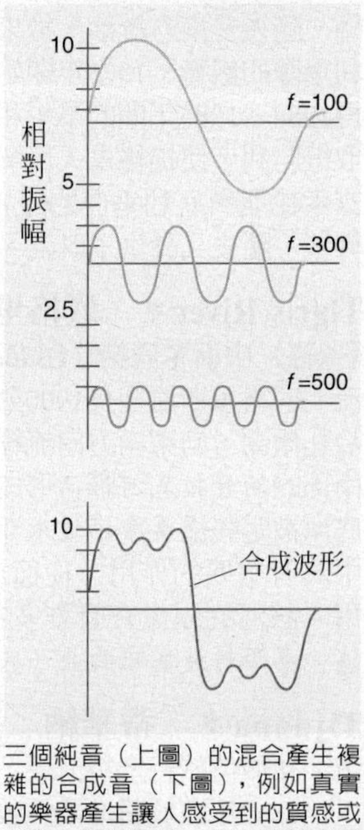

三個純音（上圖）的混合產生複雜的合成音（下圖），例如真實的樂器產生讓人感受到的質感或色彩，稱為音品。強力的基本音（上圖），讓聽者覺得只有彈奏出一個音，頻率100。其餘頻率300和500的音，相對於基本音來說是較弱的泛音；相對的響度（振幅）反映在複雜的合成波形上，構成波形代表特殊音品的必要成分。

Timbuktu ➟ Tombouctou

time　時間　定量或可測量的周期。更概括地說，時間是少了空間維度的連續體。哲學家專注思考時間與自然世界的關聯及時間和意識的關聯這類廣泛的問題，來探索時間的意義。採信時間絕對論的人認爲時間就像一種容器，宇宙在裡面存在並發生改變。而根據時間相對論，時間除了讓自然宇宙改變之外就一無所有。現在認爲時間不能從空間（參閱space-time）獨立出來，絕大部分是因爲愛因斯坦。有人主張愛因斯坦的相對論是站在時間相對論這邊，其他人則認爲它贊同時間絕對論。主要的爭議在於時間與意識的關聯廣泛，時間或時間觀點乃依賴有知覺的生物存在。通常將時間事件以過去、現在及未來的概念去思考，有些哲學家將其當成心靈決定的，其他人相信時間是獨立觀念，並且是過去、現在與未來世界的客觀性質。亦請參閱geologic time、Greenwich Mean Time (GMT)、standard time、Universal Time。

S T U V

Time 時代週刊 在紐約市發行的美國主要新聞週刊。1923年由魯斯（商業經理）和哈登（編輯）創辦。《時代週刊》是美國最具影響力的刊物之一，該刊的版式由許多篇短文組成，並成爲其他大多數一般新聞雜誌的典範。1929年哈登死後，魯斯任主編，一直是該雜誌幕後的指導力量，而該雜誌也反映出其溫和保守派的觀點。到1970年代，該雜誌報導性文章的論調採取更爲中立和溫和的立場。《時代週刊》現有數種語言的外語版。

time-and-motion study 時－動研究 估計工業生產效率時，分析完成一項工作或一系列工作的不同動作所用的時間。20世紀初，時－動研究是在美國的辦公室和工廠裡最先建立的。這種研究是將一項工作的各種不同的操作過程再分爲可度量的基本動作，以作爲改進工作方法的一種手段而被廣泛採用。這種分析還有助於作業標準化，有助於檢查人員和設備的效率及二者結合的方式。

time deposit 定期存款 指提款前需事先通知，否則就需到達或超過預定時期方可提取的銀行存款。定期存款有幾種形式，一種是普通存摺儲蓄帳戶，一般金額較小，個人提取存款常無需預先通知；另外一種較普遍的是不可轉讓的定期存款單，有規定期限並且利率一般高於普通存摺儲蓄帳戶。

time dilation 時間膨脹 狹義相對論中指與時鐘有相對運動的觀察者所測得的時鐘「變慢」。時間膨脹僅僅在速度達到光速時是顯而易見的，並已經通過接近光速時不穩定亞原子微粒運動導致時間增長和機載原子時鐘精確時間選擇而被證實。亦請參閱Lorentz-FitzGerald contraction。

Time of Troubles ➠ Troubles, Council of

Time Warner Inc. 時代－華納公司 全球最大的傳播媒體聯合公司，是1989年時代公司和華納傳播公司合併而成。時代公司於1922年成立，出版雜誌《時代週刊》，後又出版《財星》（1930）、《生活》（1936）、《運動畫報》（1954）、《錢》（1972）和《時人》（1974）等多本雜誌。該公司同時也出版《時代生活》雜誌（1960），並收購利特爾－布朗出版公司和每月一書俱樂部。1971年該公司收購美國電視傳播公司股份（於1978年完全屬於時代公司擁有），並於1972年創建家庭票房電影院。1989年購併了華納公司製片場、一家唱片公司和一家有線電視台合併。1995年時代－華納公司再次收購兩個有線電視公司，並創建了華納傳播有線電視網。1996年該公司又收購了特納的特納廣播公司。2001年該公司再次與美國線上公司合併，這是有史以來最大的合併。

Times, The 泰晤士報 在倫敦發行的日報，是英國歷史最悠久且最具影響力的報紙之一，也是世界上最大的報紙之一。《泰晤士報》於1785年由華爾德創建，當時的報名爲《每日環球紀事報》，後於1788年改名爲《泰晤士報》。該報刊登商業新聞和布告，並附帶登些醜聞。到1800年代中期，該報發展成爲大型國家刊物和每日歷史記錄報刊。到19世紀末，高報的聲望和發行量開始下降，後被諾思克利夫子爵收購並轉行至金融證券領域（1908），並在編輯哈利（1952～1967）的帶領下恢復了往日在新聞事件編輯上的輝煌。1981年《泰晤士報》被梅鐸收購。

Times Literary Supplement (TLS) 泰晤士報文學副刊 英國文學週刊，以報導文學各個方面的文章聞名。1902年創刊，作爲泰晤士報週末版的副刊。該文學副刊爲文學評論的語調和優劣定下了標準。其上刊登有對用多種語言出版的主要小說和非小說的評論；其文章具有深度和權威性，風格活潑多樣。同時，它也以其完整的書目、由世界第一流學者所撰寫的時事文章和其讀者致編者的信件而聞名。亦請參閱Times, The。

Timiş River＊ 蒂米什河 塞爾維亞語作Tamišs。羅馬尼亞西部和塞爾維亞與蒙特內哥羅東北部河流。發源於喀爾巴阡山脈西南部，其走向呈弓形，在塞爾維亞與蒙特內哥羅貝爾格勒注入多瑙河，全長340公里。

Timişoara＊ 蒂米什瓦拉 羅馬尼亞西部城市（1994年人口約328,000），位於蒂米什河附近。新石器時代和羅馬時代第一個定居點。13世紀遭韃靼人洗劫。其堡壘於14世紀重建，匈牙利國王查理一世曾在此居住。1552年土耳其人占領此地，1716年又爲奧地利所統治。1919年該地爲塞爾維亞人所占，1920年的「特里阿農條約」將其劃歸羅馬尼亞。1819年的反政府運動導致希奧塞古總統的處決及共產黨統治的結束。該城爲製造業、商業、文化中心。

Timoleon of Corinth＊ 科林斯的提莫萊昂（卒於西元前337年以後） 希臘政治家和將軍。敘拉古向其母城科林斯呼籲，要求援助他們反抗僭主小狄奧尼修斯。科林斯派提莫萊昂帶領解放部隊前往西西里。由於戰術精明，提莫萊昂打敗了壓迫者的聯合部隊和其迦太基聯盟，後迦太基只限於該島的西部地區。提莫萊昂隨後提出防止僭主復辟的憲法草案，並從希臘召來新的移民。提莫萊昂於337年退職。

Timor＊ 帝汶 馬來西亞群島南部島嶼。位於小巽他群島最東端。該島的沿岸居住爲印尼人和馬來人居住，並有美拉尼西亞原住民居住於島上山中。島上居民講巴布亞語和馬來語，島嶼東部居民講葡萄牙語，而西部居民則講印尼語。葡萄牙約1520年左右開始與帝汶通商。1613年荷蘭人開始在該島的西南角定居，後葡萄牙人也定居於該島的北部和東部。後荷蘭人與葡萄人於1860年和1914年簽署協定，將該島分割。荷蘭人占領的區域（西帝汶）在第二次世界大戰時被日本占領；1950年荷蘭人將該地區移交給印尼。而東帝汶一直被葡萄牙占有直到1975年後被印尼派兵侵占。2002年東帝汶宣布成立獨立共和國（參閱East Timor）。

timothy 梯牧草 亦稱貓尾草。早熟禾科多年生禾草，學名爲Phleum pratense。原產歐洲，現在北美廣泛種植，用作乾草或牧草。叢生，莖高0.5～1公尺，基部膨大呈球莖狀。圓錐花序呈長圓柱狀，緊密。高山梯牧草高約普通梯牧草的一半，見於從格陵蘭到阿拉斯加的潮濕地帶，以及北美和歐洲的許多高海拔區域。

timpani＊ 定音鼓 亦作kettledrums。大型鍋鼓，由腳踏板控制鼓面緊度的現代定音鼓。定音鼓是管弦樂團中主要的打擊樂器。定音鼓通常排列在樂隊的第五列，用一對進行演奏。直到1800年左右，每一個定音鼓被調節爲單一的定調（通常爲基音或第五音），而這種定調在演奏不能被改變。原始的半球形銅鼓或蛇皮鼓曾被中東地區的騎兵在馬背上進行演奏。在歐洲，大鼓前後帶有喇叭並多用於朝廷儀式或軍事慶典。17世紀中期，他們開始

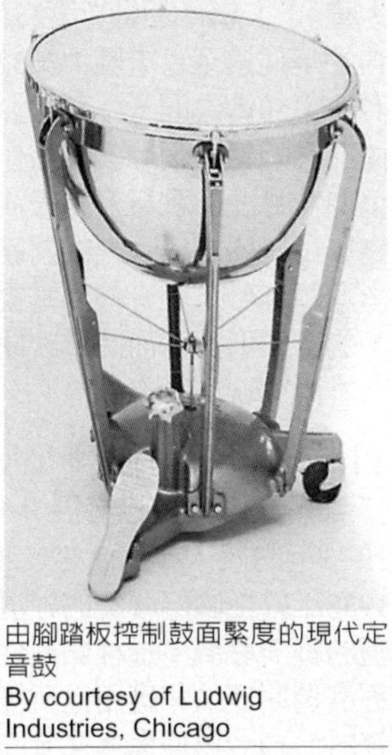

由腳踏板控制鼓面緊度的現代定音鼓
By courtesy of Ludwig Industries, Chicago

進入管弦樂隊。

Timpanogos Cave National Monument＊　廷帕諾戈斯洞窟國家保護區　美國猶他州保護區。位於廷帕諾戈斯山（3,660公尺）山坡的西北部，廷帕諾戈斯山是瓦塞赤嶺的最高峰。該保護區建於1922年，占地101公頃。洞內三個相通的洞室有粉紅色和白色的、含有水晶的洞壁，以及鐘乳石、石筍、石枝，並以此聞名。

Timur＊　帖木兒（西元1336～1405年）　亦作Tamerlane或Tamburlaine。信仰伊斯蘭教的土耳其征服者，曾征服由印度、俄羅斯到地中海地區領域。帖木兒生於撒馬爾罕附近，加入成吉思汗兒子察合台的戰役後，居住於河間地帶（今烏茲別克）。後來其使用詭計，接管了河間地帶地區，並宣布自己是蒙古帝國的重建者。1330年代他開始征服波斯，並於1383～1385年期間占領呼羅珊和波斯東部。1386～1394年期間，波斯西部、美索不達米亞和喬治亞也被其征服。後他又用一年時間占領了莫斯科。後波斯爆發起義，他對此進行了殘酷的鎮壓，並屠殺了全城的居民。1398年他又入侵印度，並一路殺戮，血流成河。接下來，他有進軍大馬士革和巴格達，將大馬士革的技工派往撒馬爾罕，並摧毀巴格達所有紀念建築。1404年他又準備入侵中國，但卻提前在三月死去。儘管帖木兒試圖使撒馬爾罕成爲亞洲最壯麗的城市，但是他還是願意不斷地出征作戰。他最永久的紀念物是撒馬爾罕及其王朝的建築紀念碑，那時撒馬爾罕是一個學術和科學中心。

tin　錫　金屬化學元素，化學符號Sn，原子序數50。它是一種質地柔軟、略帶藍色的銀白色金屬，古代就把它用於青銅（銅錫合金）中。主要以氧化物狀態存在。由於它無毒、可延展、有韌性，而且容易加工，所以用來製作食品罐頭（「錫罐」）的鋼皮，並作其他物品的塗層。純錫太軟，不好單獨使用，而是用它的許多合金，包括軟焊料、白鑞，青銅以及低溫澆鑄合金。在化合物中的原子價爲2和4。化合物包括氯化亞錫（用於電鍍錫以及製造聚合物和染料）、氧化亞錫（製備化學試劑和電鍍用的錫鹽）、氟化亞錫（用於牙膏）、氯化錫（香水的穩定劑以及其他錫鹽的原料）以及氧化錫（催化劑以及鋼材的拋光粉）。錫與碳的鍵合形成有機錫化合物，用於穩定PVC材料，還用在殺蟲劑和殺眞菌劑中。

Tin Pan Alley　錫盤巷　一種美國大眾音樂類型，19世紀末崛起於紐約市。「錫盤巷」一名由歌曲作家羅森費爾德杜撰，取自20世紀初唱片工業聚集的小巷，位於紐約市第五大道和百老匯之間的第28街上；後來這一唱片發行中心於1920年代遷至百老匯與第32街附近，最後都集中在百老匯第42與第50街之間。「錫盤」一詞是指宣傳向唱片業者介紹歌曲曲調時彈奏鋼琴的叮噹作響聲音。錫盤巷音樂包括譜寫抒情曲、舞曲和歌舞雜耍表演的歌曲作家的商業性音樂，最後它成了美國流行音樂的同義詞。「錫盤巷」的消逝歸結於電影、錄音帶、收音機和電視的興起，這些產業的興起要求更多的音樂形式，而商業歌曲作家中心開始在諸如好萊塢和納什維爾等城市興起。

Tinbergen, Jan＊　廷伯根（西元1903～1994年）　荷蘭經濟學家，以發展計量經濟學的模型而聞名。1933～1973年的四十年間，他一直在荷蘭經濟學院任教。1936～1938年擔任國際聯盟的經濟顧問，研究了1919～1932年間美國的經濟發展，這種開拓性的計量經濟學研究爲他後來發展經濟週期理論和應用他所提出的穩定經濟的方法提供了許多資料。1969年他與弗里希共獲第一個諾貝爾經濟學獎。尼可拉斯・廷伯根是他的弟弟。

Tinbergen, Nikolaas　廷伯根（西元1907～1988年）　荷蘭裔英國動物學家，動物行爲學的創始人（與勞倫茲合作）。他是經濟學家揚恩・廷伯根的弟弟。曾就讀於萊頓大學並獲得博士學位，留校任教至1949年。後來前往牛津大學任職。他強調本能的和習得的行爲對動物生存都很重要，並以動物行爲爲基礎來推究人類的暴力及攻擊行爲。他透過對海鷗的求偶和交配行爲觀察，作出重要的歸納。從1970年代開始，他和妻子伊莉莎白對人類行爲疾病進行研究，尤其是對自閉症。1973年他與勞倫茲及弗里施共獲諾貝爾獎。

tincal ➠ borax

Ting Ling ➠ Ding Ling

Tinguely, Jean＊　丁格利（西元1925～1991年）　瑞士裔法國雕刻家及實驗藝術家。他在巴塞爾學習繪畫和雕刻時，就對藝術媒體的動態產生了興趣。1953年前往巴黎並開始建造複雜的動態雕刻。1960年其第一件自毀性大型雕刻《向紐約致敬》在現代藝術博物館展示時引起轟動，但演示時失敗，不過他的《世界末日的研究》表演得十分成功（1961）。丁格利的藝術諷刺了在先進工業社會中物品生產過剩的愚蠢，並表達了他的信念：即生活與藝術的本質都包含著持續的改變性、運動性和不穩定性。

tinplating　鍍錫鋼板　用浸入熔融金屬或電鍍的方法，鍍覆錫的薄鋼板。目前幾乎所有的鍍錫鋼板經電鍍生產。鍍錫鋼板實質上是中間層爲帶鋼的夾層體。鍍錫鋼板具有鋼的強度和可成形性、錫的耐腐蝕和無毒特性，此外還具有易於焊接的特點。除了大量用作食品、飲料、油漆、油類、煙草和許多其他物品的容器外，還擴大到包括玩具、烘烤設備，以及無線電和其他電子設備的零件。現在所用的不銹鋼和塑膠的材料已經逐步代替鍍錫鋼板而被普遍使用。

Tintoretto　丁托列托（西元1518?～1594年）　原名Jacopo Robusti。義大利威尼斯派畫家。其父爲絲綢染匠：因此得到「丁托列托」（意即小染匠）的綽號。早年受到米開朗基羅和提香的影響。在作品《基督與淫婦》（1545?）中，以奇異多變的透視法把人物置放在巨大的空間裡，表現出特殊的矯飾主義。1548年因作品《聖馬可拯救奴隸》而吸引了威尼斯文藝界的目光，這幅後米開朗基羅羅馬藝術作品的結構成分是如此地豐富，而讓人驚歎的是他從未到過羅馬。到了1555年，因其作品具有輕快流暢的手法、大量活潑的色彩、偏好富於變化的透視畫法和動態的空間概念，使他成爲藝術界名畫家和後起之秀。其受委製的最重要工作是裝飾威尼斯的斯庫奧拉．迪聖羅科（1564～1588）的工作，展現其熱情的風格和深厚的宗教信仰。他的技術和想像完全源自個人，並不斷地發展。現代藝術史學家公認他是風格主義最偉大的代表，按照威尼斯偉大的傳統來詮釋作品。

Tipitaka ➠ Tripitaka

Tippecanoe, Battle of＊　蒂珀卡努戰役（西元1811年11月7日）　美國軍隊打敗肖尼人的一場戰役。哈利生將軍率領一支美軍追擊肖尼人，以摧毀由特庫姆塞和其兄弟「先知」所推動的部落聯盟。後在蒂珀卡努河畔印第安人都城先知城，印第安人襲擊哈利生的部隊，但卻被擊敗。雙方損失相當，但是大家認爲是哈利生獲勝，使他成爲國家英雄。

Tippett, Michael (Kemp)＊　梯皮特（西元1905～1998年）　受封爲麥可爵士（Sir Michael）。英國作曲家。

儘管沒有受過專業音樂訓練，但梯皮特自學成材，創作出獨特的樂風，予人印象深刻。他把大部分的精力用在作詞作曲上，如清唱劇《我們這一時代的孩子》（1941）和《時間的面紗》（1984），以及歌劇《仲夏良緣》（1952）、《普里阿摩斯國王》（1961）、《是非之地》（1969）和《打破僵局》（1976）。其他作品包括四部交響樂和五部絃樂四重奏。

Tiranë　地拉那　亦作Tirana。阿爾巴尼亞首都（1995年人口約270,000）。17世紀初由一位土耳其將軍建立，後因位於公路和商道的樞紐而成爲一個貿易中心。1920年定爲阿爾巴尼亞首都。第二次世界大戰期間，軸心國部隊占領該城（1939～1944）。現爲該國最大城市，以及主要的工業和文化中心。市內建有國家圖書館、劇院和地拉那大學（1957）。

tire　輪胎　環繞輪子外圍的橡膠墊，內含壓縮空氣。在被充氣輪胎取代之前，實心橡膠輪胎一直應用在馬路交通工具上。充氣輪胎是由湯姆森（1822～1873）於1845年第一個取得專利權，但一直到1888年鄧洛普（1840～1921）將其安裝於腳踏車後才開始普及，後來法國製造商米其林公司開始爲汽車生產這種輪胎。充氣輪胎包含一個內胎，其中灌滿了壓縮空氣，內胎外面由一個橡皮外胎保護，並產生牽引力。1950年代大多數汽車採用無內胎的輪胎，成爲一種標準。改良的輪胎構造產生了帶束斜交輪胎。

Tiresias＊　提瑞西阿斯　希臘神話中底比斯的一位盲人預言家。據荷馬史詩《奧德賽》記載，他甚至在冥界仍有預言的才能，英雄奧德修斯曾被派往冥界請他預卜未來。他的預言導致伊底帕斯悲劇的發生。傳說他活了七個世代之久，曾因殺死兩條交配的蛇中的雌蛇而被變成女人；其後他又將公蛇殺死，從而變回男人。據傳，他雙目失明是因爲激怒了赫拉，他根據自己獨特的經驗反駁赫拉，稱女子從性愛中所獲得的歡快要比男子的多。而他預言的天分是宙斯補償給他的。

Tirol　蒂羅爾　亦作Tyrol。奧地利西部一州。包括北蒂羅爾和東蒂羅爾，被薩爾斯堡州和特倫蒂諾－上阿迪傑義大利地區分開。該州爲山區地帶，與巴伐利亞和歐茲塔勒的阿爾卑斯山交界。西元前1世紀該地爲羅馬管轄。中世紀時，先後爲多個伯爵和主教所統治，直至1363年爲哈布斯堡王朝所併吞。在宗教改革運動期間發生不少暴亂事件（1525），1809年又成爲反對法國及巴伐利亞統治運動的所在地。蒂羅爾南部地區於1919年併入義大利。該州爲滑雪勝地，吸引大批遊客。首府是因斯布魯克。人口約658,000（1995）。

Tirpitz, Alfred von＊　提爾皮茨（西元1849～1930年）　德國海軍上將。曾任魚雷艇小隊指揮官，並發明新的戰術原則。後被提升爲海軍少將。1896～1897年曾在東亞地區指揮一支巡洋艦中隊。1897年擔任帝國海軍部部長，並對德國海軍進行重組，使其成爲一支強大的海上力量。1911年升任海軍上將。第一次世界大戰中，支持無限制的潛艇作戰，但因政策遭到反對而於1916年辭職。1917年與人合創愛國主義的祖國黨。

Tirso de Molina＊　蒂爾索・德莫利納（西元1584～1648年）　原名Gabriel Téllez。西班牙劇作家。1601年起成爲梅塞德會修士，他撰寫該教派的正史（1637）。後受到維加的啓發，創作了大批作品，其中僅約八十部流傳下來。其最著名的劇作是悲劇《塞維爾的嘲弄者》（1630），其中引用了唐璜的傳奇。他最擅長描繪主要人物心理的衝突和矛盾，他也寫了《因不相信上帝而下地獄的人》（1935）和《安東那・加西亞》（1635）等悲劇作品，剖析了暴徒的情緒。儘管他在喜劇創作的表現也很傑出，但他被視爲當代最偉大的西班牙悲劇作家。

tirtha＊　聖地　印度教中所指的聖河、聖山，或與某一神祇、聖徒有關的地點。這些地點通常是朝聖者的目的地，也是大型宗教節日的活動場所。印度教徒做此朝聖是爲了表示一種宗教熱情、還願、祈求赦罪或祈福。朝聖者一到聖地，先去沐浴，然後圍繞寺廟或神聖場所行右旋禮、獻祭、舉行祖靈祭、向特設祭司登記姓名，晚間聽聖樂和講道。

Tirthankara＊　渡津者　亦稱Jina。印度耆那教名詞，指已渡過生死輪迴並爲他人開闢得救之途的救世主。每一宇宙紀都有24代渡津者。第一個渡津者是巨人，但是當年代繼續下去時，他們的身軀開始縮小，彼此相隔的時間也逐漸縮短。在所記載的24個渡津者中，每個人由不同的顏色符號和象徵代表，僅巴濕伐那陀和大雄被認爲是真正的歷史人物。渡津者不會像神那樣受人崇拜，但他們被視爲榜樣而受人敬仰。亦請參閱arhat、bodhisattva、samsara。

Tiryns＊　梯林斯　希臘南部伯羅奔尼撒半島東部古城。從新石器時代開始有人居住，後在青銅器時代發展爲重要的邁錫尼人中心，西元前1400年左右達到鼎盛時期。西元前1100年以後，阿戈斯開始崛起，梯林斯則衰敗下來。西元前468年左右，阿戈斯人摧毀該城。現存的宮殿和大片城牆遺址可追溯到西元前15世紀～西元前12世紀。「巨人建築」（Cyclopean masonry）一詞源出其建築所使用的巨石，傳說這些建築是獨眼巨人（參閱Cyclops）爲普洛透斯所建的。該城還與佩爾修斯和赫拉克勒斯有關。

Tishtrya＊　帝釋力　在古代伊朗被視同爲天狼星的神祇。其主要神話涉及一場與名爲阿婆娑的邪惡之星爲爭奪降雨和水的大戰。帝釋力是引起降雨的星宿之一，與農業有密切的關係。

tissue culture　組織培養　一種生物學研究方法，將取自動物或植物體的小塊組織轉移到該組織能在其中繼續生存並發揮功能的人工環境中，而被培養的組織可爲單個細胞、一群細胞或器官的一部分或整個器官。這種方法常用於研究正常和反常的細胞結構；生物化學、遺傳和生殖活動；代謝、功能和老化及康復過程；對物理、化學及生物作用（如藥品、病毒）的反應等。一個微小的組織樣體細胞能在生物原料製成的培養基（如血清和組織提取物）、合成化合物組成的培養基，或兩者混合而成的培養基上生長。培養基必須含有待研究細胞所必需的營養物質，酸鹼值和溫度也必須適宜。培養的結果可用顯微鏡觀察，有時可透過部分處理（如著色）來提高特定觀察部位的亮度。一些病毒也會在組織培養中生長。組織培養技術在鑒定感染、酶缺陷、染色體異常、分類腦腫瘤，以及配製、測驗藥物和疫苗方面已發揮很大作用。

Tisza, István, Gróf (Count)＊　蒂薩（西元1861～1918年）　匈牙利政治人物。1886年進入匈牙利國會，成爲自由黨領袖之一（該黨原爲他父親卡爾曼・蒂薩領導）。曾任匈牙利首相（1903～1905、1913～1917），擁護奧匈二元政府體制和匈牙利地主階層利益。他反對投票表決選舉權的改革，1917年爲抗議國王實行選舉改革的令諭而辭職。第一次世界大戰期間，贊成和德國結盟。馬札兒左派分子認爲蒂薩應爲國家蒙受戰禍而負責，故暗殺了他。

Tisza, Kálmán　蒂薩（西元1830～1902年）　匈牙利政治人物和首相（1875～1890）。出身古老地主家庭，在奧匈二元政府體制內積極爲爭取匈牙利民族自治而奮鬥。在

「1867年協約」簽訂後，聯合貴族、商人及小地主組成新的自由黨（1875），並成爲匈牙利首相。他在社會、政治、經濟以及法律方面的改革，使匈牙利發展爲一個現代化國家。1890年辭職，以抗議奧地利皇帝涉嫌干涉的舉動，但仍和其子伊斯特凡．蒂薩擔任自由黨的領袖。

Tisza River　提蘇河　亦作Tisa River。烏克蘭西部、匈牙利東部和塞爾維亞與蒙特內哥羅北部的河流。發源於烏克蘭西部的喀爾巴阡山，向西流，形成烏克蘭和羅馬尼亞的部分國界，然後折向西南穿過匈牙利進入塞爾維亞與蒙特內哥羅，最後在貝爾格勒以北注入多瑙河。全長996公里。蒂薩洛克水壩（1954）攔成匈牙利最大水庫。吃水淺的河船可通航727公里。

tit　山雀　山雀科中數種林地或庭園的鳴禽，尖形的喙結實有力。大山雀見於歐洲、北非和亞洲（爪哇附近），長約14公分。白麵黑頭，黃色或淡黃色的腹部有一條黑色的中心線。最著名的北美有冠山雀品種是簇山雀，長17公分，淡藍灰色，兩脅呈帶粉紅的褐色。亦請參閱chickadee。

簇山雀
Dan Sudia – The National Audubon Society Collection

Titan＊　泰坦　希臘神話中，天神烏拉諾斯和地神該亞的子女及其後裔。泰坦原有十二名，男神爲俄刻阿諾斯、科厄斯、克里厄斯、許珀里翁、伊阿珀托斯和克洛諾斯，女神爲忒伊亞、瑞亞、忒彌斯、摩涅莫緒涅、福柏和忒提斯。由於該亞的教唆，這些泰坦都起來反抗他們的父親烏拉諾斯。在克洛諾斯的領導下，他們廢黜烏拉諾斯，擁戴克洛諾斯爲領袖。但是克洛諾斯的兒子宙斯卻反叛他的父親，戰鬥隨之而起，大多數泰坦都支援克洛諾斯。經過十年的激戰，宙斯和他的兄弟姊妹們終於打敗眾泰坦。宙斯將他們擲入冥界囚禁在一洞穴裡。

Titan＊　土衛六　土星最大的一個衛星，也是太陽系中唯一已知有雲和稠密大氣層的衛星。一般認爲它每公轉一周，自轉也正好一周，所以它總是以同一半球面對著土星。土衛六的實體直徑爲5,150公里，是太陽系中第二大衛星，僅次於木星的木衛三。其密度顯示其內部是岩石和結冰物質的混合物，後者還可能含有固態的氨和甲烷以及固態的水。球體表面大部分爲一片廣大的液態甲烷和乙烷構成的海洋所覆蓋。

Titan rocket　泰坦火箭　美國的火箭系列，最初發展作爲洲際彈道飛彈，但是也當作太空發射載具。泰坦1號飛彈（1926～1965年使用），設計用來投射四百萬噸級核子彈頭，射程超過8,000公里，對準前蘇聯的目標，儲存在地下發射井中，在發射時上升到地面，燃料維持至少15分鐘。在1965年由更大型的泰坦2號取代，此型可由發射井直接發射，帶有900萬噸級彈頭（曾設置於美國的投射載具中威力最強的爆炸物），一直是美國陸基核武的主要武器，到1980年代被更精確的固體燃料洲際彈道飛彈（如義勇兵飛彈）取代。美國國家航空暨太空總署在1960年代利用泰坦2號發射雙子星號太空船。泰坦4號，在1980年代晚期發展，發動機更大，載送貨物的重量與太空梭相當。高度接近60公尺，是美國使用最大型的單次發射載具。

Titanic　鐵達尼號　英國豪華載客郵輪，1912年4月15日在從英國南安普敦駛往紐約市的處女航途中出事沈沒。

鐵達尼號
The Bettmann Archive

2,200名乘客中有1,500人喪生。這艘船是當時最大和最豪華的海上巨輪，其船體具雙層底，分成十六個防水隔艙。其中即使有四個防水隔艙灌滿了水也不致危及郵輪的浮力，所以認爲它是不會沈沒的。但在4月14日子夜將臨時，該船在紐芬蘭東南的雷斯角與一座冰山相撞；五個防水隔艙破裂，致使該船沈沒。該事件導致新規定的產生，新規定要求每艘船上的救生艇必須能容納船上所有的人員（「鐵達尼號」上有2,224名乘客，救生艇卻只能容納1,178人）；每一次航行中都要進行救生艇訓練；船上無線電報務員必須24小時值勤（一艘距「鐵達尼號」32公里的船並沒有收聽到「鐵達尼號」遇難時的求救訊號，就是因爲沒有人值班）；在北大西洋海運航線上建立國際冰情巡邏隊，監控航運線上冰山的動態。1985年「鐵達尼號」殘體被發現，船體已分成兩段，筆直地躺在深約4,000公尺的海底。這是在美、法科學家的指揮下，由一艘無人駕駛的潛水艇探測到的（參閱Ballard, Robert D(uane)）。

titanium＊　鈦　金屬化學元素，過渡元素（參閱transition elements and their compounds）之一，化學符號Ti，原子序數22。是銀灰色、質地輕、強度高、耐腐蝕的結構金屬。幾乎所有的岩石、土壤、植物、動物、天然水以及深海礦物中都有鈦的化合物。有商業價值的主要礦石是鈦鐵礦和金紅石。鈦的合金用於製造高速飛機、太空船、飛彈和船舶的零部件；用作電極；用於化工工業、海水淡化以及食品處理設備；還可用於整形修補術。鈦的化合物（其中鈦的原子價爲2、3或4）包括三氯化鈦（在聚丙烯生產中作催化劑）、二氧化鈦（在油漆、釉藥和漆器中廣泛用作顏料，在所有白色顏料中掩蓋能力最強）以及四氯化鈦（用於空中顯示圖形文字、煙幕以及催化劑）。

Titchener, Edward Bradford　鐵欽納（西元1867～1927年）　英裔美籍心理學家。曾於萊比錫大學馮特的實驗室進行研究工作，後任教於康乃爾大學（1892～1927）。他協助建立了美國的實驗心理學，並成爲建構心理學派最重要的代表，該學派著重心理的狀態和過程的組成要素和排列方式。最主要的著作是《實驗心理學》（1901～1905）。

tithe　什一稅　捐納個人收入的十分之一供宗教事業之用的賦稅制度。十一稅源起於《舊約》時代，後爲西方基督教會所採用。6世紀起教會法即予以確認，自8世紀以來在歐洲又獲得世俗法律的支持而實施。宗教改革運動後，什一稅制繼續執行，既有利於天主教會，也有利於新教教會。這種制度最終在法國（1789）、愛爾蘭（1871）、義大利（1887）和英國（1936）被廢除。在德國，公民如未正式宣布退出某一教會，即必須繳納教會稅。美國從無法律規定繳納什一稅，但某些教會派別（如摩門教）會要求信徒納什一捐，其他會派中有些信徒自願納什一捐。東正教一直未實行什一稅制。

S T U V

Titian＊ 提香（西元1488/1490～1576年） 原名Tiziano Vecellio。義大利畫家，活躍於威尼斯。年輕時由貝利尼家族施予教育，並與喬爾喬涅合作密切。早年作品類似喬爾喬涅的風格，以致難以辨別，但隨著喬爾喬涅早死，提香成爲威尼斯共和國主要的畫家。他最重要的宗教繪畫是爲托缽修會教堂所繪之革命性和畫時代的《聖母升天》（1516～1518），其中聖母在一片彩色火燄中升天，伴隨著半圈的天使。提香也對神話題材感到興趣，而他對維納斯的許多描繪展現了作品的純粹美感和慣有的情欲傾向。《酒神與阿里阿德涅》（1520～1523）帶著異教式的放縱，爲文藝復興藝術最偉大的作品之一。提香因刻畫內心入微的肖像而大受歡迎，包括義大利主要貴族、宗教人物、皇帝查理五世的肖像。他以《歐羅巴被劫》（1559?～1562）而達到權勢的顛峰，這是他爲西班牙國王腓力二世所繪的幾件作品之一。他生時被視爲極有天分，其聲譽未見滑落。

Titicaca, Lake＊ 的的喀喀湖 祕魯和玻利維亞邊界的湖泊。爲世界上最高的可通航湖，海拔3,810公尺，位於安地斯山脈上。爲南美洲第二大湖，面積8,300平方公里，長190公里，寬80公里。湖中水域狹窄處將湖體分爲兩部分，湖中有四十一座島嶼，有些島嶼上人口密集。在此發現了最古老的美洲文明的遺址之一。的的喀喀島神廟廢墟爲傳說中的印加創建者們被太陽從天上送到地球的所在地。

Tito＊ 狄托（西元1892～1980年） 原名Josip Broz。南斯拉夫政治家、總理（1945～1953）和總統（1953～1980）。出身克羅埃西亞農家，第一次世界大戰中參加了奧匈帝國軍隊，1915年被俄國人俘虜。在俄國期間，他參加了1917年的七月危機遊行，並加入了布爾什維克黨。1920年返回克羅埃西亞，成爲當地南斯拉夫共產黨的領導者，除了一段時期被關（1928～1934），狄托在黨內不斷升職，1939年成爲南斯拉夫共產黨總書記。第二次世界大戰中，狄托（1935年左右開始使用的化名）成爲南斯拉夫黨派中最有效率的領導者。1943年擔任元帥，加強了共產黨在南斯拉夫的統治。擔任南斯拉夫總理和總統後，他抵制蘇聯的控制，發展了一套獨立自主的社會主義統治方式，奉行不結盟政策，與其他不結盟國家建立關係，並改善了南斯拉夫同西方強國的關係。在國內他實行「平衡聯邦制度」（1974），一方面使境內六個共和國和塞爾維亞自治區（包括科索沃）之間建立了平等的關係；另一方面實行強有力的控制以防止分裂運動。他死後，塞爾維亞的統治引起其他各國的憎恨，最終導致聯邦制度的解體。

Titograd 狄托格勒 ➠ Podgorica

titration＊ 滴定 一種化學分析過程。在待測樣品中滴入已知精確量的另一種物質，該物質與待測組分按已知的確定比例反應，從而確定待測組分的量。將已知濃度的溶液用滴定管（一根長的帶刻度的管子，底部有活栓）逐漸加入未知溶液，直至達到等價點，於是可以計算出未知物質的量。等價點的確定可以通過指示劑顏色的變化（如石蕊），或者從電性能的變化來判斷。滴定法使用的反應有酸鹼理論反應、沈澱（參閱solution）、生成錯合物以及氧化－還原。亦請參閱pH。

Titus 提圖斯（西元39～81年） 全名Titus Vespasianus Augustus。原名Titus Flavius Vespasianus。羅馬皇帝（79～81）。在其父韋斯巴薌麾下任猶太地區軍團司令。69年韋斯巴薌稱帝後，立即委派提圖斯指揮對猶太人作戰，西元70年提圖斯征服並占領了耶路撒冷。其後掌管國家軍權。他在羅馬因大量揮霍資財而受人歡迎，工程建設包括大競技場。後暴卒，可能爲圖密善所殺。

Tiv 蒂夫人 居住在奈及利亞貝努埃河沿岸的民族，語言屬尼日－剛果語系貝努埃－剛果諸語言的一支，人口約有230萬。他們種植薯蕷、小米和高粱等主要作物。住所爲圓形茅屋，兄弟們通常比鄰而居。有些蒂夫人已皈依基督教，有些則信奉伊斯蘭教，但信仰造物主的傳統宗教勢力仍大。

Tivoli＊ 蒂沃利 古稱Tibur。義大利中部拉齊奧區城鎮（1991年人口約51,000）。從史前時期以來，此地就不斷地被人占領。原爲拉丁同盟的成員和羅馬的敵手，但於西元前4世紀畫入羅馬的勢力範圍。西元前90年取得羅馬公民權，在古羅馬帝國初期爲繁榮的避暑勝地。許多有錢的羅馬人並在附近建別墅、立小神廟，這些自古殘存至今的建築物令人印象十分深刻。其中包括哈德良別墅、賀拉斯的薩賓農場。它也是埃斯泰別墅（始建於1550年）的所在地，其內有壯麗的花園和無以倫比的文藝復興時期的噴泉。

Tiwanaku＊ 蒂亞瓦納科 亦作Tiwanacu。西班牙語作Tiahuanaco。南美洲前哥倫布時期安地斯文明，以玻利維亞位於的的喀喀湖南岸附近的同名遺址而聞於世。蒂亞瓦納科文明分布在玻利維亞的大部分地區、祕魯、阿根廷的一部分以及智利。主要的早期遺址可追溯到西元前200年至西元200年，其主要建築則可追溯到600～1000年。倖存的史前古器物包括石柱、裝飾陶器以及著名的太陽門－由巨石板雕刻成的裝飾門。這一文化的繁榮部分是由於高田耕作法，墳高耕地表面，並在各個地塊之間築有小溝渠，使溝渠在連續霜凍之夜的時期保持大量太陽熱量以保護農作物免於凍壞。溝渠種生長的海藻則用作肥料。蒂亞瓦納科文化到1200年消失。

tjurunga 丘林加 亦作churinga。原始的澳大利亞宗教中的一種儀式物件，用以代表或顯示一個神祕的生物。它們象徵著人與夢想期之間的交流。多數丘林加用於男人神聖的宗教儀式中，小些的物體則出現在女人的宗教儀式中，更小的東西則被男子用來激發婦女的情欲。男孩在入會式中開始從本族人那裡接受宗教儀式和丘加林，之後，他得到自己的丘加林，這個丘加林與他緊密相聯。人死後，丘加林有時同其屍體一起被焚毀。

tlachtli＊ 擬天球場 指前哥倫布時期中美洲各地普遍所設供宗教性球賽比賽用的球場。一些神話中提到這種競技，認爲其象徵晝神與夜神的較量。比賽的雙方爲兩隊，隊員用肘關節、膝和臀部把橡皮球運入對方之一端。在進行這種競技的同時，往往進行豪賭。這種比賽非常暴力，雖然隊員身著起到保護作用的衣服，還是經常受重傷。失敗一方的隊員可能被殺掉，而比賽用的球有時可能是包裹著橡膠的人頭所做。

Tlaloc＊ 特拉洛克 阿茲特克人所崇奉的雨神特拉洛克，因其掌握是否賜予人們繁榮的權力，而被阿茲特克人所敬畏。在祭祀年的十八個月中，阿茲特克人用五個月的時間來敬奉特拉洛克雨神，並在其中兩個月的時間內，用孩童祭祀祂。特拉洛克雨神既能降雨，又能造成乾旱饑饉；既能使雷擊地面，又能使颶風大作。據說浮腫、癲瘋、風濕病等病症都是由此神和他的夥伴造成的。而那些死於這些疾病或是被雷電擊中而死的人們將在特拉洛克雨神的天堂裡獲得永恆幸福的生活。

Tlaxcala＊ 特拉斯卡拉 墨西哥特拉斯卡拉州首府（1990年人口約51,000），位於馬林切火山山腳的山區，納瓦人於14世紀左右定居於此，並於15～16世紀與阿茲特克人的

S T U V

特諾奇蒂特蘭（墨西哥城）展開權力的爭鬥。儘管居民最初與科爾特斯對抗，但最終還是與科爾特斯結盟，並幫助他征服了蒙提祖馬二世。1520年當那瓦特人被趕出特諾奇蒂特蘭後，該地便成爲西班牙人的避難所。1521年科爾特斯在此建立了美洲第一座天主教教堂（聖方濟教堂）。附近有奧科特蘭聖所和考古遺址。

Tlaxcala　特拉斯卡拉　墨西哥最小的州（1995年人口約884,000）。主要爲高原地形，特拉斯卡拉城所占土地大約與印第安特拉斯卡拉公國相同。印第安特拉斯卡拉公國曾是科爾特斯在征服墨西哥時的主要印第安人盟友。該州以農業爲支柱，生產穀物，飼養乳牛和鬥牛，並以編織披巾和毛織品的手工業著稱。面積4,016平方公里，首府是特拉斯卡拉鎮。

Tlazoltéotl＊　特拉佐爾特奧特爾神　阿茲特克重要而複雜的大地母親女神。已知有四種形態，與人生的不同階段有關。作爲少婦，她是一個無憂無慮的誘惑者；第二種形態是一個投機冒險和多變無常的破壞女神；中年時，又成了能淨化人類罪惡的偉大女神；最後表現爲一個損害青年的女巫，其破壞性令人畏懼。特拉佐爾特奧特爾神被認爲專事誘發肉欲及不正當性行爲，但她同時也可給予犯此惡行者寬赦。

Tlingit＊　特林吉特人　北美洲北太平洋沿岸最北部的印第安人，居住在阿拉斯加南部沿海地區及海上諸島。特林吉特語言被認爲與阿薩巴斯卡諸語言有關聯。特林吉特人的主要社會單位是同一母系血統沿襲下來的家系，氏族和半偶族也很重要。每個家系都有其各自的領袖，並擁有和開發可資利用的土地，同時也具備禮儀單位的職能。經濟活動以捕鮭魚爲基礎，同時也捕殺海洋和陸地的哺乳動物。木材通常是形式化設計的裝飾性材料，用來建造房屋、圖騰柱、獨木舟、盤碟，以及其他物品。散財宴象徵哀悼某個死去酋長的宗教儀式過程。目前人數約有15,000名。

TM ➠ Transcendental Meditation

TNT　三硝基甲苯　全名trinitrotoluene。淺黃色固態有機化合物，在甲苯中逐步添加硝酸鹽（$-NO_2$）製成。由於三硝基甲苯熔點低於水的沸點，且在240℃以下不爆炸，因此可在蒸汽加熱缸中加熱熔融並澆注於容器中。三硝基甲苯對撞擊反應不大，在沒有引爆劑的情況下不會爆炸，因此很適合用作化學炸藥，並在軍火和爆破中使用。

To-wang＊　托王　亦稱托克托克圖爾（Togtokhtör）。19世紀蒙古王子。他反對滿族統治，並希望蒙古從中國獨立。他關心教育，建立了平民小學，將佛經譯爲蒙古文，在一本書中爲牧民寫下實用的忠告並在他們之間流傳。爲使經濟多元化，他獎勵農業和紡織業、木材製品的生產。他計畫建造一座中央寺廟以取代十一座地方寺廟，結果造成人民反叛；上級長官決定支持他，但寺廟計畫遭到取消。

toad　蟾蜍　無尾目中26種動物的統稱，主要是陸棲、夜出、無尾的兩生動物。蟾蜍的身體矮胖，腿短，體外受精，上顎有牙。它們捕食昆蟲或小動物。眞蟾蜍有300多種，遍布世界各地。體長2～25公分，皮膚厚而乾燥，往往有疣。分泌毒液的毒腺在背部的疣內，毒液能刺激掠食者的眼睛和粘膜。有些品種的毒液能夠麻痺或殺死大如狗的動物，但蟾蜍不會造成疣。繁殖時，蟾蜍在水裡產下兩根凍膠狀的長管，其中包含了600～30,000顆卵。南非泳蟾屬包含了僅有的一種卵胎生無尾目動物。亦請參閱frog、horned toad。

美洲蟾蜍
George Porter – The National Audubon Society Collection/Photo Researchers

toadfish　蟾魚　蟾魚科約45種魚類的統稱，它們是身體笨重、肉食性、底棲的魚類，主要分布於美洲暖海。蟾魚最長可達40公分，頭寬而扁，口大，牙有力，無鱗或具小鱗。大多數能發出呼嚕或呱呱聲。豹蟾魚常見於北美東部沿岸淺水區。有毒的蟾魚，如錦蟾屬和敵蟾魚屬，見於中美洲和南美洲，背鰭及鰓蓋上有帶毒的棘刺。美洲淺海產的孔蟾魚屬沿體側有多達600～840個成排的鈕釦狀發光器。

豹蟾魚
Roman Vishniac

toadflax ➠ butter-and-eggs

toadstool　毒蘑菇 ➠ mushroom

Toba dynasty ➠ Northern Wei dynasty

tobacco　煙草　煙草指的是衆多煙草屬植物中的任何一種，也指數種經過加工的葉片，後者通過各種不同的方法加工後製成煙絲、鼻煙、嚼煙或提取尼古丁。普通煙草原產於南美洲、墨西哥和西印度群島。普通煙草通常高達1～2公尺，開有粉紅色的花朵並生有大塊的葉片，葉片的長度可達0.6～1公尺，寬度則約爲長度的一半。當哥倫布抵達美洲時，他發現美洲本土人不但像現在的人們一樣吸煙，同時還在宗教儀式中使用煙草。由於相信煙草的醫藥作用，煙草被引入歐洲和世界其他地區，並成爲英國殖民者與歐洲國家交換製成品的主要物品。現在由於考慮到吸食煙草對健康產生極大的危害，包括各種癌症和呼吸道疾病，導致人們開始反對吸煙，但是全球吸煙者的數量仍在繼續上升。世界衛生組織評估表示，吸煙將導致每年三百萬人的死亡，並且在二十年內，因吸煙死亡的人數將超過任何一種疾病所導致的死亡人數。

Tobago　托巴哥 ➠ Trinidad and Tobago

Tobey, Mark　托比（西元1890～1976年）　美國畫家托比曾經在芝加哥美術學院學習繪畫。1918年托比信奉巴哈教派，從此其作品開始受到東方藝術和思想的影響。1930年代托比因其「白色書畫」風格而揚名，即在灰色和彩色底版上用白色顏料書寫錯綜複雜的書法符號（如「百老匯大街」，1936），而「白色書畫」風格的作品不久也成爲托比的代表作品。托比的作品通常尺寸較小，並配有優雅的水彩、蛋彩或蠟彩的畫面。1950年代托比已經在海外繪畫界（特別是在法國的滴色主義中）具有重要的影響力。

Tobit＊　多比傳　《聖經》外典之一「多比傳」中的主要人物。多比是一名流亡到尼尼微的虔誠猶太教徒，恪守希伯來律法，廣行施捨，掩埋死人，熱心行善，但是遭到雙目失明的打擊。多比一個近親之女撒拉，曾經七次出嫁，但是每個新郎都在新婚之夜被一個魔鬼所殺。多比和撒拉向上帝禱告，天使拉斐爾爲他們進行調解。隨後，多比雙眼復明，而撒拉也嫁給了多比之子多比亞司。「多比傳」一書旨在強調上帝的公正可化解世間邪惡的力量。亦請參閱apocrypha。

tobogganing　平底雪橇滑雪　平底雪橇滑雪是一種在雪坡上進行滑降的運動。平底雪橇由薄板製作而成，其前端彎曲翹起呈篷狀。「平底雪橇」一詞起源於阿爾岡昆語系，意思可能指的是一種拖拉雪橇。平底雪橇滑雪運動最初出現於19世紀末期加拿大蒙特婁羅亞爾山山坡。到了20世紀初，建造了許多用於平底雪橇滑雪運動的滑行斜道（3呎寬的木製或冰面通道）。

Tobruk　圖卜魯格　古稱Antipyrgos。利比亞東北部港口城市，曾是古希臘的農業殖民地，後來成爲羅馬人保護昔蘭尼加的邊境要塞。數個世紀以來，一直被當作海上商船隊航線的一個中繼站。1911年成爲義大利的軍事基地，並在第二次世界大戰中長期飽受戰亂之苦（參閱North Africa Campaign）。1941年英國人從義大利人手中取得圖卜魯格，1942年遭到德國人圍攻，同年又被英國奪回。戰後的重建工作一直延續到1960年代，包括建造一座連接塞里爾油田油管的終點站。人口約110,000（1988）。

Tocantins River＊　托坎廷斯河　巴西中東部和東北部的河流，有多條源頭，其中包括巴拉那河，該河向北再向西流，最後阿拉瓜亞河來匯，之後該河轉向北注入帕拉河。全長2,699公里。河段多急流和瀑布，大部分不適航船。

Tocharian language　吐火羅語　亦作Tokharian languages。曾經通行於中國塔里木盆地地區的兩種已消失的印歐語言：吐火羅語甲種方言和吐火羅語乙種方言。根據西元500～700年間的文獻記載，吐火羅語文學使用印度北部的音節文字書寫，該音節文字起源於婆羅米文字（參閱Indic writing systems），並被佛教徒所保存。雖然吐火羅語看起來在辭彙和語法上與西方印歐語言非常接近，但通行於印歐世界東部邊界，顯然受到印度－雅利安諸語言和伊朗諸語言的影響。

tocopherol 生育酚 ➠ vitamin E

Tocqueville, Alexis(-Charles-Henri-Maurice Clérel) de＊　托克維爾（西元1805～1859年）　法國政治學家、歷史學家和政治人物。出身貴族家庭，後來選擇從政。1830年七月革命後，由於他的家族與被驅逐的國王有關係，其政治地位開始岌岌不保，隨後與朋友博蒙赴美國開始了爲期9個月的學習之旅。從而撰寫了著名作品《美國的民主》（4卷；1835～1840），這是一本洞察美國政治和社會制度的著作，書中他對美國政治社會制度進行了深刻的解剖，並對其未來民主制度的發展作了預見性的分析，同時還以此與法國的現狀進行對比。1839年托克維爾當選爲衆議院議員，並在1848年革命後擔任多項政治職務。《舊政權和革命》（1856）是一本有關法國政治趨勢的分析著作，也是他對法國革命研究未完成的第一卷著作。

托克維爾，油畫，夏斯里奧（T. Chasseriau）繪；現藏凡爾賽博物館
H. Roger-Viollet

Todai Temple＊　東大寺　日語作Todai-ji。坐落於日本奈良的華嚴教派紀念性廟宇。主體建築由聖武天皇下令於745年開始建造，752年竣工。此舉標誌著佛教成爲日本的國教。廟宇的大佛殿建在面積5平方公里的場地內，平面測量圖爲88公尺×52公尺。今日重建後的大佛殿是世界上最大的木製結構建築。752年一座高達16公尺的大佛被安置廟內。東大寺的正倉院收藏有超過9,000件來自奈良時代的藝術珍品，以及超過六百件聖武天皇的私人物品。

Todos los Santos, Lake　托多蘇洛斯桑托斯湖　智利中南部湖泊。位於蒙特港北方。它和鄰近的延基韋湖一樣是智利最有名的湖泊，也是廣受歡迎的遊覽勝地。

tofu　豆腐　用大豆製作的柔軟、溫潤、狀如蛋奶的食品。據信豆腐的製作始於中國的漢朝（西元前206～西元220年），如今它已成爲東亞及東南亞國家素餚中蛋白質的重要來源。製作時先將乾大豆泡水後磨碎，將所得混合物煮沸，使其分爲豆渣與豆漿，再將凝固劑加入豆漿，使凝乳與乳清分離。由此生成的柔軟餅塊即豆腐，可切成方形貯存於水。

toga　托加袍　一種羅馬人穿著的寬鬆、有褶皺的大袍，源自伊楚利亞人。最初各階層的男女都穿著此袍，後來女性、勞動者及貴族都逐漸不再穿著，但在羅馬帝國史上一直是被當作國服，帝王和高級官員還是穿著此袍。托加袍取橢圓形材料製成，袍上有較大的褶皺，從而導致行動緩慢，但托加袍也因此成爲上層階級具有特色的服裝。托加袍的顏色也根據人的階層、年齡及特殊場合（如喪禮、勝利）而不同。

提比略（西元14～37年在位）穿著羅馬皇帝托加袍，現藏巴黎羅浮宮
Giraudon – Art Resource

togavirus＊　披蓋病毒　披蓋病毒指的是節肢介體病毒，其中包括三屬：α病毒屬、風疹病毒屬（可引起風疹）和瘟病毒屬（僅感染動物）。某些α病毒可引起嚴重的馬腦炎，人類也可能感染此類病毒。感染此類病毒後，馬匹的死亡率可高達90%，而人的死亡率也達到10%。

toggle mechanism　曲柄槓桿裝置　通常是金屬桿等固體的組合體，由鉸鏈連接，以組合成當以較小的力量施力於某一點，能夠在另一點上產生很大的力量的裝置。亦請參閱linkage。

Toghrïl Beg＊　圖格里勒・貝格（西元990?～1063年）　塞爾柱王朝的創建人。圖格里勒・貝格和其兄弟查格里在被伽色尼人馬哈茂德打敗後，逃往中亞地區的花剌子模避難。後來圖格里勒・貝格兄弟進入呼羅珊（伊朗東北部），逐漸建立起一個強大的基地，並於1040年打敗了馬哈茂德之子。隨後接管了呼羅珊，而圖格里勒・貝格則準備征服伊朗的其他地區。1040年代圖格里勒・貝格的勢力範圍延伸至拉伊、哈馬丹和伊斯法罕，1055年進入巴格達，並受命於阿拔斯王朝推翻什葉派的法蒂瑪王朝。但是一場叛亂阻止了他完成目標，1060年圖格里勒・貝格鎮壓了叛亂，重新收復巴格達。

Toghto＊　脫脫（活動時期西元1340～1355年）　中國元朝晚期的政府高官。他隨叔父之後擔任尚書（1340～1344），偏愛政府的中間路線。在他主事之下，原本對中國人無緣的職位重新開啓，許多文人回到首都，中國的審查制度也恢復了。他再度被召回任職（1349～1355），在此期間，他監督黃河的改道工程，並發展出一種藉以平息1350年代多次人民起事的器械。

Togliatti, Palmiro＊ 陶里亞蒂（西元1893～1964年） 義大利共產黨領袖。在參加了第一次世界大戰後，於1919年參與創辦了左翼《新秩序》週刊，並成爲分離的社會黨（1921）共產主義派系中的凝聚人物。1922年開始主編《共產主義報》，1924年當選爲共產黨中央委員會委員。1926年當陶里亞蒂在莫斯科時，義大利共產黨被取締。從此陶里亞蒂開始流亡，並於1935年成爲共產國際書記處一員。1944年陶里亞蒂返回義大利，並於1945年當選爲義大利聯合政府副總理。陶里亞蒂主張建立一個民族、民主的共產主義，並把義大利共產黨發展爲西歐最大的共產黨。

Togo 多哥 正式名稱多哥共和國（Republic of Togo）。非洲西部共和國。面積56,785平方公里。人口約5,153,000（2001）。首都：洛梅。全國約有三十多個種族；其中以埃維

人爲最大的一族。語言：法語（官方語）、維埃語及其他種族的語言。宗教：傳統宗教、基督教和伊斯蘭教。貨幣：非洲金融共同體法郎（CFAF）。多哥占據幾內亞灣沿岸一塊長545公里，寬113公里狹長地區，其地形有多沼澤的沿海平原，北部草原和中部山地。發展中的經濟大部分是以農業爲基礎，主要作物有棉花、咖啡、可可、木薯和椰仁乾。爲世界重要磷酸鹽產國之一，水泥和煉油亦重要。政府形式爲共和國，一院制。國家元首是總統，政府首腦爲總理。1884年前，現在的多哥是阿善提帝國和達荷美這兩個黑非洲軍事國家之間的中間緩衝地帶，它的不同民族群一般都是彼此隔離著生活。1884年它成爲多哥蘭德國保護地的一部分，1914年該保護地被英國和法國軍隊占領。1922年國際聯盟指定將多哥蘭東部歸於法國，西部歸於英國。1946年英國和法國政府將這些領地置於聯合國的託管下。十年後，英屬多哥蘭合併到黃金海岸，法屬多哥蘭成爲法蘭西聯邦的一個自治共和國。1960年多哥獲得獨立。1967～1980年間它中止了憲法。1992年通過了一部多黨的憲法，但政治仍然處於不穩定狀態中。

Togoland 多哥蘭 原爲德國在西非的保護國，現分屬多哥和迦納。多哥蘭占地面積基於英國黃金海岸殖民地和法屬達荷美共和國（今貝寧）之間。多哥蘭的居民由埃維人和其他種族人組成，其沿海地區在1884年歸屬德國統治。1900年建立腹地邊界，1914年多哥蘭被英法聯軍占領，並將其瓜分爲兩個管轄區：英國管轄區域受黃金海岸殖民地（現在的迦納）控制，該區域於1956年並入迦納的領土；法國管轄區域於1960年宣布獨立，並成立多哥共和國。但是多哥蘭的居民，特別是迦納的埃維人對於多哥蘭重新統一的渴望，自迦納和多哥宣布獨立以來已經造成了兩國關係的緊張。

Togtokhtör ➠ To-wang

Tojo Hideki＊ 東條英機（西元1884～1948年） 日本陸軍將領，第二次世界大戰大部分期間任首相（1941～1944）。第二次世界大戰初期，在東條英機的指導下，日本在東南亞和太平洋地區取得了重大勝利，但是太平洋戰役的拖延致使局勢扭轉，美國從馬里亞納群島成功入侵日本導致東條英機於1944年垮台。日本宣布投降後，東條英機曾試圖自殺，但被救回，後來接受審判並以戰犯身分被處決。亦請參閱war crime。

tokamak＊ 托卡馬 用於核融合研究的裝置，用磁性約束電漿。由一套複雜的磁場系統構成，將反應的帶電粒子電漿約束在中空的甜甜圈容器中。托卡馬（原文是來自「超環面磁性局限裝置」的俄文縮寫）是在1960年代中葉由蘇聯電漿物理學家發展出來。在所有約束裝置之中，產生的電漿溫度、密度及約束時間都最高。

Tokelau＊ 托克勞 舊稱聯合群島（Union Islands, 1916～1946）。屬於紐西蘭領土範圍，位於薩摩亞北部。托克勞群島包括三個珊瑚環礁：法考福、努庫諾努和阿塔富，每個珊瑚環礁都由衆多低窪的小島組成。托克勞群島最初的定居者爲薩摩亞人，歐洲人於18世紀首次登陸該群島。1836年，祕魯奴隸販子誘拐島上衆多島民，與此同時，島上爆發疾病，導致島上人口減至約兩百人。1889年，英國在該群島建立保護國。1916～1926年，在聯合群島的名義下，托克勞群島成爲英國吉柏特群島和吐瓦魯殖民地的一部分，直至紐西蘭對其恢復行使主權。1948年，成爲紐西蘭的一部分，並於1976年正式命名爲托克勞群島。人口約2,000（1992）。

Tokharian languages ➠ Tocharian language

toko-no-ma＊ 床之間 即壁龕，指的是日本家庭房間內用以擺放鮮花、陳列書畫及其他藝術品的低平台壁櫥。作爲日本書院造建築風格的特點，壁龕成爲幾乎所有傳統日本家庭的重要陳設和精神中心。壁龕最初起源於禪宗僧房的佛龕。僧房佛龕內有一張狹窄的木桌，上放香爐和蠟燭，牆上掛有佛像畫卷。

Tokugawa Ieyasu＊ 德川家康（西元1543～1616年） 德川幕府的創始人，是1603～1616年間日本的統治者，也是第三位使日本統一的統治者。最初與織田信長結爲同盟，從而保證自己可以在日本地方戰亂中倖存，並逐步發展自己的領地。到1580年代，德川家康已經成爲一名重要的大名（即領主），控制著大片土壤肥沃、人口稠密的領地。織田信長死後，他立誓效忠豐臣秀吉，但是豐臣秀吉正在擴展並控制日本西南部的全部領地。與此同時，德川家康也開始擴大其屬下的部隊，並提高其領地的生產力。1590年代，德川家康沒有參與豐臣秀吉軍事遠征損失慘重的朝鮮的探險之旅，反而進一步鞏固自己的領地。豐臣秀吉死後，德川家康成爲日本擁有最強大的軍隊和生產力最發達、最具組織性領地的大名。繼而在隨後的權利爭鬥中，德川家康成爲勝利者。他沒收了敵人的土地，賜予他們日本中心地帶以外的土地，而日本中心地帶的領地幾乎全部被其占有。後來德川家康被任命爲將軍，兩年後，德川將職位傳於其子，從而幕府將軍一職便在德川家族中世襲傳接。

Tokugawa shogunate 德川幕府（西元1603～1867年） 日本的軍事政府，由將軍德川家康於1603年創建。德川幕府體制對日本未來的264年統治起到了重要的作用。德川家康在江戶（即東京）建立了他的首府，並根據友善程度任命領地的大名（即領主），那些對他存有敵意的大名只能得到週邊的土地，而那些與其結爲盟友的大名則得到江戶附近的土地。而各地大名必須輪流返回江戶居住的參覲交代也更好的幫助德川幕府控制下屬大名。爲了保護日本不受外界，特別是不受基督教傳教士的影響，德川幕府制定新的政策，禁止日本國民出國，同時也嚴禁外國人入境（中國人和荷蘭商人除外，但他們也只允許在長崎港進行貿易）。豐臣秀吉還將民衆分爲四個固定的社會等級，而武士階級成爲日本的國家官僚，並定期配發薪俸。隨著民衆來往江戶及其他城市次數的增加，城市和城市文化都得到很大的發展（參閱Edo period和Genroku period），商人階級開始興起。到18世紀中期，德川幕府出現財政困難，其財政改革也宣告失敗。在德川幕府統治的最後三十年裡，大量的農民開始起義（參閱ikki），武士階級也出現了動蕩的局面。1867年，在長州和薩摩兩藩的攻擊下，德川幕府倒台。亦請參閱Meiji Restoration、Oda Nobunaga。

Tokyo 東京 舊稱江戶（Edo，1868年以前）。日本城市，首都，位於本州東南部。當地自古以來便有人居住。在1603年被選作德川幕府的首府之前，江戶作爲一個小漁村已存在了數百年。19世紀這裡已成爲世界上最大的城市之一，人口超過一百萬。在明治維新時期，江戶於1868年改名東京，取代京都成爲帝國首都。1923年的一次毀滅性地震摧毀了城市的大部，導致十多萬人死亡，但到1930年城市已大部重建完成。第二次世界大戰中美國的轟炸又使東京不得不在戰後再次重建。1964年的夏季奧運會在這裡舉行。東京如今是日本的行政管理、文化、經濟、商業以及教育中心，同時也是它周圍工業密集的郊區的一個集散中心。當地的旅遊景點主要有由石砌的護城河以及寬敞的庭園所圍護的皇苑，此外還有衆多廟宇和神廟。東京有約150所高等院校，其中包括創立於1877年的東京大學。人口11,772,000（1995）。

Tokyo, University of 東京大學 東京的一所國立大學，也是日本規模最大最具聲望的一所大學。創辦於1887年，並以西方大學的模式建制，1923年，東京大學被毀於地震和火災之中，在第二次世界大戰後得以重建。今天的東京大學設有農業、經濟、教育、工程、法律、文學、醫學、藥理學及科學等學院，還有一所文理科學院和一個研究生學院。在所設的衆多研究學科中，分子及細胞生物學、地震學、固態物理學、宇宙放射學、海洋學和亞洲文化等都是東京大學的重點學科。該校學生人數約27,000名。

Tokyo Bay 東京灣 西太平洋的海口。位於日本本州的東南沿岸，長約48公里，寬約37公里。東京灣爲包括東京、橫濱和川崎等在內的數個城市提供了一個大型海港。1990年代，東京灣兩岸之間還建起了一條川崎至木更津市（人口124,000〔1995〕）的高速公路。此外，東京灣還建有一條長9,300公尺的海底隧道。

Tokyo Rose 東京玫瑰 原名戶栗郁子（Ikuko Toguri）。日裔美籍播音員。第二次世界大戰爆發後，戶栗郁子迫於無奈回到日本，並於1943年開始執行宣傳計畫，對美軍部隊進行廣播，從而成爲十三名女播音員中的一員，這十三名用美式英語進行播音的日本女播音員就是大家熟悉的「東京玫瑰」。戰後，戶栗郁子被宣布犯有叛國罪，並在美國監獄中服刑六年時間。後來查明，於1977年被釋放。

Tokyo Stock Exchange 東京證券交易所 日本主要證券交易市場，位於東京。該交易所於1878年開業，是給前武士提供新發行政府債券的交易市場。政府債券、黃金和銀幣是交易所最初的交易通貨，1920年代和1930年代間，證券的交易占據主導地位。1945～1949年該交易所停止營業，直到美國占領當局進行重組後，該交易所才重新開始運作。它占日本全部證券交易量的90%以上，並已成爲世界上最大的證券交易所，日經指數在東京爲主要證券交易市場指數。

Toland, Gregg＊ 托蘭德（西元1904～1948年） 美國電影攝影師。十五歲開始參與福斯電影公司攝影場的工作，不久就成爲一名攝影師，並在1930年代和1940年代替高德溫和其他人工作。後在《死胡同》（1937）、《咆嘯山莊》（1939，獲奧斯卡獎）、《憤怒的葡萄》（1940）、《大國民》（1941）及《黃金時代》（1946）等多部影片中擔任攝影導演，托蘭德的攝影藝術以出色地運用明暗對比和深焦鏡頭聞名。他曾與福特共同指導拍攝戰爭紀錄片《12月7日》（1943）。托蘭德死於心臟病，享年四十四歲。

Toledo 托萊多 美國俄亥俄州西北部城市，位於伊利湖西南端，是五大湖的主要港口。1794年鹿寨戰役之後，該地區爲白人定居。1833年，該地區兩個村莊合併形成托萊多，1835～1836年，所謂的「托萊多戰爭」爆發，這是密西根準州和俄亥俄在其共同邊界地區進行的一場不流血的爭奪。1830年代和1840年代，由於運河和鐵路的開通，托萊多的工業取得了飛速的發展。現主要工業玻璃製造業是1880年代晚期被引入托萊多的。作爲重要的商業、工業和運輸業中心，托萊多應付著相當多的對外商貿交易活動。此外，托萊多還是世界上最大的煙煤裝運港之一，其教育機構包括托萊多大學等。人口約318,000（1996）。

Toledo＊ 托萊多 古稱Toletum。西班牙中南部卡斯提爾－拉曼查自治區城市，瀕臨太加斯河。西元前193年，托萊多被羅馬人所征服，之前該城是強大的伊比利亞部落卡本蒂尼的要塞。西元6世紀，成爲西哥德人在西班牙建立的首府。712～1085年，被摩爾人所統治，發展爲希伯來和阿拉伯文化中心，並以鑄劍業而聞名。1085年，阿方索六世將該城收復，並定爲新卡斯提爾的首府，1230年，該城成爲卡斯提爾－萊昂聯合王國的首府。11～15世紀期間，托萊多城因對猶太人和阿拉伯人實施宗教寬容政策而著名。1560年，腓力二世遷都馬德里後，托萊多開始衰敗。半島戰爭（1808～1814）期間，托萊多又被法國占領。西班牙內戰中，民族主義軍隊（1936）圍攻了該城。衆所周知，托萊多擁有許多著名的建築，其整個城區已被列如國家文物保護單位。此外，托萊多還是葛雷柯的家鄉。人口60,000（1991）。

Toledo, councils of 托萊多會議 400～702年間，西班牙的西哥德教派在托萊多召開了十八次會議。參加會議的大多數是主教，還有一部分是級別較低的教士和貴族。這些會議的決定往往會影響到國家的民政事務和政治事務，而幾乎所有的會議都是國王號召舉行的。在589年第三次托萊多會議上，國王萊卡雷德宣布放棄其阿里烏派信仰，轉而信仰天主教，此舉促成西哥德人占統治地位的西班牙實現統一，並定天主教爲國教。

Toleration Act 容忍法（西元1689年） 由英國國會通過的承認不從國教派的信仰自由的法案，並允許其擁有自己的禮拜堂和傳教士。但是該法案不適用於天主教徒和上帝一位論派信徒，並繼續保持現社會和政治禁令，如對英國國教持不同意見者不能從政。

Tolkien, J(ohn) R(onald) R(euel)＊ 托爾金（西元1892～1973年） 英國（生於南非）小說家和學者。爲牛津大學盎格魯－撒克遜語和英國語言與文學教授（1925～1959）。托爾金之所以揚名是因爲他的史詩三部曲《魔戒》（1954～1956）：《魔戒現身》、《雙城奇謀》和《王者再臨》。《哈比人歷險記》（1937）是這一系列的前傳，《精靈寶讚》（1977）則是描述比前傳更古老的故事。這部富有創造性的史詩以古代神話爲場景，記載了善良和邪惡王國之間爲爭奪可控制世界力量平衡的魔戒而爭鬥的故事。在1960年代，這部傑作備受年輕人的青睞，成爲一種社會文化現象。

toll 通行費 對於使用某些道路、公路、運河、橋樑、隧道、渡口等交通設施所徵收的費用，主要用作修建及保養資金。古代已有通行費，並於中世紀在歐洲被廣泛運用，作爲支援橋樑建築。18～19世紀，歐洲地區開始大規模開鑿運河，其所需資金主要來自通行費的收入，私人公司也因有權徵收通行費而建造了許多主要道路。1806年，美國開始修築的國道，靠出售公地來籌集資金，但國會不久授權徵收通行費以解決保養費用問題。美國的徵收通行費公路政策於19世紀後期被廢除，但是1930年代，該政策又在賓夕法尼亞州收費公路上重新啓用，到第二次世界大戰結束後，許多國家都建造了收費高速公路。在美國，通行費還被用於籌集修建大橋和主要隧道資金的主要來源。目前，世界部分地區仍然實行運河通行費政策，如蘇伊士運河和巴拿馬運河。

Tolly, Mikhail Barclay de ➠ Barclay de Tolly, Mikhail Bogdanovich, Prince

Tolman, Edward C(hace) 托爾曼（西元1886～1959年） 美國心理學家，1918～1954年任教於加州大學柏克萊分校。儘管托爾曼是一名行爲主義者，但他認爲傳統的行爲主義過於抽象，而他希望通過重點關注單個的條件反射作用來探討行動的整體性和不可測的「插入變數」。托爾曼同時還推動了「潛在學習」概念（暗示，間接學習）的發展，其主要的著作是《動物與人的目的行爲》（1932）。

Tolstoy, Aleksey (Konstantinovich), Count 托爾斯泰（西元1817～1875年） 俄國劇作家。是托爾斯泰的遠親，曾擔任多種宮廷職位。1850年代，托爾斯泰開始發表旨在諷刺政府官僚主義的滑稽詩，其最著名的歷史小說是《謝列勃里亞尼公爵》（1862），他所著16～17世紀的戲劇三部曲——《恐怖伊凡之死》（1866）、《沙皇費多爾·伊凡諾維奇》（1868）和《沙皇鮑里斯》（1870）係用無韻詩寫成，其中包含一些俄國最傑出的歷史劇作。托爾斯泰抒情詩有吟詠愛情和自然的，也有解釋死亡祈禱含義的約安·達馬斯金詩（1859）。

Tolstoy, Aleksey (Nikolayevich), Count 托爾斯泰（西元1883～1945年） 俄國作家，托爾斯泰的遠親。因其在俄國內戰中支持反布爾什維克的白黨，而移居西歐。在那裡，他寫出其最優秀的作品之一，懷舊的自傳體小說《尼基塔的童年》（1921）。1923年，托爾斯泰返回蘇聯並表示擁護蘇維埃政權。他的許多作品都能引人入勝。第二次世界大戰期間，他還撰寫了許多愛國作品。托爾斯泰曾三次獲得史達林獎，得獎作品分別是：三部曲小說《苦難的歷程》（1920～1941）、小說《彼得一世》（1929～1945）和戲劇《恐怖的伊凡》（1943）。

Tolstoy, Leo 托爾斯泰（西元1828～1910年） 俄語全名作Lev Nikolayevich, Count Tolstoy。俄羅斯作家，世界最偉大的小說家之一。托爾斯泰是傑出貴族的後裔，在亞斯納亞波利亞納的家族莊園度過生命的許多時光。在有點放縱的青少年期以後，他在陸軍服役，並到歐洲旅行，後來回到家鄉，開辦一家教育農民兒童的學校。他早因《塞瓦斯托波爾速寫》（1855～1856）中的短篇小說和小說《哥薩克人》（1863）而成爲有才華的出名作家，《戰爭與和平》（1865～1869）則確立他爲俄羅斯重要的作家。書中背景爲拿破崙戰爭時期，內容檢驗著一大群人物的生活，故事圍繞著部分自傳式人物——追求精神生活的皮埃爾。此書架構毫釐不差地把複雜的人物置於暴亂的歷史背景中，被視爲西方小說最偉大的技術成就之一。另一部偉大的小說《安娜·卡列尼娜》（1875～1877）著重於一名爲了愛人而拋棄丈夫的貴族婦女，而由另一名自傳式人物列文尋求意義。本書出版後，托爾斯泰歷經了一次精神危機，轉向基督教無政府主義。他提倡簡樸和非暴力，獻身於社會改革。他晚期的作品包括：《伊凡·伊里奇之死》（1886），常被視爲俄羅斯文學史上最偉大的中篇小說；《什麼是藝術？》（1898），譴責時髦的美學而讚美藝術的道德及宗教功能。他在大莊園裡像農民一樣生活，實踐徹底的苦行主義。他發現自己無法容忍婚姻，突然離家而走向當地火車站，因而在寒冷中罹患致命的肺炎。

Toltecs 托爾特克人 操納瓦特爾語的民族，西元10～12世紀托爾特克人曾經統治現今墨西哥中部地區。圖拉或特奧蒂瓦坎，哪個是他們的市中心目前還有爭議，在10世紀，托爾特克人建立了許多不同民族小規模的聯邦，並形成一個帝國。之後，托爾特克人開始採用魁札爾科亞特爾（羽蛇）神祭儀，托爾特克人的一些宗教和軍事曾影響到猶加敦，並被馬雅人所吸收採用。托爾特克人以建築業與手工業而聞名，其製作的史前古器物包括精細的金屬製品、巨型人像柱、人形及獸形掌旗者塑像。托爾特克人的繼承者是阿茲特克人。亦請參閱Mesoamerican civilization。

Toluca (de Lerdo)＊ 托盧卡 墨西哥中部墨西哥州首府（1990年人口約488,000），海拔2,680公尺，是北美洲地勢最高的城市之一。該城遺址於1530年被發現，13世紀印第安奧托米人曾在此居住。托盧卡周邊地區以農業和畜牧業爲主，爲商業和交通中心。最古老的教堂是西班牙征服後不久建立的，於1585年重建。托盧卡最早的一座教堂被發現。托盧卡地區存有大量的考古遺跡，其中部分遺址受到阿茲特克人和托爾特克人的影響。

toluene＊ 甲苯 無色、易燃、有毒的液體烴芳香族化合物，是由苯衍生出甲基。甲苯發現於石油和煤焦油中，主要從石油處理過程中獲得。甲苯用作溶解劑和稀釋劑及航空汽油中作爲抗爆添加劑，甲苯也是用作三硝基甲苯（TNT）、苯甲酸、糖精、染料、攝影化學品及藥品的原料。

tomato 番茄 一種茄科植物，學名Lycopersicon esculentum；多種栽培變種的果實。植株常多分枝，葉被毛，味濃烈，羽狀複葉。花黃色，懸垂，簇生。果紅色，緋紅或黃色，掛在一根弱莖的許多分枝上。番茄果實的形狀從圓球形到長圓形不等，大小差異很大，直徑從1.5～7.5公分以上。16世紀早期，西班牙人從南美將番茄帶到歐洲；1780年代從歐洲引入北美。番茄可作爲蔬菜生食或烹食，或做成果醬，也可醃制，做成罐頭或曬乾。番茄這個詞也用於一種

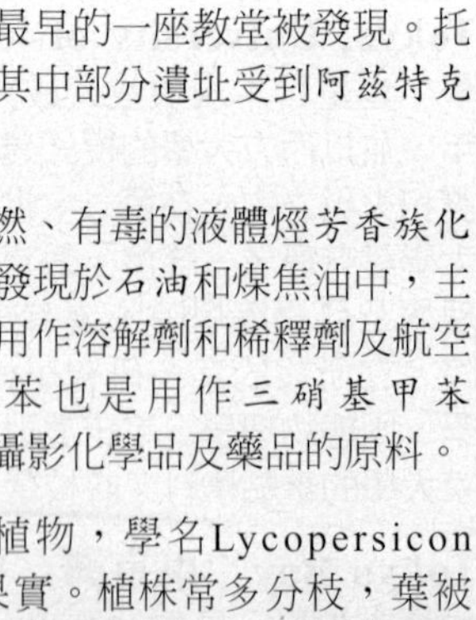

番茄
Grant Heilman

小番茄L. pimpinelli folium的果實。

tomato fruitworm ➠ corn earworm

tomb 墳墓 指死人的安身之處；廣義言之泛指各種類型的墓葬、紀念館和陵園。史前的墳墓古塚或塚（人造的土山或石山，並打樁固定），通常建於死者生前生活的小屋周圍，小屋中存有死者來世用的個人財物。古塚是日本古墳時代（西元3～6世紀）的顯著特徵，這些巍峨壯觀的古塚，土丘狀如鍵孔，周圍有壕溝環繞。古塚的形狀有時與某些動物形狀相似，體現了西元前1000～西元700年間北美洲中東部印第安諸文化的特徵。隨著科技的發展，由磚塊和石頭砌成的墳墓出現，大小通常令人嘆服。在埃及，墳墓是非常重要的，特別是金字塔的造型。在中世紀基督教中，墳墓被看作是亡靈在天堂之家的象徵，這種概念也出現於羅馬人的地下墓窟中，地下墓窟四周的牆壁上通常都刻有天堂的圖案。自文藝復興以來，墳墓是「死人之家」的概念在西方絕跡，只有陵墓和近代的地窖公墓還可以稍微聯想到此一概念。亦請參閱beehive tomb、cenotaph、mastaba、stele。

Tomba, Alberto 通巴（西元1966年～） 義人利阿爾卑山式滑雪選手。生於波隆那附近並在那裡學滑雪。拿過三面奧運金牌（1988年的曲道滑雪和大曲道滑雪，1992年的大曲道滑雪），一次阿爾卑斯世界杯錦標賽冠軍（1995），以及兩次世界滑雪錦標賽金牌（1996的曲道及大曲道滑雪），其華麗風格讓他不論在賽場內外都受到搖滾巨星般的歡迎。

Tombigbee River＊ 湯比格比河 美國阿拉巴馬州河流，由東西兩條支流在密西西比州埃默里匯合而成。湯比格比河穿越阿拉巴馬州邊界卡爾e號y西部地區，向南延伸約650公里流入阿拉巴馬河，形成莫比爾河和田索河。湯比格比河通過田納西－湯比格比河道與田納西河連接。

Tombouctou＊ 廷巴克圖 亦作Timbuktu。馬里共和國城鎮（1987年人口約32,000），位於撒哈拉沙漠南緣，鄰近尼日河。約西元前1100年由圖阿雷格游牧部落創建。西元12世紀成為穿越撒哈拉沙漠的通商要道。後與馬利帝國合併，約到西元13世紀晚期，該城成為伊斯蘭文化中心（1400～1600?）。西元1500年左右桑海帝國統治該城，並將其發展成為商業和文化中心，達到鼎盛時。但到了16世紀末，摩洛哥人占領該城，使其很快衰敗。1893年法國獲得該城的統治權。1960年廷巴克圖成為馬利共和國的一部分。

Tombstone 湯姆斯通 美國亞利桑那州東南部城市，由席費林命名。1877年席費林在此地發現銀礦，之前他曾被告之他所有的發現將被刻上墓碑。到了1881年，霍利德和林戈等採礦者在此地掀起了一股淘銀熱潮，並帶給該鎮「無法無天」之名聲，數世結仇是普通現象，包括1881年易爾普（參閱Earp, Wyatt）和克蘭頓家族在克瑞爾發生的槍戰。1962年，闢為國家歷史保護區。人口1,220（1990）。

tomography＊ 斷層攝影 一種放射學技術，用以獲得體內結構的清晰的X射線影像。斷層攝影使X射線焦點對準身體的某一平面，從而形成一個橫斷面影像。斷層攝影可透過覆蓋體內結構的重疊器官和軟組織形成清晰的X射線影像。亦請參閱computed axial tomography (CAT)。

Tompion, Thomas＊ 托姆平（西元1639～1713年） 英國鐘錶製造家，曾與虎克和巴洛密切合作。托姆平製造出最早的用游絲調節的英國錶，並獲得圓柱形擺輪的專利權。在托姆平時代最著名的鐘錶製造家中，他被尊為英國鐘錶製造之父。

Tompkins, Daniel D. 湯普金斯（西元1774～1825年） 美國政治人物。1804～1807年，在美國最高法院任職。作為紐約州州長（1807～1817），他提倡進行教育和刑法改革，並促使該州通過廢除奴隸制的法律。作為銀行利益集團的反對者，他號召州議會休會，阻止在紐約設立銀行。這樣做在紐約州歷史上尚屬首次。門羅總統時，湯普金斯任兩任副總統（1817～1825）。

tonality 調性 圍繞一個單一音階組織樂曲的原則；更明確說，是指由17世紀文藝復興時期調式音樂發展出來的西方曲調體系。調性這個詞往往指隱含在給定曲調的七個主音中的關係網，通過轉調，其中的每個音都可能成為臨時性的主音，從而形成一個新的關係網。由於它具有讓聽覺能理解的方法將音調的關係擴展到很大範圍的能力，因此調性體系可以讓作曲家作出多樣而複雜的作品來。

Tonatiuh＊ 托納蒂烏 阿茲特克人和納瓦人所敬奉的太陽神。根據大多數傳說記載，托納蒂烏前的四個紀元都以災難性的毀滅告終。托納蒂烏被視為不變的神，由於其生命與升起的太陽一同誕生，每天須忍受日出時出生、日落時死去的可畏之勞及辛苦橫越天空。人們為了他而自我犧牲，並認為如此才可以支撐他度過難關。通常描繪在彩色圓盤上。阿茲特克曆的中心畫著托納蒂烏的鷹爪抓著人心。

tone 聲調 在語言學中，說話時語音高低的不同變化。聲調一詞通常用於語言（稱聲調語言），同樣的一系列輔音和母音可組成聲調不同的幾個詞。例如man一詞在漢語普通話中的意義因聲調而異，既可以是「瞞」，又可以是「慢」。在聲調語言中，要緊的不是某個詞的絕對聲調，而是它相對於其他詞的聲調，或者在一個詞裡的聲調如何變化。

tone ➠ pitch、timbre

Tone, (Theobald) Wolfe 托恩（西元1763～1798年） 愛爾蘭共和主義者和叛亂者。1791年，托恩參與創辦愛爾蘭人聯合會，進行議會改革工作。1793年，托恩召開天主教教徒代表大會，強迫議會通過「天主教徒解救法」。為了尋求推翻英國對愛爾蘭的統治，1798年托恩說服法國向愛爾蘭派遣一支由四十三艘兵船和14,000名士兵組成的軍隊，以給予軍事援助，但兵船被風暴襲擊沖散。1798年，他率領3,000人試圖發起進攻，後被俘獲並被宣判執行絞刑，托恩最後自殺而亡。

tone poem 音詩 ➠ symphonic poem

Tone River＊ 利根川 日本本州河流，源於關東地區西北部火山帶，東南流，注入太平洋，全長320公里。該河的治理水平在國內最高，全程築有河堤，河道經常改變。利根川河已經成為該地區不可或缺的灌溉、工業和水力發電資源。

壁鐘，托姆平製於約1690年；現藏倫敦維多利亞和艾伯特博物館 By courtesy of the Victoria and Albert Museum, London

Tonga 東加 正式名稱東加王國（Kingdom of Tonga）。南太平洋國家。面積750平方公里。人口約101,000（2001）。首都：努瓜婁發。人民多為玻里尼西亞人後裔。語言：東加語、英語（均為官方語）。宗教：自由衛斯理會、天主教。貨幣：潘加（T$）。

東加領土是一個包含了169個島嶼的島群，由北而南分成兩條綿延800公里的平行列島。東列低島由珊瑚岩和石灰礁構成；西列島則以山脈和火山地形爲主，其中包括了四座活火山。該國屬發展中的自由經濟體系，主要以農業基礎。生產以漁產、椰子、番薯和香蕉爲主。旅遊業亦重要。政府形式爲君主立憲政體，一院制。國家元首暨政府首腦是國王，由樞密院輔佐。至少在3,000年以前，拉佩塔文化的民族就在東加居留。東加人發展出一種分層的社會系統，以最高統治者爲首，13世紀時將他的統治擴展到了夏威夷群島。17世紀時荷蘭人來到此地，但從1773年起才開始有效的接觸，當時科克船長到達，並命名該群島爲「友誼群島」。在國王圖普一世統治時期（1845～1893）建立了現代的王國。1900年成爲英國的保護國。1970年解散，前歐洲時期玻里尼西亞中唯一存留的古王國東加在國協內實現了完全的獨立。

Tonghak 東學 ➠ Ch'ondogyo

Tonghak Uprising 東學黨叛亂（西元1894年） 指朝鮮農民造反事件，此次事件也是中日戰爭的導火線。貧苦的農民不顧政府的迫害，日益增多地投奔東學黨（參閱Ch'ondogyo）。東學黨是一種信仰調和論的民族主義宗教，反對西方文化，相信天堂面前人人平等。當舉行的遊行示威活動遭到政府的消極回應時，農民們造反了，打敗了朝鮮南部的政府軍。朝鮮政府要求中國幫助；然而日本軍隊卻未經邀請而貿然進入，導致中日碰撞。起義農民放下武器以緩和緊張關係，但中日之間還是爆發了甲午戰爭。起義的領導成員，包括崔時亨被處以死刑。

tongue 舌 口底的肌性器官。舌在飲食和吞嚥動作中有重要作用，其複雜的運動可幫助言語發聲。舌上表面有數千個突起（乳頭）。這些味覺受器（味蕾）位於乳頭中，對四種基本味覺敏感：甜、鹹、酸、苦。更精確的味覺則受嗅覺的影響。舌的外表（例如覆有舌苔或發紅）可暗示身體它處的疾病。舌的疾病有癌（常因不停抽煙引起）、黏膜白斑病、黴菌感染和先天性疾病。不同動物其舌的功能也不同，例如：蛙的舌細長，適於捕食獵物；蛇的舌收集氣味並傳至特定感覺構造以探尋獵物所在；貓則用舌梳理及清潔皮毛。

tongues, gift of 說方言 亦作glossolalia。指在精神恍惚或狂亂的情況下，自口中發出類似語言的聲音，且通常難以被理解。據宗教上的解釋，這是人被超自然靈體附體，人與神靈交談或代神靈發出諭旨。說方言的現象在古希臘宗教和各種原始宗教中都曾出現。基督教中的說方言現象始見於耶穌的門徒在聖靈降臨節的經歷，使徒聖保羅宣稱對其非常熟悉。現代該現象主要與具有超凡魅力的新教徒活動相關，如五旬節派。

Tonkin 東京 原法國保護國，位於東南亞，現爲越南北部重要的組成部分。從西元前2世紀起，該地爲中國的一部分，直到10世紀，越南人才贏得獨立。1883年，法國人侵占該地區，使其成爲保護國。1887年，東京與其他被法國控制的地區共同組成法屬印度支那（參閱Indochina）。第二次世界大戰以後，東京成爲反法鬥爭的主要焦點。

Tonkin, Gulf of 東京灣 中國海的海灣，位於越南北部與中國海南島之間。長500公里，寬300公里。1964年，北越在東京灣向美國艦艇開火，美國得悉後促使國會通過「東京灣決議案」，支持美國進一步介入越戰。

Tonkin Gulf Resolution ➠ Gulf of Tonkin Resolution

Tonle Sap＊ 洞里薩湖 柬埔寨西部湖泊，是東南亞最大的淡水湖，其水源來自數條支流以及湄公河洪水的注入。雨季期間，洞里薩湖湖域面積從2,600平方公里增至約25,000平方公里。低水位時洞里薩湖和蘆葦沼澤差不多，有供漁船用的水道，以供應許多水上漁村從事大規模的鯉魚飼養和撈捕業。吳哥遺跡座落於湖岸西北部附近。

Tönnies, Ferdinand (Julius)＊ 特尼斯（西元1855～1936年） 德國社會學家。自1881年起主要在基爾大學執教。在《禮俗社會與法理社會》（1887；英文書名《社團與社會》1957）一書中，他就社會的組織概念，或稱禮俗社會（「社團」，社會團結是靠傳統規章及共同團結意識的）與社會的契約概念，或稱法理社會（「社會」，社會團結是通過合理的自私自利結合在一起的）之間的差異進行了探討。在實際上，特尼斯認爲，所有的社會都具有兩種因素，因爲人類的行爲既非完全出於本能，也不是完全經過思考的。

tonsil 扁桃腺 咽喉壁內的淋巴組織小團。扁桃腺一詞通常指口咽部兩側的顎扁桃腺。扁桃腺被認爲可以產生抗體，以殺滅感染源，防止呼吸道和消化道感染的功能，但扁桃腺亦常成爲感染病灶（參閱tonsillitis），兒童尤爲如此。另外還有咽扁桃腺常稱爲類腺體和舌扁桃腺，位於舌根部。後者較其他引流通暢，感染罕見。

tonsillitis 扁桃腺炎 爲炎症性感染，通常由溶血性鏈球菌（參閱streptococcus）或病毒引起。症狀有咽痛、吞咽困難、發熱及頸部淋巴結腫大。感染時間通常持續約五天。其治療方法包括臥床休息和用消毒液漱口。猛烈的細菌可用磺胺藥和其他抗生素以預防併發症。鏈球菌性炎能向鄰近組織播散。併發症包括：膿瘡、腎炎和風濕熱。扁桃腺可形成慢性炎症及肥大，需手術切除（扁桃腺切除）。

Tony awards 東尼獎 表揚美國劇場傑出人士的年度獎項。以女演員與製作人東尼培瑞（1888～1946）爲名，這個一年一度的獎項由美國劇院協會於1947年成立，旨在褒揚於百老匯戲劇及音樂劇中表現優異的人士。獎項包括最佳戲劇、最佳音樂劇、最佳改編劇本及最佳音樂劇改編劇本。此外還頒發最佳男女演員、最佳導演、最佳音樂、最佳編舞、最佳佈景及最佳服裝等獎項。

tool 工具 通過切割、修剪、敲擊、擦拭、磨、壓榨、測量或其他方法，將材料改變爲另一種物件的工具。手持工具是指傳統人力操作的小型工具，而機床則是使用動力驅動將木頭或金屬等物質加以切割或成型者。工具是人類用來控制並利用其周圍環境的基本器具。

tool and die making 工模具製作 大量生產固體零件時使用的製造沖壓模、塑模和夾具的工藝。工模具製作車間的大部分工作是製造沖壓模，絕大多數沖壓模用於製造金屬板，如汽車的外殼。亦請參閱machine tool。

tool steel 工具鋼 少量製造特殊鋼，含有貴重合金，通常論公斤販售，有個別的商標名稱。一般都是極爲堅硬、耐磨、強韌、局部過熱無反應，通常爲特殊的設施需求而設計。在鍛鍊與回火期間必須維持穩定。特殊鋼含有強韌的碳化物，如鎢、鉬、釩、鉻，以不同的組合，通常用鈷或鎳來改進高溫性能。亦請參閱high-speed steel。

Toombs, Robert A(ugustus) 圖姆斯（西元1810～1885年） 美國政治人物。爲大農場場主和律師。曾任美國眾議員（1845～1853）和參議員（1853～1861），但後來他辭去參議員一職，參與建立美利堅邦聯。因未被選上聯盟的總統而感到失望，他曾短期任國務卿（1861）。美國內戰期間，圖姆斯批評戴維斯未經法律批准的政策，戰後他逃亡英格蘭。1867年，他返回喬治亞重建法律事務所，並參與州憲法的修訂工作，恢復白人的特權。

Toomer, Jean　圖默（西元1894～1967年）　原名Nathan Eugene。美國哈林文藝復興的詩人和小說家。任教不久轉向寫作。圖默的代表作《甘蔗》（1923）是一部描寫在美國當黑人的經歷的實驗小說：對年輕的黑人作家產生了極大的影響，被認爲是他的最佳之作。圖默也爲《日晷》等其他小雜誌撰寫稿。1926年，訪問法國的古爾捷耶夫學會，致使哈林和芝加哥有古爾捷耶夫組織活動。1949年，成爲貴格會教徒，由於其混血身分及宗教問題的全神貫注，在後來的作品中，他避免提及種族議題。

tooth　牙　口中用來咬物、咀嚼和說話的堅硬構造。每顆牙有一個在牙齦之上的牙冠和牙齦之下的一個或多個牙根，固定於顎中。牙髓內有血管和神經，爲骨質的牙本質提供營養，由牙釉質包覆在牙冠中，牙釉質是身體內最堅硬的組織。人類有20顆乳齒，二歲半時長全，五～十三歲時脫落完全，由32顆恆齒取代。前方的切齒主要用來咬住食物，尖的犬齒則撕裂食物，而前磨牙和磨牙則用來磨碎食物。牙齒易成爲齲齒（蛀牙），由齒面的淡黃色薄膜（齒斑）上的細菌製造出的酸而造成。上、下顎間的牙齒咬合不正可磨損牙齒並造成咀嚼問題，此外，也會造成外表美觀的問題。兩者皆可以牙套矯正。亦請參閱dentistry。

tooth decay ➡ caries

toothed whale　齒鯨　齒鯨亞目鯨類成員的統稱。齒鯨有能切割的牙齒以及寬大的喉部，足以呑下巨大的魷魚、烏賊以及所有魚類的肉塊。齒鯨包括白鯨、虎鯨、巨頭鯨、抹香鯨以及哺乳類的海豚、鼠海豚和獨角鯨。

Topa ➡ Northern Wei dynasty

topaz　黃玉　貴爲寶石的含氟鋁矽酸鹽礦物$Al_2SiO_4(F,OH)_2$。由火成岩結晶最後階段排出的含氟蒸氣形成。純黃玉可以是無色的，多面形琢型曾被誤認爲鑽石。也可能呈黃、藍或褐等各種色調。從巴西米納斯吉拉斯開採的大型黃石，呈生動的紅橙色，價值昂貴。

採自巴西米納斯吉拉斯州的黃玉
Lee Boltin

Topeka＊　托皮卡　美國堪薩斯州首府。位於堪薩斯河畔。1854年由一批反對奴隸制的殖民者建立。曾在支持奴隸制的勢力和反對奴隸制的自由土壤黨間的政治衝突中起過重要作用。1859年成爲艾奇遜－托皮卡－聖大非鐵路公司的建設總部所在地。在堪薩斯於1854年承認加入聯邦之後成爲州首府。經濟以農業、製造業和政府機構服務性事業爲基礎。梅寧傑家族在這裡設立了診所，使該市成爲全國精神病醫療中心。人口約120,000（1996）。

Topeka Constitution　托皮卡憲法（西元1855年）　美國的一項決議，據此在堪薩斯建立了反奴隸制的準州政府。爲了反對在「堪薩斯－內布拉斯加法」通過後允許成立的維護奴隸制的政府，反奴隸制的移民聚集到托皮卡，起草禁止奴隸制的憲法。1856年1月選出一位禁止蓄奴的州長和州立法機構。由此而產生了兩個準州政府。美國總統皮爾斯指責托皮卡憲法，並支持維護奴隸制的準州政府。美國眾議院投票同意堪薩斯按托皮卡憲法成爲一個州，但該項行動遭到參議院反對。這一未被解決的狀況導致的衝突被稱之爲堪薩斯內戰。

topiary　樹木整形術　將樹木和灌木修剪成人工裝飾形狀的技術。據說這一技術在西元1世紀已開始被使用。最初的整形術可能按園林風景需要，簡單地對樹木邊緣加以修飾，修剪出錐體形、柱形與螺旋形等形狀。後來採用這種塑造性的方法來將樹木修剪爲船形、獵手和獵犬的形態。17世紀末至18世紀初曾在英國盛極一時，但後來被自然式庭園取代。

topology＊　拓撲學　在數學中，研究幾何物件在遭到諸如彎曲、拉伸或擠壓變形（但不是破裂）時保持不變的性質。在拓撲學看來，球形相當於立方體，因爲只要不破碎它們，一個就可以形變到另一個，好似它們是用橡皮泥捏的那樣。球形不等同於環圈，因爲要讓球形中間出現一個洞就必須把它弄破。拓撲學的概念和方法是許多近代數學的基礎，拓撲學方法在數學的許多分支中已經歸類爲非常基本的結構概念。亦請參閱topology, algebraic。

Torah＊　托拉　亦稱「摩西五經」（Pentateuch）。猶太教名詞，指上帝啓示給以色列人的眞義。狹義上專指《舊約》的首五卷：〈創世記〉、〈出埃及記〉、〈利未記〉、〈民數記〉與〈申命記〉。傳統看法認爲托拉由摩西所著，但研究舊約的學者認爲它是在遠晚於摩西的時期被編寫完成的，很有可能是在西元前9世紀到西元前5世紀，儘管它引用了更爲久遠的傳統。托拉的卷軸（律法書卷）被保存於會堂法櫃中。托拉（但不是「摩西五經」）也常用來指全部希伯來聖經（即《舊約》的後部分），從更廣義上講，這一術語也指

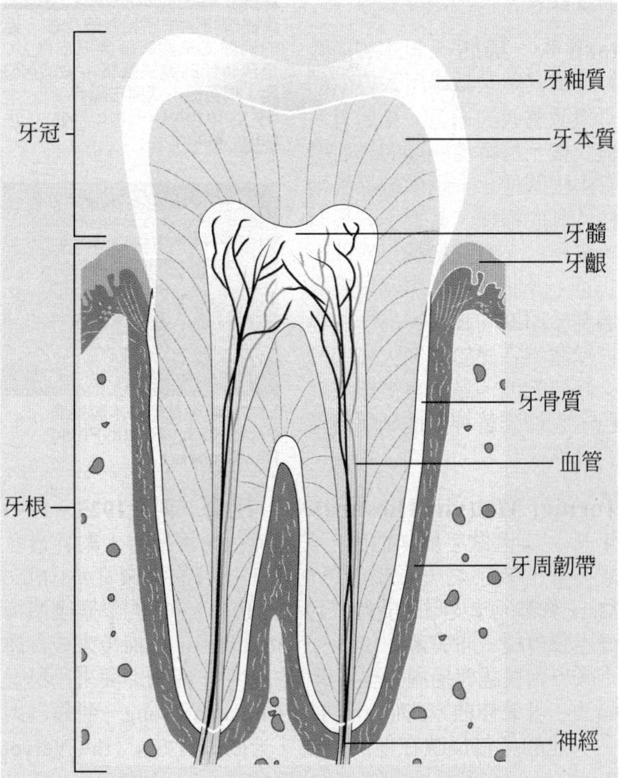

成人臼齒的剖面圖。牙冠（牙齦上方的部分）是由堅硬的牙釉質保護。牙根位於頜骨的凹槽內，由牙骨質覆蓋。牙周韌帶將牙骨質固定在下巴，並減緩牙齒咀嚼造成的壓力。牙齒的主要部分稱為牙本質，圍繞著柔軟的牙髓。牙髓支撐著血管和神經。牙髓的特殊細胞經由窄小的通道突出絲狀的延伸進入牙本質，從血液中的礦物質形成新的牙本質。

猶太教的宗教文獻和口頭聖傳。

torana＊　禮門　印度式的大門，通常由石頭組成，爲進入佛教聖壇或浮屠或印度教廟宇的入口。典型的印度禮門有兩個石柱，上面有二到三根橫跨的樑柱，超越石柱的距離。它與木造結構相當接近，經常從頭到腳都是精美的雕刻。桑奇大塔的四大禮門（參閱Sanchi sculpture）就是最佳範例。亦請參閱torii。

Tordesillas, Treaty of＊　托德西利亞斯條約　西班牙和葡萄牙簽訂的條約，目的是解決關於航海家於15世紀晚期發現的陸地的爭端。爲了回報西班牙同意讓新世界的各民族成爲基督教徒，1493年教宗亞歷山大六世承認維德角以西100里格處的分界線的西部地區全爲西班牙所有。葡萄牙的遠征考察活動只能在分界線以東進行。西班牙和葡萄牙兩國大使在托德西利亞斯（西班牙的一個村莊）會晤時，將分界線西移，因而，當巴西於1500年被發現時，葡萄牙有權擁有它。

Tori style　鳥式　日本藝術中的一種雕刻風格，出現於飛鳥時代（552～645），一直延續到奈良時代（710～784）。鳥式從中國北魏（386～534）風格演變而來。其名稱來自祖籍是中國的一個雕塑家的姓名。該雕塑家唯一留傳的作品是三尊成一組的佛像（623）。這種風格的特點是纖細優美的體態、有力的衣紋線條以及臉和腳的比例相對身體而言較大。

青銅製釋迦牟尼和菩薩三尊一組的佛像（左側菩薩像已亡佚），飛鳥時代的鳥式風格，做於623年；現藏日本奈良法隆寺
By courtesy of the Horyu-ji, Nara, Japan

torii＊　鳥居　日本神道教神社或其他宗教場所入口處的有象徵意義的通道。鳥居有多種式樣，但特種明顯的鳥居帶有兩根圓柱，上承兩端探出兩柱外側的橫樑，其近下方另有一橫樑。上方的橫樑以彎曲形式呈上升狀。有的專家認爲鳥居源於印度的禮門，另一些專家卻認爲它源於滿族人和中國人修建的門。鳥居常被漆成紅色，它標誌著神聖地域與俗區的分界。

日本嚴島神社的樟木製鳥居
Paolo Koch－Rapho/Photo Researchers

Tormé, Mel(vin Howard)＊　托梅（西元1925～1999年）　美國歌手與作曲家，美國流行樂壇及爵士樂界最多才多藝的歌手之一。生於芝加哥，托梅的事業從爲Chico Marx樂團打鼓及唱歌開始（1942～1943）。他的聲樂團體梅爾之聲曾經一同與蕭（1945～1946）演出。托梅後來成爲爵士樂界對民謠與搖擺樂詮釋最佳的歌手，能夠即興來段擬聲唱法。身兼作曲家的他，以The Christmas Song一曲最爲出名，他的音質反映在他的綽號「天鵝絨青蛙」（the Velvet Fog）上。

tornado　龍捲風　猛烈的低氣壓風暴，直徑相當小，但具有非常快速旋轉的風，中心附近有一個很強的向上拉力。在龍捲風的漏斗形旋渦中心的相對低氣壓造成冷卻和凝結，使風暴看起來就像一個旋轉的雲柱，稱作漏斗。通常龍捲風的移動速度爲每小時50～65公里。旋渦四周的風速接近每小時500公里，而已知的甚至達到每小時800公里。龍捲風往往成群發生。

Torne River＊　托爾訥河　瑞典語作Torneälv。瑞典最北部河流。源頭出自靠近挪威邊境的托爾訥湖。往東南和南流經570公里後注入波的尼亞灣。全長570公里。下游河段多急流，幾乎不可通航，形成挪威與芬蘭的分界線。以出產鮭魚聞名。

Toronto　多倫多　加拿大城市，安大略省省會。加拿大第三大城市。位於美、加邊界的安大略湖北岸。最先住有塞尼卡人部落，1750年左右法國人在這裡建立了一個貿易站。1793年忠於英國統治的美國移民在此地建立了約克城。1812年戰爭中美國軍隊兩次洗劫了此地。1834年城市獲得了特許狀，恢復了多倫多的名稱。1867年成爲安大略省省會。1954年多倫多與周圍的埃托比科克、東約克、北約克、斯卡伯勒以及約克等城鎮一起組成了一個大多倫多自治區，使這裡成爲加拿大人口最爲稠密的都會區。多倫多是加拿大的金融及商業中心。多倫多證券交易所坐落於此，這裡也是主要的國際貿易中心之一。船隻經聖羅倫斯航道可由這裡往大西洋，經五大湖航線則可通美國的主要港口。加拿大製造業產出的一半以上來自這裡。大量外國移民（1950～1990）帶來了各種不同的文化，使多倫多成爲北美大陸上最爲活躍的城市之一。這裡有一度世界最高的獨立建築加拿大國立大廈，有名望冰球館，每年的加拿大全國會展也在這裡舉行。這裡有衆多的高等學府，包括創設於1827年的多倫多大學和創立於1836年的維多利亞大學。人口：4,682,897（2001）。

Toronto, University of　多倫多大學　多倫多公立大學。1843年建校，分別於1853年和1887年重組。包括九所本科學院，其中有三所在形式上獨立，但現已成爲聯合式大學，另有三所分設的神學院和衆多學術機構。能夠爲各專業頒發本科、碩士以及職業學位。著名的研究機構包括中世紀文化、社會及宗教研究所，俄羅斯與東歐研究所，國際關係研究所，戲劇研究所，比較文學研究所，生物醫學工程所，科學技術史研究所以及航太科學研究所。註冊人數約爲55,000。

Toronto Star, The　多倫多明星日報　加拿大報紙。於1892年由二十五名因勞工糾紛而失業的印刷工人創立。在1899年由一些顯要市民收購之後，銷路甚好。該報具有自由主義觀點，要求實行社會改革，宣傳加拿大在國際上應有更高的國家地位。1922年自建電台。它公開反對德國納粹黨的政策，因而成爲納粹德國境內第一家被禁的北美報紙。

torpedo　魚雷　形似雪茄煙的自推式水下飛彈。由潛艇、水面船艦或飛機發射。根據設計，能在與水面船艦及潛艇的船身接觸時發生爆炸。魚雷帶有控制自身深淺和方向的裝置；還有裝載能引爆的彈頭的雷管。魚雷一詞最初是用來指任何一種爆炸性裝置，包括現被稱作的水雷的武器。第一枚現代魚雷（1866）在其頭部裝載了8公斤的炸藥，並用壓縮空氣發動機帶動單螺旋槳推進；射程爲180～640公尺。在兩次世界大戰中，魚雷都借助於潛艇得以成功地使用，許多商船被炸沈，主要是被德國的U－艇。現在的魚雷通常採用電池式電動機提供推進動力。

torque　轉矩　亦稱moment。物理學中指加在物體上的力使物體轉動的趨勢。轉矩總是相對轉動軸而言的。它等於力在垂直於轉動軸的平面內的分量大小乘以轉軸與分力方向之間的最短距離。轉矩是影響轉動運動的力；轉矩越大，物體運動的變化越大。

Torquemada, Tomás de＊ 托爾克馬達（**西元1420～1498年**）　西班牙第一任總裁判官（1487～1497）。他是道明會會士，後成爲費迪南德五世和伊莎貝拉一世的告解司鐸和顧問。他掌管西班牙的異端裁判所，負責對猶太人，摩爾人以及其他被定罪爲異教徒，巫師和罪犯的人進行迫害。他採用酷刑來獲取供詞，在他的任期內，約有2,000人被綁在木樁上燒死。他很可能對費迪南德和伊莎貝拉施加過影響，使他們做出將猶太人驅逐出西班牙的決定（1942）。他的名字亦成爲對異端裁判所瘋狂暴行的代名詞。

托爾克馬達，平版畫
By courtesy of the Biblioteca Nacional, Madrid

Torre, Victor Raúl Haya de la ➠ Haya de la Torre, Victor Raúl

Torres Bodet, Jaime＊ 托雷斯・博德特（**西元1902～1974年**）　墨西哥詩人、小說家、教育家和政治家。擔任過多種外交和政府職務，曾先後任公共教育部長（1943～1946）和外交部長（1946～1948）。他的詩歌從一開始便體現出受到現代主義影響，常涉及孤獨的主題，對自我的探求和對死亡的渴念。《地下聖墓》（1937）被認爲是一本包括他最重要詩歌的集子。他的詩歌被收集在《詩作》（1967）中。1927～1937年間出版的六部小說中，《影子》（1937）被認爲是最佳作品。後因飽受癌症之苦而自殺。

Torres Strait＊ 托列斯海峽　新幾內亞島和澳大利亞約克角半島之間的水道。連接珊瑚海和阿拉弗拉海。於1606年被西班牙航海家托列斯發現。寬約130公里。多礁石、淺灘以及島嶼，其中包括托列斯海峽群島。該海峽不適於航行。

Torres Strait Islands 托列斯海峽群島　位於托列斯海峽的島嶼群。島上雜居著玻里尼西亞人，美拉尼西亞人以及原住民。該群島分爲三組：西部（地勢高，多岩石，荒涼），中部（珊瑚島）以及東部（有火山，植被茂密）；各部分都有自己的當地政府。這些島嶼有可能是一座曾經連接亞洲和澳大利亞的橋樑的殘留物。1870年代被昆士蘭合併。珍珠養殖業、漁業和旅遊業是其主要的收入來源。人口6,000（1981）。

Torricelli, Evangelista＊ 托里拆利（**西元1608～1647年**）　義大利物理學家和數學家，氣壓表的發明者。在伽利略生命中最後三個月裡爲其擔任助手，並被指定繼任伽利略任佛羅倫斯學院的教授。兩年後他遵照伽利略的提議，將1.2公尺長的玻璃試管灌滿水銀，並將試管倒置在盤中，他發現有一部分水銀並未流出，而且水銀上方的部分爲眞空。在繼續觀察後，他得出，水銀柱的高低變化是由大氣壓力的變化引起的。他從未發表過他的發現。他對幾何學的研究促進了積分學的發展。

Torrijos (Herrera), Omar＊ 托里霍斯（**西元1929～1981年**）　巴拿馬事實上的獨裁者（1968～1978）。曾在委內瑞拉和美國研讀軍事科學。1952年進入國民警衛隊，後晉升爲少尉。在1968年的一次政變中成爲領袖。是少數幾個會見過古巴總統卡斯楚的拉丁美洲領導人之一；但他也鎭壓國內左派工人和學生。1977年美國卡特總統與他簽定了兩份條約，同意於1999年將巴拿馬運河以及運河區的控制權交還巴拿馬，托里霍斯也由此達成了他的最高目標。他在一次軍事視察途中死於飛機失事。

Tórshavn＊ 托沙芬　丹麥法羅群島的首府及港口。位於斯特倫島，建立於13世紀。第二次世界大戰期間，英軍占領該地區，把它作爲抵抗丹麥德軍的防禦基地。法羅群島上約三分之一的人口居住在這裡。漁業與針織業是主要工業。人口約16,000（1993）。

torsion balance＊ 扭力天平　測量地球表面重力加速度的裝置。它主要由橫樑兩端所支撐的兩個不同高度的小質量組成。橫樑懸掛在一根細絲上，由於兩個質量受到的重力作用不同，細絲發生扭轉。細絲扭轉後，用一個光學系統指示出偏角，就可以計算出轉矩，或者說扭力。轉矩與觀察點的重力有關。扭力天平也可以指用於稱重的裝置，是一種等臂天平。

torsion bar 扭桿　扭轉時具有強烈重定傾向的抗扭轉（參閱torque）桿或棒。汽車上的扭桿是一根長的彈性鋼桿，一端固定在車身上，而另一端由一與車軸連接的槓桿所扭轉，這樣可給車輛提供彈性作用參閱spring。

torsk ➠ cusk

tort 侵權行爲　導致他人損傷的不當行爲，該行爲乃非因契約破裂而發生，法律允許對此行爲提出民事（非刑事）訴訟。損害或傷害的形式可以獲得補償。侵權的原文tort出自拉丁文的tortum，意思爲「被扭轉、擰絞、彎折的事物」。襲擊、破壞名譽、瀆職、過失、妨礙、產品過失、破壞財產、非法侵入等都是（不計其潛在刑事及契約面向的）侵權行爲。

tortoise 陸龜　龜科40多種行動緩慢、陸棲、食草的龜的統稱，新、舊大陸均有發現，但主要在非洲和馬達加斯加。陸龜的背甲高而呈圓蓋形；後肢粗大，形如象腿；前肢覆以硬鱗。四種北美的品種有棕色的甲殼，長約20～35公分，前肢扁平，適於掘洞。常見的歐洲陸龜甲殼長約18～25公分。加拉帕戈斯等島嶼上大多數的巨龜品種現在已很稀少或滅絕了。捕獲的一隻加拉帕戈斯陸龜甲殼長1.3公尺，重達140公斤。

加拉帕戈斯陸龜（Geochelone elephantopus）
Francisco Erize – Bruce Coleman Ltd.

torture 施刑　施加給心靈或肉體的讓人難以忍受的痛苦。當權者曾採用這一方法來達到懲罰、威壓和強迫之目的，尤其是針對敵人，以逼取口供或獲得情報。曾在希臘人和羅馬人中被廣泛使用；亞里斯多德爲這種做法做過辯解，而西塞羅、西尼加和聖奧古斯丁卻對此表示反對。作爲一種獲得口供的途徑，施刑在12世紀的歐洲越來越多地爲人所使用。從14世紀中葉至18世紀施刑是一種普遍的且獲准許的做法。羅馬天主教會亦支持異端裁判所採用此法。通常採用的手段及工具爲吊刑（利用背在背後的手腕來反覆的升降身體），拷問台（用來拽拉四肢和身體）和拇指夾（用來擠壓拇指）。到1800年，施刑在大多數歐洲國家都是不合法的，但在20世紀這一做法又再次廣爲應用，尤其是在納粹德國和蘇聯。至今，施刑在拉丁美洲，非洲以及中東還被廣泛採用。認爲只有虐待狂才會成爲施刑者的看法，受到了1960年代美國進行的一項研究的質疑，這項研究表明，普通人很容易被說服，對他人施加痛苦。

Tory 托利黨 英格蘭政黨成員。托利爲愛爾蘭語，原意天主教歹徒，這時指擁護詹姆斯繼承王位的人。大多數托利黨人接受了輝格黨人神權專制的學說。托利黨代表抵制宗教寬容和國外干預一派，以鄉紳爲主。1784年以後小庇特領導新托利黨，代表鄉紳、商賈和官僚的利益。1815年以後經歷了一段政黨混亂時期，雖然托利一詞指保守黨，而輝格一詞已無政治意義。

Tosa * 土佐 日本四國島地區，其歷史至少可以回溯到平安時代，當時日本首部皇家御製和歌集的編纂者紀貫之（868?～945?）撰寫了一本虛構式的日記，描述他擔任土佐郡司時的經驗。1571年土佐合併成一個領地，即藩，而藩主大名是反德川家康的；歷史上的這種敵意到了明治維新時顯現出重要性來，土佐出身的武士，如同出身薩摩和長州的侍，起而協助推翻德川幕府。亦請參閱Itagaki Taisuke。

Toscanini, Arturo * 托斯卡尼尼（西元1867～1957年） 義大利指揮家。九歲進入音樂學校，學習大提琴，鋼琴和作曲。以大提琴演奏家的身分開始其職業生涯。在威爾第的《阿依達》（布宜諾斯艾利斯，1886）代替一位不稱職的指揮之後，在多家義大利歌劇院擔任指揮，初次公演劇目爲《醜角》（1892）和《波希米亞人》（1896）。曾數次出任米蘭史卡拉歌劇院的音樂總監（1898～1903, 1906～1908, 1920～1929），並於1946年開放了重建後的歌劇院。在大都會歌劇院任音樂總監期間（1908～1915），向全世界公演了《金色西方的女孩》，在美國公演了戈東諾夫和盧利的《阿依達》。於1930年成爲第一位在拜羅伊特擔任指揮的非德國人，但爲了對納粹政策表示抗議，他結束了在德國的演出。於1937年組建了NBC管弦樂團，他一直指揮該樂團直到1954年退休。

Tosefta * 托塞夫塔 約於西元300年編撰的「密西拿」的附錄。它由依據「密西拿」中的典據得來的規律組成。通常遵循論題綱要和「密西拿」的結構。「托塞夫塔」與「密西拿」都是主要在巴勒斯坦工作的猶太學者的成果。他們對大量源自以斯拉時代的材料進行蒐集、評價和綜合。編寫「托塞夫塔」可能旨在通過保留快要消亡的或是持反對觀點的材料來補充「密西拿」。

Tostig * 托斯蒂格（卒於西元1066年） 諾森伯里亞的盎格魯－撒克遜伯爵。他與挪威關係密切，於1055年成爲諾森伯里亞的伯爵。他用殘暴的手段來制服不開化的北方，導致了1065年爆發叛亂。造反者在牛津得到了托斯蒂格的兄弟哈羅德（後成爲哈羅德二世）的支持。托斯蒂格被流放。後來爲征服者威廉（參閱William I）服務，並掠奪英格蘭沿海一帶，後與侵略英格蘭的挪威國王哈拉爾三世會師。他的兄弟哈羅德在斯坦福橋戰勝了侵略軍，托斯蒂格也在這次戰役中被殺死。

total internal reflection 全內反射 在一種媒質（如水或玻璃）中的光線從媒質的邊界完全反射回媒質內部的現象。當入射角大於某個稱作臨界角的極限角時，便發生全內反射。一般來說，當光線從折射率較高的媒質射向折射率較低的媒質，而且入射角大於臨界角時，在這兩種透明媒質的邊界上就會發生全內反射。對於所有小於臨界角的入射角，則既發生反射，又發生折射。虹、大氣暈圈、鑽石的閃光以及光線通過光纖路徑等現象都是由全內反射引起的。

Total Quality Control (TQC) 全面品質控制 追求產品極大化的管理系統，基本理念是由日本工業界1950年代所研發出來的。這種系統融合了西方與東方的思維，最早是由品管圈的概念開始，也就是將十至二十名員工編爲一組，由他們自己負責所生產產品的品質。後來慢慢演變出各種不同的技術，試圖將員工與管理人員編入以使產量及品質極大化，這些技術包括職員貼近式監看以及優異顧客服務。TQC的核心概念是「改善」（kaisen），也就是公司進步人人有責的概念。亦請參閱production management。

Total Quality Management (TQM) 全面品質管理 用來改善公司或工廠的組織流程之管理方法。TQM內容包括提高效率、解決問題、標準化及統計化控制、調節設計、房務管理、及其他商業或生產流程的面向。亦請參閱International Organization for Standardization (ISO)、Total Quality Control (TQC)。

total war 總體戰爭 發生軍事衝突事時，衝突各方爲獲得完全勝利，願在生命和其他資源上作出任何犧牲。它與有限戰爭中生命和資源承擔的局部義務不同。總體戰爭的現代概念可追溯到克勞塞維茨，他強調在戰爭中摧毀對手力量的重要性，並把戰爭描寫成爲了一種理論的絕對性，而在暴力上傾向於不斷升級。20世紀的關於總體戰爭的經典著作是魯登道夫的《總體戰》（1935）。第一次世界大戰和第二次世界大戰一般被看作是總體戰爭。第二次世界大戰之後，尤其是在冷戰期間，爆發全面核戰爭的可能，使得大國不願意參與全面的世界大戰，也不允許其敵對國這樣做。

totalitarianism 極權主義 一種政體。要求公民生活的各方面都從屬於政府當局，以單個的具有超凡能力的領導者作爲最終權威。這一術語是在1920年代由墨索里尼首次提出。在歷史上，極權主義在世界範圍內都存在過（比如在中國秦朝）。極權主義與專制主義或獨裁的區別常常表現在以新的政治機構代替一切舊的政治機構，打破一切法律、社會和政治的傳統，以適應國家的需要，而這種需要往往具有高度的集中性。大規模的、有組織的暴力能被合法化。政策的實施不受法律和規則的約束。追求國家目標是建立極權主義政府的唯一邏輯基礎，而目標的實現卻永遠無法爲人所知。鄂蘭所著的《極權主義的起源》是這個主題的標準著作。

totem pole 圖騰柱 由許多西北海岸區印第安人豎立的一種著色的木刻圓柱。圖騰柱表現的是神話形象，一般是動物幽靈，其意義在於它們與血統的聯繫。每種形象各代表一類家族。有的圖騰柱以象形文字的形式來講述家族傳說。通過豎立圖騰柱，可表明房屋或其他財產的所有者身分，對參觀者表示歡迎，指名入口或過道，爲墓地做標記，甚至奚落他人。亦請參閱symbol、totemism。

totemism 圖騰崇拜 根據人與動物等天然物有親緣關係或奧祕關係的信仰而形成的複雜的思想和習俗。該術語源於奧吉布瓦語的ototeman一詞，意爲血緣關係。如果一個社會被劃分爲數目明顯固定的若干氏族，而每個氏族都與一種有生的或無生的事物（圖騰）間存在著特殊關係，那麼這個社會便體現出了圖騰崇拜。圖騰可以是讓人害怕的或受人尊敬的獵物，也可是可食用的植物。圖騰常常和起源神話以及起始道德有關，並幾乎統統用樹籬圍住，樹籬上有代表迴避或嚴格儀式化的接觸的禁忌。圖騰、禁忌和族外婚（參閱exogamy and endogamy）似乎不可避免地糾纏在一起。亦請參閱totem pole。

Totonac＊ 托托納克人 墨西哥中東部的北美印第安人。他們有的生活在涼爽、多雨的高地，有的生活在炎熱、潮濕的低地。雖然兩部分托托納克人都務農，但高地人也從事小販和雇工勞動，並常在農閒時到低地農場勞動。大多數人都耕種自己的土地，還必須完成在農村公地上的勞動。他們名義上信仰天主教，但已使其適應自己的傳統信仰。

toucan＊ 鵎鵼 鵎鵼科約40種大嘴、長尾鳥類的統稱，產於中、南美洲。許多品種爲黑色，胸部的顏色醒目；喙厚，邊緣呈鋸齒狀，顏色鮮明突出。鵎鵼群能發出響亮的叫喊聲、號角聲和刺耳的雜訊。它們以果實、昆蟲、蜥蜴和雛鳥爲食。其將2～4枚蛋下在無襯底的天然樹洞裡，或者下在被廢棄的啄木鳥洞裡。鵎鵼屬的品種可以達到60公分長，其中喙占了體長的1/3。小鵎鵼長約25～35公分。

灰胸山鵎鵼（Andigena hypoglauca）
Painting by John P. O'Neill

touch-me-not 鳳仙花 鳳仙花屬兩種北美洲植物的統稱，別名jewelweed或snap-weed，生長於潮濕地區。好望角鳳仙花的橘色花朵具典型深紅色斑點；蒼白鳳仙花具黃至白色花朵，有時有棕紅色斑點。原產於北美洲東部廣大區域，爲常見的雜株。其汁液據說可治療毒葛引起的疹子。

touch reception ➠ mechanoreception

touchstone 試金石 用以檢定金銀純度的黑色矽土石。將待鑑定的金屬在試金石上摩擦，然後將一已知純度的金屬在旁邊一塊試金石上摩擦。用硝酸來處理金屬在石頭上留下的條紋，由於硝酸可溶解雜質，因而能在比較時強化兩個樣品的對比。由於諸如銅類的其他金屬可以和銀成爲合金而其顏色沒有明顯變化，所以現在已不常使用試金石法試銀。但是試金石仍被用來試金，並對品質檢定提供了一個相當準確的指導。

Toulon, Siege of＊ 土倫之圍（西元1973年8月28日～12月19日） 法國大革命中的一次軍事交鋒。法國保王黨分子在8月把法國在土倫的海軍基地和軍械庫拱手交給英－西艦隊。法國革命軍爲奪回港口城市開始進行圍攻，經過數月的準備，成功襲擊了盟軍所據守的要塞。要塞居高臨下，俯瞰拋錨地。年輕的拿破崙下令用炮火連攻英國艦隊，並迫使其撤出內港，儘管英西軍隊在撤離前炸毀了軍械庫，還燒掉四十二艘法軍艦船。基於在這次勝利中所起的主要作用，拿破崙被晉升爲上將。

Toulouse＊ 土魯斯 古稱Tolosa。法國南部城市，瀕臨加倫河。建於古代。西元前106年羅馬人從凱爾特居民手中奪走該城。778年後成爲土魯斯封建伯爵領地。在16世紀的宗教戰爭中新教教徒在此遭到大屠殺。在半島戰爭的最後一次戰役中英國人在這裡戰勝了法國（1814）。土魯斯既是鐵路樞紐、運河港口，又是法國航太工業的中心。這裡有衆多歷史性建築，包括一座歌德式大教堂，一座羅馬式巴西利卡以及托馬斯·阿奎那的墓地。該市的大學成立於1224年，是世界上最古老的大學之一。人口：都會區608,000（1990）。

Toulouse-Lautrec(-Monfa), Henri(-Marie-Raymond) de＊ 土魯斯－羅特列克（西元1864～1901年） 法國畫家及素描家。出生在一舊式貴族家庭。少時雙腿兩次在事故中骨折（1878、1879），留下永久的後遺症，使他行走困難。在長期的康復過程中，他開始對藝術產生興趣，1881年下決心要成爲一名藝術家；在接受指導之後，於1884年在巴黎蒙馬爾特區成立了自己的畫室，開始出入這裡的咖啡館、小酒館，結交表演藝術家，他一生都保持著這種交往。他捕捉舞蹈演員、馬戲演員以及其他表演藝術家的動態，並用簡單的線條和並列的強烈色彩將它們表現出來，這種手法能產生一種充滿活力的跳動感。他的平版畫屬於他最有影響力的作品，他所創讓人難忘的海報使得這一流派的可能性得以體現。其作品常帶有尖刻的諷刺，但同時他又很富同情心，這一點尤其體現在他對妓女的描繪中（比如《在沙龍裡》〔1896〕）。他獨特的風格爲持續幾十年的前衛派藝術開闢了道路。因爲酗酒，去世時年僅三十六歲。

Toungoo dynasty＊ 東吁王朝 緬甸15或16～18世紀的王朝。一般認爲王朝的創立者是明吉瑜王（1486～1531年在位）或者是他的兒子莽瑞體（1531～1550年在位），後者擴大了王國疆域，並統一了全國。莽瑞體的妹夫莽應龍（1551～1581年在位）將老撾（今寮國）和泰國的大部分並入了王朝版圖。儘管莽瑞體，莽應龍和其他統治者都曾試圖征服阿拉干（位於緬甸南部），但無一成功。莽應龍死後，帝國逐漸瓦解。不過，東吁王朝直到1752年才覆亡。

Tour, Georges de La ➠ La Tour, Georges de

Tour de France＊ 環法自由車賽 始於1903年的一年一度的自由車賽。賽程4,000公里，大都在法國和比利時境內，有時也短程進入其鄰國。被認爲是世界上水準最高的自行車環程賽，每年的比賽有120名或更多的男性職業選手參加。比賽約分爲21天的賽程，每日賽程爲計時賽，比賽中累計所有賽程時間最少的選手得勝。1984～1989年曾舉行女子組環法自由車賽。

Touraine＊ 圖賴訥 法國西北部的歷史地區。包括前圖賴訥省；首府爲圖爾。在羅馬時代，高盧的圖賴訥人在此居住。5世紀與西哥德王國合併。507年成爲法蘭克王國的一部分。接下來的數百年間，曾與不同國家發生爭戰，13世紀初受法國人統治。1700年左右開始衰退，法國大革命期間被廢除（1789）。該地區，包括羅亞爾河谷在內，以其雄偉的城堡聞名，有時被稱作法蘭西花園。

Touré, (Ahmed) Sékou＊ 杜爾（西元1922～1984年） 幾內亞第一任總統（1958～1984）和非洲的主要政治人物。自稱是薩摩利的後代。曾於1958年參與領導幾內亞的獨立運動。他積極支持恩克魯瑪提出的統一非洲計畫，並在恩克魯瑪被罷黜（1966）後爲其提供庇護。爲非洲統一組織的成員，被認爲是溫和的伊斯蘭領導者。1971年鄰近的葡屬幾內亞（今幾內亞－比索）進犯幾內亞失敗之後，他在國內實施了嚴格的措施，以鐵腕進行統治。

Tourette's syndrome＊ 圖洛特氏症候群 罕見的神經疾病，其特徵爲反覆發作的運動性及發音性抽搐。病名取自首先於1885年描述本病的圖洛特，此症全世界分布，通常爲遺傳性，在二～十五歲間發病，男性發病率是女性的三倍。約80%的病例是運動性抽搐先發生，其他病例則是發怪聲的衝動在先。說淫穢語言的衝動，這曾被視爲本病特徵，但也常不存在。想重說聽到的言語的衝動和自發地重複自己的言語是圖洛特氏症候群的兩個特殊症狀。其他發音性抽搐還包括無意義的聲響。運動性抽動可能只是注意不到的簡單動作，更複雜的抽動爲看似有意的行爲（例如跳躍、鼓掌）。睡眠、精神集中和體力活動可抑制上述症狀，而情緒

STUV

緊張會加重症狀。圖洛特氏症候群不像其他強迫行爲，它源自神經而不是源自精神，用精神作用藥物可改善其症狀。患者腦中神經介質可能發生異常，但內在原因仍不明。

tourmaline＊　電氣石　成分複雜的矽酸鹽礦物，是一種常被用作飾物的寶石。按所含元素被分爲三類，可通過以下特徵進行識別：鐵質電氣石（黑電氣石）呈黑色；鎂質電氣石（鎂電氣石）呈褐色；鹼質電氣石可呈粉紅色、綠色、藍色或無色。電氣石在結晶花崗岩的偉晶岩中最爲常見。具有寶石品質的電氣石主要產於美國、巴西、俄羅斯和馬達加斯加。

Tourneur, Cyril＊　圖爾納（西元1575～1626年）　英國戲劇家。早年曾從事文學工作；大約1613年後在政府任職。主要以《無神論者的悲劇》（1611）而成名，這是一部充滿恐怖意象的詩劇。有可能爲《復仇者的悲劇》（1607）的作者，該劇常被認爲是米德爾頓所寫。儘管這部作品早於《無神論者的悲劇》，但在結構和憂鬱色彩方面都更爲成熟。他還創作了史詩諷刺劇《倒轉的變形》（1600）。

Tours＊　圖爾　中部法國的西北部城市。羅馬人入侵之前，這裡由高盧部落居住。3世紀起受主教管轄，但在4世紀圖爾的聖馬丁任主教之前，基督教團體的規模不大。5世紀末，在聖馬丁的墓地上建起一座雄偉的巴西利卡，數百年來它一直是朝聖者向往之地。5世紀成爲法蘭克領地的一部分。在732年的圖爾／普瓦捷戰役中，鐵鎚查理在圖爾附近擊敗了摩爾入侵者。在阿爾昆的統治下，圖爾發展成爲學習的中心。儘管在中世紀經歷了繁盛期，但隨著17世紀新教胡格諾派的遷入，該城開始衰敗。巴黎在普法戰爭期間遭包圍時（1870），這裡是法國政府所在地。爲盧瓦爾湖河谷的主要旅遊中心，這裡有古老的聖馬丁巴西利卡的遺跡，也是巴爾扎克的出生地。人口133,000（1990）。

Tours/Poitiers, Battle of＊　圖爾／普瓦捷戰役　732年10月法蘭克王國宮相鐵鎚查理對從西班牙入寇的穆斯林所取得的勝利。穆斯林軍隊試圖奪取亞奎丹的控制權，查理帶領法蘭克軍隊迎戰。阿拉伯領袖阿布杜勒－拉赫曼被殺，阿拉伯人撤退。這場勝利具有決定性意義，因爲此後再也沒有穆斯林敢入侵法蘭克領土。

Toussaint-Louverture＊　圖森－路維杜爾（西元1743?～1803年）　原名François Dominique Toussaint。法國大革命期間海地獨立運動的領導者。奴隸出身，1777年成爲自由人。1791年參加奴隸起義，不久便召集成立了自己的軍隊，並在游擊戰中對其進行訓練。1793年法西戰爭爆發後，他與其他黑人指揮官一同加入了西班牙軍隊，但由於法國後來廢除了奴隸制，而西班牙卻沒有，因此他在1794年向法軍投誠。他通過起義，在拉丁美洲建立了第一個獨立國家。他由聖多米尼哥的副總督晉升爲總督，並逐漸使自己擺脫了名義上的法國統治者的地位。他與英國簽定條約，確保英軍從聖多米尼哥撤離，並開始與英美開展貿易。1801年他重新把注意力轉向西班牙人在伊斯帕尼奧拉島上的控制範圍－－聖多明各，趕走了西班牙人，並解放了那裡的奴隸。使自己成爲終身總督。1802年被法國人罷黜，死於法國監獄中。亦請參閱Dessalines, Jean-Jacques。

Toutates ➠ Teutates

Towada, Lake＊　十和田湖　日本本州北部湖泊。地處一火山口。湖周邊長達44公里。爲日本第三深的湖泊，中心水深334公尺。位於十和田八幡平國立公園，是一個頗受歡迎的休閒區。

tower　塔　對基部尺寸來說較高的獨立式或附屬式建築結構。羅馬人、拜占庭人和中世紀歐洲將用作防禦的塔建成爲城牆上防禦工事的一部分（比如倫敦塔）。印度的寺廟建築採用各種形式的塔（例如希訶羅）。塔是羅馬式和哥德式時期建造的教堂和大教堂的重要特徵。有些哥德式教堂塔的設計帶有塔尖，有些則爲平面屋頂。義大利的鐘樓既可以附屬於教堂，也可作爲獨立建築物。塔的使用在文藝復興期間有些衰落，但在巴洛克建築中再度出現。鋼骨結構的使用使建築物達到前所未有的高度。艾菲爾鐵塔是顯示鋼骨構造眞正垂直潛能的第一個結構。

Tower, Joan　陶爾（西元1938年～）　美國作曲家。生於紐約新羅契爾，從小學習鋼琴，進入班寧頓學院就讀，在哥倫比亞大學完成音樂學業。1969年她組成Da Capo Chamber Players團體，擔任其中的鋼琴演奏，並且寫了不少作品；後來在1984年離開這個團體。她最出名的是多采多姿又反覆怪誕的管絃樂風，作品有*Sequoia*（1981）、*Fanfare for the Uncommon Woman*（1987）與*Silver Ladder*（1987）。1972年起在巴德學院教書。

Tower of London　倫敦塔　英國皇家要塞，位於泰晤士河北岸。約1078年由征服者威廉一世開始在羅馬城牆內側建造一座中央城樓「白塔」（因以石灰岩建造而得名）。12～13世紀要塞向牆外擴展，形成以白塔爲圓心，分內外兩部分的防禦要塞。唯一陸上入口在城堡西南角，當時河流還是主要通道，13世紀的水門仍經常使用。倫敦塔長期被用作國家監獄，因此水門也被稱作「叛逆者之門」，而許多人犯在此被謀殺和處決。

towhee＊　唧鵐　亦稱紅眼雀。雀形目雀科或鵐科的數種北美鳴禽的統稱，尾長，潛行於叢林中，喧鬧地在植被地上抓取食物。其名來自美國東南部的一種棕脅唧鵐；其分布範圍從加拿大到中美洲。體長約20公分，羽冠色暗，尾角白色，脅赭色；西部亞種翅有白斑。美國西部的褐唧鵐顏色單調。綠尾唧鵐呈灰、白和淡綠色，頭頂紅褐色，亦分布於美國西部。

棕脅鵐
John H. Gerard from The National Audubon Society Collection / Photo Researchers

town meeting　城鎭會議　美國城鎭的立法會議，與會的所有選民或部分選民有權管理社區事務。城鎭會議最早出現於殖民地時期的新英格蘭，在那裡至今仍是一種普遍現象，原因之一是，這裡的城鎭往往被賦予別處的縣所享有的權力。該會議一般一年選舉一次。執行機構通常是由三、五個選民組成的委員會。公開的城鎭會議常被看作是極爲純粹的一種民主形式，它允許所有註冊選民就議程或委任狀上的條款進行投票表決。代表性城鎭會議只允許當選的選民進行投票表決。

Townes, Charles H(ard)　湯斯（西元1915年～）　美國物理學家。曾在弗爾曼大學、杜克大學和加州理工學院求學。到哥倫比亞大學任教之前（1948），在貝爾實驗室工作。1950年代初期，他和學生一起製造出第一台邁射激射器，並指出製造一種產生可見光的類似裝置也是可能的。基於他爲發明邁射以及後來的雷射所起的重要作用，1964年與普羅霍羅夫（1916～）和巴索夫（1922～）同獲諾貝爾物理獎。

炎症的藥物可以減輕症狀。噻苯達唑對消滅小腸內的寄生蟲有良效。目前還沒有可以有效地對豬肉進行檢測的方法，最保險的方法就是在烹調過程中保證將食物煮熟。

trichomonad * 毛滴蟲 毛滴蟲目動鞭毛原生動物的統稱。有3～6根鞭毛，許多品種有一個或多個核。多數棲於各種動物的消化道內。有三種毛滴蟲見於人體內：人毛滴蟲寄生於腸道；陰道毛滴蟲寄生於陰道內；口腔毛滴蟲寄生於口腔內。

trickster tale 惡作劇故事 在世界範圍內口頭傳誦的有魔力的半獸人（惡作劇家）所玩的騙局、魔術和暴力故事等。其主角通常既是一個有創造力的神和無邪的傻子，又是一個邪惡的毀滅者和頑皮的人。居住在加利福利亞州和美國西南地區的美洲印第安人惡作劇故事中的主角科約蒂是世界上最著名的惡作劇家之一。在太平洋西北部的惡作劇家是雷文（Raven）。許多非洲人也有自己的惡作劇家（野兔、蜘蛛、烏龜等），它們被黑人奴隸帶到了西半球。以兔子大哥（Brer Rabbit）爲主角的惡作劇故事被哈利斯改編成了文學的形式。

Trident missile 三叉戟飛彈 美國製造的潛艇發射的彈道飛彈。它在1980年代和1990年代代替了「海神飛彈」和「北極星飛彈」。該飛彈比大多數陸地發射的飛彈都要更加精確，三叉戟對前蘇聯硬式飛彈發射井和指揮部掩蔽造成了威脅。它們的射程可以使裝載它們的潛艇在大西洋和太平洋的任何一個區域中巡行，使敵方的觀測難度加大。

Trieste * 第里雅斯特 全名第里雅斯特自由區（Free Territory of Trieste）。原南歐包括第里雅斯特城及周邊地區在內的前伊斯特拉半島西部地區。在1945年被南斯拉夫占領。1947年聯合國在此建立自由區。後按行政功能的不同被分割成兩個地帶：A地帶爲包括第里雅斯特在內的北部地區，受英國和美國人控制；B地區爲南部地區，受南斯拉夫人統治。1954年北部的大部分地區收歸義大利，南部則歸屬南斯拉夫。

Trieste 第里雅斯特 古稱Tergeste。弗留利－威尼斯朱利亞首府和海港城市。該地區位於亞得里亞海第里雅斯特灣，從西元前2世紀起一直受羅馬人控制，直到羅馬帝國崩潰爲止。在948～1202年曾受主教統治。它在1382年畫屬哈布斯堡王朝的保護之下，並成爲了奧匈帝國主要的繁榮港口。第一次世界大戰後，它被割讓給了義大利。第二次世界大戰期間曾被德國軍隊占領，在1945年被南斯拉夫奪取，1947年成爲第里雅斯特自由區。在1954年歸還義大利以後，1963年該城市成爲地區首府。人口約224,000（1996）。

triggerfish 鱗魨；砲彈魚 鱗魨科約30種淺水海產魚類的統稱，廣佈於全世界熱帶海洋。鱗魨的體較深，一般體色豔麗，鱗大，眼位高，有三個背鰭棘，用於保護。當鱗魨受到威脅時，它急衝進珊瑚縫隙，豎起它那大而強的第一棘，第二棘（「扳機」）將它卡住；第二棘撤回後，才能放下第一棘。雖然一般認爲可食，但有些可引起食物中毒。最大的能長到60公分長。

Balistes conspicillus，鱗魨的一種
Douglas Faulkner

triglyceride * 甘油三酯 任何一種在類脂化合物和酯中存在的天然脂肪，由3個脂肪酸分子與丙三醇連結而成。這三個分子可以是同一類的，也可以是不同類的。甘油三酯在動物體內隨種類和食物中脂肪的類別而發生變化。而哺乳動物將甘油三酯儲存在脂肪組織中，在需要的時候將其分解成甘油和脂肪酸。許多植物的甘油三酯（油）同動物不同，在室溫下爲液態，所含的脂肪酸種類變化也更多。在鹼的條件下，甘油三酯水解成甘油和3分子肥皂（脂肪酸鹽）。

trigonometric function * 三角函數 數學上，代表直角三角形邊長比值的六個函數（正弦、餘弦、正切、餘切、正割、餘割）。這些函數也稱爲圓函數，因爲其值可以用半徑爲1的圓上的點相對於標準點（原點）的角度，用x和y座標（參閱coordinate system）的比值來表示。這些值已經製作成表並寫成程式放進科學計算機和電腦裡頭。這方便三角學應用在測量、工程與導航的問題上，找出直角三角形的一個銳角和一個邊長，就可以找出其他的邊長。三角函數的基本性質是$\sin^2\theta + \cos^2\theta = 1$，$\theta$是角度。三角函數的一些性質在數學分析很管用，特別是其導數可用於解微分方程式。

trigonometry 三角學 討論三角形的邊和角之間關係的數學學科。從字義上講，它意味著三角測量，其實它的應用遠遠超過了幾何學的範圍。15世紀時作爲一個嚴格的學科出現，當時需要精確的測量技術以及導航的方法，因而用三角學來解直角三角形，或者給定一個直角三角形的一個銳角和一條邊長後來計算其餘兩條邊的長度。用三角函數形式的比例關係可以求解。

trikaya * 三身 大乘佛教中指佛陀三身的概念或存在形式的概念：自性身，即未顯露的形式；受用身，即天上的形式；以及變化身，即人間的形式或佛陀在人間出現時的各種形式。三身的概念適用於釋迦牟尼佛和其他所有的佛。

Trilling, Lionel 特利淩（西元1905～1975年） 美國文學評論家和教師。從1931年起直到去世都一直在哥倫比亞大學任教。他的文學散文集包括《不帶偏見的想像》（1950）、《文化之外》（1965）、《眞誠與眞實性》（1972）和《現代世界的意念》（1972）。其他作品還包括《弗洛伊德和我們的文化危機》（1955）和小說《旅途中》（1947）。它可能是同時代的美國文學評論家中最著名的一個，他的妻子是評論家和作家黛安娜・特利淩（1905～1996）。

Trillium * 延齡草屬 百合科延齡草屬中約25種春季開花的多年生草本植物，原產於北美和亞洲。輪生的卵形葉、花的部分以及果實都以三個爲一組。每朵單生的白色、綠白色、黃色、粉紅色或紫色的花長於從葉輪伸出的短梗之上。許多品種栽培於野生花卉園中。野延齡草（亦稱天南星或直立延齡草）是一些保護品種。

trilobite * 三葉蟲 三葉蟲亞門一類卵圓形的節肢動物，約5.4億年前在海洋中占統治地位，而在大約2.45億年前滅絕。三葉蟲有幾丁質的外甲和三個體葉：一個隆起的中葉以及兩側各有較低的一葉。頭、胸和尾分成三節；每節有一對附肢。最前面的附肢是感覺和攝食器官。多數種有一對複眼，然而有些無眼。有些是捕食者，而其他的則只食腐肉，還有一些很可能吃浮游生物。見於波士頓附近的哈蘭奇異蟲長達45公分，體重可能有4.5公斤。其他的品種都很小。

三葉蟲
Leslie Jackman – Natural History Photographic Agency

Trimble, (William) David　川波（西元1944年～）　北愛爾蘭統一黨（UUP）的領袖，1998年與休姆共獲諾貝爾和平獎。他在1990年選入議會，1995年成爲北愛爾蘭統一黨領導人。他代表北愛爾蘭統一黨參加了1997年九月開始的多黨和平會談。這些會談包括了新芬黨成員和愛爾蘭共和軍（IRA）政治派成員，談判最終達成了1998年四月的「受難節協定」，旨在恢復北愛爾蘭的自治政府。他不顧右翼黨派的反對簽訂了該協定，並在北愛爾蘭和愛爾蘭地區成功地進行全民投票。在接下來的新北愛爾蘭議會選舉中，他被選爲首任部長。他與愛爾蘭共和軍之間在裁軍方面的衝突，導致他在2001年辭去了首任部長的職位。

trimurti＊　三相神　在印度教中，三位大神梵天、毗濕奴和濕婆的合一。學者認爲三相神的教義是不同的一神論法門互相協調的嘗試，以及與終極實體的哲學教義相調適的企圖。在三相神的象徵性意義上，三位神複合成擁有三個面容的單一形體。每個神掌管創造宇宙的一個方面：梵天擔任創造神，毗濕奴擔任守護神，濕婆則是破壞神。然而，部分教派將所有創造宇宙的局面都歸之於他們所選立的神祇。雖然三相神有時被稱作印度教的三位一體，但其實與基督教的聖三位一體相似之處甚少。

Trinidad and Tobago＊　千里達與托巴哥　正式名稱千里達與托巴哥共和國（Republic of Trinidad and Tobago）。涵蓋了千里達與托巴哥兩個島群的國家，位於委內瑞拉沿岸外的加勒比海中。面積5,128平方公里。人口約1,298,000（2001）。首都：西班牙港。居民多爲東印度群島人和非洲人的後裔。語言：英語（官方語）。宗教：天主教、新教、印度教和伊斯蘭教。貨幣：千里達與托巴哥元（TT$）。該國島嶼多是平坦或坡度平緩的平原，有一些帶狀的高地和雨林。卡羅尼森林沼澤是千里達一處重要的鳥類保護地，是紅鸛、白鷺、紅鶚的棲息地。該國的石油和天然氣儲量豐富，亦是世界最大瀝青產國。其他工業還有：農業、漁業和旅遊業。主要農產品有甘蔗、柑桔類、可可行咖啡。政府形式是共和國，兩院制。國家元首爲總統，政府首腦是總理。1498年哥倫布到達千里達時，那裡居住著阿拉瓦克人；托巴哥則居住著加勒比人。16世紀時西班牙人到該群島定居。17～18世紀輸入了非洲奴隸作爲種植園勞工，取代了爲西班牙人工作勞累而死的原始印第安人。1797年千里達向英國投降。1721年英國人試圖在托巴哥定居，但法國人在1781年占據了該島，把它改造成一個生產食糖的殖民地。1802年英國人取得了托巴哥。1834～1838年間該群島上結束了奴隸制，從印度帶來的移民從事種植業。1889年千里達與托巴哥在行政上聯合，1925年獲得有限的自治，1962年該群島成爲國協內的一個獨立國家，1976年成立共和國。1990年穆斯林基本教義派試圖推翻政府後造成政治動亂。

Trinity, Holy　三位一體　基督教教義中聖父、聖子和聖靈在上帝中形成的一個神的統一體。三位一體這個辭彙在《聖經》中並沒有提到，它只是早期的教堂在解釋上帝顯聖的過程中形成的，最初在以色列使用，後來指救世主基督，最後指教堂的保護者聖靈。三位一體的教義在教會早期和325年的尼西亞會議中被明確地提出。

Trinity College　三一學院 ➠ Dublin, University of

Trinity College　三一學院　美國康乃狄克州哈特福特的私立文學院，成立於1823年。歷史上一直附屬於聖公會，不過學校的課程是無宗派的。該校提供35個專門學科學士學位，7個系的碩士學位。三一學院與12個新英格蘭地區的學院和大學有合作交流計畫。學生人數約2,100。

Trintignant, Jean-Louis＊　特罕狄釀（西元1930年～）　法國電影演員。在離開法學院開始學習表演後，於1951年首次登台表演。1956年演出了自己的第一部電影。他在電影《上帝創造女人》（1956）中贏得了大衆的喜愛，並因在《男歡女愛》（1966）中演出賽車手，贏得了國際聲譽。他以保守但深刻的銀幕形象表達了角色內心壓抑的衝突，其代表作包括《我在莫德家的一夜》（1969）、《焦點新聞》（1969）和最出色的《同流者》（1970）等電影。

trio sonata　三重奏鳴曲　巴洛克時期主要室內樂流派。雖然它名爲三重奏，但實際上需要四名演奏者：兩名旋律樂器演奏和兩名持續低音（通常是一個鍵盤樂器和一個低音樂器）。該流派在17世紀早期以義大利聲樂二重奏的一個樂器版本出現。高音部分的樂器通常是小提琴，在旋律和高於伴奏的樂曲上交織在一起。在1750年後出現了兩種標準的版本：奏鳴曲，或稱教堂奏鳴曲，通常是四個樂章（按慢－快－慢－快的順序排列）；和組曲類奏鳴曲，或稱室內奏鳴曲。到了1770年，這一流派因獨奏奏鳴曲的出現而消亡。

Tripitaka＊　三藏　巴利語作Tipitaka。上座部巴利語經典中的三部主要典籍。該詞的意思是「三個籃子」，其中包括《論藏》、《經藏》和《律藏》，曾被僧伽進行口頭傳授直到佛陀逝世後約五百年才寫成。三藏文本以兩種語言出現，梵語和巴利語，巴利語版本目前保存較好，而梵語版本已被譯成西藏文、中文和其他語言。

Triple Alliance　三國同盟（西元1882年）　德國、奧匈帝國和義大利之間簽訂的祕密協定。它規定德國和奧匈帝國在義大利遭到法國入侵時必須支援義大利，而義大利也應以同樣的方式對待德國。如果奧匈帝國與俄國發生戰爭，義大利將保持中立。該同盟推進了俾斯麥孤立法國的努力。義大利和奧匈帝國在巴爾幹半島上的利益衝突使義大利同法國在1902年達成了諒解性中立。儘管三國同盟在1907和1912年曾重新簽訂，但這次中立使義大利在三國同盟中對其他兩個成員的保證被取消。亦請參閱Austro-German Alliance。

S T U V

Triple Alliance, War of the 三國同盟戰爭 ➡ Paraguayan War

Triple Crown 三冠王 美國賽馬中在一個賽季內連獲肯塔基大賽、普利克內斯有獎賽和貝爾蒙特有獎賽三項冠軍的馬所得到的非正式頭銜。最初在1919年被巴頓先生贏得，它此後曾十次獲得該頭銜，最近的幾匹三冠王分別是塞克雷塔里西特（1973）、西雅圖斯盧（1977）和阿佛姆特（1978）。

Triple Entente＊ 三國協約（西元1907年） 英、法、俄三國之間的聯合。它從1894年的法俄同盟、1904年的英法協約和1907年的英俄條約發展而來。該協約的形成是爲了協調各國之間的殖民地爭端，並成爲了第一次世界大戰中協約國的核心。

triple jump 三級跳遠 或稱hop, step, and jump。由三個不同的連續動作組成的田徑運動的跳遠項目：第一跳爲單足跳，即運動員單腳起跳並用同一隻腳落地；第二跳爲跨步跳，即用不同的腳落地；第三跳爲跳躍，運動員可採用任何方式落地，一般是兩腳同時落地。

Tripoli＊ 的黎波里 阿拉伯語作「東方的黎波里」(Tarabulus al-Sham)。黎巴嫩西北部港口，該城市始建於西元前700年左右，成爲了三個腓尼基城邦西頓、提爾和阿爾瓦德同盟的首都。它後來受到塞琉西王國和羅馬人的控制，並在西元7世紀中葉被穆斯林人占領。在12世紀早期遭到十字軍的包圍和部分破壞後，被後來的十字軍重建。1830年代，埃及人占領的黎波里，1918年又被英軍占領，1941年再次被英國人和自由法國軍隊占領。1946年的黎波里成爲黎巴嫩共和國的一部分。它是基督教－伊斯蘭教衝突的中心地區，也是1983年巴勒斯坦叛亂者反對阿拉法特的地方。該城主要是一個港口和商業、工業中心以及海濱度假勝地。作爲從伊拉克延伸過來的石油管道的終端，它還是一個重要的石油儲備和提煉中心。人口約240,000（1991）。

Tripoli 的黎波里 阿拉伯語作「西方的黎波里」(Tarebulus al-Gharb)。利比亞首都，位於地中海沿岸，是該國最大的城市和主要的海港。由腓尼基人在西元前7世紀建立，在古代被稱爲奧伊阿，是的黎波里塔尼亞地區的三個城市之一。它從西元前1世紀起受到羅馬人控制，後來則受拜占庭人的控制。它在645年遭阿拉伯人侵占。土耳其人在1551年占領了它，此後被作爲鄂圖曼帝國的殖民地首府。1911～1943年間，該城受義大利控制，之後在1951年利比亞獨立之前該地一直受英國人統治。1983年美國轟炸的黎波里，作爲對恐怖活動的回應。其歷史建築包括許多清眞寺和一個羅馬凱旋門。1973年建立的法提大學取代了原來的利比亞大學。人口約1,682,000（1995）。

Tripolis＊ 特里波利斯 希臘南部城市，伯羅奔尼撒半島中部的商業中心。該城市最初在西元14世紀建立名爲德洛伯利察，取代了古代的帕蘭提厄姆、泰耶阿和曼提尼亞城市。在1770年重建後，它成爲當地土耳其帕夏的駐地。該城市在1828年希臘獨立戰爭中遭破壞前一直是一個繁盛的城市，1834年後得以重建。人口22,000（1991）。

Tripolitan War＊ 的黎波里戰爭（西元1801～1805年） 美國與的黎波里（今利比亞）之間的衝突。由於美國拒絕向北非的巴貝里海岸提供貨品而引起地中海地區的海盜襲擊。的黎波里的帕夏要求得到更多的貨物，並在後來對美國宣戰（1801）。美國派遣一支海軍中隊到達的黎波里海域，並與的黎波里展開了幾次海戰，其中包括第開特領導的襲擊。美國通過使用海軍對黎波里的封鎖和從埃及登陸進行遠征作戰贏得這場戰爭，並簽訂了有利於美國的和約。

Tripolitania＊ 的黎波里塔尼亞 北非歷史地區，在今利比亞西北部。該地區在西元前7世紀成爲腓尼基人殖民地，因其三個主要城市萊普提斯、奧伊阿（即的黎波里）和薩布拉塔而得名。它在西元前3世紀之前組成迦太基的東部地區。它在西元前2世紀中葉受努米底亞酋長統治。努米底亞戰爭（西元前46年）後，它被併入了羅馬新阿非利加行省（參閱Africa）。1551年成爲鄂圖曼帝國的一部分之前，該地區相繼受到阿拉伯和柏柏爾王朝的統治。它在1711年獨立。作爲北非巴貝里海岸的一個國家，它對地中海中的航船進行掠奪，並導致與美國之間的的黎波里戰爭（1801～1805）。它在1835年再爲土耳其管轄地。義大利人在1912年獲得該地區。在1942年，該地區是英國和德國軍隊進行激戰的地方。1951年它與昔蘭尼加和費贊一起併入獨立的利比亞王國。該省在1963年解體。

Trippe, Juan T(erry) 特里普（西元1899～1981年） 美國航空公司的創始人。曾在第一次世界大戰中擔任飛行員。在1922年從耶魯大學畢業後，他迅速建立起了用政府多餘的飛機組成的空中租運業務。之後，它成立了殖民地航空運輸公司，開闢了紐約和波士頓之間的第一條航空郵政航線。他在1927年成立了泛美世界航空公司。在他的領導下，該公司開闢了第一條環球航線（1947）和第一條商用噴射機航線（1955）。他在1968年退休。

Tripura＊ 特里普拉 印度東北部一邦。該地區與孟加拉三面接壤，首府阿加爾塔拉。在它17世紀成爲蒙兀兒王朝的一部分之前的一千餘年間一直是一個獨立的印度王國。在1808年後，它受英國政府控制。在1956年成爲聯合領地，並在1972年獲得了一個邦的所有特權。該邦的主要經濟活動是農業，其中以稻米和黃麻爲主。人口約3,065,000（1994）。

trireme＊ 三層划槳戰船 靠划槳來推動的戰船。該船輕巧快速，靈活性很強，是波斯、腓尼基和希臘城邦在薩拉米斯戰役（西元前480年）到伯羅奔尼撒戰爭（404）結束時占據地中海控制權期間使用的主要戰船。雅典人的三層划槳戰船長約37公尺，由170名槳手在三層高的船兩邊划動，速度可達到7海浬／小時（即13公里／小時）。戰船不進行作戰時，通常在桅杆上掛方形的帆。該船還配備了銅製的撞角，能運送弓箭手和矛手前往打擊敵軍。在西元前4世紀末期，裝甲兵在海戰中很重要，因此該船被更重的船取代。亦請參閱galley。

Tristan and Isolde 崔斯坦與伊索德 以塞爾特傳奇爲基礎的中世紀愛情故事中的愛情人物。主角崔斯坦到愛爾蘭爲他的叔父康瓦耳國王馬克向公主伊索德求婚。在他們返回的途中，誤喝了爲國王準備的愛情藥酒而墜入情網。在許多歷險後，他們與馬克達成了和平，由馬克娶伊索德爲妻。傷心的崔斯坦來到布列塔尼，娶了另一位高貴的伊索德。當他被一枝毒箭刺傷後，他派人去請第一位伊索德。但他嫉妒的妻子告訴他伊索德拒絕前來。他在伊索德馬上就要到達之前死去，而她也在他的懷抱中死去。原來的詩歌並沒有流傳下來，但是卻在後來的很多別的版本中保留了下來，甚至成爲了亞瑟王傳奇的一部分。13世紀戈特夫里德·封·史特拉斯堡的版本被認爲是德國中世紀詩歌的傑出作品，也爲華格納的故事打下了基礎。

Tristano, Lennie　崔斯坦諾（西元1919～1978年） 原名Leonard Joseph。美國鋼琴家，在近代爵士樂的發展中占有一席之地。生於芝加哥，自幼失明，1940年代起在紐約演出並從事教學。他灌錄的唱片中收錄學生的演出，包括薩克斯風家康尼茲和馬許的演出。雖然崔斯坦諾不願將自己的音樂分類，但是他的音樂流露精密、純熟的咆哮樂風，為後來酷派爵士誕生鋪路。

triticale＊　黑小麥　小麥與黑麥的雜交種，產量高，蛋白質含量豐富。最早的雜交記錄在1875年，第一種可供生產的雜交在1888年。triticale之名最早出現於1935年的科學文獻，由切爾馬克·封·賽塞內格提出。在適宜的環境中產量與小麥相當；在不利的環境下產量則超過小麥。黑小麥粉不是很適合製作麵包，但是可以與小麥粉混合使用。主要產地是俄羅斯、美國與澳大利亞。

tritium＊　氚　氫的同位素，化學符號^{3}H或T，原子序數1，但原子量近似為3。它的原子核包含1個質子和2個中子。氚具有放射性（參閱radioactivity），半衰期為12.32年。在天然水中天然氫的$1/10^{18}$是氚，可能是由於宇宙射線的作用而形成的。有些氚用作自發發光的磷光劑和鐘錶面盤，在化學和生物研究中作為放射性示蹤劑。高溫下氘和氚的核融合釋放巨大的能量。核子武器中已經用了這樣的反應。亦請參閱heavy water。

Triton＊　特里同　希臘神話中半人半神的人魚。他是波塞頓和安菲特里特的兒子。根據赫西奧德的說法，特里同居住在大海深處一座黃金的宮殿裡。他腰身以上是人形，下身為魚尾，手持漩渦狀海螺，當她吹奏海螺時，海水就會澎湃或平息。一些傳說認為特里同不止一個人。

Triton＊　海衛一　海王星已知衛星中最大的一顆。該衛星直徑約2,700公里，比月球稍小。海衛一按逆行軌道運行，同海王星公轉的方向相對，其運行速度很慢，一個季節要持續四十年以上。它的大氣很稀薄，由氮氣和沼氣構成，表面溫度為-240℃。其地表覆蓋有一層極厚的冰層，並有類似隕石坑的物質點綴其間。「旅行者號」發現的氣體可能是海衛一地表在接受陽光照射後發散出的氣體。

triumph　凱旋式　古羅馬給予在主要戰役中得勝並殺敵至少5000人的將軍的最高榮譽。元老和地方行政長官在祭祀用牲畜、戰利品和帶枷鎖的戰俘前行進。身穿紫金袍的將軍坐在馬車上，右手持月桂枝，左手持象牙權杖，一名奴隸把金冠捧在他的頭頂上方。最後跟著的是唱著歌的士兵，有時是比較低俗的歌曲。在帝國時期，只有國王和他的家庭成員慶祝凱旋。

triumphal arch　凱旋門　起源於羅馬的紀念性建築，通常至少有一個拱形通道，用來紀念一個重大事件或一位偉人。它通常延伸一條街道或馬路，往往修建在凱旋歸來的隊伍的必經之路上。許多在帝國時期修建。其基本樣式包括由拱門連接的兩層建築和上方的簷口或閣樓，作為浮雕或雕刻文字的基座。大型的中央凱旋門還可以在兩側加上兩個小的拱門並飾以浮雕。羅馬的凱旋門正面有大理石的石柱，在拱門和兩側都有浮雕。巴黎的凱旋門是在文藝復興時期修建的。

triumvirate＊　三頭政治　古羅馬由三名官員組成的委員會，協助最高司法官處理司法事務，管理慶典宴會或負責鑄造錢幣。第一個三頭政治（西元前60年）由龐培、凱撒和克拉蘇組成，是不分權的三個強大的領導人之間的非正式組織。第二個三頭政治（西元前43年）由安東尼、雷比達和屋大維（後稱奧古斯都）組成，是正式的「為組織國家而成立的三頭政治」，掌管獨裁權利。

Trivandrum＊　特里凡德琅　印度西南部喀拉拉邦港市（1991年人口約524,000）和首府。該社區在1745年成為特拉凡哥爾王國首都後開始繁榮。當地有包括了好幾個宮殿和一座毗濕奴神殿的要塞，是一個著名的朝聖地。它還有一些文化設施，也是喀拉拉大學（1937）所在地。

Troas＊　特洛阿斯　亦稱特洛阿德（The Troad）。古特洛伊城鄰近地區。該地區主要是由小亞細亞（現在的土耳其）向西北伸入愛琴海的部分組成。由埃德雷米特灣向馬爾馬拉海和達達尼爾海峽延伸，並從伊達山脈一直抵達愛琴海。使徒聖保羅曾在傳教途中經過該地區。

Trobriand Islands＊　超布連群島　亦稱基里維納群島（Kiriwina Islands）。巴布亞紐幾內亞的小珊瑚島群。位於南太平洋索羅門海，都是低窪的珊瑚礁，陸地總面積約440平方公里。最大的基里維納島是個環礁，長48公里，寬5～16公里，大部分為沼澤地，1943年被盟軍用作空軍和海軍基地。1915～1918年人類學家馬林諾夫斯基在島群中進行研究。

Trobrianders　超布連人　新幾內亞東部附近的基里維納群島（超布連群島）上的美拉尼西亞人。他們靠種植薯蕷、蔬菜及養豬和捕魚為生。超布連人因他們出色的部落間貿易系統而著稱，他們通過貿易在環島永久的部落之間按順時針方向交換紅貝殼項鏈。而白貝殼項鏈則按照逆時針方向交易。超布連人的財富是權力的極端重要的象徵。他們是馬林諾夫斯基極具影響力的學說的研究主題。

Troilus and Cressida＊　特洛伊羅斯與克瑞西達（西元1385?年）　以希臘神話為背景的中世紀愛情小說中的主角。在《伊里亞德》中，普里阿摩斯和赫卡柏的兒子在特洛伊戰爭開始之前去世。在非荷馬的傳奇中，他被認為是在戰爭中被阿基利斯殺死的。他在中世紀時期首次被刻畫成一名浪漫主義的人物，是一名忠誠純潔的青年，但卻被不忠的克瑞西達背叛，轉而投向希臘戰士狄俄墨得斯的懷抱。該故事的第一個版本在12世紀由伯努瓦·德聖莫爾在詩歌《特洛伊傳奇》中記載。更著名的版本包括薄伽丘的《菲洛斯特拉托》、喬叟的《特洛伊羅斯與克瑞西達》以及莎士比亞的版本。

Trojan asteroids　特洛伊群小行星　以荷馬史詩《伊里亞德》中的希臘英雄和特洛伊英雄命名的兩組小行星。這些小行星在木星軌道上的拉格朗日點（參閱Lagrange, Joseph-Louis, Count de L'Empire）上繞太陽公轉。已知的約有五百顆。第一顆名為阿基利斯，首次在1906年發現。它們無疑是體積較大的行星群，但因為距離遙遠，看起來光芒很微弱。

Trojan War　特洛伊戰爭　在小亞細亞西部發生的希臘人和特洛伊人民之間的戰爭傳說。後由希臘人於西元前12至13世紀記載。在荷馬的《伊里亞德》和《奧德賽》以及希臘的悲劇和羅馬的文學中也均有記載。荷馬的書中認為特洛伊王子帕里斯和斯巴達王米納雷亞士的王后海倫私奔，於是米納雷亞士的兄長阿格曼儂帶領希臘部隊去解救她。該戰爭持續了十年，其參與者包括海克特、阿基利斯、普里阿摩斯、奧德修斯和埃阿斯。最後在一次詭計中結束：希臘修建了一個巨大的木馬，並將一支突擊隊隱藏其中。當希臘人假裝敗退時，特洛伊人將木馬帶進了城牆內。希臘人從木馬中出來，為他們的軍隊打開了城門並對特洛伊進行洗劫，將男

S T U V

子殺害、女子俘虜。該傳奇的史實部分不可知。考古發掘發現西元前3000～西元1200年該地有人類居住，並在西元前1250年遭到破壞。

trolley car ➠ streetcar

Trollope, Anthony＊　脫洛勒普（西元1815～1882年）　英國小說家。他曾在郵局工作（1834～1867），1844年開始寫作，共寫了四十七部小說，主要是每天在早飯前一小時固定寫1,000個字而來的。他最受歡迎和最著名的作品是六部連續的巴塞特郡小說，包括《巴塞特塔》（1857）、《索恩醫生》（1858）、《弗拉姆利教區》（1861）、《阿林頓小屋》（1864）和《巴塞特最後的紀事》（1867）。書中描繪了想像中的一個英國郡縣的社會生活，在人物和環境上都有關聯。而關於政治事務和塑造普朗塔格涅特・帕利瑟這一角色的帕利瑟系列小說則包括了諷刺性的《尤斯塔斯的鑽石》（1872）。他的其他作品如：《他知道他是對的》（1869）則對人的心理進行了深刻的刻畫。《我們現在的生活方式》（1875）以其對維多利亞上層社會的諷刺而受到了很高的評價。他的母親法蘭西斯・脫洛勒普（1780～1863）以她富有爭議性的小說《美洲人固有的禮儀》（1832）贏得聲譽。

脫洛勒普，油畫，勞倫斯繪於1865年；現藏倫敦國立肖像畫陳列館
By courtesy of the National Portrait Gallery, London

trombone　長號　裝有可移動的伸縮管來調節號管長度的低音樂器。通常有一個圓柱形的管和一個杯子形的發音口。伸縮管的作用與其他低音樂器的活塞相同。活塞長號有的有伸縮管，有的則沒有伸縮管，在19世紀早期得到發展。它們的活動性更強，但是聲音效果不佳。長號的型號很多，次中音長號是標準的長號，但低音長號也在樂隊中使用。長號（或稱低音喇叭）在15世紀發展起來，在以後的四百年間沒有很大的變化。到16世紀爲止，它已經在城鎮、教堂和軍樂隊中廣泛使用。它在早期的歌劇樂團中也有使用，但在1800年左右開始只在交響樂團中使用。在20世紀，長號成爲了舞蹈和爵士樂隊中的重要樂器。

trompe l'oeil＊　視幻覺法　繪畫中將物體逼眞地表現出來，讓觀看者以爲是眞的物體本身的藝術技巧。最初在古希臘得到使用，後在羅馬壁畫家中也很流行。從文藝復興早期起，歐洲的畫家們開始使用視幻覺法來給靜物或肖像畫加上一個假的畫框，使人物形象栩栩如生，而風景則像是在牆上或天花板上的眞實景色一樣。

Trondheim＊　特隆赫姆　挪威中部城市。該城市位於特隆赫姆峽灣，是挪威海向內陸延伸130公里而形成的小海灣。該地由奧拉夫一世在997年修建，14世紀前一直是挪威的首都。它在漢撒同盟商人以卑爾根爲主要港口前一直是一個貿易中心。該城市在19世紀晚期前一直處於衰落的狀態，直到鐵路將它與奧斯陸相連爲止。它是挪威的第三大城市，也是挪威主要的陸地和海上交通樞紐和製造業中心。人口145,000（1997）。

Tropic of Cancer　北回歸線　赤道地區以北約23°27'的平行緯線。它是熱帶地區的北部分界線，標誌著太陽可以在正午垂直照射的最北端緯度。

Tropic of Capricorn　南回歸線　赤道地區以南約23°27'的平行緯線。它是熱帶地區的南部分界線，標誌著太陽可以在正午垂直照射的最南端緯度。

tropical cyclone　熱帶氣旋　在熱帶海洋上形成的劇烈大氣擾動。熱帶氣旋中心（眼）的低氣壓帶是晴朗平靜的好天氣，外部則環繞著降雨、雲和強風。在大西洋和加勒比海的熱帶氣旋被稱作颶風，而在太平洋則被稱作颱風。由於地球的自轉，熱帶氣旋在南半球按順時針方向運動，而在北半球則按逆時針方向運動。它們的直徑可達到80～800公里，一般風速可保持在每小時160公里。但熱帶氣旋的中心則只有微風或甚至是平靜的海面。地球上最低的海洋氣壓出現在熱帶氣旋的中心或中心附近。

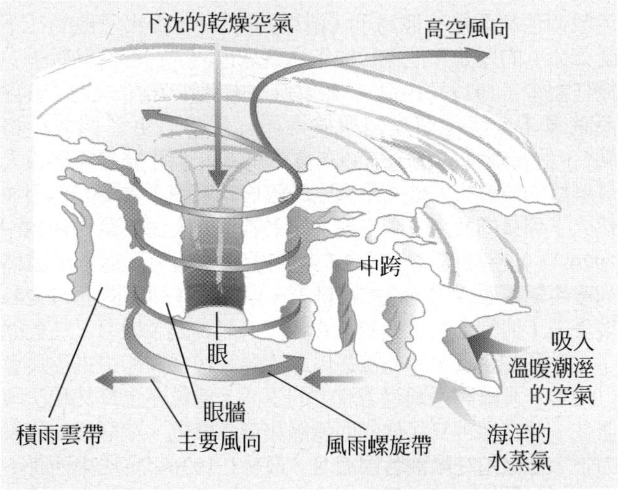

熱帶氣旋的剖面圖。氣旋出現在熱帶緯度，由溫暖的空氣和水驅動。風環繞低壓中心（眼）轉動，中心通常無風。在眼牆裡面和附近的風雨通常最猛烈。
© 2002 MERRIAM-WEBSTER INC.

tropical fish　熱帶魚　水族館內，各種來自熱帶的小型魚類，因其行爲或亮眼的外表而引人關注。常見的品種像是神仙魚、孔雀魚、接吻魚、海馬、暹羅鬥魚和燈魚。

tropical medicine　熱帶醫學　主要研究熱帶或亞熱帶疾病的醫學。該學科在19世紀開始在歐洲殖民地的醫生中發展起來，當時的醫生遇到了一些以前不知道的疾病，並對其進行研究。人們發現許多熱帶疾病（如：瘧疾、黃熱病等）都是由蚊蟲叮咬傳播的，並由此發現了帶菌生物（參閱sleeping sickness、plague和typhus）的傳播作用，於是人們開始清除帶菌生物的孳生地（如：排乾沼澤的水）。後來，抗生素起到了越來越重要的作用。研究機構和國家及國際性的委員會組織起來控制常見的熱帶疾病，至少在歐洲人居住的地區是這樣的。當殖民地獨立後，他們的政府接管了熱帶疾病的防治工作，並接受了世界衛生組織和前殖民地國家的幫助。

troposphere＊　對流層　大氣的最低層，夾在地面和平流層之間，上層離地表約10～13公里。對流層隨高度的增加，溫度也提高，使之同平流層相區別。許多雲和天氣系統都發生在對流層中。

Troppau, Congress of＊　特羅保會議（西元1820年）　神聖同盟各國在西里西亞特羅保舉行的會議。由奧地利、俄國和普魯士代表出席，並有來自英國和法國的觀察員。該同盟簽訂了協議書（「特羅保協定」）來對革命採取集體行動。協定還規定經歷革命的國家將被從神聖同盟中除名。大會邀請了兩西西里王國的國王參加萊巴赫會議，討論干涉那不勒斯革命的條件。英國和法國沒有接受協定規定。

Trotsky, Leon　托洛斯基（西元1879～1940年）　原名爲Lev Davidovich Bronshtein。俄羅斯共產黨領導人。他出生在烏克蘭的一個俄羅斯猶太人家庭，曾參加地下社會主義者組織，並在1898年因其革命運動被流放。他在1902年用一個僞造的護照逃脫，護照上用了托洛斯基的名字。他流亡到倫敦，在那裡遇見了列寧。1903年俄國社會民主工黨分裂，托洛斯基成爲了孟什維克人，同列寧的反對黨人聯合。他返回聖彼得堡協助領導了1905年俄國革命，再度被捕並流放西伯利亞後，他寫了《結果與前景》，提出了他的「不斷革命」的理論。他在1907年逃到維也納，在巴爾幹戰爭中擔任記者（1912～1913），並曾遊歷歐洲和美國，直到1917年俄國革命將他召喚回聖彼得堡（那時已更名爲彼得格勒），他在那裡成爲了一名布爾什維克人，並被選舉爲工人蘇維埃的領導人。他在推翻臨時政府時起到了重要的作用並建立了列寧的共產主義王國。作爲戰爭的人民委員（1918～1924），托洛斯基在俄國內戰期間重建並指揮了紅軍。雖然列寧希望讓他成爲自己的接班人，但他卻在列寧逝世（1924）後失去了他的支持者並被史達林排擠而失去了權力。在經歷了一系列的譴責後，他被逐出政治局（1926）和中央委員會（1927），後離開俄國過著流亡的生活。他曾在土耳其和法國居住，並在那裡寫了他的回憶錄和革命歷史。在蘇維埃的壓力下，他被迫在歐洲各國流浪，最終在1936年定居墨西哥。在那裡，他被冤枉成反對史達林的清黨審判的策劃人，1940年被西班牙共產黨人暗殺。

托洛斯基
H. Roger-Viollet

Trotskyism　托洛斯基主義　由托洛斯基首先解釋的建立在不斷革命論基礎上的馬克思主義思想。托洛斯基認爲由於各個國家的經濟發展都受到國際市場的影響，因此一個國家革命的永久勝利要依靠別的國家的革命。這一立場使他同史達林的「一個國家的社會主義革命」相對立。1929年托洛斯基繼續抨擊蘇聯的專制，將其稱爲「波拿巴主義者」（以個人爲基礎的獨裁）。在1930年代，托洛斯基倡導同商會聯合組成反對法西斯主義的聯合陣線。在托洛斯基被暗殺後（1940），托洛斯基主義成爲了一個反對蘇聯共產主義形式的各種革命形式的辭彙。亦請參閱Leninism、Marxism、Stalinism。

troubadour＊　遊吟詩人　從11世紀到13世紀的有騎士頭銜的抒情詩人和詩人音樂家，主要居住在普羅旺斯、法國南部的其他地區、西班牙北部以及義大利地區。他們用法國南部的語言（參閱Languedoc）進行創作，在韻腳和韻律上很精緻，通常像浪漫主義詩人那樣反映典雅愛情的理想。他們在宮廷中很受歡迎，享受極高的言論自由，並在宮廷婦女中營造了一種愉悅的氣氛。他們的詩歌通常適合用音樂的形式來表現，並影響了後來所有的歐洲抒情詩歌。亦請參閱trouvere。

Troubles, Time of　混亂時期（西元1606～1613年）　俄國政治危機時期。在沙皇費多爾一世去世和留里克王朝結束（1598）後，波雅爾反對戈東諾夫的統治，並在他去世後使貴族舒伊斯基（1552～1612）在1606年繼承了王位。舒伊斯基的統治因發生暴動、第二個僞季米特里的挑戰和波蘭國王西格蒙德三世在1609～1610年間的入侵而遭到削弱。俄國人最終聯合起來反對波蘭入侵者，並成功地在1612年將他們趕出了莫斯科。一個新的代表委員會在1613年成立，並選舉米哈伊爾·羅曼諾夫爲沙皇，開始了羅曼諾夫王朝對俄國長達三百年的統治。

trout　鱒　鮭科多種名貴遊釣和食用魚類的統稱。原產北半球，但已被其他許多地方廣泛養殖。雖然大多數品種生活在較冷的淡水中，但有幾種（稱海鱒，如切喉鱒）在兩次產卵之間要游移到海裡。有的狗鮭亦稱爲海鱒。大麻哈魚屬包括鮭和幾種鱒的品種；紅點鮭屬包含的鱒的品種稱作紅點鮭。在解剖上、顏色上以及習性上鱒的各種品種之間有很大的差異。多數生活在水下物體之間或在淺灘和深潭中，以昆蟲、小魚和它們的卵以及甲殼動物爲食。亦請參閱brook trout、brown trout、lake trout、rainbow trout。

trouvère＊　行吟詩人　從11～14世紀在法國北部發展起來的一組詩人。他們使用法國北部的語言，相當於普羅旺斯遊吟詩人。他們有的出自貴族，有的則是平民，最初與封建的王朝相聯繫，但後來尋求到了中產階級的保護人。他們的作品，包括武功歌，通常都是敘述性。他們的基本主題是典雅愛情。行吟詩人通過將有風格的主體同傳統的韻律形式相聯繫來取悅他們的讀者，而不是使用有新意的表達。他們通常單獨或同雇用的音樂家一同按照歌曲的形式來寫詩歌。

Trowbridge＊　特羅布里奇　英格蘭南部威爾特郡城鎮。該鎮是該地區的行政總部，有一些著名的建築，包括14世紀修建的聖詹姆斯教區的教堂。克拉卜曾在此擔任牧師，直到去世爲止。該城鎮因其精緻羊毛服裝著名。人口約30,000（1995）。

Troy　特洛伊　亦作Ilium。小亞細亞西北部古代特洛阿斯平原的城市。它在很長的時期內一直是文學和考古的中心。作爲考古中心，在門德雷斯河的現代希薩爾利克的廢墟在1870～1890首次被謝里曼開掘。它包括從新石器時代到羅馬時期（從約西元前3000年到西元4世紀）的九個主要層次。到底它是不是荷馬史詩中的城市，仍然還有爭議。在希臘傳奇中，它曾被包圍並最終在十年特洛伊戰爭中被毀壞。特洛伊的英雄在謝里曼的作品中同希臘青銅時期相聯繫，並將特洛伊戰爭安排在了西元前約1200年。該故事在荷馬的《伊里亞德》和《奧德賽》以及維吉爾的《埃涅阿斯記》中有記載。

Trubetskoy, Nikolay (Sergeyevich), Prince＊　特魯別茨科伊（西元1890～1938年）　俄國的語言學家。他出生在一個學者家庭，曾在俄國擔任語言學教授，並從1922年起在維也納大學任教。他是布拉格語言學派的創始人之一，因寫作了該學派最重要的音位學作品《音位學原理》（1939）而出名。他受到索緒爾的影響，重新對音位進行了解時，認爲語音是一種語言結構中最小的可區別的單位。他因批判納粹的種族理論而遭到迫害後，死於心臟病。

Trubetskoy family　特魯別茨科伊家族　19世紀很有影響力的俄國貴族家庭。其成員之一的謝爾蓋·彼得羅維奇（1790～1860）是著名的十二月黨叛變領導人。其他的貴族成員還包括宗教哲學家兄弟謝爾蓋·尼古拉耶維奇（1862～1905）和葉夫根尼·尼古拉耶維奇（1863～1920），以及謝蓋爾·尼古拉耶維奇的兒子、語言學家尼可萊·特魯別茨科伊。

Truce of God　上帝命令休戰　中世紀時天主教會採取的一種措施，規定在一個星期的某幾天和在某些教會節日和大齋節期間暫時停止戰爭。早在1027年法國便已制定此措施，歐洲其他地方（英國除外）在未來的數十年裡也開始實施。教宗後來親自掌控命令休戰之權。1095年克萊蒙會議宣布第一道教宗敕令，規定全基督教世界應在每週實施休戰一次，並規定凡年滿十二歲以上男子，都必須信守休戰命令。上帝命令休戰曾有效的貫徹於12世紀，但總是效果不彰。

Trucial States ➠ United Arab Emirates (U.A.E)

truck 貨車 用以運送貨物的載重汽車。最早的火車是在1896年由德國人戴姆勒製造的。到了1920年代，貨車已經成爲了主要的運輸載重工具。在1940年代前，汽油引擎的使用很廣泛，直到其被柴油引擎取代。貨車有直的（所有的輪軸都聯結在一個框架上）或連軸的（由一個連軸節來將幾個框架連接在一起）的車廂。大型的連軸貨車包括一個拖車和一個相連的半拖車。1918年貨車採用了氣剎車，1925年則加上了四輪剎車。後來的改進還包括能量方面功能的提高。

Trudeau, Garry * 杜魯道（西元1948年～） 原名Garretson Beekman。美國卡通畫家。生於紐約市一富裕家庭，在耶魯大學攻讀藝術時，刊登在《耶魯每日新聞》漫畫《水牛故事》已爲他帶來一群忠實讀者。1970年環球新聞社簽下了他的漫畫，改名爲《杜尼斯伯里》在全國版的報紙刊登。他的漫畫充滿敏銳的幽默感，人物性格複雜，飽讀詩書，一改傳統漫畫充滿笑話與粗淺對白的風格。他的漫畫常以公衆人物爲諷刺的對象，討論受高度矚目的議題。1975年杜魯道獲得普立茲獎。

Trudeau, Pierre (Elliott) 杜魯道（西元1919～2000年） 加拿大總理（1968～1979，1980～1984）。曾擔任律師，後被選舉到加拿大參議院（1966～1984）。他曾在皮爾遜內閣擔任司法部長（1967～1968）。他在1968年擔任自由黨領導人和總理。他倡導強有力的聯邦政府，並使魁北克分裂主義運動失敗。在離開職務九個月後，在1980年返回職位提倡改革，並號召進行憲法「本土化」，將英國議會的修正憲法權利轉換到加拿大議會。在這一活動的末期，他監督了「加拿大法」的通過。在他的任期內還通過了官方的雙語制。杜魯道在國際社會持續扮演一個重要的角色，並成爲了發展中國家的代言人和蘇聯集團和西方之間和平調解人。在他長期擔任西方民主團體的領導人後，於1984年辭去自由黨黨魁的位置，並從政界退出。

Truffaut, François * 楚浮（西元1932～1984年） 法國電影導演。經過一個不安的童年並在感化院裡生活了一段時間後，他成爲前衛派《電影筆記》雜誌的一名電影評論家，作者論的擁護者，並參與建立了新浪潮派。他的第一部故事片是半自傳體的《四百擊》（1959），描寫一個失足少年，此片爲他贏得了國際聲譽。他受到尚·雷諾瓦和希區考克的影響，製作出了多變和廣受稱讚的電影，如《射殺鋼琴師》（1960）、《夏日之戀》（1960）、《華氏451度》（1966）、《偷吻》（1968）、《野孩子》（1969）、《日以作夜》（1973，獲奧斯卡獎）、《巫山雲》（1975）以及《最後的地下鐵》（1980）。

truffle 松露 眞菌門子囊菌綱塊菌屬可食用的地下眞菌，自古以來都是有價值的美味食品。原來主要產於溫帶，多生於稀疏林地的富含鈣質土壤中。不同品種的大小不一，小者如豌豆，大者如柑橘。松露常生於樹根，在土壤表面以下30公分處能找到。有經驗的採集者偶而能憑藉氣味找到成熟的松露，或者在早晨和黃昏時候看到成群的小黃蠅在松露叢生處盤旋，但通常還要依靠經過訓練的豬或狗的幫助來尋找。松露在法國烹飪中很重要，松露採集是法國的一項重要產業。松露可說是世界上最珍貴的食品之一。項腹菌屬的假松露形小，結構似馬鈴薯，產於北美部分地區的針葉樹下。

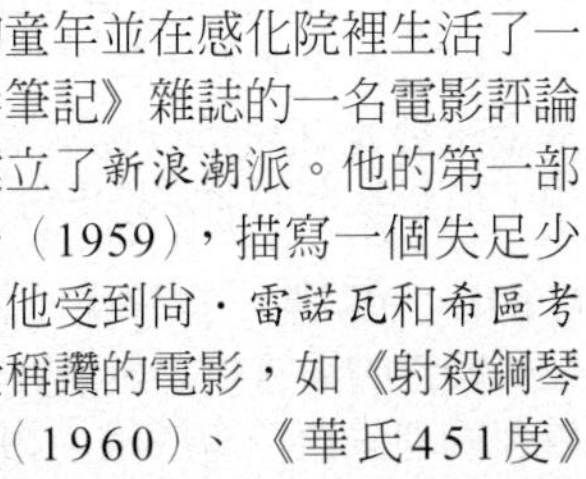

英國的複松露（Tuber aestivum）
S. C. Porter－Bruce Coleman Inc.

Trujillo (Molina), Rafael (Leónidas) * 特魯希略·（莫利納）（西元1891～1961年） 多明尼加共和國獨裁者。他在1918年加入軍隊，並得到提拔，1927年成爲將軍。他在1930年從總統巴斯克斯手中奪取了政權，此後一直完全控制該國的權力直到他被暗殺。雖然他在經濟現代化上做出了貢獻，但其利益分配卻不均等，政府極爲腐敗，而多明尼加共和國人民也在他統治時期在內戰和政治自由中飽受磨難。

trullo 石頂圓屋 半圓形的乾燥石頭房屋，有一個圓錐形石頂，是義大利東南部普利亞特有的建築，尤其是在將石頂圓屋作爲住房的阿爾貝羅貝洛鎮。石頂圓屋通過將半圓形的灰白色石頭堆積起來形成帶白粉牆的尖頂而修建成。房屋的修建過程中不時用灰漿，而是靠石塊相互之間的重力和壓力來相互支撐。

Truman, Harry S. 杜魯門（西元1884～1972年） 美國第33任總統（1945～1953）。曾作過不同的工作，在第一次世界大戰中有出色表現。他後來成爲了堪薩斯城的男子服飾商人的合夥人。當他的生意失敗後，他在彭德格斯特幫助下參加了民主黨。他被選爲縣法官（1922～1924），後任縣法院首席法官（1926～1934）。他因誠實和良好的管理手段而受到了民主、共和兩黨的支持。他在美國參議院（1935～1945）期間，領導一個委員會對辯護中的欺騙行爲進行了揭露。他在1944年被選舉替代當時在職的華萊士而成爲了副總統的提名人，與羅斯福一起當選。在擔任副總統82天後，他在羅斯福去世後成爲了總統（1945年4月）。他很快同意了爲完成聯合國憲章而召開的舊金山會議作最後安排；第二次世界大戰歐洲戰場結束後，協助安排德國在5月8日無條件投降事宜；7月參加波茨坦會議。他下令在廣島和長崎投下原子彈後，於9月2日正式結束太平洋戰爭。他的判斷得自一個報告，該報告指出如果是用常規軍入侵日本將會造成500,000美國部隊人員的傷亡。他宣布了杜魯門主義來對希臘和土耳其進行援助（1947），並建立起了中央情報局，批准恢復西歐經濟的馬歇爾計畫。他在1948年在很多人期望他下台的情況下打敗杜威。他發展了遏制性的外交政策來限制蘇聯的勢力，並實現他的第四點計畫，並提出對柏林進行空運（參閱Berlin blockade and airlift），1949年簽訂了北約公約。在韓戰期間，任命麥克阿瑟領導聯合國的軍隊。對該戰爭目標的追求占據了他整個的政府管理，直到他退休爲止。雖然他在其總統任期內受到抨擊，但他的名譽在後來數年仍持續上升。

Truman Doctrine 杜魯門主義 杜魯門提出的大政方針。1947年3月12日他號召對受共產黨威脅的希臘政府和在蘇聯在地中海地區擴張勢力壓力下的土耳其政府提供經濟和軍事援助。在蘇聯和美國冷戰期間，美國尋求保護這些國家的方法，使之在英國宣布不再提供援助的情況下不受蘇聯實力的影響。作爲對杜魯門主義的回應，國會撥出四億美金的款項作爲援助基金。

Trumbull, John 杜倫巴爾（西元1756～1843年） 美國畫家、建築師和作家。他是強納生·杜倫巴爾將軍（1710～1785）的兒子，在美國內戰期間曾擔任華盛頓的副官，後在倫敦擔任傑伊的祕書。他在1784年在倫敦隨韋斯特習畫，並在韋斯特的鼓勵下開始創作後來廣受歡迎的歷史畫和雕刻，並將此職業持續了一生。他在1817年由議會任命爲美國國會大廈中央大廳作了四幅裝飾巨畫（1826年完成）。在常常被複製的「獨立宣言」中的很多人物多是當時在世的人物。

Trumbull, Lyman　杜倫巴爾（西元1813～1896年） 美國政治人物。曾在伊利諾州擔任律師，並在1855年選入美國參議院。最初是一名民主黨人，後轉爲共和黨人並支持廢奴政策。1864年擔任參議院司法委員會主席，他協助起草了憲法第13條修正案。雖然他是一個激進派共和黨人，他仍投票反對彈劾詹森總統。在從政界退出後，仍繼續他的律師事業（1873），後重返民主黨並在1876年有爭議的選舉中擔任狄爾登的顧問。

Trump, Donald J(ohn)　川普（西元1946年～） 美國房地產開發商。他加入了父親的川普房地產集團（1968），並擴展了在公寓出租上的產業。到了1990年代，他的產業已經包括了25,000套出租和合作公寓、川普大樓和新澤西州大西洋城的旅館－賭場綜合建築。雖然在經濟衰退的影響下，他被迫將其部分產業轉讓給投資商，但他後來在紐約西區進行了大量的建築工程，包括了世界上最高的建築物。他的私人生活、政治野心和名人身分使他一直都是公眾關注的焦點。

trumpet　小號 發音管呈折疊狀的低音樂器（在廣義上指任何用嘴吹奏的樂器）。現代小號多數爲圓柱形，有三個發音閥門和一個杯狀發音口，通常爲降B調或C調低音樂器。小號約在西元1500年形成了現在的樣式。在17至18世紀，它採用了環狀管（可伸縮的管）來演奏不同的音調。帶閥門的小號在1820年代得到發展。從16世紀開始，小號往往與儀式和軍隊樂器有關。它在1700年左右成爲了交響樂團的標準樂器，儘管其使用是有選擇性的，通常和定音鼓被同時選用。其美妙的聲音從此使其在很多樂隊中都成了不可缺少的一部分。亦請參閱cornet、flugelhorn。

trumpeter swan　喇叭天鵝 喙爲黑色的天鵝品種，學名爲Cygnus cygnus buccinator，因其高亢遠揚的鳴叫而得名。體長約1.8公尺長，展翅寬約3公尺，重量比不叫的天鵝少一些。它們曾一度面臨滅絕的危險（在1935年美國僅餘不到一百隻），後數量得以恢復，但仍屬稀有品種。現在加拿大西部和美國西北部共有5,000多隻。

Truong Chinh＊　長征（西元1907～1988年） 原名鄧春區（Dang Xuan Khu）。越南政治家、作家和共產主義學者。他在年輕時是一名反殖民地主義者，在1928年加入了胡志明領導的組織。後來成爲教師，並加入印度支那共產黨，1941年成爲其總書記。他同武元甲一起發展了使越南在1945年反抗日本駐軍力量的戰爭中取得勝利的戰略。他在1969年胡志明去世後同黎笋（1908～1986）和范文同（1906～2000）一起統治越南北部地區。

Truro　特魯羅 英格蘭西南部康瓦耳城市。瀕臨特魯羅河，位於法爾河口海港的頂端，是康瓦耳郡和夕利群島首府。其工業包括食品加工和輕工業。人口約25,000（1995）。

truss　桁架 亦稱桁樑。房屋建造中用金屬或木材在同一平面上構造一系列三角形的結構框架。其線形成員只承受壓力或拉力。頂端和底部水平面上的桁架通常被稱爲弦桿，而斜面或垂直方向上連接弦桿的則被稱爲腹桿。同拱頂不同的是桁架不承擔推力而只承擔向下的壓力，不需要扶壁或其他特別的加固物來支撐牆體。桁架在修建屋頂和橋樑時被廣泛應用。木材的桁架最初可能是在西元前2500年左右被使用在最原始的住房中。木材後被鐵架取代，後又被鋼取代。

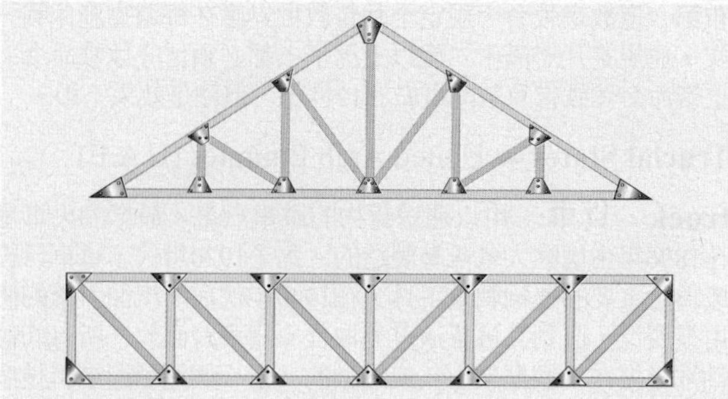

桁架的外部構件稱為弦桿，內部構件稱為腹桿，每個三角形部分稱為框架。人字形桁架（上圖）上弦桿傾斜；平臥桁架（下圖）的上下弦桿互相平行。
© 2002 MERRIAM-WEBSTER INC.

trust　信託 法律上信託人或受託人有權處理財產，而另一方信託受益人有權從財產中得取利益的關係。信託在不同的情況中使用，多數在家庭財產分割和慈善捐助中採用。傳統的信託要求是有任命的受益人和信託方、確認的財產（組成信託的最重要部分）和需要一個受託人來完成的對信託人的財產移交。信託常被用作節稅的方法（包括免稅）。一個慈善的信託同多數信託不同的是，不需要一定的受益人，並可以永久存在。亦請參閱trust company。

trust company　信託公司 作爲受託人對個人或公司提供相關金融或財產計畫建議的商業銀行等公司。爲個人開辦的信託服務通常包括財產的管理、生時信託（信託人仍健在的財產處理）和遺囑信託（在遺囑中提到的財產處理）。爲公司開辦的信託業務包括對企業契約的管理和企業年金資金的管理。信託公司還可以擔任企業股票登記員和發放股利的代理人。

trust fund　信託基金 交付信託持有的財產（例如現金或證券），亦即，某一方（合法所有人）依法爲另一方（實際所有人〔equitable owner〕，或稱衡平法上的所有人）之利益而持有的財產。合法所有人，或稱受託人（trustee），享有財產的所有權及支配權，但其操作必須是爲了實際持有人或其受益人之利益。在英美法之中，設立信託基金主要是在家庭安頓或慈善捐獻的情況；而在商業部門中，信託基金則通常是支付雇員的年金或紅利之用。

truth　眞理 哲學中，陳述、思想或命題的性質被認爲在一般性的論述中，與事實符合，或者說出了實在的情形。眞理的理論至少有四種：相應理論（參閱realism）、融貫理論（參閱coherentism、idealism）、實用理論（參閱pragmatism）和緊縮（deflationary）理論。緊縮理論涵蓋相當廣泛的各種觀點，包括多餘理論（redundancy theory）、去引號理論（disquotation theory）以及替代語句理論（prosentential theory）。

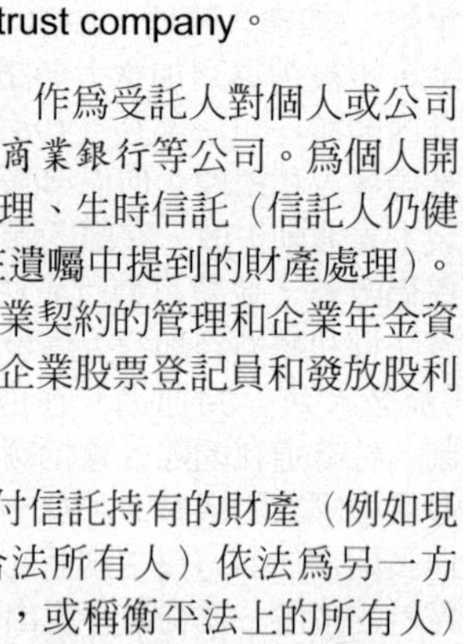

特魯思
By courtesy of the Burton Historical Collection, Detroit Public Library

Truth, Sojourner　特魯思（西元1797?～1883年） 原名Isabella Van Wagenerj。美

國福音傳教士和改革家。原是一名奴隸，育有五個孩子。在被解放後，她在紐約爲別人擔任女僕（1829～1843），並同福音傳教士皮爾遜一起開始在大街上進行傳教工作。在改名爲索瓊納·特魯思後，她離開了紐約聽從旅行和傳教的號召。她在傳教中加入了廢奴和婦女權利的內容，並在中西部旅行，獲得了大批的支持者。在內戰期間，她爲黑人志願者收集物資並曾與林肯會面。在戰爭結束後，她爲自由民救濟組織工作並鼓勵向堪薩斯和密蘇里移民。

TRW Inc.　TRW公司　美國先進儀器和工業及政府系統的主要生產商。該公司成立於1901年，當時是一家螺釘公司，後來在1916年合併爲鋼製產品公司。該名稱在1926年更改爲湯普生產品公司，後又改名湯普生·拉莫·吳爾德里奇公司。1958年一次合併行動，1965年又與TRW公司合併。通過其分公司和子公司設計和製造各種自動機件，並提供工程和研究服務。它爲軍機生產電子系統，並設計和製造飛機。其資訊系統和服務部門是可以預見信譽的大型資料庫。其總部設在俄亥俄州克利夫蘭。

tryptophan＊　色氨酸　一種人體必需的氨基酸。它是雜環化合物，在多數蛋白質中都有少量存在。在嬰兒的生長和複合血清素及菸鹼酸的生物合成中（因此菸鹼酸和色氨酸的缺乏會導致糙皮病）都有重要作用。它存在於牛奶中，這是牛奶能幫助睡眠的原因。它在醫學和營養學研究中都得到使用，在食物和奶製品中亦是如此。

Ts'ai-shen ➠ Caishen

Ts'ao Chan ➠ Cao Zhan

Ts'ao Ts'ao ➠ Cao Cao

tsar ➠ czar

Tsaritsyn　察里津 ➠ Volgograd

Tsavo National Park＊　察沃國家公園　吉力馬札羅山東部、肯亞東南部公園。1948年成立，占地面積20,812平方公里，是肯亞最大的國家公園。由休眠植物（在小雨後即開花的植物）覆蓋的半乾旱的平原組成，有金合歡和猴麵包樹。野生動物包括大象、獅子、犀牛、河馬、羱羚和數百種鳥類。偷獵和森林火災是常見的問題。

Tschermak von Seysenegg, Erich＊　切爾馬克·封·賽塞內格（西元1871～1962年）　奧地利植物學家。他是孟德爾的經典遺傳學和豌豆實驗的合作人之一。在發現孟德爾的論文前，他也用豌豆作了遺傳實驗，但發現同孟德爾的實驗雷同，且孟德爾的實驗已經超出了自己。同年，他以自己的發現作了報告（1900），而德弗里斯和科倫斯也對他們發現的孟德爾論文作出了相關報導。亦請參閱Bateson, William。

Tselinograd ➠ Astana

Tseng Kuo-fan ➠ Zeng Guofan

tsetse fly＊　舌蠅　蠅科舌蠅屬約21種非洲雙翅類吸血昆蟲的統稱，體粗壯，有稀疏的硬毛，體型通常大於家蠅。它們有堅挺的刺吸口部。只有兩種會傳播使人類得睡眠病的錐蟲（錐蟲屬）：中非舌蠅，主要在溪水邊濃密的植被中；東非舌蠅，見於較開闊的林地。雌蠅需要吸食足夠的血液才能生育出能存活的幼蟲，但雌雄兩性幾乎每天都要吸血。

Tshombe, Moise(-Kapenda)＊　沖伯（西元1919～1969年）　非洲喀坦加獨立國總統（1960～1963），統一的剛果共和國的總理（1964～1965）。在1960年全國普選中輸給盧蒙巴後，沖伯宣布喀坦加省獨立。當聯合國在1963年干涉後，他被迫流亡；翌年回國擔任卡薩武布政府的總理，但在1965年被免職。亦請參閱Mobutu Sese Seko。

Tsimshian＊　欽西安人　操佩紐蒂諸語言的西北海岸區印第安人，居住在英屬哥倫比亞和阿拉斯加南部斯基納河和內斯河地區。欽西安人經濟依靠漁業，冬季也從事打獵。冬季居住的房屋由木材建成，通常有雕刻和壁畫，象徵家庭財富。其血統以母系爲主。家系一般說來是一個獨立的社會單位和禮儀單位。散財宴標誌著很多重要的節日。今日欽西安人口約10,000。

Tsinan ➠ Jinan

Tsinghai ➠ Qinghai

Tso chuan ➠ Zuo zhuan

Ts'u-hsi ➠ Cixi

Tsugaru Strait＊　津輕海峽　太平洋西北部海峽。從日本海延伸出來，直到本州和北海道之間的公海。寬24～40公里。該海峽的海底隧道將青森和函館連接。竣工於1988年，是世界上最長的海底隧道，長53.8公里，其中23.3公里位於海底。

tsunami＊　海嘯　亦稱地震波（seismic sea wave）或潮波（tidal wave）。破壞性的海浪，通常由芮氏規模6.5級以上的海底地震引起。水下或沿海山崩或火山爆發也可能引起海嘯。通常用海潮來指這種海嘯，但這是一種誤稱，因爲這樣的海浪同潮水沒有關係。最大的海嘯可能是發生在1703年的日本粟津海嘯，有十萬多人遇難。最壯觀的水下火山噴發在1883年淹沒了印尼的喀拉喀托島，並掀起了30公尺高的海浪，有36,000多人遇難。

Tsushima, Battle of＊　對馬海峽之戰（西元1905年5月27日～29日）　日俄戰爭中的海戰。作爲對日本海軍的襲擊，俄國波羅的海艦隊被派往與圍在亞瑟港（中國旅順）的俄國太平洋艦隊會合。俄國海軍中將在亞瑟島投降後返程的途中曾考慮返回俄國，但卻在七個月後來到了中國海。在俄國艦隊通過日本南部的對馬海峽開往海參崴途中，日本海軍對其進行了攻擊。其裝備較精良、速度更快的船隻成功地擊沈了俄國艦隊2/3以上的船隻。該決定性的勝利摧毀了俄國取得海上控制權並結束戰爭的希望。

Tsvet, Mikhail (Semyonovich)＊　茨維特（西元1872～1919年）　義大利裔俄國籍生物學家和化學家。他發明了色層分析法技術並將其付諸使用（1903）。1910年，他描述了如何用乙醚和酒精把植物色素萃取出來，再使所得溶液通過碳酸鈣柱或粉末狀食糖把色素分離。不同的色素會呈現出分離的色彩帶。茨維特發現了幾種新的葉綠素，並杜撰了色層分析法和類胡蘿蔔素這兩個辭彙。他的作品在接下來近三十年間一直沒有被西方主流科學家發現。

Tsvetayeva, Marina (Ivanovna)＊　茨維塔耶娃（西元1892～1941年）　俄國詩人。少年時期主要在莫斯科度過，十六歲時開始在巴黎大學的索邦學院學習。1910年出版了她的第一部詩歌集。她爲俄國革命所作的散文對反布爾什維克反抗運動（其丈夫也是其一）作了讚頌。1922～1939年間在國外居住，主要是在巴黎，寫作各種作品，但以詩歌爲主，並持續反映了對家鄉的思念。長篇童話詩《少女之王》充分顯示出她的寫作技巧（1922）。在俄國境外雖然不大出名，但她仍被認為是俄國20世紀最優秀的詩人之一。

Tswana＊ 茨瓦納人 南非和波札那索托人的西部分支。約有人口410萬，居住在草園地區，從事畜牧業和種植玉米、高粱為生。茨瓦納男人大多數在南非工礦企業中心做季節工。

Tu Fu ➠ Du Fu

t'u-ti ➠ tudi

Tuamotu Archipelago＊ 土阿莫土群島 法屬玻里尼西亞約八十個島嶼組成的群島。其環礁和珊瑚礁作為兩組鏈狀群島延伸1,450公里。1947年海爾達爾的「康－提基號」考察隊在拉羅亞因船觸礁而結束。歐洲人於16至17世紀來到土阿莫土群島。1844年法國占領了該群島。1880年併入大溪地，為其屬地。現與甘比爾群島一起組成法屬玻里尼西亞的一個行政區。法國在無人居住的環礁進行核試驗。

Tuareg＊ 圖阿雷格人 操柏柏爾語言的撒哈拉沙漠西南部游牧民族。他們的封建母系文化將社會分成貴族、教士、家臣、工匠和勞動者（以前為奴隸）。北方圖阿雷格人主要居住在純沙漠地區，南方圖阿雷格人則居住在草原和稀樹草原。他們傳統上從事畜牧業和農業，在其居住區內進行遷移。他們將許多前伊斯蘭教儀式和風俗同遜尼派穆斯林信仰相結合。1970年代和1980年代的乾旱使其人口減少並對其傳統生活造成了破壞。

tuatara＊ 楔齒蜥 喙頭目楔齒蜥屬兩種爬蟲類的統稱，它們的體似蜥蜴，夜間活動，僅見於紐西蘭的某些小島上。楔齒蜥體長約60公分，重1公斤，有兩對發育良好的肢，從頸部往下沿整個背部有鱗狀脊。有第三眼瞼可水平地閉合，兩正常眼間有一松果眼。眼後頭骨上有一弓形骨塊，這使它們有別於蜥蜴。它們以昆蟲、其他小動物以及鳥蛋為食。春季，在離開它們的洞穴處產下8～15枚蛋。楔齒蜥能活一百年左右。

Tuatha Dé Danann＊ 達努神族 塞爾特神話中，在現代愛爾蘭人祖先米勒人進入愛爾蘭以前居住在該地的一個民族。他們精於法術，因其知識淵博而從天堂被流放人間，從雲層降落到愛爾蘭。據說他們在被米勒人征服後逃到了山林中。他們的後裔被歷史學家認為是17世紀時真實地生活在人間的人類。為塞爾特眾神的代表。在神話中同很多現在仍居住在愛爾蘭的仙人聯繫在一起。

tuba 低音號 發音低沈、裝有粗的圓錐形管體的銅管樂器。低音號在大小和音律上變化很大。管子呈長形，有彎曲，喇叭口向下或向上。1835年在柏林取得專利，取代了低音大號，成為交響樂團和軍樂隊低音樂器部分的基礎。亦請參閱euphonium、sousaphone。

Tubb, Ernest (Dale) 塔布（西元1914～1984年） 美國鄉村音樂歌手、作曲家。生於德州克里斯布，長於真假音互換的羅傑斯是第一個在音樂上影響他的人。是最早詮釋輕快爵士樂的人之一，代表作有〈我在地板上步向你〉（1941）。1941年加入大奧普里，成為在納什維爾灌製唱片的首批音樂家之一。1950年代初期他是發明電吉他的先鋒者之一。他在納什維爾主持的廣播節目〈午夜狂歡〉捧紅了艾佛利兄弟二重唱和艾維斯普里斯萊。1947年首度在卡內基廳登台演出鄉村音樂秀。

tube worm 管蟲 著生性的眾多海生蠕蟲，獨居或群居，終其一生在特殊分泌物作成或是將沙粒膠著在一起的管子內。分布遍及全球，管蟲小從2公分不到，大至6公尺長。管底附著在海底；口與觸手在上方敞開的末端。管蟲透過腮、觸手或體壁呼吸。觸手排列方式各異，用來濾食水生動植物。管蟲存在於環節動物門多毛綱，以及帚蟲動物門、鬚腕動物門。大多數尚未命名，許多類型生活在海底火山口的群落之中。

tuber 塊莖 某些種子植物休眠期一種短而粗的肉質地下莖。通常是食物儲存養分或繁殖的一部分。有細小的鱗狀葉，每片鱗葉上有一芽，芽能發育成新植株。通常馬鈴薯就是典型的塊莖，葉片很少，而芽則是「芽眼」的一部分。其他植物的肉質根或根莖，凡形似塊莖者，也往往泛稱tuber（塊莖），雖然這樣稱呼並不確切（如大麗花屬的塊根，也被稱為塊莖）。

tuberculosis (TB)＊ 結核病 舊稱consumption。一些分枝桿菌（結核桿菌）造成的細菌病。古埃及的記錄以及希波克拉提斯都提及結核病，從古至今全世界都不斷出現。在18～19世紀快速工業化與城市化的西方世界，到達接近傳染病的比例，直到20世紀早期在這些地區都還是主要的死亡原因。1980年代結核病捲土重來，由愛滋病患傳播給他人，特別是在監獄、遊民收容所與醫院等地因密閉的設計助長傳播。結核病遍佈全球各地，仍是許多國家的主要死因。身體會在結核桿菌的周圍形成小型結核來隔離結核桿菌，通常這樣可以阻止結核病的病情發展，但要是沒有經過治療，可能不久之後會復發且帶傳染性。主要類型（大多數是孩童）通常不嚴重，但是可能在身體各處傳播，在許多器官產生結核，這樣就有可能致命。次要類型（主要是青年）開始時會喪失活力、體重下降、咳嗽不斷。隨著咳嗽增加、嚴重出汗，可能還有肋膜炎（參閱thoracic cavity）和吐血，健康情況惡化。增大的結核塊會殺死肺臟組織，使得呼吸作用無法供給身體足夠的氧氣。其他器官也會受害，如併發腦膜炎。弱化細菌疫苗有助於防治感染，但是及早發現治療結核病，防止暴露於細菌威脅則更為有效。由於許多種細菌對藥物有抗藥性，治療至少需要對病人細菌有效的兩種藥物，持續至少半年，不當的治療會讓具有抗藥性的結核桿菌繁殖。多重抗藥性細菌品種造成的急性病非常難治癒，通常會致命。

Tubman, Harriet 塔布曼（西元1820?～1913年） 美國廢奴運動者。1849年利用「地下鐵道」逃到北方。不顧南方懸重金緝捕的風險，頻頻往返，並帶領三百多名奴隸獲得了自由。她被譽為「奴隸的摩西」，受到布朗等廢奴運動者的崇拜，將她稱為「塔布曼將軍」。南北戰爭期間，為南卡羅來納州聯邦軍擔任護士、洗衣工和偵探。她後來定居紐約州奧本，最終因在戰爭中的貢獻而獲得了聯邦養老金。

Tubman, William V(acanarat) S(hadrach) 杜伯曼（西元1895～1971年） 賴比瑞亞總統（1944～1971）。自學法律，後擔任公職，最終進入最高法院（1937～1944）。自1944年任總統以來，他提倡對婦女實行選舉權和財產權；准許所有部落參加政府，以及在全國興辦公立學校。

Tuchman, Barbara＊ 塔奇曼（西元1912～1989年） 原名芭芭拉．威爾海姆（Barbara Wertheim）。美國歷史學家。她曾為《民族》雜誌和其他報刊撰稿，後開始寫書，成為主要的通俗歷史學家。她文風精練，對複雜的歷史事件有很強的把握能力，作品包括《齊默爾曼電報》（1958）；在第一次世界大戰開始的第一個月寫的《八月的炮聲》（1962，獲普立茲獎）；對中國－美國關係進行研究的《史迪威和美國在中國的經驗，1911～1945》（1970，獲普立茲獎）；關於14世紀法國的《遠方的鏡子》（1978）和《愚蠢的行進》（1984）。

塔奇曼
© Jerry Bauer

Tucson＊　圖森　美國亞利桑那州東南部城市。位於索諾拉沙漠高原環山的聖克魯斯河畔。1700年西班牙人在附近建立一傳教機構，1776年在圖森建造了一個圍有城牆的印第安人村莊，使其成爲西班牙要塞，在被墨西哥人統治前一直是該省區的軍事總部。美國在1853年通過加茲登購地獲得了該地區，1867～1877年爲準州首府。1880年鋪設鐵路、附近發現湯姆斯通銀礦、比斯比銅礦，經濟發展迅速。當地氣候乾燥，陽光充足，沙漠景色獨具情趣，爲受歡迎的旅遊和休養勝地。設有亞利桑那大學（1885）。人口約449,000（1996）。

Tucunas　圖庫納人　亦作Titunasor或Tikunas。南美洲印第安民族，居住在巴西、祕魯和哥倫比亞。傳統的圖庫納人居住在亞馬遜盆地的西北部雨林，種植木薯和玉米，飼雞，並在森林中狩獵和採集。他們製作筐籃、陶器和樹皮衣服，以獸皮和獨木舟換取貨幣和工業製品。他們曾長於用火槍、矛和圈套來狩獵，但動物數量的減少使他們不得不改變傳統的狩獵方法。1980年代晚期人數約25,000。

tudi　土地　亦拼作t'u-ti。中國神祇的類型，其性質與功能取決於地方上的住民。「土地」的主要特色在於其管轄權限制在單一地點，如橋樑、寺廟或家戶。「土地」是城隍（或稱爲都市神）的下屬。「土地」多半源起於生前對社群有所助益的人。地方居民希望藉由將他奉爲神明來獻祭，能感動他們在死後對社群事務展現與生前同樣的關心。如果惡運降臨到地方上，則「土地」將被判定爲已喪失關懷，並將選立新的保護神。

Tudjman, Franjo＊　圖季曼（西元1922～1999年）　克羅埃西亞政治人物與克羅埃西亞總統（1990～1999）。第二次世界大戰期間是狄托領導下的游擊隊員，1963～1967年間在札格拉布大學教授政治學與歷史學，而後並著有多本歷史與政治的作品。1967年他因在書中宣揚國族主義思想而被逐出南斯拉夫共產黨，並在1972～1981年間入獄。後來成爲右翼克羅埃西亞民主聯盟主席（1989），當選克羅埃西亞總統後，1991年宣布克羅埃西亞脫離南斯拉夫聯邦而獨立，並因而與塞爾維亞發生武裝衝突。他介入波士尼亞衝突並主張自治原則，使他贏得強硬之名聲。

Tudor, Antony　圖德（西元1908～1987年）　原名威廉・科克（William Cook）。英國裔美國籍舞蹈家、教師和編導。1927年加入蘭伯特的舞團，在那裡編導和舞蹈了如《星球》（1934）和《丁香花園》（1936）等作品。1940年遷往紐約進入了新的芭蕾舞劇團（後來的美國芭蕾舞劇團），在那裡待了十年，創作了許多所謂的心理芭蕾舞，包括《火柱》（1942）和《風影》（1948）。1950年代在大都會歌劇院芭蕾舞學校和茱麗亞音樂學院任教。1974年成爲美國芭蕾舞劇團總監。

Tudor, Henry ➠ Henry VII

Tudor, House of　都鐸王室　曾出過五位英格蘭國王的英國王室（1485～1603）。該家族起源於13世紀，但它成爲王族的機遇則是由威爾斯冒險家歐文・都鐸（1400?～1461）所創。他爲亨利五世效勞，並娶了亨利的遺孀瓦盧瓦的卡特琳（1401～1437）爲妻。歐文和卡特琳的兒子愛德蒙・都鐸（1430?～1456）被封爲里奇蒙伯爵，並與蘭開斯特王室的瑪格麗特・波福（1443～1509）結婚。他們的兒子亨利・都鐸於1458年登上英國王位稱亨利七世，他還通過與愛德華四世的女兒、約克王室的伊莉莎白結婚強化了他對王位的繼承權。蘭開斯特家族的標記紅薔薇加在約克家族的標記白薔薇上，組成都鐸家族的標記，象徵了這一聯合。都鐸王室於16世紀仍爲亨利八世同其子女愛德華六世、伊莉莎白一世統治期。1603年該王室由斯圖亞特王室繼承。

Tudor, Margaret ➠ Margaret Tudor

Tudor, Mary ➠ Mary I

Tudor style　都鐸風格　英國建築風格（1485～1558），大量應用露木構造（參閱timber framing）以及凸肚窗、山頭、裝飾性的磚牆和富麗的石膏粉。將包圍式的對角結構用在建築角落，第二層通常有懸掛的圖樣，同橫樑上的複雜結構相對應。

tuff　凝灰岩　通常由火山灰或火山塵經壓實和膠結而形成的一種相對柔軟的多孔的岩石。凝灰岩不僅在結構方面，而且在化學成分和礦物組成方面都可能有很大變化。在有些噴發中，泡沫狀的岩漿呈各種熱的氣體和熾熱微粒的乳膠體湧出地表，粉碎的浮岩物質以熾熱火山雲形式越過平緩的斜坡迅速散佈開來，以超過160公里／小時的速度移動好幾公里。

Tufts University　塔夫茲大學　美國的私立大學，位於麻薩諸塞州麥德福特，鄰近波士頓。1852年創校，校名取自捐贈人塔夫茲之名。該校提供多個學科的學士、碩士及博士學位課程，並設有醫學院、法律暨國際關係學院（又名佛萊契爾學院）、護理學院、牙醫學院、獸醫學院以及生物醫學學院。校內另有多個研究單位，如光電研究中心、貧窮饑餓與營養政策中心等。現有學生人數約8,500人。

Tugela River＊　圖蓋拉河　南非夸祖魯／納塔爾省主要河流。發源於蘇爾斯山高地，向下流948公尺形成一連串的瀑布切割成圖蓋拉峽谷。全長502公里，注入印度洋。爲1899～1900年南非戰爭的戰場。歷史上，圖蓋拉爲祖魯蘭南部邊境的標記。

Tugwell, Rexford G(uy)　特格韋爾（西元1891～1979年）　美國經濟學家。1920年成爲哥倫比亞大學經濟學教授，1932年成爲羅斯福的智囊團成員。被任命爲農業副部長後，協助制訂農業政策和其他新政經濟改革（1933～1936）。他擔任過紐約市計畫委員會主席（1938～1941），出任波多黎各總督（1941～1946）並在芝加哥大學任教（1946～1957）。

Tuileries Palace＊　土伊勒里宮　法國王室駐地，臨近巴黎羅浮宮，1871年被人縱火焚毀。最初爲卡特琳・德・麥迪奇的宮室，由德洛爾姆（1515?～1570）於1564年開始興建，在接下來的兩百年間，比朗（1520?～1578）、塞爾梭（1520?～1585）等人進行了增建和改建。土伊勒里宮自勒諾特爾於1664年進行重新設計後改動很少。他的設計使中央的道路穿過公園進入了田野和王宮西邊的小山頂，現爲凱旋門所在地。

Tukhachevsky, Mikhayl (Nikolayevich)＊　圖哈切夫斯基（西元1893～1937年）　蘇聯紅軍軍官。他在俄國

S T U V

內戰中將西伯利亞從高爾察克手中奪回，並帶領哥薩克軍隊對抗鄧尼金將軍（1920）。他後來在軍事改革中曾起重要作用，自1931年起指導蘇聯軍隊改革。他曾擔任蘇聯參謀總長（1925～1928），後來擔任國防部副部長（1931～1937），1935年被授予蘇聯元帥頭銜。1937年清黨審判的犧牲者，他與其他紅軍高級將領們一起被處決。

Tukulor＊ 圖庫洛爾人 穆斯林民族，居住在塞內加爾和馬利西部。他們因與富拉尼人有接觸而操富拉語。10至18世紀在特克魯爾王國由非圖庫洛爾人統治。1850年左右，征服了班巴拉人王國的卡爾塔和塞古，建立了他們自己的帝國，並將領土擴展到了廷巴克圖，1890年被法國人毀滅。今天的圖庫洛爾人養畜、捕魚、種植小米和高粱。

Tula 圖拉 墨西哥托爾特克人古都，10至12世紀爲其鼎盛時期。該城的確切位置尙無定論，歷史學家們大都認爲今伊達爾戈州圖拉城附近一考古遺址即爲古圖拉舊址，但其他學者則認爲現在通稱特奧蒂瓦坎的地方爲圖拉古城。該城市應有人口上萬人。主要居住中心包括一個五級金字塔環繞的廣場，兩座其他金字塔和兩個球場。圖拉藝術及建築風格同阿茲特克人都城特諾奇蒂特蘭風格明顯相同，其題材表現了阿茲特人將自己作爲太陽神的武士和祭司的觀念是借自圖拉人的。

Tulane University 圖蘭大學 美國的私立大學，位於紐奧良。1834年創校，稍後才以主要捐贈人圖蘭之名爲校名。該校設有藝術與科學學院、建築學院、工學院、法學院、醫學院、研究學院、社會工作學院、公共衛生學院以及其他領域，並設有政治經濟學研究中心、拉丁美洲研究中心、靈長類動物中心及化學工程中心。現有學生人數約11,000人。

tulip 鬱金香 百合科鬱金香屬植物的統稱，約100種培育的鱗莖草本植物的幾乎4,000個變種，原產於歐亞大陸。鬱金香是所有花園花卉中最受歡迎的。它的葉厚，淺藍綠色，2～3片，簇生於植株的基部。花單生，鐘形，有三個花瓣及三個萼片。花色多樣，從純白色至深淺不同的黃色、從紅色至褐色、從深紫色至幾乎黑色。用無害的病毒感染使花色按一定的圖案消失，現出白色或黃色，從而得到帶條紋的花。

tulip tree 鬱金香樹 亦稱tulip poplar或yellow poplar。木蘭科高聳的北美觀賞和材用樹種，學名爲Liriodendron tulipifera，與眞正的楊樹無關。見於北美洲東部混生硬材林。比東部所有其他闊葉喬木都高（最高60公尺），主幹直徑往往超過2公尺。葉具長柄，鮮綠色，每側2～4裂，頂端平綏。花黃綠色，似鬱金香花，有六片花瓣，基部橙色，有三片鮮綠色的花萼。其他的特徵還有錐狀的帶翼瓣的果簇；芳香、紫褐色的細枝；令人驚歎的金黃色秋葉；像鴨嘴一樣的冬芽；抗病蟲害的能力等。其木材用於製家具、膠合板、紙張、木箱和板條箱等。

Tull, Jethro 塔爾（西元1674～1741年） 英國農藝學家和發明家。曾在牛津大學受教育。1701年左右完成了一種用馬拉的、可以整齊地進行播種的播種機，後來又改進了一種馬拉的鋤頭。他強調肥料的使用和對土壤進行疏鬆的重要性。塔爾的耕作法起初雖曾受到抨擊，但後來終於爲大多數大地主採用，爲現代農業奠下了基礎。

Tulsa 土耳沙 美國奧克拉荷馬州東北部城市。瀕臨阿肯色河。建於1836年，原爲克里克印第安移民的村落。白人於1882年鐵路修建後開始在此居住。20世紀早期附近發現石油，掀起開發油氣熱潮，發展迅速。現有上百家主要石油公司在該市設立工廠和辦公室。爲阿肯色河航運系統的起航港，水道長達708公里，連接阿肯色河和密西西比河。爲一個富饒的農業地區的商業和金融中心，設有土耳沙大學（1894）和奧勒爾·羅伯次大學（1965）。人口約378,000（1996）。

tumbleweed 風滾草 一種莖與根部分離，成爲隨風滾動的一小團物體，並同時散播種子的植物。該類植物包括豬草（廣佈於美國西部的雜草）和其他莧科植物、芥、俄羅斯薊、大草原上的Colutea arborea和印尼海岸與澳大利亞乾草原上的禾草類濱刺麥。

Tumen River＊ 圖們江 朝鮮河流。北韓東北邊境與中國、俄羅斯之間的界河。源自朝鮮最高的山白頭山，總體上向北和東北流，然後轉向東南注入日本海。全長521公里，但通航里程只有85公里。兩岸有許多古戰場遺址。

tumor 腫瘤 亦稱新生物（neoplasm）。由正常細胞轉化而來的一團異常組織，無明確生物功能，可自主生長。細胞異常可包括體積或數量增加，或失去其前身細胞所具有的特化特徵。惡性腫瘤（參閱cancer）細胞的大小、形狀和構造（有時則無）已扭曲變形。越不分化的細胞則生長越快。惡性腫瘤侵犯局部組織並經血液或淋巴擴散（轉移），轉移的傾向越強，則腫瘤的惡性程度越高。除非腫瘤已壓迫或侵入神經，通常並不會造成疼痛。良性和惡性腫瘤皆會壓迫鄰近組織、阻塞血管或增生激素，以上症狀都可能致死。良性腫瘤總是聚成一硬塊停留在原發部位，若部位適當可用手術切除，腫瘤中可包含各種組織，也可能轉成惡性腫瘤。惡性腫瘤也可能保持長期靜止，但從不會轉變爲良性。

tuna 金槍魚 鯖科金槍屬七種有重要商業價值的食用魚的統稱。品種從36公斤重的長鰭金槍魚到4.3公尺長，800公斤重的藍鰭金槍魚。它們的體形細長，呈流線形，尾鰭呈叉狀或新月形。它們在魚類中的獨特之處是有一個血管系統，通過調節可將體溫保持在水溫之上。雖然游動的速度很慢，但它們在世界上所有的海洋裡長距離地遷移。它們以魚類、烏賊、水生貝殼類動物以及浮游生物爲食。

tundra 凍原；苔原 極地區泰加林帶以上（北極凍原）或高山上（高山凍原）的無樹的平地或滑地，特徵是裸露的地面和岩石，或者有苔蘚、地衣、小草以及矮灌木等植被。由於環境惡劣，所以動物品種有限。在北極凍原有旅鼠、北極狐、北極狼、北美馴鹿、馴鹿以及麝香牛等。高山凍原上的許多動物，包括山羊和野貓，冬季裡就下到較溫暖的區域。比起北極凍原來，高山凍原的氣候要溫和些，雨量也多些。北極凍原冰冷的氣候產生了一層永久性的凍土層（永凍土）。覆蓋在上面的土壤層則隨著季節溫度的變化而在凍結與融化之間交替。高山凍原有凍結－融化交替層，但沒有永凍土。由於北極凍土接受極長時間的日光與黑暗（持續在一個到四個月之間），所以生物節律更多地要按溫度的變化而不是日光的變化來調節。北極凍原覆蓋了約地球表面的十分之一。在雲杉和冷杉的樹木線以上開始出現高山凍原。由於凍原區域動植物的種類稀少，食物鏈很脆弱，所以對它們生活區的任何一點破壞都會影響整個生態系統。

tuned circuit 調諧電路 包含電感器和電容器的導電通路。當把這些元件串聯在一起時，對於頻率與電路共振頻率相同的交流電呈現出低電阻抗，而對其他頻率的交流電流則呈現高阻抗。該電路的共振頻率由電感和電容的值決定。當電路元件並聯時，在共振頻率下呈現高阻抗，而對其他頻率呈現低阻抗。由於它們具有只讓某些頻率通過的能力，所以在諸如無線電和電視接收器中調諧電路是很重要的。

Tung Ch'i-ch'ang ➠ Dong Qichang

Tung Chung-shu ➠ Dong Zhongshu

Tung-lin Academy ➠ Donglin Academy

Tung-Pei ➠ Manchuria

Tung-ting Hu ➠ Dongting, Lake

tungsten　鎢　亦稱wolfram。金屬化學元素，過渡元素之一，化學符號W，原子序數74。非常堅硬，白色略帶灰色，脆性，熔點最高（3,410℃），在所有的金屬中，鎢具有最高的高溫強度，以及最低的熱膨脹係數。主要用於鋼材中以提高硬度和強度，並用作燈絲，還應用於電接觸、火箭噴嘴、化學裝置、高速轉子以及太陽能器件。鎢的化學性質相對不活潑，但已經知道它有化合物（其中鎢有各種原子價）。最重要的是碳化鎢，以它的硬度著稱，用來增強鑄鐵以及工具切割刀口的耐磨能力。

tungsten-halogen lamp　鹵素鎢絲燈 ➠ halogen lamp

Tungusic languages ➠ Manchu-Tungus languages

Tunguska event＊　通古斯事件（西元1908年6月30日）　將西伯利亞中部石通古斯河附近的2,000平方公里的松林區夷為平地的大型空中轟炸。其能量相當於1,000萬～1,500萬噸三硝基甲苯炸藥。有不確定的證據顯示，那次事件可能是由冰和塵組成的彗星碎片在地球表面上空爆炸，產生火球和爆震波，但沒有形成坑洞。目擊者看見了在地平線上的火球，最初在800公里外都可見，隨後出現了地面的震動和熱強風，足以使人和建築物被掀翻。該物質的蒸汽使粉塵從高空落入大氣層，在西伯利亞和歐洲很長的時期內造成夜間異常明亮的現象。

tunicate＊　被囊動物　2,000多種小型海洋無脊椎動物（脊索動物門被囊動物亞門或尾索動物亞門），大量存在於世界各地。被囊動物有座生的（永久性地附著一處）、自由游動的，或者浮游的（飄浮）。被囊動物的名稱來自它們分泌的含纖維素的保護性外罩（被囊）。浮游品種往往形成群體，可能長達4公尺。有些自由游動的品種小到肉眼看不見。成年體取食過濾微生物。座生型的附著在船殼上生長，可能是一種禍害，但有些品種在醫學上有用。亦請參閱sea squirt。

tuning and temperament　調音與調律　保證若干個樂音合在一起聽起來悅耳的兩個方面。調音保證一對音調合成得好聽；調律則與調音達成某種妥協以保證任何一對以及所有各對音調能合成出悅耳的聲音。如果兩根弦的長度之比可以用兩個小的整數來表示，那麼它們一起振動時發出的聲音就最好聽。如果兩根弦以2:1的比例振動，那麼這兩種振動將總是協調一致並互相加強的。但如果它們以197:100（非常接近2:1）的比例振動，那麼每秒鐘內它們會彼此抵銷掉三次，產生可以聽得出來的「拍」。這些拍就造成一些「不協和」的聲音。因為由一種比例所產生的音調並不一定與重復應用的另一種比例所產生的相同音調一致，所以必須要麼使某些音程失調以使其他的音程完美地和諧，要麼將所有的音程都稍作失調。1700年以前，使用的是在前一種妥協基礎上的若干系統，包括「精確轉調」；而1700年以後，由「平均律」代表的這種妥協占了優勢，其中每對相鄰的音所代表的比例都是一樣的。

Tunis＊　突尼斯　突尼西亞首都。位於兩個環礁湖之間的地峽中，其港口哈勒格瓦迪位於東部突尼斯湖的頂端。由利比亞人建立，後為迦太基的一個小鎮，在穆斯林於西元7世紀占領該地後地位變得重要，在阿拔斯王朝（9世紀）成為了首都，在哈夫西德王朝時期（13世紀）也是穆斯林世界領先的城市。西班牙人和土耳其人在16世紀占有該地區。後在1942年被德國人占據。1956年突尼西亞脫離法國獨立後，該城市成為突尼西亞國家首都。該地出產紡織品、地毯和橄欖油，並進行冶金工業。旅遊業也很重要。人口674,000（1994）。

Tunisia＊　突尼西亞　北非國家。面積154,530平方公里。人口約9,828,000（2001）。首都：突尼斯。居民為阿拉伯人和柏柏爾人的後裔。語言：阿拉伯語（官方語）、法

語。宗教：伊斯蘭教（國教）。貨幣：第納爾（D）。突尼西亞的地形包含了海岸地區、山脈、丘陵、一系列鹽湖窪地和廣闊的撒哈拉沙漠。邁傑爾達河是最長（460公里）且唯一的一條常流河。突尼西亞是非洲最大的磷酸鹽和天然氣儲藏地之一，石油藏量亦豐富。服務業、農業、輕工業，生產和出口石油和磷酸鹽是經濟的重要項目。以突尼西亞海岸風光和羅馬遺址為主的旅遊業亦重要。政府形式是共和國，一院制。國家元首為總統，政府首腦是總理。從西元前12世紀開始，腓尼基人在北非海岸就有一系列的貿易站。到了西元前6世紀，迦太基王國包含了如今突尼西亞的大部分地區。西元前146年羅馬人開始統治，直到西元7世紀中葉穆斯林阿拉伯人入侵為止。該地區經過多次的戰鬥，有勝有負，包括阿拔斯王朝、阿爾摩哈德王朝、西班牙以及鄂圖曼土耳其人。1574年起鄂圖曼土耳其人占領了突尼西亞，直至19世紀晚期為止。當法國、英國和義大利在競爭統治權時，它保持了一段時間的自治。1881年它成為法國的保護國。第二次世界大戰中，1943年美國和英國的軍隊奪取了它，結束了德國的短暫占領。1956年法國給予完全的獨立；布爾吉巴執政至1987年。

tunnel　隧道　水平或接近水平的地下或水下通道。這種通道被用來探礦，尤其是作為火車或機動車的軌道來引導堤岸附近的江河、埋藏電站等機構的地下設施或引導水源等。

S T U V

古代人用隧道來進行灌溉或運送飲用水，在西元前22世紀，巴比倫人修建了隧道來實現幼發拉底河下的交通。羅馬人修建了輸水道隧道來用火迅速加熱岩石或用水迅速冷卻岩石，以使岩石裂開。17世紀開始使用火藥爆破後，在岩石開採上有了質的進步。較軟的岩石可以用開隧道的方法來實現，用轉動的輪子來將物質開採出來並靠傳送帶運輸出去。19和20世紀的鐵路運輸使隧道的數量和長度得到了很大提高。早期隧道主要用磚石來支撐，而現代隧道則以鋼架爲支撐，直到混凝土建築的完成。一般的通道修築方法包括在開採後立刻噴製混凝土來加固等。

tunneling 隧道效應 亦稱勢壘穿透（barrier penetration）。在物理學上指微粒穿過似乎不能通過的勢壘。雖然在傳統物理學上，微粒的能量可能不足通過勢壘，但微粒可能作爲其量子力學波的作用產物而穿過勢壘。該現象的重要使用方法包括用來測定隧道微觀。

Tunney, Gene 滕尼（西元1898～1978年） 原名James Joseph。美國拳擊手。他曾在海軍陸戰隊中比賽，並贏得了「英勇作戰的海鬥士」的稱呼。他在1926年打敗了登普西成爲了世界重量級冠軍。1927年在富有爭議性的再戰中，登普西在第七個回合打倒了滕尼，但卻因未按規則及時退到中立角而延遲了計時，「延長的計時」使滕尼站起來贏得了第十回合的比賽。他在翌年宣布退休，共參加76場比賽，勝56場。

Tupac Amarú＊ 圖帕克・阿馬魯 祕魯的革命組織，成立於1983年。該組織最著名的事件是在駐利馬日本大使館中綁架了490名人質（1996），試圖救援被捕革命組織成員。幾週後局勢較爲平靜下來後，軍隊突然衝進大使館殺掉所有的游擊隊員。此後成員數量因組織內部問題逐漸減少到一百人以下。該組織得名於印第安人革命家圖帕克・阿馬魯二世（原名何塞・加夫列爾・孔多爾坎基，1742?～1781），他在1780年帶領祕魯印第安農民進行了反西班牙的最後廣泛性革命運動。印第安人將他視爲他的祖先圖帕克・阿馬魯（卒於1572年，印加領袖阿塔瓦爾帕的第二個繼位者，最後被西班牙人處決而死）的化身。

Tupamaro＊ 圖帕馬羅 民族解放運動的烏拉圭左翼游擊組織，約成立於1963年，因圖帕克・阿馬魯而得名。最早的圖帕馬羅活動包括搶劫隊、經商以及將貨物分發給窮人，但在1960年代開始進行反對當局的暴力活動。1973年當權的軍事政府開始對他們採取反抗行動，殺害了其中三百多人，將3,000多人監禁。1985年重建民主統治後，圖帕馬羅被改組爲政黨。

tupelo＊ 紫樹 紫樹科紫樹屬中約7種樹木的統稱。5種產於北美東部潮濕或沼澤地區，一種在東亞，一種在馬來西亞西部。它們都有平展或下垂的枝條，葉寬，雌雄異株。北美品種開淡綠色的白花，結發藍的黑色或紫色小漿果。分布最廣的北美品種是多花紫樹（黑膠）。紫樹木大部分來自水紫樹，顏色從發白的黃色到淺棕，結構緻密，木質很硬。用於製作板條箱和木箱、地板、廚房用的木質器皿以及裝飾面板等。

Tupian languages＊ 圖皮諸語言 南美洲印第安語系，至少有七個語支，通行範圍從法屬圭亞那南部向南到巴西最南端，並往東到玻利維亞東部的分散地區，也可能以前就有人使用。估計有三十七種圖皮諸語言中的約1/3已經消亡。最大的語支是圖皮－瓜拉尼語，包括已經滅絕的圖皮南巴語，是葡萄牙語也是其他歐洲語言從中借用許多新大陸植物和動物名詞的來源。另一語支爲瓜拉尼語，是90%以上巴拉圭人所講的第一或第二種語言，他們把這種語言當作巴拉圭人的表徵。

Tupolev 圖波列夫設計局 正式名稱ANTK imeni A.N. Tupoleva。舊稱OKB-156。俄羅斯航太設計機構，重要的客機與軍用轟炸機製造商。創始於1922年蘇聯中央航空流體動力研究院的小組，研發軍用飛機。在圖波列夫的領導下，設計出TB-1（ANT-4）全金屬懸臂翼轟炸機（首次飛行1925～1926年）。由於政治因素幽禁數年之後，圖波列夫獲得自由，在1943年重新建立研究團隊成爲OKB-156設計局。在二次大戰結束時，設計局建造Tu-4戰略轟炸機，模仿美國的B-29。在1950年代生產渦輪螺旋槳重轟炸機Tu-95（北約稱之「熊式」），成爲蘇聯的中流砥柱，還有蘇聯第一架噴射客機Tu-104（1955年首航）。1950年代晚期到1980年代早期之間，推出新型超音速轟炸機，包括可變翼Tu-22M（「逆火式」）及Tu-160（「黑傑克」），還有大型客機如渦輪螺旋槳的Tu-114、三噴射的Tu-154及超音速Tu-144。1989年爲紀念圖波列夫（1972年去世），改名圖波列夫設計局。1991年蘇聯解體之後，成爲俄羅斯政府持股極少的股份有限公司。在1990年代的生產計畫包括噴射客機Tu-204（1996年開始飛行）與Tu-324。

Tupolev, Andrei (Nikolayevich)＊ 圖波列夫（西元1888～1972年） 俄羅斯飛機設計家。1918年與人合作成立蘇聯中央流體動力研究所，並在1922年成爲其設計部門領導（參閱Tupolev），生產了全金屬結構的飛機。他在1937年因反叛國家罪被捕，受命擔任設計軍用飛機的工作。他在受到限制的情況下領導一個團隊設計出「圖－2型」雙引擎的轟炸機，在第二次世界大戰中得到廣泛使用。在戰爭期間獲得釋放後，他和重建的設計部仿製了美國的B-29重轟炸機。後來的「圖－4型」成爲了蘇聯1950年代中期前的主要戰略轟炸機。在採用噴射推動器以製造活塞引擎飛機後，他製造出了「圖－16型」（北大西洋公約組織的「Badger」）噴射轟炸機（1952年試飛）和民用的「圖－104型」（1955），是第一架提供定期載客服務的交通工具。圖波列夫和他的兒子阿列克塞主導設計出了「圖－144型」超音速運輸機（1969），是速度超過1馬赫的第一架噴射客機。

Tura, Cosimo＊ 圖拉（西元1430?～1495年） 亦作Cosmè Tura。義大利畫家。費拉拉埃斯特家族的宮廷畫師，曾受曼特尼亞和弗朗西斯卡的彼埃羅的影響。他是寓言畫和裝飾畫家，也是費拉拉畫派創立人。他的作品特色是線條規矩、緊張而有力，細部描繪精緻，色彩明亮。

Turabi, Hassan abd Allah al-＊ 圖拉比（西元1932年～） 蘇丹籍穆斯林宗教學者與律師。曾在倫敦大學及巴黎索邦大學求學，而後回到蘇丹喀土木大學教授法律（1957～1965），並參與終結軍事統治的1958年革命。圖拉比後來成爲國會議員（1965～1967），並且在1985年支持推翻總統尼邁里。目前是蘇丹政府支持的組織「泛阿拉伯與伊斯蘭教議會」的祕書長。

turbidity current 濁流 水面下方帶有磨蝕沈積物的水流。這種水流出現的時間較短，發生在水底深處的暫時現象。一般認爲是由堆積在大陸坡頂部的沈積物崩落所造成，特別是在海底峽谷的源頭。大量沈積物崩落產生稠密的泥漿，然後流下峽谷，在海底散開並在深水中堆積一層砂。反覆堆積形成海底沖積扇，就像是河谷口見到的沖積扇。

turbine＊ 渦輪機 任何能將流體潛能透過扇狀固定葉片並使之轉動以轉換為機械能的各種機器。渦輪機看上去像是繞中軸轉動的有很多葉片的大輪子。主要的渦輪機有四種：水力（水能的）、蒸汽的、風力的和氣體的。前三種渦輪機最重要的功用是用來發電，而燃氣輪機通常應用在飛機上。

turbojet 渦輪噴射發動機 由一個渦輪機驅動的壓縮機吸進並壓縮空氣，並迫使空氣進入噴進燃料的燃燒室的一種噴射發動機。點火後氣體膨脹，先沖過燃氣渦輪，然後通過尾噴管噴出。其前進的推力來自向後排出廢氣的反作用。渦輪扇和扇形噴射機，即現代化的渦輪噴射發動機，在1960年代開始得到普遍使用。在扇形噴射機中，一些向內的空氣通過燃燒室附近，並通過一個渦輪機驅動的扇葉被推進到尾部。它能比普通渦輪機扇動更多的空氣，在能源和經濟上更加實用。亦請參閱ramjet。

turboprop 渦輪螺旋槳發動機 既能提供噴射推力又能驅動螺旋槳的混合式發動機。它與渦輪噴射發動機相似，但有附加的渦輪機，位於燃燒室後，通過一個經軸和減速齒輪來驅動發動機前面的螺旋槳。由於在渦輪噴射發動機方面的改進，在高速下不太強勁的渦輪螺旋槳發動機從1960年代起失去了其重要性，只在航程較短的飛機上使用。

turbot＊ 大菱鮃 菱鮃科或鮃科的寬身歐洲比目魚種類，學名*Scophthalmus maximus*，是價值很高的食用魚。生活在沿海沙地和礫石區。它的身體左側（兩眼通常均位於頭的左側）無鱗；頭與體上有許多骨質結節。最大體長達1公尺，重約25公斤。體色因環境而異，一般為灰褐或淺褐色，帶深色斑紋。與之相關的品種有黑海大菱鮃。某些右側性太平洋比目魚（鰈科木葉鰈屬）也稱大菱鮃。

turbulence 湍流 在流體力學中指一種流動情況（參閱turbulent flow），在保持平均流動的同時，局部的速度和壓強變化不可預測。常見的例子有風和水圍繞障礙物的旋動，或者任何一種流體的快速流動（雷諾數大於2,100）。湍流的特徵為產生渦旋以及阻力降低。阻力降低能讓高爾夫球前進得更遠，高爾夫球的坑窪表面就是為了讓球的邊界層中引起湍流。如果真像宣稱的那樣，表面粗糙的游泳衣可以幫助運動員游得更快的話，那麼也可用同樣的理由來解釋。

turbulent flow 湍流 流體存在著不規則的起伏和混合的狀態。當水流的速度在數值和方向上不斷發生變化時，會導致一定方向上水流的起伏。通常湍流包括空氣和海洋的流動，動脈中血液的流動，輸油管道中油料的傳送，火山熔岩的流動，水泵中和渦輪中液體的流動，以及在船尾和機翼頂端周圍的流體流動等。

Turcoman ➡ Turkmen

Turenne, vicomte (Viscount) de＊ 蒂雷納（西元1611～1675年） 原名Henri de La Tour d'Auvergne。法國軍事領袖。在三十年戰爭中表現突出，尤其是以占領杜林（1640）而贏得聲譽。1643年升為元帥，曾在德國指揮法國軍隊作戰，後來還與瑞典軍隊一起征服巴伐利亞。在法國，他加入投石黨運動的貴族階層（1649），但後來指揮皇家軍隊打敗了由孔代親王（與西班牙人結為同盟）率領的軍隊，最後簽訂「庇里牛斯和約」（1659），結束了西班牙同法國之間的戰爭。被任命為總元帥後（1660），他同路易十四世並肩作戰，在權力轉移戰爭（1667～1668）中共同擔任法國軍隊的指揮。在德國他大膽採用的戰略打敗了帝國軍隊，贏得無數次的勝利，但他在薩斯巴赫的戰場上被殺。他被安葬在法國國王的安葬地聖但尼，後來被拿破崙移入巴黎殘老軍人院，尊其為歷史上最偉大的軍事領袖。

蒂雷納，肖像畫，勒布倫（Charles Le Brun）繪；現藏特里阿農國立凡爾賽博物館
Cliche des Musees Nationaux, Paris

turf 草皮 園藝學中，指有濃密植被的土壤表層，通常是用作裝飾或娛樂。這種草地包括肯塔基早熟禾、匍莖剪股穎、紫紅羊茅和多年生黑麥草等受歡迎的涼爽季節型草，以及絆根草、結縷草類和聖奧古斯丁草等溫暖季節型草。草皮通常被種植在草地、草泥和畜牧場。人們將草皮切成楔形、大方形、小方形或條形塊，移植到預定地方並很快繁茂起來。草地是定期修剪並分布均勻的稠密、整齊的綠地，美化了寬闊的室外場地並提供運動場所（如網球、高爾夫球、滾木球以及賽馬運動場地）。

Turgenev, Ivan (Sergeyevich)＊ 屠格涅夫（西元1818～1883年） 俄國小說家、詩人和劇作家。在柏林大學讀書時就認識到西方的優越性和俄國進行現代化的必要性。約1862年後居住在歐洲。其作品以對俄國農民的寫實和充滿感情的刻畫，以及對試圖將國家推進到一個新時代的俄國知識分子的敏銳觀察而著名。其最著名的作品包括《多餘人日記》（1850），對19世紀俄國文學界意志薄弱的一般知識階級冠以「多餘的人」的稱呼。他因短篇小說連環《獵人日記》（1852）博得名聲，批判了農奴制。其戲劇代表作是《村居一月》，小說《羅亭》（1856）隨後出版。他對改變和兩代人之間的差距的興趣反映在《前夜》（1860）和富有爭議性的《父與子》（1862）。他最偉大的小說《煙》（1867）對學術界的左翼和右翼都進行了批判和嘲笑。後來的《草原上的李爾王》（1870）和《春潮》（1872）將流暢的回憶同半幻想性相結合，而《處女地》（1877）則集中描寫民粹派人士希望在農民中間播下革命的種子。

屠格涅夫
From the collection of David Magarshack

turgor＊ 膨脹 細胞內液體施加的壓力，壓迫細胞膜擠壓細胞壁。膨脹讓活的植物組織堅硬。植物細胞的水分流失而喪失膨脹，造成花與葉枯萎。膨脹在葉的氣孔的開闔扮演關鍵的角色。

Turgot, Anne-Robert-Jacques＊ 杜爾哥（西元1727～1781年） 受封為奧納伯爵（baron de l'Aulne）。法國行政家和經濟學家。1753年進入了皇家行政分部工作，後成為利摩日州州長（1761～1774），在那裡推行了經濟和行政改革。他是個重農主義者，1766年撰寫了最著名的作品《關於財富的形成和分配的考察》。1774年路易十六世指派他為財政大臣，並採納他的「六項敕令」來擴展經濟改革。他廢除農民徭役（強迫農民義務勞動）的努力遭到特權階級的反對，1776年被免職。

Turin 杜林 義大利語作托里諾（Torino）。義大利皮埃蒙特區城市。濱臨波河，最初為杜林人修建。在西元前218

年部分遭汪尼拔破壞，後成爲奧古斯都帝國管轄下的軍事殖民地。西元6世紀爲倫巴底公爵領地，成爲了查理曼政府的首府（742～814）。1046年轉由薩伏依統治，1720年成爲薩丁尼亞王國首都，後在拿破崙戰爭中被法國人占領。它是爭取義大利復興運動的政治和文化中心，也是統一後的義大利的第一個首都（1861～1865）。在第二次世界大戰期間，它遭到盟軍轟炸，但後被重建。它是義大利汽車工業的中心，也是國際時裝中心。自16世紀起，杜林屍衣即被存放在15世紀的杜林大教堂中。人口約923,000（1996）。

Turin, Shroud of　杜林屍衣　幾個世紀來被認爲是包裹耶穌基督遺體屍衣的亞麻布碎片。從1578年起保存在義大利杜林市聖喬凡尼·巴蒂斯塔大教堂的皇家小禮拜堂內。長4.3公尺，寬1.1公尺，像有一個瘦削且眼睛凹陷的聖痕。上有污泥和被認爲是血跡的斑點。出現於1354年，1389年被當作眞正的屍衣展示，最後被視爲眞品。1988年獨立的測試認爲該布匹製造於1260～1390年左右。

Turing, Alan (Mathison)＊　圖靈（西元1912～1954年）　英國數學家和邏輯學家。曾就讀於劍橋大學和普林斯頓先進研究所。1936年他早期的論文〈論可計算的數〉證明沒有任何普遍正確的數學公理體系，而數學通常都包括了不確定的（同不可知的相對）成分。該論文還介紹了圖靈機。他認爲電腦最後能像人那樣的獨立思考，與人無差別，並用一個簡單的實驗（參閱Turing test）來證明了這一點。在這一方面的論文被廣泛認爲是人工智慧的研究基礎。他在第二次世界大戰期間曾對密碼破譯作出重大貢獻，戰後在曼徹斯特大學任教。四十一歲時因同性戀行爲和進行試圖改變自己性別的極端實驗而被捕，之後自殺身亡。

Turing machine　圖靈機　由圖靈提出的假想的電腦（1936）。並非是眞的機器，只是一個設想能將任意計算設備的邏輯結構分解爲其要素的理想化數學模型。它由可伸縮並在磁帶上進行運算的卡帶、一個改進後能儲存運算方法的控制機制組成。按照圖靈的設想，它能作爲離散的步驟來發揮功用。他推斷資訊處理的要素在現代數位電腦的發展中扮演重要的角色，並提出他的輸入／輸出儀器（磁帶和磁帶讀取）、中央處理器（或控制機制）和儲存的記憶體的基本構架。

Turing test　圖靈測試　圖靈提出的一種測試電腦能否像人一樣思考的方法。圖靈提出「模仿比賽」（imitation game），即一個在遠端的問話人，在一定時間內，必須根據那些他的提問所得到的答案，來分辨出是電腦或人在作答。一系列這樣的實驗，以電腦被誤認爲人的或然率來測量電腦成功地如人一般「思考」的程度。此一測試如今用在測驗人工智慧成功程度的競賽中。

S
T
U
V

Turkana, Lake　圖爾卡納湖　亦稱魯道夫湖（Lake Rudolf）。大部在肯尼亞北部的湖泊。東非第四大湖泊。位於東非裂谷系內，海拔375公尺，面積6,405平方公里。湖中的三個主要島嶼是火山岩。湖水相對較淺，最深處爲73公尺。沒有出海口，爲鹹水湖。突降的暴雨很頻繁，顯現出航行的變化莫測。盛產魚類。

Turkana remains ➠ Lake Turkana remains

turkey　火雞　吐綬雞科兩種鳥類的統稱。自前哥倫布時期起北美的普通火雞已被馴化。成年公火雞頭部裸露，色鮮紅，喙上部有一肉質紅色飾物，喉部有一塊垂肉。公火雞體長可達1.3公尺，重量可逾10公斤。野生火雞生活在近水的林地，食種子、昆蟲，偶爾吃蛙或蜥蜴。公火雞有一群「妻妾」，每隻母火雞在地上的坑裡產8～15枚蛋。野生火雞是極佳的肉源，又很容易擊中，所以實際上已被歐洲定居者們滅絕；現在它們以前的許多活動區域重建了保護區。中美洲的眼斑火雞從未被馴養。

雄性普通火雞在作求偶表演
S. C. Bisserot－Bruce Coleman Inc.

Turkey　土耳其　正式名稱土耳其共和國（Republic of Turkey）。亞洲南部和歐洲東南部國家。面積779,452平方公里。人口約66,229,000（2001）。首都：安卡拉。種族包括了土耳其人和庫爾德人。語言：土耳其語（官方語）、庫爾德語和阿拉伯語。宗教：伊斯蘭教（多數是遜尼派），極少數信奉基督教會猶太教。貨幣：土耳其里拉（LT）。土耳其是個多山的國家，其高原覆蓋了整個小亞細亞中部地區。最高峰爲亞拉臘山，該國南部是托羅斯山脈。河流有：底格里斯河、幼發拉底河、克孜勒河、門德雷斯河。生產及出口以鉻鐵礦爲主，其次還有鐵礦、煤、褐煤、鋁土礦和銅礦。該國是中東主要鋼產國。主要的農產品有小麥、大麥、橄欖和煙草。旅遊業亦重要。政府形式是共和國，一院制。國家元首爲總統，政府首腦是總理。土耳其早期的歷史相當於小亞細亞、拜占庭帝國以及鄂圖曼帝國的歷史。當君士坦丁一世將君士坦丁堡（今伊斯坦堡）定爲土耳其的首都後，

拜占庭的統治就開始了。12世紀開始的鄂圖曼帝國統治了六百多年；1918年青年土耳其黨暴動迫使其讓出權力，結束了鄂圖曼帝國的統治。在凱末爾的領導下，1923年宣布成立共和國，1924年廢除哈里發。在第二次世界大戰的大部分時間裡，土耳其都保持中立，1945年站在同盟國一邊。戰後，土耳其政府在文官與軍人之間來回變換，與希臘和塞浦路斯發生過幾次衝突。1990年代發生過伊斯蘭教徒與非信徒之間的政治和民間動亂。

turkey vulture　紅頭美洲鷲　亦稱turkey buzzard。長翅長尾禿鷲（屬於新域鷲科）的幾個品種，學名Cathartes aura。體長約75公分，羽色暗黑，嘴和腿帶白色，紅色的頭

部無毛，上覆有發白的隆起部分。翼展長約1.8公尺。它們利用敏銳的嗅覺尋找腐肉。除加拿大北部外，它們遍布整個美洲；北方和最南方的種群是遷徙性的。

Turkic languages　突厥諸語言　在從巴爾幹半島到西伯利亞中部的地區中，約有1.35億人使用的阿爾泰諸語言的二十多種語言。按照傳統分法，突厥語被分爲四種：一、東南部語支（或稱維吾爾語支），包括主要在中國新疆通行的維吾爾語，以及主要在烏茲別克、其他中亞共和國和阿富汗北部通行的烏茲別克語；二、西南部語支（或稱烏古思語支），包括土耳其語；在亞塞拜然和伊朗西北部通行的亞塞拜然語；主要在烏克蘭和烏茲別克通行的克里米亞塔塔爾語（克里米亞突厥語）；以及主要在土庫曼、伊朗北部和阿富汗北部通行的土庫曼語。三、西北部語支（或稱欽察語支），包括主要在哈薩克、其他中亞共和國和中國西部和蒙古通行的哈薩克語；主要在吉爾吉斯、其他中亞共和國和中國西部通行的吉爾吉斯語；主要在巴什噶爾和俄羅斯鄰近地區通行的巴什噶爾語；主要在俄羅斯高加索地區通行的卡拉恰耶－巴爾卡語和庫梅克語；以及在立陶宛和西南部烏克蘭通行（參閱Karaism）的卡拉伊姆語。四、東北語支（或稱阿爾泰語支）包括在額爾齊斯河東北部的西伯利亞地區以及鄰近蒙古的包括阿爾泰、哈卡斯、索爾和圖瓦地區通行的數種語言和方言；以及主要在雅庫特及其鄰近地區通行的雅庫特語（或稱薩哈語）。而在俄羅斯楚瓦什共和國和鄰近地區通行的楚瓦什語與其他所有的語言截然不同。所發現的最早的突厥語是在蒙古北部發現的8世紀的墓碑銘，它們是用如尼字母或突厥文字的特殊書寫系統寫成的。在約900年開始，額爾齊斯河西南部幾乎所有的突厥人都被伊斯蘭化，突厥語開始採用阿拉伯字母。現今則多採用拉丁字母和西里爾字母。

Turkish Angora cat　土耳其安哥拉貓　長毛家貓品種，可能是源於韃靼人的家貓，在其遷移到土耳其時引進，現爲土耳其國寶。身長，骨架細，臉尖，絲質毛皮，毛不長不短。最常見的顏色是白色，但也有其他純色或是兩種以上顏色的花色。

Turkish bath　土耳其浴　起源於中東的一種沐浴，結合暖氣浴、蒸汽浴、按摩和冷水浴。土耳其浴將按摩、東方浴傳統中的美容功效，以及羅馬人管道技術和加熱技術結合在一起。土耳其浴的浴室較羅馬的公共浴場小，光線也較後者暗。君士坦丁堡的土耳其浴場是圓頂的房間，房間裡裝飾有大理石和鑲嵌物。土耳其浴不僅是沐浴，也是社交和放鬆心情的方式，在伊斯蘭教國家都很盛行。一些浴場至今仍在使用。19世紀土耳其浴被加以改進，並被傳到歐洲和美國。

Turkish language　土耳其語　通行於土爾其的語言，爲該國約90%的人所使用。其使用者約爲5,900萬，通行於巴爾幹半島、塞浦路斯（從鄂圖曼帝國起）和西歐的許多分散的地區。13～14世紀土庫曼部落入侵土耳其時，把土耳其語帶到安納托利亞。用阿拉伯字母系統書寫的安納托利亞土耳其語出現於13世紀。鄂圖曼土耳其語也受到波斯和阿拉伯語的大量影響，已喪失一些土耳其語的特徵，對下層社會的人而言已經是無法理解的了。自18世紀起有人試圖將這些語言重新土耳其化，卻沒有收到很好的效果，直到20世紀和土耳其帝國建立後才實現。許多波斯－阿拉伯的辭彙被清除，重新採用了拉丁字母，並加上音調以注明土耳其特有的發音。土耳其語在語言學上是一種特殊的語言，有母音的和諧性（母音特點同音節一致）、黏黏性語形學，並遵循主語－賓語－謂語的語序。

Turkish van cat　土耳其梵貓　半長毛家貓品種，以奇特的花色而著名：白色，僅在頭尾有色彩斑紋。「梵」是原產於亞洲中部與南部的品種常見的名稱，也用於描述其他類似斑紋的貓。這個品種是十字軍帶回歐洲。特徵是像羊毛般防水的皮毛；喜歡水，在原產地稱爲游泳貓。體型大，活動力強，聰明。

Turkistan　突厥斯坦　亦稱Turkestan。中亞歷史地區。面積在2,600,000平方公里以上，被帕米爾和天山分爲西部和東部突厥斯坦。西突厥斯坦（或稱俄羅斯突厥斯坦）在19世紀爲俄羅斯統治。包括今天的土庫曼、烏茲別克、塔吉克、吉爾吉斯和哈薩克南部。東突厥斯坦（或稱中國突厥斯坦）在8世紀爲中國所併吞，包括以前的新疆省（即現在的新疆維吾爾自治區）。

Turkmen　土庫曼人　亦作Turkoman或Turcoman。屬操突厥語民族之西南分支的穆斯林人。人數逾六百萬，大部分居住在土庫曼（前蘇聯的一部分）及其鄰近的中亞地區。也有不少土庫曼人居住在土耳其、伊朗北部和阿富汗地區，還有少數居住在伊拉克北部和敘利亞。他們原本是一個居住於帳篷的游牧民族，在蘇聯的統治下從事農業。傳統上，他們按經濟職能劃分爲若干群體，每一支由一個汗領導。

Turkmenistan　土庫曼　亞洲中西部的共和國。面積488,100平方公里。人口約5,462,000（2001）。首都：阿什哈巴德。土庫曼人逾總人口的70%，其次是俄羅斯人、烏茲別克人、哈薩克人、韃靼人、烏克蘭人和亞美尼亞人。語言：土庫曼語（官方語）。宗教：伊斯蘭教。貨幣：馬納特

（manat）。雖然散佈著丘陵和低山，該國近9/10的地區是沙漠地區，主要是卡拉庫姆沙漠。主要河流有阿姆河和穆爾加布河。建有許多灌溉溝渠和水庫，如卡拉庫姆運河，該運河全長1,400公里，連接阿姆河和裏海。土庫曼主要生產石油和天然氣、棉花、絲、地毯、漁產和水果。政府形式是共和國，一院制。國家元首暨政府首腦是總統，由人民議會輔佐。在土庫曼發現了中亞地區最早的人類定居跡象，可追溯到舊石器時代。游牧部落的土庫曼人可能是在11世紀進入這個地區的。1880年代初被俄國人征服，該地區成爲俄羅斯土庫曼的一部分。1924年組成土庫曼蘇維埃社會主義共和國，1925年成爲蘇聯的組成共和國。

1991年脫離蘇聯而完全獨立，國名土庫曼。接下來的十年中遭遇了經濟困難。

Turks　突厥諸民族　亦作Turkic peoples。講突厥語的各個民族。與6世紀曾建立起橫跨內蒙古至黑海的帝國的游牧民族突厥有關。11世紀塞爾柱王朝在曼齊刻爾特戰役中打敗拜占庭（1071）後建立了廣大的鄂圖曼帝國。突厥人於是占領了安納托利亞，即後來鄂圖曼帝國的根據地。雖然遭蒙古人蹂躪，在成吉思汗（元太祖）死後（1227），突厥人成功地同化了蒙古人。14世紀帖木兒控制了中亞西南部和南亞的部分土地。但是15世紀俄國的擴張將突厥人驅趕到現在的哈薩克。現在的突厥民族主要居住在土耳其、烏茲別克、阿富汗、哈薩克以及土庫曼。

Turks and Caicos Islands＊　土克斯和開卡斯群島　西印度群島中英國的屬國（1993年人口約13,000）。由巴哈馬東南端的兩個小島群組成。土克斯島群包括大土克斯、鹽島以及一些較小的沙洲。開卡斯島群包括南開卡斯、東開卡斯、中（或大）開卡斯、北開卡斯、普洛維頓西爾斯、西開卡斯以及若干個較小的沙洲。政府所在地是大土克斯島上的科克本城。1512年西班牙探險家龐塞·德萊昂來到此地時，群島上居住著印第安人。1678年來自百慕達的英國殖民者到達這裡。開始時把該群島置於巴哈馬政府的管理之下，但在1874年被合併到了牙買加殖民地中。1962年土克斯和開卡斯群島成爲英國直轄殖民地，1965～1973年與巴哈馬共有一位總督。1988年採用新憲法。主要工業是旅遊業和近海金融服務。

turmeric＊　鬱金　薑科多年生草本植物，學名Curcuma longa，原產於印度南部和印尼。其塊狀的根莖自古就作爲一種芳香刺激劑而用於調味、染料及醫藥。根莖具有胡椒般香氣，辛辣稍苦，口味溫暖。利用它的顏色和味道精製芥末，將它添加在咖哩粉、開胃食品、醃製食品、香味黃油以及各種烹飪菜肴中。在用鬱金浸染過的紙張上加鹼後，紙張會從黃色轉變成發紅的棕色，於是就成了一種測試鹼性的方法。

鬱金
W. H. Hodge

Turner, Frederick Jackson　特納（西元1861～1932年）　美國歷史學家。曾在威斯康辛大學和哈佛大學任教。深受在威斯康辛州童年生活的影響，他不認爲美國的機構是起源於歐洲的，並且在一系列論文中證明自己的觀點。他在〈邊疆在美國歷史中的重要性〉（1893）中宣稱美國的特點是被邊疆生活和邊疆時代的結束所塑造出來的。他後來將注意力擺在地方主義在美國發展過程中所起的推動作用上。他的論文被收集在《美國歷史中的邊疆》（1920）和《地區在美國歷史中的重要性》（1932，獲普立茲獎）中。

Turner, J(oseph) M(allord) W(illiam)　透納（西元1775～1851年）　英國風景畫家。理髮師之子，1789年進入皇家學院。1802年完成全部學業，1807年擔任繪畫教授，專門教授透視法。早期的作品精確地對地點進行描繪，但很快從威爾遜那裡學會了更有詩意的和富有想像力的手法。《沈船》（1805）展示了他對光線、氣氛以及浪漫的、戲劇性主題的重視。在1819年的義大利之旅之後，他使用的色彩變得更加純淨，更加具有折射效果，對重點著色較重。後期作品如《日出，在海角有艘船》（1845），建築和自然的細節都被顏色和光線的效果所取代，對物體的刻畫很模糊。他的作品變得更具流動感，體現出運動和空間。在打破傳統的表現手法後，預示了法國印象主義的到來。他在19世紀享有盛名，主要是因羅斯金對其早期作品極爲熱中。其晚期色彩畫所體現的抽象特徵也受到20世紀的評論家稱讚。

透納，肖像畫，繪於1798年；現藏倫敦泰特藝廊
By courtesy of the trustees of the Tate Gallery, London

Turner, Lana　拉娜透娜（西元1920～1995年）　原名Julia Jean Mildred Frances。美國電影女星。生於愛達荷州的華勒斯。據說是在小女孩時於好萊塢冷飲部賣冷飲而被挖掘出來的。1937年首度登台。是名性感、身材姣好的金髮女郎，米高梅在宣傳時稱她爲毛絨衫姑娘（Sweater Girl）。演出的電影有《齊格菲女郎》（1941）、《鄉村酒吧》（1941）、《雙雄喋血》（1942），因此也使她成爲第二次世界大戰時，美國大兵最喜愛的海報女郎。後來的作品有《郵差總按兩次鈴》（1946）、《冷暖人間》（1957）和《春風秋雨》（1959）。她精采的私生活包括八次結婚紀錄；最轟動的是1958年她當著十四歲女兒面前刺殺了黑道男友史坦普內特。

Turner, Nat　特納（西元1800～1831年）　美國暴動者。他認爲自己應該領導美國的奴隸擺脫束縛，並策劃占領維吉尼亞耶路撒冷的軍械庫。他將日食當作起義（1831）的暗號，並先殺死他主人的一家作爲叛亂的開始。他帶領75名黑奴前往耶路撒冷的兩天路上殺死了約60名白人。後來約有3,000名州民兵和當地的白人打敗了暴動者，他們或被殺或被俘。特納藏匿了六週後最終被捕，在接受審判後被吊死。受到這次叛亂的警示，南方各州通過了禁止奴隸受教育、開展運動或集會的立法。

Turner, Ted　特納（西元1938年～）　原名Robert Edward, III。美國廣播界企業家。他在1963年父親自殺後接管了以亞特蘭大爲基地的廣告公司，並將其轉虧爲盈。1970年購買了亞特蘭大電視台WJRJ（後來的WTBS），這家電視台於1975年成爲了特納廣播系統的超級電視台，通過衛星向全國的有線電視網傳送節目。1976年購買了亞特蘭大勇士職業棒球隊，後在1977年買下了亞特蘭大老鷹籃球隊。1977年駕駛他的帆船「勇氣號」贏得了美洲盃帆船比賽。1980年購買了有線電視新聞網（CNN），擴大了自己的廣播王國。1986年又購買了米高梅影片公司（MGM）和該公司擁有的四千多部老電影資料館。1991年同珍方達結婚。1996年把自己的廣播系統同時代－華納公司合併，並擔任副總裁。1997年宣布捐贈十億美元給聯合國。

Turner's syndrome　特納氏症候群　可致女人性發育異常的染色體疾病（所有或某些體細胞中只具有1個性染色體X）。綜合症狀包括卵巢缺如或發育不全、第二性徵發展不全、髮際低、蹼頸、胸廓扁闊加上乳頭距離增寬和腎臟、心臟畸形及主動脈縮窄。此病有時等到患者年過青春期但尚無性發育，才引起注意。雌激素療法使患者出現第二性徵、外表成熟及擁有正常性驅力，但仍不育。手術可矯治一些畸形特徵。

turnip 蕪菁 芥科耐寒的二年生植物，爲取食它肉質的根與嫩葉而栽培。有兩個品種：一爲蔓菁（或稱眞蕪菁，Brassica rapa），一爲瑞典蕪菁或稱蕪菁甘藍。眞蕪菁可能源自中亞及東亞，經栽培而廣泛分布於溫帶地區。兩個品種都是較冷季節的作物。蕪菁生長發育得很快，早春或夏末播種，夏末或晚秋前即可收獲。

turpentine 松脂 任何含樹脂的分泌物，或是毬果植物，尤其是松樹的滲出物。它是半流質的有機化合物，由樹脂在揮發性油中溶解而成，松脂可以被提煉（參閱distillation）成松脂揮發油（稱松節油或松脂精）和非揮發性松脂（稱松香）。松脂是單萜烴（主要是蒎烯）混合物（參閱isoprenoid），是一種無色、帶氣味、易燃的液體，不溶於水，但爲許多物質的良好溶劑。在用作油漆、可揮發性溶劑以及油彩刷的清潔劑等方面，松脂比石油效果更好。松脂現主要被用來生產樹脂、殺蟲劑、油彩添加劑、合成松節油和樟腦，也被用作一種溶劑。

turquoise 綠松石 銅和鋁的含水磷酸鹽〔$CuAl_6(PO_4)_4(OH)_8 \cdot 5H_2O$〕，廣被用作寶石。綠松石的顏色從藍色到不同深淺的綠色和黃灰色。帶有一種能與貴重金屬搭配成迷人對比的精美的天藍色，是這種寶石最有價值之處。美國西南部的許多綠松石礦藏已由美國印第安人開採了幾個世紀。伊朗、北非、澳大利亞和西伯利亞也產這種礦石。

turtle 龜 250多種龜鱉目爬蟲的統稱，它們都有骨質的甲殼，上覆角質的保護層，分布於世界絕大部分地區。龜已存在2億多年，是現存爬蟲類動物中最古老的。多數品種都是水生或半水生；有些是陸生的。龜吃植物、動物、或二者兼食。無齒，有角質的嘴，體長範圍從不足10公分到2公尺以上。它們有結實的爬行四肢，短足或似槳的闊蹼（海龜）。有些品種能將頸部彎向側面，但多數只能把頭和頸縮回到甲殼中去。已知的龜品種中幾乎有一半已很稀有、受到威脅或瀕危當中。亦請參閱box turtle、painted turtle、snapping turtle、softshell turtle、terrapin、tortoise。

turtledove 斑鳩 鳩鴿科幾種歐洲候鳥，在非洲北部越冬，學名Streptopelia turtur。體長約28公分，淡紅褐色，頭藍灰色，尾尖白色。在地面覓食，吃大量小粒種子。斑鳩這個名字也用於舊大陸溫帶和熱帶的斑鳩屬品種，它們都是些身體細長、飛行快速的獵禽。環頸斑鳩或環頸鴿在加州和佛羅里達州有野生種群；笑鴿和斑鴿也已引至原產地以外的地方。

Tuscany 托斯卡尼 義大利語作Toscana。義大利中西部自治區。西元前1000年左右伊楚利亞人最早定居於此，西元前3世紀成爲羅馬領土。6世紀時是倫巴底公國。12～13世紀該地區包括幾個獨立的城邦，後來爲佛羅倫斯的麥迪奇公爵（參閱Medi-ci family）所統一。1737年轉歸洛林王室，後在1860年代成爲薩丁尼亞和義大利王國的一部分。該地區在第二次世界大戰期間曾遭嚴重破壞，並在1966年遭到洪水氾濫損壞。其礦產資源包括世界著名的卡拉拉大理石，農產品包括橄欖、橄欖油、葡萄酒和牲畜。旅遊業在其歷史中心（包括佛羅倫斯和比薩）具有重要地位。首府在佛羅倫斯。人口約3,523,000（1996）。

Tusculum＊ 圖斯庫盧姆 義大利拉丁姆古城。位於羅馬附近，西元前1千紀爲拉丁人居住地，當時可能是伊楚利亞人的勢力範圍。在後來的共和國和帝國時期（西元前1世紀～西元4世紀）是富裕的羅馬人喜愛的度假勝地，也是雄辯家西塞羅的故鄉。當地的羅馬廢墟包括一座廣場、一座2世紀的競技場和一座中世紀古堡。

Tuskegee Airmen＊ 塔斯基吉飛行員 由黑人所組成的美國陸軍航空隊，第二次世界大戰期間在阿拉巴馬州的塔斯奇基飛航基地訓練。他們是美國軍事史上首支由非洲裔美國人所組成的飛行部隊。1941年在塔斯奇基受訓的第一梯次，後來編爲第九十九戰鬥機中隊，由小戴維斯上校領軍。他們在1943年飛赴地中海出第一次任務，同年陸軍又擴編三個中隊，並於1944年加入第九十九戰鬥機中隊，成爲三三二戰鬥機聯隊。後來三三二聯隊是美國陸軍航空隊史上，唯一沒被敵機打下過任何一架轟炸機的聯隊。第二支黑人飛航部隊，即四七七轟炸機聯隊，則在第二次世界大戰近尾聲時成立。塔斯奇基飛行員總共出動1,578次任務，摧毀261架敵機，贏得850個勳章。

Tuskegee University 塔斯基吉大學 阿拉巴馬州塔斯基吉的私立大學。1881年華盛頓建立此學校爲黑人師範學院，至今該校的學生仍以非洲裔美國人爲主。喀威爾在塔斯基吉大學進行了大部分的研究工作（1896～1943），聯合黑人大學基金會（1944）的成立者帕特森曾擔任該校校長（1935～1953）。1930年代開始，一所美國公衆健康中心以這裡爲基地，進行一項臭名昭著的研究，即在黑人身上檢測未經治療的梅毒的生長過程。如今這所大學擁有文理學院、農學院、商學院、教育學院、工程和建築學院、護理學院以及獸醫學院。註冊學生總人數約爲3,200人。

Tussaud, Marie＊ 圖索德（西元1761～1850年） 原名Marie Grosholtz。倫敦圖索德夫人蠟像陳列館創辦人，爲法裔英國人。從1780年起直到法國大革命，一直是路易十六世之妹的藝術教師。在恐怖統治期間，她用剛從斷頭台上砍下來的人頭做成石膏面像，而且常常是用她朋友的人頭。1802年帶著其蠟像模型移居英國，她的博物館中陳列著衆多歷史人物的蠟像，包括由她自己爲同時代的人製作的原始模型，如伏爾泰和富蘭克林等人。

tussock moth 毒蛾 毒蛾科小型鱗翅類昆蟲的典型成員，分布於歐洲和新大陸。多數品種的幼蟲大而多毛，有毛簇；許多還有螫人的毛。有幾個品種，包括舞毒蛾、棕尾毒蛾、雪毒蛾和模毒蛾能毀壞樹木。幼蟲食樹葉，有時從絲織帳篷下出來覓食，或用絲捲葉爲巢。幼蟲在樹枝或樹幹上作繭化蛹。成熟的雌蛾顏色範圍從白到棕；有的雌蛾（如白斑毒蛾）無翅。亦請參閱moth。

Tutankhamen＊ 圖坦卡門（活動時期西元前14世紀） 原名Tutankhaten。埃及第18王朝的法老。約八歲時繼承王位，並聽從建議，把首都從他岳父（即前任法老易克納唐）所設的首都埃赫塔吞遷回孟菲斯。在他統治期間，把易克納唐改革過的傳統宗教恢復了本來面貌。在去世前不久，十幾歲的他還派遣軍隊前往敘利亞協助聯軍反抗西台諸侯。由於他的名字在第十九王朝被人從皇族名單上刪去，因而其陵墓所在地被人遺忘。其墓穴一直到1922年由卡特（1873～1939）發現後，才被打開。儘管他早亡，也沒什麼建樹，但墓穴中的寶藏使圖坦卡門成爲最著名的法老。

圖坦卡門，西元前14世紀陵墓中的金質面具；現藏開羅埃及博物館
© Lee Boltin

S T U V

Tutsi＊　圖西人　居住在盧安達和蒲隆地的非洲種族，傳統上被歸爲尼羅人，人數有150萬。他們代表著一個占少數人口的傳統貴族階層，這一階層統治過人口衆多的胡圖人。圖西人最初是好戰的放牧人，在14或15世紀到達該地區，後來在德國和比利時殖民政權的幫助下同胡圖人建立了主僕關係。處在這一政治金字塔形政體結構的頂端的是姆瓦米（mwami，國王），被視爲神的傳人。如今胡圖人和圖西人在文化上已有很大程度的融合，兩個民族都操盧安達語和隆迪語，保留著相似的傳統和／或基督教信仰。1961年以前圖西人在盧安達一直保有對胡圖人的統治地位，直到其君主被推翻。1972年胡圖人在蒲隆地開展了一場不成功的暴動，導致10萬人死亡，其中多數爲胡圖人。1993年在蒲隆地和1994年在盧安達發生了更嚴重的衝突，在盧安達的衝突中還發生了胡圖人的種族大屠殺，導致總共100萬人死亡，100萬～200萬胡圖人被迫住進了薩伊（今剛果）和坦尚尼亞的難民營。

Tutu, Desmond (Mpilo)　屠圖（西元1931年～）　受封爲戴斯蒙爵士（Sir Desmond）。南非聖公會牧師。曾在南非大學和倫敦國王大學學習神學。1961年成爲聖公會牧師，1976年成爲賴索托主教。1978年擔任南非基督教協進會總祕書，是一位口才極佳、坦率直言的南非黑人權力倡導者。他強調非暴力的反抗，並鼓勵其他國家對南非施加經濟壓力。1984年因反對種族隔離政策而獲得諾貝爾和平獎。1986年被選爲開普敦第一位黑人大主教和南非聖公會160萬教徒名義上的領袖。1996年卸任，成爲眞理與和解委員會主席，這是針對在白人統治下侵犯人權的事項舉辦聽證的委員會。

Tutub＊　圖圖卜　現稱卡法賈（Khafaje）。古蘇美人城邦，位於今伊拉克巴格達以東，在早王國時期（西元前2900?～西元前2334年）是最重要的城市。已發現的一些重要遺址（尤其是橢圓形神殿）都屬於這一時期。

Tutuola, Amos＊　圖圖奧拉（西元1920～1997年）　奈及利亞作家。只受過六年的正式學校教育。他用英文寫作，不屬於奈及利亞的主流文學，他把約魯巴神話和傳奇結合在一起，採用傳統的主題構成結構鬆散的散文史詩。最優秀的作品是《棕櫚酒酒鬼的故事》（1952），講述的是一古典傳說，成爲第一本贏得國際聲譽的奈及利亞書籍。後期作品包括《邊遠城鎮的女巫》（1981）、《約魯巴民間傳說》（1986）和《鄉村巫醫》（1990）。

Tuvalu＊　吐瓦魯　舊稱埃利斯群島（Ellice Islands）。太平洋中西部國家。面積23.96平方公里。人口約11,000（2001）。首都：富加費爾（位於富納富提環礁上）。大多數人民是波里尼西亞人。語言：吐瓦魯語，也廣泛通行英語。宗教：吐瓦魯教會（由公理會傳教團演化而來）。貨幣：吐瓦魯元（$T，相當於澳大利亞元）。吐瓦魯由五座環礁島和四座珊瑚礁島構成，地勢皆低，最高海拔不到6公尺，島上遍布椰子樹、麵包樹和草原。經濟以自給自足式農業和漁業爲主。政府形式爲君主立憲政體，一院制。國家元首是總督（代表英國君主），政府首腦爲總理。原始的波里尼西亞人移民可能主要來自薩摩亞或東加。16世紀爲西班牙人所發現。19世紀歐洲人才移民於此，與當地的吐瓦魯人通婚。在此期間，祕魯的販奴商（俗稱「販賣黑奴者」）使島上人口銳減。1856年美國宣稱擁有南部四座島嶼的採海鳥糞權。1865年歐洲傳教團抵達這裡，迅速改變島民的宗教信仰，皈依基督教。1892年併入英屬吉柏特群島，1916年成爲吉柏特和埃利斯群島殖民地保護地。1974年投票與吉柏特（今吉里巴斯）分立，因吉柏特人民是密克羅尼西亞人。1978年獲得獨立，1979年美國撤銷其要求。1981年舉辦選舉，1986年通過一部修正的憲法。近幾十年來，政府試圖爲它的公民在海外尋找工作機會。

Tuxtla (Gutiérrez)＊　圖斯特拉　墨西哥東南部恰帕斯州首府。16世紀到達此地的西班牙人常遭到當地印第安人圍攻，城鎮發展很緩慢。1892年該鎮成爲州首府。現爲該州重要的商業和製造業中心，也是農產品集散地。該區有前哥倫布文化時期的古代遺跡。人口296,000（1990）。

Tuzigoot National Monument＊　圖齊古特國家保護區　亞利桑那州中部國家保護區。位於弗德河谷，公園面積爲17公頃，建於1939年。其最大的特色是1933～1934年間發掘的廢墟，部分已重建，這是約有110間房屋的西納瓜印第安人普韋布洛遺址，1100～1450年有三個文化群體居住過。

Tuzla＊　圖茲拉　波士尼亞赫塞哥維納東北部城鎮。該城鎮附近有岩鹽礦藏。10世紀時稱爲「鹽地」，現在的名字來源於土耳其語的鹽。1510年起是土耳其衛戍部隊所在地，直到19世紀才成爲奧匈帝國領地。1918年被併入南斯拉夫。現爲煤礦開採中心和農業區。1990年代在波士尼亞戰爭中成爲被攻擊的目標（參閱Bosnian conflict）。人口132,000（1991）。

TVA ➠ Tennessee Valley Authority

Tver, Principality of＊　特維爾公國　歐洲中東部中世紀時期的公國。包括特維爾城和附近的城鎮。1246年建城，14～15世紀與莫斯科爭奪在俄羅斯東北部的霸權。最終在1485年成爲伊凡三世統治下的莫斯科領地。

TWA ➠ Trans World Airlines, Inc.

Twain, Mark　馬克吐溫（西元1835～1910年）　原名Samuel Langhorne Clement。美國幽默小說家、作家和演講家。在密西西比河附近的漢尼拔長大，十三歲時成爲當地一個印刷工的學徒。1856年簽約成爲汽船領航員的學徒。在密西西比河上航行了將近四年，後來到了內華達州和加州，並在那裡創作了使之成名的小說《卡拉韋拉斯縣馳名的跳蛙》（1865）。1863年採用馬克吐溫爲筆名，是指「水深2噚」的水手用語。後來成爲一名成功的講演家，到處遊歷，並蒐集寫作素材，其中包括幽默的記敘文《傻子國外旅行記》和《艱苦歲月》（1972）。他因撰寫年輕時冒險故事而贏得全世界讀者的喜愛，尤其是《湯姆歷險記》（1872）、《乞丐王子》（1881）、《密西西比河上》（1883）和成爲美國小說經典的《哈克歷險記》（1884）。後來他還寫了諷刺性的小說《亞瑟王朝廷上的康乃狄克州洋基佬》（1889）和越來越嚴謹的作品，包括《傻瓜威爾遜》（1894）和《敗壞了哈德萊堡的人和其他故事及短篇作品》（1900）。1890年代因做投機買賣而破產，他的大女兒也去世。他在妻子去世後（1904），後期作品中表達了對人性抱著悲觀的見解，如在死後出版的作品《來自地球的信》（1962）。

tweed　粗花呢　中等重量到較重的衣料，表面質地粗糙，有各種不同的顏色和編織圖案（參閱weaving）。多數粗花呢是用純毛製造，但用棉、尼龍或其他合成纖維混紡的逐漸增多。大部分都是用染色的紗線織成的，但也有一些是在織好以後才被染色。由於在對原料、紗線和織物進行染色方面的工藝進步以及加工階段的新技術的出現，生產出大量耐穿的衣物。

Tweed, William Marcy 特威德（西元1823～1878年） 俗稱特威德老大（Boss Tweed）。美國政客。原爲一名會計和義勇消防隊員。任市參議員期間（1851～1856），在坦曼尼協會具有影響力，並在市政府中擔任要職。後來安插幾個夥伴擔任市政要職，建立了一個後來稱爲「特威德集團」的組織。他身爲坦曼尼協會總務委員會的負責人（1860年起），掌握了民主黨在各市政職位上的提名人選。特威德還開辦過一家律師事務所，以提供「法律服務」給城市承包商和企業而收取大量酬金。他在被選入州參議院後（1868），還成爲坦曼尼協會的領導人，並控制城市和州政府的政治特權。後來掌管市財政局，貪污了約3千萬～2億美元。特威德日益成爲改革運動的矢的，終因報社（包括納斯特所作的刊登在《哈潑週刊》上的諷刺畫）及律師狄爾登的帶頭揭發而受審，結果罪證確鑿，入獄服刑（1873～1875、1876～1878）。

特威德
By courtesy of the Library of Congress, Washington, D. C.

Tweed River 特威德河 蘇格蘭東南部和英格蘭東北部河流。發源於蘇格蘭東南部的邊境地區，後向東流，形成蘇格蘭和英格蘭邊界的一部分。然後穿入英格蘭，在貝里克注入北海，全長156公里。

Twelve Tables, Law of the 十二銅表法 古羅馬法最早的法典，傳統上認爲是在西元前451～西元前450年編寫而成。公認是在平民的要求下編寫而成的，因爲這些平民不滿法律被貴族控制。十二銅表法僅有一些零散的摘錄留存至今；而有關其內容的許多知識都是源自後來的法律文獻提供的參考。羅馬人非常尊重該法典，將其視爲主要的法律源泉。

Twentieth Century-Fox Film Corp. 二十世紀福斯影片公司 由二十世紀影片公司（1933年由申克和柴納克創建）和福斯影片公司（1915年由威廉・福斯創立）於1935年合併而成。新公司在進入1940年代後，主要製作西部片和音樂片，最著名的影片有《怒火之花》（1940）和《蛇窩》（1948）。1953年採用新藝綜合體拍攝了《聖袍千秋》，後來在1950年代還成功製作了《國王與我》（1956）和《南太平洋》（1958）等影片。耗資巨大的史詩電影《埃及豔后》（1963）票房失利後，該公司製作了《眞善美》（1965）、《巴頓將軍》（1970）以及《星際大戰》（1977，到那時爲止電影史上獲利最豐的影片）得以償還損失。1981年公司被石油巨頭戴維斯家族買下，1985年又轉賣給梅鐸。

Twentieth Congress of the Communist Party of the Soviet Union 蘇聯共產黨第二十次代表大會（西元1956年2月14～25日） 赫魯雪夫批判史達林和史達林主義的大會。赫魯雪夫譴責前蘇聯領導人的祕密演說是同他的「中央委員會向大會遞交的報告」一起出現的，該報告宣布了蘇聯外交政策中的新路線。他將自己的新政策建立在「不同制度的社會可以共存的列寧主義原則」上。赫魯雪夫還利用大會來提高自己的忠誠支持者在黨中的職位，並從奉行史達林主義的保守派手中奪取黨政大權。

twenty-one ➠ Blackjack

twill 斜紋組織 紡織品的三種基本組織之一（參閱weaving），特徵是有斜條紋。最簡單的斜紋組織是在兩條紗線上橫穿過一道斜紋，然後在下面再織一條斜紋，這一方式被反覆使用，但接下來則將一根條紋向左或右織。通常的斜紋布是重複有規則的從左到右以45°向上傾斜的斜紋。這一紡織方式可以有多種變化，如可以改變斜紋的方向（使之成爲青魚骨架狀）或改變其角度。斜紋布多用來製作男士服裝，並作爲其他用途，因爲其斜紋在對角上都有穿插，使布料在接觸到時顯得很光滑。粗斜棉布和許多粗花呢也是斜紋布。

Twining, Nathan F(arragut) 特文寧（西元1897～1982年） 美國空軍將領。畢業於西點軍校，1924年起擔任軍隊飛行員。第二次世界大戰中指揮南太平洋的空軍部隊，並指揮了在索羅門群島、新幾內亞（1943）和日本（1945）進行的對抗日本的空戰。1944～1945年領導反抗德國和巴爾幹軍隊的戰略轟炸戰役。他後來成爲了美國空軍部隊的總參謀（1953～1957）和參謀首長聯席會議主席（1957～1960）。

Two Sicilies ➠ Sicilies, The Two

Tycho Brahe ➠ Brahe, Tycho

Tyler, Anne 泰勒（西元1941年～） 美國作家。在北卡羅來納州長大，曾就讀於杜克大學。她曾擔任圖書目錄編撰者和圖書管理員，1967年定居巴爾的摩，開始從事全職寫作。她的小說屬於風尙喜劇，特點是機智而富有同情心，對家庭生活描寫入微，包括《開掛鐘的鑰匙》（1972）、《鄉愁小館的晚餐》（1982）、《意外的旅客》（1985；1988年拍成電影）、《生命課程》（1988，普立茲獎）、《可能是聖人》（1991）、《歲月之梯》（1995）和《補綴的星球》（1998）等，其中一些是描寫生活在巴爾的摩一些混亂和分裂的家庭中的古怪中產階級。

Tyler, John 泰勒（西元1790～1862年） 美國第十任總統（1841～1845）。原本執律師業，後來選入維吉尼亞州議會（1811～1816、1823～1825、1839），1825～1827年擔任該州州長。在擔任美國眾議員（1817～1821）和參議員（1827～1836）時，是一個擁護州權者。雖然泰勒自己是個奴隸主，但他試圖禁止在哥倫比亞區買賣奴隸，馬里蘭州和維吉尼亞州也同時禁止。他寧可辭去參議員之職，也不願勉強同意州的指示去改變他對傑克森總統的苛評。泰勒與民主黨關係破裂後，被輝格黨提名爲副總統候選人，成爲總統候選人哈利生的搭檔。他們小心地避開了爭議問題，強調對黨忠貞，打出「蒂珀卡努勝利，與泰勒合作也會勝利！」（Tippecanoe and Tyler too!）的口號，贏得了1840年的選舉。哈利生就職後一個月就去世了，泰勒成爲第一個因「意外」而得到總統之位的人。他否決了輝格黨支持的國家銀行提案，結果除一人外內閣全體辭職，讓他得不到黨的支持。然而，他重組了海軍，解決了佛羅里達州的第二次塞米諾爾戰爭，並監督了德克薩斯州的兼併過程。泰勒再次被提名競選連任，但他毅然退出，力挺波克出來競選，自己則回到維吉尼亞的種植園過著退休生活。他雖致力於提高州權但反對脫離聯邦，泰勒組織了華盛頓和會（1861）來解決各派歧見。但是當參議院拒絕了他建議的一項妥協案後，泰勒敦促維吉尼亞脫離聯邦。

Tyler, Wat ➠ Peasants' Revolt

Tylor, Edward Burnett 泰勒（西元1832～1917年） 受封爲艾德華爵士（Sir Edward）。英國人類學家，常被稱爲

文化人類學之父。曾在牛津大學擔任教師（1884～1909），在那裡成爲首位的人類學教授。他受達爾文影響寫的《原始文明》（2卷；1871），發展了一種原始和現代文明之間的演化論關係的理論，強調了所有人類從「野人」到「文明人」在文明上的成就。在當時有關人類在生理和心理上是否都是從同一種物種演變而來的這個問題仍有很大爭議，但泰勒堅持認爲人類是一個統一的整體。他在將人類學建立成一個學科分支方面發揮了重要作用。亦請參閱animism、sociocultural evolution。

泰勒，粉筆畫，博納維亞（G. Bonavia）繪；現藏倫敦國立肖像畫陳列館
By courtesy of the National Portrait Gallery, London

Tyne and Wear＊　泰恩－威爾　英格蘭東北部都會郡（1995年人口約1,131,000）。因境內的兩條主要河流——泰恩河和威爾河而得名。史前時期就已有人居住，後被羅馬人侵占，在此修建了哈德良長城，後相繼有撒克遜人和諾曼人到此居住。從13世紀起直到現代，本區經濟以當地的煤礦資源和以煤礦爲依託的工業（如玻璃製造、陶藝和化工）爲主。現在的主要工業包括輪船製造和重型電子工程。

Tyne River　泰恩河　英格蘭北部諾森伯蘭河流。由北泰恩河和南泰恩河匯流而成，向東流至北海。全長48公里，連同北泰恩河共長129公里。至少持續六個世紀是運送煤礦的渠道。河口處現有很多工廠和大型都會社區。

typeface ➠ font

types, theory of　類型論　在邏輯學中，指由羅素和懷德海在他們的《數學原理》（1910～1913）一書中提出的原理，爲的是處理由於作爲變項的命題函數的非限定使用而產生的邏輯悖論。這一變項的命題函數由其論點的數量和形式來決定（即其包含的明顯的變項）。禁止在同類的或較高一類的論點中使用命題函數就可避免在體系內產生悖論。

typesetting　排字　爲不同印刷過程準備的排字動作。最早使用木版印刷的是11世紀的中國；可移動的金屬字模是13世紀時出現在韓國的。1450年代歐洲的古騰堡將之改良。在排版史中，排版和印刷向來都是由同一人完成。這個人負責移動字模，依照印刷品上每行字的順序，一次一個字模，並操縱手壓機將字模印在紙上。1880年代「熱金屬」過程出現所謂的活字印刷術（1884），使排版印刷術獲得革命性的改良。活字印刷術使用像打字機般的鍵盤，將要印刷的每一行排出；每一行再用專屬的金屬製字模排出來。蒙納排鑄機（1887）則是逐一鑄造每一個字而不是每一行。照相排字指的是將所需文章直接印在底片或具光敏性的紙上，使用的是上用字型的迴轉桶或圓碟，可以讓光線穿透直接接收物表面——這是20世紀的發明。現在字體印刷都是經由電腦。電腦的排版印刷系統包括可產生磁性線條的鍵盤，可以製做以連字號連接、排版和其他版面設定的電腦、供印刷輸出的印刷單位；雷射光束產生的脈衝可將影像傳到對光反應敏感的紙張或底片，進而根據電腦產生的電子脈衝形成每個字。目前發生的趨勢是需要印刷的案件都以電子檔的形式儲存，並將之傳輸到印表機輸出，而不再是傳送到紙張或底片上。電腦印刷每秒可傳10,000字。現代的影像印刷還可呈現包含圖像及文字的版表。

typewriter　打字機　用來使書寫的文字同印刷商出版的字相似的機器，尤其是通過敲擊金屬打字機而使墨帶在白紙上移動並產生字母的機器，通常由敲打鍵盤上的字母來驅動，而紙張則被滾軸控制，並在鍵盤被敲擊時自動移動。第一台打字機由肖爾斯在1868年獲得專利，商業上的生產在1874年由雷明頓軍械公司開始進行。在19世紀末期，打字機已經占領了美國的辦公室。第一台供辦公室使用的電子打字機於1920年問世。從1970年代起，個人電腦和其周邊設備印表機取代了打字機。

typhoid　傷寒　亦稱傷寒熱（typhoid fever）。很像斑疹傷寒（到19世紀時才把它們區分開）的一種急性感染。通常從食物或飲水中攝入傷寒沙門氏菌，在腸壁中繁殖，然後進入血流，導致敗血症。早期症狀爲頭痛、全身痛和煩燥不安。逐漸出現高燒，伴隨神志不清。軀體出現斑疹。芽胞桿菌聚集繁殖的地方發炎，可能發生潰瘍，導致腸出血或腹膜炎。病人變得精疲力盡而衰弱，如果不治療的話，約有25%會死亡。抗生素處理是有效的。潛伏期可達數週、數月（30%）或數年（5%）。食物經帶菌者觸摸後會受污染。預防措施主要在於對飲用水和污水的處理，並禁止帶菌者從事與接觸食品有關的工作。

Typhoid Mary　傷寒瑪麗（西元1870?～1938年）　原名Mary Mallon。美國傷寒帶菌者。1904年在長島蔓延開的流行性傷寒經調查起源於瑪麗當過廚師的家庭。她逃跑了，但當局最終將她逮捕並將她囚禁在布隆克斯岸外的孤島上。她在1910年被釋放，並承諾不再做與食品相關的工作，但她沒有遵守諾言，並導致更多傷寒病例的爆發。於是被送回孤島，在那裡度過餘生。估計有三例死亡和五十一個新病例是由她直接造成的。

Typhon　堤豐　希臘神話中該亞和塔爾塔羅斯的么兒。他是一個長著一百個龍頭的怪物，宙斯戰勝他後，他被關進了冥府，但卻仍是破壞性狂風之源。在別的傳說中，他被關在西利西亞的阿里米土地下或被壓在埃特納火山山下，他在那裡引起了火山噴發，並因此成爲爆發力的代表。他的孩子包括刻耳柏洛斯、喀邁拉和多頭的許德拉。後來的作家將他視爲埃及神塞特。

typhoon　颱風 ➠ tropical cyclone

typhus　斑疹傷寒　因不同種類的立克次體釋放毒素至血液中而引起的一系列相關疾病。發病急，開始症狀爲頭痛、畏寒、發熱、全身痛，隨即出現疹子。不同種類的細菌靠蝨、蚤、蟎和蜱傳播。由體蝨傳播的流行性斑疹傷寒是最嚴重的一型，爲人類史上的一大災難，與擁擠、骯髒的人們形影相隨。衛生的改進使其在歐洲幾已絕跡，但即使有現代疫苗和殺蟲劑，斑疹傷寒仍存在於許多國家中。地方性斑疹傷寒，由鼠和其他齧齒動物身上的蚤而傳播，其症狀較輕，病死率不足5%。病原體爲蟎的叢林型斑疹傷寒，通常被分類爲一種獨立的疾病。亦請參閱Rocky Mountain spotted fever、Zinsser, Hans。

typographic printing ➠ letterpress printing

typography　活字印刷術　選擇字母並設計組織起來成爲詞語和句子並在紙張上印刷的方法。活字印刷術在15世紀中葉活動的印刷術發明後發展起來的。西方歷史上主要的三種印刷術包括羅馬體、斜體和黑體字（哥德式）。它們都來源於書法，但書法最終被印刷術取代。在接下來的幾個世紀中，活字印刷術形成了10,000多種字體（一套完整的字母樣式）。依靠字母的形態，字體被分爲古代、傳統和現代

STUV

的。最常用的包括卡斯隆、巴斯克維爾、博多尼、加拉蒙以及泰晤士新羅馬等字體。亦請參閱Baskerville, John、Bodoni, Giambattista、Morison, Stanley。

tyrannosaur 暴龍 任何同異特龍相似的食肉類恐龍。霸王龍是已知最大的和最著名的暴龍，其化石存在於位於北美和東亞的晚白堊紀（9,900萬～6,500萬年前）的地層中。一些成年的暴龍有12公尺長，5公尺多高，重達5.4噸或更重。走路姿勢呈彎腰狀，身體前傾，尾巴拖地。它們有短而厚的頸項，巨大的頭顱和突出的牙齒，可長達15公分，有齒狀的邊緣。每支小前肢上都有兩個爪子，可能是爲了抓取獵物。芝加哥野外博物館有一具幾乎完整的霸王龍骨架。其他的暴龍還包括亞伯托龍、獨身龍（或鷹龍）和侏儒暴龍。

tyrant 僭主 古希臘一個殘暴的壓迫人民的獨裁統治者。希臘僭主是一個違憲奪取政權或繼承政權的統治者。雖然僭主通常取代的都是不受歡迎的貴族政權，但希臘人都憎恨他們的非法獨裁統治，而殺掉僭主的人通常都會得到很高的榮耀。科林斯的基普塞盧斯和佩里安德以及敘拉古的戴奧尼索斯都是著名的僭主。

Tyre＊ 提爾 阿拉伯語作蘇爾（Sur）。黎巴嫩南部城鎮（1994年人口約80,000）。西元前11世紀～西元前6世紀是主要商業城市，也是腓尼基人的中心，擁有海上霸權。因出產絲綢服裝和提爾紫色染料而聞名。可能始建於西元前14世紀，在《聖經》中曾多次被提到。它成功地抵抗了西元前6世紀巴比倫國王尼布甲尼撒二世帶領的長達十三年的包圍。西元前332年亞歷山大大帝占領之，後來相繼受塞琉西王朝和羅馬人統治，西元7世紀轉由穆斯林管理。1124年被十字軍戰士占領，成爲耶路撒冷王國的主要城市。1291年再度落入穆斯林之手並被摧毀。現代的提爾鎮在1920年被劃歸黎巴嫩，1982～1985年曾被以色列占領。主要工業是漁業。

Tyrol ➠ Tirol

Tyrone＊ 蒂龍 北愛爾蘭中西部舊郡（1973年以前）。1973年北愛爾蘭重新規畫行政區域後，蒂龍郡被劃分爲幾個較小的區域。此前自5世紀到16世紀這裡是歐尼爾家族統治區。其後這裡的大片區域由英國皇家接管，並按阿爾斯特移民計畫由國王加以劃分和贈予。保皇黨人紛紛建造城堡，使此一地區被殖民化。

Tyrone, Earl of＊ 蒂龍伯爵（西元1540?～1616年） 原名Hugh O'Neill。愛爾蘭叛亂分子。他出生在阿爾斯特有勢力的歐尼爾家族，在倫敦長大，後返回愛爾蘭（1568）繼承祖父的蒂龍伯爵爵位。從1593年起作爲歐尼爾家族的首領，他帶領軍隊反對英國軍隊並在阿爾斯特黑水河取得了耶洛福德戰役的勝利，並激起了全國的叛亂（1598）。他得到了西班牙援軍的幫助（1601），但最終在金塞爾被英軍打敗並被迫投降（1603）。他在1607年同一百名部將逃亡，在羅馬度過殘生。被稱爲「伯爵的逃亡」的事件象徵蓋爾人對阿爾斯特統治的結束，而這一省區也很快被英國化了。

tyrosine＊ 酪氨酸 一種氨基酸，對人體不是必需的，除非它們含有苯丙酮尿症。它是很多重要的兒茶酚胺的生化前身。在多數蛋白質中少量存在，尤其是在胰島素和木瓜蛋白（在木瓜中發現）中。它被用於生物化學研究，也是一種飲食添加劑。

Tyrrhenian Sea＊ 第勒尼安海 義大利語作Mare Tirreno。地中海的一個海灣。位於義大利西部海岸線和科西嘉島、薩丁尼亞和西西里島。它通過西北部的托斯肯群島同利古里亞海相連，並通過東南部的墨西拿海峽與愛奧尼亞海相連。其主要海灣包括那不勒斯灣。

Tyson, Mike 泰森（西元1966年～） 原名Michael Gerald Tyson。美國拳擊手，生於紐約市。他是一個時常進出感化院的街頭幫派分子，也在感化院中被人發掘他的天份。1985年他轉入職業拳壇，並於1986年擊敗柏比克而拿下拳王頭銜，成爲有史以來最年輕的重量級拳王（二十歲）。在1990年被道格拉斯反敗爲勝之前，他分別擊退了荷姆斯、史賓克斯及其他八人。1992年他被判強暴罪成立並入獄服刑六年，1995年假釋出獄。1996年他挑戰何利菲德的拳王寶座失利；1997年兩人再戰時，他因咬下一塊何利菲德的耳朵被判喪失資格，並取消他的拳擊執照。

tzaddiq ➠ zaddik

Tzeltal＊ 策爾塔爾人 南墨西哥恰帕斯中部的馬雅印第安人。傳統上以農業爲主，用挖土的棍子和鋤頭種植玉米、豆類、辣椒、南瓜、木薯和花生。他們的主要手工業是製陶、紡織和編製籃子。他們信仰天主教，但同時也實施前哥倫布時期的儀式。

Tzotzil＊ 佐齊爾人 墨西哥南方恰帕斯中部的馬雅印第安人。他們居住的地方海拔高，氣候寒冷，雨季降水量大。他們餵養綿羊，主要是爲了獲取羊毛並將其紡織爲男子的斗篷和婦女的披肩。他們採用刀耕火種的耕作方式並種植桃子以及其他一些用作交易的農作物。一些人還製作陶器、皮革和纖維產品，也從事木工和石工。天主教和當地的信仰在所有佐齊爾人地區都交織在一起。

U

U-2 Affair　U-2事件（西元1960年）　美國與蘇聯之間的衝突事件。1960年5月1日，蘇聯擊落一架美國U-2偵察機，將該次飛行名爲「侵略行爲」。美國否認，蘇聯所宣稱的駕駛員鮑爾斯自述其任務是收集蘇聯情報。赫魯雪夫宣布，除非美國立即停止飛越蘇聯領土，道歉，並懲處相關負責人，否則蘇聯不會參加預定的美、蘇、英、法高峰會議。艾森豪總統只同意第一項條件，高峰會議因而延後。鮑爾斯在蘇聯接受審判，判處十年監禁；1962年與蘇聯間諜艾貝爾交換獲釋。

U-boat　U－艇　德語作Unterseeboot。德國潛艇（submarine，意指「水面下的船」）。德國第一艘潛艇U-1建造於1905年。第一次世界大戰前夕，德國已擁有數艘超過300呎（90公尺）長、載重700噸（635公噸）的商用U－艇；因應戰事，這些潛艇裝上魚雷發射管與甲板槍炮（相較之下，第一次世界大戰中「標準」潛艇的長度只有200呎〔60公尺〕出頭），德國成爲最先在戰爭中使用潛艇的國家。德國毫無限制地以U－艇襲擊商船，是美國參戰的主因。第二次世界大戰中，U－艇起初無往不利，但同盟國的戰術最終成功地削減其效能。第二次世界大戰期間建造的1,162艘U－艇，有785艘遭到摧毀。

Uaxactún＊　瓦夏克通　古代馬雅人城鎮遺址，瓜地馬拉中北部。已知最古老的馬雅文明中心之一，西元前1000年開始有人居住；西元前300年～西元100年，已有祭祀用建築物出現，包括一座神廟，神廟的風格令人聯想到更爲古老的奧爾梅克文化。主要建築均建於古典時期（西元100年～900年）之前。瓦夏克通於9世紀時衰微，如同南方低地區域的其他馬雅文明中心，10世紀時廢棄。

Ubangi River＊　烏班吉河　非洲中部河流。在剛果民主共和國的北中部邊境，由博穆河與韋萊河匯流而成，先往西流，再往南流，形成中非共和國與剛果共和國的部分邊界。接著流入剛果河。烏班吉河長700哩（1,126公里）；加上源頭河，總長度則增加一倍。

Ubangi-Shari ➠ Central African Republic

Ubasti ➠ Bastet

UC ➠ California, University of

Ucayali River＊　烏卡亞利河　流經祕魯中部和北部的河流。亞馬遜河的主要源頭河，由阿普里馬克河和烏魯班巴河匯合而成。之後河道曲折北行，與馬拉尼翁河匯流，形成亞馬遜河。全長1,000哩（1,610公里），其中約675哩（1,086公里）可通船。

Uccello, Paolo＊　烏切羅（西元1397～1475年）　原名Paolo di Dono。義大利畫家。雖是雕刻家吉貝爾蒂的學生，烏切羅卻不是以雕刻知名，他十八歲時獲准加入佛羅倫斯的畫家公會。《大洪水》，福音聖母教堂綠色迴廊中他的一幅壁畫，證明他對透視法頗有研究。他如此堅定地認同透視法，以致羅斯金認爲他發明了透視法。烏切羅的三幅描寫聖羅馬諾之役的嵌板畫，如同現存他所有晚年成熟作品，結合了後期哥德式的裝飾性風格與文藝復興初期的新式雄偉風格。

UCLA ➠ California, University of

ud＊　烏德琴　中世紀和現代伊斯蘭音樂中著名的弦樂器，歐洲魯特琴的前身。出現年代可溯至7世紀，琴身呈梨形，指板上沒有弦柱，頸較短，軫斗後彎，軫在軫斗兩側。腸弦通常爲四對，以弦撥彈奏。

Udall, Nicholas＊　尤德爾（西元1505?～1556年）　英國劇作家、翻譯家、教師。1534年任伊頓公學校長，1555年任威斯特敏斯特的學校校長。尤德爾以劇作家和翻譯家名聞遐邇，爲英國已知第一部喜劇《拉爾夫．羅伊斯特．多伊斯特》的作者。

Ufa＊　烏法　俄羅斯西部城市。位於別拉亞（白河）與烏法河匯流處。1574年建爲要塞，以保護從喀山穿越烏拉山脈直至秋明的貿易通道。1586年設鎮。自19世紀末發展爲工業中心，特別是在第二次世界大戰以後。主要工業包括電器設備、木材、鑲面板以及煉油。人口約1,100,000（1996）。

Uffizi Gallery＊　烏菲茲美術館　義大利佛羅倫斯的藝術博物館，收藏有義大利文藝復興時期全世界最優秀的作品。主要的收藏品來自托斯卡納的麥迪奇家族。1559年麥迪奇家族的科西莫一世麥迪奇聘雇瓦薩里設計烏菲茲宮（1560～1580），這裡原是政府辦公室（uffizi）。1565年瓦薩里建造了走廊跨過韋基奧橋把烏菲茲宮與碧提宮連接起來。1737年麥迪奇家族最後一位收藏家瑪利亞．魯德維卡將其家族收藏品贈給托斯卡納；後來這些藏品被博物館收藏，並於1769年對外開放。在第二次世界大戰該館遭到轟炸，1966年又遭洪水破壞，之後博物館進行了整修和擴大。該館除了收有佛羅倫斯繪畫之外，還收藏其他義大利和非義大利派的傑出畫作、古雕塑，一間自畫像藝廊，以及十萬幅版畫和素描等。

UFO ➠ unidentified flying object (UFO)

Uganda＊　烏干達　正式名稱烏干達共和國（Republic of Uganda）。東非內陸國家。面積241,040平方公里。人口約23,986,000（2001）。首都：坎帕拉。有許多不同民族的聚集

地，以及很少但具有影響力的亞洲社會。語言：英語和斯瓦希里語（均爲官方語）。宗教：天主

教、伊斯蘭教、基督教及傳統信仰。全境大部分位於高原，東部和西部邊界有一連串火山，埃爾貢山是全國最高點，維多利亞湖占據烏干達東南部，其他大湖包括艾伯特湖、基奧加湖、喬治湖、愛德華湖和比西納湖。尼羅河橫貫其境。有許多土地規畫爲國家公園和禁獵區。經濟主要以農業和食品加工爲基礎。畜牧和漁業也很重要，也有製造業和採礦業。政府形式是共和國，一院制。國家元首暨政府首腦爲總統。到19世紀時，該區已形成幾個獨立王國，有多種民族定居於此，包括操班圖語和尼羅語的民族。1840年代阿拉伯商人來到烏干達。1862年第一批歐洲探險家造訪布干達王國。1870年代首批新教和天主教的傳教士抵達該區。1894年正式宣布布干達爲英國保護地。1962年以烏干達的名義獲得獨立，1967年頒布共和國新憲法。1971年發生一場軍事政變推翻文人政府，由阿敏的軍事政權統治，1978年底阿敏率軍入侵坦尙尼亞，導致其政權崩潰。1985年文人政府又被軍人推翻。1986年輪到軍事政府被推翻。1995年立憲會議頒布新憲法。

Ugarit＊　烏加里特　古代迦南人的城市，位於敘利亞北部的地中海沿岸，坐落在一個人工建造的小山丘上。繁榮的黃金時代約在西元前1450～西元前1200年。此時建造的宮室廟宇和圖書館雄偉壯觀。西元前1200年後，烏加里特黃金時代結束。遺址中包括了楔形文字。

Uí Néill＊　烏尼爾王朝　中古時期愛爾蘭主要的王朝，長期統治阿爾斯特。這個王朝是由一位名爲九個人質中的尼爾（Niall of the Nine Hostages，379～405年在位）的人所創建的。王朝分爲北支和南支，由最高的國王烏尼爾統治，所有其他的愛爾蘭國王都向他們表示敬服。11世紀早期，芒斯特的國王布萊安，挑戰烏尼爾王朝最高諸王，終結了他們的統治地位。

Uighur　維吾爾人　亦拼作Uygur。中亞地區一支操突厥語的民族，大部分居住在中國的西北部。現今有七百七十多萬維吾爾人生活在中國，還有約三十萬維吾爾人分居在烏茲別克、哈薩克及吉爾吉斯等國境內。維吾爾人是中亞最古老的突厥語民族之一，自西元3世紀起已見於中國載籍。8世紀時他們建立了一個王國，西元840年被侵犯。西元745～1209年間在天山周圍建立了一個維吾爾人聯盟，後被蒙古人推翻。在中國唐朝安祿山叛亂時期，這個聯盟得到了中國的幫助。那時的維吾爾人信奉摩尼教。

Uinta Mountains＊　尤因塔山脈　美國猶他州東北部山脈，一小部分伸入懷俄明州東南部，綿亙160公里。爲落磯山脈中南段的一部分。多4,000公尺以上山峰，包括猶他州最高點金斯峰，海拔4,126公尺。

Ujung Pandang＊　烏戎潘當　舊稱望加錫（Macassar）。印尼蘇拉維西城市。16世紀葡萄牙人到來時，這裡已是繁榮的港埠，後該地被荷蘭人占領，他們並在1607年在此建立商站，又於1667年廢除了蘇丹。1848年該地成爲自由港，1946年成爲東印尼荷蘭人占領州的首府。1949年該市回歸印尼共和國。設有哈桑努丁大學（1956）。人口約1,092,000（1995）。

ukiyo-e＊　浮世繪　即日本風俗畫。是日本江戶時代最主要的藝術運動。屛風畫是代表該派風格的最早作品，主要表現江戶（今東京）和其他城市娛樂區（浮世）的各個方面。中期作品大部分以木版版畫爲主，其中著名藝術家包括安藤廣重、北齋和歌麿。廣受歡迎的繪畫題材包括名妓、著名歌舞伎演員和色情方面。這種藝術作品以平淡的、裝飾性色彩和表現圖案來完成。由於大衆對城市日常生活世界引發新的興趣，使浮世繪版畫得以迅速發展以滿足這種需要。到19世紀這種版畫作品在歐洲吸引人們極大的興趣，並對法國前衛藝術家產生了巨大影響。

Ukraine＊　烏克蘭　歐洲東南部國家。面積603,700平方公里。人口約48,767,000（2001）。首都：基輔。烏克蘭人占該國總人口的70%以上，其他少數民族有俄羅斯人和猶太人。語言：烏克蘭語（官方語）、俄羅斯語、羅馬尼亞語、

波蘭語和匈牙利語。宗教：基督教、猶太教以及伊斯蘭教。貨幣：里夫尼亞。全境由平坦的平原和喀爾巴阡山脈構成，喀爾巴阡山脈綿延整個西部240餘公里。主要河流爲布格河、聶伯河、頓內次河及聶斯特河。中東部的頓內次盆地是歐洲主要重工業和採礦－冶金聯合企業的集中地之一，還是鐵礦石、煤、天然氣、石油、鐵和鋼的重要產國。爲冬小麥和甜菜的主要產國。政府形式爲共和國，一院制。國家元首是總統，政府首腦爲總理。其不同地區在西元前1千紀時曾遭辛梅里安人、西徐亞人和薩爾馬特人的入侵和占領，西元4世紀斯拉夫人定居此地，基輔爲主要城鎮。13世紀中葉蒙古人的征服使基輔政權徹底傾覆，之後相繼被立陶宛（14世紀）、波蘭（16世紀）以及俄羅斯（18世紀）統治。1917年成立烏克蘭民族共和國，1918年宣布脫離蘇聯統治，次年又被蘇聯征服。1923年成爲蘇聯的加盟共和國之一。1919～1939年波蘭控制著烏克蘭的西北部。1932～1933年史達林領導的蘇聯政府在烏克蘭實施迅速工業化和農業集體化的政策，造成烏克蘭的飢荒，估計有五百萬人喪生。第二次世界大戰時，軸心國推翻其政府（1941），在1944年蘇聯重新接手前遭到更進一步的蹂躪。1986年發生車諾比事件，一座蘇聯修建的核電廠發生一場大火和部分熔毀。1991年宣布獨立。近年來一直與政經問題搏鬥。

Ukrainian language＊　烏克蘭語　舊稱魯塞尼亞語（Ruthenian language）。通行於烏克蘭、波蘭、斯洛伐克、俄羅斯等國境內和世界各飛地的斯拉夫諸語言，使用人口約4,100萬。約僅有四分之三的烏克蘭人將烏克蘭語當作第一語言，但是在俄羅斯、白俄羅斯和中亞國家卻有數百萬人將其當作第一語言。烏克蘭前現代文學語言使用教會斯拉夫語言（參閱Old Church Slavonic language）。烏克蘭語是立陶

宛大公國大法官法庭語言的組成之一，而這種語言也混雜著教會斯拉夫語、白俄羅斯語和波蘭語。18世紀隨著哥薩克人的垮台，使用烏克蘭語的人們沒有國家定位和語言地位，通常被貴族看作是農民語言，爲低下階級的語言。19世紀這種語言和拼寫（通過使用西里爾字母）已逐漸標準化。

ukulele＊　尤克萊利琴　一種小型夏威夷四弦吉他，從1870年代由葡萄牙人傳入夏威夷的一種相似的樂器演變而來。此琴在歐洲和美洲都有人演奏，是20世紀的一種爵士樂和獨奏樂器。

Ulaanbaatar　烏蘭巴托　亦作Ulan Bator。蒙古國首都和最大城市（1997年人口約627,300）。在土拉河畔高原上。17世紀中葉被發現，爲活佛的住地。後發展成爲中國和俄羅斯之間的貿易中心。1911年外蒙古宣布獨立時在此建都，改其名爲庫倫。1924年建立人民共和國時改稱現名。爲主要的工業中心。

Ulam, Stanislaw M(arcin)＊　烏拉姆（西元1909～1984年）　美國數學家和原子物理學家。1933年獲博士學位。1936年受諾伊曼邀請在普林斯頓高等研究所工作。1943年進入洛塞勒摩斯工作，在此處開始研究（同諾伊曼合作）蒙地卡羅法，這是一種通過人工抽樣尋求問題近似解的技術。後來他同物理學家泰勒一起解決了在氫彈工作中遇到的問題，提出了二階段輻射爆聚設計稱爲特勒－烏拉姆結構，它導致現代熱核武器的產生。

Ulanova, Galina (Sergeyevna)＊　烏蘭諾娃（西元1910～1998年）　蘇聯的第一位首席芭蕾舞女舞者。她跟瓦岡諾娃學習，後參加了基洛夫劇團，在那裡創造了自己第一個重要角色。1944年到莫斯科大劇院芭蕾舞團。1950年代赴歐美等國演出。1963年告別舞台，擔任大劇院芭蕾舞團的排練教師。

Ulbricht, Walter＊　烏布利希（西元1893～1973年）　德國共產黨領袖和東德的首腦（1960～1973）。第一次世界大戰後加入德國共產黨。1923年選入中央委員會。1929～1933年領導柏林黨組織。希特勒上台後逃亡國外，1945年返回德國，負責在蘇聯占領區組織政府。1950～1971年任總書記。1949～1960年出任副總理。1960～1973任國務委員會主席。1961年建柏林牆，他開始緩解嚴格的控制，使東德成爲東歐最工業化的國家之一。

ulcer　潰瘍　皮膚或黏膜因表面上皮組織的逐漸分解而形成的損害，可在表面或深入皮膚深層或其他下面的組織。主要症狀是疼痛，觸之較硬的潰瘍可能是癌。造成潰瘍的主要原因有感染、血流障礙、神經損傷、創傷、營養障礙或癌症。常見的有消化性潰瘍和皮下感染，靜脈曲張患者腿上的潰瘍。糖尿病人因爲神經系統損傷而致足部感覺喪失的潰瘍。褥瘡發生在臥床病人的背部。皮膚潰瘍存在一個月以上時必須考慮癌的可能。特別是已過中年。

Ullmann, Liv　麗芙烏曼（西元1939年～）　挪威裔瑞典電影女星。自幼在加拿大和美國長大，後來回來挪威並在奧斯陸首度登台。參與柏格曼的電影演出而成爲國際巨星，演出影片有：《人》（1966）、《安娜的情事》（1969）、《哭泣與低語》（1971）、《婚姻實況》（1973）、《秋光奏鳴曲》（1978）。她演出時面部表情豐富，演技精鍊，爲人津津樂道。她也參與其他挪威影片和國際合作的影片，包括《大移民》（1971）、《新天地》（1973）。此外，她也在美國和歐洲登台演出。她本人也曾執導過《索非》（1993），並擔任編劇。後來，她還曾將柏格曼的舞台劇《私人告白》（1999）改編爲電影，並擔任導演。

Ulm, Battle of　烏爾姆戰役（西元1805年9月25日～10月20日）　法國在巴伐利亞烏爾姆攻擊奧地利取得的重大勝利。1805年奧地利加入反拿破崙的英俄聯盟。9月11日，馬克男爵率領72,000人的奧軍進占與法國結盟的巴伐利亞。拿破崙準備在俄軍到來以前先殲滅奧軍。他統帥約21萬大軍渡過萊茵河，以每天約29公里速度前進，兩週後渡過多瑙河。打了幾次仗，拿破崙迫使奧軍主力退入烏爾姆城。馬克認識到在俄國援軍到來前，他的軍隊無法經受包圍的考驗。於20日投降。被俘奧軍約計5萬～6萬人。

Ulmanis, Karlis＊　烏爾曼尼斯（西元1877～1942年）　拉脫維亞獨立運動領導人和國家總理（1918、1919～1921、1925～1926、1931～1932、1934～1940）。早年學農藝，在拉脫維亞從事農牧改良工作，同時積極參與拉脫維亞獨立運動。1905年被迫逃亡美國，在內布拉斯加大學教授農業學。1913年返國。1917年創建拉脫維亞農民聯盟，主張脫離俄國獨立。1918年拉脫維亞獨立後，出任新共和國政府總理。後任職於不同的職位上，並致力解決國內意見不合問題（1934年實行獨裁統治），以及抵禦俄國的軍事威脅。1940年蘇聯軍隊進入拉脫維亞，迫使烏爾曼尼斯辭職。後被逮捕並遣送至俄羅斯，最後死於當地。

Ulster　阿爾斯特　愛爾蘭北部古代省份之一，現爲北愛爾蘭和愛爾蘭省份阿爾斯特。原爲羅馬天主教奧尼爾家族的居點，約1600年捲入反對英國的嚴重叛亂，他們逃亡之後，大部分土地被英王詹姆斯沒收。蘇格蘭、威爾斯和英格蘭新教徒，其後裔日益強大，並拒絕與愛爾蘭其他地區合爲一體接受愛爾蘭自治運動。

Ulster cycle　阿爾斯特故事　亦作Ulaid cycle。早期愛爾蘭文學，一類敘述愛爾蘭東北部尤萊德族英雄時代的傳說和故事。這些故事以西元前1世紀爲背景，根據8～11世紀之間的口頭傳說記錄而成，保存於12世紀的手稿《牛皮書》和《倫斯特集》，以及後來的彙編之中。最長和最接近史詩的故事是《奪牛長征記》。

ultra　極端保王派　法國第二次波旁王朝復辟時期（1815～1830）保王運動的極右翼。該派代表大地主、貴族、僧侶及前逃亡者的利益。他們反對平等，貶低法國大革命所揭示的原則。1820年代壟斷了內閣，特別是他們的首領查理十世在位期間。他們加強對報界的各種限制，增加羅馬天主教會的權力。由於他們的政策不得人心，1827年失去了對下院的控制，在七月革命（1830）中宣告結束，此後該派不復存在。

Ultra　超級計畫　竊聽德國和日本武裝部隊最高層通信聯絡的盟軍情報系統，對第二次世界大戰盟國的勝利作出了貢獻。1930年代初，一名波蘭技工首次破解了德國生產的名爲在遣返前記下了這個工廠生產的名爲「謎語機」的祕密信號機的部件。1939年，英國在布萊奇利公園制訂了超級計畫，目的是截收德國「謎語機」的信號。日本經過改進的型號，美國稱之爲「紫色」，美國正好在珍珠港事件之前就將其複製出來。超級計畫截收的情報有助於贏得不列顛之戰、珊瑚海和中途島戰役及盟軍在諾曼第登陸後殲滅了大量德軍。

ultrasonics　超音波　彈性介質中的振動或應力波，其頻率在2萬赫茲以上，2萬赫茲是人耳可以聽聞的最高聲波頻率。超音波可以是縱波（如在空氣或固體中傳播的），也可以是橫波（如在液體中傳播的）。用壓電換能器可以產生和

S T U V

探測超音波（參閱piezoelectricity）。高功率超音波會在介質中產生畸變；其應用包括超音焊接、超音鑽孔、超音輻照流體懸浮物（如葡萄酒澄清）、清洗表面（如珠寶）以及破壞生物組織等。低功率超音波不造成畸變，其應用包括聲納系統、結構測試以及醫學成像和診斷。包括蝙蝠在內的有些動物利用超音波的回聲定位來導航。

ultrasound　超音檢查　亦稱超音成像（ultrasonography）。利用超音波生成人體組織結構的影像。聲波在組織中傳播，一遇到有密度差別的介面（如中空的器官壁與器官內部的邊界）便會反射回來。用一個電子裝置接收反射的回音並測量它們的強度以及反射它們的組織的位置。測量的結果可以顯示爲一個靜止的圖像，也可顯示爲身體內部的運動圖像。與X射線或其他的電離輻射不同，超音檢查幾乎沒有任何危險性。超音檢查最常用於檢查妊娠期的胎兒狀態，還可以對內部器官、眼睛、乳房以及大血管做超音檢查。它往往能夠顯示出某種組織的生長是良性還是惡性的。參閱diagnostic imaging。

ultraviolet astronomy　紫外天文學　研究天體紫外光譜的一個天文學分支學科。可以提供有關星際物質、太陽以及某些其他天體（例如白矮星）的化學豐度和物理過程等方面，取得許多重要訊息。由於能夠攜帶儀器飛到吸收掉大部分來自宇宙輻射源的紫外波段電磁輻射的地球大氣之上的火箭的出現，使得紫外天文學變得可行。從1960年代初起，將載有紫外高反射率鍍膜的光學望遠鏡的無人衛星天文台發射送入環地球軌道。如哈伯太空望遠鏡收集了暗天體（如星雲和疏鬆星團）的紫外波長的資料。

ultraviolet radiation　紫外輻射　位於電磁波譜中靠近短波或可見光區之短波長端（紫端）外側的電磁波。由於肉眼看不到，故常稱爲黑光；但當它投射於某些物表時，可使之發出螢光，或放出可見光。紫外輻射可從高熱表面（例如太陽）；亦可產生自氣體放電管中的原子激發。紫外輻射對人體的直接作用多僅局限於皮膚表面，包括刺激製造維生素D、灼傷、曬黑、老化以及癌等病變。紫外輻射也用於治療新生兒的黃疸病，細菌設備和製造人造光。

Ulysses ➠ Odysseus

Umar ibn al-Khattab＊　歐麥爾一世（西元586?～644年）　伊斯蘭教第二代哈里發（634～644）。起初反對穆罕默德，615年前後歸奉伊斯蘭教。625年他的女兒哈夫薩嫁給穆罕默德。提名阿布・伯克爾爲自己的繼承人。作爲哈里發，將伊斯蘭教推行到埃及、敘利亞和波斯。他任哈里發期間，伊斯蘭政權從阿拉伯一小邦發展成爲世界強國並制訂了各種大政方針。包括律法慣例。

Umar Tal＊　歐麥爾・塔爾（西元1797?～1864年）　全名al-Hajj Umar ibn Said Tal。西非圖庫洛爾帝國的創始人。出生在塞內加爾河河谷，後成爲神祕主義者，二十三歲到麥加朝聖。在朝聖旅途中和之後，他與政治、宗教取得聯繫，後被提加尼兄弟會指派爲黑色非洲的哈里發。塔爾於1833年返回非洲，1854年在上幾內亞、塞內加爾東部，以及馬利西部、中部下令發動聖戰，清除異教徒，尋回流落的穆斯林。他擊敗馬利的班巴拉人異教徒，但不久又發生叛亂。1863年塔爾遭到圖阿雷格人、摩爾人和富拉尼人的圍攻，其部隊被殲滅，他被追殺，後被炸死。其帝國一直延續至1897年，後來被法國人兼併。

Umayyad dynasty＊　伍麥葉王朝（西元661～750年）　第一個穆斯林大王朝。由穆阿威葉戰勝穆罕默德的女婿、第四代哈里發阿里，而後創立伍麥葉王朝。他將首都遷到大馬士革，利用敘利亞軍隊，擴展王朝的統治區域。在阿布杜勒・馬利克（685～705年在位）統治下，伍麥葉王朝達到登峰造極的地步。王朝擴展到西班牙至中亞和印度。717年敗於拜占庭以後，王朝的勢力逐漸衰微。部族間的糾紛和財政改革失敗，促使王朝被阿拔斯王朝侵占。亦請參閱Abd al-Rahman III、Abu Muslim、Husayn ibn Ali。

Umberto I　翁貝托一世（西元1844～1900年）　薩伏依公爵和義大利國王（1878～1900）。他是維克托・伊曼紐爾二世之子，在對奧地利的戰爭（1866）中參加作戰。1878年即位。他使義大利參加三國同盟（1882）。與法國進行的關稅戰導致嚴重的經濟困難（1888），而義大利被衣索比亞人擊敗（1896）則宣告了翁貝托在非洲的殖民政策的結束。面對社會動盪時期，他宣布戒嚴令（1898），實行無情地鎮壓。後被一名無政府主義者刺殺。

Umberto II　翁貝托二世（西元1904～1983年）　薩伏依親王，一度爲義大利國王（1946）。他是維克托・伊曼紐爾三世之子。在第二次世界大戰中任裝甲師長。1946年5月其父讓位給他。6月遜位於義大利人民投票贊成成立一個共和國。他和他的家屬永久被趕出義大利，而定居在葡萄牙。

Umbria　翁布里亞　義大利中部自治區（2001年人口約815,588）。位於亞平寧山脈，首府是佩魯賈。該地原爲古義大利翁布里亞人部落居住區，西元前300年被羅馬統治；西元1世紀成爲行政區。在基督教時代，該地成爲教廷國的一部分。15～16世紀該地成爲翁布里亞畫派所在地，著名畫家包括佩魯吉諾和平圖里喬，該地也是阿西西的聖方濟的故鄉。農業是該地經濟支柱，也有生產鋼鐵、化學製品和紡織品的工業。

Umbrian language＊　翁布里亞語　義大利古代諸語言之一，約在西元前最末幾世紀通行於義大利中部，不知何時爲拉丁語所代替。與奧斯坎語和沃爾西語關係密切，同拉丁語則較遠。現在關於翁布里亞語的知識幾乎全部來自伊古維翁銅表（西元前300～西元前90年）。

Umbrians　翁布里人　古前伊楚利亞人，因受伊楚利亞人和高盧人壓迫而逐漸集中居住於義大利中部。對羅馬人並未進行過重大戰爭，在同盟者戰爭時期與羅馬媾和最早者之列。據古代作家記述，翁布里人在習俗上與其伊楚利亞諸敵對民族非常相近，而翁布里字母無疑出自伊楚利亞文字。他們操一種印歐方言。

U.N. ➠ United Nations (UN)

Un-American Activities Committee, House ➠ House Un-American Activities Committee (HUAC)

Unabomber ➠ Kaczynski, Theodore

Unamuno (y Jugo), Miguel de＊　烏納穆諾（西元1864～1936年）　西班牙教育家、哲學家和作家。1901～1914年和1931～1936年任薩拉曼卡大學校長，先後因在第一次世界大戰中公開支持協約國的主張和因譴責佛朗哥而被解除職務。雖然烏納穆諾同時也寫詩和劇本，但他仍以作爲隨筆作家和小說家的影響最大。在《對生活的悲戚感情》（1913）書中，他強調精神上的渴望在促使人們度過盡可能充實的一生時可能具有的重大作用。其最著名的小說是《阿維爾・桑切斯》（1917）。《委拉斯開茲的基督》（1920），被認爲是現代西班牙詩歌的最優秀典範。

STUV

uncertainty principle　測不準原理　亦稱海森堡測不準原理（Heisenberg uncertainty principle）或不確定性原理（indeterminacy principle）。此原理指出，物體的位置和速度不可能同時精確測定，同時具有精確位置和精確速度的概念在自然界是沒有意義的。該原理於1927年由海森堡提出，它只是應用在小尺度的原子和亞原子粒子身上，對宏觀的物體並沒有顯著的意義，如運動的車輛。任何試圖精確測定一個亞原子粒子的速度的努力，都會使該粒子的位置發生無法預測的偏移，從而使同時測定其位置成爲無效。這種偏移是粒子的波動性的結果（參閱wave-particle duality）。這一原理也可應用到另外一些相關的成對變數，如能量和時間。

Uncle Sam　山姆大叔　流行的美國象徵，常畫作漫畫人物，蓄白色長髮和鬍鬚，著燕尾服上衣、背心和條紋褲、戴頂高帽。通常與商人「山姆大叔」威爾遜聯想在一起。1812年戰爭期間，他供應軍隊大桶牛肉，桶上蓋有"U. S."的標記，以誌政府物資。這一標記導致廣泛採用山姆大叔這一暱稱作爲美國的代稱。山姆大叔被美國和英國漫畫家們交替地用。最爲熟悉的圖像之一是第一次和第二次世界大戰徵兵海報上的圖像，海報的標題寫道：「我要你加入美國軍隊」。

弗拉格（James Montgomery Flagg）所設計的山姆大叔形象，用於第一次世界大戰徵兵海報
By courtesy of the Library of Congress, Washington, D. C.

unconscious　無意識　亦稱潛意識或下意識（subconscious）。在精神分析中，心理機制的一部分，一般指在個體內部不被精神儀器所覺察地進行的活動，但可以透過失言、夢或是神經系統的徵兆證明存在。弗洛伊德是第一個對無意識精神活動的存在進行闡述的人，現在該概念已經成爲精神病學確定的原理。這種理論認爲許多神經系統的症狀源自內心衝突，但壓抑作用卻將這些衝突排除在意識之外，並透過各種防禦機制維持在無意識狀態。現代生物心理學的進展已經對腦生理學和人們保持有意識水準之間的關係作出了更加清楚的解釋。

Underground ➠ Resistance

underground ➠ subway

Underground Railroad　地下鐵道　美國北方地區幫助奴隸逃脫的祕密系統，其名稱源自保密的需要，利用黑夜或僞裝行動，鐵路是這套祕密系統的交通工具。在十四個州中有許多不同的逃往北方的路線，有時是逃往加拿大，可爲領導者（操作員）提供安全的休息站，以及讓他們收拾包裹。這套系統是在反抗「逃亡奴隸法」下發展起來的，主要在1830～1860年活動。估計有4萬～10萬名奴隸透過這個網路獲得自由。參與協助的人大多是自由的黑人，其中包括塔布曼、慈善家、教會領袖和廢奴主義者等。地下鐵道的存在支持了反奴隸制的活動，並就此向南方人證明北方不再容許奴隸制的存在。

Undset, Sigrid＊　溫塞特（西元1882～1949年）　挪威小說家，父親是考古學家。由於家庭的影響，她對挪威的歷史、民間傳說均有很大興趣。早期小說描寫中、下層階級的婦女在當前現實世界中的地位，其中代表作三部曲《克里斯汀·拉夫朗的女兒》（1920～1922），勾畫了中世紀一個婦女的命運和性格的變化。1924年改信羅馬天主教。後來的作品包括歷史小說《馬灣的主人》（1925～1927），反映出作者對宗教問題的關注。1928年獲諾貝爾文學獎。

undulant fever ➠ brucellosis

unemployment　失業　一個人有能力工作，又積極尋找工作，但找不到工作的狀況。多數國家政府勞工部門收集和分析失業的統計資料，最後並將其列爲經濟狀況健全程度的主要指標。自第二次世界大戰以來，充分就業一直是許多政府的既定目標；充分就業不一定與零失業率的含義相同；因爲在任何一定時候，失業率總要包括一定數量的游離於新、舊工作之間，但在長期意義上又不是失業的人們。在美國，2%的失業率時常被引作「基礎」比率。不充分就業一詞，用以指稱那些僅能找到比正常時間短的工作的就業人員——兼職工人、季節性工人、打零工的人或臨時工——的狀態。可用以說明工人所受的教育或訓練使其勝任目前的工作而綽有餘力的狀況。

unemployment insurance　失業保險　根據政府法令舉辦的保險，用以對某些類型工人意外和短期的失業給以補償。最初有些被暫時解雇的工人在其能找到另外的工作或被原雇主重新雇用之前給予經濟上的幫助。在大多數國家中，那些永久喪失勞動能力或已經長期失業的工人，包括在其他計畫下。例如在加拿大和英國，失業保險的對象包括所有的職業。在美國不包括政府工作人員和自雇性的工人。在多數國家裡，失業津貼是按工資，且在一定期限內照發。籌集保險基金的方式通常是對雇主徵稅，或來自政府的一般稅收。

UNESCO　聯合國教育、科學及文化組織　全名United Nations Educational, Scientific and Cultural Organization。聯合國專門機構，創立於1946年。其宗旨在於藉促進國際間教育、科學及文化方面的國際合作而對世界和平作出貢獻。協助各會員國掃除文盲、推行免費教育、鼓勵交流思想、交換知識，並爲此提供交流中心。由於該組織過於政治化，1984年美國退出該組織（隨後一些國家也退出）表示抗議；至今仍未重新加入。

uneven parallel bars　高低槓　女子藝術體操比賽項目之一。高度不一的兩根木槓水平立在地板上，是用來作特技表演。高低槓動作花樣靈活，但以懸垂和擺動爲主。表演者力求做到動作流暢。1936年在奧運會上首次比賽。亦請參閱parallel bars。

Ungaretti, Giuseppe＊　翁加雷蒂（西元1888～1970年）　埃及裔義大利詩人。在亞歷山大里亞居住到二十四歲，因此他作品中常出現埃及荒漠的景色。在巴黎學習時受象徵主義運動詩人的深遠影響。隱逸主義運動創始人（參閱Hermeticism）。他在第一次世界大戰戰場上創作了第一卷詩集《被埋葬的港口》（1916），《覆舟的愉快》（1919）表現了他受到萊奧帕爾迪完美的古典風格影響。第二次世界大戰後，他的作品表現出更有結構及率直的格調。

Ungava Bay＊　昂加瓦灣　哈得遜海峽南部海灣，位於加拿大魁北克省東北部。長約320公里，灣口寬約260公里，最深處298公尺。注入灣內的大河有弗伊、阿諾、巴萊訥等河。一年中不凍期僅四個月。灣口的阿克帕托克島面積1,427平方公里，高出海面約283公尺。

Ungava Peninsula　昂加瓦半島　魁北克北部新魁北克區的北部。周圍是哈得遜海峽、昂加瓦灣、拉布拉多、伊斯特梅恩河和哈得遜灣。從自然地理上來講，它是加拿大地盾的一部分。

ungulate＊　有蹄類動物　泛稱各種有蹄的、食草的、具有胎盤的四足哺乳動物類群。包括4個目：偶蹄目（如豬、駱駝、鹿和牛）、奇蹄目（如馬、貘和犀牛）、長鼻目（如象）和蹄兔目（如蹄兔）。另外，還曾有10個有蹄類化石目。蹄是眞皮組織，相當於人的指甲，全部覆蓋著變寬的末端趾骨。

UNICEF　聯合國兒童基金會　全名United Nations Children's Fund。舊稱聯合國兒童緊急援助基金會（United Nations International Children's Emergency Fund, 1946～1953）。聯合國專門機構，旨在援助各國改善有關兒童保健、營養、教育及一般福利事業。其最初目的是為第二次世界大戰戰禍國家的兒童提供救濟。1950年後，基金會的活動轉為一般改善兒童福利的計畫，1965年獲諾貝爾和平獎。基金會的活動項目大多在那些使用較少資金就能產生巨大效果方面，如保健、教育和運送剩餘食品等。總部設在紐約市。經費60%來自政府，其餘為募捐和銷售卡片。

Unicode　萬國碼　國際字元編碼系統，為了支援現在與傳統的各種不同文字的電子交換、處理與顯示而設計。萬國碼是世界通用的字元標準，包括世界主要文字的字元、數字、發音、標點和技術符號，利用統一的編碼體系。1991年推出，最新的版本大約有5萬個字元。數字編碼系統（包括美國標準資訊交換碼〔ASCII〕和擴充二進位碼十進位交換碼〔EBCDIC〕）早於萬國碼。萬國碼（不像早期的系統）給每個字元獨一無二的數字，而在支援萬國碼的系統這個對應的數字都一樣。

unicorn　獨角獸　神話動物，像白馬，額頭長有一只獨角。獨角獸最初出現於美索不達米亞最早的繪畫藝術中。它還在印度和中國的古代神話中提及。西元前400年，希臘文學中對獨角獸最早加以描述，所描述的也許是印度犀牛。獨角獸是一種凶狠、難以捕捉的動物，只有把一位童貞處女拋到它面前，獨角獸跳到少女的懷裡，才能把它捉住。獨角獸的角有解毒的作用。中世紀作家把獨角獸比作基督。中世紀藝術作品中，都有許多關於狩獵獨角獸的精美描述。

獨角獸，《女士與獨角獸》壁毯的細部，做於15世紀晚期；現藏巴黎克呂尼博物館
Giraudon – Art Resource

unidentified flying object (UFO)　不明飛行物；幽浮　觀測者尚不能識別的各種空中物體或光學現象。第二次世界大戰後，隨著航空和太空事業的發展，不明飛行物受人關注。1950年代美國政府建立科學小組探測觀察。報告透露，不明飛行物中有90%是天文和氣象現象或者是飛機、鳥類及熱氣體。有時因異常氣象狀況。有許多尚無法解釋。1960年代中期，有少數科學家認為少數不明飛行物顯示有天外來客的出現。這種聳人聽聞的假說在報刊上發表後，立即受到其他科學家的反對。美國空軍於1968年開始進行研究，堅決摒棄天外來客說。但仍然眾說紛紜，大部分美國公眾和少數科學家仍然支持天外來客說。不明飛行物報告的可靠性有很大的差別。裸眼會產生錯覺，雷達探測雖然在某些方面較為可靠，但不能將有形物體從流星餘跡、雨和熱躍變的徑跡中分辨出來；況且電子干擾及如積雲中潮濕氣團的反射都可產生假回波。亦請參閱SETI。

Unification Church　統一教　正式名稱世界基督教統一神靈協會（Holy Spirit Association for the Unification of World Christianity）。1954年文鮮明在南韓創立。據說有信徒二十餘萬，遍及一百餘國。該派吸收陰陽學說和朝鮮薩滿教成分，主張以復臨之主文鮮明及其妻復臨聖母為中心重建家庭，完成耶穌未竟功業－－婚娶生育。耶穌升天後將其未竟事工交付與文鮮明，由他去完成其最後階段。該派在吸收新信徒時進行洗腦及經營實業的作風都引起許多爭論。集結結婚獲得媒體注意。

unified field theory　統一場論　一種企圖用單一理論架構來描述所有基本力和基本粒子間關係的理論，概念用於基本量子場論。到目前為止，弱力和電磁力成功的統一電弱理論。強力描述為一種類似量子場論的被稱為量子色動力學（QCD）。然而，試圖建立強力和「電弱」理論在大統一理論，但失敗了，要將自洽的引力的量子場論包括進去。

unified science　統一的科學　亦作unity-of-science view。在邏輯實證論哲學中，這種學說認為一切科學都使用同樣的語言、規律和方法。語言的統一，可能意味著一切科學陳述都可歸納為一套基本語句陳述感覺材料，或是所有科學術語都可歸併為物理學名詞。規律的統一意味著各種不同科學的規律皆從一套基本規律演繹而來（如物理學規律）。方法的統一意味著試驗或證實各種科學陳述的程式基本相同。統一科學運動是由維也納學圈興起的，並提出這三種統一。卡納普的「物理主義」支持了這種概念，所有的經驗主義科學術語和陳述都能夠利用物理學語言縮減其術語和陳述。

uniform circular motion　等速圓周運動　粒子繞圈的等速運動。雖然這類物體的速度磁性可能保持穩定，速度方向卻經常改變，因為物體的方向經常改變。物體任何時候的方向都與當時物體在圓圈位置點所畫的圓圈半徑垂直。嚴格地說，加速度是方向的改變，也是力量導向圓圈中心的結果。這種向心力導致向心加速度。

Uniform Resource Locator ➠ URL

uniformitarianism　均變論　地質學上的一種學說，認為地球中進行著的物理、化學和生物等各種過程，在整個漫長的地質時期中大體上都是均匀（同樣的方式和基本上同樣的強度）地發生的，並且足以說明所有的地質變化。換句話說，現在是瞭解過去的關鍵。雖然均變論這個名詞現在已經用得不多了，不過由赫頓創立的這個原理對地質學的思維是重要的，為地質學這門學科的整體發展打下了基礎。亦請參閱Lyell, Charles。

S T U V

Unilever＊　聯合利華公司　英國倫敦的聯合利華公司（Unilever PLC）和荷蘭鹿特丹的聯合利華公司（Unilever NV）中的任何一家公司。它們都是控股公司，在全世界有附屬公司五百餘家，從事肥皂、食品和其他家庭日用品的製造和銷售。現在的聯合利華由英國利華兄弟公司及其他歐洲肥皂和奶油生產商聯合成立於1929年。今日聯合利華公司銷售貨物主要是家庭日用品和包裝與加工的食品。該集團還生產其他紙和塑膠製品、工業用化學品及家畜飼料。

union ➠ trade union

Union, Act of　聯合條約（西元1707年5月1日）　英格蘭和蘇格蘭聯合成為大不列顛的條約。雙方聯合，可給蘇格蘭因與英格蘭的自由貿易而經濟穩定，英格蘭則透過蘇格蘭防止詹姆斯黨人復辟。安妮女王指定下完成條約的細則。內容有：兩個王國將實行聯合；承認新教徒繼承王位；統一直接稅和間接稅；蘇格蘭的法律和法庭一概不動。

Union, Act of　合併法（西元1801年1月1日）　使大不列顛（英格蘭和蘇格蘭）和愛爾蘭以大不列顛和愛爾蘭聯合王國的名義結合在一起的法案。1798年的愛爾蘭發生起義，英國首相小庇特認爲最好的解決辦法是合併。可加強兩國之間的聯繫，在愛爾蘭議會中，遇到強烈的反對，但是英國政府以金錢或爵位爲誘餌，公開收買投票，終於在1800年通過。這次合併一直維持到1921年承認愛爾蘭自由邦（愛爾蘭）爲止。

Union Islands ➠ Tokelau

Union League　聯邦派同盟　亦稱忠誠派同盟（Loyal League）。美國南北戰爭期間北方的旨在鼓勵忠於聯邦事業的協會。俄亥俄州共和黨人建立（1862）第一個聯邦派同盟，以對抗反戰組織「銅頭毒蛇」，在共和黨內注入新的活力，聯邦派同盟作爲一股社會的和政治的力量，迅速在整個北方發展開來。南北戰爭快結束後，聯邦派同盟成爲在南方被解放的黑人中宣傳共和黨政綱的重要工具。

Union of Soviet Socialist Republics (U.S.S.R.) 蘇維埃社會主義共和國聯邦　亦稱蘇聯（Soviet Union）。前共和國。跨歐洲東部和亞洲北部和中部。在其崩潰前共有十五個蘇維埃社會主義共和國－－亞美尼亞、亞塞拜然、白俄羅斯、愛沙尼亞、喬治亞（今喬治亞共和國）、哈薩克、吉爾吉斯、拉脫維亞、立陶宛、摩爾多瓦、俄羅斯、塔吉克、土庫曼、烏克蘭和烏茲別克；還包括二十個蘇維埃社會主義自治共和國－－俄羅斯十六個、喬治亞兩個、亞塞拜然一個、烏茲別克一個。面積爲22,400,000平方公里。首都莫斯科。疆土從波羅的海和黑海一直伸展到太平洋之濱。是世界上國土最大的國家。東西長約10,900公里，南北寬約4,500公里，占世界24個時區中的11個。邊界臨六個歐洲國家和六個亞洲國家。地形有肥沃的土地、沙漠、凍原、高山、一些世界最大的河流及最大的內陸水域，包括最大的裏海。海岸線北冰洋綿延了4,825公里，太平洋1,610公里。農業、採礦及工業發達。1917年俄國革命後，在前俄羅斯帝國的版圖內建立起四個社會主義共和國：俄羅斯蘇維埃社會主義聯邦共和國、外高加索蘇維埃社會主義聯邦共和國、烏克蘭蘇維埃社會主義共和國和白俄羅斯蘇維埃社會主義共和國。1922年，蘇維埃社會主義共和國聯邦建立在四個加盟共和國的基礎上，在以後的年代更多的加盟共和國相繼建立。列寧去世（1924）後，史達林擊敗其對手而獲得政治領導權。1928年實施五年計畫及加強工業化和農業集體化。1930年代末期進行清黨（參閱purge trials），囚禁和處決上百萬被認爲對國家有危險的人。第二次世界大戰後，蘇聯和美國兩個集團間的長期緊張關係成了「冷戰」。1940年代在東歐建立了共產集團。1949年製造原子彈。1953年第一次試爆氫彈。史達林去世後，赫魯雪夫上台，他放鬆對政治和文化的一些嚴密控制。1957年發射第一顆人造衛星。在布里茲涅夫領導下，朝向自由化的部分倒轉。1980年代中期戈巴契夫掌權，鼓吹新開放政策。1990年年底，共產主義政府瓦解，實行新的市場經濟計畫。1991年12月5日蘇聯正式解散（進一步訊息，請參見上述各獨立共和國條目）。

Union Pacific Railroad Co.　聯合太平洋鐵路公司　美國連接太平洋海岸的鐵路公司，依據國會通過的法案建立。該鐵路由內布拉斯加州俄馬哈向西伸築1,620公里與由加州沙加緬度向東修築的中央太平洋鐵路會合。1869年兩鐵路在猶他州普羅芒托里接軌。該公司因財政拮据，1897年由哈里曼領導進行了改組，他領導公司參加西部地區的經濟開發。1982年與密蘇里太平洋鐵路公司及西太平洋鐵路公司合併。1996年取得南太平洋鐵路公司，成爲美國最大的鐵路公司，掌控美國西部2/3鐵路運輸。

union shop　工人限期加入工會的企業　在這種工廠企業中工人受雇後，就得在一定期限內加入一定的工會。雇主選雇工人時並不限於工會會員，這也是它不同於排外性雇傭制企業之點。這種企業的鼓吹者指出，排外性雇傭制企業在不讓工人分攤成本的情況下，以防分享工會的利益。在多數國家，不常有工人限期加入工會的企業協定，在美國、日本是合法和常見的。在美國，工人通常選擇一個工會，並以多數票代表他們的意見，儘管美國有些州實行「工作權利法」，禁止以工會會員資格作爲雇傭條件，所以工人限期加入工會的企業和排外性雇傭制企業都是不合法的。

unit trust ➠ mutual fund

Unitarianism　一位論　強調宗教中自由運用理知，一般主張上帝只有一個位格，否認基督的神性和三位一體教義的宗教運動。現代根源在於宗教改革運動，當時某些自由化、激進和理性的宗教改革者重振柏拉圖主義，強調理性和上帝的單一位格。英國和美國的一位論主流，源出於喀爾文派的清教主義。科學家普里斯特利創立。在英國一位論派，在國會和社會改革中很有勢力。美國一位論從新英格蘭公理會內部反對18世紀的奮興運動的各教會中間形成的。超驗主義重新強調宗教的直覺和感情的側面，用以批判一位論，吸引了許多追隨者。亦請參閱Calvinism、Universalism。

Unitas, Johnny＊　尤尼塔斯（西元1933年～）　原名John Constantine。美國美式足球四分衛運動員。曾在路易斯維爾大學打球，儘管被全國美式足球聯盟（NFL）選中，1957～1971年加入巴爾的摩小馬隊比賽之前是半職業球員，後領導小馬隊在五次聯賽中奪魁（1958、1959、1964、1968、1970）和兩次超級盃（1969、1971）。後來他爲聖地亞哥電光人效力（1971～1973），之後退出球壇。在其職業生涯中，他的觸地（達陣）得分紀錄爲290次，排行最高紀錄第五名。

Unité d'Habitation＊　集合住宅單元　法國馬賽的住宅大廈（十八層樓），呈現科比意理想的城市家庭居住空間。1952年完工，爲垂直混合使用的社區，中間有購物樓層，其餘的商業設施在頂樓。兩樓高的客廳，讓容積有效利用，使用跳停系統讓升降梯在每層樓都停。每個單位有眞正的前陽台，採用科比意式遮陽板。混凝土隔板貫穿不同尺寸的孔，有如花飾窗格。

United Airlines, Inc.　聯合航空公司　美國國際性航空公司，聯合航空公司可追溯到1929年，當時的聯合飛機運輸公司，兼營飛機製造和空中運輸。1930年，該公司爲第一家有空服員的航空公司。1931年於芝加哥成立，爲四個分部營運的控股公司。第二次世界大戰後，聯合航空公司的航線與業務快速發展。1961年它合併首都航空公司，成爲西方最大的空中運輸機構。1986年購得泛美世界航空公司的太平洋航線，1991年又購得其拉丁美洲和加勒比海地區的航線系統。1994年聯合航空公司的雇員購得該公司的控制股權，使聯合航空公司成爲全美最大的雇員所有的公司。

United Arab Emirates　阿拉伯聯合大公國　舊稱停戰諸國（Trucial States）。阿拉伯半島東部七個酋長國組成

的聯邦，它們分別是阿布達比、杜拜、阿治曼、沙迦、烏姆蓋萬、哈伊馬角，以及富查伊拉。面積約77,700平方公里。人口約3,108,000（2001）。首都：阿布達比。當地居民爲阿拉伯人，但印度人、巴基斯坦人、孟加拉人和伊朗人等移民勞工也占有相當大的比例。語言：阿拉伯語（官方語）、英語、波斯語、烏爾都語和印地語。宗教：伊斯蘭教（國教）、基督教和印度教。貨幣：迪拉姆（DH）。土地主要爲低平的沙漠平原，哈傑爾山餘脈沿著東部的穆桑代姆半島伸入境內。三個天然深水港位於阿曼灣東部海岸。石油蘊藏量占世界總量的10%。天然氣儲藏量占世界總量的5%，石油和天然氣生產是該國的主要工業。其他主要經濟活動爲漁業、放養家畜和生產海棗。聯盟政府有一任命的諮詢機構，國家元首是總統，政府首腦爲總理。1820年英國與沿海統治者訂立和約。該地區舊稱「海盜海岸」，後被稱爲「停戰海岸」。1892年諸國統治者同意只限與英國有外交關係。雖然自1843年由英國管理該區，但從未獲得主權，各個國家都保持著完整的內部控制權。各國於1960年成立了停戰諸國委員會。1971年舍赫（sheik）們結束與英國的防禦條約，組成六個成員的聯盟。1972年哈伊馬角加入。在波斯灣戰爭（1991）中曾協助聯軍攻打伊拉克。

United Arab Republic 阿拉伯聯合共和國 ➠ Egypt

United Artists Corp. 聯美公司 前美國影片公司。1919年由卓別林、畢克馥、費爾班克斯以及格里菲思建立。聯美公司是第一家由電影明星自行控制的主要電影公司（如卓別林的《淘金記》〔1925〕），它還開創了代理發行非本公司產品的潮流。1930年代，該公司憑藉高德溫、休斯、科達等有才能的製片人迎接了有聲電影的新挑戰。1951年改組，只從事影片的投資和發行工作。成功的影片有：《日正當中》（1952）、《熱情如火》（1959）和《西城故事》（1961）。近年來，該公司多次易主。1992年再改組後，聯美公司名稱就此消失。

United Automobile Workers 美國聯合汽車工人工會 全名美國聯合汽車、航空和農機工人工會（United Automobile, Aerospace, and Agricultural Implement Workers of America; UAW）。美國汽車和其他運載工具工人的產業工會，總部設在底特律。UAW創立於1935年，當時工業組織委員會（參閱American Federation of Labor-Congress of Industrial Organizations）開始組織汽車工人。該工會剛開始以靜坐罷工的方式成功地與汽車製造商進行抗議。1937年一項最高法院判決確認了「瓦格納法」所稱的組織工會的權利。通用汽車公司是第一個承認UAW的公司，其他汽車製造商大多仿效了這個做法，只有福特汽車公司繼續與工人對抗到1941年。工會在盧瑟爾的領導下，與各大汽車製造廠簽訂契約，保證工資隨生活費用調整，實施健保計畫和年假。但盧瑟爾和米尼不和，導致UAW於1968年退出美國勞聯－產聯（AFL-CIO）。後來短暫與卡車司機工會結盟，但於1972年解散。1981年與勞聯-產聯再度合併。在1980年代和1990年代，外國進口所帶來的競爭使工會的利益受到損害。

United Brands Co. 聯合商標公司 ➠ Chiquita Brands International, Inc.

United Fruit Co. 聯合果品公司 美資主導的果品公司。成立於1899年，由波士頓果品公司和幾家公司合併而成，這些公司販售的是在中美洲、哥倫比亞以及加勒比海地區栽種的香蕉。吉斯是該公司主要的創建者，由於建造鐵路而在哥斯大黎加獲得了廣大的土地所有權。聯合果品公司成爲中美洲最大的雇主，在叢林中大量墾地並建立了世界上最大的私人商船隊。該公司被拉丁美洲媒體批評爲「章魚」（el pulpo; the octopus），經常被指責虐待勞工以及在20世紀初期至中期所謂的「金錢外交」時代影響政府。該公司後來的政策變得較透明化，且釋出部分土地給自耕農。1970年與AMK公司合併成一個聯合商標公司（United Brands Co.）。1990年改名爲奇基塔商標公司。

United Kingdom 英國 正式名稱大不列顛及北愛爾蘭聯合王國（United Kingdom of Great Britain and Northern Ireland）。別名大不列顛（Great Britain）或不列顛（Britain）。歐洲西部王國，領土包括大不列顛（英格蘭、蘇格蘭和威爾斯）和北愛爾蘭。面積244,110平方公里。人口約59,953,000（2001）。首都：倫敦。主要的種族是英格蘭人（大的種族分支），還有蘇格蘭、愛爾蘭和威爾斯人，以及來自印度、西印度群島、巴基斯坦和孟加拉國的移民。語言：英語（官方語）、威爾斯語和蘇格蘭蓋爾語。宗教：設有確認的英格蘭和蘇格蘭聖公會，在北愛爾蘭及威爾斯則沒有確認的教會；其他還有天主教、新教、伊斯蘭教、猶太教、印度教和錫克教。貨幣：英鎊。境內地形有低地、台地、高地及高山區。錫和鐵礦曾對經濟十分重要，但現已耗竭或開採已不經濟。英國的煤炭業自1950年代初期以來持續衰退，仍屬於歐洲最大、技術最先進的煤炭工業。近海石油和天然氣蘊藏量豐富。主要作物有大麥、小麥、甜菜和馬鈴薯。製造業主要產品有機動車輛、航天設備、電子數據處理、電信設備及石化製品等。漁業和出版業爲重要的經濟活動。政府形式爲君主立憲國家，兩院制。國家元首是君主，政府首腦爲首相。前羅馬時期英國的早期居民（參閱Stonehenge）是操塞爾特語的民族，包括威爾斯的布里索尼人、蘇格蘭的匹克特人和不列顛的不列顛人。西元前500年左右，塞爾特人在愛爾蘭定居。凱撒在西元前55～西元前54年入侵不列顛。羅馬所屬的不列顛行省持續至5世紀，它包括今日的英格蘭和威爾斯。5世紀時，北歐的盎格魯人、撒克遜人和朱特人等部落入侵不列顛。這些入侵對威爾斯和蘇格蘭的塞爾特民族少有影響。6世紀時基督教開始蓬勃發展。8～9世紀期間，維京人（尤其是丹麥人）侵擾不列顛海岸。9世紀末，阿佛列大王擊退丹麥人的入侵，有助於使英格蘭統一在艾塞斯坦之下，蘇格蘭人在蘇格蘭取得優勢，馬爾科姆二世

不列顛的君主

名稱	王朝或王室	在位時間
韋塞克斯諸國王（西撒克遜）		
愛格伯	撒克遜	802～839
艾特爾伍爾夫	撒克遜	839～856/858
艾特爾鮑爾德	撒克遜	855/856～860
艾特爾伯赫特	撒克遜	860～865/866
艾特爾雷德一世	撒克遜	865/866～871
阿佛列大帝	撒克遜	871～899
愛德華	撒克遜	899～924
英格蘭的君主		
艾塞斯坦☆	撒克遜	925～939
愛德蒙一世	撒克遜	939～946
伊德雷德	撒克遜	946～955
埃德威格	撒克遜	955～959
埃德加	撒克遜	959～975
愛德華	撒克遜	975～978
艾特爾雷德二世	撒克遜	978～1013
斯韋恩·福克培阿特	丹麥	1013～1014
艾特爾雷德二世	撒克遜	1014～1016
愛德蒙二世	撒克遜	1016
克努特	丹麥	1016～1035
哈羅德一世	丹麥	1035～1040
哈迪克努特	丹麥	1040～1042
愛德華	撒克遜	1042～1066
哈羅德二世	撒克遜	1066
威廉一世（征服者）	諾曼	1066～1087
威廉二世	諾曼	1087～1100
亨利一世	諾曼	1100～1135
史蒂芬	布盧瓦	1135～1154
亨利二世	金雀花	1154～1189
理查一世	金雀花	1189～1199
約翰	金雀花	1199～1216
亨利三世	金雀花	1216～1272
愛德華一世	金雀花	1272～1307
愛德華二世	金雀花	1307～1327
愛德華三世	金雀花	1327～1377
理查二世	金雀花	1377～1399
亨利四世	金雀花：蘭開斯特	1399～1413
亨利五世	金雀花：蘭開斯特	1413～1422
亨利六世	金雀花：蘭開斯特	1422～1461
愛德華四世	金雀花：約克	1461～1470
亨利六世	金雀花：蘭開斯特	1470～1471
愛德華四世	金雀花：約克	1471～1483
愛德華五世	金雀花：約克	1483
理查三世	金雀花：約克	1483～1485
亨利七世	都鐸	1483～1509
亨利八世	都鐸	1509～1547
愛德華六世	都鐸	1547～1553
瑪麗一世	都鐸	1553～1558
伊莉莎白一世	都鐸	1558～1603
大不列顛及聯合王國君主＊◇		
詹姆斯一世	斯圖亞特	1603～1625
（在蘇格蘭稱詹姆斯六世）＊		
查理一世	斯圖亞特	1625～1649
大英國協		
克倫威爾		1653～1658
克倫威爾		1658～1659
查理二世	斯圖亞特	1660～1685
詹姆斯二世	斯圖亞特	1685～1688
威廉三世和瑪麗二世◆	奧蘭治－斯圖亞特	1689～1702
安妮	斯圖亞特	1702～1714
喬治一世	漢諾威	1714～1727
喬治二世	漢諾威	1727～1760
喬治三世◇	漢諾威	1760～1820
喬治四世□	漢諾威	1820～1830
威廉四世	漢諾威	1830～1837
維多利亞	漢諾威	1837～1901
愛德華七世	薩克森－科堡－哥達	1901～1910
喬治五世§	溫莎	1910～1936
愛德華八世▼	溫莎	1936
喬治六世	溫莎	1936～1952
伊莉莎白二世	溫莎	1952～

☆艾特爾斯坦為韋塞克斯國王和全英格蘭的第一代國王。

＊蘇格蘭的詹姆斯六世於1603年又成為英格蘭的詹姆斯一世。在登上英格蘭王座時他稱自己為「大不列顛國王」並按此公告。就法律而言，直至1707年通過聯合條約，兩國聯合之前，他及其繼承人同時是英格蘭和蘇格蘭兩國的國王。

◇1801年大不列顛和愛爾蘭聯合，成為聯合王國。1801年後喬治三世被稱為「大不列顛和愛爾蘭國王」。

◆威廉和瑪麗夫婦共同執政到1694年瑪麗去世，後威廉單獨執政至1702年離世。

□喬治四世從1811年2月5日起為攝政王。

§1917年，時值第一次世界大戰，喬治五世將其王室名從薩克森－科堡－哥達改為溫莎。

▼1936年1月20日，喬治五世去世，其子愛德華八世繼承王位，但他在加冕前於1936年12月11日退位。

（1005～1034年在位）最後完成對蘇格蘭的統一。1066年諾曼第的威廉征服英格蘭（參閱William I）。諾曼諸國王建立起一個強大的中央政府和封建國家。諾曼統治者所使用的法語同平民所使用的盎格魯－撒克遜方言融合成英語。從11世紀起，蘇格蘭便處在英格蘭國王的勢力範圍之內。亨利二世在12世紀末葉征服了愛爾蘭。亨利之子理查一世和約翰同教士和貴族發生衝突，最後迫使約翰在大憲章（1215）中對貴族做出某些讓步。王國共同體的概念在13世紀得到發展，它爲議會制政府奠定了基礎。在愛德華一世統治期間，發展成文法以補充英格蘭的普通法，並召開了第一屆議會。1314年羅伯特一世爲蘇格蘭贏得獨立地位，薔薇戰爭（1455～1485）後，都鐸家族成爲英格蘭的統治王室。亨利八世建立英國國教，並將威爾斯併入英格蘭。伊莉莎白一世在位期間開始了殖民擴張的階段，1588年英軍擊敗西班牙「無敵艦隊」。1603年蘇格蘭的詹姆斯六世登上英格蘭王位，成爲詹姆斯一世，他以個人身分促成了兩個王國的聯合。1642年保皇黨和議會黨之間爆發內戰，以處死查理一世（1649）而結束。經過克倫威爾父子十一年的清教徒統治（1649～1660）後，查理二世恢復了君主統治。1707年英格蘭和蘇格蘭簽訂「聯合條約」，組成大不列顛王國。1714年當漢諾威的選侯喬治·路易成爲大不列顛的喬治一世時，漢諾威家族登上了英國王位。喬治三世在位時期，英國的美洲殖民地於1783年贏得獨立，接著先後同大革命的法國以及拿破崙所建的法蘭西帝國發生戰爭（1789～1815）。1801年的立法將大不列顛和愛爾蘭聯合起來，成立大不列顛及愛爾蘭聯合王國。18世紀末不列顛是工業革命的誕生地，直到19世紀後期仍然是世界上經

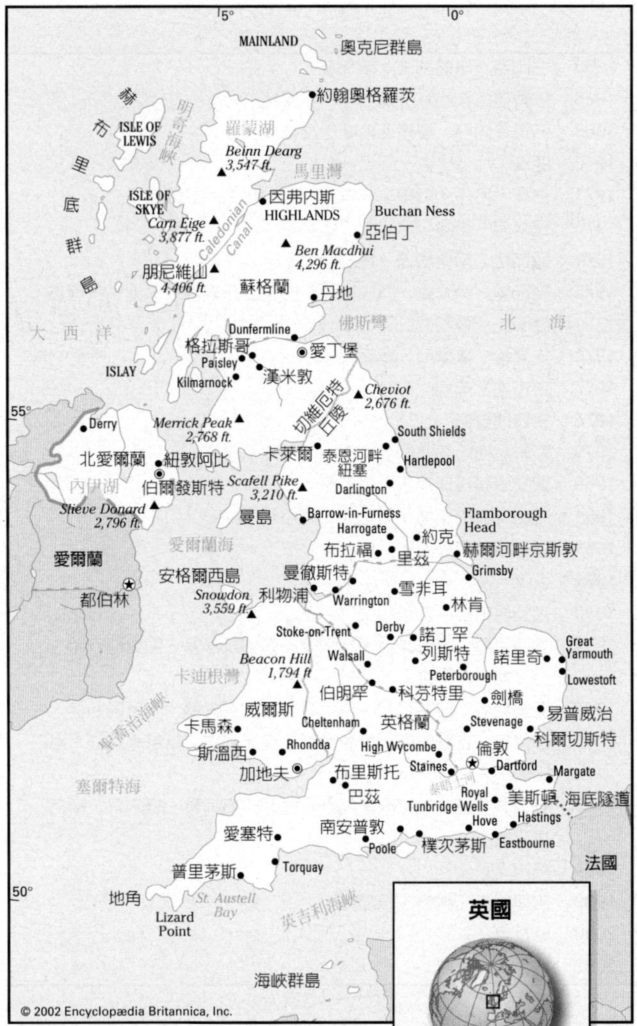

濟最強的國家。在維多利亞女王執政時期殖民地擴張達到頂點，然而一些較老的領地，如加拿大和澳大利亞，分別於1867和1901年獲得獨立。1914年英國聯同法、俄結盟加入第一次世界大戰。戰後愛爾蘭爆發革命騷亂，1921年愛爾蘭自由邦（參閱Ireland）具有自治領的地位，阿爾斯特的六個郡則仍保留在英國的版圖內，稱北愛爾蘭。英國於1939年參加第二次世界大戰，戰後愛爾蘭自由邦脫離國協成立愛爾蘭共和國，印度也脫離英國獨立。從戰後時期直至1970年代英國繼續喪失其在海外的殖民地和屬地。1950～1953年與聯合國部隊投入韓戰。1956年在蘇伊士危機期間派兵進入埃及。1982年在福克蘭群島戰爭中打敗阿根廷。北愛爾蘭持續不斷的社會抗爭結果是與愛爾蘭協議了一些和平提案，最後他們同意在北愛爾蘭成立一個議會。1997年公民投票決議下放權力給蘇格蘭和威爾斯這兩個國家，但它們仍是英國的一部分。

United Mine Workers of America (UMWA)　美國聯合礦工工會　美國工會，1890年創建。爲了提高工資、改善工作環境以及爭取其他福利，曾與煤礦礦主們展開激烈而且多半成功的抗爭。該工會爲一產業工會，會員包括煙煤與無煙煤礦的工人及礦場外的工人。在米契爾（1898～1908年任理事長）領導下，縱然遭到礦主堅決的反對，該工會仍然迅速成長。到1920年已擁有會員約五十萬人。1920～1960年，工會一直由路易斯領導，他利用推行「新政」討好勞工的心態，帶頭罷工，贏得安全工作的環境、工資及其他福利。該工會亦爲產業工會委員會的主力。1942年他帶領工會退出產聯。該工會有十年間未與其他組織結盟，最後於1989年加入勞聯－產聯工會。20世紀後期，自動化以及其他能源的開發降低了該工會的重要性。但是到1990年代其會員還不到二十萬人。

United Nations (U.N.)　聯合國　1945年第二次世界大戰末成立的國際組織，旨在維護國際和平與安全，在平等的條件下發展各國的友好關係，並促成國際合作以解決棘手的人類問題。部分組織曾經得過諾貝爾和平獎，聯合國和安南還曾經共獲2001年諾貝爾和平獎。United Nations這一名詞原指那些聯合反對軸心國的國家。在雅爾達會議時已討論要成立一個國際組織，1945年在聯合國國際組織會議上起草制定「聯合國憲章」。聯合國下設六個主要機構：經濟和社會理事會、聯合國大會、國際法庭、聯合國祕書處、聯合國安全理事會及聯合國託管理事會。另外，聯合國還設有十四個特別機構——部分機構從國際聯盟繼承而來（如國際勞工組織）——和一些特別辦公室（如聯合國難民事務高級專員辦事處），以及一些計畫和基金會（如聯合國兒童基金會）。聯合國涉及經濟、文化和人道主義活動，並涉及國際郵政服務、民間航空、大氣研究、電信、國際海運和知識財產權的協調及規則。聯合國的國際維和部隊可以進行長時間（曾在1949年參與印度和巴基斯坦之間的喀什米爾爭端維和任務）和短期部署。聯合國的世界總部設在紐約市；其歐洲總部設在日內瓦。2000年聯合國成員國達189個。聯合國主要的行政官是祕書長，通常由安全理事會推薦，然後由聯合國大會投票選舉，每5年改選一次。自聯合國成立以來，歷任祕書長分別是：賴伊（1946～1953）、哈瑪紹（1953～1961）、吳丹（1961～1971）、華德翰（1972～1981）、裴瑞茲·德奎利亞爾（1982～1991）、布特羅斯－蓋里（1992～1996）和安南（1997～）。

United Nations Children's Fund ➠ UNICEF

United Nations Conference on Trade and Development (UNCTAD)　聯合國貿易和發展會議　聯合國大會常設機構，爲促進國際貿易發展而設。1964年成立。它每四年舉行一次會議，由貿易和發展理事會（含全體會員國）負責行使其職能。其功能包括：促進開發程度不同、經濟制度不同的各國之間的貿易活動；倡導貿易協定的談判工作；制訂國際貿易政策。此外，設有常設的和專業性的祕書處，處理日常工作。

United Nations Development Programme (UNDP)　聯合國開發計畫署　聯合國機構。於1965年由「擴大的技術援助計畫」和「特別基金」合併組成。其管理理事會由48個國家（27個開發中國家和21個已開發國家）的代表組成。總部設在紐約市。宗旨爲幫助低收入國家開發其自然和人力資源。規畫向那些能吸引開發資金、能培訓熟練人員和現代技術的項目提供資金。並提供專家研究發展潛力，以及幫助提供科研設備。

United Nations Disaster Relief Coordinator　聯合國救災協調專員辦事處　聯合國祕書處機構，於1972年爲協調對受自然或其他災害的國家進行救濟活動而設立。1992年成立聯合國人道主義事務部，協調聯合國在人道主義危機的救援。按聯合國祕書長的改革計畫，該部於1998年更名爲人道主義事務協調會。

United Nations General Assembly　聯合國大會　聯合國六個主要機構之一，是每個成員國都參加的唯一組織。每年舉行一次會議，也可召集特別會議。它主要是一個審議會，可對聯合國憲章規定範圍內的任何事務提出討論和

聯合國成員

年份	成員
1945	阿根廷、澳大利亞、比利時、玻利維亞、巴西、白俄羅斯、加拿大、智利、中國、哥倫比亞、哥斯大黎加、古巴、丹麥、多明尼加共和國、厄瓜多爾、埃及、薩爾瓦多、衣索比亞、法國、希臘、瓜地馬拉、海地、宏都拉斯、印度、伊朗、伊拉克、黎巴嫩、賴比瑞亞、盧森堡、墨西哥、荷蘭、紐西蘭、尼加拉瓜、挪威、巴拿馬、巴拉圭、祕魯、菲律賓、波蘭、俄羅斯（蘇聯）＊、沙烏地阿拉伯、南非、敘利亞、土耳其、烏克蘭、英國、美國、烏拉圭、委內瑞拉、南斯拉夫
1946	阿富汗、冰島、瑞典、泰國
1947	巴基斯坦、葉門☆
1948	緬甸
1949	以色列
1950	印尼
1955	阿爾巴尼亞、奧地利、保加利亞、芬蘭、匈牙利、愛爾蘭、義大利、約旦、柬埔寨（高棉）、寮國、利比亞、尼泊爾、葡萄牙、羅馬尼亞、西班牙、斯里蘭卡（錫蘭）
1956	日本、摩洛哥、蘇丹、突尼西亞
1957	迦納、馬來西亞
1958	幾內亞
1960	貝寧（達荷美）、布吉納法索（上伏塔）、喀麥隆、中非共和國、查德、剛果共和國、象牙海岸、塞浦路斯、加彭、馬達加斯加、馬利、尼日、奈及利亞、塞內加爾、索馬利亞、多哥、剛果民主共和國
1961	茅利塔尼亞、蒙古、獅子山、坦尚尼亞◆
1962	阿爾及利亞、蒲隆地、牙買加、盧安達、千里達與托巴哥、烏干達
1963	肯亞、科威特
1964	馬拉威、馬爾他、尚比亞
1965	甘比亞、馬爾地夫、新加坡
1966	巴貝多、波札那、蓋亞那、賴索托
1968	赤道幾內亞、模里西斯、史瓦濟蘭
1970	斐濟
1971	巴林、不丹、阿曼、卡達、阿拉伯聯合大公國
1973	巴哈馬、德國◇
1974	孟加拉、格瑞納達、幾內亞-比索
1975	維德角、科摩羅、莫三比克、巴布亞紐幾內亞、聖多美與普林西比、蘇利南
1976	安哥拉、薩摩亞、塞席爾
1977	吉布地、越南
1978	索羅門群島
1979	多米尼克、聖露西亞
1980	聖文森與格瑞那丁、辛巴威
1981	安地瓜與巴布達、貝里斯、萬那杜
1983	聖基斯與尼維斯
1984	汶萊
1990	列支敦斯登、那米比亞
1991	愛沙尼亞、拉脫維亞、立陶宛、馬紹爾群島、密克羅尼西亞、北韓、南韓
1992	亞美尼亞、亞塞拜然、波士尼亞赫塞哥維納、克羅埃西亞、哈薩克、吉爾吉斯、摩爾多瓦、聖馬利諾、斯洛維尼亞、塔吉克、土庫曼、烏茲別克
1993	安道爾、捷克共和國▼、厄利垂亞、馬其頓、摩納哥、斯洛伐克▼
1994	帛琉
1999	吉里巴斯、諾魯、東加
2000	吐瓦魯
2002	瑞士、東帝汶

＊蘇聯自1945年起的席位於1991年由俄羅斯繼承。
☆北葉門（1947年加入聯合國，首都沙那）與南葉門（1967年加入聯合國，首都亞丁）於1990年合併，兩國合併後獲一個席位。
◆坦干伊喀（1961年加入聯合國）與桑吉巴（1963年加入聯合國）於1964年合併，國名改為坦尚尼亞，獲一個席位。
◇1973年東德和西德分別加入聯合國，1990年兩國合併後獲一個席位。
▼捷克斯洛伐克於1945年成為會員國，1993年各自獨立後，分成捷克共和國和斯洛伐克。

建議。大會每年選舉一位新的主席，這個職務每年從五個國家集團中輪流選出。

United Nations High Commissioner for Refugees, Office of the　聯合國難民事務高級專員辦事處　1951年1月1日由聯合國大會建立，以接替國際難民組織的工作，對難民進行法律上和政治上的保護。辦事處設於日內瓦。辦事處也向各地提供社會及經濟援助。援助項目有：住宅建築計畫，重新安置非洲撒哈拉以南的難民等。經費主要由各國政府自願捐款。辦事處在1954和1981年兩度獲頒諾貝爾和平獎。

United Nations Relief and Rehabilitation Administration　聯合國善後救濟總署　廣泛的社會福利計畫管理機構（1943～1947），以援助在戰爭中遭到破壞的國家。它的工作是提供救濟，諸如食物、藥品及協助恢復農業和經濟。工作後來移交給國際難民組織、世界衛生組織和聯合國國際兒童緊急援助基金會（今聯合國兒童基金會）。

United Nations Resolution 242　聯合國第242號決議　聯合國安全理事會所作決議案，終止了1967年的六日戰爭。以色列支持此項決議，因爲它要求阿拉伯國家接受以色列具有「和平居住於一個安全且受承認的疆界之內，免於武力威脅或侵犯」的權利。最終所有的阿拉伯國家均接受此決議（埃及和約旦從一就開始接受），因爲此決議也同時要求以色列撤出其在1967年占領的地區。巴勒斯坦解放組織在1988年以前都拒絕此決議，因爲它並未表明對巴勒斯坦人的立場。雖然從未徹底執行過這項決議，但在大衛營協定出現之前，它仍是化解以阿衝突的各種外交努力的基礎，同時也一直是任何針對以阿衝突之協議的重要基石。

United Nations Secretariat　聯合國祕書處　協調聯合國行動的行政機構。工作人員是根據其才能招募，由來自成員國的幾千名常駐專家組成，其中有翻譯、職員、技術人員、行政人員、計畫主管人員和談判人員，他們完成聯合國的日常工作，並執行由其他部門制訂的政策和計畫。他們要發誓忠於聯合國，並且不能接受本國政府的指令。

United Nations Security Council　聯合國安全理事會　聯合國機構，主要職責爲維護世界和平與安全。安全理事會最初有五個常任理事國－－台灣（自1971年被中國取代）、法國、英國、美國和蘇聯（自1991年被俄羅斯取代）－－和六個非常任理事國（由聯合國大會每兩年選一次）。1965年非常任理事國增加到十個。聯合國的成員國在加入聯合國時，要表示同意遵守安理會做出的決議。安理會調查那些可能會引起國際摩擦的爭端，並決定如何解決它們。爲了預防和終止侵略，安理會可以採取外交或經濟制裁，或允許使用武力。在決定實質性問題時，必須五個常任理事國同時投贊成票，這個要求使得該機構在無數問題上已無能爲力。

United Nations Trusteeship Council 聯合國託管理事會 聯合國主要機構之一，由安理會五個常任理事國組成。它管理託管地（非自治的領土），包括前非洲和太平洋地區的殖民地。該理事會的工作是向這些地區派遣調查團來對其請求作出檢查、審查報告並作出建議。它在1994年最後一個託管地帛琉共和國取得主權後停止了運作。

United Netherlands, Republic of the ➠ Dutch Republic

United Provinces ➠ Uttar Pradesh

United States 美國 正式名稱美利堅合衆國（United States of America）。北美洲聯邦共和國，包括該大陸中緯度地區48個接壤的州、北美洲西北端的阿拉斯加州，以及位於太平洋中部的島州夏威夷。面積9,529,063平方公里（包括五大湖的美國部分）。人口約286,067,000（2001）。首都：華盛頓特區。人民有白人、黑人、西班牙裔、亞洲人、太平洋島民、美洲印第安人（美洲原住民）、愛斯基摩人及阿留申人。語言：英語（占主導地位）和西班牙語。宗教：新教、天主教、猶太教和伊斯蘭教。貨幣：美元（U.S.$）。地形由山脈、平原、低地和沙漠構成。山脈包括阿帕拉契山脈、奧沙克山脈、落磯山脈、喀斯開山脈和內華達山脈。最低點是加州死谷。最高點是阿拉斯加山脈的馬金利山。主要河流是密西西比河系、科羅拉多河、哥倫比亞河和格蘭德河。五大湖、大鹽湖和歐基求碧湖爲最大的湖。美國是世界上礦產的主要生產國，包括銅、銀、鋅、金、煤、石油和天然氣。也是食品主要輸出國。製造業包括鋼、鐵、化學品、電子產品和紡織品。其他重要工業是旅遊業、乳品業、牲畜飼養、漁業和木材業。政府形式爲共和國，兩院制。國家元首暨政府首腦爲總統。數千年前已有一些美洲印第安人定居在這個領土上，他們可能來自亞洲。16世紀歐洲人開始來此探險和定居，取代印第安人。第一個歐洲人永久性居民點是由西班牙人在佛羅里達州建立的聖奧古斯丁（1565）。後來英國人在維吉尼亞州詹姆斯敦（1607）、麻薩諸塞州普里茅斯（1620）、馬里蘭州（1634）和賓夕法尼亞州（1681）建立定居點。1664年英國人從荷蘭人手中奪走紐約、新澤西和德拉瓦，一年後，卡羅來納被授予英國貴族。英國人於1763年將法國人逐出北美洲（參閱French and Indian War），他們在政治上掌控了十三個殖民地。後來因殖民政策引起政治不安，遂爆發了美國革命（1775～1783），並在1776年宣布獨立宣言。美國在「邦聯條例」（1781）下首度組織起來，之後通過憲法（1787）成爲聯邦共和國。隨後確認了西至密西西比河的美國疆界，但是並不包括西班牙的屬地佛羅里達。1803年的路易斯安那購地，美國從法國手中購得的土地幾乎是原來領土的一倍。美國在1812年戰爭中與英國開戰，1819年從西班牙手中取得佛羅里達。1830年以立法手段把美洲印第安人遷移到密西西比河以西的土地。19世紀中葉向西部擴張，尤其是在1848年於加州發現金礦後（參閱gold rush）。美國在墨西哥戰爭（1846～1848）中取得勝利，使後來的七個州（包括加利福尼亞和德克薩斯）的部分或全部領土落入美國手中。1846年與英國簽訂條約確立北部疆界，1853年加茲登購地案中又取得亞利桑那州南部土地。後來因南方蓄奴的種植園經濟和北方的自由工農業經濟之間存在的矛盾衝突使之分裂，爆發了南北戰爭（1861～1865，參閱American Civil War），第十三條修正案廢除了奴隸制。在重建時期（1865～1877）以後，美國經歷了快速成長、都市化、工業開發和歐洲人的遷入。1877年授權把印第安人保留地的土地分配給個別部落人民，導致他們喪失廣大的土地給白人。到了19世紀末，美國已發展了外貿關係，並獲得海外領土，包括阿拉斯加、中途島、夏威夷群島、菲律賓群島、波多黎各、關島、威克島、美屬薩摩亞、巴拿馬運河區和維爾京群島。1917年美國的參與第一次世界大戰（1917～1918）。1920年授予婦女選舉權，1924年給予美洲印第安人公民權。1929年股市崩潰導致大蕭條時期。日本人偷襲珍珠港（1941年12月7日）促使美國參加第二次世界大戰。1945年8月6日在廣島投下第一顆原子彈，8月9日又在長崎投下第二顆之後結束了大戰，使美國成爲西方世界的領袖，並參與歐洲和日本的戰後重建工作，但卻陷入了同蘇聯長達四十年被稱爲「冷戰」的對抗之中。1950～1953年美國參加韓戰。1952年給予波多黎各自治地位。1954年宣布在學校實施的種族隔離政策是違憲的。1959年設阿拉斯加和夏威夷爲州。1964年國會通過「民權法」，並授權全面干預越戰。1960年代中期到末期，爲取和反戰，美國國內進行了抗議活動。1969年美國達成第一個人類登陸月球計畫。1973年所有的美軍撤出越南。在波斯灣戰爭（1991）中，美國領導聯合部隊攻打伊拉克。1992年派兵至索馬利亞救援飢民。1995和1999年加入北大西洋公約組織空襲在前南斯拉夫的塞爾維亞部隊。1998年柯林頓總統成爲第二個被衆議院彈劾的總統。1999年參議院決議不予起訴。同年將巴拿馬運河控制權移交給巴拿馬。2000年布希成爲自1888年以來第一個雖比對手高爾少了幾張普選票而獲選舉團選爲總統。2001年9月11日在世界貿易中心和國防部部分建築被恐怖主義者攻擊摧毀後，美國立即攻擊阿富汗的塔利班政府，因其藏匿並拒絕引渡被指爲這次恐怖活動的主謀賓拉登。

United States, Bank of the ➠ Bank of the United States

United States Air Force (USAF) 美國空軍 美軍重要的組織單位，其主要職責是進行空中作戰、空中防禦和軍事太空研究等。同時也與其他軍事分支單位協調提供空中服務。在美國南北戰爭和美西戰爭中，美軍在空中的活動開始是派陸軍使用氣球進行偵察。1907年訊號軍航空隊成立；1920年依「陸軍改組法」成立航空勤務隊（1926年以後稱航空隊），仍把它當作陸軍內的一支戰鬥部隊；1941年改爲陸軍航空兵部隊。1947年成立獨立的美國空軍，1949年空軍部隸屬新成立的國防部之內。空軍部的總部設在五角大廈內。空軍的獨立機構中包括空軍預備役部隊、美國空軍情報勤務隊和美國空軍官校等。2000年美國空軍的現役軍人超過35萬人。

United States Air Force Academy 美國空軍官校 訓練美國空軍現役軍官的高等學府。該校是根據1954年4月1日的國會法案建立的，1955年正式開學，校址在科羅拉多州科羅拉多斯普林斯。畢業後授予學士學位及空軍上尉軍銜。如通過飛行員訓練，可進空軍飛行訓練學校學習。投考者來自空軍和陸軍正規部隊中已故老戰士的遺孤或由美國國會參議員和衆議員或總統和副總統提名中，參加選拔考試。

United States Army 美國陸軍 美國軍隊的主要部門，負責維護國家和平與安全，並保衛國家。第一支正規的美國戰鬥部隊——大陸軍（Continental Army）——在1775年6月14日由大陸會議組織成立，在獨立戰爭時加強地方民兵的力量。大陸軍由5名文官組成的委員會領導，從此美國軍隊就一直由文官控制。美國憲法規定由總統擔任軍隊總指揮，1789年成立文官組成的陸軍部來管理軍隊。1783年正式廢除大陸軍，建立小規模的正規陸軍部隊。此後，在多次衝突危機中，陸軍的規模不斷增長，徵兵數量也隨之增加，而在和平時期規模則相應縮減。陸軍部現爲國防部的一個軍事

130°
120°
110°
100°
胡安·德富卡海峽
Vancouver
Bellingham
Victoria
Port Angeles
Mount Vernon
Everett
奧林匹克山脈
西雅圖
Bremerton
Aberdeen
他科馬
奧林匹亞
Grand Coulee Dam
Franklin D. Roosevelt Lake
Cape Disappointment
Astoria
來尼爾山 14,410 ft.
斯波堪
Moses Lake
Coeur d'Alene
Lake Pend Oreille
Kalispell
LEWIS RANGE
Havre
Milk
Regina
Winnipeg
聖希倫斯山 8,366 ft.
Yakima
華盛頓
Pullman
Moscow
Clarkston
Lewiston
Pasco
Walla Walla
John Day Lock and Dam
Pendleton
波特蘭
Missoula
Great Falls
密蘇里河
Glasgow
Fort Peck Lake
Williston
Lake Sakakawea
Minot
Rugby
Devils Lake
Grand Forks
Newport
賽倫
胡德山 11,235 ft.
Corvallis
BLUE MTS.
Enterprise
John Day
Anaconda
Butte
赫勒拿
蒙大拿
Lewistown
Musselshell
Glendive
Beulah
北達科他
Miles City
Dickinson
Mandan
俾斯麥
Jamestown
White Butte 3,506 ft.
Wahpeton
Bozeman
Dillon
Madison
Baker
McCall
Salmon
比靈斯
Tongue
Broadus
Mobridge
Lake Oahe
Aberdeen
Big Stone Lake
Bend
Roseburg
奧瑞岡
Cape Blanco
Burns
Caldwell
博伊西
Weiser
Borah Peak 12,662 ft.
Sun Valley
Grand Teton 13,770 ft.
Cody
Sheridan
Spearfish
南達科他
Redfield
Brookings
Crescent City
Medford
Klamath Falls
HARNEY BASIN
KLAMATH MTS.
Trinidad Head
沙斯塔峰 14,162 ft.
Arcata
Eureka
Alturas
愛達荷
Idaho Falls
Pocatello
Twin Falls
Gillette
Thermopolis
Newcastle
布拉克山
Rapid City
皮耳
Mitchell
Gannett Peak 13,804 ft.
懷俄明
Riverton
卡斯珀
Hot Springs
Lake Francis Case
Redding
Winnemucca
Elko
Red Bluff
Chico
Fort Bragg
GREAT SALT LAKE DESERT
Logan
Ogden
Green River
Evanston
GREAT DIVIDE BASIN
Rawlins
Rock Springs
LARAMIE MTS.
Glendo Reservoir
Scottsbluff
Chadron
Valentine
O'Neill
Wayne
North Loup
Alliance
Laramie
夏延
內布拉斯加
Columbus
Ukiah
Yuba City
Marysville
Sparks
Carson Sink
GREAT BASIN
內華達
鹽湖城
Orem
普羅沃
Vernal
尤因塔山脈
Steamboat Springs
Fort Collins
Greeley
Ogallala
North Platte
Kearney
Grand Island
聖羅沙
Davis
卡森城
沙加緬度
Napa
柏克萊
舊金山
奧克蘭
Palo Alto
聖約瑟
Santa Cruz
Monterey
Boundary Peak 13,140 ft.
Wheeler Peak 13,065 ft.
Ely
Tonopah
WHITE MTS.
Richfield
猶他
Meeker
Glenwood Springs
博爾德
奧羅拉
丹佛
FRONT RANGE
Sterling
McCook
Grand Jct.
Moab
Mount Elbert 14,433 ft.
Burlington
Goodland
Beloit
Saline
Los Banos
薩利那斯
King City
弗勒斯諾
惠特尼峰 14,495
Lowest point in North America 282 ft. below sea level
Cedar City
Montrose
科羅拉多泉
Mount Sunflower 4,039 ft.
Hays
Junction City
Salina
科羅拉多
COLORADO PLATEAU
Pueblo
St. George
Lake Powell
Glen Canyon Dam
堪薩斯
加利福尼亞
San Luis Obispo
California Aqueduct
Overton
拉斯維加斯
Durango
Alamosa
La Junta
Garden City
Hutchinson
Santa Maria
貝克斯菲爾德
Henderson
Hoover Dam
Boulder City
大峽谷
Farmington
Trinidad
Dodge City
Liberal
Wichita
Black Mesa 4,973 ft.
Winfield
Lompoc
聖大巴巴拉
莫哈維沙漠
Kingman
Clayton
Guymon
Dalhart
Enid
Burbank
洛杉磯
帕沙第納
Needles
Flagstaff
Gallup
洛薩勒摩斯
聖大非
奧克拉荷馬
奧克拉荷馬城
長堤
聖安娜
聖伯納底諾
里弗得
棕櫚泉
Lake Havasu City
Prescott
Winslow
Las Vegas
Conchas Lake
阿馬里洛
Clinton
Elk City
San Clemente
歐申塞德
Escondido
Blythe
COLORADO DESERT
亞利桑納
Show Low
阿布奎基
新墨西哥
Clovis
Altus
Lawton
聖地牙哥
丘拉維斯塔
El Cajon
鳳凰城
Scottsdale
坦佩
梅薩
Socorro
Elephant Butte Reservoir
Duncan
Mexicali
Yuma
Casa Grande
SACRAMENTO MTS.
Roswell
埃斯塔卡多平原
拉巴克
Wichita Falls
Ensenada
太平洋
圖森
Silver City
Alamogordo
Hobbs
Snyder
Las Cruces
Carlsbad
阿比林
沃思堡
Arlington
Nogales
Sierra Vista
索諾蘭沙漠
厄爾巴索
Ciudad Juárez
Guadalupe Peak 8,749 ft.
Midland
Odessa
德克薩斯
Pecos
San Angelo
Waco
DAVIS MTS.
EDWARDS PLATEAU
Brady
Sanderson
Amistad Reservoir
奧斯丁
Seguin
聖安東尼奧
Uvalde
Victoria
Crystal City
Goliad
Nuevo Laredo
拉里多
Kingsville
Falcon Reservoir
Rio Grande City
McAllen
Harlingen
Monterrey
Matamoros
墨西哥
160°
155°
22°
20°
Mount Waialeale 5,200 ft.
KAUAI
Kapaa
Lihue
NIIHAU
夏威夷
OAHU
Kaneohe
火奴魯魯(檀香山)
PACIFIC OCEAN
LANAI
艾奧
MAUI
Waimea
Honokaa
冒那開亞山 13,796 ft.
Hilo
HAWAII
冒那羅亞山 13,680 ft.
Pahala
0 100 200 mi
0 150 300 km
俄羅斯
Barrow
北冰洋
Point Hope
Prudhoe Bay
70°
布魯克斯山脈
Kotzebue
Selawik
SEWARD PENINSULA
阿拉斯加
諾姆
Bering Strait
Galena
費爾班克斯
ST. LAWRENCE ISLAND
阿拉斯加山脈
加拿大
Bethel
馬金利山 20,320 ft.
ATTU ISLAND
安克拉治
Valdez
Cordova
60°
Kenai
Homer
Dillingham
Seldovia
聖伊萊亞斯山脈 18,008 ft.
Skagway
朱諾
白令海
阿留申群島
KISKA ISLAND
Bristol Bay
阿拉斯加灣
Kodiak
科的阿克島
Shishaldin Volcano 9,372 ft.
亞歷山大群島
Wrangell
0 300 600 mi
0 500 1000 km
ADAK ISLAND
ATKA ISLAND
Dutch Harbor
UMNAK ISLAND
UNIMAK ISLAND
Ketchikan
Dixon Entrance
180°
160°
140°

S
T
U
V

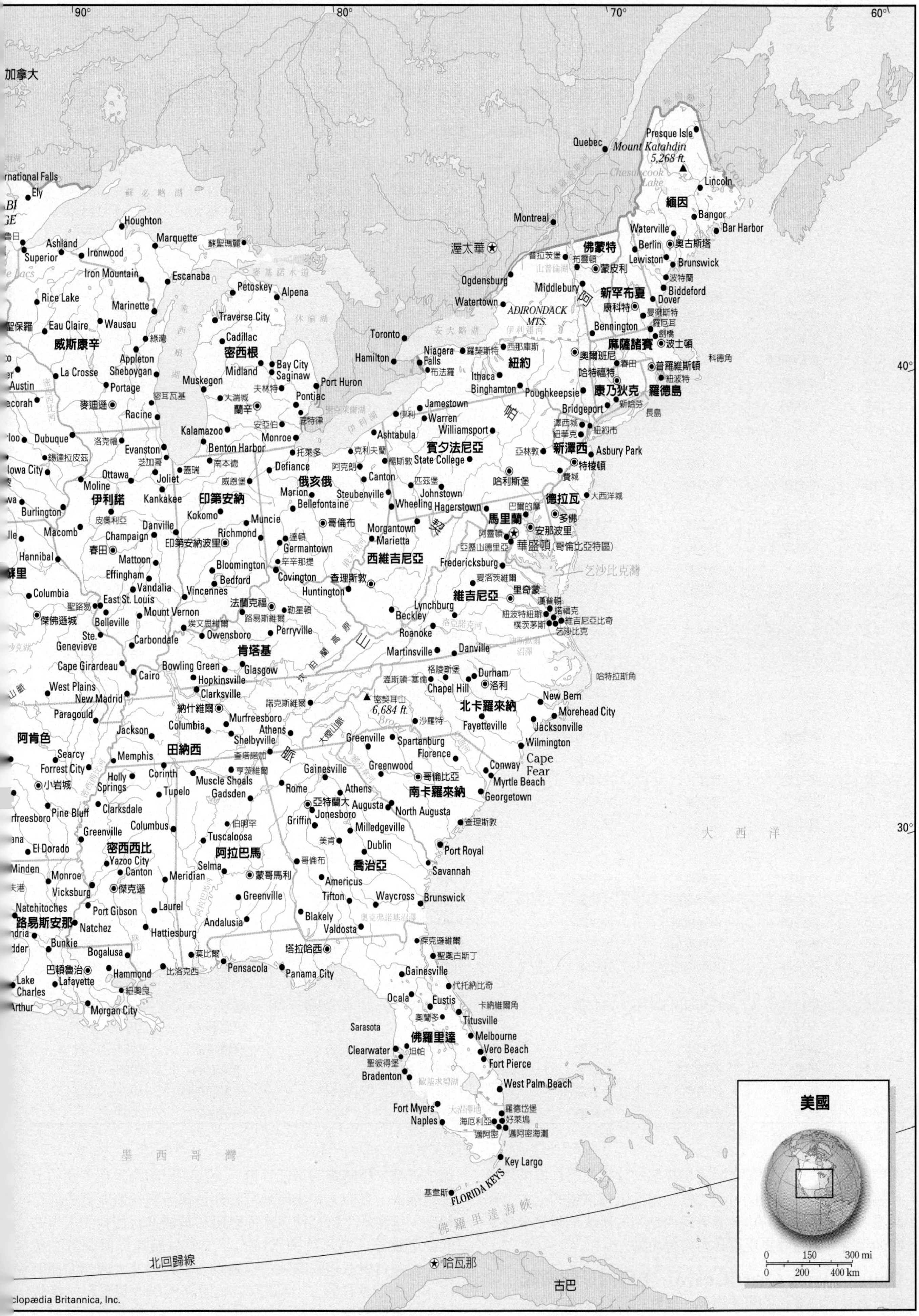

90°
80°
70°
60°
40°
30°
加拿大
Quebec
Mount Katahdin
5,268 ft.
Presque Isle
Chesuncook Lake
Lincoln
緬因
Bangor
Bar Harbor
Montreal
Waterville
Berlin
奧古斯塔
Lewiston
Brunswick
渥太華
佛蒙特
普拉茨堡
布靈頓
蒙皮利
波特蘭
Biddeford
Ogdensburg
Middlebury
新罕布夏
Dover
康科特
曼徹斯特
Watertown
ADIRONDACK MTS.
Bennington
羅厄耳
劍橋
麻薩諸塞
波士頓
科德角
奧爾班尼
Toronto
Hamilton
Niagara Falls
羅契斯特
西那庫斯
布法羅
紐約
哈特福特
春田
普羅維斯頓
紐波特
Ithaca
Binghamton
康乃狄克
羅德島
Poughkeepsie
Bridgeport
新哈芬
長島
Jamestown
伊利
Warren
Williamsport
澤西城
紐華克
紐約市
安大略湖
休倫湖
蘇必略湖
密西根湖
伊利湖
International Falls
Ely
Houghton
Marquette
蘇聖瑪麗
Ashland
Superior
Ironwood
Iron Mountain
Escanaba
Petoskey
Alpena
Rice Lake
Marinette
Traverse City
Cadillac
聖保羅
Eau Claire
Wausau
密西根
綠灣
威斯康辛
Appleton
Bay City
Saginaw
La Crosse
Sheboygan
Midland
Austin
Portage
Muskegon
夫林特
Port Huron
密耳瓦基
大湍城
Pontiac
Decorah
麥迪遜
蘭辛
Racine
底特律
安亞伯
Kalamazoo
Monroe
Ashtabula
Dubuque
洛克福
Benton Harbor
托萊多
克利夫蘭
賓夕法尼亞
State College
Evanston
芝加哥
楊斯敦
Asbury Park
亞林敦
新澤西
錫達拉皮茲
南本德
Defiance
阿克朗
Canton
匹茲堡
特棱頓
Iowa City
Ottawa
Joliet
蓋瑞
威恩堡
俄亥俄
Johnstown
哈利斯堡
費城
Moline
伊利諾
Kankakee
印第安納
Marion
Steubenville
大西洋城
Burlington
Kokomo
Bellefontaine
Wheeling
Hagerstown
德拉瓦
巴爾的摩
多佛
皮奧利亞
Danville
Muncie
哥倫布
Morgantown
馬里蘭
Macomb
Champaign
Richmond
達頓
Marietta
阿靈頓
安那波里
印第安納波里
Germantown
春田
亞歷山德里亞
華盛頓(哥倫比亞特區)
Hannibal
Mattoon
Bloomington
辛辛那提
西維吉尼亞
Fredericksburg
Effingham
Bedford
Covington
查理斯敦
乞沙比克灣
密蘇里
Vandalia
Vincennes
Huntington
夏洛茨維爾
Columbia
聖路易
East St. Louis
法蘭克福
勒星頓
維吉尼亞
里奇蒙
漢普頓
Lynchburg
諾福克
傑佛遜城
Belleville
Mount Vernon
路易斯維爾
Beckley
紐波特紐斯
維吉尼亞比奇
樸茨茅斯
乞沙比克
Ste. Genevieve
埃文思維爾
Owensboro
Perryville
Roanoke
Carbondale
肯塔基
Martinsville
Danville
Cape Girardeau
Bowling Green
Glasgow
Cairo
格陵斯堡
Durham
哈特拉斯角
West Plains
Hopkinsville
溫斯頓-塞倫
洛利
Clarksville
Chapel Hill
New Madrid
密契耳山
6,684 ft.
New Bern
Paragould
納什維爾
諾克斯維爾
北卡羅來納
Morehead City
Murfreesboro
Jonesboro
Columbia
Athens
沙羅特
Fayetteville
Jackson
Shelbyville
Jacksonville
阿肯色
田納西
大煙山脈
Greenville
Spartanburg
Wilmington
Searcy
Memphis
查塔諾加
Florence
Cape Fear
Forrest City
Holly Springs
Corinth
亨茨維爾
Gainesville
Greenwood
Conway
Myrtle Beach
小岩城
Muscle Shoals
Tupelo
Gadsden
Rome
哥倫比亞
南卡羅來納
Georgetown
亞特蘭大
Athens
Augusta
North Augusta
Clarksdale
Jonesboro
Pine Bluff
Greenville
Columbus
伯明罕
Griffin
Milledgeville
查理斯敦
Tuscaloosa
美肯
El Dorado
密西西比
阿拉巴馬
Dublin
Port Royal
Yazoo City
Selma
哥倫布
喬治亞
Savannah
Minden
Monroe
Canton
Meridian
蒙哥馬利
Americus
Vicksburg
傑克遜
Greenville
Tifton
Waycross
Brunswick
Natchitoches
Port Gibson
Laurel
Blakely
路易斯安那
Natchez
Andalusia
Valdosta
Hattiesburg
Bunkie
Bogalusa
莫比爾
塔拉哈西
傑克遜維爾
聖奧古斯丁
巴頓魯治
Hammond
比洛克西
Pensacola
Panama City
Gainesville
Lafayette
Lake Charles
紐奧良
代托納比奇
Ocala
Eustis
Morgan City
卡納維爾角
奧蘭多
Titusville
Sarasota
佛羅里達
Melbourne
Clearwater
坦帕
Vero Beach
聖彼得堡
Fort Pierce
Bradenton
歐基求碧湖
West Palm Beach
Fort Myers
羅德岱堡
Naples
海厄利亞
好萊塢
大沼澤地
邁阿密
邁阿密海灘
墨西哥灣
Key Largo
基韋斯
FLORIDA KEYS
佛羅里達海峽
北回歸線
哈瓦那
古巴
大西洋
美國
0
150
300 mi
0
200
400 km
© Encyclopædia Britannica, Inc.

S T U V

美國歷屆總統、副總統

任別	總　統	出生地	政　　黨	任　　期	副總統	出生地	任　　期
1	華盛頓	維吉尼亞	聯邦黨	1789～1797	亞當斯	麻薩諸塞	1789～1797
2	亞當斯	麻薩諸塞	聯邦黨	1797～1801	傑佛遜	維吉尼亞	1797～1801
3	傑佛遜	維吉尼亞	共和黨（傑佛遜黨）	1801～1809	伯爾 柯林頓	新澤西 紐約	1801～1805 1805～1809
4	麥迪遜	維吉尼亞	共和黨（傑佛遜黨）	1809～1817	柯林頓 格里	紐約 麻薩諸塞	1809～1812＊ 1813～1814＊
5	門羅	維吉尼亞	共和黨（傑佛遜黨）	1817～1825	湯普金斯	紐約	1817～1825
6	亞當斯	麻薩諸塞	國民共和黨	1825～1829	卡爾霍恩	南卡羅來納	1825～1829
7	傑克遜	南卡羅來納	民主黨	1829～1837	卡爾霍恩 范布倫	南卡羅來納 紐約	1829～1832＊＊ 1833～1837
8	范布倫	紐約	民主黨	1837～1841	約翰遜	肯塔基	1837～1841
9	哈利生	維吉尼亞	輝格黨	1841＊	泰勒	維吉尼亞	1841
10	泰勒	維吉尼亞	輝格黨	1841～1845			
11	波克	北卡羅來納	民主黨	1845～1849	達拉斯	賓夕法尼亞	1845～1849
12	泰勒	維吉尼亞	輝格黨	1849～1850＊	費爾摩爾	紐約	1849～1850
13	費爾摩爾	紐約	輝格黨	1850～1853			
14	皮爾斯	新罕布夏	民主黨	1853～1857	金恩	北卡羅來納	1853＊
15	布坎南	賓夕法尼亞	民主黨	1857～1861	布雷肯里奇	肯塔基	1857～1861
16	林肯	肯塔基	共和黨	1861～1865＊	哈姆林 詹森	緬因 北卡羅來納	1861～1865 1865
17	詹森	北卡羅來納	民主黨（聯盟）	1865～1869			
18	格蘭特	俄亥俄	共和黨	1869～1877	科爾法克斯 威爾遜	紐約 新罕布夏	1869～1873 1873～1875＊
19	海斯	俄亥俄	共和黨	1877～1881	惠勒	紐約	1877～1881
20	伽菲爾德	俄亥俄	共和黨	1881＊	亞瑟	佛蒙特	1881
21	亞瑟	佛蒙特	共和黨	1881～1885			
22	克利夫蘭	新澤西	民主黨	1885～1889	亨德里克斯	俄亥俄	1885＊
23	哈利生	俄亥俄	共和黨	1889～1893	摩頓	佛蒙特	1889～1893
24	克利夫蘭	新澤西	民主黨	1893～1897	史蒂文生	肯塔基	1893～1897
25	馬京利	俄亥俄	共和黨	1897～1901＊	霍巴特 羅斯福	新澤西 紐約	1879～1899＊ 1901
26	羅斯福	紐約	共和黨	1901～1909	費爾班克斯	俄亥俄	1905～1909
27	塔虎脫	俄亥俄	共和黨	1909～1913	雪曼	紐約	1909～1912＊
28	威爾遜	維吉尼亞	民主黨	1913～1921	馬歇爾	印第安納	1913～1921
29	哈定	俄亥俄	共和黨	1921～1923＊	柯立芝	佛蒙特	1921～1923
30	柯立芝	佛蒙特	共和黨	1923～1929	道斯	俄亥俄	1925～1929
31	胡佛	愛荷華	共和黨	1929～1933	柯蒂斯	堪薩斯	1929～1933
32	羅斯福	紐約	民主黨	1933～1945＊	伽納 華萊士 杜魯門	德克薩斯 愛荷華 密蘇里	1933～1941 1941～1945 1945
33	杜魯門	密蘇里	民主黨	1945～1953	巴克萊	肯塔基	1949～1953
34	艾森豪	德克薩斯	共和黨	1953～1961	尼克森	加利福尼亞	1953～1961
35	甘迺迪	麻薩諸塞	民主黨	1961～1963＊	詹森	德克薩斯	1961～1963
36	詹森	德克薩斯	民主黨	1963～1969	韓福瑞	南達科他	1965～1969
37	尼克森	加利福尼亞	共和黨	1969～1974＊＊	安格紐 福特	馬里蘭 內布拉斯加	1969～1973＊＊ 1973～1974
38	福特	內布拉斯加	共和黨	1974～1977	洛克斐勒	緬因	1974～1977
39	卡特	喬治亞	民主黨	1977～1981	孟岱爾	明尼蘇達	1977～1981
40	雷根	伊利諾	共和黨	1981～1989	布希	麻薩諸塞	1981～1989
41	布希	麻薩諸塞	共和黨	1989～1993	奎爾	印第安納	1989～1993
42	柯林頓	阿肯色	民主黨	1993～2001	高爾	華盛頓特區	1993～2001
43	布希	麻薩諸塞	共和黨	2001～	錢尼	內布拉斯加	2001～

＊死於任內　　＊＊任內辭職

部門，由陸軍部長帶領。陸軍參謀部向陸軍部部長提供建議和協助，並管理一般的行政工作，包括工程軍團的土木工程計畫。陸軍部隊同時也負責管理西點的美國陸軍軍官學校。2000年時，美國陸軍現役兵力約有40萬人。

United States Coast Guard　美國海岸防衛隊　美國負責執行海商法的軍事單位。在和平時期，這支部隊由運輸部管轄；戰時歸海軍部管轄。美國海岸防衛隊在美國領土管轄權內，在海上和水域執行聯邦法律，對領航開發並進行援助，維護救生艇和使用水面艦艇和飛機進行搜救的工作站的活動網路。還爲美國水域的非法藥品航運提供攔截的援助；它還負責派遣國際冰情巡邏隊（維持對北大西洋海運航線冰山的偵察任務），爲國家氣候服務機構收集資料；援救遇難艦艇和飛機。美國海岸防衛隊在戰時的職責包括艦艇護航、港口安全和運輸任務。2000年，美國海岸防衛隊現役人員達35,000人。

United States Courts of Appeals　美國聯邦上訴法院　美國聯邦司法體系裡中級上訴法院之一，依據美國國會法案建立。對於十一個聯邦上訴法院來說，每個法院有權對聯邦地方法院（參閱United States District Court）的審議進行覆審，同時也是美國稅務法院管轄範圍內和美國破產法院的部門。由於哥倫比亞地區上訴案件較多，該地區建立了自己的上訴法院。對於聯邦上訴巡迴法院（1982年成立）來說，美國聯邦上訴法院對於一些專門法院擁有管轄權，其中包括美國聯邦申訴法院（擁有最初的申訴裁判權，但不受理針對美國的侵權求償訴訟）和美國國際貿易法院（依據關稅法規對民事訴訟具有專屬管轄權）。聯邦巡迴法院也參與對各聯邦管理機構法則的覆審和執行，如聯邦貿易委員會、證券交易委員會和全國勞工關係局。美國最高法院有權對所有上訴法院的判決進行覆審。

United States District Court　美國聯邦地方法院　美國聯邦司法體系中具有一般管轄權的九十個審判法院的通稱。每一個州和哥倫比亞特區和波多黎各自由聯邦至少設立一個聯邦地方法院，各地方法院至少設有一個地方法官（也可以多設）、一個書記官、一個辯護人、一個執行官、一個或幾個預審法官、破產審判法官、緩刑監督官、法院書記員和法院工作人員。地方法院的判決可以上訴到美國聯邦上訴法院。

United States Marine Corps (USMC)　美國海軍陸戰隊　美國海軍部內的獨立軍種（參閱United States Navy），負責以海上部隊奪取和保衛前進基地，並負責進行與海上戰役有關的陸上和空中的作戰行動。它也負責爲海外服役的特遣分隊提供某些種類的海上船艦，也爲海軍岸上設施和美國駐外國的外交使團提供保安部隊。海軍陸戰隊的專長是兩棲登陸，如第二次世界大戰時在日本所轄島嶼進行的登陸。自1775年以來，美國海軍的每一次重大的作戰行動都有陸戰隊參加，通常在戰爭之初第一個投入戰場，或是列爲第一批先頭部隊參戰。2000年美國海軍陸戰隊現役軍人達17.5萬人。

United States Military Academy　美國陸軍軍官學校　別名西點軍校（West Point）。美國陸軍訓練軍官的高等學院。1802年在紐約州西點成立，是世界上最早的軍事學院之一。該校創建時只是一所工兵訓練學校，事實上也是美國第一所工程學校。1812年重新組織，1866年擴展教育計畫。1976年起開始招收女性。學生在校學習四年，接受學院級的教育和訓練，畢業後授予理科學士學位和美國陸軍少尉軍銜。曾在西點軍校接受訓練的領袖包括：格蘭特、雪曼、李、「石牆」傑克森、戴維斯、潘興、艾森豪、麥克阿瑟、布萊德雷以及巴頓。目前註冊生人數約4,000。

United States Naval Academy　美國海軍官校　亦稱亞那波里斯軍校（Annapolis）。主要負責培養美國海軍和海軍陸戰隊的軍官。該校於1845年創建於亞那波里斯，1850～1851年改組，1976年起開始招收女性。畢業後學員授予理科學士學位和美國海軍少尉軍銜。亞那波里斯已經培養出許多傑出名人，其中包括杜威、伯德、尼米茲、海爾賽、邁克爾生、李科佛、卡特、裴洛及數個太空人。目前註冊生人數約4,000。

United States Navy　美國海軍　美國軍隊的主要軍種，負責海上國防和在美國利益所在之處維持海上的安全。1775年大陸會議建立大陸海軍，1784年大陸海軍被解散，但由於柏柏里海盜對美國商船的騷擾，美國國會在1798年決定成立海軍部。美國海軍參與1812年戰爭，成爲後來南北戰爭中聯邦政府勝利的一個重要因素。在美西戰爭（1898）中海戰的勝利，導致美國海軍進入穩定發展的時期。在第一次世界大戰期間，美國海軍的職責限於運送軍隊、布雷艦艇，並爲商船提供護航。日本襲擊珍珠港海軍基地（1941）導致美國參加第二次世界大戰，美國海軍除了執行反潛作戰和運輸軍隊任務外，在太平洋戰區和歐洲沿海還進行了兩棲戰。其航空母艦在太平洋與日軍進行戰役中發揮了重要作用，它們也一直是海軍艦艇的中堅力量。自第二次世界大戰以來，美國海軍保持著世界最龐大和最強大的海軍力量。海軍部隸屬於國防部，由海軍部長領導。海軍包括美國海軍陸戰隊及戰時成爲海軍一個兵種的美國海岸防衛隊。2000年時美國海軍現役人員達40萬人（不包括海軍陸戰隊和海岸防衛隊）。亦請參閱United States Naval Academy。

United States service academies　美國軍官學校　培訓軍事和商船軍官的一群高等學府：美國陸軍軍官學校（西點軍校）、美國海軍官校（安納波利斯軍校）、美國空軍官校、美國海岸警衛隊軍官學校（1876年創建）以及美國商船學校（1934年創建）。

United Steelworkers of America (USWA)　美國鋼鐵工人聯合會　美國鋼鐵工人、煉鋁及其他冶金工人的工會。脫胎自鋼鐵工人工會委員會（SWOC），1936年新成立的產業工會委員會（參閱AFL-CIO）與鐵、鋼和錫工人混合工會之間達成協議而組成的。在摩雷的領導下，鋼鐵工人工會委員會很快發展成爲強大的組織。1942年鋼鐵工人工會委員會改爲美國鋼鐵工人聯合會，仍由摩雷任主席，直到他於1952年去世爲止。美國鋼鐵工人聯合會於1944年吸收美國鋁工人工會，到1950年代中期會員達到100萬人以上。在第二次世界大戰後期間，它爲其會員們爭取到許多空前的利益。然而自1970年代開始，隨著美國鋼鐵工業的嚴重萎縮，其會員人數和談判權力都日見下降。

Unity (School of Christianity)　基督教合一派　美國教派。1889年由費爾摩爾（1854～1948）和妻子默特爾（1845～1931）成立於密蘇里州堪薩斯城。默特爾認爲她已靠靈修療法自己治好結核病，夫婦二人開始贊成靈修療法。在1922年以前，合一派一直是國際新思想派聯盟的成員。與其他新思想派不同的是，合一派並不排斥基督教與現代藥物。它沒有明確的教條且是跨教派的。其靜默合一會透過諮詢及禱告提供協助，每年有250萬人經由郵件、電話和網際網路尋求協助。合一會發行雜誌和書籍，還爲該會未來的教士開辦研習課程。

unity-of-science view ➠ unified science

universal　共相　知識論和邏輯中的一般用語或普通名詞，表示組合或分類的重新出現或原理。共相被看成一個實體，因而被認爲提出了應把那種存在歸於一般名詞之指方的問題（例如，提出了除具體的紅東西外是否還有紅的？）。關於共相之地位的爭論始於柏拉圖認爲形式或理念具有一種眞正存在亞里斯多德則認爲：形式或共相僅存在於被人覺察到的殊相之「中」。儘管兩位都認爲共相是實在的，但他們之間仍有差別：柏拉圖的信念是「共相在事物之先」，亞里斯多德的信念是「共相在事物之中」。

Universal Declaration of Human Rights　世界人權宣言　由聯合國大會於1948年審議通過的世界人權宣言。

儘管大會無異議地全數通過，但有8票棄權。在「世界人權宣言」的三十個法條中不僅包含了公民權和政治權的定義（包括奴隸自由和有權享有國籍），而且包含經濟權、社會權和文化權的定義（包括社會安全權、和平集會與結社的自由）。所有這些權利的制定都歸成員國司法權管轄。「世界人權宣言」已取得比先前更高的司法地位，甚至是在國家法院，人權也已經被廣泛地實行，成爲判斷是否遵從聯合國人權義務的一種依據，並由此形成了非政府組織的工作基礎，如國際特赦組織。

Universal Negro Improvement Association (UNIA) 全球黑人促進協會 黑人領袖賈維建立的組織，提倡種族自尊和經濟自給，並以在非洲建立獨立的黑人國家爲宗旨。1914年建於牙買加，1916年賈維抵紐約市後，該組織在美國北部主要黑人區產生深刻影響。1923年賈維被指控詐騙錢財，被定罪後，該組織失去影響。但仍是黑人民族主義運動的先驅。

Universal Pictures 環球影片公司 美國電影公司。1912年由萊梅里創建，在1920年代出產的低成本系列片和1930年代流行的恐怖片中占領先地位，其後期製作的影片包括艾博特和科斯蒂洛喜劇，以及桃樂絲黛和洛赫遜的室內鬧劇。1962年該公司被美國音樂公司收購，1966年成爲最大電視劇包裝商環球城市電影公司的一個分部。該公司打入好來塢電影變成環球電影主題公園，後在佛羅里達州奧蘭多開闢了第二個主題公園。

Universal Product Code (UPC) 商品條碼 用來辨識貨物和其他零售商品的標準條碼。在商品條碼系統中，左側的5個數碼分配給特定的製造商或製造者，而右側的5個數碼則由製造商用來辨識產品的特定種類或品牌。

Universal Resource Locator ➠ URL

Universal Serial Bus ➠ USB

Universal Time 世界時 格林威治子午線（即0°經線）的平太陽時。1928年世界時取代了格林威治平時。從1972年起以國際原子時爲準，利用特定原子的躍遷頻率固定不變的時間，用原子鐘加以度量。世界時在大多數用途上與格林威治平時並無分別。

Universalism 普救論 相信一切靈魂會獲得救贖的信仰。普救論在基督教歷史上屢次出現，18世紀中期在美國這種觀念演變成有組織的運動。普救論不相信一個慈愛的上帝會只揀選一部分人得救，而把其餘的人淪於永久懲罰。普救論主張在宗教中運用理性，根據科學發現而變通信仰，因此傳統基督教的奇蹟因素被排斥，而耶穌基督被認爲是一個偉大的導師，值得模仿的典範，但不被奉爲神聖。1961年美國的普救派與一神論派合併。亦請參閱Unitarianism。

universe 宇宙 物質與能量，其中地球只是一部分。宇宙的主要組成部分是星系，星系內有恆星和星團，還有星雲（參閱nebula）。地球所繞行的太陽是本星系（銀河系）內數以十億計的恆星之一。所有的原子、亞原子粒子和它們組成的每種物體都是宇宙的部分。宇宙由強力、弱力、電磁力、引力這四大基本力量控制。爲了解釋宇宙的起源和結構，已有無數理論提出。亦請參閱cosmology、expanding universe、steady-state theory。

university 大學 高等學府，一般設有文理學院、研究所和專科學院，它們都有權授予各學科領域的學位。大學與學院的區別，在於大學規模較大，課程開設廣泛，可以授予學士、專科和肄業生學位。第一所眞正的大學是11世紀末在波隆那創立的。歐洲北部的第一所大學是巴黎大學，它以講授神學著名，成爲牛津、劍橋、海德堡及其他大學效法的榜樣。第一所現代大學是1694年創辦的哈雷大學，這所學校不理會任何教派的教義，而支持對知識進行理性的、客觀的探討，哈雷大學的革新辦法，格丁根、柏林以及德國和美國的許多大學也陸續採用。1862年「莫里爾法」通過後，美國的高等院校大幅增加。

UNIX＊ UNIX作業系統 數位電腦的作業系統，1969年由貝爾實驗室的湯普森發展出來。最初設計給單一的使用者（名稱是早期作業系統Multics的諧音）。C語言是後來專爲UNIX作業系統而發展的，UNIX作業系統幾乎全部以C語言重寫，改進的部分包括增加多元程式設計以及分時能力，並強化可攜性。UNIX作業系統在大學十分普遍，大多數用於科學與工程的工作站，以及用於大多數的網際網路服務提供者的伺服器。因爲模組化的結構使其容易修改，學術單位和產業界以多種方式加以改進（參閱Linux）。

Unkei＊ 運慶（西元1148?～1223年） 日本雕刻家。其佛像雕塑風格，在幾個世紀內對日本藝術有巨大影響。在快慶等人的協助下，爲奈良的興福寺和東大寺雕像。東大寺南大門約8公尺高的二王像，神形兼備。晚年製作許多雕像。

Unkiar Skelessi, Treaty of＊ 斯凱勒西村條約（西元1833年） 鄂圖曼帝國和俄國在伊斯坦堡附近的伊斯凱勒西村簽訂的盟約，爲了回報俄國的軍事協助，鄂圖曼蘇丹馬哈茂德二世遂與俄國簽訂此項和平友好條約。其中有一個祕密條款是：除俄國軍艦外，鄂圖曼不得允許任何外國軍艦進入達達尼爾海峽。此約使鄂圖曼帝國實際上成爲俄國的保護國，並引起其他國家的猜忌。俄國於1841年放棄了對達達尼爾海峽的特權。

Unser, Bobby and Al(fred) 昂塞爾兄弟（伯比與艾爾）（西元1934年～；西元1939年～） 伯比原名Robert William Unser。美國汽車賽手，昂塞爾兄弟出身賽手家庭，從很早便開始學習駕駛技術。在參加印第安納波里五百哩賽之前，兩人都贏得派克山爬坡賽和美國汽車俱樂部多項賽事。伯比在1968、1975和1981年獲得印第安納波里五百哩賽冠軍，艾爾則在1970、1971、1978和1987年獲得冠軍。艾爾的兒子小艾爾（1962～）贏得1992和1994年的印第安納波里五百哩賽冠軍。

Unterwalden＊ 翁特瓦爾登 原瑞士中部一州。1173年以後受哈布斯堡歷代伯爵統治。1291年與烏里、施維茨一起，形成瑞士聯邦核心的永久同盟。1340年分成下瓦爾登和上瓦爾登兩部分。1803年它們分爲兩個同等權利的半州。

untouchable 不可接觸者 印度傳統社會中低種姓印度教集團的任何成員，以及不屬於種姓制度的任何個人。聖雄甘地稱不可接觸者爲哈利珍。現代印度憲法正式承認不可接觸者處於悲慘境地，除了廢止不可接觸的制度外，憲法還給予這些集團特殊照顧，並在印度國會中給他們特殊席位。傳統上，所謂不可接觸者的職業和生活習慣都涉及所謂不潔的活動，其中主要爲：殺生，如漁民；屠宰或處理死畜或製革；從事接觸人體排泄物，如清掃工和洗衣工；食用牛肉、豬肉和雞肉。許多不可接觸者改信其他宗教以逃避歧視。

upanayana＊ 入法禮 印度教入會儀式，限於三個高階的瓦爾納（varna，即等級）。入法禮象徵著男子進入學生生活，被接納爲教團的正式成員。在舉行一次儀式性沐浴後，五～二十四歲的男孩被打扮成像是一個苦修者，然後被帶到古魯面前傳授他各種象徵性的教規。入會時會得到一串聖珠，一生都要戴著它，象徵再度重生，這次重生將受到曼怛羅功效的影響。入法禮的儀式現已逐漸減少，現在主要限於婆羅門種姓階級。

Upanishad＊　奧義書　亦譯優婆尼沙曇。印度教古代吠陀文獻的思辨作品，用散文或韻文寫成。他們的活動時期有的早在西元前1000年前後，有的則在西元前600年左右。它們代表吠陀傳統的最後發展階段，故以此爲依據的學說稱爲吠檀多。有些奧義書把自我與梵（終極實在）等同起來。並討論道德與永生的本質。其他主題包括萬物創造之輪迴與因果關係。

upasaka＊　居士　佛教在家信徒。此詞原泛指僧人以外的佛教信徒，而現今在東南亞往往指每週聖日前往當地寺廟拜佛和曾發有特殊誓願的虔誠信徒。居士受持五戒，即不殺生、不偷盜、不邪淫、不妄語、不飲酒，並布施僧衆。

UPC ➠ Universal Product Code

Updike, John (Hoyer)　厄普戴克（西元1932年～）美國作家。生於賓夕法尼亞州石林頓，曾就讀於哈佛大學，1955年與《紐約客》開始建立一段長期的合作關係。其作品以對中產階級生活的細膩手法和敏銳的描寫而聞名。其著名的「兔子」四步曲——《兔子，跑吧》（1960）、《兔子回來了》（1971）、《兔子發財了》（1981，獲普立茲獎）和《兔子安息了》（1990，獲普立茲獎）——講述了20世紀晚期一個非常普通的美國人數十年的奮鬥歷程。其他作品包括《半人半馬怪》（1963）、《來自農場》（1965）、《夫婦》（1968）、《伊斯特威克的女巫們》（1984；1987年拍成電影）及《美麗的百合》（1996）。他還出版短篇小說集，其中包括《鴿羽》（1962），以及一些評論、散文和輕鬆小品文。

Upper Canada　上加拿大 ➠ Canada West

Upper Volta ➠ Burkina Faso

Uppsala＊　烏普薩拉　瑞典城市（1997年人口約184,507）。位於斯德哥爾摩北面。距古代斯韋阿王國的首府舊烏普薩拉僅數哩。13世紀時爲重要商業中心。其政治地位後被斯德哥爾摩取代，但仍爲瑞典大主教駐地，哥德式的大教堂（1435）俯臨全城。亦爲瑞典文化教育中心，全國最古老的大學。20世紀爲鐵路樞紐及工業城市。

Ur＊　烏爾　今稱泰勒穆蓋耶爾（Tall al-Muqayyar或Tell el-Muqayyar）。古代美索不達米亞南部（蘇美）的重要城市，位於幼發拉底河今河道以西約16公里。於西元前4000年建立。西元前25世紀該城成爲南美索不達米亞全境的首都。西元前22世紀再次成爲帝國的首都。西元前21世紀以後，烏爾不再作爲都城，但宗教和商業的地位仍重要。西元前約18世紀；這個時期據認爲亞伯拉罕住在烏爾。經過長時間的相對蕭條以後，尼布甲尼撒二世於西元前6世紀重建了該城。

烏爾的階梯狀金字塔形神殿外觀
Hirmer Fotoarchiv, Munchen

1920年代和1930年代發掘的遺址，有重要的考古價值。

uracil＊　尿嘧啶　一種嘧啶類有機化合物，往往稱作「鹼」，由包含氮和碳原子的環組成。它存在於許多重要的生物分子的組合形式中，包括核糖核酸（RNA）以及活躍於碳水化合物代謝過程中的若干種輔酶。在由去氧核糖核酸（DNA）合成RNA鏈的過程中，尿嘧啶與腺嘌呤配對。用選擇的水解技術可以從RNA製備出尿嘧啶或它相應的核苷或核苷酸。

Ural Mountains＊　烏拉山脈　在俄羅斯和哈薩克的山脈。歐洲與亞洲之間傳統的重要分界。北起喀拉海，南至烏拉河河谷，綿延2,100公里。山峰海拔平均高915～1,220公尺。最高峰納羅達峰海拔1,895公尺。烏拉山礦物資源極爲豐富，有銅、鎳、鉻鐵、金等，另有各種寶石。

Ural River　烏拉河　俄羅斯和哈薩克境內河流。源出烏拉山脈克魯格拉亞峰附近，在古里耶夫注入裏海。全長2,428公里，流域面積237,000平方公里。低段區可通航。

Uralic languages＊　烏拉諸語言　擁有30多種語言的語族，分布於歐亞大陸中部和北部地區，使用人數達2,500萬。烏拉諸語言可分爲兩大支，即芬蘭－烏戈爾諸語言，是最多人使用的語言；薩莫耶德諸語言。薩莫耶德諸語言在歷史上爲西伯利亞北部森林地區、從鄂畢灣到白海苔原和海岸地區以及東至泰梅爾半島的居民所使用的語言。現知的語言包括恩加納薩尼語（塔弗基語）、埃內茨語（葉尼塞－薩莫耶德語）、涅涅茨語（尤拉克語）、塞爾庫普語（奧斯加克-薩莫耶德語）、卡馬斯語（卡馬斯安語）和馬托語（摩托語）。馬托人在19世紀絕種，最後一個說卡馬斯的人也死於1989年。涅涅茨語大約還有25,000人使用，目前仍有兒童學習該語，是這些語言中最能獨立發展的。這些語言與芬蘭－烏戈爾諸語言的辭彙甚少相同。部分專家認爲烏拉諸語言和尤卡吉爾語之間存在一種遙遠的起源關係（參閱Paleo-Siberian languages）。

uraninite＊　晶質鈾礦　鈾的主要礦石礦物，其成分是二氧化鈾（UO_2）。黑色、灰色或褐色晶體，中等硬度的，一般不透明。鈾元素和鐳是在捷克共和國採得的晶質鈾礦中首次提煉出來的。鈾礦礦床也出現在德國、加拿大和美國科羅拉多高原。亦請參閱pitchblende。

採自加拿大西北地區大熊湖的瀝青鈾礦
By courtesy of the Field Museum of Natural History, Chicago; photograph, John H. Gerard

uranium　鈾　化學元素錒系稀土金屬（有許多過渡元素的特性），化學符號U，原子序數92。是一種緻密、堅硬、銀白色的金屬，在空氣中會失去光澤，從瀝青鈾礦等礦石中提煉出來。1940年發現第一個超鈾元素以前，一直認爲鈾是最重的元素。貝克勒耳發現鈾具有放射性。它的所有同位素也都具有放射性；其中有幾種同位素的半衰期很長，可以利用鈾－釷－鉛測年和鈾－234－鈾－238測定等方法來確定地球的年齡。1938年發現用中子來轟擊鈾會發生核分裂，接著就發明了自持的原子核鏈鎖反應、原子彈以及核能。鈾在化合物中有多種原子價，鈾的有些化合物用作陶瓷的釉色、燈泡中的燈絲、攝影，以及染料和媒染劑。

uranium-234-uranium-238 dating　鈾－234－鈾－238測定　利用鈾－238放射衰變成鈾－234測定年齡的方

法。此法可用來測定海洋環境或乾鹽湖環境的沈積物的年代。此法適用於從約10萬年前到約120萬年前的這段時間，有助於彌補碳－14測年法與鉀氬測年法之間的空檔。

uranium-thorium-lead dating　鈾－釷－鉛測年　亦稱普通鉛測年（common-lead dating）。即透過岩石所含普通鉛的量確定該岩石起始時間的方法；普通鉛就是得自岩石或礦物的任何鉛，這種鉛含有大量鉛和少量鉛的放射性原始粒子－－鈾的同位素鈾－235和鈾－238以及釷的同位素釷－232。利用此法可以爲地球的年齡得出大約46億年。這個年齡同單獨測定的隕石的年齡和月球的年齡十分一致。

Uranus　天王星　太陽系的九大行星之一，順序排列是第七顆。赫瑟爾家族於1781年發現，以希臘象徵天空的神祇烏拉諾斯命名。藍綠色的氣體巨星，質量約爲地球的十五倍，體積超過地球的五十倍。密度小於地球；大氣頂部的重力比地球表面小11%。赤道直徑51,100公里。天王星有10條分隔清楚、細窄且暗淡的環，中間是寬闊的塵埃帶，主要是由卵石大小的深色物質構成。衛星數目至少有十五個（英文名多以莎士比亞作品的角色命名），磁場強度大約和地球磁場相當。這個行星估計每17個小時左右自轉一圈，繞著不尋常的水平軸轉動，就像是躺著以側邊轉動。繞行太陽一周要84年，平均距離28億7000萬公里。天文學家認爲天文星內部是由冰和氣體構成，可能具有小型的岩質核心。大氣厚度達數千公里，外觀的藍色是因爲大氣的甲烷吸收了虹光所致。大氣的上層主要是由氫和氦組成。

Uranus　烏拉諾斯　亦作Ouranus。希臘神話中天空的化身。從原始的混沌中出現的該亞（Gaea，大地）產生了烏拉諾斯、山和海。烏拉諾斯後來又與該亞結合生泰坦、獨眼巨人和百手怪。他憎恨自己的子嗣並把他們藏在該亞體內。該亞要他們起來報仇，克洛諾斯閹割了烏拉諾斯。滴到該亞身上的血又使她生了厄里倪厄斯、巨神以及美利埃（梣樹仙女）。被割下的生殖器漂在海上產生泡沫，從中又跳出愛芙羅黛蒂。烏拉諾斯還有另外的妻子：赫斯提、尼克斯、赫墨拉和克呂墨涅。

Urartu＊　烏拉爾圖　亞洲西南部古國。現今該區分布在亞美尼亞、土耳其東部和伊朗西北部。西元前13世紀～西元前7世紀爲王國全盛時期。西元前9世紀～西元前8世紀是近東的一個強國。考古學發現的時間自亞述王撒縵以色一世（西元前1274?～西元前1245年）年代，再三地被亞述攻擊。西元前7世紀末，烏拉爾圖最終被入侵的亞美尼亞人征服。

Urban II　烏爾班二世（西元1035?～1099年）　原名馬恩河畔沙蒂永的奧多（Odo of Chatillon-sur-Marne）。羅馬教宗（1088～1099）。原爲克呂尼修道院院長，後被教宗聖格列高利七世提拔爲樞機主教，繼續其教會改革措施。1088年當選爲教宗，爲了保障自己的權威，對抗僞教宗克雷芒三世，並鞏固了自身在改革運動中的地位。1095年在克萊蒙會議上，他號召發動第一次十字軍東征，以回應拜占庭皇帝亞歷克賽一世·康尼努斯的請求，並敦促東、西教會統一，同時還支持基督教教徒把西班牙從摩爾人手中奪回來。

Urban VI　烏爾班六世（西元1318?～1389年）　原名普里尼亞諾（Bartolomeo Prignano）。義大利籍教宗（1378～1389年在位）。1363年任阿切倫薩主教，1377年調往巴里，任教宗格列高利十一世的教務大臣，後來當選繼其位。這次選舉是義大利爲了安撫羅馬，後者要結束法蘭西支配的亞威農教廷。但烏爾班改革操之過急，激怒了法蘭西主教促使他們支持僞教宗克雷芒七世，因而開始了西方教會大分裂。歐洲被擁護兩教宗的兩派劃分。當那不勒斯女王支持克雷芒時，烏爾班與那不勒斯發生衝突。教會分裂的爭論，使教廷國一片混亂，烏爾班的死可能是遭他人毒害而死。

urban climate　城市氣候　大都會區特有且與其周圍郊區氣候不同的任何一組氣候條件。城市氣候與建築物少的地區的氣候因氣溫、濕度、風速、風向及降水量的差異而有所不同。這些差異大部分可歸因於人爲的建築物和地面的興建而導致自然地形的改變。例如，高樓大廈、鋪設的街道、停車場等影響著局部地點風的流通、雨水的徑流和局部的能量平衡。

urban planning　城市規畫　絕大多數工業化國家爲達到改善生活環境和某些社會與經濟目標而從事的計畫。在古代城市遺跡中，可以找到從事城市規畫的證據，如整齊的街道系統、供水與排水設施等。在文藝復興時期，歐洲的城市地區曾有意識地進行規畫，以滿足交通需求，爲了抵抗入侵還修築防禦設施。這種規畫思想，流傳到了美國。彭威廉設計的方格狀街道規畫，街道布局和劃分的土地小塊，能適應土地用途的迅速轉變。工業革命所形成的貧民區髒亂現象，引發了現代的城市規畫和改建運動。城市規畫師們制訂了住房、衛生、供水、排水和公共衛生的標準，還在擁擠的城區內開闢公園和遊戲場地。20世紀城市規畫主要思想是城市分區，即是規定房屋的性質，限制其高度與密度，以及保護業已建成的居民點。

Urbino majolica＊　烏爾比諾錫釉陶器　義大利烏爾比諾城生產的錫釉陶器。約自1520年即在市場上居主導地位。早期的器皿，主要是碟子，畫面色彩多樣，而以鮮黃、橘紅和褐色爲主，典型的裝飾是布滿器皿整個表面的敘事場景。這種風格稱爲伊斯托里亞多風格。內容取材於《聖經》、古典神話、古今歷史以及詩歌。後來則奇異風格完全取代了伊斯托里亞多風格。17世紀末生產衰落。

Urdu language＊　烏爾都語　印度和巴基斯坦的穆斯林使用的一種印度－雅利安語。在社會政治領域，烏爾都語和印地語是不同的語言，但是兩者的口語基礎是相同的；把烏爾都語當作書寫用語時，它與印地語的主要區別在於它接納了較多的波斯語或阿拉伯語辭彙，以及在一些文章造句的特徵。烏爾都語以阿拉伯字母書寫，不過對一些字母作了修改以標示特殊的印度－雅利安語讀音。烏爾都語雖是巴基斯坦的官方語，巴基斯坦把它當作國家統一的象徵來提倡，但只有不到8%的巴基斯坦人（主要是1947年分割以後來自印度的移民和其後代）把它當作第一語言。

urea＊　尿素　亦稱碳醯胺（carbamide）。最簡單的有機化合物之一。1828年由德國化學家維勒（1800～1882），第一個從無機材料合成的。碳酸的二醯胺，分子式爲H_2NCONH_2。它是哺乳動物和某些魚類體內蛋白質代謝分解的主要含氮終產物，它不僅存在於尿中，還存在其血液、膽汁、乳汁和汗液中。大量生產的工業化學產品之一。尿素含氮量高及價廉，用於農業肥料和動物飼料原料。尿素的第二大用途是製造脲醛樹脂。以及合成巴比妥酸鹽、炸藥穩定器、黏著劑、煙加工和防水。

uremia＊　尿毒症　由於腎功能衰竭，含氮廢物無法經尿排出，以致血中含氮物質濃度異常增高的一種病理狀態。任何會影響腎臟功能或妨礙尿液排出體外的疾病（參閱Bright's disease、diabetes mellitus和hypertension）皆可能導致尿毒症。初期症狀包括疲勞、倦怠和注意力不集中，患者可能會有癢感和肌肉顫動；皮膚乾燥、剝落、呈黃色；

口乾、有金屬異味、呼氣帶有阿摩尼亞味；噁心、嘔吐、腹瀉和便祕。當病情較爲嚴重時，會干擾神經、心臟血管和呼吸系統功能，進而導致高血壓、驚厥、心臟衰竭和死亡。如果原發病不能治療時，可能需要血液透析和腎移植。

Urey, Harold C(layton)＊ 尤列（西元1893～1981年） 美國科學家。在柏克萊加州大學獲化學博士學位。曾在好幾所大學任教。因發現氫的同位素氘和重水獲1934年貝爾化學獎。他是發展原子彈的關鍵人物，尤列小組提供了能藉氣體擴散法把可分裂的同位素鈾－235分離出來，他開發出確定前海洋溫度之方法。又進而研究地球各種元素的相對豐度，發展關於各種元素的起源及其在太陽和其他行星中的豐度的理論。在《行星的起源及形成》（1952）一書中闡述了他的理論。

Uriburu, José Félix＊ 烏里武魯（西元1868～1932年） 阿根廷軍人和獨裁者。前任總統的姪子，致力於維護貴族階級。訪問德國後，成爲普魯士軍國主義的狂熱崇拜者。1930年領導了推翻伊里戈延總統自由主義政權的軍事政變，使擁有土地的寡頭集團獲得政權。解散國家立法機關，修改憲法和選舉法，禁止自由激進分子參政。1931年策劃一次旨在使寡頭集團繼續操縱阿根廷政治的假選舉。爲使其同僚、在軍官中擁有大批支持者的胡斯托當選。

uric acid＊ 尿酸 一種嘌呤類化合物。進行消化時蛋白質降解所產生的氮主要以尿酸的形式排泄。人類也能排出少量尿酸（約每天0.7克），由核蛋白的組分嘌呤降解所產生。痛風患者血中尿酸量增高。尿酸工業用途是有機合成。

urinalysis＊ 尿分析 爲獲取臨床資料而對尿樣進行的實驗檢查。尿中有異常物質出現，以及尿顏色、比重和容量的變化都是疾病和損傷的明證。尿中可出現多種有機物和無機物，其中一些有很重要的臨床意義，如糖尿病患者尿中，酮體和葡萄糖的含量明顯增高；肌酸和氨基酸；尿酸（見於痛風）；尿素；礦物鹽；脂肪（見於重症糖尿病和腎疾患）等。臨床意義最大的包括兒茶酚胺、絨毛膜促性腺激素。尿蛋白存在表明腎功能有障礙。多種藥物過量及中毒時，可在尿中測到。

urinary bladder 膀胱 大多數脊椎動物（除鳥類外）體內用以暫時貯存來自腎的尿液的器官，經輸尿管與腎相連。在魚類爲輸尿管的膨大部分，在哺乳動物則是一個容積能大爲增加的肌性囊。有胎盤哺乳動物具有一條特殊管道（即尿道），從膀胱將尿導出體外。

urination 排尿 尿液從膀胱排出的過程。控制排尿的神經中樞位於脊髓、腦幹及大腦皮質。排尿活動有隨意肌及不隨意肌參與。膀胱內存有100～150公撮尿液時開始出現尿意。尿量達350～400公撮時即感到不適。膀胱壁感受到足夠的壓力時逼尿肌開始收縮，膀胱頸及尿道內口鬆弛，膀胱尿即可排出。正常情況下膀胱尿可完全排盡，但膀胱結石和前列腺炎可阻擋排尿；肌肉張力弛緩（特別是在年老婦女）和中樞神經系統破壞，可造成尿失禁。

urine 尿 代謝廢物和某些物質（常爲有毒物質）的液體或半固體溶液，排泄器官自循環液中把這些物質濾出並排出體外。大部分哺乳動物（包括人）的尿是在腎內形成，血漿先濾入腎單位，腎單位內的液體稱爲囊尿，其成分基本上與血漿類似，但沒有大分子物質（如蛋白質）。囊尿通過腎小管時，水和有用的血漿成分（如氨基酸、葡萄糖和其他營養物質）被重吸收進入血流，排出液體，稱爲終尿或膀胱尿，由水、尿素、無機鹽、肌酸酐、氨和血色素分解產物組成，其中的尿色素使尿顯出典型的黃色。亦請參閱hematuria、urinalysis、urinary bladder、urination。

URL URL 全名通用資源位標（Uniform Resource Locator或Universal Resource Locator）。網際網路資源的位址。資源可以是任何類型的檔案，儲存在伺服器上，例如網站網頁、文字檔、圖檔或是應用程式。位址包括三個元素：存取檔案的協定種類（例如網頁用HTTP，傳輸檔案用FTP），檔案所在的伺服器網域名稱或IP位址，還有非必須的檔案路徑（就是描述檔案的位置）。例如URL http://www.britannica.com/heritage指示瀏覽器使用HTTP協定，到www.britannica.com網頁伺服器，存取名稱爲heritage的檔案。

Urmia, Lake 烏爾米耶湖 波斯語作Daryacheh-ye Orumiyeh。中東地區最大的湖，在伊朗西北部。面積5,200～6,000平方公里。以湖水含鹽量極高著稱。湖長約140公里，寬約40～55公里，最大深度16公尺。湖的南部有小島嶼約五十座。主要支流有三條河。沒有出口。自1967年起，爲濕地保護區。

Urnfield culture 甕棺墓地文化 歐洲青銅時代晚期的一種文化，因把死者骨灰放置甕棺中而得名。最初出現於中歐東部和義大利北部，但從西元前12世紀起，逐漸擴展到烏克蘭、西西里、斯堪的那維亞、法國和西班牙。這一時期，戰爭似乎加劇；有大量青銅打製的武器，已採用裝有凸緣護把的利劍。甕棺文化的一致性與存留的某些陶器和金屬製品的形態，對較後的鐵器時代早期文化似乎產生過重大影響。

urogenital malformation 泌尿生殖系統畸形 用以形成及排出尿液的器官組織或性器官的結構缺陷。多囊性發育不良腎（遺傳疾病），一側或雙側腎臟有多數大小各異的囊腫，因而體積增大。腎臟形態異常或融合。輸尿管擴張。男性可有的尿道上裂和下裂；尿道口位於陰莖的上方或下側及隱睪；因機械性的阻礙或激素的缺陷，睪丸於胎齡九個月時不能降入陰囊。女性生殖系統畸形，包括卵巢、陰道或子宮發育不良，及子宮形態異常。

urology＊ 泌尿外科學 診斷及治療泌尿系統及男性生殖系統的醫學專科。現代泌尿學直接起源於中世紀專門進行手術除去膀胱結石的走方郎中。1588年西班牙外科醫生迪亞斯撰寫第一篇有關泌尿疾病的論文，一般認爲他是現代泌尿學的奠基人。大多數的現代泌尿外科學的方法是在19世紀發展起來的。今日泌尿外科醫生用膀胱鏡和各種影像診斷技術治療前列腺疾病，進行輸精管切除術，管形的內窺裝置，可窺視膀胱內部。及用手術取出泌尿系結石，和以手術切除腎臟、膀胱及睪丸的腫瘤。泌尿外科的病人，絕大多數是男性，女性的泌尿疾病可由婦科醫生治療。

Urquiza, Justo José de＊ 烏爾基薩（西元1801～1870年） 阿根廷軍人和政治家，推翻了羅薩斯，1841年成爲恩特雷里奧斯省省長。他與地方首領結成聯盟，於1852年擊敗羅薩斯。召集制憲會議，並通過一部美國式的憲法，各省大部接受了這部憲法，僅布宜諾斯艾利斯省拒絕加入新成立的聯邦，直到1859年才成爲其成員。1860年離開總統職務，帶領阿根廷軍隊在帕翁戰役中獲勝。他和他的兒子被一個政敵的支持者所暗殺。

Ursula, St.＊ 聖烏爾蘇拉（活動時期約西元4世紀） 傳說在西元4世紀被匈奴人殺害而殉教的童女隊領袖。原本童女人數爲11名，但是後來故事經過歷代口耳相傳下來，人數竟增加到11,000人。根據13世紀《黃金傳奇》記載，烏爾蘇拉是英格蘭公主，率領11,000名童女前往羅馬朝聖，歸途中全部殉難。從事教育女孩工作的聖烏爾蘇拉會以她爲主保聖人。

Urubamba River＊　烏魯班巴河　祕魯中部河流，亞馬遜水系之一。源出安地斯山區，長約725公里。與阿普里馬克河匯合成烏卡亞利河。烏魯班巴鎮以下，河床在32公里內從海拔3,400公尺陡降至2,400公尺。

Uruguay＊　烏拉圭　正式名稱烏拉圭東岸共和國（Oriental Republic of Uruguay）。南美洲東南部國家。面積176,215平方公里。人口約3,303,000（2001）。首都：蒙特維

多。主要種族集團爲高加索人，其祖先多爲西班牙人和義大利人，其餘爲梅斯蒂索人、穆拉托人和黑人，印第安人極少。語言：西班牙語（官方語）。宗教：天主教、新教和猶太教。貨幣：烏拉圭披索（Ur$）。南美洲唯一位在熱帶以外的國家。地形主要由低高原和低山丘帶組成。主要河流是內格羅河，烏拉圭河形成該國與阿根廷的西部邊界。礦產和能源資源有限。牧場約占土地面積的4/5，飼養了大量牲畜，以生產肉類、羊毛和皮革。主要作物有小麥、玉米、燕麥和大麥。其他重要工業包括旅遊業、漁業、紡織品、化學產品和運輸設備。政府形式是共和國，兩院制。國家元首暨政府首腦爲總統。在歐洲人來此殖民之前，烏拉圭主要居住著查魯亞印第安部落。1516年西班牙航海家迪亞斯．德索利斯駛入拉布拉他河灣。1680年葡萄牙人建立移民鎮。嗣後，西班牙人將葡萄牙人逐出，於1726年建立蒙特維多城，五十年後烏拉圭成爲拉布拉他總督轄區的一部分。1811年脫離西班牙獨立。1821年葡萄牙人又占領該地區，併爲巴西的一省。1825年烏拉圭人發動暴亂反叛巴西，1828年獲得獨立。1865～1870年與巴拉圭交戰。第二次世界大戰中保持了中立。1951年撤廢總統職位，以九人委員會取代之。1966年頒布新憲法，恢復總統體制。1973年發生一場軍事政變，1985年回到文人統治。1990年代經濟逐漸好轉。

Uruguay River　烏拉圭河　南美洲南部河流，源出巴西南部。成爲阿根廷和巴西及阿根廷和烏拉圭界河。在布宜諾斯艾利斯附近與巴拉那河匯流，形成拉布拉他河口灣。全長1,593公里。河口間有急流，但海輪可駛抵河口以上約210公里。

Uruk ➠ Erech

Urumqi＊　烏魯木齊　亦拼作Urumchi或Wu-lu-mu-ch'i。中國西北部城市（1999年人口約1,258,457），新疆維吾爾自治區首府。位於天山北面，最早於7～8世紀落入中國的掌握，成爲商隊前往突厥斯坦路途上的重要中心。維吾爾人約自750年起掌控此地，直到18世紀重歸中國統治爲止。這座城市曾在1864～1876年的穆斯林叛亂中陷落。當1884年新疆省（後來的新疆）正式成立，烏魯木齊成爲該省首府。這座城市快速發展成中亞最大的城市和貿易中心。位於開採煤礦和生產石油的地區，主要的製造業包括鐵、鋼、農業機械和化學製品。

Urundi ➠ Ruanda-Urundi

U.S. ➠ United States

U.S. News & World Report　美國新聞與世界報導
華盛頓特區出版的新聞週刊，勞倫斯（1888～1973）創辦於1933年。以報導重要新聞大事著稱。1945年又創辦了《世界報導》，1948年兩刊合併。其社論觀點從一開始就比它的主要競爭對手《時代》和《新聞週刊》更爲保守；很少報導體育與藝術方面的消息。1984年被祖克爾曼收購。

USA Today　今日美國　第一家走大衆口味路線的美國全國版日報。1982年由甘尼特公司總裁納哈斯創辦，一年內發行量就突破一百萬份，1990年代發行量打破二百萬份。一開始外界視這爲玩弄技倆以吸引人的報紙，毫無內容可言。可是它慢慢成爲一份高品質的刊物，發行量與廣告收入不斷成長，當時還能持續成長的報紙寥寥無幾。《今日美國》創刊時與衆不同之處在於大量的彩色圖片、新聞內容簡短、強調體育與影視新聞。這些特點後來也影響了其他報紙。

USB　USB　全名通用序列匯流排（Universal Serial Bus）。一種序列匯流排，方便周邊設備（磁碟、數據機、印表機、數位板、數據手套等）連接到電腦。「隨插即用」的界面，不需介面卡，不用將電腦重新開機就可以增加設備（後來稱爲熱插拔）。USB標準是由幾家大型電腦與電信公司發展出來，支援的資料傳輸速率達每秒12 MB，多重資料流，多達127個周邊。

USC ➠ Southern California, University of (USC)

Usman dan Fodio＊　奧斯曼．丹．弗迪奧（西元1754～1817年）　富拉尼的神祕主義者、哲學家和革命的改革家。他在1804～1808年的聖戰中建立了一個新的穆斯林國家——富拉尼帝國（在今奈及利亞北部）。他鼓勵伊斯蘭教發展，建立索科托酋長國。他也寫了大量研究阿拉伯和富拉尼的作品，仍深受欣賞，並廣泛流傳和影響。

U.S.S.R. ➠ Union of Soviet Socialist Republics (U.S.S.R.)

Ussuri River＊　烏蘇里江　亞洲西部的河流。由發源於俄羅斯濱海地區最南端山脈中的兩條河流匯合而成，它向北流動，形成俄羅斯和中國的部分邊界。在哈巴羅夫斯克附近與黑龍江匯合，全長909公里。1960年代，尤其在1969年，在沿江的一大段範圍內發生了蘇聯和中國軍隊的衝突。1977年雙方制定一個有限的協定，規定了在江上航行的規則。

Ustinov, Peter (Alexander)＊　烏斯季諾夫（西元1921年～）　受封爲彼德爵士（Sir Peter）。英國演員與劇作家。第一部電影是《哈囉，名人》（1941）。演出的電影有《洛拉蒙》（1955）、《萬夫莫敵》（1960）、《托普卡皮》（1964，獲奧斯卡獎）。後來在克莉絲蒂偵探小說改編的電影《尼羅河謀殺案》（1978）及其他電影中擔任白羅一角。他還自導自演《巴蒂·巴德》（1962）等影片。他也是成功的劇作家，代表作有《四個上校的愛》（1951）和《羅曼諾夫和茱莉葉》（1956）。參與電視影集《約翰生傳》（1957）、《赤腳走在雅典》（1966）、《夏天的風暴》（1970），爲他抱回數座葛萊美獎。

Usumacinta River＊　烏蘇馬辛塔河　墨西哥東南部和瓜地馬拉西北部河流。流向西北，與拉坎圖姆河匯合成墨－瓜邊界。主流（包括奇霍伊河）長約1,000公里。有480公里河段通航。

Usumbura ➟ Bujumbura

usury＊　高利貸　現代法律中貸出款項時索要非法利率的做法。按英國過去的法律，取得諸如此類的任何補償均稱之爲高利貸。然而到13世紀隨著商業的發展，對信用貸款的需求擴大了，因此有必要修改這個詞的界說。到1545年，英國規定了一個法定的最高利息，這項實施後來爲其他西方國家所仿效。

USX Corporation　USX公司　監管以往美國鋼鐵公司業務經營的控股公司（1986年成立）。總公司設在匹茲堡。20世紀初，卡內基、加里、施瓦布以及摩根等人參與組建美國鋼鐵公司。當時卡內基已創建了卡內基鋼鐵公司，加里則建立了聯邦鋼鐵公司。身爲董事長的加里反對「不合理」的競爭，也反對勞工組織。1919年的鋼鐵業大罷工，他拒絕談判並破壞罷工。繼任者泰勒在1936年承認產業工會聯合會的美國鋼鐵工人聯合會。20世紀末期，經營石油和天然氣業務，以及化學工業、礦業、建築和運輸。1986年成立了USX控股公司來監管各單位間劃分的多種經營。

Utah　猶他　美國西部一州。境內包括大鹽湖和落磯山脈、尤因塔山脈中段一部分地區。該州西部三分之一是類似沙漠的廣大地區，州內約有70%的土地屬於聯邦或州政府所有。早在西元前1萬年該區就有人定居；西元400年左右普韋布洛印第安人生活在整個猶他州地區，接著出現其他印第安人部族，包括肖肖尼人人、猶他人和派尤特人等。西班牙傳教士於18世紀末抵達該地區。1821年該地區屬墨西哥管轄。1824年美國拓荒者布里傑發現了大鹽湖，第一批在此定居的是摩門教徒，他們是在1847年由楊百翰帶領到大鹽湖的谷地。墨西哥戰爭後，美國取得該地區，1850年設爲猶他准州，到1868年面積減少到目前的規模。1857～1858年爆發了摩門教教會與美國政府之間的衝突（稱作猶他戰爭），一直到摩門教徒廢除了多偶婚制，該州的地位才受到肯定。1896年加入美國聯邦，成爲美國第45個州。自20世紀初以來，摩門教教會在政治上一直保持中立，經濟財團的影響已變得較重要。州內蘊藏大量的煤和石油，也是世界上最大的鈹產地。主要產業包括農業和旅遊業。州首府鹽湖城。面積219,888平方公里。人口約2,233,169（2000）。

Utah, University of　猶他大學　美國鹽湖城的公立大學，1850年成立。該校的十八個學院提供了超過七十二種大學部課程，超過九十種研究所課程，以及五十種教學主、副修學位。這所大學也有許多研究單位，較著名的包括超級運算、生物醫學工程、人類基因、政治以及中東等研究中心。註冊學生人數約26,000人。

Utamaro＊　歌麿（西元1753～1806年）　全名喜多川歌麿（Kitagawa Utamaro）。原名北川信美（Kitagawa Nebsuyoshi）。日本浮世繪名畫家，尤以精練筆法繪製富有美感的仕女像著稱。年輕時移居江戶（現東京），出版很多插圖書籍，其中繪本《蟲撰》（1788）最負盛名。後來他集中精力繪製美女半身像。

Ute＊　猶他人　操肖肖尼語的美國印第安人部族，傳統上居住在美國科羅拉多州西部及猶他州（名稱來自猶他人）東部。19世紀以前，猶他人沒有馬匹，以若干小家庭成群居住，靠採集食物爲生。猶他人和南派尤特人實際上並無明顯差別。他們在取得馬匹之後，開始組成鬆散的狩獵團隊，通常以牲畜爲目標。1864～1870年的印第安戰爭後，大多數猶他人被安置在保留地內。現今人數約5,000。

uterine bleeding＊　子宮出血　與月經無關的子宮非正常出血。常發生在青春期早期及臨近停經期，據說當卵巢功能失靈，降低了血液中的雌激素水平時就會出現這種現象。下視丘或腦下垂體的功能失常也會由激素引起子宮出血，就像避孕藥丸或激素替代療法中所用的那樣。某些腫瘤會產生雌激素和改變月經周期，造成出血。子宮中的腫瘤很容易引起出血。其他的原因還有子宮受傷、精神緊張、肥胖、慢性疾病、心理問題，以及血液和心血管疾病等。子宮出血需針對病因來治療。

uterine cancer　子宮癌　子宮的惡性腫瘤。影響子宮襯裡（子宮內膜）的癌症是女性生殖道最常見的癌症。危險因素包括不曾懷孕、早年（十二歲以前）即開始月經、晚年（五十二歲以後）才進入停經期、肥胖、糖尿病及不曾接受雌激素替代療法。另外的危險因素有乳癌或卵巢癌的個人病例和子宮內膜癌的家族病史。白人罹患子宮癌的可能性比黑人高。主要的症狀是陰道出血或有其他分泌物。治療開始可用簡單子宮切除術或子宮根除術。有些子宮癌可藉荷爾蒙療法、X射線療法及化學治療。

uterus　子宮　亦稱womb。女性生殖系統的器官，呈倒梨形，妊娠時期的胚胎和胎兒就在子宮裡發育。它位於膀胱的上方後面，長6～8公分，上部寬約6公分，輸卵管從上部進入子宮；在另一頭，子宮頸向下伸入陰道。子宮內膜爲一層潮濕的黏膜，其厚度隨月經週期（參閱menstruation）而變化，在排卵期（參閱ovary）最厚。子宮壁厚約2.5公分，隨著胎兒在子宮中生長發育而逐漸膨脹變薄。分娩時子宮頸擴展到10公分左右。子宮的疾病有感染、良性和惡性腫瘤、脫垂、子宮內膜異位症以及子宮肌瘤（平滑肌瘤；參閱muscle tumour）等。

Uthman ibn Affan＊　奧斯曼·伊本·阿凡（卒於西元656年）　伍麥葉王朝的第三代哈里發。出身於麥加強大的伍麥葉氏族。在皈依伊斯蘭教之前曾是富商，也是擁有高級社經地位的第一個改信伊斯蘭教的人。後來與穆罕默德的女兒結婚。644年歐麥爾一世去世，奧斯曼被選爲繼承人。統治期間起用自己的親戚和以個人利益爲重，樹敵甚多。其成就包括把哈里發帝國行政集權化，並確立一個《可蘭經》的正式版本。後來死於叛亂分子之手，他的過世象徵了第一次菲特納（即分裂）的開始。

Utica＊　烏提卡　據傳爲腓尼基人在北非沿海地區所建最早的居民點，在今突尼西亞邁傑爾達河口。西元前8世紀或西元前7世紀建立，發展迅速，僅次於迦太基。在第三次布匿戰爭中（西元前149～西元前146年），烏提卡站在羅馬一邊與迦太基作戰。迦太基滅亡後，烏提卡成爲羅馬阿非利加行省治所。西元前36年在奧古斯都統治下爲一自治市。西元前44年羅馬人重建迦太基時，烏提卡失去它在阿非利加的優越地位，後來此城湮沒無聞。現代考古發掘已出土一些西元前8世紀以來的腓尼基墓葬和一個羅馬城市的住宅區。

utilitarianism 功利主義 倫理學原則，意指如果一種行爲傾向於增進最大的幸福，而且不僅是行爲者的幸福，還擴大影響到每一個人，則這種行爲是正確的。因此，功利主義者注重的是行爲的結果，而非這種行爲的內在本質或動機（參閱consequentialism）。傳統的功利主義者也是享樂主義者，但價值不同於可以享用的快樂（理想功利主義），或是（更加中立的來說，在經濟學上普遍的說法），任何明顯是一個理性的或具知識性渴望（偏好功利主義）的目標被認爲是有價值的事情。功利最大限度的測試也被直接運用於單一的行爲中（行爲功利主義），或是僅僅直接透過一些其他道德評估適當的目標行爲，如管理規則（規則功利主義）。邊沁的《道德和立法原則導論》（1789）和彌爾的《功利主義》（1863）是功利主義的主要論著。

Uto-Aztecan languages＊ 猶他－阿茲特克諸語言 美國印第安語族，通行於前哥倫比亞時期自大盆地北部到中美洲的地區，包含三十多種語言。在地理上，猶他－阿茲特克諸語言可分爲南、北兩支。北支通行於奧瑞岡州和愛達荷州到加利福尼亞州南部和亞利桑那州，包括南、北派尤特人、猶他人、東、北肖肖尼人、科曼切人和霍皮人等族語言。南支包括亞利桑那州奧德哈人（皮馬人和帕帕戈人）和一部分墨西哥印第安人的語言，其中包括奇瓦瓦州的塔拉烏馬拉語，墨西哥西北部和亞利桑那州的雅基語，納亞里特和哈利斯科的科拉語和惠喬爾語，最南端延伸的部分包括納瓦語。

utopia socialism 烏托邦 19世紀中期政治及社會思想。承自歐文、傅立葉等改革者，烏托邦社會主義者汲取了早期的共產主義及社會主義思想。倡導者包括：勃朗，以工人受到控制的「社會工場」而聞名；諾伊斯，美國奧奈達社團的創立者。門諾會、震顫派、摩門教等宗教團體也嘗試過烏托邦聚落。亦請參閱Brook Farm。

Utrecht＊ 烏得勒支 尼德蘭中部城市。曾相繼被羅馬人、弗里西亞和法蘭克人統治，696年由聖威利布羅德統治，成爲一個主教區。11～12世紀是該市繁盛時期，爲重要的商業中心。1527年轉歸羅馬皇帝查理五世統治，成爲哈布斯堡王朝領地的一部分。該市在1570年代以前受西班牙人統治，1570年代時成爲新教徒抵抗活動的中心。1579年這裡是尼德蘭北方諸省簽署烏得勒支同盟的地點，自此成立了一個反抗西班牙統治的聯盟，爲未來的尼德蘭王國奠定基礎。1795～1813年被法國人占領，1806～1810年爲荷蘭國王波拿巴的駐地。這裡也是唯一一個荷蘭籍教宗亞得連六世的出生地。現爲交通運輸、金融和保險業中心。人口約234,000（1996）。

Utrecht, Peace of 烏得勒支條約（西元1713～1714年） 爲結束西班牙王位繼承戰爭（1701～1714），法國和其他歐洲國家簽訂的一系列條約，以及西班牙和其他國家簽訂的一系列條約。法國同英國、荷蘭共和國、普魯士、葡萄牙和薩伏依在訂立的條約中，法國承認安妮女王爲英國君主，法國把加拿大領土割讓給英國，承認腓特烈一世的王室稱號及維克托．阿瑪迪斯二世爲西西里國王。西班牙同英國簽訂的條約中把直布羅陀割讓給英國。並給予英國爲西屬殖民地供應非洲奴隸的特權，爲期三十年。查理六世，同法國簽訂「拉施塔特和巴登條約」建立和平。西班牙王位繼承問題，最終以推舉波旁王室繼位而得到解決。英國在合約中獲得殖民地與商業利益方面的最大份額，躋身於世界貿易的前列。

Utrecht school 烏得勒支畫派 主要以來自荷蘭烏得勒支的三位畫家所組成的畫派巴比倫（1590?～1624）、洪特霍斯特和泰爾布呂亨，他們在羅馬旅遊期間，受到卡拉瓦喬的繪畫極大的影響。他們使用新學來的繪畫技巧，主要創作與宗教題材相關的作品，同時也創作成套的妓院場景和圖畫，如有五幅作品畫的是這種感官場面。在他們的繪畫作品中，大量使用蠟燭、燈籠和其他人造光源，這點和卡拉瓦喬顯然不同，卡拉瓦喬從不採用這些畫法。當時以洪特霍斯特的名聲最爲顯赫，但現在泰爾布呂亨則被認爲是這個畫派最具天分和才能的畫家。

Utrillo, Maurice＊ 郁特里洛（西元1883～1955年） 法國畫家。少年時嗜酒成性，他的母親是模特兒兼畫家瓦拉東（1865～1938），鼓勵他以繪畫來戒酒。不久即對繪畫入迷。他沒有受過正式的繪畫訓練，主要對所見的景物盡可能地眞實表達出來有興趣。其作品大多是描繪巴黎市蒙馬特區破舊的房屋和街道爲主。其最好作品是在他的「白色時期」（約1908～1914年）畫的，此時期的作品他在厚重的層次中大量使用鋅白色以突顯老化、破裂的牆壁。

郁特里洛的《死胡同科坦》（1910?）
© 1993 ARS N.Y./SPADEM; Photograph, Scala/Art Resource, New York City

Uttar Pradesh＊ 北方邦 舊稱（阿格拉和奧德的）聯合省（United Provinces (of Agra and Oudh)）。印度北部一邦，是印度人口最多的邦，大部分位於恆河和亞穆納河形成的平原上。兩部偉大梵文史詩《摩訶婆羅多》和《羅摩衍那》即以北方邦爲背景，這裡也是西元前6世紀以後佛教崛起之地。孔雀王朝皇帝阿育王（西元3世紀中葉）、笈多王朝（320?～425?）和戒日王（606～647）等統治過該地。16世紀蒙兀兒人取得統治權，阿格拉當時成爲主要中心。18世紀末英國人抵達該地，到1830年代取得統治權，最終建立西北省，奧德後來也被兼併。1857年北方邦是印度叛變的主要舞台。1902年設省，1947年成爲印度一邦。2000年該邦北部另成立爲烏多安查邦。北方邦是印度最大的二氧化矽產地，不過農業是該邦經濟最重要的部門。最著名的旅遊勝地爲阿格拉和瓦拉納西。面積243,286平方公里，首府是勒克瑙。人口約166,052,859（2000）。

Uttaranchal 烏多安查 印度北部一邦。該邦位於喜馬拉雅山脈山麓，北部地區有一些印度境內最高的山峰。恆河和亞穆納河的上游往南流經整個邦內。南部有馬蘇里、奈尼達爾和拉尼凱德等避暑勝地。1947年印度宣布獨立後，現在的烏多安查邦原爲北方邦的一部分，2000年脫離自成一邦。該邦多數人從事農業生產，不過旅遊業也很重要。首府是台拉登。面積51,125平方公里。人口約8,479,562（2001）。

Uvarov, Sergey (Semyonovich), Count＊ 烏瓦羅夫（西元1786～1855年） 俄國行政官員。在擔任聖彼得堡教育區主管（1811～1822）後成爲沙皇尼古拉一世的教育大臣（1833～1849）。烏瓦羅夫宣布以「正教、君主、民族性」爲基本教育方針。限制非貴族學生受教育的機會。此外，他著重發展技術和職業教育。

uveitis＊　葡萄膜炎　葡萄膜的炎症，該膜是眼球壁的第二層膜。前葡萄膜炎僅影響虹膜或睫狀體（有控制晶狀體曲度的肌肉），或兩者都累及；能引起失明（參閱glaucoma）和眼盲。後葡萄膜炎常影響視網膜。可引起出血、晶狀體混濁以及眼球萎縮。肉芽腫性葡萄膜炎可引起視力減退、疼痛、雙眼流淚以及對光敏感；非肉芽腫型少發生疼痛和對光敏感，有痊癒的機會。葡萄膜炎的病因包括全身性感染、其他全身性疾病和變態反應。刺激症狀也發生在健眼，治療若不充分，能導致雙眼失明。葡萄膜炎的治療主要是去除感染、減輕炎症以及保存視力。

Uxmal＊　烏斯馬爾　馬雅古城，在今墨西哥東南猶加敦州。晚期馬雅帝國（600～900）的主要城市。約西元1000年以後，烏斯馬爾城的主要建設乃告中止。但仍有大量居民，且加入政治性的馬雅潘聯盟，聯盟解體之後，烏斯馬爾遂告廢棄（1450?）。主要遺址有巫神廟、金字塔和方形尼宮。

Uygur ➠ Uighur

Uzbekistan＊　烏茲別克　正式名稱烏茲別克共和國（Republic of Uzbekistan）。中亞國家，卡拉卡爾帕克斯坦自治共和國位於其邊界處。面積447,400平方公里。人口約25,155,000（2001）。首都：塔什干。人口中7/10以上爲烏茲別克人，其餘爲俄羅斯人、塔吉克人、哈薩克人、韃靼人和卡拉卡爾帕克人。語言：烏茲別克語（官方語）、俄羅斯語和塔吉克語。宗教：伊斯蘭教（遜尼派）和俄羅斯東正教。貨幣：蘇姆（sum）。烏茲別克地處中亞心臟地帶，位於錫爾河和阿姆河之間。雖然在其東部和南部不乏肥沃的綠洲和高山崇嶺，但全境幾乎有4/5的土地爲平坦的、曬硬的低地。鹹海有2/3伸入烏茲別克境內。烏茲別克是天然氣的主要生產國和出口國，也有可觀的石油、煤和各類金屬礦藏。爲中亞主要棉花種植國之一，也種植水果和蔬菜，以及飼養卡拉庫爾羊。是中亞機械和重型設備的主要生產者。政府形式是共和國，一院制。國家元首是總統，政府首腦爲總理。13世紀成吉思汗之孫昔巴坎接受封疆。蒙古人在這個地區統治著近一百個突厥主要部族，後來突厥人同蒙古人通婚，其後裔便是烏茲別克人和中亞的其他突厥人。16世紀初葉，一支蒙古和烏茲別克人聯盟入侵並占領定居該區，包括稱爲外烏滸的地區，便成爲烏茲別克人的永久家園。到19世紀初，此區由布哈拉、希瓦和浩罕等汗國控制，最後這三國全都屈服於俄羅斯。1924年成立烏茲別克蘇維埃社會主義共和國。1990年6月烏茲別克是中亞第一個宣布主權的國家。1991年獲得完全的獨立。1990年代期間，其經濟狀況是中亞國家最強者，不過其政體被視爲十分粗暴。

Uzi submachine gun＊　烏茲衝鋒槍　爲世界各地警察和特種部隊使用的一種小型自動槍械。烏茲之名源於其設計者烏齊爾・加爾，他是一名以色列陸軍軍官，1948年以阿戰爭後研發出烏茲衝鋒槍。烏茲衝鋒槍全長65公分，槍托可折疊。槍管僅長26公分，口徑9公分。裝上一匣25或32發手槍彈時重約4公斤。烏茲衝鋒槍還設計出短至46公分的各種微型槍。

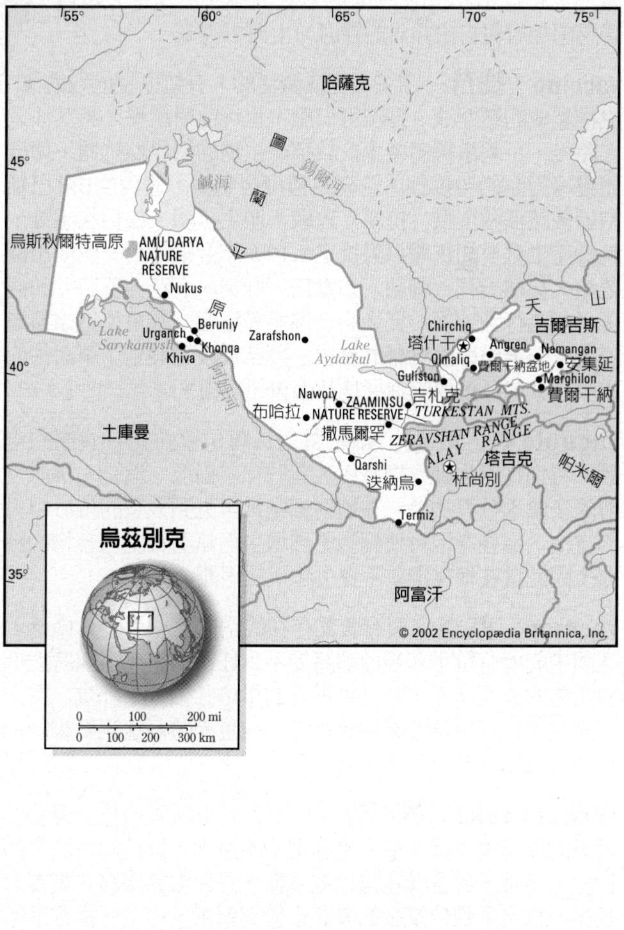

V-1 missile V-1飛彈 亦稱飛行炸彈（flying bomb）或嘯聲炸彈（buzz bomb）。第二次世界大戰時德國的飛彈。爲現代巡弋飛彈的先驅。長約8公尺，翼展約5.5公尺。從發射架上發射，間或由飛機發射。約以每小時580公里的速度，攜帶重約900公斤的爆炸性彈頭飛行；平均射程240公里。1944～1945年共向倫敦發射了8,000枚以上，另有少量飛彈射向比利時。亦請參閱V-2 missile。

V-2 missile V-2飛彈 第二次世界大戰時德國的彈道飛彈。爲現代太空運載火箭和遠程飛彈的先驅。1936年開始研製，1944～1945年向巴黎、英國和比利時發射。戰後，美國和蘇聯都用繳獲的大量V-2飛彈進行研究，爲發展兩國的飛彈和太空探測計畫進行基礎研究。亦請參閱V-1 missile。

Vaal River＊ 瓦爾河 發源於南非姆普馬蘭加省。全長1,210公里。在北開普匯入橘河。其中段是姆普馬蘭加省與自由邦省的界河。上游可灌溉。

vaccine 疫苗 由減毒的或滅活的、有抗原性的致病微生物製成的懸浮液。疫苗可口服，也可注射給藥。將其注入人體後，可刺激機體產生抗該種微生物的特異性抗體，使機體獲得對它的免疫性。一經某種疫苗刺激，體內的B淋巴細胞就被該種微生物（抗原）致敏，產生抗體。如再次感染，就會產生更多的抗體以對抗之。1798年金納是第一個使用疫苗給人接種天花。細菌（如痲疹、肝炎、天花等疫苗）和病毒（如流行性感冒、狂犬病、傷寒等疫苗）都可以用來製造疫苗。隨著醫學生物學的發展，疫苗技術也發生了革命性的進步。其中最重要的進展是基因重組技術。

vacuole＊ 液泡 細胞質內以膜包繞並充有液體的空間。特別在原生動物細胞內，有貯存、攝取、消化、排泄及清除多餘水分等功能。在植物細胞常可見到大型的位於中央的空泡，這些空泡可使細胞體積增大而無需細胞內容物的積存，因此這些積存現象不會引起代謝困難。

vacuum 眞空 沒有物質存在的空間，或者壓力極低，空間中的所有粒子在裡面都感受不到任何作用。這種狀態低於正常的大氣壓力，並且以壓力的單位（帕）來計量。眞空的產生可以利用眞空泵抽除空氣，或是流體高速流動來降低壓力，就如白努利原理所述。

vacuum tube 眞空管 由密封的玻璃管或是金屬器件組成的眞空電子管。原先用於電子線路中，以控制電流。20世紀上半葉，眞空管在無線電廣播、長程電話服務、電視以及第一批電子數位電腦的發展中得到運用，而這一批電腦所使用的眞空管也是史上建造的最大眞空管系統。後來電晶體取代了眞空管在所有方面的應用，但眞空管仍偶而使用在電視機和電腦（陰極射線管）的顯示器上，以及微波爐和太空衛星高頻傳輸儀器中。

Vadim (Plemiannikov), Roger＊ 羅傑華汀（西元1928～2000年） 法國電影導演。1940年代中期，有一小段時間從事舞台劇演員，之後便轉入電影生涯。最早，他擔任《茱麗葉》（1953）一片的助理。他執導並共同編寫了相當成功的異色電影《上帝創造女人》（1956），該片奠定了他的妻子碧姬芭鐸性感象徵的地位。後來，一再利用這個包贏不輸的套數。他用史綽柏拍《危險關係》（1959），用珍方達拍《太空英雌》（1968），並用凱薩琳丹妮芙拍《亂世姐妹花》（1962），前兩位都是他的妻子，最後一位則是他的情人。

Vadodara＊ 瓦多達拉 亦稱巴羅達（Baroda）。印度中西部古吉拉特邦東南部城市。1971年定名爲瓦多達拉以前曾用過多種不同名稱。該地最早的歷史記載可追溯至西元812年，在隨後的數個世紀中，該地曾受到不同人的統治，其中包括穆斯林德里蘇丹和蒙兀兒帝國的統治者。生產各類產品，如棉織品、化學藥品、機械和家具。人口約1,062,000（1991）。

Vaduz＊ 瓦都茲 列支敦斯登首都。濱臨萊茵河，1499年在瑞士和羅馬皇帝馬克西米連一世的戰爭中被毀，後來重建。18世紀早期，被列支敦士登家族占領。現爲繁盛的旅遊中心和統治的大公駐地，從大公府邸的城堡可以俯瞰全城。人口約5,000（1997）。

Vaganova, Agrippina (Yakovlevna)＊ 瓦岡諾娃（西元1879～1951年） 蘇聯芭蕾舞女舞者和教師，她以古典風格爲基礎，結合革命後發展起來的更加剛健的、含有軟功成分的芭蕾形式，發展出一套技術和教學體系。1897年加入了瑪利亞劇院，直到1917年止。1921年任教於列寧格勒舞蹈學校（原俄羅斯帝國芭蕾舞學校），1934年成爲校長。她在這裡培訓了許多舞者和學生。她的教科書《古典舞蹈基礎》（1934）被廣泛採用。

vagina＊ 陰道 女性的生殖管道。陰道亦是排泄月經產物和分娩時胎兒通過的管道。陰道長約9公分，位於直腸和膀胱之間，頂部與子宮頸相連。多數處女的陰道外部開口有一薄層組織，稱處女膜。陰道外口被大陰唇部分遮蔽。陰道管腔黏膜在多種卵巢激素的刺激下，細胞不斷更新、脫落。雌性激素直接影響黏膜厚度的變化，卵巢排卵和懷孕時黏膜最厚且最富彈性。黏膜層表面呈弱酸性，可阻止病菌經陰道侵入體內。陰道的肌肉層厚且富彈性，適於性交時的陰莖運動和生產時的胎兒通過。性興奮時陰道潤滑液是由陰道壁滲出的黏液狀液體供給的。陰道的疾病包括有細菌和眞菌感染（如念珠菌）、陰道炎、潰瘍和脫垂等。

vaginitis＊ 陰道炎 陰道的炎症，一般由感染所致。主要症狀是從陰道流出一種白色或黃色的分泌物。治療視病因而定。常見的引起陰道炎的微生物是：白色念珠菌；衣原體屬或陰道嗜血桿菌屬細菌；以及陰道滴蟲。後兩種陰道感染通常經由性接觸。用適當的抗微生物藥物治療。萎縮性陰道炎發生在停經期後的婦女，會引起陰道黏膜表面變乾。要定時塗抹雌激素膏。

vagrancy 流浪 沒有工作或可視同爲謀生手段的漫遊行爲。在美國，法律反對流浪，從而成爲警察和檢察官禁止大規模流浪行爲的工具。許多這樣的法律因違憲的模糊而已被廢除，因此流浪已大部分被合法化了。

Vah River＊ 瓦赫河 斯洛伐克西部河流。源出塔特拉山脈。在科馬爾諾注入多瑙河，全長390公里。沿河有多座小型水電站。

Vail 維爾 美國科羅拉多州中部城鎮。坐落在丹佛以西落磯山。1962年以阿爾卑斯山莊式創建的勝地城鎮。圍繞著維爾山的可滑雪面積達39平方公里，使維爾成爲北美最大的滑雪勝地。1989年它主辦了世界高山滑雪錦標賽。人口3,659（1990）。

Vairocana＊ 毗盧遮那 大乘佛教和佛教密宗所信奉的最高佛，在其教義模式中他的地位在宇宙上是和釋迦牟尼對等的。毗盧遮那是五個自生佛陀中最傑出的一個，他們生而爲人旨在宣揚佛法。儘管缺乏規範基礎，但毗盧遮那在藏傳佛教中具有特殊的地位，在《華嚴經》中也扮演特殊的角色，他在《華嚴經》裡被稱爲大日如來，既是宇宙的終極眞相，其分身也遍及各處。

大日如來，塗漆的木頭雕刻，運慶（Unkei）製於1175年；現藏日本奈良丹城寺
Asuka-en

Vaisheshika＊　勝論　印度六派正統哲學體系之一。奠基者是羯那陀（約2～3世紀左右）。11世紀與正理派合併，勝論派試圖確認、編定和區分呈現在人類感覺中的實體及其關係。它列出七個存在範疇。勝論體系堅持一種原子論的世界觀。世界的最小的、不可分的、不可毀滅的成分被叫做原子（「微」）。一切物體由地、水、火和風的原子組成。

Vaishnavism＊　毗濕奴教　把毗濕奴和他的各種化身（主要是羅摩和黑天）視爲最高神來崇拜的宗教。毗濕奴教與濕婆教、性力教共爲現代印度教三大派，可能是其中最普遍和規模最大的教派。毗濕奴教強調對神守貞專奉，信徒的最終目的是擺脫生死輪迴而與毗濕奴同在。毗濕奴教各哲學派別分別對個人靈魂與神之間的關係提出各種不同的說法，其中包括一元論和二元論學說。

Vaisya＊　吠舍　印度教四個瓦爾納（或社會等級）中的第三高階級，通常爲平民。吠舍的工作是與從事商業、農業和牧業的生產勞動有關。據傳，吠舍是從生主的腿股跳出來的，其地位在婆羅門和剎帝利之後，但在首陀羅之前。與前兩個較高階級一樣，他們是「再生種姓」（參閱upanayana）。歷史上，吠舍種姓以曾支持佛教和耆那教的改革派宗教信仰的興起而聞名。現在吠舍已成爲中產階級社會地位的一種象徵，並有許多人晉升到更高的階級。

Vajiravudh＊　瓦棲拉兀（西元1881～1925年）　亦稱Phramongkutklao或拉瑪六世（Rama VI）。暹羅國王（1910～1925年在位），曾在牛津大學就讀。1910年繼父位後，他進行社會改革，如確定一夫一妻制爲婚姻的唯一合法形式；1921年規定普及初等義務教育。但長期的海外教育使他與人民間產生隔閡。不過，他在外交方面有很大成就。並要求西方強國放棄在暹羅的治外法權。是一位多產的作家，他把西方的形式引進泰國文學，編寫出約五十部劇本，還翻譯了好幾部莎士比亞的名著。

vajra＊　金剛杵　藏傳佛教儀式中廣泛使用的法器，其頂端分爲五瓣。金剛杵以黃銅或青銅鑄成，兩端有四個弧形葉瓣環繞中間一葉，形如蓮花蓓蕾。梵文vajra有「霹靂」和「金剛石」兩種意思：如霹靂能劈開一切愚昧無知；如金剛石無堅不摧而自身無礙。金剛杵原是因陀羅的一個象徵，後用於征服藏族非佛教信奉者。在宗教儀式中，金剛杵經常與手印典禮中的鐘鈴一起使用。

Vajrayana＊　金剛乘　即佛教密宗教派，西元第一千紀出現在印度，而後流傳至西藏，在那裡成爲藏傳佛教的主要傳統。在哲學上，金剛乘是瑜伽行派和中觀學派教義的混合。其目標是取回佛陀的啓蒙經驗，並特別強調從現實化得到的啓蒙概念，這種現實化看似認爲相對原則是眞理。其改革內容牽涉到使用曼怛羅和曼荼羅，認爲這對默念有幫助，在罕見的幾個例子中，會進行某些瑜伽修煉的性活動。

Vakataka dynasty＊　伐卡塔卡王朝　印度統治家族，3世紀中葉起源於德干高原中部。管轄地區：北起馬爾瓦和古吉拉特，南到棟格珀德拉河，西接阿拉伯海，東達孟加拉灣。西元4世紀，伐卡塔卡人同笈多家族建立聯繫。笈多對王朝的政體和文化影響甚大。伐卡塔卡王朝以提倡藝術和文學著稱。

Valdemar I＊　瓦爾德馬一世（西元1131～1182年）　別名瓦爾德馬大帝（Valdemar the Great）。丹麥國王（1157～1182）。經過二十五年多的王位爭奪戰爭，統一丹麥，成爲全國唯一的國王。1169年攻占文德，將其併入羅斯基勒主教區。瓦爾德馬表示效忠於腓特烈一世，又承認他的僞教宗維克托四（五）世。約1165年，瓦爾德馬承認亞歷山大三世，後來割斷了與德意志皇帝腓特烈一世的從屬關係。1181年他在平等的基礎上與腓特烈一世結盟，又通過聯姻鞏固了這種結盟。

Valdemar IV Atterdag＊　瓦爾德馬四世（西元1320?～1375年）　丹麥國王（1340～1375）。國王克里斯托弗二世之子。1340年爲丹麥國王。其統治力量擴展至丹麥以外的土地。他用出賣愛沙尼亞（1346）所得，建立對日德蘭地區的統治（1349）。1350年面對反叛貴族的挑戰。1360年瓦爾德馬從瑞典收回斯科訥，至此全部統一了其父當年的王國。其侵略性的對外政策導致與瑞典、北德意志諸邦及漢撒同盟的衝突。1368年慘敗於聯合部隊，被迫接受條約，准許漢撒同盟各城鎮有經商特權。其女瑪格麗特與挪威國王哈康六世聯姻，這使丹麥與挪威得以結成聯邦。

Valdes, Peter ➠ Waldo, Peter

Valdés Leal, Juan de＊　巴爾德斯・萊亞爾（西元1622～1690年）　西班牙畫家。父親是葡萄牙人，在科爾多瓦接受教育，並在科爾多瓦工作後移居塞維爾。牟利羅去世後他成爲塞維爾最重要的畫家。早期作品畫面色彩奇異，光照突兀，運筆強勁。後期畫作，像是《維尼塔斯》（1660）、《死之勝利》（1672），特徵爲以死亡爲主題，旺盛的能量，以及誇張的暴力。

Valdivia, Pedro de　巴爾迪維亞（西元1498?～1554年）　西班牙征服者。曾在駐義大利和法蘭德斯的西班牙軍中服役，1534年被派往南美洲。在祕魯內戰中和皮薩羅一起作戰。1540年帶領150名西班牙人遠征智利，擊敗爲數衆多的印第安人，1541年建立聖地牙哥。1546年將西班牙人的統治向南擴展到比奧比奧河，在祕魯作戰兩年後，返回智利任總督，1550年開始征服智利比奧比奧河以南地區，建立康塞普西翁。後在與阿勞坎印第安人作戰中被殺。

Vale of Tempe ➠ Tempe, Vale of

Vale of White Horse ➠ White Horse, Vale of the

valence＊　原子價　一個原子能夠形成的化學鍵）的數目。氫（H）的原子價永遠是1，所以其他元素的原子價就等於它們能夠結合的氫原子數目。例如，氧有原子價2，如在水（H_2O）中；氮（N）有原子價3，如在氨（NH_3）中；氯有原子價1，如在鹽酸（HCl）中。原子價由原子結構中最外層（在過渡元素中則爲最外的裡面一層）上不成對的電子數決定。在化學鍵中不成對的（價）電子的共用模仿稀有氣體的穩定配置，它們的最外層電子是滿的。可以透過各種組合實現穩定配置的元素的原子價多於一種。

Valencia　瓦倫西亞　西班牙東部自治區。範圍包括阿利坎特、卡斯特利翁和瓦倫西亞三省，面積23,305平方公里，首府爲瓦倫西亞市。該區大部分爲山區，沿海有許多鹽潟湖，曾相繼爲羅馬人、西哥德人和摩爾人統治。11世紀時曾是哥多華哈里發帝國的一部分，後成爲獨立的摩爾人王國。1094～1099年被西班牙將領熙德占領，熙德死後，該地再次被摩爾人奪取，直至1238年被亞拉岡國王詹姆士一世占領。該地區是地中海盆地最富饒的耕地之一，盛產柑橘、水稻、葡萄和橄欖，還有許多製造工廠。人口約4,009,000（1996）。

Valencia　瓦倫西亞　西班牙東部城市，瓦倫西亞自治區首府。西元前138年由羅馬人創建。413年被西哥德人占領，714年爲摩爾人所奪。1021年成爲新興獨立的瓦倫西亞摩爾人王國都城。1238年後成爲亞拉岡領土的一部分。1474年在此建立西班牙最早的印刷所，16、17世紀爲瓦倫西亞畫派中心。半島戰爭和西班牙內戰期間慘遭破壞，1957年還受到洪水侵襲。其港口主要用於運輸農產品和製造品。人口約747,000（1996）。

Valencia　瓦倫西亞　委內瑞拉西北部城市。近瓦倫西亞湖西岸。建於1555年。到19世紀一直是與首都加拉卡斯相匹敵的城市。1814年委內瑞拉獨立戰爭中，委內瑞拉士兵與西班牙軍在此浴血奮戰。1812、1830和1858年三次設爲共和國首都。爲委內瑞拉工業運輸中心。產品有藥品、紡織品和汽車等。人口約764,293（1994）。

Valencia, Lake　瓦倫西亞湖　舊稱Tacarigua。在委內瑞拉卡拉沃沃和阿拉瓜州境內的湖。面積364平方公里（141平方哩），是委內瑞拉第二大天然湖，沿岸爲農產品區和休養勝地。

Valens　瓦林斯（西元328～378年）　東羅馬皇帝（364～378）。瓦倫提尼安一世皇帝之弟，被兄任命爲同朝皇帝，由瓦林斯統治帝國東部，瓦倫提尼安統治西部。369年打敗西哥德人，後開始對波斯人作戰，取得美索不達米亞戰役的勝利。不久，西哥德人即反叛羅馬，378年瓦林斯進行阿德里安堡戰役。瓦林斯兵敗陣亡。

Valentine's Day　聖華倫泰節；情人節　每年的2月14日是情人節，也是聖華倫泰節日。聖華倫泰是3世紀時一人或兩人同名的殉教者。聖華倫泰被認爲是情人的守護者。尤其是在愛情中很不快樂的情侶。於14世紀成爲情人節，情人節可能是在二月中旬慶祝異教徒愛的節日和豐收儀式的延伸。今日情人節情侶互相交換浪漫的卡片（聖華倫泰節賀卡）、花和其他禮物。

Valentinian I＊　瓦倫提尼安一世（西元321～375年）　全名Flavius Valentinianus。羅馬皇帝（364～375）。入伍後隨其父在非洲服役。363年參加尤里安皇帝對波斯人的遠征。各軍司令擁他爲帝。他與弟瓦林斯共同執政：瓦林斯統治東部，他自己駐守西部。兩人協議，實施宗教寬容。365年在巴黎安營，指揮作戰。367年宣布其子爲共治皇帝，以便與守衛不列顛的狄奧多西將軍取得聯繫。沿萊茵河構築防禦工事。夸迪人侵入潘諾尼亞。他親赴西米翁禦敵，不久病故。雖然他在抗擊外敵入侵方面多有建樹，但因性格暴躁和殘酷而留有惡名。

Valentino, Rudolph　范倫鐵諾（西元1895～1926年）　原名Rodolfo Guglielmi di Valentina d'Antonguolla。義裔美籍電影演員。1913年移民到美國，1918年到好萊塢之前當舞劇演員。在《四騎士》（1921）中首次任主角。在熟練的好萊塢新聞廣告員的宣傳下馬上成爲明星。他的影片通常都是富有浪漫色彩的戲劇片，其中有《酋長》（1921）、《血與沙》（1922）、《鷹》（1925）和《酋長的兒子》（1926）。他在三十一歲之年猝死，好幾人自殺，引起了世界性的歇斯底里。他的葬禮引起騷動。

Valera, Eamon de ➠ De Valera, Eamon

Valerian　瓦萊里安（卒於西元260年）　拉丁語作Publius Licinius Valerianus。羅馬皇帝（253～260）。他在塞維魯．亞歷山大皇帝（222～235）屬下，曾任執政官；在加盧斯皇帝（251～253）屬下，曾任上萊茵軍團司令官，與僭主埃米利安作戰。他雖未能救加盧斯，但終於爲其復仇，並繼承了皇位。在位期間，他變本加厲地迫害基督教徒，258年處決了教宗西克斯圖斯二世。他任命自己的兒子加列努斯統治帝國西部，自己率軍東進迎擊入侵的波斯人。後被波斯國王沙普爾一世俘獲，在囚禁中去世。

valerian　敗醬草科　川續斷目的一科，約10屬400餘種。一年生或多年生草本植物。其中一些種是優秀的觀賞、藥用、香料植物或做沙拉及熟食葉菜。希臘纈草實指花荵科的花荵，而真正的纈草（原產溫帶、安地斯山脈和非洲），花密集，花冠管狀，基部常有花距。該科中纈草屬最大，約200種，常見種普通纈草，用作鎮靜劑。

Valéry, (Ambroise-)Paul(-Toussaint-Jules)＊　梵樂希（西元1871～1945年）　法國詩人、小品文作家和評論家。在當法律系學生時，於1888～1891年寫過不少詩，部分刊登在象徵主義運動的雜誌。1894年後寫了大量札記，後來發表著名的《札記集》。他修改早期的詩作，因而創作了其最偉大的詩歌作品《年輕的命運女神》（1917）。接著出版了《1890～1900年舊詩集存》（1920）和《幻美集》（1922），其中包括膾炙人口的詩歌〈海濱墓園〉，成爲當時法國的傑出詩人。他後來成爲著名的公衆名流，發表過許多小品文和論文，並對科學和政治問題深感興趣。

梵樂希
EB Inc.

Valhalla＊　瓦爾哈拉　古斯堪的那維亞神話中陣亡將士的殿堂，該處陣亡將士在奧丁神的領導下過著幸福的生活。瓦爾哈拉被描繪爲一座壯麗的宮殿，屋頂是用盾牌蓋的。將士們在這裡每日享用一隻野豬，而這隻野豬每到晚上又被重新拼湊完整。他們飲用山羊的乳汁，每天相互格鬥成爲他們的娛樂。他們就這樣生活到世界末日，到那時他們將走出宮殿，站在奧丁神一邊與巨人們作戰。亦請參閱Asgard、Freyja、Valkyrie。

validity　有效性　在邏輯裡，一個論證的性質在於前提的眞值在邏輯上保證結論的眞值。當前提爲眞，結論必爲眞，這是基於論證的形式。除了形式邏輯（亦即歸納性強論證）以外，有些不具有效性的論證是可以接受的，而它們的結論絕非由邏輯的必然性來支持。相對於前提來說，這些必然性的支持能產生高或然率的結論，這種論證有時稱爲歸納地有效。在其他據稱更具有說服力的論證當中，它們的前提實際上並未提供任何理性的基礎好讓人接受它的結論；這種形式上有缺陷的論證就稱爲「謬論」（參閱fallacy, formal and informal）。

valine＊　纈氨酸　一種氨基酸，大部分在蛋白質中發現。工業上由水解蛋白質和化學分解生成，用於生物化學和營養品研究以及食品增補劑。

Valium　安定　苯甲二氮焯調劑的商標名稱。用於治療焦慮與緊張狀態的鎮定藥物，作爲鎮靜的輔助藥物，1963年推出，屬於一群化學相關的化合物，稱爲苯二氮泙類，第一種在1933年合成。副作用包括困倦與肌肉不協調；長時間服用結果會有生理依賴（藥癮）。安定及類似藥物的出現開創了精神藥理學的新紀元。

Valkyrie＊　瓦爾基里　古斯堪的那維亞神話中爲奧丁神出力並被派赴戰場的少女們，是有資格進入瓦爾哈拉殿堂的陣亡者。少女騎馬馳向戰場；在有些故事中，她們騰空飛越天空和大海。有些瓦爾基里能夠把她們不喜歡的戰士置於死地；另一些則保護她們所中意的戰士的生命和船隻。古斯堪的那維亞文學中提到的瓦爾基里有兩類，一類是超自然的；另一類則屬於人類而有某些超自然的力量。兩者都意味著公正、光明、黃金和流血。

Valla, Lorenzo＊　瓦拉（西元1407～1457年）　義大利人文主義者、哲學家和保守思想的批判家和雄辯家。一直到二十四歲瓦拉都在羅馬度過。1430年離開羅馬，到義大利北部漫遊，歷時五年。1435～1448年他到阿方索五世宮廷任職。瓦拉雄辯的風格，批判波伊提烏、亞里斯多德和西塞羅的作品。由於他拒絕相信使徒信經是由十二使徒所制訂，被異端裁判所認定爲是異端分子，差一點受火刑。1471年，出版《優雅的拉丁語》，這是中古以來第一部拉丁語語法教科書。他的後期主要著作是《新約全書集注》。

Valladolid＊　巴利阿多利德　西班牙城市，卡斯提爾－萊昂自治區首府。1074年首見記載。先後爲卡斯提爾王國和西班牙王國都城。半島戰爭中（1808～1814）破壞嚴重。現經濟以工業和商業爲主。巴利阿多利德大學建於1346年，爲西班牙最古老大學之一。哥倫布1506年在此逝世。人口：都會區約334,820（1995）。

Vallandigham, Clement L(aird)＊　伐蘭狄甘（西元1820～1871年）　美國政治人物。任國會眾議員時期（1857～1863），成爲反戰組織「金圈騎士團」司令。1863年他激烈批評林肯總統的政府，被逮捕，後判刑。不久被放逐到美利堅邦聯。此後，他去加拿大，非法進入俄亥俄，繼續進行反政府活動。

Valle d'Aosta＊　瓦萊達奧斯塔　義大利西北部大區。北、西、南三面爲阿爾卑斯山地。首府爲奧斯塔。5世紀西羅馬帝國衰落，成爲勃艮地和法蘭克王國的一部分，數經易手，至11世紀由薩伏依王室獲得。因該地區的語言和文化受法國影響較大，1945年建瓦萊達奧斯塔自治區。經濟以乳品業和旅遊業爲主。人口約118,723（1996）。

Valle-Inclán, Ramón María del＊　巴列－因克蘭（西元1866～1936年）　原名Ramón Valle y Villanueva de Arosa。西班牙小說家、劇作家和詩人。早期受法國象徵主義影響，首部知名作品是四部《奏鳴曲》（1902～1905），是優美動人的散文，具有部分自傳性色彩。他後期的小說和劇本用他自稱爲令人恐懼、厭惡的人或事物寫成，旨在有意歪曲古典英雄形象來表達西班牙生活的醜化扭曲，藉此表達西班牙人生活的悲劇性。此類的劇本有《唐弗里奧萊拉之角》（1921），小說有《奇蹟之宮》（1927）。

Vallee, Rudy＊　瓦利（西元1901～1986年）　原名Hubert Prior Vallée。美國歌手和演藝人員。在耶魯大學就讀時就成爲一位專業的音樂家，1928年他組織舞蹈樂隊，「耶魯大學生」（後更名「康乃狄克的美國佬」），身爲樂隊主唱者，以手舉式的麥克風擴大他溫和而輕盈的歌聲，此形象成爲他個人的商標之一。他曾是一位富於創造力的廣播者，首部影片《漂泊的情人》（1929），後成爲有才藝的喜劇和性格演員。

Vallejo＊　瓦列霍　美國加州西部城市。位於奧克蘭附近的聖巴勃羅灣畔。1850年開始有人定居，1852年1月當了七天的州首府，1853年又當了一個月。1854年興建的馬雷島海軍造船廠（現已關閉）確保了這個城市能留存下來，區內軍事設施對該市經濟很重要。設有加利福尼亞海洋學院（建於1929年）。人口約110,000（1996）。

Valletta＊　法勒他　馬爾他首都和海港。位於一處岩石岬角地區，海岸兩邊建有海港。1565年在「大圍攻馬爾他」後創建，此次圍攻驗證了鄂圖曼帝國在歐洲南部地區勢力的強大，後以馬爾他騎士團團長法勒他（Jean Parisot de la Valette）之姓命名。1570年定爲馬爾他首都。1814年後成爲英國地中海海軍艦隊主要的基地，在第二次世界大戰中發揮了重要作用，期間並遭轟炸，破壞嚴重。現仍存有數座16世紀的建築。經濟以貿易和旅遊業爲主。人口約9,000（1996）。

valley　谷　地球表面上的狹長凹陷。谷中常有河流宣洩，可處於比較平坦的平原內，也可夾於兩道丘陵或山岳之間。是河流深切和側蝕作用的結果，一般呈V字形。冰川占據的谷特徵是呈U字形。谷地演化主要受氣候條件和岩石類型制約。切入到堅硬岩石裡，並具有直立的陡峭兩壁的極爲狹窄而深的谷，叫做峽谷。外觀同峽谷相似而比較小些的谷，則稱爲峽。

Valley Forge National Historical Park　福吉谷國家歷史公園　美國賓夕法尼亞州東南部保護區。這個占地1,404公頃的公園，是爲了紀念美國革命期間1777～1778年間的冬季，華盛頓曾帶領他的獨立大軍駐紮此地。1976年設爲國家公園。

Valley of Ten Thousand Smokes ➠ Ten Thousand Smokes, Valley of

Valley of the Kings ➠ Kings, Valley of the

Valois＊　瓦盧瓦　法國北部中世紀省和領地。在梅羅文加王朝的諸王（500?～751）及其後繼者加洛林王朝統治下，後成爲世襲伯爵領地。1214年，腓力二世·奧古斯都將瓦盧瓦合併於王室。領地的最後代表是亨利三世，1589年由波旁王朝繼承。1790年法國重畫省份，瓦盧瓦被取消。

Valois, Ninette de ➠ de Valois, Dame Ninette

Valparaiso＊　法耳巴拉索　智利中部城市和海港。由西班牙人建於1536年。1818年智利獨立後隨海軍興起和與歐洲海運的溝通而發展起來。1906和1971年兩度遭地震破壞。1884年在此簽訂玻利維亞將其盛產硝酸鹽的沿岸地區割讓給智利的條約。智利大部分進口商品經此運入。至今仍有海軍設備。工業以化工和紡織業爲主。人口約282,168（1995）。

value-added tax　加値稅　政府對經營廠商在生產和銷售某商品時新增加的價值所課徵的稅。通常計算的方法，售方首先計算出其對售出貨物所徵收的稅款總額，然後再計算

S T U V

出其對購進貨物時所付出的稅款總額；其所徵稅款與所付稅款之差額即為其純納稅義務。加值稅的負擔，也像其他營業稅的負擔一樣，要落在最終消費者身上。加值稅可以是累退稅，但是多數國家對必需品運用低稅率而對奢侈品則採高稅率。1954年法國是第一個大規模採用此法的國家。加值稅對於以前的轉手稅說來是一種改進，因為過去一種產品在生產－銷售過程中各個環節都得重複徵收轉手稅。自從其他西歐國家大多跟進仿傚，南美洲、亞洲和非洲的許多國家也都採用。

valve 閥 機械工程中用以控制流體（液體、氣體、懸浮液）在管道或其他容器中流動的裝置。控制是指用啓閉件來啓閉或部分阻擋通道中的開口。閥門有七種主要型式：球形閥、閘閥、針閥、旋塞閥（考克）、蝶閥、提升閥和滑閥。某些閥是自動工作的，例如，止回閥或單向閥就是自動的，只允許流體向一個方向流動。安全閥在預定的壓力下打開。啓閉件靠加重錘的槓桿或彈力足夠強的彈簧壓在閥座上而使閥關閉，直至壓力達到工作壓力時才開啓。

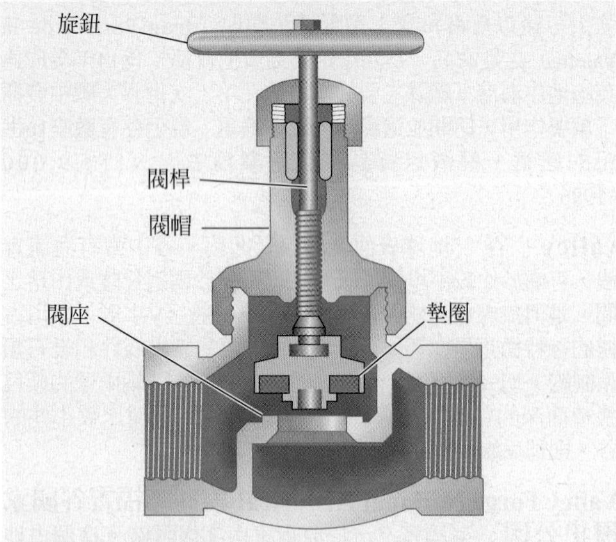

球形閥控制液體通過管道、出入口的流動。要完全阻止流動，將螺紋的閥桿旋轉使墊圈降到閥座上。
© 2002 MERRIAM-WEBSTER INC.

vampire 吸血鬼 民間傳說中的吸血生物，夜晚離開墓穴，吮吸人血，有時以蝙蝠的形式出現。吸血鬼在破曉前必須回到它的墓穴或裝滿它出生地泥土的棺材裡。雖然歐亞的民間傳說有一部分是吸血鬼的故事，但最出名的是匈牙利和其他斯拉夫地區的傳說。1725年和1732年在塞爾維亞發掘了一些充滿血液的死屍，村民聲稱遭逢了吸人血的一場瘟疫浩劫後，結果引起整個西歐人們廣泛的興趣，以及富有想像力的吸血治療法。人們假定吸血鬼是死人（原是異教徒、罪犯或自殺者），它們靠咬活人的喉嚨吸取血液而生存。受害者死後也會變成吸血鬼。這些「不死」的吸血鬼沒有影子，而且在鏡中照不出反影。出示十字架或大蒜做的花環可抵擋吸血鬼，可用橡木樁穿刺其心臟，或誘使他們曝露在陽光下死亡。最著名的吸血鬼出現於斯多克的作品《吸血鬼》（1897）中。

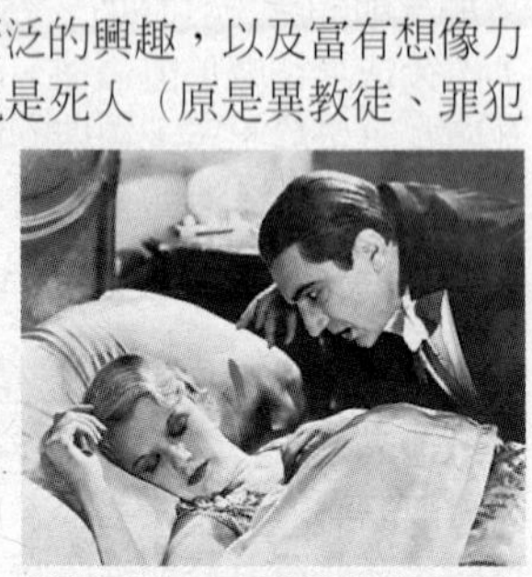

《吸血鬼》中盧戈希飾演的吸血鬼
By courtesy of Universal Pictures; photograph, The Bettmann Archive

vampire bat 吸血蝠 吸血蝠科3種吸血蝙蝠的統稱，原產於美洲熱帶。體長約6～9公分，體重約15～50克。跑動迅速，跳躍靈活。它們聚居在山洞、樹洞和陰溝，夜間離開隱蔽的棲息處，在近地處低飛覓食。吸血蝠吸食熟睡的鳥類和哺乳動物，偶亦吸人血，用尖利的切牙在身上咬一個小口，從切口中舐食流出的血。所咬的傷口不大，但可能傳染狂犬病或其他疾病。

Van 凡城 土耳其東部城市。位於凡湖東岸。山頂有古城堡遺跡。西元前8世紀～西元前7世紀是烏拉爾圖王國重要中心。後相繼為米底亞人、阿契美尼德波斯人和本都王公以及羅馬人、波斯人和亞美尼亞人占據。1071年被塞爾柱土耳其人占領。1543年併入鄂圖曼帝國。第一次世界大戰中於1915～1917年間被俄軍占領。居民以庫爾德人為多。有民族主義傾向的亞美尼亞居民，在第一次世界大戰期間遭到大規模屠殺。凡城商業以經銷當地所產毛皮、穀物、水果和蔬菜為主。人口約198,000（1995）。

Van, Lake 凡湖 土耳其東部的鹽湖。為土耳其最大湖泊。面積3,713平方公里，湖面最寬處達119公里，最深達100公尺以上。沒有洩水道，使凡湖變為內陸湖。其湖水不宜飲用或灌溉。

Van Allen radiation belts 范艾倫輻射帶 簡稱范艾倫帶。在地球磁場高處俘獲的高能帶電粒子組成的環形帶。這個帶為紀念美國物理學家范艾倫而命名。他在1958年發現的。范艾倫輻射帶在赤道上空是最強的，而在兩極上空實際上並不存在。在內外兩個輻射帶實際上是逐漸過渡的，具有帶電粒子流，顯示著最大密度的兩個區域。內區的質子是當高能宇宙射線與地球大氣層相撞擊時產生的。大約集中在地表上空約3,000公里；外區包含來自太陽風的氦離子組成。集中在地表上空大約15,000～20,000公里之處。強烈的太陽活動（參閱solar cycle）引起范艾倫輻射帶破裂，而這種破裂又和極光和磁暴等現象有關。

Van Buren, Martin 范布倫（西元1782～1862年） 美國第八任總統（1837～1841）。曾從事法律工作，1812～1820年為紐約州參議員，兼任州總檢察長（1816～1819）。後來他領導了一個非正式政治支持者團體，人稱「奧爾班尼攝政」，因為即使范布倫在華盛頓，他們仍掌控了州政治。1821～1828年選入參議院，支持州權並反對強大的中央集權政府。亞當斯當選美國總統後，范布倫與傑克森等人建立了一個政治團體，即後來的民主黨。1828年當選為紐約州州長，但不久即辭職，擔任國務卿（1829～1831）。1832年在第一屆民主黨大會上被提名參選副總統，後來當選，成為傑克森總統（1833～1837）的副手。傑克森後來支持范布倫參選總統，1836年他戰勝了哈利生，贏得選舉。在任期當中經歷了一次經濟大恐慌、緬因－加拿大邊界糾紛（參閱Aroostook War）、佛羅里達塞米諾爾戰爭和德克薩斯合併爭議。後來連任失敗，1844年由於反奴隸制觀點而未獲民主黨提名。1848年獲得自由土壤黨提名參選總統，但再嘗敗績，後來退休。

Van Cortlandt, Stephanus 范科特蘭（西元1643～1700年） 美國殖民地官員。出生於荷蘭殖民城市新阿姆斯特丹（即後來的紐約市），後來發跡為富有的商人。1664年該殖民地受英國的統治，1674年范科特蘭進入總督議會。他成為紐約市第一位在當地出生的市長（1677、1686～1687），後擔任紐約高等法院的副法官和首席法官（1691～1700）。

Van de Graaff, Robert J(emison) 范德格喇夫（西元1901～1967年） 美國物理學家，任工程師一段時間

S T U V

後，去牛津大學物理學實驗室中做研究工作。1931年成爲麻省理工學院的研究員。1934年任副教授。他發明了范德格喇夫發電機。這是一種高壓靜電發生器，可作粒子加速器用。這種裝置不僅廣泛應用於原子基礎研究，也用於醫學和工業。1946年與他人共同創辦了高壓工程公司製造他發明的加速器。

van de Velde, Henri ➠ Velde, Henry (Clemens) van de

van de Velde, Willem, the Elder ➠ Velde, Willem van de, the Elder

van der Goes, Hugo ➠ Goes, Hugo van der

van der Rohe, Ludwig Mies ➠ Mies van der Rohe, Ludwig

van der Waals, Johannes Diederik＊ 范德瓦耳斯（西元1837～1923年） 荷蘭物理學家。1877～1907年間任阿姆斯特丹大學物理學教授。他提出假定氣體分子體積爲零，且分子之間不存在引力，則理想氣體定律就能從氣體運動論導出。1881年得出一個更準確公式即范德瓦耳斯方程式。他的研究成果使得對於接近絕對零度的研究成爲可能。范德瓦耳斯力爲紀念他而命名。1910年榮獲諾貝爾獎。

van der Waals forces 范德瓦耳斯力 在氣體、液化氣體、固化氣體以及幾乎一切有機液體和固體中，中性分子間互相吸引的一種弱電力，由范德瓦耳斯結合起來的固體比起由較強的離子鍵、共價鍵及金屬鍵結合起來的固體，熔點較低而且較軟。產生范德瓦耳斯力的原因是分子內電子是永久性的電偶極。這種永久偶極子有互相排列成行的傾向，與鄰近的分子引起進一步極化，結果就顯示出淨吸力。它們多少較弱於氫鍵。

van der Weyden, Rogier ➠ Weyden, Rogier van der

Van Der Zee, James (Augustus Joseph) 范德齊（西元1886～1983年） 美國攝影師。生於麻薩諸塞州列諾克斯，1906年和家人搬到紐約市的哈林區。1915年在人像工作室找到工作，因此搬到紐澤西州的紐渥克。不久之後就回到哈林區設立了自己的工作室。1918年到1945年間的肖像作品是以哈林文藝復興爲題裁；最著名的作品是卡倫、羅賓遜和賈維的肖像畫。二次世界戰後他的聲名隨著哈林區的歿落而下滑，直到1969年大都會美術館展出他的作品後才又再度爲人所知。

van Doesburg, Theo ➠ Doesburg, Theo van

Van Doren, Carl (Clinton) and Mark 凡多倫兄弟（卡爾與馬克）（西元1885～1950年；西元1894～1972年） 美國作家和教師。凡多倫兄弟生於伊利諾的霍普。卡爾在1911～1930年間任教於哥倫比亞大學，編輯過《劍橋美國文學史》（1917～1921）和一些期刊。他的評論性著作包含傳記《班傑明・富蘭克林》（1939，獲普立茲獎）。馬克在1920～1959年間任教於哥倫比亞大學。他出版了二十多部詩集，包括《春雷》（1924）和《詩集（1922～1938）》（1939年，獲普立茲獎）。他寫了三部小說和幾部短篇小說集，也編過若干選集。文學評論著作有關於德萊敦、莎士比亞和霍桑的研究，還有《詩歌入門》（1951）一書，探討了英美文學中一些較短的名詩。

Van Dyck, Anthony＊ 范戴克（西元1599～1641年） 受封爲安東尼爵士（Sir Anthony）。法蘭德斯畫家。父爲富裕的絲綢商，十歲開始師從一位安特衛普畫家學畫。不久即受到魯本斯的影響，早期作品具有魯本斯情節劇的風格，不過他使用了較暗、較暖性的色彩，突出使用明暗法，人物也較輪廓分明。到十九歲他已成爲安特衛普畫家公會的一位名家，同時他也與魯本斯一起工作。1621～1627年他在義大利生活了5年，回到安特衛普後接受了大批祭壇畫和肖像畫的委製。他也繪有神話主題的作品，並是優秀的製圖者和蝕刻銅版師，但是他主要是以肖像畫聞名，並在不影響人物個性下，對肖像人物進行理想化處理。1632年來到英國，被英王查理一世聘爲宮廷畫師。後在英國大量繪製肖像畫，收入豐厚，生活奢侈。范戴克的影響是深遠和持久的，佛蘭德斯、荷蘭和德國的肖像畫家模仿他的風格和技巧，18世紀的英國肖像畫家，特別是根茲博羅和雷諾茲，都深受其影響。

Van Dyke, Dick 范戴克（西元1925年～） 美國演員和喜劇演員。生於密蘇里州的西平原，最初在夜總會表演默劇〈快樂啞巴〉（1947～1953），1959年才前往百老匯初試啼聲。在音樂劇《再見少女》（1960～1961，獲東尼獎；1963年改編爲電影）擔綱演出。後來的電視喜劇系列《狄克范戴克秀》（1961～1966）相當成功，爲他贏了幾座葛萊美獎。《新狄克范戴克秀》（1971～1974）也很受歡迎。也曾在電影《歡樂滿人間》（1964）和《萬能飛天車》（1968）中演出。

van Eyck, Jan ➠ Eyck, Jan van

van Gogh, Vincent (Willem)＊ 梵谷（西元1853～1890年） 荷蘭畫家。十六歲時在海牙一家畫店工作，後來又在其倫敦、巴黎的分店工作（1873～1876）。經歷他個人的混亂時期後，他開始畫素描和水彩畫（1880）。曾到布魯塞爾美術學院學習過，在海牙時也曾隨風景畫家毛沃學習（1881）。由於對藝術興趣，使他隨其弟藝術品商人狄奧去巴黎，對印象主義、後印象主義有了了解。1888年來到法國南部的阿爾勒；在那裡的十五個月，他繪了近兩百幅油畫。靜物、風景、在田間工作的農民是他最喜歡的繪畫主題。他最著名的畫作有《食薯者》（1885）、《星夜》（1889）、《耳朵包著繃帶的自畫像》（1888，他和高更爭吵後割下自己的耳朵）。由於生活困苦又爲精神憂鬱所苦，他住進療養院但仍繼續作畫；在這裡十二個月（1889），他完成了一百五十幅畫和素描。1890年移居瓦茲河畔奧弗爾，後來因與朋友爭吵，精神再次崩潰，他朝自己開槍數日後去世。在他的十年藝術生涯中，一共繪了近八百幅的畫作和七百幅的素描，但在他有生之年只賣出一幅畫。他的作品對現代繪畫的發展影響深遠，並被認爲是繼林布蘭之後荷蘭最偉大的畫家。

Van Heusen, Jimmy＊ 范修森（西元1913～1990年） 原名Edward Chester Babcock。美國歌曲作家。青少年時期就開始在廣播電台工作。1930年代早期加入錫盤巷，後來共創出〈織夢〉和〈波卡和月光〉等歌曲。他與柏克爲23部平克勞斯貝的電影作曲。1954年起與卡恩合作。爲好友法蘭克辛那屈寫了76首曲子，包括〈溫柔的陷阱〉、〈與我齊飛〉，並以〈在星星上盪鞦韆〉、〈走到底〉、〈期許〉和〈靠不住〉多次獲奧斯卡獎。

van Ostade, Adriaen ➠ Ostade, Adriaen van

vanadium＊ 釩 金屬化學元素，過渡元素之一，化學符號V，原子序數23。銀白色的軟金屬，存在於（總是呈結合態）各種礦物、煤和石油中，它與鋼和鐵的合金用作高速工具鋼、高強度低合金鋼和耐磨鑄鐵。純金屬釩適於高溫應用，如用作X射線的靶和催化劑。它在化合物中有不同的原子價，化合物的溶液呈許多美麗的顏色，可用作催化劑和媒染劑（參閱dye）。

Vanbrugh, John＊ 凡布魯（西元1664～1726年） 受封爲約翰爵士（Sir John）。英國建築師、喜劇作家，參加步兵團時開始寫作。他成功的喜劇包括《故態復萌》（1692）和《河東獅吼》（1697）。1700年後自由而生動地改編一系列法國作品，其中鬧劇多於喜劇，包括《別墅》（1703）和《合謀》（1705）。1702年，與霍克斯穆爾合作設計約克郡的霍華德堡。他的傑作再次與霍克斯穆爾合作設計在牛津郡的府邸，「布倫海姆宮」（1705～1716）。他們使英國巴洛克式達到了頂峰。

Vance, Cyrus (Roberts) 范錫（西元1917～2002年） 美國政府官員。海軍服役後進入一家法律事務所。1960年被任命爲國防部總顧問。1963～1967年任國防部副部長。他是美國進行越戰的有力的鼓吹者。1968年不斷敦促詹森停止轟炸北越，並派他和哈里曼赴巴黎與越南談判。1977～1980年任國務卿。致力於促成限制武器條約。他在埃及和以色列於1978年簽訂「大衛營協定」中具關鍵的作用。1980年因反對卡特救援在伊朗的美國人質的冒險活動而辭職。

Vancouver 溫哥華 加拿大不列顛哥倫比亞省西南部城市。爲天然良港，1870年代原爲鋸木業居民點。1886年發生一場大火災後又成爲加拿大主要的海港，1887年加拿大橫貫大陸鐵路竣工和1914年巴拿馬運河的開通，更加促進了溫哥華的發展，巴拿馬運河開通後使溫哥華出口穀物和木材到北美東海岸和歐洲能比較經濟。經濟活動還包括木材和膠合板的生產、提煉石油、捕魚和造船。人口約1,832,000（1996）。

Vancouver, George 溫哥華（西元1757～1798年） 英國航海家。十三歲時進入皇家海軍，曾隨科克船長進行兩次航行（1772～1775和1776～1780年）。1791年率領考察隊對澳大利亞、紐西蘭、大溪地和夏威夷海岸進行探測。1792年到達北美西海岸。接下來的兩年多時間他仔細勘測一部分海岸。1798年他出版了地圖和他的旅遊記事。

Vancouver Island＊ 溫哥華島 加拿大不列顛哥倫比亞西南部近海島嶼，是北美洲太平洋岸最大的島嶼，面積31,285平方公里。數座山峰高於2,100公尺。有數個良好的港口。溫哥華島主要城市維多利亞。該島於1778年首先由科克船長發現，1792年由溫哥華測量，此後歸屬於哈得遜灣公司，直到1849年成爲英國直轄殖民地爲止。1866年併入不列顛哥倫比亞。重要行業有伐木、捕魚、農業和旅遊業。人口571,493（1991）。

Vandals 汪達爾人 日耳曼民族的一支，429～534年在北非建立一個王國。455年曾洗劫羅馬。他們爲了躲避匈奴而逃往西方，曾侵入高盧。409年定居西班牙。在其國王蓋塞里克（428～477年在位）領導下人民在北非定居，435年成爲羅馬的聯邦。四年後蓋塞里克擺脫了羅馬宗主權，占領迦太基。他們後來占領了撒丁島、科西嘉島和西西里島；他們的海盜船隊控制了地中海西部大部地區。455年入侵義大利並攻陷羅馬城，洗劫該城和藝術品。此後他們的名字就成了肆意破壞和褻瀆聖物的同義語。汪達爾人宗奉阿里烏教義，在非洲迫害天主教，拜占庭攻入北非（533～534），摧毀了汪達爾王國。

Vandenberg, Arthur H(endrick) 范登堡（西元1884～1951年） 美國政治人物。1906年起爲《大湍城先驅報》編輯。被選爲美國參議員（1928～1951）。嚴厲批評富蘭克林·羅斯福總統的政策；但在日本偷襲珍珠港以後，改變他的孤立主義立場。1945年在參院的一次演說中主張美國應該積極參加國際組織，從而對成立聯合國提供了共和黨人的寶貴支持。同年，他擔任出席聯合國國際組織會議代表。他在國會積極支持杜魯門總統外交政策，包括：杜魯門主義、馬歇爾計畫和北大西洋公約組織。

Vanderbilt, Cornelius 范德比爾特（西元1794～1877年） 美國航運和鐵路巨頭。1810年購置第一艘小船，在紐約港口以擺渡爲生。1812年戰爭時期擁有幾艘木船，爲政府運輸軍需。1818年出賣所有船隻，當輪船船長。1829年在哈得遜灣開辦自己的汽輪公司。收費低廉，座位舒適，因此控制了航運業務。後來，經營東北海運。到1846年他已是一個百萬富翁。他組織了一個公司，經營從紐約市和紐奧良取道尼加拉瓜到舊金山的客貨運輸業務。因航路既迅速又便宜，他的公司獲得巨大成功。後來，競爭對手以高價購買這一航線的業務。1850年代，他的目光轉向鐵路，購入紐約－哈林鐵路公司的股票。又取得哈得遜河鐵路和紐約中央鐵路。死後，其遺產達一億美元以上，是當時美國最大的貯蓄。曾捐款一百萬美元給田納西州的中央（後改稱范德比爾特）大學。其大部遺產留給了他的兒子范德比爾特（W. H. Vanderbilt, 1821～1885），後者大規模擴展紐約中央鐵路網，並購入其他鐵路，將家族的財富增加了一倍。

Vanderbilt University 范德比爾特大學 美國田納西州納什維爾的一所私立大學。成立於1873年，以慈善家范德比爾特之名命名。該校的人文暨科學學院、工程學院與音樂學院皆頒授學士學位。上述學院及該校之法律、管理、醫學、護理、神學等學院也提供約四十種碩士、四十種博士以及數種專業課程。研究機構包括人類與教育發展、公共政策以及人文學科等研究中心。註冊學生人數約10,000人。

Vanderlyn, John 范德林（西元1775～1852年） 美國畫家。生於紐約州京斯頓，曾隨斯圖爾特學畫，後進入美術學校就讀。後來一直留在巴黎，他的新古典主義風格畫作在當地深受歡迎（包括《睡臥在納克索斯島上的阿里阿德涅》〔1812〕）。四十歲時回到美國，沒接到他原本期待的聯邦政府的委託，後退休回到金斯敦。1832年終於接到美國政府委託，繪製一幅華盛頓的全身像。1839年又爲美國國會大廈圓形大廳繪製《哥倫布登陸》。

Vane, Henry 范內（西元1613～1662年） 受封爲亨利爵士（Sir Henry）。英國政治家。王室顧問老范內（1589～1655）之子。早年改奉清教。1635年前往新英格蘭。1636～1637年任麻薩諸塞總督。後回英格蘭，任海軍財務官（1639）。在召開的長期國會中，支持對溫特沃思的彈劾。1643年任與蘇格蘭簽訂「莊嚴盟約」的英格蘭首席談判代表。同年任下議院領袖。1649～1653年是共和國國務會議的主要成員，1660年查理二世復辟後被處死。

Vänern＊ 維納恩 瑞典最大湖泊，位於該國西南部。面積5,585平方公里，湖長約145公里，最深98公尺，湖面海拔44公尺。該湖接納眾多河流，湖水流經約塔河往西注入卡特加特海峽。

Vanguard 先鋒號 三顆美國的實驗性不載人衛星。「先鋒1號」（1958）是美國射入軌道的第二顆人造地球衛星。是一個重1.47公斤的球體，裝有兩台無線電發射機。衛星飛行軌跡中，發現地球幾乎是梨狀的，證實了以前的理論。「先鋒2號」（1959），帶有光電池，可提供地球雲層情況的資料，但由於衛星翻滾運動，使數據無法判讀。「先鋒

3號」(1959),用來繪製地球磁場圖。

vanilla 香子蘭 即香草。蘭科香子蘭屬熱帶攀緣植物的統稱,蒴果可製使用廣泛的調味劑。香子蘭具長的肉質攀緣莖,通過氣根附著於樹幹;其根也伸進土壤。花極多,逐漸分批開放,每批只開一天,花期持續約兩個月。蒴果長可達20公分。當果實基部呈金綠色,便可收獲。曝曬和加工,果實變成巧克力般的深褐色。香子蘭用於各種甜食和飲料,以及製香水。

Vanir* 瓦尼爾 古斯堪的那維亞神話中司財富、豐產和商業之神族,他們包括尼約爾德和他的孩子們弗雷和弗蕾亞。從屬於好戰的埃西爾。但在一場戰爭中打敗埃西爾後他們要求予平等地位。瓦尼爾把尼約爾德和弗雷送到埃西爾那裡去,作爲交換從對方那裡接到赫尼爾和彌米爾。在媾和的儀式上就產生了詩神克瓦西爾。

van't Hoff, Jacobus H(enricus)* 范托夫(西元1852～1911年) 荷蘭物理化學家。早期在立體化學方面的工作,研究有機分子裡碳原子的四面體鍵(參閱configuration),解釋了光學活性。後來的研究定下了化學動力學的原理框架,把熱力學原理應用於化學平衡,並引入現代的化學親合力概念以及對電解質的先進了解。把滲透壓(參閱osmosis)與溶質的克分子級分量聯繫起來的方程式以及把平衡常數與溫度聯繫起來的方程式,都是以他的名字命名。1901年成爲第一位諾貝爾化學獎得主。

Vanua Levu* 瓦努阿萊武島 斐濟第二大島。面積5,535平方公里。1643年由荷蘭探險家塔斯曼發現。中央山脈把島分爲濕潤和乾燥兩部分,主要河流爲恩德萊凱蒂。該島出口糖和椰乾。含鄰近島嶼的人口129,154(1986)。

Vanuatu* 萬那杜 正式名稱萬那杜共和國(Republic of Vanuatu)。舊稱新赫布里底群島(New Hebrides)。南太平洋由十二座主島和六十多座小島組成的共和國。面積12,190平方公里。人口約195,000(2001)。首都:維拉。當地居民大多數爲原住民美拉尼西亞人,另有少數法國人、華人、越南人和太平洋島嶼人民。語言:比斯拉馬語、法語和英語(均爲官方語),以及美拉尼西亞語和各種方言。宗教:長老會、聖公會和天主教。貨幣:瓦杜(VT)。國土南北延伸650公里,包括聖埃斯皮里圖、馬拉庫拉、埃法特、安布里姆、埃羅芒阿、坦納、埃皮、安納托姆、邁沃、彭特科特等群島。較大的群島源自火山,島上多山,還有幾座活火山。其中一些島上有優良港口,尤其是埃法特和馬拉庫拉島。全國最高峰是聖埃斯皮里圖島上的塔布韋馬薩納峰,高1,879公尺。屬開發中自由市場經濟,以農業、飼養牛和漁業爲主。旅遊業也日益重要。政府形式是共和國,一院制。國家元首是總統,政府首腦爲總理。美拉尼西亞人在島嶼上定居了至少有3,000年。1606年被葡萄牙人發現,1768年該島再次被法國探險家布干維爾發現,1774年科克船長將其命名爲新赫布里底群島。19世紀中葉檀香木商人和歐洲傳教士來到群島,英國和法國棉花種植園主也接踵而至,英國和法國成立委員會管理該島,1906年兩國同意建立共管政府。第二次世界大戰期間,爲盟國的重要海軍基地(設於聖埃斯皮里圖島),整個群島未受日本侵占。1980年新赫布里底群島宣布獨立,定國名爲萬那杜共和國。1987年遭颶風侵襲,大多數房子毀於一旦。

vapor lamp ➠ electric discharge lamp

vaporization 汽化 物質從液態或固態轉爲氣態(參閱gas)。汽化包括沸騰(在液體內部形成蒸氣泡)和昇華(固體直接轉變爲蒸汽)。對液體或固體必須供熱(物質的汽化潛熱)才能實現汽化;在汽化的逆過程(即冷凝)時則釋放出等量的熱量。如果周圍環境不能提供足夠的熱量,那麼汽化時剩餘物質的溫度就會下降。參閱evaporation。

Varanasi* 瓦拉納西 亦稱貝拿勒斯(Benares)。印度北方邦城市,爲世界上一直有人居住的最古老的城市之一。是印度教七聖城之一。有數座廟宇、宮殿和沐浴的石階。每年有一百多萬的朝聖者。瓦拉納西以北的薩爾納特爲釋迦牟尼第一次佈教處。人口1,000,000(1995)。

Vardan Mamikonian, St.* 聖瓦爾丹・馬米科尼昂(卒於西元451年) 亞美尼亞的軍事將領。由於波斯人企圖將瑣羅亞斯德教強迫灌輸給亞美尼亞人,激起了叛變。這場叛變直到瓦爾丹和他的同伴在阿伐拉戰役中喪生才告弭平。儘管波斯人取得勝利,他們也取消了以武力強迫亞美尼亞人改變宗教信仰的計畫。波斯人還廢黜了反叛的亞美尼亞總督。

Vardaon, Harry 范登(西元1870～1937年) 英國高爾夫球運動員。二十歲成爲職業球員。曾獲得六次英國公開賽冠軍(1896、1898、1899、1903、1911和1914年)和美國公開賽冠軍(1900)。「范登盃」即是爲紀念他而命名的,每年頒發給平均得分最佳的職業高爾夫球運動員。其主要成就在於革新中、長距離的擊球技巧。

Varèse, Edgard (Victor Achille Charles)* 瓦雷茲(西元1883～1965年) 法裔美籍作曲家。其父親曾禁止其學音樂,但他偷偷學習,後進入聖歌合唱學校就讀,並得到堂兄鋼琴家阿爾佛雷德(1877～1962)的協助。不久轉赴柏林,結識了布梭尼和史特勞斯等音樂家,與他的高瞻遠矚的理想十分契合。其創作的《布爾戈涅》(1907)由於不協和音而導致醜聞。剛萌芽的指揮的工作因第一次世界大戰而中斷,後移居美國。1921年與人合創了國際作曲家公會。其作品很少,但每件作品都是經典之作,其中包括《禮物》(1921)、《亞美利加》(1921)、《超光譜》(1923)、《八面體》(1923)、《奧祕》(1927)和《離子化》(1931),這些作品以演奏樂器的方式引人注目,特別是使用打擊樂器,產生撞擊的音效。第二次世界大戰後,他創作了《沙漠》(1954)和《電子之詩》(1958)等樂曲,很明顯的是他正期待新的演奏技術可以實現其音樂構想。

瓦雷茲
The Bettmann Archive

Vargas, Getúlio (Dorneles)* 瓦加斯(西元1883～1954年) 巴西總統(1930～1945;1951～1954)。1928年任州長。1930年競選總統失敗,10月發動革命推翻共和政府。任臨時總統。1937年,推翻制憲政府,建立極權主義的新國家。加強中央權力,予婦女以政治權利,推行教育改革,實施社會保險。1945年軍人政變推翻了他的政府。1951年再度當選總統。但受到國會和輿論的掣肘,得不到各界的支持,並逼他辭職,他不甘心下野,自殺身亡。

Vargas Llosa, (Jorge) Mario (Pedro)* 巴爾加斯・略薩(西元1936年～) 祕魯作家。第一部小說《城市與狗》(1963)問世後受到廣泛的歡迎。小說以軍校爲背景,描寫青少年在充滿險惡的逆境中奮鬥求生,其中軍校的腐敗正反映了祕魯所具有的弊端。致力於社會改變可以從他的早期小說、評論和劇本中看出。在面對光輝道路暴動，逐漸轉為保守。1990年競選祕魯總統。他的著名作品《綠屋子》（1966）、《胡莉亞姨媽與作家》（1977）和《世界末日之戰》（1982）描寫19世紀巴西的政治衝突。1994年榮獲塞萬提斯文學獎。

variable 變數 在代數學上，代表方程式未知數的符號（通常用字母表示）。通常使用的變數包括x與y（實數未知數），z（複數未知數），t（時間），r（半徑）及s（弧長）。變數和係數有所分別，係數是固定的數值在多項式與代數方程式將變數放大倍數。例如在二次方程式$ax^2 + bx + c = 0$，a、b和c是係數，在解方程式的時候，必須指定這些數值。在把文字問題轉譯成代數方程的時候，想要求得的量可以用變數來表示。

variable, complex ➡ complex variable

variable, random ➡ random variable

variable star 變星 能觀測到的星光強度有變化的恆星。脈動變星因本身之週期性膨脹、收縮，而產生光度與體積變化之脈動節奏。爆發變星包括新星、超新星及其他因輻射能的突然迸發而驟然發光之類似星體。光度的增加維持不久，隨後即漸趨黯淡。蝕變星是雙星系統中的一個子星。當從地球上看去該子星在其伴星之星通過時，或伴星在該子星之前通過時，會部分地屏遮住該星的光。亦請參閱binary star、Cepheid variable、flare star、pulsar、T Tauri star。

variation 變異 生物學用語。由遺傳差異或環境因素引起的細胞間、生物個體間或同種生物的各群體間的任何不同（分別稱為基因型變異及表現型變異）。變異可表現在體形、代謝、能育性、生殖形式、行為及智能等明顯的或可度量的性狀方面。遺傳差異引起的變異稱為基因型變異，由染色體數目或結構的不同或由染色體所帶基因的不同而引起。如眼的顏色、體形及抗病能力的不同。表現型變異是幾種因素（如氣候、食物供給及其他生物）同時起作用。表現型變異也包括生物體生活週期的階段變化及季節性變化。這些變異不能遺傳給後代，因此在生物演化過程中沒有意義。亦請參閱polymorphism。

variations ➡ theme and variations

varicella ➡ chicken pox

varicose vein＊ 靜脈曲張 亦作varix。伴有血液瀦留的靜脈扭曲或擴張。varix一詞亦用於動脈及淋巴管的類似病變。下肢靜脈曲張最常見，由靜脈瓣功能不良引起。瓣膜功能不良時，血液聚積於淺靜脈，使之擴張和扭曲。靜脈壁及靜脈瓣的薄弱可能為遺傳性。妊娠期間常見靜脈曲張，可能與內分泌異常有關。靜脈曲張的症狀有沈重感、站立太久時下肢容易痙攣、腫脹，併發症包括皮膚潰瘍和血栓形成。治療的方式有彈力長統襪、注射硬化劑及手術。靜脈曲張在食道會潰瘍和出血，常發生在肝疾病。亦請參閱hemorrhoid。

variety theater ➡ music hall and variety

varing hare ➡ snowshoe hare

variola ➡ smallpox

Varmus, Harold (Elliot) 瓦爾默斯（西元1939年～） 美國病毒學家。1970年至加州大學舊金山分校作研究。和畢曉普發現，在特定情況下，人體健康細胞中的正常基因可致癌。這些癌基因平時控制細胞的生長和分裂，但病毒或致癌物會激活它們。他們的研究結論取代了另一學說，即認為癌是由病毒基因造成，這些病毒基因與細胞的正常基因要素不同，平時潛伏在體細胞內直到受致癌物質刺激才激活起來。與畢曉普共獲1989年諾貝爾生理學或醫學獎。

varna＊ 瓦爾納 印度教印度的四個傳統社會階級的統稱。梨俱吠陀中的一首讚美詩宣稱婆羅門、刹帝利、吠舍、首陀羅由生主（Prajapati）的口、臂、腿、足生成。傳統立法者針對每個瓦爾納訂立了一套義務（主要僅在理論上遵守）：婆羅門的任務是學習和諮詢；刹帝利是保衛國家；吠舍是種田；首陀羅是服役。此外，還創造出一個非正式的第五階級pancama，包括某些不可接觸者和被排除在這種體制外的部落團體。種姓制度與階級制度之間的關係是複雜的，而各別的種姓（有數十種之多）一直試圖提升自身的社會地位，做法是認同一種特定的瓦爾納，並要求與階級、榮譽相關的特權。

Varna 瓦爾納 保加利亞海港和城市。位於黑海沿岸。西元前6世紀由米利都希臘人建立，後相繼歸屬色雷斯、馬其頓和羅馬。西元681年隸屬保加利亞第一帝國（679?～1018），命名為瓦爾納。1391年歸土耳其帝國統治。1444年在其附近進行了土耳其與匈牙利之間的戰役，波蘭和匈牙利國王弗瓦迪斯瓦夫三世被殺。根據「柏林條約」，於1878年脫離土耳其，歸屬保加利亞。重要的行政、經濟、文化和遊覽中心。工業有出口、造船和製造業。人口約301,421（1996）。

Varna, Battle of 瓦爾納戰役（西元1444年11月10日） 土耳其對匈牙利的勝利戰役。它結束了歐洲強國為解救君士坦丁堡免遭土耳其征服所作的努力。1440年代初期，匈牙利國王烏拉斯洛一世發起反對鄂圖曼帝國蘇丹穆拉德二世的戰役。匈牙利部隊以匈雅提為統帥向瓦爾納進軍。在瓦爾納同穆拉德遭遇。匈軍初戰雖勝，但烏拉斯洛終為土耳其軍所殺。戰役的勝利使鄂圖曼帝國能夠確立和擴大它對巴爾幹半島的控制。

Varro, Marcus Terentius＊ 瓦羅（西元前116～西元前27年） 羅馬學者和諷刺家。熱心於公務，任財務官。曾效力於龐培，後得到凱撒的寬恕並委他為圖書館館長。以其所著《邁尼普斯式諷刺詩》最為著名。都是些散文夾雜著詩歌的幽默性雜燴。通過他的作品的訓誡教育意義來使羅馬的未來與它的光榮的過去聯繫起來。瓦羅約寫了七十四部計六百多卷著作，題材廣泛，包括法學、天文、地理、教育、文學，以及諷刺作品、詩歌、演說詞及信札。

Varus, Publius Quintilius＊ 瓦魯斯（卒於西元9年） 羅馬將領。其父參與謀殺凱撒大帝。西元前4年鎮壓了猶太人叛亂，後派到萊茵河以東邊界任軍事和行政長官。試圖主張羅馬控制權，但被日耳曼人用計將瓦魯斯和他的三個軍團引入條頓堡林山，幾乎予以全殲。瓦魯斯本人自殺。此後羅馬所占有的萊茵河東部地區全都喪失了。

varved deposit＊ 紋泥沈積 一年期內重複形成的沈積岩的分層形式。這種年度沈積可能包含由較細和較粗的淤泥或黏土交替組成而相互對照的紋理結構，反映出當年的季節性沈積（夏季和冬季）。紋泥沈積通常發現在冰川湖中，但在非冰川湖和海底中也能發現。

Vasa, dynasty 瓦薩王朝 瑞典（與波蘭）王朝。瓦薩王朝的創建者古斯塔夫·埃里克遜·瓦薩於1521年任瑞典攝政，1523年成為國王古斯塔夫一世。其後代統治瑞典到1818

年，最末一位國王是查理十三世。古斯塔夫一世之孫於1587年成爲波蘭國王，稱西格蒙德三世，並從1592年起兼爲瑞典國王。他死後，其子弗瓦迪斯瓦夫四世被選繼承波蘭王位。1668年西格蒙德的次子約翰二世·卡齊米日·瓦薩引退，波蘭的瓦薩王朝乃告終結。

Vasarely, Victor＊ 瓦薩列里（西元1908～1997年） 原名Viktor Vásárhelyi。匈牙利裔法籍畫家。曾在布達佩斯接受包浩斯傳統教育，1930年遷居巴黎，擔任商業畫家維生。1930年代，他受到構成主義的影響；但到了1940年代，他利用生動的幾何圖形和互相掩映的色彩形成自己的風格。1950年代中期和1960年代，他的風格趨於成熟，使用更爲豐富的色彩透過光學錯覺增加律動感，如作品《天狼星II》（1954），並成爲歐普藝術運動的主要人物之一。

Vasari, Giorgio＊ 瓦薩里（西元1511～1574年） 義大利畫家、建築師和作家。儘管他在風格主義方面作品衆多，但在建築學上的造詣卻更勝一籌（曾設計建造烏菲茲宮，即現在的烏菲茲美術館），不過都比不上其寫作水準。其《義大利傑出建築師、畫家和雕塑家傳》（1550）撰寫了文藝復興早期到晚期的藝術家傳記。其寫作風格通俗易讀，資料也經過充分研究，儘管缺乏事實依據，他也毫不猶豫地進行了彌補。根據他的觀點，在黑暗時代藝術衰敗後，喬托復興了眞實呈現的藝術，並由後來許多藝術家發揚，最後由米開朗基羅發揮至盡善盡美。該著作的第二版（1568）爲美術史的研究提供了珍貴的資料來源。

瓦薩里，油畫自畫像；現藏佛羅倫斯烏菲茲美術館
SCALA – Art Resource

Vasconcelos, José＊ 巴斯孔塞洛斯（西元1882～1959年） 墨西哥教育家、政治人物、散文作家和哲學家。曾爲律師，與革命候選人馬德羅和比利亞對抗。1920～1924年擔任教育部長，提出在墨西哥學校體系進行多項重大改革，特別是擴展農村學校計畫。1929年競選總統失敗。他的政治激進主義曾迫使他多次流亡。他認爲當地的印第安文化優於西方文化。他的五卷自傳（1935～1939；摘錄爲《一個墨西哥的尤利西斯》〔1962〕）是一套研究20世紀墨西哥社會文化的最優秀作品。

vascular plant 維管植物 亦稱tracheophyte。具有主要由韌皮部（傳輸食物的組織）和木質部（傳輸水的組織），合稱維管組織組成的專門傳輸系統的植物統稱。蕨、裸子植物和顯花植物（被子植物）都是維管植物。與非維管的苔蘚植物不同，維管植物中更引人注目的繁殖途徑是孢子體（參閱alternation of generations）。由於它們有維管組織，所以這些植物有眞正的莖、葉和根，這些部分的多種變化使得維管植物的各種品種得以在各種各樣，甚至極端的環境條件下存活下來。這種在許多不同的環境下生存發展的能力是維管植物成爲陸地植物中的絕大多數的主要原因。

vasectomy＊ 輸精管切除術 爲絕育或防止感染切斷輸精管的一種手術。是在診查室即可施行的較簡單的手術。先在陰囊皮膚外固定輸精管，再將陰囊局部麻醉，於囊上作一小切口暴露精索，在兩個部位鉗住輸精管，將它在兩鉗之間切斷，然後用電烙燒灼兩游離端使之封閉，撤鉗，縫合一針以關閉小切口。輸精管切斷後，睪丸仍能產生男性激素。應用顯微手術技術可增加其成功率。

Vasily I＊ 瓦西里一世（西元1371～1425年） 俄語全名Vasily Dmitriyevich。莫斯科大公（1389～1425）。率領莫斯科大公國的軍隊參加陶赫塔梅希對帖木兒·倫克的戰爭。後成爲莫斯科和弗拉基米爾的大公。他兼併下諾夫哥羅德和穆羅姆兩個公國，從而擴大了對窩瓦河中游地區的控制。他向西擴張，與立陶宛發生衝突。1395年起兵抗擊帖木兒的入侵，迫使其撤走。1408年韃靼汗國包圍莫斯科，迫使他重新向汗納貢，承認韃靼爲宗主國。

Vasily II 瓦西里二世（西元1415～1462年） 俄語全名Vasily Vasilyevich。別名瞎子瓦西里（Vasily the blind）。莫斯科大公（1425～1462）。十歲繼承莫斯科和弗拉基米爾大公位，但受到叔父和堂兄弟們的挑戰。在一場混亂而激烈的鬥爭后，季米特里·謝米亞卡奪去寶座。直到1447年復位，又統治了十五年。在他統治期間，兼併了鄰近的大多數公國。俄羅斯教會也擺脫君士坦丁堡的牧首而獨立。1449年與立陶宛締結互不侵犯條約，但仍在他東南邊境與韃靼部族作戰。

vassal ➠ feudalism

Vassar College 瓦薩爾學院 美國紐約州波啓浦夕的一所私立文理學院。1861年由瓦薩爾（1792～1868）創設的一所女子學院，但一直到1865年才正式招生。1968年變爲男女合校。各主要學科都設有大學部的課程，另有生物、化學和戲劇等碩士課程。校內的勒布藝術中心擁有一批美國最古老的藝術收藏。註冊學生人數約2,500人。

Vatican City 梵諦岡城 全名梵諦岡城國（State of the Vatican City）。教會國家。位於義大利羅馬市內。人口約850（1997）。先後建於中世紀和文藝復興時代的城牆起迄於東南角的聖彼得廣場。城牆內是一個袖珍國家。有自己的外交任務電話系統、郵局、廣播電台，有瑞士衛兵百餘人，還有自己的銀行系統和貨幣、商店和藥房。根據1929年的「拉特蘭條約」承認梵諦岡城的獨立主權。教宗擁有絕對的行政、立法和司法權。教宗任命與教廷機構分開的梵諦岡政府機構成員。有數座氣勢宏偉的建築，包括聖彼得大教堂、梵諦岡教宗宮及梵諦岡博物館。還有西斯汀禮拜堂內米開朗基羅的壁畫、波吉亞故居內平圖里喬的壁畫和拉斐爾陳列館。梵諦岡圖書館藏有西元前和西元後的稀世手稿。

Vatican Council, Second 第二次梵諦岡會議（西元1962～1965年） 天主教會第21次普世會議。由教宗若望二十三世召開。會議的召開象徵著教會準備承認現代世界環境的變化。會議通過的16份文件中最值得注意的是〈關於教會的教義決議〉，決定如何處理教會階級層次，以及給予教會內在俗信徒更大的包容；〈關於上帝啓示的決議〉，是對研究《聖經》的學者持開放態度；〈關於神聖禮儀的決議〉，拉丁國家在彌撒中可使用本國語言；〈關於教會如何對待今日世界的決議〉承認人類在現世所經歷的深刻變化，設法使教會適應當代文明的要求。來自其他基督教教會的觀察員也以一般身分應邀參加這次會議。

Vatican Museums and Galleries 梵諦岡博物館和美術館 15世紀初以來歷代教宗的藝術收藏館，設於梵諦岡城教廷和其他建築物中。其中包括許多獨立的博物館：庇護-克雷芒博物館，創立於18世紀，陳列古代雕刻藏品，這些藏品來自1503～1513年尤里烏斯二世時期；梵蒂岡圖書館內的展覽室；以及西斯汀禮拜堂。梵諦岡主要收藏古代雕刻品（包括《貝維德雷的阿波羅像》、《貝維德雷的軀幹》、

《拉奧孔》），也有埃及和早期基督教重要的藝術品。繪畫陳列館是由庇護六世創立於1797年，藏有著名的義大利宗教畫，也有俄羅斯和拜占庭的繪畫。1956年一個現代藝術收藏館開始收集俗世作品，包括藝術家雷諾瓦、秀拉、梵谷、馬諦斯和畢卡索等的作品。梵諦岡的收藏品在世界上是數一數二的。

Vatican Palace 梵諦岡教宗宮 14世紀晚期以來的教宗府邸，位於梵諦岡城的聖彼得大教堂北面。850年第一次用圍牆圍起來，不規則的圍牆建築包含花園（始建於尼祿）、中庭、住宅寓所、美術館、梵諦岡博物館和圖書館，以及其他設施。府邸內有1,400個房間，由教宗尼古拉三世於13世紀開始建造。尼古拉五世建造了梵諦岡圖書館，尤里烏斯二世時期，多爾奇設計了西斯汀禮拜堂，並以其壯觀的內部藝術品而聞名，包括米開朗基羅的天頂畫，布拉曼特完成了宮廷北面的設計，並規畫了龐大的貝維德雷宮，而拉斐爾也在宮殿內留下了其傑作。保祿三世時期建造了皇廳和保林禮拜堂，均由小達・桑迦洛設計，波林禮拜堂中有米開朗基羅所繪壁畫。一些小禮拜堂以及馬斯切里諾著名的地圖館建於16世紀末。豐塔納增加了一排房間，西克斯圖斯五世時建造了現在的圖書館。巴洛克時期由烏爾班八世時建造了瑪蒂爾達禮拜堂。亞歷山大七世時期，貝尼尼設計建造了教堂大階梯。

Vatnajökull＊ 瓦特納冰原 冰島東南部的廣闊冰原。面積8,400平方公里。冰層平均厚度逾900公尺。南邊的華納達爾斯火山海拔2,119公尺，為冰島最高峰。整個冰原上有很多活火山。

Vättern＊ 韋特恩湖 瑞典中南部湖泊。在維納恩湖的東方。長130公里，寬約30公里，面積1,912平方公里，僅維納恩湖的1/3，為瑞典第二大湖。最深點130公尺，以有危險的激流著稱。經約塔運河與波羅的海相連。

Vauban, Sébastien Le Prestre de＊ 沃邦（西元1633～1707年） 法國軍事工程師。與孔代家族的軍隊作戰（1651～1653）後，投靠保王派並加入了新成立的工程軍團，1658年任圍攻格拉沃利訥城的總工程師。他為大多數法國城鎮和前哨戰設計了防禦工事，並發明戰術，為法國路易十四世統治時期大小戰役取得了許多勝利，他的發明徹底改革了圍攻戰術和防禦性築城學。他還發明了彈跳炮火戰術和插座式刺刀。他的築城工事理論和圍攻技巧影響長達一百年以上。1703年晉升為法國元帥。

Vaucanson, Jacques de＊ 沃康松（西元1709～1782年） 法國發明家。1739年他製成一種自動機，叫作「鴨子」，不但能模仿鴨子的各種動作，還能像鴨子那樣飲水、吃食和「消化食物」。身為絲綢檢驗員，使織布機自動化，將用穿孔卡片梳導和經紗連接的鉤針，並用水力或畜力做動力。他的發明卻被擱置了幾十年，後由雅卡爾改造並革新了他的織布機，使之成為工業革命最重要的發明之一。

Vaucheria＊ 無隔藻屬 黃綠藻（黃藻門）的一屬。為管狀、分枝的多核體，無橫隔壁，但繁殖器官和傷口鄰接處例外。細胞內有油點，利用動孢子和靜孢子行無性生殖，有性生殖則在鄰近的分枝上分別產生球形的藏卵器和纖細鉤狀的藏精器。精子雙鞭毛，卵子受精後，經過為期數週的休眠期後萌發。大部分的種是淡水產或陸生，少量海產，還有的生活於冰內。

vaudeville＊ 歌舞雜耍表演 19世紀後期至20世紀初期在美國流行的一種輕鬆娛樂節目。包括十～十五個彼此互不相關的單獨表演，其中有魔術、雜技、喜劇、馴獸、歌舞等。原是小酒館裡常為男顧客表演粗俗的節目。1881年帕斯特在紐約劇院成功表演了一個「乾淨的雜耍秀」，並影響了其他經理人的一股跟風。到了1900年，全國各地建立了一連串的歌舞雜耍劇團，包括貝克的奧菲厄姆馬戲團，其中最著名的是紐約的宮廷劇院（1913～1932）。後來許多演藝人員都開始加入歌舞雜耍表演，其中包括威斯特、菲爾茲、羅傑茲、基頓、卓別林、馬克斯兄弟、艾博特和科斯蒂洛、伯利和鮑伯霍伯。亦請參閱music hall and variety。

Vaugelas, Claude Favre, seigneur (Lord) de, Baron de Pérouges＊ 沃熱拉（西元1585～1650年） 法國語法學家。在法國上流社會文學語言標準化方面曾起重要作用。所著《法語習作講話》（1647）一書，曾記錄他認為優雅的慣用語。當時人們將此書奉為法語用法的經典。為法蘭西學院最早成員。

Vaughan, Henry＊ 佛漢（西元1622～1695年） 英國威爾斯詩人和神祕主義者，在倫敦學過法律。1650年代開始行醫。出版二卷詩集後，受宗教詩人赫伯特作品的影響，從此「皈依」，不再寫「閒詩」。他是當時最富有獨創性的詩人之一，想像力超過同時代的任何作家。他的詩作《閃光的燧石》（1650）和散文《橄欖山》（1652）表明他宗教信念的深度，及其詩才的眞實。

Vaughan, Sarah (Lois) 莎拉沃恩（西元1924～1990年） 美國爵士樂女歌手、鋼琴師。她最著名的歌曲有〈魅力〉、〈輕鬆些〉、〈心碎的旋律〉和〈朦朧〉。1942年在紐約市阿波羅劇院業餘才藝比賽中獲勝。後參加海因斯的大樂隊充當歌唱演員和第二鋼琴演奏者。1944年與比利艾克斯汀合作。佛漢開始接觸了咆哮樂這種新的爵士音樂。她幾乎被認為是最偉大的爵士樂歌唱家之一。以音域異常寬廣的豐富歌喉和創造性的即席演唱著稱。

莎拉沃恩
© Herb Snitzer

Vaughan Williams, Ralph＊ 佛漢威廉士（西元1872～1958年） 英國作曲家。他從皇家音樂學院轉至劍橋大學就讀，後來又回去，之後在柏林師從布魯赫，最後獲得劍橋大學博士學位。他為了完成學術論著而收集英國民歌，結合了民歌旋律與優異的管弦樂演奏技巧（部分從拉威爾那裡學到的），並投入現代和聲的發展，因而創造出一種個人風格，成為20世紀英國音樂形式的核心。他的九首交響曲以《海洋交響曲》（1909）、《倫敦交響曲》（1913）、《田園交響曲》（1921）和《南極交響曲》（1952）最為流行。其他受歡迎的作品包括《雲雀飛翔》（1914）、《音樂小夜曲》（1938）。此外，他還創作了五部歌劇，包括《奔向大海的騎士》（1936）。他一生還曾到處指揮，並編輯了《英國讚美詩集》（1906）。

vault 拱頂 房屋建造中用拱的結構作成的天花板或屋頂。具有和拱同樣的外推力，因而必須沿著全長用厚牆作為扶垛，牆上不能開很大的門窗。基本的筒形拱頂（實際上是一連續系列的拱）首次出現在古埃及和中東地區。羅馬建築師發現兩個相互正交的筒形拱頂組成一個十字拱頂，如果重複地連續建造，可以覆蓋任意長度的矩形面積。由於十字拱頂的推力集中在四個角上，不需要很厚的牆來支承。中世紀

S T U V

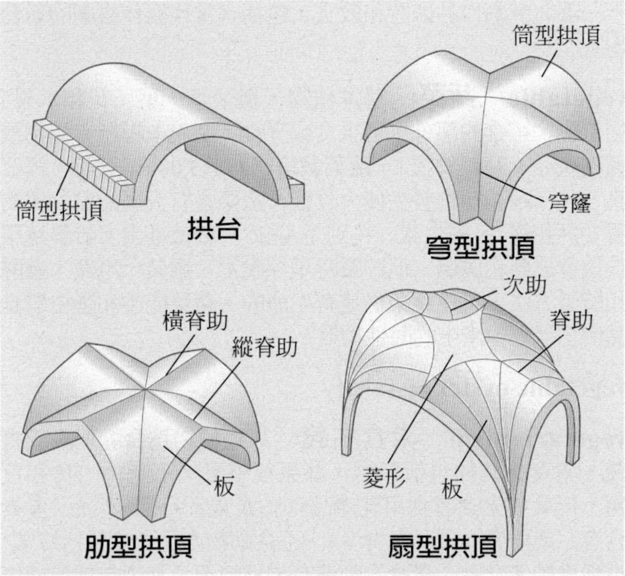

四種常見的拱頂型式。筒型拱頂（又稱籃型、隧道或貨車拱頂）的截面是半圓形。穹型拱頂（或稱交叉拱頂）是由兩個筒型拱頂直角交叉而成。肋型拱頂是由一系列對角拱肋支撐，將拱頂劃分成許多板。扇型拱頂是帶有拱肋凹面片塊組成，散開的樣子就像扇子。

歐洲的建築者發展了一種肋拱頂，即由拱組成骨架，再在其上砌磚石。扇形拱頂流行於英國的垂直式風格中，在懸垂裝飾或柱子起始位置上使用成簇扇形像花色窗櫺的肋條。19世紀時採用鐵骨架建造輕質材料的大跨度拱頂（參閱Crystal Palace）。一項重大的現代發明是鋼筋混凝土的殼拱頂，如果它的長度是橫軸部分的三倍或更多倍，則起著深梁作用並沒有承受到橫向的推力。

vaulting　跳馬　競技體操項目之一。跳馬形狀大致同於橫馬，但無鞍環。男子跳馬又稱縱跳馬，馬身縱對運動員助跑方向放置。女子跳馬，馬身橫向放置。兩者近端放置助跳板。在助跳板上彈跳，用手臂支撐一下越馬。在空中時可表演各種特技動作。跳馬為奧運會的競賽項目（男子是1896年，女子是1952年）。

Vavilov, Nikolay (Ivanovich) *　瓦維洛夫（西元1887～1943年）　蘇聯植物遺傳學家。他根據在世界各地的觀察提出一個學說：栽培植物起源的中心應是其野生親緣種顯示出最大適應性的地區。他提出了十三個世界植物起源的中心。他是公認的對植物種群研究作出最大貢獻的人之一。但在連續幾次植物育種代表會議（1934～1939）上，李森科公開斥責他兜售「孟德爾－摩根遺傳學」（參閱Mendel, Gregor (Johann)和Morgan, Thomas Hunt）。他死在集中營。

vCard　電子名片　自動交換個人資料的電子商務卡，所載資料與傳統商業名片雷同。電子名片是一個包含使用者基本商業或個人資料（包括姓名、地址、電話號碼、網址等）的檔案，可以有各種形式，如文字、圖片、影像片段、音效片段。可以附加在電子郵件中或是透過電腦、網際網路交換。如使用者可以拖曳他／她自己的電子名片到網頁上的註冊區或表單，電子名片會自動填完表格。常使用在聲音郵件、網路瀏覽器、傳呼中心、視訊會議、呼叫器、傳真以及智慧卡上。

VCR　卡式錄影機　全名videocassette recorder。藉著磁帶匣記錄、保存並重新播放電視節目的電子機械裝置。第一批商用卡式錄影機是在1969年由新力索尼公司推出。卡式錄影機通常用來錄電視節目，供以後觀賞，並且播放商業發行的卡帶。卡式錄影機有二到七個磁頭，以讀取和刻畫磁帶上影像與音頻的軌跡。利用攝錄影系統即可製作家庭電影，這系統由一台卡式錄影機連接一台簡單的攝影機組成。

veal　小牛肉　小牛的肉。顏色淡灰發白，細緻緊密，組織柔軟光滑，沒有花紋。為獲得高品質的小牛肉，通常在室內控溫的環境下飼養小牛，大量餵以牛奶或高蛋白飼料，或兩者混餵。但不餵草飼料，因而缺鐵，肉色不深。近幾十年來保育團體譴責飼養小牛是殘酷的。

Veblen, Thorstein (Bunde) *　威卜蘭（西元1857～1929年）　美國經濟學家。1884年獲耶魯大學哲學博士學位。後到芝加哥大學和其他大學教經濟學。由於其獨創性的思想觀念和私生活不檢，使他的每項工作都無法持久。1899年發表他的第一部著作《有閒階級論》。他力圖用達爾文演化論來研究現代經濟生活。他認為工業體制要求人們勤勞、講究效率和合作，然而，那些統治企業界的人們所關心的卻是賺錢和炫耀財富。他在描寫富人生活時所創造的「炫耀性消費」現仍被廣泛應用。1930年代經濟蕭條使許多人信服威卜蘭批評企業體制的觀念，此時他的聲譽達到高峰。

vector　向量　數學上，具有大小和方向的量。有些物理及幾何量，稱為數量，可以用單一的數字完全表示，用適當的計量單位表示其大小（例如質量用公克，溫度用度，時間用秒）。而像速度、力及位移，必須說明大小和方向，這些是向量。向量可以以圖解表示繪製箭頭往特定方向，箭頭長度等於向量所代表的大小。二維向量由兩個座標表示，三維向量有三個座標，以此類推。向量分析是數學的分支，探索這類表示的用途並定義向量結合的方式。亦請參閱vector operations。

vector operations　向量運算　基本代數定律延伸至向量。包括加法、減法以及三種乘法。兩個向量的加總是第三個向量，利用原來兩個向量做邊長的平行四邊形的對角線。當向量乘以正數，大小乘以該數的量，方向維持不變（如果是負數，則反向）。向量a乘以另一個向量b的結果有內積和外積，內積寫成a・b，外積寫成a × b。內積是實數，又稱數量積，等於兩個向量的長度a（|a|）、b（|b|）及兩者夾角（θ）餘弦的乘積，表示為：$a \cdot b = |a|\,|b| \cos\theta$。如果兩個向量垂直的話，內積為零（參閱orthogonality）。外積是第三個向量（c），又稱向量積，垂直於原來向量構成的平面。向量c的大小等於向量a和b的長度與兩者之間夾角（θ）正弦的乘積：$c = |a|\,|b| \sin\theta$。結合律與交換律在向量加法與內積上有效。外積適用組合律，不適用交換律。

vector space　向量空間　數學上，稱為向量的物體結合起來，以加法及乘法運算，滿足四個條件：一、在加法時集合是交換群（參閱group theory），二、乘上數量時符合分配率，三、乘上數量時符合結合律，以及四、符合唯一律，任何的向量v存在單位向量1使$1v = v$。向量空間在數學上極為常見。實數的集合以普通加法和乘法構成向量空間，就如所有係數為實數的單變數多項式的集合。

Ved-ava *　維德－阿瓦　司掌水域和水中寶藏之神。以捕魚為生的芬蘭－－烏戈爾諸民族所熟悉的自然精靈族中的一員。漁民將其首次捕獲物獻給她而在作業期間遵守許多禁忌。但維德－阿瓦也能促使人畜繁殖興旺。她的形象如同歐洲傳說中的美人魚，往往坐在石上梳理披肩長髮，乳房豐滿，下身如魚。據說見到她是凶兆，往往要遭滅頂之災。維德－阿瓦也被看做是溺死者的靈魂；有時她也被單純地看做是水的化身。

Veda＊ 吠陀 古梵文創作的頌神詩歌和宗教詩歌。吠陀的寫作年代不詳，估計爲西元前1500～西元前1200年間。吠陀頌神詩歌爲崇拜禮文的主體，其中一部分適用於蘇摩崇拜和祭祀。這些詩歌讚頌傳統受崇拜的諸神，這些神大多代表自然現象。吠陀文獻的總體包括《奧義書》都被奉爲天啓。在書寫之前它們是靠口傳保存下來的。直到今天，人們在誦讀本集時還保留著來自印度吠陀教早期沿襲下來的特殊音調和節奏。亦請參閱Rig Veda、Vedanta。

Vedanta＊ 吠檀多 印度六派正統哲學體系之一，是構成大多數現代印度教派別的基礎。三種基本的吠檀多經典是《奧義書》、《梵經》和《薄伽梵歌》。對這些經典沒有專一解釋，根據對個人自我（我）和絕對（梵）之間的關係和同一程度的不同認識，發展出好幾個吠檀多派。幾個吠檀多派的信仰是擺脫再生循環（「輪迴」）的渴望；「梵」既是世界的物質因，也是世界的工具因；自我本身是自己行動的動因，因此是行動後果的接受者（參閱karma）。

Vedic religion＊ 吠陀教 亦作Vedism。印度古代宗教，與《吠陀》作品同時代，是印度教的前身。吠陀教是西元前1500年左右從現稱伊朗的地區進入印度的講印歐語的各民族所信奉的宗教。吠陀教中有諸多的神，地位最高的神是因陀羅。吠陀教崇拜許多與天空和自然現象有關的男性神祇。吠陀教祭禮以宰牲獻祭爲其中心，同時還要飲用蘇摩酒以達恍惚狀態。祭禮開始時比較簡單，後來變得越來越複雜繁冗，只有受過訓練的婆羅門才能做到準確無誤。從吠陀教發展出「我」（atman）與婆羅門的哲學觀念。西元前8世紀～西元前5世紀，有關轉世、業的觀念以及透過冥想而不是透過祭祀來擺脫輪回再生的觀念廣爲流傳，這象徵了吠陀教時代的結束和印度教的興起。印度教的入法禮就是直接來自吠陀教傳統。

Veeck, Bill＊ 維克（西元1914～1986年） 原名William Louis Veeck。美國職業棒球俱樂部總經理和業主。他父親是體育記者，並且是芝加哥小熊隊的領隊。他擁有的球隊有小聯盟隊密爾瓦基釀酒人隊（與他人共有，1941～1945），大聯盟隊克利夫蘭印第安人隊（1946～1948）、聖路易市布朗隊（1949～1953）、芝加哥白襪隊（1959～1968，1976～1981）。維克認爲棒球的基本功能是娛樂，不能當作是一種商業。他引進許多革新的做法。

Vega, Garcilaso de la＊ 維加（西元1539～1616年） 以El Inca知名。16世紀西班牙偉大的編年史家之一。他是西班牙騎士與印加印第安公主的私生子，在其父的祕魯家庭中長大，受到印加及西班牙兩方面傳統的薰陶。1560年到西班牙。在西班牙軍隊中服役。後又參與宗教事務。維加的名著是《印加之花》（記述德索托對墨西哥北方遠征）和《祕魯史》。切莫把他與16世紀早期同名偉大詩人混爲一人，不過這兩位維加確有親緣關係。

Vega, Lope de＊ 維加（西元1562～1635年） 全名Lope Félix de Vega Carpio。西班牙黃金世紀傑出的劇作家。參加西班牙無敵艦隊攻打英國後去馬德里，擔任塞薩公爵的祕書和顧問，被譽爲西班牙的鳳凰（Phoenix of Spain）。著有1,800部之多的劇作，現存431部劇作。他是西班牙黃金世紀新戲劇的奠基人，維加的劇作均以西班牙爲背景，可分爲兩大類：一類是以傳說爲藍本的歷史英雄戲劇（《佩里巴尼茲與奧卡尼亞的司令官》和《國王是最好的法官》），一類是描述當代世態人情及陰謀事件的袍劍劇。維加劇中所創造的丑角以其常識和機智評論上流社會的愚蠢。《所有公民都是軍人》是維加在西班牙以外地區最知名的作品。他還寫了二十一部非戲劇作品如詩和散文，包括《當代寫作喜劇的新藝術》。

vegetable 蔬菜 草本植物（根、莖、葉、花和水果）的新鮮、可食的部分，可生食或烹食；廣義上指所有植物或植物產品（蔬菜物質）。蔬菜栽培起始於5,000年以前，經改良，許多蔬菜植物發生極大改變。蔬菜含有人體所需的礦物質（鈣和鐵）、維生素（特別是A和C）和纖維素。新鮮蔬菜很快會成熟和腐爛，但貯藏時是採脫水、罐裝、冷藏、發酵和醃製方法，可使蔬菜仍是有生命的。蔬菜能中和蛋白質食品消化過程中產生的酸性物質。

vegetable oyster ➠ salsify

vegetarianism 素食主義 只以植物爲食的理論或實踐。素食的食物包括穀物、蔬果及堅果，不吃肉、禽和魚類，但某些素食者食用乳產品（乳素食者）、蛋產品（蛋素食者）或兩者（蛋乳素食者）。不食動物產品者（包括蜂蜜）被稱爲純素食者。素食的動機有幾種情況，其中包括道德倫理（不願殺牲和厭惡現代爲了吃肉而飼養牲畜的方法）、克己或宗教禁忌、生態學（包括關心養牛的不經濟和環境成本）以及健康。素食者指出素食對健康好處多多，包括罹患心臟病、糖尿病、結腸癌和體重超重的機率較低。儘管在物質豐富的社會中獲取充足的蛋白質不是問題，但是素食者必須注意攝取足夠的鐵，而且（特別是純素食者）要多攝取鈣、維生素D和維生素B_{12}。最早大力提倡素食主義的是西元前6世紀的畢達哥拉斯。許多印度教派和大多數佛教徒都是素食者，這些地方也因難以取得任何肉類而很難吃到肉。啓蒙運動引發人們對動物的慈悲心，19世紀英國成爲素食主義的主要中心，素食運動不久也在德國、美國和其他國家快速興起。

Veii＊ 維愛 古伊楚利亞城鎮。位於羅馬西北約16公里處，今韋約附近。維愛是伊楚利亞聯盟的重要城市，西元前6世紀爲伊楚利亞最大赤陶雕塑製作中心。西元前7世紀～西元前6世紀，維愛稱霸，壓制羅馬。經過十年的圍攻，即在一連串征戰結束後維愛在西元前396年被羅馬摧毀。後其在奧古斯都統治下成爲自治城市，迄西元3世紀一直是一個宗教中心。

vein 靜脈 將血液送回心臟的血管。除了肺靜脈（參閱pulmonary circulation）以外，其餘的靜脈裡運輸的都是缺氧的血，是由毛細血管收集來的，這些毛細血管遍布在線狀的小靜脈網中，缺氧的血液經過小靜脈到靜脈，最後注入腔靜脈（參閱cardiovascular system、vena cava）。靜脈四周肌肉收縮推動血液在靜脈中流動。在多數靜脈的內層（內膜）中有瓣膜，以防止血液回流，靜脈的內膜沒有動脈的那種彈性膜襯。靜脈的中間層（中膜）薄，主要是膠原纖維；外層（外膜）厚，主要由結締組織構成。亦請參閱circulation、varicose vein。

Velasco (Alvarado), Juan＊ 貝拉斯科・阿爾瓦拉多（西元1910～1977年） 祕魯總統（1968～1975）。原任陸軍總司令，在推翻特爾里總統以後上台。他的政府，因具改革性和平民黨特質在近代拉丁美洲軍事政權中獨樹一格。他對運輸、通信和電力工業實行國有化，將私有莊園變爲由勞動者管理的合作社。他沒收由美國人所擁有的油田。下令扣留進入祕魯200浬領域內的美國漁船，並處以罰款。由於不滿被限制參與政治，1975年遭罷黜。

Velasco Ibarra, José (María)＊ 貝拉斯科・伊瓦拉（西元1893～1979年） 曾五度任厄瓜多爾總統。出身

豪門。1933年首次當選總統。他提出的土地改革計畫未能贏得國會支持，遂實行獨裁統治，監禁反對派領袖，實行新聞檢查後，被軍隊將領推翻，流亡哥倫比亞。1944年接任總統職務，由於執行鎮壓的政策，他的自由派支持者與他分道揚鑣，他再次流亡。他返回厄瓜多爾，1979年在死前當選三次總統，只有一次（1952～1956）是任職期滿。

Velázquez, Diego (Rodríguez de Silva)＊ 委拉斯開茲（西元1599～1660年） 西班牙畫家。生於塞維爾，他隨老埃雷拉當學徒，後來由帕切科施以自然主義風格訓練。他的早期作品大多是宗教或風俗體裁。1623年抵達馬德里後，他繪製了腓力四世的肖像，這使其獲得立即的成功，並奉派為宮廷畫家。其地位使他得以接近皇室收藏，其中包括提香的作品，後來對其風格產生了極大的影響。義大利之旅（1629～1631）使其風格更進一步，回到馬德里即開始他最具創造力的時期。他為腓力的狩獵小屋創造出一種新的非正式肖像類型，而委拉斯開茲的宮廷侏儒肖像展現了與皇室人物一樣的洞察眼神。第二次拜訪羅馬時（1649～1651），他繪製了優秀的教宗英諾森十世肖像。晚年他創造出傑作《光榮的少女》（1656）。在這偶然的場景中，顯然藝術家在瑪格利塔公主及其隨從在場的情況下為國王和王后作畫；接近實物大小的人物創造出一種真實世界的幻覺，這是當代沒有其他藝術家能夠超越的。其被認為是西方藝術的巨人之一。

Velde, Henri van de 費爾德（西元1863～1957年） 比利時建築師、設計師和教師。他對設計的最大貢獻是在德國的教學工作，1897年在德勒斯登的展覽會上展出其室內設計作品，因而聞名。他贊同莫里斯和英國藝術和手工藝運動的觀點，1902年帶著這些理念來到威瑪。他在威瑪工藝學院任教，即後來成立的包浩斯學校。他的建築作品包括科隆聯盟博覽會的劇場（1914），以及巴黎（1937）和紐約（1939）國際展覽會中的比利時展覽館。

Velde, Willem van de, the Elder＊ 費爾德（西元1611～1693年） 荷蘭海洋軍事題裁畫家。他與荷蘭艦隊一起出航，並畫下了荷蘭與英國交戰的場景。1672年到英國定居，繼續繪畫與海洋相關的題裁，也常與兒子小威廉（1633～1707）共同創作，成為當時最重要的海洋軍事畫家。1677年為查理二世任命小威廉為法庭畫家，並受託繪製英國的海軍戰役。許多他的作品都由倫敦海洋博物館收藏。

Velikovsky, Immanuel＊ 維利科夫斯基（西元1895～1979年） 美國作家。求學於愛丁堡、哈爾科夫及莫斯科大學。1939年移居美國。在其第一本書《在衝突中的世界》（1950）中他提出了一個假說：歷史上曾出現一次太陽系電磁擾動，使金星和火星靠近地球，擾亂了地球自轉、極軸傾角和磁場。他的主張被多數的天文學家質疑。《在衝突中的世界》的出版引發美國科學界威脅該書的最初出版商。

Velociraptor＊ 迅掠龍屬 即伶盜龍屬。獸腳亞目馳龍科（即奔龍屬）的一屬，晚白堊紀（9,750萬年前至6,640萬年前）繁盛於中亞和東亞。出現時間遲於恐爪龍屬，與之有親緣關係並與之十分相似。恐爪龍於早白堊紀（1億4,400萬年前至9,750萬年前）生活於北美洲。兩者後肢均具鐮刀形的利爪，尾部由骨化的腱加強，捕食時利爪猛擊獵物，此時用尾部保持身體平衡。體長僅1.8公尺，重量不超過45公斤。

velocity 速度 表示物體運動的快慢和方向的量。可以用一個箭頭（指向運動的方向）來作圖形表示，箭頭的長度與快慢成正比。對於做圓周運動的物體來說，任意時刻的方向為圓上該點的切線方向，因而與該點處的半徑垂直。車輛如小汽車的瞬間速度大小可以用速度表來測定，或者在數學上用微分運算得出。平均速度是一定的時間間隔內所經過的距離除以所用的時間之比。

velvet 立絨 亦稱絲絨、經絨和天鵝絨。表面有密集短絨，用作衣料和室內裝飾布的起絨織物。可用蠶絲、棉或合成纖維製成，具有柔軟和絨面平整的特徵。織物背面光滑無絨並顯現織紋。立絨經處理能防水抗壓，有時也可製成提花或壓花立絨。

vena cava＊ 腔靜脈 將乏氧血送到右心房的兩支靜脈血管。上腔靜脈流入上軀體，下腔靜脈流入下軀體。亦請參閱cardiovascular system、circulation。

Venda 文達人 操班圖語，居住在南非東北角。現今的人數超過七十萬以上。文達人為該地區處於歐洲人勢力控制下的最後一個民族。農業占經濟上的主導地位。飼養牛群逐漸重要。文達人酋長在傳統上是土地的總管理人，地方首領則將土地分配給各組農戶以進行耕作。

Venda 文達 前黑人飛地，位於南部共和國東北部，近辛巴威邊界。18世紀初，文達人從今辛巴威移入此地，並建立許多統治家族。1898年被特蘭斯瓦併呑。文達在正式獨立前，是南非內部一獨立行政單位。1962年南非指定文達為操文達語民族的家園，並建立一個地方政權。首都原在錫瓦薩。1973年該地獲准半自治，1979年宣布為獨立共和國。從未被國際承認。廢除種族隔離制度後，文達在1994年重新併入南非，成為新成立的北部省的一部分。

Vendée, Wars of the＊ 旺代戰爭（西元1793～1796年） 法國大革命期間，發生在法國西部的反革命叛亂。在旺代這個充滿宗教激情和經濟落後的地區，民衆對新政府對天主教教會施加的嚴格控制（1790）日生不滿。1793年通過徵兵法時開始發生暴動，後來逐漸蔓延到整個區域，保王黨人也加入農民的抗爭，組成天主教和皇家部隊。旺代軍隊由貴族夏雷特・德・拉孔特里（1763～1796）率領，約65,000人的軍隊控制了一些城鎮，但政府軍進一步在紹萊、薩沃奈打敗他們，旺代軍被迫撤退。後在勒芒再遭到突擊而敗北（約有15,000名叛亂分子被殺），1793年12月全面性戰爭結束。但政府惡意的報復行動激發人們更大的反抗，直到1794年宣布特赦，以及1795年旺代人豁免徵兵的自由才休止。夏雷特後來加入由英國支持的一次布列塔尼法國流亡貴族的登陸行動（1795），但被打敗並被處死（1796），就此反革命奮戰結束。

Vendémiaire＊ 葡萄月 法國共和曆的第一個月。這個名稱也用來指涉共和第四年的1月13日（1795年10月5日），拿破崙率領革命軍隊阻絕巴黎民衆反政府的遊行暴動事件。

vending machine 自動販賣機 透過硬幣運作的方式進行零售各種貨品的機器。18世紀初英國開始將自動售貨機用於商業，販賣鼻煙和煙絲。19世紀後期被許多國家廣泛使用。典型的自動販賣機服務由擁有販賣機的公司提供，它將機器安裝在別人的場所內，提供全部的維修服務及產品，通常除了可能需要的服務收費，不必場所主人有任何破費。

Vendsyssel-Thy＊ 文敘瑟爾－許 丹麥島嶼，位於日德蘭半島北端。東部稱文敘瑟爾，西部稱許蘭（Thyland）。利姆水道將它與大陸隔開，原本一直和陸地相連，1825年因海水侵蝕才從許博倫的地峽處切開一條水道。面積4,686平方公里（1,809平方哩）。島東岸的主要港口腓特烈港與瑞典哥特堡相望。該島爲度假勝地。人口約308,000（1989）。

veneer　薄片鑲飾　用深色木材（例如桃花心木、烏木、青龍木）或貴重材料（例如象牙、龜甲）製成很薄的薄片，組成裝飾性圖案，鑲於家具上的裝飾。雖然薄片鑲飾技術在古代就有，但在中世紀卻失傳了，直到17世紀才得到恢復，在法國達到頂點，並傳至歐洲其他國家。18世紀和19世紀初期，齊本德耳、海普懷特和雪里頓採用桃花心木和椴木薄片，發展了把薄片作爲藝術品加以鑲飾的技巧。19世紀中期隨著電鋸的使用，採用薄片鑲飾的方法，以掩飾廉價家具的缺點。

Venera＊　金星號　蘇聯送往金星的行星探測器系列。「金星2號」於1965年發射，1966年2月飛到離金星40,200公里處。同年3月，「金星3號」墜落在金星表面，成爲第一個擊中其他行星的太空船。後來的探測器分析了金星的大氣，在金星上軟著陸，長壽命的放射性同位素（主要是鈾和釷），發回第一批金星表面的近景照片，以及用雷達繪製南半球表面。

Venetian glass　威尼斯玻璃製品　13世紀至今在威尼斯生產的各種玻璃製品。15世紀威尼斯人大力改進製作水晶玻璃品（外表類似水晶礦石的透明玻璃）的工藝。到了16世紀，威尼斯製玻璃者掌握了著色的技術，以及移除因在玻璃物質鍍上金屬而產生煙霧暈色的方法。這些製造技術得到嚴密保護，工人一旦洩露將遭嚴厲懲罰。但最終由於威尼斯玻璃工人的過失而導致技術外流，使英、法、德、荷等國家都能生產這種玻璃器皿。

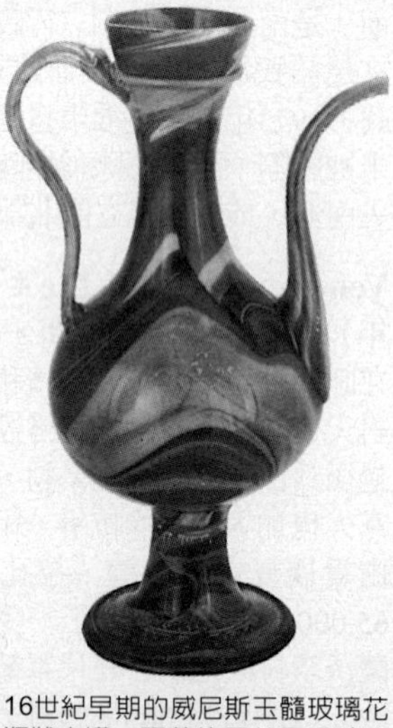

16世紀早期的威尼斯玉髓玻璃花瓶狀水罐；現藏德國美因河畔法蘭克福工藝博物館
By courtesy of the Museum fur Kunsthandwerk, Frankfurt am Main, Ger.; photograph, Foto Marburg – Art Resource

Venetian school　威尼斯派　文藝復興時期威尼斯市的藝術和藝術家，以偏愛亮光和色彩爲特色。雅各布·貝利尼是這一流派的始祖，後由其兒子秦梯利·貝利尼繼承，秦梯利訓練出文藝復興初期許多偉大畫家，如喬爾喬涅和提香。最後提香也成爲威尼斯畫派的代表，其繪畫作品色彩豐富，繪畫技巧廣被模仿。其他16世紀的大師還包括韋羅內塞，以使用大片明亮色彩的盛典而聞名；以及丁托列托，他結合風格畫家快速遠去的斜線和戲劇性遠近畫法，以及威尼斯人喜愛的光線爲一種明確形式和誇張的戲劇手法。提埃坡羅是威尼斯畫派最後一位重要的畫家，也是洛可可時期最偉大的藝術家之一。

Veneto＊　威尼托　義大利北部自治區。首府爲威尼斯。與奧地利爲鄰，濱臨亞得里亞海和加爾達湖，北部爲山區，南部是肥沃的平原。西元前2世紀～西元前1世紀該地區部分受羅馬人統治（參閱Padua、Verona），後來臣屬於倫巴底人。中世紀時一些城邦獲得重要地位，但後來大多臣服於威尼斯。法國大革命後，該地區開始脫離威尼斯人的控制，19世紀初受奧地利人統治。1860年代回歸義大利統治。農業是該地區的主要經濟支柱，在大城市周圍也建有工廠。人口約4,433,000（1996）。

Venezia Tridentina ➠ Trentino-Alto Adige

Veneziano, Domenico ➠ Domenico Veneziano

Venezuela　委內瑞拉　正式名稱委內瑞拉玻利瓦爾共和國（Bolivarian Republic of Venezuela）。南美洲北部國家。面積912,050平方公里。人口約24,632,000（2001）。首都：

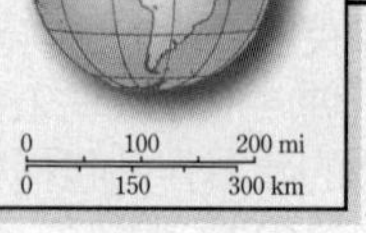

加拉卡斯。2/3以上的人口是穆拉托－梅斯蒂索人的後裔，其次爲白人（約占1/5）、黑人（1/10）和印第安人。語言：西班牙語（官方語）。宗教：天主教和一小部分新教。貨幣：玻利瓦爾（B）。山脈和平原支配著委內瑞拉的地形。西部安地斯山脈的東北突起成爲玻利瓦爾山。中部爲拉諾斯草原，約占國土面積的1/3。奧利諾科河河系幾乎遍布該國，河口並有廣大而森林濃密的三角洲。安赫爾瀑布爲世界最高的瀑布。主要的湖泊有馬拉開波湖和瓦倫西亞湖。主要礦藏資源是石油和天然氣。其他礦藏還有鐵、鋁、黃金和鑽石。工業包括鋼鐵、化學、紡織和煉油。農產品有糖、咖啡、玉米、香蕉和可可。政府形式是共和國，兩院制。國家元首暨政府首腦爲總統。原住民已在委內瑞拉居住了幾千年。1498年哥倫布發現委內瑞拉海岸。次年，西班牙探險者奧赫達、韋斯普奇和科薩等人沿海岸探測。約1520年西班牙傳教團在庫馬納建立第一個歐洲人殖民地。1718年被納入新格拉納達總督轄區，1731年設有一個司令官。後來米蘭達和玻利瓦爾率領委內瑞拉克里奧爾人，首先發動了南美洲的獨立運動。1811年委內瑞拉就宣布脫離西班牙獨立，但一直到1821年情況才確定下來。1830年起委內瑞拉先後由許多軍事獨裁者統治，直到1958年希梅內斯被推翻爲止。1961年頒布新憲法，象徵民主的開始。爲石油輸出國家組織創始會員之一，1970年代石油工業帶來了經濟繁榮，而其經濟也十分依賴全世界的石油市場。1999年夏維茲政府頒布一部新憲法，同年在首都附近發生一場暴風雨，造成好幾千人喪生。

Venice　威尼斯　義大利語作Venezia。義大利北部威尼托區首府，建於威尼斯的潟湖上，包含118座島嶼，潟湖周長達90哩（145公里），另有兩個陸地工業自治市。西元5世紀從北方入侵的難民發現該地並定居於此，這些居民點特別

S T U V

建造在島嶼上以防別人入侵。後成爲拜占庭帝國的屬地，直至西元10世紀。後來開始控制一條通往黎凡特的貿易航線，在第四次十字軍東征（1202～1204）成爲一個殖民帝國的統治者，其統治地區包括克里特、埃維亞、基克拉澤斯和愛奧尼亞群島，並在摩里亞和伊庇魯斯建立根據地。1381年在與熱那亞長達1個世紀針對黎凡特和地中海東部地區的商業霸權鬥爭中被打敗。15世紀隨著奪取周邊地區，威尼斯共和國開始形成一個大義大利國家。15～18世紀威尼斯人與鄂圖曼土耳其人不斷地戰爭，逐漸喪失了東部領地，1715年威尼斯放棄了其在愛琴海的最後一個根據地。1797年共和國解散，領土割讓給奧地利。1805年併入拿破崙的義大利王國，1815年被奧地利收復。1848～1849年威尼斯發生了反奧地利的叛亂，最後使威尼斯割讓給義大利（1866）。第二次世界大戰時，威尼斯只受到輕微破壞，但在1966年遭到洪水嚴重侵襲，水道滿溢了好幾哩。由於潟湖水位上漲和洪水氾濫超過正常的基礎設施，使得保護威尼斯建築工作變得很困難，這些建築包括義大利、阿拉伯、拜占庭和文藝復興時代的風格代表。威尼斯有大約450處宮殿和重要的歷史古跡。其400座橋梁中，最有名的是歎息橋，建於西元800年左右，教堂則以聖馬可教堂最著名。儘管威尼斯市在威尼托區充滿活力的經濟系統中扮演重要的市場角色，但大部分威尼斯工人從事旅遊業及其相關產業。人口約66,945（1999）。

Venice, Gulf of　威尼斯灣　亞得里亞海北段。西起義大利波河三角洲，東至塞爾維亞與蒙特內哥羅的伊斯特拉半島，長95公里。沿岸多沼澤地、潟湖和沙嘴。

Venice, Peace of　威尼斯和約（西元1177年）　神聖羅馬帝國皇帝腓特烈一世承認亞歷山大三世爲眞正教宗的協定。1176年腓特烈與倫巴底聯盟交戰於萊尼亞諾，遭到重大挫敗，迫使他放棄在義大利發動戰役，並簽署停戰協定。在威尼斯和約中，腓特烈同意撤回對反教宗勢力的支持，並歸還他所攫取的教會產業。他並在聖馬可座堂前接受教宗的「和平之吻」。

Venice, Treaty of　威尼斯條約（西元1201年）　第四次十字軍的十字軍戰士與威尼斯的丹多洛所談判的條約，以提供85,000馬克的運輸費用。十字軍戰士無法履行其金錢上的責任，乃是十字軍轉向攻打札拉和君士坦丁堡的主要因素。

Venice Biennale＊　威尼斯雙年展　在威尼斯堡壘區舉辦的國際藝術展，每二年一次，由國際委員擔任裁判。成立於1895年，當時稱爲「藝術之城威尼斯國際展」，目的是「不分國界，倡導現代精神中最高貴的活動」。第一屆雙年展邀請了十六個國家的藝術家參展，奠定了享譽全球的地位。委員會成員有柏恩－瓊斯、莫羅、皮維斯・德・夏凡納。第二次世界大戰後成爲國際前衛藝術家爭相展現作品的舞台。由於通常都在夏季舉行，常常吸引觀光客遠道前來。

Venizélos, Eleuthérios (Kyriakos)＊　韋尼澤洛斯（西元1864～1936年）　希臘革命領袖。克里特島革命家之子，曾任克里特自治政府的司法部長（1899～1901），後來領導一次叛變，迫使一位貴族高級專員離開克里特（1905）。他在雅典擔任反對黨軍事同盟的領導，並影響著克里特和希臘的統一。他出任希臘首相（1910～1915）後，建立巴爾幹同盟。在巴爾幹戰爭中，由於他的政策使領土和人口增加了一倍。第一次世界大戰時，他支持協約國，遭親德國的國王君士坦丁一世的反對後辭職，結果導致人民反對聲浪，迫使君士坦丁流亡，他再次擔任首相（1917～1920），他讓希臘與協約國合作，在巴黎和會中成功地保護了希臘的利益。他又連任了三次首相（1924、1928～1932、1933），1935年君主復辟後，被迫流亡。

venom　動物毒液　由動物體內有特殊功能分化的腺體產生的毒性分泌物，這些腺體常常和動物的骨刺、牙、尾刺和其他銳利器官相連接。這些毒液分泌腺可能主要是爲了殺死或麻醉獵物，有些動物毒液還兼有消化液功能。動物毒液輕的只是引起局灶性皮膚炎症，重的可能使人立時斃命。包括神經系統症狀，如抽搐、嘔吐和燥動（以上是興奮型）；又如麻痺、呼吸或心跳暫停等（神經抑制）、外出血、破壞正常的凝血機制及過敏反應（包括蕁麻疹和炎症）。自然界的絕大多數動物門含有毒種屬，但眞正對人類構成危害的並不多。常見的有：某些蛇（如眼鏡蛇、曼巴、窄頭眼鏡蛇、蝰蛇、頰窩毒蛇〔五步蛇、腹蛇〕、珊瑚蛇和響尾蛇等）；某些魚類（如刺魟、鱸、河豚、鯊、鮋魚、銀鮫、鼠鯊、某些鮎）；幾種蜥蜴（希拉毒蜥）；蠍；幾種蜘蛛（黑寡婦、隱居褐蛛）；某些社會昆蟲（如蜜蜂類、黃蜂、某些種類的螞蟻）；有毒的海生無脊椎動物（海葵、火珊瑚、水母、錐形螺、球海膽等）。

ventilating　通風　新鮮空氣自然或用機械流入或通過一封閉場所。直到20世紀初才徹底了解通風不良的危害性。廢氣中可能充滿異味、熱量、有害氣體或灰塵。機械通風系統一般包括一台風扇和一個除去顆粒物質的濾器。機械動力空氣進氣如與自然排氣相結合，則易於在室內造成輕微的正壓，使空氣外洩。以機械排氣而使天然空氣流入會造成輕微的負壓，從而空氣內泄。在許多場合（如實驗室、廚房和浴室），採用這種類型的通風系統去阻止有害微粒或異味逸入建築物的周圍區域。

ventricular fibrillation　心室纖顫　一種心律失常，表現爲心室肌纖維無規則不協調地收縮。原因爲心肌梗塞、觸電、乏氧、某些嚴重的血液化學物質平衡紊亂（如高血鉀或低血鈣）、洋地黃或腎上腺素中毒。除非採取心室電轉復藥物和胸外心臟按摩恢復血液循環，否則將迅速死亡。亦請參閱atrial fibrillation。

ventriloquism　腹語術　使人聽起來好像聲音來自別的地方而不是說話者的傳聲藝術。通常用木偶來協助這種騙人把戲，腹語術表演者讓木偶的嘴巴開闔，聲音卻從自己緊閉的嘴唇中發出。腹語術歷史悠久，雅典的歐里克萊斯是希臘最著名的腹語術藝人。祖魯人、毛利人和愛斯基摩人都擅長腹語術。這種藝術長久以來是傀儡戲的一項特色，也是歌舞雜耍表演中的衆多娛樂表演之一。有名的腹語術藝人有美國的伯根和法國的拉穆雷。

Ventris, Michael (George Francis)＊　文特里斯（西元1922～1956年）　英國建築師和密碼學家。十四歲時聽到演講，知道「米諾斯線形文字乙」尚未解讀，遂立志解決這一難題。1952年，他已發現「米諾斯線形文字乙」是希臘語一種很古老的書寫形式。其年代約在西元前1500～西元前1200年。他與查特威克合作，他們合編《邁錫尼希臘語文獻集》（1956）是在文特里斯死於車禍後出版的。

Venturi, Robert (Charles)　文圖里（西元1925年～）　美國建築師，在普林斯頓大學和羅馬的美國藝術學院深造學習。曾在沙里寧和費城的卡恩等建築事務所任設計師。與他的妻子布朗和勞什合開一個建築公司。《向拉斯維加斯學習》（1972）書中闡明了自己的建築哲學，他主張在設計中兼容並蓄，廣泛吸收多方面的影響，包括歷史傳統、普通商業建築、普普藝術，以及一般現代建築的更廣闊的內容。他設計

STUV

的建築物往往帶有諷刺幽默性。他的傑出作品有紐約州立大學人文科學教學樓（1973）和普林斯頓大學的戈登・吳大廳（1983）。1991年獲普立茲建築獎。

venturi tube＊　文丘里管　內壁收斂的短管，可測量液體的流動或用作抽吸裝置。文丘里（Giovanni Battista Venturi, 1746～1822）首度觀察到收斂管道對液體流動的影響，後由赫瑟爾（1842～1930）於1888年設計出這種儀器。流經此管的液體，進入管內狹窄的喉頸時流速加快，壓力減小。這一原理應用甚廣，例如汽車上的化油器，空氣流過文丘里管，在喉頸處由於壓力低而把油氣吸上來，經過小孔進入喉頸。管內形成的壓強差可用以測量流速（參閱flow meter）。

venue　審判地點　法律上指發生刑事犯罪的地點或指有權審理該項犯罪的法院所在地點。有關法令通常規定：審判應在對犯罪的主要事實有管轄權的地區舉行。改換審判地點的理由包括：新聞報導發生暴力的危險和種族歧視。

Venus　維納斯　羅馬女神，司掌農田和園林，後來被視同愛芙羅黛蒂。她是朱比特和狄俄涅之女，伏爾甘之妻、丘比特之母。維納斯因其與諸神、凡人之間的風流韻事而著名，代表女性特質的許多方面。行星金星原是伊什塔爾的星座，後來伊什塔爾被視同維納斯而以維納斯的名字命名。自古維納斯就是許多藝術喜愛表現的題材，最著名的雕像包括《米羅的維納斯》和波提且利所畫的《維納斯的誕生》。

Venus　金星　太陽系第二個主要行星。其名字來自羅馬女神維納斯。在夜空中，除了月球，它是最明亮的天體。距離地球比其他大行星都近（約4,200萬公里）。距離太陽約1.8億公里，沿近圓軌道繞日公轉。繞日一周要花225天，但其自轉逆行運動所需時間稍長（244天）。從地球上來看，金星也呈現出和月球類似的相位變化，但經歷一個相位周則需時584日，而且在每次最靠近地球時幾乎以同樣的面相朝著地球。金星只有在日出和日落時才可以被看見，也就是人們熟悉的晨星和晚星。從大小和質量來看，金星和地球猶如一對孿生天體，但金星完全被一層厚雲包圍，雲中主要含有濃硫酸微滴。其地心引力大約是地球的90%，大氣的成分二氧化碳占組成物質的96%以上，表面大氣壓力約是地球的90倍。這種情況與厚重的雲層能有效地捕捉進來的太陽能，因此其地表溫度大約爲攝氏460°（華氏860°），爲太陽系中所有行星中溫度最高的一個。用雷達繪製的金星地貌圖顯示出金星表面部分是綿延起伏的平原，以及兩處高大區域，類似地球的大陸。

Venus's-flytrap　捕蠅草　亦作Venus flytrap。茅膏菜科捕蠅草屬的唯一種，學名爲Dionaea muscipula。多年生植物，以能捕捉昆蟲等小動物而著名。原產南、北卡羅來納濕潤而多苔的小區域。由鱗莖狀根莖發出高20～30公分的直立莖。花小白色，聚成頂生圓形花簇。葉長8～15公分，在正常日溫下，昆蟲一旦接觸，裂片在半秒之內就合攏，葉面的腺體分泌一種紅色消化液，使整個葉宛如一朵紅花。約十天左右消化完畢，葉又張開。捕蠅草的捕捉器通常於捕捉三或四隻昆蟲後即死去。

捕蠅草
Jack Dermid

Veracruz　韋拉克魯斯　墨西哥中東部一個州。鄰墨西哥灣。沿海有低平的沙土帶，向內陸地勢升高成中部高原，有墨西哥最高峰錫特拉爾特佩特火山。當地有大量前哥倫布時期文化的考古遺跡。1518年西班牙人到沿海考察，次年首次登陸。1824年成爲州。該州石油蘊藏占全國的25%以上，並有幾座煉油廠。經濟以農業、畜牧業和製造業爲主。面積71,699平方公里。首府哈拉帕。人口約6,856,415（1997）。

Veracruz (Llave)＊　韋拉克魯斯－拉夫　墨西哥中東部城市，爲墨西哥灣港口。1519年由科爾特斯建立，當時名爲La Villa Rica de la Veracruz，是墨西哥第一個自治市，但後因其條件惡劣而兩次被廢棄；現在的城市年代可追溯到1600年左右。韋拉克魯斯曾是殖民地墨西哥和西班牙的主要聯繫點，以港口而繁榮，並成爲最具西班牙風格的墨西哥城市。後遭受多次攻擊和占領，剛開始是被武裝民船攻擊，後被法國和美國軍隊襲擊（參閱Veracruz incident）。後來爲紀念1857～1860年擔任韋拉克魯斯州州長的拉夫將軍，特將該市改名爲韋拉克魯斯-拉夫。1857和1917年墨西哥憲法均在此頒布。1912年爆發一次反抗馬德羅總統的叛亂。韋拉克魯斯是墨西哥主要海港和墨西哥灣沿岸的商業中心。人口約439,000（1990）。

Veracruz incident　韋拉克魯斯事件（西元1914年）　美國以武力占領墨西哥韋拉克魯斯的事件。4月，美國輪船的水手由於在墨西哥的一個禁區上岸，被扣留。美國總統威爾遜要求墨西哥政府道歉。墨西哥總統韋爾塔予以拒絕。於是，威爾遜派遣艦隊駛入墨西哥灣，占領韋拉克魯斯港口。墨西哥抵抗失敗，傷亡約兩百人。7月卡蘭薩接管政府。

Veralden-radien＊　維拉爾登－拉底恩　薩米人（拉普人）所信奉的神，是最靠近天堂的神。此神與擎天柱有關，能使萬物生生不滅。他把未出生胎兒的靈魂送到馬德拉卡手中，還把死亡的靈魂帶到死人國度。他也是崇拜生殖器儀式的對象；每年人們以公鹿的生殖器和血塗在他的神像上。對該神的崇拜具有許多斯堪的那維亞的特徵，使得學者從諾爾斯神話中尋求該神的起源。

verbena＊　馬鞭草屬　馬鞭草科的一屬，包含250種，幾乎全部原產於美洲亞熱帶和熱帶地區，有兩種原產於舊大陸。最有名的種類爲普通庭園馬鞭草（即園圃馬鞭草或雜種馬鞭草）。爲匍匐植物，莖方形；花似福祿考，聚生成平坦的花序。大部分美國的種爲矮生，花小，在一定程度上生長成雜草；這些種常稱爲vervain（聖枝草）。檸檬馬鞭草，爲灌木，含芳香油。馬鞭草科，約100屬2,600餘種，葉對生或輪生，不分裂。花通常管狀，4～5裂，裂片大小幾乎相等。

Vercingetorix＊　韋辛格托里克斯（卒於西元前46年）　高盧阿維爾尼人部落的首領，他反對羅馬人統治的頑強抗爭爲凱撒瓦解。西元前52年領導高盧人反對凱撒，用游擊戰來騷擾凱撒的補給線。成功地守住了熱爾戈維山寨。隨即乘勝向羅馬軍隊發起進攻，結果失敗。圍困在阿萊西亞城堡，被迫投降。戴上鐐銬，押赴羅馬，在爲凱撒舉行的凱旋式示衆，六年後遭到處決。

Verdi, Giuseppe (Fortunato Francesco)＊　威爾第（西元1813～1901年）　義大利作曲家。父爲旅館主人，自幼即顯露出音樂天分。原本靠彈風琴維生，後來在米蘭開始寫歌劇；1839年他的歌劇《奧貝托伯爵》在史卡拉劇院上演成功，這也使威爾第與出版商里科迪建立了長久的合作關係。下一部歌劇《一日王》（1840）上演卻失敗，更糟糕的是，他的兩個女兒和妻子相繼過逝。他原本準備放棄創作，但被安排開始創作《納布科》(1842)，結果成爲他生平第一次獲得巨大成功的劇作，後來的歌劇《倫巴底人》(1843)再次獲得成功。其後的十年間，他每年都會寫出暢銷歌劇。因反對主流義大利歌劇結構（以開放式場景和穿插詠嘆調、二重唱和三重唱等拼湊而成），他開始尋找維持動力的方法，並開始構思一部具備一系列完整場景的歌劇，使之成爲統一的標準。由於受人們的公私生活衝突的故事所吸引，他創作了一系列傑作，其中包括《弄臣》(1851)、《吟遊詩人》(1853)、《西蒙・博卡內格拉》(1857)、《化裝舞會》(1859)、《西蒙・博卡內格拉》(1867) 和《阿伊達》(1871)。他與女高音斯特雷波尼 (1815～1897) 之間長久保持私通關係，後來受人指責，他則不予理會。威爾第是一個強烈的民族主義者，後來自己成爲一個偉大的民族人物。他在創作了偉大作品《安魂曲》後決定退休。但後來里科迪把他引介給博伊托，最初一起修訂了《西蒙・博卡內格拉》，他們兩人相互尊重，後來創作出威爾第晚年兩部偉大歌劇，即《奧賽羅》(1886) 和《福斯塔夫》(1890)。

Verdigris River＊　弗迪格里斯河　源出美國堪薩斯州東南方和奧克拉荷馬州東北方的河流。源於堪薩斯州中東部南流越過奧克拉荷馬州邊界，後在該州馬斯科吉東北方注入阿肯色河，全長350哩 (562公里)。

Verdun, Battle of＊　凡爾登戰役（西元1916年2月21日～1916年7月）　第一次世界大戰中法國與德國之間的主要戰役。德國以打消耗戰爲戰略的一部分，他們選擇了凡爾登要塞作爲進攻點，相信法國將爲此投注所有的兵力，奮戰到底。德國在進行一次大規模的炮轟後，在四天的挺進過程只遭遇到一點阻礙，後來法軍在貝當的指揮之下進行反擊，減緩了德軍攻勢。在以後的兩個月裡默茲河以西和凡爾登北方的山頭一直遭到轟炸、受攻擊和反擊。到了7月，德軍又陷入索姆河戰役，不得不放棄其消耗戰戰略，法國也開始逐步奪回其要塞和領土。雙方在這場戰役損失慘重，死傷人數各約四十多萬。

Verdun, Treaty of　凡爾登條約（西元843年）　加洛林帝國分給皇帝虔誠的路易一世的三個兒子的條約。這一條約是查理曼帝國瓦解的第一階段，預示近代西歐國家的形成。洛泰爾一世稱帝，獲得中法蘭西亞，即包括義大利大部以及歐洲其他國家。日耳曼人路易獲得東法蘭西亞，即萊茵河以東的地區。查理獲得西法蘭西亞，即今法國的剩餘部分。

Verga, Giovanni＊　維爾加（西元1840～1922年）　義大利作家，其家族爲西西里地主。是義大利眞實主義學派小說家中最著名的人物。他傑出的作品包括短篇小說集《鄉村故事》(1883) 和長篇小說《馬拉沃利亞一家》(1881)、《堂・傑蘇阿多大師》(1889)，以及戲劇《鄉村騎士》(1884)，後又被馬斯卡尼改編成歌劇。他影響了第二次世界大戰後一代的義大利作家。

Vergennes, comte (Count) de＊　韋爾熱訥伯爵（西元1719～1787年）　原名Charles Gravier。法國政治家。任駐土耳其大使 (1754～1768)。七年戰爭中，他幹練地維護了法國的對土政策。路易十六世任命他爲外交大臣 (1774～1787)。他主張法國應給殖民地居民在美國以祕密財政援助。1778年與北美殖民地居民結盟。協助巴黎條約的談判。同時促成巴伐利亞王位繼承戰爭和解，成功地在歐洲建立起一個穩定的力量均勢。

Verghina　維伊納　亦作Vergina。希臘北部考古遺址，古時爲馬其頓首府。早爲石器時代遺址，原稱巴拉。帕拉蒂斯塔宮建於西元前3世紀，部分已焚毀。宮殿附近有鐵器時代墓地（西元前10世紀～西元前7世紀）。馬其頓王室早期陵墓多爲地下結構。

Vergil ➠ Virgil

Verhaeren, Émile＊　維爾哈倫（西元1855～1916年）　比利時詩人。用法語寫作，著有三十卷詩作以其活力和視野開闊最爲人稱道。他參加了引起1890年代文藝復興運動的布魯塞爾小組。他的第一本書《法蘭德斯女人》(1883)，是一本極端自然主義的詩歌集。後來對社會問題的日益關心使他寫出《幻想的村莊》、《觸手般擴展的城市》和《陽光明媚的時刻》(1896)。他的詩作的三大主題爲佛蘭德故土、人的生命力以及對妻子的柔情和愛。他還出版了劇本和論藝術的書。

verifiability principle　證實原理　與邏輯實證論和維也納學圈有關的意義的規準。石里克的公式「一個（陳述句）的意義是其證實的方法」，與實用主義和後來的操作主義觀點非常接近，他們認爲在命題的肯定和否定之間透過觀察公開測試，只要存在原則的差別，那麼一個命題就擁有實際的意義。因此，道德規範、形而上學、宗教和審美學的陳述都是毫無意義的。有意義的證實標準部分受到愛因斯坦的放棄以太假說和絕對的同時發生性概念的啓發。

Verlaine, Paul(-Marie)＊　魏倫（西元1844～1896年）　法國抒情詩人。曾擔任公務員，後常與高踏派詩人交往。1866年出版第一部詩集《現代高蹈派》。早期詩集包括《感傷集》(1866)、《戲裝遊樂圖》(1869)、《美好的歌》(1870) 和《無題浪漫曲》(1874)，顯示了其詩歌強烈的抒情和音樂感風格。後其婚姻因他迷戀蘭波和1872～1873年在巴黎發生兩次他們令人可恥的醜聞而破裂。後因蘭波威脅要離開他，他開槍打傷蘭波而被關進比利時監獄 (1873～1875)。後來改信天主教，並可能創作著名的「詩藝」(Art poétique)，1882年被象徵主義運動詩人採用。《智慧集》(1880) 表述了他的宗教信仰和感情之旅。後教授法語和英語，晚年生活貧困，但就在其死前受贊助進行了一次重要的國際性演講。他的詩集《今昔集》(1884) 撰寫了六個詩人的短篇傳記，其中包括馬拉美和蘭波。他被視爲所謂的「頹廢派」第三個偉大的成員（位居波特萊爾和馬拉美之後）。

Vermeer, Johannes＊　弗美爾（西元1632～1675年）　亦作Jan Vermeer。荷蘭畫家。父母以開酒館爲生，其一生都在代爾夫特度過。曾兩次擔任代爾夫特畫家公會的主席，但似乎他不得不當畫商來維持全家人生活。其繪畫題材主要是室內形式，描繪貴族和中上階級社會的人物。這些畫作中有一半作品是描繪婦女專注於日常生活中活動時的孤單身影。他的室內畫對物體觀察入微，精細地描繪陽光照射在各種形狀和物體表面的層次感。他的傑作（無創作日期）包括《代爾夫特風景》、《讀信的女人》和《繪畫的比喻》（這也是他最具象徵性的合成作品）。其作品具有典型荷蘭風俗畫獨特的風格，很少能夠看到國外繪畫對他的影響。當時他的作品並未受到大家的賞識，沒沒無名，直至1866年梭爾對他的作品大加讚賞，並鑒別了他所作的76幅作品，後來的權威人士將這個數位縮減到30～35幅，並稱許他爲當代最偉大的畫家之一。

Vermont　佛蒙特　美國東北部新英格蘭地區一州。格林山脈貫穿該州中部，州內最高峰爲曼斯菲爾峰，海拔

1,339公尺。境內大部分河流流入山普倫湖。該州最早的居民是阿布納基印第安人，後來山普倫探勘此區，1609年發現山普倫湖，該湖就是以他的名字命名。1666年法國人在莫特島建立第一個歐洲人永久定居點。18世紀，荷蘭與英國也在該地建立定居點，1763年英國人獨占該區。後來紐約州和新罕布夏州之間出現爭奪該區統轄權的爭端：新罕布夏已授予許可證給移民。1770年艾倫組織了格林山兄弟會抵制來自紐約州西部的侵犯者。美國獨立革命爆發後，艾倫和他的組織開始爲殖民地奮戰，並於1775年從英國人手中占領了泰孔德羅加城堡。1777年佛蒙特人建立了獨立共和國，1791年加入美國，成爲美國第14個州。1864年當一支南軍從加拿大襲擊聖阿本斯時，該州成爲美國內戰時唯一在賓夕法尼亞州以北作戰的地點。乳品業和採石業（花崗岩和大理石）在經濟中占顯著地位。1930年代建成第一個滑雪場，1960年代發展了冬季旅遊業。首府爲蒙皮立。面積24,900平方公里。人口約608,827（2000）。

Vermont, University of (UVM)　佛蒙特大學　美國伯靈頓的公立大學。1791年建校，爲美國最早的州立大學之一。1862年時成爲一所土地撥贈的機構。該校設有人文暨科學、農業與生命科學、工程與數學、教育與社會服務、醫學等學院，以及一所研究生院；另有輔助醫療、商業管理、自然資源以及護理等學院。註冊學生人數約10,000人。

vernacular architecture　地方建築　一個地區最具代表性的建築，通常比當時科技所能成就的形式簡單許多。在高度工業化國家，例如美國，穀倉仍根據西元前1000年歐洲的設計來興建。地方建築通常使用便宜的材料，設計以實用爲主。

Verne, Jules　凡爾納（西元1828～1905年）　法國作家。最初學法律，後轉而從事文學創作。1863年出版了他的系列小說《在已知和未知世界中奇妙的漫遊》的第一部《氣球上的五星期》，獲得巨大成功，促使他以浪漫而奇險的遊記爲題材創作出更多的作品，以更加嫻熟的筆法描繪出既神奇又嚴謹的科學幻想奇蹟。作品包括《地心遊記》（1864）、《從地球到月球》（1865）、《海底兩萬里》（1870）、《環遊世界八十天》（1873）和《神祕島》（1874）。凡爾納爲現代科幻小說的重要奠基人。

Vernet, (Claude-)Joseph＊　韋爾內（西元1714～1789年）　法國畫家。父爲裝飾畫畫家，他投入一種新的嘗試，即繪製理想化的、帶些感傷性的風景畫。所畫的船難、落日和大火災等都表明他對光線和周遭環境的細微觀察。其最佳作品爲十五幅的組畫『法國海港』（1754～1765），是對18世紀生活的出色記錄。他的兒子卡爾（1758～1836）曾爲拿破崙一世畫有大型戰爭場景，但其眞正的天分是描繪溫馨的風俗畫和素描。他所作的一系列流行風尚的習作（經常諷刺當時人們的禮俗和服裝）廣被複製爲版畫。君主政體復辟以後，任路易十八世的宮廷畫師。卡爾的兒子賀拉斯（1789～1863）對繪製大型畫具有非凡的技巧，並成爲法國最重要的軍事畫家之一，同時也以運動題材的畫聞名。他是波拿巴主義者，頌揚拿破崙時代的豐功偉績，君主政體復辟後，他的工作室成爲策畫政治陰謀的中心。後來受路易－腓力和拿破崙三世的委託在凡爾賽繪製戰爭作品。

《韋爾內的頭像》，粉筆和蠟筆畫，德・拉圖爾（Maurice-Quentin de la Tour）繪；現藏法國第戎美術博物館
Lauros－Giraudon from Art Resource

vernier＊　游標卡尺　亦作vernier caliper。精確測量長度的工具，1631年由法國韋尼埃（1580?～1637）所發明。它利用兩條刻度尺，一條類似直尺的主尺和一條游標尺。游標尺可在直尺上平行滑動，用於準確讀出主尺刻度的分數值。

Verona　維羅納　義大利北部城市。有一半被阿迪傑河所環繞。西元前89年成爲古羅馬殖民地。774年被查理曼侵占。12世紀初爲自由社區。據傳羅密歐與茱麗葉的故事即出於此地。1387年屬於維斯康堤，1405年屬於威尼斯，1797年割讓給奧地利。1866年歸屬義大利王國。是義大利北部古羅馬遺跡最豐富的城市之一，最著名的是圓形競技場，現爲歌劇院，市內多羅馬式和哥德式建築。人口約254,145（1996）。

Verona, Congress of　維羅納會議（西元1822年）　四國同盟（奧地利、普魯士、俄羅斯和英國）在義大利維羅納舉行的最後一次會議。會議目的是，法國要盟國同意其干涉西班牙革命形勢。會議同意當法國遭西班牙攻擊時支持法國，但英國以動用海軍力量相威脅，阻止維羅納會議參加國干涉西屬美洲的叛亂，並在盟國之間製造矛盾，致使維羅納會議瓦解。

Veronese, Paolo＊　韋羅內塞（西元1528～1588年）　原名保羅・卡里雅利（Paolo Caliari）。義大利畫家，父親是維羅納（其綽號的由來）的一名石匠，十三歲跟隨一位畫家當學徒。1553年以後，在威尼斯接獲第一批大量繪畫的訂單，後來成爲16世紀威尼斯派的主要畫家，以善用華美色彩和場面盛大的作品聞名。他在威尼斯的第一批作品是繪製總督府的天花板畫，採用了技巧性按透視法縮短的畫法，使人物呈現在空間浮動的效果。他爲威尼斯貴族裝飾別墅和宮殿，還接受了許多濕壁畫、祭壇畫和祈禱畫的委製，其中包括衆多的「晚餐」（如《以馬忤斯的朝聖》和《法利賽人的家宴》），允許其在建築配置上構思大群的人物像。後在裝飾由帕拉弟奧建造的瑪莎爾別墅（1561年左右）時，他出色地闡釋了這棟建築結構，以令人產生錯覺的風景和藍色天頂襯托了古典神話人物，打破了牆壁的藩籬。他在《最後的晚餐》（1573年受委託）中因描繪的古怪情節而受到異端裁判所的傳喚。16世紀的畫家都從他運用色彩表達豐富語言的作風獲得啓發並以之作爲楷模。

Verrazzano, Giovanni da＊　韋拉札諾（西元1485～1528年）　義大利裔法國探險家。曾在佛羅倫斯受教育，後移居法國迪耶普，在法國海事機構供職。1523年，被派去找一條向西到達亞洲的通道。1524年前往新大陸，到達斐爾角。然後向北航行，到北美洲東海岸進行探險活動。他是發現紐約灣和納拉甘西特灣的第一個歐洲人。他沿岸航行至紐芬蘭，然後返回法國。後來他率領船隊去巴西和加勒比海探險，在當地被食人者捉住殺死，並被吃掉。

Verres, Gaius＊　威勒斯（西元前115?～西元前43年）　羅馬行政長官，因貪贓枉法而出名。西元前80年在西利西亞總督列烏斯・科內利烏斯・多拉貝拉的官署中任副總督。他們對當地民衆巧取豪奪，直到西元前78年多拉貝拉在羅馬受到審判爲止。西元前74年，威勒斯靠大量行賄謀得「市行政長官」的職位，繼續濫用職權謀取私利。西元前73～西元前71年間任西西里總督。他在任內大肆敲詐勒索，西元前70年西塞羅對他提出控訴。他離開了羅馬，流亡在外。後被安東尼將軍下令處死。

Verrocchio, Andrea del＊　韋羅基奧（西元1435～1488年）　義大利雕刻家和畫家。對於其早年生活知之甚少。他在出生地佛羅倫斯獲得麥迪奇家族的贊助，其最重要的作品也都出自其生命的最後二十年。他很早便成名，許多知名的藝術家曾在他的畫室學習，其中包括達文西和佩魯吉諾。在韋羅基奧的《基督受洗》（1470?）作品中，年輕的達文西可能畫了一個天使，以及部分遠景。韋羅基奧也因曾爲皮斯托亞大教堂建紀念碑而成爲15世紀最偉大的浮雕雕刻家之一；但死時尚未完成，後來別人改變其原設計，該浮雕將人物布置成一種戲劇性的合成一體作品，預示了17世紀的巴洛克式雕刻。他製作的科萊奧尼軍官青銅紀念像（1483年受委託，1496年在威尼斯落成），是文藝復興時期最偉大的騎馬雕像之一。

《科萊奧尼》，青銅像；韋羅基奧製於1483～1488年
Brogi – Alinari from Art Resource

verruca ➠ wart

vers de société＊　社交詩　爲人數有限、文化修養較高的讀者而寫的一種具有特殊情趣和精雕細琢的輕快詩歌。從希臘詩人阿那克里翁（西元前6世紀）時起盛行於上流社會，特別是宮廷人士和文學沙龍中。其格調輕佻或略帶諷刺。它以親切、主觀的手法處理瑣碎的題材，以社會狀況爲主題時仍充滿輕快氣息。20世紀美國詩人納西創造出一種新的深奧和都市化的社交詩，主題爲自我諷刺的成年人的無奈。

Versace, Gianni　凡賽斯（西元1946～1997年）　義大利服裝設計師。出生在義大利卡拉布里亞，母親是裁縫師。在數個位於米蘭的工作室工作後，1978年成立了自己的公司基安尼尼．凡賽斯時裝設計公司。1980年代和1990年代，以追求感官和性感的服裝表演人員打造了流行王國。在每季的服裝發表會上，位在米蘭的豪華設計總部總像在辦搖滾音樂會一樣熱鬧。1997年7月15號，凡賽斯在佛羅里達邁阿密住處門外遭人開槍擊斃。據說是連續殺人犯古納南所爲。很多人相信，他死亡時正值二十五年設計生涯的高峰期。

Versailles, Palace of＊　凡爾賽宮　巴黎西南方巴洛克宮廷，主要建於路易十四世。凡爾賽宮自1682年至1789年是法國皇室住所和政府中心，有1,000名廷臣和4,000名侍從居住在這裡。原本爲狩獵居所，路易十三世和路易十四世予以擴建。勒沃、勒布倫和勒諾特爾於1660年代開始設計。奢華的建築體，每個細節都在彰顯法國的昌隆。凡爾賽爲宮殿的理想，遍布到歐洲和美國。勒諾特爾設計了廣闊、優美、精緻有華麗噴泉的花園。勒沃去世後，芒薩爾承擔凡爾賽的擴建工程，建造了橘園、大特里阿農宮以及凡爾賽宮的南北翼。1761～1764年路易十五世又建造了小特里阿農宮。1837年路易－腓力修復宮廷並建造了博物館。

Versailles, Treaty of　凡爾賽和約　第一次世界大戰結束後，1919年協約國與德國在法國凡爾賽宮簽署的和平條約。條約的決策者爲英國、法國、美國及義大利。戰敗國不得參與。條約規定，德國負有向協約國賠償在戰爭中遭受損失的責任。德國的人口和領土均減少約10%。沒收海外屬地，縮減軍備。雖然一些和約的條款於1920年代放寬，但苛刻的條款所造成的怨懟，導致在義大利法西斯主義的興起，在德國納粹黨的出頭。「凡爾賽和約」還組建國際聯盟、國際勞工組織和常設的國際法庭（後來的國際法庭）。亦請參閱Fourteen Points。

vertebral column＊　脊柱　亦作spinal column、spine或backbone。體內能彎曲的從頸到尾的骨骼支柱，由一連串椎骨相接排列而成。人有32～34根脊柱：包含頸椎7、胸椎12、腰椎5、骶椎5（癒合成骶骨）和尾椎3～5（癒合成尾骨）。椎骨由椎體和上面的Y形椎弓組成。椎弓向後下方伸出一個棘突，可自背部觸知。椎弓還向兩側各伸出一個橫突，有肌肉和韌帶附著其上。椎體間由軟骨性椎間盤分隔。脊柱主要功能是保護脊髓，支持軀幹。

vertebrate　脊椎動物　脊椎動物亞門的動物，特徵爲具有脊柱。包括魚類、兩生類、爬蟲類、鳥類和哺乳類。脊椎動物由由軟骨、硬骨或兩者組成的內骨骼。骨骼包括頭顱、脊柱和四柱骨，頭顱爲腦、眼、耳和嗅覺器官提供保護。中樞神經包括腦和脊髓，脊神經和腦神經分布到皮膚、肌肉和內臟器官。肌肉附著於骨或軟骨上。身體表面覆以皮膚、鱗片、羽毛、被毛等。亦請參閱invertebrate。

vertical integration　垂直整合　一種商業組織形式，其中產品生產的各個階段，從原料的取得到最後產品的零售，全部由一家公司控管。最近的一個實例是石油業，一家公司通常擁有自己的油井，自行提煉原油後再將汽油銷售至路邊的加油站。相對的，水平整合則指一家公司試圖完全控制某產品製造的單一環節或單一產業，這使得該公司得以擁有規模經濟的優勢，但會導致市場的競爭變少。

vertigo＊　眩暈　一種感到自身或周圍事物在旋轉的幻覺，引起精神混亂及難以保持平衡，有時表現爲噁心和嘔吐。在眞正旋轉後眩暈是很正常的現象，因爲當人體停止運動後，內耳液體還在繼續運動，所以在視覺和內在感覺之間產生一種搭不上的錯覺。缺少定向的視覺參考點時也會產生這樣的後果。其他引起眩暈的情況包括腦震盪、內耳異常（如內耳炎，參閱otitis）、從它攜帶訊號的神經異常或是大腦中樞接收資訊異常（如中風）。眩暈常伴隨著感覺昏暈（參閱syncope）。亦請參閱motion sickness、proprioception、spatial disorientation。

vervain ➠ Verbena

vervet monkey　白尾長尾猴　亦作vervet。地面活動的長尾猴，廣泛分布於非洲的稀樹草原。有一條淺白色眉帶一直延伸展至朝後傾斜的白色頰鬚中，尾端有一簇白毛。

Verwoerd, Hendrik (Frensch)＊　維沃爾德（西元1901～1966年）　南非（出生於荷蘭）總理（1958～1966），幼時他的家庭遷居南非。在斯泰倫博斯大學學習，後在該校任教授，1937年任約翰尼斯堡國民黨新辦報紙主編。1948年任參議員。1950年任原住民事務部長，制訂許多種族隔離政策的法律。1958年任總理，全面推行種族隔離綱領，規定將黑人移至保留地。他的政策激起示威，有時釀成暴動。1960年白人選民通過他關於南非脫離大英國協的建議，他建立共和國的夢想遂實現。他在議會會議廳裡被一名臨時國會信差、一個混血種移民刺死。

Very Large Array (VLA)　超大天線陣　由27個截拋物面天線組成的無線電望遠鏡系統。是世界上最強大的無線電望遠鏡，位於美國新墨西哥州索科羅附近的聖奧古斯丁平原上，自1980年起由美國國家無線電天文台操作。每個天線碟面的直徑爲25公尺，可以獨立地用運輸車沿軌道移動，軌道呈巨大的Y字形，每條臂的長度約21公里。各天線記錄到的信號由電腦集中起來，從而使整個天線陣運作起來就像一個單一的無線電天線（一個干涉儀）。這個超大天線陣的最大角解析度優於1/10弧秒，它已生成了類星體、星系、超新星以及銀河系核心的許多細節最清楚的無線電圖像。

Vesalius, Andreas＊　維薩里（西元1514～1564年）　法蘭德斯語作Andries van Wesel。法國醫師。出身於醫生世家。曾在巴黎大學醫學院學習。並得到解剖人類屍體的機會，研究了得自墓地的人骨。在教學中解剖人尸以作演示。當時加倫的著作被認爲是權威，但其中的解剖論述均來自動物解剖。維薩里決定出版他自己的解剖學，1543年出版了《人體結構七卷》。是大體解剖學出版史上描述最廣泛和精確的著作。

Vesey, Denmark＊　維齊（西元1767?～1822年）　美國暴動者。被賣給百慕達販奴船長。跟隨主人多次航行後，定居查理斯敦。1800年以600美元贖買自由。閱讀反奴隸制的著作後，決心解除其他奴隸的深重苦難，遂策劃和組織城市和種植園的黑人（多達9,000名）起來暴動。計畫攻打哨所，劫奪軍火庫，屠殺白人，縱火焚查理斯敦，解放奴隸。由於消息走漏，暴動前即被鎮壓，有130多名黑人被捕，維齊和其他34人被絞死。

Vespasian＊　韋斯巴薌（西元9～79年）　全名Caesar Vespasianus Augustus。原名提圖斯・弗拉維烏斯・韋斯帕西亞努斯（Titus Flavius Vespasianus）。羅馬皇帝（69～79）。弗拉維王朝的創建者。雖然出身貧寒，由於屢建功勳，獲得克勞狄舉行凱旋式的殊榮。西元63年任阿非利加總督。67～68年，占領了除耶路撒冷以外猶太地區。68年尼祿死後，他隨即停止戰鬥。加爾巴被殺害後，軍團擁立他爲皇帝。儘管他享有完全的權力，仍爲他和他的兒子把持執政官的職位。他是一位受群眾歡迎的皇帝，生活簡樸。他爲了彌補尼祿時代和內戰時期的赤字，提高各行省的賦稅額。興建和平廟和大競技場，整頓軍隊和禁衛軍。結束了與猶太人的戰爭（70）和萊茵蘭暴動。併吞日耳曼和不列顛的部分地區。平定威爾斯。他的王位由其子提圖斯繼承。

韋斯巴薌，自奧斯蒂亞發現的胸像；現藏羅馬國立羅馬博物館
Anderson－Alinari from Art Resource

Vespucci, Amerigo＊　韋斯普奇（西元1454～1512年）　義大利航海家、新大陸探險家。年輕時爲麥迪奇家族服務，1491年底被派往塞維爾的一個企業工作，協助哥倫布的遠航探險船隻。1496年任經理。他參加兩次（或四次－－此數字有爭論）新大陸航行。1499～1500年，在西班牙贊助下的一次遠航，發現亞馬遜河口。在葡萄牙贊助下（1501～1502），發現瓜納巴拉灣（里約熱內盧）和拉布拉他河。1507年，重印《亞美利哥的四次航行》時，美洲和新大陸首先用發現者的名字亞美利哥・韋斯普奇。身爲西印度群島商業委員會（自1508年）的首席航海員，按船長們所提供的數據資料，負責測繪新發現土地的地圖。

維斯太（左側坐者）以及維斯太貞女們，古典浮雕；現藏義大利巴勒摩博物館
By courtesy of the Palermo Museum, Italy

Vesta　維斯太　古羅馬宗教所祀奉的女灶神，相當於希臘宗教的赫斯提。早期因珍視永不熄滅的灶火，各家各戶一起禮拜她。對於維斯太的國家崇拜很隆重。她在羅馬的廟中灶火長燃，由維斯太貞女照料。此火每年3月1日由官家派人熄滅再重燃。此火若在其他時間熄滅，羅馬將要遭受災禍。

Vestal Virgin　維斯太貞女　古羅馬宗教的六名女祭司，代表皇族女兒，主持對女灶神維斯太的國祭。祭司長從六～十歲的女童中挑選，選中後便要供職三十年，並必須守童貞。失職要受毆打，失身要活埋。維斯太貞女的責任是照料維斯太廟中的灶火長燃，準備儀式的食物，看管在廟內的聖所的物件，並主持對大眾公開的維斯太禮拜。維斯太貞女享受許多榮譽與特權，包括從父親的控制下解放出來。

Vesuvius　維蘇威火山　義大利南部活火山。位於那不勒斯灣畔。高1,280公尺，但每次大噴發後高度都有很大變化。1900年高1,303公尺，1906年高1,118公尺，1960年代高1,281公尺。索馬山從北面圍住火山錐。維蘇威火山起源於約不到20萬年前。有數起破壞性的爆發：西元79年，龐貝和斯塔比伊兩城被埋沒，1631年約三千人死亡。約兩百多萬人居住在維蘇威火山地區，肥沃的山麓遍布葡萄園和果園。

vetch　巢菜；野豌豆　豆科巢菜屬草本植物。約150種。少數栽培種是重要的飼料覆蓋作物和綠肥。株高0.3～1.2公尺，莖蔓生或攀緣。偶數羽狀複葉，小葉成對。花紫紅色、淡藍色、白色或黃色，單生或簇生。莢果，含種子2～10粒。能經由固定氮增加土壤肥力。亦請參閱crown vetch。

廣布野豌豆（Vicia cracca），巢菜屬的一種
Walter Dawn

Veterans Affairs, U.S. Department of (VA)　美國退伍軍人事務部　美國聯邦行政部門，負責有關退伍軍人及其家庭之計畫及政策。1989年設立，其前身爲退伍軍人管理機構（1930年設立）。退伍軍人事務部掌管醫療照護、教育補助、轉業服務、養老金、人壽保險等福利，以及與兵役相關的傷殘或死亡給付。

Veterans Day　停戰紀念日　美國紀念陣亡將士的節日（11月11日）。原爲休戰紀念日，初爲紀念第一次世界大戰的結束（1918年11月11日）而舉行。第二次世界大戰後，成爲對所有陣亡將士致敬的日子。1954年正式訂爲停戰紀念日，通常有列隊遊行、演說和向陣亡將士陵墓或紀念碑獻花等。在加拿大將此節日稱爲陣亡將士紀念日，在英國則爲陣亡將士紀念星期日（最接近11月11日的星期日）。

veterinary science　獸醫學　亦稱獸醫科學。處理動物病症的科學和涉及人畜共通疾病的各項問題。早在古代巴比倫尼亞及埃及即已建立獸醫專職。但在中世紀黑暗時代，獸醫學實際上已不存在，18世紀中葉當歐洲第一個獸醫學院成立後，獸醫學才再度復活。獸醫授予獸醫學博士（D.V.M.）學位。所學臨床學科可概分爲內科、外科和預防醫學。使用的技術與應用於人類的相同。許多獸醫專長於小動物如寵物或家畜。少數的獸醫則專精於照顧野生動物的保健。

Viagra 威而剛 第一種性無能口服藥，學名爲sildenafil。在1998年美國食品與藥物管理局核准威而剛之前，性無能的治療是經由外科手術植入、栓劑、唧筒，以及陰莖藥物注射。在性交前不久服用威而剛藥丸，威而剛會選擇性膨脹陰莖的血管，改進血流並產生自然的性反應。約有70%的患者有效，但是服用硝化甘油或有心臟病、低血壓、高血壓、剛中風及一些眼部疾病的患者不能使用。

viatical settlement 保單貼現 將重症病人的壽險保單賣出以使被保險人在世之時能籌得一筆資金。買方通常是投資公司，他們將保單面額的50～80%一次付給病人，同時繳交保費直到該病人過世，然後領取死亡給付。保單貼現（源自拉丁文viaticum，意爲「爲旅途作準備」〔provisions for a journey〕）出現於1980年代，當時由於愛滋病患的保單名義上雖足以支付他們的巨額醫療費用，但這筆錢卻要到他們死後才能領取。

vibraphone 顫音琴 亦作vibraharp。打擊樂器，形似木琴，裝有定音的金屬條。每個鍵條都有一個管狀定音共鳴管。共鳴管之上有一套機動扇，通過迅速開啓和關閉共鳴管而產生顫音。發明於1920年前後，不久便在爵士樂樂器中普遍採用。

vibration 振動 彈性物體或介質粒子的周期性往復運動（參閱periodic motion。通常當物體偏離其平衡位置後，在使其回復到平衡位置的力的作用下，即發生振動。若系統受擾動後，立即能不受限制地運動，則發生自由振動。由於一切系統都受摩擦力的作用，所以它們都會受到阻尼。自由振動的一個例子是用彈簧懸掛的重物的運動。如果將重物下拉後釋放，它就會不斷地上下跳動，每次振動的振幅都比前一次的要小一點，直到最後靜止下來。亦請參閱resonance。

vibrio＊ 弧菌 弧菌科弧菌屬細菌的統稱。水生，有些種能引起人類及其他動物的嚴重疾病。革蘭氏陰性（參閱gram stain），運動活潑（一端生有1～3根鞭毛），兼性厭氧，單個存在或串成S形、螺旋形。對人類重要的兩個弧菌是：霍亂弧菌引起霍亂，副溶血弧菌可致急性腸炎。

viburnum＊ 莢蒾 忍冬科莢蒾屬植物。約200種。原產於歐亞大陸溫帶、亞熱帶和北美。許多種葉美觀；花簇生，芳香，通常白色；果藍黑色。庭園灌木有中國繡球和日本繡球，花序大型，球狀，花白色至綠白色。

Vicente, Gil＊ 維森特（西元1465?～1536?年） 葡萄牙劇作家。1502年演了第一部劇作。其後的三十四年，一直在宮廷服務，身分類似桂冠詩人，每逢節慶都要上演他的戲。他同時用葡萄牙語和西班牙語寫作。維森特的四十四部劇本，包括了悲喜劇、鬧劇和短劇。反映了他那個變亂和動盪時代的榮華和卑劣，他的作品有《讚美戰爭》（1513）、《愛情的熔爐》（1524）和《受害的朝聖者》（1533）。

Vichy France＊ 維琪法國（西元1940年7月～1944年9月） 正式名稱French State。法語作État français。第二次世界大戰法國被納粹德國擊敗後的法蘭西政權。法德停戰協定（1940年6月）把法國分成兩個地區，一個地區由德國軍事占領，另一個地區由法國人擁有完全的主權（包括法國東南部2/5領土）。拉瓦爾爲維琪政權的主要策劃者。他勸說在維琪召開的國民議會授予貝當權力，以便能掌握「法蘭西國家」的全部立法與行政權力。維琪政府與德國進行密切合作，逐漸成爲德國政策的工具，特別是在1942年德國占領法國全境。到1944年初，法國游擊戰士和在維琪民兵支援下的德國蓋世太保之間一直進行戰鬥。巴黎解放後維琪政權被廢除。

Vicksburg Campaign 維克斯堡戰役（西元1862～1863年） 美國南北戰爭中，在密西西比州維克斯堡進行的一系列決戰。1862年美利堅邦聯軍隊憑藉有利地形，修築砲兵陣地，鞏固密西西比河防，抵禦聯邦軍的水上轟擊。1863年4月，格蘭特率軍渡河疾進。攻克吉布森港和格蘭德格爾夫。美利堅邦聯總統戴維斯電令彭伯頓將軍堅守維克斯堡。彭伯頓則孤軍無援。格蘭特圍城六週。7月4日彭伯頓率三萬人投降。密西西比河從此暢通無阻。這次戰役成功地將美利堅邦聯一分爲二。

Vico, Giambattista＊ 維科（西元1668～1744年） 義大利哲學家，精通文化史和法律。在他最重要的著作《新科學》（1725）中，試圖以歷史和更有系統的社會科學聚合，兩者相互滲透變成單一的人文科學。維科有他自己的人生觀和宇宙觀，他提出人生的意義和歷史的意義的現代問題。維科認爲神掌握了歷史的進展，使人類免於捲入不斷的大災難。維科已成爲歐洲文化史上的重要人物，今天公認的文化人類學先驅。

Victor III 維克托三世（西元1027～1087年） 原名Dauferi。義大利籍教宗（1086～1087年在位）。原名道費里（Dauferi），入本篤會後改名德西德里烏斯（Desiderius）。自1058年任蒙特卡西諾修道院院長。鼓勵手抄本裝飾畫，創立馬賽克裝飾派，重建修道院。曾擔任南部義大利代理教宗，協助諾曼人與羅馬教廷之間的和平談判。被強行宣布爲教宗，但亨利四世把他逐出羅馬。扶植僞教宗克雷芒三世登位。1087年維克托三世行使權力。派遣軍隊去突尼斯進攻薩拉森人，在貝內文托召開會議，宣布絕罰克雷芒三世。因病返回蒙特卡西諾直到去世。

Victor Amadeus II＊ 維克托・阿瑪迪斯二世（西元1666～1732年） 義大利語作Vittorio Amedeo。西西里國王（1713～1720）和薩丁尼亞國王（1720～1730）。1675年繼承薩伏依的公爵封號。在母后爲首的攝政團的保護下成長。在西班牙王位繼承戰爭中，他先是站在法國一邊，但於1703年轉向哈布斯堡王朝。1713年得到西西里國王稱號，1720年換取薩丁尼亞國王稱號。爲薩丁尼亞－皮埃蒙特第一代國王，爲未來的義大利民族國家奠定了基礎。

Victor Emmanuel I 維克托・伊曼紐爾一世（西元1759～1824年） 義大利語作Vittorio Emanuele。薩丁尼亞國王（1802～1821）。維克托・阿瑪迪斯三世之子，維克托・阿瑪迪斯二世之曾孫。1802年其兄退位，繼承王位。1802～1814年間，除薩丁尼亞外，他的領地全被法國人占領。後來根據「維也納會議的議定書」（1815），他的王國得到恢復，並增加了熱那亞。1821年傳位給其弟菲利克斯（1765～1831）。

Victor Emmanuel II 維克托・伊曼紐爾二世（西元1820～1878年） 義大利語作Vittorio Emanuele。薩丁尼亞－皮埃蒙特國王（1849～1861），義大利統一後的第一個國王（1861～1878）。參與對奧地利作戰（1848），1849年其父退位成爲國王。任命加富爾爲首相。爲了統一鞏固王國和支持復興運動。對奧地利作戰（1859～1861），取得馬堅塔戰役和索爾費里諾戰役的勝利。率領侵犯教廷國。任義大利國王（1861），後來占領威尼斯（1866）和羅馬（1870）。

維克托·伊曼紐爾二世
Alinari－Art Resource

Victor Emmanuel III　維克托·伊曼紐爾三世（西元1869～1947年）　義大利語作Vittorio Emanuele。義大利國王（1900～1946）。1900年父親翁貝托一世遇刺後即位。他接受自由派內閣，默許對土耳其戰爭（1911～1912）和參加第一次世界大戰。法西斯分子攫取政權後，他成爲墨索里尼的傀儡。在西西里島登陸，他把墨索里尼逮捕起來。1944年，他任命王儲翁貝托（參閱Umberto II）爲攝政，本人放棄一切權力，但保持國王稱號。1946年遜位，義大利實行共和國制以後與子流亡國外。

Victoria　維多利亞女王（西元1819～1901年）　原名亞歷山大里娜·維多利亞（Alexandrina Victoria）。大不列顛與愛爾蘭聯合王國（即英國）女王（1837～1901年在位）和印度女皇（自1876年）。肯特公爵愛德華的獨生女。1837年繼承她的叔叔威廉四世的王位。在位初期，她接受輝格黨首相梅爾波恩子爵的指導，後來是她的丈夫艾伯特，他們於1840年結婚。維多利亞對艾伯特言聽計從，在這個時期有時稱「艾伯特專權」。兩人育有九個子女。她的子女與許多歐洲王室聯姻。艾伯特死後，維多利亞極爲悲傷，開始隱居，但她仍保持實際的政治作用如同他所決定的那樣去行動。經常與格萊斯頓意見不合，欣然接受迪斯累利於1874年替代他擔任首相。維多利亞在位時期稱作維多利亞時代，標誌著英國擴張和恢復君主政體的威嚴和聲望的時期，正如她在位五十週年大慶（1887）和六十週年（1897）所表明的那樣，女王是受群衆歡迎的。她是英國有史以來在位最長的君主。

Victoria　維多利亞　澳大利亞東南部一州，首府墨爾本。面積227,600平方公里。該州的主要高地區是澳大利亞東部大分水嶺的向南延伸部分。以澳大利亞阿爾卑斯山脈聞名。西部和西北部是沙漠和低地。西南沿岸地區是吉普斯蘭。墨瑞河形成與新南威爾士州和界河。原住民於歐洲人到來之前在維多利亞至少已生活了四萬年。在科克船長於1770年首先望見該州，歐洲拓荒者才第一次到這裡定居，原住民遭受到疾病與殺戮，大量人口死亡。1851年，成爲單獨的殖民區，1901年成爲澳大利亞一州。維多利亞州的經濟基礎甚爲廣泛，第一產業、製造業及服務業都很發達。人口約4,374,000（1996）。

Victoria　維多利亞　加拿大不列顛哥倫比亞省省會。位於溫哥華島東南端，俯瞰胡安·德富卡海峽。1843年由哈得遜灣公司建立爲毛皮交易站名爲卡莫森要塞，後以女王維多利亞要塞之名更名。1868年成爲不列顛哥倫比亞聯合僑區行政中心，現爲全省最大商業中心。也是旅遊和休養勝地。爲太平洋沿岸的主要港口，擁有海軍基地。人口約304,000（1996）。

Victoria　維多利亞　中國香港的海港兼首府。位於香港島的北岸。有許多碼頭，與中國大陸間有輪渡、汽車和鐵路隧道相連接。維多利亞是香港主要的行政、商業和文化中心，也是許多國際銀行和公司的總部所在地。人口1,313,000（1996）。

Victoria　維多利亞　塞席爾共和國的首都。在馬埃島東北岸。是塞席爾群島上的唯一港口和唯一的城鎮。是該國商業與文化中心。人口約25,000（1993）。

Victoria, Lake　維多利亞湖　亦作Victoria Nyanza。非洲最大的湖泊和尼羅河主要水庫。在非洲中東部。南邊大部分在坦尚尼亞，北邊大部分在烏干達，東北爲肯亞的界湖。面積69,484平方公里，爲世界第二大淡水湖（僅次於北美的蘇必略湖）。長337公里，寬240公里，深度82公尺。雖然最大的支流是卡蓋拉河，降雨是湖水最重要的來源。該湖唯一出口是維多利亞尼羅河。1858年英國探險家斯皮克爲尋找尼羅河的發源地而發現了此湖，並以女王維多利亞之名命名，1875年史坦利勘探維多利亞湖。1954年修建了歐文瀑布水壩，使維多利亞湖水位提高，並使該湖成爲大水庫。

Victoria, Tomás Luis de　維多利亞（西元1548～1611年）　西班牙作曲家。1565年至羅馬，師從帕勒斯替那，任羅馬神學院音樂指導。1584年成爲馬德里德斯卡爾薩斯皇家修道院的司鐸兼管風琴樂師。這段時間，他寫了經文歌、彌撒曲、尊主頌和讚美詩。1587年回西班牙任國王的姐姐的牧師，在她進入修道院任管風琴師和唱詩班指揮至去世。他寫了二十首彌撒曲、十八首尊主頌和五十二首經文歌。他的音樂神祕、動人。他是文藝復興時期西班牙最偉大的作曲家。

Victoria, University of　維多利亞大學　英屬哥倫比亞維多利亞的一所公立高等學府。建於1903年。該校設有藝術和科學、教育、工程、美術、研究所、人類和社會發展和法律學院，以及商業、音樂和其他專門學院。

Victoria and Albert Museum　維多利亞和艾伯特博物館　位於倫敦的裝飾藝術博物館。建館始於1852年，當時英國政府在馬博羅大廈創辦製造商博物館，收藏1851年博覽會的裝飾藝術展品和公立設計學校的裝飾藝術作品。該館在1851年名爲裝飾藝術博物館，1899年改爲維多利亞和艾伯特博物館。1909年愛德華七世時對大衆開放。該館廣泛收藏歐洲中世紀至20世紀的雕刻、陶瓷、家具、金屬製品、珠寶紡織品和樂器，以及中國陶瓷、玉器和雕刻。義大利文藝復興時期的雕刻是義大利之外最好的收藏品。此外還集中了國家收藏的英國水彩畫和細密畫、版畫、素描。被認爲是世界上最大的裝飾藝術博物館。附屬機構包括貝納爾·格林兒童博物館、戲劇博物館和威靈頓博物館。

Victoria Desert ➠ Great Victoria Desert

Victoria Falls　維多利亞瀑布　位於非洲尙比西河的中游，尙比亞與辛巴威接壤處。寬1,700餘公尺，最高處108公尺，爲世界著名瀑布奇觀之一。寬度和高度比尼加拉瀑布大一倍。年平均流量約935立方公尺／秒。鄰近有兩個國家公園，維多利亞瀑布國家公園在辛巴威，李文斯頓狩獵公園在尙比亞。1855年英國探險家李文斯頓抵達瀑布所在地，爲第一個見到該瀑布的白人。他以維多利亞女王名字命名。1989年維多利亞瀑布被指定爲世界遺產保護區。

Victoria Falls ➠ Iguacú Falls

Victoria Island　維多利亞島　加拿大北極群島中的第三大島嶼。島長約515公里，寬270～600公里，面積217,291平方公里。1838年被辛普森發現，以英國女王維多利亞名字命名。1851年由雷依第一次探險。以前屬於西北地區一部分，1999年歸努納武特區。

Victoria Nile 維多利亞尼羅河 尼羅河上游的一段。從維多利亞湖北端流出，向西北流經420公里，經過歐文瀑布水壩，穿過基奧加湖，經過卡巴雷加瀑布到達艾伯特湖北端，形成多沼澤的河口灣。長約160公里。

Victoria River 維多利亞河 澳大利亞北部地方最長的河流。流向西北約560公里，注入帝汶海的約瑟夫・波拿巴灣。下游160公里受潮水影響。1839年英國船隻「比格爾」號船長威克姆抵達此河，將此河命名維多利亞，以此向英國維多利亞女王表示敬意。

Victoria Strait 維多利亞海峽 北冰洋南部海峽。位於加拿大西北地區的富蘭克林區南部，在維多利亞島（西部）和威廉王島（東部）之間。長約160公里，寬80～130公里。該海峽使毛德皇后灣、麥克林托克海峽和富蘭克林海峽相溝通。

Victorian architecture 維多利亞式建築 哥德復興式的建築風格，象徵由感情豐沛的階段過渡到精確無疑的階段。最誠實乾脆的說明建築原則的是普金（Augustus Pugin, 1812～1852）的*The True Principles of Pointed or Christian Architecture*（1841）一書。大多數的維多利亞式設計都很注重裝飾性的細節，色彩豐富，融合了義大利，特別是威尼斯哥德式色調。雖然建築上的裝飾細部可以一而再、再而三的擴增，可是通常不這麼做，反而是在型式和建材上日驅實用。

vicuña * 駱馬 學名為Lama vicugna或Vicugna vicugna。偶蹄目駱駝科動物，產於南美。生活於安地斯山脈中段海拔3,600～4,800公尺的半乾旱草原。駱馬的被毛極長、柔軟、光澤，顏色從淺肉桂色到灰白色各異。從脅腹下部及頸基部有白色長毛下垂。駱馬肩高約90公分，體重約50公斤。小群雌駱馬通常由一頭雄駱馬帶領以低矮的草類為食，休憩時將吞下的食物反芻，經常啐唾沫，性急躁。將糞便堆積成糞堆，借此標明其領域的邊界。駱馬很難馴養，但數世紀來都被獵殺。現為漸危的物種，受到保護。

Vidal, Gore * 維達爾（西元1925年～） 原名Eugene Luther Vidal。美國小說家、劇作家和散文作家。第二次世界大戰在陸軍服役後，從事寫作。雖然他寫舞台、電視和電影劇本，但以其玩世不恭而構思巧妙的小說聞名。《城市和柱石》（1948），以同性戀為主題，震動了讀者。《邁拉・布雷根烈奇》（1968），是一部成功的諷刺喜劇。他其他的小說有許多是歷史小說，大部分都很暢銷。包括《尤里安》（1964）、《華盛頓》（1967）、《伯爾》（1974）、《1876》（1976）和《林肯》（1984）。他還出版了散文集和回憶錄《帕里塞斯特》（1996）。維達爾以直言不諱的政見而著稱。他競選眾議員兩次都未成功。

video card 顯示卡 產生視訊訊號送到電腦顯示器的積體電路。顯示卡通常在電腦主機板上或是獨立的電路板，但有時候放在電腦顯示元件裡面。含有數位類比轉換模組，以及記憶體晶片儲存顯示資料。所有的顯示卡（亦稱為視訊介面卡、視訊電路板、視訊控制器）都謹守顯示標準，如SVGA或XGA。

video tape recorder 磁帶錄影機 亦稱錄影機（video recorder）。係利用磁帶錄製與重播包含聲頻、視頻資訊之電子信號的電子機械設備。錄影機分兩種，一為橫向或線阻式，一為螺旋式。橫向式機組使用四個旋轉磁頭，在垂直於寬磁帶走動方向的軸上轉動。這種橫向模式使磁頭相對於磁帶的速度每分鐘可達1,500吋，以便獲得高畫質。螺旋式使用的磁帶，沿著一個磁鼓螺旋式前進。卡式錄影機（VCR）VHS系統是用螺旋模式，有兩個螺旋帶組成，用的是1/2寬的磁帶。

videocassette recorder ➡ VCR

videodisc 影音光碟 係金屬或塑膠製硬質圓盤，用來錄製視頻與聲頻信號，供重新播放。影音光碟與唱片相似，可以用連接在普通電視機上的影音光碟機重放。主要分為磁性影音光碟和非磁性影音光碟兩種。磁性影音光碟表面塗有一層氧化物，輸入信號以磁紋形式錄在氧化物塗層上的螺旋狀槽紋裡。非磁性影音光碟有一種是利用類同製造唱片的機械錄製系統，另一種則運用雷射科技，用金屬或塑膠製成。其輸入信號係以一系列數碼化小孔的方式記錄在盤面上，這些信號先以高能雷射錄製在母碟上。今日最常見的影音光碟形式是DVD。

Vidor, King (Wallis) * 維多（西元1894～1982年） 美國電影導演。在拍攝第一部影片《轉彎》（1919）之前，曾在好萊塢製片廠作過臨時工。《戰地之花》（1925）使他一舉成名。《群眾》（1928）為最佳無聲片之一。所拍的影片表現現實生活中的理想和幻滅之類的嚴肅主題：《哈利路亞》（1929）是第一部全部起用黑人為演員，以及《麥秋》（1934）和《洞房花燭》（1935）。他後期的影片包括西方史詩《太陽浴血記》（1946）、《欲潮》（1949）和《戰爭與和平》（1956）。

Vieira, António * 維埃拉（西元1608～1697年） 巴西（出生於葡萄牙）傳教士、演說家、外交家和作家。出生於里斯本，在巴西長大。成為耶穌會傳教士。荷蘭入侵巴西期間，他呼籲各族人民和葡萄牙人一起抗擊入侵者的佈道，被認為是要求形成一個新的巴西混血種族的第一次含蓄表現。他在印第安人和黑奴中工作，直到1641年，他會講幾種他們的語言。返回葡萄牙，成為約翰四世宮廷中重要的人物。他鼓吹寬大處理猶太教徒改信基督教。1663～1668年被宗教審判所監禁。1681年回巴西。

Vienna 維也納 奧地利首都。臨多瑙河。塞爾特人建立居住點。西元前1世紀成為古羅馬人的戰略重鎮。曾被法蘭克人（6世紀）和馬札兒人（10世紀）統治。十字軍時期為重要的貿易中心。為神聖羅馬帝國（1558～1806）、奧地利（和哈布斯堡王朝）帝國（1806～1867）和奧匈帝國（1867～1918）的都城。1814～1815年在此地舉行維也納會議。1938～1945年為德奧的行政中心。第二次世界大戰期間，多次被盟軍轟炸。1945年被蘇軍占領。1945～1955年由蘇聯－西方聯盟占領。1970年代美國與蘇聯的限制戰略武器談判在此地舉行。維也納是奧地利的商業和工業中心，也是文化中心；以建築和音樂聞名。是作曲家舒伯特、小史特勞斯和荀白克的出生地，是莫札特、貝多芬、布拉姆斯和馬勒的故鄉。也是弗洛伊德、克林姆（畫家）、考考斯卡（畫家）和霍夫曼（建築師）的故鄉。面積：城市415平方公里；都會區3,862平方公里。城市人口約1,609,631（1999）。

Vienna, Congress of 維也納會議（西元1814～1815年） 在拿破崙戰爭之後召開的改組歐洲的會議。四國同盟於拿破崙第一次退位前一個月簽訂了「肖蒙條約」。並同意在維也納舉行的會議，波旁法國被准許參預四強，還有瑞典和葡萄牙，許多小國家都派代表參加。主要談判者為梅特涅代表奧皇法蘭西斯二世（奧地利），沙皇亞歷山大一世

STUV

（俄國），腓特烈·威廉三世派哈登貝格作爲他的代表（普魯士），卡斯爾雷爵士（英國）和塔列朗（法國）。會議達成的主要協議是：法國邊界的調整，建立波蘭新王國，由俄國統治。制止法國未來侵略的可能性。鄰國間勢力擴張：荷蘭王國得到比利時，普魯士得到萊茵河沿岸的地區及義大利王國得到熱那亞。德意志制定了憲法綱要，使它成爲一個鬆散的聯盟，這是梅特涅的勝利。英國得到重要的殖民地，包括馬爾他、好望角和錫蘭。維也納會議所制定的協議是歐洲前所未有的最廣泛的條約，除一兩項有變動外，持續了四十年。

Vienna, Siege of　維也納之圍（西元1683年7月17日～9月12日）　鄂圖曼土耳其企圖奪取維也納。在匈牙利軍隊首領的默許下，攻擊哈布斯堡首都。土耳其首席大臣卡拉·穆斯塔法·帕夏（1634～1683）統率十五萬他的軍隊於1683年圍困維也納並攻占了城外工事。教宗英諾森十一世說服波蘭國王約翰三世·索別斯基帶領八萬名聯合軍隊解除圍困。1683年9月12日，洛林和索別斯基軍隊進攻土耳其軍隊，激戰十五小時之久，才將土耳其侵略者趕出戰壕。數千名被殺或被俘。這個事件標誌著土耳其對東歐的統治開始結束。

Vienna, University of　維也納大學　維也納的一所國家資助的高等學府。建於1365年，依照巴黎大學的模式開辦，是德語國家中歷史最久的大學。以與德國國王查理四世於1347年開辦的布拉格大學相匹敵。1384年改組成爲以醫學、法律和神學最爲著名的大學。1848年該大學成爲革命中心；現在這所大學設有神學、社會科學和經濟學、醫學、科學、數學和自然科學等學院。學生人數約72,000。

Vienna Circle　維也納學圈　德語作Wiener Kreis。1920年代由哲學家、科學家、數學家組成的一個團體。它定期在維也納聚會，探討科學的語言和科學方法。創始人施利克（1882～1936）任教於維也納大學。主要成員有貝格曼、卡納普、費格爾、弗蘭克、哥德爾、諾伊拉特和魏斯曼。和這個學會相聯繫的哲學運動名稱爲邏輯實證論。注重科學理論的形式，提出證實原理或意義標準，贊成統一的科學學說，爲各成員的共同特點。1938年，納粹侵略奧地利後，該團體即解散。

Vientiane＊　永珍　寮語作Viangchan。寮國首都及都市，位於湄公河以北。建於13世紀晚期。16世紀中期成爲寮王國國都。1778年被暹羅人占領。1828年反抗暹羅霸權之時，永珍被奪遭毀。1880年代，法國接管寮國，永珍爲法國總督府駐地和行政中心。1953年寮國獨立後仍爲行政中心。是全國主要經濟中心和主要進口港。人口約531,800（1996）。

Vierordt, Karl von＊　菲羅特（西元1818～1884年）　德國醫師。1842年始行醫。1849年任教於圖賓根大學。趕出計數紅血球的精確方法（參閱blood analysis）。發明脈搏描記器，這是第一台脈搏追蹤器和血流速度計。

Viet Cong　越共　全名越南共產黨（Viet Nam Cong San）。自1950年代末～1975年在共產主義領導下尋求南北越南再統一的游擊隊。初期作爲反對南越總統吳廷琰政府的各個組織的集合體出現，1960年成爲民族解放陣線的軍事部門。1969年爲臨時革命政府。絕大多數的成員是在南方徵集起來的，他們從北越那裡獲得武器、指導和增援。越共的游擊隊成功地擊敗了越南政府和美國軍隊。1969～1973年間，美國軍隊自越南撤離。隨著北越全面進軍南越，1975年臨時革命政府掌管南越。

Viet Minh＊　越盟　全名越南獨立同盟會（Viet Nam Doc Lap Dong Minh Hoi）。爲越南擺脫法國統治獲得獨立而鬥爭的組織。由胡志明於1941年建立。雖主要由共產黨人領導，但作爲民族陣線組織進行活動，向各種政治信仰的人開放。1943年，越盟成員發動抗日游擊戰爭。日本投降後，越盟的部隊占領河內，宣布成立越南民主共和國。第一次印度支那戰爭接著打敗法國。在越戰中越盟成員和越共一起，對美國作戰。

Vietnam　越南　正式名稱越南社會主義共和國（Socialist republic of Vietnam）。南亞國家。面積331,041平方公里。人口約79,939,000（2001）。首都：河內。越南人幾乎占全部人口的90%，少數民族有華人、赫蒙（苗）人、傣

（泰）人、高棉人和岱人。語言：越南語（官方語）、法語、漢語、英語和高棉語。宗教：佛教、道教、儒教、天主教、伊斯蘭教和新教等。貨幣：新盾。越南國土長約1,650公里，最大寬度340～550公里，最窄56公里。越南北部多山，番西邦山是全國最高峰，高達3,141公尺。紅河爲主要的河流，湄公河三角洲位於南越，連接這兩大河流三角洲的是一條狹窄的沿海低地平原，長約1,000公里。森林密布的安南山脈延伸至越南中西部，約占越南陸地面積的2/3。北越有豐富的礦產資源，尤以無煙煤和褐煤最重要。在南方近海處蘊藏有石油。重要的糧食作物包括稻米、甘蔗、咖啡、茶和香蕉。其他重要的工業有食品加工、漁業、製鋼以及製取磷酸鹽和磷酸酯。政府形式爲社會主義共和國，一院制。國家元首是國家主席，政府首腦爲總理。西元前200年左右，一個有獨特的語言和文化的越南民族開始形成，並建立了獨立的南越王國，西元前1世紀該王國後併入中國。到西元10世紀，越南最終擺脫了中國的統治。15世紀後半期，來自北方的越南人逐漸侵占南部地區。17世紀初該國分裂爲兩部分，北部稱東京，南部稱交趾支那。1802年重新統一。法國經過好幾年的努力試圖在此區擴大殖民，1859年法國奪取了西貢，隨後也控制了其他地區，直到第二次世界大戰。1940～1945年日本侵占越南；第二次世界大戰結束時，宣告獨立，但遭到法國反對。越南人在第一次印度支那戰爭中與受美國金援的法軍作戰，最後以1954年越南人在奠邊府戰役中的勝利而告終，法國軍隊被撤離越南。同年在日內瓦簽訂條約，以北緯17°爲臨時分界線，將

S T U V

越南暫時分爲兩個部分，北部歸胡志明之下，南部爲保大之下。1956年排定的統一選舉遲遲未能舉行，保大於是宣布南越獨立（越南共和國），同時共產主義在北越成立（越南民主共和國）。北越游擊隊在南越的活動和南越出現親共叛亂導致美國的干預並參與越戰。1973年簽訂停火協議，美國軍隊撤離。不久內戰硝煙再起。1975年北越對南越進攻，南越政府垮台。1976年南北越實現統一，成立越南社會主義共和國。自1980年代中期，越南政府推行了一系列經濟改革措施，開始同亞洲和西方國家改善關係。1990年代與美國進行正常化關係。

Vietnam Veterans Memorial　越戰陣亡將士紀念碑　位於華府的紀念碑，由林瓔設計。由二片黑色的矮花崗岩構成，外型爲大「V」字型。如鏡般的表面刻有5萬8千多名在越戰中陣亡或失蹤的美軍姓名，排列順序是以傷亡日期先後而定。林瓔設計的草圖獲選時曾引起數個退伍軍人和其他團體的抗議，最後才在紀念碑入口處加上一座傳統雕像，由三名軍人帶著一面國旗組合而成。1982年完工後，這座引發爭議的紀念碑就成爲華府地區遊客最多、也最喜愛的觀光景點。

Vietnam War　越戰（西元1955～1975年）　南越和美國爲阻止北越共產黨人在其領導下將南越與北越統一所作的長期而不成功的努力。第一次印度支那戰爭後，爲了隔離敵對兵力，於1956年舉行自由選舉。目的是重新統一南北越。北越由於已在越南兩部分加強其廣大的政治組織，因而可望贏得這次選舉。但已在南越鞏固其控制的吳廷琰拒絕已排定的選舉。游擊戰隨著在北越受訓和武裝起來的士兵－－越共－－對抗由美國支持的南越。1968年，北越軍隊和越共在越南人民的節日農曆新年發動大規模的突襲攻勢，進攻南越三十六個主要城鎮，標示著戰爭的轉折點。在美國，很多人在道義上反對參戰。詹森總統將政策轉爲逐步降級，在巴黎開始和平談判。1969～1973年美國自越南撤軍，但在1970年戰爭向柬埔寨和寮國擴大。到1971年和談繼續陷於僵局。1973年恢復和談，協定實施停火，儘管有停戰協議，戰鬥仍繼續不斷，互相指責對方多次破壞停火。1975年北越軍隊相信，對南方的全面進攻現已切實可行。同年4月南越投降。1976年全國正式統一爲越國社會主義共和國。超過200萬人（包括58,000名美國人）在戰爭中喪生，其中一半是平民。

Vietnamese language　越南語　孟－高棉諸語言的一種，爲越南本國語言，有600～650萬人在使用，也是越南五十多個少數民族所使用的第二個語言，海外也大約有200萬人使用爲該語言。在越南大部分的歷史中，古典漢語是主要的文學用語，使用一種越南人發音（中越語）的漢語辭彙保持了其在語言詞典中的重要部分。到13世紀，把漢字改爲適合於書寫本土越南的字詞。17世紀，天主教傳教團引進了一套以拉丁字母書寫越南語的系統，可區別母音和音調，該系統在20世紀廣被採用。

Viganò, Salvatore＊　維加諾（西元1769～1821年）　義大利舞者和編舞家。在西班牙（1788）表演時跟父親學習舞蹈。在維也納（1793～1795和1799～1803年）作巡迴表演。他開始編導用舞蹈和啞劇的綜合形式，稱之爲「舞蹈劇」，進一步發展了諾維爾的舞劇原則。他創作了四十多部芭蕾，《普羅米修斯的創造物》（1801）、《奧賽羅》（1818）和《泰坦神》（1819）。1811年他到米蘭擔任史卡拉劇院的舞劇編導。在他的影響下義大利芭蕾得到繁榮。

Vigée-Lebrun, (Marie-Louise-)Elisabeth＊　維熱－勒布倫（西元1755～1842年）　法國畫家，他的父親是粉彩肖像畫家是她的第一位老師。後來，與韋爾內學習。1779年，應詔去凡爾賽宮繪製皇后瑪麗－安托瓦內特的肖像。維熱－勒布倫夫人至少爲瑪麗－安托瓦內特畫了二十五張肖像。1789年革命爆發時離開法國，在國外旅遊，至各地畫肖像如拜倫、斯塔爾夫人，並在社交界起主導作用。其畫作以清新、迷人和表現敏銳著稱。在她的年代裡她是技巧最熟練肖像畫家之一。

Vigny, Alfred-Victor, comte (count) de＊　維尼（西元1797～1863年）　法國詩人、小說家和劇作家。曾從事軍職，因感到厭倦，轉向寫浪漫詩。他的小說《桑－馬爾斯》（1826），是法語中第一部重要的歷史小說。對君主政體的幻想破滅，1832年出版的小說《斯泰洛》將詩人和政治生活分開。戲劇《查特頓》（1835），讚美被誤解藝術家的痛苦。這部劇作是他最好的戲劇，並是浪漫主義戲劇的最佳作之一。他的悲觀也顯現在《軍人的榮譽與屈辱》（1835），這是由三個短篇組成的小說。他的後期作品包括詩集《命運集》（1864）。維尼在中年時退出巴黎社交界。

Vigo, Jean＊　維果（西元1905～1934年）　他的父親是一個無政府主義者，死於獄中。維果在寄宿學校的童年非常不快樂。感染結核病後定居在尼斯，他在尼斯導演了他的第一部影片《尼斯的景象》（1930），這是一部社會諷刺性的紀錄片。《操作零分》（1933）這部影片通過一般發生在兒童寄宿學校中的感人故事，探討了自由對抗專制的問題。他的最後一部影片《駁船阿塔蘭特號》（1934）也是一部鉅作。二十九歲因白血病去世。

Vijayanagar＊　維查耶那加爾　前印度南部，克里希納河以南。1336年由卡納爾人的首領創立。它是印度南部最大的帝國。有兩個世紀以上爲抵禦自來北方穆斯林侵略的屏障。它是婆羅門文化和達羅毗荼藝術的重要中心。被德干穆斯林聯盟擊敗在達利戈達（1565）於是帝國開始衰落。1614年左右帝國滅亡。帝國的首都維查耶那加爾於1565年被毀。遺址在今卡納塔克邦東南的亨比。1986年亨比村被列入世界遺產保護區。

Vijnanavada ➠ Yogacara

Viking　海盜號　美國國家航空暨太空總署在1975年發射的兩個不載人的太空船。發射十個月之後，「海盜1號」和「海盜2號」進入繞火星軌道並投下了兩個著陸器。著陸器把火星土壤和大氣特性的測量結果以及表面布滿岩石的火星彩色照片發回了地球，專爲尋找火星上的生命跡象而設計的實驗則未得肯定結果。軌道器向地球發回了火星廣闊表面的照片。

「海盜2號」著陸器（前景）在火星上的情形
By courtesy of the Jet Propulsion Laboratory/National Aeronautics and Space Administration

Viking ship　維京船 ➠ longship

Vikings　維京人　亦稱諾斯曼人（Norsemen）。指9～11世紀進行侵襲和在歐洲廣大地區開拓殖民地的斯堪的那維亞航海戰士。可能是從本國人口過剩到國外受害者相對軟弱無依促成的。北歐海盜由擁有土地的酋長、自由民以及精力充沛渴望海外冒險和掠奪財物的年輕人組成。865年征服了東英吉利亞和諾森伯里亞，並蠶食麥西亞。878年與阿佛列大帝達成停戰協議，條約承認英格蘭的大部分落入丹麥人的手中。892～899年阿佛列擊敗維京人，阿佛列之子於924年攻陷了麥西亞和東英吉利亞。諾森伯里亞的維京人於954年被伊德雷德一掃而光。980年，維京人再次開始襲擊英格蘭，該國最後成爲克努特大帝帝國的一部分。當地的王室於1042年得以平安地復辟。斯堪的那維亞人對英格蘭的社會結構、方言及人名、地名方面留下了深刻痕跡。在西方的海洋上，在900年左右斯堪的那維亞人移居在冰島，又前往格陵蘭和北美。795年入侵愛爾蘭，建立了都柏林、利默里克和沃特福德王國。克朗塔爾福戰役（1014）結束了斯堪的那維亞人統治的威脅。在法國維京人時時侵襲，但是很少有永久性的成就。在俄國，雖然斯堪的那維亞人一度在諾夫哥羅德、基輔以及其他一些中心區占有統治地位，但是他們很快就被斯拉夫人同化了。作爲商人與拜占庭（912、945）簽訂商業條約。在君士坦丁堡當傭兵。11世紀北歐海盜的活動結束。

Vikramaditya ➠ Candra Gupta II

Vila 維拉 ➠ Port-Vila

villa 別墅 包括住宅、庭園和附屬建築的鄉間莊園。此詞特別適用在古羅馬人及後來義大利模仿者的夏季郊外住宅。羅馬別墅通常多採用不對稱的布局，以精巧的露台建造在山坡上，有長廊、樓塔、映著水池和噴泉的花園，以及大蓄水池。在英國，該詞意指小型獨立或雙併的郊外住宅。亦請參閱Hadrian's Villa、Palladio, Andrea。

Villa, Pancho＊ 比利亞（西元1878～1923年） 原名多羅特奧·阿朗戈（Doroteo Arango）。墨西哥游擊隊領導人。幼年失去雙親。青年時期因殺死強姦他姐姐的主人而逃到山區。加入馬德羅領導的反對迪亞斯獨裁統治的起義。他的「北方師」與卡蘭薩聯合推翻韋爾塔（1854～1916）。1914年與卡蘭薩分裂。迫使他與薩帕塔一起逃亡。以表明卡蘭薩沒有控制北方地區。美國派潘興將軍率兵前往征伐。但是，比利亞深得民心，熟悉地形，所以無法抓到他。在推翻卡蘭薩後（1920），他被赦免。1923年被暗殺。亦請參閱Mexican Revolution、Alvaro Obregon。

Villa-Lobos, Heitor＊ 維拉－洛博斯（西元1887～1959年） 巴西作曲家。年少時即接觸民間音樂，後來鑽研民族音樂學（1905～1912），對自身音樂作品帶來深遠影響。靠自學而成爲作曲家。1917年結識米堯和魯賓斯坦，後者宣揚他的音樂並協助支持他。在聖保羅（1922）的一次「現代藝術週」，他的音樂引起了全國注意，並獲准到巴黎演奏（1923～1930），受到熱烈的歡迎。返國後，負責巴西的音樂教育，創建教育部的音樂學校（1942）和巴西音樂學院（1945），並擔任巴西半官方大使，出使到世界各地。衆多作品包括九首一套的《巴西的巴哈風格》和十四首一套的《喬羅斯舞曲》，這些都是以流行的街頭音樂形式爲基礎。

Villafranca, Peace of＊ 自由鎮會議（西元1859年） 法國皇帝拿破崙三世和奧地利皇帝約瑟夫一世的會議。會議達成初步和平協議，從而結束法國和皮埃蒙特對奧地利的戰爭；拿破崙三世未同皮埃蒙特國王維克托·伊曼紐爾二世商洽便媾和。初步和約在義大利東北部自由鎮簽訂。將倫巴底割給法國和皮埃蒙特，被民族主義者廢黜的帕爾馬、摩德納和托斯卡尼公爵們將和平復位。義大利民族主義者對這些條款雖然強烈反對。它標誌著義大利在皮埃蒙特領導下開始統一。

Villahermosa＊ 比亞埃爾莫薩 墨西哥東南部塔瓦斯科州首府。創建於1596年，當時名爲Villa Felipe II，後曾改名爲San Juan de Villa Hermosa和San Juan Bautista；1915年改爲今名。市內大教堂建於1614年，市內的考古博物館是墨西哥最好的博物館之一。現爲塔瓦斯科州的主要農產品加工和集散地。周圍地區有馬雅人考古廢墟。人口約261,000（1990）。

Villanovan culture＊ 維朗諾瓦文化 義大利的鐵器時代早期文化。1853年在維朗諾瓦村首次發現，該文化遂以村名命名。骨灰甕墓葬型文化的支系，西元前10世紀或西元前9世紀首次出現。最初葬儀通常爲火葬，骨灰放在施有紋飾的兩層的瓦甕內，用碗覆蓋。甕蓋有時爲陶製頭盔模擬品。維朗諾瓦人控制托斯卡尼的銅、鐵豐富礦藏，金屬工藝精湛，在西元前8世紀後半葉深受希臘藝術和土葬的影響。西元前7世紀初，使該文化逐趨消失。

Villard, Henry＊ 維拉德（西元1835～1900年） 原名斐迪南·亨利希·古斯塔夫·希爾加德（Ferdinand Heinrich Gustav Hilgard）。美國新聞工作者和金融家。1853年由德國移居美國，先後爲各報社所雇用。南北戰爭時期，任隨軍記者。1881年購置了《民族》和《紐約晚郵報》。他作爲德國債券持有者的代理人而捲入鐵路組織工作。1870年代在奧瑞岡建立數條鐵路，1881～1884年爲北太平洋鐵路公司的總經理，1884年因財務拮据辭職。1888～1893年任該公司董事長。1889年組建愛迪生通用電氣公司，任總經理至1892年該公司改組爲奇異公司時止。

Villard de Honnecourt＊ 維拉爾·德·奧內庫爾（西元1225?～1250?年） 法國建築師。以泥瓦工匠師身分在旅途中對建築物進行考察和速寫而聞名。在他的書中將古典的幾何學、中世紀的技術和當時的實踐融爲一體。有工程作法、機械裝置、雕製人體和動物的技法等節，他還對13世紀著名的石工作品進行了剖析，此外，並闡述了哥德式建築在歐洲的傳播等。

Villars, Claude-Louis-Hector duc (Duke) de＊ 維拉爾公爵（西元1653～1734年） 法國軍官。在法國同荷蘭（1672～1678）和大同盟戰爭中，戰功卓著。在西班牙王位繼承戰爭中獲得勝利後，他任法國元帥（1702）和公爵（1705），接著在德國戰役（1705～1708）中仍獲得勝利，馬爾普拉凱戰役（1709）中使馬博羅公爵遭受極爲慘重的傷亡，及在德南擊敗歐根親王（1712）。幼王路易十五世在位之初，他是攝政會議成員。波蘭王位繼承戰爭爆發後受法國大元帥銜（1733），被派往義大利北部進攻奧地利屬地。

Villella, Edward＊ 維萊拉（西元1936年～） 美國芭蕾舞者和編導。被認爲是美國傑出男舞者之一。在美國芭蕾舞學校接受舞蹈訓練。1957年加入紐約市芭蕾舞團，1960年成爲首席舞者。維萊拉是巴蘭欽的芭蕾舞中的主角。在巴蘭欽的《浪子》中以出色的表演技巧而聞名，1983年退休，擔任奧克拉荷馬芭蕾舞團的藝術指導（1983～1986）。1986年成立了邁阿密芭蕾舞團仍繼續擔任藝術指導。

維萊拉在《浪子》中的演出
Martha Swope

Villemin, Jean Antoine＊ 維爾曼（西元1827～1892年） 法國醫師。作爲軍醫，他發現健壯青年住進狹窄的營房之後常感染結核病。他注意到馬鼻疽與結核病相似，可通過接種傳播，遂將結核病的患者和牛的結核性物質接種於家兔，證明家兔亦患結核病。1867年發表其研究結果，初不爲人重視，但到其他科學家也進行了實驗之後，才爲人承認。

Villiers, George ➠ Buckingham, George Villiers, 1st Duke of

Villon, François＊　維永（西元1431～1463年以後） 原名François de Montcorbier或François des Loges。法國抒情詩人。是受過嚴格訓練的學者，但以其犯罪的一生而聞名。1455年刺殺一名教士。後加入犯罪組織，參與強盜、小偷和打架。曾多次被監禁。1462年被判死刑，次年改判放逐，從此不知所終。他死後出版的作品包括《小遺言集》，以諷刺的口吻表示在離開巴黎之際，準備把財產「遺贈」親友；《大遺言集》，回顧了自己的身世，主要由謠曲和長短歌組成。他的詩樸實無華，寓意深刻，充滿火一般的感情，通過個人切身的感受去描寫傳統的主題——幻想的破滅、失戀的痛苦，對死亡的恐懼。

Vilnius＊　維爾紐斯　立陶宛首都。西元10世紀即有居民居住。1323年，該城成爲立陶宛首都。1377年毀於條頓騎士團，後重建。1795年歸俄國統治。數世紀以來，它以歐洲猶太文化中心而聞名。兩次世界大戰中被德國侵占，受到嚴重的破壞。1920～1939年併入波蘭。1939年被蘇軍占領，復歸立陶宛。1940年蘇聯兼併立陶宛。第二次世界大戰被德國占領的結果是該城的數以萬計的猶太人口被殘殺。1991年又爲獨立的立陶宛首都。維爾紐斯爲重要的工業中心，有許多代表哥德式、文藝復興式和巴洛克式建築風格的歷史建築物。人口約573,200（1996）。

Vilnius dispute　維爾紐斯爭端　波蘭和立陶宛之間關於維爾紐斯城歸屬問題的爭端。第一次世界大戰後立陶宛人在維爾紐斯成立新政府。1919年蘇軍開入該城，新政府撤走。同年波蘭軍隊占領了維爾紐斯。1920年，蘇俄重新占領，並將它交給立陶宛。此後，立陶宛與波蘭之間發生衝突。國際聯盟促使它們停火，1920年波蘭攻占維爾紐斯，並控制該城及其周圍地區，一直到1939年維爾紐斯復歸立陶宛。

Vilyui River　維柳伊河　亦作Vilyuy River。俄羅斯東部西伯利亞中東部河流，勒那河最長支流。全長2,650公里，其中1,448公里通航。在雅庫茨克西北約320公里處匯入勒那河。1954年在距河口處發現豐富的金剛石礦床。

Viña del Mar＊　比尼亞德爾馬　智利中部城市。爲瓦爾帕萊索的郊外居住區。臨太平洋爲遊覽勝地，有大賭場、海灘、博物館和劇院。當地陸、海駐軍，石油庫和製造加工業也有利於經濟發展。人口約322,220（1995）。

Vinaya Pitaka＊　律藏　佛教經典。三藏中最古老、最簡短的一部，內容是釋迦牟尼制訂的管理寺院比丘和比丘尼的227條戒律規則。比起經藏和論藏來，律藏在各宗派之間的差別較少。律藏包含列舉違戒行爲及相當的處罰，規定新僧加入及處理犯戒事件和爭端的程序。爲其他上座部典籍所載戒條的分類摘要。

Vincennes ware＊　樊尚陶瓷　約1740～1756年間，在法國樊尚生產的陶瓷器皿，該廠於1759年改爲皇家瓷廠。1756年該廠遷至凡爾賽附近的塞夫爾。自1756～1770年樊尚仍繼續生產陶瓷器。同時製作錫釉陶器（公開地）和軟質瓷（無視樊尚的壟斷權而祕密地）。典型的樊尚製品是素燒雕像（白色、未上釉的軟質瓷像）和花卉，這些花卉是用軟質瓷捏雕，鑲在金屬絲做的花梗上或貼在花瓶上。

Vincent de Paul, St.　保羅的聖文森（西元1581～1660年）　法國宗教領袖。在達克斯方濟會接受教育，西元1600年被任命爲神父，1604年畢業於土魯斯大學。據傳他曾在海上被巴貝里海岸海盜捕獲，但逃脫。1625年在巴黎建立遣使會（辣匝祿會），其宗旨是傳教和教育。又創立仁愛社團，其成員爲女信徒，從事探視、賑濟和護理貧苦病員。他和聖羅意斯共同在仁愛社團的基礎上創立仁愛會。

Vincent of Beauvais＊　博韋的樊尚（西元1190?～1264年）　法國學者和百科全書編輯人。道明會修士（1200?）。在法國國王路易九世的宮廷中擔任誦經員和特派司鐸。1244年編纂完成《大鏡》，計八十冊。這部著作概括了從〈創世記〉到路易九世的整個人類歷史，總結了所有已知的博物學和科學知識，提供了關於文學、法律、政治、經濟等方面的全面綱要。他的作品影響了18世紀以前的學者和詩人。

Vinci, Leonardo da ➠ Leonardo da Vinci

vine　藤蔓　莖需要支撐，用捲鬚攀爬或沿著地面盤繞匍匐的植物，或指這類植物的莖。例如苦甜藤、大多數的葡萄、有些忍冬、常春藤、藤本植物及甜瓜。

vinegar　醋　用各種含酒精度低的溶液經發酵產生醋酸而製成的酸液。醋最初可能由葡萄酒製成（法文vinaigre意思是「酸酒」）。醋也可用大麥芽、稻米和其他原料製成。原料中必含糖，酵母發酵後生成酒精，酒精受醋酸桿菌的作用，即生成醋酸、水和各種其他化合物。醋用作醃漬魚、肉、水果和蔬菜，可製成浸漬調味液、調料和其他調味汁。

Vingt, Les＊　二十人畫派　亦稱二十人畫社（Les XX，英譯名The Twenty）。象徵主義藝術家團體。包括恩索爾、托羅普和費爾德於1891～1893年在比利時舉行作品展覽並結成團體。比利時的象徵主義繪畫採用簡化的形式、粗重的輪廓線條、主觀的色彩，突出宗教、異國情趣及原始文化精神內容。二十人畫派的成員後來將象徵主義的風格溶入「新藝術」運動的設計之中。

Vinland　文蘭　西元1000年左右幸運者萊弗·埃里克松在北美發現的一片森林地。位置可能是在加拿大東部或東北部沿大西洋一帶。北歐英雄傳奇中記載著維京人到文蘭（有野葡萄，稱「酒之地」）的資料。埃里克松被認爲是第一個探險文蘭的人。1003年左右，埃里克松的兄弟托瓦爾作了第二次探險。1004年約有130人的殖民探險隊與原住民印第安人間交戰後，被撤出。約1013年間紅色埃里克的女兒弗萊蒂斯作最後一次探險。1963年在紐芬蘭最北端的草原灣，發現古北歐殖民住屋的遺跡殘骸。

Vinson, Fred(erick Moore)　文森（西元1890～1953年）　美國法理學家。1923年起任美國衆議員，除間斷兩年外，一直任職至1938年。1938～1943年任哥倫比亞特區美國上訴法院法官。後任一些臨時機構的高級執行職位。1945年成爲杜魯門總統內閣的財政部長。在任期間協助成立國際復興開發銀行及國際貨幣基金組織。1946年杜魯門總統任命他爲美國最高法院首席大法官，任職到1953年。他在職的期間，贊成杜魯門的國內安全政策和支持少數民族的權利。

Vinson Massif　文森山　南極洲最高峰，海拔4,897公尺。位於艾爾斯渥茲山脈，在森蒂納爾與赫里蒂奇嶺之間。1935年由美國探險家艾爾斯渥茲發現。

vinyl chloride 乙烯基氯 亦稱氯乙烯（chloroethylene）。無色、可燃性有毒氣體有機鹵化物。大量生產，主要用於生產樹脂聚氯乙烯，以及其他合成品和黏著劑。

viol＊ 古提琴 亦稱維奧爾琴（viola da gamba）。16～18世紀弓弦樂器。與提琴不同的是它的指板有品，琴肩傾削、琴背平，六根弦和柔和聲音。有四種型號：高音、次中音、低音和雙低音（低音提琴）。演奏時豎著拉琴，把琴的底部放在膝上或夾在兩腿間。15世紀古提琴族出現，但很快成爲受歡迎的樂器，並有了一套曲目。古提琴用在巴洛克時期的樂曲中。在持續低音中低音古提琴給予撥弦鍵琴合適的襯托。18世紀，現代提琴族尖刺聲音逐漸取代了古提琴。

viola＊ 中提琴 一種弦樂器，小提琴族中的次中音樂器。其外表與小提琴相似，但比小提琴稍大，調音比小提琴低五度。中提琴是許多室內交響音樂演奏的樂器之一，現代的管弦樂團使用六～十個中提琴。聲音教低沈、溫暖，音量次於小提琴，很少用於獨奏。古中提琴（柔音提琴）出現於18世紀，有六或七根旋律弦和數根共振弦，在旋律弦的拉奏下能與發聲的音調產生一致的共鳴。

violet 紫羅蘭 堇菜科的一屬。約500種。草本或矮灌木。包括株形小、花色單的紫羅蘭及花較大、常爲多色的堇菜類和三色堇類。許多堇菜的花分兩類：不育花豔麗，春季開放；可育花不甚鮮豔，夏季開放。較著名的堇菜屬種其葉心形。受歡迎的在花店出售的紫羅蘭類，常稱爲香紫羅蘭，包括多種雜品系，其中許多屬香堇菜。堇菜科廣佈全球，多爲小喬木或灌木，在森林中高大的喬木下生長成低矮的植被。所謂非洲紫羅蘭屬苦苣苔科。

violin 小提琴 弓弦樂器家族包含小提琴、中提琴、大提琴、低音大提琴。稱爲小提琴的樂器是家族中音調最高的成員。指板沒有浮紋，四弦，木製琴體形狀獨特，其「腰身」造就了弓法的自由。被置於肩上，由右手拉弓。有極廣的4個八度。16世紀在義大利演化而成，源於中世紀的提琴及其他樂器。它的平均比例在17世紀確立，但18～19世紀的改革增加了本身的音色能力。小提琴音色燦爛、靈活而具有歌唱性，在西方藝術音樂中一直是非常重要的，在所有弦樂器中擁有最大而最著名的曲目，包括數以千計的協奏曲。從17世紀中期以來，它一直是管弦樂團的基礎，如今管弦樂團通常包括20～26支小提琴；小提琴也廣用於室內樂，或作爲獨奏樂器。它在許多國家以民俗樂器的形式演奏，民俗小提琴常被稱爲提琴。

Viollet-le-Duc, Eugène-Emmanuel＊ 維奧萊－勒－杜克（西元1814～1879年） 法國仿哥德式風格建築師和作家。學習建築和訓練成考古學家後，負責韋茲萊的教堂修復工程（1840）。協助修復聖徒小教堂（1840）和巴黎聖母院（1845），並主管許多中世紀建築的修復事宜，包括亞眠大教堂（1849）和卡爾卡松堡（1852）。在他後來的修復中，往往添加由他自己設計的部分，爲此，在20世紀遭受批評。他的著述甚多，有兩部百科全書式的鉅著，《十一至十六世紀法國建築辭典》（1854～1868）和《克洛維和文藝復興時期法國家具辭典》（1858～1875）。他在建築設計理論的著作中，將浪漫主義時期的復古傾向與20世紀的功能主義聯繫在一起。並影響芝加哥學派的建築。

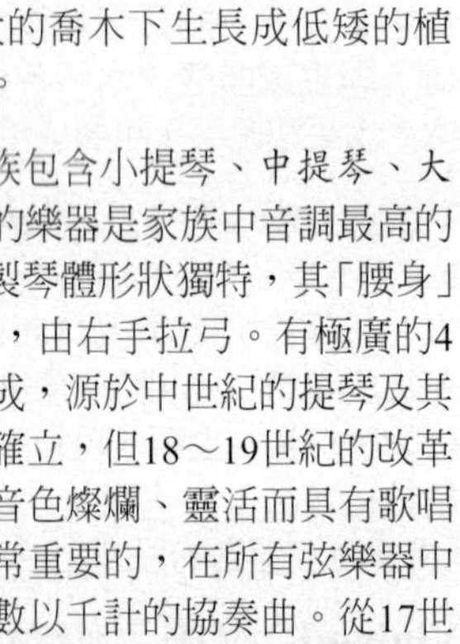

維奧萊－勒－杜克
Archives Photographques, Paris

violoncello ➠ cello

vipassana＊ 內觀 上座部佛教中一種洞察冥想的方法。目的在於以發展出對於眞實特性的理解，方法爲將注意力全力集中在肉體和心理的過程。冥思者會通過個人的經驗，領悟到苦（dukkha; suffering）、無常（anicca; impermanence）和無我（anatta; ack of an enduring self）。這是一種淨化心靈的過程，能夠剷除人性中不淨的根性、消滅無知，並進入涅槃。

viper 蝰蛇 蝰蛇科約200種毒蛇的統稱。分爲兩個亞科，即蝰蛇亞科（東半球蝰蛇，分布在歐洲、亞洲和非洲）和響尾蛇亞科（具頰窩器的蝰蛇）。行動遲鈍、身體粗壯、頭寬大。一對中空的注射毒液的牙齒，著生在上顎骨上，不用時可折回嘴內。體長從30公分到3公尺以上。捕食小型動物，捕獵方法是先咬傷獵物，再追蹤。東半球的蝰蛇許多種類爲陸棲，少數是樹棲和洞棲。大多數種類卵胎生。

Viracocha＊ 維拉科查 祕魯地區居民在被印加帝國征服前所信奉的造物神，後來又被融合到印加宗教之中。此神司行雲作雨，據說太陽和月亮是由他在的的喀喀湖創造的。維拉科查造了天和地後，流浪世界並教導人類文明。在曼塔（厄瓜多爾）經太平洋往西行，並答應日後會回來。維拉科查的崇拜是極端古代的。在蒂亞瓦納科巨大遺址上雕刻的流眼淚的神可能是他。

viral diseases＊ 病毒性疾病 病毒造成的疾病。病毒性的小兒病之後通常有長期的免疫力。普通感冒一直到成年還不斷發生，是有許多不同的病毒，發病之病毒產生的免疫性並無法預防其他病毒。有些病毒突變十分快速，在復原之後會再次感染（參閱influenza），或讓免疫系統無法擊退它們（參閱AIDS）。有些惡性腫瘤是病毒所造成。疫苗可以預防有些病毒性疾病。最新開發的抗病毒藥物只能對抗特定的病毒，抗生素對抗病毒性疾病效果不彰。亦請參閱poliomyelitis、smallpox。

Virchow, Rudolf (Carl)＊ 斐爾科（西元1821～1902年） 德國病理學家、人類學家和政治家。1847年與人合辦《病理學週刊》。任符茲堡（1849～1856）和柏林（1856～1902）大學病理解剖學教授。1861年獲選爲普魯士帝國議會議員，並建進步黨。在前人研究的基礎上，系統地闡述了其細胞病理學理論，強調疾病首先不是在整個器官、組織內，而是在細胞內發生的，其病理學研究範圍尙包括血栓和栓塞、炎症、澱粉樣變性、腫瘤、能感染人的動物寄生蟲（如旋毛蟲）等。他反對細菌致病的理論，認爲某些細菌具有毒素；也曾研究過人類學，參加過特洛伊遺址的發掘。

vireo＊ 綠鵑 雀形目綠鵑科的42種西半球鳥類的統稱。綠鵑是西半球最原始的鳴禽。嘴結實，稍有缺刻，末端鉤曲，嘴基有細鬚。體長10～18公分，體色不鮮艷，素灰色或淡綠色，有白或黃的色調。生活於林區或灌叢，在葉叢中覓食昆蟲，反覆的發出短促洪亮的鳴聲；巢爲杯狀，掛在樹枝的分叉處。紅眼綠鵑，繁殖於加拿大南部到阿根廷。體長15公分，有白色眼紋，鑲以黑邊，與灰色的頭頂形成對比。

Virgil 維吉爾（西元前70～西元前19年） 亦作Vergil。拉丁語全名Publius Vergilius Maro。羅馬最偉大的詩人。富裕地方農民之教養良好的兒子，維吉爾過著平靜的生活，雖然他最後成爲屋大維亞（後稱奧古斯都）身邊的親密成員之一，並由梅塞納斯贊助。他的詩歌反映出義大利內戰時期的暴亂，和隨後穩定下來的趨勢。他的首部重要作品《牧歌》（西元前42～西元前37年）包含十首田園詩，可以解讀為平靜的預言，其中一首甚至可以解讀為基督教的預言。《農事詩》（西元前37～西元前30年）指向黃金時期，其形式為實際目標：義大利鄉間人口再增和農業復興。他的偉大史詩《埃涅阿斯》（西元前29年動筆，但死時未完成）是世界文學的傑作之一，詩中頌揚傳說中之埃涅阿斯在奧古斯都（在西元前31～西元前30年集權而統一羅馬世界）請求下建立羅馬，詩中也探索戰爭的主旨和單戀的淒楚。在往後世紀中，他的作品在羅馬帝國被幾乎視為聖物，他也受到基督教徒尊崇，包括但丁在內，他把維吉爾作為地獄和煉獄的嚮導。維吉爾對歐洲文學的影響可說僅次於荷馬。

Virgin Birth　童貞女之子　正統基督教基本教義謂耶穌基督沒有肉體的父親，瑪利亞是從聖靈感孕而生他的。此說據〈馬太福音〉和〈路加福音〉有關嬰孩耶穌的記載，到2世紀已為基督教會所普遍承認，它目前仍然是天主教、東正教新教和伊斯蘭教所信奉的一條基本教義。由這項信條推演出來的教義是，瑪利亞是終身童貞。東正教會、天主教會、新教安立甘宗和路德宗某些神學家予以承認。

Virgin Islands, British　英屬維爾京群島　加勒比海東部英國的獨立領地（2002年人口約21,272）。屬維爾京群島島鏈的一部分，此群島分屬英、美兩國管轄，英屬部分多位在東、北部，包括托土拉、安加達、維爾京格大、約斯特范大克四大島和三十二個小島，其中二十多個尚無人居。主要城鎮和港口是托土拉島的羅德城。地形屬波多黎各斷層山系，由沉積岩、變質岩、火成岩構成，富山岳、礁湖及沙灘等天然景觀。除安加達島外，餘均屬丘陵地形，最高峰是位在托土拉島上的塞奇山，海拔521公尺。各島上均無河流。大多數島民為非洲奴隸之後裔黑種人或黑白混血。英語為官方語言，宗教以基督教為主。經濟以旅遊業為主。原住民原為美洲印第安的阿拉瓦克族，曾於1493年哥倫布抵此時，為好戰的加勒比人逐出。1555年西班牙王查理五世舉兵攻占該島；至1596年時，加勒比人多半逃離或被殺死。此地亦為海盜出沒區，如托土拉島至1666年英人接管前，一直是荷蘭海盜據點，1672年併入英國管轄的背風群島。1773年維爾京群島獲准自組政府並有民選議院與部分民選的立法會議，19世紀上半期因經濟困難，廢除自治政府。1872年起在政治上歸屬背風群島殖民區，1956年分設為另一殖民區；1967年組織內閣形式之政府，1977年頒布新憲法仍維持此制。總面積153平方公里。

Virgin Islands National Park　維爾京群島國家公園　美屬維爾京群島聖約翰島上的自然保護區。面積5,947公頃。園中有陡山、白色的海灘的珊瑚礁叢。較濕潤的內地高原植被以常綠硬木林為主；較乾旱的坡地上生長闊葉林。鳥類有一百多種。當地的陸上哺乳動物只有蝙蝠。有阿拉瓦克印第安人留下村莊遺跡。

Virgin Islands of the U.S.　美屬維爾京群島　美國未建制的島嶼領土，位於大安地列斯群島東端，加勒比海東北部。由聖克洛伊、聖約翰和聖湯瑪斯三個大島，以及五十餘個小島和沙洲組成。面積352平方公里。人口約122,000（2001）。首府：沙羅特阿馬利亞。近80%的人口為黑人和黑白混血種人，其餘多數為西班牙人（主要是波多黎各人）或新近來的白人移民。島上居民為美國公民，可選舉一名無投票權的代表參加美國眾議院，但不參加美國大選。語言：英語（官方語）、法語和西班牙語。宗教：新教和正統派猶太教。島上多丘陵，為珊瑚礁所環繞。旅遊業支配著經濟。島上最早的居民可能是阿拉瓦克印第安人，但當哥倫布於1493年登陸聖克洛伊島時，島上卻住著加勒比人。聖克洛伊島曾被荷蘭人、英國人、法國人和西班牙人占領，一度為馬爾他騎士團所擁有。丹麥人曾占領聖湯瑪斯島、聖約翰島和聖克洛伊島，1754年並把它們合建為一個丹麥殖民地。1917年美國以2,500萬美元購買了丹麥屬西印度群島，並改名為維爾京群島。1931年由美國內政部管轄。1954年維爾京群島組織法經修改，建立了現行的政府結構。1970年第一位民選總督就職。該島在1995年的颶風中，遭到巨大破壞。

virginal　維吉諾古鋼琴　亦稱virginals。小型長方形大鍵琴，單根弦和單鍵盤。鍵盤裝在長方形琴箱前方的一邊或另一邊。維吉諾古鋼琴的組合包括了一個小的、輕便的維吉諾古鋼琴放在大的鍵盤上，組成兩個鍵盤樂器。維吉諾古鋼琴在16和17世紀的英國最流行，由伯德、摩爾利和威爾克斯創作許多樂曲。

英國維吉諾古鋼琴，哈特利（Robert Hatley）製於1664年；現藏倫敦漢普斯特德芬騰屋國立信託資產
From the Benton-Fletcher Collection at the National Trust Property, Fenton House, Hampstead, London

Virginia　維吉尼亞　美國東部一州。位大西洋沿岸。面積105,586平方公里。首府里奇蒙。人口約7,078,515（2000）。東部為濱海平原地區（也稱潮水區），中部為皮埃蒙特高原，西有藍嶺山脈和阿帕拉契山脈。波多馬克河、謝南多厄河谷、詹姆斯河和洛亞諾克河貫穿全州。1607年英國在詹姆斯敦建立第一塊殖民地。獨立戰爭前夕，是十三個殖民地當中最大的一個，也是抗拒英國印花稅法的先鋒之一國。獨立戰爭期間的領導人都有維吉尼亞州人。美國建國初期的五位總統中的四位均來自該州。1788年成為批准憲法的第十州。雖然奴隸制是非法，但仍為該州農業經濟的基礎。1831年爆發特納領導的奴隸起義。1861年退出聯邦。1863年該州喪失了1/3的土地以建成西維吉尼亞，里奇蒙為維吉尼亞首府，也是南部邦聯的首都。維吉尼亞成為美國內戰的主要戰場。1870年重新被接納為聯邦的一州。接著的十年期間，同州的債務進行抗爭成為政治生活中突出的特點。第一次世界大戰後，該州日益繁榮昌盛。第二次世界大戰數萬名士兵送入該州軍營，使諾福克地區迅速的發展。製造業是最主要的部門。聯邦政府在維吉尼亞經濟中一直保持著主要的地位。漢普頓錨地是全國主要的港口之一。旅遊業很重要，有許多歷史遺跡，包括威廉斯堡、華盛頓的芒特佛南故居、傑佛遜的蒙提薩羅故居。南北戰爭戰場以及李將軍投降地－－阿波馬托克斯郡府。威廉和瑪麗學院（1963年成立），是全國第二所最古老的學院，維吉尼亞大學組織結構與建築物主要是傑佛遜的創作。

Virginia, University of　維吉尼亞大學　美國維吉尼亞州夏洛茨維爾市的一所高等學校。由傑佛遜總統創建，1819年獲辦校許可證。1825年開學。傑佛遜規畫校園、設計校舍並制定課程計畫和選擇教職人員。美國南北戰爭時期，維吉尼亞大學在教職員和學生數量上僅次於哈佛大學。1870年首次招收女生。該校設有建築學院、教育學院、工程和應用科學學院、醫護學院以及商業管理學院、法學院和醫學院。

Virginia and Kentucky Resolutions　維吉尼亞和肯塔基決議　1798～1799年美國維吉尼亞州和肯塔基州

議會爲抗議「客籍法和鎮壓叛亂法」而通過的議案。決議起草人是麥迪遜和傑佛遜（不過在當時沒有幾個人知道），他們抗議「客籍法和鎮壓叛亂法」中對公民自由權的限制，並聲明各州在聯邦立法的制定上有決定權。雖然當時他們是著眼於解決特定的議題，但後來被美利堅邦聯當作支持「否認原則」和脫離聯邦的理論根據。

Virginia Beach 維吉尼亞比奇 美國維吉尼亞州東南部城市。瀕大西洋，臨乞沙比克灣。1887年始建。與諾福克興建連接鐵路後發展爲旅遊地。市內設有亨利角紀念碑，附近有一座亨利角燈塔（1791）。第一次世界大戰後，它成爲海岸防禦體系的一個重要基地。經濟以旅遊業和軍事設施爲基礎。人口約430,385（1996）。

Virginia Declaration of Rights 維吉尼亞人權宣言 1776年6月12日由維吉尼亞殖民地立法機關通過的人權宣言。維吉尼亞宣言主要由梅遜起草，宣布人人生來就是同樣自由和獨立的，「即享有生存權和自由權，藉以獲得並據有財產以及藉以謀求並得到幸福和安全。」爲日後美國憲法的「人權法案」的雛型。

Virginia deer 維吉尼亞鹿 ➠ white-tailed deer

Virginia Polytechnic Institute and State University 維吉尼亞理工學院暨州立大學 美國維吉尼亞州黑堡的公立高等教育機構，位於洛亞諾克市西方。1872年成立，爲一所綜合性的土地撥贈大學。設有農業與生命科學、建築與都市研究、人文暨科學、商業、教育、工程、森林與野生資源、人力資源、獸醫等學院。該校並負責運作十二個分布於全州的農業實驗站。註冊學生人數約25,000人。

Virgo＊ 處女座 亦稱室女座、室女宮。在天文學中，獅子座和天秤座之間的星座。在占星術中，是黃道第六宮，是主宰8月23日至9月22日前後的命宮。其形象是一個手持一捆麥子的少女。她被想像爲豐收女神（伊什塔爾）和普賽弗妮。

Virgo cluster 處女座星系團 最靠近我們的大型星系團，距離約5,000萬光年，在處女座方向。自從大爆炸（大霹靂）之後，處女座星系團的重力影響減低本星系群遠離中心星系團的移動速率，每秒約200公里。星系團中約有200個亮星系及數以千計的暗淡星系。巨大的橢圓星系M87（或稱處女座A）接近星系團中心，是天空最強的電波源之一，也是強力的X光源。M87的活動星系核影像在1994年獲得，周圍氣體以高速環繞，天文學家相信必有超大質量的黑洞存在。

virion＊ 病毒粒子 指成熟病毒，包括由蛋白質外殼——衣殼及核酸（核糖核酸或脫氧核糖核酸）內芯組成的完整病毒顆粒。內芯使病毒具有侵染性，而衣殼則決定病毒的專一性。許多病毒粒子爲球狀，有二十個三角形的面。核酸則緊密地捲曲在衣殼內。有些病毒粒子的衣殼表面有數目不定的釘狀突起，核酸鬆散地捲曲於衣殼內。有幾種植物病毒結構略異。

viroid＊ 類病毒 一類小於任何已知病毒的侵染性粒子，實爲極小的環狀RNA分子，無外膜。似通過細胞碎屑進行傳播。由於類病毒具有亞病毒的特性，其作用方式又依然未明，所以引起人們的研究興趣。類病毒可引起某些植物病害，能否在動物細胞內存在則尚有爭論。

virology＊ 病毒學 研究病毒的科學。1892年伊凡諾夫斯基觀察到，煙草花葉病的病原體（後證實爲病毒）能通過細菌無法穿透的瓷濾器時，人們才知道病毒的存在。20世紀初期發現噬菌體的存在時，是現在病毒學的開始。1940年左右電子顯微鏡面世後，人們才能直接觀察病毒。

virtual reality 虛擬實境 指透過電腦模擬而使人們可以與一種人造的三度空間視覺環境或其他感應環境互動。虛擬實境的運用可以讓使用者沈浸在一種由電腦生成的環境中，這種環境透過使用互動式裝置來模擬實境。互動式裝置可以是特製的眼鏡、耳機、手套或緊身衣，它們具有發送和接收資訊的功能。用戶頭帶一個有立體影像顯示器的頭盔，兩眼分別注視著虛擬環境中的動態圖像。運動感應器接收用戶的動作並通常是即時（事件發生時的實際時間）地據此調整顯示器上的影像，從而使人產生置身實地的幻覺。虛擬實境技術的基礎最初是在1960年代教飛行員如何飛行。到了1980年代，虛擬現實成熟了。用在遊戲、展覽、銷售演示以及太空模擬器上。虛擬實境在許多領域中都有著潛在的應用前景，特別是在娛樂、醫療和生物技術、工程、設計，以及市場等方面。

virtue 德行 在基督教教義中，指選定作爲基督教倫理學的七種基本美德中的任何一種。七德包括四種「自然」美德，即舊的異教所傳而源出人類共通秉性的美德；還包括三種「神學」美德，它們是基督教教義中特別規定的，源出上帝的特別恩賜。自然德行是審慎、節制、堅毅、公正。據說這種說法可以追溯到蘇格拉底、柏拉圖和亞里斯多德。使徒保羅增加了神學美德：信、望、愛。根據基督教教義，神學德行不是來源於自然人，它們是上帝通過基督頒賜給信徒而由信徒踐行的。

virtue ethics 德行倫理學 以德行（一般認爲的優點）爲基礎來探討倫理學。德行倫理學主要關心的是人類繁衍不可或缺的品格特質，而非責任的列舉。傳統上倫理學分爲兩類：義務倫理學和結果論，而德行倫理學則多少落在這兩者之外。它同意結果主義對於行爲對錯的道德判準，得視該行爲所導致的結果是否具備內在價值；但它與義務倫理學更接近的部分則是，一個道德上正確的行爲本身即爲目的，而非另一個目的的手段。亦請參閱eudaemonism。

Virunga Mountains＊ 維龍加山脈 非洲中東部的火山山脈。位基伏湖以北。沿剛果（金夏沙）、盧安達、烏干達邊界延伸約80公里。有八座主要火山，其中最高的是卡里辛比峰。1861年斯皮克是第一位到達此地的歐洲人。部分山脈是在維龍加國家公園、火山國家公園（盧安達西北部）和大猩猩國家公園（烏干達）。

Virunga National Park 維龍加國家公園 舊稱艾伯特國家公園（Albert National Park）。野生動物保護區和大猩猩禁獵區。位於剛果（金夏沙）東北部。1925年建立，面積7,800平方公里。公園南端與基伏湖北岸相接。公園中部很大一片爲愛德華湖占據。基伍湖與愛德華湖之間爲維龍加山脈。

virus 病毒 微小、簡單的傳染因子，僅在動物、植物、細菌的活細胞中能夠繁殖。病毒比細菌小得多，包含一個單螺旋或雙螺旋的核酸（去氧核糖核酸或核糖核酸），周圍是所謂「衣殼」的蛋白質硬殼，有些病毒還具有脂質和蛋白質所組成的外套。病毒形狀各不相同。主要的二類是核糖核酸病毒（參閱retrovirus）和去氧核糖核酸病毒。在活細胞之外，病毒是不活躍的粒子，但在適當的宿主細胞內，病毒變得活躍起來，能夠接管細胞的代謝機制，以生產新的病毒粒子。有些動物病毒產生潛伏的感染，其中病毒保持靜

S T U V

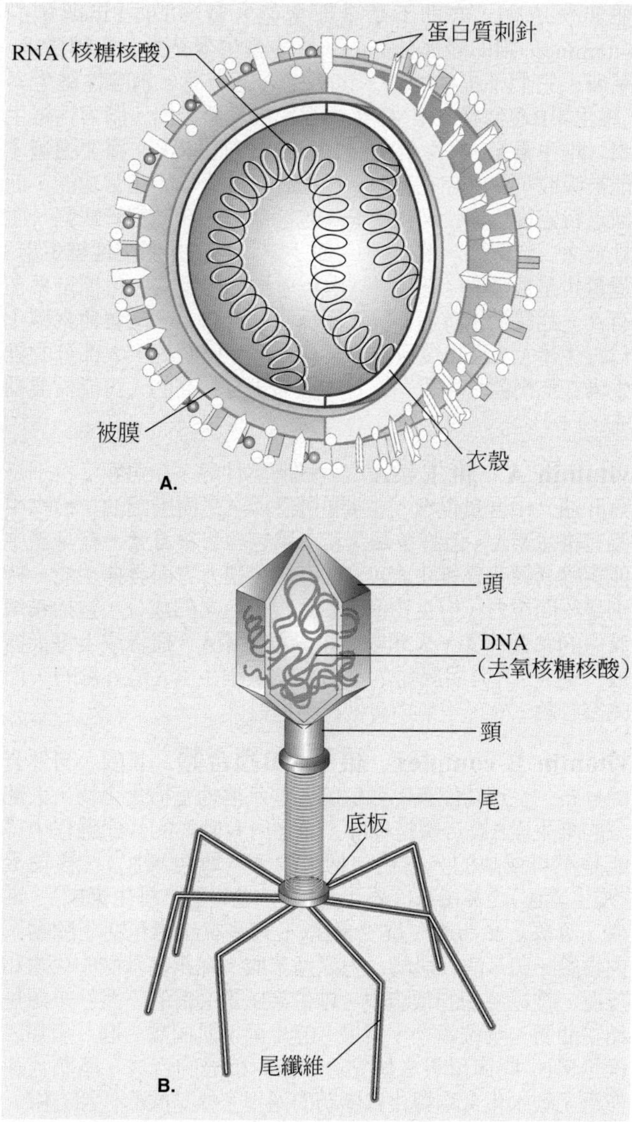

A.流行性感冒病毒。流行性感冒病毒具有蛋白質外殼（衣殼）以及含有脂質、蛋白質的被膜。被膜上的蛋白質刺針有助於依附並進入宿主細胞。衣殼的蛋白質決定流行性感冒的類型（A、B、C），而在每種類型之中，刺針與被膜的蛋白質的差異造成不同的品種。
B.噬菌體（細菌病毒）。這個噬菌體的衣殼形狀近似二十面體，尾纖維將病毒附著在細菌上，將底板接觸其表面。尾收縮將頭的去氧核糖核酸注入宿主。

態，在週期性短暫間隔裡變得活躍，就像單純疱疹病毒的情形。動物對病毒感染的反應各不相同，包括發燒、分泌干擾素、由免疫系統發動攻擊等。包括流行性感冒、普通感冒和愛滋病在內的許多人類疾病，還有許多具有經濟重要性的植物及動物疾病，是由病毒引起的。爲了與痲疹、流行性腮腺炎、小兒痲痺、天花、風疹等病毒疾病戰鬥，人類已經發展出成功的疫苗。藥物療法在控制明確的病毒感染方面通常沒有作用，因爲抑制病毒發展的藥物也抑制了宿主細胞的功能。亦請參閱adenovirus、arbovirus、bacteriophage、picornavirus、plant virus、poxvirus。

virus, computer ➠ computer virus

Visayas Islands *　米沙鄢群島　亦作Bisayas。菲律賓中部的島群。由米沙鄢海、薩馬海和卡莫特斯海周圍的七個大島及數百個小島組成。總面積爲61,077平方公里。主要島嶼是保和、宿霧、雷伊泰、馬斯巴特、黑人島、班乃和薩馬。這些島嶼及其鄰近的較小島組成菲律賓群島的中央島群。漁業和農業具有重要地位。兩個主要的城市中心是宿霧島上的宿霧市和班乃島上的伊洛伊洛。

Visby　維斯比　瑞典東南部城市。位於哥得蘭島西北岸。約在西元前2000年石器時代已有海豹捕獵者和漁民的居民點。到12世紀，是漢撒同盟會員之一。在13世紀，爲歐洲重要的商業中心，它鑄造自己的貨幣，並制定了一個國際公海法則。1361年丹麥人征服哥得蘭後衰退。海濱勝地，現仍可看到中世紀城牆。人口約21,253（1990）。

viscometer *　黏度計　測量流體黏滯性（流體內部流動阻力）的儀器。有的黏度計記錄一定量的流體流過某一出口的時間；毛細管黏度計則測量迫使流體按一定速度流過一根窄管所需的壓力。其他類型的黏度計還有：測量小球在流體中下落所需的時間；用一對同心的圓筒，在兩筒之間充滿測試的流體，測定使內筒旋轉所需的力；或者測定在液體中振動的圓盤，其振動衰減的速度。

Visconti, Gian Galeazzo *　維斯康堤（西元1351～1402年）　別名Count of Valor。義大利米蘭的領袖。使維斯康堤王朝達到權力的頂峰。加勒阿佐二世之子。其父與叔父分享米蘭統治權。維斯康堤企圖建立一個統一的國家。1387年，得以控制特雷維索的馬爾凱的大部分。到1402年兼併比薩、錫耶納、翁布里亞和波隆那。在整個義大利北部，只有佛羅倫斯沒有落到他的手中。

Visconti, Luchino　維斯康堤（西元1906～1976年）　原名Don Luchino Visconti, Count di Modrone。義大利電影和戲劇導演。出身貴族家庭。1935年，雷諾瓦聘他爲助手，他拍的第一部影片《對頭冤家》（1942）樹立了他的導演聲譽。這部寫實主義的傑作，成爲戰後新寫實主義電影的先聲。他後來的影片包括《大地震》（1948），這是一部記錄風格的影片，《美極了》（1951）、《我們女人》（1953）、《戰國妖姬》（1954）、《洛可兄弟》（1960）、《豹》（1963）、《納粹狂魔》（1969）和《魂斷威尼斯》（1971）等。作爲戲劇導演，他把科克托、米勒和威廉斯的作品搬上義大利舞台。在歌劇方面，由名演員卡拉絲擔綱。把寫實主義與豪華場面相結合。

viscosity *　黏度　流體抵抗形變或阻止相鄰流體層產生相對運動的性質。黏滯與流動正好相反。又可把黏度看成是分子間的內摩擦。當流體用作滑潤劑或在管道中輸送時，都必須克服阻力，而黏度則是構成阻力的一個重要因素。它控制著噴塗、注射成型和表面塗覆工藝過程中的流體流動。液體黏度隨溫度上升迅速降低，氣體黏度則隨溫度上升而增加。動力黏度的量綱是面積除以時間，單位爲平方公尺／秒。

viscount *　子爵　歐洲的一種貴族稱號，位於伯爵之下。在法國，到11世紀末，法國的子爵用他們的主要封地名做自己的稱號。在英格蘭，直到諾曼征服以後將近四百年，貴族才設子爵爵位。

Viscount Melville Sound *　梅爾維爾子爵海峽　舊稱梅爾維爾海峽（Melville Sound）。北冰洋的海峽，介於維多利亞和梅爾維爾島之間。位於加拿大北部。長400公里，寬160公里。是由帕里從東部（1819～1820）、麥克盧爾從西部（1850～1854）發現的，從而證實西北航道的存在。天氣條件有利時可通航。

vise　虎鉗　用以夾持工件的裝置。其中一個固定；另一個可以用螺桿、槓桿或凸輪使之移動。當用作銼、錘或鋸之類的手工作業的夾持裝置時，可用螺栓把台鉗持久地固定在鉗工台上。加工金屬零件時，活動鉗口的工作表面用淬火鋼板鑲裝，板上帶有細齒以夾持工件，此鋼板不用時可卸下。

木工虎鉗具有平滑的木製鉗口，其夾持作用僅僅依靠磨擦而不靠細齒。

Vishnu＊ 毗濕奴 印度教的主神之一，據說他守護並保存世界，匡復諸法。毗濕奴主要通過他的諸化身特別是羅摩和黑天來顯現。毗濕奴融合許多小派別的崇拜對象和地方英豪爲一身。他有千名，其中主要有婆蘇、提婆等。

Visigoths＊ 西哥德人 哥德人的一個分支。4世紀時與東哥德人分離，376年遭到匈奴人的襲擊，被趕過多瑙河，進入羅馬帝國。因不堪帝國官吏的勒索而造反，劫掠帝國的巴爾幹諸行省。在阿德里安堡戰役（378）中，擊潰瓦林斯。狄奧多西一世讓他們在莫西亞（382）定居，要他們擔負保衛邊界的責任。395年在阿拉里克領導下離開莫西亞，首先南遷希臘，然後到義大利。410年洗劫羅馬。然後在高盧南部和西班牙定居（415）。他們的首領提奧多里克一世在阿提拉之戰（451）中陣亡。475年尤力克宣稱自己是獨立的國王。在他的領導下，擴展王國的版圖，從羅亞爾河直達庇里牛斯山脈，並延伸到隆河下游，包括西班牙的大部分。於507年被克洛維一世和法蘭克人擊敗。此後僅統治著塞蒂馬尼亞和大部分西班牙地區，711年最終被穆斯林消滅。

vision ➟ photoreception

vision, computer ➟ computer vision

vision quest 求幻 美國東部林地和大平原的印第安人中，青少年男孩的一個基本的通過儀式。他被派出營地單獨守夜，並且禁食和禱告，以便得到他的守護靈顯現與本性的某種跡象（通常是經由夢境）。男孩得到這些幻象後，返回家中，向一位薩滿或長者說明這些幻象，由他協助解釋。

Visistadvaita＊ 適任不二論 吠檀多梵學的一個主要學派的理論。羅摩奴闍是最有影響的人物。羅摩拏闍在吠檀多派的思想家中第一個把一位人格神與奧義書和吠檀多中的梵等同起來。在他看來，靈魂和物質的存在完全有賴於神。解脫並不是消極地擺脫輪迴，而是對神的沈思的快樂。在羅摩拏闍之後，在神恩的重要性問題上人們發生了意見分歧。適任不二論的普及對毗濕奴教的虔信復興中起了重要作用。在南印度，這一哲學本身現在仍有其重要的學術影響。

Vistula River＊ 維斯杜拉河 波蘭語作Wisla。波蘭河流。源出於波蘭南部貝斯基德山脈。維斯杜拉河向東流，然後向北穿過波蘭，經格但斯克城注入波羅的海。全長1,047公里，可通航。是波蘭最大的河，支流有布格河和杜納耶茨河。

visual-field defect 視野缺損 正常視覺範圍內的一個盲點或盲區。在大多數情況下，盲點或盲區是恆定不變的，但有些情況盲點是暫時的、可變的，如偏頭痛時的盲點就屬這種。青光眼可引起視野狹窄。視乳頭是視神經入眼處，視乳頭內缺乏視細胞（即桿細胞和錐細胞），從而引起正常視野中央出現小盲點。甲醇或奎寧中毒、侵犯神經鞘的一些疾病、營養不良以及動脈粥樣硬化等，都能引起視野中出現盲點。腦下垂體腫瘤可以壓迫視徑交叉並可導致雙顳側半盲視野的一半或1/4部分缺損。

visual purple ➟ rhodopsin

visualization, scientific ➟ scientific visualization

vitamin 維生素；維他命 飲食中所需的小量有機化合物，可以維持身體的正常代謝功能。當人們瞭解到維生素並非全是胺（亦即不是全部含氮）時，1911年所創的vitamine一詞即變爲vitamin。許多維生素充當（或轉變爲）輔酶。它們不提供能量，也不併入組織裡。水溶性維生素（維生素B複合體、維生素C）很快被身體排出。脂溶性維生素（維生素A、維生素D、維生素E、維生素K）需要膽鹽才能被吸收，並儲存在體內。已知許多維生素的正常功能，而缺乏特定維生素會導致疾病（包括腳氣病、神經管缺陷、惡性貧血、佝僂病、壞血病）。維生素（特別是脂溶性維生素）過量也是危險的：維生素A太多導致肝臟受損，這種後果在有β－胡蘿蔔素時看不見，因爲身體會將β－胡蘿蔔素轉化爲維生素A。已知幾種維生素會支援免疫系統。大部分的維生素在均衡飲食中供給充足，但需求量較高的人可能需要補充。

vitamin A 維生素A 一種脂溶性醇，在魚類（特別是魚肝油）中含量很多。主要的維生素A是樹脂餾油。植物中沒有維生素A，但許多蔬菜和水果包含胡蘿蔔素，在身體中能夠輕易轉化爲維生素A。它直接在視力方面發揮功能，特別是夜間視力。衍生物網膜質是視覺色素的成分，包括視網膜中的視紫紅質。人類需要小量維生素A（建議成人每天攝取一毫克）。與胡蘿蔔素不同，大量維生素A是有毒的，而曝露於熱、光、空氣中會被輕易摧毀。

vitamin B complex 維生素B複合體 性質、自然資源分布、生理功能有點類似的一些水溶性有機化合物。大部分的維生素B複合體是輔酶，而在所有動物的代謝過程中可能是不可或缺的。它們包括硫胺素（維生素B_1）、核黃素（維生素B_2）、菸鹼酸（維生素B_3）、吡哆醇（維生素B_6）、泛酸、葉酸、生物素、維生素B_{12}，有些說法還包括了膽鹼、肉毒鹼、硫辛酸、肌醇、對氨基苯酸。在氨基苯酸的代謝和皮膚、神經疾病的預防中，維生素B_6是必需的。良好來源是植物油脂、全粒穀物、莢果、酵母菌、肌肉類、肝、魚類。維生素B_{12}能夠預防惡性貧血，並與核酸的合成、脂肪代謝作用、碳水化合物轉化爲脂肪的過程、氨基酸的代謝有關。來源爲牛奶、肉類、肝、蛋、魚類。

vitamin C 維生素C 亦稱抗壞血酸（ascorbic acid）。類似六碳醣類的水溶性有機化合物，在動物代謝作用中具有重要功能。動物大致在體內自行生產，但人類、其他靈長類、天竺鼠需要從飲食中攝取，以預防壞血病。人們對其功能不甚瞭解，但在膠原的合成、傷口復元、血管維修、鐵質的吸收、特定氨基酸的代謝、免疫力、腎上腺素的合成與釋放中具有重要功能。維生素C能夠縮短並減低普通感冒的徵狀，如今也普遍被用來預防感冒。維生素C在體內充當抗氧化劑，並被用作防腐劑。容易被熱和氧摧毀。良好的來源是柑橘和深綠色蔬菜。

vitamin D 維生素D 一類脂溶性醇（麥角固醇、膽利鈣醇、導鈣素）的統稱，在動物體內鈣的代謝中具有重要功能，能使骨骼和牙齒健壯，並預防佝僂病和骨質疏鬆。在人體中，維生素D由陽光照射皮膚中的固醇（參閱steroid）而形成。維生素D出現於魚肝油，爲了非熱帶地區人們冬季可能日曬不足，而將之加進人造奶油、牛奶、穀物中。兒童每日約需10毫克。由於身體無法將之排出，長期大量攝取會導致中毒反應，包括疲勞、噁心和不正常的鈣質累積。

vitamin E 維生素E 亦稱生育酚（tocopherol）。2個環和26～29碳原子的一種脂溶性化合物，主要存在於一些植物油中，麥胚油含量尤其豐富。維生素E是一種機體組織生物氧化過程的抑制劑，減慢膜的氧化，幫助延長生命活力。除在商業上被用作抗氧化劑，延緩脂肪（尤其是含植物油產品）

的腐敗。

vitamin K　維生素K　對凝血必需的幾種脂溶性萘醌化合物。缺乏維生素K時會引起凝血時間延長。1929年發現凝血過程需要一種存在於綠葉植物中、以前不認識的脂溶性物質。該物質被命名爲維生素K，取德語凝血維生素（Koagulation vitamin）的首字母。1939年分離出純品並測定其結構；幾個與之有關也具有維生素功能的化合物也分離出來並合成。1939年鑑定的是維生素K_1，是植物合成的，而維生素K_2則爲微生物合成，並且是哺乳動物組織中的重要形式。所有其他形式的維生素K在體內都轉化爲維生素K_2。除天然化合物外，還有許多具有維生素K活性的合成化合物也用於減少凝血時間。

Vitellius, Aulus＊　維特利烏斯（西元15～69年）　羅馬皇帝，尼祿死後三位短命繼承人中的最後一位。任下日耳曼軍團司令官。在尼祿死後被部下擁戴爲皇帝。他隨即向義大利進軍，與他爭奪皇位的奧托自殺。維特利烏斯進入羅馬。但是韋斯巴薌也被他的部下擁立爲皇帝。維特利烏斯的軍隊被韋斯巴薌打敗後曾考慮宣布退位，但爲禁衛軍所止。維特利烏斯被其手下殺害。

Viti Levu＊　維提萊武島　斐濟最大島嶼（1986年人口約340,561），面積10,388平方公里。首都蘇瓦，位於東南岸。1789年由布萊發現。島上的中央山脈有多座休眠火山，最高點托馬尼維峰海拔1,323公尺。出產甘蔗、菠蘿、棉花、稻米和煙草。中北部有金礦。

vitiligo＊　白癜風　亦稱白斑病（leukoderma）。皮膚黑素斑片狀脫失的一種遺傳性疾病。雖然患者的黑素細胞結構完整，但失去合成黑素的能力。病因不明。臨床表現爲皮膚上出現乳白斑點。分布在身體各部位上。在成年人中發病率約爲1%。患者一般健康良好，但影響美觀，對膚色較黑的人來說更爲嚴重。皮損顏色很難恢復正常。無特殊療法。

Vitória＊　維多利亞　巴西東部一城市（1991年人口約258,243）。位於維多利亞島西側，臨聖埃斯皮里圖灣。1535年由葡萄牙人創建。1823年成爲州首府。市內及附近建有紡織、榨糖廠和其他小型製造廠。設有大學（1961）。直到1960年代是巴西主要鐵礦砂出口港。

Vitoria＊　維多利亞　西班牙巴斯克自治地區的首府（1995年人口約215,049）。西元581年後由西哥德人創建。12世紀時由那瓦爾國王桑喬六世特許建市。1200年卡斯提爾王國阿方索八世占領該城，將其併入其版圖。附近的維多利亞盆地是1813年半島戰爭中英、西、葡聯軍擊敗法軍的決勝戰場。逐漸發展爲製造業中心，有數座中世紀建築。

vitriol, oil of ➠ sulfuric acid

Vitruvius＊　維特魯威（活動時期約西元前1世紀）　全名馬可・維特魯威・波利奧（Marcus Vitruvius Pollio）。羅馬建築師、工程師，名著《建築十書》的作者。該書是羅馬建築師的參考書。估計他在凱撒時代已活躍於建築界。他根據自己的經驗，寫了《建築十書》，全書分十卷。內容幾乎涉及建築和城市規畫的各個方面。他的觀點基本是希臘化的，他的理想是在神廟和公共建築的設計中保存古典的傳統。在文藝復興時期、巴洛克古典化時期以及新古典主義時期，他的著作成爲古典建築的經典。

Vitsyebsk＊　維捷布斯克　亦作Vitebsk。白俄羅斯東北部城市。1021年首見記載，爲著名要塞和貿易中心，也是一個歷時約兩百年的獨立公國的主要城鎮。1320年歸屬立陶宛，後歸波蘭，1772年又被俄國兼併。曾遭到波蘭人、瑞典人、拿破崙（1812）和德國人（第二次世界大戰）破壞。該城是重要工業中心，生產機械工具、電子儀器及一系列的消費品。人口約365,000（1996）。

Vittorini, Elio＊　維多里尼（西元1908～1966年）　義大利小說家、翻譯家、文學評論家。十七歲輟學，後任校對員時學習英語。他和帕韋澤同爲譯介英美一些作家的作品的先驅。他的新寫實主義的一些優秀長篇小說，記錄了他的國家的遭受法西斯統治的經歷以及20世紀的人的社會、政治和精神方面的苦難。《西西里的談話》（1941），明確表達了他反法西斯的思想感情。

Vivaldi, Autonio (Lucio)＊　韋瓦第（西元1678～1741年）　義大利作曲家。由其父教授小提琴。1703年受神職。他的富有特色的淡紅色頭髮後來使他得到「紅髮神父」的渾名。多年從事小提琴教學，並指揮威尼斯女孤兒院的樂團。約1718年後，以作曲家和劇團經理人的雙重身分投入歌劇活動。韋瓦第完善了古典三樂章協奏曲的形式。確定了協奏曲三個樂章的快－慢－快布局。大膽地把疊歌（里托奈羅）和獨奏段落並列，爲獨奏器樂家的炫技表演開創了新的可能性。他的小提琴與弦樂隊協奏曲集《和諧靈感》（1711）出版後，在國際間備受矚目。1725年創作的《四季》獲得極大成功。韋瓦第所作協奏曲有五百餘首。巴哈曾採用其協奏曲爲作曲資料。

Vivarini family＊　維瓦里尼家族　15世紀初期，威尼斯畫家中的維瓦里尼家族。維瓦里尼（Antonio Vivarini, 1415?～1480?），自1444年起，與其姻親喬凡尼・達萊馬尼亞（卒於1450年）合作，現留存的作品有威尼斯聖札加利教堂、聖潘塔隆教堂與威尼斯學院（1446）的祭壇畫以及米蘭布雷拉宮的一件多聯畫（1448）。維瓦里尼（Bartolomeo Vivarini, 1432?～1499?），1450年後與其兄安東尼奧・維瓦里尼合作。他的作品模仿曼特尼亞，比他的哥哥更先進。自1459年起獨立繪畫。維瓦里尼（Alvise Vivarini, 1446?～1505?），其父安東尼奧・維瓦里尼是威尼斯藝術家中維瓦里尼家族的奠基人。畫法有些因襲和保守，在極大程度上無視了當時那種擺脫哥德式繪畫嚴肅形式的趨勢。其作品有在蒙特菲奧雷蒂諾的一幅祭壇畫（1475?）和威尼斯托缽修會教堂畫的祭壇畫（1503）。

Vivekananda＊　辨喜（西元1863～1902年）　原名納倫德拉納特・達塔（Narendranath Datta）。印度教精神領袖和改革家。出身加爾各答，接受西式教育。後來加入梵社，成爲羅摩克里希納教中最著名的信徒。他強調吠陀中的普世精神和人本主義，重服務而輕教條，力圖振興印度教思想。他在美國和英國推動吠檀多運動，並在兩國講學和勸人改變信仰。1897年創辦羅摩克里希納教會，在印度廣泛投入教育和慈善工作，並在西方國家解說吠檀多。

vivisection　活體解剖　爲了實驗而對活的動物做手術，目的不是爲了治療；更廣義來講，對活的動物所作的所有實驗。許多人認爲太過殘忍而反對，其他人則以醫學進步的理由表示支持；中立者反對不必要的殘忍練習，儘可能利用替代方案，限制實驗在必要的醫學研究（反對如化妝品試驗）。沒有麻醉就對動物做外科手術以前很常見；許多人主張動物不會眞的覺得痛，最著名的是笛卡兒。儘管已有替代方案（電腦模擬、組織培養試驗），在動物身上測試化學物質來找出致命劑量的作法仍舊存在。19世紀晚期的反活體解剖將範圍擴大，防止對動物的所有殘忍作爲，後來並引起動物權運動。

vizier＊ 維齊 阿拉伯語作wazir。阿拔斯王朝哈里發的首席大臣或代表，後來指各穆斯林國家的高級行政官員。8世紀開始設此官職。阿拔斯王朝的維齊代表哈里發執行一切與臣民有關的事務。鄂圖曼帝國把維齊的稱號授予一名司令官。在穆罕默德二世時代，稱首席大臣爲維齊，但加一「大」字。大維齊爲蘇丹的全權代表，維齊亦曾用於古代埃及擁有總督權力的民政官員。

Vlad III Tepes＊ 弗拉德三世．特佩斯（西元1431?年～1476年） 亦稱穿刺者弗拉德（Vlad the Impaler）。瓦拉幾亞的統治者（1448、1456～1462、1476～1477年在位）。他繼承其父弗拉德二世．德拉卡爾（Vlad II Dracul，Dracul意爲「龍」〔dragon〕）。1456年在匈雅提的協助下取得王位。他與入侵瓦拉幾亞的土耳其人作戰，並興建許多防禦工事以阻擋其前進，包括設有1,400級階梯的波納里要塞。他被鄂圖曼人推翻後，曾求助於馬提亞一世，但被他囚禁在匈牙利十二年。最後死在一位由鄂圖曼人支持的王子之手。雖然他是一位強而有力的行政管理者與軍事領導人，但也因殘酷的惡行劣跡而聞名。他爲了駕御瓦拉幾亞的貴族，公然將兩萬名男人、女人和小孩以細柱筆直穿刺而過，折磨他們至死。斯多克曾在其著名小說中用他的稱號「德古拉」（Dracula，意爲「龍之子」〔son of the dragon〕）來形容羅馬尼亞的吸血鬼伯爵。

Vladimir I St.＊ 弗拉基米爾一世（西元956?～1015年） 俄語全名Vladimir Svyatoslavich。基輔大公（980～1015）。970年成爲諾夫哥羅德侯。980年他已經把從烏克蘭到波羅的海的俄國土地統一起來。他一直是異教徒，當巴西爾二世向他求援時，他要求以娶巴西爾的妹妹爲妻及同意成爲基督教徒作爲交換條件。約987年雙方達成協議。並命令基輔和諾夫哥羅德的居民改信基督教。他的拜占庭式的浸禮確定了他統治地區的基督教道路。

Vladimir-Suzdal school＊ 弗拉基米爾－蘇茲達爾畫派 俄羅斯中世紀壁畫和聖像畫學派。12～13世紀活躍於俄羅斯東北部弗拉基米爾和蘇茲達爾兩個城市。該畫派的作品，具有拜占庭藝術逼真的立體造型，並轉向了更爲俄羅斯化的表現方式：感情具有強烈的禁欲色彩，人物解剖不準確，手畫得極小，並日益自覺地使用富有表現力的色彩。13世紀中葉，由於蒙古人的大舉入侵，該畫派的藝術發展中斷。

《天使長米迦勒》（1300?），聖像圖，弗拉基米爾－蘇茲達爾畫派蛋彩畫：現藏莫斯科特列季亞科夫畫廊
Novosti Press Agency, Moscow

Vladivostok＊ 海參崴；符拉迪沃斯托克 俄羅斯東南端的海港市。1860年建鎮，成爲俄國的軍事前哨基地，1872年，成爲俄國太平洋主要海軍基地。1904年成爲自由商業港口。1917年俄國革命爆發後，逐漸快速地成爲海軍基地。由於是重要軍事基地，自1960年代關閉了外國商船進入。1991年蘇聯解體後，重新成爲商業港口。主要工業有修船、漁業和肉類加工。符拉迪沃斯托克是西伯利亞大鐵路東部終點，是俄羅斯遠東的主要教育和文化中心。人口約632,000（1995）。

Vlaminck, Maurice de＊ 弗拉曼克（西元1876～1958年） 法國畫家。1895年開始學習素描並研究印象派。1899年和德安同在一個畫室作畫。1901年其用色豪放的作品首次在巴黎獨立沙龍展出。曾嘗試用強烈的厚塗純色作畫，和野獸主義畫風接近。1905年參加引起爭論的秋季沙龍聯合展覽。1908年轉向用厚塗的灰色、白色和深藍色作風景畫。1915年其藝術形成一種強烈的、並且是十足的法國表現主義風格。

Vlissingen＊ 弗利辛恩 荷蘭西南部海港城市。中世紀時爲商業城鎮和安特衛普的門戶。1572年第一個反抗西班牙統治的荷蘭城鎮。法國占領期間（1795～1814），被拿破崙變成海軍基地。第二次世界大戰期間遭到嚴重破壞。自從重建後，現爲重要商業和漁業港以及海濱勝地。人口約44,000（1992）。

Vltava River＊ 伏爾塔瓦河 德語作莫爾道河（Moldau）。捷克河流。源出波希米亞西南部，上游爲波希米亞森林中的兩支河流。先向東南而後向北穿越波希米亞，注入易北河。長435公里，爲境內最長的河流。

Vo Nguyen Giap＊ 武元甲（西元1912年～） 越南軍事領袖，青年時即爲越南自治而奮鬥。中學與越南共產黨領袖胡志明同學。作爲河內的歷史教授，他使同學和學生轉向他的政治觀。1939年印度支那共產黨被法國禁止，武元甲逃往中國。1941年返回越南。第二次世界大戰期間日本占領了越南，1945年他領導越盟軍隊擊敗日本。1954年贏得奠邊府戰役，從此結束了法國的殖民統治。他領導北方武裝部隊在越戰（1955～1975）中贏得勝利，迫使美軍撤離越南。戰後在越南政府服務，擔任多項職務。

vocal cord 聲帶 在矢狀位延伸於喉腔內部最狹窄的兩條平行的黏膜皺襞，主要功能是發音。聲音依靠黏膜皺襞之間從肺部呼出的空氣振動而產生。聲音伴隨著聲帶的拉伸程度而變化。聲音也要靠舌、上顎和唇作用從而發出語音。休息時，聲帶分開，形成V字形開放（聲門），可進行自由呼吸。皺襞位於聲帶上方，被稱爲假聲帶，因爲其不發音。炎症（由於過度使用）將限制聲帶的正常收縮，使聲音變得嘶啞。

vodka 伏特加 蒸餾酒。無色透明，沒有獨特的香氣和風味。通常用穀糠（一般是黑麥或小麥）製成。伏特加酒源於14世紀的俄國。因爲在加工時除去了香味成分，質地非常純粹。經木炭過濾提純後，加蒸餾水稀釋裝瓶，不經陳釀製成。伏特加含酒精40%～43%（酒精度80～86），伏特加不與其他酒混合，經冷藏後，用小杯飲用。其他國家一般用作混合飲料。

vodun＊ 巫毒教 亦作voodoo。海地的民間宗教。它糅合天主教儀式成分與非洲宗教和巫術成分。巫毒教徒自聲信奉至尊上帝，但是經常靈驗的卻是「洛阿」（loa），其中有地方神靈、非洲神靈、神化祖先和天主教的聖人。洛阿要求人們禮拜他們，個人或家族可以通過禮拜某位洛阿而受到他的保佑。在巫毒教禮拜中，一群信徒聚會在聖殿，由祭司主持，內容有唱歌、擊鼓、跳舞、祈禱、準備食品和宰牲獻祭。巫毒教徒相信洛阿護持人、保佑人、指引前程。洛阿在禮拜中向他人提出奧祕忠告，給人治病或表演特殊技藝。巫毒教中一種最引人注意的特殊現象是「宗鬼」（zombi）。亦請參閱Macumba、Santeria。

voice 語態 語法術語。動詞的一種形式，表明一句話裡所述事件之參與者（主語、賓語）同該事件之間的關係。

英語把語態區分爲主動語態（The hunter killed the bear.〔獵人殺了熊。〕）和被動語態（The bear was killed by the hunter.〔熊被獵人殺了。〕）。在主動語態句子裡，主語作爲動作者或施動者支配動作過程，而動作可以有一個賓語作爲其目的。被動語態則表示主語是接受動作的。

voice box ➠ larynx

voice mail　語音郵件　錄製口頭訊息以電話送出的電子系統。一般情況，打電話的人聆聽預先錄製的訊息，然後有機會留下答覆訊息。受話人稍後用自己的電話輸入特定代碼來讀取訊息。語音郵件與答錄機不同處在於提供多重電話線路的服務，除了錄製訊息之外還有更多複雜的功能。

Voice of America　美國之音　美國政府的無線電廣播電台。美國之音的職能是促進了解美國和傳播美國價値觀。每天廣播的節目包括新聞報導、有關美國政治和文化事件的報導和論述。最早以德語於1942年2月24日開播。目的是爲了還擊納粹對德國人民的宣傳。到第二次世界大戰結束時，美國之音以四十種語言每週廣播3,200小時的節目。冷戰期間傳達訊息的焦點放在東歐和中歐的共產主義國家。美國新聞署於1953年成立時，VOA成爲它的一個組成部分。

voice recognition ➠ speech recognition

voir dire＊　陪審官資格審查　在法律上，指從預期的陪審官名單中透過詢問來挑選陪審團組成人員的程序。陪審官候選人是否懷有偏見或對被告有罪、無罪是否已有預先的想法。雙方律師可以要求陪審官有因迴避，這種申請的次數不受限制。他們還可以要求陪審官無因迴避，但次數有一定限制。

Vojvodina＊　伏伊伏丁那　塞爾維亞與蒙特內哥羅的一省，位於塞爾維亞共和國內，主要城市是諾維薩德。西元6～7世紀，斯拉夫民族定居該省，匈牙利游牧民族在9～10世紀抵達那裡，鄂圖曼土耳其人則於16世紀初來此，16世紀初期到18世紀後期被鄂圖曼土耳其人統治，爲奧地利哈布斯堡帝國的一部分。是塞爾維亞東正教中心。1918年，成爲塞爾維亞－克羅埃西亞－斯洛維尼亞王國（後來的南斯拉夫）的一部分。1945年成爲塞爾維亞共和國的自治省。但在1989年被米洛塞維奇廢止。1999年收留了來自科索沃的十萬名塞爾維亞難民後，要求恢復自治。面積21,506平方公里。人口約1,983,000（1996）。

volcanic glass　火山玻璃　由化學成分接近花崗岩的熔岩或岩漿形成的任何玻璃質岩石。這種熔融的物質可以達到很低的溫度還不結晶，但黏度可以變得很高。因爲黏度高阻止了結晶作用，當這種物質從火山口噴出時，突然冷卻和喪失揮發物，被迫凝固，淬冷成爲玻璃，而不結晶。

volcanism＊　火山活動　亦作vulcanism。與火山、間歇泉、噴氣孔相關聯的地表排放熔岩或熱水與蒸氣的任何一種過程和現象。大多數活火山和有關的現象發生在兩個岩石圈板塊相聚、並且其一疊置到另一上之處（參閱plate tectonics）。活火山活動也發生在洋脊，該處的板塊在脊兩側向兩邊分開，岩漿自地函湧出。較少數的火山發生在遠離板塊邊緣的內部。某些火山，據信是因爲板塊運動經過「熱點」（岩漿由此流出地表）而形成的。不過表現爲不同動力機制的結果－－可能是一種特別緩慢的板塊擴張形式。

volcano　火山　在地球的表殼上，排出熔融岩石、火成碎屑物質及噴氣的任何出口。火山通常劃分爲兩個大類型：裂隙式，沿地殼斷裂分布，可以延伸很多公里。其熔岩從裂隙裡比較寧靜地、連續不斷地溢出，並形成廣大的火山岩平原或高原。中心式火山有簡單的、豎直方向的熔岩管，並傾向於發育出錐狀剖面。熔岩從火山的喉管，沿著最易行的通道，向山下流去，在很多情況下，高黏稠度的熔岩也可能堵塞火山喉管，使得壓力上升，只有猛烈爆發才得到解除。這種噴發可以完全掀掉火山錐的頂部，偶爾還能將火山錐內部之一部分也掀掉。

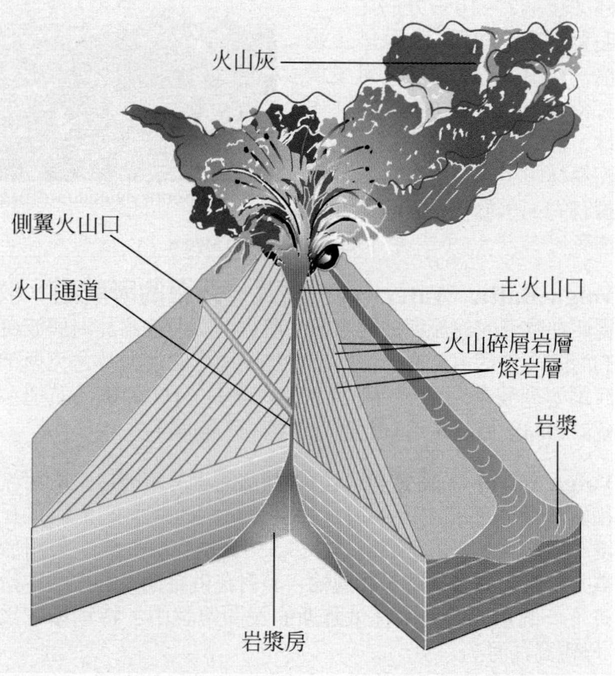

當地殼下方的岩漿到達地表就形成火山。固結的熔岩和火山碎屑物質（火山灰和火山渣）層層交錯構築典型的錐狀火山，噴發時從中央火山口噴出。
© 2002 MERRIAM-WEBSTER INC.

Volcano Islands　火山列島　三個小火山島，位西太平洋小笠原群島以南。三個島嶼是北硫磺島、硫磺島（最大島嶼）和南硫磺島。1887年日本漁夫和硫磺礦工到此。1891年日本宣布該列島爲己有後，日本保有列島上的剩餘主權，1951年起由美國管轄。直到1968年才歸還日本。

volcanology　火山學　亦作vulcanology。涉及火山現象各方面的學科。研究火山的形成、分布和分類；也研究火山構造和各種噴出物（例如熔岩、塵土、火山灰和氣體）；還研究火山噴發與其他大規模地質過程如造山作用以及地震活動的關係等。研究的主要目的之一是確定火山噴發的性質和原因，進而提出預報。火山學的另一實用價値是，有助於尋找有工業價値的礦床，特別是某些金屬硫化物礦床資料數據。

Volcker, Paul A(dolph)　福爾克（西元1927年～）　美國經濟學家。1957～1961和1965～1968年任經濟學家。1969～1974年任財政部副部長，主管金融事務；他是1971與1973年美國放棄金本位制與實行美元貶値的主要設計者。1975～1979年任紐約聯邦儲備銀行總裁。1979年，卡特總統任命他主持聯邦儲備系統，直到1987年。福爾克終止長期的高通貨膨脹，他放慢貨幣供應的迅速成長速度，允許利率提高。這些政策導致了經濟衰退（1982～1983），然而通貨膨脹卻得到牢固的控制，從此保持低速。

vole　田鼠　齧齒目倉鼠科多種鼠形動物的統稱，特別是田鼠屬各種。其特徵爲尾短，吻鈍，眼、耳小，四肢短。一般吃植物。田鼠屬約有45種，常被稱爲草甸田鼠、草原田鼠或草甸鼠，分布於北美和歐亞大陸。草甸田鼠體長10～26公分（包括2～10公分的尾）；毛粗而長，通常背面呈灰褐色。松田鼠約有10種，其生境有沼澤、田野和稀疏的硬木林。紅背田鼠棲息在寒冷地區的森林中；水鼠是歐亞大陸所獨有的，居於溪流、溝渠和湖泊旁。

Microtus pennsylvanicus，田鼠的一種
Judith Myers

Volga-Baltic Waterway　窩瓦－波羅的海航道　俄羅斯在歐洲的河流與運河水系。航行系統連接窩瓦河與波羅的海的。包括尼瓦河、沿著拉多加湖南岸的運河及舍克斯納河經切列波韋茨到雷賓斯克水庫。全長1,100公里。航道系統於1964年擴建，建有七座自動控制的船閘。

Volga River　窩瓦河　俄國西部河流。歐洲最長的河流和俄羅斯西部的主要水道。源自莫斯科西北面的瓦爾代丘陵，東南流，注入裏海，全長3,530公里。窩瓦河主要用於電力生產、灌溉、防洪和運輸。該河在俄羅斯人的生活中扮演了一個重要角色，在俄羅斯的民間傳說中，特別稱它為「母親窩瓦河」。

Volgo Tatar language ➠ Tatar language

Volgograd　伏爾加格勒　舊稱察里津（Tsaritsyn，1925年以前）或史達林格勒（Stalingrad, 1925～1961）。俄羅斯西南部城市。位於窩瓦河畔。1589年建察里津要塞。1918～1920年國內戰爭中，史達林曾在此指揮部隊與白俄軍隊激戰。後以其姓氏重新命名。第二次世界大戰的史達林格勒會戰曾在此進行。戰後重建城市。主要工業產品有鋼、鋁、機械、木材、建設材料和食品。為主要鐵路樞紐和河港。窩瓦－頓河運河的東部終點。人口約1,003,000（1995）。

Volhynia＊　沃利尼亞　亦作Volynia。烏克蘭西北部歷史區。位普里皮亞季河和布格河源頭附近。10～14世紀為公國。14世紀末起為立陶宛大公國的自治區，主要由自己的貴族統治。1569年劃歸波蘭，直到波蘭第二次被瓜分時（1793）才大部分劃歸俄國。1939年又被俄國和波蘭瓜分。第二次世界大戰後成為烏克蘭蘇維埃社會主義共和國的一部分。

Volkswagen AG　福斯汽車公司　德國主要的汽車製造業公司。1937年納粹政府為大量生產廉價的「國民車」而創立。第二次世界大戰後聯合復興西德汽車工業的努力，在十餘年間該公司生產的汽車已占西德機動車輛的一半。惟因車身小、外表特圓且在美國銷售不佳。在1960年代廣告宣傳活動，並取名「金龜車」；於是銷路擴大，是美國進口量最大的汽車。到1974年由於其他外國小型汽車競爭日烈，該公司瀕於破產。此後，開發生產新式的華麗小汽車，如1998年推出新款的「金龜車」。大眾公司及其聯營公司在世界多數地區設有工廠。它還擁有其他幾家汽車公司，如奧迪公司和勞斯－萊斯公司。

volleyball　排球　由兩隊各6名球員，以中間球網為界，用手擊球過網以決勝負的一項球類運動。正式比賽每隊6人。對方必須在擊球三下以內將球從網上擊回發球一方。最先得滿15分的一方如領先2分以上就贏得一局。1895年由摩根發明。國際競賽始自1913年。1964年為奧運會比賽項目。沙灘排球由兩隊各兩人在沙地上進行。1996年被列入夏季奧運會項目。

Volsci＊　沃爾西人　西元前5世紀羅馬擴張史上著名的古義大利民族，勢力強盛，屬奧斯卡－薩貝利部落群，西元前約600年居利里斯河上游河谷。與羅馬人及拉丁人時戰時停，持續約兩百年左右。西元前340年沃爾西人參加拉丁同盟者反羅馬的叛變，但被擊敗，最後於西元前304年向羅馬投降。其後他們迅速羅馬化。

Volstead Act ➠ prohibition

Völsunga saga＊　佛爾頌傳說　（「佛爾頌的傳說」之意）是名為「古老傳說」（fornaldar sögu）的冰島傳說當中最著名者。大約起源於1270年，是最早有文字記載的「古老傳說」，包括《尼貝龍之歌》中描述的北方故事。這部傳奇出自史詩《愛達經》中歌誦英雄的詩篇。其中最有價值之處在於以散文形式保存了愛達經中遺失的詩篇。它也成為華格納歌劇《尼貝龍的指環》四部曲的靈感由來。

Volta, Alessandro (Giuseppe Antonio Anastasio)＊　伏打（西元1745～1827年）　義大利科學家。1775年發明了用來產生靜電的儀器。1779～1804年任帕多瓦大學物理學教授。1780年伽凡尼發現兩種不同的金屬與蛙的肌肉接觸就產生電流。1794年他開始單用金屬實驗，發現產生電流並不需要動物組織。1800年他展示第一個電池。1801年他把電池表演給拿破崙看，拿破崙封他為伯爵和倫巴底王國參議員。1815年任命他為帕多瓦大學哲學院院長。1881年把驅動電流的電動勢的單位伏特，就是為紀念他而命名。

Volta, Lake　伏塔湖　迦納人工湖。是世界最大的人工湖之一。伏塔湖由1965年建成的阿科松博大壩攔水而成，上游延伸至黑伏塔河和白伏塔河的舊合流處。長約400公里，面積8,502平方公里，占迦納面積的3.6%。該湖主要的漁場，還為阿克拉平原農地提供灌溉用水。供應迦納境內足夠的電力需求。

Volta River＊　伏塔河　非洲西部迦納的主要水系，由黑伏塔河和白伏塔河兩大源流匯合而成，流向南，穿過迦納至貝寧灣，匯入幾內亞灣。全長1,600公里。

Voltaic languages　伏塔諸語言 ➠ Gur languages

Voltaire＊　伏爾泰（西元1694～1778年）　原名弗朗瓦－瑪麗·阿魯埃（François-Marie Arouet）。18世紀歐洲最偉大的作家之一。伏爾泰攻讀法律，但後來放棄此業而成為作家。他靠古典悲劇成名，一生不斷為劇院寫作。他因批評時局而二度被送入巴士底獄，1726年被流放至英國，在那裡，他對哲學的興趣漸增；1728或1729年回到法國。他的史詩《亨利亞德》（1728）大受歡迎，但他對攝政體制的奚落和他的自由宗教觀點遭致攻擊。他在《哲學書簡》（1734）中對穩固的宗教及政治體系出言不遜，引起眾怒。他逃出巴黎，與沙特萊夫人（她成為伏爾泰的贊助者暨情婦）定居在香檳區的Cirey，在那裡轉向科學研究和對宗教及文化的系統性探究。在她死後，伏爾泰待過柏林和日內瓦，1754年定居於瑞士。除了論述哲學及道德問題的許多著作以外，他也撰寫故事，包括《查第格》（1747）、《米克羅梅加斯》（1752）和他最著名的作品《憨第德》（1759），後者是對哲學樂觀主義的諷刺作品。他與多人通信，也對任何不公的事件感到興趣，特別是起於由宗教偏見的事件。他以反暴政和反盲從的俠義心而留名後世，也因其才智、諷刺作品、批判能力而聞名。

Volturno River＊　沃爾圖諾河　義大利中南部河流。源出阿布魯齊山，轉西注入加埃塔灣。全長175公里，有水壩以調節排水並提供灌溉水。義大利統一戰爭期間，民族領袖加里波底於1860年在此打敗那不勒斯軍隊。第二次世界大戰期間，義大利南部的德軍以該河爲防線，直到1943年10月才爲盟軍突破。

volume ➟ length, area, and volume

voluntarism＊ 唯意志論 認定意志（拉丁語voluntas）重於理智的任何形上學的或心理學的體系。一些基督教的哲學家鄧斯·司各脫、聖奧古斯丁和巴斯噶被說成是唯意志論者。德國哲學家叔本華在19世紀提出形上學的唯意志論，把意志當作處於整個現實的全部概念背後的單純的、非理性的和不自覺的力量。尼采的存在主義的唯意志論壓倒一切的「權力意志」的學說，認爲人靠著這種意志終會把自己重建爲「超人」，詹姆斯實用主義的唯意志論對知識和眞理與目的和實踐結果聯繫起來。

vomiting 嘔吐 胃內容物被迫經口吐出的一種症狀。和噁心一樣，嘔吐的病因如暈動病、藥物反應、內耳疾病、頭顱損傷等。有時，無噁心的嘔吐（如賽跑等劇烈運動後）。據信，嘔吐受控於兩個位於延髓的神經中樞，它能啓動和控制一系列消化道平滑肌的收縮動作，收縮首先自小腸開始，沿胃、食管向上方蠕動。它還可以直接感受來自機體各部位的張力性或疾病性刺激。化學感受器啓動區則只能感受來自各種毒素和藥物刺激。嚴重嘔吐可導致機體脫水、營養不良或食管破裂。吐血可能是潰瘍或上消化道疾病出血的癥候。亦請參閱bulimia。

von Neumann, John＊ 馮·諾伊曼（西元1903～1957年） 原名Johann von Neumann。匈牙利裔美國數學家。在布達佩斯大學獲得博士學位。後移居美國，在普林斯頓大學（1930）教學。1933年起一直任普林斯頓高等研究院教授。他解決了希爾伯特所提出的二十三個基本理論問題中的一個問題。合作研發算子環。爲研究量子物理的強有力的工具之一。第二次世界大戰期間，參與發展原子彈。戰後主要貢獻是發展高速電腦，其中一台電腦基本上是製造了氫彈。合寫《賽局論與經濟行爲》（1944），他是創立賽局論者之一。他創造了控制論一詞。

Vondel, Joost van den＊ 馮德爾（西元1587～1679年） 荷蘭詩人和劇作家。父母都是門諾派教徒，早年就顯示他在其劇作中偏好使用基督教神話題材。他也撰寫人身諷刺文和諷刺詩，以反抗荷蘭的教會和政府。其以抒情的語言和崇高的觀念寫成的悲劇作品是他最重要的成就。《逾越節》（1612）是他早期最著名的作品。他的戲劇原本模仿的是古拉丁戲劇，後轉向希臘劇，其中包括他最偉大的作品《晨星》（1654）、《流放中的亞當》（1664）及《諾亞》（1667）等三部曲，影響了密爾頓的《失樂園》。

Vonnegut, Kurt, Jr.＊ 馮內果（西元1922年～） 美國小說家。曾就讀於康乃爾大學和芝加哥大學。第二次世界大戰期間，曾被德軍俘虜。在聯軍空襲德勒斯登時得救，將此經歷表現在《第五號屠宰場或兒童十字軍》（1969，1972年拍成影片）。以科幻虛構方式顯現20世紀文明的恐怖與反諷的悲觀與諷刺小說聞名。此外還著有劇本《旺達·瓊，生日快樂》（1970）及幾部短篇小說集，其中主要爲《歡迎來到猴子屋》（1968）。其他小說有《自動鋼琴》（1952）、《貓的搖籃》（1963）、《勝利者的早餐》（1973）、《加拉帕戈斯》（1985）、《霍克斯波克思》（1990）和《時震》（1997）。

voodoo ➟ vodun

Voronezh＊ 沃羅涅日 俄羅斯西部城市。濱臨沃羅涅日河與頓河匯流處。1586年建爲要塞。彼得大帝曾在此建立海軍小艦隊抵禦土耳其人。隨農業的發展，爲穀物貿易中心。現有機械製造業、化學工業和食品加工業。有綜合大學（1918年創立）。人口約908,000（1995）。

Vorontsov, Mikhail (Illarionovich)＊ 沃龍佐夫（西元1714～1767年） 俄國政治家。十四歲任伊莉莎白·彼得羅夫娜（後來的伊莉莎白）的宮中侍從。1742年協助伊莉莎白推翻俄皇伊凡六世而成爲女皇。後來任副總理大臣（1744～1758）和總理大臣（1758～1762）。在女皇伊莉莎白統治期間，曾起過很大作用，特別是在對法國外交方面。

Voroshilov, Kliment (Yefremovich)＊ 伏羅希洛夫（西元1881～1969年） 蘇聯軍政領袖。第一次世界大戰和國內戰爭，顯示出卓越的指揮才能。領導保衛察里津（今伏爾加格勒）。與史達林結爲密友。任命爲國防人民委員（1925）和中央政治局委員（1926）。1935年成爲蘇聯元帥。他重組了蘇聯參謀部，軍隊機械化及發展空軍。由於要對第二次世界大戰中蘇聯最初的失敗負責，他被免去國防人民委員的職務，但仍被任命爲國防委員會委員（1941～1944）。他後來出任最高蘇維埃主席團主席（1953～1957）。

Vorster, John＊ 沃斯特（西元1915～1983年） 原名Balthazar Johannes Vorster。南非共和國總理（1966～1978）。第二次世界大戰期間支持德國，1942年被捕。在1948年的議會選舉中因些微票數之差而落選。被維沃爾德任命爲司法部長，厲行種族隔離政策。維沃爾德被刺（1966年9月）後，被選爲繼任人。1970年代，他派兵進入安哥拉以反對蘇聯和古巴支持安哥拉人民解放運動。1978年辭職後任南非總統，這主要是個禮儀性職務。因醜聞辭去總統職務。

Vorticism＊ 漩渦主義 1912～1915年在英格蘭風行的文學與藝術運動。由劉易斯提出，試圖將工業革命與藝術結合在一起。反對19世紀多愁善感、讚揚機器和機器製品的情感，提倡充滿暴力的表現方式。漩渦派的視覺藝術強調抽象與強烈，顯現出立體主義和未來主義的影響。投入漩渦派運動的藝術家有詩人龐德和雕刻家愛勃斯坦。

Võrts-Järv 沃爾茨湖 亦作Võrtsjärv。愛沙尼亞中南部湖泊。面積約280平方公里。是愛沙尼亞最大的湖泊。爲200公里長的埃馬河的一部分，該河自南向北和東注入佩普西湖。

Vostok＊ 東方號 蘇聯第一次將人送進太空的一系列太空船的通稱。「東方1號」於1961年發射，太空人加加林繞地球一圈後返回。「東方3號」創造了太空飛行94小時的新記錄，「東方5號」發射兩天後「東方6號」載著第一名女太空人捷列什科娃發射。這兩艘太空船非常接近，有時只相距4.8公里，爲以後軌道飛行器的太空對接奠定基礎。

Voting Rights Act 選舉權法 美國國會於1965年通過的法案，保障非裔美國人的選舉權。儘管在1870年憲法第十五號修正案已經保障人們的選舉權，不因種族的不同而有所不同，但至少到1960年代美國民權運動將全國的焦點集中在黑人選舉權的保障爲止，南方的黑人仍舊必須要面對種種意欲剝除他們此項權利的舉動（如人頭稅、識字測驗）。國會以「選舉權法」來回應運動的訴求，禁止南方各州以識字測驗來決定投票的資格。後來的法律更全面禁止各州的識字測驗，同時課徵人頭稅不論是在國家或是地方選舉都已不合法。

Voto, Bernard De ➠ De Voto, Bernard (Augustine)

Vouet, Simon＊ 武埃（西元1590～1649年） 法國畫家。1612～1627年住在義大利，確立了自己的風格。1627年回到巴黎，爲路易十三世之首席宮廷畫師，自此幾乎囊括所有重要的繪畫委託，支配巴黎美術界達十五年之久。曾把義大利式的巴洛克繪畫風格引進法國。如《聖母像》（1640?），晚期作品著名的風格：造型溫和、寧靜、理想化，色彩明亮，技法純熟。

vowel 元音；母音 發音時從肺部呼出的氣流通過起共鳴器作用的口腔，阻力極小並無摩擦聲音。例如：fit中的i音。從發音語音學的觀點看，元音按舌面和雙唇的部位分類，如machine中的i音、rule中的u音發音時舌面拱起。單一元音發音是單元音，兩個元音發音是二合元音，其發音如round中的ou。

Voyager 旅行者號 美國進行太空探測的兩枚不載人星際探測器，其發射目的是觀察外行星系。「旅行者1號」於1977年發射，1980年到達土星，「旅行者2號」速度較低。飛越木星、土星、天王星，1989年與海王星相遇。兩枚探測器發回了各種數據及照片，揭示了巨大行星及其衛星的細節。「旅行者號」太空船將繼續飛向深空間並飛越太陽系邊緣。「旅行者2號」估計可持續使用至2020年，定期發回日球層頂的資料。

Voyageurs National Park＊ 沃亞哲斯國家公園 美國明尼蘇達州北部國家公園，鄰美國－加拿大邊境。1975年建立。面積88,178公頃。多湖泊和河流，最大的湖爲雨湖。

Voznesensky, Andrey (Andreyevich)＊ 沃茲涅先斯基（西元1933年～） 俄羅斯詩人。第二次世界大戰對他幼小心靈的深刻影響生動地反映在以後的詩作中。包括最著名的詩作〈戈雅〉（1960）。爲巴斯特納克的門生。1950年代末至1960年代初，流行詩歌朗誦，成爲這一詩壇盛事的明星。但在1963年從事「過度實驗」風格的蘇聯藝術家和作家遭到官方鎮壓，沃茲涅先斯基受到官方批判。他的詩歌主題是不問政治，而是頌揚藝術自由和人類不受拘束的精神。晚期作品包括《把鳥兒放走》（1974）和《誘惑》（1978）等。

Vuillard, (Jean-) Edouard＊ 維亞爾（西元1868～1940年） 法國油畫家、版畫家和裝飾美術家，與勃納爾共同發展了內景主義繪畫風格。其大部作品是描寫家庭場面的，諸如《掃地的女人》（1892?）。「納比派」創始會員之一。其作品《巴黎公園》裝飾嵌板畫組，是納比派作品的典型。他用弱光和中性色平面紋樣引起恬靜感。曾爲夏樂宮（1937）和日內瓦國際聯盟大廈（1939）作裝飾畫，還爲俄羅斯芭蕾舞團做過設計。

〈在樹下〉，蛋彩畫，選自維亞爾的《巴黎公園》（1894）；現藏克利夫蘭藝術博物館
By courtesy of the Cleveland Museum of Art, Cleveland, gift of Hanna Fund

Vulcan 伏爾甘 古代羅馬的火神。他是希臘火神赫菲斯托斯的對應。伏爾甘特別與火燄毀滅性的特質有關，例如火山或火災，因此他的神殿通常坐落於都市之外。他主要的節慶爲「火山日」（Volcanalia），其最具特色之處，就是各個羅馬家族的領袖會舉行儀式，將魚丟入火中。人們通常祈求伏爾甘幫助他們避開火燄帶來的災難，他還被冠上「火焰的平息者」（Mulciber; Fire Allayer）的名號。

Vulcan 伏爾甘 1859年勒威耶（1811～1877）假設的在水星軌道內的一顆行星，以說明水星軌道不能解釋的旋進現象。1859～1878年曾有多次報導說觀察到這一行星，但以後無論在日蝕期間還是在預期伏爾甘將經過太陽時所做的觀察都沒有得到證實。後來愛因斯坦的廣義相對論解釋了水星軌道的異常情況。

vulcanism ➠ volcanism

vulcanization 硫化 改進天然橡膠或合成橡膠物理性質的化學過程。1839年，由固特異發明硫化方法。硫化處理是把橡膠與硫一起加熱，還添加其他物質（如促進劑、炭黑及抗氧化劑）。硫並非是溶解或分散在橡膠中，而是與橡膠化學結合，主要是在長鏈分子間形成交聯鍵（橋鍵）。橡膠與硫間的反應過程尚未徹底明白。硫化橡膠具有較高的抗張強度、較好的耐溶脹性和耐磨性，並在較大的溫度範圍內保持彈性。

Vulcano＊ 武爾卡諾島 義大利西西里島東北面島嶼。島上有三座火山。1888～1890年島上火山噴發，現仍有火山活動。面積21平方公里。人口434（1971）。

vulcanology ➠ volcanology

Vulci＊ 瓦爾奇 古伊楚利亞人的城鎮，坐落於羅馬西北部。瓦爾奇是在若干維朗諾瓦村莊的基礎上發展起來的，西元前6世紀～西元前4世紀繁榮昌盛，主要因爲貿易以及青銅壺、青銅三腳鼎等製造業。瓦爾奇是一座大城邦的中心，但6世紀後逐漸被羅馬人控制。1950年代遺址進行發掘，發現該處有大片墓地，以青銅和陶器著名，還有羅馬廢墟。

vulture 禿鷲 禿鷲有20種，均頭禿並具大的嗉囊。廣佈於溫帶和熱帶地區。新大陸禿鷲（新域鷲科）體長約60～70公分。舊大陸禿鷲（禿鷲亞科）包括最小（50公分）和最大的禿鷲科，種類如下：灰禿鷲（亦稱黑禿鷲）是現存最大的能飛行的鳥類之一；體長約100公分，重達12.5公斤，翅展約2.7公尺。大多數禿鷲是廣食性，食腐肉、垃圾和排泄物，很少吃活動物。亦請參閱condor、marabou、turkey vulture。

vulvitis＊ 外陰炎 外陰（女性外生殖器）的炎症，表皮紅腫、發癢，可能轉白、皸裂或起水泡。外陰不僅爲念珠菌提供一個溫暖濕潤的生存環境，還包括其他的眞菌、細菌或病毒，特別是如果內褲較緊，不透氣，不吸水再加上不衛生時，外陰炎易發。女用褲襪、合成纖維內褲、陰道噴霧劑和除臭劑都可能引起過敏和發炎。婦女停經後，陰道乾燥，表皮組織變薄，使她們更容易感染和發炎。處理方法包括穿著寬鬆、吸收力好的棉內褲，或是塗抹膏藥殺死引發感染的微生物。

Vychegda River＊ 維切格達河 俄羅斯西北部河流。源出季曼嶺山坡，在科特拉斯注入北杜味拿河，全長1,130公里。沿河多沼澤、湖泊和沙洲。但960公里河段可通航。

Vygotsky, L(ev) S(emyonovich)＊ 維戈茨基（西元1896～1934年） 蘇聯心理學家。原本在莫斯科大學修習語言學和哲學，後來開始涉足心理學研究。1924～1934年於莫斯科心理學研究所工作期間，成爲革命後蘇聯心理學界的主要人物。他研究社會和文化因素在人類意識的構成中所扮演的角色。他的符號理論以及符號之間的關係對語言的發展影響了諸如盧里亞和皮亞傑等心理學家。最著名的作品是《思想與語言》（1934），由於被認爲對史達林主義具有威脅而遭到短暫的壓制。三十八歲時死於肺結核。

Vyshinsky, Andrey (Yanuaryevich)＊ 維辛斯基（西元1883～1954年） 蘇聯政治家和外交官。任檢察官並在莫斯科大學任教。他被任命爲蘇聯檢察長（1935）。在清黨審判期間，他對許多前蘇聯重要領導人提起公訴，在全世界得到打擊報復的惡名。作爲副外交人民委員，監督拉脫維亞參加蘇聯的工作（1940），後來擔任外交部長（1949～1953），在代表蘇聯出席聯合國（1949～1954）時，經常唇槍舌劍地對美國進行猛烈的攻擊。

Vytautas the Great＊ 偉大的維陶塔斯（西元1350～1430年） 立陶宛語作Vytautus Didysis。立陶宛民族領袖。爲了爭奪對立陶宛的控制權。維陶塔斯與堂兄約蓋拉進行鬥爭。兩年後與約蓋拉講和。雙方簽訂正式協議（1392），他成爲立陶宛的實際統治者。即位後企圖征服東面的蒙古人，但被蒙古人打敗（1399）。他和約蓋拉使波蘭和立陶宛結盟（1401），並聯合進攻條頓騎士團。在格倫瓦爾德戰役（1410）中打敗條頓騎士團。1429年維陶塔斯爲立陶宛國王，但他未及加冕即死去。

W particle　W粒子　傳遞弱力（它支配某些類型的原子核的放射性衰變）的帶電亞原子粒子之一。這類粒子也稱爲中間矢量玻色子或弱子。電弱理論被認爲不同本質的電磁力和弱力其實是同一相互作用的不同表現形式。正如電磁力靠光子傳遞那樣，弱力是靠三種類型的中間矢量玻色子來傳遞。這些玻色子除傳遞弱力外，其中兩種還帶有正或負電荷，並分別以W^+和W^-表示。W粒子的質量約爲八十一千兆電子伏特，或近似爲質子質量的八十倍。亦請參閱Z particle。

Waals, Johannes Diederik van der ➠ van der Waals, Johannes Diederik

Wabash River＊　沃巴什河　美國印第安納州和伊利諾州河流。源出俄亥俄州西部，向西流，穿過印第安納州北部後，沿印第安納－伊利諾州界南流（320公里），在印第安納州西南角匯入俄亥俄河。全長851公里，流域面積約85,860平方公里。18世紀時法國人作爲路易斯安那與魁北克之間的運輸通道。1812年戰爭後沃巴什河流域發展迅速。1850年代修通鐵路後，河上運輸除下游的駁船外幾乎完全停止。

WAC ➠ Women's Army Corps

Wace＊　瓦斯（西元1100?～1174年以後）　盎格魯－諾曼語作家，著有兩部詩體編年史：《布魯特傳奇》（1155）和《魯的傳奇》（1160～1174），分別得名於不列顛人及諾曼人的發展的奠基人。《布魯特傳奇》是蒙茅斯的傑弗里所寫《不列顛諸王紀》一書的傳奇式的改寫本，書中增加了許多虛構情節（包括亞瑟王圓桌騎士的故事），有助於亞瑟王傳奇的傳播。《魯的傳奇》是由英王亨利二世授命編寫的；是一部記述諾曼公爵的歷史（911?～1106）。

Waco＊　維口　美國德克薩斯州中北部城市。位於布拉索斯河畔，1849年建於一座印第安人村莊上。1865年之後成爲跨越一些牛道的一座河橋，後來經濟以棉花爲基礎。現在的多元化經濟包括製造業和旅遊業。1953年一場龍捲風襲擊維口，造成114人死亡。1993年4月19日大衛支派信徒在與聯邦官員對峙51天之後，有80人死於靠近維口住地的一場大火。人口約113,726（2000）。

Wadai＊　瓦代　非洲歷史上的王國，在查德湖以東，達爾富爾以西。16世紀創建。約1630年成立一個穆斯林王朝。這個王國長期臣屬達爾富爾，到1790年代才獲得獨立，並開始一個迅速擴張的時期。1906～1914年間由法國占領。瓦代王國的領土爲今後查德東部。

Wade, Benjamin F(ranklin)　韋德（西元1800～1878年）　美國政治人物。擔任參議員（1851～1869）原爲俄亥俄州律師，作爲參議員，反對奴隸制和「堪薩斯－內布拉斯加法」南北戰爭期間採取激進派共和黨人立場，主張全力推進戰爭，作爲國會兩院聯合調查委員會主席，對調查聯邦軍事努力。1864年聯合提出韋德－戴維斯法案，從而與林肯總統發生衝突。反對詹森總統的重建政策。他提出彈劾總統，作爲參議院臨時議長，準備繼任詹森，詹森被宣告無罪而大失所望。後競選參議員失敗。

Wade-Davis Bill　韋德－戴維斯法案（西元1864年）　美國國會在南北戰爭將結束時激進的共和黨人在國會提出的重建政策法案。由參議員韋德和戴維斯提出，主張在原來加入美利堅邦聯的各州設軍事長官；只要州內多數白人宣誓效忠聯邦，即可召集制憲會議；各州憲法必須規定消滅奴隸制；撤銷美利堅邦聯政府官員的一切職務。林肯總統否決了這一法案。

wage-price control　工資－物價管制　政府爲限制工資和價格上漲所制定的方針。它是收入政策中最極端的一個手段。政府希望用限制工資和物價上漲的方法來控制通貨膨脹，並避免經濟週期出現困境。用高度集中方式調整工資的國家，總是訂出公衆或集體調整工資和價格水準的最高限度。比如荷蘭就規定，調整工資在實施以前須經政府核准，而提高物價須經經濟事務部審批。而包括美國在內的其他國家也都致力於限制工資與物價的上漲，通常尋求勞資雙方的自願合作。美國在第二次世界大戰期間和1970年代初期由於通貨膨脹加上失業率上升導致社會不安定，當時的總統羅斯福和尼克森都曾實施過工資－物價管制措施。

Wagner, Honus＊　瓦格納（西元1874～1955年）　原名John Peter Wagner。美國棒球選手。1900～1917年爲匹茲堡海盜隊隊員，1933～1951年擔任該隊教練。在匹茲堡隊，八個賽季的打擊率和五年的盜壘數均爲國家聯盟之冠。他創造的兩百五十二次三壘打是國家聯盟的記錄。綽號「飛行荷蘭人」。公認他是棒球運動史上最優秀的游擊手和最佳全能運動員。

Wagner, Otto＊　瓦格納（西元1841～1918年）　奧地利建築師和教師。1893年獲維也納總體規畫設計競賽的首獎（未實施）。1894年任教授。他的衆多著名作品中，有維也納高架鐵路和地下鐵道的車站（1894～1897）以及郵政儲蓄銀行（1904～1906）。後者很少裝飾，被認爲是現代建築史上的里程碑。他的講義於1895年出版，名爲《現代建築》。

Wagner, (Wilhelm) Richard＊　華格納（西元1813～1883年）　德國作曲家。童年分別在德勒斯登和萊比錫度過，並接受作曲課程。由於他的才華，他的老師拒絕收費。他的第一部歌劇《妖魔》（1834）。接著的《愛情的禁令》（1836）演出徹底的失敗。《黎恩濟》（1840）的一舉成功，使他在《漂泊的荷蘭人》（1843）和《唐懷瑟》（1845）中有著更開拓的精神。1848年的政治動亂被捕，他被迫逃亡至蘇黎世。這期間他寫出具有影響的散文。宣稱貝多芬以後音樂達到極限。《未來的藝術作品》將音樂和戲劇融爲一體（即總體藝術作品）。1850年《洛亨格林》首演。他開始創作他的傑出的四部曲《尼貝龍的指環》，《指環》需要大規模的布局，於是提出「主導動機」的概念。與韋森東克的不倫之戀，使他放下《指環》。的第三部《齊格飛》的創作工作，寫出嚴肅的作品《崔斯坦與伊索德》（1859），該劇打破了調性的連結。1863年他出版了《指環》的腳本，並尋求德國國王支持他的藝術家的夢，後來獲得巴伐利亞國王路德維希二世的資助。不久，科西瑪·李斯特·比洛爲他生了第一個小孩，他們在華格納的妻子去世後，於1870年結婚。1860年代晚期至1880年代初期，華格納完成了《紐倫堡的名歌手》、《齊格飛》、《衆神的黃昏》和《帕西法爾》等。他也監督在拜羅伊特（1872～1876）興建的節日劇院，以便能演出他的歌劇。他的驚人的作品使華格納成爲西方音樂和西方文化史上最具影響和重要的人物之一。

Wagner, Robert F(erdinand)＊　瓦格納（西元1877～1953年）　美國政治人物。1885年與其家人移居紐約市。不久即投身民主黨政治活動，1904～1919年服務於州眾議院。1919～1926年任紐約州最高法院法官。為富蘭克林·羅斯福總統的支持者。他倡議兩項重要的「新政」法案：「社會保障法」（1936）和「全國勞工關係法」（「瓦格納法」）。聯合提出「瓦格納－斯蒂高爾法案」（1937）規定成立美國住房管理局，其子小瓦格納（1910～1991）曾任紐約市市長（1954～1965）。

Wagner Act　瓦格納法（西元1935年）　正式名稱「全國勞工關係法」（National Labor Relations Act）。是美國在20世紀通過的唯一最重要的勞工立法。它的通過是為了排除雇主對工人自發組織工會的干涉。由羅伯特·瓦格納參議員提出的，由三人組成的*全國勞工關係局*，組織自己選擇的工會的權利，並鼓勵集體談判。該法案並禁止雇主從事對工人不公平的做法。

Wagner-Jauregg, Julius＊　瓦格納－堯雷格（西元1857～1940年）　原名Julius Wagner, Ritter (Knight) von Jauregg。奧地利精神病學家和神經病學家。建議人為誘發熱病以治療精神病，主張誘導瘧疾來治療精神病，因為瘧疾可用奎寧控制。以人工誘導瘧疾去治療梅毒性腦膜炎而首創*休克療法*，使這一過去不治之症成為可治，因此於1927年獲諾貝爾生理學或醫學獎。雖然對梅毒的瘧疾療法已經被抗生素所取代，但他啓發了治療其他一些精神疾病的熱病療法和休克療法。

wagon　載重馬車　用挽畜牽引的四輪車，早在西元前1世紀就已使用。早期的車還有支幅前軸和固定車輪的車轄。西元9世紀有了改進，比兩輪畜力車有顯著的優越性。適於運載貨物和農產品。

Wagram, Battle of＊　瓦格拉姆戰役（西元1809年7月5日～6日）　拿破崙獲得勝利的戰役，以結束奧地利反對法國控制德意志的戰爭。查理大公麾下的奧地利軍158,000人，部署在維也納附近瓦格拉姆村莊23公里長的戰線上，被拿破崙和他的軍隊154,000人圍攻。當支援到時，查理的軍隊已經退卻，四天後查理要求停戰。由於炮火密集，雙方傷亡慘重：奧軍在40,000人以上，法軍約為34,000人。

wagtail　鶺鴒　七～十種鳥與亞洲的山鶺鴒之統稱。尾長而上下擺動，林棲的鶺鴒全身左右搖擺。生活在海灘、草地和溪邊。常在地上營巢、樹上棲息。歐亞大陸常見的白鶺鴒的雄鳥體色各異，呈灰白相間或黑白相間。唯一到西半球的是黃鶺鴒，在阿拉斯加繁殖，再遷飛到亞洲。

灰鶺鴒（Motacilla cinerea）
H. Reinhard－Bruce Coleman Inc.

Wahhab, Muhammad ibn Abd al-＊　瓦哈布（西元1703～1792年）　阿拉伯伊斯蘭教教義學家、瓦哈比教派創始人。曾在阿拉伯聖城麥地那受正規教育，其後在伊拉克和伊朗執教幾年。他駁斥他所謂的*蘇菲主義*各種極端思想。他將他的理念陳述在《論獨一之書》（1736）。瓦哈布主張嚴謹束身，尊重傳統，恢復先知穆罕默德闡述的原則。反對多神論，反對裝飾清真寺和崇拜聖徒。瓦哈布因宣傳的教旨引起爭論被迫離開，定居於內志的統治者伊本·沙特的首府。

Wahhabi＊　瓦哈比教派　伊斯蘭教的一派，主張謹守傳統教規。18世紀由瓦哈布創立於阿拉伯半島中部的內志。瓦哈比教派自稱是認主獨一派，他們反對一切含有崇拜多神意義的行為，如朝覲聖人陵墓、尊崇聖人等。遵循《可蘭經》和聖訓的表義，主張穆斯林國家的建立只能以伊斯蘭教為基礎。1744年為沙烏地家族所承認，1932年沙烏地阿拉伯王國建立，該派取得統治地位。

wahoo＊　刺鰆　鱸形目鯖科迅猛掠食性食用魚和遊釣魚，學名為Acanthocybium solanderi。世界性分布，尤見於熱帶。體細長，流線形。具銳牙的兩顎呈喙狀，體後部漸尖，尾柄細長，尾鰭新月形。體上側灰藍色，下側色淡。具一列垂直的帶斑，背、臀鰭後各有一行小鰭，類似有親緣關係的金槍魚。最大的可長達1.8公尺，重達55公斤。

Waigeo＊　衛古島　亦作Waigeu。印尼伊里安查亞西北部島嶼。東西長110公里，南北寬48公里。幾乎被丹皮爾海峽狹窄的水道分為兩部分。岩岸陡峭，中部地區多山，海拔高達1,000公尺，有濃密的硬木森林。飼養家畜。出口玳瑁殼和魚類。

Waikato River＊　懷卡托河　紐西蘭北島的河流。上游湯加里羅河源出魯阿佩胡火山。向北流經陶波湖，折向西北，注入塔斯曼海。為該國最長的河流。全長425公里。陶波至卡拉皮羅河段建有數座水電站。1863～1865年英國與懷卡托部落之間曾發生幾次小規模戰爭。

Waikiki＊　懷基基　美國夏威夷州歐胡島南海岸上檀香山一旅遊區。該地建有排列成行的豪華賓館，是水上運動設備中心，並擁有水族館、動物園、庭園以及國際性商場。懷基基是軍人休養區－－德盧西堡的所在地。此區一度曾是歐胡島統治者們喜愛的娛樂場。

Wailing Wall　哭牆 ➠ Western Wall

Wailuku Valley ➠ Iao Valley

Waimakariri River＊　懷馬卡里里河　紐西蘭南島中東部河流。源出南阿爾卑斯山脈，流向東南，注入太平洋的佩格瑟斯灣。全長160公里。河口三角洲為班克斯半島的主要部分和坎特伯里平原的一部分。

Wairau River＊　懷勞河　紐西蘭南島北部河流。源出史賓塞山脈。全長169公里，注入科克海峽克勞迪灣。1843年紐西蘭公司與當地毛利人酋長之間曾發生衝突。

Waite, Morrison (Remick)　韋特（西元1816～1888年）　美國法學家。父為法官，後遷往俄亥俄州執律師業。「*阿拉巴馬號索賠案*」是他承辦的最著名案件。1874年格蘭特總統任命他為美國最高法院首席大法官，直到去世。韋特執掌的法院打擊民權運動的發展，他在裁決「美國訴克魯克香克案」時陳述第十五條修正案並沒有賦予黑人選舉權，因為「選舉權來自各州」。其最著名的意見發表在「孟恩訴伊利諾州案」（1877）中，他支持對穀倉和鐵路徵收最高稅率的法案，認為當一個企業或私人財產「妨害公眾利益」時，就要受政府節制。

Waitemata Harbor＊　懷特馬塔港　紐西蘭北島北部海港，是奧克蘭區中心點，通過斯坦利灣進入東面的豪拉啓灣（在東面）。其濱岸曲折而有許多較小港灣。有幾條隨潮汐漲落的河注入該港的西部。

waiting-line theory ➠ queuing theory

Waitz, Grete 韋絲（西元1953年～） 原名Grete Andersen Waitz。挪威馬拉松選手。她兩度創下女子3,000公尺的世界記錄（1975、1976），然後在1983年成爲世界女子馬拉松冠軍。1984年的奧運會中，她奪得銀牌。1978～1988年間，她總共贏得九屆的紐約馬拉松賽的女子冠軍，而且是這項比賽第一位跑進2.5小時的女子選手。

wakan＊ 靈力 美國一些印第安部落中，有些自然物、人、馬以及天上與地上現象所具有的來自超自然的精神力量。靈力有弱有強，弱的靈力可以受到忽略，但強的靈力就必須加以安撫。靈力神是頒賜靈力的永生的超自然力，他們也有弱有強，但都愛聽音樂並喜抽旱煙。毒草與爬蟲類有靈力，酒類也是。靈力的概念類似「馬那」。

Wakatipu Lake＊ 瓦卡蒂普湖 紐西蘭南島中南部湖泊。呈S形，長77公里，寬5公里，面積293平方公里，最深點378公尺，瓦卡蒂普湖接納達特河、里斯河、格林斯通河和馮河。湖水向東洩入克盧薩河支流卡瓦勞河。

Wake Forest University 韋克福雷斯特大學 美國北卡羅來納州溫斯頓－賽倫的私立大學。成立於1834年，與浸信會有密切關係。設有一個大學部學院，一間研究所，以及商業暨會計、法律、管理、醫學等學院。研究設施包括一個靈長類中心和一個雷射物理實驗室。註冊學生人數約6,000人。

Wake Island 威克島 太平洋中部的環礁，美國無建制領地。在檀香山以西3,700公里。包括三個珊瑚小島，總陸地面積6.5平方公里。三島有堤道相連，呈新月形展開，中間有潟湖。地勢低平，海拔6公尺，降雨量小。1899年歸美國。1939年開始建海軍航空以及潛艇基地。1941年12月爲日軍占領，1945年由美國收回。1974年後爲商業飛機的緊急著陸站。島上也有幾個氣象研究站。無原住民居住，美國軍方人員已經撤離，不過在21世紀初還留有近一百名平民。

Wakefield 韋克菲爾德 英格蘭西約克郡城市和行政中心。原爲皇家莊園，1086年以後成爲男爵領地。薔薇戰爭時約克公爵在此地遭到蘭開斯特家族的襲擊身亡。15世紀英國奇蹟劇韋克菲爾德組劇在此上演。1643年英國內戰時期曾一度爲國會將軍費爾法克斯攻陷。16世紀以後成爲著名的紡織中心，專門生產羊毛和人造絲。級市面積333平方公里。人口：都會區約317,000（1995）。

Wakefield, Edward Gibbon 韋克菲爾德（西元1796～1862年） 南澳大利亞和紐西蘭的英國殖民者，韋克菲爾德看到刑罰制度的問題並獲悉當時盛行把罪犯強迫遷往貧窮和環境惡劣的英國海外領地。在他的著作《雪梨來信》中建議：皇家在該地的土地應以「適當價格」分成小塊出售給一般平民。他發揮影響力，讓南澳大利亞成爲非罪犯定居地。他是紐西蘭公司（1838～1849）創辦人和經營者。他派殖民地居民定居在紐西蘭，迫使英國政府承認殖民地。作爲達拉謨伯爵的顧問，他影響了達拉謨的報告，鼓吹上加拿大和下加拿大聯合。他在紐西蘭（1847）的坎特伯里建立了一座英國殖民地教堂。

Waksman, Selman (Abraham) 瓦克斯曼（西元1888～1973年） 烏克蘭裔美國生物化學家。1916年入美國籍，大部分生涯在拉特格斯大學度過。青黴素發現後他開創了有計畫地、系統地由微生物中尋找抗生素（1941年創「抗生素」一詞）的工作。由於發現鏈黴素而獲1952年諾貝爾生理學或醫學獎。他還分離並研究過一些其他抗生素，如新黴素，可治療人類、家畜和植物的傳染疾病。

Walachia＊ 瓦拉幾亞 歐洲中南部前公國。位於羅馬尼亞特蘭西瓦尼亞山脈和多瑙河之間。1290年由黑拉爾夫建立。爲匈牙利附庸國。1330年打敗匈牙利，維護了瓦拉幾亞的獨立。14～17世紀爲特爾戈維什特的首府。15世紀承認土耳其的宗主權。16世紀末期併吞了摩達維亞和特蘭西瓦尼亞。18世紀，俄國對瓦拉幾亞的影響日益增大。1774年，儘管仍承認土耳其的宗主權，但實際上已被置於俄國的監護之下。克里米亞戰爭（1856）以後，結束了俄國的保護。1859年與摩達維亞合併形成羅馬尼亞。

Walcott, Derek (Alton)＊ 瓦科特（西元1930年～） 西印度群島詩人和劇作家，曾居住在聖露西亞、牙買加、格瑞納達、千里達和美國。大部分作品是探索加勒比地區文化發展的過程。瓦科特的先人中有黑人、荷蘭人和英國人。瓦科特的主要成就在詩歌，如《在一個綠色的夜晚》（1962）、《海灣》（1969）、《另一生命》（1973）、《星和蘋果的王國》（1979）、《幸運的旅人》（1981）和《賞金》（1997）。史詩《奧梅羅斯》（1990）以加勒比海爲背景的《奧德賽》的改寫本。瓦科特的近三十部劇作中，最著名的有《猴山上的夢》（1967年上演）、《梯琴和他的弟兄們》（1958）和《默劇》（1978）。1992年成爲第一位榮獲諾貝爾文學獎的加勒比海作家。

Wald, George 沃爾德（西元1906～1997年） 美國生物化學家。1934年起任教於哈佛大學。最傑出的貢獻是發現維生素A的重要性和桿狀細胞中能使人夜視的光化學反應的機制，同時也識別出圓錐狀細胞中感光色素的作用（參閱photoreception、retina）。他與哈特蘭和格拉尼特共獲1967年諾貝爾獎。他還曾堅決反對越戰。

Waldeck＊ 瓦爾德克 德國舊州，今爲黑森州的一部分，首府爲阿羅爾森。中世紀時爲郡，1712年成爲公國，1867年屬於普魯士的一部分。1918～1929年爲威瑪共和中一個立憲共和邦。後來組成普魯士的黑森－拿騷省的一部分，直至1945年。

Waldeck-Rousseau, (Pierre-Marie-)René＊ 瓦爾德克－盧梭（西元1846～1904年） 法國政治人物，是一保守派律師，1879～1889年任衆議員。1881～1882年任內政部長。1884年提出法案，使法國工會合法化。衆議員任滿後引退，操律師業。1894年成爲參議員。因德雷福斯事件而引起的暴動，被任命爲總理並組成聯合內閣，以說服總統赦免德雷福斯。

Waldenses＊ 韋爾多派 法語作Vaudois。義大利語作Valdesi。原爲12世紀起源於法國的宗教運動，信徒追隨耶穌基督，尋求貧窮和簡樸的生活。據說該派創始人韋爾多以在俗信徒身分在里昂傳教。受到里昂大主教譴責，教宗盧西烏斯三世也於1184年宣布取締該派。該派反對天主教義，駁斥煉獄的說法和拜苦像。羅馬教廷絕罰和迫害該派信徒，到了15世紀末，信徒減少。16世紀該派在教會組織上迎合新教日內瓦派。他們繼續受迫害，仍有小規模的宗教運動，今分布在阿根廷、烏拉圭和美國。

Waldheim, Kurt＊ 華德翰（西元1918年～） 奧地利外交家，聯合國第四任祕書長（1972～1981）。第二次世界大戰期間在德國服役，後進入外交界。任奧地利駐加拿大公使（1956～1958），和駐聯合國大使（1964～1968, 1970～1971）。1968～1970年任奧地利外交部長。繼吳丹擔任聯合國祕書長，連任兩屆。他在孟加拉、尼加拉瓜和瓜地馬拉的救濟工作中，以及在塞浦路斯、安哥拉和中東維持和平行動方面，監督有方。1982年從聯合國退休。1986年競選奧地利總統。他沒有坦白說明他在服役時的行爲和曾是納粹的一員，他的候選人資格引起爭論。雖然贏得了選舉，任職期間，外交上被孤立。

華德翰，攝於1971年
UPI

Waldo, Peter　韋爾多（卒於西元1218年以前）　亦稱Peter Valdès。法國宗教領袖。約1170年開始在里昂宣講自願貧窮的教義。1179年，他自甘貧窮的誓言獲得教宗亞歷山大三世的肯定，但卻被禁止繼續宣講。1184年，他和他的跟隨者（稱爲貧窮者〔Pauper〕）被逐出教會，並放逐到里昂以外的地方。之後受到清潔派和其他的影響，而自1197年之後，所謂的韋爾多派受到嚴酷的迫害。

Wales　威爾斯　威爾斯語作Cymru。組成英國一部分的公國。位於大不列顛島的西部一個半島上。首府加地夫。面積20,758平方公里（8,015平方哩）。人口約2,933,500（1998）。人口由塞爾特人、盎格魯－撒克遜人和盎格魯－諾曼人構成。語言：英語和威爾斯語。宗教：現世主義和循道宗。威爾斯整個地區幾乎都處在高地區，一般稱爲寒武山脈。斯諾登山是英格蘭和威爾斯的最高峰，位於斯諾多尼亞國家公園內。最長的河流有塞文河、瓦伊河和迪河。該地蘊藏煤、板岩和鉛；進口和提煉石油；製造消費性電子產品。旅遊業是重要的工業。史前時期，聚居在佛斯灣和克萊德灣以南的整個英格蘭、講塞爾特語的部落來到威爾斯定居。西元1世紀至4、5世紀受羅馬人統治。後來威爾斯的塞爾特人擊敗盎格魯－撒克遜人的侵略，許多小王國紛紛建立，但都未成功統一該地區。1093年英格蘭的諾曼人征服者統治了整個威爾斯南部。1284年英格蘭國王愛德華一世征服威爾斯北部，設爲公國。自1301年開始，英國王位的繼承人同時也擁有威爾斯親王的頭銜，亨利八世統治期間與英格蘭合併。19世紀成爲世界先進的採煤中心。1925年威爾斯民族黨成立，但一直到1960年代民族主義情緒高漲時才凝聚強大的影響力。1997年公民投票贊成權力下放，成立威爾斯議會，1999年召開第一次議會。

Wales, Prince of　威爾斯親王　英國王儲的專用稱號。英王愛德華一世征服威爾斯，並處死（1283）威爾斯的最後一個親王。1301年他把這一稱號賜給了自己的兒子。此後，英王的長子絕大多數都被賜予這個稱號。在威爾斯親王即位成爲國王之後，直到他把這一稱號賜給自己的兒子之前，這一稱號停止使用。

Walesa, Lech*　華勒沙（西元1943年～）　波蘭工會領袖和波蘭總統（1990～1995），1967～1976年在格但斯克列寧造船廠當電工。1980年，當工人罷工時，華勒沙站在工人一邊，並被選爲團結工會主席。1981年，團結工會被宣布爲非法，華勒沙被拘留了將近一年。1983年獲諾貝爾和平獎。他繼續領導地下團結工會，直到1988年，工會取得合法地位。儘管華勒沙拒絕出任總理，但他在1990年競選總統中，以壓倒多數贏得了選舉。作爲總統，並把波蘭的國營經濟轉變成自由市場體制。他對抗的風格損害民望。1995年他競選連任，但以微弱之差被擊敗。

Wali Allah, Shah*　瓦里·阿拉（西元1702/1703～1762年）　印度伊斯蘭教教義家。受伊斯蘭教傳統教育。1732年前往麥加朝覲，以後留居漢志研究神學。他生活在奥朗則布死後人心沮喪的時代，所以認爲只有透過宗教改革，以調整伊斯蘭教使之適應印度不斷變化的社會和經濟狀況，才能恢復穆斯林政體。他堅決主張一神論，但在其他方面較先前的多數伊斯蘭教義家自由得多。最著名的作品是《信仰的祕密》。他集神學、哲學和神祕主義於一體的思想再度振興了伊斯蘭教，20世紀之前這種思想在印度的伊斯蘭學者中十分盛行。

Walker, Alice (Malsenior)　華克（西元1944年～）　美國作家。生於喬治亞州埃頓頓，就讀史柏爾曼和莎拉羅倫斯學院後搬到密西西比州，就此投入倡導人權運動的行列。她的作品深觸亞裔美國人文化。第三部作品《紫色姐妹花》是最知名的一部（1982年獲普立茲獎；1985獲奧斯卡獎），描寫一名黑人女性在種族與性別不平等的社會裡掙扎的故事。後來的作品有《親密精靈之神殿》（1989）、《擁有喜悅的秘密》（1992）。她也寫散文，部分作品收在《尋找母親的花園》（1983）一書中。此外，也出版了幾本詩集、短篇故事、兒童故事等。

Walker, David　瓦克爾（西元1785～1830年）　美國黑人廢奴主義者。父爲奴隸，他與母親同爲自由人，受過教育，曾遊歷全國。定居波士頓後參加廢奴運動，經常爲《自由人雜誌》撰稿。所寫《向全世界有色人種呼籲書》（1829）號召奴隸爲獲取自由而戰鬥，在收購的水手舊衣服的口袋內放入《向全世界有色人種呼籲書》，然後再出售給海上水手，攜至南部。南部各州取締書刊，並禁止奴隸學習文化。瓦克爾接到警告，但拒絕外逃，不久即遇害。

Walker, Jimmy　瓦克爾（西元1881～1946年）　原名James John Walker。美國政治人物。紐約法學院畢業後從政。1909年成爲州議會衆議員。1914年當選爲州參議員。瓦克爾以坦曼尼協會和州長史密斯爲後台，1925年當選紐約市市長，後來又連任，他的魅力和風趣深得人心。任內創設衛生局，改進了運動場和公園的體系，並建造地下鐵道系統。1931年紐約立法機關調查紐約市的事務。調查結果暴露了貪污舞弊現象，對他提出控訴。1932年辭職。

Walker, Sarah Breedlove　瓦克爾（西元1867～1919年）　原名Sarah Breedlove。美國女實業家和慈善家，爲美國首位黑人女富豪。她原是寡婦，靠洗衣維持生活，撫養幼女。1905年發明使捲髮變直的技術，她成立瓦克爾夫人製造公司，雇用人員逐戶推銷這種技術。其中許多爲女推銷員，爲美國及加勒比黑人社區所熟知的形象。1910年將公司遷至印第安納波里市。她在地產業投資致富，她臨終將財產2/3贈與慈善團體和教育機關，她的女兒甘迺迪夫人日後資助文化沙龍「黑塔」，這個組織促進了哈林黑人文化復興。

Walker, William　瓦克爾（西元1824～1860年）　美國軍事冒險家。出生於田納西州納什維爾，1850年移居加州，企圖在下加利福尼亞開拓殖民事業，策畫製造叛亂。1853年他在拉巴斯登陸，宣布下加利福尼亞和索諾拉爲獨立共和國，但遭到墨西哥人的抵抗，被迫返回美國。1855年前往尼加拉瓜，在那裡成爲實際首領。范德比爾特的輔助運輸公司的主管們答應給他經濟援助，密謀要讓公司脫離范德比爾特的控制。瓦克爾奪取了公司，移交給這些主管，接著在1856年擔任尼加拉瓜總統。1857年范德比爾特說服五個中美洲國家驅逐瓦克爾出境。1860年瓦克爾試圖在宏都拉斯煽動叛亂，結果被捕並被處死。

Walker Cup 瓦克爾盃 高爾夫球賽獎杯，獎給美國和不列顛群島之間男子業餘比賽中獲勝的球隊。1922年起隔年舉行，地點交替在英美兩國。美國高爾夫球協會主席喬治·瓦克爾是這項比賽的主要組織者，故名。瓦克爾盃分兩天進行，每天舉行四場18洞雙打和八場18洞單打，每場獲勝者記1分。

walking 競走 競賽者走路前腳觸地後後腳方可離地的田徑競賽項目。競走在19世紀後半葉成爲體育項目。1908年奧運會增加男子10哩和3,500公尺競走項目。自1956年起奧運會競走賽程規定爲20公里和50公里。1992年設女子10公里競走。

walking catfish 步行鯰 原產於亞洲和非洲的鯰，學名Clarias batrachus，能在乾燥陸地上前進可觀的距離。步行鯰以胸鰭棘爲錨，在身體產生蛇形動作時防止彎折。喬木般的呼吸構造延伸到鰓室之上，使之能夠呼吸。先前被引進佛羅里達州南部，如今已對原生動物造成嚴重威脅。

walking leaf ➠ leaf insect

wall 牆 用於分隔或圍護一個房間或建築物的直立構造物。在傳統的磚石結構中，受力牆承受樓板和屋頂的重量，而在現代的鋼或鋼筋混凝土架構以及重木和其他架構中，外牆只起圍護作用。有些城市建物底層不用外牆，而是在建築物下方增建露天廣場，便於通往電梯、自動扶梯和樓梯。在磚石結構中，除圓屋頂之外，垂直平行的牆便於支撐各種類型的樓板和屋頂。當荷載由樑、柱或其他構件承受時，不承重的牆可做成帷幕牆，或可不填塞磚頭、塊木料或其他材料。亦請參閱cavity wall、retaining wall、shear wall。

Wall Street 華爾街 紐約市的街名。美國一些主要金融機構的所在地。位曼哈頓區南部，街道狹窄而短，從百老匯到伊斯特河僅有七個街段。1653年荷蘭殖民者爲抵禦英國人侵犯而建築一堵土牆，因而得名。華爾街是金融和投資高度集中的象徵。華爾街設有：紐約證券交易所、美國證券交易所和聯邦準備銀行。該區也是投資銀行、證券經紀人、各公用事業和保險公司以及經紀公司總部的所在地。

Wall Street Journal, The 華爾街日報 商業日報，是美國最具影響力的商業性報紙，也是全世界最受尊崇的日報之一。1889年由道瓊公司的道（Charles H. Dow）創辦，很快贏得成功。從創刊至大蕭條初期該報很少涉及商業和經濟新聞以外的問題。但後來開始偶爾刊登其他問題的專稿。在紐約發行，在十個印刷廠印刷發行四個地區版。其發行量居美國全國性報紙首位。該報也在亞洲、歐洲發行，也發行特刊。

wallaby* 沙袋鼠 袋鼠科（參閱kangaroo）二十五種中等大小的有袋哺乳動物的統稱，主要產於澳大利亞。灌叢沙袋鼠（十一個種）身體結構似大袋鼠，只是牙列稍異。岩沙袋鼠常棲息於臨水的岩石間，甲尾沙袋鼠因尾尖具角質而得名，跳動時轉動其前肢。兔沙袋鼠形小，有些動作及習性似兔。灰沙袋鼠體小，鼻尖，後腿短，常爲人捕獵以取其肉及皮。短尾灰沙袋鼠與之近似，現僅殘存於西澳大利亞兩個近海島嶼。有些種已滅絕或瀕於滅絕。

Wallace, Alfred Russel 華萊士（西元1823～1913年） 英國博物學家。雖然接受探險和建築教育，卻對植物學感到興趣。1848年到亞馬遜河收集標本。1854～1862年到馬來群島旅行，以補充他的收集品。他在島嶼的觀察，使他與達爾文同時獨立地發展一套通過物種自然選擇而演化的理論。然而。達爾文提出的理論比華萊士要詳盡得多，又爲此提供了多得多的證據。不同於達爾文，華萊士堅信，人的高智力不是自然選擇的結果，而某些非生物學因素一定起了決定作用。華萊士提出在東洋區和澳大拉西亞區兩個動物區系分區之間的假設分界線（華萊士線）。許多動物在華萊士線的一側很豐富，另一側則稀少。在公共政策方面他支持社會主義、反戰論、土地國有化和婦女選舉。他的作品包括《自然選擇理論文稿》（1870）、《動物的地理區分布》（兩冊，1876）和《達爾文主義》（1889）。

Wallace, (William Roy) DeWitt and Lila Acheson 華萊士夫婦（迪威特與萊拉·艾奇遜）（西元1889～1981；西元1889～1984） 美國出版商。迪威特·華萊士在加州大學求學時，曾縮編公眾有興趣的雜誌文章。第一次世界大戰中服役受重傷，養傷期間進一步設想出版一種文摘雜誌。莉拉·艾奇遜是一長老會牧師之女，參戰期間她從事社會服務會工作。1921年二人結婚，編印的文摘雜誌被許多出版商拒絕後，決心自力出版《讀者文摘》，迅速獲得成功。迪威特·華萊士自1921～1965年任主編。他們支持許多慈善事業。萊拉·華萊士－讀者文摘基金會主要是藝術和文化的捐助者。

Wallace, (Richard Horatio) Edgar 華萊士（西元1875～1932年） 英國小說家、劇作家和記者，打過各種零工，十八歲從軍。在發表第一部成功之作《四個正直的人》（1905）前，曾是一名記者。作品包括《河中紫檀》（1911）、《血紅的圓圈》（1922）、《警察追捕》（1928）和《恐怖》（1930）等。華萊士實際上發明了現代「驚險小說」，這種體裁的作品情節錯綜複雜，但輪廓清晰，並以緊張的高潮而著稱。他洋洋灑灑，下筆千言，傳爲逸事（有一百七十五部小說）。

Wallace, George C(orley) 華萊士（西元1919～1998年） 美國政治人物。進入大學法學院學習，後選入州議會（1947～1953）。1953～1959年，任巡迴法庭法官。帶頭反對民權綱領，受到全國矚目。1963年以種族隔離和經濟問題的政綱競選州長而獲勝。爲實現諾言，他「站在校門口」，阻止阿拉巴馬大學黑人學生進行註冊。在聯邦出動國民警衛隊後才作出讓步。在各地的進一步對抗，使他成爲對取消學校種族隔離拒不妥協態度的全國象徵。成立獨立黨。1968年成爲獨立黨總統候選人，贏得四十六張選舉人票。1970年和1974年連選連任州長。1972年，當他競選民主黨總統候選人提名時，遇刺受傷，腰部以下永久性癱瘓。他1980年代放棄種族隔離政策，再度競選最後一個任期州長（1983～

繫帶甲尾沙袋鼠（*Onychogalea fraenata*）
©Mitch Reardon－National Audubon Society Collection/Photo Researchers

W X Y Z

1987），他得到大量黑人選民的支持而獲勝。

Wallace, Henry A(gard)　華萊士（西元1888～1965年）　美國政治家。為農業專家，繼承其父擔任《華萊士農民》雜誌的主編（1924～1933）。1932年幫助*羅斯福*贏得愛荷華州選票。1933～1940年任美國農業部長，制訂政府的農業政策，其中包括設立*農業調整署*。在羅斯福總統第三個任期內，任副總統，但在1944年為*杜魯門*取代。後任商業部長（1945～1946）。他是自由派人士，1948年幫助籌建*進步黨*，並成為該黨的總統候選人與杜魯門競選總統，結果獲得一百多萬張選票。他撰寫過一些著作，包括《六千萬個就業機會》（1945）。

Wallace, Lew(is)　華萊士（西元1827～1905年）　美國作家。父為印第安納州州長，參與墨西哥戰爭和南北戰爭。退役後，重操法律業務。兩次擔任外交職務。他的聲譽主要建立在三部歷史小說上：《公正的上帝》（1873），描寫西班牙征服墨西哥的故事；《印度王子》（1893），描寫拜占庭帝國；最著名的《賓漢》（1880；1927, 1959年改編成電影），描寫基督降臨之際，一個以羅馬帝國為背景的浪漫故事。

華萊士
By courtesy of the Library of Congress, Washington, D. C.

Wallace, Mike　華萊士（西元1918年～）　原名Myron Leon。美國電視訪談節目主持人、記者。出生於麻州布魯克萊，自1939年起在廣播公司擔任播音員及新聞播報員，1946年起轉任電視圈。曾在1950年代主持不少電視益智節目。1963年投效CBS擔任記者。1968年歷史悠久的《六十分鐘》首播時也擔任編輯。最為人所知的是強勢逼人的訪問風格，曾多次獲得葛萊美獎。

Wallace, William　華萊士（西元1270?～1305年）　受封為威廉爵士（Sir William）。蘇格蘭民族英雄。小地主之子。1296年*愛德華一世*宣稱自己為蘇格蘭的統治者。隨後，他組織了一支由平民組成的軍隊，攻擊英格蘭駐軍。他趁英格蘭人渡福斯河時擊殺，攻克斯特凌城堡。接著攻入英格蘭北部。返回蘇格蘭，被封為爵士，並成為王國的監護人。1298年愛德華一世的軍隊入侵蘇格蘭。華萊士的隊伍在福爾柯克戰役中打敗。華萊士辭去監護人的職務，帶領游擊隊在蘇格蘭進行活動。1305年他被英格蘭逮捕，絞死後，切腹取腸，割下頭顱，肢解為四塊。次年，*羅伯特一世*起義，為蘇格蘭贏得獨立。

Wallack, James William　沃利克（西元1795～1864年）　英、美演員和劇院經理。十二歲時便演出莎士比亞的戲劇。1818年在美國第一次登台扮演馬克白起，直到1852年止，為了在倫敦和紐約之間演出，他橫渡大西洋三十五次。1837～1839年同哥哥亨利．約翰．沃利克（1790～1870）一起接管紐約國家劇院。1852～1862年他接管蘭心劇院（改名為沃利克劇院），和他兒子萊斯特（1820～1888）一起經營。萊斯特在舞台監督。後接替其父任經理。在他領導下，該劇院以演出英國戲劇和培養19世紀美國重要的戲劇表演家而聞名。1882年萊斯特又開辦一座新的沃利克劇院，經營至1887年。

wallaroo *　岩大袋鼠　亦作euro。三種最大的袋鼠之一種，岩大袋鼠比其他兩種較小而矮壯，被毛較粗糙，深灰淺紅褐色；棲息在維多利亞州以外的整個澳大利亞岩石地區。

Wallenberg, Raoul *　瓦倫貝里（西元1912～1947?年）　瑞典商人和人道主義者。他是一個銀行家、工業家和外交家家族的後裔。1936年任一家貿易公司駐外代表。這家公司的總裁是一位匈牙利猶太人。1944年納粹軍隊進入匈牙利搜捕猶太人，他要求派他前往布達佩斯任外交工作。在那裡，他收容了成千上萬的猶太人到掛著瑞典國旗的「保護所」裡。並拯救其中一些人，給他們出國所用的證件和金錢。蘇軍進駐布達佩斯（1945）後不久，他以間諜嫌疑立即被捕，遣送至莫斯科。1947年在莫斯科的牢房裡因心臟病死去。但是，據從蘇聯獲釋的一些人說，他們於1951、1959和1975年在監獄裡見到過他。

Wallenda, Karl *　瓦倫達（西元1905～1978年）　德裔美籍馬戲表演的雜技專家。他創建了大瓦倫達雜技團，該雜技團以四人在自行車上疊羅漢走鋼絲且不架安全網而在歐洲享有盛譽。1926年他的妻子克瑞思（1910～1996）加入這個雜技團，後來成為團中最著名的節目：七人疊羅漢在最頂端保持平衡的演員。1928～1946年該團與美國*林林兄弟*和巴納姆－貝利馬戲團一起巡迴演出，此後一直以自由表演者身分進行表演。瓦倫達的侄子岡瑟爾（1927～1996）從五歲開始就在鋼絲上接受訓練。1962年在一次疊羅漢表演時失敗，岡瑟爾是唯一一個保持平衡的人，他救了三個緊握住鋼絲的人，其餘有兩人死亡，一人殘廢。1963和1972年又有兩名團員死於意外。瓦倫達本人在波多黎各聖胡安一次街頭表演時遇到大風，從露天的37公尺高鋼絲上掉下來摔死。

Wallenstein, Albrecht Wenzel Eusebius von *　華倫斯坦（西元1583～1634年）　受封為Herzog (Duke) von Mecklenburg。奧地利將軍。波希米亞的貴族。1617年與斐迪南二世對抗威尼斯。在波希米亞人反哈布斯堡王朝的起義期間（1618～1623），他仍效忠斐迪南。斐迪南得勝後，他出任波希米亞王國總督。1625年封弗里德蘭公爵。三十年戰爭期間，任帝國軍隊最高統帥。丹麥戰爭（1625～1629）獲勝後，他得到薩岡公國（1627）和梅克倫堡公爵領地（1629）。在德國王公的壓力下，斐迪南二世解除了華倫斯坦的統帥職務。1631年被召回，授給統轄帝國所有軍隊的大權。同年華倫斯坦迫使瑞典軍隊從巴伐利亞和法蘭克尼亞撤走，但在呂岑戰役中，瑞典被打敗。1634年，準備舉起叛旗。導致他被暗殺。

Waller, Edmund　沃勒（西元1606～1687年）　英國詩人。在1640年代的政治動亂中，為反對派的積極分子。1643年捲入一項陰謀，要把倫敦建立為國王的堡壘，因此被捕。他出賣大批同事，不惜破費進行賄賂，才得免於死刑。出版《獻給我的護國主的頌詩》（1655）和《獻給國王：恭賀陛下光復歸來》（1660）。所採用的流暢而規則的詩律，為17世紀末詩歌的主要表現形式英雄對句的出現鋪平了道路、沃勒的詩，其中〈去吧，可愛的露絲!〉是著名的抒情詩。

Waller, Fats　沃勒（西元1904～1943年）　原名Thomas Wright Waller。美國鋼琴家、歌手和作曲家，是最負盛名也是最有魅力的爵士樂人物之一。早期受爵士樂鋼琴家*約翰遜*的深刻影響。1920年代末成為鋼琴跨躍式彈奏法的代表，錄製了許多鋼琴獨奏曲，如〈一串鑰匙〉。1934年起，他與自己的小樂隊（「胖子沃勒和他的節奏樂隊」）共同錄製唱片，將其聲樂作品和有精美樂器伴奏的無與倫比的滑

W X Y Z

稽調速結合在一起。他所作的歌曲在節奏上極富感染力，如〈老老實實〉、〈金銀花〉是爵士樂壇歷久不衰的經典之作。沃勒過分講究飲食，在一次安排過緊的巡迴演出行程之後死於肺炎。

walleye 鼓眼魚 亦作walleyed pike。學名Stizostedion vitreum，肉食性，垂釣魚。產於北美東部澄清涼爽湖泊江河中，具暗色斑點。體長一般不超過30公分，很少重4.5公斤以上，但最大可長約90公分，重約11公斤。鼓眼魚不是純種的狗魚。梭鱸的一種。

Wallis, Barnes (Neville) 沃利斯（西元1887～1979年） 受封爲巴恩斯爵士（Sir Barnes）。英國航空設計師及軍事工程師，他曾發明在第二次世界大戰中使用的新式炸彈「堤壩剋星」。曾經用這種炸彈轟炸了德國魯爾工業區的默內和埃德爾水壩，造成洪水，減慢了德國工業生產的速度。他還研製了12,000磅的「高腳櫃炸彈」和22,000磅的「大滿貫炸彈」。也負責設計炸毀德國軍艦「提爾皮茨號」、V型火箭發射場以及許多德國鐵路系統的炸彈。1971年他設計了一架能用五倍音速飛行的飛機。

Wallis and Futuna Islands 瓦利斯群島和富圖納群島 南太平洋島嶼群，法國的自治海外領地，包括瓦利斯群島和富圖納群島。行政中心爲烏韋阿島上的馬塔烏圖。在1961年以前一直是法國的保護地，附屬於新喀里多尼亞。人口約14,000（1993）。

Wallis Islands 瓦利斯群島 法國瓦利斯群島和富圖納群島海外領地的東北部分。在太平洋西南部。由烏韋阿島和四周的珊瑚礁等二十三個島嶼組成，總面積62平方公里。1767年英國探險家瓦利斯發現該島。1842年被法國占領。1887年成爲法國保護國。1959年爲海外領地。人口約8,973（1990）。

wallpaper 壁紙 裝飾和保護牆壁用的大幅紙張，其上模印、手繪或印刷抽象圖案或故事畫。15世紀後半期造紙術傳入歐洲後不久，壁紙即得到發展。最早的壁紙用手繪或模板印刷。18世紀壁紙生產的發展超過初期生產者的預料。各種新式壁紙，如蠟光印花紙、緞面紙和條紋紙等應運而生。19世紀中葉在莫里斯的作品推動下，發生了設計革命。他設計的壁紙以樸素、規範和自然主義的圖樣、瑰麗柔和的色彩爲特點。壁紙的耐久性和牢固性由於使用塑膠薄膜而得到改進。

勒韋榮（Jean-Baptiste Reveillon）手繪壁紙（1780～1790?），現藏倫敦維多利亞和艾伯特博物館
By courtesy of the Victoria and Albert Museum, London; photograph, The Cooper–Bridgeman Library, London

walnut 胡桃 胡桃科胡桃屬落葉喬木，約20種。北美東部的黑胡桃及原產於伊朗的英國或波斯胡桃是木材用樹，堅果可食。北美東部的灰胡桃的堅果亦可食。胡桃科還包括顯花植物的7個屬，主要生長在北溫帶地區的不同環境中。美洲山核桃和山核桃是胡桃科中非常著名的兩種，不但堅果可食，木材也非常結實耐用，尤以它們的木紋圖案和光澤聞名。胡桃科植物的葉子羽狀，嫩葉底下看似小黃點的鱗苞富含樹脂，使胡桃具有一種濃郁的香味。

Walnut Canyon National Monument 沃爾納特峽谷國家保護區 美國亞利桑那州中北部國家保護區。1915年設立，占地8平方公里。保存有三百餘所哥倫布發現美洲以前的普韋布洛印第安人房舍，築於有突岩遮蔽的谷壁淺洞。

Walpole, Horace 華爾波爾（西元1717～1797年） 原名Horatio Walpole。受封爲Earl of Orford。英國作家、鑑賞家和收藏家。華爾波爾之子，1741年，進入議會，表現平凡。1747年在特威克納姆弄到的一棟小別墅；後來他把別墅改成仿哥德式的遊覽勝地，華爾波爾的文藝作品多種多樣而聞名，該書開創了哥德式小說的風氣。他的私人信札有3,000多封，大多數信件是給英國外交官麥恩的。據此可概觀當時的歷史、風俗和情趣。

華爾波爾，油畫，雷諾茲繪於1757年；現藏伯明罕市立美術館和畫廊
By courtesy of Birmingham Museums and Art Gallery

Walpole, Hugh (Seymour) 華爾波爾（西元1884～1941年） 受封爲休爵士（Sir Hugh）。英國小說家、評論家和劇作家。在聖公會教堂任教並代替牧師主持禮拜，因不成功轉而致力於創作和撰寫書評。重要作品包括半自傳性系列小說《傑里米》（1919）、《傑里米與哈姆雷特》（1923）和《傑里米在克拉勒》（1927）。所著四卷《赫雷斯記事》由《羅格・赫雷斯》（1930）、《朱迪斯・帕里斯》（1931）、《堡壘》（1932）和《瓦奈薩》（1933）組成，描寫一個英國鄉村家庭。他還著有評論脫洛勒普、司各脫和康拉德等人的作品。

Walpole, Robert 華爾波爾（西元1676～1745年） 受封爲歐佛伯爵（Earl of Orford）。英國政治家。常被視爲英國首任首相。1701年當選議員，成爲輝格黨少壯派領袖之一。1708～1710年任陸軍大臣，1710～1711年任海軍財務總監。他也是基特－卡特俱樂部的成員。執政的托利黨爲了除掉他，1712年他以貪污的罪名遭彈劾，被革出下院並關入倫敦塔。1714年喬治一世即位，他出任軍需總監，任財政委員會首席委員兼財政大臣（1715～1717，1721～1742）。雖然與南海騙局醜聞有關，他仍重返政府，任軍需總監。自1727年培養喬治二世對他的支持。他利用這種支持達到各種政治目的。他在宮廷和財務部門培植起的派系，成爲輝格黨的力量核心。外交事務經常困擾他。他運用對國王的一切影響，使英國保持中立。直到

華爾波爾，油畫，內勒約繪於1710～1715年；現藏倫敦國立肖像陳列館
By courtesy of the National Portrait Gallery, London

1739年被迫對西班牙宣戰（詹金斯的耳朵戰爭）。1742年華爾波爾被迫辭職。並封伯爵。他所收藏的藝術品於1779年賣給俄國，成爲愛爾米塔什博物館的收藏品。

Walpurgis Night　華爾普吉斯之夜　5月1日的前一晚。名稱源於8世紀的聖華爾普加（St. Walburga或聖華爾普吉斯〔St. Walpurgis〕），她是英國傳教士，在德國主持一間早期很重要的修道院，5月1日是她的節日之一。在瑞典，人們於春季之始以篝火慶祝。在德國，德語稱作Walpurgisnacht，是傳說巫婆會群聚於哈次山的一個夜晚（參閱Brocken），不過巫婆與聖華爾普加的關聯只是巧合。亦請參閱Beltane。

Walras, (Marie-Esprit-) Léon＊　瓦爾拉斯（西元1834～1910年）　法裔瑞士經濟學家。1865～1868年和萊昂・賽伊（賽伊之孫）創建了一家生產合作社服務的銀行。任瑞士洛桑學院政治經濟學教授（1870～1892）。是經濟學「洛桑學派」的奠基人。《純粹政治經濟學綱要》（1874～1877）是最早用數學方法對一般經濟均衡進行全面分析的著作之一。瓦爾拉斯在完全自由競爭社會制度這一假設前，創立了一種數學模型，其中生產要素、產品和價格會自動調節達到均衡。這樣，他把生產、交換、貨幣和資本各方面的原理聯繫起來。

walrus　海象　亦作morse。海象科唯一現存種。大型海獸，形似海豹，學名爲Odobenus rosmarus。雄體長可達3.7公尺，重量可達1,260公斤。兩性都有獠牙，雄體的獠牙牙長約1公尺，重5.4公斤。無外耳。皮膚淺灰色，肩部折成很深的疊褶。出沒於浮冰上。群居，一群可達一百頭以上。棲息在歐亞大陸和北美的北極海域。常見於較淺的水域，主要以蛤肉爲食。愛斯基摩人及商業性捕海象者常獲取其脂肪、皮及獠牙。海象的數量也因捕殺而減少。今禁止商業性捕獲。

大西洋海象（Odobenus rosmarus rosmarus）
Francisco Erize/Bruce Coleman Ltd.

Walsh, Raoul　沃爾什（西元1887～1980年）　美國電影導演。生於紐約市，原本爲電影演員，1912年成爲格里菲思的助理，1915年演出《一個國家的誕生》。他在五十年的職業生涯中，共執導了兩百多部電影，其中有許多以動作敏捷著稱的戶外動作影片，包括《光榮何價》（1926）、《喧囂的二○年代》（1939）、《夜行》（1940）、《馬革裹屍》（1941）、《高山》（1941）、《白色狂熱》（1949）、《裸者與死者》（1958）和《遠方的喇叭》（1964）等。

Walsingham, Francis　沃爾辛厄姆（西元1532?～1590年）　受封爲法蘭西斯爵士（Sir Francis）。英格蘭政治家，1573～1590年爲伊莉莎白一世女王的顧問。1563年當選議員。1570～1573任駐法國宮廷大使，建立英法之間友好關係。1573年入樞密院，擔任伊莉莎白一世的國務祕書。儘管未能制定獨立自主的政策，但他忠於執行伊利莉白的外交政策。他在偵破天主教徒密謀殺害伊莉莎白的事件中發揮了重要作用，包括揭露了思羅克莫頓（1583）和巴賓頓（1586）企圖釋放蘇格蘭女王瑪麗的陰謀。

Walter, Bruno　華爾特（西元1876～1962年）　原名Bruno Walter Schlesinger。德裔美籍指揮家。1901年成爲馬勒的助理，畢生宣傳馬勒的音樂。他首次演出了馬勒的《第九號交響曲》（1912）。曾任慕尼黑歌劇院指揮（1914～1922）和薩爾斯堡指揮，以及其他樂團的指揮。1939年到美國。常在紐約市大都會歌劇院指揮。任紐約愛樂管弦樂團、費城交響樂團和洛杉磯愛樂樂團指揮。

Walter, John　華爾德（西元1739～1812年）　英國報紙發行人。他原是一煤炭商和海上保險業者。1783年他獲得一項連合鉛字的專利，1785年在倫敦發行《每日環球新聞》，1788年改爲《泰晤士報》。他從報導醜聞轉向報導嚴肅新聞，並在坐牢期間建立了採編歐洲大陸新聞的機構，從而使《泰晤士報》以報導國外新聞而大大聞名。其家族經營該報達一百二十五年之久。

Walters, Barbara　華特斯（西元1931年～）　美國電視新聞記者。生於波士頓，曾在電視新聞節目擔任記者－製作人（1952～1958）、訪談節目主持人（1964～1974）以及NBC《今天》的主持人。1976～1978年間，以每年一百萬美金的空前待遇，跳槽至ABC主持《ABC晚間新聞》，成爲有線電視第一名女主播。1976年起主持一系列《芭芭拉華特斯》特別節目，專門訪問影視名流和世界政要。1984年起也成爲ABC新聞雜誌節目《20/20》的主持人之一。

Walther von der Vogelweide＊　瓦爾特・封・德爾・福格威德（西元1170?～1230?年）　中世紀最偉大的德語抒情詩人。出身騎士，在修道院學校受教育，曾在不同宮廷爲主效勞。他的詩歌引入一些現實主義成分，遠超出其他戀詩歌手所寫的矯揉造作的傳統。他強調在社會和個人範圍內保持平衡生活的好處。現存詩作大約有兩百首，半數以上爲政治、道德或宗教詩；其餘則是愛情詩，其中最著名的是〈菩提樹下〉。

Walton, Izaak　華爾頓（西元1593～1683年）　英國傳記作者和作家。受過幾年學校教育，後成爲殷實的五金商人。他博覽群書，培養了研究學術的興趣，常與有學問的人交往。後來與但恩成爲朋友和釣魚的夥伴。但恩的詩集（1633）在死後出版時，華爾頓爲這部詩集創作了「一曲哀歌」，並撰寫了但恩（1640）、赫伯特（1670）等人的傳記。他的古典田園詩《高明的垂釣者》（1653），描寫的是釣魚的快樂和技巧，這部書是英國文學史上再版次數最多的作品之一，大多數版本採用的都是1676年的修訂本再加上科頓（1630～1687）續寫的一些內容。

Walton, Sam(uel Moore)　華爾頓（西元1918～1992年）　美國零售業大亨，威名百貨有限公司（Wal-Mart Store, Ltd.）的創辦人。生於奧克拉荷馬州的京費雪，曾就讀密蘇里大學，隨後在彭尼百貨公司受訓。1945年起他開始在阿肯色州開設一家連鎖雜貨商店，1962年他的第一家威名百貨於阿肯色州羅傑茲開張，提供多樣的折扣商品。有鑑於其他的連鎖折扣商店多開在大城市或大城市的鄰近地區，華爾頓將他的連鎖商店開在小城鎮以避免與這些連鎖店競爭。藉由這個方法，他的連鎖商店在1985年時已經多達800家。1983年時他的第一家山姆量販俱樂部開幕。華爾頓於1988年時卸下了威名百貨執行長的職位，但一直到去世他都是威名百貨的董事長。在他過世時已擁有1,700多家威名百貨，華爾頓的家族也成爲美國最富有的家族。1990年代，威名百貨在市中心附近設點，奪走了鄰近商家的商機，因而備受爭議。目前，威名百貨是全世界最大的零售業者。

Walton, William (Turner)　華爾頓（西元1902～1983年）　受封爲威廉爵士（Sir William）。英國作曲家。父母都是音樂家，他年紀很小就開始學唱歌、彈鋼琴和拉小提琴。十九歲時他就用西特韋爾家族的怪誕詩歌製作了爵士樂《前線》（1923），引起轟動，初演時詩人親自在麥克風前朗讀自己的詩歌。後來的作品包括《伯沙撒王的宴會》（1931）、兩首交響樂（1935、1960），以及中提琴、小提琴和大提琴協奏曲（1929、1939、1956），這些作品使他成爲繼艾爾加之後的著名作曲家。他爲奧立佛的多部電影寫過配樂，包括《亨利五世》（1944）、《王子復仇記》（1947）和《理查三世》（1954），後來這些曲子非常出名。他還爲喬治六世和伊莉莎白二世寫了加冕進行曲。

waltz 華爾滋 交際舞，由18世紀的蘭德勒舞演變而來。特點爲3/4拍，一走步，一滑步，再一走步。19世紀和20世紀初流行不衰。有快速旋轉的維也納式華爾滋、有起伏滑步的波士頓式華爾滋等種。著名華爾滋舞曲的作曲家有舒伯特、蕭邦、布拉姆斯和小史特勞斯爲最主要者。

Walvis Bay 鯨灣 那米比亞中西部城鎮。位於大西洋沿岸，19世紀中期，毗鄰數島出現開採海鳥糞熱，隨後英國在1878年吞併該灣及腹地。1884年該地區被併入英國的開普殖民地。1910年鯨灣港被納入新聯合的南非。1922～1977年爲西南非的一部分進行管理。後交由南非直接管轄，1990年那米比亞獨立後，南非仍保留該飛地。1992～1994年兩國達成協議共管該地，後南非將管轄權轉給那米比亞。鯨灣港是那米比亞那米比亞的主要港口。人口17,000（1985）。

wampum 貝殼幣 串成一串或織在腰帶、刺繡飾物中的管狀貝殼珠，阿爾岡昆語的意思是「白（貝殼珠）線」。在與白人接觸之前，印第安人主要把貝殼珠用在儀式上或者與他人禮品交換。17世紀初，因爲歐洲貨幣短缺，貝殼幣就成爲白人和印第安人交易的貨幣。

Wanaka, Lake＊ 瓦納卡湖 紐西蘭南島中西部湖泊。面積192平方公里。最深點可能超過300公尺，有馬卡羅拉及馬圖基圖基河注入，爲克盧薩河河源，出口處有水閘以調節水位並發電。

Wang Anshi 王安石（西元1021～1086年） 亦拼作Wang An-shih。中國的詩文作家，宋朝的政府改革者。1069～1076年實施的「新政」激起了延續幾世紀的學術爭論。他爲農民設立了一筆提供農業貸款的資金，讓他們免於遭受放債者的高額索求。他也將勞役改爲雇庸服役的體系，此一體系所需的資金則由向所有家戶徵收的漸進稅制來提供。王安石促使官員就附近市場以低廉價格購買物資以調控物價。他還建立了鄉村的軍事體制（參閱baojia）、重組翰林院，並調整了中國文官制度。他的改革遭受許多批評，他本人則於1074年被迫辭退；1075年又重回朝廷，但掌握較少的政治權力。在皇帝死後，反對改革的黨派掌權。他們在王安石過世（1086）前，撤除了他的改革。有些人認爲王安石主張國家極權，有些人則認爲他是一位熱心社會福利的改革鬥士。亦請參閱Fan Zhongyen。

Wang Chong 王充（西元27～100?年） 亦拼作Wang Ch'ung。中國漢朝的思想家。王充是一位具有理性精神的自然論者，他爲下個思想時代的批判精神鋪路，使中國準備好接受新道教的降臨。王充反對儒家學說中的迷信成分，宣稱自然界的事件乃是自行發生，並不受人類行爲的影響，而人類在世界上也並不占據特殊的地位。他也堅持，理論應擁有具體的證據和可以實驗的依據。雖然他的思想從未在中國廣爲流行，但由於預示了理性主義和科學方法，乃在20世紀引起人們對他產生新的興趣。

Wang Jingwei 汪精衛（西元1883～1944年） 亦拼作Wang Ching-wei。中國的領導人，於1940年出任日本爲統治所征服的中國地區，而建立的政權的首領。汪精衛是孫逸仙的革命黨中最主要的論戰家。1910年他試圖刺殺皇室的攝政王，但失敗被捕。因爲他在面臨處決所展現的勇氣，他的量刑因而得以縮減。他在共和革命後一年獲得釋放。1920年代，他出任中國國民黨中主要的職位。在孫逸仙死後，他擔任黨的主席，而蔣介石則領導北伐對抗中國的軍閥。蔣介石與汪精衛共同爭奪國民黨的主導權；兩人於1932年達成妥協，汪精衛出任總裁，蔣介石則領導軍隊。在對日戰爭爆發後，汪精衛逃往河內，並發表聲明，呼籲中國應設法達成和平協定。1940年他與日本合作，成爲以南京爲中心、統治日本占領區的政權首腦。雖然汪精衛期盼能獲准擁有實質的自治權，但日本仍繼續實施軍事和經濟上的統制。他在日本接受醫療診察時死亡。

Wang Mang＊ 王莽（西元前45年～西元23年） 他開創了短暫的新朝（西元9～25年）。新朝是將中國的漢朝分爲前後兩半的中間王朝。王莽的家族與漢朝皇族的關係非常密切；西元前8年王莽被任命爲攝政王，直到皇帝死時，他才喪失這個職位。當新皇帝於西元前1年死亡，王莽重回朝廷出任攝政王，並且讓他的女兒與之後的皇帝聯姻。當這位皇帝也去世後，王莽在超過五十位有資格繼承的人選中挑了最年幼的一位以便服從他的指示，他並自命爲代理皇帝。西元9年王莽登上皇位，宣布新朝成立。若非黃河於十一年間兩度改變河道，造成大量的破壞以及隨之而起的饑饉、傳染病與社會不安，否則他的王朝將可維續下去。農民結合成持續擴大的集團。其中所引發的赤眉之亂，縱火焚燒首都，強行進入皇宮，殺死了王莽。

Wang Yangming 王陽明（西元1472～1529年） 亦拼作Wang Yang-ming。中國學者與官員，他對新儒學採唯心論的詮譯，影響了東亞的哲理思索達數個世紀。王陽明出身於政府高官之子，在西元1505年前，他既身爲兵部的主事，同時也宣講儒家學說。次年，他被貶逐到遙遠的貴州任職；該地艱苦與孤獨的生活讓他專注於哲理。他的結論是，對於事物之原理的探究，並非透過實際的對象，而應在心靈中運思；而且，知識與行動乃是相互依存。王陽明在1516年出任江西省南部的長官，他鎮壓過數起叛亂，並就政府部門、社會與教育等方面實施改革。在他於1521年出任兵部大臣前，他的追隨者已數以百計。其思想流佈中國達一百五十年，並對當時的日本思想產生極大影響。自1584年起，他以「文成」（文化的完成）的諡號在孔廟接受祭祀。

Wankel, Felix＊ 汪克爾（西元1902～1988年） 德國工程師和發明家。1954年設計了旋轉活塞式發動機，它採用一個沿軌道旋轉的彎曲的等邊三角形轉子，代替其他內燃機中上下移動的活塞做功。這種發動機的優點是重量輕、活動部件少、結構緊湊、性能良好，起價低，幾乎不需修理，1957年試驗第一台樣機。1971年日本的馬自達汽車公司製造生產汪克爾發動機並將它投向美國市場。

Wankie National Park ➠ Hwange National Park

Wannsee Conference＊ 萬塞會議（西元1942年1月20日） 納粹官員在柏林郊區格羅森－萬塞召開的會議，討論「猶太人問題」的「最後解決」方案。出席者爲以海德里希爲首的十五名納粹官員，包括艾希曼在內。最初，他們想要將全部猶太人放逐到馬達加斯加，由於無法執行，就放棄了這一計畫。新策劃的「最後解決」是在歐洲各地搜捕全部猶太人，將他們東運，並組成勞動隊。艱苦的生活條件足以使大批猶太人「自然減少」，而殘餘的則可以「相應處理」。萬塞會議的最後文件沒有明確提到滅絕猶太人。但不出幾個月，就在奧斯威辛和特雷布林卡設置了第一個毒氣室。亦請參閱Holocaust。

wapiti＊　美洲赤鹿　亦作American elk。偶蹄目鹿科的北美動物，學名爲Cervus canadensis，或認爲與歐亞大陸的馬鹿是同一種。現在分布局限於落磯山脈和加拿大南部。是第二大的現存鹿科動物。雄體肩高可達1.5公尺以上，體重最大可達500公斤。淡褐至深褐色，有一灰白色臀斑。肩和頸覆有深褐色蓬鬆長毛。雄體具大角，常有五個分叉，高出頭部1.2公尺。冬季成大群活動；夏天分成小群。亦請參閱elk。

美洲赤鹿
Alan Carey

war　戰爭　一個或多個實體之間的武裝衝突狀態。戰爭是以大的個人集團有意識地施用暴力爲其特徵，這些集團是特意組織起來進行訓練參加這種暴力行動的。依國家的標準，有些戰爭是國內各敵對政治派別之間的（內戰），或是對抗外部敵人的。戰爭也可能是以宗教之名、自我防衛、獲得領土或資源，以及國家領導者的進一步政治目的。

War Communism　戰時共產主義（西元1918～1921年）　布爾什維克在俄國內戰時期採取的一種經濟政策。它的主要特徵是沒收私人企業和實行工業國有化，以及從農民那裡強制徵用剩餘穀物和其他食物產品。這些措施使得農業、勞動和工業生產急劇下降。工人的實際工資下降了2/3。無控制的通貨膨脹使紙幣毫無價值，1921年初，對經濟狀況的普遍不滿，導致爲數眾多的罷工和抗議，喀琅施塔得叛亂達到頂點。爲因應此局勢布爾什維克不得不採取新經濟政策。

war crime　戰爭罪　由國際習慣法和某些國際條約規定的違反戰爭法的罪行。第二次世界大戰後有三種違反國際法的犯罪被認爲是戰爭罪。常規戰爭罪（包括殺害、虐待或放逐被占領地的平民）、反和平罪以及反人道罪（以政治的、種族的或宗教的理由，對平民進行迫害）。審判戰犯的做法可以追溯很遠。1945年的「倫敦協定」，協定包括一個審理軸心國主要戰犯的國際軍事法院憲章。其中除列舉上述三種戰爭罪爲法院管轄權的對象以外，還規定被告人所具有的國家元首或政府負責官員的地位不能成爲免除罪責或減刑的理由；被告人執行政府及上司的命令，也不能作爲免除罪責的理由，但可酌情從輕量刑。亦請參閱Geneva conventions、genocide、Hague Convention、Nuremberg Trials。

War Hawks　鷹派　美國由國會的南部和西部議員組成的領土擴張主義者。他們煽動對英作戰（1811），以遂其向西北地區和佛羅里達拓土的野心。代表人物有亨利·克雷和約翰·卡爾霍恩等。鷹派激起的反英情緒是引發1812年戰爭的原因之一。

War of 1812　1812年戰爭　英國和美國之間的一場不分勝負的戰爭，因美國在拿破崙戰爭中不堪忍受英國在海上的凌辱行爲而引起。1793～1815年英法交戰，英國封鎖所有法國港口，在公海上攔檢他們認爲可疑的要前往法國的美國和中立國船隻，並強迫美國海員服役。美國要求解除封鎖，但英國拒絕，美國遂於1812年6月18日對英宣戰。交戰中，雙方勢均力敵，互有勝負。美軍入侵加拿大的計畫終未實現。在爭奪伊利、安大略、山普倫諸湖控制權的海戰中，美艦所得有限，雖然奪回底特律城，至1814年夏，英軍仍有效控制密西根湖通道，且占領密西西比河北段。美軍曾攻占約克（多倫多），英軍則襲取華盛頓特區。美艦雖騷擾牽制英國貿易，但未能破壞英國的海上控制權及其對美國海岸的封鎖。1814年12月24日厭戰的雙方在比利時簽署「根特條約」，恢復戰前態勢。但是戰爭的結束防止了美國新英格蘭地區因厭棄戰爭而醞釀的脫離聯邦的運動。而且，美軍在戰爭後期取得的勝利、歐戰的結束以及摧毀印第安人的抵抗等因素更造成了猶如美國是勝利者的氣氛。亦請參閱Chateauguay, Battle of、Chippewa, Battle of、Thames, Battle of the、Hull, Isaac、Perry, Oliver Hazard。

War of Independence, U.S. ➠ American Revolution

War of the Three Henrys ➠ Three Henrys, War of the

War Powers Act　戰爭權力法（西元1973年11月7日）　美國法令。美國國會壓過尼克森總統的否決權而通過這項法案，此法限制總統在海外動用美國軍隊的權限，並要求行政部門在美國軍隊介入外國衝突時，先行諮詢國會並向國會報告。一般認爲這是一個用來避免再度發生越戰情形的法案。然而，後繼的總統有時並不遵行此法案，國會也並不總是嚴格地解釋此法案。

Warbeck, Perkin　沃貝克（西元1474?～1499年）　法蘭德斯冒名頂替的騙子，亨利七世的王位覬覦者。1491年到愛爾蘭。他穿著主人的豪華絲裝，招搖過市，人們以爲他是王室子弟。約克派分子叫他冒名頂替據信於1483年已在倫敦塔遇害的約克公爵理查。他前往歐洲大陸，搜羅入侵英格蘭的力量，曾先後得到些君主的支持，1495和1496年兩次入侵英格蘭失敗後，1497年又在康瓦耳登陸。後被俘，因企圖逃跑而處絞刑。

warble fly　皮瘤蠅　亦稱牛皮蠅（cattle grub）或足跟蠅（heel fly）。雙翅目狂蠅科及皮蠅科昆蟲。廣泛分布於歐洲和北美。紋皮蠅和牛皮蠅，體大，厚實，形似蜂，卵產在牛腿上。幼蟲穿過牛的皮膚，在體內遷移，在其背上形成一個腫塊（皮瘤），成熟後幼蟲鑽出落在地上化蛹，變爲成蟲。牛皮因有孔而質量降低。馴鹿皮蠅造成馴鹿的皮革、肉和奶減產。

warbler　鶯　雀形目鶯科（有時視爲鶲科的鶯亞科）和林鶯科的小型鳴禽。舊大陸鶯近三百五十種，新大陸鶯約一百二十種。舊大陸鶯見於花園、林地以及沼澤地。喙細長，適於從葉間覓食昆蟲。主要分布範圍從歐洲、亞洲到澳大利亞和非洲，但少數種類（如蚋鶲）分布於南、北美洲。多爲綠色、褐色或黑色。體型多小，長9～26公分。亦請參閱blackcap、blackpoll warbler、gnatcatcher、woodwarbler。

Warburg, Otto (Heinrich)＊　瓦爾堡（西元1883～1970年）　德國生物化學家。獲化學和醫學博士學位後，1920年代早期即研究活機體細胞內氧氣消耗的過程，採用測壓法以研究活組織切片的吸氧率；尋找細胞的活性成分，結果搞清了細胞色素的作用。1931年獲諾貝爾生理學或醫學獎。他首先觀察到：惡性細胞生長時所需氧氣量明顯小於正常細胞。

Warburg family 瓦爾堡家族 原名Del Banco family。成員在銀行界、慈善事業和學術界都顯赫有名的一個家族。猶太家族原爲義大利人，1559年定居於德國的瓦爾堡古姆鎮，各分支分別遷居於斯堪的那維亞、英格蘭和美國。西蒙·埃利亞·瓦爾堡（1760～1828）在瑞典建立了第一個猶太人社區，家族中的銀行家有摩西·馬庫斯·瓦爾堡（卒於1830年）及其兄弟格爾森（卒於1825年）在漢堡創設了M. M.瓦爾堡公司（1798）的銀行。和詹姆斯·保羅·瓦爾堡（1896～1969）是羅斯福總統原有智囊團的成員。家族中當學者的有奧托·海因里希·瓦爾堡。慈善家有：弗里達·希夫·瓦爾堡（1876～1958）及其子數人，他們是藝術和音樂贊助人。

Ward, Barbara (Mary), Baroness Jackson (of Lodsworth) 華德（西元1914～1981年） 英國經濟學家和作家。在牛津大學研讀經濟學之後成爲《經濟學人》雜誌的撰稿人和編輯（1939年起）。1950年與傑克森爵士結婚。她是梵諦岡教廷、聯合國以及世界銀行的重要顧問，撰寫過許多文章和書籍，內容有關第三世界國家的貧窮問題對全世界帶來的威脅以及保育的重要性。其著作廣受人喜愛，包括《富國與窮國》（1962）、《地球太空船》（1966）、《地球只有一個》（與迪博合著）以及《小行星之路》（1980）。

warfare ➠ air warfare、amphibious warfare、biological warfare、chemical warfare、economic warfare、holy war、naval warfare、psychological warfare、total war、trench warfare

warfarin＊ 殺鼠靈 抗凝血藥，商品名Coumadin（香豆素）。最初開發來治療血栓性栓塞（參閱thrombosis），干擾肝臟代謝維生素K，結果產生有缺陷的凝血因子。殺鼠靈療法的風險是出血失控，不管是自然出血或是刀傷擦傷；需要經常檢查維持在血液中的適當濃度。高濃度的殺鼠靈作爲毒鼠劑，由於內出血而死亡。

Warfield, Paul 瓦菲爾德（西元1942年～） 美國美式足球員。生於俄亥俄州的瓦倫，在俄亥俄州立大學就讀期間成績輝煌。作爲克利夫蘭布朗隊的外接員（1964～1969、1976～1977）他協助球隊贏得四次的聯盟冠軍。效力邁阿密海豚隊期間（1970～1974），他奪得了三次超級杯。在十三年的生涯中，他接球成功427次，總碼數8,565碼，平均每次接球碼數達到接近破記錄的20.1碼。

Warhol, Andy 沃荷（西元1928～1987年） 原名Andrew Warhola。美國藝術家和電影製片人，普普藝術運動的倡導者和主要代表人物，沃荷爲捷克斯洛伐克移民之子，在匹茲堡卡內基工業技術學院學習繪圖設計。後前往紐約市，從事商業繪圖工作。他是一位幹練的自我宣傳家，1962年因展出甘貝爾湯罐頭畫、可口可樂瓶及布利洛肥皂盒木複製品而一夕成名。後期作品他利用照相絲漏版技術，用眩耀的色彩複印變化無窮的名人畫像。在1960年代，沃荷專注更多精力於製作地下電影，以其新穎的色情、情節的煩悶及無節制的長度而知名。從1970年代起直到他去世，他繼續製造描繪名人的圖片，從事廣泛的廣告繪圖及其他商業藝術計畫。他是20世紀末期美國文化界最著名和重要的人物之一。其作品的藝術觀念仍具影響。

warlord 軍閥 20世紀初期遍布於中國的獨立軍事領導人。中華民國的第一任總統袁世凱死後，軍閥在攫取省級區域的軍事利益，或者在外國強權的支持下，統治中國的不同區域。在中國東南，孫逸仙和國民黨獲得奠基於廣州之軍閥的支持。中國北方，則浮現三位主要的軍閥：張作霖，占據滿洲，是位由日本支持的盜匪首領；吳佩孚，他占據中國中部，是位受過傳統教育的官員；馮玉祥，他在1924年奪下北京。國民黨先鞏固在南方的控制權後，由蔣介石領軍，向北肅清軍閥，於1928年重新統一國家。爲數眾多的地方軍閥仍繼續在其勢力範圍內施展實際的權力，直到日本入侵演變成第二次世界大戰爲止。亦請參閱Northern Expedition。

Warner, Pop 華納（西元1871～1954年） 原名Glenn Scobey Warner。美國大學美式足球教練。於康乃爾大學就讀時，在幾項體育運動中表現突出。後來在賓夕法尼亞州卡萊爾印第安學校擔任教練（1898～1904、1906～1915），教過索普。還曾在匹茲堡大學（1915～1923）和史丹福大學（1924～1932）當教練。他改進了單翼和雙翼進攻戰術（現在已罕用），這種戰術和其他改革一起使現代球賽更爲精益求精。在1895～1940年的46個賽季中，他的球隊勝312場，負104場，平32場。

Warner, W(illiam) Lloyd 華納（西元1898～1970年） 美國社會學家和人類學家。師承克羅伯和芮德克利夫－布朗，後任教於芝加哥大學、密西根大學。他對美國社會階級體系的研究，有廣泛的影響。1930年代末，他出版了麻薩諸塞州紐伯里波特的研究共五冊，其他著作有：《黑色文明》（1937）、《現代社區的社會生活》（1941）和《生者與死者》（1959）。

Warner Brothers 華納公司 全名華納兄弟影片公司（Warner Brothers Pictures, Inc., 1923～1969）或華納兄弟公司（Warner Bros. Inc., 1969年起）。美國電影製片公司。四兄弟在賓夕法尼亞巡迴放映電影開始其事業。從1903年起，擁有電影院，1913年開始製作自己的影片，1917年遷至好萊塢。1923年四兄弟建立了華納兄弟影片公司。長兄哈里（1881～1958）任紐約公司的總裁；艾伯特（1884～1967）任司庫；塞繆爾（1888～1927）和傑克（1892～1978）管理設在好萊塢的製片廠。1920年代中期發展活音法專利，這使有聲電影成爲可能。該製片廠的《爵士歌王》首創兼有同步的音樂和對白。華納兄弟公司攝製了由賈克奈和羅賓遜等影星主演的強盜片，由弗林主演的冒險片，以及由亨佛萊鮑嘉主演的劇情片。傑克在其最後一個兄長退休後，任公司總裁（1956～1972）。亦請參閱Time Warner Inc.。

warrant 令狀 法律術語，指以書面授權某人完成某種行爲或執行某項公務的令狀。除法律和法令准許無證逮補的情況外，持有逮捕令的逮捕方爲合法。逮捕令是根據控訴人的要求發出，控訴人必須提出一份附誓證明，開列充分事實說明犯罪已經發生以及被告正是有罪的當事人。傳聞和憑情報或主觀信念而陳述的事實，一般不能作爲發出逮捕令的充分依據。頒發搜索票，必須具體說明所要扣押的財產或者所要搜的地點，非司法令狀包括稅收令（授權徵收稅）以及土地證（公地地塊持有人作爲轉讓憑據）。

Warrau＊ 瓦勞人 亦作Guarauno。南美游牧印第安人，現今居住於委內瑞拉奧利諾科河三角洲的沼澤地和蓋亞那東部；也有一些居住在蘇利南。他們主要以漁、獵和採集爲生，在比較乾燥的地區也有種植。莫里茨棕特別重要：樹汁可製作發酵飲料，樹心可作麵包，果實可食，纖維可編織吊床和衣服。他們的祭祀禮儀和複雜的社會結構雖屬常見，但在狩獵採集牧民中尚不普遍。20世紀晚期約有20,000人。

Warren 華倫 美國羅德島東部城鎮。近普洛維頓斯。1632年設居點。原爲麻薩諸塞州的一部分。1747年被羅德島併吞。美國革命期間被英國搶劫和焚燬。今爲避暑勝地。人口11,000（1990）。

Warren, Earl　華倫（西元1891～1974年）　美國大法官和政治人物。畢業於加利福尼亞大學法律系，歷任縣地方檢察官（1925～1939）、州檢察長（1939～1943）和三屆加州州長（1943～1953）。他因在第二次世界大戰期間把日本公民拘留在集中營而受到批評。1948年成爲共和黨競選副總統的侯選人，與杜威搭檔競選，但敗選，這是他在選舉中的唯一嘗到的敗績。1953年艾森豪總統任命他爲美國最高法院首席大法官，他擔任此職直到1969年退休。他主持的最高法院十分自由，對美國憲法進行廣泛改革。在「布朗訴托皮卡教育局案」、「雷諾茲訴西姆斯案」和「米蘭達訴亞利桑那州案」中，華倫都提出了著名的意見，「雷諾茲訴西姆斯案」中「一人一票」的決定要求州立法機關重新分配議席（1964）。甘迺迪總統被暗殺後擔任所謂的華倫委員會主席。

華倫，攝於1953年
UPI

Warren, Harry　華倫（西元1893～1981年）　原名Salvatore Guaragna。美國歌曲作家。是家中十二個孩子最小的一個，自學音樂。十五歲起隨一些銅管樂隊和流動雜技團到處巡迴演出。在錫盤巷做過幾年塡詞工作，之後開始爲百老匯的音樂劇譜曲，其中包括〈你是我的一切〉和〈我在廉價商品店找到一百萬美元〉。1932年遷居好萊塢，與他人一起爲《1933年的淘金者》（1933）、《第42街》（1933）、《去阿根廷》（1940）和《太陽谷小夜曲》（1941）等一些影片創作音樂，並因〈百老匯搖籃曲〉、〈你永遠無法知道〉和〈在艾奇遜、托皮卡和聖大非〉獲得奧斯卡獎。1935～1950年他寫的歌曲多次打入熱門歌曲前十名，其他的作曲家難望其項背。

Warren, Joseph　華倫（西元1741～1775年）　美國革命時期的領袖。在波士頓當醫生。1765年「印花稅法」通過時，激起華倫的愛國心，參與起草對英國國會抗議的文件「沙福克決定」（1774）。他還是麻薩諸塞公安委員長的活躍成員。1775年華倫升爲少將，後在邦克山戰役中陣亡。

Warren, Mercy Otis　華倫（西元1728～1814年）　原名Mercy Otis。美國作家。生於麻薩諸塞州邦斯德柏，是奧蒂斯的妹妹。從未接受正式教育，但卻成爲以文學創作爲主的女性作家；結交許多與她同一時期的政界領袖，常有書信往來。她以當代時事爲評論主題，採用文學諷刺手法、戲劇和小冊子等方式談政治。她支持美國革命，但反對制定憲法，主張權力應由各州掌控。最有名的作品是《美國革命的興起、過程與終止史》（3卷，1805），涵蓋時代爲1765～1800年。

Warren, Robert Penn　華倫（西元1905～1989年）　美國小說家、詩人和評論家。進范德比爾特大學，在大學裡參加一個自稱爲「逃亡派」的詩人小團體；主張在南方實行農業生活方式。後在幾所大學任教。並參與創辦並主編《南方評論》（1935～1942）。以長於刻畫南方各州傳統的農村價值觀念消失帶來的精神困境聞名。他最著名的小說《當代奸雄》（1946，獲普立茲獎）。短篇小說集有《閣樓上的馬戲團》（1948）。其詩集曾兩次獲普立茲獎（1958、1979）。1986年成爲美國第一位桂冠詩人。

Warren Commission　華倫委員會（西元1963～1964年）　正式名稱爲「甘迺迪總統被刺事件的總統委員會」（President's Commission on the Assassination of President John F. Kennedy）。美國總統詹森指定組成的一個委員會，負責調查甘迺迪被刺和刺客歐斯華兩天被開槍擊斃的原委。委員會主席爲華倫，包括兩位參議員、兩位衆議員和兩位前公務員。經過數月的調查後，報告說，殺死甘迺迪的槍彈是歐斯華用一支步槍從德克薩斯教科書倉庫射出的，關於歐斯華以及殺死他的傑克．魯比是否參與刺殺甘迺迪的陰謀，委員會沒有發現任何證據。後來許多書籍和文章都對該委員會的結論表示異議。

Warring States Period　戰國時代　在中國和後來的日本，小諸侯國及領地爭奪霸權的時期。中國的戰國時代（西元前475～西元前221年）受六至七個小諸侯國支配；墨子和荀子是此時期重要的儒家思想家。日本的戰國時代（1482～1558）各敵對的大名爲鞏固及增加其領地而爭戰。

Wars of the Roses ➠ Roses, Wars of the

Warsaw　華沙　波蘭首都。地處維斯杜拉河河畔。創立於約1300年，爲貿易中心。1526年，併入波蘭，1596年成爲首都。18世紀末期，發展迅速。1794年被俄國破壞。1806年成爲拿破崙創立的華沙公國的首都。1813年被俄國侵占。1830～1831年和1860年是波蘭民族抵抗中心。兩次世界大戰期間被德國占領。猶太人爲反抗德國，1943年爆發了華沙猶太區起義。1944年華沙起義失敗後，城市實際上被德國夷平。戰後，華沙重建。駐有政府的所有中央機構。爲工業和教育中心。歷史建築有14世紀哥德式大教堂和中世紀城堡。人口約1,618,468（1999）。

Warsaw, Grand Duchy of　華沙公國（西元1807～1815年）　拿破崙（參閱Napoleon I）締造的波蘭獨立國。在波蘭人幫助拿破崙打敗普魯士之後根據「提爾西特條約」（1807）而建立，原包括1793和1795年被普魯士吞併的中部波蘭各省的大部分，1809年奧地利在第三次瓜分時攫取的領土也併入公國。拿破崙第二次入侵俄國（1812），公國支援近98,000人，但拿破崙戰敗也決定了公國的命運。1813年俄國人控制了公國，後來，維也納會議決定華沙公國一分爲三：歸還普魯士的波茲南大公國；置於俄國、普魯士和奧地利保護下的克拉科夫獨立共和國；以及加入俄國，並由俄國皇帝爲國王的波蘭王國。

Warsaw Ghetto Uprising　華沙猶太區起義（西元1943年4月19日～西元1943年5月16日）　納粹德國占領期間波蘭猶太人爲反抗運往特雷布林卡所發動的起義。1942年7月納粹將五十萬名猶太人從附近地區集中到華沙猶太區，即使每個月有數千名猶太人因飢餓死亡，納粹仍每日運送5,000名猶太人至鄉村的「勞動營」。當人們知道其目的地是特雷布林卡的毒氣室時，猶太人地下武裝組織ZOB開始發動攻擊，四天的巷戰中擊斃德國人五十名，繳獲不少槍支彈藥。4月19日，近衛隊的頭子希姆萊派遣2,000名近衛隊及部隊進入猶太區，意圖收拾剩餘的56,000名猶太人。經過四週的戰鬥，ZOB和游擊隊用手槍、步槍、機槍以及土製炸彈摧毀坦克，殺死德軍數百人，直到彈盡援絕。所有猶太人不是被殺就是被驅逐，華沙猶太區不復存在。

Warsaw Pact　華沙公約　正式名稱爲「華沙友好合作互助條約」（Warsaw Treaty Organization）。根據此條約建立一個共同防禦組織，即華沙公約組織。該組織成立於1955

年，最初由蘇聯、阿爾巴尼亞、保加利亞、捷克斯洛伐克、東德、匈牙利、波蘭和羅馬尼亞組成（阿爾巴尼亞於1968年，東德於1990年退出該條約）。該條約建立了統一的軍事指揮機構，允許在其他締約國領土上保留蘇軍部隊。雖然建立「華沙公約」的直接原因是爲了對抗西方列強的北大西洋公約組織，但是華沙公約組織的軍隊在波蘭暴動（1956）、匈牙利暴動（1956）、捷克斯洛伐克暴動（1968）時都出兵鎮壓。1991年當蘇聯集團瓦解後，這個聯盟亦不復存在，原部署的蘇聯軍隊逐漸從原附庸國（現在政治上的獨立國家）撤退。

Warsaw Uprising　華沙起義（**西元1944年8月～西元1944年10月**）　第二次世界大戰期間在華沙發生的起義，這次起義未能成功阻止親蘇的波蘭政府控制波蘭。1944年7月，當蘇軍挺進華沙之時，波蘭地下組織受到鼓舞揭竿而起抵抗德軍。儘管波蘭人對蘇聯答應讓他們自治的承諾持有戒心，但五萬名波蘭本土大軍還是向已勢單力薄的德軍發動攻擊，4天就控制了華沙的大部分地區。德軍隨即增援，從空中和地面進行連續進行了63天的狂轟濫炸。臨近華沙的蘇聯紅軍因而遲遲不前，蘇聯還拒絕盟國增援被圍困的波蘭人。10月，波蘭軍最後因彈盡糧絕被迫投降。德國人驅逐了城裡剩下的人，毀掉了城市大部分地區。蘇聯任由波蘭本土軍隊被人宰割，藉此也消滅了潛在的反抗力量，成功地於1945年在波蘭實施了政治控制。

wart　疣　亦稱verruca。由引發表皮細胞增生的乳頭狀瘤病毒引起的境界清楚、形態各異的小型皮表贅生物。它可能導致持續時間長、聚集在某一部位（特別是在潮濕部位）的單發疣，也可能導致遍布身體各處的多發疣。最常見者呈圓形、隆起、表面乾燥、粗糙的皮疹。疣一般無疼痛，除非它發生於受壓部位，例如在腳底（腳底疣）。生殖器疣一般無害，除非面積過大、數量過多而影響到排尿、通便或者分娩，不過有些濾過性毒菌引起的變種與癌症有關。疣具有傳染性，治療方法包括酸性腐蝕、冷凍療法或手術，有時疣體亦可自然消退。

Warta River＊　瓦爾塔河　波蘭中西部河流。源出克拉科夫西北部，流向北轉西，後注入奧得河。全長808公里。波蘭全部位於境內的第二大河。流程約1/2可通航。下游部分原位於德國境內，1945年波茨坦會議將該地區劃歸波蘭。

Wartenburg, Johann Yorck von ➠ Yorck von Wartenburg, (Johann David) Ludwig, Count

warthog　疣豬　偶蹄目豬科動物，棲於非洲的開闊和疏林地區，學名爲Phacochoerus aethiopicus。被毛稀疏，頭大，灰黑或褐色；肩高約76公分。從頸到背中部有粗的鬃毛。尾細長，有叢毛，奔跑時翹得很高。雄體臉部有兩對隆起或肉疣。雌雄都有獠牙；下顎的獠牙銳利，上顎的獠牙向上，再向內彎曲，構成半圓形，雄性體長可達60公分以上。群居，以草和其他植物爲食。

疣豬
Karl H. Maslowski

Warwick＊　瓦立克　英格蘭瓦立克郡城鎮，爲該郡首府。以古城堡著名。大約西元915年即建城堡，1086年成爲皇家城堡，威廉一世下令擴建。現存城堡約建於14～15世紀。該城堡規模宏大，結構完整，收藏有精美繪畫和兵器，是英格蘭中部主要名勝。該鎮在城堡周圍發展起來，是行政中心和集鎮，有輕工業。人口約22,476（1991）。

Warwick, Earl of＊　瓦立克伯爵（**西元1428～1471年**）　原名Richard Neville。英格蘭貴族，對薔薇戰爭有重要的影響力。索爾斯伯利伯爵之子，1499年經由婚姻成爲瓦立克伯爵並獲得許多領地。他和父親幫助約克家族贏得聖阿本斯戰役（1455）。1460年他從加萊渡海進軍英格蘭，在北安普敦擊敗並俘獲亨利六世。1461年被蘭開斯特軍隊打敗，瓦立克與約克公爵之子愛德華聯合進入倫敦，不久，愛德華便自立爲國王，稱爲愛德華四世。愛德華在位（1461～1464）初期瓦立克掌握實權，但雙方關係日益緊張。1469年瓦立克在英格蘭北部發動叛亂，並迫使愛德華在1470年逃至法蘭德斯。瓦立克後加入蘭開斯特家族並恢復了亨利六世的王位，爲此被稱爲「擁立國王者」（the Kingmaker）。後來在巴尼特戰役中被愛德華的軍隊殺死。

Warwickshire＊　瓦立克郡　英格蘭中部的一郡，首府是瓦立克。在撒克遜時代，該地區便於韋塞克斯和麥西亞王國之間。在中世紀瓦立克城和凱尼爾沃思發展爲兩個主要中心。保存了許多歷史建築，包括了諾曼人和英格蘭早期的教堂和阿文河畔斯特拉福有關莎士比亞的建築。英國內戰第一次重大的伊奇希爾戰役於1642年發生在該郡接近牛津郡的邊界處。畜牧、乳品業、水果種植、園藝農業和煤礦開採等都是重要的經濟活動。人口：行政郡約506,700（1998）。

Wasatch Mountains＊　瓦塞赤嶺　美國落磯山脈中南段。從愛達荷州東南向南延伸至猶他州中北部，綿亙400公里。最高峰爲廷帕諾戈斯峰（3,660公尺）。境內廷帕諾戈斯洞窟國家保護區。當地經濟以採礦和旅遊業爲主。

Washington　華盛頓　美國西北部一州（2000年人口約5,894,121）。喀斯開山脈位於該州，包括來尼爾山、聖希倫斯山及奧林匹克山脈。胡安・德富卡海峽和普吉灣從太平洋一直延伸到內陸到達該州。位於該州的阿爾瓦角是美國大陸本土的最西點。哥倫比亞河也位於該州。1543～1792年西班牙、俄羅斯、英國和法國探險家到達該地區時，這裡的居民是太平洋海岸的印第安人，如奇努克人和內茲佩爾塞人。西班牙和英國都聲稱擁有主權，1805年路易斯和克拉克遠征橫跨該地區。1819年西班牙將加利福尼亞以北的領土割讓給美國。直到1840年代，國際協定才允許美國和英國的公民居住在所謂的「奧瑞岡地區」（Oregon Country）。1846年與英國締結的條約畫定了現在的加拿大－華盛頓邊界，奧瑞岡地區併入美國，1848年更名爲奧瑞岡准州。1853年華盛頓才獲得准州的地位，1863年面積縮減到現在的大小。1889年成爲聯邦政府第42個州。1890年代後期成爲去阿拉斯加和育空淘金者的補給站。促進20世紀進步的最大動力是水力發電和博納維爾及大古力水壩的建設。重要工業包括飛機和船舶製造業。爲了與太平洋沿岸國家擴大貿易，經濟成分中又增加了高科技和旅遊業。首府奧林匹亞，面積176,479平方公里。

Washington, Booker T(aliaferro)　華盛頓（**西元1856～1915年**）　美國教育家和黑人權利領袖。他生於奴隸家庭，在黑奴解放後舉家遷往西維吉尼亞州。九歲起即開始工作，後就學於維吉尼亞州漢普頓師範暨農業技術專科學校（1872～1875），並在該校工作。1881年獲選擔任塔斯基吉師範學校校長，這是一所新設的黑人師範學校，他成功的使該校成爲著名的學院（參閱Tuskegee University）。在當時他可能是最突出的黑人領袖。他認爲其黑人同胞藉由受教

W X Y Z

育以改善經濟狀況，比爭取全面公民權及政治力量更能替黑人贏得平等的公民待遇。這個頗受爭議的論點即著名的「亞特蘭大種族和解聲明」。他的著作包括了自傳《出身奴隸》(1901)。

Washington, D.C. 華盛頓特區 美國城市（2000年人口約572,059）與首都。城市範圍與哥倫比亞特區相同。位於馬里蘭州和維吉尼亞州之間，地處波多馬克河航段頂端。面積179平方公里。城市地址是南、北各州政治妥協的結果，1790年由喬治・華盛頓選定，法國工程師朗方規畫，是世界上少有的專門爲建首都而設計的城市之一。1800年聯邦政府開始在此辦公。1812年戰爭期間被英國軍隊燒毀（1814）。1878年喬治城併入後，該城與哥倫比亞特區連成一片。重要建築包括國會大廈、白宮和國會圖書館。華盛頓紀念碑、林肯紀念堂、傑斐遜紀念堂和越戰陣亡將士紀念碑是該城300餘處紀念堂和雕像中最著名的幾處。首都還設有許多文化和教育機構如史密生學會及外使館。該市經濟以國內國際政治活動、科學研究和旅遊爲主。

Washington, Denzel 丹佐華盛頓（西元1954年～） 美國電影演員。生於紐約州凡南山，最先是名舞台劇演員。曾在電視影集《波城杏話》(1982～1988）演出。自1981年起出現在大銀幕上，《哭喊自由》(1987)、《光榮戰役》(1989，獲奧斯卡獎)、《密西西比風情畫》(1991）等作品獲得好評。在史派克李的《麥爾坎X》(1992）中飾演主角爲他贏得掌聲。其他的作品還包括：《絕對機密》(1993)、《費城》(1993)、《赤色風暴》(1995)、《各懷鬼胎》(1998)、《悍衛正義》(1999)。

Washington, Dinah 華盛頓（西元1924～1963年） 原名露絲・李・瓊斯（Ruth Lee Jones）。美國黑人藍調女歌手。瓊斯幼年隨家庭遷居芝加哥。在所屬教會的唱詩班中唱歌和彈奏鋼琴。1943～1946年隨漢普頓樂隊演唱，1946年開始其一帆風順的獨唱生涯。她灌錄的唱片風格各不相同包含了節奏藍調、爵士和鄉村音樂。她被稱爲「藍調皇后」，以出色的嗓音控制和受《聖經》福音書影響的獨特表達風格著稱。後因食用安眠藥過量而死亡。

Washington, George 華盛頓（西元1732～1799年） 美國革命的總司令（1775～1783）和美國第一任總統（1789～1797）。生於一富裕家庭，他受私人教育，而從十四歲起以測量員身分工作。1752年繼承兄長在芒特佛南的房地產，包括十八名奴隸，雖然不贊成奴隸制度，到1760年時奴隸階級卻多達四十九種。在法國印第安人戰爭中，他官拜陸軍中校，被派往俄亥俄領地。在布雷多克被殺之後，華盛頓成爲全維吉尼亞軍隊的司令，負責捍衛西部邊界（1755～1758）。他辭去職務以料理自己的莊園，1759年娶寡婦瑪莎爲妻。他在移民議會中服務（1759～1774）並支持殖民者的條款，後在大陸會議服務（1774～1775）。1775年獲選爲大陸軍的司令。在隨後的美國革命中，雖然吃了幾次敗仗，事後證明他是精明的司令和英勇的領袖。隨著戰爭在約克鎮圍城戰役（1781）中實際結束，他辭去職務而回到芒特佛南(1783)。他是憲法會議（1787）的代表暨監督官員，協助憲法在維吉尼亞州獲得批准。當各州選舉人集會選擇第一任總統時（1789)，華盛頓是沒有異議的人選。他成立內閣來平衡地方及政治上的差異，但卻進入了一個強力的中央政府。連任後，他遵循政治派別（後來成爲聯邦黨和民主黨）之間的中庸路線。他在英國和法國交戰時（1793）宣布中立政策，而派兵鎮壓威士忌酒反抗（1794)。他拒絕擔任第三任總統，立下了144年的先例，1797年在發表「告別演說」後退休。被稱爲「國父」，他被舉世視爲美國歷史上最偉大的人物之一。

Washington, Harold 華盛頓（西元1922～1987年） 美國政治人物與芝加哥市市長（1983～1987）。生於芝加哥，原爲律師，於1954～1958年擔任市檢察官。他連續獲選爲伊利諾州眾議員（1965～1976）、參議員（1976～1989)，以及美國聯邦眾議員（1980～1983)。經過一場以改革和終止市的任命權爲訴求的激烈選戰之後，當選爲芝加哥市長，成爲該市第一位黑人市長。1987年連任，但不久即辭世。

Washington, Mt. 華盛頓山 在美國新罕布夏州總統山區，爲懷特山脈最高峰（海拔1,917公尺）。以氣候條件惡劣而聞名，1934年在此記錄有世界最大風速之一（372公里／小時）。山頂建有華盛頓山天文台、華盛頓山電視發射台等建築。

Washington, University of 華盛頓大學 美國西雅圖的公立大學，1861年成立。該校爲一所綜合型的研究大學，獲有海洋補助款。設有建築與都市計畫、人文暨科學、教育、工程、森林、海洋學等學院；也有商業、牙醫、戲劇、傳播、國際研究、法律、圖書館學、音樂、醫學、護理、藥學、公共事務、社會工作等學院。學校設施包括一所酒精及藥物濫用研究中心、一所海洋科學實驗室，以及兩座實驗林場。註冊學生人數約35,000人。

Washington and Lee University 華盛頓與李大學 美國維吉尼亞州勒星頓的私立大學。1749年成立時爲一所學院，是美國最早的高等教育機構之一。校名來自於1796年曾捐款五萬美金的華盛頓，以及於1865～1870年擔任校長的李將軍。1984年男女合校。設有一所大學部學院，一所法學院，以及一所貿易、經濟和政治學院。提供的課程包括工程、環境研究、新聞等等。註冊學生人數約2,000人。

Washington Birthplace National Monument, George ➠ George Washington Birthplace National Monument

Washington Conference 華盛頓會議 正式名稱國際海軍限武會議（International Conference on Naval Limitation)。在美國華盛頓特區召開的國際會議（1921～1922)，目的在限制海軍軍備競賽和制定保障太平洋地區和平的安全協定。「四國公約」(美、英、日、法四國簽署）規定只要其中任兩國對「太平洋地區的任何問題」發生爭執時，全體簽字國都得共同協商。「五國海軍條約」(美、英、日、法、義五國簽署）宗旨在裁減五個強國所擁有的軍艦數目。該條約在日本要求擁有與英美相等的大型軍艦被拒絕後，於1936年作廢。該五國還簽訂另一條約，對潛水艇的使用作出了規定，並宣布使用毒氣爲非法。上列五國，加上荷蘭、葡萄牙、比利時和中國簽署了「九國公約」，確認中國的主權、獨立及領土完整，所有國家與中國貿易通商機會均等。

Washington Monument 華盛頓紀念碑 在美國華盛頓特區爲紀念首任總統華盛頓而建的紀念碑。呈方尖碑狀，由米爾斯設計，1885年正式落成。底面積16.8公尺見方，高169.3公尺，重約91,000噸。內壁嵌有一百九十多塊經過雕刻的石頭，分別來自個人、本國五十個州和其他國家。坐落在毛爾草坪向西德延長線上，有電梯和內部鐵樓梯通往塔頂。

Washington Post, The　華盛頓郵報　美國華盛頓特區出版的晨報，是美國首都的主要報紙，並被公認爲是美國最大的報紙之一，僅《紐約時報》能相媲美或超過之。該報作爲民主黨的四頁機關報於1877年創立。1933年金融家梅爾買下該報社前，曾數次改變其經營方向和經營者，並且一直面臨經濟問題。在梅爾（至1946年）、菲利普·葛蘭姆（1946～1963）、凱薩琳·葛蘭姆（1963～1979）和唐納德·葛蘭姆（1979年開始）領導下，逐漸取得國內和國際聲譽，以紮實、獨立的編輯立場及思維、正確的報導著稱。

Washington University　華盛頓大學　美國聖路易的私立大學。1853年成立時爲神學院，1857年升格爲大學。該校是一個綜合型的研究和教學機構，擁有美國最頂尖的醫學院。設有一所人文暨科學學院，一所研究院，以及建築、商業（歐林學院）、工程暨應用科學、藝術、法律、社會工作等學院。研究設施包含一所太空科學中心、一所伊斯蘭文化與社會研究中心以及一所聽障中心。註冊學生人數約11,000人。

Washita River ➠ Ouachita River

Washita River＊　沃希托河　源出美國德州西北部的河流，東流進入奧克拉荷馬州後折向東南，至奧克拉荷馬州中南部，繼續向南注入紅河。全長1,007公里。河上建有水壩和水庫。沃希托戰役（1868年11月）便發生在奧克拉荷馬的夏延附近，這次戰役中卡斯特將軍襲擊一處夏延印第安人營地。

wasp　黃蜂　亦稱胡蜂。膜翅目細腰亞目內除蜜蜂類及蚁類之外的能螫刺的昆蟲，以及廣腰亞目一些不能螫刺的昆蟲；逾20,000種。胸腹之間以纖細的「腰」相連，雌體具可怕的螫刺。絕大部分爲獨棲，社會性的黃蜂僅約1,000種，有的種既非社會性亦非獨棲。成蟲主要以花蜜爲食。絕大多數獨棲性黃蜂在地面營巢，在土壤中挖一隧道並產卵於其中，幼蟲孵出後即以巢內貯備的麻痺昆蟲或蜘蛛爲食。社會性黃蜂的紙樣的巢，是以咀嚼過的植物材料和唾液混合築成，內含許多六角形的巢室。雌體在每室產下一卵，孵化的幼蟲以蛾爲食。連續的世代使得蜂巢越來越大並負責照顧它們的幼體。

Wassermann, August von＊　瓦色曼（西元1866～1925年）　德國細菌學家。與德國皮膚學家奈瑟於1906年共同設計了一個測定染有梅毒病原體的人體內抗體的試驗，這是診斷梅毒用的普適血清試驗。該試驗配合其他診斷方法目前仍用於確診本病。他還設計過結核病的診斷試驗。同德國細菌學家科勒共同撰寫《致病微生物手冊》（六卷，1903～1909）。

Wassermann, Jakob＊　瓦塞爾曼（西元1873～1934年）　德國小說家。經歷年輕時不安定的生活，他以《齊恩多夫的猶太人》（1897）、《卡斯帕爾·豪澤爾》（1908）等著作成名。他的名聲在1920年代和1930年代達到頂點。《毛里齊烏斯案件》（1928）以司法公正爲主題，像偵探故事那樣有構思縝密的懸念，這可能是他最能持久流傳的作品；書中的主角埃策爾成爲第一次世界大戰後德國青年否定過去的權威、尋找自己的眞理的象徵。他的道德熱誠和感覺論的傾向使他常被拿來與杜思妥也夫斯基相提並論。

Wasserstein, Wendy＊　華瑟斯坦（西元1950年～）　美國劇作家。生於紐約布魯克林，爲耶魯大學戲劇系碩士，1973年發表第一部舞台劇作品。《不尋常的女人與其他人》（1977）爲她贏得外界注目。其他的作品有《很浪漫吧》（1981）和《黑蒂編年》（1998，獲東尼獎、普立茲獎）。此後，她逗趣詼諧的手法最爲有名，對個別女性的刻畫絲絲入扣，也令人激賞不已。近年的舞台劇作包括《羅森史維格姊妹》（1992）、《美國女兒》（1997）；電影劇本則有《欲擒故縱》（1998）。

Wat Tyler's Rebellion　泰勒起義 ➠ Peasants' Revolt

watch　錶　戴於手腕或置於口袋的可攜式計時器。在1500年初用發條（參閱spring）代替鐘錘來驅動時鐘發明後不久，就出現了第一批錶。近數十年來電子元件進一步微型化，使有可能研製出全電子錶，這種錶內所需的電晶體、電阻器、電容器及其他元件全都裝在一塊或幾塊微型的積體電路晶片上。這種錶的複雜的電路使其具有多種計時功能，並有可能用數字讀出時間來代替傳統的時針、分針和秒針。

water　水　化學元素氫（H）和氧（O）組成的一種物質，分子式爲H_2O；並以液態、氣態（蒸汽、水蒸氣）和固態（冰）的形式存在。室溫下，水是無色、無嗅、無味的液體。水是最豐富且不可少的化合物，占地表的75%以上。水對生命是必需的，實際上參與了在動植物中發生的每個過程。它最重要的性質之一是能溶解許多其他的物質。水作爲溶劑的多用性對活生物體是必需的，生命來源於海洋世界的複雜溶液。活生物體利用水溶液（如血液和消化液）作爲實行生物過程的介質。由於水分子是不對稱的，因此，不論是在氣、液或固態，氫鍵能使分子排列成特殊的立體構型，從而有效地影響水的性質。許多水的物理和化學性質（如熔點、沸點、黏度、表面張力、液態的密度高於固態）是受氫鍵的影響。水是非常活潑的物質，自電離性很小，但卻極爲重要。水在有限的程度上離解爲氫離子（H^+，使溶液呈酸性）和氫氧離子（OH^-，使溶液呈鹼性），因此水能有時作爲酸，有時作爲鹼。水有無數種工業用途，包括了溶解劑、稀釋劑和氫的來源；它還用於滲透、洗滌、石灰和水泥的水合、紡織、水解、水力學，同時也用在食物和飲料上。亦請參閱hard water、heavy water。

water bloom　水華　由於表層水營養豐富，加上適於光合作用的充足光照而造成的水生微生物的緻密群團。這些微生物或它們分泌的毒性物質會使水體變色，耗盡水中的氧，毒害水生動物和水禽，刺激人類的皮膚及呼吸道。矽藻、甲藻等藻類在數小時便增殖一代。此時，每升水體中微生物個體數由正常的約1,000增至60,000,000。裸甲藻屬形成的水華，會使水體呈鮮紅色，這種現象稱爲赤潮。紅海即因紅海束毛藻不時形成水華而得名。亦請參閱water pollution。

water buffalo　水牛　亦稱印度水牛（Indian buffalo）。學名爲Bubalus bubalis。牛科反芻動物。從人類有歷史記載以來，水牛即在亞洲馴養。水牛體大，粗壯，肩高1.5～1.8公尺，體長可達2.8公尺，體重約1,000公斤。體色暗黑或深灰，覆以短毛。角大，向外上方生長，兩角間的距離可達2公尺。水牛有兩個主要的類型。沼澤水牛是中國南部及東南亞產稻地區的主要挽畜。另一個類型爲河水牛，飼養於南亞、西南亞及埃及，主要培育以食其肉或作挽畜。

water chestnut　菱　菱科菱屬幾種一年生水生植物的統稱。原產於歐洲、亞洲和非洲。堅果有角狀突起，可食，亦稱菱。歐菱沈水葉長，根狀，革質；浮水葉呈鬆散蓮座狀，葉柄長5～10公分，常具4個刺狀角。菱原產於印度，浮水葉長約5～8公分；葉柄具毛，長10～15公分。烏菱栽培於東亞大部分地區。英語Chinese water chestnut則指莎草科的荸薺。

water clock　水鐘　亦稱漏壺（clepsydra）。利用水的流動計時的古代時鐘。北美印第安人及某些非洲人使用的漏壺是一隻小船或能浮起的容器，從小孔中往船裡進水，直至船沈沒爲止。另一種是容器內裝滿了水，讓水經小孔漏出，從指示水平面高度的刻度線讀出時間。出自埃及的一些實物，其時代可遠溯至西元前14世紀。羅馬人發明的一種漏壺則是讓水從蓄水器滴入一圓筒，筒內有一浮子，在筒壁的刻度尺上指示讀數。直到16世紀時，迦利略還用水銀漏壺爲其自由落體實驗計時。亦請參閱clock。

water flea　水蚤　枝角目甲殼動物，約四百五十種，分布全球。大多數在淡水中，少數海產。以溞屬最常見，遍布歐洲和北美的池塘、河流中。水蚤體小，頭部露在背甲外，觸角大，背甲分兩瓣，包住軀幹和腹部的全部或大部。但可長達18公釐的薄皮溞屬例外，其背甲退化爲一個小的孵育囊。多數水蚤靠大觸角有力的擊水而游泳，觸角連續擊水，水蚤便以特有的一跳一沈的動作游進。除少數掠食性種類外，多以特化的胸肢從水中濾食微小的有機物顆粒。亦請參閱copepod。

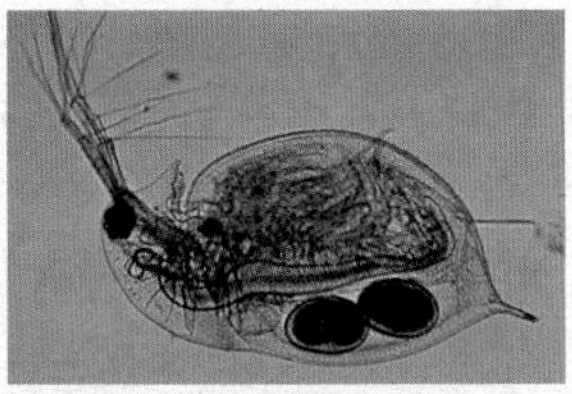
溞屬動物（約放大三十倍）
Eric V. Grave – Photo Researchers

water frame　水力織布機　一種在紡織廠藉水力運作的紡織機器，可用來生產棉紗，適合做披肩（長款衣物）。1769年由阿克萊特獲得專利，是依據哈格里夫斯的珍妮紡紗機改良而成，專門生產材質柔軟的線，只適合做紗線（填充紗）。

water hyacinth　布袋蓮；鳳眼蓮；水風信子　雨久花科鳳眼藍屬植物。約五種，水生，原產於熱帶美洲。一些種浮生於淺水，另一些固著於河岸湖邊。兩類均具細長根莖，根羽狀；葉具柄，叢生；花多少不等，成穗狀花序或簇生葉腋。普通布袋蓮分布最廣，其海綿狀葉柄膨大成囊；花紫色，花冠淺裂，具藍色和黃色斑點；繁殖很快，常致堵塞水道。可種植於室外水池和魚缸供觀賞。

普通布袋蓮
W. H. Hodge

water lily　睡蓮　睡蓮科淡水植物的統稱，有八屬，原產於溫帶和熱帶。除僅見於亞洲的芡實屬外皆多年生。多數種具圓形飄浮葉，葉表面具蠟質，柄長，內有氣隙，由肥厚、肉質、匍匐於水下泥中的地下莖上生出。有的具沈水葉。單花頂生，色豔麗，著生於從地下莖生出的長柄上。花杯狀，花瓣多數，螺旋排列。有些種的花僅於晨昏開放。多數種具多數雄蕊。果實堅果狀或漿果狀。有的果實在水下成熟，裂開或腐爛後種子飄走或沈沒於水中。睡蓮屬約三十五種。北美白睡蓮（即香睡蓮）於幼嫩時具淡紅色葉，花大、芳香。埃及藍睡蓮常出現於古埃及藝術作品中。最大的睡蓮科植物爲產於熱帶南美洲的王蓮屬，共兩種：亞馬遜王蓮及巴拉那王蓮，葉均爲淺盤狀，直徑60～180公分，葉脈粗壯，葉緣向上翻捲，故俗稱水盆。睡蓮爲魚和野生動物提供食物。但因生長迅速，有時會引起影響排水。常栽培於花園池塘中和溫室，用作觀賞植物，並培養出很多變種。

巴拉那王蓮
Gottlieb Hampfler

water ouzel ➠ dipper

water pollution　水污染　物質排入水體後，溶解、懸浮或沈積在水底，積聚到一定程度就會破壞水吸收、分解或循環的能力，對水生態系統造成損害。造成水污染的物質包括空氣中的有害物質（參閱acid rain）、土壤腐蝕的殘渣、化肥和殺蟲劑、化糞池洩漏、牲畜飼養場排出的廢物、工業排放的化學廢料及城市污水和垃圾。生活在水域上游的人使用的水相對較乾淨，但下游的人使用的水實際就是城市、工業和郊區廢水的稀釋產物。當有機生物的數量過多，超過水中微生物分解和循環的能力時，這些物質中的多餘營養物質就會促進海藻水華。但是這些海藻死後，殘留物質也會變成有機廢物，最終導致水裡缺氧。不需要氧氣生存的生物攻擊有機廢料，釋放出諸如甲烷和氫化硫的氣體，對需要氧氣來生存的物種造成傷害。最後的結果是水體充斥著廢物，散發著難聞的氣味。亦請參閱eutrophication。

water polo　水球運動　由七人組成的隊用類似足球的浮球在游泳池內進行比賽的運動。這項運動原稱「水中足球」。馬球的名稱源自早期的一種遊戲，遊戲中球員騎在畫成馬的圓筒上，以棍擊球。19世紀中期發源於英格蘭，最早的規則是1877年在蘇格蘭制定的。設置門柱就是那個時候提出來的。水球是一項粗野和對體力要求極高的運動。1900年現代水球運動成爲奧運會正式競賽項目。

water resource　水資源　地球上存在的不論屬於哪種狀態（即氣態、液態或固態）的、對人類有潛在用途的任何天然水體。其中最便於利用的是海水、河水和湖水，其他可利用的水資源中包括地下水持續增加水的使用，已使水的供應和品質受到關切。

water snake　水蛇　游蛇科游蛇屬動物及類似的蛇類。六十五～八十種。除南美洲外，見於各大洲。近來新大陸的種類被畫成若干屬，其中最大的屬爲Nerodia屬。大多數種類軀體粗壯，體表有黑斑，或背部有條紋，鱗片呈脊稜形。以咬殺方法捕食魚和兩生動物。美洲水蛇常見於水中或水域附近，卵胎生。歐洲水蛇對水的依賴性較小，卵生。該屬所有種類的性情皆暴躁，自衛時，除頭部膨脹，衝咬對手外，還從肛門腺中釋放出一種難聞的分泌物。有些水蛇的體長接近1.8公尺，但平均長度不到1公尺。

water-supply system　供水系統　水的收集、處理、貯存和配送設施。古代供水系統包括了井、蓄水池、運河、輸水道和用水的分配系統。西元前2500年左右已經出現頗爲先進的供水系統，以羅馬城的輸水道系統達於頂峰。中世紀時由於人們嚴重忽視水的供應問題，水中滋生的細菌引起的流行病經常發生。17～18世紀時開始興建用鑄鐵管、輸水道和抽水機組成的供水系統。19世紀人們開始認識到污水與疾病的關係，開始啓用沙子濾水和氯消毒設備。現代的水庫一般選取山坡雨雪徑流集水地點附近或橫斷河川的地方修築水壩。輸送到集水地點的水一般需施加處理以改善水質，然後將水直接泵送到城鎮的配送管道系統，或者被送往位於高處的貯水地點如水池等。亦請參閱plumbing。

water table　地下水位　亦稱地下水面（groundwater table）。是一個假想的地下水面，這個面接近於穿透完全飽和的透水岩石帶之水井內的水面。該面介於地下水帶與上面

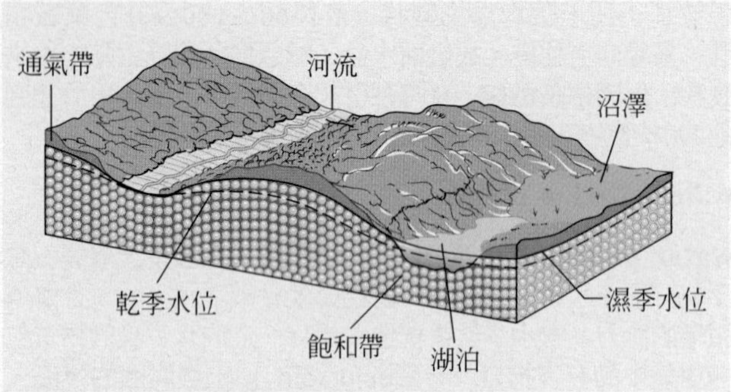

上圖顯示地下水位隨各季節的降水或乾旱而有所升降

的通氣帶之間。地下水位隨季節與年度而波動，因爲它受氣候和植被所利用的降水量的影響，也受水井抽水過度和人工回灌的影響。亦請參閱aquifer。

waterbuck　非洲水羚　偶蹄目牛科動物，學名爲Kobus ellipsiprymnus。生長於非洲撒哈拉以南的平原、林地、沼澤和沖積平原，群棲於近水處。肩高約150公分。雄性具有長而多脊的角，角向後然後向上彎曲。被毛蓬鬆粗糙。臀部有白色環形斑。

Waterbury　瓦特伯利　美國康乃狄克州西部城市。瀕臨諾格塔克河。1674年創建，1686年設鎮，1853年設市。19世紀成爲全國最大黃銅器產地，亦有鐘錶和化工工業。也是西康乃狄克州金融和商業中心。人口：市約106,412（1996）；都會區221,629（1990）。

watercolor　水彩　用樹膠（一般爲阿拉伯樹膠）調製，用筆和水施於畫面（通常爲紙）的顏料。水彩顏料一般皆透明，但加調白粉後可製成不透明的廣告色畫。透明水彩色澤鮮豔明亮。而油畫要達到較好的效果就必須多加顏料，水彩畫的效果則靠留白（空白未上色），這是水彩色畫不可或缺少的一部分。

watercress　水田芥　十字花科多年生植物，學名Nasturtium officinale，原產歐亞，已在北美歸化。生長於涼爽的溪流中，沈入水中、浮在水上或平鋪在泥地表面。花白色。角果小，豆莢狀。常用大桶栽培採其嫩梢作沙拉。葉纖細，淡綠色，有胡椒味，富含維生素C。因爲生長在牲畜飼養場附近的水田芥會受到包含肝吸蟲包囊的糞便污染，因此有規定指出必須保護商業用水田芥苗床遠離這些污染。

Wateree River　沃特里河　美國南卡羅來納州中部河流。從北卡羅來納州流入之前稱爲卡托巴河，但在南卡羅來納州稱爲沃特里河。與康加里河匯合之後成爲桑蒂河。沃特里河加卡托巴河全長395哩（636公里）。沃特里河流經一連串湖泊與水塘，其中最大的是沃特里湖，長15哩（24公里）。

waterfall　瀑布　流動的河水突然而近似垂直跌落的地區。瀑布表示河水流動中的主要阻斷。在大部分情況下，河流總是透過侵蝕和淤積過程來平整流動途中的不平坦之處。瀑布也稱河落（falls），有時也稱大瀑布（cataract），當談及很大的水量時，後者尤爲常見。比較低、陡峭度較小的瀑布稱小瀑布（cascade），這名稱常用以指沿河一系列小的跌落。有的河段坡度更平緩，然而在河流坡降局部增加處相應出現湍流和白水，這些河段稱急流（rapid）。

Waterford glass　沃特福德玻璃器皿　1720年代起愛爾蘭沃特福德生產的重花刻花玻璃製品。其特點是壁厚，以深刻的幾何圖案裝飾，拋光明亮。有代表性的沃特福德產品包括飾有菱形刻花或扇形分枝的洛可可式吊燈、壁燈、裝在牆上的燭台、碗和花瓶等。大約1770年以後沃特福德玻璃已逐漸揚棄洛可可式風格，而開始生產在英國受到歡迎的新古典主義或亞當式製品。

waterfowl　水禽　鴨科成員，蹼足鳥類，寬薄喙；通常矮胖脖長，包括鴨、雁和天鵝。水禽在水底覓食，或者啃食牧草。多數種類群居，有不同的身體語言，以便與同伴進行聯繫。幾乎所有的種類都在水中繁殖。通常由雌性挑選巢址，在植被附近築巢，一次孵3～12個蛋。孵化後不久，雛鳥牢記了母親的模樣（參閱imprinting）。還有許多種類過著遷徙生活。

Watergate scandal　水門事件（西元1972～1974年）　指尼克森政府進行非法活動的政治醜聞。水門是華盛頓特區的一座綜合大廈。1972年6月17日有五個人因闖入大廈內的民主黨全國總部被捕。白宮否認與此事有關，而尼克森亦競選連任成功。1973年1月美國哥倫比亞特區地方法院首席法官賽里卡主持審訊，他質疑證人霍爾德曼、埃利希曼、迪安等人隱瞞事實。4月司法部長克蘭丁斯特辭職。新的司法部長理查生指定哈佛大學法學教授考克斯爲特別檢察官。後來一個由參議員小歐文領導的委員會舉行電視轉播的聽證會，歐文委員會根據證詞判定白宮和競選委員會成員有罪。然而只有迪安一個人證明尼克森總統有直接捲入掩蓋活動。後來一位前白宮工作人員揭露：在總統辦公室的談話都錄了音。考克斯和歐文委員會立即（7月23日）票傳錄音帶。尼克森拒絕交出，並在10月20日解除考克斯的職務。理查生辭職以示抗議。賽里卡法官命令尼克森向特別檢察官賈瓦斯基提交錄音帶。7月27～30日期間眾議院司法委員會通過彈劾案。8月5日總統提交三卷錄音帶的文字本，這些文字本清楚表明總統與掩蓋活動有關。他於8月8日宣布辭職。一個月後繼任總統福特給予尼克森以無條件的赦免，不受進一步懲處。

Waterloo, Battle of　滑鐵盧戰役（西元1815年6月18日）　拿破崙遭到徹底失敗的一次戰役。從此，法國與歐洲其他國家之間連續二十三年的戰事宣告結束。這次戰役地點在布魯塞爾南方滑鐵盧村附近。一方是拿破崙的軍隊72,000人，另一方是威靈頓公爵的聯盟軍68,000人（包括英、荷、比、德的部隊）和布呂歇爾領導的普魯士軍約45,000人。拿破崙的元帥內伊和格魯希擊敗了普軍並將威靈頓阻止在卡特勒布拉，但均未將他們殲滅。拿破崙把開始進攻威靈頓的時間從上午推遲到中午，目的在於讓土地乾燥，但由此鑄成大錯。普魯士軍隊恰好獲得奔赴滑鐵盧馳援威靈頓所需的時間。法軍的四次主攻都未達到重創聯盟軍和突破陣線的目的。當內伊成功的奪占聯盟軍戰線中部的農莊，並要求增援步兵，遭拿破崙拒絕。此時，威靈頓及其武力雖受到重創，但已重整旗鼓，又得到蔡滕指揮的普魯士軍隊的支援。在聯盟軍展開最後攻擊時，法軍大亂，驚慌逃竄。此役拿破崙軍共傷亡25,000人，被俘9,000人。威靈頓軍則傷亡15,000人，布呂歇爾軍傷亡大約8,000人。四天後，拿破崙被迫第二次遜位。

Waterloo, University of　滑鐵盧大學　加拿大安大略省滑鐵盧的公立大學，創建於1957年。該校設有應用健康科學、人文藝術、工程、環境研究、數學、科學等學院；也有會計、建築、驗光、都市與區域計畫等學院。特別設施包括驗光博物館和遊戲博物館。註冊學生人數約22,000人。

watermelon　西瓜　葫蘆科一種多汁瓜果，學名爲Citrullus lanatus。原產熱帶非洲，除南極洲外各大陸均有栽培。西瓜藤匍匐生長，有分枝的捲鬚，葉深裂，花淡黃色。

果肉甜而多汁，有紅、白、黃諸色。西瓜的大小、形狀、果肉顏色和果皮厚度因品種而異，重量從1～2公斤至20公斤以上，每個植株產瓜2或3個～15個。西瓜含維生素A和維生素C。通常生食，西瓜皮有時醃食。

waterpower 水力 用水流推動水輪或類似裝置而產生的動力。可能在西元前1世紀時就發明了水輪，它在整個中世紀得到了廣泛的應用。直至近代，它仍用於磨穀物、向爐內鼓風以及爲其他用途提供動力。更緊湊的水輪機是水流經一系列的固定槳葉和轉動槳葉，發明於1827年。雖然水輪機最初用於直接驅動灌溉機械，但現在幾乎專用於水力發電。

Waters, Ethel 沃特斯（西元1896?～1977年） 美國藍調和爵士樂歌手和女演員。十七歲即是職業歌手，1930年代曾同著名的爵士樂手艾靈頓公爵和班尼固德曼等人合錄唱片。1927年首次登上百老匯舞台，演出全部由黑人扮演的小型歌舞劇《阿非利加》，但在《黑鳥》（1930）一劇才完全確立了自己的地位。1933年在伯林的《萬衆歡呼之時》中演唱《熱浪》一曲，獲得顯著成功。後來還演出了《空中樓閣》（1940；1943，電影）、《參加婚禮的一個人》（1950，舞台；1953，電影）。她其他的電影還包括了《尖尾船》（1949）。

Waters, Muddy 沃特斯（西元1915～1983年） 原名McKinley Morganfield。美國藍調吉他手和歌手，現代「節奏藍調」風格的主要創始人。童年自學口琴。後來學習吉他，1941年開始錄音。1943年遷居芝加哥。由於採用了電吉他琴和加用鋼琴與鼓群來演奏強烈的舞蹈節奏，他與鄉村藍調風格分道揚鑣。他保留了時而悲哀、時而自負、時而又赤裸地耽於色情中的悲嘆與喊叫的歌唱風格和歌詞。結果，這種具有獨特的芝加哥形式的音樂被認爲是都市藍調。後來的搖滾樂和靈魂樂形式很大部分是從這種由沃特斯首創的音樂中衍生出來的。1960年代初流行音樂的盛行使得沃特斯聲名遠播，1970年代開始國際性的表演。

waterskiing 滑水 用時速至少24公里的汽艇牽引腳穿寬水橇的運動員在水面上滑行的一項水上運動。滑行時運動員握住繫在汽艇尾部的繩索末端的把手，身體稍後仰。這項運動在1920年代起源於美國。1946年開始舉行國際競賽。單人曲道滑水比賽參賽者必須穿越障礙。跳台比賽中運動員被拖到一個的斜台上，裁判員對運動員飛躍距離和姿式判分。有的比賽還包括了光腳滑水和特技滑水。

Waterton Lakes National Park 沃特頓湖群國家公園 加拿大西部國家公園。位於亞伯達省南部，1895年設立。山地遊覽區，面積52,618公頃。連接美國邊界和美國的冰川國家公園；兩個公園合組成沃特頓－冰川國家和平公園，1932年設立。

waterwheel 水輪 利用在輪周裝設的一圈葉片以開發流水或落水能量的機械裝置。流水施力於葉片使輪轉動，並通過輪軸帶動機器轉動。水輪可能是最早代替人力和畜力的機械能源，並首先開發用於提水、漿衣和碾穀。亦請參閱waterpower。

Watie, Stand * 沃蒂（西元1806～1871年） 原名De Gata Ga。美國印第安人酋長。曾在教會學校學習英語，後協助出版該族的報紙『切羅基鳳凰』。1835年與其他三位切羅基人首領一起簽署『新埃科塔條約』，把切羅基人土地交給喬治亞州，被迫遷至現今奧克拉荷馬州內的印第安准州。美國內戰期間他召募了一支切羅基民團，後加入南方聯盟軍，他指揮騎兵襲擊支援聯邦的印第安人的土地和財產。1864年被授予准將軍銜。切羅基人結束與盟軍的聯盟後，他仍然忠於南方。

Watling Street 華特靈大道 英格蘭一條古羅馬道路，起自多佛西北偏西部，通達倫敦後，轉向西北，經聖阿本斯，最後抵達羅克斯特。爲羅馬時期和之後英國的道路幹線之一。9世紀後泛指所有羅馬時期道路，包括了穿過坎特伯里的倫敦－多佛公路。

Watson, Doc 華生（西元1923年～） 原名Arthel Lane。美國鄉村音樂歌手、五弦琴手與吉他手。出生即雙眼失明，在北卡羅來納州一個農場長大，自幼開始學彈吉他、五弦琴、口琴。三十歲前都沒有發表專業錄音作品。不過，演奏會上傳統、流行樂曲搭配大師般彈奏吉他的快速撥弦法，使他迅速走紅。1963年在新港民謠爵士會上獲得極大好評，與兒子墨羅合作演出多年（1949～1985）。

Watson, James D(ewey) 華生（西元1928年～） 美國遺傳學家和生物物理學家。1950年獲印第安納大學博士學位。他同克里克利用X射線衍射技術研究去氧核糖核酸（DNA）的結構問題。1952年他測出煙草花葉病毒蛋白質外殼的結構，但在DNA方面無大進展。1953年春他突然認識到，DNA的主要成分－－四種有機鹼必然要結成固定的鹼基對。這個發現使他和克里克能勾畫出一個DNA的分子模型－－一個雙螺旋，很像一個雙欄轉梯。這項發現使他們和威爾金茲共獲1962年諾貝爾生理學或醫學獎。華生的暢銷書《雙螺旋》（1968），描述了DNA發現的經過及參與這項工作的人，這本書曾引起一些爭議。他曾在哈佛大學任教（1955～1976），1968年起擔任紐約州長島的冷泉港定量生物學實驗室的主任。

Watson, John B(roadus) 華生（西元1878～1958年） 美國心理學家，建立並大力宣傳行爲主義。在芝加哥大學學習，1908～1920擔任約翰·霍普金斯大學心理學教授。在他的畫時代文獻《一個行爲主義者心目中的心理學》（1913）中，他宣稱心理學是研究人類行爲的科學，人類行爲和動物行爲一樣應置於嚴格的實驗條件下進行研究。第一部主要著作《行爲：比較心理學導論》（1914），在書中他極力主張用動物進行心理學的研究，他把本能描述爲一系列由於遺傳而活化了的反射。《從一個行爲主義者的觀點來看心理學》（1919），他在書中力求把比較心理學原理和方法推廣到人類研究上，並極力主張在研究中使用條件方法。1920年他離開學術機構從事廣告事業。

Watson, Thomas J(ohn), Sr. 華生（西元1874～1956年） 美國實業家。1899年入國民收銀機公司工作。1914年任該公司總經理，1924年該公司改名爲IBM公司，他把這家公司擴展爲世界上製造電動打字機與資料處理設備的最大廠商。在雄厚的研發計畫支援下，華特生手下的業務班底有高度的企圖心，訓練精良，報酬優渥，他還推行嚴格的著裝規範，在公司辦事處張貼著名的「思考」標籤。1930年代和1940年代他進行國際貿易，把IBM的影響力延伸至世界各地。他還熱心民間事務，代表藝術界和世界和平做了不少工作。兒子小湯瑪斯（1914～）於1952年接替他的公司總經理職位，1961年任董事長，1972年擔任執行長。

Watson, Tom 華生（西元1949年～） 原名Thomas Sturges Watson。美國高爾夫球手。生於堪薩斯城，曾就讀於史丹佛大學，在1971年成爲職業高爾夫球手。他成爲1970年代一位主宰體壇的風雲人物，五度贏得英國公開賽（1975、1977、1980、1982、1983），還有兩次大師賽

（1977、1981）和一次美國公開賽（1982）。

Watson-Watt, Robert Alexander　華生－瓦特（西元1892～1973年）　受封爲羅伯特爵士（Sir Robert）。蘇格蘭物理學家，因在英國發展雷達獲得聲譽。曾就讀於聖安德魯斯大學，後在丹地大學學院任教。曾從事探索雷暴雨氣象工作，1935年在主管國家物理實驗室無線電方面的工作期間，他開始從事飛機無線電定位工作，年末已經能對相距112公里的飛機定位，辦法是向飛機發射無線電波束，再接收由飛機反射的無線電波，並通過所耗費的時間計算距離。這一成果使他設計出世界上第一個實用雷達系統，成爲1940年英國抗擊德國的空襲中的決定性因素。他的其他貢獻有：用於研究大氣現象的陰極射線探向器；對電磁輻射的研究；用於飛行安全的一些發明。

Watt, James　瓦特（西元1736～1819年）　蘇格蘭工程師和發明家。自學成材，最初曾從事儀器製造，後來參與了佛斯和克萊德運河的開鑿工作。他對紐科門蒸汽機的最大改進就是在機身外加一個冷凝器（1769），以便減少蒸氣潛熱的損失，使效率大爲增加。1775年和博爾頓共同製造新的蒸汽機。1781年他發明了行星式齒輪，將蒸汽機的往復運動變爲旋轉運動。1782年他發明的雙作用蒸汽機使活塞沿兩個方向的運動都產生動力。1784年他發明了平行運動連桿機構，解決了雙作用蒸汽機的結構問題。1788年他又發明自動控制蒸汽機速度的離心調速器，並在1790年發明壓力計，這就使瓦特蒸汽機配套齊全，切合實用，而他所發明的高效率瓦特蒸汽機對工業革命的產生發揮了重大作用。他還提出了馬力的概念；力的單位瓦特（watt）就是以他的名字命名的。

瓦特，油畫，霍華德（H. Howard）繪；現藏倫敦國立肖像畫陳列館
By courtesy of the National Portrait Gallery, London

Watteau, (Jean-) Antoine＊　華托（西元1684～1721年）　法國畫家。父親爲瓦朗謝訥一個燒瓦工人，曾在當地一個畫家的工作室當學徒。十八歲左右遷居巴黎，曾爲一些藝術家工作，其中一位是劇院舞台布景畫家，這使得華托日後的作品大多以戲劇爲主，特別是即興喜劇和芭蕾。其畫風富有抒情迷人而優美的洛可可風格。《發舟西苔島》是他最偉大的作品，描繪的是朝聖者出發前往（或離開）神祕的愛情島，該作品也是他1717年進入藝術學會的代表作。藝術學會的人無法將他歸入任何一種已知派別，因此就稱他是「盛大節日派」畫家，這是一種重要的新繪畫流派，之後許多洛可可作品都可歸入此派。

wattle ➠ acacia

Watts, André　瓦茲（西元1946年～）　（德國出生的）美國鋼琴家。生於紐倫堡，父親是非裔美軍，母親是匈牙利人。九歲時在費城管弦樂團的一次兒童音樂會上初試啼聲。十六歲時在電視上演出，指揮是伯恩斯坦，就此廣受注目。雖然年紀輕輕就已是專業音樂家，可是他選擇追隨弗萊雪（1928～）而沒有繼續追求名利。在美國國務院的贊助下，1967年巡迴世界演出。1976年在電視上做個人實況轉播演奏會，是歷史上頭一遭。

Watts, Isaac　瓦茲（西元1674～1748年）　英國非國教派牧師，公認是英國讚美詩之父。曾在倫敦斯托克紐因頓的非國教學校學習，後來任倫敦馬可雷因獨立教堂（即公理會）牧師。他的讚美詩集包括《聖歌集》（1706）、《讚美詩和屬靈歌曲》（1707）及《仿新約文字改寫的大衛詩篇》（1719）。他的讚美詩篇有六百多首，在整個新教世界非常著名，其中包括〈奇妙十字架歌〉、〈喜悅之鄉歌〉、〈千古保障歌〉和〈耶穌普治歌〉。瓦茲博學多才，發表過很多不同領域的書。

Watusi ➠ Tutsi

Waugh, Evelyn (Arthur St. John)＊　瓦渥（西元1903～1966年）　英國小說家。曾在牛津大學求學，後熱衷於獨自旅行考察和寫小說，很快便因譏諷的妙語和出衆的技巧而遠近聞名。他最好的一部諷刺小說有《衰落與瓦解》（1928）、《邪惡的肉體》（1930）、《黑色惡作劇》（1932）、《一抔土》（1934）、《獨家新聞》（1938）和《愛人》（1948）。1930年皈依天主教，此後小說中一貫反映天主教思想。在第二次世界大戰退役後，過著退休生活，且越來越保守，不願與人往來。晚期的作品主題更加嚴肅，但缺少銳氣，這些作品包括《舊地重遊》（1945）、《榮譽之劍》三部曲——《武裝的人》（1952）、《軍官與紳士》（1955）和《無條件投降》（1961）。

瓦渥，熱爾松（Mark Gerson）攝於1964年
Camera Press

wave　波動　擾動有規律和條理地從一處到另一處的傳播過程。最熟悉的是水的表面波，但是聲和光也像波的擾動那樣傳播，而所有亞原子粒子的運動都表現出像波那樣的性質。在一些最簡單的波中，擾動週期性地振動，有固定的頻率和波長。電磁波可由運動電荷和變化電流產生，它們可在眞空中傳播；因而與聲波不同，電磁波不是任何媒質中的擾動。波在媒質中的傳播取決於媒質的性質。例如，不同頻率的波可以不同速率在媒質中傳播，這就是所謂頻散效應。

wave　水波　海洋學上指水體表面的脊峰或隆起，通常有向前的運動，與組成它的那些粒子的運動不同。海洋的水波是相當規則的，相鄰的波峰之間可看出有相同的波長，有一定的振動頻率。當某種發生力（通常是風）將表面的水移動了位置，而恢復力要讓它回到受干擾前的位置，這時就形成波。單獨的表面張力是小波的恢復力。對於大的波來說，則引力更爲重要。

wave-cut platform　海蝕平台　亦稱磨損平台（abrasion platform）。指坡度平緩的從陡崖根部高潮線延伸到低潮水位以下的岩礁，是海浪磨蝕的結果；沙灘保護海濱不受腐蝕，從而阻止平台的形成。當海浪在海邊陡崖根部侵蝕出一條凹槽時，海蝕平台就加寬了，這凹槽使上面倒懸的岩石跌落。當海邊陡崖遭到沖擊時，軟弱岩層很快就被侵蝕掉，留下比較堅固的岩石。

wave front　波陣面　一個想像的表面，表示波上同步振動的相應諸點。從同一個源出發在均勻媒質中傳播的相同的波，其相應的波峰和波谷在任何時刻都是同相（phase）的；也就是說，它們完成了其週期運動的相同比例部分。通過所有同相的點畫出來的任何表面都構成一個波陣面。

wave function　波函數　量子力學中，從數學上描述粒子波動性的變量。粒子的波函數在時空中某給定點的值與粒子在該時間於該位置出現的機率相關。波函數與聲波類比可以認爲它表示的是粒子波的振幅，儘管這樣的波振幅並沒有物理意義，但波函數的平方卻具有物理意義：由特定的波函數所描述的粒子在給定位置與時間出現的機率與波函數平方的值成比例。

wave-particle duality　波粒二象性　指亞原子粒子具有某些波動性，而像光那樣的電磁波又具有某些粒子性的原理。1905年愛因斯坦依據光電效應的實驗證據指出，當時一直認爲是電磁波（參閱electromagnetic radiation）的一種形式的光必須被看作是定域的分立能量包（參閱photon）。1924年布羅伊公爵提出電子有波動性，如有波長和頻率；1927年證實了電子衍射，從而從實驗上確立了電子的波動性。量子電動力學將電磁輻射的波動理論和粒子理論結合了起來。

waveguide　波導　任何一種將電磁波（如無線電波、紅外輻射和可見光）封閉在裡面並按指定方向傳輸的器件。波導的形狀各式各樣，典型的例子有空心金屬管、同軸電纜和光學纖維。矩形截面的空心金屬管是最簡單和最通用的波導之一。它們在無線電發射機或接收機與天線之間。無論是圓形或矩形波導，無線電波都被封閉在管內，使穿出管外的射頻耗損最小。金屬波導用在微波爐、雷達系統、無線電望遠鏡等技術。

wavelength　波長　波的相鄰兩對應點之間的距離。「對應點」是指處於相同相位的點，即完成了一個整週期運動的兩點。通常，在橫波中波長是以波峰與波峰或波谷與波谷之間的距離來量度的；在縱波中是以密波與密波或疏波與疏波之間的距離來量度的。波長通常以希臘字母 λ 表示；波長等於以波的頻率f除媒質中波列的速率 ν 來表示，即 $\lambda=\nu/f$。

Wavell, Archibald Percival＊　魏菲爾（西元1883～1950年）　受封爲Earl Wavell (of Eritrea and of Winchester)。英國陸軍元帥，第二次世界大戰初期在北非打勝仗，但被後來隆美爾的非洲兵團打敗，1942年又無力阻止日本入侵馬來亞和緬甸，戰功被抵銷。1939年任中東的英軍總司令。第二次世界大戰初期在北非（1940年12月～1941年2月）和東非（1941年1～5月）擊潰人數上大占優勢的義大利軍隊。他在任東南亞英軍總司令時，馬來亞、新加坡和緬甸都被日軍攻克。後晉升爲陸軍元帥，1943～1947任英國駐印度總督。

wax　蠟　一類來源於動物、植物、礦物的或合成的柔順性物質中的任何一種，和脂肪相比它較不油膩、較軟也更脆。蠟包含了大部分高分子量（脂肪酸、醇和飽和烴）的化合物。有不少蠟類可在高溫（即35～100℃）熔化，形成可以擦得很亮的膜，使它們成爲用於一系列擦亮劑的理想材料。動物蠟和植物蠟屬脂肪酸的酯類，這些醇類可以是一組稱爲固醇（例如膽固醇）的醇類，或者是一種在直鏈中的醇（例如十六烷醇）。羊毛蠟、蜂蠟屬動物蠟，用於製藥和化妝品。鯨油和鯨蠟都取自抹香鯨，在常溫下是液體，主要用作潤滑劑。植物蠟主要是巴西棕櫚蠟、小燭樹蠟和甘蔗蠟都用作擦亮劑。工業用蠟中約有90%是由石油中回收的。一般分爲三種主要類型：石蠟、微晶蠟和石蠟脂。石蠟廣泛用於蠟燭、蠟筆和工業用擦亮劑。它還用作電器的絕緣組分和用於防水木材及其他材料中。微晶蠟主要用於包裝紙塗層。石蠟脂用於藥膏和化妝品製造。合成蠟通常與石油蠟混合，製得種種產品。

wax sculpture　蠟塑　用塑造或翻造手段以蜂蠟預先製成完整構圖，作爲翻鑄金屬作品的模子（參閱lost-wax process），或作爲繼續進行加工的初步設計。蜂蠟可以溶解成爲透明的流質，還可以和各種顏料調和，而且外表光澤悅人。也可以用泥土、油或脂肪來改變蜂蠟的素質與濃度。在古埃及殯葬儀式中把蠟製神像安放在墓穴裡。在羅馬，貴族之家常保存著蠟製的祖先面模。像米開朗基羅這樣傑出的雕塑家，在爲雕像製作小構圖時也用蠟模。16世紀時蠟塑肖像徽章普遍流行，至18世紀，蠟塑肖像徽章再度興起。18世紀末葉，福萊克斯曼完成了許多蠟塑肖像及浮雕像。倫敦圖索德夫人蠟像陳列館是最著名的蠟塑展覽所。

waxwing　朱緣蠟翅鳥　雀形目太平鳥科三種鳴禽的統稱。外觀優美，次級飛羽末端呈閃亮的紅色，如珠狀，故名。體灰褐色，有末端漸尖的羽冠。普通太平鳥（即波希米亞朱緣蠟翅鳥、普通朱緣蠟翅鳥）長20公分，翅除有紅色斑紋外，還有黃、白斑點；在歐亞大陸和美洲的北部森林中繁殖，每隔數年在冬季南下大量繁殖。雪松太平鳥（即雪松朱緣蠟翅鳥）體型較小，體色不如前者豔麗，生活在加拿大和美國北部。冬季，朱緣蠟翅鳥可成群進入城市公園覓食漿果。日本太平鳥（日本朱緣蠟翅鳥）分布僅限於東北亞。

Wayne, Anthony　韋恩（西元1745～1796年）　美國革命中的將領。曾經營一家皮革廠，後於1776年受命擔任大陸軍上校，掩護美軍從加拿大撤退，後來取得泰孔德羅加堡的指揮權。1777年晉升爲准將，領導軍隊參與了布蘭迪萬河、保利和日耳曼敦等戰役。1779年奪取紐約州斯托尼波因特英軍要塞之役是他生平最輝煌的戰績，因大膽無畏而贏得「瘋子安東尼」的封號。他曾參加了圍攻約克鎮的戰役，後來在喬治亞擊敗印第安人與英軍的聯盟。1792年華盛頓總統派他去攻打俄亥俄准州上的印第安人，他在鹿寨戰役（1794）中徹底擊潰了印第安人的抵抗。

Wayne, John　韋恩（西元1907～1979年）　原名Marion Michael Morrison。美國電影演員。結識導演約翰·福特前，他在福斯公司擔任道具員，1928年開始在福特的影片中參加小角色的演出。在《大追捕》（1930）中第一次扮演主角，後來在取得福特導演《驛馬車》（1939）演出前，曾主演了八十餘部低成本電影。他把身強力壯和沈默寡言的牛仔和士兵的形象表演得栩栩如生，綽號「公爵」韋恩成爲電影史上票房價值最高的演員之一。他演出的西部片還有（許多是福特執導的）：《紅河谷》（1948）、《黃巾騎兵團》（1949）、《一將成功萬骨枯》（1950）、《搜索者》（1956）、《赤膽屠龍》（1959）、《大地驚雷》（1969，獲奧斯卡金像獎），此外，他還擔任《蓬門今始爲君開》（1952）的導演，及《哈塔里！》（1962）和《越南大戰》（1968）二部影片的副導演。

WCTU ➠ Woman's Christian Temperance Union

weak force　弱力　亦稱弱核力（weak nuclear force）。自然界的一種基本力，是若干類型放射性和亞原子粒子之間某些相互作用的起因。弱力對所有自旋爲1/2的基本粒子起作用。粒子通過弱力藉交換玻色子（具有整數自旋的粒子）而相互作用。它們質量較大，約爲質子的一百倍。由於其重，所以在涉及放射性的低能量下，弱力表現微弱。在放射性衰變中，弱力的強度約爲電磁力的十萬分之一。然而，現在已知弱力的固有強度與電磁力相同，人們認爲這兩個表現不同的力是單一「電弱」力的不同表現形式（參閱electroweak theory）。

weakfish 狗鰔 亦稱sea trout。鱸形目石首魚科狗鰔屬魚類的統稱，約六個種，棲於北美沿岸海區。王狗鰔是海水遊釣魚，但長度一般小於60公分。沿中大西洋美國各州也進行商業性捕撈，是石首魚科中經濟意義最大者。斑狗鰔見於佛羅里達之大西洋與墨西哥灣沿岸，體型較前者稍小。形狀和外觀與鮭形目的鱒類相似，但二者毫無親緣關係。

weapons system 武器系統 用於控制及運用某種武器的綜合性系統。分成戰略和戰術兩種。戰略武器攻擊敵方的軍事、經濟、政治據點，目標對准城市、設施、軍事基地、運輸和聯絡網路、政府所在地。由於現代戰爭工具及其控制手段十分複雜，通常需要有一種電腦化的管理系統。洲際彈道和非彈道飛彈，以及反彈道飛彈是戰略武器系統中的武器。地（水）面發射的近程飛彈（即防空飛彈或戰場武器）以及空－空或空－地攻擊型飛彈組成戰術武器系統。僅少數國家有戰略武器系統，而在大多數國家都具備戰術武器系統。

weasel 鼬 鼬科數屬小型貪婪的食肉動物的統稱，夜行性，美洲、非洲及歐亞大陸均有分布。體細長；頭小而扁平；頸長而柔韌；四肢短；各足具五趾，各趾有尖銳而彎曲的爪；毛短而密；尾尖而細長。不同的種，其大小和尾的相對長度不同。體長約17～50公分，體重約30～350公克。鼬屬約有十種，由北美至南美以及歐亞大陸均可見；體通常呈淺紅褐色，腹面白色或淺黃色；棲於寒冷地區者，冬季毛轉白，其皮毛，尤其是白鼬的皮毛，在皮毛貿易中稱爲鼬貛皮。鼬一般在夜間單獨捕食，主要以齧齒動物魚、蛙和鳥卵爲食。

長尾鼬（Mustela longicauda）
John H. Gerard

weather 天氣 在一定地區短時段內的大氣狀態。它包括諸如溫度、濕度、降水（形態與量）、氣壓、風、雲等大氣現象每日的變化。天氣大多發生於大氣的對流層內，但更高處的大氣現象如急流，和高山、大面積的水體等地表形態對天氣也有影響。亦請參閱climate。

weather forecasting 天氣預報 運用物理學和氣象學的原理對某地區未來的天氣作出報告。天氣預報除報告大氣本身的各種現象外，還包括因受大氣的影響在地表上發生的各種變化－－如積雪、覆冰量、風暴波浪和洪水等。科學的天氣預報依賴經驗和統計數字來完成，包括了溫度、濕度、氣壓、風速和風向、降水及電腦控制的數學模型各項測量。

weather modification 人工影響天氣 透過人類活動有目的的或在無意中改變大氣的狀態，並足以影響局部或地區範圍內地天氣。技術上並不複雜的措施，如遮蓋植物以確保其在夜間的溫暖，製造雲層以增加降水，將碘化銀輸送到低於冰點的液態水珠所形成的雲層中，用來在飛機場上驅散霧等是取得某種成功的控制天氣的幾種方法。由於大城市的工業化和迅速成長，造成每年數十億噸的二氧化碳和其他氣體排放到大氣中，已使當地氣候產生明顯變化（參閱acid rain、global warming和greenhouse effect）。

weathering 風化 岩石在地表或接近地表的天然位置或原始位置上，通過由風、水和氣候所引起或改變的物理作用過程、化學作用過程以及生物作用過程而發生的崩解與蝕變。風化與侵蝕不同之處在於後者通常包括崩解的岩石或土壤被從剝蝕的地點搬運走。但侵蝕的廣泛運用則包括了風化作用。風化和變質作用亦不同，後者通常發生在地殼深處相當高的溫度條件下。

Weaver, James B(aird) 韋弗（西元1833～1912年） 美國傾向激進土地政策的政治人物。代表愛荷華州當選聯邦眾議員（1879～1881，1885～1889）。曾協助成立平民黨（參閱Populist Movement），1892年爲該黨總統候選人，得到了超過一百萬的普選票和二十二張選舉人票。在促成該黨與民主黨合併失敗後退休。

Weaver, John 韋弗（西元1673～1760年） 英國舞者和芭蕾舞大師，英國啞劇之父。1700～1736年間在特魯里街劇院和林肯律師學院菲爾茲劇院演出和製作舞劇。他的《馬爾斯和維納斯的愛情》（1717）是第一部正式發表的適宜於舞劇的歌劇劇本。他的最佳演出以情節和表演取勝，而不是當時流行的那種專業炫技。因此他成了諾維爾和安哥里奧尼一位重要的老前輩。後者是富有創造性的舞蹈動作的設計者。

Weaver, Warren 韋弗（西元1894～1978年） 美國數學家。生於威斯康辛州里茲堡，曾就讀威斯康辛大學，1920～1932年在此授課，1932～1955年管理洛克斐勒基金會的自然科學部門。公認第一位提出利用電子電腦來翻譯自然語言的人。在1949年的備忘錄，建議應用資訊理論中的統計技術讓電腦自動將一種自然語言的文字翻譯成另一種。提議的基礎是假設人類語言的文件可以當成是用代碼書寫的，可以分解成其他代碼。

weaving 織造 在手動織布機或動力織機上用兩組紗線（通常互相垂直）交織成織物。縱長方向的紗線叫經紗，橫向的叫緯紗。大多數織物的外邊必須避免糾纏在一起（因爲緯紗在裁邊時要繞轉回來而不是結束）。這種邊也稱爲鑲邊，必須縱向與經紗平行。三種基本織物是平紋組織（緯線跨上一條經線，然後往下穿）、斜紋組織和緞紋織物。花式組織有起絨組織、雅卡爾提花、小提花組織和紗羅等，這些需要更複雜的織機或特殊的附件才能完成。亦請參閱Navajo weaving。

Web ➠ World Wide Web

Web site 網站 經由全球資訊網及特定網域名稱下組織存取檔案集合或相關資源。網站上典型的檔案是HTML文件，以及相關的圖檔（GIF、JPEG等）、文本程式（以Perl、共通閘道介面、Java語言等寫成），以及類似的資源。網站的檔案通常藉由其他檔案嵌入的超文字或超連結來存取。網站也可能僅由一個HTML檔案組成，也可能由成百上千個相關檔案構成。網站通常的起點或開啓網頁稱爲首頁，一般作爲內容或索引的列表，連接到網站的其他部分。網站的主機是一台或一台以上的網站伺服器，將檔案利用HTTP協定傳送到客戶端電腦或其他伺服器。雖然網站的名稱好像是指單一的實體位置，但是網站的檔案和資源實際上可能分布在不同地理位置的幾個伺服器。客戶端請求的特定檔案可在瀏覽器輸入URL來指定或是選擇超連結來存取。

Webb, Sidney (James) and Beatrice 韋伯夫婦（希德尼與碧翠絲）（西元1859～1947年；西元1858～1943年） 英國社會主義改革者，對於英國的社會思想和制度影響很深。希德尼原是公務員，1885年蕭伯納說服他加入費邊社。他爲該社撰寫第一本宣傳小冊子《社會主義者的論據》（1887），並開始公開講演社會主義。1891年結識《大不列顛合作運動》（1891）的作者碧翠絲（原名Martha

Beatrice Potter），兩人於1892年結婚。他們合力撰寫了頗富影響力的《工聯主義史》（1894）和《工業民主》（1897）。任職倫敦郡議會期間（1892～1910），希德尼促使公共教育體系進行廣泛改革。韋伯夫婦曾共同參與創辦倫敦經濟學院和重組倫敦大學。碧翠絲在擔任濟貧法委員會委員時（1905～1909），寫了一份預見福利國家出現的報告。1914年夫婦二人加入工黨，希德尼爲該黨起草一份重要政策聲明書《勞工與社會新秩序》（1918）。1922～1929年間希德尼進入國會，1929～1931年擔任殖民地事務大臣，並於1929年受封爲帕斯菲爾德男爵。1932年韋伯夫婦赴蘇聯旅行，對蘇聯印象深刻，撰寫了《蘇維埃共產主義：一種新秩序？》（1935）。

Webber, Andrew Lloyd ➠ Lloyd Webber, Andrew

Weber, Carl Maria (Friedrich Ernst) von＊　韋伯（西元1786～1826年）　德國作曲家。樂師和劇院經理之子，莫札特妻子的表兄弟，自幼多病。曾隨海頓之弟學習作曲（1737～1806），後師從福格勒神父繼續學習。透過福格爾介紹，被任命爲布雷斯勞的音樂總監（1804～1806）。1813任布拉格歌劇院指揮，事必躬親，使他幾乎無暇創作，遂於1816年辭職。1819年他寫下了著名的《邀舞》和《音樂會短曲》（1821）。《魔彈射手》也是這期間的作品，1821年在柏林上演時使他一舉成名，成爲國際巨星。他的下一部歌劇《歐麗安特》（1823），因腳本拙劣而未成功。他的最後一部作品《奧伯龍》1826在倫敦首演，僅在倫敦受到歡迎。後死於英國，得年三十九歲。韋伯德國古典音樂過渡到浪漫主義時代的主要人物，被稱爲德國民族歌劇的先驅。

Weber, Max＊　韋伯（西元1864～1920年）　德國社會學家和政治經濟學家。家境富裕，父親是位自由派政界人士，母親爲喀爾文派信徒，他自己是個勤奮的學者但常爲精神方面的疾病所困。他受自身經驗啓發，寫了《新教倫理與資本主義精神》（1904～1905）一書，這是他最有名但最具爭議的一部著作，書中探討了喀爾文派信徒的道德、強迫勞動、官僚機構、資本主義的成功（參閱Protestant ethic）等之間的相互關係。韋伯還深入剖析了神授的能力和神祕主義等社會現象，他認爲這是有悖於現代社會及其基本的理性化進程的。他努力使社會學在德國成爲理論學科，他的作品至今還影響著學術界。他在方法論方面強調學術上的客觀性及依據動機對人類行爲的分析，對社會學的理論研究產生深遠的影響。他著作頗豐，許多是在死後出版的，包括《經濟與社會》（1922～1925；2卷）和《經濟史通論》（1923）。

Webern, Anton (Friedrich Wilhelm von)＊　魏本（西元1883～1945年）　奧地利作曲家。幼時即學習鋼琴和大提琴。以關於荷蘭作曲家衣沙克的音樂的論文獲維也納大學音樂學博士。1904年開始和貝爾格師從荀白克學習作曲。三人共同探索音樂表現新的一面，即無調性音樂。當荀白克創立了一種十二音的作曲方法時，魏本在其鋼琴曲《兒童散曲》中首先採用，並在此後所有作品中都運用其序列技巧。此即所謂表現主義的《新維也納學派》。魏本雖然作了《交響曲》（1928）、《協奏曲》（1934）和《鋼琴變奏曲》（1936）等曲，但他主要還是以指揮爲生。在第二次世界大戰晚期奧地利被占領期間，他在藝術上完全與世隔絕，後被美占領軍誤殺。雖然生前廣被誤解與忽視，死後卻被公認爲對第二次世界大戰後的音樂影響最大的作曲家之一。

Weber's law＊　韋伯氏定律　亦稱Weber-Fechner law。心理物理學定律，1834年德國生理學家韋伯（1795～1878）在研究舉重物問題時首先提出，即能被機體感覺到的刺激強度變化與原刺激強度之比是一個常數。後來，他的學生費希納把它應用於感覺測量。他們兩人的工作特別是對視、聽功能的研究有用，但本定律不適用於極端強度的刺激。

Webster, Ben(jamin Francis)　韋伯斯特（西元1909～1973年）　美國次中音薩克斯風手，爲搖擺樂時代最具影響力的薩克斯風獨奏者。生於堪薩斯市，韋伯斯特深受霍金斯及霍奇斯影響，曾於數個重要搖擺樂團裡演奏，1940年加入艾靈頓公爵的樂團，1943年之後幾乎都擔任小樂團的團長，1964年移居哥本哈根。性感、夾雜著喘息聲和大量的顫音樂風是韋伯斯特的註冊商標，他也是詮釋爵士樂情歌的能手之一。

Webster, Daniel　韋伯斯特（西元1782～1852年）　美國律師和政治人物。曾擔任過美國眾議員（1813～1817）。1816年舉家遷居波士頓。1823～1827年再次當選美國眾議員。他在最高法院爲一系列日後成爲判例的重要案件辯護，包括了達特茅斯學院案（1819）、麥卡洛克訴馬里蘭州案、吉本斯訴歐格登案（1824）。後當選參議員（1827～1841；1845～1850）。他成了支持聯邦的雄辨家，反對州有權不遵守聯邦法律的做法，及其倡導者海恩和卡爾霍恩。在擔任國務卿（1841～1843，1850～1852）期間，他談判並簽署了「韋伯斯特－阿什伯頓條約」（1842），解決了加拿大－緬因州間的邊界爭端。

韋伯斯特，索思沃思和霍斯攝製的達蓋爾式照片

By courtesy of Metropolitan Museum of Art, New York City, gift of I. N. Phelps Stokes, Edward S. Hawes, Alice Mary Howes, Marion Augusta Hawes, 1937

Webster, John　韋伯斯特（西元1580?～1625?年）　英國劇作家。生平不詳，但可能最初做過演員，後成爲劇作家。曾和一些著名劇作家，如德克合作寫過一些劇本。他最著名的作品是《白魔》（1612）和《馬爾菲公爵夫人》（1623），二者都屬報仇悲劇，敘述因謀殺和血腥的證據引發義大利貴族家庭間的爭端的故事；被公認是莎士比亞作品以外17世紀英國最重要的悲劇。

Webster, Lake ➠ Chargoggagoggmanchauggauggagoggchaubunagungamaugg, Lake

Webster, Noah　韋伯斯特（西元1758～1843年）　美國詞典學家及作家。曾在耶魯大學學習，也唸過法律。在紐約教書時開始了他終身致力的教育事業。首先出版了《英語語法原理》，包括了《美國拼音課本》（1783），亦即著名的《藍脊拼音課本》至今已銷售了一億冊以上，這可能是美國史上最暢銷的書，爲韋氏提供大量收入，是其一生的主要生活來源。韋伯斯特是狂熱的聯邦主義分子，曾創辦兩份支持聯邦主義的報紙（1793）和撰寫許多這方面的文章。1821年與人共同創辦阿默斯特學院。1806年出版第一本字典《簡明英語詞典》；1807年開始編纂《美國英語大詞典》（1828，1840；第二版）。反映出他的主張：拼寫法、語法和慣用法應完全根據活的口語，摒棄人爲的規定。該字典的版權後來轉讓給喬治和查理．梅里厄姆公司，該公司出版了一系列的梅里厄姆－韋氏詞典。

Webster-Ashburton Treaty　韋伯斯特－阿什伯頓條約（西元1842年） 美國和英國之間爲確定美國東北部疆界而締結的條約，由美國國務卿韋伯斯特和英國大使阿什伯頓勳爵雙方代表談判，該條約還就兩國在取締奴隸買賣方面的合作做了一些規定。條約確定了緬因和新不倫瑞克之間的今日邊界，給予美國在聖約翰河上的航行權、規定引渡非政治犯並建立聯合海軍體系以杜絕非洲海岸外的奴隸買賣。

Wedekind, Frank＊　魏德金（西元1864～1918年） 原名Benjamin Franklin Wedekind。德國演員和劇作家。1872～1884年住在瑞士，後移居慕尼黑直到去世。1891年開始戲劇創作，他的悲劇《青春覺醒》出版，引起人們的非議。全劇描寫三個青年人的情竇初開。在「露露」組劇《地神》（1895）和《潘朵拉的盒子》（1904）裡，他把性的主題擴大到下層社會，寫了缺乏道德意識的婦女露露被毀於性的自由，及其與僞善的資產階級倫理道德所發生的悲劇性衝突。魏德金在其戲劇中使用了插曲式場面、斷續式對話、歪曲式漫畫手法，從而形成了從他那個時代的寫實主義到下一代人的表現主義之間的過渡時期。被認爲是荒謬劇的鼻祖。

Wedemeyer, Albert C(oady)＊　魏德邁（西元1897～1989年） 美國陸軍軍官。生於內布拉斯加州奧馬哈，西點軍校畢業，曾先後於中國、菲律賓和歐洲服役，直到第二次世界大戰爲止。身爲美國陸軍部戰略部門的一名參謀軍官（1941～1943），他是1941年美國參戰時的「勝利方案」的重要締造者，同時也協助籌畫過如諾曼第登陸等戰略。魏德邁曾擔任蔣介石的參謀長以及美軍在中國地區的指揮官（1944～1946）。1951年退休，於1954年獲擢昇爲將軍。

wedge　楔 機械中一種逐漸斜削至薄邊的器具，通常用金屬或木頭做成，用於劈開、抬升或緊固（爲將榔頭裝在把上）。它和槓桿、輪軸、滑輪、螺旋一樣，被認爲是五種簡單機械之一。在史前時代，楔就被用於劈開木頭和石頭；木製的楔用水浸濕，使其膨脹，用來劈開石頭。從機械作用來看，螺紋件可看作是繞在圓柱上的楔。

Wedgwood, Josiah　維吉伍德（西元1730～1795年） 英國陶器設計者和製造商。他的家庭從17世紀開始就從事陶器生產。在隨大哥學藝一段時間後，他和另一位陶工合作最後自己獨立創業。他以科學方法成功的改進陶器的製造，甚至對法國塞夫爾和德國邁森等大工廠的經營也受到影響。他的發明包括了今日仍受歡迎的綠釉，改良米色陶器和發明高溫計。他的女兒蘇珊娜是達爾文的母親。亦請參閱Wedgwood ware、Wood family。

Wedgwood ware　維吉伍德陶瓷 英國的一種石陶器，原產於英國斯塔福郡的維吉伍德（1730～1795）的工廠。米色陶器因爲質高耐用、價錢公道而受中產階級親睞。1768年維吉伍德廠發展了一種黑色不上釉的質地精細的玄武岩石陶器，是仿製古董和文藝復興時期製品的理想材料，古文物收藏者非常喜愛這種瓷器。在新古典主義傳統下，也研發了一種碧玉石陶器（1775年起），這是一種白色、無光、未上釉的石陶器。有色瓶體上的白色裝飾使瓷瓶看起來就像是古物浮雕。在福萊克斯曼等藝術家的幫助下，維吉伍德仿製了許多古董的設計。高品質的維吉伍德陶瓷至今仍有生產。

weed　雜株 任何生長在不需要它們生長處的植株。雜株與栽培作物爭水、光線和養分。牧地與牧場上的雜株不合動物胃口，甚至具有毒性。許多雜株是植物病原體的宿主，也是有害昆蟲的藏身處。後來發現部分不需要的植物有原來未設想到的優點，遂開始栽培它們。有些栽培植物若移植到新氣候區，則會逸出栽培地成爲雜株。

Weed, Thurlow　威德（西元1797～1882年） 美國新聞工作者和政治人物，紐約州輝格黨建黨人之一。曾習印刷工藝，在紐約州北部幾家報社工作過，是反共濟黨領導人之一（1828）。1830年創辦反共濟運動報紙《奧爾班尼晚報》，後改變初衷，與積極建設輝格黨宗旨相配合，使該報成爲輝格黨主要黨報。輝格黨解體後加入共和黨。後堅定支持林肯總統。1861年奉國務卿蘇華德派遣以特使身分赴英格蘭，爲美國進行宣傳，林肯去世（1865）、激進派共和黨人興起後，威德在黨內的影響下降。1863年賣掉他的報紙，並退出政界。

Weelkes, Thomas＊　威爾克斯（西元1575?～1623年） 英國管風琴家和作曲家。1597年發表了第一本牧歌集，第二年擔任溫徹斯特學院管風琴樂師。其最偉大的作品分別收入1598和1600年問世的兩本牧歌集中，他發表的最後一本牧歌集是在1608年。他的作品多使用半音音階，具有生動的表現力。

weevil　象甲 亦稱snout beetle。鞘翅目象甲科昆蟲，約40,000種，象甲科不僅是鞘翅目最大的科，也是動物界最大的科。多數的觸角長、膝狀，喙突出，有專門的溝以容納觸角。喙的末端爲口器。有的無翅，有的善飛行。多數長不到6公釐，但最大的超過80公釐。許多種爲單色並有斑紋，專吃植物。幼蟲多數只取食植物的某一部分或吃某一種植物，成蟲的食譜較廣。本科包括若干重要害蟲，如棉鈴象甲。

Wegener, Alfred (Lothar)＊　魏根納（西元1880～1930年） 德國氣象學家和地球物理學家。在取得天文學博士學位（1905）後，對古氣候學已經有了興趣，並在1906～1908年參加了赴格陵蘭的考察隊去研究北極的大氣環流。最早正式提出了關於大陸漂移假說的完整陳述，並在重要著作《大陸和大洋的起源》（1915）中充分發表了他的理論。魏根納的大陸漂移論在其後的十年內贏得了一些擁護者，但是他對大陸運動推動力的假定卻似乎並不可取。遲至1930年，他的學說已經被多數地質學者所捨棄，在隨後幾十年間默默無聞，只有到了1960年代，成了板塊構造學說的一部分，才又復甦。

維吉伍德碧玉細石陶器花瓶（1785?），產自英格蘭斯塔福；現藏倫敦維多利亞和艾伯特博物館
By courtesy of the Victoria and Albert Museum, London; photograph, Wilfrid Walter

Wei Mengbian　魏猛變（活動時期約西元4世紀） 亦作Wei Meng-Pien。中國機械工程師。他設計了眾多的有輪車輛，包括計距器（用來測量距離）和指南車。他也建造了轉台磨坊，其中輪子的旋轉驅動了一組磨石和鎚子，能夠自動處理穀物。他的發明預告了歐洲工程師後來使用的機制。

Wei River＊　渭河 中國北部河流。發源於甘肅省東南方的山脈，向東流經山西省，後來匯入黃河。渭河長約537哩（864公里），其河谷是中國文明最早期的中心；直到10世紀，此地仍爲相繼更迭的都城所在地。西元前3世紀環繞著涇河和渭河匯流處的區域，是中國首度進行雄心勃勃之灌溉工程的所在地。

Wei Zhongxian　魏忠賢（西元1568～1627年）　亦拼作Wei Chung-hsien。1624～1627年主宰中國政府的閹人。魏忠賢身爲日後天啓皇帝（1620～1627年在位）之乳母的親信，他擄獲了年輕皇子的信任。當這位性格軟弱、缺乏決斷的皇帝登上皇位，他讓魏忠賢成爲眞正的統治者。魏忠賢向各省征斂極重的稅負，殘酷地剝削人民，獵殺其政敵、威嚇官僚階層，並且在政府裡大量安插諂媚逢迎與投機的人士。當皇帝死後，他失勢下台，並上吊自盡以逃避受審。魏忠賢被視爲中國歷史上最有權勢的宦官。

Weidman, Charles＊　魏德曼（西元1901～1975年）　Charles Edward Weidman。美國現代舞舞者、教師和編舞家。曾在丹尼斯蕭恩舞蹈學校學習，1920年代成爲舞蹈團的舞者。1928年和韓福瑞建立韓福瑞－魏德曼舞蹈學校和舞團。1945年後，他建立了自己的學校。1948年又創辦了戲劇舞蹈團，並爲舞團編排了他的傑作之一《當代寓言》。至1970年代他還繼續從事教書、編舞和舞蹈表演工作。

Weierstrass, Karl (Theodor Wilhelm)＊　維爾斯特拉斯（西元1815～1897年）　德國數學家，現代函數論的創立人之一。1856年開始在柏林大學教書。在與數學界沒有接觸的情況下工作多年後，1854年發表了關於阿貝耳函數的論文，使他從沒沒無聞一躍而起，引人重視。他最大的成就是函數理論，被稱爲現代分析之父。他通過他的學生（其中有柯瓦列夫斯卡亞），人們感覺到他的巨大影響，他的許多學生都成了有創造性的數學家。

weight　重量　由像地球或月球這樣的大質量物體對另一物體的吸引而產生的引力。重量是引力定律的結果。在同一地點，物體質量（參閱mass）越大，則重量就越大。距離地球越遠的物體，重量則越小。儘管一定物體的質量保持不變，其重量卻隨所在地的不同而異。例如，由於月球的質量和半徑都比地球小，因而同樣物體在月球上的重量僅及地球上的六分之一。物體的重量W是它的質量m與物體所在地的重力加速度g的乘積，或寫成$W=mg$。由於重量是力的量度而不是質量的量度，所以重量的單位是牛頓（N）。

weight lifting　舉重　舉起槓鈴的競賽或運動。有兩個主要項目：一是抓舉，以一次有爆發力的連續性動作將槓鈴舉過頭頂。一是挺舉，其動作分成兩個部分，在舉重選手將槓鈴舉到肩部後，然後挺直雙臂舉過頭頂，腿部動作不加限制。做這兩種動作時，選手必須保持雙腳在一條線上，身體直立，臂腿伸直，槓鈴被控制在頭頂上方兩秒鐘，或等待裁判員示意方可放回啞鈴。從蠅量級到超重量級按體重分成十個等級。重量級所舉槓鈴可能超過455公斤。現代舉重比賽源於18～19世紀。奧運會前三屆（1896、1900、1904）都有這個項目，但是以後暫停舉辦，直到1920年才恢復。

weight training　負重訓練　亦稱重量訓練。運用槓鈴、啞鈴等重物進行賽前身體訓練的一種方法。與舉重、健力不同，它不是比賽項目而只是一種訓練方法，既用於身體恢復階段又用於賽前準備階段。運動員都廣泛運用這種方法。非運動員則利用這種方法提高身體全面素質並增強肌肉系統。用於患病、負傷或長期臥床後恢復階段的負重訓練，通稱循序漸進抗阻力訓練，一般要在醫生的指導下進行。

weights and measures　度量衡　將被測量的對象與已知數量的同類對象進行比較所用的一些標準量（參閱measurement）。度量衡對科學、工程、建築、其他技術事務及許多日常活動皆重要。亦請參閱foot、gram、International System of Units、metric system、meter、pound。

Weil, Simone＊　韋伊（西元1909～1943年）　法國神祕主義者和社會哲學家。高級師範學校畢業後，在幾所中等學校教授哲學，但常與學校董事會發生衝突。她還把薪資拿來接濟窮人，使自己也生活在困苦中。西班牙內戰時她協助反法西斯勢力，第二次世界大戰時加入法國反抗運動。雖然是猶太人，但在1940年代成爲天主教徒。法國被占領期間，因長期營養不良和工作過度生病住院，不久便死於肺結核，年三十四歲。死後出版的作品有：《莊重和優雅》（1950）、《根的需要》（1949）、《等待上帝》（1950）和三冊的《筆記》（1951～1956），特別影響到英國和法國的社會思想。韋伊在作品中探索自身的宗教生活，同時也分析個人與國家和上帝的關係、現代工業社會的精神缺陷、對極權主義的恐懼。

Weill, Kurt (Julian)＊　韋爾（西元1900～1950年）　德裔美國作曲家。父親是合唱團指揮，十五歲時擔任劇院伴奏。曾短時期隨亨伯定克學習作曲，而指揮工作豐富了他的經驗。隨布梭尼學習（1920），他作了第一首交響曲。因獨幕劇《先驅者》（1926）和《皇宮》（1927）爲他確立了作曲家地位。與布萊希特共同創作《三分錢歌劇》（1928），這是一種新的時事諷刺劇風格，在柏林和其他各地都獲得極大的成功。歌劇《馬哈岡尼城的興亡》1930年在德勒斯登首次上演，被認爲是他的傑作。1933年希特勒上台後，他與妻子逃至巴黎，創作了《七死罪》（1933）。1935年移民美國，1938年《紐約人的假日》問世，接著是《黑暗中的女士》（1941）、《與維納斯的一次接觸》（1943）和《消失在星星之中》（1949）。

Weimar Republic＊　威瑪共和　1919～1933年的德國政府，因1919年至8月11日在威瑪召開制憲會議，故名。初期，共和國因戰後經濟、金融問題和政治不穩定所困擾，但在1920年代晚期都獲得解決了。其主要的政治領袖包括了艾伯特（1919～1925）、興登堡（1925～1934）兩位總統及斯特來斯曼，他曾擔任總理（1919～1925）和外交部長（1923～1929）。在大蕭條期間，它的政治和經濟的崩潰，造成希特勒勢力的崛起，他成爲總理（1933）後解散了威瑪共和。

Weimaraner＊　威瑪狗　19世紀初威瑪宮廷的日耳曼貴族培育的一種獵犬，耳懸垂，眼爲藍、灰或琥珀色。被毛短而光滑，呈鼠灰色或銀灰色。體高58～69公分，體重25～39公斤。特點爲機警和平衡感佳，是極有侵略性的獵犬，也是好的伙伴和看守犬。

Weingartner, (Paul) Felix, Edler (Lord) von Münzberg＊　溫加納（西元1863～1942年）　奧地利交響樂及歌劇指揮家、作曲家。在萊比錫音樂學院學習後，在威瑪師從李斯特，並安排他的首齣歌劇《沙恭達羅》在這裡上演（1884）。曾在但澤、漢堡和曼海姆等地指揮，1891年成爲柏林歌劇院指揮。他接替馬勒任維也納皇家歌劇院指揮（1908～1911），後來擔任維也納愛樂交響樂團指揮至1927年。他還是傑出的作家，其論述指揮的小冊子《論指揮》（1895）很著名。

Weiser, Johann Conrad＊　韋塞（西元1696～1760年）　德國出生的北美洲殖民地印第安事務官員，音樂家。1710年隨父移居紐約。他一度在易洛魁部族中生活。此後結婚，自

度量衡（英國度量衡制／美國度量衡制）

單　位	縮寫或符號	換算成同系統的其他單位	換算成公制單位
		重　量	
		常衡制**	
噸			
短噸		20短擔，2,000磅	0.907公噸
長噸		20長擔，2,240磅	1.016公噸
擔	cwt		
短擔		100磅，0.05短噸	45.359公斤
長擔		112磅，0.05長噸	50.802公斤
磅	lb或lbavdp或#	16盎斯，7,000公克	0.454公斤
盎斯	oz或ozavdp	16特拉姆，437.5喱，0.0625磅	28.350公克
特拉姆	dr或dravdp	27.344喱，0.0625盎斯	1.772公克
喱	gr	0.037喱，0.002286盎斯	0.0648公克
		金衡制	
磅	lbt	12盎斯，240金衡盎斯，5,760喱	0.373公斤
盎斯	ozt	20金衡盎斯，480喱，0.083磅	31.103公克
金衡盎斯	dwt及pwt	24喱，0.05盎斯	1.555公克
喱	gr	0.042金衡盎斯，0.002083盎斯	0.0648公克
		常衡制*	
磅	lbap	12盎斯，5,760喱	0.373公斤
盎斯	ozap	8特拉姆，480喱，0.083磅	31.103公克
特拉姆	drap	3常衡盎斯，60喱	3.888公克
常衡盎斯	sap	20喱，0.333特拉姆	1.296公克
喱	gr	0.05常衡盎斯，0.002083盎斯，0.0648特拉姆	0.0648公克
		容　量	
		美制液量	
加侖	gal	4夸脫（231立方吋）	3.785公升
夸脫	qt	2品脫（57.75立方吋）	0.946公升
品脫	pt	4及耳（28.875立方吋）	473.176毫升
及耳	gi	4液盎斯（7.219立方吋）	118.294毫升
液盎斯	floz	8液特拉姆（1.805立方吋）	29.573毫升
液特拉姆	fodr	60量滴（0.226立方吋）	3.697毫升
量滴	min	1/60液特拉姆（0.003760立方吋）	0.061610毫升
		美制乾量	
蒲式耳	bu	4配克（2150.42立方吋）	35.239公升
配克	pk	8夸脫（537.605立方吋）	8.810公升
夸脫	qt	2品脫（67.201立方吋）	1.101公升
品脫	pt	1/2夸脫（33.600立方吋）	0.551公升
		英制液量和乾量	
蒲式耳	bu	4配克（2219.36立方吋）	36.369公升
配克	pk	2加侖（554.84立方吋）	9.092公升
加侖	gal	4夸脫（277.420立方吋）	4.546公升
夸脫	qt	2品脫（69.355立方吋）	1.136公升
品脫	pt	4及耳（34.678立方吋）	568.26毫升
及耳	gi	5液盎斯（8.669立方吋）	142.066毫升
液盎斯	floz	8液特拉姆（1.7339立方吋）	28.412毫升
液特拉姆	fodr	60量滴（0.216734立方吋）	3.5516毫升
量滴	min	1/60液特拉姆（0.003612立方吋）	0.059194毫升
		長　度	
哩	mi	5,280呎，1,760碼，320竿	1.609公里
竿	rd	5.50碼，16.5呎	5.029公尺
碼	yd	3呎，36吋	0.9144公尺
呎	ft或 '	12吋，0.333碼	30.48公分
吋	in或 "	0.083呎，0.028碼	2.54公分
		面　積	
平方哩	sqmi或mi^2	640，102,400平方竿	2.590平方公里
		4,840平方碼，43,560平方呎	0.405公頃，4,047平方公尺
平方竿	sqrd或rd^2	30.35平方碼，0.00625	25.293平方公尺
平方碼	sqyd或yd^2	1,296平方吋，9平方呎	0.836平方公尺
平方呎	sqft或ft^2	144平方吋，0.111平方碼	0.093平方公尺
平方吋	sqin或in^2	0.0069平方呎，0.00077平方碼	6.452平方公分
		體　積	
立方碼	cuyd或yd^3	27立方呎，46,656立方吋	0.765立方公尺
立方呎	cuft或ft^3	1728立方吋，0.0370立方碼	0.028立方公尺
立方吋	cuin或in^3	0.00058立方呎，0.000021立方碼	16.387立方公分

*美制換算成公制單位見頁1011國際單位制表。**美國較通用的常衡單位

建農場，並爲移民當翻譯。1729年舉家轉徙賓夕法尼亞，成爲殖民地印第安事務官員。他協助商訂印第安部族和殖民地政府間的協定，使得日後英國人和印第安人結盟共同對付法國人。

Weisgall, Hugo (David)　懷斯戈（西元1912～1997年） 美國作曲家，生於捷克，1920年開始在巴爾的摩成長，其父身兼歌劇演唱家、唱詩班領唱者及作曲家。他曾從賽興士習作曲、跟藍納學指揮，並獲約翰·霍普金斯大學德國文學博士學位。懷斯戈選擇的文本均具文學品質，加上他個人特質及音樂效力，使得他被公認是最重要的美國歌劇作曲家之一。作品有《男高音》（1950）、《強者》（1952）及《六人尋找一位作家》（1956），最後一部完整的歌劇《以斯帖》（1993）獲得廣大喝采。

Weiss, Peter (Ulrich)＊　魏斯（西元1916～1982年） 德國劇作家和小說家。1934年舉家逃離德國，1939年定居瑞典。1950年代曾作畫並拍過電影，後改行寫小說和劇本，以小說《逃亡》（1962）建立起在德國的聲譽。爲他贏得國際聲譽的《馬拉被殺記》（1964）描寫在一個瘋狂和理智難解難分的環境中，個人主義和革命的理想之間的相互衝突。他還寫了幾部紀實劇劇本《調查》（1965）、《盧西塔尼亞號幽靈之歌》（1967）和《論述越南》（1968）。

Weissmuller, Johnny＊　韋斯摩勒（西元1904～1984年） 原名Peter John Weissmuller。美國自由式游泳運動員和演員。在芝加哥大學學習，並成爲游泳冠軍選手。總共獲得五面奧運金牌（1924年三面，1928年兩面），並創下六十七項世界記錄。後來更成爲一著名的演員，在十二部影片中飾演泰山（1932～1948）。還爲電影和電視創造了漫畫人物叢林吉姆的角色。

Weizmann, Chaim (Azriel)＊　魏茨曼（西元1874～1952年） 以色列第一任總統（1949～1952），之前幾十年間一直是世界猶太復國主義組織領導人。生於今白俄羅斯地區。獲化學博士學位，還發明幾種染料並取得專利權，1904年到英國任教職。1912年發現一種能將碳水化合物轉化成丙酮的方法，在第一次世界大戰中爲英國軍火工業作出貢獻。這一成就大大有助於他當時正與英國政府進行的關於猶太復國問題的談判，促使英政府發表「巴爾福宣言」（1917），主張在巴勒斯坦建立猶太人的國家。1920～1931年任世界猶太復國主義組織主席。1948年以色列建國，他赴美取得華盛頓方面的支持。翌年當選爲以色列首任總統。

Welch, William Henry　韋爾契（西元1850～1934年） 美國病理學家。曾在德國學習，回到美國任紐約市貝爾維尤醫院醫學院病理學和解剖學教授（1879），五年後在新創辦的約翰·霍普金斯大學建立了美國第一個眞正的大學病理系。他聘請著名內科醫生奧斯勒和外科醫生哈爾斯特來校任教，並擔任醫學院的第一任院長（1893～1898）。他要求學生嚴格學習自然科學積極參加臨床實踐和實驗室工作，從而革新了美國的醫學。他最著名的成就是證明白喉毒素產生的病理效應，發現與創傷性熱和氣性壞疽有關的細菌。

Weld, Theodore Dwight　韋爾德（西元1803～1895年） 美國改革家。原在神學院學習，1834年離開學校，加入美國反奴隸制協會工作。他寫過許多小冊子（多匿名），如《廢奴聖經》（1837）、《現在的奴隸制》（1839），還協助訓練新會員，其中有著名廢奴主義者伯尼、畢奇爾和史托。1841～1843年赴華盛頓特區主持反奴隸制諮詢社的工作，爲國會中在奴隸制問題上同輝格黨破裂並爭取廢除禁止討論有關奴隸問題的法律的議員們提供服務。

welding　焊接　用於連接金屬零件（經常通過加熱）的技術。這種技術是在將鐵加工成有用形狀的嘗試中發現的。在西元第一千紀中發明了焊接刀刃，其中最著名的是敘利亞大馬士革的阿拉伯人武器製造者所製造的。這時已經知道生產堅硬鋼材的鐵滲碳法。但是製得的鋼很脆。焊接技術——包括在相當軟而有韌性的鐵上疊加高碳材料夾層，然後再用錘鍛打——可生產出高強度而有韌性的刀刃。現代焊接的過程包括了氣焊、電弧焊、電阻焊。更現代的方法有電子束焊、雷射焊，及數種固態方法如擴散焊、摩擦焊和超音波焊。亦請參閱brazing、soldering。

Welensky, Roy　韋倫斯基（西元1907～1991年） 受封爲羅伊爵士（Sir Roy）。羅得西亞政治人物。年輕時是鐵路工人，後來成爲鐵路工會領袖。1925～1927年一直保有羅得西亞重量級拳擊冠軍頭銜。1938年他當選爲北羅得西亞立法議會議員，進入政界。身爲羅得西亞和尼亞薩蘭聯邦（今馬拉威）堅強的支持者，他被選入首屆國會，1956年開始擔任總理職務。他擔任該職到1963年聯邦瓦解，南羅得西亞宣布獨立爲止。

Welf dynasty＊　韋爾夫王朝　日耳曼貴族王朝。韋爾夫家族源於巴伐利亞的韋爾夫伯爵（9世紀初），他的女兒分別嫁給虔誠的路易一世和日耳曼人路易。11世紀時，韋爾夫王朝和埃斯特王室有關。他們支持教宗黨，反對國王亨利四世，同時也是義大利和歐洲中部霍亨斯陶芬王朝的強勁對手。由於屬漢諾威王朝，所以後來成爲英國的統治者。

welfare　福利　亦稱社會福利（social welfare）。政府提供的各種協助需要幫助者的方案。包括退休金、失能及失業保險、家庭補助、遺屬津貼，以及國民健康保險。現代最早的社會福利法頒行於1880年代的德國（參閱social insurance），到1920年代、1930年代時，西方國家大都已採行相似的方案。大部分工業化國家都要求公司爲員工保失能險（參閱worker's compensation），以確保不論是暫時的或永久的傷害發生時員工仍有收入。對那些由疾病引起而非工作導致的失能，大部分的國家會給予短期補貼以及長期的養老津貼。許多國家都提供家庭補助，以避免大家庭所導致的貧窮，或是用以提高出生率。遺屬津貼提供給未達老人津貼補助年齡且有未成年子女的遺孀，各國規定有所不同，且一般於該婦女再婚後即停止補貼。在比較富裕的國家之中，只有美國未能施行全面性的國民健康保險，目前保險對象僅及於老人與貧窮者（參閱Medicare and Medicaid）。

welfare economics　福利經濟學　經濟學的一個分支，著重於評價經濟政策在社會福利方面的效用。到20世紀它已經確立爲經濟學說中一門具有明確含義的分支。早期學者認爲，社會福利只是某種經濟制度中全體社會成員能在物質、精神方面達到滿足的總和。後來理論家開始懷疑是否可能測量出甚至是一個人的滿足程度，並認爲不可能對兩個或更多人的福利進行精確的比較。因此，在判斷經濟政策方面有了一個新穎而較確切的標準：只有在一人得利他人無損的條件下，才能斷定一種經濟狀況優於另一種經濟狀況。另一標準是：儘管有些消費者受損，但整個社會中得利者能補償受損者之虧損而仍能較前富裕，則此種經濟狀況優於過去的經濟狀況。亦請參閱consumer's surplus、Pareto, Vilfredo。

Welfare Island　福利島 ➠ Roosevelt Island

Welfare Party ➠ Refah Party

W X Y Z

welfare state 福利國家 國家在保護和提高其公民的經濟福利和社會福利方面發揮主要作用的一種政治體制概念。福利國家的概念基於下述各原則：機會均等、財富公平分配以及對於收入過低、生活困難的公共責任。這個名詞包含多種經濟的和社會的組織。福利國家的一個基本特點是推行社會保險，以提供某個時期最大的需要（如老年、疾病、失業）。它通常還提供了包括基礎教育、保健服務以及住房等方面的公益救助措施。在這方面，西歐各國實施的福利國家計畫，其規模要比美國為大。此種情況可見於多種範疇，包括廣泛的健康保險項目和政府補助的高等教育助學金。社會主義各國的福利國家計畫包括就業和對消費品價格的管理。20世紀時自由放任主義的概念逐漸沒落，幾乎所有國家都設法制訂與福利國家有關的某些保險措施。1948年英國所採取的範圍廣泛的社會保險措施、美國的新政和良政的社會政策，都是以福利國家的原則為基礎的。斯堪的那維亞各國則是由國家為個人提供的資助幾乎貫穿其生活的各個時期。

Welk, Lawrence 衛爾克（西元1903～1992年） 美國樂團團長及電視演員，生於北達科他州史特拉斯堡的一個德語村。衛爾克能彈奏手風琴，曾在美國中西部為搖滾樂團和交響樂團組織過兩個團體。之後他移居洛杉磯，主持了相當受歡迎的跳舞節目《勞倫斯·衛爾克秀》（1955～1971），後續的《與勞倫斯·衛爾克一同追憶》（1971～1982）亦然。衛爾克以溫暖、平易近人的風格及口頭禪Wunnerful, wunnerful聞名，他演奏輕快、懷舊的「香檳音樂」（champagne music），並與甜美的歌手如藍儂姊妹等搭擋演出。

well-field system 井田制 周朝（約西元前1111～西元前255年）初期據推測可能實行的共有土地組織形式。在孟子的著作中曾提及，他很贊同。在井田制裡，一個單元的土地分給八戶農民。中間一塊公有的土地，四周圍繞八塊，每塊由一家農戶耕作。中間的土地由這八家農戶聯合為他們的主人耕作。後來的改革者利用這個概念來為他們的土地再分配制度辯護，或者用來批評政府實施的土地政策。

well-made play 佳構劇 法語作piece bien faite。按照一定嚴格技巧原則構建的戲劇形式。這個形式約於1825年由法國劇作家斯克里布發展起來，它主宰了幾乎整個19世紀的歐美舞台。它要求有高度複雜的、造作的情節，懸疑的劇情，一切問題都得到解決的高潮場面，和一個大團圓的結局。斯克里部布創作了近百部的成功劇作，其他著名劇作家還有薩爾都、費多和皮尼洛。皮尼洛的《譚格瑞的第二個夫人》（1893）從實踐上提高齡佳構劇的藝術水準。

Weller, Thomas H(uckle) 韋勒（西元1915年～） 美國醫師和病毒學家。在哈佛醫學院學習。因培養小兒麻痺症病毒成功，而導致小兒麻痺症疫苗的發展，而與恩德斯及羅賓斯共同獲得1954年諾貝爾生理學或醫學獎。他還完成了在實驗室繁殖風疹病毒及從人細胞培養基中分離水痘病毒的研究。1966～1981年間擔任哈佛大學傳染病防治中心主任。

Welles, Gideon＊ 威爾斯（西元1802～1878年） 美國政治人物。曾與人合辦並主編《哈特福特時代》（1826～1836），1856年他創辦第一份共和黨報紙《哈特福特晚報》。1861年林肯任命他為海軍部長，美國南北戰爭期間他把原來的少數艦隻建成龐大而有戰鬥力的海軍，顯示出卓越的行政能力和機敏的戰略思想。他指揮艦隊封鎖和孤立美利堅邦聯軍隊。他的《威爾斯日記》（1911）對南北戰爭期間的人物和事件深刻的洞察。

Welles, (George) Orson 威爾斯（西元1915～1985年） 美國電影演員、導演、製片人。十六歲開始舞台表演，1934年開始在百老匯演出。曾為聯邦戲劇計畫導演《馬克白》——聯邦戲劇計畫的一部分，演員全部是黑人。1937年和約翰·豪斯曼共組墨丘利劇團，創作了一系列的廣播劇。1938年演出由威爾斯小說《星際戰爭》改編的廣播劇，播放模擬的火星人入侵新澤西州的新聞，在千千萬萬聽眾中引起一場虛驚。他後來前往好萊塢發展。在《大國民》（1941）中以富於創新的敘事手法，運用攝影、布光和音樂推動劇情發展，製造所需要的氣氛。該片為他自寫、自導、自製作、自演，是藝術史上最具影響力的影片之一。他其他電影還有《安伯遜大族》（1942）、《陌生人》（1946）、《上海小姐》（1948）、《奧賽羅》（1952）、《審判》（1962）、《午夜鐘聲》（1966）、《歷劫佳人》（1958）。由於和好萊塢片場間的問題，使他縮短了製片的時間移居歐洲。他在《簡愛》（1944）、《黑獄亡魂》（1949）和《強制》（1959）演出亦令人稱道。

Wellesley (of Norragh), Marquess 威爾斯利（西元1760～1842年） 原名Richard Colley Welles。英國政治家。威靈頓公爵的兄長。繼承其父愛爾蘭莫寧頓伯爵的頭銜，1781年起在愛爾蘭下院、愛爾蘭上院和英國下院任議員，直至1797年。1793年起為英國樞密官和印度監督委員會委員。在印度任總督時，他用武力與外交手腕加強並擴大英國的權力。他從一些邦吞併大量領土，又同其他邦簽訂一系列「輔助盟約」。1799年他成為愛爾蘭貴族，封侯爵。1805年被召回英國。1809年去西班牙，為進行半島戰爭作好外交上的準備。同年晚些時候任外交大臣。1812年辭職。1821～1834年間兩度任愛爾蘭總督。

Wellesley College 威爾斯利學院 美國麻薩諸塞州威爾斯利的私立女子學院，1870年獲准成立。長久以來都是美國最出色的女子學院之一，是第一所設有科學實驗室的女子學院。該校頒授人文（包括中文、日文、俄文等）、社會科學（包括非洲研究、宗教、經濟等）、科學和數學（包括計算機科學）等領域的學士學位。校內設有高等科學中心及天文觀測站等設施。註冊學生人數約2,300人。

Wellington 威靈頓 紐西蘭首都、港口和主要商業中心。在北島最南部。臨尼科爾森港。建於1840年，1853年成為市。1865年中央政府由奧克蘭遷此。為全國金融、商業和運輸中心。生產運輸設備、機械、金屬產品、紡織品和新聞紙等。政府各部所在地，許多文化、科學、農業機構的總部設在這裡。人口：城市158,275（1996）；都市區約325,700（1992）。

Wellington, Duke of 威靈頓公爵（西元1769～1852年） 原名Arthur Wellesley。英國將領。愛爾蘭莫寧頓伯爵之子，1787年進入陸軍，1790～1797年在愛爾蘭議會服務。1796年奉派至印度，他在馬拉塔戰爭（1803）中領軍獲勝。回到英國後，他服務於英國下議院，1807～1809年擔任愛爾蘭祕書長。他在半島戰爭中指揮英國軍隊，在葡萄牙和西班牙戰勝法國，並入侵法國，而在1814年贏得戰爭的勝利，為此他被提升為陸軍元帥，並晉封為公爵。在拿破崙對歐洲強權重啓戰端後，這位「鐵公爵」指揮聯軍在滑鐵盧戰役（1815）獲勝。受到英國和外國君主豐厚的報酬，他成為歐洲最尊榮的男子之一。在指揮軍隊占領法國（1815～1818）並在托利黨內閣擔任軍械署大將軍（1818～1827）後，他在1828～1830年出任首相，但因反對國會改革而失去政權。去世時有極端盛大的葬禮來彰顯他的榮耀，葬於聖保羅大教堂納爾遜之旁。

Wellman, William (Augustus) 惠曼（西元1896～1975年） 美國電影導演。第一次世界大戰時是位飛行英雄，後在戰鬥飛行中被擊落。曾和賈爾班克斯一道出演無聲影片《紐約人勃克羅》（1919），然後開始導演工作。惠曼的經典性的空戰影片《翼》（1929）反映出他畢生對飛行的興趣，並爲記錄性的寫實主義影片規定了衡量的尺度。他的影片還有《人民公敵》（1931）、《星海浮沈錄》（1937）、《花花公子》（1939）、《黃牛慘案》（1942）、《美國大兵的故事》（1945）、《至高無上》（1954）等。

Wells, H(erbert) G(eorge) 威爾斯（西元1866～1946年） 英國小說家、新聞工作者、社會學家和史學家。他在倫敦跟隨赫胥黎學習自然科學期間，就對科學產生了浪漫的想法，激勵他創作了非常具有創新精神和影響力的科幻小說，也以此聞名世界，作品包括：《時間機器》（1895）、《隱形人》（1897）和《星際戰爭》（1898）。他同時也熱心於公衆事務，鼓動大家參與包括國家聯盟等在內的進步事業。後來他捨棄了科幻的主題，轉而描寫他早年記憶裡的中下層生活，包括小說《托諾－邦蓋》（1909）和喜劇《波里先生的歷史》（1910）。第一次世界大戰動搖了他對人類進步的信心，促使他透過寫實作品如《世界史綱》（1920）來推廣公衆教育。1933年他還寫了一部反法西斯作品《未來世界》。儘管《自傳試驗》（1934）重現了一些幽默的成分，但晚年的大多數作品都表現出一種悲觀、甚至是怨恨的世界觀。

Wells, Ida B(ell) 威爾斯－巴尼特（西元1862～1931年） 亦作Ida Bell Wells-Barnett。美國黑人記者，致力於黑人和婦女權利運動。出身於奴隸之家，原是教師，1880年代末期轉而從事新聞事業，爲黑人經營的報紙寫文章，論述黑人兒童教育等問題。1892年成爲《孟斐斯自由言論報》的共有者；同年稍後，她在社論中譴責三個朋友遭受私刑之後，報社遂被當地白人群衆襲擊與破壞。威爾斯開始在美國南方調查對黑人施加私刑的情況。她在美國各地成立反私刑社團和黑人婦女俱樂部。1895年與《芝加哥管理者報》編輯兼律師巴尼特結婚。1910年她又與人創建芝加哥黑人聯誼會。她還成立了芝加哥第一參政俱樂部，這可能是歷史上第一個黑人婦女參政團體。

Wells, Kitty 威爾斯（西元1919年～） 原名狄森（Muriel Ellen Deason）。美國鄉村音樂歌手與詞曲作家，生於納什維爾。狄森孩提時即在教會裡演唱福音歌曲，1930年代她首次於電台演唱，並自卡特家族的歌中取了威爾斯這個藝名。1937年她嫁給萊特，兩人自此斷斷續續地同台演出。It Wasn't God Who Made Honky Tonk Angels（1952）是威爾斯的第一首暢銷單曲，亦爲經典之作。由於積極參與輪演節目，使她位居首席鄉村女樂手長達約十五年，此舉爲後續的歌手如克萊恩及林恩等樹立了成功模式。

Wells Fargo & Co. 威爾斯－法戈公司 美國從事快遞運輸和銀行服務業的公司。1852年成立的威爾斯－法戈公司，經營因加州淘金潮而快速成長的銀行和快遞業務，1866年幾乎所有的西部驛運業務都匯集在威爾斯－法戈公司名下。1905年威爾斯－法戈的銀行部門（在加州）與其快遞部門分離。1920年代中期快遞業務幾乎消失，國內業務由美國鐵路捷運公司接管，國外業務則由美國運通公司負責。1968年威爾斯法戈公司成立，它是威爾斯法戈銀行（爲原威爾斯－法戈公司的繼承企業之一）的控股公司，該控股公司是爲掌握威爾斯法戈銀行的全部股權而創立的，總部設在舊金山，該銀行在世界各地都設有分行和分支機構。1998年威爾斯－法戈公司與西北公司合併。

Welsh corgi＊ 威爾斯柯基犬 用來守衛牛群的兩種工作犬。外觀相似，但祖先不同。兩個品種因雜交而趨於相似。卡迪根威爾斯柯基犬因卡迪根郡而得名，其歷史可源自西元前1200年塞爾特人帶到威爾斯，和臘腸狗的祖先有關。潘布魯克威爾斯柯基犬因潘布魯克郡而得名，來自法蘭德斯織布工於1100年左右帶到威爾斯的狗品種。兩種同爲體小腿短，頭似狐狸，耳直立。卡迪根狗尾長，耳末端圓。潘布魯克狗尾短，耳朵尖。兩個品種均善於守衛。體高25～30公分，體重7～11公斤。卡迪根狗的被毛中等長度，紅棕色、雜色、黑色帶褐棕或白色斑點，也有藍灰色帶黑色斑點的。

Welsh language 威爾斯語 通行於威爾斯的一種塞爾特語，儘管威爾斯引入英語已經好幾百年，但操此語的人口仍占威爾斯人口的18～20%，逾50萬人，可是估計把它當作第一語言的實際人數是非常多的。威爾斯語傳統上可分爲三個時期：古威爾斯語（800?～1150），主要用於注釋和短篇文章；中世紀威爾斯語（1150?～1500），廣泛用於中世紀文學，包括那些早在此時期之前就已經寫成的詩篇；現代威爾斯語（約從1500年起），現代威爾斯文學主要指的是索爾茲伯里翻譯的聖經。威爾斯方言長期以來都是和威爾斯文學中分離的；現代有許多人不會寫、也不懂傳統的書面語言。可以接受的現代標準仍然沒有確定下來。

Welsh literary renaissance 威爾斯文藝復興 18世紀中葉以威爾斯和英格蘭爲中心的文藝活動，試圖激起對威爾斯語言和威爾斯古典吟唱詩形式的興趣。這個運動是由威爾斯學者開展的，他們保存了古代文稿並鼓勵當代詩人運用威爾斯古代吟遊詩人的嚴謹韻律。倫敦的威爾斯同鄉還建立了威爾斯語學會作爲威爾斯文學研究中心，並與其他同樣學術團體聯合起來，鼓勵恢復地方上的艾斯特福德（即賽詩會）。結果，在19世紀初發起了一次盛大的全國性賽詩年會。以新建成的威爾斯大學爲中心的第二次文藝復興出現於19世紀末。

Welty, Eudora 韋爾蒂（西元1909～2001年） 美國女短篇故事和小說家，其作品多以嚴謹的態度描寫類似其出生地的密西西比小城鎮及德爾塔鄉間的居民的生活。人際關係的錯綜複雜是韋爾蒂小說的一大主題，而由小說人物親密的社會交遊的相互作用顯露出來。以《綠色的帷幕》（1941；1979年增訂）受到注意。其他短篇小說集還有《大網》（1943）、《金蘋果》（1949）和《英尼斯福倫的新娘》（1955）。她的小說有《德爾塔婚禮》（1946）、《沈思的心》（1954）、《失敗的戰爭》（1970）和《樂天者的女兒》（1972，曾獲普立茲獎）。她還出版她的照片集，這些是她在大蕭條時期擔任公職時拍下來的。

Wen Zhengming 文徵明（西元1470～1559年） 亦拼作Wen Cheng-ming。中國畫家、書法家和學者。出身世家，生性敏感孤僻，五十三歲時才擺脫學者型的孤立狀態，接受宮廷的任命，進入翰林院。他在翰林院只待了三年，然後就引退而去，創作了他最著名的一些作品。他擅長四種主要風格的書法：篆書、隸書、楷書和行書。在他的所有繪畫中，具有一種愛好古文物和謹愼考慮的精神。從技術上講，文徵明的繪畫風格範圍從高度講究細節到更自由揮灑的水墨畫都有。他與老師沈周都是吳派文人畫家中的領導人物。

Wenceslas 瓦茨拉夫（西元1361～1419年） 德意志國王和神聖羅馬皇帝（1378～1400）、波希米亞國王（稱瓦茨拉夫四世，1363～1396）。神聖羅馬帝國皇帝查理四世之子，在位期間懦弱無能，使德意志陷於混亂狀態幾達十年之久。1389年埃格爾議會訂立全面和約，解決了絕大多數的爭端。由於國王長期居住布拉格，並且拒不理睬帝國邦君們要求任命帝國攝政的建議，故於1400年遭廢黜。

Wenceslas I＊　瓦茨拉夫一世（西元1205～1253年9月23日）　波希米亞國王。1241年阻止蒙古人侵入波希米亞，但無法保衛摩拉維亞。他一心想得到奧地利。1246年奧地利的公爵腓特烈二世死後，他使兒子弗拉迪斯拉斯與腓特烈二世的侄女聯姻。但是不久其子夭折，奧地利又脫繮而去。瓦茨拉夫在1248～1249年平定波希米亞的叛亂。1251年終於使其子鄂圖卡二世成爲奧地利公爵。在他統治下，波希米亞繁榮昌盛，文學和藝術得到很大的發展。

Wenceslas II　瓦茨拉夫二世（西元1271～1305年）　波希米亞國王（1278年即位）和波蘭國王（1300年即位）。1278年鄂圖卡二世逝世，他七歲繼承王位，由表兄布蘭登堡奧托四世攝政，直至1283年。親政後，發現國家實際由母親的情夫野心家札維什統治。他在1289年逮捕札維什，翌年將其處決。從此，他努力開發自然資源，增加王國的財富。在兼併上西里西亞和克拉科夫以後，1300年成爲波蘭國王。1301年使其兒子登上匈牙利國王。

Wenders, Wim＊　文溫德斯（西元1945年～）　德國電影導演。1967年開始執導短片，1973年開始創作劇情長片，如《愛麗絲漫遊記》（1974）及《道路之王》（1976）。以《巴黎，德州》（1984）及《慾望之翼》（1987）獲美國影壇矚目。文溫德斯以擅於處理疏離和不安主題著稱，後續作品有《咫尺天涯》（1993）、《里斯本的故事》（1994）、《暴力終結》（1997）和紀錄片《樂士浮生錄》（1999）。

Wendi　文昌帝君　亦拼作Wen-ti。中國的文學之神。文昌帝君在天界最主要的任務是保存關於文人的登記簿，他才能以此依據功績分別施予獎賞和懲罰。他曾十七次化身轉世，其中第九世，他在地上以張亞（Zhang Ya）的身份現身。文昌君在唐朝時因其著作而獲得封聖。

Wendi　（漢）文帝（卒於西元前157年）　亦拼作Wen-ti。本名劉恆（Liu Heng）。中國漢朝的第四任皇帝。文帝在位（西元前180/179～西元前157年）甚長，其政府施政良善，並和平地鞏固權力。在他統治期間，中國的經濟日漸繁榮，人口擴增。在後世眼中，文帝在中國的統治者裡，是個以儉樸和慈善爲其品德的完美典範。

Wendi　（隋）文帝（西元541～604年）　亦拼作Wen-ti。本名楊堅（Yang Jian）。中國隋朝的創建者，在數世紀的動亂不安後重新統一中國。出生於中國北方極有權勢的家族，該區域適爲非中國族裔的北周（557～581）朝廷所掌控。當北周皇帝意外死亡，楊堅掌握皇位，征服政敵，並於581年宣布成立隋朝。文帝有意創建一強大、中央集權的國家，他在長安設計了龐大的新首都，並拔除根深蒂固的地方利益。在地方上擁有世襲權力的家族，被以考試制度選拔的官員取代；這些官員被禁止在家鄉服務，並頻繁輪調。文帝征服了中國南方的王朝，並擊垮位於突厥斯坦和蒙古的突厥帝國的威權。他將均田制付諸實行，制訂新的法典。他的政府徵收賦稅，並主持調控市價的穀倉。文帝晚年，變得深信佛教，他建造了佛龕並奉祀佛教遺物。亦請參閱Yang Di。

Wends　文德人　斯拉夫部落集團之統稱。西元5世紀時，這些部落即已定居今德國東部奧德河和易北河之間的地區。文德人占居法蘭克人及其他日耳曼民族統治區東部邊陲地帶。自6世紀起，法蘭克人不時與文德人發生戰爭，而到9世紀初查理曼在位期間，就開始征服文德人的行動並強迫他們改宗基督教。日耳曼人吞併文德人領土是在929年亨利一世在位期間開始的，但在983年文德人爆發叛變時，日耳曼人對易北河以東地區失去控制。1147年，天主教會同意由獅子亨利率領一支德意志十字軍去攻打文德人。此後，德國人在易北河－奧德河地區的殖民活動，幾乎沒有受到文德人的反抗；文德人成爲農奴，最後爲德國人所同化。文德人尚有少數生活在其傳統居住地區盧薩蒂亞，稱爲索布人。

Wentworth, Thomas　文特沃斯（西元1593～1641年）　受封爲斯特拉佛伯爵（Earl of Strafford）。英國政治人物和英格蘭國王查理一世的主要顧問。以前經常批評王室，1628年被授予男爵頭銜後就轉而支持王室。任北方總督期間（1628～1633），他平息了民衆對國王的不滿；任愛爾蘭副總督期間（1633～1639），他削弱王室權威，擴展英格蘭的殖民區，改進管理，並增加王室收入。後國王查理召他回國，要他平息蘇格蘭人的起義。但是長期國會反對這場耗費巨大的戰爭；作爲王權的象徵，他被控入獄並被推上斷頭台。

Wenwang　文王（約西元前第12世紀）　亦拼作Wen-wang。周武王之父，周朝的創建者，儒家歷史學者視他爲睿智的統治者，足以作爲帝王的模範。傳統上相信文王（和周公）是《易經》六爻的作者。一般推測他是在被商朝的末代帝王囚禁時寫下其內容。亦請參閱Confucianism、Five Classics。

werewolf　狼人　據歐洲民間傳說，指晚上變成狼，吞食動物、人或屍體，白天又變回人形的人。有些狼人能任意變化形體；有的是遺傳，有的是被狼人咬過，才變成狼人的，他們在滿月的作用下，不由自主地變化形狀。如果他是在呈狼形時受了傷，傷口在他變成人形時也會顯出，並被人們識破。世界各地都有人相信狼人的存在。一個人相信自己是狼，這種精神病態稱作變狼狂（lycanthropy）。

錢尼在《狼人》（1941）中的狼人扮像
By courtesy of Universal Pictures; photograph, Lincoln Center Library of the Performing Arts, New York Public Library

Werner, Abraham Gottlob＊　維爾納（西元1750～1817年）　德國地質學家。他反對認爲花崗岩和很多其他岩石都是火成來源的。創立水成派，認爲地球過去曾一度全部被海水覆沒，隨著時間的進展，各種礦物都從水中沈澱成清楚的層，形成了各種岩石和礦物。他反對均變論。儘管他沒有寫出大量的地質論著，但他的學生們卻忠實地接受了他的學說，並廣爲傳播；其中有許多人最終拋棄了水成論，但當維爾納在世時，他們卻不願公開否定它。

Wertheimer, Max＊　韋爾特海梅爾（西元1880～1943年）　捷克出生的心理學家。在移民美國擔任新社會研究院教授（1933～1943）之前，曾在分別法蘭克福和柏林大學教書。與科夫卡（1886～1941）、克勒共同創立格式塔心理學。雖然他的許多研究以知覺爲對象，但格式塔學派很快就擴展到心理學的其他領域，不過它總是強調動態分析和整體結構中各要素間的聯繫，以整體優於其各部分總和的概念作爲基本態度。在遺著《創造性思維》（1945）一書中他論述了他的許多觀念。

Wertmüller, Lina＊　維黛美拉（西元1928年～）　原名Arcngela Wertmuller von Elgg。義大利電影導演，主要

以反映兩性間無休止的爭鬥以及當代政治與社會問題的喜劇而著稱。在擔任木偶戲演員、舞台演員和導演後，成爲導演費里尼的助手，1963年開始爲自己的影片寫劇本及導演。因《咪咪的誘惑》（1972）和《愛與虛無》（1973）獲得國際聲譽，前者是一部揭露兩性間的虛僞和移風易俗的諷刺劇。《隨潮而流》（1974）和《七美人》（1976）是她最受爭議的兩部電影。維黛美拉此後的影片甚少好評，賣座也不佳。

Weser River＊　威悉河　德國西部主要河流。主要源流富爾達河和威拉河在明登附近匯合，始稱威悉河，北流穿過一大河口注入北海。全長440公里。河上建有幾座水壩，同時也連接許多水道。

Wesley, John　衛斯理（西元1703～1791年）　聖公會牧師、福音傳播者，循道主義的創始人之一。其父爲不從國教派教區長，他是第十五個孩子。畢業於牛津大學，1728年成爲聖公會一位牧師。1729年加入其弟查理（1707～1788）在牛津成立的宗教研究小組，他們強調在學習和靈修中循規蹈矩，因而被稱爲「循道派」。小組人數不斷增加，開始進行社會和慈善活動。他們在對北美喬治亞殖民地傳教（1735～1737）失敗後回到倫敦，受到摩拉維亞教會的影響。1738年受到馬丁·路德神學的鼓勵，倆人都有了宗教上的體驗，認爲人可能只透過信仰而得到救贖。在接下來的幾十年中，兄弟倆人熱情地傳播福音，向廣大民眾布道。由於聖公會倫敦主教拒絕爲到美洲工作的衛斯理派布道人員行按手禮，於是約翰·衛斯理在1784年開始親自按立神職人員（雖然查理並不贊同），並宣布完全脫離聖公會獨立。兄弟倆人寫了上千首讚美詩，包括〈聽，天使的使者在唱歌〉和〈耶穌今天復活〉。

Wesleyan University　衛斯理大學　位於康乃狄克州米德爾敦的私立大學。1831年由衛理公會教徒成立，但從一開始便致力於沒有宗派色彩的教育。大學和研究所共提供五十種修習領域，包括十一種碩士學位課程，以及音樂及科學的博士課程。校內並設有非裔美國人研究中心、東亞研究中心、天文觀測站、人文與藝術中心等。註冊學生人數約3,300人。

Wessex　韋塞克斯　古代盎格魯－撒克遜王國，位於不列顛南部。韋塞克斯始終保持著相當於今罕布郡、多塞特、威爾特郡、索美塞得、伯克郡和阿文等郡，首府設在溫徹斯特。根據傳統的說法，該王國是由不列顛的撒克遜入侵者在494年左右建立。9世紀時在阿佛列大帝的領導下征服了肯特和薩西克斯，更成功地抗擊了丹麥人，使他們無法征服丹麥區以南的英格蘭。到927年，阿佛列之孫艾塞斯坦再次征服丹麥區，成爲全英格蘭的國王，自此以後，所有的韋塞克斯國王即是英格蘭國王。這個地區在亞瑟王的傳奇故事中占有很大的份量（參閱Arthurian legend）。哈代在小說作品中出現的「韋塞克斯」指的是英格蘭西南地區。

West, Benjamin　威斯特（西元1738～1820年）　美國裔英國畫家。在家鄉費城學習繪畫後，成爲紐約有名的肖像畫家。1760年到義大利，走訪了義大利的大部主要美術城市。1763年定居倫敦，後來成爲喬治三世的歷史畫也是著名的歷史、宗教和神話題材畫家。他的最有名的當時也是最有爭議的作品之一《渥爾夫將軍之死》，在這幅古典作品中，他不用古代衣飾而用近代服裝描繪當代歷史事件。雖然後來威斯特從未回過美國，但通過奧斯頓、斯圖爾特、皮爾、科普利等人的介紹，他的作品對美國19世紀初期的美術發展卻產生了重大影響。

West, Jerry　威斯特（西元1938年～）　原名Jerome Alan West。美國職業籃球選手、教練和經理。生於西維吉尼亞州的雀稜，就讀西維吉尼亞大學期間兩度當選全美明星球員。這位洛杉磯湖人隊的後衛（1960～1974），生涯每場平均得分爲27分（名列全記錄第四），跳投是他最聞名的武器。作爲湖人隊的教練（1976～1979），他的成績是145勝101負。之後，他成爲該球隊的總經理兼執行副總裁。

West, Mae　威斯特（西元1892～1980年）　美國電影女演員。1907年成爲至全國各地作歌舞雜耍巡迴演出的演員。1911年以歌手和演員的身分在百老匯演出。1926年開始在自己的百老匯戲劇中自編、自導、自演，包括了《性》（1926）、《鑽石李爾》（1928）和《堅貞的罪人》（1931）。威斯特被視爲性感的象徵，其肆無忌憚的淫蕩，雍容華貴的風度，因過度享樂而厭煩了的俏皮話，成爲她的標誌。通常扮演爲追求歡娛生活而玩世不恭和不顧貞操的女人。她演出的電影有《她冤枉了他》（1933）、《1990年代的美女》（1934）、《我不是天使》（1933）和《我的小山雀》（1940）。第二次世界大戰期間，盟軍爲表示對她的纖腰盈掬的身材的愛慕，把他們的充氣式救生衣叫做「梅·威斯特衣」。

West, Nathanael　威斯特（西元1903～1940年）　原名Nathan Weinstein。美國作家，以1930年代的諷刺小說聞名。畢業於布朗大學。曾擔任旅館經理，爲未成名作家提供免費或便宜房間。第二部小說《「寂寞芳心」小姐》（1933），敘述一位失戀的專欄作家的故事。在《整整的一百萬》（1934）中寫一個主角在做公認正當的事時卻越發變壞，以此嘲笑阿爾傑宣傳的美國人的成功之夢。他最後一部小說《蝗蟲的日子》（1939），被認爲是描寫好萊塢最好的小說。威爾斯三十七歲時死於車禍意外，他的作品雖未被廣泛閱讀，但至今仍被認爲是重要的美國小說家之一。

West, Rebecca　威斯特（西元1892～1983年）　受封爲Dame Rebecca。原名Cicily Isabel Fairfield。愛爾蘭女記者、小說家和評論家。曾受過演員訓練，1911年開始參與新聞工作，經常爲左翼報刊寫文章並以一名爭取婦女選舉權的鬥士初具名聲。她的小說包括了《法官》（1922）、《能思考的蘆葦》（1936）和《小鳥墜落》（1966）。但這些小說遠不如她關於社會和文化題材所寫的文章受人注意。她的關於紐倫堡大審的優秀報導彙集爲《炸藥列車》（1955）。她的南斯拉夫史《黑羔羊與灰獵鷹》（共兩冊；1942）被視爲本世紀最佳的非文學類作品之一。後期的作品還有《叛逆的意義》（1949）和《叛逆的新意義》（1964）。

West Atlantic languages　西大西洋諸語言 ➡ Atlantic languages

West Bank　西岸　巴勒斯坦約旦河以西地區，以色列人稱爲猶太和撒馬利亞（東耶路撒冷除外），是巴勒斯坦阿拉伯人和以色列人間長期鬥爭的中心地帶。主要城市有納布盧斯、拉姆安拉、伯利恆、希伯倫和傑里科。根據1947年聯合國協議，以色列建國後這裡也同時成立巴勒斯坦。阿拉伯人不顧分治計畫出兵攻打以色列（參閱Arab-Israeli wars）。在一次停戰後，1950年起約旦占領該地，統治它直到1967年以色列發動六日戰爭占領這裡爲止。1970年代和1980年代，以色列人在這裡定居，激起阿拉伯人的憤怒。1987阿拉伯在加薩走廊發動暴動，並蔓延到西岸（參閱intifada）。1988年約旦放棄這裡的主權，將它轉讓給巴勒斯坦解放組織（PLO）。1993年巴解組織和以色列間舉行祕密談判並達成協議，使加薩走廊和西岸的巴勒斯坦得以自治。1990年代更進

W X Y Z

一步的談判斷斷續續的解決了一些重大議題，但至2000年晚期談判破裂暴力事件再起。面積5,900平方公里。人口約2,184,000（2000）。

West Bengal 西孟加拉 印度東北部一邦，首府加爾各答是印度最大的城市之一。大致可分爲兩個自然區域：南部的恆河平原和北部的喜馬拉雅山地區。3世紀時成爲阿育王的帝國的一部分，4世紀時併入笈多帝國。13世紀起受穆斯林統治，直到1757年英國接管爲止。1947年印度獨立，這個區域被分割，東半部成爲東巴基斯坦（即後來的孟加拉），西半部則是印度的西孟加拉。礦物產量豐富，但農業仍是重要的經濟活動。該地區努力推展藝術，包括電影。面積88,752平方公里。人口80,221,171（2001）。

West Florida Controversy 西佛羅里達之爭 美國歷史上關於阿巴拉契科拉河與密西西比河間墨西哥灣地區歸屬的爭議。西班牙聲稱該區爲1492年發現的新大陸的一部分。但於1695年爲法國所占領，屬路易斯安那地區。1763年「巴黎條約」將西佛羅里達地區歸屬英國，1783年「巴黎條約」又將該區退歸西班牙。美國則宣布其爲路易斯安那購地（1803）的一部分。1810年巴頓魯治地區美國居民起事脫離西班牙控制，剩餘地區不久亦併入密西西比準州。1819年「泛大陸條約」規定，西班牙放棄對西佛羅里達地區的全部要求。兩年後正式歸屬美國。

West Indies 西印度群島 包圍加勒比海的島群。位於北美洲東南方和南美洲北方之間，被分成幾個島群：大安地列斯群島，包括了古巴、牙買加、伊斯帕尼奧拉島（海地和多米尼克）和波多黎各；小安地列斯群島，包括了維爾京群島、向風群島、背風群島、巴貝多，和委內瑞拉以北加勒比海南部的島嶼（大致上是千里達與托巴哥）；和巴哈馬。雖然地形上並不屬於西印度群島，但百慕達常被歸爲這一地區。

West Irian ➠ Irian Jaya

West Midlands 西密德蘭 英格蘭中西部都市郡，以伯明罕爲中心。原是一個行政單位，1986年都市郡失去了行政權力，現在是地理上和形式上的郡，無行政權。撒克遜殖民者進入河谷地帶定居之前，早期在偏僻而茂密的林區人煙稀少。科芬特里是14世紀末期該區唯一重要的城市。16世紀在伯明罕開始有小型的金屬製造業，到了18世紀，這個地區的煤田對製鐵業來說已變得很重要。本地區的許多傳統冶金與製造業一直繼續存在至20世紀，電機工程及機動車、飛機和化學纖維的製造已成爲該地最重要的工業。面積899平方公里。人口約2,628,200（1998）。

West Papua ➠ Irian Jaya

West Point 西點軍校 ➠ United States Military Academy

West River ➠ Xi River

West Schelde ➠ Westerschelde

West Sussex 西薩西克斯 英格蘭南部行政郡，瀕臨英吉利海峽。行政中心是奇切斯特。舊石器時代曾有人類在此居住。從新石器時代到羅馬時代的原始農業公社建在地勢較高的地方。羅馬人入侵以前這裡受不列顛國王的統治，羅馬人離開後，撒克遜人入侵者在5世紀末征服薩西克斯。他們先後被鄰近的韋塞克斯和諾曼人打敗，後者還在這裡修築了城堡和修道院。14世紀開始，該地區沿海的海濱旅遊地迅速發展，但內地仍以農村居多。面積1,990平方公里。人口約751,800（1998）。

West Virginia 西維吉尼亞 美國中東部一州。俄亥俄河構成大半的西部邊界，北部邊境有一部分是波多馬克河。州內有大卡諾瓦河、小卡諾瓦河、莫農加希拉河和謝南多厄河。整個西維吉尼亞是阿帕拉契山脈的一部分，地勢崎嶇不平，最高點是斯普魯斯峰（1,482公尺）。長期以來居住在這裡的一直是印第安獵人，曾是阿登納人（或稱築墩人）的家鄉，他們留下許多考古遺跡。緊接著是易洛魁人和切羅基人。1730年代出現第一個永久的白人殖民地，英國人在1750年代和1760年代控制該區。東維吉尼亞很快就成了人們定居的地方，但西部崎嶇地勢限制了移民發展。美國爆發革命後，不支持奴隸制的居民西遷，他們對維吉尼亞政府越來越不滿。隨著美國內戰的爆發，這些來自西部維吉尼亞的居民於1861年投票反對退出聯邦，1863年成爲加入聯邦的第35個州。1870年代鐵路的發展刺激了工業，當時該州的自然資源包括煤和天然氣，這些資源又促進了美國經濟的發展。20世紀時，娛樂業和旅遊業成爲重要的經濟來源。面積62,758平方公里。首府查理斯敦。人口約1,808,344（2000）。

West Virginia University 西維吉尼亞大學 美國西維吉尼亞州兩所州立大學之一（另一所爲馬歇爾大學）。1867年成立，爲一所土地撥贈大學，有兩個校區，皆位於摩根敦市內。約有一百七十五種學士課程，包含三十多種博士課程，頒授牙醫、法律、醫學、藥學等專科學位。同時也經營數座實驗農場以及一座地質學營地。註冊學生人數約23,000人。

West Yorkshire 西約克郡 英格蘭北部都市郡（1998年人口約2,113,300），以韋克菲爾德爲中心。原是一個行政單位，1986年都市郡失去了行政權力，現在是地理上和形式上的郡，無行政權。盎格魯－撒克遜人和東部的斯堪的那維亞人建立了第一處居民點。15世紀時曾發生數次戰役，紡織工業也在此時得到發展。18、19世紀因煤藏量大而有著豐富的水力和火力資源，進而刺激了該地區的工業成長。當機械工業興起時，紡織業仍有其重要性。面積2,025平方公里。

western 西部故事 以1850年代至19世紀末美國西部爲背景的小說、電影、電視劇與廣播劇體裁。這種創新的類型基本上是美國的產物，但阿根廷的高楚文學，甚至澳大利亞文化的某些表現形式都與它十分類似。白人開拓者和印第安人間及牧場主和農場主間的衝突是兩個重要主題。牛仔、警長和執法者是主要人物，而不法之徒和槍戰則是不可少的。歐文．韋斯特的《維吉尼亞人》（1902）被認爲是最早的西部小說；20世紀初期和中期是這類小說最受歡迎的時期，此後便逐漸沒落。

Western Australia 西澳大利亞 澳大利亞西部的州（2001年人口約1,906,114），遠離大陸東部地區主要文化中心。面積2,525,500平方公里，占大陸總面積的1/3。人口少於澳大利亞總人口的1/10。首府是伯斯。內陸區域有三個沙漠：大沙沙漠、吉布森沙漠和維多利亞大沙漠。僅帝汶海和印度洋沿岸有一些良好港口：著名的海灣有約瑟夫．波拿巴灣和埃克斯茅斯灣。澳大利亞原住民在西澳大利亞約有40,000年之久。1616年荷蘭航海家首次來到澳大利亞西海岸，後來英國探險家丹皮爾於1688～1689年來此。詹姆斯．斯特淩船長於1829～1830帶來首批定居者，建立澳大利亞第一個非流放犯的殖民區。1886年發現了金礦，導致地區經濟革新，並推動了自治運動。1901年西澳大利亞成爲當時新組建的澳大利亞聯邦的一個州。該州最初發展緩慢，但近數十年來受到農業和礦業的刺激，經濟得以發展。

Western Electric Co. Inc.　西方電氣公司　美國電信器材製造商。1869年格雷和巴頓創立。1872年改組成西方電氣製造公司，總部設在芝加哥，製造一系列新發明的產品，包括了世界上最早的商業用打字機和白熾燈。1881年貝爾電話公司購入西方電氣製造公司的控制股權，翌年，改組爲西方電氣公司成爲貝爾體系的一部分（參閱AT&T Corporation）。成爲主要的電話設備和通訊衛星的製造商，此外，還生產雷達和火箭系統。1983年美國電話電報公司被分成數個單獨的子公司，但西方電氣的商標仍被繼續使用。它的工廠被美國電話電報技術公司所接管。

Western European Union　西歐聯盟　協調歐洲安全和防務問題的十國聯盟。西歐聯盟成立於1955年，肇始於1948年「布魯塞爾條約」，包括了比利時、法國、德國、希臘、義大利、盧森堡、荷蘭、葡萄牙、西班牙和英國。它促成北大西洋公約組織的建立，並與該組織合作。該聯盟由會員國外交部長和國防部長組成的理事會管理，總部設在倫敦。一年舉行兩次會議，討論共同關心的問題。

Western Hemisphere　西半球　南北美洲及其周圍的水域組成的部分地球。通常以西經20度及東經160度爲其界限。

Western Indian bronze　西印度銅像　6～12世紀或其後盛行於印度的一種金屬雕刻，主要在今古吉拉特邦和拉賈斯坦邦。銅像大部分是耆那教神像，如救世主渡津者像；還有供祭祀用的東西，如香爐和燈台。神像大都是作爲私人奉祀的小尊銅像，用失蠟法鑄成，眼睛和飾物常用銀或金嵌成，明顯具有笈多時代的風格。

勒舍婆那陀，9世紀馬哈拉施特拉邦西肯代什的西印度銅像
P. Chandra

Western Isles ➠ Hebrides Islands

Western Ontario, University of　西安大略大學
加拿大安大略省倫敦的公立大學，成立於1878年。該校設有應用健康科學、人文藝術、商業管理、牙醫、教育、工程、新聞、法律、圖書館學、醫學、音樂、護理、科學、社會科學等學院和一所研究院，以及一所新聞研究所。註冊學生人數約24,000人。

Western Reserve　西部保留地　美國歷史上沿伊利湖南岸約150萬公頃的地區，在今俄亥俄州東北部。美國建國後大多數前殖民地將根據皇家特許狀和授地證得到的西部無居民地區讓與聯邦政府，唯有康乃狄克州保留了這一片地區，用來補償州民在戰爭中遭受的嚴重損失。該州移民川流不息地進入保留地。1800年西部保留地併入俄亥俄準州，後來被分成數個縣。

Western Sahara　西撒哈拉　舊稱西屬撒哈拉（Spanish Sahara）。位於非洲西北部大西洋沿岸沙漠地區，面積267,000平方公里。首府阿尤恩。西撒哈拉的史前史鮮爲人知，只能從在薩吉亞阿姆拉和南部一些孤立地點所發現的岩石雕畫推斷，當時有一些游牧的族群曾先後居住在這裡。在西元前4世紀，西撒哈拉與歐洲之間已有橫越地中海的貿易往返；但並未持久，在19世紀以前，這裡與歐洲人的接觸不多。1884年西班牙政府聲稱里奧德奧羅灣沿海地帶爲其保護地。1900和1912年與法國簽定邊界協定。1958年，西班牙正式把里奧德奧羅和薩吉亞阿姆拉合組爲西屬撒哈拉，定爲西班牙海外省。1976年西班牙自該區撤出，茅利塔尼亞和摩洛哥將這裡分成兩部分，1979年茅利塔尼亞退出，但摩洛哥卻迅速吞併茅利塔尼亞在西撒哈拉的領土。1976在阿爾及利亞的分離主義分子宣布成立流亡政府，稱爲撒哈拉阿拉伯民主共和國；至2001年西撒哈拉的問題仍未解決。西撒哈拉有儲量豐富磷酸鹽，還有一些鉀鹼和鐵沙。人口約217,600（1994）。

Western Samoa　西薩摩亞 ➠ Samoa

Western Schism ➠ Schism, Western

Western Union Corp.　西部聯合公司　美國前電信公司。1851年成立，成立之初是爲建造紐約州水牛城至密蘇里州聖路易的電報線。1856年業務擴增，該公司重組爲西部聯合電報公司。到1861年底爲止已建立最早的跨大陸電報線。該公司成長快速，吸收了許多競爭者，包括郵政電報公司（1943）。在電報逐漸被其他電信方法取代之際，該公司將業務分散，除電報和郵遞電報外，還包括自動電傳服務、私用線路出租及匯兌服務。面對快速改變的技術，西部聯合電報公司於1988年重組爲西部聯合公司，以經營貨幣轉移及相關業務。1993年該公司宣布破產，隨後把最重要的資產西部聯合金融服務公司賣給第一金融經營公司，該公司後於1995年與第一德塔公司。

Western Wall　西牆　亦稱哭牆（Wailing Wall）。耶路撒冷舊城內的一座牆壁，是猶太教徒祈禱和朝聖的聖地。耶路撒冷第二聖殿於西元70年爲羅馬人所毀，此牆爲僅存遺跡。傳說、史料和考古發現都證實，這一座牆就是約西元前2世紀所建的哭牆，但其頂部則是後世所增建。該牆現爲伊斯蘭教岩頂圓頂寺和阿克薩清眞寺圍牆的一段。猶太人和阿拉伯人曾爲占有或得以拜謁此牆而長期爭執。以色列在1967年6月戰爭中占領耶路撒冷舊城，這一遺址重新爲猶太人所控制。

Westernizers　西方派 ➠ Slavophiles and Westernizers

Westerschelde＊　西須耳德　亦作West Schelde。荷蘭西南部河口灣。東邊起自比利時須耳德河入荷蘭處，向西流經荷蘭西南部三角洲群島，注入北海，灣長約50公里。16世紀時，神聖羅馬帝國皇帝查理五世將弗利辛恩（位於瓦爾赫倫）指定爲他在尼德蘭登船的港口。西須耳德至今仍對北海開放，仍是通往包括安特衛普在內的各運河水道目的站的重要海運航線。

Westinghouse, George　威斯丁霍斯（西元1846～1914年）　美國發明家和實業家，美國用交流電傳輸電力主要是他倡導的。他的第一個重要發明是空氣制動器（1869年獲得專利），後來規定所有美國火車都必須裝有空氣制動器。後來他開始研發鐵道信號設備，研製成一種完整的電氣

威斯丁霍斯
By courtesy of Westinghouse Electric Corporation

和壓縮空氣信號系統。後來還有許多與天然氣輸送管道有關的發明。他最重要的成就是改進美國交流電的電力傳輸。1880年代美國開始發展直流電，但歐洲已發展出交流電系統。威斯丁霍斯購買了台斯拉的交流電動機專利並請台斯拉來改進電動機以適用於他的電網。1886年他組成西屋電氣公司。在當時他受到擁護直流電的人們的誹謗，而1893年西屋公司為芝加哥的世界哥倫比亞展覽會提供了照明電。另外他獲得以交流發電機開發尼加拉大瀑布的權利。亦請參閱electric current。

Westinghouse Electric Corp.　西屋電氣公司　美國電視和廣播公司，曾是主要電氣設備製造商和核子反應器生產者。1886年由喬治・威斯丁霍斯創辦的西屋電氣公司，設計並出售交流電網系統。該公司成為電氣用品工業的主要供應商，生產用於發電、輸電、配電和控制電力的各種機械線路和產品。1945年公司採用今名。第二次世界大戰後亦生產核反應器和防禦性電子產品。1990年代買下若干美國的電視和廣播公司，1995年購併美國主要電視網之一的哥倫比亞廣播公司（CBS）。1996年將防禦電子系統部門售出。1997年改名為哥倫比亞廣播公司，1998年宣布出售核子部門。

Westminster, Statute of　威斯敏斯特條例（西元1931年）　英國議會規定不列顛和各自治領平等的條例。當時的自治領有加拿大、澳大利亞、紐西蘭、南非、愛爾蘭共和國和紐芬蘭。條例貫徹執行1926年和1930年兩次大英帝國會議的決議。1926的會議特別宣告：各自治領都必須被看作大英帝國內地位平等的自治共同體，它們雖同樣效忠於國王，並作為大英國協成員國家而自由聯合，但在內政和外交事務中絕不聽命他人。

Westminster Abbey　西敏寺　位於倫敦的教堂，原為本篤會修道院。英格蘭王懺悔者愛德華在原址上重建了一座諾曼風格教堂（建於1065年）；1245年亨利三世將愛德華所建教堂除中堂外全部拆除，採用當時的尖拱哥德式重建，是為現存的修道院教堂。中堂於1376年開始改建，間斷地持續至都鐸時代。亨利七世小教堂（約1503年始建）採用垂直哥德式，以其扇形拱頂著稱。1560年由英女王伊莉莎白一世改組為威斯敏斯特城（現大倫敦的一個自治市）聖彼得聯合教會。西面的尖塔是最後增建的部分，由霍克斯穆爾與約翰・詹姆斯設計。自威廉一世以後，除兩位未加冕的英王愛德華五世及愛德華八世外，歷代英王均在此加冕。許多國王和名人也葬於此，南耳堂的一部分是著名的「詩人角落」，北耳堂有許多英國政治家的紀念碑。

Westminster Confession　威斯敏斯特信綱　講英語的長老派的信仰綱要，代表國際喀爾文派在神學上的統一意見。由威斯敏斯特會議制訂，1646年予以定稿，付議會審議，於1648年通過。1660年英國王政復辟，教會統治的主教制形式重新確立，這份信綱遂在英格蘭喪失國定文件地位，但後來被蘇格蘭教會（1647）和其他教會採納。全文共分33章，聲稱唯一的教義權威是聖經，重申了三位一體和耶穌基督的教義，改革了聖事、牧師和仁慈的觀點。亦請參閱Presbyterianism。

Weston, Edward　韋斯頓（西元1886～1958年）　美國攝影家。自少年時代起就熱衷於攝影。早期作品屬於畫意派風格，在暗房加工的方法巧妙地處理形象來模仿印象派繪畫；但1915年一個現代藝術展覽，使他轉而強調抽象的形式和清晰的紋理。結果是能透過巧妙的構圖和微妙的色調、光線、質地的安排得到表達自然景物之美的清晰而寫實的相片。他最著名的作品是一系列裸體照和在加州拍攝的沙丘照片。

Westphalia　西伐利亞　普魯士舊州，今屬德國。約於700年時西伐利亞人（薩克森人的一支）在此定居，1180年建立公爵領地，數百年來受科隆大主教管轄。「西伐利亞和約」（1648）在明斯特簽字。1807年拿破崙為其弟熱羅姆建立西伐利亞王國，首府設在卡塞爾。1815年受維也納會議重組，1816年成為普魯士一州，包括首府明斯特在內。第二次世界大戰時受到嚴重轟炸。1946年被分割成西德的北萊茵－西伐利亞、下薩克森和黑森等州。

Westphalia, Peace of　西伐利亞和約（西元1648年）　終結了三十年戰爭的歐洲協議，協議地點在西伐利亞的明斯特和奧斯納布呂克兩城。1644年開始談判，1648年結束，分別簽訂了西荷條約（1月30日）和包括神聖羅馬皇帝斐迪南三世和德國其他諸侯、法國、瑞典間的條約（10月24日）。決議載明，法國、瑞典及其同盟國，或獲得了領土，或對領土主權的要求得到確認。教會問題也同時得到解決。由於確認了1555年的奧格斯堡和約，以及把條約的條款擴大到新教（喀爾文派），帝國的三大教派－－天主教、路德宗和喀爾文派獲得了信仰自由。對德國而言，神聖羅馬帝國被迫承認其日耳曼各邦領主在自己土地上擁有絕對主權。中央的權力因此大受削弱。

Wetar＊　韋塔島　印尼島嶼。位於帝汶島東北56公里處。島東西長130公里，寬45公里，面積3,600平方公里。為珊瑚礁和深海所環繞。島上內地荒涼而崎嶇的群山覆蓋著熱帶雨林，最高點1,412公尺（4,632呎）。主要以農業為生，生產西米。海洋漁業也重要。居民大部分是巴布亞人，多信奉伊斯蘭教。

Weyden, Rogier van der＊　魏登（西元1399/1400～1464年）　法蘭德斯畫家，1427年他到康平的作坊當學徒，才開始他的繪畫事業。早期風格明顯受康平的影響，具有濃郁的和注重細節刻畫的寫實主義特徵；艾克雅致精確的風格也在他的作品中留下痕跡。1435年移居布魯塞爾，次年被指定為城市畫家。大約在1435～1440年間為盧萬射箭公會的禮拜堂完成著名油畫《耶穌下十字架》。他的國際聲譽提高，而作品在義大利受到很高的評價。雖然他的畫作大都屬宗教性質，但也畫了一些世俗畫（已佚失）和肖像畫。他的藝術影響了數代法蘭德斯畫家並且將法蘭德斯風格帶入整個歐洲。

Weyerhaeuser, Frederick＊　韋爾豪澤（西元1834～1914年）　原名Friedrich Weyerhaeuser。德國出生的美國木材大亨。十八歲移民美國，在伊利諾州一家鋸木廠當工人。1857年他和姐（妹）夫將該工廠買下。韋爾豪澤四處奔走，採購許多木材，還買了許多伐木廠與木工廠的股權。1872年成立密西西比河木業公司，是經營整個密西西比河流域木材加工的大聯合企業。1900年買下太平洋西北岸364,230公頃的林地，並成立韋爾豪澤木材公司，以華盛頓州的他科馬為中心。在其有生之年，該公司購買了近809,400公頃土地。

韋斯頓，1945年攝於加州卡梅爾灣的洛沃斯岬
Imogen Cunningham

Weygand, Maxime＊　魏剛（西元1867～1965年）　比利時出生的法國陸軍軍官。

在法國讀書，後入聖西爾軍校。曾擔任福煦將軍的參謀長（1914～1923）。曾在敘利亞任高級專員（1923～1924）和任法國最高軍事委員會副主席和陸軍總監（1931～1935），1935年退休。1940年，法國已遭德國軍隊蹂躪，他應召擔負指揮軍隊的重任，他卻勸政府投降。盟軍在北非登陸（1942）後，他設法飛往阿爾及爾，但被德國人捕獲，囚禁至1945年。他在法國被逮捕，1948年獲釋放，後來戴高樂宣布「恢復名譽」。

whale 鯨 多種僅棲於水中的哺乳動物的通稱，可見於各大洋和與之相連的海域，以及港灣和江河，特別是大西洋。與鼠海豚、海豚不同，但同屬鯨類。參閱baleen whale和toothed whale。

whale shark 鯨鯊 鯨鯊科巨大而無害的鯊魚，廣佈全世界，但主要在熱帶海洋。學名爲Rhincodon typus，是現生存魚類的最大者，可長達9公尺，據傳有可達其兩倍大者。體灰色或褐色，下側淡色，具明顯黃或白色小斑點及窄橫線紋。儘管體型大，但牙細小，以浮游生物及小魚爲食。一般在水面緩慢游動，偶爾可被船隻碰撞。

Whales, Bay of 鯨灣 南極洲羅斯冰棚上一凹進部分。1842年由英國探險家詹姆斯·羅斯發現。爲南極探險最重要中心之一。由於冰棚推進不均而形成的天然海灣，夏季爲南極大陸最南端不冰凍港灣，曾有數處重要考察基地。1987年，該灣因159公里長的冰山自羅斯冰棚附近斷裂而完全消失。

whaling 捕鯨 獵取鯨類以充當食物或（和）提取油脂的行爲。捕鯨活動可追溯到史前時代，當時北極區的人們利用石頭工具來捕鯨。他們能利用一整條魚，這種神奇的技術一直到20世紀浮式工廠出現，西方商業捕鯨人才得以完成。巴斯克人是最早從事商業捕鯨的歐洲人，當時適於遠洋航行的輪船剛建造出來，他們駕船來到浩瀚的大海（14～16世紀）。緊隨其後的是17世紀的荷蘭人和德國人，以及18世紀的英國人及其殖民者。1712年第一隻抹香鯨被殺，人們發現其提煉的油脂比露脊鯨更有價值，而在此之前，露脊鯨一直是人們捕殺的目標。在海上要追捕自由自在的抹香鯨可能要持續四年之久。由於石油的發現（1859）、過度捕殺、蔬菜油的發明和鋼骨胸衣的出現使得捕鯨業在19世紀末日趨衰落，但是挪威的改革措施使捕殺「不好的」鯨（指藍鯨和鰭鯨，之所以稱爲不好是因爲這兩種鯨被殺後就會沈入海底）在商業上又具有了可行性。1900～1911年鯨魚的捕殺從2,000隻增加到20,000隻以上。挪威和英國是20世紀中期主要的捕鯨國，這時過度捕殺已使捕鯨業對大多數國家來說無利可圖，儘管如此，日本和蘇聯還是成爲主要的捕鯨國。爲了解決許多種鯨魚瀕臨滅絕的問題，1946年成立了國際捕鯨委員會（IWC），裁定自1986年開始禁止商業捕鯨，但一些國家如日本、挪威和蘇聯等少數國家最初拒絕執行該規定。

Wharton, Edith (Newdold) 華爾敦（西元1862～1937年） 原名Edith Newdold Jones。美國小說和短篇故事女作家。紐約上流社會家庭出身。1885年婚後數年才開始寫作。她的作品主要描寫上層社會的傳統桎梏阻礙個人謀求幸福的故事。她與老詹姆斯的友誼深厚，他十分支持她，並對她的作品形式產生影響。1905年長篇小說《歡樂之家》的成功奠定了她作爲一流作家的地位。最著名的作品是故事《伊坦·弗洛美》（1911），描寫新英格蘭艱苦的農村生活。其他的作品大概還有五十部，包括小說《鄉村習俗》（1913）、獲得普立茲獎的《天眞的時代》（1920）和《海盜》（1938）等。

wheat 小麥 禾本科小麥屬禾穀類作物，種子供食用，是最古老最重要的穀類作物之一。中國是最大的生產國。葉窄長，莖多中空，花穗頂生。現已知的小麥品種數以千計。最重要的有普通小麥，供製做麵包；硬粒小麥，適於製做義大利麵食如義大利式細麵條及通心粉；還有緊粒小麥（即棍狀小麥），屬軟小麥型，適於做糕點、薄脆餅乾、小甜餅、花式點心和家用麵粉等。冬小麥和春小麥是兩種主種類型，根據冬季嚴寒程度決定種何種類型。冬小麥在秋天播種，春小麥通常在春天播種，但在冬季不冷的地區亦可在秋天播種。小麥粉絕大部分用來製做麵包，少量用於工業生產澱粉、漿糊、麥芽、葡萄糖、麵筋、酒精等產品。劣質小麥、過剩小麥及麵粉加工的副產品用作飼料。

Wheatley, Phillis 惠特利（西元1753?～1784年） 美國第一位黑人女詩人。可能出生自塞內加爾的富拉尼人家庭。1761年一位波士頓商人約翰·惠特利從一艘波士頓奴隸船上把她買到家中，教她讀寫英語和拉丁語。約十四歲時開始模仿波普和其他新古典主義作家寫詩，詩作大部分與傳統的題材有關，受到廣泛的注意。1773年《宗教和道德詩歌集》在英國出版，從此名聲傳至歐洲。1773年獲得自由後，嫁給一位自由黑人。晚年在別人家當傭人，最後死於貧困。

wheel 輪 能在軸上轉動的實心、部分實心或帶輻條的硬質圓形結構。約西元前3500年美索不達米亞地區已開始使用陶輪，但在更早的時候就已用圓木滾子搬運重石。直至大約西元前2000年時，輻輪才用在小亞細亞的戰車上。後來改進成把鐵輪轂在油脂潤滑的軸上轉動。輪可能是人類史上最重要的發明，不但是文明發展的基礎，也是各種力、運輸、工業生產和無以數計的裝置不可或缺的。

wheel lock 轉輪點火機 滑膛槍等武器內點燃火藥的裝置。1515年左右發明。其工作原理與現代香煙打火機相同，藉助粗糙邊緣輪轉動時與黃鐵礦石的摩擦產生火花。亦請參閱flintlock。

whelk 蛾螺 蛾螺科的海產螺類。有些種常不準確的稱之爲康克螺。殼堅硬，卵圓形或紡錘形，殼口寬廣。通過長吻取食貝類，也吃魚和甲殼類。分布於全世界。多數冷水種比熱帶種大，色較單調。北大西洋分布極豐的北蛾螺有白色硬殼，長約8公分。

北蛾螺
Ingmar Holmasen

Whewell, William＊ 修艾爾（西元1794～1866年） 英國哲學家和歷史學家。大半生在劍橋三一學院度過。曾任礦物學教授（1828～1832）、道德哲學教授（1838～1855）和院長（1841～1866）。以倫理學和歸納法理論著作而聞名。他強調必須把科學進展看成是一個歷史過程，並斷言，只有歸納的推理在整個歷史中的應用得到認眞分析時，才能夠恰當地應用它。最著名的著作是《從遠古到現代的歸納科學史》（三卷，1837）和《以歸納科學史爲依據的歸納科學的哲學》（1840）。

修艾爾，石膏胸像，倍利（Edward Hodges Baily）製於1851年；現藏倫敦國立肖像畫陳列館
By courtesy of the National Portrait Gallery, London

Whig　輝格黨　英格蘭政黨或派別的成員，特別是指18世紀。1679年爲廢立約克公爵詹姆斯問題展開激烈鬥爭的時候，輝格與托利兩派互相對罵，開始使用這兩個名稱。輝格爲蘇格蘭語，原意盜馬賊，這時指主張廢黜詹姆斯的新教長老會信徒。輝格黨代表貴族、擁有土地的家族和富裕中產階級的金融利益集團。它只有一些貴族集團和家族勢力在議會發揮影響。後來的新輝格黨，由福克斯領導，代表非國教派、工業主和主張議會改革的人士。1815年以後經歷了一段政黨混亂時期，輝格一詞已無政治意義。

Whig Party　輝格黨（西元1834～1854年）　美國政黨。是反對總統傑克森（他們稱他是「國王安德魯」）的黨派，「輝格」一名源出英國的反君主政體黨派。美國輝格黨支持一項國家的發展計畫及由克雷擁護的第二合眾國銀行。還包括了前反共濟黨的黨員。1840年他們提名的哈利生當選爲總統，但是他的早死打斷了輝格黨民族主義計畫的實施。1844年該黨提名克雷競選總統，遭到失敗。1848年提名泰勒，贏得了選舉。後來輝格黨分裂爲「良心」派（反對奴隸制）和「棉花」派（贊成奴隸制），1850年妥協案進一步分裂了輝格黨。1852年該黨提名的司各脫未能贏得廣泛支持，因爲大多數南方輝格黨加入了民主黨。到1854年大多數北方輝格黨人加入新成立的共和黨，有的則加入一無所知黨。

whip-tailed ray ➠ stingray

whippet　小靈狗　一種賽狗，似靈猩，19世紀在英格蘭育成，用以在表演場內追逐兔子。由㹴和英格蘭及義大利的靈猩育成。體高46～56公分，體重5～11公斤。被毛短而有光，常爲灰色、棕黃或白色。速度可達每小時56公里（35哩）。在英國以「窮人的賽馬」而著稱。也可用於狩獵小獸。性溫順。

小靈狗
Sally Anne Thompson

Whipple, George H(oyt)　惠普爾（西元1878～1976年）　美國病理學家。曾在約翰·霍普金斯大學醫學院就讀。他和邁諾特發現對慢性失血狗餵以生肝可以改善貧血，最終以肝治療惡性貧血獲得成功，因此他們倆人與墨菲共獲1934年諾貝爾生理學或醫學獎。他還研究膽色素，對血紅素在體內的合成發生興趣（血紅素在膽色素生產方面很重要）。1923～1925年進行了人工貧血實驗，證實了鐵是紅血球形成中最有效的無機成分。

whippoorwill　三聲夜鷹　夜鷹科的北美洲夜出鳥，與歐洲的近緣種普通夜鷹近似。學名爲Caprimulgus vociferus。由其強有力的不慌不忙的鳴聲（第一及第三音節重）而得名，可不停地反覆連叫四百次。生活在靠近開闊地的林中。日間在林床睡眠或順著樹枝的長軸方向棲息，黃昏和拂曉追捕昆蟲。長約24公分，羽衣淡褐色帶有斑駁；雄鳥頸部和尾角白色；雌鳥尾單色，頸淡黃色。越冬地南至哥斯大黎加。

whiskey　威士忌　任何由各種穀物的糖化醪發酵後製得的蒸餾酒。各國所產威士忌，由於不同的生產方法、穀物的種類和特點以及用水的特點，而各有特色。常在木製貯酒槽中進行陳釀。最早的關於威士忌製造的直接敘述，見於始自1494年的蘇格蘭檔案中。蘇格蘭威士忌的酒體稍微淡薄，帶有明顯的煙燻麥芽香味。它們先由發芽的大麥製得，然後在泥炭火上加熱、發酵、蒸餾產生類似的威士忌，再逐次用水稀釋到按體積計含酒精43%。愛爾蘭威士忌沒有煙燻的特性，經過三次蒸餾，並且有時與中性的穀類威士忌相混合，以製成酒體較淡薄的產品。加拿大威士忌的酒體和香味淡薄，經常是高度加香的穀類威士忌與中性的穀類威士忌二者的混合物。美國是最大的威士忌生產和消費國，純威士忌（含51%的糖化醪）和混合的威士忌都有生產，以分別混以酸性糖化醪和糖化醪製得。（酸性糖化醪，是用酵母發酵的，這種酵母包含一部分先前發酵過的酵母；糖化醪則是用鮮酵母製得）。波旁威士忌原先產於肯塔基州的波旁縣，具有玉米（用玉米爲原料）香味的特點。威士忌以不混合的形式和混合成雞尾酒、果味飲料和摻水或汽水的威士忌等形式飲用。

Whiskey Rebellion　威士忌酒反抗（西元1794年）　美國歷史上爲了拒納聯邦酒稅而起的一次暴亂事件。賓夕法尼亞州西部農戶拒絕爲當地蒸餾釀造的威士忌納稅，並且襲擊了聯邦的稅收員。500名武裝人員襲擊並焚毀地方稅務稽查官吏住宅，華盛頓總統派聯邦軍13,000人進入鬧事地區，抵抗運動不攻自潰。此次事件建立了聯邦法律在各州的權威，加強了人們支持聯邦黨人所鼓吹的強大中央集權政府理念。

Whiskey Ring　威士忌酒集團　美國威士忌釀造商的偷稅團體。這個集團主要在聖路易、密耳瓦基和芝加哥活動，賄賂在華盛頓特區的國內稅務官員，侵吞酒稅。由美國財政部著手進行的一次祕密調查對238人提出控告，其中110人被證明有罪。格蘭特總統雖未涉嫌，但其聲譽也因此受損。他的私人祕書巴布科克則被控參與其中，但後因格蘭特的證詞而被宣告無罪。據說共和黨接受了部分非法稅金。

whist　惠斯特　牌戲的一種，現代橋牌便是源於這種牌戲。惠斯特源於17世紀的英國。主要特點是：通常四人分成兩組，互相對抗；將一副52張的紙牌發出，每人13張牌；每人每次出一張牌，以贏墩爲目的。贏得多墩的一方以六墩爲基數，每超過一墩得一分。

whistler ➠ goldeneye

Whistler, James (Abbott) McNeill　惠斯勒（西元1834～1903年）　美國出生的英國畫家、銅版畫家和石版畫家。曾就讀於西點軍校，但不久就離開軍隊從事藝術。1855年到巴黎學畫，過著波希米亞式的生活。1863年遷居倫敦，在那裡他獲得了相當大的成功，因機智和大量在公共場合曝光而十分出名。惠斯勒是一個能說善道的理論家，他闡述了不同藝術門類（尤其是繪畫和音樂）之間的關係。他爲了把現代法國繪畫和日本藝術引入英國而做了很多工作。從1870年代起，專注於肖像畫。《灰與黑的排列，作品1號：藝術家的母親》（1871～1872）是他最著名的作品，通稱爲「惠斯勒的母親」。1877年因爲羅斯金抨擊他的作品《黑和金色的夜曲：落下的火箭》，他以誹謗罪提請了訴訟。他贏得了訴訟，但只得到1法尋（英國舊幣，等於1/4便士）的賠償，而訴訟的花費使他破產。1880年一項銅版畫的委託使他到了威尼斯，他在那裡創作了五十餘件作品，使他在重回倫敦時又一次獲得了成功。

whistling swan　嘯天鵝　北美洲天鵝的一種，學名爲Cygnus columbianus columbianus。發聲和哨，喙黑色，眼周有小黃斑。繁殖地是極區苔原帶，在有淺淡水和鹹水的地方，特別是美國東部和西部沿海越冬。有的鳥類學家將其歸爲Olor屬。

Whitby, Synod of　惠特比會議　盎格魯－撒克遜族諾森伯里亞王國於663或664年舉行的宗教會議，目的在於在塞爾特禮儀和羅馬禮儀之間決定取捨。雖然諾森伯里亞原是由塞爾特傳教士勸化信奉基督教的，但到了662年已出現羅馬派。國王奧斯威決定採用羅馬禮儀。此後，英格蘭其他各地紛紛接受羅馬禮儀，使英格蘭教會與歐洲大陸教會緊密相聯。

White, Byron R(aymond)　懷特（西元1917年～）　美國最高法院大法官（1962～1993）。1940年開始學習法律以前，是個成功的運動員，曾在職業足球隊匹茲堡海盜隊和底特律獅子隊踢球。在進入耶魯大學法學院前，以羅德茲獎學金學生的身分在牛津大學學習。1961年被約翰·甘迺迪總統任命爲司法部副部長，次年甘迺迪總統任命他爲最高法院大法官，他對法院的觀點和判決都採取非常保守狹隘的看法。1993年退休。

White, E(lwyn) B(rooks)　懷特（西元1899～1985年）　美國散文作家和文學文體家。1921年畢業於康乃爾大學，成爲採訪記者和自由撰稿人，1927年進入《紐約客》雜誌工作，後終其餘生在該週刊工作。還爲《哈潑雜誌》寫每月專欄。他與瑟伯爾合寫《性爲必需嗎？》（1929）。他的《小不點司圖爾特》（1945）、《夏綠蒂的網》（1952）和《天鵝的喇叭》（1970）是兒童文學的經典；其中《夏綠蒂的網》乃是美國有史以來最成功的童書之一。1959年他的教授小司徒蘭克出版二人合寫的《文體初步》修訂版，該書成爲英文寫作用標準文體手冊。1978年受普立茲獎特別表揚。

White, James (Springer) and Ellen (Gould)　懷特夫婦（詹姆斯與艾倫）（西元1821～1881；西元1827～1915）　艾倫原名Ellen Gould Harmon。基督復臨安息日會的共同創始人。詹姆斯原本是學校教師，後來接受米勒（1782～1849）基督復臨派觀點的影響，便成爲一位牧師。他在1846年娶了艾倫爲妻；艾倫在1840年成爲米勒的信徒，當時她十三歲。她是一位幻覺者，一生所見的幻覺超過兩千個。1863年，基督復臨安息日會成立，而艾倫的幻覺對於領導該會很有幫助。一直到詹姆斯過世前，夫妻倆都一起宣講信息。之後艾倫仍繼續宣講許多主題，特別是關於節制的信息，有些人認爲她是位先知。她一生有許多著作，其中最著名的就是《走向基督》。

White, John　懷特（卒於西元1593?年）　英國藝術家、探險家和製圖家。1577年去美洲探險，駛往格陵蘭和巴芬島，同年返回英國。他作了一些反映途中所見的土地和人民的素描。1585年在洛利的贊助下又隨探險隊出發，同年7月到達羅厄諾克島。他以該島的土地、人民、動植物爲題材作了許多油畫和素描（1586）。1587年率領一百多個移民前去美洲，到羅厄諾克島建立殖民地。同年他回到英國尋求支援，但他沒有立刻得到殖民地所需的援助。直到1590年他帶著一個救援隊回到島上時，所有的移民，包括他的孫女兒都不見蹤跡。

White, Minor　懷特（西元1908～1976年）　美國攝影家和編輯。小時就開始照相，到1937年才認眞從事於攝影。1945年移居舊金山前曾隨美國攝影家韋斯頓和施蒂格利茨工作，形成了自己的明確風格。移居舊金山後，和攝影家亞當斯一起親密工作。深受亞當斯的分區曝光法的影響。他接替亞當斯任加利福尼亞美術學校攝影系主任，後來還在麻省理工學院教書。1952年創辦攝影雜誌《光圈》，及擔任《影像》的編輯（1953～1957）。懷特致力於擴大攝影表現的廣度，成爲20世紀中期影響力最大的創作攝影家。

White, Patrick (Victor Martindale)　懷特（西元1912～1990年）　澳大利亞作家。年輕時在澳大利亞和英國之間來回遷移，他在英國曾進劍橋大學就讀，第二次世界大戰後回到澳大利亞，他看到了一個處於爆炸性成長和自我界定過程中的國家。其有點厭惡人類的小說（經常就此點探究野性的可能）主要有《姑媽的故事》（1946）、《族譜》（1955）、《沃斯》（1957）、《戰車上的騎手》（1961）、《暴風眼》（1973）和《兩次出生事件》（1979）。其他作品包括戲劇和短篇小說，短篇小說都收在《燒焦的人》（1964）和《鳳頭鸚鵡》（1974）中。1973年獲諾貝爾獎。

White, Stanford　懷特（西元1853～1906年）　美國建築師。曾經追隨理查生學習建築。1880年和馬吉姆、米德合組建築事務所，該事務所迅即成爲全美最受歡迎的建築公司，特別是木板式的鄉村宅邸和海濱公寓最爲著名。該事務所後來引導美國建築潮流向新古典主義風格發展。懷特設計位於羅德島新港的卡西諾（1881），表現出以細膩的義大利文藝復興裝飾襯托的優雅均衡建築物。其在紐約市較重要的委託建築爲麥迪遜廣場公園（1891）、華盛頓紀念拱門（1891）、紐約前鋒大樓（1892）和麥迪遜廣場長老會教堂（1906）。懷特是一名多才多藝的藝術家，還設計珠寶、家具和各種室內裝飾。他生性狂熱外向、揮霍無度，最後被廣告女郎內斯比特（與懷特有段韻事）的妒夫亨利·梭擊斃於麥迪遜廣場。

White, T(erence) H(anbury)　懷特（西元1906～1964年）　印度出生的英國小說家、社會歷史學家和諷刺作家。曾在劍橋大學求學，曾任教師並寫了第一部眞正的成功之作－－自傳性著作《我把一切獻給英國》（1936）。此後全力從事寫作並研究亞瑟王傳奇等偏僻題目，爲以後寫作準備素材。他最著名的作品是以把15世紀作家馬羅萊爵士的《亞瑟王之死》出色地改寫成總題爲《過去和將來的國王》（1958）的四部小說，包括了《石中劍》（1938）、《微風和黑暗女王》（1939，根據《森林中的女巫》寫成）、《邪惡騎士》（1940）和《風中之燭》（1958）。

White, Theodore H(arold)　懷特（西元1915～1986年）　美國新聞工作者、歷史學家和小說家。自哈佛大學畢業後，成爲《時代》雜誌首批駐外記者之一，1939～1945年駐在遠東，後來擔任駐歐洲記者。他的《1960年總統的產生》（1961）和《1964年總統的產生》（1965）二書被認爲是總統競選活動的標準歷史，書中巧妙地將事件並列出來，並把政治家當成人來處理而非當作象徵，以呈現出主題。其手法係將這類型的歷史提升爲藝術形式，《1960年總統的產生》使其獲得普立茲非小說獎。他在以後的書中，繼續分析了1968和1972年的選舉。他後來還出版了《背約－－尼克森的失勢》（1975）和自傳體的《尋找歷史－－－個私人冒險》（1978）。

White, William Allen　懷特（西元1868～1944年）　美國新聞工作者，被稱爲「恩波里亞的賢人」，他的寬容、樂觀、自由派共和主義和鄉土氣息使他成爲有思想之小鎮美國人的典型代表，他的社論寫作使其小城鎮的《恩波里亞日報及週報》享譽世界。1895年買下《恩波里亞日報及週報》。他的社論〈堪薩斯怎麼啦？〉（1896）充滿激情的批評平民黨政策，據說幫助了麥京利當選總統。他還寫了小說、傳記和自傳。他的社論〈致一位焦慮的朋友〉（1922年7月27日）獲得1923年普立茲獎。

white blood cell ➠ leukocyte

white butterfly 白粉蝶

Pieris brassicae，白粉蝶的一種
Chr. Lederer – Bavaria-Verlag

鱗翅目粉蝶科昆蟲。粉蝶科共1,000多種，除白粉蝶外還包括黃蝶和橙尖粉蝶兩類，世界性分布。成蟲翅展37～63公釐，翅白色，翅緣有黑色斑紋，許多種表現顏色和花紋的雌雄二態性及季節二態性。幼蟲色青綠，多被絨毛。蛹以尾端棘及絲帶掛附樹枝上。亦請參閱cabbage white。

white cedar 白柏 任何美洲的金鐘柏、某些種類的扁柏、加州柏、北美翠柏和加州刺柏木材的商業用名。在英語中，某些非針葉樹如紫葳科、衛矛科、肉豆蔻科、橄欖科、龍腦香科某些種的俗名。在植物學上，白柏是指美國尖葉扁柏，原產於北美和東亞。木材紅棕色，用作礦柱、籬笆等，有重要商業價值。

white dwarf star 白矮星 一類光度暗弱並處於演化末期，因缺乏足夠的質量無法成爲中子星或黑洞的恆星。之所以稱爲白矮星是因爲開始發現的幾顆都呈白色。白矮星屬於致密天體，光度低，質量與太陽屬同一量級，半徑則與地球相當。白矮星因已耗盡它們的核燃料而再也沒有核能源了。它們密實的結構也抵住了進一步的引力坍縮。因此，輻射入星際空間的能量便由構成核心的非簡併離子的剩餘熱能提供。當白矮星能量枯竭時（這一過程需時幾十億年），就停止輻射並到達演化的終點，成爲一個冷而無活力的恆星殘骸。這種殘骸有時被稱爲黑矮星。在新星的爆發中，白矮星也至關重要。當轉換的質量超過太陽質量的1.4倍（稱爲昌德拉塞卡極限），白矮星便會坍塌和發生超新星大爆炸。

white-footed mouse 白足鼠 ➠ deer mouse

White Horse, Vale of the 懷特霍斯谷 英格蘭牛津郡谷地。谷地從什里弗納姆至阿賓頓計27公里，當地多史前遺跡。稱作韋蘭鐵匠的巨立石。中部古老的集市城鎮旺蒂若據說爲阿佛列大帝的出生地（849）。面積581平方公里。人口約113,200（1998）。

White House 白宮 美國總統的正式官邸，坐落在哥倫比亞特區。主樓是從亞當斯起歷任美國總統的住宅。1791年愛爾蘭裔美國建築師詹姆斯・霍本以帕拉弟奧風格的喬治式大廈的設計圖贏得了委託任務。這一建築物有三層樓和一百多個房間，用灰白色的砂岩營造。1792年奠基，1800年亞當斯總統和夫人艾碧該成爲新完成的大廈的首批居住者。白宮在1814年英國人入侵時被焚毀，但是由霍本監工進行重建和擴建。霍本於1820年代在主樓兩側增加東西露台，又加修半圓形南門廊和帶廊柱北門廊。後來又增加西側廳（1902）和東側廳（1942）以提供更多的辦公場所。1902年羅斯福總統採用「白宮」作爲這一建築物的正式名稱。每年約有一百五十萬遊客參觀它對外開放的部分。

White Lotus 白蓮教 12世紀的虔誠教團，他們獻身崇拜阿彌陀佛，並且素食。白蓮教在元朝末年發展成積極叛亂的末世教派。中國中部山區的白蓮教之亂（1796～1804）是由彼此不曾協調的流動集團所組成，他們採取攻擊完即退走的游擊戰術，使得政府軍難以和他們正面作戰；再加上許多政府分配給對抗叛亂的經費被侵占，更是雪上加霜。白蓮教之亂最後由農民所組成的地方軍事防禦兵團所平定。之後中國政府開始使用白蓮教一詞，指稱所有非法的末世教團。1852年的捻亂和義和團事件背後的祕密會社，可能是白蓮教會社新的表現型態。

White Monk ➠ Cistercian

White Mountain, Battle of 白山之役（西元1620年） 三十年戰爭開始時在布拉格附近發生的一場決定性戰役。巴伐利亞公爵馬克西米連一世的天主教軍團由蒂利統率，擊敗了波希米亞國王腓特烈五世的新教軍團。波希米亞戰敗後失去了獨立地位，而新教也一直被禁止到1648年。

White Mountains 懷特山脈 阿帕拉契山脈的一部分，在美國新罕布夏州中北部和緬因州西部。長140公里。主要山峰（1,500～1,800公尺）以歷屆總統命名，有「總統峰群」之稱。最高峰華盛頓山也是美國東北部最高點（1,917公尺）。多冰蝕谷。山區大部處在懷特山國家森林境內。有1,600多公里天然小道和衆多的野營地，爲理想的避暑區。冬天提供滑雪場地和運動設施。

White Nile ➠ Nile River

White River 懷特河 源出美國阿肯色州西北部波士頓山脈的河流。東北流進入密蘇里州南部，折向東南復入阿肯色州，在阿肯色和密西西比河匯流處附近注入阿肯色河。全長1,102公里。河口至阿肯色州巴特斯維爾約480公里河段可通航。河上有水壩攔蓄的水庫。

White Sands National Monument 白沙國家保護區 在美國新墨西哥州中南部，圖拉羅薩盆地內。1933年設立，面積583平方公里。位於聖安德烈斯山脈和沙加緬度山脈間，爲一片浩瀚耀眼的白石膏沙，流沙經常形成3～18公尺高沙丘。西南角有盧塞羅湖。植物稀少，動物皮毛色淺。西面爲聖安德烈斯國家野生運動保護區。西南有白沙飛彈發射場。

White Sea 白海 北冰洋伸入俄羅斯西北部海岸而幾乎被陸地圍住的海域。它與更北面的巴倫支海之間由狹長的「咽喉」海峽相連。白海面積約90,000平方公里，平均深度60公尺，最深處在坎達拉克沙灣東北部，達340公尺。注入白海的河流包括了北杜味拿河、阿尼加河。是重要的運輸航道，藉助於破冰船，全年可通航。阿爾漢格爾斯克是主要海港之一。

white shark ➠ great white shark

white-tailed deer 白尾鹿 亦稱維吉尼亞鹿（Virgina deer）。偶蹄目鹿科常見的林地鹿。學名爲Odocoileus virginianus。分布在加拿大南部到南美洲一帶，是重要的狩獵鹿種。尾下側有白毛，受驚或奔跑時，尾高豎若旗。雄鹿的角向前彎曲，有很多尖。北方白尾鹿成年鹿肩高107公分，重可達180公斤。白尾鹿棲於開闊的林地、砍伐後的森林和城市邊緣小林地，也常見於果園和耕地。食物包括葉、細枝、果實和堅果，以及地衣和其他眞菌。

維吉尼亞鹿
Karl H. Maslowski

White Volta River 白伏塔河 西非布吉納法索和迦納河流，伏塔河的源頭河。發源於布吉納法索的那坎比地區，南流約640公里注入迦納境內的伏塔湖。沿途有無數河灣。落差較小，流域降雨量也較少。

W X Y Z

whitefish 白鮭 鮭科（或白鮭科）幾種銀白色食用魚的統稱。產於歐、亞、北美洲北部冷水湖泊，常棲於深水中。平均體重約2公斤，以昆蟲幼蟲及其他小動物爲食。鯡形白鮭，產於北美大湖區，是最大且名貴品種。湖白鮭有時也作大口白鮭，形似鯡，爲食用和遊釣魚。落磯山柱白鮭是該科最佳的遊釣魚之一。

whitefly 粉蝨 同翅目粉蝨科吸汁昆蟲的統稱。若蟲像介殼蟲，扁卵圓形，常被有棉花狀物質。成蟲長2～3公釐，被有白粉，像小蛾。多分布於溫暖地區。柑橘粉蝨和橘黑刺粉蝨是大害蟲，吸橘、棗樹汁液，分泌蜜露，使煙黴菌生長，從而毀壞果實。溫室粉蝨是本科中數量最大、危害最烈的一種，它使植物活力減退，引起萎縮、變黃和枯萎。

Whitehead, Alfred North 懷德海（西元1861～1947年） 英國數學家和哲學家。在劍橋大學（1885～1911）和哈佛大學（1924～1937）任教。1898年發表《普通代數論》。與羅素合著《數學原理》（1910～1913），標示著人類邏輯思維的空前進步，被稱爲永久性的偉大學術著作之一。創立了20世紀最龐大的形上學體系。《過程與實在》（1929），提出一種思辨假說，即宇宙全部由生成變化所構成。《觀念的歷險》（1933）是其最後一部哲學著作，它透徹、全面地探討了暴力以及人、上帝和宇宙的觀念在西方文明形成過程中所起的作用。其他著作還有：《物質世界的數學概念》（1905）、《數學概論》（1911）、《教育的目的》（1916）、《自然知識原理》（1919）、《自然的概念》（1920）和《科學與現代世界》（1925）。1945年獲榮譽勳章。

Whitehorse 懷特霍斯 加拿大城市，育空地區首府。臨育空河。建於克朗代克淘金熱時期（1897～1898）。加拿大韻文作家塞維斯曾在這裡工作，許多創作靈感得自這裡。1952年起成爲育空地區首府。懷特霍斯是加拿大皇家騎警隊育空總部所在地和阿拉斯加公路上的重要運輸中心，長期爲捕魚和獵獸者的裝備基地。人口17,925（1991）。

Whiteman, Paul 懷特曼（西元1890～1967年） 美國樂師，1920年代最著名的樂隊領隊。1920年首次灌錄唱片。他的音樂風格稱爲「交響樂式的爵士樂」。在他的改編曲中很少有即興演奏的餘地，並大大簡化了爵士樂的節奏，被稱爲「爵士樂之王」。他委託蓋希文譜寫《藍色狂想曲》，並於1924年指揮該樂曲的首演。平克勞斯貝、畢斯拜德貝克、蒂加登等人曾與懷特曼樂隊合作。1950年代時仍是活躍的樂隊指揮，後來又擔任美國廣播公司音樂總監。

whiting 牙鱈 鱈科常見的食用海魚，學名爲Gadus merlangus或Merlangius merlangus。產於歐洲水域，尤以北海爲多。肉食性，以無脊椎動物和小魚爲食。具三背鰭、二臀鰭。頦鬚小或無。體長最大約70公分。銀白色，胸鰭根部附近有一明顯黑斑。石首魚科的數種魚亦稱爲whiting。

Whitman, Marcus 惠特曼（西元1802～1847年） 美國傳教士和拓荒者。原是內科醫師和公理會傳教士，被派往奧瑞岡地區。1836年他和妻子在現今華盛頓州的沃拉沃拉卡市附近卡尤塞族印第安人中建立了一個傳教區。他幫助印第安人建房子，並蓋了一間碾磨穀物的磨坊，他的妻子則開辦了一間傳道學校。1842年他向東行鼓勵大家到奧瑞岡定居。返途時，他加入了一個有一千個移民組成的去往哥倫比亞河谷的旅行商隊。在1847年痲疹流行期間，他醫治照顧印第安兒童，但卻因許多孩子死亡而白人兒童倖存被人指控使用巫術。印第安人於是襲擊白人，殘殺了十四人，其中包括惠特曼夫婦。他們的死促使國會於1848年組建了奧瑞岡准州。

Whitman, Walt(er) 惠特曼（西元1819～1892年） 美國詩人、記者和隨筆作家。兒時住在布魯克林，十二歲輟學。他做過許多工作，包括爲期刊寫文章做編輯。其具革命性的詩文涉及到極端私人的經歷（包括性），同時讚揚理想化的民主美國生活的集體經驗。他的《草葉集》（第一版，1855）後來出了續集，加以修訂並補充了一些後來寫的詩，在當時因爲太過於直率和反傳統而無法贏得廣泛的認同，但是獲得了像愛默生等名人的稱讚，對美國和外國文學產生了強烈的影響。他寫的詩不押韻，不按格律，如〈我歌頌令人興奮的肉體〉和〈自我之歌〉主張人的肉體、身體健康和性愛的美妙。後來的版本包括了〈一路擺過布魯克林渡口〉、〈離開永不休止地擺動著的搖籃〉以及林肯的哀歌〈哦，船長！我的船長！〉和〈當丁香花最後一次在天井中開放〉。美國內戰期間，惠特曼在華盛頓醫院擔任志願兵。散文《民主的遠景》（1871）和《典型的日子》（1882～1883）引用了他在戰時的經歷和後來的反映。可以從許多詩人那裡發現他在20世紀的強大影響力，如聶魯達、佩索阿和金斯堡。

惠特曼，布雷迪攝
By courtesy of the Library of Congress, Washington, D. C.

Whitney, Amos 惠特尼（西元1832～1928年） 美國製造商。出生於美國緬因州比德福，十三歲就去當學徒。1860年和普拉特一起創立普拉特－惠特尼公司，最初是製造捲線機。不久之後產品多樣化，製造新型槍炮、縫紉機、排版機，還有對科學與工業發展極爲重要的測量儀器。現在除了工具製造，還成立獨立公司負責生產飛機發動機和太空推進系統。

Whitney, Eli 惠特尼（西元1765～1825年） 美國發明家、工程師和製造商。他以發明軋棉機聞名，這項發明使生長在南方多數地區的短纖棉花能大量生產。惠特尼最重要的發明應該是可替換零件的大量生產概念。1797年惠特尼在許諾兩年內供應美國政府一萬支步槍後，其製造相同的零件以組裝成步槍的觀念有助於開創非常重要的美國製造系統。

Whitney, Gertrude Vanderbilt 惠特尼（西元1875～1942年） 美國雕刻家和藝術保護者，惠特尼美國藝術博物館（在紐約市）的創立者。海軍准將柯尼利厄斯·范德比爾特的曾孫女。出生於富有且具重要社會地位的家庭，在紐約市和巴黎按師正式學習雕刻。她重要的作品有華盛頓特區的《泰坦紀念碑》（1914～1931）、紐約市的《勝利門》（1918～1920）。她的所有作品都單純、直樸，具有豐富的傳統性格。1929年她把她所收藏的約五百件美國藝術家的作品全部捐獻給大都會藝術博物館，但遭到大都會守舊的館長拒絕。於是，惠特尼便於次年籌畫建立她自己的機構－－惠特尼美國藝術博物館。該館於1931年開館，是當今最重要的美國藝術博物館。

Whitney, John Hay 惠特尼（西元1904～1982年） 美國鉅富暨運動愛好者，具有出版商、金融家、慈善家和馬匹育種家等多重身分。先後就讀耶魯大學和哈佛大學。然而，自他父親於1927年去世後，他回到家裡掌管龐大的家族事業。在這一時期，他也是一位熱心的運動愛好者和具有國際地位的馬球選手，他的馬廄培育出許多著名的賽馬，他資助了一些成功的電影和百老匯戲劇，更是一位美國最精緻藝術品的收藏家之一。第二次世界大戰時擔任情報處上尉在法國被俘，後來獲得功勳勳章。1956～1961年間任美國駐英國大使。在擔任《紐約前鋒論壇報》發行人和主編（1961年起），至1966年該報歇業為止。1946年創立了惠特尼基金會。

Whitney, Mt. 惠特尼峰 美國本土四十八州的最高點。海拔4,418公尺。屬內華達山脈，在加州東部，紅杉國家公園內。峰頂為緩坡平台，尚未因沖蝕出現溝壑。山坡上有雪崩槽道和花崗岩塊。無冰川。

Whitney, Willian C(ollins) 惠特尼（西元1841～1904年） 美國政治人物。在紐約市當律師，他協助山繆爾·狄爾登打敗了腐敗的威廉·特威德，並擔任紐約市政當局法律顧問（1875～1882）。在擔任海軍部長（1885～1889）期間，進行龐大的艦艇建造工程，建成了「緬因號」主力艦和其他艦隻。回到紐約後，主持城市公共運輸公司，創建高速交通系統。

Whittier, John Greenleaf 惠蒂爾（西元1807～1892年） 美國作家和廢奴主義者。出生貴格會教徒家庭。所受正規教育有限，但很早便開始精通詩。他開始從事新聞工作，1831年出版第一本詩集。1833～1842年間奉行加里森的廢奴主義，並成為支持反對奴隸制的傑出人物。1866年他的最著名詩篇〈大雪封門〉出版，其他成功之作還有：〈莫德·馬勒〉（1854）和〈巴爾巴拉·弗里徹〉（1863）。

Whittington, Richard 惠廷頓（卒於西元1423年） 別名Dick Whittington。英格蘭商人，倫敦市長，傳說中的著名人物。他在倫敦開布店，曾借給亨利四世和亨利五世大批金錢。後來參與市政，1397～1420年間三度任倫敦市長。在民間傳說中，他原為貧窮的孤兒，在倫敦富商的廚房裡當奴僕。他把自己唯一的財產一隻貓放到主人的商船上出售。後來由於廚師的虐待，他逃跑了。可是，剛剛跑到城外，就聽到一陣鐘聲，好像在告訴他說：「回去吧，大倫敦市長惠廷頓!」他回去以後，發現他的貓已被摩爾人的一個國王高價買去，因為這位統治者的領土上正鬧鼠災。惠廷頓與主人的女兒結婚，繼承了生意，後來三次任倫敦市長。

Whittle, Frank 惠特爾（西元1907～1996年） 受封為法蘭克爵士（Sir Frank）。英國發明家和飛行員，製造了英國最早的噴射推進裝置。他在皇家空軍學校取得駕駛員資格，1928年被編入戰鬥機中隊。1931～1932年任試飛員，後來在皇家空軍工程學校和劍橋大學進修。惠特爾還為噴射發動機公司進行飛機噴射推進用的燃氣渦輪機的研製工作。他發明的噴射發動機安裝在一架特製的E28／39型格洛斯特機身上，於1941年5月15日首飛。1948年受封為爵士，1986年獲頒功績勳章。

Whitworth, Joseph 惠特沃思（西元1803～1887年） 受封為約瑟夫爵士（Sir Joseph）。英國機械工程師。在莫茲利公司工作時，為了製造精確平面，他發明了刮削技術。在曼徹斯特開辦機床製造廠後來又製造了一台獨創的量具測準機，並附有一套有精密尺寸的標準規。他對普通螺釘也不忽略，1841年伍利芝兵工廠採用了他的標準螺紋。他生產的機床已成為國際聞名的精密優良產品。

WHO ➠ World Health Organization

wholesaling 批發 對零買顧客以外的任何人銷售商品都叫批發。批發時，商品可以賣給零售商、批發商或用以從事營業（而不是個人消費）的企業。批發通常（但並非必然）是大量銷售，而且其價格幾乎總是明顯地低於平均零售價格。自19世紀實行大規模生產和大規模銷售後，批發便特別有用。如沒有批發組織，大製造商就不得不以高價與眾多的零售商及／或顧客進行交易，而零售商及／或顧客也不得不極不方便地與許多製造商做買賣。批發商有三種主要類型，其中，最重要的是商業批發商。他們從製造商那裡買進大量商品，進行加工和儲存，並將商品轉售給零售商和其他人。製造商的銷售分支機構是製造商直接向零售商銷售而建立起來的商號。商品代理人和經紀人與商業批發商及製造商的銷售分支機構不同，他們並不添加標記於其所經營的商品之上，只是將其所代理的製造商的商品陳列銷售。

whooping cough 百日咳 亦稱pertussis。具有高度傳染性的急性呼吸道傳染病，多見於兒童。典型表現為發作性咳嗽，繼之以深長的吸氣（吼聲），發作終了時排出清亮的黏痰，並常伴有嘔吐。致病菌為百日咳博爾德氏桿菌，潛伏期一週，類似普通感冒，伴有短促的乾咳。1～2週後，進入具特徵性的發作期，持續時間不定，通常為4～6週。嚴重的併發症包括支氣管肺炎、窒息發作，偶致驚厥及腦損害。治療包括：多次少量地哺餵，以補充因嘔吐而丟失的營養；給予鎮靜劑以保證休息和睡眠；有時需使用吸引器吸出黏稠的痰液，使呼吸通暢。抗生素對百日咳桿菌幾乎無效，但可用於治療繼發感染。六歲以下的兒童可接種百日咳菌苗以產生自動免疫，最好聯合使用破傷風及白喉類毒素，亦常與小兒麻痺症疫苗混合接種。

whooping crane 高鳴鶴 鶴科鳥類，學名為Grus americana，即美洲鶴。最高的美洲鳥，也是世界稀禽之一，正式列為瀕危種。體高約150公分，翅展約210公分。體羽白色，翅尖黑色。腿黑色。裸露的面部和頭頂紅色。其高聲鳴叫在3公里外都能聽到。據信，若干時間以來高鳴鶴之類鳥類的數量之所以下降，主要原因是生態條件的改變，人類的捕獵及墾荒只是部分原因。20世紀末全世界高鳴鶴的數量還不到三百隻。亦請參閱sandhill crane。

高鳴鶴
H. William Belknap

Whorf, Benjamin Lee＊ 沃夫（西元1897～1941年） 美國語言學家。曾在消防局工作。他發展的文化和語言方程的概念（受薩丕爾的影響）成為著名的沃夫假設（或稱薩丕爾-沃夫假設）。他認為語言的結構往往以說話者的思考方式為條件，如一個人看待時間和準時的方式可能影響語言的動詞時態。沃夫還因為他對猶他－阿茲特克諸語言（尤其是霍皮語和馬雅象形文字作品）的研究而出名。

Whymper, Edward＊ 溫伯爾（西元1840～1911年） 英國登山者和藝術家。為一本介紹阿爾卑斯山的書作素描，而成為登山者。1865年首次攀登馬特峰，成功登頂。但在下山途中發生意外造成同伴四人摔死。他的《攀登阿爾卑斯山》（1871）和《厄瓜多爾大安地斯山區旅行記》（1892）書中，有許多地理、地質和登山方面的珍貴資料。

Wicca 現代巫術 現代西方巫術運動。一些表演工作者認為現代巫術是前基督教歐洲宗教，迫於教會壓力而流於檯面下，但歷史學者並不接受這項論點。現代巫術通常被認爲始自伽納（1884～1964）和華倫提（1922～1999）的著作，他們在1951年最後的「英格蘭巫術法」廢除後，即公開他們以多產的有角之神及大地神祇爲崇拜中心的次巫術，伽納即被認爲是引介了巫術這個形式的人。被稱爲「女神」巫術（Dianic Wicca）者，將女神視爲至高無上，且通常將男性排除在外，信奉者散布女性原則的重要性，對自然高度崇敬，具備多神論的世界觀；他們實行某些幾近被認爲好的、具建設性的魔術儀式，他們當中有些是孤僻的魔術表演者，有些則隸屬女巫團（coven）。

Wichita ＊　威奇托　美國堪薩斯州中南部城市，位於阿肯色河河畔。1864年建立時是一個位於威奇托印第安人村落的貿易站，它隨著德克薩斯奇澤姆小徑沿線的牛隻貿易和艾奇遜－托皮卡－聖大非鐵路公司沿線開發的農業定居點的迅速擴展而發展起來。1870年代，它是重要的牲畜運輸中心。1920年代，這裡發展成爲飛機工業中心。飛機製造現仍繼續發展，其他經濟活動包括了石油提煉、穀類加工和儲藏和牲畜貿易。人口約320,000（1996）。

Wideman, John Edgar　懷德曼（西元1941年～）　美國作家，生於華盛頓，在賓夕法尼亞州荷姆塢成長。自賓州大學畢業後，懷德曼成爲第二位被授予牛津大學羅德茲獎學金的非裔美國人。1967年出版了第一本小說《驚鴻一瞥》，之後分別以*Sent for You Yesterday*（1983）和*Philadelphia Fire*（1990）獲福克納獎，後者爲一敘述好戰黑人團體MOVE暴動的虛構故事，同時檢視他與身陷囹圄的兒子的現實關係。近期作品爲*The Cattle Killing*（1996）。自1985年起於麻薩諸塞大學任教。

Wieland, Heinrich Otto ＊　維蘭德（西元1877～1957年）　德國化學家。由於對膽酸的研究而獲得1927年諾貝爾獎，該研究表明，當時分離出來的三種酸具有相似的結構，而且在結構上還與膽固醇相近。他還發現，可以檢測出有機化合物中不同形式的氮，並把它們相互區別開來，這是對結構有機化學的重要貢獻。維蘭德的理論證明，活組織中的氧化作用是透過去氫原子而非加氧過程而發生的（參閱oxidation-reduction），這個理論對生理學、生物化學和醫學都有重大意義。

Wiener, Norbert ＊　維納（西元1894～1964年）　美國數學家。十八歲取得哈佛大學博士學位。1919年到麻省理工學院數學系工作，直至退休。他在現今稱爲隨機過程的領域（特別是布朗運動理論）和廣義調和分析領域中做了高度獨創的具有基本意義的工作，同時對數學分析的其他問題也有深入研究。1933年榮獲美國數學會五年頒發一次的波伽爾獎。1948年發表了《控制論：或關於在動物或機器中控制或通訊的科學》，從而建立了控制論這一科學。他對隨機過程和量子理論做出貢獻，第二次世界大戰期間研究炮火控制。月球上的維納環形山就是以他的名字命名的。

維納
By courtesy of the Library of Congress, Washington, D. C.

Wiener Werkstätte ＊　維也納工坊　1903年於維也納成立的手工藝及設計合作企業。受莫里斯和英國藝術和手工藝運動的激發，創辦者爲默澤爾（1868～1918）和霍夫曼，是以保存工業社會中正在消逝的手工藝價值爲宗旨，與維也納分離派和新藝術運動有密切關聯。它在珠寶、家具、室內設計、時尚及其他領域方面的作品常在標榜寶石之美，並以高雅和創新打開名號。它的「方正風格」影響了1920年代包浩斯手工藝創作者及萊特。

Wiesbaden ＊　威斯巴登　德國南部黑森州城市，濱萊茵河。西元1世紀羅馬人曾在此設防禦工事，從那時起就因爲這裡的含鹽溫泉而聞名。1241年設爲皇城，1255年轉歸拿騷伯爵所有。1806～1866年爲拿騷公國的首府，後歸普魯士所有。第一次世界大戰後，這裡是法國和英國占領（1918～1929）下的萊茵蘭地區的首府所在地。1964年成爲新成立的黑森州首府。18～19世紀這裡以溫泉特別出名，當時歌德、布拉姆斯和杜思妥也夫斯基經常在這裡出現。現在仍是一個很受歡迎的旅遊勝地。這裡有印刷企業、出版機構和製片場，還以出產斯凱特酒（德國香檳）而出名。人口約267,000（1996）。

Wiesel, Elie ＊　維厄瑟爾（西元1928年～）　原名Eliezer Wiesel。羅馬尼亞裔美國小說家。原居住在西格赫特鎮小小的猶太教虔敬派聚居區中，1944年他和家人先後被驅逐至奧斯威辛和布痕瓦爾德集中營，他的父母親和妹妹都死於營中。其全部作品在一定意義上反映了他作爲這場浩劫的倖存者的經歷，也反映了他企圖解答這場浩劫爲什麼會發生以及它暴露了人類天性中的那些特質等這類折磨人的道德倫理問題。其作品包括了：《夜》（1958）、《耶路撒冷一乞丐》（1968）、《一個遇害的猶太詩人的遺言》（1980）、《遺忘》（1989）。身爲著名的演說家，由於他能把個人的關注化爲對一切暴力、仇恨和壓迫的普世的譴責而獲頒1986年諾貝爾和平獎。

Wiesel, Torsten (Nils) ＊　維厄瑟爾（西元1924年～）　瑞典神經生物學家。在瑞典取得醫學學位後移居美國，與休伯爾共同研究大腦功能。他們分析了從實驗室動物的眼睛發出的神經脈衝的流動，檢測到視覺皮質的許多結構和功能細節。他們對幼小動物視覺損傷後果的研究極大地支持了這樣的觀點：對新生兒某些眼睛缺陷及時地透過手術修正是十分緊要的。他們兩人與斯派里共獲1981年諾貝爾獎。

wig　假髮　用眞髮或人造髮製成的頭套，作戲裝或個人裝飾品、喬裝用品或職位的象徵。在古代，埃及人、亞述、腓尼基人、希臘人和羅馬人都使用假髮，以保護頭部不受日曬。16世紀假髮再度普遍作爲裝飾品或用來掩飾自然缺陷。男子的佩魯基假髮，是從古埃及以來第一次廣泛流行的假髮。17世紀時假髮成爲階級的標誌，發展到最高峰，它遮蓋背、肩，並下垂至胸前。有些行業規定特種假髮作爲特製服飾的一部分，這種規矩現在只在少數法律界中保留使用。18和19世紀女子也流行戴假髮。到20世紀廉價的合成頭髮出現後，一種自然式的女裝假髮流傳甚廣。在東方假髮除在中國和日本的戲裝中使用外很少應用。

Wigan ＊　維干　英格蘭大曼徹斯特都市郡西北部的城鎮和郡級市。位於道格拉斯河和里茲－利物浦運河畔。郡級市包含了維干鎮和萊鎮等大型工、商業中心，鄰近的郊區和小型的鄉間社區。該市早在16世紀開採煤，當時紡織業已發展起來。18世紀晚期，由於運河和鐵路建來運輸該區的煤、紡織品和重金屬，工業化得以加速。紡織業的重要性已降低，最後一處採煤場已於1993年關閉，新興工業包括食品加工、紙張和包裝、電器和通用工程等。人口：城鎮85,819（1991）；郡級市約310,500（1998）。

wigeon 赤頸鴨 亦作widgeon。鴨科的四種鑽水鴨的統稱，用於狩獵或食用。歐洲赤頸鴨頭淡紅色，前額奶黃色，背部灰色。美洲赤頸鴨的雄鴨有白冠、綠色眼紋和褐色背部，常像雁那樣吃嫩草，喜食大葉藻。南美的黑白斑胸鴨的雄鴨幫助雌鴨育雛，這是鴨類中罕見的特性。非洲綠翅灰斑鴨夜間覓食。

Wiggin, Kate Douglas 威金夫人（西元1856～1953年） 原名Kate Douglas Smith。美國女作家、幼兒教育家。1878年創立舊金山白銀街幼稚園，爲美西第一所免費幼稚園。她在教學和寫作中宣傳福祿培爾的教育思想。威金是多產作家，作品有兒童文學、遊記和教科書，包括《鳥兒的聖誕頌歌》（1887）、《森尼布魯克農場的麗貝卡》（1903）、《幼兒教育原理與實踐》（1896）、《兒童世界》（三卷，1895～1896）等。

Wight, Isle of 威特島 英格蘭島嶼和單一政區，屬於罕布郡的一部分。位於英國南部海岸近海處，英吉利海峽內，與陸地隔著索倫特深海峽。面積381平方公里，行政中心在新港。威特島的地質和地貌多樣。主要山脈是一條東起卡爾弗峭壁西至尼德爾斯白堊丘陵，爲不列顛群島中最厚的白堊地層。尼德爾斯是該島最西端海中的三塊大白堊石，高出水面約30公尺。東亞爾河、麥地那河和西亞爾河向北流入索倫特海峽。氣候溫和使得威特島成爲重要的觀光景點。人口約127,000（1998）。

Wightman, Hazel Hotchkiss 懷特曼（西元1886～1974年） 原名Hazel Virginia Hotchkiss。美國網球運動員。畢業於加州大學柏克萊分校。第一次世界大戰前的數年間她是一個稱霸網壇的運動員，僅在1909～1911兩年中就獲得了9項全國冠軍。一生中共獲得了45次美國冠軍，最後一次奪冠是在六十八歲那年。她是建立英國和美國女子網球隊一年一度的比賽懷特曼盃的主要推手。首屆懷特曼盃賽於1923年舉行，一直延續到1989年。從盃賽之初直至1948年，她一直擔任美國隊隊長。

Wigner, Eugene (Paul) 威格納（西元1902～1995年） 原名Jenó Pál Wigner。匈牙利出生的美國物理學家。自柏林大學畢業後，1930年移民美國，並在普林斯頓大學任教。他在曼哈頓計畫方面至爲重要，費米開始第一次連鎖反應時他也在場。他確定核力是一種短程力，與電荷沒有關係，並用群論研究原子結構。若干個公式都用了他的名字，包括描述共振核反應的布賴特-威格納公式。由於他對量子力學的深遠見解，尤其是對原子核中質子和中子的相互作用原理的見解，以及他對宇稱守恆定律的訂定，因而在1963年與梅耶和延森（1907～1973）共獲諾貝爾獎（他們因不同的研究工作而獲獎）。除了在科學方面獲得許多獎項外，因致力於和平工作也使他得到許多獎項。

wigwam 棚屋 美國東北部游牧部落特有的印第安人住宅。其結構是將長的小樹插入地裡，加以彎曲後再用皮條縛牢。棚頂上鋪蓋著大量的綁在樹幹上的用草或樹皮編成的席子。棚屋的式樣各有不同，有些很長，像茅屋，有些是圓頂的。亦請參閱igloo、longhouse、tepee。

Wilberforce, William 韋爾伯佛思（西元1759～1833年） 英國政治人物。1780年進入下議院，支持議會改革和天主教解放運動。後轉而信仰福音派基督教（1785），他強烈反對奴隸貿易，並參與創立反奴協會。他贊同反奴隸制度立法使1807年英屬西印度群島廢除奴隸貿易法案能順利通過。1821年起他鼓吹解放所有的奴隸，並加入巴克斯頓（1786～1845）領導的議會，巴克斯頓在韋爾伯佛思退休之後繼續贊成立法。就在韋爾伯佛思於1833年去世後一個月通過了廢除奴隸制度法案。

Wilbur, Richard (Purdy) 韋爾伯（西元1921年～） 美國詩人、評論家、編輯和翻譯家。曾在哈佛大學攻讀文學，因發表詩集《美好的變化》（1947）和《禮儀》（1950）而奠定了重要的年輕作家的地位。他優雅而工整的詩文後來集結在《世事》（1956，獲普立茲獎）、《步入睡眠》（1969）和《心靈閱讀者》（1976）這些詩集中。他還翻譯過劇本（最著名的是翻譯莫里哀的作品），寫過兒童讀物和評論，一些收集在《回響》（1976）中。1987～1988年成爲美國的桂冠詩人。

Wilbye, John ＊ 威爾比（西元1574～1638年） 英國作曲家。終生受雇於基特森家族，起初在亨格萊夫音樂廳，後來到科切斯特（1628年起）擔任家族的音樂家。他是英國最佳牧歌作曲家之一，只發表了兩部作品集（1598、1609）。他的牧歌同當代的威爾克斯作品相比，較缺乏半音階，但巧妙使用了多變的結構來表情達意。

wild boar ➠ boar

wild carrot ➠ Queen Anne's lace

wild pig ➠ boar

wild rice 菰 禾本科粗糙的一年生禾草類（學名Zizania aquatica），其穀粒一直是美國印第安人重要的食物，現在往往被認爲是美味。雖然英文名中有rice，但卻與水稻無關。菰天然生長在沼澤地的淺水中和北美洲中北部的溪岸和湖岸。明尼蘇達和加利福尼亞現已栽植一些變種。菰大約有1～3公尺高，頂端有巨大的開放花簇。成熟的穀粒深褐或紫黑色，呈細桿狀，1～2公分長。

Wild West Show 西大荒演出 現代牛仔騎術競技的前身，由綽號野牛比爾的印第安人科迪創始於1883年。1887年在紐約市麥迪遜廣場公園舉行西大荒演出，當場獻藝者有一百名印第安人，使用的獸類有野牛、麋、熊、駝鹿、鹿等；表演歷時四小時，內容有印第安人的出戰舞和襲擊長途馬車等。1890年代曾去英格蘭和歐洲大陸演出，在美國也巡迴全國演出至1916年爲止。

wildcat 野貓 無人飼養的家貓及任何貓科小型野生動物的統稱，特指歐洲野貓（即歐林貓）。與家貓相似，但腿較長，頭較大較平，尾粗圓，較短，末端爲圓形。毛淺黃灰色，花紋似斑貓，紋帶色深。尾有黑色環紋。體長50～80公分，尾長25～35公分，肩高35～40公分，體重3～10公斤。性凶猛難馴，獨棲，夜行性。在北美洲，猞猁和紅貓有時也稱爲野貓，非洲的利比亞貓有時稱爲非洲野貓或埃及野貓。

wildcat bank 野貓銀行 美國州銀行業管制時期（1816～1863）各州法律特許成立的不健全的銀行。這些銀行靠問題證券來發行貨幣，並設在人跡罕至之處以阻止人們去兌現。1863年「國民銀行法」通過後，結束州銀行券的流通，規定成立一個國民銀行，在政府債券的安全基礎上發行紙幣。野貓銀行一詞後來被用來指任何一家不穩定的銀行。

Wilde, Oscar (Fingal O'Flahertie Wills) 王爾德（西元1854～1900年） 愛爾蘭才子、詩人和劇作家。著名外科醫生的兒子，王爾德先後曾在都柏林三一學院、牛津大學就讀。大學未畢業時就因才華洋溢而聞名。爲唯美主義運動的代言人，1880年代早期在美國巡迴演講，以奇裝異服和機智鋒利的談吐而在倫敦文化圈建立了名聲。他唯一的小說《道林．格雷的肖像》(1891)結合了哥德式小說成分和對中產階級道德的嘲弄。他的恐怖戲劇《莎樂美》(1893)後來被改編爲史特勞斯的歌劇劇本。其他劇本都很成功，如《溫夫人的扇子》(1893)、《無足輕重的女人》(1893)和《理想丈夫》(1895)。他最著名的作品是喜劇《不可兒戲》(1899)，這是一部諷刺維多利亞時代社交偽善的作品。兩段重要的對話「謊言的衰朽」和「作爲藝術家的批評家」以其才華橫溢而受到讚揚。雖然婚姻幸福，但1891年開始與年輕的阿爾夫雷德．道格拉斯勳爵(昆斯伯里侯爵之子)發展了親密關係。侯爵後來控告他雞姦，王爾德提請了訴訟，最終敗訴，以雞姦的罪名被逮捕，被判處有罪迅速傳遍世界。1895～1897年被關押在瑞丁監獄，他寫了一封指責的信給他的愛人，這封信後來被編輯發表，題爲《我心深處》(1905)。出獄之後遷居巴黎，後來唯一的作品是《瑞丁監獄之歌》(1898)，揭露監獄中慘無人道的環境。後因急性腦膜炎而突然去世，享年四十六歲。

王爾德，攝於1882年
By courtesy of the William Andrews Memorial Library of the University of California, Los Angeles

wildebeest ➠ gnu

Wilder, Billy　懷德(西元1906～2002年)　原名Samuel Wilder。奧地利出生的美國電影編劇、導演。曾在維也納和柏林當記者，爲德國和法國寫電影劇本，1933年逃離德國，一年後來到好萊塢。他和布拉克特合寫劇本，以《雙重保險》(1944)奠定了聲譽。他以對爭議性的題材作出幽默處理和對美國生活中的偽善提出尖銳控訴的影片著稱。他還執導了《失去的週末》(1945，獲奧斯卡獎)、《紅樓金粉》(1950，獲奧斯卡最佳編劇獎)、《戰地軍魂》(1953)、《公寓春光》(1960，獲奧斯卡獎)。懷德的一些最成功的影片是喜劇片，包括《龍鳳配》(1954)、《七年之癢》(1955)、《熱情如火》(1959)等。

Wilder, Laura Ingalls　威爾德(西元1867～1957年)　原名Laura Ingalls。美國兒童文學作家。曾和她的家人過著拓荒者的生活，住過堪薩斯、明尼蘇達、愛荷華和南達科他州，在南達科他州結婚。最終和丈夫定居在密蘇里州，擔任《密蘇里鄉誌》的編輯達十二年之久，後在她女兒的鼓勵下開始寫下兒時的回憶，結果出版了享譽國際的《小屋》系列叢書(1932～1943)，共計八(或九)本。

Wilder, Thornton (Niven)　威爾德(西元1897～1975年)　美國劇作家和小說家。其創新的小說和劇本反映出他所相信的普遍人性。畢業於耶魯大學。第二部小說《聖路易．萊之橋》(1927，獲普立茲獎)受到廣泛注意。《小城風光》(1938)再獲普立茲獎，後來成爲全美最受歡迎的劇作之一。其他劇本還有《千鈞一髮》(1942，獲普立茲獎)。威爾德的劇本以演員直接向觀眾講話和取消道具、布景點手法使觀眾更有眞實感。《媒人》(1954)後改編成喜歌劇《我愛紅娘》(1964)。

Wilderness, Battle of the　莽原戰役(西元1864年5月5日～西元1864年5月7日)　美國南北戰爭中聯邦軍攻取美利堅邦聯首府里奇蒙的全部計畫中的第一步軍事行動。1864年5月初格蘭特將軍率領聯邦軍115,000人在維吉尼亞州弗雷德里克斯堡附近渡過拉帕漢諾克河，5月5日與李將軍統率的62,000美利堅邦聯軍隊相遇。戰鬥發生在叫作「莽原」的密林中。在這裡，騎兵和砲兵幾乎毫無用武之地。大批傷員在燃燒的灌木火焰中喪命。經過兩天激烈戰鬥未能決定勝負，聯邦軍遂撤走。

wildflower　野花　非人工栽培的顯花植物。野花是所有栽培的園藝花卉品種的來源。一般取於當地，亦可從其他地區引入。雜草與野花的區別決定於分類的目的，雜草指生非其地也就是該地所不需要的植物。顯花植物約250,000種，其中數千種是野花。野花和其他植物的分布情況大體可分爲：熱帶與亞熱帶的，南北回歸線無風帶(南、北緯約30°之間)的，北極和南極的，南向綿亙的山脈各高峰之巔的。

wildlife conservation　野生生物保護　管理野生動、植物使之成爲一種自然資源而繼續存在下去。這種努力的目的是在於不使目前的物種數量減少，也確保瀕危品種得以生存下來。所使用的技術包括了設立禁獵區和保護地；管制狩獵、土地利用、進口瀕絕物種、污染、殺蟲劑的使用等。亦請參閱biodiversity、conservation、endangered species。

Wilfrid, St.　聖威爾夫里德(西元634～709?年)　亦稱Wilfred of York。英格蘭基督教教士和主教，英國最偉大的聖徒之一，以致力於拉近盎格魯－撒克遜教會與教宗的關係而聞名。在惠特比會議上成功的使羅馬教會禮儀取代了塞爾特教會的禮儀。身爲約克主教，他在赫克瑟姆創辦修道院，把本篤會會規引入英格蘭。一場關於他的教區的劃分爭執，迫使威爾夫里德拒絕接受並逃至薩西克斯，他勸化當地人信奉基督教，還在塞爾西建立修道院；他後來擔任麥西亞的主教。他兩度至羅馬，抗議他的管轄權受到侵犯(679、704)。

Wilhelmina (Helena Pauline Maria)　威廉明娜(西元1880～1962年)　荷蘭女王(1890～1948)。國王威廉三世之女，1890年11月23日父親死後成爲女王，由母親攝政至1898年，親政後迅速獲得大眾的認可。第一次世界大戰期間極力保持荷蘭的中立。1940年德軍入侵荷蘭後，她率王室和內閣去英格蘭。第二次世界大戰期間從倫敦透過無線電廣播，使自己在爲荷蘭人對德國占領進行抵抗的象徵。1948年讓位給朱麗安娜。

Wilkes, John　威爾克斯(西元1725～1797年)　英國政治人物。早年生活放蕩，1757年藉賄選進入議會。1763年透過所辦的報紙《北不列顛人》著文反對政府，後以譭謗被逮捕並逐出議會。再次選入議會，他又印發文章攻擊政府，同樣的，再次被定以譭謗罪及逐出議會(1764)。1769年初他的朋友和同情者組成「保衛權利法案協會」，支持他進行鬥爭。他又被選入議會及逐出議會(1769)。1774年當選爲倫敦市長。1774～1790年重新回到下議院。他的眞正成就在於他擴大了英國的新聞出版自由。

Wilkes, Maurice V(incent)　威爾克斯(西元1913年～)　英國電腦科學先驅。協助建造EDSAC電腦(1949)，發明微程式設計(1950)，共同撰寫第一部電腦程式設計的書籍(1951)，寫出第一篇快取記憶體的論文(1964)，倡導主從架構電腦(1980)。他獲得1967年的圖靈獎與1992年的京都獎。1995年出版《一位電腦先驅的回憶錄》。

Wilkins, Maurice (Hugh Frederick)　威爾金茲(西元1916年～)　紐西蘭出生的英國生物物理學家。在伯明罕和劍橋受教育。曾參與曼哈頓計畫，從事以質譜法分離用於原子彈的同位素。返回英國後，開始了一系列研究工作，終於使他完成了對DNA的X射線衍射研究。由於他的研究，對於證實華生和克里克所確定的DNA分子結構是至關重要的，三人因此共獲1962年諾貝爾生理學或醫學獎。他後來用X射線衍射來研究RNA。

Wilkins, Roy　威爾金茲（西元1901～1981年）　美國民權運動領袖。曾擔任《堪薩斯城呼聲報》的記者和責任編輯。1931年參加全國有色人種促進協會，1934～1949年主編該會機關刊物《危機》月刊。1955年開始了二十二年的全國有色人種促進協會執行主席生涯。他領導協進會進行全國性的反對種族歧視活動，1963年8月他參與組織有歷史意義的爲爭取民權「向華盛頓進軍」的示威遊行並發表了演說。1968年威爾金茲擔任美國代表團團長出席國際人權大會。

Wilkinson, James　威爾金森（西元1757～1825年）　美國軍人及雙重間諜。獨立戰爭期間，威爾金森是蓋茨將軍的助手，並與湯瑪斯·康韋的黨羽有牽扯。1784年定居於肯塔基，積極從事該州的獨立活動。1787年宣誓效忠西班牙，開始陰謀策劃將肯塔基置於路易斯安那當局影響之下。美國購買路易斯安那後，他擔任政府官員，企圖實現其占領西班牙所屬墨西哥諸省的野心，並與伯爾聯合成立一個獨立政府。後來他背叛伯爾，受到調查但宣告無罪。在1812的戰爭中指揮美國部隊在加拿大邊界作戰，他的軍隊在蒙特婁被打敗。

威爾金森，肖像畫，賈維斯繪：現藏肯塔基州路易斯維爾的菲爾遜俱樂部收藏館
By courtesy of the Filson Club, Louisville, Ky.

Wilkinson, John　威爾金森（西元1728～1808年）　英國實業家，有「斯塔福郡的鐵匠大師」之稱，他找到鐵的種種新用途，並發明了一種鏜床，對瓦特蒸汽機的成功有根本上的作用。他在布羅斯利他的工廠裡用瓦特和莫爾頓所造的第一台蒸汽機驅動一個大空氣泵，大規模製造熟鐵件。

will　遺囑　指財產所有人處理其死後財產的合法方式，也指用於表示立遺囑人處理財產的書面文件。只要遺囑符合法律手續就是有效的，這些手續通常（但並不總是）要求遺囑有人見證。由律師起草遺囑的好處在於他了解法律的要求。除其他情況外，遺囑在下列情況下無效：立遺囑人有精神上的缺陷，不能處理其財產；遺囑爲繼承規定了不合理或苛刻的條件；立遺囑人對於遺贈的財產沒有確切無疑的所有權。亦請參閱probate。

Willamette River　威拉米特河　美國奧瑞岡州西北部河流。向北流485公里，在波特蘭附近匯入哥倫比亞河。奧瑞岡州人口密集的城市多數位於該河流域。弗里蒙特橋（主跨度366公尺）的鋼拱橋）在波特蘭橫跨該河。

Willemstad＊　威廉斯塔德　西印度群島荷屬安地列斯的首府。位於庫拉索島的南海岸，建於1634年。有許多荷蘭殖民時期的建築和西半球最古老的一座會堂（1732）。1918年以後這裡是主要的煉油中心，其他產業包括銀行業和旅遊業。人口約125,000（1985）。

William I　威廉一世（西元1028?～1087年）　綽號征服者威廉（William the Conqueror）。法國諾曼第公爵（在該處稱威廉二世，1035～1087）、英格蘭第一位諾曼人國王（1066～1087年在位）。八歲時繼承父親的公爵位。曾多次平息貴族的叛亂，成爲法國最偉大的封建領主。1051年懺悔者愛德華一世承諾讓他繼承英格蘭的王位，1066年愛德華去世，卻由韋塞克斯的哈羅德（即哈羅德一世）繼承王位。爲了爭取他繼承王位的權利，決定對英格蘭開戰。他引兵渡海，在哈斯丁斯戰役擊敗前來迎敵的哈羅德一世。隨後被加冕爲國王。諾曼征服結束，接著英國又發生騷亂直至1071年。爲確保英格蘭邊界的安定，他入侵蘇格蘭（1072）和威爾斯（1081）。1086年下令編寫《末日審判書》，後來將領地分給兒子們，把諾曼第和曼恩封給羅伯特二世，英格蘭則給了威廉二世。

William I　威廉一世（西元1797～1888年）　德語全名爲William Friedrich Ludwig。德意志皇帝（1871年起）和普魯士國王（1861年起）。普魯士國王腓特烈·威廉三世之次子。1814年投身反對拿破崙的德意志解放戰爭。此後致力於普魯士軍隊及軍事工作。1840年，其兄長腓特烈·威廉四世登位，因無子女，他成爲假定繼承人。1848年柏林爆發革命，威廉主張武力鎮壓。1849年被任命爲萊茵蘭省總督，駐節科布倫茨。1861年繼承普魯士王位。他支持軍事改革，任命俾斯麥擔任首相（1862）。雖然保守，他仍支持俾斯麥關於七週戰爭和普法戰爭的政策。1871年威廉成爲德意志國皇帝。在他的監督下，德國成爲歐洲的強權國家之一。

William I　威廉一世（西元1533～1584年）　荷蘭語作Willem。綽號沈默者威廉（William the Silent）。尼德蘭聯合省第一任都統（1572～1584）。拿騷－迪倫堡伯爵威廉之子，1544年從堂兄弟那裡繼承奧蘭治公國和其他房產。在布魯塞爾的哈布斯堡宮廷受教育，後被腓力二世指派進入議會（1555）。他協助「卡托－康布雷齊和約」的談判。在出使法國時，法王亨利二世講述了把基督教新教徒趕出尼德蘭的計畫，威廉聽到卻緘口不提反對的意見，從而獲得「沈默者」的綽號。1559年被任命爲荷蘭、澤蘭和烏得勒支聯合省的都統。1568年領導荷蘭人發動反西班牙的武裝叛亂。他爲宗教的自由或政治的自由而戰。他雖然沒有完成解放整個尼德蘭的任務，然而北部諸省於1579年宣布獨立，並選舉威廉爲都統。他曾尋求法國的協助對抗西班牙，腓力二世即西班牙王位後，懸賞除掉這個「叛徒」。1584年威廉受一天主教狂熱分子槍擊，重傷而亡。

William I　威廉一世（西元1772～1843年）　荷蘭語全名爲Willem Frederik。尼德蘭國王和盧森堡大公（1815～1840）。奧蘭治親王威廉五世之子，1791年結婚，在法國入侵荷蘭共和國後，隨家人移居英格蘭（1795）。1806年站在普魯士一方反對拿破崙。在普魯士宮廷過著流亡生活至1812年，在荷蘭發生反對法國統治的暴動後，他成爲荷蘭共和國首腦（1813）和包括比利時、列日和盧森堡大公國的尼德蘭王國國王（1815）。他推行經濟復興的計畫，造成商業的復興。1830年布魯塞爾發生叛亂，並導致比利時成爲獨立國家。1840年在荷蘭人民日益不滿的情況下讓位其子威廉二世。

William I　威廉一世（西元1143～1214年）　別名獅王威廉（William the Lion）。蘇格蘭國王（1165～1214年在位）。1152年繼承其父諾森伯蘭伯爵爵位，但在1157年被迫放棄他的領地予英格蘭國王亨利二世。後來繼承其兄馬爾科姆四世的王位成爲蘇格蘭國王，1173年加入了亨利的兒子們發起的反叛活動，試圖重奪諾森伯蘭領地。1174年被捕，在屈從於亨利的封建王權後被釋放。1189年他用屈從換來了豁免。他繼續煽動將諾森伯蘭歸回，但1209年在約翰國王的壓力下，被迫放棄了他的主張。威廉創建了許多現在仍留存於蘇格蘭的自治市。

William II 威廉二世（西元1056?～1100年） 綽號紅臉威廉（William Rufus）。英格蘭國王（1087～1100年在位）、諾曼第公爵（在該處稱威廉三世，1096～1100）。征服者威廉一世的第三子。1088年平定了由忠於其兄羅伯特二世的諸侯發動的叛亂。他是一位暴虐的統治者，極其殘酷的懲罰發動第二次諸侯叛亂的領袖（1095）。他強迫坎特伯里大主教聖安瑟倫離開英格蘭並奪取他的土地（1097），他將蘇格蘭各個國王收爲封臣（1093），1097年又征服了威爾斯，在諾曼第發動戰爭（1089～1096），羅伯特把他的王國抵押給紅臉威廉，威廉才得以控制諾曼第。紅臉威廉在一次打獵意外中喪生，可能是受其弟亨利（後來的亨利一世）指使的暗殺行動。

William II 威廉二世（西元1859～1941年） 德語全名爲Friedrich Wilhelm Viktor Albert。別名Kaiser Wilhelm。德國皇帝和普魯士國王（1888～1918）。威廉是腓特烈王儲（後稱腓特烈三世）和英女王維多利亞長女的兒子。1888年繼承其父的王位。兩年後威廉迫使俾斯麥辭去宰相職位。由於他好戰的作風和優柔寡斷的政策使他的大臣不自覺的受到傷害，包括了比洛親王和卡普里維。1897年他鼓勵海軍上將提爾皮茨強化德國的艦隊，並與法國爭奪非洲殖民地摩洛哥（參閱Moroccan crises）。在塞爾維亞危機（1914）時他支持奧匈帝國，在戰爭期間，威廉名爲總司令，實際掌握戰爭命運的是德軍將領，他只是助長了那些將領和高級官吏的狂妄戰爭野心。德國戰敗後，他逃至尼德蘭，結束了德國的王權政體，並過著流亡的生活至其去世。

William II 威廉二世（西元1154～1189年） 義大利語作Guglielmo。綽號好人威廉（William the Good）。西西里的末代諾曼人國王。1166年繼位，由母后攝政，1171年親政。因對各城鎮和貴族採取寬容和公正的政策，而以「好人威廉」著稱。他和拜占庭皇帝曼努埃爾一世的友誼於1172年結束，因爲曼努埃爾拒絕威廉與他的女兒的婚事。1177年他與英格蘭國王亨利二世的女兒瓊結婚。1185年對拜占庭發動一場大規模的進攻，初期頗爲成功，但後來在君士坦丁堡遭到伏擊而慘敗。

William II 威廉二世（西元1626～1650年） 荷蘭語作Willem。奧蘭治親王、拿騷伯爵，腓特烈．威廉之子，1647年起任尼德蘭各省（菲仕蘭省除外）的都統。父死後繼承奧蘭治親王稱號。爭取荷蘭獨立的八十年戰爭結束後他與法國聯繫，意圖挑起戰火，奪取西屬尼德蘭（今比利時）的一部分。荷蘭省議會見他野心勃勃，就解散了一部分軍隊。1650年7月，他下令拘禁六名荷蘭省議會主要成員，並向阿姆斯特丹進軍，結果以失敗而告終。後患天花去世。

William II 威廉二世（西元1792～1849年） 荷蘭語全名爲Willem Frederik George Lodewijk。尼德蘭國王和盧森堡大公（1840～1849）。威廉一世之子，1795年隨家人流亡英格蘭。1811～1812年任威靈頓公爵的副官，在英國軍隊中服役。1815年在滑鐵盧戰役中指揮尼德蘭部隊。1830年被派往布魯塞爾鎮壓革命。後退居英格蘭。1840年成爲尼德蘭國王。身爲國王他穩定了國家的經濟。1848年授權自由黨政治家托爾貝克起草一部新憲法。這部憲法確立了直接選舉的原則，保障了基本的公民自由。

William III 威廉三世（西元1650～1702年） 荷蘭語作Willem Hendrik。尼德蘭聯合省都統（1672～1702）、英格蘭國王（1689～1702）。奧蘭治親王威廉二世和英格蘭查理一世之女瑪麗之子。「退隱法」（1654）明文規定奧蘭治親王及其子孫不得擔任國家公職，此法至1660年廢除。1672年2月出任聯省共和國軍隊統帥，同年總議會推舉威廉爲都統。他成功的抵抗了英格蘭的查理二世和法國國王路易十四世的入侵。1677年威廉與約克公爵詹姆斯（後來的英王詹姆斯二世）之女瑪麗結婚。當時，英王詹姆斯二世專橫暴虐，極不得人心。反對詹姆斯的一派邀請威廉進行干預，他率領荷蘭軍隊在得文登陸。1689年威廉和瑪麗成爲英格蘭統治者；1694年瑪麗死後由他單獨統治。他領導歐洲反抗路易十四世，發動了大同盟戰爭（1689～1697）。在英國，他維護宗教自由和強化議會，通過的「王位繼承法」授予司法獨立。

William III 威廉三世（西元1817～1890年） 荷蘭語全名爲Willem Alexander Paul Frederik Lodewijk。尼德蘭國王和盧森堡大公（1849～1890）。國王威廉二世的長子，1849年即王位。他反對1848年憲法，但仍任用憲法制定者托爾貝克領導代議制新政府。1862～1868年間，他得以透過內閣實行統治。1867年企圖將盧森堡賣給法國，但普魯士出面干涉，沒有成交。這次危機後，他在議會的影響顯著減小。他死後，由愛瑪所生之女威廉明娜繼承王位。

William IV 威廉四世（西元1765～1837年） 大不列顛與愛爾蘭國王、漢諾威國王。英王喬治三世的第三子。十三歲參加皇家海軍，美國革命時期曾參加作戰，與未來的海軍英雄納爾遜成爲密友。1790年離開海軍（後來綽號水手國王〔The Sailor King〕），因許多緋聞事件觸怒他的父親。1794～1807年間與愛爾蘭喜劇女演員朱爾敦生了十個私生子。後繼喬治四世爲國王，他並不比前王聖明，但也不那麼自私，而且比較注意朝政。1832年5月，首相查理．格雷請求國王至少加封五十名新貴族，以便戰勝上院中反對議會改革的多數派。起初威廉沒有批准，但在威靈頓未能組成托利黨內閣之後，格雷的輝格黨重新上台，從國王那裡得到書面保證，要加封足夠的貴族以便通過1832年改革法案。結果，這一法案在上院中獲得通過。威廉死後，英格蘭王位傳給他的姪女維多利亞，漢諾威王位由兄弟坎伯蘭公爵恩斯特．奧古斯塔（1771～1851）繼承。

William and Mary, College of 威廉與瑪麗學院 美國維吉尼亞州威廉斯堡的一所州立男女合校文科大學。在美國歷史最悠久的高等院校中名列第二位（哈佛大學居首）。1693年英國國王威廉三世和王后瑪麗二世向該校頒發辦學許可證。它的畢業生包括了「獨立宣言」的起草人傑佛遜、大法官約翰．馬歇爾、總統詹姆斯．門羅均係該校畢業生，喬治．華盛頓自1788～1799年任該校的榮譽校長，爲第一位獲此職務的美國人。1776年該校成立優等生榮譽學會。該校目前有美術及科學學院和商業行政、教育、法律、海洋科學等學校。

William of Auvergne* 奧弗涅的威廉（西元1180?～1249年） 法語作Guillaume d'Auvergne。法國哲學家和神學家。1228年被任命爲巴黎主教。他是一個改革者，維護正在興起的托缽修會，抵抗世俗神職人員的攻擊。在教會譴責亞里斯多德的著作之後，他成爲試圖把亞里斯多德思想糅合到基督教教義裡的最早西方學者之一。他受到阿維森納和聖奧古斯丁的新柏拉圖主義哲學的影響。主要著作是《神的學問》，寫於1223～1240年。

William of Auxerre* 奧塞爾的威廉（西元1150?～1231年） 法語作Guillaume d'Auxerre。法國哲學和神學

W X Y Z

家。曾在巴黎大學工作很長一段時間，1231年被羅馬教宗格列高利九世派往一個委員會負責審查大學課程中使用的亞里斯多德的著作（1210年亞里斯多德的著作被認爲侵害了基督教教義）。他死時才明白沒有理由避免對基督教義的理性分析，而這時他正要重組大學課程。主要著作——通稱《黃金論文集》（寫於1215～1220）討論了上帝的三位一體本質、人類選擇的問題和美德的本質。

William of Ockham ➠ Ockham, William of

William Rufus　紅臉威廉 ➠ William II（英格蘭）

William Tell ➠ Tell, William

William the Conqueror　征服者威廉 ➠ William I（英格蘭）

William the Good　好人威廉 ➠ William II（西西里）

William the Silent　沈默者威廉 ➠ William I（尼德蘭）

Williams, Daniel Hale　威廉斯（西元1858～1931年）　美國醫生，被認爲是取得了心臟外科手術成功的第一個人。1883年畢業於芝加哥醫學院。爲了解決黑人在醫務界缺少就業的機會，1891年他創立了全國第一個不分種族的遠見醫院，爲黑人實習醫生提供訓練的場所，並建立美國第一所黑人護士學校。1893年成功的完成心臟外科手術，他在沒有輸血、沒有現代麻醉和抗生素的條件下還是打開了病人的胸腔。手術時他檢查了心臟，縫合了心包的一個傷口，最後關閉了胸腔。術後病人至少生活了二十年。1913年威廉斯成爲美國外科學院唯一的黑人創始人。

Williams, (George) Emlyn　威廉斯（西元1905～1987年）　威爾斯演員和劇作家。1927年初次登台，在其自編的劇作《夜幕一定降臨》（1935年演出，電影1964年）的演出爲他在倫敦和紐約贏得喝采。他最著名的劇作是半自傳式的《玉米青青》（1938，電影1964）、敘述威爾斯採礦小鎮一個男孩和老師間的故事。他在許多電影中扮演過角色，並以在公共場所朗讀狄更斯、湯瑪斯和薩基的作品而著稱。

Williams, Eric (Eustace)　威廉斯（西元1911～1981年）　長期在位的千里達與托巴哥首任總理（1962～1981）。獲牛津大學博士學位，1955～1956年組織人民民族運動黨（PNM）前曾在美國霍華德大學社會政治科學系工作。該黨於1961年12月在千里達與托巴哥全國選舉中獲大勝。威廉斯任這一殖民地的總理。1962年8月國家獨立後又任總理。他實行所謂的「經驗社會主義」強調社會服務、改進教育和吸引外資發展經濟。儲存石油有助於國家收入增加，1970年以前威廉斯都受到大衆歡迎，後因經濟下降發生幾次不成功的暴動。他一直擔任總理直到去世。

Williams, Hank　威廉斯（西元1923～1953年）　原名Hiram King Williams。美國歌手與吉他演奏者。「西部與鄉村」音樂與流行音樂行業中的知名人物。八歲開始彈奏吉他，十三歲在電台首演，十四歲組成自己的第一個樂隊。1949年所錄「相思藍調」成爲暢銷曲，同年在一次特殊的演出後加入了大奧普里。他著名的暢銷專輯包括了「我很寂寞我想哭」、「什錦飯」和「欺騙的心」，唱片中幾乎所有歌曲都是他自己寫的。二十九歲時死於心臟疾病，可能是嗑藥和酗酒造成的。威廉斯至今仍是鄉村音樂史上最受推崇的歌手。他的兒子小威廉斯（生於1949年），十四歲開始灌錄唱片，至今已發行逾六十張並活得許多獎項。

Williams, Jody　威廉斯（西元1950年～）　美國社會活動家，她幫助建立了國際禁雷運動（ICBL）並指導在全世界展開禁止生產、轉讓和埋放殺傷性地雷以及排雷的活動。1997年她和該組織共獲諾貝爾和平獎。1984年威廉斯在約翰・霍普金斯大學獲國際問題研究碩士學位。作爲尼加拉瓜－宏都拉斯教育計畫協調人和薩爾瓦多醫療援助的副主任，她影響美國的中美洲外交政策達十年之久。這些興趣使她與美國越戰退伍軍人基金會有了接觸，該基金會與以德國人爲基礎的國際醫療組織於1992年創建了國際禁雷運動組織，威廉斯被任命爲運動的協調人。威廉斯就地雷的危險性廣泛的發表演說，宣傳在約六十八個國家裡仍有未爆的地雷一億一千萬枚，每年造成二萬六千人的傷亡，主要是平民。1997年12月123個國家在加拿大渥太華簽署禁雷條約，很快的在一百個國家裡獲得批准，但不包括主要的生產國在內，如美國、俄羅斯和中國。該條約呼籲禁止發展、銷售和使用地雷，呼籲銷毀未爆的地雷和現有的儲備。威廉斯和羅伯次合著的《槍炮沈寂之後：持久的地雷隱患》（1995）該書認爲，由於購買和埋放地雷的費用低廉而偵查和拆除引信的費用極高，所以在戰爭結束後地雷仍因其任意的造成傷亡並使土地無法利用而繼續對平民構成威脅。

Williams, Joe　威廉斯（西元1918～1999年）　原名Joseph Goreed。美國歌手，爲最受歡迎的藍調爵士情歌歌手之一。生於喬治亞。曾與霍金斯和漢普頓合作，1954年加入貝西伯爵的樂團。威廉斯以強而有力的低沈男中音成功詮釋Every Day I Have the Blues一曲，建立了他成熟藍調歌手的地位。離開貝西伯爵的樂團之後，於1961年帶領小樂團演唱流行和藍調歌曲。

Williams, John (Towner)　約翰威廉斯（西元1932年～）　美國作曲家與指揮家。生於紐約皇后區，曾於加州大學洛杉磯分校和茱麗亞音樂學院修習音樂。以爵士鋼琴手的身分開始音樂生涯，但在1960年代開始爲電視和電影配樂。威廉斯曾爲逾75部電影配樂，包括《大白鯊》（1975）、《星際大戰》三部曲、《第三類接觸》（1977）、《外星人》（1982）及《辛德勒的名單》（1993）等，並曾五度獲奧斯卡金像獎。他亦譜寫了極多演奏曲，1980～1993年間擔任波士頓流行管絃樂團指揮。

Williams, Mary Lou　威廉斯（西元1910～1981年）　美國鋼琴家、作曲家、混音師及樂團團長。自1929年起曾爲許多樂團編曲，包括柯克及艾靈頓公爵的搖擺樂團。她的《黃道組曲》曾於1946年被紐約愛樂交響樂團演奏。身爲一名具備藍調和早期爵士樂深厚底子的鋼琴家，她綜合了咆哮樂及後期自由爵士的新手法，與不同的音樂家如迪吉葛雷斯比）、泰勒等搭擋演出。艾利曾以她的《瑪麗・路易絲的彌撒》編舞。

Williams, Ralph Vaughan ➠ Vaughan Williams, Ralph

Williams, Robin　羅賓威廉斯（西元1952年～）　美國電影演員與喜劇演員。生於芝加哥，曾於美國西岸的俱樂部擔任說笑丑角，之後因在電視影集《莫克和明迪》（1978～1982）中客串演出而大受歡迎。他是位神經質、以連珠炮式的即興演出天份創造喜感的演員，1980年開始從影，扮演搞笑及嚴肅等不同角色，作品有《早安越南》（1987）、《春風化雨》、《奇幻城市》（1991）、《窈窕奶爸》（1993）及《心靈捕手》（1997，獲奧斯卡獎）等。

Williams, Roger　威廉斯（西元1603?～1683年）　英裔美籍傳教士，羅德島殖民地的創建人。裁縫之子，曾在劍橋大學學習。1631年抵達波士頓，因不願與聖公會內的清教派聯合，次年移居主張脫離聖公會的普里茅斯殖民地。由於他支持宗教寬容、印第安人的權利和反對民政當局，而被逐出麻薩諸塞灣殖民地。他向納拉甘西特印第安人買地建立了羅德島殖民地和普洛維頓斯鎮（1636）。這個殖民地設有民主政府，採政教分離，並且有信仰貴格會或其他宗教的自由。爲謀求羅德島特許狀前往英格蘭（1643），後成爲羅德島獲得特許狀後的首任主席，在去世前經常擔任羅德島以及鄰近殖民地和納拉甘西特印第安人之間的調解人。

Williams, Ted　威廉斯（西元1918年～）　原名Theodore Samuel Williams。美國棒球選手，有史以來最偉大的打擊手之一。十七歲開始職業棒球生涯。1939年擔任波士頓紅襪隊的一名外野手，直到1960年退休一直爲該隊效力。身材高瘦，外號「了不起的瘦子」（the Splendid Splinter），但也簡單地被稱爲「小孩」（the Kid）。爲左手打擊者，職業生涯平均打擊率爲0.344，記錄排名第五。1941年打擊率高達0.406，成爲20世紀最後一個打擊率超過0.4的打擊手。職業生涯長打率（0.643）僅次於貝比魯斯而位居第二。他也是除了霍恩斯比之外唯一兩次贏得三冠王（平均打擊率、全壘打、安打）的運動員。儘管因在第二次世界大戰和韓戰中服役擔任飛行員而錯過了5個賽季，他還是擊出521次全壘打（史上排名第十高），最後一次出場時以一個全壘打結束了他的職業生涯。退休後，經營華盛頓議員隊（1969～1972）。

Williams, Tennessee　威廉斯（西元1911～1983年）　原名Thomas Lanier Williams。美國劇作家。十二歲開始居住在聖路易。曾在幾所學院學習，後畢業於愛荷華大學。他的獨幕劇集《美國的藍調》贏得「同仁劇團」獎（1939），《玻璃動物園》（1944）獲得成功，接著《慾望街車》（1947，獲普立茲獎，電影1951）、《卡米諾·里爾》（1953）和《熱錫皮屋頂上的貓》（1955，獲普立茲獎，電影1958）等劇相繼搬上舞台。他的劇作還有《去夏突至》（1958，電影1959）、《可愛的青春小鳥》（1959，電影1962）和《蜥蜴的夜晚》（1961，電影1964），寫一位被解職的牧師如何變成不稱職的導遊者。他還寫了小說《斯通夫人的羅馬之春》（1950，電影1961）。他的劇本反映出人類受挫折的世界，其中性和暴力構成浪漫的假斯文的氣氛，被視爲美國最偉大的劇作家之一。

Williams, William Carlos　威廉斯（西元1883～1963年）　美國詩人。小兒科醫生，畢生在家鄉新澤西州拉瑟福德行醫和寫詩。擅長以明晰細緻的比喻把平凡的題材寫得有聲有色。〈紅色手推車〉是他的代表作。五卷本長詩《帕特生》（1946～1958）中，從一個錯綜複雜的城市場景刻畫了當代美國人的錯綜複雜的形象。其他詩作還有《來自勃魯蓋爾的圖畫和其他詩歌》（1962，獲普立茲獎）。威廉斯還寫了一些散文、隨筆、短篇故事集、劇本和自傳。

Williams College　威廉斯學院　美國麻薩諸塞州威廉斯敦的一所私立文學院。1793年由公理會出資建立，現在已不屬於任何宗教派別。一直是美國排名最好的學院之一，該學院開設了美術和應用藝術，以及社會科學科學方面的學士和碩士學位課程。校園設施包括美國藝術、當代藝術和南亞藝術的著名收藏品，還有與美國歷史有關的資料。註冊學生約2,200人。

William's War, King ➡ King William's War

Williamsburg　威廉斯堡　美國維吉尼亞州東南部城市。位於詹姆斯河與約克河之間受潮汐影響的半島上，1633年成爲中部的種植園而有人定居，爲躲避印第安人侵襲的避難所。1693年威廉與瑪麗學院成立於此。1699年附近的詹姆斯敦被燒毀之後，這裡成爲維吉尼亞的首府，直到1780年首府遷至里奇蒙。美國內戰期間，1862年南方聯盟軍在威廉斯堡戰役中被擊敗。經過廣泛地修復數百座殖民時期建築後，1926年開放殖民地威廉斯堡，1936年成爲科洛尼爾國家歷史公園的一部分。人口約13,000（1995）。

Willkie, Wendell L(ewis)　威爾基（西元1892～1944年）　美國政治人物。1929年移居紐約市，在南方公司法律部工作，精明幹練，四年後即升任總經理。後因領導私營公用事業與聯邦政府田納西流域管理局進行競爭而聞名全國。他對羅斯福新政的有說服力的批評使他成爲1940年共和黨提名時爆出冷門的總統候選人。大選中僅在十個州獲勝，但他得到2,200萬以上的選票（共和黨人所從未得到過的最多票數）。在旅行全世界後，寫了《天下一家》（1943）一書，是戰後呼籲國際合作的暢銷書。

willow　柳　楊柳科柳屬植物。灌木或喬木，大多原產於北溫帶，常見於低地和沼澤。主要供觀賞、蔽蔭，水土保持，亦可材用。某些種含水楊甙（水楊酸的原料）。葉通常互生，狹窄。葇荑花序，雌雄異株。種子具長絨毛。飛絮柳指幾種灌叢柳樹的雄株，柔荑花序多絮毛，在葉萌發前出現，被認爲是報春使者。有幾種柳和雜種柳枝條下垂，稱垂柳。也有少數種類分布範圍延伸到凍土帶，爲小木本植物。

巴比倫柳（*Salix babylonica*）的樹形
A to Z Botanical Collection

willow herb　柳蘭　柳葉菜科的一屬，約200種，原產於大部分溫帶地區。該屬的狹葉柳葉菜（即火草）在新近被火燒過的地上生長極快，能迅速覆蓋地面。一些種的幼嫩部分可烹食。有的種種植於野生植物園，但需嚴格控制其生長區域。柳葉菜形似狹葉柳葉菜，但葉和葉柄均被柔毛，花瓣具缺刻，分布北美東部荒地。倒心形葉柳葉菜產於美國西部，莖平墜地面，花玫瑰紫色。

Wills, Bob　威爾斯（西元1905～1975年）　原名James Robert。美國鄉村音樂小提琴手、歌手及詞曲作家。生於德州科塞，從父習琴，1934年於土耳沙組了德州花花公子樂團，該團的電台演出使得威爾斯成爲美國中西部的明星；1942年舉團遷往加州，在一些舞廳和電影中獻藝。他們是「西部搖擺樂」音樂類型先鋒，這類音樂混合了傳統小提琴與大樂團式搖擺樂和藍調。最爲人知的曲子有〈聖安東尼奧玫瑰〉及〈行乞雷格曲〉。

Wills, Helen (Newington)　威爾斯（西元1905～1998年）　又名Helen Wills Moody。全名作Helen Newington Wills Moody Roark。美國女子網球運動員。1923年首次奪得美國單打冠軍，1924、1925、1927～1929和1931年接連獲此項冠軍。她打球態度嚴肅，綽號「撲克臉小姐」。她的高吊球和發球都特別有力，以彌補速度上的不足。1927～1932年的單打比賽中未輸掉任何一盤，八次獲溫布頓單打冠軍（1927～1930、1932～1933、1935、1938），這項記錄直到1990年才被娜拉提洛娃打破。1924年在巴黎奧運會上獲女子

W X Y Z

網球單打和雙打金牌。

Wilmington 維明頓 美國德拉瓦州北部城市。在克里斯蒂娜河、布蘭迪萬河與德拉瓦河匯流處。爲全州最大城市，工業、金融、商業中心和重要港口。1638年由瑞典人拓居，爲德拉瓦流域最早的永久性居民點。原名克里斯蒂娜堡，1655年被彼德・斯特伊弗桑特的荷蘭軍隊占領；他們於1664年被英國人逐出。1730年代後貴格會信徒移居此地後，發展成繁榮的港口，1739改名維明頓。美國內戰期間，布蘭迪萬河戰役即發生在這附近。1802年杜邦在這裡建立兵工廠（參閱Du Pont Company）。人口：市71,529；都會區578,589（1990）。

Wilmot Proviso＊ 威爾莫特但書（西元1846年） 美國國會提案，旨在禁止奴隸制度拓展版圖。由共和黨員威爾莫特（1814～1868）提出，當作一條從墨西哥購買領土的法案的修正案，禁止在新的准州實施奴隸制。威爾莫特但書挑起了一場全國性辯論，反映了南北方之間的鴻溝日益增長。雖然此但書在參眾兩院未獲通過，但是它成爲共和黨建黨的基本原則。

Wilson, Alexander 威爾遜（西元1766～1813年） 蘇格蘭出生的鳥類學家和詩人。早年當過紡織工人和小販，同時寫詩。1792年因支援紡織工人鬥爭撰寫諷刺詩而被罰款、監禁並遭政治迫害。1794年移民美國任教。受巴川姆的影響，1804年決定撰文論述北美鳥類。《美洲鳥類學》（九卷；1808～1814），這一開創性鉅著確立他作爲美國鳥類學奠基人及傑出博物學家的地位。1808年出版《美洲鳥類學》第一卷後，他大部時間用於預售其高價著作及採集標本編寫尚未完成的其他各卷。

Wilson, August 威爾遜（西元1945年～） 美國劇作家。生於匹茲堡，其智識泰半靠自學而來，爲黑人美學運動的一員，與人共同成立匹茲堡黑人地平線劇院（1968）並擔任總監，又於黑人雜誌上發展詩文、製作數齣戲劇，包括1982年的《汽車站》，1984年則在百老匯上演《馬・雷尼的黑臀舞》。威爾遜的靈感來自美國黑人通俗語言、音樂、民俗及口耳相傳的傳統，源源不絕地推出新作，在20世紀每隔10年即有一部作品問世，計有《圍欄》（1986，獲普立茲獎）、《喬・透納的忽隱忽現》（1988）、《鋼琴課》（1990，獲普立茲獎）、《兩部奔馳的列車》（1992）及《七把吉他》（1996）。

Wilson, C(harles) T(homson) R(ees) 威爾遜（西元1869～1959年） 英國物理學家，發明威爾遜雲室，該雲室廣泛應用於放射性、X射線、宇宙線和其他核現象的研究，後來更導致氣泡室的發明。他因發明威爾遜雲室與美國的康普頓共獲1927年諾貝爾物理學獎。

Wilson, Colin (Henry) 威爾遜（西元1931年～） 英國作家。出身工人階級家庭，最初考慮從事科學，後來傾向於寫作。二十四歲那年，他出版了《局外人》（1957），該書研究了20世紀的疏離感，獲得明顯的成功。接下來出版的一些書因缺乏原創性和膚淺而受抨擊，但是他最早的兩部小說《黑暗中的儀式》（1960）和《浮沈在蘇活區》（1961），挽回了他的聲譽。他寫的七十多本書中有許多涉及犯罪心理學、超自然力量、人的性欲和他自己的存在主義哲學。《黎明的異形》探討了幽浮（不明飛行物）現象。

Wilson, Edmund 威爾遜（西元1895～1972年） 美國評論家和隨筆作家。畢業於普林斯頓大學，先後擔任報紙記者和雜誌編輯。他的許多著作在《新共和》和《紐約客》發表。他著名的評論著作有《阿克塞爾的城堡》（1931）是對各國象徵派詩人的一次總評；《去芬蘭車站》（1940）是關於爲俄國革命奠定了思想基礎的思想家的史論性研究；《愛國者戈爾》（1962）剖析美國內戰文學。他其他的著作還包括了劇作、詩集、短篇小說集《赫卡特縣的回憶》（1946），和他死後出版的五卷本日記。威爾遜一生既關注文學問題，又關心社會問題。他寫史論、詩歌、長短篇小說，又是位編輯。他寫作的題目和涉及的方面極爲廣泛，議論起每一問題來總是視野寬闊，目光如炬。所以能如此是因爲他學識淵博，常識豐富，他用來表達他的觀點的文字風格曉暢精確。他被視爲是當代重要的評論家。

威爾遜
EB Inc.

Wilson, Edmund B(eecher) 威爾遜（西元1856～1939年） 美國生物學家，以其胚胎學和細胞學研究著名。1891年在哥倫比亞大學任職。他是研究細胞譜系（探索由各個前體細胞發育成不同組織的途徑）的傑出先驅。此後，他對細胞內部結構和性別的確定的問題發生興趣，1905年開始發表一系列關於染色體與性別確定的關係的文章。意識到孟德爾的新發現的重要性，並了解到染色體的作用應不只是確定性別；他預料到染色體的功能是整個遺傳的重要成分。他的想法對後來遺傳學研究的發展產生了強烈影響。

Wilson, Edward O(sborne) 威爾遜（西元1929年～） 美國生物學家。獲得哈佛大學博士學位，1956年開始在該校任教。被公認是世界一流的螞蟻研究權威，他發現螞蟻們使用費洛蒙來溝通。他寫的《昆蟲社會》（1971）是關於這個問題的權威性論述。1975年出版了《社會生物學》，在書中他主張甚至無私的慷慨特徵也可能是遺傳基因的關係，可能通過自然選擇演化而來，演化策略的焦點在於基因的保存而非個體的保存，動物社會的重要生物學原理也適用於人類社會行爲上，結果引起廣泛的爭議，並對社會行爲的遺傳基礎的研究影響很大。在《論人性》（1978，獲普立茲獎）中，他探究了有關人類侵略、性能力和道德的生物社會學含意。他和霍德伯勒一起寫了主要的研究《螞蟻》（1991,獲普立茲獎）。在《繽紛的生命》（1992）中，他描繪了世界物種如何變得多樣化，並考察了20世紀人類活動引起的主要的物種滅絕。

Wilson, (James) Harold 威爾遜（西元1916～1995年） 受封爲里沃的威爾遜男爵（Baron Wilson of Rievaulx）。英國工黨政治人物及首相（1964～1970，1974～1976）。工業化學家之子。在牛津大學讀書時他與威廉・柏衛基共同合作，使柏衛基主張社會保險和其他福利措施的畫時代報告（1942）得以順利完成。第二次世界大戰爆發時任文官，曾提出一份關於採礦業的研究報告。所著《煤礦之新政策》（1945）一書是工黨的礦藏國有計畫的基礎。1945年榮膺爲英國下院議員，後出任貿易大臣（1947～1951）。1963年威爾遜卻被選爲工黨領袖，1964年他出任首相。他使工黨在1966年選舉中大勝，但1967年面對英鎊貶值前的經濟狀況負有直接責任。在他的第二個任期，他確定英國在歐洲經濟共同體的地位（1975）。1976年辭職，1983年受封爲終身貴族。

Wilson, Harriet E. 威爾遜（西元1828?～1863?年） 原名Harriet Adams。美國作家，可能是首位在美國出版英文

小說的非裔美國人，1850年以前的事跡鮮爲人知。她可能是新罕布夏州米爾福被簽了賣身契的奴隸，之後到麻薩諸塞州當家僕。1851年她嫁給一名逃亡的奴隸，但他在兒子出生前又出海去了。威爾遜的唯一一部作品《我們黑人一族》（1859），是爲了籌錢將收養中的兒子贖回來，爲談論南北戰爭前北方的種族主義的自傳性小說。

Wilson, J(ohn) Tuzo　威爾遜（西元1908～1993年） 加拿大地質學家和地球物理學家，是加拿大所有大學中第一個地球物理方面的學士（1930）。第二次世界大戰後，在多倫多大學任地球物理學教授。1960年代初，在認爲各個大陸是固定不動的主張盛行之時，他是復活大陸漂移理論的首要的世界性發言人。以往大陸漂移理論把板塊運動設想爲或者是運動挨近到一起，或是運動分開，威爾遜提出第三種運動，就是板塊相互之間滑動。該理論後來成爲板塊構造學的基礎，後者在1970年代使地球物理學發生了變革。南極一座山脈就是以他的名字命名。

Wilson, James　威爾遜（西元1742～1798年） 蘇格蘭裔美國律師和政治人物。1765年抵達費城，在隨約翰·迪金森攻習法律後，開業成爲律師。1774年出版著名論文《英國議會立法權力的性質與範圍探討》，主張大英帝國應授予殖民地以自治領地位。他是大陸會議的代表（1775～1777），「獨立宣言」的簽署人，他還協助起草美國和賓夕法尼亞州的憲法，並發表一系列在美國法學發展史上具有里程碑意義的演說。1789～1798年任聯邦最高法院助理法官。

Wilson, Lanford (Eugene)　威爾遜（西元1937年～） 美國劇作家，生於密蘇里州黎巴嫩。1962年開始撰寫劇作，並與他人共同創立百老匯外輪演公司，1969～1995年任該公司總監。劇作有《檸檬天空》（1970）、長期上演的熱門劇目《巴爾的摩熱情如火》（1973）、《土丘工人》（1975）、《7月5日》（1978）、《塔列的愚蠢》（1979，獲普立茲獎）、《塔列和兒子》（1985）、《燃燒這個》（1987）、《紅木簾》（1993）、《海邊》（1996）等。

Wilson, Richard　威爾遜（西元1713/14～1782年） 威爾斯風景畫家。他擔任了多年的肖像畫家，但在義大利待了很長一段時間之後（1750～1757），他除了爲創作義大利風格的風景畫而畫了許多羅馬遺址和建築素描外，幾乎專注於風景畫的創作。他爲達特茅斯勳爵畫的一組素描（1754）顯示出對光的敏銳觀察，技法並凌駕在17世紀古典主義畫家（如普桑）之上。返回英國後所創作的風景畫影響了透納和康斯塔伯。

Wilson, Robert W(oodrow)　威爾遜（西元1936年～） 美國無線電天文學家。1963年進入澤西州貝爾電話實驗室以後，即與彭齊亞斯合作，監視來自環繞銀河系的一個氣環的無線電輻射。後被任命爲貝爾實驗室無線電物理學研究室主任。由於一項支持大爆炸理論的新發現與彭齊亞斯共獲1978年諾貝爾物理學獎。

Wilson, Teddy　威爾遜（西元1912～1986年） 美國鋼琴家與樂團團長，爲搖擺樂時代的主要鋼琴師。生於德州奧斯汀，1935年開始擔任小樂團團長並錄製唱片，這些大多與比莉哈樂黛合作的作品是小樂團搖擺樂的經典。1936年加入班尼固德曼的三重奏，1940年之後主要爲小樂團擔任團長或鋼琴獨奏，展示了他的品味，並混合了沃勒、海因斯及塔特姆等人的風格，且以新的方式詮釋。

Wilson, William Julius　威爾遜（西元1935年～） 美國社會學家。曾在芝加哥大學任教二十四年，1996年轉至哈佛大學任教。他主張黑人貧窮的困境不是來自於種族主義或黑人對社會福利的依賴，而主要是導因於全球經濟的變化使得低技術的製造工作從內城區移出。因此，唯有種族中立的計畫，如全民健康保險以及政府資助的工作機會，才能減少下層階級的問題。

Wilson, (Thomas) Woodrow　威爾遜（西元1856～1924年） 第二十八任美國總統。畢業於普林斯頓大學，後獲約翰·霍普金斯大學博士學位。1890～1902回普林斯頓學院教授法學和政治經濟，後任該校校長（1902～1910）。在校長任內，進行多項改革。1910年競選新澤西州州長成功。在該州的政績受到全國的注意，遂於1912年被提名爲民主黨總統候選人。競選中他提出「新自由」的口號以壓倒共和黨總統老羅斯福的「新國家主義」（主張國家對企業多加干預），當選爲總統。擔任總統期間，促使國會通過一系列新的法律：降低關稅稅率，建立聯邦準備系統，設立聯邦貿易委員會，強化工人組織。在外交上，他反對大國欺凌小國，尊重弱國的權益，如對菲律賓逐步給予自治地位等。1914年第一次世界大戰期間他仍努力保持美國中立的地位，並致力於調停戰爭。但在「盧西塔尼亞號」（1915）和其他非武裝船隻被德國潛艇擊沈後，1916年他向德國提出最後通牒式的照會，以最強硬態度迫使德國放棄了潛艇戰略。1917年德國突然恢復無限制的潛艇戰略，美國乃對德宣戰。1918年1月他提出「公正和持久和平」的十四點和平綱領。最後德國戰敗，這個方案便成了協約國與德國和談的基礎。共和黨占優勢的國會對他帶回的「凡爾賽條約」草案持保留態度。他旅行全國發表演說，爲維護和約與國際聯盟籲請公衆的支持。但因身體狀況不佳，中途折返華盛頓特區時，突然患腦血栓半身不遂。11月參議院決定修改和約，病中的威爾遜堅持要求訴諸民意。由公民投票決定和約的命運。結果是提出國際聯盟原則的美國，戰後卻沒有參加這個組織。1920年總統選舉，民主黨失敗，他的理想主義進一步破滅。1919年獲諾貝爾和平獎。

Wilson's disease　威爾遜氏病 亦稱肝豆狀核變性（hepatolenticular degeneration）。隱性遺傳缺失（參閱recessiveness），可以削弱銅的代謝，而銅是構成大腦基本神經中樞（參閱ganglion）的元素（與運動的控制有關）。該病會引起逐步的惡化，在眼角膜的邊緣形成褐色環，銅堆積在肝臟，逐漸導致肝硬化。這種病通常出現在十幾或二十幾歲的人群中。症狀有震顫、共濟失調和個性大變。早期的診斷和治療包括以高蛋白、低銅飲食和使用螯合劑來去除銅，可以扭轉病情，避免對大腦和肝臟造成永久性的傷害。

Wilson's Promontory　威爾遜角 澳大利亞大陸的最南端，位於維多利亞州南部。半島長35公里，最大寬度23公里，伸入巴斯海峽內，幾乎成爲一座島嶼。最高點是拉特羅布峰（約745公尺）。1798年英國探險家喬治·巴斯首次來到這裡，起初稱它爲孚諾地（Furneaux Land），後來以一個英國商人威爾遜的名字命名。1905年設爲國家公園。

Wiltshire＊　威爾特郡 英格蘭南部的行政郡、地理郡和歷史郡。位於布里斯托海峽、英吉利海峽和泰晤士河之間的一個低平高原緩降爲盆地的地區。行政中心在特羅布里奇。大部分地區屬白堊高地，史前時代這裡是英格蘭人口密集的地區之一；此外，還有許多史前遺跡，包括了巨石陣和鐵器時代的要塞。索爾斯堡長期以來是該郡的基督教中心，以13世紀的大教堂著名。除索爾斯堡和工業城鎮斯文敦以外，農業是最重要的經濟活動。行政郡面積3,250平方公里（1,255平方哩）。地理郡面積3,481平方公里（1,344平方哩）。人口：行政郡約425,800；地理郡約605,500（1998）。

Wimbledon 溫布頓 倫敦外自治市默頓的一部分。每年一次的草地網球比賽全英錦標賽（即有名的溫布頓網球錦標賽）就在這裡舉行。此區還包括溫布頓體育場、溫布頓劇院（1910），以及溫布頓公地（一座開放公園）。這個每年六月下旬到七月上旬舉行的比賽是全世界最早（1877年開始）和最著名的比賽。它是網球四個「大滿貫」比賽之一，也是其中唯一草地球場的比賽。1968年向職業運動員開放。

Winchell, Walter 溫切爾（西元1897～1972年） 原名Walter Winchel。美國新聞工作者和播音員。他在紐約市長大，十三歲時加入歌舞雜耍演出，並開始寫文章刊登在內部刊物《歌舞雜耍新聞》上。1927年成為該刊的專職人員，從此開始了他的閒談專欄作家生涯。後來進《紐約每日鏡報》，該報1963年以前一直刊登他由新聞組織廣爲發行的專欄文章。1932年開始主持每週一次的廣播節目，直到1950年代初期。但如同他在寫作和廣播講話中使用的百老匯習語一樣，他的報導在1930年代～1950年代大衆帶來重大影響。

Winchester 溫徹斯特 英格蘭罕布郡城市。爲塞爾特人發現，處於羅馬道路系統中心的位置表明其早期很重要。爲韋塞克斯的首都和阿佛列大帝統治下，成爲學術中心。曾是丹麥國王克努特大帝政府所在地。在諾曼人統治後，該地仍很繁榮。最著名的是大教堂（11～14世紀）和溫徹斯特學院（1382）。人口約110,000（1998）。

Winchester, Oliver (Fisher) 溫徹斯特（西元1810～1880年） 美國軍火製造商。他早年經營服裝製造業致富。購買了一家連發槍公司，即後來的溫徹斯特連發槍公司（1867）。首席步槍設計師亨利設計了桿動式亨利連發步槍（1860年取得專利），這種槍在南北戰爭期間曾廣泛使用，以後發展爲各種型號的溫徹斯特式步槍，包括著名的、爲美國西部移民最愛使用的73型步槍。

Winckelmann, Johann (Joachim)＊ 溫克爾曼（西元1717～1768年） 德國考古學家和藝術史家。皮匠之子。在他發現希臘藝術之前一直學習神學和醫學。他的短論《希臘繪畫雕塑沈思錄》（1755）宣告了在教育和藝術領域樹立希臘楷模，並很快就被翻譯成多種文字。改信天主教之後，他遷居羅馬（1755），在梵諦岡擔當重要職位。他在那裡寫下了《古代藝術史》（1764），這部書開創了藝術史這門學科，也使考古學成爲人文科學。他的著作再次喚醒了人們對古典藝術的廣泛興趣，並推動了藝術方面新古典運動的興起。

溫克爾曼，油畫，孟斯（Anton Raphael Mengs）繪於1758年；現藏紐約市大都會藝術博物館
By courtesy of the Metropolitan Museum of Art, New York City, Harris Brisbane Dick Fund, 1948

wind 風 相對於地球表面的空氣運動。風是決定和控制氣候和天氣的重要因素，也是多數海浪和淡水波浪的發起力量。風由水平和垂直的大氣氣壓差異引起。地球上風的一般模式爲衆所周知的大氣循環，特殊的風則以他們發源地的方向來命名（如自西向東吹的風稱爲西風）。風速分類通常按照蒲福風級畫分。

Wind Cave National Park 溫德岩洞國家公園 美國南達科他州的國家公園。1903年建立。園內有一系列石灰岩洞和一大片未受人類活動影響的布拉克山，面積11,449公頃。岩洞已探明通道長約82公里。由方解石沈積形成的形狀獨特的美麗岩層。溫德岩洞國家公園也是野生動物保護區。

wind chill 風寒 亦稱風寒因素（windchill factor）。與溫度和風速相關，在裸露皮膚上的空氣冷卻率的度量。當風速增加，風寒相等溫度會減少。例如：氣溫30°F／－1.1°C，風速20哩／32.2公里，風寒爲17°F／－8°C。

wind power 風力 利用風的能量來產生動力。雖然風不規則且分散，其中蘊含的能量相當驚人。發展出精密的風力渦輪機將風的能量轉爲電能。利用風力發電的系統在1980年代與1999年代成長可觀。德國目前生產的風力能超過其他國家。美國加州約有15,000個風渦輪正在運轉。亦請參閱windmill。

Wind River Range 溫德河嶺 美國懷俄明州中西部落磯山脈的中段。西北－東南走向，長160公里，爲大陸分水嶺的一部分。有許多海拔超過3,658公尺的高峰，最高峰甘尼特峰（4,207），南端爲具有歷史意義的南山口（2,360公

蒲福風級表

蒲福風力等級	風的名稱	風速		海表面狀況
		海里／小時	公里／小時	
0	無風	<1	<1	海平如鏡
1	軟風	1～3	1～5	僅見漣漪，沒有浪峰
2	輕風	4～6	6～11	小波較短，浪峰稍高，閃亮但不破碎
3	微風	7～10	12～19	小波大，浪峰開始破碎，泡沫如玻璃，有時出現白浪沫
4	和風	11～16	20～28	小浪變長，具白浪沫
5	清風	17～21	29～38	中浪，浪型更長，具許多白浪沫，有時出現飛沫
6	強風	22～27	39～49	大浪開始形成，普遍出現帶白沫的浪峰，有些飛沫
7	疾風	28～33	50～61	海浪捲起，碎浪成沫，沿風向呈條狀，開始出現海浪濺沫
8	大風	34～40	62～74	海浪更高更長，碎浪峰巔碎成濺沫，沿風向更明顯地呈條狀
9	烈風	41～47	75～88	高浪，沿風向浪沫呈密集條狀，海水開始翻騰，飛沫影響能見度
10	狂風	48～55	89～102	極高浪，帶有長懸垂峰，浪沫成團，沿風向呈密集白條狀，海面泛白，翻騰程度更大，能見度受影響
11	暴風	56～63	103～114	罕見的高浪，能擋住中小型船隻，海面被長的浪沫團覆蓋著，浪峰被吹成沫，能見度受影響
12～17	颶風	≧64	≧117	空氣中充滿飛沫，海面全為洶湧的浪沫，能見度嚴重受影響

溫度 (°F)

平靜無風	40	35	30	25	20	15	10	5	0	−5	−10	−15	−20	−25	−30	−35	−40	−45
5	36	31	25	19	13	7	1	−5	−11	−16	−22	−28	−34	−40	−46	−52	−57	−63
10	34	27	21	15	9	3	−4	−10	−16	−22	−28	−35	−41	−47	−53	−59	−66	−72
15	32	25	19	13	6	0	−7	−13	−19	−26	−32	−39	−45	−51	−58	−64	−71	−77
20	30	24	17	11	4	−2	−9	−15	−22	−29	−35	−42	−48	−55	−61	−68	−74	−81
25	29	23	16	9	3	−4	−11	−17	−24	−31	−37	−44	−51	−58	−64	−71	−78	−84
30	28	22	15	8	1	−5	−12	−19	−26	−33	−39	−46	−53	−60	−67	−73	−80	−87
35	28	21	14	7	0	−7	−14	−21	−27	−34	−41	−48	−55	−62	−69	−76	−82	−89
40	27	20	13	6	−1	−8	−15	−22	−29	−36	−43	−50	−57	−64	−71	−78	−84	−91
45	26	19	12	5	−2	−9	−16	−23	−30	−37	−44	−51	−58	−65	−72	−79	−86	−93
50	26	19	12	4	−3	−10	−17	−24	−31	−38	−45	−52	−60	−67	−74	−81	−88	−95
55	25	18	11	4	−3	−11	−18	−25	−32	−39	−46	−54	−61	−68	−75	−82	−89	−97
60	25	17	10	3	−4	−11	−19	−26	−33	−40	−48	−55	−62	−69	−76	−84	−91	−98

風速（哩／時）

風寒 (°F) = $35.74 + 0.6215T - 35.75(V^{0.16}) + 0.4275T(V^{0.16})$　　T = 空氣溫度（°F）

凍傷時間 ■ 30分鐘　■ 10分鐘　■ 5分鐘　　V = 風速（哩／時）

來源：美國國家氣象局、加拿大氣象服務中心

風寒

尺），奧瑞岡小道即經此山口。布里傑國家森林、肖肖尼國家森林部分地區和溫德河印第安人保留地都在山嶺範圍內。溫德河及其各支流由山脈東南流入大角河。西麓爲格林河發源地。

wind shear　風切變　在垂直風向的方向上風速隨距離的變化率。風速發生突變的非常狹窄的地帶稱爲切變線。風切變在近地表面可以觀測到，也在急流裡可以觀測到。在急流裡，它可能與晴空湍流有關。風的垂直切變與動量、熱量和水汽的垂直通量有密切關係。

wind tunnel　風洞　產生可控氣流的設備，用來研究對物體的影響，如在空氣中飛行的飛機，還用於研究空氣流動對靜止物體模型，如建築物的影響。風洞研究應用廣泛，可用於檢測機體（飛機和太空船的結構），也可以用於邊界層、湍流、拖曳力和升力的研究。在模型表面的許多點測量氣壓和其他特徵值可獲得有關總風力載荷如何分布的資訊。除了檢測風對飛機和太空船的影響外，風洞研究已經應用在解決汽車、船舶、火車、橋樑和建築的設計問題。亦請參閱aerodynamics。

Windermere　溫德米爾　英格蘭西北部湖泊。位於坎布里亞郡湖區東南部，爲英國最大的湖泊。湖長17公里，寬1.6公里。面積16平方公里。爲湖區國家公園一部分，是著名旅遊中心。

Windhoek＊　文豪克　那米比亞首都。位處該國中部，科依科依族和赫雷羅族最早定居此地。1890年，現城市所在地被德國政府宣稱歸己。1915年南非軍隊占領文豪克，宣布該地屬南非所有，當時叫西南非。1990年那米比亞獨立，成爲國家首都。文豪克是那米比亞主要商業和交通中心。人口約190,000（1995）。

Windischgrätz, Alfred, Fürst (Prince) zu＊　溫迪施格雷茨（西元1787～1862年）　奧地利陸軍元帥。在哈布斯堡帝國陸軍中任軍官（1804），戰績輝煌。晉升波希米亞軍區司令（1840）。1848年革命時期，他以炮轟相威脅，平息了布拉格的革命和鎮壓維也納的革命，被任命爲陸軍元帥（1848），1849年占領布達佩斯，把匈牙利的起義人民趕到提蘇河外。與哈布斯堡首相施瓦岑貝格意見不合被召還。此後退隱波希米亞。

windmill　風車　藉助裝在轉軸上的風葉以開發風能的裝置。風葉有一個安裝角或略有扭曲，因此可將吹來的風分解爲兩個分力，其中在風葉平面上的分力使風車旋轉。和水車一樣，風車是最早代替人力的動力機之一。風車最主要的用途是磨粉，在某些地區用於灌溉土地和抽水，其作用也同樣重要。歐洲人（特別是荷蘭）從12世紀至19世紀初，日益普遍地使用風車；1970年代，蒸汽機發明後風車才慢慢衰落。亦請參閱wind power。

window　窗　房屋上供採光、通風的開口，也具有建築裝飾的目的。自古以來，窗洞上就裝有木、石或鐵製的格柵，或加裝玻璃與其他透光材料，如雲母片或遠東國家用紙。在窗框中上下滑動的窗，稱爲上下推拉窗，僅有一扇窗可滑動的稱爲單懸窗，兩扇都能滑動的稱爲雙懸窗。窗扇裝在鉸鏈上向內或向外開啓的稱平開窗。固定且大塊玻璃做的窗，通常稱作觀景窗。凸窗（參閱oriel）是房屋牆面凸出外所開的窗，在室內則爲一凹入部分。凸窗能比一般的窗採光更多。玻璃之間留出具有隔熱隔音作用的空氣層，這種窗子被稱作雙層或三層玻璃窗。亦請參閱Diocletian window、rose window、shoji。

Windows　Windows作業系統　微軟公司發展的視窗軟體家族，主要是供個人電腦與工作站，最初是圖形使用者界面，發展變成作業系統。1.0版（1985）提供圖形使用者界面、多工以及虛擬記憶體管理，在MS-DOS上執行，支援英特爾處理器的個人電腦。3.1版（1992）在最初兩個月就賣出三百萬套，建立微軟在微電腦市場的主宰地位。Windows 95和Windows 98（依照上市的年份命名）延續視窗霸業。Windows NT（1993）可以在精簡指令集計算處理器的電腦和傳統英特爾處理器系統執行，是Windows作業系統的高階版本，針對更高速個人電腦、工作站和伺服器。Windows CE（1996）是給掌上電腦和其他手持設備的嵌入式作業系統。微軟繼續發表視窗作業系統的新版本。Windows 2000是給企業導向電腦，Windows Me（2000）是消費者導向電腦使用，2001年的版本Windows XP同時滿足兩者。現在，九成以上的個人電腦採用視窗作業系統。

windpipe ➠ trachea

Windsor　溫莎　加拿大安大略省南部城市（1991年人口約191,435）。位於底特律河左岸，對岸爲美國密西根州底特律市。1701年底特律建要塞，此後不久該地有法國農民定居，地名爲「渡口」，後稱里奇蒙。1836年改名溫莎。由於該城坐落在底特律地區的中心，成爲水路交通要衝、鐵路樞紐和五大湖區的港口。工業產品有機動車輛及零件、食品和飲料及藥品。溫莎是美國到加拿大的主要進口港。

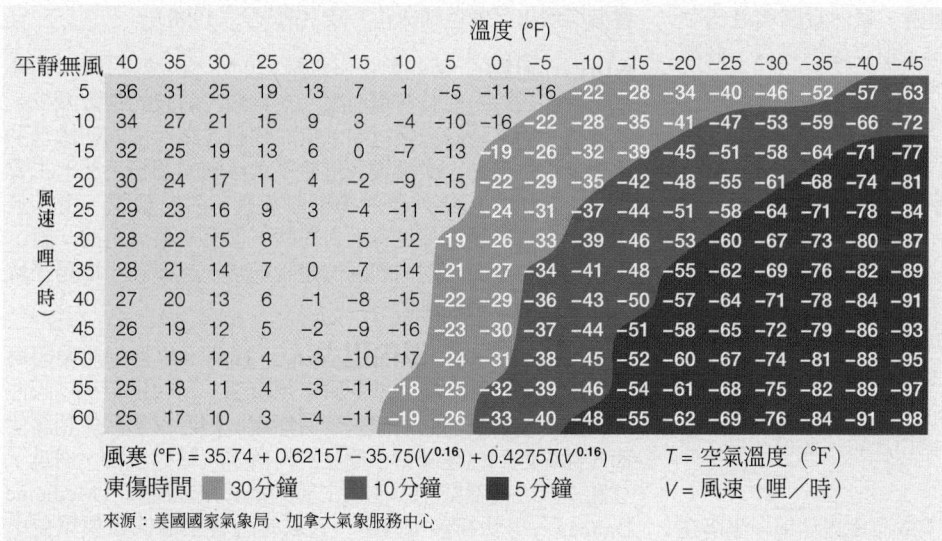

Windsor, Duchess of　溫莎公爵夫人（西元1896～1986年）　原名貝西・華麗絲・華菲爾德（Bessie Wallis Warfield）。美國社會名流，爲愛德華親王溫莎公爵（愛德華八世）的妻子，活躍於巴爾的摩的社交界。1916年與史賓塞伯爵結婚，離異後（1927）與辛普森結婚，隨夫移居倫敦。辛普森夫人活動於英國上流社交界時與愛德華相遇，逐漸墜

入情網。1936年辛普森夫人申請離婚，顯然意圖與愛德華（他已經成爲國王愛德華八世）結褵，但是像她這樣一個離婚兩次的女人，不可能容許她將來成爲英國的王后。愛德華宣布退位，辛普森夫人得到離婚裁定書後，兩個人於1937年結婚；伉儷婚後生活美滿。大部分時間住在法國。

Windsor, House of　溫莎王室　舊稱薩克森－科堡－哥達王室（Saxe-Coburg-Gotha, 1901～1917）。英國王室。漢諾威王室的最後一代君主維多利亞女王逝世後，該王室由溫莎王室繼承。薩克森－科堡－哥達爲維多利亞女王的德裔丈夫艾伯特親王的姓氏。這一朝代包括愛德華七世、喬治五世、愛德華八世、喬治六世和伊莉莎白二世。在第一次世界大戰反德氣氛正濃的時候，喬治五世以敕令（1917）宣告：凡屬維多利亞女王男系子孫並爲英國臣民者，必須採用「溫莎」的姓氏。

Windsor Castle　溫莎城堡　英國皇家居住地。坐落在英格蘭南部伯克郡，位於泰晤士河北岸。由兩個四方形的庭院構成，院落之間隔著一個巨大的圓塔。圓塔建於人工堆成的小丘上，幾哩之外都能看見。圓塔西邊爲下院，東邊爲上院。1070年前後，征服者威廉一世在此地建土崗及圍欄。下院包括聖喬治教堂和艾伯特紀念教堂。葬有十位君主。上院有皇家專用居室、賓客專用住房和皇家圖書館。1992年一場大火燒燬了上院東北角。

windsurfing　帆板運動　亦稱sailboarding。由單人駕駛帆板，把航海和衝浪結合起來的運動。帆板行駛速度不是很快，通常只在近岸的海面上使用。帆板運動於1960年代始於美國，很快受到歡迎。1984年定爲奧運競賽項目。

Windward Islands　向風群島　西印度群島小安地列斯群島中的島群。位於加勒比海東端，包括多米尼克（有時被歸入背風群島）、馬提尼克、聖露西亞、聖文森與格瑞那丁以及名爲格瑞那丁群島的小島島鏈。千里達與托巴哥以及巴貝多雖然靠近這一地區，但通常不被視爲這裡的一部分。

wine　葡萄酒　用發酵的葡萄汁製成的含酒精飲料。葡萄酒的歷史可追溯到《舊約》的寫作年代。似乎到17世紀末酒瓶和瓶塞的發展，才開始普遍使用。釀造方法爲葡萄經破碎後，將葡萄汁裝入大桶中發酵，通常先加入二氧化硫以抑制野生酵母和微生物，同時加入含有選定菌株的葡萄酒酵母。發酵需經數週方能完成，將酒從桶中潷出，裝入木桶或其他容器使之第二次發酵（熟化期）。在進行最後一次熟化期前澀清和裝瓶。葡萄酒按顏色可分爲紅色、玫瑰色（粉紅色）和白色。果皮的色素熔入果汁內，使酒色加深。酒味分甜、淡兩種，甜酒含糖量高，淡酒含糖少或不含糖。氣泡酒如香檳酒，含大量二氧化碳；裝在瓶內發酵。強化酒如波特酒和雪利酒，用白蘭地來增加酒精含量。生產葡萄酒的主要國家有法國、義大利、德國、美國、西班牙、葡萄牙和智利。

Winfrey, Oprah　溫夫蕾（西元1954年～）　美國電視脫口秀主持人及演員。童年相當困苦且問題重重，後在巴爾的摩擔任電視台記者和主持人，其間主持了生平第一個脫口秀節目（1977～1983，與人共同主持），之後所主持的《芝加哥早晨》（1984）迅速成爲芝加哥收視率最高的晨間節目，1986年重新命名爲《歐普拉．溫夫蕾秀》並將之企業化，讓她成爲主持廣受歡迎、全國性日間脫口秀的首位黑人女性。溫夫蕾的言詞極具煽動性，這個收視率極高的節目逐漸發揮它提升、治療人心的作用。1996年她創立了「歐普拉讀書俱樂部」，藉由爲特定書刊背書來推廣民眾閱讀習慣。曾參與演出《紫色姊妹花》及《寵兒》（1998）。

wing　翅膀　某些動物用以飛行的一種成對的結構。脊椎動物的翅膀由前肢演變而來。在鳥類，前肢的指數減少，前臂延長而成翅膀。飛行中，位於翅膀遠端部位的初級飛羽主要產生推進力，次級飛羽位於不太活動的翅膀上部，主要提供上升力。蝙蝠前肢骨纖細而延長，附有飛膜，用以飛翔。絕大多數昆蟲都具有兩對翅膀，但雙翅類只用前一對，甲蟲只用後一對。同側的兩個翅膀通常一起運動，但是在蜻蜓的翅膀則單獨地運動。

Winnebago＊　溫內巴戈人　操蘇人語言的北美印第安人。17世紀前住在今威斯康辛州東部。到19世紀初，因他們參與毛皮貿易活動而擴張到威斯康辛州西南部和伊利諾伊西北部。他們住在圓頂小棚屋的村落中，種植穀物、南瓜、豆和煙草，捕獵野牛。他們主要的儀式是驅魔舞（Medicine Dance），男女都參與其中。氏族是社會生活的重要單位。1832年溫內巴戈人捲入了黑鷹戰爭，此後大部分部落被遷往中西部其他各州。現今人數約爲7,500。

Winnemucca, Sarah Hopkins ➠ Hopkins, Sarah Winnemucca

Winnipeg　溫尼伯　加拿大城市，馬尼托巴省省會。在紅河和阿西尼博因河匯合處。1738年，法國人在該地建數座貿易站。19世紀初期蘇格蘭人建移民點。1881年加拿大第一條鐵路通達後成爲主要穀物市場和儲運地，1950年遭特大洪水襲擊後重建。是加拿大第四大城市。爲文化、金融、商業、工業和政治中心。人口：都會區667,000（1996）。

Winnipeg, Lake　溫尼伯湖　加拿大馬尼托巴省中南部湖泊。由薩斯喀徹溫、紅河、溫尼伯等眾多河流匯成，湖水向東北經納爾遜河。湖長425公里，寬109公里，面積24,387平方公里。平均深15公尺，1733年加拿大探險家拉韋朗德里到此，在航運、商業性捕魚業和娛樂方面具有重要性。

Winnipeg River　溫尼伯河　加拿大馬尼托巴省東南部和安大略省西部的河流。源出伍茲湖。向西北流經幾個湖泊注入溫尼伯湖，全長320公里，兩河在1733年通航後曾是探險者和毛皮商往來路線。下游多急流瀑布，不利航行，但提供電力。

Winnipegosis, Lake＊　溫尼伯戈西斯湖　加拿大馬尼托巴省西部的湖泊。在溫尼伯湖西部，爲阿加西冰川湖的殘餘部分。湖水向東南經馬尼托巴湖注入溫尼伯湖。長240公里，寬51公里，面積5,374平方公里，最深點254公尺。1739年由拉韋朗德里探勘，後爲毛皮商往來路線。重要商業性捕魚區的中心。

Winnipesaukee, Lake＊　溫尼珀索基湖　美國新罕布夏州中東部湖泊。面積184平方公里，長32公里，寬19公里。湖中有274個島，湖水從溫尼珀索基河排出，向西南流經32公里左右，注入梅里馬克河。

Winogradsky, Sergey (Nikolayevich)＊　維諾格拉茨基（西元1856～1953年）　俄國微生物學家。1887年證實無色硫磺細菌在黑暗條件下能將硫化氫氧化成硫並再氧化成硫酸，從而獲得能量。細菌的兩個新屬：形成亞硝酸鹽的亞硝化單胞菌屬及形成硝酸鹽的亞硝化球菌屬。他提出了研究土壤微生物的新方法，尤其是研究與豆科植物共生固氮以及散在土壤中固氮的細菌的方法。

Winslow, Edward 溫斯洛（西元1595～1655年） 英屬北美殖民地開拓者。1620年乘「五月花號」船移居新英格蘭。與萬帕諾亞格印第安人做生意，贏得他們的首領的友誼。1624～1647年間除三次任總督外，爲總督委員會委員。身爲新英格蘭聯合殖民地專員，曾代表麻薩諸塞灣和普里茅斯殖民地幾次去英格蘭。1646年被派往英格蘭，在克倫威爾手下任職。

Winslow, Josiah 溫斯洛（西元1629?～1680年） 英屬美洲殖民地開拓者。新普里茅斯殖民地開拓人愛德華·溫斯洛總督之子。曾任民兵大隊長。被任命爲殖民地助理總督（1657～1673）。參與簽署新英格蘭聯盟的新施政綱領。被獲選爲新普里茅斯總督。他是第一位在當地生的總督，建立了殖民地的第一所公立學校。菲利普王戰爭爆發，他任新英格蘭聯盟軍隊總司令。

Winsor, Justin＊ 溫塞（西元1831～1897年） 美國圖書館學家和歷史學家。波士頓當地的自由作家。曾任波士頓公共圖書館館長（1868～1877）。創辦美國圖書館協會（1876），爲第一任會長。自1877年就任哈佛大學圖書館館長。曾編輯《美國歷史述評》（八卷，1884～1889）。另有著作數種。

溫塞，版畫：威爾科克斯製
By courtesy of the Library of Congress, Washington, D.C.

Winston-Salem 溫斯頓－賽倫 美國北卡羅來納州中北部城市。與海波因特和格陵斯堡形成一個三市工業區。1766年由摩拉維亞殖民者建立賽倫。1875年雷諾茲在這裡建立了他的煙草公司（參閱RJR Nabisco, Inc.）。溫斯頓建於1849年，以一位美國革命軍人的名字命名。1913年兩市合併爲溫斯頓－賽倫市。煙草在該市的各種產業中占主導地位，所有產業包括香煙製造、紡織、啤酒、橡膠、皮革和石油工業。人口約154,000（1996）。

Winter War ➠ Russo-Finnish War

wintergreen 冬綠 杜鵑花目幾種常綠植物中的任何一種。它們有生長在森林裡的野花，也有人工栽培的花園覆地植物。他們還是製造冬青油的來源，冬青油是一種具有揮發性和刺激性氣味的油，用於添加入香味蠟燭和口香糖，也可用於減輕肌肉疼痛。冬綠是幾種林地藥草的共同名稱，如鹿蹄草屬，包括大約12種多年生匍匐植物，又如白株樹種，特指冬青樹（也叫teaberry和checkerberry，參閱snowberry），有白漿果和辛辣的紅漿果。

平鋪白珠樹
Roger and Joy Spurr－Bruce Coleman Inc.

Winthrop, John 溫思羅普（西元1588～1649年） 英裔美籍政治人物。麻薩諸塞灣殖民地首任總督。1629年進入麻薩諸塞灣公司，並被選派爲公司即將在新英格蘭建立的殖民地總督。爲一個熱心的清教徒，他憧憬建立一個他所信仰的宗教殖民地。1630年一到北美洲就管理殖民者，1631～1648年曾十二次當選爲總督。雖然頗獲衆人敬重，但還是受到反對成立代議制議會（1634）的人的批評。威廉斯和哈欽生譴責殖民地對宗教信仰表達自由的限制。其子約翰·溫思羅（1606～1676）是一位具有影響力的康乃狄克總督（1659～1676）。

溫思羅普，油畫，范戴克約繪於1625～1649年；麻薩諸塞州烏斯特美國古玩學會收藏
By courtesy of the American Antiquarian Society, Worcester, Mass.

wire drawing 伸線 製作電線，通常是從棒或條延伸而來。伸線過程包括將棒削尖，將尖端穿過模具並貼上伸線組。滑輪由電動機轉動，將潤滑過的棒拉過模具，減少直徑並增加長度。細線是由多組機器製作，因爲一次縮小沒辦法做到。

wire service ➠ news agency

wireless communications 無線通訊 利用無線電波、紅外線、微波或其他種類的電磁波或聲波取代電線、纜線或光纖來傳送訊號或資料的系統。無線設備包括行動電話、雙向無線電、遙控車庫門開啓裝置、電視遙控器，以及全球定位系統接收器（參閱Global Positioning System (GPS)）。無線數據機、微波發射器，以及人造衛星使得世界各個角落都可以存取網際網路。無線標記語言WML是基於XML，用於行動電話和呼叫器的窄頻設備，傳送並顯示文字。

Wisconsin 威斯康辛 美國中西部地方靠北的一州。面積145,436平方公里，包括密西根湖的一部分，首府麥迪遜。有許多獨特的地形，包括密西根湖和綠灣之間的多爾半島，該州北部有世界上最大的湖群之一。密西西比河和威斯康辛河穿過該州。森林覆蓋率約爲45%。阿德納人（即造墩人）最早定居於此。當歐洲人抵此時，這裡是一些印第安部落包括奧吉布瓦人、梅諾米尼人和溫內巴戈人的家園。1634年法國探險家尼科萊來到威斯康辛，1717年這裡建立了第一個歐洲人永久定居點。1763年以前該地區一直在法國的控制之下，法國印第安人戰爭之後法國將該地區割讓給英國。美國革命之後，該地區割讓給美國。歐洲人將印第安人驅出他們的土地（參閱Black Hawk），並在此定居。1836年成立威斯康辛准州。1848年加入聯邦，成爲美國第三十個州。1900年前後進步運動（參閱Progressive Party）興起於該州，結果通過立法使該州成爲社會改革的領導者。這裡是美國主要的牛奶、奶油和乳酪的產地。旅遊和娛樂業在經濟上也很重要。威斯康辛的各個港口操縱了五大湖區國內船運工作。人口約5,363,675（2000）。

Wisconsin, University of 威斯康辛大學 美國威斯康辛州的高等教育系統，包括十三所四年制學院和十三所兩年制教育中心。大學本部於1849年建在麥迪遜市，1971年與威斯康辛州立大學系統合併。從此成爲全國最大的州立大學系統之一（在校學生約150,000人）。麥迪遜大學本部是綜合研究和行政中心。它設有一所文理學院；農業和生命科學、醫療保健、商業、教育、環境研究、消費科學等系；還設有法律、藥學、醫學、獸醫學和護理學。

Wisconsin River 威斯康辛河 美國威斯康辛州中部和西南部河流。源出近威斯康辛州和密西根州邊界，南流經過威斯康辛州中部，往西注入密西西比河。長690公里。輕舟可自河口上溯320公里。在普雷里德薩克附近有水電站堤壩，形成威斯康辛湖。

Wise, Isaac Mayer 魏斯（西元1819～1900年） 猶太教拉比，美國猶太教改革派的組織者。波希米亞移民，1854年接受了辛辛那提的神職，並在這個工作崗位上度過了餘生。他不辭辛勞地宣傳中央集權改革制度，並推動了美國希伯來會眾協進會和美國拉比中央會議的形成，這兩個會都由他主持。1857年他編輯了一本標準的改革祈禱書《美語慣用法》。雖然他沒有實現統一美國所有猶太人的派系，但確實使改革派猶太人內部達成一致。

Wise, Stephen Samuel 懷斯（西元1874～1949年） 猶太教改革派拉比、美國猶太復國主義運動的領導人。幼時移民到美國。1901年在哥倫比亞大學獲哲學博士學位，受拉比職業培訓。因爲不能獲得在會堂講台上講話自由的充分保證，辭而不就。他自己另建自由會堂（1907），1898年他參加第二次猶太復國主義運動大會和創立美國猶太復國主義組織，懷斯是民主黨的重要黨員，幫助美國政府批准「巴爾福宣言」。1922年創辦猶太宗教學院，這是一所培養開明派拉比的神學院；它於1950年與希伯來協和學院合併。

Wister, Owen 韋斯特（西元1860～1938年） 美國小說家。自1885年在西部度過夏天。律師開業兩年後，投入寫作生涯。他的小說《維吉尼亞人》（1902）寫一個大牧場領班牛仔的故事，把牛仔塑造爲美國民間英雄和常見的小說人物。另一部重要作品《羅斯福》（1930）詳盡敘述了他和哈佛時的同班同學羅斯福的長期友誼。

韋斯特
By courtesy of the Library of Congress, Washington, D. C.

wisteria 紫藤 亦作wistaria。豆科（參閱legume）紫藤屬植物，通常是木質藤本，呈纏繞狀，大多原產於亞洲和北美洲。羽狀複葉，因生長傳播速度極快和美麗豐富的花色（藍色、紫色、玫瑰紅或白色）而廣被種植，花聚生，花簇大，下垂。美國紫藤和肯塔基紫藤（或長穗紫藤）是美國本地品種。

witan＊ 賢人會議 亦稱諮議會（witenagemot）。英格蘭盎格魯－撒克遜時代國王的諮議機構，出席的人是大貴族和主教。主要職責是對國王垂詢的問題提供意見。它確認國王向教會或俗人授予的土地，贊同國王頒行新法律或輔佐國王處理叛逆和有不忠嫌疑的分子。其組成和開會時間由國王決定。

witch-hazel family 金縷梅科 金縷梅目的一科，有二十三屬的喬木或灌木，原產於熱帶和暖溫帶。包含六個種的金縷梅屬（其中有金縷梅和蠟瓣花）和佛塞木屬以開花早及秋葉色美而著名。該科植物單葉互生；花瓣4～5枚，有時無萼片或花瓣。美洲金縷梅晚秋開花，黃色，花萼杯狀，宿存至冬季。其分叉的小枝從前用爲魔杖，以尋找地下水，故俗名「巫棒」。鐵木爲小喬木；秋天葉色由金黃色變爲橙色和緋紅色；先花後葉；雄蕊下垂，無瓣，具有褐色的葉狀苞片；木紋細密，木質堅硬。蕈樹屬有七個種，均原產於亞洲，木材質佳。高蕈樹是亞洲熱帶最大的喬木之一，高可逾25公尺。

witchcraft and sorcery 巫術和法道 爲了反社會的邪惡目的而以人力運用據說是超自然的力量。法道有時區別於巫術，法道只要有一定技巧者都能實行，使用符咒、咒語、藥物等物，巫術則據說源出於天生的神祕力量，其手段是無形的，行法道的人稱爲術士。在技術發達的現代文化形態中，仍有人相信巫術，在許多無文字的社會中，對它的信仰依然是具有強大潛在力的因素。在古希臘，荷馬的著作就提到巫術（參閱Circe）。古典時期最著名的女巫是傳說中的美狄亞。羅馬詩人賀拉斯在《諷刺詩集》中描述兩個女巫。《聖經》中包含一些關於巫術的資料，最顯著的例子就是國王掃羅前去求教隱多珥女巫（〈撒母耳記上〉第二十八章）。早期的基督教作家普遍認爲巫術都是一種幻想和騙術。中世紀巫術令人著魔，走向異端，就成爲異端裁判所的處理權力之內的事。16～17世紀搜捕巫者時，歐洲法庭往往把巫婆與術士視爲同類而處以火刑。即使犧牲者的人數有種種不同的估計，在搜捕巫者期間，近四萬～六萬人被處死，另有許多人被嚴刑拷打和監禁。

Witherspoon, John 威瑟斯龐（西元1723～1794年） 蘇格蘭裔美國牧師。1745年擔任長老會牧師後，一直在蘇格蘭教區工作，1768年被派往美國擔任新澤西學院（後來的普林斯頓大學）院長。任職期間，他增設課程，擴招學生。他力爭殖民地人民的權益，是當地通訊委員會（1775～1776）的成員，後來是大陸會議（1776～1779、1780～1782）的代表，並且是簽署美國「獨立宣言」的唯一教士。他幫助組織了美國長老教會，使之成爲一個全國性機構（1785～1789）。

Witt, Katarina＊ 惠特（西元1965年～） 德國花式溜冰選手。生於卡爾馬克思城（現在的肯尼支），1983年贏得生涯六座歐洲冠軍杯的第一座，之後又拿下兩次奧運金牌（1984、1988）和四個世界杯冠軍（1984、1985、1987、1988）。優美典雅的姿態與高超的技術爲她贏得無數觀眾的愛戴。1988年她轉入職業界。

Witte, Sergey (Yulyevich), Count＊ 維特（西元1849～1915年） 俄羅斯政治家和總理大臣（1905～1906）。1871年進入帝國政府部門服務，1892～1903年任財政大臣。他提出了發展俄羅斯現代化的計畫、全力推進鐵路的修建工作，特別是修建西伯利亞大鐵路。日俄戰爭結束時，他代表俄國與日本談判和約，他曾說服沙皇尼古拉二世發表十月宣言（1905），允許成立代議制政府。他還與歐洲銀行界締結一批貸款協定以拯救俄國財政。1906年因完全失去沙皇的信任，被迫辭去首相職務，由斯托雷平接任。

Wittelsbach, House of＊ 維特爾斯巴赫家族 德意志貴族世家，自12世紀至20世紀統治巴伐利亞。1124年舍耶恩伯爵奧托五世移家至此，並以此爲名。1180年其子奧托六世被封爲巴伐利亞公爵，號稱奧托一世。1214年奧托二世獲得萊茵的巴拉丁領地。其後裔神聖羅馬帝國皇帝路易四世將領地授與侄子魯珀特一世（統治時間1353～1390年）。經過幾次劃分，由阿爾貝特四世（卒於1508年）又將這些領地統一起來。巴伐利亞諸公爵自1623年起也成爲選侯。家族最後一位死於1777年，從此絕嗣。1799年巴拉丁領地與巴伐利亞由馬克西米連四世．約瑟夫公爵統一起來，他於1806年成爲巴伐利亞國王，稱馬克西米連一世。馬克西米連的後裔（路德維希一世和路德維希二世）一直擔任巴伐利亞國王，至1918年路德維希三世遜位。

Wittgenstein, Ludwig (Josef Johann)＊ 維根斯坦（西元1889～1951年） 奧裔英籍哲學家，20世紀哲學界的

主要人物之一。爲奧地利大鋼鐵製造商之子。在柏林和曼徹斯特學機械工程。羅素的著作使他更加對數學產生興趣。後赴劍橋隨羅素學習（1911～1913）。他曾創作出兩個具有原創性及影響性的哲學思想體系——即其邏輯理論與稍晚的語言哲學。第一次世界大戰服役於奧地利。在戰犯營中完成他的偉大著作《邏輯哲學論叢》，《論叢》的中心問題是：如何可能藉著發出一些字音而言說某件事情？而他所獲得的答案是：一個能說出某件事物的語句（即命題）必需是「現實的一個圖式」。他對維也納學圈和邏輯實證論深具影響。其後，放棄了大筆財富，另覓其他職業。由於發現自己能在哲學中進行有創造性的工作，於1929年回劍橋。由於他的演講和學生所作筆記之廣爲流傳，他逐漸對整個英語世界的哲學思想發揮有力的影響。死後出版的《哲學研究》（1953），書中的觀點與《論叢》有很大不同，認爲無窮無盡的各種語言用法背後，並未隱藏著統一的本質。維根斯坦第二個哲學體系中的顯著特徵是他較注重於揭示概念如何與行爲和反應相連結，怎樣同人們生活當中的概念的表達相聯繫。

Witz, Konrad＊　維茨（西元1400?～1445/1446年）　德裔瑞士畫家。出生在德國，1434年加入巴塞爾的畫家協會，一生大部分時間都在這裡工作。生平鮮爲人知。他的傑作《神蹟中的一網魚》（1444）來自日內瓦大教堂的一幅祭壇畫，因爲將水面反射的光和淺水中的石頭反射的光區別開來而成爲精確寫實主義的典範。他是最早顯示出受早期荷蘭藝術影響的德國畫家之一，也是歐洲最早將寫實主義風景畫融入宗教繪畫的藝術家之一。

維茨的《神蹟中的一網魚》，蛋彩畫；現藏日內瓦美術與歷史博物館
©Musee d' Art et d' Histoire, Geneva; photograph, Yves Siza

Wladyslaw II Jagiello＊　弗瓦迪斯瓦夫二世（西元1351?～1434年）　立陶宛大公（1377～1401），名亞蓋沃。波蘭國王（1386～1434），稱弗瓦迪斯瓦夫二世。亞蓋沃王朝的建立者。爲了鞏固他在立陶宛的統治，他擊敗了對手，其中包括他的堂兄維陶塔斯。在同意立陶宛人信奉天主教和與波蘭合併後，與波蘭女王雅德維加結婚（1386）。1401年訂立「維爾紐斯條約」，條件是波蘭和立陶宛實行共同的外交政策。並恢復與條頓騎士團對等的地位；1387年從匈牙利人手中收復了羅塞尼亞，且使摩爾多瓦的王公稱臣納貢。

Wobblies ➠ Industrial Workers of the World (IWW)

Wodehouse, P(elham) G(renville)＊　伍德霍斯（西元1881～1975年）　英裔美籍小說家、短篇故事作家、抒情詩人和劇作家。1909年後，他曾在美國和法國生活工作多年。第二次世界大戰後在美國定居。他塑造了伍斯特和吉夫斯這個登峰造極的「紳士中的紳士」形象而聞名，兩主角出現於《解救青年格西》（1915）和《多謝你，吉夫斯》（1917）中。他一生寫了九十多本書、二十多個電影腳本。與人合作寫了三十多個劇本和音樂喜劇。

Wolcott, Oliver　沃爾科特（西元1726～1797年）　美國官員。歷任康乃狄克州議會議員（1771～1786）、大陸會議代表（1775～1776，1778，1780～1784）和簽署「獨立宣言」。1779年指揮大陸軍抗擊英軍入侵康乃狄克州。身爲北部印第安事務專員。幫助談判「斯坦尼克斯堡條約」。後任康乃狄克州副州長（1787～1796）、州長（1796～1797）。

wolf　狼　犬科，野生犬形食肉動物。灰狼（即林狼）是最著名的種，是所有家犬的祖先。它曾是除了人類以外分布最廣的動物，今主要分布於加拿大、阿拉斯加、巴爾幹和俄羅斯。狼生性聰明，群居。雖然以許多小動物爲食，但主要獵物是鹿、駝鹿和北美馴鹿。因傷害家畜，所以被人殺害。雄灰狼長2公尺，重高達80公斤，是現有最大的犬科動物。灰狼採階級式群居，巢區約占10平方公里，大部分在夜晚掠食。較小的紅狼曾分布於美國中南部，已瀕臨絕滅。衣索比亞的阿比西尼亞狼，從前被認爲是胡狼。亦請參閱dire wolf。

Wolf, Christa＊　沃爾夫（西元1929年～）　原名Christa Ihlenfeld。德國小說家、散文作家及電影編劇。生於前納粹中產階級家庭，在德國於1945年戰敗後與家人遷往東德。她的作品反映了自身於第二次世界大戰期間的經歷及戰後在共產國家生活的點滴，所著小說有表達自己政治偏好的《分離的天堂》（1963）；嚴詞抨擊東德的《對克莉絲塔的調查研究》（1968）；《模範童年》（1976）；最廣爲人知、指涉核心及男性控制力的《卡桑德拉》（1983）；《多麼不平凡的遺物》（1990）談的則是國家監視及自己與東德國家安全部間的關聯。

Wolf, Hugo (Filipp Jakob)＊　沃爾夫（西元1860～1903年）　奧地利作曲家。十五歲時進入維也納音樂學院，但他是一個華格納迷，對老師們的保守主義失去了耐心，很快就離開了。十八歲時可能已染上了致命的梅毒，這使他在精神上不穩定，其多變不定的性格使他無法帶學生。身爲樂評家時（1884～1887），因謾罵式的評論引起了人們的注意。他的創作力突如其來，1888～1889年創作了許多著名的歌曲，如《默里克歌曲集》、《艾興多夫歌曲集》、《歌德歌曲集》和《西班牙歌曲集》的許多歌曲，一生作品中有一半以上是在這段時期創作的。1891年在開始創作《義大利歌曲集》之後，有三年沒有寫曲，後來很快創作了歌劇《長官》（1896），並完成了《義大利歌集》（1896）。1897年他完全精神崩潰，此後大部分時間都在精神病院度過。

wolf spider　狼蛛　亦稱ground spider或hunting spider。蜘蛛目狼蛛科動物。約一百七十五種，分布於北美洲、歐洲和北極圈的北部。塔蘭托毒蛛爲體型最大的種類，長2.5公分。多數種類體長而寬，腿長而粗壯。螯肢強壯，通常在夜間追捕食物。多數種類在地下打洞，襯以絲管。少數種類織網。塔蘭托毒蛛對人無害。

Wolfe, Elsie de ➠ de Wolfe, Elsie

Wolfe, James＊　渥爾夫（西元1727～1759年）　英軍司令官。將門出身。1758年在阿默斯特少將手下任旅長，遠征法國人占據的布雷頓角島。1759年任遠征魁北克的司令官，突襲該城附近的法軍。法軍潰逃。渥爾夫負傷三次，陷城後死去。

渥爾夫，夏克（J. S. C. Schaak）繪；現藏倫敦國立肖像畫陳列館
By courtesy of the National Portrait Gallery, London

Wolfe, Thomas (Clayton)＊　渥爾夫（西元1900～1938年）　美國作家。曾就讀於北卡羅來納大學，1923年遷居紐約市，在紐約大學任教，同時寫劇本。他的第一部也是最著名的小說《天使望鄉》

（1929）和《時間與河流》（1935）隱含了自傳性質。在《一部小說的故事》（1936）中他描述了與珀金斯親密的工作關係，帕金斯將他這兩本書混亂的手稿修改成可出版的形式。他的短篇小說收錄在《從死亡到早晨》（1935）中。三十七歲死於肺結核後，小說集《羅網與磐石》（1939）和《你不可能再回家》（1940）都是從他的遺稿中選取的作品。

Wolfe, Tom　渥爾夫（**西元1930年～**）　原名Thomas Kennerly Wolfe, Jr.。美國新聞記者及小說家。生於維吉尼亞州里奇蒙，擁有耶魯大學博士學位，曾爲報紙撰文並擔任雜誌編輯，以鼓吹應用於新聞業方面的小說寫作技巧的新新聞主義（New Journalism）聞名。著作《令人振奮的興奮劇實驗》（1968）記述四處旅行的嬉皮團體的生活；《太空先鋒》（1979，1983年改編爲電影）檢視了美國首次太空任務。渥爾夫其他引起爭議的非小說類作品攻擊了1960年代風行的左派主義、現代抽象藝術及國際建築風格。他的第一本小說《走夜路的男人》（1987）挖苦了紐約自由派當權者，極爲暢銷；第二本《完美的男人》於1998年問世。

Wolff, Christian, Freiherr (baron) von*　沃爾夫（**西元1679～1754年**）　Wolff亦作Wolf。德國哲學家、數學家和科學家。是萊布尼茲的學生。著有神學、心理學、植物學和物理學方面的許多著作，但以德國啓蒙運動理性主義的代言人而出名。他把英法啓蒙時期以及萊布尼茲和笛卡兒的合理思想應用於闡述自己的哲學體系，理性主義和數學的方法論是這一哲學的精髓所在，它在德國哲學思想的發展中是一支重要的力量。

Wölfflin, Heinrich*　沃爾夫林（**西元1864～1945年**）　瑞士藝術史學家。曾在巴塞爾大學、柏林大學和慕尼黑大學接受教育，他的博士論文已經顯示了他後來發展的方法：以對創造過程的心理解釋爲基礎的一種對形式的分析。主要著作《藝術史原理》（1915）綜合了他的觀點，形成了一個完整的美學體系，該體系後來在藝術批判中占有極重要的地位。他避開了通俗講述野史的方法，強調對素描、布局、光線、顏色、主題和其他與繪畫相關的要素的正式風格的分析，就好像在特定時期或國立學校的畫家處理它們一樣。

wolfram ➠ tungsten

Wolfram von Eschenbach*　沃爾夫拉姆·封·埃申巴赫（**西元1170?～1220?年**）　德國詩人。破落的巴伐利亞騎士，曾爲許多領主效過勞。史詩《帕爾齊法爾》爲其抒情詩八首之一，是中世紀最深刻的文學作品之一。是根據克雷蒂安·德·特羅亞的愛情故事寫成的。華格納依此寫了最後的一部歌劇《帕西法爾》（1882）。他與哈特曼·封·奧厄和戈特夫里德·封·史特拉斯堡一起被稱爲中古高地德語三大敘事詩人。

Wollaston Lake*　伍拉斯頓湖　加拿大薩斯喀徹溫省東北部湖泊。長112公里，寬40公里，面積2,681平方公里。湖水自兩個出口流出：一是西北方向出口，通過豐迪拉克河進入阿薩巴斯卡湖和馬更些河水系；二是東北方向出口，通過高漢諾河進入賴恩迪爾湖和邱吉爾河水系。1800年左右發現後，用之爲上述兩水系的連接點。以捕魚聞名。

Wollstonecraft, Mary*　沃斯通克拉夫特（**西元1759～1797年**）　英國作家。她曾在學校任教，也曾擔任一個倫敦出版商的家庭教師。1797年嫁給戈德溫，在她女兒雪萊出生後沒幾天，她就去世了，享年三十八歲。她是一位婦女教育和社會平等的熱情鼓吹者，因而聞名。她的早期作品《女兒的教育思考》（1787）爲其論婦女在社會中的地位的成熟作品《爲女權辯護》（1792）的先聲，其重點在主張男女教育平等。大家公認《爲女權辯護》是現代女權運動的奠基性文獻。

沃斯通克拉夫特，油畫，奧佩（John Opie）繪於1797年；現藏倫敦國立肖像畫陳列館
National Portrait Gallery, London

Wolof*　沃洛夫人　塞內加爾和甘比亞的穆斯林民族，操尼日－剛果諸語言大西洋語支的一種語言。14～16世紀維持了一個強勢帝國。傳統的沃洛夫社會是等級分明的，由皇室、貴族、勇士、平民、奴隸和受歧視的工匠等階級組成。現今的沃洛夫人（人數450萬）多數是農民，但許多人在達喀爾和班珠爾居住和工作。沃洛夫婦女以她們精心編製的髮式、大量的金飾和寬鬆的服裝而聞名。

Wolper, David (Lloyd)　沃爾帕（**西元1928年～**）　美國電視與電影製作人。生於紐約市，早先任職於製作電視電影的製作公司（1950～1954），1960年成立沃爾帕電影公司。他製作了相當多的電視節目和特輯，包括《總統的產生》（1964）及迷你影集《根》（1977）。

Wolsey, Thomas, Cardinal*　沃爾西（**西元1475?～1530年**）　英格蘭樞機主教和政治家。任亨利七世和亨利八世的宮廷司鐸。組織對法國的遠征，取得成功（1513）。在亨利八世的推薦下，教宗任命他爲林肯主教（1514）、約克大主教（1514）、樞機主教（1515）和教廷使節（1518）。1515年任英格蘭大法官。他利用自己的權勢大量聚斂財富。沃爾西爲了保持歐洲平安無事，1521年他結合查理五世對抗法國。雖然他推動司法和僧院的改革，由於徵稅，不得人心。1529年未能說服教宗承認亨利八世與亞拉岡的凱瑟琳的婚姻無效，於是，革除約克大主教以外的所有職務。1530年又被指控犯有叛逆罪（與法國王室通信），被捕後去世。

wolverine　狼獾　亦作skunk bear。學名爲Gulo gulo。見於寒冷北方高緯度區，特別是森林地區的鼬科動物。似形小、矮胖的熊。體長65～90公分，尾長13～26公分，肩高36～45公分，體重9～30公斤。腿短，稍呈弓形；腳底有毛，爪長而銳利，被毛粗而長，光滑，呈黑灰褐色，由肛腺會分泌一種氣味難聞的流體。以狡猾、膽大和貪食著稱。捕食各種動物，包括羊、鹿和小熊。

狼獾
Alan G. Nelson－Root Resources

Woman's Christian Temperance Union (WCTU)　基督教婦女禁酒聯盟　美國的戒酒運動組織。1874年成立於俄亥俄州克利夫蘭，該會透過教育、社會及政治等手段來促成立法。第一任主席（1879～1898）爲威勒德（1839～1898），是一位卓越的演說家及遊說者，也是世界基督教婦女禁酒聯盟自1883年創立以來的領導者。基督教婦女禁酒聯盟在促進全國性的禁酒和最終頒布禁酒令方面居功厥偉。

womb ➠ uterus

wombat　毛鼻袋熊　有袋總目袋熊科兩種澳大利亞獸類的統稱。近乎無尾，體長70～120公分，體型笨重，每窩產一仔，在腹袋內餵養五個月。以草及喬木灌木根部的內層樹皮爲食。會在耕地及牧場上挖長達30公尺的地穴，於其末端以草爲巢。塔斯馬尼亞袋熊被粗糙的黑毛，耳小，分布於澳大利亞東南部和塔斯馬尼亞。罕見的昆士蘭毛吻袋熊毛細，灰色，耳較長。受法律保護，大部分種群生活在一所國家公園裡。

塔斯馬尼亞袋熊
Warren Garst－Tom Stack and Associates

Women's Army Corps (WAC) 陸軍婦女隊 美國陸軍單位。由美國國會於第二次世界大戰時成立，原名陸軍女性輔助軍團，徵召女性擔任非戰鬥性的輔助任務。第一任團長爲霍比。至1945年已有近十萬名女性服過役。戰後政府要求再召募成員，以因應軍醫院和軍事行政單位的需求。1948年「女性服役平等待遇法」通過，陸軍婦女隊成爲陸軍正規單位。1978年該單位解散而完全整合進陸軍，不再是一個獨立單位。

women's movement 婦女運動 亦稱女權運動（feminist movement）。分頭並進的社會運動，大致以美國爲基地，尋求經濟活動、個人生活、政治中婦女的權利及機會平等。它被視爲較大型女性主義運動的第二波。19世紀和20世紀早期第一波女性主義側重投票權等婦女的合法權利，而婦女運動的第二波女性主義在1960年代和1970年代達到高潮，也觸及女性經驗的每個範疇－－包括家庭、性別、工作。包括國家婦女組織在內各式各樣的美國婦女團體致力於推翻那些在契約權、財產權、雇用和報酬等方面施加差別待遇的法律。該運動也致力於擴展女性的自覺，並挑戰傳統中婦女被動、倚賴、不理性的刻板印象。1970年代爲通過「權利平等修正案」的努力失敗了，但到了20世紀末，其目標大致已藉其他方法達成。

women's suffrage movement 婦女選舉權 由法律規定的婦女在全國和地方選舉中的投票權。婦女投票權問題在19世紀引起爭論，在英國和美國特別激烈。在美國婦女選舉權的運動在反對奴隸制（參閱abolitionism）的高潮中開始。出現的領導人是馬特和斯坦頓，她們認爲婦女的權利應和黑奴的權利一樣，必須加以調整。並籌畫了塞尼卡福爾斯會議（1848）。1850年，史東召開第一次全國婦女運動會議。1869年安東尼和斯坦頓成立全國婦女選舉權協會，宣布通過修改聯邦憲法使婦女獲得投票權。同時史東建立了美國婦女選舉權協會，其目的是要通過修改各州憲法使婦女獲得選舉權。1890年這兩個組織合併，稱爲全美婦女選舉權協會。當懷俄明於1890年加入聯邦時，在憲法中賦予婦女投票權。到1918年，婦女在十五個州內獲得了選舉權。婦女選舉權修正案經國會通過後，1920年8月第十九條修正案成爲憲法的一部分。在英國，1865年在曼徹斯特成立了第一個婦女選舉權委員會，1870年代要求婦女選舉權的請願書，中約有三百萬人的簽名。雖然支持的力量不斷成長，選舉法案持續失利未能通過；由於受挫失望，部分的婦女選舉權運動人士在潘克赫斯特和女兒克里斯塔貝爾領導下變得更加好鬥了。1918年終於通過人民代表法案。婦女已經在紐西蘭（1893）、澳大利亞（1902）、芬蘭（1906）、挪威（1913）、蘇俄（1917）、波蘭（1918）、瑞典和德國（1919）及愛爾蘭（1922）贏得了在全國性選舉中的投票權。第二次世界大戰後，法國、義大利、日本和印度也給予婦女投票權。

Wonder, Stevie 史提夫汪德（西元1950年～） 原名Steveland Judkins。後稱爲Steveland Morris。美國靈魂樂歌手、作曲家和樂師。生而眼盲，他到八歲時在鋼琴和其他樂器的表演已是技巧嫻熟。十歲時與摩城唱片公司簽約。第一首熱門單曲〈指尖（第二部）〉，往後推出了〈不安（一切都好）〉、〈生來愛她〉等多首熱門暢銷單曲。曾在南加州大學學習作曲。1970年代和1980年代所推出的專輯《有聲書》（1972）和《生命之歌》（1976）獲得很大成功，熱門單曲包括〈迷信〉、〈黑檀木與白象牙〉及〈我只是打電話說我愛你〉。他大膽地發言反對核戰，致力於消滅在南非的種族隔離政策，並自籌資金，成立眼疾治療所。

Wonders of the World, Seven ➟ Seven Wonders of the World

Wonhyo Daisa＊ 元曉大師（西元617～686年） 朝鮮佛教僧人。是最早把韓國佛教教義系統化的人，他將佛教的不同學說融爲一體，使賢愚都能理解。他主張必須在生活中調和理想與現實，以追求精神上的目標。他的著作（主要爲大乘佛教的經籍注解形式）對中國、日本和韓國的佛教徒產生了深遠的影響。他被公認是古代朝鮮最偉大的宗教導師，也是古代高麗十聖之一。

wood 木材和木材產品 導管形成層產生的第二層木質部累積形成的堅硬、纖維質材料。木材是依存於喬木和灌木的莖幹和根之間的主要加固組織。木材圍繞中心（木髓）形成一系列被稱爲生長輪（年輪）的同心層。從木材的橫斷面可以發現心材與邊材的差別。心材是木材的中央部分，較黑，由在樹木生命過程中不再起作用的木質部細胞組成。邊材是心材周圍顏色較淺的區域，包含活躍的起導管作用的木質部細胞。木材是地球上最豐富、用途廣泛的天然材料之一，它不像煤、礦物和石油，在正確的維護下是可再生的。最廣泛使用的木材來自兩類樹：針葉樹，即軟材（如松、雲杉、樅）；闊葉樹，即硬材（如櫟樹、胡桃、楓樹）。歸入硬材的樹未必比軟材要硬（如輕木是一種硬材，但它是最軟的木材之一）。密度和水分含量會影響木材的強度，除了承受負荷力之外，經常被測試的其他變數因素包括彈性和韌性。木材可以隔熱，對電是絕緣的，還具有優良的聲學性

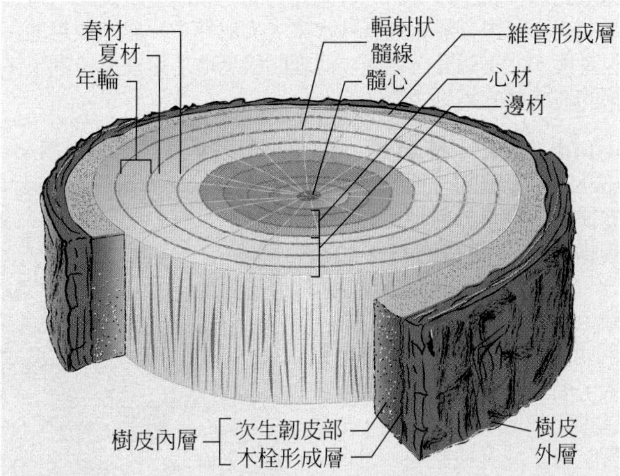

樹幹的橫切面。木材是由次生木質部藉由維管形成層生長累積而成。每個生長層可以區分出春材和夏材。春天水分通常充足，長出的細胞大且壁薄，構成春材；緻密的夏材組成的細胞小且壁厚。年輪的寬度隨著氣候條件不同而變化；在溫帶氣候，一輪等於一年的生長。深色的心材是由滲入樹脂和樹膠的木質部組成，喪失輸送水的能力，不像邊材還有功用。特定的輸送細胞構成輻射狀髓線，在木質部側向傳送水分與溶解的物質。樹皮是維管形成層外頭的組織構成，包括次生韌皮部、木栓細胞、木栓形成層。樹皮外層由死亡的組織構成，保護樹木內部免受損傷、疾病和乾燥的危害。

質。一些辨識木材的物理特徵包括顏色、氣味、質地結構和紋理（木材纖維的方向）。現在大約有一萬種不同的木材產品可供使用，從木料、夾合板到紙張，從精美的家具到牙籤，到處可見木材的應用。來自木材和木材廢料的化學產品包括賽璐玢、木炭、染料、炸藥、漆器和松節油。在世界許多地方木材還被當作燃料。

Wood, Grant　伍德（西元1892～1942年）　美國畫家，曾學習工藝、設計以及繪畫。1928年到德國，在那裡他深受16世紀各位德國和法蘭德斯大師們極為精細的繪畫的影響。隨後他放棄了印象派風格，開始用寫實主義手法來作畫，並因此成名。1930年他的《美國哥德人》展出時造成轟動。作為中西部嚴肅、勤勞的鄉村居民的生動肖像，這張畫成為美國藝術中最有名的肖像畫之一。作品畫的是一位鰥夫農民和女兒站在他們的農舍之前。

Wood, Leonard　伍德（西元1860～1927年）　美國軍官，醫學院畢業後，在陸軍中當外科醫生。美西戰爭爆發後，與友人羅斯福招募美國志願兵第一騎兵團，晉升准將。任古巴總督（1899～1902），在當地建立現代化的政府。還在菲律賓服務。回國後任陸軍參謀長（1910～1914）。他強調備戰。身為共和黨黨員，他被民主黨政府指派率領「伍德－福布斯代表團」去菲律賓，後又被任命為菲律賓總督（1921～1927）。

Wood, Natalie　娜妲麗華（西元1938～1981年）　原名Natasha Gurdin。美國電影女演員。出生於舊金山，五歲時開始演電影。是俄法混血的黑髮美女，在《養子不教誰之過》（1955）、《天涯何處無芳草》（1961）、《西城故事》（1961）、《陌生人之戀》（1963）、《春花秋月奈何天》（1966）以及《兩對鴛鴦一張床》（1969）等片中擔綱演出，從少女角色一路順利地演到成人的角色。她在一次乘船事故中溺死。

wood alcohol ➠ methanol

Wood Buffalo National Park　伍德布法羅國家公園　加拿大西部公園。位於阿薩巴斯卡湖和大奴湖之間，建於1922年，面積44,807平方公里。是世界最大的公園，有遼闊的森林和平原，和平河流經其間，湖泊星羅棋布。這裡是北美大陸現存最大的森林水牛（美洲野牛）群的棲息地，也是熊、北美馴鹿、駝鹿、河狸的棲息地，這裡還是瀕臨滅絕的高鳴鶴的築巢之地。

wood duck　林鴛鴦　北美小型鴨科鳥類，學名為Aix sponsa。棲鴨的一種。受歡迎的獵禽。營巢於離地面15公尺的樹洞中。體長約43～52公分。顏色豔麗，雄鳥頭紫色和綠色相間，胸紅褐色有白斑，兩肋青銅色。雌鳥有白色眼環，顏色不鮮艷。雛鳥以水生昆蟲和其他小生物為食，成鳥喜吃橡子或其他堅果。常為人捕獵，一度瀕於絕滅，在自然資源保護主義者的不懈努力下，其種族得以保存。

雄林鴛鴦
Grant Heilman

Wood family　伍德家族　英國斯塔福郡陶工中的著名家族，也是該郡的陶器業由農村個體生產發展成為有組織的工業的主要力量。這個家族中最傑出的幾個成員是：拉爾夫・伍德（1715～1772）、其子小拉爾夫（1748～1795）及其弟艾倫（1717～1785）。小拉爾夫透過他的母親結識了維吉伍德，兩人在事業上維持著密切的合作關係。拉爾夫在大約1760年製成精美的彩釉塑像，他首先引入人形酒壺（狀似戴三角帽的矮胖老人）。小拉爾夫製造了許多塑像，其人像用琺琅上色代替彩釉。曾向維吉伍德供應過塑像。艾倫的兒子，威廉（1746～1808）曾被維吉伍德雇用為雕塑師。他的弟弟伊諾克（1759～1840）很有才能，一度是維吉伍德的學徒，約在1783年伊諾克・伍德作為自主的陶工與堂兄小拉爾夫合股開業。1818年，伊諾克獨資繼續經營，廠名為「伊諾克・伍德父子工廠」。其產品大部分出口到美國。伍德工廠於1846年歇業。亦請參閱Staffordshire figure。

wood louse ➠ pill bug、sow bug

wood mouse ➠ field mouse

wood rat　林鼠　亦稱馱鼠（pack rat）或貿易鼠（trade rat）。齧齒目倉鼠科林鼠屬二十二種北美洲和中美洲齧齒動物的統稱，棲息在沙漠、森林到多岩石山腰。淺黃、灰或淡紅褐色；通常腹部和足為白色；耳較大。體全長23～47公分，包括尾長8～24公分。窩寬可達1公尺，用細枝或仙人掌築成。築在樹上、樹下的地面、岩山突出部。林鼠之所以被稱為馱鼠，是因為它們收集各種材料並儲存在窩裡。

wood thrush　黃褐森鶇　鶇科森鶇屬（或夜鶇屬），十一種新大陸鳥類的俗稱。學名為Hylocichla mustelina。常見於美國東部闊葉林中，長20公分，羽色單調，有點斑，頭鐵銹色。

wood warbler　林鶯　雀形目林鶯科鳴禽。為新大陸鳥類，與舊大陸的鶯區別。一百多種，小型（或長13公分），常見於林地，亦見於沼澤地和乾燥灌叢。色澤多鮮明。鳴聲往往嘈雜單調。巢通常整潔，杯形，築於灌木或樹上；產2～5個帶斑點的卵。亦請參閱blackpoll warbler、chat、redstart。

woodbine　苫壁藤　幾種藤本植物的俗稱，分屬顯花植物的幾個科。尤指北美的維吉尼亞爬山虎（即五葉爬山虎）和歐亞大陸的忍冬。維吉尼亞爬山虎，又稱美洲常春藤。常栽培以遮蔽牆壁、圍欄、大樹幹等。秋葉黃至紅紫色。苫壁藤忍冬，葉灰綠；花芳香，黃白色。

woodchuck　美洲旱獺　亦稱土撥鼠（groundhog）。齧齒目松鼠科動物，學名為Marmota monax。分布於美國東部和中部、加拿大到阿拉斯加。棲息於開闊田野和林地邊緣。體長42～51公分，尾長10～15公分，重2～6公斤。善於挖洞、游泳和攀緣。洞穴有總入口和供逃跑之用的隧道。亦請參閱Groundhog Day。

woodcock　丘鷸　鴴形目鷸科軀體短粗、喙長、棲息於北美洲、歐洲和亞洲潮濕稠密林地的五種鳥，眼睛在頭部靠後的位置，視野為360度。淡黃褐色有斑紋的羽衣與環境一致。獨棲，黃昏時最活躍。主要以蚯蚓為食。用腳敲地把蚯蚓引誘到地表，然後用長而敏感的喙像鑷子一樣，將蚯蚓拖出，每天食糧相當於其體重的兩倍。美洲丘鷸的雌鳥體長約28公分，雄鳥略小。雄鳥求偶時發出鳴囀，螺旋式地向上飛，接著拍動翅膀降落到原地，這種動作反覆進行半小時之久。丘鷸是很受人們喜愛的獵禽。

woodcut　木版畫　亦稱木刻。將順紋裁成的厚木板雕成畫版的技法。這是一種最古老的凸版印畫法。中國自5世紀起就用它來裝飾紡織品。歐洲從14世紀初已採用此法印飾紡織品，但直到14世紀末，在法、德兩國才有較大的發展。

15世紀初宗教畫像和撲克牌用木版印的。至16世紀，黑線條的木版畫受杜勒及其弟子的影響而臻於完善。19世紀末和20世紀初，藝術家和孟克，高更及德國表現主義畫家，重新發現了木版畫的表現潛力。在日本藝術史中（參閱ukiyo-e），木版畫具有重要的作用。

Woodhull, Victoria　伍德哈爾（西元1838～1927年） 原名維多利亞・克拉夫林（Victoria Claflin）。美國社會改革家。她和妹妹田納西・克拉夫林（1845～1923）生長在一個信仰降靈論的家庭中，曾隨大人到處旅遊。1853年維多利亞嫁給了伍德哈爾，1864年離婚。此後姐妹兩人在紐約成功開辦了一家經紀人公司。她們創辦了《伍德哈爾和克拉夫林週刊》，鼓吹婦女的平等權，要求對兩性採取同一的道德標準，提倡自由戀愛。1872年一個激進的爭取婦女選舉權的少數派團體組建了一個政黨，提名伍德哈爾爲總統候選人，道格拉斯爲副總統。1872年姐妹兩人出版了《共產黨宣言》的第一個英譯本。因爲刊印一則畢奇爾的通姦事件新聞而被控誹謗，結果無罪釋放（1873）。1877她們遷居到英格蘭，她們在那裡發表演講，忙於慈善事業，後來分別嫁給了富有的英國人。伍德哈爾和她的女兒出版了優生學期刊《人道主義者》（1892～1910）。

Woodland cultures　林地諸文化 北美洲東部史前文化，可溯至西元前第一千紀。包括阿登納文化和霍普韋爾文化。林地諸文化的特徵是：種植玉蜀黍、豆類和南瓜，陶器具有特殊的形制，修建墓塚。在西元第一千紀，大部分林地文化爲密西西比文化所代替。

woodpecker　啄木鳥 啄木鳥科鳥類，約180種，多數爲留鳥，是幾乎分布於全世界的獨棲鳥類。啄木鳥在樹幹上螺旋式地攀緣搜尋昆蟲，用喙快速反覆地敲打朽木中的穴洞。雖然終生都在樹上度過，但是只有少數地上覓食的種類能棲息在橫枝上。有些種類吃水果、漿果和樹的汁液。啄木鳥通常安靜無聲，只有在春天雄鳥才會大聲鳴叫，並常常啄擊空樹。體長15～47公分。所有的啄木鳥都有筆直的鑿狀啄，大多呈黑白或黃亮毛色圖樣。亦請參閱flicker、ivory-billed woodpecker、sapsucker。

Woods, Lake of the　伍茲湖 跨越加拿大和美國邊境的湖泊，位於安大略省西南，馬尼托巴省東南，以及明尼蘇達州北部。形狀很不規則，長110公里，最寬處95公里。面積4,472平方公里，其中1,663平方公里在美國境內。湖岸線長約40,000公里，有超過14,000座島嶼。雷尼河從東南方注入該湖，北部湖水經溫尼伯河流入溫尼伯湖。1688年法國探險家到此勘探，後來成爲五大湖區和加拿大西部重要的毛皮貿易通道。西北安格爾地區爲美國大陸本土的西北端，隔著伍茲湖的一部分和明尼蘇達州其他地區分開。

Woods, Tiger　伍茲（西元1975年～） 原名Eldrick Woods。美國高爾夫球選手。其父爲美國軍官，其母爲泰國人。十五歲時贏得連續三次美國少年業餘錦標賽（1991～1993）的第一次。1994年成爲美國少年業餘錦標賽最年輕（十八歲）的贏家，1995和1996年也贏得錦標賽。進入史丹福大學兩年後，1997年成爲首位贏得名人賽的最年輕（二十一歲）選手，比賽中領先所有選手十二桿以上。1997年贏得五次其他美國職業高爾夫錦標賽，成爲首位世界高爾夫球排名第一的最年輕選手。2000年（二十四歲），成爲贏得四大滿貫賽最年輕選手。

Woodson, Carter G(odwin)　伍德森（西元1875～1950年） 美國歷史學家。他出身貧寒，早年即自立謀生。獲哈佛大學哲學博士學位。1915年創立黑人生活歷史研究會，鼓勵白人學者研究黑人歷史。也主編《黑人歷史雜誌》。1920年代，創建並擔任專出版有關黑人生活和文化著作的協會主席。其著作中有以黑人經驗爲課題的教科書《我國歷史上的黑人》（1922）。

Woodstock　伍茲塔克 全稱伍茲塔克藝術和音樂節（Woodstock Art and Music Fair）。1969年8月15日～17日在美國紐約鄰近的伯特利（鄰近伍茲塔克鎮）所舉行的搖滾音樂節。吸引了四十五萬年輕的搖滾樂樂迷。音樂節參與的人在面對雨天和有組織的混亂，表現出極爲和睦。標誌著1960年代美國青年逆流文化的頂點。電影《伍茲塔克》（1970）以紀錄片形式推出。音樂節在二十五和三十週年再次出現時，幾經波折。

Woodward, C(omer) Vann　伍德沃德（西元1908～1999年） 美國歷史學家。1930年畢業於埃默里大學，獲北卡羅來納大學博士學位。爲美國南北戰爭後南方歷史的主要闡述者。包括《吉姆・克勞的奇異生平》（1955）和《南方歷史的包袱》（1961）。彙集出版《瑪麗・切斯納特的南北戰爭》（1981，獲普立茲獎）和《美國的牛津歷史》。在他去世時，他是耶魯大學的名譽教授。

Woodward, Joanne　瓊安伍華德（西元1930年～） 美國女演員。生於喬治亞州的湯瑪斯維爾，在進入電影圈之前，先演百老匯的舞台劇和電視劇。在《三面夏娃》（1957，獲奧斯卡獎）中擔任女主角，飾演精神分裂患者。另外，在《漫漫炎夏》（1958）以及由她丈夫保羅紐曼所執導的《拉寇兒，拉寇兒》（1968）中，也有精湛的演出。後期的影片包括《末路英雄半世情》（1990）。

Woodward, Robert B(urns)　伍德沃德（西元1917～1979年） 美國化學家。1933年進入麻省理工學院。1938～1979任教於哈佛大學。認識到物理測量方法比化學反應法更能闡明物質結構特徵，於1940～1942年引出了伍德沃德準則。1945年他的方法最後闡明了青黴素和許多複雜天然產物的結構：他推測了活生物體中的類固醇激素的正確生物合成途徑。他所完成的合成複雜的有機物質包括奎寧（1944）和維生素B_{12}（1971，通過一百多個反應）。維生素B_{12}的工作導致軌道對稱守恆原理的公式化和被公認。1965年獲諾貝爾化學獎。1963年瑞士巴塞爾建立伍德沃德研究所，以表彰他的貢獻。

woodwind instruments　木管樂器 透過吹入一股氣流撞擊管孔邊緣或使單（雙）簧片振動而發聲的管樂器（參閱reed instrument）。相反地，吹奏銅管樂器時，氣流是透過吹奏者振動著的嘴唇直接進入氣柱。管弦樂團的木管樂器包括長笛、短笛、單簧管、雙簧管、英國管和低音管。其他木管樂器包括薩克管、豎笛、排簫、尺八和簫姆管。

wool　羊毛 動物纖維，形成保護羊體或其他多毛的哺乳動物如山羊和駱駝的覆蓋毛被。羊毛主要從活羊身上剪下、洗毛（除去物提純後得到羊毛脂）、梳理，有時精梳然後紡紗。羊毛比棉花、亞麻、蠶絲和人造絲等紡織纖維粗。羊毛具有高回彈性能，在受到有限的拉伸和壓縮後，能回復到原來的長度，因而使織物和服裝能夠保持外形，具有良好的懸垂性能和抵抗褶皺的能力。羊毛暖和輕，對染料有良好的親和力。短的纖維製造粗紡毛紗，它的質地粗壯、丰滿，常用於製作粗花呢和毛毯等織物。精紡毛紗一般用長纖維。

Woolf, (Adeline) Virginia *　吳爾芙（西元1882～1941年） 原名艾德琳・維吉尼亞・史蒂芬（Adeline

Virginia Stephen）。英國小說家和評論家。萊斯利・史蒂芬的女兒，她和妹妹是布倫斯伯里團體的早期核心成員。1912年她嫁給了李奧納德・吳爾夫。1917年他們創辦了霍迦斯出版社。最著名的小說包括《黛洛維夫人》（1925）和《燈塔行》（1927），其中靈活運用了隱喻性表達個人意識對顯然不重要的事件的思考來呈現其一生和一整個歷史時期。《歐蘭朵》（1928）是一部歷史幻想作品，描寫了一個從伊莉莎白時代的人物來到現代的經歷。《海浪》（1931）可能是她最激進的實驗性作品，其中使用內心獨白和畫面重現來刻畫六個人物的內心世界。這些作品確立了她在現代主義文學中的龍頭地位。她最優秀的評論研究收錄在《普通讀者》（1925、1932）裡。長篇散文《自己的房間》描述了婦女尤其是女藝術家的地位問題。其他小說還有《雅各的房間》（1922）、《年月》（1937）和《幕與幕之間》（1941）。在其一生中，健康和精神穩定性一直很脆弱。在一次精神病復發時，她投河溺斃。生前的日記和書信已再版過多次。

Woollcott, Alexander (Humphreys)＊　沃爾克特（西元1887～1943年）　美國作家、評論家和演員。1909年進入《紐約時報》，1914年成爲戲劇評論員。以其尖刻的妙語聞名。自封爲阿爾岡昆圓桌的領袖。該組織是1920年代和1930年代設在紐約市阿爾岡昆飯店中一個非正式的午餐俱樂部。後爲《紐約客》撰稿。著有《二位紳士和一位女士》（1928）、《當羅馬燒毀時》（1934）。曾在《來晚餐的男人》（1940）中扮演主角。

woolly bear　毛毛蟲　亦作wooly bear。燈蛾的毛蟲。具帶燈蛾的幼蟲，俗稱帶紋毛蟲，中段褐色，兩段黑色。尾端的黑色部分越長，來冬天氣越壞，黑色部分較短，則天氣較溫和。

Woolworth Co.　伍爾沃思公司　全名爲法蘭克・溫菲爾德・伍爾沃思公司（F. W. Woolworth Co.）。美國零售業公司。1879年伍爾沃思（1852～1919）創設的零售商店。到1904年底，他在二十一個州共設有一百二十家商店。總部設在紐約市伍爾沃思大樓（1913），該大樓一度是世界上最高的摩天樓。到1929年有2,250家商店。伍爾沃思公司在美國和英國的商店劇增。公司還購進了其他經營運動服、鞋和童裝的連鎖店。自1992年關閉了上百個商店及售出分店。1998年公司改名爲維納托爾集團公司，並宣布公司專售運動商品。2001年公司改名爲富特洛克公司。

wootz (steel)＊　烏茲鋼　以古印度的方法製造的鋼。加工作業是準備多孔的鐵，趁熱錘打放出爐渣，分解並放入黏土容器用木屑密封，加熱直到鐵塊吸收木頭的碳並且融化。生產出來的鋼成份均勻，含碳1%～1.6%，可以加熱鍛造成鋼條以利後續利用製作成品，例如中世紀著名的大馬士革劍。亦請參閱bloomery process。

Worcester　烏斯特　英格蘭赫里福德－烏斯特郡一城市。位於塞文河，680年以前已有人居住。在中世紀是重要的羊毛城鎮。手套製造業也成爲重要的工業。由克倫威爾所率領的議會軍隊在烏斯特的戰役重創了查理二世的蘇格蘭軍隊，從而結束了英國內戰。1750年沃爾建立的瓷器廠，至今仍很著名。烏斯特醬油產於1838年。該城著名的教堂（11～14世紀）有約翰、亞瑟王和亨利七世的長子的墳墓。人口約91,000（1995）。

Worcester＊　烏斯特　美國麻薩諸塞州中部城市，濱布拉克斯東河。最早的殖民點（1673）在菲利普王戰爭（1675～1676）中被廢棄。後來的居民點建於1713年。1789年開始出現紡織製造業，出產了美國第一批燈芯絨布料。布拉克斯東運河開通（1828）以後工業開始發展。烏斯特爲早期的廢奴主義中心，成爲「地下鐵道」重要的接駁站。現爲工商業中心，也是該州第二大城市。高等學府有聖十字學院和克拉克大學（1887）。人口約166,000（1996）。

word processing　文書處理　在電腦上製備文件。在典型情況下，文書處理系統僅包含了連至電腦印表機的個人電腦，但也可能運用一台連至大型主機電腦的終端機。文書處理異於多樣化打字的打字機。電子文件可以隨意移動，拼錯的用語可藉單一指令而全篇改正。拼字及文法檢查器能夠自動提醒使用者注意拼字、標點、句法的明顯錯誤，文件的格式、版面、字型及大小可以一變再變，直到設計令人滿意爲止。由於所有的編輯過程適當呈現於螢幕，文書處理便能夠減少紙的使用，並使編輯簡化。當定稿完成時，可將文件列印出來（必要時列印多份），以附加電子郵件形式寄出，或僅存爲電子檔。

Worde, Wynkyn de＊　沃德（卒於西元1534/1535年）　原名Jan van Wynkyn。英國印刷商。他在英國首先採用斜體活字（1524）。1476年威廉・卡克斯頓印刷所開辦時，沃德即受雇於該所。卡克斯頓去世，他便接管這家印刷所。曾出版大批圖書（從1501年起至少出版了六百種）。

Wordsworth, Dorothy　華茲華斯（西元1771～1855年）　英國散文作家，對其兄威廉・華茲華斯有鼓舞影響作用。自1795年起與其兄爲伴。《1798年阿爾福克斯登日記》和《1800～1803年格拉斯米爾日記》以其富於想像力的景物描寫、完善的風格和顯示的具有獨特品質的個性。《阿爾福克斯登日記》則記載了她哥哥與柯立芝的友誼。1829年患重病，死前二十年一直神志不清。

Wordsworth, William　華茲華斯（西元1770～1850年）　英國詩人。十三歲成爲孤兒，後進入劍橋大學學習，但是仍然無所寄託，身無分文，直到1795年一筆遺產才使他和妹妹陶樂絲・華茲華斯得以團聚。他和柯立芝結爲好友，和他一起寫作了《抒情歌謠集》（1798），這本歌集通常被視爲發動了英國的浪漫主義運動。其中華茲華斯寫了包括〈丁登寺〉和因採用日常用語寫作而備受爭議的許多抒情詩。約1798年他開始寫自傳體史詩《前奏曲》（1850），這間歇地耗費了他四十年的時間。他的第二部詩集《詩二卷》（1807），包括了他許多最好的作品，如〈永生頌〉。他的詩最新穎之處在於創造性想像的近乎神聖力量的幻覺，再造了人與人、人類與自然的關係。中後期最令人難忘的詩篇大多以高雅的形式寫成，很少能與他早期最優秀的作品相媲美。當他被評論家和公衆廣泛讚譽的時候，他的詩已經失去了大部分的力量，其激進的政治主張也屈從於保守主義。1843年成爲英國的桂冠詩人。被視爲英國浪漫主義早期的中心人物。

work　工作　在經濟學和社會學中，指社會生存所必需的活動和勞動。早在西元前40000年，狩獵者開始集體活動，追蹤並捕殺動物。部族中年幼或體弱的成員自然較適合於採集食物。在農業種植代替了簡單的採集後，導致食物的少量剩餘，同族中的若干成員可以從事較專門的技藝，如陶器製作、紡織和冶金。在城市建立後，新的專業如商業、法律、醫學和防禦得到了發展。早期文化其特徵均爲嚴格社會等級。貴族、僧侶、商人、手藝人和農民，從事的職業主要是根據世襲社會階級加以確定。手藝行會影響著中世紀歐洲的經濟發展。行會限制某一行業的勞力供應和控制生產。工業革命的到來，促進了科技的進步，如水力大爲改變了經濟生活。工廠將以前由單一工匠完成的工作分成不同的任務，由非熟練或半熟練工人（參閱abour, division of）完成。19世紀機床和標準部件的採用促進製造廠商的大規模發展，需要空前多的經理、監督、會計、工程師、技術員和推銷員等專業人員。在20世紀工作的專業化繼續發展，出現了與管理和設計工作有關的許多專業，包括生產管理、勞資關係、人事行政和系統工程師。到21世紀，自動化和技術促進服務業巨大發展。

work　功　在物理學中，指物體在外力作用下移動一段距離，而至少有部分的外力加在物體位移的方向上時所發生的能量轉移的量度。如果力是恆量，功W就等於力F的大小乘以物體的位移d，或者說W＝Fd。將氣體壓縮、轉動一根軸、用外部磁力使物體內部的粒子發生可見的運動等過程都可以做功。拿住一個重物靜止不動時並不做功，因爲沒有能量的轉移，也沒有位移。對物體做的功等於物體能量的增加。功的單位是焦耳（J）。把1牛頓的力作用在1公尺的距離上，這個過程所轉移的能量就是1焦耳。

worker's compensation　工人撫卹金　雇主爲其雇員工傷和職業病承擔部分費用的社會福利制度。1884年德國首先實行該制度。19世紀後期美國和英國發起了一場運動，要求通過法院決議、雇主義務條令和安全法規保障受傷工人獲得賠償的權力，並改善工作環境。到20世紀中期，世界上多數國家已經採取了某種方式的工人撫恤金制度。一些制度採取了強制的社會保險形式，另一些在法律上要求雇主提供一定的賠償金，但保險是自願的。工人撫恤金制度爲雇主防止雇員事故和疾病提供了經濟上的誘因，因爲讓工人在危險環境中工作的醫療成本和收入損失很容易超過建立安全工作環境的成本。

Workers' Opposition　工人反對派　蘇聯共產黨內的一個派別，致力於爭取工人的權利和工會對工業的控制權。1919年開始發展。他們反對黨中央機關控制地方黨組織和工會。1920年，此派反對托洛斯基所提將工會轉變爲國家機構的計畫。由柯倫泰領導的工會會員所組成的組織，認爲工會是無產階級的代表，應當控全國的經濟。第十次黨代表大會（1921）譴責他們的觀點，勒令把小集團解散。

working dog　工作犬　培育作爲警衛、拉曳或救難動物的各類犬種。種類從中型到大型，全都健壯有力，聰明且忠誠。警衛犬如秋田犬、拳師狗、鬥牛獒犬、杜賓狗、巨型與標準髯狗、大丹狗、獒犬及洛威拿。家畜警衛品種有大白熊犬、可蒙犬（匈牙利）、哥威斯犬（西藏）及庇里牛斯山犬（英國）。畜牧犬有德國牧羊犬、謝德蘭牧羊犬及威爾斯柯基犬。培育作爲拖亦與救難工作的則有伯恩山犬、葡萄牙水犬、紐芬蘭犬、聖伯納犬與雪橇犬。

Workingmen's Party　工匠黨　美國第一個由勞工主導的政治組織。初建於費城（1828），再建於紐約（1829），由工匠、熟練技工與改革者組成，他們要求十小時工作制、免費公共教育、廢除債務監禁和結束監獄契約勞工的競爭，領導者包括萊特、歐文和埃文斯。1830年代，工匠黨因派系問題而分裂。紐約黨的黨員加入改革派「羅克福克派」。

Works Progress Administration　工程進度管理署　後稱工程計畫管理署（Work Projects Administration; WPA, 1939～1943）。美國爲失業者創造就業機會的機構。1935年在推行新政時創立，目的是在大蕭條時期刺激經濟，透過提供給失業者有用的工作來保存他們的技藝和自尊。成立期間，曾雇用850萬人，建設了1,046,000公里的公路，125,000棟公共建築，75,000座橋樑，8,000座公園和800座機場。該機構還管理公共事業振興署聯邦藝術計畫、戲劇計畫和作家計畫，提供工作機會給失業的藝術家、演員、作家。1943年隨著戰爭經濟消除了失業現象，工程進度管理署於是被撤銷。

workstation　工作站　原本打算讓一人使用的電腦，但比起普通的個人電腦，處理器速度快得多，記憶體也較多。工作站的設計是爲了企業上強力的用途，能夠進行大量計算或需要高速圖片陳示，而需要電腦輔助設計／電腦輔助生產系統是它們最初發展的一個原因。由於需要計算能力，它們常奠基於精簡指令集計算處理器，一般以UNIX作爲它們的操作系統。1987年昇揚微系統引進早期的工作站，而1988年從Apollo、Ardent、Stellar引進的工作站瞄準了三維圖形的應用。工作站一詞有時也用來指一台連至大型主機電腦的個人電腦，有別於用途受限的無智型終端。

World Bank　世界銀行　聯合國爲戰後重建而在布雷頓森林會議上設立的專門機構。它是主要的國際發展機構。設有五個分部分別是國際復興開發銀行（主要組成部分）、國際發展協會（IDA）、國際金融公司（IFC）、多邊投資保證局（MIGA）和投資糾紛國際處理中心（ICSID）。國際發展協會（1960年成立）對世界銀行中最貧窮的成員國發放無息貸款。國際金融公司（1956年成立）提供貸款給開發中國家的私人企業。多邊投資保證局（1985年成立）支援那些鼓勵外國直接投資的國營和私人機構，提供它們應付非商業性危險的保險。投資糾紛國際處理中心（1966年成立）的作用是減輕國際復興開發銀行調解投資爭端的負擔。亦請參閱International Monetary Fund (IMF)。

World Council of Churches (WCC)　世界基督教協進會　1948年成立於阿姆斯特丹的促進全世界基督教團結的組織。其功能爲新教和東正教的論壇，各宗教派別透過WCC協調不同事務，探究教義間的相似性和差異。它由第一次世界大戰後建立的兩個基督教促進組織——生活和工作運動（注重教會的具體活動）以及信仰和制度運動（著重教義議題和再聯合的可能性）合併而成。這兩個組織形成的推動力要追溯到1910年在愛丁堡舉行的國際傳教士大會，這也是宗教改革運動以後第一次合作努力。天主教會雖然不是世界基督教協進會的成員，但是可以派代表參加會議。新教的基要主義派也拒絕加入。

World Court ➠ International Court of Justice

World Cup　世界盃　三個主要國際運動競賽和獎杯的通稱。世界盃足球賽是先進行分區循環賽，選出十六個優勝隊，然後進行淘汰賽。於1930年首次主辦，每四年舉行一次。全球有上億的人口觀看，至目前是世界上單項運動比賽項目中觀眾最多的。世界盃滑雪賽自1967年以來每年舉辦，從三個高山滑雪項目（滑降、曲道、大曲道）中累計成績，總分最高的男、女運動員即爲優勝者。世界盃高球賽（1953年設立時爲加拿大盃），每年由各國派兩名職業球員組成一隊，參加比賽。

World Food Programme (WFP)　世界糧食計畫署　聯合國糧食援助機構，1961年成立。世界上最大的糧食援助機構，對因戰爭和自然災害導致缺糧的緊急狀況下的人們提供糧食，並提供糧食給持續饑荒的國家的孕婦和哺乳期婦女以及學齡兒童，還透過以工代賑計畫來提高自力更生能力。它只接受來自非政府組織、捐贈國、公司和個人的自願捐獻。也協助土地改造、採礦和灌溉工程。總部設在羅馬。

World Health Organization (WHO) 世界衛生組織 聯合國公共衛生機構，1948年取代了原來的兩個機構在日內瓦成立。其宗旨在促進所有民族「盡可能達到最高健康水準」。工作分爲三類：提供最新發展的疾病和衛生照護的資訊交換，制定國際衛生標準和檢測手段；提供防制流行病和地方病的措施（包括防病運動和供應潔淨用水）；最後是鼓勵成員國加強公共衛生計畫。其最大的成功之處在於消滅天花（1980）。

World Heritage site 世界遺產保護區 根據國際「保護世界文化及自然遺產國際公約」所指定的任何「具有全球性價值」的地區或物體。該公約由聯合國教科文組織於1972年正式通過，爲國際合作以保存和保護全世界文化寶藏和自然環境提供了一個架構。凡是被列出的地點，都由其所在國家依法嚴格予以保護。文化遺產保護區中有許多世界著名的建築。在「世界遺產表」上，文化保護區與自然保護區之比約爲三比一。

world music 世界音樂 一種音樂派別，將非洲、東歐、亞洲、中南美洲、加勒比海及非主流西方民歌等各種不同的音樂結合起來。起初大致反映了1980年代在英國和美國推出的非英語系唱片量遽增。到1990年代早期，世界音樂成爲一種眞正的音樂派別和西方流行音樂的逐漸人工聲音成對比。非洲音樂與世界音樂同義。其巨星包括奈及利亞的艾德、庫提和塞內加爾的安多爾。喀麥隆出生的法國人貝比是提倡非洲音樂者之一。到21世紀，世界音樂包含了來自巴基斯坦的歌手努斯拉特·法塔赫·阿里·汗，法國佛朗明哥流行音樂團體「吉普賽國王」到「環境全球」音樂計畫，融合了所謂的原住民人聲取樣和最新的節奏編排技術。

World Series 世界大賽 每年一度，美國主要職業棒球組織美國聯盟和國家聯盟季後賽冠軍之間的總冠軍賽。1903年首次舉辦世界大賽。1904年紐約巨人隊拒絕與再次與波士頓隊比賽，世界大賽被取消。1905年恢復舉行，1994年球員罷工被迫取消。自1922年以來，七人賽方案成爲標準方案。

World Trade Center 世界貿易中心 原來是一個中央廣場周圍的七座建築的合稱，位於曼哈頓南端。山崎實（1912～1986）設計了其中的雙子大樓（1970～1972年修建完成）。分別高417公尺和415公尺，是當時世界上最高的建築，1973年才被芝加哥的西爾斯大廈超越。雙塔以其基礎結構的簡樸裝飾關係而聞名於世。1993年恐怖分子在地下停車場安放炸彈發生爆炸，數人被炸死，約1,000人受傷。更嚴重的一次襲擊發生在2001年9月11日，世貿中心第一座和第二座大樓先後遭被劫持的商用客機故意衝撞。頃刻間，兩座受創嚴重的大樓和一些附屬建築倒塌成瓦礫碎片。這次歷史上最致命的恐怖襲擊事件導致數千人喪生。

World Trade Organization (WTO) 世界貿易組織 致力於監督世界貿易和使世界貿易自由化的國際組織。成立於1995年1月，有一百零四個國家爲其創始國。前身爲關稅暨貿易總協定（General Agreement on Tariffs and Trade; GATT）。如其前身，世界貿易組織旨在減少貿易障礙與鼓勵多邊貿易。它還監管成員國是否遵守原關稅暨貿易總協定的所有協議，並且協商與執行新的貿易協議。

world tree 世界樹 世界的中樞，是不同民族的神話與民間傳說中經常有的主題，特別是亞洲、澳大利亞和北美洲的民族。已知有三種主要的形式。在垂直說中，這棵樹垂直伸展，連接地、天與地底，神諭和審判或先知的其他活動均在其下進行。在水平說中，這棵樹植於世界的中心，並由具有超自然力的衛士保護。它是大地繁育和生命之源。

World War I 第一次世界大戰（西元1914～1918年） 亦作First World War。1914～1918年發生的國際衝突，交戰雙方爲同盟國（主要爲德國、奧匈帝國和土耳其）與協約國（主要爲法國、英國、俄國、義大利和日本，1917年還有美國）。1914年6月，一名塞爾維亞人民族主義分子刺殺了奧地利的法蘭西斯·斐迪南大公。隨即一連串的軍事威脅與軍事動員，終於使兩聯盟在8月中旬爆發了全面戰爭。德國長期以來準備在兩條戰線上進行陸地戰，在西線，其軍隊迂迴繞過法國主要防禦部隊，向西穿過比利時南下，直撲巴黎。法國得到增援，使巴黎幸免被占領。由於現代大炮和機槍的巨大火力，戰爭迅速轉爲消耗戰，1916年索姆河戰役與凡爾登戰役以及1918年初德國的大規模反攻均未能打破這一局面。在東線，1914年俄國早期的反攻深入東普魯士和德屬波蘭，但俄軍被德奧部隊截住。1915年在德軍一次驚人的反擊中俄軍被趕回本國領土。雖然俄軍又發動幾次反攻，卻無法突破德方防線。俄國作戰不力，傷亡慘重，引起國內廣泛不滿，導致1917年俄國革命。其他戰場雖包括加利波利和達達尼爾；高加索和波斯；美索不達米亞和埃及；第里雅斯特西北的伊松佐河谷。在海上，德國與英國的艦隊間的日德蘭半島之戰，但未分勝負。德國使用艦艇，以阻斷英倫三島的海上供應線。促使美國於1917年參戰。1917年12月俄國與德國簽訂和約，退出戰爭。德軍從東線撤往西線，但因美軍抵達法國，將其力量抵銷。1918年秋，德國對西線的大反攻遭到失敗。協約國軍隊收復了德軍占領的法國領土及比利時部分地區。11月德國與協約國簽訂停戰協定，據估計戰爭中死亡人數爲一千萬，受傷人數爲兩千一百萬，七百七十萬人失蹤或囚禁。亦請參閱Caporetto, Battle of、Ypres、Fourteen Points、Lusitania、Paris Peace Conference、Brest-Litovsk, treaties of、Neuilly, Treaty of、Saint-Germain, Treaty of、Sevres, Treaty of、Trianon, Treaty of、Versailles, Treaty of、Edmund Henry Hynman Allenby、Foch, Ferdinand、French, John、Haig, Douglas、Hindenburg, Paul von、Joffre, Joseph-Jacques-Cesaire、Ludendorff, Erich、Pershing, John。

World War II 第二次世界大戰（西元1939～1945年） 亦作Second World War。1939～1945年間發生的國際衝突。交戰國爲軸心國（德國、義大利和日本）與同盟國（法國、英國、美國、蘇聯以及中國）。德國對第一次世界大戰失敗的怨恨、凡爾賽和約的嚴酷條款導致希特勒和納粹黨的崛起。1933年，希特勒開始祕密重新武裝德國。德國、義大利與日本締結反共產國際協定。並干預西班牙內戰。1938年，希特勒派兵占領奧地利（參閱Anschluss）。1939年，併吞捷克斯洛伐克。在簽訂「德蘇互不侵犯條約」後，1939年9月德國入侵波蘭。兩天後，英法對德國宣戰。1939年底，德國與蘇聯將波蘭瓜分，蘇聯占領巴爾幹國家。此外還進攻芬蘭。在海上，德國對駛往英國的商船進行的有效的潛艇戰。1940年4月，德國占領了挪威港口和整個丹麥。5月，德國以閃電戰越過荷蘭與比利時進入法國。6月被迫投降，建立維琪法國政權。接著德國空軍大規模轟炸英國，準備實行橫渡英吉利海峽的入侵。英國獲得「不列顛戰役」的勝利。1941年希特勒將匈牙利、保加利亞、羅馬尼亞和斯洛伐克拉入軸心國；6月，希特勒廢除1939年的「德蘇互不侵犯條約」，向蘇聯發動大規模的突襲。德國機械部隊深入俄國領土，一度達到莫斯科郊外。在東亞，日本因對華戰爭曠日持久而無結果，決定利用歐洲局勢以奪取歐洲國家在遠東的殖民地。

世界遺產保護區

遺址所在地	國　家	備　註
非　洲		
阿布魯韋斯	埃及	考古遺跡
阿克蘇姆	衣索比亞	歷史紀念碑
迦太基	突尼西亞	古代城市遺跡
代赫舒爾	埃及	金字塔和陵墓
吉薩	埃及	金字塔和陵墓
戈雷島	塞內加爾	奴隸貿易據點
大辛巴威	辛巴威	紹納首都廢墟
哈達爾	衣索比亞	早期人類遺跡
凱爾奈克	埃及	底比斯神廟廢墟
吉力馬札羅	坦尚尼亞	山地國家公園和保護區
國王谷地	埃及	底比斯陵墓
拉利貝拉	衣索比亞	巨石教堂
大萊普提斯	利比亞	羅馬建築遺跡
盧克索	埃及	底比斯廢墟
馬拉喀什	摩洛哥	歷史聚居區
孟斐斯	埃及	古代城市遺跡
肯亞山	肯亞	國家公園和森林保護區
恩戈羅恩戈羅	坦尚尼亞	野生生物保護區
奧杜威峽谷	坦尚尼亞	早期人類遺跡
菲萊	埃及	努比亞紀念建築物
塞加拉	埃及	階梯式金字塔和陵墓
塞倫蓋蒂	坦尚尼亞	國家公園，野生生物保護區
底比斯	埃及	古埃及首都廢墟
廷巴克圖	馬利	中世紀伊斯蘭文化中心
維多利亞瀑布	尚比亞和辛巴威	國家公園，大瀑布，尚比西河，雨林和野生生物
維龍加	剛果（金夏沙）	國家公園，多種多樣的棲息地
亞　洲		
阿旃陀洞穴	印度	佛教岩洞修道院
吳哥	柬埔寨	考古遺跡
阿瑜陀耶	泰國	首都廢墟
貝加爾湖	俄羅斯	獨特的淡水環境
婆羅浮屠	印尼	佛教廟宇組合
秦始皇陵	中國	考古據點，兵馬俑
喬加－贊比爾	伊朗	埃蘭人城市廢墟
周口店	中國	早期原始人類住地
大馬士革	敘利亞	歷史城市中心
德里	印度	歷史紀念建築物和陵墓
象島	印度	印度教洞穴廟宇
埃洛拉洞	印度	佛教、印度教、耆那教洞穴廟宇
埃佛勒斯峰	尼泊爾	山地國家公園
紫禁城	中國	北京的皇宮
長城	中國	大型防禦工事
下龍灣	越南	風景如畫的島嶼
阿特拉	伊拉克	安息人城市廢墟
廣島	日本	和平紀念碑
法隆寺	日本	佛教紀念建築物
順化	越南	王宮
耶路撒冷	以色列	猶太教、伊斯蘭教和基督教聖城
康提	斯里蘭卡	神聖的佛教城市
希瓦	烏茲別克	伊斯蘭教建築
京都	日本	歷史首都
拉合爾	巴基斯坦	蒙兀兒要塞、王宮和園林
巴爾米拉	敘利亞	古代城市廢墟
佩特拉	約旦	古代城市遺跡
布達拉宮	中國	西藏拉薩的達賴喇嘛前住所
沙那	葉門	歷史建築
孫德爾本斯	孟加拉和印度	國家公園（印度），聖所，紅樹林和沼澤
泰姬・瑪哈陵	印度	紀念陵墓
提爾	黎巴嫩	3,000年住地廢墟
庫隆角	印尼	爪哇島上的國家公園和保護區
澳大利亞和大洋洲		
大堡礁	澳大利亞	海洋生物國家公園
豪勳爵島	澳大利亞	多種多樣的棲息地
倫內爾島	索羅門群島	獨特的島嶼生態系統
沙克灣	澳大利亞	稀有海洋生物和陸地生命形體
烏盧魯（艾爾斯山）	澳大利亞	國家公園，砂岩巨石
歐　洲		
雅典的衛城	希臘	紀念建築物綜合體
艾勒漢布拉宮	西班牙	摩爾人王宮和要塞
阿爾塔米拉洞窟	西班牙	史前洞穴繪畫
亞眠大教堂	法國	羅馬式和哥德式風格
阿爾勒	法國	羅馬式紀念建築物
奧斯威辛	波蘭	納粹集中營
愛扶倍利	英國	史前巨石群
卑爾根	挪威	漢撒同盟碼頭
伯恩	瑞士	中世紀城市中心
坎特布里	英國	大教堂和大修道院
沙特爾大教堂	法國	哥德式建築
德爾斐	希臘	聖所綜合體遺跡
費拉拉	義大利	文藝復興時期建築
佛羅倫斯	義大利	歷史性城市中心
楓丹白露	法國	皇家府邸和庭園
賈恩茨考斯韋角	北愛爾蘭	玄武岩構成的海角
格拉納達	西班牙	摩爾人、安達魯西亞人建築物
哈德良長城	英國	羅馬人防禦工事
赫庫蘭尼姆	義大利	維蘇威火山摧毀城鎮的廢墟
伊斯坦堡	土耳其	無數的史蹟
克拉科夫	波蘭	中世紀城市中心
拉科斯洞穴	法國	史前洞穴繪畫
呂貝克	德國	漢撒同盟建築
盧森堡市	盧森堡	要塞和古城
邁泰奧拉	希臘	正統派基督教修道院
聖米歇爾山	法國	中世紀村莊和大修道院
莫斯科	俄羅斯	克里姆林宮和紅場
那不勒斯	義大利	歷史性城市中心
奧林匹亞	希臘	古聖城廢墟
巴拉丁禮拜堂（亞琛大教堂）	德國	查理曼的皇家禮拜堂，加洛林式和哥德式風格
巴黎	法國	塞納河河畔
龐貝	義大利	維蘇威火山摧毀城鎮的廢墟
波多	葡萄牙	歷史性城市中心
布拉格	捷克共和國	歷史性城市中心
理姆斯大教堂	法國	高哥德式建築
羅得島	希臘	中世紀城市中心
里拉修道院	保加利亞	保加利亞「民族復興」的發源地
聖彼得堡	俄羅斯	歷史性城市中心和紀念建築物
薩爾斯堡	奧地利	歷史性城市中心
薩摩斯	希臘	古代港口和神廟遺跡
聖地牙哥	西班牙	舊城市和朝聖路線
塞哥維亞	西班牙	舊城鎮和羅馬輸水道
斯普利特	克羅地亞	羅馬宮殿，其他紀念建築物
圓形石林	英國	史前巨石群
塔林	愛沙尼亞	歷史性城市中心
托萊多	西班牙	歷史性建築物
特蘭西瓦尼亞	羅馬尼亞	撒克遜要塞教堂，村莊
梵諦岡城	梵諦岡城	天主教教皇駐地
威尼斯	義大利	島嶼城市和潟湖環繞

世界遺產保護區

遺址所在地	國　家	備　註
凡爾賽	法國	皇家宮殿和庭園
維斯比	瑞典	漢撒同盟歷史城鎮
北美洲		
班夫	加拿大	國家公園，落磯山脈
廈谷峽谷	美國	歷史公園，普韋布洛文化廢墟
奇琴伊察	墨西哥	馬雅－托爾特克建築
科科斯島	哥斯大黎加	國家公園，森林和海洋生物
科潘	宏都拉斯	馬雅古城遺跡
冰川灣	美國	阿拉斯加州國家公園，禁獵區
大峽谷	美國	國家公園
哈瓦那	古巴	殖民地城市中心
夏威夷火山	美國	國家公園
賈斯珀	加拿大	國家公園，落磯山脈
克盧恩	加拿大	阿拉斯加州國家公園
庫特內	加拿大	國家公園，落磯山脈
蘭斯奧梅多	加拿大	紐芬蘭中世紀諾斯人居民點遺跡
馬默斯洞穴	美國	岩洞系列和國家公園
弗德台地	美國	史前懸崖住所
墨西哥城	墨西哥	歷史性城市中心
帕倫克	墨西哥	國家公園，馬雅城市
聖多明哥	多明尼加共和國	殖民地城市
自由女神像	美國	國家紀念建築物
特奧蒂瓦坎	墨西哥	前哥倫布時期最大廢墟
蒂卡爾	瓜地馬拉	國家公園，馬雅廢墟
烏斯馬爾	墨西哥	馬雅城市和儀式中心
弗蘭格爾—聖伊萊亞斯	美國	阿拉斯加州國家公園，禁獵區
霍奇米爾科	墨西哥	阿茲特克人水道和水上公園
黃石	美國	國家公園，地熱組
約霍	加拿大	國家公園，落磯山脈
南美洲		
阿雷基帕	祕魯	殖民地時期建築
巴西里亞	巴西	城市規劃和建築
卡塔赫納	哥倫比亞	殖民地港口、要塞、紀念建築物
昌昌	祕魯	前印加奇穆王國首都的廢墟
科洛尼亞—德爾薩克拉門托	烏拉圭	葡萄牙、西班牙殖民時期建築
哥多華	阿根廷	耶穌會教堂和莊園
科羅	委內瑞拉	西班牙、荷蘭及當地建築
庫斯科	祕魯	印加和殖民地時期建築
復活節島	智利	紀念性雕塑品
加拉帕戈斯群島	厄瓜多爾	國家公園，獨特的生態系統
瓦斯卡蘭山	祕魯	山地國家公園
伊瓜蘇	巴西和阿根廷	國家公園，瀑布，副熱帶雨林
洛斯卡蒂奧斯—達連	哥倫比亞和巴拿馬	邊境上的國家公園，雨林，沼澤
馬丘比丘	祕魯	印加廢墟
納斯卡圖案	祕魯	沙漠方山上刻畫的巨型幾何圖案
潘特納爾	巴西	淡水沼澤生態系統
波托西	玻利維亞	殖民地工業城市
基多	厄瓜多爾	殖民地城市中心
巴爾德斯半島	阿根廷	海豹、鯨

＊本表地名的稱法可能與聯合國教科文組織的《世界遺產保護區名錄》不同；此外，某些地名代表一個或數個較大的世界遺產保護區的構成部分。

1941年日本襲擊夏威夷珍珠港和菲律賓。數日內，美國對所有軸心國宣戰。日本迅速占領菲律賓、東南亞大部地區和緬甸、荷屬東印度群島及許多太平洋島嶼，但於1942年中途島戰役中慘敗。美國逐島進攻，向日本逼近。在北非，1943年英國擊敗義大利和德國。盟軍從北非登陸西西里島，入侵義大利，法西斯政權被推翻，德軍進攻史達林格勒而未獲勝。紅軍開始將德軍逐出蘇聯。1944年6月6日，盟軍在法國北部諾曼第登陸。盟軍擁有制空權，迅速向東逼近，占領德國本土。同時蘇軍將德軍完全逐出蘇聯，進入波蘭、捷克斯洛伐克、匈牙利和羅馬尼亞。1945年5月8日德軍投降。在太平洋地區，盟軍於1944年占領菲律賓。雷伊泰灣戰役幾乎消滅了日本海軍。1945年占領硫磺島與沖繩。同年8月對廣島和長崎的原子彈轟炸使戰爭突然戲劇性地結束。9月2日，日本簽署了正式投降條約。據估計戰爭中死亡人數為3,500萬～6,000萬，其中包括六百萬死於大屠殺的猶太人。在歐洲和東亞有數百萬平民受傷和無家可歸。亦請參閱Anti-Comintern Pact、Atlantic Charter、El Alamein, Battles of、Atlantic, The、Bulge, Battle of the、Guadalcanal, Battle of、Philippine Sea, Battle of the、Casablanca Conference、Potsdam Conference、Tehran Conference、Yalta Conference、Dunkirk Evacuation、lend-lease、Munich agreement、Nuremberg Trials、Leningrad, Siege of、Sino-Japanese War、Bradley, Omar、Churchill, Winston、Eisenhower, Dwight David、MacArthur, Douglas、Montgomery, Bernard Law、Mussolini, Benito、Patton, George、Rommel, Erwin、Roosevelt, Franklin、Stalin, Joseph、Yamamoto Isoroku、Zhukov, Georgy Konstantinovich。

World Wide Web (WWW)　全球資訊網　亦作Web。網際網路主要的資訊交換服務。全球資訊網由伯納斯－李和他在歐洲核子研究組織（CERN）的同僚創造出來，並在1991年引進全世界。全球資訊網讓用戶連至各式各樣的文件，這些文件藉著超文字或超連結彼此相連。具有相關文字和超連結的超文字文件以超文字標示語言（HTML）寫成，並簽下一個網路地址或統一資源定位器（URL）。全球資訊網在網際網路的基本主從式架構中運作。具有獨特電子位址的個別超文字標示語言檔案稱為網頁，而共有一組類似位址的網頁和相關檔案（例如圖檔、指令程式和其他資源）合集稱為網站。網站的主頁或介紹頁通常稱為該站的首頁。用戶可以鍵入適當地址而進入任何網頁，使用搜尋引擎來尋找感興趣主題的網頁，或者點按其中的超連結而在網頁之間快速移動。全球資訊網雖在1991年引進，卻到1993年具有圖形介面的馬賽克瀏覽器問世後才風行起來。最後，網景公司和微軟公司的瀏覽器居於主宰地位。

World Wildlife Fund　世界野生動物基金會　亦稱世界自然基金會（World Wide Fund for Nature）。世界上最大的私人贊助國際保育組織。1961年由歐洲科學家、博物學家與政商領袖的小團體創立，司各脫是其中之一，這個組織籌措基金，供輸給其他保育團體。努力方針在保護瀕危的環境如珊瑚礁，拯救瀕絕物種，對抗全球性的威脅如污染。協助建立並管理公園及保護區，以各種方法拯救大貓熊（基金會標誌就用大貓熊圖像）及其他瀕絕物種。

world's fair　萬國博覽會　一個特別設置的展覽會，以參展國家或參展企業之科學、技術與文化為主題。世界博覽會多以突出的建築設計為號召，並介紹重要的發明。1756年第一屆世界博覽會於英格蘭舉辦，此後已舉辦超過三百屆。最著名的世界博覽會包括1851年倫敦的水晶宮展覽會；1876年費城的美國國際百年大展；1893年芝加哥的世界哥倫布大展；1901年紐約州水牛城的泛美大展；1904年的聖路易斯世界博覽會；1910年的布魯塞爾世界博覽會；1933～1934年芝加哥的發展的世紀博覽會；1939～1940年舊金山的金門大橋展覽會；1939～1940年的紐約世界博覽會；1964～1965年的紐約世界博覽會；1967年的蒙特婁大展；以及1998年里斯本的萬國博覽會。

worm 蠕蟲 亦譯蟲。1,000多種非近緣無脊椎動物。通常身體細長，管狀，一般無附肢。主要的無脊椎動物門：扁形動物門（扁蟲）、環形動物門（環節動物）、紐形動物門（紐蟲）、棘頭動物門（棘頭蟲）及袋形動物門（線蟲和其他）。某些袋形動物的不足1公釐到某些紐蟲的30公尺以上。蠕蟲分布於陸地和水中。它們爲寄生性或自由生活。可改善土壤情況，寄生於人類、家養動物或寄生於莊稼。在所有生態系統中，蠕蟲也是食物鏈中重要的一環。亦請參閱fluke、pinworm、polychaete、rotifer、tapeworm、tube worm。

Wormley Conference 沃姆利會議（西元1877年2月26日） 1876年解決狄爾登和海斯之間有爭議的美國總統選舉問題的會議。兩黨的領導人在華盛頓特區的沃姆利旅館舉行會議，旨在預先阻止民主黨抗議選舉委員會的決定。共和黨以讓海斯當選爲條件，承諾從南方撤軍，結束重建時期和北方對南方政治的干涉，贊成鐵路建設和其他南方內政的改良。這次妥協滿足了南方民主黨人的要求，1877年3月2日宣布海斯當選總統。

Worms, Concordat of＊ 沃爾姆斯宗教協定（西元1122年） 教宗加里斯都二世與神聖羅馬帝國皇帝亨利五世（1106～1125年在位）爲解決主教敘任權之爭，在德國沃爾姆斯簽定和解條款。該協定象徵了羅馬與神聖羅馬帝國之間的第一階段衝突結束，也對高級教士的神職性質和他們作爲封地領主對皇帝的臣屬地位做了明確的區分。主教及修道院院長由教士選舉產生，皇帝有權判決選舉產生的爭議。當選者首先被授予作爲皇帝臣屬的權力和特權（由皇帝授權），然後被授予神職權力和地產（由教會授權）。

Worms, Diet of 沃爾姆斯議會（西元1521年） 神聖羅馬帝國議會在德意志境內沃爾姆斯召開的會議，馬丁·路德出席爲自己的信仰辯護。馬丁·路德被教宗利奧十世開除教籍，但皇帝查理五世答應他在會議上聽取說明後再處理。馬丁·路德在會上拒絕撤回他的觀點，議會陷於混亂。於是皇帝宣布休會。馬丁·路德隨即離開沃爾姆斯，隱匿在他處。當年5月議會通過「沃爾姆斯敕令」，宣布馬丁·路德爲違法分子和異端分子。

worsted＊ 針織精梳毛紗 用經過精梳的羊毛長纖維紡成的毛紗。精梳時除去不需要的短纖維並使纖維平行排列。精紡工序對紗條適當加捻，使纖維集聚，因此精梳毛紗的捻度比膨鬆的粗梳毛紗高。粗而柔軟的毛紗堅牢耐用，常用來製作毛線衣。

Worth, Charles Frederick 沃思（西元1825～1895年） 英裔法籍時裝設計師。原爲簿記員，1854年離開英國。在巴黎一家女裝零配件商店裡工作，1858年開設了一家自己的婦女成衣店。很快得到了歐仁妮皇后的贊助。他是「服裝秀」（籌備並展出設計作品）的先驅，首位在服裝界表現傑出的男性，率先倡導由工廠成批生產女裝，然後分發到世界各地。他領導巴黎時裝新潮流，設計的豪華的禮服反映了第二帝國時期高貴典雅的風尚；所推出的裙撐成爲1870年代和1880年代婦女時裝的標準。

沃思，版畫
BBC Hulton Picture Library

Wotan ➠ Odin

Wouk, Herman＊ 沃克（西元1915年～） 美國小說家。第二次世界大戰期間在太平洋上的驅逐掃雷艇上服役。最著名的小說《凱恩艦叛變》（1951，獲普立茲獎；1954年改編成電影）就是根據這些年醞釀的經歷寫成的。這部小說塑造了一個令人難忘的人物奎格船長，《戰爭風雲》（1971）與《戰爭和回憶》（1978）爲兩卷式戰爭小說。其他的小說包括《馬喬里晨星》（1955）、《希望》（1993）和《光榮》（1994）。

wound 創傷 亦作trauma。由外力（包括手術）引起的身體組織破裂。它可能屬於封閉性（鈍器損傷）或開放性（穿通性損傷）。血管、神經、肌肉、骨骼、關節、體內器官可能受損。封閉性創傷可能由撞擊、扭曲、彎折、減速（例如車禍）引起。其範圍從小型挫傷或扭傷到大腦受損的頭顱裂開或麻痺性脊椎傷害。在開放性創傷中，進入破損皮膚或黏膜的細菌、髒物、布屑等外物會導致感染。影響傷勢的其他因素包括深度、表皮區域、撕裂程度和受損之結構。小傷僅需要急救。至於其他創傷，在檢查和必需的診斷性顯影和探索性手術之後，療法可能包括替換或排放體液、滅菌和使用抗生素、修復受損的結構。封閉性創傷可能需要割開，開放性創傷也可能需要加以縫合。亦請參閱burn、coagulation、crush injury、dislocation、scar。

Wounded Knee 傷膝 美國南達科他州西南部的村莊名和小河名，是印第安人與美國政府代表曾兩次發生衝突的地點。1890年蘇人認爲舉行鬼舞道門儀式，白人就會消失，原有土地失而復得。於是招致了聯邦軍隊的干涉。12月29日一名年輕的印第安人戰士被解除了武裝。從扭打的人群中響起了一槍，一名騎兵倒了下去。騎兵們向印第安人射擊，有兩百多名男女和三十名騎兵被殺。被稱爲「傷膝戰役」的事件結束了對印第安人的征服。1973年美國印第安人運動的約兩百名成員，以武力占領了保留區村莊，宣布成立獨立國，同時宣誓要堅持下去，除非政府答應印第安人的要求。聯邦法院立刻包圍了這批印第安人，並開始圍攻。

Wovoka＊ 沃伏卡（西元1858～1932年） 派尤特人宗教領袖。1889年自稱蒙上帝啓示：如果人們舉行鬼舞道門儀式舞蹈，印第安人的祖先將復活；野牛將再次充滿平原；白人將會消失。他的教派迅速傳到其他部族，特別是好戰的蘇人，傷膝慘案後，沃伏卡的信徒煙消雲散。

Wozniak, Stephen G(ary) 沃茲尼亞克（西元1950年～） 美國電腦工程師。生於美國加州聖荷西，十幾歲時就會設計電子裝置和遊戲。1970年代在惠普工作。1976年與賈伯斯創立蘋果電腦公司。1981年飛機失事，身受重傷，離開蘋果電腦一陣子，不過他又回去參與革命性的麥金塔電腦。1985年永遠告別蘋果電腦，同年獲頒美國國家科技獎章，之後在小學教書至今。

WPA ➠ Works Progress Administration

WPA Federal Art Project 公共事業振興署聯邦藝術計畫 大蕭條時期羅斯福政府制定的由政府資助美國視

覺藝術的第一個重大的、也是最爲廣泛、影響最大的計畫。該計畫雇用經驗豐富、風格不同的藝術家，鼓勵各種不同流派的藝術並存，以後的美國藝術影響很大。1936年高峰時曾雇用五千多位藝術家，在其存在的八年多時間內雇用的人數大概一倍於此。共創作兩千五百六十六件壁畫，十萬多件架上畫，約一萬七千七百件雕塑，約三十萬幅版畫，還在各地建立了一百多個藝術中心和畫廊，從而普及了藝術。聯邦全部投資爲三千五百萬美元。

Wrangel, Pyotr (Nikolayevich), Baron　弗蘭格爾（西元1878～1928年）　俄國內戰最後階段的白軍將領。第一次世界大戰時期任哥薩克師師長。1917年十月革命勝利後，加入鄧尼金的白軍，1919年攻占察里津（現名伏爾加格勒）後，1920年任白軍總司令，6月在烏克蘭發動新的反攻。11月紅軍擊敗了白軍。白軍潰退至克里米亞，乘船逃往君士坦丁堡。他在離開俄國後亡命西歐。

Wrangel Island　弗蘭格爾島　俄羅斯東北部島嶼，位於亞洲境內。該島坐落於北冰洋中，180度經線穿過其間。面積約7,300平方公里。儘管島內最高點蘇維埃山海拔1,096公尺，但卻沒有冰川。1820年代初俄國探險家弗蘭格爾探尋該島未果，後來，蘇聯的毛皮商人成功登陸該島。1867年和1881年兩度被美國船隻發現。1926年該島併入俄羅斯版圖。1976年設立了弗蘭格爾島國家自然保護區，占地70萬公頃。

Wrangell Mountains　弗蘭格爾山脈　美國阿拉斯加州南部山脈。從科珀河延伸至育空邊境附近的聖伊萊亞斯山脈，綿亙160公里。有許多超過3,000公尺的山峰，最高點布拉克本峰海拔4,990公尺（大多數山頂爲死火山）。其大片雪原形成長達72公里的冰川。是弗蘭格爾－聖伊萊亞斯國家公園和自然保護區的主要部分。

Wrangell-St. Elias National Park　弗蘭格爾－聖伊萊亞斯國家公園　美國阿拉斯加州東南部國家公園。1978年成立國家保護區，1980年重畫疆界並重新命名。是美國最大的國家公園，占地4,987,000公頃。該公園是楚加奇山、弗蘭格爾山脈和聖伊萊亞斯山脈的交匯地。內有美洲大陸上最大的冰川帶，也是美洲大陸海拔4,880公尺以上的高峰最密集的地方。

wrasse * 　隆頭魚　鱸形目隆頭魚科三百多種魚的統稱。廣佈於全世界熱帶和溫帶海域，以珊瑚礁中爲最豐富。體長約5公分～2公尺餘。主要特徵：唇厚，鱗大，背鰭與臀鰭均長，顎前部一般有突出的大犬牙。大多數爲肉食性，捕食海產無脊椎動物。有些種稱「清潔工」，剔取大型魚類體外寄生物爲食。蚝隆頭魚可食用。

wren　鷦鷯　雀形目鷦鷯科五十九種小型、短胖、淺褐色的鳥類。起源於西半球。僅鷦鷯一種已分布到舊大陸，是本科的典型種，長約10公分，褐色，有暗條紋，嘴短而稍下曲，翅短圓，尾短而翹。西半球各地常見的是鶯鷦鷯。美國最大的種類（長20公分）是西南部荒漠地區的棕曲嘴鷦鷯。鷦鷯類在沼澤、多石的荒原或灌叢捕食昆蟲。常反覆不停地高聲鳴叫，在洞中、灌叢或岩石營巢。

Wren, Christopher　列恩（西元1632～1723年）　受封爲Sir Christopher。英國建築師、天文學家和幾何學家。曾在格雷欣學院（1657～1661）和牛津大學（1661～1673）教授天文學。他轉向建築始於1661年。1662年他受聘設計牛津的謝爾頓劇院。這座建築物不僅繼承了古典形式，而且採用了木桁架結構作屋頂，從而把古典形式同新觀點合爲一體；倫敦發生大火災後，身爲國王工程檢查官的他負責重建了五十多所教堂。同時設計聖保羅大教堂。直到1711年才完成，其他的作品包括劍橋大學三一學院新圖書館（1676～1684）、漢普頓宮（1689年建）以及格林威治皇家醫院（1696年建）等。他死後葬於聖保羅大教堂，附近有著名的碑文：「讀者，如果你在尋找紀念碑，往四下看。」

列恩，油畫，內勒繪於1711年；現藏倫敦國立肖像畫陳列館
By courtesy of the National Portrait Gallery, London

wrench　扳手　亦作spanner。通常用於緊固螺栓和螺母的手動工具。扳手基本型式是在手柄的一端或兩端有能卡緊螺栓和螺母的凹口，在與手柄和螺栓或螺母軸線的垂直方向用力轉動手柄時，就可擰轉螺栓或螺母。有些扳手的兩端都有卡住所要擰轉零件用的直邊凹口。套筒扳手的端部有六、八、十二或十六角孔的套筒，用以緊緊套住螺母。套筒扳手具有方孔或六角孔短套管，和固定的或可拆卸的手把。

wrestling　角力　亦稱摔角。一種由兩名競賽者進行的運動項目。比賽時用強力迫使對手倒地或失去平衡。形式有多種，包括自由式，比賽時抱住對手腰以上或以下的部位；古典式角力，只限抱住腰以上的部位。俄羅斯創造的桑勃式，酷似柔道。相撲是特有的日本摔跤。美國職業摔跤是當今所有喜愛觀看的運動項目中最受歡迎的，主要是粗暴、炫耀的表演技藝。包括踢頭部的動作，如果雙方摔跤員沒有確實拉住，會致命的。

Wright, Almroth Edward　萊特（西元1861～1947年）　受封爲Sir Almroth。英國細菌學家和免疫學家。1892年任陸軍醫學院病理學教授。他在此研製了一種抗傷寒的疫苗，使英軍成爲參加第一次世界大戰的唯一接受過傷寒免疫注射的軍隊，這個因素也使這次戰爭成爲第一次死於感染的士兵少於中彈身亡者的戰爭。萊特還研製了抵抗腸結核和肺炎的疫苗。使用病人體內細菌製作自體疫苗而聞名。

Wright, Fanny　萊特（西元1795～1852年）　原名Frances Wright。蘇格蘭裔美國社會改革家。遍遊美國後，出版了《美國的社會觀點和習俗》一書（1821）。1824年回到美國，她購買了一些奴隸，給予他們自由，並把他們安置在田納西州她所建立的社會主義性質的、人種混雜的「納休巴公社」（1825～1828）。1829年她在紐約與歐文共事，她四處演講、抨擊奴隸制、宗教、傳統婚姻以及男女不平等的現象來反抗傳統。她也是工匠黨的領導人之一。婚後1831～1835年在法國生活，返美後，積極支持傑克森和民主黨。

Wright, Frank Lloyd　萊特（西元1867～1959年）　美國建築師。在威斯康辛大學短期學習工程。曾在阿德勒和沙利文的建築事務所工作。1893年，開設了他自己的建築事務所。萊特是「草原學派」的主要實踐者。在1900～1910年間，建造了約五十所草原式住宅。早期的非住建築物包括紐約州水牛城市的拉金公司（1904，1950年拆毀）和伊利諾州橡園的統一寺（1906）。1911年開始建造自己的住宅，命名塔里辛。舒適豪華的東京的帝國飯店（1915～1922年建，1967年拆除）。由於採用革命性的浮動懸臂構造，它是能夠安全挺過1923年東京大地震的僅有幾個大建築物之一。1930年代，構築低造價「烏孫式」住宅，所建造的「落水山莊」

的住宅完全大膽地用懸臂挑在一個瀑布的上方，是萊特最受人稱讚的作品，約翰遜製蠟廠（1936～1939）。爲現代建築中最優美的辦公廳之一。此後，各類建築的委託任務從世界各地湧至萊特事務所，其中包括古根漢美術館。萊特常被認爲是美國最偉大的建築師，他以創造和闡述「有機建築」而著名，此詞係指與居住者和與周圍環境和諧一致的建築物。

Wright, Mickey　萊特（西元1935年～） 原名Mary Katheryn Wright。美國高爾夫球手。曾就讀於史丹福大學，以其經典的揮臂動作、長擊球和優質鐵頭球棒而聞名。她在女子職業高爾夫協會（LPGA）主辦的82次聯賽中獲冠軍，包括在1963年的一個賽季勝13場，這些都列爲世界紀錄。她是唯一一位在LPGA錦標賽中四次奪冠的運動員（1958、1960、1961、1963）。曾兩度被美聯社評選爲年度最佳女運動員（1963、1964）。被譽爲史上最偉大的女高爾夫球選手。

Wright, Richard　萊特（西元1908～1960年） 美國小說家和短篇故事作家。從小在貧困中長大。移居北部後，加入芝加哥「聯邦作家計畫」而得以寫作。1937年移居至紐約。1932～1944年爲共產黨員。他的小說集《湯姆大叔的孩子們》（1938）首次引起注意，小說《土生子》（1940）成爲暢銷書。自傳體的《黑人男孩》（1945）寫他少年和青年成人期艱苦的生活。第二次世界大戰後定居巴黎。他是最早反對種族歧視的非洲裔美國黑人作家之一。

Wright, Sewall　萊特（西元1889～1988年） 美國遺傳學家，族群遺傳學的創建人之一。在哈佛大學取得博士學位，最初研究豚鼠近交和雜交對遺傳的影響，後來他用豚鼠研究基因對毛色和眼色等遺傳性狀的影響。後來和哈爾登、費施爾一起，利用統計法發展演化理論的數學基礎。他的遺傳漂變可能是他最著名的概念，稱爲萊特氏效應。還提出能引導近交和雜交用在家畜改良上的理論。

Wright, Wilbur and Orville　萊特兄弟（威爾伯與奧維爾）（西元1867～1912年；西元1871～1948年） 美國飛機發明家，航空先驅者。1903年成功地飛行了第一架可操縱的動力飛機，從而開闢了重於空氣的飛行時代。早年主要靠自學設計和製造印刷機械和自行車，1905年製造和飛行了第一架實用的飛機。1900～1902年製造三架雙翼滑翔機並作了飛行。螺旋槳和輕型發動機的發明促使他們在1903年發明了第一架有動力裝置的飛機——「飛行家一號」（今稱「小鷹號」），第一次成功的飛行了12秒，第二次59秒。他們的「飛行家三號」造於1905年，能轉彎、傾斜、做圓圈飛行和8字飛行，續航時間超過半小時。他們曾在法國和美國作飛行表演；1908年威爾伯在法國作飛行表演一百多次，最後一次飛行時間達兩小時二十分。他們成立飛機公司，並爲美國陸軍製造軍用飛機，後爲格倫・寇蒂斯的公司合併。威爾伯死後，奧維爾成立一家新的飛機研發公司。

Wriothesley, Thomas ➠ Southampton, Thomas Wriothesley, 1st Earl of

writ　令狀 普通法中指以君主或法院名義簽發的要求執行或禁止某一特定行爲的命令。令狀是古代英國法律中非常重要的一個官方手段。原告可以選擇一種適當的起訴方式進行訴訟，同時他會收到一份相應的令狀，這份簽發的令狀要求被告必須在法庭露面。政府在處理財政和政治事務時也常使用令狀。儘管令狀在訴訟中已不再起主導作用，它的許多用途也已消失，但一些特殊令狀，尤其是人身保護令、執行令（命令某一部門執行某一行爲）和訴訟終止令（命令下級法院不能超出其管轄權範圍）以及調審令等，都反映了令狀爲一種司法權威工具的重要歷史作用。

writing　文字 人類用語言符號或代號進行視覺交際的系統，與語言單位的意義或聲音有約定俗成的聯繫，可記載於紙、石、泥板或木頭上。文字的先驅是圖畫文字，這是一種象徵符號，用來記述一個人或一件事物，目的在於識別其各不相同的特性。詞符文字（logography）是指代表單字的符號，基本上是從圖畫文字發展來的。詞符文字爲各種可能的單字或名稱提供了數千個符號。表音系統是指一個特定的詞相關聯的書寫符號，轉而可以用來表示其他與此讀音相同或相似的詞。通常使用此法時，書寫符號代表的已不再是詞，而是詞的組成部分，如音節。字母提供了所有元音和輔音的符號。

Writs of Assistance ➠ assistance, writ of

Wroclaw *　弗羅茨瓦夫 德語作布雷斯勞（Breslau）。波蘭西南部城市，臨奧得河。城市建於10世紀，位於連接黑海通往西歐的貿易路線上。1138年成爲西里西亞首府，1214年被韃靼人摧毀。後重建，1335年與西里西亞其他地區淪入波希米亞人手中；1526年，歸於哈布斯堡王朝。1741年成爲普魯士腓特烈二世的屬地，而成爲德國的疆土。第二次世界大戰期間，受到蘇聯軍隊圍攻（1945），後在波茨坦會議（1945）時劃歸波蘭。因戰爭受到嚴重破壞，經過重建，現在重要的商業城市。人口約642,700（1996）。

wrought iron　熟鐵 冶煉而成的兩種鐵之一，另一種是鑄鐵。熟鐵質軟，延展性好，具有纖維性，由含有較純的鐵粒和其周圍部分礦渣的半熔體製成，碳的含量通常低於0.1%，熔渣含量低於1～2%。它在大多數用途上性能比鑄鐵優越，鑄鐵因含碳量高，過於堅硬而易碎。古代最早的冶煉鐵是將鐵礦石直接用木炭在爐中加熱，然後將還原的鐵和礦渣混合物塊體在熾熱狀態下用鐵錘鍛打，除去雜質，並將鐵粒鍛結成黏結體。西元前2千紀在小亞細亞開始以熟鐵代替青銅，西元前3世紀中國、印度和地中海國家用熟鐵製造工具和武器。後來歐洲發明攪煉法生產熟鐵，在發明柏塞麥煉鋼法和平爐煉鋼法後，熟鐵在建築結構中被鋼取代。20世紀熟鐵基本上只用於裝飾。

wu　無 道家哲理的基本概念。「無」（英譯爲Notbeing）、「有」（英譯爲Being）、無名（英譯爲the Nameless）和「有名」（英譯爲the Named）是既彼此依存，而又相互孕生。「無」和「有」是道的兩個面相。不存在並非意味毫無一物，而是欠缺可感知的性質；老子的觀點是，不存在比存在更優越。虛無在其自身即含藏所有的可能性。存在若沒有「無」，則甚至連存在亦缺少效力。根據學者何晏（卒於西元249年）的看法，「無」超越名稱與形式，因此是絕對、完整自足，並能夠完成任何事。亦請參閱Taoism。

Wu Chengen　吳承恩（西元約1500～1582?年） 亦拼作Wu Ch'eng-en。中國小說家和詩文作家。吳承恩受過傳統的儒家教育，並以其靈巧的詩作與古典風格的散文文章而聞名。他對於怪誕的故事深感興趣，因而採用口傳和書寫的民間故事作爲其小說《西遊記》（英譯本書名爲*Monkey*〔猴子〕）的底本。此書匿名出版於1592年，它敘述7世紀的僧侶玄奘以及三位動物界的神靈（包括猴子、豬和魚）所化身的隨從，前往印度遊歷、搜尋神聖經文的冒險，並遭遇喜劇性的不幸意外。此書以諷刺戲弄之筆法暴露中國社會與政府的愚昧與罪惡，並包含取自佛教、道教與新儒學的元素，爲其宗教與哲理上的思想內容。吳承恩的其他著作只有兩卷存世。

Wu Hou＊　武后（西元625～705年）　亦作武則天（Wu Zetian）。中國唐朝的女皇。一生事業的開端始於擔任皇帝唐太宗的嬪妃，但之後她成爲太宗之子的配偶。她在清除其他女性的對手後，於655年成爲皇后。在660年前，藉由撤職、放逐與處決，消滅反對她的人。因爲皇帝虛弱多病，武后因而能以皇帝之名進行統治。在皇帝死後，她以其子的名義繼續統治；最後在690年，以自己的名號自立爲皇帝。爲強化其政權，她宣稱自己是彌勒佛的化身。雖然她長久以來因其殘酷以及維持權力的手段，遭到毀謗，但她支持發展以富於學識的官僚來取代貴族家族進行統治，穩定了王朝。

Wu-lu-mu-ch'i ➠ Ürümqi

Wu Sangui　吳三桂（西元1612～1678年）　亦拼作Wu San-kuei。中國將領，招喚滿族進入中國，並協助他們建立清朝。雖然吳三桂在中國東北前線與滿族作戰多年，但當明朝首都北京淪陷於李自成手中，他轉而向滿族人求援。滿族軍隊擊敗了李自成，而後建立自己的王朝。吳三桂長期爲它效力，直到當他被託付主持掃蕩殘存在中國西南方的明朝抵抗勢力時，才自立門戶，在雲南和貴州地區創建自己的王國。其他兩位軍事指揮官也在相鄰的南方省份成立類似的王國。1673年吳三桂領導其他兩人一同叛亂。在他死後，其孫繼續反叛到1681年，終於被弭平爲止。亦請參閱Dorgon。

Wuchang　武昌　亦拼作Wu-ch'ang。中國中部工業城，屬於武漢三城的聯合都市之一。是武漢中最古老的城市，可以追溯至漢朝。3世紀時是吳國的都城；在元朝（1279～1368）時則爲行政省區的省府；之後一直隸屬於湖北省，直到1950年。1911年武昌是發起反抗帝國政權之革命的地方。1938～1945年日本占領這座城市。中國共產黨在1949年取得武昌。1950年納入武漢。

Wudi　（漢）武帝（西元前156年～西元前87/86年）　亦拼作Wu-ti。本名劉徹（Liu Che）。中國漢朝的皇帝，大幅提昇中國在境外的威權與影響，並立儒家學說爲中國官方的意識形態。武帝統治期間，中國軍隊擊退爲患北方邊境的游牧部族——匈奴，將中國南方與越南中北部合併於帝國之中，並再度攻占朝鮮。武帝所派出的探險隊最遠抵達費爾干納（今烏茲別克境內）。武帝所發動的軍事戰役超越國家資源所能負荷；武帝爲尋求新的收入來源，於是頒佈新的稅制，並開創國家壟斷鹽、鐵和酒專賣的制度。

Wuhan　武漢　亦拼作Wu-han。中國華中地區東部城市，湖北省省會。武漢位於漢水和揚子江（長江）的匯流處，是在西元1950年由三個城市合併而成的聯合都市，包括位於長江北岸的漢口、跨越漢水的漢陽和長江南岸的武昌。是華中地帶最主要的工業與商業中心，也是連接海運、河運、鐵路和道路運輸的輻輳地，擔任集中與分配長江中游河谷、中國西部與西南部之產品的要地。武漢擁有許多工業，包括綜合製鋼與製鐵的複合工業。設有武漢大學和華中科技大學。人口約3,911,824（1999）。

Wundt, Wilhelm＊　馮特（西元1832～1920年）　德國生理學家和心理學家，公認的實驗心理學奠基人。在取得醫學學位後，曾爲米勒的學生，後成爲赫姆霍茲的助手。在出版《感官知覺理論論文集》（1858～1862）後，1862年他首次講授科學心理學。在《生理心理學原理》（兩卷，1873～1874）書中，提出一種研究直接意識經驗（包括感覺、情感、意志和觀念）的心理學體系，又包含統覺或有意識知覺的概念。在萊比錫大學教書時（1875～1917），創建了第一個心理學實驗室（1879）和心理學雜誌《哲學研究》（1881）。馮特其他重要著作包括《民族心理學》（十卷，1900～1920）。

Wupatki National Monument＊　伍帕特基國家保護區　美國亞利桑那州中北部國家保護區。位於小科羅拉多河畔。1924年設立。面積142平方公里。內有前哥倫布時期的紅砂岩村莊八百餘座。對房屋樑木年輪的研究表明，村落建於11～13世紀。

Wuppertal＊　烏珀塔爾　德國西北部城市。位於烏珀爾河岸。1929年由巴門、埃爾伯費爾德、拜恩堡諸鎮合併成巴門－埃爾伯費爾德，1930年改名烏珀塔爾。早在16世紀時這裡即已紡織業著稱，至今仍是地區紡織業中心。其他工業產品還有化工品、橡膠產品和機械產品等。還有許多公園、植物園及一座知名的動物園。人口約381,884（1996）。

Wurlitzer, (Franz) Rudolph　沃利策（西元1831～1914年）　德裔美國樂器製造商。1853年移居美國，1872年與其兄弟建立沃利策公司，開始經營樂器生意。其子霍華德（1871～1928）引進自動樂器，此後該公司生產管風琴，從自彈管風琴、電子管風琴，到後來以震動簧片而不是管子來產生聲音著稱的管風琴。

Württemberg＊　符騰堡　古代德意志邦國，首府是斯圖加特。最早的居民是塞爾特人，後來連續被斯維比人、羅馬人、阿勒曼尼人和法蘭克人統治。中世紀早期符騰堡爲士瓦本的一部分。1803年成爲一選侯國，1806年成爲王國。1819～1918年間是行君主立憲政體，後於1918年成爲獨立共和國，並在1919年與威瑪共和合併。1934年納入第三帝國管轄。第二次世界大戰期間，這裡受到破壞（1945）。1952年成爲巴登－符騰堡州的一部分。

Wuwang　（周）武王（約西元前12世紀）　亦拼作Wu-wang。中國周朝的建立者及首位統治者。在建立周朝後，武王在其弟周公的輔佐下，把土地授予親屬及功臣，建立了一個封建形式的政府以鞏固其統治。後來的儒家把他視爲「賢王」。

Wyatt, John　韋艾特（西元1700～1766年）　英國機械師，在發展動力紡紗方面有貢獻。原從事木匠工作，1730年由伯明罕的發明家保羅資助，從事金屬擋床和製造鏈刀的機器方面的工作。1738年第一次獲得專利的紡紗機，幾乎完全是保羅的構想，而由韋艾特提供技術製造，其原理是從一組以不同轉速旋轉的輥子上抽取纖維。這種紡紗機在一段時間內很流行，但到了1770年代被阿克萊特的水力紡紗機所取代。

Wyat, Thomas　韋艾特（西元1503～1542年）　受封爲湯瑪斯爵士（Sir Thomas）。英國詩人，是亨利八世的親信，因風度翩翩，精通音樂、語言和兵器而受讚賞；曾多次擔任外交使節。他以其詩歌而聞名，把義大利的十四行詩和三行連環韻詩以及法國的輪旋曲引進英國文學中。他的詩有強烈的個性，在當時頗不尋常。作品計有《讚美詩若干首……依英韻詠作》（1549），三部諷刺詩和歌曲。

Wycherley, William＊　韋策利（西元1640～1716年）　英國劇作家。曾在牛津大學學習，後又開始學習法律。以《林中愛情》（1671）一劇獲得朝廷的喜愛；《爽快人》（1676）諷刺貪而無厭。《鄉村妻子》（1675）可能是他最成功的作品，對習俗和社會有十分嚴厲的批判，全劇譏諷過分的嫉妒和自滿，劇中人在引人發笑的談話中不自覺地洩露出他們的特點。他後來失寵於朝廷，並在債務人監獄待了七年，直到詹姆斯二世將他救出。

Wycliffe, John＊　威克利夫（西元1330?～1384年）　英格蘭神學家、哲學家、宗教改革者。1372年獲神學博士學位。愛德華曾派他赴布魯日與教宗代表就英格蘭與教廷雙方在教廷賦稅和神職任免權等重大問題上的分歧進行商談。他批評宗教政策，認為教會既然有罪就應當放棄財產而恢復安貧樂道的本來狀況，剝奪教會資產應由國家特別是國王執行。他的論點受到廣泛注意，爲此，教宗在1377年要求逮捕他。1379年他開始有系統的批判羅馬天主教，他主要抨擊變體論即認爲聖餐禮上所用的餅和酒果眞變爲耶穌的肉和血的教義。1380年參與《聖經》英譯的工作，並籌組「窮修道」修會，以便將《聖經》的眞理傳布到民衆中去。他的追隨者稱之爲羅拉德派。教會高層將農民起義（1381）歸咎於他的煽動；他的著作全部被禁。他的著作後來激勵了宗教改革運動的領袖，最著名的是馬丁・路德。

Wye, River　瓦伊河　英格蘭西部和威爾斯東部境內的河流。從威爾斯中部高沼地向東南流經英格蘭，後注入塞文河。長約210公里。沿岸有廷特恩教堂遺址。河中盛產鮭魚。

Wyeth, Andrew (Newell)＊　韋思（西元1917年～）　美國畫家。曾隨父親涅維爾・坎弗爾斯・韋思學畫。其繪畫題材幾乎全來自查茲福特附近地區和緬因州庫興市他的夏日住家附近地區。其技法精確細膩，使人覽之如入幻境。用色大多局限於大地顏色。《克里斯蒂娜的世界》（1948；現藏紐約市現代藝術博物館）是他著名的畫作，顯示他善於使用特殊透視角度和光線明暗表現動態。他是第一位獲得總統自由獎章的畫家（1963），也是第一位獲頒國會金質獎章的藝術家（1990）。他是法國藝術學會和英國皇家學院的會員，也是蘇維埃藝術學會的榮譽會員。他的兒子傑米（1946～）在繪畫方面也卓有成就。

韋思的《克里斯蒂娜的世界》（1948），蛋彩畫；現藏紐約市現代藝術博物館
By courtesy of the Museum of Modern Art, New York City

Wyeth, N(ewell) C(onvers)　韋思（西元1882～1945年）　美國插畫家及壁畫家。於麻薩諸塞州尼達姆的農場長大，在波士頓學素描和插畫，之後拜插畫大師派爾（1853～1911）爲師。首張成功畫作描繪的是美國西部風光，繪畫生涯中的創作收錄於逾一百本著作中，包括著名的兒童經典系列《金銀島》、《綁架》、《亞瑟王》、《羅賓漢》及《黑箭》等，他亦於諸多公共建築上創作壁畫。韋斯身兼其子安德魯・韋思的導師。

Wyler, William　惠勒（西元1902～1981年）　法裔美國電影導演。先後在法國和瑞士就讀，1922年移居紐約。在環球影片公司工作一短時間後，成爲低成本西部片的導演，後因《大律師》（1933）建立起聲譽。後來成功的執導了《孔雀夫人》（1936）、《咆哮山莊》（1939）和《小狐》（1941）。以清晰的敘事風格和處理人際關係時的微妙手法著稱，分別以《忠勇之家》（1942）、《黃金時代》（1946）獲奧斯卡獎。後來又執導多部深受好評的電影，如《羅馬假期》（1953）、《賓漢》（1959，獲奧斯卡獎）和《妙女郎》（1968）等。

Wynette, Tammy＊　溫尼特（西元1942～1998年）　原名Virginia Wynette Pugh。美國鄉村音樂歌手。生於密西西比州伊塔溫巴郡，父親是音樂家，在她襁褓時即辭世，母親隨之離去，祖父母將她養育成人。她原本是美容師，之後在韋格納的電視節目中擔綱。1967～1968年推出暢銷單曲〈你的好女孩就要變壞了〉、〈離婚〉及招牌歌〈支持你的男人〉。1969年嫁給瓊斯，婚姻關係維繫至1975年。她與瓊斯錄製了許多二重唱單曲，包括她的最後一張專輯《一》（1996）。溫尼特共有二十首冠軍鄉村單曲和五十張專輯，其自傳《支持你的男人》（1979）於1982年被拍成電影。

Wyoming　懷俄明　美國西部一州。該州包括大平原和布拉克山的一部分。落磯山脈區的大角河、堤頓山脈和溫德河都在該州境內。海拔4,207公尺的甘尼特峰是該州最高峰。大陸分水嶺從西北向東南穿過該州。州內約四分之三的河流都東流進入密蘇里－密西西比河流域。該州最大的湖泊是黃石湖。18世紀時當白人探險者第一次來到懷俄明時，這裡的居民是平原印第安人，其中包括肖肖尼人。在奧瑞岡小道和橫貫大陸小道都經過該州。這裡大部分的領地都是美國人從法國人手中奪取的。路易斯和克拉克遠征並未經過這裡，但其中一個隊員科爾特在此度過一段時間。1868年在建立懷俄明准州之前，這一地區隸屬於美國其他一些准州。1869年懷俄明州通過了婦女選舉權法，並在1889年成爲第一個將這一法律寫入憲法的州。在獲得州地位以前，這裡發展起了繁榮的畜牧業。1890年加入聯邦，成爲美國第44個州。1925年該州產生了美國歷史上第一位女州長——羅斯。現今畜牧業仍在經濟上占有重要地位，採礦業變得日益重要，旅遊業蓬勃發展。首府夏延。面積253,326平方公里。人口約480,000（1997）。

Wyoming, University of　懷俄明大學　美國拉勒米的公立大學。1886年成立，爲一土地撥贈機構，有農業、人文暨科學、商業、教育、工程、保健學、法律等學院，以及一所研究院。該大學於大堤頓國家公園設有一個試驗站；該校的博物館提供落磯山地區詳盡的歷史及史前資料。註冊學生人數約12,000人。

Wyoming Massacre　懷俄明慘案（西元1778年7月3日）　美國革命期間英軍在賓夕法尼亞州懷俄明谷屠殺美國居民三百六十人的事件。1778年6月初巴特勒上校率領效忠派和印第安易洛魁族一千名進攻懷俄明谷的五千名居民，其中多爲聚集在福蒂要塞的美國婦女和兒童，結果男女和兒童有三百六十人被屠殺，另外有許多人逃往森林，成爲餓殍。巴特勒率隊北上，繼續襲擊紐約州的邊境居民點。導致後來美國人對易洛魁人更猛烈的攻擊。

Wyszynski, Stefan＊　維辛斯基（西元1901～1981年）　波蘭樞機主教和大主教。1924年8月3日受神職，於1935年創辦基督教工人大學，第二次世界大戰期間加入抵抗運動。歷任盧布令主教（1946），波蘭大主教（1948）和樞機主教

W X Y Z

(1952)。因拒絕共產黨的要求，未經受審而被拘留（1953～1956）。獲釋後，他和掌權者哥穆爾卡兩人在宗教和國家之間的關係上達成和解，這次和解避免了蘇聯的入侵。

Wythe, George＊　威思（西元1726～1806年）　美國法官和政治家。他學習法律，後來在移民議會工作。他在威廉斯堡執律師業，後來當選總統的傑佛遜曾在他的律師事務所裡學習過法律。在為威廉和瑪麗學院期間（1779～1789）他成為美國第一位法學教授，學生包括了約翰．馬歇爾。為大陸會議代表之一，簽署了「獨立宣言」。1776年受傑佛遜總統等三人指派，修訂維吉尼亞的法律。在擔任衡平法官期間（1778～1806），他在「維吉尼亞州訴卡頓案」（1782）中聲稱法院有權拒絕執行違反憲法的法律。他是美國制憲會議（1787）一員。

X ray　X射線；X光　波長極短的一種電磁輻射，在帶電粒子減速或原子內電子躍遷時產生。X射線以光速傳播，並呈現出與波動相關的現象，但實驗指出它們的行爲也像粒子（參閱wave-particle duality）。在電磁波譜圖上，X射線處在γ射線和紫外輻射之間。X射線是倫琴於1895年發現的，由於不知道它的性質，故而取名爲X射線。X射線在醫學上用於診斷骨折、牙齒齲洞和癌症等；確定體內異物的位置；以及制止惡性腫瘤的擴散。在工業上，X射線用於分析和檢測結構中的裂痕。

X-ray astronomy　X射線天文學　對發射X射線波長輻射的宇宙物體的研究。由於地球的大氣層吸收大部分的X射線，所以必須把X射線望遠鏡和探測器帶到大氣層之上才能觀察產生X射線的物體。太陽是被確定爲發射X射線的第一個天體（1949），但它是個弱源；又過了三十多年才清楚地探測到來自其他普通星體的X射線。幾乎所有種類的星體都發射X射線，但通常只是它們輸出能量的極小部分。超新星殘留體是較強的X射線源。星系中最強的X射線源是某些物理雙星，其中的一個星體很可能是黑洞；甚至在附近的星系（如仙女星系）中可以看到X射線雙星。星系團往往包含星系之間的非常熱的氣體，會發射出很強的X射線。最後，在1962年發現了模糊的X射線輻射背景，從很遠的距離和從各個方向發出；與宇宙背景輻射不同，看起來像有多個獨立的源頭。

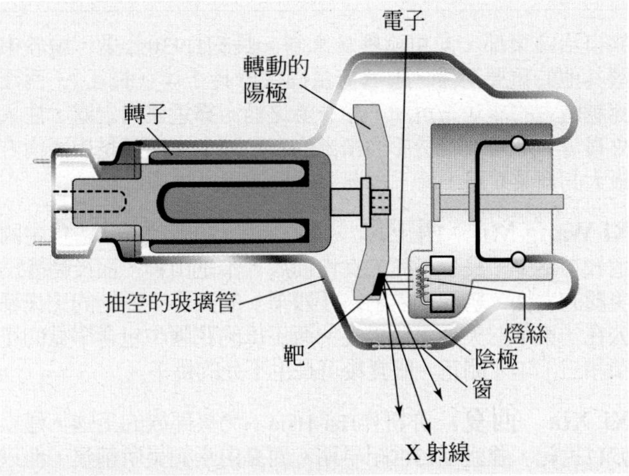

X射線管。電流加熱燈絲將電子從陰極激發出去。陰極和陽極之間的高電壓差造成電子往陽極加速，陽極轉動避免靶過熱。當電子打擊陽極的靶區，放出X射線。

X-ray diffraction　X射線衍射　晶體的原子因其間隔一致，造成入射的X射線產生波動干涉圖案的現象。晶體的原子面作用於X射線的方式就像均勻排列的格柵作用於光束（參閱polarization）。每個物質有獨特的干涉圖案，提供晶體內原子結構或分子的訊息。亦請參閱Bragg, William (Henry)。

Xanthus＊　桑索斯　呂西亞古城，曾被波斯人（西元前540年）和羅馬人（西元前42年）圍攻後又重建。遺址在土耳其西南部有保存良好的劇院、廟宇和其他建築的廢墟。

Xavier, St. Francis＊　聖方濟・沙勿略（西元1506～1552年）　西班牙裔法國傳教士，在遠東地區傳教。出身巴斯克貴族家庭，就讀巴黎大學，與羅耀拉相識，成爲耶穌會最初的7個成員之一。1537年被任命爲神父，1542年到印度從事傳教活動三年。1545年在馬來群島建立傳教團，1549年前往日本，第一次有系統性地傳入基督教。1551年返回印度，次年在試圖進入中國時死亡。據信沙勿略曾爲大約三萬皈依者做過入教洗禮；他的成功部分是因其適應了當地文化。1622年受封爲聖徒，1927年被指定爲所有傳教團的主保聖人。

Xenakis, Iannis＊　澤納基斯（西元1922～2001年）　希臘裔法國籍（羅馬尼亞出生）作曲家。他的希臘家庭於1932年返回希臘，他在那裡學習工程。他是個反戰鬥士，1947年被迫逃離希臘，當時他被抨擊是共產主義者。後與建築師科比意一起工作（1947～1959），同時師從梅湘等人學習作曲。出於對表達音樂中數學結構的興趣，他使用「隨機音樂」這個名詞來指元素數值排除所謂的每個元素將會做的預測情況，但群組的整體行爲是決定性的。他用斐波那契數列（《變形》〔*Metastasis*〕，1954）、波茲曼常數（《皮托普拉克塔》〔*Pithoprakta*〕，1956）和馬爾可夫鏈（《類推A》〔*Analogique A*〕和《類推B》〔*Analogique B*〕，1958～1959）這些標準概念創造了非常多的作品。

Xenocrates＊　色諾克拉底（卒於西元前314年）　希臘哲學家、柏拉圖的學生。繼斯珀西波斯任希臘學園主持人。他的著作除若干片斷外，均已無存。據亞里斯多德稱，他的學說與柏拉圖的學說相似，他將哲學分爲邏輯學、物理學和倫理學。聲稱哲學的產生是由於人們想解決自己的焦慮。認爲幸福只是圓滿境界的取得，而這種境界只有人才能達到。因此人只有同自己感到很自然的事物接觸時才有歡樂。亦請參閱eudaemonism。

xenon＊　氙　化學元素，化學符號Xe，原子序數54。是稀有氣體之一，無色、無臭、無味，幾乎是惰性的，僅與氟和氧結合，並以複合物形式存在（參閱bonding）。在大氣和岩石中存在痕量的氙。氙可以透過液態空氣蒸餾得到，用於發光管、閃光燈、雷射器和示蹤研究，還可作麻醉藥。

Xenophanes of Colophon＊　色諾芬尼（西元前560?～西元前478?年）　希臘詩人和敘事詩作者，又是宗教思想家和埃利亞學派的著名先驅者。有些評論家認爲巴門尼德斯是埃利亞學派的創始人，但色諾芬尼的哲學可能比巴門尼德斯的觀點出現的時間更早。從其片斷的史詩中反映了他對當時擬人說的蔑視，對於人們把荷馬的神話信以爲真，也不以爲然。

Xenophon＊　色諾芬（西元前431～西元前350年以前）　希臘歷史學家。出生於富有的雅典人家庭。他批評極端民主政治，被判處流放。一生的重大經歷是在波斯王子居魯士的希臘雇傭兵團中服役。這次經歷成爲他的名著《遠征記》的素材。他的作品還包括《馬術》、《騎兵隊長的職務》和《居魯士的教育》等。

xerography＊　靜電影印　光導電物質的成像方法，當光線落在這些物質上面，電阻會減小。靜電影印是最廣泛運用文件複印機（參閱photocopier）的基本原理。此法是1930年代由美國物理學家卡爾森（1906～1968）發明，1940年代、1950年代由全錄公司（當時稱哈洛伊德公司）發展。光線穿透文件或從文件反射，到達覆蓋硒的感光鼓面，上面噴上帶負電荷的墨水顆粒（碳粉），在感光鼓上構成文件的影像。當紙張貼著感光鼓滾過，紙張下方的正電荷吸引負電荷的墨水顆粒，把影像轉移到複印紙上。短暫的熱將墨水顆粒熔合到紙上。第一台成功的商業用靜電影印機是在1959年推出。

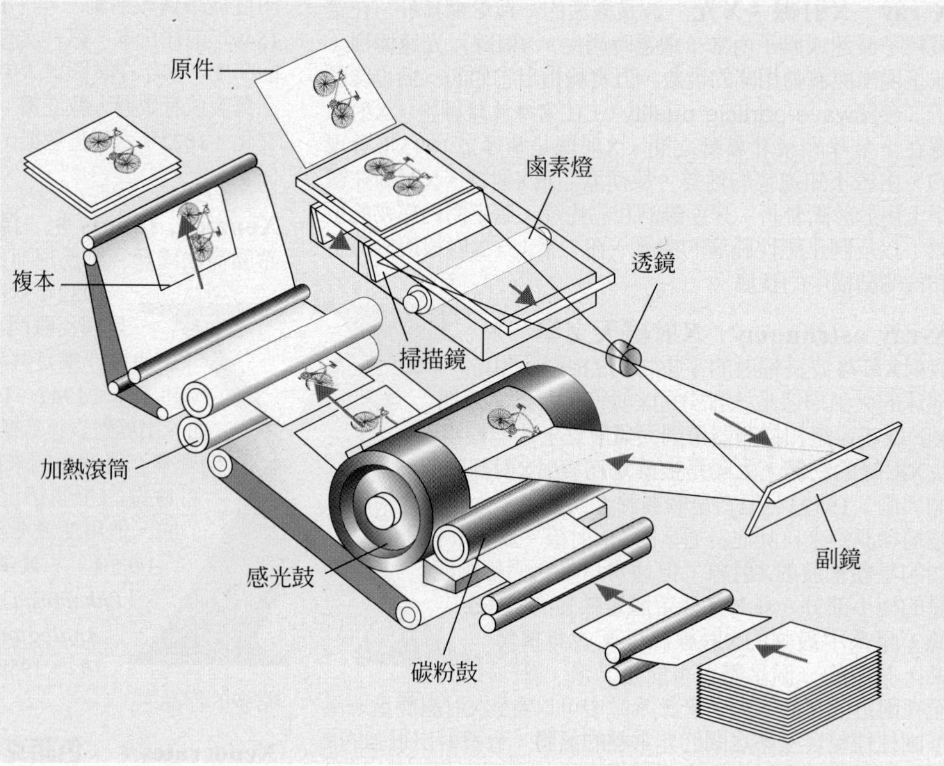

照在物件上的光線由鏡子反射出去穿過透鏡，經由副鏡反射在感光鼓（表面塗硒）形成影像。鼓面的電荷由於影像的亮暗而改變。碳粉鼓將細微的黑色顆粒（碳粉）送往影像深色帶電的區域。然後將碳粉構成的影像轉移到滾過鼓的紙張上，帶負電的碳粉顆粒受到紙張下方的正電吸引，加熱紙張將碳粉固定。最早的複印紙表面必須經過處理，但是硒鼓的革新允許使用一般紙張。光的投影允許以任意比例放大或縮小影像。
© 2002 MERRIAM-WEBSTER INC.

Xerox Corp.　全錄公司
美國大公司，首創靜電普通紙影印機。1906年成立，原名哈洛伊德公司，1958年改名哈洛伊德全錄公司，1961年改今名。1960年首次銷售靜電影印機。產品問世後大獲成功，全錄不得不進行一項持續的活動，以免商標Xerox變爲一般性名詞。全錄也生產電腦設備和辦公室通訊系統。此外亦爲國防和航太業從事技術的研究和製造設備。

Xerxes I＊　薛西斯一世（西元前519?～西元前465年）
波斯文作Khsayarsha。阿契美尼德王朝的波斯國王（西元前486～西元前465年在位）。繼位前曾統轄巴比倫十幾年。西元前484年和西元前482年，對埃及和巴比倫尼亞進行猛烈的鎮壓。他爲大流士在馬拉松的慘敗（西元前490年）報仇，花了三年時間徵集軍隊，並組成一支海軍。當一場暴風雨摧毀橫渡赫勒斯滂海峽的船橋，薛西斯用馬鞭抽海，以示懲罰。橋重新搭起之後，他以七天的時間監督軍隊跨海，按近代估計爲360,000人，並有七百艘戰艦爲後援。在幾次勝仗後，占領阿提卡，洗劫雅典，但在薩拉米斯的海戰中失敗，跨海回亞洲，留下軍隊，在普拉蒂亞戰役後，才撤走軍隊。薛西斯因這次失敗而心灰意懶，退居蘇薩和波斯波利斯，開始大興土木，廣築宮室，在不知情下捲入後宮的陰謀，在王后的要求下，殺自己兄弟的全家。他本人則被宮廷的大臣們謀殺。他在希臘的挫敗意味著阿契美尼德王朝衰亡的開端。

薛西斯一世，波斯波利斯寶庫北邊庭院的淺浮雕，做於西元前6世紀末～西元前5世紀初；現藏德黑蘭考古學博物館
Courtesy of The Oriental Institute of The University of Chicago

Xhosa＊　科薩人　主要定居在南非東部省的一群部落，爲操班圖語的南部恩古尼人的一支。在18世紀晚期與19世紀，科薩人與歐洲移民曾發生一連串衝突；這些衝突一般稱爲卡菲爾戰爭。1959和1961年間南非政府爲科薩人將特蘭斯凱和西斯凱設爲非獨立的黑人邦。1960年代始，大量特蘭斯凱的科薩人成爲流動工人。20世紀晚期，科薩人人口約7,300,000。

Xi Bo　西伯 ➡ Wenwang

Xi River　西江　亦拼作Hsi River。英文稱爲West River。中國東南部河流。上游以紅水河爲名，始於廣西壯族自治區東部，向東流經廣東省。長約1,930公里，短於中國其他的重要河流，但其流量僅次於揚子江（長江）。西江穿越廣大的珠江三角洲，於香港之西、靠近澳門之處，注入中國海。廣州城就位於沖積出的三角洲上。西江是中國南方最大的商業航路，將三角洲上的城市與內陸相連結。

Xi Wang Mu　西王母　亦拼作Hsi Wang Mu。古代中國道教神話中，長生不死的女性仙后。本是山神，而後轉變爲美麗的女性，統治一處稱爲「西華」的天界；而她的丈夫穆公在「東華」天界護衛男性。西王母的花園中包含罕見的花朵和三千年才開花、服食後可長生不死的桃子。

Xi Xia　西夏　亦拼作Hsi Hsia。党項部族的王國，建立於11世紀，強盛至13世紀早期。西夏由李元昊所創建，他以中國古代的夏國來命名他的王國。西夏介於中國的南宋，以及中亞契丹部族的遼朝之間，在不穩定的停戰協定中生存，直到被成吉思汗所征服。

科薩婦女正從田野跳著舞回村莊
Authenticated News International

Xia dynasty 夏朝 亦拼作Hsia dynasty。商朝之前近乎傳說的第一個中國朝代。中國歷史上，據說是禹開創了夏朝。一般推測它約從西元前2205年，延續至西元前1766年左右。中國東部和東北部之河南與山西的考古遺址，可以暫且鑑定為夏朝文化。亦請參閱Erlitou culture。

Xi'an 西安 亦拼作Hsi-an、Sian。中國中東部城市（1999年人口約2,294,790），陝西省省會。濱渭河，自西元前11世紀起曾作為十一個朝代的首都。唐朝（618～907）時成為古代世界最壯麗輝煌的城市，以及繁盛的商業中心。馬可波羅於13世紀曾造訪此地。1920年代，從蘇聯輸入共產主義意識形態的地點。1936年蔣介石在此遭到脅持（參閱Xi'an Incident），造成了共產黨與國民黨聯合成同一陣線對抗日本侵略者。西安是數所教育機構的所在地，並建有許多寺廟與佛塔。當西安附近的秦始皇陵挾其六千座眞人大小的兵馬俑軍隊出土之後，此地成為重要的觀光勝地。

Xi'an Incident 西安事變（西元1936年） 亦拼作Sian Incident。蔣介石遭他的將領張學良（1898～2001）所扣押，目的是想說服蔣介石先暫停對中國共產黨的戰事，優先擊退入侵的日本。該事變的結果是，國民黨與共產黨組成聯盟，將注意力轉移至盤據滿洲的日本。亦請參閱Manchuguo、People's Liberation Army。

Xiang River 湘江 亦拼作Hsiang River、Siang River。中國東南部河流，流經湖南省。湘江是揚子江（長江）的主要支流，長約500哩（800公里）。從廣西壯族自治區北部的山脈流經湖南省，注入洞庭湖，再匯入長江。來自長江的大型船隻最遠可經由湘江抵達長沙。幾世紀以來湘江一直是南北的貿易路線。

Xiang Yu 項羽（西元前232年～西元前202年） 亦拼作Hsiang Yü。中國的貴族將領和中國文化中的英雄。他推翻秦朝，並企圖將中國回復至秦朝以前的統治體制。他的軍隊被漢朝的建立者劉邦所擊潰，而項羽選擇自殺，不願被俘。他的英雄氣慨在中國的故事和詩歌中備受讚揚。

xiao 孝 亦拼作hsiao。中文意為孝順父母（filial piety）。儒家學說認為，孝是人對於父母及其他長輩，所表現的服從、奉獻與照護的態度，並視之為道德行為的基礎。孝起初根植於中國封建制度裡階層化的意識形態，而被孔子提昇為道德的指令。他引用它來作為仁的根本。孝不僅被視為家庭和諧的根本，同時也是社會與政治穩定性的基礎。

Xin 新朝 ➠ Wang Mang

Xingkai Hu ➠ Khanka, Lake

Xingu River＊ 欣古河 巴西東北部馬托格羅索州和中部的帕拉州河流，是由幾個河流的源頭所形成。該河一般是向北流，在格朗迪迪古努巴島正南注入亞馬遜河，長約2,100公里。河口約200公里的河段可航行。1950年代，欣古國家公園被指定為巴西印第安人（包括瀕臨滅絕的特奇考人）的保留地。

Xining 西寧 亦拼作Hsi-ning。中國西部城市，青海省省會。地處黃河河谷，此一河谷乃傳統上中國北方通往西藏的主要貿易路線。該區域在漢朝時屬於邊郡，到了隋朝和唐朝，依然如此。763年西藏人奪取此地，並改名為青唐城。1104年宋朝收復這塊地方，再度改名為西寧（意為西陲安寧）。西寧在西藏人統治時成為重要的宗教中心，青海最大的喇嘛寺就在附近。1928年青海獨立建省時，西寧被立為省會。當地的工業包括皮革加工工廠、鐵工廠、煉鋼廠。人口：市1,071,700；城區673,300（1994）。

Xinjiang Uygur 新疆維吾爾自治區 亦作Sinkiang Uighur、新疆（Xinjiang）。中國西北的自治區（1996年人口約16,610,000）。是中國最大的政治單位，面積近620,000平方哩（1,600,000平方公里）。首府烏魯木齊。此地從早期即為游牧部族所占據，是個擁有嚴峻的山脈和沙漠盆地的地區。絲路穿越此地帶。3世紀時隨著漢朝的衰弱，此地漸由區域性的領導者所控制；直到7世紀，中國才重新掌握此地。之後相繼臣屬於西藏、回鶻和阿拉伯人；13世紀才由成吉思汗所征服。滿洲王朝時，此地再度納入中國統治；並在1884年左右，建為新疆省。1949年中國共產黨統治此地；1995年重新設為自治區。它擁有礦物資源與包括鐵工廠和煉鋼廠的重工業，以及部分農業產品。

Xiongnu 匈奴 亦拼作Hsiung-nu。遷徙不定的游牧民族，他們在西元前3世紀末，形成有能力主宰大部分中亞、維持超過五百年的大型部族聯盟。漢朝時，匈奴持續威脅中國北方的邊境，導致中國最後征服朝鮮北部和滿洲南部。從匈奴的墓葬所挖掘出的遺物有中國、伊朗和希臘的紡織品，顯示他們與遠方民族有廣泛的貿易。

Xipe Totec＊ 希佩・托特克 前哥倫布時代中美洲墨西哥人所奉祀的春神和草木萌發之神；祂也是金匠的守護神。該神最早起源於薩波特克印第安人。後被阿茲特克人所採用。此神是新生植物的象徵，在藝術上常被描繪為身披新剝下的人皮，象徵春回大地、萬象更新。在阿茲特克日曆第二個典禮月中，祭司將人的心臟挖去或是使用弓箭射殺祭祀該神，然後將人皮剝下，並將其染成黃色，而這就被稱為「金衣」。

Xiuhtecuhtli＊ 齊烏蒂丘特利 阿茲特克的火神和萬物的創造者。人們把他和與之對等的女神錢蒂科聯繫在一起，認為他是造物主奧梅蒂庫特利神的象徵。齊烏蒂丘特利節日與氣候學上的兩個極端相符合，即8月最熱的時候和1月最冷的時候。他也是一項儀式的中心，這個儀式每52年舉辦一次，即在阿茲特克曆周期終結時，按照儀式將火從一座神殿傳到另一座神殿。

XML XML 全名可擴展標記語言（Extensible Markup Language）。從SGML發展而來的標記語言，精簡且更加結構化。混入了HTML的特色（如超文字連結），但是設計來克服一些HTML的限制。例如，設計成可擴展的（亦即允許創立自訂標記），HTML則做不到。還可依據重要性來呈現資料，而不是照著版面配置（HTML的方式）。就像SGML一樣，這是一種元語言（處理語言的語言），允許使用者依據特殊的需求量身打造新的語言。

Xochicalco＊ 霍奇卡爾科 托爾特克人古城，以令人印象深刻的遺跡和羽蛇金字塔而聞名。位於今墨西哥庫埃納瓦卡附近的數個山頭。該城主要建於西元8～9世紀，後成為重要貿易中心和宗教中心。在被西班牙征服（1520?）以前曾是防禦性城堡。主要的神廟金字塔因其繁複石雕的底邊而聞名。這一浮雕表現出鮮明的馬雅文化影響，描繪了帶羽蛇神、戴有精緻頭巾的祭司、蹲著的武士、日曆文字和象徵火的符號等。

Xu Beihong 徐悲鴻（西元1895～1953年） 亦拼作Hsuü Pei-hung。中國藝術家和藝術教育家。十多歲時徐悲鴻就成為巡迴的專業畫家，二十歲以前就擔任美術老師。1912年他首次抵達上海，在以後的幾年裡學習西方繪畫。1918年旅行到北平（今北京），應北京大學之聘，為畫法研究會導師。徐悲鴻在這段時間裡開始教導學生，認爲只有近來西方繪畫的寫實主義方法才能復興中國繪畫。他在巴黎和柏林學畫後，於上海舉辦了一個大規模的個人畫展（1926），這次畫展確立了他成爲近代中國大師的地位。最著名的畫作是歷史畫、肖像畫，以及馬、貓和其他動物的畫，他既會運用西方的手法，又能勝任中國傳統的水墨畫法。徐悲鴻描繪馬匹精準而瀟灑的模樣特別受到中國評論界和鑑賞家的盛讚，並讓他贏得了國際聲譽。1927年回中國定居，繼續執教。

Xuanxue　玄學　亦拼作Hsüan-hsueh。中文意爲幽晦難測的學問（Dark Learning）。西元3～4世紀中國的思想運動，此時乃是儒家學說喪失魅力的時代。此一學術思想創始於王弼（226～249），此運動徹底地重新詮釋儒家的典籍，並納入道家的觀點。王弼及其追隨者嘗試判定終極實體的性質究竟是存在亦或虛無一物，並追尋探索，究竟潛藏在一件事物之原則，是普遍的？亦或是特定的？此一運動在中國佛教的發展中扮演重要的角色。

Xuanzang　玄奘（西元602～664年）　亦拼作Hsüan-tsang。中國的佛教僧侶，曾前往印度朝聖。玄奘在皈依佛教前，接受過中國古典的儒家教育。他深受佛教經文的歧異所困擾，於是在629年前往印度，想從其根源處鑽研此一宗教。他徒步遊歷，穿越中亞，於633年抵達印度。在著名的那爛陀僧院進行研究後，於645年返國。他受到英雄式的歡迎，帶回了數百部佛教經文，包括部分最重要的大乘佛教經典，並投入餘生進行翻譯。玄奘深受瑜伽行派之學派影響，開創了佛教的唯識（只有觀念的構成而已）宗，在日本贏得許多追隨者，如法相宗學派。古典小說《西遊記》即受其生平所啓發而著成。

Xuanzong　（唐）玄宗（西元685～762年）　亦拼作Hsüan Tsung。本名李隆基（Li Longji）。中國唐朝的第六任皇帝，在其統治期間，唐朝的繁榮與文化的光采達於極盛。唐玄宗革新官僚體系，藉由重新登計人口而增加稅收，改善運輸系統，並沿中國北部疆界建立固定的軍事武力。當其政權逐漸走向尾聲，他也越來越從政治管理中抽身，更受到其配偶——包括著名的美女楊貴妃——的影響。755年的安史之亂迫使唐玄宗逃離首都長安，隨後他便退位以便利他的法定繼承人登上皇位。

Xunzi　荀子（西元前約300年～西元前約230年）　亦拼作Hsün-tzu。中國的學者和思想家。荀子在西元前255年成爲楚地區的行政官員以前，隸屬於齊國的思想學院。他的主要作品《荀子》的訓誡是，人性天生即惡，透過嚴格的訓練才能轉變爲善。此一觀點激起眾多爭議，因爲它反對孟子的學說。後者相信人類與生俱來的良善。當《孟子》成爲儒家經典後，荀子的學說相形之下黯然失色。他被視爲儒家學說在中國古典時期的三位偉大思想家之一。

XX, Les ➠ Vingt, Les

xylem＊　木質部　植物學名詞，爲維管系統的一部分，能將水分及溶解的礦物質從根部輸送到植物其他部分，並有機械支持作用。由特化的輸水組織構成，該組織大部分爲狹長的中空細胞。木質部是成熟木本植物根、莖的主要部分。其形成始於根尖和莖尖的頂端分生組織不斷分裂產生初生木質部。當植物的生長部分超過所形成的木質部時，維管形成層便會產生次生木質部組織。此時初生木質部細胞漸死、變空、喪失輸送功能，而成爲堅硬的骨架，只具支持作用。因此僅外部木材（次生木質部）有輸送水分的功能。

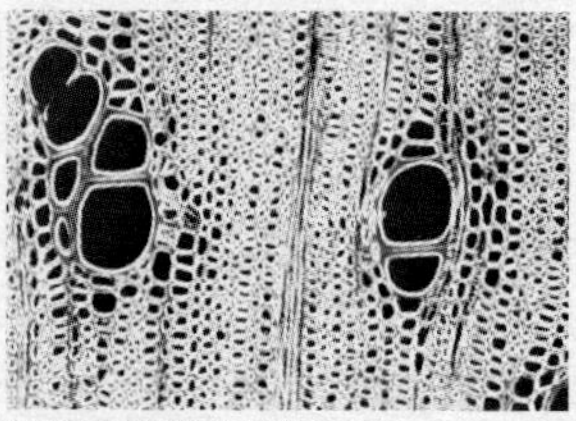

橡樹木質部的橫切面
J. M. Langham

xylophone　木琴　打擊樂器。一套有固定音高的、按音高排列的木條，用有襯墊的槌子敲擊。簡單的形式是用兩三塊木板橫放在兩支撐點上，並在地上掘坑，作爲共鳴箱。木琴於18世紀晚期從緬甸傳入中國。是非洲音樂的主要樂器，它也是印尼的主要樂器，用在甘美朗樂隊中。在拉丁美洲木琴稱爲馬林巴琴。現代交響樂團的木琴把木條安排成兩排，有點像鋼琴鍵的排列，放在架上；爲了改進音質，每個板條下面都有凹溝，並且有共鳴管。亦請參閱glockenspiel、vibraphone。

非洲的阿馬丁達琴，為坎帕拉烏干達博物館所有
Hillegeist/Kubik

XYZ Affair　XYZ事件（西元1797～1798年）　美國和法國之間的外交事件。美國總統亞當斯派遣特使格里和馬歇爾前往法國，協助平克尼與法國進行談判，以保護美國商船不受法國武裝民船的侵襲。在三人與塔列朗會晤之前，有三個法國諜報人員與他們接觸（在與亞當斯進行外交通信聯繫時，分別以X、Y、Z代號稱之），他們建議向塔列朗行賄25萬美元，並貸款給法國1,000萬美元作爲談判的前提。亞當斯拒絕了法國的要求並宣布談判失敗。後來他被迫出示X、Y、Z的信件時，引起美國人民的激憤，繼而開始備戰。後來通過「客籍法和鎮壓叛亂法」，限制潛在的同情法國者。直到1800年簽訂公約才結束了美法之間持續了一段時間的未宣戰的海戰。

Y2K bug 千禧蟲 亦作Year 2000 bug或millennium bug。在西元2000年到來時，潛在於電腦和電腦網路的問題。直到1990年代，大多數的電腦程式僅使用最後兩個數來表示年代，將前兩個數固定在19。當2000年將屆，許多程式必須部分改寫或是整個替換，以預防程式將00年誤認爲1900年而非2000年，擔心這樣的錯誤的解釋會導致一些重要的領域如銀行、公共事業系統、政府記錄等處的電腦，軟體和硬體發生故障，在2000年1月1日前後可能導致廣泛的混亂危機。爲了升級電腦與應用程式安然渡過千禧蟲危機，花費金額可能高達6,000億美元。結果除了國際性的恐慌外，幾乎沒什麼重大的問題發生，部分原因是採行的方法有效，而部分原因是問題可能的影響被誇大了。

Ya-lung River ➠ Yalong River

yacht* 遊艇；帆船 用風帆或電力推動的船舶，通常船體較小、輕盈，供比賽或娛樂之用。在娛樂方面，遊艇這個詞適用於原先以風帆爲動力，後來用蒸汽或內燃機推動的巨型船舶。17世紀至19世紀下半葉，用於航海的古老帆式遊艇均仿照雙桅帆船、雙桅（或三桅）縱帆船和快艇等海軍船艇的造型。而大型帆船的設計，最初顯然是受到1851年「美洲號」帆船（參閱America's Cup）建造成功的影響。到20世紀特別是第二次世界大戰之後，小型比賽和娛樂用船變得更加普通。亦請參閱sailing。

yachting ➠ sailing

Yagoda, Genrikh (Grigoryevich)* 雅戈達（西元1891～1938年） 蘇聯政治人物。1920～1924年成爲「契卡」（蘇維埃祕密警察）主席團的一員，後成爲首腦。1924～1934年任蘇聯國家政治保安總局（OGPU）擔任副主席。作爲史達林長期的親密夥伴，1934年成爲共產黨中央委員會委員，作爲內務人民委員部首腦，雅戈達曾在1936年8月進行第一次公開「整肅審判」（1936）。1937年他自己也成爲他曾幫助策劃的大整肅的犧牲者。在第三次整肅審判（1938）後被處決。

yahrzeit 週年悼親日 亦作jahrzeit。猶太教紀念父母或近親逝世一周年的日子，常俗全天燃燭。這一天信徒會在會堂中唸誦卡迪什（禱文），並宣讀（「托拉」（律法書）。有的人會在這一天研讀「密西拿」中的部分章節，即第六部分中與死者姓名首字母相符的章節。周年悼親日是從早期的猶太教對領袖的死亡而禁食的傳統發展而來，有些猶太人仍在當天禁食。

Yahweh 雅赫維 ➠ Tetragrammaton

yak 犛牛 牛科動物，學名爲Bos grunniens。體形粗大，棲息在青藏高原。肩峰高約1.8公尺；毛短，黑色，但兩脅和尾部的毛長，蓬生。角向外向上生長，像美洲野牛一樣頭向下俯。雌體和幼仔組成一大群，雄體組成小群。犛牛以草爲食，需水量大，冬天吃雪代水。野犛牛現已被列爲瀕危動物。馴化的犛牛容易與家牛交配；犛牛的皮可製革，尾製蠅撣，家養犛牛的乳及肉可食，脅腹部的毛可編織繩索，糞可作燃料。

犛牛
Russ Kinne – Photo Researchers

Yakima River* 雅基馬河 美國河流。源於華盛頓州中南部喀斯開山脈。在肯納威克附近匯入哥倫比亞河。全長約320公里。灌溉面積約19萬公頃。

Yakovlev, Aleksandr N(ikolayevich)* 雅科夫列夫（西元1923年～） 蘇聯經濟學家。第二次世界大戰期間，在紅軍服役。1944年加入蘇聯共產黨。1965～1973年任職蘇聯共產黨黨校，從宣傳部的指導員升至宣傳部代理部長。1973～1983年任駐加拿大大使，後爲戈巴契夫的可靠助手。1987年成爲政治局正式委員。他被認爲在製造「開放」和「重建」戈巴契夫的政策中發揮作用。

Yakut* 雅庫特人 Sakha。西伯利亞民族。使用突厥語。大部分雅庫特人原爲半游牧的生活，飼養牛和馬。冬季住處是覆土的圓木小屋，夏季則住在圓錐形帳幕內。南方雅庫特人經由同化轉向耕種，而較北的雅庫特人從埃文克人那裡引進馴鹿養殖。雅庫特人以製造鐵器聞名，也善於製陶。傳統藝術如象牙雕刻、本雕，影片製作等較現代的藝術也很風行。20世紀晚期約三十八萬人。亦請參閱Siberian peoples。

yakuza* 無賴 日本歹徒。無賴的根源要追溯到浪人，他們常常舉行武士般的儀式，並在身上刺以精美的紋身來表明自己的身分。他們從事有組織的犯罪，諸如敲詐、勒索、走私、賣淫、販毒和賭博，他們還控制了日本各城的許多餐館、酒吧、卡車運輸公司和計程車隊。如今人數超過十五萬；他們組成2,000多個幫派，多數都依附於十二個或較少一些的大幫派之一的保護傘下。無賴幫派中有嚴格的等級制度，若做出令幫派失望的事情，其代價往往是被迫砍下自己的手指。

Yale University 耶魯大學 康乃狄克州新哈芬的一所私立大學長春藤學校之一，建於1701年。在美國最古老的大學中名列第三。著重古典學科，嚴格堅持正統的清教派觀點。醫學院建於1810年，神學院和法律系則分別建於1822、1824年。1802～1853年在耶魯任教的地質學家西利曼，是使實驗與應用科學成爲受人尊重的學科的一位教育家。19世紀中期開辦研究生課程及創辦藝術、音樂、林學、護理、戲劇、管理和建築學院。耶魯大學圖書館藏書超過1,000萬冊，是美國最大圖書館之一。美術館建於1832年，耶魯的皮巴第自然史博物館藏有古生物、考古學和人類文化學的重要文物。耶魯大學畢業生中有四位美國總統。

Yalong River 雅礱江 亦拼作Ya-lung River。中國南方的河流，位於四川省境內。發源於青海省海拔近16,500英尺（5,000公尺）的山脈中，在雲南邊疆注入揚子江（長江）。全長約822哩（1,323公里），由於其大部分河段皆湍急洶湧，故難以航行。

Yalow, Rosalyn (Sussman)* 耶洛（西元1921年～） 原名Rosalyn Sussman。美國醫學物理學家。在伊利諾大學獲物理學博士學位。發展了放射性免疫檢驗術。這種技術對測定血液中或其他液體中的生物性和藥物性物質的微小濃度是一種非常靈敏而簡單的方法。RIA技術最初是由耶洛和貝松於在研究糖尿病人血液中胰島素（1959）的濃度時首先應用的。但不久這個方法獲得了幾百種其他方面的應用。與沙利和吉耶曼共同獲得1977年諾貝爾生理學或醫學獎。

Yalta 雅爾達 烏克蘭南部的城市。在克里米亞半島南岸，瀕臨黑海。史前已有人定居，19世紀初具有現代規模，

1838年建鎮。此處背山面海，風景如畫，冬暖夏涼，是烏克蘭著名的旅遊區和療養地，第二次世界大戰期間，盟國首腦的雅爾達會議所在地。人口約89,000（1994）。

Yalta Conference　雅爾達會議（西元1945年2月4日～西元1945年2月11日）　第二次世界大戰時盟國首腦的一次重要會議。羅斯福、邱吉爾和史達林在克里米亞的雅爾達開會，商討有關最後戰勝並占領納粹德國的計畫。會議決定：戰爭對德國人民的協助、廢除或沒收德國軍需工業、戰犯交國際法庭審判、處理東歐其他戰敗國和被解放的國家、擬訂有關聯合國安全理事會投票以及德國賠償問題。蘇聯人撤回原先的要求，不再主張蘇聯十六個加盟共和國都成爲聯合國大會的成員國。史達林同意在德國投降後參加對日本作戰。羅斯福死後兩個月，史達林沒有實踐他在東歐國家舉行自由選舉的允諾。亦請參閱Potsdam Conference、Tehran Conference。

Yalu River　鴨綠江　亦拼作Ya-lü River。韓語作Amnok River。介於中國東北與北韓之間的河流。全長約491哩（790公里），發源於北韓北部的邊界，最後注入朝鮮灣。是水利發電的重要來源，大部分河段亦可通行小型船隻。14世紀時成爲政治上的邊界。韓戰期間，當美國軍隊在1950年朝鴨綠江進攻時，中國部隊則越過鴨綠江，清楚表明他們將投入作戰。

yam　薯蕷　亦稱山藥。薯蕷科薯蕷屬幾種植物的統稱。許多種在熱帶栽作糧食作物。在某些熱帶地區，尤其是西非和新幾內亞，薯蕷是主要的農產品，在複雜的儀式中亦不可或缺。薯蕷的肉質顏色不同，味道有甜、有苦或無味。可烹食作含澱粉的蔬菜。常將薯蕷煮熟，然後搗爛成糊狀可炒、烤或烘熟食用。眞正的薯蕷在植物學上不同於甘薯，但塊莖內含水分多的甘薯品種在美國亦常稱爲yam。

Yama＊　閻摩　印度神話中的死神。據《吠陀》記載，他是第一個死亡的人。他是太陽神蘇利耶的兒子，管理死者的安息之地。在吠陀的記載中，他也是過世祖先的快樂國王，但是在後來的神話中他成爲一位公正的法官，懲罰那些有罪過的死者。

Yamagata Aritomo＊　山縣有朋（西元1838～1922年）　日本議會政體下的第一位首相（1889～1891，1898～1900）。出身爲長州藩最下層的武士家庭。爲提出「尊王攘夷」口號的改革派分子。1863年被選爲長州藩改革派組成的騎兵隊指揮官。1864年下關事件（西方列強的混合艦隊炮轟長州）使他認清，要擁有與西方列強相等的現代化武器。參與明治維新後，出國學習軍事基本原理。後任約一萬名士兵的帝國近衛軍司令。實行徵兵制；1877年山縣統軍平亂，西鄉隆盛在薩摩藩武士起兵反對政府。政治上他比伊藤博文更爲保守。身爲日本首相，採取擴張政策，在中國發生義和團運動時，日本在八國聯軍中出兵最多。他盡力鎭壓在日本國內剛出現的勞工運動。退休後，仍擔任樞密院議長。亦請參閱Meiji Constitution、Meiji period。

Yamal＊　亞馬爾半島　俄羅斯中西部低地，位於西伯利亞西北部，西臨喀拉海和拜達拉塔灣，長700公里，最寬處240公里，面積122,000平方公里。西海岸有大型天然氣田。

Yamamoto Isoroku＊　山本五十六（西元1884～1943年）　日本海軍軍官。日俄戰爭中任少尉軍官。1941年任日本聯合艦隊司令。一旦做出了與美國開戰的決定，山本便斷言日本取勝的唯一機會就是發動突襲，一舉癱瘓太平洋上的美國海軍部隊，並提出偷襲珍珠港的計畫。隨後，山本尋求與美國太平洋艦隊殘存力量也就是航空母艦部隊進行決戰。但由此而產生的中途島海戰卻是美國人取得了勝利。山本在索羅門進行的作戰也很不成功。美軍破譯了日軍通訊密碼，得知其行動路線，設伏在索羅門群島的布干維爾島上空擊落其座機，他因此而斃命。

Yamasee War＊　雅馬西戰爭（西元1715～1716年）　印第安人與美國的殖民拓荒者之間的衝突。印第安人怨恨南卡羅來納的殖民定居者和商人，導致1715年一群雅馬西印第安人殺死了九十名白人。不久，其他的部落與雅馬西人聯合襲擊貿易站和種植園。來自鄰近殖民地民兵的援助以及來自新英格蘭的戰爭物資供應幫助結束了這場襲擊事件。許多被打敗的印第安人逃往佛羅里達，與逃亡的黑奴以及其他印第安人聯合形成塞米諾爾人部落。

Yamato Takeru＊　日本武　即日本武尊。日本民間傳說中的英雄，可能生活在西元2世紀；傳說中他是第十二代景行天皇的兒子，他擴展了大和朝廷的領土。故事中說他喬裝成婦人，制服熊襲族的兩名武士，乘他們酒醉時殺死了他們。他用一把神奇的劍把蝦夷人放火點燃的野草砍倒而脫險。在當芸平原上他病倒了，變爲一隻白鳥而消失。他在伊勢的墓稱爲白鳥陵。

Yamazaki Ansai＊　山崎闇齋（西元1619～1682年）　中國新儒家朱熹哲學的日本擁護者。早年是個佛教僧人，但逐漸棄佛從儒，開始講儒經，弟子數千人。他把新儒學簡化爲一個簡單的道德準則，然後再把本地的神道教義融合進來。他把新儒家的原則與理論同神道傳說和神性等同起來，創造出一個哲學體系，這個體系的權威性要高於它的兩個來源所單獨享有的。山崎的這種思想成爲後世日本極端民族主義和崇拜天皇的哲學理論根據之一。

Yamm＊　雅木　古代西閃米特人所信奉的主管江河湖海及地下泉水之神。起初，諸神之首厄勒封雅木爲王，是萬神廟之首。有一天，雅木派使者要求諸神同意讓巴力當他的奴僕。但巴力不從，與雅木大戰。經過激烈的搏鬥，巴力殺死雅木，奪其王位。雅木有可能還被認爲是羅騰神（Lotan，希伯來人稱「利維坦」〔Leviathan〕），外形是龍或蛇。

Yamoussoukro＊　亞穆蘇克羅　象牙海岸城鎭、陪都。1960～1993年爲該國的「第二首都」，因爲這是國家元首烏弗埃．包瓦尼的出生地和非正式的總部。漁業、林業和香料工業在經濟上占重要地位。設有世界上最大的基督教堂。人口約110,000（1995）。

Yamuna River＊　亞穆納河　印度北部河流，發源於喜馬拉雅山脈。向南和東南流。全長約1,376公里，在安拉阿巴德附近與恆河匯合，匯流處爲印度教聖地。上游形成北方邦－哈里亞納邦界河。

Yancey, William Lowndes　揚西（西元1814～1863年）　美國政治人物。1844～1846年擔任美國眾議院議員。1848年起草「阿拉巴馬政綱」，以回應「威爾莫特但書」，主張奴隸主有權把他們的家財帶進新的准州。後來將脫離聯邦的事項補入政綱中。1858年協助創建了南方人聯盟，並支持南方民主黨提名布雷肯里奇爲總統候選人（1860）。後來起草阿拉巴馬脫離聯邦的法令，1861～1863年任職於南方聯盟政府。

Yang, Chen Ning　楊振寧（西元1922年～）　別名Frank Yang。華裔美籍理論物理學家。1945年移居美國，在芝加哥大學隨泰勒學習。他指出，當基本粒子衰變時宇稱不守恆。這項工作以及粒子物理學方面的其他工作使他與李政道（1926～）共獲1957年諾貝爾物理學獎。他的研究工作主要集中在基本粒子之間的弱相互作用上。他還在統計力學方面做研究工作。

Yang Di　（隋）煬帝（西元569～618年）　亦拼作Yang Ti。本名楊廣（Yang Guang）。中國隋朝的第二代統治者。統治期間建造了運河以及巨大的宮殿。608年興建巨大的運河，連結南方的稻米產區與北方的人口密集區，並於610年擴展此運河系統，促進形成大運河網絡。煬帝對越南與中亞發動軍事遠征；他三度進攻朝鮮皆以慘敗結束，導致中國人民轉而反抗他的統治。他在中國南方遭到刺殺，他以前的一位官員重新統一帝國，並創建了唐朝。亦請參閱Wendi。

yangban＊　兩班　朝鮮李朝時期（1392～1910）的最高社會階級，包括文班（文官）和武班（軍官）。兩班一詞源出高麗王朝（935～1392）。到李朝，爲四個階級中的最高級。兩班享有土地和俸祿，只有他們能參加科舉。1894年廢除兩班制度。

Yangon＊　仰光　舊稱Rangoon。緬甸的首都和主要海港（1996年人口約4,000,000），濱仰光河。原爲漁村，約1755年由緬甸國王雍笈牙創建，後來發展爲一個港口。第一次英緬戰爭時爲英國人占領（1824～1826），第二次英緬戰爭爆發後又被占領（1852）。1886年英國兼併整個緬甸後，仰光成爲首都城市。第二次世界大戰期間日本人占領該市，並遭嚴重破壞。1988年仰光發生了數次嚴重的軍事鎮壓反政府示威活動。仰光操控了80%以上緬甸對外的商業活動。

Yangshao culture＊　仰韶文化（西元前5000～西元前3000年）　中國黃河流域的史前文化，以數個出土彩繪陶器的地方爲代表。仰韶文化已種植粟，並馴養部分動物爲家畜；使用打製和磨製的石器工具；生產蠶絲、陶器則是在地上挖掘出的窯洞所燒製而成。亦請參閱Banpo。

Yantze Gorges Dam Project ➠ Three Gorges Dam Project

Yangtze River＊　揚子江　亦稱長江（拼作Chang Jiang或Ch'ang Chiang）。中國的河流。發源於中國西部崑崙山之東，它向東南流，先持續向東流過雲南，而後穿越中國其他地區，於上海附近注入中國海。上游以金沙江爲名，河川長度約3,434哩（5,525公里），是世界上的第三長河；長江可航行的河段有585哩（940公里），但從650英尺（200公尺）高的重慶，到130英尺（40公尺）高的宜昌之間，遍布峽谷，使得宜昌以上難以通航。長江主要的支流有雅礱江、岷江、嘉陵江、漢水和吳江。長江流域號稱爲中國的穀倉，此區域並有數個大城市，包括上海、南京、武漢和重慶。引起爭議的三峽大壩計畫，最早於1920年代即有人討論，1950年代被毛澤東所推動，而於1994年正式動工。三峽大壩位於宜昌之西，它將使貨輪能夠從東中國海向內陸航行1,400哩（2,250公里），直達重慶。

Yanofsky, Charles＊　亞諾夫斯基（西元1925年～）　美國遺傳學家。從耶魯大學獲得博士學位。他是一個研究小組的成員，該小組首先證明某些變異的基因會產生無活性的蛋白質。後來他以大腸埃舍里氏菌爲材料證明，構成遺傳物質部分結構的含氮基序列與蛋白質中的氨基酸序列之間存在著對應關係。研究抑制性基因變異（這種基因改變能在第二個基因裡逆轉可見的變異效應），他發現抑制會恢復在變異中生成有活性的酶的能力，而以前這種變異只會生成無活性的蛋白質。

Yanomami　揚諾馬米人　亦作Yanomamo。南美洲印第安人，居住在委內瑞拉南部奧利諾科河流域的偏遠叢林以及巴西亞馬遜河流域的最北端。他們都是獵人和採集者，也從事刀耕火種式的農業。他們的文化獎勵進攻行爲，彼此間戰事常年不斷。由於他們的生存受到巴西採礦人員侵入的威脅，1991年巴西政府撥出93,000平方公里的土地作爲揚諾馬米人的家園。他們的人口約1萬。

Yao＊　堯人　操班圖語的諸民族，居住在坦尚尼亞南部、莫三比克北部以及馬拉威南部地區。在殖民時代，堯人是著名的奴隸貿易商。他們從未完全統一過，而是以小集團一起生活，由一些酋長統治。到1900年時，他們曾被德國、葡萄牙或英國人統治過。現今人數約有220萬，從事刀耕火種農業。多數人爲穆斯林。

Yao＊　堯　中國神話裡，與舜、大禹是三位傳說中的皇帝，活在遠古（約西元前24世紀左右）的黃金時代裡的人物。三位皇帝全都被孔子推崇爲美德、公正與無私奉獻的典範。

堯的想像畫，清乾隆年間（1735～1796）繪成；現藏紐約市大都會藝術博物館
By courtesy of the Metropolitan of Art, New York, gift of Mrs. Edward S. Harkness, 1947

Yaoundé＊　雅溫得　喀麥隆首都。1888年在德國保護國時期建立。1922年爲法屬喀麥隆首都。1940～1946年杜阿拉取代該城爲首都。獨立後，1960年爲喀麥隆政府所在地，政治和商業中心。有捲煙廠、釀酒廠、鋸木廠和印刷廠。人口約800,000（1992）。

Yaqui＊　亞基人　聚居在墨西哥西海岸索諾拉州南部的美洲印第安人。過去爲定居的農人，曾頑強抵抗首批西班牙入侵者，後來才逐漸受到傳教團的影響。19世紀時他們反抗墨西哥人侵占他們的肥沃土地，1887年終於被費力地鎮壓下去。成千上萬的亞基人遭驅逐。1930年代，墨西哥政府歸還土地給大部分的亞基人。灌溉工程使亞基人從種植自給自足的作物轉變到種植經濟作物（小麥、棉花和蔬菜油作物等）。在墨西哥的亞基人人數約有25,000，還有數千人住在美國的亞利桑那州。

Yarborough, Cale＊　亞爾伯勒（西元1939年～）　原名William Caleb。美國美式房車比賽選手。1960年代他開始參加美式房車比賽。破紀錄地連續三年（1976～1978）贏得全國房車賽協會（NASCAR）比賽冠軍。也曾三次（1968、1977、1983）贏得代托納500哩賽冠軍和四次（1967、1968、1974、1981）贏得亞特蘭大500哩賽冠軍。

yard　碼　長度單位，在美國系統等於36吋或3呎，在國際單位制等於0.9144公尺（參閱meter）。用來丈量布疋的布碼，長37吋（布碼也是射箭的標準長度）。在非正式的對話（例如論及混凝土、礫石或表土），碼可能是指立方碼。

Yarmuk River＊　耶爾穆克河　約旦西南部河流。該河源出敘利亞西南部接近約旦邊境的熔岩平原。全長約80公里，大部分河段形成北部的敘利亞和南部的約旦兩國間的邊界。636年阿拉伯人在此打敗拜占庭軍隊，標示著穆斯林宗主權在巴勒斯坦居的開始，其統治僅在十字軍東征時（1099

W X Y Z

～1291）中斷，一直持續到第一次世界大戰爲止。1967年「六日戰爭」後，以色列控制下游河谷區。

yarn　紗線　纖維集聚或撚合成的連續縷條，主要用以製造織物。紗線是從長絲或短纖維形式的天然纖維和合成纖維製得。長絲是極長的纖維，包括天然纖維絲和合成纖維。大多數的天然纖維長度很短，而合成纖維可切成整齊的短纖維。紡紗是將一團乾淨和配好的纖維牽伸加撚的過程。長絲比短纖維需要的撚度少。撚度較大，紗線就越強韌，低撚紗柔軟而較有光澤，兩條或多條單束線可合撚爲合股線。針織用紗撚度比機織用紗少。縫紉用的線是緊密加撚的合股線。

Yaroslav＊　雅羅斯拉夫（西元980～1054年）　綽號聰明的雅羅斯拉夫（Yaroslav the Wise）。基輔大公（1019～1054在位）。弗拉基米爾一世之子，他擊敗了兄弟可憎的斯維亞托波爾克（Svyatopolk the Accursed）而成爲基輔的統治者。他透過行政改革和軍事行動、制定法律以及推廣基督教而鞏固了國家。他還建築了許多拜占庭式的城堡和教堂，包括聖索菲亞大教堂。雅羅斯拉夫從波蘭人手裡奪回了加利西亞並擴展了波羅的海地區的領地，但是他對君士坦丁堡的軍事行動卻以失敗告終（1043）。

Yarqon River＊　亞爾孔河　以色列中西部河流。發源於魯什艾因，向西流到台拉維夫－雅法北部注入地中海，全長約26公里。該河構成北面沙龍平原和沿海低地之間分界。1950年代，自亞爾孔－內蓋夫工程擴建後，水位下降，河水污染。第一次世界大戰中，英軍征服巴勒斯坦在亞爾孔河流域數次戰勝土耳其軍。

yarrow＊　蓍草　菊科蓍屬植物，約八十種，爲多年生草本。主要原產於北溫帶。葉有齒，常細深裂，有時具芳香。頭狀花序小，平頂，花白色、黃色或粉紅色。有些種栽培爲庭園花卉。

洋蓍草（Achillea millefolium）
Dennis E. Anderson

Yasin, Abd al-Salam＊　亞新（西元1928年～）　摩洛哥宗教領袖，屬於禁黨「慈愛和公義黨」（Charity and Justice Party）。原先爲學校督察，操著一口流利的英語和法語，於1989年受到軟禁。他喜愛身處於廣大的摩洛哥伊斯蘭教徒之中，國際人權團體則認爲他是一位政治犯。

yaws　雅司　亦稱熱帶莓疱（frambesia）。常發生於熱帶潮濕地區的一種接觸性傳染病。病原爲極細密螺旋體，其形態結構與引起梅毒的蒼白密螺旋體不易區分。雅司不是性病，是存在於病損部的分泌物中，皮膚若有擦傷，直接接觸病損部的分泌物即可受染。幼兒期最易感染本病，並因此獲得免疫力。雅司初期的主要特徵爲表皮疣狀增厚，隨後纖維化，表皮開裂，易出血並排出漿液性液體，一個多月後癒合，遺留疤痕。第三期可發生皮膚、黏膜及骨骼的毀形性破壞。初期可用青黴素治癒。預防在於隔離和及時治療，以及注意個人與集體衛生。

Yayoi culture＊　彌生文化（西元前250?～西元250?年）　繩紋文化的日本史前文化。原起自九州，後向東北關東平原擴展。彌生時代人開始製作青銅器和鐵器，從事紡織。並利用由中國傳來的水稻種植方法。彌生陶器是未經上釉的。早期彌生陶器的特徵是表面有鏤刻裝飾；中期表面刻有波紋裝飾。類似中國漢代青銅製品有銅鏡和銅錢。

Yazid I＊　耶齊德一世（西元645?～683年）　伍麥葉王朝第二代哈里發（680～683年在位）。穆阿威葉一世之子。他在卡爾巴拉戰役（580）的勝利，導致伊斯蘭教永遠分裂成遜尼派和什葉派。繼任哈里發後，仍然進行其父制訂的政策。他加強帝國的行政機構，改革財政制度，完善大馬士革綠洲的灌溉系統。亦請參閱Ali (ibn Abi Talib)、fitnah、Husayn ibn Ali, al-。

Yazidi＊　亞齊德派　中東地區的教派，融合瑣羅亞斯德教、摩尼教、猶太教、聶斯托留派基督教和伊斯蘭教的成分。其教徒數量不足十萬人，分布於伊拉克、土耳其、敘利亞、亞美尼亞、高加索地區以及伊朗。大部分人講庫爾德語。他們認爲自己與人類其他部分來源不同，不與外人交往。在亞齊德派信仰中，七個天使統治宇宙，他們服從至高無上但不複雜的上帝。該信仰認爲，魔鬼在上帝面前懺悔，獲得赦免，重任天使長，因此該派被誤稱爲拜魔鬼派。該派的主要聖徒是阿迪，他是12世紀一位穆斯林神祕主義者。亞齊德派教徒的名稱取自耶齊德一世（645?～683），他們可能是其追隨者的後代。

Yazoo land fraud＊　亞祖土地詐欺事件（西元1795年～1814年）　出售喬治亞土地的騙局。在國會議員收受賄賂以五十萬美元出售喬治亞西部、亞祖河附近的土地權給四家土地公司後，引起公憤，迫使新選出的喬治亞立法議會於1796年撤廢該項議案，並歸還款項。但大多數的土地已於同時賣給第三方，這些人拒收贖回土地的款項，並主張他們對此地產的權利。州政府於是在1802年將土地權轉讓給聯邦。1810年美國最高法院裁定，1796年撤廢的法律在契約上是違憲的侵權。1814年聯邦政府取得該區域的所有權，並給付四億多美元的賠償金。

Yazoo River＊　亞祖河　美國密西西比州中西部的河流。由塔拉哈奇河與亞洛布沙河在密西西比州格林伍德以北匯合而成，它向南和西南蜿蜒流經304公里後在維克斯堡上方匯入密西西比河。築有廣闊的堤壩系統保護其流域免受洪水危害。

Yeager, Chuck＊　耶格爾（西元1923年～）　原名Charles Elwood。美國試飛員。生於西維吉尼亞州瑪拉，第二次世界大戰期間擔任飛行員，戰後成爲飛行教練和試飛員。獲選擔任祕密實驗機X-1的試飛任務，1947年成爲第一位打破飛行音障時速1,079公里的人類。個性率性風趣，1975年以准將身分退休，1985年獲頒總統自由獎章。

year　年　地球繞太陽運轉一周所需的時間，約365又1/4日。由於它有一個零數，所以任何一種要和季節保持一致的曆法都須定期插入閏日，在格列高利曆中，一個平年包含365日，而每個第四年是閏年，有366日。

Year 2000 bug ➠ Y2K bug

yeast　酵母菌　某些有經濟意義的單細胞真菌，多屬子囊菌綱，少數屬擔子菌綱。酵母菌在土壤中和植物表面上到處可見，特別是在含糖物質，如花蜜和水果中很豐富。通常在麵包、啤酒和葡萄酒製造中使用的酵母菌，是啤酒酵母菌。食品和飲料加工過程中所用的小酵母片和酵母餅含有數十億酵母菌單細胞。一個酵母菌細胞每小時約可使與自己同重的葡萄糖發酵。酵母菌含蛋白質50%，爲維生素B。釀酒酵母菌有時可當作維生素補助劑服用。有些酵母菌是人類和動物的慢性和急性病原體（例如白色念珠菌、組織胞漿菌屬、芽酵母屬)。

Yeats, William Butler＊ 葉慈(西元1865～1939年) 愛爾蘭詩人、劇作家、散文家。父親為肖像畫家。早年時代大部分在斯萊戈度過。該地的風光、民間故事和神奇的傳說,似乎影響了葉慈的作品,並構成他的許多詩歌的背景。早期的作品包括詩集《奧辛遊歷記及其他》(1889)和散文集《塞爾特的曙光》(1893)。1889年,葉慈愛上了才氣橫溢、美麗的愛爾蘭愛國主義者岡妮。她鼓勵葉慈參加愛爾蘭民族主義運動,但並不愛他。他與格列哥里夫人及其他人一道創辦阿比劇院。葉慈去世前一直是該劇院的導演。他提供了他自己的劇作。其中許多成為劇院的保留劇目,有《凱瑟琳伯爵夫人》、《在貝爾海灘上》(1905)和《黛特》(1907)。1909～1914年,他的詩發生了決定性的變化。早期抒情詩中超俗、迷幻的氣氛消失了,而是詩日趨精煉和成熟、比喻更少卻更能產生共鳴,同時也表現出他面對現實及其缺陷的一種新的坦率態度。《責任》(1914)和《庫爾的野天鵝》(1917)的發表,使他的成就達到頂峰,葉慈的優秀詩作,收入《鐘樓》(1928)、《盤旋的樓梯》(1929)及《最後的詩》(1939)中。散文著作《幻景》(1925)中,葉慈闡述了他自己的哲學。1922～1928年為愛爾蘭參議院議員。1923年獲諾貝爾文學獎。為20世紀最偉大的英語詩人之一。

Yeh-lü Ch'u-ts'ai ➠ Yelü Chucai

Yekaterinburg＊ 凱薩琳堡 俄羅斯中西部城市(1996年人口約1,300,000)。1721年建起一座煉鐵廠,1722年建要塞。並將該新拓居地取名凱薩琳堡。該城鎮成為烏拉區所有煉鐵廠的行政中心,1783年大西伯利亞公路建成通過這裡,其重要性增加。因1918年7月在此處決最後一個沙皇尼古拉二世及其家屬而成為著名之地。1924年為紀念斯維爾德洛夫將此市更名為斯維爾德洛夫斯克,1991年又恢復原名。是俄羅斯最重要的工業中心之一,尤以重工業為主。

Yelizavetpol ➠ Gäncä

Yellow Emperor ➠ Huangdi

yellow fever 黃熱病 熱帶急性傳染病,有時也見於溫帶。症狀的出現很急促,有頭痛、背痛、迅速上升的體溫、噁心和嘔吐。持續兩、三天,此後或開始恢復或病情加重,有高熱、緩脈,並吐出黑血,可在症狀出現後六、七日死亡。因本病毒破壞肝細胞,黃疸是黃熱病人的常見症狀。16世紀後三百年中,黃熱病是世界上的大瘟疫之一。1881年芬萊提出,本病病原體是經由蚊蟲傳播。列德進一步證明蚊蟲是本病的唯一媒介之物。美國醫生戈格斯通過控制幾乎消滅了黃熱病。黃熱病沒有特效治療。良好的護理和輔助措施,特別是退熱。泰勒研製了黃熱病疫苗,廣泛用於黃熱病的免疫。泰勒獲1951年諾貝爾生理學或醫學獎。

yellow jacket 黃夾克 35～40種社會性黃蜂(Dolichovespula或Vespula屬),主要分布於北半球,名稱來源是黃色腹部的黑色條紋。與其他黃蜂不同的是在休息的時候將翅膀縱向折疊。Dolichovespula物種通常建造無遮蔽的蜂巢,Vespula物種則在地下或有遮蔽的坑洞建造隱蔽的蜂巢;如果踩到蜂巢上面,群體會爆發成狂暴螫刺的蜂群。蜂巢大小變化很大,有些蜂巢用一個手掌就能握住,溫暖地區的巢可能重達半噸。

yellow journalism 黃色新聞 指報紙出版中利用聳人聽聞的消息以吸引讀者和增加銷路。這個名詞是1890年代創造的,用以形容兩家紐約市報紙--普立茲的《世界報》和赫斯特的《日報》--之間瘋狂競爭時所使用的手法。當赫斯特從普立茲的那裡,將極受歡迎的漫畫〈黃娃〉(The Yellow Kid)的作者挖角過去,《世界報》隨即聘請另一位漫畫家為報社作畫,兩家漫畫的競爭如此令人矚目,所以報紙之間的競爭被稱為「黃色新聞」。這種全力競爭以及為此而進行的宣傳使兩家報紙都獲得巨大銷路,並影響了美國許多城市的新聞業務。

yellow poplar ➠ tulip tree

Yellow River ➠ Huang He

Yellow Sea 黃海 太平洋西側的大海灣,介於中國東北與朝鮮半島之間。黃海以其漁場聞名。其南方是中國海,山東半島從西邊伸入黃海。面積約180,000平方哩(466,200平方公里),最大水深為338英尺(103公尺)。黃河以及中國其他的主要河流(包括揚子江(長江)和遼河)注入黃海的水流是夾雜著淤泥的顏色,這即是黃海之名的由來。黃海最重要的港口包括中國的上海和天津、南韓的仁川和北韓的南浦。

Yellow Turbans 黃巾之亂 在瘟疫流行時期(西元2世紀)成立的中國祕密社團。這些造反者頭上戴的黃色頭巾表示他們與土這個元素的聯繫,他們相信可以戰勝代表漢朝統治的(紅色)火這個元素。這個宗派受到道家思想的激勵,像同時期的五斗米道一樣。黃巾之亂(西元184～204?年)反對影響皇帝的專權宦官,這場亂事嚴重打擊了漢朝的統治,是導致它垮台的一個重要因素。亦請參閱Taoism。

yellowhammer 黃鵐 亦作yellow bunting。雀形目鵐科歐亞鳥類。學名為Emberiza citrinella,其拉丁名來自德文"Ammer"(鵐)。長16公分,褐色,有條紋,頭和胸淡黃色。分布於不列顛到中亞。在美國南部,一種啄木鳥常被稱作黃錘鳥,原因是它會發出鼓擊聲。

Yellowknife 耶洛奈夫 加拿大城市,西北地區的首府。位於大奴湖北岸,近耶洛奈夫河的河口。1935年始建(一年前在此發現金礦),開採金礦為主要的經濟活動。該城已發展成為西北地區最大的社區和最重要的行政、商業和教育中心。人口15,040(1991)。

yellowlegs 黃腳鷸 鷸科鷸屬兩種美洲水濱鳥類。具灰褐和白色條紋的整潔體羽,嘴稍長,腿長,鮮黃色。食小魚及其他水生動物。小黃腳鷸體長約25公分。遷徙時成大群地出現。發出比較低而弱的一或二音符的囀鳴。大黃腳鷸(黑白鷸)數量不多,體長約35公分。嘴結實,微上翹,常發出一種清晰的三音符的囀鳴。

小黃腳鷸
Mary M. Tremaine – Root Resources

Yellowstone Lake 黃石湖 美國懷俄明州西北部黃石國家公園中的一個湖,海拔2,356公尺;在北美洲的相同高度中,它是最大的水體。黃石河供湖蓄水和排水。湖岸線長175公里,最深90公尺,湖面面積355平方公里。此湖為稀有水鳥的一個棲息所,並為垂釣鱒魚的寶地。

Yellowstone National Park 黃石國家公園 美國最大和最早建立的國家公園。大部位於懷俄明州西北部,小部在蒙大拿州南部和愛達荷州東部。1872年由美國國會建立。面積898,349公頃。伸入公園的山脈爲加拉亭嶺、阿布薩羅卡嶺、雪山山脈以及堤頓山脈。黃石公園有石林，沖蝕熔岩流，古怪的侵蝕地貌等地質奇觀。有10,000多個溫泉，這些溫泉表現爲蒸氣孔、噴氣孔和間歇泉。最著名的「老實泉」每隔33～93分鐘噴出一次。黃石公園也以它的湖泊與河流聞名，其中有黃石湖、肖肖尼湖、蛇河和黃石河。1988年一連串嚴重的森林大火，使公園大部分區域暫時處於荒蕪狀態。

Yellowstone River　黃石河　美國懷俄明州西北部和蒙大拿州東、南部的河流。起源於懷俄明州，向北流經黃石湖和黃石國家公園，然後繼續向北流入蒙大拿州。在此向東北流，在蒙大拿和北達科他州邊界注入密蘇里河。黃石河全長1,114公里，已被廣泛開發用來灌溉。其主要支流是大角河、湯河和保德河。1806年在路易斯和克拉克遠征期間首被探勘。

Yeltsin, Boris (Nikolayevich)　葉爾欽（西元1931年～）　俄羅斯政治人物。1990～1999年爲俄羅斯總統。曾在烏拉工業學院學習，1955～1968年在俄羅斯西部從事各種建築工程。1976年成爲斯維爾德洛夫斯克州中央委員會第一書記。此後，結識戈巴契夫。戈巴契夫派他整肅莫斯科黨組織中的腐敗現象，擔任莫斯科市長（1985～1987）期間，他表現出是一個堅定幹練的改革者。他批評改革速度緩慢，於是和戈巴契夫之間出現裂痕。葉爾欽被迫辭去職務。1989年被選入新的蘇維埃議會。一年後，爲俄羅斯共和國總統，並退出共產黨。1991年獲選連任，並成爲俄羅斯史上第一位民選總統。當強硬派共產黨人發動反戈巴契夫政變，被葉爾欽粉碎。他宣布獨立國協（1991）和著手改革俄羅斯的經濟成爲以自由市場及私有企業爲基礎。1993年面臨強硬派一次不成功的政變。當車臣單方面宣布獨立，葉爾欽即派兵鎮壓（1994）。車臣局勢及俄羅斯嚴重經濟困境降低了他的聲望，但他仍於1996年獲得連任。因個人健康因素、社會秩序的墮落及貪污猖獗，於1999年辭職，由普丁繼任。

葉爾欽，攝於1991年
Vario Press/Camera Press from Globe Photos

Yelü Chucai　耶律楚材（西元1190～1244年）　亦拼作Yeh-lü Ch'u-ts'ai。契丹出身的中國政治家，成吉思汗與其子窩闊台的顧問。耶律楚材爲蒙古控有的中國區域，創建了正式的官僚制度與理性化的徵稅體系。因爲他說服窩闊台不要殘害中國北方的住民，而要利用他們的財富與技能，使得蒙古人得以接觸到中國的武器，從而在日後幫助他們征服宋朝。亦請參閱Mongol、Yuan dynasty。

Yemen＊　葉門　正式名稱葉門共和國（Republic of Yemen）。阿拉伯半島西南部國家，國土還包括印度洋的索科特拉島和紅海的卡馬蘭島。面積531,869平方公里。人口約18,078,000（2001）。首都：沙那。居民以阿拉伯人爲主。語言：阿拉伯語（官方語）。宗教：伊斯蘭教，其餘的宗教是基督教、印度教和猶太教。貨幣：葉門里亞爾（YRls）。從亞丁灣和紅海有一條狹窄的海岸平原，再逐漸向內陸隆起爲高地，這些高地占有大部分的國土面積。北部地區是魯卜哈利沙漠的南部和西南部部分。礦物資源有鐵礦、岩鹽、石

油和天然氣，以上全部皆已開發。農業十分重要，工業包括食品加工和製鹽業。政府形式爲共和國，一院制。國家元首是總統，政府首腦爲總理。是邁因、賽伯伊（《聖經》上作希巴）和希木葉爾王國的故土。西元1世紀羅馬人侵占此地。6世紀以後分別被衣索比亞和波斯人征服。7世紀中葉皈依伊斯蘭教，至少在名義上是服從哈里發。1173～1229年埃及的阿尤布王朝統治整個葉門，後爲拉蘇勒王朝統治。1517～1918年鄂圖曼帝國維持著不同程度的控制情況，特別是在西北地區。土耳其控制的西北區（後稱阿拉伯葉門共和國，即北葉門），以及英國所控制的東南區（後稱葉門民主共和國，即南葉門）之間的邊界協定，到1934年才最終解決。兩個葉門的關係始終緊張，在1970年代和1980年代時有衝突。兩國於1990年正式合而爲一，成爲葉門共和國。1993年的選舉，是阿拉伯半島上有史以來舉行的第一次自由多黨普選，也是第一次有婦女參與的選舉。1994年歷經兩個月的內戰後，通過了新的憲法。

Yenisey River＊　葉尼塞河　俄羅斯西部河流。亞洲大陸上最長的河流之一，源頭在俄羅斯中南部與蒙古國之間的邊境山地內。主河道沿中央西伯利亞高原腳下的西西伯利亞平原東邊緣向北流動，注入喀拉海。長度爲4,090公里，近3,000公里的河段可以通航。

yerba maté ➠ maté

Yerevan　埃里溫　Erivan。亞美尼亞首都。西元前8世紀已建有要塞。西元前6世紀起成爲亞美尼亞王國一部分。作爲重要商業中心，該城不斷發展，故在歷史上長期被圍攻或被占領。先後由羅馬、阿拉伯、土耳其、波斯、喬治亞和俄國統治。1827年歸屬俄國。1920年成爲亞美尼亞共和國首都。工業主要包括化工產品、鋁、汽車和機床等。人口約1,249,000（1995）。

Yermak　葉爾馬克・齊莫菲葉維奇（卒於西元1584?年）　原名Yermak Timofeyevich。哥薩克首領。1579年經營工商業的斯特羅加諾夫家族召募抵禦西伯利亞部族的進攻。率八百四十人出發，1582年春到達西比爾韃靼汗國的中央地區，占領卡什雷克。1584（或1585）年作戰中掉河裡淹死。俄羅斯民間文學中的英雄人物。

Yesenin, Sergey (Aleksandrovich)＊ 葉賽寧（西元1895～1925年） Sergey Aleksandrovich Esenin。自稱爲「木頭俄羅斯（wooden Russia）的最後一個詩人」。生於農民家庭。1916年第一本詩集《掃墓日》出版。他歡迎十月革命，認爲它可以使農民進入他所夢想的太平盛世。1921年寫長篇詩劇歌頌18世紀的農民起義領袖。1922年與美國舞蹈家鄧肯結婚。1925年因神經錯亂，曾住醫院治療。不久以後，在旅館中吊死。無論生前和死後，他都擁有廣大讀者。

yeshiva＊ 授業座 傳授「塔木德」的高等學院。授業座對於「聖經」和律法的注疏和運用，若干世紀以來爲猶太教確立了規範。傳統上，該學院被用於訓練和任命拉比。第二耶路撒冷聖殿被摧毀後，在黎凡特周圍建立了一系列的授業座，把數世紀的猶太人學術成就編輯成典並講解。中世紀時，歐洲紛紛湧現授業座，到處都有大批的猶太人。1886年美國出現第一個授業座「生命樹學校」，後改爲耶希瓦大學（1945）。

Yeshiva University 耶希瓦大學 美國紐約市的一所私立大學。1886年創校時名爲「生命樹學校」（Yeshiva Eitz Chaim）；1915年與一所猶太神學院合併。現今爲一所獨立運作的大學，但課程仍以猶太文化和歷史爲主。該校目前有文理學院、女子學院、希伯來研究學院、愛因斯坦醫學院，以及猶太研究、塔木德研究、商業、法律（卡多索學院）、社會工作、教育等學院和研究院。註冊學生人數約5,500人。

Yeti ➠ Abominable Snowman

Yevtushenko, Yevgeny (Aleksandrovich)＊ 葉夫圖申科（西元1933年～） 俄羅斯詩人。烏克蘭人流放者的後裔，在西伯利亞大鐵路沿線的一個小鎮長大，第一首敘事長詩《濟馬車站》（1956）就以這裡爲背景。史達林以後年輕一代俄羅斯詩人的代言人。他們具有國際影響的要求標誌著1950年代末和1960年代蘇聯對藝術家的控制有所放鬆。他採用粗野和毫無詩意的語言以及恢復曾被摒棄的戀愛詩和抒情詩傳統。他的長詩《娘子谷》（1961）和《布拉茨克水電站》（1966）公開朗誦，使他的聲名遠播。

yew 紅豆杉類 或稱紫杉類。紅豆杉科（亦稱紫杉科）紅豆杉屬（或稱紫杉屬）植物，約八種常綠觀賞喬木或灌木，廣泛分布北半球。兩種常呈灌木狀，其他種可爲喬木高達25公尺。分枝直立或開展，葉螺旋狀著生，其木材堅硬，木紋細膩。邊材白色或乳黃色，心材琥珀色至棕色。曾普遍用於製作多種用具和家具、弓等，現多用來雕刻和旋製工藝品。其他屬的植物亦稱爲yew，如粗榧及艾伯特王子紫杉。

Yezhov, Nikolay (Ivanovich)＊ 葉若夫（西元1895～1939?年） 蘇聯安全警察首腦。1927年成爲莫斯科共黨中央委員會官員和史達林的親信。1933年獲任中央整肅委員會委員。1936年接替雅戈達任蘇聯安全警察或內務人民委員部首腦，在擔任職務期間，他進行大規模的葉若夫恐怖整肅（參閱purge trials）。1938年，他成爲史達林疑心的對象，由貝利亞接替他任內務人民委員部首腦。1939年消失，也許是遭到處決。

Yggdrasill＊ 伊格德拉西爾 古斯堪的那維亞神話，即世界之樹。它的一條根通向冥界；另一條根通向巨人之國；第三條根通向阿斯加爾德。在它下面有三股泉水：命運之泉，命運之神用這裡的水來澆灌此樹；喧鬧的水壺，魔鬼尼德霍格咬它的根；彌米爾之泉，即智慧之源，奧丁神爲取得這裡的泉水獻出了一隻眼。在拉格納勒克（世界末日）之後，受到極大震撼的世界之樹，仍將成爲新生之源。

Yi dynasty ➠ Choson dynasty

Yi Hwang＊ 李滉（西元1501～1570年） 韓國宗教領袖，也是韓國第一位儒者。他創造性地詮釋朱熹學說，以此塑造出韓國儒學的特色。他的著作《聖學十圖》是對天子講學時的輔助教本，裡面提到了所有宋朝學說主要概念。他在與奇大升（1527～1572）的信件中，將孔子的對話提升到精密思辯的層次。在他們所謂的「四七論辯」裡，討論了孟子學說中人之「四端」（惻隱之心、羞惡之心、辭讓之心和是非之心）與「七情」的關係。

Yi jing 易經 亦拼作I ching。（英譯爲「變化之書」〔Book of Changes〕）古代中國的文書，儒家學說的五經之一。傳統上認爲此書的主要部分是周文王（約西元前12世紀在世）所作，其內容是討論周朝的巫祝所使用的一套占卜系統。補充此書的註，據信可追溯至戰國時期（西元前475年～西元前221年），則爲說明哲理，企圖解釋這個世界及其倫理原則。此書的宇宙論是，人與自然乃是處於彼此關聯的同一系統之中。此一觀點使得它成爲舉世流行的書籍。

Yi Song-gye＊ 李成桂（西元1335年～1408年） 亦稱太祖（T'aejo）。韓國朝鮮王朝（1392～1910）的創建者。曾是高麗王朝的一位軍事將領，因與入侵軍隊作戰而在軍中逐步晉昇。後來擊敗政敵，並驅逐高麗王朝的末代國王，於1392年登上王位。他在漢陽（今漢城）建立首都。他與其繼承者將過去一直集中在少數高等官僚手中的土地，重新分配到官僚中的各個等級。李成桂還突破傳統，把儒家學說立爲國教，取代了佛教。農業成爲經濟重心。在對外關係上，他與中國的明朝維持密切的關係。

Yi Sun-shin＊ 李舜臣（西元1545～1598年） 朝鮮海軍將領，民族英雄。他創製出被認爲是歷史上最早的裝甲戰艦「龜船」。1592年日本侵朝鮮時，與大多數朝軍不同，李舜臣的軍隊早已作好戰鬥準備。他有效地切斷了日軍的補給和增援，1597年又遭誣告圖謀不忠，被貶爲普通士兵。日本再次犯朝，幾乎全殲朝鮮海軍。李舜臣被重新起用，不久即恢復朝鮮的海上控制權。在決戰中追擊敗退日軍時中流彈而亡。

Yibin 宜賓 亦拼作I-pin。舊稱敘州（Suchow）。中國中南部城市，位於四川省南部。地處岷江與揚子江（長江）的交會處，此地自西元前2世紀即設立爲郡政府的所在地。最早是在742年時取名爲宜賓。宋朝時，中國對此地的掌握，有所擴充。清朝（1644～1911）時屬於敘州府的行政區，以敘府之名聞於歐洲人之間。1912年恢復宜賓之名。1913年開放通往重慶的汽船運輸，因而成長爲主要的物資集中與分配中心。長久以來以其鹽床而聞名，如今生產的鹽提供給大型的化學工廠。人口710,454（1994）。

Yichang 宜昌 亦拼作I-ch'ang。中國中東部城市，位於湖北省西部。宜昌歷史悠久，位於揚子江（長江）航運的起點，地處進入大巴山峽谷的入口之前。是富裕的四川省的門戶，每當中國陷入政治紛亂之時，四川常是各方爭奪之處。此地在1877年設爲對外通商港口；一個西式的城區在宜昌城旁逐漸成長，有許多西方商業公司在此設立分公司。第二次世界大戰期間，此地遭日本占領，並嚴重受創，但重建了市區和碼頭。如今它是工業中心以及該地區製造品的分配地。人口549,136（1994）。

Yiddish drama 意第緒語戲劇 專業的意第緒語舞台劇作品。歐洲的猶太人戲劇起源於中世紀，當時舞者和小丑在掣籤節慶祝會上作娛樂性演出。至16世紀，在講意第緒語的場合演出這些精緻的戲劇。專業的意第緒語劇院始於1876年，這年戈德法登（1840～1908）在羅馬尼亞寫出了一部廣受好評的音樂劇，並組成一支表演團到各地表演他的歌曲和劇作。1883年俄羅斯頒布反猶太人法令，禁止表演意第緒語劇目後，迫使許多演員和劇作家移民到英國和美國。劇作家戈丁（1853～1909）爲美國的意第緒語舞台帶來了新的題材和劇本，其中包括《猶太李爾王》（1892），由阿德勒主演，阿德勒也成爲一個講意第緒語和英語演員世家的鼻祖。1918年施瓦茨創建並管理意第緒語藝術劇院，該院培養了許多演員，如本・阿米和魏森弗倫德（即後來的茂尼）。第二次世界大戰毀滅了東歐的大部分意第緒語文化。20世紀末，只剩紐約、倫敦、布加勒斯特和華沙等市存在一些意第緒語劇院。

Yiddish language 意第緒語 德系猶太人及其後裔所使用的語言，用希伯來字母書寫。意第緒語起源於中高地德國東南部方言，從12世紀起傳到歐洲中、東部地區；現已受到希伯來語和阿拉米語的強烈影響，其中12～20%是從其語彙得來。來自高地德國的東歐使用意第緒語者因處於孤立狀態，以及處於斯拉夫語環境下（特別是波蘭語和烏克蘭語），使東、西意第緒語方言之間產生了主要差別。18世紀晚期開始，大部分猶太人聚居在中歐地區，放棄使用意第緒語，而使用德語，現在這裡已不再使用這種語言了。東意第緒語方言在母音的表現上存在顯著的區別；另外還存在中部、東北部和東南部方言。意第緒語在19世紀和20世紀初還是個盛行的文學語言，但在大規模的遷移、同化及納粹的屠殺後戲劇性地衰亡。現今世界上約有三百萬人還講意第緒語，但是多數使用者已是中年或老年人。

Yima＊ 伊瑪 古伊朗宗教，太陽之子，人類始祖。按照一種傳說，他在黃金時代作王，由於他行爲高尚，世上沒有貧窮、死亡、疾病、衰老、嚴寒和酷暑。阿胡拉・瑪茲達告訴伊瑪嚴冬將臨，於是黃金時代結束。他奉命在地下建立一塊樂土，用他自己的光來照明，並把各類活物擇優收在其中，住到嚴冬消逝，然後出來重新聚居於世間。瑣羅亞斯德教則把伽約馬特作爲人類始祖。

Yin dynasty 殷朝 ➠ Shang dynasty

yin-yang 陰陽 東亞思想中，兩種構成生命之各方面和現象的互補力量與原理。陰的性質是土地、女性、黑暗、被動與吸收；陰的體現是在偶數，以及河谷和溪流，可以老虎、橘色和「陰爻」來代表。陽的性質是天空、男性、光明、主動與穿透的。陽的體現則爲奇數和山脈，可以龍、天藍色和「陽爻」。他們共同表示出對立物的相互依賴。

Yinchuan 銀川 亦拼作Yin-ch'uan。中國中北部城市，寧夏回族自治區首府。銀川位於長城的西端。西元前1世紀本來是郡級行政區，907年成爲西夏王朝的首都。1227年此地歸元朝統治，後由明朝和清朝統治。1928年銀川成爲新成立的寧夏省首府。1954年寧夏省撤除，該市歸入甘肅省。1958年寧夏回族自治區成立，銀川再度成爲首府。此地大多爲非工業化的產業，是該區主要的農業交易市場與分配中心。人口：市878,300；城區531,311（1994）。

WXYZ

ylang-ylang 伊蘭伊蘭 亦作ilang-ilang。亞洲南部的木蘭目番荔枝科喬木，學名爲*Cananga odorata*。在菲律賓他加祿語中意爲「花中之花」。植株細長、樹皮光滑，高約25公尺。整年盛開下垂的具長柄的香花，花有六枚、綠黃色。葉常綠，互生，尖銳尖銳而具波狀邊緣，廣橢圓形。果卵形，黑色，簇生，懸垂於長柄上。花可編成花環，亦可蒸餾以製香水。伊蘭伊蘭藤亦屬番荔枝科，爲濕熱氣候地區的優良棚架植物。

YMCA 基督教青年會 全名Young Men's Christian Association。旨在發揚基督徒高尚品德的非派系、非政治性的基督教俗世運動。1844年在倫敦創建，當時由十二位青年成立俱樂部以提高青年商人的靈性修養。1850年代第一個美國俱樂部在波士頓成立。基督教青年會的活動包括體育運動教育、野營、正規及非正規教育，以及公民活動。此外該會還經營旅館、學生宿舍和自助餐廳。國際會議是世界基督教青年會聯盟（成立於1855年）的成員，總部設在日內瓦。根據1929年的「日內瓦公約」，基督教青年會負責在許多戰俘營中贊助教育和文娛設備。目前該青年會在數十個國家展開工作。基督教女青年會（YWCA）於1877年在英國成立，其目的在滿足農村婦女到城市找工作的需要；美國基督教女青年會成立於1906年，爲爭取種族平等而奮鬥。男女青年希伯來協會（YM-YWHA）於19世紀中期由美國猶太人文學社會的基礎上發展而來，目前已廣泛分布於世界其他二十多個國家。

Ymir ➠ Aurgelmir

Yoga 瑜伽 印度哲學的六種正統體系（見〔darshan〕）之一，其影響遍及許多其他的印度思想派系。相對於瑜伽的知性內容來說，人們比較瞭解它的實用方面，其內容主要建立在數論的哲學基礎之上。瑜伽掌握住各個階段世界的進化的發展，試圖逆轉這種規律，從而使人可重新回到其純淨而自覺的境地。瑜伽修習通常分八個階段，需要通過數次終生。前兩個階段爲道德作準備，強調道德、潔身和信神；第三、四兩個階段是身體的準備，使身體變柔軟、靈活和健康；瑜伽修習的身體準備階段在西方已成功推廣。第五階涉及心靈和感官的控制，從外界收回身心；後三個階段是意識的逐漸集中狀態（專注力）的培養，最後將從輪迴中獲得解脫。亦請參閱chakra、kundalini。

Yogacara＊ 瑜伽行派 亦稱唯識學派（Vijnana-vada）。大乘佛教的重要唯心學派。抨擊上座部佛教的徹底現實論和大乘佛教中觀學派的務實假設現實論。此派哲學立場，即人所感知的實體並不存在，可以謂之存在的，只是人對於法的識。但是識能夠在這些所謂不眞實的事件中清晰地看出連續性和規律性的模式。瑜伽行派的學說於2世紀前後傳入印度，7世紀由玄奘傳入中國。654年以後不久傳入日本爲法相宗。

yogurt 酸奶 亦稱酸乳酪、優酪乳或優格。半固體、經過發酵的而常加有香料的奶製品。廣泛風行於世界上絕大部分地區。傳統製法是在鮮奶裡添加鏈球菌屬或乳桿菌屬細菌的普通菌株。現代製作酸奶時，是將已經滅菌濃縮後的牛奶與牛奶固體混合，並加入這兩種菌類；有時也添加嗜酸乳酸桿菌或乳糖發酵的酵母菌。然後將這些物質放置攝氏43～44°的溫度下發酵四或五個小時，直到凝結。酸奶可以添加各種香味和甜劑。

Yoho National Park 約霍國家公園 加拿大國家公園，位於不列顛哥倫比亞省落磯山脈西坡。面積1,313平方公里。1886年設立。境內高峰甚多，爲登山運動的勝地。有五億年化石地層。國內動物有種類繁多的禽鳥以及黑熊、灰熊、黑尾鹿、麋和野山羊。

Yojoa, Lake＊　約華湖　宏都拉斯西北部湖泊。爲全國最大的內陸湖，面積285平方公里，海拔650公尺。四周叢林覆蓋山地。爲旅遊勝地。

Yokohama　橫濱　日本的城市及港口，神奈川縣首府。位於東京灣的西海岸。1859年，它僅是一個小漁村，隨著日本對外貿易和航運的發展，這塊地方興盛起來，1923年爲大地震和火災所毀，在第二次世界大戰期間，1945年由於美軍空襲而遭受嚴重破壞，但兩次都重新建設起來。爲日本主要的港口和東京都會工業區的一部分。主要生產紡織、化工產品、造船、機械、石油產品以及汽車。人口約3,307,000（1995）。

Yom Kippur＊　贖罪日　英語作Day of Atonement。猶太教節日，定在猶太曆提市黎月（西曆9月底或10月初）初十。「悔罪十日」開始於歲首節，而贖罪日即其結束的一天。贖罪日的目的是藉寬恕他人的罪和衷心懺悔自己違背上帝之罪，來達成個人及團體的淨化。耶路撒冷聖殿被摧毀前，由大祭司主持獻祭儀式，最後以替罪羊的死結束。現今的贖罪日的特點是齋戒和禁欲。從贖罪日前夕就要誦唱「柯爾・尼德里」，到贖罪日一整天，猶太教徒都要進行祈禱和默念。

Yongjo＊　英祖（在位期間西元1724年～1776年）　韓國朝鮮王朝的國王。他是一位改革者，重新恢復徵收普遍的兵役稅，但隨即減半徵收，而以其他的賦稅來補充不足之處。他採用一套會計制度，並縮減一項繁重的衣物稅。英祖還提昇平民後嗣的地位，但他的社會改革無法趕上社會變遷的速度。

Yongle emperor　永樂皇帝（明成祖）（西元1360～1424年）　亦拼作Yung-lo emperor。本名朱棣（Zhu Di）。中國明朝第三代皇帝，他將明朝的威勢擴張至極盛。他是明朝的建立者明太祖之子，深受父親寵愛，被分封爲燕王（轄區在今日北京四周），年輕時代即巡守北部前線，並持續造成蒙古內部分裂。當他的侄子繼承帝位，朱棣發動叛亂，而於1403年繼位爲皇帝。朱棣身爲皇帝，力求擴展中國的支配權。他所派出的探險船隊以鄭和最爲著名，他們在回航時皆搭載攜帶貢品前來承認中國領主權的外交使節。明成祖成爲中國史上唯一被日本承認爲封建宗主的統治者。他曾派軍突襲安南（今越南），企圖將它併入中國，但導致連年的游擊戰爭。他五次率領大批軍隊向北深入戈壁沙漠，預先在蒙古聯盟成形前加以擊破，以免威脅中國。他將中國的首都從南京遷往北京，建造了紫禁城，並修復大運河，讓北京無需仰賴海路運輸而可獲得糧食供應。他贊助儒家經典的編纂與出版，並策畫了一萬一千冊的類書《永樂大典》（永樂時代的盛典）。

yoni＊　約尼　在印度教中，代表女性生殖器之像，象徵濕婆神的配偶女神薩克蒂。在濕婆教畫像中，約尼常與「林伽」同時出現，林伽是男性生殖器像，象徵濕婆。

Yonkers　楊克斯　美國紐約州東南部城市。濱哈得遜河，位於紐約市以北。曾是美國印第安人村落，1639年荷屬西印度公司從印第安人手中購得此地。1646年成爲贈給「年輕紳士」當克（" Jonkheer" Adriaen van der Donck）的土地一部分。老楊克斯南部地區後來被併成布隆克斯地區（1874）。現今工業多樣化，包括印刷、出版、電梯製造、化學品、電子零件和服裝等。人口約190,000（1996）。

Yonne River＊　約納河　法國中北部的河流。向北流出涅夫勒省後在約納河畔蒙特羅處注入塞納河。長約293公里，從歐克塞爾往下113公里河段可以通航。

Yorck von Wartenburg, Johann (David Ludwig), Graf (Count)＊　約克・馮・瓦滕堡伯爵（西元1759～1830年）　普魯士軍司令官。加入普魯士軍隊（1772～1779）、加入荷蘭軍隊（1779～1787）後，重入普軍，與波蘭作戰（1794）。擢升少將，主持改組普魯士軍隊。發展了步兵偵察與散兵戰鬥線。1812年率領隨拿破崙入侵俄國的普魯士部隊。在拿破崙潰敗時，與俄國簽訂協定，爲普魯士加入反對拿破崙的聯盟開闢途徑。1814年被封爲瓦滕堡伯爵。1821年爲陸軍元帥。

Yoritomo ➠ Minamoto Yoritomo

York　約克　加拿大安大略省東南部城市，與多倫多、埃托比科克、北約克以及東約克自治鎮共同組成多倫多都會區。1967年與前約克鎮和韋斯頓鎮合併，設爲自治市。原約克鎮建於1793年。面積23平方公里。人口約141,000（1991）。

York　約克　古稱Eboracum。英格蘭北約克郡的城市，位於烏茲河和福斯河匯合處，有約克大主教的主教座堂，歷史上是英格蘭北方的基督教中心。約克也是原約克郡的首府。塞爾特人接著羅馬人曾定居此地。西元306年君士坦丁一世在此宣誓爲羅馬皇帝。後來被丹麥人和挪威人征服。中世紀時成爲羊毛貿易中心和許多行會演出神祕劇組成的組劇（參閱York plays）。約克的許多中世紀教堂和其他歷史建築使旅遊業成爲重要的行業。面積爲272平方公里。人口約177,400（1998）。

York, Alvin C(ullum)　約克（西元1887～1964年）　第一次世界大戰的美國英雄，在亞拉岡進攻戰（1918）中他和十六名偵察兵派去攻擊德國機槍火力點，他們潛入敵人戰線的後面，約克擔任指揮，打死德國機槍手二十五人以上，迫使其餘的機槍手投降。在返回美軍戰線途中，他又生俘德軍，榮獲美國國會榮譽勳章。有自傳（1928）。其一生的故事曾拍成電影《約克軍曹》（1941）。

York, Cape　約克角　澳大利亞大陸最北點。位於昆士蘭州約克角半島北端，與新幾內亞島隔托列斯海峽相望。長約25公里，寬19公里。1770年由英國航海家科克船長以英王喬治三世兄弟約克公爵命名。

York, House of　約克王室　英格蘭金雀花王室的年輕支系。創始於愛德華三世的第五子、第一代約克公爵愛德蒙（1341～1402）。15世紀從蘭開斯特王室奪取王位，出過三位英國國王——愛德華四世、愛德華五世和理查三世。兩個王室之間不斷發生戰爭（參閱Roses, Wars of the），直到理查在博斯沃思原野戰役中被殺。都鐸王亨利七世，娶愛德華四世的長女爲妻，從而使約克和蘭開斯特兩個王室結合在一起。

York plays　約克劇　指從14世紀開始由不知名的作者所著的四十八個劇本組成的組劇。中世紀時，在英格蘭的約克城每逢夏天的基督聖體節，工藝行會總要演出這部組劇。組劇的故事內容從人的墮落到贖罪，從天使創生到末日審判。按歷史順序在流動劇台上演出，這種流動劇台從一處選定點巡迴到另一處。亦請參閱mystery play。

York University　約克大學　美國安大略省北約克的一所私人捐贈的大學，1959年創立。設有行政管理研究、人文學科、教育、環境研究、藝術、法律、純粹暨應用科學等學院及研究所。研究單位包含難民研究、大氣化學、法律與公共政策、資訊教育等中心。註冊學生人數約40,000人。

Yorke Peninsula　約克半島　澳大利亞南澳大利亞州南岸半島。西臨史賓塞灣，東爲聖文生灣，南瀕調查者號海峽。南北長260公里，寬32～56公里。1802年由英國人發現。旅遊業發達。

Yorkshire＊　約克郡　英格蘭北部歷史郡，歷史上曾分爲三個區－－北區、東區和西區，及一個市－－約克市。爲農業、漁業和製造業中心。一千年來，三個區基本上是獨立的行政單位。曾爲英格蘭最大的郡。1974年重劃行政區後約克郡與三個區撤銷。主要城市包括里茲、雪非耳、赫爾、布拉福和韋克菲爾德。

Yorkshire terrier　約克夏㹴　亦作Yorkie。一種玩賞犬。約於19世紀中期於英格蘭的約克郡及蘭開郡育成。其譜系似包括幾個㹴品種，如斯開㹴和丹第丁蒙㹴；特徵爲被毛直而光亮。被毛由鼻到尾從中分開披向兩側，一直拖到地面，呈深藍灰色，頭和胸部帶棕色。體高約20～23公分，體重約2～3.5公斤。

Yorktown, Siege of　約克鎮圍城戰役（西元1781年）　美國革命中法－美聯合作戰，圍困迫降英軍主力的戰役。康華里的軍隊約有7,500人，占領了維吉尼亞州約克鎮沿岸港口抗戰。1781年在該地區與由拉斐德侯爵、安東尼．韋恩將軍和馮．施托伊本男爵率領的僅有約4,500人的美軍相遇。美軍總司令喬治．華盛頓將軍命令拉斐德封鎖康華里可能從約克鎮逃走的陸上通道。與此同時，華盛頓將軍率領軍隊聯合羅尙博伯爵率領的法軍向南疾進，到乞沙比克灣，與法國艦隊會合。10月上旬14,000名法－美聯軍攻克英軍的陣地。在受到包圍、炮轟和缺乏食物的困境中，康華里終於在10月19日投降。英軍被俘人員總數約8,000名，還繳獲了約240門大炮。

Yoruba＊　約魯巴人　奈及利亞境內兩大種族集團之一，20世紀末人口已逾2,200萬。他們的語言屬於尼日－剛果語系貝努埃－剛果語支。17世紀時，奧約發展爲約魯巴諸王國中最大的一個（參閱Oyo empire），他們建立過很多大大小小的王國，各以其首都或首邑爲中心，絕大多數的約魯巴男人務農、種植薯蕷、玉蜀黍、小米作爲主食；可可爲主要經濟作物。婦女掌握著大部分複雜的市場交易方法，手工藝方面有鐵工、織工、皮革工、玻璃工、象牙雕和木雕工等。儘管有些約魯巴人現已成爲基督教徒或穆斯林，傳統宗教信仰仍很普遍。約魯巴語有大量文學作品，包括詩歌、短篇小說、神話和諺語。

Yorubaland＊　約魯巴蘭　西非洲的一個地區名稱，在今天的奈及利亞。它曾是由數個王國所組成，各自有約魯巴人的國王所統治。在18世紀末期各個少數統治之間開始發生爭奪之前，這裡曾經十分繁茂興盛。貿易通道維持困難和外力入侵，導致這裡走向衰敗。塞奧、依佛和奧紹博是此地仍保有約魯巴人歷史背景的城市。

Yosemite Falls＊　優勝美地瀑布　美國加州中部優勝美地國家公園內兩組瀑布。落差分別爲436公尺及98公尺，加當中一段，總落差739公尺。爲世界落差最大的瀑布之一。

Yosemite National Park　優勝美地國家公園　美國加州中部國家保護區。1890年設立。占地308,106公頃。位於內華達山脈，包括大片紅杉林（有些樹齡達數千年）、優勝美地瀑布、巨大穹丘和峰巒等景觀。其中埃爾卡皮坦花崗岩峭壁最爲壯觀，從谷底拔起達1,098公尺。

Yoshida Shigeru＊　吉田茂（西元1878～1967年）　第二次世界大戰後日本首相。1930年代駐英國大使。第二次世界大戰期間，他因主張日本早日投降而於1945年6月被捕。9月盟軍登陸後獲釋，1946年任首相，1946～1954年間曾五次組閣。他努力恢復國內經濟，制定戰後與美國和西歐合作的路線。1951年簽訂結束第二次世界大戰的和平條約和日美安全條約。1955年退出政界。

Yoshida Shoin＊　吉田松陰（西元1830年～1859年）　在長州藩傳授軍事戰術的日本教師。曾在長崎和江戶學習「荷蘭學」（歐洲研究），並且深受到水戶藩擁護天皇的思想所影響。他激進地擁護天皇的立場影響了長州年輕的武士去推翻德川幕府。最後因密謀暗殺幕府在京都的代表而遭處決。亦請參閱Kido Takayoshi。

Yoshitsune ➠ Minamoto Yoshitsune

Youghiogheny River＊　約克加尼河　美國西維吉尼亞州、馬里蘭州西北部以及賓夕法尼亞州西南部的河流。發源於西維吉尼亞州，靠近馬里蘭州的西部邊境，向北流經馬里蘭州的西北部後進入賓夕法尼亞州，在馬基斯浦注入莫農加希拉河，全長217公里。是馬里蘭州西部唯一不向南流入波多馬克河的一條河流。

Youmans, Vincent (Millie)＊　尤曼斯（西元1898～1946年）　美國歌曲作家。於第一次世界大戰期間服役於美國海軍時開始創作歌曲。戰後擔任歌譜推銷員。在百老匯時，曾與蓋希文和漢莫斯坦第二作詞家合作。作品包括〈時間由我自由支配〉、〈我心中的鼓〉、〈飛向里約〉、〈卡里奧克舞〉和〈月光下的蘭花〉。

Young, Andrew　楊格（西元1932年～）　全名Andrew Jackson Young, Jr.。美國政治人物。1955年取得神學學位，在南方的若干所非洲裔美國人教堂中擔任牧師。他積極參與民權運動，在南方基督教領袖會議（1961～1970）裡與金恩和艾伯納西一起工作。1972～1977年擔任美國衆議員。他是卡特總統的早期支持者，1977～1979年被任命爲駐聯合國大使，是擔任此職位的第一個非洲裔美國人。1982～1990年擔任亞特蘭大市市長。

Young, Brigham　楊百翰（西元1801～1877年）　美國宗教領袖，摩門教會第二任會長。早年爲木匠、漆匠、玻璃工。1832年加入耶穌基督末世聖徒教會（摩門教）。1838年率領摩門教徒（被逐出密蘇里州）向伊利諾州諾武遷移。1839年至英國創立教會。1844年斯密約瑟被害，楊百翰接管教會領導權，率領摩門教徒離開伊利諾州。返回猶他州（1846～1848），以鹽湖城爲摩門教開拓基地。1847年任教會會長。1849年建立德塞列特臨時州，楊百翰任州長，次年併入猶他州，楊百翰仍爲州長。因與聯邦司法系統發生摩擦，於1857年被布坎南總統免職。他雖不再主持政務，但去世前仍是猶他州人民的實際統治者。

楊百翰
By courtesy of Utah State Historical Society

Young, Coleman　楊（西元1918～1997年）　美國政治人物。生於阿拉巴馬州塔斯卡露莎，1923年與家人遷居底特律。在福特汽車公司任職期間開始參與工會活動和民權運動。第二次世界大戰時曾服役於塔斯基吉航空隊。隨後與人共創全國黑人勞工會議，1950年代由於非美活動委員會的調查，爲避免會員名單洩漏而解散。他於1964年當選密西根州州參議員，1968年成爲民主黨全國委員會第一位黑人委員。自1973年起擔任底特律市市長，藉由吸引新投資、加強警力等措施，使這座犯罪充斥的城市重獲新生。史無前例地連任五屆市長後，於1993年退休。

Young, Cy　塞揚（西元1867～1955年）　原名Denton True。美國棒球投手。身高188公分，是個強力的右投手。1890年隨克利夫蘭印第安人隊（國家聯盟）開始了他的大聯盟生涯。離開克利夫蘭印第安人隊（1890～1998）後，他先後加入聖路易紅雀隊（1899～1900）、波士頓紅襪隊（1901～1908）、克利夫蘭印第安人隊（美國聯盟，1909～1911）和波士頓勇士隊（1911）。在16個球季中勝場數皆超過20場，其中5個球季勝30場以上。儘管許多早期的紀錄還存在爭議，但塞揚贏得的大聯盟比賽（509～511）超過史上任何一位投手。其他的紀錄包括816（或818）次先發，完投750（或751）場，投球局數7,356或7,377。1904年投了第一次完全比賽（無打者上到一壘）。爲紀念他而在1956年設立的塞揚獎每年頒給大聯盟最佳投手。自1967年起由兩個聯盟各選一名選手受獎。

Young, Lester (Willis)　楊格（西元1909～1959年）　美國次中音薩克管演奏家，搖擺樂時代最具創新和影響力的音樂家之一。1936年加入貝西伯爵的樂隊，曾受到霍金斯的影響，在樂器方面被公認是主要的新風格名家。從1930年代晚期他的小樂團與貝錫、比莉哈樂黛所合出的唱片是經典之作，比莉哈樂黛暱稱他是Prez，即中音薩克管總統（President of the saxophone）的簡稱。楊格的演奏風格精細和諧，節奏獨特，對咆哮樂和酷派爵士樂影響很大；其優雅的音調和精妙的抒情風格也對整個爵士樂中音薩克管的演奏派別帶來極大影響。

楊格，約攝於1955年
By courtesy of down beat magazine

Young, Neil　尼爾楊（西元1945年～）　加拿大搖滾歌手和創作歌手。在溫尼伯當民歌手開始了他的事業，後來遷居洛杉磯，在當地與斯蒂爾斯組成「史賓菲爾德水牛」搖滾樂團。1969年發行個人專輯。不久他與斯蒂爾斯、克勞斯貝與納西組成「克勞斯貝、斯蒂爾斯與納西」樂團。與「車庫樂團」結合，以《收割》（1972）和*Comes a Time*（1978）專輯取得很大成功。1980年代他嘗試山地搖滾和電子音樂。

Young, Thomas　楊（西元1773～1829年）　英國物理學家。曾接受醫生訓練，自1811年起在聖喬治醫院行醫直到去世，但他花了許多時間在科學研究上。他是第一個描述並測量了散光（1800～1801）的人，也是第一個用對應於紅、綠和紫的視網膜結構來解釋人對顏色的感覺（1801）。他確立了光的干涉原理，使得一個世紀以前的光的波動理論重新被人們注意（1801）。他獨立於拉普拉斯解釋了毛細現象。他研究彈性，提出了楊氏模量，這是描寫在張力或壓力作用下的固體彈性的一個常數。其他的工作還包括測量分子的大小和液體的表面張力。他與商博良一起解譯了羅塞塔石碑上的銘文（1813～1814）。

Young Algerians　青年阿爾及利亞　第一次世界大戰前的阿爾及利亞民族主義團體。這是一個接受法語教育的工人在現代化的法屬領地組成的鬆散團體，他們是「同化論者」，願意在本土阿爾及利亞人都能獲得完整法國公民權的條件下，考慮永久與法國合併。戰後幾年，這群漸進主義的改革者發現他們與要求完全獨立的激進民族主義者處於對立的立場。亦請參閱Abbas, Ferhat、Algerian Reformist Ulama, Association of、National Liberation Front。

Young America movement　青年美國運動　1840年代流行於美國的政治概念。受到1830年代歐洲青年運動（參閱Young Italy）的啓發鼓舞，1845年德萊昂和埃文斯組成的美國團體成爲一個政治組織。該組織主張自由貿易、向南擴張領土，並支援國外的共和政體運動。1850年代成爲民主黨內的一個派系。參議員道格拉斯以其國家主義綱領來協調各派歧見，但未獲成功。

Young Italy　青年義大利　Giovine Italia。1831年由馬志尼發起的運動，爲實現統一的義大利共和國而奮鬥。與燒炭黨人所用的作法相反，青年義大利要把它的活動建立在義大利人民上，主張成立共和政府，也主張國家的統一。爲了宣傳這些思想，馬志尼於1832～1834年間出版一分刊物《青年義大利》。運動到1833年已發展到五萬人以上，很快在義大利北部蔓延開來，1830～1840年代密謀推翻政府的多次起事均告失敗。1848年馬志尼以義大利民族委員會取代青年義大利運動。1850年，加富爾肩負起領導謀求統一的奮鬥以後，馬志尼的影響隨之下降。

Young Men's Christian Association ➠ YMCA

Young Plan　楊格計畫　關於德國的第一次世界大戰賠款的支付問題。由美國人楊格主持委員會於1929年在巴黎開會。楊格計畫是修訂「道斯計畫」。把德國應付的賠款總額縮減爲1,210億德國馬克，五十九年付清，結束外國對德國經濟生活的控制。1930年開始生效。1933年當希特勒掌握權力時，他拒絕履行凡爾賽和約約定，其中包括賠償。但計畫還沒有實施，1930年代的世界經濟大蕭條即已開始，德國完全喪失了支付能力。

Young Tunisians　青年突尼西亞黨　1907年受法國教育的突尼西亞知識分子組建的政黨，反對法國的統治。他們要求完全控制國家的政府和行政，要求突尼西亞人與法國人一樣享有完全的公民權。他們抗議義大利入侵利比亞（1911），並以騷亂反對法國在他們國內展開的行動。法國人驅逐了該黨領袖，將該黨趕入地下，直到1920年他們才又浮現，重組爲憲政黨，持續活躍到1957年。亦請參閱Bourguiba, Habib (ibn Ali)。

Young Turks　青年土耳其黨　土耳其語作Jöntürkler。青年異議分子聯盟，它們結束了鄂圖曼蘇丹。由大學生和異議軍人組成。1908年該團體成功地迫使阿布杜勒哈米德二世恢復1876年憲法和重新召開議會。次年廢黜阿布杜勒哈米德，重組政府，開始推動土耳其社會現代化與工業化。隨同盟國參加第一次世界大戰，終被協約國擊敗。在失敗臨近時內閣於1918年辭職。亦請參閱Atatürk, Mustafa Kemal、Enver Pasa、Midhat Pasa、Ottoman Empire。

Younghusband, Francis Edward　楊赫斯班（西元1863～1942年）　受封爲法蘭西斯爵士（Sir Francis）。英國

軍官和探險家。他力促締結「拉薩條約」(1904)，使英國取得貿易特權。他曾兩次與西藏談判貿易和邊界衝突問題，未得結果。不久他隨英軍進入拉薩，迫使西藏的統治者達賴喇嘛簽訂商約。亦請參閱ambans。

Youngstown　楊斯敦　美國俄亥俄州東北部城市。瀕馬霍寧河，靠近賓夕法尼亞州邊界。1797年始建。1805年在附近建蓋了該州第一座冶鐵爐。1855年蘇聖瑪麗水閘開始啓用，便利了從五大湖上游地區取得豐富的鐵礦；後來建造鐵路以運輸礦石和煤到楊斯敦。到了1920年成為美國最大鋼鐵生產中心之一。現在的工業產品有鋁、橡膠和紙製品。1908年設立州立楊斯敦大學。人口約87,000（1996）。

Yourcenar, Marguerite＊　尤瑟娜（西元1903～1987年）　原名Marguerite de Crayencour。比利時裔法美小說家、小品文作家和短篇小說家。父親死後留給她足以獨立生活的財產，她一直居無定所，直至第二次世界大戰爆發後才與一位美國婦女定居美國，這位美國女性後來成為她的終生伴侶及翻譯者。她的作品以嚴謹的古典主義風格、博學多聞及細膩的心理刻畫著名。傑出的作品是《哈德良回憶錄》(1951)，是有關2世紀羅馬帝國的歷史小說。其他作品還包括《慈悲的一擊》(1939)、《深淵》(1968)、《東方故事》(1938）和散文詩《火》(1936)。1980年成為第一個入選為法蘭西學院的女院士。

尤瑟納，攝於1971年
© Gisele Freund 1971

youth hostel　青年旅社　特別為青年提供廉價住宿並有專人管理的住所。通常位於風景名勝或歷史古蹟地區，規模設施不一，從簡單的農舍到能夠容納數百人的招待所。旅客經常自己做飯，自己清理臥具，並做些其他雜事；因此住宿費遠較一般旅館為低。旅社對居住期限有限制，以前還規定旅客的最大年齡。旅社寄宿運動由一名德國教師施爾曼發起，他很關心生活在工業化城市中整天呼吸污染了的空氣的青年人的健康。20世紀初青年旅社在德國就相當普遍了，第一次世界大戰後擴散到整個歐洲及世界其他地區。1932年成立了一個國際組織；如今稱為國際青年旅社聯合會，它的成員包括七十多個國家的全國性協會，有5,000多家青年旅社。已不再設置年齡的上限。

Ypres, Battles of＊　伊普爾戰役　第一次世界大戰時在法蘭德斯西部的三場死傷慘重的戰役。第一場戰事發生在1914年10月12日～11月11日，德國朝沿海地區進軍受阻，但聯軍很快就被三面包圍。1915年4月22日～5月25日的第二場戰事，以德國首度使用瓦斯毒氣作為武器而引人注目。規模最大的第三場戰役從1917年7月31日打到11月6日，又稱帕善德勒之役，英軍最初成功地突破德軍陣線的左翼，但季節性降雨很快將法蘭德斯的鄉間化為無法通行的沼澤，不過黑格將軍仍堅持進攻策略。11月6日，他的部隊（包括加拿大兵團）終於攻占了帕善德勒廢墟，但此地離他們發起攻擊之處，僅5哩。325,000多名英國士兵在這場戰役中喪生。

Ypsilanti family＊　伊普西蘭蒂家族　19世紀希臘最顯赫的家族。這個家族的祖先是希臘的法納爾人（居住在君士坦丁堡的希臘區住民），他們為鄂圖曼帝國服務，相當傑出。君士坦丁・伊普西蘭蒂（1760～1816）曾任摩達維亞的執政官（1799～1801）和瓦拉幾亞的執政官（1802～1806），當時他鼓勵塞爾維亞人反抗土耳其。後來，他被迫逃往俄羅斯，他的兒子亞歷山大・伊普西蘭蒂（1792～1828）成為俄羅斯皇室衛隊的官員。後來在1820年擔任希臘的秘密組織菲力克・希特里亞的領導者，鼓吹希臘自由的理想，並於1821年領導一次攻擊德勒格沙尼的土耳其人戰役，但並未成功。他的弟弟德莫特歐（1793～1832），在希臘獨立戰爭中實現此一理想，並於1828～1830年擔任希臘軍隊的指揮官。

Yrigoyen, Hipólito ➠ Irigoyen, Hipólito

Yser River＊　伊瑟河　法國北部和比利時的河流。源出法國北部，流經比利時西部，在尼烏波特附近注入北海，全長48哩（77公里）。10世紀時它的河口可能像盧河那樣深入內地，但後來逐漸開墾土地，使它成為隨潮水漲落起伏的狹窄溪流。在第一次世界大戰期間（1914），德國人前進到加萊和英吉利海峽岸邊，當時尼烏波特的水閘放水，阻撓他們在伊瑟河前停頓了下來；它拖住了德國人前進的步伐，使盟軍確立堅不可摧的地位。

Yuan Chiang　元江 ➠ Red River

Yuan dynasty　元朝（西元1206～1368年）　亦拼作Yüan dynasty，或稱為蒙古王朝（Mongol dynasty）。蒙古游牧民族在中國開創的朝代。成吉思汗於1215年進占中國北方，但直到1279年忽必烈才控有中國南部。蒙古人在北京建都（當時稱為大都）。他們重建大運河，其道路與郵驛站也維護良好。宋朝時還流通有限的紙幣，在蒙古帝國時則已全國通用。天文學、醫學和數學都有所進展；從東歐平原橫跨大草原到蒙古、中國的蒙古帝國，貿易暢通。許多外國人（以馬可波羅最為著名）前往中國，也有許多中國人前往伊朗和俄羅斯遊歷，甚至遠達西歐。中國憎惡蒙古征服者，因為蒙古的管轄體制對中國人採取不利的差別待遇（參閱Kublai Khan）。中國的藝術家則藉由隱退與轉而表達自我，顯示消極的抵抗。文人畫廣受歡迎；小說有所發展，也出現新的戲劇形式。自1300年起，蒙古人中對繼承權的爭奪，削弱了中央政府；經常爆發的叛亂，多半與紅巾軍之類的祕密會社互有聯繫。1368年元朝被日後的明太祖所推翻。亦請參閱Ming dynasty。

Yuan River＊　沅江　中國中東南部河流。發源於貴州，而後向東北流入湖南省，注入洞庭湖。全長約537哩(864公里)，大部分河段皆可通航。

Yuan Shikai　袁世凱（西元1859～1916年）　亦拼作Yüan Shih-kai。中國的軍隊領袖，中華民國首任總統（1912～1916）。1880年代從韓國開始踏上軍旅生涯。1885被任命為駐漢城的中國特派員；晉昇袁世凱是考量到中國的利益，但卻促成中日戰爭爆發。這場戰爭摧毀了中國的海軍和陸軍，因此訓練一支新軍隊的任務，落到袁世凱身上。當他的師部成為義和團事件中唯一殘存的部隊，他的政治地位因而提昇。他在中國的現代化與國防計畫中扮演關鍵性的角色，並獲得慈禧的支持。當慈禧死後，袁世凱遭遣斥，直到清朝於1911～1912年遭推翻後，才被召回，接任新成立之共和國的首任總統。袁世凱對新的國會感到不耐，因而於1913年下令暗殺國民黨領袖宋教仁。袁世凱鎮壓了後續的叛亂，但他創建的個人王朝（存在於1915～1916年）的努力卻失敗了。亦請參閱Sun Yat-sen。

yuca ➠ cassava

Yucatán＊ 猶加敦 墨西哥東南部猶加敦半島北部一州。1824年設州時，範圍包括整個半島，但後來分割出坎佩切州（1858），又失去了金塔納羅奧，而後邊界幾經改變，縮減到現今的大小。務農的馬雅印第安人長久以來居住於此，很少講西班牙語。州內有許多古代的馬雅人廢墟。首府爲梅里達，面積43,380平方公里。人口約1,617,120（1997）。

Yucatán Peninsula 猶加敦半島 中美洲半島，位於墨西哥灣和加勒比海之間。面積計197,600平方公里，其中包括墨西哥的坎佩切、金塔納羅奧和猶加敦等州，在南部還有貝里斯和瓜地馬拉的大部分地區。半島平均寬約320公里，海岸線長約1,100公里。西元1000年前後受托爾特克人影響。後來爲馬雅文明的駐地。1525年科爾特斯橫越過半島的內陸部分。自從被西班牙征服以來，馬雅人緊守著半島內陸的農村地區，一直維持著自己的獨立。沿海有極佳的海濱和旅遊勝地。有古考古遺跡，包括奇琴伊察、瓦夏克通和烏斯馬爾是主要的觀光勝地。旅遊業遂成爲主要的經濟部門之一。

yucca＊ 絲蘭 龍舌蘭科絲蘭屬肉質植物，約四十種，原產北美南部。多無莖，堅挺的劍形葉叢生於基部。花蠟白色，簇生。約書亞樹（即短葉絲蘭）有高達十餘公尺的莖。西班牙刺刀（即千手蘭、蘆薈葉絲蘭）、西班牙短劍和亞當針（即熊草、絲狀絲蘭）等種類，普遍爲人所栽培觀賞。

絲蘭
By courtesy of the New Mexico Department of Development

Yudenich, Nikolay (Nikolayevich)＊ 尤登尼奇（西元1862～1933年） 俄國內戰中反對布爾什維克勢力的俄羅斯將領。他是一名職業軍官，1879年加入帝國軍隊，在日俄戰爭中任指揮，1905年升任將軍。第一次世界大戰中他在高加索地區領導俄軍（1914～1915、1917）。退役後回到愛沙尼亞，在那裡組織了反布爾什維克的軍隊，發動了對彼得格勒（聖彼得堡）的進攻戰，但失敗。他與其他的白軍合作重新發動進攻，但爲紅軍阻攔而被迫撤退到愛沙尼亞，他在此解散了軍隊（1920）。之後逃往法國，在流亡途中去世。

Yue Fei 岳飛（西元1103～1141年） 亦拼作Yüeh Fei。中國最偉大的將領與民族英雄。當女眞人蹂躪中國北部，並奪取宋朝位於開封的首都，岳飛護送未來的高宗皇帝前往南方，在當地建立南宋朝廷。岳飛阻擋女眞進逼南方，並有能力收復並奪取部分被女眞占領的華中地區領土。當他嘗試向北推進，以收復所有喪失的領土時，遭到大臣秦檜反對。秦檜終使得岳飛遭到處決。岳飛以其抵抗外族統制而受頌揚。

yuga＊ 由迦 根據印度教的宇宙論，由迦是宇宙循環的一個單元。每一個由迦都依次比前一個短一些，對應於人類道德和生理狀況的下降。四個由迦合成一個大由迦；兩千個大由迦組成基本的宇宙循環劫波。第一個由迦是個完美時代，歷時1,728,000年。第四個也是最墮落的由迦始於西元前3102年；將持續432,000年。這個由迦結束時，世界將毀滅，經過一段沈寂期後循環復始。

Yukaghir 尤卡吉爾人 ➠ Siberian peoples

Yukon 育空地區 亦作Yukon Territory。加拿大西北部地區。與阿拉斯加州交界，首府懷特霍斯。育空河系占該地區約3/4，周圍是北美洲一些最高和最壯觀的山脈，特別是聖伊萊亞斯山脈。加拿大最高峰洛根山。該地區原住有美洲印第安人和伊努伊特人（愛斯基摩人），第一個來到該地區的歐洲人（1825）是英國探險家約翰·富蘭克林爵士，他探索西北通道。1870年代發現金礦，隨著在克朗代克河發現豐富的礦藏，掀起了淘金熱。1898年，從西北地區分離出來，另行設置建制。支撐經濟的淘金熱很快衰退，在20世紀以探勘開採其他礦藏所取代。政府和旅遊業變成本地區經濟的支柱。面積483,450平方公里。人口約32,000（1996）。

Yukon River 育空河 北美主要的河流之一。往西北流經育空地區，然後西南穿過美國的阿拉斯加州，在諾頓灣注入白令海。長3,190公里；流域面積約85萬平方公里。該河因1896年其加拿大支流克朗代克河發現豐富金礦而聞名世界。

Yuman＊ 尤馬人 若干美洲原住民族群的統稱，傳統上居住在科羅拉多河下游谷地以及亞利桑那州、加州和墨西哥的毗鄰地區，操與霍卡諸語言相關的語言。河邊尤馬人（包括莫哈維人、尤馬人和馬里科帕人）住在科羅拉多河下游和希拉河中游沿岸；高地尤馬人（包括瓦拉派人和哈瓦蘇派人）住在大峽谷以南的亞利桑那州西部。河邊尤馬人主要是農民；高地尤馬人還從事打獵和採集。所有尤馬人都沒有定居的村落。尤馬人的宗教特點是信仰至高無上的創世主，相信夢境，儀式中採用唱敘。如今尤馬人的人數超過4,000。

Yung-lo emperor ➠ Yongle emperor

Yung-ning 邕寧 ➠ Nanning

Yungang caves 雲岡石窟 亦拼作Yün-kang caves。一系列宏大的中國佛教石窟寺廟，創建於5世紀的六朝時期。此地約有二十座主要的石窟寺廟和許多小型的壁龕和洞穴，分布超過半英里。它們是中國佛教藝術首度的成果，也是如今所僅存的最早範例。雲岡石窟最主要的雕刻風格綜合好幾種外國的影響，包括波斯、拜占庭和希臘，以及基本上得自印度佛教藝術的元素。

Yunnan 雲南 亦拼作Yün-nan。中國南部省份。省會昆明。這裡的人口是中國種族最混雜的地方，由超過二十個民族所組成。雲南省的地形多山，尤其北部和西部爲最。有三大河流系統穿越此地：揚子江（長江）（在當地以金沙江爲名）、湄公河以及薩爾溫江，這裡同時也是其他兩條河流的發源地：紅水河和沅江。由於此地與外界隔絕，這個地區在中國的歷史發展中相當獨立。蒙古人於13世紀曾侵占此地；1855～1873年這裡是雲南回民起義之處。第二次世界大戰期間，日本曾奪占雲南省一部分。如今，此地的農業生產以稻米最爲有名，並擁有大規模的採礦工業。人口約41,920,000（1999）。

Yunnan ➠ Kunming

YWCA ➠ YMCA

W X Y Z

Z particle　Z粒子　作用於全部已知亞原子粒子的弱力的電中性傳遞子。它是帶電的W粒子的夥伴。Z粒子的質量爲91.16±0.03千兆電子伏特（GeV, 1千兆電子伏=10^9電子伏），或約百倍於質子質量。壽命約只有10^{-25}秒。Z粒子的衰變研究，揭示了Z粒子的「寬度」或其質量的內稟差異。由不確定性原理知道「寬度」和粒子的壽命相關。觀測顯示，當Z粒子衰變爲微中子－反微中子對（參閱pair production）時，它產生且只產生三類輕型微中子，表明只有三種系列的輕子和夸克——物質的基本建築塊料。

Zab River＊　札卜河　底格里斯河的兩條支流共有的名稱，在3月和4月洪水期時使底格里斯河的流量爆增一倍。大札卜河起源於庫爾德斯坦山區，向南、再往東南方穿越土耳其東南部和伊拉克北部，最後在伊拉克摩蘇爾附近注入底格里斯河，全長420公里。小札卜河流經伊朗西北部和伊拉克北部，在大札卜河以下80公里處注入底格里斯河，長約370公里。

Zacatecas＊　薩卡特卡斯　墨西哥中北部一州。州首府薩卡特卡斯。位處多山嶺的中央高原，海拔平均約2,350公尺。經濟以礦業爲主，農業和養牛業也占重要地位。面積75,040平方公里。人口約1,336,000（1995）。

Zacatecas＊　薩卡特卡斯　墨西哥薩卡特卡斯州首府。位處深窄谷地。海拔2,496公尺。1548年建。1585年爲市。直到19世紀，附近銀礦產量占世界1/5。現仍爲礦業中心。周圍農業區商業和製造業中心。市內大教堂以高柱廊著稱。城西南的奇科莫斯托克有印第安古蹟。人口約100,000（1990）。

zaddik　義人　亦稱tzaddiq。代表猶太教宗教理想之人。這一辭彙在《舊約》和「塔木德」中被反覆提到，認爲世界的持續存在是由於有三十六個正直的人的存在。在哈西德主義中，它用來指一個被認爲是人類和神之間的媒介的宗教領袖。最初的義人在世界範圍內廣泛遊歷，並參加各種社會活動來加強教會的精神生活。在18世紀末期，他們停止了這一遊歷並開始在本國爲尋求慰藉的人服務。

Zadkine, Ossip＊　札德基恩（西元1890～1967年）　俄裔法國雕刻家，在英國受教育，1909年遷居巴黎，就讀於美術學院，受到立體派和古希臘雕刻的影響。其雕刻技法，兼用凸面、凹面、線條和平行面，藉以達到韻律的新穎和多維的統一。第二次世界大戰期間逃到美國，在紐約市藝術學生聯合會當教師。代表作是鹿特丹市的紀念碑《被摧毀的城市》（1951）。1950年榮獲威尼斯雙年展的雕刻大獎。1960年代曾受託爲耶路撒冷、阿姆斯特丹等城市製作雕像。

Zadokite Fragments　札多基特殘卷 ➠ Damascus Document

Zaghlul, Sad＊　札格盧勒（西元1857～1927年）　埃及政治家。他在與英國占領者合作的歷屆政府中服務，但在1912年改變了態度。1914年第一次世界大戰爆發，埃及成爲英國的保護國。哈蒂夫遭廢黜，宣布戒嚴法，立法議會被英國人解散。1918年他率領代表團去見英國高級專員溫蓋特爵士，告知溫，他們認爲自己（而不是埃及政府）才是埃及人民眞正的代表，要求取消保護國地位和簽訂一項英埃同盟條約。這些要求被拒絕後，札格盧勒及其同僚透過其建立的地下團體組織的廣泛動亂爆發了。次年被捕並放逐到馬爾他島，英國企圖平息埃及輿論，釋放了札格盧勒。隨後參加根據新憲法舉行的頭幾次選舉。1924年他就任首相。在許多英國官員和「通敵賣國者」被極端分子殺害後，札格盧勒被迫辭職。後擔任眾議院議長。並成功地控制了較極端的追隨者的行動，直至去世。

Zagreb＊　札格拉布　克羅埃西亞的首都，1093年天主教教區設立於此之時首先記載。古城有兩個在山丘上的中世紀居民點：是市民和教會的居住處。19世紀，大量的新建築把它們聯繫在一起並向南推進至薩瓦滂原，形成布滿廣場和新建築物的直線狀新城鎮。19世紀克羅埃西亞民族復興時期，它又是泛南斯拉夫運動和克羅埃西亞獨立運動的中心。1991年在脫離南斯拉夫的內戰中嚴重受損。1945年至1990年代初期，克羅埃西亞一直是南斯拉夫的一部分。人口867,865（1991）。

Zagreus＊　札格列歐斯　奧菲斯神話中，他是宙斯（以蛇的形體出現）與其女兒普賽弗妮所生的天神之子。宙斯意欲將札格列歐斯立爲嗣子，賦予他無限的力量。但嫉妒成性的赫拉唆使泰坦攻擊小孩。泰坦將札格列歐斯撕成碎片，吞食了除心之外的全身。雅典娜設法保全了小孩的心臟，把它交給宙斯，宙斯把心吞了下去。宙斯此後又以札格列歐斯的心爲主體和塞墨勒生了個兒子，名爲戴奧尼索斯。

Zaharias, Babe Didrikson＊　札哈里亞斯（西元1914～1956年）　亦稱Babe Didrikson。原名Mildred Ella Didrikson。美國運動員，有時公認她是20世紀最偉大的女運動員。爲著名的籃球、田徑以及高爾夫運動員。1930～1931年加入全美女子籃球隊。1930～1932年在國家田徑比賽中，贏得了8項賽事冠軍，第九項與人同分。1932年奧林匹克運動會中，贏得80公尺跨欄賽跑金牌和標槍金牌；跳高也獲第一名，但因當時採用的滾式跳法被認爲是非正規跳法而遭取消金牌。從1946年開始成爲一名高爾夫選手，奪冠不可計數，包括美國和英國女子業餘高爾夫球錦標賽（1946、1947）、美國女子高爾夫球公開賽（1948、1950、1954）；1953年在接受癌症手術治療後獲得最後一次的公開賽冠軍。

zaibatsu＊　財閥　第二次世界大戰前日本任何的大資本主義企業，與卡特爾或托拉斯近似，但通常以一個家族爲中心組成。一個財閥可能在幾乎所有重要的經濟活動領域中開辦公司。所有的財閥均擁有銀行，用以籌集資本。第二次世界大戰結束後，財閥被解散。總公司擁有的股票拿出來拍賣，各下屬公司擺脫了總公司的控制。1951年簽訂和約後，許多公司開始聯合，組成所謂的「企業集團」。這些集團與舊財閥最主要的不同點有二，一是每個集團的政策協調不具有強迫的性質，二是各成員公司之間在財政上相互依賴的程度很小。

zaim＊　札姆　阿拉伯文意指政治領袖，或爲公職人員，或爲權力掮客。這個詞特別是在黎巴嫩使用，指稱各種不同派系社群的權力掮客。

Zaire　薩伊 ➠ Congo

Zaire River　薩伊河 ➠ Congo River

Zama, Battle of＊　札馬戰役（西元前202年）　大西庇阿率領羅馬軍打敗漢尼拔統帥的迦太基軍的戰役。爲第二次布匿戰爭中最後一次決戰。西元前203年迦太基面臨羅馬侵犯的極大威脅。於是在義大利作戰的漢尼拔被徵召回來；

漢尼拔被馬西尼薩的努米底亞羅馬步兵和騎兵擊潰。札馬戰役使迦太基割讓西班牙予羅馬，交出大部分的戰艦，並向羅馬繳付五十年的賠償費。

Zambezi River＊　尚比西河　非洲中南部及東南部的河流，往南流經安哥拉東部及尚比亞西部，再折向東北，形成尚比亞與辛巴威的邊界，最後向東南流，穿過莫三比克，到達三角洲而入印度洋。全長3,500公里，重要支流有卡邦波、隆圭本古、寬多、卡富埃及希雷諸河。尚比西河河口多沙嘴、水淺、有急流和險灘。但它仍有大約2,600公里長的河段可通航淺水輪船。1850年代由李文斯頓發現。

Zambia　尚比亞　正式名稱尚比亞共和國（Republic of Zambia）。舊稱北羅得西亞（Northern Rhodesia, 1911～1964）。非洲中南部內陸國家。面積752,614平方公里。人口

約9,770,000（2001）。首都：路沙卡。居民幾乎全爲操班圖語的非洲人種族。語言：英語（官方語），以及八十種當地語言和方言。宗教：基督教、印度教和原住民宗教。貨幣：夸查（K）。國土大部分爲台地，尚比西河（包括維多利亞瀑布）、卡富埃河和盧安瓜河流貫其間。班韋烏盧湖位於尚比亞北部，而姆韋魯湖和坦干伊喀湖則在北部邊界上。班韋烏盧沼澤是世界最大的內陸濕地之一。東部的穆欽加山脈有全國最高點（2,200公尺）。西南部有貴重的尚比亞柚木林。經濟過分依賴銅礦的生產和出口，其他礦物資源有鉛、鋅、鈷、煤和金。農業也很重要。有一些製造業。政府形式爲共和國，一院制。國家元首暨政府首腦爲總統。考古發掘顯示，在一百萬～兩百萬年以前早期人類就曾出沒於現在的尚比亞，現代東加人的祖先早在西元前第二個千年紀開始時便到達該地區，而其他現代民族到了17或18世紀才從剛果（薩伊）和安哥拉來此。18世紀初葡萄牙人建立起貿易傳教區。1890年代，羅德茲的使者和英國南非公司同大多數尚比亞酋長訂立了許多條約。南非公司在該地區於1924年成爲英國的保護地之前一直是當地的管理機構。1953～1963年屬中非羅得西亞和尼亞薩蘭聯邦的一部分。1964年北羅得西亞獨立，成爲尚比亞共和國。1990年通過了一項憲法修正案，允許各反對黨派合法化，但在次年即出現政治緊張局勢。

Zamboanga＊　三寶顏市　菲律賓民答那峨西部城市。由西班牙人始建於1635年。後來成爲菲律賓南部主要的市場。出口橡膠、珍珠、椰乾、優質硬木、魚類、麻和果品。是摩洛人的黃銅和紫銅製品中心，也是觀光勝地。人口約464,466（1994）。

Zamora, Niceto Alcalá ➠ Alcalá Zamora, Niceto

Zamyatin, Yevgeny (Ivanovich)＊　札米亞京（西元1884～1937年）　俄國小說家、劇作家和諷刺作家，原學習造船，同時還從事寫作。十月革命前曾加入布爾什維克，但後來自動脫黨。由於諷刺和批評文化政策，官方對他沒有好感。他的巨著《我們》（1924, 1989年在蘇聯第一次出版）是第一部反烏托邦小說及赫胥黎的《美麗新世界》和歐威爾的《1984》的文學始祖。

Zande ➠ Azande

Zangwill, Israel＊　桑桂爾（西元1864～1926年）
英國小說家、劇作家、猶太復國主義領袖，東歐移民之子。根據其對猶太人生活的深刻了解，寫了《猶太區的兒童》（1892），其他作品如描寫一個18世紀惡棍的驚險小說《群丐之王》（1894）和《猶太人區的夢想家》（1898），是關於猶太名人的文章。美國是一個熔爐、各民族在其中將被改造成一個新民族的劇作《坩堝》（1908），他是最早用英文介紹猶太移民生活的作家之一。

Zanuck, Darryl F(rancis)＊　柴納克（西元1902～1979年）　美國好萊塢電影業製片經理。1924年任華納兄弟公司編劇。寫了三十五部以上的劇本後，被擢升爲製片經理。他促使華納兄弟公司轉向有聲電影，拍出第一部有聲劇情片《爵士歌王》（1927）。1933年與人合建二十世紀電影公司，兩年後與福斯公司合併。他製作了《怒火之花》（1940）、《翡翠谷》（1941）、《君子協定》（1947）以及《薩巴達傳》（1952）。1956年辭職，六年後重返任總裁，製作《最長的一日》（1962）、《眞善美》（1965）和《巴頓將軍》（1970），以轟動一時的票房記錄扭轉該公司的經濟頹勢。1971年退休。

Zanzibar　桑吉巴　位印度洋中坦尚尼亞的主要島嶼，距中非東海岸35公里。桑吉巴市位於西岸是主要港口和商業中心。桑吉巴與奔巴都曾是非洲大陸的一部分，17世紀後期爲阿曼的阿拉伯人控制，1832年阿曼蘇丹將該島設爲首都。1861年桑吉巴脫離阿曼，成爲獨立的蘇丹國，控制著部分非洲大片領土。但在巴加什蘇丹統治期間（1870～1888），大部分領土瓜分給歐洲強權，1890年英國宣布桑吉巴爲它的保護地，1963年蘇丹國重新獲得獨立，成爲大英國協邦的一員。1964年左派人士叛變，推翻蘇丹國，建立共和國。隨後與坦干伊喀合併，成立了坦尚尼亞。面積1,651平方公里。人口：市約157,634；島嶼約375,539（1988）。

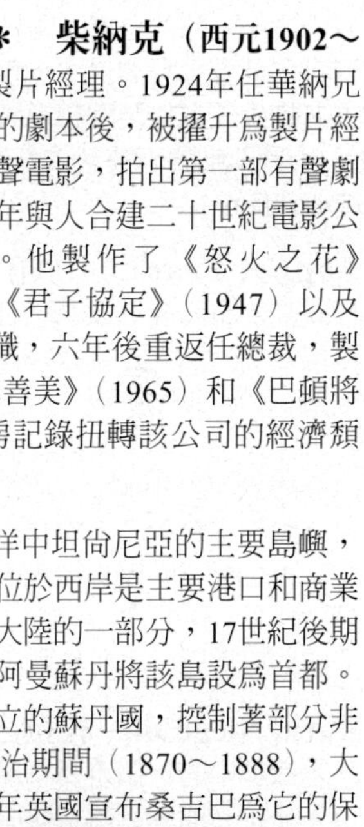

薩帕塔，攝於1912年
Archivo Casasola

Zapata, Emiliano＊　薩帕塔（西元1879～1919年）
墨西哥革命家，以及農村窮人的鬥士。爲梅斯蒂索（印第安人與歐洲人的混血兒）農民，十七歲成爲孤兒，擔負起照顧兄妹的責任。他領導鄉人抗議

種植園侵占他們的土地，最後用武力手段奪回他們的土地。後來組織一支小軍隊幫助馬德羅推翻迪亞斯。薩帕塔對馬德羅實施的土地改革步調不滿意，於是領導一支游擊隊奪回被種植園占據的土地，並將土地歸還印第安人的「埃基多」（社區共有土地）。在韋爾塔將軍罷黜和暗殺馬德羅後，薩帕塔曾出力打敗韋爾塔。他與比利亞聯手攻占墨西哥城，開始實行土地改革，不過後來中計遭卡蘭薩的軍隊埋伏而被殺，當時美國已承認卡蘭薩爲總統。

Zapopan＊ 薩波潘 墨西哥中西部哈利斯科州中北部城市。位處瓜達拉哈拉谷地，爲地區商業和製造業中心，附近產玉米、甘蔗、棉花、蔬果和家畜。養蜂業和旅遊業爲輔助收入來源。有17世紀的薩波潘教堂。人口668,000（1990）。

Zaporizhzhya＊ 札波羅熱 1921年以前稱亞歷山德羅夫斯克（Aleksandrovsk）。烏克蘭東南部城市。在聶伯河畔。1770年建立要塞，1806年形成城鎮。1927～1932年興建聶伯河水電站，是當時世界上最大的水力發電廠。城市隨之發展。第二次大戰期間，大壩遭到破壞，後重建。有大型的冶金廠和軋鋼廠。還有許多工程與輕工業，如汽車製造。人口約882,000（1996）。

Zapotec＊ 薩波特克人 居住在墨西哥南部瓦哈卡州的印第安民族。早期的薩波特克文明集中在阿爾班山（今瓦哈卡市附近），該文化創造了中美洲第一部著作，並發明了五十二年一輪的日曆，後被其他部族借用。現今傳統的薩波特克人社會以農業爲主，耕作時使用刀耕火種的清理技術。主要的手工業以製陶和編織爲主。薩波特克人信仰天主教，但也信仰神靈，神話依然存在。亦請參閱Mesoamerican civilization。

Zappa, Frank 札帕（西元1940～1993年） 原名Francis Vincent。美國搖滾音樂家及作曲家。生於巴爾的摩，在加州長大，自修學習鼓與吉他。1960年代早期爲電影配樂，1964年開始與「靈魂樂巨人」樂團合作，這些人最後組成「發明之母」樂團。他在《異想天開》（1966）、《我們爲錢才陷入》（1967）、《濃濃的肉湯》（1967），《絕對自由》（1967）、《葉爾布提酋長》（1979），以及《來自地獄的爵士樂》（1988）等專輯中所展現的音樂技巧與狂野古怪的才氣讓他廣爲人知。他在商業上最成功的作品《山谷女郎》（由他的女兒穆恩．尤尼特主演）。

Zara, Siege of 札拉之圍（西元1202年） 第四次十字軍活動中的一個重要事件，即十字軍攻擊一個基督教的城市。札拉（即今克羅埃西亞的札達爾）是臣屬威尼斯共和國的一個城市，但在1186年背叛威尼斯，而接受匈牙利國王的保護。威尼斯人爲了重新獲得他們對札拉的權利，乃改變原定進軍巴勒斯坦和埃及的目標，促使第四次十字軍去攻擊這個城市。札拉終於投降，1203～1204年十字軍進攻君士坦丁堡。

Zaragoza ➡ Saragossa

Zarathustra ➡ Zoroaster

Zaria＊ 札里亞 舊稱札藻（Zazzau）。奈及利亞北方古王國和世襲酋長國。建於11世紀，爲最早的七個豪薩人國之一。約1456年傳入伊斯蘭教，因而16世紀初豪薩人國王信奉伊斯蘭教。桑海帝國在1512年征服札藻；16世紀末，改名札里亞。約1734～1804年成爲博爾努王國的屬國。1804年由富拉尼人統治。1835年創札里亞酋長國，現仍爲全國最大的世襲酋長國，爲全國主要棉花產地之一。

Zarlino, Gioseffo＊ 查利諾（西元1517～1590年） 義大利音樂理論家和作曲家。1532年接受削髮，在當地大教堂擔任風琴師。1541年跟隨魏拉爾（1490?～1562）到威尼斯學音樂，後來擔任聖馬可教堂的音樂總監，在那裡他的學生包括加利萊伊（1520?～1604）和梅魯羅（1528?～1591）。其具有影響力的論文《和聲慣例》（1558）對不協和音的更嚴格地控制（同時接納幾個先前不協和的音程作爲協和音），以及更嚴格遵從作曲調式的統一做了論述。《和聲論證》（1571）重新編寫了教堂音樂的調式，開始以C代替傳統的A，因而確認了調性的逐漸實用性。

zarzuela＊ 薩蘇埃拉 西班牙音樂劇，由口白、歌曲、合唱和舞蹈組成。起源於1650年代貴族階級的一種娛樂節目，最初在馬德里附近的薩蘇埃拉皇家別墅演出。早期主要的作曲家是伊達爾戈（1614～1685）；早期的腳本作家包括維加和卡爾德隆．德拉巴爾卡。當義大利歌劇流行時，薩蘇埃拉也採用了「莊（嚴肅）歌劇」（opera seria）部分風格，但開始衰敗。18世紀末以較流行的風格而復興，約在1840年再度復興，並融合民間音樂、舞蹈和即興表演，諷刺性地描述日常生活情況，接下來的一百年裡，出產了大批的薩蘇埃拉作品。自1940年開始少見新的薩蘇埃拉作品。

Zátopek, Emil＊ 札托佩克（西元1922～2000年） 捷克長跑選手。1948年首次在奧運會獲得金牌。1952年奧運會上囊括5,000、10,000公尺及馬拉松等三個項目的金碑。共締造了1940年代到1950年代中期十八項世界記錄，其中10,000公尺記錄從1949年保持到1954年。

zazen＊ 坐禪 指禪宗的打坐參禪。方法是坐於靜室，呼吸均匀，腿作全跏趺坐或半跏趺坐，脊柱和頭部保持正直，手掌相疊，雙眼睜開，停止一切思考、欲念、戀慕和判斷，聽任心志保持在輕鬆覺醒狀態。道元極力提倡坐禪。亦請參閱koan。

Zealand ➡ Sjaelland

Zeami 世阿彌（西元1363/1364～1443年） 亦作Seami。日本能樂最偉大的劇作家和理論家。在足利義滿幕府將軍的贊助下，他和父親觀阿彌（1333～1384）創造了現在形式的能樂。現存劇目逾230個劇本，據稱約90部出自他的手筆（大部分都是傑作）。在寫給學生的論述手冊中，世阿彌最有名的著作是《花傳書》（1400～1418），他所闡明的能樂原則被沿用了數個世紀之久。

zebra 斑馬 3種黑白斑紋鮮明的馬，幾乎以食草爲生。站立時高度約120～140公分。白氏斑馬產於非洲東部和南部大草原，斑紋寬，各紋之間距離亦寬；北非斑馬產於肯亞、衣索比亞和索馬利亞乾燥地區，斑紋窄而密，腹部爲白色；斑馬常見於那米比亞和南非洲西部的乾燥高地平原，臀部有網格狀斑紋。小的斑馬群包括一匹雄馬、數匹雌馬和小馬，可結成大群，但各小群仍保持其獨立性。

zebra fish 斑馬魚 兩個非近緣魚類類群，即鯉形目鯉科短鮈屬淡水魚類和鮋形目鮋科蓑鮋屬海水魚類的統稱。斑馬鮈，是淡水水族箱觀賞魚，原產於亞洲，體長約4公分，具暗藍與銀色縱條紋，蓑鮋屬魚類是海水水族箱觀賞魚，鰭棘有劇毒，體具色彩豐富的垂直條紋。有些種類稱爲蓑鮋或稱獅子魚、火雞魚。

zebra mussel 斑馬貝 飾貝屬兩個種的統稱，細小的淡水有害貝類。繁殖速度快，能大量附於各種物體（實際上

白氏斑馬
Leonard Lee Rue III

能附於任何物體的表面)。貪食，往往將浮游植物一掃而光，從而破壞食物鏈。又能大量聚集於吸水閥及水管、橋墩及其他結構上，造成嚴重經濟損失。在歐洲18世紀早期已給人類造成損害，約於1986年被帶到北美（可能通過船隻壓艙的水），現已侵入整個五大湖區。

zebu 瘤牛 ➠ Brahman

Zechariah＊ 撒迦利亞（活動時期約西元6世紀） 《舊約》中十二小先知之一，他的預言記載於〈撒迦利亞書〉。（此書在猶太教正典中是較大的「十二先知書」的一部分。）書中還描述末日的到臨以及末日人類生活情況。經過巴比倫囚虜，猶太人回到耶路撒冷，耶路撒冷聖殿得以重建及全世界的人都承認以色列人的上帝。

Zedillo (Ponce de León), Ernesto＊ 塞迪略（西元1951年～） 墨西哥總統（1994～2000）。出生於工人階級家庭，於1971年加入墨西哥執政黨，獲有耶魯大學經濟學博士學位。在計畫暨預算部擔任部長期間，成功抑制墨西哥的龐大外債、降低通貨膨脹，同時平衡了預算。他在革命體制黨（PRI）原本的總統候選人克羅西歐遇刺後當選總統。任內進行改善貧窮、杜絕貪污，並持續選舉制度的民主化等改革。1994年他讓披索貶值的政策導致經濟危機，靠著大量的美援始得化解。恰帕斯州發生的叛亂造成他在行政管理上的困擾，其政權被控在該地區侵犯人權。

Zee, James Van Der ➠ Van Der Zee, James (Augustus Joseph)

Zeeman effect＊ 塞曼效應 光譜線分裂成頻率不同的兩條或多條譜線的現象。通常發生在位於磁場中的光源所發射的。它可以幫助確定原子的能級，還爲研究原子核及電子順磁共振等現象提供了一種有效的方法。並應用於測定太陽和其他恆星的磁場。塞曼於1896年首先發現，他與洛倫茲共獲1902年諾貝爾物理學獎。洛倫茲認爲原子內電子振盪產生光，磁場影響電子振盪，從而影響發射光的頻率。

Zefat＊ 采法特 以色列北部城市。位置靠近加利利海，是四個巴勒斯坦猶太教聖城之一。西元1世紀由約瑟夫斯設爲要塞，中世紀則由十字軍設爲要塞。采法特是中世紀猶太人神祕主義教派（參閱Kabbala）的一個重要中心。1948年猶太人軍隊從阿拉伯人手中奪回采法特。現爲藝術家群居之地，經濟以輕工業及旅遊業爲主。人口約21,200（1994）。

Zeffirelli, Franco＊ 柴非萊利（西元1923～） 原名Gianfranco Corsi。義大利導演和舞台設計師和製作人。1946年加入維斯康堤的莫雷利－斯托帕劇團任演員和舞台導演。他與維斯康堤在《大地震動》（1948）等影片中合作後，柴非萊利開始致力於布景設計。他爲歌劇作的第一部主要設計是1952～1953年的《阿爾及爾的義大利女郎》。其他著名的歌劇有《茶花女》（1958）、《拉美莫爾的露契亞》（1959）和《波希米亞人》（1963和1981年）。他導演的電影包括《馴悍記》（1967）、《羅殉情記》（1968）、《無盡的愛》（1981）、《簡愛》（1996）及《溫馨人生》（1999）。

Zeiss, Carl＊ 蔡司（西元1816～1888年） 德國實業家。1846年在耶拿開設工場製造顯微鏡及其他光學儀器。與物理和數學講師阿貝成爲合伙人。他們聘用化學家肖特，試製出約一百種新的光學玻璃和許多種耐熱玻璃。蔡司死後，阿貝將蔡司公司及其在玻璃廠的股金捐贈給蔡司基金會。1923年肖特亦將其玻璃廠的股金捐獻給該基金會。

Zemes mate＊ 澤美斯馬特 波羅的海宗教中代表自然與萬物之源的女神。與天神迪夫斯一起滋生並保護生命活力。在每次節日開放時，人們用啤酒供奉她，還把麵包、愛爾啤酒和藥草埋在地裡，或扔進河流湖泊，或綁在樹上以示敬意。她的各項職司最後被半具神性的森林女神、土地女神、岩石女神、牲畜女神、流水女神和基督教時代的聖母瑪利亞所取代。

zemstvo＊ 地方自治會 俄羅斯帝國的地方自治機關。沙皇亞歷山大二世爲提供社會和經濟服務而建立，成爲帝俄內部具有開明影響的機構。有縣、省兩級。會議的代表由地主、城市居民和村社選出，它們興辦學校，修築道路，發展衛生事業。1890年代末起，它們鼓吹立憲改革，支持1905年和1917年的革命運動。十月革命後撤銷。

Zen 禪宗 佛教的重要宗派，主張傳授佛陀所達到的開悟經驗。6世紀時興起於中國（由菩提達摩引入），分成兩支，南宗主張頓悟；北宗則主張漸悟。到8世紀僅存北宗。到12世紀禪宗在日本得到全面發展，並在20世紀晚期西方也出現了一批重要的禪學團體。禪宗指出每個人天生都具有潛在的佛性，但因無知而處於休止狀態。喚醒佛性的最佳方法不是學習經教、爲好行善、舉行儀式或禮拜佛像，而是要打破世俗邏輯思維的界線。各支派分別提出不同的方法，有的強調坐禪（曹洞宗），有的使用公案（臨濟宗），或反覆誦唸「南無阿彌陀佛」（黃檗宗，參閱Amitabha）。

Zend-Avesta ➠ Avesta

Zeng Guofan 曾國藩（西元1811～1872年） 亦拼作Tseng Kuo-fan。中國的軍事領導人，在鎮壓太平天國之亂中立功最大，因此延緩清朝的滅亡。曾國藩在通過中國文官制度最高等的考試後，進入翰林院，成爲一位出色的官員。1852年當太平天國的叛軍抵達長江河谷，並威脅到清朝的生存，曾國藩被要求加入對抗太平天國的戰事中。由於帝國武力相當薄弱，曾國藩和其他同屬學者士紳之階層的人士，開始組織地方軍隊。曾國藩的軍隊奪取叛軍位於長江上游沿線的補給區，於1864年圍攻並奪下叛軍的首都南京。1865年被召喚去協助鎮壓捻亂；一年後，他要求李鴻章接掌此一戰事。亦請參閱Zhang Zhidong。

Zenger, John Peter 曾格（西元1697～1746年） 美國印刷商和新聞工作者。十三歲時自德國移居紐約，1726年自辦印刷所。1733年刊印《紐約新聞週報》。1734年被以反對殖民地總督誹謗罪逮捕，經審判被宣判無罪而贏得英屬北美殖民地新聞自由的第一次重大勝利。

Zeno＊　芝諾（卒於西元491年）　原名Tarasicodissa。東羅馬皇帝（474～491），與東羅馬皇帝利奧一世的女兒結婚，474年芝諾的幼子作爲利奧二世繼位，也於同年年底夭折，芝諾成爲皇帝。芝諾與阿非利加締結了一項和約，可是不久他在國內卻遇到軍事政變，被迫逃往伊索里亞。476年返回君士坦丁堡。489年，他指定狄奧多里克爲義大利國王，調解正教基督教徒與基督一性論派之間的爭執。這也導致與羅馬教會從484年持續到518年的分裂。

Zeno of Citium＊　基提翁的芝諾（西元前335?～西元前263?年）　希臘思想家、斯多噶哲學學派創立者。赴雅典，聽犬儒學派哲學家底比斯的克拉特斯和麥加拉的斯提爾波的講學，並在學園聽課。當他有所成就時，便在彩色的柱廊下設館講學，教授生徒；芝諾的哲學體系分爲邏輯學、物理學和倫理學。它教導人們，幸福在於使人的意志適應統治宇宙的神的理性。在邏輯學和知識論方面他受安提西尼和狄奧多羅斯的影響；在物理學方面，他受赫拉克利特的影響。他的論文均失傳，僅片斷引語留存在他人著作中。

Zeno of Elea＊　埃利亞的芝諾（西元前495?～西元前430年）　希臘哲學家和數學家，亞里斯多德稱他爲雄辯術的發明者。他尤以悖論著名，他是巴門尼德斯的學生和朋友。爲了回答那些認爲巴門尼德斯關於「一元論」的存在性的理論中包含著不相容性的人們，芝諾試圖證明：假定事物關於時間和空間的衆多性的存在將帶來更嚴重的不相容性。亦請參閱paradoxes of Zeno。

Zenobia＊　芝諾比阿（卒於西元274年以後）　全名Septimia Zenobia。羅馬屬下巴爾米拉殖民地的女王（267?～272年在位）。芝諾比阿的丈夫係統治巴爾米拉的羅馬藩王，曾從波斯征服者手中收復了羅馬東方。她輔佐自己的幼子即位。她自稱巴爾米拉女王，269年她先侵占埃及和小亞細亞的大部分地區，宣布脫離羅馬而獨立。羅馬皇帝奧勒利安發兵東進，包圍了巴爾米拉。芝諾比阿和其子被俘獲。後芝諾比阿嫁給了一位元老院議員。巴爾米拉（273）在沒有她領導的第二次叛亂中被消滅。

芝諾比阿，胸像；現藏羅馬梵諦岡博物館
Anderson – Giraudon from Art Resource

zeolite＊　沸石　含水的矽鋁酸鹽礦物家族成員的統稱，它們具有框架結構，包裹著互相連通的空腔，空腔爲大的金屬陽離子（帶正電的離子）——一般爲鈉、鉀、鎂、鈣和鋇——和水分子所占據。離子和水在骨架內很容易運動，允許進行逆向的脫水作用和離子交換，這些特性可應用於水的軟化，以及在污染控制中用作分子篩，另外還有其他應用。

zeolitic facies＊　沸石相　變質岩礦物相主要類型之一，此相岩石是在與區域變質作用有關的最低溫度和壓力下形成的。在這些條件下出現的典型礦物有沸石、鈉長石、石英和葡萄石。

Zephaniah　西番雅（活動時期約西元前7世紀）　《舊約》中十二小先知之一，傳統上認爲是〈西番雅書〉的作者。（他的預言書在猶太教正典中是較大的「十二先知書」的一部分。）他在約西亞在位時期發出預言，譴責崇拜外來神靈，在約西亞制定改革前提出這些建言。他的主要論點是「上帝即將降臨」，屆時上帝將審判猶太人所犯的罪。

zeppelin　齊柏林飛船　硬式飛船，由德國退役軍官齊柏林伯爵（1838～1917）所設計，它有一個由桁架和蒙皮構成的雪茄形艇體，由內部氣囊來支撐，艇身下有兩個外掛吊艙，艙內各裝一台發動機帶兩副螺旋槳，1900年首次飛行。第一次世界大戰期間德國人用齊柏林硬式飛船進行遠程轟炸。1928年齊柏林伯爵號首創橫越大西洋的飛行業務，1937年興登堡號焚毀之前，飛行590次。

zero　零　數學上極爲重要的數和數字。零當作數的特性是任何數與其相加都還是原來的數，任何數與其相乘就變成零（解方程式的重要定律，如果兩數的乘積是零，至少有一個必須爲零）。除以零是無意義的。當作量則代表空的，最早由古巴比倫人使用。符號0可追溯至西元前150年，托勒密開始使用希臘字母Ο（希臘字「無」的第一個字母）來代表數缺少的尾數位數。零一直到16世紀才被西方數學家廣泛接受。

Zero　零式戰鬥機　亦稱三菱A6M（Mitsubishi A6M Zero）。第二次世界大戰中日本的單座下單翼戰鬥機。1940年由三菱公司生產。在接近6,100公尺高度上最大速度565公里／時。零式飛機初出現就在機動性上勝過所有對手。1943年以前同盟國的前線戰鬥機在與它空戰中均難以取勝。在戰爭結束前幾個月中，許多零式飛機都成爲神風特攻隊的飛機。

zero-point energy　零點能　分子在絕對零度的溫度下仍保有的振動能量。由於溫度是分子運動強度的量度，因此當溫度降至絕對零度時，可以預期分子會靜止下來。然而，如果分子運動一起停止下來，那麼每個原子必定有準確的已知位置和速度（零），而測不準原理說這種情況不可能發生，因爲不可能同時知道一個物體的位置和速度的精確值。因此，即使在絕對零度下分子也必須具有某些零點能。

Zeroual, Liamine＊　澤羅烏爾（西元1941年～）　阿爾及利亞總統（1994～1999）。完成軍事教育後，在軍中逐級爬升，於1989年獲擢昇爲陸軍總長，1993年任國防部長。1994年由軍方掌控的國家高等議會指派他爲過渡時期總統，該議會自1992年取消大選、總統布迪亞夫遇刺後便接管政府。1995年正式當選爲總統，1999年布特弗利卡取代其總統職位。

Zetkin, Clara＊　蔡特金（西元1857～1933年）　原名Clara Eissner。德國共產黨領袖。1881年與社會民主黨有聯繫。後與流亡的俄國革命者奧西普・蔡特金（1848～1889）結婚。1892～1917年在斯圖加特編輯社會主義婦女報紙《平等》。1916年參與創建斯巴達克思同盟，1919年加入新建的德國共產黨，1921年選入第三國際主席團。1924年列寧去世後，她逐漸失去影響。

投擲雷霆的宙斯，希臘多多納的青銅小雕像，做於西元前5世紀早期；現藏德國柏林國立博物館
By courtesy of the Staatliche Museen zu Berlin, Antikenabteilung

Zeus＊　宙斯　古希臘宗教的諸神之主，爲天與氣象之神，相當於羅馬的朱比特。他被奉爲司雷電與風雨之神，其傳統武器爲雷霆。克洛諾斯和瑞亞之子註定要推翻他的父

親。他與他兄弟哈得斯和波塞頓平分世界。身爲上天的領袖，他率領諸神戰勝泰坦。從奧林帕斯峰頂的崇高地位，宙斯除了主持正義，還是守護神。宙斯以好色出名，這使他與妻子赫拉經常發生爭吵。他與許多女神和凡間女子都有過戀愛關係。他的子女中有阿波羅、阿提米絲、海倫、普賽弗妮、雅典娜、赫菲斯托斯、阿瑞斯和戴奧尼索斯等。在藝術作品中，宙斯的形象是一位身體魁梧、蓄鬚、表情嚴肅的成年人。

Zeuxis* 宙克西斯（活動時期約西元前5世紀晚期～西元前4世紀初） 古希臘畫家。其作品雖已無存，但古代作家們曾記載了他的風格和題材。他推動繪畫走向錯覺藝術手法的運用，透過使用陰影而產生一種基本的明暗法形式。顯然他的鑲板畫作品比壁畫好。他擅常小型構圖，往往只畫一個人物。作畫的題材通常是神和英雄，也畫老婦人、運動員和靜物等世俗題材。

Zhang Daoling 張道陵（西元34?～156?年） 亦拼作Chang Tao-Ling。中國道教組織的創建者與第一代教祖。張道陵編造了一本道教書籍，吸引了很多四川當地的族群以及中國的信徒，前來加入他的教派。他與當時的其他道教徒一樣都希望長生不死以及肉體不朽，只不過他更著重宗教組織的重要性。他創建五斗米道此一宗教運動。張道陵本人及其子、孫三人，被譽爲「三張」。《道德經》是該教派的基本經典，但張道陵詮釋該書的作品《老子想爾注》，可看出其有適應道教教團需要的痕跡。

Zhang Daqian 張大千（西元1899～1983年） 亦拼作Chang Ta-ch'ien。中國畫家和收藏家。年少時曾受過嚴格的工筆畫訓練，並臨摹古代大師畫作，之後因僞造畫作而在上海聲名狼藉。1920年代末張大千前往北方拓展他的事業，活躍於北京文化圈，此時他開始與北京名畫家溥心畬合作，打響了「南張北溥」的名號。1940年張大千率領一群藝術家前往莫高窟和榆林窟，將其上的佛教壁畫臨摹下來，共完成逾兩百幅作品，這種經驗豐富了張大千的宗教意象。在唐宋時代作品的啓發下，這段時日張大千尤以蓮花畫作著稱。之後因政治丕變，張大千於1950年代初離開中國，足跡踏遍全世界。1950年代末他患了眼疾，視力惡化，但卻發展出成熟的潑墨色彩風格。這類作品在國際拍賣市場中是當代中國畫叫價最高的。

Zhang Heng 張衡（西元78～139年） 亦拼作Chang Heng。中國的數學家、天文學家和地理學家。張衡記錄地震的簡易地震計顯然是圓筒形。有八隻龍頭環列在圓筒上半部的圓周上，每個龍頭的嘴裡含有一顆圓球。圓筒的下半部爲八隻青蛙，每隻青蛙位於龍頭的正下方。當發生地震，圓球落下，掉進青蛙的嘴裡，而發出聲響。

Zhang Juzheng 張居正（卒於西元1582年） 亦拼作Chang Chu-cheng。明朝隆慶和萬曆皇帝年間中國最有權勢的大臣。一般認爲，張居正仁慈的統治以及強硬的外交與經濟政策，將明朝的國勢帶向顛峰。明朝政府在張居正主持之下，更爲集權，他也限制特權，重新丈量免除課稅的土地。

Zhang Yimou* 張藝謀（西元1950年～） 中國電影導演。他的電影生涯從攝影師開始作起，他爲陳凱歌掌鏡的作品《黃土地》（1983）協助推動了「第五代」電影風潮，這一代的電影製作人將感官性與激情帶回到中國電影。張藝謀執導的第一部作品是《紅高粱》（1987），鞏俐在片中的演出成爲她第一個備受讚揚的角色。張藝謀以精熟的電影技術聞名，還執導過如下影片：《菊豆》（1990）、《大紅燈籠高高掛》（1991）、《秋菊打官司》（1992）、《活著》（1994）以及《搖啊搖，搖到外婆橋》（1995）。

Zhang Zai 張載（西元1020～1077年） 亦拼作Chang Tsai。宋朝唯實論思想家。地方官之子，他在受到儒家經典啓發前，曾學習佛教與道教。在他的《正蒙》一書，他宣稱宇宙是個有無數面相的整體，而所有的存有，都在進行永恆的合成與分解。仁（人道）是基本的品德；而道德存在於當人履行他作爲宇宙與社會之成員的義務之時。

Zhang Zhidong 張之洞（西元1837～1909年） 亦拼作Chang Chih-tung。中國的古典學者，以及走在時代最前端的改革者。1862～1882年張之洞是位學者，並主管教育。1882～1907年他從省區調升爲國家的領袖。他支持垂簾聽政的慈禧太后，而慈禧也相對以屢次拔擢來支持張之洞。由於張之洞關切中國的新生，於是他爲中國尋求一種可以在現代世界中，既容納西方的知識，又保存傳統方式的生存之道。他開辦了中國第一座鋼鐵廠，但終歸失敗，但他之後建造了從漢口通往北京附近的鐵路，並創辦鑄幣廠、製革廠、磚廠，以及蠶絲工廠，還有造紙、棉花與羊毛的紡織廠。張之洞爲回應中國在中日戰爭的挫敗，轉而將注意力投注在教育、鼓勵中國學生出國學習，並創建學校體系，翻譯西方與日本的書籍，以及從外國的報紙收集新知。他也促請廢止中國文官制度，這項建議終於在1905年實現。亦請參閱Zeng Guofan。

Zhang Zuolin 張作霖（西元1873～1928年） 亦拼作Chang Tso-lin。中國的軍閥。張作霖在參與中日戰爭之後，他在自己出身的地方組成自衛的民兵。1912年他指揮一個師部，並開始靠著許諾日本在滿洲的特權利益，以換取日本默認支持他掌控滿洲。1918年張作霖成爲東北三省的「奉天督軍」，實際上他將此地視爲自治的國家來統治。1920年他向南方朝中國地區推進。1924年他奪下北京。但他的部隊在1927年在面臨蔣介石領軍北伐時，卻棄守他們的崗位。張作霖最後死於日本的極端主義者所安置的炸彈，因爲他們希望他的死將能激發日本進占滿洲。

Zhdanov, Andrey (Aleksandrovich)* 日丹諾夫（西元1896～1948年） 蘇聯政府及共產黨官員。1915年入黨，後任政治局委員（1939）和列寧格勒第一書記。爲史達林的親密夥伴。他提倡一種極端反西方的政策「日丹諾夫主義」，即政府嚴格控制藝術、文學及其他科學在內地所有知識活動領域。建立1947年共產黨和工人黨情報局。

Zhejiang 浙江 亦拼作Chekiang。中國東部省份。四周以中國海和福建、江西、安徽和江蘇各省爲界。省會杭州。是中國面積較小的省份，也是人口密度最高的地區。浙江的北部正位於揚子江（長江）三角洲的南端。13世紀以前，一直有不同的王國占領浙江的部分地帶。1270年代浙江畫分爲東、西兩個區域。外國勢力則自1840年代後開始滲透此地。1911～1912年中國革命後，浙江開始成爲在當地出生的蔣介石所領導的國民黨的權力基地。第二次世界大戰期間，日本進占此地。而1946～1949年的內戰並未嚴重波及這裡。浙江除了是農業重鎮外，還擁有興盛的漁產工業。當地的水力發電廠也促進了更多的發展。人口43,190,000（1996）。

Zheng Chenggong 鄭成功（西元1624～1662年） 亦拼作Cheng Ch'eng-kung，或稱爲國姓爺（Koxinga）。中國明朝末年與清朝初年的英雄。當明朝亡於滿族之手，鄭成功拒絕滿人所提出的高官厚祿和權力，並於1659年發動對抗新朝代的軍事戰役，他率領大批部隊，從位於福建的基地向長江推進。儘管初期獲勝，最後卻轉爲失敗，但鄭成功仍然勇敢無懼，於1662年從荷蘭人手中奪取台灣，以此地作爲更加安全的後方基地。鄭成功在取得台灣後沒多久即過世，中斷他未來的功業。他成爲在台中國人民間信仰的神靈與文化英雄，連清廷也尊他爲忠誠典範。在日本，近松門左衛門曾將他的事跡搬上舞台（因爲鄭成功的母親是日本人）。20世紀時中國共產黨與中國國民黨都推崇他爲民族英雄。

Zheng He　鄭和（西元1371?～1435年）　亦拼作Cheng Ho。本名馬三保（Ma Sanbao）。他以宦官身分出任艦隊指揮官與外交使節，將中國在海上與商業的影響力擴展到整個印度洋的周邊地區。鄭和由永樂皇帝（明成祖）任命爲主持前往「西洋」之任務的指揮官。1405年首航，他在這趟任務中造訪了占婆（位於越南南部）、暹羅、麻六甲和爪哇，而後穿越印度洋，遠達錫蘭（今斯里蘭卡），到1407年才返回中國。接下來的遠航則抵達阿拉伯半島、非洲東岸、東南亞與印度。在開始了這幾趟遠征之後，中國向外的移民開始增加，進而導致中國人大批進入東南亞定居，而且各地後續的朝貢貿易也一直延續到19世紀。

Zhengzhou　鄭州　亦拼作Cheng-chou。舊稱鄭縣（1913～1949）。中國華北東部的城市，河南省省會。位於黃河之南，是個重要的鐵路中心。此地在新石器時代即有人定居，商朝的青銅文化（全盛期在西元前1500年左右）更是集中在此地一座築有城牆的城市。周朝的墓葬也曾在此地出土。這座城市最早在605年即稱爲鄭州，此後它就以該名稱流傳後世。從6～12世紀，當鄭州成爲向北連接黃河的大運河的終點站時，其重要性達於極點。20世紀初成爲鐵路的轉運站，以及區域性的農業中心。1949年後，其工業基礎大幅擴充。人口：市5,720,000（1992）；城區1,880,535（1994）。

Zhivkov, Todor (Khristov)＊　日夫科夫（西元1911～1998年）　保加利亞政治人物。他在黨內的地位上升，並於第二次世界大戰期間組織抵抗運動，戰後蘇聯的扶持，日夫科夫擔任越來越重要的職務，包括領導民兵，1954年3月任保加利亞共產黨中央委員會第一書記，是蘇聯集團各國中最年輕的領導人。1962～1971年日夫科夫任部長會議主席，1971～1989年任保加利亞總統。日夫科夫緊跟蘇聯路線，在他領導下，保加利亞工業化持續發展，人民生活水準大爲提高。1989年民主化浪潮橫掃保加利亞時，辭去一切職務，1992年日夫科夫因盜用公款罪被判刑。

Zhiyi　智顗（西元538～597年）　亦拼作Chih-i。中國佛教僧侶，創建折衷兼容的天台宗。十七歲時成爲孤兒後，跟隨佛教大師慧思學習七年。他和中國南方的陳朝以及重新統一中國之隋朝的帝國政府都有來往。他調和佛教的各種流派，認爲所有佛教的教義都是眞實無誤，並且都存在於覺悟的佛陀的心靈中。只是佛陀依時代之不同來開展他的教訓，以適應其聽衆的接受能力。他認爲《妙法蓮華經》是最高明的教義，並使它成爲東亞最爲普及的佛經。

Zhong yong　中庸　亦拼作Chung yung，英譯亦作Doctrine of the Mean（持平執中的信條）。儒家的四篇重要文本之一，這四篇文本於1190年由朱熹合併出版後，以《四書》爲名。《中庸》的形上思想讓佛教徒與早期的新儒學學者深感興趣。雖然此書實際上只是屬於五經中的《禮記》（禮儀之書）的一部分，但朱熹認爲這篇文章的作者是孔子的曾孫子思。《中庸》傳達的想法是，人在一生的活動與人際關係中，應該要實踐溫和穩健、公正、沒有偏見的理想。

Zhou dynasty　周朝（西元前約1050年～西元前256/255年）　亦拼作Chou dynasty。中國古代王朝，賦予中國可在歷史上定位的政治與文化性格。西元前771年之前稱爲西周，之後稱爲東周。而東周更可細分爲春秋時代（西元前770年～西元前476年）以及戰國時代（西元前475年～西元前221年）。周朝時，已發明鐵器、牛耕犁、十字弓以及在馬背上騎乘，並建設了大規模的灌溉工程；中國文字也有進一步的發展；而中國古代的偉大思想家，如孔子、孟子和莊子，都生活在這時期，並傳播他們的理念。陶器、青銅鑄作、玉器和漆器則在早期商朝的傳統上繼續發展。

Zhou Enlai　周恩來（西元1898～1976年）　亦拼作Chou En-lai。中國共產黨領導人，從中華人民共和國建立起即擔任總理（1949～1976）直到死亡爲止。周恩來在留學法國時成爲共產黨員，並在歐洲爲中國共產黨創建組織。他與其他共產黨員一樣，在1920年代早期，與國民黨合作共事，並在當蔣介石於1927年清除他先前的共黨盟友時，倖免於逮捕。他加入當時待在江西的朱德和毛澤東，成爲紅軍的總政治委員。1930年代，他與國民黨磋商，成立對抗侵略的策略聯盟。當共產黨於1949年大勝中國國民黨時，周恩來於是成爲新成立之中華人民共和國的總理。文化大革命期間，他協助抑制極端的毛主義分子。當這場運動於1970年代早期消退下來，他協助鄧小平以及其他的溫和改革者復職，讓他們重掌權力。他安排了毛澤東與尼克森之間歷史性會面，這成爲其重要的功績，並爲美國與共產黨政府的和解，開拓出一條道路。

Zhougong　周公（活動時期西元前12世紀）　亦拼作Chou-kung。鞏固周朝權力的政治人物。當他的哥哥（周朝的開創者）武王去世時，他克制了奪取王位的誘惑，而是讓其姪子繼任爲周朝的第二任統治者，他選擇擔任其姪子的顧問。七年之後下台時，周朝的政治與社會系統已趨於穩定。孔子稱讚周公身爲大臣的智慧與美德，推崇他是當代統治者應模仿的典範。

Zhoukoudian＊　周口店　位於北京西南37哩（60公里）處，此地發現滅絕的直立人遺骨化石。1927年在北京人歸類爲直立人（H. erectus）之前，步達生將所謂的「北京人」鑑定爲新的人類化石，並分別歸類爲直立猿人（Pithecanthropus）以及中國猿人（Sinanthropus）。有大約四十具遺骸以及超過1,000件人工製品的部分遺留物出土，使得周口店成爲世界上極爲重要的直立人遺址，此地地層可追溯至460,000～230,000年前。遠古的壁爐及其他證據顯示，周口店的人類祖先擁有發展良好的社群文化，從事漁獵，並在室內使用火。

Zhu De　朱德（西元1886～1976年）　亦拼作Chu Teh。中國共產黨軍隊的創建者。在雲南軍事學院接受教育，其軍旅生涯始於他加入中國南方軍閥的部隊中。1920年代早期加入共產黨，但他隱藏自己與共產黨的聯繫，而進入中國國民黨的軍隊擔任軍官。1927年加入共產黨人所領導的南昌暴動，中國也以這一事件作爲人民解放軍誕生的標誌，每年加以慶賀。朱德在該場暴動遭遇挫敗後，率領部隊往南加入毛澤東的小型游擊隊。隨後成爲領導共產黨部隊的指揮官，一直持續到第二次世界大戰以及與國民黨的內戰，直到1954年才下台。朱德和毛澤東被視爲將游擊戰法提升爲重要的戰略概念的人。

Zhu Rongji＊　朱鎔基（西元1928年～）　中國國務院總理（1998～2003）。1950年代被批評是左派分子，並於1970年代再度遭到整肅。但當他恢復黨員資格後，隨即快速

W X Y Z

昇遷。1988年就任上海市長；1991年成爲國務院副總理。在1993～1995年擔任中國人民銀行的總裁，並在1994年擔任清華大學經濟管理學院院長。1998年被任命爲國務院總理。在1990年代末期面對亞洲經濟危機時，他致力於大幅裁減政府中的官員。

Zhu Xi　朱熹（西元1130～1200年）　亦拼作Chu Hsi。擁護新儒學的中國思想家。基層政府官員之子，他接受儒家傳統的教育，並進入政府服務。由於他對歷史深感興趣，他重新修訂司馬光著名的歷史著作，以說明政治中的道德原則。1189年，他開始註釋〈大學〉，並且終身不斷修訂這部注疏。從哲理上來看，他將程顥與程頤、周敦頤（1017～1073）以及張載的觀念，整合進自己的思想中，並編輯他們的著作。他對四書的註釋，尤其是孔子的《論語》與《孟子》（兩書皆完成於1177年），造成巨大的影響。他的思想重視邏輯推理、一貫、尊奉古典權威並肯定知識探索的價值。

Zhu Yuanzhang ➠ Hongwu emperor

Zhuangzi　莊子（西元前369?年～西元前286年）　亦拼作Chuang-tzu。中國早期道家中最重要的詮釋者，可能是以他爲名的道家經典《莊子》一書的作者。莊子是個小官員，與孟子同一時代；他採用老子的學說，但視野更爲寬廣。莊子教導後人，人的覺醒來自於領悟到萬物爲一，這就是「道」。但「道」本身沒有限制或區別，凡是可被瞭解或言說者，即不是「道」。他認爲，事物應依循其內在的趨向，而每種境況不應以其他境況來衡量。

Zhuge Liang　諸葛亮（西元181～234年）　亦拼作Chu-ko Liang。六朝時期，蜀漢開國者劉備最著名的顧問。劉備在臨死前，敦促諸葛亮如果自己的兒子無能就請他取皇位而代之時，諸葛亮所表現出的忠誠，讓劉備深受感動。諸葛亮是一位機械與數學方面的天才，他發明了可以同時射出數隻箭的弩弓，並將一系列的「八陣圖」戰法予以完善。他也常被視爲具有超自然的力量，在中國的戲劇與故事中，更是最受愛戴的角色，尤其是著名《三國演義》。1724年被冊立爲儒家聖人。

Zhukov, Georgy (Konstantinovich)＊　朱可夫（西元1896～1974年）　蘇聯元帥在第二次世界大戰中的軍事指揮官。1918年參加紅軍，在俄國內戰期間任騎兵指揮官，後升遷爲進軍中國東北區蘇軍首腦（1938～1939），第二次世界大戰中，被任命爲紅軍總參謀長。他組織了列寧格勒和莫斯科保衛戰。他指揮了史達林格勒保衛戰（1943），此後不久，被任命爲蘇聯元帥。庫爾斯克戰役獲勝之後，他指揮了蘇軍在白俄羅斯境內的進攻，後親自指揮攻克柏林戰役，戰後因聲譽過高，被史達林派往一些較偏遠的地區當司令官。史達林去世後，任國防部長（1955）實施一系列提高軍隊素質的計畫。因與赫魯雪夫發生衝突，1957年解除職務。

Zia-ul-Haq, Mohammad＊　齊亞・哈克（西元1924～1988年）　巴基斯坦總統（1978～1988）。第二次世界大戰末期在東南亞英國裝甲部隊中服役。巴基斯坦獨立後，擔任了十九年的各種參謀和指揮職務，1972年任軍事法庭庭長，1976年任陸軍參謀長。次年從布托手中攫取了政權，1978年任總統。1979年將仍受群衆愛戴的布托處死後，他加緊了對政府的控制，宣布暫停政黨活動，並宣布實施戒嚴。並致力於使巴基斯坦政治和文化生活伊斯蘭化。死於飛機失事。

Ziegfeld, Florenz＊　齊格飛（西元1869～1932年）　美國戲劇發行人。1896年轉行經營劇院前是一名幫強人桑道作宣傳的人，他促銷法國美女海爾德的新聞稿樹立了製造明星的宣傳模式。1907年在紐約市上演其第一齣齊格飛式時事諷刺劇，集半裸體表演、壯麗的行列和喜劇場面之大成；此後，以這種公式成功地演出達23年之久。在打著「美化美國女郎」的口號下，他的時事諷刺劇達到登峰造極的地步，他所扶植出的天才明星有羅傑茲和布賴斯等。他還製作了轟動的音樂劇《水上舞台》（1927）。

Ziegler, Karl＊　齊格勒（西元1898～1973年）　德國化學家，在美因河畔法蘭克福、海德堡和哈雷的大學任學術職務。1943年任威廉皇家（後改爲馬克斯・普朗克科學促進會）煤炭研究所所長。1928年他首次闡明了橡膠合成中的反應。1950年代齊格勒的重要發現是由混合有機金屬化合物與某些重金屬化合物構成的物質，可使乙烯在大氣壓下迅速聚合成高分子量的、具備有用的塑膠性能的線型聚合物。他的成果奠定了後來開發出來的幾乎所有由烯烴製成的長鏈烴聚合物的基礎，合成出來的產物廣泛用作塑膠、纖維、橡膠和薄膜。與納塔共獲1963年諾貝爾化學獎。

ziggurat＊　塔廟　約西元前2200～西元前500年古代美索不達米亞（在今伊拉克）各大城邦中的一種藝術性和宗教性建築，爲階梯式的金字塔形。平面通常爲方形或長方形，均用磚建而無內室。已知的塔廟約有二十五座分布在蘇美、巴比倫尼亞及亞述。保存得最好的一座塔廟在烏爾。最大的一座在埃爾。

Zimbabwe＊　辛巴威　正式名稱辛巴威共和國（Republic of Zimbabwe）。舊稱羅得西亞（Rhodesia）。非洲中南部內陸國。面積390,759平方公里。人口約11,365,000（2001）。首都：哈拉雷。紹納人約占總人口的70%，恩德貝

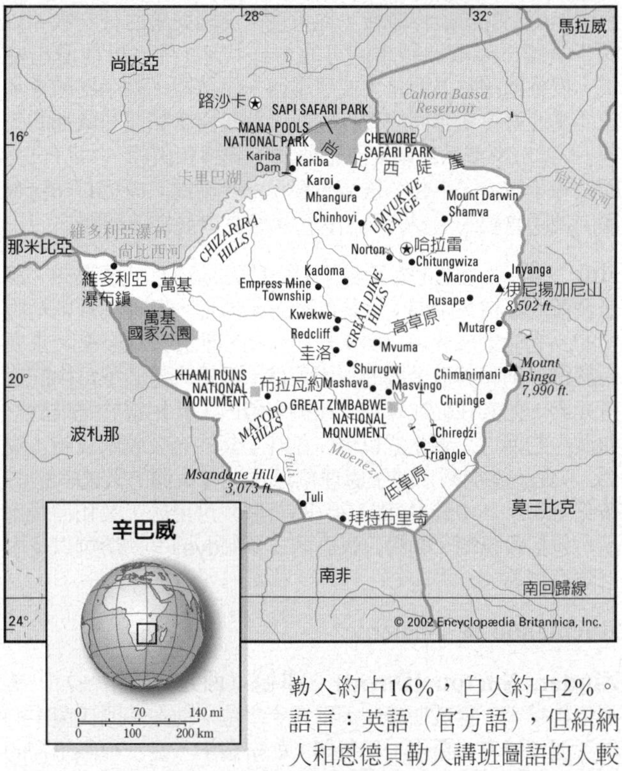

勒人約占16%，白人約占2%。語言：英語（官方語），但紹納人和恩德貝勒人講班圖語的人較多。宗教：基督教、原住民信仰和伊斯蘭教。貨幣：辛巴威元（Z$）。辛巴威的主要地形特徵是從西南到東北貫穿全境的廣闊的山脊，中央部分海拔1,200～1,500公尺。尚比西河形成辛巴威的西北部邊界，還包括維多利亞瀑布。1959年在尙比西河上築起一個大壩，形成卡里巴湖，面積約5,200平方公里，爲世界最大人工湖之一。東南部有林波波河及薩比河。農產品、飼養牲畜及開採礦物在經濟上占有重要地位。

政府形式爲共和國，一院制。國家元首暨政府首腦是總統。境內曾發現五十萬年前石器時代的文化遺物。西元5～10世紀期間，首批操班圖語的民族來到此區，將布西曼居民趕到沙漠地區。講班圖語者第二次遷移始於1830年左右。在此期間，英國和阿非利堪人從南部遷來該地。1889～1923年英國南非公司治理該區。1911～1964年稱南羅得西亞。1923年成爲自治的英國殖民地。1953年該殖民地聯合尼亞薩蘭（馬拉威）和北羅得西亞（尚比亞）組成中非羅得西亞和尼亞薩蘭聯邦。1963年聯邦解散，南羅得西亞恢復其以前的殖民地地位。1965年單方面宣布脫離英國獨立，但英方不承認，因此而遭到經濟制裁爲報復。1970年宣稱爲共和國，自稱羅得西亞（1964～1979）。1979年由占多數的黨派執政，國名改爲辛巴威羅得西亞。1980年英國同意其獨立，再次更名爲辛巴威。1990年建立多黨制。近幾年來，政府對在殖民時期遭受歧視的黑人提供賠償的政策，使白人農民和黑人政府領導者之間的緊張關係日益升高。

Zimbabwe　辛巴威遺跡　亦稱大辛巴威（Great Zimbabwe）。非洲南部一大片石頭廢墟。位於辛巴威尼安達東南。辛巴威遺跡是非洲南部地區衆多古蹟中最大的一個，面積超過24公頃以上。廢墟由山頂堡壘和巨石厚牆組成。其中最古老的部分建於8世紀，但在那之前約六百年時就已有人居住。曾是卡蘭加人統治的內陸大帝國的中心，他們在印度洋沿岸進行貿易，11～15世紀是其鼎盛時期。1867年再次發現此遺跡，吸引衆多考古學家的研究。一些較小和較新的遺跡（小辛巴威遺跡〔Little Zimbabwe〕）大約距該地13公里遠。

Zimmermann, Arthur *　齊默爾曼（西元1864～1940年）　德國外交官。1916年任德國外長。在德國決定恢復無限制的潛艇作戰後，他策畫使美國與墨西哥交戰，以減少美國干涉歐洲戰事的可能。1917年1月16日他發出密電，授權德國駐墨西哥大使建議德－墨結盟，表示德國會承認「墨西哥重新奪回在德克薩斯、新墨西哥和亞利桑那的失地」。這份密電爲英國海軍情報局所截獲和破譯。3月1日美國公布了電文，引起公憤。「齊默爾曼密電」成爲4月6日美國向德國宣戰的重要因素。1917年齊默爾曼被迫辭職。

zinc　鋅　金屬化學元素，化學符號Zn，原子序數30。鋅是發藍的銀白色金屬，高純的鋅有延展性，不純的鋅則是脆性的。它能生成黃銅（與銅一起）和其他許多種合金。主要用於鐵、鋼和其他金屬的表面鍍鋅。鋅是人體必不可少的痕量元素，尤其在紅血球中；在蝸牛體內，鋅相當於脊椎動物血液中的鐵。二氧化鋅可用作顏料、紫外光吸收劑（防止曬傷）、食品添加劑、種子處理劑以及光導電體。鋅的其他許多化合物（其中鋅爲2價，很少有1價）可用於工業和消費用品，包括殺蟲劑、顏料、媒染劑（參閱dye）、助熔劑以及木材防腐劑等。

zincblende ➠ sphalerite

Zinder, Norton (David)　津德（西元1928年～）　美國生物學家。獲威斯康辛大學博士學位。他在沙門氏菌中發現了遺傳轉導（藉由一種藥劑，如抗菌素，從一種微生物的基因形態轉換爲另一種形態）。後來透過使用這種細菌轉導，實驗者可證明影響特定的生理過程的細菌基因組成一個集團，現稱操縱子。他又透過實驗發現唯一的以RNA爲遺傳物質的噬菌體。

Zinkernagel, Rolf M(artin) *　辛克納格爾（西元1944年～）　瑞士免疫學家和病理學家。在澳大利亞國立大學獲博士學位。與多爾蒂合作研究受腦膜炎病毒感染的老鼠的T淋巴球。他們發現受感染老鼠的T淋巴球能摧毀取自另一隻老鼠的受感染細胞，只要兩隻老鼠在基因上屬於同類。T淋巴球必須在受感染細胞的表面認出兩個主要信號：致病病毒信號；某些「自身」分子的信號，1992年成爲蘇黎世大學實驗免疫學院院長。與澳大利亞的多爾蒂因發現身體的免疫系統如何區別正常細胞與受病毒感染的細胞，共獲1996年諾貝爾生理學或醫學獎。

Zinnemann, Fred *　辛尼曼（西元1907～1997年）　奧裔美國電影導演，在維也納大學研習法律，後立志拍電影。去巴黎學習電影攝製，並在柏林工作。1929年移居美國，1929年移居美國好萊塢。1934年成爲記錄影片先驅佛萊赫提的助手。這些影片在內容和風格上顯示出嚴格的眞實性。辛尼曼影片中的主題是良心危機，如《亂世孤雛》（1947）、《男兒本色》（1950）及《日正當中》（1952）；《亂世忠魂》（1953，獲奧斯卡最佳導演獎），《良相佐國》（1966，獲奧斯卡獎），《豺狼之日》（1973）及《茱利亞》（1977）。

zinnia　百日菊　菊科百日菊屬約二十二種植物的通稱，草本或灌木，主要原產於北美。在原產地爲多年生，但在其他地區爲一年生。百日菊的莖直立，被柔毛。葉廣橢圓形或披針形，對生，通常抱莖。雅致百日菊有許多庭園花卉品種，栽培以觀賞其豔麗的花。百日菊的庭園小巧者高度不足0.3公尺，花序直徑2.5公分；高者可達1公尺，花序直徑15公分。

雅致百日菊
Kenneth and Brenda Formanek

Zinovyev, Grigory (Yevseyevich) *　季諾維也夫（西元1883～1936年）　原名Ovsel Gershon Aronov Radomyslsky。俄國政治人物。1901年加入俄國社會民主工黨。1903年黨內發生分裂，他站在布爾什維克一邊。他是列寧在1907～1917年放逐海外的主要合作者，十月革命協助贏得群衆支持布爾什維克奪取政權。1921年他成爲彼得格勒黨組織的領導人。1919～1926年擔任共產國際執行委員會主席，與幫助史達林排除托洛斯基。1926年季諾維也夫被史達林解除職務。1935年因搞陰謀活動被判刑。次年在第一次清黨審判中，再度遭到審訊，被處決。

Zinsser, Hans　秦瑟（西元1878～1940年）　美國細菌學家與流行病學家。生於紐約市，主要在哥倫比亞（1913～1923）與哈佛（1923～1940）醫學院任教。分離出歐洲型斑疹傷寒的細菌，發展出第一種傷寒疫苗，並與同事找出大量生產的方法。確認在沒有體蝨的人在一段潛伏期復發類似傷寒輕微症狀（布列耳－秦瑟症）。最著名的著作《鼠、蝨與歷史》（1935）敘述傷寒對人類的影響（他相信疾病比戰爭催混更多文明）以及撲滅傷寒所作的努力。

Zion　錫安　耶路撒冷城內兩山中的東山。大衛建都於此。在《舊約》上，「錫安山」往往指耶路撒冷城而不是該山本身。這一名稱含有詩意和預言意味，錫安山是雅赫維在人類歷史中施展作爲的基地，是雅赫維通過彌賽亞實行救恩之處。這一名稱意指猶太人的祖國，猶太教和猶太人的民族願望象徵。由於有這許多含義，猶太民族中心的運動（猶太復國主義）被稱作錫安主義。「錫安」一詞不常見於《新約》，但是基督教文獻和讚美詩卻時常用它指天城或體現基督教信仰和友愛的地上城市。

Zion National Park　宰恩國家公園　美國猶他州西南部國家公園。面積593平方公里，主要地貌是宰恩峽谷，該峽谷由摩門教教徒於1858年發現並命名。1909年部分地區首次被另設爲穆昆圖維普國家紀念碑。1918年擴建並改名爲宰恩國家紀念碑，1919年才設立爲國家公園。宰恩峽谷由處女河切割而成，長約24公里，深0.8公里。谷壁上有一些岩洞。經過挖掘證明該地曾有史前人類居住過。

Zionism＊　猶太復國主義　猶太民族主義運動，目標是在猶太人的古代故鄉巴勒斯坦創立和維持一個猶太民族國家。16和17世紀出現許多「彌賽亞」，努力勸說猶太人「返回」巴勒斯坦。然而，18世紀末這種想法逐漸消失。在東歐的集體迫害是錫安的熱愛者來促進猶太農民和工匠定居巴勒斯坦。赫茨爾認爲同化是十分可取的，但鑑於反猶主義，是不可能實現的。因此，他主張在巴勒斯坦爲猶太人建立家園。1897年他在巴塞爾召集第一次猶太復國主義大會。第一次世界大戰後，猶太復國主義運動隨著「巴爾福宣言」重拾動力。1914年在巴勒斯坦約有九萬猶太人，1933年上升爲23.8萬人。阿拉伯人堅決反對猶太復國主義，英國人設法調和阿拉伯人與猶太復國主義者的要求，都未成功。猶太復國主義的成就是於1948年建立了以色列。亦請參閱Ben-Gurion, David、Jabotinsky, Vladimir、Irgun Zvai Leumi和Hagana。

Zionist church　錫安會　非洲南部一些相信先知能治病的教派，起源於20世紀初，融合非洲文化與美國新教傳教團傳播的基督教教義的觀點。其共同特點是：起源於一個先知在夢境或幻境中所受的委託；一個類似酋長的領導者地位被他的兒子繼承，而該人有時被視爲彌賽亞；透過告解、重覆洗禮、淨化儀式和驅魔進行治療；透過先知的發言和神靈降臨的現象從聖靈那裡獲得啓示和力量。非洲化的崇拜以唱歌、舞蹈、鼓掌和打鼓，以及拒絕接受傳統的魔法、醫藥、占卜和先祖儀式爲特色，不過這些特點常被基督教同義的行爲所取代。

zip code　美國郵區編號制　1963年美國爲了便於郵件的分揀和投遞而採用的郵政編號制。編號制要求通信人用五位數字的代號來代表通信地址，其中頭三位數字表示郵件投遞的地區，後兩位數字表示具體的郵局或通信人所在的郵區。1980年代初，使用九位數字編號制（一個連字號和四位新增數字），以加快自動揀信工作；頭兩位數，表示某幾條街道或某排大樓，後兩個數字代表更小的區域，亦稱「片」（包括城市街區的一邊、大樓的一層樓或一組郵箱）。

zipper　拉鍊　用於使服裝或袋子之類物品的開口兩邊併合在一起的附件。由兩條沿邊帶有金屬或塑膠齒的鑲條和一個滑動拉頭組成；滑動拉頭向前拉時，則使拉鍊齒聯鎖起來，往回拉時，則重新分開。有關拉鍊的想法是賈德森於1893年在哥倫比亞世界博覽會上展示的。1920年代末，男、女裝均出現拉鍊。

產自科羅拉多州夏延峽谷含石英的鋯石
By courtesy of the Field Museum of Natural History, Chicago; photograph, John H. Gerard

zircon　鋯石　矽酸鹽礦物，是鋯的矽酸鹽($ZrSiO_4$)，鋯的主要來源。在酸性火成岩中作爲副礦物廣泛存在，也產於變質岩及碎屑沈積物中。在世界許多地方，特別是澳大利亞、印度、巴西和美國佛羅里達州，產在海灘沙中，是沈積岩中常見的重礦物。寶石級的各種鋯石產在河流砂礫中和碎屑沈積物中，特別在印度支那和斯里蘭卡，在緬甸、澳大利亞和紐西蘭也產出。鋯石是挪威南部正長岩的重要組成部分，在加拿大魁北克則呈大晶體產出。

zirconium　鋯　化學元素，週期表IVb族金屬，用作核反應器的結構材料。化學符號Zr，原子序數40。不純的鋯是硬而脆。高純度的鋯爲質軟、具有延展性的金屬，鋯的豐度相當高，以鋯石礦和斜鋯石礦的形式存在。1940年代由於它能讓中子順利地穿過，而成爲核工業的重要工程材料。其他可用作合金、煙火具、閃光燈泡。鋯在其化合物中以4價爲主，在工業中有重要的應用。二氧化鋯爲硬質固體，熔點很高，常用作磨料和耐火材料，以及耐酸鹼玻璃和燃料電池中陶瓷的組分。

zither　齊特琴　使用撥彈演奏手法進行演奏的弦樂器，有一個淺薄的共鳴箱。普通的奧地利齊特琴近似長方形，有30～40根弦，演奏時琴橫放在演奏者膝上或桌上。幾條旋律線張在有品的指板上，演奏者左手按弦，用右手手指或撥子撥弦奏音。較大的齊特族樂器包括如風鳴琴、自動豎琴、小揚琴、揚琴、日本古琴，以及擊弦鍵琴、大鍵琴和鋼琴。

維也納的齊特琴
By courtesy of A.V. Ebblewhite, London; photograph, Behr Photography

Zoan　瑣安 ➠ Tanis

zodiac＊　黃道帶　指天球上黃道南北兩邊各9°寬的環形區域。月球和一些主要行星（冥王星除外）的軌道都在黃道帶中。在天文學中，十二個星座各占整個黃道帶的1/12（或30°）。當一個人出生時，太陽和行星的位置以及太陽經過這些星座的運動被認爲將對這個人的一生產生重大影響，儘管歲差已使星座東移，太陽已不再在傳統的日期經過它們。這些傳統日期是：白羊座（3月21日～4月19日）；金牛座（4月20日～5月20日）；雙子座（5月21日～6月21日）；巨蟹座（6月22日～7月22日）；獅子座（7月23日～8月22

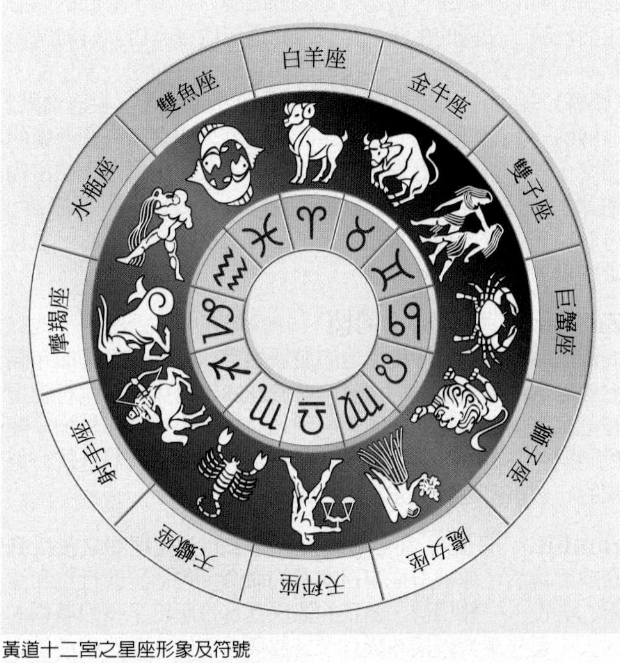

黃道十二宮之星座形象及符號
© 2002 MERRIAM-WEBSTER INC.

日）；處女座（8月23日～9月22日）；天秤座（9月23日～10月23日）；天蠍座（10月24日～11月21日）；射手座（11月22日～12月21日）；摩羯座（12月22日～1月19日）；水瓶座（1月20日～2月18日）；雙魚座（2月19日～3月20日）。

zodiacal light＊　黃道光　夜空中的光帶，一般認爲是由聚集在黃道帶（或黃道）的流星顆粒反射太陽光形成的。在黃昏後的西方或黎明前的東方很容易看到它，因爲黃道在該處大致垂直於地面。在北半球中緯度地區，2、3月的傍晚或9、10月的黎明是看黃道光的最好時期。在距太陽90°範圍內，用肉眼可看到黃道光。這條光帶一直延伸到對日點附近，在該處，黃道光的亮度略有增強，形成能被人眼看到的「對日照」。

Zoe＊　佐伊（西元978?～1050年）　拜占庭女皇。君士坦丁八世之女。1028年嫁給羅曼努斯三世．阿爾吉魯斯。1034年皇帝去世（可能被她下毒），與她的情人兼宮廷大臣結婚，即邁克爾四世。1041年邁克爾四世過世，由邁克爾五世繼位，他把佐伊趕到修道院，後來人民支持佐伊，廢黜和弄瞎邁克爾五世，並流放他（1042）。佐伊與其妹共治，但姊妹不和，佐伊後來與君士坦丁九世．莫諾馬庫斯結婚以保住自己的權位。

Zog I　索古一世（西元1895～1961年）　阿爾巴尼亞語作Ahmed Bey Zogu。阿爾巴尼亞總統（1925～1928）和國王（1928～1939）。第一次世界大戰期間支持奧地利，戰後爲改革主義的人民黨領袖。1920～1924年歷任各部部長。1925年當選總統，1928年9月立爲國王，1939年義大利已經完全控制該國的財政和軍隊。阿爾巴尼亞喪失獨立，淪爲義大利保護國。第二次世界大戰後阿爾巴尼亞成爲共產主義共和國，1946年索古正式宣告退位。

Zola, Émile (-Édouard-Charles-Antoine)＊　左拉（西元1840～1902年）　法國小說家、評論家和自然主義的文學奠基人。生長在貧困環境中，1860年代期間在巴黎一家出版社工作數年，從而走上作家之路。在其令人毛骨悚然的小說《黛萊絲．拉甘》（1867）中，首次把遺傳和環境決定性格的「科學」理論付諸實踐。1870年開始具有野心地創作他最有名的作品《魯貢和瑪卡家族》（1871～1893），這是一套二十冊的小說集，透過魯貢家族的暴力和瑪卡家族的順服生活反映了法國的生活。其他作品還包括《酒店》（1877），是研究酗酒的作品，是左拉最成功和最受歡迎的一部作品；《娜娜》（1880）；《萌芽》（1885），他的傑作；《衣冠禽獸》（1890）等。其他還有2部較短的小說系列和幾篇有關藝術的論文，其中包括《實驗小說》（1880）。左拉也因捲入德雷福斯事件而有名，尤其是他發表了一封公開信「控訴」（1898），譴責法國陸軍總參謀部。後來在睡覺時死於一氧化碳中毒，死因可疑。

Zollverein＊　關稅同盟　1834年在普魯士領導下成立的德國關稅聯盟。關稅聯盟的發展始自1818年普魯士頒布關於廢除全部國內關稅的法令，並於1828年巴伐利亞與符騰堡在德意志南部建立關稅同盟。到1834年有十八個邦參加了關稅同盟，其後的幾年有更多的地區加入。關稅同盟是統一德國的一個重要步驟。亦請參閱Liszt, Franz。

zombie　僵屍　在巫毒教中，死去的人在埋葬之後受到召喚而復活，並被迫從事召喚者的命令，包括犯罪行爲和沈重的勞役。一般相信，眞正的僵屍其實是服用了強烈藥物的活人，這些藥物包括布隆旦卡（據傳爲哥倫比亞罪犯所使用的迷幻藥），以及由毒蟾蜍和河豚所提煉出來的藥物。

zone melting　區域熔化　靠熔化狹窄區段並使熔化了的液體區域緩慢移動通過一段較長的固體錠條或裝料（待熔材料），來提純元素或化合物，或者控制它的化學成分的技術。區域精煉是區域熔化技術中最重要的一種方法。在區域精煉中，使若干熔化區沿一個方向移動通過固體而將固體精煉。每一個區域都攜帶一部分雜質到待熔材料的終端，因而就淨化了剩餘的部分。區域精煉是製造半導體的重要方法。

zone of avoidance ➠ avoidance, zone of

zoning　分區制　對行將建設的建築類型、人口密度等問題作出規定，管理土地使用性質的立法措施。19世紀末德國和瑞典城市首次實行分區制，作爲控制建築物高度及密度的方法。美國最早的分區制法令開始於20世紀初，並以商業和工業活動地點需要爲根據。紐約市的1916年法令是第一個全面性的分區制法令；該法令和其他早期的規定主要用於保護財產價值，以及保留光線和空氣。現代的分區制法令把土地畫分爲三種形式來使用：住宅區、商業區和工業區。在每個指定的形式中，更多發展的細節方面被規定（如建築間距、高度和類型）。分區制通常被用於保持一個城鎮或城市的特徵；這種分區制的一個反面結果就是導致經濟隔離。1977年美國最高法院立法反對這種分區制，當時它宣布了一個芝加哥郊區的分區制法令不公平。

zoo　動物園　亦作zoological garden。展出野生動物的場所（有時是豢養的動物）。海洋動物園又稱水族館。最早的動物園可能與人類企圖馴化動物有關。早在西元前4500年，人們就已開始把鴿子養在籠子裡，古時候其他動物（如象和羚羊類）也被關養在籠裡。查理曼和其他的歐洲君主均曾收集各地的動物。科爾特斯曾描述過一座在墨西哥的動物園，其規模之大，需要三百個工作人員。現代的動物園飼養始自1752年，當年在維也納的申布倫府邸建立了一所皇家動物園。1930年代早期首次建立了開放場地式的動物園，有的相當大，參觀者因此要駕車進入，就好像走一趟非洲之旅。今天全世界對公眾開放的動物園（包括美國的布隆克斯動物園和聖地牙哥動物園）有一千個以上。

zoology　動物學　生物學的一個分支學科，研究動物界的種類以及一切稱爲動物的生物體。希波克拉提斯、亞里斯多德、普林尼的著作中已有許多有關動物學的內容。哈維（血液循環）、林奈（命名系統）、蒲豐（博物學）和居維葉（比較解剖學）等人的研究成果，進一步促進了動物學的發展。1859年，達爾文發表《物種起源》，在書中系統地闡述了演化的理論。從那時起，遺傳學研究變得對許多生物學學科必不可少。

zooplankton＊　浮游動物　漂浮或游泳能力很弱的小型動物。隨水流而漂動，與浮游植物一起構成浮游動物。幾乎是所有海洋動物的主要食物來源。從單細胞的放射蟲和有孔蟲到鯡、蟹和龍蝦的卵或幼蟲，都可見於浮游動物中。終生浮游生物（如原生動物和橈足類）以浮游生物的形式度過全部生命，暫時性浮游生物或季節浮游生物（如幼海星、蛤、蠕蟲和其他底棲生物）在變成成體以前，以浮游生物形式生活和攝食。

Zorn, John　左恩（西元1953年～）　美國薩克斯風演奏家及作曲家，前衛爵士樂派中最不拘一格的音樂家之一。生於紐約市，一直在紐約工作，顯示了不同的音樂與文化元素對他的影響，包括自由爵士樂（free jazz）、克雷茲姆音樂、龐克搖滾、卡通音樂、電影配樂以及當代的古典作品等。他的遊戲蘊含著規則，他的樂師們了解了這些規則，透過手勢的暗示，決定了音樂的流動，重點放在演出的過程而不是結果。

Zoroaster＊ 瑣羅亞斯德（西元前628?～西元前551?年） 亦作Zarathustra。伊朗宗教改革家、先知、瑣羅亞斯德教創始人。曾在其部落教派中是一名祭司，最終醒悟。他看見一個到幻象後，開始傳播阿胡拉·瑪茲達是最高的神，是唯一值得崇拜的神，這一概念與伊朗宗教的多神教產生了分歧。他反對伴有殺牲的狂歡儀式，這種儀式在他那個時代很普遍，但保存了古時對火的崇拜儀式。在國王維什塔斯巴信奉這他的教義之後，他留在朝廷。後來成為傳奇人物和各種職業的典範。希臘人把他看作是哲學家、數學家、占星家或魔法師；猶太人和基督教徒則視他為占星家、魔法師、先知和異教徒。

Zoroastrianism and Parsiism 瑣羅亞斯德教與祆教 以瑣羅亞斯德的教義為基礎的古代伊朗宗教。創始於西元前6世紀，曾影響了猶太教、基督教和伊斯蘭教等一神論宗教。該教反對多神教，只崇拜一個至高無上的神阿胡拉·瑪茲達。在瑣羅亞斯德教早期，神魔之間的戰鬥被看作是阿胡拉·瑪茲達雙胞胎兒子，即斯朋塔·曼紐（善神）和安格拉·曼紐（惡神）之間的戰鬥，後期瑣羅亞斯德教的宇宙論將其改為是阿胡拉·瑪茲達（那時稱奧爾穆茲德）本身和惡神之間的爭鬥。後期的宇宙論將宇宙分為四個歷史時期，最後一個歷史時期開始於瑣羅亞斯德出生。瑣羅亞斯德教習俗包括最初的儀式和各種淨身儀式，以避開惡靈。拜火（從一個古代宗教遺傳下來）殘存於神火信仰中，即必須保持火不斷燃燒，一天要供給燃料五次。主要的儀式還飲用豪麻（一種神聖的飲料），伴隨著誦讀《波斯古經》的主要經文。瑣羅亞斯德教在伊斯蘭教出現之前的數個時期都享有官方宗教的地位，但在西元8～10世紀期間瑣羅亞斯德教教徒遭到迫害，有些人因而離開伊朗前往印度定居。到19世紀，這些印度瑣羅亞斯德教教徒，或稱帕西人因其財富和教育而聞名。留在伊朗的少數瑣羅亞斯德教教徒則稱伽巴爾。

Zorrilla (y Moral), José＊ 索里利亞－莫拉爾（西元1817～1893年） 西班牙詩人和劇作家。1837年因其在諷刺作家拉臘的葬禮上念誦一首哀歌而首度受到注意。為西班牙浪漫主義運動民族主義派系的主要代表，他因詩歌「傳說」（*leyendas*; legends）而得名，內容有關遠古時期和地點，特別是在《詩人之歌》中（1841）。最成功的劇本是《唐璜·特諾里奧》（1844），也是19世紀西班牙最受歡迎的劇本。他的作品有著典型的西班牙風格和特質。1889年受封為民族詩人。

Zuccaro, Federico＊ 祖卡里（西元1540/42～1609年） 亦作Federico Zuccari。義大利畫家和藝術理論家。1565年到佛羅倫斯與瓦薩里一起工作。他將矯飾主義理論輯成《雕塑家、畫家與建築家的理想》（1607）一書，還在其羅馬的家裡畫了一系列的濕壁畫。1575年在英國為女王伊莉莎白一世與列斯特伯爵畫肖像。同時也為佛羅倫斯大教堂的圓屋頂進行繪畫（1574），為威尼斯總督府創造大型作品（1582），並為西班牙的埃爾埃斯科里亞爾博物館創作了許多作品（1585～1588）。他是羅馬矯飾主義畫派的核心人物，在世時看到了矯飾主義的衰敗。

zucchini 筍瓜 美國南瓜的亞種，深綠色細長的夏季南瓜，葫蘆科，大量出現在美國的家庭菜園與超級市場。匍匐的藤蔓有五瓣葉，捲鬚及大黃花。

Zuckerman, Itzhak＊ 祖克爾曼（西元1915～1981年） 亦作Yizhak Cukierman。在第二次世界大戰中，抵抗納粹的猶太人英雄。很早就主張對迫害猶太人的納粹進行武裝抵抗。他與猶太人居住區以外的地下組織進行接觸，為保衛隊弄到少量武器。他把這些武器通過華沙的下水道運入猶太人居住區。當華沙猶太區起義的其他指揮者被殺後，他毅然擔任指揮任務。他率領七十五名戰士從下水道避難。他繼續進行戰鬥，領導一群猶太人在波蘭打游擊。第二次世界大戰結束後，他幫助把猶太難民運往巴勒斯坦的組織工作。

zuhd＊ 祖赫德 伊斯蘭教的苦行主義。伊斯蘭教固然不禁止生活歡樂，但也鼓勵並讚揚棄絕奢侈，生活簡樸、虔誠。祖赫德可能直接受到基督教隱士的影響，這些隱士與早期的穆斯林有過接觸。在伊斯蘭教中，祖赫德由於穆斯林征服的結果轉為制度化，這種征服帶來了豐富的物質財富和普遍的奢侈生活態度。虔誠的穆斯林受到號召回到穆罕默德的生活方式，他長時間過著孤獨、禁食和祈禱的艱苦生活。亦請參閱Sufism。

Zuider Zee＊ 須德海 13～20世紀期間須德海伸入尼德蘭的北海海灣，面積廣達5,000平方公里。與北海原隔著弧形的沙地，即今西弗里西亞群島。約西元4世紀起這些低窪的沙地就開始有弗里西亞人居住，他們築堤壘台與海水爭地，其工程量之大，堪稱人類偉大工程之一。人們已圍繞居住處高地築堤阻擋海水，在堤內墾殖土地（參閱polder）。1927～1932年須德海上建立30公里長的水壩，把它分隔為外側的瓦登海和內側的艾瑟爾湖。到1980年代早期創建了四塊圩田。

Zulu 祖魯人 南非夸祖魯／納塔爾省（KwaZulu/Natal）操恩古尼語的一個民族。人數約950萬，是南非境內最大的種族。傳統上，他們是糧農，也飼養大批的牛。19世紀期間連年戰爭，歐洲殖民者奪走祖魯人的牧場和水源。隨著祖魯人喪失大部分的財產，他們多半靠在白人農場做工或在城市裡工作謀生。祖魯人主要支持英卡塔自由黨。儘管傳統的祖魯宗教很盛行（基本上是祭祖並信仰創世神和男女巫），許多祖魯人仍屬於獨立的南非教會。亦請參閱Shaka。

Zululand 祖魯蘭 歷史地區名，在今南非共和國夸祖魯／納塔爾省東北部，是祖魯人的家鄉。恰卡（1816～1828年在位）征服今夸祖魯／納塔爾省大部分地方。1840年代部分領土被布爾人接管；1843年英國併吞納塔爾。1878年祖魯人抵抗英國人的控制，雙方發生戰爭，次年被打敗。1887年祖魯蘭成為英國殖民地，1897年英國人將祖魯蘭併入納塔爾，在種族隔離制度下，1970年代為祖魯人成立一個名為夸祖魯的班圖家園。隨著種族隔離制度廢除，1994年夸祖魯再次併於納塔爾省，該省改名夸祖魯／納塔爾省。

Zuni＊ 祖尼人 北美印第安普韋布洛人，居住在新墨西哥州中西部。他們的來源及早期歷史已不可考；16世紀他們初次遇到西班牙人時，正住在分散的五、六個城鎮（這些城鎮通名為「西伯拉七城」），17世紀末，就退居到一座多層的石造房屋構成的「普韋布洛」或「村莊」之中。主要種植玉蜀黍，編筐和製陶，虔誠信教，信奉「卡其納」神靈。20世紀晚期，人口約6,000人。

Zunz, Leopold＊ 聰茨（西元1794～1886年） 希伯來語作Yom-Tob Lippmann。德國的猶太文學史家。在哈雷大學獲博士學位，他的生活大部分是在貧窮中掙扎度過的。「猶太教科學」運動發軔於他的佈道文集《論猶太教文獻》（1818），這個文集第一次向讀者展示猶太文學的廣博與優美。他的《論歷史與文學》(1845)把全部猶太文學活動納入歐洲文學和政治的範疇內加以考察。聰茨常被認爲是19世紀最偉大的猶太學者。

Zuo zhuan 左傳 亦拼作Tso chuan。古代《春秋》一書的註釋。此書對於《春秋》一書中所涉及的事件，提供廣泛的敘述性說明以及背景資料，而且對於當時的思想學派也留下了眞實的歷史文件以及書面的證據。最後，本書提供該時期主要的政治、社會與軍事大事的綜合說明。過去曾相信此書的作者是左丘明，他是位古代史學家，但我們對他幾乎毫無所知。而現代的學術研究認爲，此書的作者應生活在西元前475～西元前221年之間，但姓名不詳。

Zurbarán, Francisco＊ 蘇巴朗（西元1598～1664年） 西班牙畫家。1614年在塞維爾隨一位畫家當學徒，並在此生活直至1658年移居馬德里。曾擔任皇室幾個職務，但一直是一個地方上的宗教畫畫家。他創造的使徒、聖者和修士形象採用的幾乎全是雕刻式的手法，注重服飾細節，因而使人物在奇妙、幻覺和神化方面都富有逼眞之感。這種寫實主義與宗教情感的獨特結合，與特倫托會議爲反宗教改革藝術家規範的指導原則相符合。他接受了西班牙南部許多修道院和教堂的委託，他的許多作品也被送往祕魯利馬。其晚年作品顯示受到牟利羅的影響。

Zurich＊ 蘇黎世 亦作Zürich。瑞士城市。位於蘇黎世湖西北端，曾有史前湖邊居民在此居住，後被塞爾特族赫爾維蒂人占領，西元前58年左右羅馬人奪占。後曾先後落入阿勒曼尼人和法蘭克人之手。後來發展爲貿易中心，1218年變成帝國自由城市。1351年加入瑞士聯邦。16世紀在茨溫利的領導下，成爲瑞士改革運動的中心。「反宗教改革期間，吸引難民遷居到此。1830年代，該地建立自由民主制度。長久以來是瑞士的工業中心和最大城市，現爲瑞士重要的金融中心和主要的旅遊勝地。人口約344,000（1996）。

Zurich, Lake 蘇黎世湖 亦作Zürichsee。瑞士的湖泊。從蘇黎世市向東南延伸，海拔406公尺，面積約88平方公里，最長處29公里，最寬處約4公里，最深處爲143公尺。林特河注入湖中，流出後稱爲利馬特河。

Zuse, Konrad＊ 祖澤（西元1910～1995年） 德國工程師。1941年建造第一座名爲Z3的全運算程式控制的電氣二進位計算機器，或者說數位電腦。這台機器早於艾坎的哈佛「馬克1號」，但在第二次世界大戰期間被炸彈摧毀。1945年他設計出Plankalkül語言（高階程式語言最早的嘗試之一），但從未實際應用。晚年成爲有造詣的抽象藝術家。

Zweig, Arnold＊ 茨韋格（西元1887～1968年） 德國作家。主要作品《格里沙中士案件》(1927)，描寫第一次世界大戰的小說，俄國戰俘與龐大的普魯士軍事官僚機構的悲劇性衝突，對德國陸軍這個社會有機體的描述。被剝奪德國國籍以後，1933～1948年作爲移民住在巴勒斯坦，從1948年起，居住在東德。後期作品包括《凡爾登的教育》(1935)及《國王登位》(1937)，每一本小說都是繼續描寫《格里沙中士案件》中的人物的命運。

Zweig, Stefan 褚威格（西元1881～1942年） 德國作家。褚威格對心理學和弗洛伊德學說頗感興趣，這導致他在作品中進行細緻的性格刻畫。他的短篇包括對下列人物的研究：巴爾札克、狄更斯、杜思妥也夫斯基（《三位大師》，1920），以及賀德齡、克萊斯特和尼采（《與惡魔做鬥爭》，1925）。他因五個描寫歷史人物肖像的短篇集《人類幸運之時》(1928) 名噪一時。他在詩、隨筆、短篇小說和戲劇中都獲得優異成績，1934年遭納粹驅逐，先移居英國，後移居巴西。在新環境中感到越來越孤寂和失望，他和他的妻子雙雙自殺。

Zwicky, Fritz＊ 茲威基（西元1898～1974年） 瑞士裔美國天文學家和物理學家。獲瑞士聯邦理工學院物理博士學位。1925年移居美國，在帕沙第納加州理工學院任教，直到1972年。1934年他同巴德（1893～1960）一起提出超新星爆發是一類完全不同於新星爆發的恆星爆發。他共發現了十八顆超新星，而在人類史上只記載過約十二顆超新星。1943～1946年，他改進了許多早期的噴射發動機。

Zwilich, Ellen Taaffe＊ 茲維利克（西元1939年～） 美國作曲家。生於邁阿密，曾接受小提琴的訓練，師事加拉米安（1903～1981）。在茱麗亞音樂學院時跟隨卡特與賽興士學習作曲。她以20世紀的音調寫作簡明易懂而表現豐富的音樂，已經贏得廣大的認同；「第一號交響曲」(1983) 使她成爲第一位贏得普立茲獎的女性作曲家。

Zwinger＊ 茨溫格爾宮 洛可可風格的建築體（1709～1732），位於德國德勒斯登易北河南岸，由柏培爾曼（1662～1736）所設計。原本的計畫是要當作一座城堡的前院，它被視爲世界上最精緻的洛可可風格作品之一。它包含了一層樓與兩層樓的建築物，圍繞著一個巨大的正方形庭院。大膽而豐富的雕像，精雕細琢的建築物正面與大門，以及由低矮的拱門與高大的涼亭間形成的戲劇性的對比，使它帶著節慶的氣息。

Zwingli, Huldrych＊ 茨溫利（西元1484～1531年） 瑞士重要的新教宗教改革運動領袖。受教於維也納和巴塞爾，1506年接受神職。由於受到當代馬丁·路德思想的影響，1518年開始在蘇黎世傳播改革主義者思想，並在挑戰天主教教會的儀式主義、墮落情況和階級制度活動中表現活躍。其主要論點見於其發表的《六十七條論綱》中，並被蘇黎世多數神職人員所採用。隨著改革運動的散播，他也表達了許多非正統的主張，宣稱耶穌是教會唯一的領袖，作彌撒是對基督的一種冒犯，不存在爲死者說項或滌罪的聖經基礎。同時也不接受變體概念（這也是導致他和路德失和的原因）和神職人員的獨身生活。最後他在一場新教徒與天主教徒的戰爭中被殺死，當時他擔任隨軍牧師。

茨溫利，油畫，阿斯培（Hans Asper）繪於1531年；現藏瑞士溫特圖爾藝術館
By courtesy of the Kunstmuseum Winterthur, Switz.; photograph, Schweizerisches Institut für Kunstwissenschaft

Zworykin, Vladimir (Kosma)＊ 茲沃爾金（西元1889～1982年） 俄裔美籍電子工程師和發明家。1919年移居美國，進入西屋電氣公司，提出申請光電攝像管（電視發射管，1923）和顯像管（電視接收管，1924）的專利。這兩項發明首次形成了全電子電視系統。1929年任美國無線電公司電子研究室主任。茲沃爾金的電視裝置推動了作爲文娛和教育工具的現代電視的發展。光電攝像管雖然最終被正析攝像管和超正析攝像管所代替。但它是電視攝影機取得許多重要進展的基礎。現代電視顯像管基本上就是茲沃爾金顯像管。他研製出一套彩色電視裝置，1928年得到專利。他發明的電子顯像管對紅外輻射很敏感，是研製步槍紅外瞄準鏡和

夜視器的基礎，這些裝置在第二次世界大戰中首次用於黑暗中觀察。

zydeco＊　塞德可　來自路易西安那州的克里奧爾舞曲形式，融合了19世紀法國（參閱Cajun）、非洲以及加勒比海的音樂風格。這個名稱得自於一首歌〈四季豆不鹹〉（Les haricots sont pas salés），這種音樂通常以吉他、手風琴爲主，拿洗衣板當作節奏樂器。1980年代，由於謝尼埃、伊達皇后、塞德可、夏維斯、若克及其他藝人的演出而廣受歡迎。

zymogen＊　酶原　一類本身不表現催化活性，但在機體內可轉變成酶（特別是轉變成催化蛋白質降解反應的酶）的蛋白質。活化作用即是打斷酶原分子內的一個或多個肽鍵。這作用受不同的酶催化或受酶的活化型本身的催化。酶原細胞合成並貯存鈍化型式的酶原。胰臟分泌的胰蛋白酶原及胰凝乳蛋白酶原在小腸內活化成胰蛋白酶及胰乳凝蛋白酶。

音標說明

ə banana, collide, abut, humdrum

^{ə} 在\l\、\n\、\m\、\ŋ\之前，發音如 battle、mitten、eaten、lock and key \-^{ə}ŋ-\；在\l\、\m\、\r\之後，發音如法文的 table、prisme、titre

ər further, merger, bird

a mat, gag

ā day, fade, aorta

ä bother, cot, father, cart

ȧ father（不將此字與 *bother* 押韻的人所發的音）；如法文的 patte

au̇ now, loud, out

b baby, rib

ch chin, nature \ˈnā-chər\

d did, adder

e bet, bed, peck

ē beat, easy

f fifty, cuff

g go, big

h hat, ahead

i tip, banish

ī site, buy

j gem, judge

k kin, cook, ache

k̲ 德文的 ich、Buch

l lily, pool

m murmur, dim

n no, own

^{n} 表示前面的母音或雙母音在發音的時候，鼻腔要開啟，如法文的 *un bon vin blanc* \œ^{n}-bō^{n}-va^{n}-blä^{n}\

ŋ sing \ˈsiŋ\, singer \ˈsiŋ-ər\, finger \ˈfiŋ-gər\, ink \ˈiŋk\

ō bone, know, beau

ȯ saw, all, caught

œ 法文的 boeuf，德文的 Hölle

œ̄ 法文的 feu，德文的 Höhle

ȯi coin, destroy

p pepper, lip

r red, car, rarity

s source, less

sh shy, mission, machine,special

t tie, attack, late, latter

th thin, ether

t̲h̲ then, either, this

ü rule, youth, union \ˈyün-yən\, few \ˈfyü\

u̇ pull, wood, book

ue 德文的 füllen、hübsch

ue̅ 法文的 rue，德文的 fühlen

v vivid, give

w we, away

y yard, cue \ˈkyü\, union \ˈyün-yən\

^{y} 發出前一個字母所代表的音的時候，舌頭的位置就跟發出 *y* 這個音的時候一樣，如法文的 *digne* \dēn^{y}\

z zone, raise

zh vision, azure \ˈa-zhər\

ˈ 在首要（最強）重音音節前面：\ˈpen-mən-ˌship\

ˌ 在次要（中等）重音音節前面：\ˈpen-mən-ˌship\

\- 用來區分音節

( ) 表示有些人會發出括號裡的音素，有些人不會，如 *factory* \ˈfak-t(ə-)rē\

中文詞條筆劃檢字表

※括弧中頁碼為〈中文詞條筆劃索引〉頁碼

十劃（250～263）

十一劃（263～273）

十二劃（273～285）

十三劃（285～296）

十四劃（296～302）

十五劃（302～307）

澆　潛　潮　潰　潤　潘　滕　潟　熟　熱　犛　獎　瑩　瘟　瘤　瘢　盤　磅　碼　穀　稻　箭　箱　締　緯　緬
編　緣　線　緞　緩　罷　羯　膜　膠　蔗　蔚　蓮　蔬　蔓　蔣　蔡　蓬　蔥　蝴　蝶　蝦　蝨　蝙　蝗　蝌　衛
衝　褐　複　褒　誕　諸　調　論　豌　豎　豬　賠　賞　賦　賭　賢　賣　賜　質　踢　輝　輪　適　遮　鄭　鄧
醇　醉　醋　鋅　銻　銷　鋪　鋁　銼　鋒　鋇　鋰　震　鞍　鞋　養　餘　駝　駕　髯　鬧　魅　魯　鴉　麩　黎
墨　齒　噁　撣　樗　槲　樞　熵　獒　鋯　鋂　魨　鴇　蝰　醌　舒　鴝

十六劃（307～312）

儒　凝　勳　噪　噬　噶　壁　奮　學　導　憲　憩　戰　擁　擋　操　擔　整　曆　暹　樸　樺　橫　橘　樹　橄
橢　橡　橋　機　橈　歷　澱　濃　澤　濁　澳　激　熾　燒　燈　燕　燃　獨　瓢　盧　磨　磚　積　穆　築　糖
縞　翰　翱　膳　膨　興　蕨　蕭　蕪　螟　螞　螢　融　衡　親　諫　謀　諮　諾　謁　謂　諷　貓　賴　蹄　輻
輸　辨　遵　選　遼　遺　錶　鋸　錳　錯　錢　鋼　錫　錄　錐　錦　閻　隧　隨　雕　霍　霓　靛　靜　鞘　頸
頻　頭　頹　餐　駱　鮑　鮀　鴨　默　龍　龜　蕁　蕎　鍺　錒　闍　閹　鴞　鴝　鮎　鮃　鮋

十七劃（312～314）

優　償　儲　壓　嬰　彌　徽　應　戲　戴　擎　擊　擠　擬　曙　檀　檔　檢　檜　櫛　檐　濱　濟　澀　濕　燧
營　燭　爵　牆　獰　環　療　瞬　矯　磷　磺　磯　禪　糜　糞　糙　縮　繆　縫　總　縱　繁　翼　聲　聰　聯
臂　膿　膽　臨　舉　薄　薑　薔　薯　薛　薊　蟑　蝗　螺　蟋　褶　謎　講　謠　謝　豁　賽　購　蹈　避　還
邁　鍍　鎂　鍋　錘　鍛　闌　隱　霜　霞　韓　颶　鮭　鴿　麋　黏　點　黛　齋　檔　樓　螯　醚　醛　鍶　鴯
檬　聊　蟎　鮰　鴴

十八劃（314～317）

叢　壘　擴　擲　擺　斷　檳　檸　歸　瀋　瀆　瀑　瀏　獵　璧　甕　癒　瞿　禮　簫　簣　簡　織　繡　翹　職
聶　舊　藏　薩　藍　藐　薰　薺　蟯　蟬　蟲　覆　豐　轉　醫　鎖　鎢　鎳　鎮　鎘　離　雜　雙　雛　雞　鞭
額　顏　顎　騎　鬆　魏　鯊　鯉　鵜　鼬　癤　貘　醯　鎌　鎝　鵝　鵟　鼩　檫　鵐　鵒

十九劃（317～319）

褱　寵　龐　懷　懶　瀝　瀕　獸　瓊　瓣　穩　簾　簿　繩　繪　羅　臘　藩　藝　藪　藤　藥　蟻　蠍　蟹　蟾
譜　證　譚　蹼　蹲　辭　邊　鏟　鏈　鏜　鏢　塹　關　難　霧　韻　類　顛　鯨　鯧　鯖　鯛　鶉　麒　麗　麓
麴　櫟　螻　鰡　鮭　鯡　鵪　鶡　鶥　獾　蠑　鶇

二十劃（319～320）

壤　寶　懸　懺　瀾　癢　礦　礫　竇　競　籌　籃　繼　罌　耀　藻　蘑　蘆　蘋　蘇　蘊　蠕　觸　議　警　譫
躁　釋　鐘　饒　饑　鰓　鹹　麵　獼　蠑　鰈　鯷　鶚　鰕

二十一劃（320～321）

屬　懼　攝　櫻　灌　蘭　蘚　蠣　蠟　襪　護　轟　辯　鐮　鐳　鐵　霹　露　響　顧　驅　騾　魔　鰭　鶯　鶴
鷄　麝　鬍　纈　鰨　鰩　鰤　鶺

二十二劃（321）

囊　彎　權　歡　疊　癬　聾　聽　讀　贖　鑄　韃　顫　鬚　鰱　鰻　鷗　鼴　龔　鱈　鰹　鰺　鯛　鰷　鶿

二十三劃（321～322）

戀　攫　攪　曬　纖　蘿　變　邏　顯　驛　驗　體　髑　鱗　黴　鱒　鱘　鷯　鷸　鷦　鼷

二十四劃（322）

[illegible]　癲　罐　羈　讓　贛　靈　鬻　鷹　鷺　鹼　鹽　齲　蠼　鷽　鸊

二十五劃（322）

[illegible]　灣　觀　鑲　顱　鬣　鑭　貛

二十六劃（322）

[illegible]　讚　驢

二十七劃（322）

讜　鑽　鑾　鱷　鱸　鸕

二十八劃（322）

鑿　鸚

二十九劃（322）

鬱　鸛

中文詞條注音檢字表

※括弧中頁碼為〈中文詞條注音索引〉頁碼

ㄅㄚ（323）
八 巴 芭

ㄅㄚˊ（325）
拔 跋 菝 鈸

ㄅㄚˋ（325）
罷

ㄅㄛ（325）
波 玻 剝 菠

ㄅㄛˊ（326）
伯 帛 勃 柏 博 渤 鉑 薄

ㄅㄛˋ（327）
薄

ㄅㄞˊ（327）
白

ㄅㄞˇ（328）
百 擺

ㄅㄞˋ（328）
拜 敗

ㄅㄟ（328）
卑 杯 悲

ㄅㄟˇ（328）
北

ㄅㄟˋ（328）
貝 背 倍 悖 被 備 焙 蓓 鋇

ㄅㄠ（329）
包 孢 胞 苞 褒

ㄅㄠˊ（330）
雹

ㄅㄠˇ（330）
保 堡 飽 鴇 寶

ㄅㄠˋ（330）
刨 豹 報 暴 鮑

ㄅㄢ（330）
扳 班 斑 瘢

ㄅㄢˇ（331）
板 版 坂

ㄅㄢˋ（331）
半 伴 瓣

ㄅㄣˇ（331）
本 苯

ㄅㄣˋ（331）
笨

ㄅㄤ（331）
邦

ㄅㄤˇ（331）
綁

ㄅㄤˋ（331）
蚌 棒 磅

ㄅㄥ（331）
崩

ㄅㄥˋ（331）
泵

ㄅㄧˊ（331）
鼻

ㄅㄧˇ（331）
比 彼 筆

ㄅㄧˋ（332）
必 庇 俾 婢 畢 閉 鉍 碧 壁 臂 避 璧 吡

ㄅㄧㄝˊ（332）
別

ㄅㄧㄠ（332）
標 鏢

ㄅㄧㄠˇ（332）
表 錶

ㄅㄧㄢ（332）
編 蝙 鞭 邊

ㄅㄧㄢˇ（332）
扁

ㄅㄧㄢˋ（332）
辨 辯 變

ㄅㄧㄣ（333）
賓 濱 瀕

ㄅㄧㄥ（333）
冰 檳

ㄅㄧㄥˇ（333）
丙

ㄅㄧㄥˋ（333）
並 病

ㄅㄨˊ（333）
不

ㄅㄨˇ（333）
卜 哺 捕 補 卟

ㄅㄨˋ（333）
不 布 佈 步 部 鈽 簿

ㄆㄚˊ（335）
爬

ㄆㄚˋ（335）
帕

ㄆㄛˊ（336）
婆

ㄆㄛˋ（336）
珀 迫 破

ㄆㄞ（336）
拍

ㄆㄞˊ（336）
俳 徘 排

ㄆㄞˋ（336）
派

ㄆㄟ（336）
胚

ㄆㄟˊ（336）
培 陪 裴 賠

ㄆㄟˋ（336）
佩 配

ㄆㄠ（337）
拋

ㄆㄠˊ（337）
咆 狍

ㄆㄠˇ（337）
跑

ㄆㄠˋ（337）
泡

ㄆㄡˇ（337）
剖

ㄆㄢ（337）
潘

ㄆㄢˊ（337）
盤

ㄆㄢˋ（337）
判 叛

ㄆㄣ（337）
噴

ㄆㄣˊ（337）
盆

ㄆㄤˊ（337）
旁 膀 龐

ㄆㄤˋ（337）
胖

ㄆㄥ（337）
烹

ㄆㄥˊ（337）
朋 彭 棚 硼 蓬 膨

ㄆㄧ（337）
匹 丕 批 披 霹

ㄆㄧˊ（337）
皮 枇 毗 毘 疲 啤
琵 脾 鈹 蜱

ㄆㄧˋ（338）
辟 鷿

ㄆㄧㄠ（338）
嘌

ㄆㄧㄠˊ（338）
瓢

ㄆㄧㄠˇ（338）
漂

ㄆㄧㄠˋ（338）
票 漂

ㄆㄧㄢ（338）
偏

ㄆㄧㄢˋ（338）
片

ㄆㄧㄣ（338）
姘 拼

ㄆㄧㄣˊ（338）
貧 頻

ㄆㄧㄣˇ（338）
品

ㄆㄧㄥ（338）
乒

ㄆㄧㄥˊ（338）
平 瓶 蘋 鮃

ㄆㄨ（338）
撲 鋪

ㄆㄨˊ（338）
匍 菩 葡 蒲 樸 蹼

ㄆㄨˇ（339）
浦 普 譜

ㄆㄨˋ（339）
瀑

ㄇㄚˊ（339）
麻 痲

ㄇㄚˇ（340）
馬 嗎 瑪 碼 螞

ㄇㄛˊ（342）
摩 模 磨 蘑 魔

ㄇㄛˇ（342）
抹

ㄇㄛˋ（342）
末 沒 沫 茉 秣 莫
膜 墨 默 貘

ㄇㄞˇ（343）
買

ㄇㄞˋ（343）
脈 麥 賣 邁 麴

ㄇㄟˊ（344）
玫 梅 莓 湄 煤 鋂
黴 酶

ㄇㄟˇ（345）
美 鎂

ㄇㄟˋ（346）
魅

ㄇㄠ（346）
貓

ㄇㄠˊ（346）
毛 矛 茅 犛

ㄇㄠˇ（346）
昴

ㄇㄠˋ（346）
冒 帽 貿

ㄇㄡˊ（346）
牟 謀

ㄇㄢˊ（346）
蔓 鰻

ㄇㄢˇ（346）
滿 蟎

ㄇㄢˋ（346）
曼 慢 漫

ㄇㄣˊ（347）
門

ㄇㄤˊ（347）
芒 盲

ㄇㄤˇ（347）
莽

ㄇㄥˊ（347）
虻 萌 蒙 獴

ㄇㄥˇ（347）
猛 錳

ㄇㄥˋ（347）
孟 夢

ㄇㄧˊ（348）
迷 彌 糜 謎 麋 醚
獼

ㄇㄧˇ（348）
米

ㄇㄧˋ（348）
泌 祕 密 蜜 嘧

ㄇㄧㄝˋ（349）
滅

ㄇㄧㄠˊ（349）
苗

ㄇㄧㄠˇ（349）
秒 藐

ㄇㄧㄠˋ（349）
妙 廟

ㄇㄧㄡˋ（349）
繆

ㄇㄧㄢˊ（349）
棉 綿

ㄇㄧㄢˇ（349）
免 緬

ㄇㄧㄢˋ（349）
面 麵

ㄇㄧㄣˊ（349）
民 岷

ㄇㄧㄣˇ（349）
閔 閩

ㄇㄧㄥˊ（349）
名 明 冥 銘 鳴 螟

ㄇㄧㄥˋ（349）
命

ㄇㄨˇ（349）
母 牡 姆 姥

ㄇㄨˋ（350）
木 目 牧 苜 睦 鉬
墓 幕 慕 穆

ㄈㄚ（350）
伐 發

ㄈㄚˊ（350）
閥

ㄈㄚˇ（350）
法

ㄈㄚˋ（351）
法 琺

ㄈㄛˊ（351）
佛

ㄈㄟ（351）
非 飛 菲 鯡

ㄈㄟˊ（352）
肥 腓

ㄈㄟˇ（352）
斐 裴

ㄈㄟˋ（352）
吠 沸 肺 狒 費 廢

ㄈㄡˇ（353）
否

ㄈㄢ（353）
番

ㄈㄢˊ（353）
凡 帆 釩 樊 繁 藩

ㄈㄢˇ（353）
反

ㄈㄢˋ（353）
犯 泛 范 梵

ㄈㄣˋ（353）
憤 奮 糞

ㄈㄣ（353）
分 芬 酚

ㄈㄣˊ（354）
汾 墳

ㄋㄩㄝˋ（375）
虐 瘧

ㄌㄚ（375）
拉

ㄌㄚˇ（376）
喇

ㄌㄚˋ（376）
辣 臘 蠟

ㄌㄜˋ（376）
肋 垃 勒 樂

ㄌㄞˊ（376）
來 萊 鶆

ㄌㄞˋ（377）
賴

ㄌㄟˊ（377）
雷 鐳

ㄌㄟˇ（377）
累 壘

ㄌㄟˋ（377）
淚 類

ㄌㄠˊ（378）
勞

ㄌㄠˇ（378）
老

ㄌㄡˊ（378）
樓 耬

ㄌㄢˊ（378）
闌 藍 瀾 籃 蘭 鑭

ㄌㄢˇ（378）
懶 纜

ㄌㄤˊ（378）
狼 廊

ㄌㄤˇ（378）
朗

ㄌㄤˋ（379）
浪

ㄌㄥˊ（379）
棱

ㄌㄥˇ（379）
冷

ㄌㄧ（379）
哩

ㄌㄧˊ（379）
狸 梨 犁 黎 離

ㄌㄧˇ（379）
李 里 俚 理 裏 鋰
禮 鯉

ㄌㄧˋ（380）
力 立 利 栗 荔 粒
莉 痢 曆 歷 瀝 麗
櫟 礫 蠣

ㄌㄧㄝˋ（380）
列 烈 裂 獵 鬣

ㄌㄧㄠˊ（381）
聊 寮 遼 療 鷯

ㄌㄧㄡ（381）
溜

ㄌㄧㄡˊ（381）
流 琉 留 硫 榴 劉
瘤 瀏

ㄌㄧㄡˇ（381）
柳

ㄌㄧㄡˋ（381）
六

ㄌㄧㄢˊ（381）
連 廉 蓮 聯 鎌 簾
鐮 鰱

ㄌㄧㄢˋ（381）
楝 煉 鏈 戀

ㄌㄧㄣˊ（381）
林 淋 磷 臨 鱗

ㄌㄧㄤˊ（382）
梁 涼 量 椋 樑

ㄌㄧㄤˇ（382）
兩

ㄌㄧㄤˋ（382）
量

ㄌㄧㄥˊ（382）
凌 羚 聆 陵 菱 鈴
零 靈

ㄌㄧㄥˇ（382）
領

ㄌㄧㄥˋ（382）
令 另

ㄌㄨˊ（382）
盧 蘆 顱 鱸 鸕

ㄌㄨˇ（383）
鹵 魯

ㄌㄨˋ（383）
陸 鹿 路 錄 麓 鯥
露 鷺

ㄌㄨㄛˊ（383）
螺 羅 騾 蘿 邏

ㄌㄨㄛˇ（385）
裸

ㄌㄨㄛˋ（385）
洛 落 酪 駱

ㄌㄨㄢˊ（385）
灤 鑾

ㄌㄨㄢˇ（385）
卵

ㄌㄨㄢˋ（385）
亂

ㄌㄨㄣˊ（385）
倫 論 輪

ㄌㄨㄣˋ（386）
論

ㄌㄨㄥˊ（386）
隆 龍 聾

ㄌㄩˊ（386）
驢

ㄌㄩˇ（386）
呂 旅 鋁

ㄌㄩˋ（386）
律 氯 葎 綠

ㄍㄜ（386）
戈 哥 割 歌 鴿

ㄍㄜˊ（387）
革 格 蛤 隔 膈 閣
噶 鎘

ㄍㄜˇ（388）
葛

ㄍㄜˋ（388）
個 鉻

ㄍㄞ（388）
該

ㄍㄞˇ（388）
改

ㄍㄞˋ（388）
鈣 概 蓋

ㄍㄠ（388）
羔 高 睪

ㄍㄠˇ（389）
縞

ㄍㄠˋ（389）
告 鋯

ㄍㄡ（389）
溝 鉤

ㄍㄡˇ（389）
狗

ㄍㄡˋ（389）
構 購

ㄍㄢ（389）
干 甘 肝 坩 柑 酐
乾

ㄍㄢˇ（389）
桿 感 橄

ㄍㄢˋ（389）
贛

ㄍㄣ（389）
根

ㄍㄤ（389）
肛 岡 剛 鋼

ㄍㄤˋ（390）
槓

ㄍㄥ（390）
更 耕 㹴

ㄍㄨ（390）
估 孤 菰 鈷

ㄍㄨˇ（390）
古 谷 股 骨 滑 鼓
穀

ㄍㄨˋ（390）
固 雇 顧

ㄍㄨㄚ（390）
瓜

ㄍㄨㄚˇ（390）
寡

ㄍㄨㄚˋ（391）
掛

ㄍㄨㄛ（391）
郭 鍋 聝

ㄍㄨㄛˊ（391）
國

ㄍㄨㄛˇ（391）
果

ㄍㄨㄛˋ（391）
過

ㄍㄨㄞˋ（391）
怪

ㄍㄨㄟ（391）
圭 規 龜 鮭 歸

ㄍㄨㄟˇ（391）
軌 鬼

ㄍㄨㄟˋ（391）
桂 貴

ㄍㄨㄢ（392）
官 冠 關 觀

ㄍㄨㄢˇ（392）
管

ㄍㄨㄢˋ（392）
冠 慣 灌 罐 鸛

ㄍㄨㄣˇ（392）
滾

ㄍㄨㄤ（392）
光

ㄍㄨㄤˇ（392）
廣

ㄍㄨㄥ（392）
工 弓 公 功 攻 供
宮 龔

ㄍㄨㄥˇ（393）
汞 拱

ㄍㄨㄥˋ（393）
共 貢

ㄎㄚ（393）
咖

ㄎㄚˇ（393）
卡

ㄎㄜ（395）
刻 柯 科 苛 蝌

ㄎㄜˊ（396）
殼

ㄎㄜˇ（396）
可

ㄎㄜˋ（396）
克 客 氪 喀

ㄎㄞ（398）
開

ㄎㄞˇ（398）
凱

ㄎㄠˇ（398）
考 烤

ㄎㄡˇ（399）
口

ㄎㄡˋ（399）
叩 扣 佝 寇

ㄎㄢ（399）
勘 堪

ㄎㄢˇ（399）
坎

ㄎㄢˋ（399）
勘

ㄎㄣˇ（399）
肯

ㄎㄤ（399）
康

ㄎㄤˋ（400）
抗

ㄎㄥ（400）
坑

ㄎㄨ（400）
枯 哭

ㄎㄨˇ（400）
苦

ㄎㄨˋ（400）
庫

ㄎㄨㄚ（400）
夸

ㄎㄨㄚˋ（400）
跨

ㄎㄨㄛˋ（400）
擴

ㄎㄨㄞˋ（400）
快 塊 會 檜

ㄎㄨㄟ（400）
盔 蝰

ㄎㄨㄟˊ（400）
奎 魁

ㄎㄨㄟˇ（400）
傀

ㄎㄨㄟˋ（400）
潰

ㄎㄨㄢ（400）
寬

ㄎㄨㄣ（400）
昆 崑 醌

ㄎㄨㄤ（401）
匡

ㄎㄨㄤˊ（401）
狂 鵟

ㄎㄨㄤˋ（401）
框 礦

ㄎㄨㄥ（401）
空

ㄎㄨㄥˇ（401）
孔 恐

ㄎㄨㄥˋ（401）
控

ㄏㄚ（401）
哈

ㄏㄜˊ（402）
禾 合 何 和 河 核
荷 褐

ㄏㄜˋ（402）
喝 賀 赫 鶴

ㄏㄞˇ（403）
海

ㄏㄞˋ（404）
氦

ㄏㄟ（404）
黑

ㄏㄠ（404）
蒿

ㄏㄠˊ（404）
豪

ㄏㄠˇ（405）
好

ㄏㄠˋ（405）
浩 耗

ㄏㄡˊ（405）
侯 喉 猴

ㄏㄡˇ（405）
吼

ㄏㄡˋ（405）
後 鱟

ㄏㄢˊ（405）
含 函 涵 焓 寒 韓

ㄏㄢˇ（405）
罕

ㄏㄢˋ（405）
汗 旱 捍 焊 漢 翰

ㄏㄤ（405）
夯

ㄏㄤˊ（405）
行 杭 航

ㄏㄥ（405）
亨

ㄏㄥˊ（406）
恆 桁 橫 衡 鴴

ㄏㄥˋ（406）
絎

ㄏㄨ（406）
呼 忽

ㄏㄨˊ（406）
弧 狐 胡 湖 葫 蝴
槲

ㄏㄨˇ（406）
虎 琥

ㄏㄨˋ（406）
互 楛 護

ㄏㄨㄚ（406）
花

ㄏㄨㄚˊ（406）
划 華 滑

ㄏㄨㄚˋ（407）
化 畫 劃 樺

ㄏㄨㄛˊ（407）
活

ㄏㄨㄛˇ（407）
火

ㄏㄨㄛˋ（407）
貨 霍 豁 獾

ㄏㄨㄞˊ（408）
淮 懷

ㄏㄨㄞˋ（408）
壞

ㄏㄨㄟ（408）
灰 詼 輝 徽

ㄏㄨㄟˊ（408）
回 茴 迴 鮰

ㄏㄨㄟˋ（408）
彗 喙 惠 匯 會 賄
慧 繪

ㄏㄨㄢ（409）
歡 獾

ㄏㄨㄢˊ（409）
桓 環 還

ㄏㄨㄢˇ（409）
緩

ㄏㄨㄢˋ（409）
幻 換

ㄏㄨㄣ（409）
昏 婚

ㄏㄨㄣˇ（409）
混

ㄏㄨㄣˋ（409）
混

ㄏㄨㄤ（409）
荒

ㄏㄨㄤˊ（409）
皇 黃 蝗 磺 簧

ㄏㄨㄥ（409）
魟 轟

ㄏㄨㄥˊ（409）
弘 宏 洪 紅 虹

ㄐㄧ（410）
肌 姬 基 機 激 積
磯 雞 饑 羈 嘰

ㄐㄧˊ（410）
及 吉 即 急 唧 疾
脊 笈 棘 集 極 擊
鶺 鴒

ㄐㄧˇ（411）
幾 戟 麂 擠

ㄐㄧˋ（411）
技 季 紀 計 記 寄
祭 濟 薊 薺 騎 繼

ㄐㄧㄚ（412）
加 伽 佳 迦 家 嘉

ㄐㄧㄚˊ（413）
夾 莢

ㄐㄧㄚˇ（413）
甲 假 賈 鉀

ㄐㄧㄚˋ（413）
嫁 價 駕

ㄐㄧㄝ（413）
接 秸 階

ㄐㄧㄝˊ（413）
劫 捷 傑 結 節 截
潔 羯 櫛 癤

ㄐㄧㄝˇ（414）
解

ㄐㄧㄝˋ（414）
介 戒 芥 界 蚧

ㄐㄧㄠ（414）
交 教 焦 澆 膠 鷦

ㄐㄧㄠˇ（414）
角 絞 腳 鉸 矯 攪

ㄐㄧㄠˋ（414）
教

ㄐㄧㄡ（414）
糾 鳩

ㄐㄧㄡˇ（414）
九 韭 酒

ㄐㄧㄡˋ（414）
救 舊

ㄐㄧㄢ（414）
尖 兼 堅 菅 犍 監
鰹

ㄐㄧㄢˇ（414）
柬 剪 減 檢 簡 鹼

ㄐㄧㄢˋ（415）
見 建 健 間 腱 僭
漸 劍 箭 諫

ㄐㄧㄣ（415）
今 金 津

ㄐㄧㄣˇ（415）
緊 錦

ㄐㄧㄣˋ（415）
近 晉 浸 進 禁

ㄐㄧㄤ（415）
江 豇 將 僵 漿 薑
鱂

ㄐㄧㄤˇ（415）
槳 獎 蔣 講

ㄐㄧㄤˋ（415）
降 將

ㄐㄧㄥ（415）
京 荊 莖 晶 經 精
鯨

ㄐㄧㄥˇ（416）
井 景 頸 警

ㄐㄧㄥˋ（416）
淨 靜 競

ㄐㄩ（416）
居

ㄐㄩˊ（416）
菊 橘

ㄐㄩˇ（416）
咀 枸 矩 莒 舉

ㄐㄩˋ（416）
句 巨 拒 苣 距 聚
劇 鋸 颶 懼

ㄐㄩㄝˊ（416）
決 絕 蕨 爵 攫

ㄐㄩㄢˇ（416）
捲

ㄐㄩㄢˋ（416）
絹

ㄐㄩㄣ（416）
君 均 軍

ㄐㄩㄣˋ（417）
郡 莙 菌

ㄑㄧ（417）
七 榿

ㄑㄧˊ（417）
吉 奇 祈 耆 期 琪
旗 齊 麒 鰭

ㄑㄧˇ（417）
乞 起 啟

ㄑㄧˋ（417）
企 汽 契 砌 氣 憩

ㄒㄩㄣ（428）
勳 薰

ㄒㄩㄣˊ（428）
巡 荀 尋 循 馴 蕁 鱘

ㄒㄩㄣˋ（428）
迅 殉 訊 訓 巽 遜

ㄒㄩㄥ（428）
匈 胸

ㄒㄩㄥˊ（428）
雄 熊

ㄓ（428）
支 肢 芝 脂 蜘 織

ㄓˊ（428）
直 執 埴 植 殖 質 擲 職

ㄓˇ（428）
指 紙 酯

ㄓˋ（428）
至 志 制 治 知 致 痔 窒 智 痣 蛭 稚 雉 製

ㄓㄚ（429）
渣

ㄓㄚˊ（429）
札

ㄓㄚˋ（429）
柵 炸 詐

ㄓㄜ（429）
遮

ㄓㄜˊ（429）
哲 摺 褶

ㄓㄜˇ（429）
鍺

ㄓㄜˋ（429）
浙 蔗

ㄓㄞ（429）
齋

ㄓㄞˊ（429）
宅

ㄓㄞˇ（429）
窄

ㄓㄞˋ（429）
債

ㄓㄠ（429）
招 昭

ㄓㄠˇ（429）
爪 沼

ㄓㄠˋ（429）
照

ㄓㄡ（429）
州 周 洲 週

ㄓㄡˊ（429）
軸

ㄓㄡˇ（429）
帚

ㄓㄡˋ（429）
宙

ㄓㄢ（429）
占 旃 詹 譫

ㄓㄢˋ（430）
占 戰

ㄓㄣ（430）
珍 貞 真 針 偵 榛

ㄓㄣˇ（430）
診

ㄓㄣˋ（430）
振 震 鎮

ㄓㄤ（430）
張 章 樟 蟑

ㄓㄤˇ（430）
長 掌

ㄓㄤˋ（430）
帳 障

ㄓㄥ（430）
征 爭 蒸 徵

ㄓㄥˇ（430）
整

ㄓㄥˋ（430）
正 政 鄭 證

ㄓㄨ（431）
朱 侏 珠 茱 蛛 諸 豬

ㄓㄨˊ（431）
竹 築 燭

ㄓㄨˇ（431）
主 煮

ㄓㄨˋ（431）
住 助 注 柱 祝 著 蓖 鑄

ㄓㄨㄚˇ（431）
爪

ㄓㄨㄛ（431）
桌

ㄓㄨㄛˊ（431）
卓 啄 著 濁

ㄓㄨㄟ（431）
追 錐

ㄓㄨㄢ（431）
專 磚

ㄓㄨㄢˇ（431）
轉

ㄓㄨㄢˋ（431）
傳

ㄓㄨㄣˇ（431）
隼 準

ㄓㄨㄤ（431）
莊 裝 樁

ㄓㄨㄤˋ（431）
壯 狀 撞

ㄓㄨㄥ（431）
中 鐘

ㄓㄨㄥˇ（432）
腫 種

ㄓㄨㄥˋ（432）
中 仲 重 眾 種

ㄔˊ（432）
池 持

ㄔˇ（432）
尺 齒

ㄔˋ（432）
赤 翅 熾

ㄔㄚ（432）
叉 差 插

ㄔㄚˊ（432）
查 茶 察 檫

ㄔㄚˋ（433）
剎

ㄔㄜ（433）
車

ㄔㄜˋ（433）
掣

ㄔㄞˊ（433）
柴

ㄔㄠ（433）
超

ㄔㄠˊ（433）
巢 朝 嘲 潮

ㄔㄡ（433）
抽

ㄔㄡˊ（433）
籌

ㄔㄡˇ（433）
丑

ㄔㄡˋ（433）
臭

ㄔㄢ（433）
摻

ㄔㄢˊ（433）
禪 蟬 蟾

ㄔㄢˇ（433）
產 鏟

ㄔㄢˋ（433）
懺 顫

ㄔㄣˊ（433）
臣 沈 辰 陳 梣 塵

ㄔㄤ（433）
昌 鯧

ㄔㄤˊ（434）
長 常 腸 償

ㄔㄤˇ（434）
場 敞

ㄔㄤˋ（434）
唱

ㄔㄥ（434）
稱 撐 蟶

ㄔㄥˊ（434）
成 承 城 乘 盛 程

ㄔㄨ（434）
出 初

ㄔㄨˊ（434）
除 儲 雛

ㄔㄨˇ（434）
處 楚 褚

ㄔㄨˋ（434）
畜 觸

ㄔㄨㄟ（434）
吹

ㄔㄨㄟˊ（434）
垂 槌 錘

ㄔㄨㄢ（434）
川 氚 穿

ㄔㄨㄢˊ（434）
船 傳

ㄔㄨㄢˋ（434）
串

ㄔㄨㄣ（434）
春

ㄔㄨㄣˊ（435）
純 醇 鶉

ㄔㄨㄤ（435）
創 窗

ㄔㄨㄤˊ（435）
床

ㄔㄨㄤˋ（435）
創

ㄔㄨㄥ（435）
沖 衝

ㄔㄨㄥˊ（435）
重 蟲

ㄔㄨㄥˇ（435）
寵

ㄕ（435）
失 屍 施 獅 詩 蓍
蝨 溼 鰤 鳲

ㄕˊ（435）
十 什 石 拾 食 時
實 蝕 蒔

ㄕˇ（436）
史 矢 使 始

ㄕˋ（437）
士 氏 世 市 示 式
事 室 柿 視 勢 嗜
試 鈰 誓 適 噬 釋

ㄕㄚ（437）
沙 砂 紗 殺 莎 鯊

ㄕㄜ（438）
奢

ㄕㄜˊ（438）
舌 折 蛇 闍

ㄕㄜˇ（438）
捨

ㄕㄜˋ（438）
社 舍 射 涉 設 赦
猞 攝 麝

ㄕㄞˇ（438）
骰

ㄕㄞˋ（438）
曬

ㄕㄠ（438）
燒

ㄕㄠˊ（438）
杓

ㄕㄠˋ（438）
少 邵 紹

ㄕㄡ（438）
收

ㄕㄡˊ（438）
熟

ㄕㄡˇ（438）
手 守 首

ㄕㄡˋ（439）
受 狩 授 壽 獸

ㄕㄢ（439）
山 氙 珊 苫 煽

ㄕㄢˇ（439）
閃 陝

ㄕㄢˋ（439）
疝 扇 善 撣 膳

ㄕㄣ（439）
申 伸 身 砷 參 深
鰺

ㄕㄣˊ（439）
神

ㄕㄣˇ（439）
審 瀋

ㄕㄣˋ（439）
腎 滲

ㄕㄤ（440）
商 傷 熵

ㄕㄤˇ（440）
賞

ㄕㄤˋ（440）
上 尚

ㄕㄥ（440）
升 生 昇 聲

ㄕㄥˊ（440）
繩

ㄕㄥˋ（440）
托 盛 勝 聖

ㄕㄨ（442）
抒 書 梳 疏 舒 樞
蔬 樗 輸

ㄕㄨˊ（442）
叔 贖

ㄕㄨˇ（442）
蜀 鼠 薯 屬

ㄕㄨˋ（442）
束 數 豎 樹 曙

ㄕㄨㄛ（442）
說

ㄕㄨㄛˋ（442）
芍 蒴

ㄕㄨㄟˇ（442）
水

ㄕㄨㄟˋ（443）
稅 蛻 睡

ㄕㄨㄢ（443）
栓

ㄕㄨㄣˇ（443）
吮 楯

ㄕㄨㄣˋ（443）
舜 順 瞬

ㄕㄨㄤ（443）
霜 雙

ㄖˋ（443）
日

ㄖㄜˇ（443）
惹

ㄖㄜˋ（443）
熱

ㄖㄠˊ（443）
蟯 饒

ㄖㄡˊ（443）
柔 葇

ㄖㄡˋ（443）
肉

ㄖㄢˊ（443）
蚺 髯 燃

ㄖㄢˇ（443）
染

ㄖㄣˊ（443）
人 仁

一ㄤˇ (382)
仰 氧 養 癢

一ㄤˋ (382)
恙

一ㄥ (333)
英 嬰 應 罌 櫻 鶯
鷹 鸚

一ㄥˊ (338)
瑩 螢 營

一ㄥˇ (333)
影

一ㄥˋ (333)
映 硬 應

ㄨ (333)
污 屋 烏 鎢

ㄨˊ (333)
吳 巫 無 蜈 蕪 鼯

ㄨˇ (333)
五 伍 武 舞

ㄨˋ (333)
勿 物 誤 霧

ㄨㄚ (390)
蛙

ㄨㄚˇ (390)
瓦

ㄨㄚˋ (391)
襪

ㄨㄛ (363)
渦 萵 窩

ㄨㄛˇ (370)
我

ㄨㄛˋ (364)
沃 臥 渥

ㄨㄞˋ (391)
外

ㄨㄟ (364)
威 萎

ㄨㄟˊ (370)
韋 唯 帷 圍 微 維

ㄨㄟˇ (370)
尾 委 偉 緯

ㄨㄟˋ (364)
未 位 味 胃 偽 渭
蔚 衛 謂 魏 猬 鮪

ㄨㄢ (364)
豌 彎 灣

ㄨㄢˊ (370)
完 玩 烷 頑

ㄨㄢˇ (364)
浣

ㄨㄢˋ (364)
腕 萬

ㄨㄣ (364)
溫 瘟 榲

ㄨㄣˊ (370)
文 紋 蚊

ㄨㄣˇ (392)
穩

ㄨㄣˋ (364)
汶 問

ㄨㄤ (392)
汪

ㄨㄤˊ (401)
王

ㄨㄤˇ (392)
往 網

ㄨㄤˋ (401)
忘 旺 望

ㄨㄥ (364)
翁

ㄨㄥˋ (365)
甕

ㄩˊ (386)
于 娛 魚 隅 愚 榆
瑜 逾 漁 餘 魣

ㄩˇ (375)
宇 羽 雨 語

ㄩˋ (386)
玉 育 芋 郁 御 欲
寓 裕 預 癒 鷸 鬱

ㄩㄝ (375)
約

ㄩㄝˋ (375)
月 岳 越 樂 藥 耀

ㄩㄢ (416)
鳶

ㄩㄢˊ (420)
元 沅 芫 原 員 袁
援 園 圓 源 緣

ㄩㄢˋ (416)
院

ㄩㄣ (416)
暈

ㄩㄣˊ (420)
芸 雲

ㄩㄣˇ (477)
隕

ㄩㄣˋ (417)
孕 運 韻 蘊

ㄩㄥ (420)
邕 庸 雍 擁

ㄩㄥˇ (477)
永 詠 蛹

英文詞條 A～Z 索引

A

C

D

E

F

H

Hadith /hȧ-ˈdēth/ 聖訓／879
Hadrian /ˈhā-drē-ən/ 哈德良／879
Hadrianopolis, Battle of ➔ Adrianople, Battle of／879
Hadrian's Villa 哈德良別墅／879
Hadrian's Wall 哈德良長城／879
hadron /ˈha-ˌdrän/ 強子／879
Haeckel, Ernst (Heinrich Philipp August) /ˈhe-kəl/ 海克爾／880
haematite ➔ hematite／880
Haemophilus /hē-ˈmä-fə-ləs/ 嗜血菌屬／880
Hafez /ˈk̟ò-fez/ 哈菲茲／880
Hafsid dynasty /ˈhaf-səd/ 哈夫西德王朝／880
Hagana /hä-gä-ˈnä/ 哈加納／880
Hagen, Walter (Charles) 哈根／880
hagfish 盲鰻／880
Haggadah /ˌhä-gä-ˈdä, hə-ˈgä-də/ 哈加達／880
Haggai /ˈhag-ē-ˌī, ˈhag-ˌī/ 哈該／880
Haggard, H(enry) Rider 海格德／880
Haggard, Merle (Ronald) 海格德／880
Hagia Sophia /ˈhä-gē-ə-sō-ˈfē-ə, ˈhā-jē-ə-sō-ˈfē-ə/ 聖索菲亞教堂／880
hagiography /ˌha-gē-ˈä-grə-fē, ˌhā-jē-ˈä-grə-fē/ 聖徒傳記／881
Hague, The /ˈhāg/ 海牙／881
Hague Conventions 海牙公約／881
Hahn, Otto 哈恩／881
Hahnemann, (Christian Friedrich) Samuel /ˈhä-nə-mən/ 哈內曼／881
Hai River /ˈhī/ 海河／881
Haida /ˈhī-də/ 海達人／881
Haidarabad ➔ Hyderabad／881
Haifa /ˈhī-fə/ 海法／881
Haig, Douglas 黑格／881
haiku /ˈhī-ˌkü/ 俳句／881
hail 雹／881
Hail Mary 聖母經／881
Haile Mariam, Mengistu ➔ Mengistu Haile Mariam／881
Haile Selassie /ˈhī-lē-sə-ˈlas-ē/ 海爾・塞拉西／881
Hainan /ˈhī-ˈnän/ 海南／882
Hainaut /ā-ˈnō/ 埃諾／882
Haiphong /ˈhī-ˈfòŋ/ 海防／882
hair 毛髮／882
hairstreak 燕灰蝶／882
hairworm 毛細線蟲 ➔ horsehair worm／882
Haiti /ˈhā-tē/ 海地／882
Haitink, Bernard (Johann Hermann) /ˈhī-tiŋk/ 海汀克／882
hajj /ˈhaj/ 朝聖／882
Hajjaj (ibn Yusuf ath-Thaqafi), al- /k̟ä-ˈjäj/ 赫賈吉／883
hake 無鬚鱈／883
Hakka /ˈhäk-ˈkä/ 客家／883
Hakluyt, Richard /ˈhak-ˌlüt/ 哈克路特／883
Hakuin /ˈhä-kù-ˌēŋ/ 白隱／883
hal 狀態／883
Halab 哈拉普 ➔ Aleppo／883
Halakhah /ˌhä-lä-ˈk̟ä, hä-ˈlä-ˈk̟ə/ 哈拉卡／883
Halas, George Stanley /ˈha-ləs/ 哈拉斯／883
halberd 戟／883
Haldane, J(ohn) B(urdon) S(anderson) /ˈhȯl-ˌdān/ 哈爾登／883
Haldane, John Scott 哈爾登／883
Haldane, Richard Burdon 哈爾登／883
Haldeman, H(arry) R(obins) /ˈhȯl-də-mən/ 霍爾德曼／883
Hale, George E(llery) 赫爾／884
Hale, John Parker 赫爾／884
Hale, Matthew 赫爾／884
Hale, Nathan 赫爾／884
Hale, Sarah Josepha 赫爾／884
Hale-Bopp, Comet 海爾－波普彗星／884
Haleakala National Park /ˌhä-lā-ä-kä-ˈlä/ 海雷阿卡拉國家公園／884
Haley, Alex (Palmer) 哈利／884
Haley, Bill 哈利／884
Haley, William (John) 哈利／884
half-life 半衰期／884
halftone process 網目凸版製版法／884
Haliburton, Thomas Chandler 哈利伯頓／884
halibut 庸鰈類／884
Halicarnassus /ˌha-lə-kär-ˈna-səs/ 哈利卡納蘇斯／885
halide mineral /ˈha-ˌlīd, ˈhā-ˌlīd/ 鹵化物礦物類／885
Halifax 哈利法克斯／885
Halifax, Earl of 哈利法克斯伯爵／885
halite /ˈha-ˌlīt, ˈhā-ˌlīt/ 石鹽／885
Hall, Charles Martin 霍爾／885
Hall, G(ranville) Stanley 霍爾／885
hall, hypostyle ➔ hypostyle hall／885
Hall, James 霍爾／885
Hall, James 霍爾／885
Hall, Peter (Reginald Frederick) 霍爾／885
Hall, Radclyffe 霍爾／885
hall church 廳堂式教堂／885
Hall effect 霍爾效應／886
Hallaj, al- /k̟a-ˈlaj/ 哈拉智／886
Halle (an der Saale) /ˈhä-lə/ 哈雷／886
Halleck, Henry W(ager) /ˈhal-ək/ 哈萊克／886
Halley, Edmond /ˈha-lē, ˈhā-lē/ 哈雷／886
Halley's Comet 哈雷彗星／886
hallmark 金銀純度印記／886
Halloween 萬聖節前夕／886
Hallstatt /ˈhäl-ˌshtät, 英語 ˈhȯl-ˌstat/ 哈爾施塔特／886
hallucination 幻覺／886
hallucinogen /hə-ˈlü-sᵊn-ə-jən/ 迷幻藥／886
Halmahera /ˌhal-mə-ˈher-ə/ 哈馬黑拉／887
halogen /ˈha-lə-jən/ 鹵素／887
halogen lamp 鹵素燈／887
Hals, Frans /ˈhälz, ˈhäls/ 哈爾斯／887
Halsey, William F(rederick), Jr. /ˈhȯl-sē, ˈhȯl-zē/ 海爾賽／887
Halsted, William Stewart 哈爾斯特／887
haltia /ˈhäl-tē-ä/ 哈爾蒂亞／887
ham 火腿／887
hamadryad ➔ dryad／887
Hamas /hȧ-ˈmȧs/ 哈瑪斯／887
Hamburg /ˈhäm-ˌbùrk, 英語 ˈham-ˌbərg/ 漢堡／887
Hamhung /ˈhäm-ˌhùŋ/ 咸興／887
Hamilton 漢米敦／887
Hamilton 漢米敦／888
Hamilton, Alexander 漢彌爾頓／888
Hamilton, Edith 漢彌爾頓／888
Hamilton, Emma, Lady 漢彌爾頓夫人／888
Hamito-Semitic languages 含米特－閃米特諸語言 ➔ Afroasiatic languages／888
Hamm, Mia 漢姆／888
Hammar, Hawr al /ˌhȧm-ˈmär/ 哈馬爾湖／888
Hammarskjöld, Dag (Hjalmar Agne Carl) /ˈha-mər-ˌshəld/ 哈瑪紹／888
hammer 錘／888
Hammer, Armand 哈默／888
hammer-beam roof 托臂樑屋頂／888
hammer throw 擲鏈球／889
hammered dulcimer ➔ dulcimer／889
Hammerfest /ˈhä-mər-ˌfest/ 亨墨菲斯／889
hammerhead shark 雙髻鯊／889
Hammerstein, Oscar, II /ˈha-mər-ˌstīn, ˈha-mər-ˌstēn/ 漢莫斯坦／889
Hammett, (Samuel) Dashiell 漢密特／889
Hamming, Richard W(esley) 漢明／889
Hammurabi /ˌha-mə-ˈrä-bē/ 漢摩拉比／889
Hammurabi, Code of 漢摩拉比法典／889
Hampden, John 漢普登／889
Hampshire /ˈhamp-ˌshir/ 罕布郡／889
Hampton 漢普頓／889
Hampton, Lionel 漢普頓／890
Hampton, Wade 漢普頓／890
Hampton Roads 漢普頓錨地／890
Hampton Roads Conference 漢普頓錨地會議／890
hamster 倉鼠／890
Hamsun, Knut /ˈhȧm-ˌsùn/ 哈姆生／890
han 藩／890
Han dynasty /ˈhän/ 漢朝／890
Han Gaozu 漢高祖 ➔ Liu Bang／890
Han Kao-tsu 漢高祖 ➔ Liu Bang／890
Han River /ˈhän/ 漢江／890
Han Yongun /ˈhän-ˈyȯŋ-ˈùn/ 韓龍雲／890
Han Yu /ˈhän-ˈyᴂ/ 韓愈／890
Hancock, Herbie 漢考克／890
Hancock, John 漢考克／891
Hancock, Winfield Scott 漢考克／891
hand 手／891
Hand, (Billings) Learned 漢德／891
handball 壁手球／891
Handel, George Frideric 韓德爾／891
handicap 讓步／891
Handke, Peter /ˈhänt-kə/ 韓德克／891
Handsome Lake 美湖／891
Handy, W(illiam) C(hristopher) 漢迪／891
Hanfeizi /ˈhan-ˈfā-ˈtsə/ 韓非子／892
hang gliding 滑翔翼運動／892
Hangzhou /ˈhäŋ-jō/ 杭州／892
haniwa /ˈhä-nē-ˌwä/ 埴輪／892
Hanks, Tom 湯姆漢克斯／892
Hanlin Academy /ˈhän-ˌlin/ 翰林院／892
Hanna, Mark 漢納／892
Hanna, William (Denby) 漢納／892
Hannibal 漢尼拔／892
Hanoi /ha-ˈnȯi/ 河內／892
Hanotaux, (Albert-Auguste-)Gabriel /ȧ-nȯ-ˈtō/ 阿諾托／892
Hanover /ˈha-ˌnō-vər/ 漢諾威／892
Hanover, House of 漢諾威王室／892
Hansberry, Lorraine 漢斯貝里／893

I

J

K

L

Llywelyn ap Iorwerth /hlə-ˈwe-lin-ap-ˈyȯr-werth/ 盧埃林・阿普・約爾沃思／1191
Lo-lang ➔ Nangnang／1191
load-bearing wall ➔ bearing wall／1191
loam 壤土／1191
Loanda ➔ Luanda／1191
Lobachevsky, Nikolay (Ivanovich) /ˌlō-bə-ˈchev-skē/ 羅巴切夫斯基／1191
Lobamba 洛班巴／1191
lobbying 遊說／1191
lobelia family /lō-ˈbēl-yə/ 半邊蓮科／1192
Lobengula /ˌlō-beŋ-ˈgyü-lə/ 羅本古拉／1192
lobotomy /lə-ˈbä-tə-mē/ 腦葉切開術／1192
lobster 龍蝦／1192
local area network (LAN) 區域網路／1192
Local Group 本星系群／1192
Locarno, Pact of 羅加諾公約／1192
Loch Leven ➔ Leven, Loch／1192
Loch Lomond ➔ Lomond, Loch／1192
Loch Ness ➔ Ness, Loch／1192
Lochner, Stefan /ˈlȯk-nər/ 洛赫納／1192
lock 鎖／1192
Locke, John 洛克／1192
Lockheed Martin Corp. 洛克希德－馬丁公司／1193
lockjaw ➔ tetanus／1193
lockout 閉廠／1193
Locofoco Party /ˌlō-kō-ˈfō-kō/ 羅克福克黨／1193
locomotion 行動／1193
locomotive 機車／1193
locoweed 瘋草／1193
Locri Epizephyrii /ˈlō-ˌkrī-ˌe-pi-zə-ˈfir-ē-ˌī/ 洛克里伊壁犀斐里／1193
locust 洋槐／1193
locust 飛蝗／1193
lodestone 磁石 ➔ magnetite／1193
lodge 小屋／1193
Lodge, Henry Cabot 洛吉／1194
Lodge, Henry Cabot 洛吉／1194
Lodi, Peace of /ˈlȯ-dē/ 洛迪和約／1194
Łódz /ˈwüch, 英語 ˈlōdz/ 洛次／1194
loess /ˈles, ˈlō-əs/ 黃土／1194
Loesser, Frank (Henry) /ˈle-sər/ 萊塞／1194
Loewe, Frederick /ˈlō/ 洛伊／1194
Loewy, Raymond (Fernand) /ˈlō-ē/ 洛伊／1194
Löffler, Friedrich (August Johannes) /ˈlœf-lər/ 勒夫勒／1194
loft 閣樓／1194
Lofting, Hugh (John) 洛夫廷／1194
log cabin 原木屋／1194
Logan, James 洛根／1194
Logan, Mt. 洛根山／1195
loganberry 洛根莓／1195
logarithm 對數／1195
loggia /ˈlō-jē-ə/ 敞廊／1195
logic 邏輯／1195
logic, many-valued 多值邏輯／1195
logic, philosophy of 邏輯哲學／1195
logic design 邏輯設計／1195
logical positivism 邏輯實證論／1195
logicism /ˈlä-ji-ˌsi-zəm/ 邏輯主義／1195
logistic system 數理邏輯系統 ➔ formal system／1195
logistics /lō-ˈjis-tiks, lə-ˈjis-tiks/ 後勤學／1195
Logone River /lō-ˈgōn/ 洛貢河／1195
logos 邏各斯／1195
Logroño /lə-ˈgrō-nyō/ 洛格羅尼奧／1195
Lohengrin /ˈlō-ən-ˌgrēn, 英語 ˈlō-ən-ˌgrin/ 洛亨格林／1196
Loire River /ˈlwär/ 羅亞爾河／1196
loka /ˈlō-kə/ 界／1196
Loki /ˈlō-kē/ 洛基／1196
Lollards 羅拉德派／1196
Lomax, John /ˈlō-ˌmaks/ 洛馬克斯／1196
Lombard, Carole 倫芭／1196
Lombard, Peter ➔ Peter Lombard／1196
Lombard League 倫巴底聯盟／1196
Lombardi, Vince(nt Thomas) 隆巴迪／1196
Lombardo, Guy (Albert) 隆巴多／1196
Lombards 倫巴底人／1196
Lombardy /ˈläm-bər-dē/ 倫巴底／1196
Lombok /ˈlȯm-ˌbȯk/ 龍目／1196
Lomé /lō-ˈmā/ 洛梅／1197
Loménie de Brienne, Étienne Charles de /lō-mā-ˈnē-də-brē-ˈen/ 洛梅尼・德・布里安／1197
Lomond, Loch /ˈlō-mən/ 羅蒙湖／1197
Lomonosov, Mikhail Vasilyevich /lə-ˌmə-ˈnȯ-səf/ 羅蒙諾索夫／1197
Lon Nol 龍諾／1197
London 倫敦／1197
London 倫敦／1197
London, Great Fire of ➔ Great Fire of London／1197
London, Great Plague of ➔ Great Plague of London／1197
London, Jack 傑克倫敦／1197
London, Treaty of 倫敦條約／1197
London, University of 倫敦大學／1197
London Bridge 倫敦橋／1197
London Co. 倫敦公司／1198
London Naval Conference 倫敦海軍會議／1198
London Stock Exchange 倫敦證券交易所／1198
Londonderry 倫敦德里 ➔ Derry（區）、Derry（城鎮）／1198
Long, Huey (Pierce) 朗／1198
Long Beach 長堤／1198
long-distance running 長距離賽跑／1198
Long Island 長島／1198
Long Island Sound 長島海峽／1198
long jump 跳遠／1198
Long March 長征／1198
Long Parliament 長期國會／1198
longbow 長弓／1198
Longfellow, Henry Wadsworth 朗費羅／1198
longhair 長毛貓／1199
Longhi, Pietro /ˈlȯŋ-gē/ 隆吉／1199
longhouse 長形房屋／1199
longitude 經度 ➔ latitude and longitude／1199
Longmen caves 龍門石窟／1199
Longshan culture 龍山文化／1199
longship 北歐海盜船／1199
Longstreet, James 朗斯特里特／1199
Lönnrot, Elias /ˈlœn-rüt/ 蘭羅特／1199
Lonsdale, Kathleen 朗斯代爾／1199
loofah /ˈlü-fə/ 絲瓜／1199
loom 織布機／1199
loon 潛鳥／1200
looper 尺蠖／1200
Loos, Adolf /ˈlōs/ 洛斯／1200
Loos, Anita 露絲／1200
loosestrife 釋戰草／1200
López (Michelsen), Alfonso 洛佩斯・米切爾森／1200
Lopez (Knight), Nancy 羅培茲／1200
López Portillo (y Pacheco), José /ˈlō-ˌpez-pȯr-ˈtē-yō/ 洛佩斯・波蒂略－帕切科／1200
loquat /ˈlō-ˌkwät/ 枇杷／1200
Lorca, Federico García ➔ García Lorca, Federico／1200
lord 勳爵 ➔ feudalism／1200
Lord Chamberlain's Men ➔ Chamberlain's Men／1200
lord chancellor 大法官／1200
Lord Dunmore's War 鄧莫爾勳爵之戰／1200
Lorde, Audre (Geraldine) /ˈlȯrd/ 羅德／1200
Lords, House of 上議院／1201
Lord's Prayer 主禱文／1201
Lorelei /ˈlȯr-ə-ˌlī/ 洛勒萊／1201
Loren, Sophia /lȯ-ˈren/ 蘇菲亞羅蘭／1201
Lorentz, Hendrik Antoon /ˈlōr-ˌents/ 洛倫茲／1201
Lorentz-FitzGerald contraction 洛倫茲－費茲傑羅收縮理論／1201
Lorentz transformations 洛倫茲變換／1201
Lorenz, Edward (Norton) 勞倫茲／1201
Lorenz, Konrad (Zacharias) /ˈlōr-ents/ 勞倫茲／1201
Lorenzetti, Pietro and Ambrogio /ˌlō-rānt-ˈset-tē/ 洛倫采蒂兄弟（彼得羅與安布羅焦）／1201
Lorenzo Monaco /lō-ˈrent-sō-ˈmȯ-nä-kō/ 洛倫佐修士／1201
Lorenzo the Magnificent 高貴的洛倫佐 ➔ Medici, Lorenzo de'／1202
Lorestan Bronze ➔ Luristan Bronze／1202
loris 懶猴／1202
Loris-Melikov, Mikhail (Tariyelovich), Count /ˈlȯr-is-ˈmyāl-i-kȯf/ 洛里斯－梅利柯夫／1202
Lorrain, Claude ➔ Claude Lorrain／1202
Lorraine 洛林／1202
Lorraine 洛林／1202
Lorre, Peter /ˈlȯr-ē/ 洛爾／1202
Los Alamos 洛塞勒摩斯／1202
Los Angeles 洛杉磯／1202
Los Angeles Times 洛杉磯時報／1202
Los Glaciares National Park /ˌlȯs-glä-ˈsyär-rās/ 冰川國家公園／1202
Lost Generation 失落的一代／1202
lost-wax casting 脫蠟法／1202
Lot 羅得／1202
Lot River 洛特河／1202
Lothair I /ˈlō-tär/ 洛泰爾一世／1202
Lothair II 洛泰爾二世／1203
Lotharingia ➔ Lorraine／1203
Loti, Pierre /lō-ˈtē/ 羅逖／1203
lottery 樂透／1203
Lotto, Lorenzo 洛托／1203
lotus 蓮／1203

M

majolica /mə-ˈjä-li-kə/ 馬約利卡陶器／1238
Major, John 梅傑／1238
Majorca /mä-ˈjȯr-kə, mä-ˈyȯr-kə/ 馬霍卡／1238
Majorelle, Louis /mä-yȯ-ˈrel/ 馬若雷爾／1238
Majuro /mä-ˈjü-rō/ 馬朱羅／1238
majuscule /ˈma-jəs-ˌkyül, ˌmə-ˈjəs-ˌkyül/ 大寫字母／1238
Makalu /ˈmə-kə-ˌlü/ 馬卡魯峰／1238
Makarios III /mä-ˈkär-ē-ˌōs/ 馬卡里奧斯三世／1238
Makarova, Nataliya (Romanovna) /mȧ-ˈkär-ə-və/ 馬卡洛娃／1238
Makassar Strait /mə-ˈka-sər/ 望加錫海峽／1238
makeup 化妝／1238
mako shark /ˈmā-kō/ 馬科鯊／1239
Maktum /mȧk-ˈtüm/ 馬克坦／1239
Malabar Coast /ˈma-lə-ˌbär/ 馬拉巴海岸／1239
Malabo /mä-ˈlä-bō/ 馬拉博／1239
Malacca, Strait of /mə-ˈlä-kə/ 麻六甲海峽／1239
Malacca, sultanate of 麻六甲蘇丹國／1239
Malachi /ˈma-lə-ˌkī/ 瑪拉基／1239
malachite /ˈma-lə-ˌkīt/ 孔雀石／1239
Malachy, St. /ˈma-lə-kē/ 聖馬拉奇／1239
Málaga /ˈmä-lä-gä/ 馬拉加／1239
Malagasy peoples /ˌma-lə-ˈga-sē/ 馬拉加西人／1239
Malaita /mä-ˈlā-tä/ 馬萊塔／1239
Malamatiya /ˌmȧ-lȧ-mȧ-ˈtē-ə/ 麥拉瑪提教團／1239
Malamud, Bernard /ˈma-lə-ˌməd/ 馬拉末／1240
malamute, Alaskan ➔ Alaskan malamute／1240
Malan, Daniel F(rançois) /mə-ˈlan/ 馬蘭／1240
Mälaren /ˈmā-ˌlär-ən/ 梅拉湖／1240
malaria 瘧疾／1240
Malawi /mä-ˈlä-wē/ 馬拉威／1240
Malawi, Lake 馬拉威湖／1240
Malay Archipelago 馬來群島／1240
Malay language /mə-ˈlā, ˈmā-ˌlā/ 馬來語／1240
Malay Peninsula 馬來半島／1241
Malayalam language /ˌmä-lə-ˈyä-ləm/ 馬拉雅拉姆語／1241
Malayan Emergency 馬來亞危機／1241
Malayan People's Anti-Japanese Army (MPAJA) 馬來亞人民抗日軍／1241
Malayo-Polynesian languages ➔ Austronesian languages／1241
Malays /mə-ˈlā, ˈmā-ˌlā/ 馬來人／1241
Malaysia 馬來西亞／1241
Malcolm II 馬爾科姆二世／1241
Malcolm III Canmore 馬爾科姆三世／1241
Malcolm X 馬爾科姆・艾克斯／1242
Maldives /ˈmȯl-ˌdēvz/ 馬爾地夫／1242
Maldon, Battle of /ˈmȯl-dən/ 馬爾登戰役／1242
Male /ˈmä-lē/ 馬累／1242
Malebranche, Nicolas de /mȧl-ˈbräⁿsh/ 馬勒伯朗士／1242
Malenkov, Georgy (Maksimilianovich) /mə-ˈlen-ˌkȯf/ 馬林科夫／1242
Malesherbes, Chrétien Guillaume de Lamoignon de /mȧl-ˈerb/ 馬爾塞布／1242
Malevich, Kazimir (Severinovich) /mə-ˈlyā-vich/ 馬列維奇／1242
Malherbe, François de /mə-ˈler-bə/ 馬萊伯／1243
Mali 馬利／1243
Mali empire 馬利帝國／1243
Malinke /mə-ˈliŋ-kē/ 馬林克人／1243
Malinovsky, Rodion (Yakovlevich) 馬林諾夫斯基／1243
Malinowski, Bronislaw (Kasper) /ˌma-lə-ˈnȯf-skē/ 馬林諾夫斯基／1243
Malla era 瑪拉時代／1243
mallard /ˈmal-ərd/ 綠頭鴨／1244
Mallarmé, Stéphane /mȧ-lȧr-ˈmā/ 馬拉美／1244
Malle, Louis /ˈmȧl/ 路易馬盧／1244
Mallet, Robert 馬內特／1244
Mallorca ➔ Majorca／1244
mallow family 錦葵科／1244
Malmö /ˈmäl-ˌmœ̄/ 馬爾默／1244
malnutrition 營養不良／1244
Malory, Sir Thomas 馬羅萊／1244
Malpighi, Marcello /mal-ˈpē-gē/ 馬爾皮基／1244
malpractice 瀆職／1244
Malraux, André (-Georges) /mȧl-ˈrō/ 馬爾羅／1244
malt 麥芽／1244
Malta 馬爾他／1244
Malta, Knights of ➔ Knights of Malta／1245
Maltese 瑪爾濟斯犬／1245
Maltese Language 馬爾他語／1245
Malthus, Thomas Robert /ˈmal-thəs/ 馬爾薩斯／1245
Malvinas, Islas 馬爾維納斯群島 ➔ Falkland Islands／1245
mamba /ˈmän-bə/ 曼巴／1245
Mamet, David (Alan) /ˈmam-it/ 馬密／1245
Mamluk regime /ˈmam-ˌlük/ 馬木路克政權／1245
mammal 哺乳動物／1245
mammary gland /ˈmam-ə-rē/ 乳腺／1246
mammoth 猛獁象；長毛象／1246
Mammoth Cave National Park 馬默斯洞穴國家公園／1246
Mamoré River /ˌmä-mō-ˈrā/ 馬莫雷河／1246
Mamoulian, Rouben /mə-ˈmü-lē-ən/ 馬穆利安／1246
Mamun, al- /mȧ-ˈmün/ 馬蒙／1246
Man, Isle of 曼島／1246
Man, Paul de ➔ de Man, Paul／1246
Man o' War 軍艦／1246
man-o'-war bird ➔ frigate bird／1246
Man Ray ➔ Ray, Man／1246
mana /ˈmä-nə/ 馬那／1246
Management and Budget, Office of ➔ Office of Management and Budget (OMB)／1246
managerial economics 管理經濟學／1246
Managua /mä-ˈnä-gwä/ 馬拿瓜／1246
Managua, Lake 馬拿瓜湖／1247
Manala /ˈmä-nä-ˌlä/ 馬納拉／1247
Manama /mȧ-ˈnȧ-mə/ 麥納瑪／1247
Manapouri Lake /ˌmä-nä-ˈpu̇r-ē/ 馬納普里湖／1247
Manasarowar ➔ Mapam Yumco／1247
Manasseh ben Israel /mə-ˈna-sə-ben-ˈiz-rē-əl/ 瑪拿西・本・以色列／1247
manatee 海牛／1247
Manaus /mȧ-ˈnau̇s/ 馬瑙斯／1247
Manawatu River /ˌmä-nä-ˈwä-tü/ 馬納瓦圖河／1247
Mance, Jeanne /ˈmäⁿs/ 曼斯／1247
Mancha, La ➔ Castilla-La Mancha／1247
Manche, La ➔ English Channel／1247
Manchester 曼徹斯特／1247
Manchester 曼徹斯特／1247
Manchester, (Victoria) University of 曼徹斯特大學／1247
Manchester school 曼徹斯特學院／1247
Manchu 滿族／1247
Manchu dynasty ➔ Qing dynasty／1247
Manchu-Tungus languages /ˌman-chü-tu̇ŋ-ˈgüz/ 滿－通古斯語諸語言／1247
Manchuguo /ˈman-ˈchü-ˈgwō/ 滿洲國／1248
Manchuria /man-ˈchu̇r-ē-ə/ 滿洲／1248
Mancini, Henry 亨利曼西尼／1248
Mancini family /män-ˈchē-nē/ 曼西尼家族／1248
Mandaeanism /man-ˈdē-ə-ˌni-zəm/ 曼達派／1248
mandala /ˈmən-də-lə/ 曼荼羅／1248
Mandalay 曼德勒／1248
Mandan /ˈman-ˌdan/ 曼丹人／1248
Mandarin 官／1248
Mande languages /ˈmän-ˌdā, män-ˈdā/ 曼德諸語言／1248
Mandeb, Strait of ➔ Bab el-Mandeb／1249
Mandel, Georges /mäⁿ-ˈdel/ 芒代爾／1249
Mandela, Nelson /man-ˈdel-ə/ 曼德拉／1249
Mandelbrot, Benoit B. /ˈman-dəl-ˌbrȯt/ 曼德布洛特／1249
Mandelstam, Osip (Emilyevich) /mən-dyil-ˈshtȧm/ 曼傑利什塔姆／1249
Mander, Karel van /ˈmän-dər/ 范曼德／1249
Mandeville, Sir John /ˈman-də-ˌvil/ 曼德維爾／1249
Mandingo 曼丁哥人 ➔ Malinke／1249
Mandinka 曼丁卡人 ➔ Malinke／1249
mandolin /ˌman-də-ˈlin/ 曼陀林琴／1249
mandrake 茄參／1249
mandrill 山魈／1249
Manes ➔ Mani／1249
Manet, Édouard /mȧ-ˈnā/ 馬奈／1249
Manfred 曼弗雷迪／1250
mangal-kavya /ˈməŋ-gəl-ˈkä-vyə/ 吉祥詩／1250
manganese /ˈmaŋ-gə-ˌnēz/ 錳／1250
mango 芒果／1250
mangrove 紅樹林植物／1250
Mangu ➔ Möngke／1250
Manhae ➔ Han Yong-un／1250
Manhattan 曼哈頓／1250
Manhattan Project 曼哈頓計畫／1250
Mani /mȧ-ˈnē/ 摩尼／1250
manic-depressive psychosis ➔ bipolar disorder／1250

N

P

Rhodes, Alexandre de 羅德／1699
Rhodes, Cecil (John) 羅德茲／1699
Rhodes, Colossus of 羅得島巨像／1699
Rhodes scholarship 羅德茲獎學金／1699
Rhodesia 羅得西亞／1700
Rhodesia ➔ Zimbabwe／1700
Rhodesian ridgeback 羅得西亞獵犬／1700
Rhodian Sea Law /ˈrō-dē-ən/ 羅德島海洋法／1700
rhodochrosite /ˌrō-də-ˈkrō-ˌsīt/ 菱錳礦／1700
rhododendron /ˌrō-də-ˈden-drən/ 杜鵑花／1700
rhodonite /ˈrō-də-ˌnīt/ 薔薇輝石／1700
Rhodope Mountains /ˈrä-də-pē/ 洛多皮山脈／1700
rhodopsin /rō-ˈdäp-sən/ 視紫紅質／1700
Rhone River 隆河／1700
rhubarb 大黃／1700
rhyme 韻／1700
rhyolite /ˈrī-ə-ˌlīt/ 流紋岩／1700
Rhys, Jean /ˈrēs/ 里斯／1700
rhythm and blues (R&B) 節奏藍調／1700
rhythm and meter 節奏與節拍／1701
rhythmic sportive gymnastics 韻律體操／1701
Ribalta, Francisco /rē-ˈbäl-tä/ 里瓦爾塔／1701
Ribaut, Jean /rē-ˈbō/ 里保／1701
Ribbentrop, Joachim von /ˈri-bən-ˌträp/ 里賓特洛甫／1701
Ribble River 里布爾河／1701
Ribera, José de /rē-ˈber-ə/ 里貝拉／1701
riboflavin /ˌrī-bə-ˈflā-vən/ 核黃素／1701
ribose /ˈrī-ˌbōs/ 核糖／1701
ribosome /ˈrī-bə-ˌsōm/ 核糖體／1701
Ricardo, David 李嘉圖／1701
Ricci, Matteo /ˈrēt-chē/ 利瑪竇／1701
Riccio, David /ˈrēt-chō, 英語 ˈrich-ē-ˌō/ 里奇奧／1701
rice 水稻／1701
Rice, Jerry (Lee) 萊斯／1702
Rice University 萊斯大學／1702
Rich, Adrienne (Cecile) 里奇／1702
Rich, Buddy 里奇／1702
Richard, (Joseph Henri) Maurice 理察／1702
Richard I 理查一世／1702
Richard II 理查二世／1702
Richard III 理查三世／1702
Richards, I(vor) A(rmstrong) 理查茲／1702
Richards, (Isaac) Vivian (Alexander) 理查茲／1702
Richardson, Dorothy M(iller) 理查生／1702
Richardson, Henry Handel 理查生／1703
Richardson, Henry Hobson 理查生／1703
Richardson, John 理查生／1703
Richardson, Ralph (David) 理查生／1703
Richardson, Samuel 理查生／1703
Richardson, Tony 理查生／1703
Richelieu, cardinal et duc (Duke) de /ˈri-shə-ˌlü, 法語 rē-shə-ˈlyœ/ 黎塞留／1703
Richelieu River /ˈri-shə-ˌlü/ 黎塞留河／1703
Richler, Mordecai 里奇勒／1703
Richmond 里奇蒙／1703
Richter, Conrad (Michael) /ˈrik-tər/ 芮奇特／1703
Richter, Curt Paul /ˈrik-tər/ 里希特／1704
Richter, Sviatoslav (Teofilovich) 李希特／1704
Richter scale /ˈrik-tər/ 芮氏規模／1704
Richthofen, Manfred, Freiherr (Baron) von /ˈrik̲t-ˌhō-fən/ 里希特霍芬／1704
Ricimer /ˈri-sə-mər/ 里西梅爾／1704
Rickenbacker, Eddie 里肯巴克／1704
rickets 佝僂病／1704
Ricketts, Howard T(aylor) 立克次／1704
rickettsia /ri-ˈket-sē-ə/ 立克次體／1704
Rickey, Branch (Wesley) 里基／1704
Rickover, Hyman G(eorge) 李科佛／1704
Rida, Muhammad Rashid ➔ Rashid Rida, Muhammad／1704
riddle 謎語／1704
Ride, Sally (Kristen) 萊德／1704
Ridgway, Matthew B(unker) 李奇微／1705
Riefenstahl, Leni /ˈrē-fən-ˌshtäl/ 里芬施塔爾／1705
Riel, Louis /rē-ˈel/ 里爾／1705
Riemann, (Georg Friedrich) Bernhard /ˈrē-ˌmän/ 黎曼／1705
Riemannian geometry 黎曼幾何 ➔ elliptic geometry／1705
Riemenschneider, Tilman /ˈrē-mən-ˌshnī-dər/ 里門施奈德／1705
Rienzo, Cola di ➔ Cola di Rienzo／1705
Riesener, Jean-Henri /rēz-ˈner/ 里茲內爾／1705
Riesman, David 里斯曼／1705
Rietveld, Gerrit (Thomas) /ˈrēt-ˌvelt/ 里特弗爾德／1705
Rif 里夫人／1705
Rif ➔ Er Rif／1705
rifle 步槍／1705
Rift Valley ➔ East African Rift System／1705
rift valley 裂谷／1705
Rig Veda /rig-ˈvā-də/ 黎俱吠陀／1705
Riga /ˈrē-gə/ 里加／1706
Riga, Gulf of 里加灣／1706
Riga, Treaty of 里加條約／1706
right 右派／1706
right-to-work law 工作權利法／1706
right whale 露脊鯨／1706
rights of the accused ➔ accused, rights of the／1706
Riis, Jacob A(ugust) /ˈrēs/ 里斯／1706
Rijn, Rembrandt van ➔ Rembrandt Harmenszoon van Rijn／1706
Rikken Seiyukai /ˈrik-ˌen-ˈsā-yü-ˌkī/ 立憲政友會／1706
Riley, James Whitcomb 賴利／1706
rilievo ➔ relief／1706
Rilke, Rainer Maria /ˈril-kə/ 里爾克／1706
Rimbaud, (Jean-Nicolas-)Arthur /raⁿ-ˈbō/ 蘭波／1706
Rimsky-Korsakov, Nikolay (Andreyevich) 林姆斯基－高沙可夫／1707
rinderpest 牛瘟／1707
ring 指環／1707
ring 環／1707
Ring of Fire 火環／1707
Ringgold, Faith 林戈爾德／1707
Ringling Brothers 林林兄弟／1707
rings 吊環／1707
ringworm 癬／1707
Rio de Janeiro 里約熱內盧／1707
Río de la Plata ➔ Plata, Río de la／1707
Río de la Plata, viceroyalty of 拉布拉他總督轄區／1707
Río de Oro 里奧德奧羅／1708
Rio Grande /ˈrē-ō-ˈgrand/ 格蘭德河／1708
Rio Treaty 里約協定／1708
Riopelle, Jean-Paul /rē-ò-ˈpel/ 李奧佩爾／1708
rip current 離岸流／1708
riparian right /ri-ˈpar-ē-ən/ 堤岸權／1708
Ripken, Cal(vin Edwin), Jr. 瑞普金／1708
Ripley, George 黎普列／1708
ripple mark 波痕／1708
RISC /ˈrisk/ 精簡指令集計算／1708
risk 風險／1708
Risorgimento /rē-ˌzȯr-ji-ˈmen-tō/ 復興運動／1708
Ritalin 利他林／1708
rite of passage ➔ passage, rite of／1708
Ritsos, Yannis /ˈrēt-sòs/ 里特索斯／1708
Ritt, Martin 瑞特／1709
Rittenhouse, David 黎頓郝斯／1709
Rivadavia, Bernardino /ˌrē-vä-t̲h̲ä-vē-ə/ 里瓦達維亞／1709
river 河流／1709
river blindness 河盲症／1709
Rivera, Diego 里韋拉／1709
Rivera, José Antonio Primo de ➔ Primo de Rivera, José Antonio／1709
Rivera, Luis Muñoz ➔ Muñoz Rivera, Luis／1709
Rivers, Larry 里弗斯／1709
Riverside 里弗塞得／1709
Riviera /ˌri-vē-ˈer-ə/ 里維耶拉／1709
Riyadh /rē-ˈyäd/ 利雅德／1709
Rizal (y Alonso), José /rē-ˈsäl/ 黎剎／1709
RJR Nabisco, Inc. 雷諾－納貝斯克公司／1709
RKO Radio Pictures, Inc. 雷電華影片公司／1710
RNA 核糖核酸／1710
roach 擬鯉／1710
roach ➔ cockroach／1710
Roach, Hal 羅奇／1710
Roach, Max(well) 羅奇／1710
road 道路／1710
roadrunner 走鵑／1710
Roanoke /ˈrō-ə-ˌnōk/ 洛亞諾克／1710
Roanoke Island 洛亞諾克島／1710
Roanoke River 洛亞諾克河／1710
roasting 烤／1711
Rob Roy 羅布・羅伊／1711
Robbe-Grillet, Alain /rȯb-grē-ˈyā/ 霍格里耶／1711
robber fly 食蟲虻／1711
robbery 搶劫 ➔ theft／1711
Robbia family, Della ➔ Della Robbia family／1711
Robbins, Jerome 羅賓斯／1711
Robert I 羅伯特一世／1711
Robert II 羅伯特二世／1711
Robert II 羅伯特二世／1711

S

sama /sȧ-ˈma/ 聆聽／1761
samadhi /sə-ˈmä-dē/ 等持／1762
Samar /ˈsä-ˌmär/ 薩馬／1762
Samara /sə-ˈmä-rə/ 薩馬拉／1762
Samaria /sə-ˈmar-ē-ə/ 撒馬利亞／1762
Samaritans 撒馬利亞人／1762
Samarqand /ˌsä-mər-ˈkänd/ 撒馬爾罕／1762
samba 森巴／1762
Sambhar Lake /ˈsäm-bər/ 桑珀爾鹽湖／1762
Samhain 夏末節 ➔ Halloween／1762
Sami /ˈsȧ-mē/ 薩米人／1762
samizdat /ˈsä-mēz-ˌdät/ 祕密出版物／1762
Samkara ➔ Sankara／1762
Samkhya /ˈsəŋ-kyä, ˈsəm-kyä/ 數論／1762
Samnites 薩謨奈人／1762
Samoa 薩摩亞／1762
Samoa, American ➔ American Samoa／1763
Samory Ture /sä-ˈmȯr-ē-tü-ˈrā/ 薩摩利／1763
ámos /ˈsä-ˌmōs/ 薩摩斯／1763
amoyed /ˈsa-mə-ˌyed/ 薩摩耶德犬／1763
ampo /ˈsäm-pȯ/ 薩姆波／1763
ampras, Pete 山普拉斯／1763
ampson, William T(homas) 桑普森／1763
amsara /səm-ˈsär-ə, səŋ-ˈsär-ə/ 輪迴／1763
amskara /səm-ˈskär-ə, səŋ-ˈskär-ə/ 家祭／1763
amson 參孫／1763
amuel 撒母耳／1763
amuel 薩穆伊爾／1763
amuel, Herbert Louis 塞繆爾／1763
amuelson, Paul (Anthony) 塞繆爾森／1763
amurai 武士／1764
an 桑人／1764
an, Saya /ˈsȧn/ 沙耶山／1764
an Andreas Fault /ˌsan-an-ˈdrā-əs/ 聖安德烈亞斯斷層／1764
an Antonio 聖安東尼奧／1764
an Bernardino 聖伯納底諾／1764
an Bernardino Pass 聖貝納迪諾山口／1764
an Cristóbal Island /ˌsän-krēs-ˈtō-bäl/ 聖克里斯托瓦爾島／1764
an Diego 聖地牙哥／1764
an Diego Zoo 聖地牙哥動物園／1764
an Fernando Valley 聖費爾南多谷地／1764
an Francisco 舊金山；三藩市／1764
an Francisco Bay 舊金山灣／1764
an Gabriel Mountains 聖加布里埃爾山脈／1764
an Jacinto Mountains /ˌsan-jə-ˈsin-tō/ 聖哈辛托山脈／1765
an Joaquin River /ˌsan-wä-ˈkēn/ 聖華金河／1765
an José /ˌsäŋ-hō-ˈsā/ 聖何塞／1765
an Jose /ˌsan-hō-ˈzā/ 聖約瑟／1765
an Jose scale 梨圓蚧／1765
an Juan /sän-ˈhwän/ 聖胡安／1765
an Juan Island National Historical Park 聖胡安群島國家歷史公園／1765
an Juan Mountains 聖胡安山脈／1765
an Juan River 聖胡安河／1765
an Juan River 聖胡安河／1765
San Luis Potosí /sän-ˈlwēs-pō-tō-ˈsē/ 聖路易波托西／1765
San Luis Potosí 聖路易波托西／1765
San Marco Basilica ➔ Saint Mark's Basilica／1765
San Marino 聖馬利諾／1765
San Marino 聖馬力諾／1766
San Martín, José de /ˌsän-mär-ˈtēn/ 聖馬丁／1766
San Pedro Sula /sän-ˈpā-thrō-ˈsü-lä/ 聖佩德羅蘇拉／1766
San Salvador ➔ Bahamas, The／1766
San Salvador 聖薩爾瓦多／1766
San Sebastián /ˌsän-sā-ˌbäs-ˈtyän/ 聖塞瓦斯蒂安／1766
San Simeon 聖西米恩／1766
San Stefano, Treaty of /sän-ˈste-fä-ˌnō/ 聖斯特凡諾條約／1766
Sanaa /sä-ˈnä/ 沙那／1766
Sanaga River /ˌsä-nä-ˈgä/ 薩納加河／1766
Sánchez Cotán, Juan /ˈsän-chāth-kō-ˈtän/ 桑切斯・科坦／1766
Sanchi sculpture /ˈsän-chē/ 桑吉雕刻／1766
Sancho I 桑喬一世／1766
Sancho II 桑喬二世／1767
Sancho III Garcés /ˈsän-chō...gär-ˈthās/ 桑喬三世・加爾塞斯／1767
Sancho IV 桑喬四世／1767
sand 砂／1767
Sand, George /ˈsäⁿd, 英語 ˈsand/ 喬治桑／1767
Sand Creek Massacre 桑德河大屠殺／1767
sand dollar 楯海膽／1767
sand dune 沙丘／1767
sand flea 沙蚤／1767
sand fly 白蛉／1767
sand shark 錐齒鯊／1767
sandalwood 檀香／1767
Sandalwood Island ➔ Sumba／1768
sandbar 沙壩／1768
Sandburg, Carl 桑德堡／1768
Sanders, Barry 山德斯／1768
Sanders, Otto Liman von ➔ Liman von Sanders, Otto／1768
sandhill crane 沙丘鶴／1768
Sandinistas 桑定主義者／1768
sandpainting 沙畫／1768
sandpiper 鷸／1768
sandstone 砂岩／1768
Sandwich, Earl of 桑威奇伯爵／1768
Sangallo the Younger, Antonio da ➔ da Sangallo the Younger, Antonio (Giamberti)／1768
Sanger, Frederick 桑格／1768
Sanger, Margaret 桑格／1768
sangha /ˈseŋ-gə/ 僧伽／1769
Sangre de Cristo Mountains /ˈsaŋ-grē-də-ˈkris-tō/ 桑格累得克利斯托山脈／1769
Sanhedrin /ˈsan-ˈhē-drən, san-ˈhe-drən/ 猶太教公會／1769
Sankara /ˈshən-kə-rə/ 商羯羅／1769
sankin kotai /ˈsan-ˌkin-kō-ˈtī/ 參覲交代／1769
sannyasi /ˌsən-ˈyä-sē/ 遁世者／1769
sansculotte /ˌsäⁿ-kü-ˈlȯt, 英語 ˌsanz-kü-ˈlät/ 無褲黨／1769
Sanskrit language 梵語／1769
Sansovino, Andrea /ˌsän-sō-ˈvē-nō/ 桑索維諾／1769
Sansovino, Jacopo /ˌsän-sō-ˈvē-nō/ 桑索維諾／1769
Santa Ana /ˌsän-tä-ˈä-nä/ 聖安那／1769
Santa Ana 聖安娜／1769
Santa Anna, Antonio (López de) 聖安納／1769
Santa Barbara 聖大巴巴拉／1770
Santa Barbara Islands 聖巴巴拉群島 ➔ Channel Islands／1770
Santa Claus ➔ Nicholas, St.／1770
Santa Cruz /ˌsän-tä-ˈkrüs/ 聖克魯斯／1770
Santa Cruz de Tenerife /ˌsän-tä-ˈkrüth-thā-ˌtā-nē-ˈrē-fā/ 聖克魯斯－德特內里費／1770
Santa Fe 聖大非／1770
Santa Fe Railway ➔ Atchison, Topeka and Santa Fe Railway Company／1770
Santa Fe Trail 聖大非小道／1770
Santa Gertrudis 聖熱特魯迪斯牛／1770
Santa Isabel ➔ Malabo／1770
Santa Isabel 聖伊莎貝爾／1770
Santa River 桑塔河／1770
Santa Rosa 聖羅莎／1770
Santander /ˌsän-ˌtän-ˈder/ 桑坦德／1770
Santayana, George /ˌsän-tä-ˈyä-nä/ 桑塔亞那／1770
Santee River /san-ˈtē/ 桑蒂河／1770
Santería /ˌsän-te-ˈrē-ə/ 桑特利亞／1771
Santiago (de Chie) /ˌsan-tē-ˈä-gō/ 聖地牙哥／1771
Santiago (de los Caballeros) 聖地牙哥－德洛斯卡瓦耶羅斯／1771
Santiago (de Compostela) 聖地牙哥／1771
Santiago de Cuba 聖地牙哥－德古巴／1771
Santo Domingo 聖多明哥／1771
Santo Tomé de Guayana ➔ Ciudad Guayana／1771
Santorini ➔ Thíra／1771
Santorio, Santorio 聖托里奧／1771
Sanusi, al- /sȧ-ˈnü-sē/ 賽努西／1771
São Francisco River /ˌsaù^{n}m-frä^{n}-ˈsēs-kü/ 聖弗朗西斯科河／1771
São Paulo /saù^{n}m-ˈpaù-lü/ 聖保羅／1771
São Tomé /saù^{n}-tü-ˈmā/ 聖多美／1771
São Tomé and Príncipe /saù^{n}-tü-ˈmā...ˈprēn-sē-pē/ 聖多美與普林西比／1771
Saône River /ˈsōn/ 索恩河／1772
Saoshyant /saùsh-ˈyänt/ 沙西安／1772
Sapir, Edward /sə-ˈpir/ 薩丕爾／1772
sapodilla /ˌsa-pə-ˈdi-lə/ 人心果／1772
sapper 工兵／1772
sapphire 藍寶石／1772
Sappho /ˈsa-fō/ 莎孚／1772
Sapporo /sä-ˈpō-rō/ 札幌／1772
sapsucker 吸汁啄木鳥／1772
Saqqarah /sə-ˈkär-ə/ 塞加拉／1772
sarabande /ˈsar-ə-ˌband/ 薩拉班德／1772
Saracens /ˈsar-ə-səns/ 薩拉森人／1772
Saragossa /ˌsar-ə-ˈgä-sə/ 薩拉戈薩／1772
Sarah 撒拉／1773
Sarah Lawrence College 莎拉・勞倫斯學院／1773

symmetry 對稱／1951
Symonds, John Addington /ˈsi-məndz/ 辛門茲／1951
Symons, Arthur (William) /ˈsi-mənz/ 塞門茲／1951
symphonic poem 交響詩／1951
symphony 交響曲／1951
symposium 交際酒會／1952
synagogue 會堂／1952
synapse /ˈsi-ˌnaps/ 突觸／1952
Synchromism /ˈsiŋ-krə-ˌmi-zəm/ 同步主義／1952
synchronized swimming 水上芭蕾／1952
synchrotron /ˈsiŋ-krə-ˌträn/ 同步加速器／1952
synchrotron radiation 同步加速器輻射／1952
syncope /ˈsiŋ-kə-pē/ 暈厥／1952
syndicalism /ˈsin-di-kə-ˌli-zəm/ 工團主義／1952
Synge, John Millington /ˈsiŋ/ 辛格／1952
synodic period /sə-ˈnä-dik/ 會合週期／1952
syntax 句法／1952
synthesizer 合成器／1953
synthetic ammonia process 合成氨法 ➔ Haber-Bosch process／1953
syphilis /ˈsi-fə-ləs/ 梅毒／1953
Syr Darya /ˌsir-dər-ˈyä/ 錫爾河／1953
Syracuse 敘拉古／1953
Syracuse 雪城／1953
Syracuse University 雪城大學／1953
Syria 敘利亞／1953
Syrian Desert 敘利亞沙漠／1954
syringomyelia /sə-ˌriŋ-gō-mī-ˈē-lē-ə/ 脊髓空洞症／1954
syrinx ➔ panpipe／1954
system of equations 方程式組／1954
systemic circulation /sis-ˈtem-ik/ 體循環／1954
systems analysis 系統分析／1954
systems ecology 系統生態學／1954
systems engineering 系統工程／1954
systems programming 系統程式設計／1954
Szczecin /ˈshchet-ˌsēn/ 什切青／1954
Széchenyi, István, Gróf (Count) /ˈsā-chen-yi/ 塞切尼／1954
Szechwan ➔ Sichuan／1954
Szell, George /ˈsel, ˈzel/ 賽爾／1954
Szent-Györgyi, Albert /sānt-ˈjȯrj, sānt-ˈjȯr-jē/ 森特－哲爾吉／1954
Szilard, Leo /ˈzi-ˌlärd/ 西勞德／1954
Szymanowski, Karol (Maciej) /ˌshi-mȧ-ˈnȯf-skē/ 席曼諾夫斯基／1955
Szymborska, Wislawa /shim-ˈbȯr-skə/ 辛波絲卡／1955

T

T1 T1／1956
T cell T 細胞／1956
T Tauri star /ˈtē-ˈtȯr-ī/ 金牛座 T 型星／1956
Ta hsüeh ➔ Da xue／1956
Ta-lien ➔ Dalian／1956
T'a-li-mu Ho ➔ Tarim River／1956
Ta-wen-k'ou culture ➔ Dawenkou culture／1956
Ta Yu ➔ Da Yu／1956
Taaffe, Eduard, Graf (Count) von /ˈtä-fə/ 塔費伯爵／1956
Taal, Lake /tä-ˈäl, ˈtäl/ 塔阿爾湖／1956
Tabari, al- /ˈtä-bȧ-rē/ 塔百里／1956
Tabasco /tə-ˈbas-kō/ 塔瓦斯科／1956
Tabernacle 聖所／1956
tabes dorsalis /ˈtā-bēz-dȯr-ˈsā-ləs/ 脊髓癆／1956
tabla /ˈtä-blə/ 塔布拉鼓／1956
table 桌／1956
Table Bay 桌灣／1956
table tennis 桌球／1956
taboo 禁忌／1956
Tabriz /ta-ˈbrēz/ 大不里士／1957
Tabriz school 大不里士畫派／1957
Tachism /ˈta-ˌshi-zəm/ 滴色主義／1957
tachycardia /ˌta-ki-ˈkär-dē-ə/ 心搏過速／1957
tachyon /ˈta-kē-ˌän/ 快子／1957
Tacitus /ˈta-sə-təs/ 塔西圖斯／1957
Tacoma 他科馬／1957
Taconic orogeny /tə-ˈkä-nik-ȯ-ˈrä-jə-nē/ 塔康造山運動／1957
Taconic Range 塔科尼克嶺／1957
taconite /ˈta-kə-ˌnīt/ 鐵燧岩／1957
tactics 戰術／1957
Tadema, Lawrence Alma- ➔ Alma-Tadema, Lawrence／1957
Tadmor 泰德穆爾 ➔ Palmyra／1957
tadpole 蝌蚪／1957
tae kwon do /ˈtī-ˈkwän-ˈdō/ 跆拳道／1957
Taegu /ˈta-ˈgü/ 大邱／1958
T'aejo ➔ Yi Song-gye／1958
Taejon /ˈta-ˈjȯn/ 大田／1958
Taeuber, Conrad and Irene Barnes- /ˈtȯi-bər/ 托伊伯夫婦（康拉德與愛琳）／1958
Taewon-gun /ˈtä-ˈwən-ˈgün/ 大院君／1958
Taff Vale case 塔夫河谷罷工案／1958
Tafilalt /ˌta-fi-ˈlalt/ 塔菲拉勒特／1958
tafsir /tȧf-ˈsēr/ 太甫綏魯／1958
Taft, Robert A(lphonso) 塔虎脫／1958
Taft, William Howard 塔虎脫／1958
Taft-Hartley Act 塔虎脫－哈特萊法／1958
Tagalog /tə-ˈgä-ləg/ 達加洛人／1958
Tagalog language 達加洛語／1958
Taglioni, Marie /täl-ˈyō-nē/ 塔利奧尼／1959
Tagore, Debendranath /ˈtä-ˌgȯr, 英語，tə-ˈgȯr/ 泰戈爾／1959
Tagore, Rabindranath 泰戈爾／1959
Tagus River /ˈtā-gəs/ 太加斯河／1959
Taha Hussein /ˈtȧ-hȧ-hu̇-ˈsān/ 塔哈・侯賽因／1959
Tahiti 大溪地島／1959
Tahoe, Lake 塔霍湖／1959
Tahtawi, Rifaa Rafi al- /ˈtäh-ˈtä-ˌwē/ 塔塔維／1959
Tai /ˈtī/ 傣族／1959
Tai ➔ Shan／1959
Tai, Lake 太湖／1959
t'ai chi ch'uan /ˈtī-ˈjē-ˈchwän/ 太極拳／1959
T'ai-chung /ˈtī-ˈchu̇ŋ/ 台中／1959
Tai languages 傣語諸語言／1960
T'ai-nan /ˈtī-ˈnän/ 台南／1960
T'ai-tsu ➔ Taizu／1960
T'ai-tsung ➔ Taizong／1960
Tai Xu /ˈtī-ˈshue̅/ 太虛大師／1960
Taieri River /ˈtī-ə-rē/ 泰里河／1960
taiga /ˈtī-gə/ 泰加林／1960
Taiga, Ike no ➔ Ike no Taiga／1960
tail 尾／1960
Táin Bó Cúailgne /ˈtän^{y}-ˈbō-ˈkü-əl^{y}-n^{y}ə, ˈtän^{y}-ˈbō-ˈkü-l^{y}ē/ 奪牛長征記／1960
Taine, Hippolyte(-Adolphe) /ˈten/ 泰納／1960
Taino /ˈtī-nō/ 泰諾人／1960
Taipei /ˈtī-ˈpā/ 台北／1960
Taiping Rebellion /ˈtī-ˈpiŋ/ 太平天國之亂／1960
Taira Kiyomori /ˈtī-rä-ˌkē-yō-ˈmȯ-rē/ 平清盛／1961
Taisho democracy /ˈtī-ˈshō/ 大正民主／1961
Taisho period 大正時代／1961
Tait, Archibald C(ampbell) 泰特／1961
Taiwan 台灣／1961
Taiwan Strait 台灣海峽／1961
Taiyuan /ˈtī-ˈywän/ 太原／1961
Taizong /ˈtī-ˈdzu̇ŋ/ （唐）太宗／1962
Taizu /ˈtī-ˈdzü/ （宋）太祖／1962
Taj Mahal /ˈtäzh-mə-ˈhäl/ 泰姬・瑪哈陵／1962
Tajikistan /tä-ˌji-ki-ˈstan/ 塔吉克／1962
Tajumulco Volcano /ˌtä-hü-ˈmül-kō/ 塔胡穆爾科火山／1962
Takemitsu, Toru /tä-ke-ˈmit-su̇/ 武滿徹／1962
Takfir wa al-Hijra /tȧk-ˈfēr-wȧl-ˈhij-rə/ 達克非／1962
Taklimakan /ˌtä-klə-mə-ˈkän/ 塔克拉瑪干沙漠／1962
Taksin /ˈtäk-sin/ 達信／1962
Talbot, William Henry Fox 塔爾博特／1963
talc 滑石／1963
Talcahuano /ˌtäl-kä-ˈwä-nō/ 塔爾卡瓦諾／1963
Taliban /ˌtȧ-lē-ˈbȧn/ 塔利班；神學士／1963
Taliesin /ˌta-lē-ˈe-sin/ 塔里辛建築／1963
talk show 脫口秀／1963
Tallahassee 塔拉哈西／1963
Tallahatchie River 塔拉哈奇河／1963
Tallapoosa River 塔拉普薩河／1963
Tallchief, Maria 塔爾奇夫／1963
Talleyrand(-Périgord), Charles-Maurice de /tȧ-le-ˈrä^{n}/ 塔列朗／1963
Tallinn /ˈta-lən/ 塔林／1963
Tallis, Thomas /ˈta-ləs/ 塔里斯／1964
Talma, François-Joseph /tȧl-ˈmȧ/ 塔爾瑪／1964
Talmud /täl-ˈmüd, ˈtal-məd/ 塔木德／1964
Talmud Torah /täl-ˈmüd-tō-ˈrä, ˈtal-məd-ˈtō-rə/ 律法學校／1964
tamarin 塔馬林猴／1964
tamarind /ˈta-mə-rənd/ 酸豆／1964
Tamaulipas /ˌtä-mau̇-ˈlē-päs/ 塔毛利帕斯／1964
Tamayo, Rufino /tə-ˈmī-ō/ 塔馬約／1964
Tambo, Oliver 坦博／1964
tambourine 鈴鼓／1964
Tamburlaine ➔ Timur／1964
Tamerlane ➔ Timur／1964
Tamil language 坦米爾語／1964
Tamil Nadu /ˈta-məl-ˈnä-dü/ 坦米爾納德／1964
Tamils /ˈtä-məlz, ˈta-məlz/ 坦米爾人／1964

U

V

X

Y

Z

中文詞條筆劃索引

數字・外文

一劃

二劃

三劃

四劃

五劃

六劃

七劃

克雷塔羅 Querétaro／1658

八劃

九劃

重症肌無力 myasthenia gravis／1391
重商主義 mercantilism／1307
重氫 heavy hydrogen ➔ deuterium／910
重組 recombination／1680
重晶石 barite／178
重量 weight／2149
重罪和輕罪 felony and misdemeanour／709
重農主義者 physiocrat／1573
重慶 Chongqing／423
重整耶穌基督後期聖徒教會 Reorganized Church of Jesus Christ of Latter-day Saints／1691
重積分 multiple integral／1381
重讀 stress／1925
限制性內切酶 restriction enzyme／1694
限制約款 restrictive covenant／1694
限武談判 SALT／1760
降水 precipitation／1622
降低敏感作用 hyposensitization ➔ desensitization／979
降落傘 parachute／1522
降靈論 spiritualism／1895
面 face／697
面具 mask／1273
面積分 surface integral／1941
革命 revolution／1696
革命制度黨 Institutional Revolutionary Party (PRI)／1005
革馬拉 Gemara／795
革新 innovation／1003
革新運動 Reforma, La／1684
革蘭氏染色 gram stain／841
韋尼澤洛斯 Venizélos, Eleuthérios (Kyriakos)／2101
韋弗 Weaver, James B(aird)／2146
韋弗 Weaver, John／2146
韋弗 Weaver, Warren／2146
韋瓦第 Vivaldi, Autonio (Lucio)／2119
韋伊 Weil, Simone／2149
韋艾特 Wyatt, John／2192
韋艾特 Wyat, Thomas／2192
韋伯 Weber, Carl Maria (Friedrich Ernst) von／2147
韋伯 Weber, Max／2147
韋伯夫婦（希德尼與碧翠絲） Webb, Sidney (James) and Beatrice／2146
韋伯氏定律 Weber's law／2147
韋伯斯特 Webster, Ben(jamin Francis)／2147
韋伯斯特 Webster, Daniel／2147
韋伯斯特 Webster, John／2147
韋伯斯特 Webster, Noah／2147
韋伯斯特－阿什伯頓條約 Webster-Ashburton Treaty／2148
韋克菲爾德 Wakefield／2128
韋克菲爾德 Wakefield, Edward Gibbon／2128
韋克福雷斯特大學 Wake Forest University／2128
韋辛格托里克斯 Vercingetorix／2102
韋拉札諾 Verrazzano, Giovanni da／2104
韋拉克魯斯 Veracruz／2102
韋拉克魯斯事件 Veracruz incident／2102
韋拉克魯斯－拉夫 Veracruz (Llave)／2102
韋思 Wyeth, Andrew (Newell)／2193
韋思 Wyeth, N(ewell) C(onvers)／2193
韋倫斯基 Welensky, Roy／2151
韋恩 Wayne, Anthony／2145
韋恩 Wayne, John／2145
韋特 Waite, Morrison (Remick)／2127
韋特恩湖 Vättern／2096
韋勒 Weller, Thomas H(uckle)／2152
韋斯巴薌 Vespasian／2106
韋斯特 Wister, Owen／2178
韋斯普奇 Vespucci, Amerigo／2106
韋斯頓 Weston, Edward／2158
韋斯摩勒 Weissmuller, Johnny／2151
韋策利 Wycherley, William／2192
韋絲 Waitz, Grete／2128
韋塞 Weiser, Johann Conrad／2149
韋塞克斯 Wessex／2155
韋塔島 Wetar／2158
韋達 Ouida／1501
韋爾 Weill, Kurt (Julian)／2149
韋爾內 Vernet, (Claude-)Joseph／2104
韋爾夫王朝 Welf dynasty／2151
韋爾多 Waldo, Peter／2129
韋爾多派 Waldenses／2128
韋爾伯 Wilbur, Richard (Purdy)／2166
韋爾伯佛思 Wilberforce, William／2166
韋爾契 Welch, William Henry／2151
韋爾特海梅爾 Wertheimer, Max／2154
韋爾塔 Huerta, Victoriano／964
韋爾蒂 Welty, Eudora／2153
韋爾豪澤 Weyerhaeuser, Frederick／2158
韋爾德 Weld, Theodore Dwight／2151
韋爾熱訥伯爵 Vergennes, comte (Count) de／2103
韋德 Wade, Benjamin F(ranklin)／2126
韋德－戴維斯法案 Wade-Davis Bill／2126
韋羅內塞 Veronese, Paolo／2104
韋羅基奧 Verrocchio, Andrea del／2105
韭蔥 leek／1155
音位 phoneme／1569
音步 foot, metrical／737
音系學 phonology／1570
音品 timbre／2010
音效卡 sound card／1879
音高 pitch／1584
音程 interval／1012
音階 scale／1782
音節 syllable／1950
音詩 tone poem ➔ symphonic poem／2021
音障 sound barrier／1879
音樂 music／1388
音樂史官 griot／861
音樂記譜法 musical notation／1388
音樂盒 music box／1388
音樂劇 musical (comedy)／1388
音樂學 musicology／1388
音樂學院 conservatory／482
音響效果 sound effect／1879
頁岩 shale／1822
頁岩油 shale oil／1822
風 wind／2174
風力 wind power／2174
風切變 wind shear／2175
風化 weathering／2146
風水 Feng shui／709
風車 windmill／2175
風尚 Esquire／678
風尚喜劇 comedy of manners／465
風信子 hyacinth／975
風俗畫 genre painting／799
風洞 wind tunnel／2175
風格化演出法 theatricalism／1993
風格派 Stijl, De／1916
風格學 stylistics／1929
風疹 rubella／1734
風笛 bagpipes／159
風速計 anemometer／76
風鳥 bird-of-paradise／236
風寒 wind chill／2174
風鈴草 bellflower／207
風滾草 tumbleweed／2050
風箏 kite／1104
風鳴琴 Aeolian harp／21
風箱 bellows／208
風險 risk／1708
風濕熱 rheumatic fever／1698
飛行記錄器 flight recorder／729
飛行堡壘 Flying Fortress ➔ B-17／733
飛利浦電器公司 Philips Electronics NV／1567
飛扶垛 flying buttress／732
飛虎隊 Flying Tigers／733
飛梭 flying shuttle／733
飛袋貂 possum／1614
飛魚 flying fish／732
飛雅特公司 Fiat SpA／715
飛艇飛船 airship／35
飛鼠 flying squirrel／733
飛彈 missile／1338
飛彈防禦警報系統 Missile Defense Alarm System (Midas)／1338
飛標 boomerang／264
飛蝗 locust／1193
飛輪 flywheel／733
飛機 airplane／35
飛機場 airport／35
飛燕草 larkspur／1140
食人俗 cannibalism／346
食火雞；鶴鴕 cassowary／369
食肉動物 carnivore／360
食肉植物 carnivorous plant／360
食物中毒 food poisoning／736
食物鏈 food chain／736
食品和藥物管理署 Food and Drug Administration (FDA)／736
食品保藏 food preservation／736
食料 forage／738
食草動物 herbivore／923
食道 esophagus／678
食糖法 Sugar Act／1933
食糜 chyme／430
食蟲虻 robber fly／1711
食蟲類 insectivore／1004
食蟻獸 anteater／85
首陀羅 Sudra／1932
首相；總理 prime minister／1628
首音誤置 spoonerism／1896
首頁 home page ➔ Web site／947
首席法官 chief justice／414
首黃道蟹 Dungeness crab／621
香 incense／993
香子蘭 vanilla／2093
香水瓶 perfume bottle／1550
香卡 Shankar, Ravi／1823

十劃

海峽群島 Channel Islands／395

十一劃

十二劃

十三劃

十四劃

十五劃

十六劃

十七劃

十八劃

瀋陽 Shenyang／1827
瀋陽事變 Mukden Incident／1380
瀆職 malpractice／1244
瀑布 waterfall／2142
瀏覽器 browser／299
獵人小屋 Hunters' Lodges／971
獵戶座大星雲 Orion Nebula／1493
獵犬 hound／958
獵犬現場追獵選拔賽 field trial／717
獵狐 fox hunting／748
獵狐狗 foxhound／748
獵狐㹴 fox terrier／748
獵豹 cheetah／405
獵槍 shotgun／1834
獵鷗 jaeger／1035
獵蝽 assassin bug／127
璧珥 Biddle, James／229
甕棺墓地文化 Urnfield culture／2081
癒傷組織 callus／334
瞿折羅－普臘蒂哈臘王朝 Gurjara-Pratihara dynasty／874
禮門 torana／2024
禮品交換 gift exchange／814
禮拜 puja／1646
禮拜式戲劇 liturgical drama／1188
禮炮號 Salyut／1761
禮儀改革運動 Liturgical Movement／1188
禮薩・沙・巴勒維 Pahlavi, Reza Shah／1509
禮蘭 Leland, Henry Martyn／1158
簧姆管 shawm／1825
簧風琴 harmonium／896
簧樂器 reed instruments／1683
簡化曲棍球 shinty／1831
簡・西摩 Seymour, Jane／1819
簡諧運動 simple harmonic motion／1846
織布機 loom／1199
織田信長 Oda Nobunaga／1473
織造 weaving／2146
織錦緞 brocade／293
織襪機 stocking frame／1917
繡球花 hydrangea／976
繡線菊 spirea／1895
翹鼻麻鴨 shelduck／1826
職業安全與健康管理處 OSHA／1497
職業病 occupational disease／1469
職業療法 occupational therapy／1469
聶伯河 Dnieper River／595
聶伯羅彼得羅夫斯克 Dnipropetrovsk／595
聶斯托留 Nestorius／1420
聶斯托留派 Nestorian／1420
聶斯特河 Dniester River／595
聶魯達 Neruda, Pablo／1419
舊大陸猴 Old World monkey／1480
舊石器時代 Paleolithic period／1512
舊金山；三藩市 San Francisco／1764
舊金山灣 San Francisco Bay／1764
舊約 Old Testament／1479
舊秩序 ancien régime／72
舊禮儀派 Old Believers／1479
舊繪畫陳列館 Alte Pinakothek／56
舊藝術 Ars Antiqua／116
藏王朝 Gtsang dynasty／864
藏紅花 saffron／1748
藏紅花屬 crocus／518
藏書票 bookplate／264
藏傳佛教 Tibetan Buddhism／2006
藏語 Tibetan language／2007
薩丁尼亞 Sardinia／1773
薩丁尼亞語 Sardinian language／1774
薩卜則瓦里 Sabzavari, Hajji Hadi／1746
薩夫迪 Safdie, Moshe／1748
薩巴島 Saba／1745
薩巴赫王朝 Sabah dynasty／1745
薩文比 Savimbi, Jonas (Malheiro)／1779
薩比河 Sabi River ➔ Save River／1746
薩丕爾 Sapir, Edward／1772
薩卡加維亞 Sacajawea／1746
薩卡特卡斯 Zacatecas／2212
薩卡特卡斯 Zacatecas／2212
薩尼王朝 Thani dynasty／1992
薩布拉塔 Sabrata／1746
薩瓜羅國家保護區 Saguaro National Monument／1749
薩瓜羅掌 saguaro／1749
薩瓦河 Sava River／1779
薩伊 Zaire ➔ Congo／2212
薩伊河 Zaire River ➔ Congo River／2212
薩伊德 Said, Edward W(illiam)／1750
薩伏那洛拉 Savonarola, Girolamo／1780
薩伏依 Savoy／1780
薩伏依王室 Savoy, House of／1780
薩伏依的歐根 Eugene of Savoy／684
薩多瓦戰役 Sadowa, Battle of ➔ Konig-gratz, Battle of／1748
薩米人 Sami／1762
薩米恩托 Sarmiento, Domingo Faustino／1774
薩伯拉與薩提拉屠殺 Sabra and Shatila massacres／1746
薩克索・格拉瑪提庫斯 Saxo Grammaticus／1781
薩克斯 Sachs, Curt／1746
薩克斯 Sachs, Nelly (Leonie)／1747
薩克斯 Sacks, Oliver (Wolf)／1747
薩克斯 Sax, Adolphe／1781
薩克森 Saxony／1781
薩克森伯爵 Saxe, (Hermann-)Maurice, comte (Count) de／1781
薩克森－科堡－哥達王室 Saxe-Coburg-Gotha, House of ➔ Windsor, House of／1781
薩克森豪森 Sachsenhausen／1747
薩克萊 Thackeray, William Makepeace／1990
薩克管；薩克斯風 saxophone／1781
薩克維爾 Sackville, Thomas／1747
薩克維爾－韋斯特 Sackville-West, Vita／1747
薩利什諸語言 Salishan languages／1759
薩利耶里 Salieri, Antonio／1758
薩利納斯 Salinas／1758
薩利納斯・德戈塔里 Salinas (de Gortari), Carlos／1758
薩里 Surrey／1942
薩里伯爵 Surrey, Earl of／1942
薩姆波 sampo／1763
薩姆特 Sumter, Thomas／1937
薩姆特堡國家紀念碑 Fort Sumter National Monument／743
薩宗諾夫 Sazonov, Sergey (Dmitriyevich)／1781
薩帕塔 Zapata, Emiliano／2213
薩拉丁 Saladin／1757
薩拉戈薩 Saragossa／1772
薩拉多河 Salado River／1757
薩拉托夫 Saratov／1773
薩拉托加戰役 Saratoga, Battles of／1773
薩拉米斯 Salamis／1757
薩拉米斯戰役 Salamis, Battle of／1757
薩拉沙泰 Sarasate, (y Navascuéz), Pablo (Martín Melitón) de／1773
薩拉貝姆 Sarapeum／1773
薩拉查 Salazar, António de Oliveira／1758
薩拉班德 sarabande／1772
薩拉納克湖群 Saranac Lakes／1773
薩拉馬戈 Saramago, José／1773
薩拉曼卡 Salamanca／1757
薩拉曾 Sarazen, Gene／1773
薩拉森人 Saracens／1772
薩旺尼河 Suwannee River／1945
薩波特克人 Zapotec／2214
薩波潘 Zapopan／2214
薩阿迪亞・本・約瑟 Saadia ben Joseph／1745
薩非王朝 Safavid dynasty／1748
薩彥嶺 Sayan Mountains／1781
薩柯－萬澤蒂案 Sacco-Vanzetti case／1746
薩洛揚 Saroyan, William／1775
薩洛蒙 Salomon, Erich／1760
薩洛蒙 Salomon, Haym／1760
薩珊王朝 Sasanian dynasty／1775
薩迦 saga／1749
薩迦派 Sa-skya pa／1745
薩迪斯 Sardis／1774
薩韋河 Save River／1779
薩恩勒丹 Saenredam, Pieter Jansz(oon)／1748
薩根 Sagan, Carl (Edward)／1749
薩根 Sagan, Françoise／1749
薩桑德拉河 Sassandra River／1776
薩格奈河 Saguenay River／1750
薩特 Sutter, John (Augustus)／1944
薩特拿米教派 Satnami sect／1776
薩索斯 Thásos／1992
薩納加河 Sanaga River／1766
薩馬 Samar／1762
薩馬拉 Samara／1762
薩勒河 Saale River／1745
薩基 Sacchi, Andrea／1746
薩莫拉 Alcalá Zamora, Niceto／42
薩莫維耳 Somerville, Edith (Anna Oenone)／1875
薩堤爾和西勒諾斯 satyr and silenus／1777
薩斯卡通 Saskatoon／1776
薩斯奎哈納河 Susquehanna River／1943
薩斯喀徹溫 Saskatchewan／1775
薩斯喀徹溫大學 Saskatchewan, University of／1775
薩斯喀徹溫河 Saskatchewan River／1776
薩替 Satie, Erik／1776
薩萊諾 Salerno／1758
薩費爾 Safire, William／1749
薩塞塔 Sassetta／1776
薩蒂 suttee／1944
薩雷馬 Saaremaa／1745
薩頓 Sutton, Walter S(tanborough)／1944
薩頓胡 Sutton Hoo／1944

十九劃

二十劃

二十一劃

二十二劃

二十三劃

中文詞條注音索引

數字・外文

ㄅㄚ

ㄅㄛˊ

ㄅㄛˋ

ㄅㄞˊ

白紹拉海 Pechora Sea／1541
白蛋白 albumin／41
白蛉 sand fly／1767
白勞德 Browder, Earl (Russell)／296
白喉 diphtheria／588
白斑病 leukoderma ➔ vitiligo／1166
白斑羚 nyala／1466
白菜 Chinese cabbage／418
白雲母 muscovite／1386
白雲母薄片 isinglass ➔ muscovite／1023
白雲岩 dolomite／598
白楊 aspen／126
白痴天才 idiot savant／986
白矮星 white dwarf star／2162
白榴石 leucite／1165
白銀時代 Silver Age／1844
白歐石南 brier／290
白蓮教 White Lotus／2162
白熾燈 incandescent lamp／992
白遼士 Berlioz, (Louis-) Hector／218
白頭海鵰 bald eagle／164
白隱 Hakuin／883
白鮭 whitefish／2163
白額黑雁 barnacle goose／179
白癜風 vitiligo／2119
白蟻 termite／1987
白鯨 beluga／209
白蘭地 brandy／283
白鐵礦 marcasite／1257
白鑞 pewter／1562
白鷺 egret／642

ㄅㄞˇ

百人團人民大會 Comitia Centuriata／466
百日咳 whooping cough／2164
百日統治 Hundred Days／969
百日菊 zinnia／2220
百合科 lily family／1177
百年節 Secular Games／1802
百年戰爭 Hundred Years' War／969
百老匯 Broadway／293
百里香 thyme／2005
百事可樂公司 PepsiCo, Inc.／1548
百花掛毯 millefleurs tapestry／1329
百科全書 encyclopedia／663
百科全書 Encyclopédie／663
百頁 louver／1207
百家樂牌 Baccarat／155
百貨公司 department store／571
百慕達 Bermuda／218
百慕達三角區 Bermuda Triangle／218
百憂解 Prozac／1639
百濟 Paekche／1507
百靈 lark／1140
擺 pendulum／1545
擺榻節 lectisternium／1153

ㄅㄞˋ

拜巴爾斯一世 Baybars I／192
拜占庭 Byzantium ➔ Istanbul／323
拜占庭帝國 Byzantine Empire／323
拜占庭建築 Byzantine architecture／322
拜占庭聖詠 Byzantine chant／323
拜占庭藝術 Byzantine art／323
拜耳 Baeyer, (Johann Friedrich Wilhelm) Adolph von／159
拜耳公司 Bayer AG／192
拜里基 Bairiki／161
拜拉達河 Barada River／175
拜物 fetish／714
拜約的奧多 Odo of Bayeux／1474
拜約掛毯 Bayeux Tapestry／192
拜倫 Byron, George (Gordon), Baron／322
拜雅特 Byatt, A(ntonia) S(usan)／321
拜圖洛斯 baetylus／159
拜羅伊特 Bayreuth／193
敗血性關節炎 septic arthritis／1811
敗血症 septicemia／1811
敗醬草科 valerian／2088

ㄅㄟ

卑爾根 Bergen／215
杯芋 caladium／329
杯葛 boycott／278
悲喜劇 tragicomedy／2031
悲劇 tragedy／2031

ㄅㄟˇ

北九州 Kitakyushu／1103
北上山地 Kitakami Mountains／1103
北大西洋公約組織 NATO／1408
北太平洋鐵路公司 Northern Pacific Railway Co.／1455
北方邦 Uttar Pradesh／2084
北方森林 boreal forest ➔ taiga／266
北加拿大河 North Canadian River／1454
北卡羅來納 North Carolina／1454
北卡羅來納大學 North Carolina, University of／1454
北卡羅來納改革者協會 Regulators of North Carolina／1686
北伐戰爭 Northern Expedition／1455
北冰洋 Arctic Ocean／105
北回歸線 Tropic of Cancer／2043
北安普敦 Northampton／1455
北安普敦伯爵 Northampton, Earl of／1455
北安普敦郡 Northamptonshire／1455
北杜味拿河 Dvina River, Northern／626
北見山地 Kitami Mountains／1103
北京 Beijing／202
北京人 Peking man ➔ Zhoukoudian／1543
北京大學 Beijing University／202
北京狗 Pekingese／1543
北非戰役 North Africa Campaigns／1452
北紅河 Red River of the North／1681
北約克 North York／1455
北約克郡 North Yorkshire／1455
北美大黃鳳蝶 tiger swallowtail／2008
北美山雀 chickadee／413
北美凸鱸 sauger／1778
北美印第安宗教 American Indian religions, North／63
北美自由貿易協定 North American Free Trade Agreement (NAFTA)／1452
北美狗魚 muskellunge／1389
北美洲 North America／1452
北美臭鼬 skunk／1855
北美馴鹿 caribou／357
北美椴木 basswood／188
北唐 North Down／1454
北島 North Island／1454
北海 North Sea／1454
北海道 Hokkaido／943
北馬里亞納群島 Northern Mariana Islands／1455
北梭魚 bonefish／262
北條家族 Hojo family／943
北部地方 Northern Territory／1455
北喀斯開國家公園 North Cascades National Park／1454
北普拉特河 North Platte River／1454
北愛爾蘭 Ireland, Northern／1018
北新大陸草原 prairie／1620
北極 North Pole／1454
北極狐 Arctic fox／105
北極門國家公園 Gates of the Arctic National Park／791
北極星 North Star ➔ polestar／1454
北極星 Polaris／1598
北極圈 Arctic Circle／105
北極群島 Arctic Archipelago／105
北極熊 polar bear／1598
北極燕鷗 Arctic tern／106
北達科他 North Dakota／1454
北達科他大學 North Dakota, University of／1454
北德意志邦聯 North German Confederation／1454
北歐式滑雪 Nordic skiing／1450
北歐海盜船 longship／1199
北韓 Korea, North／1112
北齋 Hokusai／943
北魏 Northern Wei dynasty／1456
北魏造像 Northern Wei sculpture／1456
北羅得西亞 Northern Rhodesia ➔ Zambi／1455

ㄅㄟˋ

貝內 Benét, Stephen Vincent／211
貝內特 Bennett, Alan／212
貝內特 Bennett, Robert Russell／212
貝內特 Bennett, Tony／213
貝內德托·達·米札諾 Benedetto da Maian／210
貝文 Bevan, Aneurin／225
貝文 Bevin, Ernest／225
貝比 Bebey, Francis／197
貝比魯斯 Ruth, Babe／1742
貝加爾湖 Baikal, Lake／161
貝卡谷 Bekáa Valley／203
貝卡里亞 Beccaria, Cesare／197
貝卡富米 Beccafumi, Domenico／197
貝可斯河 Pecos River／1541
貝尼尼 Bernini, Gian Lorenzo／220
貝尼河 Beni River／211
貝母 fritillary／764
貝休恩 Bethune, Louise Blanchard／224
貝休恩 Bethune, Mary (Jane) McLeod／224
貝休恩 Bethune, (Henry) Norman／224
貝多芬 Beethoven, Ludwig van／201
貝安 Behan, Brendan (Francis)／201
貝托魯奇 Bertolucci, Bernardo／222
貝聿銘 Pei, I(eoh) M(ing)／1542
貝西 Bessey, Charles E(dwin)／223
貝西史密斯 Smith, Bessie／1861

ㄅㄠ

ㄅㄧˋ

ㄅㄧㄝˊ

ㄅㄧㄠ

ㄅㄧㄠˇ

ㄅㄧㄢ

ㄅㄧㄢˇ

ㄅㄧㄢˋ

ㄆㄚˊ

ㄆㄚˋ

ㄆㄠ

ㄆㄠˊ

ㄆㄠˇ

ㄆㄠˋ

ㄆㄡˇ

ㄆㄢ

ㄆㄢˊ

ㄆㄢˋ

ㄆㄣ

ㄆㄣˊ

ㄆㄤˊ

ㄆㄤˋ

ㄆㄥ

ㄆㄥˊ

ㄆㄧ

ㄆㄧˊ

ㄆㄧˋ

ㄆㄧㄠ

ㄆㄧㄠˊ

ㄆㄧㄠˇ

ㄆㄧㄠˋ

ㄆㄧㄢ

ㄆㄧㄢˋ

ㄆㄧㄣ

ㄆㄧㄣˊ

ㄆㄧㄣˇ

ㄆㄧㄥ

ㄆㄧㄥˊ

ㄆㄨ

ㄆㄨˊ

ㄆㄨˇ

ㄆㄨˋ

ㄇㄚˊ

ㄇㄛˊ

ㄇㄛˇ

ㄇㄛˋ

ㄇㄞˇ

ㄇㄞˋ

ㄇㄟˊ

ㄇㄟˇ

ㄇㄟˋ

ㄇㄠ

ㄇㄠˊ

ㄇㄠˇ

ㄇㄠˋ

ㄇㄡˊ

ㄇㄢˊ

ㄇㄢˇ

ㄇㄢˋ

ㄇㄨˋ

ㄈㄚ

ㄈㄚˊ

ㄈㄚˇ

ㄈㄚˋ

ㄈㄛˊ

ㄈㄟ

ㄈㄟˊ

ㄈㄟˇ

ㄈㄟˋ

ㄈㄡˇ

ㄈㄢ

ㄈㄢˊ

ㄈㄢˇ

ㄈㄢˋ

ㄈㄣˋ

ㄈㄣ

ㄉㄜˊ

ㄉㄞˇ

ㄉㄞˋ

ㄉㄠ

ㄉㄠˇ

ㄉㄠˋ

ㄉㄧˇ

ㄉㄧˋ

ㄉㄧㄝˊ

ㄉㄧㄠ

ㄉㄧㄠˋ

ㄉㄧㄢ

ㄉㄧㄢˇ

ㄉㄧㄢˋ

ㄉㄧㄥ

ㄉㄧㄥˇ

ㄉㄧㄥˋ

ㄉㄨ

ㄉㄨˊ

ㄉㄨˇ

ㄉㄨˋ

ㄉㄨㄛ

ㄊㄞ

ㄊㄞˊ

ㄊㄞˋ

ㄊㄨㄥˊ

ㄊㄨㄥˇ

ㄊㄨㄥˋ

ㄋㄚˊ

ㄋㄚˋ

ㄋㄞˇ

ㄋㄞˋ

ㄋㄧˇ

ㄋㄧˋ

ㄋㄧㄝˋ

ㄋㄧㄠˇ

ㄋㄧㄠˋ

ㄋㄧㄡˊ

ㄌㄚˇ

ㄌㄚˋ

ㄌㄜˋ

ㄌㄞˊ

ㄌㄞˋ

ㄌㄟˊ

ㄌㄟˇ

ㄌㄟˋ

ㄌㄧˋ

ㄌㄧㄝˋ

ㄌㄧㄤˊ

ㄌㄧㄤˇ

ㄌㄧㄤˋ

ㄌㄧㄥˊ

ㄌㄧㄥˇ

ㄌㄧㄥˋ

ㄌㄨˊ

盧雅人 Luyia ➔ Luhya／1217
盧奧人 Luo／1214
盧瑟爾 Reuther, Walter (Philip)／1695
盧萬公教大學 Louvain, Catholic University of／1207
盧圖利 Lutuli, Albert (John Mvumbi)／1216
盧爾 Llull, Ramon／1191
盧爾德 Lourdes／1206
盧爾德的聖貝爾娜黛特 Bernadette of Lourdes, St.／218
盧蒙巴 Lumumba, Patrice (Hemery)／1213
盧赫雅人 Luhya／1212
盧德 lud／1211
盧德派 Luddite／1211
蘆溝橋事變 Marco Polo Bridge Incident／1258
蘆葦 reed／1683
蘆薈屬 aloe／55
顱相學 phrenology／1572
鱸 perch／1549
鱸鮋 redfish／1682
鸕鶿 cormorant／496

ㄌㄨˇ

鹵化物礦物類 halide mineral／885
鹵素 halogen／887
鹵素燈 halogen lamp／887
鹵素鎢絲燈 tungsten-halogen lamp ➔ halogen lamp／2051
魯 Lu／1209
魯卜哈利沙漠 Rub al-Khali／1734
魯內貝里 Runeberg, Johan Ludvig／1737
魯比孔河 Rubicon／1734
魯布納拉揚河 Rupnarayan River／1737
魯本斯 Rubens, Peter Paul／1734
魯伊斯 Ruiz, Juan／1736
魯夸湖 Rukwa, Lake／1736
魯米 Rumi, Jalal ad-Din ar-／1736
魯西永 Roussillon／1732
魯希迪 Rushdie, (Ahmed) Salman／1738
魯迅 Lu Xun／1209
魯勃廖夫 Rublev, Andrei／1735
魯思文家族 Ruthven family／1742
魯珀特王子 Rupert, Prince／1737
魯珀特蘭德 Rupert's Land／1737
魯格里克式症 Lou Gehrig's disease ➔ amyotrophic lateral sclerosis／1203
魯特史拉夫斯基 Lutoslawski, Witold／1216
魯特琴 lute／1215
魯斯 Luce, Clare Boothe／1210
魯斯 Luce, Henry R(obinson)／1210
魯斯汀 Rustin, Bayard／1742
魯斯克 Rusk, (David) Dean／1738
魯登道夫 Ludendorff, Erich／1211
魯塞爾 Roussel, Albert (Charles Paul Marie)／1732
魯奧 Rouault, Georges(-Henri)／1731
魯道夫 Rudolf／1735
魯道夫 Rudolph, Wilma (Glodean)／1735
魯道夫一世 Rudolf I／1735
魯爾占領 Ruhr occupation／1736
魯爾河 Ruhr River／1736
魯賓斯坦 Rubinstein, Anton (Grigor'yevich)／1735
魯賓斯坦 Rubinstein, Arthur／1735
魯賓斯坦 Rubinstein, Helena／1735
魯薩爾卡 rusalka／1737

ㄌㄨˋ

陸地衛星 Landsat／1136
陸軍 army／114
陸軍婦女隊 Women's Army Corps (WAC)／2181
陸象山 Lu Xiangshan／1209
陸龜 tortoise／2025
鹿 deer／561
鹿食草 hellebore／915
鹿特丹 Rotterdam／1731
鹿眼樹 buckeye／304
鹿寨戰役 Fallen Timbers, Battle of／700
路加斯・范・萊登 Lucas (Huyghszoon) van Leyden／1210
路沙卡 Lusaka／1215
路易一世 Louis I／1204
路易七世 Louis VII／1204
路易九世 Louis IX／1204
路易十一世 Louis XI／1204
路易十七世 Louis XVII／1205
路易十二世 Louis XII／1204
路易十八世 Louis XVIII／1205
路易十三世 Louis XIII／1204
路易十三世風格 Louis XIII style／1204
路易十五世 Louis XV／1205
路易十五世風格 Louis XV style／1205
路易十六世 Louis XVI／1205
路易十六世風格 Louis XVI style／1205
路易十四世 Louis XIV／1205
路易十四世風格 Louis XIV style／1205
路易六世 Louis VI／1204
路易四世 Louis IV／1204
路易西亞德群島 Louisiade Archipelago／1206
路易－拿破崙 Louis-Napoléon ➔ Napoleon III／1205
路易馬盧 Malle, Louis／1244
路易斯 Lewes／1167
路易斯 Lewis, (Frederick) Carl(ton)／1167
路易斯 Lewis, C(larence) I(rving)／1167
路易斯 Lewis, C(live) S(taples)／1168
路易斯 Lewis, Edward B.／1168
路易斯 Lewis, Jerry／1168
路易斯 Lewis, Jerry Lee／1168
路易斯 Lewis, John L(lewellyn)／1168
路易斯 Lewis, Matthew Gregory／1168
路易斯 Lewis, Meriwether／1168
路易斯 Lewis, (Harry) Sinclair／1168
路易斯 Lewis, (Percy) Wyndham／1168
路易斯 Louis, Joe／1204
路易斯 Louis, Morris／1204
路易斯安那 Louisiana／1206
路易斯安那州立大學 Louisiana State University／1206
路易斯安那購地 Louisiana Purchase／1206
路易斯和克拉克遠征 Lewis and Clark Expedition／1168
路易斯阿姆斯壯 Armstrong, Louis／113
路易斯維爾 Louisville／1206
路易港 Port Louis／1611
路易－腓力 Louis-Philippe／1205
路透 Reuter, Paul Julius／1695
路透社 Reuters／1695
路德宗；信義宗 Lutheranism／1216
路德維希 Ludwig, Carl F(riedrich) W(ilhelm)／1211
路德維希一世 Ludwig I／1211
路德維希二世 Ludwig II／1211
路濟弗爾 Lucifer／1210
錄音機 tape recorder／1969
麓原 pediment／1541
鯥 bluefish／251
露 dew／576
露天開採 surface mining ➔ strip mining／1941
露天廣場 piazza／1574
露西 Lucy／1211
露易絲雷 Rainer, Luise／1668
露脊鯨 right whale／1706
露酒 aquavit／98
露莓 dewberry／576
露絲 Loos, Anita／1200
鷺 heron／926

ㄌㄨㄛˊ

螺 snail／1864
螺母 nut／1465
螺栓 bolt／259
螺紋件 screw／1796
螺旋槳 propeller／1634
螺旋藻 spirulina／1895
螺旋體 spirochete／1895
螺菌屬 Spirillum／1895
螺鏢鱸 snail darter／1864
羅丹 Rodin, (François-)Auguste (René)／1717
羅切 Roche, (Eamonn) Kevin／1714
羅厄耳 Lowell／1207
羅厄爾 Lowell, Amy／1207
羅厄爾 Lowell, Francis Cabot／1208
羅厄爾 Lowell, James Russell／1208
羅厄爾 Lowell, Percival／1208
羅厄爾 Lowell, Robert／1208
羅巴切夫斯基 Lobachevsky, Nikolay (Ivanovich)／1191
羅加諾公約 Locarno, Pact of／1192
羅卡角 Roca, Cape／1714
羅卡爾 rocaille／1714
羅布林 Roebling, John Augustus／1717
羅布・羅伊 Rob Roy／1711
羅必達法則 L'Hopital's rule／1169
羅本古拉 Lobengula／1192
羅伊 Rowe, Nicholas／1732
羅伊 Roy, Ram Mohun／1733
羅伊希林 Reuchlin, Johannes／1695
羅伊科 Royko, Mike／1734
羅伊斯 Royce, Josiah／1733
羅伊斯特 Royster, Vermont (Connecticut)／1734
羅伊訴韋德案 Roe v. Wade／1717
羅西尼 Rossini, Gioacchino (Antonio)／1730
羅伯次 Roberts, Charles G(eorge) D(ouglas)／1712
羅伯次 Roberts, Oral／1712
羅伯次 Roberts, Richard／1712
羅伯特 Robert Guiscard／1711
羅伯特一世 Robert I／1711
羅伯特二世 Robert II／1711
羅伯特二世 Robert II／1711

ㄌㄨㄣˋ

ㄌㄨㄥˊ

ㄌㄩˊ

ㄌㄩˇ

ㄌㄩˋ

ㄍㄜ

ㄍㄜˊ

ㄎㄜˊ

ㄎㄜˇ

ㄎㄜˋ

ㄎㄞ

ㄎㄞˇ

ㄎㄠˇ

ㄎㄤˋ

ㄎㄥ

ㄎㄨ

ㄎㄨˇ

ㄎㄨˋ

ㄎㄨㄚ

ㄎㄨㄚˋ

ㄎㄨㄛˋ

ㄎㄨㄞˋ

ㄎㄨㄟ

ㄎㄨㄟˊ

ㄎㄨㄟˇ

ㄎㄨㄟˋ

ㄎㄨㄢ

ㄎㄨㄣ

ㄏㄜˊ

ㄏㄜˋ

ㄏㄞˇ

ㄏㄞˋ

ㄏㄟ

ㄏㄠ

ㄏㄠˊ

ㄏㄨㄚˋ

ㄏㄨㄛˊ

ㄏㄨㄛˇ

ㄏㄨㄛˋ

ㄏㄨㄞˊ

ㄏㄨㄞˋ

ㄏㄨㄟ

ㄏㄨㄟˊ

ㄏㄨㄟˋ

ㄐㄧˇ

ㄐㄧˋ

ㄐㄧㄚ

ㄐㄧㄥˇ

ㄐㄧㄥˋ

ㄐㄩ

ㄐㄩˊ

ㄐㄩˇ

ㄐㄩˋ

ㄐㄩㄝˊ

ㄐㄩㄢˇ

ㄐㄩㄢˋ

ㄐㄩㄣ

ㄒㄧˊ

ㄒㄧˇ

ㄒㄧˋ

ㄒㄧㄣˋ

ㄒㄧㄤ

ㄒㄧㄤˊ

ㄒㄧㄤˇ

ㄒㄧㄤˋ

ㄒㄧㄥ

ㄓㄚ

ㄓㄚˊ

ㄓㄚˋ

ㄓㄜ

ㄓㄜˊ

ㄓㄜˇ

ㄓㄜˋ

ㄓㄞ

ㄓㄞˊ

ㄓㄞˇ

ㄓㄞˋ

ㄓㄠ

ㄓㄠˇ

ㄓㄠˋ

ㄓㄡ

ㄓㄡˊ

ㄓㄡˇ

ㄓㄡˋ

ㄓㄢ

ㄓㄨˊ

ㄓㄨˇ

ㄓㄨˋ

ㄓㄨㄚˇ

ㄓㄨㄛ

ㄓㄨㄛˊ

ㄓㄨㄟ

ㄓㄨㄢ

ㄓㄨㄢˇ

ㄓㄨㄢˋ

ㄓㄨㄣˇ

ㄓㄨㄤ

ㄓㄨㄤˋ

ㄓㄨㄥ

ㄔㄨㄣˊ

ㄔㄨㄤ

ㄔㄨㄤˊ

ㄔㄨㄤˋ

ㄔㄨㄥ

ㄔㄨㄥˊ

ㄔㄨㄥˇ

ㄕ

ㄕˊ

ㄕˇ

ㄕˋ

ㄕㄚ

ㄕㄜ

ㄕㄜˊ

ㄕㄜˇ

ㄕㄜˋ

ㄕㄞˇ

ㄕㄞˋ

ㄕㄠ

ㄕㄠˊ

ㄕㄠˋ

ㄕㄡ

ㄕㄡˊ

ㄕㄡˇ

ㄕㄨㄟˋ

ㄕㄨㄢ

ㄕㄨㄣˇ

ㄕㄨㄣˋ

ㄕㄨㄤ

ㄖˋ

ㄖㄜˇ

ㄖㄜˋ

ㄖㄠˊ

ㄖㄡˊ

ㄖㄡˋ

ㄖㄢˊ

ㄖㄢˇ

ㄖㄣˊ

蠕動 peristalsis／1552
蠕蟲 worm／2189
蠕變 creep／514

斯塔林 Starling, Ernest Henry／1906
斯塔格 Stagg, Amos Alonzo／1902
斯塔密茨 Stamitz, Johann (Wenzel Anton)／1903
斯塔頓島 Staten Island／1907
斯塔爾 Staël, Germaine de／1901
斯塔爾 Stahl, Franklin W(illiam)／1902
斯塔爾 Starr, Belle／1906
斯塔福 Stafford／1901
斯塔福郡 Staffordshire／1901
斯塔福郡塑像 Staffordshire figure／1901
斯塔福郡㹴 Staffordshire terrier ➔ pit bull terrier／1901
斯塔維斯基事件 Stavisky Affair／1907
斯塔諾夫山脈 Stanovoy Range／1905
斯溫西 Swansea／1946
斯蒂文 Stevin, Simon／1914
斯蒂甘德 Stigand／1915
斯蒂克利 Stickley, Gustav／1915
斯蒂芬斯 Steffens, (Joseph) Lincoln／1909
斯蒂金河 Stikine River／1916
斯蒂爾 Steele, Richard／1909
斯蒂爾 Still, Clyfford／1916
斯蒂爾曼 Stillman, James／1916
斯蒂蓋爾 Stiegel, Henry William／1915
斯蒂諾 Steno, Nicolaus／1911
斯圖加特 Stuttgart／1929
斯圖亞特王室 Stuart, House of／1927
斯圖亞特風格 Stuart style／1928
斯圖爾佐 Sturzo, Luigi／1929
斯圖爾特 Stewart, J(ohn) I(nnes) M(ackintosh)／1915
斯圖爾特 Stewart, Potter／1915
斯圖爾特 Stuart, Gilbert (Charles)／1927
斯圖爾特 Stuart, Jeb／1928
斯福爾札 Sforza, Carlo, Count (Court)／1819
斯福爾札 Sforza, Francesco／1819
斯福爾札 Sforza, Ludovico／1819
斯福爾札家族 Sforza family／1819
斯維亞托斯拉夫一世 Svyatoslav I／1945
斯維登堡 Swedenborg, Emanuel／1947
斯維登堡派 Swedenborgians ➔ New Church／1947
斯維爾德洛夫 Sverdlov, Yakov (Mikhaylovich)／1945
斯維爾德洛夫斯克 Sverdlovsk ➔ Yekaterinburg／1945
斯賓德 Spender, Stephen (Harold)／1891
斯賓諾莎 Spinoza, Benedict de／1894
斯德哥爾摩 Stockholm／1917
斯摩里特 Smollett, Tobias (George)／1863
斯摩稜斯克 Smolensk／1863
斯滕 Steen, Jan (Havickszoon)／1909
斯滕馬克 Stenmark, Ingemar／1911
斯穆茨 Smuts, Jan (Christian)／1864
斯諾 Snow, C(harles) P(ercy)／1865
斯諾多尼亞國家公園 Snowdonia National Park／1866
斯諾里・斯圖魯松 Snorri Sturluson／1865
斯諾登 Snowden, Philip／1866
斯霍勒爾 Scorel, Jan van／1793
斯邁思 Smythe, Conn／1864
斯闊谷 Squaw Valley／1899
絲 silk／1843
絲瓜 loofah／1199
絲光處理 mercerization／1307
絲泰茵姆 Steinem, Gloria／1910
絲路 Silk Road／1843
絲蟲 filarial worm／719
絲蘭 yucca／2211
鍶 strontium／1926

ㄙˇ

死亡之舞 dance of death／545
死亡學 thanatology／1992
死之華 Grateful Dead／846
死刑 capital punishment／351
死谷 Death Valley／558
死者書 Book of the Dead／264
死海 Dead Sea／557
死海古卷 Dead Sea Scrolls／557

ㄙˋ

四人幫 Gang of Four／784
四大自由 Four Freedoms／746
四川 Sichuan／1837
四分之一哩賽馬 quarter-horse racing／1656
四方院子 quadrangle／1655
四月提綱 April Theses／98
四字母聖名 Tetragrammaton／1989
四百人議會 Four Hundred, Council of the／746
四色地圖問題 four-colour map problem／746
四書 Four Books／746
四國 Shikoku／1830
四國同盟 Quadruple Alliance／1655
四國同盟 Quadruple Alliance／1655
四輪大馬車 coach／450
四輪載客馬車 carriage／363
四諦 Four Noble Truths／746
四環素 tetracycline／1989
四騎手 Four Horsemen／746
伺服裝置 servomechanism／1814
伺服器 server／1814
似長石類 feldspathoids／709
似然度 likelihood／1177
泗水 Surabaya／1941
飼料 feed／708
賜地業主 cleruchy／444
賜職制 patronage system ➔ spoils system／1535

ㄙㄚ

撒旦崇拜 satanism／1776
撒母耳 Samuel／1763
撒克遜人 Saxons／1781
撒拉 Sarah／1773
撒拉弗 seraph／1812
撒哈比；聖門弟子 Companions of the Prophet／469
撒哈拉沙漠 Sahara／1750
撒哈拉阿拉伯民主共和國 Saharan Arab Democratic Republic／1750
撒迦利亞 Zechariah／2215
撒馬利亞 Samaria／1762
撒馬利亞人 Samaritans／1762
撒馬爾罕 Samarqand／1762
撒都該人 Sadducee／1748
撒普 Tharp, Twyla／1992
撒爾撒 salsa／1760
撒謊者悖論 liar paradox／1170
撒羅米 Salome／1760

ㄙㄚˋ

薩丁尼亞 Sardinia／1773
薩丁尼亞語 Sardinian language／1774
薩卜則瓦里 Sabzavari, Hajji Hadi／1746
薩夫迪 Safdie, Moshe／1748
薩巴島 Saba／1745
薩巴赫王朝 Sabah dynasty／1745
薩文比 Savimbi, Jonas (Malheiro)／1779
薩比河 Sabi River ➔ Save River／1746
薩丕爾 Sapir, Edward／1772
薩卡加維亞 Sacajawea／1746
薩卡特卡斯 Zacatecas／2212
薩卡特卡斯 Zacatecas／2212
薩尼王朝 Thani dynasty／1992
薩布拉塔 Sabrata／1746
薩瓜羅國家保護區 Saguaro National Monument／1749
薩瓜羅掌 saguaro／1749
薩瓦河 Sava River／1779
薩伊 Zaire ➔ Congo／2212
薩伊河 Zaire River ➔ Congo River／2212
薩伊德 Said, Edward W(illiam)／1750
薩伏那洛拉 Savonarola, Girolamo／1780
薩伏依 Savoy／1780
薩伏依王室 Savoy, House of／1780
薩伏依的歐根 Eugene of Savoy／684
薩多瓦戰役 Sadowa, Battle of ➔ Koniggratz, Battle of／1748
薩米人 Sami／1762
薩米恩托 Sarmiento, Domingo Faustino／1774
薩伯拉與薩提拉屠殺 Sabra and Shatila massacres／1746
薩克索・格拉瑪提庫斯 Saxo Grammaticus／1781
薩克斯 Sachs, Curt／1746
薩克斯 Sachs, Nelly (Leonie)／1747
薩克斯 Sacks, Oliver (Wolf)／1747
薩克斯 Sax, Adolphe／1781
薩克森 Saxony／1781
薩克森伯爵 Saxe, (Hermann-)Maurice, comte (Count) de／1781
薩克森－科堡－哥達王室 Saxe-Coburg-Gotha, House of ➔ Windsor, House of／1781
薩克森豪森 Sachsenhausen／1747
薩克萊 Thackeray, William Makepeace／1990
薩克管；薩克斯風 saxophone／1781
薩克維爾 Sackville, Thomas／1747
薩克維爾－韋斯特 Sackville-West, Vita／1747
薩利什諸語言 Salishan languages／1759
薩利耶里 Salieri, Antonio／1758
薩利納斯 Salinas／1758
薩利納斯・德戈塔里 Salinas (de Gortari), Carlos／1758
薩里 Surrey／1942
薩里伯爵 Surrey, Earl of／1942
薩姆波 sampo／1763
薩姆特 Sumter, Thomas／1937
薩姆特堡國家紀念碑 Fort Sumter National Monument／743

薩宗諾夫 Sazonov, Sergey (Dmitriyevich)／1781
薩帕塔 Zapata, Emiliano／2213
薩拉丁 Saladin／1757
薩拉戈薩 Saragossa／1772
薩拉多河 Salado River／1757
薩拉托夫 Saratov／1773
薩拉托加戰役 Saratoga, Battles of／1773
薩拉米斯 Salamis／1757
薩拉米斯戰役 Salamis, Battle of／1757
薩拉沙泰 Sarasate, (y Navascuéz), Pablo (Martín Melitón) de／1773
薩拉貝姆 Sarapeum／1773
薩拉查 Salazar, António de Oliveira／1758
薩拉班德 sarabande／1772
薩拉納克湖群 Saranac Lakes／1773
薩拉馬戈 Saramago, José／1773
薩拉曼卡 Salamanca／1757
薩拉曾 Sarazen, Gene／1773
薩拉森人 Saracens／1772
薩旺尼河 Suwannee River／1945
薩波特克人 Zapotec／2214
薩波潘 Zapopan／2214
薩阿迪亞・本・約瑟 Saadia ben Joseph／1745
薩非王朝 Safavid dynasty／1748
薩彥嶺 Sayan Mountains／1781
薩柯－萬澤蒂案 Sacco-Vanzetti case／1746
薩洛揚 Saroyan, William／1775
薩洛蒙 Salomon, Erich／1760
薩洛蒙 Salomon, Haym／1760
薩珊王朝 Sasanian dynasty／1775
薩迦 saga／1749
薩迦派 Sa-skya pa／1745
薩迪斯 Sardis／1774
薩韋河 Save River／1779
薩恩勒丹 Saenredam, Pieter Jansz(oon)／1748
薩根 Sagan, Carl (Edward)／1749
薩根 Sagan, Françoise／1749
薩桑德拉河 Sassandra River／1776
薩格奈河 Saguenay River／1750
薩特 Sutter, John (Augustus)／1944
薩特拿米教派 Satnami sect／1776
薩索斯 Thásos／1992
薩納加河 Sanaga River／1766
薩馬 Samar／1762
薩馬拉 Samara／1762
薩勒河 Saale River／1745
薩基 Sacchi, Andrea／1746
薩莫拉 Alcalá Zamora, Niceto／42
薩莫維耳 Somerville, Edith (Anna Oenone)／1875
薩堤爾和西勒諾斯 satyr and silenus／1777
薩斯卡通 Saskatoon／1776
薩斯奎哈納河 Susquehanna River／1943
薩斯喀徹溫 Saskatchewan／1775
薩斯喀徹溫大學 Saskatchewan, University of／1775
薩斯喀徹溫河 Saskatchewan River／1776
薩替 Satie, Erik／1776
薩萊諾 Salerno／1758
薩費爾 Safire, William／1749
薩塞塔 Sassetta／1776
薩蒂 suttee／1944
薩雷馬 Saaremaa／1745
薩頓 Sutton, Walter S(tanborough)／1944
薩頓胡 Sutton Hoo／1944
薩圖尼努斯 Saturninus, Lucius Appuleius／1777
薩圖和斯瓦明 sadhu and swami／1748
薩圖恩 Saturn／1777
薩滿 shaman／1822
薩爾 Saarland／1745
薩爾布魯根 Saarbrücken／1745
薩爾瓦多 El Salvador／647
薩爾瓦多 Salvador／1761
薩爾皮 Sarpi, Paolo／1775
薩爾河 Saar River／1745
薩爾金特 Sargent, John Singer／1774
薩爾貢 Sargon／1774
薩爾貢二世 Sargon II／1774
薩爾馬特人 Sarmatians／1774
薩爾都 Sardou, Victorien／1774
薩爾斯堡 Salzburg／1761
薩爾溫江 Salween River／1761
薩爾蒂約 Saltillo／1761
薩爾諾夫 Sarnoff, David／1774
薩維尼 Savigny, Friedrich Karl von／1779
薩蒙河 Salmon River／1759
薩賓人 Sabines／1746
薩赫勒 Sahel／1750
薩德 Sade, Marquis de／1748
薩摩 Satsuma／1777
薩摩利 Samory Ture／1763
薩摩亞 Samoa／1762
薩摩耶德犬 Samoyed／1763
薩摩斯 Sámos／1763
薩摩斯的阿利斯塔克斯 Aristarchus of Samos／109
薩盧基狗 saluki／1761
薩盧斯特 Sallust／1759
薩盧達河 Saluda River／1761
薩穆伊爾 Samuel／1763
薩謨奈人 Samnites／1762
薩羅尼克灣 Saronic Gulf／1775
薩羅特 Sarraute, Nathalie／1775
薩羅－維瓦 Saro-Wiwa, Ken／1775
薩蘇埃拉 zarzuela／2214
薩蘭 Salan, Raoul(-Aibin-Louis)／1758

ㄙㄜˋ

色 color／461
色盲 color blindness／461
色界 rupa-loka／1737
色氨酸 tryptophan／2047
色素痣 mole／1349
色情作品 pornography／1611
色球 chromosphere／427
色散 dispersion／591
色塊畫派 Macchiaioli／1222
色楞格河 Selenga River／1805
色當戰役 Sedan, Battle of／1802
色雷斯 Thrace／2002
色賓 Sabine, Edward／1746
色賓河 Sabine River／1746
色層分析法 chromatography／427
色諾克拉底 Xenocrates／2195
色諾芬 Xenophon／2195
色諾芬尼 Xenophanes of Colophon／2195
色薩利 Thessaly／1998
瑟夫 Cerf, Bennett (Alfred)／387
瑟伯爾 Thurber, James (Grover)／2004
瑟克 Sirk, Douglas／1850
瑟堡 Cherbourg／408
瑟斯頓 Thurstone, L(ouis) L(eon)／2004
瑟隆尼斯孟克 Monk, Thelonious (Sphere)／1355
瑟蒂斯 Surtees, Robert Smith／1943
瑟蒙德 Thurmond, (James) Strom／2004
銫 cesium／388
澀澤榮一 Shibusawa Eiichi／1829
澀藝術 art brut／117

ㄙㄞ

鰓角金龜 chafer／389

ㄙㄞˋ

塞凡湖 Sevan／1816
塞內加爾 Senegal／1809
塞內加爾河 Senegal River／1810
塞內甘比亞 Senegambia／1810
塞切尼 Széchenyi, István, Gróf (Count)／1954
塞壬 siren／1850
塞夫爾條約 Sèvres, Treaty of／1817
塞夫爾瓷器 Sèvres porcelain／1817
塞巴斯蒂亞諾 Sebastiano del Piombo／1801
塞戈尼－孔 segoni-kun／1804
塞文河 Severn River／1816
塞加拉 Saqqarah／1772
塞尼山 Cenis, Mont／382
塞尼卡人 Seneca／1809
塞尼卡福爾斯會議 Seneca Falls Conventior／1809
塞布河 Sebou River／1801
塞布斯河 Seybouse River／1819
塞瓦河 Sewa River／1817
塞瓦斯托波爾 Sevastopol／1816
塞皮克河 Sepik River／1811
塞吉威克 Sedgwick, Adam／1803
塞多留 Sertorius, Quintus／1814
塞米伊 Semey／1807
塞米諾爾人 Seminole／1808
塞米諾爾戰爭 Seminole Wars／1808
塞西爾 Cecil, Robert／379
塞西爾 Cecil, William／379
塞西爾子爵 Cecil (of Chelwood), Viscoun／379
塞克斯頓 Sexton, Anne／1818
塞克雷塔里西特 Secretariat／1802
塞利努斯 Selinus／1806
塞利納 Céline, Louis-Ferdinand／381
塞貝克 Sebek／1801
塞奇 Sage, Russell／1749
塞奇瓦約 Cetshwayo／388
塞姆利基河 Semliki River／1808
塞姆班 Sembène, Ousmane／1807
塞姆斯 Semmes, Raphael／1808
塞尚 Cézanne, Paul／388
塞拉 Cela (Trulock), Camilo José／380
塞拉 Salé／1758
塞拉 Serra, Junípero／1813
塞拉門尼斯 Theramenes／1995
塞拉耶佛 Sarajevo／1773
塞芬拿 Savannah／1779
塞芬拿河 Savannah River／1779
塞門茲 Symons, Arthur (William)／1951

ㄙㄠˇ

ㄙㄡ

ㄙㄡˇ

ㄙㄢ

ㄙㄢˇ

ㄙㄢˋ

ㄙㄨㄟ

ㄙㄨㄟˊ

ㄙㄨㄟˋ

ㄙㄨㄢ

ㄙㄨㄢˋ

ㄙㄨㄣ

ㄙㄨㄣˇ

ㄙㄨㄣˋ

ㄙㄨㄥ

ㄙㄨㄥˋ

ㄚˋ

ㄜˊ

ㄠ

ㄠˊ

ㄠˋ

ㄡ

ㄡˇ

ㄢ

ㄢˇ

ㄢˋ

ㄣ

ㄤˊ

ㄤˋ

ㄦˊ

ㄦˇ

ㄦˋ

ㄧ

ㄧㄝ

ㄧㄝˊ

ㄧㄝˇ

ㄧㄝˋ

ㄧㄞˊ

ㄧㄠ

ㄧㄠˊ

ㄧㄠˋ

ㄧㄡ

ㄧㄡˊ

ㄧㄡˇ

ㄧㄡˋ

ㄧㄢ

ㄧㄢˊ

ㄧㄢˇ

ㄧㄢˋ

ㄧㄣ

ㄨㄚˋ

ㄨㄛ

ㄨㄛˇ

ㄨㄛˋ

ㄨㄞˋ

ㄨㄟ

ㄨㄟˊ

ㄩㄝ

ㄩㄝˋ

ㄩㄢ

ㄩㄢˊ

國家圖書館出版品預行編目資料

大英簡明百科 / 大英百科全書公司（Encyclopæ dia Britannica, Inc.）主編；大英百科全書公司臺灣分公司編輯部編譯．—初版．—臺北市：遠流，2004〔民93〕

面；　　公分

含索引

譯自：Britannica concise encyclopedia

ISBN 957-32-5150-7（精裝）

1. 百科全書

049.41　　93000082